城市建设标准专题汇编系列

建筑结构检测维修加固标准汇编

本社　编

中国建筑工业出版社

图书在版编目（CIP）数据

建筑结构检测维修加固标准汇编/中国建筑工业出版社编. —北京：中国建筑工业出版社，2016.12
（城市建设标准专题汇编系列）
ISBN 978-7-112-19836-8

Ⅰ.①建… Ⅱ.①中… Ⅲ.①建筑结构-加固-标准-汇编-中国 Ⅳ.①TU3-65

中国版本图书馆 CIP 数据核字（2016）第 221802 号

责任编辑：孙玉珍　何玮珂　丁洪良

城市建设标准专题汇编系列
建筑结构检测维修加固标准汇编
本社　编
*
中国建筑工业出版社出版、发行（北京西郊百万庄）
各地新华书店、建筑书店经销
北京红光制版公司制版
北京中科印刷有限公司印刷

开本：787×1092 毫米　1/16　印张：107½　字数：3956 千字
2016 年 10 月第一版　　2016 年 10 月第一次印刷
定价：**238.00** 元
ISBN 978-7-112-19836-8
（29359）

出 版 说 明

工程建设标准是建设领域实行科学管理，强化政府宏观调控的基础和手段。它对规范建设市场各方主体行为，确保建设工程质量和安全，促进建设工程技术进步，提高经济效益和社会效益具有重要的作用。

时隔37年，党中央于2015年底召开了“中央城市工作会议”。会议明确了新时期做好城市工作的指导思想、总体思路、重点任务，提出了做好城市工作的具体部署，为今后一段时期的城市工作指明了方向、绘制了蓝图、提供了依据。为深入贯彻中央城市工作会议精神，做好城市建设工作，我们根据中央城市工作会议的精神和住房城乡建设部近年来的重点工作，推出了《城市建设标准专题汇编系列》，为广大管理和工程技术人员提供技术支持。《城市建设标准专题汇编系列》共13分册，分别为：

1.《城市地下综合管廊标准汇编》
2.《海绵城市标准汇编》
3.《智慧城市标准汇编》
4.《装配式建筑标准汇编》
5.《城市垃圾标准汇编》
6.《养老及无障碍标准汇编》
7.《绿色建筑标准汇编》
8.《建筑节能标准汇编》
9.《高性能混凝土标准汇编》
10.《建筑结构检测维修加固标准汇编》
11.《建筑施工与质量验收标准汇编》
12.《建筑施工现场管理标准汇编》
13.《建筑施工安全标准汇编》

本次汇编根据“科学合理，内容准确，突出专题”的原则，参考住房和城乡建设部发布的“工程建设标准体系”，对工程建设中影响面大、使用面广的标准规范进行筛选整合，汇编成上述《城市建设标准专题汇编系列》。各分册中的标准规范均以“条文＋说明”的形式提供，便于读者对照查阅。

需要指出的是，标准规范处于一个不断更新的动态过程，为使广大读者放心地使用以上规范汇编本，我们将在中国建筑工业出版社网站上及时提供标准规范的制订、修订等信息。详情请点击 www. cabp. com. cn 的“规范大全园地”。我们诚恳地希望广大读者对标准规范的出版发行提供宝贵意见，以便于改进我们的工作。

目　录

《建筑抗震鉴定标准》GB 50023—2009 …… 1—1
《构筑物抗震鉴定标准》GB 50117—2014 …… 2—1
《工业建筑可靠性鉴定标准》GB 50144—2008 …… 3—1
《古建筑木结构维护与加固技术规范》GB 50165—92 …… 4—1
《民用建筑可靠性鉴定标准》GB 50292—2015 …… 5—1
《砌体工程现场检测技术标准》GB/T 50315—2011 …… 6—1
《建筑结构检测技术标准》GB/T 50344—2004 …… 7—1
《混凝土结构加固技术规范》GB 50367—2013 …… 8—1
《钢结构现场检测技术标准 》GB/T 50621—2010 …… 9—1
《砌体结构加固设计规范》GB 50702—2011 …… 10—1
《工程结构加固材料安全性鉴定技术规范》GB 50728—2011 …… 11—1
《混凝土结构现场检测技术标准》GB/T 50784—2013 …… 12—1
《建筑边坡工程鉴定与加固技术规范》GB 50843—2013 …… 13—1
《建筑与桥梁结构监测技术规范》GB 50982—2014 …… 14—1
《建筑变形测量规范》JGJ 8—2007 …… 15—1
《回弹法检测混凝土抗压强度技术规程 》JGJ/T 23—2011 …… 16—1
《房屋渗漏修缮技术规程》JGJ/T 53—2011 …… 17—1
《建筑基桩检测技术规范》JGJ 106—2014 …… 18—1
《建筑抗震加固技术规程》JGJ 116—2009 …… 19—1
《既有建筑地基基础加固技术规范》JGJ 123—2012 …… 20—1
《危险房屋鉴定标准》(2004 年版)JGJ 125—99 …… 21—1
《贯入法检测砌筑砂浆抗压强度技术规程》JGJ/T 136—2001 …… 22—1
《混凝土中钢筋检测技术规程》JGJ/T 152—2008 …… 23—1
《房屋建筑与市政基础设施工程检测分类标准》JGJ/T 181—2009 …… 24—1
《锚杆锚固质量无损检测技术规程》JGJ/T 182—2009 …… 25—1
《建筑门窗工程检测技术规程》JGJ/T 205—2010 …… 26—1
《后锚固法检测混凝土抗压强度技术规程》JGJ/T 208—2010 …… 27—1
《地下工程渗漏治理技术规程》JGJ/T 212—2010 …… 28—1
《择压法检测砌筑砂浆抗压强度技术规程》JGJ/T 234—2011 …… 29—1
《混凝土结构耐久性修复与防护技术规程》JGJ/T 259—2012 …… 30—1
《建筑物倾斜纠偏技术规程》JGJ 270—2012 …… 31—1
《建筑结构体外预应力加固技术规程》JGJ/T 279—2012 …… 32—1
《高强混凝土强度检测技术规程》JGJ/T 294—2013 …… 33—1
《建筑工程施工过程结构分析与监测技术规范》JGJ/T 302—2013 …… 34—1
《建筑工程裂缝防治技术规程》JGJ/T 317—2014 …… 35—1

《混凝土中氯离子含量检测技术规程》JGJ/T 322—2013 …… 36—1
《钢绞线网片聚合物砂浆加固技术规程》JGJ 337—2015 …… 37—1
《建筑地基检测技术规范》JGJ 340—2015 …… 38—1
《农村住房危险性鉴定标准》JGJ/T 363—2014 …… 39—1
《钻芯法检测砌体抗剪强度及砌筑砂浆强度技术规程》JGJ/T 368—2015 …… 40—1
《非烧结砖砌体现场检测技术规程》JGJ/T 371—2015 …… 41—1
《建筑外墙外保温系统修缮标准》JGJ 376—2015 …… 42—1

中华人民共和国国家标准

建筑抗震鉴定标准

Standard for seismic appraisal of buildings

GB 50023—2009

主编部门：中华人民共和国住房和城乡建设部
批准部门：中华人民共和国住房和城乡建设部
施行日期：2 0 0 9 年 7 月 1 日

中华人民共和国住房和城乡建设部
公　　告

第 322 号

关于发布国家标准《建筑抗震鉴定标准》的公告

现批准《建筑抗震鉴定标准》为国家标准，编号为 GB 50023－2009，自 2009 年 7 月 1 日起实施。其中，第 1.0.3、3.0.1、3.0.4（1、2、3）、4.1.2、4.1.3、4.1.4、4.2.4、5.1.2、5.1.4、5.1.5、5.2.12、6.1.2、6.1.4、6.1.5、6.2.10、6.3.1、7.1.2、7.1.4、7.1.5、9.1.2、9.1.5 条（款）为强制性条文，必须严格执行。原《建筑抗震鉴定标准》GB 50023－95 同时废止。

本标准由我部标准定额研究所组织中国建筑工业出版社出版发行。

中华人民共和国住房和城乡建设部

2009 年 6 月 5 日

前　　言

本标准是根据原建设部《关于印发〈2004 年工程建设标准制订、修订计划〉的通知》（［2004］67 号）的要求，由中国建筑科学研究院会同有关单位对《建筑抗震鉴定标准》GB 50023－95 进行修订而成。

修订过程中，调查总结了近年来我国发生的地震，特别是汶川大地震的经验教训，总结了原 95 鉴定标准颁布实施以来的建筑抗震鉴定的工程经验，采纳了建筑抗震鉴定技术的最新研究成果，并在全国范围内广泛征求了有关设计、科研、教学、房屋鉴定单位及抗震管理部门的意见，经反复讨论、修改、充实，最后经审查定稿。

本次修订后共包括 11 章和 7 个附录，主要修订内容是：一是扩大了原鉴定标准的适用范围；将原 95 鉴定标准仅针对TJ 11－78实施以前设计建造的房屋，扩大到已投入使用的现有建筑。二是提出了现有建筑鉴定的后续使用年限；根据现有建筑设计建造年代及原设计依据规范的不同，将其后续使用年限划分为 30、40、50 年三个档次。三是给出了不同后续使用年限的建筑应采用的抗震鉴定方法，即本标准中的 A、B、C 类建筑抗震鉴定方法。四是明确了现有建筑抗震鉴定的设防目标；后续使用年限 50 年的建筑与新建工程的设防目标一致，后续使用年限少于 50 年的建筑，在遭遇同样的地震影响时，其损坏程度略大于按后续使用年限 50 年鉴定的建筑。五是适度提高了乙类建筑的抗震鉴定要求。

本标准以黑体字标志的条文为强制性条文，必须严格执行。

本标准由住房和城乡建设部负责管理和对强制性条文的解释，由中国建筑科学研究院负责具体技术内容的解释。在执行过程中，请各单位结合工程实践，认真总结经验，并将意见和建议寄交中国建筑科学研究院国家标准《建筑抗震鉴定标准》管理组（地址：北京市北三环东路 30 号，邮编：100013，E-mail：GB 50023 @cabr. com. cn）。

本标准主编单位：中国建筑科学研究院

本标准参加单位：中国机械工业集团有限公司
中国航空工业规划设计研究院
四川省建筑科学研究院
中冶集团建筑研究总院
中国中元国际工程公司
中国地震局工程力学研究所
西北建筑抗震勘察设计研究院
同济大学

本标准主要起草人：程绍革　戴国莹（以下按姓氏笔画排列）
尹保江　史铁花　白雪霜
吕西林　吴　体　辛鸿博
张　耀　李仕全　金来建
徐　建　戴君武

本标准主要审查人：吴学敏　刘志刚（以下按姓氏笔画排列）
王亚勇　韦开波　吴翔天
李彦莉　苗启松　杨玉成
娄　宇　高永昭　莫　庸
袁金西　黄世敏

目　次

1　总则 …………………………………… 1—6
2　术语和符号 …………………………… 1—6
2.1　术语…………………………………… 1—6
2.2　主要符号……………………………… 1—7
3　基本规定………………………………… 1—7
4　场地、地基和基础 ……………………… 1—8
4.1　场地…………………………………… 1—8
4.2　地基和基础…………………………… 1—8
5　多层砌体房屋 …………………………… 1—10
5.1　一般规定 …………………………… 1—10
5.2　A类砌体房屋抗震鉴定 ……………… 1—10
5.3　B类砌体房屋抗震鉴定 ……………… 1—15
6　多层及高层钢筋混凝土房屋 …………… 1—19
6.1　一般规定 …………………………… 1—19
6.2　A类钢筋混凝土房屋抗震鉴定 ……… 1—20
6.3　B类钢筋混凝土房屋抗震鉴定 ……… 1—22
7　内框架和底层框架砖房 ………………… 1—25
7.1　一般规定 …………………………… 1—25
7.2　A类内框架和底层框架砖房抗震鉴定 …………………………………… 1—25
7.3　B类内框架和底层框架砖房抗震鉴定 …………………………………… 1—27
8　单层钢筋混凝土柱厂房 ………………… 1—28
8.1　一般规定 …………………………… 1—28
8.2　A类厂房抗震鉴定 …………………… 1—28
8.3　B类厂房抗震鉴定 …………………… 1—31
9　单层砖柱厂房和空旷房屋 ……………… 1—33
9.1　一般规定 …………………………… 1—33
9.2　A类单层砖柱厂房抗震鉴定 ………… 1—34
9.3　A类单层空旷房屋抗震鉴定 ………… 1—35
9.4　B类单层砖柱厂房抗震鉴定 ………… 1—36
9.5　B类单层空旷房屋抗震鉴定 ………… 1—37
10　木结构和土石墙房屋 ………………… 1—37
10.1　木结构房屋………………………… 1—37
10.2　生土房屋…………………………… 1—40
10.3　石墙房屋…………………………… 1—41
11　烟囱和水塔 …………………………… 1—42
11.1　烟囱………………………………… 1—42
11.2　A类水塔抗震鉴定…………………… 1—44
11.3　B类水塔抗震鉴定…………………… 1—45
附录A　砌体、混凝土、钢筋材料性能设计指标 ……………………………… 1—46
附录B　砖房抗震墙基准面积率 ………… 1—47
附录C　钢筋混凝土结构楼层受剪承载力…………………………………… 1—50
附录D　钢筋混凝土构件组合内力设计值调整 ……………………………… 1—50
附录E　钢筋混凝土构件截面抗震验算………………………………………… 1—52
附录F　砖填充墙框架抗震验算 ………… 1—54
附录G　木构件常用截面尺寸 …………… 1—55
本标准用词说明 …………………………… 1—57
引用标准名录……………………………… 1—57
附：条文说明……………………………… 1—58

CONTENTS

Chapter 1 General Provisions ············ 1—6
Chapter 2 Terms and Symbols ············ 1—6
2.1 Terms ············ 1—6
2.2 Main Symbols ············ 1—7
Chapter 3 Basic Requirements ············ 1—7
Chapter 4 Site, Soil and Foundation ············ 1—8
4.1 Site ············ 1—8
4.2 Soil and Foundation ············ 1—8
Chapter 5 Multi-story Masonry Buildings ············ 1—10
5.1 General Requirements ············ 1—10
5.2 Seismic Appraisal of Category A Buildings ············ 1—10
5.3 Seismic Appraisal of Category B Buildings ············ 1—15
Chapter 6 Multi-story and Tall Reinforced Concrete Buildings ············ 1—19
6.1 General Requirements ············ 1—19
6.2 Seismic Appraisal of Category A Buildings ············ 1—20
6.3 Seismic Appraisal of Category B Buildings ············ 1—22
Chapter 7 Multi-story Brick Buildings with Bottom-frame or Inner-frame ············ 1—25
7.1 General Requirements ············ 1—25
7.2 Seismic Appraisal of Category A Buildings ············ 1—25
7.3 Seismic Appraisal of Category B Buildings ············ 1—27
Chapter 8 Single-story Factory Buildings with Reinforced Concrete Columns ············ 1—28
8.1 General Requirements ············ 1—28
8.2 Seismic Appraisal of Category A Factory Buildings ············ 1—28
8.3 Seismic Appraisal of Category A Factory Buildings ············ 1—31
Chapter 9 Single-story Factory Buildings with Brick Columns and Single-story Spacious Buildings ············ 1—33
9.1 General Requirement ············ 1—33
9.2 Seismic Appraisal of Category A Factory Buildings with Brick Columns ············ 1—34
9.3 Seismic Appraisal of Category A Single-story Spacious Buildings ············ 1—35
9.4 Seismic Appraisal of Category B Factory Buildings with Brick Columns ············ 1—36
9.5 Seismic Appraisal of Category A Single-story Spacious Buildings ············ 1—37
Chapter 10 Wood, Earth and Stone Houses ············ 1—37
10.1 Wood Houses ············ 1—37
10.2 Unfired Earth Houses ············ 1—40
10.3 Stone Houses ············ 1—41
Chapter 11 Chimneys and Water Towers ············ 1—42
11.1 Chimneys ············ 1—42
11.2 Seismic Appraisal of Category A Water Towers ············ 1—44
11.3 Seismic Appraisal of Category B Water Towers ············ 1—45
Appendix A Material Property of Masonry, Concrete and Steel ············ 1—46
Appendix B Characteristic Ratio of Seismic Wall of Masonry Buildings ············ 1—47
Appendix C Story Shear Capacity of Reinforced Concrete Structures ············ 1—50

Appendix D Design Value Adjustment of Seismic Effects of Reinforced Concrete Members ······················ 1—50
Appendix E Section Seismic Check of Reinforced Concrete Members ······················ 1—52
Appendix F Seismic Check of Frame with Infill Brick Wall ···························· 1—54
Appendix G Normal Section Dimension of Wood Members ··········· 1—55
Explanation of Wording in This Standard ···································· 1—57
List of Quoted Standards ···················· 1—57
Addition: Explanation of Provisions ························ 1—58

1 总 则

1.0.1 为贯彻执行《中华人民共和国建筑法》和《中华人民共和国防震减灾法》，实行以预防为主的方针，减轻地震破坏，减少损失，对现有建筑的抗震能力进行鉴定，并为抗震加固或采取其他抗震减灾对策提供依据，制定本标准。

符合本标准要求的现有建筑，在预期的后续使用年限内具有相应的抗震设防目标：后续使用年限50年的现有建筑，具有与现行国家标准《建筑抗震设计规范》GB 50011相同的设防目标；后续使用年限少于50年的现有建筑，在遭遇同样的地震影响时，其损坏程度略大于按后续使用年限50年鉴定的建筑。

1.0.2 本标准适用于抗震设防烈度为6～9度地区的现有建筑的抗震鉴定，不适用于新建建筑工程的抗震设计和施工质量的评定。

抗震设防烈度，一般情况下，采用中国地震动参数区划图的地震基本烈度或现行国家标准《建筑抗震设计规范》GB 50011规定的抗震设防烈度。

古建筑和行业有特殊要求的建筑，应按专门的规定进行鉴定。

注：本标准以下将“抗震设防烈度为6度、7度、8度、9度”简称“6度、7度、8度、9度”。

1.0.3 现有建筑应按现行国家标准《建筑工程抗震设防分类标准》GB 50223分为四类，其抗震措施核查和抗震验算的综合鉴定应符合下列要求：

1 丙类，应按本地区设防烈度的要求核查其抗震措施并进行抗震验算。

2 乙类，6～8度应按比本地区设防烈度提高一度的要求核查其抗震措施，9度时应适当提高要求；抗震验算应按不低于本地区设防烈度的要求采用。

3 甲类，应经专门研究按不低于乙类的要求核查其抗震措施，抗震验算应按高于本地区设防烈度的要求采用。

4 丁类，7～9度时，应允许按比本地区设防烈度降低一度的要求核查其抗震措施，抗震验算应允许比本地区设防烈度适当降低要求；6度时应允许不作抗震鉴定。

注：本标准中，甲类、乙类、丙类、丁类，分别为现行国家标准《建筑工程抗震设防分类标准》GB 50223特殊设防类、重点设防类、标准设防类、适度设防类的简称。

1.0.4 现有建筑应根据实际需要和可能，按下列规定选择其后续使用年限：

1 在70年代及以前建造经耐久性鉴定可继续使用的现有建筑，其后续使用年限不应少于30年；在80年代建造的现有建筑，宜采用40年或更长，且不得少于30年。

2 在90年代（按当时施行的抗震设计规范系列设计）建造的现有建筑，后续使用年限不宜少于40年，条件许可时应采用50年。

3 在2001年以后（按当时施行的抗震设计规范系列设计）建造的现有建筑，后续使用年限宜采用50年。

1.0.5 不同后续使用年限的现有建筑，其抗震鉴定方法应符合下列要求：

1 后续使用年限30年的建筑（简称A类建筑），应采用本标准各章规定的A类建筑抗震鉴定方法。

2 后续使用年限40年的建筑（简称B类建筑），应采用本标准各章规定的B类建筑抗震鉴定方法。

3 后续使用年限50年的建筑（简称C类建筑），应按现行国家标准《建筑抗震设计规范》GB 50011的要求进行抗震鉴定。

1.0.6 下列情况下，现有建筑应进行抗震鉴定：

1 接近或超过设计使用年限需要继续使用的建筑。

2 原设计未考虑抗震设防或抗震设防要求提高的建筑。

3 需要改变结构的用途和使用环境的建筑。

4 其他有必要进行抗震鉴定的建筑。

1.0.7 现有建筑的抗震鉴定，除应符合本标准的规定外，尚应符合国家现行标准、规范的有关规定。

2 术语和符号

2.1 术 语

2.1.1 现有建筑 available buildings

除古建筑、新建建筑、危险建筑以外，迄今仍在使用的既有建筑。

2.1.2 后续使用年限 continuous seismic working life, continuing seismic service life

本标准对现有建筑经抗震鉴定后继续使用所约定的一个时期，在这个时期内，建筑不需重新鉴定和相应加固就能按预期目的使用、完成预定的功能。

2.1.3 抗震设防烈度 seismic fortification intensity

按国家规定的权限批准作为一个地区抗震设防依据的地震烈度。

2.1.4 抗震鉴定 seismic appraisal

通过检查现有建筑的设计、施工质量和现状，按规定的抗震设防要求，对其在地震作用下的安全性进行评估。

2.1.5 综合抗震能力 compound seismic capability

整个建筑结构综合考虑其构造和承载力等因素所具有的抵抗地震作用的能力。

2.1.6 墙体面积率 ratio of wall section area to floor area

墙体在楼层高度 1/2 处的净截面面积与同一楼层建筑平面面积的比值。

2.1.7 抗震墙基准面积率 characteristic ratio of seismic wall

以墙体面积率进行砌体结构简化的抗震验算时所取用的代表值。

2.1.8 结构构件现有承载力 available capacity of member

现有结构构件由材料强度标准值、结构构件（包括钢筋）实有的截面面积和对应于重力荷载代表值的轴向力所确定的结构构件承载力。包括现有受弯承载力和现有受剪承载力等。

2.2 主要符号

2.2.1 作用和作用效应

N ——对应于重力荷载代表值的轴向压力

V_e ——楼层的弹性地震剪力

S ——结构构件地震基本组合的作用效应设计值

p_0 ——基础底面实际平均压力

2.2.2 材料性能和抗力

M_y ——构件现有受弯承载力

V_y ——构件或楼层现有受剪承载力

R ——结构构件承载力设计值

f ——材料现有强度设计值

f_k ——材料现有强度标准值

2.2.3 几何参数

A_s ——实有钢筋截面面积

A_w ——抗震墙截面面积

A_b ——楼层建筑平面面积

B ——房屋宽度

L ——抗震墙之间楼板长度、抗震墙间距，房屋长度

b ——构件截面宽度

h ——构件截面高度

l ——构件长度，屋架跨度

t ——抗震墙厚度

2.2.4 计算系数

β ——综合抗震承载力指数

γ_{Ra} ——抗震鉴定的承载力调整系数

ξ_y ——楼层屈服强度系数

ξ_0 ——砖房抗震墙的基准面积率

ψ_1 ——结构构造的体系影响系数

ψ_2 ——结构构造的局部影响系数

3 基本规定

3.0.1 现有建筑的抗震鉴定应包括下列内容及要求：

1 搜集建筑的勘察报告、施工和竣工验收的相关原始资料；当资料不全时，应根据鉴定的需要进行补充实测。

2 调查建筑现状与原始资料相符合的程度、施工质量和维护状况，发现相关的非抗震缺陷。

3 根据各类建筑结构的特点、结构布置、构造和抗震承载力等因素，采用相应的逐级鉴定方法，进行综合抗震能力分析。

4 对现有建筑整体抗震性能作出评价，对符合抗震鉴定要求的建筑应说明其后续使用年限，对不符合抗震鉴定要求的建筑提出相应的抗震减灾对策和处理意见。

3.0.2 现有建筑的抗震鉴定，应根据下列情况区别对待：

1 建筑结构类型不同的结构，其检查的重点、项目内容和要求不同，应采用不同的鉴定方法。

2 对重点部位与一般部位，应按不同的要求进行检查和鉴定。

注：重点部位指影响该类建筑结构整体抗震性能的关键部位和易导致局部倒塌伤人的构件、部件，以及地震时可能造成次生灾害的部位。

3 对抗震性能有整体影响的构件和仅有局部影响的构件，在综合抗震能力分析时应分别对待。

3.0.3 抗震鉴定分为两级。第一级鉴定应以宏观控制和构造鉴定为主进行综合评价，第二级鉴定应以抗震验算为主结合构造影响进行综合评价。

A 类建筑的抗震鉴定，当符合第一级鉴定的各项要求时，建筑可评为满足抗震鉴定要求，不再进行第二级鉴定；当不符合第一级鉴定要求时，除本标准各章有明确规定的情况外，应由第二级鉴定作出判断。

B 类建筑的抗震鉴定，应检查其抗震措施和现有抗震承载力再作出判断。当抗震措施不满足鉴定要求而现有抗震承载力较高时，可通过构造影响系数进行综合抗震能力的评定；当抗震措施鉴定满足要求时，主要抗侧力构件的抗震承载力不低于规定的 95%、次要抗侧力构件的抗震承载力不低于规定的 90%，也可不要求进行加固处理。

3.0.4 现有建筑宏观控制和构造鉴定的基本内容及要求，应符合下列规定：

1 当建筑的平立面、质量、刚度分布和墙体等抗侧力构件的布置在平面内明显不对称时，应进行地震扭转效应不利影响的分析；当结构竖向构件上下不连续或刚度沿高度分布突变时，应找出薄弱部位并按相应的要求鉴定。

2 检查结构体系，应找出其破坏会导致整个体系丧失抗震能力或丧失对重力的承载能力的部件或构件；当房屋有错层或不同类型结构体系相连时，应提高其相应部位的抗震鉴定要求。

3 检查结构材料实际达到的强度等级，当低于规

定的最低要求时，应提出采取相应的抗震减灾对策。

4　多层建筑的高度和层数，应符合本标准各章规定的最大值限值要求。

5　当结构构件的尺寸、截面形式等不利于抗震时，宜提高该构件的配筋等构造抗震鉴定要求。

6　结构构件的连接构造应满足结构整体性的要求；装配式厂房应有较完整的支撑系统。

7　非结构构件与主体结构的连接构造应满足不倒塌伤人的要求；位于出入口及人流通道等处，应有可靠的连接。

8　当建筑场地位于不利地段时，尚应符合地基基础的有关鉴定要求。

3.0.5　6度和本标准各章有具体规定时，可不进行抗震验算；当6度第一级鉴定不满足时，可通过抗震验算进行综合抗震能力评定；其他情况，至少在两个主轴方向分别按本标准各章规定的具体方法进行结构的抗震验算。

当本标准未给出具体方法时，可采用现行国家标准《建筑抗震设计规范》GB 50011 规定的方法，按下式进行结构构件抗震验算：

$$S \leqslant R/\gamma_{Ra} \tag{3.0.5}$$

式中　S——结构构件内力（轴向力、剪力、弯矩等）组合的设计值；计算时，有关的荷载、地震作用、作用分项系数、组合值系数，应按现行国家标准《建筑抗震设计规范》GB 50011 的规定采用；其中，场地的设计特征周期可按表3.0.5确定，地震作用效应（内力）调整系数应按本标准各章的规定采用，8、9度的大跨度和长悬臂结构应计算竖向地震作用。

R——结构构件承载力设计值，按现行国家标准《建筑抗震设计规范》GB 50011 的规定采用；其中，各类结构材料强度的设计指标应按本标准附录A采用，材料强度等级按现场实际情况确定。

γ_{Ra}——抗震鉴定的承载力调整系数，除本标准各章节另有规定外，一般情况下，可按现行国家标准《建筑抗震设计规范》GB 50011 的承载力抗震调整系数值采用，A类建筑抗震鉴定时，钢筋混凝土构件应按现行国家标准《建筑抗震设计规范》GB 50011 承载力抗震调整系数值的0.85倍采用。

表3.0.5　特征周期值（s）

设计地震分组	场地类别			
	Ⅰ	Ⅱ	Ⅲ	Ⅳ
第一、二组	0.20	0.30	0.40	0.65
第三组	0.25	0.40	0.55	0.85

3.0.6　现有建筑的抗震鉴定要求，可根据建筑所在场地、地基和基础等的有利和不利因素，作下列调整：

1　Ⅰ类场地上的丙类建筑，7～9度时，构造要求可降低一度。

2　Ⅳ类场地、复杂地形、严重不均匀土层上的建筑以及同一建筑单元存在不同类型基础时，可提高抗震鉴定要求。

3　建筑场地为Ⅲ、Ⅳ类时，对设计基本地震加速度0.15g和0.30g的地区，各类建筑的抗震构造措施要求宜分别按抗震设防烈度8度（0.20g）和9度（0.40g）采用。

4　有全地下室、箱基、筏基和桩基的建筑，可降低上部结构的抗震鉴定要求。

5　对密集的建筑，包括防震缝两侧的建筑，应提高相关部位的抗震鉴定要求。

3.0.7　对不符合鉴定要求的建筑，可根据其不符合要求的程度、部位对结构整体抗震性能影响的大小，以及有关的非抗震缺陷等实际情况，结合使用要求、城市规划和加固难易等因素的分析，提出相应的维修、加固、改变用途或更新等抗震减灾对策。

4　场地、地基和基础

4.1　场　地

4.1.1　6、7度时及建造于对抗震有利地段的建筑，可不进行场地对建筑影响的抗震鉴定。

注：1　对建造于危险地段的建筑，场地对建筑影响应按专门规定鉴定；

2　有利、不利等地段和场地类别，按现行国家标准《建筑抗震设计规范》GB 50011 划分。

4.1.2　对建造于危险地段的现有建筑，应结合规划更新（迁离）；暂时不能更新的，应进行专门研究，并采取应急的安全措施。

4.1.3　7～9度时，建筑场地为条状突出山嘴、高耸孤立山丘、非岩石和强风化岩石陡坡、河岸和边坡的边缘等不利地段，应对其地震稳定性、地基滑移及对建筑的可能危害进行评估；非岩石和强风化岩石陡坡的坡度及建筑场地与坡脚的高差均较大时，应估算局部地形导致其地震影响增大的后果。

4.1.4　建筑场地有液化侧向扩展且距常时水线100m范围内，应判明液化后土体流滑与开裂的危险。

4.2　地基和基础

4.2.1　地基基础现状的鉴定，应着重调查上部结构的不均匀沉降裂缝和倾斜，基础有无腐蚀、酥碱、松散和剥落，上部结构的裂缝、倾斜以及有无发展趋势。

4.2.2 符合下列情况之一的现有建筑，可不进行其地基基础的抗震鉴定：

1 丁类建筑。

2 地基主要受力层范围内不存在软弱土、饱和砂土和饱和粉土或严重不均匀土层的乙类、丙类建筑。

3 6度时的各类建筑。

4 7度时，地基基础现状无严重静载缺陷的乙类、丙类建筑。

4.2.3 对地基基础现状进行鉴定时，当基础无腐蚀、酥碱、松散和剥落，上部结构无不均匀沉降裂缝和倾斜，或虽有裂缝、倾斜但不严重且无发展趋势，该地基基础可评为无严重静载缺陷。

4.2.4 存在软弱土、饱和砂土和饱和粉土的地基基础，应根据烈度、场地类别、建筑现状和基础类型，进行液化、震陷及抗震承载力的两级鉴定。符合第一级鉴定的规定时，应评为地基符合抗震要求，不再进行第二级鉴定。

静载下已出现严重缺陷的地基基础，应同时审核其静载下的承载力。

4.2.5 地基基础的第一级鉴定应符合下列要求：

1 基础下主要受力层存在饱和砂土或饱和粉土时，对下列情况可不进行液化影响的判别：

1）对液化沉陷不敏感的丙类建筑；

2）符合现行国家标准《建筑抗震设计规范》GB 50011液化初步判别要求的建筑。

2 基础下主要受力层存在软弱土时，对下列情况可不进行建筑在地震作用下沉陷的估算：

1）8、9度时，地基土静承载力特征值分别大于80kPa和100kPa；

2）8度时，基础底面以下的软弱土层厚度不大于5m。

3 采用桩基的建筑，对下列情况可不进行桩基的抗震验算：

1）现行国家标准《建筑抗震设计规范》GB 50011规定可不进行桩基抗震验算的建筑；

2）位于斜坡但地震时土体稳定的建筑。

4.2.6 地基基础的第二级鉴定应符合下列要求：

1 饱和土液化的第二级判别，应按现行国家标准《建筑抗震设计规范》GB 50011的规定，采用标准贯入试验判别法。判别时，可计入地基附加应力对土体抗液化强度的影响。存在液化土时，应确定液化指数和液化等级，并提出相应的抗液化措施。

2 软弱土地基及8、9度时Ⅲ、Ⅳ类场地上的高层建筑和高耸结构，应进行地基和基础的抗震承载力验算。

4.2.7 现有天然地基的抗震承载力验算，应符合下列要求：

1 天然地基的竖向承载力，可按现行国家标准《建筑抗震设计规范》GB 50011规定的方法验算，其中，地基土静承载力特征值应改用长期压密地基土静承载力特征值，其值可按下式计算：

$$f_{sE} = \zeta_s f_{sc} \tag{4.2.7-1}$$

$$f_{sc} = \zeta_c f_s \tag{4.2.7-2}$$

式中 f_{sE}——调整后的地基土抗震承载力特征值（kPa）；

ζ_s——地基土抗震承载力调整系数，可按现行国家标准《建筑抗震设计规范》GB 50011采用；

f_{sc}——长期压密地基土静承载力特征值（kPa）；

f_s——地基土静承载力特征值（kPa），其值可按现行国家标准《建筑地基基础设计规范》GB 50007采用；

ζ_c——地基土静承载力长期压密提高系数，其值可按表4.2.7采用。

2 承受水平力为主的天然地基验算水平抗滑时，抗滑阻力可采用基础底面摩擦力和基础正侧面土的水平抗力之和；基础正侧面土的水平抗力，可取其被动土压力的1/3；抗滑安全系数不宜小于1.1；当刚性地坪的宽度不小于地坪孔口承压面宽度的3倍时，尚可利用刚性地坪的抗滑能力。

表 4.2.7 地基土静承载力长期压密提高系数

年限与岩土类别	p_0/f_s			
	1.0	0.8	0.4	<0.4
2年以上的砾、粗、中、细、粉砂 5年以上的粉土和粉质黏土 8年以上地基土静承载力标准值大于100kPa的黏土	1.2	1.1	1.05	1.0

注：1 p_0 指基础底面实际平均压应力（kPa）；

2 使用期不够或岩石、碎石土、其他软弱土，提高系数值可取1.0。

4.2.8 桩基的抗震承载力验算，可按现行国家标准《建筑抗震设计规范》GB 50011规定的方法进行。

4.2.9 7～9度时山区建筑的挡土结构、地下室或半地下室外墙的稳定性验算，可采用现行国家标准《建筑地基基础设计规范》GB 50007规定的方法；抗滑安全系数不应小于1.1，抗倾覆安全系数不应小于1.2。验算时，土的重度应除以地震角的余弦，墙背填土的内摩擦角和墙背摩擦角应分别减去地震角和增加地震角。地震角可按表4.2.9采用。

表 4.2.9 挡土结构的地震角

类别	7 度		8 度		9 度
	0.1g	0.15g	0.2g	0.3g	0.4g
水上	1.5°	2.3°	3°	4.5°	6°
水下	2.5°	3.8°	5°	7.5°	10°

4.2.10 同一建筑单元存在不同类型基础或基础埋深不同时，宜根据地震时可能产生的不利影响，估算地震导致两部分地基的差异沉降，检查基础抵抗差异沉降的能力，并检查上部结构相应部位的构造抵抗附加地震作用和差异沉降的能力。

5 多层砌体房屋

5.1 一般规定

5.1.1 本章适用于烧结普通黏土砖、烧结多孔黏土砖、混凝土中型空心砌块、混凝土小型空心砌块、粉煤灰中型实心砌块砌体承重的多层房屋。

注：1 对于单层砌体房屋，当横墙间距不超过三开间时，可按本章规定的原则进行抗震鉴定；

2 本章中烧结普通黏土砖、烧结多孔黏土砖、混凝土小型空心砌块、混凝土中型空心砌块、粉煤灰中型实心砌块分别简称为普通砖、多孔砖、混凝土小砌块、混凝土中砌块、粉煤灰中砌块。

5.1.2 现有多层砌体房屋抗震鉴定时，房屋的高度和层数、抗震墙的厚度和间距、墙体实际达到的砂浆强度等级和砌筑质量、墙体交接处的连接以及女儿墙、楼梯间和出屋面烟囱等易引起倒塌伤人的部位应重点检查；7～9 度时，尚应检查墙体布置的规则性，检查楼、屋盖处的圈梁，检查楼、屋盖与墙体的连接构造等。

5.1.3 多层砌体房屋的外观和内在质量应符合下列要求：

1 墙体不空鼓、无严重酥碱和明显歪闪。

2 支承大梁、屋架的墙体无竖向裂缝，承重墙、自承重墙及其交接处无明显裂缝。

3 木楼、屋盖构件无明显变形、腐朽、蚁蚀和严重开裂。

4 混凝土构件符合本标准第 6.1.3 条的有关规定。

5.1.4 现有砌体房屋的抗震鉴定，应按房屋高度和层数、结构体系的合理性、墙体材料的实际强度、房屋整体性连接构造的可靠性、局部易损易倒部位构件自身及其与主体结构连接构造的可靠性以及墙体抗震承载力的综合分析，对整幢房屋的抗震能力进行鉴定。

当砌体房屋层数超过规定时，应评为不满足抗震鉴定要求；当仅有出入口和人流通道处的女儿墙、出屋面烟囱等不符合规定时，应评为局部不满足抗震鉴定要求。

5.1.5 A 类砌体房屋应进行综合抗震能力的两级鉴定。在第一级鉴定中，墙体的抗震承载力应依据纵、横墙间距进行简化验算，当符合第一级鉴定的各项规定时，应评为满足抗震鉴定要求；不符合第一级鉴定要求时，除有明确规定的情况外，应在第二级鉴定中采用综合抗震能力指数的方法，计入构造影响作出判断。

B 类砌体房屋，在整体性连接构造的检查中尚应包括构造柱的设置情况，墙体的抗震承载力应采用现行国家标准《建筑抗震设计规范》GB 50011 的底部剪力法等方法进行验算，或按照 A 类砌体房屋计入构造影响进行综合抗震能力的评定。

5.2 A 类砌体房屋抗震鉴定

（Ⅰ）第一级鉴定

5.2.1 现有砌体房屋的高度和层数应符合下列要求：

1 房屋的高度和层数不宜超过表 5.2.1 所列的范围。对横向抗震墙较少的房屋，其适用高度和层数应比表 5.2.1 的规定分别降低 3m 和一层；对横向抗震墙很少的房屋，还应再减少一层。

2 当超过规定的适用范围时，应提高对综合抗震能力的要求或提出改变结构体系的要求等。

5.2.2 现有砌体房屋的结构体系，应按下列规定进行检查：

1 房屋实际的抗震横墙间距和高宽比，应符合下列刚性体系的要求：

表 5.2.1 A 类砌体房屋的最大高度（m）和层数限值

墙体类别	墙体厚度（mm）	6度		7度		8度		9度	
		高度	层数	高度	层数	高度	层数	高度	层数
普通砖实心墙	≥240	24	八	22	七	19	六	13	四
	180	16	五	16	五	13	四	10	三
多孔砖墙	180～240	16	五	16	五	13	四	10	三
普通砖空心墙	420	19	六	19	六	13	四	10	三
	300	10	三	10	三	10	三		
普通砖空斗墙	240	10	三	10	三	10	三		
混凝土中砌块墙	≥240	19	六	19	六	13	四		
混凝土小砌块墙	≥190	22	七	22	七	16	五		
粉煤灰中砌块墙	≥240	19	六	19	六	13	四		
	180～240	16	五	16	五	10	三		

注：1 房屋高度计算方法同现行国家标准《建筑抗震设计规范》GB 50011 的规定；

2 空心墙指由两片 120mm 厚砖墙或 120mm 厚砖与 240mm 厚砖通过卧砌形成的墙体；

3 乙类设防时应允许按本地区设防烈度查表，但层数应减少一层且总高度应降低 3m；其抗震墙不应为 180mm 普通砖实心墙、普通砖空斗墙。

1）抗震横墙的最大间距应符合表 5.2.2 的规定；

2）房屋的高度与宽度（有外廊的房屋，此宽度不包括其走廊宽度）之比不宜大于 2.2，且高度不大于底层平面的最长尺寸。

2 7～9 度时，房屋的平、立面和墙体布置宜符合下列规则性的要求：

1）质量和刚度沿高度分布比较规则均匀，立面高度变化不超过一层，同一楼层的楼板标高相差不大于 500mm；

2）楼层的质心和计算刚心基本重合或接近。

表 5.2.2 A 类砌体房屋刚性体系抗震横墙的最大间距（m）

楼、屋盖类别	墙体类别	墙体厚度（mm）	6、7 度	8 度	9 度
现浇或装配整体式混凝土	砖实心墙	≥240	15	15	11
	其他墙体	≥180	13	10	
装配式混凝土	砖实心墙	≥240	11	11	7
	其他墙体	≥180	10	7	
木、砖拱	砖实心墙	≥240	7	7	4

注：对Ⅳ类场地，表内的最大间距值应减少 3m 或 4m 以内的一开间。

3 跨度不小于 6m 的大梁，不宜由独立砖柱支承；乙类设防时不应由独立砖柱支承。

4 教学楼、医疗用房等横墙较少、跨度较大的房间，宜为现浇或装配整体式楼、屋盖。

5.2.3 承重墙体的砖、砌块和砂浆实际达到的强度等级，应符合下列要求：

1 砖强度等级不宜低于 MU7.5，且不低于砌筑砂浆强度等级；中型砌块的强度等级不宜低于 MU10，小型砌块的强度等级不宜低于 MU5。砖、砌块的强度等级低于上述规定一级以内时，墙体的砂浆强度等级宜按比实际达到的强度等级降低一级采用。

2 墙体的砌筑砂浆强度等级，6 度或 7 度时二层及以下的砖砌体不应低于 M0.4，当 7 度时超过二层或 8、9 度时不宜低于 M1；砌块墙体不宜低于 M2.5。砂浆强度等级高于砖、砌块的强度等级时，墙体的砂浆强度等级宜按砖、砌块的强度等级采用。

5.2.4 现有房屋的整体性连接构造，应着重检查下列要求：

1 墙体布置在平面内应闭合，纵横墙交接处应有可靠连接，不应被烟道、通风道等竖向孔道削弱；乙类设防时，尚应按本地区抗震设防烈度和表 5.2.4-1 检查构造柱设置情况。

表 5.2.4-1 乙类设防时 A 类砖房构造柱设置要求

<table>
<tr><th colspan="4">房屋层数</th><th colspan="2" rowspan="2">设置部位</th></tr>
<tr><th>6度</th><th>7度</th><th>8度</th><th>9度</th></tr>
<tr><td>四、五</td><td>三、四</td><td>二、三</td><td></td><td rowspan="3">外墙四角，错层部位横墙与外纵墙交接处，较大洞口两侧，大房间内外墙交接处</td><td>7、8 度时，楼梯间、电梯间四角</td></tr>
<tr><td>六、七</td><td>五、六</td><td>四</td><td>二</td><td>隔开间横墙（轴线）与外墙交接处，山墙与内纵墙交接处；7～9 度时，楼梯间、电梯间四角</td></tr>
<tr><td></td><td></td><td>五</td><td>三</td><td>内墙（轴线）与外墙交接处，内墙的局部较小墙垛处；7～9 度时，楼梯间、电梯间四角；9 度时内纵墙与横墙（轴线）交接处</td></tr>
</table>

注：横墙较少时，按增加一层的层数查表。砌块房屋按表中提高一度的要求检查芯柱或构造柱。

2 木屋架不应为无下弦的人字屋架，隔开间应有一道竖向支撑或有木望板和木龙骨顶棚。

3 装配式混凝土楼盖、屋盖（或木屋盖）砖房的圈梁布置和配筋，不应少于表 5.2.4-2 的规定；纵墙承重房屋的圈梁布置要求应相应提高；空斗墙、空心墙和 180mm 厚砖墙的房屋，外墙每层应有圈梁。

4 装配式混凝土楼盖、屋盖的砌块房屋，每层均应有圈梁；其中，6～8 度时内墙上圈梁的水平间距与配筋应分别符合表 5.2.4-2 中 7～9 度时的规定。

表 5.2.4-2 A 类砌体房屋圈梁的布置和构造要求

<table>
<tr><th colspan="2">位置和配筋量</th><th>7 度</th><th>8 度</th><th>9 度</th></tr>
<tr><td rowspan="2">屋盖</td><td>外墙</td><td>除层数为二层的预制板或有木望板、木龙骨吊顶时，均应有</td><td>均应有</td><td>均应有</td></tr>
<tr><td>内墙</td><td>同外墙，且纵横墙上圈梁的水平间距分别不应大于 8m 和 16m</td><td>纵横墙上圈梁的水平间距分别不应大于 8m 和 12m</td><td>纵横墙上圈梁的水平间距均不应大于 8m</td></tr>
<tr><td rowspan="2">楼盖</td><td>外墙</td><td>横墙间距大于 8m 或层数超过四层时应隔层有</td><td>横墙间距大于 8m 时每层应有，横墙间距不大于 8m 层数超过三层时，应隔层有</td><td>层数超过二层且横墙间距大于 4m 时，每层均应有</td></tr>
<tr><td>内墙</td><td>横墙间距大于 8m 或层数超过四层时，应隔层有且圈梁的水平间距不应大于 16m</td><td>同外墙，且圈梁的水平间距不应大于 12m</td><td>同外墙，且圈梁的水平间距不应大于 8m</td></tr>
<tr><td colspan="2">配筋量</td><td>4ϕ8</td><td>4ϕ10</td><td>4ϕ12</td></tr>
</table>

注：6 度时，同非抗震要求。

5.2.5 现有房屋的整体性连接构造，尚应满足下列要求：

1 纵横墙交接处应咬槎较好；当为马牙槎砌筑或有钢筋混凝土构造柱时，沿墙高每10皮砖（中型砌块每道水平灰缝）或500mm应有2ϕ6拉结钢筋；空心砌块有钢筋混凝土芯柱时，芯柱在楼层上下应连通，且沿墙高每隔600mm应有ϕ4点焊钢筋网片与墙拉结。

2 楼盖、屋盖的连接应符合下列要求：

1）楼盖、屋盖构件的支承长度不应小于表5.2.5的规定；

2）混凝土预制构件应有坐浆；预制板缝应有混凝土填实，板上应有水泥砂浆面层。

表5.2.5 楼盖、屋盖构件的最小支承长度（mm）

构件名称	混凝土预制板		预制进深梁	木屋架、木大梁	对接檩条	木龙骨、木檩条
位置	墙上	梁上	墙上	墙上	屋架上	墙上
支承长度	100	80	180且有梁垫	240	60	120

3 圈梁的布置和构造尚应符合下列要求：

1）现浇和装配整体式钢筋混凝土楼盖、屋盖可无圈梁；

2）圈梁截面高度，多层砖房不宜小于120mm，中型砌块房屋不宜小于200mm，小型砌块房屋不宜小于150mm；

3）圈梁位置与楼盖、屋盖宜在同一标高或紧靠板底；

4）砖拱楼盖、屋盖房屋，每层所有内外墙均应有圈梁，当圈梁承受砖拱楼盖、屋盖的推力时，配筋量不应少于4ϕ12；

5）屋盖处的圈梁应现浇；楼盖处的圈梁可为钢筋砖圈梁，其高度不小于4皮砖，砌筑砂浆强度等级不低于M5，总配筋量不少于表5.2.4-2中的规定；现浇钢筋混凝土板墙或钢筋网水泥砂浆面层中的配筋加强带可代替该位置上的圈梁；与纵墙圈梁有可靠连接的进深梁或配筋板带也可代替该位置上的圈梁。

5.2.6 房屋中易引起局部倒塌的部件及其连接，应着重检查下列要求：

1 出入口或人流通道处的女儿墙和门脸等装饰物应有锚固。

2 出屋面小烟囱在出入口或人流通道处应有防倒塌措施。

3 钢筋混凝土挑檐、雨罩等悬挑构件应有足够的稳定性。

5.2.7 楼梯间的墙体，悬挑楼层、通长阳台或房屋尽端局部悬挑阳台，过街楼的支承墙体，与独立承重砖柱相邻的承重墙体，均应提高有关墙体承载能力的要求。

5.2.8 房屋中易引起局部倒塌的部件及其连接，尚应分别符合下列规定：

1 现有结构构件的局部尺寸、支承长度和连接应符合下列要求：

1）承重的门窗间墙最小宽度和外墙尽端至门窗洞边的距离及支承跨度大于5m的大梁的内墙阳角至门窗洞边的距离，7、8、9度时分别不宜小于0.8m、1.0m、1.5m；

2）非承重的外墙尽端至门窗洞边的距离，7、8度时不宜小于0.8m，9度时不宜小于1.0m；

3）楼梯间及门厅跨度不小于6m的大梁，在砖墙转角处的支承长度不宜小于490mm；

4）出屋面的楼梯间、电梯间和水箱间等小房间，8、9度时墙体的砂浆强度等级不宜低于M2.5；门窗洞口不宜过大；预制楼盖、屋盖与墙体应有连接。

2 非结构构件的现有构造应符合下列要求：

1）隔墙与两侧墙体或柱应有拉结，长度大于5.1m或高度大于3m时，墙顶还应与梁板有连接；

2）无拉结女儿墙和门脸等装饰物，当砌筑砂浆的强度等级不低于M2.5且厚度为240mm时，其突出屋面的高度，对整体性不良或非刚性结构的房屋不应大于0.5m；对刚性结构房屋的封闭女儿墙不宜大于0.9m。

5.2.9 第一级鉴定时，房屋的抗震承载力可采用抗震横墙间距和宽度的下列限值进行简化验算：

1 层高在3m左右，墙厚为240mm的普通黏土砖房屋，当在层高的1/2处门窗洞所占的水平截面面积，对承重横墙不大于总截面面积的25%、对承重纵墙不大于总截面面积的50%时，其承重横墙间距和房屋宽度的限值宜按表5.2.9-1采用，设计基本地震加速度为0.15g和0.30g时，应按表中数值采用内插法确定；其他墙体的房屋，应按表5.2.9-1的限值乘以表5.2.9-2规定的抗震墙体类别修正系数采用。

2 自承重墙的限值，可按本条第1款规定值的1.25倍采用。

3 对本标准第5.2.7条规定的情况，其限值宜按本条第1、2款规定值的0.8倍采用；突出屋面的楼梯间、电梯间和水箱间等小房间，其限值宜按本条第1、2款规定值的1/3采用。

表 5.2.9-1　抗震承载力简化验算的抗震横墙间距和房屋宽度限值（m）

楼层总数	检查楼层	砂浆强度等级																			
		M0.4		M1		M2.5		M5		M10		M0.4		M1		M2.5		M5		M10	
		L	*B*	*L*	*B*	*L*	*B*	*L*	*B*	*L*	*B*	*L*	*B*	*L*	*B*	*L*	*B*	*L*	*B*	*L*	*B*
		6　度										7　度									
二	2	6.9	10	11	15	15	15	—	—	—	—	4.8	7.1	7.9	11	12	15	15	15	—	—
	1	6.0	8.8	9.2	14	13	15	—	—	—	—	4.2	6.2	6.4	9.5	9.2	13	12	15	—	—
三	3	6.1	9.0	10	14	15	15	15	15	—	—	—	—	7.0	10	11	15	15	15	—	—
	1～2	4.7	7.1	7.0	11	9.8	14	14	15	—	—	—	—	5.0	7.4	6.8	10	9.2	13	—	—
四	4	5.7	8.4	9.4	14	14	15	15	15	—	—	—	—	6.6	9.5	9.8	12	12	12	—	—
	3	4.3	6.3	6.6	9.6	9.3	14	13	15	—	—	—	—	4.6	6.7	6.5	9.5	8.9	12	—	—
	1～2	4.0	6.0	5.9	8.9	8.1	12	11	15	—	—	—	—	4.1	6.2	5.7	8.5	7.5	11	—	—
五	5	5.6	9.2	9.0	12	12	12	12	12	—	—	—	—	6.3	9.0	9.4	12	12	12	—	—
	4	3.8	6.5	6.1	9.0	8.7	12	12	12	—	—	—	—	4.3	6.3	6.1	8.9	8.3	12	—	—
	1～3	—	—	5.2	7.9	7.0	10	9.1	12	—	—	—	—	3.6	5.4	4.9	7.4	6.4	9.4	—	—
六	6	—	—	8.9	12	12	12	12	12	—	—	—	—	6.1	8.8	9.2	12	12	12	—	—
	5	—	—	5.9	8.6	8.3	12	11	12	—	—	—	—	4.1	6.0	5.8	8.5	7.8	11	—	—
	4	—	—	—	—	6.8	10	9.1	12	—	—	—	—	—	—	4.8	7.1	6.4	9.3	—	—
	1～3	—	—	—	—	6.3	9.4	8.1	12	—	—	—	—	—	—	4.4	6.6	5.7	8.4	—	—
七	7	—	—	8.2	12	12	12	12	12	—	—	—	—	—	—	3.9	7.2	3.9	7.2	—	—
	6	—	—	5.2	8.3	8.0	11	11	12	—	—	—	—	—	—	3.9	7.2	3.9	7.2	—	—
	5	—	—	—	—	6.4	9.6	8.5	12	—	—	—	—	—	—	3.9	7.2	3.9	7.2	—	—
	1～4	—	—	—	—	5.7	8.5	7.3	11	—	—	—	—	—	—	—	—	3.9	7.2	—	—
八	6～8	—	—	—	—	3.9	7.8	3.9	7.8	—	—	—	—	—	—	—	—	—	—	—	—
	1～5	—	—	—	—	3.9	7.8	3.9	7.8	—	—	—	—	—	—	—	—	—	—	—	—

楼层总数	检查楼层	砂浆强度等级																			
		M0.4		M1		M2.5		M5		M10		M0.4		M1		M2.5		M5		M10	
		L	*B*	*L*	*B*	*L*	*B*	*L*	*B*	*L*	*B*	*L*	*B*	*L*	*B*	*L*	*B*	*L*	*B*	*L*	*B*
		8　度										9　度									
二	2	—	—	5.3	7.8	7.8	12	10	15	—	—	—	—	3.1	4.6	4.7	7.1	6.0	9.2	11	11
	1	—	—	4.3	6.4	6.2	8.9	8.4	12	—	—	—	—	—	—	3.7	5.3	5.0	7.1	6.4	9.0
三	3	—	—	4.7	6.7	7.0	9.9	9.7	14	13	15	—	—	—	—	4.2	5.9	5.8	8.2	7.7	10
	1～2	—	—	3.3	4.9	4.6	6.8	6.2	8.8	7.7	11	—	—	—	—	—	—	3.7	5.3	4.6	6.7
四	4	—	—	4.4	5.7	6.5	9.2	9.1	12	12	12	—	—	—	—	—	—	3.3	5.8	3.3	5.9
	3	—	—	—	—	4.3	6.3	5.9	8.5	7.6	11	—	—	—	—	—	—	—	—	3.3	4.8
	1～2	—	—	—	—	3.8	5.1	5.0	7.3	6.2	9.1	—	—	—	—	—	—	—	—	2.8	4.0
五	5	—	—	—	—	6.3	8.9	8.8	12	11	12	—	—	—	—	—	—	—	—	—	—
	4	—	—	—	—	4.1	5.9	5.5	7.8	7.1	10	—	—	—	—	—	—	—	—	—	—
	1～3	—	—	—	—	3.3	4.5	4.3	6.3	5.3	7.8	—	—	—	—	—	—	—	—	—	—
六	6	—	—	—	—	3.9	6.0	3.9	6.0	3.9	5.9	—	—	—	—	—	—	—	—	—	—
	5	—	—	—	—	—	—	3.9	5.5	3.9	5.9	—	—	—	—	—	—	—	—	—	—
	4	—	—	—	—	—	—	3.2	4.7	3.9	5.9	—	—	—	—	—	—	—	—	—	—
	1～3	—	—	—	—	—	—	—	—	3.9	5.9	—	—	—	—	—	—	—	—	—	—

注：1　*L* 指 240mm 厚承重横墙间距限值；楼盖、屋盖为刚性时取平均值，柔性时取最大值，中等刚性可相应换算；

2　*B* 指 240mm 厚纵墙承重的房屋宽度限值；有一道同样厚度的内纵墙时可取 1.4 倍，有 2 道时可取 1.8 倍；平面局部突出时，房屋宽度可按加权平均值计算；

3　楼盖为混凝土而屋盖为木屋架或钢木屋架时，表中顶层的限值宜乘以 0.7。

表 5.2.9-2　抗震墙体类别修正系数

墙体类别	空斗墙	空心墙		多孔砖墙	小型砌块墙	中型砌块墙	实心墙		
厚度(mm)	240	300	420	190	t	t	180	370	480
修正系数	0.6	0.9	1.4	0.8	$0.8t/240$	$0.6t/240$	0.75	1.4	1.8

注：t 指小型砌块墙体的厚度。

5.2.10　多层砌体房屋符合本节各项规定可评为综合抗震能力满足抗震鉴定要求；当遇下列情况之一时，可不再进行第二级鉴定，但应评为综合抗震能力不满足抗震鉴定要求，且要求对房屋采取加固或其他相应措施：

1　房屋高宽比大于 3，或横墙间距超过刚性体系最大值 4m。

2　纵横墙交接处连接不符合要求，或支承长度少于规定值的 75%。

3　仅有易损部位非结构构件的构造不符合要求。

4　本节的其他规定有多项明显不符合要求。

（Ⅱ）第二级鉴定

5.2.11　A 类砌体房屋采用综合抗震能力指数的方法进行第二级鉴定时，应根据房屋不符合第一级鉴定的具体情况，分别采用楼层平均抗震能力指数方法、楼层综合抗震能力指数方法和墙段综合抗震能力指数方法。

5.2.12　A 类砌体房屋的楼层平均抗震能力指数、楼层综合抗震能力指数和墙段综合抗震能力指数应按房屋的纵横两个方向分别计算。当最弱楼层平均抗震能力指数、最弱楼层综合抗震能力指数或最弱墙段综合抗震能力指数大于等于 1.0 时，应评定为满足抗震鉴定要求；当小于 1.0 时，应要求对房屋采取加固或其他相应措施。

5.2.13　现有结构体系、整体性连接和易引起倒塌的部位符合第一级鉴定要求，但横墙间距和房屋宽度均超过或其中一项超过第一级鉴定限值的房屋，可采用楼层平均抗震能力指数方法进行第二级鉴定。楼层平均抗震能力指数应按下式计算：

$$\beta_i = A_i/(A_{bi}\xi_{0i}\lambda) \qquad (5.2.13)$$

式中　β_i——第 i 楼层纵向或横向墙体平均抗震能力指数；

A_i——第 i 楼层纵向或横向抗震墙在层高 1/2 处净截面积的总面积，其中不包括高宽比大于 4 的墙段截面面积；

A_{bi}——第 i 楼层建筑平面面积；

ξ_{0i}——第 i 楼层纵向或横向抗震墙的基准面积率，按本标准附录 B 采用；

λ——烈度影响系数；6、7、8、9 度时，分别按 0.7、1.0、1.5 和 2.5 采用，设计基本地震加速度为 0.15g 和 0.30g，分别按 1.25 和 2.0 采用。当场地处于本标准第 4.1.3 条规定的不利地段时，尚应乘以增大系数 1.1～1.6。

5.2.14　现有结构体系、楼（屋）盖整体性连接、圈梁布置和构造及易引起局部倒塌的结构构件不符合第一级鉴定要求的房屋，可采用楼层综合抗震能力指数方法进行第二级鉴定，并应符合下列规定：

1　楼层综合抗震能力指数应按下式计算：

$$\beta_{ci} = \psi_1\psi_2\beta_i \qquad (5.2.14)$$

式中　β_{ci}——第 i 楼层的纵向或横向墙体综合抗震能力指数；

ψ_1——体系影响系数，可按本条第 2 款确定；

ψ_2——局部影响系数，可按本条第 3 款确定。

2　体系影响系数可根据房屋不规则性、非刚性和整体性连接不符合第一级鉴定要求的程度，经综合分析后确定；也可由表 5.2.14-1 各项系数的乘积确定。当砖砌体的砂浆强度等级为 M0.4 时，尚应乘以 0.9；丙类设防的房屋当有构造柱或芯柱时，尚可根据满足本标准第 5.3 节相关规定的程度乘以 1.0～1.2 的系数；乙类设防的房屋，当构造柱或芯柱不符合规定时，尚应乘以 0.8～0.95 的系数。

3　局部影响系数可根据易引起局部倒塌各部位不符合第一级鉴定要求的程度，经综合分析后确定；也可由表 5.2.14-2 各项系数中的最小值确定。

表 5.2.14-1　体系影响系数值

项　目	不符合的程度	ψ_1	影响范围
房屋高宽比 η	$2.2<\eta<2.6$	0.85	上部 1/3 楼层
	$2.6<\eta<3.0$	0.75	上部 1/3 楼层
横墙间距	超过表 5.2.2 最大值 4m 以内	0.90	楼层的 β_{ci}
		1.00	墙段的 β_{cij}
错层高度	>0.5m	0.90	错层上下
立面高度变化	超过一层	0.90	所有变化的楼层
相邻楼层的墙体刚度比 λ	$2<\lambda<3$	0.85	刚度小的楼层
	$\lambda>3$	0.75	刚度小的楼层
楼盖、屋盖构件的支承长度	比规定少 15%以内	0.90	不满足的楼层
	比规定少 15%～25%	0.80	不满足的楼层
圈梁布置和构造	屋盖外墙不符合	0.70	顶层
	楼盖外墙一道不符合	0.90	缺圈梁的上、下楼层
	楼盖外墙二道不符合	0.80	所有楼层
	内墙不符合	0.90	不满足的上、下楼层

注：单项不符合的程度超过表内规定或不符合的项目超过 3 项时，应采取加固或其他相应措施。

表 5.2.14-2 局部影响系数值

项 目	不符合的程度		ψ_2	影响范围
墙体局部尺寸	比规定少 10%以内 比规定少 10%~20%		0.95 0.90	不满足的楼层 不满足的楼层
楼梯间等大梁的支承长度 l	370mm<l<490mm		0.80 0.70	该楼层的 β_{ci} 该墙段的 β_{cij}
出屋面小房间			0.33	出屋面小房间
支承悬挑结构构件的承重墙体			0.80	该楼层和墙段
房屋尽端设过街楼或楼梯间			0.80	该楼层和墙段
有独立砌体柱承重的房屋	柱顶有拉结 柱顶无拉结		0.80 0.60	楼层、柱两侧相邻墙段 楼层、柱两侧相邻墙段

注：不符合的程度超过表内规定时，应采取加固或其他相应措施。

5.2.15 实际横墙间距超过刚性体系规定的最大值、有明显扭转效应和易引起局部倒塌的结构构件不符合第一级鉴定要求的房屋，当最弱的楼层综合抗震能力指数小于 1.0 时，可采用墙段综合抗震能力指数方法进行第二级鉴定。墙段综合抗震能力指数应按下式计算：

$$\beta_{cij} = \psi_1 \psi_2 \beta_{ij} \quad (5.2.15\text{-}1)$$

$$\beta_{ij} = A_{ij} / (A_{bij} \xi_{0i} \lambda) \quad (5.2.15\text{-}2)$$

式中 β_{cij} ——第 i 层第 j 墙段综合抗震能力指数；

β_{ij} ——第 i 层第 j 墙段抗震能力指数；

A_{ij} ——第 i 层第 j 墙段在 1/2 层高处的净截面面积；

A_{bij} ——第 i 层第 j 墙段计及楼盖刚度影响的从属面积。

注：考虑扭转效应时，式（5.2.15-1）中尚应包括扭转效应系数，其值可按现行国家标准《建筑抗震设计规范》GB 50011 的规定，取该墙段不考虑与考虑扭转时的内力比。

5.2.16 房屋的质量和刚度沿高度分布明显不均匀，或 7、8、9 度时房屋的层数分别超过六、五、三层，可按本标准第 5.3 节的方法进行抗震承载力验算，并可按本标准第 5.2.14 条的规定估算构造的影响，由综合评定进行第二级鉴定。

5.3 B 类砌体房屋抗震鉴定

（Ⅰ）抗震措施鉴定

5.3.1 现有 B 类多层砌体房屋实际的层数和总高度不应超过表 5.3.1 规定的限值；对教学楼、医疗用房等横墙较少的房屋总高度，应比表 5.3.1 的规定降低 3m，层数相应减少一层；各层横墙很少的房屋，还应再减少一层。

当房屋层数和高度超过最大限值时，应提高对综合抗震能力的要求或提出采取改变结构体系等抗震减灾措施。

表 5.3.1 B 类多层砌体房屋的层数和总高度限值（m）

砌体类别	最小墙厚(mm)	烈度 6 高度	烈度 6 层数	烈度 7 高度	烈度 7 层数	烈度 8 高度	烈度 8 层数	烈度 9 高度	烈度 9 层数
普通砖	240	24	八	21	七	18	六	12	四
多孔砖	240	21	七	21	七	18	六	12	四
多孔砖	190	21	七	18	六	15	五	不宜采用	
混凝土小砌块	190	21	七	18	六	15	五	不宜采用	
混凝土中砌块	200	18	六	15	五	9	三	不宜采用	
粉煤灰中砌块	240	18	六	15	五	9	三	不宜采用	

注：1 房屋高度计算方法同现行国家标准《建筑抗震设计规范》GB 50011 的规定；

2 乙类设防时应允许按本地区设防烈度查表，但层数应减少一层且总高度应降低 3m。

5.3.2 现有普通砖和 240mm 厚多孔砖房屋的层高，不宜超过 4m；190mm 厚多孔砖和砌块房屋的层高，不宜超过 3.6m。

5.3.3 现有多层砌体房屋的结构体系，应符合下列要求：

1 房屋抗震横墙的最大间距，不应超过表 5.3.3-1 的要求。

表 5.3.3-1 B 类多层砌体房屋的抗震横墙最大间距（m）

楼盖、屋盖类别	普通砖、多孔砖房屋 6度	7度	8度	9度	中砌块房屋 6度	7度	8度	小砌块房屋 6度	7度	8度
现浇和装配整体式钢筋混凝土	18	18	15	11	13	13	10	15	15	11
装配式钢筋混凝土	15	15	11	7	10	10	7	11	11	7
木	11	11	7	4	不宜采用					

2 房屋总高度与总宽度的最大比值（高宽比），宜符合表 5.3.3-2 的要求。

表 5.3.3-2 房屋最大高宽比

烈 度	6	7	8	9
最大高宽比	2.5	2.5	2.0	1.5

注：单面走廊房屋的总宽度不包括走廊宽度。

3 纵横墙的布置宜均匀对称，沿平面内宜对齐，沿竖向应上下连续；同一轴线上的窗间墙宽度宜均匀。

4 8、9 度时，房屋立面高差在 6m 以上，或有错层，且楼板高差较大，或各部分结构刚度、质量截然不同时，宜有防震缝，缝两侧均应有墙体，缝宽宜为50～100mm。

5 房屋的尽端和转角处不宜有楼梯间。

6 跨度不小于6m的大梁，不宜由独立砖柱支承；乙类设防时不应由独立砖柱支承。

7 教学楼、医疗用房等横墙较少、跨度较大的房间，宜为现浇或装配整体式楼盖、屋盖。

8 同一结构单元的基础（或桩承台）宜为同一类型，底面宜埋置在同一标高上，否则应有基础圈梁并应按1∶2的台阶逐步放坡。

5.3.4 多层砌体房屋材料实际达到的强度等级，应符合下列要求：

1 承重墙体的砌筑砂浆实际达到的强度等级，砖墙体不应低于M2.5，砌块墙体不应低于M5。

2 砌体块材实际达到的强度等级，普通砖、多孔砖不应低于MU7.5，混凝土小砌块不宜低于MU5，混凝土中型砌块、粉煤灰中砌块不宜低于MU10。

3 构造柱、圈梁、混凝土小砌块芯柱实际达到的混凝土强度等级不宜低于C15，混凝土中砌块芯柱混凝土强度等级不宜低于C20。

5.3.5 现有砌体房屋的整体性连接构造，应符合下列要求：

1 墙体布置在平面内应闭合，纵横墙交接处应咬槎砌筑，烟道、风道、垃圾道等不应削弱墙体，当墙体被削弱时，应对墙体采取加强措施。

2 现有砌体房屋在下列部位应有钢筋混凝土构造柱或芯柱：

1）砖砌体房屋的钢筋混凝土构造柱应按表5.3.5-1的要求检查，粉煤灰中砌块房屋应根据增加一层后的层数，按表5.3.5-1的要求检查；

表5.3.5-1 砖砌体房屋构造柱设置要求

房屋层数				设置部位	
6度	7度	8度	9度		
四、五	三、四	二、三	—	外墙四角，错层部位横墙与外纵墙交接处，较大洞口两侧，大房间内外墙交接处	7、8度时，楼梯间、电梯间四角
六～八	五、六	四	二		隔开间横墙（轴线）与外墙交接处，山墙与内纵墙交接处；7～9度时，楼梯间、电梯间四角
—	七	五、六	三、四		内墙（轴线）与外墙交接处，内墙的局部较小墙垛处；7～9度时，楼梯间、电梯间四角；9度时内纵墙与横墙（轴线）交接处

2）混凝土小砌块房屋的钢筋混凝土芯柱应按表5.3.5-2的要求检查；

表5.3.5-2 混凝土小砌块房屋芯柱设置要求

房屋层数			设置部位	设置数量
6度	7度	8度		
四、五	三、四	二、三	外墙转角，楼梯间四角；大房间内外墙交接处	外墙四角，填实3个孔；内外墙交接处，填实4个孔
六	五	四	外墙转角，楼梯间四角，大房间内外墙交接处，山墙与内纵墙交接处，隔开间横墙（轴线）与外纵墙交接处	
七	六	五	外墙转角，楼梯间四角，大房间内外墙交接处；各内墙（轴线）与外纵墙交接处；8度时，内纵墙与横墙（轴线）交接处和门洞两侧	外墙四角，填实5个孔；内外墙交接处，填实4个孔；内墙交接处，填实4～5个孔；洞口两侧各填实1个孔

3）混凝土中砌块房屋的钢筋混凝土芯柱应按表5.3.5-3的要求检查；

表5.3.5-3 混凝土中砌块房屋芯柱设置要求

烈度	设置部位
6、7度	外墙四角，楼梯间四角，大房间内外墙交接处，山墙与内纵墙交接处，隔开间横墙（轴线）与外纵墙交接处
8度	外墙四角，楼梯间四角，横墙（轴线）与纵墙交接处，横墙门洞两侧，大房间内外墙交接处

4）外廊式和单面走廊式的多层房屋，应根据房屋增加一层后的层数，分别按本款第1）～3)项的要求检查构造柱或芯柱，且单面走廊两侧的纵墙均应按外墙处理；

5）教学楼、医疗用房等横墙较少的房屋，应根据房屋增加一层后的层数，分别按本款第1）～3)项的要求检查构造柱或芯柱；当教学楼、医疗用房等横墙较少的房屋为外廊式或单面走廊式时，应按本款第1）～4)项的要求检查，但6度不超过四层、7度不超过三层和8度不超过二层时应按增加二层后的层数进行检查。

3 钢筋混凝土圈梁的布置与配筋，应符合下列要求：

1）装配式钢筋混凝土楼盖、屋盖或木楼盖、屋盖的砖房，横墙承重时，现浇钢筋混凝土圈梁应按表5.3.5-4的要求检查；纵墙承重时每层均应有圈梁，且抗震横墙上的圈梁间距应比表5.3.5-4的规定适当加密；

2）砌块房屋采用装配式钢筋混凝土楼盖时，每层均应有圈梁，圈梁的间距应按表5.3.5-4提高一度的要求检查。

表 5.3.5-4 多层砖房现浇钢筋混凝土圈梁设置和配筋要求

墙类和配筋量		烈度		
		6、7度	8度	9度
墙类	外墙和内纵墙	屋盖处及隔层楼盖处应有	屋盖处及每层楼盖处均应有	屋盖处及每层楼盖处均应有
	内横墙	屋盖处及隔层楼盖处应有；屋盖处间距不应大于7m；楼盖处间距不应大于15m；构造柱对应部位	屋盖处及每层楼盖处均应有；屋盖处沿所有横墙，且间距不应大于7m；楼盖处间距不应大于7m；构造柱对应部位	屋盖处及每层楼盖处均应有；各层所有横墙应有
最小纵筋		4ϕ8	4ϕ10	4ϕ12
最大箍筋间距（mm）		250	200	150

4 现有房屋楼盖、屋盖及其与墙体的连接应符合下列要求：

1）现浇钢筋混凝土楼板或屋面板伸进外墙和不小于240mm厚内墙的长度，不应小于120mm；伸进190mm厚内墙的长度不应小于90mm；

2）装配式钢筋混凝土楼板或屋面板，当圈梁未设在板的同一标高时，板端伸进外墙的长度不应小于120mm，伸进不小于240mm厚内墙的长度不应小于100mm，伸进190mm厚内墙的长度不应小于80mm，在梁上不应小于80mm；

3）当板的跨度大于4.8m并与外墙平行时，靠外墙的预制板侧边与墙或圈梁应有拉结；

4）房屋端部大房间的楼盖，8度时房屋的屋盖和9度时房屋的楼盖、屋盖，当圈梁设在板底时，钢筋混凝土预制板应相互拉结，并应与梁、墙或圈梁拉结。

5.3.6 钢筋混凝土构造柱（或芯柱）的构造与配筋，尚应符合下列要求：

1 砖砌体房屋的构造柱最小截面可为240mm×180mm，纵向钢筋宜为4ϕ12，箍筋间距不宜大于250mm，且在柱上下端宜适当加密，7度时超过六层、8度时超过五层和9度时，构造柱纵向钢筋宜为4ϕ14，箍筋间距不应大于200mm。

2 混凝土小砌块房屋芯柱截面，不宜小于120mm×120mm；构造柱最小截面尺寸可为240mm×240mm。芯柱（或构造柱）与墙体连接处应有拉结钢筋网片，竖向插筋应贯通墙身且与每层圈梁连接；插筋数量混凝土小砌块房屋不应少于1ϕ12，混凝土中砌块房屋，6度和7度时不应少于1ϕ14或2ϕ10，8度时不应少于1ϕ16或2ϕ12。

3 构造柱与圈梁应有连接；隔层设置圈梁的房屋，在无圈梁的楼层应有配筋砖带，仅在外墙四角有构造柱时，在外墙上应伸过一个开间，其他情况应在外纵墙和相应横墙上拉通，其截面高度不应小于四皮砖，砂浆强度等级不应低于M5。

4 构造柱与墙连接处宜砌成马牙槎，并应沿墙高每隔500mm有2ϕ6拉结钢筋，每边伸入墙内不宜小于1m。

5 构造柱应伸入室外地面下500mm，或锚入浅于500mm的基础圈梁内。

5.3.7 钢筋混凝土圈梁的构造与配筋，尚应符合下列要求：

1 现浇或装配整体式钢筋混凝土楼盖、屋盖与墙体有可靠连接的房屋，可无圈梁，但楼板应与相应的构造柱有钢筋可靠连接；6～8度砖拱楼盖、屋盖房屋，各层所有墙体均应有圈梁。

2 圈梁应闭合，遇有洞口应上下搭接。圈梁宜与预制板设在同一标高处或紧靠板底。

3 圈梁在表5.3.5-4要求的间距内无横墙时，可利用梁或板缝中配筋替代圈梁。

4 圈梁的截面高度不应小于120mm，当需要增设基础圈梁以加强基础的整体性和刚性时，截面高度不应小于180mm，配筋不应少于4ϕ12，砖拱楼盖、屋盖房屋的圈梁应按计算确定，但不应少于4ϕ10。

5.3.8 砌块房屋墙体交接处或芯柱、构造柱与墙体连接处的拉结钢筋网片，每边伸入墙内不宜小于1m，且应符合下列要求：

1 混凝土小砌块房屋沿墙高每隔600mm有ϕ4点焊的钢筋网片。

2 混凝土中砌块房屋隔皮有ϕ6点焊的钢筋网片。

3 粉煤灰中砌块6、7度时隔皮、8度时每皮有ϕ6点焊的钢筋网片。

5.3.9 房屋的楼盖、屋盖与墙体的连接尚应符合下列要求：

1 楼盖、屋盖的钢筋混凝土梁或屋架应与墙、柱（包括构造柱、芯柱）或圈梁可靠连接，梁与砖柱的连接不应削弱柱截面，各层独立砖柱顶部应在两个方向均有可靠连接。

2 坡屋顶房屋的屋架应与顶层圈梁有可靠连接，檩条或屋面板应与墙及屋架有可靠连接，房屋出入口和人流通道处的檐口瓦应与屋面构件锚固；8度和9度时，顶层内纵墙顶宜有支撑端山墙的踏步式墙垛。

5.3.10 房屋中易引起局部倒塌的部件及其连接，应分别符合下列规定：

1 后砌的非承重砌体隔墙应沿墙高每隔500mm有2ϕ6钢筋与承重墙或柱拉结，并每边伸入墙内不应小于500mm，8度和9度时长度大于5.1m的后砌非承重砌体隔墙的墙顶，尚应与楼板或梁有拉结。

2 下列非结构构件的构造不符合要求时，位于出入口或人流通道处应加固或采取相应措施：

1）预制阳台应与圈梁和楼板的现浇板带有可靠连接；

2）钢筋混凝土预制挑檐应有锚固；

3）附墙烟囱及出屋面的烟囱应有竖向配筋。

3 门窗洞处不应为无筋砖过梁；过梁支承长度，6～8度时不应小于240mm，9度时不应小于360mm。

4 房屋中砌体墙段实际的局部尺寸，不宜小于表5.3.10的规定。

表5.3.10 房屋的局部尺寸限值（m）

部位	烈度			
	6度	7度	8度	9度
承重窗间墙最小宽度	1.0	1.0	1.2	1.5
承重外墙尽端至门窗洞边的最小距离	1.0	1.0	1.5	2.0
非承重外墙尽端至门窗洞边的最小距离	1.0	1.0	1.0	1.0
内墙阳角至门窗洞边的最小距离	1.0	1.0	1.5	2.0
无锚固女儿墙（非出入口或人流通道处）最大高度	0.5	0.5	0.5	0.0

5.3.11 楼梯间应符合下列要求：

1 8度和9度时，顶层楼梯间横墙和外墙宜沿墙高每隔500mm有2ϕ6通长钢筋；9度时其他各层楼梯间墙体应在休息平台或楼层半高处有60mm厚的配筋砂浆带，其砂浆强度等级不应低于M5，钢筋不宜少于2ϕ10。

2 8度和9度时，楼梯间及门厅内墙阳角处的大梁支承长度不应小于500mm，并应与圈梁有连接。

3 突出屋面的楼梯间、电梯间，构造柱应伸到顶部，并与顶部圈梁连接，内外墙交接处应沿墙高每隔500mm有2ϕ6拉结钢筋，且每边伸入墙内不应小于1m。

4 装配式楼梯段应与平台板的梁有可靠连接，不应有墙中悬挑式踏步或踏步竖肋插入墙体的楼梯，不应有无筋砖砌栏板。

（Ⅱ）抗震承载力验算

5.3.12 B类现有砌体房屋的抗震分析，可采用底部剪力法，并可按现行国家标准《建筑抗震设计规范》GB 50011规定只选择从属面积较大或竖向应力较小的墙段进行抗震承载力验算；当抗震措施不满足本标准第5.3.1～第5.3.11条要求时，可按本标准第5.2节第二级鉴定的方法综合考虑构造的整体影响和局部影响，其中，当构造柱或芯柱的设置不满足本节的相关规定时，体系影响系数尚应根据不满足程度乘以0.8～0.95的系数。当场地处于本标准第4.1.3条规定的不利地段时，尚应乘以增大系数1.1～1.6。

5.3.13 各类砌体沿阶梯形截面破坏的抗震抗剪强度设计值，应按下式确定：

$$f_{vE}=\zeta_N f_v \tag{5.3.13}$$

式中 f_{vE}——砌体沿阶梯形截面破坏的抗震抗剪强度设计值；

f_v——非抗震设计的砌体抗剪强度设计值，按本标准表A.0.1-2采用；

ζ_N——砌体抗震抗剪强度的正应力影响系数，按表5.3.13采用。

表5.3.13 砌体抗震抗剪强度的正应力影响系数

砌体类别	σ_0/f_v								
	0.0	1.0	3.0	5.0	7.0	10.0	15.0	20.0	25.0
普通砖、多孔砖	0.80	1.00	1.28	1.50	1.70	1.95	2.32	—	—
粉煤灰中砌块 混凝土中砌块	—	1.18	1.54	1.90	2.20	2.65	3.40	4.15	4.90
混凝土小砌块	—	1.25	1.75	2.25	2.60	3.10	3.95	4.80	—

注：σ_0为对应于重力荷载代表值的砌体截面平均压应力。

5.3.14 普通砖、多孔砖、粉煤灰中砌块和混凝土中砌块墙体的截面抗震承载力，应按下式验算：

$$V\leqslant f_{vE}A/\gamma_{Ra} \tag{5.3.14}$$

式中 V——墙体剪力设计值；

f_{vE}——砌体沿阶梯形截面破坏的抗震抗剪强度设计值；

A——墙体横截面面积；

γ_{Ra}——抗震鉴定的承载力调整系数，应按本标准第3.0.5条采用。

5.3.15 当按式（5.3.14）验算不满足时，可计入设置于墙段中部、截面不小于240mm×240mm且间距不大于4m的构造柱对受剪承载力的提高作用，按下列简化方法验算：

$$V\leqslant\frac{1}{\gamma_{Ra}}[\eta_c f_{vE}(A-A_c)+\zeta f_t A_c+0.08f_y A_s] \tag{5.3.15}$$

式中 A_c——中部构造柱的横截面总面积（对横墙和内纵墙，$A_c>0.15A$时，取$0.15A$；对外纵墙，$A_c>0.25A$时，取$0.25A$）；

f_t——中部构造柱的混凝土轴心抗拉强度设计值，按本标准表A.0.2-2采用；

A_s——中部构造柱的纵向钢筋截面总面积（配筋率不小于0.6%，大于1.4%取1.4%）；

f_y——钢筋抗拉强度设计值，按本标准表A.0.3-2采用；

ζ——中部构造柱参与工作系数；居中设一根时取0.5，多于一根取0.4；

η_c——墙体约束修正系数；一般情况下取1.0，构造柱间距不大于2.8m时取1.1。

5.3.16 横向配筋普通砖、多孔砖墙的截面抗震承载力，可按下式验算：

$$V \leqslant \frac{1}{\gamma_{Ra}}(f_{vE}A + 0.15 f_y A_s) \quad (5.3.16)$$

式中 A_s——层间竖向截面中钢筋总截面面积。

5.3.17 混凝土小砌块墙体的截面抗震承载力，应按下式验算：

$$V \leqslant \frac{1}{\gamma_{Ra}}[f_{vE}A + (0.3 f_t A_c + 0.05 f_y A_s)\zeta_c] \quad (5.3.17)$$

式中 f_t——芯柱混凝土轴心抗拉强度设计值，按本标准表A.0.2-2采用；

A_c——芯柱截面总面积；

A_s——芯柱钢筋截面总面积；

ζ_c——芯柱影响系数，可按表5.3.17采用。

表5.3.17 芯柱影响系数

填孔率ρ	$\rho<0.15$	$0.15\leqslant\rho<0.25$	$0.25\leqslant\rho<0.5$	$\rho\geqslant0.5$
ζ_c	0.0	1.0	1.10	1.15

注：填孔率指芯柱根数与孔洞总数之比。

5.3.18 各层层高相当且较规则均匀的B类多层砌体房屋，尚可按本标准第5.2.12～第5.2.15条的规定采用楼层综合抗震能力指数的方法进行综合抗震能力验算；其中，公式（5.2.13）中的烈度影响系数，6、7、8、9度时应分别按0.7、1.0、2.0和4.0采用，设计基本地震加速度为$0.15g$和$0.30g$时应分别按1.5和3.0采用。

6 多层及高层钢筋混凝土房屋

6.1 一般规定

6.1.1 本章适用于现浇及装配整体式钢筋混凝土框架（包括填充墙框架）、框架—抗震墙及抗震墙结构。其最大高度（或层数）应符合下列规定：

1 A类钢筋混凝土房屋抗震鉴定时，房屋的总层数不超过10层。

2 B类钢筋混凝土房屋抗震鉴定时，房屋适用的最大高度应符合表6.1.1的要求，对不规则结构、有框支层抗震墙结构或Ⅳ类场地上的结构，适用的最大高度应适当降低。

表6.1.1 B类现浇钢筋混凝土房屋适用的最大高度（m）

结构类型	烈度			
	6度	7度	8度	9度
框架结构	同非抗震设计	55	45	25
框架—抗震墙结构	同非抗震设计	120	100	50
抗震墙结构	同非抗震设计	120	100	60
框支抗震墙结构	120	100	80	不应采用

注：1 房屋高度指室外地面到主要屋面板板顶的高度（不包括局部突出屋顶部分）；

2 本章中的“抗震墙”指结构抗侧力体系中的钢筋混凝土剪力墙，不包括只承担重力荷载的混凝土墙。

6.1.2 现有钢筋混凝土房屋的抗震鉴定，应依据其设防烈度重点检查下列薄弱部位：

1 6度时，应检查局部易掉落伤人的构件、部件以及楼梯间非结构构件的连接构造。

2 7度时，除应按第1款检查外，尚应检查梁柱节点的连接方式、框架跨数及不同结构体系之间的连接构造。

3 8、9度时，除应按第1、2款检查外，尚应检查梁、柱的配筋，材料强度，各构件间的连接，结构体型的规则性，短柱分布，使用荷载的大小和分布等。

6.1.3 钢筋混凝土房屋的外观和内在质量宜符合下列要求：

1 梁、柱及其节点的混凝土仅有少量微小开裂或局部剥落，钢筋无露筋、锈蚀。

2 填充墙无明显开裂或与框架脱开。

3 主体结构构件无明显变形、倾斜或歪扭。

6.1.4 现有钢筋混凝土房屋的抗震鉴定，应按结构体系的合理性、结构构件材料的实际强度、结构构件的纵向钢筋和横向箍筋的配置和构件连接的可靠性、填充墙等与主体结构的拉结构造以及构件抗震承载力的综合分析，对整幢房屋的抗震能力进行鉴定。

当梁柱节点构造和框架跨数不符合规定时，应评为不满足抗震鉴定要求；当仅有出入口、人流通道处的填充墙不符合规定时，应评为局部不满足抗震鉴定要求。

6.1.5 A类钢筋混凝土房屋应进行综合抗震能力两级鉴定。当符合第一级鉴定的各项规定时，除9度外应允许不进行抗震验算而评为满足抗震鉴定要求；不符合第一级鉴定要求和9度时，除有明确规定的情况外，应在第二级鉴定中采用屈服强度系数和综合抗震能力指数的方法作出判断。

B类钢筋混凝土房屋应根据所属的抗震等级进

行结构布置和构造检查，并应通过内力调整进行抗震承载力验算；或按照A类钢筋混凝土房屋计入构造影响对综合抗震能力进行评定。

6.1.6 当砌体结构与框架结构相连或依托于框架结构时，应加大砌体结构所承担的地震作用，再按本标准第5章进行抗震鉴定；对框架结构的鉴定，应计入两种不同性质的结构相连导致的不利影响。

6.1.7 砖女儿墙、门脸等非结构构件和突出屋面的小房间，应符合本标准第5章的有关规定。

6.2 A类钢筋混凝土房屋抗震鉴定

（Ⅰ）第一级鉴定

6.2.1 现有A类钢筋混凝土房屋的结构体系应符合下列规定：

1 框架结构宜为双向框架，装配式框架宜有整浇节点，8、9度时不应为铰接节点。

2 框架结构不宜为单跨框架；乙类设防时，不应为单跨框架结构，且8、9度时按梁柱的实际配筋、柱轴向力计算的框架柱的弯矩增大系数宜大于1.1。

3 8、9度时，现有结构体系宜按下列规则性的要求检查：

1）平面局部突出部分的长度不宜大于宽度，且不宜大于该方向总长度的30%。

2）立面局部缩进的尺寸不宜大于该方向水平总尺寸的25%。

3）楼层刚度不宜小于其相邻上层刚度的70%，且连续三层总的刚度降低不宜大于50%。

4）无砌体结构相连，且平面内的抗侧力构件及质量分布宜基本均匀对称。

4 抗震墙之间无大洞口的楼盖、屋盖的长宽比不宜超过表6.2.1-1的规定，超过时应考虑楼盖平面内变形的影响。

表6.2.1-1 A类钢筋混凝土房屋抗震墙无大洞口的楼盖、屋盖的长宽比

楼盖、屋盖类别	烈度	
	8度	9度
现浇、叠合梁板	3.0	2.0
装配式楼盖	2.5	1.0

5 8度时，厚度不小于240mm、砌筑砂浆强度等级不低于M2.5的抗侧力黏土砖填充墙，其平均间距应不大于表6.2.1-2规定的限值。

表6.2.1-2 抗侧力黏土砖填充墙平均间距的限值

总层数	三	四	五	六
间距（m）	17	14	12	11

6.2.2 梁、柱、墙实际达到的混凝土强度等级，6、7度时不应低于C13，8、9度时不应低于C18。

6.2.3 6度和7度Ⅰ、Ⅱ类场地时，框架结构应按下列规定检查：

1 框架梁柱的纵向钢筋和横向箍筋的配置应符合非抗震设计的要求，其中，梁纵向钢筋在柱内的锚固长度，HPB235级钢筋不宜小于纵向钢筋直径的25倍，HRB335级钢筋不宜小于纵向钢筋直径的30倍；混凝土强度等级为C13时，锚固长度应相应增加纵向钢筋直径的5倍。

2 6度乙类设防时，框架的中柱和边柱纵向钢筋的总配筋率不应少于0.5%，角柱不应少于0.7%，箍筋最大间距不宜大于8倍纵向钢筋直径且不大于150mm，最小直径不宜小于6mm。

6.2.4 7度Ⅲ、Ⅳ类场地和8、9度时，框架梁柱的配筋尚应着重按下列要求检查：

1 梁两端在梁高各一倍范围内的箍筋间距，8度时不应大于200mm，9度时不应大于150mm。

2 在柱的上、下端，柱净高各1/6的范围内，丙类设防时，7度Ⅲ、Ⅳ类场地和8度时，箍筋直径不应小于$\phi6$，间距不应大于200mm；9度时，箍筋直径不应小于$\phi8$，间距不应大于150mm；乙类设防时，框架柱箍筋的最大间距和最小直径，宜按当地设防烈度和表6.2.4的要求检查。

表6.2.4 乙类设防时框架柱箍筋的最大间距和最小直径

烈度和场地	7度（0.10g），7度（0.15g）Ⅰ、Ⅱ类场地	7度（0.15g）Ⅲ、Ⅳ场地～8度（0.30g）Ⅰ、Ⅱ类场地	8度（0.30g）Ⅲ、Ⅳ类场地和9度
箍筋最大间距（取较小值）	8d，150mm	8d，100mm	6d，100mm
箍筋最小直径	8mm	8mm	10mm

注：d为纵向钢筋直径。

3 净高与截面高度之比不大于4的柱，包括因嵌砌黏土砖填充墙形成的短柱，沿柱全高范围内的箍筋直径不应小于$\phi8$，箍筋间距，8度时不应大于150mm，9度时不应大于100mm。

4 框架角柱纵向钢筋的总配筋率，8度时不宜小于0.8%，9度时不宜小于1.0%；其他各柱纵向钢筋的总配筋率，8度时不宜小于0.6%，9度时不宜小于0.8%。

5 框架柱截面宽度不宜小于300mm，8度Ⅲ、Ⅳ类场地和9度时不宜小于400mm；9度时，柱的轴压比不应大于0.8。

6.2.5 8、9度时，框架—抗震墙的墙板配筋与构造应按下列要求检查：

1 抗震墙的周边宜与框架梁柱形成整体或有加强的边框。

2　墙板的厚度不宜小于140mm，且不宜小于墙板净高的1/30，墙板中竖向及横向钢筋的配筋率均不应小于0.15%。

3　墙板与楼板的连接，应能可靠地传递地震作用。

6.2.6　框架结构利用山墙承重时，山墙应有钢筋混凝土壁柱与框架梁可靠连接；当不符合时，8、9度应加固。

6.2.7　砖砌体填充墙、隔墙与主体结构的连接应按下列要求检查：

1　考虑填充墙抗侧力作用时，填充墙的厚度，6～8度时不应小于180mm，9度时不应小于240mm；砂浆强度等级，6～8度时不应低于M2.5，9度时不应低于M5；填充墙应嵌砌于框架平面内。

2　填充墙沿柱高每隔600mm左右应有2ϕ6拉筋伸入墙内，8、9度时伸入墙内的长度不宜小于墙长的1/5且不小于700mm；当墙高大于5m时，墙内宜有连系梁与柱连接；对于长度大于6m的黏土砖墙或长度大于5m的空心砖墙，8、9度时墙顶与梁应有连接。

3　房屋的内隔墙应与两端的墙或柱有可靠连接；当隔墙长度大于6m，8、9度时墙顶尚应与梁板连接。

6.2.8　钢筋混凝土房屋符合本节上述各项规定可评为综合抗震能力满足要求；当遇下列情况之一时，可不再进行第二级鉴定，但应评为综合抗震能力不满足抗震要求，且应对房屋采取加固或其他相应措施：

1　梁柱节点构造不符合要求的框架及乙类的单跨框架结构。

2　8、9度时混凝土强度等级低于C13。

3　与框架结构相连的承重砌体结构不符合要求。

4　仅有女儿墙、门脸、楼梯间填充墙等非结构构件不符合本标准第5.2.8条第2款的有关要求。

5　本节的其他规定有多项明显不符合要求。

（Ⅱ）第二级鉴定

6.2.9　A类钢筋混凝土房屋，可采用平面结构的楼层综合抗震能力指数进行第二级鉴定，也可按现行国家标准《建筑抗震设计规范》GB 50011的方法进行抗震计算分析，按本标准第3.0.5条的规定进行构件抗震承载力验算，计算时构件组合内力设计值不作调整，尚应按本节的规定估算构造的影响，由综合评定进行第二级鉴定。

6.2.10　现有钢筋混凝土房屋采用楼层综合抗震能力指数进行第二级鉴定时，应分别选择下列平面结构：

1　应至少在两个主轴方向分别选取有代表性的平面结构。

2　框架结构与承重砌体结构相连时，除应符合本条第1款的规定外，尚应选取连接处的平面结构。

3　有明显扭转效应时，除应符合本条第1款的规定外，尚应选取计入扭转影响的边榀结构。

6.2.11　楼层综合抗震能力指数可按下列公式计算：

$$\beta = \psi_1 \psi_2 \xi_y \qquad (6.2.11\text{-}1)$$

$$\xi_y = V_y / V_e \qquad (6.2.11\text{-}2)$$

式中　β——平面结构楼层综合抗震能力指数；

ψ_1——体系影响系数；可按本标准第6.2.12条确定；

ψ_2——局部影响系数；可按本标准第6.2.13条确定；

ξ_y——楼层屈服强度系数；

V_y——楼层现有受剪承载力，可按本标准附录C计算；

V_e——楼层的弹性地震剪力，可按本标准第6.2.14条计算。

6.2.12　A类钢筋混凝土房屋的体系影响系数可根据结构体系、梁柱箍筋、轴压比等符合第一级鉴定要求的程度和部位，按下列情况确定：

1　当上述各项构造均符合现行国家标准《建筑抗震设计规范》GB 50011的规定时，可取1.4。

2　当各项构造均符合本标准第6.3节B类建筑的规定时，可取1.25。

3　当各项构造均符合本节第一级鉴定的规定时，可取1.0。

4　当各项构造均符合非抗震设计规定时，可取0.8。

5　当结构受损伤或发生倾斜但已修复纠正，上述数值尚宜乘以0.8～1.0。

6.2.13　局部影响系数可根据局部构造不符合第一级鉴定要求的程度，采用下列三项系数选定后的最小值：

1　与承重砌体结构相连的框架，取0.8～0.95。

2　填充墙等与框架的连接不符合第一级鉴定要求，取0.7～0.95。

3　抗震墙之间楼盖、屋盖长宽比超过表6.2.1-1的规定值，可按超过的程度，取0.6～0.9。

6.2.14　楼层的弹性地震剪力，对规则结构可采用底部剪力法计算，地震作用按本标准第3.0.5条的规定计算，地震作用分项系数取1.0；对考虑扭转影响的边榀结构，可按现行国家标准《建筑抗震设计规范》GB 50011规定的方法计算。当场地处于本标准第4.1.3条规定的不利地段时，地震作用尚应乘以增大系数1.1～1.6。

6.2.15　符合下列规定之一的多层钢筋混凝土房屋，可评定为满足抗震鉴定要求；当不符合时应要求采取加固或其他相应措施：

1　楼层综合抗震能力指数不小于1.0的结构。

2　按本标准第3.0.5条规定进行抗震承载力验

算并计入构造影响满足要求的结构。

6.3 B类钢筋混凝土房屋抗震鉴定

（Ⅰ）抗震措施鉴定

6.3.1 现有B类钢筋混凝土房屋的抗震鉴定，应按表6.3.1确定鉴定时所采用的抗震等级，并按其所属抗震等级的要求核查抗震构造措施。

表6.3.1 钢筋混凝土结构的抗震等级

结构类型		烈度								
		6度		7度		8度			9度	
框架结构	房屋高度(m)	≤25	>25	≤35	>35	≤35	>35		≤25	
	框架	四	三	三	二	二	一		一	
框架—抗震墙结构	房屋高度(m)	≤50	>50	≤60	>60	<50	50~80	>80	≤25	>25
	框架	四	三	三	二	三	二	一	二	一
	抗震墙	三		二		二	一		一	
抗震墙结构	房屋高度(m)	≤60	>60	≤80	>80	<35	35~80	>80	≤25	>25
	一般抗震墙	四	三	三	二	三	二	一	二	一
	有框支层的落地抗震墙底部加强部位	三	二	二		二	一	不宜采用	不应采用	
	框支层框架	三	二	二	一	二	一			

注：乙类设防时，抗震等级应提高一度查表。

6.3.2 现有房屋的结构体系应按下列规定检查：

1 框架结构不宜为单跨框架；乙类设防时不应为单跨框架结构，且8、9度时按梁柱的实际配筋、柱轴向力计算的框架柱的弯矩增大系数宜大于1.1。

2 结构布置宜按本标准第6.2.1条的要求检查其规则性，不规则房屋设有防震缝时，其最小宽度应符合现行国家标准《建筑抗震设计规范》GB 50011的要求，并应提高相关部位的鉴定要求。

3 钢筋混凝土框架房屋的结构布置的检查，尚应按下列规定：

1）框架应双向布置，框架梁与柱的中线宜重合；

2）梁的截面宽度不宜小于200mm；梁截面的高宽比不宜大于4；梁净跨与截面高度之比不宜小于4；

3）柱的截面宽度不宜小于300mm，柱净高与截面高度（圆柱直径）之比不宜小于4；

4）柱轴压比不宜超过表6.3.2-1的规定，超过时宜采取措施；柱净高与截面高度（圆柱直径）之比小于4、Ⅳ类场地上较高的高层建筑的柱轴压比限值应适当减小。

表6.3.2-1 轴压比限值

类别	抗震等级		
	一	二	三
框架柱	0.7	0.8	0.9
框架—抗震墙的柱	0.9	0.9	0.95
框支柱	0.6	0.7	0.8

4 钢筋混凝土框架—抗震墙房屋的结构布置尚应按下列规定检查：

1）抗震墙宜双向设置，框架梁与抗震墙的中线宜重合；

2）抗震墙宜贯通房屋全高，且横向与纵向宜相连；

3）房屋较长时，纵向抗震墙不宜设置在端开间；

4）抗震墙之间无大洞口的楼盖、屋盖的长宽比不宜超过表6.3.2-2的规定，超过时应计入楼盖平面内变形的影响；

表6.3.2-2 B类钢筋混凝土房屋抗震墙无大洞口的楼盖、屋盖长宽比

楼盖、屋盖类别	烈度			
	6度	7度	8度	9度
现浇、叠合梁板	4.0	4.0	3.0	2.0
装配式楼盖	3.0	3.0	2.5	不宜采用
框支层现浇梁板	2.5	2.5	2.0	不宜采用

5）抗震墙墙板厚度不应小于160mm且不应小于层高的1/20，在墙板周边应有梁（或暗梁）和端柱组成的边框。

5 钢筋混凝土抗震墙房屋的结构布置尚应按下列规定检查：

1）较长的抗震墙宜分成较均匀的若干墙段，各墙段（包括小开洞墙及联肢墙）的高宽比不宜小于2；

2）抗震墙有较大洞口时，洞口位置宜上下对齐；

3）一、二级抗震墙和三级抗震墙加强部位的各墙肢应有翼墙、端柱或暗柱等边缘构件，暗柱或翼墙的截面范围按现行国家标准《建筑抗震设计规范》GB 50011的规定检查；

4）两端有翼墙或端柱的抗震墙墙板厚度，一级不应小于160mm，且不宜小于层高的1/20，二、三级不应小于140mm，且不宜小于层高的1/25。

注：加强部位取墙肢总高度的1/8和墙肢宽度的较大值，有框支层时尚不小于到框支层上一层的高度。

6 房屋底部有框支层时，框支层的刚度不应小于相邻上层刚度的50%；落地抗震墙间距不宜大于四开间和24m的较小值，且落地抗震墙之间的楼盖长宽比不应超过表6.3.2-2规定的数值。

7 抗侧力黏土砖填充墙应符合下列要求：

1）二级且层数不超过五层、三级且层数不超过八层和四级的框架结构，可计入黏土砖填充墙的抗侧力作用；

2）填充墙的布置应符合框架－抗震墙结构中对抗震墙的设置要求；

3）填充墙应嵌砌在框架平面内并与梁柱紧密结合，墙厚不应小于240mm，砂浆强度等级不应低于M5，宜先砌墙后浇框架。

6.3.3 梁、柱、墙实际达到的混凝土强度等级不应低于C20。一级的框架梁、柱和节点不应低于C30。

6.3.4 现有框架梁的配筋与构造应按下列要求检查：

1 梁端纵向受拉钢筋的配筋率不宜大于2.5%，且混凝土受压区高度和有效高度之比，一级不应大于0.25，二、三级不应大于0.35。

2 梁端截面的底面和顶面实际配筋量的比值，除按计算确定外，一级不应小于0.5，二、三级不应小于0.3。

3 梁端箍筋实际加密区的长度、箍筋最大间距和最小直径应按表6.3.4的要求检查，当梁端纵向受拉钢筋配筋率大于2%时，表中箍筋最小直径数值应增大2mm。

4 梁顶面和底面的通长钢筋，一、二级不应少于2ϕ14，且不应少于梁端顶面和底面纵向钢筋中较大截面面积的1/4，三、四级不应少于2ϕ12。

5 加密区箍筋肢距，一、二级不宜大于200mm，三、四级不宜大于250mm。

表6.3.4 梁加密区的长度、箍筋最大间距和最小直径

抗震等级	加密区长度（采用最大值）（mm）	箍筋最大间距（采用最小值）（mm）	箍筋最小直径（mm）
一	$2h_b$，500	$h_b/4$，$6d$，100	10
二	$1.5h_b$，500	$h_b/4$，$8d$，100	8
三	$1.5h_b$，500	$h_b/4$，$8d$，150	8
四	$1.5h_b$，500	$h_b/4$，$8d$，150	6

注：d为纵向钢筋直径；h_b为梁高。

6.3.5 现有框架柱的配筋与构造应按下列要求检查：

1 柱实际纵向钢筋的总配筋率不应小于表6.3.5-1的规定，对Ⅳ类场地上较高的高层建筑，表中的数值应增加0.1。

表6.3.5-1 柱纵向钢筋的最小总配筋率（%）

类别	抗震等级			
	一	二	三	四
框架中柱和边柱	0.8	0.7	0.6	0.5
框架角柱、框支柱	1.0	0.9	0.8	0.7

2 柱箍筋在规定的范围内应加密，加密区的箍筋最大间距和最小直径，不宜低于表6.3.5-2的要求。

表6.3.5-2 柱加密区的箍筋最大间距和最小直径

抗震等级	箍筋最大间距（采用较小值）（mm）	箍筋最小直径（mm）
一	$6d$，100	10
二	$8d$，100	8
三	$8d$，150	8
四	$8d$，150	8

注：1 d为柱纵筋最小直径；
2 二级框架柱的箍筋直径不小于10mm时，最大间距应允许为150mm；
3 三级框架柱的截面尺寸不大于400mm时，箍筋最小直径应允许为6mm；
4 框支柱和剪跨比不大于2的柱，箍筋间距不应大于100mm。

3 柱箍筋的加密区范围，应按下列规定检查：

1）柱端，为截面高度（圆柱直径）、柱净高的1/6和500mm三者的最大值；

2）底层柱为刚性地面上下各500mm；

3）柱净高与柱截面高度之比小于4的柱（包括因嵌砌填充墙等形成的短柱）、框支柱、一级框架的角柱，为全高。

4 柱加密区的箍筋最小体积配箍率，不宜小于表6.3.5-3规定。一、二级时，净高与柱截面高度（圆柱直径）之比小于4的柱的体积配箍率，不宜小于1.0%。

5 柱加密区箍筋肢距，一级不宜大于200mm，二级不宜大于250mm，三、四级不宜大于300mm，且每隔一根纵向钢筋宜在两个方向有箍筋约束。

6 柱非加密区的实际箍筋量不宜小于加密区的50%，且箍筋间距，一、二级不应大于10倍纵向钢筋直径，三级不应大于15倍纵向钢筋直径。

表6.3.5-3 柱加密区的箍筋最小体积配箍率（%）

抗震等级	箍筋形式	柱轴压比		
		<0.4	0.4～0.6	>0.6
一	普通箍、复合箍	0.8	1.2	1.6
	螺旋箍	0.8	1.0	1.2

续表 6.3.5-3

抗震等级	箍筋形式	柱轴压比		
		＜0.4	0.4～0.6	＞0.6
二	普通箍、复合箍	0.6～0.8	0.8～1.2	1.2～1.6
	螺旋箍	0.6	0.8～1.0	1.0～1.2
三	普通箍、复合箍	0.4～0.6	0.6～0.8	0.8～1.2
	螺旋箍	0.4	0.6	0.8

注：1 表中的数值适用于 HPB235 级钢筋、混凝土强度等级不高于 C35 的情况，对 HRB335 级钢筋和混凝土强度等级高于 C35 的情况可按强度相应换算，但不应小于 0.4；

2 井字复合箍的肢距不大于 200mm 且直径不小于 10mm 时，可采用表中螺旋箍对应数。

6.3.6 框架节点核心区内箍筋的最大间距和最小直径宜按本标准表 6.3.5-2 检查，一、二、三级的体积配箍率分别不宜小于 1.0%、0.8%、0.6%，但轴压比小于 0.4 时仍按本标准表 6.3.5-3 检查。

6.3.7 抗震墙墙板的配筋与构造应按下列要求检查：

1 抗震墙墙板横向、竖向分布钢筋的配筋，均应符合表 6.3.7-1 的要求；Ⅳ类场地上三级的较高的高层建筑，其一般部位的分布钢筋最小配筋率不应小于 0.2%。框架－抗震墙结构中的抗震墙板，其横向和竖向分布筋均不应小于 0.25%。

表 6.3.7-1 抗震墙墙板横向、竖向分布钢筋的配筋要求

抗震等级	最小配筋率（%）		最大间距（mm）	最小直径（mm）
	一般部位	加强部位		
一	0.25	0.25	300	8
二	0.20	0.25		
三、四	0.15	0.20		

2 抗震墙边缘构件的配筋，应符合表 6.3.7-2 的要求；框架－抗震墙端柱在全高范围内箍筋，均应符合表 6.3.7-2 中底部加强部位的要求。

3 抗震墙的竖向和横向分布钢筋，一级的所有部位和二级的加强部位，应为双排布置，二级的一般部位和三、四级的加强部位宜为双排布置。双排分布钢筋间拉筋的间距不应大于 600mm，且直径不应小于 6mm，对底部加强部位，拉筋间距尚应适当加密。

表 6.3.7-2 抗震墙边缘构件的配筋要求

抗震等级	底部加强部位			其他部位		
	纵向钢筋最小量（取较大值）	箍筋或拉筋		纵向钢筋最小量（取较大值）	箍筋或拉筋	
		最小直径（mm）	最大间距（mm）		最小直径（mm）	最大间距（mm）
一	$0.010A_c$ 4ϕ16	8	100	$0.008A_c$ 4ϕ14	8	150
二	$0.008A_c$ 4ϕ14	8	150	$0.006A_c$ 4ϕ12	8	200
三	$0.005A_c$ 2ϕ14	6	150	$0.004A_c$ 2ϕ12	6	200
四	2ϕ12	6	200	2ϕ12	6	250

注：A_c 为边缘构件的截面面积。

6.3.8 钢筋的接头和锚固应符合现行国家标准《混凝土结构设计规范》GB 50010 的要求。

6.3.9 填充墙应按下列要求检查：

1 砌体填充墙在平面和竖向的布置，宜均匀对称。

2 砌体填充墙，宜与框架柱柔性连接，但墙顶应与框架紧密结合。

3 砌体填充墙与框架为刚性连接时，应符合下列要求：

1）沿框架柱高每隔 500mm 有 2ϕ6 拉筋，拉筋伸入填充墙内长度，一、二级框架宜沿墙全长拉通；三、四级框架不应小于墙长的 1/5 且不小于 700mm；

2）墙长度大于 5m 时，墙顶部与梁宜有拉结措施，墙高度超过 4m 时，宜在墙高中部有与柱连接的通长钢筋混凝土水平系梁。

（Ⅱ）抗震承载力验算

6.3.10 现有钢筋混凝土房屋，应根据现行国家标准《建筑抗震设计规范》GB 50011 的方法进行抗震分析，按本标准第 3.0.5 条的规定进行构件承载力验算，乙类框架结构尚应进行变形验算；当抗震构造措施不满足第 6.3.1～第 6.3.9 条的要求时，可按本标准第 6.2 节的方法计入构造的影响进行综合评价。

6.3.11 构件截面抗震验算时，其组合内力设计值的调整应符合本标准附录 D 的规定，截面抗震验算应符合本标准附录 E 的规定。

当场地处于本标准第 4.1.3 条规定的不利地段时，地震作用尚应乘以增大系数 1.1～1.6。

6.3.12 考虑黏土砖填充墙抗侧力作用的框架结构，可按本标准附录 F 进行抗震验算。

6.3.13 B 类钢筋混凝土房屋的体系影响系数，可根据结构体系、梁柱箍筋、轴压比、墙体边缘构件等符合鉴定要求的程度和部位，按下列情况确定：

1 当上述各项构造均符合现行国家标准《建筑抗震设计规范》GB 50011 的规定时，可取 1.1。

2 当各项构造均符合本节的规定时，可取1.0。

3 当各项构造均符合本标准第6.2节A类房屋鉴定的规定时，可取0.8。

4 当结构受损伤或发生倾斜但已修复纠正，上述数值尚宜乘以0.8～1.0。

7 内框架和底层框架砖房

7.1 一般规定

7.1.1 本章适用于按丙类设防的黏土砖墙与钢筋混凝土柱混合承重的内框架、底层框架砖房、底层框架一抗震墙砖房。

7.1.2 现有内框架和底层框架砖房抗震鉴定时，对房屋的高度和层数、横墙的厚度和间距、墙体的砂浆强度等级和砌筑质量应重点检查，并应根据结构类型和设防烈度重点检查下列薄弱部位：

1 底层框架和底层内框架砖房的底层楼盖类型及底层与第二层的侧移刚度比、结构平面质量和刚度分布及墙体（包括填充墙）等抗侧力构件布置的均匀对称性。

2 多层内框架砖房的屋盖类型和纵向窗间墙宽度。

3 7～9度设防时，尚应检查框架的配筋和圈梁及其他连接构造。

7.1.3 房屋的外观和内在质量应符合下列要求：

1 砖墙体应符合本标准第5.1.3条的有关规定。

2 混凝土构件应符合本标准第6.1.3条的有关规定。

7.1.4 现有内框架和底层框架砖房的抗震鉴定，应按房屋高度和层数、混合承重结构体系的合理性、墙体材料的实际强度、结构构件之间整体性连接构造的可靠性、局部易损易倒部位构件自身及其与主体结构连接构造的可靠性以及墙体和框架抗震承载力的综合分析，对整幢房屋的抗震能力进行鉴定。

当房屋层数超过规定或底部框架砖房的上下刚度比不符合规定时，应评为不满足抗震鉴定要求；当仅有出入口和人流通道处的女儿墙等不符合规定时，应评为局部不满足抗震鉴定要求。

7.1.5 对A类内框架和底层框架砖房，应进行综合抗震能力的两级评定。符合第一级鉴定的各项规定时，应评为满足抗震鉴定要求；不符合第一级鉴定要求时，除有明确规定的情况外，应在第二级鉴定采用屈服强度系数和综合抗震能力指数的方法，计入构造影响作出判断。

对B类内框架和底层框架砖房，应根据所属的抗震等级和构造柱设置等进行结构布置和构造检查，并应通过内力调整进行抗震承载力验算，或按照A类房屋计入构造影响对综合抗震能力进行评定。

7.1.6 内框架和底层框架砖房的砌体部分和框架部分，除符合本章规定外，尚应分别符合本标准第5章、第6章的有关规定。

7.2 A类内框架和底层框架砖房抗震鉴定

（Ⅰ）第一级鉴定

7.2.1 现有A类内框架和底层框架砖房实际的最大高度和层数宜符合表7.2.1规定的限值，当超过规定的限值时，应提高对综合抗震能力的要求或提出采取改变结构体系等减灾措施。

表7.2.1 A类内框架和底层框架砖房最大高度（m）和层数限值

房屋类别	墙体厚度（mm）	6度		7度		8度		9度	
		高度	层数	高度	层数	高度	层数	高度	层数
底层框架砖房	≥240	19	六	19	六	16	五	10	三
	180	13	四	13	四	10	三	7	二
底层内框架砖房	≥240	13	四	13	四	10	三		
	180	7	二	7	二	7	二		
多排柱内框架砖房	≥240	18	五	17	五	15	四	8	二
单排柱内框架砖房	≥240	16	四	15	四	12	三	7	二

注：1 类似的砌块房屋可按照本章规定的原则进行鉴定，但9度时不适用，6～8度时，高度相应降低3m，层数相应减少一层；

2 房屋的层数和高度超过表内规定值一层和3m以内时，应进行第二级鉴定。

7.2.2 现有房屋的结构体系应按下列规定检查：

1 A类内框架和底层框架砖房抗震横墙的最大间距应符合表7.2.2的规定，超过时应要求采取相应措施。

表7.2.2 A类内框架和底层框架砖房抗震横墙的最大间距（m）

房屋类型	6度	7度	8度	9度
底层框架砖房的底层	25	21	19	15
底层内框架砖房的底层	18	18	15	11
多排柱内框架砖房	30	30	30	20
单排柱内框架砖房	18	18	15	11

2 底层框架、底层内框架砖房的底层和第二层，应符合下列要求：

1）在纵横两个方向均应有砖或钢筋混凝土抗震墙，每个方向第二层与底层侧向刚度的比值，7度时不应大于3.0，8、9度时不应大于2.0，且均不应小于1.0；当底层的墙体在平面布置不对称时，应考虑扭转的不利影响；

2）底层框架不应为单跨；框架柱截面最小

尺寸不宜小于 400mm，在重力荷载下的轴压比，7、8、9 度分别不宜大于 0.9、0.8、0.7；

3）第二层的墙体宜与底层的框架梁对齐，其实测砂浆强度等级应高于第三层。

3 内框架砖房的纵向窗间墙的宽度，6、7、8、9 度时，分别不宜小于 0.8m、1.0m、1.2m、1.5m；8、9 时厚度为 240mm 的抗震墙应有墙垛。

7.2.3 底层框架、底层内框架砖房的底层和多层内框架砖房的砖抗震墙，厚度不应小于 240mm，砖实际达到的强度等级不应低于 MU7.5；砌筑砂浆实际达到的强度等级，6、7 度时不应低于 M2.5，8、9 度时不应低于 M5；框架梁、柱实际达到的强度等级不应低于 C20。

7.2.4 现有房屋的整体性连接构造应符合下列规定：

1 底层框架和底层内框架砖房的底层，8、9 度时应为现浇或装配整体式混凝土楼盖；6、7 度时可为装配式楼盖，但应有圈梁。

2 多层内框架砖房的圈梁，应符合本标准第 5.2.4 条第 3 款的规定；采用装配式混凝土楼盖、屋盖时，尚应符合下列要求：

1）顶层应有圈梁；

2）6 度时和 7 度不超过三层时，隔层应有圈梁；

3）7 度超过三层和 8、9 度时，各层均应有圈梁。

3 内框架砖房大梁在外墙上的支承长度不应小于 240mm，且应与垫块或圈梁相连。

4 多层内框架砖房在外墙四角和楼梯间、电梯间四角及大房间内外墙交接处，7、8 度时超过三层和 9 度时，应有构造柱或沿墙高每 10 皮砖应有 $2\phi6$ 拉结钢筋。

7.2.5 房屋中易引起局部倒塌的构件、部件及其连接的构造，可按照本标准第 5.2 节的有关规定鉴定；底层框架、底层内框架砖房的上部各层的第一级鉴定，应符合本标准第 5.2 节的有关要求；框架梁、柱的第一级鉴定，应符合本标准第 6.2 节的有关要求。

7.2.6 第一级鉴定时，房屋的抗震承载力可采用抗震横墙间距和宽度的下列限值进行简化验算：

1 底层框架、底层内框架砖房的上部各层，抗震横墙间距和房屋宽度的限值应按本标准第 5.2.9 条的有关规定采用。

2 底层框架砖房的底层，横墙厚度为 370mm 时的抗震横墙间距和纵墙厚度为 240mm 时的房屋宽度限值，宜按表 7.2.6 采用，其他厚度的墙体，表 7.2.6 中数值可按墙厚的比例相应换算。设计基本地震加速度为 0.15g 和 0.30g 时，应按表 7.2.6 中数值采用内插法确定。

3 底层内框架砖房的底层，抗震横墙间距和房屋宽度的限值，可按底层框架砖房的 0.85 倍采用，9 度时不适用。

4 多排柱到顶的内框架砖房的抗震横墙间距和房屋宽度限值，顶层可按本标准第 5.2.9 条规定限值的 0.9 倍采用，底层可分别按本标准第 5.2.9 条规定限值的 1.4 倍和 1.15 倍采用；其他各层限值的调整可用内插法确定。

5 单排柱到顶砖房的抗震横墙间距和房屋宽度限值，可按多排柱到顶砖房相应限值的 0.85 倍采用。

表 7.2.6 底层框架砖房抗震承载力简化验算的底层抗震横墙间距和房屋宽度限值（m）

楼层总数	6度				7度				8度				9度			
	砂浆强度等级															
	M2.5		M5		M2.5		M5		M5		M10		M5		M10	
	L	B	L	B	L	B	L	B	L	B	L	B	L	B	L	B
二	25	15	25	15	19	14	21	15	17	13	18	15	11	8	14	10
三	20	15	25	15	15	11	19	14	13	10	16	12	—	—	10	7
四	18	13	22	15	12	9	16	12	11	8	13	10	—	—	—	—
五	15	11	20	15	11	8	14	10	—	—	12	9	—	—	—	—
六	14	10	18	13	—	—	12	9	—	—	—	—	—	—	—	—

注：L 指 370mm 厚横墙的间距限值，B 指 240mm 厚纵墙的房屋宽度限值。

7.2.7 内框架和底层框架砖房符合本节各项规定可评为综合抗震能力满足抗震要求；当遇下列情况之一时，可不再进行第二级鉴定，但应评为不符合鉴定要求并提出采取加固或其他相应措施：

1 横墙间距超过表 7.2.2 的规定，或构件支承长度少于规定值的 75%，或底层框架、底层内框架砖房第二层与底层侧向刚度比不符合本标准第 7.2.2 条第 2 款规定。

2 8、9 度时混凝土强度等级低于 C13。

3 仅有非结构构件的构造不符合本标准 5.2.8 条第 2 款的有关要求。

（Ⅱ）第二级鉴定

7.2.8 内框架和底层框架砖房的第二级鉴定，一般情况下，可采用综合抗震能力指数的方法；房屋层数超过本标准表 7.2.1 所列数值时，应按本标准第 3.0.5 条的规定，采用现行国家标准《建筑抗震设计规范》GB 50011 的方法进行抗震承载力验算，并可按照本节的规定计入构造影响因素，进行综合评定。

7.2.9 底层框架、底层内框架砖房采用综合抗震能力指数方法进行第二级鉴定时，应符合下列要求：

1 上部各层应按本标准第 5.2 节的规定进行。

2 底层的砖抗震墙部分，可根据房屋的总层数按照本标准第 5.2 节的规定进行。其抗震墙基准面积率，应按本标准附录 B.0.2 采用；烈度影响系数，6、

7、8、9度时，可分别按0.7、1.0、1.7、3.0采用，设计基本地震加速度为0.15g和0.30g，分别按1.35和2.35采用。

3 底层的框架部分，可按本标准第6.2节的规定进行。其中，框架承担的地震剪力可按现行国家标准《建筑抗震设计规范》GB 50011有关规定采用。

7.2.10 多层内框架砖房采用综合抗震能力指数方法进行第二级鉴定时，应符合下列要求：

1 砖墙部分可按照本标准第5.2节的规定进行。其中，纵向窗间墙不符合第一级鉴定时，其影响系数应按体系影响系数处理；抗震墙基准面积率，应按本标准附录B.0.3采用；烈度影响系数，6、7、8、9度时，可分别按0.7、1.0、1.7、3.0采用，设计基本地震加速度为0.15g和0.30g，分别按1.35和2.35采用。

2 框架部分可按照本标准第6.2节的规定进行。其外墙砖柱（墙垛）的现有受剪承载力，可根据对应于重力荷载代表值的砖柱轴向压力、砖柱偏心距限值、砖柱（包括钢筋）的截面面积和材料强度标准值等计算确定。

7.3 B类内框架和底层框架砖房抗震鉴定

（Ⅰ）抗震措施鉴定

7.3.1 房屋实际的最大高度和层数不宜超过表7.3.1规定的限值，超过最大限值时，应提高综合抗震能力的要求或提出采取改变结构体系等减灾措施。

表7.3.1 B类内框架和底层框架砖房最大高度（m）和层数限值

房屋类别	6度		7度		8度		9度	
	高度	层数	高度	层数	高度	层数	高度	层数
底层框架砖房	19	六	19	六	16	五	11	三
多排柱内框架砖房	16	五	16	五	14	四	7	二
单排柱内框架砖房	14	四	14	四	11	三	不宜采用	

7.3.2 现有房屋的结构体系应符合下列规定：

1 抗震横墙的最大间距，应符合表7.3.2的要求。

表7.3.2 B类内框架和底层框架砖房抗震横墙的最大间距（m）

房屋类型		烈度			
		6度	7度	8度	9度
底层框架砖房	上部各层	同表5.3.3-1砖房部分			
	底层	25	21	18	15
多排柱内框架砖房		30	30	30	20
单排柱内框架砖房		同表5.3.3-1砖房部分			

2 底层框架砖房的底层和第二层，应符合下列要求：

1）在纵横两个方向均应有一定数量的抗震墙，每个方向第二层与底层侧向刚度的比值，7度时不应大于3.0，8、9度时不应大于2.0，且不应小于1.0；抗震墙宜为钢筋混凝土墙，6、7度时可为嵌砌于框架间的砌体墙；当底层的墙体在平面布置不对称时，应计入扭转的不利影响；

2）底层框架不应为单跨；框架柱截面最小尺寸不宜小于400mm，其轴压比，7、8、9度时分别不宜大于0.9、0.8、0.7；

3）第二层的墙体宜与底层的框架梁对齐，在底层框架柱对应部位应有构造柱，其实测砂浆强度等级应高于第三层。

3 多层内框架砖房的纵向窗间墙宽度，不应小于1.5m；外墙上梁的搁置长度，不应小于300mm，梁应与圈梁连接。

7.3.3 底层框架和多层内框架砖房的砖抗震墙厚度不应小于240mm，砖实际达到的强度等级不应低于MU7.5；砌筑砂浆实际达到的强度等级，6、7度时不应低于M2.5，8、9度时不应低于M5；框架梁、柱实际达到的强度等级不应低于C20，9度时不应低于C30。

7.3.4 房屋的整体性连接构造应符合下列规定：

1 底层框架砖房的上部，应根据房屋的高度和层数按多层砖房的要求检查钢筋混凝土构造柱设置。多层内框架砖房的下列部位应有钢筋混凝土构造柱：

1）外墙四角和楼梯间、电梯间四角；

2）6度不低于五层时，7度不低于四层时，8度不低于三层时和9度时，抗震墙两端以及内框架梁在外墙的支承处（无组合柱时）。

2 底层框架砖房的底层楼盖和多层内框架砖房的屋盖，应有现浇或装配整体式钢筋混凝土板，采用装配式钢筋混凝土楼盖、屋盖的楼层，均应有现浇钢筋混凝土圈梁。

3 构造柱截面不宜小于240mm×240mm，纵向钢筋不宜少于4ϕ14，箍筋间距不宜大于200mm。

（Ⅱ）抗震承载力验算

7.3.5 底层框架砖房和多层内框架砖房的抗震计算，可采用底部剪力法，应按现行国家标准《建筑抗震设计规范》GB 50011的规定调整地震作用效应，并按本标准第3.0.5条规定进行截面抗震验算；当抗震构造不满足本标准第7.3.2～第7.3.4条的构造要求时，可按本标准第6.2节的方法计入构造的影响进行综合评价。其中，当构造柱的设置不满足本节的相关规定时，体系影响系数尚应根据不满足程度乘以0.8～0.95的系数。

7.3.6 多层内框架砖房各柱的地震剪力，可按下式确定：

$$V_c \geqslant \frac{\psi_c}{n_b n_s}(\zeta_1 + \zeta_2 \lambda)V \qquad (7.3.6)$$

式中 V_c——各柱的地震剪力设计值；

V——楼层地震剪力设计值；

ψ_c——柱类型系数，钢筋混凝土内柱可采用0.012，外墙组合砖柱可采用0.0075，无筋砖柱（墙）可采用0.005；

n_b——抗震横墙间的开间数；

n_s——内框架的跨数；

λ——抗震横墙间距与房屋总宽度的比值，当小于0.75时，采用0.75；

ζ_1、ζ_2——分别为计算系数可按表7.3.6采用。

表7.3.6 计 算 系 数

房屋总层数	2	3	4	5
ζ_1	2.0	3.0	5.0	7.5
ζ_2	7.5	7.0	6.5	6.0

7.3.7 外墙砖柱的抗震验算，应符合下列要求：

1 无筋砖柱地震组合轴向力设计值的偏心距，不宜超过0.9倍截面形心到轴向力所在截面边缘的距离；承载力调整系数可采用0.9。

2 组合砖柱的配筋应按计算确定，承载力调整系数可采用0.85。

7.3.8 钢筋混凝土结构抗震等级的划分，底层框架砖房的框架和内框架均可按表6.3.1的框架结构采用，抗震墙可按三级采用。

8 单层钢筋混凝土柱厂房

8.1 一 般 规 定

8.1.1 本章适用于装配式单层钢筋混凝土柱厂房和混合排架厂房。

注：1 钢筋混凝土柱厂房包括由屋面板、三角刚架、双梁和牛腿柱组成的锯齿形厂房；

2 混合排架厂房指边柱列为砖柱、中柱列为钢筋混凝土柱的厂房。

8.1.2 抗震鉴定时，下列关键薄弱环节应重点检查：

1 6度时，应检查钢筋混凝土天窗架的形式和整体性，排架柱的选型，并注意出入口等处的高大山墙山尖部分的拉结。

2 7度时，除按上述要求检查外，尚应检查屋盖中支承长度较小构件连接的可靠性，并注意出入口等处的女儿墙、高低跨封墙等构件的拉结构造。

3 8度时，除按上述要求检查外，尚应检查各支撑系统的完整性、大型屋面板连接的可靠性、高低跨牛腿（柱肩）和各种柱变形受约束部位的构造，并注意圈梁、抗风柱的拉结构造及平面不规则、墙体布置不匀称等和相连建筑物、构筑物导致质量不均匀、刚度不协调的影响。

4 9度时，除按上述要求检查外，尚应检查柱间支撑的有关连接部位和高低跨柱列上柱的构造。

8.1.3 厂房的外观和内在质量宜符合下列要求：

1 混凝土承重构件仅有少量微小裂缝或局部剥落，钢筋无露筋和锈蚀。

2 屋盖构件无严重变形和歪斜。

3 构件连接处无明显裂缝或松动。

4 无不均匀沉降。

5 无砖墙、钢结构构件的其他损伤。

8.1.4 A类厂房，应按本标准第8.2节的规定检查结构布置、构件构造、支撑、结构构件连接和墙体连接构造等；当检查的各项均符合要求时，一般情况下，可评为满足抗震鉴定要求，但对本标准第8.2.9条规定的情况，尚应结合抗震承载力验算进行综合抗震能力评定。

B类厂房，应按本标准第8.3节检查结构布置、构件构造、支撑、结构构件连接和墙体连接构造等，并应按本标准第8.3.9条的规定进行抗震承载力验算，然后评定其抗震能力。

当关键薄弱环节不符合本章规定时，应要求加固或处理；一般部位不符合规定时，可根据不符合的程度和影响的范围，提出相应对策。

8.1.5 混合排架厂房的砖柱，应符合本标准第9章的有关规定。

8.2 A类厂房抗震鉴定

（Ⅰ）抗震措施鉴定

8.2.1 厂房现有的结构布置应符合下列规定：

1 8、9度时，厂房侧边贴建的生活间、变电所、炉子间和运输走廊等附属建筑物、构筑物，宜有防震缝与厂房分开；当纵横跨不设缝时应提高鉴定要求。防震缝宽度，一般情况宜为50～90mm，纵横跨交接处宜为100～150mm。

2 突出屋面天窗的端部不应为砖墙承重；8、9度时，厂房两端和中部不应为无屋架的砖墙承重，锯齿形厂房的四周不应为砖墙承重。

3 8、9度时，工作平台宜与排架柱脱开或柔性连接。

4 8、9度时，砖围护墙宜为外贴式，不宜为一侧有墙另一侧敞开或一侧外贴而另一侧嵌砌等，但单跨厂房可两侧均为嵌砌式。

5 8、9度时仅一端有山墙厂房的敞开端和不等高厂房高跨的边柱列等存在扭转效应时，其内力增大部位的构造鉴定要求应适当提高。

8.2.2 厂房构件的形式应符合下列规定：

1 现有的钢筋混凝土Ⅱ形天窗架，8度Ⅰ、Ⅱ类场地在竖向支撑处的立柱及8度Ⅲ、Ⅳ类场地和9度时的全部立柱，不应为T形截面；当不符合时，应采取加固或增加支撑等措施。

2 现有的屋架上弦端部支承屋面板的小立柱，截面两个方向的尺寸均不宜小于200mm，高度不宜大于500mm；小立柱的主筋，7度有屋架上弦横向支撑和上柱柱间支撑的开间处不宜小于4ϕ12，8、9度时不宜小于4ϕ14；小立柱的箍筋间距不宜大于100mm。

3 现有的组合屋架的下弦杆宜为型钢；8、9度时，其上弦杆不宜为T形截面。

4 钢筋混凝土屋架上弦第一节间和梯形屋架现有的端竖杆的配筋，9度时不宜小于4ϕ14。

5 对薄壁工字形柱、腹板大开孔工字形柱、预制腹板的工字形柱和管柱等整体性差或抗剪能力差的排架柱（包括高大山墙的抗风柱）的构造鉴定要求应适当提高。

8、9度时，排架柱柱底至室内地坪以上500mm范围内和阶形柱上柱自牛腿面至吊车梁顶面以上300mm范围内的截面宜为矩形。

6 8、9度时，山墙现有的抗风砖柱应有竖向配筋。

8.2.3 屋盖现有的支撑布置和构造应符合下列规定：

1 屋盖支撑布置应符合表8.2.3-1～表8.2.3-3的规定；缺支撑时应增设。

表 8.2.3-1 A类厂房无檩屋盖的支撑布置

<table>
<tr><td colspan="3" rowspan="2">支撑名称</td><td colspan="3">烈度</td></tr>
<tr><td>6、7度</td><td>8度</td><td>9度</td></tr>
<tr><td rowspan="5">屋架支撑</td><td colspan="2">上弦横向支撑</td><td>同非抗震设计</td><td colspan="2">厂房单元端开间及柱间支撑开间各有一道；天窗跨度大于6m时，天窗开洞范围的两端有局部的支撑一道</td></tr>
<tr><td colspan="2">下弦横向支撑</td><td colspan="2">同非抗震设计</td><td>厂房单元端开间各有一道</td></tr>
<tr><td colspan="2">跨中竖向支撑</td><td colspan="2">同非抗震设计</td><td>同上弦横向支撑</td></tr>
<tr><td rowspan="2">两端竖向支撑</td><td>屋架端部高度≤900mm</td><td colspan="2">同非抗震设计</td><td>厂房单元端开间及每隔48m各有一道</td></tr>
<tr><td>屋架端部高度>900mm</td><td>同非抗震设计</td><td>同上弦横向支撑</td><td>同上弦横向支撑，且间距不大于30m</td></tr>
<tr><td colspan="3">天窗两侧竖向支撑</td><td>厂房单元天窗端开间及每隔42m各有一道</td><td>厂房单元天窗端开间及每隔30m各有一道</td><td>厂房单元天窗端开间及每隔18m各有一道</td></tr>
</table>

表 8.2.3-2 A类厂房中间井式天窗无檩屋盖支撑布置

<table>
<tr><td colspan="2" rowspan="2">支撑名称</td><td colspan="3">烈度</td></tr>
<tr><td>6、7度</td><td>8度</td><td>9度</td></tr>
<tr><td colspan="2">上、下弦横向支撑</td><td>厂房单元端开间各有一道</td><td colspan="2">厂房单元端开间及柱间支撑开间各有一道</td></tr>
<tr><td colspan="2">上弦通长水平系杆</td><td colspan="3">在天窗范围内屋架跨中上弦节点处有</td></tr>
<tr><td colspan="2">下弦通长水平系杆</td><td colspan="3">在天窗两侧及天窗范围内屋架下弦节点处有</td></tr>
<tr><td colspan="2">跨中竖向支撑</td><td colspan="3">在上弦横向支撑开间处有，位置与下弦通长系杆相对应</td></tr>
<tr><td rowspan="2">两端竖向支撑</td><td>屋架端部高度≤900mm</td><td colspan="2">同非抗震设计</td><td>同上弦横向支撑，且间距不大于48m</td></tr>
<tr><td>屋架端部高度>900mm</td><td>厂房单元端开间各有一道</td><td>同上弦横向支撑，且间距不大于48m</td><td>同上弦横向支撑，且间距不大于30m</td></tr>
</table>

2 屋架支撑布置尚应符合下列要求：

1）厂房单元端开间有天窗时，天窗开洞范围内相应部位的屋架支撑布置要求应适当提高；

2）8～9度时，柱距不小于12m的托架（梁）区段及相邻柱距段的一侧（不等高厂房为两侧）应有下弦纵向水平支撑；

3）拼接屋架（屋面梁）的支撑布置要求，应按本标准第8.2.3条第1款的规定适当提高；

4）锯齿形厂房的屋面板之间用混凝土连成整体时，可无上弦横向支撑；

5）跨度不大于15m的无腹杆钢筋混凝土组合屋架，厂房单元两端应各有一道上弦横向支撑，8度时每隔36m、9度时每隔24m尚应有一道；屋面板之间用混凝土连成整体时，可无上弦横向支撑。

表 8.2.3-3 A类厂房有檩屋盖的支撑布置

<table>
<tr><td colspan="2" rowspan="2">支撑名称</td><td colspan="3">烈度</td></tr>
<tr><td>6、7度</td><td>8度</td><td>9度</td></tr>
<tr><td rowspan="3">屋架支撑</td><td>上弦横向支撑</td><td colspan="2">厂房单元端开间各有一道</td><td rowspan="3">厂房单元端开间及厂房单元长度大于42m时在柱间支撑的开间各有一道</td></tr>
<tr><td>下弦横向支撑</td><td colspan="2" rowspan="2">同非抗震设计</td></tr>
<tr><td>竖向支撑</td></tr>
<tr><td rowspan="2">天窗架支撑</td><td>上弦横向支撑</td><td colspan="2">厂房单元的天窗端开间各有一道</td><td>厂房单元的天窗端开间及柱间支撑的开间各有一道</td></tr>
<tr><td>两侧竖向支撑</td><td>厂房单元的天窗端开间及每隔42m各有一道</td><td>厂房单元的天窗端开间及每隔30m各有一道</td><td>厂房单元的天窗端开间及每隔18m各有一道</td></tr>
</table>

3 锯齿形厂房三角形刚架立柱间的竖向支撑布置，应符合表 8.2.3-4 的规定。

表 8.2.3-4 A 类锯齿形厂房三角形刚架立柱间竖向支撑布置

窗框类型	6 度、7 度	8 度	9 度
钢筋混凝土	同非抗震设计		厂房单元端开间各有一道
钢、木	厂房单元端开间各有一道	厂房单元端开间及每隔 36m 各有一道	厂房单元端开间及每隔 24m 各有一道

4 屋盖支撑的构造尚应符合下列要求：

1）7～9 度时，上、下弦横向支撑和竖向支撑的杆件应为型钢；

2）8～9 度时，横向支撑的直杆应符合压杆要求，交叉杆在交叉处不宜中断，不符合时应加固；

3）8 度时Ⅲ、Ⅳ类场地跨度大于 24m 和 9 度时，屋架上弦横向支撑宜有较强的杆件和较牢的端节点构造。

8.2.4 现有排架柱的构造应符合下列规定：

1 7 度时Ⅲ、Ⅳ类场地和 8、9 度时，有柱间支撑的排架柱，柱顶以下 500mm 范围内和柱底至设计地坪以上 500mm 范围内，以及柱变位受约束的部位上下各 300mm 的范围内，箍筋直径不宜小于 ϕ8，间距不宜大于 100mm，当不符合时应加固。

2 8 度时Ⅲ、Ⅳ类场地和 9 度时，阶形柱牛腿面至吊车梁顶面以上 300mm 范围内，箍筋直径小于 ϕ8 或间距大于 100mm 时宜加固。

3 支承低跨屋架的中柱牛腿（柱肩）中，承受水平力的纵向钢筋应与预埋件焊牢。

8.2.5 现有的柱间支撑应为型钢，其布置应符合下列规定，当不符合时应增加支撑或采取其他相应措施：

1 7 度时Ⅲ、Ⅳ类场地和 8、9 度时，厂房单元中部应有一道上下柱柱间支撑，8、9 度时单元两端宜各有一道上柱支撑；单跨厂房两侧均有与柱等高且与柱可靠拉结的嵌砌纵墙，当墙厚不小于 240mm，开洞所占水平截面不超过总截面面积的 50%，砂浆强度等级不低于 M2.5 时，可无柱间支撑。

2 8 度时跨度不小于 18m 的多跨厂房中柱和 9 度时多跨厂房各柱，柱顶应有通长水平压杆，此压杆可与梯形屋架支座处通长水平系杆合并设置，钢筋混凝土系杆端头与屋架间的空隙应采用混凝土填实；锯齿形厂房牛腿柱柱顶在三角刚架的平面内，每隔 24m 应有通长水平压杆。

3 7 度Ⅲ、Ⅳ类场地和 8 度时Ⅰ、Ⅱ类场地，下柱柱间支撑的下节点在地坪以上时应靠近地面处；8 度时Ⅲ、Ⅳ类场地和 9 度时，下柱柱间支撑的下节点位置和构造应能将地震作用直接传给基础。

8.2.6 厂房结构构件现有的连接构造应符合下列规定，不符合时应采取相应的加强措施：

1 7～9 度时，檩条在屋架（屋面梁）上的支承长度不宜小于 50mm，且与屋架（屋面梁）应焊牢，槽瓦等与檩条的连接件不应漏缺或锈蚀。

2 7～9 度时，大型屋面板在天窗架、屋架（屋面梁）上的支承长度不宜小于 50mm，8、9 度时尚应焊牢。

3 7～9 度时，锯齿形厂房双梁在牛腿柱上的支承长度，梁端为直头时不应小于 120mm，梁端为斜头时不应小于 150mm。

4 天窗架与屋架，屋架、托架与柱子，屋盖支撑与屋架，柱间支撑与排架柱之间应有可靠连接；6、7 度时Π形天窗架竖向支撑与 T 形截面立柱连接节点的预埋件及 8、9 度时柱间支撑与柱连接节点的预埋件应有可靠锚固。

5 8、9 度时，吊车走道板的支承长度不应小于 50mm。

6 山墙抗风柱与屋架（屋面梁）上弦应有可靠连接。当抗风柱与屋架下弦相连接时，连接点应设在下弦横向支撑节点处。

7 天窗端壁板、天窗侧板与大型屋面板之间的缝隙不应为砖块封堵。

8.2.7 黏土砖围护墙现有的连接构造应符合下列规定：

1 纵墙、山墙、高低跨封墙和纵横跨交接处的悬墙，沿柱高每隔 10 皮砖均应有 2ϕ6 钢筋与柱（包括抗风柱）、屋架（包括屋面梁）端部、屋面板和天沟板可靠拉结。高低跨厂房的高跨封墙不应直接砌在低跨屋面上。

2 砖围护墙的圈梁应符合下列要求：

1）7～9 度时，梯形屋架端部上弦和柱顶标高处应有现浇钢筋混凝土圈梁各一道，但屋架端部高度不大于 900mm 时可合并设置；

2）8、9 度时，沿墙高每隔 4～6m 宜有圈梁一道。沿山墙顶应有卧梁并宜与屋架端部上弦高度处的圈梁连接；

3）圈梁与屋架或柱应有可靠连接；山墙卧梁与屋面板应有拉结；顶部圈梁与柱锚拉的钢筋不宜少于 4ϕ12，变形缝处圈梁和柱顶、屋架锚拉的钢筋均应有所加强。

3 预制墙梁与柱应有可靠连接，梁底与其下的墙顶宜有拉结。

4 女儿墙可按照本标准第 5.2.8 条的规定，位于出入口、高低跨交接处和披屋上部的女儿墙不符合要求时应采取相应措施。

8.2.8 砌体内隔墙的构造应符合下列规定：

1 独立隔墙的砌筑砂浆，实际达到的强度等级不宜低于 M2.5；厚度为 240mm 时，高度不宜超过 3m。

2 一般情况下，到顶的内隔墙与屋架（屋面梁）下弦之间不应有拉结，但墙体应有稳定措施；当到顶的内隔墙必须和屋架下弦相连时，此处应有屋架下弦水平支撑。

3 8、9 度时，排架平面内的隔墙和局部柱列间的隔墙应与柱柔性连接或脱开，并应有稳定措施。

（Ⅱ）抗震承载力验算

8.2.9 A 类厂房的抗震承载力验算，应符合下列规定：

1 下列情况的 A 类厂房，应进行抗震验算：

1）8、9 度时，厂房的高低跨柱列；支承低跨屋盖的牛腿（柱肩）；双向柱距不小于 12m、无桥式吊车且无柱间支撑的大柱网厂房；高大山墙的抗风柱；9 度时，还应验算排架柱；

2）8、9 度时，锯齿形厂房的牛腿柱；

3）7 度Ⅲ、Ⅳ类场地和 8 度时结构体系复杂或改造较多的其他厂房。

2 上述钢筋混凝土柱厂房可按现行国家标准《建筑抗震设计规范》GB 50011 的规定进行纵、横向的抗震计算，并可按本标准第 3.0.5 条的规定进行构件抗震承载力验算。

8.3 B 类厂房抗震鉴定

（Ⅰ）抗震措施鉴定

8.3.1 厂房的平面布置应符合下列规定：

1 厂房角部不宜有贴建房屋，厂房体型复杂或有贴建房屋时，宜有防震缝；防震缝宽度，一般情况宜为 50～90mm，纵横跨交接处宜为 100～150mm。

2 6～8 时突出屋面的天窗宜采用钢天窗架或矩形截面杆件的钢筋混凝土天窗架；9 度时，宜为下沉式天窗或突出屋面钢天窗架。天窗屋盖与端壁板宜为轻型板材；天窗架宜从厂房单元端部第三柱间开始设置。

3 厂房跨度大于 24m，或 8 度Ⅲ、Ⅳ类场地和 9 度时，屋架宜为钢屋架；柱距为 12m 时，可为预应力混凝土托架。端部宜有屋架，不宜用山墙承重。

4 砖围护墙宜为外贴式，不宜为一侧有墙另一侧敞开或一侧外贴而另一侧嵌砌等，但单跨厂房可两侧均为嵌砌式。

8.3.2 厂房现有构件的形式应符合下列规定：

1 现有的屋架上弦端部支承屋面板的小立柱截面不宜小于 200mm×200mm，高度不宜大于 500mm；小立柱的主筋，6～7 度时不宜小于 4ϕ12，8～9 度时不宜小于 4ϕ14；小立柱的箍筋间距不宜大于 100mm。

2 钢筋混凝土屋架上弦第一节间和梯形屋架现有的端竖杆的配筋，6～7 度时不宜小于 4ϕ12，8～9 度时不宜小于 4ϕ14。梯形屋架的端竖杆截面宽度宜与上弦宽度相同。

3 8、9 度时，不宜有腹板大开孔或预制腹板的工字形柱等整体性差或抗剪能力差的排架柱（包括高大山墙的抗风柱）。排架柱柱底至室内地坪以上 500mm 范围内和阶形柱的上柱宜为矩形。

8.3.3 屋盖现有的支撑布置和构造应符合下列规定：

1 屋盖支撑符合表 8.3.3-1～表 8.3.3-3 的规定；缺支撑时应增设。

表 8.3.3-1 B 类厂房无檩屋盖的支撑布置

支撑名称			烈度		
			6、7度	8度	9度
屋架支撑	上弦横向支撑		屋架跨度小于18m时同非抗震设计，跨度不小于18m时在厂房单元端开间各有一道	厂房单元端开间及柱间支撑开间各有一道；天窗开洞范围的两端各有局部的支撑一道	
	上弦通长水平系杆		同非抗震设计	沿屋架跨度不大于15m有一道，但装配整体式屋面可没有；围护墙在屋架上弦高度有现浇圈梁时，其端部处可没有	沿屋架跨度不大于12m有一道，但装配整体式屋面可没有；围护墙在屋架上弦高度有现浇圈梁时，其端部处可没有
	下弦横向支撑		同非抗震设计		同上弦横向支撑
	跨中竖向支撑		同非抗震设计		同上弦横向支撑
屋架支撑	两端竖向支撑	屋架端部高度≤900mm	同非抗震设计	厂房单元端开间各有一道	厂房单元端开间及每隔 48m 各有一道
		屋架端部高度>900mm	厂房单元端开间各有一道	厂房单元端开间及柱间支撑开间各有一道	厂房单元端开间、柱间支撑开间及每隔 30m 各有一道
天窗两侧竖向支撑			厂房单元天窗端开间及每隔30m各有一道	厂房单元天窗端开间及每隔24m各有一道	厂房单元天窗端开间及每隔18m各有一道
天窗上弦横向支撑			同非抗震设计	天窗跨度≥9m时，厂房单元天窗端开间及柱间支撑开间宜各有一道	厂房单元天窗端开间及柱间支撑开间宜各有一道

2　屋架支撑布置和构造尚应符合下列要求：

1）8～9度时跨度不大于15m的薄腹梁无檩屋盖，可仅在厂房单元两端各有竖向支撑一道；

2）上、下弦横向支撑和竖向支撑的杆件应为型钢；

3）8～9度时，横向支撑的直杆应符合压杆要求，交叉杆在交叉处不宜中断，不符合时应加固；

4）柱距不小于12m的托架（梁）区段及相邻柱距段的一侧（不等高厂房为两侧）应有下弦纵向水平支撑。

表8.3.3-2　B类厂房中间井式天窗无檩屋盖支撑布置

<table>
<tr><th colspan="2" rowspan="2">支撑名称</th><th colspan="3">烈　　度</th></tr>
<tr><th>6、7度</th><th>8度</th><th>9度</th></tr>
<tr><td colspan="2">上、下弦横向支撑</td><td>厂房单元端开间各有一道</td><td colspan="2">厂房单元端开间及柱间支撑开间各有一道</td></tr>
<tr><td colspan="2">上弦通长水平系杆</td><td colspan="3">在天窗范围内屋架跨中上弦节点处有</td></tr>
<tr><td colspan="2">下弦通长水平系杆</td><td colspan="3">在天窗两侧及天窗范围内屋架下弦节点处有</td></tr>
<tr><td colspan="2">跨中竖向支撑</td><td colspan="3">在上弦横向支撑开间处有，位置与下弦通长系杆相对应</td></tr>
<tr><td rowspan="2">两端竖向支撑</td><td>屋架端部高度≤900mm</td><td colspan="2">同非抗震设计</td><td>同上弦横向支撑，且间距不大于48m</td></tr>
<tr><td>屋架端部高度>900mm</td><td>厂房单元端开间各有一道</td><td>同上弦横向支撑，且间距不大于48m</td><td>同上弦横向支撑，且间距不大于30m</td></tr>
</table>

表8.3.3-3　B类厂房有檩屋盖的支撑布置

<table>
<tr><th colspan="2" rowspan="2">支撑名称</th><th colspan="3">烈　　度</th></tr>
<tr><th>6、7度</th><th>8度</th><th>9度</th></tr>
<tr><td rowspan="3">屋架支撑</td><td>上弦横向支撑</td><td>厂房单元端开间各有一道</td><td>厂房单元端开间及厂房单元长度大于66m的柱间支撑开间各有一道
天窗开窗范围的两端各有局部的支撑一道</td><td rowspan="2">厂房单元端开间及厂房单元长度大于42m时的柱间支撑开间各有一道
天窗开窗范围内的两端各有局部的上限横向支撑一道</td></tr>
<tr><td>下弦横向支撑，跨中竖向支撑</td><td colspan="2">同非抗震设计</td></tr>
<tr><td>端部竖向支撑</td><td colspan="3">屋架端部高度大于900mm时，厂房单元端开间及柱间支撑开间各有一道</td></tr>
<tr><td rowspan="2">天窗架支撑</td><td>上弦横向支撑</td><td>厂房单元的天窗端开间各有一道</td><td rowspan="2">厂房单元的天窗端开间及每隔30m各有一道</td><td rowspan="2">厂房单元的天窗端开间及每隔18m各有一道</td></tr>
<tr><td>两侧竖向支撑</td><td>厂房单元的天窗端开间及每隔36m各有一道</td></tr>
</table>

8.3.4　现有排架柱的构造与配筋应符合下列规定：

1　下列范围内排架柱的箍筋间距不应大于100mm，最小箍筋直径应符合表8.3.4的规定。当不满足时应加固：

1）柱顶以下500mm，并不小于柱截面长边尺寸；

2）阶形柱牛腿面至吊车梁顶面以上300mm；

3）牛腿或柱肩全高；

4）柱底至设计地坪以上500mm；

5）柱间支撑与柱连接节点和柱变位受约束的部位上下各300mm。

表8.3.4　加密区的最小箍筋直径（mm）

<table>
<tr><th rowspan="2">加密区位置</th><th colspan="3">烈度和场地类别</th></tr>
<tr><th>6度和7度Ⅰ、Ⅱ类场地</th><th>7度Ⅲ、Ⅳ类场地和8度Ⅰ、Ⅱ类场地</th><th>8度Ⅲ、Ⅳ类场地和9度</th></tr>
<tr><td>一般柱头、柱根</td><td>$\phi 8$</td><td>$\phi 8$</td><td>$\phi 8$</td></tr>
<tr><td>上柱、牛腿有支撑的柱根</td><td>$\phi 8$</td><td>$\phi 8$</td><td>$\phi 10$</td></tr>
<tr><td>有支撑的柱头，柱变位受约束的部位</td><td>$\phi 8$</td><td>$\phi 10$</td><td>$\phi 10$</td></tr>
</table>

2　支承低跨屋架的中柱牛腿（柱肩）中，承受水平力的纵向钢筋应与预埋件焊牢。6～7度时，承受水平力的纵向钢筋不应小于$2\phi 12$，8度时不应小于$2\phi 14$，9度时不应小于$2\phi 16$。

8.3.5　现有的柱间支撑应为型钢，其斜杆与水平面的夹角不宜大于55°。柱间支撑布置应符合下列规定，不符合时应增加支撑或采取其他相应措施：

1　厂房单元中部应有一道上下柱柱间支撑，有吊车或8～9度时，单元两端宜各有一道上柱支撑。

2　柱间支撑斜杆的长细比，不宜超过表8.3.5的规定。交叉支撑在交叉点应设置节点板，其厚度不应小于10mm，斜杆与该节点板应焊接，与端节点板宜焊接。

表8.3.5　柱间支撑交叉斜杆的最大长细比

位　置	烈　度			
	6度	7度	8度	9度
上柱支撑	250	250	200	150
下柱支撑	200	200	150	150

3　8度时跨度不小于18m的多跨厂房中柱和9度时多跨厂房各柱，柱顶应有通长水平压杆，此压杆可与梯形屋架支座处通长水平系杆合并设置，钢筋混

凝土系杆端头与屋架间的空隙应采用混凝土填实。

4 下柱支撑的下节点位置和构造应能将地震作用直接传给基础。6～7度时，下柱支撑的下节点在地坪以上时应靠近地面处。

8.3.6 厂房结构构件现有的连接构造应符合下列规定，不符合时应采取相应的加强措施：

1 有檩屋盖的檩条在屋架（屋面梁）上的支承长度不宜小于50mm，且与屋架（屋面梁）应焊牢；双脊檩应在跨度1/3处相互拉结；槽瓦、瓦楞铁、石棉瓦等与檩条的连接件不应漏缺或锈蚀。

2 大型屋面板应与屋架（屋面梁）焊牢，靠柱列的屋面板与屋架（屋面梁）的连接焊缝长度不宜小于80mm；6、7度时，有天窗厂房单元的端开间，或8、9度各开间，垂直屋架方向两侧相邻的大型屋面板的顶面宜彼此焊牢；8、9度时，大型屋面板端头底面的预埋件宜采用角钢，并与主筋焊牢。

3 突出屋面天窗架的侧板与天窗立柱宜用螺栓连接。

4 屋架（屋面梁）与柱子的连接，8度时宜为螺栓，9度时宜为钢板铰或螺栓；屋架（屋面梁）端部支承垫板的厚度不宜小于16mm；柱顶预埋件的锚筋，8度时宜为4ϕ14，9度时宜为4ϕ16，有柱间支撑的柱子，柱顶预埋件还应有抗剪钢板；柱间支撑与柱连接节点预埋件的锚件，8度Ⅲ、Ⅳ类场地和9度时，宜采用角钢加端板，其他情况可采用HRB335、HRB400钢筋，但锚固长度不应小于30倍锚筋直径。

5 山墙抗风柱与屋架（屋面梁）上弦应有可靠连接；当抗风柱与屋架下弦相连接时，连接点应设在下弦横向支撑节点处；此时，下弦横向支撑的截面和连接节点应进行抗震承载力验算。

8.3.7 黏土砖围护墙现有的连接构造应符合下列规定：

1 纵墙、山墙、高低跨封墙和纵横跨交接处的悬墙，沿柱高每隔不大于500mm均应有2ϕ6钢筋与柱（包括抗风柱）、屋架（包括屋面梁）端部、屋面板和天沟板可靠拉结。高低跨厂房的高跨封墙不应直接砌在低跨屋面上。

2 砖围护墙的圈梁应符合下列要求：

1）梯形屋架端部上弦和柱顶标高处应有现浇钢筋混凝土圈梁各一道，但屋架端部高度不大于900mm时可合并设置；

2）8、9度时，应按上密下疏的原则沿墙高每隔4m左右宜有圈梁一道。沿山墙顶应有卧梁并宜与屋架端部上弦高度处的圈梁连接，不等高厂房的高低跨封墙和纵横跨交接处的悬墙，圈梁的竖向间距应不大于3m；

3）圈梁宜闭合，当柱距不大于6m时，圈梁的截面宽度宜与墙厚相同，高度不应小于180mm，其配筋，6～8度时不应少于4ϕ12，9度时不应少于4ϕ14；厂房转角处柱顶圈梁在端开间范围内的纵筋，6～8度时不宜小于4ϕ14，9度时不应少于4ϕ16，转角两侧各1m范围内的箍筋直径不宜小于ϕ8，间距不宜大于100mm；各圈梁在转角处应有不少于3根且直径与纵筋相同的水平斜筋；

4）圈梁与屋架或柱应有可靠连接；山墙卧梁与屋面板应有拉结；顶部圈梁与柱锚拉的钢筋不宜少于4ϕ12，且锚固长度不宜少于35倍钢筋直径；变形缝处圈梁和柱顶、屋架锚拉的钢筋均应有所加强。

3 墙梁宜采用现浇；当采用预制墙梁时，预制墙梁与柱应有可靠连接，梁底与其下的墙顶宜有拉结；厂房转角处相邻的墙梁，应相互可靠连接。

4 女儿墙可按照本标准第5.2.8条的规定检查，位于出入口、高低跨交接处和披屋上部的女儿墙不符合要求时应采取相应措施。

8.3.8 砌体内隔墙的构造应符合下列规定：

1 独立隔墙的砌筑砂浆，实际达到的强度等级不宜低于M2.5。

2 到顶的内隔墙与屋架（屋面梁）下弦之间不应有拉结，但墙体应有稳定措施。

3 隔墙应与柱柔性连接或脱开，并应有稳定措施，顶部应有现浇钢筋混凝土压顶梁。

（Ⅱ）抗震承载力验算

8.3.9 6度和7度Ⅰ、Ⅱ类场地，柱高不超过10m且两端有山墙的单跨及等高多跨B类厂房（锯齿形厂房除外），当抗震构造措施符合本章规定时，可不进行截面抗震验算，其他B类厂房，均应按现行国家标准《建筑抗震设计规范》GB 50011的规定进行纵、横向的抗震计算，并可按本标准第3.0.5条的规定进行抗震承载力验算。

9 单层砖柱厂房和空旷房屋

9.1 一般规定

9.1.1 本章适用于砖柱（墙垛）承重的单层厂房和砖墙承重的单层空旷房屋。

注：单层厂房包括仓库、泵房等，单层空旷房屋指剧场、礼堂、食堂等。

9.1.2 抗震鉴定时，影响房屋整体性、抗震承载力和易倒塌伤人的下列关键薄弱部位应重点检查：

1 6度时，应检查女儿墙、门脸和出屋面小烟囱和山墙山尖。

2 7度时，除按第1款检查外，尚应检查舞台

口大梁上的砖墙、承重山墙。

3　8度时，除按第1、2款检查外，尚应检查承重柱（墙垛）、舞台口横墙、屋盖支撑及其连接、圈梁、较重装饰物的连接及相连附属房屋的影响。

4　9度时，除按第1～3款检查外，尚应检查屋盖的类型等。

注：单层砖柱厂房，6度时尚应重点检查变截面柱和不等高排架柱的上柱，7度时尚应检查与排架刚性连接但不到顶的砌体隔墙、封檐墙。

9.1.3　砖柱厂房和空旷房屋的外观和内在质量宜符合下列要求：

1　承重柱、墙无酥碱、剥落、明显裂缝、露筋或损伤。

2　木屋盖构件无腐朽、严重开裂、歪斜或变形，节点无松动。

3　混凝土构件符合本标准第6.1.3条的有关规定。

9.1.4　A类单层砖柱厂房，应按本标准第9.2章的规定检查结构布置、构件形式、材料强度、整体性连接和易损部位的构造等；当检查的各项均符合要求时，一般情况下可评为满足抗震鉴定要求，但对本标准第9.2.7条规定的情况，尚应结合抗震承载力验算进行综合抗震能力评定。

B类砖柱厂房，应按本标准第9.4节检查结构布置、构件形式、材料强度、整体性连接和易损部位的构造等，并应按本标准第9.4.7条的规定进行抗震承载力验算，然后评定其抗震能力。

当关键薄弱部位不符合本章规定时，应要求加固或处理；一般部位不符合规定时，可根据不符合的程度和影响的范围，提出相应对策。

9.1.5　单层空旷房屋，应根据结构布置和构件形式的合理性、构件材料实际强度、房屋整体性连接构造的可靠性和易损部位构件自身构造及其与主体结构连接的可靠性等，进行结构布置和构造的检查。

对A类空旷房屋，一般情况，当结构布置和构造符合要求时，应评为满足抗震鉴定要求；对有明确规定的情况，应结合抗震承载力验算进行综合抗震能力评定。

对B类空旷房屋，应检查结构布置和构造并按规定进行抗震承载力验算，然后评定其抗震能力。

当关键薄弱部位不符合规定时，应要求加固或处理；一般部位不符合规定时，应根据不符合的程度和影响的范围，提出相应对策。

9.1.6　砖柱厂房和空旷房屋的钢筋混凝土部分和附属房屋的抗震鉴定，应根据其结构类型分别按本标准相应章节的有关规定进行，但附属房屋与大厅或车间相连的部位，尚应符合本章的要求并计入相互的不利影响。

9.2　A类单层砖柱厂房抗震鉴定

（Ⅰ）抗震措施鉴定

9.2.1　单层砖柱厂房现有的结构布置和构件形式，应符合下列规定：

1　承重山墙厚度不应小于240mm，开洞的水平截面面积不应超过山墙截面总面积的50%。

2　8、9度时，砖柱（墙垛）应有竖向配筋。

3　7度时Ⅲ、Ⅳ场地和8、9度时，纵向边柱列应有与柱等高且整体砌筑的砖墙。

9.2.2　单层砖柱厂房现有的结构布置和构件形式，尚应符合下列规定：

1　多跨厂房为不等高时，低跨的屋架（梁）不应削弱砖柱截面。

2　有桥式吊车、或6～8度时跨度大于12m且柱顶标高大于6m、或9度时跨度大于9m且柱顶标高大于4m的厂房，应适当提高其抗震鉴定要求。

3　与柱不等高的砌体隔墙，宜与柱柔性连接或脱开。

4　9度时，不宜为重屋盖厂房；双曲砖拱屋盖的跨度，7、8、9度时分别不宜大于15m、12m和9m；拱脚处应有拉杆，山墙应有壁柱。

9.2.3　砖柱（墙垛）的材料强度等级和配筋，应符合下列规定：

1　砖实际达到的强度等级，不宜低于MU7.5。

2　砌筑砂浆实际达到的强度等级，6、7度时不宜低于M1，8、9度时不宜低于M2.5。

3　8、9度时，竖向配筋分别不应少于4ϕ10、4ϕ12。

9.2.4　单层砖柱厂房现有的整体性连接构造应符合下列规定：

1　屋架或大梁的支承长度不宜小于240mm，8、9度时尚应通过螺栓或焊接等与垫块连接；支承屋架（梁）的砖柱（墙垛）顶部应有混凝土垫块。

2　独立砖柱应在两个方向均有可靠连接；8度且房屋高度大于8m或9度且房屋高度大于6m时，在外墙转角及抗震内墙与外墙交接处，沿墙高每隔10皮砖应有2ϕ6拉结钢筋，且每边伸入墙内不宜少于1m。

9.2.5　单层砖柱厂房现有的整体性连接构造，尚应符合下列规定：

1　木屋盖的支撑布置，宜符合表9.2.5的规定；波形瓦、瓦楞铁、石棉瓦等屋盖的支撑布置要求，可按照表9.2.5中无望板屋盖采用；钢筋混凝土屋盖的支撑布置要求，可按照本标准第8章的有关规定。

表 9.2.5　A 类单层砖柱厂房木屋盖的支撑布置

<table>
<tr><td colspan="2" rowspan="4">支撑名称</td><td colspan="7">烈　度</td></tr>
<tr><td>6、7度</td><td colspan="3">8度</td><td colspan="3">9度</td></tr>
<tr><td rowspan="2">各类屋盖</td><td colspan="2">满铺望板</td><td>稀铺或无望板</td><td colspan="2">满铺望板</td><td>稀铺或无望板</td></tr>
<tr><td>无天窗</td><td>有天窗</td><td>有、无天窗</td><td>无天窗</td><td>有天窗</td><td>有、无天窗</td></tr>
<tr><td rowspan="3">屋架支撑</td><td>上弦横向支撑</td><td colspan="2">同非抗震要求</td><td>房屋单元两端的天窗开洞范围内各有一道</td><td>屋架跨度大于 6m 时，房屋单元端开间及每隔 30m 左右有一道</td><td>同非抗震要求</td><td>同 8 度</td><td>屋架跨度大于 6m 时，房屋单元端开间及每隔 20m 左右各有一道</td></tr>
<tr><td>下弦横向支撑</td><td colspan="4" rowspan="2">同非抗震要求</td><td colspan="3">同上</td></tr>
<tr><td>跨中竖向支撑</td><td colspan="3">隔间有，并有下弦通长水平系杆</td></tr>
<tr><td rowspan="2">天窗架支撑</td><td>两侧竖向支撑</td><td colspan="4">天窗两端第一开间各有一道</td><td colspan="3">天窗端开间及每隔 20m 左右各有一道</td></tr>
<tr><td>上弦横向支撑</td><td colspan="7">跨度较大的天窗，同无天窗屋盖的屋架支撑布置（在天窗开洞范围内的屋架脊点处应有通长系杆）</td></tr>
</table>

2　木屋盖的支撑与屋架、天窗架应为螺栓连接，6、7 度时可为钉连接；对接檩条的搁置长度不应小于 60mm，檩条在砖墙上的搁置长度不宜小于 120mm。

3　8、9 度时，支承钢筋混凝土屋盖的混凝土垫块宜有钢筋网片并与圈梁可靠拉结。

4　圈梁布置应符合下列要求：

1）7 度时屋架底部标高大于 4m 和 8、9 度时，屋架底部标高处沿外墙和承重内墙，均应有现浇闭合圈梁一道，并与屋架或大梁等可靠连接。

2）8 度Ⅲ、Ⅳ类场地和 9 度，屋架底部标高大于 7m 时，沿高度每隔 4m 左右在窗顶标高处还应有闭合圈梁一道。

5　7 度时，屋盖构件应与山墙可靠连接，山墙壁柱宜通到墙顶，8、9 度时山墙顶尚应有钢筋混凝土卧梁；跨度大于 10m 且屋架底部标高大于 4m 时，山墙壁柱应通到墙顶，竖向钢筋应锚入卧梁内。

9.2.6　房屋易损部位及其连接的构造，应符合下列规定：

1　7～9 度时，砌筑在大梁上的悬墙、封檐墙应与梁、柱及屋盖等有可靠连接。

2　女儿墙等应符合本标准第 5.2.8 条第 2 款的有关规定。

（Ⅱ）抗震承载力验算

9.2.7　A 类单层砖柱厂房的下列部位，应按现行国家标准《建筑抗震设计规范》GB 50011 的规定进行纵、横向抗震分析，并可按本标准第 3.0.5 条的规定进行结构构件的抗震承载力验算：

1　7 度Ⅰ、Ⅱ类场地，单跨或多跨等高且高度超过 6m 的无筋砖墙垛、高度超过 4.5m 的等截面无筋独立砖柱和混合排架房屋中高度超过 4.5m 的无筋砖柱及不等高厂房中的高低跨柱列。

2　7 度Ⅲ、Ⅳ类场地的无筋砖柱（墙垛）。

3　8 度时每侧纵筋少于 3ϕ10 的砖柱（墙垛）。

4　9 度时每侧纵筋少于 3ϕ12 的砖柱（墙垛）和重屋盖房屋的配筋砖柱。

5　7～9 度时开洞的水平截面面积超过截面总面积 50％的山墙。

6　8、9 度时，高大山墙的壁柱应进行平面外的截面抗震验算。

9.3　A 类单层空旷房屋抗震鉴定

（Ⅰ）抗震措施鉴定

9.3.1　A 类单层空旷房屋的大厅，除应按本节的规定进行抗震鉴定外，其他要求应符合本标准第 9.2 节的有关规定检查；附属房屋的抗震鉴定，应按其结构类型按本标准相关章节的规定检查。

9.3.2　房屋现有的结构布置和构件形式，应符合下列规定：

1　大厅与前后厅之间不宜有防震缝；附属房屋与大厅相连，二者之间应有圈梁连接。

2　单层空旷房屋的大厅，支承屋盖的承重结构，9 度时宜为钢筋混凝土结构。当 7 度时，有挑台或跨度大于 21m 或柱顶标高大于 10m，8 度时，有挑台或跨度大于 18m 或柱顶标高大于 8m，宜为钢筋混凝土结构。

3　舞台后墙、大厅与前厅交接处的高大山墙，宜利用工作平台或楼层作为水平支撑。

9.3.3　房屋现有的整体性连接构造应符合下列规定：

1　大厅的屋盖构造，应符合本标准第 8 章和第 9.2 节的要求。

2　8、9 度时，支承舞台口大梁的墙体应有保证稳定的措施。

3　大厅柱（墙）顶标高处应有现浇闭合圈梁一道，沿高度每隔 4m 左右在窗顶标高处还应有闭合圈梁一道。

4　大厅与相连的附属房屋，在同一标高处应有封闭圈梁并在交界处拉通。

5　山墙壁柱宜通到墙顶；8、9 度时山墙顶尚应有钢筋混凝土卧梁，并与屋盖构件锚拉。

9.3.4　房屋易损部位及其连接的构造，应符合下列规定：

1　8、9 度时，舞台口横墙顶部宜有卧梁，并应与构造柱、圈梁、屋盖等构件有可靠连接。

2 悬吊重物应有锚固和可靠的防护措施。

3 悬挑式挑台应有可靠的锚固和防止倾覆的措施。

4 8、9度时，顶棚等宜为轻质材料。

5 女儿墙、高门脸等，应符合本标准第5.2.8条第2款的有关规定。

(Ⅱ) 抗震承载力验算

9.3.5 A类单层空旷房屋的下列部位，应按现行国家标准《建筑抗震设计规范》GB 50011的规定进行纵、横向抗震分析，并可按本标准第3.0.5条的规定进行结构构件的抗震承载力验算：

1 悬挑式挑台的支承构件。

2 8、9度时，高大山墙和舞台后墙的壁柱应进行平面外的截面抗震验算。

9.4 B类单层砖柱厂房抗震鉴定

(Ⅰ) 抗震措施鉴定

9.4.1 按B类要求进行抗震鉴定的单层砖柱厂房，宜为单跨、等高且无桥式吊车的厂房，6～8度时跨度不大于12m且柱顶标高不大于6m，9度时跨度不大于9m且柱顶标高不大于4m。

9.4.2 砖柱厂房现有的平立面布置，宜符合本标准第8章的有关规定，但防震缝的检查宜符合下列要求：

1 轻型屋盖厂房，可没有防震缝。

2 钢筋混凝土屋盖厂房与贴建的建（构）筑物间宜有防震缝，其宽度可采用50～70mm。

3 防震缝处宜设有双柱或双墙。

注：本节轻型屋盖指木屋盖和轻钢屋架、瓦楞铁、石棉瓦屋面的屋盖。

9.4.3 厂房现有的结构体系，应符合下列要求：

1 6～8度时，宜为轻型屋盖，9度时，应为轻型屋盖。

2 6、7度时，可为十字形截面的无筋砖柱；8度Ⅰ、Ⅱ类场地时，宜为组合砖柱；8度Ⅲ、Ⅳ类场地和9度时，边柱应为组合砖柱，中柱应为钢筋混凝土柱。

3 厂房纵向独立砖柱柱列，可在柱间由与柱等高的抗震墙承受纵向地震作用，砖抗震墙应与柱同时咬槎砌筑，并应有基础；8度Ⅲ、Ⅳ类场地钢筋混凝土无檩屋盖厂房，无砖抗震墙的柱顶，应有通长水平压杆。

4 厂房两端均应有承重山墙。

5 横向内隔墙宜为抗震墙，非承重隔墙和非整体砌筑且不到顶的纵向隔墙宜为轻质墙，非轻质墙，应考虑隔墙对柱及其与屋架连接节点的附加地震剪力。

6 7度、8度和9度时，双曲砖拱的跨度分别不宜大于15m、12m和9m，砖拱的拱脚应有拉杆，并应锚固在钢筋混凝土圈梁内；地基为软弱黏性土、液化土、新近填土或严重不均匀土层时，不应采用双曲砖拱。

9.4.4 砖柱（墙垛）的材料强度等级，应符合下列规定：

1 砖实际达到的强度等级，不宜低于MU7.5。

2 砌筑砂浆实际达到的强度等级，不宜低于M2.5。

9.4.5 砖柱厂房现有屋盖的检查，应符合下列规定：

1 木屋盖的支撑布置，宜符合表9.4.5的要求。钢屋架、瓦楞铁、石棉瓦等屋面的支撑，可按表中无望板屋盖的规定检查；支撑与屋架、天窗架，应采用螺栓连接。

表9.4.5 B类单层砖柱厂房木屋盖的支撑布置

<table>
<tr><th colspan="2" rowspan="3">支撑名称</th><th colspan="6">烈　度</th></tr>
<tr><th>6、7度</th><th colspan="3">8度</th><th colspan="2">9度</th></tr>
<tr><th>各类屋盖</th><th>满铺望板 无天窗</th><th>满铺望板 有天窗</th><th>稀铺或无望板</th><th>满铺望板</th><th>稀铺或无望板</th></tr>
<tr><td rowspan="3">屋架支撑</td><td>上弦横向支撑</td><td colspan="2">同非抗震要求</td><td>房屋单元两端天窗开洞范围内各有一道</td><td>屋架跨度大于6m时，房屋单元两端第二开间及每隔20m有一道</td><td>屋架跨度大于6m时，房屋单元两端第二开间各有一道</td><td>屋架跨度大于6m时，房屋单元两端第二开间及每隔20m有一道</td></tr>
<tr><td>下弦横向支撑</td><td colspan="5" rowspan="2">同非抗震要求</td><td>屋架跨度大于6m时，房屋单元两端第二开间及每隔20m有一道</td></tr>
<tr><td>跨中竖向支撑</td><td>隔间设置并有下弦通长水平系杆</td></tr>
<tr><td rowspan="2">天窗架支撑</td><td>两侧竖向支撑</td><td colspan="4">天窗两端第一开间各有一道</td><td colspan="2">天窗两端第一开间及每隔20m左右有一道</td></tr>
<tr><td>上弦横向支撑</td><td colspan="6">跨度较大的天窗，参照无天窗屋架的支撑布置</td></tr>
</table>

2 钢筋混凝土屋盖的构造鉴定要求，应符合本标准第8.3节的有关规定。

9.4.6 砖柱厂房现有的连接构造，应按下列规定检查：

1 柱顶标高处沿房屋外墙及承重内墙应有闭合圈梁，8、9度时还应沿墙每隔3～4m增设有圈梁一道，圈梁的截面高度不应小于180mm，配筋不应少于4ϕ12；地基为软弱黏性土、液化土、新近填土或严重不均匀土层时，尚应有基础圈梁一道。

2 山墙沿屋面应有现浇钢筋混凝土卧梁，并应与屋盖构件锚拉；山墙壁柱的截面和配筋，不宜小于排架柱，壁柱应通到墙顶并与卧梁或屋盖构件连接。

3 屋架（屋面梁）与墙顶圈梁或柱顶垫块，应为螺栓连接或焊接；柱顶垫块的厚度不应小于240mm，并应有直径不小于ϕ8间距不大于100mm的钢筋网两层；墙顶圈梁应与柱顶垫块整浇，9度时，在垫块两侧各500mm范围内，圈梁的箍筋间距不应大于100mm。

（Ⅱ）抗震承载力验算

9.4.7 6度和7度Ⅰ、Ⅱ类场地，柱顶标高不超过4.5m，且两端均有山墙的单跨及多跨等高B类砖柱厂房，当抗震构造措施符合本节规定时，可评为符合抗震鉴定要求，不进行抗震验算。其他情况，应按现行国家标准《建筑抗震设计规范》GB 50011的规定进行纵、横向抗震分析，并可按本标准第3.0.5条的规定进行结构构件的抗震承载力验算。

9.5 B类单层空旷房屋抗震鉴定

（Ⅰ）抗震措施鉴定

9.5.1 单层空旷房屋的结构布置，应按下列要求检查：

1 单层空旷房屋的大厅，支承屋盖的承重结构，9度时应为钢筋混凝土结构。当7度时，有挑台或跨度大于21m或柱顶标高大于10m，8度时，有挑台或跨度大于18m或柱顶标高大于8m，应为钢筋混凝土结构。

2 舞台口的横墙，应符合下列要求：

1）舞台口横墙两侧及墙两端应有构造柱或钢筋混凝土柱；

2）舞台口横墙沿大厅屋面处应有钢筋混凝土卧梁，其截面高度不宜小于180mm，并应与屋盖构件可靠连接；

3）6～8度时，舞台口大梁上的承重墙应每隔4m有一根立柱，并应沿墙高每隔3m有一道圈梁；立柱、圈梁的截面尺寸、配筋及其与墙体的拉结等应符合多层砌体房屋的要求；

4）9度时，舞台口大梁上不应由砖墙承重。

9.5.2 单层空旷房屋的结构布置，尚应按下列要求检查：

1 大厅和前后厅之间不宜有防震缝，大厅与两侧附属房屋之间可没有防震缝，但应加强相互之间的连接。

2 大厅的砖柱宜为组合柱，柱上端钢筋应锚入屋架底部的钢筋混凝土圈梁内；组合柱的纵向钢筋，应按计算确定，且6度Ⅲ、Ⅳ类场地和7度时，不应少于4ϕ12，8度和9度时，不应少于6ϕ14。

9.5.3 空旷房屋的实际材料强度等级，应符合下列规定：

1 砖实际达到的强度等级，不宜低于MU7.5。

2 砌筑砂浆实际达到的强度等级，不宜低于M2.5。

3 混凝土材料实际达到的强度等级，不应低于C20。

9.5.4 单层空旷房屋的整体性连接，应按下列要求检查：

1 大厅柱（墙）顶标高处应有现浇圈梁，并宜沿墙高每隔3m左右有一道圈梁，梯形屋架端部高度大于900mm时还应在上弦标高处有一道圈梁；其截面高度不宜小于180mm，宽度宜与墙厚相同，配筋不应少于4ϕ12，箍筋间距不宜大于200mm。

2 大厅与附属房屋不设防震缝时，应在同一标高处设置有封闭圈梁并在交接处拉通，墙体交接处应沿墙高每隔不大于500mm有2ϕ6拉结钢筋，且每边伸入墙内不宜小于1m。

3 悬挑式挑台应有可靠的锚固和防止倾覆的措施。

9.5.5 单层空旷房屋的易损部位，应按下列要求检查：

1 山墙应沿屋面设有钢筋混凝土卧梁，并应与屋盖构件锚拉；山墙应设有构造柱或组合砖柱，其截面和配筋分别不宜小于排架柱或纵墙砖柱，并应通到山墙的顶端与卧梁连接。

2 舞台后墙、大厅与前厅交接处的高大山墙，应利用工作平台或楼层作为水平支撑。

9.5.6 大厅的屋盖构造，以及大厅的其他鉴定要求，可按本标准第8.3节和第9.4节的相关要求检查。

（Ⅱ）抗震承载力验算

9.5.7 B类单层空旷房屋，应按现行国家标准《建筑抗震设计规范》GB 50011的规定进行纵、横向抗震分析，并可按本标准第3.0.5条的规定进行结构构件的抗震承载力验算。

10 木结构和土石墙房屋

10.1 木结构房屋

（Ⅰ）一般规定

10.1.1 本节主要适用于屋盖、楼盖以及支承柱均由木材制作的下列中、小型木结构：

1 6～8度时，不超过二层的穿斗木构架、旧式木骨架、木柱木屋架房屋和康房，单层的柁木檩架房屋。

2 9度时，不超过二层的穿斗木构架房屋、康房和单层的旧式木骨架房屋，不包括木柱木屋架和柁木檩架房屋。

注：1 旧式木骨架房屋指由檩、柁（梁）、柱组成承重木骨架和砖围护墙的房屋；

2 柁木檩架指农村中构件截面较小的木柁架；

3 木柱和砖墙柱混合承重的房屋，砖砌体部分可按照本标准第9章的有关要求鉴定；

4 康房系藏族地区的木构架房屋；一般为二层，底层为辅助用房，二层居住。

10.1.2 抗震鉴定时，承重木构架、楼盖和屋盖的质量（品质）和连接、墙体与木构架的连接、房屋所处场地条件的不利影响，应重点检查。

10.1.3 木结构房屋以抗震构造鉴定为主，可不作抗震承载力验算。8、9度时Ⅳ类场地的房屋应适当提高抗震构造要求。

10.1.4 木结构房屋的外观和内在质量宜符合下列要求：

1 柱、梁（柁）、屋架、檩、椽、穿枋、龙骨等受力构件无明显的变形、歪扭、腐朽、蚁蚀、影响受力的裂缝和弊病。

2 木构件的节点无明显松动或拔榫。

3 7度时，木构架倾斜不应超过木柱直径的1/3，8、9度时不应有歪闪。

4 墙体无空鼓、酥碱、歪闪和明显裂缝。

10.1.5 木结构房屋抗震鉴定时，尚应按有关规定检查其地震时的防火问题。

（Ⅱ）A类木结构房屋

10.1.6 旧式木骨架的布置和构造应符合下列要求：

1 8度时，无廊厦的木构架，柱高不应超过3m，超过时木柱与柁（梁）应有斜撑连接；9度时，木构架房屋应有前廊或兼有后厦（横向为三排柱或四排柱），檩下应有垫板和檩枋。

2 构造形式应合理，不应有悠悬柁架或无后檐檩（图10.1.6-1a），瓜柱高于0.7m的腊钎瓜柱柁架（图10.1.6-1b）、柁与柱为榫接的五檩柁架（图10.1.6-1c）和无连接措施的接柁（图10.1.6-1d）；

3 木构件的常用截面尺寸宜符合本标准附录G的规定。

4 木柱的柱脚与砖墩连接时，墩的高度不宜大于300mm，且砂浆强度等级不应低于M2.5；8、9度无横墙处的柱脚为拍巴掌榫墩接时，榫头处应有竖向连接铁件（图10.1.6-2）；9度时木柱与柱础（基石）应有可靠连接。

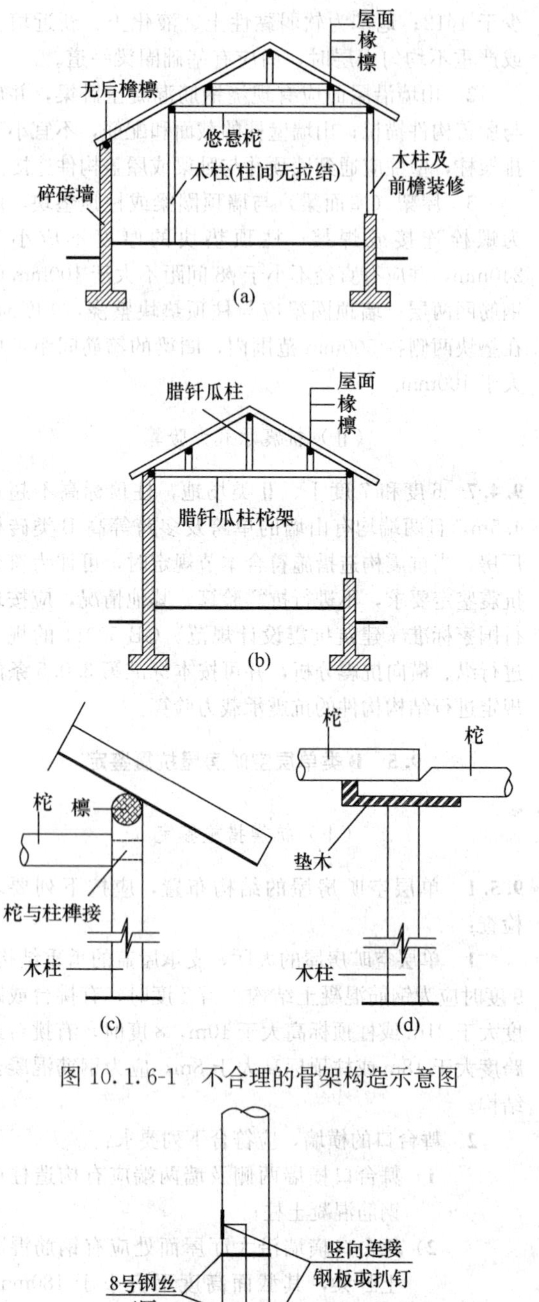

图10.1.6-1 不合理的骨架构造示意图

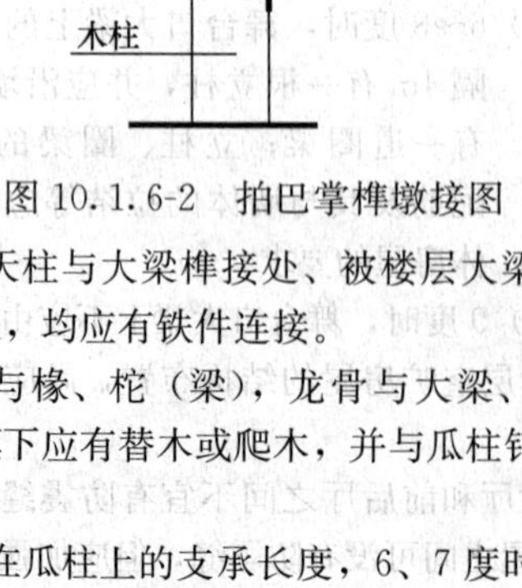

图10.1.6-2 拍巴掌榫墩接图

5 通天柱与大梁榫接处、被楼层大梁间断的柱与梁相交处，均应有铁件连接。

6 檩与椽、柁（梁），龙骨与大梁、楼板应钉牢；对接檩下应有替木或爬木，并与瓜柱钉牢或为燕尾榫。

7 檩在瓜柱上的支承长度，6、7度时不应小于60mm，8、9度时不应小于80mm。

8 楼盖的木龙骨间应有剪刀撑，龙骨在大梁上的支承长度不应小于 80mm。

10.1.7 木柱木屋架的布置和构造应符合下列要求：

1 梁柱布置不应零乱，并宜有排山架。

2 木屋架不应为无下弦的人字屋架。

3 柱顶在两个方向均应有可靠连接；被木梁间断的木柱与梁应有铁件连接；8 度时，木柱上部与屋架的端部宜有角撑，多跨房屋的边跨为单坡时，中柱与屋架下弦间应有角撑或铁件连接，角撑与木柱的夹角不宜小于 30°，柱底与基础应有铁件锚固。

4 柱顶宜有通长水平系杆，房屋两端的屋架间应有竖向支撑；房屋长度大于 30m 时，在中段且间隔不大于 20m 的柱间和屋架间均应有支撑；跨度小于 9m 且有密铺木望板或房屋长度小于 25m 且呈四坡顶时，屋架间可无支撑。

5 檩与椽和屋架，龙骨与大梁和楼板应钉牢；对接檩下方应有替木或爬木；对接檩在屋架上的支承长度不应小于 60mm。

6 木构件在墙上的支承长度，对屋架和楼盖大梁不应小于 250mm，对接檩和木龙骨不应小于 120mm。

7 屋面坡度超过 30°时，瓦与屋盖应有拉结；坐泥挂瓦的坡屋面，坐泥厚度不宜大于 60mm。

10.1.8 柁木檩架的布置和构造应符合下列要求：

1 房屋的檐口高度，6、7 度时不宜超过 2.9m，8 度时不宜超过 2.7m。

2 柁（梁）与柱之间应有斜撑；房屋宜有排山架，无排山架时山墙应有足够的承载能力。

3 瓜柱直径，6、7 度时不宜小于 120mm，8 度时不宜小于 140mm。

4 檩与椽和柁（梁）应钉牢；对接檩下方应有替木或爬木，并与瓜柱钉牢或为燕尾榫。

5 檩条支承在墙上时，檩下应有垫木或卧泥垫砖；檩在柁（梁）或墙上的最小支承长度应符合表 10.1.8 的规定。

表 10.1.8 檩在柁（梁）或墙上的最小支承长度（mm）

连接方式	7 度		8 度	
	柁(梁)上	墙上	柁(梁)上	墙上
对 接	50	180	70	240 且不小于墙厚
搭 接	100	240	120	240 且不小于墙厚

6 房屋的屋顶草泥（包括焦渣等）厚度，6、7 度时不宜大于 150mm，8 度时不宜大于 100mm。

10.1.9 穿斗木构架在纵横两方向均应有穿枋，梁柱节点宜为银锭榫，木柱被榫槽减损的截面面积不宜大于全截面的 1/3；9 度时，纵向柱间在楼层内的穿枋不应少于两道且应有 1～2 道斜撑。

10.1.10 康房的底层立柱应有稳定措施；8、9 度时，柱间应有斜撑或轻质抗震墙；木柱应有基础，上柱柱脚与楼盖间应有可靠连接。

注：轻质抗震墙指由承重木构架与斜撑、木隔墙等组成的抗侧力构架。

10.1.11 旧式木骨架、木柱木屋架房屋的墙体应符合下列要求：

1 厚度不小于 240mm 的砖抗震横墙，其间距不应大于三个开间；6、7 度时，有前廊的单层木构架房屋，其间距可为五个开间。

2 8 度时，砖实心墙可为白灰砂浆或 M0.4 砂浆砌筑，外整里碎砖墙的砂浆强度等级不应低于 M1；9 度时，应为砂浆强度等级不低于 M2.5 的砖实心墙。

3 山墙与檩条、檐墙顶部与柱应有拉结。

4 7 度时墙高超过 3.5m 和 8、9 度时，外墙沿柱高每隔 1m 与柱应有一道拉结；房屋的围护墙，应在楼盖附近和檐口下每隔 1m 与梁或木龙骨有一道拉结。

5 用砂浆强度等级为 M1 砌筑的厚度 120mm、高度大于 2.5m 且长度大于 4.5m 的后砌砖隔墙，7、8 度时高度大于 3m 且长度大于 5m 的后砌砖隔墙和 9 度时的后砌砖隔墙，应沿墙高每隔 1m 与木构架有钢筋或钢丝拉结；8、9 度时墙顶尚应与柁（梁）拉结。

6 空旷的木柱木屋架房屋，围护墙的砂浆强度等级不应低于 M1，7 度时柱高大于 4m 和 8、9 度时，墙顶应有闭合圈梁一道。

10.1.12 柁木檩架房屋的墙体应符合下列要求：

1 6、7 度时，抗震横墙间距不宜大于三个开间；8 度时，不宜大于二个开间。

2 承重墙体内无烟道，防潮碱草不腐烂。

3 土坯墙不应干码斗砌，泥浆应饱满；土筑墙不应有竖向施工通缝；表砖墙的表砖不应斗砌。

4 尽端三花山墙与排山架宜有拉结。

10.1.13 穿斗木构架房屋的墙体应符合下列要求：

1 6、7 度时，抗震横墙间距不宜大于五个开间，轻质抗震墙间距不宜大于四个开间；8、9 度时，砖墙或轻质抗震墙的间距不宜大于三个开间。

2 抗震墙不应为干码斗砌的土坯墙或卵石、片石墙，土筑墙不应有竖向施工通缝；6、7 度时，空斗砖墙和毛石墙的砌筑砂浆强度等级不应低于 M1；8、9 度时，砖实心墙的砌筑砂浆强度等级分别不应低于 M0.4、M2.5。

3 围护墙宜贴砌在木柱外侧或半包柱。

4 土坯墙、土筑墙的高度大于 2.5m 时，沿墙高每隔 1m 与柱应有一道拉结；砖墙在 7 度时高度大于 3.5m 和 8、9 度时，沿墙高每隔 1m 与柱应有一道拉结。

5 轻质的围护墙、抗震墙应与木构架钉牢。

10.1.14 康房的围护墙应与木构架钉牢。

10.1.15 木结构房屋易损部位的构造应符合下列规定：

1 楼房的挑阳台、外走廊、木楼梯的柱和梁等承重构件应与主体结构牢固连接。

2 梁上、柁（排山柁除外）上或屋架腹杆间不应有砌筑的土坯、砖山花等。

3 抹灰顶棚不应有明显的下垂；抹面层或墙面装饰不应松动、离鼓；屋面瓦尤其是檐口瓦不应有下滑。

4 女儿墙、门脸等装饰和突出屋面小烟囱的构造，宜符合本标准第5.2.8条第2款的有关规定。

5 用砂浆强度等级为M0.4砌筑的卡口围墙，其高度不宜超过4m，并应与主体结构有可靠拉结。

10.1.16 木结构房屋符合本节各项规定时，可评为满足抗震鉴定要求；当遇下列情况之一时，应采取加固或其他相应措施：

1 木构件腐朽、严重开裂而可能丧失承载能力。

2 木构架的构造形式不合理。

3 木构架的构件连接不牢或支承长度少于规定值的75%。

4 墙体与木构架的连接或易损部位的构造不符合要求。

（Ⅲ）B类木结构房屋

10.1.17 B类木结构房屋的结构布置，除按A类的要求检查外，尚应符合下列规定：

1 房屋的平面布置应避免拐角或突出；同一房屋不应采用木柱与砖柱或砖墙等混合承重。

2 木柱木屋架和穿斗木构架房屋不宜超过二层，总高度不宜超过6m；木柱木梁房屋宜建单层，高度不宜超过3m。

3 礼堂、剧院、粮仓等较大跨度的空旷房屋，宜采用四柱落地的三跨木排架。

10.1.18 B类木结构房屋的抗震构造，除按A类的要求检查外，尚应符合下列规定：

1 木屋架屋盖的支撑布置，应符合本标准第8.3节的有关规定的要求，但房屋两端的屋架支撑，应设置在端开间。

2 柱顶须有暗榫插入屋架下弦，并用U形铁连接；8度和9度时，柱脚应采用铁件与基础锚固。

3 空旷房屋木柱与屋架（或梁）间应有斜撑；横隔墙较多的居住房屋在非抗震隔墙内应有斜撑，穿斗木构架房屋可没有斜撑；斜撑宜为木夹板，并应通到屋架的上弦。

4 穿斗木构架房屋的纵向应在木柱的上、下端设置穿枋，并应在每一纵向柱列间设置1～2道斜撑。

5 斜撑和屋盖支撑构件，均应采用螺栓与主体构件连接；除穿斗木构件外，其他木构件宜为螺栓连接。

6 围护墙应与木结构可靠拉结；土坯、砖等砌筑的围护墙宜贴砌在木柱外侧，不应将木柱完全包裹。

10.2 生土房屋

（Ⅰ）一般规定

10.2.1 本节适用于6～8度（0.20g）未经焙烧的土坯、灰土、夯土墙承重的房屋及土窑洞、土拱房。

注：1 灰土墙指掺石灰等粘结材料的土筑墙和掺石灰土坯砌筑的土坯墙；

2 土窑洞包括在未经扰动的原土中开挖而成的崖窑和由土坯砌筑拱顶的坑窑。

10.2.2 抗震鉴定时，对墙体的布置、质量（品质）和连接，楼盖、屋盖的整体性及出屋面小烟囱等易倒塌伤人的部位，应重点检查。

10.2.3 房屋的外观和内在质量应符合下列要求：

1 墙体无明显裂缝和歪闪。

2 木梁（柁）、屋架、檩、椽等无明显的变形、歪扭、腐朽、蚁蚀和严重开裂等。

3 各类生土房屋的地基应夯实，墙脚宜设防潮层；土墙的防潮碱草不腐烂。

10.2.4 生土房屋以抗震构造鉴定为主，可不作抗震承载力验算。

（Ⅱ）A类生土房屋

10.2.5 现有生土房屋的结构布置应符合下列规定：

1 房屋檐口高度和横墙间距应符合表10.2.5的规定：

表10.2.5 房屋檐口高度和横墙间距

墙体类型	檐口最大高度（m）	厚度（mm）	横墙间距要求
卧砌土坯墙	2.9	≥250	每开间宜有横墙
夯土墙	2.9	≥400	每开间宜有横墙
灰土墙	6	≥250	每开间宜有横墙，不应大于二开间

2 墙体布置宜均匀，多层房屋立面不宜有错层；大梁不应支承在门窗洞口的上方。

3 同一房屋不宜有不同材料的承重墙体。

4 硬山搁檩房屋宜呈双坡屋面或弧形屋面；房屋应采用轻屋面材料，平屋顶上的土层厚度不宜大于150mm；坐泥挂瓦的坡屋面，其坐泥厚度不宜大于60mm。

10.2.6 现有房屋土墙应符合下列规定：

1 房屋的土坯宜采用黏性土湿法成型并宜掺入

草苇等拉结材料；土坯应卧砌并宜采用黏土浆或黏土石灰浆砌筑，泥浆要饱满；土筑墙不宜有竖向施工通缝。

2 内、外墙体应咬槎较好，土筑墙应同时分层交错夯筑。

3 生土房屋的外墙四角和内外墙交接处，墙体不应被烟道削弱，沿墙高每隔300mm左右宜有一层竹筋、枝条、荆条等材料编织的拉结网片；砖抱角的土墙，砖与土坯之间应有可靠连接。

4 灰土墙房屋，内、外山墙两侧的内纵墙顶面宜有踏步式墙垛。

5 多层生（灰）土房屋每层均应有圈梁，并在横墙上拉通；木圈梁的截面高度不宜小于80mm，钢筋砖圈梁的截面高度不宜小于4皮砖。

10.2.7 房屋的楼、屋盖构造应符合下列规定：

1 木屋盖构件应有圆钉、扒钉或钢丝等相互连接。

2 梁（柁）、檩下方应有木垫板，端檩应出檐；内墙上檩条应满搭，对接时应有夹板或燕尾榫。

3 木构件在墙上的支承长度，对屋架和楼盖大梁不应小于250mm或墙厚，对接檩和木龙骨不应小于120mm。

4 楼盖的木龙骨间应有剪刀撑，龙骨在大梁上的支承长度不应小于80mm。

5 7、8度时，对土结构屋盖尚应检查竖向剪刀撑和纵向水平系杆的设置情况，以免竖向剪刀撑的下端没有着力点。

10.2.8 房屋出入口或临街处突出屋面的小烟囱应有拉结；其他易损部位的构造宜符合本标准第5.2.8条第2款的规定。

（Ⅲ）B类生土房屋

10.2.9 B类生土房屋的抗震鉴定，除按A类的要求检查外，尚应满足下列要求：

1 生土房屋宜建单层，6度和7度的灰土墙房屋可建二层，但总高度不应超过6m；单层生土房屋的檐口高度不宜大于2.5m，开间不宜大于3.2m；窑洞净跨不宜大于2.5m。

2 房屋每开间均应有横墙，不应采用土搁梁结构。

3 土拱房应多跨连续布置，各拱脚均应支承在稳固的崖体上或支承在人工土墙上；拱圈厚度宜为300～400mm，应支模砌筑，不应无模后倾贴砌；外侧支承墙和拱圈上不应布置门窗。

4 土窑洞应避开易产生滑坡、山崩的地段；开挖窑洞的崖体应土质密实、土体稳定、坡度较平缓、无明显的竖向节理；崖窑前不宜接砌土坯或其他材料的前脸；不宜开挖层窑，否则应保持足够的间距，且上、下不宜对齐。

10.3 石墙房屋

（Ⅰ）一般规定

10.3.1 本节适用于6、7度时单层的毛石和不超过三层的毛料石墙体承重的房屋。

注：砂浆砌筑的料石墙房屋，可按照本标准第5章的原则按专门的规定进行鉴定。

10.3.2 抗震鉴定时，对墙体的布置、质量（品质）和连接，楼盖、屋盖的整体性及出屋面小烟囱等易倒塌伤人的部位，应重点检查。

10.3.3 房屋的外观和内在质量宜符合下列要求：

1 墙体无明显裂缝和歪闪。

2 木梁（柁）、屋架、檩、椽等无明显的变形、歪扭、腐朽、蚁蚀和严重开裂等。

10.3.4 石墙房屋以抗震构造鉴定为主，可不进行抗震承载力验算。

（Ⅱ）A类石墙房屋

10.3.5 现有房屋的结构布置应符合下列规定：

1 房屋檐口高度和横墙间距应符合表10.3.5的规定。

2 墙体布置宜均匀，多层房屋立面不宜有错层；大梁不应支承在门窗洞口的上方。

3 同一房屋不宜有不同材料的承重墙体。

表10.3.5 房屋檐口高度和横墙间距

墙体类型	檐口最大高度（m）	厚度（mm）	横墙间距要求
浆砌毛石墙	2.9	≥400	每开间宜有横墙
毛料石墙	10	≥240	不宜大于二个开间

4 硬山搁檩房屋宜呈双坡屋面或弧形屋面；平屋顶上的土层厚度不宜大于150mm；坐泥挂瓦的坡屋面，其坐泥厚度不宜大于60mm。

5 石墙房屋的横墙，洞口的水平截面面积不应大于总截面面积的1/3。

10.3.6 房屋的石墙体应符合下列规定：

1 单层的毛石墙，其毛石的形状应较规整，可为1∶3石灰砂浆砌筑；多层的毛料石墙，实际达到的砂浆强度等级不应低于M1，干砌甩浆时砂浆的饱满度不应少于30%并应有砂浆面层。

2 内、外墙体应咬槎较好，多层石墙房屋墙体留马牙槎时，每隔600mm左右宜有2ϕ6拉结钢筋。

3 房屋每层的纵横墙均应设置圈梁，混凝土圈梁的截面高度不应小于120mm，宽度宜与墙厚相同，纵向钢筋不应小于4ϕ10，箍筋间距不宜大于200mm；木圈梁的截面高度不宜小于80mm，钢筋砖圈梁的截面高度不宜小于4皮砖。

10.3.7 房屋的楼、屋盖构造应符合下列规定：

1　木屋盖构件应有圆钉、扒钉或钢丝等相互连接。

2　梁（柁）、檩下方应有木垫板，端檩宜出檐；内墙上檩条宜满搭，对接时宜有夹板或燕尾榫。

3　木构件在墙上的支承长度，对屋架和楼盖大梁不应小于250mm或墙厚，对接檩和木龙骨不应小于120mm；

4　楼盖的木龙骨间应有剪刀撑，龙骨在大梁上的支承长度不应小于80mm。7、8度时，尚应检查竖向剪刀撑和纵向水平系杆的设置情况，以免竖向剪刀撑的下端没有着力点。

10.3.8　房屋出入口或临街处突出屋面的小烟囱应有拉结；其他易损部位的构造宜符合本标准第5.2.8条第2款的规定。

（Ⅲ）B类石墙房屋

10.3.9　B类石墙房屋，在8度设防时可有二层。

10.3.10　B类石墙房屋的抗震鉴定，除按A类的要求检查外，尚应满足下列要求：

1　多层石房的层高不宜超过3m，总高度和层数不宜超过表10.3.10-1规定的限值。

表10.3.10-1　多层石房总高度（m）和层数限值

墙体类别	烈度					
	6度		7度		8度	
	高度	层数	高度	层数	高度	层数
粗料石及毛料石砌体（有垫片）	13	四	10	三	7	二

2　多层石墙房屋结构布置的检查，尚应符合下列要求：

1）多层石房的抗震横墙间距，不宜超过表10.3.10-2的规定；

表10.3.10-2　多层石房的抗震横墙间距（m）

楼盖、屋盖类型	烈度		
	6度	7度	8度
现浇及装配整体式钢筋混凝土	10	10	7
装配式钢筋混凝土	7	7	4

2）抗震横墙洞口的水平截面面积，不应大于全截面面积的1/3。

3　多层石墙房屋整体性连接的检查，尚应符合下列要求：

1）外墙四角和楼梯间四角，6度和7度隔开间及8度每开间的内外墙交接处，应有钢筋混凝土构造柱；

2）房屋无构造柱的纵横墙交接处，应采用条石无垫片砌筑，且应沿墙高每隔500mm左右设拉结钢筋网片，每边每侧伸入墙内不宜小于1m；

3）多层石墙房屋宜采用现浇或装配整体式钢筋混凝土楼盖、屋盖。

4　其他有关构造要求，可按本标准第5章的规定执行。

10.3.11　石墙的截面抗震验算，可按本标准第5.3节的规定执行；其抗剪强度应根据试验数据确定。

11　烟囱和水塔

11.1　烟　　囱

（Ⅰ）一　般　规　定

11.1.1　本节适用于普通类型的独立砖烟囱和钢筋混凝土烟囱，特殊形式的烟囱及重要的高大烟囱应采用专门的鉴定方法。

11.1.2　烟囱的筒壁不应有明显的裂缝和倾斜，砖砌体不应松动，混凝土不应有严重的腐蚀和剥落，钢筋无露筋和锈蚀。不符合要求时应修补和修复。

11.1.3　烟囱的抗震鉴定包括抗震构造鉴定和抗震承载力验算。当符合本节各项规定时，应评为满足抗震鉴定要求；当不符合时，可根据构造和抗震承载力不符合的程度，通过综合分析确定采取加固或其他相应对策。

（Ⅱ）A类烟囱抗震鉴定

11.1.4　A类烟囱的抗震构造鉴定，应符合下列规定：

1　砖烟囱筒壁，砖实际达到的强度等级不应低于MU7.5，砌筑砂浆实际达到的强度等级不应低于M2.5；钢筋混凝土烟囱筒壁，混凝土实际达到的强度等级不应低于C18。

2　砖烟囱的顶部应有圈梁。

3　砖烟囱的实际配筋应符合表11.1.4的规定；6度时，高度不超过30m的烟囱可不配筋，高度超过30mm的烟囱宜符合表中7度时Ⅰ、Ⅱ类场地的规定。

11.1.5　A类烟囱的抗震承载力验算，应符合下列规定：

1　外观质量良好且符合非抗震设计要求的下列烟囱，可不进行抗震承载力验算：

1）6度时及7度时Ⅰ、Ⅱ类场地的砖和钢筋混凝土烟囱；

2）7度时Ⅲ、Ⅳ类场地和8度时Ⅰ、Ⅱ类场地，高度不超过60m的砖烟囱；

3）7度时Ⅲ、Ⅳ类场地和8度时Ⅰ、Ⅱ类场地，高度不超过100m或风荷载不小于

$0.7kN/m^2$ 且高度不超过 210m 的钢筋混凝土烟囱。

表 11.1.4 A类砖烟囱的最小配筋要求

烈度	7度		8度		9度
场地类别	Ⅰ、Ⅱ	Ⅲ、Ⅳ	Ⅰ、Ⅱ	Ⅲ、Ⅳ	Ⅰ、Ⅱ
配筋范围	从0.6H到顶	从0.4H到顶		全高	
竖向配筋	ϕ8，间距500～750mm，且不少于6根			ϕ8～ϕ10，间距500～700mm，且不少于6根	
环向配筋	ϕ6，间距500mm			ϕ8，间距300mm	

注：H为烟囱高度。

2 不符合本条第1款规定的情况，可按本标准第11.1.7条进行抗震承载力验算。

（Ⅲ）B类烟囱抗震鉴定

11.1.6 B类烟囱的抗震构造鉴定，应符合下列规定：

1 砖烟囱筒壁，砖实际达到的强度等级不应低于MU7.5，砌筑砂浆实际达到的强度等级不应低于M2.5；钢筋混凝土烟囱筒壁，混凝土实际达到的强度等级不应低于C20。

2 砖烟囱顶部应设置钢筋混凝土圈梁，8度时在总高度2/3处还宜加设钢筋混凝土圈梁一道，圈梁截面高度不宜小于180mm，宽度不宜小于筒壁厚度的2/3且不宜小于240mm，纵筋不宜小于4ϕ12，箍筋间距不应大于250mm。

3 砖烟囱上部的最小配筋要求应符合表11.1.6的规定，并宜有一半钢筋延伸到下部；当砌体内有环向温度钢筋时，环向钢筋可适当减少。

4 砖烟囱钢筋端部应设弯钩，搭接长度不应小于40倍钢筋直径，搭接长度范围内宜用钢丝绑牢；贯通的竖向钢筋应锚入顶部圈梁内，不贯通的钢筋端部应锚入砌体中预留孔内并用砂浆填实。

表 11.1.6 B类砖烟囱的最小配筋要求

配筋方式	烈度和场地类别		
	6度Ⅲ、Ⅳ类场地	7度Ⅰ、Ⅱ类场地	7度Ⅲ、Ⅳ类场地 8度Ⅰ、Ⅱ类场地
配筋范围	由0.5H到顶部		H≤30m时全高，H>30m时由0.4H到顶部
竖向配筋	ϕ8，间距500～700mm，且不少于6根	ϕ10，间距500～700mm，且不少于6根	
环向配筋	ϕ8，间距500mm		ϕ8，间距300mm

注：H为烟囱高度。

5 钢筋混凝土烟囱与烟道之间应设防震缝，其宽度应符合下列要求：

1）烟道高度不超过15m时，可采用50mm。

2）烟道高度超过15m时，6、7、8、9度，相应每增加高度5m、4m、3m、2m，宜加宽15mm。

11.1.7 B类烟囱的抗震承载力验算，应符合下列规定：

1 下列烟囱可不进行截面抗震验算，但应符合本标准第11.1.6条的构造规定：

1）7度时Ⅰ、Ⅱ类场地的烟囱；

2）7度时Ⅲ、Ⅳ类场地和8度时Ⅰ、Ⅱ类场地，高度不超过60m的砖烟囱；

3）7度时Ⅲ、Ⅳ类场地和8度时Ⅰ、Ⅱ类场地，高度不超过210m且风荷载不小于$0.7kN/m^2$的钢筋混凝土烟囱。

2 烟囱的水平抗震计算，可采用下列方法：

1）高度不超过100m的烟囱，可采用本条第3款的简化方法；

2）除本款第1项外的烟囱宜采用振型分解反应谱法，高度不超过150m时，可按前3个振型的组合，高度超过150m时宜按前3～5个振型的组合，高度超过210m时宜按前5～7个振型的组合。

3 独立烟囱采用简化方法进行抗震计算时，应按下列规定计算水平地震作用标准值产生的作用效应：

1）普通类型的独立烟囱的自振周期，可分别按下列公式确定：

高度不超过60m的砖烟囱

$$T_1 = 0.26 + 0.0024H^2/d \quad (11.1.7\text{-}1)$$

高度不超过150m的钢筋混凝土烟囱

$$T_1 = 0.45 + 0.0011H^2/d \quad (11.1.7\text{-}2)$$

式中 T_1——烟囱的基本自振周期（s）；

H——自基础顶面算起的烟囱高度（m）；

d——烟囱筒身半高处横截面的外径（m）。

2）烟囱底部地震弯矩和剪力，应按下列公式计算：

$$M_0 = \alpha_1 G_k H_0 \quad (11.1.7\text{-}3)$$

$$V_0 = \eta_c \alpha_1 G_k \quad (11.1.7\text{-}4)$$

式中 M_0——烟囱底部由水平地震作用标准值产生的弯矩；

α_1——相应于烟囱基本自振周期的水平地震影响系数，按本标准3.0.5条的规定取值；

G_k——烟囱恒荷载标准值；

H_0——基础顶面至烟囱重心处的高度；

V_0——烟囱底部由水平地震作用标准值产生的剪力；

η_c——烟囱底部的剪力修正系数，可按表

11.1.7采用。

表 11.1.7 烟囱底部的剪力修正系数

特征周期 T_g（s）	基本周期 T_1（s）					
	0.5	1.0	1.5	2.0	2.5	3.0
0.20	0.80	1.10	1.10	0.95	0.85	0.75
0.25	0.75	1.00	1.10	1.05	0.95	0.85
0.30	0.65	0.90	1.10	1.10	1.00	0.95
0.40	0.60	0.80	1.00	1.10	1.15	1.05
0.55	0.55	0.70	0.85	1.00	1.10	1.10
0.65	0.55	0.65	0.75	0.90	1.05	1.10
0.85	0.55	0.60	0.70	0.80	0.90	1.00

3）烟囱各截面的地震弯矩和剪力，可按图11.1.7确定：

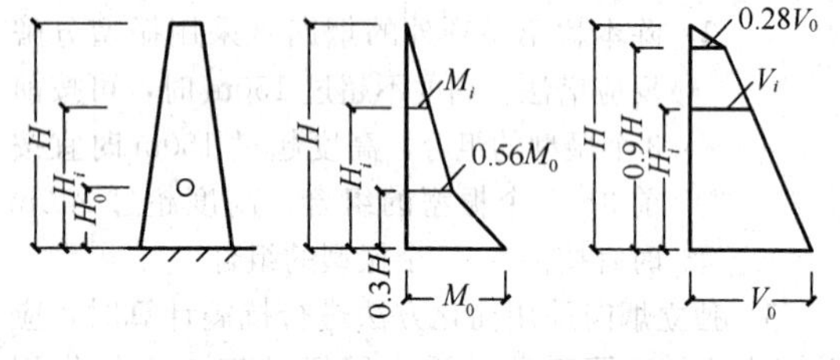

图 11.1.7 烟囱地震作用效应分布

4 8、9度时应进行烟囱的竖向抗震验算，竖向地震作用可按现行国家标准《建筑抗震设计规范》GB 50011的规定确定，竖向地震作用效应的增大系数可采用2.5。

5 钢筋混凝土烟囱应计算地震附加弯矩；截面抗震验算时可不计入筒壁的温度应力，但应计入温度对材料物理力学性能的影响，其承载力抗震调整系数可采用0.9。

11.2 A类水塔抗震鉴定

11.2.1 本节适用于下列独立水塔，其他独立水塔或特殊形式、多种使用功能的综合水塔，应采用专门的鉴定方法：

1 容积不大于500m³、高度不超过35m的钢筋混凝土筒壁式和支架式水塔。

2 容积不大于200m³、高度不超过30m的砖、石筒壁水塔。

3 容积不大于20m³、高度不超过10m的砖支柱水塔。

11.2.2 容积不大于50m³、高度不超过20m的钢筋混凝土筒壁式和支架式水塔，容积不大于30m³、高度不超过15m的砖、石筒壁水塔，可适当降低其抗震鉴定要求。

11.2.3 水塔抗震鉴定时，对筒壁、支架的构造和抗震承载力，基础的不均匀沉降等，应重点检查。

11.2.4 水塔的外观和内在质量宜符合下列要求：

1 钢筋混凝土筒壁和支架仅有少量微小裂缝，钢筋无露筋和锈蚀。

2 砖、石筒壁和砖支柱无裂缝、松动和酥碱。

3 基础无严重倾斜，水塔高度不超过20m时，倾斜率不应超过0.8%；水塔高度为20～45m时，倾斜率不应超过0.6%。

11.2.5 水塔的构造检查，应符合下列规定：

1 水塔构件材料实际达到的强度等级应符合下列要求：

1）水柜、支架的混凝土强度等级不应低于C18，筒壁、基础、平台等的混凝土强度等级不应低于C13；

2）砖砌体的强度等级，6度时和7度时Ⅰ、Ⅱ类场地不应低于M2.5，7度时Ⅲ、Ⅳ类场地和8、9度时不应低于M5；砖的强度等级不应低于MU7.5；对本标准第11.2.2条规定的水塔，砂浆强度等级不应低于M2.5，砖的强度等级不应低于MU5；

3）石砌体砌筑砂浆的强度等级不宜低于M7.5，石料的强度等级不应低于MU20；对本标准第11.2.2条规定的水塔，砂浆强度等级不宜低于M5。

2 砖支柱不应少于四根，每隔3～4m应有钢筋混凝土连系梁一道。

3 支架（支柱）水塔的基础宜为整体基础；Ⅱ～Ⅳ类场地的独立基础，应有连系梁将其连接为一体。

11.2.6 水塔鉴定时，抗震承载力验算应符合下列规定：

1 外观和内在质量良好且符合抗震设计要求的下列水塔及其部件，可不进行抗震承载力验算：

1）6度时的各种水塔；

2）7度时Ⅰ、Ⅱ类场地容积不大于10m³、高度不超过7m的组合砖柱水塔；

3）7度时Ⅰ、Ⅱ类场地的砖、石筒壁水塔；

4）7度时Ⅲ、Ⅳ类场地和8度时Ⅰ、Ⅱ类场地每4～5m有钢筋混凝土圈梁并配有纵向钢筋或有构造柱的砖、石筒壁水塔；

5）7度时和8度时Ⅰ、Ⅱ类场地的钢筋混凝土支架式水塔；

6）7、8度时的水柜直径与筒壁直径比值不超过1.5的钢筋混凝土筒壁式水塔；

7）水塔的水柜，但不包括8度Ⅲ、Ⅳ类场地和9度时的支架式水塔下环梁。

2 对不符合本条第1款规定的水塔，可按本标准第11.3节规定的方法进行抗震承载力验算。

11.2.7 水塔符合本节各项规定时，可评为满足抗震鉴定要求；当不符合时，可根据构造和抗震承载力不符合的程度，通过综合分析确定采取加固或其他相应对策。

11.3 B类水塔抗震鉴定

11.3.1 本节适用于普通类型的独立水塔。

11.3.2 B类水塔抗震鉴定时，检查重点及外观和内在质量要求，应分别按本标准第 11.2.3、第 11.2.4 条的规定执行。

11.3.3 钢筋混凝土筒支承水塔的构造，应符合下列构造要求：

1 筒壁的竖向钢筋不应小于 $\phi12$，间距不应大于 200mm，搭接长度不应小于 40 倍钢筋直径。

2 筒下部的门洞，宜有钢筋混凝土门框。

3 筒的窗洞和孔洞周围，应有不少于 $2\phi12$ 的加强钢筋。

11.3.4 钢筋混凝土支架水塔的构造，应符合下列要求：

1 支架的横梁应有较大刚度，梁内箍筋的搭接长度不应小于 40 倍钢筋直径，箍筋间距不应大于 200mm，且梁端在 1 倍梁高范围内的箍筋间距不应大于 100mm。

2 水柜以下和基础以上各 800mm 的范围内，以及梁柱节点上下各 1 倍柱宽并不小于 1/6 柱净高的范围内，柱的箍筋间距不应大于 100mm；8、9 度时，柱的箍筋直径不应小于 $\phi8$。

3 水柜下环梁和横梁的梁端应加腋；8、9 度时，高度超过 20m 的水塔，沿支架高度每隔 10m 左右宜有钢筋混凝土水平交叉支撑一道，支撑截面不宜小于支架柱的截面。

11.3.5 砖筒支承水塔的构造，应符合下列要求：

1 砖筒支承水塔的砖筒壁配筋，应按计算确定，其实际配筋范围和配筋量应符合表 11.3.5 的要求。

表 11.3.5 砖筒壁配筋范围和最小配筋

配筋方式	烈度和场地类别	
	6 度Ⅳ类场地和 7 度Ⅰ、Ⅱ类场地	7 度Ⅲ、Ⅳ类场地和 8 度Ⅰ、Ⅱ类场地
配筋高度	底部到 0.6 倍塔身高度	全高
砌体内竖向配筋	$\phi10$，间距 500～700mm，并不少于 6 根	$\phi10$，间距 500～700mm，并不少于 6 根
竖槽配筋	每槽 $1\phi12$，间距 1000mm，并不少于 6 道	每槽 $1\phi14$，间距 1000mm，并不少于 6 道
环向配筋	$\phi8$，间距 360mm	$\phi8$，间距 250mm

2 砖筒壁内钢筋的搭接与锚固，应符合本标准第 11.1.6 条第 4 款的规定。

3 7 度时Ⅲ、Ⅳ类场地和 8 度时Ⅰ、Ⅱ类场地的砖筒壁，宜有不少于 4 根构造柱，构造柱截面不宜小于 240mm×240mm，其他构造应符合本标准第 5.3.4 条第 3 款的规定。

4 沿筒身高度每隔 4m 左右宜有圈梁一道，其截面高度不宜小于 180mm，宽度不宜小于筒壁厚度的 2/3 且不宜小于 240mm，纵向钢筋不应小于 $4\phi12$，箍筋间距不应大于 250mm。

5 砖筒下部的门洞上下应各有钢筋混凝土圈梁一道，门洞两侧宜设钢筋混凝土门框或砖门框；其他洞口上下应各配 $3\phi8$ 钢筋，且两端伸入筒壁不应小于 1m。

11.3.6 Ⅱ～Ⅳ类场地的柱支承水塔基础，宜为整片或环状基础，独立基础应有基础系梁相互连接。

11.3.7 B类水塔的下列构件符合本节构造要求时，可评为满足抗震鉴定要求不进行截面抗震验算，其他情况，应按本标准第 11.3.8 条规定进行下列抗震验算：

1 水塔的水柜，但不包括 8 度时Ⅲ、Ⅳ类场地和 9 度时的支架式水塔水柜的下环梁。

2 7 度时Ⅰ、Ⅱ类场地的钢筋混凝土支架，容积不大于 $50m^3$ 且高度不超过 20m 的砖筒支承水塔的筒壁，容积不大于 $20m^3$ 且高度不超过 7m 的砖柱支承水塔的柱和梁。

3 7 度时和 8 度时Ⅰ、Ⅱ类场地的钢筋混凝土筒支承水塔的筒壁。

11.3.8 水塔的抗震分析，应符合下列规定：

1 水塔的截面抗震验算，应考虑满载和空载两种情况；支架式水塔和平面为多角形的水塔，应分别按正向和对角线方向进行验算；较高水塔的竖向地震作用，可按现行国家标准《建筑抗震设计规范》GB 50011 的有关规定计算。

2 水塔的水平抗震计算，可采用下列方法：

1）支架水塔和类似的其他水塔，相应于水平地震作用标准值产生的底部地震弯矩可按下式确定：

$$M_0 = \alpha_1 (G_i + \psi_m G_{ts}) H_0 \qquad (11.3.8)$$

式中 M_0——水塔底部地震作用标准值产生的弯矩；

α_1——相应于水塔基本自振周期的水平地震影响系数，按本标准 3.0.5 条的规定取值；

G_i——水柜的重力荷载代表值，按现行国家标准《建筑抗震设计规范》GB 50011 规定取值；

ψ_m——弯矩等效系数，等刚度支承结构可采用 0.35，变刚度支承结构可适当减小，但不应小于 0.25；

G_{ts}——水塔支承结构和附属平台等的重力荷载代表值；

H_0——基础顶面至水柜重心的高度。

2） 较低的筒支承水塔可采用底部剪力法；

3） 较高的砖筒支承水塔或筒高度与直径之比大于 3.5 时，可采用振型分解反应谱法。

附录 A　砌体、混凝土、钢筋材料性能设计指标

A.0.1　砌体非抗震设计的抗剪强度标准值与设计值应分别按表 A.0.1-1 和 A.0.1-2 采用。

表 A.0.1-1　砌体非抗震设计的抗剪强度标准值（N/mm²）

砌体类别	砂浆强度等级					
	M10	M7.5	M5	M2.5	M1	M0.4
普通砖、多孔砖	0.27	0.23	0.19	0.13	0.08	0.05
粉煤灰中砌块	0.07	0.06	0.05	0.04	—	—
混凝土中砌块	0.11	0.10	0.08	0.06	—	—
混凝土小砌块	0.15	0.13	0.10	0.07	—	—

表 A.0.1-2　砌体非抗震设计的抗剪强度设计值（N/mm²）

砌体类别	砂浆强度等级					
	M10	M7.5	M5	M2.5	M1	M0.4
普通砖、多孔砖	0.18	0.15	0.12	0.09	0.06	0.04
粉煤灰中砌块	0.05	0.04	0.03	0.02	—	—
混凝土中砌块	0.08	0.06	0.05	0.04	—	—
混凝土小砌块	0.10	0.08	0.07	0.05	—	—

A.0.2　混凝土强度标准值与设计值应分别按表 A.0.2-1 和 A.0.2-2 采用。

表 A.0.2-1　混凝土强度标准值（N/mm²）

强度种类	符号	混凝土强度等级													
		C13	C15	C18	C20	C23	C25	C28	C30	C35	C40	C45	C50	C55	C60
轴心抗压	f_{ck}	8.7	10.0	12.1	13.5	15.4	17.0	18.8	20.0	23.5	27.0	29.5	32.0	34.0	36.0
弯曲抗压	f_{cmk}	9.6	11.0	13.3	15.0	17.0	18.5	20.6	22.0	26.0	29.5	32.5	35.0	37.5	39.5
轴心抗拉	f_{tk}	1.0	1.2	1.35	1.5	1.65	1.75	1.85	2.0	2.25	2.45	2.6	2.75	2.85	2.95

表 A.0.2-2　混凝土强度设计值（N/mm²）

强度种类	符号	混凝土强度等级													
		C13	C15	C18	C20	C23	C25	C28	C30	C35	C40	C45	C50	C55	C60
轴心抗压	f_c	6.5	7.5	9.0	10.0	11.0	12.5	14.0	15.0	17.5	19.5	21.5	23.5	25.0	26.5
弯曲抗压	f_{cm}	7.0	8.5	10.0	11.0	12.3	13.5	15.0	16.5	19.0	21.5	23.5	26.0	27.5	29.0
轴心抗拉	f_t	0.8	0.9	1.0	1.1	1.2	1.3	1.4	1.5	1.65	1.8	1.9	2.0	2.1	2.2

A.0.3　钢筋强度标准值与设计值应分别按表 A.0.3-1 和 A.0.3-2 采用。

表 A.0.3-1　钢筋强度标准值（N/mm²）

种　类		f_{yk}或f_{pyk}或f_{ptk}
热轧钢筋	HPB235（Q235）	235
	HRB335［20MnSi、20MnNb（b）］ （1996 年以前的 d=28～40）	335 （315）
	（1996 年以前的Ⅲ级 25MnSi）	（370）
	HRB400（20MnSiV、20MnTi、K20MnSi）	400
热处理钢筋	40Si2Mn（d=6） 48Si2Mn（d=8.2） 45Si2Cr（d=10）	1470

表 A.0.3-2　钢筋强度设计值（N/mm²）

种类		f_y或f_{py}	f'_y或f'_{py}
热轧钢筋	HPB235（Q235）	210	210
	HRB335［20MnSi、20MnNb（b）］ （1996 年以前的 d=28～40）	310 （290）	310 （290）
	（1996 年以前的Ⅲ级 25MnSi）	（340）	（340）
	HRB400（20MnSiV、20MnTi、K20MnSi）	360	360
热处理钢筋	40Si2Mn（d=6） 48Si2Mn（d=8.2） 45Si2Cr（d=10）	1000	400

A.0.4　钢筋的弹性模量应按表 A.0.4 采用。

表 A.0.4　钢筋的弹性模量（N/mm²）

种　类	E_s
HPB235	2.1×10^5
HRB335、HRB400	2.0×10^5

附录B 砖房抗震墙基准面积率

B.0.1 多层砖房抗震墙基准面积率，可按下列规定取值：

1 住宅、单身宿舍、办公楼、学校、医院等，按纵、横两方向分别计算的抗震墙基准面积率，当楼层单位面积重力荷载代表值 g_E 为 $12kN/m^2$ 时，可按表B.0.1-1～B.0.1-3采用，设计基本地震加速度为0.15g和0.30g时，表中数值按内插法确定；当楼层单位面积重力荷载代表值为其他数值时，表中数值可乘以 $g_E/12$。

2 按纵、横两方向分别计算的楼层抗震墙基准面积率，承重墙可按表B.0.1-2～B.0.1-3采用；自承重墙宜按表B.0.1-1数值的1.05倍采用，设计基本地震加速度为0.15g和0.30g时，表中数值按内插法确定；同一方向有承重墙和自承重墙或砂浆强度等级不同时，可按各自的净面积比相应转换为同样条件下的数值。

3 仅承受过道楼板荷载的纵墙可当作自承重墙；支承双向楼板的墙体，均宜作为承重墙。

B.0.2 底层框架和底层内框架砖房的抗震墙基准面积率，可按下列规定取值：

1 上部各层，均可根据房屋的总层数，按多层砖房的相应规定采用。

2 底层框架砖房的底层，可取多层砖房相应规定值的0.85倍；底层内框架砖房的底层，仍可按多层砖房的相应规定采用。

B.0.3 多层内框架砖房的抗震墙基准面积率，可取按多层砖房相应规定值乘以下式计算的调整系数：

$$\eta_{fi}=[1-\Sigma\psi_c(\zeta_1+\zeta_2\lambda)/n_b n_s]\eta_{0i} \quad (B.0.3)$$

式中 η_{fi}——i层基准面积率调整系数；

η_{0i}——i层的位置调整系数，按表B.0.3采用；

ψ_c、ζ_1、ζ_2、λ、n_b、n_s——按现行国家标准《建筑抗震设计规范》GB 50011的规定采用。

表B.0.1-1 抗震墙基准面积率（自承重墙）

墙体类别	总层数 n	验算楼层 i	砂浆强度等级				
			M0.4	M1	M2.5	M5	M10
横墙和无门窗纵墙	一层	1	0.0219	0.0148	0.0095	0.0069	0.0050
	二层	2	0.0292	0.0197	0.0127	0.0092	0.0066
		1	0.0366	0.0256	0.0172	0.0129	0.0094
	三层	3	0.0328	0.0221	0.0143	0.0104	0.0075
		1～2	0.0478	0.0343	0.0236	0.0180	0.0133
	四层	4	0.0350	0.0236	0.0152	0.0111	0.0080
		3	0.0513	0.0358	0.0240	0.0179	0.0131
		1～2	0.0577	0.0418	0.0293	0.0225	0.0169
	五层	5	0.0365	0.0246	0.0159	0.0115	0.0083
		4	0.0550	0.0384	0.0257	0.0192	0.0140
		1～3	0.0656	0.0484	0.0343	0.0267	0.0202
	六层	6	0.0375	0.0253	0.0163	0.0119	0.0085
		5	0.0575	0.0402	0.0270	0.0201	0.0147
		4	0.0688	0.0490	0.0337	0.0255	0.0190
		1～3	0.0734	0.0543	0.0389	0.0305	0.0282
	墙体平均压应力 σ_0 (MPa)		$0.06(n-i+1)$				

续表 B.0.1-1

墙体类别	总层数 n	验算楼层 i	砂浆强度等级				
			M0.4	M1	M2.5	M5	M10
每开间有一个窗纵墙	一层	1	0.0198	0.0137	0.0090	0.0067	0.0032
	二层	2	0.0263	0.0183	0.0120	0.0089	0.0064
		1	0.0322	0.0228	0.0157	0.0120	0.0089
	三层	3	0.0298	0.0205	0.0135	0.0101	0.0072
		1～2	0.0411	0.0301	0.0213	0.0164	0.0124
	四层	4	0.0318	0.0219	0.0144	0.0106	0.0077
		3	0.0450	0.0320	0.0221	0.0167	0.0124
		1～2	0.0499	0.0362	0.0260	0.0203	0.0155
	五层	5	0.0331	0.0228	0.0150	0.0111	0.0080
		4	0.0482	0.0344	0.0237	0.0179	0.0133
		1～3	0.0573	0.0423	0.0303	0.0238	0.0183
	六层	6	0.0341	0.0235	0.0155	0.0114	0.0083
		5	0.0505	0.0360	0.0248	0.0188	0.0139
		4	0.0594	0.0430	0.0304	0.0234	0.0177
		1～3	0.0641	0.0475	0.0345	0.0271	0.0209
	墙体平均压应力 σ_0 (MPa)		0.09($n-i+1$)				

表 B.0.1-2 抗震墙基准面积率（承重横墙）

墙体类别	总层数 n	验算楼层 i	砂浆强度等级				
			M0.4	M1	M2.5	M5	M10
无门窗横墙	一层	1	0.0258	0.0179	0.0118	0.0088	0.0064
	二层	2	0.0344	0.0238	0.0158	0.0117	0.0085
		1	0.0413	0.0296	0.0205	0.0156	0.0116
	三层	3	0.0387	0.0268	0.0178	0.0132	0.0095
		1～2	0.0528	0.0388	0.0275	0.0213	0.0161
	四层	4	0.0413	0.0286	0.0189	0.0140	0.0102
		3	0.0579	0.0414	0.0287	0.0216	0.0163
		1～2	0.0628	0.0464	0.0335	0.0263	0.0241
	五层	5	0.0430	0.0297	0.0197	0.0147	0.0106
		4	0.0620	0.0444	0.0308	0.0234	0.0174
		1～3	0.0711	0.0532	0.0388	0.0307	0.0237
	六层	6	0.0442	0.0305	0.0203	0.0151	0.0109
		5	0.0649	0.0465	0.0323	0.0245	0.0182
		4	0.0762	0.0554	0.0393	0.0304	0.0230
		1～3	0.0790	0.0592	0.0435	0.0347	0.0270
	墙体平均压应力 σ_0 (MPa)		0.10($n-i+1$)				

续表 B.0.1-2

墙体类别	总层数 n	验算楼层 i	砂浆强度等级				
			M0.4	M1	M2.5	M5	M10
有一个门的横墙	一层	1	0.0245	0.0171	0.0115	0.0086	0.0062
	二层	2 1	0.0326 0.0386	0.0228 0.0279	0.0153 0.0196	0.0114 0.0150	0.0085 0.0112
	三层	3 1～2	0.0367 0.0491	0.0255 0.0363	0.0172 0.0260	0.0129 0.0204	0.0094 0.0155
	四层	4 3 1～2	0.0391 0.0541 0.0581	0.0273 0.0390 0.0433	0.0183 0.0274 0.0314	0.0137 0.0210 0.0249	0.0100 0.0157 0.0192
	五层	5 4 1～3	0.0408 0.0580 0.0658	0.0285 0.0418 0.0493	0.0191 0.0294 0.0363	0.0142 0.0225 0.0289	0.0104 0.0169 0.0225
	六层	6 5 4 1～3	0.0419 0.0607 0.0708 0.0729	0.0293 0.0438 0.0518 0.0548	0.0196 0.0308 0.0372 0.0406	0.0146 0.0236 0.0289 0.0326	0.0107 0.0177 0.0221 0.0255
	墙体平均压应力 σ_0 (MPa)		$0.12(n-i+1)$				

表 B.0.1-3 抗震墙基准面积率（承重纵墙）

墙体类别	总层数 n	验算楼层 i	承重纵墙（每开间有一个门或一个窗）				
			砂浆强度等级				
			M0.4	M1	M2.5	M5	M10
每开间有一个门或一个窗	一层	1	0.0223	0.0158	0.0108	0.0081	0.0060
	二层	2 1	0.0298 0.0346	0.0211 0.0253	0.0135 0.0180	0.0108 0.0139	0.0080 0.0106
	三层	3 1～2	0.0335 0.0435	0.0237 0.0325	0.0162 0.0235	0.0122 0.0187	0.0090 0.0144
	四层	4 3 1～2	0.0357 0.0484 0.0513	0.0253 0.0354 0.0384	0.0173 0.0252 0.0283	0.0130 0.0195 0.0226	0.0096 0.0148 0.0176
	五层	5 4 1～3	0.0372 0.0519 0.0580	0.0264 0.0379 0.0437	0.0180 0.0270 0.0324	0.0136 0.0209 0.0261	0.0100 0.0159 0.0205
	六层	6 5 4 1～3	0.0383 0.0544 0.0627 0.0640	0.0271 0.0397 0.0464 0.0483	0.0185 0.0283 0.0337 0.0361	0.0140 0.0219 0.0266 0.0292	0.0108 0.0167 0.0205 0.0231
	墙体平均压应力 σ_0 (MPa)		$0.16(n-i+1)$				

表 B.0.3 位置调整系数

总层数	2		3			4			5			
检查层数	1	2	1	2	3	1~2	3	4	1~2	3	4	5
η_{0i}	1.0	1.1	1.0	1.05	1.2	1.0	1.1	1.3	1.0	1.05	1.15	1.4

附录C 钢筋混凝土结构楼层受剪承载力

C.0.1 钢筋混凝土结构楼层现有受剪承载力应按下式计算：

$$V_y = \Sigma V_{cy} + 0.7\Sigma V_{my} + 0.7\Sigma V_{wy} \quad (C.0.1)$$

式中 V_y——楼层现有受剪承载力；

ΣV_{cy}——框架柱层间现有受剪承载力之和；

ΣV_{my}——砖填充墙框架层间现有受剪承载力之和；

ΣV_{wy}——抗震墙层间现有受剪承载力之和。

C.0.2 矩形框架柱层间现有受剪承载力可按下列公式计算，并取较小值：

$$V_{cy} = \frac{M^{u}_{cy} + M^{L}_{cy}}{H_n} \quad (C.0.2-1)$$

$$V_{cy} = \frac{0.16}{\lambda + 1.5} f_{ck} b h_0 + f_{yvk} \frac{A_{sv}}{s} h_0 + 0.056N \quad (C.0.2-2)$$

式中 M^{u}_{cy}、M^{L}_{cy}——分别为验算层偏压柱上、下端的现有受弯承载力；

λ——框架柱的计算剪跨比，取 $\lambda = H_n/2h_0$；

N——对应于重力荷载代表值的柱轴向压力，当 $N > 0.3 f_{ck} bh$ 时，取 $N = 0.3 f_{ck} bh$；

A_{sv}——配置在同一截面内箍筋各肢的截面面积；

f_{yvk}——箍筋抗拉强度标准值，按本标准附录A表A.0.3-1采用；

f_{ck}——混凝土轴心抗压强度标准值，按本标准附录A表A.0.2-1采用；

s——箍筋间距；

b——验算方向柱截面宽度；

h、h_0——分别为验算方向柱截面高度、有效高度；

H_n——框架柱净高。

C.0.3 对称配筋矩形截面偏压柱现有受弯承载力可按下列公式计算：

当 $N \leqslant \xi_{bk} f_{cmk} b h_0$ 时，

$$M_{cy} = f_{yk} A_s (h_0 - a'_s) + 0.5Nh(1 - N/f_{cmk} bh) \quad (C.0.3-1)$$

当 $N > \xi_{bk} f_{cmk} b h_0$ 时，

$$M_{cy} = f_{yk} A_s (h_0 - a'_s) + \xi(1 - 0.5\xi) f_{cmk} b h_0^2 - N(0.5h - a'_s) \quad (C.0.3-2)$$

$$\xi = [(\xi_{bk} - 0.8)N - \xi_{bk} f_{yk} A_s] / [(\xi_{bk} - 0.8) f_{cmk} b h_0 - f_{yk} A_s] \quad (C.0.3-3)$$

式中 N——对应于重力荷载代表值的柱轴向压力；

A_s——柱实有纵向受拉钢筋截面面积；

f_{yk}——现有钢筋抗拉强度标准值，按本标准附录A表A.0.3-1采用；

f_{cmk}——现有混凝土弯曲抗压强度标准值，按本标准附录A表A.0.2-1采用；

a'_s——受压钢筋合力点至受压边缘的距离；

ξ_{bk}——相对界限受压区高度，HPB级钢取0.6，HRB级钢取0.55；

h、h_0——分别为柱截面高度和有效高度；

b——柱截面宽度。

C.0.4 砖填充墙钢筋混凝土框架结构的层间现有受剪承载力可按下列公式计算：

$$V_{my} = \Sigma(M^{u}_{cy} + M^{L}_{cy})/H_0 + f_{vEk} A_m \quad (C.0.4-1)$$

$$f_{vEk} = \zeta_N f_{vk} \quad (C.0.4-2)$$

式中 ζ_N——砌体强度的正压力影响系数，按本标准表5.3.13采用；

f_{vk}——砖墙的抗剪强度标准值，按本标准附录A表A.0.1-1采用；

A_m——砖填充墙水平截面面积，可不计入宽度小于洞口高度1/4的墙肢；

H_0——柱的计算高度，两侧有填充墙时，可采用柱净高的2/3，一侧有填充墙时，可采用柱净高。

C.0.5 带边框柱的钢筋混凝土抗震墙的层间现有受剪承载力可按下式计算：

$$V_{wy} = \frac{1}{\lambda - 0.5}(0.04 f_{ck} A_w + 0.1N) + 0.8 f_{yvk} \frac{A_{sh}}{s} h_0 \quad (C.0.5)$$

式中 N——对应于重力荷载代表值的柱轴向压力，当 $N > 0.2 f_{ck} A_w$ 时，取 $N = 0.2 f_{ck} A_w$；

A_w——抗震墙的截面面积；

A_{sh}——配置在同一水平截面内的水平钢筋截面面积；

λ——抗震墙的计算剪跨比；其值可采用计算楼层至该抗震墙顶的1/2高度与抗震墙截面高度之比，当小于1.5时取1.5，当大于2.2时取2.2。

附录D 钢筋混凝土构件组合内力设计值调整

D.0.1 框架梁和抗震墙中跨高比大于2.5的连梁，

端部截面组合的剪力设计值应符合下列规定：

一级

$$V = 1.05(M_{bua}^{l} + M_{bua}^{r})/l_n + V_{Gb} \quad (D.0.1\text{-}1)$$

或

$$V = 1.05\lambda_b(M_b^l + M_b^r)/l_n + V_{Gb} \quad (D.0.1\text{-}2)$$

二级

$$V = 1.05(M_b^l + M_b^r)/l_n + V_{Gb} \quad (D.0.1\text{-}3)$$

三级

$$V = (M_b^l + M_b^r)/l_n + V_{Gb} \quad (D.0.1\text{-}4)$$

式中 λ_b——梁实配增大系数，可按梁的左右端纵向受拉钢筋的实际配筋面积之和与计算面积之和的比值的1.1倍采用；

l_n——梁的净跨；

V_{Gb}——梁在重力荷载代表值（9度时高层建筑还应包括竖向地震作用标准值）作用下，按简支梁分析的梁端截面剪力设计值；

M_b^l、M_b^r——分别为梁的左右端顺时针或反时针方向截面组合的弯矩设计值；

M_{bua}^{l}、M_{bua}^{r}——分别为梁左右端顺时针或反时针方向实配的正截面抗震受弯承载力所对应的弯矩值，可根据实际配筋面积和材料强度标准值确定。

D.0.2 一、二级框架的梁柱节点处，除顶层和柱轴压比小于0.15者外，梁柱端弯矩应分别符合下列公式要求：

一级

$$\Sigma M_c = 1.1\Sigma M_{bua} \quad (D.0.2\text{-}1)$$

或

$$\Sigma M_c = 1.1\lambda_j \Sigma M_b \quad (D.0.2\text{-}2)$$

二级

$$\Sigma M_c = 1.1\Sigma M_b \quad (D.0.2\text{-}3)$$

式中 ΣM_c——节点上下柱端顺时针或反时针方向截面组合的弯矩设计值之和，上下柱端的弯矩，一般情况可按弹性分析分配；

ΣM_b——节点左右梁端反时针或顺时针方向截面组合的弯矩设计值之和；

ΣM_{bua}——节点左右梁端反时针或顺时针方向实配的正截面抗震受弯承载力所对应的弯矩值之和；

λ_j——柱实配弯矩增大系数，可按节点左右梁端纵向受拉钢筋的实际配筋面积之和与计算面积之和的比值的1.1倍采用。

D.0.3 一、二级框架结构的底层柱底和框支层柱两端组合的弯矩设计值，分别乘以增大系数1.5、1.25。

D.0.4 框架柱和框支柱端部截面组合的剪力设计值，一、二级应按下列各式调整，三级可不调整：

一级

$$V = 1.1(M_{cua}^{u} + M_{cua}^{l})/H_n \quad (D.0.4\text{-}1)$$

或

$$V = 1.1\lambda_c(M_c^u + M_c^l)/H_n \quad (D.0.4\text{-}2)$$

二级

$$V = 1.1(M_c^u + M_c^l)/H_n \quad (D.0.4\text{-}3)$$

式中 λ_c——柱实配受剪增大系数，可按偏压柱上、下端实配的正截面抗震承载力所对应的弯矩值之和与其组合的弯矩设计值之和的比值采用；

H_n——柱的净高；

M_c^u、M_c^l——分别为柱上、下端顺时针或反时针方向截面组合的弯矩设计值，应符合本附录第D.0.2、D.0.3条的要求；

M_{cua}^{u}、M_{cua}^{l}——分别为柱上、下端顺时针或反时针方向实配的正截面抗震承载力所对应的弯矩值，可根据实际配筋面积、材料强度标准值和轴压力等确定。

D.0.5 框架节点核心区组合的剪力设计值，一、二级可按下列各式调整：

一级

$$V_j = \frac{1.05\Sigma M_{bua}}{h_{b0} - a'_s}\left(1 - \frac{h_{b0} - a'_s}{H_c - h_b}\right) \quad (D.0.5\text{-}1)$$

或

$$V_j = \frac{1.05\lambda_j \Sigma M_b}{h_{b0} - a'_s}\left(1 - \frac{h_{b0} - a'_s}{H_c - h_b}\right) \quad (D.0.5\text{-}2)$$

二级

$$V_j = \frac{1.05\Sigma M_b}{h_{b0} - a'_s}\left(1 - \frac{h_{b0} - a'_s}{H_c - h_b}\right) \quad (D.0.5\text{-}3)$$

式中 V_j——节点核心区组合的剪力设计值；

h_{b0}——梁截面的有效高度，节点两侧梁截面高度不等时可采用平均值；

a'_s——梁受压钢筋合力点至受压边缘的距离；

H_c——柱的计算高度，可采用节点上、下柱反弯点之间的距离；

h_b——梁的截面高度，节点两侧梁截面高度不等时可采用平均值。

D.0.6 抗震墙底部加强部位截面组合的剪力设计值，一、二级应乘以下列增大系数，三级可不乘增大系数：

一级

$$\eta_v = 1.1\frac{M_{wua}}{M_w} = 1.1\lambda_w \quad (D.0.6\text{-}1)$$

二级

$$\eta_v = 1.1 \quad (D.0.6\text{-}2)$$

式中：η_v——墙剪力增大系数；

λ_w——墙实配增大系数，可按抗震墙底部实配的正截面抗震承载力所对应的弯矩值与其组合的弯矩设计值的比值采用；

M_{wua}——抗震墙底部实配的正截面抗震承载力所对应的弯矩值，按实际配筋面积、材料强度标准值和轴向力等确定；

M_w——抗震墙底部组合的弯矩设计值。

D.0.7 双肢抗震墙中，当任一墙肢全截面平均出现拉应力且处于大偏心受拉状态时，另一墙肢组合的剪力设计值、弯矩设计值应乘以增大系数 1.25。

D.0.8 一级抗震墙中，单肢墙、小开洞墙或弱连梁联肢墙各截面组合的弯矩设计值，应按下列规定采用：

1 底部加强部位各截面均应按墙底组合的弯矩设计值采用，墙顶组合的弯矩设计值应按顶部的约束弯矩设计值采用，中间各截面组合的弯矩设计值应按上述二者间的线性变化采用。

2 底部加强部位的最上部截面按纵向钢筋实际面积和材料强度标准值计算的实际正截面承载力，不应大于相邻的一般部位实际的正截面承载力。

附录E 钢筋混凝土构件截面抗震验算

E.0.1 框架梁、柱、抗震墙和连梁，其端部截面组合的剪力设计值应符合下式要求：

$$V \leqslant \frac{1}{\gamma_{Ra}}(0.2 f_c b h_0) \quad (E.0.1)$$

式中 V——端部截面组合的剪力设计值，应按本标准附录D的规定采用；

f_c——混凝土轴心抗压强度设计值，按本标准表 A.0.2-2 采用；

b——梁、柱截面宽度或抗震墙墙板厚度；

h_0——截面有效高度，抗震墙可取截面高度。

E.0.2 框架梁的正截面抗震承载力应按下式计算：

$$M_b \leqslant \frac{1}{\gamma_{Ra}}\left[f_{cm} bx\left(h_0 - \frac{x}{2}\right) + f'_y A'_s (h_0 - a'_s)\right] \quad (E.0.2\text{-}1)$$

混凝土受压区高度按下式计算：

$$f_{cm} bx = f_y A_s - f'_y A'_s \quad (E.0.2\text{-}2)$$

式中 M_b——框架梁组合的弯矩设计值，应按本标准附录D的规定采用；

f_{cm}——混凝土弯曲抗压强度设计值，按本标准表 A.0.2-2 采用；

f_y、f'_y——受拉、受压钢筋屈服强度设计值，按标准表 A.0.3-2 采用；

A_s、A'_s——受拉、受压纵向钢筋截面面积；

a'_s——受压区纵向钢筋合力点至受压区边缘的距离；

x——混凝土受压区高度，一级框架应满足 $x \leqslant 0.25h_0$ 的要求，二、三级框架应满足 $x \leqslant 0.35h_0$ 的要求。

E.0.3 框架梁的斜截面抗震承载力应按下式计算：

$$V_b \leqslant \frac{1}{\gamma_{Ra}}\left(0.056 f_c b h_0 + 1.2 f_{yv} \frac{A_{sv}}{s} h_0\right) \quad (E.0.3\text{-}1)$$

对集中荷载作用下的框架梁（包括有多种荷载，且其中集中荷载对节点边缘产生的剪力值占总剪力值的 75%以上的情况），其斜截面抗震承载力应按下式计算：

$$V_b \leqslant \frac{1}{\gamma_{Ra}}\left(\frac{0.16}{\lambda + 1.5} f_c b h_0 + f_{yv} \frac{A_{sv}}{s} h_0\right) \quad (E.0.3\text{-}2)$$

式中 V_b——框架梁组合的剪力设计值，应按本标准附录D的规定采用；

f_{yv}——箍筋的抗拉强度设计值；

A_{sv}——配置在同一截面内箍筋各肢的全部截面面积；

s——箍筋间距；

λ——计算截面的剪跨比。

E.0.4 偏心受压框架柱、抗震墙的正截面抗震承载力应符合下列规定：

1 验算公式：

$$N \leqslant \frac{1}{\gamma_{Ra}}(f_{cm} bx + f'_y A'_s - \sigma_s A_s) \quad (E.0.4\text{-}1)$$

$$Ne \leqslant \frac{1}{\gamma_{Ra}}\left[f_{cm} bx\left(h_0 - \frac{x}{2}\right) + f'_y A'_s (h_0 - a'_s)\right] \quad (E.0.4\text{-}2)$$

$$e = \eta e_i + \frac{h}{2} - a \quad (E.0.4\text{-}3)$$

$$e_i = e_0 + 0.12(0.3h_0 - e_0) \quad (E.0.4\text{-}4)$$

式中 N——组合的轴向压力设计值；

e——轴向力作用点至普通受拉钢筋合力点之间的距离；

e_0——轴向力对截面重心的偏心距，$e_0 = M/N$；

η——偏心受压构件考虑挠曲影响的轴向力偏心距增大系数，按现行国家标准《混凝土结构设计规范》GB 50010 的规定计算；

σ_s——纵向钢筋的应力，按本条第 2 款的规定采用。

2 纵向钢筋的应力计算应符合下列规定：

大偏心受压

$$\sigma_s = f_y \quad (E.0.4\text{-}5)$$

小偏心受压

$$\sigma_s = \frac{f_y}{\xi_b - 0.8}\left(\frac{x}{h_{0i}} - 0.8\right) \quad (E.0.4\text{-}6)$$

$$\xi_b = \frac{0.8}{1 + f_y/0.0033E_s} \quad (E.0.4\text{-}7)$$

式中 E_s——钢筋的弹性模量，按本标准附录A表A.0.4采用；

h_{0i}——第 i 层纵向钢筋截面重心至混凝土受压区边缘的距离。

E.0.5 偏心受拉框架柱、抗震墙的正截面抗震承载力应按下式计算：

1 小偏心受拉构件

$$Ne \leqslant \frac{1}{\gamma_{Ra}} f'_y A'_s (h_0 - a'_s) \quad (E.0.5\text{-}1)$$

$$Ne' \leqslant \frac{1}{\gamma_{Ra}} f'_y A_s (h_0 - a_s) \quad (E.0.5\text{-}2)$$

2 大偏心受拉构件

$$N \leqslant \frac{1}{\gamma_{Ra}} (f_y A_s - f'_y A'_s) \quad (E.0.5\text{-}3)$$

$$Ne \leqslant \frac{1}{\gamma_{Ra}} \left[f_{cm} bx \left(h_0 - \frac{x}{2} \right) + f'_y A'_s (h_0 - a'_s) \right] \quad (E.0.5\text{-}4)$$

E.0.6 框架柱的斜截面抗震承载力应按下式计算：

$$V_c \leqslant \frac{1}{\gamma_{Ra}} \left(\frac{0.16}{\lambda + 1.5} f_c b h_0 + f_{yv} \frac{A_{sv}}{s} h_0 + 0.056N \right) \quad (E.0.6\text{-}1)$$

当框架柱出现拉力时，其斜截面抗震承载力应按下式计算：

$$V_c \leqslant \frac{1}{\gamma_{Ra}} \left(\frac{0.16}{\lambda + 1.5} f_c b h_0 + f_{yv} \frac{A_{sv}}{s} h_0 - 0.16N \right) \quad (E.0.6\text{-}2)$$

式中 V_c——框架柱组合的剪力设计值，应按本标准附录D的规定采用；

λ——框架柱的计算剪跨比，$\lambda = H_n/2h_0$；当 $\lambda<1$ 时，取 $\lambda=1$；当 $\lambda>3$ 时，取 $\lambda=3$；

N——框架柱组合的轴向压力设计值；当 $N>0.3f_cA$ 时，取 $N=0.3f_cA$。

E.0.7 抗震墙的斜截面抗震承载力应下列公式计算：

偏心受压

$$V_w \leqslant \frac{1}{\gamma_{Ra}} \left[\frac{1}{\lambda - 0.5} \left(0.04 f_c b h_0 + 0.1N \frac{A_w}{A} \right) + 0.8 f_{yv} \frac{A_{sh}}{s} h_0 \right] \quad (E.0.7\text{-}1)$$

偏心受拉

$$V_w \leqslant \frac{1}{\gamma_{Ra}} \left[\frac{1}{\lambda - 0.5} \left(0.04 f_c b h_0 - 0.1N \frac{A_w}{A} \right) + 0.8 f_{yv} \frac{A_{sh}}{s} h_0 \right] \quad (E.0.7\text{-}2)$$

式中 V_w——抗震墙组合的剪力设计值，应按本标准附录D的规定采用；

λ——计算截面处的剪跨比，$\lambda = M/Vh_0$；当 $\lambda<1.5$ 时，取 $\lambda=1.5$；当 $\lambda>2.2$ 时，取 $\lambda=2.2$。

E.0.8 节点核心区组合的剪力设计值应符合下列规定：

1 验算公式：

$$V_j \leqslant \frac{1}{\gamma_{Ra}} (0.3\eta_j f_c b_j h_j) \quad (E.0.8\text{-}1)$$

$$V_j \leqslant \frac{1}{\gamma_{Ra}} \left(0.1\eta_j f_c b_j h_j + 0.1\eta_j N \frac{b_j}{b_c} + f_{yv} A_{svj} \frac{h_{b0} - a'_s}{s} \right) \quad (E.0.8\text{-}2)$$

式中 V_j——节点核心区组合的剪力设计值，应按本标准第D.0.5条的规定采用；

η_j——交叉梁的约束影响系数，四侧各梁截面宽度不小于该侧柱截面宽度的1/2，且次梁高度不小于主梁高度的3/4，可采用1.5，其他情况均可采用1.0；

N——对应于组合的剪力设计值的上柱轴向压力，其取值不应大于柱截面面积和混凝土抗压强度设计值乘积的50%；

f_{yv}——箍筋的抗拉强度设计值；

A_{svj}——核心区验算宽度范围内同一截面验算方向各肢箍筋的总截面面积；

s——箍筋间距；

b_j——节点核心区的截面宽度，按本条第2款的规定采用；

h_j——节点核心区的截面高度，可采用验算方向的柱截面高度；

γ_{Ra}——承载力抗震调整系数，可采用0.85。

2 核心区截面宽度应符合下列规定：

1) 当验算方向的梁截面宽度不小于该侧柱截面宽度的1/2时，可采用该侧柱截面宽度，当小于时可采用下列二者的较小值：

$$b_j = b_b + 0.5h_c \quad (E.0.8\text{-}3)$$

$$b_j = b_c \quad (E.0.8\text{-}4)$$

式中 b_b——梁截面宽度；

h_c——验算方向的柱截面高度；

b_c——验算方向的柱截面宽度。

2) 当梁柱的中线不重合时，核心区的截面宽度可采用上款和下式计算结果的较小值：

$$b_j = 0.5(b_b + b_c) + 0.25h_c - e \quad (E.0.8\text{-}5)$$

式中 e——梁与柱中线偏心距。

E.0.9 抗震墙结构框支层楼板的截面抗震验算，应符合下列规定：

1 验算公式：

$$V_f \leqslant \frac{1}{\gamma_{Ra}} (0.1 f_c b_f t_f) \quad (E.0.9\text{-}1)$$

$$V_f \leqslant \frac{1}{\gamma_{Ra}}(0.6f_yA_s) \qquad (E.0.9\text{-}2)$$

式中 V_f——由不落地抗震墙传到落地抗震墙处框支层楼板组合的剪力设计值；

b_f——框支层楼板的宽度；

t_f——框支层楼板的厚度；

A_s——穿过落地抗震墙的框支层楼盖（包括梁和板）的全部钢筋的截面面积；

γ_{Ra}——承载力抗震调整系数，可采用0.85。

2 框支层楼板应采用现浇，厚度不宜小于180mm，混凝土强度等级不宜低于C30，应采用双层双向配筋，且每方向的配筋率不应小于0.25%。

3 框支层楼板的边缘和洞口周边应设置边梁，其宽度不宜小于板厚的2倍，纵向钢筋配筋率不应小于1%且接头宜采用焊接；楼板中钢筋应锚固在边梁内。

4 当建筑平面较长或不规则或各抗震墙的内力相差较大时，框支层楼板尚应验算楼板平面内的受弯承载力，验算时可考虑框支层楼板受拉区钢筋与边梁钢筋的共同作用。

E.0.10 本附录未作规定的钢筋混凝土构件截面抗震验算，按现行国家标准的规定进行。

附录F 砖填充墙框架抗震验算

F.0.1 黏土砖填充墙框架考虑抗侧力作用时，层间侧移刚度可按下列公式确定：

$$K_{fw} = K_f + K_w \qquad (F.0.1\text{-}1)$$

$$K_w = 3\psi_k \Sigma E_w I_w^t / [H_w^3(\psi_m + \gamma\psi_v)] \qquad (F.0.1\text{-}2)$$

$$\gamma = 9I_w^t / A_w^t H_w^2 \qquad (F.0.1\text{-}3)$$

式中 K_{fw}——填充墙框架的层间侧移刚度；

K_f——框架的总层间侧移刚度；

K_w——填充墙的总层间侧移刚度，但洞口面积与墙面面积之比大于60%的填充墙不考虑；

ψ_k——刚度折减系数，房屋上部各层可采用1.0，中部各层可采用0.6，下部各层可采用0.3；房屋上、中、下部各层，可按总层数大致三等分；

E_w——填充墙砌体的弹性模量；

H_w——填充砖墙高度；

γ——剪切影响系数；

$A_w^{t(b)}$、$I_w^{t(b)}$——分别为填充墙水平截面面积和惯性矩，开洞时可采用洞口两侧填充墙相应值之和（见图F.0.1，上标 t、b 分别表示顶部和底部）；

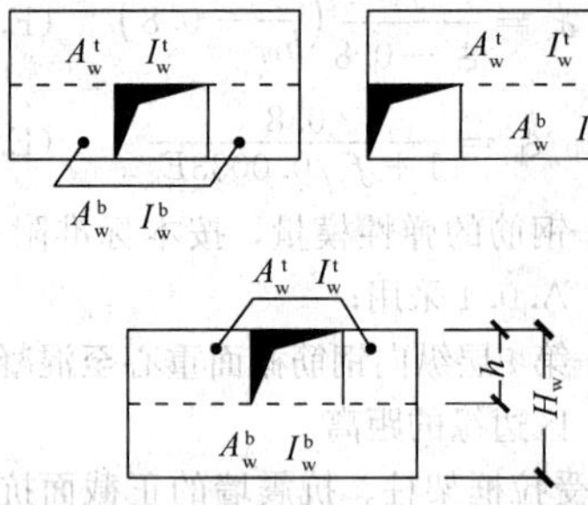

图F.0.1 开洞填充墙截面面积和惯性矩

ψ_m、ψ_v——洞口影响系数，可按下列规定采用：

无洞口时，$\psi_m = \psi_v = 1$ (F.0.1-4)

有洞口时，

$$\psi_m = \left(\frac{h}{H_w}\right)^3\left(1-\frac{I_w^t}{I_w^b}\right)+\frac{I_w^t}{I_w^b} \qquad (F.0.1\text{-}5)$$

$$\psi_v = \frac{h}{H_w}\left(1-\frac{A_w^t}{A_w^b}\right)+\frac{A_w^t}{A_w^b} \qquad (F.0.1\text{-}6)$$

F.0.2 地震作用效应应符合下列规定：

1 楼层组合的剪力设计值，应按各榀框架和填充墙框架的层间侧移刚度比例分配，但无填充墙框架承担的剪力设计值，不宜小于对应填充墙框架中框架部分承担的剪力设计值（不包括由填充墙引起的附加剪力）。

2 填充墙框架的柱轴向压力和剪力，应考虑填充墙引起的附加轴向压力和附加剪力，其值可按下列公式确定：

$$N_f = V_w H_f / l \qquad (F.0.2\text{-}1)$$

$$V_f = V_w \qquad (F.0.2\text{-}2)$$

式中 N_f——框架柱的附加轴压力设计值；

V_w——填充墙承担的剪力设计值，柱两侧有填充墙时可采用两者的较大值；

H_f——框架的层高；

l——框架的跨度；

V_f——框架柱的附加剪力设计值。

F.0.3 填充墙框架的截面抗震验算，应采用下列设计表达式：

$$V_{fw} \leqslant \frac{1}{\gamma_{Rac}}\Sigma(M_{yc}^u + M_{yc}^l)/H_c + \frac{1}{\gamma_{Raw}}\Sigma f_{vE}A_{w0} \qquad (F.0.3\text{-}1)$$

$$0.4V_{fw} \leqslant \frac{1}{\gamma_{Rac}}\Sigma(M_{yc}^u + M_{yc}^l)/H_c \qquad (F.0.3\text{-}2)$$

式中 V_{fw}——填充墙框架承担的剪力设计值；

f_{vE}——砖墙的抗震抗剪强度设计值；

A_{w0}——砖墙水平截面的计算面积，无洞口可采用1.25倍实际截面面积，有洞口可采用截面净面积，但宽度小于洞口高度1/4的墙肢不考虑；

M^{u}_{yc}、M^{l}_{yc}——分别为框架柱上、下端偏压的正截面承载力设计值，可按本标准附录E的有关公式取等号计算；

H_c——柱的计算高度，两侧有填充墙时，可采用柱净高的2/3，两侧有半截填充墙或仅一侧有填充墙时，可采用柱净高；

γ_{Rac}——框架柱承载力抗震调整系数，A类建筑可采用0.68，B类建筑可采用0.8；

γ_{Raw}——填充砖墙承载力抗震调整系数，可采用0.9。

附录G　木构件常用截面尺寸

G.0.1　旧式木骨架的木柱常用圆截面尺寸，宜按表G.0.1采用。

G.0.2　旧式木骨架楼层木大梁常用截面尺寸，宜按表G.0.2采用。

G.0.3　旧式木骨架的木龙骨常用截面尺寸，宜按表G.0.3采用。

G.0.4　旧式木骨架的木柁常用截面尺寸，宜按表G.0.4采用。

G.0.5　旧式木骨架的木檩常用截面尺寸，宜按表G.0.5采用。

G.0.6　旧式木骨架的木椽常用截面尺寸，宜按表G.0.6采用。

表G.0.1　木柱常用圆截面尺寸（cm）

进深（m）	部位	合瓦或仰瓦灰梗屋面				干槎瓦、灰平顶或泥卧水泥瓦屋面			
		开间（m）				开间（m）			
		2.80	3.00	3.20	3.40	2.80	3.00	3.20	3.40
3.60	檐柱	14	—	—	—	14	—	—	—
	排山柱	12	—	—	—	12	—	—	—
	角柱	12	—	—	—	12	—	—	—
3.90	檐柱	14	16	—	—	15	15	15	—
	排山柱	12	13	—	—	12	12	12	—
	角柱	12	12	—	—	12	12	12	—
4.20	檐柱	16	16	16	—	15	15	15	—
	排山柱	13	13	13	—	12	12	12	—
	角柱	12	12	12	—	12	12	12	—
4.50	檐柱	16	16	17	17	15	15	16	16
	排山柱	13	13	13	13	12	12	13	13
	角柱	12	12	12	12	12	12	12	12

表G.0.2　楼层木大梁常用截面尺寸（cm）

跨度（m）	截面形状	宿舍、办公室等		教室、过道、楼梯间等	
		龙骨长度（m）		龙骨长度（m）	
		3.00，3.20	3.40，3.60	3.00，3.20	3.40，3.60
3.60	圆	24	25	27	28
	方	12×27	12×28	12×30	15×30
3.80	圆	25	26	28	29
	方	12×28	12×29	15×30	15×31
4.00	圆	26	27	29	30
	方	12×29	12×30	15×31	15×32
4.20	圆	27	28	30	31
	方	12×30	15×30	15×32	15×33
4.40	圆	28	29	31	32
	方	15×30	15×31	15×33	15×34
4.60	圆	29	30	32	33
	方	15×31	15×32	15×34	15×35
4.80	圆	30	31	33	34
	方	15×32	15×33	15×35	18×36
5.00	圆	31	32	34	35
	方	15×33	15×34	18×36	18×37

注：1　本表适用于木板面层的楼地面；

2　本表中圆木直径尺寸系指中径。

表G.0.3　木龙骨常用截面尺寸（cm）

跨度（m）	宿舍、办公室等	教室、过道、楼梯间等
2.00	5×9	5×11
2.20	5×10	5×12
2.40	5×11	5×13
2.60	5×12	5×14
2.80	5×13	5×15
3.00	5×14	5×16
3.20	5×15	5×17
3.40	5×16	5×18
3.60	5×17	5×19
3.80	5×17	5×20
4.00	5×18	5×21
4.20	5×19	5×22
4.40	5×20	5×23
4.60	5×21	5×24
4.80	5×22	5×25
5.00	5×23	5×26

注：1　龙骨间距按40cm计算；

2　龙骨间必须每隔1～1.5m加5cm×4cm剪刀撑；

3　本表适用于木板面层的楼地面。

表 G.0.4 木柁常用截面尺寸（cm）

进深（m）	截面形状	合瓦屋面 开间（m）				仰瓦灰梗屋面 开间（m）				干槎瓦屋面 开间（m）				灰顶或泥卧水泥瓦屋面 开间（m）		
		2.80	3.00	3.20	3.40	2.80	3.00	3.20	3.40	2.80	3.00	3.20	3.40	2.80	3.00	3.20
3.60	圆 方	27 20×25	— —	— —	— —	25 18×23	— —	— —	— —	24 17×21	— —	— —	— —	19 14×18	20 14×18	20 14×18
3.90	圆 方	28 21×26	29 21×26	— —	— —	26 19×24	27 20×25	— —	— —	25 18×23	26 19×24	27 20×25	— —	20 14×18	21 14×18	21 14×18
4.20	圆 方	29 21×26	30 22×28	32 23×29	— —	27 20×25	28 21×26	29 22×28	— —	26 19×24	27 21×25	28 21×26	— —	21 14×18	22 15×19	22 15×19
4.50	圆 方	31 22×28	32 23×29	34 24×30	35 25×31	28 21×26	29 22×28	31 23×29	33 24×30	27 20×25	28 21×26	29 22×28	31 23×29	— —	— —	— —

注：本表中圆木直径尺寸系指中径。

表 G.0.5 木檩常用截面尺寸（cm）

跨度（m）	截面形状	屋面类别 合瓦 檩距（m）			仰瓦灰梗或干槎瓦 檩距（m）			灰顶 檩距（m）				泥卧水泥瓦 檩距（m）			水泥瓦或陶瓦 檩距（m）			小波形石棉瓦 檩距（m）	铅铁或油毡 檩距（m）
		0.90	1.10	1.25	0.90	1.10	1.25	0.80	0.90	1.10	1.25	0.90	1.10	1.25	0.70	0.90	1.10	0.85	0.85
2.80	圆 方	16	—	—	15	16	17	13	13	14	15	13	14	14	11 6×15 (6×12)	12 8×15 (6×15)	12 8×15 (6×15)	11 6×15 (6×12)	11 6×15 (6×12)
3.00	圆 方	17	18	19	16	17	18	13	14	15	15	13	14	15	12 8×15 (6×12)	12 8×15 (6×15)	13 10×15 (8×15)	12 8×15 (6×12)	11 6×15 (6×12)
3.20	圆 方	18	19	20	16	18	19	14	14	15	16	14	15	15	12 8×15 (6×15)	13 10×15 (8×15)	13 10×15 (8×15)	12 8×15 (6×15)	12 8×15 (6×12)
3.40	圆 方	19	20	21	17	19	19	—	—	—	—	14	15	16	13 10×15 (6×15)	13 10×15 (8×15)	14 10×18 (10×15)	13 10×15 (6×15)	12 8×15 (6×15)

注：1 灰顶房不考虑有顶棚；

2 表中所列圆檩直径尺寸系指跨中而言，欲求梢径须从表中尺寸减以 0.4 倍跨长（m）即可；

3 表中括号内尺寸系直放檩尺寸，如木檩顺屋面放置，上钉有密排望板，或有椽条（间距≤15cm）时，可按直放檩考虑。

表 G.0.6　木椽常用截面尺寸（cm）

跨度（m）	截面形状	水泥瓦、陶瓦屋面				合瓦、筒瓦等屋面
		单跨椽椽距（m）			两跨连续椽椽距（m）	椽距（m）
		0.70	0.90	1.10	0.7～1.10	0.15
0.90	圆	—	—	—	—	5
	方					5×5
1.25	圆	7	8	8	5×6	5
	方	5×8	5×8	5×8		5×5
1.40	圆	8	8	8	5×6	—
	方	5×8	5×8	5×8		
1.70	圆	8	9	9	5×8	—
	方	5×8	5×8	5×10		
2.00	圆	9	9	9	5×8	—
	方	5×8	5×10	5×10		

本标准用词说明

1　为了便于在执行本标准条文时区别对待，对要求严格程度不同的用词说明如下：

1） 表示很严格，非这样做不可的用词：
正面词采用“必须”，反面词采用“严禁”；

2） 表示严格，在正常情况下均应这样做的用词：
正面词采用“应”，反面词采用“不应”或“不得”；

3） 表示允许稍有选择，在条件许可时首先应这样做的用词：
正面词采用“宜”，反面词采用“不宜”；
表示有选择，在一定条件下可以这样做的，采用“可”。

2　标准中指定应按其他有关标准、规范执行时，写法为：“应符合……的规定”或“应按……执行”。

引用标准名录

1　《建筑地基基础设计规范》GB 50007

2　《混凝土结构设计规范》GB 50010

3　《建筑抗震设计规范》GB 50011

4　《建筑工程抗震设防分类标准》GB 50223

中华人民共和国国家标准

建筑抗震鉴定标准

GB 50023—2009

条 文 说 明

修订说明

《建筑抗震鉴定标准》GB 50023－2009，经住房和城乡建设部 2009 年 6 月 5 日以第 322 号公告批准发布。

本标准是在《建筑抗震鉴定标准》GB 50023－95 的基础上修订而成，上一版的主编单位是中国建筑科学研究院，参编单位是机械部设计研究总院、国家地震局工程力学研究所、北京市房地产科学技术研究所、同济大学、冶金部建筑科学研究总院、清华大学、四川省建筑科学研究院、铁道部专业设计院、上海建筑材料工业学院、陕西省建筑科学研究院、辽宁省建筑科学研究所、江苏省建筑科学研究所、西安冶金建筑学院。主要起草人是戴国莹、杨玉成、李德虎、王骏孙、李毅弘、魏琏、张良铎、刘惠珊、徐建、朱伯龙、宋绍先、柏傲冬、吴明舜、高云学、霍自正、楼永林、徐善藩、谢玉玮、那向谦、刘昌茂、王清敏。

本标准修订过程中总结了 GB 50023－95 颁布实施十余年来的实践经验，以及国内历次发生的地震，特别是汶川大地震的震害经验教训，吸收了建筑抗震鉴定技术的最新科研究成果，对现有建筑的抗震鉴定方法进行了创新、补充和完善。主要修订内容有：

（1）扩大了鉴定标准的适用范围。原鉴定标准仅针对TJ 11－78实施以前设计建造的房屋，本次修订将适用范围扩大到已投入使用的现有建筑。

（2）提出了现有建筑鉴定加固的后续使用年限。根据现有建筑设计建造年代及原设计依据规范的不同，将其后续设计使用年限划分为 30、40、50 年三个档次。

（3）给出了不同设防目标相对应的鉴定方法。后续使用年限 30 年的建筑沿用 95 鉴定标准的方法，即现标准中的 A 类建筑鉴定方法；后续使用年限 40 年的建筑采用现标准中的 B 类建筑鉴定方法，相当于 GBJ 11－89 的要求，同时吸收了部分 GB 50011 的内容；后续使用年限 50 年的建筑则要求按 GB 50011 进行鉴定。

（4）明确了现有建筑抗震鉴定的设防目标。现有建筑在后续使用年限内具有相同概率保证的前提下，实现“小震不坏、中震可修、大震不倒”的抗震设防目标。后续使用年限 50 年的建筑与新建工程的设防目标一致，少于 50 年的建筑基本达到新建工程的设防目标，但遭遇地震时受损程度会略重于按 50 年鉴定的建筑。

（5）与新修订的《建筑工程抗震设防分类标准》GB 50223 进行了衔接，现有建筑按其重要性及使用用途划分为特殊设防类、重点设防类、标准设防类和适度设防类，不同设防类别的建筑具有相应的鉴定要求。

（6）提高了重点设防类建筑的抗震鉴定要求。如砌体结构对层数、总高度进行严格控制，A 类砌体结构增加了构造柱设置的鉴定要求；钢筋混凝土结构对单跨框架结构体系进行了限制，增加了强柱弱梁鉴定与结构变形验算等。

（7）总结了汶川大地震的经验教训，加强了楼梯间、框架结构填充墙、易倒塌伤人部位的鉴定要求。

为便于广大设计、科研、教学、鉴定等单位有关人员在使用本标准时能正确理解和执行条文规定，《建筑抗震鉴定标准》编制组按章、节、条顺序编制了本标准的条文说明，对条文规定的目的、依据以及执行中需注意的有关事项进行了说明。但是本条文说明不具备与标准正文同等的法律效力，仅供使用者作为理解和把握标准规定的参考。

目　次

1　总则 ………………………………………… 1—61
3　基本规定 ……………………………………… 1—62
4　场地、地基和基础…………………………… 1—64
4.1　场地 ………………………………………… 1—64
4.2　地基和基础 ………………………………… 1—64
5　多层砌体房屋 ………………………………… 1—65
5.1　一般规定 …………………………………… 1—65
5.2　A类砌体房屋抗震鉴定 …………………… 1—66
5.3　B类砌体房屋抗震鉴定 …………………… 1—67
6　多层及高层钢筋混凝土房屋 ……………… 1—68
6.1　一般规定 …………………………………… 1—68
6.2　A类钢筋混凝土房屋抗震鉴定 ………… 1—69
6.3　B类钢筋混凝土房屋抗震鉴定 ………… 1—69
7　内框架和底层框架砖房 …………………… 1—70
7.1　一般规定 …………………………………… 1—70
7.2　A类内框架和底层框架砖房抗震鉴定 ……………………………………………… 1—70
7.3　B类内框架和底层框架砖房抗震鉴定 ……………………………………………… 1—71
8　单层钢筋混凝土柱厂房 …………………… 1—71
8.1　一般规定 …………………………………… 1—71
8.2　A类厂房抗震鉴定 ………………………… 1—72
8.3　B类厂房抗震鉴定 ………………………… 1—73
9　单层砖柱厂房和空旷房屋 ………………… 1—73
9.1　一般规定 …………………………………… 1—73
9.2　A类单层砖柱厂房抗震鉴定 …………… 1—74
9.3　A类单层空旷房屋抗震鉴定 …………… 1—74
9.4　B类单层砖柱厂房抗震鉴定 …………… 1—75
9.5　B类单层空旷房屋抗震鉴定 …………… 1—75
10　木结构和土石墙房屋……………………… 1—75
10.1　木结构房屋……………………………… 1—75
10.2　生土房屋………………………………… 1—76
10.3　石墙房屋………………………………… 1—76
11　烟囱和水塔 ………………………………… 1—76
11.1　烟囱……………………………………… 1—76
11.2　A类水塔抗震鉴定……………………… 1—77
11.3　B类水塔抗震鉴定……………………… 1—77
附录B　砖房抗震墙基准面积率 …………… 1—77
附录C　钢筋混凝土结构楼层受剪承载力 ……………………………… 1—78

1 总 则

1.0.1 地震中建筑物的破坏是造成地震灾害的主要原因。现有建筑有些未考虑抗震设防，有些虽然考虑了抗震，但与新的地震动参数区划图等的规定相比，并不能满足相应的设防要求。1977年以来建筑抗震鉴定、加固的实践和震害经验表明，对现有建筑进行抗震鉴定，并对不满足鉴定要求的建筑采取适当的抗震对策，是减轻地震灾害的重要途径。

95版鉴定标准是在1976年唐山地震后发布的77版鉴定标准基础上修订而成的，针对建造于20世纪90年代以前的建筑，在震前进行抗震鉴定和加固的要求编制的。按照国家的技术政策，考虑当时的经济、技术条件和需要加固工程量很大的具体情况，鉴定和加固的设防目标略低于《建筑抗震设计规范》GBJ 11－89设计规范的设防目标，并要求不符合鉴定要求的现有建筑，应根据具体情况，提出相应的维修、加固、改造或更新的减灾对策。

在1998年的国际标准《结构可靠性总原则》ISO 2394中，也开始提出既有建筑的可靠性评定方法，强调了依据用户提出的使用年限对可变作用采用系数的方法折减，并对结构实际承载力（包括实际尺寸、配筋、材料强度、已有缺陷等）与实际受力进行比较从而评定其可靠性，当可靠程度不足时，鉴定的结论可包括：出于经济理由保持现状、减少荷载、修补加固或拆除等。

按照国务院《建筑工程质量管理条例》的规定，结构设计必须明确其合理使用年限，对于鉴定和加固，则为合理的后续使用年限。近年来的研究表明，从后续使用年限内具有相同概率的角度，在全国范围内平均，30、40、50年地震作用的相对比例大致是0.75、0.88和1.00；抗震构造综合影响系数的相对比例，6度为0.76、0.90、1.00，7度为0.71、0.87、1.00，8度为0.63、0.84、1.00，9度为0.57、0.81、1.00。据此，考虑到95版鉴定标准的抗力调整系数取设计规范的0.85倍，89版设计规范系列的场地设计特征周期比2001版规范约减少10%且材料强度大致为2001版规范系列的1.05～1.15，于是可以认为：95版鉴定标准、89版设计规范和2001版设计规范大体上分别在使用年限30年、40年和50年具有相同的概率保证。

震害经验也表明，按照77版鉴定标准进行鉴定加固的房屋，在20世纪80年代和90年代我国的多次地震中，如1981年邢台M6级地震、1981年道孚M6.9级地震、1985年自贡M4.8级地震、1989年澜沧耿马M7.6级地震、1996年丽江M7级地震，均经受了考验。2008年汶川地震中，除震中区外，不仅严格按89版规范、2001版规范进行设计和施工的房屋没有倒塌，经加固的房屋也没有倒塌，再一次证明按照95系列鉴定标准执行对于减轻建筑的地震破坏是有效的。

现有建筑抗震鉴定的设防目标在相同概率保证的前提下与现行国家标准《建筑抗震设计规范》GB 50011一致。因此，在遭遇同样的地震影响时，后续使用年限少于50年的建筑，其损坏程度要大于后续使用年限50年的建筑。按后续30年进行鉴定时，95版鉴定标准的第1.0.1条规定的设防目标是“在遭遇设防烈度地震影响时，经修理后仍可继续使用”，即意味着也在一定程度上达到大震不倒塌。

合理的后续使用年限可能与规范的设计基准期不同，本标准明确划分为30年、40年和50年三个档次。新建工程设计规范规定的设计基准期为50年。

1.0.2 本标准适用于抗震设防区现有建筑的抗震鉴定。

抗震设防烈度与设计基本地震加速度的对应关系如表1所示。

表1 抗震设防烈度和设计基本地震加速度值的对应关系

抗震设防烈度	6	7	8	9
设计基本地震加速度值	0.05g	0.10 (0.15)g	0.20 (0.30)g	040g

由于新建建筑工程应符合设计规范的要求，古建筑及属于文物的建筑，有专门的要求，危险房屋不能正常使用。因此，本标准的现有建筑，只是既有建筑中的一部分，不包括古建筑、新建的建筑工程（含烂尾楼）和危险房屋，一般情况，在不遭受地震影响时，仍在正常使用。

由于“现有建筑”抗震安全性的评估不同于新建建筑的抗震设计，应注意以下问题：

1 对新建建筑，抗震安全性评估属于判断房屋的设计和施工是否符合抗震设计及施工规范要求的质量要求；对现有建筑，抗震安全性评估是从抗震承载力和抗震构造两方面综合判断结构实际具有的抗御地震灾害的能力。

2 必须明确，需要进行抗震鉴定的“现有建筑”主要分为三类：第一类是使用年限在设计基准期内且设防烈度不变，但原规定的抗震设防类别提高的建筑；第二类是虽然抗震设防类别不变，但现行的区划图设防烈度提高后又使之可能不符合相应设防要求的建筑；第三类是设防类别和设防烈度同时提高的建筑。

3 现有建筑增层时的抗震鉴定，情况复杂，本标准未作规定。对现有建筑进行装修和改善使用功能的改造时，若不增加房屋层数，应按鉴定标准的要求进行抗震鉴定，并确定结构改造的可能性；若进行加层改造，一般说来，加层的要求应高于现有建筑鉴定而接近或达到新建工程的要求，此时可以采用综合抗震能力鉴定的原则，但不能直接套用抗震鉴定标准的具体要求。

4 不得按本标准的规定进行新建工程的抗震设计，或作为新建工程未执行设计规范的借口。

1.0.3 现有建筑进行抗震鉴定时，根据国家标准《建筑工程抗震设防分类标准》GB 50223 的规定，设防分类分为四类。在医疗建筑中，重点设防类的建筑包括二、三级医院的门诊、医技、住院用房，具有外科手术室或急诊科的乡镇卫生院的医疗用房，县级及以上急救中心的指挥、通信、运输系统的重要建筑，县级及以上的独立采供血机构的建筑。在教育建筑中，重点设防类的建筑包括幼儿园、小学、中学的教学用房以及学生宿舍和食堂。

不同设防类别的要求，本标准在文字上突出了鉴定不同于设计的特点。

丙类，即标准设防类，属于一般房屋建筑。

乙类，即重点设防类，是需要比当地一般建筑提高设防要求的建筑。在本标准中，凡没有专门明确的抗震措施，均需按提高一度的规定进行相应的检查。9 度时适当提高，指 A 类 9 度的抗震措施按 B 类 9 度的要求、B 类 9 度按 C 类 9 度的要求进行检查。乙类设防时，规模很小的工业建筑以及Ⅰ类场地的地基基础抗震构造应符合有关规定。

现有的甲类，其抗震鉴定要求需要专门研究，按不低于乙类的抗震措施和高于乙类的地震作用进行检查和评定其综合抗震能力。

1.0.4、1.0.5 鉴于现有建筑需要鉴定和加固的数量很大，情况又十分复杂，如结构类型不同、建造年代不同、设计时所采用的设计规范、地震动区划图的版本不同、施工质量不同、使用者的维护也不同，投资方也不同，导致彼此的抗震能力有很大的不同，需要根据实际情况区别对待和处理，使之在现有的经济技术条件下分别达到其最大可能达到的抗震防灾要求。

与第 1.0.1 条相对应，这两条给出了不同设计建造年代、不同后续使用年限的建筑所采用鉴定要求的基本标准，并明确规定，有条件时应采用更高的标准，即尽可能提高其抗震能力。

对于国家投资的项目，可依据相关部门的要求，按较高的要求鉴定。

本标准对于后续使用年限 30 年的建筑，简称 A 类建筑，通常指在 89 版规范正式执行前设计建造的房屋(各地执行 89 规范的时间可能不同，一般不晚于 1993 年 7 月 1 日)。其鉴定要求，基本保持本标准 95 版的有关规定，主要增加 7 度($0.15g$)和 8 度($0.30g$)的相关内容，但对设防类别为乙类的建筑，有较明显的提高。

本标准对于后续使用年限 40 年的建筑，简称 B 类建筑，通常指在 89 版设计规范正式执行后，2001 版设计规范正式执行前设计建造的房屋(各地执行 2001 版规范的时间，一般不晚于 2003 年 1 月 1 日)。其鉴定要求，基本按照 89 版抗震设计规范的有关规定，从鉴定的角度加以归纳、整理。其中，凡现行规范比 89 版规范放松的要求，也反映到条文中。对于按 89 规范系列设计建造的现有建筑，由于本地区提高设防烈度或建筑抗震设防类别提高而进行抗震鉴定时，参照国际标准《结构可靠性总原则》ISO 2394 的规定，当“出于经济理由”选择 40 年的后续使用年限确有困难时，允许略少于 40 年。

对于后续使用年限 50 年的建筑，简称 C 类建筑，其鉴定要求，完全采用现行设计规范的有关要求，本标准不重复规定。

1.0.6 本条规定了需要进行抗震鉴定的房屋建筑的主要范围。

1.0.7 建筑抗震鉴定的有关规定，主要包括：

1 抗震主管部门发布的有关通知；

2 危险房屋鉴定标准，工业厂房可靠性鉴定标准，民用房屋可靠性鉴定标准等；

3 现行建筑结构设计规范中，关于建筑结构设计统一标准的原则、术语和符号的规定以及静力设计的荷载取值等。

3 基 本 规 定

本章和现行《建筑抗震设计规范》GB 50011 第三章关于“抗震概念设计”的规定相类似，主要是关于现有建筑“抗震概念鉴定”的一些要求。

3.0.1 本条明确规定了抗震鉴定的基本步骤和内容：搜集原始资料，进行建筑现状的现场调查，进行综合抗震能力的逐级筛选分析，以及对建筑整体抗震性能作出评定结论并提出处理意见。

考虑到按不同后续使用年限抗震鉴定结果的差异，按照国务院《建筑工程质量管理条例》的要求，增加了在鉴定结论中说明选用的后续使用年限的规定。

抗震鉴定系对现有建筑物是否存在不利于抗震的构造缺陷和各种损伤进行系统的“诊断”，因而必须对其需要包括的基本内容、步骤、要求和鉴定结论作出统一的规定，并要求强制执行，才能达到规范抗震鉴定工作，提高鉴定工作质量，确保鉴定结论的可靠性。

1 关于建筑现状的调查，主要有三个内容：其一，建筑的使用状况与原设计或竣工时有无不同；其二，建筑存在的缺陷是否仍属于“现状良好”的范围，需从结构受力的角度，检查结构的使用与原设计有无明显的变化；其三，检测结构材料的实际强度等级。

2 “现状良好”是对现有建筑现状调查的重要概念，涉及施工质量和维修情况。它是介于完好无损和有局部损伤需要补强、修复二者之间的一种概念。抗震鉴定时要求建筑的现状良好，即建筑外观不存在危及安全的缺陷，现存的质量缺陷属于正常维修范围之内。

3 20世纪80年代的抗震鉴定及加固，偏重于对单个构件、部件的鉴定，而缺乏对总体抗震性能的判断，只要某部位不符合抗震要求，就认为该部位需要加固处理，因而不仅增加了房屋的加固量，甚至在加固后还形成了新薄弱环节，致使结构的抗震安全性仍无保证。例如，天津市某三层框架厂房，在1976年7月唐山地震后加固时缺乏整体观点，局部加固后使底层形成新的明显的薄弱层，以致在同年11月的宁河地震中倒塌。因此，要强调对整个结构总体上所具有抗震能力的判断。综合抗震能力的定义，见本标准第2.1.5条；逐级鉴定方法，见本标准第3.0.3条。

4 在抗震鉴定中，将构件分成具有整体影响和仅有局部影响两大类，予以区别对待。前者以组成主体结构的主要承重构件及其连接为主，不符合抗震要求时有可能引起连锁反应，对结构综合抗震能力的影响较大，采用“体系影响系数”来表示；后者指次要构件、非承重构件、附属构件和非必需的承重构件（如悬挑阳台、过街楼、出屋面小楼等），不符合抗震要求时只影响结构的局部，有时只需结合维修加固处理，采用“局部影响系数”来表示。

5 对建筑结构抗震鉴定的结果，按本标准第3.0.7条统一规定为五个等级：合格、维修、加固、改变用途和更新。要求根据建筑的实际情况，结合使用要求、城市规划和加固难易等因素的分析，通过技术经济比较，提出综合的抗震减灾对策。

3.0.2 本条规定了区别对待的鉴定要求。除了抗震设防类别（甲、乙、丙、丁）和设防烈度（6、7、8、9度）的区别外，强调了下列三个区别对待，使鉴定工作有更强的针对性：

1 现有建筑中，要区别结构类型；

2 同一结构中，要区别检查和鉴定的重点部位与一般部位；

3 综合评定时，要区别各构件（部位）对结构抗震性能的整体影响与局部影响。

3.0.3 抗震鉴定采用两级鉴定法，是筛选法的具体应用。

对于后续使用年限30年的A类建筑，第一级鉴定的工作量较少，容易掌握又确保安全。其中的有些项目不合格时，可在第二级鉴定中进一步判断，有些项目不合格则必须处理。第二级鉴定是在第一级鉴定的基础上进行的，当结构的承载力较高时，可适当放宽某些构造要求；或者，当抗震构造良好时，如砌体房屋有圈梁和构造柱形成约束，其承载力的要求可酌情降低。

对于后续使用年限40年的B类建筑，两级鉴定的工作量相对较多，同样要综合考虑抗震构造和承载力的情况。

这种鉴定方法，将抗震构造要求和抗震承载力验算要求更紧密地联合在一起，具体体现了结构抗震能力是承载能力和变形能力两个因素的有机结合。

3.0.4 本条的规定，主要从房屋高度、平立面和墙体布置、结构体系、构件变形能力、连接的可靠性、非结构的影响和场地、地基等方面，概括了抗震鉴定时宏观控制的概念性要求，即检查现有建筑是否存在影响其抗震性能的不利因素。

3.0.5 对于A类建筑，抗震验算一般采用本标准提供的具体方法，与抗震设计规范的方法相比，有所简化，容易掌握。对于B类建筑，也可参照A类的简化方法进行验算，但应计入后续使用年限的不同，计算参数有所变化。

本标准中给出的具体抗震验算方法，即综合抗震能力验算方法，可表示为：

$$S \leqslant \psi_1 \psi_2 R$$

式中 ψ_1——抗震鉴定的整体构造影响系数；

ψ_2——抗震鉴定的局部构造影响系数。

将抗震构造对结构抗震承载力的影响用具体数据表示，从而实现了综合抗震能力验算的量化。因此，在采用设计规范方法进行抗震承载力验算时，也可以加入 ψ_1、ψ_2 来体现构造的影响。

考虑到抗震鉴定与抗震设计不同，其实际截面、实际材料强度、实际配筋与原设计计算可能不同。当按现行设计规范的方法验算时，需注意89设计规范系列与现行设计规范系列在地震作用、材料设计指标、内力调整系数、承载力验算公式有可能不同，本标准在相关附录中列入89规范系列的设计参数，供后续使用年限30年和40年的房屋进行抗震验算之用。还引进抗震鉴定的承载力调整系数 γ_{Ra} 替代设计规范的承载力抗震调整系数 γ_{RE}，使之既符合《建筑结构可靠度设计统一标准》GB 50068的原则，又保持A类建筑鉴定的延续性。

根据震害经验，对6度区的一般建筑，着重从构造措施上提出鉴定要求，可不进行抗震承载力验算。

3.0.6 本条要求针对现有建筑存在的有利和不利因素，对有关的鉴定要求予以适当调整：

对建在Ⅳ类场地、复杂地形、不均匀地基上的建筑以及同一建筑单元存在不同类型基础时，应考虑地震影响复杂和地基整体性不足等的不利影响。这类建筑要求上部结构的整体性更强一些，或抗震承载力有较大富余，一般可根据建筑实际情况，将部分抗震构造措施的鉴定要求按提高一度考虑，例如增加地基梁尺寸、配筋和增加圈梁数量、配筋等的鉴定要求。

对有全地下室、箱基、筏基和桩基的建筑可放宽对上部结构的部分构造措施要求，如圈梁设置可按降低一度考虑，支撑系统和其他连接的鉴定要求，可在一度范围内降低，但构造措施不得全面降低。

对密集建筑群中的建筑，例如市内繁华商业区的沿街建筑，房屋之间的距离小于8m或小于建筑高度一半的居民住宅等，根据实际情况对较高的建筑的相关部分，以及防震缝两侧的房屋局部区域，构造措施按提高一度考虑。

对建造于7度（0.15g）和8度（0.30g）设防区的现有建筑，当场地类别为Ⅲ、Ⅳ类时，与现行设计规范协调，也要求分别按8度和9度的构造措施进行鉴定。

3.0.7 所谓符合抗震鉴定要求，即达到本标准第1.0.1条规定的目标。对不符合抗震鉴定要求的建筑提出了四种处理对策：

维修：指综合维修处理。适用于仅有少数、次要部位局部不符合鉴定要求的情况。

加固：指有加固价值的建筑。大致包括：①无地震作用时能正常使用；②建筑虽已存在质量问题，但能通过抗震加固使其达到要求；③建筑因使用年限久或其他原因（如腐蚀等），抗侧力体系承载力降低，但楼盖或支撑系统尚可利用；④建筑各局部缺陷尚多，但易于加固或能够加固。

改变用途：包括将生产车间、公共建筑改为不引起次生灾害的仓库，将使用荷载大的多层房屋改为使用荷载小的次要房屋，将使用上属于乙类设防的房屋改为使用功能为丙类设防的房屋等。改变使用性质后的建筑，仍应采取适当的加固措施，以达到相应使用功能房屋的抗震要求。

更新：指无加固价值而仍需使用的建筑或在计划中近期要拆迁的不符合鉴定要求的建筑，需采取应急措施。如在单层房屋内设防护支架，烟囱、水塔周围划为危险区，拆除装饰物、危险物及卸载等。

4 场地、地基和基础

考虑到场地、地基和基础的鉴定和处理的难度较大，而且由于地基基础问题导致的实际震害例子相对很少，缩小了鉴定的范围，并主要列出一些原则性规定。

4.1 场　　地

岩土失稳造成的灾害，如滑坡、崩塌、地裂、地陷等，其波及面广，对建筑物危害的严重性也往往较重。鉴定需更多地从场地的角度考虑，因此应慎重研究。

含液化土的缓坡（1°～5°）或地下液化层稍有坡度的平地，在地震时可能产生大面积的土体滑动（侧向扩展），在现代河道、古河道或海滨地区，通常宽度在50～100m或更大，其长度达到数百米，甚至2～3km，造成一系列地裂缝或地面的永久性水平、垂直位移，其上的建筑与生命线工程或拉断或倒塌，破坏很大。海城地震、唐山地震中，沿海河故道和陡河、滦河等河流两岸都有这种滑裂带，损失甚重。

本次汶川地震，危险地段的房屋严重破坏，强风化岩石地基上的建筑也有明显的震害，鉴定时需予以注意。

4.2 地基和基础

4.2.1 本条为新增条文，列出了对地基基础现状进行抗震鉴定应重点检查的内容。对震损建筑，尚应检查因地震影响引起的损伤，如有无砂土液化现象、基础裂缝等。

4.2.2 对工业与民用建筑，地震造成的地基震害，如液化、软土震陷、不均匀地基的差异沉降等，一般不会导致建筑的坍塌或丧失使用价值，加之地基基础鉴定和处理的难度大，因此，减少了地基基础抗震鉴定的范围。

4.2.5 地基基础的第一级鉴定，包括：饱和砂土、饱和粉土的液化初判，软土震陷初判及可不进行桩基验算的规定。

液化初判除利用设计规范的方法外，略加补充。

软土震陷问题，只在唐山地震时津塘地区表现突出，以前我国的多次地震中并不具有广泛性。唐山地震中，8、9度区地基承载力为60～80kPa的软土上，有多栋建筑产生了100～300mm的震陷，相当于震前总沉降量的50%～60%。

桩基不验算范围，基本上同现行抗震设计规范。

本次修订，考虑到独立基础和条基，95版规定的1.5倍的基础宽度不一定能满足部分消除地基液化的深度要求；在8、9度时，这可能会造成因液化或震陷使建筑坍塌或丧失使用价值。故对95版的规定加以调整。

95版的“承载力设计值”，按现行地基基础设计规范改为“承载力特征值”。

此外，已有研究表明，8度时软弱土层厚度小于5m可不考虑震陷的影响，但9度时，5m产生的震陷量较大，不能满足要求。

4.2.6 地基基础的第二级鉴定，包括：饱和砂土、饱和粉土的液化再判，软土和高层建筑的天然地基、桩基承载力验算及不利地段上抗滑移验算的规定。

建筑物的存在加大了液化土的固结应力。研究表明，正应力增加可提高土的抗液化能力。当砂性土达到中密时，剪应力的加大亦使其抗液化能力提高。

4.2.7 本条规定，在一定的条件下，现有天然地基基础竖向承载力验算时，可考虑地基土的长期压密效应；水平承载力验算时，可考虑刚性地坪的抗力。

1　地基土在长期荷载作用下，物理力学特性得到改善，主要原因有：①土在建筑荷载作用下的固结压密；②机械设备的振动加密；③基础与土的接触处，发生某种物理化学作用。

大量工程实践和专门试验表明，已有建筑的压密作用，使地基土的孔隙比和含水量减小，可使地基承载力提高20%以上；当基底容许承载力没有用足时，压密作用相应减少，故表4.2.7中 ζ_c 值下降。

岩石和碎石类土的压密作用及物理化学作用不显著；硬黏土的资料不多；软土、液化土和新近沉积黏性土又有液化或震陷问题，承载力不宜提高，故均取 $\zeta_c=1$。

2　承受水平力为主的天然地基，指柱间支撑的柱基、拱脚等。震害及分析证明地坪可以很好地抵抗结构传来的基底剪力。根据实验结果，由柱传给地坪的力约在3倍柱宽范围内分布，因此要求地坪在受力方向的宽度不小于柱宽的3倍。

地坪一般是混凝土的，属脆性材料，而土是非线性材料。二者变形模量相差4倍，当地坪受压达到破坏时，土中的应力甚小，二者不在同一时间破坏，故可选地坪抗力与土抗力二者中较大者进行验算。

4.2.8　本条95版编写时，当时的《建筑抗震设计规范》GBJ 11—89对桩基抗震的计算方法还没有规定，而2001版抗震设计规范已明确规定了桩基抗震承载力的验算方法，可以直接引用而不重复规定。

5　多层砌体房屋

5.1　一般规定

5.1.1　本章适用于黏土砖和混凝土、粉煤灰砌块墙体承重的房屋，对砂浆砌筑的料石结构房屋，抗震鉴定时也可参考。

本章所适用的房屋层数和高度的规定，依据其后续使用年限的不同，分别在各节中规定。

对于单层砌体结构，当其横墙间距与本章多层砌体结构相当时，可比照本章规定进行抗震鉴定。

5.1.2　本条是第3章中概念鉴定在多层砌体房屋的具体化，明确了鉴定时重点检查的主要项目。地震时不同烈度下多层砌体房屋的破坏部位变化不大而程度有显著差别，其检查重点基本上可不按烈度划分。

5.1.4　本条明确规定了砌体房屋进行综合抗震能力评定所需要检查的具体项目——房屋高度和层数、墙体实际材料强度、结构体系的合理性、主要构件整体性连接构造的可靠性、局部易损构件自身及与主体结构连接的可靠性和抗震承载力验算要求，以规范砌体结构抗震鉴定工作。

本条还将2002年版《工程建设强制性条文》的主要相关条款予以集中规定。

5.1.5　砌体结构房屋受模数化的限制，一般比较规整。建筑参数如开间、层高、进深等，相差较小，尤其在同一地区内相差甚微；当采用标准设计时，房屋种类就更少。因此，多层砌体房屋的结构体系满足刚性、规则性要求时，抗震鉴定方法可有所简化。

本章A类砌体房屋的鉴定方法，强调了综合评定，从房屋的整体出发，根据现有房屋的特点，对其抗震能力进行分级鉴定。大量的现有建筑，通过较少的几项检查即可评定，减少不必要的逐项、逐条的鉴定。A类多层砌体房屋的两级鉴定可参照图1进行。

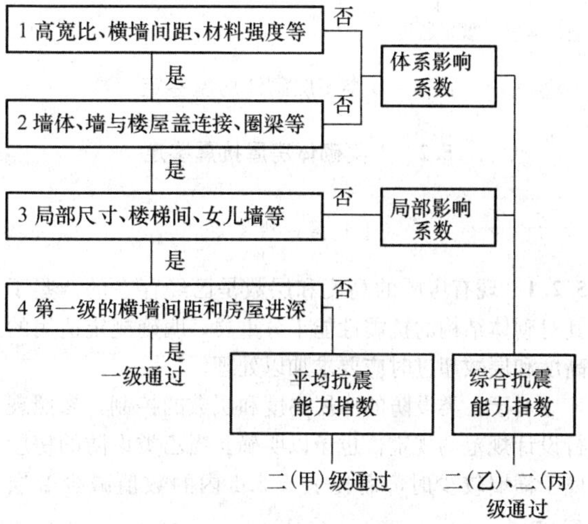

图1　A类多层砌体房屋两级鉴定

第一级鉴定分两种情况。对刚性体系的房屋，先检查其整体性和易引起局部倒塌的部位，当整体性良好且易引起局部倒塌的部位连接良好时，根据大量的计算分析，可不必计算墙体面积率而直接按房屋宽度、横墙间距和砌筑砂浆强度等级来判断是否满足抗震要求，不符合时才进行第二级鉴定；对非刚性体系的房屋，第一级鉴定只检查其整体性和易引起局部倒塌的部位，并需进行第二级鉴定。

第二级鉴定分四种情况进行综合抗震能力的分析判断。一般需计算砖房抗震墙的面积率，当质量和刚度沿高度分布明显不均匀，或房屋的层数在7、8、9度时分别超过六、五、三层，需按设计规范的方法和要求验算其抗震承载力，鉴定的承载力调整系数 γ_{Ra} 取值与设计规范的承载力抗震调整系数 γ_{RE} 相同。当面积率较高时，可考虑构造上不符合第一级要求的程度，利用体系影响系数和局部影响系数来综合评定。这些影响系数的取值，主要根据唐山地震的大量资料统计、分析和归纳得到的。

对B类建筑抗震鉴定的要求，与A类建筑的抗震鉴定相同的是，同样对结构体系、材料强度、整体连接和局部易损部位进行鉴定；不同的是，B类建筑还必须经过墙体抗震承载力验算，方可对建筑的抗震能力进行评定，同时也可参照A类建筑抗震鉴定的方法，进行抗震能力的综合评定。B类多层砌体房屋的鉴定可参照图 2 进行：

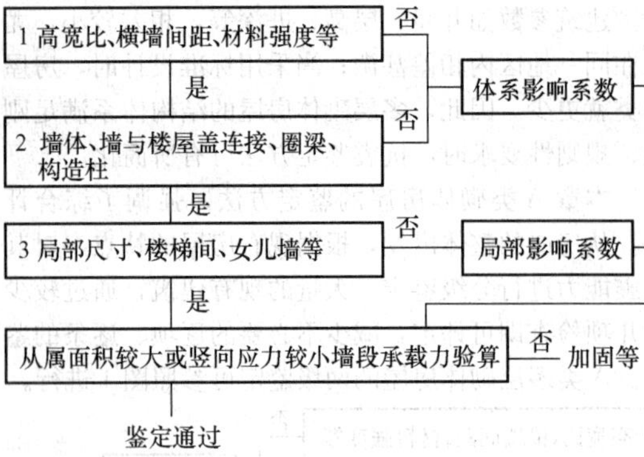

图 2　B类多层砌体房屋鉴定

5.2　A 类砌体房屋抗震鉴定

（Ⅰ）第一级鉴定

5.2.1　现有房屋的高度和层数是已经存在的，鉴于其对砌体结构的抗震性能十分重要，明确规定适用的高度和层数超过时应要求加以处理。

对于乙类设防的房屋高度和层数的控制，参照现行设计规范的规定，也予以明确。当乙类设防的房屋属于横墙较少时，需比表 5.2.1 内的数值减少 2 层和 6m。

需要注意，凡本章的条文没有对乙类设防给出具体规定时，乙类设防的房屋，应根据第 1.0.3 条的规定，按提高一度的对应规定进行检查。

5.2.2　结构体系的鉴定，包括刚性和规则性的判别。刚性体系的高宽比和抗震横墙间距限值不同于设计规范的规定，因二者的含义不同。

本次修订，吸取汶川地震的教训，增加了大跨度梁支承结构构件和现浇楼盖的要求。

5.2.3　本条规定的墙体材料实测强度是最低的要求，相当于墙体抗震承载力的最基本的验算。当已经使用的年限较长时，砌体表面的砂浆强度因碳化而明显降低，需采用合适的方法进一步确定其真实的强度。

5.2.4、5.2.5　整体性连接构造的鉴定，包括纵横向抗震墙的交接处、楼（屋）盖及其与墙体的连接处、圈梁布置和构造等的判别。鉴定的要求低于设计规范。丙类建筑对现有房屋构造柱、芯柱的布置不做要求，当有构造柱且其与墙体的连接符合设计规范的要求时，在第二级鉴定中体系影响系数可取大于 1.0 的数值。A类砌体房屋按乙类设防时构造柱、芯柱的要求，因其后续使用年限较少，比 B类砌体房屋的要求低些。

其中，将着重检查的内容与一般检查的内容分为两条表达。

5.2.6～5.2.8　易引起局部倒塌部位的鉴定包括墙体局部尺寸、楼梯间、悬挑构件、女儿墙、出屋面小烟囱等的判别。基本上与 95 版鉴定标准相同，但强调了楼梯间的要求。

5.2.9　本条规定了刚性体系房屋抗震承载力验算的简化方法；对非刚性体系房屋抗震承载力的验算，本条规定的简化法不适用。表 5.2.9-1 系按底部剪力法取各层质量相等、单位面积重力荷载代表值为 12kN/m² 且纵横墙开洞的水平面积率分别为 50％和 25％进行计算并适当取整后得到的。本次修订，明确 7 度（0.15g）和 8 度（0.30g）按内插法取值。对于乙类设防的房屋，因本条规定属于地震作用和抗震验算，按第 1.0.3 条的规定，不需要提高一度查表。使用中需注意：

1　承重横墙间距限值应取本条规定与刚性体系判别表 5.2.2 二者的较小值；同一楼层内各横墙厚度不同或砂浆强度等级不同时可相应折算；

2　楼层单位面积重力荷载代表值 g_E 与 12kN/m² 相差较多时，表 5.2.9-1 的数值需除以 $g_E/12$；

3　房屋的宽度，平面有局部突出时按面积加权平均计算，为了简化，平面内的局部纵墙略去不计；

4　砂浆强度等级为 M7.5 时，按内插法取值；

5　墙体的门窗洞所占的水平截面面积率 λ_A，横墙与 25％或纵墙与 50％相差较大时，表 5.2.9-1 的数值，可分别按 $0.25/\lambda_A$ 和 $0.50/\lambda_A$ 换算。

5.2.10　本条规定了不需要进行第二级鉴定的情况。其中，当仅有第 5.2.8 条第 2 款的规定不符合时，属于第 5.1.4 条规定的局部不符合鉴定要求，可只要求对非结构构件局部处理。

（Ⅱ）第二级鉴定

5.2.12　本条规定了采用综合抗震能力指数方法进行第二级鉴定的基本内容：楼层平均抗震能力指数法，又称二（甲）级鉴定；楼层综合抗震能力指数法，又称二（乙）级鉴定；墙段综合抗震能力指数法，又称二（丙）鉴定；分别适用于不同的情况。

通常，抗震能力指数要在两个主轴方向分别计算，有明显扭转影响时，取扭转效应最大的轴线计算。

5.2.13　平均抗震能力指数，即按刚性楼盖计算的楼层横墙、纵墙的面积率与鉴定所需的面积率的比值。在第一级鉴定中，若查表 5.2.9-1 时根据重力荷载和墙体开洞情况作了调整，则这种鉴定方法基本上不会遇到。

本次修订，增加了 7 度（0.15g）和 8 度（0.30g）的烈度影响系数。还按 2008 年设计规范局部修订的内容，增加了山区地形影响的地震作用增大系数 1.1～1.6。

5.2.14　楼层综合抗震能力指数，即平均抗震能力指数与构造影响系数的乘积。

鉴于 M0.4 砂浆的设计指标，88 版和 74 版砌体结构设计规范的取值标准有明显的不同，为保持77版鉴定标准的延续性，当砂浆的强度等级为M0.4时，需乘以相应的体系影响系数。

构造影响系数表5.2.14-1和表5.2.14-2的数值，要根据房屋的具体情况酌情调整：

1 当该项规定不符合的程度较重时，该项影响系数取较小值，该项规定不符合的程度较轻时，该项影响系数取较大值；

2 当鉴定的要求相同时，烈度高时影响系数取较小值；

3 当构件支承长度、圈梁、构造柱和墙体局部尺寸等的构造符合新设计规范要求时，该项影响系数可大于1.0；本次修订的条文明确，对于丙类设防的房屋，有构造柱、芯柱时，按照符合B类建筑构造柱、芯柱要求的程度，可乘以1.0～1.2的构造影响系数；对于乙类设防的房屋则相反，不符合要求时需乘以影响系数0.8～0.95；

4 各体系影响系数的乘积，最好采用加权方法，不用简单乘法。

5.2.15 墙段综合抗震能力指数，即墙段抗震能力指数与构造影响系数的乘积。墙段的局部影响系数只考虑对验算墙段有影响的项目。墙段从属面积的计算方法如下：

刚性楼盖，从属面积由楼层建筑平面面积按墙段的侧移刚度分配：

$$A_{bij}=(K_{ij}/\Sigma K_{ij})A_{bi}$$

墙段抗震能力指数等于楼层平均抗震能力指数，$\beta_{ij}=\beta_i$；

柔性楼盖，从属面积按左右两侧相邻抗震墙间距之半计算：

$$A_{bij}=A_{bij,0}$$

墙段抗震能力指数 $\beta_{ij}=(A_{ij}/A_i)(A_{bi}/A_{bij,0})\beta_i$；

中等刚性楼盖，从属面积取上述二者的平均值：

$$A_{bij}=0.5(K_{ij}/\Sigma K_{ij})A_{bi}+0.5A_{bij,0}$$

墙段抗震能力指数 $\beta_{ij}=(A_{ij}/A_i)(A_{bi}/A_{bij})\beta_i$。

5.2.16 本条规定了砌体房屋第二级鉴定时，需采用设计规范方法进行抗震验算的范围。鉴于95版的89设计规范的计算参数即本次修订B类建筑的计算参数，本条直接引用第5.3节的规定。

5.3 B类砌体房屋抗震鉴定

（Ⅰ）抗震措施鉴定

5.3.1 房屋的层数和高度，在设计规范中是强制性条文，鉴于现有建筑的层数和高度已经存在，对于超高时规定了相应的处理方法。本条还补充了多孔砖房屋的规定。

5.3.3 本条依据89规范中有关结构体系的条文，从鉴定的角度予以归纳、整理而成。

吸取汶川地震的教训，同样增加了对大跨度梁制成构件和大跨度楼板用现浇板的检查要求。

当不符合时，可采用A类砌体房屋的体系影响系数表示其对结构综合抗震能力的影响。

需要注意，按第1.0.3条的规定，乙类设防的砌体房屋，本节第5.3.3～5.3.11条均应按提高一度的要求进行检查。

5.3.5～5.3.9 依据89规范中有关结构整体性连接的条文，从鉴定的角度予以归纳、整理而成。

当不符合时，可采用A类砌体房屋的体系影响系数表示其对结构综合抗震能力的影响。但构造柱的影响，应予以考虑。

其中，重要内容在第5.3.5条中表示。

5.3.10、5.3.11 依据89规范中有关结构易损部位连接的条文，从鉴定的角度予以归纳、整理而成。

当不符合时，可采用A类砌体房屋的局部影响系数表示其对结构综合抗震能力的影响。

吸取汶川地震的教训，对楼梯间的要求单独列出。

（Ⅱ）抗震承载力验算

5.3.12～5.3.17 依据89规范中有关砌体抗震计算的条文，从鉴定的角度予以归纳、整理而成。

按照设计规范的规定，只要求在纵横两个方向分别选择从属面积较大或竖向应力较小的墙段进行截面抗震承载力验算。

其中，材料设计指标，应按本标准附录A采用，以保持89规范的设计水平。

对于墙体墙中部有构造柱的情况，参照2001规范的规定，也予以纳入。

5.3.18 本条明确，对于B类砌体承载力验算时按面积率计算的方法。采用面积率计算，可以更简便地得到砌体房屋的"综合抗震能力"，减少计算工作量。

当砌体实际达到的材料强度高于M2.5时，若层高和墙体开洞情况符合第5.2.9条的要求，还可更简便地参照表5.2.9-1的纵、横墙最大间距的方法估计房屋的抗震承载力：对6、7度设防，直接查表；对8度设防，表中数据乘以3/4；对9度设防，表中数据乘以5/8，如表2所示。

表2 8度、9度设防时抗震承载力简化验算的抗震横墙间距和房屋宽度限值（m）

楼层总数	检查楼层	8度						9度					
		M2.5		M5		M10		M2.5		M5		M10	
		L	*B*	*L*	*B*	*L*	*B*	*L*	*B*	*L*	*B*	*L*	*B*
二	2	5.8	12	7.8	11	11	15	—	—	3.9	9.2	5.4	7.5
	1	4.6	8.9	6.0	8.6	8.0	11	—	—	3.0	7.1	4.0	5.6
三	3	5.2	9.9	7.0	9.8	9.6	12	—	—	3.5	8.2	4.8	6.6
	1～2	3.5	6.8	4.4	6.4	5.8	8.3	—	—			2.9	4.2

续表 2

楼层总数	检查楼层	8度 M2.5 L	8度 M2.5 B	8度 M5 L	8度 M5 B	8度 M10 L	8度 M10 B	9度 M2.5 L	9度 M2.5 B	9度 M5 L	9度 M5 B	9度 M10 L	9度 M10 B
四	4	4.9	9.2	6.6	9.2	9.0	12	—	—	3.3	5.8	4.5	6.2
	3	3.3	6.3	4.3	6.1	6.6	9.6	—	—	—	—	2.8	4.0
	1～2	—	—	3.6	5.3	5.6	8.0	—	—	—	—	—	—
五	5	6.3	8.9	6.3	8.8	8.6	12	—	—	—	—	—	—
	4	4.1	5.9	4.0	5.7	5.3	7.5	—	—	—	—	—	—
	1～3			3.1	4.6	4.0	5.8	—	—	—	—	—	—
六	6	4.2	7.2	4.2	7.2	4.2	7.2	—	—	—	—	—	—
	5	—	—	3.9	5.5	4.2	7.2	—	—	—	—	—	—
	4	—	—	3.2	4.7	4.0	5.8	—	—	—	—	—	—
	1～3	—	—	—	—	3.5	5.2	—	—	—	—	—	—

6 多层及高层钢筋混凝土房屋

6.1 一 般 规 定

6.1.1 本章的适用范围分两类：

我国 20 世纪 80 年代以前建造的钢筋混凝土结构，普遍是 10 层以下。框架结构可以是现浇的或装配整体式的。

20 世纪 90 年代以后建造的，最大适用高度引用了 89 规范的规定。结构类型包括框架、框架-抗震墙、全部落地抗震墙和部分框支抗震墙，不包括筒体结构。

6.1.2 本条是第 3 章中概念鉴定在多层钢筋混凝土房屋的具体化。根据震害总结，6、7 度时主体结构基本完好，以女儿墙、填充墙的损坏为主，吸取汶川地震教训，强调了楼梯间的填充墙；8、9 度时主体结构有破坏且不规则结构等加重震害。据此，本条提出了不同烈度下的主要薄弱环节，作为检查重点。

6.1.4 根据震害经验，钢筋混凝土房屋抗震鉴定的内容与砌体房屋不同，但均从结构体系合理性、材料强度、梁柱等构件自身的构造和连接的整体性、填充墙等局部连接构造等方面和构件承载力加以综合评定。本条同样明确规定了鉴定的项目，使混凝土结构房屋的鉴定工作规范化。

对于明显不符合要求的情况，如 8、9 度时的单向框架，以及乙类设防的框架为单跨结构等，应要求进行加固或提出防震减灾对策。

6.1.5 本条规定了 A 类混凝土房屋与 B 类混凝土房屋抗震鉴定的主要不同之处。

A 类钢筋混凝土房屋的两级鉴定可参照图 3 进行。

第一级鉴定强调了梁、柱的连接形式和跨数，混合承重体系的连接构造和填充墙与主体结构的连接问题。7 度Ⅲ、Ⅳ类场地和 8、9 度时，增加了规则性要求和配筋构造要求，有关规定基本上保持了 77 版、95 版鉴定标准的要求。

第二级鉴定分三种情况进行楼层综合抗震能力的分析判断。屈服强度系数是结构抗震承载力计算的简化方法，该方法以震害为依据，通过震害实例验算的统计分析得到，设计规范用来控制结构的倒塌，对评估现有建筑破坏程度有较好的可靠性。在第二级鉴定中，材料强度等级和纵向钢筋不作要求，其他构造要求用结构构造的体系影响系数和局部影响系数来体现。

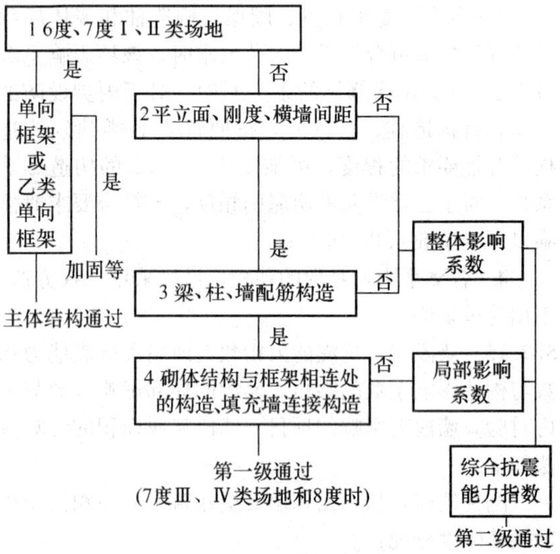

图 3 A 类多层钢筋混凝土房屋的两级鉴定

B 类混凝土房屋抗震鉴定与 A 类混凝土房屋抗震鉴定相同的是，同样强调了梁、柱的连接形式和跨数，混合承重体系的连接构造和填充墙与主体结构的连接问题，以及规则性要求和配筋构造要求；不同的是，B 类混凝土房屋必须经过抗震承载力验算，方可对建筑的抗震能力进行评定，同时也可按照 A 类混凝土房屋抗震鉴定的方法，进行抗震能力的综合评定。B 类钢筋混凝土房屋的鉴定可参照图 4 进行。

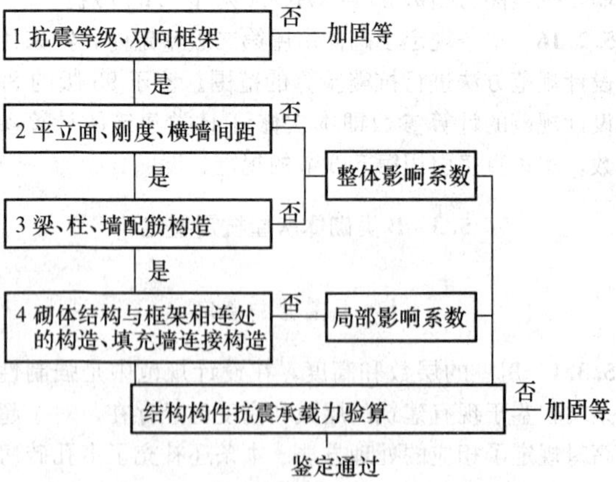

图 4 B 类钢筋混凝土房屋的鉴定

6.1.6 当框架结构与砌体结构毗邻且共同承重时，

砌体部分因侧移刚度大而分担了框架的一部分地震作用，受力状态与单一的砌体结构不同；框架部分也因二者侧移的协调而在连接部位形成附加内力。抗震鉴定时要适当考虑。

6.2 A类钢筋混凝土房屋抗震鉴定

（Ⅰ）第一级鉴定

6.2.1 现有结构体系的鉴定包括节点连接方式、跨数的合理性和规则性的判别。

连接方式主要指刚接和铰接，以及梁底纵筋的锚固。

单跨框架对抗震不利，明确要求乙类设防的混凝土房屋不能为单跨框架；乙类设防的多跨框架在8、9度时，还建议检查其“强柱弱梁”的程度。此时，最好计入梁侧面楼板分布钢筋的影响，参照欧洲抗震规范，可计入柱边以外2倍楼板厚度的分布钢筋。

房屋的规则性判别，基本同89版设计规范，针对现有建筑的情况，增加了无砌体结构相连的要求。

对框架-抗震墙体系，墙体之间楼盖、屋盖长宽比的规定同设计规范；抗侧力黏土砖填充墙的最大间距判别，是8度时抗震承载力验算的一种简化方法。

需要注意，按照第1.0.3条的要求，对于乙类设防的房屋，本节第6.2.1～6.2.8条的规定，凡无明确指明乙类设防的内容，均需按提高一度的规定检查。

6.2.2 本条对材料强度的要求是最低的，直接影响了结构的承载力。

6.2.3～6.2.5 整体性连接构造的鉴定分两类：

6度和7度Ⅰ、Ⅱ类场地时，只判断梁柱的配筋构造是否满足非抗震设计要求。其中，梁纵筋在柱内的锚固长度按20世纪70年代的规范检查。对乙类设防的混凝土房屋，增加了框架柱最小纵向钢筋和箍筋的检查要求。

7度Ⅲ、Ⅳ类场地和8、9度时，要检查纵筋、箍筋、轴压比等。作为简化的抗震承载力验算，要求控制柱截面，9度时还要验算柱的轴压比。框架-抗震墙中抗震墙的构造要求，是参照89版设计规范提出的。

6.2.6 本条提出了框架结构与砌体结构混合承重时的部分鉴定要求——山墙与框架梁的连接构造。其他构造按第6.1.6条规定的原则鉴定。

6.2.7 砌体填充墙等与主体结构连接的鉴定要求，系参照现行抗震设计规范提出的。

6.2.8 本条规定了不需要进行第二级鉴定就评为不符合抗震鉴定要求的情况。其中，当仅有女儿墙等非结构构件不符合本标准第5.2.8条第2款的规定时，属于局部不符合抗震鉴定要求，可只要求对非结构构件局部处理。

（Ⅱ）第二级鉴定

6.2.10 本条规定了采用楼层综合抗震能力指数法进行第二级鉴定的三种情况，要求取不同的平面结构进行楼层综合抗震承载力指数的验算。

6.2.11～6.2.14 钢筋混凝土结构的综合抗震能力指数，采用楼层屈服强度系数与构造影响系数的乘积。构造影响系数的取值要根据具体情况确定：

1 由于第二级鉴定时，对材料强度和纵向钢筋不做要求，体系影响系数只与规则性、箍筋构造和轴压比等有关；

2 当部分构造符合第一级鉴定要求而部分构造符合非抗震设计要求时，可在0.8～1.0之间取值；

3 不符合的程度大或有若干项不符合时取较小值；对不同烈度鉴定要求相同的项目，烈度高者，该项影响系数取较小值；

4 结构损伤包括因建造年代甚早、混凝土碳化而造成的钢筋锈蚀；损伤和倾斜的修复，通常宜考虑新旧部分不能完全共同发挥效果而取小于1.0的影响系数；

5 局部影响系数只乘以有关的平面框架，即与承重砌体结构相连的平面框架、有填充墙的平面框架或楼屋盖长宽比超过规定时其中部的平面框架。

计算结构楼层现有承载力时，与89规范系列的设计规范相同，应取结构构件现有截面尺寸、现有配筋和材料强度标准值计算，具体见本标准附录C；楼层的弹性地震剪力系按现行《建筑抗震设计规范》GB 50011的方法计算，但设计特征周期按89规范（即本标准表3.0.5规定）取值，地震作用的分项系数取1.0。

6.2.15 本条规定了评定钢筋混凝土结构综合抗震能力的两种方法：楼层综合抗震能力指数法与考虑构造影响的规范抗震承载力验算法。一般情况采用前者，当前者不适用时，需采用后者。

6.3 B类钢筋混凝土房屋抗震鉴定

（Ⅰ）抗震措施鉴定

6.3.1 本条引用了89规范对抗震等级的规定，属于鉴定时的重要要求。如果原设计的抗震等级与本条的规定不同，则需要严格按新的抗震等级仔细检查现有结构的各项抗震构造，计算的内力调整系数也要仔细核对。

6.3.2 本条依据89规范有关钢筋混凝土房屋结构布置的规定，从鉴定的角度予以归纳、整理而成。

吸取汶川地震的教训，本次修订，要求单跨框架不得用于乙类设防建筑，还要求对多跨框架，在8、9度设防时检查“强柱弱梁”的情况。

6.3.3 本条来自89规范中关于材料强度的要求。

6.3.4～6.3.8 依据 89 规范对梁、柱、墙体配筋的规定，以及钢筋锚固连接的要求，从鉴定的角度予以归纳、整理而成。其中，凡 2001 规范放松的要求，均按 2001 规范调整。

6.3.9 本条是 89 规范中关于填充墙规定的归纳。

（Ⅱ）抗震承载力验算

6.3.10～6.3.12 依据 89 规范系列对钢筋混凝土结构抗震计算分析和构件抗震验算的要求归纳、整理而成，其中，不同于现行设计规范的内力调整系数和构件承载力验算公式，均在本标准的附录中给出，以便应用。对乙类设防的建筑，要求进行变形验算。

鉴于现有房屋在静载下可正常使用，对于梁截面现有的抗震承载力验算，必要时可按梁跨中底面的实际配筋与梁端顶面的实际配筋二者的总和来判断实际配筋是否足够。

6.3.13 本条给出 B 类建筑参照 A 类建筑进行综合抗震承载能力验算时的体系影响系数。

7 内框架和底层框架砖房

7.1 一 般 规 定

7.1.1 内框架砖房指内部为框架承重，外部为砖墙承重的房屋，包括内部为单排柱到顶、多排柱到顶的多层内框架房屋，以及仅底层为内框架而上部各层为砖墙的底层内框架房屋。底层框架砖房指底层为框架（包括填充墙框架等）承重而上部各层为砖墙承重的多层房屋。

鉴于这类房屋的抗震能力较差，本次修订，明确这类房屋仅适用于丙类设防的情况。

采用砌块砌体和钢筋混凝土结构混合承重的房屋，尚无鉴定的经验，只能原则上参考。

7.1.2 本条是第 3 章中概念鉴定在内框架和底层框架砖房的具体化。根据震害经验总结，内框架和底层框架砖房的震害特征与多层砖房、多层钢筋混凝土房屋不同。本条在多层砖房和多层钢筋混凝土房屋各自薄弱部位的基础上，增加了相应的内容。

7.1.4 根据震害经验，内框架和底层框架房屋抗震鉴定的内容与钢筋混凝土、砌体房屋有所不同，但均从结构体系合理性、材料强度、梁柱墙体等构件自身的构造和连接的整体性、易损易倒的非结构构件的局部连接构造等方面和构件承载力加以综合评定。本条同样明确规定了鉴定的项目，使这类结构房屋的鉴定工作规范化。

对于明显影响抗震安全性的问题，如房屋总高度和底部框架房屋的上下刚度比等，也明确要求在不符合规定时应提出加固或减灾处理。

7.1.5 本条进一步明确 A 类房屋和 B 类房屋鉴定方法的不同。

7.1.6 内框架和底层框架砖房为砖墙和混凝土框架混合承重的结构体系，其抗震鉴定方法可将第 5、6 两章的方法合并使用。

7.2 A 类内框架和底层框架砖房抗震鉴定

（Ⅰ）第一级鉴定

7.2.1 本节适用的房屋最大总高度及层数较 B 类房屋略有放宽，主要依据震害并考虑当时我国现实情况。如海城地震时，位于 9 度区的海城农药厂粉剂车间为三层的单排柱内框架砖房，高 15m，虽遭严重破坏但未倒塌，震后修复使用。

180mm 墙承重时只能用于底层框架房屋的上部各层。由于这种墙体稳定性较差，故适用的高度一般降低 6m，层数降低二层。

当现有房屋比表 7.2.1 的规定多一层或 3m 时，即使符合第一级鉴定的各项规定，也要在第二级鉴定中采用规范方法进行验算。

对于新建工程已经不能采用的早年建造的底层内框架砖房，应通过鉴定予以更新，暂时仍需使用的，应加固成为底部框架-抗震墙上部砖砌体房屋。

7.2.2 结构体系鉴定时，针对内框架和底层框架砖房的结构特点，要检查底层框架、底层内框架砖房的二层与底层侧移刚度比，以减少地震时的变形集中；要检查多层内框架砖房的纵向窗间墙宽度，以减轻地震破坏。抗震墙横墙最大间距，基本上与设计规范相同，在装配式钢筋混凝土楼、屋盖时其要求略有放宽，但不能用于木楼盖的情况。

本次修订，强调了底框房屋不得采用单跨框架、底部墙体布置要基本对称，以及控制框架柱轴压比的要求。

7.2.4 整体性连接鉴定，针对此两类结构的特点，强调了楼盖的整体性、圈梁布置、大梁与外墙的连接。

7.2.5 本条规定了第一级鉴定中需按本标准第 5、6 章 A 类抗震鉴定有关规定执行的内容。

7.2.6 结构体系满足要求且整体性连接及易引起倒塌部位都良好的房屋，可类似多层砖房，按横墙间距、房屋宽度及砌筑砂浆强度等级来判断是否满足抗震要求而不进行抗震验算。这主要是根据震害经验及统计分析提出的，以减少鉴定计算的工作量。

考虑框架承担了大小不等的地震作用，本条规定的限值与多层砖房有所不同。使用时，尚需注意本标准第 5.2.9 条的说明。

7.2.7 本条规定了不需进行第二级鉴定而评为不符合鉴定要求的情况。其中，当仅非结构构件不符合本标准第 5.2.8 条第 2 款的规定时，可只对非结构构件局部处理。

(Ⅱ) 第二级鉴定

7.2.8 内框架和底层框架砖房的第二级鉴定，直接借用多层砖房和框架结构的方法，使本标准的鉴定方法比较协调。

一般情况，采用综合抗震能力指数的方法，使抗震承载力验算可有所简化，还可考虑构造对抗震承载力的影响。

当房屋高度和层数超过表 7.2.1 的数值范围时，与多层砖房类似，需采用考虑构造影响的规范抗震承载力验算法。

7.2.9 底层框架、底层内框架砖房的体系影响系数和局部影响系数，通常参照多层砖房和钢筋混凝土框架的有关规定确定。

底层框架、底层内框架砖房的烈度影响系数，保持 77、95 鉴定标准的有关规定，取值不同于多层砖房；考虑框架承担一部分地震作用，底层的基准面积率也不同于多层砖房。

7.2.10 多层内框架砖房的体系影响系数和局部影响系数，除参照多层砖房和钢筋混凝土框架的有关规定确定外，其纵向窗间墙的影响系数由局部影响系数改按整体影响系数对待。

多层内框架砖房的烈度影响系数，保持 77、95 鉴定标准的有关规定，取值与底层框架、底层内框架砖房相同；考虑框架承担一部分地震作用，基准面积率取值不同于多层砖房及底层框架、底层内框架砖房。

内框架楼层屈服强度系数的具体计算方法，与钢筋混凝土框架不同，见本标准附录 C 的说明。

7.3 B 类内框架和底层框架砖房抗震鉴定

(Ⅰ) 抗震措施鉴定

7.3.1 本条同 89 设计规范关于内框架和底层框架房屋的高度，需要严格控制。

7.3.2 本条依据 89 设计规范关于结构体系的规定，加以归纳而成。特别增加了底框不能用单跨框架、严格控制轴压比和加强过渡层的检查要求。

7.3.4 本条依据 89 设计规范关于结构构件整体性连接的规定，加以归纳而成。

(Ⅱ) 抗震承载力验算

7.3.5～7.3.7 依据 89 设计规范关于承载力验算的规定，加以归纳而成。

内框架房屋的抗侧力构件有砖墙及钢筋混凝土柱与砖柱组合的混合框架两类构件。砖墙弹性极限变形较小，在水平力作用下，随着墙面裂缝的发展，侧移刚度迅速降低；框架则具有相当大的延性，在较大变形情况下侧移刚度才开始下降，而且下降的速度较缓。

混合框架各种柱子在地震作用下的抗剪承载力验算公式，是考虑楼盖水平变形、高阶空间振型及砖墙刚度退化的影响，以及对不同横墙间距、不同层数的大量算例进行统计得到的。外墙砖壁柱的抗震验算规定，见现行国家标准《建筑抗震设计规范》GB 50011。

7.3.8 本条明确了内框架和底层框架房屋中混凝土结构部分的抗震等级。

8 单层钢筋混凝土柱厂房

8.1 一 般 规 定

8.1.1 本章所适用的厂房为装配式结构，柱子为钢筋混凝土柱，屋盖为大型屋面板与屋架、屋面梁构成的无檩体系或槽板、槽瓦等屋面瓦与檩条、各种屋架构成的有檩体系。混合排架厂房中的钢筋混凝土结构部分也可适用。

8.1.2 本条是第 3 章概念鉴定在单层钢筋混凝土厂房的具体化。震害表明，装配式结构的整体性和连接的可靠性是影响其抗震性能的重要因素。机械厂房等在不同烈度下的震害是：

1 突出屋面的钢筋混凝土 Ⅱ 形天窗架，立柱的截面为 T 形，6 度时竖向支撑处就有震害，8、9 度时震害较普遍；

2 无拉结的女儿墙、封檐墙和山墙山尖等，6 度则开裂、外闪，7 度时有局部倒塌；位于出入口、披屋上部时危害更大；

3 屋盖构件中，屋面瓦与檩条、檩条与屋架(屋面梁)、钢天窗架与大型屋面板、锯齿形厂房双梁与牛腿柱等的连接处，常因支承长度较小而连接不牢，7 度时就有槽瓦滑落等震害，8 度时檩条和槽瓦一起塌落；

4 大型屋面板与屋架的连接，两点焊与三点焊有很大差别，焊接不牢，8 度时就有错位，甚至坠落；

5 屋架支撑系统、柱间支撑系统不完整，7 度时震害不大，8、9 度时就有较重的震害：屋盖倾斜、柱间支撑压曲、有柱间支撑的上柱柱头和下柱柱根开裂甚至酥碎；

6 高低跨交接部位，牛腿（柱肩）在 6、7 度时就出现裂缝，8、9 度时普遍拉裂、劈裂；9 度时其上柱的底部多有水平裂缝，甚至折断，导致屋架塌落；

7 柱的侧向变形受工作平台、嵌砌内隔墙、披屋或柱间支撑节点的限制，8、9 度时相关构件如柱、墙体、屋架、屋面梁、大型屋面板的破坏严重；

8 圈梁与柱或屋架、抗风柱柱顶与屋架拉结不牢，8、9 度时可能带动大片墙体外倾倒塌，特别是山墙墙体的破坏使端排架因扭转效应而开裂折断，破坏更重；

9 8、9度时，厂房体型复杂、侧边贴建披屋或墙体布置使其质量不匀称、纵向或横向刚度不协调等，导致高振型影响、应力集中、扭转效应和相邻建筑的碰撞，加重了震害。

根据上述震害特征和规率，本条明确提出不同烈度下单层厂房可能发生严重破坏或局部倒塌时易伤人或砸坏相邻结构的关键薄弱环节，作为检查的重点。

汶川地震中发现整体性不好的排架柱厂房破坏严重，故在本次修订中增加了排架柱选型的要求。

各项具体的鉴定要求列于第8.2节和第8.3节。

8.1.4 厂房的抗震能力评定，既要考虑构造，又要考虑承载力；根据震害调查和分析，规定多数A类单层钢筋混凝土柱厂房不需进行抗震承载力验算，这是又一种形式的分级鉴定方法。详见图5。

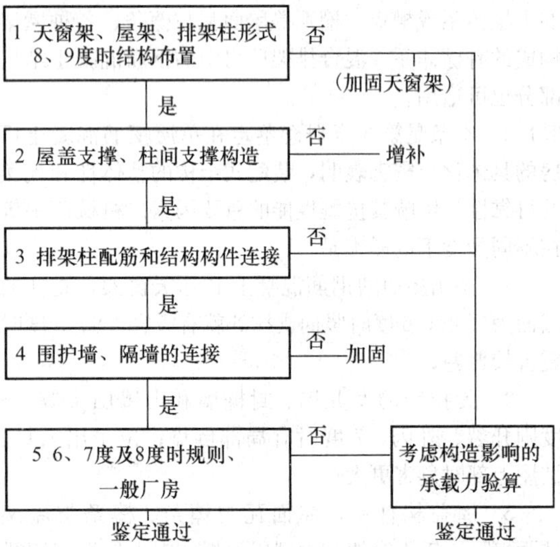

图5 单层钢筋混凝土柱厂房的分级鉴定

对检查结果进行综合分析时，先对不符合鉴定要求的关键薄弱部位提出加固或处理意见，是提高厂房抗震安全性的经济而有效的措施；一般部位的构造、抗震承载力不符合鉴定要求时，则根据具体情况的分析判断，采取相应对策。例如，考虑构造不符合鉴定要求的部位和程度，对其抗震承载力的鉴定要求予以适当调整，再判断是否加固。

本条增加了B类厂房评定抗震能力的具体原则。

8.2 A类厂房抗震鉴定

（Ⅰ）抗震措施鉴定

8.2.1 本条主要是8、9度时对结构布置的鉴定要求，包括：主体结构刚度、质量沿平面分布基本均匀对称、沿高度分布无突变的规则性检查，变形缝及其宽度、砌体墙和工作平台的布置及受力状态的检查等。

1 根据震害总结，比77鉴定标准增加了防震缝宽度的鉴定要求；

2 砖墙作为承重构件，所受地震作用大而承载力和变形能力低，在钢筋混凝土厂房中是不利的；7度时，承重的天窗砖端壁就有倒塌，8度时，排架与山墙、横墙混合承重的震害也较重；

3 当纵向外墙为嵌砌砖墙而中柱列为柱间支撑，或一侧有墙另一侧敞口，或一侧为外贴式另一侧为嵌砌式，均属于纵向各柱列刚度明显不协调的布置；

4 厂房仅一端有山墙或纵向为一侧敞口，以及不等高厂房等，凡不同程度地存在扭转效应问题时，其内力增大部位的鉴定要求需适当提高。

对纵横跨不设缝的情况，本次修订明确应提高鉴定要求。

8.2.2 不利于抗震的构件形式，除了Π形天窗架立柱、组合屋架上弦杆为T形截面外，参照设计规范，比77鉴定标准增加了对排架上柱、柱根及支承屋面板小立柱的截面形式进行鉴定的要求。

薄壁工字形柱、腹杆大开孔工字形柱和双肢管柱，在地震中容易变为两个肢并联的柱，受弯承载力大大降低。鉴定时着重检查其两个肢连接的可靠性，或进行相应的抗震承载力验算。

鉴于汶川地震中薄壁双肢柱厂房大量倒塌，适当提高了这类厂房的鉴定要求。

8.2.3 设置屋盖支撑是使装配式屋盖形成整体的重要构造措施。支撑布置的鉴定要求，与95鉴定标准相同。

屋盖支撑布置的非抗震要求，可按标准图或有关的构造手册确定。大致包括：

1 跨度大于18m或有天窗的无檩屋盖，厂房单元或天窗开洞范围内，两端有上弦横向支撑；

2 抗风柱与屋架下弦相连时，厂房单元两端有下弦横向支撑；

3 跨度为18～30m时在跨中，跨度大于30m时在其三等分处，厂房单元两端有竖向支撑，其余柱间相应位置处有下弦水平系杆；

4 屋架端部高度大于1m时，厂房单元两端的屋架端部有竖向支撑，其余柱间在屋架支座处有水平压杆；

5 天窗开洞范围内，屋架脊节点处有通长水平系杆。

8.2.4 排架柱的箍筋构造对其抗震能力有重要影响，其规定与95鉴定标准相同，主要包括：

1 有柱间支撑的柱头和柱根，柱变形受柱间支撑、工作平台、嵌砌砖墙或贴砌披屋等约束的各部位；

2 柱截面突变的部位；

3 高低跨厂房中承受水平力的支承低跨屋盖的牛腿（柱肩）。

8.2.5 设置柱间支撑是增强厂房整体性的重要构造

措施。其鉴定要求基本上与95鉴定标准相同。

根据震害经验，柱间支撑的顶部有水平压杆时，柱顶受力小，震害较轻，9度时边柱列在上柱柱间支撑的顶部应有水平压杆，8度时对中柱列有同样要求。

柱间支撑下节点的位置，烈度不高时，只要节点靠近地坪则震害较轻；高烈度时，则应使地震作用能直接传给基础。

8.2.6 厂房结构构件连接的鉴定要求，与95鉴定标准基本相同。

屋面瓦与檩条、檩条与屋架的连接不牢时，7度时就有震害。

钢天窗架上弦杆一般较小，使大型屋面板支承长度不足，应注意检查；8、9度时，增加了大型屋面板与屋架焊牢的鉴定要求。

柱间支撑节点的可靠连接，是使厂房纵向安全的关键。一旦焊缝或锚固破坏，则支撑退出工作，导致厂房柱列震害严重。

震害表明，山墙抗风柱与屋架上弦横向支撑节点相连最有效，鉴定时要注意检查。

8.2.7 黏土砖围护墙的鉴定要求，基本上与95鉴定标准相同。

突出屋面的女儿墙、高低跨封墙等无拉结，6度时就有震害。根据震害，增加了高低跨的封墙不宜直接砌在低跨屋面上的鉴定要求。

圈梁与柱或屋架需牢固拉结；圈梁宜封闭，变形缝处纵墙外甩力大，圈梁需与屋架可靠拉结。

根据震害经验并参照设计规范，增加了预制墙梁等的底面与其下部的墙顶宜加强拉结的鉴定要求。

8.2.8 内隔墙的鉴定要求，基本上与95鉴定标准相同。

到顶的横向内隔墙不得与屋架下弦杆拉结，以防其对屋架下弦的不利影响。

嵌砌的内隔墙应与排架柱柔性连接或脱开，以减少其对排架柱的不利影响。

（Ⅱ）抗震承载力验算

8.2.9 鉴于高大山墙的抗风柱在唐山地震、汶川地震中均有破坏，故适当提高鉴定要求。根据震害并参照设计规范，略比95鉴定标准扩大了抗震验算范围：

1 8度高大山墙的抗风柱；

2 7度Ⅲ、Ⅳ类场地和8度时结构体系复杂或改造较多的其他厂房。

鉴定时验算方法按设计规范，但采用鉴定的承载力调整系数 γ_{Ra} 替代抗震设计的承载力抗震调整系数 γ_{RE}，以保持95鉴定标准的水准。

8.3 B类厂房抗震鉴定

（Ⅰ）抗震措施鉴定

8.3.1 本条主要采用89抗规的要求，并根据01抗规的要求对9度时的屋架、天窗架选型增加了鉴定要求。

8.3.2 本条主要采用89抗规的要求。对于薄壁工字形柱、腹杆大开孔工字形柱、预制腹板的工字形柱和管柱等，在地震中容易变为两个肢并联的柱，受弯承载力大大降低，明确不宜采用。

8.3.3 屋盖支撑布置主要采用89抗规的要求。根据01抗规，适当增加了鉴定要求，大致包括：

1 8度时，天窗跨度≥9m时，厂房单元天窗端开间及柱间支撑开间宜各有一道天窗上弦横向支撑；

2 9度时，厂房单元天窗端开间及柱间支撑开间宜各有一道天窗上弦横向支撑。

8.3.4 排架柱的箍筋构造采用89抗规的要求。

8.3.5 柱间支撑设置基本采用89抗规的要求。根据震害，对于有吊车厂房，当地震烈度不大于7度，吊重不大于5t的软钩吊车，上柱高度不大于2m，上柱柱列能够传递纵向地震力时，也可以没有上柱支撑。

当单跨厂房跨度较小，可以采用砖柱或组合砖柱承重而采用钢筋混凝土柱承重，两侧均有与柱等高且与柱可靠拉结的嵌砌纵墙时，可按单层砖柱厂房鉴定。当两侧墙墙厚不小于240mm，开洞所占水平截面不超过总截面面积的50%，砂浆强度等级不低于M2.5时，可无柱间支撑。

8.3.6 厂房结构构件连接的鉴定要求，基本采用89抗规的要求，参考现行抗震规范，增加了抗风柱与屋架下弦相连接时的鉴定要求。

8.3.7 黏土砖围护墙的鉴定要求，基本采用89抗规的要求。根据震害和现行抗震设计规范，修订了部分文字，主要内容如下：

1 高低跨封墙和纵横向交接处的悬墙，增加了圈梁的鉴定要求；

2 明确了圈梁截面和配筋要求主要针对柱距为6m厂房；

3 变形缝处圈梁和屋架锚拉的钢筋应有所加强；

8.3.8 内隔墙的鉴定要求，基本采用89抗规的要求。

（Ⅱ）抗震承载力验算

8.3.9 对于B类厂房，鉴于89抗规与现行抗震设计规范相差不大，故承载力验算按现行规范采用。

9 单层砖柱厂房和空旷房屋

9.1 一般规定

9.1.1 本章适用的范围，主要是单层砖柱（墙垛）承重的砖柱厂房和砖墙承重的单层空旷房屋。混合排架厂房中的砖结构部分也可适用。

9.1.2 本条是第3章概念鉴定在单层砖柱厂房和单

层空旷砌体房屋的具体化。这类房屋的震害特征不同于多层砖房。根据其震害规律，提出了不同烈度下的薄弱部位，作为检查的重点。

本次修订增加了对山墙山尖、承重山墙的鉴定要求。

其中，仅属于单层砖柱厂房的要求，用“注”表示，未列入房屋建筑的强制性条文。

9.1.4 单层空旷房屋抗震能力的评定，同样要考虑构造和承载力这两个因素。

根据震害调查和分析，规定A类的多数单层砖柱厂房和空旷房屋不需进行抗震承载力验算，采用与单层钢筋混凝土柱厂房相同形式的分级鉴定方法。

对检查结果进行综合分析时，先对不符合鉴定要求的关键薄弱部位提出加固或处理意见，是提高厂房抗震安全性的经济而有效的措施；一般部位的构造、抗震承载力不符合鉴定要求时，则根据具体情况的分析判断，采取相应对策。

本次修订补充了B类单层砖柱厂房和单层空旷房屋抗震能力的评定方法。

9.1.5 本条列举了单层空旷房屋鉴定的具体项目，使其抗震鉴定的要求规范化。

9.1.6 单层空旷房屋的大厅与其附属房屋的结构类型不同，地震作用下的表现也不同。根据震害调查和分析，参照设计规范，规定单层砖柱厂房和空旷房屋与其附属房屋之间要考虑二者的相互作用。

9.2 A类单层砖柱厂房抗震鉴定

(Ⅰ) 抗震措施鉴定

9.2.1、9.2.2 结构布置的鉴定要求和95鉴定标准基本相同，主要内容有：

1 对砖柱截面沿高度变化的鉴定要求；对纵向柱列，在柱间需有与柱等高砖墙的鉴定要求；

2 房屋高度和跨度的控制性检查；

3 承重山墙厚度和开洞的检查；

4 钢筋混凝土面层组合砖柱、砖包钢筋混凝土柱的轻屋盖房屋在高烈度下震害轻微，保留了不配筋砖柱、重屋盖使用范围的限制；

5 设计合理的双曲砖拱屋盖本身震害是较轻的，但山墙及其与砖拱的连接部位有时震害明显；保留其跨度和山墙构造等的鉴定要求。

根据震害和正在修订的抗震规范的精神，对房屋高度和跨度规定得更严格一些。

9.2.3 根据震害调查和计算分析，为减少抗震承载力验算工作，保留了材料强度等级的最低鉴定要求，并根据震害保留了8、9度时砖柱要有配筋的鉴定要求。

9.2.4、9.2.5 房屋整体性连接的鉴定要求，与95鉴定标准相同，主要内容有：

1 保持了木屋盖的支撑布置要求、波形瓦等轻屋盖的鉴定要求；

2 7度时木屋盖震害极轻，保留了6、7度时屋盖构件的连接可采用钉接的要求；

3 屋架（梁）与砖柱（墙）的连接，要有垫块的鉴定要求；

4 山墙壁柱对房屋整体性能的影响较纵向柱列小，其连接要求保持了原标准的规定，比纵向柱列稍低；

5 保持了对独立砖柱、墙体交接处的连接要求。

9.2.6 房屋易引起局部倒塌的部位，包括悬墙、封檐墙、女儿墙、顶棚等，其鉴定要求与95鉴定标准相同。

(Ⅱ) 抗震承载力验算

9.2.7 试验研究和震害表明，砖柱的承载力验算只相当于裂缝出现阶段，到房屋倒塌还有一个发展过程。为简化鉴定时的验算，本条规定了较宽的不验算范围，基本保持95鉴定标准的规定。

根据震害和01抗规，增加了两种需要验算的情况：

1 对于单层砖柱厂房，山墙起到很大的作用，增加了鉴定要求；

2 增加了8、9度时高大山墙壁柱在平面外的鉴定要求。

A类单层砖柱厂房抗震承载力验算的方法，同01抗规。为保持95鉴定标准的水准，砖柱抗震鉴定的承载力调整系数γ_{Ra}的取值同抗震设计的承载力抗震调整系数γ_{RE}。

9.3 A类单层空旷房屋抗震鉴定

(Ⅰ) 抗震措施鉴定

9.3.1 本节仅规定单层空旷房屋的大厅及附属房屋相关的鉴定内容，与单层砖柱厂房和附属房屋自身结构类型有关的鉴定内容，均不再重复规定。

9.3.2 本条参照设计规范，对空旷房屋的结构体系提出了鉴定要求。

9.3.3 本条规定了大厅及其与附属房屋连接整体性的要求。

房屋整体性连接的鉴定要求，与77鉴定标准相比有所调整：

1 保持了木屋盖的支撑布置要求，轻屋盖的震害很轻且类似于木屋盖，相应补充了波形瓦等轻屋盖的鉴定要求；

2 7度时木屋盖震害极轻，补充了6、7度时屋盖构件的连接可采用钉接的规定；

3 屋架（梁）与砖柱（墙）的连接，参照设计规范，提出要有垫块的鉴定要求；

4　圈梁对单层空旷房屋抗震性能的作用，与多层砖房相比有所降低，鉴定的要求保持了77鉴定标准的规定：柱顶增加闭合等要求，沿高度的要求稍有放宽；

5　山墙壁柱对房屋整体性能的影响较纵向柱列小，其连接要求保持了原标准的规定，比纵向柱列稍低；

6　保持了对独立砖柱的连接要求；但根据震害，对墙体交接处有配筋的鉴定要求有所放宽；

7　参照设计规范，提出了舞台口大梁有稳定支撑的鉴定要求。

9.3.4　房屋易引起局部倒塌的部位，包括舞台口横墙、悬吊重物、顶棚等，其鉴定要求与95鉴定标准相同。

（Ⅱ）抗震承载力验算

9.3.5　本条规定了较宽的不验算范围，基本保持95鉴定标准的规定。根据震害和01抗规，增加了两种需要验算的情况：

1　对于单层空旷房屋，山墙起到很大的作用，增加了鉴定要求；

2　增加了8、9度时高大山墙壁柱在平面外的鉴定要求。

9.4　B类单层砖柱厂房抗震鉴定

（Ⅰ）抗震措施鉴定

9.4.1　本条主要采用89抗规的要求，并根据震害和正在修订的抗震规范的精神，对房屋高度和跨度规定得更严格一些。

9.4.2　本条主要采用89抗规的要求，并结合01抗规增加了防震缝处宜设有双柱或双墙的鉴定要求。

9.4.3　本条基本采用89抗规的要求。根据01抗规，明确了烈度从低到高，可采用无筋砖柱、组合砖柱和钢筋混凝土柱，补充了非整体砌筑且不到顶的纵向隔墙宜采用轻质墙。

9.4.4～9.4.6　均采用89抗规的要求。

（Ⅱ）抗震承载力验算

9.4.7　B类单层砖结构厂房抗震承载力验算的范围，采用89抗规的要求。鉴于89抗规与01抗规相差不大，故可按01抗规的方法验算其抗震承载力。

9.5　B类单层空旷房屋抗震鉴定

（Ⅰ）抗震措施鉴定

9.5.1～9.5.6　基本采用89抗规的要求，仅从鉴定的角度，对文字表达做了修改。

（Ⅱ）抗震承载力验算

9.5.7　B类单层空旷房屋抗震承载力验算，采用89抗规的要求。鉴于89抗规与01抗规相差不大，故可按01抗规的方法验算其抗震承载力。

10　木结构和土石墙房屋

10.1　木结构房屋

（Ⅰ）一 般 规 定

10.1.1　本节适用范围主要是村镇的中、小型木结构房屋。按抗震性能的优劣排列，依次为穿斗木构架、旧式木骨架、木柱木屋架、柁木檩架房屋和康房等五类；适用的层数包括了现有房屋的一般情况。

10.1.2　木结构房屋要检查所处的场地条件，主要依据日本的统计资料：不利地段，冲积层厚度大于30m、回填土厚度大于4m及地表水、地下水容易集积或地下水位高的场地，都能加重震害。

10.1.3　与95鉴定标准相同，木结构房屋可不进行抗震承载力验算。

10.1.5　木结构抗震鉴定时考虑的防火问题，主要是次生灾害。

（Ⅱ）A类木结构房屋

10.1.6～10.1.10　这几条按旧式木骨架、木柱木屋架、柁木檩架、穿斗木构架和康房的顺序分别列出该类房屋木构架的布置和构造的鉴定要求，是95鉴定标准有关规定的整理。

穿斗木构架的梁柱节点，用银锭榫连接可防止拔榫或脱榫；传统的做法，纵向多为平榫连接且檩条浮搁，导致纵向震害严重，高烈度时要着重检查、处理。

针对康房的特点，提出柱间有斜撑或轻质抗震墙的鉴定要求。

10.1.11～10.1.14　分别规定了各类木结构房屋墙体的布置和构造的鉴定要求，保持了95鉴定标准的有关规定。

对旧式木骨架、木柱木屋架房屋，主要对砖墙的间距、砂浆强度等级和拉结构造进行检查。

对柁木檩架房屋，主要对土坯墙或土筑墙的间距、施工方法和拉结构造等进行检查。

对穿斗木构架房屋，主要对空斗墙、毛石墙、砖墙和土坯墙、土筑墙等墙体的间距、施工方法和砂浆强度等级、拉结构造等进行检查。

对康房，只对墙体的拉结构造进行检查。

10.1.15　本条列出了木结构房屋中易损部位的鉴定要求，是95鉴定标准中有关规定的整理。

10.1.16　本条规定了需采取加固或相应措施的情况，强调木构件的现状、木构架的构造形式及其连接应符合鉴定要求。

（Ⅲ）B类木结构房屋

10.1.17～10.1.18 本条参照89规范，列出B类木结构房屋比A类木结构增加的鉴定内容。

10.2 生土房屋

（Ⅰ）一般规定

10.2.1 本节对生土建筑作了分类，并就其使用范围作了一般性规定。因地区特点、建筑习惯的不同和名称的不统一，分类不可能全面。灰土墙承重房屋目前在我国仍有建造，故列入有关要求。

震害表明，除灰土墙房屋可为二层外，一般的土墙房屋宜为单层。

10.2.2 生土房屋的检查重点，基本上与砌体结构相同。

10.2.4 与95鉴定标准相同，生土房屋可不进行抗震承载力验算。

（Ⅱ）A类生土房屋

10.2.5 各类生土房屋，由于材料强度较低，在平立面布置上更要求简单，一般每开间均要有抗震横墙，不采用外廊为砖柱、石柱承重，或四角用砖柱、石柱承重的做法，也不要将大梁搁支在土墙上。房屋立面要避免错层、突变，同一栋房屋的高度和层数必须相同。这些措施都是为了避免在房屋各部分出现应力集中。

提倡用双坡和弧形屋面，可降低山墙高度，增加其稳定性；单坡屋面山墙过高，平屋面则防水有问题，不宜采用。

10.2.6 土墙房屋墙体的质量和连接的鉴定要求，基本上保持了95鉴定标准的规定。

干码、斗砌对墙体的强度有明显的影响，在鉴定中要注意。

墙体的拉结材料，对土墙可以是竹筋、木条、荆条等。

多层房屋要有圈梁，灰土墙房屋可为木圈梁。

10.2.7 土墙房屋的屋盖、楼盖多为木结构，其鉴定要求与木结构房屋的有关部分相当。生土房屋的屋面采用轻质材料，可减轻地震作用。

（Ⅲ）B类生土房屋

10.2.9 关于B类生土房屋的鉴定要求，主要参考89设计规范的规定。

10.3 石墙房屋

（Ⅰ）一般规定

10.3.1 本节保持95鉴定标准的规定，只适用于6、7度时的毛石和毛料石房屋。

根据试验研究，7度不超过三层的毛料石房屋，采用有垫片甩浆砌筑时，仍可有条件地符合鉴定要求，但毛石墙房屋只宜为单层。对浆砌料石房屋，可参照第5章的原则鉴定。

10.3.2 石墙房屋的检查重点，基本上与砌体结构相同。

10.3.4 与95鉴定标准相同，石墙房屋可不进行抗震承载力验算。

（Ⅱ）A类石墙房屋

10.3.5 毛石墙房屋的材料强度较低，其墙体要厚、墙面开洞要小、墙高要矮、平面要简单、屋盖要轻。

10.3.6 石结构房屋墙体的质量和连结的鉴定要求规定，墙体的拉结材料应为钢筋。多层石房每层设置钢筋混凝土圈梁，能够提高其抗震能力，减轻震害，例如唐山地震中，10度区有5栋设置了圈梁的二层石房，震后基本完好，或仅轻微破坏。与多层砖房相比，石墙体房屋圈梁的截面增大，配筋略有增加，是因为石墙体材料重量较大。在每开间及每道墙上，均设置现浇圈梁是为了增强墙体间的连接和整体性。

（Ⅲ）B类石墙房屋

10.3.9～10.3.11 参照89规范对石砌体房屋的规定，列出B类石墙房屋的鉴定要求。

石结构房屋的构造柱设置要求，系参照混凝土砌块房屋对芯柱的设置要求规定的，而构造柱的配筋构造等要求，需参照多层黏土砖房的规定。

石墙在交接处用条石无垫片砌筑，并设置拉结钢筋网片，是根据石墙材料的特点，为加强房屋整体性而采取的措施。

从宏观震害和试验情况来看，石墙体的破坏特征和砖结构相近，石墙体的受剪承载力验算可与多层砌体结构采用同样的方法，但其承载力设计值应由试验确定。

11 烟囱和水塔

11.1 烟囱

（Ⅰ）一般规定

11.1.1 普通类型的独立式烟囱，指高度在100m以下的钢筋混凝土烟囱和高度在60m以下的砖烟囱。特殊构造形式的烟囱指爬山烟囱、带水塔烟囱等。

11.1.3 对烟囱的抗震能力进行综合评定时，同样要考虑抗震承载力和构造两个因素。

（Ⅱ）A类烟囱抗震鉴定

11.1.4 独立式烟囱在静载下处于平衡状态，鉴定时需检查筒壁材料的强度等级。

震害表明，砖烟囱顶部易于破坏甚至坠落，7度时顶部就有破坏，故要求其顶部一定范围要有配筋；钢筋混凝土烟囱的筒壁损坏、钢筋锈蚀严重，8度时就有破坏，故应着重检查筒壁混凝土的裂缝和钢筋的锈蚀等。

11.1.5 根据震害经验和统计分析，参照抗震设计规范，提出了不进行抗震验算的范围。

烟囱的抗震承载力验算，以按设计规范的方法为主，高度不超过100m的烟囱可采用简化方法；超过时采用振型分解反应谱方法。为保持95鉴定标准的水准，烟囱抗震鉴定的承载力调整系数 γ_{Ra} 的取值同抗震设计的承载力抗震调整系数 γ_{RE}。

（Ⅲ）B类烟囱抗震鉴定

11.1.6～11.1.7 新增B类烟囱的鉴定要求，并列出89规范的验算公式等。

11.2 A类水塔抗震鉴定

11.2.1 独立的水塔指有一个水柜作为供水用的水塔。本节的适用范围主要是常用容量和常用高度的水塔，大部分有标准图或通用图。

11.2.2 本条规定一些小容量、低矮水塔，可"适当降低鉴定要求"。指在一度范围内降低构造的鉴定要求。

11.2.4 水塔的基础倾斜过大，将影响水塔的安全，故提出控制倾斜的鉴定要求。

11.2.5 水塔鉴定的内容，主要参照国家标准《给排水工程结构设计规范》GBJ 69－84 的有关规定和震害经验确定。

11.2.6 根据震害经验和计算分析，参照设计规范，得到可不进行抗震承载力验算的范围。

水塔的抗震承载力验算，以按设计规范的方法为主：支架水塔和类似的其他水塔采用简化方法，较低的筒支承水塔采用底部剪力法，较高的砖筒支承水塔或筒高度与直径之比大于3.5时采用振型分解反应谱方法。为保持95标准的水准，水塔抗震鉴定的承载力调整系数 γ_{Ra} 的取值同抗震设计的承载力抗震调整系数 γ_{RE}。

经验表明，砖和钢筋混凝土筒壁水塔为满载时控制抗震设计，而支架式水塔和基础则可能为空载时控制设计，地震作用方向不同，控制部位也不完全相同。参照设计规范，在抗震鉴定的承载力验算中也作了相应的规定。

11.2.7 综合评定时，只要水塔相应部位无震害或只有轻微震害，能满足不影响水塔使用或稍加处理即可继续使用的要求，均可通过鉴定。

11.3 B类水塔抗震鉴定

按89规范的规定新增B类水塔的鉴定要求，并列出89规范的验算公式等。

附录B 砖房抗震墙基准面积率

砖房抗震墙基准面积率，即77版鉴定标准的"最小面积率"。因新的砌体结构设计规范的材料指标和新的抗震设计规范地震作用取值改变，相应的计算公式也有所变化。为保持与77标准的衔接，M1和M2.5的计算结果不变，M0.4和M5有一定的调整。表B.0.1-1～表B.0.1-3的计算公式如下：

$$\xi_{0i}=\frac{0.16\lambda_0 g_0}{f_{vk}\sqrt{1+\sigma_0/f_{v,m}}}\cdot\frac{(n+i)(n-i+1)}{n+1} \quad (1)$$

式中 ξ_{0i}——第 i 层的基准面积率；

g_0——基本的楼层单位面积重力荷载代表值，取12kN/m²；

σ_0——第 i 层抗震墙在1/2层高处的截面平均压应力（MPa）；

n——房屋总层数；

$f_{v,m}$——砖砌体抗剪强度平均值（MPa），M0.4为0.08，M1为0.125，M2.5为0.20，M5为0.28，M10为0.40；

f_{vk}——砖砌体抗剪强度标准值（MPa），M0.4为0.05，M1为0.08，M2.5为0.13，M5为0.19，M10为0.27；

λ_0——墙体承重类别系数，承重墙为1.0，自承重墙为0.75。

同一方向有承重墙和自承重墙或砂浆强度等级不同时，基准面积率的换算方法如下：用 A_1、A_2 分别表示承重墙和自承重墙的净面积或砂浆强度等级不同的墙体净面积，ξ_1、ξ_2 分别表示按表B.0.1-1～表B.0.1-3查得的基准面积率，用 ξ_0 表示"按各自的净面积比相应转换为同样条件下的基准面积率数值"，则

$$\frac{1}{\xi_0}=\frac{A_1}{(A_1+A_2)\xi_1}+\frac{A_2}{(A_1+A_2)\xi_2}$$

考虑到多层内框架砖房采用底部剪力法计算时，顶部需附加相当于20%总地震作用的集中力（$0.20F_{Ek}$），因此，其基准面积率要作相应的调整。

由于框架柱可承担一部分地震剪力，故底层框架砖房的底层和多层内框架砖房的各层，基准面积率可有所折减。

底层框架砖房的底层，折减系数可取0.85，或参照设计规范各柱承担的剪力予以折减，即折减系数 ψ_f 为：

$$\psi_f=1-V_f/V \quad 或 \quad \psi_f\approx 0.92-0.10\lambda$$

式中 V_f——框架部分承担的剪力；

V——底层的地震剪力；

λ——抗震横墙间距与房屋总宽度之比。

多层内框架砖房的各层，参照设计规范各柱承担的剪力予以折减，即折减系数 ψ_f 为：

$$\psi_f = 1 - \Sigma\psi_c(\xi_1 + \xi_2 L/B)/n_b n_s$$

附录 C 钢筋混凝土结构楼层受剪承载力

钢筋混凝土结构的楼层现有受剪承载力，即设计规范中“按构件实际配筋面积和材料强度标准值计算的楼层受剪承载力”。由于现有框架多为“强梁弱柱”型框架，计算公式有所简化。

对内框架砖房的混合框架，参照设计规范中规定的钢筋混凝土柱、无筋砖柱、组合砖柱所承担剪力的比例，对楼层受剪承载力作适当的限制：

1 砖柱现有受弯承载力，取为 $N \cdot [e]$，并参照设计规范的规定，无筋砖柱取 $[e] = 0.9y$；组合砖柱则参照配筋砖柱的有关公式作相应的计算；

2 内框架砖房混合框架的楼层现有受剪承载力可采用下列各式确定：

$$V_{yw} = \Sigma V_{cy} + V_{mu} \qquad (2)$$

$$V_{mu} = N \cdot [e]/H_0 \qquad (3)$$

式中 V_{mu}——外墙砖柱（垛）层间现有受剪承载力；

N——对应于重力荷载代表值的砖柱轴向压力；

H_0——砖柱的计算高度，取反弯点至柱端的距离；

$[e]$——重力荷载代表值作用下现有砖柱的容许偏心距；无筋砖柱取 $0.9y$（y 为截面重心到轴向力所在偏心方向截面边缘的距离）；组合砖柱，可参照现行国家标准《砌体结构设计规范》GB 50003 偏心受压承载力的计算公式确定；其中，将不等式改为等式，钢筋取实有纵向钢筋面积，材料强度设计值改取标准值，按本标准附录 A 取值。

3 依据设计规范对内框架的钢筋混凝土柱、组合砖柱、无筋砖柱的“柱类型系数”的比例关系，对由相关公式算出的 V^c_{cy} 和 V^c_{mu}，尚应取其较小值，即：

对无筋砖柱，当 $V^c_{cy} \geqslant 2.4V^c_{mu}$，取 $V_{cy} = 2.4V^c_{mu}$，$V_{mu} = V^c_{mu}$；

当 $V^u_{cy} \leqslant 2.4V^c_{mu}$，取 $V_{cy} = V^c_{cy}$，$V_{mu} = 0.42V^c_{cy}$。

对组合砖柱，当 $V^c_{cy} \geqslant 1.6V^c_{mu}$，取 $V_{cy} = 1.6V^c_{mu}$，$V_{mu} = V^c_{mu}$；

当 $V_{cy} \leqslant 1.6V_{mu}$，取 $V_{cy} = V^c_{cy}$，$V_{mu} = 0.63V^c_{cy}$。

中华人民共和国国家标准

构筑物抗震鉴定标准

Standard for seismic appraisal of special structures

GB 50117—2014

主编部门：中华人民共和国住房和城乡建设部
批准部门：中华人民共和国住房和城乡建设部
施行日期：2 0 1 5 年 2 月 1 日

中华人民共和国住房和城乡建设部
公　　告

第423号

住房城乡建设部关于发布国家标准《构筑物抗震鉴定标准》的公告

现批准《构筑物抗震鉴定标准》为国家标准，编号为GB 50117－2014，自2015年2月1日起实施。其中，第3.0.2、3.0.5条为强制性条文，必须严格执行。原国家标准《工业构筑物抗震鉴定标准》GBJ 117－88同时废止。

本标准由我部标准定额研究所组织中国建筑工业出版社出版发行。

中华人民共和国住房和城乡建设部

2014年5月16日

前　　言

本标准是根据住房和城乡建设部《关于印发〈2008年工程建设标准规范制订、修订计划（第二批）〉的通知》（建标［2008］105号）的要求，由中冶建筑研究总院有限公司会同有关单位共同对原国家标准《工业构筑物抗震鉴定标准》GBJ 117－88进行修订而成的。

本标准在修订过程中，修订组通过调查总结抗震鉴定经验和国内外地震破坏实例，作了专题研究和计算分析，吸收近年来的工程实践经验，并在全国范围内征求了有关设计、勘察、科研、教学等单位和专家、学者的意见，经多次讨论、修改并作了经济分析，最后经审查定稿。

本标准共分22章和6个附录。主要内容包括：总则，术语和符号，基本规定，场地、地基和基础，地震作用和抗震验算，钢筋混凝土框排架结构，钢框排架结构，通廊，筒仓，容器和塔型设备基础结构，支架及构架，锅炉钢结构，井塔、井架，电视塔，冷却塔，炉窑结构基础，高炉系统结构，浓缩池、沉淀池、蓄水池，尾矿坝等。

本次修订的主要内容有：

1　与《建筑抗震鉴定标准》GB 50023－2009等国家现行标准相协调并作了相应修订。

2　增加了钢筋混凝土和钢框排架结构、电视塔，通信钢塔桅结构，索道支架、变电构架、尾矿坝等构筑物。

3　按后续使用年限分为不超过30年，30年以上50年以内和50年三个档次，按A、B、C类分别进行抗震鉴定。

4　完善和修订了各类构筑物的抗震验算和抗震构造措施。

本标准中以黑体字标志的条文为强制性条文，必须严格执行。

本标准由住房和城乡建设部负责管理和对强制性条文的解释，由中冶建筑研究总院有限公司负责具体技术内容的解释。本标准在执行过程中，请各单位结合工程实践、总结经验，并将意见和建议反馈到中冶建筑研究总院有限公司《构筑物抗震鉴定标准》管理组（地址：北京市海淀区西土城路33号，邮编：100088，Email：GB 50117@Sohu.com），以供今后修订时参考。

本标准主编单位：中冶建筑研究总院有限公司

本标准参编单位：中冶京诚工程技术有限公司
中国石化工程建设有限公司
中国京冶工程技术有限公司
中国移动通信集团设计院有限公司
中国电力工程顾问集团西北电力设计院
北京远达国际工程管理咨询有限公司
国家工业建构筑物质量安全监督检验中心

国家工业建筑诊断与改造工程技术研究中心
首钢总公司
厦门大学

本标准主要起草人员：李永录　侯忠良　耿树江　马天鹏　王建文　王新培　石建光　朱丽华　孙恒志　李晓东　张文革　辛鸿博　金立赞　姚友成　席向东　姜迎秋　段威阳　黄左坚

本标准主要审查人员：高小旺　马永欣　马　绅　朱小芸　朱金铨　李志明　宋　波　张　明　张家启　杜肇民　崔元瑞　端木祥

目　次

1　总则 …………………………………… 2—8
2　术语和符号 …………………………… 2—8
2.1　术语………………………………… 2—8
2.2　符号………………………………… 2—8
3　基本规定 ……………………………… 2—8
4　场地、地基和基础…………………… 2—11
4.1　场地 ……………………………… 2—11
4.2　地基和基础 ……………………… 2—11
5　地震作用和抗震验算 ……………… 2—12
5.1　一般规定 ………………………… 2—12
5.2　地震作用和效应调整 …………… 2—12
5.3　抗震验算 ………………………… 2—12
6　钢筋混凝土框排架结构 …………… 2—13
6.1　一般规定 ………………………… 2—13
6.2　A类钢筋混凝土框排架结构抗震鉴定 ……………………… 2—14
6.3　B类钢筋混凝土框排架结构抗震鉴定 ……………………… 2—17
7　钢框排架结构 ……………………… 2—23
7.1　一般规定 ………………………… 2—23
7.2　A类框排架结构抗震鉴定 ……… 2—24
7.3　B类框排架结构抗震鉴定 ……… 2—24
8　通廊 ………………………………… 2—25
8.1　一般规定 ………………………… 2—25
8.2　砌体结构通廊 …………………… 2—26
8.3　钢筋混凝土结构通廊 …………… 2—26
8.4　钢结构通廊 ……………………… 2—27
9　筒仓 ………………………………… 2—28
9.1　一般规定 ………………………… 2—28
9.2　砌体筒仓 ………………………… 2—28
9.3　钢筋混凝土筒仓 ………………… 2—29
9.4　钢筒仓 …………………………… 2—30
10　容器和塔型设备基础结构 ……… 2—31
10.1　一般规定……………………… 2—31
10.2　卧式容器基础结构…………… 2—31
10.3　常压立式圆筒形储罐基础结构……… 2—31
10.4　球形储罐基础结构…………… 2—32
10.5　塔型设备基础结构…………… 2—33
11　支架及构架 ……………………… 2—34
11.1　一般规定……………………… 2—34
11.2　管道支架……………………… 2—34
11.3　变电构架和支架……………… 2—35
11.4　索道支架……………………… 2—36
11.5　通信钢塔桅结构……………… 2—36
12　锅炉钢结构 ……………………… 2—37
12.1　一般规定……………………… 2—37
12.2　抗震措施鉴定………………… 2—37
12.3　抗震承载力验算……………… 2—38
13　井塔 ……………………………… 2—39
13.1　一般规定……………………… 2—39
13.2　A类井塔抗震鉴定…………… 2—39
13.3　B类井塔抗震鉴定 …………… 2—40
14　井架 ……………………………… 2—42
14.1　一般规定……………………… 2—42
14.2　A类井架抗震鉴定…………… 2—42
14.3　B类井架抗震鉴定…………… 2—43
15　电视塔 …………………………… 2—44
15.1　一般规定……………………… 2—44
15.2　抗震措施鉴定………………… 2—44
15.3　抗震承载力验算……………… 2—45
16　冷却塔 …………………………… 2—45
16.1　自然通风冷却塔……………… 2—45
16.2　机力通风冷却塔……………… 2—46
17　焦炉基础………………………… 2—47
17.1　一般规定……………………… 2—47
17.2　A类焦炉基础抗震鉴定……… 2—47
17.3　B类焦炉基础抗震鉴定 ……… 2—47
18　回转窑和竖窑基础 ……………… 2—47
18.1　一般规定……………………… 2—47
18.2　A类回转窑和竖窑基础抗震鉴定…… 2—48
18.3　B类回转窑和竖窑基础抗震鉴定 …… 2—48
19　高炉系统结构 …………………… 2—48
19.1　一般规定……………………… 2—48
19.2　高炉…………………………… 2—49
19.3　热风炉………………………… 2—49
19.4　除尘器、洗涤塔 ……………… 2—50
20　钢筋混凝土浓缩池、沉淀池、蓄水池 ………………………… 2—50

20.1 一般规定…………………………… 2—50
20.2 A类钢筋混凝土浓缩池、沉淀池、蓄水池抗震鉴定…………………………… 2—50
20.3 B类钢筋混凝土浓缩池、沉淀池、蓄水池抗震鉴定…………………………… 2—51
21 砌体沉淀池、蓄水池 …………………… 2—52
21.1 一般规定…………………………… 2—52
21.2 A类砌体沉淀池、蓄水池抗震鉴定…………………………… 2—52
21.3 B类砌体沉淀池、蓄水池抗震鉴定…………………………… 2—53
22 尾矿坝 …………………………… 2—53
22.1 一般规定…………………………… 2—53
22.2 抗震措施鉴定…………………………… 2—53
22.3 抗震验算…………………………… 2—54
附录A 砌体、混凝土、钢筋材料性能设计指标 ………………… 2—54
附录B 砌体结构抗震承载力验算 …… 2—55
附录C 钢筋混凝土结构楼层受剪承载力…………………………… 2—56
附录D 钢筋混凝土构件组合内力设计值调整 ………………… 2—57
附录E 钢筋混凝土构件截面抗震验算…………………………… 2—58
附录F 填充墙框架抗震验算…………… 2—60
本标准用词说明 ………………………… 2—61
引用标准名录…………………………… 2—61
附：条文说明…………………………… 2—62

Contents

1 General Provisions ············ 2—8
2 Terms and Symbols ············ 2—8
2.1 Terms ············ 2—8
2.2 Symbols ············ 2—8
3 Basic Requirements ············ 2—8
4 Site, Subsoil and Foundation ············ 2—11
4.1 Site ············ 2—11
4.2 Subsoil and Foundation ············ 2—11
5 Earthquake Action and Seismic Checking for Structures ············ 2—12
5.1 General Requirements ············ 2—12
5.2 Earthquake Action and Modification ············ 2—12
5.3 Checking for Strength ············ 2—12
6 Reinforced Concrete Frame-Bent Structure ············ 2—13
6.1 General Requirements ············ 2—13
6.2 Seismic Appraisal of Category A Reinforced Concrete Frame-Bent Structure ············ 2—14
6.3 Seismic Appraisal of Category B Reinforced Concrete Frame-Bent Structure ············ 2—17
7 Steel Frame - Bent Structure ············ 2—23
7.1 General Requirements ············ 2—23
7.2 Seismic Appraisal of Category A Steel Frame-Bent Structure ············ 2—24
7.3 Seismic Appraisal of Category B Steel Frame-Bent Structure ············ 2—24
8 Corridor ············ 2—25
8.1 General Requirements ············ 2—25
8.2 Brick Corridor ············ 2—26
8.3 Reinforced Concrete Corridor ············ 2—26
8.4 Steel Corridor ············ 2—27
9 Silo ············ 2—28
9.1 General Requirements ············ 2—28
9.2 Masonry Silo ············ 2—28
9.3 Reinforced Concrete Silo ············ 2—29
9.4 Steel Silo ············ 2—30
10 Tank Structure and Foundation of Tower-type Equipment ············ 2—31
10.1 General Requirements ············ 2—31
10.2 Horizontal Cylindrical Tank and Foundation ············ 2—31
10.3 Atmospheric Vertical Cylindrical Tank and Foundation ············ 2—31
10.4 Spherical Tank and Foundation ············ 2—32
10.5 Foundation of Tower-type Equipment ············ 2—33
11 Support Framework ············ 2—34
11.1 General Requirements ············ 2—34
11.2 Pipe Support Framework ············ 2—34
11.3 Electric Transformation Support Framework ············ 2—35
11.4 Cableway Support Framework ············ 2—36
11.5 Steel Mast for Communication ············ 2—36
12 Steel Structure for Boilers ············ 2—37
12.1 General Requirements ············ 2—37
12.2 Seismic Fortification Measures Appraisal ············ 2—37
12.3 Seismic Capacity Appraisal ············ 2—38
13 Mine Winding Tower ············ 2—39
13.1 General Requirements ············ 2—39
13.2 Seismic Appraisal of Category A Mine Winding Tower ············ 2—39
13.3 Seismic Appraisal of Category B Mine Winding Tower ············ 2—40
14 Shaft Headframe ············ 2—42
14.1 General Requirements ············ 2—42
14.2 Seismic Appraisal of Category A Shaft Headframe ············ 2—42
14.3 Seismic Appraisal of Category B Shaft Headframe ············ 2—43
15 TV Tower ············ 2—44
15.1 General Requirements ············ 2—44
15.2 Seismic Fortification Measures

Appraisal ………………………… 2—44
15.3 Seismic Capacity Appraisal ………… 2—45
16 Hyperbolic Cooling Tower ………… 2—45
16.1 Natural- draft Cooling Tower ……… 2—45
16.2 Mechanical-draft Cooling Tower …… 2—46
17 Coke Oven Foundation ……………… 2—47
17.1 General Requirements ……………… 2—47
17.2 Seismic Appraisal of Category A Coke Oven Foundation …………… 2—47
17.3 Seismic Appraisal of Category B Coke Oven Foundation …………… 2—47
18 Foundation of Rotary Kiln and Shaft Kiln ………………………… 2—47
18.1 General Requirements ……………… 2—47
18.2 Seismic Appraisal of Category A Rotary Kiln and Shaft Kiln Foundation ……………………… 2—48
18.3 Seismic Appraisal of Category B Rotary Kiln and Shaft Kiln Foundation ……………………… 2—48
19 Blast Furnace System ……………… 2—48
19.1 General Requirements ……………… 2—48
19.2 Blast Furnace ……………………… 2—49
19.3 Hot-blast Stove …………………… 2—49
19.4 Dust Collector and Washing Tower ………………………………… 2—50
20 Reinforced Concrete Concentration Tank, Sedimentation Tank, Impounding Reservoir ……………… 2—50
20.1 General Requirements ……………… 2—50
20.2 Seismic Appraisal of Category A Reinforced Concrete Concentration Tank, Sedimentation Tank, Impounding Reservoir ……… 2—50
20.3 Seismic Appraisal of Category B Reinforced Concrete Concentration Tank, Sedimentation Tank, Impounding Reservoir ……… 2—51
21 Brick and Stone Concentration Tank, Sedimentation Tank, Impounding Reservoir ……………… 2—52
21.1 General Requirements ……………… 2—52
21.2 Seismic Appraisal of Category A Brick and Stone Concentration Tank, Sedimentation Tank, Impounding Reservoir ……………… 2—52
21.3 Seismic Appraisal of Category B Brick and Stone Concentration Tank, Sedimentation Tank, Impounding Reservoir ……………… 2—53
22 Tailing Dam ……………………………… 2—53
22.1 General Requirements ……………… 2—53
22.2 Seismic Fortification Measures Appraisal ………………………… 2—53
22.3 Checking for Strength ……………… 2—54
Appendix A Material Property of Masonry, Concrete and Steel ………………………… 2—54
Appendix B Seismic Check of Masonry Structure ………………… 2—55
Appendix C Story Shear Capacity Of Reinforced Concrete Structrues ………………… 2—56
Appendix D Design Value Adjustment of Seismic Effects Of Reinforced Concrete Members ………………… 2—57
Appendix E Section Seismic Check of Reinforced Concrete Members ……… 2—58
Appendix F Seismic Check of Frame With Infill Brick Wall ……………… 2—60
Explanation of Wording in This Standard ……………………………… 2—61
List of Quoted Standards ………………… 2—61
Addition: Explanation of Provisions ……………………………… 2—62

1 总 则

1.0.1 为贯彻执行《中华人民共和国建筑法》、《中华人民共和国防震减灾法》，实行以预防为主的方针，减轻地震破坏，减少损失，对现有构筑物的抗震能力进行鉴定，并为抗震加固或采取其他抗震减灾对策提供依据，制定本标准。

1.0.2 本标准适用于抗震设防烈度为6度～9度地区的现有构筑物的抗震鉴定。本标准不适用于新建构筑物施工质量的评定。

1.0.3 符合本标准要求的现有构筑物，在预期的后续使用年限内应具有相应的抗震设防目标，后续使用年限为50年的现有构筑物，应具有与现行国家标准《构筑物抗震设计规范》GB 50191 相同的设防目标。

1.0.4 抗震设防烈度，应采用现行国家标准《中国地震动参数区划图》GB 18306 的地震基本烈度或现行国家标准《构筑物抗震设计规范》GB 50191 规定的抗震设防烈度。对行业有特殊要求的构筑物，应按专门的规定进行抗震鉴定。

1.0.5 构筑物的抗震鉴定，除应符合本标准外，尚应符合国家现行有关标准的规定。

2 术语和符号

2.1 术 语

2.1.1 现有构筑物 available special structures

已建成且已投入使用的构筑物。

2.1.2 抗震鉴定 seismic appraisal

通过检查现有构筑物的设计、施工质量和现状，按规定的抗震设防要求，对其在地震作用下的安全性进行评估。

2.1.3 后续使用年限 continuous seismic service life

对现有构筑物抗震鉴定时所约定的继续使用年限，在这个时期内构筑物不需要重新鉴定和相应加固就能按预期目的使用，完成预定的功能。

2.1.4 综合抗震能力 compound seismic capability

对构筑物结构单元综合考虑其构造和承载能力等因素所具有抵抗地震作用的能力。

2.1.5 抗震措施 seismic fortification measures

除地震作用计算和抗力计算以外的抗震设计内容，包括抗震设计的基本要求、抗震构造措施和地基基础的抗震措施等。

2.2 符 号

2.2.1 作用和作用效应

N——对应于重力荷载代表值的轴向压力；

V_e——结构层的弹性地震剪力；

S——结构构件地震基本组合的作用效应设计值；

p_0——基础底面实际平均压力。

2.2.2 材料性能和抗力

M_y——构件现有受弯承载力；

V_y——构件或结构层现有受剪承载力；

R——结构构件承载力设计值；

f——材料现有强度设计值；

f_k——材料现有强度标准值；

f_y——钢材的屈服强度。

2.2.3 几何参数

A_w——抗震墙截面面积；

A_s——实有钢筋截面面积；

H——结构总高度、柱高度；

D——结构或构件的直径；

L——构件间距、结构（单元）总长度；

b——构件截面宽度；

h——计算楼层（结构层）层高，构件截面高度；

l——构件长度或结构跨度；

t——抗震墙厚度、钢板厚度、构件厚度。

2.2.4 计算系数

γ_{RE}——承载力抗震调整系数；

β——综合抗震承载力指数；

ξ_y——楼层（结构层）屈服强度指数；

ψ_1——结构构造的体系影响系数；

ψ_2——结构构造的局部影响系数。

3 基本规定

3.0.1 现有构筑物的抗震鉴定，应包括下列内容：

1 搜集构筑物的地基勘察报告、气象资料、施工图纸和竣工验收等原始资料；当资料不全时，应进行必要的调查和实测。

2 检查构筑物现状与原始资料相符合程度、施工质量和维护状况，检测主要受力构件的缺陷。

3 检查构筑物所在场地、地基和基础的稳定性，调查临近的挡土结构状况。

4 根据各类构筑物的特点、结构类型与布置、构造和抗震承载力等因素，采用相应的逐级鉴定方法进行综合抗震能力分析。

5 对现有构筑物整体抗震性能作出评价，符合抗震鉴定要求时，应说明其后续使用年限，不符合抗震鉴定要求时，应提出相应的抗震防灾对策和处理意见。

3.0.2 现有构筑物的抗震设防类别应按现行国家标准《建筑工程抗震设防分类标准》GB 50223 分类，其抗震措施核查和抗震验算的综合鉴定应符合下列规定：

1 甲类，应经专门研究按不低于乙类的要求核查其抗震措施，抗震验算应按高于本地区设防烈度的要求采用。

2 乙类，6 度～8 度时应按高于本地区设防烈度一度的要求核查其抗震措施，9 度时应提高其抗震措施要求；抗震验算应按不低于本地区设防烈度的要求采用。

3 丙类，应按本地区设防烈度的要求核查其抗震措施和进行抗震验算。

4 丁类，7 度～9 度时，应允许按低于本地区设防烈度一度的要求核查其抗震措施，抗震验算应允许低于本地区设防烈度；6 度时应允许不做抗震鉴定。

3.0.3 经耐久性鉴定可继续使用的现有构筑物，抗震鉴定类别应根据其后续使用年限按下列规定确定：

1 后续使用年限不超过 30 年的构筑物划为 A 类。

2 后续使用年限为 30 年以上 50 年以内的构筑物划为 B 类。

3 后续使用年限为 50 年的构筑物划为 C 类。

3.0.4 不同后续使用年限的现有构筑物，其抗震鉴定方法应符合下列规定：

1 A 类构筑物，应采用本标准 A 类构筑物的抗震鉴定方法。

2 B 类构筑物，应采用本标准 B 类构筑物的抗震鉴定方法。

3 C 类构筑物，应按现行国家标准《构筑物抗震设计规范》GB 50191 的要求进行抗震鉴定。

4 本标准中未划分类别的构筑物，其抗震措施检查可按 B 类要求执行，但抗震验算时应按后续使用年限调整的地震影响系数进行验算。

3.0.5 属于下列情况之一的现有构筑物，应进行抗震鉴定：

1 达到和超过设计使用年限并需继续使用的构筑物。

2 未按抗震设防标准设计或建成后所在地区抗震设防要求提高的构筑物。

3 改建、扩建或改变原设计条件的构筑物。

3.0.6 现有构筑物的抗震鉴定，应根据下列情况区别对待：

1 不同结构类型的构筑物，其检查重点、项目内容和要求不同，应采用不同的抗震鉴定方法。

2 对重点部位和一般部位，应按不同的要求进行检查和鉴定。

3 对抗震性能有整体影响的构件、部位和仅有局部影响的构件、部位，在综合抗震能力分析时应区别对待。

3.0.7 部分构筑物的抗震鉴定可分为两级。第一级鉴定应以宏观控制和构造鉴定为主进行综合评价，第二级鉴定应以抗震验算为主并结合构造影响进行综合评价，并应符合下列规定：

1 A 类构筑物的抗震鉴定，当符合第一级鉴定的各项要求时，可评为满足抗震鉴定要求，可不再进行第二级鉴定；当不符合第一级鉴定要求时，除有明确规定的情况外，应通过第二级鉴定作出判断。

2 B 类构筑物的抗震鉴定，应通过其抗震措施检查和现有抗震承载力验算结果作出判断。当抗震措施不满足鉴定要求而现有抗震承载力较高时，可通过构造影响程度进行综合抗震能力评定；当抗震措施鉴定满足要求，其主要抗侧力构件的抗震承载力不低于规定的 95%，且次要抗侧力构件的抗震承载力不低于规定的 90%时，可不进行加固处理。

3.0.8 现有构筑物的宏观控制和构造鉴定，应符合下列规定：

1 结构材料的实际强度，当低于规定的最低要求时，应提出采取相应的抗震减灾对策。

2 构筑物的平立面、质量与刚度分布和抗侧力构件的布置存在明显不对称时，应进行地震扭转效应不利影响分析；结构竖向构件上下不连续或侧移刚度沿高度分布有突变时，应找出其薄弱部位并进行抗震能力鉴定。

3 检查结构体系时，应找出其破坏而导致结构体系丧失抗震能力或丧失竖向承载能力的构件或部件；当结构有错层或与不同类型结构相连时，应提高其相应部位的构件、部件的抗震鉴定要求。

4 当构筑物位于不利地段或地基下主要受力层存在液化、震陷或滑动时，应符合场地和地基基础的有关鉴定要求。

5 结构构件的尺寸、截面形式等不利于抗震时，应提高其构造的抗震鉴定要求。

6 结构构件的连接构造，应满足结构整体性的要求；装配式结构，应加强其整体性并设置较完整的支撑体系。

7 非结构构件或设备与主体结构的连接构造，应满足不倒塌伤人或产生严重次生灾害的要求；位于人员出入口或运输通道处，应有可靠的连接措施。

3.0.9 现有构筑物的抗震鉴定要求，可根据其所在场地、地基和基础等的有利和不利因素作下列调整：

1 Ⅰ类场地上的丙类构筑物，7 度～9 度时，构造要求可降低一度。

2 Ⅳ类场地、复杂地形、严重不均匀土层上的构筑物，以及同一构筑物单元内存在不同类型基础或基础埋深不同时，可提高抗震鉴定要求。

3 Ⅲ、Ⅳ类场地时，设计基本地震加速度为 $0.15g$ 和 $0.30g$ 的地区的各类构筑物的抗震构造措施要求，宜分别按抗震设防烈度 8 度（$0.20g$）和 9 度（$0.40g$）采用。

4 有全地下室、箱基、筏基和桩基的构筑物，可降低上部结构的抗震鉴定要求。

5 有毗邻单体的构筑物，包括防震缝两侧的构筑物，应提高相关部位的抗震鉴定要求。

3.0.10 对不符合鉴定要求的构筑物，可根据其不符合要求的程度、部位和对结构整体抗震性能影响的大小，以及有关的非抗震缺陷等实际情况，结合使用要求和加固难易等因素的分析，提出相应的维修、加固或更新等抗震减灾对策。

3.0.11 A类构筑物的砌体结构中易引起局部倒塌的部件和连接，应符合下列规定：

1 现有结构构件的局部尺寸、支撑长度和连接，应符合下列规定：

1）承重的门窗间墙最小宽度和外墙尽端至门窗洞边的距离，以及支承跨度大于5m的大梁的内墙阳角至门窗洞边的距离，7度～9度时分别不宜小于0.8m、1.0m、1.5m；

2）非承重外墙尽端至门窗洞边的距离，7度、8度时不宜小于0.8m，9度时不宜小于1.0m；

3）楼梯间等部位跨度不小于6m的大梁，在砖墙转角处的支撑长度不宜小于490mm；

4）出屋面的楼梯间、电梯间和水箱间等，8度、9度时墙体的砂浆强度等级不宜低于M2.5；门窗洞口不宜过大；预制楼板、屋盖与墙体应有拉结。

2 非结构构件的现有构造，应符合下列规定：

1）隔墙与两侧墙体或柱应有拉结，长度大于5.1m或高度大于3m时，墙顶应与梁板有连接；

2）无拉结女儿墙和门脸等装饰物，当砌体砂浆的强度等级不低于M2.5，且厚度为240mm时，其突出屋面的高度，对整体性不良或非刚性结构不应大于0.5m；对于刚性结构的封闭女儿墙不宜大于0.9m。

3.0.12 B类构筑物的砌体结构中易引起局部倒塌的部件和连接，应符合下列规定：

1 后砌的非承重砌体隔墙应沿墙高每隔500mm有2ϕ6钢筋与承重墙或柱拉结，且每边伸入墙内不应小于500mm；8度和9度时长度大于5.1m的后砌非承重砌体隔墙的墙顶，尚应与楼板或梁有拉结。

2 下列非结构构件的构造不符合要求时，位于出入口或人流通道处应加固或采取相应措施：

1）预制工作平台应与圈梁和楼板的现浇板带有可靠连接；

2）钢筋混凝土预制挑檐应有锚固；

3）附墙烟囱及出屋面的烟囱应有竖向配筋。

3 门窗洞处不应为无筋砖过梁；过梁支承长度，6度～8度时不应小于240mm，9度时不应小于360mm。

4 砌体墙段实际的局部尺寸，不宜小于表3.0.12的规定。

表3.0.12 砌体墙段实际的局部尺寸（m）

部位	烈度			
	6度	7度	8度	9度
承重窗间墙最小宽度	1.0	1.0	1.2	1.5
承重外墙尽端至门窗洞边的最小距离	1.0	1.0	1.5	2.0
非承重外墙尽端至门窗洞边的最小距离	1.0	1.0	1.0	1.0
内墙阳角至门窗洞边的最小距离	1.0	1.0	1.5	2.0
无锚固女儿墙（非出入口或人流通道处）最大高度	0.5	0.5	0.5	0.0

3.0.13 A类构筑物的砖砌体填充墙、隔墙与主体结构的连接，应符合下列规定：

1 计入填充墙抗侧力作用时，填充墙的厚度，6度～8度时不应小于180mm，9度时不应小于240mm；砂浆强度等级，6度～8度时不应低于M2.5，9度时不应低于M5；填充墙应镶嵌于框架平面内。

2 填充墙沿柱高度每隔600mm应有2ϕ6拉筋伸入墙内，8度、9度时伸入墙内长度不宜小于墙长的1/5，且不宜小于700mm；当墙高度大于5m时，墙内宜有连系梁与柱连接；长度大于6m的黏土砖墙或长度大于5m的空心砖墙，8度、9度时墙顶与梁应有连接。

3 内隔墙应与两端的墙或柱有可靠连接；当隔墙长度大于6m，8度、9度时墙顶尚应与梁板连接。

3.0.14 B类构筑物的砌体填充墙，应符合下列规定：

1 砌体填充墙在平面和竖向的布置，宜均匀对称。

2 砌体填充墙与框架柱柔性连接时，墙顶应与框架紧密结合。

3 砌体填充墙与框架为刚性连接时，应符合下列规定：

1）沿框架柱高每隔500mm有2ϕ6拉筋。拉筋伸入填充墙内长度，一、二级框架宜沿墙全长拉通；三、四级框架不应小于墙长的1/5且不小于700mm。

2）墙长度大于5m时，墙顶部与梁宜有拉结措施；墙高度超过4m时，宜在墙高中部有与柱连接的通长钢筋混凝土水平系梁。

4 场地、地基和基础

4.1 场 地

4.1.1 6度、7度时且建造于对抗震有利地段和一般地段的构筑物，可不进行场地影响的抗震鉴定。

4.1.2 建在危险地段的构筑物，场地对其影响应进行专门研究。

4.1.3 7度～9度时，场地为条状突出山嘴、高耸孤立山丘、非岩石或强风化岩石陡坡、河岸和边坡的边缘等不利地段，应对其地震稳定性、地基滑移及对构筑物的可能危害进行评估；非岩石或强风化岩石陡坡的坡度及构筑物场地与坡脚的高差均较大时，应估算局部地形导致其地震影响增大的后果。

4.1.4 构筑物场地有液化侧向扩展且距常时水线100m范围内时，应判明液化后土体流动和开裂的危险。

4.2 地基和基础

4.2.1 地基基础现状的抗震鉴定，应重点检查地基不均匀沉降引起上部结构开裂和倾斜及其发展趋势，以及基础有无腐蚀、酥碱、松散或剥落。

4.2.2 符合下列条件之一的现有构筑物，可不进行其地基基础的抗震鉴定：

1 丁类现有构筑物。

2 6度时的现有构筑物。

3 7度时，地基基础现状无严重静载缺陷的乙类、丙类现有构筑物。

4 在基础主要受力层范围内，不存在软弱土、饱和砂土和饱和粉土或严重不均匀土层的乙类、丙类现有构筑物。

4.2.3 上部结构无因不均匀沉降产生裂缝和倾斜或虽有轻微裂缝和倾斜但已稳定，且基础无腐蚀、酥碱、松散或剥落时，地基基础可评为无严重静载缺陷。

4.2.4 存在软弱土、饱和砂土和饱和粉土的地基基础，应根据烈度、设防类别、结构现状和基础类型，进行液化、震陷和抗震承载力的两级鉴定。符合第一级鉴定的规定时，应评为地基符合抗震要求，可不进行第二级鉴定。静载下已出现严重缺陷的地基基础，应同时校核其静载下的承载力。

4.2.5 地基基础的第一级鉴定，应符合下列规定：

1 基础下主要受力层存在饱和砂土或饱和粉土时，存在下列情况的构筑物，可不进行液化影响的判别：

1）对液化沉陷不敏感的丙类构筑物；

2）符合现行国家标准《构筑物抗震设计规范》GB 50191 有关液化初步判别要求的构筑物。

2 基础下主要受力层存在软弱土时，下列情况可不进行地震作用下的沉陷估算：

1）6度、7度时或8度、9度时地基土静承载力特征值分别大于80kPa和100kPa；

2）8度时，基础底面以下的软弱土层厚度不大于5m。

3 采用桩基的构筑物，下列情况可不进行桩基的抗震验算：

1）现行国家标准《构筑物抗震设计规范》GB 50191 规定可不进行桩基抗震验算的构筑物；

2）位于斜坡但地震时土体稳定的构筑物。

4.2.6 地基基础的第二级鉴定，应符合下列规定：

1 饱和土液化的第二级判别，应按现行国家标准《构筑物抗震设计规范》GB 50191 的规定，采用标准贯入试验判别法。判别时，可计入地基附加应力对土体抗液化强度的影响。存在液化土时，应确定液化指数和液化等级，并应提出相应的抗液化措施。

2 软弱土地基及8度、9度时，Ⅲ、Ⅳ类场地上的高耸构筑物，应进行地基和基础的抗震承载力验算。

4.2.7 现有构筑物天然地基的抗震承载力验算，应符合下列规定：

1 天然地基的竖向承载力，可按现行国家标准《构筑物抗震设计规范》GB 50191 的有关规定的方法验算，其中，地基土静承载力特征值应改用长期压密地基土静承载力特征值，长期压密地基土静承载力特征值可按下式计算：

$$f_{SC} = \zeta_c f_S \tag{4.2.7}$$

式中：f_{SC}——长期压密地基土静承载力特征值（kPa）；

f_S——地基土静承载力特征值（kPa），可按现行国家标准《建筑地基基础设计规范》GB 50007 的有关规定采用；

ζ_c——地基土静承载力长期压密提高系数，可按表4.2.7采用。

表4.2.7 地基土静承载力长期压密提高系数

使用年限与岩土类别	p_0/f_s			
	1.0	0.8	0.4	<0.4
2年以上的砾、粗、中、细、粉砂，5年以上的粉土和粉质黏土，8年以上地基土静承载力标准值大于100kPa的黏土	1.20	1.10	1.05	1.00

注：1 p_0 为基础底面实际平均压应力（kPa）；

2 使用年限不够或岩石、碎石土、其他软弱土，提高系数值均可取1.0。

2 承受水平力为主的天然地基验算水平抗滑时，抗滑阻力可采用基础底面摩擦力和基础正侧面土的水平抗力之和；基础正侧面土的水平抗力，可取其被动土压力的1/3；抗滑安全系数不宜小于1.1；当刚性地坪的宽度不小于地坪孔口承压面宽度的3倍时，尚可利用刚性地坪的抗滑能力。

4.2.8 低承台桩基的抗震承载力验算，可按现行国家标准《构筑物抗震设计规范》GB 50191的有关规定执行。

4.2.9 7度～9度时，挡土结构、地下室或半地下室外墙的稳定性验算，可按现行国家标准《构筑物抗震设计规范》GB 50191有关挡土结构的规定执行。

4.2.10 同一结构单元存在不同类型基础或基础埋深不同时，宜根据地震时可能产生的不利影响，估算地震导致两部分地基的差异沉降，检查基础抵抗差异沉降的能力，并应检查上部结构相应部位在构造上抵抗附加地震作用和差异沉降的能力。

5 地震作用和抗震验算

5.1 一般规定

5.1.1 6度和本标准各章节有具体规定时，可不进行抗震验算；当6度第一级鉴定不满足要求时，可通过抗震验算进行综合抗震能力评定。

5.1.2 现有构筑物的抗震验算，应至少在两个主轴方向进行验算。

5.2 地震作用和效应调整

5.2.1 现有构筑物的地震作用计算，当无具体方法时，可采用现行国家标准《构筑物抗震设计规范》GB 50191等规定的方法计算。

5.2.2 现有构筑物的地震作用计算时的地震影响系数，可根据其后续使用年限对现行国家标准《构筑物抗震设计规范》GB 50191规定的地震影响系数进行调整。地震影响系数的调整系数，可按表5.2.2采用。

表5.2.2 地震影响系数的调整系数

后续使用年限（年）	10～30	40	50
调整系数	0.75	0.85	1.00

注：1 按时程分析法计算时，其地震加速度时程曲线的最大值亦可按本表规定进行调整；
2 后续使用年限非表中数值时，调整系数可按插值法计算，小于10年可按10年采用；
3 甲类、乙类构筑物和尾矿坝进行地震作用计算时，调整系数宜取1.0。

5.2.3 地下结构按多遇地震计算时的水平地震系数可按表5.2.3-1采用；按设防地震计算时的水平地震系数可按表5.2.3-2采用；竖向地震系数，可按相应水平地震系数值的2/3采用；多遇地震和设防地震的水平、竖向地震系数，亦可根据不同的后续使用年限按本标准表5.2.2的规定乘以调整系数。

表5.2.3-1 按多遇地震计算时的水平地震系数

烈度	7度		8度		9度
基本地震加速度值	0.1g	0.15g	0.2g	0.3g	0.4g
水平地震系数	0.035	0.055	0.070	0.105	0.140

表5.2.3-2 按设防地震计算时的水平地震系数

烈度	7度		8度		9度
基本地震加速度值	0.1g	0.15g	0.2g	0.3g	0.4g
水平地震系数	0.10	0.15	0.20	0.30	0.40

5.2.4 8度、9度时的大跨度、长悬臂和高耸结构，应按现行国家标准《构筑物抗震设计规范》GB 50191的规定进行竖向地震作用计算。竖向地震影响系数最大值和竖向地震作用系数，可根据不同的后续使用年限按本标准表5.2.2规定乘以调整系数。

5.3 抗震验算

5.3.1 地震作用标准值效应和其他荷载效应的基本组合，应按现行国家标准《构筑物抗震设计规范》GB 50191的有关规定执行。

5.3.2 结构构件的抗震承载力验算，应满足下式要求：

$$S \leqslant R/\gamma_{RE} \tag{5.3.2}$$

式中：S——结构构件内力（轴向力、剪力、弯矩等）组合的设计值；计算时，有关的荷载、特征周期、地震作用、作用分项系数、组合值系数，应按现行国家标准《构筑物抗震设计规范》GB 50191的规定采用；

R——结构构件承载力设计值；计算时，可按现行国家标准《构筑物抗震设计规范》GB 50191的规定执行，各类结构材料强度的设计指标应按本标准附录A采用，材料强度等级应按现场实际情况确定。A类框架结构计入体系和局部构造影响计算综合抗震承载力时，其调整后的结构构件抗震承载力设计值可按本标准公式（6.1.5）计算；

γ_{RE}——承载力抗震调整系数，应按现行国家标准《构筑物抗震设计规范》GB 50191的规定取值。

5.3.3 需进行罕遇地震作用下的弹塑性抗震变形验算时，应符合现行国家标准《构筑物抗震设计规范》GB 50191的有关规定，并应按本标准第5.2.2条的规定对地震影响系数或地震加速度进行调整。

5.3.4 现有砌体结构抗震承载力验算，应符合本标准附录B的规定。

6 钢筋混凝土框排架结构

6.1 一般规定

6.1.1 本章适用于框架与排架侧向连接的A、B类现浇或装配整体式钢筋混凝土框排架结构的抗震鉴定，其适用的最大高度应符合下列规定：

1 A类钢筋混凝土框排架结构抗震鉴定时，框架的高度不宜超过55m。

2 B类钢筋混凝土框排架结构抗震鉴定时，框架适用的最大高度应符合表6.1.1的要求；对结构布置不规则、有框支层的抗震墙结构或Ⅳ类场地上的框排架结构，适用的最大高度应适当降低。

表6.1.1 B类钢筋混凝土框排架结构适用的最大高度（m）

结构类型	烈度				
	6度	7度	8度(0.2g)	8度(0.3g)	9度
框架	55(50)	45(40)	35(30)	30(25)	19(14)
框架-抗震墙	120(110)	110(100)	90(80)	70(60)	45(40)

注：1 括号内的数值为设有筒仓的框架和框架-抗震墙的最大高度；

2 高度系指室外地面到主要屋面板板顶的高度(不包括局部突出屋面部分)；

3 超过表内的高度时，应进行专门研究和论证，并采取有效的加强措施。

6.1.2 现有钢筋混凝土框排架结构，应依据其设防烈度重点检查下列薄弱部位：

1 6度时，应检查局部易掉落伤人的构件、部件，以及楼梯间非结构构件的连接构造。

2 7度时，除应按本条第1款检查外，框架结构尚应检查梁柱节点的连接形式、跨数及不同结构体系之间的连接构造；排架结构应检查屋盖中支承长度较小构件连接的可靠性、出入口处女儿墙、高低跨封墙等构件的拉结构造。

3 8度、9度时，除应按本条第1、2款的规定检查外，尚应检查框架梁、柱的配筋，材料强度，各构件间的连接，结构体型的规则性，短柱分布，使用荷载的大小和分布等；排架结构应检查各支承系统的完整性、大型屋面板连接的可靠性、高低跨牛腿(柱肩)和各种柱变形受约束部位的构造，并应注意圈梁、抗风柱的拉结构造及平面不规则、墙体布置不匀称和相连建(构)筑物结构导致质量不均匀和刚度不协调的影响。

6.1.3 钢筋混凝土框排架结构构件的外观和内在质量，应符合下列规定：

1 梁、柱及其节点的混凝土可仅有少量微小开裂或局部剥落，钢筋不应有外露、锈蚀。

2 填充墙不应有明显开裂或与框架(排架)柱脱开。

3 主体结构构件(含屋盖支撑)不应有明显变形、倾斜或歪扭。

4 不应有严重不均匀沉降。

6.1.4 现有钢筋混凝土框排架结构的抗震鉴定，应按结构体系的合理性、结构构件材料的实际强度、结构构件的纵向钢筋和横向箍筋的配置和构件连接的可靠性、支撑的完整性、填充墙等与主体结构的拉结构造，以及构件抗震承载力的综合分析，对结构的抗震能力进行鉴定。

当框架梁柱节点构造和排架各项构造、连接不符合规定时，应评为不满足抗震鉴定要求；当仅有出入口、人流通道处的填充墙或其他附属构件不符合规定时，可评为局部不满足抗震鉴定要求。

6.1.5 A类钢筋混凝土框排架结构中的框架应进行两级鉴定。当符合第一级鉴定的各项规定时，除9度外可不进行抗震验算而评为满足抗震鉴定要求；不符合第一级鉴定要求和9度时，除有明确规定的情况外，在第二级鉴定中其抗震承载力应按本标准第5章的规定进行验算。

B类钢筋混凝土框排架结构中的框架应根据所属的抗震等级进行结构布置和构造检查，并应通过内力调整进行抗震承载力验算或按A类框架计入构造影响对综合承载力进行评定。若按调整后的内力验算时，可按下式计算结构构件抗震承载力设计值：

$$R_a = \Psi_1 \Psi_2 R \tag{6.1.5}$$

式中：R_a——调整后的结构构件抗震承载力设计值；

Ψ_1——体系影响系数；可按本标准第6.2.17条确定；

Ψ_2——局部影响系数；可按本标准第6.2.18条确定；

R——结构构件承载力设计值。

6.1.6 当砌体结构与框排架结构相连或依托于框排架结构时，应加大砌体结构所承担的地震作用，并按本标准第3章的规定进行抗震鉴定；对框排架结构的鉴定，应计入两种不同性质的结构相连导致的不利影响。

6.1.7 砖女儿墙、门脸等非结构构件和突出屋面的小房间，应符合本标准第3章的有关规定。

6.2 A类钢筋混凝土框排架结构抗震鉴定

（Ⅰ）第一级鉴定

6.2.1 现有A类钢筋混凝土框架结构体系，应符合下列规定：

1 装配式框架宜为整浇节点，8度、9度时不应为铰接节点。

2 乙类设防在8度、9度时，不宜为单跨框架结构，且按梁柱的实际配筋、柱轴向力计算的框架柱的弯矩增大系数，宜取大于1.1。

3 8度、9度时，现有结构体系宜按下列规定进行检查：

1）平面局部突出部分的长度不宜大于宽度，且不宜大于该方向总长度的30%；

2）立面局部缩进的尺寸不宜大于该方向水平总尺寸的25%；

3）楼层侧移刚度不宜小于其相邻上层侧移刚度的70%，且连续三层的总侧移刚度降低不宜大于50%；

4）无砌体结构相连，且平面内的抗侧力构件及质量分布宜基本均匀、对称。

4 抗震墙之间无大洞口的楼盖、屋盖的长宽比不宜超过表6.2.1-1的规定，超过时应计入楼盖平面内变形的影响。

5 6度～8度时厚度不小于240mm、砌筑砂浆强度等级不低于M2.5，以及9度时砂浆强度等级不低于M5.0的抗侧力黏土砖填充墙，其平均间距不应大于表6.2.1-2的限值。

表6.2.1-1 抗震墙之间无大洞口的楼盖、屋盖长宽比

楼盖、屋盖类别	烈度	
	8度	9度
现浇、装配整体式	3.0	2.0
装配式	2.5	1.0

表6.2.1-2 抗侧力黏土砖填充墙平均间距的限值

总层数	三	四	五	六
间距(m)	17	14	12	11

6.2.2 梁、柱、墙实际达到的混凝土强度等级，6度、7度时不应低于C13，8度、9度时不应低于C18。

6.2.3 6度和7度Ⅰ、Ⅱ类场地时，框架结构应按下列规定检查：

1 框架梁柱的纵向钢筋和横向箍筋的配置应符合非抗震设计的要求，其中，梁纵向钢筋在柱内的锚固长度，HPB235级钢筋不宜小于纵向钢筋直径的25倍，HRB335级钢筋不宜小于纵向钢筋直径的30倍；混凝土强度等级为C13时，锚固长度应相应增加纵向钢筋直径的5倍。

2 6度乙类设防时，框架的中柱和边柱纵向钢筋的总配筋率不应少于0.5%，角柱不应少于0.7%，箍筋最大间距不宜大于纵向钢筋直径的8倍且不宜大于150mm，最小直径不宜小于6mm。

6.2.4 7度Ⅲ、Ⅳ类场地和8度、9度时，框架梁柱的配筋尚应按下列规定检查：

1 梁两端在梁高各一倍范围内的箍筋间距，8度时不应大于200mm，9度时不应大于150mm。

2 在柱的上、下端，柱净高各1/6的范围内，丙类设防时，7度Ⅲ、Ⅳ类场地和8度时，箍筋直径不应小于ϕ6，间距不应大于200mm；9度时，箍筋直径不应小于ϕ8，间距不应大于150mm；乙类设防时，框架柱箍筋的最大间距和最小直径，宜按表6.2.4的要求检查。

表6.2.4 乙类设防时框架柱箍筋的最大间距和最小直径

烈度和场地	7度(0.10g)，7度(0.15g) Ⅰ、Ⅱ类场地	7度(0.15g) Ⅲ、Ⅳ类场地，8度(0.20g)，8度(0.30g) Ⅰ、Ⅱ类场地	8度(0.30g) Ⅲ、Ⅳ类场地和9度
箍筋最大间距（取较小值）	8d，150mm	8d，100mm	6d，100mm
箍筋最小直径	8mm	8mm	10mm

3 净高与截面高度之比不大于4的短柱，包括因嵌砌黏土砖填充墙形成的短柱，沿柱全高范围内的箍筋直径不应小于ϕ8；箍筋间距，8度时不应大于150mm，9度时不应大于100mm。

4 框架角柱纵向钢筋的总配筋率，8度时不宜小于0.8%，9度时不宜小于1.0%；其他各柱纵向钢筋的总配筋率，8度时不宜小于0.6%，9度时不宜小于0.8%。

5 框架柱截面宽度不宜小于300mm，8度Ⅲ、Ⅳ类场地和9度时不宜小于400mm；9度时，框架柱的轴压比不应大于0.8，筒仓支承柱的轴压比不应大于0.7。

6.2.5 8度、9度时，框架-抗震墙的墙板配筋与构造应按下列规定检查：

1 抗震墙的周边宜与框架梁柱形成整体或有加强的边框。

2　墙板的厚度不宜小于140mm，且不宜小于墙板净高的1/30，墙板中竖向及横向钢筋的配筋率均不应小于0.15%。

3　墙板与楼板的连接，应能可靠地传递地震作用。

6.2.6　砖砌体填充墙、隔墙与主体结构的连接，应符合本标准第3.0.13条的规定。

6.2.7　排架结构的屋盖的支撑布置和构造，应符合下列规定：

1　屋盖支撑布置应符合表6.2.7-1～表6.2.7-3的要求，不符合要求时应增设。

2　屋架支撑布置尚应符合下列规定：

1）排架单元端开间有天窗时，天窗开洞范围内相应部位的屋架支撑布置要求应适当提高；

2）8度～9度时，柱距不小于12m的托架（梁）区段及相邻柱距段的一侧（不等高排架为两侧）应有下弦纵向水平支撑；

3）拼接屋架（屋面梁）的支撑布置要求，应按本条第1款的规定适当提高；

4）跨度不大于15m的无腹杆钢筋混凝土组合屋架，排架单元两端应各有一道上弦横向支撑，8度时每隔36m、9度时每隔24m尚应有一道；屋面板之间用混凝土连成整体时，可无上弦横向支撑。

3　屋盖支撑的构造，应符合下列规定：

1）7度～9度时，上、下弦横向支撑和竖向支撑的杆件应为型钢；

2）8度、9度时，横向支撑的直杆应符合压杆要求，交叉杆在交叉处不宜中断，不符合时应加固；

3）8度Ⅲ、Ⅳ类场地且跨度大于24m和9度时，屋架上弦横向支撑宜有较强的杆件和较牢固的端节点构造。

表6.2.7-1　A类排架结构的无檩屋盖支撑布置

支撑名称			烈度		
			6度、7度	8度	9度
屋架支撑	上弦横向支撑		同非抗震设计	排架单元端开间及柱间支撑开间各有一道；天窗跨度大于6m时，天窗开洞范围的两端有局部的支撑一道	
	下弦横向支撑		同非抗震设计		排架单元端开间各有一道
	跨中竖向支撑		同非抗震设计		同上弦横向支撑
	两端竖向支撑	屋架端部高度≤900mm	同非抗震设计		排架单元端开间及每隔48m各有一道
		屋架端部高度>900mm	同非抗震设计	同上弦横向支撑	同上弦横向支撑，且间距不大于30m
天窗两侧竖向支撑			排架单元天窗端开间及每隔42m各有一道	排架单元天窗端开间及每隔30m各有一道	排架单元天窗端开间及每隔18m各有一道

表6.2.7-2　A类排架结构的中间井式天窗无檩屋盖支撑布置

支撑名称		烈度		
		6度、7度	8度	9度
上、下弦横向支撑		排架单元端开间各有一道	排架单元端开间及柱间支撑开间各有一道	
上弦通长水平系杆		在天窗范围内屋架跨中上弦节点处有		
下弦通长水平系杆		在天窗两侧及天窗范围内屋架下弦节点处有		
跨中竖向支撑		在上弦横向支撑开间处有，位置与下弦通长系杆相对应		
两端竖向支撑	屋架端部高度≤900mm	同非抗震设计		同上弦横向支撑，且间距不大于48m
	屋架端部高度>900mm	排架单元端开间各有一道	同上弦横向支撑，且间距不大于48m	同上弦横向支撑，且间距不大于30m

表 6.2.7-3 A类排架结构的有檩屋盖支撑布置

<table>
<tr><th colspan="2" rowspan="2">支撑名称</th><th colspan="3">烈度</th></tr>
<tr><th>6度、7度</th><th>8度</th><th>9度</th></tr>
<tr><td rowspan="3">屋架支撑</td><td>上弦横向支撑</td><td colspan="2">排架单元端开间各有一道</td><td rowspan="3">排架单元端开间及排架单元长度大于42m时在柱间支撑开间各有一道</td></tr>
<tr><td>下弦横向支撑</td><td colspan="2" rowspan="2">同非抗震设计</td></tr>
<tr><td>竖向支撑</td></tr>
<tr><td rowspan="2">天窗架支撑</td><td>上弦横向支撑</td><td colspan="2">排架单元的天窗端开间各有一道</td><td>排架单元的天窗端开间及柱间支撑开间各有一道</td></tr>
<tr><td>两侧竖向支撑</td><td>排架单元的天窗端开间及每隔42m各有一道</td><td>排架单元的天窗端开间及每隔30m各有一道</td><td>排架单元的天窗端开间及每隔18m各有一道</td></tr>
</table>

6.2.8 现有排架柱的构造应符合下列规定：

1 7度Ⅲ、Ⅳ类场地和8度、9度时，有柱间支撑的排架柱，柱顶以下500mm范围内，以及柱变位受约束的部位上下各300mm的范围内，箍筋直径不宜小于ϕ8，间距不宜大于100mm，当不符合时应加固。

2 8度Ⅲ、Ⅳ类场地和9度时，阶形柱牛腿面至吊车梁顶面以上300mm范围内，箍筋直径小于ϕ8或间距大于100mm时宜加固。

3 支承低跨屋架的中柱牛腿（柱肩）中，承受水平力的纵向钢筋应与预埋件焊牢。

6.2.9 现有的柱间支撑应为型钢，其布置应符合下列规定，当不符合时应增加支撑或采取其他相应措施：

1 7度Ⅲ、Ⅳ类场地和8度、9度时，排架单元中部应有一道上下柱柱间支撑，8度、9度时单元两端宜各有一道上柱支撑；单跨排架两侧均有与柱等高且与柱可靠拉结的嵌砌纵墙，当墙厚不小于240mm，开洞所占水平截面不超过总截面面积的50%，砂浆强度等级不低于M2.5时，可无柱间支撑。

2 8度时跨度不小于18m的多跨排架中各柱和9度时多跨排架各柱，柱顶应有通长水平压杆，此压杆可与梯形屋架支座处通长水平系杆合并设置，钢筋混凝土系杆端头与屋架间的空隙应采用混凝土填实。

3 7度Ⅲ、Ⅳ类场地和8度Ⅰ、Ⅱ类场地，下柱柱间支撑的下节点在地坪以上时应靠近地面处；8度时Ⅲ、Ⅳ类场地和9度时，下柱柱间支撑的下节点位置和构造应能将地震作用直接传给基础。

6.2.10 排架结构构件现有的连接构造应符合下列规定，不符合时应采取相应的加强措施：

1 7度～9度时，檩条在屋架（屋面梁）上的支承长度不宜小于50mm，且与屋架（屋面梁）应焊牢，槽瓦等与檩条的连接体不应漏缺或锈蚀。

2 7度～9度时，大型屋面板在天窗架、屋架（屋面梁）上的支承长度不宜小于50mm，8度、9度时尚应焊牢。

3 天窗架与屋架，屋架、托架与柱子，屋盖支撑与屋架，柱间支撑与排架之间应有可靠连接；6度、7度时Π形天窗架竖向支撑与T形截面立柱连接节点的预埋件及8度、9度时柱间支撑与柱连接节点的预埋件应有可靠锚固。

4 8度、9度时，吊车走道板的支承长度不应小于50mm。

5 山墙抗风柱与屋架（屋面梁）上弦应有可靠连接。当抗风柱与屋架下弦相连接时，连接点应设在下弦横向支撑节点处。

6 天窗端壁板、天窗侧板与大型屋面板之间的缝隙不应为砖块封堵。

6.2.11 黏土砖围护墙现有的连续构造应符合下列规定：

1 纵墙、山墙、高低跨封墙和纵墙横跨交接处的悬墙，沿柱高每隔10皮砖应有2ϕ6钢筋与柱（包括抗风柱）、屋架（包括屋面梁）端部、屋面板和天沟板可靠拉结。高低跨排架的高跨封墙不应直接砌在低跨屋面上。

2 砖围护墙的圈梁应符合下列规定：

1）7度～9度时，梯形屋架端部上弦和柱顶标高处应有现浇钢筋混凝土圈梁各一道，但屋架端部高度不大于900mm时可合并设置；

2）8度、9度时，沿墙高每隔4m～6m宜有圈梁一道；沿山墙顶应有卧梁并宜与屋架端部上弦高度处的圈梁连接；

3）圈梁与屋架或柱应有可靠连接；山墙卧梁与屋面板应有拉结；顶部圈梁与柱锚拉的钢筋不宜少于4ϕ12，变形缝处圈梁和柱顶、屋架锚拉的钢筋均应有所加强。

3 预制墙梁与柱应有可靠连接，梁底与其下的墙宜有拉结。

4 位于出入口、高低跨交接处和披屋上部的女儿墙不符合本标准第3.0.11条要求时，应采取相应措施。

6.2.12 砌体内隔墙的构造应符合下列规定：

1 独立隔墙的砌筑砂浆，实际达到的强度等级不宜低于M2.5；厚度为240mm时，高度不宜超过3m。

2 一般情况下，到顶的内隔墙与屋架（屋面梁）下弦之间不应有拉结，但墙体应有稳定措施；当到顶的内隔墙必须和屋架下弦相接时，屋架下弦应有水平支撑。

3 8度、9度时，排架平面内的隔墙和局部柱列间的隔墙应与柱柔性连接或脱开，并应有稳定措施。

6.2.13 钢筋混凝土框排架结构符合本标准第6.2.1～6.2.12条的规定时，可评为综合抗震能力满足要求；当遇下列情况之一时，可不再进行第二级鉴定，但应评为综合抗震能力不满足抗震要求，且应对框排架结构采取加固或其他相应措施：

1 梁柱节点构造不符合要求的框架及8度、9度时乙类设防的单跨框架结构。

2 8度、9度时混凝土强度等级低于C13。

3 与框架结构相连的承重砌体结构不符合要求。

4 仅有女儿墙、门脸、楼梯间填充墙等非结构构件不符合本标准第3.0.11条第2款的有关要求。

5 本标准第6.2.1～6.2.12条的规定有多项不符合要求。

（Ⅱ）第二级鉴定

6.2.14 平面较规则，且竖向布置连续的A类钢筋混凝土框排架结构，可采用平面结构的楼层综合抗震能力指数进行第二级鉴定，也可按现行国家标准《构筑物抗震设计规范》GB 50191附录C的简化方法和本标准第5章的规定进行抗震承载力验算，计算时构件组合内力设计值可不作调整。当平面布置不规则或竖向不连续时，宜按现行国家标准《构筑物抗震设计规范》GB 50191的有关规定进行抗震计算分析，并宜按本标准第5章的规定进行构件抗震承载力验算，计算时构件组合内力设计值可不作调整；尚可按本标准第6.2.21条的规定估算构造的影响，由综合评定进行第二级鉴定。

6.2.15 现有钢筋混凝土框排架结构采用楼层综合抗震能力指数进行第二级鉴定时，应分别选择下列平面结构进行分析：

1 应至少在两个主轴方向分别选取有代表性的平面结构。

2 框架结构与承重砌体结构相连时，除应符合本条第1款的规定外，尚应选取连接处的平面结构。

3 有明显扭转效应时，除应符合本条第1款的规定外，尚应选取计入扭转影响的边榀结构。

6.2.16 楼层综合抗震能力指数可按下列公式计算：

$$\beta = \psi_1 \psi_2 \xi_y \qquad (6.2.16\text{-}1)$$

$$\xi_y = V_y / V_e \qquad (6.2.16\text{-}2)$$

式中：β——平面结构楼层综合抗震能力指数；

ξ_y——楼层屈服强度系数；

V_y——楼层现有受剪承载力，可按本标准附录C计算；

V_e——楼层的弹性地震剪力，可按本标准第6.2.19条计算。

6.2.17 A类钢筋混凝土框架结构的体系影响系数，可根据结构体系、梁柱箍筋、轴压比等符合第一级鉴定要求的程度和部位，按下列情况确定：

1 当结构体系、梁柱箍筋、轴压比等各项构造均符合现行国家标准《构筑物抗震设计规范》GB 50191的规定时，可取1.4。

2 当各项构造均符合本标准第6.3节B类框排架结构的规定时，可取1.25。

3 当各项构造均符合本节第一级鉴定的规定时，可取1.0。

4 当各项构造均符合非抗震设计规定时，可取0.8。

5 当结构受损伤或发生倾斜但已修复纠正，本条第1～4款体系影响系数数值尚宜乘以0.8～1.0。

6.2.18 局部影响系数可根据局部构造不符合第一级鉴定要求的程度，采用下列三项系数选定后的最小值：

1 与承重砌体结构相连的框架，可取0.80～0.95。

2 填充墙等与框架的连接不符合第一级鉴定要求，可取0.70～0.95。

3 抗震墙之间楼盖、屋盖长宽比超过表6.2.1-1的规定值，可按超过的程度取0.6～0.9。

6.2.19 楼层的弹性地震剪力，对规则结构可采用底部剪力法计算，地震作用可按本标准第5.2节的规定计算，地震作用分项系数可取1.0；对计及扭转影响的边榀结构，可按现行国家标准《构筑物抗震设计规范》GB 50191规定的方法计算。当场地处于本标准第4.1.3条规定的不利地段时，地震作用尚应乘以增大系数1.1～1.6。截面抗震验算时，构件组合内力设计值可不作调整。

6.2.20 符合下列规定之一的多层钢筋混凝土框架结构，可评定为满足抗震鉴定要求；当不符合时应采取加固或其他相应措施：

1 楼层综合抗震能力指数不小于1.0的结构。

2 按本标准第5章规定进行抗震承载力验算并计入构造影响满足要求的结构。

6.2.21 下列情况的排架结构构件，应进行抗震验算：

1 8度时，高低跨柱列、支承低跨屋盖的牛腿（柱肩）、高大山墙的抗风柱。

2 9度时，除应符合本条第1款规定外，尚应验算排架柱。

6.3 B类钢筋混凝土框排架结构抗震鉴定

（Ⅰ）抗震措施鉴定

6.3.1 现有B类钢筋混凝土框排架结构的抗震鉴定，应按表6.3.1确定鉴定时所采用的抗震等级，并应按其所属抗震等级的要求核查抗震构造措施。

表 6.3.1　B类钢筋混凝土框架和框架-抗震墙的抗震等级

<table>
<tr><td colspan="3" rowspan="2">结构类型</td><td colspan="12">烈　度</td></tr>
<tr><td colspan="2">6 度</td><td colspan="4">7 度</td><td colspan="4">8 度</td><td colspan="2">9 度</td></tr>
<tr><td rowspan="5">框
架</td><td rowspan="2">不设贮仓的框架</td><td>高度（m）</td><td>≤25</td><td>>25</td><td colspan="2">≤25</td><td colspan="2">>25</td><td colspan="2">≤25</td><td colspan="2">>25</td><td colspan="2">≤25</td></tr>
<tr><td>框架</td><td>四</td><td>三</td><td colspan="2">三</td><td colspan="2">二</td><td colspan="2">二</td><td colspan="2">一</td><td colspan="2">一</td></tr>
<tr><td rowspan="2">设贮仓的框架</td><td>高度（m）</td><td>≤20</td><td>>20</td><td colspan="2">≤20</td><td colspan="2">>20</td><td colspan="2">≤20</td><td colspan="2">>20</td><td colspan="2">≤20</td></tr>
<tr><td>框架</td><td>四</td><td>三</td><td colspan="2">三</td><td colspan="2">二</td><td colspan="2">二</td><td colspan="2">一</td><td colspan="2">一</td></tr>
<tr><td colspan="2">大跨度框架</td><td colspan="2">三</td><td colspan="4">二</td><td colspan="4">一</td><td colspan="2">一</td></tr>
<tr><td rowspan="5">框
架-
抗
震
墙</td><td rowspan="2">不设贮仓的框架</td><td>高度（m）</td><td>≤55</td><td>>55</td><td><25</td><td colspan="2">25～55</td><td>>55</td><td><25</td><td colspan="2">25～55</td><td>>55</td><td><25</td><td>25～45</td></tr>
<tr><td>框架</td><td>四</td><td>三</td><td>四</td><td colspan="2">三</td><td>二</td><td>三</td><td colspan="2">二</td><td>一</td><td>二</td><td>一</td></tr>
<tr><td rowspan="2">设贮仓的框架</td><td>高度（m）</td><td>≤50</td><td>>50</td><td><20</td><td colspan="2">20～50</td><td>>50</td><td><20</td><td colspan="2">20～50</td><td>>50</td><td><20</td><td>20～40</td></tr>
<tr><td>框架</td><td>四</td><td>三</td><td>四</td><td colspan="2">三</td><td>二</td><td>三</td><td colspan="2">二</td><td>一</td><td>二</td><td>一</td></tr>
<tr><td colspan="2">抗震墙</td><td colspan="2">三</td><td>三</td><td colspan="3">二</td><td>二</td><td colspan="3">一</td><td colspan="2">一</td></tr>
</table>

注：1　场地为Ⅰ类时，除6度外均可按表内降低一度所对应的抗震等级确定抗震构造措施要求，但相应的抗震验算要求不降低；

2　设置少量抗震墙的框排架结构，在规定的水平力作用下，若底层框架承受地震倾覆力矩大于框架-剪力墙总地震倾覆力矩的50%，其框架部分的抗震等级应按表中框架对应的抗震等级确定，抗震墙的抗震等级可与框架等级相同；

3　设有贮仓的框架（或框架-抗震墙）系指设有纵向的钢筋混凝土筒仓竖壁，且竖壁的高跨比不大于2.5，大于2.5时应按不设筒仓确定；

4　大跨度框架指跨度大于18m的框架；

5　乙类框排架结构的抗震等级应提高一度确定。

6.3.2　现有框排架结构的结构体系应按下列规定检查：

1　一、二级抗震等级的框架结构及设有筒仓的框架，宜为现浇钢筋混凝土结构，三、四级抗震等级的框架结构，可采用装配整体式钢筋混凝土结构。

2　乙类设防且为一、二级时不宜为单跨框架，8度、9度时按梁柱的实际配筋、柱轴向力计算的框架柱的弯矩增大系数宜取大于1.1。

3　框架结构宜按本标准第6.2.1条的要求检查其规则性，不规则结构设有防震缝时，其最小宽度应符合现行国家标准《构筑物抗震设计规范》GB 50191的有关规定，并应提高相关部位的鉴定要求。

4　钢筋混凝土框排架结构的检查，尚应符合下列规定：

1）框架应双向布置，框架梁与柱的中线宜重合；

2）梁的截面宽度不宜小于200mm；梁截面的高宽比不宜大于4；梁净跨与截面高度之比不宜小于4；

3）框架梁属于贮仓的竖壁时，可不受本条第1、2款限制；

4）框架柱的截面宽度和高度均不宜小于400mm；柱的净高与截面高度之比宜大于4；

5）钢筋混凝土排架柱不应为薄壁开孔或预制腹板的工字形柱；柱底至地坪以上500mm高度范围内、阶形柱的上柱和牛腿处的各柱段，均应为矩形截面；

6）框架柱轴压比不宜超过表6.3.2-1的规定，超过时宜采取措施；柱净高与截面高度（圆柱直径）之比小于4、Ⅳ类场地上较高的框架结构，柱轴压比限值宜适当减小。

表 6.3.2-1　框架柱轴压比限值

结构类型	抗震等级			
	一	二	三	四
贮仓支承柱	0.65	0.75	0.85	0.90
框架柱	0.70	0.80	0.90	0.95
框架-抗震墙	0.80	0.85	0.90	0.95

5　钢筋混凝土框架-抗震墙的结构布置，尚应按

下列规定检查：

1）抗震墙宜双向布置，框架梁与抗震墙的中线宜重合；

2）抗震墙宜贯通结构全高，且横向与纵向宜相连；

3）结构平面较长时，纵向抗震墙不宜设置在端开间；

4）抗震墙之间无大洞口楼盖、屋盖的长宽比不宜超过表 6.3.2-2 的规定；超过表 6.3.2-2 的规定时，应计入楼盖、屋盖平面内变形的影响。

表 6.3.2-2　B 类钢筋混凝土框架-抗震墙无大洞口的楼盖、屋盖长宽比

楼盖、屋盖类别	烈　度			
	6 度	7 度	8 度	9 度
现浇、装配整体式	4.0	4.0	3.0	2.0
装配式	3.0	3.0	2.5	不宜采用

5）抗震墙墙板厚度不应小于 160mm，且不应小于层高的 1/20，抗震墙周边应有梁（或暗梁）和端柱组成的边框。

6　钢筋混凝土抗震墙结构的布置，尚应按下列规定检查：

1）一、二级抗震墙和三级抗震墙加强部位的各墙肢应有翼墙、端柱或暗柱等边缘构件，暗柱或翼墙的截面范围应按现行国家标准《构筑物抗震设计规范》GB 50191 的规定检查；

2）两端有翼墙或端柱的抗震墙墙板厚度，一级不应小于 160mm，且不宜小于层高的 1/20，二、三级不应小于 140mm，且不宜小于层高的 1/25。

7　钢筋混凝土柱排架结构的屋盖支撑布置和构造，尚应按下列规定检查：

1）屋盖支撑应符合表 6.3.2-3～表 6.3.2-5 的规定，缺支撑时应增设；

2）8 度、9 度时跨度不大于 15m 的薄腹梁无檩屋盖，可仅在排架单元两端各有一道竖向支撑；

3）上、下弦横向支撑和竖向支撑的杆件应为型钢；

4）8 度、9 度时，横向支撑的直杆应符合压杆要求，交叉杆在交叉处不宜中断，不符合时应加固；

5）柱距不小于 12m 的托架（梁）区段及相邻柱距段一侧（不等高排架为两侧）应有下弦纵向水平支撑。

表 6.3.2-3　B 类排架结构的无檩屋盖支撑布置

<table>
<tr><th colspan="3" rowspan="2">支撑名称</th><th colspan="3">烈　度</th></tr>
<tr><th>6 度、7 度</th><th>8 度</th><th>9 度</th></tr>
<tr><td rowspan="6">屋架支撑</td><td colspan="2">上弦横向支撑</td><td>屋架跨度小于 18m 时同非抗震设计，跨度不小于 18m 时在排架单元端开间各有一道</td><td colspan="2">排架单元端开间及柱间支撑开间各有一道；天窗开洞范围的两端有局部的支撑一道</td></tr>
<tr><td colspan="2">上弦通长水平系杆</td><td>同非抗震设计</td><td>沿屋架跨度不大于 15m 有一道，装配整体式屋面可没有；围护墙在屋架上弦高度有现浇圈梁时，其端部处可没有</td><td>沿屋架跨度不大于 15m 有一道，装配整体式屋面可没有；围护墙在屋架上弦高度有现浇圈梁时，其端部处可没有</td></tr>
<tr><td colspan="2">下弦横向支撑</td><td colspan="2">同非抗震设计</td><td>同上弦横向支撑</td></tr>
<tr><td colspan="2">跨中竖向支撑</td><td colspan="2">同非抗震设计</td><td>同上弦横向支撑</td></tr>
<tr><td rowspan="2">两端竖向支撑</td><td>屋架端部高度≤900mm</td><td>同非抗震设计</td><td>排架单元端开间各有一道</td><td>排架单元端开间及每隔 48m 各有一道</td></tr>
<tr><td>屋架端部高度>900mm</td><td>排架单元端开间各有一道</td><td>排架单元端开间及柱间支撑开间各有一道</td><td>排架单元端开间、柱间支撑开间及每隔 30m 各有一道</td></tr>
<tr><td colspan="3">天窗两侧竖向支撑</td><td>排架单元天窗端开间及每隔 30m 各有一道</td><td>排架单元天窗端开间及每隔 24m 各有一道</td><td>排架单元天窗端开间及每隔 18m 各有一道</td></tr>
<tr><td colspan="3">天窗上弦横向支撑</td><td>同非抗震设计</td><td>天窗跨度≥9m时，排架单元天窗开间及柱间支撑开间各有一道</td><td>排架单元天窗端开间及柱间支撑开间各有一道</td></tr>
</table>

表 6.3.2-4　B 类排架结构的中间井式天窗无檩屋盖支撑布置

支撑名称		烈　度		
		6 度、7 度	8 度	9 度
上、下弦横向支撑		排架单元端开间各有一道	排架单元端开间及柱间支撑开间各有一道	
上弦通长水平系杆		在天窗范围内屋架跨中上弦节点处有		
下弦通长水平系杆		在天窗两侧及天窗范围内屋架下弦节点处有		
跨中竖向支撑		在上弦横向支撑开间处有，位置与下弦通长系杆相对应		
两端竖向支撑	屋架端部高度≤900mm	同非抗震设计		同上弦横向支撑，且间距不大于 48m
	屋架端部高度＞900mm	排架单元端开间各有一道	同上弦横向支撑，且间距不大于 48m	同上弦横向支撑，且间距不大于 30m

表 6.3.2-5　B 类排架结构的有檩屋盖支撑布置

支撑名称		烈　度		
		6 度、7 度	8 度	9 度
屋架支撑	上弦横向支撑	排架单元端开间各有一道	排架单元端开间及排架单元长度大于 66m 的柱间支撑开间各有一道；天窗开窗范围的两端各有局部的支撑一道	排架单元端开间及排架单元长度大于 42m 的柱间支撑开间各有一道； 天窗开窗范围的两端各有局部的上弦横向支撑一道
	下弦横向支撑，跨中竖向支撑	同非抗震设计		
	端部竖向支撑	屋架端部高度大于 900mm 时，排架单元端开间及柱间支撑开间各有一道		
天窗架支撑	上弦横向支撑	排架单元的天窗端开间各有一道	排架单元的天窗端开间及每隔 30m 各有一道	排架单元的天窗端开间及每隔 18m 各有一道
	两侧竖向支撑	排架单元的天窗端开间及每隔 36m 各有一道		

6.3.3　梁、柱、墙实际达到的混凝土强度等级不应低于 C20。一级的框架梁、柱和节点不宜低于 C30。构造柱、芯柱和扩展基础不宜低于 C15。

6.3.4　现有框架梁的配筋与构造应按下列规定检查：

1　梁端纵向受拉钢筋的配筋率不宜大于 2.5%，且混凝土受压区高度和有效高度之比，一级不应大于 0.25，二、三级不应大于 0.35。

2　梁端截面的底面和顶面实际配筋量的比值，除应按计算确定外，一级不应小于 0.5，二、三级不应小于 0.3。

3　梁端箍筋实际加密区的长度、箍筋最大间距和最小直径，应按表 6.3.4 的要求检查。

4　梁顶面和底面的通长钢筋，一、二级不应少于 2ϕ14，且不应少于梁端顶面和底面纵向钢筋中较大截面面积的 1/4，三、四级不应少于 2ϕ12。

5　加密区箍筋肢距，一、二级不宜大于 200mm，三、四级不宜大于 250mm。当纵向钢筋每排多于 4 根时，每隔一根宜用箍筋或拉筋固定。

表 6.3.4　梁端箍筋加密区的长度、箍筋最大间距和最小直径

抗震等级	加密区长度（采用较大值）（mm）	箍筋最大间距（采用最小值）（mm）	箍筋最小直径（mm）
一	$2h_b$，500	$h_b/4$，$6d$，100	10
二	$1.5h_b$，500	$h_b/4$，$8d$，100	8
三	$1.5h_b$，500	$h_b/4$，$8d$，150	8
四	$1.5h_b$，500	$h_b/4$，$8d$，150	6

注：1　d 为纵向钢筋直径；h_b 为梁高；

2　当框架梁端纵向受拉钢筋配筋率大于 2% 时，箍筋最小直径数值应增大 2mm。

6.3.5　现有框架柱的配筋与构造应按下列规定检查：

1　柱实际纵向钢筋的总配筋率不应小于表 6.3.5-1 的规定。

表 6.3.5-1 柱纵向钢筋的最小总配筋率（%）

柱的类别	抗震等级			
	一	二	三	四
中柱和边柱	0.8	0.7	0.6	0.5
角柱和贮仓支承柱	1.0	0.9	0.8	0.7

注：对Ⅳ类场地上较高的框排架结构，表中的数值应增加0.1。

2 柱箍筋在规定的范围内应加密，加密区的箍筋最大间距和最小直径，应符合下列规定：

1） 箍筋的最大间距和最小直径，不宜低于表6.3.5-2的要求；

2） 二级框架柱的箍筋直径不小于10mm且箍筋肢距不大于200mm时，除柱根外最大间距可为150mm；

3） 三级框架柱的截面尺寸不大于400mm时，箍筋最小直径应允许为6mm；

4） 框架柱剪跨比不大于2时，箍筋直径不应小于8mm；

5） 贮仓支承柱、剪跨比不大于2的框架柱，箍筋间距不应大于100mm。

表 6.3.5-2 框架柱加密区的箍筋最大间距和最小直径

抗震等级	箍筋最大间距（采用较小值，mm）	箍筋最小直径（mm）
一	6*d*，100	10
二	8*d*，100	8
三	8*d*、150（柱根100）	8
四	8*d*、150（柱根100）	6（柱根8）

注：*d*为柱纵向钢筋最小直径；柱根指框架底层柱的嵌固部位。

3 柱箍筋的加密区范围，应按下列规定检查：

1） 柱端，为截面高度（圆柱直径）、柱净高的1/6和500mm三者的最大值；

2） 底层柱为刚性地面上下各500mm；

3） 柱净高与柱截面高度之比小于4的柱（包括因嵌砌填充墙等形成的短柱）、一级框架的角柱、贮仓支承柱为全高。

4 加密区的箍筋最小体积配箍率，不宜小于表6.3.5-3的规定。一、二级时，净高与柱截面高度（圆柱直径）之比小于4的柱的体积配箍率，不宜小于1.0%。

5 柱加密区箍筋肢距，一级不宜大于200mm，二级不宜大于250mm，三、四级不宜大于300mm，且每隔一根纵向钢筋宜在两个方向有箍筋约束。

6 柱非加密区的实际箍筋量不宜小于加密区的50%，且箍筋间距，一、二级不应大于纵向钢筋直径的10倍，三级不应大于纵向钢筋直径的15倍。

表 6.3.5-3 柱加密区箍筋最小体积配箍率（%）

抗震等级	箍筋形式	柱轴压比		
		＜0.4	0.4～0.6	＞0.6
一	普通箍、复合箍	0.8	1.2	1.6
	螺旋箍	0.8	1.0	1.2
二	普通箍、复合箍	0.6～0.8	0.8～1.2	1.2～1.6
	螺旋箍	0.6	0.8～1.0	1.0～1.2
三	普通箍、复合箍	0.4～0.6	0.6～0.8	0.8～1.2
	螺旋箍	0.4	0.6	0.8

注：1 普通箍指单个矩形箍；复合箍指由矩形、多边形或拉筋组成的箍筋；

2 剪跨比不大于2的柱宜采用井字复合箍，其体积配箍率不应小于1.2%，9度一级时不应小于1.5%；

3 筒仓支承柱宜为井字复合箍，其体积配箍率不应小于1.5%；

4 当混凝土强度等级高于C35且采用Ⅱ级钢筋的箍筋时，最小体积配箍率可按表中规定的数值乘以折减系数0.85，但不应小于0.4%；

5 井字复合箍的肢距不大于200mm且直径不小于10mm时，可采用表中螺旋箍的最小配箍率。

6.3.6 框架节点核芯区内箍筋的最大间距和最小直径宜按本标准表6.3.5-2检查，一、二、三级的体积配箍率分别不宜小于1.0%、0.8%、0.6%，但轴压比小于0.4时仍按本标准表6.3.5-3检查。

6.3.7 抗震墙墙板的配筋与构造，应按下列规定检查：

1 抗震墙墙板横向、竖向分布钢筋的配筋，均不应小于0.25%，并应配置双排钢筋；钢筋间距不应大于300mm，直径不应小于8mm；拉筋直径不应小于6mm，间距不应大于600mm。

2 抗震墙边缘构件的配筋，应符合表6.3.7的要求；当剪力墙因设置门洞而使边框柱成为独立柱时，该边框柱沿全高范围的箍筋配置宜符合本标准第6.3.5条框架柱箍筋加密区的构造要求。

表 6.3.7 抗震墙边缘构件的配筋要求

抗震等级	纵向钢筋	箍筋	
		最小直径	最大间距(mm)
一级	$0.015A_c$	$\phi 8$	100
二级	$0.012A_c$	$\phi 8$	150
三级	$0.005A_c$或$2\phi 14$中的较大值	$\phi 6$	150
四级	$2\phi 12$	$\phi 6$	150

注：A_c为边框柱或暗柱的截面面积；对翼柱A_c取$(1.5b_2\sim2.0b_2)$的截面面积。

6.3.8 钢筋的接头和锚固应符合现行国家标准《混凝土结构设计规范》GB 50010 的有关规定。

6.3.9 框架结构砌体填充墙应按下列规定检查：

1 砌体填充墙在平面和竖向的布置，宜均匀对称。

2 不约束框架变形的砌体填充墙，宜与框架柱柔性连接，墙体与柱边应留有不小于 30mm 的缝隙，并应填充柔性填料，但墙顶应与框架梁紧密结合。

3 砌体填充墙与框架为刚性连接时，应按下列规定检查：

1）具有抗侧力作用的实心砖墙应嵌砌在框架平面内且与梁柱紧密结合，墙厚不应小于 240mm，砂浆强度等级不应低于 M5；

2）沿框架柱高每隔 500mm 应有 2ϕ6 拉筋，拉筋伸入填充墙内长度，一、二级框架宜沿墙全长拉通；三、四级框架不应小于墙长的 1/5 且不小于 700mm；

3）墙长度大于 5m 时，墙顶部与梁宜有拉结措施，墙高度超过 4m 时，宜在墙高中部有与柱连接的通长钢筋混凝土水平系梁。

6.3.10 现有排架柱的构造与配筋应符合下列规定：

1 下列范围内排架柱的箍筋间距不应大于 100mm，最小箍筋直径应符合表 6.3.10 的规定。不满足要求时应加固：

1）柱顶以下 500mm，且不小于柱截面长边尺寸；

2）阶形柱牛腿面至吊车梁顶面以上 300mm；

3）牛腿或柱肩全高；

4）柱底至设计地坪以上 500mm；

5）柱间支撑与柱连接节点和柱变位受约束的部位上下各 300mm。

表 6.3.10 排架柱加密区的最小箍筋直径（mm）

加密区位置	烈度和场地类别		
	6 度和 7 度Ⅰ、Ⅱ类场地	7 度Ⅲ、Ⅳ类场地和 8 度Ⅰ、Ⅱ类场地	8 度Ⅲ、Ⅳ类场地和 9 度
一般柱头、柱根	8	8	8
上柱、牛腿、有支撑的柱根	8	8	10
有支撑的柱头，柱变位受约束的部位	8	10	10

2 支承低跨屋架的中柱牛腿（柱肩）中，承受水平力的纵向钢筋与预埋件应焊牢。6 度、7 度时，承受水平力的纵向钢筋不应少于 2ϕ12，8 度时不应少于 2ϕ14，9 度时不应少于 2ϕ16。

6.3.11 现有的柱间支撑应为型钢，其斜杆与水平面的夹角不宜大于 55°。柱间支撑布置应按下列规定检查，不符合时应增加支撑或采取其他相应措施：

1 排架单元中部应有一道上下柱柱间支撑，有吊车或 8 度、9 度时，单元两端宜各有一道上柱支撑。

2 柱间支撑斜杆的长细比，不宜超过表 6.3.11 的规定。交叉支撑在交叉点应设置节点板，其厚度不应小于 10mm，斜杆与该节点板应焊接，与端节点板宜焊接。

表 6.3.11 柱间支撑交叉斜杆的长细比限值

位　置	烈　度			
	6 度	7 度	8 度	9 度
上柱支撑	250	250	200	150
下柱支撑	200	200	150	150

3 8 度时跨度不小于 18m 的多跨排架中柱和 9 度时多跨排架各柱，柱顶应有通长水平压杆，水平压杆可与梯形屋架支座处通长水平系杆合并设置，钢筋混凝土系杆端头与屋架间的空隙应采用混凝土填实。

4 下柱支撑的下节点位置和构造应能将地震作用直接传给基础。6 度、7 度时，下柱支撑的下节点在地坪以上时应靠近地面处。

6.3.12 排架结构构件现有的连接构造应按下列规定检查，不符合要求时应采取相应的加强措施：

1 有檩屋盖的檩条在屋架（屋面梁）上的支承长度不宜小于 50mm，且与屋架（屋面梁）应焊牢；双脊檩应在跨度 1/3 处相互拉结；槽瓦、瓦楞铁、石棉瓦等与檩条的连接件不应漏缺或锈蚀。

2 大型屋面板应与屋架（屋面梁）焊牢，靠近柱列的屋面板与屋架（屋面梁）的连接焊缝长度不宜小于 80mm；6 度、7 度时，有天窗排架单元的端开间，或 8 度、9 度各开间，垂直屋架方向两侧相邻的大型屋面板的顶面宜相互焊牢；8 度、9 度时，大型屋面板端头底面的预埋件宜采用角钢，并宜与主筋焊牢。

3 突出屋面天窗架的侧板与天窗立柱宜用螺栓连接。

4 屋架（屋面梁）与柱子的连接，8 度时宜为螺栓，9 度时宜为钢板铰或螺栓；屋架（屋面梁）端部支承垫板的厚度不宜小于 16mm；柱顶预埋件的锚筋，8 度时不宜少于 4ϕ14，9 度时不宜少于 4ϕ16，有柱间支撑的柱子，柱顶预埋件尚应有抗剪钢板；柱间支撑与柱连接节点预埋件的锚件，8 度Ⅲ、Ⅳ类场地和 9 度时宜为角钢加端板，其他情况可采用 HRB335、HRB400 钢筋，但锚固长度不应小于锚筋直径的 30 倍。

5 山墙抗风柱与屋架（屋面梁）上弦应有可靠连接；当抗风柱与屋架下弦相连接时，连接点应设在下弦横向支撑节点处；且下弦横向支撑的截面和连接节点应进行抗震承载力验算。

6.3.13 排架结构的黏土砖围护墙现有的连接结构，应按下列规定检查：

1 纵墙、山墙、高低跨封墙和纵横跨交接处的悬墙，沿柱高每隔不大于500mm均应有2ϕ6钢筋与柱（包括抗风柱）、屋架（包括屋面梁）端部、屋面板和天沟板可靠拉结。高低跨排架的高跨封墙不应直接砌在低跨屋面上。

2 砖围护墙的圈梁应符合下列规定：

1）梯形屋架端部上弦和柱顶标高处应有现浇钢筋混凝土圈梁各一道，但屋架端部高度不大于900mm时可合并设置；

2）8度、9度时，应按上密下疏的原则沿墙高每隔4m有圈梁一道；沿山墙顶应有卧梁并宜与屋架端部上弦高度处的圈梁连接，不等高排架的高低跨封墙和纵横跨交接处的悬墙中，圈梁的竖向间距不应大于3m；

3）圈梁宜闭合，当柱距不大于6m时，圈梁的截面宽度宜与墙厚相同，高度不应小于180mm，其配筋在6度～8度时不应少于4ϕ12，9度时不应少于4ϕ14；排架转角处柱顶圈梁在端开间范围内的纵筋，6度～8度时不宜少于4ϕ14，9度时不应少于4ϕ16，转角两侧各1m范围内的箍筋直径不宜小于ϕ8，间距不宜大于100mm；各圈梁在转角处应有不少于3根且直径与纵筋相同的水平斜筋；

4）圈梁与屋架或柱应有可靠连接；山墙卧梁与屋面板应有拉结；顶部圈梁与柱锚拉的钢筋不宜少于4ϕ12，且锚固长度不宜小于钢筋直径的35倍；变形缝处圈梁和柱顶、屋架锚拉的钢筋均应有所加强。

3 墙梁宜为现浇；当采用预制墙梁时，预制墙梁与柱应有可靠连接，梁底与其下的墙顶宜有拉结；排架转角处相邻的墙梁，应相互可靠连接。

4 女儿墙可按本标准第3.0.12条的规定检查，位于出入口、高低跨交接处和披屋上部的女儿墙不符合要求时应采取相应措施。

6.3.14 排架结构的砌体内隔墙的构造应按下列规定检查：

1 独立隔墙的砌筑砂浆，实际达到的强度等级不宜低于M2.5。

2 到顶的内隔墙与屋架（屋面梁）下弦之间不应有拉结，但墙体应有稳定措施。

3 隔墙应与柱柔性连接或脱开，并应有稳定措施，顶部应有现浇钢筋混凝土压顶梁。

（Ⅱ）抗震承载力验算

6.3.15 现有B类钢筋混凝土框排架结构，应按现行国家标准《构筑物抗震设计规范》GB 50191的抗震分析方法和本标准第5.2节的规定进行抗震承载力验算，乙类框排架结构尚应进行罕遇地震下的弹塑性变形验算；当框架结构的抗震构造措施不满足本标准第6.3.1～6.3.9条的要求时，可按本标准第6.2节的方法计入构造的影响进行综合评价。6度和7度Ⅰ、Ⅱ类场地，柱高不超过10m且两端有山墙的单跨及等高多跨B类排架结构，当抗震构造措施符合本节有关规定时，可不进行截面抗震验算；其他B类排架结构，均应按现行国家标准《构筑物抗震设计规范》GB 50191的抗震分析方法和本标准第5章的规定进行抗震承载力验算。

6.3.16 框架结构构件截面抗震验算时，其组合内力设计值的调整应符合本标准附录D的规定，截面抗震验算应符合本标准附录E的规定。当场地处于本标准第4.1.3条规定的不利地段时，地震作用尚应乘以增大系数1.1～1.6。

6.3.17 计入黏土砖填充墙抗侧力作用的框架结构，可按本标准附录F进行抗震验算。

6.3.18 B类钢筋混凝土框架结构的体系影响系数，可根据结构体系、梁柱箍筋、轴压比、墙体边缘构件等构造符合鉴定要求的程度和部位，按下列情况确定：

1 当结构体系、梁柱箍筋、轴压比、墙体边缘构件等各项构造均符合现行国家标准《构筑物抗震设计规范》GB 50191的规定时，可取1.1。

2 当各项构造均符合本标准第6.3.1～6.3.14条的规定时，可取1.0。

3 当各项构造均符合本标准第6.2节A类框架结构鉴定的规定时，可取0.8。

4 当结构受损伤或发生倾斜但已修复纠正时，本条第1～3款的体系影响系数值尚宜乘以0.8～1.0。

7 钢框排架结构

7.1 一般规定

7.1.1 本章适用于多层钢框架或钢框架-支撑结构与单层排架侧向组成的框排架结构的抗震鉴定。

7.1.2 抗震鉴定时，应重点检查承重梁、柱、楼板的钢材材质、厚度和连接，支撑连接节点，墙体与承重结构的连接，场地条件的不利影响，设备的振动和偏心等。

7.1.3 排架突出屋面的天窗架，宜为刚架或桁架结构，天窗的端壁板与挡风板，宜为轻质材料。

7.1.4 框排架结构的布置，应按下列规定检查：

1 平面形状复杂、高度差异大或楼层荷载相差悬殊时，宜设置防震缝。设置防震缝时，宜符合现行国家标准《构筑物抗震设计规范》GB 50191 的有关规定。

2 料斗等设备穿过楼层且支承在下部楼层时，设备重心宜接近楼层的支点处。同一设备穿过两个以上楼层时，宜在非设备重心处的楼层作为支座，必要时可另选一层加设水平支承点。

3 设备为自承重时，设备应与主体结构分开。

4 8 度、9 度时，与框排架结构贴建的生活间、变电所、炉子间和运输走廊等附属建（构）筑物，宜有防震缝分开。防震缝宽度宜符合本标准第 6 章有关钢筋混凝土框排架结构规定值的 1.5 倍。

5 排架结构端部不宜为山墙承重，宜设有屋架。

6 8 度、9 度时，工作平台宜与排架柱脱开或柔性连接。

7 8 度、9 度时，砖围护墙宜为外贴式，不宜为一侧有墙另一侧敞开或一侧外贴而另一侧嵌砌等，但单跨排架可两侧均为嵌砌式。

8 8 度、9 度时仅一端有山墙的敞开端和不等高排架的边柱列等，应具有抗扭转效应的构造措施。

7.1.5 框排架结构的外观和内在质量，应按下列规定检查：

1 柱、梁、屋架、檩条、支撑等受力构件应无明显变形、锈蚀、裂纹等缺陷。

2 构件和节点的焊缝外形宜均匀、成型较好，应无裂纹、咬边等缺陷。

3 连接螺栓和铆钉应无松动或断裂、掉头、错位等损坏情况。

7.1.6 8 度和 9 度时，排架的纵向天窗架宜从结构单元端部第二个开间开始设置，如不满足要求在第一个开间设置时屋盖局部应增设上弦横向支撑。

7.1.7 框排架结构应设置完整的屋盖支撑和柱间支撑系统，结构应具有整体刚度和空间工作性能。排架柱间支撑系统，应符合现行国家标准《构筑物抗震设计规范》GB 50191 的有关规定。

7.1.8 框排架结构围护墙和非承重内墙的构造，宜按下列规定检查：

1 砌体围护墙与框排架结构的连接，宜为不约束结构变形的柔性连接。

2 框架结构的砌体填充墙与框架柱为非柔性连接时，其平面和竖向布置宜对称、均匀且上下连续。

7.1.9 框排架结构的抗震鉴定，应包括抗震措施鉴定和抗震承载力验算。当符合本章各项规定时，应评为满足抗震鉴定要求；当不符合本章各项规定时，可根据构造和承载力的不符合的程度，通过综合分析确定采取加固或其他相应对策。

7.2 A 类框排架结构抗震鉴定

（Ⅰ）抗震措施鉴定

7.2.1 排架屋盖支撑布置，应符合本标准表 6.2.7-1～表 6.2.7-3 的规定。

7.2.2 A 类框排架结构的抗震措施鉴定，应符合下列规定：

1 框架的梁柱为刚接时，梁翼缘与柱宜为全焊透焊接；梁腹板与柱可为高强度螺栓连接或双边角焊缝连接，8 度、9 度时不宜为普通螺栓连接。

2 柱的长细比，7 度和 8 度时不宜超过 150，9 度时不宜超过 120。

3 梁柱板件宽厚比限值，应符合表 7.2.2 的要求。

表 7.2.2 A 类框排架结构的梁柱板件宽厚比限值

板件名称		7 度、8 度	9 度
柱	工字形截面翼缘外伸部分	13	12
	箱形截面壁板	40	36
	工字形截面腹板	50	46
梁	工字形截面和箱形截面翼缘外伸部分	13	12
	箱形截面翼缘在两腹板间的部分	34	32

4 多层框架的纵向柱间支撑布置，宜符合本标准第 7.3.1 条第 4 款的要求。

（Ⅱ）抗震承载力验算

7.2.3 A 类框排架结构的抗震承载力验算，应符合下列规定：

1 外观良好且符合下列规定之一的框排架结构，可不进行抗震承载力验算：

1）6 度时，单层排架和与其侧面连接的多层框架组成的框排架结构；

2）7 度Ⅰ、Ⅱ类场地时的等高多跨的轻屋盖单层排架结构；

3）7 度、8 度时，符合本节抗震措施鉴定要求的框排架结构。

2 不符合本条第 1 款规定时，可按本标准第 5 章的规定进行抗震承载力验算，验算时构件组合内力设计值可不作调整。

7.3 B 类框排架结构抗震鉴定

（Ⅰ）抗震措施鉴定

7.3.1 B 类框排架结构的抗震措施鉴定，应按下列规定检查：

1 传递地震作用的框架梁柱连接、柱间支撑端部连接等主要构件连接节点，宜为焊接或高强度螺栓连接，亦可为栓焊混合连接。8度和9度时，主要承重构件的重要传力连接节点不应为普通螺栓连接。所有焊接连接中，不得采用间断焊缝。8度、9度时的主要节点，不宜为承压型高强度螺栓连接。

2 排架的外包砌体墙及多层框架的轻质砌块墙，其墙体与柱、梁和构造柱之间宜有ϕ6@500的钢筋拉结；8度和9度为嵌砌砖墙时，墙柱之间宜为柔性无约束的构造。

3 多跨排架的中跨柱距与边跨柱距不等时，屋盖结构单元的全长应设置纵向水平支撑，并应与屋盖横向支撑形成封闭的支撑体系。在一个结构单元内，多跨排架中相邻两跨纵向长度不等时，在屋盖阴角处宜设有局部的纵向水平支撑。

4 多层框架纵向柱间支撑布置，应符合下列规定：

1）支撑宜设置在柱列中部附近，当纵向柱数较少时，亦可在两端设置；多层多跨框排架纵向柱间支撑的布置，应靠近质心，并避免上、下层刚心的偏移；

2）多层框架柱列侧移刚度相差较大或各层质量分布不均，且结构可能产生扭转时，在单层与多层相连处应沿全长设置纵向支撑。

5 排架的柱间支撑布置，应符合下列规定：

1）结构单元中部应有一道上下柱间支撑；8度、9度时，单元两端宜各有一道上柱支撑；

2）柱间支撑斜杆的长细比，不宜超过表7.3.1的规定。交叉支撑在交叉处应设有厚度不小于10mm的节点板，斜杆与节点板应焊接连接。

表7.3.1 柱间支撑交叉斜杆的长细比限值

位置	烈度			
	6度	7度	8度	9度
上柱支撑	250	250	200	150
下柱支撑	200	200	150	150

3）8度时跨度不小于18m的多跨排架中柱和9度时的多跨排架各柱，柱顶应有通长水平压杆，水平压杆可与梯形屋架支座处通长水平系杆合并设置；

4）下柱支撑的下节点位置和构造，应能将地震作用直接传至基础。6度、7度时，下柱支撑的下节点在地坪以上时应靠近地面处。

6 排架的屋盖支撑布置，应符合本标准表6.3.2-3～表6.3.2-5的规定。

7.3.2 多层框架刚接节点在梁翼缘与柱焊接处，柱腹板应设置横向加劲肋；8度和9度时，横向加劲肋厚度不宜小于相对应的梁翼缘厚度。

7.3.3 柱的长细比，7度、8度时不应超过150，9度时不应超过120。

7.3.4 梁柱板件宽厚比，应符合表7.3.4的要求。

表7.3.4 B类框排架结构的板件宽厚比限值

	板件名称	7度、8度	9度
柱	工字形截面翼缘外伸部分	13	11
	箱形截面壁板	40	36
	工字形截面腹板	48	44
梁	工字形截面和箱形截面翼缘外伸部分	13	11
	箱形截面翼缘在两腹板间的部分	32	30

（Ⅱ）抗震承载力验算

7.3.5 6度和7度Ⅰ、Ⅱ类场地，且风荷载大于0.5MPa的单跨和等高多跨的轻屋盖排架结构，当抗震措施符合本章规定时，可不进行抗震承载力验算。其他B类框排架结构均应按现行国家标准《构筑物抗震设计规范》GB 50191的抗震分析方法和本标准第5章的规定进行纵向和横向抗震承载力验算。

8 通　廊

8.1 一般规定

8.1.1 本章适用于下列通廊的抗震鉴定：

1 砌体支承结构通廊和砖混结构通廊中的廊身砌体结构或混合支承结构通廊中的砌体支承结构。

2 钢筋混凝土结构通廊。

3 钢结构通廊。

8.1.2 通廊结构的外观和内在质量的检查，应符合下列规定：

1 通廊结构不应有明显的倾斜或变形。

2 砌体结构不应有明显的疏松、开裂或外闪。

3 混凝土构件不应有严重的腐蚀和剥落，钢筋应无外露和锈蚀。

4 钢结构构件应无明显腐蚀、损伤、断裂，地脚螺栓应无松动、断裂或严重腐蚀。

8.1.3 通廊的端部与相邻建（构）筑物之间，6度、7度时宜设防震缝；8度和9度时，应设防震缝。

8.1.4 通廊防震缝的设置，应符合下列规定：

1 钢筋混凝土支承结构通廊，两端与建（构）筑物脱开或一端脱开、另一端支承在建（构）筑物上且为滑(滚)动支座时，其与建(构)筑物之间的防震缝最小宽度，当邻接处通廊屋面高度不大于15m时，可为70mm；当高度大于15m时，6度～9度相应每增加高度5m、4m、3m、2m，防震缝宜再加宽20mm。

钢支承结构的通廊，可采用钢筋混凝土支承结构通廊的防震缝最小宽度的1.5倍。

2 一端落地的通廊，落地端与建（构）筑物之间的防震缝最小宽度，不宜小于50mm；另一端防震缝最小宽度不宜小于本条第1款规定宽度的1/2加20mm。

3 通廊中部设置防震缝时，防震缝的两侧均宜设有支承结构，防震缝宽度宜符合本条第1款规定。

4 当地下通廊设置防震缝时，宜设置在地下通廊转折处或变截面处，以及地下通廊与地上通廊或建（构）筑物的连接处；地下通廊的防震缝宽度，不宜小于50mm。

5 地下通廊与地上通廊之间的防震缝，宜在地下通廊底板高出地面不小于500mm处设置。

8.1.5 建（构）筑物上支承通廊的横梁及支承结构的肩梁，宜符合下列规定：

1 横梁、肩梁与通廊大梁连接处宜设有支座钢垫板，其厚度不宜小于16mm。

2 7度～9度时，钢筋混凝土肩梁支承面的预埋件，宜设有垂直于通廊纵向的抗剪钢板，抗剪钢板宜设有加劲板。

3 通廊大梁与肩梁间，宜为螺栓连接。

4 钢筋混凝土横梁、肩梁，宜为矩形截面；不宜在横梁上伸出短柱作为通廊大梁的支座。

8.1.6 当通廊跨间承重结构支承在建（构）筑物上时，宜为滑（滚）动等支座形式，并应有防止落梁的措施。

8.2 砌体结构通廊

（Ⅰ）抗震措施鉴定

8.2.1 砖混结构通廊的抗震鉴定，应重点检查通廊结构布置及其连接构造、主要砌体结构的材料强度等级和砌筑质量。

8.2.2 通廊与其支承的建（构）筑物之间应有合理的连接构造。不符合要求时，应采取加固措施。

8.2.3 通廊与毗邻建（构）筑物之间设有防震缝分隔时，防震缝的宽度应符合本标准第8.1.4条的规定。不符合要求时，应分析碰撞可能造成的损坏，并应采取相应的抗震措施。

8.2.4 8度Ⅲ、Ⅳ类场地和9度时，不应为砌体支承结构。

8.2.5 6度、7度和8度Ⅰ、Ⅱ类场地时，通廊砌体支承结构应符合下列规定：

1 支承结构不应为无筋砌体支墩。

2 支承结构为砖墙、砖拱时，应为平面封闭或箱形结构。

8.2.6 通廊的砌体支承结构为箱形时，应符合下列规定：

1 墙厚不应小于240mm，黏土砖强度等级不应低于MU5.0，砂浆强度等级不应低于M2.5。墙体顶部应有封闭圈梁（卧梁），并应与廊身钢筋混凝土大梁可靠连接。内部横墙间距不应大于12m。

2 墙体沿高度每隔4m应有一道圈梁。

3 8度、9度时，墙体的四角和内外墙交汇处应设有构造柱，其最小截面可为240mm×180mm。混凝土强度等级不宜低于C15，纵向钢筋不宜小于4ϕ12。

8.2.7 8度、9度时，混合支承结构通廊单元内，宜设有钢筋混凝土四柱式框架支架。

8.2.8 砖砌体廊身，应符合下列规定：

1 廊身为预制钢筋混凝土屋面板时，墙顶应设有钢筋混凝土檐口圈梁。墙体檐口圈梁与构造柱之间应有钢筋拉结。

2 墙体应设有构造柱，6度～9度时，构造柱的间距分别不宜大于8m、6m、5m、4m。

3 屋面板与檐口圈梁之间、底板与纵向大梁之间，均应有可靠连接。

4 轻型屋面的承重构件应与廊身砖墙有可靠连接，通廊单元两端均应各设有一道屋面横向水平支撑。

8.2.9 砌体支承结构与钢或钢筋混凝土支架混合支承时，其砌体支承结构应按提高一度设防要求进行抗震措施鉴定。

（Ⅱ）抗震承载力验算

8.2.10 满足抗震措施鉴定要求的下列砖混结构通廊，可不进行抗震承载能力验算，可直接判定为满足抗震鉴定要求：

1 地下通廊。

2 6度和7度Ⅰ、Ⅱ类场地时的砖混结构通廊和砌体支承结构通廊。

8.2.11 下列通廊的砌体支承结构，应按现行国家标准《构筑物抗震设计规范》GB 50191的方法和本标准第5章的规定进行抗震承载力验算：

1 7度Ⅲ、Ⅳ类场地和8度、9度时，砖混结构通廊和砌体支承结构通廊的支承结构。

2 8度和9度时，混合支承结构通廊中的砌体支承结构。

8.3 钢筋混凝土结构通廊

（Ⅰ）抗震措施鉴定

8.3.1 现有钢筋混凝土结构通廊的抗震鉴定，应根据其设防烈度重点检查下列薄弱部位：

1 6度时，应检查局部易掉落的构件、部件，其中包括通廊围护结构与主体结构的连接构造，以及通廊与支承建（构）筑物、毗邻建（构）筑物间非结构构件的连接构造。

2 7度时，除应按本条第1款检查外，尚应检查通廊结构的布置及连接构造，其中应包括通廊大梁上的门架(或立柱)与支承梁的连接，通廊底板、屋盖结构的布置与连接构造，通廊大梁(桁架)与支架结构的连接与构造，支架梁柱节点的连接方式。

3 8度、9度时，除应按本条第1、2款检查外，尚应检查通廊大梁（桁架）、通廊支架梁柱的配筋、材料强度等级，以及通廊与支承建（构）筑物、毗邻建（构）筑物间相互作用的不利影响等。

8.3.2 钢筋混凝土结构通廊的外观和内在质量，应符合下列规定：

1 支承结构应无明显歪扭、倾斜，构件连接应无明显裂缝、错动、腐蚀和其他破坏。

2 屋盖和底板应无明显变形、开裂、渗漏和钢筋锈蚀。

3 围护墙体应无明显开裂、位移或与主体结构脱开，砖砌体廊身应符合本标准第8.2.8条的要求。

4 大梁等承重构件应无明显裂缝或大面积剥落，钢筋应无外露和锈蚀。

5 结构构件应无其他损伤。

8.3.3 8度、9度时，框架式支承结构应符合下列规定：

1 当横梁净跨度大于4倍截面高度时，横梁两端在长度为截面高度范围内宜设有加密的封闭箍筋，其间距不宜大于横梁截面高度1/4、纵向钢筋直径的6倍和150mm中的最小值。

2 当横梁净跨度不大于4倍截面高度时，横梁的全长均宜设有本条第1款要求的封闭箍筋。

3 当柱间设有填充墙时，A类和B类通廊的填充墙应分别符合本标准第3.0.13条和第3.0.14条的有关要求。

8.3.4 8度、9度时，通廊大梁（桁架）与其支承结构的连接应符合下列规定：

1 预制钢筋混凝土大梁（桁架）端部与支承结构肩梁间，宜为焊接连接或螺栓连接。支承结构顶部预埋件的锚筋，8度时不宜小于4ϕ14，9度时不宜小于4ϕ16。

2 当本条第1款的连接为螺栓连接时，螺栓直径不宜小于M20。

3 钢筋混凝土大梁（桁架）端部不应支承于短柱支座上。

4 大跨度大梁（桁架）端部底面与支承结构顶面连接处，均应设有支座垫板。

5 通廊落地端混凝土或钢筋混凝土支墩的锚栓直径不宜小于M20。

8.3.5 通廊大梁（桁架）支承在建（构）筑物上时，宜为滑动或滚动等支座，并应有防止落梁的限位措施。

8.3.6 钢筋混凝土结构通廊的防震缝设置，应符合本标准第8.1.4条的规定。

8.3.7 8度和9度时，混合支承或支架支承的重型通廊，在每个通廊单元中应设有钢筋混凝土四柱式框架支架。

（Ⅱ）抗震承载力验算

8.3.8 当抗震措施符合本节第8.3.1～8.3.7条的要求时，下列钢筋混凝土结构通廊可不进行抗震承载能力验算，可直接判定为满足抗震鉴定要求：

1 露天式和半露天式通廊。

2 6度、7度和8度Ⅰ、Ⅱ类场地时，轻质材料围护墙和轻型屋面的钢筋混凝土结构通廊。

3 6度和7度Ⅰ、Ⅱ类场地时，廊身为钢筋混凝土桁架壁板合一式通廊。

4 6度、7度时，廊身为钢筋混凝土箱形结构的通廊。

8.3.9 下列通廊的结构构件，应按现行国家标准《构筑物抗震设计规范》GB 50191的抗震分析方法和本标准第5章的规定进行抗震承载力验算：

1 属于本标准第8.2.9条混合支承结构通廊中的钢筋混凝土支架。

2 8度Ⅲ、Ⅳ类场地和9度时，砖混结构通廊的钢筋混凝土支架。

3 7度～9度时，T形支架等横向稳定性差的钢筋混凝土支架。

4 8度和9度时，跨度大于24m的砖混结构通廊的桁架式跨间承重结构。

8.4 钢结构通廊

（Ⅰ）抗震措施鉴定

8.4.1 现有钢结构通廊的抗震鉴定，应根据其设防烈度重点检查下列薄弱部位：

1 6度、7度时，应检查局部易掉落伤人的构件、部件，其中应包括通廊围护结构与主体结构的连接构造，通廊与支承建（构）筑物、毗邻建（构）筑物间结构构件的连接构造。

2 8度、9度时，除应按本条第1款检查外，尚应检查通廊结构的布置和连接构造，其中应包括通廊支架及其支撑系统的布置和连接构造，通廊底板、屋盖结构的布置和连接构造，通廊纵向承重梁（桁架）与支架结构的连接和构造。

8.4.2 钢结构通廊的外观和内在质量，应符合下列规定：

1 支架应无明显歪扭、倾斜。

2 构件连接应无断裂、变形或松动。

3 围护结构构件应无开裂、松动和变形。

4 支架地脚螺栓应无腐蚀、松动或断裂。

8.4.3 A类、B类钢结构通廊支承结构和大梁（桁架）的板件宽厚比，宜分别符合本标准表7.2.2和表7.3.4的规定。支承结构的平腹杆长细比不宜大于150。支架长细比6度、7度时不宜大于250，8度时不宜大于200，9度时不宜大于150。

8.4.4 8度Ⅲ、Ⅳ类场地和9度时，格构式钢支架交叉杆与柱肢相交的节点处应设有横缀板，支架的地脚螺栓应符合本标准第10.4.6条的有关要求。

8.4.5 8度和9度时，通廊大梁（桁架）与其支承结构的连接，应符合下列规定：

1 大梁（桁架）端部底面与支承结构顶面间应牢固连接。

2 大梁或桁架端部为滑动或滚动支座时，应设有防止脱落的措施，桁架端部应形成闭合框架。

8.4.6 钢结构通廊的防震缝，宜符合本标准第8.1.4条的规定。

（Ⅱ）抗震承载力验算

8.4.7 符合抗震措施满足鉴定要求的下列钢结构通廊，可不进行抗震承载能力验算，可直接判定为满足抗震鉴定要求：

1 露天式和半露天式通廊。

2 围护墙和屋盖均为轻质材料的通廊。

8.4.8 下列通廊的结构构件，应按现行国家标准《构筑物抗震设计规范》GB 50191的抗震分析方法和本标准第5章规定进行抗震承载力验算：

1 9度时，重型通廊的支架。

2 8度和9度时，跨度大于24m的重型通廊的桁架式跨间承重结构。

9 筒　仓

9.1 一般规定

9.1.1 本章适用于贮存散状物料的A、B类砌体、钢筋混凝土和钢筒仓的抗震鉴定。

9.1.2 筒仓的外观和内在质量，应符合下列规定：

1 钢筋混凝土筒壁和支承结构可仅有微细裂缝，钢筋不应有外露和锈蚀。

2 砌体筒仓的筒壁不应有裂缝、松动和酥碱。

3 钢支承结构和支撑杆件不应有明显变形、锈蚀，地脚螺栓应无松动。

4 筒仓不应有严重倾斜，筒仓高度不超过20m时倾斜率不应大于0.8%。

9.1.3 筒仓的抗震鉴定应包括抗震措施鉴定和抗震承载力验算。当符合抗震措施要求时，可评为满足抗震鉴定要求；不符合时，应根据抗震构造和抗震承载力验算结果，确定采取加固或其他措施。

9.1.4 筒仓抗震鉴定，应重点检查下列结构布置及其构造：

1 筒仓的质量和侧移刚度分布宜均匀对称。

2 筒仓的同一结构单元，应为同一类型的基础，基础标高宜相同。

3 筒仓的防震缝设置应符合下列规定：

1）钢筋混凝土群仓仓顶局部设有筛分间时，其高差处宜设有防震缝；

2）筒仓与通廊之间，宜设有防震缝；

3）高差较大或不规则布置的群仓或排仓，应在相应部位设置防震缝；

4）筒仓与辅助建筑毗邻处应设有防震缝；

5）高度不大于15m的钢筋混凝土和砌体筒仓的防震缝最小宽度不应小于50mm；高度大于15m时，防震缝宽度应按变形分析确定。

4 筒仓结构构件的材料实际达到的强度等级，应符合下列规定：

1）梁、柱的混凝土强度等级不应低于C18，支承筒和基础的混凝土强度等级不应低于C13；

2）砖的强度等级，6度和7度Ⅰ、Ⅱ类场地时，不应低于M2.5，7度Ⅲ、Ⅳ类场地和8度、9度时不应低于M5.0。砖的强度等级不应低于MU7.5，砂浆强度等级不应低于M2.5。

5 仓上建筑应符合下列规定：

1）承重结构为钢筋混凝土或钢框架的仓上建筑，其高度不宜大于8m，框架柱应与下部仓体刚性连接；

2）8度、9度时，仓上建筑不应为砖混结构；6度、7度时，砖混结构仓上建筑的高度不应大于4m，且墙体厚度不应小于190mm；墙体应设有间距不大于6m的构造柱，构造柱下端与仓体、上端与檐口卧梁（圈梁）间应设有可靠连接；

3）8度Ⅲ、Ⅳ类场地和9度时，钢筋混凝土或钢框架结构仓上建筑的围护墙宜为轻质材料；

4）仓上建筑一端封闭另一端敞开时，封闭端墙体应为轻质材料，且与承重结构有可靠拉结。

9.2 砌体筒仓

（Ⅰ）抗震措施鉴定

9.2.1 6度～8度时，砌体筒仓的直径不宜大于8m，且应为筒壁支承结构。9度时不应为砌体筒仓。

9.2.2 仓壁和支承筒壁，均应设有现浇钢筋混凝土圈梁和构造柱。沿筒壁高度设置圈梁的间距，在仓壁部位不宜大于3m，在支承筒壁部位不宜大于4m，且应在仓顶、仓底各设一道圈梁；构造柱的间距不宜大于4m。

9.2.3 钢筋混凝土圈梁的截面宽度宜与筒壁厚相同，高度不宜小于180mm，纵向钢筋不宜少于4ϕ12，箍筋间距不宜大于250mm。构造柱截面不宜小于壁厚，纵向钢筋不宜少于4ϕ12，箍筋间距不宜大于200mm；构造柱的上下端的箍筋宜加密，沿柱高每隔500mm宜设有不少于2ϕ6钢筋与仓壁或支承筒壁砌体拉结，每边伸入砌体的拉结长度不宜小于600mm。

9.2.4 仓壁厚度不宜小于240mm，支承筒壁厚度不宜小于370mm。仓壁与支承筒壁厚度不等时，宜保持内壁平直；仓外台阶处宜采用水泥砂浆找坡。

9.2.5 仓壁和支承筒壁的洞口周边，宜设有钢筋混凝土加强框。

9.2.6 仓底环梁支承于支承筒壁时，筒壁应为环形基础或钢筋混凝土筏基。

9.2.7 筒仓直径大于6m时，仓壁和支承筒壁均宜为配筋砌体。

9.2.8 群仓中相邻筒体宜有可靠连接，砌体应咬槎砌筑，搭接处的厚度不宜小于仓壁厚度的2倍，并宜在连接处配有钢筋。

（Ⅱ）抗震承载力验算

9.2.9 符合本标准第9.1节和第9.2.1～9.2.8条有关抗震措施鉴定要求的下列砌体筒仓，可不进行抗震承载力验算，可直接判定为满足抗震鉴定要求：

1 6度和7度Ⅰ、Ⅱ场地时的砌体筒仓。

2 6度和7度时砌体筒仓上的钢筋混凝土或钢结构仓上建筑。

9.2.10 不符合本标准第9.2.9条规定的砌体筒仓，应按现行国家标准《构筑物抗震设计规范》GB 50191的抗震分析方法和本标准第5章的规定进行抗震承载力验算。

9.3 钢筋混凝土筒仓

（Ⅰ）抗震措施鉴定

9.3.1 钢筋混凝土柱承式筒仓的支柱宜设有横梁，横梁的设置宜按下列规定检查：

1 横梁与柱的线刚度比，不宜小于0.8。

2 横梁顶面至仓壁底面的距离与柱全高之比不宜小于0.3，且不宜大于0.5。

3 横梁截面的高宽比不宜大于4.0。

9.3.2 钢筋混凝土柱承式筒仓支柱的轴压比限值，宜符合表9.3.2的规定。

表9.3.2 柱承式筒仓支柱的轴压比限值

烈 度	6度	7度	8度	9度
有横梁	0.90	0.85	0.75	0.65
无横梁	0.85	0.80	0.70	0.60

注：1 筒仓地下空间的柱轴压比可增加0.05；
2 混凝土强度等级大于C50时，表中数值可适当提高。

9.3.3 钢筋混凝土柱承式筒仓支柱的纵向钢筋宜为对称配筋，其总配筋率应符合下列规定：

1 纵向钢筋最小总配筋率宜符合表9.3.3的规定。

表9.3.3 柱承式筒仓支柱的纵向钢筋最小总配筋率（%）

烈 度	6度	7度	8度	9度
有横梁	0.60	0.70	0.80	1.00
无横梁	0.75	0.85	0.95	1.10

2 纵向钢筋总配筋率不宜大于2%。

9.3.4 钢筋混凝土柱承式筒仓支柱的箍筋配置，宜符合下列规定：

1 箍筋间距，6度、7度时不宜大于150mm，8度、9度时不宜大于100mm。

2 箍筋最小直径，6度、7度时不宜小于6mm，8度时不宜小于8mm，9度时不宜小于10mm。

9.3.5 钢筋混凝土柱承式筒仓横梁的纵向钢筋配置，宜按下列规定检查：

1 横梁梁端截面纵向受拉钢筋的配筋率不宜大于2%。

2 横梁梁端截面的底面与顶面纵向钢筋配筋量的比值，7度和8度时不宜小于0.3，9度时不宜小于0.5。

3 横梁顶面和底面通长钢筋不宜少于2ϕ12，8度和9度时底面通长钢筋不宜少于梁端顶面纵向钢筋截面面积的1/4。

9.3.6 钢筋混凝土柱承式筒仓横梁的箍筋配置，宜按下列规定检查：

1 横梁端在梁高的1.5倍范围内的箍筋间距，6度、7度时不宜大于150mm，8度、9度时不宜大于100mm。

2 箍筋最小直径，6度、7度时不宜小于6mm，8度、9度时不宜小于8mm。

9.3.7 钢筋混凝土筒承式筒仓的支承筒壁，应按下列规定检查：

1 筒壁的厚度，6度和7度时不宜小于140mm，8度和9度时不宜小于160mm。

2 筒壁宜为双层双向配筋，竖向或环向钢筋的总配筋率均不宜小于0.4%；内外层钢筋之间应设有拉筋，其直径不宜小于6mm；6度和7度时拉筋间距不宜大于700mm，8度和9度时拉筋间距不宜大于600mm。

3 筒壁在同一水平截面内开洞的总圆心角，6度和7度时不宜大于180°，8度和9度时不宜大于160°。

4 洞口边长不小于1m时，洞口每边设有附加钢筋不宜少于2ϕ16。

5 支承筒壁开洞宽度大于或等于3m时，洞口两侧宜设有壁柱，其截面不宜小于400mm×600mm，柱上端应伸入仓壁中，总的配筋率不宜小于0.6%。

6 相邻洞口间筒壁的宽度不应小于壁厚的3倍，且不宜小于500mm；筒壁宽度为壁厚的3倍～5倍时，宜符合支承柱的钢筋配置规定。

9.3.8 A类、B类筒仓结构单元的支承柱（支承框架）间设有填充墙时，填充墙应分别符合本标准第3.0.13条或第3.0.14条的要求，与柱应有可靠连接，且应对称设置；不应设置半高填充墙。

9.3.9 当相邻的柱承式方仓单元之间采用简支梁上铺板的过渡跨时，简支梁端与其支承牛腿的连接应有防止落梁和碰撞的措施。

9.3.10 8度和9度时，支承于仓上的通廊与筒仓间的抗震构造措施应符合下列规定：

1 当与筒仓相邻的通廊单元中无四柱式框架支架时，宜在通廊大梁（桁架）端部的顶面与相邻支承结构间增设焊接连接的水平薄钢板，其截面面积不应小于原有锚栓的截面面积，焊接连接应满足与连接钢板等强度要求。

2 当相邻的通廊单元为大跨度重型通廊且支承点无本条第3款的较大偏心时，除应按本条第1款要求采取措施外，通廊单元尚应设有四柱式框架的独立支架。

3 大跨度重型通廊纵轴线与筒仓（或仓上建筑）抗侧力结构的刚度中心之间有较大偏心时，除应符合本条第2款要求外，尚应符合下列规定：

1）仓上建筑或仓下支承结构应有较大的扭转刚度；

2）通廊另一端的支承结构应能满足抗震要求。

（Ⅱ）抗震承载力验算

9.3.11 符合本标准第9.1节和第9.3.1～9.3.10条有关抗震措施鉴定要求的钢筋混凝土筒仓的下列部位，可不进行抗震承载力验算：

1 筒仓仓体。

2 符合下列情况的仓下支承结构，可不进行抗震承载力验算：

1）6度、7度Ⅰ、Ⅱ类场地时，柱底至仓顶高度不大于15m的柱承式方仓的支承柱；

2）6度、7度时，柱承式圆筒仓的支承柱；

3）6度、7度时，筒承式筒仓的支承筒；

4）8度时，支承筒壁为双面配筋、壁厚不小于150mm，且在同一水平截面内的洞口圆心角之和不超过110°、每个洞口的圆心角不超过70°的筒承式筒仓的支承筒。

3 符合本标准第9.1节规定的下列仓上建筑，可不进行抗震承载力验算：

1）6度～8度时，构造柱和圈梁的设置符合要求的砖混结构，钢柱或钢筋混凝土柱下端为刚接的结构；

2）9度时，钢柱下端为刚接且为轻质材料围护墙的结构。

9.3.12 不符合本标准第9.3.11条规定的A、B类钢筋混凝土筒仓，应按现行国家标准《构筑物抗震设计规范》GB 50191的抗震分析方法和本标准第5章的规定进行抗震承载力验算。

9.4 钢 筒 仓

（Ⅰ）抗震措施鉴定

9.4.1 柱承式钢筒仓的钢支柱应设柱间支撑，且每个筒仓下不宜少于两道。当柱间支撑分上下两段设置时，上下支撑间应设置刚性水平系杆。

9.4.2 支柱设有柱间支撑时，支撑系统的布置应符合下列规定：

1 柱间支撑应沿柱全高设置。

2 各纵向柱列的柱间支撑侧移刚度应相等。

3 当同一结构单元的同一柱列中有几组柱间支撑时，各组支撑的侧移刚度宜均衡。

4 当沿高度方向设有多层支撑时，上层支撑的侧移刚度不应大于下层支撑的侧移刚度。

5 柱间支撑的斜杆中心线与柱中心线在下节点的交点不宜处于基础顶面以上或混凝土地坪以上。

6 斜撑杆应无初始弯曲。

7 交叉形支撑斜杆的长细比，6度、7度时不应大于250，8度时不应大于200，9度时不应大于150。

9.4.3 支柱的地脚螺栓和基础，应符合下列规定：

1 8度和9度时，纵向柱间支撑开间的支柱底板下部宜设有与支撑平面相垂直的抗剪键。

2 地脚螺栓宜为双螺帽，并应全部拧紧。

3 地脚螺栓的最小埋置深度，设有锚梁或劲性锚板时不应小于10倍的锚栓直径，设有普通锚板时或锚爪时不应小于15倍的锚栓直径，直钩式不应小于锚栓直径的25倍。

4 螺栓至混凝土基础边缘的距离不应小于4倍螺栓直径。

5 混凝土实际强度等级不应低于C15。

9.4.4 钢结构的仓上建筑，应符合下列规定：

1 仓上建筑钢柱与仓体的连接应为刚性节点。

2　8度和9度时，柱间填充墙宜为轻质材料，并应设有柱间支撑。

9.4.5　A类、B类钢筒仓支柱、梁的板件宽厚比限值，应分别符合本标准表7.2.2和表7.3.4的要求。

9.4.6　相邻钢筒仓结构单元之间或钢筒仓与独立支承的通廊等毗邻结构之间的防震缝，应符合本标准第9.1.4条第3款的规定，但其最小宽度宜为钢筋混凝土筒仓规定值的1.5倍。

（Ⅱ）抗震承载力验算

9.4.7　钢板仓仓体可不进行抗震验算。

9.4.8　6度和7度时，仓下钢支承结构和钢结构仓上建筑，可不进行抗震验算，但应符合本标准第9.4.1～9.4.6条有关抗震措施要求。

9.4.9　不符合抗震措施鉴定要求的和柱承式钢筒仓及8度、9度时的仓上建筑，应分别按现行国家标准《构筑物抗震设计规范》GB 50191和《粮食钢板筒仓设计规范》GB 50322的抗震分析方法和本标准第5章的规定进行抗震承载力验算。不满足抗震承载力要求时，应采取相应的加固措施。

9.4.10　8度、9度时，钢筒仓尚应对支柱与基础的锚固进行抗震验算。

10　容器和塔型设备基础结构

10.1　一 般 规 定

10.1.1　本章适用于下列A类、B类容器和塔型设备基础结构的抗震鉴定：

1　钢制卧式容器和卧式冷换类设备的基础结构。

2　常压立式钢制圆筒形储罐基础结构。

3　钢架支承的钢制球形储罐基础结构。

4　一般塔型设备的钢筋混凝土和钢基础结构，以及地面以上总高度不小于10m的立式容器基础结构。

10.1.2　各类设备基础结构的抗震设防分类，均应按现行国家标准《石油化工建(构)筑物抗震设防分类标准》GB 50453的规定确定。

10.2　卧式容器基础结构

（Ⅰ）抗震措施鉴定

10.2.1　卧式冷换类设备的基础结构可不进行抗震承载力验算，但应满足相应的抗震措施要求。

10.2.2　现有卧式容器的基础结构抗震鉴定时，应依据抗震设防烈度和本标准第4章的有关要求，重点检查下列部位和内容：

1　场地稳定性和地基基础现状。

2　基础结构的实际混凝土强度等级。

3　8度、9度时，对T形、Π形或H形等支架式钢筋混凝土基础结构，应按本标准第6.1.3条的有关规定进行检查。

10.2.3　支架式基础结构的梁、柱的抗震构造措施，应符合本标准第6章的有关框架结构的要求。B类设备支架应符合三级框架结构的要求。

10.2.4　现有支墩式容器基础结构的构造措施，应符合下列规定：

1　支墩竖向钢筋直径不宜小于12mm，间距不宜大于200mm；横向应配置封闭箍筋，其直径不应小于8mm，间距不应大于200mm。

2　9度时，支墩式基础结构高度不宜大于1.5m。

3　钢筋混凝土基础结构的混凝土强度等级不应低于C18，素混凝土基础结构的混凝土强度等级不应低于C13。

（Ⅱ）抗震承载力验算

10.2.5　8度、9度时，卧式容器基础结构应进行抗震承载力验算，其地震作用标准值效应和其他荷载效应的基本组合，可按本标准第5章的有关规定确定，水平地震作用标准值可按下式计算：

$$F_{EK}=\alpha_{max}(G_{BK}+0.5G_{jk}) \tag{10.2.5}$$

式中：F_{EK}——基础结构的水平地震作用标准值；

α_{max}——水平地震影响系数最大值，可按本标准第5.2.2条规定乘以调整系数；

G_{BK}——正常操作状态下容器及介质重力荷载标准值；

G_{jk}——基础底板顶面以上结构构件自重标准值。

10.2.6　卧式容器结构的阻尼比，可采用0.05。

10.3　常压立式圆筒形储罐基础结构

（Ⅰ）抗震措施鉴定

10.3.1　现有储罐的基础结构抗震鉴定时，应依据其抗震设防烈度和本标准第4章的有关要求，重点检查下列部位和内容：

1　护坡式基础结构，应重点检查其场地稳定性、地基基础的现状及护坡的完整性。

2　钢筋混凝土环墙式基础结构，应重点检查其场地稳定性、地基基础的现状、实际的混凝土强度等级；8度、9度时，尚应重点检查基础的配筋情况。

10.3.2　不设置地脚螺栓的非桩基基础结构，可不进行抗震验算，但应满足相应的抗震措施要求。

10.3.3　现有储罐基础结构的抗震构造措施，应符合下列规定：

1　护坡式或外环墙式基础结构，在罐壁下部应设有钢筋混凝土构造环梁；采用混凝土或碎石灌浆的护坡时，其厚度不宜小于 100mm；采用浆砌毛石护坡时，其厚度不宜小于 200mm。

2 钢筋混凝土环墙式基础结构，环墙厚度不宜小于 250mm，罐壁至环墙外缘的距离不宜小于 100mm。

3 钢筋混凝土环墙式基础结构的配筋，应符合下列规定：

1）环向受力钢筋的截面最小总配筋率，不宜小于 0.4%；

2）竖向构造钢筋的截面最小配筋率，每侧不宜小于 0.20%，钢筋直径不宜小于 12mm，间距不宜大于 200mm；

3）公称容量不小于 $10000m^3$ 或建在软土、软硬不均地基上的储罐，其环墙式基础顶部和底部宜各设有两圈附加环向钢筋，直径不宜小于环向受力钢筋直径，竖向钢筋在环墙的上下端宜为封闭式；

4）钢筋混凝土环墙式基础的混凝土强度等级不应低于 C18。

（Ⅱ）抗震承载力验算

10.3.4 8 度、9 度时，设置地脚螺栓的 A 类、B 类储罐基础结构，应分别按现行国家标准《构筑物抗震设计规范》GB 50191 的计算方法和本标准第 5 章的规定验算基础顶部在水平地震作用下螺栓受拉承载力。

10.3.5 储罐地基的变形，应符合现行国家标准《钢制储罐地基基础设计规范》GB 50473 的有关规定。

10.3.6 储罐结构的阻尼比，多遇地震时可采用 0.05，罕遇地震时可采用 0.08。

10.4 球形储罐基础结构

（Ⅰ）抗震措施鉴定

10.4.1 现有球罐基础抗震鉴定时，应依据抗震设防烈度和本标准第 4 章的有关要求，重点检查下列部位和内容：

1 场地稳定性和地基基础现状。

2 实际的混凝土强度等级。

3 8 度、9 度时，应检查基础的配筋情况。

10.4.2 6 度时，球罐基础可不进行抗震承载力验算，但应满足相应的抗震措施要求。

10.4.3 球罐支柱的基础环梁主筋直径不宜小于 12mm；箍筋直径不宜小于 8mm，间距不宜大于 200mm；底板钢筋直径不宜小于 10mm，间距不宜大于 200mm。

10.4.4 基础混凝土的强度等级不应低于 C18。

10.4.5 地脚螺栓材质宜为 Q235B 或 Q345B 级钢。

10.4.6 球罐支柱的地脚螺栓的类型和构造，应符合表 10.4.6-1 和表 10.4.6-2 的要求。

表 10.4.6-1　地脚螺栓的类型和埋深

地脚螺栓类型	简　图	直径（mm）	最小埋置深度
直钩式螺栓	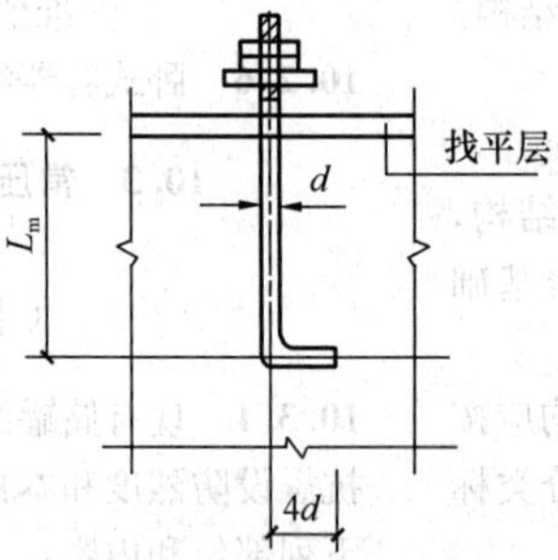	$d\leqslant32$	25d
锚爪式螺栓	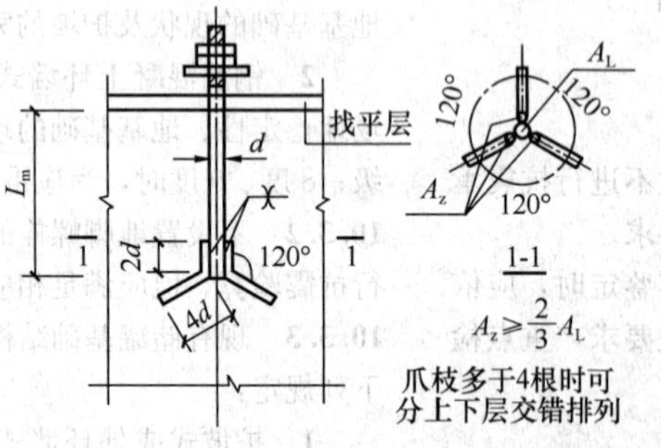	$d\leqslant56$	15d

续表 10.4.6-1

地脚螺栓类型	简图	直径（mm）	最小埋置深度
加劲锚板式螺栓	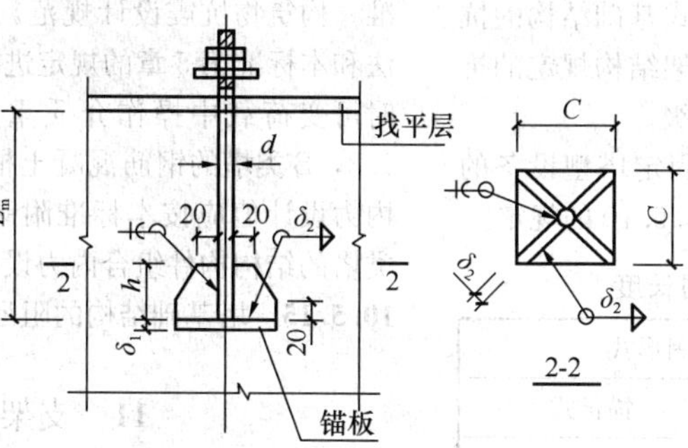	$d\leqslant32$	$15d$
		$d>32$	$20d$

注：1 d 为地脚螺栓直径（mm），L_m 为地脚螺栓最小埋置深度（mm），A_L 为地脚螺栓截面面积（mm^2），A_z 为螺栓爪枝总截面面积（mm^2），δ_1 为锚板厚度（mm），δ_2 为肋板厚度（mm），C 为锚板边长（mm），h 为肋板高度（mm）。

2 地脚螺栓的最小埋置深度，直钩螺栓不宜小于 $30d$；爪式螺栓不宜小于 $18d$；加劲锚板式螺栓，当 $d\leqslant32$mm 时不宜小于 $18d$，当 $d>32$mm 时不宜小于 $23d$。地脚螺栓的露头、螺纹长度应根据设备的要求确定。

3 表中所列地脚螺栓材质为 Q235 钢。当材质为 Q345 钢时，最小埋置深度应增加 $5d$。

表 10.4.6-2 锚板及加劲肋尺寸（mm）

地脚螺栓直径	锚板及加劲肋尺寸			
d	C	δ_1	δ_2	h
30	120	10	8	80
32	130	12	8	90
36	140	12	8	100
42	140	14	8	100
48	180	16	10	130
52	200	20	10	140
56	200	20	10	140
64	240	25	10	160

（Ⅱ）抗震承载力验算

10.4.7 球罐结构的基本自振周期，可按现行国家标准《构筑物抗震设计规范》GB 50191 的有关规定计算。

10.4.8 7 度、9 度时，球罐基础结构构件，应按现行国家标准《构筑物抗震设计规范》GB 50191 的抗震分析方法和本标准第 5 章的规定进行抗震承载力验算。

10.4.9 球罐结构的阻尼比，可采用 0.035。

10.5 塔型设备基础结构

（Ⅰ）抗震措施鉴定

10.5.1 现有塔型设备基础结构的抗震鉴定时，应根据抗震设防烈度和本标准第 4 章的有关规定，重点检查下列部位和内容：

1 场地稳定性和地基基础现状。

2 实际的混凝土强度等级。

3 基础结构的配筋情况。

10.5.2 6 度和 7 度时，塔型设备的基础结构可不进行抗震验算，但应满足相应的抗震措施要求：

1 Ⅰ、Ⅱ类场地的圆筒（柱）式基础结构。

2 Ⅰ、Ⅱ类场地，且基本风压不小于 0.40kN/m² 时的框架式基础结构。

3 Ⅲ、Ⅳ类场地，且基本风压不小于 0.70kN/m² 时的框架式基础结构。

10.5.3 8 度和 9 度时，框架式基础结构的抗震验算应计入竖向地震作用效应；水平地震作用和竖向地震作用应按本标准第 5 章规定计算。塔型设备的等效总重力荷载，应取正常操作状态下的重力荷载代表值。

10.5.4 圆筒式基础结构的筒壁厚度，不应小于塔的裙座底环板的宽度，且不宜小于 300mm。

10.5.5 圆筒式基础结构的筒壁，应为双层配筋；圆柱式基础结构的圆柱，可为单层配筋，纵向钢筋的间距不应大于 200mm。圆筒或圆柱高度不大于 2m 时，纵向钢筋直径不应小于 10mm；高度大于 2m 时，纵向钢筋直径不应小于 12mm。基础底板受力钢筋直径不应小于 10mm，间距不应大于 200mm；构造钢筋直径不应小于 8mm，间距不应大于 250mm。

10.5.6 塔基础结构的混凝土强度等级，不应低于 C18。

10.5.7 钢筋混凝土框架式基础结构的抗震鉴定，尚应符合本标准第 6.3 节有关框架的规定。钢框架式基础结构的抗震鉴定，尚应符合本标准第 7.3 节的有关规定。

10.5.8 框架式基础结构为每柱独立基础时，8度Ⅲ、Ⅳ类场地和9度时的基础应设有连梁，方形框架应在纵横两个方向设有基础连梁，环形框架应沿环向设有基础连梁。

10.5.9 塔型设备的钢筋混凝土框架式基础结构的抗震构造措施，应按本标准表6.3.1框架结构规定的抗震等级提高一级核查，但最高应为一级。

10.5.10 圆筒（柱）式基础结构上固定塔型设备的地脚螺栓，其锚固长度不应小于表10.5.10的规定。

表10.5.10 地脚螺栓锚固长度

钢材牌号	地脚螺栓锚固形式	
	直钩式	锚板式
Q235	$25d$	$17d$
Q345	$30d$	$20d$

注：d为地脚螺栓直径。

（Ⅱ）抗震承载力验算

10.5.11 圆筒（柱）式基础结构的地脚螺栓周围受力钢筋的箍筋间距，不宜大于100mm。

10.5.12 塔型设备基础结构的基本自振周期的计算，应符合下列规定：

1 塔体壁厚不大于30mm的圆筒式、圆柱式基础结构，可按下列公式计算：

$h^2/d<700$ 时：

$$T_1 = 0.35 + 0.85 \times 10^{-3} h^2/d \tag{10.5.12-1}$$

$h^2/d \geqslant 700$ 时：

$$T = 0.25 + 0.99 \times 10^{-3} h^2/d \tag{10.5.12-2}$$

式中：T——塔型设备基础结构的基本自振周期（s）；

d——塔型设备的外径（m）；

h——基础底板顶面至塔型设备顶面的总高度（m）。

2 塔体壁厚不大于30mm的框架式基础结构的基本自振周期，可按下式计算：

$$T = 0.56 + 0.40 \times 10^{-3} h^2/d \tag{10.5.12-3}$$

3 塔体壁厚大于30mm的基础结构的基本自振周期，可按有关理论方法计算。

4 当数个塔型设备通过联合平台组成一排时，垂直于排列方向的基本自振周期，可采用主塔（周期最长者）的基本自振周期；平行于排列方向的基本自振周期，可取主塔的基本自振周期乘以折减系数0.9。

5 按本标准公式（10.5.12-1）～公式（10.5.12-3）计算的基本自振周期，应乘以周期加长系数1.15。采用理论公式计算时，应乘以周期加长系数1.05。

10.5.13 计算基础结构的地震作用时，等效重力荷载或重力荷载代表值均应按正常生产工况计算。

10.5.14 塔型设备基础结构构件，应按现行国家标准《构筑物抗震设计规范》GB 50191的抗震分析方法和本标准第5章的规定进行抗震承载力验算，计算时可变荷载中操作介质重力荷载分项系数可采用1.3，B类塔的钢筋混凝土框架式基础结构构件组合内力设计值应按本标准附录D的规定进行调整，A类塔的结构构件组合内力设计值可不作调整。

10.5.15 塔基础结构的阻尼比，可采用0.03。

11 支架及构架

11.1 一般规定

11.1.1 本章适用于下列支架和构架的抗震鉴定：

1 独立式管道支架、组合式管道支架。

2 35kV～500kV室外变电所的变电构架、支架。

3 单线、双线循环式货运索道支架和单线循环式、双线往复式客运索道支架。

4 移动通信工程自立式钢塔架和桅杆结构。

11.1.2 330kV～500kV变电站和220kV重要枢纽变电站的变电构架或支架，应按乙类构筑物进行抗震鉴定，其鉴定方法应进行专门研究。

11.2 管道支架

（Ⅰ）抗震措施鉴定

11.2.1 现有钢筋混凝土或钢支架的抗震鉴定，应根据其抗震设防烈度重点检查下列薄弱部位：

1 6度、7度时，应检查局部易掉落伤人的构件、部件，其中应包括管道与支架的连接构造、非结构构件与支架的连接构造。

2 8度、9度时，除应按本条第1款检查外，尚应检查管道支架结构系统的布置及构件连接构造，以及纵向承重梁（桁架）与支架结构的连接与构造。

11.2.2 钢筋混凝土支架的外观和内在质量，应符合下列规定：

1 支架应无明显歪扭、倾斜，构件连接应无明显裂缝和松动。

2 承重构件可仅有少量微小裂缝或局部剥落，钢筋应无外露和锈蚀。

11.2.3 钢支架的外观和内在质量，应符合下列规定：

1 支架应无明显歪扭、倾斜。

2 钢材表面应无明显腐蚀，构件连接应无断裂、变形或松动。

11.2.4 钢筋混凝土管道支架的抗震措施，应符合下列规定：

1 支架的混凝土强度等级，A类支架6度、7度时不应低于C13，8度、9度时不应低于C18；B类支架不应低于C20。

2 支架柱的最小截面尺寸不宜小于250mm，支架梁的最小截面尺寸不宜小于200mm。

3 A类支架的抗震构造措施应符合本标准第6.2节有关框架结构的要求。

4 B类固定支架和输送易燃、易炸、剧毒介质的支架，应符合本标准第6.3节有关三级框架结构的要求，其他支架应符合四级框架结构的要求。

5 敷设于支架顶层横梁上的外侧管道应设有防止落管的措施。

6 管廊式支架在直线段上应设有柱间支撑和水平支撑。

7 8度、9度时，活动支架不宜为半铰接支架。

8 输送易燃、易炸、高温、高压介质的管道固定支架，宜为四柱式框架结构。

11.2.5 钢支架柱的长细比宜符合表11.2.5-1的要求；钢支架板件的宽厚比限值宜符合表11.2.5-2的要求。

表11.2.5-1 钢支架柱的长细比限值

类型		6度、7度	8度	9度
固定支架和刚性支架		150		120
柔性支架		200		
支撑	按拉杆设计	300	250	200
	按压杆设计	200	150	150

表11.2.5-2 钢支架板件的宽厚比限值

板件名称	6度、7度	8度	9度
工字形截面翼缘外伸部分	13	11	10
圆管外径与壁厚比	60	55	50

11.2.6 8度、9度时，四柱式钢固定支架在直接支承管道的横梁平面内宜设有与四柱相连的水平支撑；当支架较高时，尚宜在支架中部设有水平支撑。

(Ⅱ) 抗震承载力验算

11.2.7 6度、7度时，满足抗震措施要求的管道支架，可不进行抗震验算，可直接判定为满足抗震鉴定要求。

11.2.8 8度、9度时，管道支架应按现行国家标准《构筑物抗震设计规范》GB 50191的分析方法和本标准第5章的规定进行抗震承载力验算，计算时构件组合内力设计值可不作调整。

11.3 变电构架和支架

11.3.1 现有变电构架或支架的抗震鉴定，应重点检查梁柱节点的构造和质量、柱脚和基础的连接、支撑杆件的设置、避雷针针杆与支架的连接、主变压器基础台的宽度，以及支承柱纵横向柱间支撑和支架上部设备固定的构造措施。

11.3.2 变电构架或支架的外观和内在质量，应符合下列规定：

1 钢筋混凝土构架或支架的构件及其节点，可仅有少量微小裂缝或局部剥落，钢筋应无外露、锈蚀。

2 钢构架或支架的构件及其节点可仅有少量微小损伤，钢材表面应无严重锈蚀，构件连接应无断裂、变形或松动。

3 主体结构应无明显变形、倾斜或歪扭。

11.3.3 变电构架或支架的抗震鉴定，当符合抗震措施鉴定的各项要求时，可评为满足抗震鉴定要求，不再进行抗震承载力验算；当不符合抗震措施鉴定要求时，应通过抗震承载力验算结果作出判断。

(Ⅰ) 抗震措施鉴定

11.3.4 变电构架或支架的结构形式，应符合下列规定：

1 预制钢筋混凝土人字形构架，其弦杆和腹杆的尺寸均不应小于100mm。

2 8度Ⅲ、Ⅳ类场地和9度时，同一组设备的三根独立柱宜用型钢杆件连成整体。

3 7度～9度液化土地基上的变电构架或支架，宜设置拉索，其拉索下固定端宜设在非液化土中。

4 架空式电气设备的下部应通过螺栓连接固定在构架或支架的横梁上。

5 钢构架或支架应为框架式结构。

11.3.5 钢筋混凝土变电构架或支架的连接和构造措施，应按下列规定检查：

1 混凝土的强度等级，不应低于C18。

2 A类变电构架或支架的抗震构造措施鉴定，应符合本标准第6.2节有关框架结构的要求。

3 B类变电构架或支架的抗震构造措施鉴定，应符合本标准第6.3节有关三级框架结构的要求。

4 构架或支架柱的净高与截面高度之比不应小于4。

11.3.6 钢变电构架或支架的连接和构造措施，应按下列规定检查：

1 8度和9度时，纵向柱间支撑的钢柱底部，宜设有与支撑平面相垂直的抗剪键。

2 地脚螺栓宜设有刚性锚板或锚梁，并宜采用双螺帽固定，锚固深度不宜小于螺栓直径的15倍。

3 构架或支架的构件长细比和板件宽厚比限值，应符合本标准第11.2.5条的有关规定。

11.3.7 变电构架或支架符合本标准第11.3.1～11.3.6条的各项要求时，可评为综合抗震能力满足要求；当遇下列情况之一时，应评为综合抗震能力不满足抗震要求，并应根据抗震验算结果确定其加固或其他相应措施：

1 梁、柱、支撑等节点构造均不符合要求。

2 本标准第 11.3.1～11.3.6 条的其他规定有多项不符合要求。

（Ⅱ）抗震承载力验算

11.3.8 变电构架或支架符合下列条件之一时，可不进行抗震承载力验算，但应满足相应的抗震措施要求：

1 6 度。

2 7 度和 8 度Ⅰ、Ⅱ类场地的钢构架或支架。

3 7 度Ⅰ、Ⅱ类场地且基本风压不小于 0.4kN/m²，7 度Ⅲ、Ⅳ类场地且基本风压不小于 0.7kN/m² 的钢筋混凝土构架或支架。

11.3.9 变电构架或支架的抗震验算，应按现行国家标准《电力设施抗震设计规范》GB 50260 的抗震分析方法和本标准第 5 章的有关规定进行抗震承载力验算。计算时 B 类钢筋混凝土变电构架或支架的构件组合内力设计值应按本标准附录 D 进行调整，A 类钢筋混凝土构架或支架及钢变电构架或支架构件组合内力设计值可不作调整。经抗震验算不满足要求时，应采取加固或其他相应措施。

11.4 索道支架

（Ⅰ）抗震措施鉴定

11.4.1 现有索道支架的抗震鉴定，应重点检查下列内容：

1 索道支架所在场地对其抗震的不利影响。

2 地基基础的抗震稳定性。

3 索道支架柱脚连接构造。

4 索道支架结构形式及连接构造。

5 索道运行的平稳性。

11.4.2 索道支架的外观和内在质量，应符合下列规定：

1 地基基础应无明显滑移、变形迹象。

2 索道支架柱脚连接应无变形、松动痕迹。

3 支架应无明显歪扭、倾斜，轿（车）厢通过支架时运行应平稳、顺畅。

4 钢材表面应无明显腐蚀、削弱，构件连接应无断裂、变形或松动。

5 钢筋混凝土构件应无腐蚀、开裂，钢筋应无外露和锈蚀。

11.4.3 7 度～9 度时，钢支架立柱的长细比不宜大于 60，腹杆的长细比不宜大于 80。6 度时，钢支架各杆件的长细比均不宜大于 120。

11.4.4 格构式钢支架的横隔设置，应符合下列规定：

1 支架坡度改变处，应设有横隔。

2 8 度时，横隔间距不应大于 2 个节间的高度，且不应大于 12m；9 度时，横隔间距不应大于 1 个节间的高度，且不应大于 6m。

11.4.5 支架高度大于 15m 或 8 度Ⅲ、Ⅳ类场地和 9 度时，不宜为钢筋混凝土结构。

11.4.6 钢筋混凝土单柱支架，应符合下列规定：

1 混凝土强度等级，不宜低于 C30。

2 6 度、7 度和 8 度Ⅰ、Ⅱ类场地，且支架高度不大于 10m 时，单柱支架的抗震构造措施应符合本标准表 6.3.1 有关框架抗震等级二级的要求。

3 8 度Ⅰ、Ⅱ类且支架高度为 10m～15m 时，单柱支架的抗震构造措施应符合本标准表 6.3.1 有关框架抗震等级一级的要求。

4 6 度、7 度和 8 度Ⅰ、Ⅱ类场地时，钢筋混凝土支架柱的箍筋宜全高加密。

（Ⅱ）抗震承载力验算

11.4.7 6 度、7 度时，满足抗震措施鉴定要求的索道支架，可不进行抗震承载能力验算，可直接判定为满足抗震鉴定要求。

11.4.8 8 度、9 度时，索道支架应按现行国家标准《构筑物抗震设计规范》GB 50191 的抗震分析方法和本标准第 5 章的规定进行抗震承载力验算，计算时构件组合内力设计值可不作调整。

11.5 通信钢塔桅结构

（Ⅰ）抗震措施鉴定

11.5.1 钢塔桅结构的外观和内在质量，应符合下列规定：

1 钢塔桅结构不应有明显的倾斜，构件应无弯曲等。自立式塔架中心整体垂直度偏差不应大于 1/1500，单管塔和桅杆不得大于 1/750。

2 结构构件应无严重锈蚀。已锈蚀构件应通过取样检测实际截面尺寸，其承载力降低不应超过原设计的 10%。

11.5.2 6 度～9 度时，钢塔桅结构应符合下列规定：

1 塔桅结构构件长细比，应符合表 11.5.2 的要求。

表 11.5.2 通信钢塔桅结构构件长细比限值

构件类型		长细比
按拉杆设计		350
按压杆设计	弦杆	150
	斜杆、横杆	180
	辅助杆	200
桅杆两相邻纤绳结点间的杆身	格构式桅杆（换算长细比）	100
	实腹式桅杆	150

2　节点连接，应符合下列规定：

1）连接板连接的节点，其板面贴合率不应低于75%；

2）法兰连接的节点，法兰接触面的贴合率不应低于75%，且边缘最大间隙不应大于1.5mm；

3）位于振动部位的螺栓均应有可靠的防松措施；

4）焊缝外观质量应无裂纹等缺陷；

5）柱脚基础二次浇灌层应结合密实，地脚锚栓间距不宜小于锚栓直径的4倍，锚栓直径和最小埋置深度应符合本标准第10.4.6条的要求。

3　桅杆拉线应对称、均匀，预紧力应符合设计要求，拉线与拉耳和线夹应连接牢固。

4　塔桅结构的地基基础，应符合本标准第4章的有关规定。

（Ⅱ）抗震承载力验算

11.5.3　6度～8度时，符合本节抗震措施要求的钢塔塔桅结构可抗震承载力验算。

11.5.4　塔桅结构进行抗震承载力验算时，应符合下列规定：

1　塔桅结构的抗震验算，可采用振型分解反应谱法或底部剪力法，其阻尼比可取0.03。

2　地震作用计算时，重力荷载代表值应取结构自重标准值和各竖向可变荷载组合值之和，结构自重和各竖向可变荷载组合值系数应按下列规定采用：

1）结构自重（结构和构配件自重、固定设备自重等）应取1.0；

2）平台活荷载可取0.5；

3）平台雪荷载可取0.5；

4）雪荷载与活荷载可不重复计入，应取其大者计算。

3　9度时的钢塔桅结构，应同时计入竖向和水平地震作用的不利组合。

4　A、B类塔桅结构应分别按本标准第5章的规定对地震影响系数进行调整，但构件组合内力设计值可不作调整。

5　建在屋顶上的塔桅结构，其水平地震作用效应应乘以增大系数1.5～2.5，或按楼面反应谱或按整体结构模型进行抗震分析。

12　锅炉钢结构

12.1　一般规定

12.1.1　本章适用于支承式和悬吊式锅炉钢结构的抗震鉴定。

12.1.2　锅炉钢结构抗震鉴定时，应重点检查下列薄弱部位：

1　设有重型炉墙或金属框架护板轻型炉墙的支承式锅炉结构，其框架梁柱的刚性连接或护板与柱梁的连接应完整可靠。

2　悬吊式锅炉钢结构的水平支撑和垂直支撑体系应完整、布置合理。

3　锅炉钢结构与相邻建（构）筑物之间的防震缝设置应满足抗震要求。

4　水平支撑标高与锅炉导向装置标高应一致。

5　锅炉导向装置传力系统（包括锅筒导向装置）应完好无损。

6　炉体的水平地震作用应通过水平支撑直接传到垂直支撑上。

7　悬吊锅炉的止晃装置应完好无损。

8　梁柱和支撑节点应无断裂或松动。

12.1.3　锅炉钢结构的外观和内在质量，应符合下列规定：

1　结构构件应无严重变形或缺损。

2　构件连接焊缝和高强度螺栓应无开裂或松动。

3　构件表面应无严重锈蚀和损伤。

4　承重结构应无不均匀沉降。

5　支撑构件应无缺失或严重变形。

6　导向装置应无明显变形。

12.1.4　锅炉钢结构的抗震鉴定，可分为抗震措施鉴定和抗震承载力验算。当符合本标准第12.2.1～12.2.9条的各项规定时，可评为满足抗震鉴定要求；当不符合规定时，可根据抗震措施和抗震承载力不符合的程度通过综合分析确定采取加固或其他相应措施。

12.1.5　关键薄弱部位不符合要求时，应采取加固或改造处理；一般部位不符合要求时，可根据不符合的程度和影响的范围，提出相应对策。

12.1.6　锅炉钢结构的抗震鉴定，应根据原设计的完整资料，结合结构布置、锅炉运行和结构实际情况，分别进行主体结构、构件及其节点的计算分析。对于特别重要的受力构件，应进行无损探伤等检验。

12.2　抗震措施鉴定

12.2.1　锅炉钢结构与主厂房结构宜分开布置，8度和9度时应分开布置。与锅炉钢结构贴建的厂房，应设防震缝，防震缝的宽度宜按现行国家标准《构筑物抗震设计规范》GB 50191的有关规定执行。

12.2.2　锅炉钢结构与主厂房结构之间设置的连通平台等，宜为一端固定、一端滑动的连接方式。滑动端的搁置长度宜适当加长，并应有防止滑落的措施。

12.2.3　锅炉钢结构的主柱长细比、柱和梁板件宽厚比、支撑杆件的长细比、支撑板件的宽厚比等的限值，宜符合现行国家标准《构筑物抗震设计规范》GB 50191 的有关规定。

12.2.4 8度Ⅲ、Ⅳ类场地和9度时的锅炉钢结构，梁与柱的连接不宜为铰接。

12.2.5 锅炉钢结构宜为埋入式柱脚，埋入深度宜符合现行国家标准《构筑物抗震设计规范》GB 50191 的有关规定。

12.2.6 铰接柱脚底板的地震剪力应由底板和混凝土基础间的摩擦力承担，其摩擦系数可取 0.4。地震剪力超过摩擦力时，在柱底板下部宜设置抗剪键，抗剪键可按悬臂构件计算其厚度和根部焊缝。铰接柱的地脚螺栓，应采用双螺帽固定；地脚螺栓的数量和直径应按作用在基础上的净上拔力确定，但不应少于 4M30。地脚螺栓的材料可为 Q235 或 Q345 钢。

12.2.7 梁通过悬臂梁段与柱刚性连接时，悬臂梁段与柱应为全焊透焊接连接。梁的现场拼接，可采用翼缘全焊透焊接、腹板为高强度螺栓连接或全部采用高强度螺栓连接。

12.2.8 梁与柱为刚接连接时，柱在梁翼缘对应位置应设有横向加劲肋，加劲肋的板厚不宜小于梁翼缘厚度。

12.2.9 垂直支撑与柱（梁）为节点板连接时，节点板在支撑杆每侧的夹角不应小于 30°；沿支撑方向，杆端至节点板最近嵌固点的距离，不宜小于节点板厚度的 2 倍。

12.3 抗震承载力验算

12.3.1 6度时的锅炉钢结构可不进行抗震验算，但其节点承载力宜适当提高。

12.3.2 锅炉钢结构的抗震验算，可不计及地基与结构相互作用的影响。

12.3.3 锅炉钢结构的抗震验算，可采用底部剪力法；当结构总高度超过 65m 时，宜采用振型分解反应谱法。

12.3.4 锅炉钢结构应按现行国家标准《构筑物抗震设计规范》GB 50191 的方法和本标准第 5 章的规定进行抗震承载力验算。

12.3.5 锅炉钢结构的基本自振周期，可按下式计算：

$$T = C_t H^{3/4} \tag{12.3.5}$$

式中：T——结构基本自振周期（s）；

C_t——结构影响系数，对框架体系可取 0.0853，对桁架体系可取 0.0488；

H——锅炉钢结构的总高度（m）。

12.3.6 锅炉钢结构在多遇地震下的阻尼比，对于单机容量小于 25MW 的轻型或重型炉墙锅炉可采用 0.05；对于单机容量不大于 200MW 的悬吊式锅炉可采用 0.04；对于大于 200MW 的悬吊锅炉可采用 0.03；罕遇地震下的阻尼比均可采用 0.05。

12.3.7 锅炉钢结构按底部剪力法多质点体系计算时，其结构类型指数可按现行国家标准《构筑物抗震设计规范》GB 50191 的有关规定取值。

12.3.8 锅炉钢结构按现行国家标准《构筑物抗震设计规范》GB 50191 底部剪力法计算结构总水平地震作用标准值时，结构基本振型指数可按剪弯型结构取值。

12.3.9 计算地震作用时，重力荷载代表值应取永久荷载标准值和各可变荷载组合值之和，可变荷载的组合值系数应按表 12.3.9 采用。

表 12.3.9 可变荷载的组合值系数

可变荷载种类	组合值系数
雪荷载	0.5
结构各层的活荷载	0.5
屋面活荷载	不计入

12.3.10 有导向装置的悬吊式锅炉，通过导向装置作用于锅炉钢结构上的水平地震作用，可按现行国家标准《构筑物抗震设计规范》GB 50191 的有关规定计算。

12.3.11 悬吊式锅筒的水平地震作用标准值，可采用与炉体相同的方法计算。

12.3.12 对于单机容量 200MW 及其以下且无导向装置的悬吊式锅炉，锅炉钢结构采用底部剪力法进行水平地震作用计算时，可按现行国家标准《构筑物抗震设计规范》GB 50191 的有关规定计算。炉体及锅筒的地震作用只作用在锅炉钢结构的顶部，其多遇地震的水平地震影响系数，可按现行国家标准《构筑物抗震设计规范》GB 50191 的有关规定采用，但宜按本标准第 5.2.2 条的规定乘以调整系数。

12.3.13 抗震验算时，锅炉钢结构任一计算平面上的水平地震剪力，应符合现行国家标准《构筑物抗震设计规范》GB 50191 的有关规定。

12.3.14 9度时且高度大于 100m 的锅炉钢结构，应按现行国家标准《构筑物抗震设计规范》GB 50191 的有关规定计算竖向地震作用，其竖向地震作用效应应乘以增大系数 1.5。竖向地震影响系数最大值可按本标准第 5.2.2 条的规定乘以调整系数。

12.3.15 8度和9度时，跨度大于 24m 的桁架（或大梁）和长悬臂结构，应计算竖向地震作用。但竖向地震作用系数可按本标准第 5.2.2 条的规定乘以调整系数。

12.3.16 锅炉钢结构构件截面抗震验算，应符合现行国家标准《构筑物抗震设计规范》GB 50191 的有关规定。重力荷载分项系数应取 1.35；当重力荷载效应对构件承载能力有利时，可取 1.0；风荷载分项系数，应取 1.35；风荷载组合值系数，可取 0，风荷载起控制作用且结构高度大于100m或高宽比不小于5时，可取0.2。

12.3.17 锅炉钢结构构件承载力抗震调整系数，除梁柱应采用0.8外，其他构件及其连接均应按现行国家标准《构筑物抗震设计规范》GB 50191的规定取值。

12.3.18 锅炉钢结构的导向装置，应按多遇地震作用下验算其强度，并应具有足够的刚度。其地震影响系数可按本标准第5.2.2条规定乘以调整系数。

12.3.19 结构布置不规则且有薄弱层，或高度大于150m及9度时的乙类锅炉钢结构，应进行罕遇地震作用下的弹塑性变形分析。罕遇地震的地震影响系数可按本标准第5.2.2条规定进行调整。

12.3.20 经验算不满足抗震承载力要求时，应采取加固或改造等措施。

13 井 塔

13.1 一 般 规 定

13.1.1 本章适用于钢筋混凝土井塔、钢井塔的抗震鉴定。B类井塔抗震鉴定时，井塔的高度不宜超过表13.1.1的限值。超出限值时，应专门研究其鉴定方法。

表13.1.1 井塔最大高度限值（m）

结构类型		烈度			
		6度	7度	8度	9度
钢筋混凝土井塔	框架型	70	50	40	—
	箱（筒）型	不限	100	80	60
钢井塔	框架	不限	100	80	50
	框架-支撑	不限	不限	100	80

注：井塔高度系指室外地面到屋面板板顶的高度（不包括局部突出屋顶部分）。

13.1.2 现有井塔的抗震鉴定，应依据其结构类型和设防烈度重点检查下列部位和内容：

1 6度时，应检查局部易掉落伤人的构件以及非结构构件的连接构造，悬挑结构布置和悬挑长度，与贴建的建（构）筑物之间的防震缝宽度。

2 7度时，除应符合本条第1款要求外，尚应检查结构构件的连接方式和结构之间的连接构造。

3 8度、9度时，除应符合本条第1、2款要求外，对钢筋混凝土井塔尚应检查梁、柱、剪力墙、筒壁、悬挑、洞口等构件的配筋和构造，材料强度，各构件间的连接和节点构造，井塔结构和洞口的布置，荷载的大小和分布等；对钢井塔尚应检查梁、柱、支撑、悬挑结构等构件的尺寸和构造，材料强度，各构件间的连接，井塔结构和支撑布置，主要构件的长细比，荷载的大小和分布等。

13.1.3 井塔的外观和内在质量，应符合下列规定：

1 钢筋混凝土井塔的构件及其节点的混凝土可仅有少量微小裂缝或局部剥落，钢筋应无外露、锈蚀。钢井塔的构件及其节点可仅有轻微损伤和锈蚀。

2 填充墙宜无明显开裂或与结构脱开。

3 主体结构构件应无明显变形、倾斜或歪扭。

13.1.4 现有井塔的抗震鉴定，应按结构体系的合理性、结构构件材料的实际强度、结构构件的布置和构件连接的可靠性、填充墙等与主体结构的拉结构造，以及构件抗震承载力的综合分析，对井塔的抗震能力进行评定。

当钢筋混凝土井塔的梁、柱、抗震墙、筒壁等构件或节点构造不符合规定时，应评为不满足抗震鉴定要求；当仅有填充墙或屋盖结构不符合规定时，可评为局部不满足抗震鉴定要求。

13.1.5 A类井塔的抗震鉴定，应进行综合抗震能力两级鉴定。当符合第一级鉴定的各项要求时，除9度外应允许不进行抗震验算而评为满足抗震鉴定要求；不符合第一级鉴定要求和9度时，除本标准有明确的规定外，应通过第二级鉴定作出判断。

B类钢筋混凝土井塔的抗震鉴定，应通过其抗震措施检查和现有抗震承载力验算结果作出判断。当钢筋混凝土框架型井塔抗震措施不满足鉴定要求而现有抗震承载力较高时，可按本标准第6.2节规定通过构造影响系数进行综合抗震能力评定；当满足抗震措施鉴定要求时，其主要抗倾力构件的抗震承载力不低于规定的95%，次要抗倾力构件的抗震承载力不低于规定的90%时，可不进行加固处理，但应提出维修建议。

B类钢井塔，应通过其抗震措施检查和现有抗震承载力验算结果作出判断。当抗震措施不满足鉴定要求而现有抗震承载力满足要求时，可采取局部加固措施；当抗震措施和抗震承载力均不满足鉴定要求时，应采取全面加固处理。

13.2 A类井塔抗震鉴定

（Ⅰ）第一级鉴定

13.2.1 现有A类井塔的结构体系，应符合下列规定：

1 平面布置宜规则、对称。

2 井塔平面内质量分布和抗侧力构件的布置宜均匀、对称。

3 竖向结构布置宜上下一致。

4 钢筋混凝土箱（筒）型结构的筒壁应为双向均匀布置，每侧筒壁上下宜连续布置。

5 钢框架-支撑体系的支撑宜为中心支撑，支撑应双向对称设置，竖向宜连续布置。

6 井塔的各层楼板宜为现浇钢筋混凝土结构。

13.2.2 梁、柱、筒壁实际达到的混凝土强度等级，6度、7度时不应低于C13，8度、9度时不应低于C18。

13.2.3 钢筋混凝土箱（筒）型井塔的构造措施，应按下列规定检查：

1 筒壁厚度不宜小于200mm；相邻层筒壁厚度之差不宜超过较小壁厚的1/3。

2 筒壁洞口宜布置在筒壁中间部位，洞口的宽度不宜大于筒壁宽度的1/3。

3 当筒壁洞口宽度大于4m或大于1/3筒壁宽度时，洞口两侧宜设有贯通全层的竖向加强肋；加强肋中竖向钢筋两端伸入楼板（基础）中的锚固长度，不宜小于30倍竖向钢筋直径；洞口上部宜设有连梁，连梁应符合框架梁的配筋要求。

4 筒壁宜为双层配筋，竖向钢筋直径不宜小于10mm，间距不宜大于250mm；横向钢筋直径不宜小于6mm，间距不宜大于250mm。

5 矩形平面井塔的筒壁内侧转角，宜为八字角。

6 筒壁洞口高度和宽度均不大于1.0m时，洞口每侧竖向加强钢筋不宜少于4ϕ14；洞口转角处的斜向钢筋，不宜少于2ϕ12，且伸过洞口边的锚固长度不宜小于30倍斜向钢筋直径。洞口高度和宽度均大于1.0m时，洞口两侧宜设有边缘构件，洞口上下宜设有连梁。

13.2.4 钢筋混凝土框架型井塔和提升机层框架结构的构造措施，应符合本标准第6.2节有关A类框架结构的要求。

13.2.5 提升机层若为悬挑结构，6度时，悬挑长度不宜超过5.5m，7度、8度时不宜超过4.5m，并宜对称布置；9度时，不宜为悬挑结构。

13.2.6 井颈基础的混凝土强度等级不宜低于C18；基础受压区的钢筋，直径不宜小于16mm，间距不宜大于250mm；环向受拉钢筋接头宜为焊接或机械连接；地下井筒的竖向钢筋应与井颈基础的竖向钢筋焊接连接。

13.2.7 井塔与贴建的建（构）筑物之间应设防震缝，钢筋混凝土井塔的防震缝的宽度不宜小于70mm；钢井塔不宜小于100mm。

13.2.8 8度Ⅲ、Ⅳ类场地和9度的天然地基上井塔的罐道钢套架，当其底层柱上端与井塔构件连接、下端与井塔基础连接时，套架柱应设有可活动的接头。不符合要求时，应采取有效处理措施。

13.2.9 钢井塔构件之间的连接宜为焊接、高强度螺栓连接或栓焊混合连接。A类钢井塔主要构件的长细比，不宜大于表13.2.9的限值。

表13.2.9 A类钢井塔主要构件的长细比限值

结构构件		6度	7度	8度	9度
柱	轴心受压柱	130	130	120	120
	偏心受压柱	130	100	80	80
支撑	按压杆设计	150	150	120	120
	按拉杆设计	200	200	150	150

13.2.10 井塔符合本标准第13.2.1～13.2.9条的各项规定时，可评为满足综合抗震能力要求；当遇下列情况之一时，应评为综合抗震能力不满足抗震要求，并应根据抗震验算结果确定其加固或其他相应措施：

1 梁柱节点构造不符合要求的框架型井塔。

2 8度、9度时井塔混凝土强度等级低于C13。

3 与框架结构相连的承重砌体结构不符合要求。

4 本标准第13.2.1～13.2.9条的规定有多项不符合要求。

（Ⅱ）第二级鉴定

13.2.11 A类井塔的第二级鉴定，应按现行国家标准《构筑物抗震设计规范》GB 50191的抗震分析方法和本标准第5章的规定进行抗震承载力验算，计算时构件组合的内力设计值可不作调整。抗震验算满足要求时，可评定为满足抗震鉴定要求；不满足要求时，应采取加固或其他相应措施。

13.3 B类井塔抗震鉴定

（Ⅰ）抗震措施鉴定

13.3.1 现有B类钢筋混凝土井塔的抗震鉴定，应按表13.3.1确定鉴定时所采用的抗震等级，并应按其抗震等级核查抗震构造措施。

表13.3.1 钢筋混凝土井塔的抗震等级

结构类型		烈度						
		6度		7度		8度		9度
框架型	高度（m）	≤30	>30	≤30	>30	≤30	>30	—
	框架	四	三	三	二	二	一	—
箱（筒）型	高度（m）	≤60	>60	≤60	>60	≤60	>60	≤60
	框架	四	三	三	二	二	一	一
	筒壁	三	三	二	二	二	一	一

注：乙类井塔应按提高一度查表确定其抗震等级。

13.3.2 现有B类井塔的结构体系，应按下列规定检查：

1 钢筋混凝土框架型结构为矩形平面时，其长宽比不宜大于1.5。

2 箱（筒）型结构为矩形平面时，其长宽比不宜大于2.0。

3 井塔平面内质量分布和抗侧力构件的布置宜均匀、对称。

4 竖向结构布置宜上下一致。

5 钢筋混凝土箱（筒）型结构的筒壁应双向均匀布置，每侧筒壁上下宜连续布置。

6 钢筋混凝土箱（筒）型井塔塔身的洞口，宜匀称且上下对齐布置。

7 钢框架-支撑体系的支撑宜为中心支撑，支撑应双向对称布置，竖向宜连续布置。

8 井塔的各层楼板宜为现浇钢筋混凝土结构。钢井塔的楼盖为压型钢板现浇钢筋混凝土组合楼板或非组合楼板时，其钢梁上翼缘表面宜设有抗剪键。

9 6度～8度井塔提升机层为悬挑结构时，悬挑长度不宜超过表13.3.2的限值，并宜对称布置；9度时，不宜为悬挑结构。

表 13.3.2 最大悬挑长度（m）

烈 度	6度	7度	8度
悬挑结构长度	5.0	4.0	3.5

10 井塔与贴建的建（构）筑物之间应设防震缝，其最小宽度宜符合现行国家标准《构筑物抗震设计规范》GB 50191的要求。

13.3.3 现有B类钢筋混凝土井塔的抗震构造措施，应按下列规定检查：

1 筒壁厚度不应小于200mm；相邻层筒壁厚度之差不宜超过较小壁厚的1/3。

2 筒壁洞口宜布置在筒壁中间部位，洞口宽度不应大于筒壁宽度的1/3。

3 当筒壁洞口宽度大于4m或大于1/3筒壁宽度时，洞口两侧宜设有贯通全层的竖向加强肋；加强肋中竖向钢筋两端伸入楼板（基础）中的锚固长度，不宜小于35倍竖向钢筋直径；洞口上部应设有连梁，连梁应符合框架梁的配筋要求。

4 筒壁应为双层配筋，竖向钢筋直径不宜小于12mm，间距不宜大于250mm；横向钢筋直径不宜小于8mm，间距不宜大于250mm，且横向钢筋宜配置于竖向钢筋的外侧；双层钢筋之间的拉筋，间距不宜大于500mm（梅花形布置），直径不应小于6mm；筒壁竖向和横向钢筋配筋率，均不宜小于0.25%。

5 矩形平面井塔的筒壁内侧转角，宜为八字角，角宽可为150mm～300mm，并宜设置贴角筋；贴角筋的直径和间距可与筒壁横向钢筋相同。

6 洞口高度和宽度均不大于1.0m时，筒壁门窗洞边的竖向钢筋不宜少于2ϕ14；洞口转角处的斜向钢筋不宜少于2ϕ12，且伸过洞口边的锚固长度不宜小于35倍斜向钢筋直径。洞口高度和宽度均大于1.0m时，洞口两侧应设有边缘构件，洞口上下宜设有连梁。

7 框架型井塔的抗震构造措施尚应符合本标准第6.3节有关框架结构的规定。

13.3.4 梁、柱、筒壁实际的混凝土强度等级不应低于C18。一级的框架梁、柱和节点不应低于C20。

13.3.5 钢井塔构件之间的连接，宜为焊接、高强度螺栓连接或栓焊混合连接。B类钢井塔主要构件的长细比，宜符合表13.3.5的规定。

表 13.3.5 B类钢井塔主要构件的长细比限值

结构构件		6度	7度	8度	9度
柱	轴心受压柱	120	120	120	120
	偏心受压柱	120	90	70	70
支撑	按压杆设计	150	150	120	120
	按拉杆设计	200	200	150	150

（Ⅱ）抗震承载力验算

13.3.6 现有B类钢筋混凝土井塔应根据现行国家标准《构筑物抗震设计规范》GB 50191的抗震分析方法和本标准第5章的规定进行抗震承载力验算，计算时钢筋混凝土框架型井塔构件组合内力设计值的调整应符合本标准附录D的规定，其他钢筋混凝土井塔结构的组合内力设计值可不作调整。当钢筋混凝土框架型井塔的抗震措施鉴定不满足本标准第13.3.1～13.3.5条的要求时，可按本标准第13.1.5条有关B类井塔的规定，通过构造影响系数进行综合抗震能力评定。其他井塔不满足抗震承载力要求时，应采取加固等处理措施。

13.3.7 B类钢筋混凝土框架型井塔的构造影响系数，可根据结构体系、构造措施、混凝土强度等级，按下列情况确定：

1 当结构体系、构造措施、混凝土强度等级等各项构造均符合现行国家标准《构筑物抗震设计规范》GB 50191的规定时，可取1.1。

2 当各项构造均符合本标准第13.3.1～13.3.5条的规定时，可取1.0。

3 当各项构造均符合本标准第13.2.1～13.2.9条有关A类井塔鉴定的规定时，可取0.8。

4 当结构受损伤或发生倾斜但已修复纠正，本条第1～3款构造影响系数数值尚宜再乘以0.8～1.0。

13.3.8 现有B类钢井塔不满足本标准第13.3节有关抗震措施鉴定要求时，应根据现行国家标准《构筑物抗震设计规范》GB 50191的抗震分析方法和本标准第5章的规定进行抗震承载力的验算。8度Ⅲ、Ⅳ

类场地和9度时，乙类钢井塔尚应进行罕遇地震的弹塑性变形验算，验算时宜计入重力二阶效应影响。

14 井 架

14.1 一 般 规 定

14.1.1 本章适用于钢筋混凝土井架、斜撑式钢井架的抗震鉴定。B类钢筋混凝土井架抗震鉴定时，井架的高度不宜超过25m；超过25m时，应专门研究其鉴定方法。

14.1.2 现有井架抗震鉴定，应依据其结构类型和设防烈度重点检查下列部位和内容：

1 6度时，应检查局部易掉落伤人的构件以及非结构构件的连接构造，悬挑结构布置和悬挑长度，与贴建的建（构）筑物之间的防震缝宽度。

2 7度时，除应符合本条第1款要求外，尚应检查结构构件的连接方式以及不同结构之间的连接构造。

3 8度、9度时，除应符合本条第1和2款要求外，对钢筋混凝土井架尚应检查梁、柱、悬挑结构等构件的配筋和构造，材料强度，井架结构的布置，荷载的大小和分布等。对钢井架尚应检查梁、柱、支撑、悬挑结构等构件的尺寸和构造，井架结构和支撑布置，主要构件的长细比，荷载的大小和分布等。

14.1.3 井架的外观和内在质量，应符合下列规定：

1 钢筋混凝土井架的构件及其节点的混凝土可仅有少量微小开裂或局部剥落，钢筋应无外露、锈蚀。钢井架的构件及其节点可仅有轻微损伤和锈蚀。

2 填充墙宜无明显开裂或与主体结构脱开。

3 主体结构构件应无明显变形、倾斜或歪扭。

4 钢井架已经更换的立柱数量不宜大于20%。

14.1.4 现有井架的抗震鉴定，应按结构体系的合理性、结构构件材料的实际强度、结构构件的设置和构件连接的可靠性、填充墙等与主体结构的拉结构造，以及构件抗震承载力的综合分析，对井架的抗震能力进行评定。

当钢筋混凝土井架的梁、柱等构件或节点构造不符合规定时，应评为不满足抗震鉴定要求；当仅有填充墙或屋盖结构不符合规定时，应评为局部不满足抗震鉴定要求。

当钢井架的斜撑柱和立架柱有明显变形、整体扭曲时，应评为不满足抗震鉴定要求。

14.1.5 A类井架应进行综合抗震能力两级鉴定，当符合第一级鉴定的各项要求时，除9度外应允许不进行抗震验算而评为满足抗震鉴定要求；不符合第一级鉴定要求和9度时，除本标准有明确规定外，应通过第二级鉴定作出判断。

B类井架的抗震鉴定，应通过其抗震措施检查和现有抗震承载力验算结果作出判断；B类钢筋混凝土井架也可按本标准第13.1.5条有关B类井塔计入构造影响进行综合抗震能力评定。

14.2 A类井架抗震鉴定

（Ⅰ）第一级鉴定

14.2.1 现有A类井架的结构体系，应符合下列规定：

1 钢筋混凝土四柱式井架的高度不宜超过20m，六柱式井架不宜超过25m。

2 天轮梁的支承横梁，宜为带斜撑的梁式结构。

3 六柱式井架的斜架基础埋深，不宜小于2m。

4 8度、9度时，与支承天轮的井架立架不宜支承在井口梁上。

5 双斜撑钢井架的立架宜独立支承在井颈上。

14.2.2 A类井架连接和构造措施，应按下列规定检查：

1 立架底部框口的顶端节点，应满足刚接节点要求。

2 杆件节点连接，应满足本标准第6或7章的有关规定。

3 斜架柱脚基础二次浇灌层应紧密结合，地脚锚栓应符合本标准第9.4.3条的要求。

4 钢井架的斜撑、立架柱和天轮支承结构压杆的长细比，7度、8度时不宜大于120，9度时不宜大于100；f_y 为钢材的屈服强度。

5 钢井架的斜撑和立架柱腹杆，按压杆设计时的长细比不宜大于150，按拉杆设计时的长细比不宜大于250。

14.2.3 井架与贴建的建（构）筑物之间应设防震缝，防震缝的宽度宜符合现行国家标准《构筑物抗震设计规范》GB 50191的有关要求。

14.2.4 钢筋混凝土井架梁、柱等构件和节点实际达到的混凝土强度等级，6度、7度时不应低于C13，8度、9度时不应低于C18。

14.2.5 钢筋混凝土井架结构的构造措施，应按下列规定检查：

1 除天轮大梁及其支承横梁外，井架框架梁的截面尺寸、配筋，应符合本标准第6.2节有关A类框架的规定。

2 井架柱的最小截面尺寸，宜符合表14.2.5的规定。

表14.2.5 井架柱最小截面尺寸（mm×mm）

结构形式		截面尺寸（纵向×横向）
四柱式		400×600
六柱式	立架	400×400
	斜架柱	500×350

3 井架柱的轴压比、配筋，宜符合本标准第

6.2节有关A类框架的规定。

14.2.6 钢井架的构造措施，应按下列规定检查：

1 斜撑式钢井架的构件连接，宜为焊接或高强度螺栓连接；8度、9度时，不宜为普通螺栓连接。

2 梁、柱板件的宽厚比限值，宜符合本标准第7.2.2条的规定。

3 节点板厚度不宜小于8mm。

4 斜撑、立架柱和天轮支承结构构件的长细比，7度和8度时不宜大于150，9度时不宜大于120。

5 外露式斜撑基础的地脚螺栓应设有双螺母，地脚螺栓中心至地基边缘的距离不宜小于8倍螺栓直径。

14.2.7 钢筋混凝土井架符合本标准第14.2.1～14.2.5条的各项规定时，可评为综合抗震能力满足要求；当遇下列情况之一时，可不再进行第二级鉴定，但应评为综合抗震能力不满足抗震要求，且应对其采取加固或其他相应措施：

1 梁柱节点构造不符合要求的井架。

2 8度、9度时混凝土强度等级低于C13。

3 本标准第14.2.1～14.2.5条的规定有多项不符合要求。

14.2.8 钢井架符合本标准第14.2.1～14.2.4、14.2.6条的各项规定时，可评为综合抗震能力满足要求；当遇下列情况之一时，可不再进行第二级鉴定，应评为综合抗震能力不满足抗震要求，且应对其采取加固或其他措施：

1 井架有明显扭曲变形时。

2 井架斜撑柱、立架柱有明显弯曲且无法矫正时。

3 本节其他规定有多项明显不符合要求时。

（Ⅱ）第二级鉴定

14.2.9 A类井架的第二级鉴定可按现行国家标准《构筑物抗震设计规范》GB 50191的抗震分析方法和本标准第5章的规定进行抗震承载力验算；计算时构件组合内力设计值可不作调整。抗震验算满足要求时，可评定为满足抗震鉴定要求；当不满足要求时，应采取加固或其他相应措施。

14.3 B类井架抗震鉴定

（Ⅰ）抗震措施鉴定

14.3.1 现有B类钢筋混凝土井架的抗震鉴定，应按表14.3.1确定鉴定时所采用的抗震等级，并应按其抗震等级的要求核查抗震构造措施。

表14.3.1 钢筋混凝土井架的抗震等级

烈度	6度	7度	8度	9度
抗震等级	三	三	二	一

注：乙类井架应按提高一度查表确定其抗震等级，9度时仍为一级。

14.3.2 现有井架的结构体系，应按下列规定检查：

1 井架高度超过25m或多绳提升井架，宜为钢结构。

2 天轮梁的支承横梁，宜为带斜撑的梁式结构。

3 六柱式井架的斜架基础埋深，不宜小于2m。

4 支承天轮的井架立架不宜支承在井口梁上。

5 双斜撑钢井架的立架宜独立支承在井颈上。

14.3.3 井架与贴建的建（构）筑物之间应设防震缝，防震缝的宽度应满足现行国家标准《构筑物抗震设计规范》GB 50191的要求。

14.3.4 钢筋混凝土井架梁、柱等构件和节点实际达到的混凝土强度等级，6度、7度时不应低于C18，9度时不应低于C20。

14.3.5 钢筋混凝土井架结构的构造措施，尚应按下列规定检查：

1 9度时，斜架基础的混凝土强度等级不应低于C20。

2 井架柱的节间净高与截面高度之比，宜大于4。井架柱的最小截面尺寸，应符合表14.2.5的规定。

3 除天轮大梁及其支承横梁外，井架框架梁的截面尺寸、配筋应满足本标准第6.3节有关B类框架的规定。

4 井架柱的轴压比、配筋应符合本标准第6.3节有关框架的规定，但底层柱的箍筋应全高加密。

5 井架柱的纵向钢筋，应与基础或井颈有可靠的锚固。

6 8度、9度时，六柱式井架的斜架基础，自基础顶面以下沿锥面四周应配有竖向钢筋，其直径不应小于10mm，长度不应小于1.5m，间距8度时不应大于200mm，9度时不应大于150mm。

14.3.6 钢井架的构造措施，应按下列规定检查：

1 斜撑式钢井架的构件连接，应为焊接或高强度螺栓连接。

2 梁、柱板件的宽厚比应符合本标准第7.3.4条的规定。

3 节点板厚度不应小于8mm。

4 斜撑、立架柱和天轮支承结构压杆的长细比，8度时不宜大于120，9度时不宜大于100。

5 斜撑和立架柱中的腹杆，按压杆设计时的长细比不宜大于150，按拉杆设计的长细比不宜大于250。

14.3.7 钢井架外露式斜撑基础的构造，应符合下列规定：

1 地脚螺栓应设有双螺母。

2 地脚螺栓中心至基础边缘的距离，不应小于螺栓直径的8倍。

3 9度时，斜撑基础的混凝土强度等级不宜低于C20。

4　8度和9度时，斜撑基础顶面以下沿锥面四周应配置竖向钢筋，钢筋直径不宜小于10mm，长度不宜小于1.5m，其间距8度时不宜大于150mm，9度时不宜大于100mm；在基础顶面宜配有不少于两层的钢筋网，钢筋直径不宜小于6mm，间距不宜大于200mm。

（Ⅱ）抗震承载力验算

14.3.8　B类钢筋混凝土井架应根据现行国家标准《构筑物抗震设计规范》GB 50191的抗震分析方法和本标准第5章的规定进行抗震承载力验算，计算时构件组合内力设计值的调整应符合本标准附录D的规定；当抗震构造措施不满足本标准第14.3.1～14.3.6条的要求时，可按本标准第13.1.5条有关B类井塔的规定，通过构造影响系数进行综合抗震能力评定。

14.3.9　B类钢筋混凝土井架的构造影响系数，可按下列情况确定：

1　当各项构造措施要求均符合现行国家标准《构筑物抗震设计规范》GB 50191的规定时，可取1.1。

2　当各项构造措施要求均符合本标准第14.3.1～14.3.6条的要求时，可取1.0。

3　当各项构造措施要求均符合本标准第14.2.1～14.2.5条有关A类井架规定要求时，可取0.8。

4　当结构受损伤或发生倾斜但已修复纠正时，本条第1～3款构造影响系数数值尚宜再乘以0.8～1.0。

14.3.10　B类钢井架不满足本标准第14.3.3、14.3.6、14.3.7条有关抗震措施鉴定的要求时，应根据现行国家标准《构筑物抗震设计规范》GB 50191的抗震分析方法和本标准第5章的规定进行抗震承载力验算，计算时构件组合内力设计值可不作调整；乙类钢井架尚应进行罕遇地震弹塑性变形验算，验算时宜计入重力二阶效应影响。

15　电　视　塔

15.1　一　般　规　定

15.1.1　本章适用于钢筋混凝土电视塔和钢电视塔的抗震鉴定。

15.1.2　现有电视塔的抗震鉴定，应重点检查下列内容：

1　电视塔所在场地（地段）对结构抗震性能的不利影响。

2　电视塔结构刚度沿高度突变对结构抗震性能的不利影响。

3　塔筒结构的高度、造型及构造。

4　塔楼的结构布置及连接构造。

5　塔顶桅杆（天线）结构、连接构造。

15.1.3　电视塔的外观和内在质量，应符合下列规定：

1　塔体应无明显倾斜、变形。

2　塔楼及天线桅杆节点连接应无变形和松动。

3　钢结构构件截面应无明显腐蚀、削弱，构件连接应无断裂、变形和松动。

4　钢筋混凝土结构构件应无腐蚀、开裂，钢筋应无裸露。

15.2　抗震措施鉴定

15.2.1　钢电视塔塔体横截面边数大于3时，应设置横隔。当横截面边数为3，但横杆中间有斜腹杆连接交汇点时，也应设置横隔。横隔的设置，应符合下列规定：

1　在承受荷载和工艺需要处，应设置横隔。

2　塔身坡度改变处，应设置横隔。

3　塔身坡度不变的塔段，6度～8度时每隔2个～3个节间应设置一道横隔；9度时每1个～2个节间应设置一道横隔；斜腹杆按柔性设计的电视塔，每节间均应设置横隔。

15.2.2　钢电视塔的构件长细比，不应超过表15.2.2的规定。

表15.2.2　钢电视塔的构件长细比限值

构件类别	长细比
受压的弦杆、斜杆、横杆	150
受压的辅助杆、横隔杆	200
受拉杆	350

15.2.3　钢电视塔受力构件及其连接件，其板件厚度不宜小于6mm，角钢截面不宜小于50mm×3mm，圆钢直径不宜小于12mm，钢管壁厚不宜小于4mm。

15.2.4　钢电视塔构件端部的连接焊缝，应为围焊焊接，在转角处的围焊焊缝应连续。

15.2.5　钢电视塔采用螺栓连接时，除组合构件的缀条外，每一杆件在节点上或拼接接头每一端的螺栓数目不应少于2个；法兰盘的连接螺栓数目不应少于3个；螺栓直径不应小于12mm。

15.2.6　圆钢或钢管与法兰盘焊接连接并设加劲肋时，其肋板厚度不应小于肋长的1/15，且不应小于6mm。

15.2.7　钢筋混凝土环形截面电视塔的横隔设置，应符合下列规定：

1　在承受荷载和工艺需要处，应设置横隔。

2　塔身坡度改变处，应设置横隔。

3　塔身坡度不变或缓变的塔段，当采用双层配筋时，横隔间距不应大于20m；当采用单层配筋时，横隔间距不应大于10m；当塔身存在纵向裂缝时，横隔间距应进一步减小。

15.2.8 钢筋混凝土环形截面塔身筒壁的最小厚度不应小于160mm，且不应小于100mm＋10D，D为塔筒外径（m）。

15.2.9 钢筋混凝土塔身的混凝土强度等级，6度、7度时不应低于C20，8度、9度时不应低于C25；基础混凝土强度等级不应低于C18；塔身筒壁的纵向钢筋直径不应小于16mm，双排纵向钢筋的最小配筋率不应小于0.4%；环向钢筋直径不应小于12mm，双层环向钢筋的最小配筋率不应小于0.35%。

15.2.10 钢筋混凝土塔身的轴压比，6度时不宜大于0.8，7度时不宜大于0.7，8度和9度时不宜大于0.6。

15.2.11 钢筋混凝土塔身筒壁的孔洞周边应配有附加钢筋，附加钢筋面积宜为被洞口截断钢筋面积的1.3倍。

15.2.12 电视塔结构在塔身、塔杆和钢桅杆的交接部位以及变截面部位，应有局部加强和减小应力集中的措施。

15.3 抗震承载力验算

15.3.1 满足抗震措施要求的下列电视塔，可不进行抗震承载能力验算，可直接判定为满足抗震鉴定要求：

1 7度Ⅰ、Ⅱ、Ⅲ类场地及8度Ⅰ、Ⅱ类场地时，不带塔楼的钢电视塔。

2 7度Ⅰ、Ⅱ类场地，且基本风压不小于0.4kN/m^{2}时，以及7度Ⅲ、Ⅳ类场地和8度Ⅰ、Ⅱ类场地，且基本风压不小于0.7kN/m^{2}时不带塔楼的200m以下的钢筋混凝土电视塔。

15.3.2 不符合本标准第15.3.1条规定的电视塔，应按现行国家标准《构筑物抗震设计规范》GB 50191的抗震分析方法和本标准第5章的规定进行抗震承载力验算。结构安全等级为一级的电视塔或结构安全等级为二级且高度大于200m带塔楼的钢筋混凝土电视塔或高度大于250m带塔楼的钢电塔，尚应进行罕遇地震下的弹塑性变形验算，验算时宜计入重力二阶效应的影响。

16 冷 却 塔

16.1 自然通风冷却塔

（Ⅰ）一 般 规 定

16.1.1 本章适用于自然通风和机力通风钢筋混凝土冷却塔的抗震鉴定。

16.1.2 抗震鉴定时，对塔筒（包括旋转壳通风筒、斜支柱、环形基础）及淋水构架的外观质量、混凝土强度等级、结构构造、基础的不均匀沉降、接地系统等，应进行重点检查。对建在湿陷性黄土或不均匀地基上的冷却塔，尚应检查管沟接头和贮水池有无渗漏和沉陷等。

16.1.3 自然通风冷却塔抗震鉴定，可包括抗震措施鉴定和抗震承载力验算。当符合本标准第16.1.4～16.1.9条的各项规定时，可评为满足抗震鉴定要求；当不符合时，可根据抗震措施和抗震承载力不符合的程度，通过综合分析确定采取加固或其他相应对策。

（Ⅱ）A类自然通风冷却塔抗震鉴定

16.1.4 A类自然通风冷却塔的抗震措施鉴定，应按下列规定检查：

1 塔筒、斜支柱、淋水构架梁柱和水槽实际达到的混凝土强度等级，不宜低于C20。

2 塔筒、斜支柱、淋水构架和水槽不应有明显的裂缝和倾斜，混凝土不应有严重的剥落和冻融损坏，钢筋应无外露和锈蚀。

3 塔筒筒壁在子午向和环向均应为双层配筋，每层单向配筋率不宜小于0.15%。

4 斜支柱的截面宽度和高度均不宜小于300mm，圆形柱直径和多边形柱内切圆直径均不宜小于350mm。支柱纵向钢筋伸入环梁的长度，不宜小于钢筋直径的60倍；伸入基础的长度，不宜小于钢筋直径的40倍。

5 预制主水槽的接头应焊接牢靠；配水槽伸入主水槽的搁置长度，不宜小于70mm；8度和9度时，主、配水槽的接头处，应焊接连接或有防止拉脱措施。

16.1.5 A类自然通风冷却塔抗震承载力验算，可按本标准第16.1.8条规定执行。

（Ⅲ）B类自然通风冷却塔抗震鉴定

16.1.6 B类自然通风冷却塔抗震措施鉴定，应按下列规定检查：

1 自然通风冷却塔实际达到的混凝土强度等级，塔筒、淋水构架梁柱不宜低于C25。

2 冷却塔塔筒和淋水构架，可仅有少量微细裂缝，钢筋应无外露和锈蚀。

3 塔筒筒壁在子午向和环向均应为双层配筋，每层单向配筋率不宜小于0.2%。

4 在每对斜支柱组成的平面内，斜支柱的倾斜角不宜小于11°；斜支柱的截面宽度和高度均不宜小于300mm，圆形柱直径和多边形柱内切圆直径均不宜小于350mm。支柱纵向钢筋伸入环梁的长度，不宜小于钢筋直径的60倍；伸入基础的长度，不宜小于钢筋直径的40倍。斜支柱的配筋率和箍筋配置，应符合现行国家标准《构筑物抗震设计规范》GB 50191的有关要求。

5 预制主水槽的接头，应符合本标准第16.1.4条第5款的要求。

16.1.7 B类自然通风冷却塔的抗震等级，应根据设防烈度、结构类型和淋水面积按表16.1.7确定。

表16.1.7 自然通风冷却的抗震等级

结构类型和淋水面积		6度	7度	8度	9度
塔筒	$S<4000m^2$	四	四	三	二
	$4000m^2\leqslant S\leqslant 9000m^2$	四	三	二	一
	$S>9000m^2$	三	二	一	一
淋水装置	框架、排架	四	三	二	一

注：S为冷却塔的淋水面积。

16.1.8 B类自然通风冷却塔的抗震构造措施，尚应符合下列规定：

1 柱的轴压比不宜大于表16.1.8-1的限值。

表16.1.8-1 柱的轴压比

结构类型	抗震等级			
	一级	二级	三级	四级
斜支柱	0.6	0.7	0.8	
框架柱、排架柱	0.7	0.8	0.9	

注：1 轴压比指柱组合的轴压力设计值与全截面面积和混凝土轴心抗压强度设计值乘积之比值；
2 在不受冻融影响的地区，其轴压比可按表中数值增加0.05；
3 Ⅳ类场地的大型冷却塔，轴压比宜减小0.05。

2 柱的纵向钢筋最小总配筋率宜符合表16.1.8-2的规定。

表16.1.8-2 柱的纵向钢筋最小总配筋率（%）

结构类型	抗震等级			
	一级	二级	三级	四级
斜支柱	1.2	1.0	0.9	0.8
框架柱、排架柱	1.0	0.8	0.7	0.6

注：当采用HRB400级钢筋时，纵向钢筋最小配筋率可减少0.1%，且一侧配筋率不宜小于0.2%；Ⅳ类场地时，最小配筋率宜增加0.1%。

3 柱两端1/6柱长、柱截面长边长度（或直径）和500mm三者的较大值范围内，箍筋宜加密，间距不宜大于100mm，直径不应小于6mm。

4 淋水构架柱的柱顶，柱根500mm范围内，以及牛腿全高、牛腿顶面至构架梁顶面以上300mm区段范围内，箍筋均宜加密，其间距不宜大于100mm，加密区的箍筋最小直径抗震等级一级不宜小于10mm，二级、三级不应小于8mm，四级不应小于6mm。

5 8度、9度时，淋水构架的梁和水槽不宜搁置在筒壁牛腿上。

6 8度、9度时，除水器、淋水填料、填料格栅均不应浮搁，与梁之间应有可靠连接。

16.1.9 B类自然通风冷却塔的抗震承载力验算，应符合下列规定：

1 冷却塔塔筒符合下列条件之一时，可不进行抗震验算：

1）7度Ⅰ、Ⅱ、Ⅲ类场地或8度Ⅰ、Ⅱ类场地，且淋水面积小于$4000m^2$；

2）7度Ⅰ、Ⅱ类场地或8度Ⅰ类场地，且淋水面积为$4000m^2\sim9000m^2$和基本风压大于$0.35kN/m^2$。

2 不符合本条第1款规定时，应按现行国家标准《构筑物抗震设计规范》GB 50191的抗震分析方法和本标准第5章规定进行抗震承载力验算。

3 不符抗震承载力验算要求时，应采取加固等措施。

16.2 机力通风冷却塔

16.2.1 本节适用于机力通风钢筋混凝土冷却塔的抗震鉴定。

16.2.2 机力通风冷却塔的抗震措施鉴定，应按下列规定检查：

1 冷却塔实际达到的混凝土强度等级不宜低于C18。

2 冷却塔不应有严重倾斜，塔高不超过20m时倾斜率不应大于0.8%。

3 框架梁柱的表面不应有严重的腐蚀、剥落，钢筋应无外露、锈蚀。

4 围护墙、隔风板及风筒为预制构件时，应与框架连接牢固，不应有局部脱开或破损。

5 砖砌体填充墙，A类、B类冷却塔应分别符合本标准第3.0.13和3.0.14条的规定。

16.2.3 A、B类机力通风冷却塔框架结构的抗震构造措施，应分别符合本标准第6章有关A、B类框架结构的要求；B类塔框架的抗震等级，6度、7度时可按三级采用，8度、9度时可按二级采用。

16.2.4 8度和9度时，集水器、淋水填料、格栅与梁之间应有可靠连接；如为浮搁或已松动时，宜采取加固措施。

16.2.5 8度Ⅲ、Ⅳ类场地和9度时，不符合本标准第16.2.1～16.2.4条抗震措施要求的机力通风冷却塔，应按本标准第6章有关B类框架结构的规定进行抗震承载力验算。不满足抗震要求时，应采取加固等措施。

17 焦炉基础

17.1 一般规定

17.1.1 本章适用于炭化室高度不大于6m的大、中型钢筋混凝土构架式焦炉的基础的抗震鉴定。

17.1.2 焦炉基础的抗震鉴定，应重点检查基础构架，抵抗墙，炉端台、炉间台和操作台的梁端支座，以及焦炉的纵向拉条和刚性链杆。

17.2 A类焦炉基础抗震鉴定

（Ⅰ）第一级鉴定

17.2.1 焦炉基础构架梁柱和刚接节点，应符合本标准第6章有关A类框架结构的抗震构造要求。

17.2.2 刚性链杆和纵向拉条应齐全、无损坏无断裂和弯曲，并应保持在受力工作状态。

17.2.3 焦炉基础构架的铰接柱（一端铰接或两端铰接），其上端为铰接时，柱顶面与构架梁之间的间隙，以及下端为铰接时柱侧边与底板杯口内壁顶部之间的间隙，均不应小于20mm，并应浇灌沥青玛𤨣脂等软质材料，不得填充水泥砂浆等硬质材料。

17.2.4 设置在焦炉基础、炉端台、炉间台，以及机侧和焦侧操作台的梁端滑动支座或滚动支座，应能保持正常工作。

17.2.5 焦炉基础与相邻结构之间的防震缝宽度不宜小于50mm。

17.2.6 焦炉基础符合本标准第17.2.1～17.2.5条的各项规定时，可评为综合抗震能力满足要求；当遇下列情况之一时，可不再进行第二级鉴定，但应评为综合抗震能力不满足抗震要求，且应对焦炉基础采取加固或其他相应措施：

1 梁柱节点构造不符合要求的焦炉构架。

2 8度、9度时混凝土强度等级低于C13。

3 刚性链杆和纵向拉条损坏或断裂。

4 本节的其他规定有多项不符合要求。

（Ⅱ）第二级鉴定

17.2.7 8度Ⅲ、Ⅳ类场地和9度，或当部分抗震措施不满足第一级鉴定要求时，应进行第二级鉴定；第二级鉴定可采用本标准第6章有关A类钢筋混凝土框架第二级鉴定的方法。

17.3 B类焦炉基础抗震鉴定

（Ⅰ）抗震措施鉴定

17.3.1 8度Ⅲ、Ⅳ类场地和9度时，焦炉基础横向构架边柱的上下端节点可为铰接或固接，中间柱的上下端节点应为固接。

17.3.2 焦炉基础构架梁柱及其固接节点，应符合本标准第6章有关B类框架结构的抗震构造要求。6度和7度时应满足框架抗震等级三级要求，8度和9度时应满足框架抗震等级二级要求。

17.3.3 焦炉的纵向拉条和刚性链接应齐全、无损坏、无断裂和弯曲，并应保持工作状态。

17.3.4 现浇构架柱铰接端的插筋，直径不宜小于20mm，锚固长度不宜小于钢筋直径的35倍。预制构架柱铰接节点，柱边与杯口内壁之间的距离不宜小于30mm，并应浇灌沥青玛𤨣脂等软质材料，不得填塞水泥砂浆等硬质材料。构架柱的铰接端，宜设有承受局部受压的焊接钢筋网，且不宜少于4片，钢筋网的钢筋直径不宜小于8mm，网孔尺寸不宜大于80mm×80mm。

17.3.5 设置在焦炉基础、炉端台、炉间台，以及机侧和焦侧操作台的梁端滑动支座或滚动支座，应能保持正常工作。

17.3.6 焦炉基础与相邻结构之间的防震缝不应小于50mm。

（Ⅱ）抗震承载力验算

17.3.7 6度和7度Ⅰ、Ⅱ类场地时，焦炉基础可不进行抗震验算，但应满足相应的抗震措施要求。

17.3.8 不满足本标准第17.3.1～17.3.7条抗震措施要求且为7度Ⅲ、Ⅳ类场地和8度、9度时，B类焦炉基础应按现行国家标准《构筑物抗震设计规范》GB 50191的抗震分析方法和本标准第5章的规定进行抗震承载力验算；计算时其构件组合内力设计值的调整应符合本标准附录D的规定。不满足抗震要求时，应采取加固等措施。

18 回转窑和竖窑基础

18.1 一般规定

18.1.1 本章适用于回转窑和竖窑钢筋混凝土构架式基础的抗震鉴定。

18.1.2 回转窑和竖窑基础的抗震鉴定，应重点检查下列薄弱部位。

1 7度时，应检查构架梁柱的连接方式、设备与基础构件之间的连接构造。

2 8度、9度时，除应按本条第1款检查外，尚应检查梁、柱的配筋、材料强度、各构件之间的连接、结构体型的规则性、短柱分布、作用荷载大小和分布等。

18.1.3 回转窑和竖窑基础的外观和内在质量，应符合下列规定：

1 梁、柱及其节点的混凝土可仅有少量微细开裂或局部剥落，钢筋应无外露和锈蚀。

2　填充墙宜无明显开裂或与构架脱开。

3　主体构架应无明显变形、倾斜或歪扭。

18.1.4　回转窑和竖窑基础的抗震鉴定，应按结构体系的合理性、结构构件材料的实际强度、结构构件的纵向钢筋和横向箍筋的配置和构件连接的可靠性、填充墙等与主体结构的拉结构造，以及构件抗震承载力的综合分析，对整体结构的抗震能力进行评定。

当梁柱节点构造和横向跨间结构构造不符合规定时，应评为不满足抗震鉴定要求；当仅有出入口、人流通道处的填充墙不符合规定时，应评为局部不满足抗震鉴定要求。

18.1.5　A类回转窑和竖窑基础应进行综合抗震能力等级鉴定。当符合第一级鉴定的各项规定时，除8度Ⅲ、Ⅳ类场地和9度外，可不进行抗震验算而评为满足抗震鉴定要求；不符合第一级鉴定要求和8度Ⅲ、Ⅳ类场地及9度时，应进行第二级鉴定。

B类回转窑和竖窑基础应根据其构架的抗震等级进行结构布置和构造检查，并应通过内力调整进行抗震承载力验算。

18.1.6　当砌体结构与构架相连或依托于构架时，应加大砌体结构所承担的地震作用，再按本标准第5章的规定进行抗震验算。

18.2　A类回转窑和竖窑基础抗震鉴定

（Ⅰ）第一级鉴定

18.2.1　回转窑和竖窑基础，应按本标准第6章A类框架结构的规定进行第一级鉴定。

18.2.2　回转窑和竖窑基础符合本标准第18.2.1条的要求时，可评为综合抗震能力满足要求；当遇下列情况之一时，应评为综合抗震能力不满足抗震要求，并应根据抗震验算结果确定其加固或其他措施：

1　梁柱节点构造不符合要求的构架式基础。

2　8度Ⅲ、Ⅳ类场地和9度时混凝土强度等级低于C13。

3　与构架相连的砌体承重结构不符合抗震要求。

4　仅有填充墙等非结构构件不符合本标准第3.0.13条的有关要求。

5　本节的其他规定有多项不符合要求。

18.2.3　8度Ⅲ、Ⅳ类场地和9度时，回转窑宜设有防止窑体沿轴向滑移的措施。地脚螺栓的构造要求宜符合本标准第10.4.6条的有关规定。

（Ⅱ）第二级鉴定

18.2.4　8度Ⅲ、Ⅳ类场地和9度，或不满足A类回转窑和竖窑基础第一级鉴定的要求时，应进行第二级鉴定。第二级鉴定可采用本标准第6章有关A类钢筋混凝土框架第二级鉴定的方法。

18.3　B类回转窑和竖窑基础抗震鉴定

（Ⅰ）抗震措施鉴定

18.3.1　B类回转窑和竖窑基础的抗震构造措施，6度、7度应满足本标准第6.3节有关三级框架结构的要求，8度、9度应满足本标准第6.3节有关二级框架结构的要求。

18.3.2　回转窑和竖窑构架或基础混凝土强度等级，8度Ⅲ、Ⅳ类场地和9度时不应低于C20，其他情况时不应低于C18。

18.3.3　8度Ⅲ、Ⅳ类场地和9度时，回转窑应设有防止窑体沿轴向滑移的措施；地脚螺栓的构造要求应符合本标准第10.4.6条的有关规定。

18.3.4　回转窑和竖窑的砌体填充墙应按下列规定检查：

1　砌体填充墙在平面和竖向布置宜均匀对称。

2　砌体填充墙宜与构架柱柔性连接。

3　砌体填充墙与构架柱为刚性连接时，应符合下列规定：

1）沿构架柱高每隔500mm应有2ϕ6拉筋，拉筋伸入填充墙内长度，6度、7度时不应小于墙长的1/5且不小于700mm，8度、9度时宜沿墙全长拉通。

2）墙长度大于5m时，墙顶部与梁宜有拉结措施；墙高度超过4m时，宜在墙高中部有与柱连接的通长钢筋混凝土水平系梁。

18.3.5　回转窑和竖窑基础设有钢筋混凝土抗震墙时，抗震墙的配筋与构造应符合本标准第6.3.7条的要求。

（Ⅱ）抗震承载力验算

18.3.6　8度Ⅲ、Ⅳ类场地和9度时，回转窑和竖窑基础可按本标准第6章有关B类框架结构抗震分析方法进行承载力验算。不满足验算要求时，应采取加固等措施。

18.3.7　8度Ⅲ、Ⅳ类场地和9度时，回转窑和竖窑的地脚螺栓应进行抗震验算。

19　高炉系统结构

19.1　一般规定

19.1.1　本章适用于有效容积为1000m^3～5000m^3的高炉系统结构抗震鉴定。

19.1.2 高炉系统结构应包括高炉、热风炉、除尘器和洗涤塔等结构。高炉系统结构应按B类构筑物进行抗震鉴定。

19.2 高 炉

（Ⅰ）抗震措施鉴定

19.2.1 高炉结构的抗震鉴定，应重点检查下列部位和内容：

1 导出管与炉顶封板连接处的焊缝和母材，不应有严重烧损、变形或开裂。

2 高炉炉顶与炉体框架水平连接处的连接及构件，不应有损坏或缺失。

3 高炉炉壳不应有严重变形，炉壳开孔处不应有裂缝。

4 高炉上升管支座处的构件不应有变形和焊缝开裂。

5 当上升管与下降管采用球形节点连接时，连接处不应有损坏或开裂。

19.2.2 高炉结构的抗震鉴定，应按下列规定进行检查：

1 高炉应设有炉体框架。在炉顶处，炉体框架与炉体间应设有水平连接构件。

2 高炉的导出管应设有膨胀器，上升管与下降管的连接宜为球形节点。

3 7度Ⅲ、Ⅳ类场地和8度、9度时，高炉的炉体框架和炉顶框架宜符合下列规定：

1）炉顶框架和炉体框架均宜设有支撑系统，主要支撑杆件的长细比按压杆设计时不宜大于120，按拉杆设计时不宜大于150；中心支撑板件宽厚比限值宜符合表19.2.2的规定；

表19.2.2 中心支撑板件宽厚比限值

板件名称	7度	8度	9度
翼缘板外伸部分	10	9	8
工字形截面腹板	27	26	25

2）炉体框架和底部柱脚宜与基础固接；

3）框架梁、柱板件的宽厚比宜符合本标准第7.3.4条的规定。

4 电梯间、通道平台和高炉框架相互之间应有可靠连接。

19.2.3 上升管、炉顶框架、通廊端部和炉顶装料设备相互之间的水平空隙，宜符合下列规定：

1 7度Ⅲ、Ⅳ类场地和8度Ⅰ、Ⅱ场地时，不宜小于200mm。

2 8度Ⅲ、Ⅳ类场地和9度时，不宜小于400mm。

（Ⅱ）抗震承载力验算

19.2.4 不符合本标准第19.2.1～19.2.3条有关抗震措施要求或8度Ⅲ、Ⅳ类场地和9度时，高炉结构应按现行国家标准《构筑物抗震设计规范》GB 50191的抗震分析方法和本标准第5章的规定进行抗震承载力验算，不满足验算要求时，应采取加固等措施；应重点验算下列部位：

1 炉体框架和炉顶框架的柱、主梁、主要支撑及柱脚的连接。

2 上升管的支座、支座顶面处的上升管截面和支承支座的炉顶平台梁。

3 上升管与下降管为球形节点连接时，上升管和下降管与球形节点连接处及下降管的根部。

4 炉体框架与炉体顶部的水平连接。

19.3 热 风 炉

（Ⅰ）抗震措施鉴定

19.3.1 热风炉的抗震鉴定，应重点检查下列部位：

1 炉底与基础连接的锚栓不应有松动，其连接板件不应有变形和损坏。

2 炉壳与管道连接处焊缝和母材，不应有损坏、裂缝或严重变形。

3 炉壳不应有严重烧损和变形。

4 炉底钢板不应有严重翘曲，与基础之间不应有空隙。

5 有刚性连接管的外燃式热风炉，其连接管与炉壳的连接处不应有严重变形和裂缝。

6 外燃式热风炉燃烧室的钢支架梁与柱及支撑的连接，不应有损坏和开裂。

19.3.2 外燃式热风炉的燃烧室的支承结构为钢筋混凝土框架时，其抗震鉴定应符合本标准第6章有关B类框架结构的有关要求；其抗震构造措施，6度～8度时应符合二级框架结构的要求，9度时应符合一级框架的要求。

19.3.3 外燃式热风炉的燃烧室为钢支架支承时，支架柱的长细比不宜大于120；梁、柱板件宽厚比限值宜符合本标准表7.3.4的规定；柱脚与基础宜为固接，铰接时应设有抗剪键。

（Ⅱ）抗震承载力验算

19.3.4 不符合本标准第19.3.1～19.3.3条有关抗震措施要求或8度Ⅲ、Ⅳ类场地和9度时的内燃式、顶燃式热风炉和燃烧室为钢筒支承的外燃式热风炉，以及7度Ⅲ、Ⅳ类场地和8度、9度时的燃烧室为支架支承的外燃式热风炉，应按现行国家标准《构筑物抗震设计规范》GB 50191的抗震分析分方法和本标准第5章的规定进行抗震承载力验算。不满足验算要求时，应采取加固等措施。

19.4 除尘器、洗涤塔

（Ⅰ）抗震措施鉴定

19.4.1 除尘器、洗涤塔的抗震鉴定，应重点检查下列部位：

1 下降管与除尘器的连接处，不应有严重变形和损坏。

2 除尘器和洗涤塔的筒体，不应有损坏。

3 筒体支座及其连接处，不应有损坏和松动。

4 支撑筒体的环梁及其与柱的连接，不应有变形和损坏。当筒体与环梁仅用螺栓连接时，其连接不应有松动和损坏。

5 旋风除尘器框架和重力除尘器支架梁与柱及其与支撑的连接，不应有变形和裂缝。

6 旋风除尘器框架和重力除尘器、洗涤塔支架与基础连接处，不应有损坏和空隙。

19.4.2 框架和支架为钢筋混凝土结构时，其抗震鉴定应符合本标准第6章有关B类框架的有关要求。其抗震构造措施，6度～8度时应符合二级框架结构的要求，9度时应符合一级框架的要求。

19.4.3 7度Ⅲ、Ⅳ类场地和8度、9度时，旋风除尘器、重力除尘器和洗涤塔宜符合下列规定：

1 筒体在支座处宜设有水平环梁。

2 筒体与支架以及支架柱脚与基础的连接宜设有抗剪措施。

3 管道与筒体的连接处宜设有加劲肋或局部增加钢壳厚度等加强措施。

4 旋风除尘器框架和重力除尘器钢支架主要支撑杆件的长细比，按压杆设计时不宜大于120，按拉杆设计时不宜大于150。

19.4.4 除尘器和洗涤塔为钢筋混凝土框架支承时，柱顶宜设有水平环梁。柱顶无水平环梁时，柱头应设置不少于两层直径为8mm的水平焊接钢筋网，钢筋间距不宜大于100mm。

（Ⅱ）抗震承载力验算

19.4.5 下列筒体和支承结构可不进行抗震验算，但应符合相应的抗震措施要求：

1 除尘器和洗涤塔的筒体结构。

2 6度、7度Ⅰ、Ⅱ类场地时，旋风除尘器的框架结构和重力除尘器的支架结构。

3 6度、7度和8度Ⅰ、Ⅱ类场地时，洗涤塔的支架结构。

19.4.6 不符合本标准第19.4.1～19.4.4条有关抗震措施要求或8度Ⅲ、Ⅳ类场地和9度时，重力除尘器、旋风除尘器和洗涤塔应按现行国家标准《构筑物抗震设计规范》GB 50191的抗震分析方法和本标准第5章的规定进行抗震承载力验算。不满足验算要求时，应采取加固等措施。

20 钢筋混凝土浓缩池、沉淀池、蓄水池

20.1 一 般 规 定

20.1.1 本章适用于半地下式、地面式、架空式钢筋混凝土浓缩池、沉淀池、蓄水池的抗震鉴定。

20.1.2 现有钢筋混凝土浓缩池、沉淀池、蓄水池，应依据其设防烈度重点检查下列薄弱部位：

1 6度时，应检查易掉落伤人的水池附属部件与主体结构的连接情况。

2 7度时，除应按本条第1款检查外，尚应检查混凝土构件节点的连接方式。

3 8度、9度时，除应按本条第1、2款检查外，尚应检查混凝土构件的配筋、材料强度、各构件间的连接构造等。

20.1.3 浓缩池、沉淀池和蓄水池外观和内在质量，应符合下列规定：

1 混凝土构件可仅有少量微细裂缝或局部剥落，钢筋应无外露、锈蚀。

2 整体结构应无明显变形、倾斜或歪扭。

20.1.4 现有钢筋混凝土浓缩池、沉淀池和蓄水池的抗震鉴定，应按其结构形式、材料实际强度、钢筋配置以及抗震承载力的综合分析，对其抗震能力进行评定。

20.1.5 A类浓缩池、沉淀池、蓄水池应进行综合抗震能力两级鉴定。当符合第一级鉴定的各项规定时，应允许不进行抗震验算而评为满足抗震鉴定要求；不符合第一级鉴定要求时，除有明确规定的情况外，应在第二级鉴定中对其抗震承载力进行验算后，进行抗震能力评定。

B类浓缩池、沉淀池、蓄水池应进行抗震措施检查，并应对其进行抗震承载力验算。

20.2 A类钢筋混凝土浓缩池、沉淀池、蓄水池抗震鉴定

（Ⅰ）第一级鉴定

20.2.1 池壁、池底厚度，均不宜小于150mm；混凝土强度等级，6度、7度时不应低于C13，8度、9度时不应低于C18。

20.2.2 池顶盖板采用装配式构件时，应符合下列规定：

1 盖板缝内应配置不少于1ϕ6钢筋，并应用M10水泥砂浆灌实。

2 板与梁连接应通过预埋件焊接连接，且不宜少于三点焊接。

3　9度时，宜设置厚度不小于40mm的钢筋混凝土叠合层。

4　顶盖在池壁上的搁置长度，不应小于200mm。

5　8度、9度时，池壁与顶盖应通过预埋件焊接连接。

20.2.3　池壁钢筋最小总配筋率和中心柱纵向钢筋最小总配筋率，应符合表20.2.3-1的规定。中心柱的箍筋配置，应符合表20.2.3-2要求。

表20.2.3-1　池壁和中心柱的最小总配筋率（%）

烈　度		6度、7度、8度	9度
池壁钢筋	竖向	0.35	0.45
	环向	0.45	0.55
中心柱纵向钢筋		0.35	0.50

表20.2.3-2　中心柱的箍筋配置

烈　度	6度、7度	8度	9度
最小直径（mm）	8	10	10
最大间距（mm）	250	200	150
加密区最大间距（mm）	10d，150	10d，150	8d，100
加密区范围	池底以上的1/6柱净高，且不应小于500mm，池底以下的柱全高		全高

20.2.4　架空式浓缩池、沉淀池、蓄水池框架柱轴压比限值，柱全部纵向受力钢筋最小配筋率，柱箍筋加密区体积配箍率以及柱的抗震构造措施，应符合本标准第6章有关A类框架结构的规定。弧形梁等应满足弯扭构件的构造要求。

20.2.5　钢筋混凝土浓缩池、沉淀池、蓄水池符合本标准第20.2.1～20.2.4条的各项规定时，可评为综合抗震能力满足要求；当遇下列情况之一时，应评为综合抗震能力不满足抗震要求，并应根据抗震验算结果确定其加固或其他措施：

1　中心柱、框架柱箍筋配置不满足要求。

2　8度、9度时，混凝土强度等级低于C13。

3　本标准第20.2.1～20.2.4条的其他规定有多项不符合要求。

（Ⅱ）第二级鉴定

20.2.6　A类钢筋混凝土浓缩池、沉淀池、蓄水池，可按国家现行有关标准的抗震计算分析方法和本标准第5章的规定进行抗震承载力验算。

20.3　B类钢筋混凝土浓缩池、沉淀池、蓄水池抗震鉴定

（Ⅰ）抗震措施鉴定

20.3.1　池壁、池底厚度均不应小于150mm。池壁混凝土强度等级，6度、7度时不应低于C18，8度、9度时不应低于C20。

20.3.2　池顶盖板采用装配式构件时，应符合下列规定：

1　盖板缝内应配置不少于1ϕ6钢筋，并应用M10水泥砂浆灌实。

2　板与梁连接应通过预埋件焊接连接，且不应少于三点焊接。

3　9度时，宜设置厚度不小于50mm的钢筋混凝土叠合层。

4　顶盖在池壁上的搁置长度，不得小于200mm。

5　7度～9度时，池壁与顶盖应通过预埋件焊接连接。

20.3.3　池壁钢筋最小总配筋率和中心柱纵向钢筋最小总配筋率，应符合表20.3.3-1的规定。中心柱的箍筋配置，应符合表20.3.3-2的要求。

表20.3.3-1　池壁和中心柱的最小总配筋率（%）

烈　度		6度、7度、8度	9度
池壁钢筋	竖向	0.40	0.45
	环向	0.50	0.55
中心柱纵向钢筋		0.40	0.55

表20.3.3-2　中心柱的箍筋配置

烈　度	6度、7度	8度	9度
最小直径（mm）	8	10	10
最大间距（mm）	200	200	100
加密区最大间距（mm）	8d，100	8d，100	6d，100
加密区范围	池底以上的1/6柱净高，且不应小于500mm，池底以下的柱全高		全高

20.3.4　架空式浓缩池、沉淀池、蓄水池框架柱轴压比限值，柱全部纵向受力钢筋最小配筋率，柱箍筋加密区体积配箍率以及柱的抗震构造措施，应符合本标准第6章有关B类框架结构的规定。其抗震等级，6度、7度时可按三级采用，8度、9度时可按二级采用。弧形梁等应满足弯扭构件的构造要求。

（Ⅱ）抗震承载力验算

20.3.5　符合本标准第20.3.1～20.3.4条有关抗震措施要求的下列钢筋混凝土浓缩池、沉淀池、蓄水池，可不进行抗震验算：

1　7度时的地面式池类。

2　7度时和8度时的半地下式池类。

20.3.6 B类钢筋混凝土浓缩池、沉淀池、蓄水池，应按国家现行有关标准的抗震分析方法和本标准第5章的规定进行抗震承载力验算。验算结果不满足要求时，应采取加固等措施。

21 砌体沉淀池、蓄水池

21.1 一 般 规 定

21.1.1 本章适用于砌体沉淀池、蓄水池的抗震鉴定。

21.1.2 砌体沉淀池、蓄水池，应依据其设防烈度重点检查下列薄弱部位：

1 6度时，应检查池壁厚度、实际达到的砂浆强度等级和砌筑质量、池壁交接处的连接，以及易掉落伤人的水池附属部件与主体结构的连接情况。

2 7度～9度时，除应符合本条第1款外，尚应检查池壁墙体布置的规则性，圈梁、构造柱与池壁墙体的连接构造等。

21.1.3 砌体沉淀池和蓄水池外观和内在质量，应符合下列规定：

1 砌体结构不应空鼓，应无严重酥碱和明显歪闪；

2 混凝土构件可仅有少量微细裂缝或局部剥落，钢筋应无外露、锈蚀。

3 整体结构应无明显变形、倾斜或歪扭。

21.1.4 当符合下列情况之一时，可不进行抗震验算，但应满足相应的抗震措施要求：

1 7度地面式沉淀池、蓄水池。

2 7度和8度时的半地下式沉淀池、蓄水池。

21.1.5 现有砌体沉淀池和蓄水池的抗震鉴定，应按结构形式、材料实际强度、构件连接，以及抗震承载力的综合分析，对其抗震能力进行评定。

21.1.6 A类砌体沉淀池、蓄水池应进行综合抗震能力两级鉴定。当符合第一级鉴定的各项规定时，应允许不进行抗震验算而评为满足抗震鉴定要求；不符合第一级鉴定时，除有明确规定的情况外，应在第二级鉴定中对其抗震承载力进行验算后作出判断。

B类砌体沉淀池、蓄水池应进行抗震措施检查，并应进行抗震承载力验算。

21.2 A类砌体沉淀池、蓄水池抗震鉴定

（Ⅰ）第一级鉴定

21.2.1 砌体浓缩池、沉淀池、蓄水池材料实际达到的强度等级，应符合下列规定：

1 普通砖实际达到的强度等级，不宜低于MU7.5，且不宜低于砌筑砂浆强度等级。

2 砌筑砂浆实际达到的强度等级，不宜低于M7.5。

3 砌筑石材实际达到的强度等级，不宜低于MU30。

4 构造柱、圈梁实际达到的混凝土强度等级，不应低于C13。

21.2.2 沉淀池和蓄水池的连接构造，应着重检查下列内容：

1 池壁构造柱的位置，宜符合表21.2.2-1的要求。

表21.2.2-1 A类砌体沉淀池、蓄水池构造柱设置要求

烈　度	设置部位
6度、7度	池壁四角，或环形水池间距不宜大于4.0m
8度、9度	池壁四角，或环形水池间距不宜大于3.0m，所有池壁墙体相交处，且沿墙体间距不宜大于3.0m

2 构造柱截面及配筋，宜符合下列规定：

1）构造柱截面不宜小于240mm×240mm；

2）纵向钢筋不宜少于4ϕ12，箍筋间距不宜大于250mm，且在柱上下端宜加密。

3 水池应设置圈梁，圈梁设置应符合表21.2.2-2的要求。

表21.2.2-2 A类砌体沉淀池、蓄水池圈梁设置要求

烈　度	设置部位
6度、7度	池壁顶面周圈，池底周圈
8度、9度	池壁顶面周圈，池底周圈，且沿高度方向圈梁间距不宜大于3m

4 圈梁截面及配筋，宜满足下列规定：

1）圈梁截面不宜小于240mm×240mm；

2）纵向钢筋不宜少于4ϕ12，箍筋间距不宜大于250mm。

5 墙体相交处应咬槎较好；当为马牙槎砌筑或有钢筋混凝土构造柱时，沿墙高每500mm宜设有2ϕ6拉结钢筋。

6 无筋砌体的导流墙，宜与池壁、立柱或顶盖构件有可靠拉结措施。

（Ⅱ）第二级鉴定

21.2.3 A类砌体沉淀池、蓄水池，可按国家现行有关标准的抗震分析方法和本标准第5章的规定进行抗震承载力验算。验算结果不满足要求时，应采取加固等措施。

21.3 B类砌体沉淀池、蓄水池抗震鉴定

（Ⅰ）抗震措施鉴定

21.3.1 砌体沉淀池、蓄水池材料实际达到的强度等级，应符合下列规定：

1 普通砖实际达到的强度等级，不宜低于MU10，且不宜低于砌筑砂浆的强度等级。

2 砌筑砂浆实际达到的强度等级，不宜低于M10。

3 砌筑石材实际达到的强度等级，不宜低于MU30。

4 构造柱、圈梁实际达到的混凝土强度等级，不应低于C18。

21.3.2 整体性的连接构造，应着重检查下列内容：

1 池壁构造柱的设置，应符合表21.3.2-1的要求。

表21.3.2-1 B类砌体沉淀池、蓄水池构造柱设置要求

烈 度	设置部位
6度、7度	池壁四角，或环形水池间距不应大于3.0m
8度、9度	池壁四角，或环形水池间距不应大于2.5m，所有池壁墙体相交处，且沿墙体间距不宜大于2.5m

2 构造柱截面及配筋，应符合下列规定：

1）构造柱截面不应小于240mm×240mm；

2）纵向钢筋不宜少于4ϕ14，箍筋间距不宜大于200mm，且在柱上下端宜加密。

3 水池应设置圈梁，圈梁设置应满足表21.3.2-2的要求。

表21.3.2-2 B类砌体沉淀池、蓄水池圈梁设置要求

烈 度	设置部位
6度、7度	池壁顶面周圈，池底周圈
8度、9度	池壁顶面周圈，池底周圈，且沿高度方向圈梁间距不宜大于3m

4 圈梁截面及配筋，应符合下列规定：

1）圈梁截面不应小于240mm×240mm；

2）纵向钢筋不宜少于4ϕ14，箍筋间距不宜大于200mm。

5 墙体相交处应咬槎较好；当为马牙槎砌筑或有钢筋混凝土构造柱时，沿墙高每500mm应设有2ϕ6拉结钢筋。

（Ⅱ）抗震承载力验算

21.3.3 B类砌体沉淀池、蓄水池，应按国家现行有关标准的抗震分析方法和本标准第5章的规定进行抗震承载力验算。验算结果不满足要求时，应采取加固等措施。

22 尾 矿 坝

22.1 一 般 规 定

22.1.1 本章适用于金属矿山等现有尾矿坝的抗震鉴定。

22.1.2 现有尾矿坝抗震设计标准低于现行国家标准《构筑物抗震设计规范》GB 50191的要求或坝体参数改变时，应进行抗震鉴定。经鉴定不满足要求时，应采取加固等处理措施。

22.1.3 距尾矿坝50m内存在活动断裂时，尾矿坝的抗震等级应按同类等级提高一级进行鉴定。

22.1.4 现有尾矿坝应每3年至少进行一次抗震鉴定。当上游式尾矿坝坝体的堆筑高度达到设计坝高的1/2～2/3时，尚应进行一次抗震鉴定。

22.1.5 尾矿坝的抗震鉴定，应重点检查下列内容：

1 尾矿坝坝址，是否处于抗震不利地段或危险地段。

2 坝基工程地质和水文地质条件。

3 是否采取了降低浸润线和加强坝体抗滑稳定性的有效措施。

4 实际堆积坡比、库容、坝高是否满足设计要求。

5 干滩长度、最小干滩是否符合设计要求。

6 排水、排渗设施是否齐全，排洪能力是否满足要求。

7 坝面是否存在严重滑坡、裂缝、沼泽化、流土管涌、冲沟等现象。

22.1.6 尾矿坝的抗震等级，应按现行国家标准《构筑物抗震设计规范》GB 50191规定确定。

22.2 抗震措施鉴定

22.2.1 上游式筑坝工艺的尾矿坝外坡坡度，不宜大于14°。

22.2.2 尾矿坝的干滩长度，不应小于坝体高度，且不宜小于40m。

22.2.3 一级、二级、三级尾矿坝下游坡面浸润线埋深，不宜小于6m；四级、五级尾矿坝不宜小于4m。

22.2.4 一级、二级、三级的尾矿坝，应设置坝体变形和浸润线等监测装置。

22.2.5 提高尾矿坝地震稳定性，可选用下列抗震构造措施：

1 控制尾矿坝的上升速度。

2 放缓下游坝坡的坡度。

3 在坝基和坝体内部设置排渗设施。

4 在下游坝坡设置排渗井等设施。

5　在坝的下游坡面增设反压体。

6　采用加密法加固下游坝坡和沉积滩。

22.3　抗震验算

22.3.1　6度时，四、五级尾矿坝可不进行抗震验算，但应满足相应的抗震措施要求。

22.3.2　9度时，除应进行抗震验算外，尚应采取专门研究的抗震措施。

22.3.3　8度和9度时，一级、二级、三级尾矿坝的抗震验算应同时计入竖向地震作用。竖向地震动参数应取水平地震动参数的2/3。

22.3.4　尾矿坝的抗震验算，应包括地震液化分析和地震稳定分析；一级、二级、三级的尾矿坝，尚应进行地震永久变形分析。经鉴定可能产生地震液化的尾矿坝，尚应验算地震时坝体的抗滑移稳定性。

22.3.5　尾矿坝的抗震验算应符合现行国家标准《构筑物抗震设计规范》GB 50191的有关规定。

附录A　砌体、混凝土、钢筋材料性能设计指标

A.0.1　砌体非抗震设计的抗剪强度标准值与设计值应分别按表A.0.1-1和表A.0.1-2采用。

表A.0.1-1　砌体非抗震设计的抗剪强度标准值（N/mm²）

砌体类别	砂浆强度等级					
	M10	M7.5	M5	M2.5	M1	M0.4
普通砖、多孔砖	0.27	0.23	0.19	0.13	0.08	0.05
粉煤灰中砌块	0.07	0.06	0.05	0.04	—	—
混凝土中砌块	0.11	0.10	0.08	0.06	—	—
混凝土小砌块	0.15	0.13	0.10	0.07	—	—

表A.0.1-2　砌体非抗震设计的抗剪强度设计值（N/mm²）

砌体类别	砂浆强度等级					
	M10	M7.5	M5	M2.5	M1	M0.4
普通砖、多孔砖	0.18	0.15	0.12	0.09	0.06	0.04
粉煤灰中砌块	0.05	0.04	0.03	0.02	—	—
混凝土中砌块	0.08	0.06	0.05	0.04	—	—
混凝土小砌块	0.10	0.08	0.07	0.05	—	—

A.0.2　混凝土强度标准值与设计值应分别按表A.0.2-1和表A.0.2-2采用。

表A.0.2-1　混凝土强度标准值（N/mm²）

强度种类	符号	混凝土强度等级													
		C13	C15	C18	C20	C23	C25	C28	C30	C35	C40	C45	C50	C55	C60
轴心抗压	f_{ck}	8.7	10.0	12.1	13.5	15.4	17.0	18.8	20.0	23.5	27.0	29.5	32.0	34.0	36.0
弯曲抗压	f_{cmk}	9.6	11.0	13.3	15.0	17.0	18.5	20.6	22.0	26.0	29.5	32.5	35.0	37.5	39.5
轴心抗拉	f_{tk}	1.0	1.2	1.35	1.5	1.65	1.75	1.85	2.0	2.25	2.45	2.6	2.75	2.85	2.95

表A.0.2-2　混凝土强度设计值（N/mm²）

强度种类	符号	混凝土强度等级													
		C13	C15	C18	C20	C23	C25	C28	C30	C35	C40	C45	C50	C55	C60
轴心抗压	f_c	6.5	7.5	9.0	10.0	11.0	12.5	14.0	15.0	17.5	19.5	21.5	23.5	25.0	26.5
弯曲抗压	f_{cm}	7.0	8.5	10.0	11.0	12.3	13.5	15.0	16.5	19.0	21.5	23.5	26.0	27.5	29.0
轴心抗拉	f_t	0.8	0.9	1.0	1.1	1.2	1.3	1.4	1.5	1.65	1.8	1.9	2.0	2.1	2.2

A.0.3 钢筋强度标准值与设计值应分别按表 A.0.3-1 和表 A.0.3-2 采用。

表 A.0.3-1 钢筋强度标准值（N/mm²）

种类		f_{yk}或f_{pyk}或f_{ptk}
热轧钢筋	HPB235（Q235）	235
	HRB335［20MnSi、20MnNb（b）］（1996 年以前的 d=28～40）	335（315）
	（1996 年以前的Ⅲ级 25MnSi）	（370）
	HRB400（20MnSiV、20MnTi、K20MnSi）	400
热处理钢筋	40Si2Mn（d=6） 48Si2Mn（d=8.2） 45Si2Cr（d=10）	1470

表 A.0.3-2 钢筋强度设计值（N/mm²）

种类		f_y 或 f_{py}	f'_y 或 f'_{py}
热轧钢筋	HPB235（Q235）	210	210
	HRB335［20MnSi、20MnNb（b）］（1996 年以前的 d=28～40）	310（290）	310（290）
	（1996 年以前的Ⅲ级 25MnSi）	（340）	（340）
	HRB400（20MnSiV、20MnTi、K20MnSi）	360	360
热处理钢筋	40Si2Mn（d=6） 48Si2Mn（d=8.2） 45Si2Cr（d=10）	1000	400

A.0.4 钢筋的弹性模量应按表 A.0.4 采用。

表 A.0.4 钢筋的弹性模量（N/mm²）

种 类	E_s
HPB235	2.1×10^5
HRB335、HRB400	2.0×10^5

附录 B 砌体结构抗震承载力验算

B.0.1 现有砌体结构的抗震分析，可采用底部剪力法，并可按现行国家标准《建筑抗震设计规范》GB 50011 规定只选择从属面积较大或竖向应力较小的墙段进行抗震承载力验算；当抗震措施不满足国家标准《建筑抗震鉴定标准》GB 50023－2009 第 5.3.1～5.3.11 条要求时，可按国家标准《建筑抗震鉴定标准》GB 50023－2009 第 5.2 节有关第二级鉴定的方法综合计入构造的整体影响和局部影响，其中，当构造柱或芯柱的设置不满足国家标准《建筑抗震鉴定标准》GB 50023－2009 第 5.2 节的相关规定时，体系影响系数尚应根据不满足程度乘以 0.8～0.95 的系数。当场地处于本标准第 4.1.3 条规定的不利地段时，尚应乘以增大系数 1.1～1.6。

B.0.2 各类砌体沿阶梯形截面破坏的抗震抗剪强度设计值，应按下式确定：

$$f_{vE}=\zeta_N f_v \tag{B.0.2}$$

式中：f_{vE}——砌体沿阶梯形截面破坏的抗震抗剪强度设计值；

f_v——非抗震设计的砌体抗剪强度设计值，按本标准表 A.0.1-2 采用；

ζ_N——砌体抗震抗剪强度的正应力影响系数，可按表 B.0.2 采用。

表 B.0.2 砌体抗震抗剪强度的正应力影响系数

砌体类别	σ_0/f_v								
	0.0	1.0	3.0	5.0	7.0	10.0	15.0	20.0	25.0
普通砖、多孔砖	0.80	1.00	1.28	1.50	1.70	1.95	2.32	—	—
粉煤灰中砌块 混凝土中砌块	—	1.18	1.54	1.90	2.20	2.65	3.40	4.15	4.90
混凝土小砌块	—	1.25	1.75	2.25	2.60	3.10	3.95	4.80	—

注：σ_0 为对应于重力荷载代表值的砌体截面平均压应力。

B.0.3 普通砖、多孔砖、粉煤灰中砌块和混凝土中砌块墙体的截面抗震承载力，应按下式验算：

$$V\leqslant f_{vE}A/\gamma_{RE} \tag{B.0.3}$$

式中：V——墙体剪力设计值；

f_{vE}——砌体沿阶梯形截面破坏的抗震抗剪强度设计值；

A——墙体横截面面积；

γ_{RE}——承载力抗震调整系数，应按本标准第 5.3.2 条规定采用。

B.0.4 当按本标准公式（B.0.3）验算不满足时，可计入设置于墙段中部、截面不小于 240mm×240mm 且间距不大于 4m 的构造柱对受剪承载力的提高作用，可按下列简化方法验算：

$$V \leqslant [\eta_c f_{vE}(A - A_c) + \zeta f_t A_c + 0.08 f_y A_s]/\gamma_{RE} \quad (B.0.4)$$

式中：A_c——中部构造柱的横截面总面积，对横截面和内纵墙，$A_c > 0.15A$ 时，取 $0.15A$；对外纵墙，$A_c > 0.25A$ 时，取 $0.25A$；

f_t——中部构造柱的混凝土轴心抗拉强度设计值，按本标准表 A.0.2-2 采用；

A_s——中部构造柱的纵向钢筋截面总面积，配筋率不小于 0.6%，大于 1.4%取 1.4%；

f_y——钢筋抗拉强度设计值，按本标准表 A.0.3-2 采用；

ζ——中部构造柱参与工作系数；居中设一根时取 0.5，多于一根取 0.4；

η_c——墙体约束修正系数；一般情况下取 1.0，构造柱间距不大于 2.8m 时取 1.1。

B.0.5 横向配筋普通砖、多孔砖墙的截面抗震承载力，应按下式验算：

$$V \leqslant (f_{vE}A + 0.15 f_y A_s)/\gamma_{RE} \quad (B.0.5)$$

式中：A_s——层间竖向截面中钢筋总截面面积。

B.0.6 混凝土小砌块墙体的截面抗震承载力，应按下式验算：

$$V \leqslant [f_{vE}A + (0.3 f_t A_c + 0.05 f_y A_s)\zeta_c]/\gamma_{RE} \quad (B.0.6)$$

式中：f_t——芯柱混凝土轴心抗拉强度设计值，按本标准表 A.0.2-2 采用；

A_c——芯柱截面总面积；

A_s——芯柱钢筋截面总面积；

ζ_c——芯柱影响系数，可按表 B.0.6 采用。

表 B.0.6 芯柱影响系数

填孔率 ρ	$\rho < 0.15$	$0.15 \leqslant \rho < 0.25$	$0.25 \leqslant \rho < 0.5$	$\rho \geqslant 0.5$
ζ_c	0.0	1.0	1.10	1.15

注：填孔率指芯柱根数与孔洞总数之比。

B.0.7 各层层高相当且较规则均匀的多层砌体结构，尚可按国家标准《建筑抗震鉴定标准》GB 50023－2009 第 5.2.12～5.2.15 条的规定采用楼层综合抗震能力指数的方法进行综合抗震能力验算。其中，国家标准《建筑抗震鉴定标准》GB 50023－2009 中公式（5.2.13）中的烈度影响系数，6 度、7 度、8 度、9 度时应分别按 0.7、1.0、2.0 和 4.0 采用，设计基本地震加速度为 0.15g 和 0.30g 时应分别按 1.5 和 3.0 采用。

附录 C 钢筋混凝土结构楼层受剪承载力

C.0.1 钢筋混凝土结构楼层现有受剪承载力，应按下式计算：

$$V_y = \sum V_{cy} + 0.7\sum V_{my} + 0.7\sum V_{wy} \quad (C.0.1)$$

式中：V_y——楼层现有受剪承载力；

$\sum V_{cy}$——框架柱层间现有受剪承载力之和；

$\sum V_{my}$——砖填充墙框架层间现有受剪承载力之和；

$\sum V_{wy}$——抗震墙层间现有受剪承载力之和。

C.0.2 矩形框架柱层间现有受剪承载力可按下列公式计算，并应取较小值：

$$V_{cy} = \frac{M_{cy}^u + M_{cy}^l}{H_n} \quad (C.0.2\text{-}1)$$

$$V_{cy} = \frac{0.16}{\lambda + 1.5} f_{ck} b h_0 + f_{yvk}\frac{A_{sv}}{s}h_0 + 0.056N \quad (C.0.2\text{-}2)$$

式中：M_{cy}^u、M_{cy}^l——分别为验算层偏压柱上、下端的现有受弯承载力；

λ——框架柱的计算剪跨比，取 $\lambda = H_n/2h_0$；

N——对应于重力荷载代表值的柱轴向压力，当 $N > 0.3 f_{ck} bh$ 时，取 $N = 0.3 f_{ck} bh$；

A_{sv}——配置在同一截面内箍筋各肢的截面面积；

f_{yvk}——箍筋抗拉强度标准值，按本标准表 A.0.3-1 采用；

f_{ck}——混凝土轴心抗压强度标准值，按本标准表 A.0.2-1 采用；

s——箍筋间距；

b——验算方向柱截面宽度；

h、h_0——分别为验算方向柱截面高度、有效高度；

H_n——框架柱净高。

C.0.3 对称配筋矩形截面偏压柱现有受弯承载力，可按下列公式计算：

当 $N \leqslant \xi_{bk} f_{cmk} b h_0$ 时：

$$M_{cy} = f_{yk} A_s (h_0 - a'_s) + 0.5Nh(1 - N/f_{cmk}bh) \quad (C.0.3\text{-}1)$$

当 $N > \xi_{bk} f_{cmk} b h_0$ 时：

$$M_{cy} = f_{yk} A_s (h_0 - a'_s) + \xi(1 - 0.5\xi) f_{cmk} b h_0^2 - N(0.5h - a'_s) \quad (C.0.3\text{-}2)$$

$$\xi = [(\xi_{bk} - 0.8)N - \xi_{bk} f_{yk} A_s]/[(\xi_{bk} - 0.8) f_{cmk} b h_0 - f_{yk} A_s] \quad (C.0.3\text{-}3)$$

式中：N——对应于重力荷载代表值的柱轴向压力；

A_s——柱实有纵向受拉钢筋截面面积；

f_{yk}——现有钢筋抗拉强度标准值，按本标准表 A.0.3-1 采用；

f_{cmk}——现有混凝土弯曲抗压强度标准值，按本标准表 A.0.2-1 采用；

a'_s——受压钢筋合力点至受压边缘的距离；

ξ_{bk}——相对界限受压区高度，HPB级钢取0.6，HRB级钢取0.55；

h、h_0——分别为柱截面高度和有效高度；

b——柱截面宽度。

C.0.4 砖填充墙钢筋混凝土框架结构的层间现有受剪承载力，可按下列公式计算：

$$V_{my}=\sum(M_{cy}^{u}+M_{cy}^{l})/H_0+f_{vEk}A_m \quad (C.0.4\text{-}1)$$

$$f_{vEk}=\zeta_N f_{vk} \quad (C.0.4\text{-}2)$$

式中：ζ_N——砌体强度的正应力影响系数，按本标准表B.0.2采用；

f_{vk}——砖墙的抗剪强度标准值，按本标准表A.0.1-1采用；

A_m——砖填充墙水平截面面积，可不计入宽度小于洞口高度1/4的墙肢；

H_0——柱的计算高度，两侧有填充墙时，可采用柱净高的2/3；一侧有填充墙时，可采用柱净高。

C.0.5 带边框柱的钢筋混凝土抗震墙的层间现有受剪承载力可按下式计算：

$$V_{wy}=\frac{1}{\lambda-0.5}(0.04f_{ck}A_w+0.1N)+0.8f_{yvk}\frac{A_{sh}}{s}h_0 \quad (C.0.5)$$

式中：N——对应于重力荷载代表值的柱轴向压力，当$N>0.2f_{ck}A_w$时，取$N=0.2f_{ck}A_w$；

A_w——抗震墙的截面面积；

A_{sh}——配置在同一水平截面内的水平钢筋截面面积；

λ——抗震墙的计算剪跨比；其值可采用计算楼层至该抗震墙顶的1/2高度与抗震墙截面高度之比，当小于1.5时取1.5，当大于2.2时取2.2。

附录D 钢筋混凝土构件组合内力设计值调整

D.0.1 框架梁和抗震墙中跨高比大于2.5的连梁，端部截面组合的剪力设计值应按下列公式计算：

一级

$$V=1.05(M_{bua}^{l}+M_{bua}^{r})/l_n+V_{Gb} \quad (D.0.1\text{-}1)$$

或

$$V=1.05\lambda_b(M_b^{l}+M_b^{r})/l_n+V_{Gb} \quad (D.0.1\text{-}2)$$

二级

$$V=1.05(M_b^{l}+M_b^{r})/l_n+V_{Gb} \quad (D.0.1\text{-}3)$$

三级

$$V=(M_b^{l}+M_b^{r})/l_n+V_{Gb} \quad (D.0.1\text{-}4)$$

式中：λ_b——梁实配增大系数，可按梁的左右端纵向受拉钢筋的实际配筋面积之和与计算面积之和的比值的1.1倍采用；

l_n——梁的净跨；

V_{Gb}——梁在重力荷载代表值（9度时还应包括竖向地震作用标准值）作用下，按简支梁分析的梁端截面剪力设计值；

M_b^{l}、M_b^{r}——分别为梁的左右端顺时针或反时针方向截面组合的弯矩设计值；

M_{bua}^{l}、M_{bua}^{r}——分别为梁左右端顺时针或反时针方向实配的正截面抗震受弯承载力所对应的弯矩值，可根据实际配筋面积和材料强度标准值确定。

D.0.2 一、二级框架的梁柱节点处，除顶层和柱轴压比小于0.15者外，梁柱端弯矩应分别符合下列公式要求：

一级

$$\sum M_c=1.1\sum M_{bua} \quad (D.0.2\text{-}1)$$

或

$$\sum M_c=1.1\lambda_j\sum M_b \quad (D.0.2\text{-}2)$$

二级

$$\sum M_c=1.1\sum M_b \quad (D.0.2\text{-}3)$$

式中：$\sum M_c$——节点上下柱端顺时针或反时针方向截面组合的弯矩设计值之和，上下柱端的弯矩，一般情况可按弹性分析分配；

$\sum M_b$——节点左右梁端反时针或顺时针方向截面组合的弯矩设计值之和；

$\sum M_{bua}$——节点左右梁端反时针或顺时针方向实配的正截面抗震受弯承载力所对应的弯矩值之和；

λ_j——柱实配弯矩增大系数，可按节点左右梁端纵向受拉钢筋的实际配筋面积之和与计算面积之和的比值的1.1倍采用。

D.0.3 一、二级框架结构的底层柱底和框支层柱两端组合的弯矩设计值，应分别乘以增大系数1.5、1.25。

D.0.4 框架柱和框支柱端部截面组合的剪力设计值，一、二级应按下列各式调整，三级可不调整：

一级

$$V=1.1(M_{cua}^{u}+M_{cua}^{l})/H_n \quad (D.0.4\text{-}1)$$

或

$$V=1.1\lambda_c(M_c^{u}+M_c^{l})/H_n \quad (D.0.4\text{-}2)$$

二级

$$V=1.1(M_c^u+M_c^l)/H_n \quad (D.0.4-3)$$

式中：λ_c ——柱实配受剪增大系数，可按偏压柱上、下端实配的正截面抗震承载力所对应的弯矩值之和与其组合的弯矩设计值之和的比值采用；

H_n ——柱的净高；

M_c^u、M_c^l ——分别为柱上、下端顺时针或反时针方向截面组合的弯矩设计值，应符合第D.0.2、D.0.3条的要求；

M_{cua}^u、M_{cua}^l ——分别为柱上、下端顺时针或反时针方向实配的正截面抗震承载力所对应的弯矩值，可根据实际配筋面积、材料强度标准值和轴向压力等确定。

D.0.5 框架节点核芯区组合的剪力设计值，一、二级可按下列各式调整：

一级

$$V_j=\frac{1.05\sum M_{bua}}{h_{b0}-a'_s}\left(1-\frac{h_{b0}-a'_s}{H_c-h_b}\right) \quad (D.0.5-1)$$

或

$$V_j=\frac{1.05\lambda_j\sum M_b}{h_{b0}-a'_s}\left(1-\frac{h_{b0}-a'_s}{H_c-h_b}\right) \quad (D.0.5-2)$$

二级

$$V_j=\frac{1.05\sum M_b}{h_{b0}-a'_s}\left(1-\frac{h_{b0}-a'_s}{H_c-h_b}\right) \quad (D.0.5-3)$$

式中：V_j ——节点核芯区组合的剪力设计值；

h_{b0} ——梁截面的有效高度，节点两侧梁截面高度不等时可采用平均值；

a'_s ——梁受压钢筋合力点至受压边缘的距离；

H_c ——柱的计算高度，可采用节点上、下柱反弯点之间的距离；

h_b ——梁的截面高度，节点两侧梁截面高度不等时可采用平均值。

D.0.6 抗震墙底部加强部位截面组合的剪力设计值，一、二级应乘以下列增大系数，三级可不乘以增大系数：

一级

$$\eta_v=1.1\frac{M_{wua}}{M_w}=1.1\lambda_w \quad (D.0.6-1)$$

二级

$$\eta_v=1.1 \quad (D.0.6-2)$$

式中：η_v——墙剪力增大系数；

λ_w ——墙实配增大系数，可按抗震墙底部实配的正截面抗震承载力所对应的弯矩值与其组合的弯矩设计值的比值采用；

M_{wua} ——抗震墙底部实配的正截面抗震承载力所对应的弯矩值，可按实际配筋面积、材料强度标准值和轴向力等确定；

M_w ——抗震墙底部组合的弯矩设计值。

D.0.7 双肢抗震墙中，当任一墙肢全截面平均出现拉应力且处于大偏心受拉状态时，另一墙肢组合的剪力设计值、弯矩设计值应乘以增大系数1.25。

D.0.8 一级抗震墙中，单肢墙、小开洞墙或弱连梁联肢墙各截面组合的弯矩设计值，应按下列规定采用：

1 底部加强部位各截面均应按墙底组合的弯矩设计值采用，墙顶组合的弯矩设计值应按顶部的约束弯矩设计值采用，中间各截面组合的弯矩设计值应按墙底组合的弯矩设计值和顶部的约束弯矩设计值间的线性变化采用。

2 底部加强部位的最上部截面按纵向钢筋实际面积和材料强度标准值计算的实际正截面承载力，不应大于相邻的一般部位实际的正截面承载力。

附录E 钢筋混凝土构件截面抗震验算

E.0.1 框架梁、柱、抗震墙和连梁，其端部截面组合的剪力设计值应符合下式要求：

$$V\leqslant\frac{1}{\gamma_{RE}}(0.2f_cbh_0) \quad (E.0.1)$$

式中：V——端部截面组合的剪力设计值，应按本标准附录D的规定采用；

f_c——混凝土轴心抗压强度设计值，可按本标准表A.0.2-2采用；

b——梁、柱截面宽度或抗震墙墙板厚度；

h_0——截面有效高度，抗震墙可取截面高度。

E.0.2 框架梁的正截面抗震承载力，应按下式计算：

$$M_b\leqslant\frac{1}{\gamma_{RE}}\left[f_{cm}bx(h_0-\frac{x}{2})+f'_yA'_s(h_0-a'_s)\right] \quad (E.0.2)$$

式中：M_b——框架梁组合的弯矩设计值，应按本标准附录D的规定采用；

f_{cm} ——混凝土弯曲抗压强度设计值，按本标准表A.0.2-2采用；

f'_y ——受压钢筋屈服强度设计值，按本标准表A.0.3-2采用；

A'_s ——受压纵向钢筋截面面积；

a'_s ——受压区纵向钢筋合力点至受压区边缘的距离；

x ——混凝土受压区高度，一级框架应满足$x\leqslant0.25h_0$的要求，二、三级框架应满足$x\leqslant0.35h_0$的要求。

E.0.3 混凝土受压区高度应按下式计算：

$$f_{cm}bx=f_yA_s-f'_yA'_s \quad (E.0.3)$$

式中：f_y ——受拉钢筋屈服强度设计值，按本标准表 A.0.3-2 采用；

A_s ——受拉纵向钢筋截面面积；

E.0.4 框架梁的斜截面抗震承载力，应按下列公式计算，公式（E.0.4-2）可用于集中荷载作用下的框架梁（包括有多种荷载，且其中集中荷载对节点边缘产生的剪力值占总剪力值的75%以上的情况）：

$$V_b \leqslant \frac{1}{\gamma_{RE}}\left(0.056 f_c b h_0 + 1.2 f_{yv}\frac{A_{sv}}{s}h_0\right) \tag{E.0.4-1}$$

$$V_b \leqslant \frac{1}{\gamma_{RE}}\left(\frac{0.16}{\lambda+1.5} f_c b h_0 + f_{yv}\frac{A_{sv}}{s}h_0\right) \tag{E.0.4-2}$$

式中：V_b——框架梁组合的剪力设计值，应按本标准附录D的规定采用；

f_{yv} ——箍筋的抗拉强度设计值；

A_{sv} ——配置在同一截面内箍筋各肢的全部截面面积；

s ——箍筋间距；

λ ——计算截面的剪跨比。

E.0.5 偏心受压框架柱、抗震墙的正截面抗震承载力，应符合下列规定：

1 应按下列公式验算：

$$N \leqslant \frac{1}{\gamma_{RE}}(f_{cm} b x + f'_y A'_s - \sigma_s A_s) \tag{E.0.5-1}$$

$$Ne \leqslant \frac{1}{\gamma_{RE}}\left[f_{cm} b x\left(h_0 - \frac{x}{2}\right) + f'_y A'_s (h_0 - a'_s)\right] \tag{E.0.5-2}$$

$$e = \eta e_i + \frac{h}{2} - a \tag{E.0.5-3}$$

$$e_i = e_0 + 0.12(0.3h_0 - e_0) \tag{E.0.5-4}$$

式中：N——组合的轴向压力设计值；

e ——轴向力作用点至普通受拉钢筋合力点之间的距离；

e_0 ——轴向力对截面重心的偏心距，$e_0 = M/N$；

η ——偏心受压构件计入挠曲影响的轴向力偏心距增大系数，按现行国家标准《混凝土结构设计规范》GB 50010 的规定计算；

σ_s ——纵向钢筋的应力，按本条第 2 款的规定采用。

2 纵向钢筋的应力计算，应符合下列规定：

大偏心受压：

$$\sigma_s = f_y \tag{E.0.5-5}$$

小偏心受压：

$$\sigma_s = \frac{f_y}{\xi_b - 0.8}\left(\frac{x}{h_{0i}} - 0.8\right) \tag{E.0.5-6}$$

$$\xi_b = \frac{0.8}{1 + f_y/0.0033E_s} \tag{E.0.5-7}$$

式中：E_s ——钢筋的弹性模量，按本标准表 A.0.4 采用；

h_{0i} ——第 i 层纵向钢筋截面重心至混凝土受压区边缘的距离。

E.0.6 偏心受拉框架柱、抗震墙的正截面抗震承载力，应符合下列规定：

1 小偏心受拉构件应按下列公式计算：

$$Ne \leqslant \frac{1}{\gamma_{RE}} f'_y A'_s (h_0 - a'_s) \tag{E.0.6-1}$$

$$Ne' \leqslant \frac{1}{\gamma_{RE}} f'_y A_s (h_0 - a_s) \tag{E.0.6-2}$$

2 大偏心受拉构件应按下列公式计算：

$$N \leqslant \frac{1}{\gamma_{RE}}(f_y A_s - f'_y A'_s) \tag{E.0.6-3}$$

$$Ne \leqslant \frac{1}{\gamma_{RE}}\left[f_{cm} b x\left(h_0 - \frac{x}{2}\right) + f'_y A'_s (h_0 - a'_s)\right] \tag{E.0.6-4}$$

E.0.7 框架柱的斜截面抗震承载力，应按下列公式计算，公式（E.0.7-2）可用于当框架柱出现拉力的情况：

$$V_c \leqslant \frac{1}{\gamma_{RE}}\left(\frac{0.16}{\lambda+1.5} f_c b h_0 + f_{yv}\frac{A_{sv}}{s}h_0 + 0.056N\right) \tag{E.0.7-1}$$

$$V_c \leqslant \frac{1}{\gamma_{RE}}\left(\frac{0.16}{\lambda+1.5} f_c b h_0 + f_{yv}\frac{A_{sv}}{s}h_0 - 0.16N\right) \tag{E.0.7-2}$$

式中：V_c ——框架柱组合的剪力设计值，应按本标准附录D的规定采用；

λ ——框架柱的计算剪跨比，$\lambda = H_n/2h_0$；当 $\lambda < 1$ 时，取 $\lambda = 1$；当 $\lambda > 3$ 时，取 $\lambda = 3$；

N ——框架柱组合的轴向压力设计值；当 $N > 0.3 f_c A$ 时，取 $N = 0.3 f_c A$。

E.0.8 抗震墙的斜截面抗震承载力，应按下列公式计算：

偏心受压：

$$V_w \leqslant \frac{1}{\gamma_{RE}}\left[\frac{1}{\lambda - 0.5}\left(0.04 f_c b h_0 + 0.1N\frac{A_w}{A}\right) + 0.8 f_{yv}\frac{A_{sh}}{s}h_0\right] \tag{E.0.8-1}$$

偏心受拉：

$$V_w \leqslant \frac{1}{\gamma_{RE}}\left[\frac{1}{\lambda - 0.5}\left(0.04 f_c b h_0 - 0.1N\frac{A_w}{A}\right) + 0.8 f_{yv}\frac{A_{sh}}{s}h_0\right] \tag{E.0.8-2}$$

式中：V_w ——抗震墙组合的剪力设计值，应按本标准附录D的规定采用；

λ ——计算截面处的剪跨比，$\lambda = M/Vh_0$；当 $\lambda < 1.5$ 时，取 $\lambda = 1.5$；当 $\lambda > 2.2$ 时，取 $\lambda = 2.2$。

E.0.9 节点核芯区组合的剪力设计值，应符合下列

规定：

1 剪力设计值可按下列公式验算：

$$V_{j} \leqslant \frac{1}{\gamma_{RE}}(0.3\eta_{j} f_{c} b_{j} h_{j}) \tag{E.0.9-1}$$

$$V_{j} \leqslant \frac{1}{\gamma_{RE}}\left(0.1\eta_{j} f_{c} b_{j} h_{j} + 0.1\eta_{j} N \frac{b_{j}}{b_{c}} + f_{yv} A_{svj} \frac{h_{b0}-a'_{s}}{s}\right) \tag{E.0.9-2}$$

式中：V_j——节点核芯区组合的剪力设计值，应按本标准第 D.0.5 条的规定采用；

η_j——交叉梁的约束影响系数，四侧各梁截面宽度不小于该侧柱截面宽度的 1/2，且次梁高度不小于主梁高度的 3/4，可采用 1.5，其他情况均可采用 1.0；

N——对应于组合的剪力设计值的上柱轴向压力，其取值不应大于柱截面面积和混凝土抗压强度设计值乘积的 50%；

f_{yv}——箍筋的抗拉强度设计值；

A_{svj}——核芯区验算宽度范围内同一截面验算方向各肢箍筋的总截面面积；

s——箍筋间距；

b_j——节点核芯区的截面宽度，按本条第 2 款的规定采用；

h_j——节点核芯区的截面高度，可采用验算方向的柱截面高度。

2 核芯区截面宽度，应符合下列规定：

1）当验算方向的梁截面宽度不小于该侧柱截面宽度的1/2时，可采用该侧柱截面宽度，当小于时可采用下列公式结果的较小值：

$$b_{j} = b_{b} + 0.5h_{c} \tag{E.0.9-3}$$

$$b_{j} = b_{c} \tag{E.0.9-4}$$

式中：b_b——梁截面宽度；

h_c——验算方向的柱截面高度；

b_c——验算方向的柱截面宽度。

2）当梁柱的中线不重合时，核芯区的截面宽度可采用公式（E.0.9-3）、公式（E.0.9-4）和下式计算结果的较小值：

$$b_{j} = 0.5(b_{b} + b_{c}) + 0.25h_{c} - e \tag{E.0.9-5}$$

式中：e——梁与柱中线偏心距。

E.0.10 抗震墙结构框支层楼板的截面抗震验算，应符合下列规定：

1 截面抗震可按下列公式验算：

$$V_{f} \leqslant \frac{1}{\gamma_{RE}}(0.1 f_{c} b_{f} t_{f}) \tag{E.0.10-1}$$

$$V_{f} \leqslant \frac{1}{\gamma_{RE}}(0.6 f_{y} A_{s}) \tag{E.0.10-2}$$

式中：V_f——由不落地抗震墙传到落地抗震墙处框支层楼板组合的剪力设计值；

b_f——框支层楼板的宽度；

t_f——框支层楼板的厚度；

A_s——穿过落地抗震墙的框支层楼盖（包括梁和板）的全部钢筋的截面面积。

2 框支层楼板应采用现浇，厚度不宜小于180mm，混凝土强度等级不宜低于C30，应采用双层双向配筋，且每方向的配筋率不应小于0.25%。

3 框支层楼板的边缘和洞口周边应设置边梁，其宽度不宜小于板厚的 2 倍，纵向钢筋配筋率不应小于1%且接头宜采用焊接；楼板中钢筋应锚固在边梁内。

4 当建筑平面较长或不规则或各抗震墙的内力相差较大时，框支层楼板尚应验算楼板平面内的受弯承载力，验算时可计入框支层楼板受拉区钢筋与边梁钢筋的共同作用。

附录F 填充墙框架抗震验算

F.0.1 黏土砖填充墙框架考虑抗侧力作用时，层向侧移刚度可按下列公式确定：

$$K_{fw} = K_{f} + K_{w} \tag{F.0.1-1}$$

$$K_{w} = 3\psi_{k} \sum E_{w} I_{w}^{t} / [H_{w}^{3}(\psi_{m} + \gamma\psi_{v})] \tag{F.0.1-2}$$

$$\gamma = 9I_{w}^{t} / A_{w}^{t} H_{w}^{2} \tag{F.0.1-3}$$

式中：K_{fw}——填充墙框架的层间侧移刚度；

K_f——框架的总层间侧移刚度；

K_w——填充墙的总层间侧移刚度，但对于洞口面积与墙面面积之比大于 60% 的填充墙取为 0；

ψ_k——刚度折减系数，结构上部各层可采用 1.0，中部各层可采用 0.6，下部各层可采用 0.3，结构上、中、下部各层，可按总层数大致三等分；

E_w——填充墙砌体的弹性模量；

H_w——填充砖墙高度；

γ——剪切影响系数；

$A_{w}^{t(b)}$、$I_{w}^{t(b)}$——分别为填充墙水平截面面积和惯性矩，开洞时可采用洞口两侧填充墙相应值之和（图 F.0.1）；

ψ_m、ψ_v——洞口影响系数。

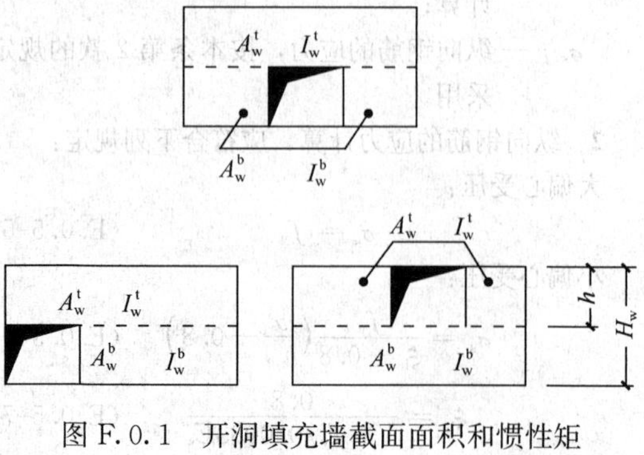

图 F.0.1 开洞填充墙截面面积和惯性矩

F. 0. 2 洞口影响系数可按下列公式计算：

无洞口时，$\psi_m = \psi_v = 1$ (F. 0. 2-1)

有洞口时，$\psi_m = \left(\frac{h}{H_w}\right)^3\left(1-\frac{I_w^t}{I_w^b}\right)+\frac{I_w^t}{I_w^b}$ (F. 0. 2-2)

$$\psi_v = \frac{h}{H_w}\left(1-\frac{A_w^t}{A_w^b}\right)+\frac{A_w^t}{A_w^b} \quad \text{(F. 0. 2-3)}$$

F. 0. 3 地震作用效应，应符合下列规定：

1 楼层组合的剪力设计值，应按各榀框架和填充墙框架的层间侧移刚度比例分配，但无填充墙框架承担的剪力设计值，不宜小于对应填充墙框架中框架部分承担的剪力设计值（不包括由填充墙引起的附加剪力）。

2 填充墙框架的柱轴向压力和剪力，应计入填充墙引起的附加轴向压力和附加剪力，其值可按下列公式确定：

$$N_f = V_w H_f / l \quad \text{(F. 0. 3-1)}$$

$$V_f = V_w \quad \text{(F. 0. 3-2)}$$

式中：N_f ——框架柱的附加轴压力设计值；

V_w ——填充墙承担的剪力设计值，柱两侧有填充墙时可采用两侧剪力墙设计值的较大值；

H_f ——框架的层高；

l ——框架的跨度；

V_f ——框架柱的附加剪力设计值。

F. 0. 4 填充墙框架的截面抗震验算，应采用下列设计表达式：

$$V_{fw} \leqslant \frac{1}{\gamma_{REc}}\sum(M_{yc}^u + M_{yc}^l)/H_c + \frac{1}{\gamma_{REw}}\sum f_{vE}A_{w0} \quad \text{(F. 0. 4-1)}$$

$$0.4V_{fw} \leqslant \frac{1}{\gamma_{REc}}\sum(M_{yc}^u + M_{yc}^l)/H_c \quad \text{(F. 0. 4-2)}$$

式中：V_{fw} ——填充墙框架承担的剪力设计值；

f_{vE} ——砖墙的抗震抗剪强度设计值；

A_{w0} ——砖墙水平截面的计算面积，无洞口可采用 1.25 倍实际截面面积，有洞口可采用截面净面积，但宽度小于洞口高度 1/4 的墙肢不计入；

M_{yc}^u、M_{yc}^l ——分别为框架柱上、下端偏压的正截面承载力设计值，可按本标准附录 E 的有关公式取等号计算；

H_c ——柱的计算高度，两侧有填充墙时，可采用柱净高的 2/3，两侧有半截填充墙或仅一侧有填充墙时，可采用柱净高；

γ_{REc} ——框架柱承载力抗震调整系数，A 类构筑物可采用 0.68，B 类构筑物可采用 0.8；

γ_{REw} ——填充砖墙承载力抗震调整系数，可采用 0.9。

本标准用词说明

1 为便于在执行本标准条文时区别对待，对要求严格程度不同的用词说明如下：

1) 表示很严格，非这样做不可的用词：
正面词采用“必须”，反面词采用“严禁”；

2) 表示严格，在正常情况下均应这样做的用词：
正面词采用“应”，反面词采用“不应”或“不得”；

3) 表示允许稍有选择，在条件许可时首先这样做的用词：
正面词采用“宜”，反面词采用“不宜”；

4) 表示有选择，在一定条件下可以这样做的用词，采用“可”。

2 条文中指明应按其他有关标准执行的写法为：“应符合……的规定”或“应按……执行”。

引用标准名录

1 《建筑地基基础设计规范》GB 50007
2 《混凝土结构设计规范》GB 50010
3 《建筑抗震设计规范》GB 50011
4 《建筑抗震鉴定标准》GB 50023
5 《构筑物抗震设计规范》GB 50191
6 《建筑工程抗震设防分类标准》GB 50223
7 《电力设施抗震设计规范》GB 50260
8 《粮食钢板筒仓设计规范》GB 50322
9 《石油化工建(构)筑物抗震设防分类标准》GB 50453
10 《钢制储罐地基基础设计规范》GB 50473
11 《中国地震动参数区划图》GB 18306

中华人民共和国国家标准

构筑物抗震鉴定标准

GB 50117—2014

条 文 说 明

修 订 说 明

《构筑物抗震鉴定标准》GB 50117－2014，经中华人民共和国住房和城乡建设部2014年5月16日以第423号公告批准、发布。

本标准是在《工业构筑物抗震鉴定标准》GBJ 117－88的基础上修订而成的。因标准中增加了电视塔、索道支架、通信塔桅结构等民用构筑物，标准名称改为《构筑物抗震鉴定标准》。上一版的主编单位是冶金工业部建筑研究总院，参编单位是冶金工业部长沙黑色冶金矿山设计研究院、鞍山黑色冶金矿山设计研究院、重庆钢铁设计研究院、鞍山焦化耐火材料设计研究院、包头冶金建筑研究所、中国有色金属工业总公司长沙有色冶金设计研究院、兰州有色冶金设计研究院、沈阳铝镁设计研究院、贵阳铝镁设计研究院、煤炭工业部沈阳煤矿设计研究院、水利电力部西北电力设计院、国家机械工业委员会第一设计研究院和设计研究总院、中国石油化工总公司洛阳设计研究院、中国武汉化工工程公司、化学工业部第三设计院、山西省冶金设计院、国家建材局山东水泥设计院，主要起草人是吴良玖、王福田、刘惠珊、乔太平、马英儒、孙珂权、杨友义 、费志良、刘鸿运、陈幼田、谢福缉 、刘大晖 、金菡、周善文、边振甲、陈俊、章连钧、兰聚荣、俞志强、梁若林、毕家竹、王绍华、袁文度、但泽义、韩加谷等。

为便于广大设计、施工、科研、学校等单位有关人员在使用本标准时能正确理解和执行条文规定，《构筑物抗震鉴定标准》编制组按章、节、条顺序编制了本标准的条文说明，对条文规定的目的、依据以及执行中需注意的有关事项进行了说明，还着重对强制性条文的强制性理由作了解释。但是本条文说明不具备与标准正文同等的法律效力，仅供使用者作为理解和把握标准规定的参考。

目　次

1　总则 ………………………………………… 2—66
3　基本规定 …………………………………… 2—67
4　场地、地基和基础………………………… 2—68
4.1　场地 ……………………………………… 2—68
4.2　地基和基础 ……………………………… 2—69
5　地震作用和抗震验算 …………………… 2—69
5.1　一般规定 ………………………………… 2—69
5.2　地震作用和效应调整 …………………… 2—69
5.3　抗震验算 ………………………………… 2—69
6　钢筋混凝土框排架结构 ………………… 2—70
6.1　一般规定 ………………………………… 2—70
6.2　A类钢筋混凝土框排架结构抗震鉴定 ……………………………………… 2—70
6.3　B类钢筋混凝土框排架结构抗震鉴定 ……………………………………… 2—71
7　钢框排架结构 …………………………… 2—71
7.1　一般规定 ………………………………… 2—71
7.2　A类框排架结构抗震鉴定 ……………… 2—71
7.3　B类框排架结构抗震鉴定 ……………… 2—71
8　通廊 ……………………………………… 2—72
8.1　一般规定 ………………………………… 2—72
8.2　砌体结构通廊 …………………………… 2—72
8.3　钢筋混凝土结构通廊 …………………… 2—72
8.4　钢结构通廊 ……………………………… 2—72
9　筒仓 ……………………………………… 2—73
9.1　一般规定 ………………………………… 2—73
9.2　砌体筒仓 ………………………………… 2—73
9.3　钢筋混凝土筒仓 ………………………… 2—73
9.4　钢筒仓 …………………………………… 2—73
10　容器和塔型设备基础结构 ……………… 2—73
10.1　一般规定………………………………… 2—73
10.2　卧式容器基础结构……………………… 2—73
10.3　常压立式圆筒形储罐基础结构………… 2—74
10.4　球形储罐基础结构……………………… 2—74
10.5　塔型设备基础结构……………………… 2—74
11　支架及构架 ……………………………… 2—74
11.1　一般规定………………………………… 2—74
11.2　管道支架………………………………… 2—74
11.3　变电构架和支架………………………… 2—74
11.4　索道支架………………………………… 2—75
11.5　通信钢塔桅结构………………………… 2—75
12　锅炉钢结构 ……………………………… 2—75
12.1　一般规定………………………………… 2—75
12.2　抗震措施鉴定…………………………… 2—75
12.3　抗震承载力验算………………………… 2—75
13　井塔 ……………………………………… 2—76
13.1　一般规定………………………………… 2—76
13.2　A类井塔抗震鉴定……………………… 2—77
13.3　B类井塔抗震鉴定 ……………………… 2—77
14　井架 ……………………………………… 2—77
14.1　一般规定………………………………… 2—77
14.2　A类井架抗震鉴定……………………… 2—78
14.3　B类井架抗震鉴定 ……………………… 2—78
15　电视塔 …………………………………… 2—78
15.1　一般规定………………………………… 2—78
15.2　抗震措施鉴定…………………………… 2—78
15.3　抗震承载力验算………………………… 2—78
16　冷却塔 …………………………………… 2—78
16.1　自然通风冷却塔………………………… 2—78
16.2　机力通风冷却塔………………………… 2—78
17　焦炉基础………………………………… 2—79
17.1　一般规定………………………………… 2—79
17.2　A类焦炉基础抗震鉴定………………… 2—79
17.3　B类焦炉基础抗震鉴定 ………………… 2—80
18　回转窑和竖窑基础 ……………………… 2—80
18.1　一般规定………………………………… 2—80
18.2　A类回转窑和竖窑基础抗震鉴定……… 2—80
18.3　B类回转窑和竖窑基础抗震鉴定 ……… 2—81
19　高炉系统结构 …………………………… 2—81
19.1　一般规定………………………………… 2—81
19.2　高炉……………………………………… 2—81
19.3　热风炉…………………………………… 2—81
19.4　除尘器、洗涤塔………………………… 2—81
20　钢筋混凝土浓缩池、沉淀池、蓄水池 …………………………………… 2—81
20.1　一般规定………………………………… 2—81
20.2　A类钢筋混凝土浓缩池、沉淀池、蓄水池抗震鉴定………………………… 2—81

20.3 B类钢筋混凝土浓缩池、沉淀池、蓄水池抗震鉴定…………………… 2—81
21 砌体沉淀池、蓄水池 ………………… 2—82
21.1 一般规定………………………………… 2—82
21.2 A类砌体沉淀池、蓄水池抗震鉴定…………………………………… 2—82
21.3 B类砌体沉淀池、蓄水池抗震鉴定…………………………………… 2—82
22 尾矿坝 ……………………………………… 2—82
22.1 一般规定………………………………… 2—82
22.2 抗震措施鉴定…………………………… 2—82
22.3 抗震验算………………………………… 2—82

1 总 则

1.0.1 地震中构筑物的破坏主要由三种原因造成的：(1) 构筑物抗力结构体系失效；(2) 地基基础失效；(3) 地震地质灾害（滑坡、泥石流等）引发整体破坏。本标准主要针对（1）、(2) 项地震破坏因素对现有构筑物进行抗震鉴定。其设防目标，根据后续使用年限长短有所区别。后续使用年限为 50 年时，设防目标应与现行国家标准《构筑物抗震设计规范》GB 50191 的规定相同。后续使用年限为 50 以下的，其设防目标均不同程度地低于 50 年的要求，但主体结构不发生整体倒塌破坏。

《工业构筑物抗震鉴定标准》GBJ 117－88（以下简称“88 版鉴定标准”）是在国家标准《构筑物抗震设计规范》GB 50191－93（本标准中简称“93 版设计规范”）之前制订和实施的，当时尚没有相应的工业构筑物设计规范。因此，20 世纪 90 年代之前的工业构筑物，一般是按照《工业与民用建筑抗震设计规范》TJ11－74 或 TJ 11－78 进行设计的，与现行国家标准的设防水准和抗震措施有较大差异。当时的基本烈度是按国家地震局 1957 年颁布的第一代《中国地震区域划分图》（1∶500 万）和 1978 年颁布的第二代《中国地震区域划分图》（1∶300 万）确定的，即按一般场地（Ⅱ类场地，当时划分为三类场地）条件下 100 年内可能遭遇的最大地震烈度。此外，当时的 6 度区为非地震设防区。虽然建设部于 1984 年颁发（84）城抗字第 267 号文《抗震基本烈度 6 度地区主要城市抗震设防和加固的暂行规定》，但仅适用于省会和百万人口以上的城市中的电信、电力等工程，未包括一般的工业构筑物。尤其在第三代（1990 年）、第四代（2001 年）全国地震区划图上又有一些调整，有不少地区的基本烈度或地震动参数有所提高，造成已有构筑物的设防标准偏低。已建成几十年的构筑物，普遍存在腐蚀等损伤，降低了主体结构的抗震承载力，须通过可靠性鉴定，或根据后续使用年限要求作出抗震鉴定。

现有构筑物的抗震设防目标，应按后续使用年限长短有所不同。后续使用年限为 50 年时，应与现行国家标准《构筑物抗震设计规范》GB 50191 的要求相同，其抗震措施和抗震承载力的要求完全相同；后续使用年限不超过 30 年时，按 A 类进行抗震鉴定；后续使用年限 30 年以上 50 年以内时按 B 类进行抗震鉴定，其抗震措施和抗震承载力的要求均有不同程度地降低，但仍达到“小震不坏，中震可修，大震不倒”的设防要求。

按照国务院《建筑工程质量管理条例》的规定，结构设计必须确定其合理使用年限；对鉴定和加固工程，则要合理确定其后续使用年限；根据中国建筑科学研究院工程抗震研究所 2004 年研究表明，按后续使用年限内具有相同的概率保证，后续使用年限为 10 年、20 年、30 年、40 年、50 年的地震作用相对比例，大致为 0.37、0.59、0.75、0.88、1.00；抗震构造措施调整系数的相对大致比例为 0.48（10 年或 20 年）、0.64（30 年）、0.91（40 年）和 1.00（50 年）。

88 版抗震鉴定标准的强度验算，是按《工业与民用建筑抗震设计规范》TJ11－78 的规定取值，按容许应力和极限状态设计法计算构件承载力。对钢材和螺栓的容许应力按不考虑地震时数值的 125% 取值；对钢筋混凝土结构和砖石结构的安全系数按不考虑地震时的 80% 取值，但不应小于 1.1。现行抗震设计是通过校准法求出 78 版规范总安全系数 K 所对应的可靠指标 β，作为新规范的目标可靠度，将 78 版规范的单一安全系数设计表达式转换为多系数的截面设计表达式。新规范采用相当于平均结构影响系数 C 的小震（多遇地震），并通过承载力抗震调整系数 γ_{RE} 来反映承载力极限状态的可靠指标的差异。实际上是通过提高某些构件承载力设计强度来加以调整。因此，78 版规范按基本烈度设计与新规范按小震设计结果大体上是保持一致的。88 版鉴定标准与 78 版规范的设计方法是相同的。

除了抗震承载力鉴定之外，现有构筑物抗震措施鉴定也是主要内容之一。88 版抗震鉴定标准的抗震构造措施方面普遍低于现行国家标准《构筑物抗震设计规范》GB 50191 的要求。后续使用年限少于 50 年时，其抗震措施要求有所降低，遭遇同样地震时破坏程度略大于后续使用年限 50 年的构筑物。

1.0.2～1.0.4 本标准仅适用于抗震设防区现有构筑物的抗震鉴定，不得按本标准对新建构筑物进行抗震设计和施工质量评定。抗震设防烈度与设计基本地震加速度值的对应关系如表 1 所示。

表 1 抗震设防烈度与设计基本地震加速度值的对应关系

抗震设防烈度	6	7	8	9
设计基本地震加速度值	0.05g	0.1 (0.15) g	0.2 (0.3) g	0.40g

“现有构筑物”主要分为三类：第一类为使用年限在设计基准期内且设防烈度不变，但原规定的抗震设防类别提高的构筑物；第二类是虽然抗震设防类别不变，但因现行的区划图设防烈度提高后有可能不满足相应设防要求的构筑物；第三类为设防类别和设防烈度同时提高的构筑物。

对于结合抗震鉴定进行装修和改善使用功能时，可按本标准进行抗震鉴定。但增加层数或改变使用功能时，不能直接按本标准进行鉴定。

1.0.5 构筑物抗震鉴定的有关规定，主要包括以下内容：

1 抗震工作主管部门发布的有关通知和规定；

2 现行国家标准《工业建筑可靠性鉴定标准》GB 50144 和《民用建筑可靠性鉴定标准》GB 50292 等；

3 现行工程结构设计规范、工程结构设计统一标准中，有关设计原则、术语、符号以及静力设计的强度和荷载取值等。

3 基 本 规 定

3.0.1 本条规定了抗震鉴定的内容和基本要求：搜集原始资料，调查构筑物现状，采取逐项鉴定法进行抗震能力分析，最后对其主体抗震能力作出评价并提出处理意见。其目的是统一抗震鉴定的基本内容和要求，规范鉴定工作，确保鉴定工作质量和结论的可靠性。

1 构筑物的现状调查主要内容包括：(1) 使用状况与原设计或竣工图有无不同，施工质量和维护状况；(2) 主要受力构件存在的缺陷，是否属于可修或可加固的"状况良好"范围；(3) 检测结构材料的实际强度和腐蚀状况；(4) 使用环境现状；(5) 场地、地基和基础的现状。"状况良好"系指主体结构完好和局部损伤之间的状况，即属于可修复的范围。

2 已有构筑物在山区、坡地或河岸等不利地段的情况较多，抗震鉴定时必须对其场地、地基基础的地震稳定性和抗震能力作出评价。

3 88 版标准偏重于单个构件的抗震鉴定或加固，没有对总体结构的抗震性能进行综合分析和评价，只要某个部位或节点不符合抗震要求，就要求采取加固处理。这种做法，可能形成新的薄弱环节，影响整体结构的安全性。因此，本标准强调进行综合抗震能力分析，即要求对结构类型、布置，构造和承载能力等方面进行综合判断。在抗震鉴定时，将构件分成具有整体影响和局部影响两大类，并区别对待。前者以主要承重构件及其连接为主，对结构综合抗震能力影响较大，采用"体系影响系数"表示。后者指次要构件、非承重构件等，其影响是局部的，采用"局部影响系数"表示。

4 构筑物的抗震鉴定结果，在本标准第 3.0.10 条规定为五个等级：合格、维修、加固、改变用途和更新。对任何一级的鉴定结果，均要全面考虑有关因素并经过技术经济比较后确定。

3.0.2 本条前三款为强制性条文。现有构筑物进行抗震鉴定时，按现行国家标准《建筑工程抗震设防分类标准》GB 50223 规定，首先确定其设防类别，本标准中，甲类、乙类、丙类、丁类分别为现行国家标准《建筑工程抗震设防分类标准》GB 50223 的特殊设防类、重点设防类、标准设防类、适度设防类的简称。为了达到"小震不坏，中震可修，大震不倒"的目标，规定了各类抗震措施和抗震验算的要求。

甲类，本标准中只有安全等级为一级的电视塔属于该类，其抗震鉴定要求须经专门研究确定，按不低于乙类的地震作用进行检查和评定其综合抗震能力。

乙类，即重点设防类，凡没有专门规定的抗震措施，均要求按提高一度的规定进行检查。9 度时须适当提高抗震设防要求。抗震验算没有规定提高一度要求，但不能低于本地区设防烈度要求。

3.0.3、3.0.4 现有构筑物的情况十分复杂，其结构类型、建造年代、设计时所用的设计规范、地震动区划图的版本、施工质量和使用维护等方面存在差异，使其抗震能力有很大的不同。因此须根据实际情况区别对待和处理，在现有的经济技术条件下分别达到最大可能的抗震防灾要求。与第 1.0.2 条相对应的设防目标，根据构筑物不同设计建造年代和不同后续使用年限，规定其采用的鉴定方法。

后续使用年限不超过 30 年的构筑物，简称 A 类建筑物，通常属于 93 版设计规范正式执行之前设计建造的，如果按 88 版鉴定标准作了抗震鉴定或加固，而且当地设防标准没有提高以及使用状况没有改变，可不要求重新进行抗震鉴定。否则，应按本标准的 A 类进行抗震鉴定。

后续使用年限为 30 年以上 50 年以内的构筑物，简称 B 类构筑物，通常属于 93 版设计规范正式执行之后设计建造的，应采用本标准 B 类构筑物的抗震鉴定方法。如果本地区的抗震设防烈度提高，或抗震设防类别提高时，其抗震鉴定可参照现行国家标准《结构可靠性总原则》ISO 2394 的规定。

后续使用年限 50 年的构筑物，简称为 C 类构筑物，其鉴定要求完全采用现行抗震设计规范的有关规定，本标准不再重复规定。

本标准中的部分构筑物未按后续使用年限划分类别进行抗震鉴定，但实际上是按 B 类进行抗震措施鉴定，抗震验算仍按后续使用年限确定地震动参数的调整系数。

3.0.5 本条为强制性条文。因已有构筑物的抗震水准较低，新的《构筑物抗震设计规范》GB 50191－2012 在设计水准上也有所提高，所以对本条中的三类构筑物提出了进行抗震鉴定的要求。需说明的是，对改扩建或改变原设计条件的构筑物，应首先按现行国家标准《工业建筑可靠性鉴定标准》GB 50144 或《民用建筑可靠性鉴定标准》GB 50292 的规定进行可靠性鉴定，在满足了上述鉴定标准要求的基础上，再按本标准进行抗震鉴定。

3.0.6 本条规定的目的，一是要求调查和鉴定工作按不同情况有所区别对待，二是要求对重点部位作更细致的检查和鉴定。本条所述的重点部位系指影响该类构筑物整体抗震性能的关键部位或地震破坏时可能发生严重次生灾害的部位。

3.0.7 对部分构筑物可采用两级抗震鉴定法，是一种筛选法的具体应用。采用两级鉴定法时，对后续使用年限不超过30年的A类构筑物，第一级鉴定的工作量较少，既简便又能保证安全。其中有些不合格项目时，可在第二级鉴定中进一步判定，再不合格时则须进行加固处理。第二级鉴定是在第一级鉴定的基础上进行的，即当结构的承载力较高时，可适当放宽某些构造要求；或者，当抗震构造良好时，如砌体结构有圈梁和构造柱形成约束，其承载力的要求可适当降低。

对于后续使用年限30年以上50年以内的B类构筑物，不采用两级鉴定，但要综合考虑抗震措施和承载力的情况进行鉴定。

这种鉴定方法，一是把抗震措施要求和抗震承载力验算密切结合，二是体现了结构抗震能力中的承载力与变形能力有机结合。

3.0.8 本标准中有些构筑物A类不采用两级抗震鉴定法，是因为目前还未形成成熟的研究成果。本条主要从结构高度、平立面和抗侧力构件布置、结构体系、构件的变形能力、连接构造、材料强度、非结构构件的影响和场地、地基基础等方面，对宏观控制的基本规定和措施鉴定提出了基本要求，检查构筑物是否存在影响其抗震能力的不利因素。

3.0.9 本条对现有构筑物所在的场地、地基和基础的有利和不利因素，对有关鉴定要求作了适当调整。

建在Ⅳ类场地、复杂地形、严重不均匀地基上的构筑物以及同一单元内存在不同类型的基础时，须考虑地震影响的复杂性和地基基础整体性差的不利影响，要求上部结构的整体性更强一些，或抗震承载力有较大的富余。在一般情况下，可将部分抗震措施的鉴定要求按提高一度考虑，例如增加或增大基础连梁、增加配筋和圈梁数量等。

对于有全地下室、箱基、筏基和桩基的构筑物，可放宽对上部结构的部分构造措施要求，如圈梁设置可按降低一度要求，支撑系统和其他连接构造要求可适当降低，但不得全面降低构造要求。

对密集的构筑物，包括与构筑物通过防震缝毗连的建筑，其相关部位的应力集中或碰撞可能引起破坏，因此鉴定时对其构造措施要求可按提高一度考虑。

对建于Ⅲ、Ⅳ场地上7度（0.15g）和8度（0.3g）的构筑物，与现行国家标准《构筑物抗震设计规范》GB 50191协调一致，其构造措施鉴定须分别按8度和9度要求。

3.0.10 对不符合抗震鉴定要求的构筑物，提出四种处理对策：

1 维修：适用于少数次要部位或局部不符合鉴定要求的情况。

2 加固：适用于（1）无地震时能正常使用；（2）虽然存在缺陷或质量问题，但通过抗震加固能达到鉴定要求；（3）因使用年限久或腐蚀等原因，其抗侧力结构承载力降低，但可修复或加固；（4）结构局部缺陷虽然较多，但易于加固。

3 改变用途：包括改变使用功能、降低使用荷载、降低抗震设防类别等。为此，可以采取适当的改造和加固措施，以适应新用途的抗震要求。

4 更新：对于那些后续使用年限较短且不符合鉴定要求也无加固价值的构筑物，可以采取卸载，设置临时支撑等措施。

3.0.11、3.0.12 是按现行国家标准《建筑抗震鉴定标准》GB 50023－2009第5.2.8条和第5.3.10条内容引入的，因为本标准中没有“多层砌体房屋”一章，但在不少构筑物中存在承重的或非承重的砌体结构以及非结构构件，因此在这里给出规定是必要的。

3.0.13、3.0.14 是按现行国家标准《建筑抗震鉴定标准》GB 50023－2009第6章“多层及高层钢筋混凝土房屋”中有关砌体填充墙的要求引入的，按A类、B类构筑物分别给出规定。

4 场地、地基和基础

4.1 场　　地

4.1.1～4.1.4 考虑到场地、地基和基础的鉴定和处理难度较大，而且由于地基基础问题导致的实际震害例子相对较少。为缩小鉴定范围，本章主要列出一些原则性规定，以供鉴定时检查、判断的依据。

有利地段、一般地段、不利地段、危险地段和场地类别，应按现行国家标准《构筑物抗震设计规范》GB 50191的规定划分。

岩土失稳造成的灾害，如滑坡、崩塌、地裂等，其波及面广，对构筑物危害的严重性也往往较重，因此应慎重研究。

含液化土的缓坡（1°～5°）或地下液化层稍有坡度的平地，在地震时可能产生大面积的土体滑动（侧向扩展），在现代河道、古河道和海滨地区，通常宽度在50m～100m或更大，其长度达到数百米，甚至2km～3km，造成一系列地裂缝或地面的永久性水平、垂直位移，其上的构筑物或生命线工程或拉断或倒塌，破坏很大。海城地震、唐山地震中，沿河海故道和陡河、滦河等河流两岸都有这种滑裂带，损失甚重。

汶川地震中危险地段的构筑物破坏严重，强风化岩石地基上的构筑物也有明显的震害，鉴定时须予以注意。

4.2 地基和基础

4.2.1 本条列出对地基基础现状进行抗震鉴定应重点检查的内容。对震损构筑物，尚应检查因地震影响引起的损伤，如有无砂土液化现象、基础裂缝等。

4.2.2 地震造成的地基震害，如液化、软土震陷、不均匀地基的差异沉降等，一般不会导致构筑物的坍塌或丧失使用价值，加之地基基础鉴定和处理的难度大，因此，减少了其抗震鉴定的范围。

4.2.5 地基基础的第一级鉴定，包括饱和砂土、饱和粉土的液化初判，软土震陷初判，并给出可不进行桩基验算的规定。

液化初判在利用设计规范方法的基础上略加补充。

软土震陷问题，只在唐山地震时津塘地区表现突出。唐山地震中，8度、9度区地基基础承载力为60kPa～80kPa的软土上，有多栋建筑产生了100mm～300mm的震陷，相当于震前总沉降量的50%～60%。已有研究表明，8度时软弱土层厚度小于5m时可不考虑震陷的影响，但9度时，5m厚的软弱土层产生的震陷量较大，不能满足要求。

不验算桩基的范围基本上同现行国家标准《构筑物抗震设计规范》GB 50191。

4.2.6 地基基础的第二级鉴定，包括饱和砂土、饱和粉土的液化再判，软土和高耸构筑物的天然地基、桩基承载力验算及不利地段上抗滑移验算的规定。

构筑物的存在加大了液化土的固结应力。研究表明，正应力增加可提高土的抗液化能力。当砂性土达到中密时，剪应力的增大可使其抗液化能力提高。

4.2.7 在一定条件下，现有天然地基基础竖向承载力验算时，可考虑地基土的长期压密效应；水平承载力验算时，可考虑刚性地坪的抗力。

1 地基土在长期荷载下，物理力学特性得到改善，大量工程实践和专门试验表明，已有建筑的压密作用，使地基土的孔隙比和含水量减小，可使地基承载力提高20%以上；当基底容许承载力没有用足时，压密作用相应减小，故表4.2.7中的压密提高系数值降低。岩石和碎石类土的压密作用及物理化学作用不显著；软土、液化土和新近沉积黏性土又有液化或震陷问题时，其承载力不宜提高，故压密提高系数均取1.0。

2 承受水平力为主的天然地基，系指柱间支撑的柱基、拱脚等。震害分析表明，刚性地坪可以抵抗结构传来的基地剪力。根据试验结果，柱底传给地坪水平力约在3倍柱宽范围内分布，因此要求地坪受力方向宽度不小于柱宽的3倍。

混凝土地坪与地坪以下土的变形模量相差4倍，因此不能同时考虑二者的水平抗力。

5 地震作用和抗震验算

5.1 一 般 规 定

5.1.1 震害经验表明，6度区的一般构筑物，着重检查抗震措施方面的鉴定要求，一般情况下可不进行抗震承载力验算。但当一级鉴定不满足要求时，可以通过包括抗震验算等综合分析其抗震能力。

5.2 地震作用和效应调整

5.2.1 地震作用计算时，荷载组合及其组合值系数、特征周期、水平和竖向地震影响系数最大值，阻尼比调整系数、地震作用效应组合和竖向地震作用系数等，均可按照现行国家标准《构筑物抗震设计规范》GB 50191的规定采用。

5.2.2 本条中地震影响系数的调整系数，是参考中国建筑科学研究院工程抗震研究所毋剑平等人《不同设计使用年限下地震作用的确定方法》（“工程抗震”2003，第2期）的研究结果并作了适当调整后给出的。原文是按照不同设计使用年限对地震作用进行调整，现改为对地震影响系数进行调整。鉴于高炉等构筑物设计使用年限为10年～15年，给出10年～30年和40年两档的调整系数。按表5.2.2规定的地震影响系数调整系数计算结果并经加固后的构筑物，其抗震设防概率水准与现行抗震设计规范是相近的。

5.2.3 地下结构包括挡土结构、地下通廊、尾矿坝等，根据他们中有的分别按多遇地震或设防地震两种水准计算，所以给出两种水平地震系数和竖向地震系数取值，并根据不同后续使用年限按表5.2.2的规定乘以调整系数。

5.2.4 8度、9度的大跨度（≥24m）、长悬臂（≥6m）和高耸结构，须进行竖向地震作用计算。此时，其竖向地震作用系数和竖向地震影响系数最大值，均应根据其后续使用年限按表5.2.2的规定乘以调整系数。

5.3 抗 震 验 算

5.3.2 构筑物抗震承载力验算方法与现行国家标准《构筑物抗震设计规范》GB 50191的规定相同，其中承载力抗震调整系数与设计规范取值相同。但材料强度指标、内力调整系数等有所不同。

5.3.3 须按罕遇地震作用进行抗震变形验算时，除按《构筑物抗震设计规范》GB 50191规定外，尚须按其后续使用年限对地震作用进行调整，即对其地震影响系数按第5.2.2条规定乘以调整系数。

5.3.4 现有砌体结构抗震承载力验算方法，是采用现行国家标准《建筑抗震鉴定标准》GB 50023 B类多层砌体房屋的计算方法。

6 钢筋混凝土框排架结构

6.1 一般规定

6.1.1 框排架结构是框架与排架或框架-抗震墙与排架侧向组联结构，因其震害比“单纯的”框架和排架结构复杂，表现出更显著的空间作用效应，因此最大高度比钢筋混凝土框架结构的适用高度有所降低。我国20世纪80年代以前建造的钢筋混凝土结构，普遍是10层以下，框架结构可以是现浇的或装配整体式的。20世纪90年代以后建造的，最大适用高度参考了93版设计规范和现行国家标准《构筑物抗震设计规范》GB 50191－2012的规定作了调整。

6.1.2 本条是第3章中概念鉴定在多层钢筋混凝土框排架结构的具体化。根据震害总结，6度、7度时主体结构基本完好，以连接构造的要求为主，吸取汶川地震教训，强调了楼梯间的填充墙；8度、9度时主体结构有破坏且不规则结构等加重震害。据此，本条提出了不同烈度下的主要薄弱环节，作为检查重点。

6.1.4 根据震害经验，钢筋混凝土框排架结构的鉴定，应从结构体系合理性、材料强度、梁柱等构件自身的构造和连接的整体性、填充墙等局部连接构造等方面和构件承载力加以综合评定。

6.1.5 本条规定A类和B类钢筋混凝土框排架结构抗震鉴定的方法。A类框架结构采用综合抗震承能力验算。

采用综合抗震能力验算方法时，其构件抗震承载力按式（6.1.5）计算，是将抗震构造措施对结构抗震承载力的影响用量化表示。采用设计规范方法进行抗震承载力验算时，也可以加入ψ_1、ψ_2来体现构造的影响。

B类可通过内力调整进行抗震承载力验算，也可按A类方法进行综合抗震能力评定。

6.2 A类钢筋混凝土框排架结构抗震鉴定

6.2.1 现有结构体系的鉴定包括节点连接方式、跨数的合理性和规则性的判别。

连接方式主要是指刚接和铰接，以及梁底纵向钢筋的锚固等。

单跨框架对抗震不利，明确要求8度、9度时乙类设防不宜为单跨框架；乙类设防的多跨框架在8度、9度时，还建议检查其“强柱弱梁”的程度。参照欧洲抗震规范，可计入柱边以外2倍楼板厚度的分布钢筋参与梁的受力。

框架结构的规则性判别，基本按现行国家标准《构筑物抗震设计规范》GB 50191中关于框架结构的要求。

6.2.2 本条对材料强度的要求是最低的，直接影响了结构的承载力。

6.2.3～6.2.5 整体性连接构造的鉴定分两类：

6度和7度Ⅰ、Ⅱ类场地时，只判断梁、柱的配筋构造是否满足非抗震设计要求。检查梁纵筋在柱内的锚固长度。对乙类设防的混凝土框架，增加了框架柱最小纵向钢筋和箍筋的检查要求。

7度Ⅲ、Ⅳ类场地和8度、9度时，要检查纵筋、箍筋、轴压比等。作为简化的抗震承载力验算，要求控制柱截面，9度时还要验算柱的轴压比。框架-抗震墙中抗震墙的构造要求，是参照93版设计规范提出的。

6.2.6 砌体填充墙等与主体结构连接的鉴定要求，系参照现行国家标准《建筑抗震鉴定标准》GB 50023 A类多层及高层钢筋混凝土房屋的规定给出的。

6.2.7～6.2.12 排架结构的第一级鉴定要求，系按照现行国家标准《建筑抗震鉴定标准》GB 50023 A类单层钢筋混凝土柱厂房的规定给出的。

6.2.13 本条规定了不需要进行第二级鉴定就评为不符合抗震要求的情况，并要求针对不符合要求的具体情况采取加固等措施。

6.2.14 平面较规则和竖向布置连续时，A类钢筋混凝土框排架结构可采用平面结构的楼层综合抗震能力指数法进行第二级鉴定，也可以采用现行国家标准《构筑物抗震设计规范》GB 50191的简化方法和本标准第5章的规定进行抗震承载力验算，其组合的内力设计值可不作调整。当平面或竖向布置不规则、不连续时，要求按现行国家标准《构筑物抗震设计规范》GB 50191规定进行抗震分析，按本标准第5章规定进行构件承载力验算，其构件组合的内力设计值也不作调整。

6.2.15～6.2.19 钢筋混凝土框架结构验算，构造影响系数的取值要根据具体情况确定：

1 由于第二级鉴定时对材料强度和纵向钢筋不作要求，而体系影响系数只与规则性、箍筋构造和轴压比等有关。

2 当部分构造符合第一级鉴定要求而部分构造符合非抗震设计要求时，可在0.8～1.0之间取值。

3 不符合的程度大或有若干项不符合时取较小值；对不同烈度鉴定要求相同的项目，烈度高者，该项影响系数取较小值。

4 结构损伤包括因建造年代甚早、混凝土碳化而造成的钢筋锈蚀；损伤和倾斜的修复，通常要考虑新旧部分不能完全共同发挥效果而取小于1.0的影响系数。

5 局部影响系数只乘以有关的平面框架，即与承重砌体结构相连的平面框架、有填充墙的平面框架或楼屋盖长宽比超过规定时其中部的平面框架。

计算结构楼层现有承载力时，与93版设计规范相同，应取结构构件现有截面尺寸、现有配筋和材料强度标准值计算，具体见本标准附录C；计算楼层的弹性地震剪力系数特征周期和承载力抗震调整系数按93版设计规范取值，地震作用的分项系数取1.0。

6.2.20 本条规定了评定钢筋混凝土框架结构综合抗震能力的两种方法：楼层综合抗震能力指数法和考虑构造影响的抗震承载力验算法。一般情况采用前者，当前者不适用时采用后者。

6.2.21 本条规定排架结构须验算的构件范围。

6.3 B类钢筋混凝土框排架结构抗震鉴定

6.3.1 本条引用了《构筑物抗震设计规范》GB 50191-93对抗震等级的规定，属于鉴定时的重要依据。如果原设计的抗震等级与本条的规定不同，则需要严格按新的抗震等级仔细检查现有结构的各项抗震构造。

6.3.2 本条依据93版设计规范有关钢筋混凝土框排架结构布置的规定，从鉴定的角度予以规定。吸取汶川地震的教训，规定乙类设防且为一、二级时，要求为多跨框架；在8度、9度设防时检查"强柱弱梁"的情况。对于排架结构的屋盖支撑布置和构造，也规定了比A类更高的要求。

6.3.4～6.3.8 依据《构筑物抗震设计规范》GB 50191-93设计规范对梁、柱、墙体配筋的规定，以及钢筋锚固连接的要求，从鉴定的角度予以归纳、整理而成。

6.3.10～6.3.14 有关排架结构的抗震构造措施，引用国家标准《建筑抗震鉴定标准》GB 50023-2009单层钢筋混凝土柱B类厂房抗震鉴定有关规定。

6.3.15、6.3.16 钢筋混凝土框排架结构应按现行国家标准《构筑物抗震设计规范》GB 50191的抗震计算分析方法和本标准第5章的规定进行构件抗震验算。但其中，不同于现行设计规范的内力调整系数和构件承载力验算公式，均在本标准的附录D中给出，以便应用。

鉴于现有框排架在静载下可正常使用，对于梁截面现有的抗震承载力验算，必要时可按梁跨中底面的实际配筋与梁端顶面的实际配筋二者的总和来判断实际配筋是否足够。

6.3.18 本条给出B类钢筋混凝土框架结构参照A类方法进行综合抗震承载力验算时的体系影响系数的取值。

7 钢框排架结构

7.1 一般规定

7.1.1 本条规定了钢框排架结构抗震鉴定的适用范围。

7.1.2 本条规定抗震鉴定时的重点检查内容，如结构构件的材质、梁柱等构件的构造和连接的整体性等方面。对于影响抗震安全性的问题，如设备振动、偏心等也要考虑其不利影响。

7.1.3 突出屋面的天窗架是地震破坏的主要部位之一，需重视其结构形式和板材。

7.1.4 本条对框排架结构的布置规定其检查内容，要求平面规则，高差和荷载分布均匀，减小扭转效应和设置防震缝的规定等。

7.1.5 根据钢结构自身特性，在使用一段时期后，需要对其外观和内在质量进行全面的检查，以保证结构构件和节点能传递地震作用。

7.1.6 本条提出天窗架布置要求主要考虑屋面板开洞过大造成刚度削减的影响。

7.1.7 钢框排架结构中的屋盖支撑和柱间支撑是厂房纵向主要抗侧力构件，完整的支撑系统可以保证有效传递地震作用。

7.2 A类框排架结构抗震鉴定

7.2.1 本条系根据一般屋架支撑布置的基本要求及原则并参照现行国家标准《建筑抗震鉴定标准》GB 50023-2009 A类单层厂房有关规定。其主要原则如下：

1 结构单元由两端柱距内的屋盖横向支撑、垂直支撑组成为刚度可靠的屋盖刚性体系。

2 屋面支撑体系与柱支撑体系宜配置在同一开间内，以便加强结构单元的整体性和直接传递地震作用。

3 屋架上弦受压弦杆由与横向支撑节点相连的水平系杆来保证平面外的稳定性，屋架下弦受拉弦杆由与横向支撑节点相连的水平系杆来控制其合理的长细比。

4 垂直支撑是将天窗架屋面或屋盖面层水平地震作用传递到柱间支撑或下层支撑的最主要传力构件，其设置间距应从严控制。

7.2.2 为保证地震作用下框架柱形成塑性铰后的整体稳定性不致降低过多，应严格限制其长细比和板材宽厚比。

7.2.3 根据经验，提出了符合相应条件的结构可不进行抗震验算，但其布置及构造应符合本章所规定的要求。

7.3 B类框排架结构抗震鉴定

7.3.1 本条规定了钢框排架结构中的节点连接形式及支撑的设置要求。在以往的震害中，砖砌体墙因质量大、刚度大、强度低而导致自身损坏或对结构造成的损坏均较为严重，故尽量选用轻质墙体；当采用砖砌体墙时需考虑柔性连接。当为非柔性连接时，应在抗震验算时计入墙体质量和刚度影响。排架的柱间支撑布置，系参考国家标准《建筑抗震鉴定标准》GB 50023－2009中B类单层厂房的规定。

7.3.3、7.3.4 对柱的长细比和梁柱板件宽厚比的要求要比A类钢框排架更严格一些。

7.3.5 根据经验，给出了可不进行抗震验算的范围，但其结构布置和构造仍应符合本章的规定。对不符合规定范围的B类钢框排架结构，应按现行国家标准《构筑物抗震设计规范》GB 50191的方法和本标准第5章的规定进行抗震承载力验算。

8 通　　廊

8.1 一 般 规 定

8.1.1 本条给出通廊抗震鉴定的适用范围，其中砖混结构通廊是指支承结构和纵向大梁（桁架）为钢筋混凝土结构，廊身为砌体围护结构的通廊；混合支承结构通廊是指通廊单元内部分支承结构为钢或钢筋混凝土结构，部分支承结构为砌体结构。

8.1.2 外观和内在质量不符合本条规定时，应采取相应的修复或加固措施。

8.1.3、8.1.4 通廊端部与相邻建（构）筑物之间设置防震缝或通廊中部设置防震缝时，规定了各类通廊的防震缝最小宽度，砌体承重结构通廊可按钢筋混凝土承重结构通廊的规定采用。

8.1.6 本条规定是针对直接支承在建（构）筑物上的通廊，即在靠近建（构）筑物处无通廊支架的情况。

8.2 砌体结构通廊

8.2.1 通廊系统的布置是指通廊的平面及立面布置，检查的重点是防止地震造成塌落或连接部位局部塌落，砌体材料实际达到的强度等级和质量等。

8.2.2 通廊支座应有防止塌落的措施。对于固定支座应有可靠的焊接或螺栓连接；对于滑动支座应有限位连接措施。当通廊支承于建（构）筑物上时，应考虑二者相对位移影响。

8.2.3 毗邻建（构）筑物地震时会发生碰撞，造成结构局部损坏、大梁塌落等情况，须针对不同的情况分别采取不同的措施。

8.2.4 海城、唐山地震中，高烈度地区砖混通廊的倒塌和损坏率较高，因此规定9度和8度Ⅲ、Ⅳ类场地时不应为砌体支承结构。

8.2.5、8.2.6 支承结构为砖石支墩时，应设有钢筋混凝土围套；支承墙体采用砖壁柱时，其砖壁柱和砖墙宜为钢筋网砂浆或混凝土夹板墙；墙体采用砖柱时，应设有钢筋混凝土芯柱或外包钢筋混凝土围套、角钢加缀条围套。采用砖墙、砖拱时，应满足本标准第3.0.11条或第3.0.12条承重墙体的要求。

通廊支承结构不符合要求时，应加固。当底板与卧梁无可靠连接时，应采用砂浆灌缝，并在对应构造柱位置的底板下缘设置横向拉杆。

8.2.8 砌体廊身不符合本条要求时，应采取提高廊身整体性的措施，并防止屋面板在竖向地震作用下可能上抛。

8.2.9 砖支承结构的侧移刚度一般比钢筋混凝土支架或钢支架大，其所分担的地震力也较大。砖结构属脆性材料，故破坏严重，因此规定这类通廊的砌体支承结构构件应按提高一度设防要求进行抗震措施鉴定。

8.2.10 地下通廊的震害极少，故规定地下通廊可不鉴定。跨间承重结构为钢筋混凝土大梁的砖混通廊在6度和7度Ⅰ、Ⅱ类场地时，地震作用不起控制作用，但通廊屋面构件与墙体要有可靠连接。

8.2.11 本条给出砌体支承结构的验算的范围和验算方法。

8.3 钢筋混凝土结构通廊

8.3.3 支承结构按框架结构的抗震措施进行抗震鉴定，如果不满足要求，应对框架横梁进行补强或在节间加设支撑。

8.3.4 大梁与支承结构的连接要求，是参照现行国家标准《构筑物抗震设计规范》GB 50191的规定给出的。

8.3.5 防止落梁的措施包括应有足够的支承长度，在支承边设置限制过大位移的挡板等。

8.3.6 通廊与其相邻建（构）筑物之间未设防震缝，或设缝宽度不满足要求时，两者会因碰撞而导致廊端撞坏、支架断裂，建（构）筑物会产生严重震害，因此抗震鉴定时对防震缝间距须予以重视。

8.3.8 本条规定了某些钢筋混凝土结构通廊在地震中的震害均较轻微，可不作抗震承载力验算，但本节规定的各项抗震措施仍须满足要求。

8.3.9 本条规定的需要进行抗震承载力验算的钢筋混凝土结构通廊的范围，是根据震害经验和抗震分析结果给出的。跨度大于24m的跨间承重结构，须验算其竖向抗震承载力。

8.4 钢结构通廊

8.4.3 钢结构构件容易失稳，为了保证其抗震性能，对支架及其杆件长细比以及板件的宽厚比分别按A类和B类作了规定，但比设计规范要求有所降低。

8.4.7 本条规定了一些钢结构通廊在地震中的震害均较轻微，可不作抗震承载力验算，但仍须满足抗震措施的各项要求。

8.4.8 本条中的重型通廊系指廊身为砌体结构通廊。

9 筒 仓

9.1 一 般 规 定

9.1.1 为了与现行国家标准《构筑物抗震设计规范》GB 50191保持一致，本标准将“贮仓”改为“筒仓”。

9.1.2 筒仓的倾斜率规定是参照现行国家规范《建筑抗震鉴定标准》GB 50023 中高度不超过 20m 的水塔的规定给出的，超过 20m 时其值为 0.6%。

9.2 砌 体 筒 仓

9.2.1 砌体筒仓主要是在小型企业中应用，有不少未进行正规设计，在以往地震中震害比较严重，因此对其作了严格限制。

9.2.2～9.2.8 砌体筒仓圈梁及构造柱等要求，系根据震害经验给出的，并参照现行国家标准《构筑物抗震设计规范》GB 50191 的规定。

9.3 钢筋混凝土筒仓

9.3.1～9.3.6 柱承式筒仓比筒承式筒仓的震害要严重得多，所以对其抗震措施提出更多的要求，以保证具有较好的延性性能。

9.3.7 支承筒壁抗震性能良好，但洞口部位截面被削弱并会产生应力集中，因此要求予以加强。同时为保证狭窄筒壁的抗震能力，洞口间的筒壁尺寸不应过小。

9.3.8 震害调查表明，支承柱（支承框架）设有填充墙时，震害减轻，但墙体须对称布置并满足一定的构造要求；半高填充墙会加重柱的地震破坏，应拆除。

9.3.11 震害表明，不论筒承式还是柱承式，仓体大部分完好，仅有少数轻微损坏；震害主要集中在支承结构和仓上建筑。支承结构的震害，柱承式远重于筒承式。支承柱的震害主要集中在柱与仓底的连接处、柱脚以及框架的梁柱节点部位。通过验算结果和震害经验，给出不验算的范围，以减少鉴定工作量。

9.4 钢 筒 仓

9.4.1～9.4.6 钢板筒仓是 20 世纪 70 年代以后发展起来的新技术，其震害较少。震害一般是由于设计的支撑布置等方面不合理造成的，海城地震时 9 度区的钢料仓出现二个地脚螺栓被剪断的震害。因此，参照现行国家标准《构筑物抗震设计规范》GB 50191 有关钢筒仓的规定给出支承结构和仓上建筑等要求。

9.4.8、9.4.9 不符合本章一般规定和本节抗震措施要求的钢筒仓以及 8 度、9 度时的钢支承结构、仓上建筑，须进行抗震承载力验算。矿仓、煤仓等可按现行国家标准《构筑物抗震设计规范》GB 50191 规定方法，粮仓可按现行国家标准《粮仓钢板筒仓设计规范》GB 50322 规定的方法，并按本标准第 5 章规定分别对 A 类、B 类筒仓的地震动参数进行调整后进行抗震承载力验算。

9.4.10 钢支柱与基础的锚固，是薄弱环节，震害较多。因此规定 8 度、9 度时须进行其抗震承载力验算。

10 容器和塔型设备基础结构

10.1 一 般 规 定

10.1.1、10.1.2 本章中的容器和塔型设备基础结构主要是指容器类、塔类设备的基础结构。设备本体的抗震鉴定在相关行业标准中有规定，例如《钢制常压立式圆筒形储罐抗震鉴定标准》SH/T 3026、《石油化工设备抗震鉴定标准》SH/T 3001 等。本次修订与现行国家有关标准作了协调，仅对设备基础结构给出具体的抗震鉴定规定。

1 在工业构筑物中，容器类、塔型设备量大面广，主要用来储存石油化工类产品的容器，在现行国家标准《石油化工建（构）筑物抗震设防分类标准》GB 50453 中，根据其储存的介质和在遭受地震破坏后的危害程度，给出了抗震设防分类。

2 根据国内外历次大地震和汶川地震震害表明，容器类、塔型设备的地基结构发生液化的现象不多，大部分是由于基础结构强度不够而产生破坏。特别是砖砌基础结构，地震中遭受破坏而产生倾斜、开裂的现象非常普遍。此外，固定设备的地脚螺栓在地震中被拉长、拉断的震害现象也屡见不鲜，这些都是抗震鉴定时需要重点检查的内容。

3 容器类、塔型设备的基础结构进行抗震验算时，按多遇地震确定地震影响系数，与现行国家标准《构筑物抗震设计规范》GB 50191 的规定相同，但在抗震鉴定时可按本标准第 5.2.2 条规定予以调整。

10.2 卧式容器基础结构

10.2.3 一般情况下，放置在 T 形、Π 形或 H 形支架式基础结构上的卧式容器的重心位置都比较高。在石化企业中，根据生产工艺要求，有些卧式设备基础支架的高度达 5m～6m，因此，对这类结构的配筋要求是至关重要的。B 类设备支架应按三级钢筋混凝土框架结构要求。

10.2.4 支墩式基础结构重心较低，震害较轻，一般情况下可不进行抗震验算，但构造措施仍须严格要求。

10.2.5 本条规定 8 度、9 度时的卧式容器基础结构应进行抗震验算，以保证其地震安全性。

10.3 常压立式圆筒形储罐基础结构

10.3.1 常压立式圆筒罐基础结构的形式很多，一般分为护坡式基础和钢筋混凝土环墙式基础。钢筋混凝土环墙式基础结构又分为环墙式基础和外环墙式基础两种类型。各类型的基础结构有其特点和适用条件。基础结构进行抗震鉴定时，除须考虑结构的配筋等级和混凝土强度等级外，还要考虑以下因素：

1 护坡式基础结构一般用于硬和中硬类土。由于这类地基容易产生不均匀沉降，因此抗震性能较差。

2 钢筋混凝土环墙式基础结构一般用于软土和中软土。在罐壁下设置钢筋混凝土环墙的储罐基础在我国各行业，特别是石油化工企业中应用较多。由于这类基础环墙的竖向刚度比环墙内填料层相差较大，因此罐壁和罐底的受力状态较外环墙式基础差。

外环墙式基础结构一般多用于硬土和中硬土。由于外环墙式基础具有一定的稳定性，因此其抗震性能较好。但外环墙式基础的整体平面弯曲刚度较钢筋混凝土环墙式基础差，因此当罐壁下节点处的下沉低于外环墙顶时易造成两者之间的凹陷。

10.3.3 现有储蓄罐基础结构的构造，系参照现行国家标准《构筑物抗震设计规范》GB 50191 的规定给出的。

10.3.4 8 度和 9 度时，环墙式基础结构应按现行国家标准《构筑物抗震设计规范》GB 50191 的方法和本标准第 5 章有关地震动参数调整后进行抗震承载力验算，其中包括地脚螺栓的验算。

10.3.6 本阻尼比数值是根据中国石化工程建设有限公司最近完成的储罐抗震研究成果给出的。

10.4 球形储罐基础结构

10.4.8 8 度及以上地区的球罐基础结构须进行抗震验算。在现行国家标准《石油化工建（构）筑物抗震设防分类标准》GB 50453 中规定球形储罐为乙类构筑物，即属于重点设防类。

10.5 塔型设备基础结构

10.5.2 根据大量的计算分析，6 度和 7 度时某些条件下的圆筒（柱）式塔基础或框架式塔基础结构主要是竖向荷载和风荷载起控制作用，可不进行抗震验算。

10.5.3 8 度、9 度时塔型设备基础结构的抗震验算应计入竖向地震作用。抗震承载力验算时，A 类结构的构件组合内力设计值可不作调整，但 B 类应调整。

10.5.4～10.5.11 抗震鉴定的构造要求系参照现行国家标准《构筑物抗震设计规范》GB 50191 的规定给出的，其中框架式基础结构应按本标准第 6 章 B 类钢筋混凝土框架结构抗震等级提高一级确定构造措施要求。

10.5.12 采用矩阵迭代法计算塔型设备的基本自振周期很繁琐，而且公式中的参数难以取值准确或周全，往往使理论计算值与实测值相差较大。本条给出的塔型设备结构的基本自振周期公式是根据对大量在役塔类设备的实测周期值进行统计回归得到的。

排塔是指二个及以上的塔通过联合平台连接形成的一个整体的多层结构，各塔的振动互相影响，实测的周期值并非单个塔自身的基本周期，而是受到整体的影响。实测结果表明，在垂直于排列方向，主塔的基本自振周期起主导作用，故本条规定了采用主塔的基本周期值时要乘以折减系数 0.9。

11 支架及构架

11.1 一 般 规 定

11.1.1、11.1.2 变电构架和支架的适用范围与原国家标准《工业构筑物抗震鉴定标准》GBJ 117－88 标准相同，仍为 35kV～330kV。现行国家标准《电力设施抗震设计规范》GB 50260 为 110kV～500kV，《变电站建筑结构设计技术规程》DL/T 5457 适用范围为 35kV～500kV。现行国家标准《电力设施抗震设计规范》GB 50260 推荐的变电构架为：钢筋混凝土环形杆柱结构、钢管混凝土结构和钢结构。本鉴定标准系参照《变电站建筑结构设计技术规程》DL/T 5457 对变电站建（构）筑物的抗震设防类别进行划分。

11.2 管 道 支 架

11.2.4 独立式管道支架即支架与支架之间没有连系构件，利用管道自身刚度将各自独立的管道支架连接成的管道支架系统。一般包括固定管架和活动管架。活动管架根据其结构特征不同，又可分为刚性活动支架、柔性活动支架和半铰接活动支架等。

组合式管道支架，指采用某些辅助结构，如纵梁、吊索和悬索等构件，把各自独立的管道支架联系起来，形成一个大跨度支承管道的管架系统。管廊式支架一般在直线段的末端设有柱间支撑，以增加纵向侧移刚度，水平支撑宜设在管道固定点处。

11.2.5 钢支架柱的长细比和支架板件的宽厚比的限制规定，是参照现行国家标准《构筑物抗震设计规范》GB 50191 的规定给出的，但要求有所降低。

11.2.6 较高的四柱式支架中部设水平交叉支撑的间距一般为 6m 左右。

11.3 变电构架和支架

11.3.2 钢筋混凝土变电构架、支架和钢变电构架、支架的损坏主要由环境等因素引起混凝土保护层脱落、钢筋或钢材锈蚀，参照现行国家标准《建筑抗震鉴定标准》GB 50023－2009 第 6.1.3 条以及钢结构的特点，对其外观和内在质量问题的严重程度进行限制。

11.3.6、11.3.7 本条参照了现行国家标准《电力设施抗震设计规范》GB 50260 和本标准对柱间支撑和柱的构造以及支承柱锚栓的要求。

11.3.8、11.3.9 不符合抗震措施鉴定要求的变电构架或支架须按现行国家标准《电力设施抗震设计规范》GB 50260 进行抗震计算后评价。对于可不进行抗震承载力验算的构架或支架，仍要满足相应的抗震措施要求。

11.4 索道支架

11.4.1 索道一般多建于地形地貌复杂地区，应重点检查地形对抗震的不利影响，地基被冲刷可能失稳等。

11.4.3～11.4.6 钢支架和钢筋混凝土单柱支架系参照现行国家标准《构筑物抗震设计规范》GB 50191 的规定提出要求，但要求有所降低。

11.5 通信钢塔桅结构

11.5.1 自立式钢塔架包括角钢塔、三管塔、屋面上的格构式自立塔架和单管塔；格构式或实腹式桅杆为拉线塔。在实际检测中，若构件锈蚀程度较轻，可近似采用锈蚀后钢材净截面面积与原截面之比判断构件承载力，按照实际需要采取加固措施。

11.5.2、11.5.3 在现行国家标准《电力设施抗震设计规范》GB 50260 对微波塔的规定中，6 度～8 度时自立式铁塔、微波塔、拉线杆塔可不进行抗震验算，但不包括建在建筑物屋顶上的塔桅结构。建在房顶上的塔桅结构，尚应计入建筑的放大效应。

12 锅炉钢结构

12.1 一般规定

12.1.1 根据现行国家标准《建筑工程抗震设防分类标准》GB 50223 的规定，单机容量为 300MW 以下或规划容量为 800MW 以下的火力发电厂锅炉钢结构，属丙类构筑物。单机容量为 300MW 及以上或规划容量为 800MW 及以上的火力发电厂锅炉钢结构，属乙类构筑物。

12.1.2 根据历次地震的震害总结以及锅炉钢结构的设计经验，提出了抗震的主要薄弱环节，作为抗震检查的重点。

12.1.4、12.1.5 锅炉钢结构的抗震鉴定时，同样要考虑抗震承载力和抗震措施两个因素。首先按本章的抗震措施规定进行检查，若满足各项规定时，可不进行抗震承载力验算。不满足时应根据以上两个因素进行综合分析确定是否采取加固等措施。关键薄弱部位不满足要求时，均应采取加固措施。

12.2 抗震措施鉴定

12.2.1 锅炉钢结构和邻近建筑结构属不同类型的结构，须设置防震缝分开，避免锅炉钢结构和贴建厂房在地震时因碰撞而破坏。

12.2.3 锅炉钢结构的主柱和支撑杆件的长细比，柱、梁和支撑板件的宽厚比是参照现行国家标准《构筑物抗震设计规范》GB 50191 确定，其限值有所放宽。

12.2.4 8 度Ⅲ、Ⅳ类场地和 9 度时的锅炉钢结构，梁与柱的连接不采用铰接，主要是考虑铰接将使结构位移增大，同时考虑双重抗侧力体系对大型锅炉钢结构抗强震是有利的。

12.2.5 埋入式栓脚是指刚接柱脚，柱底板的下标高均设在厂房±0.0m 以下，埋深不小于 300mm。

12.2.6 非埋入式铰接柱脚，柱底板所受地震剪力，不考虑由地脚螺栓承受，现行国家标准《钢结构设计规范》GB 50017 规定由底板与混凝土基础间的摩擦力承受（摩擦系数可取 0.4）。当不满足时，须设抗剪键。基础出现上拔力时，锚栓的数量和直径应根据柱脚作用于基础上的净上拔力确定。计算上拔力时使用最不利工况的上拔力减去 0.75 倍的永久荷载。

12.2.8 梁与柱为刚接时，柱在梁翼缘对应位置设置横向加劲肋是十分必要的，参照现行国家标准《构筑物抗震设计规范》GB 50191，横向加劲肋的厚度取为梁翼缘的厚度。

12.2.9 杆端至节点板嵌固点的距离系指为通过节点板与构架焊缝起点引出一条垂直于支撑杆轴线的直线至支撑杆端的距离。在大震时让节点板发生平面外屈曲，以减轻支撑破坏。

12.3 抗震承载力验算

12.3.1 抗震设防烈度为 6 度时，可不进行地震作用计算。为了保证结构的安全，确保节点不应先于构件破坏，其节点的承载力要比现行行业标准《锅炉构架抗震设计标准》JB 5339 规定提高约 20%，这是通过抗震构造措施要求来保证的。

12.3.3 容量为 300MW 的锅炉钢结构，其抗震计算可采用底部剪力法。容量为 600MW 及以上的锅炉钢结构宜采用振型分解反应谱法进行抗震计算。

12.3.4 现有的电厂对各主机设备设计，制造厂家只按照工程勘察报告提供场地类别，而不提供土层剪切波速和场地覆盖层厚度等相关资料，此时地震影响系数可根据烈度、场地类别、设计地震分组和结构自振周期以及阻尼比按现行国家标准《构筑物抗震设计规范》GB 50191 的规定确定。

12.3.5 锅炉钢结构的基本自振周期的近似计算公式来自美国 UBC 的规定，根据此公式计算得到的基本自振周期与锅炉钢结构的实测数值接近，因此推荐使用此公式计算锅炉钢结构的基本自振周期。

12.3.6 锅炉行业曾对锅炉钢结构进行过多次测震，但 300MW 及以上的锅炉实测较少，本条规定的阻尼比数值一方面根据实测数据，同时也参照现行国家标准《构筑物抗震设计规范》GB 50191 关于钢结构阻尼比的推荐数值。

12.3.7、12.3.8 经与振型分解反应谱法计算结果比较，锅炉钢结构属弯剪型结构。因此，按《构筑物抗震设计规范》GB 50191 规定的底部剪力法计算时，其结构类型指数和基本振型指数均按弯剪型结构取值。

12.3.10 悬吊锅炉炉体通过导向装置将炉体的水平地震作用直接作用在锅炉钢结构相应位置上，不沿高度重新分配。

12.3.12 大型锅炉都设有导向装置。但是 200MW 及其以下的悬吊锅炉有的不设导向装置，悬吊炉体和锅筒的地震作用只作用在锅炉钢结构的顶部。根据实测分析 7 度（0.1g）Ⅱ类场地的地震影响系数为 0.022，其计算结果是偏于安全的。其地震作用计算方法与现行国家标准《构筑物抗震设计规范》GB 50191 规定相同，但水平地震影响系数可乘以调整系数。

12.3.13 对于基本周期大于 3.5s 的结构，可能出现计算所得的水平地震作用效应偏小，出于结构安全考虑，给出了各主平面水平地震剪力最小值的要求。对于一般的锅炉钢结构基本自振周期远小于 3.5s，本条要求自然满足，不需进行验算。在特殊情况下，基本周期大于 3.5s 时，应按本条规定进行验算，若不满足要求应对结构的水平地震作用效应进行相应的调整。

12.3.16 锅炉钢结构是由永久荷载起控制作用的，风荷载是主要的可变荷载，其他可变荷载很小。考虑到锅炉钢结构以往的设计经验和效应组合的一贯做法，避免降低结构可靠度，保持和过去的设计安全度相当，故将永久荷载分项系数和风荷载分项系数取为 1.35。

12.3.17 锅炉钢结构构件承载力的抗震调整系数，根据锅炉钢结构的特点和我国锅炉行业多年的设计经验，仅梁、柱承载力的抗震调整系数与现行国家标准《构筑物抗震设计规范》GB 50191 的规定稍有不同，其余相同。

12.3.19 对于不规则且具有明显薄弱部位时或高度大于 150m 及 9 度时的乙类锅炉钢结构，应按本标准的规定进行罕遇地震作用下的弹塑性变形分析，这与现行国家标准《构筑物抗震设计规范》GB 50191 的规定是一致的，但其罕遇地震的地震影响系数可进行调整。

13 井 塔

13.1 一 般 规 定

13.1.1 本条给出了 B 类井塔抗震鉴定的适用范围，A 类井塔不受其高度限制，但不宜超过 B 类井塔高度限值 10%。

钢筋混凝土井塔有框架结构、框架-剪力墙结构、剪力墙结构、箱型结构、内框外箱结构、外框内箱结构、筒型结构、筒中筒结构等多种形式。

钢井塔有框架结构、框架-支撑结构、排架结构、桁架结构、下部框架上部排架的叠加结构、下部为正八角形的空间桁架体系上部为平面排架体系的叠加结构等形式。

钢筋混凝土和钢混合井塔是指下部为钢筋混凝土内框外箱结构，上部为钢排架结构。

对于砖或混凝土砌块结构井塔，原中华人民共和国煤炭工业部《煤炭工业抗震设计规定》（1978 年 7 月 12 日试行）第 85 条规定，井塔一般采用钢筋混凝土结构，不应采用砖石或混凝土砌块结构。砖石或混凝土砌块结构井塔，应列入报废拆除之列，不能进行加固处理。

依据国家标准《建筑工程抗震设防分类标准》GB 50223－2008 第 7.1.3 条规定采煤生产建筑中，“矿井的提升、通风、供电、供水、通信和瓦斯排放系统，抗震设防类别应划为重点设防类”。因此井塔属于乙类构筑物。

13.1.2 在 88 版鉴定标准的基础上参照现行国家标准《构筑物抗震设计规范》GB 50191 中对井塔的要求进行了补充。井塔结构的抗震性能主要取决于结构体系、结构构件布置、性能和连接构造等因素，这是检查的重点部位。非结构构件和附属结构也是检查的重要内容，以防止地震时伤人或对主体结构及其连接产生不利影响。

钢筋混凝土框架-剪力墙结构和钢筋混凝土剪力墙结构在井塔结构中应用较多，构筑物抗震设计规范中对剪力墙没有单独要求，因此剪力墙可以参照现行国家标准《构筑物抗震设计规范》GB 50191 中钢筋混凝土框排架结构抗震墙的要求执行。

洞口的布置及加强措施包括楼面洞口和塔壁洞口。

13.1.3 钢筋混凝土井塔和钢井塔的使用中的损坏主要由生产中的碰撞和环境作用等引起混凝土保护层脱落、钢筋或钢材锈蚀，因此对出现外观和内在质量问题的严重程度进行限制。

13.1.4 井塔结构的抗震性能主要取决于结构体系、结构构件布置和构件性能以及连接等因素，为此从以上几个方面综合评定。

钢筋混凝土井塔的梁、柱、剪力墙、塔壁等构件或节点构造有明确的抗震要求，当这些要求不符合时，要评定为不满足抗震鉴定要求，须进行加固等措施。而仅有填充墙或屋盖结构不符合抗震要求时，可以进行局部改造等措施。

13.2 A类井塔抗震鉴定

13.2.1 根据现行国家标准《构筑物抗震设计规范》GB 50191有关平面布置、高宽比的规定，对A类井塔有所放宽，不对井塔的高宽比提出要求，仅作了原则性规定。

13.2.3 88版鉴定标准仅提出了箱（筒）型井塔底层塔壁洞口的构造要求，本次修订参照了现行国家标准《构筑物抗震设计规范》GB 50191，补充了塔壁厚度、内侧转角、塔壁门窗洞边配筋和塔壁配筋等基本构造措施要求，体现抗震要求的全面性，但锚固长度仍然沿用88版鉴定标准的规定。

13.2.5 本条系按现行国家标准《构筑物抗震设计规范》GB 50191井塔的规定给出的要求，6度时放宽为5.5m，7度、8度时放宽为4.5m。

13.2.8 本条仍保留88版鉴定标准的规定，将"锁口盘"改为"井颈基础"。

13.2.9 本条系根据现行国家标准《构筑物抗震设计规范》GB 50191给出的要求。

13.2.11 A类井塔的第二级鉴定需按现行国家标准《构筑物抗震设计规范》GB 50191进行抗震计算后评价，构件组合内力设计值可不作调整，但地震动参数（加速度或地震影响系数）可按本标准第5.2.2条规定予以调整。

13.3 B类井塔抗震鉴定

13.3.1 本条根据现行国家标准《构筑物抗震设计规范》GB 50191规定的抗震等级进行抗震构造措施核查。井塔为乙类时，应提高一度查表确定其抗震等级，一级时不提高，但从严要求。

13.3.3 本条给出了钢筋混凝土井塔的构造措施检查的具体规定。需要注意的是，如果井塔采用上部预制下部现浇的结构形式，应采取保证其整体性的措施。

13.3.6、13.3.7 对钢筋混凝土框架式井塔可依据抗震措施满足要求的程度改变抗震承载力验算要求的原则，抗震措施满足程度较高时，降低抗震承载力验算要求；而抗震措施满足程度较低时，提高抗震承载力验算要求。但对其他钢筋混凝土井塔则仅根据抗震承载力直接判定是否满足要求，其构件组合内力设计值可不作调整。

13.3.8 B类钢井塔抗震验算时的组合内力设计值不要求调整。对乙类井塔在8度Ⅲ、Ⅳ类场地和9度时要求进行罕遇地震下的弹塑性变形验算，是从地震时保证人员安全升井考虑的。

14 井　架

14.1 一般规定

14.1.1 本条给出本章的适用范围。井架有钢井架、钢筋混凝土井架。钢筋混凝土井架分为A型、四柱型和六柱型。在93版设计规范中有四柱和六柱单绳缠绕式钢筋混凝土井架，单斜撑单绳提升钢井架和单斜撑多绳落地提升钢井架，又有罐笼井井架，箕斗井井架。在现行国家标准《构筑物抗震设计规范》GB 50191中又有混合提升井架、双斜撑钢井架。

现行国家标准《矿山井架设计规范》GB 50385把常用的井架形式归纳为5种：单斜支撑井架、双斜支撑井架、四柱或筒体悬臂式钢筋混凝土井架、六柱斜撑式混凝土井架、钢筋混凝土立架和钢斜撑组合式井架。

88版鉴定标准中没有对井架高度限值作出要求。在93版设计规范第9.1.1条中有钢筋混凝土井架高度限值"四柱式井架的高度不宜超过20m，六柱式井架不宜超过25m"；在现行国家标准《构筑物抗震设计规范》GB 50191中有钢筋混凝土井架高度限值，二者仅对钢筋混凝土框架型井塔高度限值有差异。现行国家标准《构筑物抗震设计规范》GB 50191中井架高度超过25m或多绳提升井架，宜采用钢结构。对按93版设计规范设计的井架，后续使用年限不宜少于40年，条件许可时应采用50年，即按B类井架考虑。A类井架不进行高度限值要求。

对于砖石结构或钢、钢筋混凝土与砖石砌体的混合结构，原中华人民共和国煤炭工业部《煤炭工业抗震设计规定》（1978年7月12日试行）第91条规定"立井井架不应采用砖石结构或钢、钢筋混凝土与砖石砌体的混合结构形式"。因此，这类结构井架属于淘汰之列，本标准不包含其鉴定内容。

14.1.2 井架结构的抗震性能主要取决于结构体系、结构构件布置和构件性能等因素，也是检查的重点部位。非结构构件、围护和附属结构是检查的一般部位。

14.1.3 钢筋混凝土井架和钢井架使用中的损坏主要由生产中的碰撞和环境作用等引起混凝土保护层脱落、钢筋或钢材锈蚀。参照现行国家标准《建筑抗震鉴定标准》GB 50023和行业标准《石油钻井井架分级评定规范》SY 6442-2000的规定，对出现外观和内在质量问题的严重程度进行限制。

14.1.4 井架结构的抗震性能根据结构体系、结构构件材料强度和构造等因素，对其结构进行综合评定。

钢筋混凝土井架的梁、柱等构件及其节点构造有明确的抗震要求，当这些要求不符合时，应进行加固或采取其他措施。仅填充墙或屋盖结构不符合抗震要求时，可以进行局部改造或采取加固措施。

钢井架的斜撑柱和立架有较大变形或整体扭曲时，在地震时会发生整体倒塌，因此评定为不满足鉴定要求。

14.2 A类井架抗震鉴定

14.2.1 本条系参照93版设计规范和本标准第6章、第7章框架结构的有关规定提出的要求。

14.2.6 本条系参照本标准第7章的有关规定。

14.2.7 本条系参照现行国家标准《建筑抗震鉴定标准》GB 50023有关钢筋混凝土框架结构的规定。

14.2.8 本条系参照行业标准《石油钻井井架分级评定规范》SY 6442－2000的有关规定。

14.2.9 除第一级鉴定中规定的直接评定为综合抗震能力不满足抗震要求外，对一般不符合第一级鉴定要求的井架，应进行抗震承载力验算，并根据验算结果确定是否采取加固等措施。

14.3 B类井架抗震鉴定

14.3.1 B类钢筋混凝土井架须根据现行国家标准《构筑物抗震设计规范》GB 50191规定的抗震等级进行抗震构造措施的核查；乙类井塔应按提高一度查表确定其抗震等级，9度时仍为一级。

14.3.7 本条是参照现行国家标准《构筑物抗震设计规范》GB 50191的规定给出的要求，其指标有所放宽。

14.3.8、14.3.9 钢筋混凝土井架要依据抗震措施满足要求的程度改变抗震承载力验算要求的原则，当抗震措施满足程度较高时，降低抗震承载力验算要求；当抗震措施满足程度较低时，提高抗震承载力验算要求。

14.3.10 钢井架抗震承载力验算时构件组合内力设计值可不作调整；乙类须验算弹塑性变形，防止变形过大而倒塌。

15 电 视 塔

15.1 一 般 规 定

15.1.2 为了增强发射效果，电视塔一般建于地势较高地段，因此可能会对结构抗震带来不利影响，即须考虑局部地形对地震动的放大效应。

15.1.3 本条是针对电视塔的主要质量问题提出检查要求，不符合要求时应根据实施的可能性来确定加固等措施。

15.2 抗震措施鉴定

15.2.1～15.2.12 针对钢电视塔、钢筋混凝土电视塔提出的要求，是参照现行国家标准《构筑物抗震设计规范》GB 50191有关电视塔一章的规定提出的，但具体指标有所放宽。

15.3 抗震承载力验算

15.3.1、15.3.2 不要求进行抗震承载力验算的范围以及要求进行弹塑性变形验算的范围，是参照现行国家标准《构筑物抗震设计规范》GB 50191的规定给出的。

16 冷 却 塔

16.1 自然通风冷却塔

16.1.1 自然通风冷却塔主要是指双曲线形钢筋混凝土旋转壳通风筒的冷却塔，其他形状的钢筋混凝土自然通风冷却塔可参考使用。

16.1.2 冷却塔工作在潮湿的环境中，外观质量差时易受侵蚀，从而影响混凝土的性能；同时不均匀变形会影响壳体应力的分布对抗震不利。因此应将这些项目列入重点检查的内容。

16.1.3 对于自然通风冷却塔的抗震鉴定应分为塔筒和淋水装置两部分。对其抗震能力进行综合评定时，可分别按塔筒和淋水装置的抗震承载力和构造两个因素进行鉴定。

16.1.4、16.1.5 在本次编制中，按照风荷载 $0.30kN/m^2$ 和 $0.35kN/m^2$ 对 $4000m^2$ 和 $6500m^2$ 冷却塔采用西北电力设计院的《弹性地基上冷却塔整体抗震分析程序》(LBSD)抗震分析结果，提出了塔筒混凝土强度等级的要求；斜支柱的混凝土强度等级主要取决于柱断面轴压比，其与设计的柱断面有关，因此塔筒混凝土强度等级的要求中未包含斜支柱。塔筒配筋率取0.15%是考虑20世纪七八十年代建造的冷却塔，其最小配筋率规定为0.15%，在此配筋率下抗震承载力也是能满足要求的。塔筒混凝土强度的降低能否满足壳体的稳定要求需另行验算。

16.1.7、16.1.8 自然通风冷却塔的抗震等级是参照现行国家标准《构筑物抗震设计规范》GB 50191的规定给出的，作为本节的抗震构造措施要求的依据，但要求有所放宽。

16.1.9 参照现行国家标准《构筑物抗震设计规范》GB 50191，提出了不进行抗震验算的冷却塔范围；需要进行抗震验算的冷却塔，其抗震验算方法仍按该规范的规定同时考虑水平和竖向地震作用，但地震动参数可按第5章规定进行调整。

16.2 机力通风冷却塔

16.2.1 机力通风冷却塔主要是指以钢筋混凝土框架为主体结构的机械强制通风冷却塔。

16.2.2 根据机力通风冷却塔的工作环境，提出其抗震鉴定时的主要检查内容。

16.2.3 钢筋混凝土框架是机力通风冷却塔的主要结构，其抗震鉴定可按本标准第六章钢筋混凝土框架的规定执行。但对B类冷却塔框架结构的抗震等级，本条作了简化规定，即6度、7度时为三级，8度、9度时为二级。

16.2.5 本条规定仅对8度Ⅲ、Ⅳ类场地和9度以及不符合抗震措施要求的机力通风冷却塔，要求进行抗震承载力验算。验算方法可参照第6章B类框架的规定。

17 焦 炉 基 础

17.1 一 般 规 定

17.1.1 我国炭化室高度不大于6m的大、中型焦炉中绝大多数是采用钢筋混凝土构架式基础。震害调查表明，该种形式的焦炉炉体、基础大多数震害轻微或完好，仅有少量震害较严重。

17.1.2 本条所列的抗震鉴定重点，是基于焦炉基础的震害经验及其受力特点给出的检查要求。

1975年海城7.3级地震时，7度Ⅱ类场地的鞍钢化工总厂，钢筋混凝土构架式基础仅部分开裂，结构基本完好。

1976年唐山7.8级地震时，处于10度Ⅱ类场地的唐山市焦化厂，两座钢筋混凝土五柱构架式焦炉基础的震害大致相同，简述如下：

1 基础构架：构架梁基本完好，仅在边柱节点处，有的梁局部因挤压而劈裂。边柱（铰接柱）上端的破坏比下端严重。上下端节点的混凝土均呈挤压破坏，混凝土酥碎。三排中间柱（固接柱，包括中排柱在内）则是下端节点的破坏比上端节点严重得多，上端距梁底以下1.2倍～1.4倍柱截面高度的范围内在柱截面高度（长边）表面上出现局部挤压破坏裂缝；下端距地坪1.2倍～1.6倍柱截面高度范围内在长边表面上出现单向或双向斜裂缝，严重者混凝土剥落，钢筋局部弯曲。上述震害主要是由于横向水平地震作用所致。

2 抵抗墙：抵抗墙柱距底部约0.7倍柱截面高度（长边）的范围内在背向焦炉的截面短边表面（外表面）上出现多条水平裂缝，在柱截面长边表面上出现由外侧底部沿焦炉方向由下往上的多条单向斜裂缝。这些水平裂缝和斜裂缝产生于纵向振动，当炉体在某侧抵抗墙方向振动时，另一侧抵抗墙悬臂柱在柱顶纵向拉条的作用下外侧受拉，下端弯矩最大，故出现柱外侧面（短边）底部的水平裂缝和上述走向的柱长边表面单向斜裂缝。

3 纵横拉条无破坏。从焦炉炉体的震害来看，炉体外观完整，没有松动和掉砖，炉柱顶未松动，整个炉体基本完好，可知纵横拉条保证了炉体的整体性。再从上述抵抗墙柱由纵向地震作用引起的裂缝位置和斜裂缝走向来看，也可知在纵向振动时纵拉条起到了联结抵抗墙、焦炉炉体与基础构架使之成为整体的重要作用。因此，纵横拉条也列为重点检查内容。

17.2 A类焦炉基础抗震鉴定

17.2.2～17.2.6 抗震构造要求主要根据焦炉基础构架的结构形式、受力特点及对震害的分析结果给出的：

1 焦炉基础构架是空间框架结构，具有较大刚度的整片式钢筋混凝土底板（内含纵横向基础梁）和顶板（包括横向框架梁），整体性很好。为减少由基础顶板的温度变形在框架中产生的内力，位于中间区域的横向框架，边柱上下端为铰接，中间柱上下端为固接；位于焦炉两端的横向框架，边柱同上，中间柱为上固下铰形式。地震作用下横向振动时，构架式基础犹如单质点体系，集中在基础构架顶部的炉体及其物料等自重所产生的横向水平地震力作用于基础构架上部。纵向振动时，基础构架、炉体、抵抗墙和拉条组成的整体振动体系，作用于基础构架上的纵向水平地震作用为炉体及其物料等自重所产生的纵向水平地震作用与由此地震作用产生于抵抗墙的斜梁到水平梁部位的支承反力之差值。

基础构架在上述横向或纵向水平地震作用下，固接柱的上下两端由原来静力下的中心受压变为偏心受压（对中排柱），或使原来的偏心受压增大偏心距（对非中排柱），其结果均使混凝土受压区应力增大而可能导致挤压破坏；非中排固接柱，还可能受压弯产生斜向开裂。根据计算，下端组合弯矩大于上端，故下端破坏重于上端，这与唐山市焦化厂焦炉基础构架固接柱的震害一致。为避免这些震害，需满足框架柱的构造要求，保证其延性发展。

铰接柱在静力作用下为中心受压，按理也不会因水平地震作用而增大压应力，但唐山市焦化厂焦炉基础的边排铰接柱却有较严重的震害，分析原因如下：

1） 在焦炉基础构架设计中，考虑顶板受热伸长后边柱外倾，为避免铰接柱柱顶内侧边缘与梁底发生局部接触而出现混凝土局部挤压，一般在柱顶与梁底之间设有足够厚的钢垫板；同样为避免铰接柱下端的侧面与基础杯口局部接触而出现挤压破坏，在基础杯口与柱之间留有间隙并用沥青玛瑞脂填塞。但唐山市焦化厂的焦炉基础框架梁梁底与铰接柱顶面之间无钢垫板，间隙很小，则在横向水平地震作用的反复作用下柱顶截面内外侧混凝土因受局部挤压而劈裂、剥落。梁底受局部挤压也可能出现劈裂；同样，在纵向水平地震的反复作用下使柱顶前后侧受局部挤压；而柱与基础杯口的接触使柱改变铰接状态而形成横向水平力作用下的嵌固点，边柱变成压弯构件，因而造成柱下端混凝土的开裂、压酥、剥落。

2）遭受严重破坏的中间柱（固接柱），承载能力降低甚至退出工作，垂直荷载转而由其他柱（包括铰接柱）分担，使这些柱的压力增大。

3）其他原因，如焦炉炉体在水平地震作用下，倾覆力矩使边排柱轴压力增大。为避免铰接柱的震害，除中间柱要满足框架结构的要求使其不因破坏而导致铰接柱增加垂直荷载外，还应使铰接柱顶面与梁底面之间及铰接柱下端与杯口之间在温度变形稳定以后尚有足够的残留空隙。参照震害调查中的纵、横向侧移量，按侧移 50mm 计，采用通常的构架柱高度、截面尺寸及杯口深度作了推算，并适当留有余地，规定了残余空隙限值的要求。

2 为保证抵抗墙通过纵向拉条达到与焦炉炉体、基础构架共同工作，纵向拉条必须保持其受力状态。

焦炉基础与其四周炉端台、炉间台以及机侧和焦侧操作台之间所设置的滑动支座或滚动支座，应能正常滑动或滚动。这既是正常工作条件下为减少基础构架及其四周建筑物的温度应力所需，也是为了在地震中利用滑动（滚动）支座起隔震作用，从而减小结构的地震作用。在正常使用荷载、温度变形下曾出现过由于滑动支座失效而使炉间台楼盖边梁被推断的恶性事故（太钢焦炉）。这类滑动（滚动）支座如果失效，对构架式基础的震害影响很大，应引起重视。当然，必须防止滚动支座脱落，毛儿山焦炉震害中就曾出现过轴辊有半端脱落的情况。

唐山市焦化厂焦炉基础的震害调查中发现，安装于端部基础构架柱上的角钢件与相邻的抵抗墙柱之间的间隙为 36mm 时，震后抵抗墙柱表面留有明显的碰撞后的角钢痕迹；当间隙为 30mm 时，抵抗墙柱的混凝土局部被撞掉，这是纵向振动的结果。在横向，炉柱套靴与分烟道顶部边缘之间原有约 30mm 的距离，震后发现炉柱套靴上留有被碰撞的痕迹。侧移量与烈度大小、基础构架侧移刚度相关，参考防震缝的一般要求，取 50mm。

17.3 B 类焦炉基础抗震鉴定

17.3.1 计算结果表明，8 度Ⅲ、Ⅳ类场地和 9 度时，加强基础结构刚度，缩短自振周期，对降低基础构架水平地震作用有利。因此，本条对此作出规定。其他条件时，基础选型可以不受限制。

17.3.2 由于工艺的特殊性，焦炉基础构架是典型的强梁弱柱结构。震害中柱子的破坏类型均属混凝土受压控制的脆性破坏，未见有受拉钢筋到达屈服的破坏形式。但由于柱数量较多，一般不致引起基础结构倒塌。所以，必须在构造上采取措施加强柱子的塑性变形能力。参考现行国家标准《构筑物抗震设计规范》GB 50191 的要求，规定基础构架的构造措施要符合框架的要求。

17.3.4 基础构架的铰接端，理论上不承受水平地震作用和温度变形所引起的水平力，而焦炉的水平地震作用，也仅能使边柱增加轴向压力。但柱头与柱脚都是整体浇灌混凝土，由于不能自由转动而形成局部挤压，并在水平力作用下产生弯矩，实际上为压弯构件。在反复地震作用下，使两端节点混凝土剥落，焦炉两端铰接柱产生严重的压弯破坏。考虑到 B 类建筑的后续使用年限，参考现行国家标准《构筑物抗震设计规范》GB 50191，铰接柱节点端部除设置焊接钢筋网外，伸入基础（基础底板）杯口时，柱边与杯口内壁之间应留有间隙并浇灌软质材料。

17.3.6 同第 17.2.5 条条文说明。但考虑到 B 类后续使用年限，要求较为严格，由宜改为应。

17.3.7 本条是根据震害经验制定的，即在建 7 度Ⅰ、Ⅱ类场地的焦炉基础可不进行抗震验算。

18 回转窑和竖窑基础

18.1 一 般 规 定

18.1.1 回转窑和竖窑基础多采用钢筋混凝土构架式结构。

18.1.2 本条所列的抗震鉴定检查重点，是基于回转窑和竖窑基础的震害经验及其受力特点给出的。唐山地震时，处于 10 度区的 422 水泥厂，回转窑基础结构完好，但有 6 座回转窑的窑体均沿纵向向低位侧窜动，最大下滑达 150mm，使 M30 固定螺栓剪断，窑体挡轮的铸铁基座破裂，局部剪断，有的脱落。10 度区国各庄矾土矿回转窑的震害与上类同。上述震害的基本原因是纵向地震力引起窑体下滑且螺栓抗剪强度不足。因此，对现有回转窑和竖窑基础的检查重点之一是其与基础的连接。

18.1.3、18.1.4 回转窑和竖窑基础按钢筋混凝土框架结构的要求进行外观和内在质量检查和抗震鉴定，其中包括填充墙的构造要求。

18.2 A 类回转窑和竖窑基础抗震鉴定

18.2.1 钢筋混凝土构架式基础作为框架结构，应满足框架结构的构造措施要求，保证其延性。震害经验表明，至今尚未见到低于 10 度区的回转窑基础和竖窑基础的震害实例，故本节对不验算抗震强度的范围定得较宽。但对于8度Ⅲ、Ⅳ类场地和9度时，仍要求进行抗震承载力验算。

18.2.3 根据震害经验，回转窑和竖窑基础的震害多为连接破坏，故对连接的抗震鉴定范围给出具体规定。考虑到震害实例较少，较震害实例略为严格。规定8度Ⅲ、Ⅳ类场地和9度时，应对锚栓进行抗震鉴定，并应设有防止回转窑窑体沿轴向窜动的措施。

18.3 B类回转窑和竖窑基础抗震鉴定

18.3.1 考虑到B类建筑的后续使用年限较长，鉴定范围略为严格。

18.3.4、18.3.5 设有砌体填充墙和钢筋混凝土抗震墙时，参照本标准第6章关于B类钢筋混凝土框架结构的要求作出规定。

18.3.7 窑体自重较大，震害中地脚螺栓被拔出或剪断，因此规定高烈度时要求验算地脚螺栓。地震剪力应由摩擦力承担或设有抗剪键。

19 高炉系统结构

19.1 一般规定

19.1.1 本章适用范围是根据现行国家标准《构筑物抗震设计规范》GB 50191制定的。$1000m^3$以下的中、小型高炉按国家政策规定属于淘汰对象，故不列入本标准的鉴定范围。虽然高炉的炉龄一般为10年～15年，但鉴于其重要性，全部按B类构筑物进行抗震鉴定。

19.1.2 高炉系统结构类型比较多，如钢筋混凝土框架结构、钢框架结构、上料通廊等，本章以外的其他结构可参照本标准有关章节规定进行抗震鉴定。

19.2 高 炉

19.2.1 本条所列出的检查部位和内容是根据使用和地震时易出现损坏情况给出的。高炉每隔10年～15年要进行移地大修，这是因为炉体内部耐火砖和冷却设备不能正常工作引起炉壳局部烧红、变形或开裂等，此时必须进行拆除重建。但在正常使用时期应符合本条要求。

19.2.2～19.2.4 高炉框架和炉壳组成一个空间结构体系。本条所列出的抗震鉴定检查要求根据现行国家标准《构筑物抗震设计规范》GB 50191的规定，并要求在8度Ⅲ、Ⅳ类场地和9度时的高炉结构应进行抗震验算。

19.3 热 风 炉

19.3.1～19.3.4 热风炉的抗震鉴定检查要求和抗震验算范围是参照现行国家标准《构筑物抗震设计规范》GB 50191的规定给出的，但要求有所降低。

19.4 除尘器、洗涤塔

19.4.1～19.4.6 根据现行国家标准《构筑物抗震设计规范》GB 50191要求，抗震验算主要是除尘器和洗涤塔的支架和框架结构，筒体可不进行抗震验算。支架或框架的抗震构造措施要求比设计规范有所放宽。

20 钢筋混凝土浓缩池、沉淀池、蓄水池

20.1 一般规定

20.1.1 本条给出了钢筋混凝土浓缩池、沉淀池、蓄水池的适用范围。

20.1.2 根据设防烈度的不同，逐步提高需重点检查的要求。

20.2 A类钢筋混凝土浓缩池、沉淀池、蓄水池抗震鉴定

20.2.2～20.2.4 池壁钢筋配置和构造要求是参照设计规范的规定，但有所放宽。

对于架空式浓缩池、沉淀池、蓄水池，框架柱是主要抗侧力构件，对其构造措施要求相对严格，需满足本标准第6章框架结构的规定。

20.2.5 本条直接给出不满足抗震鉴定要求的3种情况，但此时仍可通过第二级鉴定，即通过抗震承载力验算结果确定是否具有加固的可能性，或判定为报废。

20.3 B类钢筋混凝土浓缩池、沉淀池、蓄水池抗震鉴定

20.3.3 相对于A类浓缩池、沉淀池、蓄水池，B类提高了对中心柱纵筋和箍筋配置的要求。

20.3.4 架空式池类的轴压比限值、配筋等要求要符合本标准第6章B类框架结构的规定，但6度、7度时的抗震等级可按三级采用，8度、9度时可按二级采用。

20.3.5 半地下式和地面式浓缩池、沉淀池、蓄水池在地震时，由于重心较低，震害甚少，因此规定符合一定条件时可以不进行抗震验算，但应满足相应的抗震措施要求。

20.3.6 根据现行国家标准《构筑物抗震设计规范》GB 50191和《室外给水排水和燃气热力工程抗震设计规范》GB 50032的规定给出可不进行抗震验算的范围。须进行抗震验算时，可参照上述规范方法和本标准第5章的规定执行。

21 砌体沉淀池、蓄水池

21.1 一 般 规 定

21.1.1 本条给出本章的适用范围，浓缩池不适用砌体结构。

21.1.2 根据设防烈度的不同，逐步提高需重点检查的要求。

21.1.4 半地下式和地面式沉淀池、蓄水池在地震时，由于重心较低，震害甚少，因此规定符合一定条件时可以不进行抗震验算。

21.2 A类砌体沉淀池、蓄水池抗震鉴定

21.2.2 对沉淀池、蓄水池的整体性连接，特别是构造柱、圈梁作了规定。9度地区不宜采用砌体水池，但考虑到实际现状，仍对9度现有砌体水池提出相应的要求。

21.3 B类砌体沉淀池、蓄水池抗震鉴定

21.3.2 对沉淀池、蓄水池的整体性连接，特别是构造柱、圈梁作了规定。9度地区不宜采用砌体水池，但考虑到实际现状，仍对9度现有砌体水池提出相应的要求。

21.3.3 现行国家标准是指《室外给水排水和燃气热力工程抗震设计规范》GB 50032。

22 尾 矿 坝

22.1 一 般 规 定

22.1.1 本章主要适用于冶金行业的尾矿坝的抗震鉴定，其他行业的如粉煤灰坝等可参照执行。

22.1.2 按现行行业标准《尾矿库安全技术规程》AQ2006，尾矿坝的抗震设计标准低于现行国家标准《构筑物抗震设计规范》GB 50191，因此须进行抗震鉴定。

22.1.3 距尾矿坝50m内若存在活动断裂时，提出了更高的要求。抗震等级按现行国家标准《构筑物抗震设计规范》GB 50191采用，但最高为一级。

22.1.4 根据国家安全生产监督管理局《尾矿库安全监督管理规定》提出了本条的要求。尾矿坝的使用年限就是尾矿坝的建设施工期，尾矿坝是随采矿、选矿的进行而逐年增高的。通常，一座大中型尾矿坝的使用期为十几年，甚至几十年。随着尾矿坝的增高，坝体的固有动力特性也将随之发生改变。这意味着，对某一特定的地震地质环境，即场地未来可能遭遇的地震动，最终坝高不一定是坝的最危险的阶段。所以，在尾矿坝运行时，还需要对不同坝高工况进行抗震鉴定。

震害调查和理论研究都已表明，上游式筑坝工艺尾矿坝的抗震性能最差，下游式尾矿坝抗震性能较好。到目前为止，已发现的尾矿坝地震破坏事例皆属上游式坝型，其破坏原因多是尾矿液化所致。国外已有部分上游式尾矿坝在低烈度区发生地震破坏的事件。1976年唐山地震时，位于震中约80km的天津汉沽碱厂尾矿坝的溃坝；2008年汶川地震时，位于震中约300 km的汉中略阳县尾矿坝溃决，均是低烈度区上游式尾矿坝发生垮坝破坏的典型事例。这两座尾矿坝都是位于地震烈度7度区。

22.2 抗震措施鉴定

22.2.3、22.2.4 浸润线是尾矿坝的生命线。纵观尾矿坝的破坏事例，无论是静力条件下失稳，还是地震时的液化流滑破坏都与坝体浸润线过高有关。所以，不仅要严格控制浸润线埋深，还要密切关注其浸润线变化，发现异常时须及时采取措施。

22.3 抗 震 验 算

22.3.1～22.3.5 现有尾矿坝的抗震验算的规定是参照现行国家标准《构筑物抗震设计规范》GB 50191给出的。根据尾矿坝动态运行的特点和安全性要求较高，并与设计规范的规定保持一致性，抗震验算时的地震动参数不按本标准第5章的规定进行调整。

中华人民共和国国家标准

工业建筑可靠性鉴定标准

Standard for appraisal of reliability
of industrial buildings and structures

GB 50144—2008

主编部门：中 国 冶 金 建 设 协 会
批准部门：中华人民共和国住房和城乡建设部
施行日期：2 0 0 9 年 5 月 1 日

中华人民共和国住房和城乡建设部
公　　告

第 157 号

关于发布国家标准《工业建筑可靠性鉴定标准》的公告

现批准《工业建筑可靠性鉴定标准》为国家标准，编号为 GB 50144—2008，自 2009 年 5 月 1 日起实施。其中，第 3.1.1（1）、6.2.1、6.2.2、6.2.3、6.3.1、6.3.3、6.4.1、6.4.2、6.4.3 条（款）为强制性条文，必须严格执行。原《工业厂房可靠性鉴定标准》GB 50144—90 同时废止。

本标准由我部标准定额研究所组织中国计划出版社出版发行。

中华人民共和国住房和城乡建设部

二〇〇八年十一月十二日

前　　言

本标准是根据住房和城乡建设部"关于印发《二〇〇〇至二〇〇一年度工程建设国家标准制订、修订计划》的通知"（建标函〔2001〕87 号）的要求，由中冶建筑研究总院有限公司（原冶金工业部建筑研究总院）会同高校、科研、设计和企业等单位共同对原《工业厂房可靠性鉴定标准》GBJ 144—90（以下简称"原标准"）进行了全面修订。

在修订过程中，编制组开展了专题研究，进行了广泛的调查分析，总结了十余年来我国工业建筑可靠性鉴定方面的实践经验，与国际先进的相关标准作了比较和借鉴，与国内相关鉴定标准和现行标准规范进行了协调。在此基础上以多种方式广泛征求了全国有关单位和专家的意见，并进行了工程试点应用和多次讨论修改，最后经审查定稿。

本标准修订后共有 10 章 6 个附录，主要修订内容是：

1. 为了适应工业建筑可靠性鉴定的发展和需要，扩大了原标准的适用范围，将钢结构鉴定从原来的单层厂房扩充到多层厂房，并增加了常见工业构筑物可靠性鉴定的内容。

2. 增加了术语，明确了含义，特别在基本规定中根据工业建筑的特点和鉴定需要，新增加了工业建筑在什么情况下应或宜进行常规的可靠性鉴定、结构存在哪些问题可进行深化的专项鉴定，以及鉴定对象和目标使用年限等规定，进一步明确了可靠性鉴定的基本要求和相关规定。

3. 对工业建筑物的原鉴定程序及其工作内容，评级层次、等级划分及评定项目等进行了补充和修改，特别是将构件和结构系统两个层次改为进行安全性评定和正常使用性评定，需要时可由此综合进行可靠性等级评定，以满足结构鉴定能够分清问题和实际具体处理的需要；并对原鉴定评级标准作了调整和修改，提高了分级标准的实际水准。

4. 在调查与检测中，对原标准"使用条件的调查"一章中的条文作了局部修订和补充，特别是补充了建、构筑物使用环境的调查内容，使结构工作环境分类进一步细化，以便于在实际鉴定中应用；并增加了工业建筑的调查与检测的规定，以加强对可靠性鉴定的基础性工作的要求。

5. 将原标准中关于结构或构件验算分析的条文作了局部修订和补充，并单列一章"结构分析与校核"，进一步明确了结构或构件按结构的承载能力极限状态和正常使用极限状态进行校核、分析的要求。

6. 在构件的鉴定评级中，对原标准的有关评级规定进行了适当补充和修改，特别是增加了构件安全性等级和使用性等级的几种评定方法及其适用条件的规定，增加了因构件的适用性或耐久性问题严重而影响其安全性的评级规定。

7. 在结构系统的鉴定评级中，对原标准的有关评级规定作了适当补充和修改，根据地基基础的特点，进一步明确了地基基础的安全性以地基变形观测资料和建、构筑物现状为主的评定原则，修改了需要按承载力评定其安全性时的评级方法；对原有的单层厂房承重结构系统的近似评级方法进行适当修改后，还增补了多层厂房上部承重结构评级的原则规定等。

8. 对行业标准《钢铁工业建（构）筑物可靠性鉴定规程》YBJ 219—89 中的构筑物（包括烟囱、贮仓、通廊）鉴定评级的相关条文进行了修订，增加了水池鉴定评级的内容，根据工业构筑物的特点，规定了可靠性鉴定评级的层次、结构系统划分及检测评定项目等，并单列一章“工业构筑物的鉴定评级”。

9. 将原标准中有关鉴定报告所包括的内容作了局部修订，又补充了鉴定报告编写应符合的要求，并专门列为一章，以满足实际鉴定和维修管理的需要。

10. 为适应可靠性鉴定工作的深入和发展，在总结工程鉴定实践经验和近年来科研成果的基础上，增加了有关结构耐久性评估、疲劳寿命评估、振动影响和监测评定等几个附录，可用于可靠性鉴定特别是专项鉴定。

本标准以黑体字标志的条文为强制性条文，必须严格执行。

本标准由住房和城乡建设部负责管理和对强制性条文的解释，由中冶建筑研究总院有限公司负责具体内容解释。在执行过程中，请各单位结合工程实践，认真总结经验，并将意见和建议寄交中冶建筑研究总院有限公司（地址：北京市海淀区西土城路 33 号，邮政编码：100088）。

本标准主编单位、参编单位和主要起草人：

主 编 单 位： 中冶建筑研究总院有限公司（原冶金工业部建筑研究总院）

参 编 单 位： 西安建筑科技大学
国家工业建筑诊断与改造工程技术研究中心
中国机械工业集团公司
中国京冶工程技术有限公司
北京钢铁设计研究总院
中冶京诚工程技术有限公司
重庆钢铁设计研究总院
中冶赛迪工程技术股份有限公司
中国航空工业规划设计研究院
中国电子工程设计院
上海宝钢工业检测公司
宝山钢铁股份有限公司
武汉钢铁股份有限公司
第一汽车集团公司

主要起草人： 惠云玲 张家启 李 宁 林志伸
岳清瑞 陆贻杰 姚继涛 姜迎秋
杨建平 辛鸿博 牛荻涛 徐 建
弓俊青 常好诵 王立军 李书本
娄 宇 幸坤涛 姜 华 徐名涛
李京一 佟晓利 李小瑞 张长青
王 发 郑 云 王 罡 徐克利
黄新豪 程海波

目　　次

1　总则 ………………………………………… 3—5
2　术语、符号 …………………………………… 3—5
2.1　术语……………………………………… 3—5
2.2　符号……………………………………… 3—5
3　基本规定 ……………………………………… 3—5
3.1　一般规定………………………………… 3—5
3.2　鉴定程序及其工作内容………………… 3—5
3.3　鉴定评级标准…………………………… 3—6
4　调查与检测 …………………………………… 3—7
4.1　使用条件的调查与检测………………… 3—7
4.2　工业建筑的调查与检测………………… 3—8
5　结构分析与校核 ……………………………… 3—8
6　构件的鉴定评级 ……………………………… 3—9
6.1　一般规定………………………………… 3—9
6.2　混凝土构件……………………………… 3—9
6.3　钢构件 ………………………………… 3—10
6.4　砌体构件 ……………………………… 3—11
7　结构系统的鉴定评级 ……………………… 3—11
7.1　一般规定 ……………………………… 3—11
7.2　地基基础 ……………………………… 3—12
7.3　上部承重结构 ………………………… 3—12
7.4　围护结构系统 ………………………… 3—13
8　工业建筑物的综合鉴定评级 ……………… 3—14
9　工业构筑物的鉴定评级 …………………… 3—14
9.1　一般规定 ……………………………… 3—14
9.2　烟囱 …………………………………… 3—15
9.3　贮仓 …………………………………… 3—15
9.4　通廊 …………………………………… 3—16
9.5　水池 …………………………………… 3—16
10　鉴定报告………………………………… 3—16
附录A　单个构件的划分 ………………… 3—17
附录B　大气环境混凝土结构耐久年限评估 ……………………… 3—17
附录C　钢吊车梁残余疲劳寿命评估 ………………………… 3—19
附录D　钢构件均匀腐蚀的检测 ……… 3—19
附录E　振动对上部承重结构影响的鉴定 ………………………… 3—19
附录F　结构工作状况监测与评定……………………………… 3—20
本标准用词说明 ………………………… 3—20
附：条文说明………………………………… 3—21

1 总 则

1.0.1 为了适应工业建筑可靠性鉴定的发展和需要，加强对既有工业建筑的安全与合理使用的技术管理，制定本标准。

1.0.2 本标准适用于下列既有工业建筑的可靠性鉴定：

1 以混凝土结构、钢结构、砌体结构为承重结构的单层和多层厂房等建筑物。

2 烟囱、贮仓、通廊、水池等构筑物。

1.0.3 工业建筑的可靠性鉴定，应由有相应资质的鉴定单位承担。

1.0.4 地震区、特殊地基土地区、特殊环境中或灾害后的工业建筑的可靠性鉴定，除应执行本标准外，尚应遵守国家现行有关标准规范的规定。

2 术语、符号

2.1 术 语

2.1.1 既有工业建筑 existing industrial buildings and structures

已存在的、为工业生产服务，可以进行和实现各种生产工艺过程的建筑物和构筑物。

2.1.2 既有结构 existing structure

既有工业建筑中的各类承重结构。

2.1.3 可靠性鉴定 appraisal of reliability

对既有工业建筑的安全性、正常使用性(包括适用性和耐久性)所进行的调查、检测、分析验算和评定等一系列活动。

2.1.4 专项鉴定 special appraisal

针对既有结构的专项问题或按照特定要求所进行的鉴定。

2.1.5 目标使用年限 target working life

既有工业建筑鉴定所期望的使用年限。

2.1.6 调查 investigation

通过查阅文件，进行现场观察和询问等手段进行的信息收集。

2.1.7 检测 inspection

对既有结构的状况或性能所进行的检查、测量和检验等工作。

2.1.8 监测 monitoring

对结构状况或作用所进行的经常性或连续性的观察或测量。

2.1.9 评定 assessment

根据调查、检测和分析验算结果，对既有结构的安全性和正常使用性按照规定的标准和方法所进行的评价。

2.1.10 鉴定单元 appraisal unit

根据被鉴定建、构筑物的结构体系、构造特点、工艺布置等不同所划分的可以独立进行可靠性评定的区段，每一区段为一鉴定单元。

2.1.11 结构系统 structure system

鉴定单元中根据建筑结构的不同使用功能所细分的鉴定单位，对工业建筑物一般可按地基基础、上部承重结构、围护结构划分为三个结构系统。

2.1.12 构件 member

结构系统中进一步细分的基本鉴定单位，一般是指承受各种作用的单个结构构件，个别是指一种承重结构的一个组成部分。

2.1.13 评定项目 items of assessment

用于评定建、构筑物及其组成部分可靠性的项目。简称项目。

2.1.14 重要构件 important member

其自身失效将导致其他构件失效并危及承重结构系统安全工作的构件，或直接影响生产设备运行的构件。

2.1.15 次要构件 less important member

其自身失效为孤立事件不会导致其他构件失效，并不直接影响生产设备运行的构件。

2.2 符 号

2.2.1 结构性能及作用效应：

R——结构或构件的抗力；

S——结构或构件的作用效应；

γ_0——结构重要性系数；

l_0——构件的计算跨度或计算长度；

h——框架层高或多层厂房层间高度；

H——自基础顶面到柱顶的总高度；

H_c——基础顶面至吊车梁或吊车桁架顶面的高度。

2.2.2 鉴定评级：

a、b、c、d——构件的可靠性评定等级；

A、B、C、D——结构系统的可靠性评定等级；

一、二、三、四——鉴定单元的可靠性评定等级。

3 基本规定

3.1 一般规定

3.1.1 工业建筑的可靠性鉴定，应符合下列要求：

1 在下列情况下，应进行可靠性鉴定：

1)达到设计使用年限拟继续使用时；

2)用途或使用环境改变时；

3)进行改造或增容、改建或扩建时；

4)遭受灾害或事故时；

5)存在较严重的质量缺陷或者出现较严重的腐蚀、损伤、变形时。

2 在下列情况下，宜进行可靠性鉴定：

1)使用维护中需要进行常规检测鉴定时；

2)需要进行全面、大规模维修时；

3)其他需要掌握结构可靠性水平时。

3.1.2 当结构存在下列问题且仅为局部的不影响建、构筑物整体时，可根据需要进行专项鉴定：

1 结构进行维修改造有专门要求时；

2 结构存在耐久性损伤影响其耐久年限时；

3 结构存在疲劳问题影响其疲劳寿命时；

4 结构存在明显振动影响时；

5 结构需要进行长期监测时；

6 结构受到一般腐蚀或存在其他问题时。

3.1.3 鉴定对象可以是工业建、构筑物整体或所划分的相对独立的鉴定单元，亦可是结构系统或结构。

3.1.4 鉴定的目标使用年限，应根据工业建筑的使用历史、当前的技术状况和今后的维修使用计划，由委托方和鉴定方共同商定。

对鉴定对象的不同鉴定单元，可确定不同的目标使用年限。

3.2 鉴定程序及其工作内容

3.2.1 工业建筑可靠性鉴定，应按下列规定的程序(图 3.2.1)进行。

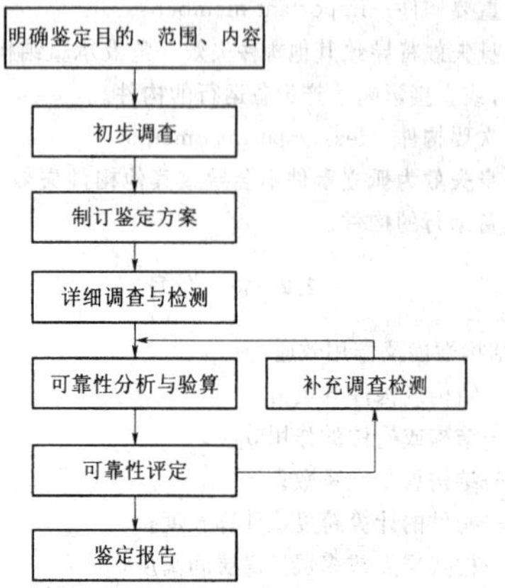

图 3.2.1 可靠性鉴定程序

3.2.2 鉴定的目的、范围和内容，应在接受鉴定委托时根据委托方提出的鉴定原因和要求，经协商后确定。

3.2.3 初步调查宜包括下列基本工作内容：

1 查阅图纸资料，包括工程地质勘察报告、设计图、竣工资料、检查观测记录、历次加固和改造图纸和资料、事故处理报告等。

2 调查工业建筑的历史情况，包括施工、维修、加固、改造、用途变更、使用条件改变以及受灾害等情况。

3 考察现场，调查工业建筑的实际状况、使用条件、内外环境，以及目前存在的问题。

4 确定详细调查与检测的工作大纲，拟订鉴定方案。

3.2.4 鉴定方案应根据鉴定对象的特点和初步调查结果、鉴定目的和要求制订。内容应包括检测鉴定的依据、详细调查与检测的工作内容、检测方案和主要检测方法、工作进度计划及需由委托方完成的准备工作等。

3.2.5 详细调查与检测宜根据实际需要选择下列工作内容：

1 详细研究相关文件资料。

2 详细调查结构上的作用和环境中的不利因素，以及它们在目标使用年限内可能发生的变化，必要时测试结构上的作用或作用效应。

3 检查结构布置和构造、支撑系统、结构构件及连接情况，详细检测结构存在的缺陷和损伤，包括承重结构或构件、支撑杆件及其连接节点存在的缺陷和损伤。

4 检查或测量承重结构或构件的裂缝、位移或变形，当有较大动荷载时测试结构或构件的动力反应和动力特性。

5 调查或测量地基的变形，检查地基变形对上部承重结构、围护结构系统及吊车运行等的影响。必要时可开挖基础检查，也可补充勘察或进行现场荷载试验。

6 检测结构材料的实际性能和构件的几何参数，必要时通过荷载试验检验结构或构件的实际性能。

7 检查围护结构系统的安全状况和使用功能。

3.2.6 可靠性分析与验算，应根据详细调查与检测结果，对建、构筑物的整体和各个组成部分的可靠度水平进行分析与验算，包括结构分析、结构或构件安全性和正常使用性校核分析、所存在问题的原因分析等。

3.2.7 在工业建筑可靠性鉴定过程中，若发现调查检测资料不足或不准确时，应及时进行补充调查、检测。

3.2.8 工业建筑物的可靠性鉴定评级，应划分为构件、结构系统、鉴定单元三个层次；其中结构系统和构件两个层次的鉴定评级，应包括安全性等级和使用性等级评定，需要时可由此综合评定其可靠性等级；安全性分四个等级，使用性分三个等级，各层次的可靠性分四个等级，并应按表 3.2.8 规定的评定项目分层次进行评定。当不要求评定可靠性等级时，可直接给出安全性和正常使用性评定结果。

表 3.2.8 工业建筑物可靠性鉴定评级的层次、等级划分及项目内容

<table>
<tr><td>层次</td><td colspan="2">Ⅰ</td><td colspan="3">Ⅱ</td><td>Ⅲ</td></tr>
<tr><td>层名</td><td colspan="2">鉴定单元</td><td colspan="3">结构系统</td><td>构件</td></tr>
<tr><td rowspan="11">可靠性鉴定</td><td>可靠性等级</td><td>一、二、三、四</td><td rowspan="6">安全性评定</td><td>等级</td><td>A、B、C、D</td><td>a、b、c、d</td></tr>
<tr><td colspan="2" rowspan="10">建筑物整体或某一区段</td><td rowspan="2">地基基础</td><td>地基变形、斜坡稳定性</td><td>—</td></tr>
<tr><td>承载力</td><td>—</td></tr>
<tr><td rowspan="2">上部承重结构</td><td>整体性</td><td>—</td></tr>
<tr><td>承载功能</td><td>承载能力
构造和连接</td></tr>
<tr><td>围护结构</td><td>承载功能
构造连接</td><td>—</td></tr>
<tr><td rowspan="5">正常使用性评定</td><td>等级</td><td>A、B、C</td><td>a、b、c</td></tr>
<tr><td>地基基础</td><td>影响上部结构正常使用的地基变形</td><td>—</td></tr>
<tr><td rowspan="2">上部承重结构</td><td>使用状况</td><td>变形
裂缝
缺陷、损伤
腐蚀</td></tr>
<tr><td>水平位移</td><td>—</td></tr>
<tr><td>围护系统</td><td>功能与状况</td><td>—</td></tr>
</table>

注：1 单个构件可按本标准附录 A 划分。

2 若上部承重结构整体或局部有明显振动时，尚应考虑振动对上部承重结构安全性、正常使用性的影响进行评定。

3.2.9 专项鉴定的鉴定程序可按可靠性鉴定程序，但鉴定程序的工作内容应符合专项鉴定的要求。

3.2.10 工业建筑可靠性鉴定（包括专项鉴定）工作完成后，应提出鉴定报告。鉴定报告的编写应符合本标准第 10 章的要求。

3.3 鉴定评级标准

3.3.1 工业建筑可靠性鉴定的构件、结构系统、鉴定单元应按下列规定评定等级：

1 构件（包括构件本身及构件间的连接节点）。

1）构件的安全性评级标准：

a 级：符合国家现行标准规范的安全性要求，安全，不必采取措施；

b 级：略低于国家现行标准规范的安全性要求，仍能满足结构安全性的下限水平要求，不影响安全，可不采取措施；

c 级：不符合国家现行标准规范的安全性要求，影响安全，应采取措施；

d 级：极不符合国家现行标准规范的安全性要求，已严重影响安全，必须及时或立即采取措施。

2）构件的使用性评级标准：

a 级：符合国家现行标准规范的正常使用要求，在目标使用年限内能正常使用，不必采取措施；

b 级：略低于国家现行标准规范的正常使用要求，在目标使用年限内尚不明显影响正常使用，可不采取措施；

c 级：不符合国家现行标准规范的正常使用要求，在目标使用年限内明显影响正常使用，应采取措施。

3）构件的可靠性评级标准：

a 级：符合国家现行标准规范的可靠性要求，安全，在目标使用年限内能正常使用或尚不明显影响正常使用，不必采取措施；

b 级：略低于国家现行标准规范的可靠性要求，仍能满足结构可靠性的下限水平要求，不影响安全，在目标使用年限内能正常使用或尚不明显影响正常使用，可不采取措施；

c 级：不符合国家现行标准规范的可靠性要求，或影响安全，或在目标使用年限内明显影响正常使用，应采取措施；

d 级：极不符合国家现行标准规范的可靠性要求，已严重影响安全，必须立即采取措施。

2 结构系统。

1)结构系统的安全性评级标准：

A级：符合国家现行标准规范的安全性要求，不影响整体安全，可能有个别次要构件宜采取适当措施；

B级：略低于国家现行标准规范的安全性要求，仍能满足结构安全性的下限水平要求，尚不明显影响整体安全，可能有极少数构件应采取措施；

C级：不符合国家现行标准规范的安全性要求，影响整体安全，应采取措施，且可能有极少数构件必须立即采取措施；

D级：极不符合国家现行标准规范的安全性要求，已严重影响整体安全，必须立即采取措施。

2)结构系统的使用性评级标准：

A级：符合国家现行标准规范的正常使用要求，在目标使用年限内不影响整体正常使用，可能有个别次要构件宜采取适当措施；

B级：略低于国家现行标准规范的正常使用要求，在目标使用年限内尚不明显影响整体正常使用，可能有极少数构件应采取措施；

C级：不符合国家现行标准规范的正常使用要求，在目标使用年限内明显影响整体正常使用，应采取措施。

3)结构系统的可靠性评级标准：

A级：符合国家现行标准规范的可靠性要求，不影响整体安全，在目标使用年限内不影响或尚不明显影响整体正常使用，可能有个别次要构件宜采取适当措施；

B级：略低于国家现行标准规范的可靠性要求，仍能满足结构可靠性的下限水平要求，尚不明显影响整体安全，在目标使用年限内不影响或尚不明显影响整体正常使用，可能有极少数构件应采取措施；

C级：不符合国家现行标准规范的可靠性要求，或影响整体安全，或在目标使用年限内明显影响整体正常使用，应采取措施，且可能有极少数构件必须立即采取措施；

D级：极不符合国家现行标准规范的可靠性要求，已严重影响整体安全，必须立即采取措施。

3 鉴定单元。

一级：符合国家现行标准规范的可靠性要求，不影响整体安全，在目标使用年限内不影响整体正常使用，可能有极少数次要构件宜采取适当措施；

二级：略低于国家现行标准规范的可靠性要求，仍能满足结构可靠性的下限水平要求，尚不明显影响整体安全，在目标使用年限内不影响或尚不明显影响整体正常使用，可能有极少数构件应采取措施、极个别次要构件必须立即采取措施；

三级：不符合国家现行标准规范的可靠性要求，影响整体安全，在目标使用年限内明显影响整体正常使用，应采取措施，且可能有极少数构件必须立即采取措施；

四级：极不符合国家现行标准规范的可靠性要求，已严重影响整体安全，必须立即采取措施。

4 调查与检测

4.1 使用条件的调查与检测

4.1.1 使用条件的调查和检测应包括结构上的作用、使用环境和使用历史三个部分，调查中应考虑使用条件在目标使用年限内可能发生的变化。

4.1.2 结构上作用的调查和检测，可根据建、构筑物的具体情况以及鉴定的内容和要求，选择表4.1.2中的调查项目。

表4.1.2 结构上的作用调查

作用类别	调查项目
永久作用	1.结构构件、建筑配件、固定设备等自重； 2.预应力、土压力、水压力、地基变形等作用
可变作用	1.楼面活荷载； 2.屋面活荷载； 3.屋面、楼面、平台积灰荷载； 4.吊车荷载； 5.雪、冰荷载； 6.风荷载； 7.温度作用； 8.动力荷载
偶然作用	1.地震作用； 2.火灾、爆炸、撞击等

4.1.3 结构上的作用标准值应按下列规定取值：

1 经调查符合现行国家标准《建筑结构荷载规范》GB 50009规定取值者，应按规范选用。

2 当现行国家标准《建筑结构荷载规范》GB 50009未作规定或按实际情况难以直接选用时，可根据现行国家标准《建筑结构可靠度设计统一标准》GB 50068有关的原则规定确定。

4.1.4 当结构构件、建筑配件或构造层的自重在结构总荷载中起重要作用且与设计差异较大时，应对其自重进行测试。测试的自重标准值可按构件的实测尺寸和国家现行荷载规范规定的重力密度确定；当自重变异较大或国家现行荷载规范尚无规定时，可按本标准第4.1.3条第2款的规定确定。

4.1.5 当屋面、楼面、平台的积灰荷载在结构总荷载中起重要作用时，应调查积灰范围、厚度分布、积灰速度和清灰制度等，测试积灰厚度及干、湿容重，并结合调查情况确定积灰荷载。

4.1.6 吊车荷载、相关参数和使用条件应按下列规定进行调查和检测：

1 当吊车及吊车梁系统运行使用状况正常，吊车梁系统无损坏且相关资料齐全符合实际时，宜进行常规调查和检测。

2 当吊车及吊车梁系统运行使用状况不正常，吊车梁系统有损坏或无吊车资料或对已有资料有怀疑时，除应进行常规调查和检测外，还应根据实际状况和鉴定要求进行专项调查和检测。

4.1.7 设备荷载的调查，应查阅设备和物料运输荷载资料，了解工艺和实际使用情况，同时还应考虑设备检修和生产不正常时，物料和设备的堆积荷载。当设备振动对结构影响较大时，尚应了解设备的扰力特性及其制作和安装质量，必要时应进行测试。

4.1.8 建、构筑物的使用环境应包括气象条件、地理环境和结构工作环境三项内容，可按表4.1.8所列的项目进行调查。

表4.1.8 建、构筑物使用环境调查

项次	环境条件	调查项目
1	气象条件	大气气温、大气湿度、干湿交替、降雨量、降雪量、霜冻期、冻融交替、风向、风玫瑰图、土壤冻结深度、建、构筑物方位等
2	地理环境	地形、地貌、工程地质、周围建、构筑物等
3	结构工作环境	结构、构件所处的局部环境：厂区大气环境、车间大气环境、结构所处侵蚀性气体、液体、固体环境等

注：结构工作环境是指结构所处的环境，可根据所处的环境类别和环境作用等级按本标准第4.1.9条的规定进行调查。

4.1.9 建、构筑物结构和结构构件所处的环境类别和环境作用等级，可按表4.1.9的规定进行调查。

表4.1.9 结构所处环境类别和作用等级

环境类别		作用等级	环境条件	说明和结构构件示例
Ⅰ	一般环境	A	室内干燥环境	室内正常环境
		B	露天环境、室内潮湿环境	一般露天环境、室内潮湿环境
		C	干湿交替环境	频繁与水或冷凝水接触的室内、外构件

续表 4.1.9

环境类别		作用等级	环境条件	说明和结构构件示例
Ⅱ	冻融环境	C	轻度	微冻地区混凝土高度饱水；严寒和寒冷地区混凝土中度饱水、无盐环境
		D	中度	微冻地区盐冻；严寒和寒冷地区混凝土高度饱水，无盐；混凝土中度饱水，有盐环境
		E	重度	严寒和寒冷地区的盐冻环境；混凝土高度饱水、有盐环境
Ⅲ	海洋氯化环境	C	水下区和土中区	桥墩、基础
		D	大气区（轻度盐雾）	涨潮岸线 100～300m 陆上室外靠海陆上室外构件、桥梁上部构件
		E	大气区（重度盐雾）；非热带潮汐区、浪溅区	涨潮岸线 100m 以内陆上室外靠海陆上室外构件、桥梁上部构件、桥墩、码头
		F	炎热地区潮汐区、浪溅区	桥墩、码头
Ⅳ	除冰盐等其他氯化物环境	C	轻度	受除冰盐雾轻度作用混凝土构件
		D	中度	受除冰盐水溶液轻度溅射作用混凝土构件
		E	重度	直接接触除冰盐溶液混凝土构件
Ⅴ	化学腐蚀环境	C	轻度（气体、液体、固体）	一般大气污染环境；汽车或机车废气；弱腐蚀液体、固体
		D	中度（气体、液体、固体）	酸雨 pH＞4.5；中等腐蚀气体、液体、固体
		E	重度（气体、液体、固体）	酸雨 pH＜4.5；强腐蚀气体、液体、固体

注：1 当需要评估混凝土构件的耐久年限时，对大气环境普通混凝土结构可按本标准附录 B 的规定确定环境类别、环境作用等级和计算参数。其他环境可按国家现行标准《混凝土结构耐久性评定标准》CECS 220 的规定根据评定需要确定环境类别、环境作用等级和计算参数。

2 本表中化学腐蚀环境，可根据工业建筑鉴定的需要按照现行国家标准《工业建筑防腐蚀设计规范》GB 50046 或《岩土工程勘察规范》GB 50021（对地基基础和地下结构），进一步详细确定环境类别和环境作用等级。

4.1.10 建、构筑物的使用历史调查应包括建、构筑物的设计与施工、用途和使用时间、维修与加固、用途变更与改扩建、超载历史、动荷载作用历史以及受灾害和事故等情况。

4.2 工业建筑的调查与检测

4.2.1 对工业建筑物的调查和检测应包括地基基础、上部承重结构和围护结构三个部分。

4.2.2 对地基基础的调查，除应查阅岩土工程勘察报告及有关图纸资料外，尚应调查工业建筑现状、实际使用荷载、沉降量和沉降稳定情况、沉降差、上部结构倾斜、扭曲和裂损情况，以及临近建筑、地下工程和管线等情况。当地基基础资料不足时，可根据国家现行有关标准的规定，对场地地基进行补充勘察或进行沉降观测。

4.2.3 地基的岩土性能标准值和地基承载力特征值，应根据调查和补充勘察结果按国家现行有关标准的规定取值。

基础的种类和材料性能，应通过查阅图纸资料确定；当资料不足时，可开挖基础检查，验证基础的种类、材料、尺寸及埋深，检查基础变位、开裂、腐蚀或损坏程度等，并通过检测评定基础材料的强度等级。

4.2.4 对上部承重结构的调查，可根据建筑物的具体情况以及鉴定的内容和要求，选择表 4.2.4 中的调查项目。

表 4.2.4 上部承重结构的调查

调查项目	调查细目
结构整体性	结构布置，支撑系统，圈梁和构造柱，结构单元的连接构造
结构和材料性能	材料强度，结构或构件几何尺寸，构件承载性能、抗裂性能和刚度，结构动力特性
结构缺陷、损伤和腐蚀	制作和安装偏差，材料和施工缺陷，构件及其节点的裂缝、损伤和腐蚀
结构变形和振动	结构顶点和层间位移，柱倾斜，受弯构件的挠度和侧弯，结构和结构构件的动力特性和动态反应
构件的构造	保证构件承载能力、稳定性、延性、抗裂性能、刚度等的有关构造措施

注：1 结构振动的调查和检测内容和要求，应按本标准附录 F 确定。

2 检查中应注意对旧有规范设计的建筑结构在结构布置、节点构造、材料强度等方面存在的差异。

4.2.5 结构和材料性能、几何尺寸和变形、缺陷和损伤等检测，可按下列原则进行：

1 结构材料性能的检验，当图纸资料有明确说明且无怀疑时，可进行现场抽检验证；当无图纸资料或存在问题有怀疑时，应按国家现行有关检测技术标准的规定，通过现场取样或现场测试进行检测。

2 结构或构件几何尺寸的检测，当图纸资料齐全完整时，可进行现场抽检复核；当图纸资料残缺不全或无图纸资料时，应通过对结构布置和结构体系的分析，对重要的有代表性的结构或构件进行现场详细测量。

3 结构顶点和层间位移、柱倾斜、受弯构件的挠度和侧弯的观测，应在结构或构件变形状况普遍观察的基础上，对其中有明显变形的结构或构件，可按照国家现行有关检测技术标准的规定进行检测。

4 制作和安装偏差，材料和施工缺陷，应依据国家现行有关建筑材料、施工质量验收标准和本标准第 6 章、第 7 章有关规定进行检测。

构件及其节点的损伤，应在其外观全数检查的基础上，对其中损伤相对严重的构件和节点进行详细检测。

5 当需要进行构件结构性能、结构动力特性和动力反应的测试时，可根据国家现行有关结构性能检验或检测技术标准，通过现场试验进行检测。

构件的结构性能现场载荷试验，应根据同类构件的使用状况、荷载状况和检验目的选择有代表性的构件。

动力特性和动力反应测试，应根据结构的特点和检测的目的选择相应的测试方法，仪器宜布置于质量集中、刚度突变、损伤严重以及能够反映结构动力特征的部位。

4.2.6 当需对混凝土结构构件进行材质及有关耐久性检测时，除应按本标准第 4.2.5 条规定外，尚应符合下列要求：

1 混凝土强度的检验宜采用取芯、超声、回弹或其他有效方法综合确定，并应符合国家现行有关检测技术标准、规程的规定。

2 混凝土构件的老化可通过外观状况检查，混凝土中性化测试和钢筋锈蚀状况等检测确定。必要时应进行劣化混凝土岩相及化学分析，混凝土表层渗透性测定等。

3 从混凝土构件中截取的钢筋力学性能和化学成分，应按国家现行有关标准的规定进行检验。

4.2.7 当需对钢结构构件进行钢材性能检验时，应按本标准第 4.2.5 条的规定执行，以同类结构构件同一规格的钢材为一批进行检验。

4.2.8 当需对砌体结构构件进行砌筑质量和砌体强度检测时，除应按本标准第 4.2.5 条的规定执行外，尚应符合下列要求：

1 砌体强度检测，应根据国家现行砌体工程检测技术标准选择适当的检测方法检测。

2 对于砌筑质量明显较差不满足现行国家标准《砌体工程施工质量验收规范》GB 50203 要求的结构构件，应增加抽样数量。

4.2.9 围护结构的调查，除应查阅有关图纸资料外，尚应现场核实围护结构系统的布置，调查该系统中围护构件和非承重墙体及其构造连接的实际状况、对主体结构的不利影响，以及围护系统的使用功能、老化损伤、破坏失效等情况。

4.2.10 对工业构筑物的调查与检测，可根据构筑物的结构布置和组成参照建筑物的规定进行。

5 结构分析与校核

5.0.1 结构或构件应按承载能力极限状态进行校核，需要时还应按正常使用极限状态进行校核。

5.0.2 结构分析与校核应符合下列规定：

1 结构分析与结构或构件的校核方法，应符合国家现行设计规范的规定。

2 结构分析与结构或构件的校核所采用的计算模型，应符合结构的实际受力和构造状况。

3 结构上的作用标准值应按本标准第4.1.3条的规定取值。

4 作用效应的分项系数和组合系数，应按现行国家标准《建筑结构荷载规范》GB 50009的规定确定。根据不同期间内具有相同安全概率的原则，可对风荷载、雪荷载的荷载分项系数按目标使用年限予以适当折减。

5 当结构构件受到不可忽略的温度、地基变形等作用时，应考虑它们产生的附加作用效应。

6 材料强度的标准值，应根据构件的实际状况和已获得的检测数据按下列原则取值：

1)当材料的种类和性能符合原设计要求时，可按原设计标准值取值；

2)当材料的种类和性能与原设计不符或材料性能已显著退化时，应根据实测数据按国家现行有关检测技术标准的规定取值。

7 当混凝土结构表面温度长期高于60℃，钢结构表面温度长期高于150℃时，应按有关的现行国家标准规范计入由温度产生的附加内力。

8 结构或构件的几何参数应取实测值，并结合结构实际的变形、施工偏差以及裂缝、缺陷、损伤、腐蚀等影响确定。

5.0.3 当需要通过结构构件载荷试验检验其承载性能和使用性能时，应按有关的现行国家标准规范执行。

6 构件的鉴定评级

6.1 一般规定

6.1.1 单个构件的鉴定评级，应对其安全性等级和使用性等级进行评定，需要评定其可靠性等级时，应根据安全性等级和使用性等级评定结果按下列原则确定：

1 当构件的使用性等级为c级、安全性等级不低于b级时，宜定为c级；其他情况，应按安全性等级确定。

2 位于生产工艺流程关键部位的构件，可按安全性等级和使用性等级中的较低等级确定或调整。

6.1.2 构件的安全性等级和使用性等级，应根据实际情况按下列规定评定：

1 构件的安全性等级应通过承载能力项目(构件的抗力R与作用效应$\gamma_0 S$的比值$R/\gamma_0 S$)的校核和连接构造项目分析评定，构件的使用性等级应通过裂缝、变形、缺陷和损伤、腐蚀等项目对构件正常使用的影响分析评定。混凝土构件、钢构件和砌体构件的安全性等级和使用性等级的校核分析评定，应分别按本标准第6.2节至第6.4节的规定进行。

2 当构件的状态或条件符合下列规定时，可直接评定其安全性等级或使用性等级：

1)已确定构件处于危险状态时，构件的安全性等级应评定为d级；

2)已确定构件符合本标准第6.1.4条或第6.1.5条规定的条件时，构件的安全性等级或使用性等级可分别按第6.1.4条或第6.1.5条的规定评定。

3 当构件不具备分析验算条件且结构载荷试验对结构性能的影响能控制在可接受的范围时，构件的安全性等级和使用性等级可通过载荷试验按本标准第6.1.3条的规定评定。

4 当构件的变形过大、裂缝过宽、腐蚀以及缺陷和损伤严重时，除应对使用性等级评为c级外，尚应结合实际工程经验、严重程度以及承载能力验算结果等综合分析对其安全性评级的影响。

6.1.3 当构件按结构载荷试验评定其安全性等级和使用性等级时，应根据试验目的和检验结果、构件的实际状况和使用条件，按国家现行有关检测技术标准的规定进行评定。

6.1.4 当同时符合下列条件时，构件的安全性等级可根据实际情况评定为a级或b级：

1 经详细检查未发现有明显的变形、缺陷、损伤、腐蚀，无疲劳或其他累积损伤。

2 构件受力明确、构造合理，在传力方面不存在影响其承载性能的缺陷，无脆性破坏倾向。

3 经过长时间的使用，构件对曾出现的最不利作用和环境影响仍具有良好的性能。

4 在目标使用年限内，构件上的作用和环境条件与过去相比不会发生变化。

5 构件在目标使用年限内仍具有足够的耐久性能。

6.1.5 当同时符合下列条件时，构件的使用性等级可根据实际使用状况评定为a级或b级：

1 经详细检查未发现构件有明显的变形、缺陷、损伤、腐蚀，也没有累积损伤。

2 经过长时间的使用，构件状态仍然良好或基本良好，能够满足目标使用年限内的正常使用要求。

3 在目标使用年限内，构件上的作用和环境条件与过去相比不会发生变化。

4 构件在目标使用年限内可保证有足够的耐久性能。

6.1.6 需评估混凝土构件的耐久年限时，对大气环境普通混凝土结构可按本标准附录B的方法进行，其他情况可按国家现行标准《混凝土结构耐久性评定标准》CECS 220进行评估。

6.1.7 对于重级工作制钢吊车梁和中级以上工作制钢吊车桁架，需要评估残余疲劳寿命时，可按本标准附录C的方法进行。

6.2 混凝土构件

6.2.1 混凝土构件的安全性等级应按承载能力、构造和连接二个项目评定，并取其中较低等级作为构件的安全性等级。

6.2.2 混凝土构件的承载能力项目应按表6.2.2评定等级。

表6.2.2 混凝土构件承载能力评定等级

构件种类	$R/\gamma_0 S$			
	a	b	c	d
重要构件	≥1.0	<1.0 ≥0.90	<0.90 ≥0.85	<0.85
次要构件	≥1.0	<1.0 ≥0.87	<0.87 ≥0.82	<0.82

注：1 混凝土构件的抗力R与作用效应$\gamma_0 S$的比值$R/\gamma_0 S$，应取各受力状态验算结果中的最低值；γ_0为现行国家标准《建筑结构可靠度设计统一标准》GB 50068中规定的结构重要性系数。

2 当构件出现受压及斜压裂缝时，视其严重程度，承载能力项目直接评为c级或d级；当出现过宽的受拉裂缝、过度的变形、严重的缺陷损伤及腐蚀情况时，应按本标准第6.1.2条的有关规定考虑其对承载能力的影响，且承载能力项目评定等级不应高于b级。

6.2.3 混凝土构件的构造和连接项目包括构造、预埋件、连接节点的焊缝或螺栓等，应根据对构件安全使用的影响按下列规定评定等级：

1 当结构构件的构造合理，满足国家现行标准要求时评为a级；基本满足国家现行标准要求时评为b级；当结构构件的构造不满足国家现行标准要求时，根据其不符合的程度评为c级或d级。

2 当预埋件的锚板和锚筋的构造合理、受力可靠，经检查无变形或位移等异常情况时，可视具体情况按本标准第3.3.1条原则评为a级或b级；当预埋件的构造有缺陷，锚板有变形或锚板、

锚筋与混凝土之间有滑移、拔脱现象时，可根据其严重程度按本标准第 3.3.1 条原则评为 c 级或 d 级。

3 当连接节点的焊缝或螺栓连接方式正确，构造符合国家现行规范规定和使用要求时，或仅有局部表面缺陷，工作无异常时，可视具体情况按本标准第 3.3.1 条原则评为 a 级或 b 级；当节点焊缝或螺栓连接方式不当，有局部拉脱、剪断、破损或滑移时，可根据其严重程度按本标准第 3.3.1 条原则评为 c 级或 d 级。

4 应取本条第 1、2、3 款中较低等级作为构造和连接项目的评定等级。

6.2.4 混凝土构件的使用性等级应按裂缝、变形、缺陷和损伤、腐蚀四个项目评定，并取其中的最低等级作为构件的使用性等级。

6.2.5 混凝土构件的裂缝项目可按下列规定评定等级：

1 混凝土构件的受力裂缝宽度可按表 6.2.5-1～表 6.2.5-3 评定等级；

2 混凝土构件因钢筋锈蚀产生的沿筋裂缝在腐蚀项目中评定，其他非受力裂缝应查明原因，判定裂缝对结构的影响，可根据具体情况进行评定。

表 6.2.5-1 钢筋混凝土构件裂缝宽度评定等级

环境类别与作用等级	构件种类与工作条件		裂缝宽度(mm)		
			a	b	c
Ⅰ-A	室内正常环境	次要构件	≤0.3	>0.3，≤0.4	>0.4
		重要构件	≤0.2	>0.2，≤0.3	>0.3
Ⅰ-B，Ⅰ-C	露天或室内高湿度环境，干湿交替环境		≤0.2	>0.2，≤0.3	>0.3
Ⅲ，Ⅳ	使用除冰盐环境，滨海室外环境		≤0.1	>0.1，≤0.2	>0.2

表 6.2.5-2 采用热轧钢筋配筋的预应力混凝土构件裂缝宽度评定等级

环境类别与作用等级	构件种类与工作条件		裂缝宽度(mm)		
			a	b	c
Ⅰ-A	室内正常环境	次要构件 重要构件	≤0.20 ≤0.05	>0.20，≤0.35 >0.05，≤0.10	>0.35 >0.10
Ⅰ-B，Ⅰ-C	露天或室内高湿度环境，干湿交替环境		无裂缝	≤0.05	>0.05
Ⅲ，Ⅳ	使用除冰盐环境，滨海室外环境		无裂缝	≤0.02	>0.02

表 6.2.5-3 采用钢绞线、热处理钢筋、预应力钢丝配筋的预应力混凝土构件裂缝宽度评定等级

环境类别与作用等级	构件种类与工作条件		裂缝宽度(mm)		
			a	b	c
Ⅰ-A	室内正常环境	次要构件 重要构件	≤0.02 无裂缝	>0.02，≤0.10 ≤0.05	>0.10 >0.05
Ⅰ-B，Ⅰ-C	露天或室内高湿度环境，干湿交替环境		无裂缝	≤0.02	>0.02
Ⅲ，Ⅳ	使用除冰盐环境，滨海室外环境		无裂缝	—	有裂缝

注：1 当构件出现受压及斜压裂缝时，裂缝项目直接评为 c 级。

2 对于采用冷拔低碳钢丝配筋的预应力混凝土构件裂缝宽度的评定等级，可按表 6.2.5-3 和有关技术规程评定。

3 表中环境类别与作用等级的划分，应符合本标准第 4.1.9 条的规定。

6.2.6 混凝土构件的变形项目应按表 6.2.6 评定等级。

表 6.2.6 混凝土构件变形评定等级

构件类别		a	b	c
单层厂房托架、屋架		$\leqslant l_0/500$	$>l_0/500$，$\leqslant l_0/450$	$>l_0/450$
多层框架主梁		$\leqslant l_0/400$	$>l_0/400$，$\leqslant l_0/350$	$>l_0/350$
屋盖、楼盖及楼梯构件	$l_0>9$m	$\leqslant l_0/300$	$>l_0/300$，$\leqslant l_0/250$	$>l_0/250$
	7m$\leqslant l_0\leqslant$9m	$\leqslant l_0/250$	$>l_0/250$，$\leqslant l_0/200$	$>l_0/200$
	$l_0<7$m	$\leqslant l_0/200$	$>l_0/200$，$\leqslant l_0/175$	$>l_0/175$

续表 6.2.6

构件类别		a	b	c
吊车梁	电动吊车	$\leqslant l_0/600$	$>l_0/600$，$\leqslant l_0/500$	$>l_0/500$
	手动吊车	$\leqslant l_0/500$	$>l_0/500$，$\leqslant l_0/450$	$>l_0/450$

注：1 表中 l_0 为构件的计算跨度。

2 本表所列的为按荷载效应的标准组合并考虑荷载长期作用影响的挠度值，应减去或加上制作反拱或下挠值。

6.2.7 混凝土构件缺陷和损伤项目应按表 6.2.7 评定等级。

表 6.2.7 混凝土构件缺陷和损伤评定等级

a	b	c
完好	局部有缺陷和损伤，缺损深度小于保护层厚度	有较大范围的缺陷和损伤，或者局部有严重的缺陷和损伤，缺损深度大于保护层厚度

注：1 表中缺陷一般指构件外观存在的缺陷，当施工质量较差或有特殊要求时，尚应包括构件内部可能存在的缺陷。

2 表中的损伤主要指机械磨损或碰撞等引起的损伤。

6.2.8 混凝土构件腐蚀项目包括钢筋锈蚀和混凝土腐蚀，应按表 6.2.8 的规定评定，其等级应取钢筋锈蚀和混凝土腐蚀评定结果中的较低等级。

表 6.2.8 混凝土构件腐蚀评定等级

评定等级	a	b	c
钢筋锈蚀	无锈蚀现象	有锈蚀可能和轻微锈蚀现象	外观有沿筋裂缝或明显锈迹
混凝土腐蚀	无腐蚀损伤	表面有轻度腐蚀损伤	表面有明显腐蚀损伤

注：对于墙板类和梁柱构件中的钢筋及箍筋，当钢筋锈蚀状况符合表中 b 级标准时，钢筋截面锈蚀损伤不应大于 5%，否则应评为 c 级。

6.3 钢 构 件

6.3.1 钢构件的安全性等级应按承载能力（包括构造和连接）项目评定，并取其中最低等级作为构件的安全性等级。

6.3.2 承重构件的钢材应符合建造当时钢结构设计规范和相应产品标准的要求，如果构件的使用条件发生根本的改变，还应符合国家现行标准规范的要求，否则，应在确定承载能力和评级时考虑其不利影响。

6.3.3 钢构件的承载能力项目，应根据结构构件的抗力 R 和作用效应 S 及结构重要性系数 γ_0 按表 6.3.3 评定等级。在确定构件抗力时，应考虑实际的材料性能和结构构造，以及缺陷损伤、腐蚀、过大变形和偏差的影响。

表 6.3.3 构件承载能力评定等级

构件种类	$R/\gamma_0 S$			
	a	b	c	d
重要构件、连接	≥1.00	<1.00，≥0.95	<0.95，≥0.90	<0.90
次要构件	≥1.00	<1.00，≥0.92	<0.92，≥0.87	<0.87

注：1 当结构构造和施工质量满足国家现行规范要求，或虽不满足要求但在确定抗力和荷载作用效应已考虑了这种不利因素时，可按表中规定评级，否则不应按表中数值评级，可根据经验按照对承载能力的影响程度，评为 b 级、c 级或 d 级。

2 构件有裂缝、断裂、存在不适于继续承载的变形时，应评为 c 级或 d 级。

3 吊车梁受拉区或吊车桁架受拉杆及其节点板有裂缝时，应评为 d 级。

4 构件存在严重、较大面积的均匀腐蚀并使截面有明显削弱或对材料力学性能有不利影响时，可按本标准附录 D 的方法进行检测验算并按表中规定评定其承载能力项目的等级。

5 吊车梁的疲劳性能应根据疲劳强度验算结果、已使用年限和吊车梁系统的损伤程度进行评级，不受表中数值的限制。

6.3.4 钢桁架中有整体弯曲缺陷但无明显局部缺陷的双角钢受压腹杆，其整体弯曲不超过表 6.3.4 中的限值时，其承载能力可评为 a 级或 b 级；若整体弯曲严重已超过表中限值时，可根据实际情况和对其承载能力影响的严重程度，评为 c 级或 d 级。

表 6.3.4　双角钢受压腹杆的双向弯曲缺陷的容许限值

所受轴压力设计值与无缺陷时的抗压承载力之比	双向弯曲的限值							
	方向	弯曲矢高与杆件长度之比						
1.0	平面外	1/400	1/500	1/700	1/800	—	—	—
	平面内	0	1/1000	1/900	1/800	—	—	—
0.9	平面外	1 /250	1/300	1/400	1/500	1/600	1/700	1/800
	平面内	0	1/1000	1/750	1/650	1/600	1/550	1/500
0.8	平面外	1 /150	1/200	1/250	1/300	1/400	1/500	1/800
	平面内	0	1/1000	1/600	1/550	1/450	1/400	1/350
0.7	平面外	1 /100	1/150	1/200	1/250	1/300	1/400	1/800
	平面内	0	1/750	1/450	1/350	1/300	1/250	1/250
0.6	平面外	1 /100	1/150	1/200	1/300	1/500	1/700	1/800
	平面内	0	1/300	1/250	1/200	1/180	1/170	1/170

6.3.5　钢构件的使用性等级应按变形、偏差、一般构造和腐蚀等项目进行评定，并取其中最低等级作为构件的使用性等级。

6.3.6　钢构件的变形是指荷载作用下梁、板等受弯构件的挠度，应按下列规定评定构件变形项目的等级：

a 级：满足国家现行相关设计规范和设计要求；

b 级：超过 a 级要求，尚不明显影响正常使用；

c 级：超过 a 级要求，对正常使用有明显影响。

6.3.7　钢构件的偏差包括施工过程中存在的偏差和使用过程中出现的永久性变形，应按下列规定评定构件偏差项目的等级：

a 级：满足国家现行相关施工验收规范和产品标准的要求；

b 级：超过 a 级要求，尚不明显影响正常使用；

c 级：超过 a 级要求，对正常使用有明显影响。

6.3.8　钢构件的腐蚀和防腐项目应按下列规定评定等级：

a 级：没有腐蚀且防腐措施完备；

b 级：已出现腐蚀但截面还没有明显削弱，或防腐措施不完备；

c 级：已出现较大面积腐蚀并使截面有明显削弱，或防腐措施已破坏失效。

6.3.9　与构件正常使用性有关的一般构造要求，满足设计规范要求时应评为 a 级，否则应评为 b 或 c 级。

6.4　砌体构件

6.4.1　砌体构件的安全性等级应按承载能力、构造和连接两个项目评定，并取其中的较低等级作为构件的安全性等级。

6.4.2　砌体构件的承载能力项目应根据承载能力的校核结果按表 6.4.2 的规定评定。

表 6.4.2　砌体构件承载能力评定等级

构件种类	$R/\gamma_0 S$			
	a	b	c	d
重要构件	≥1.0	<1.0 ≥0.90	<0.90 ≥0.85	<0.85
次要构件	≥1.0	<1.0 ≥0.87	<0.87 ≥0.82	<0.82

注：1　表中 R 和 S 分别为结构构件的抗力和作用效应，γ_0 为现行国家标准《建筑结构可靠度设计统一标准》GB 50068 中规定的结构重要性系数。

2　当砌体构件出现受压、受弯、受剪、受拉等受力裂缝时，应按本标准第 6.1.2 条的有关规定考虑其对承载能力的影响，且承载能力项目评定等级不应高于 b 级。

3　当构件受到较大面积腐蚀并使截面严重削弱时，应评定为 c 级或 d 级。

6.4.3　砌体构件构造与连接项目的等级应根据墙、柱的高厚比，墙、柱、梁的连接构造，砌筑方式等涉及构件安全性的因素，按下列规定的原则评定：

a 级：墙、柱高厚比不大于国家现行设计规范允许值，连接和构造符合国家现行规范的要求；

b 级：墙、柱高厚比大于国家现行设计规范允许值，但不超过 10%；或连接和构造局部不符合国家现行规范的要求，但不影响构件的安全使用；

c 级：墙、柱高厚比大于国家现行设计规范允许值，但不超过 20%；或连接和构造不符合国家现行规范的要求，已影响构件的安全使用；

d 级：墙、柱高厚比大于国家现行设计规范允许值，且超过 20%；或连接和构造严重不符合国家现行规范的要求，已危及构件的安全。

6.4.4　砌体构件的使用性等级应按裂缝、缺陷和损伤、腐蚀三个项目评定，并取其中的最低等级作为构件的使用性等级。

6.4.5　砌体构件的裂缝项目应根据裂缝的性质，按表 6.4.5 的规定评定。裂缝项目的等级应取各类裂缝评定结果中的较低等级。

表 6.4.5　砌体构件裂缝评定等级

类型 \ 等级		a	b	c
变形裂缝、温度裂缝	独立柱	无裂缝	—	有裂缝
	墙	无裂缝	小范围开裂，最大裂缝宽度不大于 1.5mm，且无发展趋势	较大范围开裂，或最大裂缝宽度大于 1.5mm，或裂缝有继续发展的趋势
受力裂缝		无裂缝	—	有裂缝

注：1　本表仅适用于砖砌体构件，其他砌体构件的裂缝项目可参考本表评定。

2　墙包括带壁柱墙。

3　对砌体构件的裂缝有严格要求的建筑，表中的裂缝宽度限值可乘以 0.4。

6.4.6　砌体构件的缺陷和损伤项目应按表 6.4.6 规定评定。缺陷和损伤项目的等级应取各种缺陷、损伤评定结果中的较低等级。

表 6.4.6　砌体构件缺陷和损伤评定等级

类型 \ 等级	a	b	c
缺陷	无缺陷	有较小缺陷，尚明显不影响正常使用	缺陷对正常使用有明显影响
损伤	无损伤	有轻微损伤，尚不明显影响正常使用	损伤对正常使用有明显影响

注：1　缺陷指现行国家标准《砌体工程施工质量验收规范》GB 50203 控制的质量缺陷。

2　损伤指开裂、腐蚀之外的撞伤、烧伤等。

6.4.7　砌体构件的腐蚀项目应根据砌体构件的材料类型，按表 6.4.7 规定评定。腐蚀项目的等级应取各材料评定结果中的较低等级。

表 6.4.7　砌体构件腐蚀评定等级

类型 \ 等级	a	b	c
块材	无腐蚀现象	小范围出现腐蚀现象，最大腐蚀深度不大于 5mm，且无发展趋势，不明显影响使用功能	较大范围出现腐蚀现象，或最大腐蚀深度大于 5mm，或腐蚀有发展趋势，或明显影响使用功能
砂浆	无腐蚀现象	小范围出现腐蚀现象，且最大腐蚀深度不大于 10mm，且无发展趋势，不明显影响使用功能	非小范围出现腐蚀现象，或最大腐蚀深度大于 10mm，或腐蚀有发展趋势，或明显影响使用功能
钢筋	无锈蚀现象	出现锈蚀现象，但锈蚀钢筋的截面损失率不大于 5%，尚不明显影响使用功能	锈蚀钢筋的截面损失率大于 5%，或锈蚀有发展趋势，或明显影响使用功能

注：1　本表仅适用于砖砌体，其他砌体构件的腐蚀项目可参考本表评定。

2　对砌体构件的块材风化和砂浆粉化现象可参考表中对腐蚀现象的评定，但风化和粉化的最大深度宜比表中相应的最大腐蚀深度从严控制。

7　结构系统的鉴定评级

7.1　一般规定

7.1.1　工业建筑物鉴定第二层次结构系统的鉴定评级，应对其安全性等级和使用性等级进行评定，需要评定其可靠性等级时，应按本标准第 7.1.2 条规定的原则确定。地基基础、上部承重结构和围护结构三个结构系统的安全性等级和使用性等级，应分别按本标准第7.2节至第7.4节的规定评定。

7.1.2 结构系统的可靠性等级，应分别根据每个结构系统的安全性等级和使用性等级评定结果，按下列原则确定：

1 当系统的使用性等级为C级、安全性等级不低于B级时，宜定为C级；其他情况，应按安全性等级确定。

2 位于生产工艺流程重要区域的结构系统，可按安全性等级和使用性等级中的较低等级确定或调整。

7.1.3 当需要对上部承重结构系统中的某个子系统进行鉴定评级时，其安全性等级和使用性等级可按本标准第7.3节的有关规定评定，其可靠性等级可按本标准第7.1.2条规定的原则确定。

7.1.4 当振动对上部承重结构整体或局部的安全、正常使用有明显影响时，可按本标准附录E规定的方法进行评定。

7.1.5 当需要对结构工作状况进行监测与评定时，可按本标准附录F规定的方法进行。

7.2 地基基础

7.2.1 地基基础的安全性等级评定应遵循下列原则：

1 宜根据地基变形观测资料和建、构筑物现状进行评定。必要时，可按地基基础的承载力进行评定。

2 建在斜坡场地上的工业建筑，应对边坡场地的稳定性进行检测评定。

3 对有大面积地面荷载或软弱地基上的工业建筑，应评价地面荷载、相邻建筑以及循环工作荷载引起的附加沉降或桩基侧移对工业建筑安全使用的影响。

7.2.2 当地基基础的安全性按地基变形观测资料和建、构筑物现状的检测结果评定时，应按下列规定评定等级：

A级：地基变形小于现行国家标准《建筑地基基础设计规范》GB 50007规定的允许值，沉降速率小于0.01mm/d，建、构筑物使用状况良好，无沉降裂缝、变形或位移，吊车等机械设备运行正常。

B级：地基变形不大于现行国家标准《建筑地基基础设计规范》GB 50007规定的允许值，沉降速率小于0.05mm/d，半年内的沉降量小于5mm，建、构筑物有轻微沉降裂缝出现，但无进一步发展趋势，沉降对吊车等机械设备的正常运行基本没有影响。

C级：地基变形大于现行国家标准《建筑地基基础设计规范》GB 50007规定的允许值，沉降速率大于0.05mm/d，建、构筑物的沉降裂缝有进一步发展趋势，沉降已影响到吊车等机械设备的正常运行，但尚有调整余地。

D级：地基变形大于现行国家标准《建筑地基基础设计规范》GB 50007规定的允许值，沉降速率大于0.05mm/d，建、构筑物的沉降裂缝发展显著，沉降已使吊车等机械设备不能正常运行。

7.2.3 当地基基础的安全性需要按承载力项目评定时，应根据地基和基础的检测、验算结果，按下列规定评定等级：

A级：地基基础的承载力满足现行国家标准《建筑地基基础设计规范》GB 50007规定的要求，建、构筑物完好无损。

B级：地基基础的承载力略低于现行国家标准《建筑地基基础设计规范》GB 50007规定的要求，建、构筑物可能局部有轻微损伤。

C级：地基基础的承载力不满足现行国家标准《建筑地基基础设计规范》GB 50007规定的要求，建、构筑物有开裂损伤。

D级：地基基础的承载力不满足现行国家标准《建筑地基基础设计规范》GB 50007规定的要求，建、构筑物有严重开裂损伤。

7.2.4 当场地地下水位、水质或土压力等有较大改变时，应对此类变化产生的不利影响进行评价。

7.2.5 地基基础的安全性等级，应根据本标准第7.2.2条至7.2.4条关于地基基础和场地的评定结果按最低等级确定。

7.2.6 地基基础的使用性等级宜根据上部承重结构和围护结构使用状况评定。

7.2.7 根据上部承重结构和围护结构使用状况评定地基基础使用性等级时，应按下列规定评定等级：

A级：上部承重结构和围护结构的使用状况良好，或所出现的问题与地基基础无关。

B级：上部承重结构或围护结构的使用状况基本正常，结构或连接因地基基础变形有个别损伤。

C级：上部承重结构和围护结构的使用状况不完全正常，结构或连接因地基变形有局部或大面积损伤。

7.3 上部承重结构

7.3.1 上部承重结构的安全性等级，应按结构整体性和承载功能两个项目评定，并取其中较低的评定等级作为上部承重结构的安全性等级，必要时应考虑过大水平位移或明显振动对该结构系统或其中部分结构安全性的影响。

7.3.2 结构整体性的评定应根据结构布置和构造、支撑系统两个项目，按表7.3.2的要求进行评定，并取结构布置和构造、支撑系统两个项目中的较低等级作为结构整体性的评定等级。

表7.3.2 结构整体性评定等级

评定等级	A或B	C或D
结构布置和构造	结构布置合理，形成完整的体系；传力路径明确或基本明确；结构形式和构件选型、整体性构造和连接等符合或基本符合国家现行标准规范的规定，满足安全要求或不影响安全	结构布置不合理，基本上未形成或未形成完整的体系；传力路径不明确或不当；结构形式和构件选型、整体性构造和连接等不符合或严重不符合国家现行标准规范的规定，影响安全或严重影响安全
支撑系统	支撑系统布置合理，形成完整的支撑系统；支承杆件长细比及节点构造符合或基本符合现行国家标准规范的要求，无明显缺陷或损伤	支撑系统布置不合理，基本上未形成或未形成完整的支撑系统；支承杆件长细比及节点构造不符合或严重不符合现行国家标准规范的要求，有明显缺陷或损坏

注：表中结构布置和构造、支撑系统的A级或B级，可根据其实际完好程度确定；C级或D级可根据其实际严重程度确定。

7.3.3 上部承重结构承载功能的评定等级，精确的评定应根据结构体系的类型及空间作用等，按照国家现行标准规范规定的结构分析原则和方法以及结构的实际构造和结构上的作用确定合理的计算模型，通过结构作用效应分析和结构抗力分析，并结合该体系以往的承载状况和工程经验进行。在进行结构抗力分析时还应考虑结构、构件的损伤、材料劣化对结构承载能力的影响。

7.3.4 当单层厂房上部承重结构是由平面排架或平面框架组成的结构体系时，其承载功能的等级可按下列规定近似评定：

1 根据结构布置和荷载分布将上部承重结构分为若干框排架平面计算单元。

2 将平面计算单元中的每种构件按构件的集合及其重要性区分为：重要构件集（同一种重要构件的集合）或次要构件集（同一种次要构件的集合）。平面计算单元中每种构件集的安全性等级，以该种构件集中所含构件的各个安全性等级所占的百分比按下列规定确定：

1）重要构件集：

A级：构件集中不含c级、d级构件，可含b级构件且含量不多于30%；

B级：构件集中不含d级构件，可含c级构件且含量不多于20%；

C级：构件集中含c级构件且含量不多于50%，或含d级构件且含量少于10%（竖向构件）或15%（水平构件）；

D级：构件集中含c级构件且含量多于50%，或含d级构件且含量不少于10%（竖向构件）或15%（水平构件）。

2）次要构件集：

A级：构件集中不含c级、d级构件，可含b级构件且含量不多于35%；

B级：构件集中不含d级构件，可含c级构件且含量不多于25%；

C级：构件集中含c级构件且含量不多于50%，或含d级构件且含量少于20%；

D级：构件集中含c级构件且含量多于50%，或含d级构件且含量不少于20%。

3 各平面计算单元的安全性等级，宜按该平面计算单元内各重要构件集中的最低等级确定。当平面计算单元中次要构件集的最低安全性等级比重要构件集的最低安全性等级低二级或三级时，其安全性等级可按重要构件集的最低安全性等级降一级或降二级确定。

4 上部承重结构承载功能的评定等级可按下列规定确定：

A级：不含C级和D级平面计算单元，可含B级平面计算单元且含量不多于30%；

B级：不含D级平面计算单元，可含C级平面计算单元且含量不多于10%；

C级：可含D级平面计算单元且含量少于5%；

D级：含D级平面计算单元且含量不少于5%。

7.3.5 多层厂房上部承重结构承载功能的评定等级可按下列规定评定：

1 沿厂房的高度方向将厂房划分为若干单层子结构，宜以每层楼板及其下部相连的柱子、梁为一个子结构；子结构上的作用除本子结构直接承受的作用外还应考虑其上部各子结构传到本子结构上的荷载作用。

2 子结构承载功能的等级应按本标准第7.3.4条的规定确定；

3 整个多层厂房的上部承重结构承载功能的评定等级可按子结构中的最低等级确定。

7.3.6 上部承重结构的使用性等级应按上部承重结构使用状况和结构水平位移两个项目评定，并取其中较低的评定等级作为上部承重结构的使用性等级，必要时尚应考虑振动对该结构系统或其中部分结构正常使用性的影响。

7.3.7 单层厂房上部承重结构使用状况的评定等级，可按屋盖系统、厂房柱、吊车梁三个子系统中的最低使用性等级确定；当厂房中采用轻级工作制吊车时，可按屋盖系统和厂房柱两个子系统的较低等级确定。子系统的使用性等级应根据其所含构件使用性等级的百分数确定：

A级：子系统中不含c级构件，可含b级构件且含量不多于35%；

B级：子系统中可含c级构件且含量不多于25%；

C级：系统中含c级构件且含量多于25%。

注：屋盖系统、吊车梁系统包含相关构件和附属设施，包括吊车检修平台、走道板、爬梯等。

7.3.8 多层厂房上部承重结构使用状况的评定等级，可按本标准第7.3.5条规定的原则和方法划分若干单层子结构，单层子结构使用状况的等级可按本标准第7.3.7条的规定评定，整个多层厂房上部承重结构使用状况的评定等级按下列规定评级：

1 若不含C级子结构，含B级子结构且含量多于30%时定为B级，不多于30%时可定为A级。

2 若含C级子结构且含量多于20%定为C级，不多于20%可定为B级。

7.3.9 当上部承重结构的使用性等级评定需考虑结构水平位移影响时，可采用检测或计算分析的方法，按表7.3.9的规定进行评定。当结构水平位移过大达到C级标准的严重情况时，应考虑水平位移引起的附加内力对结构承载能力的影响，并参与相关结构的承载功能等级评定。

表7.3.9 结构侧向（水平）位移评定等级

<table>
<tr><th rowspan="2">结构类别</th><th rowspan="2" colspan="3">评定项目</th><th colspan="3">位移或倾斜值(mm)</th></tr>
<tr><th>A级</th><th>B级</th><th>C级</th></tr>
<tr><td rowspan="7">混凝土结构或钢结构</td><td rowspan="3">单层厂房</td><td colspan="2">有吊车厂房柱位移</td><td>$\leqslant H_c/1250$</td><td>>A级限值，但不影响吊车运行</td><td>>A级限值，影响吊车运行</td></tr>
<tr><td rowspan="2">无吊车厂房柱倾斜</td><td>混凝土柱</td><td>$\leqslant H/1000$，$H>10m$时$\leqslant 20$</td><td>$>H/1000$，$\leqslant H/750$；$H>10m$时>20，$\leqslant 30$</td><td>$>H/750$或$H>10m$时>30</td></tr>
<tr><td>钢柱</td><td>$\leqslant H/1000$，$H>10m$时$\leqslant 25$</td><td>$>H/1000$，$\leqslant H/700$；$H>10m$时>25，$\leqslant 35$</td><td>$>H/700$或$H>10m$时>35</td></tr>
<tr><td rowspan="4">多层厂房</td><td colspan="2">层间位移</td><td>$\leqslant h/400$</td><td>$>h/400$
$\leqslant h/350$</td><td>$>h/350$</td></tr>
<tr><td colspan="2">顶点位移</td><td>$\leqslant H/500$</td><td>$>H/500$
$\leqslant H/450$</td><td>$>H/450$</td></tr>
<tr><td rowspan="2">厂房柱倾斜</td><td>混凝土柱</td><td>$\leqslant H/1000$，$H>10m$时$\leqslant 30$</td><td>$>H/1000$，$\leqslant H/750$；$H>10m$时>30，$\leqslant 40$</td><td>$>H/750$或$H>10m$时>40</td></tr>
<tr><td>钢柱</td><td>$\leqslant H/1000$，$H>10m$时$\leqslant 35$</td><td>$>H/1000$，$\leqslant H/700$；$H>10m$时>35，$\leqslant 45$</td><td>$>H/700$或$H>10m$时>45</td></tr>
<tr><td rowspan="5">砌体结构</td><td rowspan="3">单层厂房</td><td colspan="2">有吊车厂房墙、柱位移</td><td>$\leqslant H_c/1250$</td><td>>A级限值，但不影响吊车运行</td><td>>A级限值，影响吊车运行</td></tr>
<tr><td rowspan="2">无吊车厂房位移或倾斜</td><td>独立柱</td><td>$\leqslant 10$</td><td>>10，$\leqslant 15$和$1.5H/1000$中的较大值</td><td>>15和$1.5H/1000$中的较大值</td></tr>
<tr><td>墙</td><td>$\leqslant 10$</td><td>>10，$\leqslant 30$和$3H/1000$中的较大值</td><td>>30和$3H/1000$中的较大值</td></tr>
<tr><td rowspan="2">多层厂房</td><td colspan="2">层间位移或倾斜</td><td>$\leqslant 5$</td><td>>5，$\leqslant 20$</td><td>>20</td></tr>
<tr><td colspan="2">顶点位移或倾斜</td><td>$\leqslant 15$</td><td>>15，$\leqslant 30$和$3H/1000$中的较大值</td><td>>30和$3H/1000$中的较大值</td></tr>
</table>

注：1 表中H为自基础顶面至柱顶总高度；h为层高；H_c为基础顶面至吊车梁顶面的高度。

2 表中有吊车厂房柱的水平位移A级限值，是在吊车水平荷载作用下按平面结构图形计算的厂房柱的横向位移。

3 在砌体结构中，墙包括带壁柱墙，多层厂房是以墙为主要承重结构的厂房。

4 多层厂房中，可取层间位移和结构顶点总位移中的较低等级作为结构侧移项目的评定等级。

5 当结构安全性无问题，倾斜超过表中B级的规定值但不影响使用功能时，可对B级规定值适当放宽。

7.3.10 当鉴定评级中需要考虑明显振动对上部承重结构整体或局部的影响时，可按附录E的规定进行评定。若评定结果对结构的安全性有影响，应在上部承重结构承载功能的评定等级中予以考虑；若评定结果对结构的正常使用性有影响，则应在上部结构使用状况的评定等级中予以考虑。

7.3.11 当需要对上部承重结构的某个子系统进行安全性等级和使用性等级评定时，应根据该子系统在上部承重结构系统中的地位及作用按本标准第7.3.4条和第7.3.5条的有关规定评定该子系统的安全性等级，按本标准第7.3.7条和第7.3.8条的规定评定该子系统的使用性等级。

7.4 围护结构系统

7.4.1 围护结构系统的安全性等级，应按承重围护结构的承载功能和非承重围护结构的构造连接两个项目进行评定，并取两个项目中较低的评定等级作为该围护结构系统的安全性等级。

承重围护结构承载功能的评定等级，应根据其结构类别按本标准第6章相应构件和本标准第7.3.4条相关构件集的评级规定评定。

非承重围护结构构造连接项目的评定等级，可按表7.4.1评定，并取其中最低等级作为该项目的安全性等级。

表 7.4.1 非承重围护结构构造连接评定等级

项目	A级或B级	C级或D级
构造	构造合理，符合或基本符合国家现行标准规范要求，无变形或无损坏	构造不合理，不符合或严重不符合国家现行标准规范要求，有明显变形或损坏
连接	连接方式正确，连接构造符合或基本符合国家现行标准规范要求，无缺陷或仅有局部的表面缺陷或损伤，工作无异常	连接方式不当，连接构造有缺陷或有严重缺陷，已有明显变形、松动、局部脱落、裂缝或损坏
对主体结构安全的影响	构件选型及布置合理，对主体结构的安全没有或有较轻的不利影响	构件选型及布置不合理，对主体结构的安全有较大或严重的不利影响

注：1 表中的构造指围护系统自身的构造，如砌体围护墙的高厚比、墙板的配筋、防水层的构造等；连接指系统本身的连接及其与主体结构的连接；对主体结构安全的影响主要指围护结构是否对主体结构的安全造成不利影响或使其受力方式发生改变等。

2 对表中的各项目评定时，可根据其实际完好程度评为A级或B级，根据其实际严重程度评为C级或D级。

7.4.2 围护结构系统的使用性等级，应根据承重围护结构的使用状况、围护系统的使用功能两个项目评定，并取两个项目中较低评定等级作为该围护结构系统的使用性等级。

承重围护结构使用状况的评定等级，应根据其结构类别按本标准第6章相应构件和本标准第7.3.7条有关子系统的评级规定评定。

围护系统（包括非承重围护结构和建筑功能配件）使用功能的评定等级，宜根据表7.4.2中各项目对建筑物使用寿命和生产的影响程度确定出主要项目和次要项目逐项评定，并按下列原则确定：

1 系统的使用功能等级可取主要项目的最低等级。

2 若主要项目为A级或B级，次要项目一个以上为C级，宜根据需要的维修量大小将使用功能等级降为B级或C级。

表 7.4.2 围护系统使用功能评定等级

项目	A级	B级	C级
屋面系统	构造层、防水层完好，排水畅通	构造基本完好，防水层有个别老化、鼓泡、开裂或轻微损坏，排水有个别堵塞现象，但不漏水	构造层有损坏，防水层多处老化、鼓泡、开裂、腐蚀或局部损坏、穿孔，排水有局部严重堵塞或漏水现象
墙体及门窗	墙体完好，无开裂、变形或渗水现象；门窗完好	墙体有轻微开裂、变形，局部破损或轻微渗水，但不明显影响使用功能；门窗框、扇完好，连接或玻璃等轻微损坏	墙体已开裂、变形、渗水，明显影响使用功能；门窗或连接局部破坏，已影响使用功能
地下防水	完好	基本完好，虽有较大潮湿现象，但无明显渗漏	局部损坏或有渗漏现象
其他防护设施	完好	有轻微损坏，但不影响防护功能	局部损坏已影响防护功能

注：1 表中的墙体指非承重墙体。

2 其他防护设施系指为了隔热、隔冷、隔尘、防湿、防腐、防撞、防爆和安全而设置的各种设施及爬梯、天棚吊顶等。

8 工业建筑物的综合鉴定评级

8.0.1 工业建筑物的可靠性综合鉴定评级，可按所划分的鉴定单元进行可靠性等级评定，综合鉴定评级结果宜列入表8.0.1。

表 8.0.1 工业建筑物的可靠性综合鉴定评级

鉴定单元	结构系统名称	结构系统可靠性等级	鉴定单元可靠性等级	备注
		A、B、C、D	一、二、三、四	
Ⅰ	地基基础			
	上部承重结构			
	围护结构系统			

续表 8.0.1

鉴定单元	结构系统名称	结构系统可靠性等级	鉴定单元可靠性等级	备注
		A、B、C、D	一、二、三、四	
Ⅱ	地基基础			
	上部承重结构			
	围护结构系统			
⋮	⋮			

8.0.2 鉴定单元的可靠性等级，应根据其地基基础、上部承重结构和围护结构系统的可靠性等级评定结果，以地基基础、上部承重结构为主，按下列原则确定：

1 当围护结构系统与地基基础和上部承重结构的等级相差不大于一级时，可按地基基础和上部承重结构中的较低等级作为该鉴定单元的可靠性等级。

2 当围护结构系统比地基基础和上部承重结构中的较低等级低二级时，可按地基基础和上部承重结构中的较低等级降一级作为该鉴定单元的可靠性等级。

3 当围护结构系统比地基基础和上部承重结构中的较低等级低三级时，可根据本条第2款的原则和实际情况，按地基基础和上部承重结构中的较低等级降一级或降二级作为该鉴定单元的可靠性等级。

9 工业构筑物的鉴定评级

9.1 一般规定

9.1.1 本章条文适用于既有工业构筑物的可靠性鉴定评级。

9.1.2 工业构筑物的可靠性鉴定，应将构筑物整体作为一个鉴定单元，并根据构筑物的结构布置及组成划分为若干结构系统进行可靠性等级评定，构筑物鉴定单元的可靠性等级以主要结构系统的最低评定等级确定；当非主要结构系统的最低评定等级低于主要结构系统的最低评定等级两级时，鉴定单元的可靠性等级应以主要结构系统的最低评定等级降低一级确定。

9.1.3 构筑物结构系统的可靠性评定等级，应包括安全性等级和使用性等级评定，结构系统的可靠性等级应根据安全性等级和使用性等级评定结果以及使用功能的特殊要求，可按本标准第7.1.2条规定的原则确定。

9.1.4 结构系统的安全性等级和使用性等级，应综合考虑构筑物特殊的使用功能要求，可按本标准第7章有关规定评定。

9.1.5 结构构件的安全性等级和使用性等级，应根据结构类型按本标准第6.2节至第6.4节的有关规定评定。

9.1.6 构筑物结构分析，应在调查的基础上，遵循其专门设计规范标准的有关规定。

9.1.7 烟囱、贮仓、通廊、水池等工业构筑物的鉴定评级层次、结构系统划分、检测评定项目、可靠性等级宜符合表9.1.7的要求。

表 9.1.7 工业构筑物可靠性鉴定评级层次、结构系统划分及检测评定项目

层次	Ⅰ	Ⅱ	Ⅲ
层名	鉴定单元	结构系统	结构或构件
可靠性等级	一、二、三、四	A、B、C、D	a、b、c、d
鉴定评级内容	烟囱	地基基础	—
		筒壁及支承结构	承载能力、损伤、裂缝、倾斜
		隔热层和内衬	—
		附属设施	—

续表 9.1.7

层次	Ⅰ	Ⅱ		Ⅲ
层名	鉴定单元	结构系统		结构或构件
可靠性等级	一、二、三、四	A、B、C、D		a、b、c、d
鉴定评级内容	贮仓	地基基础		—
		仓体与支承结构	整体性	—
			承载功能	承载能力
			使用状况	变形、损伤、裂缝
			侧移(倾斜)	—
		附属设施		—
	通廊	地基基础		—
		通廊承重结构		同厂房上部承重结构
		围护结构		同厂房围护结构
	水池	地基基础		—
		池体		承载能力、损漏
		附属设施		—

9.2 烟 囱

9.2.1 烟囱的可靠性鉴定，应分为地基基础、筒壁及支承结构、隔热层和内衬、附属设施四个结构系统进行评定。其中，地基基础、筒壁及支承结构、隔热层和内衬为主要结构系统应进行可靠性等级评定，附属设施可根据实际状况评定。

9.2.2 地基基础的安全性等级及使用性等级应按本标准第7.2节有关规定进行评定，其可靠性等级可按安全性等级和使用性等级中的较低等级确定。

9.2.3 烟囱筒壁及支承结构的安全性等级应按承载能力项目的评定等级确定；使用性等级应按损伤、裂缝和倾斜三个项目的最低评定等级确定；可靠性等级可按安全性等级和使用性等级中的较低等级确定。

9.2.4 烟囱筒壁及支承结构承载能力项目应根据结构类型按照本标准第6.2节至第6.4节规定的重要结构构件的分级标准评定等级，并应符合下列规定：

1 作用效应计算时应考虑烟囱筒身实际倾斜所产生的附加弯矩。

2 当砖烟囱筒身出现环向水平裂缝或斜裂缝时，应根据其严重程度评定为c级或d级。

9.2.5 筒壁损伤项目应按下列规定评定等级：

a级：筒壁结构对大气环境及烟气耐受性良好，或者，筒壁结构防护层性能和状况良好，无明显腐蚀现象，受热温度在结构材料允许范围内；

b级：除a级、c级之外的情况；

c级：在目标使用年限内可能因腐蚀或温度作用，影响结构安全使用。

9.2.6 钢筋混凝土烟囱及砖烟囱筒壁的最大裂缝宽度项目应按表9.2.6评定等级。

表 9.2.6 钢筋混凝土及砖烟囱筒壁裂缝宽度评定等级

烟囱分类	高度分区		裂缝宽度(mm) a	b	c
砖烟囱	全高		无明显裂缝	≤1.0	>1.0
钢筋混凝土烟囱(单管)	顶端20m以内		≤0.15	≤0.5	>0.5
	顶端20m以外	Ⅰ-B环境	≤0.30		
		Ⅰ-C环境	≤0.20		
		Ⅲ、Ⅳ类环境	≤0.20		

注：表中环境类别与作用等级的划分，符合本标准第4.1.9条的规定。

9.2.7 烟囱筒身及支承结构倾斜项目应按表9.2.7评定等级。

表 9.2.7 烟囱筒身及支承结构倾斜评定等级

高度(m)	评定标准 a	b	c
≤20	≤0.0033	倾斜变形稳定，或者，目标使用年限内倾斜发展不会大于0.013	倾斜有继续发展趋势，且目标使用年限内倾斜发展将大于0.013
20～50	≤0.0017	倾斜变形稳定，或者，目标使用年限内倾斜发展不会大于0.013	倾斜有继续发展趋势，且目标使用年限内倾斜发展将大于0.013
50～100	≤0.0012	倾斜变形稳定，或者，目标使用年限内倾斜发展不会大于0.011	倾斜有继续发展趋势，且目标使用年限内倾斜发展将大于0.011
100～150	≤0.0010	倾斜变形稳定，或者，目标使用年限内倾斜发展不会大于0.008	倾斜有继续发展趋势，且目标使用年限内倾斜发展将大于0.008
150～200	≤0.0009	倾斜变形稳定，或者，目标使用年限内倾斜发展不会大于0.006	倾斜有继续发展趋势，且目标使用年限内倾斜发展将大于0.006

注：倾斜指烟囱顶部侧移变位与高度的比值。当前的侧移变位为实测值，目标使用年限内的为预估值。

9.2.8 烟囱隔热层和内衬的安全性等级应根据构造连接和损坏情况按本标准第7.4.1条有关规定评定，使用性等级应根据使用功能的实际状况按本标准第7.4.2条有关其他防护设施的规定评定，可靠性等级可按安全性等级和使用性等级中的较低等级确定。

9.2.9 囱帽、烟道口、爬梯、信号平台、避雷装置、航空标志等烟囱附属设施，可根据实际状况按下列规定评定：

完好的：无损坏，工作性能良好；

适合工作的：轻微损坏，但不影响使用；

部分适合工作的：损坏较严重，影响使用；

不适合工作的：损坏严重，不能继续使用。

9.2.10 烟囱鉴定单元的可靠性鉴定评级，应按地基基础、筒壁及支承结构、隔热层和内衬三个结构系统中可靠性等级的最低等级确定。

囱帽、烟道口、爬梯、信号平台、避雷装置、航空标志等附属设施评定可不参与烟囱鉴定单元的评级，但在鉴定报告中应包括其检查评定结果及处理建议。

9.3 贮 仓

9.3.1 贮仓的可靠性鉴定，应分为地基基础、仓体与支承结构、附属设施三个结构系统进行评定。地基基础、仓体与支承结构为主要结构系统应进行可靠性等级评定，附属设施可根据实际状况评定。

9.3.2 地基基础的安全性等级及使用性等级应按本标准第7.2节有关规定进行评定，其可靠性等级可按安全性等级和使用性等级中的较低等级确定。

9.3.3 仓体与支承结构的安全性等级应按结构整体性和承载能力两个项目评定等级中的较低等级确定；使用性等级应按使用状况和整体侧移(倾斜)变形两个项目评定等级中的较低等级确定；可靠性等级可按安全性等级和使用性等级中的较低等级确定。

仓体与支承结构整体性等级可按本标准第7.3节的有关规定评定；使用状况等级可按变形和损伤、裂缝两个项目中的较低等级确定。

9.3.4 仓体及支承结构承载能力项目应根据结构类型按照本标准第6.2节至第6.4节规定的重要结构构件的分级标准评定等级，对于高耸贮仓，结构作用效应计算时尚应考虑倾斜所产生的附加内力。

9.3.5 仓体结构的变形和损伤应按表9.3.5评定等级。

表 9.3.5 仓体结构的变形和损伤评定等级

结构分类	评定标准		
	a	b	c
砌体结构	内衬或其他防护设施完好，仓体结构无明显变形和损伤现象	内衬或其他防护设施磨损或仓体结构一定程度磨损；构件变形≤1/250	内衬或其他防护设施破损或仓体结构严重磨损；构件变形>1/250
钢筋混凝土结构	内衬或其他防护设施完好，仓体结构无明显变形和损伤现象	内衬或其他防护设施磨损或仓体结构一定程度磨损；构件变形≤1/200	内衬或其他防护设施严重磨损露筋；构件变形>1/200
钢结构	仓体外壁腐蚀防护层完好或无腐蚀现象，内衬或其他防护设施完好，仓体结构无明显变形和损伤现象，仓体与支承结构连接可靠	仓体外壁腐蚀防护层损坏且伴有一定程度腐蚀；内衬或其他防护设施磨损或仓体结构一定程度磨损；构件变形≤1/150；仓体与支承结构连接可靠	内衬或其他防护设施破损；仓体结构一定程度磨损或严重腐蚀；构件变形>1/150；仓体与支承结构连接尚无明显损坏

9.3.6 对于仓体及支承结构为钢筋混凝土结构或砌体结构的裂缝项目，应根据结构类型按本标准第 6.2 节或第 6.4 节有关规定评定等级。

9.3.7 仓体与支承结构整体侧移（倾斜）应根据贮仓满载状态或正常贮料状态的倾斜值按表 9.3.7 评定等级。

表 9.3.7 仓体与支承结构整体侧移（倾斜）评定等级

结构类别	高度(m)	评定标准		
		a	b	c
砌体结构	>10	倾斜侧移值不大于 50mm	倾斜变形稳定，或者，目标使用年限内倾斜发展不会大于 0.006	倾斜有继续发展趋势，且目标使用年限内倾斜发展将大于 0.006
钢筋混凝土支筒结构	>10	倾斜不大于 0.002		
钢筋混凝土框架结构	>10	倾斜侧移值不大于 45mm		
钢塔架结构	>10	倾斜侧移值不大于 35mm		

注：结构倾斜应取贮仓顶端侧移与高度之比。当前的侧移为实测值，目标使用年限内的为预估值。

9.3.8 贮仓附属设施包括进出料口及连接、爬梯、避雷装置等，可根据实际状况按下列规定评定：

完好的：无损坏，工作性能良好；

适合工作的：轻微损坏，但不影响使用；

部分适合工作的：损坏较严重，影响使用；

不适合工作的：损坏严重，不能继续使用。

9.3.9 贮仓鉴定单元的可靠性鉴定评级，应按地基基础、仓体与支承结构两个结构系统中可靠性等级的较低等级确定。

进出料口及连接、爬梯、避雷装置等附属设施评定可不参与鉴定单元的评级，但在鉴定报告中应包括其检查评定结果及处理建议。

9.3.10 对于建筑于贮仓顶的布料通廊、贮仓下部的出料通廊等附属建筑，应按本标准有关规定分别进行鉴定评级。

9.4 通 廊

9.4.1 通廊的可靠性鉴定，应分为地基基础、通廊承重结构、围护结构三个结构系统进行评定。地基基础、通廊承重结构应为主要结构系统。

9.4.2 地基基础的安全性等级及使用性等级应按本标准第 7.2 节有关规定进行评定，其可靠性等级可按安全性等级和使用性等级中的较低等级确定。

9.4.3 通廊承重结构可按本标准第 7.3.4 条和第 7.3.7 条的规定进行安全性等级和使用性等级评定，当通廊结构主要连接部位有严重变形开裂或高架斜通廊两端连接部位出现滑移错动现象时，应根据潜在的危害程度安全性等级评定为 C 级或 D 级。可靠性等级宜按本标准第 7.1.2 条第 1 款规定的原则确定。

9.4.4 通廊围护结构应按本标准第 7.4.1 条和第 7.4.2 条的规定进行安全性等级和使用性等级评定，可靠性等级宜按本标准第 7.1.2 条第 1 款规定的原则确定。

9.4.5 通廊结构构件应根据结构种类按本标准第 6.2 节至第 6.4 节有关规定进行安全性等级和使用性等级评定。

9.4.6 通廊鉴定单元的可靠性鉴定评级，应按地基基础、通廊承重结构两个结构系统中可靠性等级的较低等级确定；当围护结构的评定等级低于上述评定等级二级时，通廊鉴定单元的可靠性等级可按上述评定等级降低一级确定。

9.4.7 当通廊结构存在明显振动变形反应，或者振动变形明显影响皮带机正常运行时，应按本标准附录 E 进行检测鉴定。

9.4.8 当通廊端部支承于其他建筑物时，通廊的鉴定范围应包括支承构件及连接。

9.5 水 池

9.5.1 水池的可靠性鉴定，应分为地基基础、池体、附属设施三个结构系统进行评定。地基基础、池体为主要结构系统应进行可靠性等级评定，附属设施可根据实际状况评定。

9.5.2 地基基础的安全性等级及使用性等级应按本标准第 7.2 节有关规定进行评定，其可靠性等级可按安全性等级和使用性等级中的较低等级确定。

9.5.3 池体结构的安全性等级应按承载能力项目的评定等级确定，使用性等级应按损漏项目的评定等级确定，可靠性等级可按安全性等级和使用性等级中的较低等级确定。

9.5.4 池体结构承载能力项目应根据结构类型按照本标准第 6.2 节至第 6.4 节规定的重要结构构件的分级标准评定等级。

9.5.5 池体损漏应对浸水与不浸水部分分别评定等级，池体损漏等级按浸水及不浸水部分评定等级中的较低等级确定。

1 对于浸水部分池体结构应按表 9.5.5 对渗漏损坏评定等级。

2 对于池盖及其他不浸水部分池体结构应根据结构材料类别按本标准第 6.2 节至第 6.4 节对变形、裂缝、缺陷损伤、腐蚀等有关规定评定等级。

表 9.5.5 水池池体结构的渗漏损坏评定等级

结构分类	评定标准		
	a	b	c
砌体结构	无裂损，无渗漏痕迹	表面或表面粉刷层有风化，表面有老化裂损现象，但无渗漏现象	有渗漏现象或有新近渗漏痕迹
钢筋混凝土结构	无裂损，无渗漏痕迹	表面或表面粉刷层有老化，表面有开裂现象，但无渗漏现象	有渗漏现象或有新近渗漏痕迹
钢结构	腐蚀防护层完好或无腐蚀现象，无渗漏痕迹	腐蚀防护层损坏且伴有一定程度腐蚀，但无渗漏现象	严重腐蚀或局部有渗漏

注：对地下或半地下水池，当渗漏可能对结构或正常使用产生不可忽略影响时，应进行试水检验。

9.5.6 水池附属设施包括水位指示装置、管道接口、爬梯、操作平台等，可根据实际状况按下列规定评定：

完好的：无损坏，工作性能良好；

适合工作的：轻微损坏，但不影响使用；

部分适合工作的：损坏较严重，影响使用；

不适合工作的：损坏严重，不能继续使用。

9.5.7 水池鉴定单元的可靠性鉴定评级，应按地基基础、池体两个结构系统中可靠性等级的较低等级确定。

水位指示装置、管道接口、爬梯、操作平台等附属设施评定可不参与鉴定单元的评级，但在鉴定报告中应包括其检查评定结果及处理建议。

10 鉴定报告

10.0.1 工业建筑可靠性鉴定报告宜包括下列内容：

1 工程概况。

2 鉴定的目的、内容、范围及依据。

3 调查、检测、分析的结果。

4 评定等级或评定结果。

5 结论与建议。

6 附件。

注：对于专项鉴定，鉴定报告应包括有关专项问题或特定要求的检测评定内容。

10.0.2 鉴定报告编写应符合下列要求：

1 鉴定报告中应明确目标使用年限，指出被鉴定建、构筑物各鉴定单元在目标使用年限内所存在的问题及产生的原因。

2 鉴定报告中应明确总体鉴定结果，指明被鉴定建、构筑物各鉴定单元的最终评定等级或评定结果，作为技术管理或制订维修计划的依据。

3 鉴定报告中应明确处理对象，对各鉴定单元的安全性评为c级和d级构件及C级和D级结构系统的数量、所处位置作出详细说明，并提出处理措施；若在结构系统或构件正常使用性评定中有c级构件或C级结构系统时，也应按上述要求作出详细说明，并根据实际情况提出措施建议。

附录A 单个构件的划分

A.0.1 工业建筑的单个构件，应按表A.0.1划分。

表A.0.1 单个构件的划分

构件类型			构件划分
基础	独立基础		一个基础为一个构件
	柱下条形基础		一个柱间的基础为一构件
	墙下条形基础		一个自然间的基础为一构件
	带壁柱墙下条形基础		按计算单元的划分确定
	桩基础	单桩	一根为一构件
		群桩	一个承台及其所含的基桩为一构件
	筏形基础	梁板式筏基	一个计算单元的底板或基础梁
		平板式筏基	一个计算单元的底板
柱	实腹柱		一层、一根为一构件
	组合柱		一层、一根为一构件
	双肢或多肢柱		一整根（即含所有柱肢）为一构件，如混凝土双肢柱、格构式钢柱
	分离式柱		一肢为一构件
	混合柱		一整根柱为一构件，如下柱为混凝土柱、上柱为钢柱
桁架、拱架			一榀为一构件
梁式构件	简支梁		一跨、一根为一构件
	连续梁		一整根为一构件
墙	砌筑的横墙		一层高、一自然间的一横轴线或纵轴线间的一个墙段为一构件
	砌筑的纵墙（不带壁柱）		一层高、一自然间的一纵轴线或横轴线间的一个墙段为一构件
	带壁柱的墙		按计算单元的划分确定
板（瓦）	预制板		一块为一构件
	现浇板		按计算单元的划分确定
	组合楼板		一个柱间为一构件
	轻型屋面（彩色钢板瓦、瓦楞铁、石棉板瓦等）		一个柱间为一构件
折板、壳			一个计算单元为一构件
网架（壳）			一个计算杆件或节点

A.0.2 本附录所划分的单个构件，应包括构件本身及其连接、节点。

附录B 大气环境混凝土结构耐久年限评估

B.1 一般规定

B.1.1 在进行混凝土结构或构件耐久年限评估时，应进行下列项目的现场调查与检测：

1 环境温、湿度调查与测试；

2 混凝土强度检测；

3 混凝土保护层厚度检测；

4 混凝土碳化深度检测；

5 混凝土中钢筋锈蚀状况检测。

B.1.2 混凝土结构或构件考虑钢筋锈蚀损伤的耐久年限应根据其重要性、所处环境条件以及现场调查与检测结果，按下列规定进行评估：

1 对外观要求严格的工业建筑物，可将混凝土保护层锈胀开裂作为耐久性失效的标志。

2 对外观要求一般的工业建筑物，或允许出现锈胀裂缝或局部破损的构件，可将结构性能退化作为耐久性失效的标志。

B.1.3 环境等级和局部环境系数可按表B.1.3取用。

表B.1.3 环境等级及局部环境系数

环境类别	环境等级		局部环境系数 m
一般大气环境（Ⅰ）	$Ⅰ_a$	一般室内环境；一般室外不淋雨环境	1.0
	$Ⅰ_b$	室内潮湿环境（湿度≥80%或变异较大）	1.5～2.0
	$Ⅰ_c$	室内高温、高湿度变化环境	2.0～2.5
	$Ⅰ_d$	室内干湿交替环境（表面淋水或结露）	3.0～3.5
	$Ⅰ_e$	干燥地区室外环境（室外淋雨）	3.5～4.0
	$Ⅰ_f$	潮湿地区室外环境（室外淋雨）、室外大气污染环境	4.0～4.5
大气污染环境（Ⅱ）	$Ⅱ_a$	室内轻微污染环境Ⅰ类（机修等厂房）	1.2～2.0
	$Ⅱ_b$	室内轻微污染环境Ⅱ类（炼钢等厂房）	2.0～3.0
	$Ⅱ_c$	室内轻微污染环境Ⅲ类（焦化、化工等厂房）	3.0～4.0

注：工业大气环境条件复杂，局部环境系数尚应考虑有无干湿交替、有害介质含量等具体情况合理取用。

B.1.4 符合下列条件时应进行承载力验算。

1 杆件（角部钢筋），当按结构性能严重退化预测的剩余寿命小于目标使用期，且钢筋直径小于18mm。

2 墙板（非角部钢筋），当按混凝土保护层锈胀开裂预测的剩余寿命小于目标使用期，且钢筋直径小于8mm。

3 构件锈蚀损伤严重，钢筋截面损失率超过6%。

B.2 大气环境混凝土结构耐久年限评估

B.2.1 保护层锈胀开裂时间可按下式估算：

$$t_{cr}=t_i+t_c \tag{B.2.1}$$

式中 t_i——结构建成至钢筋开始锈蚀的时间(a)；

t_c——钢筋开始锈蚀至保护层胀裂的时间(a)。

B.2.2 钢筋开始锈蚀时间可按下式估算：

$$t_i=15.2K_k\cdot K_c\cdot K_m \tag{B.2.2}$$

式中 K_k、K_c、K_m——碳化速度、保护层厚度、局部环境对钢筋开始锈蚀时间的影响系数，分别按表B.2.2-1～表B.2.2-3取用。

表B.2.2-1 碳化速度影响系数 K_k

碳化系数 k (mm/$\sqrt{a}$)	1.0	2.0	3.0	4.5	6.0	7.5	9.0
K_k	2.27	1.54	1.20	0.94	0.80	0.71	0.64

表 B.2.2-2 保护层厚度影响系数 K_c

保护层厚度 c (mm)	5	10	15	20	25	30	40
K_c	0.54	0.75	1.00	1.29	1.62	1.96	2.67

表 B.2.2-3 局部环境影响系数 K_m

局部环境系数 m	1.0	1.5	2.0	2.5	3.0	3.5	4.5
K_m	1.51	1.24	1.06	0.94	0.85	0.78	0.68

注：局部环境系数按表 B.1.4 取用。

B.2.3 碳化系数 k 应按下式计算：

$$k=\frac{x_c}{\sqrt{t_0}} \tag{B.2.3}$$

式中 x_c——实测碳化深度(mm)；

t_0——结构建成至检测时的时间(a)。

注：1 碳化深度测区应与评定钢筋锈蚀部位一致，测区不在构件角部时，角部的碳化深度可取非角部的 1.4 倍。

2 构件有覆盖层时，应考虑覆盖层的作用。

B.2.4 钢筋开始锈蚀至保护层胀裂的时间可按下式估算：

$$t_c=A\cdot H_c\cdot H_f\cdot H_d\cdot H_T\cdot H_{RH}\cdot H_m \tag{B.2.4}$$

式中 A——特定条件下(各项影响系数为 1.0 时)构件自钢筋开始锈蚀到保护层胀裂的时间，对室外杆件取 A=1.9，室外墙、板取 A=4.9；对室内杆件取 A=3.8，室内墙、板取 A=11.0；

H_c、H_f、H_d、H_T、H_{RH}、H_m——保护层厚度、混凝土强度、钢筋直径、环境温度、环境湿度、局部环境对锈胀开裂时间的影响系数，分别按表 B.2.4-1～表 B.2.4-6 取用。

表 B.2.4-1 保护层厚度影响系数 H_c

保护层厚度(mm)		5	10	15	20	25	30	40
室外	杆件	0.38	0.68	1.00	1.34	1.70	2.09	2.93
	墙、板	0.33	0.62	1.00	1.48	2.07	2.79	4.62
室内	杆件	0.37	0.68	1.00	1.35	1.73	2.13	3.02
	墙、板	0.31	0.61	1.00	1.51	2.14	2.92	4.91

表 B.2.4-2 混凝土强度影响系数 H_f

混凝土强度(MPa)		10	15	20	25	30	35	40
室外	杆件	0.21	0.47	0.86	1.39	2.08	2.94	3.99
	墙、板	0.17	0.41	0.76	1.26	1.92	2.76	3.79
室内	杆件	0.21	0.48	0.89	1.44	2.15	3.04	4.13
	墙、板	0.17	0.41	0.77	1.27	1.94	2.79	3.83

表 B.2.4-3 钢筋直径影响系数 H_d

钢筋直径(mm)		4	8	12	16	20	25	28
室外	杆件	2.43	1.66	1.40	1.27	1.19	1.13	1.10
	墙、板	4.65	2.11	1.50	1.25	1.12	1.02	0.99
室内	杆件	2.23	1.52	1.29	1.17	1.10	1.04	1.02
	墙、板	4.10	1.87	1.34	1.11	1.00	0.92	0.88

表 B.2.4-4 环境温度影响系数 H_T

环境温度(℃)		4	8	12	16	20	24	28
室外	杆件	1.50	1.42	1.34	1.27	1.20	1.15	1.09
	墙、板	1.39	1.31	1.24	1.17	1.11	1.06	1.01
室内	杆件	1.39	1.31	1.24	1.17	1.11	1.06	1.01
	墙、板	1.25	1.19	1.11	1.05	1.00	0.95	0.91

表 B.2.4-5 环境湿度影响系数 H_{RH}

环境湿度		0.55	0.60	0.65	0.70	0.75	0.80	0.85
室外	杆件	2.40	1.83	1.51	1.30	1.15	1.041	1.041
	墙、板	2.23	1.70	1.40	1.21	1.07	0.97	0.97
室内	杆件	3.04	1.91	1.46	1.21	1.04	0.92	0.92
	墙、板	2.75	1.73	1.32	1.09	0.94	0.83	0.83

表 B.2.4-6 局部环境影响系数 H_m

局部环境系数 m		1.0	1.5	2.0	2.5	3.0	3.5	4.5
室外	杆件	3.74	2.49	1.87	1.50	1.25	1.07	0.83
	墙、板	3.50	2.33	1.75	1.40	1.17	1.00	0.78
室内	杆件	3.40	2.27	1.70	1.36	1.13	0.97	0.76
	墙、板	3.09	2.06	1.55	1.24	1.03	0.88	0.69

B.2.5 结构性能严重退化的时间可按下式估算：

$$t_d=t_i+t_{cl} \tag{B.2.5-1}$$

$$t_{cl}=B\cdot F_c\cdot F_f\cdot F_d\cdot F_T\cdot F_{RH}\cdot F_m \tag{B.2.5-2}$$

式中 t_{cl}——钢筋开始锈蚀至结构性能严重退化的时间(a)；

B——特定条件下(各项影响系数为 1.0 时)自钢筋开始锈蚀至结构性能严重退化的时间，对室外杆件取 B=7.04，室外墙、板取 B=8.09；对室内杆件取 B=8.84，室内墙、板取 B=14.48；

F_c、F_f、F_d、F_T、F_{RH}、F_m——保护层厚度、混凝土强度、钢筋直径、环境温度、环境湿度、局部环境对结构性能严重退化时间的影响系数，按表 B.2.5-1～表 B.2.5-6 取用。

表 B.2.5-1 保护层厚度影响系数 F_c

保护层厚度(mm)		5	10	15	20	25	30	40
室外	杆件	0.57	0.87	1.00	1.17	1.36	1.54	1.91
	墙、板	0.58	0.77	1.00	1.24	1.49	1.76	2.35
室内	杆件	0.59	0.78	1.00	1.23	1.48	1.69	2.13
	墙、板	0.47	0.74	1.00	1.26	1.53	1.82	2.45

表 B.2.5-2 混凝土强度影响系数 F_f

混凝土强度(MPa)		10	15	20	25	30	35	40
室外	杆件	0.29	0.60	0.92	1.25	1.64	2.16	2.78
	墙、板	0.31	0.59	0.89	1.29	1.81	2.46	3.24
室内	杆件	0.34	0.62	0.93	1.33	1.85	2.49	3.24
	墙、板	0.31	0.56	0.89	1.35	1.94	2.66	3.52

表 B.2.5-3 钢筋直径影响系数 F_d

钢筋直径(mm)		4	8	12	16	20	25	28
室外	杆件	0.86	1.11	1.33	1.29	1.26	1.23	1.22
	墙、板	0.91	1.44	1.47	1.36	1.30	1.26	1.24
室内	杆件	0.94	1.14	1.32	1.27	1.24	1.21	1.20
	墙、板	0.92	1.40	1.41	1.29	1.23	1.19	1.17

表 B.2.5-4 环境温度影响系数 F_T

环境温度(℃)		4	8	12	16	20	24	28
室外	杆件	1.39	1.33	1.27	1.22	1.18	1.13	1.10
	墙、板	1.48	1.41	1.34	1.27	1.22	1.16	1.12
室内	杆件	1.42	1.34	1.28	1.22	1.16	1.12	1.07
	墙、板	1.43	1.35	1.28	1.22	1.16	1.11	1.06

表 B.2.5-5 环境湿度影响系数 F_{RH}

环境湿度		0.55	0.60	0.65	0.70	0.75	0.80	0.85
室外	杆件	2.07	1.64	1.40	1.24	1.13	1.06	1.06
	墙、板	2.30	1.79	1.50	1.31	1.18	1.08	1.08
室内	杆件	2.95	1.91	1.49	1.26	1.11	1.00	1.00
	墙、板	3.08	1.96	1.51	1.26	1.10	0.98	0.98

表 B.2.5-6 局部环境影响系数 F_m

局部环境系数 m		1.0	1.5	2.0	2.5	3.0	3.5	4.5
室外	杆件	3.10	2.14	1.67	1.38	1.20	1.06	0.88
	墙、板	3.53	2.39	1.82	1.49	1.26	1.10	0.89
室内	杆件	3.27	2.23	1.71	1.40	1.19	1.05	0.85
	墙、板	3.43	2.30	1.75	1.41	1.19	1.03	0.82

B.2.6 混凝土结构或构件的剩余耐久年限 t_{re} 可按下式计算：

$$t_{re}=t_d-t_0 \tag{B.2.6-1}$$

或

$$t_{re}=t_{cr}-t_0 \tag{B.2.6-2}$$

式中 t_0——结构建成至检测时的时间(a)；

t_d——结构性能严重退化的时间(a)；

t_{cr}——保护层锈胀开裂时间(a)。

附录C 钢吊车梁残余疲劳寿命评估

C.0.1 重级工作制钢吊车梁和中级以上工作制钢吊车桁架，疲劳验算不满足要求或在检查中发现疲劳破坏的迹象时，可根据控制部位实测的应力-时间变化关系进行残余疲劳寿命评估。

C.0.2 应力-时间变化关系的测量应在正常生产状态下进行，每次连续测量时间应至少包括一个完整的生产循环过程，测量总时间不宜少于 24h。

C.0.3 测量仪器可采用动态电阻应变仪或更高级的仪器。测量结果应为连续的应力-时间变化曲线。

C.0.4 测量部位残余疲劳寿命的评估值按下式计算：

$$T=\frac{C\cdot T^{*}}{\varphi\sum n_i^{*}\Delta\sigma_i^{\beta}}-T_0 \tag{C.0.4}$$

式中 T^{*}——测量总时间；

C 和 β——与构件和连接类别有关的参数，按照现行国家标准《钢结构设计规范》GB 50017 确定；

T_0——该结构已经使用过的时间；

φ——附加安全系数，取为 1.5～3.0，测量总时间较长时可取较低值，冶金工厂炼钢、连铸车间吊车梁的测量总时间为 24h 可取为 2.0；

$\Delta\sigma_i$——根据应力-时间曲线用雨流法统计得到的测量部位第 i 个级别的应力幅值(N/mm²)；

n_i^{*}——在测量时间 T^{*} 内，$\Delta\sigma_i$ 的循环次数；

T——残余疲劳寿命的评估时间，其单位应与 T^{*}、T_0 一致。

C.0.5 钢吊车梁系统的残余疲劳寿命评估，应结合实际损伤情况、结构形式、检查制度、生产发展等方面的因素综合考虑。

附录D 钢构件均匀腐蚀的检测

D.1 腐蚀情况检测

D.1.1 钢结构构件全面均匀腐蚀是指在大气条件下相对均匀的腐蚀，构件整个表面具有大致相同的腐蚀速度。

D.1.2 检测腐蚀损伤程度时，应清除积灰、油污、锈皮等。对需要量测的部位，应采用钢丝刷等工具进行清理，直到露出金属光泽。

D.1.3 量测腐蚀损伤构件的厚度时，应沿其长度方向至少选取 3 个腐蚀较严重的区段，每个区段选取 8～10 个测点，采用测厚仪量测构件厚度。腐蚀严重时，测点数应适当增加。取各区段算术平均量测厚度的最小值作为构件实际厚度。

D.1.4 腐蚀损伤量按照初始厚度减去实际厚度来确定。初始厚度应根据构件未腐蚀部分实测确定。在没有未腐蚀部分的情况下，初始厚度取下列两个计算数值的较大者：

1 所有区段全部测点的算术平均值加上 3 倍的标准差。

2 公称厚度减去允许负公差的绝对值。

D.2 承载能力计算

D.2.1 构件承载能力按现行国家标准《钢结构设计规范》GB 50017 计算，其截面积和抵抗矩的取值应考虑腐蚀损伤对截面的削弱，稳定系数可不考虑腐蚀损伤的影响。

D.2.2 构件承载能力计算时，截面几何性质按实际厚度和公称厚度的较小者计算。

D.3 腐蚀损伤钢材性能的影响

D.3.1 当腐蚀后的残余厚度不大于 5mm 或腐蚀损伤量超过初始厚度的 25%时，钢材质量等级应按降低一级考虑。

附录E 振动对上部承重结构影响的鉴定

E.0.1 当振动对上部承重结构的安全、正常使用有明显影响需要进行鉴定时，应按下列要求进行现场调查检测：

1 调查振动对上部承重结构的影响范围。

2 检查振动对人员正常活动、设备仪器正常工作以及结构和装饰层的影响情况。

3 需要时进行振动响应和结构动力特性测试。

E.0.2 当振动对上部承重结构的影响存在下列情况之一时，应进行安全性等级评定：

1 结构产生共振现象。

2 结构振动幅值较大，或疲劳强度不足，影响结构安全。

E.0.3 当进行振动对上部承重结构的安全性等级评定时，应按国家现行有关标准的规定，确定由于振动产生的动力荷载进行结构分析和验算，根据检测和验算分析结果按本标准第 3.3.1 条的规定评定等级，并应符合下列规定：

1 当仅进行振动对结构安全影响评定而未做常规可靠性鉴定时，若振动影响涉及整个结构体系或其中某种构件，其评定结果即为振动对上部承重结构影响的安全性等级。

2 当考虑振动对结构安全的影响且参与上部承重结构的常规鉴定评级时，可将其影响评定结果参与本标准第 7.3 节上部承重结构安全性等级的相应规定评定等级。

E.0.4 当上部承重结构产生的振动对人体健康、设备仪器正常工作以及结构正常使用产生不利影响时，应进行结构振动的使用性等级评定。

E.0.5 当进行振动对上部承重结构的使用性等级评定时，应按国家现行有关标准的规定，进行必要的振动影响分析，根据检测和分析结果按本标准第 3.3.1 条的规定评定等级，并应符合下列规定：

1 结构振动的使用性等级可按表 E.0.5 进行评定，并取其中最低等级作为结构振动的使用性等级。

2 当仅进行振动对结构正常使用影响评定而未做常规可靠性鉴定时，若振动影响涉及整个结构体系或其中某种构件，其评定结果即为振动对上部承重结构影响的使用性等级。

3 当考虑振动影响结构正常使用且参与上部承重结构的常规鉴定评级时，可将其影响评定结果参与本标准第7.3节有关上部承重结构使用性等级的相关规定评定等级。

表 E.0.5 结构振动使用性等级评定

评定项目	评定标准		
	A级	B级	C级
对人体健康的影响	人体在振动环境下无不舒适感	人体在振动环境下有不舒适感，生产工效降低	振动对人体健康产生有害影响
对设备仪器的影响	振动对设备仪器的正常运行无影响，振动响应不超过设备仪器的容许振动值	振动对设备仪器的正常运行有影响，振动响应超过设备仪器的容许振动值，但采取适当措施后可正常运行	振动使设备仪器无法正常工作或直接损害设备仪器
对结构和装饰层的影响	结构和装饰层无振动导致的表面损伤、裂缝等	结构及装饰层存在由于振动产生的表面损伤、裂缝等，但不影响结构的正常使用	结构及装饰层由于振动产生严重损伤，影响结构的正常使用

注：1 振动对人体健康与设备仪器的影响按国家现行有关标准规范执行。

2 评定时，可根据振动对结构影响的严重程度进行调整，但调整不应超过一个等级。

附录F 结构工作状况监测与评定

F.0.1 当存在下列情况之一时，应根据结构状况和生产使用要求等对结构工作状况进行监测或实时监控：

1 基础沉降或结构变形不稳定且变化趋势不明确。

2 结构荷载与受力状态复杂，在一般鉴定期间无法确定结构安全性和正常使用性评定所需要的参数范围与变化规律。

3 为保障结构安全和生产使用要求，需要对结构关键部位工作状态进行实时监控，或需要根据监测数据对结构进行维护、处理等。

F.0.2 进行结构状态的监测时，应按下列要求制订监测方案：

1 根据结构特点和鉴定评级需要，选择确定监测参量、监测点数量、位置与监测时间。

2 根据结构上的作用特性、对可能出现的受力与变形状态进行预分析。需要时，宜按照本标准第3.3.1条规定的鉴定评级标准，确定结构安全性和使用性级别所对应的监测数据范围。

3 根据监测量可能的变化或实时监测要求、监测环境、监测时间等选择合适的监测传感系统。

注：监测系统的传感器、仪器等安装使用及测量精度范围要求按国家现行有关标准执行。

F.0.3 监测系统安装完毕后，应对监测网络系统与监测软件的工作性能和稳定性进行调试，系统的调试运行时间不少于2个额定生产工作日与监测时间10%的较小者。

F.0.4 需要利用监测数据对结构的安全性、正常使用性进行评定时，应根据监测数据参照本标准第5章的规定进行计算分析与验算，并按照下列规定进行评定：

1 当仅对结构进行专门监测评定而未做常规可靠性鉴定时，其评定结果即为所监测结构的安全性等级和使用性等级，宜符合下列要求：

1)当对结构工作状态进行实时监测(控)时，监测系统宜实时给出监测评定结果；

2)当结构上的作用具有明显的周期性时，应通过一个作用周期和不同周期间的监测数据及其变化对结构进行评定；

3)对不具有周期性作用的结构进行监测评定时，宜根据监测数据的变化速率及其极值对结构进行评定。

2 当监测数据参与结构的常规鉴定评级时，可将其监测数据参与本标准第6章和第7章的有关规定，进行结构的安全性等级、使用性等级评定，以及可靠性等级的综合评定。

3 当考虑荷载工况实际可能存在最不利状态时，可对本条第2款的评定等级进行适当调整。

本标准用词说明

1 为便于在执行本标准条文时区别对待，对要求严格程度不同的用词说明如下：

1)表示很严格，非这样做不可的用词：

正面词采用“必须”，反面词采用“严禁”。

2)表示严格，在正常情况下均应这样做的用词：

正面词采用“应”，反面词采用“不应”或“不得”。

3)表示允许稍有选择，在条件许可时首先应这样做的用词：

正面词采用“宜”，反面词采用“不宜”；

表示有选择，在一定条件下可以这样做的用词，采用“可”。

2 本标准中指明应按其他有关标准、规范执行的写法为“应符合……的规定”或“应按……执行”。

中华人民共和国国家标准

工业建筑可靠性鉴定标准

GB 50144—2008

条 文 说 明

目　次

1　总则 …………………………………………… 3—23
2　术语、符号 ……………………………………… 3—23
2.1　术语 ……………………………………… 3—23
2.2　符号 ……………………………………… 3—23
3　基本规定 ………………………………………… 3—23
3.1　一般规定 …………………………………… 3—23
3.2　鉴定程序及其工作内容 ……………………… 3—23
3.3　鉴定评级标准 ……………………………… 3—24
4　调查与检测 ……………………………………… 3—25
4.1　使用条件的调查与检测 ……………………… 3—25
4.2　工业建筑的调查与检测 ……………………… 3—26
5　结构分析与校核…………………………………… 3—26
6　构件的鉴定评级…………………………………… 3—26
6.1　一般规定 …………………………………… 3—26
6.2　混凝土构件 ………………………………… 3—27
6.3　钢构件 ……………………………………… 3—28
6.4　砌体构件 …………………………………… 3—29
7　结构系统的鉴定评级 …………………………… 3—29
7.1　一般规定 …………………………………… 3—29
7.2　地基基础 …………………………………… 3—30
7.3　上部承重结构 ……………………………… 3—30
7.4　围护结构系统 ……………………………… 3—30
8　工业建筑物的综合鉴定评级 ………………… 3—31
9　工业构筑物的鉴定评级 ……………………… 3—31
9.1　一般规定 …………………………………… 3—31
9.2　烟囱 ………………………………………… 3—31
9.3　贮仓 ………………………………………… 3—31
9.4　通廊 ………………………………………… 3—32
9.5　水池 ………………………………………… 3—32
10　鉴定报告………………………………………… 3—32

1 总 则

1.0.1 工业建筑、构筑物是工业企业的重要组成部分。为了适应工业建筑安全使用和维修改造的需要，加强对既有工业建筑的技术管理，不仅要进行经常性的管理与维护，而且还要进行定期或应急的可靠性鉴定，以对存在的缺陷和损伤、遭受事故或灾害、达到设计使用年限、改变用途和使用条件等问题进行鉴定，并提出安全适用、经济合理的处理措施，给出可依据的鉴定方法和评定标准。在原《工业厂房可靠性鉴定标准》GBJ 144—90 实施的十几年里，工业建筑的可靠性鉴定有了很大发展，并对原鉴定标准提出了一些新问题和更高的要求，为了适应工业建筑可靠性鉴定的发展和需要，在总结十几年来工程鉴定实践经验和科研成果的基础上，对原鉴定标准进行了全面修订，制定了本标准。

需要特别说明的是，当工程施工质量不符合要求需要进行检测鉴定时，本标准只作为检测鉴定的技术依据，但不能代替工程施工质量验收。

1.0.2 本次修订，扩大了对既有工业建筑可靠性鉴定的适用范围。将原《工业厂房可靠性鉴定标准》GBJ 144—90 中的钢结构从原来的单层厂房扩充到多层厂房，并增加了烟囱、贮仓、通廊、水池等一般工业构筑物的可靠性鉴定，使本标准的适用范围由原来的工业厂房扩大到工业建、构筑物。

1.0.4 本条中的有关地区或使用环境等主要是指以下几种情况：

1 地震区系指抗震设防烈度不低于 6 度的地区。对于修建在地震区的工业建筑进行可靠性鉴定和抗震鉴定时，应与现行国家标准《建筑抗震鉴定标准》GB 50023 的抗震鉴定结合进行，鉴定后的处理措施也应与抗震加固措施同时提出。

2 特殊地基土地区系指湿陷性黄土、膨胀岩土、多年冻土等需要特殊处理的地基土地区。如修建在湿陷性黄土地区的工业建筑，鉴定与处理应结合现行国家标准《湿陷性黄土地区建筑规范》GB 50025 的有关规定进行。

3 特殊环境主要指有腐蚀性介质环境和高温、高湿环境等。如工业建筑处于有腐蚀性介质的使用环境，鉴定与处理应结合现行国家标准《工业建筑防腐蚀设计规范》GB 50046 的有关规定进行。

4 灾害后主要指火灾后、风灾后或爆炸后等。如工业建筑火灾后的可靠性鉴定，鉴定与处理应结合有关火灾后建筑结构鉴定标准的规定进行。

2 术语、符号

2.1 术 语

本节所给出的术语，为本标准有关章节中所引用的、用于检测鉴定的专用术语，是从本标准的角度赋予其含义，但含义不一定是术语的定义；同时又分别给出了相应的英文术语，仅供参考，不一定是国际上的标准术语。在编写本节术语时，还参考了现行国家标准《建筑结构设计术语和符号标准》GB/T 50083 等国家标准中的相关术语。

2.2 符 号

本节的符号符合现行国家标准《建筑结构设计术语和符号标准》GB/T 50083 的规定。

3 基本规定

3.1 一般规定

3.1.1、3.1.2 从分析大量工业建筑工程技术鉴定（包括工程技术服务和技术咨询）项目来看，其中 95%以上的鉴定项目是以解决安全性（包括整体稳定性）问题为主并注重适用性和耐久性问题，包括工程事故处理或满足技术改造、增产增容的需要以及抗震加固，还有一部分为维持延长工作寿命，需要解决安全性和耐久性问题等，以确保工业生产的安全正常运行；只有不到 5%的工程项目仅为了解决结构的裂缝或变形等适用性问题进行鉴定。这个分析结果是由于工业生产的使用要求，工业建筑的荷载条件、使用环境、结构类型（以杆系结构居多）等决定的。实践表明：对既有工业建筑的可靠性鉴定不必再分为安全性鉴定和正常使用性鉴定，应统一进行以安全性为主并注重正常使用性的可靠性鉴定（即常规鉴定）；对于结构存在的某些方面的突出问题（包括结构剩余耐久年限评估问题等），可就这些问题采用比常规的可靠性鉴定更深入、更细致、更有针对性的专项鉴定（深化鉴定）来解决。为此，本次标准修订，在总结以往工程鉴定的基础上，为了适应工业建筑使用管理和实际鉴定的需要，根据工业建筑的特点，分别规定了工业建筑应进行可靠性鉴定（强制性条款）和宜进行可靠性鉴定的几种情况，同时又针对结构存在的某些方面的突出问题或按照特定的要求进行专项鉴定的几种情况。

3.1.3 本条中所说的相对独立的鉴定单元，是根据被鉴定建、构筑物的结构体系、构造特点、工艺布置等不同所划分的可以独立进行可靠性评定的区段，每个区段称为一个鉴定单元，如通常按建筑物的变形缝所划分的一个或多个区段作为一个或多个鉴定单元；结构系统包括子系统，如地基基础、上部承重结构、围护结构系统，以及屋盖系统、柱子系统、吊车梁系统等子系统；结构是指各类承重结构或结构构件。

3.1.4 工程鉴定实践表明，既有建、构筑物的可靠性鉴定需要明确经过鉴定希望达到的使用年限，本次修订增加了目标使用年限这个术语，并给出了确定目标使用年限的原则规定。需要说明的是，这里引入的目标使用年限是在安全的基础上可满足使用要求的年限。在实际工程鉴定中，鉴定的目标使用年限通常是在签订鉴定技术合同时，根据本条规定的原则由业主和鉴定方共同商定。如鉴定对象建成使用时间较短、环境条件较好或需要进行改建、扩建，目标使用年限可考虑取较长时间，20～30 年；如鉴定对象已使用时间较长、环境条件较差需再维持很短时间即进行全面维修或工艺改造和设备更新，目标使用年限可考虑取较短时间，3～5 年；对于其他情况，目标使用年限一般可考虑不超过 10 年。

3.2 鉴定程序及其工作内容

3.2.1 本次修订，在总结十几年来实施《工业厂房可靠性鉴定标准》GBJ 144—90（以下简称原标准）进行工程鉴定实践的基础上，对常规的可靠性鉴定程序主要作了以下几个方面的补充和修改：

1 取消了原标准鉴定程序中"专门鉴定机构或成立专业鉴定组"部分。随着我国市场经济的发展，鉴定技术合同应为委托与受托关系，受托单位（即鉴定方）当然是有资质的专业鉴定机构，所以不必再注明，成立专业鉴定组的提法也不合适。

2 原"详细调查"部分改为"详细调查与检测"，明确了现场详细调查、检测的工作内容，并在"初步调查"与"详细调查与检测"两部分之间增加了"制订鉴定方案"部分。大量的工程鉴定实践表明，在进行现场详细调查与检测之前制订出鉴定方案，是保证现场详细调查、检测工作能够顺利进行并获得足够的、可靠的信息资料之前提，而增加了此部分要求。

3 原“可靠性鉴定评级”部分改为“可靠性评定”适当放松了原标准的可靠性鉴定必须鉴定评级的要求，即一般应进行鉴定评级，也允许不要求鉴定评级的工程项目以给出评定结果表示，并在“详细调查与检测”与“可靠性评定”两部分之间增加了“可靠性分析与验算”部分。工程鉴定实践表明，可靠性分析与验算是进行可靠性评定的基础，为此，本次修订将原标准混在“可靠性鉴定评级”中的此部分分离出来作为新增加的一部分，以明确要求并加以强调。

这里需要说明的是：对于存在问题十分明显且特别严重、通过状态分析与初步校核能作出明确判断的工程项目，实际应用鉴定程序时可以根据实际情况和鉴定要求作适当简化。

3.2.2～3.2.4 这三条规定的内容和要求，是搞好以下各部分工作的前提条件，是进入现场进行详细调查、检测需要做好的准备工作。事实上，接受鉴定委托，不仅要明确鉴定目的、范围和内容，同时还要按规定要求搞好初步调查，特别是对比较复杂或陌生的工程项目更要做好初步调查工作，才能起草制订出符合实际、符合要求的鉴定方案，确定下一步工作大纲并指导以下的工作。

3.2.5 本条是在原标准“详细调查”工作内容的基础上作了适当补充，规定了详细调查与检测的工作内容。这些工作内容，可根据实际鉴定需要进行选择，其中绝大部分是需要在现场完成的。工程鉴定实践表明，搞好现场详细调查与检测工作，才能获得可靠的数据、必要的资料，是进行下一步可靠性分析、验算与评定工作的基础，也就是说，确保详细调查与检测工作的质量，是决定可靠性鉴定工作好坏的关键之一，为此，本次修订对该部分工作内容作了部分补充或明确规定。

3.2.6 本条是本次修订新增加的内容，是确保正确进行结构可靠性评定的基础。需要说明的是：

1 可靠性分析与验算，其中一个重要组成部分是结构分析、结构或构件的校核分析，即对结构进行作用效应分析和结构抗力及其他性能分析，以及对结构或构件按两个极限状态进行校核分析。

2 另一个重要组成部分是对结构所存在问题的原因和影响分析，如对结构存在的缺陷和损伤，要分析产生的原因和对结构性能的影响。

3.2.8 本条规定了工业建筑可靠性鉴定的评定体系，仍然采用纵向分层横向分级逐步综合的鉴定评级模式。本次修订，对评定体系主要有以下几个方面修改和补充：

1 工业建筑物可靠性鉴定评级仍划分为三个层次，最高层次为鉴定单元，但中间层次由原来的“项目或组合项目”改为“结构系统”，最低层次（即基础层次）由原来的“子项”改为“构件”。

2 中间层次原来为结构布置和支撑系统、承重结构系统（含地基基础和上部承重结构）及围护结构系统。考虑到地基基础的问题性质、评定项目内容等与上部承重结构有许多不同，结构布置和支撑系统属于上部承重结构范畴并起到加强整体性的作用，所以本次修订将地基基础与上部承重结构分开，将结构布置和支撑系统归入上部承重结构中作为整体性的评定项目，从而形成地基基础、上部承重结构和围护结构三个结构系统。

3 最高层次鉴定单元仍保持原来的可靠性鉴定评级，以满足业主整体技术管理的需要，并沿用以往行之有效的工业建筑管理模式，中间层次和基础层次，即结构系统和构件的可靠性鉴定评级，包括安全性等级和使用性等级的评定，以满足结构实际技术处理上能分清问题（是安全问题还是正常使用问题）进行具体处理的需要。

4 补充了部分评定项目，如构件正常使用性评定中增加了缺陷和损伤、腐蚀两个评定项目，上部承重结构正常使用性评定中增加了水平位移评定项目，并且还注明：若上部承重结构整体或局部有明显振动时，还应将振动影响作为评定项目参与其安全性和使用性评定。

3.2.9 专项鉴定的鉴定程序未另行给出，原则上可以按可靠性鉴定程序，仅需对其中的部分工作内容作适当调整，如“可靠性分析与验算”部分可调整为“分析与计算”，“可靠性评定”部分可调整为“评定”等，并且各个部分的工作内容均要围绕鉴定的专项问题或符合鉴定的特定要求。

3.3 鉴定评级标准

3.3.1 本条规定的三个层次的鉴定评级标准，是在回顾总结和调整修订原《工业厂房可靠性鉴定标准》GBJ 144—90 中鉴定分级标准的基础上提出来的。

原《工业厂房可靠性鉴定标准》GBJ 144—90 在制定鉴定分级标准（以下简称原鉴定分级标准）的过程中，分析整理了大量工程鉴定实例和事故处理资料，特别是国内外数百例重大结构倒塌和工程事故的资料，开展了专题研究，对倒塌结构进行了垮塌原因分析和可靠指标较全面复核；走访了设计院、高等院校、科学院所、企业单位的数百位专家，开展了七次有关结构可靠性尺度标准方面的国内专家意见调查；分析了我国各个历史时期建筑结构标准规范可靠度的设置水准与发展变化，考虑了新旧规范的差异，并按拟定的鉴定分级标准对我国工业建筑十余种典型结构构件的可靠度进行了校核，给出了结构构件各等级评定标准相应的可靠度水准。经过十几年的工程鉴定应用和实践检验，原鉴定分级标准所采用的分级评定方法是可行的，规定的鉴定分级标准总体上是合理的，是符合我国当时综合国力和工业建筑实际的。

本次修订，在回顾和总结原鉴定分级标准制定依据和应用实践的基础上，又开展了“工业建筑结构安全指标与分级标准”的研究和对原鉴定分级标准的调整与修订，主要说明如下：

1 分析了我国 21 世纪初建筑结构设计标准规范对结构可靠度设置水准的调整与提高，并结合历史规范进一步回顾和分析了我国建筑结构设计标准规范对结构安全度的设置水准呈马鞍形发展变化，即：20 世纪 50 年代的水准不低，60 年代设计革命和 70 年代的水准降低，80 年代的水准有所提高，特别是 21 世纪初的水准又有一定幅度提高。因此，对既有工业建筑结构鉴定，不能脱离和隔断这个马鞍形的发展历史，既要顺应我国目前结构可靠度提高的趋势，又要联系历史，结合工程实际，不可按现行结构设计规范的水准一刀切，应该区别对待，在现阶段仍需继续采用分级评定的方法。

2 随着我国综合国力的提高和 21 世纪初标准规范修订对结构可靠度设置水准的调整，为确保既有工业建筑的安全正常使用，并适应我国工业建筑当前和今后使用与发展的要求，需要对原鉴定分级标准进行调整和修订。通过对新旧规范的对比分析以及工业建筑鉴定的工程实例分析，确定了对原鉴定分级标准调整、修订的原则，即：适当提高鉴定评级标准的水准，适当扩大处理面，不保留低水准或落后的既有结构，并在结构系统和构件两个层次中补充规定安全性等级和使用性等级的评级标准，在三个层次的可靠性评级标准中考虑安全的基础上又补充在目标使用年限内能否正常使用的规定。

3 本次对原鉴定分级标准所进行的调整与修订。按照上述确定的调整、修订原则，首先，在基础层次即结构构件的鉴定评级标准中，先后考虑了八种调整方案，分别按原分级标准和新调整的评级标准对工业建筑十余种典型结构构件在不同分级标准下的可靠度（可靠指标）进行了校核，经过对比分析和征求专家意见，最后确定了一种提高标准水准和扩大处理面相对比较合适的调整方案，作为结构构件安全性、正常使用性和可靠性的鉴定评级标准（即本条以文字形式给出的评级标准和本标准第 6 章有关构件评定等级的具体规定），并在工程试点和上百个按旧设计规范编制的结构标准图中的构件进行试评检验。其次，对本条规定的结构系统和鉴定单元的评级标准以及本标准第 7 章、第 8 章的有关评级标准，也在原分级标准相关规定的基础上进行了调整和修订，如对结构系统整体性的要求和规定严了，对地基基础和上部承重结构评级标准中的有关控制指标与结构系统中c级、d级构件含量等方面规定也严了，水准要求也提高了，等等。

4 本次新调整修订的鉴定评级标准的水准比原鉴定分级标准有适当提高。例如，按照本条和本标准第6章关于构件的评级标准，对安全等级划为二级的工业建筑（即整个结构安全等级为二级），其三种结构（混凝土结构、钢结构和砌体结构）的十余种典型构件的承载能力（构件抗力与作用效应的比值$R/\gamma_0 S$），按新旧两种鉴定评级标准，在各等级界限下的可靠指标β值对比校核结果列于表1。

表1 构件承载能力（$R/\gamma_0 S$）在各等级界限下的β平均值

类别	破坏类型		a级和b级界限	b级和c级界限	c级和d级界限
原鉴定分级标准	延性破坏		$\frac{2.98\sim3.47}{3.20}$	$\frac{2.78\sim3.16}{2.96}$	$\frac{2.64\sim2.98}{2.79}$
	脆性破坏		$\frac{3.46\sim4.04}{3.72}$	$\frac{3.15\sim3.72}{3.42}$	$\frac{2.98\sim3.51}{3.23}$
新修订的鉴定评级标准	重要构件	延性破坏	$\frac{3.04\sim4.08}{3.50}$	$\frac{2.89\sim3.67}{3.24}$	$\frac{2.73\sim3.47}{3.07}$
		脆性破坏	$\frac{3.70\sim4.70}{4.11}$	$\frac{3.33\sim4.23}{3.70}$	$\frac{3.14\sim3.99}{3.49}$
	次要构件	延性破坏	$\frac{3.04\sim4.08}{3.50}$	$\frac{2.79\sim3.55}{3.14}$	$\frac{2.64\sim3.34}{2.96}$
		脆性破坏	$\frac{3.70\sim4.70}{4.11}$	$\frac{3.22\sim4.09}{3.57}$	$\frac{3.03\sim3.85}{3.37}$

注：表中分子数值表示十余种典型构件在各等级界限下的可靠指标β值，分母数值为相应的β平均值；原鉴定分级标准中未分重要构件与次要构件，为二者的平均情况。

表中的对比校核结果表明：a级标准符合现行设计标准规范的要求，其水准随着现行结构设计规范设置水准的提高而提高，a级和b级界限水准比原分级标准平均提高约10%，b级和c级界限水准包括重要构件和次要构件平均提高约7%，c级和d级界限水准相应平均提高7%。三种结构的重要构件b级标准的下界限总体水准（平均β值）符合现行国家标准《建筑结构可靠度设计统一标准》GB 50068对安全等级为二级构件的规定值，次要构件略低于该统一标准对安全等级为二级构件的规定值，但满足该统一标准允许对其中部分结构构件比整个结构的安全等级降一级（即安全等级可调至三级）的规定值，也满足原国家标准《建筑结构设计统一标准》GBJ 68—84对安全等级为二级构件的下限值要求。也就是说，新调整修订的构件评级标准不仅比原鉴定分级标准的水准在各等级下有适当提高，而且b级构件的水准总体上重要构件符合国家现行标准要求，当然是安全、可靠的，次要构件总体上不低于国家现行标准关于结构安全的下限水平（不得低于三级）的要求，并满足20世纪80年代建筑结构设计标准规范的下限值要求，在正常设计、正常施工和正常使用和维护情况下仍是安全的，这已被工程实践所证实。因此，本标准将重要构件和次要构件安全性评级标准中的b级水准定为：略低于国家现行标准规范的安全性要求，仍能满足结构安全性的下限水平要求，不影响安全，可不采取措施。并且，随着新修订的b级水准的提高，既可将那些低水准或落后的结构构件划到c级甚至个别划到d级进行处理，又可使既有结构的处理面扩大到比较适当但又不至于过大。

4 调查与检测

4.1 使用条件的调查与检测

4.1.1 既有建筑结构鉴定与新结构设计不同。新设计主要考虑在设计基准期内结构上可能受到的作用、规定的使用环境条件。而既有建筑结构鉴定，除应考虑下一目标使用期内可能受到的作用和使用环境条件外，还要考虑结构已受到的各种作用和结构工作环境，以及使用历史上受到设计中未考虑的作用。例如地基基础不均匀沉陷、曾经受到的超载作用、灾害作用等造成结构附加内力和损伤等也应在调查之列。

4.1.2 本条结构上的作用是根据现行国家标准《建筑结构可靠度设计统一标准》GB 50068和国际标准《结构上的作用》ISO/TR 6116进行分类的。

4.1.3～4.1.7 既有建筑结构鉴定验算，在无特殊情况下，结构的作用标准值尽量采用现行国家标准《建筑结构荷载规范》GB 50009的规定值。但是，在工业建筑结构鉴定中有些情况下结构验算荷载，例如某些重型屋盖的屋面荷载、积灰严重的屋面积灰荷载、运行不正常的吊车竖向和水平荷载、生产工艺荷载等难以选用《建筑结构荷载规范》GB 50009的规定值时，则需要根据《建筑结构可靠度设计统一标准》GB 50068的原则采用实测统计的方法确定。第4.1.4～4.1.7条给出了具体检测项目和测试方法。其中第4.1.6条为吊车荷载、相关参数和条件的调查与检测：

1 当吊车及吊车梁系统运行使用状况正常、资料齐全时，宜进行常规调查和检测，包括收集有关设计资料、吊车产品规格资料，并进行现场核实，调查吊车布置、实际起重量、运行范围和运行状况等。此时，吊车竖向荷载包括吊车自重和吊车轮压，可按对应的吊车资料取值；吊车横向水平荷载为小车制动力，可按国家现行荷载规范取值。

2 当吊车及吊车梁系统运行使用状况不正常、资料不全或对已有资料有怀疑时，还应根据实际状况和鉴定要求进行专项调查和检测，包括吊车轨道平直度和轨距的测量、调查吊车运行振动或晃动异常的原因以及对厂房结构安全使用的影响，吊车自重、吊车轮压以及结构应力和变形的测试等。此时，吊车竖向荷载可取吊车资料与实测中的较大值；吊车横向水平荷载，除应考虑小车横行制动力之外，尚应考虑大车纵向运行由吊车摆动引起的横向水平力造成的影响。

4.1.8、4.1.9 在工业建筑检测鉴定中业主（委托方）最关心的是建筑结构是否安全、适用，结构的寿命是否满足下一目标使用年限的要求。如果建筑结构出现病态（老化、局部破坏、严重变形、裂缝、疲劳裂纹等）要求查找原因、分析危害程度和提出处理方法。为检测鉴定中掌握结构使用环境、结构所处环境类别和作用等级，解决上述问题提供调查纲要和技术依据特制定这两条。

其中第4.1.9条为一般混凝土结构耐久性判定、混凝土结构裂缝宽度评定等级等所需要的结构所处环境类别和作用等级。对钢结构和砌体结构上述规定也基本适用。如果需要评估混凝土构件的耐久性年限时，仅掌握本条所规定的结构所处环境类别和作用等级还是不够的，还需要掌握更详细的环境指标参数。遇到这种情况，对大气环境普通混凝土结构可按本标准附录B的表B.1.3的规定确定更详细的环境类别、详细划分环境作用等级，并确定计算中需要的相关参数和局部环境系数。其他情况则要按国家现行标准《混凝土结构耐久性评定标准》CECS 220的规定根据评定需要进一步详细确定环境类别、环境作用等级及相关计算参数和系数。

本标准第4.1.9条结构所处环境分类和环境作用等级主要是根据现行国家标准《混凝土结构耐久性设计规范》GB/T 50476、《混凝土结构设计规范》GB 50010、《工业建筑防腐蚀设计规范》GB 50046和《岩土工程勘察规范》GB 50021（对地基基础和地下结构），并结合工业建筑的实际情况制定的。根据工业建筑鉴定的特点和需要，对其中很少遇到的情况如冻融环境，本条对上述规范条文和表格作了适当的简化和取舍。其中化学腐蚀环境比较复杂，工业建筑上部结构、地下地基基础中又经常遇到酸、碱、盐、有机物，生物的气态、液态、固态腐蚀介质，这部分内容本条文根据需要列入表格。检测鉴定时遇到化学腐蚀环境，应根据鉴定需要做详细检测分析，用于结构和地基基础的鉴定评级。一般工业建筑则可直接根据第 4.1.9 条，确定结构所处环境类别和环境作用等级用于建、构筑物的可靠性鉴定，结构安全性评定和正常使用性评定。

4.2 工业建筑的调查与检测

4.2.3 地基承载力的大小按现行国家标准《建筑地基基础设计规范》GB 50007 中规定的方法进行确定。当评定的建、构筑物使用年限超过 10 年时，可适当考虑地基承载力在长期荷载作用下的提高效应。

4.2.4 本条调查项目是在原《工业厂房可靠性鉴定标准》GBJ 144—90 和《钢铁工业建(构)筑物可靠性鉴定规程》YBJ 219—89 基础上总结大量工程检测鉴定实践经验提出的。

4.2.5～4.2.8 提出了混凝土结构、钢结构、砌体结构的结构材料、几何尺寸、制作安装偏差、结构构件性能、混凝土结构耐久性检测的具体检测方法。近年来，我国陆续制定了《建筑结构检测技术标准》GB/T 50344、《砌体工程现场检测技术标准》GB/T 50315 等，为既有建筑结构鉴定提供了标准检测方法的依据。这些检测标准主要规定了检测的标准做法，具体到工业建筑检测鉴定中什么情况下怎样检测，这几条作了具体规定。

5 结构分析与校核

5.0.1 本标准结构分析与校核所采用的是极限状态分析方法。结构作用效应分析，是确定结构或截面上的作用效应，通常包括截面内力以及变形和裂缝。结构或构件校核应进行承载能力极限状态的校核，当结构构件的变形或裂缝较大或对其有怀疑时，还应进行正常使用极限状态的校核。承载能力极限状态的校核是将截面内力与结构抗力相比较，以验证结构或构件是否安全可靠；正常使用极限状态的校核是变形和裂缝与规定的限值相比较，以验证结构或构件能否正常使用。

5.0.2 在工业建筑的可靠性鉴定中，结构分析与结构构件的校核，是一项十分重要的工作。为了力求得到科学和合理的结果，有必要在分析与校核所需的数据和资料采集及利用上，作出统一的规定。现就本标准在这一方面的规定摘要说明如下：

1 关于结构分析与结构或构件校核采用的方法问题。

结构构件分析与校核所采用的分析方法，应符合国家现行设计规范的规定。对于受力复杂或国家现行设计规范没有明确规定时，可根据国家现行设计规范规定的原则进行分析验算。计算分析模型应符合结构的实际受力和构造状况。

2 关于结构上作用(荷载)取值的问题。

对已有建筑物的结构构件进行分析与校核，其首先要考虑的问题，是如何确定符合实际情况的作用(荷载)。因此，要准确确定施加于结构上的作用(荷载)，首先要经过现场调查、检测和核实。经调查符合现行国家标准《建筑结构荷载规范》GB 50009 的规定者，应按规范选用；当现行国家标准《建筑结构荷载规范》GB 50009 未作规定或按实际情况难以直接选用时，可根据现行国家标准《建筑结构可靠度设计统一标准》GB 50068 的有关原则规定确定。作用效应的分项系数和组合系数一般应按现行国家标准《建筑结构荷载规范》GB 50009 的规定确定。当现行荷载规范没有明确规定，且有充分工程经验和理论依据时，也可以结合实际按《建筑结构可靠度设计统一标准》GB 50068 的原则规定进行分析判断。

同时要考虑既有建筑物在时间参数上不同于新建建筑物的特点和今后不同的目标使用年限，风荷载和雪荷载是随着时间参数变化的，一般鉴定的目标使用年限比新建的结构设计使用年限短，按照不同期间内具有相同安全概率的原则，对风荷载和雪荷载的荷载分项系数进行适当折减，经过编制组的计算分析，采用的折减系数如表 2：

表 2 风(雪)荷载折减系数

目标使用年限 t（年）	10	20	30～50
折减系数	0.90	0.95	1.0

注：对表中未列出的中间值，允许按插值法确定，当 $t<10$ 时，按 $t=10$ 确定。

楼面活荷载是依据工艺条件和实际使用情况确定的，与时间参数变化小，因此对于楼面活荷载不需折减。

3 关于结构构件材料强度的取值问题。

对已有建筑物的结构构件进行分析与校核，其另一个需要考虑的问题，是确定符合实际的构件材料强度取值。为此，编制组参照国际标准《结构可靠性总原则》ISO 2394—1998 的规定，提出两条确定原则：当材料的种类和性能符合原设计要求时，可取原设计标准值；当材料的种类和性能与原设计不符或材料性能已显著退化时，应根据实测数据按国家现行有关检测技术标准的规定确定，例如《建筑结构检测技术标准》GB/T 50344、《回弹法检测混凝土抗压强度技术规程》JGJ/T 23 等。

当混凝土结构表面温度长期高于 60℃，这时材料性能会有所降低，应考虑温度对材质的影响，可参照相关的标准规范取值。例如，根据国家现行标准《冶金工业厂房钢筋混凝土结构抗热设计规程》YS 12—79，温度在 80℃和 80℃以上时，应考虑温度对强度的影响。在温度为 100℃时，混凝土轴心、抗压设计强度的折减系数分别为 0.85、0.75，混凝土弹性模量折减系数为 0.75。钢结构表面温度长期高于 150℃时，应当采取措施进行隔热处理，以避免钢结构表面温度超过 150℃。采取隔热措施后钢结构的计算可按常规进行分析。

5.0.3 当结构分析条件不充分时，可通过结构构件的载荷试验验证其承载性能和使用性能。结构构件的载荷试验应按专门标准进行，例如现行国家标准《建筑结构检测技术标准》GB/T 50344、《混凝土结构试验方法标准》GB 50152 等。当没有结构试验方法标准可依据时，可参照国外标准或按自行设计的方法进行检验，但务必要慎重考虑，因为国外所采用的检验参数或自行设计方法不一定能与本标准有关规定接轨，这一点应特别注意。

6 构件的鉴定评级

6.1 一 般 规 定

6.1.1 本条规定了单个构件的鉴定评级包括对其安全性等级和使用性等级的评定，以及需要时的可靠性等级由此进行综合评定的原则。这个综合评定的原则是根据本标准第 3.3.1 条关于构件的可靠性评级标准提出来的，是在构件可靠性评级中体现结构可靠性鉴定以安全性为主并注重正常使用性这一总原则的具体规定。即：即使构件的安全性不存在问题或不至于造成问题，而构件的使用性存在问题(使用性等级为 c 级)，也需要进行修复处理使其可正常使用，结构可靠性等级宜定为 C 级；其他情况，包括构件的安全性存在问题，构件的可靠性等级要以安全性等级确定，以便采取措施处理确保安全。对位于生产工艺流程关键部位的构件，考虑生产和使用上的高要求，可以安全性等级和使用性等级中较低等级直接确定，或对本条第 1 款评定结果按此进行调整。

构件的安全性等级和使用性等级要根据实际情况原则上按本标准第 6.1.2 条的相应规定评定，一般情况下，应按本标准第 6.2 节至第 6.4 节的具体规定评定。此外，在实际工程鉴定中，当遇到对某些构件的安全性或使用性要求进行鉴定的情况时，也可按照上述三节的规定进行鉴定评级。

6.1.2 本条给出了评定构件安全性等级和使用性等级的三个原

则性规定，即按校核分析评定、按状态评定和按结构载荷试验评定的规定。在校核分析评定中，构件的承载能力校核、裂缝及变形等项目的正常使用性校核，系采用国家现行设计规范规定的方法，通过作用效应分析和抗力分析确定，要符合本标准第5.0.2条的具体规定要求，其等级评定要按照本标准第6.2节至第6.4节的具体规定进行。

6.1.3 这里所指的国家现行有关检测技术标准的规定，主要是指《建筑结构检测技术标准》GB/T 50344中有关混凝土结构"构件性能实荷检验"、钢结构"结构性能实荷检验"的规定进行检验与评定。

6.1.4、6.1.5 这两条是总结工程鉴定实际经验，分析以往历史技术标准规范的应用情况，并参考国际标准《结构设计基础——已有结构的评定》ISO 13822—2001有关规定提出来的。根据本标准总则第1.0.3条的规定，这两条所规定的条件不包含偶然荷载作用，如地震作用、爆炸力、撞击力等。

6.2 混凝土构件

6.2.2 原《工业厂房可靠性鉴定标准》GBJ 144—90中的混凝土结构构件承载能力评定等级标准是根据我国当时的整体国力和工业建筑的实际，在大量工程实践总结和工程倒塌事故统计分析、可靠度校核分析与尺度控制以及专家意见调查的基础上制定的。总体上反映了我国当时标准规范和实际工程结构的可靠度水准。当时实施的规范主要为原《混凝土结构设计规范》GBJ 10—89和原《建筑结构荷载规范》GBJ 9—87等相应的规范。实践证明原鉴定分级标准满足了当时工业建筑保障安全和使用的需要，未发现鉴定评级的工程失误。目前我国正在使用的现行国家标准《混凝土结构设计规范》GB 50010、《建筑结构荷载规范》GB 50009等规范是经过新一轮修订的，其主要特点是对我国建筑结构安全度做了调整，总体上提高了结构安全度的设置水准。针对工业建筑，新修订规范对钢筋混凝土结构安全度的调整，主要是由于下面因素引起：①新规范补充了永久荷载效应起控制作用的设计表达式，其中永久荷载分项系数 γ_G 取为1.35；②Ⅱ级钢筋的强度设计值 f_y 由 $310N/mm^2$ 调整为 $300N/mm^2$；③正截面受压承载力计算公式中，将抗力部分乘以系数0.9；④采用混凝土的"轴心抗压强度"取代了原规范中混凝土"弯曲抗压强度"的设计指标。经过分析比较，采用新规范后可靠指标比旧规范平均提高12%。《工业厂房可靠性鉴定标准》修订时评级标准的水准如果继续沿用原评级标准的分级界限，即对于重要结构构件和次要构件，a级和b级的界限值均为1；b级和c级的界限值分别为0.92、0.90；c级和d级的界限值分别为0.87、0.85，则对已有工业建筑结构可靠性鉴定而言，要求有些过严，扩大了处理面和立即处理面，不符合我国工业建筑的历史和现实情况。随着我国综合国力的提高和21世纪初标准规范修订对结构可靠度的调整，为适应我国工业建筑当前和今后使用与发展的要求，对工业建筑结构鉴定的分级标准需要进行适当的调整。

本次工业建筑可靠性鉴定是在保持原分级原则不变的情况下，对其各等级的可靠性标准进行适当调高。由于a级标准仍然为符合国家现行标准规范，其水准随着新一轮标准规范对工业建筑可靠度设置水准的提高而提高，并使各等级界限的水准也随之提高。经过大量计算和分析对比，对于混凝土结构重要构件和次要构件，新修订的构件承载能力项目评级标准建议a级和b级的界限值定为1，b级和c级的界限值分别定为0.90、0.87，c级和d级的界限值分别定为0.85、0.82，此时各等级界限的可靠指标与原评级标准相比，其水准都有一定的提高，a级和b级界限提高约13%，b级和c级界限提高9%以上，c级和d级界限提高9%以上。其中，a级和b级界限的水准提高较多，是由于现行国家标准《混凝土结构设计规范》GB 50010比旧规范可靠度设置水准提高较多决定的；b级和c级、c级和d级界限的水准提高，从安全和扩大处理面等方面分析和工程试点验证，均表明其提高幅度是适当的。

本条所指的重要构件和次要构件，鉴定者可根据本标准第2章规定的术语含义和工程实际情况确定。一般情况下，重要构件指屋架、托架、屋面梁、无梁楼盖、梁、柱、吊车梁；次要构件指板、过梁等。

在承载能力项目评定中，由于过宽的裂缝、过度的变形、严重的缺陷损伤及腐蚀会降低构件的承载能力，因而在承载能力校核及评定中，应考虑其影响。

6.2.3 混凝土构件的构造要求一般包括最小配筋率、最小配箍率、最低强度等级及箍筋间距等，应根据现行国家标准《混凝土结构设计规范》GB 50010及有关抗震鉴定标准的规定进行评定。

6.2.4 十余年来在对原《工业厂房可靠性鉴定标准》GBJ 144—90的执行应用中，大家认为工业建筑正常使用性评定中仅考虑裂缝、变形项目不全面，本次修编在使用性等级评定中增加了缺陷和损伤及腐蚀两个评定项目。

6.2.5 表6.2.5-1～表6.2.5-3中混凝土构件的受力裂缝通常是指受拉、受弯及大偏压构件等的受拉区主筋处的裂缝。当混凝土构件中出现剪力引起的斜裂缝时，应进行承载力分析，根据具体情况进行评定，可参考表6.2.5-1～表6.2.5-3从严掌握。当出现受压裂缝时，如轴压、偏压、斜压等，表明构件已处于危险状态，应引起特别重视。

本次裂缝项目评定中考虑了下列因素：①结构的功能要求，结构所处的环境条件，钢筋种类对腐蚀的敏感性；②现行设计规范的裂缝控制等级；③国内外试验资料和国内外规范的有关规定；④工程实践和调查，原《工业厂房可靠性鉴定标准》GBJ 144—90工程鉴定的应用经验。本标准规定裂缝宽度符合现行设计规范要求的构件，评为a级，但考虑到表6.2.5-1～表6.2.5-3中的裂缝宽度为检测时测试的裂缝宽度，实际作用荷载不一定达到设计规范规定的验算荷载，因而在表6.2.5-1中对处于环境条件较恶劣的Ⅲ、Ⅳ类环境中的构件，其a级标准相对严于现行国家标准《混凝土结构设计规范》GB 50010；而对设计规范中裂缝控制等级为二级但处于Ⅰ-A（Ⅰ类A级）室内正常环境下的结构构件，因其在荷载效应标准组合计算时允许出现拉应力，在短期内可能出现很微小的裂缝，因而结构构件裂缝宽度适当放宽。当现场裂缝检测较困难，或者检测时的荷载作用差异较大时，也可通过裂缝宽度验算，根据裂缝计算结果及工程经验综合判断后进行裂缝项目评定。

由于温度、收缩及其他作用引起的裂缝，可根据具体情况进行评定。由于裂缝的情况复杂，周围使用环境差异往往亦很大，裂缝的危害性和发展速度会有很大差别，故允许有实践经验者根据具体情况适当从宽掌握。

6.2.6 混凝土结构或构件的变形，受其荷载、跨度、截面形式、截面高度及配筋率等多方面因素的影响，而相对变形的限值又受其使用要求及其构件的重要程度而确定。

混凝土结构或构件变形分级标准中，a级是按照国家现行有关规范的要求提出的。对于b、c级的分级标准，是在分析受弯梁因荷载变化，引起构件变形钢筋应力的递增及承载能力降低间的关系，并结合工程及鉴定经验予以确定的。

对挠度有一般要求的屋盖、楼盖及楼梯构件变形按表6.2.6评定等级，对挠度有较高要求的构件可按现行国家标准《混凝土结构设计规范》GB 50010的规定从严掌握。

6.2.7 混凝土构件的缺陷和损伤也会影响构件的正常使用，本次修编中增加了此项内容。混凝土缺陷和损伤严重时会影响构件承载能力，鉴定者评定时需根据其严重程度进行构件承载能力项目的分析评定。

6.2.8 当出现钢筋锈蚀和混凝土腐蚀时，将会影响混凝土构件的使用性，因此本次修编中此项内容单独作为一项列出。根据工程调查及试验资料，因钢筋锈蚀而导致构件表面出现沿筋纵向裂缝时，钢筋已发生中、轻度锈蚀，影响结构性能。如果周围使用环境处于不利条件，情况将迅速劣化。因此对具有上述裂缝的构件，将影响其长期的正常使用性，建议根据具体情况进行处理。根据已有的试验研究结果，混凝土开裂时钢筋的锈蚀程度因钢筋所处位置、钢筋类型和直径的不同而差别很大，表3列举了几种钢筋在同一环境下刚刚锈蚀开裂时的重量损失率，可以看出，钢筋锈蚀混凝土刚刚开裂时位于角部的Φ18钢筋重量损失率小于2%，而位于箍筋位置处的ϕ6.5钢筋重量损失率已大于15%。因而对于墙板类及梁柱构件中的钢筋及箍筋除考虑外观外，也需要考虑钢筋截面损失状况。

表3 几种钢筋在同一环境下刚开裂时的重量损失率

钢筋直径(mm)		位于角部 圆钢			位于角部 螺纹钢			箍筋位置（板） 圆钢	
		ϕ8	ϕ10	ϕ14	Φ14	Φ16	Φ18	ϕ6.5	ϕ8
刚开裂时重量损失率(%)	计算85%保证率时	9.56	9.15	5.83	2.64	3.39	1.75	16.1	15.4
	实际最大	8.2	6.0	6.2	3.0	2.0	0.4	15.2	—

6.3 钢 构 件

6.3.1 钢构件的安全性等级按承载能力项目评定，包括构件连接的承载能力。承载能力可通过计算或试验确定，相对于荷载效应进行检验就是承载能力项目的评定。满足构造要求是保证构件预期承载能力的前提条件，构造不满足要求时，意味着承载能力的降低，可直接评定安全等级。这样，构件的承载能力项目包括承载能力、连接和构造三个方面，取其中最低等级作为构件的安全性等级。

6.3.2 承重构件的钢材符合建造当年钢结构设计规范和相应产品标准的要求时，说明当时的材料选用和产品质量是合格的，即使不符合现行标准规范的要求，考虑到经过多年使用没有出现问题，在构件使用条件没有发生变化时，应该认为材料是可靠的。如果构件的使用条件发生根本的改变，比如承受静载的构件改成承受动力荷载、保温厂房改成非保温厂房、所承受的荷载有较大的增加等，这相当于用旧构件建造一个新结构，在这种情况下材料还应符合现行标准规范的要求。如果材料达不到上述要求，应进行专门论证，在确定承载能力和评级时应考虑其不利影响。钢材产品的质量包括力学性能、化学成分、冶炼方法、尺寸外形偏差等。

上述要求同样适用于连接材料和紧固件。

6.3.3 钢构件的承载能力项目根据构件的抗力R和荷载作用效应S及结构构件重要性系数γ_0评定等级。构件的抗力R一般按照现行钢结构设计规范（包括《钢结构设计规范》GB 50017、《冷弯薄壁型钢结构技术规范》GB 50018、《网架结构设计与施工规程》JGJ 7、《门式刚架轻型房屋钢结构技术规程》CECS 102等）确定，与设计新构件不同，在计算已有构件抗力时，应考虑实际的材料性能和结构构造，以及缺陷损伤、腐蚀、过大变形和偏差的影响。这是因为新构件是先设计后施工，在施工和使用过程中控制这些影响因素，设计时不必考虑；但已有构件的这些因素是客观存在，必须予以考虑。另一方面，已有构件的各种特性和所受荷载作用是比较明确的，变异性较小，因此，其承载能力即使有所降低，在一定范围内也是可以接受的。荷载作用效应S一般按现行国家标准《建筑结构荷载规范》GB 50009和相关设计规范结合实测结果计算确定。结构构件重要性系数γ_0按现行国家标准《建筑结构可靠度设计统一标准》GB 50068确定。

过大的变形、偏差以及严重的腐蚀会降低构件的承载能力，此时，应按承载能力项目评定其安全性等级。其中，严重腐蚀的影响有两个方面，一是使构件截面积减少，二是腐蚀降低材料的韧性。本标准附录E参考了国外资料，对严重均匀腐蚀在这两个方面提出了检测评估方法。

吊车梁的疲劳强度与静力承载能力相比有很大不同，即使验算结果表明疲劳强度不足，但对于比较新的吊车梁来说，在一定的期限内可以是安全的；相反，对于已经出现疲劳损伤或者已使用很长年限的吊车梁，不论验算结果如何，都有可能存在安全隐患。所以吊车梁疲劳性能的评级，表6.3.3不完全适用，应根据疲劳强度验算结果、已使用的年限和吊车梁系统的损伤程度进行评级。

本条所指的重要构件和次要构件，鉴定者可根据本标准第2章规定的术语含义并结合工程实际情况具体确定。通常情况下，重要构件指屋架、托架、梁、柱、吊车梁（吊车桁架）等；次要构件指板、墙架构件等。

6.3.4 工业厂房钢屋架等桁架结构，经过长期使用后，会发生各类杆件弯曲现象，尤以其中腹杆最普遍。对这种有双向弯曲缺陷的压杆，经常需要确定其剩余承载力问题。为此，表6.3.4是在借鉴国外资料基础上通过计算分析和试验研究得以证实后推荐使用的，列入了行业标准《钢结构检测评定及加固技术规程》YB 9257—1996，冶建院在多项工程中采用过这种方法，取得了很好的效果。

6.3.5 钢构件影响正常使用性的因素，包括变形、偏差、一般构造和防腐等。其中变形可分为两类，一类是荷载作用下的弹性变形，与荷载和构件的刚度有关；另一类是使用过程中出现的永久性变形，和施工过程中的偏差性质上相同，因此永久性变形应归入偏差项目进行评定。有些一般构造要求与正常使用性有关，如受拉杆件的长细比，长细比太大会产生振动。防腐措施是否完备影响构件的耐久性，已经出现锈蚀的，说明防腐措施不到位。对这几个项目进行评级，取其中最低等级作为构件的使用性等级。

6.3.6 本条所指的构件变形是荷载作用下钢构件的弹性变形，为梁、板等受弯构件的挠度。对于框架柱柱顶水平位移和层间相对位移、吊车梁或吊车桁架顶面处柱子的水平位移等，因属于框架结构的水平位移，而放到本标准第7章7.3节上部承重结构中给出评级规定。这些变形在结构设计时一般是要进行验算，不需验算的变形一般也就不需要评级。在国家现行相关设计规范中，包括《钢结构设计规范》GB 50017、《冷弯薄壁型钢结构技术规范》GB 50018、《网架结构设计与施工规程》JGJ 7、《门式刚架轻型房屋钢结构技术规程》CECS 102等，规定有详细的变形控制项目、容许值和计算方法。构件变形项目评为a级的，应满足这些设计规范的要求（即规范容许值）；如果工艺上对构件变形有特别设计要求，还应满足设计要求。

构件变形影响正常使用性，主要是指可能导致设备不能正常运行、非结构构件受损以及让人感到不安全等，这些都是很难定量考虑的。规范的容许值是多年实际经验的总结，能满足规范要求一般不会有什么问题，但超出规范容许值的，也不一定影响正常使用。现行国家标准《钢结构设计规范》GB 50017对构件变形的规定较老规范做了改动，着重提出，在有实践经验或有特殊要求时可根据不影响正常使用和观感的原则进行适当地调整。对已有构件来说，是否影响正常使用的问题基本上已经暴露出来，所以在评定构件变形项目的等级时应特别注意是否真的影响正常使用，如果不影响正常使用，即使超过规范中所列容许值，也可以评为b级。

6.3.7 钢构件的偏差具体所指项目可参见国家现行相关施工验收规范和产品标准并按这些规范标准确定是否满足要求，满足要求的使用等级评为a级。现行施工验收规范包括《钢结构工程施工质量验收规范》GB 50205、《冷弯薄壁型钢结构技术规范》GB 50018、《网架结构设计与施工规程》JGJ 7、《门式刚架轻型房屋钢结构技术规程》CECS 102等，产品标准包括《热轧等边角钢尺寸、外形、重量及允许偏差》GB/T 9787、《热轧不等边角钢尺寸、外形、重量及允许偏差》GB/T 9788、《热轧工字钢尺寸、外形、重量及允许偏差》GB/T 706、《热轧槽钢尺寸、外形、重量及允许偏差》GB/T 707、《热轧H型钢和剖分T型钢》GB/T 11263、《冷弯型钢》GB/T 6725、《结构用冷弯空心型钢尺寸、外形、重量及允许偏差》GB/T 6728、《通用冷弯开口型钢尺寸、外形、重量及允许偏差》GB/T

6723、《热轧钢板和钢带的尺寸、外形、重量及允许偏差》GB/T 709、《建筑用压型钢板》GB/T 12755、《无缝钢管尺寸、外形、重量及允许偏差》GB/T 17395、《直缝电焊钢管》GB/T 13793 等。

使用过程中出现的永久性变形在性质上与施工过程中的某些偏差相同，所以也按构件偏差项目评定使用性等级。与上一条构件变形项目评定相似，偏差项目的评定也要特别注意是否真的影响正常使用，不影响正常使用的可评较高等级。需要注意的是，偏差较大有可能导致承载能力的降低，此时应按承载能力评级。

6.3.8 构件的腐蚀和防腐措施影响结构的耐久性，越是新构件越是应该注意耐久性问题，对已经出现严重腐蚀致使截面削弱材料性能降低的构件，应考虑其承载能力问题。

6.3.9 与构件正常使用性有关的一般构造要求，具体是指拉杆长细比、螺栓最大间距、最小板厚、型钢最小截面等。限制拉杆长细比是要防止出现过大的振动；螺栓间距过大容易造成板与板之间的锈蚀，板厚太小、型钢截面太小对锈蚀、碰撞、磨损敏感，都有耐久性问题。设计规范中还有其他一些保证使用性的构造要求。满足设计规范要求时应评为 a 级，否则应根据实际对使用性影响评为 b 或 c 级。

6.4 砌体构件

6.4.2 原《工业厂房可靠性鉴定标准》GBJ 144—90 在制定构件承载能力项目的分级标准时，分析整理了大量工程鉴定实例和事故处理资料，特别是国内外数百例重大结构倒塌和工程事故的资料，走访了设计院、高等院校、科研院所、企业单位的数百位专家，开展了七次结构可靠性尺度标准方面的国内专家调查，并对倒塌结构的可靠指标进行了较全面的复核，按拟定的分级标准对十余种典型结构构件的可靠度进行了校核。经过 16 年工程实践的检验，原《工业厂房可靠性鉴定标准》GBJ 144—90 所制定的构件承载能力项目的分级标准总体上是合理、可行的。本次对砌体构件承载能力项目分级标准的修订，主要考虑的是《砌体结构设计规范》由 GBJ 3—88 修订为 GB 5003—2001、《建筑结构荷载规范》由 GBJ 9—87 修订为 GB 50009—2001 所引起的变化，包括砌体构件抗力分项系数、荷载基本组合方式、楼面活荷载标准值、风荷载标准值等的变化。修订中仍以满足现行国家标准的规定作为 a 级的分级原则，以抗力与荷载效应比值等于 1 作为 a、b 级的界限。在确定 b、c 级的界限时，对砌体构件在轴压、偏压、弯拉、受剪、局压等各种受力状态下的安全性进行了相关规范修订前后的对比分析，并按目标使用年限对风荷载、雪荷载的分项系数进行修正。根据分析结果，适当提高了 b、c 级和 c、d 级界限的可靠度水平（相当于将过去的抗力与荷载效应比值由 0.92 提高到 0.96 左右，由 0.87 提高到 0.90 左右），以顺应我国目前可靠度水平提高的趋势，同时保证原先属于 a 级的大多数构件不因规范的修订而落入 c 级，避免大幅增加既有结构加固的规模。对于自承重墙，与原先的可靠度水平相当。

本条所指的重要构件和次要构件，鉴定者可根据本标准第 2 章规定的术语含义和工程实际情况确定。重要构件通常指承重墙、带壁柱墙、独立柱等；次要构件指自承重墙。

6.4.3 工程实践表明，当墙、柱高厚比过大，或墙、柱、梁的连接构造失当时，同样可能发生工程倒塌事故，因而控制墙、柱的高厚比，或对墙、柱的连接和构造规定要求，与构件的承载能力项目同等重要，都关系到构件的安全性。对于砌体构件而言，涉及构件安全性的构造和连接项目主要包括墙、柱的高厚比，墙与柱、梁与墙或柱、纵墙与横墙之间的连接方式和状态，墙、柱的砌筑方式等。

6.4.4 工程鉴定实践表明，砌体构件的缺陷和损伤、腐蚀也是影响其正常使用性的重要因素，故本次修订在其使用性等级评定中增加了这两个评定项目。另外，砌体墙和柱的位移或倾斜往往影响上部整体结构，已不属于构件的变形，且墙梁、过梁等砌体构件不是由变形而是由承载能力和构造控制，因此砌体构件的使用性等级评定不包括变形，由裂缝、缺陷和损伤、腐蚀三个项目评定。

6.4.5 原《工业厂房可靠性鉴定标准》GBJ 144—90 按"墙、有壁柱墙"和"独立柱"两类构件规定裂缝项目的分级标准，本次修订时则按"变形裂缝、温度裂缝"和"受力裂缝"两项内容制定分级标准，对裂缝的性质予以考虑，更为合理一些。对于变形裂缝、温度裂缝，构件被划分为独立柱和墙，制定不同的分级标准。对于受力裂缝，则不区分构件类型，对分级标准作出统一规定。按照本次修订的总体原则，砌体构件的使用性等级统一被划分为三级，因此修订中取消了原先的 d 级。对于独立柱的变形、温度裂缝以及各类构件的受力裂缝，鉴于它们的危害性，均按两级来评定：无裂缝时，评定为 a 级；一旦出现裂缝，均评定为 c 级。对于独立柱以外的其他构件的变形、温度裂缝，其分级标准基本沿用了原标准的规定，只是在评定条件中增加了对开裂范围和裂缝发展趋势的考虑。

6.4.6 砌体构件在施工过程中可能存在灰缝不匀、竖缝缺浆、水平灰缝厚度和竖向灰缝宽度过大或过小、砂浆饱满度不足等质量缺陷，在使用过程中可能出现开裂以外的撞伤、烧伤等其他损伤，这些都会影响到构件的使用性，甚至安全性。原《工业厂房可靠性鉴定标准》GBJ 144—90 对此未作单独考虑，本次修订时增设缺陷与损伤项目，以突出其重要性。由于砌体构件缺陷与损伤所涉及的内容较多，这里只是原则性地给出了分级标准，评定中需要根据实际情况和工程经验判定其等级。

6.4.7 腐蚀是与开裂、撞伤、烧伤等性质不同的损伤，本次修订中将其作为一个单独的项目列出。在制定腐蚀项目的分级标准时，对不同的材料作出了不同的规定。对于块材和砂浆，主要考虑了腐蚀的范围、最大腐蚀深度和发展趋势，其中最大腐蚀深度的限值是根据工程经验而制定的。

对于大气环境下砌体构件的块材风化和砂浆粉化现象，根据以往工程鉴定经验可以参考表 6.4.7 中对腐蚀现象的规定，针对风化范围、深度、有无发展趋势和是否明显影响使用功能等因素进行评定。但考虑到块材风化会影响外观，严重时甚至导致砌体截面削弱以及砂浆粉化后没有强度，故风化和粉化的最大深度比相应的最大腐蚀深度宜从严控制，如控制在最大腐蚀深度的 60%以内，此时 b 级标准为：块材最大风化深度不超过 3mm，砂浆最大粉化深度不超过 6mm，其他评定因素均可参考表中对腐蚀现象的规定进行评定。

对于钢筋，包括砌体内的构造钢筋以及配筋砌体中的受力钢筋，其分级标准主要是根据锈蚀钢筋的截面损失率和发展趋势而制定的，具体数值的规定参考了钢筋混凝土构件耐久性研究的成果。

7 结构系统的鉴定评级

7.1 一般规定

7.1.1 工业建筑物鉴定第二层次结构系统的鉴定评级是在构件鉴定评级的基础上进行，根据工业建筑物的特点，考虑到鉴定评级的可操作性及评级结果能准确地反映建筑结构状况，本标准将结构系统划分为地基基础、上部承重结构和围护结构三个结构系统。在实际鉴定工作中，由于工业建筑结构鉴定目的与内容的不同，鉴定评级的内容可能有所不同，在结构系统鉴定评级中包括安全性、使用性和可靠性等级评定，对于要求进行安全性和使用性鉴定评级的情况，可按本标准第 7.2 节至第 7.4 节的规定进行评级；需要进行结构系统可靠性评级时，则利用结构系统的安全性和使用性评级结果按本标准第 7.1.2 条规定的原则进行评级。

7.1.2 本条规定了结构系统可靠性等级评定的方法和原则，其所规定的主要原则为：

1　结构系统的可靠性评级以该系统的安全性为主，并注重正常使用性。考虑到当结构的使用性等级较低时，为保证正常的安全生产，也需要对结构进行处理使其能正常使用，因此在系统的使用性等级为C级、安全性等级不低于B级时，确定为C级；其他情况，要以安全性等级确定，以便采取措施处理确保安全。

2　对位于生产工艺流程重要区域的结构系统，除考虑结构系统自身的可靠性外，还应充分考虑生产和使用上的高要求以及对人员安全和生产的影响，其可靠性评级，可以安全性等级和使用性等级中的较低等级直接确定，或对本条第1款评定结果按此进行调整。

7.1.3　本条规定了只对上部承重结构系统的子系统，如屋盖系统、柱子系统、吊车梁系统等，进行单独鉴定评级的评定规定。

7.1.4　在工业建筑上部承重结构中，经常会出现因振动引起的疲劳、共振等安全问题和因振动影响结构正常使用甚至导致人员工作效率降低、影响人体健康等，需要对振动影响进行鉴定，为满足此要求，本标准附录E专门规定了进行振动影响鉴定的具体要求和评定规定。

7.1.5　结构在使用过程中，由于受使用荷载、累积损伤、疲劳、沉降等因素的影响，结构的可靠性状态在不断变化，对于一些复杂的结构体系，实际受力、变形状况与计算模型的出入较大；一般的鉴定工作基本在短时间内完成，对于随时间变化较明显的一些重要评级参数（应力状态、变形等）在鉴定期间无法确定，需要经过长时间的观测时，宜进行结构可靠性监测，并通过监测数据对结构可靠性进行评定，一般应通过监测系统进行一定时期的监测再进行相应的可靠性评定。为满足工业建筑结构工作状况监测的要求，本标准附录F专门规定了进行结构工作状况监测和评定的具体规定。

7.2　地基基础

7.2.1　由于上部建筑物的存在，地基基础承载力的检验、确定不像变形观测那样简便、直观和可操作，并且，多年的实践经验表明，用地基变形观测资料评价地基基础的安全性是合理、可行的。因此，在进行地基基础的安全性评定时，宜首选按地基变形观测资料的方法评定。当地基变形观测资料不足或结构存在的问题怀疑是由地基基础承载力不足所致时，其等级评定可按承载力项目进行。

在进行斜坡场地上的工业建筑评定时，边坡的抗滑稳定计算可采用瑞典圆弧法和改进的条分法，对场地的检测评价可参照现行国家标准《建筑边坡工程技术规范》GB 50330的有关规定。

由于大面积地面荷载、周边新建建筑以及循环工作荷载会使深厚软弱场地上的建、构筑物地基产生附加沉降，因此，在评定深厚软弱地基上的建、构筑物时，需要对附加沉降产生的影响进行分析评价。

7.2.2　观测资料和理论研究表明，当沉降速率小于每天0.01mm时，从工程意义上讲可以认为地基沉降进入了稳定变形阶段，一般来说，地基不会再因后续变形而产生明显的差异沉降。但对建在深厚软弱覆盖层上的建、构筑物，地基变形速率的控制标准需要根据建筑结构和设备对变形的敏感程度进行专门研究。

7.2.3　在需要按承载能力评定地基基础的安全性时，考虑到基础隐蔽难于检测等实际情况，不再将基础与地基分开评定，而视为一个共同工作的系统进行整体综合评定。对地基承载力的确定应考虑基础埋深、宽度以及建筑荷载长期作用的影响；对于基础，可通过局部开挖检测，分析验算其受冲切、受剪、抗弯和局部承压的能力；地基基础的安全性等级应综合地基和基础的检测分析结果确定其承载功能，并考虑与地基基础问题相关的建、构筑物实际开裂损伤状况及工程经验，按本条规定的分级标准进行综合评定。在验算地基基础承载力时，建、构筑物的荷载大小按结构荷载效应的标准组合取值。

由于基础隐蔽于地下，在进行基础承载力评定时，无论是对独立基础还是连续基础、浅基础还是深基础，目前不可能做到逐个、全面的检测。因此，此次修订取消了原《工业厂房可靠性鉴定标准》GBJ 144—90中按百分比评定基础的相关条款。

7.3　上部承重结构

7.3.1　过大的水平位移或振动，除了会对结构的使用性能造成影响外，甚至会对结构或构件的内力造成影响，从而影响对上部结构承载功能最终的评定，因而当结构存在过大的变形或振动时，应当考虑这些因素对结构安全性的影响。

7.3.2　表7.3.2中的整体性构造和连接是指建筑总高度、层高、高宽比、变形缝设置，砌体结构圈梁和构造柱设置、构造和连接等。

7.3.4、7.3.7　这两条是对单层厂房由平面框排架组成的上部承重结构其承载功能和使用状况评定等级的规定，原则上是沿用原《工业厂房可靠性鉴定标准》GBJ 144—90给出的单层厂房承重结构系统的近似评定方法，本次对其中某些术语及构件集中所含各等级构件的百分比含量作了适当调整。第7.3.4条中每种构件是指屋面板、屋架、柱子、吊车梁等。

7.3.5、7.3.8　这两条是对多层厂房上部承重结构的承载功能和使用状况等级评定给出的原则规定，是以上述单层厂房上部承重结构的评级规定为基础，将多层厂房整个上部承重结构按层划分为若干单层子结构，每个子结构按单层厂房的规定评级，再对各层评级结果进行综合评定的思路和原则规定的。在不违背结构构成原则的情况下，也可采用其他的方法来划分子结构进行相应的评定。对于单层子结构中楼盖结构的评级，可参照单层厂房中屋盖结构的规定评定。

7.3.9　本条是对厂房上部承重结构在吊车荷载、风荷载作用下产生的结构水平位移或地基不均匀沉降和施工偏差产生的倾斜进行评级的规定，是根据原《工业厂房可靠性鉴定标准》GBJ 144—90中的相关条款和国家现行结构设计规范或施工质量验收规范的有关规定给出的，本次修订对原标准的其中部分规定作了补充和调整。当水平位移过大即达到C级标准的严重情况时，会对结构产生不可忽略的附加内力，此时除了对其使用状况评级外，还应考虑水平位移对结构承载功能的影响，对结构进行承载能力验算或结合工程经验进行分析，并根据验算分析结果参与相关结构的承载功能的等级评定。

7.4　围护结构系统

7.4.1　工业建筑的围护结构系统构成复杂、种类繁多，本着简化鉴定程序的原则，本标准根据其是否承重将围护结构系统分为承重围护结构和围护系统，其中围护系统又分为非承重围护结构和建筑功能配件。

承重围护结构包括墙架（目前使用的墙架主要是钢墙架）、墙梁、过梁和挑梁等。

围护系统中的非承重结构包括轻质墙、砌体自承重墙及自承重的混凝土墙板等，建筑功能配件包括屋面系统、门窗、地下防水、防护设施等。

1　屋面系统：包括防水、排水及保温隔热构造层和连接等；

2　墙体：包括非承重围护墙体（含女儿墙）及其连接、内外面装饰等；

3　门窗（含天窗部件）：包括框、扇、玻璃和开启机构及其连接等；

4　地下防水：包括防水层、滤水层及其保护层、抹面装饰层、伸缩缝、管道安装孔和排水管等；

5　防护设施：包括各种隔热、保温、防腐、隔尘密封、防潮、防爆设施和安全防护板、保护栅栏、防护吊顶和吊挂设施、走道、过桥、斜梯、爬梯、平台等。

7.4.2　在实际鉴定中，围护系统使用功能的评定等级可以根据表7.4.2中各项目对建筑物使用寿命和生产的影响程度确定一个或两个为主要项目，其余为次要项目，然后逐项进行评定；一般情况宜将屋面系统确定为主要项目，墙体及门窗、地下防水和其他防护设施确定为次要项目。

一般情况下，系统的使用功能等级可取主要项目的最低等级，特殊情况下可根据次要项目实际维修量的大小进行适当调整。

8 工业建筑物的综合鉴定评级

8.0.1 根据以往的工程鉴定经验和实际需要，由于实际结构所处地基情况和使用荷载环境等因素的不同，结构的损伤程度、影响安全和使用等因素会有所不同，存在按整体建筑物可靠性评级结果不能准确反映实际状况的情况，因此，工业建筑物综合鉴定根据建筑的结构类型特点、生产工艺布置及使用要求、损伤情况等，将工业建筑物按整体、区段（如通常按变形缝所划分的一个或多个区段）进行划分，每个区段作为一个鉴定单元，并按鉴定单元给出鉴定评级结果。这样，综合鉴定评级比较灵活、实用，既能评定出准确反映结构实际状况的结果，同时又不使鉴定评级的工作量过大。

8.0.2 工业建筑物鉴定单元的可靠性综合鉴定评级是在该鉴定单元结构系统可靠性评级的基础上进行的，其中，鉴定单元结构系统的评级结果A、B、C、D四个级别分别对应鉴定单元的综合鉴定结果一、二、三、四4个级别。按照工业建筑结构的特点，参照一些企业的工业建筑管理条例的有关规定，确定综合评级的原则以地基基础和上部承重结构为主，兼顾围护结构进行综合判定，以确保工业建筑结构的正常使用，满足既有工业建筑技术管理的需要。

9 工业构筑物的鉴定评级

9.1 一 般 规 定

9.1.1 规定了本章的适用范围。即适用于已建的，一般情况下人们不直接在里面进行生产和生活活动的工业建（构）筑物的可靠性鉴定评级。有些企业从生产管理角度出发，将一些构筑物列为设备，实际上是按照建筑结构标准进行设计、制造和安装的，有些虽然按设备专业设计，但其结构的工作条件类似于建筑结构，对于此类结构物均可参照本章规定进行鉴定。

9.1.2 构筑物鉴定评级层次的基本规定及评级标准。基于系统完备性考虑，一般应当将整个构筑物定义为一个鉴定单元，其结构系统一般应根据构筑物结构组成划分地基基础、支承结构系统、构筑物特种结构系统和附属设施四部分。根据鉴定目的要求或业主要求可以仅对构筑物的部分功能系统进行鉴定，如：支承结构系统、转运站仓体结构、烟囱内衬等。此时的鉴定单元即为指定的结构系统。

9.1.3 本条为构筑物结构系统可靠性评级的基本规定，即：在结构系统的安全性等级和使用性等级评定的基础上，以系统的“安全性为主并注重正常使用性”的可靠性综合评级原则。考虑到有些构筑物在使用功能上有特殊要求，如烟囱耐高温、耐腐蚀要求，贮仓耐磨损、抗冲击要求，水池抗渗要求等。对于这些特殊的使用要求，在参照本标准第7.1.2条综合评定时，要充分考虑，其可靠性等级可以安全性等级和使用性等级中的较低等级确定。实际工程中经常会遇到要求进行耐久性有关的鉴定评估问题，此时，应根据鉴定评估问题的属性，按照安全性或正常使用性标准评定等级。例如：对于混凝土劣化、开裂以及结构防护层（预留腐蚀牺牲层）腐蚀等，属于正常使用的极限状态指标，应按照正常使用性标准评定等级；对于结构腐蚀损坏，则属于结构承载能力极限状态指标，应按照安全性标准评定等级。

9.1.4、9.1.5 通常情况下，构筑物结构系统（如：地基基础、支承结构系统等）的安全性和正常使用性等级可以按照厂房结构系统的鉴定评级规定执行，但是，对于有特殊使用要求的构筑物，由于其特殊的使用要求是厂房结构所没有的，如容器形结构的密闭性要求、仓储结构的耐磨蚀要求、高耸结构的变形要求等，完全按照厂房结构评定等级是不妥的，故为合理评定结构可靠性，要求综合考虑构筑物特殊的使用功能要求，参照本标准第7章有关规定评定等级。对于结构构件，可以根据结构类型按照本标准第6.2节至第6.4节的有关规定评定等级。

9.1.6 结构分析，包括结构作用分析、结构抗力及其他性能分析，一般应按照相关构筑物设计规范标准规定进行，但是，有些构筑物尚没有专门的设计规范标准，此时，如果构筑物现状无明显的劣化损坏现象或迹象，可按照原设计分析方法进行鉴定分析，否则应按照现行国家标准《工程结构可靠度设计统一标准》GB 50153的有关规定进行结构鉴定分析。

9.1.7 本条规定了常见构筑物鉴定评级层次及分级。

9.2 烟 囱

本节条文，系在原《钢铁工业建（构）筑物可靠性鉴定规程》YBJ 219—89（以下简称“原《规程》”）有关条文的基础上，按照本标准的鉴定评级层次及评级标准规定，修编制订；与原《规程》条文相比，主要有以下几个方面进行了修订。

1 修订了钢筋混凝土结构烟囱筒壁及支承结构承载能力项目评级标准。原《规程》考虑了现行国家标准《烟囱设计规范》GB 50051进行结构分析时已经考虑烟囱结构的特殊性，适当提高了结构的安全储备，采用了次要构件的评级标准，而本标准采用重要构件的分级标准，不同种类结构横向比较，标准稍有提高。

2 增加了筒壁损伤评定标准。

3 修订了砖烟囱和钢筋混凝土结构烟囱筒壁裂缝宽度项目评级标准。原《规程》a级标准基于与烟囱设计规范允许的裂缝宽度一致制定，b级、c级主要基于当初的烟囱筒壁开裂调查资料，考虑人们的可接受程度，在保证结构安全的前提下，控制处理面不宜太大，制定评级标准。当时的生产使用情况是普遍超温超负荷使用，这种适当从宽的标准为发展生产创造了较好的条件，收到了较好的效果。目前，生产超温超负荷使用的情况已经大大缓解，特别是烟气余热的利用，环保要求的提高，导致烟气温度普遍降低，甚至导致烟气的腐蚀性加强，为适应这一情况的变化，将裂缝的评级标准予以适当提高。提高后的标准，a级与现行设计规范允许值一致；b级钢筋无明显腐蚀风险、裂缝未贯穿筒壁，原则上不予处理；取消d级。

4 修订了烟囱筒壁及支承结构倾斜项目评级标准。原《规程》a级标准基于与烟囱设计规范允许的基础倾斜变形值一致制定，b级、c级主要基于当初的烟囱筒身倾斜调查资料，基于与筒壁开裂同样的原因，制定评级标准。

修订后的评级标准，a级与现行施工验收规范允许的倾斜偏差（考虑极限偏差，允许的中心倾斜偏差和截面尺寸偏差可能产生的累加）基本一致，修订后的标准比原规程规定偏于严格，b级与原规程规定基本一致，取消d级。当烟囱倾斜超过b级限值时，如果烟囱没有倾覆危险或致筒身及支承结构损坏的可能，一般可以通过倾斜变形监测来维持继续使用，属于c级采取措施的范畴。

9.3 贮 仓

本节条文，系在原《钢铁工业建（构）筑物可靠性鉴定规程》YBJ 219—89（以下简称“原《规程》”）有关条文的基础上，按照本标准的鉴定评级层次及评级标准规定，修编制订；与原《规程》条文相比，主要对以下几个方面进行了修订。

1 在功能系统划分上，将原《规程》的“仓体承重结构系统”改称“仓体与支承结构系统”。

2 修订了贮仓仓体承重结构体系结构损坏评级标准。原《规程》为了便于现场使用，在制定损坏评级标准时，考虑了深梁、承重墙及板的结构断面损伤对结构承载能力影响，隐含了结构安全性评级内容，现标准仅仅考虑使用性，有关结构损伤对承载能力的影响，应在结构承载能力评级时予以考虑。

3 增加了整体倾斜评定项目。分级标准制订的原则同烟囱倾斜项目，其中，a级与现行施工验收规范允许的倾斜偏差（极限偏差，允许的中心倾斜偏差和截面尺寸偏差累加值）基本一致，b级与现行有关设计规范允许的基础倾斜变形值一致。关于倾斜代表值，对于高耸贮仓可取贮仓顶端侧移与高度之比，对于群仓，应综合考虑顶端偏差侧移和不均匀沉降的影响后确定。

9.4 通 廊

本节条文，系在原《钢铁工业建（构）筑物可靠性鉴定规程》YBJ 219—89有关条文的基础上，按照本标准的鉴定评级层次及评级标准规定，修编制订。

9.5 水 池

本节条文主要针对一般落地水池的鉴定评级制订。

对于高架水池，鉴定单元尚应包括支承结构系统，此时可参照贮仓结构的有关规定，对支承结构进行等级评定。

对于储存具有腐蚀性液体的池（槽）结构，除符合本节规定外，还应检查评定腐蚀防护层的完整性和有效性，或者检查评定池（槽）结构对储液的耐受性。

10 鉴定报告

10.1 本标准不对鉴定报告的格式作统一规定，但其内容应当满足本标准的规定。

10.2 本文在上一条规定鉴定报告包括的内容的基础上，又明确规定了鉴定报告编写应符合的要求，以保证鉴定报告的质量。

中华人民共和国国家标准

古建筑木结构维护与加固技术规范

Technical code for maintenance and strengthening of ancient timber buildings

GB 50165—92

主编单位：四川省建筑科学研究院
批准部门：中华人民共和国建设部
施行日期：1 9 9 3 年 5 月 1 日

关于发布国家标准《古建筑木结构维护与加固技术规范》的通知

建标〔1992〕668号

国务院各有关部门，各省、自治区、直辖市建委（建设厅）、有关计委，各计划单列市建委：

根据原国家计委计综〔1984〕305号文的要求，由四川省建设委员会会同有关部门共同制订的《古建筑木结构维护与加固技术规范》，已经有关部门会审。现批准《古建筑木结构维护与加固技术规范》GB 50165—92为强制性国家标准，自一九九三年五月一日起施行。

本规范由四川省建设委员会负责管理，其具体解释等工作由四川省建筑科学研究院负责。出版发行由建设部标准定额研究所负责组织。

中华人民共和国建设部

一九九二年九月二十九日

编 制 说 明

本规范是根据原国家计委计综（1984）305号文的通知，在我委主持下，由四川省建筑科学研究院会同国内有关科研、高等院校等单位共同编制而成。

本规范在制订过程中，收集了国内外有关文献和资料，进行了多次调查实测和必要的验证试验，系统总结了工程实践经验和科研成果，在广泛征求全国有关单位意见和多次听取专家论证的基础上，由我委会同有关部门审查定稿。

本规范分总则、基本规定、工程勘查要求、结构可靠性鉴定与抗震鉴定、古建筑的防护、木结构的维修、相关工程的维修、工程验收等八章及三个附录。本规范的施行应与国家现行有关标准配合使用。

在古建筑保护领域中，制定这类规范在国内外尚属首次，必定会有许多不足之处。为了进一步提高本规范水平，请各单位在执行过程中，注意总结经验，积累资料，并随时将问题和意见寄交四川省建筑科学研究院（成都一环路北三段九号，邮码610081），以供修订时参考。

四川省建设委员会

一九九二年六月

目　次

第一章　总则 …………………………… 4—4
第二章　基本规定 …………………………… 4—4
第三章　工程勘查要求 …………………………… 4—4
第一节　一般规定 …………………………… 4—4
第二节　承重木结构的勘查 …………………………… 4—4
第三节　相关工程的勘查 …………………………… 4—5
第四章　结构可靠性鉴定与抗震鉴定 …………………………… 4—5
第一节　结构可靠性鉴定 …………………………… 4—5
第二节　抗震鉴定 …………………………… 4—8
第五章　古建筑的防护 …………………………… 4—9
第一节　木材的防腐和防虫 …………………………… 4—9
第二节　防火 …………………………… 4—9
第三节　防雷 …………………………… 4—10
第四节　除草 …………………………… 4—10
第五节　抗震加固 …………………………… 4—11
第六章　木结构的维修 …………………………… 4—11
第一节　一般规定 …………………………… 4—11
第二节　荷载 …………………………… 4—11
第三节　木材及胶粘剂 …………………………… 4—11
第四节　计算原则 …………………………… 4—12
第五节　木构架的整体维修与加固 …………………………… 4—13
第六节　木柱 …………………………… 4—13
第七节　梁枋 …………………………… 4—14
第八节　斗栱 …………………………… 4—15
第九节　梁枋、柱的化学加固 …………………………… 4—15
第七章　相关工程的维修 …………………………… 4—15
第一节　场地、排水及基础 …………………………… 4—15
第二节　石作 …………………………… 4—16
第三节　墙壁 …………………………… 4—16
第四节　瓦顶 …………………………… 4—17
第五节　小木作 …………………………… 4—17
第六节　其他 …………………………… 4—17
第八章　工程验收 …………………………… 4—17
第一节　一般规定 …………………………… 4—17
第二节　木构架工程的验收 …………………………… 4—17
第三节　相关工程的验收 …………………………… 4—18
附录一　名词解释 …………………………… 4—19
附录二　古建筑基本自振周期的近似计算 …………………………… 4—23
附录三　本规范用词说明 …………………………… 4—23
附加说明 …………………………… 4—24

第一章 总 则

第 1.0.1 条 为贯彻执行《中华人民共和国文物保护法》，加强对古建筑木结构（以下简称古建筑）的科学保护，使古建筑得到正确的维护与修缮，特制定本规范。

第 1.0.2 条 本规范适用于古建筑木结构及其相关工程的检查、维护与加固。

第 1.0.3 条 古建筑木结构维护与加固，除应遵守本规范外，尚应符合国家现行有关标准规范的规定。

第 1.0.4 条 为长远保护古建筑工作的需要，每次维修所进行的勘查、测试、鉴定、设计、施工及验收的记录、图纸、照片和审批文件等全套资料，均应由文物主管部门建档保存。

第 1.0.5 条 从事古建筑维修的设计和施工单位，应经专业技术审查合格，其所承担的任务，应经文物主管部门批准。

第二章 基 本 规 定

第 2.0.1 条 古建筑的维护与加固，必须遵守不改变文物原状的原则。原状系指古建筑个体或群体中一切有历史意义的遗存现状。若确需恢复到创建时的原状或恢复到一定历史时期特点的原状时，必须根据需要与可能，并具备可靠的历史考证和充分的技术论证。

第 2.0.2 条 在维修古建筑时，应保存以下内容：

一、原来的建筑形制，包括原来建筑的平面布局、造型、法式特征和艺术风格等；

二、原来的建筑结构；

三、原来的建筑材料；

四、原来的工艺技术。

第 2.0.3 条 古建筑的维护与加固工程，可按下列规定分为五类：

一、经常性的保养工程，系指不改动文物现存结构、外貌、装饰、色彩而进行的经常性保养维护。例如：屋面除草勾抹，局部揭宼补漏，梁、柱、墙壁等的简易支顶，疏通排水设施，检修防潮、防腐、防虫措施及防火、防雷装置等。

二、重点维修工程，系指以结构加固处理为主的大型维修工程。其要求是保存文物现状或局部恢复其原状。这类工程包括揭宼瓦顶、打牮拨正、局部或全部落架大修或更换构件等。

三、局部复原工程，系指按原样恢复已残损的结构，并同时改正历代修缮中有损原状以及不合理地增添或去除的部分。对于局部复原工程，应有可靠的考证资料为依据。

四、迁建工程，系指由于种种原因，需将古建筑全部拆迁至新址，重建基础，用原材料、原构件按原样建造。

五、抢险性工程，系指古建筑发生严重危险时，由于技术、经济、物质条件的限制，不能及时进行彻底修缮而采取的临时加固措施。对于抢险性工程，除应保障建筑物安全、控制残损点的继续发展外，尚应保证所采取的措施不妨碍日后的彻底维修。

第 2.0.4 条 当采用现代材料和现代技术确能更好地保存古建筑时，可在古建筑的维护与加固工程中予以引用，但应遵守下列规定：

一、仅用于原结构或原用材料的修补、加固，不得用现代材料去替换原用材料。

二、先在小范围内试用，再逐步扩大其应用范围。应用时，除应有可靠的科学依据和完整的技术资料外，尚应有必要的操作规程及质量检查标准。

第 2.0.5 条 古建筑的管理单位和使用单位，必须全面保护古建筑，不得擅自拆建、扩建或改建。当需修缮时，应报请文物主管部门批准。

第三章 工程勘查要求

第一节 一 般 规 定

第 3.1.1 条 为做好古建筑的保护工作，应掌握下列基础资料：

一、古建筑所在区域的地震、雷击、洪水、风灾等史料；

二、古建筑所在小区的地震基本烈度和场地类别；

三、古建筑保护区的火灾隐患分布情况和消防条件；

四、古建筑所在区域的环境污染源，如水污染、有害气体污染、放射性元素污染等；

五、古建筑保护区内其它有害影响因素的有关资料。

第 3.1.2 条 若有特殊需要，尚应进一步掌握下列资料：

一、古建筑所在地的区域地质构造背景；

二、古建筑场地的工程地质和水文地质资料；

三、古建筑所在小区的近期气象资料；

四、古建筑保护区的地下资源开采情况。

第 3.1.3 条 在维修古建筑前，应对其现状进行认真的勘查。

古建筑的勘查，可分为法式勘查和残损情况勘查两类。法式勘查，应对建筑物的时代特征、结构特征和构造特征进行勘查；残损情况勘查，应对建筑物的承重结构及其相关工程损坏、残缺程度与原因进行勘查。本规范的有关规定仅适用于残损情况勘查，对法式勘查应按专门的规定进行。

第 3.1.4 条 古建筑的勘查，应遵守下列规定：

一、勘查使用的仪器应能满足规定的要求。对于长期观测的对象，尚应设置坚固的永久性观测基准点；

二、禁止使用一切有损于古建筑及其附属文物的勘查和观测手段，如温度骤变、强光照射、强振动等；

三、勘查结果，除应有勘查报告外，尚应附有该建筑物残损情况和尺寸的全套测绘图纸、照片和必要的文字说明资料；

四、在勘查过程中，若发现险情，或发现题记、文物，应立即保护现场并及时报告主管部门，勘查人员不得擅自处理。

第二节 承重木结构的勘查

第 3.2.1 条 承重木结构的勘查，应包括下列内容：

一、结构、构件及其连接的尺寸；

二、结构的整体变位和支承情况；

三、木材的材质状况；

四、承重构件的受力和变形状态；

五、主要节点、连接的工作状态；

六、历代维修加固措施的现存内容及其目前工作状态。

当需评定结构可靠性时，承重结构的勘查，尚应按照本规范第 4.1.5 条至第 4.1.15 条有关残损点检查的项目和内容进行。

第 3.2.2 条 对承重结构整体变位和支承情况的勘查，应包括下列内容：

一、测算建筑物的荷载及其分布；

二、检查建筑物的地基基础情况；

三、观测建筑物的整体沉降或不均匀沉降，并分析其发生原因；

四、实测承重结构的倾斜、位移、扭转及支承情况；

五、检查支撑等承受水平荷载体系的构造及其残损情况。

第 3.2.3 条 对承重结构木材材质状态的勘查，应包括下列

内容:

一、测量木材腐朽、虫蛀、变质的部位、范围和程度;

二、测量对构件受力有影响的木节、斜纹和干缩裂缝的部位和尺寸;

三、当主要木构件需作修补或更换时，应鉴定其树种;

四、对下列情况，尚应测定木材的强度或弹性模量:

1. 需作加固验算，但树种较为特殊;

2. 有过度变形或局部损坏，但原因不明;

3. 拟继续使用火灾后残存的构件;

4. 需研究木材老化变质的影响。

第 3.2.4 条 对承重构件受力状态的勘查，应包括下列内容:

一、受弯构件

1. 梁、枋跨度或悬挑长度、截面形状及尺寸、受力方式及支座情况;

2. 梁、枋的挠度和侧向变形（扭闪);

3. 檩、椽、搁栅（楞木）的挠度和侧向变形;

4. 檩条滚动情况;

5. 悬挑结构的梁头下垂和梁尾翘起情况;

6. 构件折断、劈裂或沿截面高度出现的受力皱褶和裂纹;

7. 屋盖、楼盖局部塌陷的范围和程度。

二、受压构件

1. 柱高、截面形状及尺寸，柱的两端固定情况;

2. 柱身弯曲、折断或劈裂情况;

3. 柱头位移;

4. 柱脚与柱础的错位;

5. 柱脚下陷。

三、斗栱

1. 斗栱构件及其连接的构造和尺寸;

2. 整攒斗栱的变形和错位;

3. 斗栱中各构件及其连接的残损情况。

第 3.2.5 条 对主要连接部位工作状态的勘查，应包括下列内容:

一、梁、枋拔榫，榫头折断或卯口劈裂;

二、榫头或卯口处的压缩变形;

三、铁件锈蚀、变形或残缺。

第 3.2.6 条 对历代维修加固措施的勘查，应重点查清下列情况:

一、受力状态;

二、新出现的变形或位移;

三、原腐朽部分挖补后，重新出现的腐朽;

四、因维修加固不当，而对建筑物其它部位造成的不良影响。

第 3.2.7 条 对建筑物的下列情况，应在较长时间内进行定期观测:

一、建筑物的不均匀沉降、倾斜（歪闪）或扭转有缓慢发展的迹象;

二、承重构件有明显的挠曲、开裂或变形，连接有较大的松动变位，但不能断定是否已停止发展;

三、承重木结构的腐朽、虫蛀虽经药物处理，但需观察其药效;

四、为重点保护对象或科研对象专门设置的长期观测点。

第 3.2.8 条 对需要保护的古建筑，应在地震、风灾、水灾、火灾、雷击等较大自然灾害发生后，进行一次全面检查。

第三节 相关工程的勘查

第 3.3.1 条 为做好以木结构为主要承重体系的古建筑维修工作，尚应对其相关工程进行全面勘查，并采取必要的防护措施，避免因维修木结构而损害相关工程及其附属文物。

第 3.3.2 条 相关工程的勘查，应重点查清下列情况:

一、现状及其细部构造;

二、原用的材料品种、规格和数量;

三、与主体结构的构造联系;

四、残损情况及其在维修中可能产生的问题。

第 3.3.3 条 维修古建筑，当需揭瓦时，应查清下列情况:

一、屋顶式样，包括正脊、垂脊、戗脊、博脊的纹样、尺寸、相对位置及做法;

二、屋面的坡长、曲线、瓦垄数及做法;

三、瓦件的形制、规格、色彩和数量。

第 3.3.4 条 在勘查过程中，若发现有因构件大量受潮或因构造上通风不良而导致木材大面积腐朽、霉变时，除应查清受损的部位、范围和严重程度外，尚应查清下列情况:

一、原通风防潮构造的固有缺陷;

二、历代维修改造不当，对原构造功能的损害;

三、其他隐患。

第 3.3.5 条 当维修木结构而需暂时拆除、移动或加固其墙壁时，除应按第 3.3.2 条的要求勘查有关情况外，尚应查清墙壁上的浮雕、壁画以及其他镶嵌文物的位置、构造及残损现状。

第 3.3.6 条 对木结构所处环境的勘查，除应掌握本规范第 3.1.1 条规定的基础资料外，尚应查清下列情况:

一、古建筑保护范围内电线线路有无安全防护措施和检查维修制度;

二、古建筑与四周道路的距离，若古建筑位于交通要道，尚应检查有无防止车辆碰撞的设施;

三、古建筑保护范围内，有无火源和易燃堆积物;

四、消防设施和防雷装置的现状。

第四章 结构可靠性鉴定与抗震鉴定

第一节 结构可靠性鉴定

第 4.1.1 条 本节适用于以木构架为主要承重体系的古建筑结构的可靠性鉴定。

第 4.1.2 条 结构的可靠性鉴定，应根据承重结构中出现的残损点数量、分布、恶化程度及对结构局部或整体可能造成的破坏和后果进行评估。

第 4.1.3 条 残损点应为承重体系中某一构件、节点或部位已处于不能正常受力、不能正常使用或濒临破坏的状态。

第 4.1.4 条 古建筑的可靠性鉴定，应按下列规定分为四类:

Ⅰ类建筑 承重结构中原有的残损点均已得到正确处理，尚未发现新的残损点或残损征兆。

Ⅱ类建筑 承重结构中原先已修补加固的残损点，有个别需要重新处理；新近发现的若干残损迹象需要进一步观察和处理，但不影响建筑物的安全和使用。

Ⅲ类建筑 承重结构中关键部位的残损点或其组合已影响结构安全和正常使用，有必要采取加固或修理措施，但尚不致立即发生危险。

Ⅳ类建筑 承重结构的局部或整体已处于危险状态，随时可能发生意外事故，必须立即采取抢修措施。

第 4.1.5 条 承重木柱的残损点，应按表 4.1.5 评定。

承重木柱残损点的检查及评定　　表 4.1.5

项次	检查项目	检查内容	残损点评定界限
1	材质	(1) 腐朽和老化变质 在任一截面上，腐朽和老化变质（两者合计）所占面积与整截面面积之比 ρ: a) 当仅有表层腐朽和老化变质时	$\rho>1/5$ 或按剩余截面验算不合格
		b) 当仅有心腐时	$\rho>1/7$ 或按剩余截面验算不合格
		c) 当同时存在以上两种情况时	不论 ρ 大小，均视为残损点
		(2) 虫蛀 沿柱长任一部位	有虫蛀孔洞，或未见孔洞，但敲击有空鼓音
		(3) 木材天然缺陷 在柱的关键受力部位，木节、扭（斜）纹或干缩裂缝的大小	其中任一缺陷超出本规范表6.3.3的限值，且有其他残损时
2	柱的弯曲	弯曲矢高 δ	$\delta>L_0/250$
3	柱脚与柱础抵承状况	(1) 柱脚底面与柱础间实际抵承面积与柱脚处柱的原截面面积之比 ρ_c	$\rho_c<3/5$
		(2) 若柱子为偏心受压构件，尚应确定实际抵承面中心对柱轴线的偏心距 e_c 及其对原偏心距 e 的影响	按偏心验算不合格
4	柱础错位	柱与柱础之间错位量与柱径（或柱截面）沿错位方向的尺寸之比 ρ_d	$\rho_d>1/6$
5	柱身损伤	沿柱长任一部位的损伤状况	有断裂、劈裂或压皱迹象出现
6	历次加固现状	(1) 原墩接的完好程度	柱身有新的变形或变位，或榫卯已脱胶、开裂，或铁箍已松脱
		(2) 原灌浆效果 a) 浆体与木材粘结状况	浆体干缩，敲击有空鼓音
		b) 柱身受力状况	有明显的压皱或变形现象
		(3) 原挖补部位的完好程度	已松动、脱胶，或又发生新的腐朽

注：表中 L_0 为柱的无支长度。

第 4.1.6 条　承重木梁枋的残损点，应按表 4.1.6 评定。

承重木梁枋残损点的检查及评定　　表 4.1.6

项次	检查项目	检查内容	残损点评定界限
1	材质	(1) 腐朽和老化变质 在任一截面上，腐朽和老化变质（两者合计）所占的面积与整截面面积之比 ρ: a) 当仅有表层腐朽和老化变质时 对梁身	$\rho>1/8$，或按剩余截面验算不合格
		对梁端(支承范围内)	不论 ρ 大小，均视为残损点
		b) 当仅有心腐时	不论 ρ 大小，均视为残损点
		(2) 虫蛀	有虫蛀孔洞,或未见孔洞,但敲击有空鼓音
		(3) 木材天然缺陷 在梁的关键受力部位,其木节、扭（斜）纹或干缩裂缝的大小	其中任一缺陷超出本规范表6.3.3的限值,且有其他残损时

续表

项次	检查项目	检查内容	残损点评定界限
2	弯曲变形	(1) 竖向挠度最大值 ω_1 或 ω_1'	当 $h/l>1/14$ 时 $\omega_1>l^2/2100h$
			当 $h/l\leq1/14$ 时 $\omega_1>l/150$
			对 300 年以上梁、枋,若无其他残损,可按 $\omega_1'>\omega_1+h/50$ 评定
		(2) 侧向弯曲矢高 ω_2	$\omega_2>l/200$
3	梁身损伤	(1) 跨中断纹开裂	有裂纹,或未见裂纹,但梁的上表面有压皱痕迹
		(2) 梁端劈裂（不包括干缩裂缝）	有受力或过度挠曲引起的端裂或斜裂
		(3) 非原有的锯口、开槽或钻孔	按剩余截面验算不合格
4	历次加固现状	(1) 梁端原拼接加固完好程度	已变形,或已脱胶,或螺栓已松脱
		(2) 原灌浆效果	浆体干缩,敲击有空鼓音,或梁身挠度增大

注：表中 l 为计算跨度；h 为构件截面高度。

第 4.1.7 条　木构架整体性的检查及评定，应按表 4.1.7 进行。

木构架整体性的检查及评定　　表 4.1.7

项次	检查项目	检查内容	残损点评定界限	
			抬梁式	穿斗式
1	整体倾斜	(1) 沿构架平面的倾斜量 Δ_1	$\Delta_1>H_0/120$ 或 $\Delta_1>120$mm	$\Delta_1>H_0/100$ 或 $\Delta_1>150$mm
		(2) 垂直构架平面的倾斜量 Δ_2	$\Delta_2>H_0/240$ 或 $\Delta_2>60$mm	$\Delta_2>H_0/200$ 或 $\Delta_2>75$mm
2	局部倾斜	柱头与柱脚的相对位移 Δ	$\Delta>H/90$	$\Delta>H/75$
3	构架间的连系	纵向连枋及其连系构件现状	已残缺或连接已松动	
4	梁、柱间的连系（包括柱、枋间，柱、檩间的连系）	拉结情况及榫卯现状	无拉结,榫头拔出卯口的长度超过榫头长度的 2/5	1/2
5	榫卯完好程度	材质	榫卯已腐朽、虫蛀	
		其他损坏	已劈裂或断裂	
		横纹压缩变形	压缩量超过 4mm	

注：表中 H_0 为木构架总高；H 为柱高。

第 4.1.8 条　斗栱有下列损坏，应视为残损点：

一、整攒斗栱明显变形或错位；

二、栱翘折断，小斗脱落，且每一枋下连续两处发生；

三、大斗明显压陷、劈裂、偏斜或移位；

四、整攒斗栱的木材发生腐朽、虫蛀或老化变质，并已影响斗栱受力；

五、柱头或转角处的斗栱有明显破坏迹象。

第 4.1.9 条　屋盖结构中的残损点，应按表 4.1.9 评定。

屋盖结构中残损点的检查及评定　　表 4.1.9

项次	检查项目	检查内容	残损点评定界限
1	椽条系统	(1) 材质	已成片腐朽或虫蛀
		(2) 挠度	大于椽跨的 1/100,并已引起屋面明显变形
		(3) 椽、檩间的连系	未钉钉,或钉子已锈蚀
		(4) 承椽枋受力状态	有明显变形

续表

项次	检查项目	检 查 内 容	残损点评定界限
2	檩条系统	(1) 材 质	按本规范表 4.1.6 评定
		(2) 跨中最大挠度 ω_1	当 $L \leq 3m$ 时，$\omega_1 > L/100$ 当 $L > 3m$ 时，$\omega_1 > L/120$ 若因多数檩条挠度较大而导致漏雨，则不论 ω_1 大小，均视为残损点
		(3) 檩条支承长度 a 支承在木构件上 支承在砌体上	 $a < 60mm$ $a < 120mm$
		(4) 檩条受力状态	檩端脱榫或檩条外滚
3	瓜柱、角背驼峰	(1) 材 质	有腐朽或虫蛀
		(2) 构造完好程度	有倾斜、脱榫或劈裂
4	翼角、檐头、由戗	(1) 材 质	有腐朽或虫蛀
		(2) 角梁后尾的固定部位	无可靠拉结
		(3) 角梁后尾、由戗端头的损伤程度	已劈裂或折断
		(4) 翼角、檐头受力状态	已明显下垂

注：表中 L 为檩条计算跨度。

第 4.1.10 条 楼盖结构中的残损点，应按表 4.1.10 评定。

楼盖结构中残损点的检查及评定　　表 4.1.10

项次	检查项目	检 查 内 容	残损点评定界限
1	楼盖梁	按本规范表 4.1.6 检查	按本规范表 4.1.6 评定
2	榈栅（楞木）	(1) 材 质	按本规范表 4.1.6 评定
		(2) 竖向挠度最大值 ω_1	$\omega_1 > L/180$，或体感颤动严重
		(3) 侧向弯曲矢高 ω_2（原木榈栅不检查）	$\omega_2 > L/200$
		(4) 端部锚固状况	无可靠锚固，且支承长度小于 60mm
3	楼板	木材腐朽及破损状况	已不能起加强楼盖水平刚度作用

注：表中 L 为榈栅计算跨度。

第 4.1.11 条 以木构架为主要承重体系的古建筑中，其砖墙的残损点应按表 4.1.11 评定。

砖墙残损点的检查及评定　　表 4.1.11

项次	检查项目	检 查 内 容	残损点评定界限	
			$H < 10m$	$H > 10m$
1	砖的风化	在风化长达 1m 以上的区段，确定其平均风化深度与墙厚之比 ρ	$\rho > 1/5$ 或按剩余截面验算不合格	$\rho > 1/6$ 或按剩余截面验算不合格
2	倾 斜	(1) 单层房屋倾斜量 Δ	$\Delta > H/150$ 或 $\Delta > B/6$	$\Delta > H/150$ 或 $\Delta > B/7$
		(2) 多层房屋 a) 总倾斜量 Δ	$\Delta > H/120$ 或 $\Delta > B/6$	$\Delta > H/120$ 或 $\Delta > B/7$
		b) 层间倾斜量 Δ_i	$\Delta_i > H_i/90$ 或 $\Delta_i > 40mm$	
3	裂 缝	(1) 地基沉陷引起的裂缝	应与地基基础同视为残损点	
		(2) 受力引起的裂缝	有通长的水平裂缝，或有贯通的竖向裂缝或斜向裂缝	

注：①表中 H 为墙的总高；H_i 为层间墙高；B 为墙厚，若墙厚上下不等，按平均值采用。

②碎砖墙的做法各地差别较大，其残损点评定由当地主管部门另定。

第 4.1.12 条 古建筑中非承重的土墙或毛石墙有下列损坏，应视为残损点：

一、土墙

1. 墙身倾斜超过墙高的 1/70。

2. 墙体风化、硝化深度超过墙厚的 1/4。

3. 墙身有明显的局部下沉或鼓起变形。

4. 墙体经常受潮。

二、毛石墙

1. 墙身倾斜超过墙高的 1/85。

2. 墙面有较大破损，已严重影响其使用功能。

注：土墙和毛石墙中，裂缝的检查及评定应按本规范第 4.1.11 条执行。

第 4.1.13 条 采用木屋盖的古建筑中，其承重石柱的残损点，应按表 4.1.13 评定。

承重石柱残损点的检查及评定　　表 4.1.13

项次	检查项目	检 查 内 容	残损点评定界限
1	材 质	在柱截面上，风化层所占面积与全截面面积之比 ρ	$\rho > 1/6$ 或按剩余截面验算不合格
2	裂 缝	(1) 受力引起的裂缝 a) 水平裂缝或斜裂缝 b) 纵向裂缝（仅检查长度超过 300mm 的裂缝）	 有肉眼可见的细裂缝 出现不止一条，且缝宽大于 0.1mm
		(2) 非受力引起的裂缝或裂隙	应作必要的修补处理但不列为残损点
3	倾 斜	(1) 单层柱倾斜量 Δ	$\Delta > H/250$ 或 $\Delta > 50mm$
		(2) 多层柱 a) 总倾斜量 Δ b) 层间倾斜量 Δ_i	 $\Delta > H/170$ 或 $\Delta > 80mm$ $\Delta_i > H_i/125$ 或 $\Delta_i > 40mm$
4	构 造	(1) 柱头与上部木构架的连接	无可靠连接，或连接已松脱、损坏
		(2) 柱脚与柱础抵承状况 柱脚底面与柱础间实际承压面积与柱脚底面积之比 ρ_c	$\rho_c < 2/3$
		(3) 柱与柱础之间错位量与柱径（或柱截面）沿错位方向尺寸之比	$\rho_c > 1/6$

注：表中 H 为 ρ_c 柱全高，H_i 为层间柱高。

第 4.1.14 条 古建筑中石梁、石枋有下列损坏，应视为残损点：

一、表层风化，在构件截面上所占的面积超过全截面面积的 1/8，或按剩余截面验算不满足使用要求。

二、有横断裂缝或斜裂缝出现。

三、在构件端部，有深度超过截面宽度 1/4 的水平裂缝。

四、梁身有残缺损伤，经验算其承载能力不能满足使用要求。

第 4.1.15 条 古建筑中砖、石砌筑的拱券，有下列损坏，应视为残损点：

一、拱券中部有肉眼可见的竖向裂缝，或拱端有斜向裂缝，或支承的墙体有水平裂缝。

二、拱身有下沉变形的迹象。

第 4.1.16 条 古建筑地基基础的检查及评定，应按有关的现行地基基础规范执行。

第 4.1.17 条 在结构可靠性鉴定的检查中，当发现承重结构构件或其节点有残损时，应判断该点的破坏可能造成的后果。若破坏仅限于自身，则不构成结构的危险；若破坏将危及其他构件或节点，则应进一步判断可能导致结构破坏或倒塌的范围。

第 4.1.18 条 古建筑木构架出现下列情况之一时，其可靠性鉴定，应根据实际情况判为Ⅲ类或Ⅳ类建筑：

一、主要承重构件，如大梁、檐柱、金柱等有破坏迹象，并将引起其他构件的连锁破坏。

二、大梁与承重柱的连接节点的传力已处于危险状态。

三、多处出现严重的残损点，且分布有规律，或集中出现。

四、在虫害严重地区，发现木构架多处有新的蛀孔，或未见蛀孔，但发现有蛀虫成群活动。

第 4.1.19 条 在承重体系可靠性鉴定中，出现下列情况，应判为Ⅳ类建筑：

一、多榀木构架出现严重的残损点，其组合可能导致建筑物，或其中某区段的坍塌。

二、建筑物已朝某一方向倾斜，且观测记录表明，其发展速度正在加快。

三、在古建筑重点保护部位发现严重的残损点或异常征兆。

第 4.1.20 条 当古建筑处于下列情况时，根据其保护的价值和可能造成的损失，应将该建筑列为抢险性工程处理。

一、建筑物受到滑坡的威胁，或建筑在危坎危崖上下，受到其坍塌的威胁时。

二、由于河流改道或其他条件变化，使古建筑处于常年洪水位以下或受泥石流威胁而危及安全时。

三、建筑物受到其他环境因素的影响而濒临破坏或危险时。

第 4.1.21 条 当古建筑群中有一建筑物破坏或倒塌时，直接受到影响的其他建筑物，亦应进行紧急处理。

第 4.1.22 条 古建筑结构可靠性鉴定报告中，应对残损点的数量、分布位置及处理建议作详细说明。

第二节 抗 震 鉴 定

第 4.2.1 条 古建筑木结构的抗震鉴定，除应符合现行国家标准《建筑抗震鉴定标准》的要求外，尚应遵守下列规定：

一、抗震设防烈度为 6 度及 6 度以上的建筑，均应进行抗震构造鉴定。

二、凡属表 4.2.1 规定范围的建筑，尚应对其主要承重结构进行截面抗震验算。

古建筑需作截面抗震验算的范围　　表 4.2.1

烈度 / 建筑场地类别 / 建筑类别	6度		7度		8度	9度
	近震	远震	近震	远震		
一般古建筑	—	—	—	—	Ⅲ、Ⅳ类场地	所有场地
结构特殊古建筑 300 年以上古建筑	—	—	Ⅳ类场地	Ⅲ、Ⅳ类场地	所有场地	
500 年以上古建筑	Ⅳ类场地	Ⅲ、Ⅳ类场地	Ⅱ、Ⅲ、Ⅳ类场地		所有场地	

注："近震"和"远震"的定义见现行国家标准《建筑抗震设计规范》的名词解释。

三、对于下列情况，当有可能计算承重柱的最大侧偏位移时，尚宜进行抗震变形验算：

1. 8 度Ⅲ、Ⅳ类场地及 9 度时，基本自振周期 $T_1 \geqslant 1s$ 的单层建筑。

2. 8 度及 9 度时，500 年以上的建筑，或高度大于 15m 的多层建筑。

四、对抗震设防烈度为 10 度地区的古建筑，其抗震鉴定应组织有关专家专门研究，并应按有关专门规定执行。

第 4.2.2 条 古建筑木结构及其相关工程的抗震构造鉴定，应遵守下列规定：

一、对抗震设防烈度为 6 度和 7 度的建筑，应按本章第一节进行鉴定。凡有残损点的构件和连接，其可靠性应被判为不符合抗震构造要求。

二、对抗震设防烈度为 8 度和 9 度的建筑，除应按本条第一款鉴定外，尚应按表 4.2.2 的要求鉴定。

设防烈度为 8 度和 9 度的建筑抗震构造鉴定要求　　表 4.2.2

项次	检查对象	检查项目	检查内容	鉴定合格标准
1	木　柱	柱脚与柱础抵承状况	柱脚底面与柱础间实际抵承面积与柱脚处柱的原截面面积之比 ρ_c	$\rho_c \geqslant 3/4$
		柱础错位	柱与柱础之间错位量与柱径(或柱截面)沿错位方向的尺寸之比 ρ_d	$\rho_d \leqslant 1/10$
2	梁　枋	挠　度	竖向挠度最大值 ω_1 或 ω_1	当 $h/l > 1/14$ 时 $\omega_1 \leqslant l^2/2500h$
				当 $h/l \leqslant 1/14$ 时 $\omega_1 \leqslant l/180$
				对于 300 年以上的梁枋，若无其他残损，可按 $\omega' \leqslant \omega_1 + h/50$ 评定
3	柱与梁枋的连接	榫卯连接完好程度	榫头拔出卯口的长度	不应超过榫长的 1/4
		柱与梁枋拉结情况	拉结件种类及拉结方法	应有可靠的铁件拉结，且铁件无严重锈蚀
4	斗　栱	斗栱构件	完好程度	无腐朽、劈裂、残缺
		斗栱榫卯	完好程度	无腐朽、松动、断裂或残缺
5	木构架整体性	整体倾斜	(1)构架平面内倾斜量 Δ_1	$\Delta_1 \leqslant H_0/150$，且 $\Delta_1 \leqslant 100mm$
			(2)构架平面外倾斜量 Δ_2	$\Delta_2 \leqslant H_0/300$，且 $\Delta_2 \leqslant 50mm$
		局部倾斜	柱头与柱脚相对位移量 Δ (不含侧脚值)	$\Delta \leqslant H/100$，且 $\Delta \leqslant 80mm$
		构架间的连系	纵向连系构件的连接情况	连接应牢固
		加强空间刚度的措施	(1)构架间的纵向连系	应有可靠的支撑或有效的替代措施
			(2)梁下各柱的纵、横向连系	应有可靠的支撑或有效的替代措施
6	屋　顶	椽　条	拉结情况	脊檩处，两坡椽条应有防止下滑的措施
		檩　条	锚固情况	檩条应有防止外滚和檩端脱榫的措施
		大梁以上各层梁	与瓜柱、驼峰连系情况	应有可靠的榫接，必要时应加隐蔽式铁件锚固
		角　梁	抗倾覆能力	应有充分的抗倾覆连接件连结
		屋顶饰件及檐口瓦	系固情况	应有可靠的系固措施
7	檐　墙	墙身倾斜	倾斜量 Δ	$\Delta \leqslant B/10$
		墙体构造	(1)墙脚酥碱处理情况	应予修补
			(2)填心砌筑墙体的拉结情况	每 $3m^2$ 墙面应至少有一拉结件

注：表中 B 为墙厚，若墙厚上下不等，按平均值采用。

第 4.2.3 条 古建筑木结构抗震能力的验算，除应按现行国家标准《建筑抗震设计规范》进行外，尚应遵守下列规定：

一、在截面抗震验算中，结构总水平地震作用的标准值，应按下式计算：

$$F_{EK} = 0.72\alpha_1 G_{eg} \tag{4.2.3}$$

式中　α_1——相应于结构基本自振周期 T_1 的水平地震影响系数，应按现行国家标准《建筑抗震设计规范》确定。

G_{eg}——结构等效总重力荷载。对坡顶房屋取 $1.15G_E$；对平顶房屋取 $1.0G_E$；对多层房屋取 $0.85G_E$，G_1 为房屋总重力荷载代表值。

对单层坡顶房屋，F_{EK} 作用于大梁中心位置。

对多层房屋，F_{EK} 的分配与作用位置，按现行国家标准《建筑抗震设计规范》确定。

二、结构基本自振周期 T_1，宜根据实测值确定，若符合本规范附录二规定的条件时，也可按该附录的经验公式确定。

三、木构架承载力的抗震调整系数 γ_{RE} 可取 0.8。

四、计算木构架的水平抗力，应考虑梁柱节点连接的有限刚度。

五、在抗震变形验算中，木构架的位移角限值〔θ_p〕可取 1/30。对 800 年以上或其它特别重要的古建筑，其位移角限值宜专门研究确定。

第 4.2.4 条 古建筑的抗震鉴定，应充分利用该建筑残损情况的勘查资料；若该资料不全或勘查后已经过修缮，则应进行必要的补测和复查。

第五章 古建筑的防护

第一节 木材的防腐和防虫

第 5.1.1 条 为防止古建筑木结构受潮腐朽或遭受虫蛀，维修时应采取下列措施：

一、从构造上改善通风防潮条件，使木结构经常保持干燥；

二、对易受潮腐朽或遭虫蛀的木结构用防腐防虫药剂进行处理。

第 5.1.2 条 古建筑木结构使用的防腐防虫药剂应符合下列要求：

一、应能防腐，又能杀虫，或对害虫有驱避作用，且药效高而持久；

二、对人畜无害，不污染环境；

三、对木材无助燃、起霜或腐蚀作用；

四、无色或浅色，并对油漆、彩画无影响。

第 5.1.3 条 古建筑木结构的防腐防虫药剂，宜按表 5.1.3 选用，也可采用其他低毒高效药剂。

若用桐油作隔潮防腐剂，宜添加 5%的五氯酚钠或菊酯。

古建筑木结构的防腐防虫药剂　　表 5.1.3

药剂名称	代号	主要成分组成(%)	剂型	有效成分用量(按单位木材计)	药剂特点及适用范围
二硼合剂	BB	硼酸 40 硼砂 40 重铬酸钠 20	5%～10%水溶液或高含量浆膏	5～6kg/m^3 或 300g/m^2	不耐水，略能阻燃，适用于室内与人有接触的部位
氟酚合剂	FP 或 W-2	氟化钠 35 五氯酚钠 60 碳酸钠 5	4%～6%水溶液或高含量浆膏	5～6kg/m^3 或 300g/m^2	较耐水，略有气味，对白蚁的效力较大，适用于室内结构的防腐、防虫、防霉
铜铬砷合剂	CCA 或 W-4	硫酸铜 22 重铬酸钠 33 五氧化二砷 45	4%～6%水溶液或高含量浆膏	9～15kg/m^3 或 300g/m^2	耐水，具有持久而稳定的防腐防虫效力，适用于室内外潮湿环境中
有机氯合剂	OS-1	五氯酚 5 林丹 1 柴油 94	油溶液或乳化油	6～7kg/m^3 或 300g/m^2	耐水，具有可靠而耐久的防腐防虫效力，可用于室外，或用于处理与砌体、灰背接触的木构件
菊酯合剂	E-1	二氯苯醚菊酯 10(或氰胺氰菊酯)溶剂及乳化剂 90	油溶液或乳化油	0.3～0.5kg/m^3 或 300g/m^2	为低毒高效杀虫剂，若改用氰胺氰菊酯，还可防腐。本合剂宜与“7504”有机氯制剂合用，以提高药效持久性

续表

药剂名称	代号	主要成分组成(%)	剂型	有效成分用量(按单位木材计)	药剂特点及适用范围
氯化苦	G-25	氯化苦 －	96%药液	0.02～0.07 kg/m^3 (按处理空间计算)	通过熏蒸吸附于木材中，起杀虫防腐作用，适用于内朽虫蛀中空的木构件

第 5.1.4 条 古建筑中木柱的防腐或防虫，应以柱脚和柱头榫卯处为重点，并采用下述方法进行防腐、防虫处理：

一、不落架工程的局部处理

1.柱脚表层腐朽处理：剔除朽木后，用高含量水溶性浆膏敷于柱脚周边，并围以绷带密封，使药剂向内渗透扩散；

2.柱脚心腐处理：可采用氯化苦熏蒸。施药时，柱脚周边须密封，药剂应能达柱脚的中心部位。一次施药，其药效可保持 3～5 年，需要时可定期换药；

3.柱头及其卯口处的处理：可将浓缩的药液用注射法注入柱头和卯口部位，让其自然渗透扩散。

二、落架大修或迁建工程中的木柱处理

不论继续使用旧柱或更换新柱，均宜采用浸注法进行处理。一次处理的有效期，应按 50 年考虑。

第 5.1.5 条 古建筑中檩、椽和斗栱的防腐或防虫，宜在重新油漆或彩画前，采用全面喷涂方法进行处理。对于梁枋的榫头和埋入墙内的构件端部，尚应用刺孔压注法进行局部处理。对于落架大修或迁建工程，其木构件的处理方法应按照本规范第 5.1.4 条第二款执行。

第 5.1.6 条 屋面木基层的防腐和防虫，应以木材与灰背接触的部位和易受雨水浸湿的构件为重点，并按下列方法进行处理：

一、对望板、扶脊木、角梁及由戗等的上表面，宜用喷涂法处理；

二、对角梁、檐椽和封檐板等构件，宜用压注法处理；

三、不得采用含氟化钠和五氯酚钠的药剂处理灰背屋顶。

第 5.1.7 条 古建筑中小木作部分的防腐或防虫，应采用速效、无害、无臭、无刺激性的药剂。处理时可采用下列方法：

一、门窗：可采用针注法重点处理其榫头部位。必要时，还可用喷涂法处理其余部位。新配门窗材，若为易虫腐的树种，可采用压注法处理。

二、天花、藻井：其下表面易受粉蠹危害，宜采用熏蒸法处理；其上表面易受菌腐，宜采用压注喷雾法处理。

三、对其他做工精致的小木作，宜用菊酯或加有防腐香料的微量药剂以针注或喷涂的方法进行处理。

第二节 防　火

第 5.2.1 条 以木构架为承重结构的古建筑，其耐火等级，按现行国家标准《建筑设计防火规范》的规定，定为民用建筑四级。

第 5.2.2 条 古建筑在修缮时，天花、藻井以上的梁架宜喷涂防火涂料；天花、吊顶用的苇席和纸、木板墙等应进行防火处理，处理方法应经专门研究决定。

第 5.2.3 条 800 年以上及其它特别重要的古建筑内严禁敷设电线，当古建筑内需要敷设电线时，须经文物主管部门和当地公安消防部门批准。电线应采用铜芯线，并敷设在金属管内，金属管应有可靠的接地。

第 5.2.4 条 允许敷设电线的重要古建筑，宜安装火灾自动报警器，若室内情况许可，尚宜安装自动灭火装置。其设计应符合下列要求：

一、火灾自动报警，宜采用感烟探测器。其具体安装要求，应按现行国家标准《火灾自动报警系统设计规范》的有关规定执行；

二、有天花的古建筑，应在天花的里外分别设置探头；

三、需要安装自动喷水灭火设备的古建筑，其设计应符合现行国家标准《自动喷水灭火系统设计规范》的要求，并应结合各地古建筑形式安装，不得有损其外观。

第 5.2.5 条 国家和省、自治区、直辖市重点保护的古建筑群或独立古建筑物，应设置宽度不小于 3.5m 的消防车道或可供消防车通行的通道，但不应破坏古建筑的环境风貌。

第 5.2.6 条 在古建筑保护范围内，必须设置消防给水设施，其水量、管网布置等要求应按现行国家标准《建筑设计防火规范》的规定执行。

第 5.2.7 条 当古建筑处于偏辟地区，无法设置给水设施时，有天然水源的地方，应修建消防取水码头。无天然水源的地方，应设消防蓄水设施。

第 5.2.8 条 对外开放的古建筑，其防火疏散通道的布置，应符合下列要求：

一、应设两个以上的安全出口，并按每个出口的紧急疏散能力为 100 人计算所需的安全出口数量，若实际情况不能满足计算要求，则应限制每次进入的人数；

二、作为展览厅的古建筑，应有室内疏散通道，其宽度按每 100 人不小于 1m 计算，但每个出口的宽度不应小于 1.0m；

三、游人集中的古建筑，其室外疏散小巷的净宽不应小于 3m。

第三节 防 雷

第 5.3.1 条 古建筑的防雷，根据其文物价值与雷害后果分为三类：

第一类：国家级重点保护的古建筑。

第二类：省、自治区、直辖市保护的古建筑。

第三类：其他古建筑。

当确定古建筑群的防雷类别时，若各建筑物的保护级别不同，则应以其中最高一级的建筑物为准。

第 5.3.2 条 下列情况的古建筑有可能遭受雷击，应采取必要的防雷措施：

一、屋顶或室内有大量金属物。

二、建筑物特别潮湿。

三、位于好坏土壤分界处。

四、靠近河、湖、池、沼或苇塘。

五、位于地下水露头处或有水线、泉眼处。

六、山区、森林地区或有金属矿床地区。

七、旷野中的突出建筑物。

八、靠近铁路线、铁路交叉点和铁路终端。

九、附近有特高压架空线路或较集中的地下电缆。

十、位于山谷风口或土山顶部。

十一、雷电活动频繁地区。

十二、曾经遭受雷击的地区。

第 5.3.3 条 古建筑装设防雷装置，应经充分论证。当确需要装设时，应符合下列要求：

一、应有防直击雷和防雷电感应的装置。

二、应考虑雷击时所产生的接触电压、跨步电压和各种架空线路引来的危害。

三、若古建筑内部有大型金属构件或存放有金属物体、金属设备，尚应考虑雷击后所产生的电磁感应的影响。

第 5.3.4 条 古建筑的防雷装置，应按现行国家标准《建筑防雷设计规范》的规定和下列要求进行设计：

一、防雷装置的选择与构造要求，对一类古建筑，应专门研究；对二类古建筑，应按第一类民用建筑考虑；对三类古建筑，应按第二类民用建筑考虑。

二、古建筑上部的宝顶、尖塔、吻兽、塑象、宝盒以及斗栱下的防鸟铁丝网等金属物体与部件，均应与防雷装置可靠地连接。古建筑屋脊上的宝盒，在翻修屋顶取下后，若无特殊的要求，不宜重新放置。

三、接闪器和引下线沿古建筑轮廓的弯曲，应保证其弯曲段开口部分的直线距离，不小于其弯曲段全长的 1／10，并不得弯折成直角或锐角。

四、不得在古建筑屋顶安装各种天线。

五、二类防雷古建筑的门窗宜安装金属纱窗、纱门或较密的金属保护网，并可靠地接地。三类防雷古建筑宜安装玻璃门窗。

第 5.3.5 条 当古建筑附近有高大树木时，应采取下列措施以防止雷击：

一、在树顶装避雷针，沿树干敷设引下线，下部埋设接地装置。

二、枯朽树木的洞穴应用灰膏封堵严密，防止积水，导致树木接闪。

三、树木本身或根部不得缠绕钢筋，并不得在树下堆放大量金属物体。

四、古建筑周围栽种树木时，树干距建筑物不应小于 5m，树冠距建筑物不应小于 3m。

第 5.3.6 条 对古建筑的防雷装置，应按下列要求做好日常的检查和维护工作：

一、建立检查制度。宜每隔半年或一年定期检查一次；也可安排在台风或其它自然灾害发生后，以及其他修缮工程完工后进行。

二、检查项目应包括防雷装置中的引线、连接和固定装置的联结有无断开、脱落或变形；金属导体有无腐蚀；接地电阻工作是否正常等。

三、在防雷装置安装后应防止各种新设的架空线路，在不符合安全距离要求时，与防雷装置系统相交叉或平行。

第四节 除 草

第 5.4.1 条 古建筑屋顶维修时，应采取有效措施进行屋顶防草。

第 5.4.2 条 古建筑除草，可根据具体情况采用人工整治或化学处理的方法，不得采用机械铲除或火焰喷烧方法。

第 5.4.3 条 当采用化学处理方法除草时，选用的除草剂应符合下列要求：

一、对人畜无害，不污染环境；

二、无助燃、起霜或腐蚀作用；

三、不损害古建筑周围绿化和观赏的植物；

四、无色，且不导致瓦顶和屋檐变色或变质。

第 5.4.4 条 古建筑使用的除草剂可按表 5.4.4 选用，也可采用经有关部门鉴定、批准生产的其他药剂。

第 5.4.5 条 古建筑屋顶不得使用氯酸钠或亚砷酸钠除草。

灭生性除草剂的性能及用量 表 5.4.4

药剂名称	剂 型	有效成分用量 (g/m^2)	使 用 性 能
草甘膦	10%的铵盐或钠盐水溶液	0.2～0.3(使用时化成 1%浓度水溶液)	易溶于水，不助燃，对钢材略有腐蚀性。只能由芽后绿色叶面吸收，内吸至根部奏效
敌草隆	25%可湿性粉剂	0.9～5.0(使用干粉)	难溶于水，不助燃，无腐蚀性。芽前、芽后均可使用，由根部进入机体，导致缺绿枯死
西马津	50%可湿性粉剂	1.1～5.6(使用干粉)	同敌草隆
六嗪同	90%可溶性粉剂	0.6～1.2(可使用 1%～3%浓度水溶液或干粉)	可溶于水，系芽后接触型药剂，能有效防除多种杂草

第 5.4.6 条 化学除草可采用喷雾法或喷粉法，并应符合下列要求：

一、大面积除草宜应用细喷雾法。其雾滴直径应控制在 250μm 以下，宜为 150～200μm，操作时应防止飘移超限。对小范围局部除草，可采用粗喷雾法。雾滴直径宜控制在 300～600μm，并应使用带气包的喷雾器进行连续喷洒。

二、在取水困难地区，或使用难溶于水的药剂时，宜采用喷粉法。粉粒直径宜小于 44μm，不应超过 74μm。

三、除草的时间，宜在 4～5 月份或 7～8 月份，并在喷洒后 10h 内不得淋雨。喷粉时间宜在清晨或傍晚。

四、有条件时，喷洒后可采取塑料薄膜覆盖。

第 5.4.7 条 在设备和人力缺乏情况下，可采用颗粒撒布方法除草。其药物颗粒的大小宜与古建筑屋顶常见草籽粒径相仿。药粒可从屋脊撒下，顺垄滚落，滞留在杂草丛生部位。

第五节 抗 震 加 固

第 5.5.1 条 古建筑的抗震加固，除应符合现行国家标准《建筑抗震设计规范》及《建筑抗震鉴定标准》的要求外，尚应遵守下列规定：

一、抗震鉴定加固烈度，应按本地区的基本烈度采用。对重要古建筑，可提高一度加固，但应经上一级文物主管部门会同国家抗震主管部门批准。

二、古建筑的抗震加固设计，应在遵守"不改变文物原状"的原则下提高其承重结构的抗震能力。

三、对 800 年以上或其它特别重要古建筑的抗震加固方案，应经有关专家论证后确定。

四、按规定烈度进行抗震加固时，应达到当遭受低于本地区设防烈度的多遇地震影响时，古建筑基本不受损坏；当遭受本地区设防烈度的地震影响时，古建筑稍有损坏，经一般修理后仍可正常使用；当遭受高于本地区设防烈度的预估罕遇地震影响时，古建筑不致坍塌或砸坏内部文物，经大修后仍可恢复原状。

第 5.5.2 条 古建筑木结构的构造不符合抗震鉴定要求时，除应按所发现的问题逐项进行加固外，尚应遵守下列规定：

一、对体型高大、内部空旷或结构特殊的古建筑木结构，均应采取整体加固措施。

二、对截面抗震验算不合格的结构构件，应采取有效的减载、加固和必要的防震措施。

三、对抗震变形验算不合格的部位，应加设支顶等提高其刚度。若有困难，也应加临时支顶，但应与其它部位刚度相当。

第 5.5.3 条 古建筑的抗震加固施工，应纳入正常的维修计划，分期分批有重点地完成，但对地处 8 度Ⅲ、Ⅳ类场地和 9 度以上的古建筑应优先安排。

第六章 木结构的维修

第一节 一 般 规 定

第 6.1.1 条 古建筑木结构及其相关工程的维修工作，应在该建筑物法式勘查完成后方可进行。若因建筑物出现险情，急需抢修，可允许采取不破坏法式特征的临时性排险加固措施。

第 6.1.2 条 古建筑的维修与加固，应以结构可靠性的鉴定为依据，对每一残损点，凡经鉴定确认需要处理者，应按不同的要求，分别轻重缓急予以妥善安排。凡属情况恶化，明显影响结构安全者，应立即进行支顶或加固。

第 6.1.3 条 进行古建筑维修工作，应遵守下列规定：

一、根据建筑物法式勘查报告进行现场校对，明确维修中应保持的法式特征。

二、根据残损情况勘查中测绘的全套现状图纸，制订周密的维修方案，并根据该建筑的文物保护级别，完成规定的报批手续。

三、对更换原有构件，应持慎重态度。凡能修补加固的，应设法最大限度地保留原件。凡必须更换的木构件，应在隐蔽处注明更换的年、月、日。

四、维修中换下的原物、原件不得擅自处理，应统一由文物主管部门处置。

五、做好施工记录，详细测绘隐蔽结构的构造情况。维修加固的全套技术档案，应存档备查。

六、必须严格遵守施工程序和检查验收制度。

第 6.1.4 条 在维修古建筑过程中，若发现隐蔽结构的构造有严重缺陷，或所处的环境条件存在着有害因素，可能导致重新出现同样问题，应采取措施消除隐患。

第二节 荷 载

第 6.2.1 条 按本规范进行加固设计时，其荷载除按现行国家标准《建筑结构荷载规范》的规定执行外，尚应遵守本节的规定。

第 6.2.2 条 对现行国家标准《建筑结构荷载规范》中未规定的永久荷载，可根据古建筑各部位构造和材料的不同情况，分别抽样确定。每种情况的抽样数不得少于 5 个，以其平均值的 1.1 倍作为该荷载的标准值。

第 6.2.3 条 对古建筑木结构的屋面，其水平投影面上的屋面均布活荷载可取 $0.7kN/m^2$，当施工荷载较大时，可按实际情况采用。

第 6.2.4 条 验算屋面木构件时，施工或检修的集中荷载可取 0.8kN，并以出现在最不利位置进行验算。

第 6.2.5 条 基本风压的重现期定为 100 年，基本风压值可按现行国家标准《建筑结构荷载规范》中的基本风压值乘以系数 1.2。

第 6.2.6 条 当需确定地处山区的古建筑的基本风压时，可按由山麓算起的风压高度变化规律，取现行国家标准《建筑结构荷载规范》中规定的风压高度变化系数。

第 6.2.7 条 基本雪压的重现期定为 100 年，基本雪压值可按现行国家标准《建筑结构荷载规范》中的基本雪压值乘以系数 1.2。

第 6.2.8 条 当需确定地处山区的古建筑的基本雪压时，可按实测资料确定。若无实测资料时，可采用本规范第 6.2.7 条确定的基本雪压值，再乘以系数 1.2。

第三节 木材及胶粘剂

第 6.3.1 条 古建筑木结构承重构件的修复或更换，应优先采用与原构件相同的树种木材，当确有困难时，也可按表 6.3.1 中选取强度等级不低于原构件的木材代替。

常用针叶树材强度等级 表 6.3.1-1

强度等级	组别	适用树种			
		国产木材	进口木材		
			北 美	前苏联及欧洲地区	其他国家及地区
TC17	A	柏木	海湾油松、长叶松	—	—
	B	东北落叶松	西部落叶松	欧洲赤松、落叶松	—

续表

强度等级	组别	适用树种：国产木材	进口木材：北美	进口木材：前苏联及欧洲地区	进口木材：其他国家及地区
TC15	A	铁杉、油杉	短叶松、火炬松、花旗松(含海岸型)	—	—
	B	鱼鳞云杉、西南云杉	南部花旗松	—	南亚松
TC13	A	侧柏、建柏	北美落叶松、西部铁杉、太平洋银冷杉	欧洲云杉、海岸松	—
	B	红皮云杉、丽江云杉、红松、樟子松	—	苏联红松	新西兰贝壳杉
TC11	A	西北云杉、新疆云杉	东部云杉、东部铁杉、白冷杉、西加云杉、北美黄松、巨冷杉	西伯利亚松	—
	B	冷杉、杉木	小干松	—	—

常用阔叶树材强度等级　　　　表 6.3.1-2

强度等级	适用树种：国产木材	进口木材：东南亚	进口木材：前苏联及欧洲地区	进口木材：其他国家及地区
TB20	栎木、青冈、椆木	门格里斯木、卡普木、沉水梢	—	绿心木、紫心木、李叶豆、塔特布木
TB17	水曲柳、刺槐、槭木	—	栎木	达荷玛木、萨佩莱木、苦油树、毛罗藤黄
TB15	锥栗(栲木)、槐木、乌墨	黄梅兰蒂、梅萨瓦木	水曲柳	红劳罗木
TB13	檫木、楠木、樟木	深红梅兰蒂、浅红梅兰蒂	—	—
TB11	榆木、苦楝	—	—	—

第 6.3.2 条　雕刻、高级内檐装修等精细小木作的维修，应采用原件树种或采用紫檀、楠木、花梨、香红木、红椿、红豆木、麻楝、加吉尔、坤甸、柚木、银桦等性质和外观近似的木材制作。

第 6.3.3 条　修复或更换承重构件的木材，其材质应与原件相同。若原件已残毁，无以为凭，则应按本规范表 6.3.3 的材质标准要求选材。

承重结构木材材质标准　　　　表 6.3.3

项次	缺陷名称	原木材质等级：Ⅰ等材 受弯构件或压弯构件	原木材质等级：Ⅱ等材 受压构件或次要受弯构件	方木材质等级：Ⅰ等材 受弯构件或压弯构件	方木材质等级：Ⅱ等材 受压构件或次要受弯构件
1	腐　朽	不允许	不允许	不允许	不允许
2	木　节 (1)在构件任一面(或沿周长)任何 150mm 长度所有木节尺寸的总和不得大于所在面宽(或所在部位原木周长)的 (2)每个木节的最大尺寸不得大于所测部位原木周长的	2/5 1/5	2/3 1/4	1/3 —	2/5 —
3	斜　纹 任何 1m 材长上平均倾斜高度不得大于	80mm	120mm	50mm	80mm
4	裂　缝 (1)在连接的受剪面上 (2)在连接部位的受剪面附近，其裂缝深度(有对面裂缝时用两者之和)不得大于	不允许 直径的 1/4	不允许 直径的 1/2	不允许 材宽的 1/4	不允许 材宽的 1/3
5	生长轮(年轮)其平均宽度不得大于	4mm	4mm	4mm	4mm
6	虫　蛀	不允许	不允许	不允许	不允许

注：①供制作斗栱的木材，不得有木节和裂缝。

②古建筑用材不允许有死节（包括松软节和腐朽节）。

③木节尺寸按垂直于构件长度方向测量。木节表现为条状时，在条状的一面不量（图 6.3.3），直径小于 10mm 的活节不量。

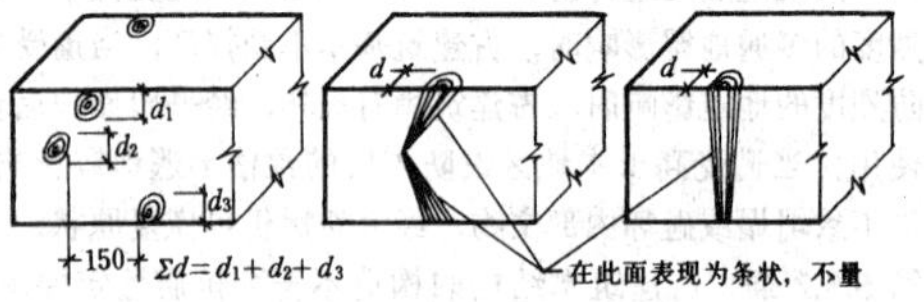

图 6.3.3　木节量法

第 6.3.4 条　用作承重构件或小木作工程的木材，使用前应经干燥处理，含水率应符合下列规定：

一、原木或方木构件，包括梁枋、柱、檩、椽等，不应大于 20%。

为便于测定原木和方木的含水率，可采用按表层检测的方法，但其表层 20mm 深处的含水率不应大于 16%。

二、板材、斗栱及各种小木作，不应大于当地的木材平衡含水率。

第 6.3.5 条　修复古建筑木结构构件使用的胶粘剂，应保证胶缝强度不低于被胶合木材的顺纹抗剪和横纹抗拉强度。胶粘剂的耐水性及耐久性，应与木构件的用途和使用年限相适应。

第 6.3.6 条　对易受潮的结构和外檐装修工程，应选用耐水性胶，如环氧树脂胶、苯酚甲醛树脂胶和间苯二酚树脂胶等；对室内正常温度、湿度条件下使用的非主要承重构件或内檐装修工程，可采用中等耐水性胶，如尿素甲醛树脂胶等，或传统使用的鳔胶、骨胶或皮胶等。

第四节　计　算　原　则

第 6.4.1 条　古建筑木结构在维修、加固中，如有下列情况之一应进行结构验算：

一、有过度变形或产生局部破坏现象的构件和节点。

二、维修、加固后荷载、受力条件有改变的结构和节点。

三、重要承重结构的加固方案。

四、需由构架本身承受水平荷载的无墙木构架建筑。

第 6.4.2 条 验算古建筑木结构时，其木材设计强度和弹性模量应符合下列规定：

一、按现行国家标准《木结构设计规范》的规定采用，并乘以结构重要性系数 0.9；有特殊要求者另定。

二、对外观已显著变形或木质已老化的构件，尚应乘以表 6.4.2 考虑荷载长期作用和木质老化影响的调整系数。

考虑长期荷载作用和木质老化的调整系数 表 6.4.2

建筑物修建距今的时间（年）	调整系数		
	顺纹抗压设计强度	抗弯和顺纹抗剪设计强度	强性模量和横纹承压设计强度
100	0.95	0.90	0.90
300	0.85	0.80	0.85
≥500	0.75	0.70	0.75

三、对仅以恒载作用验算的构件，尚应乘以现行国家标准《木结构设计规范》中规定的调整系数。

四、验算原件时，若其材质完好，且最大木节不大于 20mm，其顺纹设计强度可提高 10%。

第 6.4.3 条 梁、柱构件应按现行国家标准《木结构设计规范》的有关规定验算其承载能力，并应遵守下列规定：

一、当梁过度弯曲时，梁的有效跨度应按支座与梁的实际接触情况确定，并应考虑支座传力偏心对支承构件受力的影响。

二、柱应按两端铰接计算，计算长度取侧向支承间的距离，对截面尺寸有变化的柱可按中间截面尺寸验算稳定。

三、若原有构件已部分缺损或腐朽，应按剩余的截面进行验算。

第 6.4.4 条 古建筑中斗栱的各部件尺寸，应按各时期的建筑法式确定，不作结构验算。当维修中发现大斗原件被压扁，则应验算新斗的横纹承压强度。横纹承压设计强度，应按全表面横纹承压采用。若横纹承压强度不能满足计算要求，宜改用硬质木材或改性木材制作。

第 6.4.5 条 2 根或 2 根以上木梁重叠承受上部荷载的叠合梁，应按每一木梁的惯性矩分配每根木梁的荷载，按分配的荷载验算各木梁的强度。若上木梁短于下木梁，则应考虑二木梁变形协调来计算上下木梁。

第 6.4.6 条 在古建筑木构架中，垂直荷载应由柱承受，墙体仅起稳定结构和传递水平力的作用。对一般古建筑木结构可不进行水平荷载验算，对无墙的木构架应考虑由构架本身承受水平力。若构架本身不能承受水平力，应采取其他结构措施。对体型高大、内部空旷或结构特殊的木构架，若发现结构过度变形或有损坏，应专门研究确定其验算方法。

第五节 木构架的整体维修与加固

第 6.5.1 条 木构架的整体维修与加固，应根据其残损程度分别采用下列的方法；

一、落架大修 即全部或局部拆落木构架，对残损构件或残损点逐个进行修整，更换残损严重的构件，再重新安装，并在安装时进行整体加固。

二、打牮拨正 即在不拆落木构架的情况下，使倾斜、扭转、拔榫的构件复位，再进行整体加固。对个别残损严重的梁枋、斗栱、柱等应同时进行更换或采取其他修补加固措施。

三、修整加固 即在不揭除瓦顶和不拆动构架的情况下，直接对木构架进行整体加固。这种方法适用于木构架变形较小，构件位移不大，不需打牮拨正的维修工程。

第 6.5.2 条 落架大修的工程，应先揭除瓦顶，再由上而下分层拆落望板、椽、檩及梁架。在拆落过程中，应防止榫头折断或劈裂，并采取措施，避免磨损木构件上的彩画和墨书题记。

第 6.5.3 条 拆落木构架前，应先给所有拟拆落的构件编号，并将构件编号标明在记录图纸上。

第 6.5.4 条 对拆下的构件，经检查确定需要更换或修补加固时，应按本规范第六章第六、七、八节有关条款执行。

第 6.5.5 条 对木构架进行打牮拨正时，应先揭除瓦顶，拆下望板和部分椽，并将檩端的榫卯缝隙清理干净；如有加固铁件应全部取下；对已严重残损的檩、角梁、平身科斗栱等构件，也应先行拆下。

第 6.5.6 条 木构架的打牮拨正，应根据实际情况分次调整，每次调整量不宜过大。施工过程中，若发现异常音响或出现其他未估计到的情况，应立即停工，待查明原因，清除故障后，方可继续施工。

第 6.5.7 条 对木构架进行整体加固，应符合下列要求：

一、加固方案不得改变原来的受力体系。

二、对原来结构和构造的固有缺陷，应采取有效措施予以消除，对所增设的连接件应设法加以隐蔽。

三、对本应拆换的梁枋、柱，当其文物价值较高而必须保留时，可另加支柱，但另加的支柱应能易于识别。

四、对任何整体加固措施，木构架中原有的连接件，包括椽、檩和构架间的连接件，应全部保留。若有短缺时，应重新补齐。

五、加固所用材料的耐久性，不应低于原有结构材料的耐久性。

第 6.5.8 条 木构架中，下列部位的榫卯连接构造较为薄弱，在整体加固时，应根据结构构造的具体情况，采用适当形式的连接件予以锚固：

一、柱与额枋连接处；

二、檩端连接处；

三、有外廊或周围廊的木构架中，抱头梁或穿插枋与金柱的连接处；

四、其他用半银锭榫连接的部位。

第 6.5.9 条 对Ⅳ类建筑，若暂时不具备落架大修条件，可对木构架暂设支撑，使倾斜或扭转不致继续发展，但支撑系统应经设计计算。

第六节 木 柱

第 6.6.1 条 对木柱的干缩裂缝，当其深度不超过柱径（或该方向截面尺寸）1／3 时，可按下列嵌补方法进行修整：

一、当裂缝宽度不大于 3mm 时，可在柱的油饰或断白过程中，用腻子勾抹严实。

二、当裂缝宽度在 3～30mm 时，可用木条嵌补，并用耐水性胶粘剂粘牢。

三、当裂缝宽度大于 30mm 时，除用木条以耐水性胶粘剂补严粘牢外，尚应在柱的开裂段内加铁箍 2～3 道。若柱的开裂段较长，则箍距不宜大于 0.5m。铁箍应嵌入柱内，使其外皮与柱外皮齐平。

第 6.6.2 条 当干缩裂缝的深度超过本规范第 6.6.1 条规定的范围或因构架倾斜、扭转而造成柱身产生纵向裂缝时，须待构架整修复位后，方可按本规范第 6.6.1 条第三款的方法进行处理。若裂缝处于柱的关键受力部位，则应根据具体情况采取加固措施，或更换新柱。

第 6.6.3 条 对柱的受力裂缝和继续开展的斜裂缝，必须进行强度验算，然后根据具体情况采取加固措施或更换新柱。

第 6.6.4 条 当木柱有不同程度的腐朽而需整修、加固时，可采用下列剔补或墩接的方法处理：

一、当柱心完好，仅有表层腐朽，且经验算剩余截面尚能满足受力要求时，可将腐朽部分剔除干净，经防腐处理后，用干燥木材依原样和原尺寸修补整齐，并用耐水性胶粘剂粘接。如系周围剔补，尚需加设铁箍2～3道。

二、当柱脚腐朽严重，但自柱底面向上未超过柱高的1／4时，可采用墩接柱脚的方法处理。墩接时，可根据腐朽的程度、部位和墩接材料，选用下列方法：

1. 用木料墩接　先将腐朽部分剔除，再根据剩余部分选择墩接的榫卯式样，如“巴掌榫”、“抄手榫”等（图6.4.4）。施工时，除应注意使墩接榫头严密对缝外，还应加设铁箍，铁箍应嵌入柱内。

2. 钢筋混凝土墩接　仅用于墙内的不露明柱子，高度不得超过1m，柱径应大于原柱径200mm，并留出0.4～0.5m长的钢板或角钢，用螺栓将原构件夹牢。混凝土强度不应低于C25，在确定墩接柱的高度时，应考虑混凝土收缩率。

3. 石料墩接　可用于柱脚腐朽部分高度小于200mm的柱。露明柱可将石料加工为小于原柱径100mm的矮柱，周围用厚木板包镶钉牢，并在与原柱接缝处加设铁箍一道。

第6.6.5条　若木柱内部腐朽、蛀空，但表层的完好厚度不小于50mm时，可采用高分子材料灌浆加固，其做法应符合本规范第6.9.1条的规定。

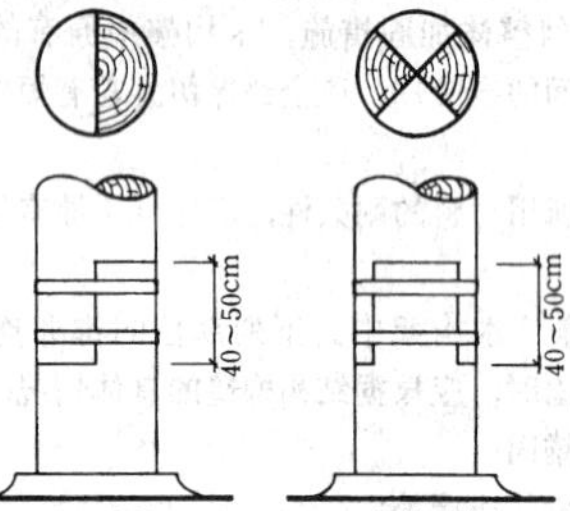

图6.6.4　木柱墩接的榫头构造

第6.6.6条　当木柱严重腐朽、虫蛀或开裂，而不能采用修补、加固方法处理时，可考虑更换新柱，但更换前应做好下列工作：

一、确定原柱高：若木柱已残损，应从同类木柱中，考证原来柱高。必要时，还应按照该建筑物创建时代的特征，推定该类木柱的原来高度。

二、复制要求：对需要更换的木柱，应确定是否为原建时的旧物。若已为后代所更换与原形制不同时，应按原形制复制。若确为原件，应按其式样和尺寸复制。

三、材料选择：应符合本规范本章第三节的要求。

第6.6.7条　在不拆落木构架的情况下墩接木柱时，必须用架子或其他支承物将柱和柱连接的梁枋等承重构件支顶牢固，以保证木柱悬空施工时的安全。

第七节　梁　　枋

第6.7.1条　当梁枋构件有不同程度的腐朽而需修补、加固时，应根据其承载能力的验算结果采取不同的方法。若验算表明，其剩余截面面积尚能满足使用要求时，可采用贴补的方法进行修复。贴补前，应先将腐朽部分剔除干净，经防腐处理后，用干燥木材按所需形状及尺寸，以耐水性胶粘剂贴补严实，再用铁箍或螺栓紧固。若验算表明，其承载能力已不能满足使用要求时，则须更换构件。更换时，宜选用与原构件相同树种的干燥木材，并预先做好防腐处理。

第6.7.2条　对梁枋的干缩裂缝，应按下列要求处理：

一、当构件的水平裂缝深度（当有对面裂缝时，用两者之和）小于梁宽或梁直径的1／4时，可采取嵌补的方法进行修整，即先用木条和耐水性胶粘剂，将缝隙嵌补粘结严实，再用两道以上铁箍或玻璃钢箍箍紧。

二、若构件的裂缝深度超过上款的限值，则应进行承载能力验算，若验算结果能满足受力要求，仍可采用本条第一款的方法修整；若不满足受力要求时，应按照本规范第6.7.3条的方法进行处理。

第6.7.3条　当梁枋构件的挠度超过规定的限值或发现有断裂迹象时，应按下列方法进行处理：

一、在梁枋下面支顶立柱。

二、更换构件。

三、若条件允许，可在梁枋内埋设型钢或其他加固件。

第6.7.4条　对梁枋脱榫的维修，应根据其发生原因，采用下列修复方法：

一、榫头完整，仅因柱倾斜而脱榫时，可先将柱拨正，再用铁件拉结榫卯。

二、梁枋完整，仅因榫头腐朽、断裂而脱榫时，应先将破损部分剔除干净，并在梁枋端部开卯口，经防腐处理后，用新制的硬木榫头嵌入卯口内。嵌接时，榫头与原构件用耐水性胶粘剂粘牢并用螺栓固紧。榫头的截面尺寸及其与原构件嵌接的长度，应按计算确定。并应在嵌接长度内用玻璃钢箍或两道铁箍箍紧。

第6.7.5条　对承椽枋的侧向变形和椽尾翘起，应根据椽与承椽枋搭交方式的不同，采用下列维修方法：

一、椽尾搭在承椽枋上时（图6.7.5a），可在承椽枋上加一根压椽枋，压椽枋与承椽枋之间用两个螺栓固紧；压椽枋与额枋之间每开间用2～4根矮柱支顶。

二、椽尾嵌入承椽枋外侧的椽窝时（图6.7.5b），可在椽底面附加一根枋木，枋木与承椽枋用3个以上螺栓连接，椽尾用方头钉钉在枋上。

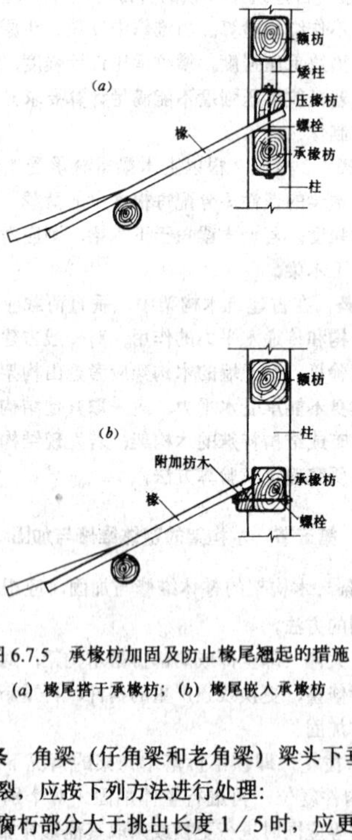

图6.7.5　承椽枋加固及防止椽尾翘起的措施

(a) 椽尾搭于承椽枋；(b) 椽尾嵌入承椽枋

第6.7.6条　角梁（仔角梁和老角梁）梁头下垂和腐朽，或梁尾翘起和劈裂，应按下列方法进行处理。

一、梁头腐朽部分大于挑出长度1／5时，应更换构件。

二、梁头腐朽部分小于挑出长度1／5时，可根据腐朽情况另配新梁头，并做成斜面搭接或刻榫对接。接合面应采用耐水性胶粘剂粘接牢固。对斜面搭接，还应加两个以上螺栓（图6.7.6–1）或铁箍加固。

三、当梁尾劈裂时，可采用胶粘剂粘接和铁箍加固。梁尾与檩条搭接处可用铁件、螺栓连接（图6.7.6–2）。

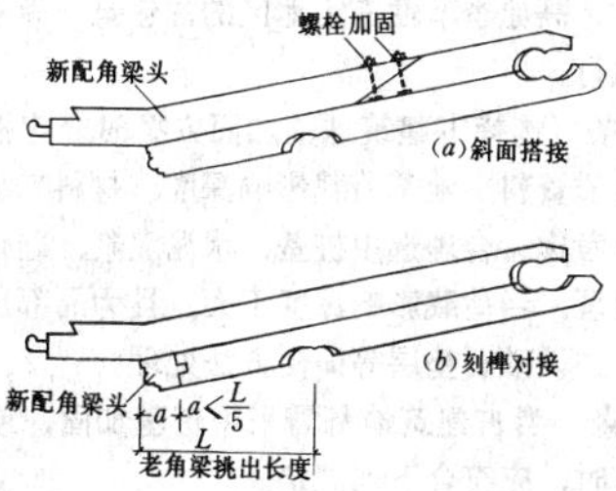

图 6.7.6–1　新配角梁头的拼接方式

(a) 斜面搭接；(b) 刻榫对接

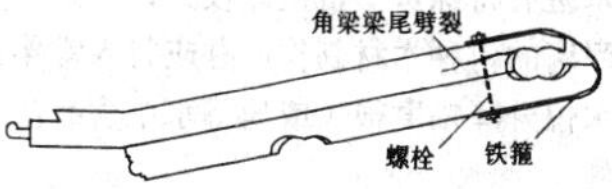

图 6.7.6–2　梁尾劈裂加固

四、仔角梁与老角梁应采用 2 个以上螺栓固紧。

第八节　斗　拱

第 6.8.1 条　斗拱的维修，应严格掌握尺度、形象和法式特征。添配昂嘴和雕刻构件时，应拓出原形象，制成样板，经核对后，方可制作。

第 6.8.2 条　凡能整攒卸下的斗拱，应先在原位捆绑牢固，整攒轻卸，标出部位，堆放整齐。

第 6.8.3 条　维修斗拱时，不得增加杆件。但对清代中晚期个别斗拱有结构不平衡的，可在斗拱后尾的隐蔽部位增加杆件补强；角科大斗有严重压陷外倾，可在平板枋的搭角上加抹角枕垫。

第 6.8.4 条　斗拱中受弯构件的相对挠度，如未超过 1／120 时，均不需更换。当有变形引起的尺寸偏差时，可在小斗的腰上粘贴硬木垫，但不得放置活木片或楔块。

第 6.8.5 条　为防止斗拱的构件位移，修缮斗拱时，应将小斗与拱间的暗销补齐。暗销的榫卯应严实。

第 6.8.6 条　对斗拱的残损构件，凡能用胶粘剂粘接而不影响受力者，均不得更换。

第九节　梁枋、柱的化学加固

第 6.9.1 条　木材内部因虫蛀或腐朽形成中空时，若柱表层完好厚度不小于 50mm，可采用不饱和聚酯树脂进行灌注加固。加固时应符合下列要求：

一、应在柱中应力小的部位开孔。若通长中空时，可先在柱脚凿方洞，洞宽不得大于 120mm，再每隔 500mm 凿一洞眼，直至中空的顶端。

二、在灌注前应将朽烂木块、碎屑清除干净。

三、柱中空直径超过 150mm 时，宜在中空部位填充木块，减少树脂干后的收缩。

四、不饱和聚酯树脂灌注剂的配方，应按表 6.9.1 采用。

五、灌注树脂应饱满，每次灌注量不宜超过 3kg，两次间隔时间不宜少于 30min。

不饱和聚酯树脂灌注剂配方　　**表 6.9.1**

灌　注　剂　成　分	配合比 (按重量计)
不饱和聚酯树脂（通用型）	100
过氧化环已酮浆（固化剂）	4
萘酸钴苯已烯液（促进剂）	2～4
干燥的石英粉　（填　料）	80～120

第 6.9.2 条　梁枋内部因腐朽中空截面面积不超过全截面面积 1／3 时，可采用环氧树脂灌注加固。加固时应符合下列要求：

一、应探明梁枋中空长度，在中空两端上部凿孔，用 0.5～0.8MPa 的空压机，吹净腐朽的木屑及尘土。

二、环氧树脂灌注剂的配方，应按表 6.9.2 采用。

环氧树脂灌注剂配方　　**表 6.9.2**

灌　注　剂　成　分	配　合　比 (按重量计)
E–44 环氧树脂（6101）	100
多乙烯多胺	13～16
聚酰胺树脂	30
501 号活性稀释剂	1～15

三、梁枋中空部位的两端，可用玻璃钢箍缠紧。箍宽不应小于 200mm，箍厚不应小于 3mm。

第 6.9.3 条　粘接木构件的耐水性胶粘剂，宜采用环氧树脂胶，并应符合下列要求：

一、环氧树脂胶的配方，应按表 6.9.3 采用。

环氧树脂胶配方　　**表 6.9.3**

胶　的　成　分	配　合　比 (按重量计)
E–44 环氧树脂（6101）	100
多乙烯多胺	13～16
二甲苯	5～10

二、木构件粘接后，若需用锯割或凿刨加工时，夏季须经 48h，冬季须经 7d 养护后，方可进行。

三、木构件粘接时的含水率，不得大于 15%。

四、在承重构件或连接中采用胶粘补强时，不得利用胶缝直接承受拉力。

第 6.9.4 条　当用玻璃钢箍作为木构件裂缝加固的辅助措施时，应符合下列要求：

一、在构件上凿槽，缠绕聚酯玻璃钢箍或环氧玻璃钢箍，槽深应与箍厚相同。

二、环氧树脂的配方可按本规范表 6.9.3 采用。

三、玻璃布应采用脱蜡、无捻、方格布，厚度为 0.15～0.3mm。

四、缠绕的工艺及操作技术，应符合现行有关标准的规定。

第七章　相关工程的维修

第一节　场地、排水及基础

第 7.1.1 条　古建筑场地的保护，应遵守下列规定：

一、在古建筑保护范围内的树木和植被，不得任意砍伐和损坏。

二、未经古建筑管理部门同意，不得在坡面上堆置大量弃土，或擅自进行爆破作业。

三、保持排水畅通，不得在坡面上任意设置蓄水池或开挖土方。

第 7.1.2 条　对在湿陷性黄土、膨胀土、红粘土场地上的古建筑，应加强其基础的维护，避免地表水的不利影响。应保持排除地表水的天然条件，避免截断雨雪水的天然流径路线。水池应布置在地势低的地方。建筑物周边应设置散水坡。

第 7.1.3 条　在古建筑保护范围内有山坡时，应做好场地防洪排水系统。宜在山坡上部适当位置设置截洪沟，将洪水引至古建筑场地以外。截洪沟的纵向坡度不应小于 3‰，横断面大小应按汇水面积的常年最大流量确定，沟底宽度不应小于 600mm；沟壁的坡度应按现行国家标准《建筑地基基础设计规范》的要求确定，并应防止渗漏。在土质松软和受水冲刷地段应适当加固。

第 7.1.4 条 当古建筑位于山坡上时，应对其场地的地层岩性、地质构造、地形地貌和水文地质作出评价。如对古建筑有潜在威胁或有直接危害的滑坡、崩塌、泥石流、岩溶和土洞发育地段，应采取可靠的整治措施。当发现有岩土裂缝、位移等滑坡、崩塌迹象，应立即与文物管理单位联系，及时采取防治或抢救措施，并应定期观测滑坡体或崩塌体的位移、沉降变化。

当古建筑位于河岸上时，应根据水流特性、河道的地形、地质、水文条件等，做好场地附近河岸边坡的保护和必要的冲刷防护设施。如发现有边坡溜坍或堤岸崩塌等迹象应及时进行整治。

第 7.1.5 条 在古建筑地基附近开挖坑、槽时，应遵守下列规定：

一、当地质条件不良，如软土、土层中含有泥层或流砂层，或地下水位较高时，不宜采用无支撑的大开挖方法施工。

二、当地质条件良好、土质均匀且地下水位低于坑、槽底面标高 0.5m 以上时，可不设支撑。但其边坡坡度（高宽比）不应大于 1∶2，且边坡顶点至古建筑台基边缘的距离（即护坡道宽度）不应小于 3.0m（图 7.1.5）。

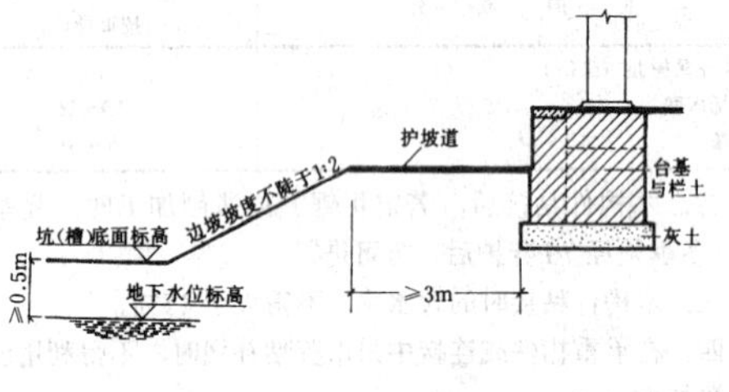

图 7.1.5 临近古建筑开挖坑（槽）示意图

三、在古建筑基础四周或围墙两侧，不得堆置大量弃土。

四、采用降低地下水位施工时，应防止因地下水位下降对古建筑基础产生下沉。

五、冬季开挖坑、槽时，应防止古建筑地基遭受冰冻。

六、施工过程中，应对古建筑基础进行沉降观测，如发现有下沉或位移迹象时，应立即停止施工，并及时进行加固处理。

第 7.1.6 条 当古建筑台基遭到损坏时，应及时修整。对基础不均匀沉陷应查明原因，如系局部软弱土壤所致，可采用碎砖三合土或三七灰土予以换土，并分层夯实。

第 7.1.7 条 加固和翻修古建筑地基基础时，应遵守下列规定：

一、对古建筑上部结构出现的裂缝、倾斜以及墙身或墙与柱间的开裂等现象，应查清原因。只有查清上述现象确属地基基础问题引起后，方可对其进行加固和翻修，在未查清前，不得轻易地对地基基础进行处理。

二、加固和翻修前，应取得工程地质勘察资料，并应根据建筑物的实际荷载情况和环境条件，重新进行验算和处理。不得未经验算，便按原样重修。

三、当古建筑的原基础埋置过浅或在冰冻线以上时，应根据当地工程地质条件，对基础的稳定性作出正确的评价。必要时，应进行验算或定期观测。

四、在古建筑及其周围设置新的管道系统、蓄水池或室外排水沟渠时，应考虑在施工和使用中，可能对古建筑地基基础造成的不良影响，并应采取有效的防护措施。

五、在古建筑附近或古建筑群中，加固或翻修一幢建筑物的地基基础时，应采取措施防止其构造、施工和受力方式等对邻近古建筑产生不良影响。

六、翻修古建筑的地基基础时，其设计应符合现行国家标准《建筑地基基础设计规范》的要求。对处在湿陷性黄土、膨胀土、多年冻土、高原季节性冻土地区的古建筑，尚应按相应的现行有关标准执行。

第 7.1.8 条 选择古建筑地基加固方案时，应根据当地工程地质和水文地质资料、地基荷载影响深度、材料来源和施工设备等条件的综合考虑。合理选用桩基、水泥灌浆、硅化加固、旋喷加固等方法处理。当荷载影响深度不大，且为局部加固时，可采用抬梁换基、加设砂石垫层等简便方法处理。

第 7.1.9 条 当古建筑地基需采用桩基加固，或原桩基已残毁需更换新桩时，应符合下列规定：

一、宜采用混凝土或钢筋混凝土灌注桩，如地下水位较低，可采用人工挖掘成孔灌注桩；或选用静压桩，不宜采用打入的木桩和预制桩。

二、当原木桩有特殊保留价值，仅允许更换一部分残毁的原桩时，应选用耐腐的树种木材制作，并应打入常年最低地下水位以下。若地下水位升降幅度很大或地下水中含有盐质时，应采用经过处理的木桩。

三、桩基施工要求，应按现行国家标准《地基与基础工程施工及验收规范》和《工业与民用建筑灌注桩、基础设计与施工规程》的有关规定执行。

第 7.1.10 条 水泥灌浆法适用于裂隙性的、吸水率为 0.05～10L／min 的岩石类或碎石土的地基；硅化加固法、旋喷加固法适用于砂土、粘性土、湿陷性黄土等地基。其施工要求应按现行国家标准《地基与基础工程施工及验收规范》执行。

第二节 石 作

第 7.2.1 条 古建筑的石构件，特别是有雕刻纹样的石构件，除残损严重危及安全必须更换者外，应设法保存原物。对局部残损的石构件，应用品种、质感、色泽与原件相近的石料修补。

第 7.2.2 条 维修有局部裂缝的非承重石构件时，可采用剔补的方法，剔补的部分可用大漆或环氧树脂胶粘接。

第 7.2.3 条 对下列承重石柱应予支顶或更换：

一、有横断或斜断裂缝。

二、有纵向受力裂缝。

三、表层风化对柱截面的削弱，已使该柱的承载能力不能满足要求。

第 7.2.4 条 古建筑承重石构件的更换，应符合下列要求：

一、新构件的石料品种、质感和色泽，应与原件相近；石料的层理走向，应符合受力要求；不得使用有隐残、炸纹的石料。

二、新构件的外形尺寸、表面剁斧、磨光、打道、砸花锤等均应与原件相同。

三、砌筑用的灰浆品种及其配合比，应符合设计要求；灰缝应饱满、均匀；拼缝应严实，并应检查连接铁件的数量、位置。

第 7.2.5 条 对古建筑中的历史、艺术价值较高的石雕艺术品，其表面宜采用有机硅类涂料防护。

第三节 墙 壁

第 7.3.1 条 古建筑墙壁的维修，应根据其构造和残损情况采取修整或加固措施。当允许用现代材料进行墙壁的修补、加固时，不得改变墙壁的结构、外观、质感以及各部分的尺寸。

第 7.3.2 条 拆砌砖墙时，应符合下列规定：

一、清理和拆卸残墙时，应将砖块及墙内石构件逐层揭起，分类码放；砌筑时，应保持原墙尺寸和式样，并宜利用原件。

二、补配砖墙时应按原墙壁的构造、尺寸和做法，以及丁、顺砖的组合方式砌筑。

第 7.3.3 条 维修各类材料砌筑或夯筑的墙体时，应按原墙壁的材料、厚度、收分比例、各部分的尺寸和做法砌筑或夯筑。

第 7.3.4 条 当墙壁主体坚固，仅面层鼓闪，需剔凿挖补或拆砌外皮时，应做到新旧砌体咬合牢固，灰缝平直，灰浆饱满，外观保持原样。

第 7.3.5 条 当墙体局部倾斜超过本规范表 4.1.11 限值，需进行局部拆砌归正时，宜砌筑 1～3m 的过渡墙段，与微倾部分的墙壁相衔接。

第 7.3.6 条 拆砌山墙、槍墙时，除应将靠墙的木构件进行防腐处理外，尚应按原状做出柱门、透风。

第 7.3.7 条 对有历史价值的夯土墙、土坯墙，应按原状保护。维修时应按原墙壁的层数、厚度、夯筑或砌筑方式，以及拉结构件的材料、尺寸和布置方法进行。

第 7.3.8 条 墙面抹灰维修时，应按原灰皮的厚度、层次、材料比例、表面色泽，赶压坚实平整。刷浆前应先做样色板，有墙边的墙面应按原色彩、纹样修复。

第 7.3.9 条 在维修墙的灰皮时，若发现灰皮里层有壁画，应立即报告上级文物主管部门。

第 7.3.10 条 凡有壁画的墙壁应妥善保护。当需拆砌有壁画的墙壁时，应有可靠的揭取和复原措施，并报上级文物主管部门批准后，方可动工。

第四节 瓦 顶

第 7.4.1 条 维修瓦顶时，应勘查屋顶的渗漏情况，根据瓦、椽、望板和梁架等的残损情况，拟订修理方案，并进行具体设计。凡能维修的瓦顶不得揭顶大修。

第 7.4.2 条 屋顶人工除草后，应随即勾灰堵洞。松动的瓦件，应坐灰粘固。

第 7.4.3 条 对灰皮剥落、酥裂、而宽瓦灰尚坚固的瓦顶维修时，应先铲除灰皮，用清水冲刷后抹灰，琉璃瓦、削割瓦应捉节夹垄，青筒瓦应裹垄，均应赶压严实平滑。

第 7.4.4 条 对底瓦完整，盖瓦松动灰皮剥落的瓦顶维修时，应只揭去盖瓦，扫净灰渣，刷水，将两行底瓦间的空当用麻刀灰塞严。再按原样宽盖瓦。

第 7.4.5 条 瓦顶揭宽工程，应遵守下列规定：

一、拆卸瓦件、脊饰前，应对垄数、瓦件、脊饰、底瓦搭接等做好记录。

二、揭除灰背时，应对灰背层次，各层材料、做法等做好记录。待屋面灰渣清理干净后，应按原样分层苫背。对青灰背尚应赶光出亮。

三、宽瓦时，应根据勘查记录铺宽瓦件和脊饰，并使用原瓦件；新添配的瓦件，必须与原瓦件规格、色泽一致。

第 7.4.6 条 对底瓦松动而出现渗漏的维修，应先揭下盖瓦和底瓦，找补好灰背，再按原样宽底瓦和盖瓦。宽瓦、捉节夹垄或裹垄，应按本规范第 7.4.3 条、第 7.4.4 条及第 7.4.5 条的规定执行。

第 7.4.7 条 当瓦顶局部损坏、木构架个别构件位移或腐朽，需拆下望板、椽条进行维修，或飞椽椽尾腐朽需整修拆换时，除应按本规范第 7.4.4 条、第 7.4.5 条及第 7.4.6 条进行局部处理外，尚应遵守下列规定：

一、确定揭宽面积时，应考虑拆装木构件和揭宽盖瓦、底瓦时对周围瓦顶的影响，不得因抽动木构件而伤害瓦顶。灰背、底瓦、盖瓦之间所留出的茬口，其间距不得小于 200mm。

二、灰背应按原层次和做法分层铺抹，新旧灰背应衔接牢固，必要时可在灰背接缝处涂刷防水剂。

三、新宽底瓦与原底瓦的搭接，其坡度应一致。抽拉接茬底瓦时，不得移动其上层的瓦件。

第 7.4.8 条 黄琉璃瓦屋面瓦件的灰缝以及捉节夹垄的麻刀灰应掺 5%的红土子；绿琉璃瓦和青瓦屋面，均应用月白灰。

第 7.4.9 条 对历史、艺术价值较高的瓦件应全部保留。如有碎裂，应加固粘牢，再置于原处。碎裂过大难以粘固者，可收藏保存，作为历史资料。

第 7.4.10 条 阴阳瓦屋顶，干搓瓦顶，以及无灰背的瓦顶，应按原样维修，不得改变形制。

第五节 小 木 作

第 7.5.1 条 古建筑小木作的修缮，应先作形制勘查。对具有历史、艺术价值的残件应照原样修补拼接加固或照原样复制。不得随意拆除、移动、改变门窗装修。

第 7.5.2 条 修补和添配小木作构件时，其尺寸、榫卯做法和起线形式应与原构件一致，榫卯应严实，并应加楔、涂胶加固。

第 7.5.3 条 小木作中金属零件不全时，应按原式样、原材料、原数量添配，并置于原部位。为加固而新增的铁件应置于隐蔽部位。

第 7.5.4 条 小木作表面的油饰、漆层、打蜡等，若年久褪光，勘查时应仔细识别，并记人勘查记录中，作为维修设计和施工的依据。

第 7.5.5 条 两面夹纱的装修，其隔心应为对正重合的两套棂条，维修时不得改为单面隔心。

第六节 其 他

第 7.6.1 条 古建筑地面的翻修，应先测绘出甬路、散水和海墁的铺墁形式，各部位的高程、排水方向、坡度与面层做法，绘出现状图，作为修复设计和施工的依据。

第 7.6.2 条 古建筑雨水沟的维修，除应符合本规范第 2.0.1 条的要求外，尚应做出排水坡度。

第 7.6.3 条 古建筑外围修筑路面时，不得任意提高路面的高程，不得湮没土衬石、砚窝石、牌楼散水和石狮底座等。

第 7.6.4 条 维修古建筑时，需拆移的陈设（如匾联、挂屏、屏风、盆景）和建筑附属物（如门外的石狮、上马石、影壁、牌楼等），竣工后应恢复原状。

第 7.6.5 条 维修古建筑油饰彩画时，不得改变彩画等级、色彩原状和装饰题材原状。对历史、艺术价值较高的彩画，应按原状保留或随旧修补，并用有机硅封护，不得过色还新，更不得刮掉另做。

第 7.6.6 条 壁画、塑像、砖雕、石雕等艺术品，必须按原状保护，不得过色还新、再塑金身、喷砂见新或化学去污。

第八章 工 程 验 收

第一节 一 般 规 定

第 8.1.1 条 古建筑维护与加固工程的验收，应按《中华人民共和国文物保护法》及本规范规定和设计要求进行检查。

第 8.1.2 条 重点维修工程、迁建工程和局部复原工程，均应分阶段验收，并填写隐蔽工程检查验收记录。全部工程项目完成后，应由文物主管部门会同有关单位进行总验收。

第 8.1.3 条 维护与加固工程验收时，施工单位应提供下列文件：

一、竣工图纸，并在图中注明施工中所有更改的内容。

二、隐蔽工程检查验收记录。

三、材料和材质状况报告。

四、更改设计的批准文件，或协商记录。

第二节 木构架工程的验收

第 8.2.1 条 对局部或全部拆落的木构架修缮工程，应在木构架安装完成后，由文物主管部门会同有关单位及时检查整体造型、整体形制尺寸及各种构件的安装位置，并做出检查验收记录。

木构架安装尺寸允许偏差，应符合表8.2.1规定。

木构件安装的允许偏差（mm） 表8.2.1

检　查　项　目	对设计尺寸的允许偏差
柱　距	±5
柱脚及柱头的通面阔或通进深	±20
柱　高	±H/1000,且不超过±10
柱侧脚	±H/200
每步架举高	±5
檐　出	±10
举架总高	±15
翼角起翘	±10
翼角生出	±10

注：H为柱高设计尺寸。

第8.2.2条 对柱、梁枋、檩等大型木构件的修补或更换工程，在油饰彩画之前，应由文物主管部门会同有关单位及时按下列要求进行检查，并做出检查记录：

一、柱头卷杀、梭柱、月梁、驼峰等的形制应符合原状或设计要求。

二、新配的承重木构件，其截面尺寸的允许偏差应符合表8.2.2的规定。

承重木构件截面尺寸的允许偏差 表8.2.2

检　查　项　目	对设计尺寸的允许偏差
柱或梁的直径	±d/100
梁　高	±h/30,且负偏差不得超过-15mm
梁　宽	±b/20,且负偏差不得超过-12mm
枋　高	±5mm
枋　宽	±3mm
檩或榻栅直径	±5mm

注：d为原木构件直径的设计尺寸；h为梁高的设计尺寸；b为梁宽的设计尺寸。

第8.2.3条 斗栱构件的修配、更换和安装，应按下列要求进行形制和尺寸的检查：

一、各种构件安装后应平直；有柱生起的构架，其斗栱的横向构件应与柱生起线平行；斗栱间的距离应符合设计规定。

二、昂嘴、栱瓣、栱眼、斗颤、要头等构件，应符合原状和设计要求。

三、斗栱安装及其构件尺寸的允许偏差应符合表8.2.3的规定。

斗栱安装及其构件尺寸的允许偏差（mm） 表8.2.3

检　查　项　目		对设计尺寸的允许偏差
斗口或斗栱的材高或材宽		±1
斗栱攒当（各攒斗栱之间的距离）		±5
斗栱出跳（每跳）		±2
斗栱出跳总长（前或后）	三、五踩	±3
	七、九、十一踩	±5
栱长		±2
大斗高或宽		±2
小斗高或宽		±1

第8.2.4条 木构架或斗栱的连接装配，应按下列要求进行验收：

一、木构架构件之间榫卯缝隙，不得大于5mm。若有新添的铁件，应按设计要求配齐。

二、斗栱构件之间榫卯缝隙，不得大于1mm，暗销应如数配齐。

三、原有构件榫卯不合规制部分，可按设计要求检查。

第8.2.5条 椽，包括飞椽的安装、修配和更换的验收，应符合下列规定：

一、椽的安装式样、数目，应符合原状或设计要求。

二、椽头如有卷杀，其卷杀应符合原状或设计要求。

三、椽条尺寸及其安装的允许偏差应符合表8.2.5规定。

椽条尺寸及其安装偏差的允许偏差（mm） 表8.2.5

检　查　项　目	对设计尺寸的允许偏差
椽　距	±5
圆椽直径或方椽高和宽	±2

第8.2.6条 修配和更换各种构件的木材，其含水率应符合本规范第6.3.4条的要求。木材的树种，除设计另有规定外，应与原件相同。在施工中因特殊原因变更时，除应经设计单位同意外，尚应有记录备查。

第8.2.7条 新更换的承重木构件及斗栱，其用料质量的检查验收，应按本规范表6.3.3的有关规定执行。

第三节　相关工程的验收

第8.3.1条 各项相关工程维修竣工验收时，均应首先进行形制及外观尺寸检查，并应符合原状或设计要求。

第8.3.2条 重点修缮工程、迁建工程或局部复原工程中新做的基础，应按现行国家有关规范进行检查验收。

第8.3.3条 排水设施工程的验收，应遵守下列规定：

一、补砌或重做散水、维修排水沟渠、管道等项目，其施工质量应按设计要求检查。

二、重点修缮工程、局部复原工程或迁建工程中新做的排水设施，除与形制有关的部分应按原状或设计要求检查外，其他部分的施工质量均应按现行国家有关规范进行检查。

第8.3.4条 石作工程的验收，应按下列要求进行：

一、各种石构件应按设计的位置和尺寸归安平整，灌浆严实，勾缝均匀。石构件应表面洁净，不得留有灰迹、污斑。

二、重砌和补砌的台基，其宽度或深度对设计尺寸的偏差，不得超过±20mm。

三、补配石料的表面不得有裂纹、残边及水线等缺陷，其质感、色泽宜与原构件相似或相近，但应能识别其差异。

四、粘接的石构件，其接缝不得有缺胶、脱胶；构件表面应清理洁净，不得留有胶粘污痕。同时，还应核查胶液检验合格的报告。

第8.3.5条 墙壁工程的验收，应遵守下列规定：

一、砌墙灰浆的配合比及其色泽，应符合设计要求。

二、砖墙表面的平整度和砖缝的平直度，应按现行国家有关标准进行检查。

第8.3.6条 抹灰刷浆工程的验收，应遵守下列规定：

一、抹灰、刷浆的材料、配合比、厚度及其色泽，应符合设计要求。

二、抹灰、刷浆的表面应平整，不得有裂纹、起壳、起泡、起毛和漏刷等缺陷。

三、抹灰表面的平整度和阴阳角的方正度，应按现行国家有关评定标准进行检查。

第 8.3.7 条 瓦顶保养工程的验收，应按下列要求进行：

一、瓦顶滋生的杂草、杂树应全部连根拔净，瓦垄内无积土残渣。

二、瓦垄勾灰或裹垄灰，应平滑严实，捉节夹垄的麻刀灰不得突出瓦面，勾灰配合比和色泽应符合设计要求，瓦件表面应洁净无污斑。

三、使用化学药剂除草时，除清除的质量应符合设计要求外，尚不得留下污渍或造成瓦面变色与损伤。

第 8.3.8 条 瓦顶揭瓮工程的验收，应按下列要求进行：

一、苫背的曲线轮廓和尺寸，应符合设计要求，苫背的表面应无裂纹和其他影响防水的缺陷。苫背的检查验收，应在苫背层完全干燥后立即进行，并应按隐蔽工程的要求写出检查报告。

二、瓦顶式样，各种瓦垄行数，各种瓦兽件的形制、尺寸、色泽，应符合原状或设计要求。

三、瓦垄应垄直当匀，屋面曲线流畅。

四、瓦垄捉节、夹垄和裹垄灰的检查验收要求，与本规范第 8.3.7 条第二款相同。

第 8.3.9 条 小木作工程的验收，应按下列要求进行：

一、更换的较大构件，如门窗边框、栏杆、塑柱、地栿等，其木材材质及制作质量应按现行国家标准《木结构工程施工及验收规范》进行检查。

二、补配的细小构件，如门窗扇棂条、藻井小斗栱等，其截面尺寸应精确，边棱、起线应平直，其木材的含水率应不高于当地平衡含水率，并不容许有木节、裂缝、扭纹等缺陷。

三、门窗扇、天花板等，应四角规整，平面无翘曲。门窗扇对角线长度的偏差，不应超过 ± 3mm。

四、天花、藻井、栏杆等安装后，应榫卯严实，安全牢固。

第 8.3.10 条 其他有关工程的验收，应按下列要求进行：

一、油饰、彩画的地仗完工后，应由文物主管部门会同施工单位及时进行检查，并按隐蔽工程的要求写出检查报告。

二、油饰补绘或重绘彩画工程，其彩画规制、题材内容、色彩光泽，应符合设计要求。沥粉贴金部分，尚应检查其贴金质量，金线不得有漏贴、毛边、宽窄不匀等缺点。

三、防雷、防火、防潮、防腐、防虫害等防护工程的验收，应按设计要求及现行国家有关标准进行。

附录一 名 词 解 释

续表

本规范用名	曾用名			名词解释
	清代官式	宋《营造法式》	《营造法原》	
通面阔	通面阔		共开间	建筑物纵向相邻两檐柱中心线间的距离称为面阔；各间面阔的总和为通面阔(附图 1.1)
通进深	通进深		共进深	建筑物横向相邻两柱中心线间的距离称为进深；各间进深的总和,即前后檐柱中心线间的距离,为通进深(附图 1.1)
周围廊	周围廊	副阶周匝		加在建筑物四周的围廊(附图 1.5)
木构架	大木	大木	大木	古建筑木结构中承重木构件及其组合的总称
抬梁式				古建筑木构架的一种主要结构类型,又称叠梁式，其特点是：立柱上支承大梁，大梁上再通过短柱叠放数层逐层减短的梁,檩条置于各层梁端。在重要的建筑中,还在梁柱交接处垫以斗栱
穿斗式				盛行于我国南方的一种木构架结构类型。其特点是檩条直接由柱支承,不用梁,仅用穿枋将柱拉结起来
梁 架				古建筑中屋顶承重木结构的总称
木屋盖				屋顶承重木结构与屋面木基层的总称,包括梁架、檩、椽、望板等
木楼盖				二层或二层以上建筑物中楼板层木承重构件与木楼面的总称
梁	梁、柁	梁、栿	梁	古建筑木构架中横向布置的受弯构件
大 梁	大 柁		大 梁	梁架中最下面一层直接由柱或斗栱支承的梁
抱头梁	抱头梁		廊 川	木构架中,外端支于檐柱上,内端插入金柱的梁。清代建筑无斗栱时称抱头梁,有斗栱时,其外端通过斗栱支于檐柱上,称桃尖梁(附图 1.2、1.5)
楼盖梁	承 重		承 重	二层或二层以上建筑的楼板层中,沿进深方向分间布置的承重梁
月 梁		月梁		宋称两端卷杀、底面上凹、外形似弯月的梁为月梁；清称卷棚顶中梁架最上一层承托双檩的短梁为月梁。本规范条文中指前者(附图 1.3)
檐 柱	檐 柱	檐 柱	廊 柱	建筑物周边或前后屋檐下支承屋檐的柱子(附图 1.2)
金 柱	金柱、老檐柱	内 柱	步柱、今柱、轩步柱	檐柱以内,但不在建筑物纵向中线上的柱子(附图 1.2)
梭 柱		梭 柱		上端或上下两端卷杀或略似梭形的柱子(附图 1.3)
瓜 柱	瓜 柱	侏儒柱 蜀柱	童 柱	梁架中两层梁间的短柱和支承脊檩的短柱(附图 1.2)
角 背	角 背	合 楮		沿梁的上皮、置于瓜柱下部用以固定瓜柱柱脚的木构件(附图 1.2)
驼 峰		驼 峰		梁架中两层梁间代替瓜柱、上小下大略成梯形的木构件,常加以雕饰成驼峰背形状(附图 1.5)
枋	枋	方、串	枋	古建筑木构架中主要起连系作用的方木构件
额 枋	额 枋	阑 额	廊 枋	木构架中置于柱头间的纵向连系构件,一般置于檐柱间,清代建筑有斗栱时,称为额枋,无斗栱时称为檐枋(附图 1.5)
平板枋	平板枋	普拍方	斗盘枋	置于额枋和柱头上,用以承托斗栱的扁方木(附图 1.5)
穿插枋	穿插枋		夹 底	檐柱与金柱之间的连系构件,位于抱头梁下方(附图 1.2)
承椽枋	承椽枋	由 额	承椽枋	重檐木构架中安装于上檐檐柱(重檐金柱)之间的连系木枋。用以嵌入或承托下檐檐椽的后尾(附图 1.5)
搁 栅	楞 木		搁 栅	楼板层中直接承托木楼板面层的小梁,一般沿建筑物纵向布置,两端搁置在楼盖梁上

续表

本规范用名	曾用名			名词解释
	清代官式	宋《营造法式》	《营造法原》	
檩 檩条	檩 桁	槫	桁	古建筑木构架中,安装在梁架或斗 上,承受屋面荷载并起纵向连系作用的圆木构件(附图 1.2、1.5)
椽 椽条	椽	椽	椽	排列于檩上、与檩垂直布置的上承望板(或望砖)的圆木或方木构件(附图 1.2、1.5)
檐椽	檐椽		出檐椽	木构架中最外侧一步架上的椽,一般常向外伸挑,构成挑檐(附图 1.2)
飞椽	飞檐 飞檐椽	飞子	飞椽	置于檐椽外端之上,使屋檐继续向外伸挑的方木椽(附图 1.2)
望板	望板	版栈	望板	铺于椽上的木屋面板
檐头	檐头	檐头 飞檐头		屋檐的外挑部分,一般指自檐柱中心线至飞椽外端。宋称檐椽端部为檐头，飞椽端部为飞檐头
檐出	檐出、 上檐出	檐出	出檐	自檐柱中心线至椽外端的水平距离(附图 1.2)
翼角	翼角	转角	戗角	庑殿、歇山或攒尖顶建筑中屋檐的外转角部位(附图 1.4)
角梁	角梁	阳马	角梁	建筑物翼角处在相交的檩条上斜置的梁,一般由上下两根梁组成,其外端随檐椽、飞椽向外挑出
老角梁	老角梁	大角梁	老戗	组成角梁的两根梁中,下面的一根直接搁置在檩条上的角梁
仔角梁	仔角梁	子角梁	嫩戗	组成角梁的两根梁中,上面的一根搁置在老角梁上的角梁
由戗	由戗	续角梁 簇角梁	担檐角梁	庑殿或攒尖顶建筑中自角梁后尾接续而上的斜梁。宋的续角梁用于庑殿顶;簇角梁用于攒尖顶
扶脊木	扶脊木		帮脊木	清代木构架中沿正脊置于脊檩上用以稳定两侧的椽条和上面瓦件的木构件,其断面常做成六边形,两侧挖有椽窝
封檐板			遮雨板 摘檐板	顺屋檐外端钉在椽头上的木板,常见于我国南方的古建筑中
椽窝	椽窝			为嵌入椽的后尾在木构件上挖的圆窝
斗栱	斗栱	铺作	牌科	由方块形的斗,弓形的栱、翘,斜伸的昂和矩形断面的枋层层铺叠而成的组合构件,主要置于屋檐下和梁柱交接处(附图 1.10、1.11)
平身科	平身科	补间铺作	桁间牌科	位于两柱之间木枋上的斗栱
角科	角科	转角铺作	角栱	位于转角处角柱上的斗栱
攒	攒	朵	座	计量斗栱用的量词,相当于"组"
攒当	攒当			相邻两攒斗栱的间距
出跳	出踩	出跳	出参	斗栱自柱中心线向前、后逐层挑出的做法。每挑出一层称为出一跳；挑出的水平距离为出跳的长,或称为跳,清称为拽架(附图 1.11)

续表

本规范用名	曾用名			名词解释
	清式官式	宋《营造法式》	《营造法原》	
材		材		早期古建筑木构架中应用的古典模数制的基本单位。通常以斗栱中栱或枋的矩形截面来计算,栱高称为材高,简称为材,栱宽称为材厚;上下栱之间的间隔距离称为栔,一材加一栔为足材(附图 1.8)
斗口	斗口			古典模数制发展到清代,简化成以材厚,即栱或翘的宽度为基本单位,称为斗口(附图 1.8)
大斗	大斗 坐斗	栌斗	大斗 坐斗	斗栱中最下面的斗形构件，为一攒斗栱荷载集中之处(附图 1.11)
小斗	升、斗	斗	升	斗栱中除大斗以外的其余斗形构件,一般均小于大斗(附图 1.11)
耳	耳	耳	上升腰、上斗腰	大斗和小斗上、中、下三个部位的名称(附图 1.9)
腰	腰	平	下升腰、下斗腰	
底	底	欹	升底、斗底	
斗䫜		欹䫜		大斗和小斗斗底四周的凹圆曲面(附图 1.9)
栱	栱	栱	栱	斗栱中略似弓形的方木(附图 1.11)。沿建筑物纵向布置的,清代官式称为栱;横向布置,前后伸出的,清代官式称为翘
翘	翘			
栱眼	栱眼	栱眼	栱眼	栱上部两侧的刻槽(附图 1.9)
栱瓣	栱瓣	栱瓣	栱板	栱的两端下半部卷杀形成的 3～5 个连续的斜面(附图 1.9)
昂	昂	下昂	昂	斗栱中向前、向下斜伸的方木(附图 1.11)
昂嘴	昂嘴		昂尖	昂前端斜垂向下的部位(附图 1.11)
耍头	耍头	耍头 爵头	耍头	斗栱中,翘、昂之上与最外一层栱(清称厢栱)垂直相交的方木(附图 1.11)
减柱造				11～14 世纪出现的柱网平面中减掉部分金柱的做法
步架	步、步架	架、椽架	界、界深	木构架中相邻两檩中心线的水平距离(附图 1.2)
举高	举高		提栈高	木构架中相邻两檩中心线或上皮的垂直距离(附图 1.2)
举架	举架	举折	提栈	为使屋面斜坡成为曲面而调整檩条位置的做法,如:自檐至脊逐步增加举高
举架总高		举高		木构架中最上和最下两根檩中心线或上皮的垂直距离,一般指各步举高的总和(附图 1.2)
柱生起		生起		木构架中,檐柱的高度自明间向两侧逐间增高(至角柱增至最高)的做法(附图 1.6)
柱侧脚	掰升	侧脚		使木构架中柱子的柱头向内微收,柱脚向外微出的做法(附图 1.6)

续表

本规范用名	曾用名			名词解释
	清代官式	宋《营造法式》	《营造法原》	
翼角起翘	翼角起翘		发戗	木构架翼角处,利用檐椽和飞椽外端逐渐向上升高,使翼角端部翘起一定高度的做法(附图1.4)
翼角生出	翼角斜出 翼角冲出	生出	放叉	翼角处的檐椽和飞椽在向上翘起的同时,还使其逐渐向外延伸一定距离的做法(附图1.4)
卷杀		卷杀		木构件端部加工成曲面或斜面,使其端部略小的一种艺术处理手法
榫头	榫			两木构件凹凸相接时,构件上的凸出部分
卯口	卯、榫眼	卯口		两木构件凹凸相接时,构件上的凹入部分
榫卯	榫卯			榫头和卯口的总称
半银锭榫	银锭榫	鼓卯	羊胜	一种榫头外大内小、卯口外小内大的榫卯,又称燕尾榫(附图1.7)
管脚榫	管脚榫			柱脚部位插入柱础的方榫(附图1.3)
落架大修	落架翻修	拆修挑拔		当木构架中主要承重构件残损,有待彻底整修或更换时,先将木构架局部或全部拆落,修配后再按原状安装的维修方法
打牮拨正	打牮拨正	扶荐	牮房	当木构架中主要构件倾斜、扭转、拔榫或下沉时,应用杠杆原理,不拆落木构架而使构件复位的一种维修方法
压椽枋				维修重檐木构架时,为防止搁置在承椽枋的下檐椽尾翘起而添加的压椽尾的方木构件
台基	台基、台明	阶基	阶台	建筑物底部高出室外地面的砖石平台(附图1.2)
柱础	柱顶石	柱础	磉石	支承柱子的方形石构件(附图1.2)
土衬石	土衬石	土衬石	土衬石	台基、踏道(台阶)之下,沿周边与室外地面取平或略高处所铺砌的条石
砚窝石	砚窝石	土衬石		踏道(台阶)最下一级与室外地面取平或略高处所铺砌的条石
山墙	山墙		山墙	建筑物两端沿进深方向砌筑的墙
檐墙	檐墙		檐墙	建筑物前或后屋檐下随檐柱砌筑的墙
柱门	柱门			墙柱交接处,为使部分柱子表面露明,在墙的内侧自上至下做出的八字形墙面
透风	透风			墙与木柱交接处,在墙身上留出的通向外侧的通气孔洞,一般留在柱脚以上部位,并在洞口嵌入雕花透空砖作为装饰
收分	收分	斜收、上收	收水	古建筑中使墙厚、柱径下大上小,墙面、柱面微向内倾的做法
盖瓦	盖瓦	合瓦	盖瓦	古建筑的瓦屋面多由凹面向上的底瓦和凸面向上的盖瓦组成。盖瓦在上,置于下面两排底瓦之间
底瓦	底瓦	仰瓦	底瓦	

续表

本规范用名	曾用名			名词解释
	清代官式	宋《营造法式》	《营造法原》	
削割瓦	削割瓦			规格尺寸与琉璃瓦相同,但表面不施彩釉的筒、板瓦,多与琉璃瓦配合使用
阴阳瓦	合瓦 阴阳瓦		蝴蝶瓦	一种青色无釉、粘土烧制的板瓦,断面略呈弧形,既用作底瓦、又用作盖瓦
干搓瓦				一种只用板瓦作底瓦,不用盖瓦,由板瓦仰置密排编在一起的瓦屋面
檐口瓦				瓦屋面中屋檐处最外侧的底瓦和盖瓦,一般均用特制的瓦件,筒板瓦下端用勾头瓦和滴水瓦,阴阳瓦下端常用花边瓦和滴水瓦
正脊	正脊	正脊	正脊	屋顶上前后两坡屋面相交处的屋脊(附图1.12)
垂脊	垂脊	垂脊	竖带	庑殿顶自正脊两端至四周的屋脊和歇山、悬山、硬山顶自正脊两端沿前后坡垂直向下的屋脊(附图1.12、1.10)
戗脊	戗脊		水戗	歇山顶四角,筑于角梁之上与垂脊相交的屋脊(附图1.12)
博脊	博脊	曲脊	赶宕脊	歇山顶两侧屋面上部贴于山花板外或进入博风板内侧的屋脊,和重檐建筑的下檐上部贴于上檐额枋下的屋脊。后者又称为围脊(附图1.12)
宝顶	宝顶	斗尖		攒尖屋顶中央的尖顶,一般由底座和宝珠组成,宝珠常用粘土或琉璃制品,也有时用铜胎镀金
吻兽	吻、吻兽	鸱尾	吻	置于正脊两端的兽件,早期为鸱尾,发展至明清,演变为衔脊的龙吻
宝盒				某些重要古建筑,原建时砌入正脊中部的金属盒,内装有“避邪”的金属制品等
灰背	背、灰背			铺于望板上的屋面垫层,用以保温、防水,并做出屋面的圆滑曲面、多分层抹压,以灰(白灰、青灰)为主,故名灰背
苫背	苫背			屋面上铺抹灰背
月白灰	青白灰			白灰或麻刀灰中掺入适量青灰浆而成的灰浆
捉节	捉节			用筒瓦作盖瓦时,在上下筒瓦相接处勾灰
夹垄	夹陇			用筒瓦作盖瓦时,在筒瓦两侧下面与底瓦的缝隙间勾灰
裹垄	裹陇			维修布瓦(青筒板瓦)屋面时,为使垄直当匀,在筒瓦垄上裹抹灰浆的做法
海墁	海墁			指用同一种材料铺墁成一平整表面的做法,本规范指在庭院中室外地面全部墁砖
小木作	装修	小木作	装折	古建筑中非承重木构件、木配件的总称,包括门窗、隔扇、栏杆、花罩等

续表

本规范用名	曾用名			名词解释
	清代官式	宋《营造法式》	《营造法原》	
外檐装修	外檐装修			界于室内、外之间的和廊子下面的木装修
内檐装修	内檐装修			位于室内分隔空间的木装修
天花	天花	平棊 平闇	棋盘顶	古建筑中的顶棚,包括清式的井口天花(即宋之平棊)、海墁天花和宋的平闇(附图 1.5)
藻井	藻井	藻井	鸡笼顶	古建筑天花中,局部上凹呈穹窿形的部分,常处理成方覆斗形、八角覆斗形或半球形,有很强的装饰性(附图 1.5)
棂条	棂子	棂、条桱	心仔	门、窗、隔扇中用以组成各种图案的细木条
隔心	隔心	格眼	内心仔	门、窗、隔扇的采光部分,由棂条组合为心,四周用仔边作框,卡入门、窗、隔扇的边抹中
夹纱	夹纱			一种双层隔心的做法。隔扇或门、窗里外采用两套隔心,中间糊以纱或纸
栏杆	栏杆	钩阑	栏杆	筑于台基、露台周边、楼层廊下檐柱间等处的栅栏(附图 1.13)
望柱	望柱	望柱	莲柱	支持拦杆的短柱(附图 1.13)
地栿	地伏	地栿		置于栏杆下或木构架柱脚之间贴地的方木
地仗	地仗			油饰彩画前,在木构件表面所抹的用砖灰、桐油、血料等调制的垫层
断白				修缮古建筑时,仅在木构件表面涂刷色油,不施彩画、不画纹样的油饰方法
过色还新				在原彩画上重新刷色、贴金

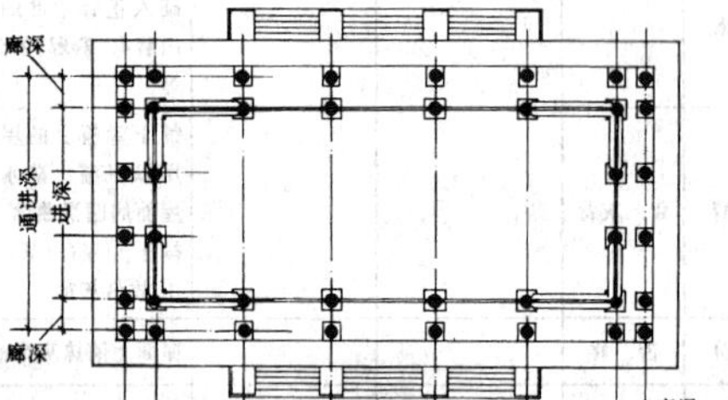

附图 1.1　古建筑的面阔和进深

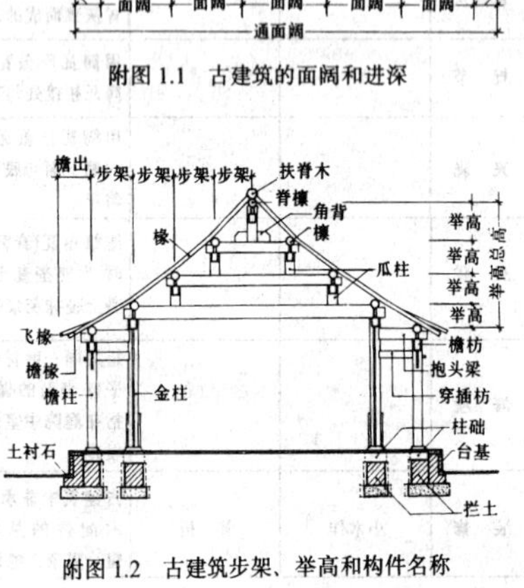

附图 1.2　古建筑步架、举高和构件名称

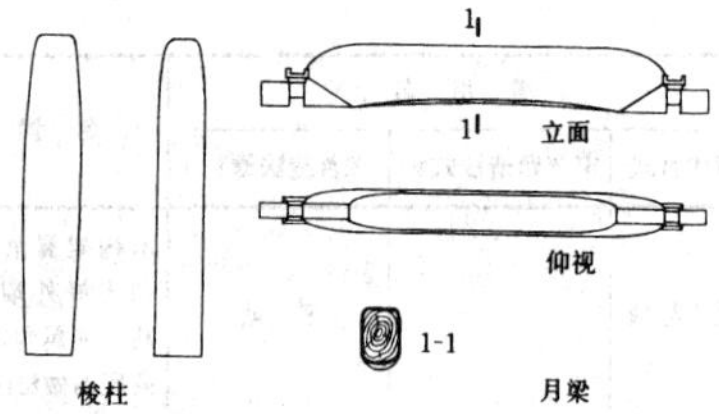

附图 1.3　梭柱和月梁

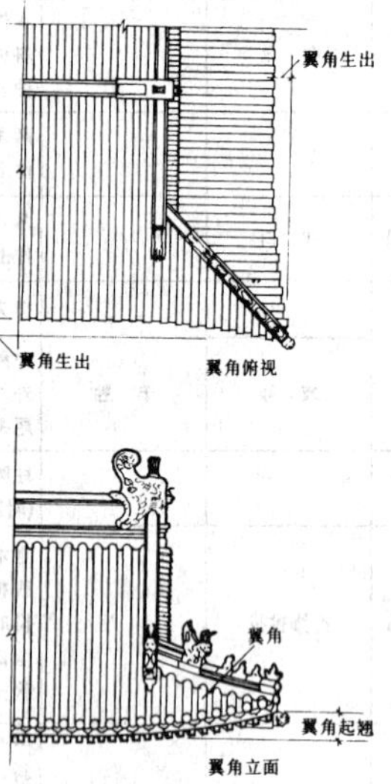

附图 1.4　古建筑的翼角

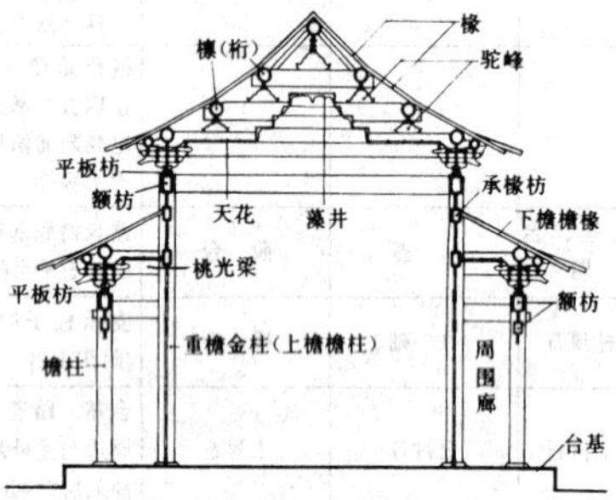

附图 1.5　有斗栱重檐古建筑构件名称

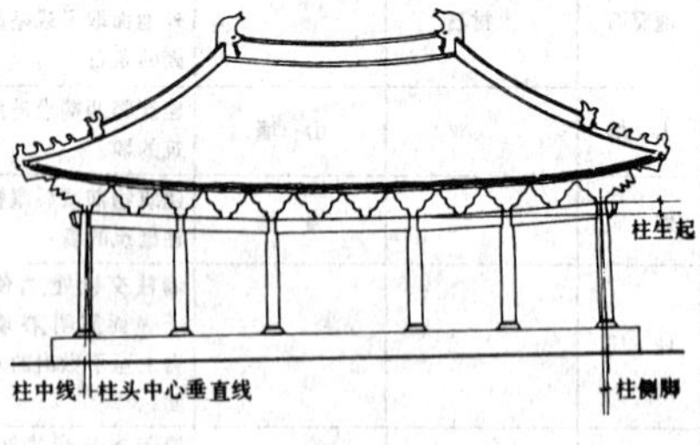

附图 1.6　古建筑的柱生起和柱侧脚

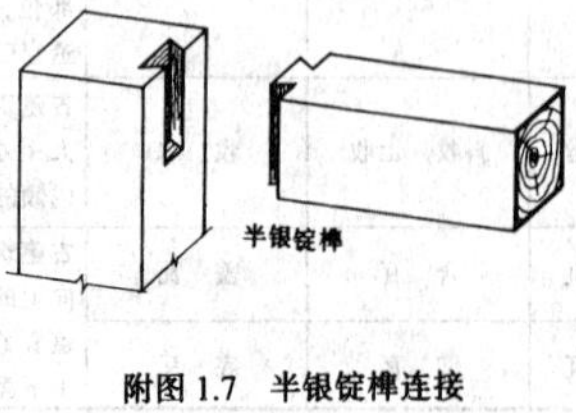

附图 1.7　半银锭榫连接

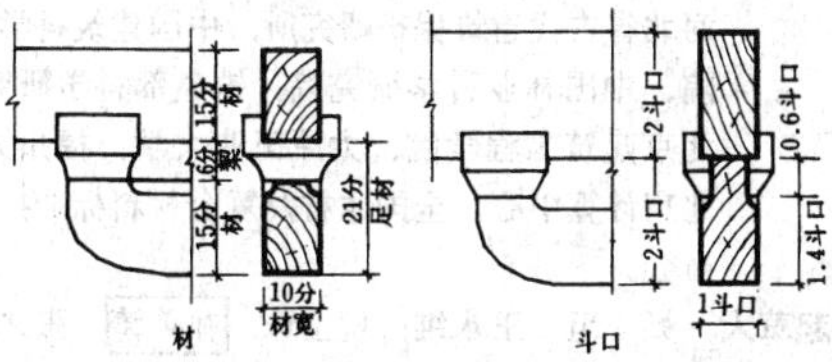

附图 1.8 斗口和材栔

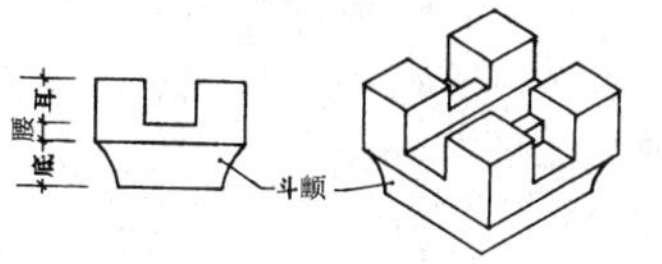

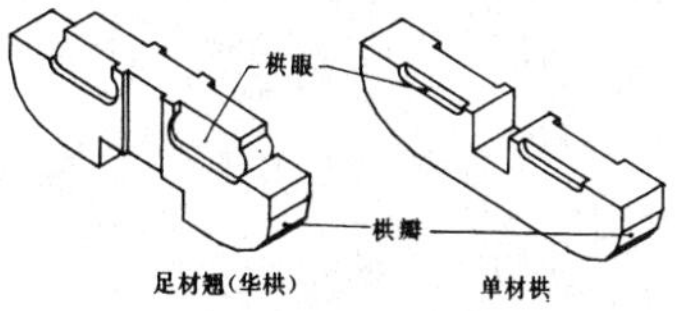

附图 1.9 斗栱

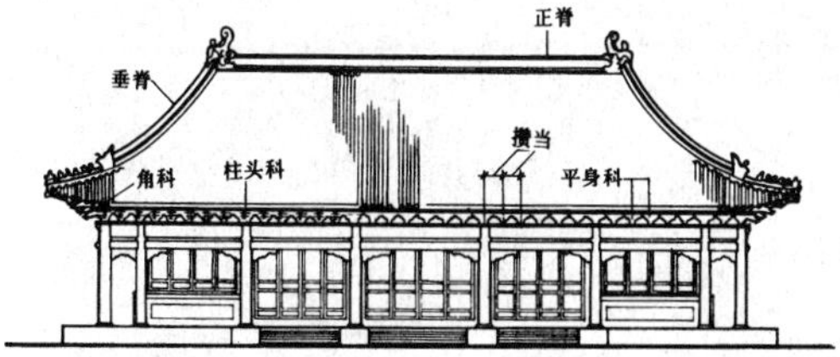

附图 1.10 斗栱的分类和庑殿顶的脊

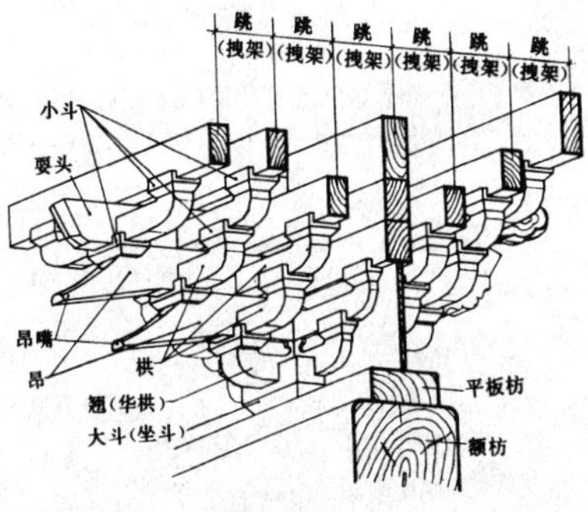

附图 1.11 斗栱各部件名称的斗栱的出跳

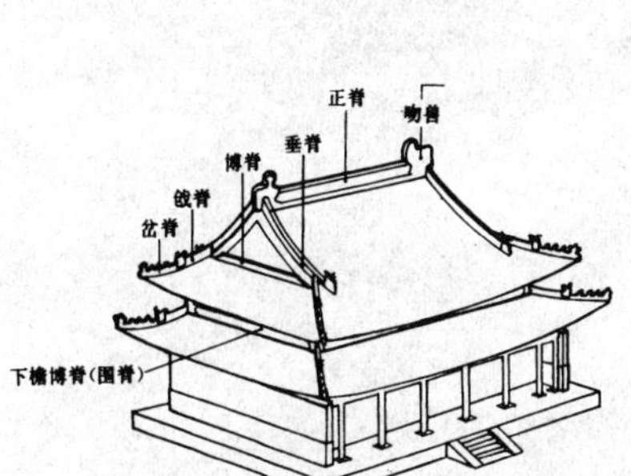

附图 1.12 古建筑中的脊

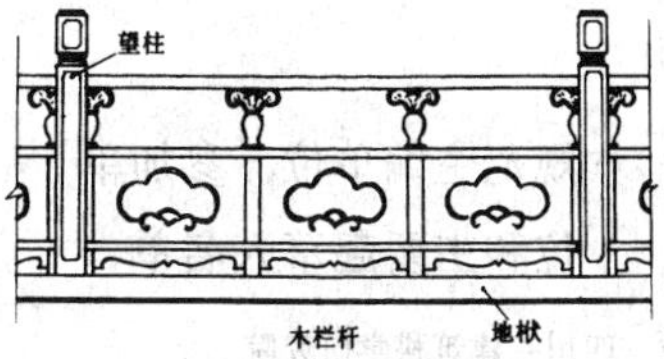

附图 1.13 木栏杆

附录二 古建筑基本自振周期的近似计算

一、本附录推荐的古建筑基本自振周期近似计算方法，适用于下列构造条件:

1. 建筑平面为正方形或矩形。
2. 以木构架为主要承重结构。
3. 柱全高不超过 20m，且有山墙。

二、符合第一款的古建筑，其基本自振周期可按下列公式计算:

1. 横向基本自振周期

$$T_1 = 0.05 + 0.075H \tag{2-1}$$

2. 纵向基本自振周期

$$T_1 = 0.07 + 0.072H \tag{2-2}$$

式中 T_1——结构基本自振周期 (s);

H——为柱高，按下列规定计算:

①对单层古建筑，为从室内地面到大梁底部或斗栱下的柱子高度。(有柱顶石时，柱顶石≤200mm)。

②对采用通高柱的多层古建筑，为从室内地面到大梁底部或斗栱下的柱子高度。

③对采用叠柱式的多层古建筑：当首层联有刚度较大的附属建筑物时，H 为从首层室内地面到二层楼面的高度；当首层无附属建筑物或联有刚度较小的附属建筑物时，H 为首层室内地面到顶层大梁底部或斗栱下的柱子高度。

附录三 本规范用词说明

一、执行本规范条文时，要求严格程度的用词，说明如下，以便执行中区别对待。

1. 表示很严格，非这样作不可的用词:
   正面词采用“必须”;
   反面词采用“严禁”。
2. 表示严格，在正常情况下均应这样作的用词:
   正面词采用“应”;
   反面词采用“不应”或“不得”。
3. 表示允许稍有选择，在条件许可时首先这样作的用词:
   正面词采用“宜”或“可”;
   反面词采用“不宜”。

二、条文中必须按指定的标准、规范或其他有关规定执行的写法为“应按……执行”或“应符合……要求 (或规定)”。

附加说明：

本规范主编单位、参加单位和主要起草人名单

主编单位 四川省建筑科学研究院

参加单位 文化部文物保护科学技术研究所、故宫博物院、河北省古代建筑保护研究所、中国建筑科学研究院、中国林业科学研究院、铁道部科学研究院、北京建筑工程学院、太原工业大学、福州大学、北京计算中心、全国木材及复合材料标准技术委员会。

主要起草人 梁 坦 王永维 倪士珠 祁英涛 张之平 于倬云 臧尔忠 孟繁兴 季直仓 李世温 郭惠平 李源哲 刘奇颐 卓尚木 方 复

中华人民共和国国家标准

民用建筑可靠性鉴定标准

Standard for appraisal of reliability
of civil buildings

GB/T 50292－2015

主编部门：四 川 省 住 房 和 城 乡 建 设 厅
批准部门：中华人民共和国住房和城乡建设部
施行日期：2 0 1 6 年 8 月 1 日

中华人民共和国住房和城乡建设部
公　　告

第1006号

住房城乡建设部关于发布国家标准《民用建筑可靠性鉴定标准》的公告

现批准《民用建筑可靠性鉴定标准》为国家标准，编号为GB 50292－2015，自2016年8月1日起实施。其中，第5.2.2、5.2.3、5.3.2、5.3.3、5.4.2、5.4.3、5.5.2、5.5.3条为强制性条文，必须严格执行。原国家标准《民用建筑可靠性鉴定标准》GB 50292－1999同时废止。

本标准由我部标准定额研究所组织中国建筑工业出版社出版发行。

中华人民共和国住房和城乡建设部

2015年12月3日

前　　言

根据住房和城乡建设部《关于印发〈2009年工程建设标准规范制订、修订计划〉的通知》（建标[2009]88号）的要求，规范编制组经广泛调查研究，认真总结实践经验，参考有关国内标准和国际标准，并在广泛征求意见的基础上，修订了本标准。

本标准的主要内容是：1. 总则；2. 术语和符号；3. 基本规定；4. 调查与检测；5. 构件安全性鉴定评级；6. 构件使用性鉴定评级；7. 子单元安全性鉴定评级；8. 子单元使用性鉴定评级；9. 鉴定单元安全性及使用性评级；10. 民用建筑可靠性评级；11. 民用建筑适修性评估；12. 鉴定报告编写要求。

本标准修订的主要技术内容是：确定了鉴定的目标使用年限；增加了结构耐久性评估标准；增加了缺失施工验收资料房屋的鉴定；增加了振动对上部结构影响的鉴定；简化了上部结构体系安全性鉴定方法；放宽了上部承重结构不适于承载的侧向位移评定标准。

本标准中以黑体字标志的条文为强制性条文，必须严格执行。

本标准由住房和城乡建设部负责管理和对强制性条文的解释，由四川省建筑科学研究院负责具体技术内容的解释。执行过程中如有意见或建议，请寄送四川省建筑科学研究院（地址：成都市一环路北三段55号，邮编：610081）。

本规范主编单位：四川省建筑科学研究院
四川省第六建筑有限公司

本规范参编单位：同济大学
湖南大学
西安建筑科技大学
重庆大学
太原理工大学
武汉大学
福州大学
中国建筑科学研究院
陕西省建筑科学研究院
重庆市建筑科学研究院
福建省建筑科学研究院
中国建筑西南设计研究院有限公司
上海同华特种土木工程有限公司
湖北武大珞珈工程结构检测咨询有限公司
北京筑福国际工程技术有限责任公司

本规范主要起草人员：梁　坦　赵崇贤　王永维
吴　体　梁　爽　吴善能
施楚贤　罗永峰　王庆霖
高小旺　卢亦焱　陈大川
林文修　林信虎　卜良桃

董振平　古天纯　雷　波
李海旺　戴国欣　吴小波
毕　琼　张坦贤　何英明
黎红兵　刘延年　温　斌

本规范主要审查人员：刘西拉　高承勇　邸小坛
李德荣　江世永　陈　宙
张　鑫　完海鹰　张书禹
李瑞礼　弓俊青

目　次

1　总则 ………………………………………… 5—7
2　术语和符号 ……………………………… 5—7
2.1　术语……………………………………… 5—7
2.2　符号……………………………………… 5—7
3　基本规定…………………………………… 5—8
3.1　一般规定………………………………… 5—8
3.2　鉴定程序及其工作内容………………… 5—8
3.3　鉴定评级标准 ………………………… 5—10
3.4　施工验收资料缺失的房屋鉴定 ……… 5—12
3.5　民用建筑抗灾及灾后鉴定 …………… 5—13
3.6　地下工程施工对邻近建筑安全影响的鉴定 ………………………………… 5—13
4　调查与检测 ……………………………… 5—13
4.1　一般规定 ……………………………… 5—13
4.2　使用条件和环境的调查与检测 ……… 5—13
4.3　建筑物现状的调查与检测 …………… 5—14
4.4　振动对结构影响的检测 ……………… 5—15
5　构件安全性鉴定评级 …………………… 5—15
5.1　一般规定 ……………………………… 5—15
5.2　混凝土结构构件 ……………………… 5—16
5.3　钢结构构件 …………………………… 5—17
5.4　砌体结构构件 ………………………… 5—19
5.5　木结构构件 …………………………… 5—20
6　构件使用性鉴定评级 …………………… 5—21
6.1　一般规定 ……………………………… 5—21
6.2　混凝土结构构件 ……………………… 5—22
6.3　钢结构构件 …………………………… 5—23
6.4　砌体结构构件 ………………………… 5—24
6.5　木结构构件 …………………………… 5—24
7　子单元安全性鉴定评级 ………………… 5—25
7.1　一般规定 ……………………………… 5—25
7.2　地基基础 ……………………………… 5—25
7.3　上部承重结构 ………………………… 5—26
7.4　围护系统的承重部分 ………………… 5—28
8　子单元使用性鉴定评级 ………………… 5—29
8.1　一般规定 ……………………………… 5—29
8.2　地基基础 ……………………………… 5—29
8.3　上部承重结构 ………………………… 5—29
8.4　围护系统 ……………………………… 5—30
9　鉴定单元安全性及使用性评级 ………… 5—31
9.1　鉴定单元安全性评级 ………………… 5—31
9.2　鉴定单元使用性评级 ………………… 5—31
10　民用建筑可靠性评级 ………………… 5—31
11　民用建筑适修性评估 ………………… 5—32
12　鉴定报告编写要求 …………………… 5—32
附录A　民用建筑初步调查表 …………… 5—32
附录B　单个构件的划分 ………………… 5—34
附录C　混凝土结构耐久性评估 ………… 5—34
附录D　钢结构耐久性评估 ……………… 5—37
附录E　砌体结构耐久性评估 …………… 5—38
附录F　施工验收资料缺失的房屋鉴定 ………………………………… 5—40
附录G　民用建筑灾后鉴定 ……………… 5—40
附录H　受地下工程施工影响的建筑安全性鉴定 ……………………………… 5—41
附录J　结构上的作用标准值的确定方法 ……………………………… 5—42
附录K　老龄混凝土回弹值龄期修正的规定 ……………………………… 5—43
附录L　按检测结果确定构件材料强度标准值的方法 ……………………… 5—43
附录M　振动对上部结构影响的鉴定 ………………………………… 5—44
本标准用词说明 ………………………… 5—45
引用标准名录 …………………………… 5—45
附：条文说明 …………………………… 5—46

Contents

1 General Provisions ········· 5—7
2 Terms and Symbols ········· 5—7
2.1 Terms ········· 5—7
2.2 Symbols ········· 5—7
3 Basic Requirements ········· 5—8
3.1 General Requirements ········· 5—8
3.2 Procedure and Content for Appraisal ········· 5—8
3.3 Rating Standards for Appraisal ········· 5—10
3.4 Appraisal for Lack of Acceptance Data Buildings ········· 5—12
3.5 Disaster Resistance and Post Disaster Appraisal for Civil Buildings ········· 5—13
3.6 Appraisal for Safety Influence of Underground Engineering Construction to Nearby Buildings ········· 5—13
4 Inspection, Investigation and Testing ········· 5—13
4.1 General Requirements ········· 5—13
4.2 Using Environment Inspect, Investigate and Test ········· 5—13
4.3 Building Actuality Investigate and Test ········· 5—14
4.4 Influence Test of Structure Vibration ········· 5—15
5 Safety Appraisal Rating for Structure Member ········· 5—15
5.1 General Requirements ········· 5—15
5.2 Concrete Structures Member ········· 5—16
5.3 Steel Structures Member ········· 5—17
5.4 Masonry Structures Member ········· 5—19
5.5 Timber Structures Member ········· 5—20
6 Serviceability Appraisal Rating for Structure Member ········· 5—21
6.1 General Requirements ········· 5—21
6.2 Concrete Structures Member ········· 5—22
6.3 Steel Structures Member ········· 5—23
6.4 Masonry Structures Member ········· 5—24
6.5 Timber Structures Member ········· 5—24
7 Safety Appraisal Rating for Sub-system ········· 5—25
7.1 General Requirements ········· 5—25
7.2 Foundation ········· 5—25
7.3 Bearing Superstructure ········· 5—26
7.4 Bearing Enclosure ········· 5—28
8 Serviceability Appraisal Rating for Sub-system ········· 5—29
8.1 General Requirements ········· 5—29
8.2 Foundation ········· 5—29
8.3 Bearing Superstructure ········· 5—29
8.4 Enclosure ········· 5—30
9 Safety and Serviceability Rating for Appraisal System ········· 5—31
9.1 Safety Rating for Appraisal System ········· 5—31
9.2 Serviceability Rating for Appraisal System ········· 5—31
10 Reliability Rating of Civil Buildings ········· 5—31
11 Repair-suitability Evaluating of Civil Buildings ········· 5—32
12 Requirement of Appraisal Report ········· 5—32
Appendix A Preliminary Investigation Table of Civil Buildings ··· 5—32
Appendix B Determination Method for Single Member ········· 5—34
Appendix C Durability Evaluating of Concrete Structures ······ 5—34
Appendix D Durability Evaluating of Steel Structures ········ 5—37
Appendix E Durability Evaluating of Masonry Structures ······ 5—38
Appendix F Appraisal for Lack of Acceptance Data

Buildings ························ 5—40
Appendix G Post Disaster Appraisal for Civil Buildings ········ 5—40
Appendix H Appraisal for Safety Influence of Underground Engineering Construction to Nearby Buildings ······ 5—41
Appendix J Determination Method for Characteristic Value of Action of Structures ······ 5—42
Appendix K Provisions for Concrete Rebound Value Modification of Aged Structures ········ 5—43
Appendix L Determination Method for Characteristic Value of Material Strength Using the Detection Result ······ 5—43
Appendix M Appraisal of Vibration Impact on the Superstructure ··············· 5—44
Explanation of Wording in This Standard ································ 5—45
List of Quoted Standards ······················· 5—45
Addition: Explanation of Provisions ···························· 5—46

1 总 则

1.0.1 为规范民用建筑可靠性的鉴定，加强对民用建筑的安全与合理使用的技术管理，制定本标准。

1.0.2 本标准适用于以混凝土结构、钢结构、砌体结构、木结构为承重结构的民用建筑及其附属构筑物的可靠性鉴定。

1.0.3 民用建筑可靠性鉴定除应符合本标准外，尚应符合国家现行有关标准的规定。

2 术语和符号

2.1 术 语

2.1.1 民用建筑 civil building

已建成可以验收的和已投入使用的非生产性的居住建筑和公共建筑。

2.1.2 重要结构 important structure

其破坏可能产生很严重后果的结构；在可靠度设计中指安全等级为一级的重要建筑物的结构。

2.1.3 一般结构 general structure

其破坏可能产生严重后果的结构；在可靠度设计中指安全等级为二级的一般建筑物的结构。

2.1.4 次要结构 secondary structure

其破坏可能产生的后果不严重的结构；在可靠度设计中指安全等级为三级的次要建筑物的结构。

2.1.5 鉴定 appraisal

判定建筑物今后使用的可靠性程度所实施一系列活动。

2.1.6 可靠性鉴定 appraisal of reliability

对民用建筑承载能力和整体稳定性等的安全性以及适用性和耐久性等的使用性所进行的调查、检测、分析、验算和评定等一系列活动。

2.1.7 安全性鉴定 appraisal of safety

对民用建筑的结构承载力和结构整体稳定性所进行的调查、检测、验算、分析和评定等一系列活动。

2.1.8 使用性鉴定 appraisal of serviceability

对民用建筑使用功能的适用性和耐久性所进行的调查、检测、分析、验算和评定等一系列活动。

2.1.9 专项鉴定 special appraisal

针对建筑物某特定问题或某特定要求所进行的鉴定。

2.1.10 应急鉴定 emergency appraisal

为应对突发事件，在接到预警通知时，对建筑物进行的以消除安全隐患为目标的紧急检查和鉴定；同时也指突发事件发生后，对建筑物的破坏程度及其危险性进行的以排险为目标的紧急检查和鉴定。

2.1.11 调查 investigation

通过查阅档案、文件，现场勘查和询问等手段进行的信息收集活动。

2.1.12 检测 testing

对结构的状况或性能所进行的现场测量和取样试验等工作。

2.1.13 检验 inspect

对结构的状况或性能所进行的现场检查和验证等工作。

2.1.14 建筑物大修 building overhaul

建筑物经一定年限使用后，对其已老化、受损的结构和设施进行的全面修复，包括大范围的结构加固、改造和装饰装修的修缮、更新，以及各种设施的改装、扩容与更新等。

2.1.15 结构适修性 repair-suitability of structure

残损的或承载能力不足的结构适于采取修复措施所应具备的技术可行性与经济合理性的总称。

2.1.16 鉴定单元 appraisal system

根据被鉴定建筑物的结构特点和结构体系的种类，而将该建筑物划分成一个或若干个可以独立进行鉴定的区段，每一区段为一鉴定单元。

2.1.17 子单元 sub-system

鉴定单元中细分的单元，一般按地基基础、上部承重结构和围护系统划分为三个子单元。

2.1.18 构件 member

子单元中可以进一步细分的基本鉴定单位。它可以是单件、组合件或一个片段。

2.1.19 构件集 member assemblage

同种构件的集合，有主要构件集和一般构件集之分。

2.1.20 主要构件 dominant member

其自身失效将导致其他构件失效，并危及承重结构系统安全工作的构件。

2.1.21 一般构件 common member

其自身失效为孤立事件，不会导致其他构件失效的构件。

2.1.22 构件检查项目 inspection items of member

针对影响构件可靠性的因素所确定的调查、检测或验算项目。

2.1.23 子单元检查项目 inspection items of sub-system

针对影响子单元可靠性的因素所确定的调查、检测或验算项目。

2.1.24 目标使用年限 expected working life

民用建筑鉴定时，建筑产权人所期望的能继续使用的年限。

2.2 符 号

2.2.1 结构性能、作用效应及几何尺寸：

l_0——受弯构件计算跨度；

l_c——空间结构的短向计算跨度；

H——柱、框架或墙的总高；

H_i——多层或高层房屋第 i 层层间高度；

R——结构构件的抗力；

S——结构构件的作用效应；

γ_0——结构重要性系数；

ω——受弯构件的挠度；

Δ——柱、框架或墙的顶点水平位移值；

δ——构件侧弯矢高。

2.2.2 鉴定评级：

A_u、B_u、C_u、D_u——子单元或其中某组成部分的安全性等级；

A_{su}、B_{su}、C_{su}、D_{su}——鉴定单元安全性等级；

A_s、B_s、C_s——子单元或其中某组成部分的使用性等级；

A_{ss}、B_{ss}、C_{ss}——鉴定单元使用性等级；

A、B、C、D——子单元可靠性等级；

A'_r、B'_r、C'_r、D'_r——子单元或其中某组成部分的适修性等级；

A_r、B_r、C_r、D_r——鉴定单元适修性等级；

a_u、b_u、c_u、d_u——构件或其检查项目的安全性等级；

a_s、b_s、c_s——构件或其检查项目的使用性等级；

a_d、b_d、c_d——构件或其检查项目的耐久性等级；

a、b、c、d——构件可靠性等级；

Ⅰ、Ⅱ、Ⅲ、Ⅳ——鉴定单元可靠性等级。

3 基 本 规 定

3.1 一 般 规 定

3.1.1 民用建筑可靠性鉴定，应符合下列规定：

1 在下列情况下，应进行可靠性鉴定：

1）建筑物大修前；

2）建筑物改造或增容、改建或扩建前；

3）建筑物改变用途或使用环境前；

4）建筑物达到设计使用年限拟继续使用时；

5）遭受灾害或事故时；

6）存在较严重的质量缺陷或出现较严重的腐蚀、损伤、变形时。

2 在下列情况下，可仅进行安全性检查或鉴定：

1）各种应急鉴定；

2）国家法规规定的房屋安全性统一检查；

3）临时性房屋需延长使用期限；

4）使用性鉴定中发现安全问题。

3 在下列情况下，可仅进行使用性检查或鉴定：

1）建筑物使用维护的常规检查；

2）建筑物有较高舒适度要求。

4 在下列情况下，应进行专项鉴定：

1）结构的维修改造有专门要求时；

2）结构存在耐久性损伤影响其耐久年限时；

3）结构存在明显的振动影响时；

4）结构需进行长期监测时。

3.1.2 鉴定对象可为整幢建筑或所划分的相对独立的鉴定单元，也可为其中某一子单元或某一构件集。

3.1.3 鉴定的目标使用年限，应根据该民用建筑的使用史、当前安全状况和今后维护制度，由建筑产权人和鉴定机构共同商定。对需要采取加固措施的建筑，其目标使用年限应按现行相关结构加固设计规范的规定确定。

3.2 鉴定程序及其工作内容

3.2.1 民用建筑可靠性鉴定，应按规定的鉴定程序（图 3.2.1）进行。

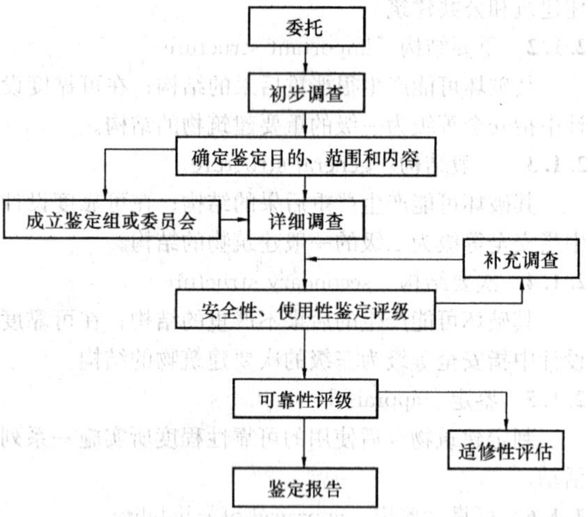

图 3.2.1 鉴定程序

3.2.2 民用建筑可靠性鉴定的目的、范围和内容，应根据委托方提出的鉴定原因和要求，经初步调查后确定。

3.2.3 初步调查宜包括下列基本工作内容：

1 查阅图纸资料。包括岩土工程勘察报告、设计计算书、设计变更记录、施工图、施工及施工变更记录、竣工图、竣工质检及包括隐蔽工程验收记录的验收文件、定点观测记录、事故处理报告、维修记录、历次加固改造图纸等。

2 查询建筑物历史。包括原始施工、历次修缮、加固、改造、用途变更、使用条件改变以及受灾等情况。

3 考察现场。按资料核对实物现状，调查建筑物实际使用条件和内外环境、查看已发现的问题、听取有关人员的意见等。

4 填写初步调查表，并宜按本标准附录 A 的格式填写。

5 制定详细调查计划及检测、试验工作大纲并提出需由委托方完成的准备工作。

3.2.4 详细调查宜根据实际需要选择下列工作内容：

1 结构体系基本情况勘察：

1）结构布置及结构形式；

2）圈梁、构造柱、拉结件、支撑或其他抗侧力系统的布置；

3）结构支承或支座构造；构件及其连接构造；

4）结构细部尺寸及其他有关的几何参数。

2 结构使用条件调查核实：

1）结构上的作用（荷载）；

2）建筑物内外环境；

3）使用史，包括荷载史、灾害史。

3 地基基础，包括桩基础的调查与检测：

1）场地类别与地基土，包括土层分布及下卧层情况；

2）地基稳定性；

3）地基变形及其在上部结构中的反应；

4）地基承载力的近位测试及室内力学性能试验；

5）基础和桩的工作状态评估，当条件许可时，也可针对开裂、腐蚀或其他损坏等情况进行开挖检查；

6）其他因素，包括地下水抽降、地基浸水、水质恶化、土壤腐蚀等的影响或作用。

4 材料性能检测分析：

1）结构构件材料；

2）连接材料；

3）其他材料。

5 承重结构检查：

1）构件和连接件的几何参数；

2）构件及其连接的工作情况；

3）结构支承或支座的工作情况；

4）建筑物的裂缝及其他损伤的情况；

5）结构的整体牢固性；

6）建筑物侧向位移，包括上部结构倾斜、基础转动和局部变形；

7）结构的动力特性。

6 围护系统的安全状况和使用功能调查。

7 易受结构位移、变形影响的管道系统调查。

3.2.5 民用建筑可靠性鉴定评级的层次、等级划分、工作步骤和内容，应符合下列规定：

1 安全性和正常使用性的鉴定评级，应按构件、子单元和鉴定单元各分三个层次。每一层次分为四个安全性等级和三个使用性等级，并应按表3.2.5规定的检查项目和步骤，从第一层构件开始，逐层进行，并应符合下列规定：

1）单个构件应按本标准附录B划分，并应根据构件各检查项目评定结果，确定单个构件等级；

2）应根据子单元各检查项目及各构件集的评定结果，确定子单元等级；

3）应根据各子单元的评定结果，确定鉴定单元等级。

2 各层次可靠性鉴定评级，应以该层次安全性和使用性的评定结果为依据综合确定。每一层次的可靠性等级应分为四级。

3 当仅要求鉴定某层次的安全性或使用性时，检查和评定工作可只进行到该层次相应程序规定的步骤。

表3.2.5 可靠性鉴定评级的层次、等级划分、工作步骤和内容

<table>
<tr><td colspan="2">层次</td><td>一</td><td colspan="2">二</td><td>三</td></tr>
<tr><td colspan="2">层名</td><td>构件</td><td colspan="2">子单元</td><td>鉴定单元</td></tr>
<tr><td rowspan="8">安全性鉴定</td><td>等级</td><td>a_u、b_u、c_u、d_u</td><td colspan="2">A_u、B_u、C_u、D_u</td><td>A_{su}、B_{su}、C_{su}、D_{su}</td></tr>
<tr><td rowspan="3">地基基础</td><td>—</td><td>地基变形评级</td><td rowspan="3">地基基础评级</td><td rowspan="7">鉴定单元安全性评级</td></tr>
<tr><td rowspan="2">按同类材料构件各检查项目评定单个基础等级</td><td>边坡场地稳定性评级</td></tr>
<tr><td>地基承载力评级</td></tr>
<tr><td rowspan="3">上部承重结构</td><td rowspan="2">按承载能力、构造、不适于承载的位移或损伤等检查项目评定单个构件等级</td><td>每种构件集评级</td><td rowspan="3">上部承重结构评级</td></tr>
<tr><td>结构侧向位移评级</td></tr>
<tr><td>—</td><td>按结构布置、支撑、圈梁、结构间连系等检查项目评定结构整体性等级</td></tr>
<tr><td>围护系统承重部分</td><td colspan="3">按上部承重结构检查项目及步骤评定围护系统承重部分各层次安全性等级</td></tr>
</table>

续表 3.2.5

<table>
<tr><td colspan="2">层次</td><td>一</td><td colspan="2">二</td><td>三</td></tr>
<tr><td colspan="2">层名</td><td>构件</td><td colspan="2">子单元</td><td>鉴定单元</td></tr>
<tr><td rowspan="6">使用性鉴定</td><td>等级</td><td>a_s、b_s、c_s</td><td colspan="2">A_s、B_s、C_s</td><td>A_{ss}、B_{ss}、C_{ss}</td></tr>
<tr><td>地基基础</td><td>—</td><td colspan="2">按上部承重结构和围护系统工作状态评估地基基础等级</td><td rowspan="5">鉴定单元正常使用性评级</td></tr>
<tr><td rowspan="2">上部承重结构</td><td rowspan="2">按位移、裂缝、风化、锈蚀等检查项目评定单个构件等级</td><td>每种构件集评级</td><td rowspan="2">上部承重结构评级</td></tr>
<tr><td>结构侧向位移评级</td></tr>
<tr><td rowspan="2">围护系统功能</td><td>—</td><td>按屋面防水、吊顶、墙、门窗、地下防水及其他防护设施等检查项目评定围护系统功能等级</td><td rowspan="2">围护系统评级</td></tr>
<tr><td colspan="2">按上部承重结构检查项目及步骤评定围护系统承重部分各层次使用性等级</td></tr>
<tr><td rowspan="4">可靠性鉴定</td><td>等级</td><td>a、b、c、d</td><td colspan="2">A、B、C、D</td><td>Ⅰ、Ⅱ、Ⅲ、Ⅳ</td></tr>
<tr><td>地基基础</td><td colspan="3" rowspan="3">以同层次安全性和正常使用性评定结果并列表达，或按本标准规定的原则确定其可靠性等级</td><td rowspan="3">鉴定单元可靠性评级</td></tr>
<tr><td>上部承重结构</td></tr>
<tr><td>围护系统</td></tr>
</table>

注：1 表中地基基础包括桩基和桩；

2 表中使用性鉴定包括适用性鉴定和耐久性鉴定；对专项鉴定，耐久性等级符号也可按本标准第 2.2.2 条的规定采用。

3.2.6 在民用建筑可靠性鉴定过程中，当发现调查资料不足时，应及时组织补充调查。

3.2.7 民用建筑适修性评估，应按每一子单元和鉴定单元分别进行，且评估结果应以不同的适修性等级表示。

3.2.8 民用建筑耐久年限的评估，应按本标准附录C、附录D或附录E的规定进行，其鉴定结论宜归在使用性鉴定报告中。

3.2.9 民用建筑可靠性鉴定工作完成后，应提出鉴定报告。鉴定报告的编写应符合本标准第 12 章的规定。

3.3 鉴定评级标准

3.3.1 民用建筑安全性鉴定评级的各层次分级标准，应按表 3.3.1 的规定采用。

表 3.3.1 民用建筑安全性鉴定评级的各层次分级标准

<table>
<tr><td>层次</td><td>鉴定对象</td><td>等级</td><td>分级标准</td><td>处理要求</td></tr>
<tr><td rowspan="4">一</td><td rowspan="4">单个构件或其检查项目</td><td>a_u</td><td>安全性符合本标准对 a_u 级的规定，具有足够的承载能力</td><td>不必采取措施</td></tr>
<tr><td>b_u</td><td>安全性略低于本标准对 a_u 级的规定，尚不显著影响承载能力</td><td>可不采取措施</td></tr>
<tr><td>c_u</td><td>安全性不符合本标准对 a_u 级的规定，显著影响承载能力</td><td>应采取措施</td></tr>
<tr><td>d_u</td><td>安全性不符合本标准对 a_u 级的规定，已严重影响承载能力</td><td>必须及时或立即采取措施</td></tr>
<tr><td rowspan="4">二</td><td rowspan="4">子单元或子单元中的某种构件集</td><td>A_u</td><td>安全性符合本标准对 A_u 级的规定，不影响整体承载</td><td>可能有个别一般构件应采取措施</td></tr>
<tr><td>B_u</td><td>安全性略低于本标准对 A_u 级的规定，尚不显著影响整体承载</td><td>可能有极少数构件应采取措施</td></tr>
<tr><td>C_u</td><td>安全性不符合本标准对 A_u 级的规定，显著影响整体承载</td><td>应采取措施，且可能有极少数构件必须立即采取措施</td></tr>
<tr><td>D_u</td><td>安全性极不符合本标准对 A_u 级的规定，严重影响整体承载</td><td>必须立即采取措施</td></tr>
</table>

续表 3.3.1

层次	鉴定对象	等级	分级标准	处理要求
三	鉴定单元	A_{su}	安全性符合本标准对 A_{su} 级的规定，不影响整体承载	可能有极少数一般构件应采取措施
		B_{su}	安全性略低于本标准对 A_{su} 级的规定，尚不显著影响整体承载	可能有极少数构件应采取措施
		C_{su}	安全性不符合本标准对 A_{su} 级的规定，显著影响整体承载	应采取措施，且可能有极少数构件必须及时采取措施
		D_{su}	安全性严重不符合本标准对 A_{su} 级的规定，严重影响整体承载	必须立即采取措施

注：1 本标准对 a_u 级和 A_u 级的具体规定以及对其他各级不符合该规定的允许程度，分别由本标准第 5 章、第 7 章及第 9 章给出；

2 表中关于"不必采取措施"和"可不采取措施"的规定，仅对安全性鉴定而言，不包括使用性鉴定所要求采取的措施。

3.3.2 民用建筑使用性鉴定评级的各层次分级标准，应按表 3.3.2 的规定采用。

表 3.3.2 民用建筑使用性鉴定评级的各层次分级标准

层次	鉴定对象	等级	分级标准	处理要求
一	单个构件或其检查项目	a_s	使用性符合本标准对 a_s 级的规定，具有正常的使用功能	不必采取措施
		b_s	使用性略低于本标准对 a_s 级的规定，尚不显著影响使用功能	可不采取措施
		c_s	使用性不符合本标准对 a_s 级的规定，显著影响使用功能	应采取措施
二	子单元或其中某种构件集	A_s	使用性符合本标准对 A_s 级的规定，不影响整体使用功能	可能有极少数一般构件应采取措施
		B_s	使用性略低于本标准对 A_s 级的规定，尚不显著影响整体使用功能	可能有极少数构件应采取措施
		C_s	使用性不符合本标准对 A_s 级的规定，显著影响整体使用功能	应采取措施
三	鉴定单元	A_{ss}	使用性符合本标准对 A_{ss} 级的规定，不影响整体使用功能	可能有极少数一般构件应采取措施
		B_{ss}	使用性略低于本标准对 A_{ss} 级的规定，尚不显著影响整体使用功能	可能有极少数构件应采取措施
		C_{ss}	使用性不符合本标准对 A_{ss} 级的规定，显著影响整体使用功能	应采取措施

注：1 本标准对 a_s 级和 A_s 级的具体规定以及对其他各级不符合该规定的允许程度，分别由本标准第 6 章、第 8 章及第 9 章给出；

2 表中关于"不必采取措施"和"可不采取措施"的规定，仅对使用性鉴定而言，不包括安全性鉴定所要求采取的措施；

3 当仅对耐久性问题进行专项鉴定时，表中"使用性"可直接改称为"耐久性"。

3.3.3 民用建筑可靠性鉴定评级的各层次分级标准，应按表3.3.3的规定采用。

表3.3.3 民用建筑可靠性鉴定评级的各层次分级标准

层次	鉴定对象	等级	分级标准	处理要求
一	单个构件	a	可靠性符合本标准对 a 级的规定，具有正常的承载功能和使用功能	不必采取措施
		b	可靠性略低于本标准对 a 级的规定，尚不显著影响承载功能和使用功能	可不采取措施
一	单个构件	c	可靠性不符合本标准对 a 级的规定，显著影响承载功能和使用功能	应采取措施
		d	可靠性极不符合本标准对 a 级的规定，已严重影响安全	必须及时或立即采取措施
二	子单元或其中的某种构件	A	可靠性符合本标准对 A 级的规定，不影响整体承载功能和使用功能	可能有个别一般构件应采取措施
		B	可靠性略低于本标准对 A 级的规定，但尚不显著影响整体承载功能和使用功能	可能有极少数构件应采取措施
		C	可靠性不符合本标准对 A 级的规定，显著影响整体承载功能和使用功能	应采取措施，且可能有极少数构件必须及时采取措施
		D	可靠性极不符合本标准对 A 级的规定，已严重影响安全	必须及时或立即采取措施
三	鉴定单元	Ⅰ	可靠性符合本标准对Ⅰ级的规定，不影响整体承载功能和使用功能	可能有极少数一般构件应在安全性或使用性方面采取措施
		Ⅱ	可靠性略低于本标准对Ⅰ级的规定，尚不显著影响整体承载功能和使用功能	可能有极少数构件应在安全性或使用性方面采取措施
		Ⅲ	可靠性不符合本标准对Ⅰ级的规定，显著影响整体承载功能和使用功能	应采取措施，且可能有极少数构件必须及时采取措施
		Ⅳ	可靠性极不符合本标准对Ⅰ级的规定，已严重影响安全	必须及时或立即采取措施

注：本标准对 a 级、A 级及Ⅰ级的具体分级界限以及对其他各级超出该界限的允许程度，分别由本标准第10章作出规定。

3.3.4 民用建筑子单元或鉴定单元适修性评定的分级标准，应按表3.3.4的规定采用。

表3.3.4 民用建筑子单元或鉴定单元适修性评定的分级标准

等级	分 级 标 准
A_r	易修，修后功能可达到现行设计标准的规定；所需总费用远低于新建的造价；适修性好，应予修复
B_r	稍难修，但修后尚能恢复或接近恢复原功能；所需总费用不到新建造价的70%；适修性尚好，宜予修复
C_r	难修，修后需降低使用功能，或限制使用条件，或所需总费用为新建造价70%以上；适修性差，是否有保留价值，取决于其重要性和使用要求
D_r	该鉴定对象已严重残损，或修后功能极差，已无利用价值，或所需总费用接近甚至超过新建造价，适修性很差；除文物、历史、艺术及纪念性建筑外，宜予拆除重建

3.4 施工验收资料缺失的房屋鉴定

3.4.1 施工验收资料缺失的房屋鉴定应包括建筑工程基础及上部结构实体质量的检验与评定；当检验难以按现行有关施工质量验收规范执行时，则应进行结构安全性鉴定。

3.4.2 建造在抗震设防区缺少施工验收资料房屋的鉴定，还应进行抗震鉴定。

3.4.3 施工验收资料缺失的房屋结构实体质量检测和安全与抗震鉴定可按本标准附录F的有关规定进行。

3.5 民用建筑抗灾及灾后鉴定

3.5.1 对抗震或其他抗灾设防区的民用建筑，其抗灾及灾后恢复重建前的检测与鉴定均应与本标准的结构可靠性鉴定相结合。房屋建筑灾后鉴定可按本标准附录G的规定进行。

3.5.2 对加油站、加气站和储存可燃、易爆危险源的建筑物以及邻近的建筑物，其安全性鉴定应包括结构整体牢固性的鉴定。

3.5.3 对必须防范人为破坏的重要建筑物，其安全性鉴定应包括结构构件抗爆能力的鉴定。

3.6 地下工程施工对邻近建筑安全影响的鉴定

3.6.1 当地下工程施工对邻近建筑的安全可能造成影响时，应进行下列调查、检测和鉴定：

1 地下工程支护结构的变形、位移状况及其对邻近建筑安全的影响；

2 地下水的控制状况及其失效对邻近建筑安全的影响；

3 建筑物的变形、损伤状况及其对结构安全性的影响。

3.6.2 地下工程支护结构和地下水控制措施的安全性鉴定，应符合现行国家标准《建筑地基基础设计规范》GB 50007及《建筑地基基础工程施工质量验收规范》GB 50202的有关规定。

3.6.3 受地下工程施工影响的建筑，其安全性鉴定可按本标准附录H的有关规定进行。

4 调查与检测

4.1 一 般 规 定

4.1.1 民用建筑可靠性鉴定，应对建筑物使用条件、使用环境和结构现状进行调查与检测；调查的内容、范围和技术要求应满足结构鉴定的需要，并应对结构整体牢固性现状进行调查。

4.1.2 调查和检测的工作深度，应能满足结构可靠性鉴定及相关工作的需要；当发现不足，应进行补充调查和检测，以保证鉴定的质量。

4.1.3 当建筑物的工程图纸资料不全时，应对建（构）筑物的结构布置、结构体系、构件材料强度、混凝土构件的配筋、结构与构件几何尺寸等进行检测，当工程复杂时，应绘制工程现状图。

4.2 使用条件和环境的调查与检测

4.2.1 使用条件和环境的调查与检测应包括结构上的作用、建筑所处环境与使用历史情况。

4.2.2 结构上作用的调查项目，可根据建筑物的具体情况以及鉴定的内容和要求，按表4.2.2选择。

表 4.2.2 结构上作用的调查项目

作用类别	调 查 项 目
永久作用	1 结构构件、建筑配件、楼、地面装修等自重 2 土压力、水压力、地基变形、预应力等作用
可变作用	1 楼面活荷载 2 屋面活荷载 3 工业区内民用建筑屋面积灰荷载 4 雪、冰荷载 5 风荷载 6 温度作用 7 动力作用
灾害作用	1 地震作用 2 爆炸、撞击、火灾 3 洪水、滑坡、泥石流等地质灾害 4 飓风、龙卷风等

4.2.3 结构上的作用（荷载）标准值应按本标准附录J的规定取值。

4.2.4 建筑物的使用环境应包括周围的气象环境、地质环境、结构工作环境和灾害环境，可按表4.2.4进行调查。

表 4.2.4 建筑物的使用环境调查

项次	环境类别	调 查 项 目
1	气象环境	大气温度变化、大气湿度变化、降雨量、降雪量、霜冻期、风作用、土壤冻结深度等
2	地质环境	地形、地貌、工程地质、地下水位深度、周围高大建筑物的影响等
3	建筑结构工作环境	潮湿环境、滨海大气环境、邻近工业区大气环境、建筑或其周围的振动环境等
4	灾害环境	地震、冰雪、飓风、洪水；可能发生滑坡、泥石流等地质灾害的地段；建筑周围存在的爆炸、火灾、撞击源

4.2.5 建筑物结构与构件所处的环境类别、环境条件和作用等级，可按表4.2.5所列项目进行调查。

表 4.2.5 民用建筑环境类别、环境条件和作用等级

环境类别		作用等级	环境条件	说明与示例	腐蚀机理
Ⅰ	一般大气环境	A	室内正常环境	居住及公共建筑的上部结构构件	由混凝土碳化引起钢筋锈蚀；砌体风化、腐蚀
		B	室内高湿环境、露天环境	地下室构件、露天结构构件	
		C	干湿交替环境	频繁受水蒸气或冷凝水作用的构件，以及开敞式房屋易遭飘雨部位的构件	
Ⅱ	冻融环境	C	轻度	微冻地区混凝土或砌体构件高度饱水，无盐环境；严寒和寒冷地区混凝土或砌体构件中度饱水，无盐环境	反复冻融导致混凝土或砌体由表及里损伤
		D	中度	微冻地区盐冻；严寒和寒冷地区混凝土或砌体构件高度饱水，无盐环境；混凝土或砌体构件中度饱水，有盐环境	
		E	重度	严寒和寒冷地区盐冻环境；混凝土或砌体构件高度饱水，有盐环境	
Ⅲ	近海环境	C	土中区域	基础、地下室	氯盐引起钢筋、钢材锈蚀
		D	轻度盐雾大气区	涨潮岸线 100m～300m 以内的室外无遮挡构件	
		E	重度盐雾大气区	涨潮岸线 100m 以内的室外无遮挡构件	
		F	潮汐区及浪溅区	潮汐区和浪溅区的构件	
Ⅳ	接触除冰盐环境	C	轻度	受除冰盐雾轻度作用	氯盐引起钢筋、钢材锈蚀
		D	中度	受除冰盐水溶液溅射作用	
		E	重度	直接接触除冰盐水溶液	
Ⅴ	化学介质侵蚀环境	C	轻度	大气污染环境	化学物质引起钢筋、钢材、混凝土和砌体腐蚀
		D	中度	酸雨 pH＞4.5；盐渍土环境	
		E	重度	酸雨 pH≤4.5；盐渍土环境	

注：冻融环境按当地最低月平均气温划分为微冻地区、寒冷地区和严寒地区，其月平均气温分别为：－3℃～2.5℃、－8℃～－3℃和－8℃以下。最低月平均气温在 2.5℃以上地区的结构可不考虑冻融作用。

4.2.6 建筑物使用历史的调查，应包括建筑物设计与施工、用途和使用年限、历次检测、维修与加固、用途变更与改扩建、使用荷载与动荷载作用以及遭受灾害和事故情况。

4.3 建筑物现状的调查与检测

4.3.1 建筑物现状的调查与检测，应包括地基基础、上部结构和围护结构三个部分。

4.3.2 地基基础现状调查与检测应符合下列规定：

1 应查阅岩土工程勘察报告以及有关图纸资料，调查建筑实际使用荷载、沉降量和沉降稳定情况、沉降差、上部结构倾斜、扭曲、裂缝，地下室和管线情况。当地基资料不足时，可根据建筑物上部结构是否存在地基不均匀沉降的反应进行评定，还可对场地地基进行近位勘察或沉降观测。

2 当需通过调查确定地基的岩土性能标准值和地基承载力特征值时，应根据调查和补充勘察结果按国家现行有关标准的规定以及原设计所做的调整进行确定。

3 基础的种类和材料性能，可通过查阅图纸资料确定；当资料不足或资料基本齐全但可信度不高时，可开挖个别基础检测，并应查明基础类型、尺寸、埋深；应检验基础材料强度，并应检测基础变位、开裂、腐蚀和损伤等情况。

4.3.3 上部结构现状调查与检测，应根据结构的具体情况和鉴定内容、要求，并应符合下列规定：

1 结构体系及其整体牢固性的调查，应包括结构平面布置、竖向和水平向承重构件布置、结构抗侧力作用体系、抗侧力构件平面布置的对称性、竖向抗侧力构件的连续性、房屋有无错层、结构间的连系构造等；对砌体结构还应包括圈梁和构造柱体系。

2 结构构件及其连接的调查，应包括结构构件的材料强度、几何参数、稳定性、抗裂性、延性与刚度，预埋件、紧固件与构件连接，结构间的连系等；

对混凝土结构还应包括短柱、深梁的承载性能；对砌体结构还应包括局部承压与局部尺寸；对钢结构还应包括构件的长细比等。

3 结构缺陷、损伤和腐蚀的调查，应包括材料和施工缺陷、施工偏差、构件及其连接、节点的裂缝或其他损伤以及腐蚀。

4 结构位移和变形的调查，应包括结构顶点和层间位移，受弯构件的挠度与侧弯，墙、柱的侧倾等。

4.3.4 结构、构件的材料性能、几何尺寸、变形、缺陷和损伤等的调查，应按下列规定进行：

1 对结构、构件材料的性能，当档案资料完整、齐全时，可仅进行校核性检测；符合原设计要求时，可采用原设计资料给出的结果；当缺少资料或有怀疑时，应进行现场详细检测。

2 对结构、构件的几何尺寸，当图纸资料完整时，可仅进行现场抽样复核；当缺少资料或资料基本齐全但可信度不高时，可按现行国家标准《建筑结构检测技术标准》GB/T 50344 的规定进行现场检测。

3 对结构、构件的变形，应在普查的基础上，对整体结构和其中有明显变形的构件进行检测。

4 对结构、构件的缺陷、损伤和腐蚀，应进行全面检测，并应详细记录缺陷、损伤和腐蚀部位、范围、程度和形态；必要时尚应绘制缺陷、损伤和腐蚀部位、范围、程度和形态分布图。

5 当需要进行结构承载能力和结构动力特性测试时，应按现行国家标准《建筑结构检测技术标准》GB/T 50344 等有关检测标准的规定进行现场测试。

4.3.5 混凝土结构和砌体结构检测时，应区分重点部位和一般部位，以结构的整体倾斜和局部外闪、构件酥裂、老化、构造连接损伤、结构、构件的材质与强度为主要检测项目。当采用回弹法检测老龄混凝土强度时，其检测结果宜按本标准附录 K 进行修正。

4.3.6 钢结构和木结构检测时，除应以材料性能、构件及节点、连接的变形、裂缝、损伤、缺陷为主要检测项目外，尚应重点检查下列部位的钢材腐蚀或木材腐朽、虫蛀状况：

1 埋入地下构件的接近地面部位；

2 易积水或遭受水蒸气侵袭部位；

3 受干湿交替作用的构件或节点、连接；

4 易积灰的潮湿部位；

5 组合截面空隙小于 20mm 的难喷刷涂层的部位；

6 钢索节点、锚塞部位。

4.3.7 围护结构的现状检查，应在查阅资料和普查的基础上，针对不同围护结构的特点进行重要部件及其与主体结构连接的检测；必要时，尚应按现行有关围护系统设计、施工标准的规定进行取样检测。

4.3.8 结构、构件可靠性鉴定采用的检测数据，应符合下列规定：

1 检测方法应按国家现行有关标准采用。当需采用不止一种检测方法同时进行测试时，应事先约定综合确定检测值的规则，不得事后随意处理。

2 当怀疑检测数据有离群值时，其判断和处理应符合现行国家标准《数据的统计处理和解释　正态样本离群值的判断和处理》GB/T 4883 的规定，不得随意舍弃或调整数据。

4.4 振动对结构影响的检测

4.4.1 当需考虑振动对承重结构安全和正常使用的影响时，应进行调查工作，并应符合下列规定：

1 应查明振源的类型、频率范围及相关振动工程的情况；

2 应查明振源与被鉴定建筑物的地理位置、相对距离及场地地质情况。

4.4.2 对振动影响的调查和检测，应按下列规定进行：

1 应根据待测振动的振源特性、频率范围、幅值、动态范围、持续时间等制定一个合理的测量规划，以通过测试获得足够的振动数据；

2 应根据现行有关标准选择待测参数，包括位移、速度、加速度、应力。当选择与结构损伤相关性较显著的振动速度为待测参数时，应通过连续测量建筑物所在地的质点峰值振动速度来确定振动的特性；

3 振动测试所使用的测量系统，其幅值和频响特性应能覆盖所测振动的范围；测量系统应定期进行校准与检定；

4 监测因交通运输、打桩、爆破所引起的结构振动，其检测点的位置应设在基础上或设置在建筑物底层平面主要承重外墙或柱的底部；

5 当可能存在共振现象时，应进行结构动力特性的检测；

6 当确定振源对结构振动的影响时，应在振动出现的前后过程中，对上部结构构件的损伤进行跟踪检测。

5 构件安全性鉴定评级

5.1 一般规定

5.1.1 单个构件安全性的鉴定评级，应根据构件的不同种类，分别按本章第 5.2 节至第 5.5 节的规定执行。

5.1.2 当验算被鉴定结构或构件的承载能力时，应符合下列规定：

1 结构构件验算采用的结构分析方法，应符合国家现行设计规范的规定。

2 结构构件验算使用的计算模型，应符合其实际受力与构造状况。

3 结构上的作用应经调查或检测核实，并应按本标准附录J的规定取值。

4 结构构件作用效应的确定，应符合下列规定：

1）作用的组合、作用的分项系数及组合值系数，应按现行国家标准《建筑结构荷载规范》GB 50009的规定执行；

2）当结构受到温度、变形等作用，且对其承载有显著影响时，应计入由之产生的附加内力。

5 构件材料强度的标准值应根据结构的实际状态按下列规定确定：

1）当原设计文件有效，且不怀疑结构有严重的性能退化或设计、施工偏差时，可采用原设计的标准值；

2）当调查表明实际情况不符合1）项的规定时，应按本标准附录L的规定进行现场检测，并应确定其标准值。

6 结构或构件的几何参数应采用实测值，并应计入锈蚀、腐蚀、腐朽、虫蛀、风化、裂缝、缺陷、损伤以及施工偏差等的影响。

7 当怀疑设计有错误时，应对原设计计算书、施工图或竣工图，重新进行一次复核。

5.1.3 当需通过荷载试验评估结构构件的安全性时，应按现行有关标准执行。当检验结果表明，其承载能力符合设计和规范规定时，可根据其完好程度，定为a_u级或b_u级。当承载能力不符合设计和规范规定，可根据其严重程度，定为c_u级或d_u级。

5.1.4 当建筑物中的构件同时符合下列条件时，可不参与鉴定。当有必要给出该构件的安全性等级时，可根据其实际完好程度定为a_u级或b_u级。

1 该构件未受结构性改变、修复、修理或用途、或使用条件改变的影响；

2 该构件未遭明显的损坏；

3 该构件工作正常，且不怀疑其可靠性不足；

4 在下一目标使用年限内，该构件所承受的作用和所处的环境，与过去相比不会发生显著变化。

5.1.5 当检查一种构件的材料由于与时间有关的环境效应或其他均匀作用的因素引起的性能变化时，可采用随机抽样的方法，在该种构件中取5个～10个构件作为检测对象，并应按现行检测方法标准规定的从每一构件上切取的试件数或划定的测点数，测定其材料强度或其他力学性能，检测构件数量尚应符合下列规定：

1 当构件总数少于5个时，应逐个进行检测。

2 当委托方对该种构件的材料强度检测有较严的要求时，也可通过协商适当增加受检构件的数量。

5.2 混凝土结构构件

5.2.1 混凝土结构构件的安全性鉴定，应按承载能力、构造、不适于承载的位移或变形、裂缝或其他损伤等四个检查项目，分别评定每一受检构件的等级，并取其中最低一级作为该构件安全性等级。

5.2.2 当按承载能力评定混凝土结构构件的安全性等级时，应按表5.2.2的规定分别评定每一验算项目的等级，并应取其中最低等级作为该构件承载能力的安全性等级。混凝土结构倾覆、滑移、疲劳的验算，应按国家现行相关规范进行。

表5.2.2 按承载能力评定的混凝土结构构件安全性等级

构件类别	安全性等级			
	a_u级	b_u级	c_u级	d_u级
主要构件及节点、连接	$R/(\gamma_0 S)\geqslant 1.00$	$R/(\gamma_0 S)\geqslant 0.95$	$R/(\gamma_0 S)\geqslant 0.90$	$R/(\gamma_0 S)<0.90$
一般构件	$R/(\gamma_0 S)\geqslant 1.00$	$R/(\gamma_0 S)\geqslant 0.90$	$R/(\gamma_0 S)\geqslant 0.85$	$R/(\gamma_0 S)<0.85$

5.2.3 当按构造评定混凝土结构构件的安全性等级时，应按表5.2.3的规定分别评定每个检查项目的等级，并应取其中最低等级作为该构件构造的安全性等级。

表5.2.3 按构造评定的混凝土结构构件安全性等级

检查项目	a_u级或b_u级	c_u级或d_u级
结构构造	结构、构件的构造合理，符合国家现行相关规范要求	结构、构件的构造不当，或有明显缺陷，不符合国家现行相关规范要求
连接或节点构造	连接方式正确，构造符合国家现行相关规范要求，无缺陷，或仅有局部的表面缺陷，工作无异常	连接方式不当，构造有明显缺陷，已导致焊缝或螺栓等发生变形、滑移、局部拉脱、剪坏或裂缝
受力预埋件	构造合理，受力可靠，无变形、滑移、松动或其他损坏	构造有明显缺陷，已导致预埋件发生变形、滑移、松动或其他损坏

5.2.4 当混凝土结构构件的安全性按不适于承载的位移或变形评定时，应符合下列规定：

1 对桁架的挠度，当其实测值大于其计算跨度的1/400时，应按本标准第5.2.2条验算其承载能力。验算时，应考虑由位移产生的附加应力的影响，并应按下列规定评级：

1）当验算结果不低于b_u级时，仍可定为b_u级；

2）当验算结果低于b_u级时，应根据其实际严

重程度定为 c_u 级或 d_u 级。

2 对除桁架外其他混凝土受弯构件不适于承载的变形的评定，应按表 5.2.4 的规定评级。

表 5.2.4 除桁架外其他混凝土受弯构件不适于承载的变形的评定

检查项目	构件类别		c_u 级或 d_u 级
挠度	主要受弯构件——主梁、托梁等		$>l_0/200$
	一般受弯构件	$l_0 \leqslant 7m$	$>l_0/120$，或 $>47mm$
		$7m<l_0 \leqslant 9m$	$>l_0/150$，或 $>50mm$
		$l_0>9m$	$>l_0/180$
侧向弯曲的矢高	预制屋面梁或深梁		$>l_0/400$

注：1 表中 l_0 为计算跨度；

2 评定结果取 c_u 级或 d_u 级，应根据其实际严重程度确定。

3 对柱顶的水平位移或倾斜，当其实测值大于本标准表 7.3.10 所列的限值时，应按下列规定评级：

1) 当该位移与整个结构有关时，应根据本标准第 7.3.10 条的评定结果，取与上部承重结构相同的级别作为该柱的水平位移等级；

2) 当该位移只是孤立事件时，则应在柱的承载能力验算中考虑此附加位移的影响，并按本规范第 5.2.2 条的规定评级；

3) 当该位移尚在发展时，应直接定为 d_u 级。

5.2.5 混凝土结构构件不适于承载的裂缝宽度的评定，应按表 5.2.5 的规定进行评级，并应根据其实际严重程度定为 c_u 级或 d_u 级。

表 5.2.5 混凝土结构构件不适于承载的裂缝宽度的评定

检查项目	环境	构件类别		c_u 级或 d_u 级
受力主筋处的弯曲裂缝、一般弯剪裂缝和受拉裂缝宽度（mm）	室内正常环境	钢筋混凝土	主要构件	>0.50
			一般构件	>0.70
		预应力混凝土	主要构件	>0.20 (0.30)
			一般构件	>0.30 (0.50)
	高湿度环境	钢筋混凝土	任何构件	>0.40
		预应力混凝土		>0.10 (0.20)

续表 5.2.5

检查项目	环境	构件类别	c_u 级或 d_u 级
剪切裂缝和受压裂缝（mm）	任何环境	钢筋混凝土或预应力混凝土	出现裂缝

注：1 表中的剪切裂缝系指斜拉裂缝和斜压裂缝；

2 高湿度环境系指露天环境、开敞式房屋易遭飘雨部位、经常受蒸汽或冷凝水作用的场所，以及与土壤直接接触的部件等；

3 表中括号内的限值适用于热轧钢筋配筋的预应力混凝土构件；

4 裂缝宽度以表面测量值为准。

5.2.6 当混凝土结构构件出现下列情况之一的非受力裂缝时，也应视为不适于承载的裂缝，并应根据其实际严重程度定为 c_u 级或 d_u 级：

1 因主筋锈蚀或腐蚀，导致混凝土产生沿主筋方向开裂、保护层脱落或掉角。

2 因温度、收缩等作用产生的裂缝，其宽度已比本标准表 5.2.5 规定的弯曲裂缝宽度值超过 50%，且分析表明已显著影响结构的受力。

5.2.7 当混凝土结构构件同时存在受力和非受力裂缝时，应按本标准第 5.2.5 条及第 5.2.6 条分别评定其等级，并取其中较低一级作为该构件的裂缝等级。

5.2.8 当混凝土结构构件有较大范围损伤时，应根据其实际严重程度直接定为 c_u 级或 d_u 级。

5.3 钢结构构件

5.3.1 钢结构构件的安全性鉴定，应按承载能力、构造以及不适于承载的位移或变形等三个检查项目，分别评定每一受检构件等级；钢结构节点、连接域的安全性鉴定，应按承载能力和构造两个检查项目，分别评定每一节点、连接域等级；对冷弯薄壁型钢结构、轻钢结构、钢桩以及地处有腐蚀性介质的工业区，或高湿、临海地区的钢结构，尚应以不适于承载的锈蚀作为检查项目评定其等级；然后取其中最低一级作为该构件的安全性等级。

5.3.2 当按承载能力评定钢结构构件的安全性等级时，应按表 5.3.2 的规定分别评定每一验算项目的等级，并应取其中最低等级作为该构件承载能力的安全性等级。钢结构倾覆、滑移、疲劳、脆断的验算，应按国家现行相关规范的规定进行；节点、连接域的验算应包括其板件和连接的验算。

表 5.3.2 按承载能力评定的钢结构构件安全性等级

构件类别	安全性等级			
	a_u级	b_u级	c_u级	d_u级
主要构件及节点、连接域	$R/(\gamma_0 S) \geqslant 1.00$	$R/(\gamma_0 S) \geqslant 0.95$	$R/(\gamma_0 S) \geqslant 0.90$	$R/(\gamma_0 S) < 0.90$ 或当构件或连接出现脆性断裂、疲劳开裂或局部失稳变形迹象时
一般构件	$R/(\gamma_0 S) \geqslant 1.00$	$R/(\gamma_0 S) \geqslant 0.90$	$R/(\gamma_0 S) \geqslant 0.85$	$R/(\gamma_0 S) < 0.85$ 或当构件或连接出现脆性断裂、疲劳开裂或局部失稳变形迹象时

5.3.3 当按构造评定钢结构构件的安全性等级时，应按表 5.3.3 的规定分别评定每个检查项目的等级，并应取其中最低等级作为该构件构造的安全性等级。

表 5.3.3 按构造评定的钢结构构件安全性等级

检查项目	安全性等级	
	a_u级或 b_u级	c_u级或 d_u级
构件构造	构件组成形式、长细比或高跨比、宽厚比或高厚比等符合国家现行相关规范规定；无缺陷，或仅有局部表面缺陷；工作无异常	构件组成形式、长细比或高跨比、宽厚比或高厚比等不符合国家现行相关规范规定；存在明显缺陷，已影响或显著影响正常工作
节点、连接构造	节点构造、连接方式正确，符合国家现行相关规范规定；构造无缺陷或仅有局部的表面缺陷，工作无异常	节点构造、连接方式不当，不符合国家现行相关规范规定；构造有明显缺陷，已影响或显著影响正常工作

注：1 构造缺陷还包括施工遗留的缺陷：对焊缝系指夹渣、气泡、咬边、烧穿、漏焊、少焊、未焊透以及焊脚尺寸不足等；对铆钉或螺栓系指漏铆、漏栓、错位、错排及掉头等；其他施工遗留的缺陷根据实际情况确定；

2 节点、连接构造的局部表面缺陷包括焊缝表面质量稍差、焊缝尺寸稍有不足、连接板位置稍有偏差等；节点、连接构造的明显缺陷包括焊接部位有裂纹，部分螺栓或铆钉有松动、变形、断裂、脱落或节点板、连接板、铸件有裂纹或显著变形等。

5.3.4 当钢结构构件的安全性按不适于承载的位移或变形评定时，应符合下列规定：

1 对桁架、屋架或托架的挠度，当其实测值大于桁架计算跨度的 1/400 时，应按本标准第 5.3.2 条验算其承载能力。验算时，应考虑由于位移产生的附加应力的影响，并按下列原则评级：

1）当验算结果不低于 b_u级时，仍定为 b_u级，但宜附加观察使用一段时间的限制；

2）当验算结果低于 b_u级时，应根据其实际严重程度定为 c_u级或 d_u级。

2 对桁架顶点的侧向位移，当其实测值大于桁架高度的1/200，且有可能发展时，应定为 c_u级或 d_u级。

3 对其他钢结构受弯构件不适于承载的变形的评定，应按表 5.3.4-1 的规定评级。

表 5.3.4-1 其他钢结构受弯构件不适于承载的变形的评定

检查项目	构件类别			c_u级或 d_u级
挠度	主要构件	网架	屋盖的短向	$>l_s/250$，且可能发展
			楼盖的短向	$>l_s/200$，且可能发展
		主梁、托梁		$>l_0/200$
	一般构件	其他梁		$>l_0/150$
		檩条梁		$>l_0/100$
侧向弯曲的矢高	深梁			$>l_0/400$
	一般实腹梁			$>l_0/350$

注：表中 l_0为构件计算跨度；l_s为网架短向计算跨度。

4 对柱顶的水平位移或倾斜，当其实测值大于本标准表 7.3.10 所列的限值时，应按下列规定评级：

1）当该位移与整个结构有关时，应根据本标准第 7.3.10 条的评定结果，取与上部承重结构相同的级别作为该柱的水平位移等级；

2）当该位移只是孤立事件时，则应在柱的承载能力验算中考虑此附加位移的影响，并按本规范第 5.3.2 条的规定评级；

3）当该位移尚在发展时，应直接定为 d_u级。

5 对偏差超限或其他使用原因引起的柱、桁架受压弦杆的弯曲，当弯曲矢高实测值大于柱的自由长度的 1/660 时，应在承载能力的验算中考虑其所引起的附加弯矩的影响，并按本规范第 5.3.2 条的规定评级。

6 对钢桁架中有整体弯曲变形，但无明显局部缺陷的双角钢受压腹杆，其整体弯曲变形不大于表 5.3.4-2 规定的限值时，其安全性可根据实际完好程度评为 a_u级或 b_u级；当整体弯曲变形已大于该表规定的限值时，应根据实际严重程度评为 c_u级或 d_u级。

表 5.3.4-2　钢桁架双角钢受压腹杆整体弯曲变形限值

$\sigma=N/\varphi A$	对 a_u 级和 b_u 级压杆的双向弯曲限值				
	方向	弯曲矢高与杆件长度之比			
f	平面外	1/550	1/750	≤1/850	—
	平面内	1/1000	1/900	1/800	—
$0.9f$	平面外	1/350	1/450	1/550	≤1/850
	平面内	1/1000	1/750	1/650	1/500
$0.8f$	平面外	1/250	1/350	1/550	≤1/850
	平面内	1/1000	1/500	1/400	1/350
$0.7f$	平面外	1/200	1/250	≤1/300	—
	平面内	1/750	1/450	1/350	—
$\leqslant 0.6f$	平面外	1/150	≤1/200	—	—
	平面内	1/400	1/350	—	—

5.3.5　当钢结构构件的安全性按不适于承载的锈蚀评定时，应按剩余的完好截面验算其承载能力，并应同时兼顾锈蚀产生的受力偏心效应，并应按表 5.3.5 的规定评级。

表 5.3.5　钢结构构件不适于承载的锈蚀的评定

等级	评 定 标 准
c_u	在结构的主要受力部位，构件截面平均锈蚀深度 Δt 大于 $0.1t$，但不大于 $0.15t$
d_u	在结构的主要受力部位，构件截面平均锈蚀深度 Δt 大于 $0.15t$

注：表中 t 为锈蚀部位构件原截面的壁厚，或钢板的板厚。

5.3.6　对钢索构件的安全性评定，除应按本标准第 5.3.2 条～第 5.3.5 条规定的项目评级外，尚应按下列补充项目评级：

1　索中有断丝，若当断丝数不超过索中钢丝总数的 5%时，可定为 c_u 级；当断丝数超过 5%时，应定为 d_u 级。

2　索构件发生松弛，应根据其实际严重程度定为 c_u 级或 d_u 级；

3　对下列情况，应直接定为 d_u 级：

1）索节点锚具出现裂纹；

2）索节点出现滑移；

3）索节点锚塞出现渗水裂缝。

5.3.7　对钢网架结构的焊接空心球节点和螺栓球节点的安全性鉴定，除应按本标准第 5.3.2 条及第 5.3.3 条规定的项目评级外，尚应按下列项目评级：

1　空心球壳出现可见的变形时，应定为 c_u 级；

2　空心球壳出现裂纹时，应定为 d_u 级；

3　螺栓球节点的筒松动时，应定为 c_u 级；

4　螺栓未能按设计要求的长度拧入螺栓球时，应定为 d_u 级；

5　螺栓球出现裂纹，应定为 d_u 级；

6　螺栓球节点的螺栓出现脱丝，应定为 d_u 级。

5.3.8　对摩擦型高强度螺栓连接，当其摩擦面有翘曲，未能形成闭合面时，应直接定为 c_u 级。

5.3.9　对大跨度钢结构支座节点，当铰支座不能实现设计所要求的转动或滑移时，应定为 c_u 级；当支座的焊缝出现裂纹、锚栓出现变形或断裂时，应定为 d_u 级。

5.3.10　对橡胶支座，当橡胶板与螺栓或锚栓发生挤压变形时，应定为 c_u 级；当橡胶支座板相对支承柱或梁顶面发生滑移时，应定为 c_u 级；当橡胶支座板严重老化时，应定为 d_u 级。

5.4　砌体结构构件

5.4.1　砌体结构构件的安全性鉴定，应按承载能力、构造、不适于承载的位移和裂缝或其他损伤等四个检查项目，分别评定每一受检构件等级，并应取其中最低一级作为该构件的安全性等级。

5.4.2　当按承载能力评定砌体结构构件的安全性等级时，应按表 5.4.2 的规定分别评定每一验算项目的等级，并应取其中最低等级作为该构件承载能力的安全性等级。砌体结构倾覆、滑移、漂浮的验算，应按国家现行有关规范的规定进行。

表 5.4.2　按承载能力评定的砌体构件安全性等级

构件类别	安全性等级			
	a_u 级	b_u 级	c_u 级	d_u 级
主要构件及连接	$R/(\gamma_0 S)\geqslant 1.00$	$R/(\gamma_0 S)\geqslant 0.95$	$R/(\gamma_0 S)\geqslant 0.90$	$R/(\gamma_0 S)<0.90$
一般构件	$R/(\gamma_0 S)\geqslant 1.00$	$R/(\gamma_0 S)\geqslant 0.90$	$R/(\gamma_0 S)\geqslant 0.85$	$R/(\gamma_0 S)<0.85$

5.4.3 当按连接及构造评定砌体结构构件的安全性等级时，应按表 5.4.3 的规定分别评定每个检查项目的等级，并应取其中最低等级作为该构件的安全性等级。

表 5.4.3 按连接及构造评定砌体结构构件安全性等级

检查项目	安全性等级	
	a_u级或b_u级	c_u级或d_u级
墙、柱的高厚比	符合国家现行相关规范的规定	不符合国家现行相关规范的规定，且已超过现行国家标准《砌体结构设计规范》GB 50003 规定限值的 10%
连接及构造	连接及砌筑方式正确，构造符合国家现行相关规范规定，无缺陷或仅有局部的表面缺陷，工作无异常	连接及砌筑方式不当，构造有严重缺陷，已导致构件或连接部位开裂、变形、位移、松动，或已造成其他损坏

注：1 构件支承长度的检查与评定包含在“连接及构造”的项目中；
2 构造缺陷包括施工遗留的缺陷。

5.4.4 当砌体结构构件安全性按不适于承载的位移或变形评定时，应符合下列规定：

1 对墙、柱的水平位移或倾斜，当其实测值大于本标准表 7.3.10 条所列的限值时，应按下列规定评级：

1）当该位移与整个结构有关时，应根据本标准第 7.3.10 条的评定结果，取与上部承重结构相同的级别作为该墙、柱的水平位移等级；

2）当该位移只是孤立事件时，则应在其承载能力验算中考虑此附加位移的影响；当验算结果不低于b_u级时，仍可定为b_u级；当验算结果低于b_u级时，应根据其实际严重程度定为c_u级或d_u级；

3）当该位移尚在发展时，应直接定为d_u级。

2 除带壁柱墙外，对偏差或使用原因造成的其他柱的弯曲，当其矢高实测值大于柱的自由长度的 1/300 时，应在其承载能力验算中计入附加弯矩的影响，并应根据验算结果按本条第 1 款第 2）项的原则评级。

3 对拱或壳体结构构件出现的下列位移或变形，可根据其实际严重程度定为c_u级或d_u级：

1）拱脚或壳的边梁出现水平位移；

2）拱轴线或筒拱、扁壳的曲面发生变形。

5.4.5 当砌体结构的承重构件出现下列受力裂缝时，应视为不适于承载的裂缝，并应根据其严重程度评为c_u级或d_u级：

1 桁架、主梁支座下的墙、柱的端部或中部，出现沿块材断裂或贯通的竖向裂缝或斜裂缝。

2 空旷房屋承重外墙的变截面处，出现水平裂缝或沿块材断裂的斜向裂缝。

3 砖砌过梁的跨中或支座出现裂缝；或虽未出现肉眼可见的裂缝，但发现其跨度范围内有集中荷载。

4 筒拱、双曲筒拱、扁壳等的拱面、壳面，出现沿拱顶母线或对角线的裂缝。

5 拱、壳支座附近或支承的墙体上出现沿块材断裂的斜裂缝。

6 其他明显的受压、受弯或受剪裂缝。

5.4.6 当砌体结构、构件出现下列非受力裂缝时，应视为不适于承载的裂缝，并应根据其实际严重程度评为c_u级或d_u级。

1 纵横墙连接处出现通长的竖向裂缝。

2 承重墙体墙身裂缝严重，且最大裂缝宽度已大于 5mm。

3 独立柱已出现宽度大于 1.5mm 的裂缝，或有断裂、错位迹象。

4 其他显著影响结构整体性的裂缝。

5.4.7 当砌体结构、构件存在可能影响结构安全的损伤时，应根据其严重程度直接定为c_u级或d_u级。

5.5 木结构构件

5.5.1 木结构构件的安全性鉴定，应按承载能力、构造、不适于承载的位移或变形、裂缝以及危险性的腐朽和虫蛀等六个检查项目，分别评定每一受检构件等级，并应取其中最低一级作为该构件的安全性等级。

5.5.2 当按承载能力评定木结构构件及其连接的安全性等级时，应按表 5.5.2 的规定分别评定每一验算项目的等级，并应取其中最低等级作为该构件承载能力的安全性等级。

表 5.5.2 按承载能力评定木结构构件及其连接安全性等级

构件类别	安全性等级			
	a_u级	b_u级	c_u级	d_u级
主要构件及连接	$R/(\gamma_0 S)\geqslant 1.0$	$R/(\gamma_0 S)\geqslant 0.95$	$R/(\gamma_0 S)\geqslant 0.90$	$R/(\gamma_0 S)< 0.90$
一般构件	$R/(\gamma_0 S)\geqslant 1.0$	$R/(\gamma_0 S)\geqslant 0.90$	$R/(\gamma_0 S)\geqslant 0.85$	$R/(\gamma_0 S)< 0.85$

5.5.3 当按构造评定木结构构件的安全性等级时，应按表 5.5.3 的规定分别评定每个检查项目的等级，

并应取其中最低等级作为该构件构造的安全性等级。

表 5.5.3 按构造评定木结构构件的安全性等级

检查项目	安全性等级	
	a_u级或 b_u级	c_u级或 d_u级
构件构造	构件长细比或高跨比、截面高宽比等符合国家现行设计规范的规定；无缺陷、损伤，或仅有局部表面缺陷；工作无异常	构件长细比或高跨比、截面高宽比等不符合国家现行设计规范的规定；存在明显缺陷或损伤；已影响或显著影响正常工作
节点、连接构造	节点、连接方式正确，构造符合国家现行设计规范规定；无缺陷，或仅有局部的表面缺陷；通风良好；工作无异常	节点、连接方式不当，构造有明显缺陷、通风不良，已导致连接松弛变形、滑移、沿剪面开裂或其他损坏

注：构件支承长度检查结果不参加评定，当存在问题时，需在鉴定报告中说明，并提出处理意见。

5.5.4 当木结构构件的安全性按不适于承载的变形评定时，应按表 5.5.4 的规定评级。

表 5.5.4 木结构构件的安全性按不适于承载的变形评定

检查项目		c_u级或 d_u级
挠度	桁架、屋架、托架	$>l_0/200$
	主梁	$>l_0^2/(3000h)$ 或$>l_0/150$
	搁栅、檩条	$>l_0^2/(2400h)$ 或$>l_0/120$
	椽条	$>l_0/100$，或已劈裂
侧向弯曲的矢高	柱或其他受压构件	$>l_c/200$
	矩形截面梁	$>l_0/150$

注：1 表中 l_0为计算跨度；l_c为柱的无支长度；h 为截面高度；

2 表中的侧向弯曲，主要是由木材生长原因或干燥、施工不当所引起的；

3 评定结果取 c_u级或 d_u级，应根据其实际严重程度确定。

5.5.5 当木结构构件具有下列斜率（ρ）的斜纹理或斜裂缝时，应根据其严重程度定为 c_u级或 d_u级。

1 对受拉构件及拉弯构件 $\rho>10\%$

2 对受弯构件及偏压构件 $\rho>15\%$

3 对受压构件 $\rho>20\%$

5.5.6 当木结构构件的安全性按危险性腐朽或虫蛀评定时，应按表 5.5.6 的规定评级；当封入墙、保护层内的木构件或其连接已受潮时，即使木材尚未腐朽，也应直接定为 c_u级。

表 5.5.6 木结构构件的安全性按危险性腐朽或虫蛀评定

检查项目		c_u级或 d_u级
表层腐朽	上部承重结构构件	截面上的腐朽面积大于原截面面积的 5%，或按剩余截面验算不合格
	木桩	截面上的腐朽面积大于原截面面积的 10%
心腐	任何构件	有心腐
虫蛀		有新蛀孔；或未见蛀孔，但敲击有空鼓音，或用仪器探测，内有蛀洞

6 构件使用性鉴定评级

6.1 一 般 规 定

6.1.1 单个构件使用性的鉴定评级，应根据其不同的材料种类，分别按本章第 6.2～6.5 节的规定执行。

6.1.2 使用性鉴定，应以现场的调查、检测结果为基本依据。鉴定采用的检测数据，应符合本标准第 4.3.8 条的规定。

6.1.3 当遇到下列情况之一时，结构的主要构件鉴定，尚应按正常使用极限状态的规定进行计算分析与验算：

1 检测结果需与计算值进行比较；

2 检测只能取得部分数据，需通过计算分析进行鉴定；

3 改变建筑物用途、使用条件或使用要求。

6.1.4 对被鉴定的结构构件进行计算和验算，除应符合国家现行设计规范的规定和本标准第 5.1.2 条的规定外，尚应符合下列规定：

1 对构件材料的弹性模量、剪变模量和泊松比等物理性能指标，可根据鉴定确认的材料品种和强度等级，采用国家现行设计规范规定的数值；

2 验算结果应按国家现行标准规定的限值进行评级。当验算合格时，可根据其实际完好程度评为 a_s级或 b_s级；当验算不合格时，应定为 c_s级；

3 当验算结果与观察不符时，应进一步检查设计和施工方面可能存在的差错。

6.1.5 当同时符合下列条件时，构件的使用性等级，可根据实际工作情况直接评为 a_s级或 b_s级：

1 经详细检查未发现构件有明显的变形、缺陷、损伤、腐蚀，也没有累积损伤问题；

2 经过长时间的使用，构件状态仍然良好或基本良好，能够满足下一目标使用年限内的正常使用要求；

3 在下一目标使用年限内，构件上的作用和环境条件与过去相比不会发生显著变化。

6.1.6 当需评估混凝土构件、钢结构构件和砌体构件的耐久性及其剩余耐久年限时，可分别按本标准附录C、附录D和附录E进行评估。

6.2 混凝土结构构件

6.2.1 混凝土结构构件的使用性鉴定，应按下列规定进行评级：

1 应按位移或变形、裂缝、缺陷和损伤等四个检查项目，分别评定每一受检构件的等级，并取其中最低一级作为该构件使用性等级；

2 混凝土结构构件碳化深度的测定结果，主要用于鉴定分析，不参与评级。但当构件主筋已处于碳化区内时，则应在鉴定报告中指出，并应结合其他项目的检测结果提出处理的建议。

6.2.2 当混凝土桁架和其他受弯构件的使用性按其挠度检测结果评定时，应按下列规定评级：

1 当检测值小于计算值及国家现行设计规范限值时，可评为 a_s 级；

2 当检测值大于或等于计算值，但不大于国家现行设计规范限值时，可评为 b_s 级；

3 当检测值大于国家现行设计规范限值时，应评为 c_s 级。

6.2.3 当混凝土柱的使用性需要按其柱顶水平位移或倾斜检测结果评定时，应按下列规定评级：

1 当该位移的出现与整个结构有关时，应根据本标准第8.3.6条的评定结果，取与上部承重结构相同的级别作为该柱的水平位移等级；

2 当该位移的出现只是孤立事件时，可根据其检测结果直接评级。评级所需的位移限值，可按本标准表8.3.6所列的层间位移限值乘以1.1的系数确定。

6.2.4 当混凝土结构构件的使用性按其裂缝宽度检测结果评定时，应符合下列规定：

1 当有计算值时：

1）当检测值小于计算值及国家现行设计规范限值时，可评为 a_s 级；

2）当检测值大于或等于计算值，但不大于国家现行设计规范限值时，可评为 b_s 级；

3）当检测值大于国家现行设计规范限值时，应评为 c_s 级。

2 当无计算值时，构件裂缝宽度等级的评定应按表6.2.4-1或表6.2.4-2的规定评级。

3 对沿主筋方向出现的锈迹或细裂缝，应直接评为 c_s 级。

4 当一根构件同时出现两种或以上的裂缝，应分别评级，并应取其中最低一级作为该构件的裂缝等级。

表6.2.4-1 钢筋混凝土构件裂缝宽度等级的评定

检查项目	环境类别和作用等级	构件种类		裂缝评定标准		
				a_s 级	b_s 级	c_s 级
受力主筋处的弯曲裂缝或弯剪裂缝宽度（mm）	Ⅰ-A	主要构件	屋架、托架	≤0.15	≤0.20	>0.20
			主梁、托梁	≤0.20	≤0.30	>0.30
		一般构件		≤0.25	≤0.40	>0.40
	Ⅰ-B、Ⅰ-C	任何构件		≤0.15	≤0.20	>0.20
	Ⅱ	任何构件		≤0.10	≤0.15	>0.15
	Ⅲ、Ⅳ	任何构件		无肉眼可见的裂缝	≤0.10	>0.10

注：1 对拱架和屋面梁，应分别按屋架和主梁评定；

2 裂缝宽度应以表面量测的数值为准。

表6.2.4-2 预应力混凝土构件裂缝宽度等级的评定

检查项目	环境类别和作用等级	构件种类	裂缝评定标准		
			a_s级	b_s级	c_s级
受力主筋处的弯曲裂缝或弯剪裂缝宽度（mm）	Ⅰ-A	主要构件	无裂缝（≤0.05）	≤0.05（≤0.10）	>0.05（>0.10）
		一般构件	≤0.02（≤0.15）	≤0.10（≤0.25）	>0.10（>0.25）
	Ⅰ-B、Ⅰ-C	任何构件	无裂缝	≤0.02（≤0.05）	>0.02（>0.05）
	Ⅱ、Ⅲ、Ⅳ	任何构件	无裂缝	无裂缝	有裂缝

注：1 表中括号内限值仅适用于采用热轧钢筋配筋的预应力混凝土构件；

2 当构件无裂缝时，评定结果取 a_s 级或 b_s 级，可根据其混凝土外观质量的完好程度判定。

6.2.5 混凝土构件的缺陷和损伤等级的评定应按表6.2.5的规定评级。

表 6.2.5 混凝土构件的缺陷和损伤等级的评定

检查项目	a_s级	b_s级	c_s级
缺陷	无明显缺陷	局部有缺陷，但缺陷深度小于钢筋保护层厚度	有较大范围的缺陷，或局部的严重缺陷，且缺陷深度大于钢筋保护层厚度
钢筋锈蚀损伤	无锈蚀现象	探测表明有可能锈蚀	已出现沿主筋方向的锈蚀裂缝，或明显的锈迹
混凝土腐蚀损伤	无腐蚀损伤	表面有轻度腐蚀损伤	有明显腐蚀损伤

6.3 钢结构构件

6.3.1 钢结构构件的使用性鉴定，应按位移或变形、缺陷和锈蚀或腐蚀等三个检查项目，分别评定每一受检构件等级，并以其中最低一级作为该构件的使用性等级；对钢结构受拉构件，除应按以上三个检查项目评级外，尚应以长细比作为检查项目参与上述评级。

6.3.2 当钢桁架和其他受弯构件的使用性按其挠度检测结果评定时，应按下列规定评级：

1 当检测值小于计算值及国家现行设计规范限值时，可评为a_s级；

2 当检测值大于或等于计算值，但不大于国家现行设计规范限值时，可评为b_s级；

3 当检测值大于国家现行设计规范限值时，可评为c_s级。

4 在一般构件的鉴定中，对检测值小于国家现行设计规范限值的情况，可直接根据其完好程度定为a_s级或b_s级。

6.3.3 当钢柱的使用性按其柱顶水平位移（或倾斜）检测结果评定时，应按下列原则评级：

1 当该位移的出现与整个结构有关时，应根据本标准8.3.6条的评定结果，取与上部承重结构相同的级别作为该柱的水平位移等级；

2 当该位移的出现只是孤立事件时，可根据其检测结果直接评级，评级所需的位移限值，可按本标准表8.3.6所列的层间位移限值确定。

6.3.4 当钢结构构件的使用性按缺陷和损伤的检测结果评定时，应按表6.3.4的规定评级。

表 6.3.4 钢结构构件的使用性按缺陷和损伤的检测结果评定

检查项目	a_s级	b_s级	c_s级
桁架、屋架不垂直度	不大于桁架高度的1/250，且不大于15mm	略大于a_s级允许值，尚不影响使用	大于a_s级允许值，已影响使用
受压构件平面内的弯曲矢高	不大于构件自由长度的1/1000，且不大于10mm	不大于构件自由长度的1/660	大于构件自由长度的1/660
实腹梁侧向弯曲矢高	不大于构件计算跨度的1/660	不大于构件跨度的1/500	大于构件跨度的1/500
其他缺陷或损伤	无明显缺陷或损伤	局部有表面缺陷或损伤，尚不影响正常使用	有较大范围缺陷或损伤，且已影响正常使用

6.3.5 对钢索构件，当索的外包裹防护层有损伤性缺陷时，应根据其影响正常使用的程度评为b_s级或c_s级。

6.3.6 当钢结构受拉构件的使用性按长细比的检测结果评定时，应按表6.3.6的规定评级。

表 6.3.6 钢结构受拉构件的使用性按长细比的检测结果评定

构件类别		a_s级或b_s级	c_s级
重要受拉构件	桁架拉杆	≤350	>350
	网架支座附近处拉杆	≤300	>300
一般受拉构件		≤400	>400

注：1 评定结果取a_s级或b_s级，可根据其实际完好程度确定；

2 当钢结构受拉构件的长细比虽略大于b_s级的限值，但当该构件的下垂矢高尚不影响其正常使用时，仍可定为b_s级；

3 张紧的圆钢拉杆的长细比不受本表限制。

6.3.7 当钢结构构件的使用性按防火涂层的检测结果评定时，应按表6.3.7的规定评级。

表 6.3.7 钢结构构件的使用性按防火涂层的检测结果评定

基本项目	a_s	b_s	c_s
外观质量	涂膜无空鼓、开裂、脱落、霉变、粉化等现象	涂膜局部开裂，薄型涂料涂层裂纹宽度不大于 0.5mm；厚型涂料涂层裂纹宽度不大于 1.0mm；边缘局部脱落；对防火性能无明显影响	防水涂膜开裂，薄型涂料层裂纹宽度大于 0.5mm；厚型涂料涂层裂纹宽度大于 1.0mm；重点防火区域涂层局部脱落；对结构防火性能产生明显影响
涂层附着力	涂层完整	涂层完整程度达到 70%	涂层完整程度低于 70%
涂膜厚度	厚度符合设计或国家现行规范规定	厚度小于设计要求，但小于设计厚度的测点数不大于 10%，且测点处实测厚度不小于设计厚度的 90%；厚涂型防火涂料涂膜，厚度小于设计厚度的面积不大于 20%，且最薄处厚度不小于设计厚度的 85%，厚度不足部位的连续长度不大于 1m，并在 5m 范围内无类似情况	达不到 b_s级的要求

6.4 砌体结构构件

6.4.1 砌体结构构件的使用性鉴定，应按位移、非受力裂缝、腐蚀等三个检查项目，分别评定每一受检构件等级，并取其中最低一级作为该构件的安全性等级。

6.4.2 当砌体墙、柱的使用性按其顶点水平位移或倾斜的检测结果评定时，应按下列原则评级：

1 当该位移与整个结构有关时，应根据本标准第 8.3.6 条的评定结果，取与上部承重结构相同的级别作为该构件的水平位移等级。

2 当该位移只是孤立事件时，则可根据其检测结果直接评级。评级所需的位移限值，可按本标准表 8.3.6 所列的层间位移限值乘以 1.1 的系数确定。

3 构造合理的组合砌体墙、柱应按混凝土墙、柱评定。

6.4.3 当砌体结构构件的使用性按非受力裂缝检测结果评定时，应按表 6.4.3 的规定评级。

表 6.4.3 砌体结构构件的使用性按非受力裂缝检测结果评定

检查项目	构件类别	a_s级	b_s级	c_s级
非受力裂缝宽度（mm）	墙及带壁柱墙	无肉眼可见裂缝	≤1.5	>1.5
	柱	无肉眼可见裂缝	无肉眼可见裂缝	出现肉眼裂缝

注：对无可见裂缝的柱，取 a_s级或 b_s级，可根据其实际完好程度确定。

6.4.4 当砌体结构构件的使用性按其腐蚀，包括风化和粉化的检测结果评定时，砌体结构构件腐蚀等级的评定应按表 6.4.4 的规定评级。

表 6.4.4 砌体结构构件腐蚀等级的评定

检查部位		a_s级	b_s级	c_s级
块材	实心砖	无腐蚀现象	小范围出现腐蚀现象，最大腐蚀深度不大于 6mm，且无发展趋势	较大范围出现腐蚀现象或最大腐蚀深度大于 6mm，或腐蚀有发展趋势
	多孔砖 空心砖 小砌块		小范围出现腐蚀现象，最大腐蚀深度不大于 3mm，且无发展趋势	较大范围出现腐蚀现象或最大腐蚀深度大于 3mm，或腐蚀有发展趋势
砂浆层		无腐蚀现象	小范围出现腐蚀现象，最大腐蚀深度不大于 10mm，且无发展趋势	较大范围出现腐蚀现象或最大腐蚀深度大于 10mm，或腐蚀有发展趋势
砌体内部钢筋		无锈蚀现象	有锈蚀可能或有轻微锈蚀现象	明显锈蚀或锈蚀有发展趋势

6.5 木结构构件

6.5.1 木结构构件的使用性鉴定，应按位移、干缩裂缝和初期腐朽等三个检查项目的检测结果，分别评定每一受检构件等级，并取其中最低一级作为该构件的安全性等级。

6.5.2 当木结构构件的使用性按挠度检测结果评定时，应按表 6.5.2 的规定评级。

表 6.5.2 木结构构件的使用性按挠度检测结果评定

构件类别		a_s级	b_s级	c_s级
桁架、屋架、托架		$\leqslant l_0/500$	$\leqslant l_0/400$	$>l_0/400$
檩条	$l_0\leqslant 3.3\text{m}$	$\leqslant l_0/250$	$\leqslant l_0/200$	$>l_0/200$
	$l_0>3.3\text{m}$	$\leqslant l_0/300$	$\leqslant l_0/250$	$>l_0/250$
椽条		$\leqslant l_0/200$	$\leqslant l_0/150$	$>l_0/150$
吊顶中的受弯构件	抹灰吊顶	$\leqslant l_0/360$	$\leqslant l_0/300$	$>l_0/300$
	其他吊顶	$\leqslant l_0/250$	$\leqslant l_0/200$	$>l_0/200$
楼盖梁、格栅		$\leqslant l_0/300$	$\leqslant l_0/250$	$>l_0/250$

注：表中l_0为构件计算跨度实测值。

6.5.3 当木结构构件的使用性按干缩裂缝检测结果评定时，应按表 6.5.3 的规定评级；当无特殊要求时，原有的干缩裂缝可不参与评级，但应在鉴定报告中提出嵌缝处理的建议。

表 6.5.3 木结构构件的使用性按干缩裂缝检测结果评定

检查项目	构件类别		a 级	b 级	c 级
干缩裂缝深度（t）	受拉构件	板材	无裂缝	$t\leqslant b/6$	$t>b/6$
		方材	可有微裂	$t\leqslant b/4$	$t>b/4$
	受弯或受压构件	板材	无裂缝	$t\leqslant b/5$	$t>b/5$
		方材	可有微裂	$t\leqslant b/3$	$t>b/3$

注：表中 b 为沿裂缝深度方向的构件截面尺寸。

6.5.4 在湿度正常、通风良好的室内环境中，对无腐朽迹象的木结构构件，可根据其外观质量状况评为a_s级或b_s级；对有腐朽迹象的木结构构件，应评为c_s级；但当能判定其腐朽已停止发展时，仍可评为b_s级。

7 子单元安全性鉴定评级

7.1 一般规定

7.1.1 民用建筑安全性的第二层次子单元鉴定评级，应按下列规定进行：

1 应按地基基础、上部承重结构和围护系统的承重部分划分为三个子单元，并应分别按本标准第 7.2～7.4 节规定的鉴定方法和评级标准进行评定；

2 当不要求评定围护系统可靠性时，可不将围护系统承重部分列为子单元，将其安全性鉴定并入上部承重结构中。

7.1.2 当需验算上部承重结构的承载能力时，其作用效应按本标准第 5.1.2 条的规定确定；当需验算地基变形或地基承载力时，其地基的岩土性能和地基承载力标准值，应由原有地质勘察资料和补充勘察报告提供。

7.1.3 当仅要求对某个子单元的安全性进行鉴定时，该子单元与其他相邻子单元之间的交叉部位也应进行检查，并应在鉴定报告中提出处理意见。

7.2 地基基础

7.2.1 地基基础子单元的安全性鉴定评级，应根据地基变形或地基承载力的评定结果进行确定。对建在斜坡场地的建筑物，还应按边坡场地稳定性的评定结果进行确定。

7.2.2 当鉴定地基、桩基的安全性时，应符合下列规定：

1 一般情况下，宜根据地基、桩基沉降观测资料，以及不均匀沉降在上部结构中反应的检查结果进行鉴定评级；

2 当需对地基、桩基的承载力进行鉴定评级时，应以岩土工程勘察档案和有关检测资料为依据进行评定；当档案、资料不全时，还应补充近位勘探点，进一步查明土层分布情况，并应结合当地工程经验进行核算和评价；

3 对建造在斜坡场地上的建筑物，应根据历史资料和实地勘察结果，对边坡场地的稳定性进行评级。

7.2.3 当地基基础的安全性按地基变形观测资料或其上部结构反应的检查结果评定时，应按下列规定评级：

1 A_u级，不均匀沉降小于现行国家标准《建筑地基基础设计规范》GB 50007 规定的允许沉降差；建筑物无沉降裂缝、变形或位移。

2 B_u级，不均匀沉降不大于现行国家标准《建筑地基基础设计规范》GB 50007 规定的允许沉降差；且连续两个月地基沉降量小于每月 2mm；建筑物的上部结构虽有轻微裂缝，但无发展迹象。

3 C_u级，不均匀沉降大于现行国家标准《建筑地基基础设计规范》GB 50007 规定的允许沉降差；或连续两个月地基沉降量大于每月 2mm；或建筑物上部结构砌体部分出现宽度大于 5mm 的沉降裂缝，预制构件连接部位可能出现宽度大于 1mm 的沉降裂缝，且沉降裂缝短期内无终止趋势。

4 D_u级，不均匀沉降远大于现行国家标准《建筑地基基础设计规范》GB 50007 规定的允许沉降差；连续两个月地基沉降量大于每月 2mm，且尚有变快趋势；或建筑物上部结构的沉降裂缝发展显著；砌体的裂缝宽度大于 10mm；预制构件连接部位的裂缝宽度大于 3mm；现浇结构个别部分也已开始出现沉降裂缝。

5 以上 4 款的沉降标准，仅适用于建成已 2 年以上、且建于一般地基土上的建筑物；对建在高压缩性黏性土或其他特殊性土地基上的建筑物，此年限宜根据当地经验适当加长。

7.2.4 当地基基础的安全性按其承载力评定时，可根据本标准第7.2.2条规定的检测和计算分析结果，并应采用下列规定评级：

1 当地基基础承载力符合现行国家标准《建筑地基基础设计规范》GB 50007的规定时，可根据建筑物的完好程度评为A_u级或B_u级。

2 当地基基础承载力不符合现行国家标准《建筑地基基础设计规范》GB 50007的规定时，可根据建筑物开裂、损伤的严重程度评为C_u级或D_u级。

7.2.5 当地基基础的安全性按边坡场地稳定性项目评级时，应按下列规定评级：

1 A_u级，建筑场地地基稳定，无滑动迹象及滑动史。

2 B_u级，建筑场地地基在历史上曾有过局部滑动，经治理后已停止滑动，且近期评估表明，在一般情况下，不会再滑动。

3 C_u级，建筑场地地基在历史上发生过滑动，目前虽已停止滑动，但当触动诱发因素时，今后仍有可能再滑动。

4 D_u级，建筑场地地基在历史上发生过滑动，目前又有滑动或滑动迹象。

7.2.6 在鉴定中当发现地下水位或水质有较大变化，或土压力、水压力有显著改变，且可能对建筑物产生不利影响时，应对此类变化所产生的不利影响进行评价，并应提出处理的建议。

7.2.7 地基基础子单元的安全性等级，应根据本标准第7.2.3～7.2.6条关于地基基础和场地的评定结果按其中最低一级确定。

7.3 上部承重结构

7.3.1 上部承重结构子单元的安全性鉴定评级，应根据其结构承载功能等级、结构整体性等级以及结构侧向位移等级的评定结果进行确定。

7.3.2 上部结构承载功能的安全性评级，当有条件采用较精确的方法评定时，应在详细调查的基础上，根据结构体系的类型及其空间作用程度，按国家现行标准规定的结构分析方法和结构实际的构造确定合理的计算模型，并应通过对结构作用效应分析和抗力分析，并结合工程鉴定经验进行评定。

7.3.3 当上部承重结构可视为由平面结构组成的体系，且其构件工作不存在系统性因素的影响时，其承载功能的安全性等级应按下列规定评定：

1 可在多、高层房屋的标准层中随机抽取$\sqrt{m}$层为代表层作为评定对象；m为该鉴定单元房屋的层数；当$\sqrt{m}$为非整数时，应多取一层；对一般单层房屋，宜以原设计的每一计算单元为一区，并应随机抽取$\sqrt{m}$区为代表区作为评定对象。

2 除随机抽取的标准层外，尚应另增底层和顶层，以及高层建筑的转换层和避难层为代表层。代表层构件应包括该层楼板及其下的梁、柱、墙等。

3 宜按结构分析或构件校核所采用的计算模型，以及本标准关于构件集的规定，将代表层（或区）中的承重构件划分为若干主要构件集和一般构件集，并应按本标准第7.3.5条和第7.3.6条的规定评定每种构件集的安全性等级。

4 可根据代表层（或区）中每种构件集的评级结果，按本标准第7.3.7条的规定确定代表层（或区）的安全性等级。

5 可根据本条第1～4款的评定结果，按本标准第7.3.8条的规定确定上部承重结构承载功能的安全性等级。

7.3.4 当上部承重结构虽可视为由平面结构组成的体系，但其构件工作受到灾害或其他系统性因素的影响时，其承载功能的安全性等级应按下列规定评定：

1 宜区分为受影响和未受影响的楼层（或区）。

2 对受影响的楼层（或区），宜全数作为代表层（或区）；对未受影响的楼层（或区），可按本标准第7.3.3条的规定，抽取代表层。

3 可分别评定构件集、代表层（或区）和上部结构承载功能的安全性等级。

7.3.5 在代表层（或区）中，主要构件集安全性等级的评定，可根据该种构件集内每一受检构件的评定结果，按表7.3.5的分级标准评级。

表7.3.5 主要构件集安全性等级的评定

等级	多层及高层房屋	单层房屋
A_u	该构件集内，不含c_u级和d_u级，可含b_u级，但含量不多于25%	该构件集内，不含c_u级和d_u级，可含b_u级，但含量不多于30%
B_u	该构件集内，不含d_u级；可含c_u级，但含量不应多于15%	该构件集内，不含d_u级，可含c_u级，但含量不应多于20%
C_u	该构件集内，可含c_u级和d_u级；当仅含c_u级时，其含量不应多于40%；当仅含d_u级时，其含量不应多于10%；当同时含有c_u级和d_u级时，c_u级含量不应多于25%；d_u级含量不应多于3%	该构件集内，可含c_u级和d_u级；当仅含c_u级时，其含量不应多于50%；当仅含d_u级时，其含量不应多于15%；当同时含有c_u级和d_u级时，c_u级含量不应多于30%；d_u级含量不应多于5%
D_u	该构件集内，c_u级或d_u级含量多于C_u级的规定数	该构件集内，c_u级和d_u级含量多于C_u级的规定数

注：当计算的构件数为非整数时，应多取一根。

7.3.6 在代表层（或区）中，一般构件集安全性等级的评定，应按表7.3.6的分级标准评级。

表 7.3.6 一般构件集安全性等级的评定

等级	多层及高层房屋	单层房屋
A_u	该构件集内，不含 c_u 级和 d_u 级，可含 b_u 级，但含量不应多于30%	该构件集内，不含 c_u 级和 d_u 级，可含 b_u 级，但含量不应多于35%
B_u	该构件集内，不含 d_u 级；可含 c_u 级，但含量不应多于20%	该构件集内，不含 d_u 级；可含 c_u 级，但含量不应多于25%
C_u	该构件集内，可含 c_u 级和 d_u 级，但 c_u 级含量不应多于40%；d_u 级含量不应多于10%	该构件集内，可含 c_u 级和 d_u 级，但 c_u 级含量不应多于50%；d_u 级含量不应多于15%
D_u	该构件集内，c_u 级或 d_u 级含量多于 C_u 级的规定数	该构件集内，c_u 级和 d_u 级含量多于 C_u 级的规定数

7.3.7 各代表层（或区）的安全性等级，应按该代表层（或区）中各主要构件集间的最低等级确定。当代表层（或区）中一般构件集的最低等级比主要构件集最低等级低二级或三级时，该代表层（或区）所评的安全性等级应降一级或降二级。

7.3.8 上部结构承载功能的安全性等级，可按下列规定确定：

1 A_u 级，不含 C_u 级和 D_u 级代表层（或区）；可含 B_u 级，但含量不多于30%；

2 B_u 级，不含 D_u 级代表层（或区）；可含 C_u 级，但含量不多于15%；

3 C_u 级，可含 C_u 级和 D_u 级代表层（或区）；当仅含 C_u 级时，其含量不多于50%；当仅含 D_u 级时，其含量不多于10%；当同时含有 C_u 级和 D_u 级时，其 C_u 级含量不应多于25%，D_u 级含量不多于5%；

4 D_u 级，其 C_u 级或 D_u 级代表层（或区）的含量多于 C_u 级的规定数。

7.3.9 结构整体牢固性等级的评定，可按表7.3.9的规定，先评定其每一检查项目的等级，并应按下列原则确定该结构整体性等级：

1 当四个检查项目均不低于 B_u 级时，可按占多数的等级确定；

2 当仅一个检查项目低于 B_u 级时，可根据实际情况定为 B_u 级或 C_u 级；

3 每个项目评定结果取 A_u 级或 B_u 级，应根据其实际完好程度确定；取 C_u 级或 D_u 级，应根据其实际严重程度确定。

表 7.3.9 结构整体牢固性等级的评定

检查项目	A_u 级或 B_u 级	C_u 级或 D_u 级
结构布置及构造	布置合理，形成完整的体系，且结构选型及传力路线设计正确，符合国家现行设计规范规定	布置不合理，存在薄弱环节，未形成完整的体系；或结构选型、传力路线设计不当，不符合国家现行设计规范规定，或结构产生明显振动
支撑系统或其他抗侧力系统的构造	构件长细比及连接构造符合国家现行设计规范规定，形成完整的支撑系统，无明显残损或施工缺陷，能传递各种侧向作用	构件长细比或连接构造不符合国家现行设计规范规定，未形成完整的支撑系统，或构件连接已失效或有严重缺陷，不能传递各种侧向作用
结构、构件间的联系	设计合理、无疏漏；锚固、拉结、连接方式正确、可靠，无松动变形或其他残损	设计不合理，多处疏漏；或锚固、拉结、连接不当，或已松动变形，或已残损
砌体结构中圈梁及构造柱的布置与构造	布置正确，截面尺寸、配筋及材料强度等符合国家现行设计规范规定，无裂缝或其他残损，能起闭合系统作用	布置不当，截面尺寸、配筋及材料强度不符合国家现行设计规范规定，已开裂，或有其他残损，或不能起闭合系统作用

7.3.10 对上部承重结构不适于承载的侧向位移，应根据其检测结果，按下列规定评级：

1 当检测值已超出表7.3.10界限，且有部分构件出现裂缝、变形或其他局部损坏迹象时，应根据实际严重程度定为 C_u 级或 D_u 级。

2 当检测值虽已超出表7.3.10界限，但尚未发现上款所述情况时，应进一步进行计入该位移影响的结构内力计算分析，并应按本标准第5章的规定，验算各构件的承载能力，当验算结果均不低于 b_u 级时，仍可将该结构定为 B_u 级，但宜附加观察使用一段时间的限制。当构件承载能力的验算结果有低于 b_u 级时，应定为 C_u 级。

3 对某些构造复杂的砌体结构，当按本条第2款规定进行计算分析有困难时，各类结构不适于承载的侧向位移等级的评定可直接按表7.3.10规定的界限值评级。

表 7.3.10 各类结构不适于承载的侧向位移等级的评定

<table>
<tr><th rowspan="2">检查项目</th><th rowspan="2" colspan="4">结构类别</th><th>顶点位移</th><th>层间位移</th></tr>
<tr><th>C_u级或D_u级</th><th>C_u级或D_u级</th></tr>
<tr><td rowspan="4">结构平面内的侧向位移</td><td rowspan="4">混凝土结构或钢结构</td><td colspan="3">单层建筑</td><td>$>H/150$</td><td>—</td></tr>
<tr><td colspan="3">多层建筑</td><td>$>H/200$</td><td>$>H_i/150$</td></tr>
<tr><td rowspan="2">高层建筑</td><td colspan="2">框架</td><td>$>H/250$ 或>300mm</td><td>$>H_i/150$</td></tr>
<tr><td colspan="2">框架剪力墙框架筒体</td><td>$>H/300$ 或>400mm</td><td>$>H_i/250$</td></tr>
<tr><td rowspan="7">结构平面内的侧向位移</td><td rowspan="7">砌体结构</td><td rowspan="4">单层建筑</td><td rowspan="2">墙</td><td>$H\leqslant 7$m</td><td>$>H/250$</td><td>—</td></tr>
<tr><td>$H>7$m</td><td>$>H/300$</td><td>—</td></tr>
<tr><td rowspan="2">柱</td><td>$H\leqslant 7$m</td><td>$>H/300$</td><td>—</td></tr>
<tr><td>$H>7$m</td><td>$>H/330$</td><td>—</td></tr>
<tr><td rowspan="3">多层建筑</td><td rowspan="2">墙</td><td>$H\leqslant 10$m</td><td>$>H/300$</td><td rowspan="2">$>H_i/300$</td></tr>
<tr><td>$H>10$m</td><td>$>H/330$</td></tr>
<tr><td>柱</td><td>$H\leqslant 10$m</td><td>$>H/330$</td><td>$>H_i/330$</td></tr>
<tr><td colspan="5">单层排架平面外侧倾</td><td>$>H/350$</td><td>—</td></tr>
</table>

注：1 表中 H 为结构顶点高度；H_i为第 i 层层间高度；
2 墙包括带壁柱墙。

7.3.11 上部承重结构的安全性等级，应根据本标准第 7.3.2～7.3.10 条的评定结果，按下列原则确定：

1 一般情况下，应按上部结构承载功能和结构侧向位移或倾斜的评级结果，取其中较低一级作为上部承重结构（子单元）的安全性等级。

2 当上部承重结构按上款评为 B_u级，但当发现各主要构件集所含的 c_u级构件处于下列情况之一时，宜将所评等级降为 C_u级：

1）出现 c_u级构件交汇的节点连接；

2）不止一个 c_u级存在于人群密集场所或其他破坏后果严重的部位。

3 当上部承重结构按本条第 1 款评为 C_u级，但当发现其主要构件集有下列情况之一时，宜将所评等级降为 D_u级：

1）多层或高层房屋中，其底层柱集为 C_u级；

2）多层或高层房屋的底层，或任一空旷层，或框支剪力墙结构的框架层的柱集为 D_u级；

3）在人群密集场所或其他破坏后果严重部位，出现不止一个 d_u级构件；

4）任何种类房屋中，有 50%以上的构件为 c_u 级。

4 当上部承重结构按本条第 1 款评为 A_u级或 B_u级，而结构整体性等级为 C_u级或 D_u级时，应将所评的上部承重结构安全性等级降为 C_u级。

5 当上部承重结构在按本条规定作了调整后仍为 A_u级或 B_u级，但当发现被评为 C_u级或 D_u级的一般构件集，已被设计成参与支撑系统或其他抗侧力系统工作，或已在抗震加固中，加强了其与主要构件集的锚固时，应将上部承重结构所评的安全性等级降为 C_u级。

7.3.12 对检测、评估认为可能存在整体稳定性问题的大跨度结构，应根据实际检测结果建立计算模型，采用可行的结构分析方法进行整体稳定性验算；当验算结果尚能满足设计要求时，仍可评为 B_u级；当验算结果不满足设计要求时，应根据其严重程度评为 C_u级或 D_u 级，并应参与上部承重结构安全性等级评定。

7.3.13 当建筑物受到振动作用引起使用者对结构安全表示担心，或振动引起的结构构件损伤，已可通过目测判定时，应按本标准附录 M 的规定进行检测与评定。当评定结果对结构安全性有影响时，应将上部承重结构安全性鉴定所评等级降低一级，且不应高于 C_u级。

7.4 围护系统的承重部分

7.4.1 围护系统承重部分的安全性，应在该系统专设的和参与该系统工作的各种承重构件的安全性评级的基础上，根据该部分结构承载功能等级和结构整体性等级的评定结果进行确定。

7.4.2 当评定一种构件集的安全性等级时，应根据每一受检构件的评定结果及其构件类别，分别按本标准第 7.3.5 条或第 7.3.6 条的规定评级。

7.4.3 当评定围护系统的计算单元或代表层的安全性等级时，应按本标准第 7.3.7 条的规定评级。

7.4.4 围护系统的结构承载功能的安全性等级，应按本标准第 7.3.8 条的规定确定。

7.4.5 当评定围护系统承重部分的结构整体性时，应按本标准第 7.3.9 条的规定评级。

7.4.6 围护系统承重部分的安全性等级，应根据本标准第7.4.4条和第7.4.5条的评定结果，按下列规定确定：

1 当仅有A_u级和B_u级时，可按占多数级别确定。

2 当含有C_u级或D_u级时，可按下列规定评级：

1）当C_u级或D_u级属于结构承载功能问题时，可按最低等级确定；

2）当C_u级或D_u级属于结构整体性问题时，可定为C_u级。

3 围护系统承重部分评定的安全性等级，不应高于上部承重结构的等级。

8 子单元使用性鉴定评级

8.1 一 般 规 定

8.1.1 民用建筑使用性的第二层次子单元鉴定评级，应按地基基础、上部承重结构和围护系统划分为三个子单元，并应分别按本标准第8.2～8.4节规定的方法和标准进行评定。

8.1.2 当仅要求对某个子单元的使用性进行鉴定时，该子单元与其他相邻子单元之间的交叉部位，也应进行检查。当发现存在使用性问题时，应在鉴定报告中提出处理意见。

8.1.3 当需按正常使用极限状态的要求对被鉴定结构进行验算时，其所采用的分析方法和基本数据，应符合本标准第6.1.4条的规定。

8.2 地 基 基 础

8.2.1 地基基础的使用性，可根据其上部承重结构或围护系统的工作状态进行评定。

8.2.2 当评定地基基础的使用性等级时，应按下列规定评级：

1 当上部承重结构和围护系统的使用性检查未发现问题，或所发现问题与地基基础无关时，可根据实际情况定为A_s级或B_s级。

2 当上部承重结构和围护系统所发现的问题与地基基础有关时，可根据上部承重结构和围护系统所评的等级，取其中较低一级作为地基基础使用性等级。

8.3 上部承重结构

8.3.1 上部承重结构子单元的使用性鉴定评级，应根据其所含各种构件集的使用性等级和结构的侧向位移等级进行评定。当建筑物的使用要求对振动有限制时，还应评估振动的影响。

8.3.2 当评定一种构件集的使用性等级时，应按下列规定评级：

1 对单层房屋，应以计算单元中每种构件集为评定对象；

2 对多层和高层房屋，应随机抽取若干层为代表层进行评定，代表层的选择应符合下列规定：

1）代表层的层数，应按$\sqrt{m}$确定，m为该鉴定单元的层数；当$\sqrt{m}$为非整数时，应多取一层；

2）随机抽取的$\sqrt{m}$层中，当未包括底层、顶层和转换层时，应另增这些层为代表层。

8.3.3 在计算单元或代表层中，评定一种构件集的使用性等级时，应根据该层该种构件中每一受检构件的评定结果，按下列规定评级：

1 A_s级，该构件集内，不含c_s级构件，可含b_s级构件，但含量不多于35%；

2 B_s级，该构件集内，可含c_s级构件，但含量不多于25%；

3 C_s级，该构件集内，c_s级含量多于B_s级的规定数；

4 对每种构件集的评级，在确定各级百分比含量的限值时，应对主要构件集取下限，对一般构件集取偏上限或上限，但应在检测前确定所采用的限值。

8.3.4 各计算单元或代表层的使用性等级，应按本标准第8.3.5条的规定进行确定。

8.3.5 上部结构使用功能的等级，应根据计算单元或代表层所评的等级，按下列规定进行确定：

1 A_s级，不含C_s级的计算单元或代表层；可含B_s级，但含量不多于30%；

2 B_s级，可含C_s级的计算单元或代表层，但含量不多于20%；

3 C_s级，在该计算单元或代表层中，C_s级含量多于B_s级的规定值。

8.3.6 当上部承重结构的使用性需考虑侧向位移的影响时，可采用检测或计算分析的方法进行鉴定，应按下列规定进行评级：

1 对检测取得的主要由综合因素引起的侧向位移值，应按表8.3.6结构侧向位移限制等级的规定评定每一测点的等级，并应按下列原则分别确定结构顶点和层间的位移等级：

1）对结构顶点，应按各测点中占多数的等级确定；

2）对层间，应按各测点最低的等级确定；

3）根据以上两项评定结果，应取其中较低等级作为上部承重结构侧向位移使用性等级。

2 当检测有困难时，应在现场取得与结构有关参数的基础上，采用计算分析方法进行鉴定。当计算的侧向位移不超过表8.3.6中B_s级界限时，可根据该上部承重结构的完好程度评为A_s级或B_s级。当计算的侧向位移值已超出表8.3.6中B_s级的界限时，应定为C_s级。

表 8.3.6　结构的侧向位移限值

检查项目	结构类别		位移限值		
			A_s级	B_s级	C_s级
钢筋混凝土结构或钢结构的侧向位移	多层框架	层间	$\leqslant H_i/500$	$\leqslant H_i/400$	$>H_i/400$
		结构顶点	$\leqslant H/600$	$\leqslant H/500$	$>H/500$
	高层框架	层间	$\leqslant H_i/600$	$\leqslant H_i/500$	$>H_i/500$
		结构顶点	$\leqslant H/700$	$\leqslant H/600$	$>H/600$
	框架-剪力墙 框架-筒体	层间	$\leqslant H_i/800$	$\leqslant H_i/700$	$>H_i/700$
		结构顶点	$\leqslant H/900$	$\leqslant H/800$	$>H/800$
	筒中筒 剪力墙	层间	$\leqslant H_i/950$	$\leqslant H_i/850$	$>H_i/850$
		结构顶点	$\leqslant H/1100$	$\leqslant H/900$	$>H/900$
砌体结构侧向位移	以墙承重的多层房屋	层间	$\leqslant H_i/550$	$\leqslant H_i/450$	$>H_i/450$
		结构顶点	$\leqslant H/650$	$\leqslant H/550$	$>H/550$
	以柱承重的多层房屋	层间	$\leqslant H_i/600$	$\leqslant H_i/500$	$>H_i/500$
		结构顶点	$\leqslant H/700$	$\leqslant H/600$	$>H/600$

注：表中 H 为结构顶点高度；H_i为第 i 层的层间高度。

8.3.7　上部承重结构的使用性等级，应根据本标准第 8.3.3～8.3.6 条的评定结果，按上部结构使用功能和结构侧移所评等级，并应取其中较低等级作为其使用性等级。

8.3.8　当考虑建筑物所受的振动作用可能对人的生理、仪器设备的正常工作、结构的正常使用产生不利影响时，可按本标准附录 M 的规定进行振动对上部结构影响的使用性鉴定。当评定结果不合格时，应按下列规定对按本标准第 8.3.3 条或第 8.3.5 条所评等级进行修正：

1　当振动的影响仅涉及一种构件集时，可仅将该构件集所评等级降为 C_s级。

2　当振动的影响涉及两种及以上构件集或结构整体时，应将上部承重结构以及所涉及的各种构件集均降为 C_s级。

8.3.9　当遇到下列情况之一时，可不按本标准第 8.3.8 条的规定，应直接将该上部结构使用性等级定为 C_s级：

1　在楼层中，其楼面振动已使室内精密仪器不能正常工作，或已明显引起人体不适感。

2　在高层建筑的顶部几层，其风振效应已使用户感到不安。

3　振动引起的非结构构件或装饰层的开裂或其他损坏，已可通过目测判定。

8.4　围 护 系 统

8.4.1　围护系统（子单元）的使用性鉴定评级，应根据该系统的使用功能及其承重部分的使用性等级进行评定。

8.4.2　当对围护系统使用功能等级评定时，应按表 8.4.2 规定的检查项目及其评定标准逐项评级，并应按下列原则确定围护系统的使用功能等级：

1　一般情况下，可取其中最低等级作为围护系统的使用功能等级。

2　当鉴定的房屋对表中各检查项目的要求有主次之分时，也可取主要项目中的最低等级作为围护系统使用功能等级。

3　当按上款主要项目所评的等级为 A_s级或 B_s级，但有多于一个次要项目为 C_s级时，应将围护系统所评等级降为 C_s级。

表 8.4.2　围护系统使用功能等级的评定

检查项目	A_s级	B_s级	C_s级
屋面防水	防水构造及排水设施完好，无老化、渗漏及排水不畅的迹象	构造、设施基本完好，或略有老化迹象，但尚不渗漏及积水	构造、设施不当或已损坏，或有渗漏，或积水
吊顶	构造合理，外观完好，建筑功能符合设计要求	构造稍有缺陷，或有轻微变形或裂纹，或建筑功能略低于设计要求	构造不当或已损坏，或建筑功能不符合设计要求，或出现有碍外观的下垂

续表 8.4.2

检查项目	A_s级	B_s级	C_s级
非承重内墙	构造合理，与主体结构有可靠联系，无可见变形，面层完好，建筑功能符合设计要求	略低于A_s级要求，但尚不显著影响其使用功能	已开裂、变形，或已破损，或使用功能不符合设计要求
外墙	墙体及其面层外观完好，无开裂、变形；墙脚无潮湿迹象；墙厚符合节能要求	略低于A_s级要求，但尚不显著影响其使用功能	不符合A_s级要求，且已显著影响其使用功能
门窗	外观完好，密封性符合设计要求，无剪切变形迹象，开闭或推动自如	略低于A_s级要求，但尚不显著影响其使用功能	门窗构件或其连接已损坏，或密封性差，或有剪切变形，已显著影响其使用功能
地下防水	完好，且防水功能符合设计要求	基本完好，局部可能有潮湿迹象，但尚不渗漏	有不同程度损坏或有渗漏
其他防护设施	完好，且防护功能符合设计要求	有轻微缺陷，但尚不显著影响其防护功能	有损坏，或防护功能不符合设计要求

8.4.3 当评定围护系统承重部分的使用性时，应按本标准第8.3.3条的标准评级其每种构件的等级，并应取其中最低等级作为该系统承重部分使用性等级。

8.4.4 围护系统的使用性等级，应根据其使用功能和承重部分使用性的评定结果，按较低的等级确定。

8.4.5 对围护系统使用功能有特殊要求的建筑物，除应按本标准鉴定评级外，尚应按国家现行标准进行评定。当评定结果合格时，可维持按本标准所评等级不变；当不合格时，应将按本标准所评的等级降为C_s级。

9 鉴定单元安全性及使用性评级

9.1 鉴定单元安全性评级

9.1.1 民用建筑第三层次鉴定单元的安全性鉴定评级，应根据其地基基础、上部承重结构和围护系统承重部分等的安全性等级，以及与整幢建筑有关的其他安全问题进行评定。

9.1.2 鉴定单元的安全性等级，应根据本标准第7章的评定结果，按下列规定评级：

1 一般情况下，应根据地基基础和上部承重结构的评定结果按其中较低等级确定。

2 当鉴定单元的安全性等级按上款评为A_u级或B_u级但围护系统承重部分的等级为C_u级或D_u级时，可根据实际情况将鉴定单元所评等级降低一级或二级，但最后所定的等级不得低于C_{su}级。

9.1.3 对下列任一情况，可直接评为D_{su}级：

1 建筑物处于有危房的建筑群中，且直接受到其威胁。

2 建筑物朝一方向倾斜，且速度开始变快。

9.1.4 当新测定的建筑物动力特性，与原先记录或理论分析的计算值相比，有下列变化时，可判其承重结构可能有异常，但应经进一步检查、鉴定后再评定该建筑物的安全性等级。

1 建筑物基本周期显著变长或基本频率显著下降。

2 建筑物振型有明显改变或振幅分布无规律。

9.2 鉴定单元使用性评级

9.2.1 民用建筑鉴定单元的使用性鉴定评级，应根据地基基础、上部承重结构和围护系统的使用性等级，以及与整幢建筑有关的其他使用功能问题进行评定。

9.2.2 鉴定单元的使用性等级，应根据本标准第8章的评定结果，按三个子单元中最低的等级确定。

9.2.3 当鉴定单元的使用性等级按本标准第9.2.2条评为A_{ss}级或B_{ss}级，但当遇到下列情况之一时，宜将所评等级降为C_{ss}级。

1 房屋内外装修已大部分老化或残损。

2 房屋管道、设备已需全部更新。

10 民用建筑可靠性评级

10.0.1 民用建筑的可靠性鉴定，应按本标准第3.2.5条划分的层次，以其安全性和使用性的鉴定结果为依据逐层进行。

10.0.2 当不要求给出可靠性等级时，民用建筑各层次的可靠性，宜采取直接列出其安全性等级和使用性等级的形式予以表示。

10.0.3 当需要给出民用建筑各层次的可靠性等级时，应根据其安全性和正常使用性的评定结果，按下列规定确定：

1 当该层次安全性等级低于b_u级、B_u级或B_{su}级时，应按安全性等级确定。

2 除上款情形外，可按安全性等级和正常使用性等级中较低的一个等级确定。

3 当考虑鉴定对象的重要性或特殊性时，可对本条第2款的评定结果作不大于一级的调整。

11 民用建筑适修性评估

11.0.1 在民用建筑可靠性鉴定中，当委托方要求对C_{su}级和D_{su}级鉴定单元，或C_u级和D_u级子单元的处理提出建议时，宜对其适修性进行评估。

11.0.2 适修性评估应按本标准第3.3.4条进行，并应按下列规定提出具体建议：

1 对评为A_r、B_r的鉴定单元和子单元，应予以修缮或修复使用。

2 对评为C_r的鉴定单元和子单元，应分别作出修复与拆换两方案，经技术、经济评估后再作选择。

3 对评为$C_{su}-D_r$、$D_{su}-D_r$和C_u-D_r的鉴定单元和子单元，宜考虑拆换或重建。

11.0.3 对有文物、历史、艺术价值或有纪念意义的建筑物，不应进行适修性评估，而应予以修复或保存。

12 鉴定报告编写要求

12.0.1 民用建筑可靠性鉴定报告应包括下列内容：

1 建筑物概况；

2 鉴定的目的、范围和内容；

3 检查、分析、鉴定的结果；

4 结论与建议；

5 附件。

12.0.2 鉴定报告中，应对c_u级、d_u级构件及C_u级、D_u级检查项目的数量、所处位置及其处理建议，逐一作出详细说明。当房屋的构造复杂或问题很多时，尚应绘制c_u级、d_u级构件及C_u级、D_u级检查项目的分布图。

12.0.3 对承重结构或构件的安全性鉴定所查出的问题，应根据其严重程度和具体情况有选择地采取下列处理措施：

1 减少结构上的荷载；

2 加固或更换构件；

3 临时支顶；

4 停止使用；

5 拆除部分结构或全部结构。

12.0.4 对承重结构或构件的使用性鉴定所查出的问题，可根据实际情况有选择地采取下列措施：

1 考虑经济因素而接受现状；

2 考虑耐久性要求而进行修补、封护或化学药剂处理；

3 改变使用条件或改变用途；

4 全面或局部修缮、更新；

5 进行现代化改造。

12.0.5 鉴定报告中应对可靠性鉴定结果进行说明，并应包含下列内容：

1 对建筑物或其组成部分所评的等级，应仅作为技术管理或制定维修计划的依据；

2 即使所评等级较高，也应及时对其中所含的c_u级、d_u级构件及C_u级、D_u级检查项目采取加固或拆换措施。

附录A 民用建筑初步调查表

表A 民用建筑初步调查表

年 月 日

房屋概况	名称		原设计			
	地点		原施工			
	用途		原监理			
	竣工日期		设防烈度/场地类别			
建筑	建筑面积		檐高			
	平面形式		女儿墙标高			
	地上层数		底层标高		层高	
	地下层数		基本柱距/开间尺寸			
	总长×宽		屋面防水			
地基基础	地基土		基础型式			
	地基处理		基础深度			
	冻胀类别		地下水			

续表 A

<table>
<tr><td rowspan="6">上部结构</td><td colspan="2">主体结构</td><td colspan="2"></td><td colspan="2">屋盖</td><td></td></tr>
<tr><td colspan="2">附属结构</td><td colspan="2"></td><td colspan="2">墙体</td><td></td></tr>
<tr><td rowspan="3">构件</td><td>梁板</td><td colspan="2"></td><td rowspan="3">连接</td><td>梁-柱、屋架-柱</td><td></td></tr>
<tr><td>桁架</td><td colspan="2"></td><td>梁-墙、屋架-墙</td><td></td></tr>
<tr><td>柱墙</td><td colspan="2"></td><td>其他连接</td><td></td></tr>
<tr><td colspan="2">结构整体
牢固性构造</td><td>抗侧力系统
圈梁、构造柱</td><td></td><td colspan="2">抗震设防
情况</td><td></td></tr>
<tr><td rowspan="5">图纸资料</td><td colspan="2">建筑图</td><td colspan="2"></td><td colspan="2">地质勘探</td><td></td></tr>
<tr><td colspan="2">结构图</td><td colspan="2"></td><td colspan="2">施工记录</td><td></td></tr>
<tr><td colspan="2">水、暖、电图</td><td colspan="2"></td><td colspan="2">设计变更</td><td></td></tr>
<tr><td colspan="2">标准、规范、指南</td><td colspan="2"></td><td colspan="2">设计计算书</td><td></td></tr>
<tr><td colspan="2">已有调查资料</td><td colspan="5"></td></tr>
<tr><td rowspan="3">环境</td><td colspan="2">振动</td><td colspan="2"></td><td rowspan="3">设施</td><td>屋顶水箱</td><td></td></tr>
<tr><td colspan="2">腐蚀性介质</td><td colspan="2"></td><td>电梯</td><td></td></tr>
<tr><td colspan="2">其他</td><td colspan="2"></td><td>其他</td><td></td></tr>
<tr><td rowspan="3">历史</td><td colspan="2">用途变更</td><td colspan="5"></td></tr>
<tr><td colspan="2">改扩建</td><td colspan="2"></td><td>修缮</td><td colspan="2"></td></tr>
<tr><td colspan="2">使用条件改变</td><td colspan="2"></td><td>灾害</td><td colspan="2"></td></tr>
<tr><td rowspan="6">主要问题</td><td colspan="7">委托方陈述</td></tr>
<tr><td colspan="7"></td></tr>
<tr><td colspan="7">鉴定方意见</td></tr>
<tr><td colspan="7"></td></tr>
<tr><td colspan="7">双方达成的共识，包括对鉴定目的、要求、范围和主要内容的确定</td></tr>
<tr><td colspan="7"></td></tr>
<tr><td colspan="8">建筑物平面示意图</td></tr>
</table>

鉴定单位：　　　　　　　　　　鉴定负责人：　　　　　　　　　　记录：

附录B 单个构件的划分

B.0.1 民用建筑的单个构件，应按下列方式进行划分：

1 基础

1）独立基础，一个基础为一个构件；

2）柱下条形基础，一个柱间的一轴线为一构件；

3）墙下条形基础，一个自然间的一轴线为一构件；

4）带壁柱墙下条形基础，按计算单元的划分确定；

5）单桩，一根为一构件；

6）群桩，一个承台及其所含的基桩为一构件；

7）筏形基础和箱形基础，一个计算单元为一构件。

2 墙

1）砌筑的横墙，一层高、一自然间的一轴线为一构件；

2）砌筑的纵墙，一层高、一自然间的一轴线为一构件；

3）带壁柱的墙，按计算单元的划分确定；

4）剪力墙，按计算单元的划分确定。

3 柱

1）整截面柱，一层、一根为一构件；

2）组合柱，一层、整根为一构件。

4 梁式构件，一跨、一根为一构件；当为连续梁时，可取一整根为一构件。

5 杆，仅承受拉力或压力的一根杆为一构件。

6 板

1）预制板，一块为一构件；

2）现浇板，按计算单元的划分确定；

3）组合楼板，一个柱间为一构件；

4）木楼板、木屋面板，一开间为一构件。

7 桁架、拱架，一榀为一构件。

8 网架、折板、壳，一个计算单元为一构件。

9 柔性构件，两个节点间仅承受拉力的一根连续的索、杆、棒等为一构件。

B.0.2 本附录所划分的单个构件，应包括构件本身及其连接、节点。

附录C 混凝土结构耐久性评估

C.1 一般规定

C.1.1 混凝土结构、构件的耐久性评估，应根据不同环境条件对下列项目进行现场调查与检测：

1 结构所处环境的温度和湿度；

2 混凝土强度等级；

3 混凝土保护层厚度；

4 混凝土碳化深度；

5 临海大气氯离子含量、临海建筑混凝土表面氯离子浓度及其沿构件深度的分布；

6 严寒及寒冷地区混凝土饱水程度；

7 混凝土构件锈蚀状况、冻融损伤程度。

C.1.2 结构所处的环境类别、环境条件和作用等级应按本标准表4.2.5采用。

C.1.3 混凝土结构或构件的耐久年限应根据其所处环境条件以及现场调查与检测结果按下列规定进行评估：

1 在使用年限内严格不允许出现锈胀裂缝的钢筋混凝土结构、以钢丝或钢绞线配筋的重要预应力构件，应将钢筋、钢丝或钢绞线开始锈蚀的时间作为耐久性失效的时间；

2 一般结构宜以混凝土保护层锈胀开裂的时间作为耐久性失效的时间；

3 冻融环境下可将混凝土表面出现轻微剥落的时间作为耐久性失效的时间。

C.1.4 混凝土结构或构件的剩余耐久年限应为评估的耐久年限扣除已使用年限。

C.1.5 耐久性评估时，各项计算参数应按下列规定采用：

1 保护层厚度应取实测平均值；

2 混凝土强度应取现场实测抗压强度推定值；

3 碳化深度应取钢筋部位实测平均值；

4 对薄弱构件或薄弱部位，如保护层厚度较小，混凝土强度较低，所处环境最为不利等，宜按其最不利参数单独进行评估；

5 环境温度、湿度应取建成后历年年平均温度的平均值和年平均相对湿度的平均值。构件同时处于两种环境条件时，应取不利的环境条件评估构件耐久年限，同时还应根据检测时刻的构件实际状态，合理选择局部环境系数、环境温湿度等计算参数。

C.2 一般大气环境下钢筋混凝土耐久性评定

C.2.1 钢筋开始锈蚀时间的估算，应考虑碳化速率、保护层厚度和构件所处环境的影响，可按下式估算：

$$t_i = 10.2 \cdot \psi_v \cdot \psi_c \cdot \psi_m \tag{C.2.1}$$

式中：t_i——结构建成至钢筋开始锈蚀的时间（年）；

ψ_v、ψ_c、ψ_m——碳化速率、保护层厚度、局部环境对钢筋开始锈蚀时间的影响系数，分别按表C.2.1-1～表C.2.1-3采用。

表 C.2.1-1 碳化速率影响系数ψ_v

碳化系数 k（$mm/\sqrt{a}$）	1.0	2.0	3.0	4.5	6.0	7.5	9.0
ψ_v	2.27	1.54	1.20	0.94	0.80	0.71	0.64

表 C.2.1-2 保护层厚度影响系数ψ_c

保护层厚度 c（mm）	5	10	15	20	25	30	40
ψ_c	0.54	0.75	1.00	1.29	1.62	1.96	2.67

表 C.2.1-3 局部环境影响系数ψ_m

局部环境系数 ζ	1.0	1.5	2.0	2.5	3.0	3.5	4.5
ψ_m	1.51	1.24	1.06	0.94	0.85	0.78	0.68

C.2.2 局部环境系数ζ值可按表 C.2.2 采用。

表 C.2.2 局部环境系数ζ值

环境类别	Ⅰ（一般大气环境）		
作用等级	ⅠA	ⅠB	ⅠC
局部环境系数ζ	1.0	1.5～2.5	3.5～4.5

C.2.3 碳化系数k应按下式计算：

$$k=\frac{x_c}{\sqrt{t_0}} \tag{C.2.3}$$

式中：x_c——实测碳化深度（mm）；

t_0——结构建成至检测时的时间（年）。

C.2.4 保护层厚度检测应符合下列规定：

1 保护层厚度可采用非破损方法检测，但宜用微破损方法校准；

2 同类构件含有测区的构件数宜为5%～10%，且不应少于6个，均匀性差时，尚应增加检测构件数量；同类构件数少于6个时，应逐个测试；

3 每个检测构件的测区数不应少于3个，测区应均匀布置，每测区测点不应少于3个；构件角部钢筋应测量两侧的保护层厚度。

C.2.5 混凝土碳化深度检测应符合下列规定：

1 测区及测孔布置应符合下列规定：

1）同环境、同类构件含有测区的构件数宜为5%～10%，但不应少于6个，同类构件数少于6个时，应逐个测试；

2）每个检测构件应不少于3个测区，测区应布置在构件的不同侧面；

3）每一测区应布置三个测孔，呈“品”字排列，孔距应大于2倍孔径；

4）测区宜布置在钢筋附近；对构件角部钢筋宜测试钢筋处两侧的碳化深度。

2 测区宜优先布置在量测保护层厚度的测区内。

C.2.6 梁、柱类构件按保护层锈胀开裂评估的混凝土结构、构件的耐久年限，可依据混凝土强度推定值和保护层厚度实测值按表 C.2.6 进行评估。

表 C.2.6 一般大气环境下梁、柱类构件按保护层锈胀开裂评估的混凝土结构、构件的耐久年限

环境作用等级	30年		40年		50年	
	f_k（MPa）	c（mm）	f_k（MPa）	c（mm）	f_k（MPa）	c（mm）
ⅠA	C15	31	C15	41	C15	49
	C20	21	C20	28	C20	35
	C25	14	C25	19	C25	24
	C30	9	C30	13	C30	17
ⅠB	C15	44	C15	55	C15	65
	C20	34	C20	44	C20	53
	C25	25	C25	33	C25	41
	C30	19	C30	26	C30	32
	C35	14	C35	20	C35	25
ⅠC	C15	52(58)	C15	65(71)	C15	76(82)
	C20	44(49)	C20	57(62)	C20	69(74)
	C25	35(40)	C25	48(53)	C25	62(67)
	C30	28(32)	C30	36(41)	C30	44(49)
	C35	23(28)	C35	30(35)	C35	36(41)
	C40	19(24)	C40	25(30)	C40	30(35)

注：1 表中符号c为混凝土保护层厚度；

2 表中耐久年限计算参数取值：钢筋直径为ϕ25；ⅠA、ⅠB环境温度为16℃，环境湿度分别为0.7、0.75，局部环境系数分别为1.0、2.0；ⅠC环境温度为13℃，环境湿度为0.7，局部环境系数为3.5；

3 表中ⅠC环境括号内保护层厚度用于南方炎热、干湿交替频繁地区。

C.2.7 墙、板类构件按保护层锈胀开裂评估的混凝土结构、构件耐久年限，可根据混凝土强度现场推定值和保护层厚度实测值按表 C.2.7 进行评估。

表 C.2.7 一般大气环境下墙、板类构件按保护层锈胀开裂评估的混凝土结构、构件耐久年限

环境作用等级	30年		40年		50年	
	f_k（MPa）	c（mm）	f_k（MPa）	c（mm）	f_k（MPa）	c(mm)
ⅠA	C15	17	C15	22	C15	25
	C20	11	C20	14	C20	17
	C25	6	C25	9	C25	12
	C30	—	C30	6	C30	8
ⅠB	C15	27	C15	33	C15	38
	C20	20	C20	24	C20	28
	C25	14	C25	18	C25	22
	C30	10	C30	13	C30	16
	C35	—	C35	9	C35	12
ⅠC	C15	36(42)	C15	44(50)	C15	51(57)
	C20	28(33)	C20	34(39)	C20	40(45)
	C25	22(27)	C25	27(32)	C25	31(36)
	C30	17(22)	C30	22(27)	C30	26(31)
	C35	13(18)	C35	17(22)	C35	21(26)
	C40	10(15)	C40	14(19)	C40	17(22)

注：1 表中符号 c 为混凝土保护层厚度；
2 表中耐久年限计算参数取值：钢筋直径为 $\phi12$；ⅠA、ⅠB环境温度为16℃，环境湿度分别为0.7、0.75，局部环境系数分别为1.0、2.0；ⅠC环境温度为13℃，环境湿度为0.7，局部环境系数为3.5；
3 对年平均湿度大于0.75的南方炎热地区，其ⅠC环境下表中各列保护最小层厚度应增加4mm。

C.3 近海大气环境下钢筋混凝土耐久性评估

C.3.1 近海大气区混凝土表面氯离子浓度宜通过实测按下列规定确定。

1 混凝土表面氯离子浓度（M_s）可按下列公式确定：

$$M_s = k\sqrt{t_1} \quad (C.3.1\text{-}1)$$

$$k = M_{s2}/\sqrt{t_0} \quad (C.3.1\text{-}2)$$

式中：k——混凝土表面氯离子聚集系数；

t_1——混凝土表面氯离子浓度达到稳定值的时间（年），无调查数据时，涨潮岸线100m以内取10年，距涨潮岸线100m～300m取15年；

t_0——结构建成至检测时的时间（年），$t_0>t_1$时，取 $t_0=t_1$；

M_{s2}——混凝土表面氯离子浓度实测值（kg/m³）。

2 当实测有困难时，距涨潮岸线100m以内混凝土表面氯离子最大浓度可按表C.3.1取用，距涨潮岸线100m～300m时，应再乘以0.77予以修正。

表 C.3.1 距涨潮岸线100m以内混凝土表面氯离子最大浓度 M_s

f_{cuk}（MPa）	≥40	30	25	20
M_s（kg/m³）	3.2	4.0	4.6	5.2

C.3.2 临界氯离子浓度可按表C.3.2采用。

表 C.3.2 临界氯离子浓度 M_{cr}

f_{cuk}（MPa）	40	30	≤25
M_{cr}(kg/m³)	1.4(0.4%)	1.3(0.37%)	1.2(0.34%)

注：1 括号内数字为占胶凝材料的质量比；
2 混凝土强度等级高于C40时，混凝土强度每增加10MPa，临界氯离子浓度增加0.1kg/m³。

C.3.3 近海大气环境下混凝土构件按保护层锈胀开裂评估的耐久年限，可根据混凝土强度推定值和保护层厚度实测值按表C.3.3进行评估。

表 C.3.3 近海大气环境下混凝土构件按保护层锈胀开裂评估的耐久年限

混凝土类别	环境作用等级	30年		40年		50年	
		f_k(MPa)	c(mm)	f_k(MPa)	c(mm)	f_k(MPa)	c(mm)
普通硅酸盐混凝土	ⅢD	C40	54(59)	C40	63(68)	C40	71(76)
		C45	46(51)	C45	54(59)	C45	61(66)
		C50	40(45)	C50	47(52)	C50	53(58)
	ⅢE	C40	67(72)	C40	78(83)	C40	89(94)
		C45	58(63)	C45	68(73)	C45	77(82)
		C50	51(56)	C50	60(65)	C50	67(72)

续表 C.3.3

混凝土类别	环境作用等级	30年		40年		50年	
		f_k(MPa)	c(mm)	f_k(MPa)	c(mm)	f_k(MPa)	c(mm)
粉煤灰掺合料混凝土	ⅢD	C35	43(47)	C35	51(55)	C35	57(61)
		C40	33(37)	C40	39(43)	C40	43(47)
		C45	29(33)	C45	34(38)	C45	37(41)
	ⅢE	C35	52(56)	C35	62(66)	C35	70(74)
		C40	41(45)	C40	48(52)	C40	54(58)
		C45	36(40)	C45	42(46)	C45	47(51)
		C50	31(35)	C50	37(41)	C50	41(45)

注：1 表中符号 c 为混凝土保护层厚度；
2 临界氯离子浓度及表面氯离子浓度应按本标准表 C.3.1、表 C.3.2 取用；
3 粉煤灰混凝土的粉煤灰掺量占胶凝材料 30%；
4 表中括号内保护层厚度用于南方炎热、干湿交替频繁的地区；
5 环境作用等级为C级的构件，可将实测保护层厚度增加 10mm 后，按表中环境作用等级ⅢD评估；
6 接触除冰盐环境，可按本表同环境作用等级评估；
7 评估时可根据构件混凝土强度推定值与实测保护层厚度插入取值。

C.3.4 实测表面氯离子浓度低于本标准表 C.3.1 给出的 M_s 值，且差值超过 25%时，可降低一个环境作用等级进行评估。

C.4 冻融环境下钢筋混凝土耐久性评估

C.4.1 冻融环境下钢筋混凝土耐久年限的评估，应根据混凝土仅出现轻微表面损伤，且无明显钢筋锈蚀作为耐久性失效的时间。

C.4.2 冻融环境耐久年限应根据混凝土强度现场推定值和保护层厚度实测值按表 C.4.2 进行评估。

表 C.4.2 冻融环境耐久年限评估

环境作用等级	按混凝土表层轻微损伤评估耐久年限（a）					
	30		40		50	
	f_k (MPa)	c (mm)	f_k (MPa)	c (mm)	f_k (MPa)	c (mm)
ⅡC	C40	30	C40	32.5	C40	35
	C_a30	25	C_a30	27.5	C_a30	30
ⅡD	C45	35	C45	37.5	C45	40
	C_a35	30	C_a35	32.5	C_a35	35
ⅡE	C_a45	—	C_a45	—	C_a45	—
	C_a50	—	C_a50	—	C_a50	—

注：1 表中符号 C_a 表示引气混凝土；
2 有盐冻融环境应依据本标准表 4.2.5 环境类别Ⅲ、Ⅳ确定环境作用等级，并应按表 C.3.3 规定评估耐久年限。
3 粉煤灰混凝土中的粉煤灰掺量，不宜大于 20%，且不应大于 30%。

附录D 钢结构耐久性评估

D.1 一般规定

D.1.1 本附录适用于一般大气条件下民用建筑普通钢结构的耐久性评估。

D.1.2 钢结构构件的耐久性评估，应在安全性鉴定合格的基础上进行。当安全性鉴定不合格时，应待采取加固措施后进行评估。

D.1.3 钢结构构件的耐久性评估，应根据其使用环境和使用条件，对下列项目进行调查、检测和计算：

1 涂装防护层的质量状况；

2 锈蚀或腐蚀损伤状况。

D.1.4 钢结构构件的耐久性评估，应包括耐久性等级评定和剩余耐久年限评估。

D.2 耐久性等级评定

D.2.1 钢结构构件耐久性等级的评定，应以涂装防护层质量和锈蚀损伤两项目所评的等级为依据，应按其中较低一级确定。

D.2.2 当对钢结构构件涂装防护层的质量等级评定时，应按表 D.2.2 的规定，分别评定构件本身和节点的每一子项目等级，并应取其中最低一级作为构件涂装防护层质量等级。

表 D.2.2 钢结构构件涂装防护层质量等级评定

子项目	a_d级	b_d级	c_d级
涂膜外观质量	涂膜无皱皮、流挂、针眼、气泡、空鼓、脱层；无变色、粉化、霉变、起泡、开裂、脱落；钢材无生锈	涂膜有变色、失光；起微泡面积小于50%；局部有粉化、开裂和脱落；钢材出现锈斑	涂膜严重变色、失光，起微泡面积超过50%并有大泡；出现大面积粉化、开裂和脱落；涂层大面积失效；钢材已锈蚀
涂膜附着力	涂层完整	涂层完整程度不低于70%	涂层完整程度低于70%
涂膜厚度	厚度符合设计或国家现行规范规定	厚度小于设计要求，但小于设计厚度的测点数不大于10%，且测点处实测厚度不小于设计厚度的90%	达不到b_d级的要求
外包裹防护层	符合设计要求，外包裹防护层无损坏，可继续使用	略低于设计要求，外包裹防护层有少许损伤，维修后可继续使用	不符合设计要求，外包裹防护层有损坏，需经返修、加固后方可继续使用

D.2.3 当对钢结构构件锈蚀损伤等级评定时，应按表D.2.3的规定分别评定构件本身和节点的等级，并应取其中较低一级作为构件锈蚀损伤等级。

表 D.2.3 钢结构构件锈蚀损伤等级评定

等级	a_d	b_d	c_d
评定标准	涂装防护层完好，钢材表面无锈蚀	涂装防护层有剥落或鼓起，但面积不超过15%；裸露钢材表面呈麻面状锈蚀，平均锈蚀深度未超过0.1t	钢材大面积锈蚀，个别部位有层蚀、坑蚀现象，平均锈蚀深度超过0.1t

注：表中t为板件厚度。

D.3 钢构件剩余耐久年限的评估

D.3.1 当民用建筑钢结构构件的耐久性等级评为a_d级，且今后仍处于室内正常使用环境中，并保持涂装防护层定期维护制度不变时，其剩余耐久年限的评估宜符合下列规定：

1 已使用年数不多于10年者，其剩余耐久年限可估计为50年～60年；

2 已使用年数达30年者，其剩余耐久年限可估计为30年～40年；

3 已使用年数达50年者，其剩余耐久年限可估计为10年～20年。

4 当已使用年数为中间值时，其剩余耐久年限可在线性内插值的基础上结合工程经验进行调整。

D.3.2 当民用建筑钢结构构件的耐久性等级评为b_d级时，其剩余耐久年限可按本标准D.3.1条规定的年数减少10年进行估计，但最低剩余耐久年限不应少于10年。

D.3.3 当需对大气条件下，处于相对均匀腐蚀的使用环境中，对采用腐蚀牺牲层设计的钢结构构件，评估其剩余耐久年限时，可按下列公式进行估算：

$$Y = \frac{\alpha t}{v} \quad \text{(D.3.3)}$$

式中：Y——构件的剩余耐久年限（年）；

α——与腐蚀速度有关的修正系数，年腐蚀量为0.01mm～0.05mm时取1.0，小于0.01mm时取1.2，大于0.05mm时取0.8；

t——剩余腐蚀牺牲层厚度（mm），按设计允许的腐蚀牺牲层厚度减去已经腐蚀厚度计算；

v——以前的年腐蚀速度（mm/年）。

D.3.4 当需评估在其他环境使用的钢结构的剩余年限时，应在现场调查、检测基础上，结合本标准第D.2、D.3节的评定结果进行论证。

D.3.5 在钢构件剩余耐久年限评估基础上，评定其整体结构的剩余耐久年限时，应符合下列规定：

1 应以主要构件中所评的最低剩余耐久年限作为该结构的剩余耐久年限；

2 当一般构件的平均剩余耐久年限低于按主要构件评定的剩余耐久年限时，应取该平均年限为结构的剩余耐久年限。

附录E 砌体结构耐久性评估

E.1 一般规定

E.1.1 砌体结构或构件的耐久性评估，应根据不同环境条件对下列项目进行现场调查与检测：

1 结构所处环境的温度和湿度应取年平均值的历年平均值；

2 块体与砂浆强度；

3 砌体构件中钢筋的保护层厚度和钢筋锈蚀状况；

4 近海大气氯离子含量、近海砌体结构中混凝土或砂浆表面的氯离子浓度；

5 微冻、严寒及寒冷地区块体饱水状况；

6 块体、砂浆的风化、冻融损伤程度。

E.1.2 结构所处的环境类别、环境条件和作用等级可按本标准表4.2.5取用。

E.1.3 砌体结构或构件的剩余耐久年限应根据其所处环境条件以及现场调查与检测结果按本标准第E.2节及E.3节进行评估，并应根据两节的评估结果，按最低的剩余耐久年限取用。

E.2 块体和砂浆的耐久性评估

E.2.1 当块体和砂浆的强度检测结果符合表E.2.1的最低强度等级规定时，其结构、构件按已使用年限评估的剩余耐久年限（t_{sc}）宜符合下列规定：

1 已使用年数不多于10年，剩余耐久年限 t_{sc} 仍可取为50年；

2 已使用年数为30年，剩余耐久年限 t_{sc} 可取30年；

3 使用年数达到50年，剩余耐久年限 t_{sc} 宜取不多于10年；

4 当砌体结构、构件有粉刷层或贴面层，且外观质量无显著缺陷时，以上三款的 t_{sc} 年数可增加10年；

5 当使用年数为中间值时，t_{sc} 可在线性内插值的基础上结合工程经验进行调整。

表E.2.1 块体与砂浆的最低强度等级规定

环境作用等级	烧结砖	蒸压砖	混凝土砖	混凝土砌块	砌筑砂浆	
					石灰	水泥
ⅠA	MU10	MU15	MU15	MU7.5	M2.5	M2.5
ⅠB	MU10	MU15	MU15	MU10	M5	M5
ⅠC、ⅡC、Ⅲ	MU15	MU20	MU20	MU10	—	M7.5
ⅡD	MU20	MU20	MU20	MU15	—	M10
ⅡE	MU20	MU25	MU25	MU20	—	M15

注：1 当墙面有粉刷层或贴面时，表中块体与砂浆的最低强度等级规定可降低一个等级（不含M2.5）；

2 Ⅲ类环境构件同时处于冻融环境时，应按ⅡD类环境进行评估；

3 对按早期规范建造的房屋建筑，当质量现状良好，且用于ⅠA类环境中时，其最低强度等级规定允许较本表规定降低一个强度等级。

E.2.2 当块体和砂浆的强度检测结果符合本标准表E.2.1的最低强度等级规定时，其结构、构件按耐久性损伤状况评估的剩余耐久年限（t_{sc}）应符合下列规定：

1 块体和砂浆未发生风化、粉化、冻融损伤以及其他介质腐蚀损伤时，其剩余耐久年限可取50年。

2 块体和砂浆仅发生轻微风化、粉化，剩余耐久年限可取30年；发生局部轻微冻融或其他介质腐蚀损伤时，剩余耐久年限可取20年。

3 块体和砂浆风化、粉化面积较大，且最大深度已达到20mm，其剩余耐久年限可取15年；当较大范围发生轻微冻融或其他介质腐蚀损伤，但冻融剥落深度或多数块体腐蚀损伤深度很小时，其剩余耐久年限可取10年。

4 按本条第2、3款评估的剩余耐久年限，可根据实际外观质量情况作向上或向下浮动5年的调整。

E.2.3 当块体或砂浆强度低于表E.2.1一个强度等级，且块体和砂浆已发生轻微风化、粉化，或已发生局部轻微冻融损伤时，其剩余耐久年限宜比本标准第E.2.2条规定的剩余耐久年限减少10年。当风化、粉化的面积较大，且最大深度已接近20mm时，其剩余耐久年限不宜多于10年；当发生较大范围冻融损伤或其他介质腐蚀损伤时，其剩余耐久年限不宜多于5年。

E.2.4 当出现如下情况之一时，应判定该砌体结构、构件的耐久性不能满足要求：

1 块体或砂浆的强度等级低于表E.2.1中两个或两个以上强度等级；

2 构件表面出现大面积风化且最大深度达到20mm或以上；或较大范围发生冻融损伤，且最大剥落深度已超过15mm；

3 砌筑砂浆层酥松、粉化。

E.3 钢筋的耐久性评估

E.3.1 当按钢筋锈蚀评估砌体构件的耐久年限时，应按本标准附录C的规定进行评估；但保护层厚度的检测，应取钢筋表面至构件外边缘的距离；当组合砌体采用水泥砂浆面层时，其保护层厚度要求应比本标准附录C相应表中数值增加10mm。

E.3.2 对Ⅰ、Ⅱ类环境的灰缝配筋，灰缝中钢筋耐久年限可根据砂浆强度推定值和砂浆保护层厚度实测值，按表E.3.2进行评估。

表E.3.2 灰缝中钢筋耐久年限

环境作用等级	耐久年限（年）					
	30		40		50	
	f_k（MPa）	c（mm）	f_k（MPa）	c（mm）	f_k（MPa）	c（mm）
ⅠA	M7.5	35	M10	35	M10	42
ⅠB	M10	40	M10	45	M15	45
ⅠC、ⅡC	M15	40	M15	49	M15	55
ⅡD	M15	50	M15	58	M15	64

注：1 实测保护层厚度可计入水泥砂浆粉刷层厚度；

2 外墙的内、外墙面应按室内、室外环境分别划分环境作用等级。

E.3.3 对Ⅲ类环境的灰缝配筋，其耐久年限的评估应符合下列规定：

1 当采用不锈钢筋配筋或采用等效防护涂层的钢筋，或有可靠的防水面层防护时，其耐久年限可评为能满足设计使用年限的要求；

2 当采用普通钢筋配筋时，应评为其耐久性不满足要求。

E.3.4 按钢筋锈蚀评估的砌体构件的耐久年限，应减去该构件已使用年数以确定其剩余耐久年限。

附录F 施工验收资料缺失的房屋鉴定

F.1 结构实体检测

F.1.1 施工验收资料缺失的房屋的施工质量检测，应符合下列规定：

1 对结构不存在过大变形、损伤和严重外观质量缺陷的情况，其实体工程质量检测可仅抽取少量试样。当抽样检验结果满足相应专业验收规范规定时，可评定为施工质量合格；当抽样检验结果不满足相应专业验收规范规定的，应按本条第2款规定进行抽样检验和评定。

2 对于结构存在过大变形、损伤和严重外观质量缺陷的，地基基础和上部结构实体质量的检测内容、抽样数量和合格标准，应符合国家现行各专业施工质量验收规范的规定。

F.1.2 施工验收资料缺失房屋的施工质量评定，应以地基基础和上部结构实体质量的检测结果为依据进行评定，并应符合下列规定：

1 对主控项目和一般项目的抽样检验合格；或虽有少数项目不合格，但已按国家现行施工质量验收规范的规定采取了技术措施予以整改；整改后检验合格的建筑工程，可评为质量验收合格。

2 对实体质量检测结果为质量验收不合格的建筑工程应按本标准第F.2节的规定进行安全性鉴定与抗震鉴定。

F.2 施工验收资料缺失的房屋安全与抗震鉴定

F.2.1 施工验收资料缺失的房屋，当按本标准第F.1节补检实体质量不合格时，则应根据详细调查、检测结果，对承重结构、构件的承载能力与抗震能力进行验算和构造鉴定。

F.2.2 施工验收资料缺失的房屋结构，其安全性鉴定与抗震鉴定，应符合下列规定：

1 应依据调查、检测结果进行建筑结构可靠性和抗震性能分析，并兼顾建筑物结构的缺陷和损伤现状对结构安全性、抗震性能及耐久性能的影响。

2 当按本标准的规定和要求对未经竣工验收的房屋进行安全性鉴定时，应以a_u级和A_u级为合格标准。

3 应按结构体系、结构布置、结构抗震承载力、整体性构造等进行分析，给出抗震能力综合鉴定结果。

4 当未经竣工验收房屋满足本标准a_u级和A_u级标准和抗震能力综合要求时，应予以验收；当不满足a_u级和A_u级标准或不满足抗震能力综合要求时，应进行加固处理，并应对加固处理部分重新进行施工质量验收和房屋结构安全性鉴定与抗震鉴定。

附录G 民用建筑灾后鉴定

G.1 一般要求

G.1.1 对房屋建筑灾后的应急勘查评估应划分建筑物破坏等级。当某类受损建筑物的破坏等级划分无明确规定时，可根据灾损建筑物的特点，按下列原则划分为五个等级：

1 基本完好级。其宏观表征为：地基基础保持稳定；承重构件及抗侧向作用构件完好；结构构造及连接保持完好；个别非承重构件可能有轻微损坏；附属构、配件或其固定、连接件可能有轻微损伤；结构未发生倾斜或超过规定的变形。一般不需修理即可继续使用。

2 轻微损坏级。其宏观表征为：地基基础保持稳定；个别承重构件或抗侧向作用构件出现轻微裂缝；个别部位的结构构造及连接可能受到轻度损伤，尚不影响结构共同工作和构件受力；个别非承重构件可能有明显损坏；结构未发生影响使用安全的倾斜或变形；附属构、配件或其固定、连接件可能有不同程度损坏。经一般修理后可继续使用。

3 中等破坏级。其宏观表征为：地基基础尚保持稳定；多数承重构件或抗侧向作用构件出现裂缝，部分存在明显裂缝；不少部位构造的连接受到损伤，部分非承重构件严重破坏。经立即采取临时加固措施后，可以有限制地使用。在恢复重建阶段，经鉴定加固后可继续使用。

4 严重破坏级。其宏观表征为：地基基础受到损坏；多数承重构件严重破坏；结构构造及连接受到严重损坏；结构整体牢固性受到威胁；局部结构濒临坍塌；无法保证建筑物安全，一般情况下应予以拆除。当该建筑有保留价值时，需立即采取排险措施，并封闭现场，为日后全面加固保持现状。

5 局部或整体倒塌级。其宏观表征为：多数承重构件和抗侧向作用构件毁坏引起的建筑物倾倒或局部坍塌。对局部坍塌严重的结构应及时予以拆除，以防演变为整体坍塌或坍塌范围扩大而危及生命和财产安全。

G.1.2 房屋建筑灾后的检测鉴定与处理应符合下列规定：

1 房屋建筑灾后检测鉴定与处理应在判定预计灾害对结构不会再造成破坏后进行。

2 应根据灾害的特点进行结构检测、结构可靠性鉴定、灾损鉴定及灾损处理等。结构可靠性鉴定应符合本标准的规定，抗灾鉴定应符合相应的国家现行抗灾鉴定标准的规定。

G.2 检测鉴定

G.2.1 建筑物在处理前，应通过检测鉴定确定灾后结构现有的承载能力、抗灾能力和使用功能。灾损鉴定应与结构可靠性鉴定结合。

G.2.2 建筑物灾后的检测，应对建筑物损伤现状进行调查。对中等破坏程度以内有加固修复价值的房屋建筑，应进行结构构件材料强度、配筋、结构构件变形及损伤部位与程度的检测。对严重破坏的房屋建筑可仅进行结构破坏程度的检查与检测。

G.2.3 建筑物的灾损与可靠性检测应针对不同灾害的特点，选取适宜的检测方法和有代表性的取样部位，并应重视对损伤严重部位和抗灾主要构件的检测。

G.2.4 建筑物的灾损与可靠性鉴定，应根据其损伤特点，结合建筑物的具体情况和需要确定，宜包括地基基础、上部结构、围护结构与非结构构件鉴定。

G.2.5 建筑物灾后的结构分析应符合下列规定：

1 结构检测分析与校核应考虑灾损后结构的材料力学性能、连接状态、结构几何形状变化和构件的变形及损伤等。

2 应调查核实结构上实际作用的荷载以及风、地震、冰雪等作用的情况。

3 结构或构件的材料强度、几何参数应按实测结果取值。

G.2.6 建筑物灾后鉴定应符合下列规定：

1 对地震灾害，应按现行国家标准《建筑抗震鉴定标准》GB 50023 进行鉴定；对其他灾害应按国家现行有关抗灾标准的规定进行鉴定。

2 应对影响灾损建筑物抗灾能力的因素进行综合分析，并应给出明确的鉴定结论和处理建议。

3 对严重破坏的建筑物应根据处理难度、处理后能否满足抗灾设防要求以及处理费用等综合给出加固处理或拆除重建的评估意见。

附录H 受地下工程施工影响的建筑安全性鉴定

H.0.1 基坑或沟渠工程施工对建筑安全影响的区域，可根据基坑或沟渠侧边距建筑基础底面侧边的最近水平距离 B 与基坑或沟渠底面距建筑基础底面垂直距离 H 的比值划分为两类：Ⅰ类影响区的 $B/H>1$；Ⅱ类影响区的 $B/H\leqslant1$（图 H.0.1-1、图 H.0.1-2）。

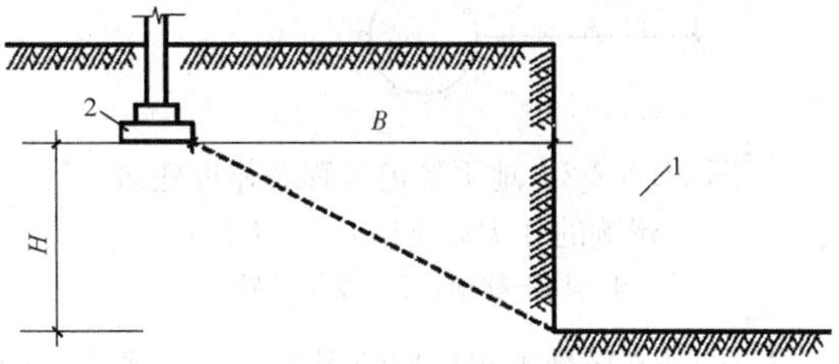

图 H.0.1-1 基坑或沟渠工程对邻近建筑基础影响的Ⅰ类影响区，$B/H>1$

1—基坑或沟渠；2—建筑基础

注：当建筑基础为桩基时，对距离 B 和 H 的测定，则将“基础底面”改为“桩基外边桩端”。

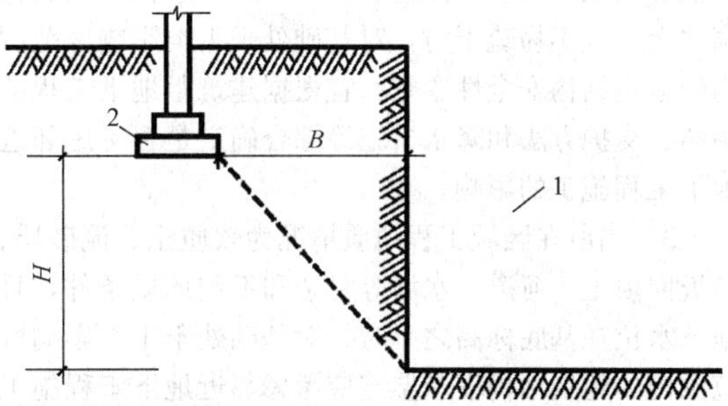

图 H.0.1-2 基坑或沟渠工程对邻近建筑基础影响的Ⅱ类影响区，$B/H\leqslant1$

1—基坑或沟渠；2—建筑基础

H.0.2 地下隧道工程施工对建筑安全影响的区域，可根据地下隧道侧边距建筑基础底面侧边的最近水平距离 B 与地下隧道水平中心线距建筑基础底面垂直距离 H 的比值划分为两类：Ⅰ类影响区的 $B/H>1$；Ⅱ类影响区的 $B/H\leqslant1$（图 H.0.2-1、图 H.0.2-2）。

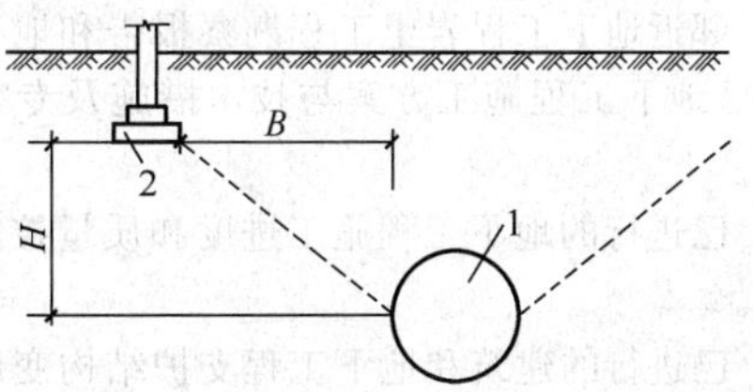

图 H.0.2-1 地下隧道工程对邻近建筑影响的Ⅰ类影响区，$B/H>1$

1—地下隧道；2—建筑基础

注：当建筑基础为桩基时，对距离 B 和 H 的测定，则将“基础底面”改为“桩基外边桩端”。

H.0.3 当建筑基础处于Ⅰ类影响区范围时，基坑、沟渠或地下隧道工程施工对建筑安全影响鉴定应符合下列规定：

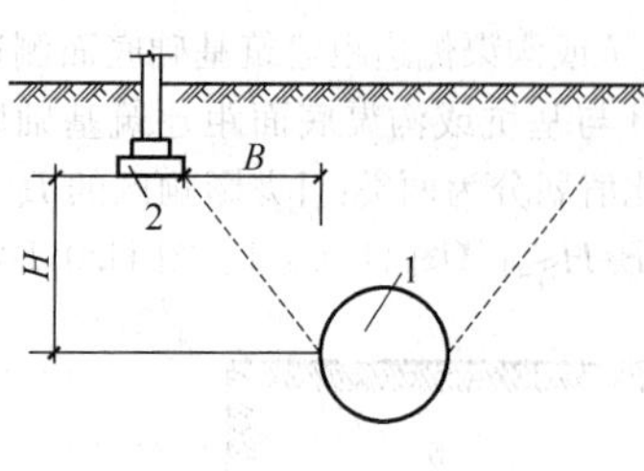

图 H.0.2-2 地下隧道工程对邻近建筑影响的Ⅱ类影响区，$B/H \leqslant 1$
1—地下隧道；2—建筑基础

1 当所在区域工程地质情况为中密～密实的碎石土、砂土，可塑～坚硬黏性土；地下工程深度范围内无地下水，或地下水位虽在基底标高之上，但易疏干或采取止水帷幕措施时，建筑结构安全性鉴定可不考虑邻近地下工程施工的影响。

2 当所在区域工程地质情况为稍密以下碎石土、砂土和填土，软塑～流塑黏性土；地下水位在基底标高之上，且不易疏干时，对基础处于Ⅰ类影响区范围内的建筑结构安全性鉴定，宜根据建筑距地下工程的距离、支护方法和降水措施等综合确定是否考虑邻近地下工程施工的影响。

3 当所在区域工程地质情况为软质土、流砂层、垃圾回填土、河道、水塘等复杂和不利地质条件，且地下水位在基底标高之上时，对基础处于Ⅰ类影响区范围内的建筑结构安全鉴定应考虑邻近地下工程施工的影响，并应对建筑主体结构损坏及变形和地下隧道、基坑支护或沟渠工程结构的变形进行监测。

H.0.4 当建筑基础处于Ⅱ类影响区范围时，建筑结构安全鉴定应考虑邻近地下工程施工的影响，并应对建筑主体结构损坏及变形和地下隧道、基坑支护或沟渠结构的变形进行监测。

H.0.5 考虑周边邻近地下工程施工对建筑结构安全的影响时，其调查工作除应符合本标准第3.2节有关条款的规定外，还应通过调查取得下列资料：

1 邻近地下工程岩土工程勘察报告和地下工程设计图、地下工程施工方案与技术措施及专家评审意见。

2 已进行的地下工程施工进度和质量控制、验收记录。

3 已进行的建筑和地下工程支护结构变形监测记录。

H.0.6 当基坑、沟渠或地下隧道工程施工过程中出现明显地下水渗漏或采用了降水等措施造成周围地表的沉陷和邻近建筑基础不均匀沉降时，应对周围建筑进行损坏与变形的监测并采取防护措施；当遇到下列严重影响建筑结构安全情况之一时，应立即停止地下工程施工，并应对地下工程结构和建筑结构采取应急措施：

1 基坑支护结构的最大水平变形值已大于基坑支护设计允许值，或水平变形速率已连续3天大于3mm/d。

2 基坑支护结构的支撑或锚杆体系中有个别构件出现应力骤增、压屈、断裂、松弛或拔出的迹象。

3 地下隧道工程施工引起的地表沉降大于30mm，或沉降速率已连续3天大于3mm/d。

4 建筑的不均匀沉降已大于现行国家标准《建筑地基基础设计规范》GB 50007规定的允许沉降差，或沉降速率已连续3天大于1mm/d，且有变快趋势；建筑物上部结构的沉降裂缝发展显著；砌体的裂缝宽度大于3mm；预制构件连接部位的裂缝宽度大于1.5mm；现浇结构个别部分也已开始出现沉降裂缝。

5 基坑底部或周围土体出现少量流砂、涌土、隆起、陷落等迹象。

H.0.7 当地下工程施工未考虑对周边邻近建筑物的安全影响，而在事后发现建筑物有疑似其影响的裂缝、变形或其他损坏时，应立即由独立的检测、鉴定机构对建筑物进行可靠性鉴定，并应对判定为地下工程施工所造成损伤的结构、构件及时采取加固、修复措施。

附录J 结构上的作用标准值的确定方法

J.0.1 按本附录确定的结构上的作用（荷载）适用于建筑物下列情况的验算：

1 结构或构件的可靠性鉴定及其加固设计；

2 与建筑物改变用途或改造有关的加固、改造设计。

J.0.2 对结构上的荷载标准值的取值，应符合现行国家标准《建筑结构荷载规范》GB 50009的规定。

J.0.3 结构和构件自重的标准值，应根据构件和连接的实际尺寸，按材料或构件单位自重的标准值计算确定。对不便实测的某些连接构造尺寸，可按结构详图估算。

J.0.4 常用材料和构件的单位自重标准值，应按现行国家标准《建筑结构荷载规范》GB 50009的规定采用。当规范规定值有上、下限时，应按下列规定采用：

1 当其效应对结构不利时，取上限值；

2 当其效应对结构有利时，取下限值。

J.0.5 当遇到下列情况之一时，材料和构件的自重标准值应按现场抽样称量确定：

1 现行国家标准《建筑结构荷载规范》GB 50009尚无规定；

2 自重变异较大的材料或构件；

3 有理由怀疑规定值与实际情况有显著出入时。

J.0.6 现场抽样检测材料或构件自重的试样，不应少于 5 个。当按检测的结果确定材料或构件自重的标准值时，应按下列规定进行计算：

1 当其效应对结构不利时，应按下式计算：

$$g_{k,sup} = m_g + \frac{t}{\sqrt{n}} S_g \quad (J.0.6\text{-}1)$$

2 当其效应对结构有利时，应按下式计算：

$$g_{k,sup} = m_g - \frac{t}{\sqrt{n}} S_g \quad (J.0.6\text{-}2)$$

式中：$g_{k,sup}$——材料或构件自重的标准值；

m_g——试样称量结果的平均值；

S_g——试样称量结果的标准差；

n——试样数量（样本容量）；

t——考虑抽样数量影响的计算系数，按表 J.0.6 采用。

表 J.0.6 计算系数 t 值

n	t 值	n	t 值	n	t 值	n	t 值
5	2.13	8	1.89	15	1.76	30	1.70
6	2.02	9	1.86	20	1.73	40	1.68
7	1.94	10	1.80	25	1.72	≥60	1.67

J.0.7 对非结构的构、配件，或对支座沉降有影响的构件，当其自重效应对结构有利时，应取其自重标准值 $g_{k,sup}=0$。

J.0.8 当对本附录 J.0.1 规定的各种情况进行加固设计验算时，对不上人的屋面，应考虑加固施工荷载，其取值应符合下列规定：

1 当估计的荷载低于现行国家标准《建筑结构荷载规范》GB 50009 规定的屋面均布活荷载或集中荷载时，应按国家现行荷载规范的规定值采用。

2 当估计的荷载高于现行国家标准《建筑结构荷载规范》GB 50009 规定值时，应按实际情况采用。

J.0.9 当对结构或构件进行可靠性验算时，其基本雪压和风压值应按现行国家标准《建筑结构荷载规范》GB 50009 采用。

J.0.10 对本标准第 J.0.1 条规定的各种情况进行加固设计验算时，其基本雪压值、基本风压值和楼面活荷载的标准值，除应按现行国家标准《建筑结构荷载规范》GB 50009 的规定采用外，尚应按下一目标使用期，乘以表 J.0.10 的修正系数 k_a 予以修正。

表 J.0.10 基本雪压、基本风压及楼面活荷载的修正系数 k_a

下一目标使用期（年）	10	20	30～50
雪荷载或风荷载	0.85	0.95	1.0
楼面活荷载	0.85	0.90	1.0

注：对表中未列出的中间值，可按线性内插法确定，当下一目标使用期小于 10 年时按 10 年确定 k_a 值。

附录 K 老龄混凝土回弹值龄期修正的规定

K.0.1 本附录适用于龄期已超过 1000d 且由于结构构造等原因无法采用取芯法对回弹检测结果进行修正的混凝土结构构件。本附录不适用于仲裁性检验。

K.0.2 当采用本规定的龄期修正系数对回弹法检测得到的测区混凝土抗压强度换算值进行修正时，应符合下列条件：

1 龄期已超过 1000d，但处于干燥状态的普通混凝土；

2 混凝土外观质量正常，未受环境介质作用的侵蚀；

3 经超声波或其他探测法检测结果表明，混凝土内部无明显的不密实区和蜂窝状局部缺陷；

4 混凝土抗压强度等级在 C20 级～C50 级之间，且实测的碳化深度已大于 6mm。

K.0.3 混凝土抗压强度换算值可乘以表 K.0.3 的修正系数 α_n 予以修正。

表 K.0.3 混凝土抗压强度换算值龄期修正系数

龄期（d）	1000	2000	4000	6000	8000	10000	15000	20000	30000
修正系数 α_n	1.00	0.98	0.96	0.94	0.93	0.92	0.89	0.86	0.82

附录 L 按检测结果确定构件材料强度标准值的方法

L.0.1 当需从被鉴定建筑物中取样检测某种构件的材料性能时，除应按该种材料结构现行检测标准的规定，选择适用的检测方法外，尚应符合下列规定：

1 受检构件应随机地选自同一总体（同批）；

2 在受检构件上选择的检测强度部位应不影响该构件承载；

3 当按检测结果推定每一受检构件材料强度值（单个构件的强度推定值）时，应符合该现行检测方法的规定。

L.0.2 当按检测结果确定构件材料强度的标准值时，应符合下列规定：

1 当受检构件仅 2 个～4 个，且检测结果仅用于鉴定这些构件时，可取受检构件强度推定值中的最低值作为材料强度标准值。

2 当受检构件数量（n）不少于 5 个，且检测结果用于鉴定一种构件集时，应按下式确定其强度标准值：

$$f_k = m_f - k \cdot s \quad (L.0.2)$$

式中：f_k——构件材料强度的标准值；

m_f——按 n 个构件算得的材料强度均值；

s——按 n 个构件算得的材料强度标准差；

k——与 α、γ 和 n 有关的材料标准强度计算系数，可由表 L.0.2 查得；

α——确定材料强度标准值所取的概率分布下分位数，可取 α＝0.05；

γ——检测所取的置信水平，对钢材，可取 γ＝0.90；对混凝土和木材，可取 γ＝0.75；对砌体，可取 γ＝0.60。

表 L.0.2　计算系数 k 值

n	k 值			n	k 值		
	γ＝0.90	γ＝0.75	γ＝0.60		γ＝0.90	γ＝0.75	γ＝0.60
5	3.400	2.463	2.005	18	2.249	1.951	1.773
6	3.092	2.336	1.947	20	2.208	1.933	1.764
7	2.894	2.250	1.908	25	2.132	1.895	1.748
8	2.754	2.190	1.880	30	2.080	1.869	1.736
9	2.650	2.141	1.858	35	2.041	1.849	1.728
10	2.568	2.103	1.841	40	2.010	1.834	1.721
12	2.448	2.048	1.816	45	1.986	1.821	1.716
15	2.329	1.991	1.790	50	1.965	1.811	1.712

L.0.3　当按 n 个受检构件材料强度标准差算得的变差系数（变异系数）；对钢材大于 0.10，对混凝土、砌体和木材大于 0.20 时，不宜直接按本标准式（L.0.2）计算构件材料的强度标准值，而应先检查导致离散性增大的原因。当查明系混入不同总体的样本所致时，宜分别进行统计，并分别按本标准式（L.0.2）确定其强度标准值。

附录 M　振动对上部结构影响的鉴定

M.0.1　当建筑物受到明显的振动作用并引起使用者对结构安全表示担心或建筑结构产生可察觉的损伤时，应进行振动对上部承重结构影响的鉴定。

M.0.2　当建筑物受到振动作用产生下列情况之一时，应进行结构振动安全性等级评定。

1　结构产生较大振幅的振动或可能产生共振现象；

2　振动引起的结构构件开裂或其他损坏，已可通过目测判定。

M.0.3　当进行振动对上部承重结构影响的安全性等级评定时，宜采用现场测量方法获取结构振动强度的幅值、频率等相关参数；当建筑结构的振动作用大于结构振动速度安全限值（表 M.0.3）时，应根据实际严重程度将振动影响涉及的结构或其中某种构件集的安全性等级评为 C_u 级或 D_u 级。

表 M.0.3　结构振动速度安全限值

序号	建筑类别	振动速度的安全限值（mm/s）		
		＜10Hz	10Hz～50Hz	＞50Hz
1	土坯房、毛石房屋	2～5	5～10	10～15
2	砌体结构	15～20	20～25	25～30
3	钢筋混凝土结构房屋	25～35	35～45	45～50

注：1　表列频率为主振频率，振动速度为质点振动相互垂直的三个分量的最大值；

2　振速的上、下限值宜根据结构安全性等级的高低选用，安全性等级高可取上限值，反之取下限值。

M.0.4　当建筑结构的振动作用虽小于本标准表 M.0.3 的限值，但已引起使用者对结构安全的担心时，应对建筑结构产生的裂缝和其他损伤进行检查；对振动作用明显的梁、板构件，应根据振动对结构构件的作用进行验算分析。结构考虑振动影响的安全性等级评定可按表 M.0.4 进行。

表 M.0.4　结构考虑振动影响的安全性等级评定

检查项目	A_u 级或 B_u 级	C_u 级或 D_u 级
基础处振速	结构所受的振动作用未超出本标准表 M.0.3 的安全限值	结构所受的振动作用已超出本标准表 M.0.3 的安全限值
结构、构件裂缝	构件无裂缝；或有裂缝，但宽度未超出本标准规定的限值，且无继续发展迹象	构件有正在发展的裂缝，或裂缝宽度已超出本标准规定的限值
结构、构件承载力	结构、构件计入振动产生的动力作用所得到的验算结果能满足本标准第 5 章对承载能力的规定	结构、构件计入振动产生的动力作用所得到的验算结果不满足本标准第 5 章对结构构件承载能力的规定

注：评定结果取 A_u 级或 B_u 级，根据结构、构件实际完好程度确定；取 C_u 级或 D_u 级，根据其实际严重程度确定。

M.0.5　当上部承重结构产生的振动使人产生不适感时，可进行人体舒适性评定；对设备仪器正常工作以及结构正常使用产生不利影响时，应进行结构振动的使用性等级评定。

M.0.6　振动对人体舒适性的影响可根据现行国家标准《城市区域环境振动标准》GB 10070 的规定进行

评定，当区域环境振动Z振级超出现行国家标准《城市区域环境振动标准》GB 10070规定的标准值时，可根据实际超标程度将人体舒适性等级评为B_s级或C_s级。

M.0.7 当高层建筑的结构顶点最大加速度值超过现行行业标准《高层建筑混凝土结构技术规程》JGJ 3的规定且明显引起人体不适感时，应将振动作用涉及的结构构件的使用性等级定为C_s级。

M.0.8 当进行振动对上部承重结构的使用性影响的评级时，可按表M.0.8进行检查和评定，并取其中最低等级作为结构振动的使用性等级。

表M.0.8 振动对上部承重结构的使用性影响的评级

检查项目	评定标准		
	A_s级	B_s级	C_s级
对设备仪器的影响	振动对设备仪器的正常运行无影响，振动响应不超过设备仪器的容许振动值	振动对设备仪器的正常运行有影响，振动响应超过设备仪器的容许振动值，但采取适当措施后可正常运行	振动使设备仪器无法正常工作或直接损害设备仪器
对结构和装饰层的影响	结构和装饰层无振动导致的表面损伤、裂缝等	粉刷层或结构层中产生细小裂缝，裂缝宽度未超出本标准规定的b_s限值	粉刷层或结构层中产生较大裂缝、松散和剥落，裂缝宽度已超出本标准规定的b_s限值

本标准用词说明

1 为便于在执行本标准条文时区别对待，对要求严格程度不同的用词说明如下：

1）表示很严格，非这样做不可的用词：
正面词采用“必须”，反面词采用“严禁”；

2）表示严格，在正常情况均应这样做的用词：
正面词采用“应”，反面词采用“不应”或“不得”；

3）表示允许稍有选择，在条件许可时首先应这样做的用词：
正面词采用“宜”，反面词采用“不宜”；

4）表示有选择，在一定条件下可以这样做的用词，采用“可”。

2 条文中指明应按其他有关标准执行的写法为：“应符合……的规定”或“应按……执行”。

引用标准名录

1 《砌体结构设计规范》GB 50003

2 《建筑地基基础设计规范》GB 50007

3 《建筑结构荷载规范》GB 50009

4 《建筑抗震鉴定标准》GB 50023

5 《建筑地基基础工程施工质量验收规范》GB 50202

6 《建筑结构检测技术标准》GB/T 50344

7 《数据的统计处理和解释 正态样本离群值的判断和处理》GB/T 4883

8 《城市区域环境振动标准》GB 10070

9 《高层建筑混凝土结构技术规程》JGJ 3

中华人民共和国国家标准

民用建筑可靠性鉴定标准

GB 50292—2015

条 文 说 明

修 订 说 明

《民用建筑可靠性鉴定标准》GB 50292－2015 经住房和城乡建设部 2015 年 12 月 3 日以第 1006 号公告批准、发布。

本标准是在《民用建筑可靠性鉴定标准》GB 50292－1999 的基础上修订而成的，上一版标准的主编单位是四川省建筑科学研究院；参加单位是：太原理工大学、中南建筑设计院、中国建筑西南设计院、陕西省建筑科学研究院、福州大学、中国建筑科学研究院、西南交通大学；主要起草人员是：梁坦、王永维、黄静山、倪士珠、牟再明、陈雪庭、许政谐、郭启坤、雷波、卓尚木、季直仓、黄棠。

本标准修订过程中，修订组进行了广泛的调查研究，总结了我国工程建设的实践经验，同时参考了国外先进技术规范、标准，许多单位和学者进行了大量的试验和研究，为本次修订提供了极有价值的参考资料。

为便于广大设计、鉴定、科研、学校等单位有关人员在使用本标准时能正确理解和执行条文的规定，《民用建筑可靠性鉴定标准》修订组按章、节、条顺序编制了本标准的条文说明，对条文规定的目的、依据以及执行中需注意的有关事项进行了说明，还着重对强制性条文的强制理由作了解释。但条文说明不具备与标准正文同等的法律效力，仅供使用者作为理解和掌握标准规定的参考。

目　　次

1　总则 ………………………………… 5—49
2　术语和符号 ……………………… 5—49
　2.1　术语 ………………………………… 5—49
　2.2　符号 ………………………………… 5—49
3　基本规定 ………………………… 5—50
　3.1　一般规定 ………………………… 5—50
　3.2　鉴定程序及其工作内容 ………… 5—50
　3.3　鉴定评级标准 …………………… 5—51
　3.4　施工验收资料缺失的房屋鉴定 ……… 5—52
　3.5　民用建筑抗灾及灾后鉴定 ……… 5—52
　3.6　地下工程施工对邻近建筑安全影响的鉴定 ………………………………… 5—52
4　调查与检测 ……………………… 5—52
　4.1　一般规定 ………………………… 5—52
　4.2　使用条件和环境的调查与检测 ……… 5—52
　4.3　建筑物现状的调查与检测 ……… 5—53
　4.4　振动对结构影响的检测 ………… 5—53
5　构件安全性鉴定评级 ………… 5—53
　5.1　一般规定 ………………………… 5—53
　5.2　混凝土结构构件 ………………… 5—56
　5.3　钢结构构件 ……………………… 5—57
　5.4　砌体结构构件 …………………… 5—59
　5.5　木结构构件 ……………………… 5—60
6　构件使用性鉴定评级 ………… 5—61
　6.1　一般规定 ………………………… 5—61
　6.2　混凝土结构构件 ………………… 5—62
　6.3　钢结构构件 ……………………… 5—63
　6.4　砌体结构构件 …………………… 5—63
　6.5　木结构构件 ……………………… 5—63
7　子单元安全性鉴定评级 ……… 5—64
　7.1　一般规定 ………………………… 5—64
　7.2　地基基础 ………………………… 5—64
　7.3　上部承重结构 …………………… 5—65
　7.4　围护系统的承重部分 …………… 5—68
8　子单元使用性鉴定评级 ……… 5—68
　8.1　一般规定 ………………………… 5—68
　8.2　地基基础 ………………………… 5—68
　8.3　上部承重结构 …………………… 5—68
　8.4　围护系统 ………………………… 5—69
9　鉴定单元安全性及使用性评级……… 5—69
　9.1　鉴定单元安全性评级 …………… 5—69
　9.2　鉴定单元使用性评级 …………… 5—70
10　民用建筑可靠性评级 ………… 5—70
11　民用建筑适修性评估 ………… 5—70
12　鉴定报告编写要求 …………… 5—71
附录A　民用建筑初步调查表 ………… 5—71
附录B　单个构件的划分 ……………… 5—71
附录C　混凝土结构耐久性评估 ……… 5—71
附录D　钢结构耐久性评估 …………… 5—73
附录E　砌体结构耐久性评估 ………… 5—74
附录F　施工验收资料缺失的房屋鉴定 ………………………………… 5—74
附录G　民用建筑灾后鉴定 …………… 5—75
附录H　受地下工程施工影响的建筑安全性鉴定 ……………………………… 5—76
附录J　结构上的作用标准值的确定方法 ………………………………… 5—76
附录K　老龄混凝土回弹值龄期修正的规定 ……………………………… 5—76
附录L　按检测结果确定构件材料强度标准值的方法 ……………………… 5—76
附录M　振动对上部结构影响的鉴定 ………………………………… 5—77

1 总　则

1.0.1 民用建筑在使用过程中，不仅需要经常性的管理与维护，而且经过若干年后，还需要及时修缮，才能全面完成其设计所赋予的功能。与此同时，还有为数不少的民用建筑，或因设计、施工、使用不当而需加固，或因用途变更而需改造，或因使用环境变化而需处理等等。要做好这些工作，首先也应对建筑物在安全性、适用性和耐久性方面存在的问题有全面的了解，才能做出安全、合理、经济、可行的方案，而建筑结构可靠性鉴定所提供的就是对这些问题的正确评价。由之可见，这是一项涉及安全而又政策性很强的工作，应由国家统一鉴定方法与标准，方能使民用建筑的维修与加固改造有法可依、有章可循。为此，在总结实践经验和科研成果的基础上，制定了本标准。

1.0.2 民用建筑使用与维修的调查统计情况表明，虽然以解决安全性问题为主，并兼顾使用性能的鉴定项目迄今仍居首位，但随着经济发展和生活水平的提高，使得人们对房屋建筑的舒适性和耐久性的要求日益增强，从而涌现出大量专门针对这些问题的鉴定项目，以及建筑改造与设施更新的可行性鉴定项目。与此同时，随着这几年来自然灾害和事故灾难的不断增多，还大量涌现了建筑物抗灾鉴定项目和灾害损伤修复前的鉴定项目。为此，本次修订本标准，不仅对上述新情况给予了关注，而且在新增有关条文内容的基础上，对本标准的适用范围作出了高度的概括，即以可靠性予以概括，以形成完整的概念。

1.0.3 本条的规定虽较为原则性，但主要是指抗震设防区、特殊地基土地区、特殊环境和灾后民用建筑的可靠性鉴定，除应执行本标准外，尚应执行现行有关标准的规定，才能作出全面而正确的鉴定。因此，对应采用的"有关标准"提示如下：

1 抗震设防区系指抗震设防烈度不低于6度的地区。对修建在抗震设防区的民用建筑进行可靠性鉴定时，应与现行国家标准《建筑抗震鉴定标准》GB 50023的抗震鉴定结合进行；鉴定后采取的处理措施也应与抗震加固措施一并提出。

2 特殊地基土地区系指湿陷性黄土、膨胀岩土、多年冻土等需要特殊处理的地基土地区。例如修建在湿陷性黄土地区的民用建筑，其鉴定与处理，应结合现行国家标准《湿陷性黄土地区建筑规范》GB 50025的有关规定进行；又如修建在膨胀土场地的民用建筑，其鉴定与处理应结合现行国家标准《膨胀土地区建筑技术规范》GB 50112进行等。

这里需要指出的是，过去有些标准规范还将地下采掘区的问题纳入特殊地基土地区处理的范畴，但现行国家标准《岩土工程勘察规范》GB 50021已明确规定：地下采掘区问题应作为场地稳定性问题处理。因此，本标准的特殊地基土地区不包括地下采掘区。

3 特殊环境主要指有侵蚀性介质环境和高温、高湿环境。在个别情况下，还会遇到有辐射影响的环境。对民用建筑而言，主要是指位于工业区内，受到其影响的情况，迄今虽未见有专门标准发布，但可参照《工业建筑可靠性鉴定标准》GB 50144和《工业建筑防腐蚀设计规范》GB 50046的有关规定进行鉴定。

这里需要提示的是，不同种类材料的建筑结构，其所划定的高温、高湿界限不同，应分别按现行相关设计规范的规定执行。

4 "灾害后"主要是指火灾后、风灾后、洪灾后和爆炸后等，目前仅有《火灾后建筑结构鉴定标准》CECS 252可供参照。

2 术语和符号

2.1 术　语

2.1.1～2.1.24 本标准采用的术语及其含义，是根据下列原则确定的：

1 凡现行工程建设国家标准已规定的，一律加以引用，不再另行给出定义或说明；

2 凡现行工程建设国家标准尚未规定的，由本标准自行给出定义和说明；

3 当现行工程建设国家标准已有该术语及其说明，但未按准确的表达方式进行定义或定义所概括的内容不全时，由本标准完善其定义和说明。

2.2 符　号

对本标准采用的符号，需说明以下两点：

1 本标准采用的符号及其意义，是根据现行国家标准《工程结构设计通用符号标准》GB/T 50132规定的符号用字规则及其表达方法制定的，但制定过程中，注意了与有关标准的协调和统一问题。

2 由于对结构可靠性鉴定采用了划分等级的评估模式，故需对每一层次所划分的可靠性、安全性和正常使用性的等级给出代号，以方便使用。为此，参考现行国家标准《工业建筑可靠性鉴定标准》GB 50144和国外有关标准、指南及手册，确定了本标准采用的等级代号的主体部分。至于代号的下标，则按现行国家标准《工程结构设计通用符号标准》GB/T 50132规定"由缩写词形成下标"的规则，经简化后予以确定。由于这些代号应用范围较为专一，故上述简化不致引起用字混淆。

3 基 本 规 定

3.1 一 般 规 定

3.1.1 根据民用建筑的特点和当前结构可靠度设计的发展水平，本标准采用了以概率理论为基础，以结构各种功能要求的极限状态为鉴定依据的可靠性鉴定方法，简称为概率极限状态鉴定法。该方法的特点之一，是将已有建筑物的可靠性鉴定，划分为安全性鉴定与正常使用性鉴定两个部分，并分别从《建筑结构可靠度设计统一标准》GB 50068（以下简称《统一标准》）定义的承载能力极限状态和正常使用极限状态出发，通过对结构构件进行可靠度校核或可靠性评估所积累的数据和经验，以及根据实用要求所建立的分级鉴定模式，具体确定了划分等级的尺度，并给出每一检查项目不同等级的评定界限，以作为对分属两类不同性质极限状态的问题进行鉴定的依据。这样不仅有助于理顺很多复杂关系，使问题变得简单而容易处理，更重要的是能与现行设计规范接轨，从而收到协调统一、概念明确和便于应用的良好效果。因此，在实施时，可根据鉴定的目的和要求，具体确定是进行安全性鉴定，还是进行使用性鉴定，或是同时进行这两种鉴定，以评估结构的可靠性。

这里需要说明的是，对使用性鉴定之所以不再细分为适用性鉴定与耐久性鉴定，是因为现行《统一标准》对这两种功能的标志及其界限是综合给出的。在这种情况下，除非耐久性损伤问题十分突出，需要进行专项检测与鉴定外，一般为了保持与《统一标准》一致，以充分利用长期以来所积累的工程实践经验，至少在当前是不宜分开处理的。

基于以上所述，考虑到单独进行安全性鉴定、使用性鉴定或专项鉴定，不论在工作量或所使用的手段上，均与系统地进行可靠性鉴定有较大差别，因此，若能在事前作出合理的选择和安排，显然在不少情况下，可以收到提高工效和节约费用的良好效果，故本条就如何根据不同情况选择不同类别的鉴定问题作出了原则性规定。

这里需要指出的是，建筑物的使用维护的常规检查最易被人们所忽视。其所以会出现这种情况，一般有以下两方面原因：一是很多人没有意识到这类检查的重要性，不了解它是保证建筑物正常工作很重要的一环；二是在多数情况下，这类检查并非专门组织的一次性委托任务，而是包含于本单位日常管理工作中。如果管理不善，就不可能把它提到日程上来。本次修订标准的调研中，曾看到有些单位因疏于管理而给建筑物造成很多问题；但也看到有些单位，由于重视日常检查而使建筑物一直处于良好的工作状态。上述正反两方面的经验，是很值得引以为鉴的。

3.1.3 本条规定的目标使用年限是参照国外有关标准及国内民用建筑大修年限的统计资料确定的。

3.2 鉴定程序及其工作内容

3.2.1 本标准制定的鉴定程序，是根据我国民用建筑可靠性鉴定的实践经验，并参考了其他国家有关的标准、指南和手册确定的。从它的框图可知，这是一种系统性鉴定的工作程序。执行时，可根据问题的性质进行具体安排。例如：若遇到简单的问题，可予以适当简化；若遇到特殊的问题，可进行必要的调整和补充。

3.2.2～3.2.4 条文中规定的初步调查和详细调查的工作内容较为系统，但不要求全面执行，故采用了“可根据实际需要选定”的措词。至于每一调查项目需做哪些具体检查工作，还需根据实际所遇到的问题进行研究，才能使鉴定人员所制定的检测、试验工作大纲具有良好的针对性。另外，需要说明的是：“详细调查”一词在本标准中是作为概括性的泛指词使用的，它包括了访问、查档、验算、检验和现场检查实测等含义。

3.2.5 本标准采用的结构可靠性鉴定方法，其另一要点（要点之一见本标准第3.1.1条说明）是：根据分级模式设计的评定程序，将复杂的建筑结构体系分为相对简单的若干层次，然后分层分项进行检查，逐层逐步进行综合，以取得能满足实用要求的可靠性鉴定结论。为此，根据民用建筑的特点，在分析结构失效过程逻辑关系的基础上，本标准将被鉴定的建筑物划分为构件（含连接）、子单元和鉴定单元三个层次，对安全性和可靠性鉴定分别划分为四个等级；对使用性鉴定划分为三个等级。然后根据每一层次各检查项目的检查评定结果确定其安全性、使用性和可靠性的等级，至于其具体的鉴定评级标准，则由本标准的各有关章节分别给出。这里需要说明的是：

1 关于鉴定“应从第一层开始，逐层进行”的规定，系就该模式的构成及其一般程序而言；对有些问题，如地基的鉴定评级等，由于不能细分为构件，故允许直接从第二层开始。

2 从表3.2.5的构成以及本标准第12.0.4条的规定可知，“检查项目”的检查评定结果最为重要，它不仅是各层次、各组成部分鉴定评级依据，而且还是处理所查出问题的主要依据。至于子单元（包括其中的每种构件集）和鉴定单元的评定结果，由于经过了综合，只能作为对被鉴定建筑物进行科学管理和宏观决策的依据，如据以制定维修计划、决定建筑群维修重点和顺序、使业主对建筑物所处的状态有概念性的认识等，而不能据以处理具体问题。这在执行本标准时应加以注意。

3 根据详细调查结果，以评级的方法来划分结构或其构件的完好和损坏程度，是当前国内外评估建筑结构安全性、使用性和可靠性最常用的方法，且多采取文字（言词）与界限值相结合方式划分等级界限，然而值得注意的是，由于分级和界限性质的不同，各国标准、指南或手册中所划分的等级，其内涵将有较大差别，不能随意等同对待，本标准采用的虽然也是同样形式的分级方法，但其内涵由于考虑了与结构失效概率（或对应的可靠指标）相联系，与现行设计、施工规范相接轨，并与处理对策的分档相协调，因而更具有科学性和合理性，也更切合实用的要求。

4 国内外实践经验表明，分级的档数宜适中，不宜过多或过少。因为级别过多或过少，均难以恰当地给出有意义的分级界限，故一般多根据鉴定的种类和问题的性质，划分为三至五级，个别有六级，但以分为四级居多。本标准根据专家论证结果，对安全性和可靠性鉴定分为四级，对使用性鉴定为三级。其所以少分一个等级，是因为考虑到使用性鉴定不存在类似“危及安全”这一档，不可能作出“必须立即采取措施”的结论。

3.2.6 当发现调查资料不足时，便应及时组织补充调查，这是理所当然的事，但值得提醒注意的是，对各种事故而言，补充调查就是补充取证。这项工作往往由于现场各种因素发生变化而无法进行。为此，在详细调查（即第一次取证）进场前，就要采取措施保护现场，为随后可能进行的补充取证保留结构的破坏原状和取证工作条件。所有保护现场的措施，应延续到鉴定工作全面结束并经主管部门批准后才能解除。

3.2.7 长期以来的可靠性鉴定经验表明，不论怎样严格地按调查结果评价残损结构（含承载能力不足的结构，以下同），但鉴定人员的结论，总是与如何治理相联系，特别是对 C_u 级或接近 C_u 级边缘的结构，其如何治理，在很大程度上左右着鉴定的最后结论。一般说来，鉴定人员对易加固的结构，其结论往往是建议保留原构件；对很难修复的结构或极易更换的构件，其结论往往倾向于重建或拆换。这说明鉴定人员总要考虑残损结构的适修性问题。所谓的适修性，系指一种能反映残损结构适修程度与修复价值的技术与经济综合特性。对于这一特性，委托方尤为关注。因为残损结构的鉴定评级固然重要，但他们更需知道的是该结构能否修复和是否值得修复的问题，因而往往要求在鉴定报告中有所交代。由之可见，不论从哪方面考虑，均有必要对所鉴定结构进行适修性评价，为此，除在本标准第 11 章给出评估方法外，尚需在本条的程序中加以明确规定。

3.2.8 这是因为现行的极限状态模式的划分中，正常使用极限状态包括了适用性和耐久性两部分内容，因而在现行的体制下，宜将涉及耐久性评估的结论写在使用性鉴定报告中，但专项评估除外。

3.3 鉴定评级标准

3.3.1～3.3.3 本节对民用建筑的安全性、使用性和可靠性等级的划分，采取了以文字表述的分级标准，用以统一各类材料结构各层次评级标准的分级原则，从而使标准编制者与使用者对各个等级的含义有统一的理解和掌握；同时，在本标准中，还有些不能用具体数量指标界定的分级标准，也需依靠它来解释其等级的含义。

对这些以文字表述的标准，需要说明两点：一是关于鉴定依据的提法；另一是分级原则的制定。但考虑到后者的说明不可能不涉及后续各章节每一层次评级标准如何与之相协调的问题，在这种情况下，若集中于本节阐述，势必给标准使用者的查阅带来很大不便。因此，决定将这个问题的说明分散到各有关章节中，这里仅对鉴定依据的提法问题加以说明。

过去在这个问题上，一直存在着两种不同的观点：一种认为，鉴定应以原设计、施工规范为依据；另一种则认为，应以现行设计、施工规范为依据。本次修订标准，在这一问题上作出了明确规定，理由如下：

1 由于建筑物绝大多数在鉴定并采取措施后还要继续使用，因而不论从保证其下一目标使用期所必需的可靠度或是从标准规范的适用性和合法性来说，均不宜直接采用已被废止的原规范作为鉴定的依据。这一观点在国际上也是一致的。例如国际标准《结构可靠性原则》ISO/DIS 2394 中便明确规定：对建筑物的鉴定，原设计规范只能作为指导性文件使用。

2 若既有结构已存在劣化、损伤等现象时，以现行设计、施工规范作为建筑物鉴定的依据之一，是无可非议的，但若认为它们是鉴定的唯一依据则欠妥。因为现行设计、施工规范毕竟是以拟建的工程为对象制定的，不可能预见已建成建筑物投入使用后所遇到的各种问题。再者，若现行规范比以前用的规范有更严格的要求，则至今运作正常的既有结构可能被判为不安全，这显然是不合理的。

3 采用以本标准为依据的提法，则较为全面，因为其内涵已全面概括了以下各方面的内容和要求：

1）现行设计、施工规范中的有关规定；

2）原设计、施工规范中尚行之有效，但由于某种原因已被现行规范删去的有关规定；

3）根据已建成建筑物的特点和工作条件，必须由本标准作出的专门规定。

因此，在本节以文字表述的标准中（表 3.3.1～表 3.3.3），均以是否符合本标准的要求及其符合或不符合的程度，作为划分不同等级的依据。

3.3.4 适修性评级的分级原则，是根据专家意见和德国经验，经综合后形成的；但由于民用建筑的情况比较复杂，因而制定的条文内容较为原则，宜根据实际情况予以具体化，才能收到更好的效果。

3.4 施工验收资料缺失的房屋鉴定

3.4.1、3.4.2 在我国不少城镇中存在一定数量设计文件和施工验收资料不全，甚至缺失便已投入使用的房屋建筑。其原因多是在设计和施工过程中缺少必要监管。因此，其中一部分可能存在着结构安全性和抗震性能不满足要求的问题，需要通过结构检测鉴定来确定建筑物的安全性和耐久性。本节便是为了适应这类建筑物的鉴定需求而制定的。

我国建筑工程质量验收规范规定结构工程验收合格的条件为具有完整的施工验收资料和实体检验符合有关规定。所以对设计文件和施工验收资料缺失的房屋结构鉴定，应包括建筑工程的基础和上部结构实体质量的检验。当实体质量检验有困难或不满足有关规定时，应进行结构安全性鉴定；对于建造在抗震设防区未经竣工验收的结构鉴定，还应进行抗震鉴定。

3.5 民用建筑抗灾及灾后鉴定

3.5.1 为便于理解本条规定，以受地震损害的建筑为例，指出这类鉴定宜在应急评估所确定的结构现有承载能力、抗震能力和使用功能的基础上，根据恢复重建的抗震设防目标和后续使用年限的要求，进行结构承载能力与抗震能力相结合的系统鉴定，才能为加固处理提供全面而可靠的依据；偏废哪一个方面，都会给工程留下安全隐患。

3.5.2 对加油站、加气站以及有易燃、易爆危险源的建筑物，除应按现行有关专门规程进行安全性鉴定外，尚应对结构整体牢固性进行检查和鉴定。因为它涉及结构是否具有抗倒塌能力的问题。关于结构的整体牢固性的内涵可按本标准第4.1.1条的条文说明来理解。

3.6 地下工程施工对邻近建筑安全影响的鉴定

3.6.1 近几年来，由于开挖基坑、沟渠和地下隧道而引起周边邻近建筑受损的纠纷不断增多。因此，有必要通过客观、公正的调查、检测和鉴定作出这些地下工程的施工是否影响邻近建筑安全的结论，并为善后处理提供依据，故作出本条规定，以供检测、鉴定机构使用。

3.6.2 考虑到迄今只有《建筑地基基础设计规范》GB 50007和《建筑地基基础工程施工质量验收规范》GB 50202两本国家标准在有关章、节中给出了基坑工程设计和施工的技术要求和质量要求，因此，有必要按这两本规范的规定，对地下工程的支护结构和控水措施的安全性进行调查、检测和鉴定。

4 调查与检测

4.1 一般规定

4.1.1 本条规定了民用建筑可靠性鉴定前期工作项目，并着重指出：不论鉴定范围大小，均应对受鉴定建筑物整体牢固性的现状进行调查。这是对我国唐山大地震和5·12汶川强震血的教训的总结。因为通过一般检测和鉴定，虽然能够查明结构每一构件是否安全，但这并不意味着可以据以判断该承重结构体系的整体承载是否安全。因为就结构体系而言，其整体的安全性还在很大程度上取决于原结构方案及其布置是否合理，构件之间的连接、拉结和锚固是否系统而可靠，其原有的构造措施是否得当及有效等，而这些就是结构整体牢固性（robustness）的内涵；其所起到的综合作用就是使结构具有足够的延性和冗余度，以防止因偶然作用而导致局部破坏发展成为整个结构的倒塌，甚至连续倒塌。因此，本标准要求专业技术人员在承担结构的安全性鉴定时，应对该承重结构的整体牢固性进行调查与评估，以确定是否需作相应的加强。

4.2 使用条件和环境的调查与检测

4.2.1、4.2.2 已建成建筑物的鉴定与待建工程的设计不同。待建工程的设计主要关注设计基准期内结构可能受到的作用，可能遇到的使用条件和环境；而已建成建筑物的鉴定，除应考虑下一目标使用期内结构可能受到的作用以及使用条件和环境外，还要追查结构历史上已承受过的各种作用以及其使用条件和环境，尤其是原设计未考虑的各种情况。例如地基变形、结构超载、灾害作用等所造成的结构反应与损伤等均应设法查明。

4.2.4 民用建筑出现各种病态和老化迹象往往与所处的环境有关。因此，在鉴定工作的详细调查过程中，必须查找其病因以及过早老化的缘由。针对这一需求，本条列出了不同环境类别下的基本调查项目供鉴定人员参照使用。

4.2.5 本条根据混凝土和砌体材料的劣化机理，对环境作用进行了分类：一般环境、冻融环境、临海环境、除冰盐环境和化学介质腐蚀环境，分别用大写罗马字母Ⅰ—Ⅴ表示。

1 一般环境（Ⅰ类）是指仅有正常的大气（二氧化碳、氧气等）和温、湿度（水分）作用，不存在冻融、氯化物和其他化学腐蚀介质的影响。一般环境对混凝土结构的腐蚀主要是碳化引起的钢筋锈蚀。当空气中的二氧化碳扩散到混凝土内部，会使混凝土碳化，降低混凝土的碱度，破坏钢筋表面钝化膜的稳定性，在氧气与水分的作用下发生电化学反应，使钢筋锈蚀锈蚀。在环境温度、湿度等因素作用下砌体则产生风化、泛霜腐蚀损伤。

2 冻融环境（Ⅱ类）主要会引起混凝土和砌体的冻蚀。当混凝土或砌体内部含水量饱和时，冻融循环的作用会引起内部或表层的冻蚀和损伤。如果水中含有盐分，还会加重损伤程度。因此冰冻地区与雨、水接触的露天混凝土构件和砌体构件应按冻融环境考虑。

3 近海环境和除冰盐环境（Ⅲ和Ⅳ类）中的氯离子可从混凝土表面迁移到混凝土内部。当到达钢筋表面的氯离子积累到一定浓度（临界浓度）后，则引发钢筋的锈蚀。氯离子引起的钢筋锈蚀程度要比一般环境（Ⅰ类）下单纯由碳化引起的锈蚀严重得多，配筋砌体受氯离子侵蚀，也会引起钢筋锈蚀。

4 化学介质侵蚀环境（Ⅴ类）中混凝土或砌体的劣化主要是土、水中的硫酸盐、酸等化学物质和大气中的硫化物、氮氧化物等对混凝土的化学作用，同时也有盐结晶等物理作用所引起的破坏。

本条将环境作用按其对混凝土结构和砌体结构的危害程度划分成 5 个等级，用大写英文字母 A 至 E 表示。一般环境的作用等级从轻微到中度；其他环境的作用程度则为中度到重度；作用程度分类是参考国外相关资料和我国工程经验制定的。

4.3 建筑物现状的调查与检测

4.3.1 根据民用建筑可靠性鉴定的现场工作经验，一般认为对建筑物现状的调查与检测，宜划分为三个部分进行，并且允许有所侧重，甚至可根据初步勘察结果，或凭经验仅对其中某一部分进行调查与检测。

4.3.2 当需通过现场检测确定地基承载力时，可按现行行业标准《既有建筑地基基础加固技术规范》JGJ 123 和现行国家标准《建筑地基基础设计规范》GB 50007 规定的方法进行确定。

4.3.3～4.3.7 提出了上部结构现状的调查与检测的项目、方法和要求，可供鉴定工作者执行本标准时使用。

4.3.8 本条规定的目的，主要是为了保证检测数据的有效性、严肃性和可信性。

1 关于同时使用不止一种检测方法的规定

当一个检查项目同时并存几种检测方法标准时，最好是通过当地检测主管部门分别不同情况确认其中一种方法，或通过三方的书面合同确认某种方法。然而，在工程鉴定实践中也发现，有时确需采用 2 种～3 种非破损检测方法同时测定一个项目，然后再综合确定其检测结果的取值，才能取得较为可靠的检测结论。在这种情况下，务必事先约定数据综合处理的规则，以免事后引起矛盾和争议，特别是涉及仲裁的检测更应注意这一点，否则会造成影响仲裁工作进行的严重后果。

2 关于离群值处理的规定

当怀疑检测数据有离群值（异常值）时，应根据现行国家标准《数据的统计处理和解释　正态样本离群值的判断和处理》GB/T 4883 进行检验是没有问题的，但在执行该标准时应注意的是，其中有些条款同时并存着几种规则，需要使用者作出采用哪种规则的决定。因此，有关各方应在事前共同进行确认，并形成书面协议，以免事后引起争议。另外，对检出的离群值是否剔除，应持慎重的态度。例如，当找不到其他物理原因可证明该检出值确有问题时，一般宜根据该标准规则 3.3 的 b 款，仅剔除按剔除水平检出的离群值，较为稳妥可信。

这里还需要指出的是，上述标准仅适用于正态样本。若所持样本不服从正态假设时，应按分布检验结果，采用其他分布类型的国家标准。不过对材料强度的检测一般可不考虑这个问题。

4.4 振动对结构影响的检测

4.4.1、4.4.2 本条所指的结构振动影响，主要是指人工振源，如施工、爆破、交通运输及室内机械等所引起的环境振动对结构的影响。

振源的调查主要是了解振动的时间历程以及频率和振动强度的范围，以对测量系统的频响特性进行合理规定。当建筑周边已有明确的振源时，宜采用现场测试的方法对建筑物所在地及上部结构的振动进行测量，并可根据结构振动的频率、振幅的分析结果，参照现行相关标准和合适的国际标准评价振动对结构产生的影响。

结构动力特性的测试，其具体测试方法应符合现行国家标准《建筑结构检测技术标准》GB/T 50344 的规定。

对偶然发生的冲击振动对建筑物的影响，可根据振源的频率、持续时间及建筑结构类型，并参照现行国家标准《爆破安全规程》GB 6722 的振动速度安全允许标准进行评价。

5 构件安全性鉴定评级

5.1 一 般 规 定

5.1.1 设置本条的目的是为了将本标准表 3.2.5 列出的单个构件安全性鉴定评级的检查项目与本章的具体规定联系起来，以便于标准使用者掌握前后条文的承接关系。其内容简明，无需解释。编写此条文说明的目的，主要是为了利用本条建立与本标准第 5.2.2 条、第 5.3.2 条、第 5.4.2 条及第 5.5.2 条的普遍联系，以便将各类材料结构构件采用的统一分级原则集中说明于此，从而避免分散说明所造成的内容重复。

1 关于安全性检查项目的分级原则

本标准的安全性检查项目分为两类：一是承载能力验算项目；二是承载状态调查实测项目。本标准从统一给定的安全性等级含义出发，分别采用了下列分级原则：

1）按承载能力验算结果评级的分级原则

根据本标准的规定，结构构件的验算应在详细调查工程质量的基础上按现行设计规范进行。这也就要求其分级应以《统一标准》规定的可靠指标为基础，来确定安全性等级的界限。因为，结构构件的安全度（可靠度）除与设计的作用（荷载）、材料性能取值及结构抗力计算的精确度有关外，还与工程质量有着密切关系。《统一标准》以结构的目标可靠指标来表征设计对结构可靠度的要求，并根据可靠指标与材料和构件质量之间的近似函数关系，提出了设计要求的质量水平。从可靠指标的计算公式可知，当荷载效应的统计参数为已知时，可靠指标是材料或构件强度均值及其标准差的函数。因此，设计要求的材料和构件的质量水平，可以根据结构构件的目标可靠指标来确定。

《统一标准》规定了两种质量界限，即设计要求的质量和下限质量，前者为材料和构件的质量应达到或高于目标可靠指标要求的期望值。由于目标可靠指标系根据我国材料和构件性能统计参数的平均值校准得到，因此，它所代表的质量水平相当于全国平均水平，实际的材料和构件性能可能在此质量水平上下波动。为使结构构件达到设计所预期的可靠度，其波动的下限应予规定。与此相应，工程质量也不得低于规定的质量下限。《统一标准》的质量下限系按目标可靠指标减 0.25 确定的。此值相当于其失效概率运算值上升半个数量级。

基于以上考虑，并结合安全性分级的物理内涵，本标准对这类检查项目评级，采取了下列分级原则：

a_u级——符合现行规范对目标可靠指标 β_0 的要求，实物完好，其验算表征为 $R/(\gamma_0 S)\geqslant 1$；分级标准表述为：安全性符合本标准对 a_u级的要求，不必采取措施。

b_u级——略低于现行规范对风的要求，但尚可达到或超过相当于工程质量下限的可靠度水平。即可靠指标 $\beta\geqslant\beta_0-0.25$，此时，实物状况可能比 a_u级稍差，但仍可继续使用，验算表征为 $1>R/(\gamma_0 S)\geqslant 0.95$；分级标准表述为：安全性略低于本标准对 a_u级的要求，尚不显著影响承载，可不采取措施。

c_u级——不符合现行规范对 β_0 的要求，其可靠指标下降已超过工程质量下限，但未达到随时有破坏可能的程度，因此，其可靠指标 β 的下浮可按构件的失效概率增大一个数量级估计，即下浮至下列区间内：

$$\beta_0-0.25>\beta\geqslant\beta_0-0.5 \qquad (1)$$

此时，构件的安全性等级比现行规范要求的下降了一个档次。显然，对承载能力有不容忽视的影响。对于这种情况，验算表征为 $0.95>R/(\gamma_0 S)\geqslant 0.9$；分级标准表述为：安全性不符合本标准对 a_u级的要求，显著影响构件承载，应采取措施。

d_u级——严重不符合现行规范对 β_0 的要求，其可靠指标的下降已超过 0.5，这意味着失效概率大幅度提高，实物可能处于濒临危险的状态。此时，验算表征为 $R/(\gamma_0 S)<0.9$；分级标准表述为：安全性极不符合本标准对 a_u级的要求，已严重影响构件承载，必须立即采取措施（如临时支顶并停止使用等），才能防止事故的发生。

从以上所述可知，由于采用了按《统一标准》规定的目标可靠指标和两种质量界限来划分承载能力验算项目的安全性等级，不仅较好地处理了可靠性鉴定标准与《统一标准》接轨与协调的问题，而且更重要的是避免了单纯依靠专家投票决定分级界限所带来的概念不清和可靠性尺度不一致的缺陷。

另外，值得指出的是，由于结构构件的可靠指标与失效概率具有相应的函数关系，因此，这种分级方法也体现了当前国际上所提倡的安全性鉴定分级与结构失效概率相联系的原则，并且首先在我国的可靠性鉴定标准中得到了实际的应用。

2）按承载状态调查实测结果评级的分级原则

对建筑物进行安全性鉴定，除需验算其承载能力外，尚需通过调查实测，评估其承载状态的安全性，才能全面地作出鉴定结论。为此，要根据实际需要设置这类的检查项目。例如：

①结构构造的检查评定

因为合理的结构构造与正确的连接方式，始终是结构可靠传力的最重要保证。倘若构造不当或连接欠妥，势必大大影响结构构件的正常承载，甚至使之丧失承载功能。因而它具有与结构构件本身承载能力验算同等的重要性，显然应列为安全性鉴定的检查项目。

②不适于构件承载的位移或裂缝的检查评定

这类位移（或裂缝）相当于《统一标准》中所述的“不适于继续承载的变形（或裂缝）”，它已不属于承重结构使用性（适用性和耐久性）所考虑的问题范畴。正如《统一标准》所指出的：此时结构构件虽未达到最大承载能力，但已彻底不能使用，故也应视为已达到承载能力极限状态的情况。由之可见，同样应列为安全性鉴定的检查项目。

③结构的荷载试验

众所周知，通过建筑物的荷载试验，能对其安全性作出较准确的鉴定，显然应列为安全性鉴定的检查项目，但由于这样的试验要受到结构现有条件、场地、时间与经费的限制，因而一般仅在必要而可能时才进行。

对上述检查项目，本标准采用了下列分级原则：

①当鉴定结果符合本标准根据现行标准规范规定

和已建成建筑物必须考虑的问题（如性能退化、环境条件改变等）所提出的安全性要求时，可评为a_u级。这也就是本标准第3.3.1条分级标准中提到的“符合本标准对a_u级要求”的含义。

②当鉴定结果遇到下列情况之一时，应降为b_u级：

a 尚符合本标准的安全性要求，但实物外观稍差，经鉴定人员认定，不宜评为a_u级者。

b 虽略不符合本标准的安全性要求，但符合原标准规范的安全性要求，且外观状态正常者。

③当鉴定结果不符合本标准对a_u级的安全性要求，且不能引用降为b_u级的条款时，应评为c_u级。

④当鉴定结果极不符合本标准对a_u级的安全性要求时，应评为d_u级。此定语“极”的含义是指该鉴定对象的承载已处于临近破坏的状态。若不立即采取支顶等应急措施，可能危及生命财产安全。

根据上述分级原则制定的具体评级标准，分别由本章第4.2、4.5节给出。这里需要进一步指出的是，c_u级与d_u级的分界线，虽然是根据有关科研成果和工程鉴定经验，在组织专家论证的基础上制定的，但由于这两个等级均属需要采取措施的等级，且其区别仅在于危险程度的不同，即：c_u级意味着尚不至于立即发生危险，可有较充分的时间进行加固修复；而d_u级则意味着随时可能发生危险，必须立即采取支顶、卸载等应急措施，才能为加固修复工作争取到时间。因此，在结构构造与受力情况复杂的民用建筑中，若对每一检查项目均硬性地划分c_u级与d_u级的界限，而不给予鉴定人员以灵活掌握处理的权限，则有可能导致某些检查项目评级出现偏差。为了解决这个问题，本标准对部分检查项目的评级标准，改为仅给出定级范围，至于具体取c_u级还是d_u级，则允许由鉴定人员根据现场分析、判断所确定的实际严重程度作出决定。

2 关于单个构件安全性等级的确定原则

单个构件安全性等级的确定，取决于其检查项目所评的等级，最简单的情况是：被鉴定构件的每一检查项目的等级均相同。此时，项目的等级便是构件的安全性等级。但在不少情况下，构件各检查项目所评定的等级并不相同，此时，便需制定一个统一的定级原则，才能唯一地确定被鉴定构件的安全性等级。

在民用建筑中，考虑到其可靠性鉴定被划分为安全性鉴定和使用性鉴定后，在安全性检查项目之间已无主次之分，且每一安全性检查项目所对应的均是承载能力极限状态的具体标志之一。在这种情况下，不论被鉴定构件拥有多少个安全性检查项目，但只要其中有一等级最低的项目低于b_u级（例如c_u级或d_u级），便表明该构件的承载功能，至少在所检查的标志上已处于失效状态。由之可见，该项目的评定结果所反映的是鉴定构件承载的安全性或不安全性，因此，本标准采用了按最低等级项目确定单个构件安全性等级的定级原则。这也就是所谓的“最小值原则”。尽管有个别意见认为，采用这一原则过于稳健，但就构件这一层次而言，显然是合理的。

5.1.2 在民用建筑安全性鉴定中，对结构构件的承载能力进行验算，是一项十分重要的工作。为了力求得到科学而合理的结果，除应有符合实际受力情况的计算简图外，还有必要在验算所需的数据与资料的采集及利用上，作出统一规定。现就本标准的这一方面规定择要说明如下：

1 关于结构上作用（荷载）的取值问题

对已有建筑物的结构构件进行承载能力验算，其首先需要考虑的问题是如何为计算内力提供符合实际情况的作用（荷载）。因此，不仅要对施加于结构上的作用（荷载），通过调查或实测予以核实，而且还要根据《统一标准》规定的取值原则，并考虑已建成建筑物在时间参数上不同于新设计建筑物的特点，按不同的鉴定目的确定所需要的作用标准值（或代表值）。这是一项理论性较强且又计算繁杂的工作。显然不宜由鉴定人员自行分析确定。为此，本标准作出了统一规定，并列于附录J供鉴定人员使用。

2 关于构件材料强度的取值问题

对已建成建筑物的结构构件进行承载能力验算，其另一需要考虑的问题是如何为计算抗力提供符合实际的构件材料强度标准值。为此，修订组参照国际标准《结构可靠度总原则》ISO/2394－1996的规定，提出了两条确定原则。这里需说明的是，根据现场检测结果确定材料强度标准值时，其所以需要按本标准附录L的规定取值，而不能直接采用《统一标准》和现行设计规范规定的计算系数$K=1.645$确定强度的标准值，这是因为在现场检测条件下可抽取的样本容量n十分有限。此时，根据现行国家标准《正态分布样本可靠度单侧置信下限》GB/T 4885的规定，对其强度标准值的取值，应考虑样本容量n和给定的置信水平γ对计算系数K的影响。为此，本标准作出了仅限在已建成结构中使用的专门规定，列于附录L供检测人员与鉴定人员使用。

这里需指出的是，置信水平γ应统一给定，不能由鉴定人员自行取值。为了合理地给出γ值，本标准根据ISO、CEB、CEN和苏联СНиПⅡ－23的有关规定，并参照《可靠性基础》和《误差分析方法》等文献的观点，作出了具体取值的规定。其中，对混凝土结构和木结构所取的γ值，与上述的国外标准是一致的；对钢结构也很相近；只有砌体结构，由于迄今尚未见国外有这方面的考虑，因而主要是根据我国砌体结构的使用经验，并参照有关文献的观点，取γ值等于0.6。

5.1.3 荷载试验应按现行有关标准执行，如我国的《建筑结构荷载规范》GB 50009、《混凝土结构工程施工质量验收规范》GB 50204 以及 ACI 318 等其他国家标准。

5.1.4 制定本条的目的在于减少鉴定工作量，将有限的人力、物力和财力用于最需要检查的部位。

5.1.5 在同一批构件中，增加样本的数量，可以提高检测的精度，但由于检测精度与抽样数量平方根成反比，因此，要显著地提高检测精度必须付出较大的人力和财力的代价，况且，对已建成建筑物的检测而言，还不只是代价大小的问题，更多的是技术难度很大，有时为了确保既有结构的安全，甚至无法做到。为此，本标准从保证检测结果平均值应具有可以接受的最低精度出发，规定了可采用随机取样原理的现场受检构件的最低数量为 5 个～10 个（具体取样数由鉴定机构确定）。至于每一构件上需取多少个试件或测点，才能定出该构件材料强度的推定值，则应由现行各检测方法标准来确定。如果委托方对检测有较严的要求，也可适当增加受检构件的数量，但值得指出的是，现场抽样数量过大，也有不利之处，因为此时将很难保证检测条件前后一致，反而给检测带来新的误差。

5.2 混凝土结构构件

5.2.1 混凝土结构构件安全性鉴定应检查的项目，是在《统一标准》定义的承载能力极限状态基础上，参照国内外有关标准和工程鉴定经验确定的，并集中说明于本标准第 5.1.1 条。

5.2.2 混凝土结构构件承载能力验算分级标准，是根据《建筑结构可靠度设计统一标准》的可靠性分析原理和本标准统一制定的分级原则（集中说明于本标准第 5.1.1 条）确定的，其优点是能与《统一标准》规定的两种质量界限挂钩，并与设计采用的目标可靠指标接轨，故为本标准所采用。表中 R 和 S 分别为结构构件的抗力和作用效应，按本标准第 5.1.2 条的规定确定；γ_0为结构重要性系数，按《统一标准》和《混凝土结构设计规范》GB 50010 等国家现行相关规范的规定选择安全等级，并确定本系数的取值。本条为强制性条文，必须严格执行。

5.2.3 大量的工程鉴定经验表明，即使结构构件的承载能力验算结果符合本标准对安全性要求，但若构造不当，其所造成的问题仍然可导致构件或其连接的工作恶化，以致最终危及结构承载的安全。因此，有必要设置此重要的检查项目，对结构构造的安全性进行检查与评定。

另外，从表 5.2.3 可看出，在构造安全性的评定标准中，只给出 b_u级与 c_u级之间的界限，而未给出 a_u级、b_u级以及 c_u级、d_u级之间的界限。其所以作这样的处理，除了是由于 a_u级、b_u级之间以及 c_u级、d_u级之间，只有程度的差别外，还因为构造问题比较复杂，而又经常遇到原设计、施工图纸资料多已缺失，且检查实测只能探明其部分细节的情况。此时，必须结合其实际工作状态进行分析判断，才能有把握地确定其安全性等级。因此，作出应由鉴定人员根据现场观测到的实际情况进行判断的规定。本条为强制性条文，必须严格执行。

5.2.4 从现场检测得到的混凝土结构构件的位移值（或变形值、以下同），其大小要受到作用（荷载）、几何参数、配筋率、材料性能、构造缺陷、施工偏差和测试误差等多方面因素的影响。在已建成建筑物中，这些影响不仅复杂，而且很难用已知的方法加以分离。因此，一般需以总位移的测值为依据来评估该构件的承载状态。这也就更增加了制定标准的难度。为了解决这个问题，修订组提出了若干方案组织专家评议，经反复讨论，一致认为下述方案可用于制定标准：

1 对容易判断的情况和工程鉴定经验积累较多的若干种构件，采用按检测值与界限值比较结果直接评定方法。

2 对受力和构造较为复杂的构件，或实测只能取得部分结果的情况，采用检测与计算分析相结合的评定方法，这也是目前许多国家所采用的方法，其要点是：

1）给出估计可能影响承载，但需经计算分析核实的位移验算界限，作为验算的起点；

2）要求对位移实测值超过该界限的构件进行承载能力验算。验算时，应计入附加位移的影响，并为此给出按验算结果评级的原则。

本方案的优点在于，较易划分验算的界限，而又不过多地增加计算工作量（仅部分需做验算），但却能提高鉴定结果的可信性。

在选定了上述鉴定方法的基础上，修订组根据所掌握的测试与分析资料以及国内外同类的有关规定，提出了各类构件的位移界限值及其评级标准，其中需要说明两点：

1 表 5.2.4 规定的挠度限值，其所以采用双控的方式，主要是为了避免在接近跨度 l_0分界处算得的界限值出现突变。例如，若无 50mm 的限制，将使 $l_0=9$m 和 $l_0=9.01$m 的挠度界限值分别为 60mm 和 50.05mm。这显然很不协调，其后果是容易引起各有关方面对鉴定结论的争议。因此，作了必要的处理，以利于标准的执行。

2 本条对柱的水平位移（或倾斜，以下同）之所以划分为“与整个结构有关”及“只是孤立事件”这两种情况，主要是因为考虑到当属于前者情况时，被鉴定柱所在的上部承重结构有显著的侧向水平位移。在这种情况下，对柱的承载能力的验算，需采用该结构考虑附加位移作用算得的内力；但若属于后者情况，则仍可采用正常的设计内力，仅需在截面验算中，考虑位移所引起附加弯矩即可。

另外，应指出的是，当鉴定作出某构件的位移并非不适于承载的位移的确认时，其含义仅表明在位移这一项目上，其安全性被接受，但未涉及该构件的使用功能是否适用的问题。因为安全并不等于适用，故一般还需根据本标准第6章的有关规定进行使用性鉴定，才能作出全面的结论。

5.2.5～5.2.7 迄今为止，国内外有关标准（或检验手册、指南等）对同一检查项目所给出的不适于承载这档的裂缝宽度界限并不一致。从目前修订组所掌握的资料看，不同来源之间的差别范围大致如表1所示。

表1 不适于混凝土构件承载的裂缝宽度界限值

<table>
<tr><th>界限值名称</th><th colspan="2">构件类别</th><th>不同标准划分裂缝宽度界限值的差别范围</th></tr>
<tr><td>剪切裂缝宽度（mm）</td><td colspan="2">梁、柱</td><td>出现裂缝至大于0.30</td></tr>
<tr><td rowspan="4">其他受力裂缝宽度（mm）</td><td rowspan="2">钢筋混凝土结构</td><td>主要构件</td><td>0.5～0.7</td></tr>
<tr><td>一般构件</td><td>0.6～1.0</td></tr>
<tr><td rowspan="2">预应力混凝土结构</td><td>主要构件</td><td>0.20～0.25
（0.30～0.35）</td></tr>
<tr><td>一般构件</td><td>0.20～0.30
（0.40～0.50）</td></tr>
<tr><td>纵向锈蚀裂缝宽度（mm）</td><td colspan="2">任何构件</td><td>出现裂缝至大于1.0</td></tr>
<tr><td>收缩、温度裂缝宽度（mm）</td><td colspan="2">任何构件</td><td>1.0～2.0</td></tr>
</table>

注：1 对剪切裂缝，有些标准指所有剪切裂缝，有些标准仅指某几种剪切裂缝；
2 对其他受力裂缝，有些标准指弯曲裂缝、轴拉裂缝及弯剪裂缝，有些标准则泛指各种横向和斜向裂缝；
3 括号内的限值仅适用于热轧钢筋配筋的预应力混凝土构件。

分析认为，不同标准（或手册、指南）所划的界限值之所以有出入，主要是由于对每种裂缝所赋予的内涵互有差异，或是由于在风险决策上所掌握的尺度略有不同所致。针对这一情况，修订组提出了制定本标准的方案如下：

1 对受力裂缝重新进行分档；

1）将界限值可望统一的弯曲裂缝、轴拉裂缝和一般的弯剪裂缝归在一档；

2）将破坏后果较为严重的剪切裂缝单列一档，但明确其内涵仅包括：斜拉裂缝以及集中荷载靠近支座处和深梁中出现的斜压裂缝。

2 对非受力裂缝，考虑到实际情况的复杂性，故采取按界限值与分析判断相结合的方案制定鉴定标准，即：

1）给出应考虑这种裂缝对结构安全影响的界限值；

2）要求对裂缝宽度超过界限的构件进行分析或运用工程经验进行判断，以确定是否应将该裂缝视为不适于承载的裂缝。

根据这一方案，修订组从民用建筑承重结构的安全性要求出发，以所掌握的试验和工程鉴定经验的资料为依据，并参考国外有关标准的规定，具体确定了每种裂缝的界限值。

另外，执行本标准应注意的是，本条规定的裂缝界限值与本标准第6章规定的裂缝界限值不可混淆，两者的区别在于：前者是构件承载的安全性问题，因而是采取加固措施的界限；后者是构件性能的适用性与耐久性问题，因而是采取修补（包括封护）措施的界限。

5.3 钢结构构件

5.3.1 钢结构构件安全性鉴定应检查的项目，是在《统一标准》定义的承载能力极限状态基础上，参照国内外有关标准和工程鉴定经验确定的。其中需作说明的是：

1 钢结构不同于混凝土结构，钢结构的节点、连接由于其重要性，在构造方法和设计方法上均有严格的规定，因此，应单独列为一个检测项目进行安全性评定。为此本条中规定，将钢结构节点、连接按构造及承载能力两个项目分别进行安全性评定。

2 本标准之所以将钢结构构件中的锈蚀，划分为影响耐久性和影响承载的两类，并要求在本标准规定的环境条件下，将影响承载的锈蚀列为安全性鉴定的补充检查项目，是因为钢结构处于条文所指出的这些不利的环境中，其锈蚀将大大加快，以致在很短时间内便会危及结构构件承载的安全。另外，就冷弯薄壁型钢结构和轻钢结构而言，则由于其构件自身截面尺寸小，对锈蚀十分敏感而快速。因此，也有必要将影响承载的锈蚀，作为其安全性鉴定的一个检查项目。

5.3.2 钢结构构件（含节点、连接）承载能力验算分级标准的制定原则，已集中阐述于本标准第5.1.1条。可详细阅读该条的条文说明，本条不再重复。这里需要指出的是，对已有钢结构建筑的承载能力验算，在确定其抗力时，除应考虑材料性能和结构构件的实际情况外，尚应充分考虑缺陷、损伤、腐蚀、施工偏差和过大变形等因素的影响。因为钢结构对这些因素的作用很敏感，而原设计所针对的待建结构，是不考虑这些因素的。表中 R 和 S 分别为结构构件的抗力和作用效应，应按本标准第 5.1.2 条的规定确定；γ_0 为结构重要性系数，按《建筑结构可靠度设计统一标准》GB 50068 和《钢结构设计规范》GB 50017 或国家现行相关规范的规定选择安全等级，并确定本系数的取值。本条为强制性条文，必须严格执行。

5.3.3 在钢结构的安全事故中，由于构件构造或节点连接构造不当而引起的各种破坏（如失稳以及过度应力集中、次应力所造成的破坏等等）占有相当的比例，这是因为在任何情况下，构造的正确性与可靠性总是钢结构构件保持正常承载能力的最重要保证；一旦构造（特别是节点连接构造）出了严重问题，便会直接危及结构构件的安全。为此，将它们列为与承载能力验算同等重要的检查项目。与此同时，考虑到钢结构构件的构造与节点、连接构造在概念与形式上的不同，故本条将节点、连接构造的评定内容单独列出，分别进行安全性评级。本条为强制性条文，必须严格执行。

5.3.4 钢结构构件由于挠度过大而发生安全问题，在民用建筑中较为少见，因此，存在着是否有必要在本标准中设置这一检查项目的不同看法。经征询专家意见，大多数认为仍有此必要，其主要理由是：

1 国外有过旧钢梁、钢檩出现较明显塑性变形的工程实例报道；

2 设计、施工不当的钢桁架可能在遇到下列情况时出现不适于继续承载的挠度：

1) 主要节点的连接失效；

2) 构件的附加应力增大；

3) 各种原因引起的超载。

3 偏差严重的钢梁可能由于构件弯曲、侧弯、节点板弯折或翼缘板压弯等产生的附加作用而影响其正常承载。

尽管上述构件的最后破坏，可能不是直接由挠度所引起，但不少的工程实例表明，确是因为首先观察到挠度的异常发展，并采取了支顶等应急措施，才避免了倒塌事故的发生。因此，通过对过大挠度的检查，以评估该结构构件是否适于继续承载，还是很有实用价值的。

基于以上观点，修订组决定在本标准中设置这一检查项目，并为制定其标准，广泛搜集了下列资料：

1) 国内外有关标准（或检验手册、指南等）的规定及其说明；

2) 不同专家根据自身经验提出的有关建议；

3) 有关的研究成果与验证结论。

以上资料所给出的界限值并不一致，经汇总后将其相互的差别范围列于表 2。

表 2　不适于钢构件继续承载的位移界限资料汇总

检查项目	构造类别	不同资料给出的界限值的差别范围	
		界限值（无附加规定）	界限值（有附加规定）
挠度	桁架、托架	$>l_0/200$ 至 $>l_0/350$	$>l_0/400$，且验算不合格
	主梁、托梁	$>l_0/250$ 至 $>l_0/300$	$>l_0/300$，且有超载
	其他实腹梁	$>l_0/150$ 至 $>l_0/180$	—
	檩条	$>l_0/100$ 至 $>l_0/120$	—
挠度（短向）	屋盖网架	$>l_0/180$ 至 $>l_0/200$	—
	楼盖网架	$>l_0/200$ 至 $>l_0/250$	—
侧向弯曲	实腹梁	$>l_0/400$ 至 $>l_0/660$	—

注：表中符号含义同本标准正文。

从表列数据可知：

1) 一般实腹梁的挠度界限值，在不同资料之间较为接近；

2) 桁架、托架的挠度界限值及其确定方法，在不同资料之间差别较为悬殊，且很难统一；

3) 网架挠度的界限值，在不同资料之间虽较为接近，但可用的资料很少。

根据上述情况，修订组决定参照本标准第 5.2.4 条的规定制定标准：

1) 对桁架、托架和柱，由于情况复杂，很难制定统一的标准，因而宜采用检测与验算相结合的方法进行判断，以提高评级的可信性。

2) 对网架，由于考虑到其附加挠度影响的计算过于复杂，且现行设计与施工规程所给出的挠度允许值又较为偏宽，因而虽宜采用直接评级的方法，但有必要采用稳健取值的原则确定其界限值。

3) 对其他受弯构件，由于不同资料之间差别较小，而本标准在归纳时，又按不同情况进行了细分，因此，宜采用直接评级的方法，以减少鉴定的计算工作量。

4) 对桁架受压腹杆，参照了现行国家标准

《工业建筑可靠性鉴定标准》GB 50144 的规定，并根据民用建筑的安全使用要求进行了调整。

本条规定在修订阶段，曾由太原理工大学等单位在实际工程中用于试算和试鉴定，其结果表明较为合适可行。

5.3.5 当钢结构构件处于第 5.3.1 条所列举的几种情况时，其锈蚀速度将比正常情况下高出 5 倍～17 倍，而它所造成的损害，也会很快地超出耐久性试验所考虑的水平和范围。此时，由于已涉及安全问题，显然应视为“不适于承载的锈蚀”进行检查和评定。若检查结果表明，该构件的锈蚀已达一定深度，则其所造成的问题将不仅仅是单纯的截面削弱，而且还会引起钢材更深处的晶间断裂或穿透，这相当于增加了应力集中的作用，显然要比单纯的截面减少更为严重。因此，当以截面削弱为标志来划分影响承载的锈蚀界限时，有必要考虑这种微观结构破坏的影响。本标准表 5.3.5 规定的限值，已作了这方面考虑，故较为稳妥可行。

另外应指出的是，由于实际锈蚀的不均匀性，受锈蚀构件可能产生受力偏心，而显著影响其承载力。要求验算时，应考虑锈蚀产生的受力偏心效应。

5.3.6 钢索是钢结构中常用的受拉构件。与普通钢拉杆不同，钢索构件通常由一组钢丝与锚具组合而成。因而，影响安全性的因素也不同，甚至更多。根据当前工程经验，本节给出钢索构件安全性鉴定的补充内容，以保证检测项目的完备。

5.3.7 常用的钢网架结构节点有两类：焊接空心球节点和螺栓球节点。由于节点本身的构造及施工特点，同样需要补充检测内容，本节针对两种节点分别列出了应补充的检测项目，并给出评定标准。

5.3.9、5.3.10 大跨度钢结构的支座节点，通常需要满足一定的移动或变形功能，如果规定的移动或变形功能不能满足要求，结构的内力状态或结构受力性能将受到影响，以致影响结构的安全性，因此，需要针对大跨度钢结构支座节点的功能现状、零部件现状进行检测鉴定。

5.4 砌体结构构件

5.4.1 砌体结构构件安全性鉴定应检查的项目，是在《统一标准》定义的承载能力极限状态基础上，根据其工作性能和工程鉴定经验确定的。从征求意见来看，其中需要说明的是本标准之所以将高厚比作为砌体结构构造的检查项目之一，是因为在实际结构中，砌体由于其本身构造和施工的原因，多数存在隐性缺陷。在这种条件下工作的砌体墙、柱，倘若刚度不足，便很容易由于意外的偏心、弯曲、裂缝等缺陷的共同作用，而导致承载能力下降。为此，设计规范用规定的高厚比来保证受压构件正常承载所必需的最低刚度。针对这一设计特点进行安全性鉴定时，除了应进行强度和稳定性验算外，尚需检查其高厚比是否能满足承载的要求。也就是说，只有了解构造的实际情况，构件的验算才是有意义的。况且，在实际工程中，也曾发现过因高厚比过大诱发多种影响因素共同起作用，而导致砌体墙、柱发生安全事故的实例。因此，将其列为安全性鉴定的检查项目是恰当的。

5.4.2 砌体结构构件承载能力分级标准的制定原则，是根据《统一标准》对各类结构可靠度设计的统一规定编制的，已集中详述于本标准第 5.1.1 条的条文说明，本条便不再重复。这里需要指出的是，本条规定的砌体构件承载能力评定标准，经过近 14 年工程实践的检验表明，该分级标准是合理、可行的。此次修订本标准所做的复核工作也证实了这一点。因此予以保留，但应注意的是有些老砌体结构，由于当年建造时尚无设计规范可依，且构造方式各异，其构件的承载能力验算可能有困难。对这种情况，必须在现场详细检测的基础上，组织有关专家对其验算方法进行论证。表中 R 和 S 分别为结构构件的抗力和作用效应，按本标准第 5.1.2 条的规定确定；γ_0 为结构重要性系数，按《统一标准》和《砌体结构设计规范》GB 50003 或国家现行相关规范的规定选择安全等级，并确定本系数的取值。本条为强制性条文，必须严格执行。

5.4.3 关于承重结构构造安全性鉴定的重要性及其评级的制定问题，已在本标准第 5.2.3 条的说明中作了阐述。这里仅就表 5.4.3 中对墙、柱高厚比所作的规定说明如下：

长期以来的工程实践表明，当砌体高厚比过大时，将很容易诱发墙、柱产生意外的破坏。因此，对砌体高厚比要求，一直作为保证墙、柱安全承载的主要构造措施而被列入设计规范。但许多试算和试验结果也表明，砌体的高厚比虽是影响墙、柱安全的因素之一，但其敏感性不如其他因素，不至于一超出允许值，便出现危及安全的情况。据此，本标准作如下处理：

1）将墙、柱的高厚比列为构造安全性鉴定的主要内容之一。

2）考虑到高厚比的量化限值有一定模糊性，故在 b_u 级与 c_u 级界限的划分上，略为放宽。经征求有关专家意见认为，根据过去经验，以是否超过现行设计规范允许高厚比的 10%来划分较为合适。

本条为强制性条文，必须严格执行。

5.4.4 对本条需说明三点：

1 砌体结构构件出现的过大水平位移（或倾斜、以下同），居多属于地基基础不均匀沉降或过大施工偏差引起的，但也有是由于水平地震作用或其他水平荷载及基础转动留下的残余变形，不过在一次检测中，往往是很难分清的。因此，也需以总位移为依据来评估其承载状态。在这种情况下，经分析研究认为，原则上也可采用与混凝土结构和钢结构相同的模式（参见本标准第5.2.4条及第5.3.4条的说明）来制定其评级标准。与此同时，考虑到砌体结构受力与构造的复杂性，在很多情况下难以进行考虑附加位移作用的内力计算，允许在计算有困难时，可以表7.3.10所给出的位移界限值为基础，结合工程鉴定经验进行评级。这从砌体结构属于传统结构，长期以来积累有丰富的使用经验来看，还是可行的。当然，若有现成的计算程序和实测的计算参数可供利用，仍然以通过验算作出判断为宜。

2 由施工偏差或使用原因造成的砖柱弯曲（通过主受力平面或侧向弯曲）达到影响承载的程度虽不多见，但确是有过这类案例，因此，仍应列为安全性鉴定的检查项目。至于如何划分其b_u与c_u级界限，编制组考虑到我国经验不多，故参照原苏联和欧洲各国的文献资料取为砖柱自由长度的1/300。对于常见的4.5m高的砖柱，此时弯曲矢高为15mm，已超过施工允许偏差近一倍。显然有必要在承载能力的验算中考虑其影响。若验算结果表明，其影响不显著，仍然可评为b_u级，且可不采取措施。这也是很正常的。因为本条所给出的只是验算起点（验算界限），而非评级界限。

3 对砖拱、砖壳这类构件出现的位移或变形，国内外标准（或检验手册、指南）多采用一经发现便应根据其实际严重程度判为c_u级或d_u级的直观鉴定法。本标准也不例外，因为，这类砌体构件不仅对位移和变形的作用十分敏感，而且承载能力很低，往往会在毫无先兆的情况下发生脆性破坏。故不能不采用稳健的原则进行评定。

5.4.5 考虑到砌体结构的特性，当承载能力严重不足时，相应部位便会出现受力性裂缝。这种裂缝即使很小，也具有同样的危害性。因此，本标准作出了凡是检查出受力性裂缝，便应根据其严重程度评为c_u级或d_u级的规定。

5.4.6 非受力裂缝系指由温度、收缩、变形或地基不均匀沉降等引起的裂缝。

砌体构件过大的非受力性裂缝（也称变形裂缝），虽然是由于温度、收缩变形以及地基不均匀沉降等因素引起的，但它的存在却破坏了砌体结构整体性，恶化了砌体构件的承载条件，且终将由于裂缝宽度过大而危及构件承载的安全。因此，也有必要列为安全性鉴定的检查项目。

本条具体给出的危险性裂缝宽度，是根据我国9个省、自治区、直辖市的调查资料，并参照德、英有关文献，经专家论证后确定的。

5.5 木结构构件

5.5.1 木结构构件安全性鉴定应检查的项目，除了统一规定的几项外，还增加了腐朽和虫蛀两项。这是因为在经常受潮且不易通风的条件下，腐朽发展异常迅速：在虫害严重的南方地区，木材内部很快便被蛀空。处于这两种情况下的木结构一般只需3年～5年（视不同的树种而异）便会完全丧失承载能力。因此，很多国家都严禁在上述两种条件下使用未经防护处理的木结构，以免造成突发性破坏，危及生命财产的安全。倘若在已有建筑物中已经使用了木结构，则应改变其通风防潮条件，并进行防腐、防虫处理。如果发现虫害或腐朽有蔓延感染的迹象，还需及时报告建筑监督部门，以便在一定区域范围内采取防治措施，以保护建筑群的安全。由之可见，腐朽和虫蛀对木结构安全威胁的严重性，完全有必要将之列为安全性鉴定的检查项目，并给予高度的重视。

5.5.2 木结构构件及其连接的承载能力分级标准的制定原则，与前述三类材料结构一致，已集中阐述于本标准第5.1.1条的说明，这里不再重复。这里需要指出的是，对木结构而言，虽然其构造是否合理、可靠往往起着控制安全的作用，但考虑到我国的木结构主要用于桁架，其上下弦杆、端节点和受拉接头的承载能力是否符合安全性要求，仍然是设计必须验算的重要项目。不少工程实例表明，由于这些构件或连接的失效所引起的破坏、坍塌事故，一直占有相当大的比重；况且目前从国外引进的规格材新型木房屋，还需要使用木柱，这就是更说明了承载能力的验算与评定的重要性。表中R和S分别为结构构件的抗力和作用效应，按本标准第5.1.2条的规定确定；γ_0为结构重要性系数，按现行国家标准《统一标准》和《木结构设计规范》GB 50005或国家现行相关规范的规定选择安全等级，并确定本系数的取值。

本条为强制性条文，必须严格执行。

5.5.3 在木结构的安全事故中，由于构件构造或节点连接构造不当所引起的各种破坏，如构件失稳、缺口应力集中、连接劈裂、桁架端节点剪坏或其封闭部位腐朽等占有很大的比例。这是因为在任何情况下，结构构造的正确性与可靠性总是木结构构件保持正常承载能力的最重要保证；一旦构造出了严重问题，便会直接危及结构整体安全。为此，将它与承载能力验算并列为同等重要的检查项目。本条为强制性条文，必须严格执行。

5.5.4 木结构构件不适于承载的位移评定标准，是以现行《木结构设计规范》GB 50005和《古建筑木结构维护与加固技术规范》GB 50165两个规范管理组所作的调查与试验资料为背景，并参照国外有关文献制定的。其中需要指出的是，对木梁挠度的界限值是以公式给出的。其所以这样处理，是因为受弯木构件的挠度发展程度与高跨比密切相关。当高跨比很大时，木梁在挠度不大的情况下即已劈裂。故采用考虑高跨比的挠度公式确定不适于承载的位移较为合理。

5.5.5 从表3的试验数据可知，随着木纹倾斜角度的增大，木材的强度将很快下降，如果伴有裂缝，则强度将更低。因此，在木结构构件安全性鉴定中应考虑斜纹及斜裂缝对其承载能力的严重影响。本标准对这个检查项目所制定的评级标准，系以试验和调查分析结果为基础，并作了偏于安全的调整后确定的。

表3　斜纹对木材强度影响的试验结果汇总

斜纹的斜率（%）	木材强度（%）		
	横向受弯	顺纹受压	顺纹受拉
0	100	100	100
7	89～93	96～98	66～76
10	76～87	90～94	61～72
15	71～84	80～90	53～60
20	65～75	73～82	38～46
25	60～70	71～75	29～40

5.5.6 对本条作如下两点说明：

1 本标准表5.5.6的内容，系参照现行国家标准《古建筑木结构维护与加固技术规范》GB 50165的有关规定及其背景材料制定的，但对具体的数量界限，则根据现代木结构特点进行了校核和修正，因而较为稳妥而切合实际。

2 本条第2、3款的内容，是根据《木结构设计规范》GB 50005管理组多年积累的观测资料制定的。因为在这两种恶劣的使用环境中，发生严重的腐朽或虫蛀是必然的。故检查时，若遇到这两种使用环境，则不论是否发生腐朽和虫蛀，均应评为c_u级。若腐朽或虫蛀已达到本标准表5.5.6程度，则应定为d_u级。

6　构件使用性鉴定评级

6.1　一 般 规 定

6.1.1 设置本条的目的，一是为了将本标准表3.2.5规定的单个构件使用性鉴定评级的检查项目，与本章的具体内容联系起来，以便于标准使用者掌握前后条文的承接关系；另一是为了利用本条建立与以下各节的普遍联系，以便在本条文的说明中，将各类材料结构构件共同采用的分级原则，集中在这里加以说明，以避免分散说明所造成的重复。

一、关于使用性检查项目的分级原则

构件使用性的检查项目虽多，但同样可分为验算和调查实测两类。其中验算项目的评级十分简单，故仅就后者的分级原则说明如下：

由于长期以来国内外对建筑结构正常使用极限状态的研究很不充分，致使现行的正常使用性准则与建筑物各种功能的联系十分松散，无论据以进行设计或鉴定，均难以取得满意的结果。在这种情况下，只能从实用的目的出发，逐步地解决已建成建筑物使用性的鉴定评级问题。因此，修订组在广泛进行调查实测与分析的基础上，参考日、美等国专家的观点，提出如下分级方案：

1 根据不同的检测标志（如位移、裂缝、锈蚀等），分别选择下列量值之一作为划分a_s级与b_s级的界限：

1）偏差允许值或其同量级的议定值；

2）构件性能检验合格值或其同量级的议定值；

3）当无上述量值可依时，选用经过验证的经验值。

2 以现行设计规范规定的限值（或允许值）作为划分b_s级与c_s级的界限。

这里需要说明的是，本方案之所以将现行设计规范规定的限值作为检测项目划分b_s级与c_s级的界限，是因为在一次现场检测中，恰好遇到作用（荷载）与抗力均处于现行设计规范规定的两极情况，其可能性极小，可视为小概率事件。况且，超载和强度不足的问题已明确划归安全性鉴定处理，因而一般对构件使用性能的检测（不含专门的荷载试验），是在应力水平较低的情形下进行的。此时，若检测结果已达到现行设计规范规定的限值，则说明该项功能已略有下降。因此，将其作为划分b_s级与c_s级的检测界限，应该可以认为是合适的。

上述方案在征求意见和专家论证过程中，一致认为其总体概念是可行的，但局部构成尚需作些修正，才能更趋合理。例如，以偏差允许值作为挠度的a_s级界限，多认为偏严，在已建成建筑物中施行可能会遇到困难。为此，经审查会议研究决定：以挠度检测值ω与计算值ω_0及现行设计规范限值ω_d的比较结果，按下列原则划分a_s级与b_s级的界限：

若$\omega<\omega_0$，且$\omega<\omega_d$，可评为a_s级；

若$\omega_0\leqslant\omega\leqslant\omega_d$，则评为$b_s$级；

若$\omega>\omega_d$，应评为c_s级。

二、关于单个构件使用性等级的评定原则

单个构件使用性等级的确定，取决于其检查项目所评的等级。当检查项目不止一个时，便存在着如何定级的问题。对此，本标准采用了以检查项目中的最低等级作为构件使用性等级的评定原则。因为就单个构件的鉴定结果而言，其检查项目所评的等级不外乎以下三种情况：

1 同为某个等级，该等级即是构件等级。

2 只有a_s级和b_s级。此时，由于这两个等级均可不采取措施，故有两种定级方案可供选择：一是以较低者作为构件等级；二是以占多数的等级作为构件等级（若两个等数的数量相等，则取较低等级为构件等级）。考虑到房屋维护管理者的意见，多倾向于用前者描述构件的功能状态，故决定采用按前一方案定级的原则。

3 有 c_s 级，此时，不论作出的是采取措施或接受现状的决定，均以取 c_s 级为构件等级来描述其功能状态为宜。

基于以上考虑，确定了本标准对单个构件使用性等级的评定原则。

6.1.2、6.1.3 为了使鉴定工作更有效率地进行，本标准着重强调了构件使用性鉴定应以调查、检测结果为基本依据这一原则。但需注意，所用的定语是“基本”而非“唯一”。由此可知，其目的并不是排斥必要的计算和验算工作，而是要求这项工作应在调查、检测基础上更有针对性地进行。因此，在第 6.1.3 条中进一步明确了有必要进行计算和验算的三种情况，以便于鉴定人员作出安排。

另外还需要说明一点，即：使用性鉴定虽不涉及安全问题，但它对检测的要求并不低于安全性鉴定。因为其鉴定结论是作为对构件进行维修、耐久性维护处理或功能改造的主要依据。倘若鉴定结论不实，其经济后果也是很严重的，故必须予以注意。

6.1.4 国内外在已建成建筑物可靠性鉴定中，对材料弹性模量等物理性能所采用的确定方法并不一致，且居多采用间接法。这固然是由于这类方法不易对构件造成损伤，但更多的是因为可供选择的方法较多，且其误差大小却属同一数量级，挑选余地较大。因此，修订组从简便实用的角度选择了本方法列入标准。

6.1.5 本条的规定系参照国际标准《结构可靠性总原则》ISO/DIS 2394 的有关条文，经论证后制定的。经过 14 年来的执行未收到不适用的反馈信息，故予以保留。

6.2 混凝土结构构件

6.2.1 混凝土结构构件使用性鉴定评级应检查的项目，是在《统一标准》定义的正常使用极限状态基础上，参照国内外有关标准确定的。与此同时，还在本条中对鉴定评级应如何利用混凝土碳化深度测定结果的问题予以明确，即主要用于预报或估计钢筋锈蚀的发展情况，并作为对被鉴定构件采取防护或修补措施的依据之一；而这也间接地说明了在实际工程中，不宜仅以碳化深度的测值作为评估混凝土耐久性和剩余耐久年限的唯一依据。

6.2.2 本条规定的评级标准，是根据上次审查会议对挠度项目分级原则所提出的修改意见制订的（参加本标准第 6.1.1 条说明），并曾在桁架和主梁的竖向挠度检测与评级中试用过。其结果表明，能对被鉴定构件的使用功能是否受到该挠度的影响作出较恰当的鉴定结论。但由于它要比过去采用的直接评级法增加一定的计算工作量，而不宜在所有的受弯构件中普遍执行。

6.2.3 在使用性鉴定中，混凝土柱出现的水平位移或倾斜，可根据其特征划分为两类。一类是它的出现与整个结构及毗邻构件有关，亦即属于一种系统性效应的非独立事件。例如，主要由各种作用荷载引起的水平位移；或主要由尚未完全终止，但已趋收敛的地基不均匀沉降引起的倾斜等，均属此类情况。另一类是它的出现与整个结构及毗邻构件无关，亦即属于一种孤立事件。例如，主要由施工或安装偏差引起的个别墙、柱或局部楼层的倾斜即属此类情况。一般说来，前者由于其数值在建筑物使用期间尚有变化，故易造成毗邻的非承重构件和建筑装修的开裂或局部破损；而后者由于其数值稳定，故较多的是影响外观，只有在倾斜过大引起附加内力的情况下，才会给构件的使用性能造成损害。基于以上观点，本条将柱的水平位移（或倾斜）分为两类，并按其后果的不同，分别作出评级的规定。但应指出，该规定之所以采取与本标准第 8.3.6 条相联系的方式共用一个标准，而不另定其限值，是因为在本标准中已按体系的概念，给出了上部承重结构顶点及层间的位移限值，而这显然适用于柱的第一类位移的评级。至于对柱的另一类位移限值，系出自简便的考虑，而采用了按该标准的数值乘以一个放大系数来确定的做法。另外还应指出，在已评定上部承重结构侧向（水平）位移的情况下，并不一定需要再逐个评定柱的等级，这就依靠鉴定人员根据实际情况作出判断。

6.2.4 本条规定的裂缝评级标准，是根据本说明第 6.1.1 条所阐明的分级原则，并参照现行有关标准规定的检验允许值和现行设计规范限值制定的。但其中对执行标准严格程度的用词选择，则是根据征求意见确定的。因为返回的信息表明，存在着两种不同意见。一种意见认为，本条对裂缝分级所依据的原则虽较合理可行，但若还能允许有实践经验者适当灵活掌握，则效果将更好。因为在实际工程中，完全可能遇到有些裂缝虽已略为超出限值，但显然可不作处理的实例。另一种意见则认为，现场检查发现的裂缝，只要其大小已达到受人们关注的程度，不论是否已超出限值，均以尽快封护为宜。因为此时所需的费用较低，又有利于消除影响混凝土构件耐久性的隐患和住户心理上的悬念，即使考虑经济因素较多的业主，一般也赞同及时处理，以避免由于延误而出现更多问题。因此，对裂缝限值的确定严一些要比宽一些好。尽管以上两种意见相左，但却说明了一点，即：对正常使用极限状态而言，其裂缝封护界限受到诸多因素左右，因而带有一定的模糊性和弹性，需要凭借实践经验进行必要的调整。据此，修订组研究认为，由于本条所给出的裂缝限值，是以统一的分级原则为依据，具有明确的概念和尺度，而对本条所进行的试评定也表明，其结果较为符合民用建筑的使用要求。

6.3 钢结构构件

6.3.1 钢结构构件使用性鉴定应检查的项目，是在《统一标准》定义的正常使用极限状态基础上，参照国内外有关标准确定的，其中需要说明的是，本条之所以将受拉钢构件（钢拉杆）的长细比也列为检查项目，是因为考虑到柔细的受拉构件，在自重作用下可能产生过大的变形和晃动，从而不仅影响外观，甚至还会妨碍相关部位的正常工作。

6.3.2 本条规定的挠度评级标准，是根据与本章第6.2.2条相同的情况和原则制定的，并曾在钢桁架和钢檩的挠度检测与评定中试用过。其结果也表明，较为合理可行。另外，考虑到钢结构在一般民用建筑中应用不多，且应用的场合，多属重要的建筑，通常都要求进行详细的计算。

6.3.3 本条规定的钢柱水平位移（或倾斜）评级标准，其分类依据与本标准第6.2.3条相同，可参阅该条的说明。这是需要指出的是，对第二类位移（即主要由施工或安装偏差引起的个别构件倾斜）所确定的限值，要比混凝土柱严。这是因为钢柱对偏差产生的效应比较敏感，即使其鉴定仅涉及正常使用性问题，也应给予应有的重视。

6.3.4 本条是此次修订新增的条文，主要是对影响钢结构正常使用的缺陷（含偏差）和损伤进行评定。表6.3.4中所给出的等级评定标准，是在修订组调研基础上参照欧洲有关标准和指南制定的。

6.3.5 本条是此次修订新增的条文，用于检测、鉴定索构件的使用性能是否达到要求。从现阶段的使用状态来看，主要是检查索的外包裹防保护层有无损伤性的缺陷。因此作出了相应的规定。

6.3.6 考虑到受拉构件长细比的检查，除应测定其具体比值是否符合要求外，还应观察其实际工作状态是否良好，才能作出正确的评定。因此，对检查结果宜取 a_s级或 b_s级，要由检测人员在现场作出判断。

6.3.7 考虑到民用建筑钢结构防火的重要性，将防火涂层质量的检查与评定纳入钢结构构件使用性鉴定范畴。这里需要指出的是对防火涂层的检查应逐根构件进行，不得有疏漏，只有这样认真对待，才能发挥防火涂层的作用。

6.4 砌体结构构件

6.4.1 砌体结构构件使用性鉴定应检查的项目，是在《统一标准》定义的正常使用极限状态的基础上，参照国内外有关标准和工程鉴定经验确定的。这里需要说明的是，对使用性鉴定之所以只考虑非受力引起的裂缝（亦称变形裂缝），是因为在脆性的砌体结构中，一旦出现受力裂缝，不论其宽度大小均将影响安全，故已将之列于本标准第5章进行安全性检查评定。

6.4.2 影响砌体墙、柱使用功能的水平位移（或倾斜），主要是由尚未完全停止的地基基础不均匀沉降或施工、安装偏差引起的。尽管由各种作用（荷载）导致的构件顶点和层间位移在砌体结构中很少达到引人关注的程度，但对砌体墙、柱水平位移（或倾斜），仍然可按本标准第6.2.3条划分为两类，并采用相同的原则进行检测与评级。这里不再赘述。

另外，需要说明的是，对配筋砌体柱和组合砌体柱，究竟应按砌体柱的位移限值还是应按混凝土柱的位移限值采用的问题。编制组研究认为，就抵抗水平位移能力而言，配筋砌体较为接近普通砌体，宜按本节的规定取值；至于组合砌体，若其形式（如钢筋混凝土围套型）及构造合理，则具有钢筋混凝土结构的特点，可按混凝土柱的限值采用。

6.4.3 砌体结构构件非受力的作用引起的裂缝，是指由温度、收缩、变形和地基不均匀沉降等引起的裂缝，简称为非受力裂缝，其评定标准是参照福州大学、陕西省建科院和四川省建科院的调查实测资料制定的。在执行时需要注意的是，轻度的非受力裂缝是砌体结构中多发性的常见现象。通常它们只对有较高使用要求的房屋造成需要修缮的问题。因此，在使用性鉴定中，有必要征求业主或用户的意见，以作出恰当的结论。例如，钢筋混凝土圈梁与砌体之间的温度裂缝，一般并不影响正常使用，且一旦出现，也很难消除。在这种情况下，若业主和用户也认为无碍其使用，即使已略为超出 b_s级界限，也可考虑评为 b_s级，或是仍评为 c_s级，但说明可以暂不采取措施。

6.4.4 清水墙使用一段时间后，砌体风化便不可避免，但它的速度往往是很缓慢的。初期仅见于角部块体棱角变钝，随后才出现表面风化迹象。故仍可视为尚未出现明显的腐蚀现象，也不会立即影响结构的使用功能，因此将之作为划分 a_s级与 b_s级的界限。至于进一步发生的局部腐蚀，尽管其深度只有6mm，但已开始影响清水墙耐久性并严重影响观感，已到了需要修缮的程度。因此，以其作为划分 b_s级与 c_s级的界限，是比较适宜的。但值得注意的是，上述解释系针对正常的使用环境而言，若使用环境恶劣或正在变坏，则风化将会迅速发展。在这种情况下，即使块材尚未开始风化，也只能评为 b_s级。以引起有关方面对其使用环境的注意。

6.5 木结构构件

6.5.1 木结构构件使用性鉴定应检查的项目，是在《统一标准》定义的正常使用极限状态基础上，由本标准编制组与木结构两本规范管理组共同研究确定的。其中需要说明的是，将“初期腐朽”列为使用性检查项目的问题。这是由于考虑到腐朽在已有建筑物的木构件中十分常见，如果均作为影响结构安全的因素而进行拆换，显然在执行上是有困难的。况且有许多工程实例可以说明，初期腐朽并不立即影响构件的受力，只要一经发现及时进行防腐处理，便能抑制腐朽发展，防止对木构件构成威胁。因此，将初期腐朽视为影响木构件耐久性问题进行检查和评定还是恰当的。但值得注意的是，在鉴定报告中务必要作出“需进行防腐处理”的建议。

6.5.2 木结构受弯构件的挠度评级标准，基本上是按本标准第6.1.1条说明所阐述的分级原则，并结合我国木结构的实际情况制定的，其中需要说明三点：

1 本条对木桁架和其他受弯木构件挠度的评级，未采用检测值与计算值及现行设计规范限值相比较的方法评定，而是采用按检测值直接评定的方法，其原因是木桁架的挠度计算要考虑木材径、弦向干缩和连接松弛变形的影响，而这些数据在既有建筑物的木材中很难确定。另外，木结构是一种传统结构，长期积累有大量使用经验，可以为采用直接评定法提供大量数据和实例作为制定的依据，故决定按本条的规定评级。

2 对挠度评级所给出的a_s级限值，除木桁架是根据现行国家标准《木结构试验方法标准》GB 50329规定的允许值确定外，其他各项限值均是参照早期试验和实测资料，由本标准修订组会同两本木结构规范管理组共同研究确定的。

3 由于我国已长时间禁止使用木楼盖，因此，表6.5.2-1中的限值仅适用于一般装修标准，且对颤动性无特殊要求的旧建筑物，若执行中遇到新建不久高级装修房屋或使用要求很高的结构，则需适当提高鉴定标准。

6.5.3 当使用半干木材制作构件时，通常很快就会出现干缩裂缝，这是木结构常见的一种缺陷。但它只要不发生在节点、连接的受剪面上，一般不会影响构件的受力性能。不过由于它容易成为昆虫和微生物侵入木材的通道，还容易因积水而造成种种问题。因此，不论评为b_s级或c_s级，均宜在木材达到平衡含水率后进行嵌缝处理，以杜绝隐患。

6.5.4 见本标准第6.5.1条说明。

7 子单元安全性鉴定评级

7.1 一 般 规 定

7.1.1 建筑物子单元（即子系统或分系统）的划分，可以有不同的方案。本标准采用的是三个子单元的划分方案，即：分为上部承重结构（含保证结构整体性的构造）、地基基础和围护系统承重部分等三个子单元。之所以采用这种方案，理由有三：

1 以上部承重结构作为一个子单元，较为符合长期以来结构设计所形成的概念，也与目前常见的各种结构分析程序相一致，较便于鉴定的操作。至于上部承重结构的内涵，其所以还包括抗侧力（支撑）系统、圈梁系统及拉锚系统等保证结构整体牢固性的构造措施在内，是因为离开了它们，便很难判断各个承重构件是否能正常传力，并协调一致地共同承受各种作用，故有必要视为上部承重结构的一个组成部分。

2 地基基础的专业性很强，其设计、施工已自成体系，只要处理好它与上部结构间相关、衔接部位的问题，便可完全作为一个子单元进行鉴定。

3 围护系统的可靠性鉴定，必然要涉及其承重部分的安全性问题，因此，还需单独对该部分进行鉴定，此时，尽管其中有些构件，既是上部承重结构的组成部分，又是该承重部分的主要构件，但这并不影响它作为一个独立的子单元进行安全性鉴定。

由以上三点可见，本标准划分的方案，不仅概念清晰，可操作性强，而且便于处理问题。

7.1.2 本条主要是对上部承重结构和地基基础的计算分析与验算工作提出基本要求，但考虑到本标准第5.1.2条已先于本条对结构上的作用、结构分析方法、材料性能标准值和几何参数的确定，作出较系统的规定以应单个构件鉴定之需，而这些规定同样适用于本章的计算与验算，故仅需加以引用，以避免造成不必要的重复。

7.1.3 许多工程鉴定实例表明，当仅对建筑物某个部分进行鉴定时，必须处理好该部分与相邻部分之间的相关、交叉问题或边缘衔接问题，才能避免因就事论事而造成事故。故本条文对鉴定人员的职责加以明确。

7.2 地 基 基 础

7.2.1 影响地基基础安全性的因素很多。本标准归纳为：地基变形（或地基承载力）、斜坡场地稳定性两个检查项目。当地基变形观测资料不足，或检测、分析表明上部结构存在的问题系因地基承载力不足引起的反应所致时，其安全性等级改按地基承载力项目进行评定。对斜坡场地稳定性问题的评定，除应执行本标准的评级规定外，尚可参照现行国家标准《建筑边坡工程技术规范》GB 50330的有关规定进行鉴定，以期得到更全面的考虑。

至于基础的安全性评定，因考虑到基础的隐蔽性较强，一般不易检测等实际困难，因而很多国家均不将基础与地基分开检测与评定，而视为一个共同工作的系统进行综合鉴定。只有在特定情况下，才考虑进行局部开挖检查。因此，在这次修订中，不再将基础单列一个项目（即删去1999年原标准第6.2.3条及第6.2.6条）。如果遇到开挖检查，对基础安全性鉴定，可按上部结构的有关规定进行。

7.2.2 在已建成建筑物的地基安全性鉴定中，虽然一般多认为采用按地基变形鉴定的方法较为可行，但在有些情况下，它并不能取代按地基承载力鉴定的方法。况且，多年来国内外的研究与实践也表明，若能根据建筑物的实际条件及地基土的种类，合理地选用或平行地使用原位测试方法、原状土室内物理力学性质试验方法和近位勘探方法等进行地基承载力检验，并对检验结果进行综合评价，同样可以使地基安全性鉴定取得可信的结论。为此，本条从以上所述的两种方法出发，对地基安全性鉴定的基本要求作出了规定。

7.2.3 当地基发生较大的沉降和差异沉降时，其上部结构必然会有明显的反应，如建筑物下陷、开裂和侧倾等。通过对这些宏观现象的检查、实测和分析，可以判断地基的承载状态，并据以作出安全性评估。在一般情况下，当检查上部结构未发现沉降裂缝，或沉降观测表明，沉降差小于现行设计规范允许值，且已停止发展时，显然可以认为该地基处于安全状态，并可据以划分 A_u 级的界线。若检查上部结构发现砌体有轻微沉降裂缝，但未发现有发展的迹象，或沉降观测表明，沉降差已在现行规范允许范围内，且沉降速度已趋向终止时，则仍可认为该地基是安全的，并可据以划分 B_u 级的界线。在明确了 A_u 级与 B_u 级的评定标准后，对划分 C_u 级与 D_u 级的界线就比较容易了，因为就两者均属于需采取加固措施而言，C_u 级与 D_u 级并无实质性的差别，只是在采取加固措施的时间和紧迫性上有所不同。因此，可根据差异沉降发展速度或上部结构反应的严重程度来作出是否必须立即采取措施的判断，从而也就划分了 C_u 级与 D_u 级的界线。

另外，需要指出的是，已建成建筑物的地基变形与其建成后所经历的时间长短有着密切关系，对砂土地基，可认为在建筑物完工后，其最终沉降量便已基本完成；对低压缩性黏土地基，在建筑物完工时，其最终沉降量才完成不到 50%；至于高压缩性黏土或其他特殊性土，其所需的沉降持续时间则更长。为此，本条指出：本评定标准仅适用于建成已 2 年以上建筑物的地基。若为新建房屋或建造在高压缩性黏性土地基上的建筑物，则尚应根据当地经验，进一步考虑时间因素对检查和观测结论的影响。

7.2.4 尽管在不少民用建筑中没有保存或仅保存很不完整的工程地质勘察档案，且在现场很难进行地基荷载试验，但征求意见表明，多数鉴定人员仍期望本标准作出根据地基承载力进行安全性鉴定的规定。为此，考虑到多年来国内外在近位勘探、原位测试和原状土室内试验等方面做了不少的工作，并在实际工程中积累了很多综合使用这些方法的经验，显著地提高了对地基承载力进行评价的可信性与可靠性。因而本条作出了按地基承载力评定地基安全性等级的规定。但执行中应注意三点，一是在没有十分必要的情况下，不可轻易开挖有残损的建筑物基槽，以防上部结构进一步恶化；二是根据上述各项检测结果，对地基承载力进行综合评价时，宜按稳健估计原则取值；三是若地基安全性已按本标准第 7.2.3 条作过评定，便不宜再按本条进行重复评定。

7.2.5 建造于山区或坡地上的房屋，除需鉴定其地基承载是否安全外，尚需对其斜坡场地稳定性进行评价。此时，调查的对象应为整个场区；一方面要取得工程地质勘察报告，另一方面还要注意场区的环境状况，如近期山洪排泄有无变化，坡地树林有无形成“醉林”的态势（即向坡地一面倾斜），附近有无新增的工程设施等。必要时，还要邀请工程地质专家参与评定，以期作出准确可靠的鉴定结论。

7.2.6 地下水位变化包括水位变动和冲刷；水质变化包括 pH 值改变、溶解物成分及浓度改变等，其中尤应注意 CO_2、NH_4^+、Mg^{2+}、SO_4^{2-}、Cl^- 等对地下构件的侵蚀作用。当有地下墙时，尚应检查土压和水压的变化及墙体出现的裂缝大小和所在位置。

7.2.7 评定地基基础安全性等级所依据的各检查项目之间，并无主次之分，故应按其中最低一个等级确定其级别。

7.3 上部承重结构

7.3.3～7.3.5 上部承重结构具有完整的系统特征与功能，需运用结构体系可靠性的概念和方法才能进行鉴定。然而迄今为止，其理论研究尚不成熟，即使有些结构可以进行可靠度计算，但其结果却由于对实物特征作了过分简化，而难以直接用于实际工程的鉴定。为此，国内外都在寻求一种既能以现代可靠性概念为基础，又能通过融入工程经验而确定有关参数的鉴定方法。研究表明，这一设想可以在一定的前提条件下得到实现。因为结构可靠性理论在工程中的应用方式，可以随着应用目的和要求的不同而改变。例如，当用于指导结构设计时，它是作为协调安全、适用和经济的优化工具而发展其计算方法的；当用于已建成建筑物的可靠性鉴定时，由于现行很多标准中已明确了应以检查项目的评定结果作为处理问题的依据，更多的是作为对建筑物进行维修、加固、改造或拆除作出合理决策和进行科学管理的手段而发展其推理规则和评估标准的。此时，鉴定者所要求的并非理论的完善和计算的高精度，而是在众多随机因素和模糊量干扰的复杂情况下，能有一个简便可信的宏观判别工具。据此所做的探讨表明，若以构件所评等级为基础，对上部承重结构进行系统分析，并同样以分级的模式来描述其安全性，则有可能解决上述用途的鉴定问题。因为当按本标准第 5 章的规定重新整理现存的民用建筑鉴定的档案资料，以确定每一构件的安全性等级时，若将原先被评为“整体承载正常”、“尚不显著影响整体承载”和“已影响整体承载”的上部承重结构，改称为 A_u 级、B_u 级和 C_u 级的结构体系，则可清楚地看到：在这三个结构体系中，除了作为主成

分的构件分别为 a_u 级、b_u 级和 c_u 级外，还不同程度地存在着较低等级的构件，这一普遍现象，不仅是长期鉴定经验的集中反映，而且还可从理论分析中得到解释。因为从本质上说，这是有经验专家凭其直觉对结构体系目标可靠度所具有的一定调幅尺度的运用；尽管该调幅尺度迄今尚无法定量，但显而易见的是，可以通过间接的途径，如建立一个以包含少量低等级构件为特征的结构体系安全性等级的评定模式，以分级界限来替代调幅尺度的确定。虽然这个模式需依靠大量工程实践数据来取得其有关参数，并且还需在编制标准过程中完成庞大的试算工作量，但一旦在它达到实用水平后，必定会使上部承重结构的安全性鉴定工作大为简化。故专家论证认为，可以考虑采用这个模式作为制定标准的基础。

为此，修订组在分析研究有关素材的基础上，提出了以"构件集"概念为基础，并以下列条件和要求为依据，建立每种构件集的分级模式：

1 在任一个等级的构件集内，若不存在系统性因素影响，其出现低于该等级的构件纯属随机事件，亦即其出现的量应是很小的，其分布应是无规律的，不致引起系统效应。

2 在以某等级构件为主成分的构件集内出现的低等级构件，其等级仅允许比主成分的等级低一级。若低等级构件为鉴定时已处于破坏状态的 d_u 级构件或可能发生脆性破坏的 c_u 级构件，尚应单独考虑其对该构件集安全性可能造成的影响。

3 宜利用系统分解原理，先分别评定每种构件集以及该结构的整体性和结构侧移等的等级而后再进行综合，以使结构体系的计算分析得到简化。

4 当采用理论分析结果为参照物时，应要求：按允许含有低等级构件的分级方案构成的某个等级结构体系，其失效概率运算值与全由该等级构件（不含低等级构件）组成的"基本体系"相比，应无显著的增大。对于这一项要求，目前尚无蓝本可依。但考虑到理论分析结果仅作为参照物使用，故可暂以二阶区间法（窄区间法）算得的"基本体系"失效概率中值作为该体系失效概率代表值，而以二阶区间的上限作为它的允许偏离值。若上述结构体系算得的失效概率中值不超过该上限，则可近似地认为，其失效概率无显著增大，亦即该结构体系仍隶属于该等级。

从以上条件和要求出发，修订组以若干典型结构的理论分析结果为参照物，并利用来自工程鉴定实践的数据作为修正、补充的依据，初步拟定了每个等级结构体系允许出现的低一级构件百分比含量的界限值。但这一工作结果还只能在单层结构范围内使用。因为在多层和高层建筑中，随着层数的增加，检测与评定的工作量越来越大，需要考虑的影响因素也越来越多，以致影响了其实用性。为了解决这个问题，修订组搜集并研究了国内外不同类型多、高层建筑上部承重结构可靠性鉴定的工程实例。其结果表明，为了将本模式用于多、高层结构体系中，还需要引入下列概念和措施：

1） 为了合理地评定多层与高层建筑上部承重结构中的每种构件集的安全性等级，还应在前述的"随机事件"假设的基础上，进一步提出：在多层和高层建筑的任一楼层中，若无系统性因素的影响，出现低等级构件亦属随机事件的假设。

2） 从上述假设出发，便可随机抽取若干层作为"代表层"进行检测和评定，并以其结果来描述该多、高层结构的安全性。至于如何确定"代表层"的数量，则可借鉴偶然偏离正常情况的随机偏差总会服从正态分布假设的概念，而应用概率统计学中的 χ^2 分布来估计可能出现低等级构件的楼层数。即：

$$\chi^2 = \Sigma \frac{(m' - m)^2}{m} \tag{2}$$

式中：m——为期望观察到的无低等级构件出现的楼层数；

m'——为实际观察到的无低等级构件出现的楼层数。

如果上述假设为真，则 χ^2 的大小与自由度具有同一数量级，而且从概率统计的意义来衡量，每一组 $(m'-m)^2/m$ 均将是1的数量级的大小。因而有

$$\frac{(m' - m)^2}{m} \approx 1 \tag{3}$$

由于 $m'-m$ 便是可能出现低等级构件的楼层数 Δm，故

$$\Delta m = \sqrt{m} \tag{4}$$

根据以上推导结果，当以该结构的楼层数 m 为期望数时，即可近似地确定需参与鉴定的"代表层"的数量宜取为 $\sqrt{m}$ 层，这样便可大大节省鉴定的工作量。

3） 在实际工程中应用"代表层"的概念时，还不宜完全采用随机抽取的楼层，作为代表层，还应从稳健取值的原则出发，要求所抽取的代表层应包括底层和顶层；对高层建筑还应包括转换层和避难层。以这样抽取的"代表层"来进行可靠性评定，显然较为稳妥、可靠。

基于以上所做的工作，本标准提出了上部承重结构系统中每种构件集评级的具体尺度，即条文中表7.3.5的标准及其补充规定。

这里需要说明的是，本标准在确定一个鉴定单元中与每种构件集安全性有关的参数时，仅按构件的受力性质及其重要性划分种类，而未按其几何尺寸作进一步细分，因此，执行本标准时也不宜分得太细，例

如：以楼盖主梁作为一种构件集即可，无需按跨度和截面大小再分，以免使问题复杂化。

在解决了每种构件集安全性等级的评定方法和标准后，只要再对结构整体性和结构侧移的鉴定评级作出规定，便可根据以上的三者的相互关系及其对系统承载功能的影响，制定上部承重结构安全性鉴定的评级原则。

7.3.7 本条是对单层房屋代表区和多、高层房屋代表层的安全性评级方法和标准作出规定。这些规定是以原规范为基础，以十多年来执行过程中所取得的数据和经验为依据，加以修订而成。这里需要指出的是，当代表层还可细分为若干代表区时，若鉴定者认为有必要按代表区的评定结果来确定代表层的等级时，也可这样做。因为它并没有违背原则，只是多增加工作量而已。

7.3.8 本条是对上部承重结构承载功能安全性的评级方法和标准作出规定。这是以单层房屋代表区和多、高层房屋代表层的安全性评级为基础，按综合评定的思路和原则制定的。其工程试用结果表明，具有可行性，且能达到简化评级、减少工作量之目的。

7.3.9 结构的整体性，是由构件之间的锚固拉结系统、抗侧力系统、圈梁系统等共同工作形成的。它不仅是实现设计者关于结构工作状态和边界条件假设的重要保证，而且是保持结构空间刚度和整体稳定性的首要条件。但国内外对建筑物损坏和倒塌情况所作的调查与统计表明，由于在结构整体性构造方面设计考虑欠妥，或施工、使用不当所造成的安全问题，在各种安全性问题中占有不小的比重。因此，在建筑物的安全性鉴定中应给予足够重视。这里需要强调的是，结构整体性的检查与评定，不仅现场工作量很大，而且每一部分功能的正常与否，均对保持结构体系的整体承载与传力起到举足轻重的作用。因此，应逐项进行彻底的检查，才能对这个涉及建筑物整体安全性的问题作出确切的鉴定结论。

7.3.10 当已建成建筑物出现的侧向位移（或倾斜，以下同）过大时，将对上部承重结构的安全性产生显著的影响，故应将它列为上部结构子单元的检查项目之一。但应考虑的是，如何制定它的评定标准。因为在已建成的建筑物中，除了风荷载等水平作用会使上部承重结构产生附加内力外，其地基不均匀沉降和结构垂直度偏差所造成的倾斜，也会由于它们加剧了结构受力的偏心而引起附加内力。因此不能像设计房屋那样仅考虑风荷载引起的侧向位移，而有必要考虑上述各因素共同引起的侧向位移，亦即需以检测得到的总位移值作为鉴定的基本依据。在这种情况下，考虑到本标准已将影响安全的地基不均匀沉降划归本章第7.2节评定，因而，从现场测得的侧向总位移值可能由下列各成分组成：

1）检测期间风荷载引起的静力侧移和对静态位置的脉动；

2）过去某时段风荷载及其他水平作用共同遗留的侧向残余变形；

3）结构过大偏差造成的倾斜；

4）数值不大但很难从总位移中分离的不均匀沉降造成的倾斜。

此时，若能在总结工程鉴定经验的基础上，给出一个为考虑结构承载能力可能受影响而需进行全面检查或验算的“起点”标准，则能够按下列两种情况进行鉴定：

1）在侧向总位移的检测值已超出上述“起点”标准（界限值）的同时，还检查出结构相应受力部位已出现裂缝或变形迹象，则可直接判为显著影响承载的侧向位移。

2）同上，但未检查出结构相应受力部位有裂缝或变形，则表明需进一步进行计算分析和验算，才能作出判断。计算时，除应按现行规范的规定确定其水平荷载和竖向荷载外，尚需计入上述侧向位移作为附加位移产生的影响。在这种情况下，若验算合格，仍可评为B_u级；若验算不合格，则应评为C_u级。

7.3.11 在确定了上部承重结构的实用鉴定模式及上部结构承载功能安全性等级的评定方法与评级标准后，上部承重结构的安全性等级，便可按下列原则进行评定：

1）以上部结构承载功能和结构侧向位移的鉴定结果，作为确定上部承重结构安全性等级的基本依据，并采用“最小值的原则”按其中最低等级定级。

2）根据低等级构件可能出现的不利分布与组合，以及可能产生的系统效应，进一步以补充的条款考虑其对评级可能造成的影响。

3）若根据以上两项评定的上部承重结构安全性等级为A_u级或B_u级，而结构整体性的等级或一般构件的等级为C_u级或D_u级，则尚需按本标准规定的调整原则进行调整。

另外，在执行本条的评级规定时，尚应注意以下两点：

一是本规定原则上仅适用于民用建筑。这是因为本条所给出的具体分级尺度，虽然是以已建成建筑的结构体系可靠性概念为指导，并以工程实例为背景，经分析比较与专家论证后确定的，但由于在按既定模式对有关分析资料和工程鉴定经验进行归纳与简化过程中，不仅主要使用的是民用建筑的数据，而且还从稳健估计的角度，充分考虑了民用建筑安全的社会敏感性和重要性。在这种情况下，其所划分的等级界限，不一定适合其他用途建筑物对安全性的要求。因而不宜贸然引用于其他场合。

二是本规定对C_u级结构所作的补充限制，是为了使上部承重结构安全性评级更切合实际。因为不少工程鉴定经验表明，当结构中全部或大部分构件为

C_u级时，其整体承载状态将明显恶化，以致超出C_u级结构所能包容的程度。究其原因，虽较为复杂，但有一点是肯定的，即在这种情况下，若结构中的C_u级增大到一定比例，便有可能产生某些组合效应，而在意外因素的干扰与促进下，会导致结构的整体承载能力急剧下降。为此，国外有些标准规定：对按一般规则评为C_u级的结构，若发现其C_u级构件的含量（不分种类统计）超出一定比例或在一些关键部位集中出现时，应将所评的C_u级降为D_u级。本标准从民用建筑特点和重要性出发，也参照国外标准的规定，在这个问题上，给出了略为偏于安全的分级界限。

7.3.13 当建筑物的振动引起使用者表示担心的量级时，向使用者提供一份确认此振动量级是否会对结构安全性和整体性产生影响的报告就显得十分必要。因此，国际标准（ISO）推荐了建筑振动控制标准，它采用质点峰值振动速度 PPV（Peak Particle Velocity）作为建筑振动的控制标准。德、英等国也制定了类似的建筑结构振动控制标准。与德国、英国等经济发达国家相比，我国《爆破安全规程》GB 6722 规定的允许标准要宽一些，但尚可接受。考虑到振动作用对结构可能造成的损害，限制结构承受过大的振动作用以避免出现危险状态，也是保证结构安全的基本条件之一。因此本标准参照现行《爆破安全规程》GB 6722 的振动安全允许标准给出建筑物不应遭受的振动作用值，据以评价振动对上部结构安全的影响。

7.4 围护系统的承重部分

7.4.1～7.4.5 可参阅本章第 7.3.1 条～第 7.3.7 条的说明。

7.4.6 本条规定的围护系统承重部分的评级原则，是以上部承重结构的评定结果为依据制订的，因而可以在较大程度上得到简化。但需注意的是，围护系统承重部分本属上部承重结构的一个组成部分，只是为了某些需要，才单列作为一个子单元进行评定。因此，其所评等级不能高于上部承重结构的等级。

8 子单元使用性鉴定评级

8.1 一般规定

8.1.1 为了便于比较安全性与使用性的检查评定结果，并便于综合评定子单元的可靠性，本标准对建筑物第二层次的使用性鉴定评级，采取了与安全性鉴定评级相对应的原则，同样划分为三个子单元。

8.2 地基基础

8.2.1 地基基础属隐蔽工程，在建筑物已建成情况下，检查尤为困难，因此，非不得已不进行直接检查。在工程鉴定实践中，一般通过观测上部承重结构和围护系统的工作状态及其所产生的影响正常使用的问题，来间接判断地基基础的使用性是否满足设计要求。本标准考虑到它们之间确实存在的因果关系，故据以作出本条规定。另外，由于在个别情况下（例如：地下水成分有改变，或周围土壤受腐蚀等），确需开挖基础进行检查，才能作出符合实际的判断，故还作了当鉴定人员认为有必要开挖时，也可按开挖检查结果进行评级的规定。

8.2.2 地基基础的使用性等级，取与上部承重结构和围护系统相同的级别是合理的，因为地基基础使用性不良所造成的问题，主要是导致上部承重结构和围护系统不能正常使用，因此，根据它们是否受到损害以及损坏程度所评的等级，显然也可以用来描述地基基础的使用功能及其存在问题的轻重程度。在这种情况下，两者同取某个使用性等级，不仅容易为人们所接受，也便于对有关问题进行处理。但应指出的是，上述原则系以上部承重结构和围护系统所发生的问题与地基基础有关为前提，若鉴定结果表明与地基基础无关时，则应另作别论。

8.3 上部承重结构

8.3.1 通过对工程鉴定经验和结构体系可靠性研究成果所作的分析比较与总结，编制组对上部承重结构作为一个体系，其使用性的鉴定评级应考虑主要问题，概括为以下三个方面：

一是该结构体系中每种构件集的使用功能；

二是该结构体系的侧向位移；

三是该结构体系的振动特性（当存在振动影响时）。

由于这三方面内容具有相对的独立性，可以先分别进行各自的评级，然后再按照一定规则加以综合与定级。这样不仅可使系统分析工作得到一定的简化，而且可以很方便地与安全性鉴定方法取得协调和统一。因此，修订组决定采用与安全性鉴定相同的评估模式制定标准。

8.3.2、8.3.3 由于上部承重结构的使用性鉴定评级，采用了与安全性鉴定相同的评估模式，因而在确定每种构件集使用性等级的评定标准时，编制组所做的理论分析与工程鉴定经验的总结工作，也基本上与本标准第 7.3.2 条说明中所阐述的方法、条件和要求相同，只是在确定有关参数时，更注重对工程鉴定数据的搜集，统计、检验与应用，以弥补《统一标准》在正常使用性方面对可靠指标及其他控制值的研究与制定上存在的不足。

8.3.6 上部承重结构的侧向位移过大，即使尚未达到影响建筑物安全的程度，也会对建筑物的使用功能造成令人关注的后果，例如：

1）使填充墙等非承重构件或各种装修产生裂纹或其他局部破损；

2）使设备管道受损、电梯轨道变形；

3）使房屋用户、住户感到不适，甚至引起不安。

因此，需将侧向位移列为上部承重结构使用性鉴定的检查项目之一进行检测、验算和评定。

这里需要说明的是，本条采用的评定标准，其每个等级位移界限的取值，是以下列考虑为基本依据，并参照国外有关标准确定的：

1）以相当于施工允许偏差或同量级的经验值，作为确定 A_s级与 B_s级的界限。

因为从 ASCE 正常使用性研究特设委员会及我国有关单位对这方面文献所作的总结中可以看出：当实测的位移不大于此限值时，一般不会使结构或非结构构件出现可见的裂纹或其他损伤。因此，不少国家倾向于以它来界定当既有结构的使用功能完全正常时，其实际侧移的可接受程度。

2）以相当于现行设计规范规定的位移限值，作为确定 B_s级与 C_s级的界限。

因为现场记录到的位移，通常只能在各种作用与抗力难以同时达到设计规定的极端值的情况下测得。此时，若该位移已接近设计限值，则在很大程度上表明，该结构的侧移整体刚度略低于设计规范的要求，但由于尚不影响使用功能或仅有轻微的影响，因而在国外有些标准中被用来作为 B_s级与 C_u级的界限。这显然是有一定道理的，故亦为本标准所引用。

8.3.7 根据本标准采用的结构体系可靠性鉴定模式，上部承重结构的使用性鉴定评级可按下列原则进行：

1 以上部结构使用功能和结构侧向位移所评的等级作为依据，取两者中较低一个等级作为上部承重结构的使用性等级。这与前述的安全性鉴定评级方法是一致的。

2 对大跨度或高层建筑以及其他对振动敏感的柔性低阻尼的房屋，尚应按本标准第 8.3.8 条及第 8.3.9 条的规定，考虑振动对上部承重结构使用功能的影响。

8.3.8、8.3.9 建筑物受到振动作用对人体舒适性、设备仪器正常工作、结构正常使用等产生影响，为控制此类影响国内外已陆续发布了不少的这类标准，只是国内的标准还不够齐全。因此，对设备仪器的正常工作要求，可参照现行国家标准《多层厂房楼盖抗微振动设计规范》GB 50190 的规定进行评定；对人体舒适性影响，可参照国家现行标准《城市区域环境振动标准》GB 10070、《高层建筑混凝土结构技术规程》JGJ 3 等的规定进行评定。若鉴定人员认为上述参照标准不适用时，也可通过合同的规定或主管部门的批准，而采用合适的国外先进标准，但若遇到第 8.3.9 条所述的情况，则无需引用其他标准，而按该条规定直接评级即可。

8.4 围 护 系 统

8.4.1 围护系统的使用性鉴定，虽然应着重检查其各方面使用功能，但也不应忽视对其承重部分工作状态的检查。因为承重部分的刚度不足或构造不当，往往会影响以它为依托的围护构件或附属设施的使用功能，故本条规定其鉴定应同时考虑整个系统的使用功能及其承重部分的使用性。

8.4.2 民用建筑围护系统的种类繁多，构造复杂。若逐个设置检查项目，则难以概括齐全。因此，编制组根据调查分析结果，决定按使用功能的要求，将之划分为 7 个检查项目。鉴定时，既可根据委托方的要求，只评其中一项；也可逐项评定，经综合后确定该围护系统的使用功能等级。

这里需要指出的是，有些防护设施并不完全属于围护系统，其所以归入围护系统进行鉴定，是因为它们的设置、安装、修理和更新往往要对相关的围护构件造成损害，在围护系统使用功能的鉴定中不可避免地要涉及这类问题。因此，应作为边缘问题加以妥善处理。

8.4.3 本条是为评定围护系统使用性等级而设置的。若委托方仅需要鉴定围护系统的使用功能，则其承重部分的使用性鉴定可归入本章第 8.3 节，作为上部承重结构的一个组成部分进行评定。

8.4.4 这是根据第 8.4.1 条所述的概念并参照有关标准所作出的关于确定围护系统使用性等级的规定。实践证明，采用这一原则定级，不仅稳妥，而且合理可行。

8.4.5 在民用建筑中，往往会遇到一些对围护系统使用功能有特殊要求的场所。其使用性鉴定，需先按现行专门标准进行合格与否的评定，然后才能按本标准作出鉴定评级的结论。为此，设置了本条的规定。

9 鉴定单元安全性及使用性评级

9.1 鉴定单元安全性评级

9.1.1 民用建筑鉴定单元的安全性鉴定，应考虑其所含三个子单元的承载状态，是不言而喻的。但它之所以还需要考虑与整幢建筑有关的其他安全问题，是因为建筑物所遭遇的险情，不完全都是由于自身问题引起的，在这种情况下，对它们的安全性同样需要进行评估，并同样需要采取措施进行处理。如直接受到毗邻危房的威胁，便是这类问题的一个例子。因此，作出了相应的规定。

9.1.2 由于本标准采取了对两类极限状态问题分开评定的做法，并在上部承重结构子单元的鉴定中，妥善地解决了结构体系的安全性评估方法与标准的制定问题，因而使鉴定单元的安全性评级原则的制定，变得简单而顺理成章，现就第 1、2 款的规定说明如下：

1 由于地基基础和上部承重结构均为鉴定单元的主要组成部分，任一部分发生问题，都将影响整个鉴定单元的安全性。因此，取两者中较低一个等级作为鉴定单元的安全性等级，显然是正确的。

2 由于在某些情况下，要将围护系统的承重部分单列评级，此时，便需要考虑其安全状态对整个承重体系工作的影响，因而设置了第2款的规定，以调整鉴定单元按第1款所评的等级。在制定其具体评定原则时，由于考虑到鉴定单元的评定结果主要用于管理，故规定了仅需酌情调低一级或二级，但不低于C_{su}级即可。

9.1.3 本条所列两款内容，均属紧急情况，宜直接通过现场宏观勘查作出判断和决策，故规定不必按常规程序鉴定，以便及时采取应急措施进行处理。

另外需指出的是，对危房危害的判断，除应考虑其坍塌可能波及的范围和由之造成的次生破坏外，还应考虑拆除危房对毗邻建筑物可能产生的损坏作用。

9.1.4 这是参照国外有关标准作出的规定，其目的是帮助鉴定人员对多层和高层建筑进行初步检查，以探测其内部是否有潜在异常情况的可能性。但应指出的是，这一方法必须在有原始的记录或有可靠的理论分析结果作对比的情况下，或是有类似建筑的振动特性资料可供引用的情况下，才能作出有实用价值的分析。因此，不要求普遍测量被鉴定建筑物的动力特性。

9.2 鉴定单元使用性评级

9.2.1 民用建筑鉴定单元的使用性鉴定，虽要求系统地考虑其所含的三个子单元的使用性问题，但由于地基基础的使用性，除了基础本身的耐久性问题外，几乎均反应在上部承重结构和围护系统的有关部位上，并取与它们相同的等级，因此，在实际工程中，只要能确认基础的耐久性不存在问题，则鉴定工作将得到简化。

这里需要说明的是，在鉴定中之所以还需考虑与整幢建筑有关的其他使用功能问题，是因为有些损害建筑物使用性的情况，并非由于鉴定单元本身的问题，而是由于其他原因所造成的后果，例如：全面更换房屋内部的管道并重新进行布置，而给围护系统造成的各种损伤和污染，便属于这类问题。

9.2.2、9.2.3 由于影响建筑物使用功能的各种问题，均已在上部承重结构和围护系统的检查与评定中得到了结论，因此不仅在很大程度上减少了鉴定单元评级所要做的工作，而且使其评级原则的制定，变得简单而顺理成章。

这里应指出的是，第9.2.3条中的两款规定，是参照国外标准制定的。因为在这种情况下，仅按结构构件功能和生理功能来考虑建筑物的正常使用性是不够的，有必要联系其他相关问题和使用要求来定级，才能作出恰当的鉴定结论。

10 民用建筑可靠性评级

10.0.1、10.0.2 民用建筑的可靠性鉴定，由于本标准区分了两类不同性质的极限状态，并解决了两类问题的评定方法，从而使每一层次的鉴定，均分别取得了关于被鉴定对象的安全性与正常使用性的结论。它们既相辅相成，又全面确切地描述了被鉴定构件和结构体系可靠性的实际状况。因此，当委托方不要求给出可靠性等级时，民用建筑各层次、各部分的可靠性，完全可以直接用安全性和使用性的鉴定评级结果共同来表达。这在其他行业中也有类似的做法。其优点是直观，又便于不熟悉可靠性概念的人理解鉴定结论的含义，所以很容易为人们所接受，也为本标准所采纳。

10.0.3 当需要给出被鉴定对象的可靠性等级时，本标准从可靠性概念和民用建筑特点出发，根据以安全为主，并注重使用功能的原则，制定了具体评级规定，该规定共分三款。现就前两款作如下说明：

1 第1款主要明确在哪些情况下，应以安全性的评定结果来描述可靠性。分析表明，当鉴定对象的安全性不符合本标准要求时，不论其所评等级为哪个级别，均需通过采取措施才能得以修复。在这种情况下，其使用性一般是不可能满足要求的，即使有些功能还能维持，但也是要受到加固的影响。因此，本款作出的应以安全性等级作为可靠性等级的规定是合适的。

2 第2款主要概括两层意思：

一是当鉴定对象的安全性符合本标准要求时，其可靠性应如何刻画。分析认为，由于可靠性含义，不仅仅是安全性，而是关于安全性与正常使用性的概括。在安全性不存在问题的情况下，对民用建筑最重要的是要考虑其使用性是否能符合本标准的要求。因此，宜以使用性的评定结果来刻画可靠性，亦即宜取使用性等级作为可靠性等级。

二是当鉴定对象的安全性略低于本标准要求，但尚不至于造成问题时，其可靠性又如何刻画。分析表明，尽管此时仍可由使用性的评定结果来刻画，但倾向性意见认为，较为可行的做法是取安全性和使用性等级中较低的一个等级，作为可靠性等级。

在制定条文时，考虑到以上两层意思可以采用统一的形式来表达，所以作出了第2款的规定。

11 民用建筑适修性评估

11.0.1 民用建筑的适修性评估，属于对可靠性鉴定结果如何采取对策所应考虑的重要问题之一。国内外在这个问题上所做的分析表明，由于它是通过对评估对象的技术特性、修复难度与经济效果等作了综合分析所得到的结论，因而大大增加了它的实用价值。这次修订本标准，考虑到它毕竟不属于可靠性鉴定的构成部分，故对它的应用未作强制性的规定，而只是要求鉴定人员在委托方提出这一要求时，宜积极予以接受，并尽可能作出中肯而有指导意义的评估结论。

11.0.2 在民用建筑中，影响其适修性的因素很多，必须结合实际情况和有关参数，进行多方案的比较，才能作出有意义的评估。因而，在标准中只作了原则性的规定。

12 鉴定报告编写要求

12.0.1 本标准对鉴定报告的格式不强求统一，各部门和各地区的主管单位可根据本系统的特点自行设计，但应包括本条规定的五项内容，以保证鉴定报告的质量。

12.0.2 在民用建筑的安全性鉴定中，根据现场调查实测结果被评为 c_u、d_u 级和 C_u 级、D_u 级的检查项目，不仅用以说明该鉴定对象在承载能力上存在着安全问题，而且是作为对它进行处理或加固设计的主要依据。因此，在鉴定报告中，要逐一作出详细说明，并具体提出需要采取哪些措施的建议，使之能得到及时而正确的处理或加固。为此，还有责任向委托方进行交底。

12.0.3、12.0.4 这两条的内容，是参照国际标准《结构可靠性总原则》ISO/DIS 2394－1996 及国外一些可靠性鉴定手册制定的。使用时需结合实际情况和有关要求作出合理可行的选择。

12.0.5 鉴定单元和子单元所评的等级，一般是经过综合后确定的。在综合过程中，由于考虑了系统的工作与单个构件不同，以及系统所具有的耐局部故障的特点，因而不能因非关键部位的个别构件有问题而调低整个系统的等级；但也不能因整个系统所评等级较高，而忽略了对个别有问题构件的处理。故在正确协调安全经济与科学管理关系的基础上，作出了本条规定。其试行情况表明，可收到合理而稳妥的效果。

附录 A 民用建筑初步调查表

本附录是在收集全国各地调查记录的基础上，参照日本《建筑物可靠性检测鉴定手册》的有关规定制定的。其目的是便于鉴定人员和委托人掌握被鉴定建筑物的基本信息使用。例如：可据以制定详细调查计划；也可供产权人归档备查。从本标准十多年来执行情况所反馈的信息来看，采用表格形式记录调查概况的多是系统性鉴定才填写的。一般鉴定多是采取概述的方式作出记载。因此，并不硬性规定必须填写。

附录 B 单个构件的划分

本附录是根据结构构件的术语定义以及构件设计所划分的计算单元确定的。为了便于使用，在修订过程中还征求了有关专家的意见，并得到了他们的认可。这里需要指出的是，本附录所列的构件名称尚不完整，对新型结构而言，还有些缺项，需待下次修订予以充实。

附录 C 混凝土结构耐久性评估

C.1 一 般 规 定

C.1.1 本条给出了影响混凝土耐久性能的重要参数，并规定这些参数应按现场调查、检测结果确定。

C.1.2 见本标准条文说明 4.2.5。

C.1.3 混凝土结构在环境作用下的耐久性损伤主要包括由混凝土碳化或氯离子侵蚀引起的钢筋锈蚀、混凝土冻融损伤、化学腐蚀等。一般情况下，在尚未影响到结构的承载力时，便应进行维修、处理。因此混凝土结构或构件的耐久年限应按正常使用极限状态确定。当存在对锈蚀敏感的预应力筋时，预应力混凝土结构应将钢筋开始锈蚀的时间作为其耐久年限；对一般的民用建筑可将钢筋锈蚀造成混凝土保护层锈胀开裂（此时裂缝宽度已肉眼可见）的时间作为其耐久年限；混凝土冻融损伤则可将混凝土表层出现轻微剥落的时间作为其耐久年限。

C.2 一般大气环境下钢筋混凝土耐久性评估

C.2.1 混凝土碳化（中性化）到一定深度后，碱度降低，保护钢筋免于生锈的钝化膜破坏，在有氧和水的条件钢筋开始锈蚀，直至混凝土保护层出现沿筋长方向的锈胀裂缝。近二十年来我国就碳化引起的钢筋锈蚀开展了较为深入的研究，建立了相应的钢筋锈蚀劣化模型，并经过大量工程验证。本条为依据劣化模型给出的在均值意义上钢筋开始锈蚀时间的简化评估方法。劣化模型中构件所处的局部环境、混凝土碳化速率与保护层厚度是决定钢筋开始锈蚀时间的三个重要参数。

需要说明的是，由于环境作用的复杂性和不确定性以及混凝土密实性具有很大的离散性，难以准确预测结构的耐久年限，仅能对混凝土结构耐久年限作出比较合理的估算，即依据现有科研成果作出均值意义上一般规律性的预测。结构在均值意义上满足耐久性要求，可能会有近 50% 的构件不能满足要求，因此必须留有一定的安全裕度。我国《混凝土结构耐久性设计规范》GB/T 50476 在内部测算时，取 1.8～2.0

的裕度系数。考虑到对既有结构耐久年限的评估系以现场实测有关参数为依据，可以适当降低对裕度的要求，故本标准取裕度系数为1.5。

C.2.2 构件所处局部环境对钢筋脱钝和锈蚀速率有极大影响。故在制定局部环境系数时，综合考虑了环境温度、湿度变化，干湿交替频率对钢筋脱钝与钢筋锈蚀速率的影响，并以实际工程调查验证结果为主要依据给出本标准取值。

C.2.3 碳化系数反映了碳化反应进行的速率，其与CO_2浓度、混凝土密实性、环境温湿度等因素有关。由实测碳化深度确定碳化系数可以避开上述诸多不确定性因素的影响，得到较为切合实际的结果。试验和工程调查表明，在构件角部，由于CO_2双向渗透作用，其碳化速率大致是非角部区域的1.4倍。

C.2.4、C.2.5 保护层厚度及其碳化深度是评估混凝土构件耐久性能极为重要的参数，条文对其检测方法给出了详细、严格的规定。

C.2.6、C.2.7 混凝土保护层锈胀开裂时间可按钢筋锈蚀劣化模型进行计算。为便于应用，条文以表格形式给出，依据保护层厚度与混凝土强度推断保护层锈胀开裂的时间。评估时可按推断的混凝土强度及实测保护层厚度近似插入取值。表中给出的锈胀开裂时间已考虑了1.5的裕度系数。

表格中计算从开始使用到钢筋开始锈蚀这一时间段时，采用了下列碳化系数理论模型公式：

$$k = 3K_{CO_2} \cdot K_{kl} \cdot K_{kt} \cdot K_{ks} \cdot K_F \cdot T^{1/4} RH^{1.5} (1-RH) \cdot \left(\frac{58}{f_{cuk}} - 0.76\right) \quad (5)$$

式中 K_{CO_2}——CO_2浓度影响系数，室内取1.8，室外取1.3；

K_{kl}——位置影响系数，构件角区取1.4，非角区取1.0；

K_{kt}——养护浇注影响系数，取1.2；

K_{ks}——工作应力影响系数，受压时取1.0，受拉时取1.1；

T——环境温度（℃）；

K_F——粉煤灰取代系数，取1.0。

由于混凝土碳化速率、钢筋锈蚀速率随环境温度升高加快、亦随干湿交替频率增加而增速。混凝土碳化、钢筋锈蚀速度与混凝土的密实性（渗透性）也有很大关系，这一指标在构件中具有很大的离散性。因此除本条注明南方炎热地区较表中增加保护层厚度外，评估时应结合实际环境条件、构件技术状况与工程经验，合理确定耐久年限。

C.3 近海大气环境下钢筋混凝土耐久性评估

C.3.1 氯离子通过外界渗入或掺加的方式进入混凝土中。氯离子半径小，穿透力极强，到达钢筋表面后迅速破坏钝化膜使钢筋锈蚀。氯离子导致的钢筋锈蚀速度远高于碳化引起的锈蚀速度。

混凝土表面氯离子浓度是评估氯侵蚀的重要参数。由于近海大气中存在盐雾，使氯离子逐渐在混凝土内聚集，尤其是在无遮挡、海风直吹的部位，氯离子向混凝土内部渗透与受雨水冲刷等因素产生的表面流失相平衡时，混凝土表面氯离子浓度可达到一个稳定的最大值。由于构件所处环境条件不同以及混凝土的密实性变异很大，在进行评定时应优先通过现场取样分析确定混凝土表面氯离子浓度。目前我国缺乏近海大气环境氯离子达到稳定值所需时间的实测数据，本条是参考美国Life-365标准设计程序给出的。

我国缺乏近海大气混凝土表面氯离子浓度的实测统计资料。若混凝土表面氯离子浓度实测有困难，可采用本条给出的建议值。建议值是借鉴欧洲Duracrete和日本土木学会标准给出的。

C.3.2 由于受胶凝材料品种与掺量、混凝土含水率、孔隙率、孔结构以及环境条件等多种因素的影响，临界氯离子浓度难以准确给出。根据我国工程检测数据，对水灰比从0.39～0.6、氯离子有效扩散系数从$0.428\times10^{-4}m^2$/年～$5.361\times10^{-4}m^2$/年、混凝土表面氯离子含量$3.84kg/m^3$～$12.97kg/m^3$、保护层厚度13mm～69mm的近百个构件的验证结果表明，C30以下混凝土取临界浓度$1.2kg/m^3$（0.34%）；C30混凝土取临界浓度$1.4kg/m^3$（0.4%）较为合理，也与当前国际公认的0.4%（胶凝材料重量比）相一致。表C.3.2即为依据工程验证结果以及国内外相关资料给出的。

C.3.3 氯离子侵蚀引起钢筋锈蚀同样经历钢筋开始锈蚀和保护层开裂两个阶段，钢筋开始锈蚀的时间应用Fick第二定律求解扩散方程。当渗透到钢筋表面的氯离子浓度达到临界浓度时，钢筋开始锈蚀；除混凝土表面氯离子浓度、氯离子临界浓度外，氯离子有效扩散系数是第三个重要计算参数，评估时宜采用实测值。根据我国工程检测数据，水灰比从0.39～0.6、氯离子有效扩散系数在$0.428\times10^{-4}m^2$/年～$5.361\times10^{-4}m^2$/年范围内变化。我国在这方面虽有不少研究，但由于影响因素众多，尚没有一个得到公认的有效扩散系数表达式。本条仍按美国Life-365标准设计程序给出的公式、偏安全地考虑5年衰减计算，水胶比为0.5～0.32，对普通硅酸盐混凝土，有效扩散系数取$1.89\sim0.7\times10^{-4}m^2$/年；对掺30%粉煤灰混凝土，有效扩散系数取$0.692\sim0.256\times10^{-4}m^2$/年，与工程检测数据大体相当。在计算中考虑了混凝土表面氯离子浓度达到稳定最大值期间氯离子向混凝土内部的扩散。

自钢筋开始锈蚀至保护层开裂的时间计算，采用了我国近年来的研究成果，适用于普通硅酸盐混凝土。由于氯离子侵蚀钢筋锈蚀速率很快，工程经验和计算分析表明，这段时间远小于钢筋开始锈蚀的时间。由于采用一维渗透模型，评估不再区分墙、板类或梁、柱类构件。表 C.3.3 已考虑了 1.5 的裕度系数。

已如前述，混凝土表面氯离子浓度、氯离子扩散系数均有很大的离散性，氯离子临界浓度也会在一定范围内变化；混凝土表面氯离子浓度越大，钢筋锈蚀越快，氯离子扩散系数除与混凝土孔结构分布有关外，温度越高、扩散系数也越大，对锈蚀越不利，因此应结合实际环境条件和实测参数对耐久年限进行推断。

C.3.4 由于大气盐雾浓度不同、构件位置不同、风向不同、混凝土密实性不同，混凝土表面氯离子浓度会在很大范围内变化，如处于浪溅区构件的表面氯离子浓度可在 $1.7kg/m^3$～$13kg/m^3$ 之间变化，氯离子临界浓度也会在一定范围内变化。因此当有确切数据时，应根据其与表 C.3.1 中计算所用参数的差异，结合工程经验调整耐久年限。

C.4 冻融环境下钢筋混凝土耐久性评估

C.4.1 混凝土在冻融循环作用下逐层剥离、水化产物由冻融前的堆积状密实体逐步变成疏松状态，微裂缝逐渐增多和加宽，导致混凝土强度下降、加快钢筋锈蚀。因此应按混凝土表层轻微剥离、尚未影响钢筋严重锈蚀评估耐久年限。各国学者就冻融损伤机理、抗冻性评价指标、冻融破坏预防开展了大量研究，但至今还没有可供实用、获得普遍认可的时变模型。

C.4.2 冻融损伤耐久年限主要由工程经验给出，考虑到房屋建筑冻融的严酷条件较路桥等结构相对较轻，其取值较我国《混凝土结构耐久性设计规范》GB/T 50476 取值均有降低。试验与工程经验表明，引气混凝土由于存在大量均布微小封闭气孔，缓解了冻胀压力，可显著提高混凝土的抗冻性，因而可降低混凝土强度的要求，当有盐冻时尚应同时满足抗氯离子侵蚀耐久性的要求。试验表明混凝土中粉煤灰参量过大，对冻融不利，故规定粉煤灰掺量不宜超过20%，且不应超过30%。

附录 D 钢结构耐久性评估

D.1 一 般 规 定

D.1.1 本附录的适用范围之所以界定为一般大气条件下民用建筑普通钢结构的耐久性评估，是因为迄今为止，只有在大气环境中，不受化学介质侵蚀的普通钢结构具有较丰富的工程应用经验。至于冷弯薄壁钢结构，因其工程应用时间不长，所积累的耐久性数据不足，故未纳入本标准考虑的范畴。

D.1.3 涂装防护层指防腐涂膜和拉索的外包裹层。

依据多年来积累的调查、检测资料所做的分析表明，民用建筑钢结构在一般大气条件下的耐久性失效，主要是由于雨水、冷凝水、潮湿空气以及水和空气中所含的微量酸性介质（如酸雨）或氯化物（如盐雾）等共同导致钢材锈蚀所引起的。为了延缓锈蚀进程，一般均要求采取防腐蚀措施；但由于经济的制约和技术的滞后，在既有钢结构建筑中，主要是采取消极的防腐措施，即依靠防腐涂层来抑制锈蚀的发展。然而至今所使用的各类涂层，其有效的防护年限均只有 10 年～20 年。在这种情况下，必须建立严格的维护制度，及时修缮涂层，才能保证民用建筑钢结构在规定的使用年限内具有设计所要求的耐久性；但这对产权和使用权经常易手的民用建筑而言，是很容易被忽略的；从而造成了影响长期正常使用的隐患。因此，在评估民用建筑钢结构的耐久性时，应对防护涂层质量状况和钢构件锈蚀状况进行详细的调查与检测，以取得耐久性评估所必需的现场信息。

D.2 耐久性等级评定

D.2.1 民用建筑钢结构构件的耐久性等级，应根据涂装防护层质量等级和钢构件锈蚀损伤等级的评定结果，取其中较低一级作为该构件的耐久性等级。这是根据稳健评级原则制定的，对承重结构较为适用。

D.2.2 对本条需要说明的是，虽然钢结构构件和节点的使用环境可能完全相同，但由于构件和节点范围内积灰、积水的严重程度显著不同，就必然导致锈蚀程度不同。另外，由于几何构造复杂程度不同，节点区域的防护涂层与构件表面相比也难以保证达到相同的质量水平。因此，钢构件和节点的耐久性也就不同。为了较为准确的评定钢结构构件的耐久性，应将构件本身和节点分开评定。至于评定标准，则是在总结工程经验基础上，参照国内外有关标准和技术指南制定的。

D.2.3 本评定标准系以本标准 1999 年版的相应内容加以修订而成的。

D.3 钢构件剩余耐久年限的评估

D.3.1 在民用建筑中，具有涂装防护层且保养良好的钢构件，其耐久性失效需经历一个很长的时间过程。现有的调查资料表明，早期建造、实物尚存的钢结构已使用了 125 年，其寿命尚未终结。但这不能作为制定国家规范评估标准的依据。因为对现代钢结构的群体而言，还需考虑众多影响因素的作用。有关专家通过不同的测算，多认为以 80 年～90 年作为民用建筑钢结构均值意义上的耐久年限较为合适。本标准在这基础上还考虑了一定的安全裕度，作为评估 a_d 级钢结构构件剩余耐久年限的依据。

D.3.3 对民用建筑钢结构的下一目标使用期内尚能使用多久而不会发生影响其安全性的耐久性变化，目前仅能对均匀锈蚀状况根据其统计规律提出近似的计算方法。这对非均匀锈蚀尚不适用。本条适用的前提条件是：钢结构的使用环境基本保持不变以及原维护涂层没有重新修缮或处理过。

附录E　砌体结构耐久性评估

E.1　一般规定

E.1.1　本条给出了影响砌体结构耐久性能的重要参数，这些参数需要进行现场调查与检测。

E.1.2、E.1.3　给出了砌体结构耐久性评估的原则。这里需要指出的是，结构、构件的耐久年限，与设计规定的使用年限有关，但不等同于设计使用年限。因此，应根据其所处的环境条件和所采取的防护措施，按现场调查与检测结果进行评估。同时，根据最小值原则，明确规定评估结果应取最低值。

结构、构件的耐久年限或剩余耐久年限系依据《统一标准》关于耐久性的定义确定，即按正常使用极限状态之一为结构或结构构件达到耐久性能的某种规定状态的原则确定。

E.2　块体和砂浆的耐久性评估

E.2.1　对砖砌体结构而言，风化作用主要分为以下两类：一是物理风化——包括冻胀、盐化结晶膨胀；二是化学风化——氧化、水解、碳酸化、水化、溶解。当前国内外关于砌体结构耐久性的研究甚少，少量文献多集中于砌体风化机理或古砌体建筑保护的研究，砌体结构耐久性退化规律的研究尚属起步阶段。根据西安、长沙、重庆等地进行的近百栋砌体房屋调查资料表明，砌体的风化、冻融损伤与环境湿度、是否频繁浸水有很大关系、无论是物理风化或化学风化都需要水的参与，同时由于块体强度在一定程度上反映了材料的密实性（渗透性）；砌体的耐久年限与块体的强度等级之间也有较好的相关关系，对烧结黏土砖砌体，一般室外环境砖强度等级为MU7.5时，耐久年限可在30年以上，而MU15～MU20时，耐久年限可在60年以上，有的甚至在百年以上。本条基于工程调查和工程经验并参照现行国家标准《砌体结构设计规范》GB 50003关于潮湿环境下块体及砂浆最低强度要求，给出了满足50年使用年限的块体及砂浆的最低强度要求（表E.2.1）。

工程经验表明，砌体构件经过多年使用后，在环境作用下一般均会发生程度不同的块体风化、砂浆粉化或冻融地区的冻融损伤，本条依据已使用年限的不同给出了相应不同剩余耐久年限评估值。

E.2.2、E.2.3　考虑到构件所处局部环境的复杂性以及块体、砂浆高离散性，环境作用等级或材料强度等级判定均可能有一定误差，本条依据工程经验给出了按耐久性损伤状况评定剩余耐久年限，与第E.2.1条配套使用，可进一步提高耐久性评估的科学性。

块体与砂浆的风化、粉化或冻融损伤，即使是在同一环境条件下，由于块体或砂浆抗风化、粉化能力不同或块体饱水率、密实性不同，损伤状况也有很大区别。损伤轻微时，损伤首先出现在抗风化、抗冻融薄弱的块体上，在墙面上仅有少量分散分布的块体表层风化或表层冻融剥落。中度损伤则在环境作用下产生较大范围、成片的块体风化或冻融。风化深度、冻融剥落深度多数限于块体表层，但少量块体已分别接近20mm或15mm，直至重度损伤、超过正常使用极限状态可接受的限值。

E.2.4　当块体或砂浆强度等级低于表E.2.1一个强度等级时，其耐久性能变差，相应减小了耐久年限，本条依据工程经验给出了减小建议值。

E.3　钢筋的耐久性评估

E.3.1　砌体结构中的混凝土构件应按混凝土结构评估，组合结构为砂浆面层时，由于其密实性较混凝土相差很多，其保护层厚度要求应比本标准附录C相应表中数值增加10mm，与现行砌体结构设计规范要求一致。

E.3.2　灰缝配筋砌体可由外侧灰缝向内部渗透水分和氧气或氯离子向内部扩散，灰缝中钢筋有可能锈蚀，渗透过程与混凝土墙板构件相似，属单向渗透，灰缝中钢筋由于上下块体的保护，处于比较有利的环境条件，不存在锈胀开裂的问题。表E.3.2是近似采用一般大气环境混凝土中钢筋锈蚀预测模型分析钢筋截面损失率不超过6%得到的。鉴于目前砂浆碳化、钢筋脱钝等参数的试验数据有限，而砂浆的抗渗性又很差，因此表E.3.2在混凝土构件相应保护层取值基础上，适度提高了对保护层厚度的要求。

E.3.3　对ⅢD、ⅢE环境，鉴于砂浆密实性远不如混凝土，要求增大保护层厚度已不切实际，因而不宜在灰缝中配筋，需要配筋时，应采用不锈钢筋、有等效防护涂层的钢筋或采取防水、隔气面层进行防护。

附录F　施工验收资料缺失的房屋鉴定

F.1　结构实体检测

F.1.1　对缺少施工验收资料房屋的结构施工质量检测应根据房屋外观质量和损伤与变形情况采取区别对待的原则；对结构不存在过大变形、损伤和严重外观质量缺陷的情况，可仅进行少量的验证性抽样检验；

对其他情况均应按照结构专业施工质量验收规范的规定进行抽样检验和合格质量的评定。其目的是为了更合理地进行抽样检测。当检测过程中发现施工质量相对比较差或损伤比较严重时，应按照有关专业施工质量验收规范的要求进行加严抽样。

本条第1款中的“少量试样”是指：实体质量检测时可将相同材料强度等级的同类构件作为一个检测批，其抽样数量可按现行国家标准《建筑结构检测技术标准》GB/T 50344的A类抽样数量确定。

F.1.2 对地基基础和结构工程施工质量检测结果符合地基基础和结构专业施工质量验收规范与设计文件的要求时，可评为验收合格，并可不进行结构安全鉴定；但对地基基础和结构工程施工质量不满足现行相关专业施工质量验收规范和设计规范的要求时，应进行安全与抗震鉴定。

F.2 施工验收资料缺失的房屋安全与抗震鉴定

F.2.1 对施工验收资料缺失房屋需要进行结构的安全与抗震鉴定情况为：一是没有完整施工图资料的；二是虽然具有完整的施工图资料，但经实体检测结果不满足相应验收规范要求的。这两种情况均需要通过结构安全与抗震验算与构造鉴定确定是否满足相应设计规范的要求。

F.2.2 在对缺少施工验收资料的房屋结构安全与抗震鉴定中，应考虑建筑物结构现状缺陷和损伤对结构安全性、抗震性能及耐久性能的影响以及综合考虑结构布置、结构体系与构造对结构承载能力等因素。对于建筑结构安全鉴定应符合本标准的a_u级和A_u级，不符合的应采取技术措施进行处理，并应对采取措施后部分的施工质量重新进行验收。

附录G 民用建筑灾后鉴定

G.1 一般要求

G.1.1 对房屋建筑灾后的应急评估，应均应现场勘察每个建筑物破坏程度，而每个建筑物破坏程度的确定是汇总和划分不同破坏程度区域的基础工作。对某类灾害造成建筑破坏程度等级的划分，有现行技术标准规定的应按规定划分建筑物破坏等级；当某类灾害的破坏等级划分无规定时，可根据住房和城乡建设部发布的《地震灾后建筑鉴定与加固技术指南》（建标［2008］132号）的规定划分为：基本完好、轻微破坏、中等破坏、严重破坏、局部或整体倒塌五个等级。

G.1.2 灾害发生后的工作一般可分为应急救援抢险阶段和恢复重建阶段两个阶段。本条给出了恢复重建阶段的灾损建筑物抗灾检测鉴定与处理阶段的要求，特别强调了应在判定预计灾害对结构不会再造成破坏后进行，以及根据灾害的特点进行结构检测、结构可靠性鉴定、灾损鉴定及灾损处理。

结构抗灾能力的鉴定应符合国家现行相关标准，如《建筑抗震鉴定标准》GB 50023、《地震灾后建筑鉴定与加固技术指南》（建标［2008］132号）、《火灾后建筑结构鉴定标准》CECS 252等。

G.2 检测鉴定

G.2.1 本条给出了灾损建筑加固处理前检测鉴定要求。通过检测鉴定确定其结构现有的承载能力、抗灾能力和使用功能。由于灾害作用时建筑结构的恒载、楼面活荷载等已经作用结构上，因此，建筑灾损鉴定应与结构可靠性鉴定相结合。

G.2.2 本条给出了灾损建筑不同损伤程度调查和检测的内容要求。对灾害发生后工作的应急救援抢险阶段和恢复重建阶段两个阶段都涉及对受灾影响建筑的现场勘察，但因不同阶段的工作目标不同，而对建筑物的现场勘察的要求不同。救援抢险阶段的勘察为应急评估的一部分，为抢险救灾和保证生命财产安全服务；恢复重建阶段的勘察为实施检测鉴定不可分割的部分，是为确定检测项目和重点、分析建筑破坏原因服务，同时也是为确定处理方案的综合评估服务。在恢复重建阶段，对于中等破坏以内有修复加固价值的建筑和严重破坏的建筑的检测内容是有差异的；由于对有加固修复价值的建筑的检测需提供结构可靠性鉴定与抗灾鉴定需要的参数，因此应进行结构构件材料强度、配筋、结构和构件变形及损伤程度的检测。对于严重破坏的建筑进行鉴定是为加固与拆除的决策提供依据，可仅按安全性要求进行结构破坏程度的检查与检测。

G.2.3 本条给出了建筑结构灾后的检测要求，主要是应针对不同灾害的特点和损伤情况确定重点和有代表性的检测部位以及相适应的检测方法。

G.2.4 灾后建筑结构鉴定的内容，要符合灾害作用的特点和建筑物的具体情况。由于结构是由地基基础、主体结构、围护结构（非结构构件）组成的，所以灾损结构的鉴定一般应包括地基基础、承重结构、围护结构（非结构构件）的鉴定。

G.2.5 灾后的结构分析中，应考虑损伤对结构承载力的影响。包括考虑灾后结构的材料力学性能、连接状态、结构几何形状变化和构件的变形以及现行有效的灾害设防标准等。

结构分析所采用的荷载效应和荷载分项系数的取值，应符合现行国家标准《建筑结构荷载规范》GB 50009、《混凝土结构设计规范》GB 50010、《砌体结构设计规范》GB 50003、《钢结构设计规范》GB 50017、《木结构设计规范》GB 50005等的要求。

G.2.6 本条给出了灾后建筑物的抗灾鉴定要求，这主要是应进行综合抗灾能力分析，给出明确的检测结论、鉴定意见与处理建议。

附录H 受地下工程施工影响的建筑安全性鉴定

H.0.1、H.0.2 在我国城市建设中经常会出现现在既有建筑周围兴建高层建筑以及开挖隧道等情况，基坑支护、沟渠或地下隧道工程的施工往往会给周围房屋建筑等造成不同程度的影响，所以在本标准中纳入建筑周边邻近地下工程施工影响建筑结构安全的鉴定内容。地下工程施工对周围建筑的影响与建筑基础形式、工程地质、水文地质情况和开挖深度及其与周围建筑的距离等有关。综合既有建筑的基础埋深及其与地下工程基底的距离等，将地下隧道、基坑支护或沟渠工程对周边邻近建筑安全影响的区域划分为两类影响区。

H.0.3 对建筑基础与周围地下隧道、基坑支护或沟渠工程处于Ⅰ区时，其影响程度相对于Ⅱ区要小一些，应根据所在区域工程地质、水文地质及其地下工程的施工措施等情况确定是否考虑地下工程施工对建筑安全的影响。

H.0.4 对建筑基础与周围地下隧道、基坑支护或沟渠工程处于Ⅱ区时，其影响程度相对比较大，均应考虑地下工程施工对建筑安全的影响，同时还应对建筑主体结构的损坏及变形和地下隧道、基坑支护或沟渠结构的变形进行监测。

H.0.5 邻近地下地质情况、地下工程施工方案与技术措施、已进行施工质量控制情况和邻近建筑、地下工程变形监测记录等直接关系到掌握周边邻近地下工程施工对建筑已经造成的影响和深入进行周边邻近地下工程施工建筑结构安全影响的分析，应尽量详尽收集这些资料。

H.0.6 当地下隧道、基坑支护或沟渠工程施工过程中出现周围地表的沉陷和邻近建筑基础不均匀沉降情况时，应对周围建筑进行损坏及变形时尚和安全性鉴定，同时对地下工程施工应采取停止降水、加强支护等有效措施；若遇到严重影响建筑结构安全情况时，应立即停止地下工程施工，并对地下工程结构和建筑结构采取应急措施。该条中的基坑支护设计允许值，当设计无明确要求时，可根据基坑破坏后果的严重程度在 $0.002h$～$0.004h$ 之间选用（h 为基坑的高度）。

地下工程毗邻的建筑为人群密集场所或文物、历史、纪念性建筑，或地处交通要道，或有重要管线，或有地下设施需要严加保护。当按国家现行标准《建筑地基基础设计规范》GB 50007 规定的允许沉降差取值时，宜按括号内的限值采用。

附录J 结构上的作用标准值的确定方法

现行国家标准《建筑结构荷载规范》GB 50009 是以新建工程为对象制定的；当用于已建成建筑物的鉴定与加固改造时，还需要根据这些建筑物的特点作些补充规定。例如：现行国家标准《建筑结构荷载规范》GB 50009 尚未规定的有些材料自重标准值如何确定；加固设计使用年限调整后，楼面活荷载、风、雪荷载标准值如何确定等。为此，修订组与“建筑结构荷载规范管理组”商讨后制定了本附录，作为对《建筑结构荷载规范》GB 50009 的补充，供已建成建筑物的结构鉴定与加固改造设计使用。

附录K 老龄混凝土回弹值龄期修正的规定

建筑结构加固设计中遇到的原构件混凝土，其龄期绝大多数已远远超过 1000d；这也就意味着必须采用取芯法对回弹值进行修正。但这在实际工程中是很难做到的；例如当原构件截面过小，原构件混凝土有缺陷、原构件内部钢筋过密、取芯操作的风险过大时，都无法按照现行行业标准《回弹法检测混凝土抗压强度技术规程》JGJ/T 23 的规定对原构件混凝土的回弹值进行龄期修正。

为了解决这个问题，修订组参照日本有关可靠性检验手册的龄期修正方法，并根据甘肃、重庆、四川、辽宁、上海等地积累的数据与分析资料进行了验证与调整。在此基础上，经组织国内专家论证后制定了本规定。

附：龄期修正系数的应用示例

现场测得某测区平均回弹值 $R_m=50.8$；其平均碳化深度 $d_m>0.6$mm；由《回弹法检测混凝土抗压强度技术规程》JGJ/T 23－2011 附录 A 查得：测区混凝土换算值 f^c_{cui}（1000d）＝40.3MPa。若被测混凝土的龄期已达 15000d，则由本标准表 K.0.3 可查得龄期修正系数 $\alpha_n=0.89$；f^c_{cui}（15000d）＝40.3×0.89＝35.8MPa。

附录L 按检测结果确定构件材料强度标准值的方法

从鉴定现场抽取少量构件材料检测其强度或其他性能的标准值，由于取样数量有限，不能直接引用设计规范的计算参数。为此，本标准根据现行国家标准《正态分布完全样本可靠度单侧置信下限》GB/T 4885 规定的方法制定了本附录供鉴定使用。

采用本方法确定的构件材料强度标准值，由于考虑了样本容量（试件数量）和置信水平的影响，不仅更能实现设计所要求的95%保证率，而且也与当前的国际标准、欧洲标准、ACI标准等所采用的检测材料强度标准值的统计计算方法相一致。

附录M 振动对上部结构影响的鉴定

机械、爆破、建筑施工、交通车辆等引起的振动通过周围地层传播到建筑物并引起其振动。如果建筑物的振动超过所容许的阈值，就可能会发生一系列的损坏，长时间连续振动还会导致主要承重构件产生疲劳和超应力问题，进而危及建筑物的安全，不同标准中对“破坏”的认定取决于一个国家的社会经济发展水平。当建筑物的振动引起居住者表示担心的量级时，向使用者提供一份证实此振动量级是否会对结构安全可靠性产生影响的报告就显得十分必要。

现行国家标准《机械振动与冲击 建筑物的振动振动测量及其对建筑物影响的评价指南》GB/T 14124规定了评价振动对建筑物影响所需要进行的测量和数据处理的基本原则。目前尚无某个标准能涵盖所有建筑物及其状态和暴露持续时间的所有种类，但许多国家的标准将建筑物基础上每秒几毫米的峰值速度作为有明显效应的界限。质点速度峰值为每秒几百毫米时，产生的损伤可能很大。关于偶然发生的冲击振动对建筑物的影响，是根据振动频率、持续时间及结构类型，参照现行《爆破安全规程》GB 6722的振动速度安全允许标准，在表M.0.3中给出了建筑物不宜遭受的振动作用。表中的界限值是针对振动可能引起结构构件的损伤作出结构振动速度安全限值的规定，但不涉及振动本身可接受标准的制定问题。当确定振动量级的影响需要进一步调查时，可通过测量所得到的振动数据进行分析，按上部结构可靠性鉴定评价的方法进行。

对人体舒适性的影响，是指环境振动对建筑物的使用者的影响，可参照现行国家标准《城市区域环境振动标准》GB 10070的规定进行评价。

中华人民共和国国家标准

砌体工程现场检测技术标准

Technical standard for site testing of masonry engineering

GB/T 50315—2011

主编部门：四川省住房和城乡建设厅
批准部门：中华人民共和国住房和城乡建设部
施行日期：2012年3月1日

中华人民共和国住房和城乡建设部
公　　告

第1108号

关于发布国家标准《砌体工程现场检测技术标准》的公告

现批准《砌体工程现场检测技术标准》为国家标准，编号为GB/T 50315-2011，自2012年3月1日起实施。原《砌体工程现场检测技术标准》GB/T 50315-2000同时废止。

本标准由我部标准定额研究所组织中国建筑工业出版社出版发行。

中华人民共和国住房和城乡建设部

2011年7月29日

前　　言

本标准是根据住房和城乡建设部《关于印发〈2009年工程建设标准规范制订、修订计划〉的通知》（建标［2009］88号）的要求，由四川省建筑科学研究院和成都建筑工程集团总公司会同有关单位共同对原国家标准《砌体工程现场检测技术标准》GB/T 50315-2000进行修订而成的。

本标准在修订过程中，修订组经广泛调查研究，认真总结实践经验，采纳了砌体工程现场检测技术的最新成果；开展了砌体工程现场检测方法的专题研究；对各项检测方法进行了推广至烧结多孔砖砌体的验证性试验；参考有关国际标准和国外先进标准，并在征求意见的基础上，修订本标准，最后经审查定稿。

本标准共分15章，主要内容包括：总则、术语和符号、基本规定、原位轴压法、扁顶法、切制抗压试件法、原位单剪法、原位双剪法、推出法、筒压法、砂浆片剪切法、砂浆回弹法、点荷法、烧结砖回弹法、强度推定。

本次修订的主要技术内容是：

1. 将标准的适用范围从主要适用于烧结普通砖砌体扩大至烧结多孔砖砌体；

2. 新增了切制抗压试件法、原位双砖双剪法、砂浆片局压法、烧结砖回弹法、特细砂砂浆筒压法等检测方法；

3. 取消了未能广泛推广的砂浆射钉法；

4. 统一了原位轴压法和扁顶法的砌体抗压强度计算公式；

5. 为适应《砌体结构工程施工质量验收规范》GB 50203关于砌筑砂浆强度等级评定标准的变化，对检测的砂浆强度推定方法作了调整；

6. 进一步明确了各检测方法的特点、用途和限制条件。

本标准由住房和城乡建设部负责管理，由四川省建筑科学研究院负责具体技术内容的解释。在执行过程中，请各单位结合砌体工程现场检测工作的实施，注意总结经验，积累检测数据、资料、检测方法的创新做法，如有意见和建议，请寄送四川省建筑科学研究院（成都市一环路北三段55号；邮编：610081；网址：www.scjky.com.cn），以供今后修订时参考。

本标准主编单位：四川省建筑科学研究院
成都建筑工程集团总公司

本标准参编单位：西安建筑科技大学
湖南大学
重庆市建筑科学研究院
陕西省建筑科学研究院
河南省建筑科学研究院有限公司
江苏省建筑科学研究院有限公司
山西四建集团有限公司科研所
南充市建设工程质量检测中心
山东省建筑科学研究院
上海市建筑科学研究院（集团）有限公司

宁夏回族自治区建筑科学研究院

本标准主要起草人员：吴　体　张　静　王永维　王庆霖　施楚贤　侯汝欣　林文修　雷　波　李双珠　周国民　顾瑞南　崔士起　陈大川　曾　伟　张　涛　甘立刚　李　峰　蒋利学　唐　军　凌程建　肖承波　高永昭　梁　爽　王耀南　孔旭文　王　枫　颜丙山　赵歆冬

本标准主要审查人员：邸小坛　严家熺　张昌叙　刘立新　程才渊　苑振芳　向　学　张　扬　韩　放　张国堂　王增培

目　次

1　总则 …… 6—7
2　术语和符号 …… 6—7
2.1　术语 …… 6—7
2.2　符号 …… 6—7
3　基本规定 …… 6—8
3.1　适用条件 …… 6—8
3.2　检测程序及工作内容 …… 6—8
3.3　检测单元、测区和测点 …… 6—9
3.4　检测方法分类及其选用原则 …… 6—9
4　原位轴压法 …… 6—10
4.1　一般规定 …… 6—10
4.2　测试设备的技术指标 …… 6—11
4.3　测试步骤 …… 6—11
4.4　数据分析 …… 6—11
5　扁顶法 …… 6—12
5.1　一般规定 …… 6—12
5.2　测试设备的技术指标 …… 6—12
5.3　测试步骤 …… 6—12
5.4　数据分析 …… 6—13
6　切制抗压试件法 …… 6—13
6.1　一般规定 …… 6—13
6.2　测试设备的技术指标 …… 6—13
6.3　测试步骤 …… 6—14
6.4　数据分析 …… 6—14
7　原位单剪法 …… 6—14
7.1　一般规定 …… 6—14
7.2　测试设备的技术指标 …… 6—14
7.3　测试步骤 …… 6—15
7.4　数据分析 …… 6—15
8　原位双剪法 …… 6—15
8.1　一般规定 …… 6—15
8.2　测试设备的技术指标 …… 6—15
8.3　测试步骤 …… 6—16
8.4　数据分析 …… 6—16
9　推出法 …… 6—16
9.1　一般规定 …… 6—16
9.2　测试设备的技术指标 …… 6—17
9.3　测试步骤 …… 6—17
9.4　数据分析 …… 6—17
10　筒压法 …… 6—18
10.1　一般规定 …… 6—18
10.2　测试设备的技术指标 …… 6—18
10.3　测试步骤 …… 6—18
10.4　数据分析 …… 6—18
11　砂浆片剪切法 …… 6—19
11.1　一般规定 …… 6—19
11.2　测试设备的技术指标 …… 6—19
11.3　测试步骤 …… 6—19
11.4　数据分析 …… 6—20
12　砂浆回弹法 …… 6—20
12.1　一般规定 …… 6—20
12.2　测试设备的技术指标 …… 6—20
12.3　测试步骤 …… 6—20
12.4　数据分析 …… 6—20
13　点荷法 …… 6—21
13.1　一般规定 …… 6—21
13.2　测试设备的技术指标 …… 6—21
13.3　测试步骤 …… 6—21
13.4　数据分析 …… 6—21
14　烧结砖回弹法 …… 6—21
14.1　一般规定 …… 6—21
14.2　测试设备的技术指标 …… 6—22
14.3　测试步骤 …… 6—22
14.4　数据分析 …… 6—22
15　强度推定 …… 6—22
本标准用词说明 …… 6—24
引用标准名录 …… 6—24
附：条文说明 …… 6—25

Contents

1 General Provisions ························ 6—7
2 Terms and Symbols ························ 6—7
2.1 Terms ························ 6—7
2.2 Symbols ························ 6—7
3 Basic Requirement ························ 6—8
3.1 Scope of Application ························ 6—8
3.2 Test Procedures and Work Contents ························ 6—8
3.3 Test Unit , Test Zone and Test Point ························ 6—9
3.4 Classification and Selection Principle of Test Method ························ 6—9
4 The Method of Axial Compression in Situ ························ 6—10
4.1 General Requirement ························ 6—10
4.2 Technical Indexes of the Test Apparatus ························ 6—11
4.3 Test Procedures ························ 6—11
4.4 Data Analysis ························ 6—11
5 The Method of Flat Jack in Situ ························ 6—12
5.1 General Requirement ························ 6—12
5.2 Technical Indexes of the Test Apparatus ························ 6—12
5.3 Test Procedures ························ 6—12
5.4 Data Analysis ························ 6—13
6 The Method of Test on Specimen Cut from Wall ························ 6—13
6.1 General Requirement ························ 6—13
6.2 Technical Indexes of the Test Apparatus ························ 6—13
6.3 Test Procedures ························ 6—14
6.4 Data Analysis ························ 6—14
7 The Method of Shear along One Horizontal Mortar Joint in Situ ························ 6—14
7.1 General Requirement ························ 6—14
7.2 Technical Indexes of the Test Apparatus ························ 6—14
7.3 Test Procedures ························ 6—15
7.4 Data Analysis ························ 6—15
8 The Method of Shear along Two Horizontal Mortar Joint in Situ ························ 6—15
8.1 General Requirement ························ 6—15
8.2 Technical Indexes of the Test Apparatus ························ 6—15
8.3 Test Procedures ························ 6—16
8.4 Data Analysis ························ 6—16
9 The Method of Push Out ························ 6—16
9.1 General Requirement ························ 6—16
9.2 Technical Indexes of the Test Apparatus ························ 6—17
9.3 Test Procedures ························ 6—17
9.4 Data Analysis ························ 6—17
10 The Method of Compression in Cylinder ························ 6—18
10.1 General Requirement ························ 6—18
10.2 Technical Indexes of the Test Apparatus ························ 6—18
10.3 Test Procedures ························ 6—18
10.4 Data Analysis ························ 6—18
11 The Method of Shear on Mortar Flake ························ 6—19
11.1 General Requirement ························ 6—19
11.2 Technical Indexes of the Test Apparatus ························ 6—19
11.3 Test Procedures ························ 6—19
11.4 Data Analysis ························ 6—20
12 The Method of Mortar Rebound ························ 6—20
12.1 General Requirement ························ 6—20
12.2 Technical Indexes of the Test Apparatus ························ 6—20
12.3 Test Procedures ························ 6—20
12.4 Data Analysis ························ 6—20
13 The Method of Point Load ························ 6—21
13.1 General Requirement ························ 6—21

13.2 Technical Indexes of the Test Apparatus ······ 6—21
13.3 Test Procedures ······ 6—21
13.4 Data Analysis ······ 6—21
14 The Method of Fired Brick Rebound ······ 6—21
14.1 General Requirement ······ 6—21
14.2 Technical Indexes of the Test Apparatus ······ 6—22
14.3 Test Procedures ······ 6—22
14.4 Data Analysis ······ 6—22
15 Determination of Strength ······ 6—22
Explanation of Wording in This Standard ······ 6—24
List of Quoted Standards ······ 6—24
Addition: Explanation of Provisions ······ 6—25

1 总　　则

1.0.1 为在砌体工程现场检测中，贯彻执行国家技术政策，做到技术先进、数据准确、安全可靠，制定本标准。

1.0.2 本标准适用于砌体工程中砖砌体、砌筑砂浆和砌筑块体的现场检测和强度推定。

1.0.3 砌体工程的现场检测，除应符合本标准外，尚应符合国家现行有关标准的规定。

2 术语和符号

2.1 术　　语

2.1.1 检测单元　test unit

每一楼层且总量不大于 $250m^3$ 的材料品种和设计强度等级均相同的砌体。

2.1.2 测区　test zone

在一个检测单元内，随机布置的一个或若干个检测区域。

2.1.3 测点　test point

在一个测区内，按检测方法的要求，随机布置的一个或若干个检测点。

2.1.4 原位轴压法　the method of axial compression in situ

采用原位压力机在墙体上进行抗压测试，检测砌体抗压强度的方法。

2.1.5 扁式液压顶法　the method of flat jack in situ

采用扁式液压千斤顶在墙体上进行抗压测试，检测砌体的受压应力、弹性模量、抗压强度的方法，简称扁顶法。

2.1.6 切制抗压试件法　the method of test on specimen cut from wall

从墙体上切割、取出外形几何尺寸为标准抗压砌体试件，运至试验室进行抗压测试的方法。

2.1.7 原位砌体通缝单剪法　the method of shear along one horizontal mortar joint in situ

在墙体上沿单个水平灰缝进行抗剪测试，检测砌体抗剪强度的方法，简称原位单剪法。

2.1.8 原位双剪法　the method of shear along two horizontal mortar joint in situ

采用原位剪切仪在墙体上对单块或双块顺砖进行双面抗剪测试，检测砌体抗剪强度的方法。

2.1.9 推出法　the method of push out

采用推出仪从墙体上水平推出单块丁砖，测得水平推力及推出砖下的砂浆饱满度，以此推定砌筑砂浆抗压强度的方法。

2.1.10 筒压法　the method of compression in cylinder

将取样砂浆破碎、烘干并筛分成符合一定级配要求的颗粒，装入承压筒并施加筒压荷载，检测其破损程度（筒压比），根据筒压比推定砌筑砂浆抗压强度的方法。

2.1.11 砂浆片剪切法　the method of shear on mortar flake

采用砂浆测强仪检测砂浆片的抗剪强度，以此推定砌筑砂浆抗压强度的方法。

2.1.12 砂浆回弹法　the method of mortar rebound

采用砂浆回弹仪检测墙体、柱中砂浆表面的硬度，根据回弹值和碳化深度推定其强度的方法。

2.1.13 点荷法　the method of point load

在砂浆片的大面上施加点荷载，推定砌筑砂浆抗压强度的方法。

2.1.14 砂浆片局压法　the method of local compression on mortar flake

采用局压仪对砂浆片试件进行局部抗压测试，根据局部抗压荷载值推定砌筑砂浆抗压强度的方法。

2.1.15 烧结砖回弹法　the method of fired brick rebound

采用专用回弹仪检测烧结普通砖或烧结多孔砖表面的硬度，根据回弹值推定其抗压强度的方法。

2.1.16 槽间砌体　masonry between two channels

采用原位轴压法和扁顶法在砖墙上检测砌体的抗压强度时，开凿的两个水平槽之间的砌体。

2.1.17 筒压比　cylindrical compressive ratio

采用筒压法检测砂浆强度时，砂浆试样经筒压测试并筛分后，留在孔径 5mm 筛以上的累计筛余量与该试样总量的比值，简称筒压比。

2.2 符　　号

2.2.1 几何参数

A——构件或试件的截面面积；

b——宽度；试件截面边长；

h——高度；试件截面高度；测点间的距离；

l——长度；

d——砂浆碳化深度；

r——半径；点荷法的作用半径；

t——厚度；试件厚度；

H——砌体抗压试件的高度。

2.2.2 作用、效应与抗力、计算指标

N——实测破坏荷载值；

f_m——砌体抗压强度平均值；

$f_{v,m}$——砌体抗剪强度平均值；

τ——砂浆片的抗剪强度；

f_1——砖的抗压强度值；

f_2——砌筑砂浆抗压强度值；

f'_2——砌筑砂浆抗压强度推定值；

σ_0——测点上部墙体的平均压应力。

2.2.3 系数

ξ_1——原位轴压法、扁顶法测定砌体抗压强度的换算系数；

ξ_2——推出法的砖品种修正系数；

ξ_3——推出法的砂浆饱满度修正系数；

ξ_4——点荷法的荷载作用半径修正系数；

ξ_5——点荷法的试件厚度修正系数。

2.2.4 其他

B——水平灰缝的砂浆饱满度；

η——筒压法中的筒压比；

R——砖或砂浆的回弹值；

n_1——同一测区的测点（测位）数；

n_2——同一检测单元的测区数。

3 基 本 规 定

3.1 适 用 条 件

3.1.1 对新建砌体工程，检验和评定砌筑砂浆或砖、砖砌体的强度，应按现行国家标准《砌体结构设计规范》GB 50003、《砌体结构工程施工质量验收规范》GB 50203、《建筑工程施工质量验收统一标准》GB 50300、《砌体基本力学性能试验方法标准》GB/T 50129等的有关规定执行；当遇到下列情况之一时，应按本标准检测和推定砌筑砂浆或砖、砖砌体的强度：

1 砂浆试块缺乏代表性或试块数量不足。

2 对砖强度或砂浆试块的检验结果有怀疑或争议，需要确定实际的砌体抗压、抗剪强度。

3 发生工程事故或对施工质量有怀疑和争议，需要进一步分析砖、砂浆和砌体的强度。

3.1.2 对既有砌体工程，在进行下列鉴定时，应按本标准检测和推定砂浆强度、砖的强度或砌体的工作应力、弹性模量和强度：

1 安全鉴定、危房鉴定及其他应急鉴定。

2 抗震鉴定。

3 大修前的可靠性鉴定。

4 房屋改变用途、改建、加层或扩建前的专门鉴定。

3.1.3 各种检测方法的选用应按本标准第3.4节的规定执行。

3.2 检测程序及工作内容

3.2.1 现场检测工作应按规定的程序进行（图3.2.1）。

3.2.2 调查阶段应包括下列工作内容：

1 收集被检测工程的图纸、施工验收资料、砖与砂浆的品种及有关原材料的测试资料。

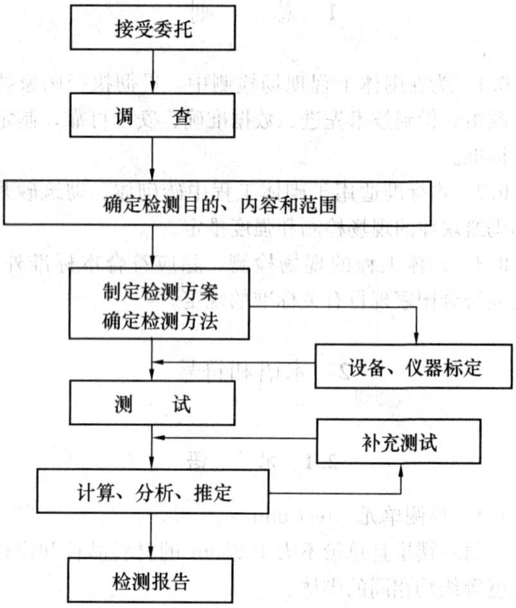

图3.2.1 现场检测程序

2 现场调查工程的结构形式、环境条件、砌体质量及其存在问题，对既有砌体工程，尚应调查使用期间的变更情况。

3 工程建设时间。

4 进一步明确检测原因和委托方的具体要求。

5 以往工程质量检测情况。

3.2.3 检测方案应根据调查结果和检测目的、内容和范围制定，应选择一种或数种检测方法，必要时应征求委托方意见并认可。对被检测工程应划分检测单元，并应确定测区和测点数。

3.2.4 测试设备、仪器应按相应标准和产品说明书规定进行保养和校准，必要时尚应按使用频率、检测对象的重要性适当增加校准次数。

3.2.5 计算、分析和强度推定过程中，出现异常情况或测试数据不足时，应及时补充测试。

3.2.6 检测工作完毕，应及时出具符合检测目的的检测报告。

3.2.7 现场测试结束时，砌体如因检测造成局部损伤，应及时修补砌体局部损伤部位。修补后的砌体，应满足原构件承载能力和正常使用的要求。

3.2.8 从事测试和强度推定的人员，应经专门培训合格后，再参加测试和撰写报告。

3.2.9 现场检测工作，应采取确保人身安全和防止仪器损坏的安全措施，并应采取避免或减小污染环境的措施。

3.2.10 现场检测和抽样检测，环境温度和试件（试样）温度均应高于0℃。

3.3 检测单元、测区和测点

3.3.1 当检测对象为整栋建筑物或建筑物的一部分时，应将其划分为一个或若干个可以独立进行分析的结构单元，每一结构单元应划分为若干个检测单元。

3.3.2 每一检测单元内，不宜少于6个测区，应将单个构件（单片墙体、柱）作为一个测区。当一个检测单元不足6个构件时，应将每个构件作为一个测区。

采用原位轴压法、扁顶法、切制抗压试件法检测，当选择6个测区确有困难时，可选取不少于3个测区测试，但宜结合其他非破损检测方法综合进行强度推定。

3.3.3 每一测区应随机布置若干测点。各种检测方法的测点数，应符合下列要求：

1 原位轴压法、扁顶法、切制抗压试件法、原位单剪法、筒压法，测点数不应少于1个。

2 原位双剪法、推出法，测点数不应少于3个。

3 砂浆片剪切法、砂浆回弹法、点荷法、砂浆片局压法、烧结砖回弹法，测点数不应少于5个。

注：回弹法的测位，相当于其他检测方法的测点。

3.3.4 对既有建筑物或应委托方要求仅对建筑物的部分或个别部位检测时，测区和测点数可减少，但一个检测单元的测区数不宜少于3个。

3.3.5 测点布置应能使测试结果全面、合理反映检测单元的施工质量或其受力性能。

3.4 检测方法分类及其选用原则

3.4.1 砌体工程的现场检测方法，可按对砌体结构的损伤程度，分为下列几类：

1 非破损检测方法，在检测过程中，对砌体结构的既有力学性能没有影响。

2 局部破损检测方法，在检测过程中，对砌体结构的既有力学性能有局部的、暂时的影响，但可修复。

3.4.2 砌体工程的现场检测方法，可按测试内容分为下列几类：

1 检测砌体抗压强度可采用原位轴压法、扁顶法、切制抗压试件法。

2 检测砌体工作应力、弹性模量可采用扁顶法。

3 检测砌体抗剪强度可采用原位单剪法、原位双剪法。

4 检测砌筑砂浆强度可采用推出法、筒压法、砂浆片剪切法、砂浆回弹法、点荷法、砂浆片局压法。

5 检测砌筑块体抗压强度可采用烧结砖回弹法、取样法。

3.4.3 检测方法可按表3.4.3选择。

表 3.4.3 检测方法

序号	检测方法	特点	用途	限制条件
1	原位轴压法	1. 属原位检测，直接在墙体上测试，检测结果综合反映了材料质量和施工质量； 2. 直观性、可比性较强； 3. 设备较重； 4. 检测部位有较大局部破损	1. 检测普通砖和多孔砖砌体的抗压强度； 2. 火灾、环境侵蚀后的砌体剩余抗压强度	1. 槽间砌体每侧的墙体宽度不应小于1.5m；测点宜选在墙体长度方向的中部； 2. 限用于240mm厚砖墙
2	扁顶法	1. 属原位检测，直接在墙体上测试，检测结果综合反映了材料质量和施工质量； 2. 直观性、可比性较强； 3. 扁顶重复使用率较低； 4. 砌体强度较高或轴向变形较大时，难以测出抗压强度； 5. 设备较轻； 6. 检测部位有较大局部破损	1. 检测普通砖和多孔砖砌体的抗压强度； 2. 检测古建筑和重要建筑的受压工作应力； 3. 检测砌体弹性模量； 4. 火灾、环境侵蚀后的砌体剩余抗压强度	1. 槽间砌体每侧的墙体宽度不应小于1.5m；测点宜选在墙体长度方向的中部； 2. 不适用于测试墙体破坏荷载大于400kN的墙体
3	切制抗压试件法	1. 属取样检测，检测结果综合反映了材料质量和施工质量； 2. 试件尺寸与标准抗压试件相同；直观性、可比性较强； 3. 设备较重，现场取样时有水污染； 4. 取样部位有较大局部破损；需切割、搬运试件； 5. 检测结果不需换算	1. 检测普通砖和多孔砖砌体的抗压强度； 2. 火灾、环境侵蚀后的砌体剩余抗压强度	取样部位每侧的墙体宽度不应小于1.5m，且应为墙体长度方向的中部或受力较小处
4	原位单剪法	1. 属原位检测，直接在墙体上测试，检测结果综合反映了材料质量和施工质量； 2. 直观性强； 3. 检测部位有较大局部破损	检测各种砖砌体的抗剪强度	测点选在窗下墙部位，且承受反作用力的墙体应有足够长度

续表 3.4.3

序号	检测方法	特点	用途	限制条件
5	原位双剪法	1. 属原位检测，直接在墙体上测试，检测结果综合反映了材料质量和施工质量； 2. 直观性较强； 3. 设备较轻便； 4. 检测部位局部破损	检测烧结普通砖和烧结多孔砖砌体的抗剪强度	—
6	推出法	1. 属原位检测，直接在墙体上测试，检测结果综合反映了材料质量和施工质量； 2. 设备较轻便； 3. 检测部位局部破损	检测烧结普通砖、烧结多孔砖、蒸压灰砂砖或蒸压粉煤灰砖墙体的砂浆强度	当水平灰缝的砂浆饱满度低于65%时，不宜选用
7	筒压法	1. 属取样检测； 2. 仅需利用一般混凝土试验室的常用设备； 3. 取样部位局部损伤	检测烧结普通砖和烧结多孔砖墙体中的砂浆强度	—
8	砂浆片剪切法	1. 属取样检测； 2. 专用的砂浆测强仪及其标定仪，较为轻便； 3. 测试工作较简便； 4. 取样部位局部损伤	检测烧结普通砖和烧结多孔砖墙体中的砂浆强度	—
9	砂浆回弹法	1. 属原位无损检测，测区选择不受限制； 2. 回弹仪有定型产品，性能较稳定，操作简便； 3. 检测部位的装修面层仅局部损伤	1. 检测烧结普通砖和烧结多孔砖墙体中的砂浆强度； 2. 主要用于砂浆强度均质性检查	1. 不适用于砂浆强度小于2MPa的墙体； 2. 水平灰缝表面粗糙且难以磨平时，不得采用
10	点荷法	1. 属取样检测； 2. 测试工作较简便； 3. 取样部位局部损伤	检测烧结普通砖和烧结多孔砖墙体中的砂浆强度	不适用于砂浆强度小于2MPa的墙体

续表 3.4.3

序号	检测方法	特点	用途	限制条件
11	砂浆片局压法	1. 属取样检测； 2. 局压仪有定型产品，性能较稳定，操作简便； 3. 取样部位局部损伤	检测烧结普通砖和烧结多孔砖墙体中的砂浆强度	适用范围限于： 1. 水泥石灰砂浆强度：1MPa～10MPa； 2. 水泥砂浆强度：1MPa～20MPa
12	烧结砖回弹法	1. 属原位无损检测，测区选择不受限制； 2. 回弹仪有定型产品，性能较稳定，操作简便； 3. 检测部位的装修面层仅局部损伤	检测烧结普通砖和烧结多孔砖墙体中的砖强度	适用范围限于：6MPa～30MPa

3.4.4 选用检测方法和在墙体上选定测点，尚应符合下列要求：

1 除原位单剪法外，测点不应位于门窗洞口处。

2 所有方法的测点不应位于补砌的临时施工洞口附近。

3 应力集中部位的墙体以及墙梁的墙体计算高度范围内，不应选用有较大局部破损的检测方法。

4 砖柱和宽度小于3.6m的承重墙，不应选用有较大局部破损的检测方法。

3.4.5 现场检测或取样检测时，砌筑砂浆的龄期不应低于28d。

3.4.6 检测砌筑砂浆强度时，取样砂浆试件或原位检测的水平灰缝应处于干燥状态。

3.4.7 各类砖的取样检测，每一检测单元不应少于一组；应按相应的产品标准，进行砖的抗压强度试验和强度等级评定。

3.4.8 采用砂浆片局压法取样检测砌筑砂浆强度时，检测单元、测区的确定，以及强度推定，应按本标准的有关规定执行；测试设备、测试步骤、数据分析应按现行行业标准《择压法检测砌筑砂浆抗压强度技术规程》JGJ/T 234的有关规定执行。

4 原位轴压法

4.1 一般规定

4.1.1 原位轴压法（图4.1.1）适用于推定240mm厚普通砖砌体或多孔砖砌体的抗压强度。

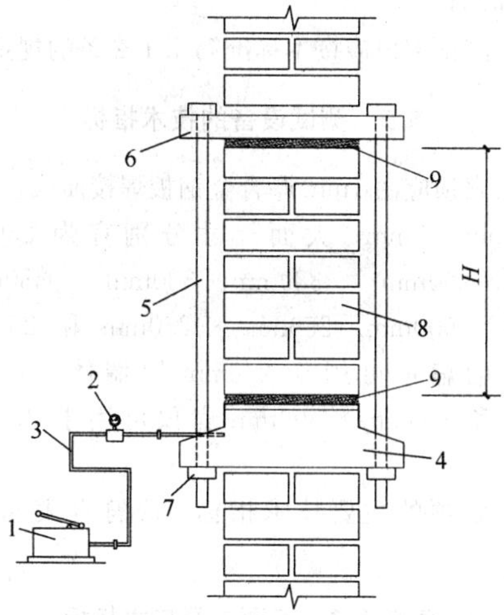

图 4.1.1　原位轴压法测试装置

1—手动油泵；2—压力表；3—高压油管；4—扁式千斤顶；5—钢拉杆（共 4 根）；6—反力板；7—螺母；8—槽间砌体；9—砂垫层；H—槽间砌体高度

4.1.2 测试部位应具有代表性，并应符合下列要求：

1 测试部位宜选在墙体中部距楼、地面 1m 左右的高度处；槽间砌体每侧的墙体宽度不应小于 1.5m。

2 同一墙体上，测点不宜多于 1 个，且宜选在沿墙体长度的中间部位；多于 1 个时，其水平净距不得小于 2.0m。

3 测试部位不得选在挑梁下、应力集中部位以及墙梁的墙体计算高度范围内。

4.2　测试设备的技术指标

4.2.1 原位压力机主要技术指标，应符合表 4.2.1 的要求。

表 4.2.1　原位压力机主要技术指标

项　目	指　标		
	450 型	600 型	800 型
额定压力（kN）	400	550	750
极限压力（kN）	450	600	800
额定行程（mm）	15	15	15
极限行程（mm）	20	20	20
示值相对误差（%）	±3	±3	±3

4.2.2 原位压力机的力值，应每半年校验一次。

4.3　测试步骤

4.3.1 在测点上开凿水平槽孔时，应符合下列要求：

1 上、下水平槽的尺寸应符合表 4.3.1 的要求。

表 4.3.1　水平槽尺寸

名　称	长度(mm)	厚度(mm)	高度(mm)
上水平槽	250	240	70
下水平槽	250	240	≥110

2 上、下水平槽孔应对齐。普通砖砌体，槽间砌体高度应为 7 皮砖；多孔砖砌体，槽间砌体高度应为 5 皮砖。

3 开槽时，应避免扰动四周的砌体；槽间砌体的承压面应修平整。

4.3.2 在槽孔间安放原位压力机（图 4.1.1）时，应符合下列要求：

1 在上槽内的下表面和扁式千斤顶的顶面，应分别均匀铺设湿细砂或石膏等材料的垫层，垫层厚度可取 10mm。

2 应将反力板置于上槽孔，扁式千斤顶置于下槽孔，应安放四根钢拉杆，并应使两个承压板上下对齐后，应沿对角两两均匀拧紧螺母并调整其平行度；四根钢拉杆的上下螺母间的净距误差不应大于 2mm。

3 正式测试前，应进行试加荷载测试，试加荷载值可取预估破坏荷载的 10%。应检查测试系统的灵活性和可靠性，以及上下压板和砌体受压面接触是否均匀密实。经试加荷载，测试系统正常后应卸荷，并应开始正式测试。

4.3.3 正式测试时，应分级加荷。每级荷载可取预估破坏荷载的 10%，并应在 1min～1.5min 内均匀加完，然后恒载 2min。加荷至预估破坏荷载的 80%后，应按原定加荷速度连续加荷，直至槽间砌体破坏。当槽间砌体裂缝急剧扩展和增多，油压表的指针明显回退时，槽间砌体达到极限状态。

4.3.4 测试过程中，发现上下压板与砌体承压面因接触不良，致使槽间砌体呈局部受压或偏心受压状态时，应停止测试，并应调整测试装置，重新测试，无法调整时应更换测点。

4.3.5 测试过程中，应仔细观察槽间砌体初裂裂缝与裂缝开展情况，并应记录逐级荷载下的油压表读数、测点位置、裂缝随荷载变化情况简图等。

4.4　数据分析

4.4.1 根据槽间砌体初裂和破坏时的油压表读数，应分别减去油压表的初始读数，并应按原位压力机的校验结果，计算槽间砌体的初裂荷载值和破坏荷载值。

4.4.2 槽间砌体的抗压强度，应按下式计算：

$$f_{uij} = \frac{N_{uij}}{A_{ij}} \qquad (4.4.2)$$

式中：f_{uij}——第 i 个测区第 j 个测点槽间砌体的抗压强度（MPa）；

N_{uij}——第 i 个测区第 j 个测点槽间砌体的受压破坏荷载值（N）；

A_{ij}——第 i 个测区第 j 个测点槽间砌体的受压面积（mm^2）。

4.4.3 槽间砌体抗压强度换算为标准砌体的抗压强度，应按下列公式计算：

$$f_{mij}=\frac{f_{uij}}{\xi_{1ij}} \tag{4.4.3-1}$$

$$\xi_{1ij}=1.25+0.60\sigma_{0ij} \tag{4.4.3-2}$$

式中：f_{mij}——第 i 个测区第 j 个测点的标准砌体抗压强度换算值（MPa）；

ξ_{1ij}——原位轴压法的无量纲的强度换算系数；

σ_{0ij}——该测点上部墙体的压应力（MPa），其值可按墙体实际所承受的荷载标准值计算。

4.4.4 测区的砌体抗压强度平均值，应按下式计算：

$$f_{mi}=\frac{1}{n_1}\sum_{j=1}^{n_1}f_{mij} \tag{4.4.4}$$

式中：f_{mi}——第 i 个测区的砌体抗压强度平均值（MPa）；

n_1——第 i 个测区的测点数。

5 扁 顶 法

5.1 一 般 规 定

5.1.1 扁顶法（图 5.1.1）适用于推定普通砖砌体或多孔砖砌体的受压弹性模量、抗压强度或墙体的受压工作应力。

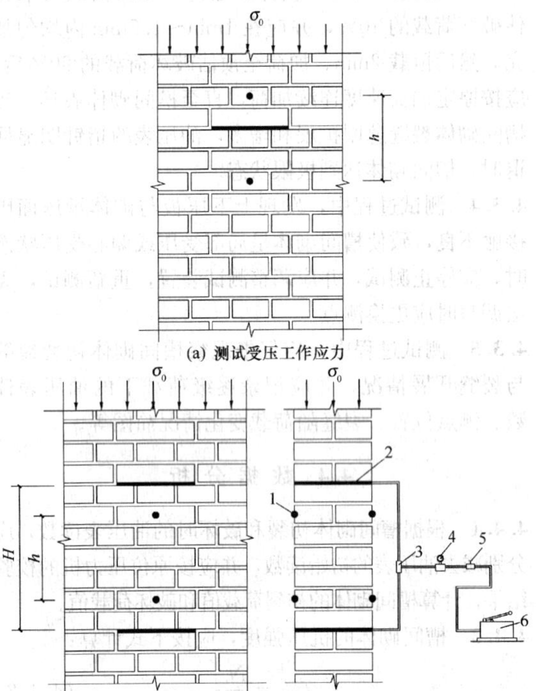

(a) 测试受压工作应力

(b) 测试受压弹性模量、抗压强度

图 5.1.1 扁顶法测试装置与变形测点布置

1—变形测量脚标（两对）；2—扁式液压千斤顶；3—三通接头；4—压力表；5—溢流阀；6—手动油泵；H—槽间砌体高度；h—脚标之间的距离

5.1.2 测试部位应按本标准第 4.1.2 条的规定执行。

5.2 测试设备的技术指标

5.2.1 扁顶应由 1mm 厚合金钢板焊接而成，总厚度宜为 5mm～7mm，大面尺寸分别宜为 250mm × 250mm、250mm × 380mm、380mm × 380mm 和 380mm × 500mm。250mm × 250mm 和 250mm × 380mm 的扁顶可用于 240mm 厚墙体，380mm × 380mm 和 380mm × 500mm 扁顶可用于 370mm 厚墙体。

5.2.2 扁顶的主要技术指标，应符合表 5.2.2 的要求。

表 5.2.2 扁顶主要技术指标

项　目	指　标
额定压力（kN）	400
极限压力（kN）	480
额定行程（mm）	10
极限行程（mm）	15
示值相对误差（%）	±3

5.2.3 每次使用前，应校验扁顶的力值。

5.2.4 手持式应变仪和千分表的主要技术指标，应符合表 5.2.4 的要求。

表 5.2.4 手持式应变仪和千分表的主要技术指标

项　目	指　标
行程（mm）	1～3
分辨率（mm）	0.001

5.3 测 试 步 骤

5.3.1 测试墙体的受压工作应力时，应符合下列要求：

1 在选定的墙体上，应标出水平槽的位置，并应牢固粘贴两对变形测量的脚标[图 5.1.1(a)]。脚标应位于水平槽正中并跨越该槽；普通砖砌体脚标之间的距离应相隔 4 条水平灰缝，宜取 250mm；多孔砖砌体脚标之间的距离应相隔 3 条水平灰缝，宜取 270mm～300mm。

2 使用手持应变仪或千分表在脚标上测量砌体变形的初读数时，应测量 3 次，并应取其平均值。

3 在标出水平槽位置处，应剔除水平灰缝内的砂浆。水平槽的尺寸应略大于扁顶尺寸。开凿时不应损伤测点部位的墙体及变形测量脚标。槽的四周应清理平整，并应除去灰渣。

4 使用手持式应变仪或千分表在脚标上测量开槽后的砌体变形值时，应待读数稳定后再进行下一步测试工作。

5 在槽内安装扁顶，扁顶上下两面宜垫尺寸相同的钢垫板，并应连接测试设备的油路（图 5.1.1）。

6 正式测试前的试加荷载测试，应符合本标准第 4.3.2 条第 3 款的规定。

7 正式测试时，应分级加荷。每级荷载应为预估破坏荷载值的 5%，并应在 1.5min～2min 内均匀加完，恒载 2min 后应测读变形值。当变形值接近开槽前的读数时，应适当减小加荷级差，并应直至实测变形值达到开槽前的读数，然后卸荷。

5.3.2 实测墙体的砌体抗压强度或受压弹性模量时，应符合下列要求：

1 在完成墙体的受压工作应力测试后，应开凿第二条水平槽，上下槽应互相平行、对齐。当选用 250mm×250mm 扁顶时，普通砖砌体两槽之间的距离应相隔 7 皮砖；多孔砖砌体两槽之间的距离应相隔 5 皮砖。当选用 250mm×380mm 扁顶时，普通砖砌体两槽之间的距离应相隔 8 皮砖；多孔砖砌体两槽之间的距离应相隔 6 皮砖。遇有灰缝不规则或砂浆强度较高而难以凿槽时，可在槽孔处取出 1 皮砖，安装扁顶时应采用钢制楔形垫块调整其间隙。

2 应按本标准第 5.3.1 条第 5 款的规定在上下槽内安装扁顶。

3 试加荷载，应符合本标准第 4.3.2 条第 3 款的规定。

4 正式测试时，加荷方法应符合本标准第 4.3.3 条的规定。

5 当槽间砌体上部压应力小于 0.2MPa 时，应加设反力平衡架后再进行测试。当槽间砌体上部压应力不小于 0.2MPa 时，也宜加设反力平衡架后再进行测试。反力平衡架可由两块反力板和四根钢拉杆组成。

5.3.3 当测试砌体受压弹性模量时，尚应符合下列要求：

1 应在槽间砌体两侧各粘贴一对变形测量脚标[图 5.1.1(b)]，脚标应位于槽间砌体的中部。普通砖砌体脚标之间的距离应相隔 4 条水平灰缝，宜取 250mm；多孔砖砌体脚标之间的距离应相隔 3 条水平灰缝，宜取 270mm～300mm。测试前应记录标距值，并应精确至 0.1mm。

2 正式测试前，应反复施加 10% 的预估破坏荷载，其次数不宜少于 3 次。

3 测试时，加荷方法应符合本标准第 4.3.3 条的要求，并应测记逐级荷载下的变形值。

4 累计加荷的应力上限不宜大于槽间砌体极限抗压强度的 50%。

5.3.4 当仅测定砌体抗压强度时，应同时开凿两条水平槽，并应按本标准第 5.3.2 条的要求进行测试。

5.3.5 测试记录内容应包括描绘测点布置图、墙体砌筑方式、扁顶位置、脚标位置、轴向变形值、逐级荷载下的油压表读数、裂缝随荷载变化情况简图等。

5.4 数据分析

5.4.1 数据分析时，应根据扁顶力值的校验结果，将油压表读数换算为测试荷载值。

5.4.2 墙体的受压工作应力，应等于按本标准第 5.3.1 条规定实测变形值达到开凿前的读数时所对应的应力值。

5.4.3 砌体在有侧向约束情况下的受压弹性模量，应按现行国家标准《砌体基本力学性能试验方法标准》GB/T 50129 的有关规定计算；当换算为标准砌体的受压弹性模量时，计算结果应乘以换算系数 0.85。

5.4.4 槽间砌体的抗压强度，应按本标准式（4.4.2）计算。

5.4.5 槽间砌体抗压强度换算为标准砌体的抗压强度，应按本标准式（4.4.3-1）和式（4.4.3-2）计算。

5.4.6 测区的砌体抗压强度平均值，应按本标准式（4.4.4）计算。

6 切制抗压试件法

6.1 一般规定

6.1.1 切制抗压试件法适用于推定普通砖砌体和多孔砖砌体的抗压强度。检测时，应使用电动切割机，在砖墙上切割两条竖缝，竖缝间距可取 370mm 或 490mm，应人工取出与标准砌体抗压试件尺寸相同的试件，并应运至试验室，砌体抗压测试应按现行国家标准《砌体基本力学性能试验方法标准》GB/T 50129 的有关规定执行。

6.1.2 在砖墙上选择切制试件的部位，应符合本标准第 4.1.2 条的要求。

6.1.3 当宏观检查墙体的砌筑质量差或砌筑砂浆强度等级低于 M2.5（含 M2.5）时，不宜选用切制抗压试件法。

6.2 测试设备的技术指标

6.2.1 切割墙体竖向通缝的切割机，应符合下列要求：

1 机架应有足够的强度、刚度、稳定性。

2 切割机应操作灵活，并应固定和移动方便。

3 切割机的锯切深度不应小于 240mm。

4 切割机上的电动机、导线及其连接的接点应具有良好的防潮性能。

5 切割机宜配备水冷却系统。

6.2.2 测试设备应选择适宜吨位的长柱压力试验机，其精度（示值的相对误差）不应大于 2%。预估抗压试件的破坏荷载值，应为压力试验机额定压力的20%～80%。

6.3 测试步骤

6.3.1 选取切制试件的部位后，应按现行国家标准《砌体基本力学性能试验方法标准》GB/T 50129的有关规定，确定试件高度H和试件宽度b（图6.3.1），并应标出切割线。在选择切割线时，宜选取竖向灰缝上、下对齐的部位。

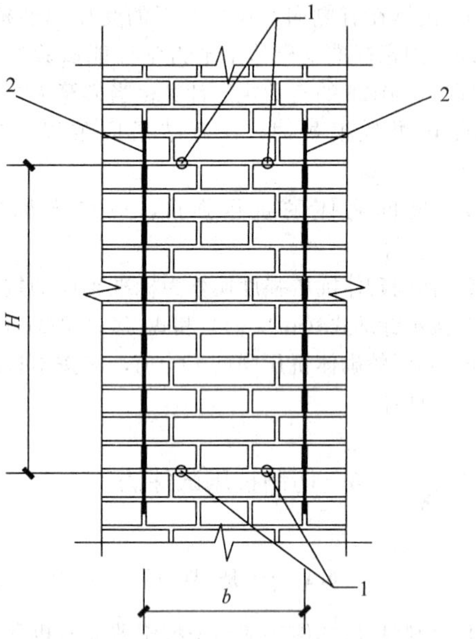

图6.3.1 切制普通砖砌体抗压试件

1—钻孔；2—切割线；H—试件高度；b—试件宽度

6.3.2 应在拟切制试件上、下两端各钻2个孔，并应将拟切制试件捆绑牢固，也可采用其他适宜的临时固定方法。

6.3.3 应将切割机的锯片（锯条）对准切割线，并垂直于墙面，然后应启动切割机，并应在砖墙上切出两条竖缝。切割过程中，切割机不得偏转和移位，并应使锯片（锯条）处于连续水冷却状态。

6.3.4 应凿掉切制试件顶部一皮砖；应适当凿取试件底部砂浆，并应伸进撬棍，应将水平灰缝撬松动，然后应小心抬出试件。

6.3.5 试件搬运过程中，应防止碰撞，并应采取减小振动的措施。需要长距离运输试件时，宜用草绳等材料紧密捆绑试件。

6.3.6 试件运至试验室后，应将试件上下表面大致修理平整；应在预先找平的钢垫板上坐浆，然后应将试件放在钢垫板上；试件顶面应用1∶3水泥砂浆找平。试件上、下表面的砂浆应在自然养护3d后，再进行抗压测试。测量试件受压变形值时，应在宽侧面上粘贴安装百分表的表座。

6.3.7 量测试件截面尺寸时，除应符合现行国家标准《砌体基本力学性能试验方法标准》GB/T 50129的有关规定外，在量测长边尺寸时，尚应除去长边两端残留的竖缝砂浆。

6.3.8 切制试件的抗压试验步骤，应包括试件在试验机底板上的对中方法、试件顶面找平方法、加荷制度、裂缝观察、初裂荷载及破坏荷载等检测及测试事项，均应符合现行国家标准《砌体基本力学性能试验方法标准》GB/T 50129的有关规定。

6.4 数据分析

6.4.1 单个切制试件的抗压强度，应按本标准式（4.4.2）计算。

6.4.2 测区的砌体抗压强度平均值，应按本标准式（4.4.4）计算。

6.4.3 计算结果表示被测墙体的实际抗压强度值，不应乘以强度调整系数。

7 原位单剪法

7.1 一般规定

7.1.1 原位单剪法适用于推定砖砌体沿通缝截面的抗剪强度。检测时，测试部位宜选在窗洞口或其他洞口下三皮砖范围内，试件具体尺寸应符合图7.1.1的规定。

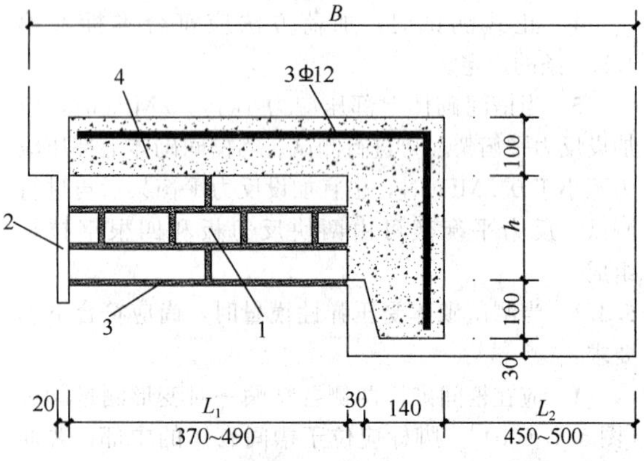

图7.1.1 原位单剪试件大样

1—被测砌体；2—切口；3—受剪灰缝；4—现浇混凝土传力件；h—三皮砖的高度；B—洞口宽度；L_1—剪切面长度；L_2—设备长度预留空间

7.1.2 试件的加工过程中，应避免扰动被测灰缝。

7.1.3 测试部位不应选在后砌窗下墙处，且其施工质量应具有代表性。

7.2 测试设备的技术指标

7.2.1 测试设备应包括螺旋千斤顶或卧式液压千斤顶、荷载传感器及数字荷载表等。试件的预估破坏荷载值应为千斤顶、传感器最大测量值的20%～80%。

7.2.2 检测前，应标定荷载传感器及数字荷载表，其示值相对误差不应大于2%。

7.3 测试步骤

7.3.1 在选定的墙体上，应采用振动较小的工具加工切口，现浇钢筋混凝土传力件（图7.3.1）的混凝土强度等级不应低于C15。

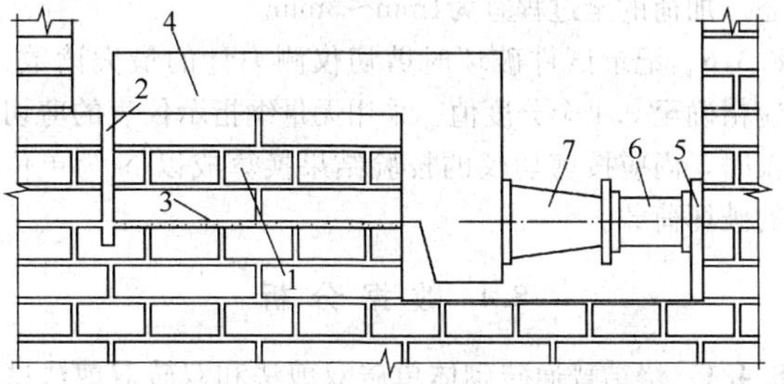

图7.3.1 原位单剪法测试装置

1—被测砌体；2—切口；3—受剪灰缝；4—现浇混凝土传力件；5—垫板；6—传感器；7—千斤顶

7.3.2 测量被测灰缝的受剪面尺寸，应精确至1mm。

7.3.3 安装千斤顶及测试仪表，千斤顶的加力轴线与被测灰缝顶面应对齐（图7.3.1）。

7.3.4 加荷时应匀速施加水平荷载，并应控制试件在2min～5min内破坏。当试件沿受剪面滑动、千斤顶开始卸荷时，应判定试件达到破坏状态；应记录破坏荷载值，并应结束测试；应在预定剪切面（灰缝）破坏，测试有效。

7.3.5 加荷测试结束后，应翻转已破坏的试件，检查剪切面破坏特征及砌体砌筑质量，并应详细记录。

7.4 数据分析

7.4.1 数据分析时，应根据测试仪表的校验结果，进行荷载换算，并应精确至10N。

7.4.2 砌体的沿通缝截面抗剪强度应按下式计算：

$$f_{vij} = \frac{N_{vij}}{A_{vij}} \tag{7.4.2}$$

式中：f_{vij}——第i个测区第j个测点的砌体沿通缝截面抗剪强度（MPa）；

N_{vij}——第i个测区第j个测点的抗剪破坏荷载（N）；

A_{vij}——第i个测区第j个测点的受剪面积（mm^2）。

7.4.3 测区的砌体沿通缝截面抗剪强度平均值，应按下式计算：

$$f_{vi} = \frac{1}{n_1}\sum_{j=1}^{n_1} f_{vij} \tag{7.4.3}$$

式中：f_{vi}——第i个测区的砌体沿通缝截面抗剪强度平均值（MPa）。

8 原位双剪法

8.1 一般规定

8.1.1 原位双剪法（图8.1.1）应包括原位单砖双剪法和原位双砖双剪法。原位单砖双剪法适用于推定各类墙厚的烧结普通砖或烧结多孔砖砌体的抗剪强度，原位双砖双剪法仅适用于推定240mm厚墙的烧结普通砖或烧结多孔砖砌体的抗剪强度。检测时，应将原位剪切仪的主机安放在墙体的槽孔内，并应以一块或两块并列完整的顺砖及其上下两条水平灰缝作为一个测点（试件）。

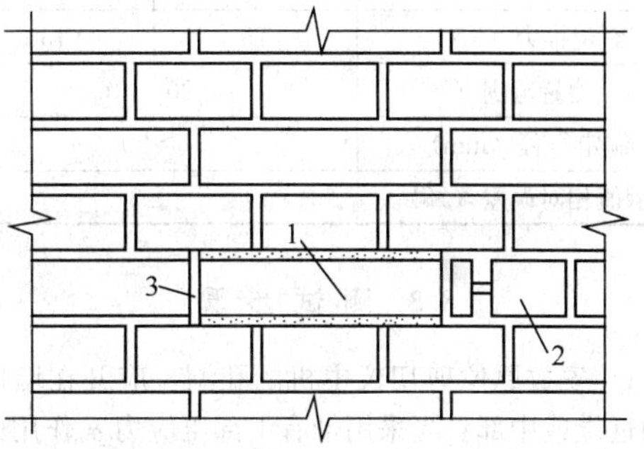

图8.1.1 原位双剪法测试示意

1—剪切试件；2—剪切仪主机；3—掏空的竖缝

8.1.2 原位双剪法宜选用释放或可忽略受剪面上部压应力σ_0作用的测试方案；当上部压应力σ_0较大且可较准确计算时，也可选用在上部压应力σ_0作用下的测试方案。

8.1.3 在测区内选择测点，应符合下列要求：

1 测区应随机布置n_1个测点，对原位单砖双剪法，在墙体两面的测点数量宜接近或相等。

2 试件两个受剪面的水平灰缝厚度应为8mm～12mm。

3 下列部位不应布设测点：

1）门、窗洞口侧边120mm范围内；

2）后补的施工洞口和经修补的砌体；

3）独立砖柱。

4 同一墙体的各测点之间，水平方向净距不应小于1.5m，垂直方向净距不应小于0.5m，且不应在同一水平位置或纵向位置。

8.2 测试设备的技术指标

8.2.1 原位剪切仪的主机应为一个附有活动承压钢板的小型千斤顶。其成套设备如图8.2.1所示。

8.2.2 原位剪切仪的主要技术指标应符合表8.2.2的规定。

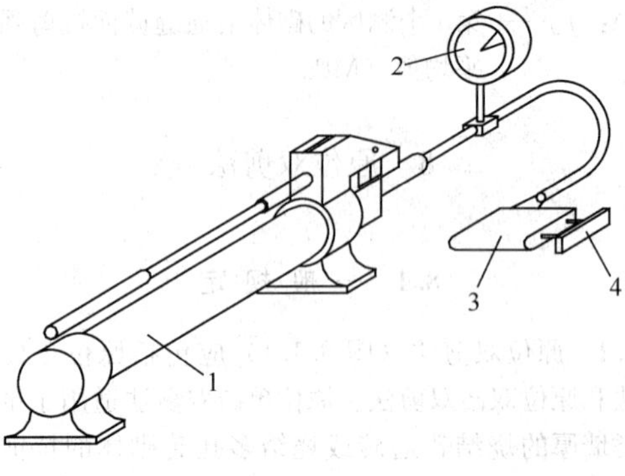

图 8.2.1　成套原位剪切仪示意

1—油泵；2—压力表；3—剪切仪主机；4—承压钢板

表 8.2.2　原位剪切仪主要技术指标

项　目	指　标	
	75 型	150 型
额定推力（kN）	75	150
相对测量范围（%）	20～80	
额定行程（mm）	＞20	
示值相对误差（%）	±3	

8.3　测 试 步 骤

8.3.1　安放原位剪切仪主机的孔洞，应开在墙体边缘的远端或中部。当采用带有上部压应力 σ_0 作用的测试方案时，应按图 8.1.1 所示制备出安放主机的孔洞，并应清除四周的灰缝。原位单砖双剪试件的孔洞截面尺寸，普通砖砌体不得小于 115mm×65mm；多孔砖砌体不得小于 115mm×110mm。原位双砖双剪试件的孔洞截面尺寸，普通砖砌体不得小于 240mm×65mm；多孔砖砌体不得小于 240mm×110mm；应掏空、清除剪切试件另一端的竖缝。

8.3.2　当采用释放试件上部压应力 σ_0 的测试方案时，尚应按图 8.3.2 所示，掏空试件顶部两皮砖之上的一条水平灰缝，掏空范围，应由剪切试件的两端向上按 45°角扩散至灰缝 4，掏空长度应大于 620mm，深度应大于 240mm。

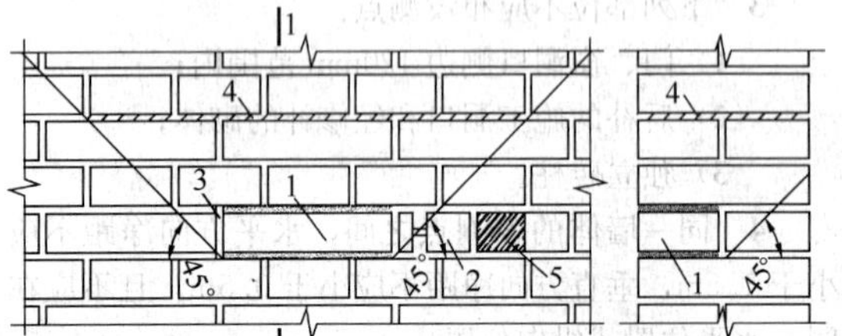

图 8.3.2　释放 σ_0 方案示意

1—试样；2—剪切仪主机；3—掏空竖缝；4—掏空水平缝；5—垫块

8.3.3　试件两端的灰缝应清理干净。开凿清理过程中，严禁扰动试件；发现被推砖块有明显缺棱掉角或上、下灰缝有松动现象时，应舍去该试件。被推砖的承压面应平整，不平时应用扁砂轮等工具磨平。

8.3.4　测试时，应将剪切仪主机放入开凿好的孔洞中（图 8.3.2），并应使仪器的承压板与试件的砖块顶面重合，仪器轴线与砖块轴线应吻合。开凿孔洞过长时，在仪器尾部应另加垫块。

8.3.5　操作剪切仪，应匀速施加水平荷载，并应直至试件和砌体之间产生相对位移，试件达到破坏状态。加荷的全过程宜为1min～3min。

8.3.6　记录试件破坏时剪切仪测力计的最大读数，应精确至 0.1 个分度值。采用无量纲指示仪表的剪切仪时，尚应按剪切仪的校验结果换算成以 N 为单位的破坏荷载。

8.4　数 据 分 析

8.4.1　烧结普通砖砌体单砖双剪法和双砖双剪法试件沿通缝截面的抗剪强度，应按下式计算：

$$f_{vij}=\frac{0.32N_{vij}}{A_{vij}}-0.70\sigma_{0ij}\qquad(8.4.1)$$

式中：A_{vij}——第 i 个测区第 j 个测点单个灰缝受剪截面的面积（mm^2）；

σ_{0ij}——该测点上部墙体的压应力（MPa），当忽略上部压应力作用或释放上部压应力时，取为 0。

8.4.2　烧结多孔砖砌体单砖双剪法和双砖双剪法试件沿通缝截面的抗剪强度，应按下式计算：

$$f_{vij}=\frac{0.29N_{vij}}{A_{vij}}-0.70\sigma_{0ij}\qquad(8.4.2)$$

式中：A_{vij}——第 i 个测区第 j 个测点单个灰缝受剪截面的面积（mm^2）；

σ_{0ij}——该测点上部墙体的压应力（MPa），当忽略上部压应力作用或释放上部压应力时，取为 0。

8.4.3　测区的砌体沿通缝截面抗剪强度平均值，应按本标准式（7.4.3）计算。

9　推　出　法

9.1　一 般 规 定

9.1.1　推出法（图 9.1.1）适用于推定 240mm 厚烧结普通砖、烧结多孔砖、蒸压灰砂砖或蒸压粉煤灰砖墙体中的砌筑砂浆强度，所测砂浆的强度宜为 1MPa～15MPa。检测时，应将推出仪安放在墙体的孔洞内。推出仪应由钢制部件、传感器、推出力峰值测定仪等组成。

9.1.2　选择测点应符合下列要求：

1　测点宜均匀布置在墙上，并应避开施工中的预留洞口。

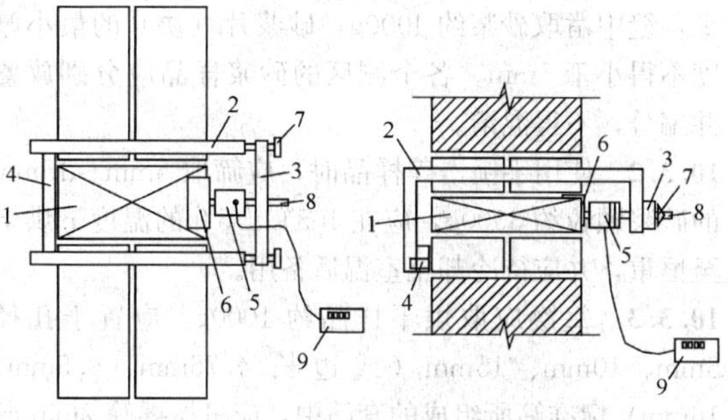

图 9.1.1 推出仪及测试安装示意

1—被推出丁砖；2—支架；3—前梁；4—后梁；5—传感器；6—垫片；7—调平螺钉；8—加荷螺杆；9—推出力峰值测定仪

2 被推丁砖的承压面可采用砂轮磨平，并应清理干净。

3 被推丁砖下的水平灰缝厚度应为 8mm～12mm。

4 测试前，被推丁砖应编号，并应详细记录墙体的外观情况。

9.2 测试设备的技术指标

9.2.1 推出仪的主要技术指标应符合表 9.2.1 的要求。

表 9.2.1 推出仪的主要技术指标

项 目	指 标
额定推力（kN）	30
相对测量范围（%）	20～80
额定行程（mm）	80
示值相对误差（%）	±3

9.2.2 力值显示仪器或仪表应符合下列要求：

1 最小分辨值应为 0.05kN，力值范围应为 0kN～30kN。

2 应具有测力峰值保持功能。

3 仪器读数显示应稳定，在 4h 内的读数漂移应小于 0.05kN。

9.3 测 试 步 骤

9.3.1 取出被推丁砖上部的两块顺砖（图 9.3.1），应符合下列要求：

1 应使用冲击钻在图 9.3.1 所示 A 点打出约 40mm 的孔洞。

2 应使用锯条自 A 至 B 点锯开灰缝。

3 应将扁铲打入上一层灰缝，并应取出两块顺砖。

4 应使用锯条锯切被推丁砖两侧的竖向灰缝，并应直至下皮砖顶面。

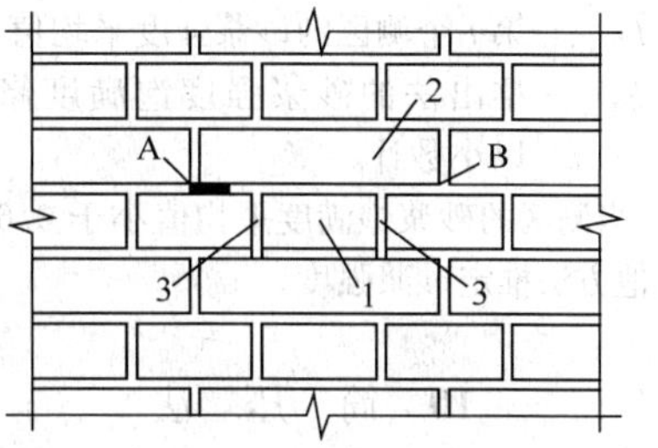

图 9.3.1 试件加工步骤示意

1—被推丁砖；2—被取出的两块顺砖；3—掏空的竖缝

5 开洞及清缝时，不得扰动被推丁砖。

9.3.2 安装推出仪（图 9.1.1），应使用钢尺测量前梁两端与墙面距离，误差应小于 3mm。传感器的作用点，在水平方向应位于被推丁砖中间；铅垂方向距被推丁砖下表面之上的距离，普通砖应为 15mm，多孔砖应为 40mm。

9.3.3 旋转加荷螺杆对试件施加荷载时，加荷速度宜控制在 5kN/min。当被推丁砖和砌体之间发生相对位移时，应认定试件达到破坏状态，并应记录推出力 N_{ij}。

9.3.4 取下被推丁砖时，应使用百格网测试砂浆饱满度 B_{ij}。

9.4 数 据 分 析

9.4.1 单个测区的推出力平均值，应按下式计算：

$$N_i = \xi_{2i} \frac{1}{n_1} \sum_{j=1}^{n_1} N_{ij} \qquad (9.4.1)$$

式中：N_i——第 i 个测区的推出力平均值（kN），精确至 0.01kN；

N_{ij}——第 i 个测区第 j 块测试砖的推出力峰值（kN）；

ξ_{2i}——砖品种的修正系数，对烧结普通砖和烧结多孔砖，取 1.00，对蒸压灰砂砖或蒸压粉煤灰砖，取 1.14。

9.4.2 测区的砂浆饱满度平均值，应按下式计算：

$$B_i = \frac{1}{n_1} \sum_{j=1}^{n_1} B_{ij} \qquad (9.4.2)$$

式中：B_i——第 i 个测区的砂浆饱满度平均值，以小数计；

B_{ij}——第 i 个测区第 j 块测试砖下的砂浆饱满度实测值，以小数计。

9.4.3 当测区的砂浆饱满度平均值不小于 0.65 时，测区的砂浆强度平均值，应按下列公式计算：

$$f_{2i} = 0.30 \left(\frac{N_i}{\xi_{3i}} \right)^{1.19} \qquad (9.4.3\text{-}1)$$

$$\xi_{3i} = 0.45 B_i^2 + 0.90 B_i \qquad (9.4.3\text{-}2)$$

式中：f_{2i}——第 i 个测区的砂浆强度平均值（MPa）；

ξ_{3i}——推出法的砂浆强度饱满度修正系数，以小数计。

9.4.4 当测区的砂浆饱满度平均值小于 0.65 时，宜选用其他方法推定砂浆强度。

10 筒 压 法

10.1 一 般 规 定

10.1.1 筒压法适用于推定烧结普通砖或烧结多孔砖砌体中砌筑砂浆的强度，不适用于推定高温、长期浸水、遭受火灾、环境侵蚀等砌筑砂浆的强度。检测时，应从砖墙中抽取砂浆试样，并应在试验室内进行筒压荷载测试，应测试筒压比，然后换算为砂浆强度。

10.1.2 筒压法所测试的砂浆品种及其强度范围，应符合下列要求：

1 砂浆品种应包括中砂、细砂配制的水泥砂浆，特细砂配制的水泥砂浆，中砂、细砂配制的水泥石灰混合砂浆，中砂、细砂配制的水泥粉煤灰砂浆，石灰石质石粉砂与中砂、细砂混合配制的水泥石灰混合砂浆和水泥砂浆。

2 砂浆强度范围应为 2.5MPa～20MPa。

10.2 测试设备的技术指标

10.2.1 承压筒（图 10.2.1）可用普通碳素钢或合金钢制作，也可用测定轻骨料筒压强度的承压筒代替。

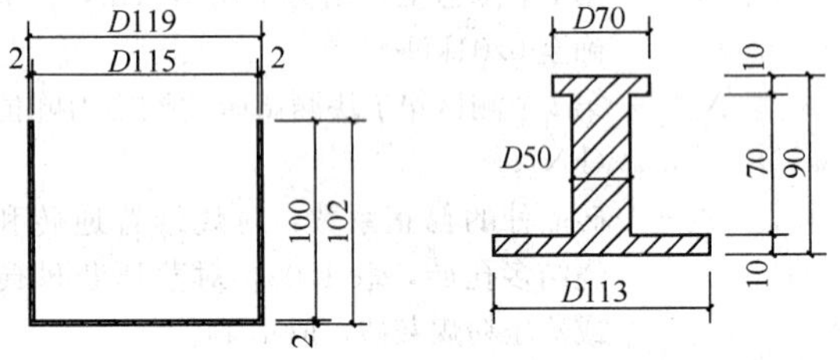

(a) 承压筒剖面　　(b) 承压盖剖面

图 10.2.1 承压筒构造

10.2.2 水泥跳桌技术指标，应符合现行国家标准《水泥胶砂流动度测定方法》GB/T 2419 的有关规定。

10.2.3 其他设备和仪器应包括 50kN～100kN 压力试验机或万能试验机；砂摇筛机；干燥箱；孔径为 5mm、10mm、15mm（或边长为 4.75mm、9.5mm、16mm）的标准砂石筛（包括筛盖和底盘）；称量为 1000g、感量为 0.1g 的托盘天平。

10.3 测 试 步 骤

10.3.1 在每一测区，应从距墙表面 20mm 以里的水平灰缝中凿取砂浆约 4000g，砂浆片（块）的最小厚度不得小于 5mm。各个测区的砂浆样品应分别放置并编号，不得混淆。

10.3.2 使用手锤击碎样品时，应筛取 5mm～15mm 的砂浆颗粒约 3000g，应在 105℃±5℃的温度下烘干至恒重，并应待冷却至室温后备用。

10.3.3 每次应取烘干样品约 1000g，应置于孔径 5mm、10mm、15mm（或边长 4.75mm、9.5mm、16mm）标准筛所组成的套筛中，应机械摇筛 2min 或手工摇筛 1.5min；应称取粒级 5mm～10mm（4.75mm～9.5mm）和 10mm～15mm（9.5mm～16mm）的砂浆颗粒各 250g，混合均匀后作为一个试样；应制备三个试样。

10.3.4 每个试样应分两次装入承压筒。每次宜装 1/2，应在水泥跳桌上跳振 5 次。第二次装料并跳振后，应整平表面。

无水泥跳桌时，可按砂、石紧密体积密度的测试方法颠击密实。

10.3.5 将装试样的承压筒置于试验机上时，应再次检查承压筒内的砂浆试样表面是否平整，稍有不平时，应整平；应盖上承压盖，并应按 0.5kN/s～1.0kN/s 加荷速度或 20s～40s 内均匀加荷至规定的筒压荷载值后，立即卸荷。不同品种砂浆的筒压荷载值，应符合下列要求：

1 水泥砂浆、石粉砂浆应为 20kN。

2 特细砂水泥砂浆应为 10kN。

3 水泥石灰混合砂浆、粉煤灰砂浆应为 10kN。

10.3.6 施加荷载过程中，出现承压盖倾斜状况时，应立即停止测试，并应检查承压盖是否受损（变形），以及承压筒内砂浆试样表面是否平整。出现承压盖受损（变形）情况时，应更换承压盖，并应重新制备试样。

10.3.7 将施压后的试样倒入由孔径 5（4.75）mm 和 10（9.5）mm 标准筛组成的套筛中时，应装入摇筛机摇筛 2min 或人工摇筛 1.5min，并应筛至每隔 5s 的筛出量基本相符。

10.3.8 应称量各筛筛余试样的重量，并应精确至 0.1g，各筛的分计筛余量和底盘剩余量的总和，与筛分前的试样重量相比，相对差值不得超过试样重量的 0.5%；当超过时，应重新进行测试。

10.4 数 据 分 析

10.4.1 标准试样的筒压比，应按下式计算：

$$\eta_{ij}=\frac{t_1+t_2}{t_1+t_2+t_3} \qquad (10.4.1)$$

式中：η_{ij}——第 i 个测区中第 j 个试样的筒压比，以小数计；

t_1、t_2、t_3——分别为孔径 5（4.75）mm、10（9.5）mm 筛的分计筛余量和底盘中剩余量

(g)。

10.4.2 测区的砂浆筒压比，应按下式计算：

$$\eta_i = \frac{1}{3}(\eta_{i1} + \eta_{i2} + \eta_{i3}) \quad (10.4.2)$$

式中：η_i——第 i 个测区的砂浆筒压比平均值，以小数计，精确至 0.01；

η_{i1}、η_{i2}、η_{i3}——分别为第 i 个测区三个标准砂浆试样的筒压比。

10.4.3 测区的砂浆强度平均值应按下列公式计算：

水泥砂浆：

$$f_{2i} = 34.58(\eta_i)^{2.06} \quad (10.4.3\text{-}1)$$

特细砂水泥砂浆：

$$f_{2i} = 21.36(\eta_i)^{3.07} \quad (10.4.3\text{-}2)$$

水泥石灰混合砂浆：

$$f_{2i} = 6.10(\eta_i) + 11.0(\eta_i)^{2.0} \quad (10.4.3\text{-}3)$$

粉煤灰砂浆：

$$f_{2i} = 2.52 - 9.40(\eta_i) + 32.80(\eta_i)^{2.0} \quad (10.4.3\text{-}4)$$

石粉砂浆：

$$f_{2i} = 2.70 - 13.90(\eta_i) + 44.90(\eta_i)^{2.0} \quad (10.4.3\text{-}5)$$

11 砂浆片剪切法

11.1 一 般 规 定

11.1.1 砂浆片剪切法（图 11.1.1）适用于推定烧结普通砖或烧结多孔砖砌体中的砌筑砂浆强度。检测时，应从砖墙中抽取砂浆片试样，并应采用砂浆测强仪测试其抗剪强度，然后换算为砂浆强度。

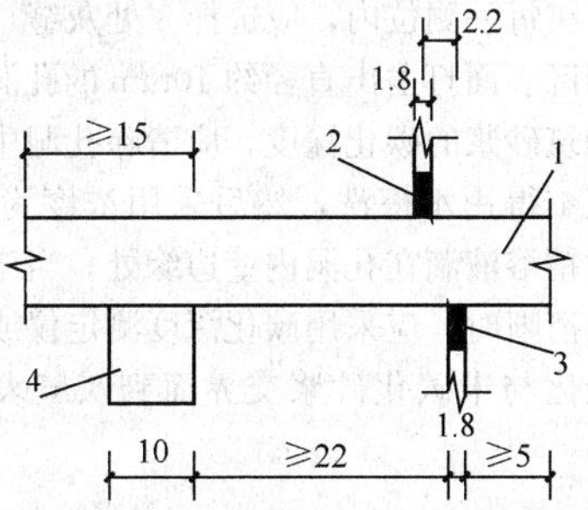

图 11.1.1 砂浆测强仪工作原理

1—砂浆片；2—上刀片；3—下刀片；4—条钢块

11.1.2 从每个测点处，宜取出两个砂浆片，应一片用于检测、一片备用。

11.2 测试设备的技术指标

11.2.1 砂浆测强仪的主要技术指标应符合表 11.2.1 的要求。

表 11.2.1 砂浆测强仪主要技术指标

项 目		指 标
上下刀片刃口厚度(mm)		1.8±0.02
上下刀片中心间距(mm)		2.2±0.05
测试荷载 N_v 范围(N)		40～1400
示值相对误差(%)		±3
刀片行程	上刀片(mm)	＞30
	下刀片(mm)	＞3
刀片刃口面平面度(mm)		0.02
刀片刃口棱角线直线度(mm)		0.02
刀片刃口棱角垂直度(mm)		0.02
刀片刃口硬度(HRC)		55～58

11.2.2 砂浆测强标定仪的主要技术指标应符合表 11.2.2 的要求。

表 11.2.2 砂浆测强标定仪主要技术指标

项 目	指 标
标定荷载 N_b 范围（N）	40～1400
示值相对误差（%）	±1
N_b 作用点偏离下刀片中心线距离（mm）	±0.2

11.3 测 试 步 骤

11.3.1 制备砂浆片试件，应符合下列要求：

1 从测点处的单块砖大面上取下的原状砂浆大片，应编号，并应分别放入密封袋内。

2 一个测区的墙面尺寸宜为 0.5m×0.5m。同一个测区的砂浆片，应加工成尺寸接近的片状体，大面、条面应均匀平整，单个试件的各向尺寸，厚度应为 7mm～15mm，宽度应为 15mm～50mm，长度应按净跨度不小于 22mm 确定（图 11.1.1）。

3 试件加工完毕，应放入密封袋内。

11.3.2 砂浆试件含水率，应与砌体正常工作时的含水率基本一致。试件呈冻结状态时，应缓慢升温解冻。

11.3.3 砂浆片试件的剪切测试，应符合下列程序：

1 应调平砂浆测强仪，并应使水准泡居中；

2 应将砂浆片试件置于砂浆测强仪内（图 11.1.1），并应用上刀片压紧；

3 应开动砂浆测强仪，并应对试件匀速连续施加荷载，加荷速度不宜大于 10N/s，直至试件破坏。

11.3.4 试件未沿刀片刃口破坏时，此次测试应作废，应取备用试件补测。

11.3.5 试件破坏后，应记读压力表指针读数，并应换算成剪切荷载值。

11.3.6 用游标卡尺或最小刻度为 0.5mm 的钢板尺量测试件破坏截面尺寸时，应每个方向量测两次，并应分别取平均值。

11.4 数 据 分 析

11.4.1 砂浆片试件的抗剪强度，应按下式计算：

$$\tau_{ij} = 0.95 \frac{V_{ij}}{A_{ij}} \quad (11.4.1)$$

式中：τ_{ij}——第 i 个测区第 j 个砂浆片试件的抗剪强度（MPa）；

V_{ij}——试件的抗剪荷载值（N）；

A_{ij}——试件破坏截面面积（mm^2）。

11.4.2 测区的砂浆片抗剪强度平均值，应按下式计算：

$$\tau_i = \frac{1}{n_1}\sum_{j=1}^{n_1}\tau_{ij} \quad (11.4.2)$$

式中：τ_i——第 i 个测区的砂浆片抗剪强度平均值（MPa）。

11.4.3 测区的砂浆抗压强度平均值，应按下式计算：

$$f_{2i} = 7.17\tau_i \quad (11.4.3)$$

11.4.4 当测区的砂浆抗剪强度低于 0.3MPa 时，应对本标准式（11.4.3）的计算结果乘以表 11.4.4 的修正系数。

表 11.4.4 低强砂浆的修正系数

τ_i (MPa)	>0.30	0.25	0.20	<0.15
修正系数	1.00	0.86	0.75	0.35

12 砂浆回弹法

12.1 一 般 规 定

12.1.1 砂浆回弹法适用于推定烧结普通砖或烧结多孔砖砌体中砌筑砂浆的强度，不适用于推定高温、长期浸水、遭受火灾、环境侵蚀等砌筑砂浆的强度。检测时，应用回弹仪测试砂浆表面硬度，并应用浓度为1%～2%的酚酞酒精溶液测试砂浆碳化深度，应以回弹值和碳化深度两项指标换算为砂浆强度。

12.1.2 检测前，应宏观检查砌筑砂浆质量，水平灰缝内部的砂浆与其表面的砂浆质量应基本一致。

12.1.3 测位宜选在承重墙的可测面上，并应避开门窗洞口及预埋件等附近的墙体。墙面上每个测位的面积宜大于 $0.3m^2$。

12.1.4 墙体水平灰缝砌筑不饱满或表面粗糙且无法磨平时，不得采用砂浆回弹法检测砂浆强度。

12.2 测试设备的技术指标

12.2.1 砂浆回弹仪的主要技术性能指标应符合表 12.2.1 的要求，其示值系统宜为指针直读式。

表 12.2.1 砂浆回弹仪主要技术性能指标

项　　目	指　　标
标称动能(J)	0.196
指针摩擦力(N)	0.5±0.1
弹击杆端部球面半径(mm)	25±1.0
钢砧率定值(R)	74±2

12.2.2 砂浆回弹仪的检定和保养，应按国家现行有关回弹仪的检定标准执行。

12.2.3 砂浆回弹仪在工程检测前后，均应在钢砧上进行率定测试。

12.3 测 试 步 骤

12.3.1 测位处应按下列要求进行处理：

1 粉刷层、勾缝砂浆、污物等应清除干净。

2 弹击点处的砂浆表面，应仔细打磨平整，并应除去浮灰。

3 磨掉表面砂浆的深度应为 5mm～10mm，且不应小于 5mm。

12.3.2 每个测位内应均匀布置 12 个弹击点。选定弹击点应避开砖的边缘、灰缝中的气孔或松动的砂浆。相邻两弹击点的间距不应小于 20mm。

12.3.3 在每个弹击点上，应使用回弹仪连续弹击 3 次，第 1、2 次不应读数，应仅记读第 3 次回弹值，回弹值读数应估读至 1。测试过程中，回弹仪应始终处于水平状态，其轴线应垂直于砂浆表面，且不得移位。

12.3.4 在每一测位内，应选择 3 处灰缝，并应采用工具在测区表面打凿出直径约 10mm 的孔洞，其深度应大于砌筑砂浆的碳化深度，应清除孔洞中的粉末和碎屑，且不得用水擦洗，然后采用浓度为 1%～2%的酚酞酒精溶液滴在孔洞内壁边缘处，当已碳化与未碳化界限清晰时，应采用碳化深度测定仪或游标卡尺测量已碳化与未碳化砂浆交界面到灰缝表面的垂直距离。

12.4 数 据 分 析

12.4.1 从每个测位的 12 个回弹值中，应分别剔除最大值、最小值，将余下的 10 个回弹值计算算术平均值，应以 R 表示，并应精确至 0.1。

12.4.2 每个测位的平均碳化深度，应取该测位各次测量值的算术平均值，应以 d 表示，并应精确至 0.5mm。

12.4.3 第 i 个测区第 j 个测位的砂浆强度换算值，

应根据该测位的平均回弹值和平均碳化深度值，分别按下列公式计算：

$d \leqslant 1.0$mm 时：

$$f_{2ij} = 13.97 \times 10^{-5} R^{3.57} \qquad (12.4.3\text{-}1)$$

1.0mm$< d <$3.0mm 时：

$$f_{2ij} = 4.85 \times 10^{-4} R^{3.04} \qquad (12.4.3\text{-}2)$$

$d \geqslant 3.0$mm 时：

$$f_{2ij} = 6.34 \times 10^{-5} R^{3.60} \qquad (12.4.3\text{-}3)$$

式中：f_{2ij}——第 i 个测区第 j 个测位的砂浆强度值（MPa）；

d——第 i 个测区第 j 个测位的平均碳化深度（mm）；

R——第 i 个测区第 j 个测位的平均回弹值。

12.4.4 测区的砂浆抗压强度平均值，应按下式计算：

$$f_{2i} = \frac{1}{n_1} \sum_{j=1}^{n_1} f_{2ij} \qquad (12.4.4)$$

13 点 荷 法

13.1 一 般 规 定

13.1.1 点荷法适用于推定烧结普通砖或烧结多孔砖砌体中的砌筑砂浆强度。检测时，应从砖墙中抽取砂浆片试样，并应采用试验机或专用仪器测试其点荷载值，然后换算为砂浆强度。

13.1.2 从每个测点处，宜取出两个砂浆大片，应一片用于检测、一片备用。

13.2 测试设备的技术指标

13.2.1 测试设备应采用额定压力较小的压力试验机，最小读数盘宜为 50kN 以内。

13.2.2 压力试验机的加荷附件，应符合下列要求：

1 钢质加荷头应为内角为 60°的圆锥体，锥底直径应为 40mm，锥体高度应为 30mm；锥体的头部应为半径为 5mm 的截球体，锥球高度应为 3mm（图 13.2.2）；其他尺寸可自定。加荷头应为 2 个。

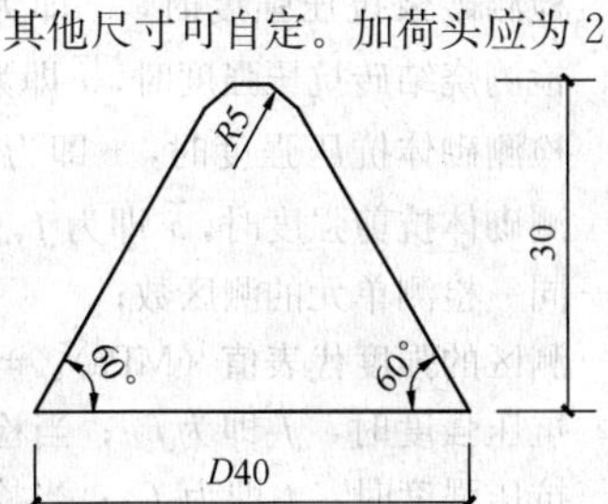

图 13.2.2 加荷头端部尺寸示意

2 加荷头与试验机的连接方法，可根据试验机的具体情况确定，宜将连接件与加荷头设计为一个整体附件。

13.2.3 在符合本标准第 13.2.2 条要求的前提下，也可采用其他专用加荷附件或专用仪器。

13.3 测 试 步 骤

13.3.1 制备试件，应符合下列要求：

1 从每个测点处剥离出砂浆大片。

2 加工或选取的砂浆试件应符合下列要求：

1）厚度为 5mm～12mm；

2）预估荷载作用半径为 15mm～25mm；

3）大面应平整，但其边缘可不要求非常规则。

3 在砂浆试件上应画出作用点，并应量测其厚度，应精确至 0.1mm。

13.3.2 在小吨位压力试验机上、下压板上应分别安装上、下加荷头，两个加荷头应对齐。

13.3.3 将砂浆试件水平放置在下加荷头上时，上、下加荷头应对准预先画好的作用点，并应使上加荷头轻轻压紧试件，然后应缓慢匀速施加荷载至试件破坏。加荷速度宜控制试件在 1min 左右破坏，应记录荷载值，并应精确至 0.1kN。

13.3.4 应将破坏后的试件拼接成原样，测量荷载实际作用点中心到试件破坏线边缘的最短距离，即荷载作用半径，应精确至 0.1mm。

13.4 数 据 分 析

13.4.1 砂浆试件的抗压强度换算值，应按下列公式计算：

$$f_{2ij} = (33.30 \xi_{4ij} \xi_{5ij} N_{ij} - 1.10)^{1.09} \qquad (13.4.1\text{-}1)$$

$$\xi_{4ij} = \frac{1}{0.05 r_{ij} + 1} \qquad (13.4.1\text{-}2)$$

$$\xi_{5ij} = \frac{1}{0.03 t_{ij} (0.10 t_{ij} + 1) + 0.40} \qquad (13.4.1\text{-}3)$$

式中：N_{ij}——点荷载值（kN）；

ξ_{4ij}——荷载作用半径修正系数；

ξ_{5ij}——试件厚度修正系数；

r_{ij}——荷载作用半径（mm）；

t_{ij}——试件厚度（mm）。

13.4.2 测区的砂浆抗压强度平均值，应按本标准式（12.4.4）计算。

14 烧结砖回弹法

14.1 一 般 规 定

14.1.1 烧结砖回弹法适用于推定烧结普通砖砌体或烧结多孔砖砌体中砖的抗压强度，不适用于推定表面已风化或遭受冻害、环境侵蚀的烧结普通砖砌体或烧结多孔砖砌体中砖的抗压强度。检测时，应用回弹仪测试砖表面硬度，并应将砖回弹值换算成砖抗压强度。

14.1.2 每个检测单元中应随机选择10个测区。每个测区的面积不宜小于$1.0m^2$，应在其中随机选择10块条面向外的砖作为10个测位供回弹测试。选择的砖与砖墙边缘的距离应大于250mm。

14.2 测试设备的技术指标

14.2.1 烧结砖回弹法的测试设备，宜采用示值系统为指针直读式的砖回弹仪。

14.2.2 砖回弹仪的主要技术性能指标，应符合表14.2.2的要求。

表14.2.2 砖回弹仪主要技术性能指标

项目	指标
标称动能（J）	0.735
指针摩擦力（N）	0.5±0.1
弹击杆端部球面半径（mm）	25±1.0
钢砧率定值（R）	74±2

14.2.3 砖回弹仪的检定和保养，应按国家现行有关回弹仪的检定标准执行。

14.2.4 砖回弹仪在工程检测前后，均应在钢砧上进行率定测试。

14.3 测试步骤

14.3.1 被检测砖应为外观质量合格的完整砖。砖的条面应干燥、清洁、平整，不应有饰面层、粉刷层，必要时可用砂轮清除表面的杂物，并应磨平测面，同时应用毛刷刷去粉尘。

14.3.2 在每块砖的测面上应均匀布置5个弹击点。选定弹击点时应避开砖表面的缺陷。相邻两弹击点的间距不应小于20mm，弹击点离砖边缘不应小于20mm，每一弹击点应只能弹击一次，回弹值读数应估读至1。测试时，回弹仪应处于水平状态，其轴线应垂直于砖的测面。

14.4 数据分析

14.4.1 单个测位的回弹值，应取5个弹击点回弹值的平均值。

14.4.2 第i测区第j个测位的抗压强度换算值，应按下列公式计算：

1 烧结普通砖：

$$f_{1ij}=2\times10^{-2}R^2-0.45R+1.25 \tag{14.4.2-1}$$

2 烧结多孔砖：

$$f_{1ij}=1.70\times10^{-3}R^{2.48} \tag{14.4.2-2}$$

式中：f_{1ij}——第i测区第j个测位的抗压强度换算值（MPa）；

R——第i测区第j个测位的平均回弹值。

14.4.3 测区的砖抗压强度平均值，应按下式计算：

$$f_{1i}=\frac{1}{10}\sum_{j=1}^{n_1}f_{1ij} \tag{14.4.3}$$

14.4.4 本标准所给出的全国统一测强曲线可用于强度为6MPa～30MPa的烧结普通砖和烧结多孔砖的检测。当超出本标准全国统一测强曲线的测强范围时，应进行验证后使用，或制定专用曲线。

15 强度推定

15.0.1 检测数据中的歧离值和统计离群值，应按现行国家标准《数据的统计处理和解释 正态样本离群值的判断和处理》GB/T 4883中有关格拉布斯检验法或狄克逊检验法检出和剔除。检出水平α应取0.05，剔除水平α应取0.01；不得随意舍去歧离值，从技术或物理上找到产生离群原因时，应予剔除；未找到技术或物理上的原因时，则不应剔除。

15.0.2 本标准的各种检测方法，应给出每个测点的检测强度值f_{ij}，以及每一测区的强度平均值f_i，并应以测区强度平均值f_i作为代表值。

15.0.3 每一检测单元的强度平均值、标准差和变异系数，应按下列公式计算：

$$\bar{x}=\frac{1}{n_2}\sum_{i=1}^{n_2}f_i \tag{15.0.3-1}$$

$$s=\sqrt{\frac{\sum_{i=1}^{n_2}(\bar{x}-f_i)^2}{n_2-1}} \tag{15.0.3-2}$$

$$\delta=\frac{s}{\bar{x}} \tag{15.0.3-3}$$

式中：$\bar{x}$——同一检测单元的强度平均值（MPa）。当检测砂浆抗压强度时，$\bar{x}$即为$f_{2,m}$；当检测烧结砖抗压强度时，$\bar{x}$即为$f_{1,m}$；当检测砌体抗压强度时，$\bar{x}$即为f_m；当检测砌体抗剪强度时，$\bar{x}$即为$f_{v,m}$；

n_2——同一检测单元的测区数；

f_i——测区的强度代表值（MPa）。当检测砂浆抗压强度时，f_i即为f_{2i}；当检测烧结砖抗压强度时，f_i即为f_{1i}；当检测砌体抗压强度时，f_i即为f_{mi}；当检测砌体抗剪强度时，f_i即为f_{vi}；

s——同一检测单元，按n_2个测区计算的强度标准差（MPa）；

δ——同一检测单元的强度变异系数。

15.0.4 对在建或新建砌体工程，当需推定砌筑砂浆抗压强度值时，可按下列公式计算：

1 当测区数 n_2 不小于 6 时，应取下列公式中的较小值：

$$f'_2 = 0.91 f_{2,m} \quad (15.0.4\text{-}1)$$

$$f'_2 = 1.18 f_{2,min} \quad (15.0.4\text{-}2)$$

式中：f'_2——砌筑砂浆抗压强度推定值（MPa）；

$f_{2,min}$——同一检测单元，测区砂浆抗压强度的最小值（MPa）。

2 当测区数 n_2 小于 6 时，可按下式计算：

$$f'_2 = f_{2,min} \quad (15.0.4\text{-}3)$$

15.0.5 对既有砌体工程，当需推定砌筑砂浆抗压强度值时，应符合下列要求：

1 按国家标准《砌体工程施工质量验收规范》GB 50203－2002 及之前实施的砌体工程施工质量验收规范的有关规定修建时，应按下列公式计算：

1）当测区数 n_2 不小于 6 时，应取下列公式中的较小值：

$$f'_2 = f_{2,m} \quad (15.0.5\text{-}1)$$

$$f'_2 = 1.33 f_{2,min} \quad (15.0.5\text{-}2)$$

2）当测区数 n_2 小于 6 时，可按下式计算：

$$f'_2 = f_{2,min} \quad (15.0.5\text{-}3)$$

2 按《砌体结构工程施工质量验收规范》GB 50203－2011 的有关规定修建时，可按本标准第 15.0.4 条的规定推定砌筑砂浆强度值。

15.0.6 当砌筑砂浆强度检测结果小于 2.0MPa 或大于 15MPa 时，不宜给出具体检测值，可仅给出检测值范围 $f_2 < 2.0$MPa 或 $f_2 > 15$MPa。

15.0.7 砌筑砂浆强度的推定值，宜相当于被测墙体所用块体作底模的同龄期、同条件养护的砂浆试块强度。

15.0.8 当需要推定每一检测单元的砌体抗压强度标准值或砌体沿通缝截面的抗剪强度标准值时，应分别按下列要求进行推定：

1 当测区数 n_2 不小于 6 时，可按下列公式推定：

$$f_k = f_m - k \cdot s \quad (15.0.8\text{-}1)$$

$$f_{v,k} = f_{v,m} - k \cdot s \quad (15.0.8\text{-}2)$$

式中：f_k——砌体抗压强度标准值（MPa）；

f_m——同一检测单元的砌体抗压强度平均值（MPa）；

$f_{v,k}$——砌体抗剪强度标准值（MPa）；

$f_{v,m}$——同一检测单元的砌体沿通缝截面的抗剪强度平均值（MPa）；

k——与 α、C、n_2 有关的强度标准值计算系数，应按表 15.0.8 取值；

α——确定强度标准值所取的概率分布下分位数，取 0.05；

C——置信水平，取 0.60。

表 15.0.8 计算系数

n_2	6	7	8	9	10	12	15	18
k	1.947	1.908	1.880	1.858	1.841	1.816	1.790	1.773
n_2	20	25	30	35	40	45	50	
k	1.764	1.748	1.736	1.728	1.721	1.716	1.712	

2 当测区数 n_2 小于 6 时，可按下列公式推定：

$$f_k = f_{mi,min} \quad (15.0.8\text{-}3)$$

$$f_{v,k} = f_{vi,min} \quad (15.0.8\text{-}4)$$

式中：$f_{mi,min}$——同一检测单元中，测区砌体抗压强度的最小值（MPa）；

$f_{vi,min}$——同一检测单元中，测区砌体抗剪强度的最小值（MPa）。

3 每一检测单元的砌体抗压强度或抗剪强度，当检测结果的变异系数 δ 分别大于 0.2 或 0.25 时，不宜直接按式（15.0.8-1）或式（15.0.8-2）计算，应检查检测结果离散性较大的原因，若查明系混入不同母体所致，宜分别进行统计，并应分别按式（15.0.8-1）～式（15.0.8-4）确定本标准值。如确系变异系数过大，则应按式（15.0.8-3）和式（15.0.8-4）确定本标准值。

15.0.9 既有砌体工程，当采用回弹法检测烧结砖抗压强度时，每一检测单元的砖抗压强度等级，应符合下列要求：

1 当变异系数 $\delta \leqslant 0.21$ 时，应按表 15.0.9-1、表 15.0.9-2 中抗压强度平均值 $f_{1,m}$、抗压强度标准值 f_{1k} 推定每一检测单元的砖抗压强度等级。每一检测单元的砖抗压强度标准值，应按下式计算：

$$f_{1k} = f_{1,m} - 1.8s \quad (15.0.9)$$

式中：f_{1k}——同一检测单元的砖抗压强度标准值（MPa）。

表 15.0.9-1 烧结普通砖抗压强度等级的推定

抗压强度推定等级	抗压强度平均值 $f_{1,m} \geqslant$	变异系数 $\delta \leqslant 0.21$	变异系数 $\delta > 0.21$
		抗压强度标准值 $f_{1k} \geqslant$	抗压强度的最小值 $f_{1,min} \geqslant$
MU25	25.0	18.0	22.0
MU20	20.0	14.0	16.0
MU15	15.0	10.0	12.0
MU10	10.0	6.5	7.5
MU7.5	7.5	5.0	5.5

表 15.0.9-2 烧结多孔砖抗压强度等级的推定

抗压强度推定等级	抗压强度平均值 $f_{1,m} \geqslant$	变异系数 $\delta \leqslant 0.21$	变异系数 $\delta > 0.21$
		抗压强度标准值 $f_{1k} \geqslant$	抗压强度的最小值 $f_{1,min} \geqslant$
MU30	30.0	22.0	25.0
MU25	25.0	18.0	22.0
MU20	20.0	14.0	16.0
MU15	15.0	10.0	12.0
MU10	10.0	6.5	7.5

2 当变异系数 $\delta > 0.21$ 时，应按表 15.0.9-1、表 15.0.9-2 中抗压强度平均值 $f_{1,m}$、以测区为单位统计的抗压强度最小值 $f_{1i,min}$ 推定每一测区的砖抗压强度等级。

15.0.10 各种检测强度的最终计算或推定结果，砌体的抗压强度和抗剪强度均应精确至 0.01MPa，砌筑砂浆强度应精确至 0.1MPa。

本标准用词说明

1 为了便于在执行本标准条文时区别对待，对要求严格程度不同的用词说明如下：

1）表示很严格，非这样做不可的用词：
正面词采用"必须"，反面词采用"严禁"；

2）表示严格，在正常情况下均应这样做的用词：
正面词采用"应"，反面词采用"不应"或"不得"；

3）表示允许稍有选择，在条件许可时首先这样做的用词：
正面词采用"宜"，反面词采用"不宜"；

4）表示有选择，在一定条件下可以这样做的用词，采用"可"。

2 条文中指明应按其他有关标准、规范执行时，写法为："应符合……的规定"或"应按……执行"。

引用标准名录

1 《砌体结构设计规范》GB 50003

2 《砌体基本力学性能试验方法标准》GB/T 50129

3 《砌体工程施工质量验收规范》GB 50203—2002

4 《砌体结构工程施工质量验收规范》GB 50203—2011

5 《建筑工程施工质量验收统一标准》GB 50300

6 《水泥胶砂流动度测定方法》GB/T 2419

7 《数据的统计处理和解释　正态样本离群值的判断和处理》GB/T 4883

8 《择压法检测砌筑砂浆抗压强度技术规程》JGJ/T 234

中华人民共和国国家标准

砌体工程现场检测技术标准

GB/T 50315—2011

条 文 说 明

修 订 说 明

《砌体工程现场检测技术标准》GB/T 50315－2011，经住房和城乡建设部2011年7月29日以第1108号公告批准、发布。

本标准是在《砌体工程现场检测技术标准》GB/T 50315－2000的基础上修订而成，上一版的主编单位是四川省建筑科学研究院，参编单位是西安建筑科技大学、陕西省建筑科学研究院、河南省建筑科学研究院、宁夏回族自治区建筑工程研究所、湖南大学，主要起草人员是王永维、侯汝欣、王秀逸、雷波、李双珠、周国民、施楚贤、王庆霖、梁爽、杨亚青、郭起坤。

本次修订的主要技术内容是：1. 将标准的适用范围从主要适用于烧结普通砖砌体扩大至烧结多孔砖砌体；2. 新增了切制抗压试件法、原位双砖双剪法、砂浆片局压法、烧结砖回弹法、特细砂砂浆筒压法等检测方法；3. 取消了未能广泛推广的砂浆射钉法；4. 统一了原位轴压法和扁顶法的砌体抗压强度计算公式；5. 为适应新的《砌体结构工程施工质量验收规范》GB 50203关于砌筑砂浆强度等级评定标准的变化，对检测的砂浆强度推定方法作了调整；6. 进一步明确了各检测方法的特点、用途和限制条件。

本标准在修订过程中，编制组进行了深入广泛的调查研究，总结了我国在砌体工程现场检测领域自上一版标准颁布实施以来在研究、施工、检测等方面工作的实践经验，同时参考了国内外先进技术法规、技术标准，并对切制抗压试件法、原位双砖双剪法、筒压法检测特细砂砂浆、烧结砖回弹法等进行了试验研究，同时也对部分检测方法用于多孔砖砌体的现场检测进行了研究或验证性试验。

为便于广大设计、施工、科研、检测、学校等单位有关人员在使用本标准时能正确理解和执行条文规定，《砌体工程现场检测技术标准》编制组按章、节、条顺序编制了本标准的条文说明，对条文规定的目的、依据以及执行中需注意的有关事项进行了说明。但是，本条文说明不具备与标准正文同等的法律效力，仅供使用者作为理解和把握标准规定的参考。

目 次

1 总则 …… 6—28
3 基本规定 …… 6—28
3.1 适用条件 …… 6—28
3.2 检测程序及工作内容 …… 6—28
3.3 检测单元、测区和测点 …… 6—28
3.4 检测方法分类及其选用原则 …… 6—28
4 原位轴压法 …… 6—29
4.1 一般规定 …… 6—29
4.2 测试设备的技术指标 …… 6—30
4.3 测试步骤 …… 6—30
4.4 数据分析 …… 6—30
5 扁顶法 …… 6—31
5.1 一般规定 …… 6—31
5.2 测试设备的技术指标 …… 6—32
5.3 测试步骤 …… 6—32
5.4 数据分析 …… 6—32
6 切制抗压试件法 …… 6—32
6.1 一般规定 …… 6—32
6.2 测试设备的技术指标 …… 6—32
6.3 测试步骤 …… 6—33
6.4 数据分析 …… 6—33
7 原位单剪法 …… 6—33
7.1 一般规定 …… 6—33
7.2 测试设备的技术指标 …… 6—33
7.3 测试步骤 …… 6—33
7.4 数据分析 …… 6—33
8 原位双剪法 …… 6—33
8.1 一般规定 …… 6—33
8.2 测试设备的技术指标 …… 6—34
8.3 测试步骤 …… 6—34
8.4 数据分析 …… 6—34
9 推出法 …… 6—35
9.1 一般规定 …… 6—35
9.2 测试设备的技术指标 …… 6—35
9.3 测试步骤 …… 6—35
9.4 数据分析 …… 6—35
10 筒压法 …… 6—35
10.1 一般规定 …… 6—35
10.2 测试设备的技术指标 …… 6—36
10.3 测试步骤 …… 6—36
10.4 数据分析 …… 6—36
11 砂浆片剪切法 …… 6—36
11.1 一般规定 …… 6—36
11.2 测试设备的技术指标 …… 6—36
11.3 测试步骤 …… 6—36
11.4 数据分析 …… 6—37
12 砂浆回弹法 …… 6—37
12.1 一般规定 …… 6—37
12.2 测试设备的技术指标 …… 6—37
12.3 测试步骤 …… 6—37
12.4 数据分析 …… 6—38
13 点荷法 …… 6—38
13.1 一般规定 …… 6—38
13.2 测试设备的技术指标 …… 6—38
13.3 测试步骤 …… 6—38
13.4 数据分析 …… 6—38
14 烧结砖回弹法 …… 6—38
14.1 一般规定 …… 6—38
14.2 测试设备的技术指标 …… 6—38
14.3 测试步骤 …… 6—39
14.4 数据分析 …… 6—39
15 强度推定 …… 6—39

1 总 则

1.0.1 砌体工程的现场检测是进行可靠性鉴定的基础。我国从20世纪60年代开始不断地进行广泛研究，积累了丰硕的成果，为了筛选出其中技术先进、数据可靠、经济合理的检测方法来满足量大面广的建筑物鉴定加固的需要，原国家计委和建设部在20世纪90年代初下达了制定《砌体工程现场检测技术标准》的任务，上一版的《砌体工程现场检测技术标准》GB/T 50315－2000（以下简称原标准）于2000年发布实施。本次修订对上一版标准颁布实施以来各科研、施工、检测等单位使用本标准的经验进行总结，并结合检测技术的最新进展，调整部分检测方法的适用范围，增加了部分检测方法。

1.0.2 本标准所列方法主要是为已有建筑物和一般构筑物进行可靠性鉴定时，采集现场砌体强度参数而制定的方法，在某些具体情况下亦可用于建筑物施工验收阶段。

3 基本规定

3.1 适用条件

3.1.1、3.1.2 本条文是对原标准第1.0.2条的适用范围进一步明确，特别强调对新建工程、改建和扩建工程中的新建部分，不能替代现行国家标准《砌体结构设计规范》GB 50003、《砌体结构工程施工质量验收规范》GB 50203、《建筑工程施工质量验收统一标准》GB 50300、《砌体基本力学性能试验方法标准》GB/T 50129的规定。仅是在出现本节所述情况时，可用本标准所列方法进行现场检测，综合考虑砂浆、砖和砌筑质量对砌体各项强度的影响，作为工程是否验收还是应作处理的依据。还应特别指出的是，本标准检测和推定的砂浆强度是以同类块材为砂浆试块底模、自然养护、同龄期的砂浆强度。

3.2 检测程序及工作内容

3.2.1 本条给出一般检测程序的框图，当有特殊需要时，亦可按鉴定需要进行检测。有些方法的复合使用，本标准未作详细规定（如有的先用一种非破损方法大面积普查，根据普查结果再用其他方法在重点部位和发现问题处重点检测），由检测人员综合各方法特点调整检测程序。本次修订增加了制定检测方案、确定检测方法的内容，应在检测工作开始前，根据委托要求、检测目的、检测内容和范围等制定检测方案（包括抽样方案、部位等），确定检测方法。

3.2.2 调查阶段是重要的阶段，应尽可能了解和搜集有关资料，不少情况下，委托方提不出足够的原始资料，还需要检测人员到现场收集；对重要的检测，可先行初检，根据初检结果进行分析，进一步收集资料。

关于砌筑质量，因为砌体工程系操作工人手工操作，即使同一栋工程也可能存在较大差异；材料质量如块材、砌筑砂浆强度，也可能存在较大差异。在编制检测方案和确定测区、测点时，均应考虑这些重要因素。

3.2.4 设备仪器的校验非常重要，有的方法还有特殊的规定。每次试验时，试验人员应对设备的可用性作出判定并记录在案。对一些重要或特殊工程（如重大事故检测鉴定），宜在检测工作开始前和检测工作结束后对检测设备进行检定，以对设备性能进行确认。

3.2.10 规定环境温度和试件（试样）温度均应高于0℃，是避免试件（试样）中的水结冰，引起检测结果失真。

3.3 检测单元、测区和测点

3.3.1 明确提出了检测单元的概念及确定方法，检测单元是根据下列几项因素规定的：(1) 检测是为鉴定采集基础数据，对建筑物鉴定时，首先应根据被鉴定建筑物的结构特点和承重体系的种类，将该建筑物划分为一个或若干个可以独立进行分析（鉴定）的结构单元，故检测时应根据鉴定要求，将建筑物划分成同样的结构单元；(2) 在每一个结构单元，采用对新施工建筑同样的规定，将同一材料品种、同一等级$250m^3$砌体作为一个母体，进行测区和测点的布置，我们将此母体称作为"检测单元"；故一个结构单元可以划分为一个或数个检测单元；(3) 当仅仅对单个构件（墙片、柱）或不超过$250m^3$的同一材料、同一等级的砌体进行检测时，亦将此作为一个检测单元。

3.3.2、3.3.3 测区和测点的数量，主要依据砌体工程质量的检测需要，检测成本（工作量），与现有检验与验收标准的衔接，以及各检测方法的科研工作基础，运用数理统计理论，作出的统一规定。原标准规定，每一检测单元为6个测区，此次修订改为不宜少于6个测区。被测工程情况复杂时，宜增加测区数。

3.3.4 本条为新增加条文。总结近年来检测工作实践经验，增加此条文。有时委托方仅要求检测建筑物的某一部分或个别部位时，可根据具体情况减少测区数。但为了便于统计分析，准确反映工程质量状况，规定不宜少于3个测区。

3.3.5 本条为新增加条文。砌体工程的施工质量差异往往较大，块体、砂浆的离散性也较大，布置测点时应考虑这些因素。

3.4 检测方法分类及其选用原则

3.4.1 现场检测一般都是在建筑物建成后，根据第

3.1.1条和第3.1.2条所述原因进行检测，大量的检测是在建筑物使用过程中的检测，砌体均进入了工作状态。一个好的现场检测方法是既能取得所需的信息，又在检测过程中和检测后对砌体既有性能不造成负影响。但这两者有一定矛盾，有时一些局部破损方法能提供更多更准确的信息，提高检测精度。鉴于砌体结构的特点，一般情况下局部的破损易于修复，修复后对砌体的既有性能无影响或影响甚微。故本标准除纳入非破损检测方法外，还纳入了局部破损检测法，供使用者根据构件允许的破损程度进行选择。

3.4.2、3.4.3 现在的现场检测，主要是根据不同目的获得砌体抗压强度、砌体抗剪强度、砌筑砂浆强度、砌筑块材强度，本标准分别推荐了几种方法。对同一目的，本标准推荐了多种检测方法，这里存在一个选择的问题。首先，这些方法均通过标准编制组的统一考核评估，误差均在可接受的范围，方法之间的误差亦在可接受范围。方法的选择除充分考虑各种方法的特点、用途和限制条件外，使用者应优先选择本地区常用方法，尤其是本地区检测人员熟悉的方法。因为方法之间的误差与检测人员对其熟悉掌握的程度密切相关。同时，本标准为推荐性国家标准，方法的选择还宜与委托方共同确定，并在合同中加以确认，以避免不同检测方法由于诸多影响因素造成结果差异可能引起的争议。

本标准的检测方法均进行过专门的研究，研究成果通过鉴定并取得试用经验，有的还制订了地方标准。在本标准编制过程中，专门进行了较大规模的验证性考核试验，编制组全体成员参加和监督了考核全过程，通过这些材料和实践的认真分析，编制组讨论了各种方法的特点，适用范围和应用的局限性，并汇总于表3.4.3中。

本标准此次修订过程中，为扩大应用范围和纳入新的检测方法，再次进行较大规模考核性试验，并吸取了各参编单位和国内近十年来的砌体现场检测科研成果，决定将各种检测方法的应用范围扩充至烧结多孔砖砌体及其块体、砂浆的强度检测，增加了切制抗压试件法、原位双砖双剪法、特细砂砂浆筒压法、砂浆片局压法、烧结砖回弹法。

根据本标准近十年来的应用经验和科研成果，对检测方法的特点、用途、限制条件作了适当调整，如：

(1) 对原位轴压法、扁顶法、切制抗压试件法、原位单剪法，明确适用于普通砖砌体和多孔砖砌体；

(2) 原位轴压法、扁顶法、切制抗压试件法可用于“火灾、环境侵蚀后的砌体剩余抗压强度”，这为火灾、环境侵蚀后的砌体工程检测工作，提供了重要技术依据；

(3) 对原位轴压法、扁顶法的限制条件，增加了“测点宜选在墙体长度方向的中部”；

(4) 原位单砖双剪法改为原位双剪法；

(5) 各种砂浆检测方法，明确可用于烧结多孔砖砌体；

(6) 对砂浆回弹法，明确“主要用于砂浆强度均质性检查”。

3.4.4 同原标准相比，本条新增加了第1、2、3三款。其中第1、2款主要是考虑检测部位应有代表性；第3款是从安全考虑，对局部破损方法的一个限制，这些墙体最好用非破损方法检测，或宏观检查和经验判断基础上，在相邻部位具体检测，综合推定其强度。

原标准规定“小于2.5m的墙体，不宜选用有局部破损的检测方法”。本次修订修改为“小于3.6m的承重墙体，不应选用有较大局部破损的检测方法”。主要是考虑原位轴压法、扁顶法、切制抗压试件法试件两侧墙体宽度不应小于1.5m，测点宽度为0.24m或0.37m，综合考虑后要求墙体的宽度不应小于3.6m。此外，承重墙的局部破损对其承载力的影响大于自承重墙体，故此次修订特别强调的是对承重墙体的限制条件，对自承重墙体长度，检测人员可根据墙体在砌体结构中的重要性，适当予以放宽。

3.4.5、3.4.6 此两条均为新增加条文。对砌筑砂浆强度的检测，提出两项限制条件。

3.4.7 本条为新增加条文。从砖墙中凿取完整砖块，进行强度检测，属于砖的取样检测方法。一栋房屋或一个结构单元可能划分成数个检测单元，每一检测单元抽取砖块组数不应少于1组，其抽检组数多于现行国家标准《砌体结构工程施工质量验收规范》GB 50203的规定，为真实、全面反应一栋工程或一个结构单元的用砖质量，适当增加抽样组数是必要的。四川省建筑科学研究院和重庆市建筑科学研究院曾分别做过多次检测，对一批烧结普通砖，数次抽样检测，其强度等级可能相差1级～2级。

3.4.8 砂浆片局压法即现行推荐性行业标准《择压法检测砌筑砂浆抗压强度技术规程》JGJ/T 234中的择压法。该规程是一本新编检测规程，配套检测设备已批量生产。江苏省建筑科学研究院等单位进行了系统试验研究，以及验证性试验和较长时间的试点应用。在此基础上，编制了行业标准。为利于推广该方法，将该方法纳入本标准。考虑到检测的砂浆片是承受局部抗压荷载，故将该方法的名称改为“砂浆片局压法”。此外，为避免重复，本标准未列砂浆片局压法条文。

4 原位轴压法

4.1 一般规定

4.1.1 原位轴压法是西安建筑科技大学在扁顶法基

础上提出的，具有设备使用时间长、变形适应能力强、操作简便的优点。对砂浆强度低、砌体压缩变形较大或砌体强度较高的墙体均可应用。其缺点是原位压力机较重，其中油缸式液压扁顶重约 25kg，搬运比较费力。重庆市建筑科学研究院也对原位轴压法进行了较多的试验和试点应用工作，试验用砖有页岩砖、蒸压灰砂砖、煤渣砖，证明砖的品种对试验结果无影响。重庆市建筑科学研究院主编了四川省地方标准《原位轴压法测定砌体抗压强度技术规程》DB 51/5007－94。在上述工作基础上，本标准编制组又组织了两次验证性考核，决定将原位轴压法纳入本标准。

原位轴压法属原位测试砌体抗压强度的方法，与测试砖及砂浆的强度间接推算砌体抗压强度相比，更为直观和可靠。测试结果除能反映砖和砂浆的强度外，还反映了砌筑质量对砌体抗压强度的影响，一些工程事故分析和科研单位对比砌体抗压试验资料表明，砌体的原材料强度指标相同，由于砌筑质量不同，砌体抗压强度可相差一倍以上。因而这是原位轴压法的优点。

本标准 2000 年颁布时仅适用于 240mm 厚的普通砖砌体，近年来西安建筑科技大学、重庆市建筑科学研究院、上海市建筑科学研究院等单位进行了一系列多孔砖砌体的对比试验，表明原位轴压法亦可应用于多孔砖砌体的原位砌体抗压强度测试，因此本标准修订时扩大了原位轴压法的应用范围。

4.1.2 本条对测试部位作了规定。本条是在试验和使用经验的基础上，为满足测试数据可靠、操作简便、保证房屋安全等要求而规定的。

测试部位要求离楼、地面 1m 高度，是考虑压力机和手动油泵之间连接的高压油管一般长约 2m，这样在试验过程中，手动泵、油压表放在楼、地面上即可。同时此高度对人工搬运压力机也较为省力。两侧约束墙体的宽度不小于 1.5m；同一墙体上多于 1 个测点时，水平净距不得小于 2.0m，这两项规定都是为了保证槽间砌体有足够的约束墙体，防止因约束不足出现的约束墙体剪切破坏，从而准确地测定砌体抗压强度。在横墙上试验时，一般使两侧约束墙肢宽度相近，测点取在横墙中间。

规定"测试部位不得选在挑梁下，应力集中部位以及墙梁的墙体计算高度范围内"，一是为了确保结构安全，这些部位承受的荷载较大，测试时墙体的较大局部破损对其正常受力不利；二是这些墙体上的应力分布较为复杂，计算分析时不宜准确计算测点上的压应力。

4.2 测试设备的技术指标

4.2.1 原位压力机是 1987 年由西安建筑科技大学研制的，在研制过程中，必须解决两个关键问题：一个是在扁顶高度尺寸受限制的条件下，当扁顶工作压力高达 20MPa 以上时，保证严格的密封和防尘；另一个是当油缸遇到偏心荷载作用时，防止油缸内腔和柱塞的同心受到破坏而造成油缸泄漏和缩短寿命。对此采用了内腔特殊油路、柱塞上加设球铰调整偏心等方法，以合理解决两者之间相互制约的矛盾。各单位研制更大吨位或其他新型的原位压力机，亦应遵守本标准的规定。

同原标准相比，增加了近年研制的 800 型原位压力机的技术指标。该机可满足较高砌体强度检测工作的需要。

4.3 测试步骤

4.3.1 试验时，上水平槽内放置反力板，下水平槽内放置液压扁顶。

试验表明，对 240mm 厚的墙体，两槽之间的净距为 450mm～500mm（普通砖两槽之间 7 皮砖，90mm 高的多孔砖 5 皮砖）是最佳距离。两槽相隔较大时，槽间砌体强度将趋向砌体的局部受压强度；两槽间距过小时，水平灰缝过少，砌体强度将接近块体强度。一般情况下，两槽相隔 450mm ～500mm 时，可获得槽间砌体的最低强度。

4.3.2 考虑到目前国内砌体砌筑水平和块体上下大面的平整度，为保证槽间砌体均匀受压，在扁式千斤顶及反力板与块体的接触面上需加设垫层，如铺设快硬石膏浆或均匀铺设湿细砂。

放置反力板和扁式千斤顶时，应使上、下两个承压板对齐，并用四根钢拉杆的螺母调整其平整度，使两个承压板间四根钢拉杆的长度误差不超过 2mm，再由扁式千斤顶的球铰进一步调整，以保证槽间砌体均匀受压。

4.3.3～4.3.5 参照现行国家标准《砌体基本力学性能试验方法标准》GB/T 50129 作出这三条的规定。

由于试验人员对原位压力机操作熟练程度存在差异等原因，试验过程中，槽间砌体可能出现局部受压或偏心受压的情况，使试验结果偏低，此时应中止试验。并视槽间砌体状况，调整试验装置、垫平承压板与砌体的接触面，重新试验或更换测点。

4.4 数据分析

4.4.1～4.4.4 槽间砌体抗压强度值，是在有侧向约束条件下测得的，其强度值高于现行国家标准《砌体基本力学性能试验方法标准》GB/T 50129 规定的在无侧向约束条件下测得的标准试件的抗压强度。为了便于与现行国家标准《砌体结构设计规范》GB 50003 对比和使用，应将槽间砌体抗压强度换算为相应标准试件的抗压强度，即将槽间砌体抗压强度除以强度换算系数 ξ_{1ij}，该系数是通过墙体中槽间砌体抗压强度和同条件下标准试件抗压强度对比试验确定的。

有限元分析和试验均表明，槽间砌体两侧的约束墙肢宽度和约束墙肢上的压应力 σ_{0ij} 是影响其大小的主要因素，当约束墙肢宽度达到 1.0m 以上时，即可提供足够的约束而可不考虑约束墙肢宽度的影响，因此本标准第 4.1.2 条规定，测点两侧均应有 1.5m 宽的墙体。在确定强度换算系数 ξ_{1ij} 时可仅考虑 σ_{0ij} 影响，σ_{0ij} 越大，槽间砌体强度越高，ξ_{1ij} 也越大。

西安建筑科技大学、重庆市建筑科学研究院、上海市建筑科学研究院共完成实心砖砌体原位轴压法试验 37 组(每组 2 个～3 个测点)，标准试件砌体抗压强度为(1.88～10.36)MPa，σ_0 为(0～1.19)MPa。采用线性回归，回归方程为 $\xi=1.34+0.555\sigma_0$。西安建筑科技大学、重庆市建筑科学研究院、上海市建筑科学研究院进行的 59 个多孔砖砌体对比试验，标准试件砌体抗压强度为(2.0～5.26)MPa，σ_0 为(0～0.69)MPa，回归方程为 $\xi=1.25+0.77\sigma_0$。两类砌体分别按各自回归公式计算 ξ 值，比较结果见表 1：

表 1　实心砖砌体与多孔砖砌体 ξ 计算值比较

σ_0(MPa)	0	0.1	0.2	0.3	0.4	0.5	0.6	0.7
实心砖砌体	1.34	1.396	1.451	1.507	1.562	1.618	1.673	1.729
多孔砖砌体	1.25	1.327	1.404	1.481	1.558	1.635	1.712	1.789
差值	0.09	0.069	0.047	0.023	0.004	−0.017	−0.039	−0.06
相对差值(%)	6.7	4.9	3.2	1.52	0.25	−1	−2.3	−3.5

由表 1 可见，以 σ_0 为参数两种砌体的 ξ 计算值相差很小，仅 σ_0 为零时，两者相差 6.7%，多数情况相差均在 4%以内。表明两类砌体约束性能没有显著差异，可以采用统一的强度换算系数表达式。不分砌体类别，按全部试验数据进行回归统计，回归方程为：

$$\xi_{1ij}=1.275+0.625\sigma_{0ij} \quad (1)$$

回归方程相关系数 0.683，为公式简化，并与扁顶法协调，本次修订采用式（2）

$$\xi_{1ij}=1.25+0.6\sigma_{0ij} \quad (2)$$

试验值与式（2）计算值平均比值 $\mu=1.033$，变异系数 $\delta=0.143$。

试验表明，当 $\sigma_{0ij}/f_m>0.4$ 时（f_m 为砌体抗压强度），ξ_{1ij} 将不再随 σ_{0ij} 线性增长，考虑到在实际工程中 σ_{0ij} 一般均在 $0.4f_m$ 以下，故采用了运算简便的线性表达式。

可按两种方法取用 σ_{0ij}：第一，一般情况下，用理论方法计算，即计算传至该槽间砌体以上的所有墙体及楼屋盖荷载标准值，楼层上的可变荷载标准值可根据实际情况确定，然后换算为压应力值。在此需要特别指出的是，可变荷载应按实际调查情况确定，而不是选用现行国家标准《建筑结构荷载规范》GB 50009 的规定值；计算时是取荷载标准值，而不是荷载设计值，即不考虑永久荷载和可变荷载的分项系数。第二，对于重要的鉴定性试验，宜采用实测压应力值。

5　扁　顶　法

5.1　一 般 规 定

5.1.1　扁顶法是湖南大学研究的检测原位砌体承载力和砌体受压性能的一项检测技术。在砖墙内开凿水平灰缝槽，此时应力释放，在槽内装入扁式液压千斤顶（简称扁顶）后进行应力恢复，从而直接测得墙体的受压工作应力，并通过测定槽间砌体的抗压强度和轴向变形值确定其标准砌体抗压强度和弹性模量。

本方法设备较轻便、易于操作、直观可靠，并可使测定墙体受压工作应力、砌体弹性模量和砌体抗压强度一次完成。

扁顶法是在试验墙体上部所承受的均匀压应力为（0～1.37）MPa，标准砌体抗压强度最大为 3.04MPa 的情况下，为试验结果和理论分析所证实。对于 8 层及 8 层以下的民用房屋，采用本方法确定砖墙中砌体抗压强度有足够的准确性。

因墙体所承受的主应力方向已定，且垂直方向的主压应力是主要控制应力，当沿水平灰缝开凿一条应力解除槽［图 5.1.1（a)］，槽周围的墙体应力得到部分解除，应力重新分布。在槽的上下设置变形测量点，可直接观测到因开槽而带来的相对变形变化，即因应力解除而产生的变形释放。将扁顶装入恢复槽内，向其供油压，当扁顶内压力平衡了预先存在的垂直于灰缝槽口面的静态应力时，即应力状态完全恢复，所求墙体受压工作应力即由扁顶内的压力表显示。分析表明，当扁顶施压面积与开槽面积之比等于或大于 0.8 时，用变形恢复来控制应力恢复相当准确。

在墙体内开凿两条水平灰缝槽［图 5.1.1（b)］并装入扁顶，则扁顶间所限定的砌体（槽间砌体），相当于试验一个原位标准砌体试件。对上下两个扁顶供油压，便可测得砌体的变形特征（如砌体弹性模量）和砌体的极限抗压强度。

湖南大学补充研究了扁顶法在烧结多孔砖砌体中的应用。经过本标准编制组统一组织的验证性考核试验，证明该方法用于烧结普通砖砌体和烧结多孔砖砌体，具有较高的精度。对于其他各种砖砌体，其受力性能与上述两种砖砌体没有明显差异，扁顶的工作原理也相同。因此，扁顶法可用于检测各种砖砌体的弹性模量和抗压强度。

5.1.2　本条为对测试部位的规定。

5.2 测试设备的技术指标

5.2.1～5.2.3 在扁顶法中，扁式液压千斤顶既是出力元件又是测力元件，要求扁顶的厚度小于水平灰缝厚度，且具有较大的垂直变形能力，一般需采用1Cr18Ni9Ti等优质合金钢薄板制成。当扁顶的顶升变形小于10mm，或取出一皮砖安设扁顶试验时，应增设钢制可调楔形垫块，以确保扁顶可靠的工作。扁顶的定型尺寸有250mm×250mm×5mm和250mm×380mm×5mm等，可视被测墙体的厚度加以选用。

5.3 测 试 步 骤

5.3.1～5.3.3 应用扁顶法，须根据测试目的采用不同的试验步骤，主要应注意下列四点：

1 仅测定墙体的受压工作应力，在测点只开凿一条水平灰缝槽，使用1个扁顶。

2 测定墙体受压工作应力和砌体抗压强度：在测点先开凿一条水平槽，使用一个扁顶测定墙体受压工作应力；然后开凿第二条水平槽，使用两个扁顶测定砌体弹性模量和砌体抗压强度。

3 仅测定墙内砌体抗压强度，同时开凿两条水平槽，使用两个扁顶。

4 测试砌体抗压强度和弹性模量时，不论σ_0大小，均宜加设反力平衡架。

5.4 数 据 分 析

5.4.1～5.4.5 扁顶法、原位轴压法中，槽间砌体的受力状态与标准砌体的受力状态有较大的差异，为了研究槽间砌体的上部垂直压应力（σ_{0ij}）和两侧墙肢约束的影响，运用4节点平面矩形单元，对墙体应力进行了有限元分析。在此基础上，考虑到砌体的塑性变形性能，建立了两槽间砌体的计算受力图形。根据Alexander垂直于扁顶的岩石应力公式，推导得到槽间砌体的极限状态方程为

$$(a+k\sigma_{0ij})f_{uij}=(b+m\sigma_{0ij})f_{m,ij} \tag{3}$$

式（3）表明，σ_{0ij}是强度换算系数的重要因素：上部垂直压应力σ_{0ij}一方面使槽间砌体所承受的垂直荷载增大即产生不利影响；另一方面σ_{0ij}又对该砌体起侧向约束作用，使槽间砌体抗压强度提高，即产生有利影响。

湖南大学的试验研究表明：扁顶法用于多孔砖砌体时，多孔砖砌体槽间砌体的破坏形态及两侧墙体的约束性能，与普通砖砌体没有明显的差异。对于普通砖砌体和多孔砖砌体，可以采用统一的强度换算系数。

试验结果分析表明，当$\sigma_{0ij}/f_m<0.4$时，ξ_{1ij}与σ_{0ij}基本符合线性增长关系，而在实际工程中，σ_{0ij}一般在$0.4f_m$以下。因此，扁顶法和原位轴压法中的强度换算系数ξ_{1ij}，可以统一采用以σ_{0ij}为参数的线性表达式。

对湖南大学的14组扁顶法试验数据和西安建筑科技大学、重庆市建筑科学研究院、上海市建筑科学研究院的97组原位轴压法试验数据，按照最小二乘法进行回归分析，得到ξ_{ij}的线性表达式，为

$$\xi_{1ij}=1.27+0.61\sigma_{0ij} \tag{4}$$

为应用简便，本方法建议按式（5）计算：

$$\xi_{1ij}=1.25+0.60\sigma_{0ij} \tag{5}$$

其相关系数为0.73。对本标准编制组统一组织的扁顶法验证性考核试验数据，按照上式计算得到理论强度换算系数ξ_{1ij}，与实测强度换算系数ξ'_{1ij}相比，其平均相对误差为21.8%。

自1985年至今，仅湖南大学土木系采用扁顶法已在百余幢房屋的测定中应用，其中新建房屋墙体承载力测定占80%，工程事故原因分析试验占8%，旧房加层或改造对旧房的可靠性测定占12%。

6 切制抗压试件法

6.1 一 般 规 定

6.1.1 本方法属取样测试砌体抗压强度的方法。以往一些科研或检测单位采用人工打凿制取试件的方法，进行过该项测试工作，本标准吸取了这些单位取样试验的经验。江苏省建筑科学研究院研制了金刚砂轮切割机，使用该机器从砖墙上锯切出的抗压试件，几何尺寸较为规整，切割过程中对试件扰动相对较小，优于人工打凿制取的试件。江苏省建筑科学研究院和四川省建筑科学研究院对切制抗压试件和人工砌筑的标准砌体抗压试件进行了对比试验，总结出一套较成熟的取样试验方法。本次修订将这一方法纳入本标准。

6.1.2 对在砖墙上选取试件部位提出限制条件。从砖墙上切割、取出砌体抗压试件，对墙体正常受力性能产生一定的不利影响，因此对取样部位必须予以限制。具体限制部位与原位轴压法相同。

6.1.3 针对被测工程的具体情况，对本方法的适用性提出限制条件。如：施工质量较差或砌筑砂浆强度较低的工程，装修较豪华的工程，均不宜采用本方法。切割墙体过程中，难以避免的振动可能会对低强度砂浆的砌体试件产生不利影响；搬运过程中，亦可能扰动试件；冷却用水对取样现场造成较大的临时污染。选用本方法应综合考虑以上诸多不利因素。

6.2 测试设备的技术指标

6.2.1 考虑到切制试件时，一方面要尽量减小对试件和原墙体的扰动和影响，另一方面切制的试件尺寸要满足要求，同时要便于操作，结合江苏省建筑科学研究院研制的电动切割机及其使用情况，提出切割机

的技术指标和原则要求。满足本条要求的其他切割机具亦可使用。

6.3 测试步骤

6.3.1 竖向切割线选在竖向灰缝上、下对齐的部位，可增加试件中整块砖的数量，使之尽量接近人工砌筑的标准抗压试件。

6.3.2～6.3.5 一般情况下，可采用8号钢丝事先捆绑试件，是预防切割过程中或从墙中取出试件时，试件松动或断成两截。当砌筑砂浆强度较高时，如大于M7.5，也可省略此步骤。

以往切割试件时，曾发生下述情况：由于切割机的锯片没有始终垂直于墙面，切制试件的两个窄侧面与两个宽侧面不垂直，分别大于或小于90°角；或留有错动的切割线，窄侧面不是一个光滑平面。这给准确量测受压截面尺寸带来困难，影响测试结果。因此，要求切割过程中，锯片应始终垂直于墙面，且不得移位。

6.4 数据分析

6.4.1～6.4.3 对比试验结果表明，从砖墙上切制出的砌体抗压试件，其抗压强度低于人工砌筑的标准砌体抗压试件，造成这一差异的主要原因是：标准试件每皮为3块整砖（240mm×370mm），且水平灰缝厚度、砂浆饱满度、砖块横平竖直的程度等施工因素均优于大墙墙体；切制试件多了一条竖向灰缝（见本标准图6.3.1），每皮均有半块砖或少半块砖。但同现行国家标准《砌体结构设计规范》GB 50003的砌体抗压强度平均值公式的计算值相比，两者基本相当。从偏于安全方面考虑，对测试结果不再乘以大于1.0的修正系数。

7 原位单剪法

7.1 一般规定

7.1.1 原位砌体通缝单剪法主要是依据国内以往砖砌体单剪试验方法并参照原苏联的砌体抗剪试验方法编制的。现行国家标准《砌体基本力学性能试验方法标准》GB/T 50129已将砌体单剪试验方法改为双剪试验方法，但单剪、双剪两种方法的对比试验结果通过t检验，没有显著性差异，只是前者的变异系数略大，作为一种长期使用过的经验方法，仍有其实用性。

测点选在窗洞口下部，对墙体损伤较小，便于安放检测设备，且没有上部压应力等因素的影响，测试结果直接、准确。

7.1.3 加工、制备试件过程中，被测灰缝如发生明显的扰动，应舍去此试件。

7.2 测试设备的技术指标

7.2.1 试件的预估破坏荷载值，可按试探性试验确定，也可按现行国家标准《砌体结构设计规范》GB 50003的公式计算。

7.2.2 本方法所用检测仪表，使用频率往往较低，经常是放置一段较长时间后再次使用，故要求每次进行工程检测前，应进行标定。

7.3 测试步骤

7.3.1 使用手提切片砂轮或木工锯在墙体上开凿切口，对墙体扰动很小，可不考虑其不利影响。

7.3.2、7.3.3 谨慎地作好施加荷载前的各项工作，尤其是正确地安装加荷系统及测试仪表，是获得准确测试结果的必要保证。千斤顶加力轴线严格对准被测灰缝的上表面，可减小附加弯矩和撕拉应力，或避免灰缝处于压应力状态。

7.3.4 编写本条系参照现行国家标准《砌体基本力学性能试验方法标准》GB/T 50129的规定。

7.3.5 检查剪切面破坏特征及砌体砌筑质量，有利于对试验结果进行分析。

7.4 数据分析

7.4.1～7.4.3 根据试验结果所进行的抗剪强度计算属常规计算。

8 原位双剪法

8.1 一般规定

8.1.1 原位单砖双剪法是陕西省建筑科学研究院研究的砌体抗剪强度检测方法，原位双砖双剪法是西安建筑科技大学、陕西省建筑科学研究院、上海市建筑科学研究院共同研究的砌体抗剪强度检测方法。

本标准2000年颁布时仅适用于烧结普通砖砌体，标准颁布以来在烧结普通砖砌体上已经取得较好的效果。近年来西安建筑科技大学、重庆市建筑科学研究院、上海市建筑科学研究院等单位进行了一系列多孔砖砌体的对比试验，表明原位双剪法亦可应用于多孔砖砌体的原位抗剪强度测试，因此本标准修订时扩大了原位双剪法的应用范围。对于其他各种块材的同尺寸规格的普通砖和多孔砖砌体，有待补充一些基本试验数据，才可应用。但就其原理而言，它也是适用的。

与测试砂浆的强度间接推算砌体抗剪强度相比，测试结果除能反映砂浆强度对砌体抗剪强度的影响外，还反映了砌筑质量对砌体抗剪强度的影响，这是原位双剪法的优点。

8.1.2 应用原位双剪法时，如条件允许，宜优先采

用释放上部压应力 σ_0 或布点时受剪试件上部砖皮数较少、σ_0 可忽略的试验方案，该试验方案可避免由于 σ_0 引起的附加误差，但释放应力时，对砌体损伤稍大。当采用有上部压应力 σ_0 作用下的试验方案时，可按理论计算 σ_0 值。

8.1.3 墙体的正、反手砌筑面，施工质量多有差异，故规定正反手砌筑面的测点数量宜相近或相等。

为保证墙体能够提供足够的反力和约束，对洞口边试件的布设作了限制。为确保结构安全，严禁在独立砖柱和窗间墙上设置测点。后补的施工洞口和经修补的砌体无代表性，故规定不应在其上设置测点。

同原标准相比，同一墙体的各测点水平方向的净距由 0.62m 改为 1.5m，且各测点不应在同一水平位置或轴向位置。这些规定主要是为原位剪切仪提供足够的支座反力，避免支座处的砌体先于试件破坏，以及测点太密对墙体造成较大损伤。

8.2 测试设备的技术指标

8.2.1 原位剪切仪的主机是一个便携式千斤顶，其他（如油泵、压力表、油管）则为商品部件，易于拆卸和组装，便于运输、保管和使用。

8.2.2 对于现场检测仪器，示值相对误差为±3%是一个比较实用的指标。砌体结构工程的抗剪强度变异系数一般较大，在这种情况下，仪器的测量能力指数有时可达 10∶1，富余量偏大，但考虑到测量过程中的其他因素（如块材尺寸、上部垂直压力等）这个富余也是必要的。

原位剪切仪已由陕西省建筑科学研究院研制成功并可批量生产，但其应有的计量校准周期尚无确切资料。参考一般同类仪器，可暂定半年为其检验周期。

8.3 测 试 步 骤

8.3.1 本条要求放置主机的孔洞应开在离砌体边缘远端，其目的是要保证墙体提供足够的反力和约束。孔洞尺寸以能安放原位剪切仪主机及其附件为准。

8.3.2 掏空的灰缝 4（图 8.3.2），必须满足完全释放上部压应力的需要，以确保测试精度。

8.3.3 试件块材的完整性及上、下灰缝质量是影响测试结果的主要因素，为了减小测试附加误差，必须严加控制这两个因素。

8.3.4 原位剪切仪主机轴线与被推砖轴线的吻合程度，对试验结果将产生较大影响，故要求两者轴线重合。

8.3.5 原位双剪法的加荷速度，是引自现行国家标准《砌体基本力学性能试验方法标准》GB/T 50129 中的砌体通缝抗剪强度试验方法。

8.4 数 据 分 析

8.4.1～8.4.3 按照原位单砖双剪法的试验模式，当进行试验的墙体厚度大于砖宽时，参加工作的剪切面除试件的上、下水平灰缝外，尚有：沿砌体厚度方向相邻竖向灰缝作为第三个剪切面参加工作；在不释放试件上部垂直压应力时，上部垂直压应力对测试结果的影响；原位单砖双剪法试件尺寸为《砌体基本力学性能试验方法标准》GB/T 50129 试件的 1/3，因此其结果含有尺寸效应的影响，且其受力模式与标准试件也有所不同。为此，开展了一系列的对比试验，以确定它们各自的修正系数。

根据陕西省建筑科学研究院的研究成果，当有上部压应力作用时，按剪摩擦破坏模式考虑正应力对抗剪强度的影响，由此得到正文烧结普通砖砌体的推定公式（8.4.1）。式（8.4.1）中，上部压应力作用下的摩擦系数 0.70 是按现行《砌体结构设计规范》GB 50003及相关砌体抗剪试验资料取用的。

采用原位双砖双剪法的试验时，参加工作的剪切面除试件的上、下水平灰缝外，尚有：在不释放试件上部垂直压应力时，上部垂直压应力对测试结果的影响；原位双砖双剪法试件尺寸为《砌体基本力学性能试验方法标准》GB/T 50129 试件的 2/3，因此其结果含有尺寸效应的影响，且其受力模式与标准试件也有所不同。采用双砖双剪测试可以排除两个顺砖间竖向灰缝砂浆的作用，但由于竖缝砂浆多不饱满且因砂浆的收缩，其对抗剪强度的影响有限，根据陕西省建筑科学研究院的研究成果，试件顺砖竖缝的影响在5%之内，该误差在砌体抗剪强度的离散范围之内，因此，根据西安建筑科技大学、上海市建筑科学研究院和陕西省建筑科学研究院的试验研究成果，并偏于安全，确定对烧结普通砖砌体仍可采用正文中式(8.4.1) 计算。

对烧结多孔砖砌体，依据陕西省建科院近年进行的烧结多孔砖砌体单砖双剪法对比试验，没有上部压应力时，抗剪强度推定公式为：$f_{vij}=\dfrac{0.313N_{vij}}{A_{vij}}$，双砖双剪法为：$f_{vij}=\dfrac{0.33N_{vij}}{A_{vij}}$。鉴于修正系数系与多孔砖砌体标准试件的通缝抗剪强度比较得到，其修正系数与普通砖砌体十分接近，说明尺寸效应与受力模式对抗剪强度的影响，两种砌体没有显著差异。但对多孔砖砌体，推定的抗剪强度包含孔洞中砂浆的销键作用，考虑到我国规范对普通砖砌体和多孔砖砌体采用相同抗剪强度计算公式，根据试验结果，多孔砖砌体的通缝抗剪强度大约是普通砖砌体的（1.1～1.2）倍，为与我国规范一致，也偏于安全，并与普通砖砌体一样，不区分单砖双剪和双砖双剪法，试验数据统一分析，修正系数为 0.326，将修正系数除以 1.12，以使推定的抗剪强度与普通砖砌体大致相当，由此得到正文烧结多孔砖砌体的推定公式(8.4.2)。

9 推 出 法

9.1 一 般 规 定

9.1.1 本条所定义的推出法，主要测定推出力和砂浆饱满度两项参数，据此推定砌筑砂浆抗压强度，它综合反映了砌筑砂浆的质量状况和施工质量水平，与我国现行的施工规范及工程质量评定标准相结合，较为适合我国国情。该方法是河南省建筑科学研究院研究的，并编制了河南省地方标准，在此基础上，经过验证性考核试验，纳入了本标准。

建立推出法测强曲线时，选用了烧结普通砖和灰砂砖，故对其他砖尚需通过试验验证。本条规定砂浆测强范围为1.0MPa～15MPa，超过此范围时，绝对误差较大。

9.1.2 在建立测强曲线时，灰缝厚度按现行国家标准《砌体结构工程施工质量验收规范》GB 50203 的规定，控制在8mm～12mm之间进行对比试验。据有关资料介绍，不同灰缝厚度对推出力有影响。因此本条规定，现场测试时，所选推出砖下的灰缝厚度应在8mm～12mm之间。

9.2 测试设备的技术指标

9.2.1 砂浆强度在15MPa以下时，最大推出力一般均小于30kN，研制该套测试设备时，按极限推力为35kN进行设计；为安全起见，规定加荷螺杆施加的额定推力为30kN。

推出被测丁砖时，位移是很小的，规定加荷螺杆行程不小于80mm，主要是考虑测试时，现场安装方便。

9.2.2 仪器的峰值保持功能，可使抗剪破坏时的最大推力保持下来，从而提高测试精度，减少人为读数误差。

仪器性能稳定性是准确测量数据的基础，一般要求能连续工作4h以上。校验推出力峰值测定仪时，在4h内读数漂移小于0.05kN，即可认为仪器的稳定性能良好。

9.3 测 试 步 骤

9.3.1 推出法推定砌筑砂浆抗压强度是一种在墙上直接测试的原位检测技术，本条对加力测试前的准备工作步骤作了较详细而明确的规定。

9.3.2 传感器作用点的位置直接影响被推出砖下灰缝的受力状况，本方法在试验研究时，均是使传感器的作用点水平方向位于被推出砖中间，铅垂方向位于被推出砖下表面之上15mm处进行推出试验，故在现场测试时应与此要求保持一致，横梁两端和墙之间的距离可通过挂钩上的调整螺钉进行调整。

9.3.3 试验表明，加荷速度过快会使试验数据偏高，因此规定加荷速度控制在5kN/min左右，以提高测试数据的准确性。

9.3.4 本条规定的推出砖下砂浆饱满度的测试方法及所用的工具，按现行国家标准《砌体结构工程施工质量验收规范》GB 50203的有关规定执行。

9.4 数 据 分 析

9.4.1、9.4.2 在建立推出法测强曲线时，是以测区的推出力均值 N_i 及砂浆饱满度均值 B_i 进行统计分析的，这两条的规定主要是为了和建立曲线时的试验协调一致。

目前我国建筑工程所用的普通砖主要为烧结砖和蒸压砖两大类，常见的烧结砖为机制黏土砖，蒸压砖为蒸压灰砂砖和蒸压粉煤灰砖。对比试验结果表明，蒸压砖的“$f_2 - N$”曲线和黏土砖“$f_2 - N$”曲线存在显著差异，本标准第9.4.3条中的计算公式是以黏土砖为基准建立起来的，对蒸压砖 N_i 值尚应乘以修正系数后，方可代入式（9.4.3-1）进行计算。

9.4.3 在测试技术和数据处理方法基本一致的条件下，通过试验室对比试验及现场对比试验，共计198组试验数据，经统计分析而得出曲线，最后归纳为式（9.4.3-1），该式的相对标准差 $s_r = 20.9\%$，平均相对误差 $s_r = 16.7\%$。

采用推出法测试普通砖砌体和多孔砖砌体时，系采用同一种推出仪，因多孔砖块体较厚，推出仪的荷载作用线上移，增加了被测砖块的上翘分力，导致推出力值降低。对比试验表明，多孔砖砌体的砂浆销键作用不明显。因此，推出法测试烧结普通砖砌体和烧结多孔砖砌体，采用同一计算公式。

10 筒 压 法

10.1 一 般 规 定

10.1.1 筒压法是由山西四建集团有限公司等十个单位试验研究成功的测试砂浆强度方法，并编制了山西省地方标准。在此基础上，经过验证性考核试验，纳入了本标准。

山西省建四公司和重庆市建筑科学研究院对筒压法是否适用于烧结多孔砖砌体中的砌筑砂浆检测问题，分别进行了对比试验，结果证明，筒压法现有计算公式同样适用。为此，将筒压法的适用范围扩大至烧结多孔砖砌体。

本方法对遭受火灾、环境侵蚀的砌筑砂浆未进行试验研究，故规定不得在这些条件下应用。

10.1.2 本条明确规定了筒压法的适用范围，应用本方法时，使用范围不得外延。当超过此范围时，筒压法的测试误差较大。

10.2 测试设备的技术指标

10.2.1～10.2.3 本方法所用的设备、仪器、工具，一般建材试验室均已具备。其中的承压筒，可参照正文中的图10.2.1，自行加工。以往测试时，曾出现过承压盖受力变形的问题，此次修订，适当增大了承压盖的截面尺寸，提高了其刚度和整体牢固性。

10.3 测试步骤

10.3.1 为保证所取砂浆试样的质量较为稳定，避免外部环境及碳化等因素的影响，提高制备粒径大于5mm试样的成品率，规定只取距墙面20mm以里的水平灰缝的砂浆，且砂浆片厚度不得小于5mm。取样的具体数量，可视砂浆强度而定，高者可少取，低者宜多取，以足够制备3个标准试样并略有富余为准。

10.3.2 对样品进行烘干，是为消除砂浆湿度对强度的影响，亦利于筛分。

10.3.3 为便于筛分，每次取烘干试样1kg。筛分分为：本条中筒压试验前的分级筛分和本标准第10.3.6条筒压试验后的分级筛分。每次筛分的时间对测定筒压比值均有影响。筛分时间应取不同品种、不同强度的砂浆筛分时，均能较快稳定下来的时间。经测定，用YS-2型摇摆式筛分机需120s，人工摇筛需90s。为简化操作，增强可比性，将上述两类筛分时间予以统一，取同一值，但人工筛分，人为影响因素较大，尤其对低强砂浆，应注意摇筛强度保持一致。具备摇筛机的试验室，应选用机械摇筛。

承压筒内装入的试样数量，对测试筒压比值有一定影响，经对比试验分析，确定每个标准试样数量500g。

每个测区取3个有效标准试样，可避免测试值的单向偏移，并减小抽样总体的变异系数。

山西四建集团有限公司使用圆孔筛和方孔筛对筒压试验进行了对比试验，结果证明无显著区别。此次修订增加了可使用方孔标准筛的规定。

10.3.4 为减小装料和施压前的搬运对装料密实程度的影响，制定了两次装料，两次振动的程序，使承压前的筒内试样的紧密程度基本一致。

10.3.5 筒压荷载较低时，砂浆强度越高则筒压比值越拉不开档次；筒压荷载较高时，砂浆强度越低，则筒压比值越拉不开档次。经过试验值的统计分析，对不同品种砂浆分别选用了不同的筒压荷载值。本条所定的筒压荷载值，在常用砂浆强度范围内，是合适的。

关于加荷速度，经检测，在20s～70s内加荷至规定的筒压荷载时，对筒压比值的影响并不显著；恒荷时间，在0s～60s范围内，对筒压比值亦无显著性影响。本条关于加荷制度的规定，是基于这两方面的试验结果。

10.3.7 人工摇筛的人为影响因素较大，亦如前述，对低强砂浆，在筛分过程中，由于颗粒之间及颗粒与筛具之间的摩擦碰撞，不断产生粒径小于5mm的颗粒，不能像砂石筛分那样精确定量。

10.3.8 筛分前后，试样量的相对差值若超过0.5%，则试验工作可能有误，对检测结果（筒压比）有影响。

10.4 数据分析

10.4.1、10.4.2 筒压比以5mm筛的累计筛余比值表示，可较为准确地反映砂浆颗粒的破损程度，据此推定砂浆强度。破损程度大，砂浆强度低；破损程度小，砂浆强度高。

10.4.3 本条原所列式（10.4.3-1）、式（10.4.3-3）、式（10.4.3-4）、式（10.4.3-5）四个公式，系根据试验结果，经1861个不同条件组合的回归优选确定的，相关指数均在0.85以上。

依据南充市建设工程质量检测中心和重庆市建筑科学研究院分别进行的试验研究，共同进行归纳分析，得出筒压法检测特细砂水泥砂浆强度的计算式（10.4.3-2），本次修订纳入了该公式。

11 砂浆片剪切法

11.1 一般规定

11.1.1、11.1.2 砂浆片剪切法是宁夏回族自治区建筑科学研究院研究的一种取样测试方法，通过测试砂浆片的抗剪强度，换算为相当于标准砂浆试块的抗压强度。

试验研究表明，砂浆品种、砂子粒径、龄期等因素对本方法的测试无显著影响。据此规定了本方法的适用范围。

11.2 测试设备的技术指标

11.2.1、11.2.2 砂浆片属小试件，破坏荷载较小，对力值精度、刀片定位精度要求较高，为此宁夏回族自治区建筑科学研究院研制了定型仪器。

砌筑砂浆测强仪采用液压系统施加试验荷载，示值系统为量程0MPa～0.16MPa、0MPa～1MPa的带有被动针的0.4级压力表，该仪器重量轻、体积小，测强范围广，测试方便，可携带至现场检测，使砂浆片剪切法具有现场检测与取样检测两方面的优点。

砌筑砂浆测强标定仪系砌筑砂浆测强仪出厂标定、使用中定期校验的专用仪器；其计量标准器系三等标准测力计（压力环），需经计量部门定期检验。

11.3 测试步骤

11.3.1、11.3.2 将砂浆片的大面、条面加工成规则形状，有利于试件正常受力，且便于在条形钢块与下刀片刃口面上平稳放置，以及试件与上下刀片刃口面良好的接触。

建筑物基础与上部结构两部分比较，砌体内砂浆的含水率往往有较大差异。中、低强度的砂浆，软化系数较大且非定值。为了准确测试砂浆在结构部位受力时的实际强度，应考虑含水率这一影响因素。砂浆试件存于密封袋内，避免水分散失，使其含水率接近工程实际情况。对于±0.000 以上主体结构的砌筑砂浆片试件，一般可不考虑含水率这一影响因素。

砂浆片试件尺寸在本条规定的范围内，其宽度和厚度（即受剪面积）对试验结果没有不良的影响。

11.3.3 加荷速度过快，可能造成试件被冲击破坏，测试结果失真。低强砂浆可选用较小的加荷速度，高强砂浆的加荷速度亦不宜大于 10N/s。

11.4 数据分析

11.4.1 一次连续砌墙高度对灰缝中的砂浆紧密程度有一定影响，即初始压应力对砂浆片强度有影响。但在工程的检测工作中，多数情况无法准确判定压砖皮数。这时，施工时砌体的初始压力修正系数可取 0.95。该值大体对应砂浆试件在砌体中承受 6 皮砖的初始压力。工程中的多数灰缝如此。

11.4.2～11.4.4 按照本方法所限定的试验条件，对比试验表明，砂浆试块强度与砂浆片抗剪值之间具有较好的线性相关关系，经回归分析并简化后，即为式(11.4.3)。

12 砂浆回弹法

12.1 一般规定

12.1.1 砂浆回弹法是四川省建筑科学研究院研究的砂浆强度无损检测方法，并编制了四川省地方标准。通过试验研究和验证性考核试验，证明砂浆回弹值同砂浆强度及碳化深度有较好的相关性，故将此方法纳入本标准。

原标准颁布施行后，重庆市建筑科学研究院、山东省建筑科学研究院均开展了回弹法检测多孔砖砌体中的砂浆强度的研究，山东省建筑科学研究院、四川省建筑科学研究院还分别在四川省建筑科学研究院进行了验证性试验。根据以上试验资料综合分析，回弹法检测烧结多孔砖砌体中的砂浆强度，同检测烧结普通砖砌体中的砂浆强度，无显著性区别，故将该法的应用范围扩大至烧结多孔砖砌体。

本方法对经受高温、长期浸水、冰冻、化学侵蚀、火灾等情况的砖砌体，以及其他块材的砌体，未进行专门研究，故不适用。

12.1.3 测位是回弹测强中的最小测量单位，相当于其他检测方法中的测点，类似于现行行业标准《回弹法检测混凝土抗压强度技术规程》JGJ/T 23 的测区。

墙面上的部分灰缝，由于灰缝较薄或不够饱满等原因，不适宜于布置弹击点，因此一个测位的墙面面积宜大于 $0.3m^2$。

12.2 测试设备的技术指标

12.2.1～12.2.3 四川省建筑科学研究院与有关建筑仪器生产厂合作，研制出适宜于砂浆测强用的专用回弹仪，其结构合理，性能稳定可靠，符合现行国家标准《回弹仪》GB /T 9138 的规定，已经批量生产，投放市场。

回弹仪的技术性能是否稳定可靠，是影响砂浆回弹测强准确性的关键因素之一，因此，回弹仪必须符合产品质量要求，并获得专业质检机构检验合格后方可使用；使用过程中，应定期检验、维修与保养。

12.3 测试步骤

12.3.1 砌体灰缝被测处平整与否，对回弹值有较大的影响，故要求用扁砂轮或其他工具进行仔细打磨至平整。此外，墙体表面的砂浆往往失水较快，强度低，磨掉表面约 5mm～10mm 后，能够检测出接近墙体核心区的砂浆强度，也减小了碳化因素对砂浆强度的影响。

12.3.2 经对比试验，每个测位分别使用回弹仪弹击 10 点、12 点、16 点，回弹均值的波动性小，变异系数均小于 0.15。为便于计算和排除测试中视觉、听觉等人为误差，经异常数据分析后，决定每一测位弹击 12 点，计算时采用稳健统计，去掉一个最大值，一个最小值，以 10 个弹击点的算术平均值作为该测位的有效回弹测试值。

12.3.3 在常用砂浆的强度范围内，每个弹击点的回弹值随着连续弹击次数的增加而逐步提高，经第三次弹击后，其提高幅度趋于稳定。如果仅弹击一次，读数不稳，且对低强砂浆，回弹仪往往不起跳；弹击 3 次与 5 次相比，回弹值约低 5%。由此选定：每个弹击点连续弹击 3 次，仅读记第 3 次的回弹值。测强回归公式亦按此确定。

正确地操作回弹仪，可获得准确而稳定的回弹值，故要求操作回弹仪时，使之始终处于水平状态，其轴线垂直于砂浆表面，且不得移位。

12.3.4 同混凝土相比，砂浆的强度低，密实度较差，又因掺加了混合材料，所以碳化速度较快。碳化增加了砂浆表面硬度，从而使回弹值增大。砂浆的碳化深度和速度，同龄期、密实性、强度等级、品种及砌体所处环境条件均有关系，因而碳化值的离散性较大。为保证推定砂浆强度值的准确性，一定要求对每一测位都要准确地测量碳化深度值。

12.4 数 据 分 析

12.4.3、12.4.4 本方法研究过程中，曾根据原材料、砂浆品种、碳化深度、干湿程度等建立了16条测强曲线，经化简合并，剔除次要因素，按碳化深度整理而成本条中的三个计算公式。公式的相关系数均在0.85以上，满足精度要求。由于现场情况的复杂性和人为操作误差，回弹强度与标准立方体砂浆试块抗压强度比较，有时相对误差略大，故本标准表3.4.3关于砂浆回弹法“用途”一栏中指出是“主要用于砂浆强度均质性检查”，请使用者注意这一规定。

13 点 荷 法

13.1 一 般 规 定

13.1.1、13.1.2 点荷法属取样测试方法，由中国建筑科学研究院研究成功并提供给本标准。经本标准编制组对烧结普通砖砌体和烧结多孔砖砌体中的砌筑砂浆统一组织的两次验证性考核试验，其测试结果与标准砂浆试块强度吻合性较好。

对于其他块材砌体中的砂浆强度，本方法未进行专门试验，所以仅限于推定烧结砖砌体中的砌筑砂浆强度。

13.2 测试设备的技术指标

13.2.1 试样的点荷值较低，为保证测试精度，规定选用读数精度较高的小吨位压力试验机。

13.2.2 制作加荷头的关键是确保其端部截球体的尺寸。截球体尺寸与一般试验机上的布式硬度测头一致。

13.3 测 试 步 骤

13.3.1 从砖砌体中取出砂浆薄片的方法，可采用手工方法，也可采用机械取样方法，如可用混凝土取芯机钻取带灰缝的芯样，用小锤敲击芯样，剥离出砂浆片。后者适用于砂浆强度较高的砖砌体，且备有钻机的单位。

砂浆薄片过厚或过薄，将增大测试值的离散性，最大厚度波动范围不应超过5mm～20mm，宜为10mm～15mm。现行国家标准《砌体结构工程施工质量验收规范》GB 50203规定灰缝厚度为(10±2)mm，所以选取适宜厚度的砂浆薄片并不困难。作用半径即荷载作用点至试样破坏线边缘的最小距离，其波动范围宜取15mm～25mm。

13.3.2～13.3.4 试验过程中，应使上、下加荷头对准，两轴线重合并处于铅垂线方向；砂浆试样保持水平。否则，将增大测试误差。

一个试样破坏后，可能分成几个小块。应将试样拼合成原样，以荷载作用点的中心为起点，量测最小破坏线直线的长度即作用半径，以及实际厚度。

13.4 数 据 分 析

13.4.1、13.4.2 式（13.4.1-1）～式（13.4.1-3）是中国建筑科学研究院在经验回归公式的基础上略作简化处理而得到的。经在实际工程中应用的效果检验，和本标准编制组统一组织的验证试验，准确性较好。

14 烧结砖回弹法

14.1 一 般 规 定

14.1.1 湖南大学对回弹法检测砌体中烧结普通砖和烧结多孔砖的抗压强度进行了较系统的研究，回弹法具有非破损性、检测面广和测试简便迅速的优点，在实际工程的检测中应用较广。

目前，我国已有多家单位对砌体中烧结普通砖的回弹法进行了研究，并制定了相应的国家标准和地方标准。这些标准的测强公式存在一定的差异。另外，烧结多孔砖的应用日趋广泛，但对砌体中多孔砖的回弹法没有相应的检测标准。基于上述原因，有必要在全国范围内对烧结普通砖和烧结多孔砖的回弹法作出统一规定。湖南大学依据试验研究、与现有标准的对比和回归分析，建立了砌体中烧结普通砖和烧结多孔砖的统一回弹测强曲线，并经本标准编制组统一组织的验证性考核试验，证明统一回弹测强曲线具有较好的检测精度，成为新纳入本标准的方法。

本方法对表面已风化或遭受冻害、化学侵蚀的砖，未进行专门研究，故不适用。

14.1.2 《烧结普通砖》GB 5101和《烧结多孔砖和多孔砌块》GB 13544规定进行砖的强度试验时，试样的数量为10块砖，由10块砖的抗压强度平均值、强度标准值、变异系数或单块砖最小抗压强度值来评定砖的抗压强度等级。因此，规定每一检测单元中回弹测区数应为10个，且每个测区中测位数应为10个。

14.2 测试设备的技术指标

14.2.1 指针直读式砖回弹仪性能稳定，示值准确，应用方便、可靠。

14.2.2 回弹仪的技术性能是影响回弹法测试精度的重要因素。符合表14.2.2的回弹仪，可消除或减小因仪器因素导致的误差，提高检测精度。

14.2.3、14.2.4 回弹仪在使用过程中，因检修、零件松动、拉簧疲劳、遭受撞击等都可能改变其标准状态，因而应按本条要求由专业检定单位对仪器进行检定。

14.3 测试步骤

14.3.1 对受潮或被雨淋湿后的砖进行回弹，回弹值会降低，因此被检测砖表面应为自然干燥状态。被检测砖平整、清洁与否，对回弹值亦有较大的影响，故要求用砂轮将被检测砖表面打磨至平整，并用毛刷刷去粉尘。

14.3.2 参考行业标准《回弹仪评定烧结普通砖强度等级的方法》JC/T 796、国家标准《建筑结构检测技术标准》GB/T 50344及其他相关地方标准的规定，每块砖在测面上均匀布置5个弹击点，取其平均值。为保证操作规范，避免检测过程中的异常误差，规定检测时回弹仪应始终处于水平状态，其轴线应始终垂直于砖的测面。

14.4 数据分析

14.4.1 根据湖南大学在实际工程中的检测结果，选取回弹值在30～48之间的37组数据，并按照四川省、安徽省和福建省的三部地方标准中给出的回弹测强公式，经计算得到相应的换算抗压强度值，共计111组数据。最后，采用抛物线函数式按照最小二乘法进行回归分析，建立了适用于烧结普通砖的回弹测强公式：

$$f_{1ij}=0.02R^2-0.45R+1.25 \quad (6)$$

其相关系数为0.97，与本标准编制组统一组织的验证性考核试验结果相比较，其相对误差为17.0%，满足精度要求。

对于烧结多孔砖的回弹测强关系，湖南大学制作了施加一定竖向压力的多孔砖砌体，对砌体中的砖进行回弹测试，并作了砖的抗压强度试验，得到209组实测回弹值-抗压强度数据，将209组数据分别以回弹值相近（回弹值极差不大于0.5）的为一组，得到23组多孔砖试件回弹平均值与抗压强度平均值，并与河南省建筑科学研究院通过试验得到的10组数据共33组回弹值-抗压强度数据按最小二乘法进行回归分析，建立了适用于烧结多孔砖的回弹测强公式，为

$$f_{1ij}=0.0017R^{2.48} \quad (7)$$

其相关系数为0.70，与本标准编制组统一组织的验证性考核试验结果相比较，其相对误差为20.5%。

15 强度推定

15.0.1 异常值的检出和剔除，宜以测区为单位，对其中的n_1个测点的检测值进行统计分析。一般情况下，n_1值较小，也可以检测单元为单位，以单元的所有测点为对象，合并进行统计分析。

当检出歧离值后（特别是对砌体抗压或抗剪强度进行分析时），需首先检查产生歧离值的技术上的或物理上的原因，如砌体所用材料和施工质量可能与其他测点的墙片不同，检测人员读数和记录是否有错等。当这些物理因素一一排除后，方可进行是否剔除的计算，即判断是否为统计离群值。

对于一项具体工程，其某项强度值的总体标准差是未知的，格拉布斯检验法和狄克逊检验法适用于这种情况；这两种检验法也是土木工程技术人员常用的方法。所以，本标准决定采用这两种方法。

15.0.2、15.0.3 各种方法每个测点的检验强度值，是根据检测结果按相应公式计算后得出的。其中，推出法、筒压法仅需给出测区的检测强度值。

15.0.4、15.0.5 为了与新颁布的《砌体结构工程施工质量验收规范》GB 50203-2011保持协调，本标准对按照不同施工验收规范施工的砌体工程采用不同的砂浆强度推定方法。其中式（15.0.4-1）、式（15.0.4-2）和式（15.0.5-1）、式（15.0.5-2），分别与国家标准《砌体结构工程施工质量验收规范》GB 50203-2011和原国家标准《砌体工程施工质量验收规范》GB 50203-2002一致。在推定砌筑砂浆抗压强度时，对按照《砌体结构工程施工质量验收规范》GB 50203-2011施工的砌体工程，采用式（15.0.4-1）、式（15.0.4-2）和式（15.0.4-3）；对按照《砌体工程施工质量验收规范》GB 50203-2002及之前颁布实施的砌体施工质量验收规范施工的砌体工程，采用式（15.0.5-1）、式（15.0.5-2）和式（15.0.5-3）。当测区数少于6个时，本标准从严控制，规定以测区的最小检测值作为砂浆强度推定值，即式（15.0.4-3）、式（15.0.5-3）。

15.0.8 本条提出了根据砌体抗压强度或抗剪强度的检测平均值分别计算强度标准值的4个公式。它们不同于现行国家标准《砌体结构设计规范》GB 50003确定标准值的方法。砌体结构设计规范是依据全国范围内众多试验资料确定标准值；本标准的检测对象是具体的单项工程，两者是有区别的。本标准采用了现行国家标准《民用建筑可靠性鉴定标准》GB 50292确定强度标准值的方法，即式（15.0.8-1）～式（15.0.8-4）。

15.0.9 参照产品标准《烧结普通砖》GB 5101、《烧结多孔砖和多孔砌块》GB 13544推定回弹法检测烧结砖的强度等级。本条所列公式和表格，与上述产品标准一致。

中华人民共和国国家标准

建筑结构检测技术标准

Technical standard for inspection of building structure

GB/T 50344—2004

主编部门：中华人民共和国建设部
批准部门：中华人民共和国建设部
施行日期：2 0 0 4 年 1 2 月 1 日

中华人民共和国建设部
公　　告

第265号

建设部关于发布国家标准《建筑结构检测技术标准》的公告

现批准《建筑结构检测技术标准》为国家标准，编号为GB/T 50344—2004，自2004年12月1日起实施。

本标准由建设部标准定额研究所组织中国建筑工业出版社出版发行。

中华人民共和国建设部

2004年9月2日

前　　言

根据建设部建标［2002］第59号文的要求，由中国建筑科学研究院会同有关研究、检测单位共同编制了《建筑结构检测技术标准》GB/T 50344。

在编制的过程中，编制组开展了专题研究、试验研究和广泛的调查研究，总结了我国建筑结构检测工作中的经验和教训，参考采纳了国际建筑结构检测的先进经验，并在全国范围内广泛征求了有关设计、科研、教学、施工等单位的意见，经反复讨论、修改、充实，最后经审查定稿。本标准在建筑结构工程质量检测方面，与新修订的《建筑工程施工质量验收统一标准》GB 50300和相关的结构工程施工质量验收规范相协调；在已有建筑结构检测方面，与相关的可靠性鉴定标准相协调。

本标准共有8章和9个附录，规定了应该进行建筑结构工程质量检测和建筑结构性能检测所对应的情况，建筑结构检测的基本程序和要求，建筑结构的检测项目和所采用的方法，提出了适合于建筑结构检测项目的抽样方案和抽样检测结果的评定准则。同时，本标准提出了既有建筑正常检查和常规检测的要求。

本标准将来可能需要进行局部修订，有关局部修订的信息和条文内容将刊登在《工程建设标准化》杂志上。

本标准由建设部负责管理，由中国建筑科学研究院负责具体内容解释。为了提高《建筑结构检测技术标准》的编制质量和水平，请在执行本标准的过程中，注意总结经验，积累资料，并将意见和建议寄至：北京市北三环东路30号，中国建筑科学研究院国家建筑工程质量监督检验中心国家标准《建筑结构检测技术标准》管理组（邮编：100013；E-mail：zjc@cabr.com.cn）。

本标准的主编单位：中国建筑科学研究院

参加单位：四川省建筑科学研究院
冶金部建筑研究总院
河北省建筑科学研究院
上海建筑科学研究院
北京市建设工程质量检测中心
陕西省建筑科学研究院
山东省建筑科学研究院
黑龙江省寒地建筑科学研究院
江苏省建筑科学研究院
西安交通大学
国家建筑工程质量监督检验中心

主要起草人：何星华　邸小坛　高小旺（以下按姓氏笔画排列）
王永维　马建勋　朱　宾　关淑君
李乃平　杨建平　周　燕　张元发
张元勃　张国堂　侯汝欣　袁海军
夏　赟　顾瑞南　崔士起　路彦兴
鲍德力

目　次

1　总则 ………………………………………… 7—4
2　术语和符号 ……………………………… 7—4
2.1　术语……………………………………… 7—4
2.2　符号……………………………………… 7—5
3　基本规定………………………………… 7—6
3.1　建筑结构检测范围和分类……………… 7—6
3.2　检测工作程序与基本要求……………… 7—6
3.3　检测方法和抽样方案…………………… 7—6
3.4　既有建筑的检测………………………… 7—9
3.5　检测报告 ……………………………… 7—10
3.6　检测单位和检测人员 ………………… 7—10
4　混凝土结构 …………………………… 7—10
4.1　一般规定 ……………………………… 7—10
4.2　原材料性能 …………………………… 7—10
4.3　混凝土强度 …………………………… 7—11
4.4　混凝土构件外观质量与缺陷 ………… 7—11
4.5　尺寸与偏差 …………………………… 7—12
4.6　变形与损伤 …………………………… 7—12
4.7　钢筋的配置与锈蚀 …………………… 7—12
4.8　构件性能实荷检验与结构动测 ……… 7—12
5　砌体结构 ……………………………… 7—13
5.1　一般规定 ……………………………… 7—13
5.2　砌筑块材 ……………………………… 7—13
5.3　砌筑砂浆 ……………………………… 7—14
5.4　砌体强度 ……………………………… 7—14
5.5　砌筑质量与构造 ……………………… 7—14
5.6　变形与损伤 …………………………… 7—15
6　钢结构 ………………………………… 7—15
6.1　一般规定 ……………………………… 7—15
6.2　材料 …………………………………… 7—15
6.3　连接 …………………………………… 7—16
6.4　尺寸与偏差 …………………………… 7—16
6.5　缺陷、损伤与变形 …………………… 7—16
6.6　构造 …………………………………… 7—17
6.7　涂装 …………………………………… 7—17
6.8　钢网架 ………………………………… 7—17
6.9　结构性能实荷检验与动测 …………… 7—17
7　钢管混凝土结构 ……………………… 7—18
7.1　一般规定 ……………………………… 7—18
7.2　原材料 ………………………………… 7—18
7.3　钢管焊接质量与构件连接 …………… 7—18
7.4　钢管中混凝土强度与缺陷 …………… 7—18
7.5　尺寸与偏差 …………………………… 7—18
8　木结构 ………………………………… 7—18
8.1　一般规定 ……………………………… 7—18
8.2　木材性能 ……………………………… 7—19
8.3　木材缺陷 ……………………………… 7—19
8.4　尺寸与偏差 …………………………… 7—20
8.5　连接 …………………………………… 7—20
8.6　变形损伤与防护措施 ………………… 7—21
附录A　结构混凝土冻伤的检测方法 ……………………………… 7—21
附录B　f-CaO对混凝土质量影响的检测………………………… 7—21
附录C　混凝土中氯离子含量测定 ……………………………… 7—22
附录D　混凝土中钢筋锈蚀状况的检测……………………………… 7—23
附录E　结构动力测试方法和要求 ……………………………… 7—24
附录F　回弹检测烧结普通砖抗压强度 ………………………… 7—24
附录G　表面硬度法推断钢材强度……………………………… 7—25
附录H　钢结构性能的静力荷载检验 ………………………………… 7—25
附录J　超声法检测钢管中混凝土抗压强度 ……………………… 7—26
本标准用词用语说明 ………………… 7—26
附：条文说明…………………………… 7—27

1 总　　则

1.0.1 为了统一建筑结构检测和检测结果的评价方法，使其技术先进，数据可靠，提高检测结果的可比性，保证检测结果的可靠性，制订本标准。

1.0.2 本标准适用于建筑工程中各类结构工程质量的检测和既有建筑结构性能的检测。

1.0.3 古建筑和受到特殊腐蚀影响的结构或构件，可参照本标准的基本原则进行检测。

1.0.4 建筑结构的检测，除应符合本标准的规定外，尚应符合国家现行有关强制性标准的规定。

1.0.5 对于不符合基本建设程序的建筑，应得到建设行政主管部门的批准后方可进行检测。

2 术语和符号

2.1 术　　语

2.1.1 建筑结构检测

1 建筑结构检测　inspection of building structure

为评定建筑结构工程的质量或鉴定既有建筑结构的性能等所实施的检测工作。

2 检测批　inspection lot

检测项目相同、质量要求和生产工艺等基本相同，由一定数量构件等构成的检测对象。

3 抽样检测　sampling inspection

从检测批中抽取样本，通过对样本的测试确定检测批质量的检测方法。

4 测区　testing zone

按检测方法要求布置的，有一个或若干个测点的区域。

5 测点　testing point

在测区内，取得检测数据的检测点

2.1.2 结构构件材料强度与缺陷检测方法

1 非破损检测方法　method of non-destructive test

在检测过程中，对结构的既有性能没有影响的检测方法。

2 局部破损检测方法　method of part-destructive test

在检测过程中，对结构既有性能有局部和暂时的影响，但可修复的检测方法。

3 回弹法　rebound method

通过测定回弹值及有关参数检测材料抗压强度和强度匀质性的方法。

4 超声回弹综合法　ultrasonic-rebound combined method

通过测定混凝土的超声波声速值和回弹值检测混凝土抗压强度的方法。

5 钻芯法　drilled core method

通过从结构或构件中钻取圆柱状试件检测材料强度的方法。

6 超声法　ultrasonic method

通过测定超声脉冲波的有关声学参数检测非金属材料缺陷和抗压强度的方法。

7 后装拔出法　post-install pull-out method

在已硬化的混凝土表层安装拔出仪进行拔出力的测试，检测混凝土抗压强度的方法。

8 贯入法　penetration method

通过测定钢钉贯入深度值检测构件材料抗压强度的方法。

9 原位轴压法　the method of axial compression in situ on brick wall

用原位压力机在烧结普通砖墙体上进行抗压测试，检测砌体抗压强度的方法。

10 扁式液压顶法　the method of flat jack

用扁式液压千斤顶在烧结普通砖墙体上进行抗压测试，检测砌体的压应力、弹性模量、抗压强度的方法。

11 原位单剪法　the method of single shear

在烧结普通砖墙体上沿单个水平灰缝进行抗剪测试，检测砌体抗剪强度的方法。

12 双剪法　the method of double shear

在烧结普通砖墙体上对单块顺砖进行双面抗剪测试，检测砌体抗剪强度的方法。

13 砂浆片剪切法　the method of mortar flake

用砂浆测强仪测定砂浆片的抗剪承载力，检测砌筑砂浆抗压强度的方法。

14 推出法　the method of push out

用推出仪从烧结普通砖墙体上水平推出单块丁砖，根据测得的水平推力及推出砖下的砂浆饱满度来检测砌筑砂浆抗压强度的方法。

15 点荷法　the method of point load

对试样施加点荷载检测砌筑砂浆抗压强度的方法。

16 筒压法　the method of column

将取样砂浆破碎、烘干并筛分成一定级配要求的颗粒，装入承压筒并施加筒压荷载后，测定其破碎程度，用筒压比来检测砌筑砂浆抗压强度的方法。

17 射钉法　the method of powder actuated shot

用射钉枪将射钉射入墙体的水平灰缝中，依据射钉的射入量检测砌筑砂浆抗压强度的方法。

18 超声波探伤　ultrasonic inspection

采用超声波探伤仪检测金属材料或焊缝缺陷的方法。

19 射线探伤　radiographic inspection

用X射线或γ射线透照钢工件，从荧光屏或所得底片上检测钢材或焊缝缺陷的方法。

20 磁粉探伤 magnetic partide inspection

根据磁粉在试件表面所形成的磁痕检测钢材表面和近表面裂纹等缺陷的方法。

21 渗透探伤 penetrant inspection

用渗透剂检测材料表面裂纹的方法。

2.1.3 结构、构件几何尺寸

1 标高 normal height

建筑物某一确定位置相对于±0.000的垂直高度。

2 轴线位移 displacement of axies

结构或构件轴线实际位置与设计要求的偏差。

3 垂直度 degree of gravity vertical

在规定高度范围内,构件表面偏离重力线的程度。

4 平整度 degree of plainness

结构构件表面凹凸的程度。

5 尺寸偏差 dimensional errors

实际几何尺寸与设计几何尺寸之间的差值。

6 挠度 deflection

在荷载等作用下，结构构件轴线或中性面上某点由挠曲引起垂直于原轴线或中性面方向上的线位移。

7 变形 deformation

作用引起的结构或构件中两点间的相对位移。

2.1.4 结构构件缺陷与损伤

1 蜂窝 honey comb

构件的混凝土表面因缺浆而形成的石子外露酥松等缺陷。

2 麻面 pockmark

混凝土表面因缺浆而呈现麻点、凹坑和气泡等缺陷。

3 孔洞 cavitation

混凝土中超过钢筋保护层厚度的孔穴。

4 露筋 reveal of reinforcement

构件内的钢筋未被混凝土包裹而外露的缺陷。

5 龟裂 map cracking

构件表面呈现的网状裂缝。

6 裂缝 crack

从建筑结构构件表面伸入构件内的缝隙。

7 疏松 loose

混凝土中局部不密实的缺陷。

8 混凝土夹渣 concrete slag inclusion

混凝土中夹有杂物且深度超过保护层厚度的缺陷。

9 焊缝夹渣 weld slag inclusion

焊接后残留在焊缝中的熔渣。

10 焊缝缺陷 weld defects

焊缝中的裂纹、夹渣、气孔等。

11 腐蚀 corrosion

建筑构件直接与环境介质接触而产生物理和化学的变化，导致材料的劣化。

12 锈蚀 rust

金属材料由于水分和氧气等的电化学作用而产生的腐蚀现象。

13 损伤 damage

由于荷载、环境侵蚀、灾害和人为因素等造成的构件非正常的位移、变形、开裂以及材料的破损和劣化等。

2.1.5 检测数据统计

1 均值 mean

随机变量取值的平均水平，本标准中也称之为0.5分位值。

2 方差 variance

随机变量取值与其均值之差的二次方的平均值。

3 标准差 standard deviation

随机变量方差的正平方根。

4 样本均值 sample mean

样本 X_1，……X_N 的算术平均值。

5 样本方差 sample variance

样本分量与样本均值之差的平方和为分子，分母为样本容量减1。

6 样本标准差 sample standard deviation

样本方差的正平方根。

7 样本 sample

按一定程序从总体（检测批）中抽取的一组（一个或多个）个体。

8 个体 item, individaul

可以单独取得一个检验或检测数据代表值的区域或构件。

9 样本容量 sample size

样本中所包含的个体的数目。

10 标准值 characteristic value

与随机变量分布函数0.05概率（具有95%保证率）相应的值，本标准也称之为0.05分位值。

2.2 符 号

2.2.1 材料强度

f_1——砌筑块材强度

$f_{1,m}$——砌筑块材抗压强度样本均值

f_{cu}^c——混凝土抗压强度的换算值

$f_{cu,e}$——混凝土强度的推定值

f_{cor}——芯样试件换算抗压强度

2.2.2 统计参数

s——样本标准差

m——样本均值

σ——检测批标准差

μ——均值或检测批均值

2.2.3 计算参数

Δ——修正量

η——修正系数

3 基本规定

3.1 建筑结构检测范围和分类

3.1.1 建筑结构的检测可分为建筑结构工程质量的检测和既有建筑结构性能的检测。

3.1.2 当遇到下列情况之一时，应进行建筑结构工程质量的检测：

1 涉及结构安全的试块、试件以及有关材料检验数量不足；

2 对施工质量的抽样检测结果达不到设计要求；

3 对施工质量有怀疑或争议，需要通过检测进一步分析结构的可靠性；

4 发生工程事故，需要通过检测分析事故的原因及对结构可靠性的影响。

3.1.3 当遇到下列情况之一时，应对既有建筑结构现状缺陷和损伤、结构构件承载力、结构变形等涉及结构性能的项目进行检测：

1 建筑结构安全鉴定；

2 建筑结构抗震鉴定；

3 建筑大修前的可靠性鉴定；

4 建筑改变用途、改造、加层或扩建前的鉴定；

5 建筑结构达到设计使用年限要继续使用的鉴定；

6 受到灾害、环境侵蚀等影响建筑的鉴定；

7 对既有建筑结构的工程质量有怀疑或争议。

3.1.4 建筑结构的检测应为建筑结构工程质量的评定或建筑结构性能的鉴定提供真实、可靠、有效的检测数据和检测结论。

3.1.5 建筑结构的检测应根据本标准的要求和建筑结构工程质量评定或既有建筑结构性能鉴定的需要合理确定检测项目和检测方案。

3.1.6 对于重要和大型公共建筑宜进行结构动力测试和结构安全性监测。

3.2 检测工作程序与基本要求

3.2.1 建筑结构检测工作程序，宜按图 3.2.1 的框图进行。

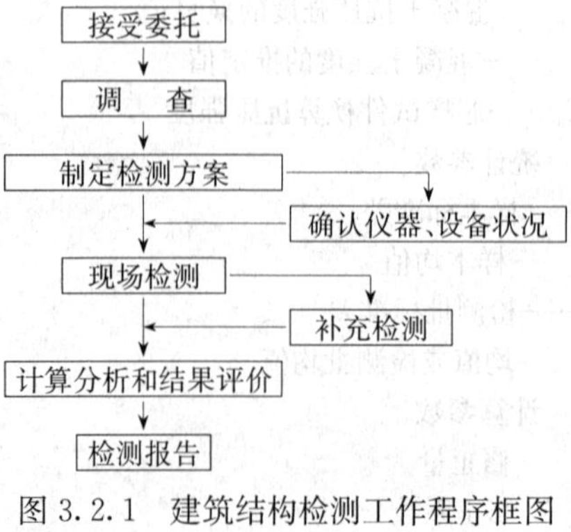

图 3.2.1 建筑结构检测工作程序框图

3.2.2 现场和有关资料的调查，应包括下列工作内容：

1 收集被检测建筑结构的设计图纸、设计变更、施工记录、施工验收和工程地质勘察等资料；

2 调查被检测建筑结构现状缺陷，环境条件，使用期间的加固与维修情况和用途与荷载等变更情况；

3 向有关人员进行调查；

4 进一步明确委托方的检测目的和具体要求，并了解是否已进行过检测。

3.2.3 建筑结构的检测应有完备的检测方案，检测方案应征求委托方的意见，并应经过审定。

3.2.4 建筑结构的检测方案宜包括下列主要内容：

1 概况，主要包括结构类型、建筑面积、总层数、设计、施工及监理单位，建造年代等；

2 检测目的或委托方的检测要求；

3 检测依据，主要包括检测所依据的标准及有关的技术资料等；

4 检测项目和选用的检测方法以及检测的数量；

5 检测人员和仪器设备情况；

6 检测工作进度计划；

7 所需要的配合工作；

8 检测中的安全措施；

9 检测中的环保措施。

3.2.5 检测时应确保所使用的仪器设备在检定或校准周期内，并处于正常状态。仪器设备的精度应满足检测项目的要求。

3.2.6 检测的原始记录，应记录在专用记录纸上，数据准确、字迹清晰、信息完整，不得追记、涂改，如有笔误，应进行杠改。当采用自动记录时，应符合有关要求。原始记录必须由检测及记录人员签字。

3.2.7 现场取样的试件或试样应予以标识并妥善保存。

3.2.8 当发现检测数据数量不足或检测数据出现异常情况时，应补充检测。

3.2.9 建筑结构现场检测工作结束后，应及时修补因检测造成的结构或构件局部的损伤。修补后的结构构件，应满足承载力的要求。

3.2.10 建筑结构的检测数据计算分析工作完成后，应及时提出相应的检测报告。

3.3 检测方法和抽样方案

3.3.1 建筑结构的检测，应根据检测项目、检测目的、建筑结构状况和现场条件选择适宜的检测方法。

3.3.2 建筑结构的检测，可选用下列检测方法：

1 有相应标准的检测方法；

2 有关规范、标准规定或建议的检测方法；

3 参照本条第 1 款的检测标准，扩大其适用范围的检测方法；

4 检测单位自行开发或引进的检测方法。

3.3.3 选用有相应标准的检测方法时，应遵守下列规定：

1 对于通用的检测项目，应选用国家标准或行业标准；

2 对于有地区特点的检测项目，可选用地方标准；

3 对同一种方法，地方标准与国家标准或行业标准不一致时，有地区特点的部分宜按地方标准执行，检测的基本原则和基本操作要求应按国家标准或行业标准执行；

4 当国家标准、行业标准或地方标准的规定与实际情况确有差异或存在明显不适用问题时，可对相应规定做适当调整或修正，但调整与修正应有充分的依据；调整与修正的内容应在检测方案中予以说明，必要时应向委托方提供调整与修正的检测细则。

3.3.4 采用有关规范、标准规定或建议的检测方法时，应遵守下列规定：

1 当检测方法有相应的检测标准时，应按本章第3.3.3条的规定执行；

2 当检测方法没有相应的检测标准时，检测单位应有相应的检测细则；检测细则应对检测用仪器设备、操作要求、数据处理等作出规定。

3.3.5 采用扩大相应检测标准适用范围的检测方法时，应遵守下列规定：

1 所检测项目的目的与相应检测标准相同；

2 检测对象的性质与相应检测标准检测对象的性质相近；

3 应采取有效的措施，消除因检测对象性质差异而存在的检测误差；

4 检测单位应有相应的检测细则，在检测方案中应予以说明，必要时应向委托方提供检测细则。

3.3.6 采用检测单位自行开发或引进的检测仪器及检测方法时，应遵守下列规定：

1 该仪器或方法必须通过技术鉴定，并具有一定的工程检测实践经验；

2 该方法应事先与已有成熟方法进行比对试验；

3 检测单位应有相应的检测细则；

4 在检测方案中应予以说明，必要时应向委托方提供检测细则。

3.3.7 现场检测宜选用对结构或构件无损伤的检测方法。当选用局部破损的取样检测方法或原位检测方法时，宜选择结构构件受力较小的部位，并不得损害结构的安全性。

3.3.8 当对古建筑和有纪念性的既有建筑结构进行检测时，应避免对建筑结构造成损伤。

3.3.9 重要和大型公共建筑的结构动力测试，应根据结构的特点和检测的目的，分别采用环境振动和激振等方法。

3.3.10 重要大型工程和新型结构体系的安全性监测，应根据结构的受力特点制定监测方案，并应对监测方案进行论证。

3.3.11 建筑结构检测的抽样方案，可根据检测项目的特点按下列原则选择：

1 外部缺陷的检测，宜选用全数检测方案。

2 几何尺寸与尺寸偏差的检测，宜选用一次或二次计数抽样方案。

3 结构连接构造的检测，应选择对结构安全影响大的部位进行抽样。

4 构件结构性能的实荷检验，应选择同类构件中荷载效应相对较大和施工质量相对较差构件或受到灾害影响、环境侵蚀影响构件中有代表性的构件。

5 按检测批检测的项目，应进行随机抽样，且最小样本容量宜符合本标准第3.3.13条的规定。

6 《建筑工程施工质量验收统一标准》GB 50300或相应专业工程施工质量验收规范规定的抽样方案。

3.3.12 当为下列情况时，检测对象可以是单个构件或部分构件；但检测结论不得扩大到未检测的构件或范围。

1 委托方指定检测对象或范围；

2 因环境侵蚀或火灾、爆炸、高温以及人为因素等造成部分构件损伤时。

3.3.13 建筑结构检测中，检测批的最小样本容量不宜小于表3.3.13的限定值。

表3.3.13 建筑结构抽样检测的最小样本容量

检测批的容量	检测类别和样本最小容量		
	A	*B*	*C*
2～8	2	2	3
9～15	2	3	5
16～25	3	5	8
26～50	5	8	13
51～90	5	13	20
91～150	8	20	32
151～280	13	32	50
281～500	20	50	80
501～1200	32	80	125
1201～3200	50	125	200
3201～10000	80	200	315
10001～35000	125	315	500
35001～150000	200	500	800
150001～500000	315	800	1250
＞500000	500	1250	2000
—	—	—	—

注：检测类别*A*适用于一般施工质量的检测，检测类别*B*适用于结构质量或性能的检测，检测类别*C*适用于结构质量或性能的严格检测或复检。

3.3.14 计数抽样检测时，检测批的合格判定，应符合下列规定：

1 计数抽样检测的对象为主控项目时，正常一次抽样应按表3.3.14-1判定，正常二次抽样应按表3.3.14-2判定；

2 计数抽样检测的对象为一般项目时，正常一次抽样应按表3.3.14-3判定，正常二次抽样应按表3.3.14-4判定。

表3.3.14-1 主控项目正常一次性抽样的判定

样本容量	合格判定数	不合格判定数	样本容量	合格判定数	不合格判定数
2～5	0	1	80	7	8
8～13	1	2	125	10	11
20	2	3	200	14	15
32	3	4	≥315	21	22
50	5	6			

表3.3.14-2 主控项目正常二次性抽样的判定

抽样次数与样本容量	合格判定数	不合格判定数
(1) 2—6	0	1
(1) —5 (2) —10	0 1	2 2
(1) —8 (2) —16	0 1	2 2
(1) —13 (2) —26	0 3	3 4
(1) —20 (2) —40	1 3	3 4
(1) —32 (2) —64	2 6	5 7
(1) —50 (2) —100	3 9	6 10
(1) —80 (2) —160	5 12	9 13
(1) —125 (2) —250	7 18	11 19
(1) —200 (2) —400	11 26	16 27
(1) —315 (2) —630	11 26	16 27
—	—	—

注：(1) 和 (2) 表示抽样批次，(2) 对应的样本容量为二次抽样的累计数量。

表3.3.14-3 一般项目正常一次性抽样的判定

样本容量	合格判定数	不合格判定数	样本容量	合格判定数	不合格判定数
2～5	1	2	32	7	9
8	2	3	50	10	11
13	3	4	80	14	15
20	5	6	≥125	21	22

表3.3.14-4 一般项目正常二次性抽样的判定

抽样次数与样本容量	合格判定数	不合格判定数
(1) —2 (2) —4	0 1	2 2
(1) —3 (2) —6	0 1	2 2
(1) —5 (2) —10	0 1	2 2
(1) —8 (2) —16	0 3	3 4
(1) —13 (2) —26	1 4	3 5
(1) —20 (2) —40	2 6	5 7
(1) —32 (2) —64	4 10	7 11
(1) —50 (2) —100	6 15	10 16
(1) —80 (2) —160	9 23	14 24
(1) —125 (2) —250	9 23	14 24
(1) —200 (2) —400	9 23	14 24
(1) —315 (2) —630	9 23	14 24
(1) —500 (2) —1000	9 23	14 24
(1) —800 (2) —1600	9 23	14 24
(1) —1250 (2) —2500	9 23	14 24
(1) —2000 (2) —4000	9 23	14 24

注：(1) 和 (2) 表示抽样次数，(2) 对应的样本容量为二次抽样的累计数量。

3.3.15 计量抽样检测批的检测结果，宜提供推定区间。推定区间的置信度宜为0.90，并使错判概率和漏判概率均为0.05。特殊情况下，推定区间的置信度可为0.85，使漏判概率为0.10，错判概率仍为0.05。

3.3.16 结构材料强度计量抽样的检测结果，推定区间的上限值与下限值之差值应予以限制，不宜大于材料相邻强度等级的差值和推定区间上限值与下限值算术平均值的10%两者中的较大值。

3.3.17 当检测批的检测结果不能满足第3.3.15条和第3.3.16条的要求时，可提供单个构件的检测结果，单个构件的检测结果的推定应符合相应检测标准的规定。

3.3.18 检测批中的异常数据，可予以舍弃；异常数据的舍弃应符合《正态样本异常值的判断和处理》GB 4883或其他标准的规定。

3.3.19 检测批的标准差σ为未知时，计量抽样检测批均值μ（0.5分位值）的推定区间上限值和下限值可按式（3.3.19）计算：

$$\mu_1 = m + ks$$
$$\mu_2 = m - ks \qquad (3.3.19)$$

式中 μ_1——均值(0.5分位值)μ推定区间的上限值；

μ_2——均值（0.5分位值）μ推定区间的下限值；

m——样本均值；

s——样本标准差；

k——推定系数，取值见表3.3.19。

表3.3.19 标准差未知时推定区间上限值与下限值系数

样本容量	标准差未知时推定区间上限值与下限值系数					
	0.5分位值		0.05分位值			
	$k(0.05)$	$k(0.1)$	$k_1(0.05)$	$k_2(0.05)$	$k_1(0.1)$	$k_2(0.1)$
5	0.95339	0.68567	0.81778	4.20268	0.98218	3.39983
6	0.82264	0.60253	0.87477	3.70768	1.02822	3.09188
7	0.73445	0.54418	0.92037	3.39947	1.06516	2.89380
8	0.66983	0.50025	0.95803	3.18729	1.09570	2.75428
9	0.61985	0.46561	0.98987	3.03124	1.12153	2.64990
10	0.57968	0.43735	1.01730	2.91096	1.14378	2.56837
11	0.54648	0.41373	1.04127	2.81499	1.16322	2.50262
12	0.51843	0.39359	1.06247	2.73634	1.18041	2.44825
13	0.49432	0.37615	1.08141	2.67050	1.19576	2.40240
14	0.47330	0.36085	1.09848	2.61443	1.20958	2.36311
15	0.45477	0.34729	1.11397	2.56600	1.22213	2.32898
16	0.43826	0.33515	1.12812	2.52366	1.23358	2.29900
17	0.42344	0.32421	1.14112	2.48626	1.24409	2.27240
18	0.41003	0.31428	1.15311	2.45295	1.25379	2.24862
19	0.39782	0.30521	1.16423	2.42304	1.26277	2.22720
20	0.38665	0.29689	1.17458	2.39600	1.27113	2.20778
21	0.37636	0.28921	1.18425	2.37142	1.27893	2.19007
22	0.36686	0.28210	1.19330	2.34896	1.28624	2.17385
23	0.35805	0.27550	1.20181	2.32832	1.29310	2.15891
24	0.34984	0.26933	1.20982	2.30929	1.29956	2.14510
25	0.34218	0.26357	1.21739	2.29167	1.30566	2.13229
26	0.33499	0.25816	1.22455	2.27530	1.31143	2.12037
27	0.32825	0.25307	1.23135	2.26005	1.31690	2.10924
28	0.32189	0.24827	1.23780	2.24578	1.32209	2.09881
29	0.31589	0.24373	1.24395	2.23241	1.32704	2.08903
30	0.31022	0.23943	1.24981	2.21984	1.33175	2.07982
31	0.30484	0.23536	1.25540	2.20800	1.33625	2.07113
32	0.29973	0.23148	1.26075	2.19682	1.34055	2.06292
33	0.29487	0.22779	1.26588	2.18625	1.34467	2.05514
34	0.29024	0.22428	1.27079	2.17623	1.34862	2.04776
35	0.28582	0.22092	1.27551	2.16672	1.35241	2.04075
36	0.28160	0.21770	1.28004	2.15768	1.35605	2.03407
37	0.27755	0.21463	1.28441	2.14906	1.35955	2.02771
38	0.27368	0.21168	1.28861	2.14085	1.36292	2.02164
39	0.26997	0.20884	1.29266	2.13300	1.36617	2.01583
40	0.26640	0.20612	1.29657	2.12549	1.36931	2.01027
41	0.26297	0.20351	1.30035	2.11831	1.37233	2.00494
42	0.25967	0.20099	1.30399	2.11142	1.37526	1.99983
43	0.25650	0.19856	1.30752	2.10481	1.37809	1.99493
44	0.25343	0.19622	1.31094	2.09846	1.38083	1.99021
45	0.25047	0.19396	1.31425	2.09235	1.38348	1.98567
46	0.24762	0.19177	1.31746	2.08648	1.38605	1.98130
47	0.24486	0.18966	1.32058	2.08081	1.38854	1.97708
48	0.24219	0.18761	1.32360	2.07535	1.39096	1.97302
49	0.23960	0.18563	1.32653	2.07008	1.39331	1.96909
50	0.23710	0.18372	1.32939	2.06499	1.39559	1.96529
60	0.21574	0.16732	1.35412	2.02216	1.41536	1.93327
70	0.19927	0.15466	1.37364	1.98987	1.43095	1.90903
80	0.18608	0.14449	1.38959	1.96444	1.44366	1.88988
90	0.17521	0.13610	1.40294	1.94376	1.45429	1.87428
100	0.16604	0.12902	1.41433	1.92654	1.46335	1.86125
110	0.15818	0.12294	1.42421	1.91191	1.47121	1.85017
120	0.15133	0.11764	1.43289	1.89929	1.47810	1.84059

3.3.20 检测批的标准差σ为未知时，计量抽样检测批具有95%保证率的标准值(0.05分位值)x_k的推定区间上限值和下限值可按式(3.3.20)计算：

$$x_{k,1} = m - k_1 s$$
$$x_{k,2} = m - k_2 s \qquad (3.3.20)$$

式中 $x_{k,1}$——标准值(0.05分位值)推定区间的上限值；

$x_{k,2}$——标准值(0.05分位值)推定区间的下限值；

m——样本均值；

s——样本标准差；

k_1和k_2——推定系数，取值见表3.3.19。

3.3.21 计量抽样检测批的判定，当设计要求相应数值小于或等于推定上限值时，可判定为符合设计要求；当设计要求相应数值大于推定上限值时，可判定为低于设计要求。

3.4 既有建筑的检测

3.4.1 既有建筑除了在遇到本标准第3.1.3条规定的情况下应进行建筑结构的检测外，宜有正常的检查制度和在设计使用年限内建筑结构的常规检测。

3.4.2 既有建筑正常检查的对象可为建筑构件表面的裂缝、损伤、过大的位移或变形，建筑物内外装饰层是否出现脱落空鼓，栏杆扶手是否松动失效等；既有工业建筑的正常检查工作可结合生产设备的年检进行。

3.4.3 当年检发现存在影响既有建筑正常使用的问题时，应及时维修；当发现影响结构安全的问题时，应委托有资质的检测单位进行建筑结构的检测。

3.4.4 建筑结构在其设计使用年限内的常规检测，应委托具有资质的检测单位进行检测，检测时间应根据建筑结构的具体情况确定。

3.4.5 建筑结构的常规检测应根据既有建筑结构的设计质量、施工质量、使用环境类别等确定检测重点、检测项目和检测方法。

3.4.6 建筑结构的常规检测宜以下列部位为检测重点：

1 出现渗水漏水部位的构件；

2 受到较大反复荷载或动力荷载作用的构件；

3 暴露在室外的构件；

4 受到腐蚀性介质侵蚀的构件；

5 受到污染影响的构件；

6 与侵蚀性土壤直接接触的构件；

7 受到冻融影响的构件；

8 委托方年检怀疑有安全隐患的构件；

9 容易受到磨损、冲撞损伤的构件。

3.4.7 实施建筑结构常规检测的单位应向委托方提供有关结构安全性、使用安全性及结构耐久性等方面的有效检测数据和检测结论。

3.5 检测报告

3.5.1 建筑结构工程质量的检测报告应做出所检测项目是否符合设计文件要求或相应验收规范规定的评定。既有建筑结构性能的检测报告应给出所检测项目的评定结论，并能为建筑结构的鉴定提供可靠的依据。

3.5.2 检测报告应结论准确、用词规范、文字简练，对于当事方容易混淆的术语和概念可书面予以解释。

3.5.3 检测报告至少应包括以下内容：

1 委托单位名称；

2 建筑工程概况，包括工程名称、结构类型、规模、施工日期及现状等；

3 设计单位、施工单位及监理单位名称；

4 检测原因、检测目的，以往检测情况概述；

5 检测项目、检测方法及依据的标准；

6 抽样方案及数量；

7 检测日期，报告完成日期；

8 检测项目的主要分类检测数据和汇总结果；检测结果、检测结论；

9 主检、审核和批准人员的签名。

3.6 检测单位和检测人员

3.6.1 承接建筑结构检测工作的检测机构，应符合国家规定的有关资质条件要求。

3.6.2 检测单位应有固定的工作场所、健全的质量管理体系和相应的技术能力。

3.6.3 建筑结构检测所用的仪器和设备应有产品合格证、计量检定机构的有效检定（校准）证书或自校证书。

3.6.4 检测人员必须经过培训取得上岗资格，对特殊的检测项目，检测人员应有相应的检测资格证书。

3.6.5 现场检测工作应由两名或两名以上检测人员承担。

4 混凝土结构

4.1 一般规定

4.1.1 本章适用于现浇混凝土及预制混凝土结构与构件质量或性能的检测。

4.1.2 混凝土结构的检测可分为原材料性能、混凝土强度、混凝土构件外观质量与缺陷、尺寸与偏差、变形与损伤和钢筋配置等项工作，必要时，可进行结构构件性能的实荷检验或结构的动力测试。

4.2 原材料性能

4.2.1 混凝土原材料的质量或性能，可按下列方法检测：

1 当工程尚有与结构中同批、同等级的剩余原材料时，可按有关产品标准和相应检测标准的规定对与结构工程质量问题有关联的原材料进行检验；

2 当工程没有与结构中同批、同等级的剩余原材料时，可从结构中取样，检测混凝土的相关质量或性能。

4.2.2 钢筋的质量或性能，可按下列方法检测：

1 当工程尚有与结构中同批的钢筋时，可按有关产品标准的规定进行钢筋力学性能检验或化学成分分析；

2 需要检测结构中的钢筋时，可在构件中截取钢筋进行力学性能检验或化学成分分析；进行钢筋力学性能的检验时，同一规格钢筋的抽检数量应不少于一组；

3 钢筋力学性能和化学成分的评定指标，应按有关钢筋产品标准确定。

4.2.3 既有结构钢筋抗拉强度的检测，可采用钢筋表面硬度等非破损检测与取样检验相结合的方法。

4.2.4 需要检测锈蚀钢筋、受火灾影响等钢筋的性能时，可在构件中截取钢筋进行力学性能检测。在检测报告中应对测试方法与标准方法的不符合程度和检测结果的适用范围等予以说明。

4.3 混凝土强度

4.3.1 结构或构件混凝土抗压强度的检测，可采用回弹法、超声回弹综合法、后装拔出法或钻芯法等方法，检测操作应分别遵守相应技术规程的规定。

4.3.2 除了有特殊的检测目的之外，混凝土抗压强度的检测应符合下列规定：

1 采用回弹法时，被检测混凝土的表层质量应具有代表性，且混凝土的抗压强度和龄期不应超过相应技术规程限定的范围；

2 采用超声回弹综合法时，被检测混凝土的内外质量应无明显差异，且混凝土的抗压强度不应超过相应技术规程限定的范围；

3 采用后装拔出法时，被检测混凝土的表层质量应具有代表性，且混凝土的抗压强度和混凝土粗骨料的最大粒径不应超过相应技术规程限定的范围；

4 当被检测混凝土的表层质量不具有代表性时，应采用钻芯法；当被检测混凝土的龄期或抗压强度超过回弹法、超声回弹综合法或后装拔出法等相应技术规程限定的范围时，可采用钻芯法或钻芯修正法；

5 在回弹法、超声回弹综合法或后装拔出法适用的条件下，宜进行钻芯修正或利用同条件养护立方体试块的抗压强度进行修正。

4.3.3 采用钻芯修正法时，宜选用总体修正量的方法。总体修正量方法中的芯样试件换算抗压强度样本的均值 $f_{cor,m}$，应按本标准第 3.3.19 条的规定确定推定区间，推定区间应满足本标准第 3.3.15 条和第 3.3.16 条的要求；总体修正量 Δ_{tot} 和相应的修正可按式（4.3.3）计算：

$$\Delta_{tot} = f_{cor,m} - f^{c}_{cu,m0} \qquad (4.3.3)$$
$$f^{c}_{cu,i} = f^{c}_{cu,i0} + \Delta_{tot}$$

式中 $f_{cor,m}$——芯样试件换算抗压强度样本的均值；

$f^{c}_{cu,m0}$——被修正方法检测得到的换算抗压强度样本的均值；

$f^{c}_{cu,i}$——修正后测区混凝土换算抗压强度；

$f^{c}_{cu,i0}$——修正前测区混凝土换算抗压强度。

4.3.4 当钻芯修正法不能满足第 4.3.3 条的要求时，可采用对应样本修正量、对应样本修正系数或一一对应修正系数的修正方法；此时直径 100mm 混凝土芯样试件的数量不应少于 6 个；现场钻取直径 100mm 的混凝土芯样确有困难时，也可采用直径不小于 70mm 的混凝土芯样，但芯样试件的数量不应少于 9 个。一一对应的修正系数，可按相关技术规程的规定计算。对应样本的修正量 Δ_{loc} 和修正系数 η_{loc}，可按式（4.3.4-1）计算：

$$\Delta_{loc} = f_{cor,m} - f^{c}_{cu,m0,loc} \qquad (4.3.4\text{-}1a)$$

$$\eta_{loc} = f_{cor,m} / f^{c}_{cu,m0,loc} \qquad (4.3.4\text{-}1b)$$

式中 $f_{cor,m}$——芯样试件换算抗压强度样本的均值；

$f^{c}_{cu,m0,loc}$——被修正方法检测得到的与芯样试件对应测区的换算抗压强度样本的均值。

相应的修正可按式（4.3.4-2）计算：

$$f^{c}_{cu,i} = f^{c}_{cu,i0} + \Delta_{loc} \qquad (4.3.4\text{-}2a)$$

$$f^{c}_{cu,i} = \eta_{loc} f^{c}_{cu,i0} \qquad (4.3.4\text{-}2b)$$

式中 $f^{c}_{cu,i}$——修正后测区混凝土换算抗压强度；

$f^{c}_{cu,i0}$——修正前测区混凝土换算抗压强度。

4.3.5 检测批混凝土抗压强度的推定，宜按本标准第 3.3.20 条的规定确定推定区间，推定区间应满足本标准第 3.3.15 条和第 3.3.16 条的要求，可按本标准第 3.3.21 条的规定进行评定。单个构件混凝土抗压强度的推定，可按相应技术规程的规定执行。

4.3.6 混凝土的抗拉强度，可采用对直径 100mm 的芯样试件施加劈裂荷载或直拉荷载的方法检测；劈裂荷载的施加方法可参照《普通混凝土力学性能试验方法标准》GB/T 50081 的规定执行，直拉荷载的施加方法可按《钻芯法检测混凝土强度技术规程》CECS 03 的规定执行。

4.3.7 受到环境侵蚀或遭受火灾、高温等影响，构件中未受到影响部分混凝土的强度，可采用下列方法检测：

1 采用钻芯法检测，在加工芯样试件时，应将芯样上混凝土受影响层切除；混凝土受影响层的厚度可依据具体情况分别按最大碳化深度、混凝土颜色产生变化的最大厚度、明显损伤层的最大厚度确定，也可按芯样侧表面硬度测试情况确定；

2 混凝土受影响层能剔除时，可采用回弹法或回弹加钻芯修正的方法检测，但回弹测区的质量应符合相应技术规程的要求。

4.4 混凝土构件外观质量与缺陷

4.4.1 混凝土构件外观质量与缺陷的检测可分为蜂窝、麻面、孔洞、夹渣、露筋、裂缝、疏松区和不同时间浇筑的混凝土结合面质量等项目。

4.4.2 混凝土构件外观缺陷，可采用目测与尺量的方法检测；检测数量，对于建筑结构工程质量检测时宜为全部构件。混凝土构件外观缺陷的评定方法，可按《混凝土结构工程施工质量验收规范》GB 50204 确定。

4.4.3 结构或构件裂缝的检测，应遵守下列规定：

1 检测项目，应包括裂缝的位置、长度、宽度、深度、形态和数量；裂缝的记录可采用表格或图形的形式；

2 裂缝深度，可采用超声法检测，必要时可钻取芯样予以验证；

3 对于仍在发展的裂缝应进行定期观测，提供裂缝发展速度的数据；

4 裂缝的观测，应按《建筑变形测量规程》JGJ/T 8 的有关规定进行。

4.4.4 混凝土内部缺陷的检测，可采用超声法、冲击反射法等非破损方法；必要时可采用局部破损方法对非破损的检测结果进行验证。采用超声法检测混凝土内部缺陷时，可参照《超声法检测混凝土缺陷技术规程》CECS 21 的规定执行。

4.5 尺寸与偏差

4.5.1 混凝土结构构件的尺寸与偏差的检测可分为下列项目：

1 构件截面尺寸；

2 标高；

3 轴线尺寸；

4 预埋件位置；

5 构件垂直度；

6 表面平整度。

4.5.2 现浇混凝土结构及预制构件的尺寸，应以设计图纸规定的尺寸为基准确定尺寸的偏差，尺寸的检测方法和尺寸偏差的允许值应按《混凝土结构工程施工质量验收规范》GB 50204确定。

4.5.3 对于受到环境侵蚀和灾害影响的构件，其截面尺寸应在损伤最严重部位量测，在检测报告中应提供量测的位置和必要的说明。

4.6 变形与损伤

4.6.1 混凝土结构或构件变形的检测可分为构件的挠度、结构的倾斜和基础不均匀沉降等项目；混凝土结构损伤的检测可分为环境侵蚀损伤、灾害损伤、人为损伤、混凝土有害元素造成的损伤以及预应力锚夹具的损伤等项目。

4.6.2 混凝土构件的挠度，可采用激光测距仪、水准仪或拉线等方法检测。

4.6.3 混凝土构件或结构的倾斜，可采用经纬仪、激光定位仪、三轴定位仪或吊锤的方法检测，宜区分倾斜中施工偏差造成的倾斜、变形造成的倾斜、灾害造成的倾斜等。

4.6.4 混凝土结构的基础不均匀沉降，可用水准仪检测；当需要确定基础沉降发展的情况时，应在混凝土结构上布置测点进行观测，观测操作应遵守《建筑变形测量规程》JGJ/T 8 的规定；混凝土结构的基础累计沉降差，可参照首层的基准线推算。

4.6.5 混凝土结构受到的损伤时，可按下列规定进行检测：

1 对环境侵蚀，应确定侵蚀源、侵蚀程度和侵蚀速度；

2 对混凝土的冻伤，可按本标准附录 A 的规定进行检测，并测定冻融损伤深度、面积；

3 对火灾等造成的损伤，应确定灾害影响区域和受灾害影响的构件，确定影响程度；

4 对于人为的损伤，应确定损伤程度；

5 宜确定损伤对混凝土结构的安全性及耐久性影响的程度。

4.6.6 当怀疑水泥中游离氧化钙（f-CaO）对混凝土质量构成影响时，可按本标准附录 B 进行检测。

4.6.7 混凝土存在碱骨料反应隐患时，可从混凝土中取样，按《普通混凝土用碎石或卵石质量标准及检验方法》JGJ 53 检测骨料的碱活性，按相关标准的规定检测混凝土中的碱含量。

4.6.8 混凝土中性化（碳化或酸性物质的影响）的深度，可用浓度为1%的酚酞酒精溶液（含 20%的蒸馏水）测定，将酚酞酒精溶液滴在新暴露的混凝土面上，以混凝土变色与未变色的交接处作为混凝土中性化的界面。

4.6.9 混凝土中氯离子的含量，可按本标准附录 C 进行检测。

4.6.10 对于未封闭在混凝土内的预应力锚夹具的损伤，可用卡尺、钢尺直接量测。

4.7 钢筋的配置与锈蚀

4.7.1 钢筋配置的检测可分为钢筋位置、保护层厚度、直径、数量等项目。

4.7.2 钢筋位置、保护层厚度和钢筋数量，宜采用非破损的雷达法或电磁感应法进行检测，必要时可凿开混凝土进行钢筋直径或保护层厚度的验证。

4.7.3 有相应检测要求时，可对钢筋的锚固与搭接、框架节点及柱加密区箍筋和框架柱与墙体的拉结筋进行检测。

4.7.4 钢筋的锈蚀情况，可按本标准附录 D 进行检测。

4.8 构件性能实荷检验与结构动测

4.8.1 需要确定混凝土构件的承载力、刚度或抗裂等性能时，可进行构件性能的实荷检验。

4.8.2 构件性能检验的加载与测试方法，应根据设计要求以及构件的实际情况确定。

4.8.3 构件性能的实荷检验应符合下列规定：

1 独立构件的实荷检验，按《混凝土结构工程施工质量验收规范》GB 50204 的规定进行；

2 构件性能实荷检验的荷载布置、检验方法和量测方法，按照《混凝土结构试验方法标准》GB 50152 的要求确定；

3 实荷检验应确保安全。

4.8.4 当仅对结构的一部分做实荷检验时，应使有问题部分或可能的薄弱部位得到充分的检验。

4.8.5 重要和大型公共建筑中混凝土结构的动力测试方法，可按本标准附录 E 确定。

5 砌体结构

5.1 一般规定

5.1.1 本章适用于砖砌体、砌块砌体和石砌体结构与构件的质量或性能的检测。

5.1.2 砌体结构的检测可分为砌筑块材、砌筑砂浆、砌体强度、砌筑质量与构造以及损伤与变形等项工作。具体实施的检测工作和检测项目应根据施工质量验收或鉴定工作的需要和现场的检测条件等具体情况确定。

5.2 砌筑块材

5.2.1 砌筑块材的检测可分为砌筑块材的强度及强度等级、尺寸偏差、外观质量、抗冻性能、块材品种等检测项目。

5.2.2 砌筑块材的强度，可采用取样法、回弹法、取样结合回弹的方法或钻芯的方法检测。

5.2.3 砌筑块材强度的检测，应将块材品种相同、强度等级相同、质量相近、环境相似的砌筑构件划为一个检测批，每个检测批砌体的体积不宜超过250m³。

5.2.4 鉴定工作需要依据砌筑块材强度和砌筑砂浆强度确定砌体强度时，砌筑块材强度的检测位置宜与砌筑砂浆强度的检测位置对应。

5.2.5 除了有特殊的检测目的之外，砌筑块材强度的检测应遵守下列规定：

1 取样检测的块材试样和块材的回弹测区，外观质量应符合相应产品标准的合格要求，不应选择受到灾害影响或环境侵蚀作用的块材作为试样或回弹测区；

2 块材的芯样试件，不得有明显的缺陷。

5.2.6 砌筑块材强度等级的评定指标可按相应产品标准确定。

5.2.7 砖和砌块的取样检测，检测批试样的数量应符合相应产品标准的规定，当对检测批进行推定时，块材试样的数量尚应满足本标准第3.3.15条和第3.3.16条对推定区间的要求；块材试样强度的测试方法应符合相应产品标准的规定。当符合本章第5.2.3条和第5.2.5条的要求时，建筑工程剩余的砌筑块材可作为块材试样使用。

5.2.8 采用回弹法检测烧结普通砖的抗压强度时，检测操作可按本标准附录F的规定执行。烧结普通砖的回弹值与换算抗压强度之间换算关系应通过专门的试验确定，当采用附录F的换算关系时，应进行验证。

5.2.9 采用取样结合回弹的方法检测烧结普通砖的抗压强度时，检测操作应符合下列规定：

1 按本标准附录F布置回弹测区、确定检测的砖样、进行回弹测试并计算换算抗压强度值 $f_{1,i}$；

2 在进行了回弹测试的砖样中选择10块砖取样作为块材试样，按本章第5.2.7条进行块材试样抗压强度的测试，并计算抗压强度平均值 $f^*_{1,m}$；

3 参照本标准式（4.3.4-1）确定对应样本的修正量 Δ_{loc} 或对应样本的修正系数 η_{loc}；

4 参照本标准式（4.3.4-2）进行修正计算，得到修正后的回弹换算抗压强度值，按本标准第3.3.19条或第3.3.20条确定推定区间。

5.2.10 当条件具备时，其他块材的抗压强度也可采用取样结合回弹的方法检测，检测操作可参照本章第5.2.9条的规定进行。

5.2.11 石材强度，可采用钻芯法或切割成立方体试块的方法检测；其中钻芯法检测操作宜符合下列规定：

1 芯样试件的直径可为70mm，高径比为1.0±0.05；

2 芯样的端面应磨平，加工质量宜符合《钻芯法检测混凝土强度技术规程》CECS 03的要求；

3 按相关规定测试芯样试件的抗压强度；可将直径70mm芯样试件抗压强度乘以1.15的系数，换算成70mm立方体试块抗压强度；

4 石材强度的推定，可按本标准第3.3.19条确定石材强度的推定区间。

5.2.12 鉴定工作需要确定环境侵蚀、火灾或高温等对砌筑块材强度的影响时，可采取取样的检测方法，块材试样强度的测试方法和评定方法可按相应产品标准确定。在检测报告中应明确说明检测结果的适用范围。

5.2.13 砖和砌块尺寸及外观质量检测可采用取样检测或现场检测的方法，检测操作宜符合下列规定：

1 砖和砌块尺寸的检测，每个检测批可随机抽检20块块材，现场检测可仅抽检外露面。单个块材尺寸的评定指标可按现行相应产品标准确定。检测批的判定，应按本标准表3.3.14-3或表3.3.14-4的规定进行检测批的合格判定。

2 砖和砌块外观质量的检查可分为缺棱掉角、裂纹、弯曲等。现场检查，可检查砖或块材的外露面。检查方法和评定指标应按现行相应产品标准确定。检测批的判定，应按本标准表3.3.14-3或表3.3.14-4进行检测批的合格判定。第一次的抽样数可为50块砖或砌块。

5.2.14 砌筑块材外观质量不符合要求时，可根据不符合要求的程度降低砌筑块材的抗压强度；砌筑块材的尺寸为负偏差时，应以实测构件的截面尺寸作为构件安全性验算和构造评定的参数。

5.2.15 工程质量评定或鉴定工作有要求时，应核查结构特殊部位块材的品种及其质量指标。

5.2.16 砌筑块材其他性能的检测，可参照有关产品标准的规定进行。

5.3 砌筑砂浆

5.3.1 砌筑砂浆的检测可分为砂浆强度及砂浆强度等级、品种、抗冻性和有害元素含量等项目。

5.3.2 砌筑砂浆强度的检测应遵守下列规定：

1 砌筑砂浆的强度，宜采用取样的方法检测，如推出法、筒压法、砂浆片剪切法、点荷法等。

2 砌筑砂浆强度的匀质性，可采用非破损的方法检测，如回弹法、射钉法、贯入法、超声法、超声回弹综合法等。当这些方法用于检测既有建筑砌筑砂浆强度时，宜配合有取样的检测方法。

3 推出法、筒压法、砂浆片剪切法、点荷法、回弹法和射钉法的检测操作应遵守《砌体工程现场检测技术标准》GB/T 50315的规定；采用其他方法时，应遵守《砌体工程现场检测技术标准》GB/T 50315的原则，检测操作应遵守相应检测方法标准的规定。

5.3.3 当遇到下列情况之一时，采用取样法中的点荷法、剪切法、冲击法检测砌筑砂浆强度时，除提供砌筑砂浆强度必要的测试参数外，还应提供受影响层的深度：

1 砌筑砂浆表层受到侵蚀、风化、剔凿、冻害影响的构件；

2 遭受火灾影响的构件；

3 使用年数较长的结构。

5.3.4 工程质量评定或鉴定工作有要求时，应核查结构特殊部位砌筑砂浆的品种及其质量指标。

5.3.5 砌筑砂浆的抗冻性能，当具备砂浆立方体试块时，应按《建筑砂浆基本性能试验方法》JGJ 70的规定进行测定，当不具备立方体试块或既有结构需要测定砌筑砂浆的抗冻性能时，可按下列方法进行检测：

1 采用取样检测方法；

2 将砂浆试件分为两组，一组做抗冻试件，一组做比对试件；

3 抗冻组试件按《建筑砂浆基本性能试验方法》JGJ 70的规定进行抗冻试验，测定试验后砂浆的强度；

4 比对组试件砂浆强度与抗冻组试件同时测定；

5 取两组砂浆试件强度值的比值评定砂浆的抗冻性能。

5.3.6 砌筑砂浆中氯离子的含量，可参照本标准第4.6.9条提出的方法测定。

5.4 砌体强度

5.4.1 砌体的强度，可采用取样的方法或现场原位的方法检测。

5.4.2 砌体强度的取样检测应遵守下列规定：

1 取样检测不得构成结构或构件的安全问题；

2 试件的尺寸和强度测试方法应符合《砌体基本力学性能试验方法标准》GBJ 129的规定；

3 取样操作宜采用无振动的切割方法，试件数量应根据检测目的确定；

4 测试前应对试件局部的损伤予以修复，严重损伤的样品不得作为试件；

5 砌体强度的推定，可按本标准第3.3.19条确定砌体强度均值的推定区间或按本标准第3.3.20条确定砌体强度标准值的推定区间；推定区间应符合本标准第3.3.15条和第3.3.16条的要求；

6 当砌体强度标准值的推定区间不满足本条第5款的要求时，也可按试件测试强度的最小值确定砌体强度的标准值，此时试件的数量不得少于3件，也不宜大于6件，且不应进行数据的舍弃。

5.4.3 烧结普通砖砌体的抗压强度，可采用扁式液压顶法或原位轴压法检测；烧结普通砖砌体的抗剪强度，可采用双剪法或原位单剪法检测；检测操作应遵守《砌体工程现场检测技术标准》GB/T 50315的规定。砌体强度的推定，宜按本标准第3.3.20条确定砌体强度标准值的推定区间，推定区间应符合本标准第3.3.15条和第3.3.16条的要求；当该要求不能满足时，也可按《砌体工程现场检测技术标准》GB/T 50315进行评定。

5.4.4 遭受环境侵蚀和火灾等灾害影响砌体的强度，可根据具体情况分别按第5.4.2条和第5.4.3条规定的方法进行检测，在检测报告中应明确说明试件状态与相应检测标准要求的不符合程度和检测结果的适用范围。

5.5 砌筑质量与构造

5.5.1 砌筑构件的砌筑质量检测可分为砌筑方法、灰缝质量、砌体偏差和留槎及洞口等项目。砌体结构的构造检测可分为砌筑构件的高厚比、梁垫、壁柱、预制构件的搁置长度、大型构件端部的锚固措施、圈梁、构造柱或芯柱、砌体局部尺寸及钢筋网片和拉结筋等项目。

5.5.2 既有砌筑构件砌筑方法、留槎、砌筑偏差和灰缝质量等，可采取剔凿表面抹灰的方法检测。当构件砌筑质量存在问题时，可降低该构件的砌体强度。

5.5.3 砌筑方法的检测，应检测上、下错缝，内外搭砌等是否符合要求。

5.5.4 灰缝质量检测可分为灰缝厚度、灰缝饱满程度和平直程度等项目。其中灰缝厚度的代表值应按10皮砖砌体高度折算。灰缝的饱满程度和平直程度，可按《砌体工程施工质量验收规范》GB 50203规定的方法进行检测。

5.5.5 砌体偏差的检测可分为砌筑偏差和放线偏

差。砌筑偏差中的构件轴线位移和构件垂直度的检测方法和评定标准，可按《砌体工程施工质量验收规范》GB 50203的规定执行。对于无法准确测定构件轴线绝对位移和放线偏差的既有结构，可测定构件轴线的相对位移或相对放线偏差。

5.5.6 砌体中的钢筋，可按本标准第4章提出的方法检测。砌体中拉结筋的间距，应取2～3个连续间距的平均间距作为代表值。

5.5.7 砌筑构件的高厚比，其厚度值应取构件厚度的实测值。

5.5.8 跨度较大的屋架和梁支承面下的垫块和锚固措施，可采取剔除表面抹灰的方法检测。

5.5.9 预制钢筋混凝土板的支承长度，可采用剔凿楼面面层及垫层的方法检测。

5.5.10 跨度较大门窗洞口的混凝土过梁的设置状况，可通过测定过梁钢筋状况判定，也可采取剔凿表面抹灰的方法检测。

5.5.11 砌体墙梁的构造，可采取剔凿表面抹灰和用尺量测的方法检测。

5.5.12 圈梁、构造柱或芯柱的设置，可通过测定钢筋状况判定；圈梁、构造柱或芯柱的混凝土施工质量，可按本标准第4章的相关规定进行检测。

5.6 变形与损伤

5.6.1 砌体结构的变形与损伤的检测可分为裂缝、倾斜、基础不均匀沉降、环境侵蚀损伤、灾害损伤及人为损伤等项目。

5.6.2 砌体结构裂缝的检测应遵守下列规定：

1 对于结构或构件上的裂缝，应测定裂缝的位置、裂缝长度、裂缝宽度和裂缝的数量；

2 必要时应剔除构件抹灰确定砌筑方法、留槎、洞口、线管及预制构件对裂缝的影响；

3 对于仍在发展的裂缝应进行定期的观测，提供裂缝发展速度的数据。

5.6.3 砌筑构件或砌体结构的倾斜，可按本标准第4.6.3条提供的方法检测，宜区分倾斜中砌筑偏差造成的倾斜、变形造成的倾斜、灾害造成的倾斜等。

5.6.4 基础的不均匀沉降，可按本标准第4.6.4条提供的方法检测。

5.6.5 对砌体结构受到的损伤进行检测时，应确定损伤对砌体结构安全性的影响。对于不同原因造成的损伤可按下列规定进行检测：

1 对环境侵蚀，应确定侵蚀源、侵蚀程度和侵蚀速度；

2 对冻融损伤，应测定冻融损伤深度、面积，检测部位宜为檐口、房屋的勒脚、散水附近和出现渗漏的部位；

3 对火灾等造成的损伤，应确定灾害影响区域和受灾害影响的构件，确定影响程度；

4 对于人为的损伤，应确定损伤程度。

6 钢结构

6.1 一般规定

6.1.1 本章适用于钢结构与钢构件质量或性能的检测。

6.1.2 钢结构的检测可分为钢结构材料性能、连接、构件的尺寸与偏差、变形与损伤、构造以及涂装等项工作，必要时，可进行结构或构件性能的实荷检验或结构的动力测试。

6.2 材料

6.2.1 对结构构件钢材的力学性能检验可分为屈服点、抗拉强度、伸长率、冷弯和冲击功等项目。

6.2.2 当工程尚有与结构同批的钢材时，可以将其加工成试件，进行钢材力学性能检验；当工程没有与结构同批的钢材时，可在构件上截取试样，但应确保结构构件的安全。钢材力学性能检验试件的取样数量、取样方法、试验方法和评定标准应符合表6.2.2的规定。

表6.2.2 材料力学性能检验项目和方法

检验项目	取样数量（个/批）	取样方法	试验方法	评定标准
屈服点、抗拉强度、伸长率	1	《钢材力学及工艺性能试验取样规定》GB 2975	《金属拉伸试验试样》GB 6397；《金属拉伸试验方法》GB 228	《碳素结构钢》GB 700；《低合金高强度结构钢》GB/T 1591；其他钢材产品标准
冷弯	1		《金属弯曲试验方法》GB 232	
冲击功	3		《金属夏比缺口冲击试验方法》GB/T 229	

6.2.3 当被检验钢材的屈服点或抗拉强度不满足要求时，应补充取样进行拉伸试验。补充试验应将同类构件同一规格的钢材划为一批，每批抽样3个。

6.2.4 钢材化学成分的分析，可根据需要进行全成分分析或主要成分分析。钢材化学成分的分析每批钢材可取一个试样，取样和试验应分别按《钢的化学分析用试样取样法及成品化学成分允许偏差》GB 222和《钢铁及合金化学分析方法》GB 223执行，并应按相应产品标准进行评定。

6.2.5 既有钢结构钢材的抗拉强度，可采用表面硬度的方法检测，检测操作可按本标准附录G的规定进行。应用表面硬度法检测钢结构钢材抗拉强度时，应有取样检验钢材抗拉强度的验证。

6.2.6 锈蚀钢材或受到火灾等影响钢材的力学性能，可采用取样的方法检测；对试样的测试操作和评定，可按相应钢材产品标准的规定进行，在检测报告中应明确说明检测结果的适用范围。

6.3 连　接

6.3.1 钢结构的连接质量与性能的检测可分为焊接连接、焊钉（栓钉）连接、螺栓连接、高强螺栓连接等项目。

6.3.2 对设计上要求全焊透的一、二级焊缝和设计上没有要求的钢材等强对焊拼接焊缝的质量，可采用超声波探伤的方法检测，检测应符合下列规定：

1 对钢结构工程质量，应按《钢结构工程施工质量验收规范》GB 50205 的规定进行检测；

2 对既有钢结构性能，可采取抽样超声波探伤检测；抽样数量不应少于本标准表 3.3.13 的样本最小容量；

3 焊缝缺陷分级，应按《钢焊缝手工超声波探伤方法及质量分级法》GB 11345 确定。

6.3.3 对钢结构工程的所有焊缝都应进行外观检查；对既有钢结构检测时，可采取抽样检测焊缝外观质量的方法，也可采取按委托方指定范围抽查的方法。焊缝的外形尺寸和外观缺陷检测方法和评定标准，应按《钢结构工程施工质量验收规范》GB 50205 确定。

6.3.4 焊接接头的力学性能，可采取截取试样的方法检验，但应采取措施确保安全。焊接接头力学性能的检验分为拉伸、面弯和背弯等项目，每个检验项目可各取两个试样。焊接接头的取样和检验方法应按《焊接接头机械性能试验取样方法》GB 2649、《焊接接头拉伸试验方法》GB 2651 和《焊接接头弯曲及压扁试验方法》GB 2653 等确定。

焊接接头焊缝的强度不应低于母材强度的最低保证值。

6.3.5 当对钢结构工程质量进行检测时，可抽样进行焊钉焊接后的弯曲检测，抽样数量不应少于本标准表 3.3.13 中 A 类检测的要求；检测方法与评定标准，锤击焊钉头使其弯曲至 30°，焊缝和热影响区没有肉眼可见的裂纹可判为合格；应按本标准表 3.3.14-3 进行检测批的合格判定。

6.3.6 高强度大六角头螺栓连接副的材料性能和扭矩系数，检验方法和检验规则应按《钢结构用高强度大六角头螺栓、大六角螺母、垫圈技术条件》GB/T 1231、《钢结构工程施工质量验收规范》GB 50205 和《钢结构高强度螺栓连接的设计、施工及验收规范》JGJ 82 确定。

6.3.7 扭剪型高强度螺栓连接副的材料性能和预拉力的检验，检验方法和检验规则应按《钢结构用扭剪型高强度螺栓连接副技术条件》GB/T 3633 和《钢结构工程施工质量验收规范》GB 50205 确定。

6.3.8 对扭剪型高强度螺栓连接质量，可检查螺栓端部的梅花头是否已拧掉，除因构造原因无法使用专用扳手拧掉梅花头者外，未在终拧中拧掉梅花头的螺栓数不应大于该节点螺栓数的 5%。抽样检验时，应按本标准表 3.3.14-1 或表 3.3.14-2 进行检测批的合格判定。

6.3.9 对高强度螺栓连接质量的检测，可检查外露丝扣，丝扣外露应为 2 至 3 扣。允许有 10%的螺栓丝扣外露 1 扣或 4 扣。抽样检验时，应按本标准表 3.3.14-3 或表 3.3.14-4 进行检测批的合格判定。

6.4 尺寸与偏差

6.4.1 钢构件尺寸的检测应符合下列规定：

1 抽样检测构件的数量，可根据具体情况确定，但不应少于本标准表 3.3.13 规定的相应检测类别的最小样本容量；

2 尺寸检测的范围，应检测所抽样构件的全部尺寸，每个尺寸在构件的 3 个部位量测，取 3 处测试值的平均值作为该尺寸的代表值；

3 尺寸量测的方法，可按相关产品标准的规定量测，其中钢材的厚度可用超声测厚仪测定；

4 构件尺寸偏差的评定指标，应按相应的产品标准确定；

5 对检测批构件的重要尺寸，应按本标准表 3.3.14-1 或表 3.3.14-2 进行检测批的合格判定；对检测批构件一般尺寸的判定，应按本标准表 3.3.14-3 或表 3.3.14-4 进行检测批的合格判定；

6 特殊部位或特殊情况下，应选择对构件安全性影响较大的部位或损伤有代表性的部位进行检测。

6.4.2 钢构件的尺寸偏差，应以设计图纸规定的尺寸为基准计算尺寸偏差；偏差的允许值，应按《钢结构工程施工质量验收规范》GB 50205 确定。

6.4.3 钢构件安装偏差的检测项目和检测方法，应按《钢结构工程施工质量验收规范》GB 50205 确定。

6.5 缺陷、损伤与变形

6.5.1 钢材外观质量的检测可分为均匀性，是否有夹层、裂纹、非金属夹杂和明显的偏析等项目。当对钢材的质量有怀疑时，应对钢材原材料进行力学性能检验或化学成分分析。

6.5.2 对钢结构损伤的检测可分为裂纹、局部变形、锈蚀等项目。

6.5.3 钢材裂纹，可采用观察的方法和渗透法检测。采用渗透法检测时，应用砂轮和砂纸将检测部位的表面及其周围 20mm 范围内打磨光滑，不得有氧化皮、焊渣、飞溅、污垢等；用清洗剂将打磨表面清洗干净，干燥后喷涂渗透剂，渗透时间不应少于10min；然后再用清洗剂将表面多余的渗透剂清除；最后喷涂显示剂，停留10～30min后，观察是否有裂纹显示。

6.5.4 杆件的弯曲变形和板件凹凸等变形情况，可用观察和尺量的方法检测，量测出变形的程度；变形评定，应按现行《钢结构工程施工质量验收规范》GB 50205的规定执行。

6.5.5 螺栓和铆钉的松动或断裂，可采用观察或锤击的方法检测。

6.5.6 结构构件的锈蚀，可按《涂装前钢材表面锈蚀等级和除锈等级》GB 8923确定锈蚀等级，对D级锈蚀，还应量测钢板厚度的削弱程度。

6.5.7 钢结构构件的挠度、倾斜等变形与位移和基础沉降等，可分别参照本标准第4.6.2条、第4.6.3条和第4.6.4条的提出方法和相应标准规定的方法进行检测。

6.6 构　造

6.6.1 钢结构杆件长细比的检测与核算，可按本章第6.4节的规定测定杆件尺寸，应以实际尺寸等核算杆件的长细比。

6.6.2 钢结构支撑体系的连接，可按本章第6.3节的规定检测；支撑体系构件的尺寸，可按本章第6.4节的规定进行测定；应按设计图纸或相应设计规范进行核实或评定。

6.6.3 钢结构构件截面的宽厚比，可按本章第6.4节的规定测定构件截面相关尺寸，并进行核算，应按设计图纸和相关规范进行评定。

6.7 涂　装

6.7.1 钢结构防护涂料的质量，应按国家现行相关产品标准对涂料质量的规定进行检测。

6.7.2 钢材表面的除锈等级，可用现行国家标准《涂装前钢材表面锈蚀等级和除锈等级》GB 8923规定的图片对照观察来确定。

6.7.3 不同类型涂料的涂层厚度，应分别采用下列方法检测：

1 漆膜厚度，可用漆膜测厚仪检测，抽检构件的数量不应少于本标准表3.3.13中A类检测样本的最小容量，也不应少于3件；每件测5处，每处的数值为3个相距50mm的测点干漆膜厚度的平均值。

2 对薄型防火涂料涂层厚度，可采用涂层厚度测定仪检测，量测方法应符合《钢结构防火涂料应用技术规程》CECS 24的规定。

3 对厚型防火涂料涂层厚度，应采用测针和钢尺检测，量测方法应符合《钢结构防火涂料应用技术规程》CECS 24的规定。

涂层的厚度值和偏差值应按《钢结构工程施工质量验收规范》GB 50205的规定进行评定。

6.7.4 涂装的外观质量，可根据不同材料按《钢结构工程施工质量验收规范》GB 50205的规定进行检测和评定。

6.8 钢 网 架

6.8.1 钢网架的检测可分为节点的承载力、焊缝、尺寸与偏差、杆件的不平直度和钢网架的挠度等项目。

6.8.2 钢网架焊接球节点和螺栓球节点的承载力的检验，应按《网架结构工程质量检验评定标准》JGJ 78的要求进行。对既有的螺栓球节点网架，可从结构中取出节点来进行节点的极限承载力检验。在截取螺栓球节点时，应采取措施确保结构安全。

6.8.3 钢网架中焊缝，可采用超声波探伤的方法检测，检测操作与评定应按《焊接球节点钢网架焊缝超声波探伤及质量分级法》JG/T 3034.1或《螺栓球节点钢网架焊缝超声波探伤及质量分级法》JG/T 3034.2的要求进行。

6.8.4 钢网架中焊缝的外观质量，应按《钢结构工程施工质量验收规范》GB 50205的要求进行检测。

6.8.5 焊接球、螺栓球、高强度螺栓和杆件偏差的检测，检测方法和偏差允许值应按《网架结构工程质量检验评定标准》JGJ 78的规定执行。

6.8.6 钢网架钢管杆件的壁厚，可采用超声测厚仪检测，检测前应清除饰面层。

6.8.7 钢网架中杆件轴线的不平直度，可用拉线的方法检测，其不平直度不得超过杆件长度的千分之一。

6.8.8 钢网架的挠度，可采用激光测距仪或水准仪检测，每半跨范围内测点数不宜小于3个，且跨中应有1个测点，端部测点距端支座不应大于1m。

6.9 结构性能实荷检验与动测

6.9.1 对于大型复杂钢结构体系可进行原位非破坏性实荷检验，直接检验结构性能。结构性能的实荷检验可按本标准附录H的规定进行。加荷系数和判定原则可按附录H.2的规定确定，也可根据具体情况进行适当调整。

6.9.2 对结构或构件的承载力有疑义时，可进行原型或足尺模型荷载试验。试验应委托具有足够设备能力的专门机构进行。试验前应制定详细的试验方案，包括试验目的、试件的选取或制作、加载装置、测点布置和测试仪器、加载步骤以及试验结果的评定方法等。试验方案可按附录H制定，并应在试验前经过有关各方的同意。

6.9.3 对于大型重要和新型钢结构体系，宜进行实际结构动力测试，确定结构自振周期等动力参数，结构动力测试宜符合本标准附录E的规定。

6.9.4 钢结构杆件的应力，可根据实际条件选用电阻应变仪或其他有效的方法进行检测。

7 钢管混凝土结构

7.1 一般规定

7.1.1 本章适用于钢管混凝土结构与构件质量或性能的检测。

7.1.2 钢管混凝土结构的检测可分为原材料、钢管焊接质量与构件的连接、钢管中混凝土的强度与缺陷以及尺寸与偏差等项工作。具体实施的检测工作或检测项目应根据钢管混凝土结构的实际情况确定。

7.2 原材料

7.2.1 钢管钢材力学性能的检验和化学成分分析，可按本标准第6.2节的规定执行。

7.2.2 钢管中混凝土原材料的质量与性能的检验，可按本标准第4.2.1条的规定执行。

7.3 钢管焊接质量与构件连接

7.3.1 钢管焊缝外观缺陷，检测方法和质量评定指标应按现行《钢结构工程施工质量验收规范》GB 50205确定。

7.3.2 钢管混凝土结构的焊接质量与性能，可根据情况分别按本标准第6.3.2条、第6.3.3条和第6.3.4条进行检测。

7.3.3 当钢管为施工单位自行卷制时，焊缝坡口质量评定指标应按《钢管混凝土结构设计与施工规程》CECS 28确定。

7.3.4 钢管混凝土构件之间的连接等，应根据连接的形式和连接构件的材料特性分别按本标准第4章和第6章的相关规定进行检测。

7.4 钢管中混凝土强度与缺陷

7.4.1 钢管中混凝土抗压强度，可采用超声法结合同条件立方体试块或钻取混凝土芯样的方法进行检测。

7.4.2 超声法检测钢管中混凝土抗压强度的操作可参见本标准附录I。

7.4.3 抗压强度修正试件采用边长150mm同条件混凝土立方体试块或从结构构件测区钻取的直径100mm（高径比1∶1）混凝土芯样试件，试块或试件的数量不得少于6个；可取得对应样本的修正量或修正系数，也可采用一一对应修正系数。对应样本的修正量和修正系数可按本标准第4.3.4条的方法确定，一一对应的修正系数可按相应技术规程的方法确定。

7.4.4 构件或结构的混凝土强度的推定，宜按本标准第3.3.15条、第3.3.16条和第3.3.20条的规定给出推定区间；可按本标准第3.3.21条的规定进行评定。单个构件混凝土抗压强度的推定，当构件的测区数量少于10个时，以修正后换算强度的最小值作为构件混凝土抗压强度的推定值，当构件测区数为10个时，可按式(7.4.4)计算混凝土强度的推定值：

$$f_{\mathrm{cu,e}} = f^{\mathrm{c}^*}_{\mathrm{cu,m}} - 1.645s \quad (7.4.4)$$

式中 $f^{\mathrm{c}^*}_{\mathrm{cu,m}}$——10个测区修正后换算强度的平均值；

s——样本标准差。

7.4.5 钢管中混凝土的缺陷，可采用超声法检测，检测操作可按《超声法检测混凝土缺陷技术规程》CECS 21的规定执行。

7.5 尺寸与偏差

7.5.1 钢管混凝土构件尺寸的检测可分为钢管、缀条、加强环、牛腿和连接腹板尺寸等项目，偏差的检测可分为钢管柱的安装偏差和拼接组装偏差等项目。

7.5.2 构件钢管和缀材钢管尺寸的检测可分为钢管的外径、壁厚和长度等项目。钢管的外径，可用专用卡具或尺量测；钢管的壁厚，可用超声测厚仪测定；钢管的长度，可用尺量或激光测距仪测定。

7.5.3 钢管混凝土构件最小尺寸的评定、外径与壁厚比值的限制和构件容许长细比应按《钢管混凝土结构设计与施工规程》CECS 28的规定评定。

7.5.4 格构柱缀条尺寸的检测可分为缀条的长度、宽度、厚度及缀条与柱肢轴线的偏心等项目；缀条的尺寸，可用尺量的方法检测。

7.5.5 梁柱节点的牛腿、连接腹板和加强环的尺寸，可用钢尺检测，其中加强环的设置与尺寸应按《钢管混凝土结构设计与施工规程》CECS 28的规定评定。

7.5.6 钢管拼接组装的偏差的检测可分为纵向弯曲、椭圆度、管端不平整度、管肢组合误差和缀件组合误差等项目。其检测方法和评定指标可按《钢管混凝土结构设计与施工规程》CECS 28的规定执行。

7.5.7 钢管柱的安装偏差检测分为立柱轴线与基础轴线偏差、柱的垂直度等项目，其检测方法和评定指标按《钢管混凝土结构设计与施工规程》CECS 28确定。

8 木结构

8.1 一般规定

8.1.1 本章适用于木结构与木构件质量或性能的检测。

8.1.2 木结构的检测可分为木材性能、木材缺陷、尺寸与偏差、连接与构造、变形与损伤和防护措施等项工作。

8.2 木 材 性 能

8.2.1 木材性能的检测可分为木材的力学性能、含水率、密度和干缩率等项目。

8.2.2 当木材的材质或外观与同类木材有显著差异时或树种和产地判别不清时，可取样检测木材的力学性能，确定木材的强度等级。

8.2.3 木结构工程质量检测涉及到的木材力学性能可分为抗弯强度、抗弯弹性模量、顺纹抗剪强度、顺纹抗压强度等检测项目。

8.2.4 木材的强度等级，应按木材的弦向抗弯强度试验情况确定；木材弦向抗弯强度取样检测及木材强度等级的评定，应遵守下列规定：

1 抽取3根木材，在每根木材上截取3个试样；

2 除了有特殊检测目的之外，木材试样应没有缺陷或损伤；

3 木材试样应取自木材髓心以外的部分；取样方式和试样的尺寸应符合《木材抗弯强度试验方法》GB 1936.1的要求；

4 抗弯强度的测试，应按《木材抗弯强度试验方法》GB 1936.1的规定进行，并应将测试结果折算成含水率为12%的数值；木材含水率的检测方法，可参见本节第8.2.5条～第8.2.7条；

5 以同一构件3个试样换算抗弯强度的平均值作为代表值，取3个代表值中的最小代表值按表8.2.4评定木材的强度等级；

表 8.2.4 木材强度检验标准

木材种类	针叶材				
强度等级	TC11	TC13	TC15	TC17	
检验结果的最低强度值（N/mm²）不得低于	44	51	58	72	
木材种类	阔叶材				
强度等级	TB11	TB13	TB15	TB17	TB20
检验结果的最低强度值（N/mm²）不得低于	58	68	78	88	98

6 当评定的强度等级高于现行国家标准《木结构设计规范》GB 50005所规定的同种木材的强度等级时，取《木结构设计规范》GB 50005所规定的同种木材的强度等级为最终评定等级；

7 对于树种不详的木材，可按检测结果确定等级，但应采用该等级B组的设计指标；

8 木材强度的设计指标，可依据评定的强度等级按《木结构设计规范》GB 50005的规定确定。

8.2.5 木材的含水率，可采用取样的重量法测定，规格材可用电测法测定。

8.2.6 木材含水率的重量法测定，应从成批木材中或结构构件的木材的检测批中随机抽取5根，在端头200mm处截取20mm厚的片材，再加工成20mm×20mm×20mm的5个试件；应按《木材含水率测定方法》GB 1931的规定进行测定。以每根构件5个试件含水率的平均值作为这根木材含水率的代表值。5根木材的含水率测定值的最大值应符合下列要求：

1 原木或方木结构不应大于25%；

2 板材和规格材不应大于20%；

3 胶合木不应大于15%。

8.2.7 木材含水率的电测法使用电测仪测定，可随机抽取5根构件，每根构件取3个截面，在每个截面的4个周边进行测定。每根构件3个截面4个周边的所测含水率的平均值，作为这根木材含水率的测定值，5根构件的含水率代表值中的最大值应符合规格材含水率不应大于20%的要求。

8.3 木 材 缺 陷

8.3.1 木材缺陷，对于圆木和方木结构可分为木节、斜纹、扭纹、裂缝和髓心等项目；对胶合木结构，尚有翘曲、顺弯、扭曲和脱胶等检测项目；对于轻型木结构尚有扭曲、横弯和顺弯等检测项目。

8.3.2 对承重用的木材或结构构件的缺陷应逐根进行检测。

8.3.3 木材木节的尺寸，可用精度为1mm的卷尺量测，对于不同木材木节尺寸的量测应符合下列规定：

1 方木、板材、规格材的木节尺寸，按垂直于构件长度方向量测。木节表现为条状时，可量测较长方向的尺寸，直径小于10mm的活节可不量测。

2 原木的木节尺寸，按垂直于构件长度方向量测，直径小于10mm的活节可不量测。

8.3.4 木节的评定，应按《木结构工程施工质量验收规范》GB 50206的规定执行。

8.3.5 斜纹的检测，在方木和板材两端各选1m材长量测3次，计算其平均倾斜高度，以最大的平均倾斜高度作为其木材的斜纹的检测值。

8.3.6 对原木扭纹的检测，在原木小头1m材上量测3次，以其平均倾斜高度作为扭纹检测值。

8.3.7 胶合木结构和轻型木结构的翘曲、扭曲、横弯和顺弯，可采用拉线与尺量的方法或用靠尺与尺量的方法检测；检测结果的评定可按《木结构工程施工质量验收规范》GB 50206的相关规定进行。

8.3.8 木结构的裂缝和胶合木结构的脱胶，可用探针检测裂缝的深度，用裂缝塞尺检测裂缝的宽度，用钢尺量测裂缝的长度。

8.4 尺寸与偏差

8.4.1 木结构的尺寸与偏差可分为构件制作尺寸与偏差和构件的安装偏差等。

8.4.2 木结构构件尺寸与偏差的检测数量，当为木结构工程质量检测时，应按《木结构工程施工质量验收规范》GB 50206 的规定执行；当为既有木结构性能检测时，应根据实际情况确定，抽样检测时，抽样数量可按本标准表 3.3.13 确定。

8.4.3 木结构构件尺寸与偏差，包括桁架、梁（含檩条）及柱的制作尺寸，屋面木基层的尺寸、桁架、梁、柱等的安装的偏差等，可按《木结构工程施工质量验收规范》GB 50206 建议的方法进行检测。

8.4.4 木构件的尺寸应以设计图纸要求为准，偏差应为实际尺寸与设计尺寸的偏差，尺寸偏差的评定标准，可按《木结构工程施工质量验收规范》GB 50206 的规定执行。

8.5 连 接

8.5.1 木结构的连接可分为胶合、齿连接、螺栓连接和钉连接等检测项目。

8.5.2 当对胶合木结构的胶合能力有疑义时，应对胶合能力进行检测；胶合能力可通过对试样木材胶缝顺纹抗剪强度确定。

8.5.3 当工程尚有与结构中同批的胶时，可检测胶的胶合能力，其检测应符合下列要求：

1 被检验的胶在保质期之内；

2 用与结构中相同的木材制备胶合试样，制备工艺应符合《木结构设计规范》GB 50005 胶合工艺的要求；

3 检验一批胶至少用 2 个试条，制成 8 个试件，每一试条各取 2 个试件做干态试验，2 个做湿态试验；

4 试验方法，应按现行《木结构设计规范》GB 50005 的规定进行；

5 承重结构用胶的胶缝抗剪强度不应低于表 8.5.3 的数值；

表 8.5.3 对承重结构用胶的胶合能力最低要求

试件状态	胶缝顺纹抗剪强度值（N/mm²）	
	红松等软木松	栎木或水曲柳
干 态	5.9	7.8
湿 态	3.9	5.4

6 若试验结果符合表 8.5.3 的要求，即认为该试件合格，若试件强度低于表 8.5.3 所列数值，但其中木材部分剪坏的面积不少于试件剪面的 75%，则仍可认为该试件合格。若有一个试件不合格，须以加倍数量的试件重新试验，若仍有试件不合格，则该批胶被判为不能用于承重结构。

8.5.4 当需要对胶合构件的胶合质量进行检测时，可采取取样的方法，也可采取替换构件的方法；但取样要保证结构或构件的安全，替换构件的胶合质量应具有代表性。胶合质量的取样检测宜符合下列规定：

1 当可加工成符合第 8.5.3 条要求的试样时，试样数量、试验方法和胶合质量评定，可按第 8.5.3 条的规定执行；

2 当不能加工成符合第 8.5.3 条要求的试样时，可结合构件胶合面在构件中的受力形式按相应的木材性能试验方法进行胶合质量检测，试样数量和试样加工形式宜符合相应木材性能试验方法标准的规定。当测试得到的破坏形式是木材破坏时，可判定胶合质量符合要求，当测试得到的破坏形态为胶合面破坏时，宜取胶合面破坏的平均值作为胶合能力的检测结果。但在检测报告中，应对测试方法、测试结果的适用范围予以说明；

3 必要时，可核查胶合构件木材的品种和是否存在树脂溢出的现象。

8.5.5 齿连接的检测项目和检测方法，可按下列规定执行：

1 压杆端面和齿槽承压面加工平整程度，用直尺检测；压杆轴线与齿槽承压面垂直度，用直角尺量测；

2 齿槽深度，用尺量测，允许偏差±2mm；偏差为实测深度与设计图纸要求深度的差值；

3 支座节点齿的受剪面长度和受剪面裂缝，对照设计图纸用尺量，长度负偏差不应超过 10mm；当受剪面存在裂缝时，应对其承载力进行核算；

4 抵承面缝隙，用尺量或裂缝塞尺量测，抵承面局部缝隙的宽度不应大于 1mm 且不应有穿透构件截面宽度的缝隙；当局部缝隙不满足要求时，应核查齿槽承压面和压杆端部是否存在局部破损现象；当齿槽承压面与压杆端部完全脱开（全截面存在缝隙），应进行结构杆件受力状态的检测与分析；

5 保险螺栓或其他措施的设置，螺栓孔等附近是否存在裂缝；

6 压杆轴线与承压构件轴线的偏差，用尺量。

8.5.6 螺栓连接或钉连接的检测项目和检测方法，可按下列规定执行：

1 螺栓和钉的数量与直径；直径可用游标卡尺量测；

2　被连接构件的厚度，用尺量测；

3　螺栓或钉的间距，用尺量测；

4　螺栓孔处木材的裂缝、虫蛀和腐朽情况，裂缝用塞尺、裂缝探针和尺量测；

5　螺栓、变形、松动、锈蚀情况，观察或用卡尺量测。

8.6　变形损伤与防护措施

8.6.1　木结构构件损伤的检测可分为木材腐朽、虫蛀、裂缝、灾害影响和金属件的锈蚀等项目；木结构的变形可分为节点位移、连接松弛变形、构件挠度、侧向弯曲矢高、屋架出平面变形、屋架支撑系统的稳定状态和木楼面系统的振动等。

8.6.2　木结构构件虫蛀的检测，可根据构件附近是否有木屑等进行初步判定，可通过锤击的方法确定虫蛀的范围，可用电钻打孔用内窥镜或探针测定虫蛀的深度。

8.6.3　当发现木结构构件出现虫蛀现象时，宜对构件的防虫措施进行检测。

8.6.4　木材腐朽的检测，可用尺量测腐朽的范围，腐朽深度可用除去腐朽层的方法量测。

8.6.5　当发现木材有腐朽现象时，宜对木材的含水率、结构的通风设施、排水构造和防腐措施进行核查或检测。

8.6.6　火灾或侵蚀性物质影响范围和影响层厚度的检测，可参照本章第8.6.2条的方法测定。

8.6.7　当需要确定受腐朽、灾害影响木材强度时，可按本章第2节的相关规定取样测定，木材强度降低的幅度，可通过与未受影响区域试样强度的比较确定。在检测报告中应对试验方法及适用范围予以必要的说明。

8.6.8　木结构和构件变形及基础沉降等项目，可分别用本标准第4.6.2条、第4.6.3条和第4.6.4条提供的方法进行检测。

8.6.9　木楼面系统的振动，可按本标准附录E中提出的相应方法检测振动幅度。

8.6.10　必要时可按《木结构工程施工质量验收规范》GB 50206、《木结构设计规范》GB 50005和《建筑设计防火规范》GBJ 16等标准的要求和设计图纸的要求检测木结构的防虫、防腐和防火措施。

附录A　结构混凝土冻伤的检测方法

A.0.1　结构混凝土冻伤情况的分类、各类冻伤的定义、特点、检验项目和检测方法见表A.0.1。

A.0.2　结构混凝土冻伤类型的判别可根据其定义并结合施工现场情况进行判别。必要时，也可从结构上取样，通过分析冻伤和未冻伤混凝土的吸水量、湿度变化等试验来判别。

A.0.3　混凝土冻伤检测的操作，应分别参照钻芯法、超声回弹综合法和超声法检测混凝土强度方法标准进行。

表A.0.1　结构混凝土冻伤类型及检测项目与检测方法

<table>
<tr><th colspan="2">混凝土冻伤类型</th><th>定　义</th><th>特　点</th><th>检验项目</th><th>采用方法</th></tr>
<tr><td rowspan="2">混凝土早期冻伤</td><td>立即冻伤</td><td>新拌制的混凝土，若入模温度较低且接近于混凝土冻结温度时则导致立即冻伤</td><td>内外混凝土冻伤基本一致</td><td>受冻混凝土强度</td><td>取芯法或超声回弹综合法</td></tr>
<tr><td>预养冻伤</td><td>新拌制的混凝土，若入模温度较高，而混凝土预养时间不足，当环境温度降到混凝土冻结温度时则导致预养冻伤</td><td rowspan="2">内外混凝土冻伤不一致，内部轻微，外部较严重</td><td rowspan="2">1. 外部损伤较重的混凝土厚度及强度；
2. 内部损伤轻微的混凝土强度</td><td rowspan="2">外部损伤较重的混凝土厚度可通过钻出芯样的湿度变化来检测，也可采用超声法</td></tr>
<tr><td colspan="2">混凝土冻融损伤</td><td>成熟龄期后的混凝土，在含水的情况下，由于环境正负温度的交替变化导致混凝土损伤</td></tr>
</table>

附录B　f-CaO对混凝土质量影响的检测

B.0.1　本检测方法适用于判定f-CaO对混凝土质量的影响。

B.0.2　f-CaO对混凝土质量影响的检测可分为现场检查、薄片沸煮检测和芯样试件检测等。

B.0.3　现场检查：可通过调查和检查混凝土外观质量（有无开裂、疏松、崩溃等严重破坏症状）初步确定f-CaO对混凝土质量有影响的部位和范围。

B.0.4　在初步确定有f-CaO对混凝土质量有影响的部位上钻取混凝土芯样，芯样的直径可为70～100mm，在同一部位钻取的芯样数量不应少于2个，同一批受检混凝土至少应取得上述混凝土芯样3组。

B.0.5　在每个芯样上截取1个无外观缺陷的10mm厚的薄片试件，同时将芯样加工成高径比为1.0的芯样试件，芯样试件的加工质量应符合《钻芯法检测混凝土强度技术规程》CECS 03 的要求。

B.0.6 试件的检测应遵守下列规定：

1 薄片沸煮检测：将薄片试件放入沸煮箱的试架上进行沸煮，沸煮制度应符合 B.0.7 条的规定。对沸煮过的薄片试件进行外观检查；

2 芯样试件检测：将同一部位钻取的 2 个芯样试件中的 1 个放入沸煮箱的试架上进行沸煮，沸煮制度应符合 B.0.7 条的规定。对沸煮过的芯样试件进行外观检查。将沸煮过的芯样试件晾置 3d，并与未沸煮的芯样试件同时进行抗压强度测试。芯样试件抗压强度测试应符合《钻芯法检测混凝土强度技术规程》CECS 03 的规定。按式（B.0.6）计算每组芯样试件强度变化的百分率 ξ_{cor}，并计算全部芯样试件抗压强度变换百分率的平均值 $\xi_{cor,m}$。

$$\xi_{cor}=[(f_{cor}-f_{cor}^{*})/f_{cor}]\times 100 \quad (B.0.6)$$

式中 ξ_{cor}——芯样试件强度变化的百分率；

f_{cor}——未沸煮芯样试件抗压强度；

f_{cor}^{*}——同组沸煮芯样试件抗压强度。

B.0.7 当出现下列情况之一时，可判定 f-CaO 对混凝土质量有影响：

1 有 2 个或 2 个以上沸煮试件（包括薄片试件和芯样试件）出现开裂、疏松或崩溃等现象；

2 芯样试件强度变化百分率平均值 $\xi_{cor,m}>30\%$；

3 仅有一个薄片试件出现开裂、疏松或崩溃等现象，并有一个 $\xi_{cor}>30\%$。

B.0.8 沸煮制度，调整好沸煮箱内的水位，使能保证在整个沸煮过程中都超过试件，不需中途添补试验用水，同时又能保证在（30±5）min 内升至沸腾。将试样放在沸煮箱的试架上，在（30±5）min 内加热至沸，恒沸 6h，关闭沸煮箱自然降至室温。

附录 C 混凝土中氯离子含量测定

C.0.1 本方法适用于混凝土中氯离子含量的测定。

C.0.2 试样制备应符合下列要求：

1 将混凝土试样（芯样）破碎，剔除石子；

2 将试样缩分至 30g，研磨至全部通过 0.08mm 的筛；

3 用磁铁吸出试样中的金属铁屑；

4 试样置烘箱中于 105～110℃烘至恒重，取出后放入干燥器中冷却至室温。

C.0.3 混凝土中氯离子含量测定所需仪器如下：

1 酸度计或电位计：应具有 0.1pH 单位或 10mV 的精确度；精确的实验应采用具有 0.02pH 单位或 2mV 精确度；

2 216 型银电极；

3 217 型双盐桥饱和甘汞电极；

4 电磁搅拌器；

5 电震荡器；

6 滴定管（25mL）；

7 移液管（10mL）。

C.0.4 混凝土中氯离子含量测定所需试剂如下：

1 硝酸溶液（1+3）；

2 酚酞指示剂（10g/L）；

3 硝酸银标准溶液；

4 淀粉溶液。

C.0.5 硝酸银标准溶液的配制：称取 1.7g 硝酸银（称准至 0.0001g），用不含 Cl^- 的水溶解后稀释至 1L，混匀，贮于棕色瓶中。

C.0.6 硝酸银标准溶液按下述方法标定：

1 称取于 500～600℃烧至恒重的氯化钠基准试剂 0.6g（称准至 0.0001g），置于烧杯中，用不含 Cl^- 的水熔解，移入 1000mL 容量瓶中，稀释至刻度，摇匀；

2 用移液管吸取 25mL 氯化钠溶液于烧杯中，加水稀释至 50mL，加 10mL 淀粉溶液（10g/L），以 216 型银电极作指示电极，217 型双盐桥饱和甘汞电极作参比电极，用配制好的硝酸银溶液滴定，按 GB/T 9725—1988 中 6.2.2 条的规定，以二极微商法确定硝酸银溶液所用体积；

3 同时进行空白试验；

4 硝酸银溶液的浓度按下式计算：

$$C_{(AgNO_3)}=\frac{m_{(NaCl)}\times 25.00/1000.00}{(V_1-V_2)0.05844} \quad (C.0.6)$$

式中 $C_{(AgNO_3)}$——硝酸银标准溶液之物质的量浓度，mol/L

$m_{(NaCl)}$——氯化钠的质量，g；

V_1——硝酸银标准溶液之用量，mL；

V_2——空白试验硝酸银标准溶液之用量，mL；

0.05844——氯化钠的毫摩尔质量，g/mmoL。

C.0.7 混凝土中氯离子含量按下述方法测定：

1 称取 5g 试样（称准至 0.0001g），置于具塞磨口锥形瓶中，加入 250.0mL 水，密塞后剧烈振摇 3～4min，置于电震荡器上震荡浸泡 6h，以快速定量滤纸过滤；

2 用移液管吸取 50mL 滤液于烧杯中，滴加酚酞指示剂 2 滴，以硝酸溶液（1+3）滴至红色刚好褪去，再加 10mL 淀粉溶液（10g/L），以 216 型银电极作指示电极，217 型双盐桥饱和甘汞电极作参比电极，用标准硝酸溶液滴定，并按 GB/T 9725—1988 中 6.2.2 条的规定，以二级微商法确定硝酸银溶液所用体积；

3 同时进行空白试验；

4 氯离子含量按下式计算：

$$W_{Cl^-}=\frac{C_{(AgNO_3)}(V_1-V_2)\times 0.03545}{m_s\times 50.00/250.0}\times 100 \quad (C.0.7)$$

式中 $W_{(Cl^-)}$——混凝土中氯离子之质量百分数；

$C_{(AgNO_3)}$——硝酸银标准溶液之物质的量浓度，mol/L；

V_1——硝酸银标准溶液之用量，mL；

V_2——空白试验硝酸银标准溶液之用量，mL；

0.03545——氯离子的毫摩尔质量，g/mmoL；

m_s——混凝土试样的质量，g。

附录D 混凝土中钢筋锈蚀状况的检测

D.0.1 钢筋锈蚀状况的检测可根据测试条件和测试要求选择剔凿检测方法、电化学测定方法或综合分析判定方法。

D.0.2 钢筋锈蚀状况的剔凿检测方法，剔凿出钢筋直接测定钢筋的剩余直径。

D.0.3 钢筋锈蚀状况的电化学测定方法和综合分析判定方法宜配合剔凿检测方法的验证。

D.0.4 钢筋锈蚀状况的电化学测定可采用极化电极原理的检测方法，测定钢筋锈蚀电流和测定混凝土的电阻率，也可采用半电池原理的检测方法，测定钢筋的电位。

D.0.5 电化学测定方法的测区及测点布置应符合下列要求：

1 应根据构件的环境差异及外观检查的结果来确定测区，测区应能代表不同环境条件和不同的锈蚀外观表征，每种条件的测区数量不宜少于3个；

2 在测区上布置测试网格，网格节点为测点，网格间距可为200mm×200mm、300mm×300mm或200mm×100mm等，根据构件尺寸和仪器功能而定。测区中的测点数不宜少于20个。测点与构件边缘的距离应大于50mm；

3 测区应统一编号，注明位置，并描述其外观情况。

D.0.6 电化学检测操作应遵守所使用检测仪器的操作规定，并应注意：

1 电极铜棒应清洁、无明显缺陷；

2 混凝土表面应清洁，无涂料、浮浆、污物或尘土等，测点处混凝土应湿润；

3 保证仪器连接点钢筋与测点钢筋连通；

4 测点读数应稳定，电位读数变动不超过2mV；同一测点同一枝参考电极重复读数差异不得超过10mV，同一测点不同参考电极重复读数差异不得超过20mV；

5 应避免各种电磁场的干扰；

6 应注意环境温度对测试结果的影响，必要时应进行修正。

D.0.7 电化学测试结果的表达应符合下列要求：

1 按一定的比例绘出测区平面图，标出相应测点位置的钢筋锈蚀电位，得到数据阵列；

2 绘出电位等值线图，通过数值相等各点或内插各等值点绘出等值线，等值线差值宜为100mV。

D.0.8 电化学测试结果的判定可参考下列建议。

1 钢筋电位与钢筋锈蚀状况的判别见表D.0.8-1。

表D.0.8-1 钢筋电位与钢筋锈蚀状况判别

序号	钢筋电位状况（mV）	钢筋锈蚀状况判别
1	−350～−500	钢筋发生锈蚀的概率为95%
2	−200～−350	钢筋发生锈蚀的概率为50%，可能存在坑蚀现象
3	−200或高于−200	无锈蚀活动性或锈蚀活动性不确定，锈蚀概率5%

2 钢筋锈蚀电流与钢筋锈蚀速率及构件损伤年限的判别见表D.0.8-2。

表D.0.8-2 钢筋锈蚀电流与钢筋锈蚀速率和构件损伤年限判别

序号	锈蚀电流 I_{corr} （$\mu A/cm^2$）	锈蚀速率	保护层出现损伤年限
1	<0.2	钝化状态	—
2	0.2～0.5	低锈蚀速率	>15年
3	0.5～1.0	中等锈蚀速率	10～15年
4	1.0～10	高锈蚀速率	2～10年
5	>10	极高锈蚀速率	不足2年

3 混凝土电阻率与钢筋锈蚀状况判别见表D.0.8-3。

表D.0.8-3 混凝土电阻率与钢筋锈蚀状态判别

序号	混凝土电阻率（kΩ·cm）	钢筋锈蚀状态判别
1	>100	钢筋不会锈蚀
2	50～100	低锈蚀速率
3	10～50	钢筋活化时，可出现中高锈蚀速率
4	<10	电阻率不是锈蚀的控制因素

D.0.9 综合分析判定方法，检测的参数可包括裂缝宽度、混凝土保护层厚度、混凝土强度、混凝土碳化深度、混凝土中有害物质含量以及混凝土含水率等，

根据综合情况判定钢筋的锈蚀状况。

附录E 结构动力测试方法和要求

E.0.1 建筑结构的动力测试，可根据测试的目的选择下列方法：

1 测试结构的基本振型时，宜选用环境振动法，在满足测试要求的前提下也可选用初位移等其他方法；

2 测试结构平面内多个振型时，宜选用稳态正弦波激振法；

3 测试结构空间振型或扭转振型时，宜选用多振源相位控制同步的稳态正弦波激振法或初速度法；

4 评估结构的抗震性能时，可选用随机激振法或人工爆破模拟地震法。

E.0.2 结构动力测试设备和测试仪器应符合下列要求：

1 当采用稳态正弦激振的方法进行测试时，宜采用旋转惯性机械起振机，也可采用液压伺服激振器，使用频率范围宜在0.5～30Hz，频率分辨率应高于0.01Hz；

2 可根据需要测试的动参数和振型阶数等具体情况，选择加速度仪、速度仪或位移仪，必要时尚可选择相应的配套仪表；

3 应根据需要测试的最低和最高阶频率选择仪器的频率范围；

4 测试仪器的最大可测范围应根据被测试结构振动的强烈程度来选定；

5 测试仪器的分辨率应根据被测试结构的最小振动幅值来选定；

6 传感器的横向灵敏度应小于0.05；

7 进行瞬态过程测试时，测试仪器的可使用频率范围应比稳态测试时大一个数量级；

8 传感器应具备机械强度高，安装调节方便，体积重量小而便于携带，防水，防电磁干扰等性能；

9 记录仪器或数据采集分析系统、电平输入及频率范围，应与测试仪器的输出相匹配。

E.0.3 结构动力测试，应满足下列要求：

1 脉动测试应满足下列要求：避免环境及系统干扰；测试记录时间，在测量振型和频率时不应少于5min，在测试阻尼时不应小于30min；当因测试仪器数量不足而做多次测试时，每次测试中应至少保留一个共同的参考点；

2 机械激振振动测试应满足下列要求：应正确选择激振器的位置，合理选择激振力，防止引起被测试结构的振型畸变；当激振器安装在楼板上时，应避免楼板的竖向自振频率和刚度的影响，激振力应具有传递途径；激振测试中宜采用扫频方式寻找共振频率，在共振频率附近进行测试时，应保证半功率带宽内有不少于5个频率的测点；

3 施加初位移的自由振动测试应符合下列要求：应根据测试的目的布置拉线点；拉线与被测试结构的连结部分应具有能够整体传力到被测试结构受力构件上；每次测试时应记录拉力数值和拉力与结构轴线间的夹角；量取波值时，不得取用突断衰减的最初2个波；测试时不应使被测试结构出现裂缝。

E.0.4 结构动力测试的数据处理，应符合下列规定：

1 时域数据处理：对记录的测试数据应进行零点漂移、记录波形和记录长度的检验；被测试结构的自振周期，可在记录曲线上比较规则的波形段内取有限个周期的平均值；被测试结构的阻尼比，可按自由衰减曲线求取，在采用稳态正弦波激振时，可根据实测的共振曲线采用半功率点法求取；被测试结构各测点的幅值，应用记录信号幅值除以测试系统的增益，并按此求得振型；

2 频域数据处理：采样间隔应符合采样定理的要求；对频域中的数据应采用滤波、零均值化方法进行处理；被测试结构的自振频率，可采用自谱分析或傅里叶谱分析方法求取；被测试结构的阻尼比，宜采用自相关函数分析、曲线拟合法或半功率点法确定。被测试结构的振型，宜采用自谱分析、互谱分析或传递函数分析方法确定；对于复杂结构的测试数据，宜采用谱分析、相关分析或传递函数分析等方法进行分析；

3 测试数据处理后应根据需要提供被测试结构的自振频率、阻尼比和振型，以及动力反应最大幅值、时程曲线、频谱曲线等分析结果。

附录F 回弹检测烧结普通砖抗压强度

F.0.1 本方法适用于用回弹法检测烧结普通砖的抗压强度。按本方法检测时，应使用HT75型回弹仪。

F.0.2 对检测批的检测，每个检验批中可布置5～10个检测单元，共抽取50～100块砖进行检测，检测块材的数量尚应满足本标准第3.3.13条A类检测样本容量的要求和本标准第3.3.15条与第3.3.16条对推定区间的要求。

F.0.3 回弹测点布置在外观质量合格砖的条面上，每块砖的条面布置5个回弹测点，测点应避开气孔等且测点之间应留有一定的间距。

F.0.4 以每块砖的回弹测试平均值R_m为计算参数，按相应的测强曲线计算单块砖的抗压强度换算值；当没有相应的换算强度曲线时，经过试验验证后，可按式（F.0.4）计算单块砖的抗压强度换算值：

黏土砖：$f_{1,i}=1.08R_{m,i}-32.5$；

页岩砖：$f_{1,i}=1.06R_{m,i}-31.4$；(精确至小数点后1位)

煤矸石砖：　　$f_{1,i}=1.05R_{m,i}-27.0$；　　(F.0.4)

式中　$R_{m,i}$——第 i 块砖回弹测试平均值；

$f_{1,i}$——第 i 块砖抗压强度换算值。

F.0.5　抗压强度的推定，以每块砖的抗压强度换算值为代表值，按本标准第 3.3.19 条或第 3.3.20 条的规定确定推定区间。

F.0.6　回弹法检测烧结普通砖的抗压强度宜配合取样检验的验证。

附录 G　表面硬度法推断钢材强度

G.0.1　本检测方法适用于估算结构中钢材抗拉强度的范围，不能准确推定钢材的强度。

G.0.2　构件测试部位的处理，可用钢锉打磨构件表面，除去表面锈斑、油漆，然后应分别用粗、细砂纸打磨构件表面，直至露出金属光泽。

G.0.3　按所用仪器的操作要求测定钢材表面的硬度。

G.0.4　在测试时，构件及测试面不得有明显的颤动。

G.0.5　按所建立的专用测强曲线换算钢材的强度。

G.0.6　可参考《黑色金属硬度及相关强度换算值》GB/T 1172 等标准的规定确定钢材的换算抗拉强度，但测试仪器和检测操作应符合相应标准的规定，并应对标准提供的换算关系进行验证。

附录 H　钢结构性能的静力荷载检验

H.1　一 般 规 定

H.1.1　本附录适用于普通钢结构性能的静力荷载检验，不适用于冷弯型钢和压型钢板以及钢-混组合结构性能和普通钢结构疲劳性能的检验。

H.1.2　钢结构性能的静力荷载检验可分为使用性能检验、承载力检验和破坏性检验；使用性能检验和承载力检验的对象可以是实际的结构或构件，也可以是足尺寸的模型；破坏性检验的对象可以是不再使用的结构或构件，也可以是足尺寸的模型。

H.1.3　检验装置和设置，应能模拟结构实际荷载的大小和分布，应能反映结构或构件实际工作状态，加荷点和支座处不得出现不正常的偏心，同时应保证构件的变形和破坏不影响测试数据的准确性和不造成检验设备的损坏和人身伤亡事故。

H.1.4　检验的荷载，应分级加载，每级荷载不宜超过最大荷载的 20%，在每级加载后应保持足够的静止时间，并检查构件是否存在断裂、屈服、屈曲的迹象。

H.1.5　变形的测试，应考虑支座的沉降变形的影响，正式检验前应施加一定的初试荷载，然后卸荷，使构件贴紧检验装置。加载过程中应记录荷载变形曲线，当这条曲线表现出明显非线性时，应减小荷载增量。

H.1.6　达到使用性能或承载力检验的最大荷载后，应持荷至少 1h，每隔 15min 测取一次荷载和变形值，直到变形值在 15min 内不再明显增加为止。然后应分级卸载，在每一级荷载和卸载全部完成后测取变形值。

H.1.7　当检验用模型的材料与所模拟结构或构件的材料性能有差别时，应进行材料性能的检验。

H.2　使用性能检验

H.2.1　使用性能检验以证实结构或构件在规定荷载的作用下不出现过大的变形和损伤，经过检验且满足要求的结构或构件应能正常使用。

H.2.2　在规定荷载作用下，某些结构或构件可能会出现局部永久性变形，但这些变形的出现应是事先确定的且不表明结构或构件受到损伤。

H.2.3　检验的荷载，应取下列荷载之和：

实际自重×1.0；

其他恒载×1.15；

可变荷载×1.25。

H.2.4　经检验的结构或构件应满足下列要求：

1　荷载-变形曲线宜基本为线性关系；

2　卸载后残余变形不应超过所记录到最大变形值的 20%。

H.2.5　当第 H.2.4 条的要求不满足时，可重新进行检验。第二次检验中的荷载-变形应基本上呈现线性关系，新的残余变形不得超过第二次检验中所记录到最大变形的 10%。

H.3　承载力检验

H.3.1　承载力检验用于证实结构或构件的设计承载力。

H.3.2　在进行承载力检验前，宜先进行 H.2 节所述使用性能检验且检验结果满足相应的要求。

H.3.3　承载力检验的荷载，应采用永久和可变荷载适当组合的承载力极限状态的设计荷载。

H.3.4　承载力检验结果的评定，检验荷载作用下，结构或构件的任何部分不应出现屈曲破坏或断裂破坏；卸载后结构或构件的变形应至少减少 20%。

H.4　破坏性检验

H.4.1　破坏性检验用于确定结构或模型的实际承载力。

H.4.2　进行破坏性检验前，宜先进行设计承载力的检验，并根据检验情况估算被检验结构的实际承载力。

H.4.3　破坏性检验的加载，应先分级加到设计承载力的检验荷载，根据荷载变形曲线确定随后的加载增量，然后加载到不能继续加载为止，此时的承载力即为结构的实际承载力。

附录J　超声法检测钢管中混凝土抗压强度

J.0.1　本附录适用于超声法检测钢管中混凝土的强度，按本附录得到的混凝土强度换算值应进行同条件立方体试块或芯样试件抗压强度的修正。

J.0.2　超声法检测钢管中混凝土的强度，圆钢管的外径不宜小于300mm，方钢管的最小边长不宜小于275mm。

J.0.3　超声法的测区布置和抽样数量应符合下列要求：

1　按检测批检测时，抽样检测构件的数量不应少于本标准表3.3.13中样本最小容量的规定，测区数量尚应满足本标准对计量抽样推定区间的要求；

2　每个构件上应布置10个测区（每个测区应有2个相对的测面）；小构件可布置5个测区；

3　每个测面的尺寸不宜小于200mm×200mm。

J.0.4　超声法的测区，钢管的外表面应光洁，无严重锈蚀，并应能保证换能器与钢管表面耦合良好。

J.0.5　在每个测区内的相对测试面上，应各布置3个测点，发射和接收换能器的轴线应在同一轴线上，对于圆钢管该轴线应通过钢管的圆心。如图J.0.5所示。

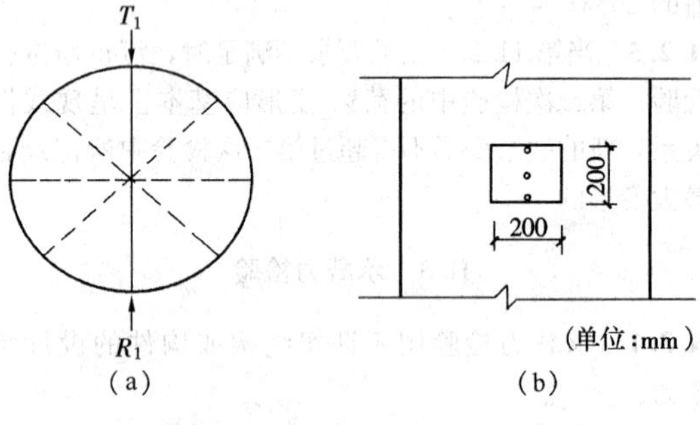

图J.0.5　钢管中混凝土强度检测示意图
(a) 平面图；(b) 立面图

J.0.6　测区的声速应按下列公式计算：

$$V = d/t_m \qquad (J.0.6\text{-}1)$$

$$t_m = (t_1 + t_2 + t_3)/2 \qquad (J.0.6\text{-}2)$$

式中　V——测区声速值，(精确到0.01km/s)；

d——超声测距，即钢管外径，精确到毫米；

t_m——测区平均声时值，精确到0.1μs；

t_1、t_2、t_3——分别为测区中3个测点的声时值，精确到0.1μs。

J.0.7　构件第 i 个测区的混凝土强度换算值 $f^c_{cu,i}$，应依据测区声速值 V 按专用测强曲线或地区测强曲线确定。

本标准用词用语说明

1　为了便于在执行本标准条文时区别对待，对要求严格程度不同的用词说明如下：

1）表示很严格，非这样做不可的用词：

正面词采用“必须”；反面词采用“严禁”。

2）表示严格，在正常情况下均应这样做的用词：

正面词采用“应”；反面词采用“不应”或“不得”。

3）表示允许稍有选择，在条件许可时首先这样做的用词：

正面词采用“宜”；反面词采用“不宜”；

表示有选择，在一定条件下可以这样做的，采用“可”。

2　标准中指定应按其他有关标准、规范执行时，写法为：“应符合……的规定”或“应按……执行”。

中华人民共和国国家标准

建筑结构检测技术标准

GB/T 50344—2004

条 文 说 明

目　次

1　总则 …… 7—29
2　术语和符号 …… 7—29
2.1　术语 …… 7—29
2.2　符号 …… 7—29
3　基本规定 …… 7—29
3.1　建筑结构检测范围和分类 …… 7—29
3.2　检测工作程序与基本要求 …… 7—30
3.3　检测方法和抽样方案 …… 7—30
3.4　既有建筑的检测 …… 7—32
3.5　检测报告 …… 7—33
3.6　检测单位和检测人员 …… 7—33
4　混凝土结构 …… 7—33
4.1　一般规定 …… 7—33
4.2　原材料性能 …… 7—33
4.3　混凝土强度 …… 7—33
4.4　混凝土构件外观质量与缺陷 …… 7—34
4.5　尺寸与偏差 …… 7—34
4.6　变形与损伤 …… 7—34
4.7　钢筋的配置与锈蚀 …… 7—35
4.8　构件性能实荷检验与结构动测 …… 7—35
5　砌体结构 …… 7—35
5.1　一般规定 …… 7—35
5.2　砌筑块材 …… 7—35
5.3　砌筑砂浆 …… 7—36
5.4　砌体强度 …… 7—36
5.5　砌筑质量与构造 …… 7—36
5.6　变形与损伤 …… 7—36
6　钢结构 …… 7—37
6.1　一般规定 …… 7—37
6.2　材料 …… 7—37
6.3　连接 …… 7—37
6.4　尺寸与偏差 …… 7—37
6.5　缺陷、损伤与变形 …… 7—37
6.6　构造 …… 7—38
6.7　涂装 …… 7—38
6.8　钢网架 …… 7—38
6.9　结构性能实荷检验与动测 …… 7—38
7　钢管混凝土结构 …… 7—38
7.1　一般规定 …… 7—38
7.2　原材料 …… 7—38
7.3　钢管焊接质量与构件连接 …… 7—38
7.4　钢管中混凝土强度与缺陷 …… 7—39
7.5　尺寸与偏差 …… 7—39
8　木结构 …… 7—39
8.1　一般规定 …… 7—39
8.2　木材性能 …… 7—39
8.3　木材缺陷 …… 7—40
8.4　尺寸与偏差 …… 7—40
8.5　连接 …… 7—40
8.6　变形损伤与防护措施 …… 7—40

1 总 则

1.0.1 本条是编制本标准的宗旨。建筑结构检测得到的数据与结论是评定有争议建筑结构工程质量的依据，也是鉴定已有建筑结构性能等的依据。

近年来，建筑结构的检测技术取得了很大的发展，目前已经制订了一些结构材料强度及构件质量的检测标准。但是，建筑结构的检测不仅仅是材料强度的检测，特别是目前这些规范的检测内容尚未与各类结构工程的施工质量验收规范或已有建筑结构的鉴定标准相衔接，已有结构材料强度现场检测的抽样方案和检测结果的评定也存在不一致的问题。因此需要制定一本建筑结构检测技术标准，为建筑结构工程质量的评定和已有建筑结构性能的鉴定提供可靠的检测数据和检测结论。

1.0.2 本条规定了本标准的适用范围。建筑结构工程质量检测的对象一般是对工程质量有怀疑、有争议或出现工程质量问题的结构工程，参见本标准第3.1.2条的规定和相应的条文说明。已有建筑结构检测的对象一般为正在使用的建筑结构，参见本标准第3.1.3条的规定和相应的条文说明。

1.0.3 古建筑的检测有其特殊的要求，古建筑的结构材料与现代建筑结构的材料有差异，本标准规定的一些取样检测方法在一些古建筑的检测中无法使用；受到特殊腐蚀性物质影响的结构构件也有一些特殊的检测项目。因此在对古建筑和受到特殊腐蚀性物质影响的结构构件进行检测时，可参考本标准的基本原则，根据具体情况选择合适的检测方法。

1.0.4 本条表明在建筑结构的检测工作中，除执行本标准的规定外，尚应执行国家现行的有关标准、规范的规定。这些国家现行的有关标准、规范主要是《建筑工程施工质量验收统一标准》GB 50300，混凝土结构、钢结构、木结构工程与砌体工程施工质量验收规范和工业厂房、民用建筑可靠性鉴定标准、建筑抗震鉴定标准以及相应的结构材料强度现场检测标准等。

1.0.5 本条强调建筑结构的检测工作不能对建筑市场的管理起负面的作用。

2 术语和符号

2.1 术 语

本章所给出的术语可分为两类；一类为建筑结构方面，这类术语与有关标准一致；另一类为本标准检测用的专用术语，除了与有关结构材料强度现场检测标准协调外，多数仅从本标准的角度赋予其涵义，但涵义不一定是术语的定义。同时还分别给出了相应的推荐性英文术语，该英文术语不一定是国际上的标准术语，仅供参考。

2.2 符 号

本节的符号符合《建筑结构设计术语和符号标准》GB/T 50083—1997的规定。

3 基本规定

3.1 建筑结构检测范围和分类

3.1.1 本条明确规定了建筑结构的检测分为建筑结构工程质量的检测和已有建筑结构性能的检测两种类型。建筑结构工程质量的检测与已有建筑结构性能的检测项目、检测方法和抽样数量等大致相同，只是已有建筑结构性能的检测可能面对的结构损伤与材料老化等问题要多一些，现场检测遇到问题的难度要大一些。本标准虽然有关于“建筑结构工程”和“已有建筑结构”的术语，但两者之间没有绝对准确的界限。

3.1.2 本条给出了建筑结构工程的质量应进行检测的情况。一般情况下，建筑结构工程的质量应按《建筑工程施工质量验收统一标准》GB 50300 和相应的工程施工质量验收规范进行验收。建筑工程施工质量验收与建筑结构工程质量检测有共同之处也有明显的区别。两项工作最大的区别在于实施主体，建筑结构工程质量检测工作的实施主体是有检测资质的独立的第三方；建筑结构工程质量的检测结果和评定结论可作为建筑结构工程施工质量验收的依据之一。两项工作的共同之处在于建筑工程施工质量验收所采取的一些具体检测方法可为建筑结构工程质量检测所采用，建筑结构工程质量检测所采用的检测方法和抽样方案等可供建筑结构施工质量验收参考，特别是为建筑结构工程施工质量验收所实施的工程质量实体检验工作可以参考本标准的规定。

3.1.3 本条规定了已有建筑结构应进行检测的情况。已有建筑结构在使用过程中，不仅需要经常性的管理与维护，而且还需要进行必要的检测、检查与维修，才能全面完成设计所预期的功能。此外，有一定数量的已有建筑结构或因设计、施工、使用不当而需要加固，或因用途变更而需要改造，或因当地抗震设防烈度改变而需要抗震鉴定或因受到灾害、环境侵蚀影响需要鉴定等等；有的建筑结构已经达到设计使用年限还需继续使用，还有些建筑结构，虽然使用多年，但影响其可靠性的根本问题还是施工质量问题。对于这些已有建筑结构应进行结构性能的鉴定。要做好这些鉴定工作，首先必须对涉及结构性能的现状缺陷和损伤、结构构件材料强度及结构变形等进行检测，以便了解已有建筑结构的可靠性等方面的实际情况，为鉴定提供事实、可靠和有效的依据。

3.1.4 本条是对建筑结构检测工作的基本要求。

3.1.5 本条为确定建筑结构检测项目和检测方案的基本原则。

3.1.6 大型公共建筑为人员较为集中的场所，重要建筑对于政治、国民经济影响比较大。这两类建筑的面积相对比较大，结构体型又往往比较复杂。对于这两类建筑在使用过程中应定期检查和进行必要的检测，以保证使用安全。由于结构构件开裂等损伤能使结构动力测试的基本周期增大，在振型反应中也能反映出来，这种动力测试结果有助于确定是否进行下一步的仔细检测。同时结构动力测试也不会对结构造成损伤。所以，对于大型公共建筑和重要建筑宜在建筑工程竣工验收完成后，使用前和使用后，分别进行一次动力测试。并宜在每隔 10 年左右再进行一次动力测试，对使用 30 年以上的建筑物宜 7 年左右进行一次动力测试。这些测试应与工程竣工验收完成使用后的动力测试相比较，以确定建筑结构是否存在损伤及其损伤的范围，为是否需要进行详细检测提供依据。

随着光纤和激光等检测技术的应用，能够较准确地量测结构构件施工阶段和使用阶段的内力、变形状况，这种安全性监测有助于保证施工安全和使用阶段的安全。

3.2 检测工作程序与基本要求

3.2.1 建筑结构检测工作程序是对检测工作全过程和几个主要阶段的阐述。程序框图中描述了一般建筑结构检测从接受委托到检测报告的各个阶段都是必不可少的。对于特殊情况的检测，则应根据建筑结构检测的目的确定其检测程序框图和相应的内容。

3.2.2 建筑结构检测工作中的现场调查和有关资料的调查是非常重要的。了解建筑结构的状况和收集有关资料，不仅有利于较好地制定检测方案，而且有助于确定检测的内容和重点。现场调查主要是了解被检测建筑结构的现状缺陷或使用期间的加固维修及用途和荷载等变更情况，同时应与委托方探讨确定检测的目的、内容和重点。

有关的资料主要是指建筑结构的设计图、设计变更、施工记录和验收资料、加固图和维修记录等。当缺乏有关资料时，应向有关人员进行调查。当建筑结构受到灾害或邻近工程施工的影响时，尚应调查建筑结构受到损伤前的情况。

3.2.3～3.2.4 建筑结构的检测方案应根据检测的目的、建筑结构现状的调查结果来制定，宜包括概况、检测的目的、检测依据、检测项目、选用的检测方法和检测数量等以及所需要的配合、安全和环保措施等。

3.2.5 对建筑结构检测中所使用的仪器、设备提出了要求。

3.2.6 本条对建筑结构现场检测的原始记录提出要求，这些要求是根据原始记录的重要性和为了规范检测人员的行为而提出的。

3.2.7 对建筑结构现场检测取样运回到试验室测试的样品，应满足样品标识、传递、安全储存等规定。

3.2.9 在建筑结构检测中，当采用局部破损方法检测时，在检测工作完成后应进行结构构件受损部位的修补工作，在修补中宜采用高于构件原设计强度等级的材料。

3.2.10 本条规定了检测工作完成后应及时进行计算分析和提出相应检测报告，以便使建筑结构所存在的问题能得到及时的处理。

3.3 检测方法和抽样方案

3.3.1 本条规定了选取检测方法的基本原则，主要强调检测方法的适用性问题。

3.3.2 规定可用于建筑结构检测的四类检测方法，其目的是鼓励采用先进的检测方法、开发新的检测技术和使检测方法标准化。

3.3.3 有相应标准的检测方法，如回弹法检测混凝土抗压强度有相应的行业标准和地方标准。当采用这类方法时应注意标准的适用性问题。

3.3.4 规范标准规定的检测方法，如工程施工质量验收规范等对一些检测项目规定或建议了检测方法。在这些方法中，有些是有相应的标准的，有些是没有相应的标准的，对于没有相应标准的检测方法，检测单位应有相应的检测细则。制定检测细则的目的是规范检测的操作和其他行为，保证检测的公正、公平和公开性。

3.3.5 目前有检测标准的检测方法较少，因此鼓励开发和引进新的检测方法。在已有的检测方法基础之上扩大该方法的适用范围是开发新的检测方法的一种途径。但是扩大了适用范围必然会带来检测结果的系统偏差，因此必须对可能产生的系统偏差予以修正。

3.3.6 本条的目的是鼓励检测单位开发和引进新的检测方法。新开发和引进的检测方法和仪器应通过技术鉴定，并应与已有的检测方法和仪器进行比对试验和验证。此外，新开发和引进的检测方法应有相应的检测细则。

3.3.7 采用局部破损的取样方法和原位检测方法时，应注意不应构成结构或构件的安全问题。

3.3.8 古建筑和保护性建筑一旦受到损伤很难按原样修复，因此应避免造成损伤。

3.3.9 建筑结构的动力检测，可分为环境振动和激振等方法。对了解结构的动力特性和结构是否存在抗侧力构件开裂等，可采用环境振动的方法；对于了解结构抗震性能，则应采用激振等方法。

3.3.10 我国重大工程事故，一般多发生在施工阶段和建成后的一段时间内，然后才是超载和维护跟不上造成的损伤。在正常设计情况下，由于施工偏差以及新型结构体系施工方案不一定完全符合这种结构的受力特点等，可能造成少量构件截面应力和变形过大。近些年国内外光纤和激光等应变传感器已进入实用阶段，为重大工程和新型结构体系进行施工阶段构件应力的监测提供了条件。在进行施工监测中应优化监测方案，即选择可能受力较大的构件（部位）或较薄弱的构件（部位）。

3.3.11 本条提出了建筑结构检测抽样方案选择的原则要求。对于比较简单易行，又以数量多少评判的检测项目，如外部缺陷等宜选用全数检测方案；对于结构、构件尺寸偏差的检测，宜选用一次或两次计数抽样方案，但应遵守计数抽样检测的规则；结构连接构造影响结构的变形性能，因此对连接构造的检测应选择对结构安全影响大的部位；结构构件实荷检验的目的是检验构件的结构性能，因此，应选择同类构件中承受荷载相对较大和构件施工质量相对较差的构件；对按检测批评定的结构构件材料强度，应进行随机抽样。

对于建筑结构工程质量的检测，也可选择《建筑工程施工质量验收统一标准》和相应专业验收规范规定的抽样方案等。

3.3.12 检测数量与检测对象的确定可以有两类，一类指定检测对象和范围，另一类是抽样的方法。对于建筑结构的检测两类情况都可能遇到。当指定检测对象和范围时，其检测结果不能反映其他构件的情况，因此检测结果的适用范围不能随意扩大。

3.3.13 本条规定了建筑结构按检测批检测时抽样的最小样本容量，其目的是要保证抽样检测结果具有代表性。最小样本容量不是最佳的样本容量，实际检测时可根据具体情况和相应技术规程的规定确定样本容量，但样本容量不应少于表 3.3.13 的限定量。

对于计量抽样检测的检测批来说，表 3.3.13 的限制值可以是构件也可以是取得测试数据代表值的测区。例如对于混凝土构件强度检测来说，可以以构件总数作为检测批的容量，抽检构件的数量满足表 3.3.13 中最小样本容量的要求；在每个构件上布置若干个测区，取得测区测试数据的代表值。用所有测区测试数据代表值构成数据样本，按本标准第 3.3.15 条和第 3.3.16 条的规定确定推定区间。例如，砌筑块材强度的检测，可以以墙体的数量作为检测批的容量，抽样墙体数量满足表 3.3.13 中样本最小容量的要求，在每道抽检墙体上进行若干块砌筑块材强度的检测，取每个块材的测试数据作为代表值，形成数据样本，确定推定区间；也可以以砌筑块材总数作为检测批的容量，使抽样检测块材的总数满足表 3.3.13 样本最要容量的要求。

3.3.14 依据《逐批检查计数抽样程序及抽样表》GB 2828 给出了建筑结构检测的计数抽样的样本容量和正常一次抽样、正常二次抽样结果的判定方法。以表 3.3.14-3 和表 3.3.14-4 为例说明使用方法。当为一般项目正常一次性抽样时，样本容量为 13，在 13 个试样中有 3 个或 3 个以下的试样被判为不合格时，检测批可判为合格；当 13 个试样中有 4 个或 4 个以上的试样被判为不合格时则该检测批可判为不合格。对于一般项目正常二次抽样，样本容量为 13，当 13 个试样中有 1 个被判为不合格时，该检测批可判为合格；当有 3 个或 3 个以上的试样被判为不合格时，该检测批可判为不合格；当 2 个试样被判为不合格时进行第二次抽样，样本容量也为 13 个，两次抽样的样本容量为 26，当第一次的不合格试样与第二次的不合格试样之和为 4 或小于 4 时，该检测批可判为合格，当第一次的不合格试样与第二次的不合格试样之和为 5 或大于 5 时，该检测批可判为不合格。一般项目的允许不合格率为 10%，主控项目的允许不合格率为 5%。主控项目和一般项目应按相应工程施工质量验收规范确定。当其他检测项目按计数方法进行评定时，可参照上述方法实施。

3.3.15 根据计量抽样检测的理论，随机抽样不能得到被推定参数的准确数值，只能得到被推定参数的估计值，因此推定结果应该是一个区间。以图 1 和图 2 关于检测批均值 μ 的推定来说明这个问题。

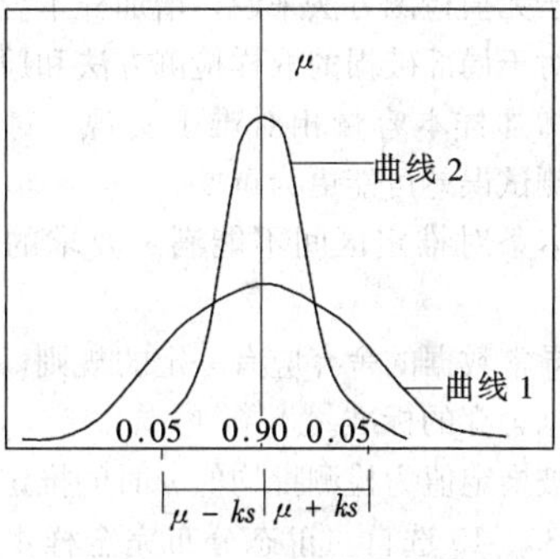

图 1　置信区间示意图

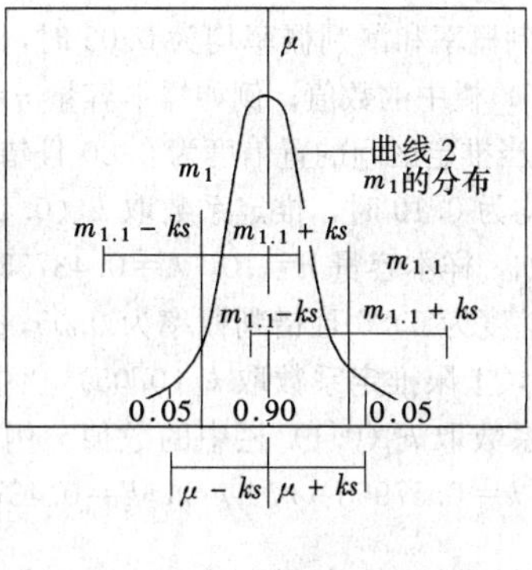

图 2　推定区间示意图

曲线 1 为检测批的随机变量分布，μ 为其均值，曲线 2 为样本容量为 n_1 时样本均值 m_1 的分布，图中

所示的 m_1 的分布表明，m_1 是随机变量，用 m_1 估计检测批均值 μ 时，虽然可以得到样本均值 $m_{1,i}$ 的确定的数值，但是不能确定样本均值 $m_{1,i}$ 落在 m_1 分布曲线的确定的位置，存在着检测结果的不确定性的问题。根据统计学的原理，可以知道随机变量 m_1 落在某一区间的概率，并可以使随机变量落在某个区间的概率为 0.90，如图示的区间 $\mu-ks$，$\mu+ks$ 示。

对于一次性的检测，可以得到随机变量 m_1 的一个确定的值 $m_{1,1}$。由于 $m_{1,1}$ 落在区间 $\mu-ks$，$\mu+ks$ 之内的概率为 0.90，所以区间 $m_{1,1}-ks$，$m_{1,1}+ks$ 包含检测批均值 μ 的概率为 0.90。0.90 为推定区间的置信度。推定区间的置信度表明被推定参数落在推定区间内的概率。错判概率表示被推定值大于推定区间上限的概率（生产方风险），漏判概率为被推定值小于推定区间下限的概率（使用方风险）。本条的规定与《建筑工程施工质量验收统一标准》GB 50300 的规定是一致的。推定区间实际上是被推定参数的接收区间。

3.3.16 本条对计量抽样检测批检测结果的推定区间进行了限制，在置信度相同的前提下，推定区间越小，推定结果的不确定性越小。样本的标准差 s 和样本容量 n 决定了推定区间的大小。因此减小样本的标准差 s 或增加样本的容量是减小检测结果不确定性的措施。对于无损检测方法来说，增加样本容量相对容易实现，对于局部破损的取样检测方法和原位检测方法来说，增加样本容量相对难于实现。对于后者来说，减小测试误差可能更为重要。

3.3.17 本条对推定区间不能满足要求的情况作出规定。

3.3.18 异常数据的舍弃应有一定的规则，本条提供了异常数据舍弃的标准。

3.3.19 被推定值为检测批均值 μ 时的推定区间计算方法。表 3.3.19 选自《正态分布完全样本可靠度单侧置信下限》GB/T 4885—1985。表中均值栏是对应于检测批均值 μ 的系数。当推定区间的置信度为 0.90 且错判概率和漏判概率均为 0.05 时，推定系数取 k（0.05）栏中的数值；例如样本容量 $n=10$，$k=0.57968$。当推定区间的置信度为 0.80 且错判概率和漏判概率均为 0.10 时，推定系数取 k（0.1）栏中的数值。例如，样本容量 $n=10$，$k=0.43735$。当推定区间的置信度为 0.85 且错判概率为 0.05，漏判概率为 0.10 时，上限推定系数取 k（0.05）栏中的数值，下限推定系数取 k（0.1）栏中的数值。例如样本容量 $n=10$，$k=0.57968$（$m+ks$），$k=0.43735$（$m-ks$）。

3.3.20 被推定值为具有 95% 保证率的标准值（特征值）x_k 时的推定区间计算方法。表 3.3.19 中标准值栏是对应于检测批标准值 x_k。当推定区间的置信度为 0.90 且错判概率和漏判概率均为 0.05 时，推定系数取标准值（0.05）栏中的数值，例如样本容量 $n=30$，$k_1=1.24981$，$k_2=2.21984$。当推定区间的置信度为 0.80 且错判概率和漏判概率均为 0.10 时，推定系数取标准值（0.1）栏中的相应数值。例如样本容量 $n=30$，$k_1=1.33175$，$k_2=2.07982$。当推定区间的置信度为 0.85 且错判概率为 0.05 而漏判概率为 0.10 时，上限推定系数 k_1 取标准值（0.05）栏中的相应的数值，下限推定系数 k_2 取标准值（0.1）栏中相应的数值。例如样本容量 $n=30$，$k_1=1.24981$，$k_2=2.07982$。

3.3.21 判定的方法。例，混凝土立方体抗压强度推定区间为 17.8～22.5MPa，当设计要求的 $f_{cu,k}$ 为 20MPa 混凝土时，可判为立方体抗压强度满足设计要求，当设计要求的 $f_{cu,k}$ 为 25MPa 时，可判为低于设计要求。

3.4 既有建筑的检测

3.4.1 本条提出了对既有建筑进行正常检查与建筑结构的常规检测要求。没有正常检查制度和常规检测制度是我国建筑管理方面的一大缺憾。正常检查制度和常规检测制度是避免发生恶性事故的必要措施，是及时采取防范和维修措施、避免重大经济损失的先决条件。

3.4.2～3.4.3 既有建筑正常检查的重点，正常检查可侧重于使用的安全。本条所指出的检查重点都是近年来出现事故造成人员伤亡和相应经济损失的部位。既有建筑是否存在使用安全问题的检查不是一项专业技术要求很高的工作。当正常检查中发现难于解决的问题时，可委托有资质的检测单位进行检测。

3.4.4 一般工业与民用的建筑结构设计使用年限内进行常规检测。有腐蚀性介质侵蚀的工业建筑、受到污染影响的建筑或构筑物、处于严重冻融影响环境的建筑物或构筑物、土质较差地基上的建筑物或构筑物等的结构，常规检测的时间可适当缩短。

建筑结构的常规检测不能只是构件外观质量及损伤的检查，需要相应的科学的检测方法、检测仪器和定量的检测数据，属结构检测范围。因此需要由有资质的检测单位进行检测。常规检测的目的是确定建筑结构是否存在隐患。一般工业与民用建筑在使用10～15 年，结构耐久性问题、结构设计失误问题、隐藏的结构施工质量问题以及由于不正当的使用造成的问题都会有所显露。此时进行常规检测可以及早发现事故的隐患，采取积极的处理措施，减少经济损失。对于存在严重隐患的建筑结构，可避免出现坍塌等恶性事故。对于恶劣环境中的建筑结构，缩短正常检测的年限是合理的。

3.4.5 建筑结构常规检测有其特殊的问题，要尽量发现问题又不能对建筑物的正常使用构成影响。因此，应选择适当的检测方法。

3.4.6 本条提示了常规检测的重点部位，这些部位容易出现损伤。

3.4.7 第一次常规检测后，依据检测数据和鉴定结果可判定下次常规检测的时间。

3.5 检测报告

3.5.1 本标准对建筑结构检测结果及评定提出了具体的要求，此外，其他标准也有相应的要求。

由于建筑结构工程质量的检测是为了确定所检测的建筑结构的质量是否满足设计文件和验收的要求，因此，检测报告中应做出检测项目是否满足这些要求的结论。对已有建筑结构的检测应能满足相应鉴定的要求。

3.5.2 为了使检测报告表达清楚和规范，本条强调了检测报告结论的准确性。

3.5.3 本条规定了检测报告应包括的主要内容。

3.6 检测单位和检测人员

3.6.1 对承担建筑结构检测工作的检测单位提出了资质要求，实施建筑结构的检测单位应经过国家或省级建设行政主管部门批准，并通过国家或省级技术监督部门的计量认证。

3.6.2～3.6.3 提出检测单位应有健全的质量管理体系要求以及仪器设备定期检定的要求。

3.6.4～3.6.5 对实施建筑结构检测的人员提出了资格方面的要求。如实施钢结构构件焊接质量检测的人员应具有相应的检测资格证书等。同时，提出了现场检测工作至少应由两名或两名以上检测人员承担的要求。

4 混凝土结构

4.1 一般规定

4.1.1 规定了本章的适用范围。其他结构中混凝土构件的检测应按本章的规定进行。

4.1.2 本条提出了混凝土结构的主要检测工作项目。具体实施的检测工作和检测项目应根据委托方的要求、混凝土结构的实际情况等确定。

4.2 原材料性能

4.2.1 混凝土的原材料是指砂子、水泥、粗骨料、掺合料和外加剂等。由于检验硬化混凝土中原材料的质量或性能难度较大，因此允许对建筑工程中剩余的同批材料进行检验。本标准根据研究成果和实践经验，在第4.6节中给出了硬化混凝土材料性能的部分检测方法。

4.2.2 现场取样检验钢筋的力学性能应注意结构或构件的安全，一般应在受力较小的构件上截取钢筋试样。钢筋化学成分分析试样可为进行过力学性能检验的试件。

4.2.3 目前已经有一些钢筋抗拉强度的无损检测方法，如测试钢筋的表面硬度换算钢筋抗拉强度，分析钢筋中主要化学成分含量推断钢筋抗拉强度等方法。但是这些非破损的检测方法都不能准确推定钢筋的抗拉强度，应与取样检验方法配合使用。关于钢材表面硬度与抗拉强度之间的换算关系，可参见本标准的附录G和本标准第6.2.5条的条文说明。

4.2.4 锈蚀钢筋和火灾后钢筋的力学性能的检测没有统一的标准，钢材试样与标准试验方法要求的试样有差别，因此在检测报告中应该予以说明，以便委托方做出正确的判断。

4.3 混凝土强度

4.3.1 采用非破损或局部破损的方法进行结构或构件混凝土抗压强度的检测，是为了避免或减少给结构带来不利的影响。

4.3.2 特殊的检测目的，如检测受侵蚀层混凝土强度、火灾影响层混凝土强度等。目前非破损的检测方法不适用于这些情况的检测。

选用回弹法、综合法、拔出法及钻芯法等，应注意各种方法的适用条件：

1 混凝土的龄期：回弹法一般应在相应规程规定的混凝土龄期内使用，超声回弹综合法也宜在一定的龄期内使用。当采用回弹法或回弹超声综合法检测龄期较长混凝土抗压强度时，应配合使用钻芯法。钻芯法受混凝土龄期影响相对较小。

2 表层质量具有代表性：采用回弹法、综合法和拔出法时，构件表层和内部混凝土质量差异较大时（如表层混凝土受到火灾、腐蚀性物质侵蚀等影响）会带来较大的测试误差。对于超声回弹综合法，如内外混凝土质量差异不明显也可以采用，钻芯法则受表层混凝土质量的影响较小。

3 混凝土强度：被测混凝土强度不得超过相应规程规定的范围，否则也会带来较大的误差。

4 特殊情况下，可以采取钻芯法或钻芯修正法检测结构混凝土的抗压强度，但应注意骨料的粒径问题。

5 实践证明，回弹法、超声回弹综合法和拔出法与钻芯法相结合，可提高混凝土抗压强度检测结果的可靠性。

4.3.3 钻芯修正时可采取修正量的方法也可采取修正系数的方法。修正量的方法是在非破损检测方法推定值的基础上加修正量，修正系数的方法是在非破损检测方法推定值的基础上乘以修正系数。两者的差别在于，修正量法对被修正样本的标准差 s 没有影响，修正系数法不仅对被修正样本的均值予以修正，也对样本的标准差 s 予以了修正。

总体修正量的方法是用被修正样本全部推定数值的均值与修正用样本（芯样试件换算抗压强度）均值与进行比较确定修正量。当采取总体修正量法时，对芯样试件换算立方体抗压强度的样本均值提出相应的要求，这一规定与《钻芯法检测混凝土强度技术规程》CECS 03 的要求是一致的。其他材料强度的检测也可采用总体修正量的方法。

4.3.4 对应样本修正量用两个对应样本均值之差值作为修正量，两个样本的容量相同，测试位置对应。对应样本修正系数是用两个样本均值的比值作为修正系数，对于样本的要求与对应样本修正量的要求相同。一一对应修正系数的方法可参见《回弹法检测混凝土抗压强度技术规程》的相关规定。

当采用小直径芯样试件时，由于其抗压强度样本的标准差增大，芯样试件的数量宜相应增加。

4.3.5 对结构混凝土抗压强度的推定提出了要求，对于检测批来说，其根本在于对推定区间的限制（见本标准第 3 章条文说明）。本标准要求的推定区间为低限要求，对于回弹法、超声回弹综合法来说，由于其检测样本容量较大，容易满足要求。对于钻芯法等取样方法来说，由于样本容量的问题，一般不容易满足要求。因此取样的方法最好配合有非破损的检测方法。

本条所指的技术规程包括《钻芯法检测混凝土强度技术规程》、《回弹法检测混凝土抗压强度技术规程》、《超声回弹综合法检测混凝土强度技术规程》等。

4.3.6 本条提出了混凝土抗拉强度的检测方法。《混凝土结构设计规范》GB 50010 中给出的混凝土抗压强度与抗拉强度的关系是宏观的统计关系，对于具体结构的混凝土来说，该关系不一定适用，在特定情况下应该检测结构混凝土的抗拉强度。

4.3.7 提出受到侵蚀和火灾等影响构件混凝土强度的检测方法。

4.4 混凝土构件外观质量与缺陷

4.4.1 本条列举了常见的混凝土构件外观质量与缺陷的检测项目。

4.4.3 本条规定了混凝土结构及构件裂缝检查所包括的内容及记录形式。混凝土结构或构件上的裂缝按其活动性质可分为稳定裂缝、准稳定裂缝和不稳定裂缝。为判定结构可靠性或制定修补方案，需全面考虑与之相关的各种因素。其中包括裂缝成因、裂缝的稳定状态等，必要时应对裂缝进行观测。

裂缝也可归为结构构件的损伤，如钢筋锈蚀造成的裂缝、火灾造成的裂缝、基础不均匀沉降造成的裂缝等。对于建筑结构的检测来说，无论是施工过程中造成的裂缝（缺陷）还是使用过程中造成的裂缝（损伤），检测方法基本上是一致的。

4.5 尺寸与偏差

4.5.1 本条提出了构件尺寸与偏差的检测项目。

4.5.2 混凝土结构及构件的尺寸偏差的检测方法与《混凝土结构工程施工质量验收规范》GB 50204 保持一致性。检测时，应注意以下几点：

1 对结构性能影响较大的尺寸偏差，应去除装饰层（抹灰砂浆），直接测量混凝土结构本身的尺寸偏差。

2 对于横截面为圆形或环形的结构或构件，其截面尺寸应在测量处相互垂直的方向上各测量一次，取两次测量的平均值。

3 对于现浇混凝土结构，应注意梁柱连接处断面尺寸的测量，该位置是容易出现尺寸偏差过大的地方。

4 需用吊线检查尺寸偏差时，应根据构件的品种、所在部位和高度选择线坠的大小、种类，使线坠易于旋转和摆动为宜；线坠用线宜采用 0.6～1.2mm 不锈钢丝。稳定线坠的容器中应装有黏性小、不结冻的液体（绑线、线坠与容器任何部位不能接触）。

5 检测混凝土柱轴线位移时，若采用钢卷尺按其长度拉通尺，必须拉紧；当距离较长时，应采用拉力计或弹簧秤，其拉力不小于 30N，并将尺拉直。

4.6 变形与损伤

4.6.1 本条提出了变形与损伤的检测项目。造成建筑结构的变形与损伤不限于重力荷载还有环境侵蚀、火灾、邻近工程的施工、地震的影响等。

4.6.2 本条规定了混凝土结构或构件变形的检测方法。变形包括混凝土梁、板等的挠度及混凝土建筑物主体或墙、柱位移等。对于墙、柱、梁、板等正在形成的变形，可采用挠度计、位移计、位移传感器等设备直接测定。

4.6.3 通常一次性的检测是不易区分倾斜中的砌筑偏差、变形倾斜与灾害造成的倾斜等。但这项工作对于鉴定分析工作是有益的。

4.6.4 准确的基础不均匀沉降数值应该从结构施工阶段开始测定。通常在发现问题后再提出基础沉降问题时，已经无法得到基础沉降的准确数值。当有必要进行基础沉降观测时，应在结构上布置观测点，进行后期基础沉降观测。评估临近工程施工对已有结构的影响时也可照此办理。利用首层的基准线的高差可以估计结构完工后基础的沉降差。砌体结构的基础沉降观测与混凝土结构基础沉降观测相同。

4.6.5 本条列举了混凝土损伤的种类与相应的检测方法。

4.6.6～4.6.8 这几条推荐了 f-CaO 对混凝土质量影响的检测方法、骨料碱活性的测定方法和混凝土中性化（碳化）深度的测定方法。

4.6.9 混凝土中氯离子总含量的测定方法在本标准附录C中给出。一般认为水泥的水化物有结合氯离子的能力，一些标准都是限制氯离子占水泥质量的百分率。由于混凝土中氯离子含量测定时不易准确确定试样中水泥的质量，因此可根据鉴定工作的需要提供氯离子占试样质量的百分率、氯离子占水泥质量的百分率或氯离子占混凝土质量的百分率。

4.7 钢筋的配置与锈蚀

4.7.1 本条提出了钢筋配置情况的检测项目。

4.7.2 本条提出钢筋位置、保护层厚度、直径和数量的检测方法。

4.7.4 本条提出了钢筋锈蚀情况的检测方法。

4.8 构件性能实荷检验与结构动测

4.8.1～4.8.4 对构件结构性能实荷检验提出相应要求。

4.8.5 本条提出了对重大公共钢筋混凝土建筑宜进行动力测试建议。

5 砌体结构

5.1 一般规定

5.1.1 本条规定了本章的适用范围。其他结构中的砌筑构件的质量和性能，应按本章的规定进行检测。

5.1.2 将砌体结构的检测分成五个方面的工作项目；对砌体工程施工质量的检测主要为：砌筑块材、砌筑砂浆和砌筑质量与构造；对已有砌体结构的检测，还应根据情况检测砌体强度和损伤与变形等。

5.2 砌筑块材

5.2.1 本条提出了砌筑块材质量与性能的主要检测项目。

5.2.2 目前关于砌筑块材强度的检测主要有取样法、回弹法和钻芯法。取样法和钻芯法的检测结果直观，但会给构件带来损伤，检测数量受到限制。回弹法可基本反映块材的强度，测试限制少，测试数量相对较多，但有时会有系统的偏差。回弹结合取样的检测方法可提高检测结果的准确性和代表性。

5.2.3 对砌筑块材强度的检测批提出要求。当对结构中个别构件砌筑块材强度检测时，可将这些构件视为独立的检测单元。

5.2.4 由于砌体的强度与砌筑块材强度和砌筑砂浆强度有密切关系，当鉴定有这类要求时，砌筑块材强度的检测位置宜与砌筑砂浆强度的检测位置对应。

5.2.5 有特殊的检测目的时可考虑砌筑块材缺陷或损伤对其强度的影响。特殊情况包括：外观质量、内部缺陷、灾害及环境侵蚀作用等对块材强度的影响等。

5.2.6 砌筑块材的产品标准有：《烧结普通砖》、《烧结多孔砖》、《蒸压灰砂砖》、《粉煤灰砖》和《混凝土小型空心砌块》等。

5.2.7 对每个检测单元块材试样的数量和块材试样的强度试验方法作出规定。

5.2.8 回弹法检测烧结普通砖抗压强度的检测方法在附录F中给出。回弹值与砖抗压强度的换算关系可能会有地区差异，因此应建立专用测强曲线或对附录F提供的换算关系进行验证。

5.2.9 对烧结普通砖强度的取样结合回弹法作出了规定。本方法是为了增大检测结果的代表性和消除系统偏差。本条提出的对应样本修正量和对应样本修正系数方法也可作为混凝土强度检测中的钻芯修正法使用。

5.2.10 当其他块材强度的回弹检测有相应标准时，也可采用取样结合回弹检测的方法。

5.2.11 对石材强度的钻芯法检测做出规定，基本按《钻芯法检测混凝土强度技术规程》的规定执行。经过试验验证，直径70mm花岗岩芯样试件的抗压强度约为70mm立方体试样的抗压强度的85%。当采用立方体试块测定石材强度时，其测试结果应乘以换算系数，换算系数见表1。

表1 石材强度的换算系数

立方体边长（mm）	200	150	100	70	50
换算系数	1.43	1.28	1.14	1.00	0.86

5.2.12 对受到损伤的块材强度的检测，块材的状态已经不符合相关产品标准的要求，因此应该予以说明。有缺陷块材强度的检测情况与之类似。

5.2.13 对砌筑块材尺寸和外观质量检测作出了规定。由于条件所限，现场检测可检查块材的外露面。单个砌筑块材尺寸和外观质量的合格评定按相应产品标准的规定进行。检测批的合格判定应按本标准表3.3.14-3或表3.3.14-4确定。

5.2.14 砌筑块材尺寸负偏差使构件截面尺寸减小，此时应测定构件的实际尺寸，并以实际尺寸作为验算的参数。外观质量不符合要求时，砌筑块材的强度可能偏低或砌体结构的耐久性能受到影响。

5.2.15 对特殊部位的砌筑块材品种的规定有：

1 5层及5层以上砌体结构的外露构件、潮湿部位的构件，受振动或层高大于6m的墙、柱所用材料的最低强度等级（砖MU10，砌块采用MU7.5）；

2 地面以下或防潮层以下的砌体；

3 基础工程和水池、水箱等不应为多孔砖砌筑；

4 灰砂砖不宜与黏土砖或其他品种的砖同层混砌；

5 蒸压灰砂砖和粉煤灰砖，不得用于温度长期在200℃以上、急冷及热或酸性介质侵蚀环境；

6　烧结空心砖和空心砌块，限于非承重墙。

5.2.16　砌筑块材其他项目（如石灰爆裂、吸水率等）的检测可参见相关产品标准。

5.3　砌筑砂浆

5.3.1　提出了砌筑砂浆的检测项目。

5.3.2　砌筑砂浆强度的检测基本按《砌体工程现场检测技术标准》的规定进行。考虑到已有建筑砌筑砂浆强度的回弹法、射钉法、贯入法、超声法、超声回弹综合法等方法的检测结果会受到面层剔凿的影响，当这些方法用于测定砂浆强度时，宜配合有取样检测的方法。

由砌体抗压强度推定砌筑砂浆强度有时会有较大的系统误差，不宜作为砂浆强度的检测方法。

5.3.3　当表层的砌筑砂浆受到影响时的检测规定。

5.3.4　结构中特殊部位及相应的要求有：基础墙的防潮层、含水饱和情况基础、蒸压（养）砖防潮层以上的砌体（应采用水泥混合砂浆砌筑或高粘结性能的专用砂浆）、烧结黏土砖空斗墙（应采用水泥混合砂浆）和有内衬的烟囱（其内衬应为黏土砂浆或耐火泥砌筑）等。

5.3.5　提供了砌筑砂浆抗冻性检测的方法。

5.3.6　砌筑砂浆中氯离子含量的测定结果可折合成水泥用量的百分率或砂浆质量的百分率，具体测定方法参见本标准附录C。

5.4　砌体强度

5.4.1　本节对砌体强度的检测方法作出了规定，目前对于砌体强度的检测方法有两类：其一为取样法，其二为现场原位检测方法。取样法是从砌体中截取试件，在试验室测定试件的强度。原位法在现场测试砌体的强度。

5.4.2　本条对砌体强度的取样检测作出了规定：首先要保证安全，其次试件要符合《砌体基本力学性能试验方法标准》的要求，第三避免损伤试件和保证取样数量。本处所说的损伤是指取样过程中造成的损伤。有损伤试件的强度明显降低，因此要对损伤进行修复。由于砌体强度取样检测的试件数量一般较少，因此可以按最小值推定砌体强度的标准值，但推定结果的不确定度问题不易控制。

5.4.3　《砌体工程现场检测技术标准》对烧结普通砖砌体的抗压强度的扁式液压顶法和原位轴压法作出规定，同时也对烧结普通砖砌体的抗剪强度的双剪法或原位单剪法作出规定。由于这几种砌体强度的检测方法的测试数据量一般较小，因此可以按《砌体工程现场检测技术标准》规定的方法进行砌体强度的推定。

5.4.4　对于遭受环境侵蚀和灾害影响的砌体强度的检测提出了要求，由于这种损伤使得砌体的状况与相关标准规定的试件状况不同，因此应予以说明。

5.5　砌筑质量与构造

5.5.1　本条提出了砌筑质量与构造的检测项目。

5.5.2　对于已有建筑一般要剔除构件面层检查砌筑方法、灰缝质量、砌筑偏差和留槎等问题；当砌筑质量存在问题时，砌体的承载能力会受到影响。

5.5.3　上、下错缝，内外搭砌是砌筑的基本要求，此外，各类砌体还有相应砌筑要求。

5.5.4　灰缝质量包括灰缝厚度、灰缝饱满程度和平直程度等。灰缝厚度过大砌体强度明显降低，灰缝饱满程度差砌体强度也要降低。

5.5.5　砌体偏差有放线偏差和砌筑偏差，砌筑偏差包括构件轴线位移和构件垂直度。《砌体工程施工质量验收规范》规定了测试方法和评定指标。对于已有结构轴线位移无法测定时，可测定轴线相对位移。轴线相对位移是指相邻构件设计轴线距离与实际轴线距离之差。

5.5.6　砌体中的钢筋指墙体间的拉结筋、构造柱与墙体的间的拉结筋、骨架房屋的填充墙与骨架的柱和横梁拉结筋以及配筋砌体的钢筋。

5.5.8　《砌体结构设计规范》对于跨度较大的屋架和梁的支承有专门的规定，当鉴定有要求时，应进行核查。

5.5.9　预制钢筋混凝土板的支承长度要剔凿楼面面层检测。

5.5.10　《砌体结构设计规范》和《建筑抗震设计规范》对于砖砌过梁和钢筋砖过梁的使用和跨度有限制，钢筋砖过梁跨度为不大于2（1.5）m；砖砌平拱为1.8（1.2）m。对有较大振动荷载或可能产生不均匀沉降的房屋，门窗洞口应设钢筋混凝土过梁。

5.5.11　构造和尺寸是确定构件能否按墙梁计算的重要参数，当有必要时，应核查墙梁的构造和尺寸是否符合《砌体结构设计规范》的要求。

5.5.12　圈梁、构造柱或芯柱是多层砌体结构抵抗抗震作用重要的构造措施。对其的检测可分为是否设置和质量两种。对于判定是否设置圈梁、构造柱或芯柱的检测，可采取测定钢筋的方法，也可采用剔除抹灰层的核查方法。圈梁和构造柱混凝土强度和钢筋配置的检测等应遵守本标准第4章的规定。

5.6　变形与损伤

5.6.1　本条提出了变形与损伤的检测项目。

5.6.2　裂缝是砌体结构最常见的损伤，是鉴定工作重要的依据。裂缝可反映出砌筑方法、留槎、洞口处理、预制构件的安装等的质量，也可反映基础不均匀沉降、屋面保温层质量问题以及灾害程度和范围。裂缝的位置、长度、宽度、深度和数量是判定裂缝原因的重要依据。在裂缝处剔凿抹灰检查，可排除一些影响因素。裂缝处于发展期则结构的安全性处于不确定期，确定发展速度和新产生裂缝的部位，对于鉴定裂缝产生的原因、采取处理措施是非常重要的。

5.6.3 参见本标准第4.6.3条的条文说明。

5.6.4 参见本标准第4.6.4条的条文说明。

5.6.5 环境侵蚀、冻融、灾害都可造成结构或构件的损伤。损伤的程度和侵蚀速度是结构的安全评定和剩余使用年数评估的重要参数。人为的损伤，除了包括车辆、重物碰撞外，还应包括不恰当的改造、临近工程施工的影响等。

6 钢 结 构

6.1 一 般 规 定

6.1.1 本条规定了本章的适用范围。

6.1.2 本条提出了钢结构检测的工作项目。对某一具体钢结构的检测可根据实际情况确定工作内容和检测项目。

6.2 材 料

6.2.1～6.2.4 钢材力学性能主要有屈服点、抗拉强度、伸长率、冷弯和冲击功这几个项目，化学成分主要有碳、锰、硅、磷、硫这几个项目。钢材的取样方法、试验方法都有相应的国家标准，具体操作应按这些标准执行。我国现在的结构钢材主要是《碳素结构钢》GB 700—88中的Q235钢和《低合金高强度结构钢》GB/T 1591中的Q345钢，以前的结构钢材主要是3号钢和16锰钢，虽然Q235钢与3号钢、Q345钢与16锰钢的强度级别相同，但保证项目却有较大差别。因此应根据设计要求确定检测项目并按当时的产品标准进行评定。对有特殊要求的其他钢材，应按其产品标准的规定进行取样、试验和评定。

6.2.5 本标准附录G提供了表面硬度法推断钢材强度的钢材抗拉强度非破损检测方法，并提供了换算钢材抗拉强度的相应标准，《黑色金属硬度及相关强度换算值》GB/T 1172，此外，目前尚有国际标准 Steel-Conversion of Hardness Values to Tensile Strength Values ISO/TR 10108等标准可以参考。根据本标准编制组进行的试验研究，钢材的抗拉强度与其表面硬度之间的换算关系与构件的测试条件、钢材的轧制工艺等多种因素有关，因此，在参考上述标准的换算关系时，应事先进行试验验证。在使用表面硬度法对具体结构钢材强度进行检测时，应有取样实测钢材抗拉强度的验证。

6.2.6 锈蚀钢材和受到灾害影响构件钢材的状况与产品标准规定的钢材状态已经存在差异，参照相应产品标准规定的方法进行这些钢材力学性能的检测时应说明试验方法和试验结果的适用范围。

6.3 连 接

6.3.1 本条提出了钢结构连接的检测项目。

6.3.4 影响焊缝力学性能的因素有很多，除了内部缺陷和外观质量外，还有母材和焊接材料的力学性能和化学成分、坡口形状和尺寸偏差、焊接工艺等。即使焊缝质量检验合格，也有可能出现诸如母材和焊接材料不匹配、不同钢种母材的焊接以及对坡口形状有怀疑等问题。另一方面，由于焊缝金属特有的优良性能，即使有一些焊接缺陷，焊接接头的力学性能仍有可能满足要求。在这种情况下，可以在结构上抽取试样进行焊接接头的力学性能试验来解决这些问题。焊接接头的力学性能试验以拉伸和冷弯（面弯和背弯）为主，每种焊接接头的拉伸、面弯和背弯试验各取2个试样，取样和试验方法按《焊接接头机械性能试验取样方法》GB 2649、《焊接接头拉伸试验方法》GB 2651和《焊接接头弯曲及压扁试验方法》GB 2653执行。需要进行冲击试验和焊缝及熔敷金属拉伸试验时，应分别按《焊接接头冲击试验方法》GB 2650和《焊缝及熔敷金属拉伸试验方法》GB 2652进行。

6.3.6～6.3.8 高强度螺栓有两类，分别是大六角头螺栓和扭剪型螺栓。大六角头螺栓通过扭矩系数和外加扭矩、扭剪型螺栓通过专用扳手将螺栓端部的梅花头拧掉来控制螺栓预拉力，从而保证连接的摩擦力。按《钢结构工程施工质量验收规范》的规定，高强度螺栓进场验收应检验大六角头螺栓的扭矩系数和扭剪型螺栓拧掉梅花头时的预拉力，如缺少检验报告或对检验报告有怀疑，且有剩余螺栓时，可按现行《钢结构用高强度大六角头螺栓、大六角螺母、垫圈技术条件》GB/T 1231、《钢结构用扭剪型高强度螺栓连接副技术条件》GB/T 3633和现行《钢结构工程施工质量验收规范》的规定进行复验。扭剪型螺栓也可作为大六角头螺栓使用，在这种情况下，应检验其扭矩系数，梅花头可以保留。

6.4 尺寸与偏差

6.4.1～6.4.3 构件尺寸和外形尺寸偏差按相应产品标准进行检测评定，制作、安装偏差限值应符合《钢结构工程施工及验收规范》的要求。

6.5 缺陷、损伤与变形

6.5.1 结构在使用过程中往往会出现损伤，如母材和焊缝的裂缝、螺栓和铆钉的松动或断裂、构件永久性变形、锈蚀等，此外还会有人为的损伤，不合理的加固改造、结构上随意焊接、随意拆除一些零构件等，直接影响到结构安全。在现场检查中应根据不同结构的特点，重点检查容易出现损伤的部位，一般来说节点连接处最容易出现损伤，裂缝一般发生在焊缝附近。根据钢结构的特点，主要以观测检查为主，宜粗不宜细，不放过影响较大的隐患。钢材有缺陷的部位容易出现损伤。

6.5.5 采用锤击的方法检查螺栓或铆钉是否松动时，用手指紧按住螺母或铆钉头的一侧，尽量靠近垫圈或母材，用0.3～0.5kg重的小锤敲击螺母或铆钉头的相对的另一侧，如手指感到颤动较大时，说明是松动的。

6.6 构　　造

6.6.1 钢结构构件由于材料强度高，截面尺寸相对较小，容易产生失稳破坏，因此，在钢结构中应保证各类杆件的长细比满足要求。

6.6.2 在钢结构中，支撑体系是保证结构整体刚度的重要组成部分，它不仅抵抗水平荷载，而且会直接影响结构的正常使用。譬如有吊车梁的工业厂房，当整体刚度较弱时，在吊车运行过程中会产生振动和摇晃。

6.7 涂　　装

6.7.1 当工程中有剩余的与结构同批的涂料时，可对剩余涂料的质量进行检验。

6.7.2 本条根据现行国家标准《钢结构工程施工及验收规范》和《钢结构工程质量检验评定标准》编写的。

6.7.3～6.7.4 这两条根据现行国家标准《钢结构工程质量检验评定标准》编写。

6.8 钢　网　架

6.8.2 对已有的螺栓球网架，在从结构取出节点来进行节点的极限承载力试验时，应采取支顶和加强措施，保证其结构的安全和变形在允许范围之内。

6.8.3 目前，国家有相应标准的无损检测方法有射线检测、超声检测、磁粉检测、渗透检测、涡流检测5种。

6.8.6 已建钢网架钢管杆件的壁厚不能用游标卡尺对其进行检测，只能用金属测厚仪检测，测厚仪在检测前需将测试材料设定为钢材。

6.8.7 钢网架杆件轴线的不平直度是一项很重要的指标。杆件在安装时，因其尺寸偏差或安装误差而引起其杆件不平直。另外也会因结构计算有误，由原设计的拉杆变成压杆而引起杆件压曲，因此，必须重视对钢网架中杆件轴线不平直度的检测。

6.8.8 采用激光测距仪对钢网架的挠度检测时，应考虑杆件和节点的尺寸，使其能以相对可比较的高度来计算钢网架的挠度。

6.9 结构性能实荷检验与动测

6.9.1 大型复杂钢结构体系可进行原位非破坏性荷载试验，目的主要是检验结构的性能。荷载值控制在正常使用状态下，结构处于弹性阶段。具体做法可参见附录H和第6.9.2条的条文说明。

6.9.2 结构检测的根本目的在于保证结构有足够的承载能力，当进行其他项目的检测不足以确定结构承载能力时，可以通过实荷检验解决这个问题。此外，对于一些已经发现问题的结构，通过实荷检验确认其承载能力，只进行少量加固甚至不加固处理，就可以保证有足够的承载能力，使其得以继续使用，从而避免浪费、保证工期。因此规定，对结构或构件承载能力有疑义时，可进行原型或足尺模型的实荷检验，从根本上解决问题。

荷载试验是一项专业性很强的工作，检验单位需要有足够的相关知识、检验技术人员和设备能力的，一般应由专门机构进行。检验对象、测试内容、要解决的问题都会有很大的不同，因此，试验前应制定详细的试验方案，包括试验目的、试件的选取或制作、加载装置、测点布置和测试仪器、加载步骤以及检验结果的评定方法等，并应在试验前经过有关各方的同意，防止事后出现意见分歧，有些试验本来就是要解决争议的，事前经过有关各方的同意是很必要的。附录H的主要内容来源于Eurocode 3：Design of steel structures，ENV 1993-1-1：1992，制定试验方案可以参考。

6.9.3 本条参照行业标准《建筑抗震试验方法规程》编写。

6.9.4 钢结构杆件应力是钢结构反应的一个重要内容，温度应力、特别是装配应力在钢结构中有时占有一定的比例，而且只能通过检测来确定。本条提出了进行钢结构应力测试的建议。

7 钢管混凝土结构

7.1 一 般 规 定

7.1.1～7.1.2 规定了本章的适用范围和钢管混凝土结构的检测工作和检测项目。对某一具体结构的检测项目可根据实际情况确定。

7.2 原 材 料

7.2.1 本标准第6.2节中对钢材强度检验和化学成分的分析有相应规定。

7.2.2 本标准第4.2.1条对混凝土原材料性能与质量的检验有相应规定。

7.3 钢管焊接质量与构件连接

7.3.1 规定了钢管焊缝外观缺陷的检验方法和质量标准。

7.3.2 除了钢管管材的焊缝外，钢管混凝土结构的焊缝还有缀条焊缝、连接腹板焊缝、钢管对接焊缝、加强环焊缝等。对于钢管混凝土结构工程质量的检测，应对全焊透的一、二级焊缝和设计上没有要求的钢材等强度对焊拼接焊缝进行全数超声波探伤。对于钢管混凝土结构性能的检测，由于检测条件所限，可采取抽样探伤的方法。抽样方法应根据结构的情况确定。钢管焊缝和其他焊缝的超声波探伤可参照现行国家标准《钢焊缝手工超声波探伤方法及质量分级法》执行，检验等级和对内部缺陷等级可参照现行国家标准《钢结构工程施工质量验收规范》GB 50205 的规定执行。

7.3.3 《钢管混凝土结构设计与施工规程》CECS 28 对施工单位自行卷制的钢管有特殊的规定，焊缝坡口的质量标准尚应遵守该规程的规定。

7.3.4 钢管混凝土构件之间的连接，当被连接构件为钢构件时，检测项目及检测方法按本标准第 6 章相应的规定执行；当被连接构件为混凝土构件时，检测项目及检测方法按本标准第 4 章相应的规定执行。

7.4 钢管中混凝土强度与缺陷

7.4.1 当对钢管中的混凝土强度有怀疑时或需要确定钢管中混凝土抗压强度时，可按本节规定的方法进行检测。

从国内外的资料来看，用单一的超声法检测混凝土抗压强度，检测结果不仅受粗骨料品种、粒径和用量的影响，还受水灰比及水泥用量的影响，其测试精度较低。在国内，尚无用超声法检测混凝土强度的建筑行业技术标准。因此规定，用超声法检测钢管中的混凝土强度必须用同条件立方体试块或混凝土芯样试件抗压强度进行修正，以减小用单一的超声法测试的误差。

7.4.2 本标准附录 J 提供了超声检测钢管中混凝土强度检测操作的方法。

7.4.3 对立方体试块修正方法和芯样试件修正方法作出规定。当用同条件养护立方体试块抗压强度修正时，超声波声速与混凝土立方体抗压强度之间的关系可以在立方体试块上同时得到。也就是在立方体试块上测定声速，得到换算抗压强度，将该值与试块实际的抗压强度比较得到修正系数。

当用芯样试件抗压强度修正时，用芯样试件的抗压强度与测区混凝土换算强度进行比较获得修正系数或修正量。需要指出的是，在用芯样修正时，不可以将较长芯样沿长度方向截取为几个芯样。芯样的钻取、加工、计算可参照现行标准《钻芯法检测混凝土强度技术规程》执行，芯样试件的直径宜为 100mm，高径比为 1∶1。

关于修正量和修正系数，两种修正方法对样本均值的修正效果是一致的。两种方法各有利弊，可根据实际情况选用。

7.4.4 规定了钢管中混凝土抗压强度的推定方法。

7.4.5 钢管中混凝土缺陷的检测方法。

7.5 尺寸与偏差

7.5.1 本条提出了主要构件及构造的尺寸的检测项目和钢管混凝土柱偏差的检测项目。

7.5.2 本条给出了管材尺寸的检查方法。

7.5.3 《钢管混凝土结构设计与施工规程》CECS 28 的规定，钢管的外径不宜小于 100mm，壁厚不宜小于 4mm，并对钢管外径 d 与壁厚 t 的比值有限制，此外还对主要构件的长细比有相应的规定。

7.5.4 本条给出了格构柱缀条尺寸的检查方法。

7.5.5 本条给出了对梁柱节点的牛腿、连接腹板和加强环的尺寸的检查要求。

7.5.6 钢管拼接组装的偏差和钢管柱的安装偏差都是钢管混凝土结构特殊的要求，其评定指标按《钢管混凝土结构设计与施工规程》CECS 28 的规定确定。

8 木　结　构

8.1 一 般 规 定

8.1.1 本条规定了本章的适用范围。

8.1.2 本条将木结构的检测分成若干项工作。

8.2 木 材 性 能

8.2.1 本条提出了木材性能的检测项目，除了力学性能、含水率、密度和干缩性外，木材还有吸水性、湿胀性等性能。

8.2.2 根据《木结构设计规范》GB 50005 的规定，只要弄清木材树种名称和产地，就可按该规范的规定确定其强度等级和弹性模量，该规范还在附录中列出我国主要建筑用材归类情况以及常用木材的主要特性。

当发现木材的材质或外观与同类木材有显著差异，如容重过小、年轮过宽、灰色、缺陷严重时，由于运输堆放原因，无法判别树种名称时或已有木结构木材树种名称和产地不清楚时，可测定木材的力学性能，确定其强度等级。

8.2.3 本条列举了木材的力学性能的检测项目。

8.2.4 本条给出了木材强度等级的判定规则，与《木结构设计规范》的规定一致。木材抗弯强度比较稳定，并最能全面反映木材力学性能，所以木材强度主要以受弯强度进行分等。故检验时，亦以木材抗弯强度进行检验。其试验是用清材小试样进行，故采用《木材抗弯强度试验方法》GB 1936.1。

木材其他力学性能指标的检测，可参见《木材物理力学试验方法总则》GB 1928、《木材顺纹抗拉强度试验方法》GB 1938 等标准。

8.2.5 木材的含水率与木材的强度、防腐、防虫蛀等都有关系，本条提出了木材含水率的检测方法。规格材是必须经过干燥的木材，故含水率可用电测法测定。

8.2.6 本条规定要在各端头200mm处截取试件，是为了避免端头效应，以保证所测含水率的准确。

8.2.7 本条给出了木材含水率电测法的要求，这里还要指出的是电测仪在使用前应经过校准。

8.3 木材缺陷

8.3.1 本条列举了木材的主要缺陷。承重结构用木材，其材质分为三级，每一级对木材疵病均有严格要求。属于需要现场检测有：木节、斜纹、扭纹、裂缝。

8.3.2 已有木结构的木材一般是经过缺陷检测的，所以可以采取抽样检测的方法，当抽样检测发现木材存在较多的缺陷，超出相应规范的限制值时，可逐根进行检测。

8.3.4 木节的检测方法，也是国际上通用的检测方法。

8.3.5～8.3.7 这3条给出了木材斜纹等的检测方法。

8.3.8 本条给出了木结构裂缝的检测方法。木结构的裂缝分成杆件上的裂缝，支座剪切面上的裂缝、螺栓连接处和钉连接处的裂缝等。支座与连接处的裂缝对结构的安全影响相对较大。

8.4 尺寸与偏差

8.4.1 本条提出了木结构的尺寸与偏差的检测项目。

8.4.3 本条给出了构件制作尺寸的检测项目和检测方法。

8.4.4 本条给出了尺寸偏差的评定方法。

8.5 连　　接

8.5.1 本条提出了木结构连接的检测项目。

8.5.2 本条给出了木结构的胶合能力有专门的试验方法——木材胶缝顺纹抗剪强度试验。

8.5.3 本条给出了胶的检验方法。

8.5.4 对已有结构胶合能力进行检测的方法。当胶合能力大于木材的强度时，破坏发生在木材上。

8.5.5 《木结构设计规范》GB 50005对胶合木材的种类有限制，因此可核查胶合构件木材的品种。当木材有油脂溢出时胶合质量不易保证。

8.5.6 本条提出对于齿连接的检测项目与检测方法。承压面加工平整程；压杆轴线与齿槽承压面垂直度，是保证压力均匀传递的关键。支座节点齿的受剪面裂缝，使抗剪承载力降低，应该采取措施处理；抵承面缝隙，局部缝隙使得压杆端部和齿槽承压面局部受力过大，当存在承压全截面缝隙时，表明该压杆根本没有承受压力，因此应该通知鉴定单位或设计单位进行结构构件受力状态的计算复核或进行应力状态的测试。

8.5.7 本条给出了螺栓连接或钉连接的检测项目和检测方法。

8.6 变形损伤与防护措施

8.6.1 本条给出了木结构构件变形、损伤的检测项目。

8.6.2～8.6.3 这2条给出了虫蛀的检测方法，提出了防虫措施的检测要求。

8.6.4～8.6.5 这2条给出了腐朽的检测方法，提出了防腐措施的检测要求。

8.6.6～8.6.7 这2条给出了其他损伤的检测方法。

8.6.8 本条给出了变形的检测方法。

8.6.9 木结构的防虫、防腐、防火措施检测。

中华人民共和国国家标准

混凝土结构加固设计规范

Code for design of strengthening concrete structure

GB 50367—2013

主编部门：四 川 省 住 房 和 城 乡 建 设 厅
批准部门：中华人民共和国住房和城乡建设部
施行日期：2 0 1 4 年 6 月 1 日

中华人民共和国住房和城乡建设部
公　　告

第 208 号

住房城乡建设部关于发布国家标准《混凝土结构加固设计规范》的公告

现批准《混凝土结构加固设计规范》为国家标准，编号为 GB 50367－2013，自 2014 年 6 月 1 日起实施。其中，第 3.1.8、4.3.1、4.3.3、4.3.6、4.4.2、4.4.4、4.5.3、4.5.4、4.5.6、15.2.4、16.2.3 条为强制性条文，必须严格执行。原《混凝土结构加固设计规范》GB 50367－2006 同时废止。

本规范由我部标准定额研究所组织中国建筑工业出版社出版发行。

中华人民共和国住房和城乡建设部

2013 年 11 月 1 日

前　　言

根据住房和城乡建设部《关于印发〈2008 年工程建设标准规范制订、修订计划〉的通知》建标［2008］102 号、《关于同意〈混凝土结构加固设计规范〉局部修订调整为全面修订的函》建标［2011］103 号的要求，规范编制组经广泛调查研究，认真总结实践经验，参考有关国内标准和国际标准，并在广泛征求意见的基础上，修订了《混凝土结构加固设计规范》GB 50367－2006。

本规范的主要内容是：总则、术语和符号、基本规定、材料、增大截面加固法、置换混凝土加固法、体外预应力加固法、外包型钢加固法、粘贴钢板加固法、粘贴纤维复合材加固法、预应力碳纤维复合板加固法、增设支点加固法、预张紧钢丝绳网片-聚合物砂浆面层加固法、绕丝加固法、植筋技术、锚栓技术、裂缝修补技术。

本规范修订的主要技术内容是：1　增加了无粘结钢绞线体外预应力加固技术；2　增加了预应力碳纤维复合板加固技术；3　增加了芳纶纤维复合材作为加固材料的应用规定；4　补充了锚固型快固结构胶的安全性鉴定标准；5　补充了锚固型快固结构胶的抗震性能检验方法；6　修改了钢丝绳网-聚合物砂浆面层加固法的设计要求和构造规定；7　补充了锚栓抗震设计规定；8　补充了干式外包钢加固法的设计规定；9　调整了部分加固计算的参数。

本规范中以黑体字标志的条文为强制性条文，必须严格执行。

本规范由住房和城乡建设部负责管理和对强制性条文的解释，由四川省建筑科学研究院负责具体技术内容的解释。执行过程中如有意见或建议，请寄送四川省建筑科学研究院（地址：成都市一环路北三段 55 号，邮编：610081）。

本规范主编单位：四川省建筑科学研究院
山西八建集团有限公司

本规范参编单位：同济大学
湖南大学
武汉大学
福州大学
西南交通大学
重庆市建筑科学研究院
福建省建筑科学研究院
辽宁省建设科学研究院
中国科学院大连化学物理研究所
中国建筑西南设计院
大连凯华新技术工程有限公司
湖南固特邦土木技术发展有限公司
厦门中连结构胶有限公司
武汉长江加固技术有限公司
上海怡昌碳纤维材料有限公司
上海同华特种土木工程有

限公司
江苏东南特种技术工程有限公司
南京天力信科技实业有限公司
深圳市威士邦建筑新材料科技有限公司
上海康驰建筑技术有限公司
法施达（大连）工程材料有限公司
士凯（北京）建筑材料有限责任公司
杜邦（中国）研发管理有限公司
亨斯迈先进化工材料（广东）有限公司
慧鱼（太仓）建筑锚栓有限公司
喜利得（中国）商贸有限公司

本规范主要起草人员：梁　坦　王宏业　吴善能　梁　爽　张天宇　陈大川　卜良桃　卢亦焱　林文修　王文军　贺曼罗　古天纯　王国杰　张书禹　王立民　宋　涛　毕　琼　程　超　陈友明　单远铭　侯发亮　彭　勃　李今保　张坦贤　项剑锋　张成英　蒋　宗　刘　兵　陈家辉　宋世刚　刘平原　宗　鹏　卢海波　马俊发　周海明　刘延年　黎红兵　赵　斌　乔树伟

本规范主要审查人员：刘西拉　戴宝城　李德荣　高小旺　邓锦纹　程依祖　王庆霖　完海鹰　江世永　陈　宙　弓俊青

目　次

1　总则 ········ 8—9
2　术语和符号 ········ 8—9
　2.1　术语 ········ 8—9
　2.2　符号 ········ 8—9
3　基本规定 ········ 8—10
　3.1　一般规定 ········ 8—10
　3.2　设计计算原则 ········ 8—11
　3.3　加固方法及配合使用的技术 ········ 8—11
4　材料 ········ 8—11
　4.1　混凝土 ········ 8—11
　4.2　钢材及焊接材料 ········ 8—12
　4.3　纤维和纤维复合材 ········ 8—12
　4.4　结构加固用胶粘剂 ········ 8—13
　4.5　钢丝绳 ········ 8—14
　4.6　聚合物改性水泥砂浆 ········ 8—14
　4.7　阻锈剂 ········ 8—15
5　增大截面加固法 ········ 8—15
　5.1　设计规定 ········ 8—15
　5.2　受弯构件正截面加固计算 ········ 8—15
　5.3　受弯构件斜截面加固计算 ········ 8—16
　5.4　受压构件正截面加固计算 ········ 8—17
　5.5　构造规定 ········ 8—18
6　置换混凝土加固法 ········ 8—18
　6.1　设计规定 ········ 8—18
　6.2　加固计算 ········ 8—18
　6.3　构造规定 ········ 8—19
7　体外预应力加固法 ········ 8—20
　7.1　设计规定 ········ 8—20
　7.2　无粘结钢绞线体外预应力的加固计算 ········ 8—20
　7.3　普通钢筋体外预应力的加固计算 ········ 8—21
　7.4　型钢预应力撑杆的加固计算 ········ 8—21
　7.5　无粘结钢绞线体外预应力构造规定 ········ 8—22
　7.6　普通钢筋体外预应力构造规定 ········ 8—25
　7.7　型钢预应力撑杆构造规定 ········ 8—25
8　外包型钢加固法 ········ 8—26
　8.1　设计规定 ········ 8—26
　8.2　外粘型钢加固计算 ········ 8—27
　8.3　构造规定 ········ 8—28
9　粘贴钢板加固法 ········ 8—29
　9.1　设计规定 ········ 8—29
　9.2　受弯构件正截面加固计算 ········ 8—29
　9.3　受弯构件斜截面加固计算 ········ 8—31
　9.4　大偏心受压构件正截面加固计算 ········ 8—31
　9.5　受拉构件正截面加固计算 ········ 8—32
　9.6　构造规定 ········ 8—32
10　粘贴纤维复合材加固法 ········ 8—34
　10.1　设计规定 ········ 8—34
　10.2　受弯构件正截面加固计算 ········ 8—34
　10.3　受弯构件斜截面加固计算 ········ 8—36
　10.4　受压构件正截面加固计算 ········ 8—36
　10.5　框架柱斜截面加固计算 ········ 8—37
　10.6　大偏心受压构件加固计算 ········ 8—37
　10.7　受拉构件正截面加固计算 ········ 8—38
　10.8　提高柱的延性的加固计算 ········ 8—38
　10.9　构造规定 ········ 8—38
11　预应力碳纤维复合板加固法 ········ 8—41
　11.1　设计规定 ········ 8—41
　11.2　预应力碳纤维复合板加固受弯构件 ········ 8—41
　11.3　构造要求 ········ 8—44
　11.4　设计对施工的要求 ········ 8—45
12　增设支点加固法 ········ 8—45
　12.1　设计规定 ········ 8—45
　12.2　加固计算 ········ 8—45
　12.3　构造规定 ········ 8—46
13　预张紧钢丝绳网片-聚合物砂浆面层加固法 ········ 8—46
　13.1　设计规定 ········ 8—46
　13.2　受弯构件正截面加固计算 ········ 8—47
　13.3　受弯构件斜截面加固计算 ········ 8—49
　13.4　构造规定 ········ 8—50
14　绕丝加固法 ········ 8—51
　14.1　设计规定 ········ 8—51
　14.2　柱的抗震加固计算 ········ 8—51
　14.3　构造规定 ········ 8—51
15　植筋技术 ········ 8—52
　15.1　设计规定 ········ 8—52

15.2 锚固计算…………………………………… 8—52
15.3 构造规定…………………………………… 8—53
16 锚栓技术…………………………………… 8—54
16.1 设计规定…………………………………… 8—54
16.2 锚栓钢材承载力验算……………………… 8—54
16.3 基材混凝土承载力验算…………………… 8—55
16.4 构造规定…………………………………… 8—58
17 裂缝修补技术 ……………………………… 8—58
17.1 设计规定…………………………………… 8—58
17.2 裂缝修补要求……………………………… 8—58
附录A 既有建筑物结构荷载标准值的确定方法………………… 8—58
附录B 既有结构混凝土回弹值龄期修正的规定 ……………… 8—59
附录C 锚固用快固胶粘结拉伸抗剪强度测定法之一钢套筒法 … 8—60
附录D 锚固型快固结构胶抗震性能检验方法 ………………… 8—61
附录E 既有混凝土结构钢筋阻锈方法 ………………… 8—62
附录F 锚栓连接受力分析方法 ……… 8—63
本规范用词说明 ……………………………… 8—65
引用标准名录………………………………… 8—65
附：条文说明………………………………… 8—66

Contents

1 General Provisions ······ 8—9
2 Terms and Symbols ······ 8—9
2.1 Terms ······ 8—9
2.2 Symbols ······ 8—9
3 Basic Requirements ······ 8—10
3.1 General Requirements ······ 8—10
3.2 Calculation Principles for Design ······ 8—11
3.3 Strengthening Method and Technology ······ 8—11
4 Materials ······ 8—11
4.1 Concrete ······ 8—11
4.2 Steel and Welding Material ······ 8—12
4.3 Fiber and Fiber Composite Material ······ 8—12
4.4 Adhesive for Structural Strengthening ······ 8—13
4.5 Steel Wire Rope ······ 8—14
4.6 Polymer Modified Cement Mortar ······ 8—14
4.7 Rusty Retardant Agent ······ 8—15
5 Structure Member Strengthening with Increasing Section Area ······ 8—15
5.1 Design Provisions ······ 8—15
5.2 Strengthening Calculation of Cross Section Bending Capacity for Flexural Member ······ 8—15
5.3 Strengthening Calculation of Inclined Section Shear Capacity for Flexural Member ······ 8—16
5.4 Strengthening Calculation of Cross Section Bending Capacity for Compression Member ······ 8—17
5.5 Detailing Requirements ······ 8—18
6 Structure Member Strengthening with Concrete Displacement ······ 8—18
6.1 Design Provisions ······ 8—18
6.2 Strengthening Calculation ······ 8—18
6.3 Detailing Requirements ······ 8—19
7 Structure Member Strengthening with Externally Prestressed ······ 8—20
7.1 Design Provisions ······ 8—20
7.2 Strengthening Calculation of Externally Prestressed Non-cohesive Steel Strands ······ 8—20
7.3 Strengthening Calculation of Externally Prestressed Conventional Steel Bars ······ 8—21
7.4 Strengthening Calculation of Prestressed Section Steel Struts ······ 8—21
7.5 Detailing Requirements for Externally Prestressed Non-cohesive Steel Strands ······ 8—22
7.6 Detailing Requirements for Externally Prestressed Conventional Steel Bars ······ 8—25
7.7 Detailing Requirements for Prestressed Section Steel Struts ······ 8—25
8 Structure Member Strengthening with Externally Wrapped Steel Section ······ 8—26
8.1 Design Provisions ······ 8—26
8.2 Strengthening Calculation ······ 8—27
8.3 Detailing Requirements ······ 8—28
9 Structure Member Strengthening with Bonded Steel Plate ······ 8—29
9.1 Design Provisions ······ 8—29
9.2 Strengthening Calculation of Cross Section Bending Capacity for Flexural Member ······ 8—29
9.3 Strengthening Calculation of Inclined Section Shear Capacity for Flexural Member ······ 8—31
9.4 Strengthening Calculation of Cross Section Bending Capacity for Large Eccentricity Compression Member ··· 8—31
9.5 Strengthening Calculation of

Cross Section Bending Capacity for Tension Member ······ 8—32
9.6 Detailing Requirements ······ 8—32
10 Structure Member Strengthening with Bonded Fiber Composite Material ······ 8—34
10.1 Design Provisions ······ 8—34
10.2 Strengthening Calculation of Cross Section Bending Capacity for Flexural Member ······ 8—34
10.3 Strengthening Calculation of Inclined Section Shear Capacity for Flexural Member ······ 8—36
10.4 Strengthening Calculation of Cross Section Bending Capacity for Compression Member ······ 8—36
10.5 Strengthening Calculation of Inclined Section Shear Capacity for Frame Column ······ 8—37
10.6 Strengthening Calculation for Large Eccentricity Compression Member ······ 8—37
10.7 Strengthening Calculation of Cross Section Bending Capacity for Tension Member ······ 8—38
10.8 Strengthening Calculation for Improve Ductility of Column ······ 8—38
10.9 Detailing Requirements ······ 8—38
11 Structure Member Strengthening with Prestressed Carbon Fiber Reinforced Plastic ······ 8—41
11.1 Design Provisions ······ 8—41
11.2 Flexural Member Strengthening with Prestressed Carbon Fiber Reinforced Plastic ······ 8—41
11.3 Detailing Requirements ······ 8—44
11.4 Design on Construction Requirements ······ 8—45
12 Structure Member Strengthening with Adding Fulcrums ······ 8—45
12.1 Design Provisions ······ 8—45
12.2 Strengthening Calculation ······ 8—45
12.3 Detailing Requirements ······ 8—46
13 Structure Member Strengthening with Wire Rope Mesh and Polymer Modified Cement Mortar Layer ··· 8—46
13.1 Design Provisions ······ 8—46
13.2 Strengthening Calculation of Cross Section Bending Capacity for Flexural Member ······ 8—47
13.3 Strengthening Calculation of Inclined Section Shear Capacity for Flexural Member ······ 8—49
13.4 Detailing Requirements ······ 8—50
14 Structure Member Strengthening with Wire Wrapped ······ 8—51
14.1 Design Provisions ······ 8—51
14.2 Seismic Strengthening Calculation for Column ······ 8—51
14.3 Detailing Requirements ······ 8—51
15 Embedded Steel Bars Technology ······ 8—52
15.1 Design Provisions ······ 8—52
15.2 Anchorage Calculation ······ 8—52
15.3 Detailing Requirements ······ 8—53
16 Anchor Technology ······ 8—54
16.1 Design Provisions ······ 8—54
16.2 Bearing Capacity Checking for Steel Anchor ······ 8—54
16.3 Bearing Capacity Checking for Concrete Substrate ······ 8—55
16.4 Detailing Requirements ······ 8—58
17 Crack Repair Technology ······ 8—58
17.1 Design Provisions ······ 8—58
17.2 Requirements for Crack Repair ······ 8—58
Appendix A Determination for Load Characteristic Value of Existing Structures ······ 8—58
Appendix B Provisions for Concrete Rebound Value Modification of Existing Structures ··· 8—59
Appendix C Determination Method of Tension Shear Strength for Anchor Type Fast Curing Structural Adhesives ······ 8—60
Appendix D Test Method of Seismic Performance for Anchor Type Fast Curing Structural Adhesives ······ 8—61
Appendix E Reinforcement Rusty

Retardant Method for Existing Concrete Structures ………………… 8—62
Appendix F Stress Analysis Method for Anchor Connection ………………… 8—63
Explanation of Wording in This Code ……………………………… 8—65
List of Quoted Standards ………………… 8—65
Addition: Explanation of Provisions ……………………… 8—66

1 总　则

1.0.1 为使混凝土结构的加固，做到技术可靠、安全适用、经济合理、确保质量，制定本规范。

1.0.2 本规范适用于房屋建筑和一般构筑物钢筋混凝土结构加固的设计。

1.0.3 混凝土结构加固前，应根据建筑物的种类，分别按现行国家标准《工业建筑可靠性鉴定标准》GB 50144 或《民用建筑可靠性鉴定标准》GB 50292 进行结构检测或鉴定。当与抗震加固结合进行时，尚应按现行国家标准《建筑抗震鉴定标准》GB 50023 或《工业构筑物抗震鉴定标准》GBJ 117 进行抗震能力鉴定。

1.0.4 混凝土结构加固的设计，除应符合本规范规定外，尚应符合国家现行有关标准的规定。

2 术语和符号

2.1 术　语

2.1.1 结构加固　strengthening of structure

对可靠性不足或业主要求提高可靠度的承重结构、构件及其相关部分采取增强、局部更换或调整其内力等措施，使其具有现行设计规范及业主所要求的安全性、耐久性和适用性。

2.1.2 原构件　existing structure member

实施加固前的原有构件。

2.1.3 重要结构　important structure

安全等级为一级的建筑物中的承重结构。

2.1.4 一般结构　general structure

安全等级为二级的建筑物中的承重结构。

2.1.5 重要构件　important structure member

其自身失效将影响或危及承重结构体系整体工作的承重构件。

2.1.6 一般构件　general structure member

其自身失效为孤立事件，不影响承重结构体系整体工作的承重构件。

2.1.7 增大截面加固法　structure member strengthening with increasing section area

增大原构件截面面积并增配钢筋，以提高其承载力和刚度，或改变其自振频率的一种直接加固法。

2.1.8 外包型钢加固法　structure member strengthening with externally wrapped shaped steel

对钢筋混凝土梁、柱外包型钢及钢缀板焊成的构架，以达到共同受力并使原构件受到约束作用的加固方法。

2.1.9 复合截面加固法　structure member strengthening with externally bonded reinforced material

通过采用结构胶粘剂粘接或高强聚合物改性水泥砂浆（以下简称聚合物砂浆）喷抹，将增强材料粘合于原构件的混凝土表面，使之形成具有整体性的复合截面，以提高其承载力和延性的一种直接加固法。根据增强材料的不同，可分为外粘型钢、外粘钢板、外粘纤维增强复合材料和外加钢丝绳网-聚合物砂浆面层等多种加固法。

2.1.10 绕丝加固法　structure member strengthening with wire wrapped

该法系通过缠绕退火钢丝使被加固的受压构件混凝土受到约束作用，从而提高其极限承载力和延性的一种直接加固法。

2.1.11 体外预应力加固法　structure member strengthening with externally applied prestressing

通过施加体外预应力，使原结构、构件的受力得到改善或调整的一种间接加固法。

2.1.12 植筋　embedded steel bar

以专用的结构胶粘剂将带肋钢筋或全螺纹螺杆种植于基材混凝土中的后锚固连接方法之一。

2.1.13 结构胶粘剂　structural adhesive

用于承重结构构件粘结的、能长期承受设计应力和环境作用的胶粘剂，简称结构胶。

2.1.14 纤维复合材　fibre reinforced polymer (FRP)

采用高强度的连续纤维按一定规则排列，经用胶粘剂浸渍、粘结固化后形成的具有纤维增强效应的复合材料，通称纤维复合材。

2.1.15 聚合物改性水泥砂浆　polymer modified cement mortar

以高分子聚合物为增强粘结性能的改性材料所配制而成的水泥砂浆。承重结构用的聚合物改性水泥砂浆除了应能改善其自身的物理力学性能外，还应能显著提高其锚固钢筋和粘结混凝土的能力。

2.1.16 有效截面面积　effective cross-sectional area

扣除孔洞、缺损、锈蚀层、风化层等削弱、失效部分后的截面。

2.1.17 加固设计使用年限　design working life for strengthening of existing structure or its member

加固设计规定的结构、构件加固后无需重新进行检测、鉴定即可按其预定目的使用的时间。

2.2 符　号

2.2.1 材料性能

E_{s0}——原构件钢筋弹性模量；

E_s——新增钢筋弹性模量；

E_a——新增型钢弹性模量；

E_{sp}——新增钢板弹性模量；

E_f——新增纤维复合材弹性模量；

f_{c0}——原构件混凝土轴心抗压强度设

计值；

f_{y0}、f'_{y0}——原构件钢筋抗拉、抗压强度设计值；

f_y、f'_y——新增钢筋抗拉、抗压强度设计值；

f_a、f'_a——新增型钢抗拉、抗压强度设计值；

f_{sp}、f'_{sp}——新增钢板抗拉、抗压强度设计值；

f_f——新增纤维复合材抗拉强度设计值；

$f_{f,v}$——纤维复合材与混凝土粘结强度设计值；

f_{bd}——结构胶粘剂粘结强度设计值；

f_{ud}——锚栓抗拉强度设计值；

ε_f——纤维复合材拉应变设计值；

ε_{fe}——纤维复合材环向围束有效拉应变设计值。

2.2.2 作用效应及承载力

M——构件加固后弯矩设计值；

M_{0k}——加固前受弯构件验算截面上原作用的初始弯矩标准值；

N——构件加固后轴向力设计值；

V——构件加固后剪力设计值；

σ_s——新增纵向钢筋受拉应力；

σ_{s0}——原构件纵向受拉钢筋或受压较小边钢筋的应力；

σ_a——新增型钢受拉肢或受压较小肢的应力；

ε_{f0}——纤维复合材滞后应变；

ω——构件挠度或预应力反拱。

2.2.3 几何参数

A_{s0}、A'_{s0}——原构件受拉区、受压区钢筋截面面积；

A_s、A'_s——新增构件受拉区、受压区钢筋截面面积；

A_{fe}——纤维复合材有效截面面积；

A_{cor}——环向围束内混凝土截面面积；

A_{sp}、A'_{sp}——新增受拉钢板、受压钢板截面面积；

A_a、A'_a——新增型钢受拉肢、受压肢截面面积；

D——钻孔直径；

h_0、h_{01}——构件加固后和加固前的截面有效高度；

h_w——构件截面的腹板高度；

h_n——受压区混凝土的置换深度；

h_{sp}——梁侧面粘贴钢箍板的竖向高度；

h_f——梁侧面粘贴纤维箍板的竖向高度；

h_{ef}——锚栓有效锚固深度；

l_s——植筋基本锚固深度；

l_d——植筋锚固深度设计值；

l_l——植筋受拉搭接长度。

2.2.4 计算系数

α_1——受压区混凝土矩形应力图的应力值与混凝土轴心抗压强度设计值的比值；

α_c——新增混凝土强度利用系数；

α_s——新增钢筋强度利用系数；

α_a——新增型钢强度利用系数；

α_{sp}——防止混凝土劈裂引用的计算系数；

β_c——混凝土强度影响系数；

β_1——矩形应力图受压区高度与中和轴高度的比值；

ψ——折减系数、修正系数或影响系数；

η——增大系数或提高系数。

3 基本规定

3.1 一般规定

3.1.1 混凝土结构经可靠性鉴定确认需要加固时，应根据鉴定结论和委托方提出的要求，按本规范的规定和业主的要求进行加固设计。加固设计的范围，可按整幢建筑物或其中某独立区段确定，也可按指定的结构、构件或连接确定，但均应考虑该结构的整体牢固性。

3.1.2 加固后混凝土结构的安全等级，应根据结构破坏后果的严重性、结构的重要性和加固设计使用年限，由委托方与设计方按实际情况共同商定。

3.1.3 混凝土结构的加固设计，应与实际施工方法紧密结合，采取有效措施，保证新增构件和部件与原结构连接可靠，新增截面与原截面粘结牢固，形成整体共同工作；并应避免对未加固部分，以及相关的结构、构件和地基基础造成不利的影响。

3.1.4 对高温、高湿、低温、冻融、化学腐蚀、振动、收缩应力、温度应力、地基不均匀沉降等影响因素引起的原结构损坏，应在加固设计中提出有效的防治对策，并按设计规定的顺序进行治理和加固。

3.1.5 混凝土结构的加固设计，应综合考虑其技术经济效果，避免不必要的拆除或更换。

3.1.6 对加固过程中可能出现倾斜、失稳、过大变形或坍塌的混凝土结构，应在加固设计文件中提出相应的临时性安全措施，并明确要求施工单位应严格执行。

3.1.7 混凝土结构的加固设计使用年限，应按下列原则确定：

1 结构加固后的使用年限，应由业主和设计单位共同商定；

2 当结构的加固材料中含有合成树脂或其他聚合物成分时，其结构加固后的使用年限宜按30年考虑；当业主要求结构加固后的使用年限为50年时，其所使用的胶和聚合物的粘结性能，应通过耐长期应力作用能力的检验；

3 使用年限到期后，当重新进行的可靠性鉴定认为该结构工作正常，仍可继续延长其使用年限；

4 对使用胶粘方法或掺有聚合物材料加固的结构、构件，尚应定期检查其工作状态；检查的时间间隔可由设计单位确定，但第一次检查时间不应迟于10年；

5 当为局部加固时，应考虑原建筑物剩余设计使用年限对结构加固后设计使用年限的影响。

3.1.8 设计应明确结构加固后的用途。在加固设计使用年限内，未经技术鉴定或设计许可，不得改变加固后结构的用途和使用环境。

3.2 设计计算原则

3.2.1 混凝土结构加固设计采用的结构分析方法，应符合现行国家标准《混凝土结构设计规范》GB 50010规定的结构分析基本原则，且应采用线弹性分析方法计算结构的作用效应。

3.2.2 加固混凝土结构时，应按下列规定进行承载能力极限状态和正常使用极限状态的设计、验算：

1 结构上的作用，应经调查或检测核实，并应按本规范附录A的规定和要求确定其标准值或代表值。

2 被加固结构、构件的作用效应，应按下列要求确定：

1）结构的计算图形，应符合其实际受力和构造状况；

2）作用组合的效应设计值和组合值系数以及作用的分项系数，应按现行国家标准《建筑结构荷载规范》GB 50009确定，并应考虑由于实际荷载偏心、结构变形、温度作用等造成的附加内力。

3 结构、构件的尺寸，对原有部分应根据鉴定报告采用原设计值或实测值；对新增部分，可采用加固设计文件给出的名义值。

4 原结构、构件的混凝土强度等级和受力钢筋抗拉强度标准值应按下列规定取值：

1）当原设计文件有效，且不怀疑结构有严重的性能退化时，可采用原设计的标准值；

2）当结构可靠性鉴定认为应重新进行现场检测时，应采用检测结果推定的标准值；

3）当原构件混凝土强度等级的检测受实际条件限制而无法取芯时，可采用回弹法检测，但其强度换算值应按本规范附录B的规定进行龄期修正，且仅可用于结构的加固设计。

5 加固材料的性能和质量，应符合本规范第4章的规定；其性能的标准值应按现行国家标准《工程结构加固材料安全性鉴定技术规范》GB 50728确定；其性能的设计值应按本规范第4章各相关节的规定采用。

6 验算结构、构件承载力时，应考虑原结构在加固时的实际受力状况，包括加固部分应变滞后的影响，以及加固部分与原结构共同工作程度。

7 加固后改变传力路线或使结构质量增大时，应对相关结构、构件及建筑物地基基础进行必要的验算。

3.2.3 抗震设防区结构、构件的加固，除应满足承载力要求外，尚应复核其抗震能力；不应存在因局部加强或刚度突变而形成的新薄弱部位。

3.2.4 为防止结构加固部分意外失效而导致的坍塌，在使用胶粘剂或其他聚合物的加固方法时，其加固设计除应按本规范的规定进行外，尚应对原结构进行验算。验算时，应要求原结构、构件能承担n倍恒载标准值的作用。当可变荷载（不含地震作用）标准值与永久荷载标准值之比值不大于1时，取$n=1.2$；当该比值等于或大于2时，取$n=1.5$；其间按线性内插法确定。

3.2.5 本规范的各种加固方法可用于结构的抗震加固，但具体采用时，尚应在设计、计算和构造上执行现行国家标准《建筑抗震设计规范》GB 50011和现行行业标准《建筑抗震加固技术规程》JGJ 116的规定。

3.3 加固方法及配合使用的技术

3.3.1 结构加固分为直接加固与间接加固两类，设计时，可根据实际条件和使用要求选择适宜的加固方法及配合使用的技术。

3.3.2 直接加固宜根据工程的实际情况选用增大截面加固法、置换混凝土加固法或复合截面加固法。

3.3.3 间接加固宜根据工程的实际情况选用体外预应力加固法、增设支点加固法、增设耗能支撑法或增设抗震墙法等。

3.3.4 与结构加固方法配合使用的技术应采用符合本规范规定的裂缝修补技术、锚固技术和阻锈技术。

4 材 料

4.1 混 凝 土

4.1.1 结构加固用的混凝土，其强度等级应比原结构、构件提高一级，且不得低于C20级；其性能和质量应符合现行国家标准《混凝土结构设计规范》GB 50010的规定。

4.1.2 结构加固用的混凝土，可使用商品混凝土，但所掺的粉煤灰应为Ⅰ级灰，且烧失量不应大于5%。

4.1.3 当结构加固工程选用聚合物混凝土、减缩混凝土、微膨胀混凝土、钢纤维混凝土、合成纤维混凝土或喷射混凝土时，应在施工前进行试配，经检验其性能符合设计要求后方可使用。

4.2 钢材及焊接材料

4.2.1 混凝土结构加固用的钢筋，其品种、质量和性能应符合下列规定：

1 宜选用 HRB335 级或 HPB300 级普通钢筋；当有工程经验时，可使用 HRB400 级钢筋；也可采用 HRB500 级和 HRBF500 级的钢筋。对体外预应力加固，宜使用 UPS15.2-1860 低松弛无粘结钢绞线。

2 钢筋和钢绞线的质量应分别符合现行国家标准《钢筋混凝土用钢 第 1 部分：热轧光圆钢筋》GB 1499.1、《钢筋混凝土用钢 第 2 部分：热轧带肋钢筋》GB 1499.2 和《无粘结预应力钢绞线》JG 161 的规定。

3 钢筋性能的标准值和设计值应按现行国家标准《混凝土结构设计规范》GB 50010 的规定采用。

4 不得使用无出厂合格证、无中文标志或未经进场检验的钢筋及再生钢筋。

4.2.2 混凝土结构加固用的钢板、型钢、扁钢和钢管，其品种、质量和性能应符合下列规定：

1 应采用 Q235 级或 Q345 级钢材；对重要结构的焊接构件，当采用 Q235 级钢，应选用 Q235-B 级钢；

2 钢材质量应分别符合现行国家标准《碳素结构钢》GB/T 700 和《低合金高强度结构钢》GB/T 1591 的规定；

3 钢材的性能设计值应按现行国家标准《钢结构设计规范》GB 50017 的规定采用；

4 不得使用无出厂合格证、无中文标志或未经进场检验的钢材。

4.2.3 当混凝土结构的后锚固件为植筋时，应使用热轧带肋钢筋，不得使用光圆钢筋。植筋用的钢筋，其质量应符合本规范第 4.2.1 条的规定。

4.2.4 当后锚固件为钢螺杆时，应采用全螺纹的螺杆，不得采用锚入部位无螺纹的螺杆。螺杆的钢材等级应为 Q345 级或 Q235 级；其质量应分别符合现行国家标准《低合金高强度结构钢》GB/T 1591 和《碳素结构钢》GB/T 700 的规定。

4.2.5 当承重结构的后锚固件为锚栓时，其钢材的性能指标必须符合表 4.2.5-1 或表 4.2.5-2 的规定。

表 4.2.5-1 碳素钢及合金钢锚栓的钢材抗拉性能指标

性能等级		4.8	5.8	6.8	8.8
锚栓钢材性能指标	抗拉强度标准值 f_{uk} (MPa)	400	500	600	800
	屈服强度标准值 f_{yk} (MPa)	320	400	480	640
	断后伸长率 δ_5 (%)	14	10	8	12

注：性能等级 4.8 表示：$f_{stk}=400$MPa；$f_{yk}/f_{stk}=0.8$。

表 4.2.5-2 不锈钢锚栓（奥氏体 A1、A2、A4、A5）的钢材性能指标

性能等级		50	70	80
螺纹公称直径 d (mm)		≤39	≤24	≤24
锚栓钢材性能指标	抗拉强度标准值 f_{uk} (MPa)	500	700	800
	屈服强度标准值 f_{yk} 或 $f_{s,0.2k}$ (MPa)	210	450	600
	伸长值 δ (mm)	$0.6d$	$0.4d$	$0.3d$

4.2.6 混凝土结构加固用的焊接材料，其型号和质量应符合下列规定：

1 焊条型号应与被焊接钢材的强度相适应；

2 焊条的质量应符合现行国家标准《非合金钢及细晶粒钢焊条》GB/T 5117 和《热强钢焊条》GB/T 5118 的规定；

3 焊接工艺应符合现行国家标准《钢结构焊接规范》GB 50661 和现行行业标准《钢筋焊接及验收规程》JGJ 18 的规定；

4 焊缝连接的设计原则及计算指标应符合现行国家标准《钢结构设计规范》GB 50017 的规定。

4.3 纤维和纤维复合材

4.3.1 纤维复合材的纤维必须为连续纤维，其品种和质量应符合下列规定：

1 承重结构加固用的碳纤维，应选用聚丙烯腈基不大于 15K 的小丝束纤维。

2 承重结构加固用的芳纶纤维，应选用饱和吸水率不大于 4.5%的对位芳香族聚酰胺长丝纤维。且经人工气候老化 5000h 后，1000MPa 应力作用下的蠕变值不应大于 0.15mm。

3 承重结构加固用的玻璃纤维，应选用高强度玻璃纤维、耐碱玻璃纤维或碱金属氧化物含量低于 0.8%的无碱玻璃纤维，严禁使用高碱的玻璃纤维和中碱的玻璃纤维。

4 承重结构加固工程，严禁采用预浸法生产的纤维织物。

4.3.2 结构加固用的纤维复合材的安全性能必须符合现行国家标准《工程结构加固材料安全性鉴定技术规范》GB 50728 的规定。

4.3.3 纤维复合材抗拉强度标准值，应根据置信水平为 0.99、保证率为 95%的要求确定。不同品种纤维复合材的抗拉强度标准值应按表 4.3.3 的规定采用。

表 4.3.3 纤维复合材抗拉强度标准值

品 种	等级或代号	抗拉强度标准值（MPa）	
		单向织物（布）	条形板
碳纤维复合材	高强度Ⅰ级	3400	2400
	高强度Ⅱ级	3000	2000
	高强度Ⅲ级	1800	—

续表 4.3.3

品　种	等级或代号	抗拉强度标准值（MPa）	
		单向织物（布）	条形板
芳纶纤维复合材	高强度Ⅰ级	2100	1200
	高强度Ⅱ级	1800	800
玻璃纤维复合材	高强玻璃纤维	2200	—
	无碱玻璃纤维、耐碱玻璃纤维	1500	—

4.3.4 不同品种纤维复合材的抗拉强度设计值，应分别按表 4.3.4-1、表 4.3.4-2 及表 4.3.4-3 采用。

表 4.3.4-1　碳纤维复合材抗拉强度设计值（MPa）

结构类别＼强度等级	单向织物（布）			条形板	
	高强度Ⅰ级	高强度Ⅱ级	高强度Ⅲ级	高强度Ⅰ级	高强度Ⅱ级
重要构件	1600	1400	—	1150	1000
一般构件	2300	2000	1200	1600	1400

注：L形板按高强度Ⅱ级条形板的设计值采用。

表 4.3.4-2　芳纶纤维复合材抗拉强度设计值（MPa）

结构类别＼强度等级	单向织物（布）		条形板	
	高强度Ⅰ级	高强度Ⅱ级	高强度Ⅰ级	高强度Ⅱ级
重要构件	960	800	560	480
一般构件	1200	1000	700	600

表 4.3.4-3　玻璃纤维复合材抗拉强度设计值（MPa）

纤维品种＼结构类别	单向织物（布）	
	重要构件	一般构件
高强玻璃纤维	500	700
无碱玻璃纤维、耐碱玻璃纤维	350	500

4.3.5 纤维复合材的弹性模量及拉应变设计值应按表 4.3.5 采用。

表 4.3.5　纤维复合材弹性模量及拉应变设计值

品　种＼性能项目		弹性模量（MPa）		拉应变设计值	
		单向织物	条形板	重要构件	一般构件
碳纤维复合材	高强度Ⅰ级	2.3×10^5	1.6×10^5	0.007	0.01
	高强度Ⅱ级	2.0×10^5	1.4×10^5		
	高强度Ⅲ级	1.8×10^5	—	—	—
芳纶纤维复合材	高强度Ⅰ级	1.1×10^5	0.7×10^5	0.008	0.01
	高强度Ⅱ级	0.8×10^5	0.6×10^5		
高强玻璃纤维复合材	代号S	0.7×10^5	—	0.007	0.01
无碱或耐碱玻璃纤维复合材	代号E、AR	0.5×10^5	—		

4.3.6 对符合安全性要求的纤维织物复合材或纤维复合板材，当与其他结构胶粘剂配套使用时，应对其抗拉强度标准值、纤维复合材与混凝土正拉粘结强度和层间剪切强度重新做适配性检验。

4.3.7 承重结构采用纤维织物复合材进行现场加固时，其织物的单位面积质量应符合表 4.3.7 的规定。

表 4.3.7　不同品种纤维复合材单位面积质量限值（g/m^2）

施工方法	碳纤维织物	芳纶纤维织物	玻璃纤维织物	
			高强玻璃纤维	无碱或耐碱玻璃纤维
现场手工涂布胶粘剂	≤300	≤450	≤450	≤600
现场真空灌注胶粘剂	≤450	≤650	≤550	≤750

4.3.8 当进行材料性能检验和加固设计时，纤维复合材截面面积的计算应符合下列规定：

1　纤维织物应按纤维的净截面面积计算。净截面面积取纤维织物的计算厚度乘以宽度。纤维织物的计算厚度应按其单位面积质量除以纤维密度确定。纤维密度应由厂商提供，并应出具独立检验或鉴定机构的抽样检测证明文件。

2　单向纤维预成型板应按不扣除树脂体积的板截面面积计算，即应按实测的板厚乘以宽度计算。

4.4　结构加固用胶粘剂

4.4.1 承重结构用的胶粘剂，宜按其基本性能分为A级胶和B级胶；对重要结构、悬挑构件、承受动力作用的结构、构件，应采用A级胶；对一般结构可采用A级胶或B级胶。

4.4.2 承重结构用的胶粘剂，必须进行粘结抗剪强度检验。检验时，其粘结抗剪强度标准值，应根据置信水平为 0.90、保证率为 95%的要求确定。

4.4.3 承重结构加固用的胶粘剂，包括粘贴钢板和纤维复合材，以及种植钢筋和锚栓的用胶，其性能均应符合国家标准《工程结构加固材料安全性鉴定技术规范》GB 50728－2011 第 4.2.2 条的规定。

4.4.4 承重结构加固工程中严禁使用不饱和聚酯树脂和醇酸树脂作为胶粘剂。

4.4.5 当结构锚固工程需采用快固结构胶时，其安全性能应符合表 4.4.5 的规定。

表 4.4.5　锚固型快固结构胶安全性能鉴定标准

检　验　项　目		性能要求	检验方法
胶体性能	劈裂抗拉强度（MPa）	≥8.5	GB 50728
	抗弯强度（MPa）	≥50，且不得呈碎裂状破坏	GB/T 2567
	抗压强度（MPa）	≥60.0	GB/T 2567

续表 4.4.5

<table>
<tr><td colspan="3">检 验 项 目</td><td>性能要求</td><td>检验方法</td></tr>
<tr><td rowspan="4">粘结能力</td><td colspan="2">钢对钢（钢套筒法）拉伸抗剪强度标准值</td><td>≥16.0</td><td>本规范附录C</td></tr>
<tr><td colspan="2">钢对钢（钢片单剪法）拉伸抗剪强度平均值</td><td>≥6.5</td><td>GB/T 7124</td></tr>
<tr><td rowspan="2">约束拉拔条件下带肋钢筋与混凝土粘结抗剪强度（MPa）</td><td>C30
Φ25
埋深 150mm</td><td>≥12.0</td><td rowspan="2">GB 50728</td></tr>
<tr><td>C60
Φ25
埋深 125mm</td><td>≥18.0</td></tr>
<tr><td colspan="3">经 90d 湿热老化后的钢套筒粘结抗剪强度降低率（%）</td><td><15</td><td>GB 50728</td></tr>
<tr><td colspan="3">经低周反复拉力作用后的试件粘结抗剪强度降低率（%）</td><td>≤50</td><td>本规范附录D</td></tr>
</table>

注：1 快固结构胶系指在16℃～25℃环境中，其固化时间不超过45min的胶粘剂，且应按A级的要求采用；

2 检验抗剪强度标准值时，取强度保证率为95%；置信水平为0.90，试件数量不应少于15个；

3 当快固结构胶用于锚栓连接时，不需做钢片单剪法的抗剪强度检验。

4.5 钢 丝 绳

4.5.1 采用钢丝绳网-聚合物砂浆面层加固钢筋混凝土结构、构件时，其钢丝绳的选用应符合下列规定：

1 重要结构、构件，或结构处于腐蚀介质环境、潮湿环境和露天环境时，应选用高强度不锈钢丝绳制作的网片；

2 处于正常温、湿度环境中的一般结构、构件，可采用高强度镀锌钢丝绳制作的网片，但应采取有效的阻锈措施。

4.5.2 制绳用的钢丝应符合下列规定：

1 当采用高强度不锈钢丝时，应采用碳含量不大于0.15%及硫、磷含量不大于0.025%的优质不锈钢制丝；

2 当采用高强度镀锌钢丝时，应采用硫、磷含量均不大于0.03%的优质碳素结构钢制丝；其锌层重量及镀锌质量应符合国家现行标准《钢丝镀锌层》YB/T 5357对AB级的规定。

4.5.3 钢丝绳的抗拉强度标准值（f_{rtk}）应按其极限抗拉强度确定，且应具有不小于95%的保证率以及不低于90%的置信水平。

4.5.4 不锈钢丝绳和镀锌钢丝绳的强度标准值和设计值应按表4.5.4采用。

表 4.5.4 高强钢丝绳抗拉强度设计值（MPa）

<table>
<tr><td rowspan="2">种 类</td><td rowspan="2">符号</td><td colspan="3">高强不锈钢丝绳</td><td colspan="3">高强镀锌钢丝绳</td></tr>
<tr><td>钢丝绳公称直径（mm）</td><td>抗拉强度标准值 f_{tk}</td><td>抗拉强度设计值 f_{rw}</td><td>钢丝绳公称直径（mm）</td><td>抗拉强度标准值 f_{tk}</td><td>抗拉强度设计值 f_{rw}</td></tr>
<tr><td>6×7+IWS</td><td>ϕ^r</td><td>2.4～4.0</td><td>1600</td><td>1200</td><td>2.5～4.5</td><td>1650</td><td>1100</td></tr>
<tr><td>1×19</td><td>ϕ^s</td><td>2.5</td><td>1470</td><td>1100</td><td>2.5</td><td>1580</td><td>1050</td></tr>
</table>

4.5.5 高强度不锈钢丝绳和高强度镀锌钢丝绳的弹性模量及拉应变设计值应按表4.5.5采用。

表 4.5.5 高强钢丝绳弹性模量及拉应变设计值

<table>
<tr><td colspan="2">类 别</td><td>弹性模量设计值 E_{rw}（MPa）</td><td>拉应变设计值 ε_{rw}</td></tr>
<tr><td rowspan="2">不锈钢丝绳</td><td>6×7+IWS</td><td>1.2×10^5</td><td>0.01</td></tr>
<tr><td>1×19</td><td>1.1×10^5</td><td>0.01</td></tr>
<tr><td rowspan="2">镀锌钢丝绳</td><td>6×7+IWS</td><td>1.4×10^5</td><td>0.008</td></tr>
<tr><td>1×19</td><td>1.3×10^5</td><td>0.008</td></tr>
</table>

4.5.6 结构加固用钢丝绳的内部和表面严禁涂有油脂。

4.6 聚合物改性水泥砂浆

4.6.1 采用钢丝绳网-聚合物改性水泥砂浆（以下简称聚合物砂浆）面层加固钢筋混凝土结构时，其聚合物品种的选用应符合下列规定：

1 对重要结构的加固，应选用改性环氧类聚合物配制；

2 对一般结构的加固，可选用改性环氧类、改性丙烯酸酯类、改性丁苯类或改性氯丁类聚合物乳液配制；

3 不得使用聚乙烯醇类、氯偏类、苯丙类聚合物以及乙烯-醋酸乙烯共聚物配制；

4 在结构加固工程中不得使用聚合物成分及主要添加剂成分不明的任何型号聚合物砂浆；不得使用未提供安全数据清单的任何品种聚合物；也不得使用在产品说明书规定的储存期内已发生分相现象的乳液。

4.6.2 承重结构用的聚合物砂浆分为Ⅰ级和Ⅱ级，应分别按下列规定采用：

1 板和墙的加固：

1）当原构件混凝土强度等级为C30～C50时，应采用Ⅰ级聚合物砂浆；

2）当原构件混凝土强度等级为C25及其以下时，可采用Ⅰ级或Ⅱ级聚合物砂浆。

2 梁和柱的加固，均应采用Ⅰ级聚合物砂浆。

4.6.3 Ⅰ级和Ⅱ级聚合物砂浆的安全性能应分别符合现行国家标准《工程结构加固材料安全性鉴定技术规范》GB 50728 的规定。

4.7 阻 锈 剂

4.7.1 既有混凝土结构钢筋的防锈，宜按本规范附录E的规定采用喷涂型阻锈剂。承重构件应采用烷氧基类或氨基类喷涂型阻锈剂。

4.7.2 喷涂型阻锈剂的质量应符合表 4.7.2 的规定。

表 4.7.2 喷涂型阻锈剂的质量

烷氧基类阻锈剂		氨基类阻锈剂	
检验项目	合格指标	检验项目	合格指标
外观	透明、琥珀色液体	外观	透明、微黄色液体
浓度	0.88g/mL	密度（20℃时）	1.13g/mL
pH值	10～11	pH值	10～12
黏度（20℃时）	0.95mPa·s	黏度（20℃时）	25mPa·s
烷氧基复合物含量	≥98.9%	氨基复合物含量	>15%
硅氧烷含量	≤0.3%	氯离子 Cl^-	无
挥发性有机物含量	<400g/L	挥发性有机物含量	<200g/L

4.7.3 喷涂型阻锈剂的性能应符合表 4.7.3 的规定。

表 4.7.3 喷涂型阻锈剂的性能指标

检验项目	合格指标	检验方法标准
氯离子含量降低率	≥90%	JTJ 275-2000
盐水浸渍试验	无锈蚀，且电位为0～-250mV	YB/T 9231-2009
干湿冷热循环试验	60次，无锈蚀	YB/T 9231-2009
电化学试验	电流应小于150μA，且破样检查无锈蚀	YBJ 222
现场锈蚀电流检测	喷涂150d后现场测定的电流降低率≥80%	GB 50550-2010

注：对亲水性的阻锈剂，宜在增喷附加涂层后测定其氯离子含量降低率。

4.7.4 对掺加氯盐、使用除冰盐或海砂，以及受海水浸蚀的混凝土承重结构加固时，应采用喷涂型阻锈剂，并在构造上采取措施进行补救。

4.7.5 对混凝土承重结构破损部位的修复，可在新浇的混凝土中使用掺入型阻锈剂；但不得使用以亚硝酸盐为主成分的阳极型阻锈剂。

5 增大截面加固法

5.1 设 计 规 定

5.1.1 本方法适用于钢筋混凝土受弯和受压构件的加固。

5.1.2 采用本方法时，按现场检测结果确定的原构件混凝土强度等级不应低于C13。

5.1.3 当被加固构件界面处理及其粘结质量符合本规范规定时，可按整体截面计算。

5.1.4 采用增大截面加固钢筋混凝土结构构件时，其正截面承载力应按现行国家标准《混凝土结构设计规范》GB 50010 的基本假定进行计算。

5.1.5 采用增大截面加固法对混凝土结构进行加固时，应采取措施卸除或大部分卸除作用在结构上的活荷载。

5.2 受弯构件正截面加固计算

5.2.1 采用增大截面加固受弯构件时，应根据原结构构造和受力的实际情况，选用在受压区或受拉区增设现浇钢筋混凝土外加层的加固方式。

5.2.2 当仅在受压区加固受弯构件时，其承载力、抗裂度、钢筋应力、裂缝宽度及挠度的计算和验算，可按现行国家标准《混凝土结构设计规范》GB 50010 关于叠合式受弯构件的规定进行。当验算结果表明，仅需增设混凝土叠合层即可满足承载力要求时，也应按构造要求配置受压钢筋和分布钢筋。

5.2.3 当在受拉区加固矩形截面受弯构件时（图 5.2.3），其正截面受弯承载力应按下列公式确定：

$$M \leqslant \alpha_s f_y A_s \left(h_0 - \frac{x}{2}\right) + f_{y0} A_{s0} \left(h_{01} - \frac{x}{2}\right) + f'_{y0} A'_{s0} \left(\frac{x}{2} - a'\right) \quad (5.2.3\text{-}1)$$

$$\alpha_1 f_{c0} b x = f_{y0} A_{s0} + \alpha_s f_y A_s - f'_{y0} A'_{s0} \quad (5.2.3\text{-}2)$$

$$2a' \leqslant x \leqslant \xi_b h_0 \quad (5.2.3\text{-}3)$$

式中：M——构件加固后弯矩设计值（kN·m）；

α_s——新增钢筋强度利用系数，取 $\alpha_s = 0.9$；

f_y——新增钢筋的抗拉强度设计值（N/mm^2）；

A_s——新增受拉钢筋的截面面积（mm^2）；

h_0、h_{01}——构件加固后和加固前的截面有效高度（mm）；

x——混凝土受压区高度（mm）；

f_{y0}、f'_{y0}——原钢筋的抗拉、抗压强度设计值（N/mm^2）；

A_{s0}、A'_{s0}——原受拉钢筋和原受压钢筋的截面面积（mm^2）；

a'——纵向受压钢筋合力点至混凝土受压区边缘的距离（mm）；

α_1——受压区混凝土矩形应力图的应力值与混凝土轴心抗压强度设计值的比值；当混凝土强度等级不超过C50时，取 $\alpha_1 = 1.0$；当混凝土强度等级为C80时，取 $\alpha_1 = 0.94$；其间按线性内插法确定；

f_{c0}——原构件混凝土轴心抗压强度设计值（N/mm^2）；

b——矩形截面宽度（mm）；

ξ_b——构件增大截面加固后的相对界限受压区高度，按本规范第5.2.4条的规定计算。

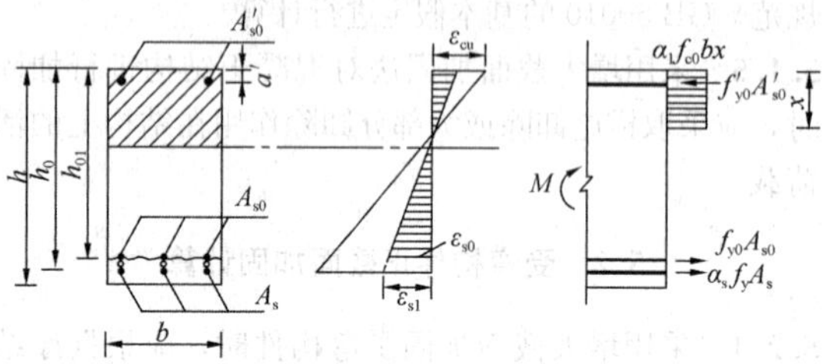

图5.2.3　矩形截面受弯构件正截面加固计算简图

5.2.4　受弯构件增大截面加固后的相对界限受压区高度 ξ_b，应按下列公式确定：

$$\xi_b = \frac{\beta_1}{1+\dfrac{\alpha_s f_y}{\varepsilon_{cu} E_s}+\dfrac{\varepsilon_{s1}}{\varepsilon_{cu}}} \quad (5.2.4\text{-}1)$$

$$\varepsilon_{s1} = \left(1.6\frac{h_0}{h_{01}} - 0.6\right)\varepsilon_{s0} \quad (5.2.4\text{-}2)$$

$$\varepsilon_{s0} = \frac{M_{0k}}{0.85 h_{01} A_{s0} E_{s0}} \quad (5.2.4\text{-}3)$$

式中：β_1——计算系数，当混凝土强度等级不超过C50时，β_1 值取为0.80；当混凝土强度等级为C80时，β_1 值取为0.74，其间按线性内插法确定；

ε_{cu}——混凝土极限压应变，取 $\varepsilon_{cu}=0.0033$；

ε_{s1}——新增钢筋位置处，按平截面假设确定的初始应变值；当新增主筋与原主筋的连接采用短钢筋焊接时，可近似取 $h_{01}=h_0$，$\varepsilon_{s1}=\varepsilon_{s0}$；

M_{0k}——加固前受弯构件验算截面上原作用的弯矩标准值；

ε_{s0}——加固前，在初始弯矩 M_{0k} 作用下原受拉钢筋的应变值。

5.2.5　当按公式（5.2.3-1）及（5.2.3-2）算得的加固后混凝土受压区高度 x 与加固前原截面有效高度 h_{01} 之比 x/h_{01} 大于原截面相对界限受压区高度 ξ_{b0} 时，应考虑原纵向受拉钢筋应力 σ_{s0} 尚达不到 f_{y0} 的情况。此时，应将上述两公式中的 f_{y0} 改为 σ_{s0}，并重新进行验算。验算时，σ_{s0} 值可按下式确定：

$$\sigma_{s0} = \left(\frac{0.8h_{01}}{x} - 1\right)\varepsilon_{cu} E_s \leqslant f_{y0} \quad (5.2.5)$$

5.2.6　对翼缘位于受压区的T形截面受弯构件，其受拉区增设现浇配筋混凝土层的正截面受弯承载力，应按本规范第5.2.3条至第5.2.5条的计算原则和现行国家标准《混凝土结构设计规范》GB 50010关于T形截面受弯承载力的规定进行计算。

5.3　受弯构件斜截面加固计算

5.3.1　受弯构件加固后的斜截面应符合下列条件：

1　当 $h_w/b \leqslant 4$ 时

$$V \leqslant 0.25\beta_c f_c b h_0 \quad (5.3.1\text{-}1)$$

2　当 $h_w/b \geqslant 6$ 时

$$V \leqslant 0.20\beta_c f_c b h_0 \quad (5.3.1\text{-}2)$$

3　当 $4 < h_w/b < 6$ 时，按线性内插法确定。

式中：V——构件加固后剪力设计值（kN）；

β_c——混凝土强度影响系数；按现行国家标准《混凝土结构设计规范》GB 50010的规定值采用；

b——矩形截面的宽度或T形、I形截面的腹板宽度（mm）；

h_w——截面的腹板高度(mm)；对矩形截面，取有效高度；对T形截面，取有效高度减去翼缘高度；对I形截面，取腹板净高。

5.3.2　采用增大截面法加固受弯构件时，其斜截面受剪承载力应符合下列规定：

1　当受拉区增设配筋混凝土层，并采用U形箍与原箍筋逐个焊接时：

$$V \leqslant \alpha_{cv}\left[f_{t0} b h_{01} + \alpha_c f_t b (h_0 - h_{01})\right] + f_{yv0}\frac{A_{sv0}}{s_0} h_0 \quad (5.3.2\text{-}1)$$

2　当增设钢筋混凝土三面围套，并采用加锚式或胶锚式箍筋时：

$$V \leqslant \alpha_{cv}(f_{t0} b h_{01} + \alpha_c f_t A_c) + \alpha_s f_{yv}\frac{A_{sv}}{s} h_0 + f_{yv0}\frac{A_{sv0}}{s_0} h_{01} \quad (5.3.2\text{-}2)$$

式中：α_{cv}——斜截面混凝土受剪承载力系数，对一般受弯构件取0.7；对集中荷载作用下（包括作用有多种荷载，其中集中荷载对支座截面或节点边缘所产生的剪力值占总剪力的75%以上的情况）的独立梁，取 α_{cv} 为 $\frac{1.75}{\lambda+1}$，λ 为计算截面的剪跨比，可取 λ 等于 a/h_0，当 λ 小于1.5时，取1.5；当 λ 大于3时，取3；a 为集中荷载作用点至支座截面或节点边缘的距离；

α_c——新增混凝土强度利用系数，取 $\alpha_c=0.7$；

f_t、f_{t0}——新、旧混凝土轴心抗拉强度设计值（N/mm^2）；

A_c——三面围套新增混凝土截面面积（mm^2）；

α_s——新增箍筋强度利用系数，取 $\alpha_s=0.9$；

f_{yv}、f_{yv0}——新箍筋和原箍筋的抗拉强度设计值（N/mm^2）；

A_{sv}、A_{sv0}——同一截面内新箍筋各肢截面面积之和及原箍筋各肢截面面积之和（mm^2）；

s、s_0——新增箍筋或原箍筋沿构件长度方向的间距（mm）。

5.4 受压构件正截面加固计算

5.4.1 采用增大截面加固钢筋混凝土轴心受压构件（图 5.4.1）时，其正截面受压承载力应按下式确定：

$$N \leqslant 0.9\varphi\left[f_{c0}A_{c0}+f'_{y0}A'_{s0}+\alpha_{s}(f_{c}A_{c}+f'_{y}A'_{s})\right] \tag{5.4.1}$$

式中：N——构件加固后的轴向压力设计值（kN）；

φ——构件稳定系数，根据加固后的截面尺寸，按现行国家标准《混凝土结构设计规范》GB 50010 的规定值采用；

A_{c0}、A_{c}——构件加固前混凝土截面面积和加固后新增部分混凝土截面面积（mm^2）；

f'_{y}、f'_{y0}——新增纵向钢筋和原纵向钢筋的抗压强度设计值（N/mm^2）；

A'_{s}——新增纵向受压钢筋的截面面积（mm^2）；

α_{cs}——综合考虑新增混凝土和钢筋强度利用程度的降低系数，取 α_{cs} 值为 0.8。

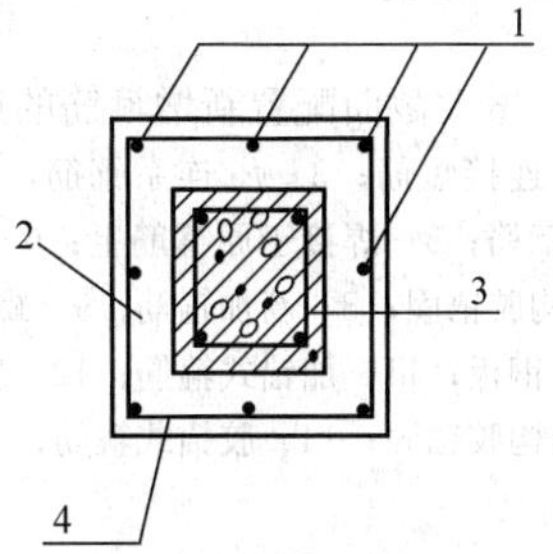

图 5.4.1 轴心受压构件增大截面加固

1—新增纵向受力钢筋；2—新增截面；3—原柱截面；4—新加箍筋

5.4.2 采用增大截面加固钢筋混凝土偏心受压构件时，其矩形截面正截面承载力应按下列公式确定（图 5.4.2）：

$$N \leqslant \alpha_1 f_{cc}bx+0.9f'_{y}A'_{s}+f'_{y0}A'_{s0}-\sigma_{s}A_{s}-\sigma_{s0}A_{s0} \tag{5.4.2-1}$$

$$Ne \leqslant \alpha_1 f_{cc}bx\left(h_0-\frac{x}{2}\right)+0.9f'_{y}A'_{s}(h_0-a'_{s})+f'_{y0}A'_{s0}(h_0-a'_{s0})-\sigma_{s0}A_{s0}(a_{s0}-a_{s}) \tag{5.4.2-2}$$

$$\sigma_{s0}=\left(\frac{0.8h_{01}}{x}-1\right)E_{s0}\varepsilon_{cu} \leqslant f_{y0} \tag{5.4.2-3}$$

$$\sigma_{s}=\left(\frac{0.8h_{0}}{x}-1\right)E_{s}\varepsilon_{cu} \leqslant f_{y} \tag{5.4.2-4}$$

式中：f_{cc}——新旧混凝土组合截面的混凝土轴心抗压强度设计值（N/mm^2），可近似按 $f_{cc}=\frac{1}{2}(f_{c0}+0.9f_{c})$ 确定；若有可靠试验数据，也可按试验结果确定；

f_{c}、f_{c0}——分别为新旧混凝土轴心抗压强度设计值（N/mm^2）；

σ_{s0}——原构件受拉边或受压较小边纵向钢筋应力，当为小偏心受压构件时，图中 σ_{s0} 可能变向；当算得 $\sigma_{s0}>f_{y0}$ 时，取 $\sigma_{s0}=f_{y0}$；

σ_{s}——受拉边或受压较小边的新增纵向钢筋应力（N/mm^2）；当算得 $\sigma_{s}>f_{y}$ 时，取 $\sigma_{s}=f_{y}$；

A_{s0}——原构件受拉边或受压较小边纵向钢筋截面面积（mm^2）；

A'_{s0}——原构件受压较大边纵向钢筋截面面积（mm^2）；

e——偏心距，为轴向压力设计值 N 的作用点至纵向受拉钢筋合力点的距离，按本节第 5.4.3 条确定（mm）；

a_{s0}——原构件受拉边或受压较小边纵向钢筋合力点到加固后截面近边的距离（mm）；

a'_{s0}——原构件受压较大边纵向钢筋合力点到加固后截面近边的距离（mm）；

a_{s}——受拉边或受压较小边新增纵向钢筋合力点至加固后截面近边的距离（mm）；

a'_{s}——受压较大边新增纵向钢筋合力点至加固后截面近边的距离（mm）；

h_0——受拉边或受压较小边新增纵向钢筋合力点至加固后截面受压较大边缘的距离（mm）；

h_{01}——原构件截面有效高度（mm）。

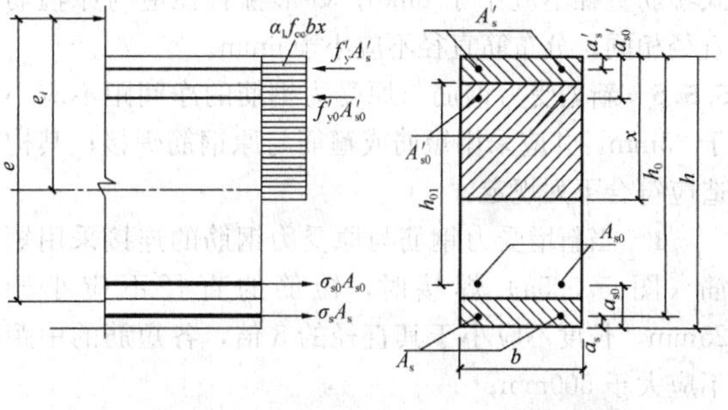

图 5.4.2 矩形截面偏心受压构件加固的计算

5.4.3 轴向压力作用点至纵向受拉钢筋的合力作用点的距离（偏心距）e，应按下列规定确定：

$$e=e_{i}+\frac{h}{2}-a \tag{5.4.3-1}$$

$$e_{i}=e_0+e_{a} \tag{5.4.3-2}$$

式中：e_{i}——初始偏心距；

a——纵向受拉钢筋的合力点至截面近边缘的距离；

e_0——轴向压力对截面重心的偏心距，取为 M/N；当需要考虑二阶效应时，M 应按国家标准《混凝土结构设计规范》GB 50010—2010 第 6.2.4 条规定的 $C_{m}\eta_{ns}M_2$，乘以修正系数 ψ 确定，即取 M 为 $\psi C_{m}\eta_{ns}M_2$；

ψ——修正系数，当为对称形式加固时，取 ψ 为 1.2；当为非对称加固时，取 ψ 为 1.3；

e_a——附加偏心距，按偏心方向截面最大尺寸 h 确定；当 $h \leqslant 600\text{mm}$ 时，取 e_a 为 20mm；当 $h > 600\text{mm}$ 时，取 $e_a = h/30$。

5.5 构造规定

5.5.1 采用增大截面加固法时，新增截面部分，可用现浇混凝土、自密实混凝土或喷射混凝土浇筑而成，也可用掺有细石混凝土的水泥基灌浆料灌注而成。

5.5.2 采用增大截面加固法时，原构件混凝土表面应经处理，设计文件应对所采用的界面处理方法和处理质量提出要求。一般情况下，除混凝土表面应予打毛外，尚应采取涂刷结构界面胶、种植剪切销钉或增设剪力键等措施，以保证新旧混凝土共同工作。

5.5.3 新增混凝土层的最小厚度，板不应小于 40mm；梁、柱，采用现浇混凝土、自密实混凝土或灌浆料施工时，不应小于 60mm，采用喷射混凝土施工时，不应小于 50mm。

5.5.4 加固用的钢筋，应采用热轧钢筋。板的受力钢筋直径不应小于 8mm；梁的受力钢筋直径不应小于 12mm；柱的受力钢筋直径不应小于 14mm；加锚式箍筋直径不应小于 8mm；U 形箍直径应与原箍筋直径相同；分布筋直径不应小于 6mm。

5.5.5 新增受力钢筋与原受力钢筋的净间距不应小于 25mm，并应采用短筋或箍筋与原钢筋焊接；其构造应符合下列规定：

1 当新增受力钢筋与原受力钢筋的连接采用短筋（图 5.5.5a）焊接时，短筋的直径不应小于 25mm，长度不应小于其直径的 5 倍，各短筋的中距不应大于 500mm；

2 当截面受拉区一侧加固时，应设置 U 形箍筋（图 5.5.5b），U 形箍筋应焊在原有箍筋上，单面焊的焊缝长度应为箍筋直径的 10 倍，双面焊的焊缝长度应为箍筋直径的 5 倍；

3 当用混凝土围套加固时，应设置环形箍筋或加锚式箍筋（图 5.5.5d 或 e）；

4 当受构造条件限制而需采用植筋方式埋设 U 形箍（图 5.5.5c）时，应采用锚固型结构胶种植，不得采用未改性的环氧类胶粘剂和不饱和聚酯类的胶粘剂种植，也不得采用无机锚固剂（包括水泥基灌浆料）种植。

5.5.6 梁的新增纵向受力钢筋，其两端应可靠锚固；柱的新增纵向受力钢筋的下端应伸入基础并应满足锚固要求；上端应穿过楼板与上层柱脚连接或在屋面板处封顶锚固。

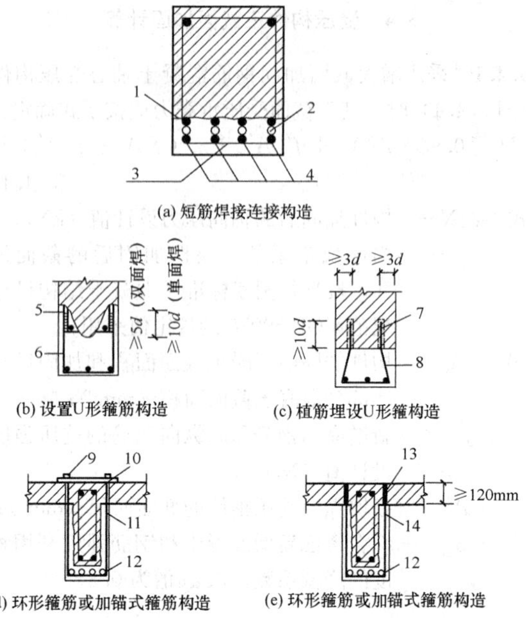

图 5.5.5 增大截面配置新增箍筋的连接构造

1—原钢筋；2—连接短筋；3—ϕ6 连系钢筋，对应在原箍筋位置；4—新增钢筋；5—焊接于原箍筋上；6—新加 U 形箍；7—植箍筋用结构胶锚固；8—新加箍筋；9—螺栓，螺帽拧紧后加点焊；10—钢板；11—加锚式箍筋；12—新增受力钢筋；13—孔中用结构胶锚固；14—胶锚式箍筋；d—箍筋直径

6 置换混凝土加固法

6.1 设计规定

6.1.1 本方法适用于承重构件受压区混凝土强度偏低或有严重缺陷的局部加固。

6.1.2 采用本方法加固梁式构件时，应对原构件加以有效的支顶。当采用本方法加固柱、墙等构件时，应对原结构、构件在施工全过程中的承载状态进行验算、观测和控制，置换界面处的混凝土不应出现拉应力，当控制有困难，应采取支顶等措施进行卸荷。

6.1.3 采用本方法加固混凝土结构构件时，其非置换部分的原构件混凝土强度等级，按现场检测结果不应低于该混凝土结构建造时规定的强度等级。

6.1.4 当混凝土结构构件置换部分的界面处理及其施工质量符合本规范的要求时，其结合面可按整体受力计算。

6.2 加固计算

6.2.1 当采用置换法加固钢筋混凝土轴心受压构件时，其正截面承载力应符合下式规定：

$$N \leqslant 0.9\varphi(f_{c0}A_{c0} + \alpha_c f_c A_c + f'_{y0}A'_{s0}) \tag{6.2.1}$$

式中：N——构件加固后的轴向压力设计值（kN）；

φ——受压构件稳定系数，按现行国家标准《混凝土结构设计规范》GB 50010 的规定值采用；

α_c——置换部分新增混凝土的强度利用系数，当置换过程无支顶时，取 $\alpha_c=0.8$；当置换过程采取有效的支顶措施时，取 $\alpha_c=1.0$；

f_{c0}、f_c——分别为原构件混凝土和置换部分新混凝土的抗压强度设计值（N/mm²）；

A_{c0}、A_c——分别为原构件截面扣去置换部分后的剩余截面面积和置换部分的截面面积（mm²）。

6.2.2 当采用置换法加固钢筋混凝土偏心受压构件时，其正截面承载力应按下列两种情况分别计算：

1 压区混凝土置换深度 $h_n \geqslant x_n$，按新混凝土强度等级和现行国家标准《混凝土结构设计规范》GB 50010 的规定进行正截面承载力计算。

2 压区混凝土置换深度 $h_n < x_n$，其正截面承载力应符合下列公式规定：

$$N \leqslant \alpha_1 f_c b h_n + \alpha_1 f_{c0} b (x_n - h_n) + f'_{y0} A'_{s0} - \sigma_{s0} A_{s0} \tag{6.2.2-1}$$

$$Ne \leqslant \alpha_1 f_c b h_n h_{0n} + \alpha_1 f_{c0} b (x_n - h_n) h_{00} + f'_{y0} A'_{s0} (h_0 - a'_s) \tag{6.2.2-2}$$

式中：N——构件加固后轴向压力设计值（kN）；

e——轴向压力作用点至受拉钢筋合力点的距离（mm）；

f_c——构件置换用混凝土抗压强度设计值（N/mm²）；

f_{c0}——原构件混凝土的抗压强度设计值（N/mm²）；

x_n——加固后混凝土受压区高度（mm）；

h_n——受压区混凝土的置换深度（mm）；

h_0——纵向受拉钢筋合力点至受压区边缘的距离（mm）；

h_{0n}——纵向受拉钢筋合力点至置换混凝土形心的距离（mm）；

h_{00}——受拉区纵向钢筋合力点至原混凝土（$x_n - h_n$）部分形心的距离（mm）；

A_{s0}、A'_{s0}——分别为原构件受拉区、受压区纵向钢筋的截面面积（mm²）；

b——矩形截面的宽度（mm）；

a'_s——纵向受压钢筋合力点至截面近边的距离（mm）；

f'_{y0}——原构件纵向受压钢筋的抗压强度设计值（N/mm²）；

σ_{s0}——原构件纵向受拉钢筋的应力（N/mm²）。

6.2.3 当采用置换法加固钢筋混凝土受弯构件时，其正截面承载力应按下列两种情况分别计算：

1 压区混凝土置换深度 $h_n \geqslant x_n$，按新混凝土强度等级和现行国家标准《混凝土结构设计规范》GB 50010 的规定进行正截面承载力计算。

2 压区混凝土置换深度 $h_n < x_n$，其正截面承载力应按下列公式计算：

$$M \leqslant \alpha_1 f_c b h_n h_{0n} + \alpha_1 f_{c0} b (x_n - h_n) h_{00} + f'_{y0} A'_{s0} (h_0 - a'_s) \tag{6.2.3-1}$$

$$\alpha_1 f_c b h_n + \alpha_1 f_{c0} b (x_n - h_n) = f_{y0} A_{s0} - f'_{y0} A'_{s0} \tag{6.2.3-2}$$

式中：M——构件加固后的弯矩设计值（kN·m）；

f_{y0}、f'_{y0}——原构件纵向钢筋的抗拉、抗压强度设计值（N/mm²）。

6.3 构 造 规 定

6.3.1 置换用混凝土的强度等级应比原构件混凝土提高一级，且不应低于 C25。

6.3.2 混凝土的置换深度，板不应小于 40mm；梁、柱，采用人工浇筑时，不应小于 60mm，采用喷射法施工时，不应小于 50mm。置换长度应按混凝土强度和缺陷的检测及验算结果确定，但对非全长置换的情况，其两端应分别延伸不小于 100mm 的长度。

6.3.3 梁的置换部分应位于构件截面受压区内，沿整个宽度剔除（图 6.3.3a），或沿部分宽度对称剔除（图 6.3.3b），但不得仅剔除截面的一隅（图 6.3.3c）。

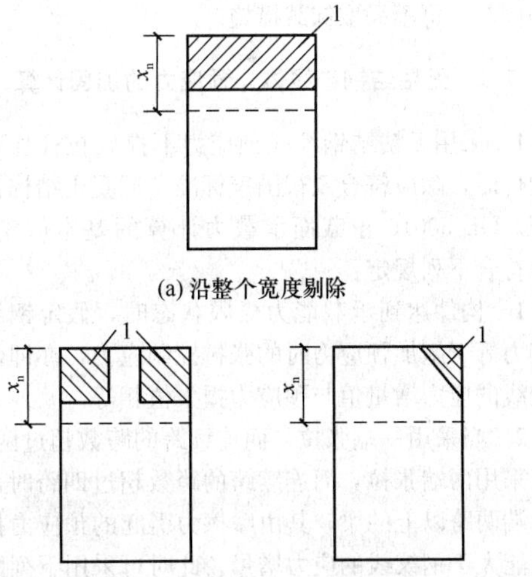

(a) 沿整个宽度剔除

(b) 沿部分宽度对称剔除　　(c) 不得仅剔除截面一隅

图 6.3.3　梁置换混凝土的剔除部位

1—剔除区；x_n—受压区高度

6.3.4 置换范围内的混凝土表面处理，应符合现行国家标准《建筑结构加固工程施工质量验收规范》GB 50550 的规定；对既有结构，旧混凝土表面尚应涂刷界面胶，以保证新旧混凝土的协同工作。

7 体外预应力加固法

7.1 设计规定

7.1.1 本方法适用于下列钢筋混凝土结构构件的加固：

1 以无粘结钢绞线为预应力下撑式拉杆时，宜用于连续梁和大跨简支梁的加固；

2 以普通钢筋为预应力下撑式拉杆时，宜用于一般简支梁的加固；

3 以型钢为预应力撑杆时，宜用于柱的加固。

7.1.2 本方法不适用于素混凝土构件（包括纵向受力钢筋一侧配筋率小于0.2%的构件）的加固。

7.1.3 采用体外预应力方法对钢筋混凝土结构、构件进行加固时，其原构件的混凝土强度等级不宜低于C20。

7.1.4 采用本方法加固混凝土结构时，其新增的预应力拉杆、锚具、垫板、撑杆、缀板以及各种紧固件等均应进行可靠的防锈蚀处理。

7.1.5 采用本方法加固的混凝土结构，其长期使用的环境温度不应高于60℃。

7.1.6 当被加固构件的表面有防火要求时，应按现行国家标准《建筑设计防火规范》GB 50016规定的耐火等级及耐火极限要求，对预应力杆件及其连接进行防护。

7.1.7 采用体外预应力加固法对钢筋混凝土结构进行加固时，可不采取卸载措施。

7.2 无粘结钢绞线体外预应力的加固计算

7.2.1 采用无粘结钢绞线预应力下撑式拉杆加固受弯构件时，除应符合现行国家标准《混凝土结构设计规范》GB 50010正截面承载力计算的基本假定外，尚应符合下列规定：

1 构件达到承载能力极限状态时，假定钢绞线的应力等于施加预应力时的张拉控制应力，亦即假定钢绞线的应力增量值与预应力损失值相等。

2 当采用一端张拉，而连续跨的跨数超过两跨；或当采用两端张拉，而连续跨的跨数超过四跨时，距张拉端两跨以上的梁，其由摩擦力引起的预应力损失有可能大于钢绞线的应力增量。此时可采用下列两种方法加以弥补：

1）方法一：在跨中设置拉紧螺栓，采用横向张拉的方法补足预应力损失值；

2）方法二：将钢绞线的张拉预应力提高至$0.75f_{ptk}$，计算时仍按$0.70f_{ptk}$取值。

3 无粘结钢绞线体外预应力产生的纵向压力在计算中不予计入，仅作为安全储备。

4 在达到受弯承载力极限状态前，无粘结钢绞线锚固可靠。

7.2.2 受弯构件加固后的相对界限受压区高度ξ_{pb}可采用下式计算，即加固前控制值的0.85倍：

$$\xi_{pb}=0.85\xi_b \tag{7.2.2}$$

式中：ξ_b——构件加固前的相对界限受压区高度，按现行国家标准《混凝土结构设计规范》GB 50010的规定计算。

7.2.3 当采用无粘结钢绞线体外预应力加固矩形截面受弯构件时（图7.2.3），其正截面承载力应按下列公式确定：

$$M\leqslant\alpha_1 f_{c0}bx\left(h_p-\frac{x}{2}\right)+f'_{y0}A'_{s0}(h_p-a')-f_{y0}A_{s0}(h_p-h_0) \tag{7.2.3-1}$$

$$\alpha_1 f_{c0}bx=\sigma_p A_p+f_{y0}A_{s0}-f'_{y0}A'_{s0} \tag{7.2.3-2}$$

$$2a'\leqslant x\leqslant\xi_{pb}h_0 \tag{7.2.3-3}$$

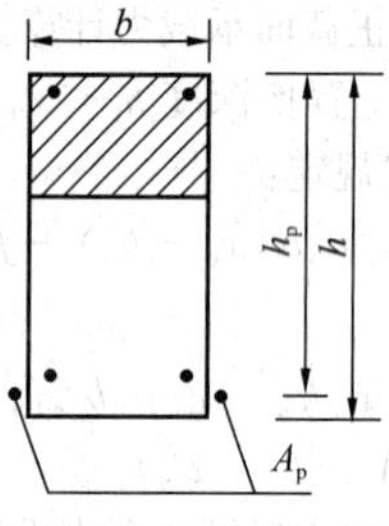

(a) 钢绞线位于梁底以上

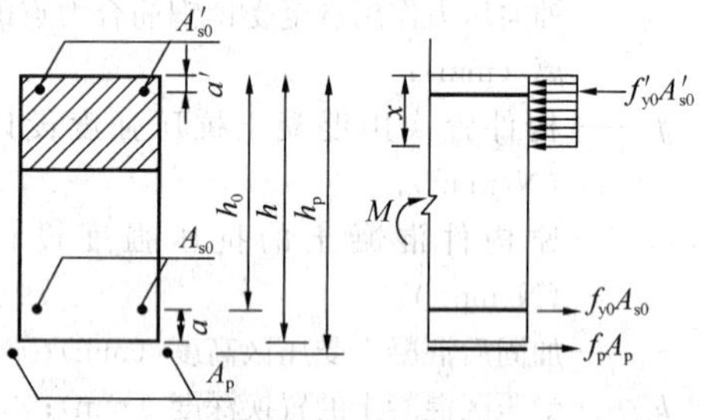

(b) 钢绞线位于梁底以下　(c) 对应于(b)的计算简图

图7.2.3 矩形截面正截面受弯承载力计算

式中：M——弯矩（包括加固前的初始弯矩）设计值（kN·m）；

α_1——计算系数：当混凝土强度等级不超过C50时，取$\alpha_1=1.0$；当混凝土强度等级为C80时，取$\alpha_1=0.94$；其间按线性内插法确定；

f_{c0}——混凝土轴心抗压强度设计值（N/mm^2）；

x——混凝土受压区高度（mm）；

b、h——矩形截面的宽度和高度（mm）；

f_{y0}、f'_{y0}——原构件受拉钢筋和受压钢筋的抗拉、抗压强度设计值（N/mm^2）；

A_{s0}、A'_{s0}——原构件受拉钢筋和受压钢筋的截面面积（mm^2）；

a'——纵向受压钢筋合力点至混凝土受压区边

缘的距离（mm）；

h_0——构件加固前的截面有效高度（mm）；

h_p——构件截面受压边至无粘结钢绞线合力点的距离（mm），可近似取 $h_p=h$；

σ_p——预应力钢绞线应力值（N/mm²），取 $\sigma_p=\sigma_{p0}$；

σ_{p0}——预应力钢绞线张拉控制应力（N/mm²）；

A_p——预应力钢绞线截面面积（mm²）。

一般加固设计时，可根据公式（7.2.3-1）计算出混凝土受压区的高度 x，然后代入公式（7.2.3-2），即可求出预应力钢绞线的截面面积 A_p。

7.2.4 当采用无粘结钢绞线体外预应力加固矩形截面受弯构件时，其斜截面承载力应按下列公式确定：

$$V \leqslant V_{b0} + V_{bp} \quad (7.2.4\text{-}1)$$

$$V_{bp} = 0.8\sigma_p A_p \sin\alpha \quad (7.2.4\text{-}2)$$

式中：V——支座剪力设计值（kN）；

V_{b0}——加固前梁的斜截面承载力，应按现行国家标准《混凝土结构设计规范》GB 50010 计算（kN）；

V_{bp}——采用无粘结钢绞线体外预应力加固后，梁的斜截面承载力的提高值（kN）；

α——支座区段钢绞线与梁纵向轴线的夹角（rad）。

7.3 普通钢筋体外预应力的加固计算

7.3.1 采用普通钢筋预应力下撑式拉杆加固简支梁时，应按下列规定进行计算：

1 估算预应力下撑式拉杆的截面面积 A_p：

$$A_p = \frac{\Delta M}{f_{py}\eta h_{02}} \quad (7.3.1\text{-}1)$$

式中：A_p——预应力下撑式拉杆的总截面面积（mm²）；

f_{py}——下撑式钢拉杆抗拉强度设计值（N/mm²）；

h_{02}——由下撑式拉杆中部水平段的截面形心到被加固梁上缘的垂直距离（mm）；

η——内力臂系数，取 0.80。

2 计算在新增外荷载作用下该拉杆中部水平段产生的作用效应增量 ΔN。

3 确定下撑式拉杆应施加的预应力值 σ_p。确定时，除应按现行国家标准《混凝土结构设计规范》GB 50010 的规定控制张拉应力并计入预应力损失值外，尚应按下式进行验算：

$$\sigma_p + (\Delta N / A_p) < \beta_1 f_{py} \quad (7.3.1\text{-}2)$$

式中：β_1——下撑式拉杆的协同工作系数，取 0.80。

4 按本规范第 7.2.3 条和第 7.2.4 条的规定验算梁的正截面及斜截面承载力。

5 预应力张拉控制量应按所采用的施加预应力方法计算。当采用千斤顶纵向张拉时，可按张拉力 $\sigma_p A_p$ 控制；当要求按伸长率控制，伸长率中应计入裂缝闭合的影响。当采用拉紧螺杆进行横向张拉时，横向张拉量应按本规范第 7.3.2 条确定。

7.3.2 当采用两根预应力下撑式拉杆进行横向张拉时，其拉杆中部横向张拉量 ΔH 可按下式验算：

$$\Delta H \leqslant (L_2/2)\sqrt{2\sigma_p/E_s} \quad (7.3.2)$$

式中：L_2——拉杆中部水平段的长度（mm）。

7.3.3 加固梁挠度 ω 的近似值，可按下式进行计算：

$$\omega = \omega_1 - \omega_p + \omega_2 \quad (7.3.3)$$

式中：ω_1——加固前梁在原荷载标准值作用下产生的挠度（mm）；计算时，梁的刚度 B_1 可根据原梁开裂情况，近似取 $0.35E_cI_0 \sim 0.50E_cI_0$；

ω_p——张拉预应力引起的梁的反拱（mm）；计算时，梁的刚度 B_p 可近视取为 $0.75E_cI_0$；

ω_2——加固结束后，在后加荷载作用下梁所产生的挠度（mm）；计算时，梁的刚度 B_2 可取等于 B_p；

E_c——原梁的混凝土弹性模量（MPa）；

I_0——原梁的换算截面惯性矩（mm⁴）。

7.4 型钢预应力撑杆的加固计算

7.4.1 采用预应力双侧撑杆加固轴心受压的钢筋混凝土柱时，应按下列规定进行计算：

1 确定加固后轴向压力设计值 N；

2 按下式计算原柱的轴心受压承载力 N_0 设计值；

$$N_0 = 0.9\varphi(f_{c0}A_{c0} + f'_{y0}A'_{s0}) \quad (7.4.1\text{-}1)$$

式中：φ——原柱的稳定系数；

A_{c0}——原柱的截面面积（mm²）；

f_{c0}——原柱的混凝土抗压强度设计值（N/mm²）；

A'_{s0}——原柱的纵向钢筋总截面面积（mm²）；

f'_{y0}——原柱的纵向钢筋抗压强度设计值（N/mm²）。

3 按下式计算撑杆承受的轴向压力 N_1 设计值：

$$N_1 = N - N_0 \quad (7.4.1\text{-}2)$$

式中：N——柱加固后轴向压力设计值（kN）。

4 按下式计算预应力撑杆的总截面面积：

$$N_1 \leqslant \varphi\beta_2 f'_{py}A'_p \quad (7.4.1\text{-}3)$$

式中：β_2——撑杆与原柱的协同工作系数，取 0.9；

f'_{py}——撑杆钢材的抗压强度设计值（N/mm²）；

A'_p——预应力撑杆的总截面面积（mm²）。

预应力撑杆每侧杆肢由两根角钢或一根槽钢构成。

5 柱加固后轴心受压承载力设计值可按下式验算：

$$N \leqslant 0.9\varphi(f_{c0}A_{c0} + f'_{y0}A'_{s0} + \beta_3 f'_{py}A'_p) \quad (7.4.1\text{-}4)$$

6 缀板应按现行国家标准《钢结构设计规范》GB 50017 进行设计计算，其尺寸和间距应保证撑杆受压肢及单根角钢在施工时不致失稳。

7 设计应规定撑杆安装时需预加的压应力值 σ'_p，并可按下式验算：

$$\sigma'_p \leqslant \varphi_1 \beta_3 f'_{py} \quad (7.4.1\text{-}5)$$

式中：φ_1——撑杆的稳定系数；确定该系数所需的撑杆计算长度，当采用横向张拉方法时，取其全长的 1/2；当采用顶升法时，取其全长，按格构式压杆计算其稳定系数；

β_3——经验系数，取 0.75。

8 设计规定的施工控制量，应按采用的施加预应力方法计算：

1）当用千斤顶、楔子等进行竖向顶升安装撑杆时，顶升量 ΔL 可按下式计算：

$$\Delta L = \frac{L\sigma'_p}{\beta_4 E_a} + a_1 \quad (7.4.1\text{-}6)$$

式中：E_a——撑杆钢材的弹性模量；

L——撑杆的全长；

a_1——撑杆端顶板与混凝土间的压缩量，取 2mm～4mm；

β_4——经验系数，取 0.90。

2）当用横向张拉法（图 7.4.1）安装撑杆时，横向张拉量 ΔH 按下式验算：

$$\Delta H \leqslant \frac{L}{2}\sqrt{\frac{2.2\sigma'_p}{E_a}} + a_2 \quad (7.4.1\text{-}7)$$

式中：a_2——综合考虑各种误差因素对张拉量影响的修正项，可取 a_2＝5mm～7mm。

实际弯折撑杆肢时，宜将长度中点处的横向弯折量取为ΔH＋（3mm～5mm），但施工中只收紧 ΔH，使撑杆处于预压状态。

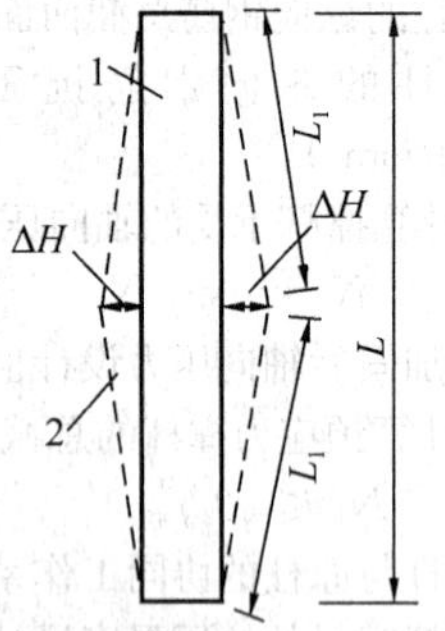

图 7.4.1 预应力撑杆横向张拉量计算图

1—被加固柱；2—撑杆

7.4.2 采用单侧预应力撑杆加固弯矩不变号的偏心受压柱时，应按下列规定进行计算：

1 确定该柱加固后轴向压力 N 和弯矩 M 的设计值。

2 确定撑杆肢承载力，可试用两根较小的角钢或一根槽钢作撑杆肢，其有效受压承载力取为 $0.9f'_{py}A'_p$。

3 原柱加固后需承受的偏心受压荷载应按下列公式计算：

$$N_{01} = N - 0.9f'_{py}A'_p \quad (7.4.2\text{-}1)$$

$$M_{01} = M - 0.9f'_{py}A'_p a/2 \quad (7.4.2\text{-}2)$$

4 原柱截面偏心受压承载力应按下列公式验算：

$$N_{01} \leqslant \alpha_1 f_{c0}bx + f'_{y0}A'_{s0} - \sigma_{s0}A_{s0} \quad (7.4.2\text{-}3)$$

$$N_{01}e \leqslant \alpha_1 f_{c0}bx\,(h_0 - 0.5x) + f'_{y0}A'_{s0}\,(h_0 - a'_{s0}) \quad (7.4.2\text{-}4)$$

$$e = e_0 + 0.5h - a'_{s0} \quad (7.4.2\text{-}5)$$

$$e_0 = M_{01}/N_{01} \quad (7.4.2\text{-}6)$$

式中：b——原柱宽度（mm）；

x——原柱的混凝土受压区高度（mm）；

σ_{s0}——原柱纵向受拉钢筋的应力（N/mm²）；

e——轴向力作用点至原柱纵向受拉钢筋合力点之间的距离（mm）；

a'_{s0}——纵向受压钢筋合力点至受压边缘的距离（mm）。

当原柱偏心受压承载力不满足上述要求时，可加大撑杆截面面积，再重新验算。

5 缀板的设计应符合现行国家标准《钢结构设计规范》GB 50017 的有关规定，并应保证撑杆肢或角钢在施工时不失稳。

6 撑杆施工时应预加的压应力值 σ'_p 宜取为 50MPa～80MPa。

7.4.3 采用双侧预应力撑杆加固弯矩变号的偏心受压钢筋混凝土柱时，可按受压荷载较大一侧用单侧撑杆加固的步骤进行计算。选用的角钢截面面积应能满足柱加固后需要承受的最不利偏心受压荷载；柱的另一侧应采用同规格的角钢组成压杆肢，使撑杆的双侧截面对称。

缀板设计、预加压应力值 σ_p 的确定以及横向张拉量 ΔH 或竖向顶升量 ΔL 的计算可按本规范第 7.4.1 条进行。

7.5 无粘结钢绞线体外预应力构造规定

7.5.1 钢绞线的布置（图 7.5.1）应符合下列规定：

1 钢绞线应成对布置在梁的两侧；其外形应为设计所要求的折线形；钢绞线形心至梁侧面的距离宜取为 40mm。

2 钢绞线跨中水平段的支承点，对纵向张拉，宜设在梁底以上的位置；对横向张拉，应设在梁的底部；若纵向张拉的应力不足，尚应依靠横向拉紧螺栓补足时，则支承点也应设在梁的底部。

7.5.2 中间连续节点的支承构造，应符合下列规定：

1 当中柱侧面至梁侧面的距离不小于 100mm

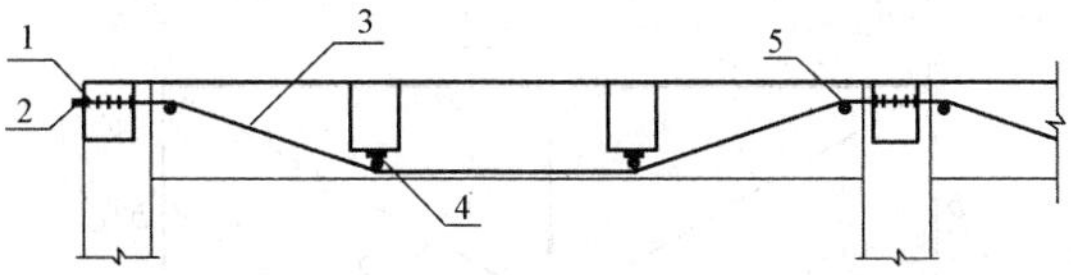

(a) 钢绞线布置形式1

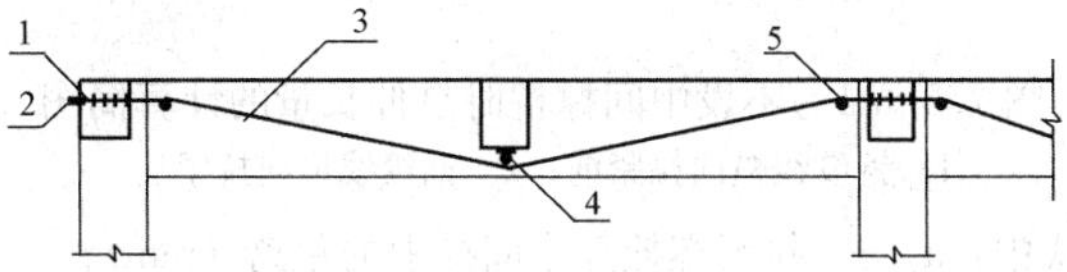

(b) 钢绞线布置形式2

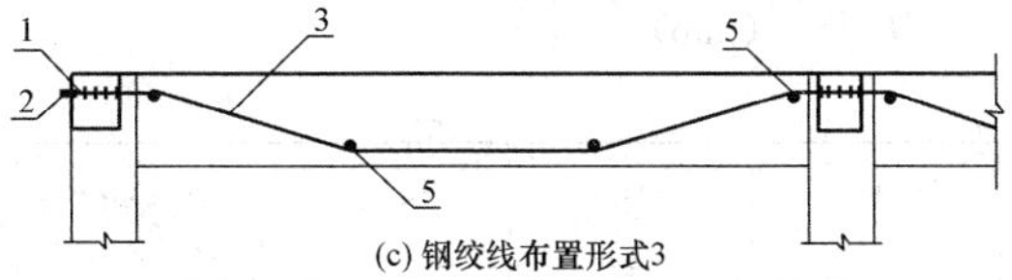

(c) 钢绞线布置形式3

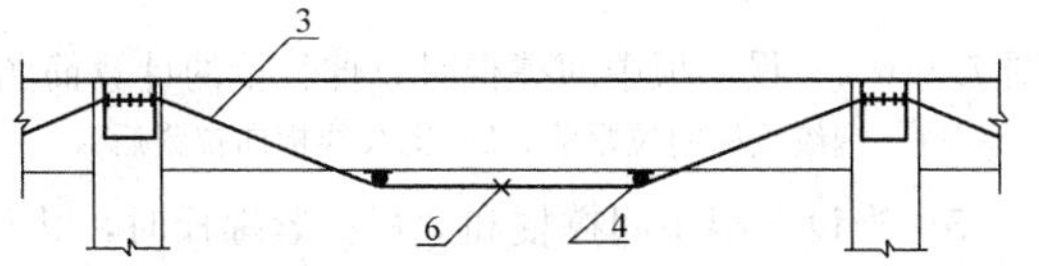

(d) 钢绞线布置形式4

图 7.5.1　钢绞线的几种布置方式

1—钢垫板；2—锚具；3—无粘结钢绞线；4—支承垫板；5—钢吊棍；6—拉紧螺栓

时，可将钢绞线直接支承在柱子上（图 7.5.2a）。

2　当中柱侧面至梁侧面的距离小于 100mm 时，可将钢绞线支承在柱侧的梁上（图 7.5.2b）。

3　柱侧无梁时可用钻芯机在中柱上钻孔，设置钢吊棍，将钢绞线支承在钢吊棍上（图 7.5.2c）。

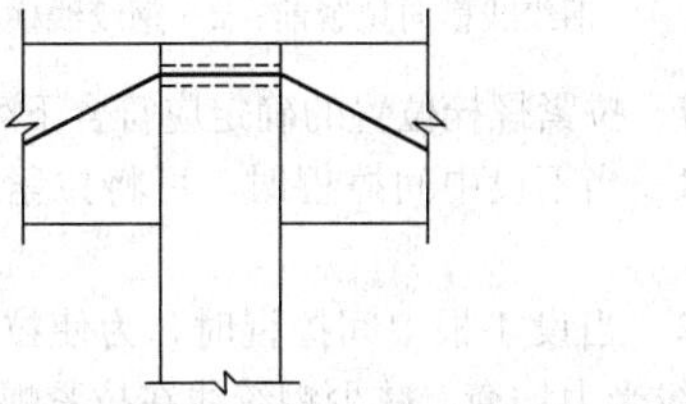

(a) 钢绞线直接支承在柱上

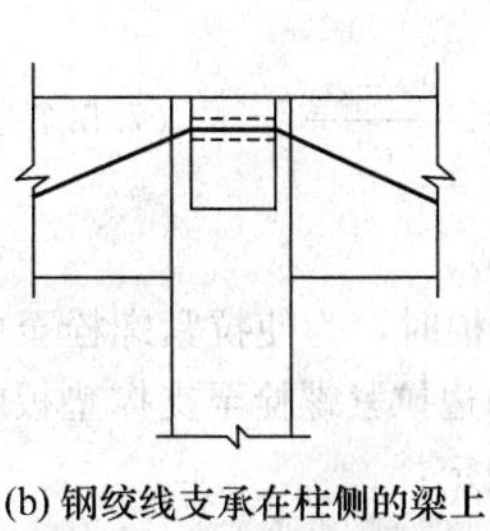

(b) 钢绞线支承在柱侧的梁上

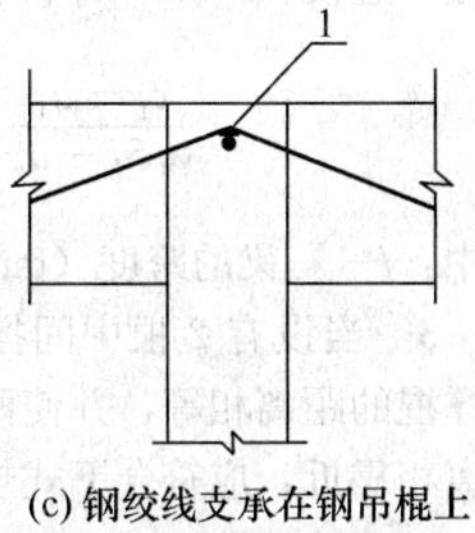

(c) 钢绞线支承在钢吊棍上

图 7.5.2　中间连续节点构造方法

1—钢吊棍

4　当钢绞线在跨中的转折点设在梁底以上位置时，应在中间支座的两侧设置钢吊棍（图 7.5.1a～c），以减少转折点处的摩擦力。若钢绞线在跨中的转折点设在梁底以下位置，则中间支座可不设钢吊棍（图 7.5.1d）。

5　钢吊棍可采用 ϕ50 或 ϕ60 厚壁钢管制作，内灌细石混凝土。若混凝土孔洞下部的局部承压强度不足，可增设内径与钢吊棍相同的钢管垫，用锚固型结构胶或堵漏剂坐浆。

6　若支座负弯矩承载力不足需要加固时，中间支座水平段钢绞线的长度应按计算确定。此时若梁端截面的受剪承载力不足，可采用粘贴碳纤维 U 形箍或粘贴钢板箍的方法解决。

7.5.3　端部锚固构造应符合下列规定：

1　钢绞线端部的锚固宜采用圆套筒三夹片式单孔锚。端部支承可采用下列四种方法：

1）当边柱侧面至梁侧面的距离不小于 100mm 时，可将柱子钻孔，钢绞线穿过柱，其锚具通过钢垫板支承于边柱外侧面；若为纵向张拉，尚应在梁端上部设钢吊棍，以减少张拉的摩擦力（图 7.5.3a）；

2）当边柱侧面至梁侧面距离小于 100mm 时，对纵向张拉，宜将锚具通过槽钢垫板支承于边柱外侧面，并在梁端上方设钢吊棍（图 7.5.3b）；

3）当柱侧有次梁时，对纵向张拉，可将锚具通过槽钢垫板支承于次梁的外侧面，并在梁端上方设钢吊棍（图 7.5.3c）；对横向张拉，可将槽钢改为钢板，并可不设钢吊棍；

4）当无法设置钢垫板时，可用钻芯机在梁端或边柱上钻孔，设置圆钢销棍，将锚具通过圆钢销棍支承于梁端（图 7.5.3d）或边柱上（图 7.5.3e）。圆钢销棍可采用直径为 60mm 的 45 号钢制作，锚具支承面处的圆钢销棍应加工成平面。

2　当梁的混凝土质量较差时，在销棍支承点处，可设置内径与圆钢销棍直径相同的钢管垫，用锚固型结构胶或堵漏剂坐浆。

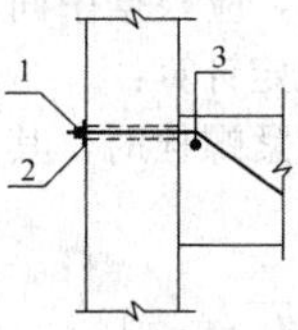

(a) 端部钻孔锚固于柱侧

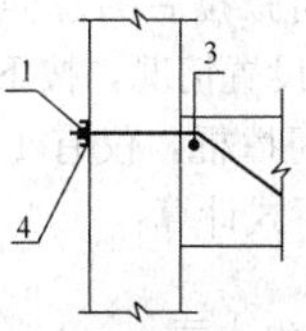

(b) 端部不钻孔锚固于柱

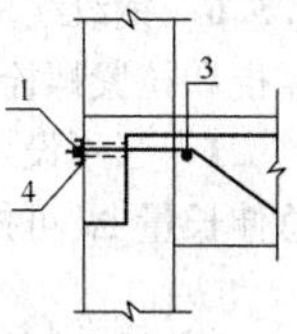

(c) 端部锚固于梁侧面

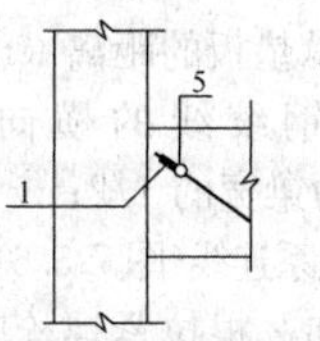

(d) 端部锚固于自身梁端

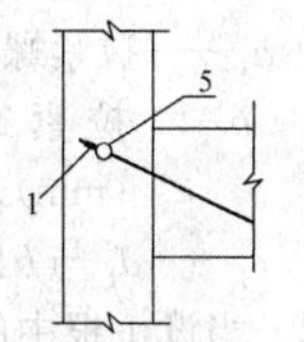

(e) 端部锚固于边柱之上

图 7.5.3　端部锚固构造示意图

1—锚具；2—钢板垫板；3—圆钢吊棍；4—槽钢垫板；5—圆钢销棍

3 端部钢垫板接触面处的混凝土面应平整，当不平整时，应采用快硬水泥砂浆或堵漏剂找平。

7.5.4 钢绞线的张拉应力控制值，对纵向张拉，宜取 $0.70f_{ptk}$；当连续梁的跨数较多时，可取为 $0.75f_{ptk}$；f_{ptk} 为钢绞线抗拉强度标准值；对横向张拉，钢绞线的张拉应力控制值宜取 $0.60f_{ptk}$。

7.5.5 采用横向张拉时，每跨钢绞线被支撑垫板、中间撑棍和拉紧螺栓分为若干个区段（图 7.5.5）。中间撑棍的数量应通过计算确定，对跨长 6m～9m 的梁，可设置 1 根中间撑棍和两根拉紧螺栓；对跨长小于 6m 的梁，可不设中间撑棍，仅设置 1 根拉紧螺栓；对跨长大于 9m 的梁，宜设置 2 根中间撑棍及 3 根拉紧螺栓。

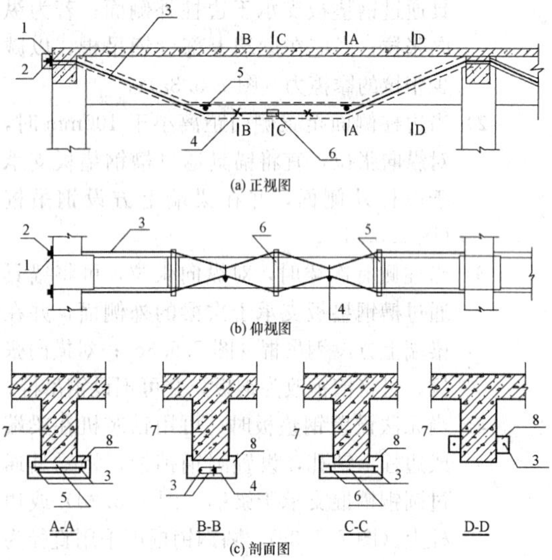

图 7.5.5 采用横向张拉法施加预应力

1—钢垫板；2—锚具；3—无粘结钢绞线，成对布置在梁侧；4—拉紧螺栓；5—支承垫板；6—中间撑棍；7—加固梁；8—C25 混凝土

7.5.6 钢绞线横向张拉后的总伸长量，应根据中间撑棍和拉紧螺栓的设置情况，按下列规定计算：

1 当不设中间撑棍，仅有 1 根拉紧螺栓时，其总伸长量 Δl 可按下式计算：

$$\Delta l = 2(c_1 - a_1) = 2\times\left(\sqrt{a_1^2 + b^2} - a_1\right) \tag{7.5.6-1}$$

式中：a_1——拉紧螺栓至支承垫板的距离（mm）；

b——拉紧螺栓处钢绞线的横向位移量（mm），可取为梁宽的 1/2；

c_1——a_1 与 b 的几何关系连线(图 7.5.6-1)(mm)。

2 当设 1 根中间撑棍和 2 根拉紧螺栓时，其总伸长量 Δl 应按下式计算：

$$\Delta l = 2\times\left(\sqrt{a_1^2 + b^2} + \sqrt{a_2^2 + b^2} - a_1 - a_2\right) \tag{7.5.6-2}$$

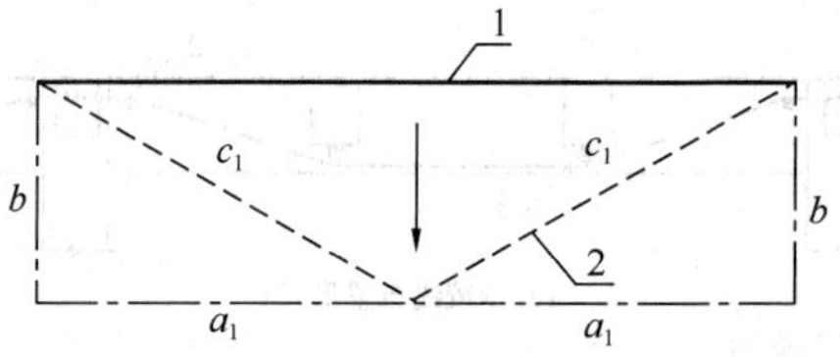

图 7.5.6-1 不设中间撑棍时总伸长量的计算简图

1—钢绞线横向拉紧前；2—钢绞线横向拉紧后

式中：a_2——拉紧螺栓至中间撑棍的距离（mm）；

c_2——a_2 与 b 的几何关系连线（图 7.5.6-2）（mm）。

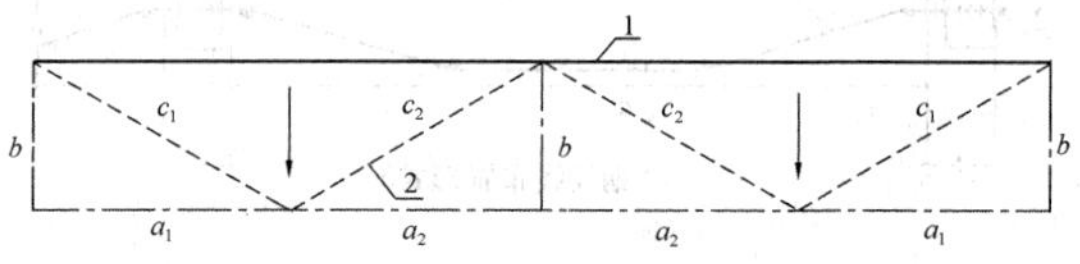

图 7.5.6-2 设 1 根中间撑棍时总伸长量的计算简图

1—钢绞线横向拉紧前；2—钢绞线横向拉紧后

3 当设 2 根中间撑棍和 3 根拉紧螺栓时，其总伸长量 Δl 应按下式计算：

$$\Delta l = 2\sqrt{a_1^2 + b^2} + 4\sqrt{a_2^2 + b^2} - 2a_1 - 4a_2 \tag{7.5.6-3}$$

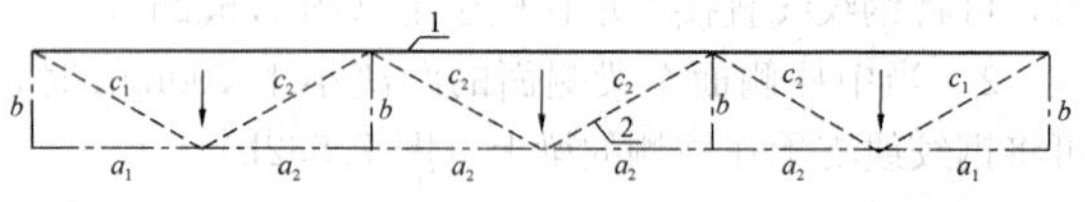

图 7.5.6-3 设 2 根中间撑棍时总伸长量的计算简图

1—钢绞线横向拉紧前；2—钢绞线横向拉紧后

7.5.7 拉紧螺栓位置的确定应符合下列规定：

1 当不设中间撑棍时，可将拉紧螺栓设在中点位置。

2 当设 1 根中间撑棍时，为使拉紧螺栓两侧的钢绞线受力均衡，减少钢绞线在拉紧螺栓处的纵向滑移量，应使 $a_1 < a_2$，并符合下式规定：

$$\frac{c_1 - a_1}{0.5l - a_2} \approx \frac{c_2 - a_2}{a_2} \tag{7.5.7-1}$$

式中：l——梁的跨度（mm）。

3 当设有 2 根中间撑棍时，为使拉紧螺栓至中间撑棍的距离相等，并使两边拉紧螺栓至支撑垫板的距离相靠近，应符合下式规定：

$$\frac{c_2 - a_2}{a_2} \approx \frac{c_1 - a_1}{0.5l - a_2} \tag{7.5.7-2}$$

7.5.8 当采用横向张拉方式来补偿部分预应力损失时，其横向手工张拉引起的应力增量应控制为 $0.05f_{ptk}$～$0.15f_{ptk}$，而横向手工张拉引起的应力增量应按下列公式计算：

$$\Delta\sigma = E_s \frac{\Delta l}{l} \qquad (7.5.8)$$

式中：Δl——钢绞线横向张拉后的总伸长量；

l——钢绞线在横向张拉前的长度；

E_s——钢绞线弹性模量。

7.5.9 防腐和防火措施应符合下列规定：

1 当外观要求较高时，可用C25细石混凝土将钢部件和钢绞线整体包裹；端部锚具也可用C25细石混凝土包裹。

2 当无外观要求时，钢绞线可用水泥砂浆包裹。具体做法为采用ϕ80PVC管对开，内置1∶2水泥砂浆，将钢绞线包裹在管内，用钢丝绑扎；24h后将PVC管拆除。

7.6 普通钢筋体外预应力构造规定

7.6.1 采用普通钢筋预应力下撑式拉杆加固时，其构造应符合下列规定：

1 采用预应力下撑式拉杆加固梁，当其加固的张拉力不大于150kN，可用两根HPB300级钢筋；当加固的预应力较大，宜用HRB400级钢筋。

2 预应力下撑式拉杆中部的水平段距被加固梁下缘的净空宜为30mm～80mm。

3 预应力下撑式拉杆（图7.6.1）的斜段宜紧贴在被加固梁的梁肋两旁；在被加固梁下应设厚度不小于10mm的钢垫板，其宽度宜与被加固梁宽相等，其梁跨度方向的长度不应小于板厚的5倍；钢垫板下应设直径不小于20mm的钢筋棒，其长度不应小于被加固梁宽加2倍拉杆直径再加40mm；钢垫板宜用结构胶固定位置，钢筋棒可用点焊固定位置。

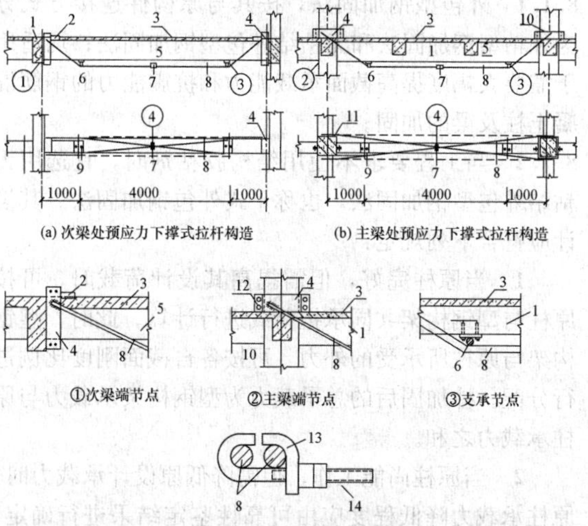

图7.6.1 预应力下撑式拉杆构造

1—主梁；2—挡板；3—楼板；4—钢套箍；5—次梁；6—支撑垫板及钢筋棒；7—拉紧螺栓；8—拉杆；9—螺栓；10—柱；11—钢托套；12—双帽螺栓；13—L形卡板；14—弯钩螺栓

7.6.2 预应力下撑式拉杆端部的锚固构造应符合下列规定：

1 被加固构件端部有传力预埋件可利用时，可将预应力拉杆与传力预埋件焊接，通过焊缝传力。

2 当无传力预埋件时，宜焊制专门的钢套箍，套在梁端，与焊在负筋上的钢挡板相抵承，也可套在混凝土柱上与拉杆焊接。钢套箍可用型钢焊成，也可用钢板加焊加劲肋制成（图7.6.1②）。钢套箍与混凝土构件间的空隙，应用细石混凝土或自密实混凝土填塞。钢套箍与原构件混凝土间的局部受压承载力应经验算合格。

7.6.3 横向张拉宜采用工具式拉紧螺杆（图7.6.1④）。拉紧螺杆的直径应按张拉力的大小计算确定，但不应小于16mm，其螺帽的高度不得小于螺杆直径的1.5倍。

7.7 型钢预应力撑杆构造规定

7.7.1 采用预应力撑杆进行加固时，其构造设计应符合下列规定：

1 预应力撑杆用的角钢，其截面不应小于50mm×50mm×5mm。压杆肢的两根角钢用缀板连接，形成槽形的截面；也可用单根槽钢作压杆肢。缀板的厚度不得小于6mm，其宽度不得小于80mm，其长度应按角钢与被加固柱之间的空隙大小确定。相邻缀板间的距离应保证单个角钢的长细比不大于40。

2 压杆肢末端的传力构造（图7.7.1），应采用焊在压杆肢上的顶板与承压角钢顶紧，通过抵承传力。承压角钢嵌入被加固柱的柱身混凝土或柱头混凝

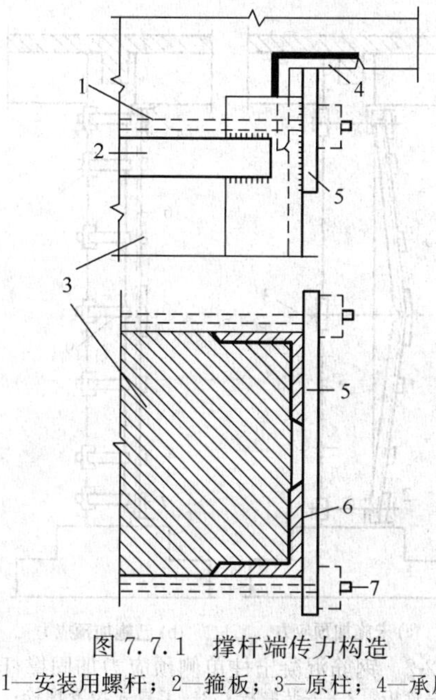

图7.7.1 撑杆端传力构造

1—安装用螺杆；2—箍板；3—原柱；4—承压角钢，用结构胶加锚栓粘锚；5—传力顶板；6—角钢撑杆；7—安装用螺杆

土内不应少于 25mm。传力顶板宜用厚度不小于16mm的钢板，其与角钢肢焊接的板面及与承压角钢抵承的面均应刨平。承压角钢截面不得小于 100mm×75mm×12mm。

7.7.2 当预应力撑杆采用螺栓横向拉紧的施工方法时，双侧加固的撑杆，其两个压杆肢的中部应向外弯折，并应在弯折处采用工具式拉紧螺杆建立预应力并复位（图 7.7.2-1）。单侧加固的撑杆只有一个压杆肢，仍应在中点处弯折，并应采用工具式拉紧螺杆进行横向张拉与复位（图 7.7.2-2）。

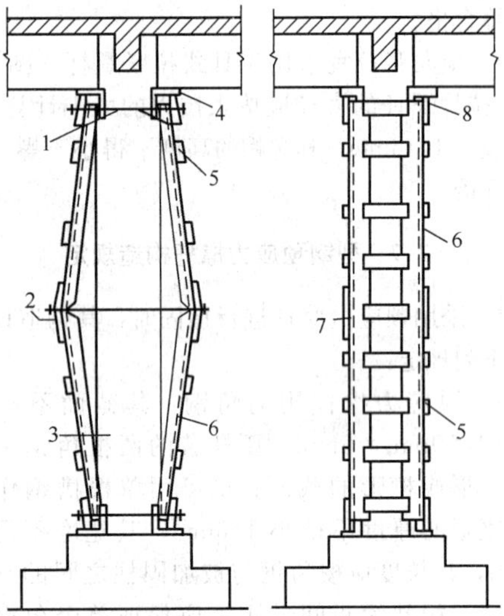

(a) 未施加预应力　　(b) 已施加预应力

图 7.7.2-1　钢筋混凝土柱双侧预应力加固撑杆构造
1—安装螺栓；2—工具式拉紧螺杆；3—被加固柱；
4—传力角钢；5—箍板；6—角钢撑杆；
7—加宽箍板；8—传力顶板

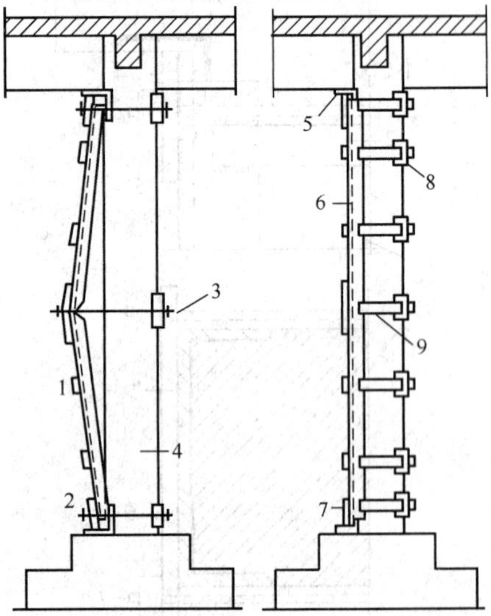

(a) 未施加预应力　　(b) 已施加预应力

图 7.7.2-2　钢筋混凝土柱单侧预应力加固撑杆构造
1—箍板；2—安装螺栓；3—工具式拉紧螺栓；
4—被加固柱；5—传力角钢；6—角钢撑杆；
7—传力顶板；8—短角钢；9—加宽箍板

7.7.3 压杆肢的弯折与复位的构造应符合下列规定：

1 弯折压杆肢前，应在角钢的侧立肢上切出三角形缺口。缺口背面，应补焊钢板予以加强（图 7.7.3）。

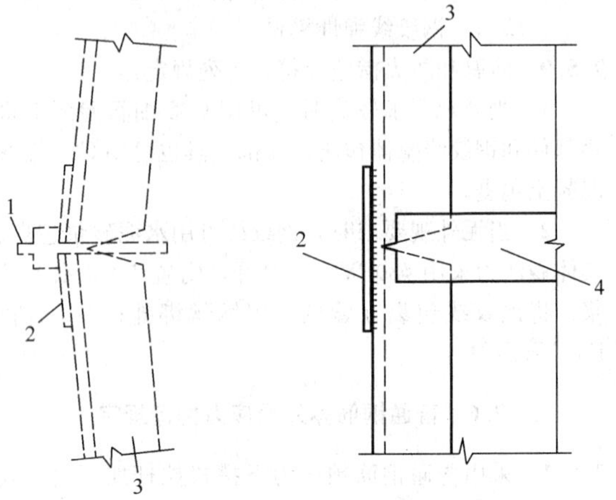

图 7.7.3　角钢缺口处加焊钢板补强
1—工具式拉紧螺杆；2—补强钢板；
3—角钢撑杆；4—剖口处箍板

2 弯折压杆肢的复位应采用工具式拉紧螺杆，其直径应按张拉力的大小计算确定，但不应小于16mm，其螺帽高度不应小于螺杆直径的 1.5 倍。

8　外包型钢加固法

8.1　设计规定

8.1.1 外包型钢加固法，按其与原构件连接方式分为外粘型钢加固法和无粘结外包型钢加固法；均适用于需要大幅度提高截面承载能力和抗震能力的钢筋混凝土柱及梁的加固。

8.1.2 当工程要求不使用结构胶粘剂时，宜选用无粘结外包型钢加固法，也称干式外包钢加固法。其设计应符合下列规定：

1 当原柱完好，但需提高其设计荷载时，可按原柱与型钢构架共同承担荷载进行计算。此时，型钢构架与原柱所承受的外力，可按各自截面刚度比例进行分配。柱加固后的总承载力为型钢构架承载力与原柱承载力之和。

2 当原柱尚能工作，但需降低原设计承载力时，原柱承载力降低程度应由可靠性鉴定结果进行确定；其不足部分由型钢构架承担。

3 当原柱存在不适于继续承载的损伤或严重缺陷时，可不考虑原柱的作用，其全部荷载由型钢骨架承担。

4 型钢构架承载力应按现行国家标准《钢结构设计规范》GB 50017规定的格构式柱进行计算，并乘以与原柱协同工作的折减系数0.9。

5 型钢构架上下端应可靠连接、支承牢固。其具体构造可按本规范第8.3.2条的规定进行设计。

8.1.3 当工程允许使用结构胶粘剂，且原柱状况适于采取加固措施时，宜选用外粘型钢加固法（图8.1.3）。该方法属复合截面加固法，其设计应符合本章规定。

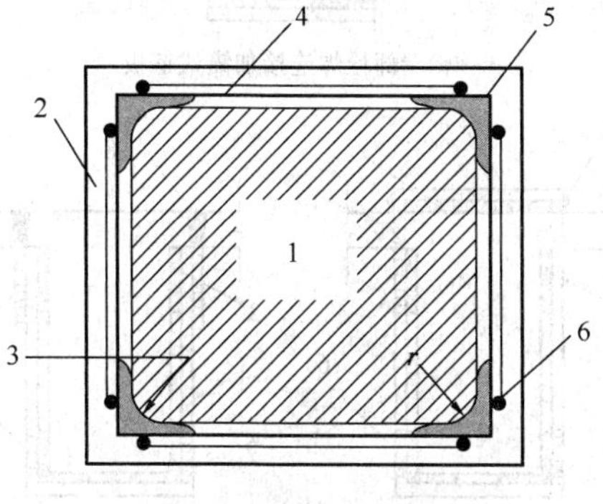

图8.1.3 外粘型钢加固

1—原柱；2—防护层；3—注胶；4—缀板；5—角钢；6—缀板与角钢焊缝

8.1.4 混凝土结构构件采用符合本规范设计规定的外粘型钢加固时，其加固后的承载力和截面刚度可按整截面计算；其截面刚度 EI 的近似值，可按下式计算：

$$EI = E_{c0}I_{c0} + 0.5E_aA_aa_a^2 \quad (8.1.4)$$

式中：E_{c0}、E_a——分别为原构件混凝土和加固型钢的弹性模量（MPa）；

I_{c0}——原构件截面惯性矩（mm^4）；

A_a——加固构件一侧外粘型钢截面面积（mm^2）；

a_a——受拉与受压两侧型钢截面形心间的距离（mm）。

8.1.5 采用外包型钢加固法对钢筋混凝土结构进行加固时，应采取措施卸除或大部分卸除作用在原结构上的活荷载。

8.1.6 对型钢构架的涂装工程（包括防腐涂料涂装和防火涂料涂装）的设计，应符合现行国家标准《钢结构设计规范》GB 50017及《钢结构工程施工质量验收规范》GB 50205的规定。

8.2 外粘型钢加固计算

8.2.1 采用外粘型钢（角钢或扁钢）加固钢筋混凝土轴心受压构件时，其正截面承载力应按下式验算：

$$N \leqslant 0.9\varphi(\psi_{sc}f_{c0}A_{c0} + f'_{y0}A'_{s0} + \alpha_a f'_a A'_a) \quad (8.2.1)$$

式中：N——构件加固后轴向压力设计值（kN）；

φ——轴心受压构件的稳定系数，应根据加固后的截面尺寸，按现行国家标准《混凝土结构设计规范》GB 50010采用；

ψ_{sc}——考虑型钢构架对混凝土约束作用引入的混凝土承载力提高系数；对圆形截面柱，取为1.15；对截面高宽比 $h/b \leqslant 1.5$、截面高度 $h \leqslant 600mm$ 的矩形截面柱，取为1.1；对不符合上述规定的矩形截面柱，取为1.0；

α_a——新增型钢强度利用系数，除抗震计算取为1.0外，其他计算均取为0.9；

f'_a——新增型钢抗压强度设计值（N/mm^2），应按现行国家标准《钢结构设计规范》GB 50017的规定采用；

A'_a——全部受压肢型钢的截面面积（mm^2）。

8.2.2 采用外粘型钢加固钢筋混凝土偏心受压构件时（图8.2.2），其矩形截面正截面承载力应按下列公式确定：

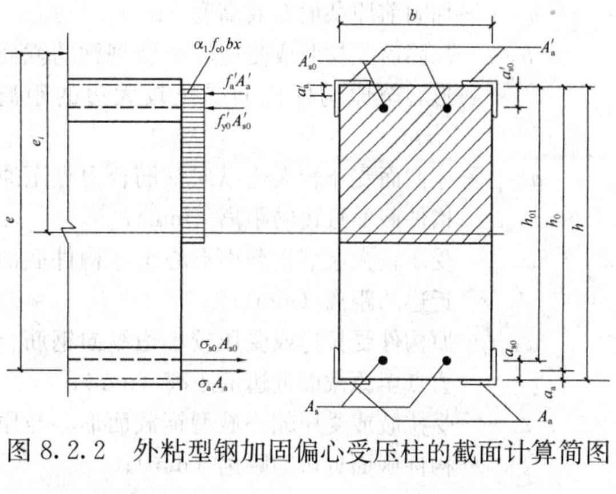

图8.2.2 外粘型钢加固偏心受压柱的截面计算简图

$$N \leqslant \alpha_1 f_{c0}bx + f'_{y0}A'_{s0} - \sigma_{s0}A_{s0} + \alpha_a f'_a A'_a - \sigma_a A_a \quad (8.2.2\text{-}1)$$

$$Ne \leqslant \alpha_1 f_{c0}bx\left(h_0 - \frac{x}{2}\right) + f'_{y0}A'_{s0}(h_0 - a'_{s0}) - \sigma_{s0}A_{s0}(a_{s0} - a_a) + \alpha_a f'_a A'_a(h_0 - a'_a) \quad (8.2.2\text{-}2)$$

$$\sigma_{s0} = \left(\frac{0.8h_{01}}{x} - 1\right)E_{s0}\varepsilon_{cu} \quad (8.2.2\text{-}3)$$

$$\sigma_a = \left(\frac{0.8h_0}{x} - 1\right)E_a\varepsilon_{cu} \quad (8.2.2\text{-}4)$$

式中：N——构件加固后轴向压力设计值（kN）；

b——原构件截面宽度（mm）；

x——混凝土受压区高度（mm）；

f_{c0}——原构件混凝土轴心抗压强度设计值（N/mm^2）；

f'_{y0}——原构件受压区纵向钢筋抗压强度设计值（N/mm^2）；

A'_{s0}——原构件受压较大边纵向钢筋截面面积（mm^2）；

σ_{s0}——原构件受拉边或受压较小边纵向钢筋应力（N/mm^2），当为小偏心受压构件时，

图中 σ_{s0} 可能变号，当 $\sigma_{s0}>f_{y0}$ 时，应取 $\sigma_{s0}=f_{y0}$；

A_{s0}——原构件受拉边或受压较小边纵向钢筋截面面积（mm^2）；

α_a——新增型钢强度利用系数，除抗震设计取 $\alpha_a=1.0$ 外，其他取 $\alpha_a=0.9$；

f'_a——型钢抗压强度设计值（N/mm^2）；

A'_a——全部受压肢型钢截面面积（mm^2）；

σ_a——受拉肢或受压较小肢型钢的应力（N/mm^2），可按式（8.2.2-4）计算，也可近似取 $\sigma_a=\sigma_{s0}$；

A_a——全部受拉肢型钢截面面积（mm^2）；

e——偏心距（mm），为轴向压力设计值作用点至受拉区型钢形心的距离，按本规范第 5.4.3 条计算确定；

h_{01}——加固前原截面有效高度（mm）；

h_0——加固后受拉肢或受压较小肢型钢的截面形心至原构件截面受压较大边的距离（mm）；

a'_{s0}——原截面受压较大边纵向钢筋合力点至原构件截面近边的距离（mm）；

a'_a——受压较大肢型钢截面形心至原构件截面近边的距离（mm）；

a_{s0}——原构件受拉边或受压较小边纵向钢筋合力点至原截面近边的距离（mm）；

a_a——受拉肢或受压较小肢型钢截面形心至原构件截面近边的距离（mm）；

E_a——型钢的弹性模量（MPa）。

8.2.3 采用外粘型钢加固钢筋混凝土梁时，应在梁截面的四隅粘贴角钢，当梁的受压区有翼缘或有楼板时，应将梁顶面两隅的角钢改为钢板。当梁的加固构造符合本规范第 8.3 节的规定时，其正截面及斜截面的承载力可按本规范第 9 章进行计算。

8.3 构造规定

8.3.1 采用外粘型钢加固法时，应优先选用角钢；角钢的厚度不应小于 5mm，角钢的边长，对梁和桁架，不应小于 50mm，对柱不应小于 75mm。沿梁、柱轴线方向应每隔一定距离用扁钢制作的箍板（图 8.3.1）或缀板（图 8.3.2a、b）与角钢焊接。当有楼板时，U 形箍板或其附加的螺杆应穿过楼板，与另加的条形钢板焊接（图 8.3.1a、b）或嵌入楼板后予以胶锚（图 8.3.1c）。箍板与缀板均应在胶粘前与加固角钢焊接。当钢箍板需穿过楼板或胶锚时，可采用半重叠钻孔法，将圆孔扩成矩形扁孔；待箍板穿插安装、焊接完毕后，再用结构胶注入孔中予以封闭、锚固。箍板或缀板截面不应小于 40mm×4mm，其间距不应大于 20r（r 为单根角钢截面的最小回转半径），且不应大于 500mm；在节点区，其间距应适当加密。

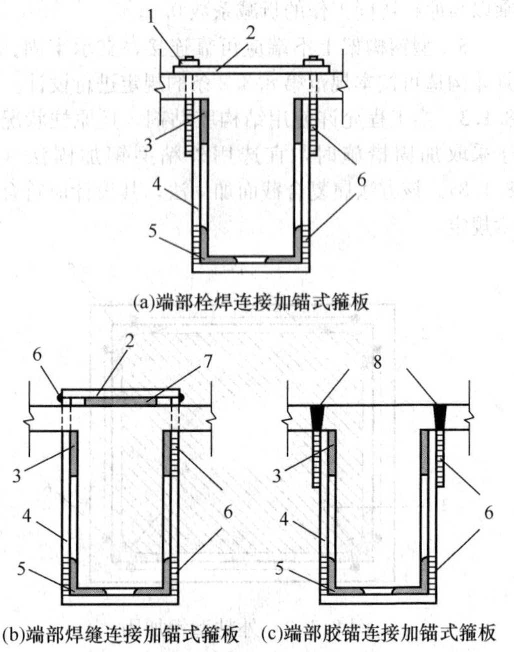

图 8.3.1 加锚式箍板

1—与钢板点焊；2—条形钢板；3—钢垫板；4—箍板；5—加固角钢；6—焊缝；7—加固钢板；8—嵌入箍板后胶锚

8.3.2 外粘型钢的两端应有可靠的连接和锚固（图 8.3.2）。对柱的加固，角钢下端应锚固于基础；中间应穿过各层楼板，上端应伸至加固层的上一层楼板底或屋面板底；当相邻两层柱的尺寸不同时，可将上下柱外粘型钢交汇于楼面，并利用其内外间隔嵌入厚度

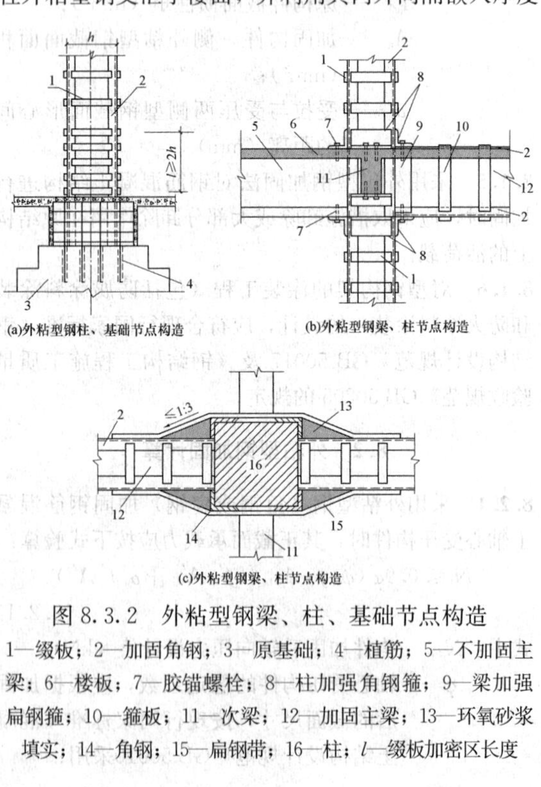

图 8.3.2 外粘型钢梁、柱、基础节点构造

1—缀板；2—加固角钢；3—原基础；4—植筋；5—不加固主梁；6—楼板；7—胶锚螺栓；8—柱加强角钢箍；9—梁加强扁钢箍；10—箍板；11—次梁；12—加固主梁；13—环氧砂浆填实；14—角钢；15—扁钢带；16—柱；l—缀板加密区长度

不小于 10mm 的钢板焊成水平钢框，与上下柱角钢及上柱钢箍相互焊接固定。对梁的加固，梁角钢（或钢板）应与柱角钢相互焊接。必要时，可加焊扁钢带或钢筋条，使柱两侧的梁相互连接（图 8.3.2c）；对桁架的加固，角钢应伸过该杆件两端的节点，或设置节点板将角钢焊在节点板上。

8.3.3 当按本规范构造要求采用外粘型钢加固排架柱时，应将加固的型钢与原柱顶部的承压钢板相互焊接。对于二阶柱，上下柱交接处及牛腿处的连接构造应予加强。

8.3.4 外粘型钢加固梁、柱时，应将原构件截面的棱角打磨成半径 r 大于等于 7mm 的圆角。外粘型钢的注胶应在型钢构架焊接完成后进行。外粘型钢的胶缝厚度宜控制在 3mm～5mm；局部允许有长度不大于 300mm、厚度不大于 8mm 的胶缝，但不得出现在角钢端部 600mm 范围内。

8.3.5 采用外包型钢加固钢筋混凝土构件时，型钢表面（包括混凝土表面）应抹厚度不小于 25mm 的高强度等级水泥砂浆（应加钢丝网防裂）作防护层，也可采用其他具有防腐蚀和防火性能的饰面材料加以保护。若外包型钢构架的表面防护按钢结构的涂装工程（包括防腐涂料涂装和防火涂料涂装）设计时，应符合现行国家标准《钢结构设计规范》GB 50017 及《钢结构工程施工质量验收规范》GB 50205 的规定。

9 粘贴钢板加固法

9.1 设 计 规 定

9.1.1 本方法适用于对钢筋混凝土受弯、大偏心受压和受拉构件的加固。本方法不适用于素混凝土构件，包括纵向受力钢筋一侧配筋率小于 0.2%的构件加固。

9.1.2 被加固的混凝土结构构件，其现场实测混凝土强度等级不得低于 C15，且混凝土表面的正拉粘结强度不得低于1.5MPa。

9.1.3 粘贴钢板加固钢筋混凝土结构构件时，应将钢板受力方式设计成仅承受轴向应力作用。

9.1.4 粘贴在混凝土构件表面上的钢板，其外表面应进行防锈蚀处理。表面防锈蚀材料对钢板及胶粘剂应无害。

9.1.5 采用本规范规定的胶粘剂粘贴钢板加固混凝土结构时，其长期使用的环境温度不应高于 60℃；处于特殊环境（如高温、高湿、介质侵蚀、放射等）的混凝土结构采用本方法加固时，除应按国家现行有关标准的规定采取相应的防护措施外，尚应采用耐环境因素作用的胶粘剂，并按专门的工艺要求进行粘贴。

9.1.6 采用粘贴钢板对钢筋混凝土结构进行加固时，应采取措施卸除或大部分卸除作用在结构上的活荷载。

9.1.7 当被加固构件的表面有防火要求时，应按现行国家标准《建筑设计防火规范》GB 50016 规定的耐火等级及耐火极限要求，对胶粘剂和钢板进行防护。

9.2 受弯构件正截面加固计算

9.2.1 采用粘贴钢板对梁、板等受弯构件进行加固时，除应符合现行国家标准《混凝土结构设计规范》GB 50010 正截面承载力计算的基本假定外，尚应符合下列规定：

1 构件达到受弯承载能力极限状态时，外贴钢板的拉应变 ε_{sp} 应按截面应变保持平面的假设确定；

2 钢板应力 σ_{sp} 取等于拉应变 ε_{sp} 与弹性模量 E_{sp} 的乘积；

3 当考虑二次受力影响时，应按构件加固前的初始受力情况，确定粘贴钢板的滞后应变；

4 在达到受弯承载能力极限状态前，外贴钢板与混凝土之间不致出现粘结剥离破坏。

9.2.2 受弯构件加固后的相对界限受压区高度 $\xi_{b,sp}$ 应按加固前控制值的 0.85 倍采用，即：

$$\xi_{b,sp} = 0.85\xi_b \qquad (9.2.2)$$

式中：ξ_b ——构件加固前的相对界限受压区高度，按现行国家标准《混凝土结构设计规范》GB 50010 的规定计算。

9.2.3 在矩形截面受弯构件的受拉面和受压面粘贴钢板进行加固时（图 9.2.3），其正截面承载力应符合下列规定：

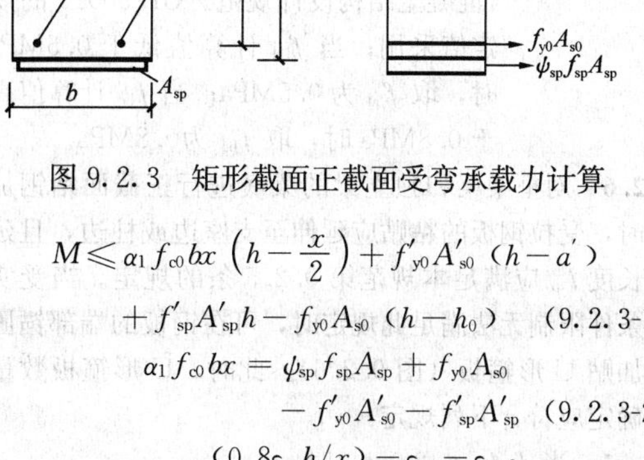

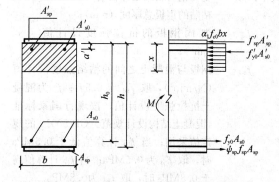

图 9.2.3 矩形截面正截面受弯承载力计算

$$M \leqslant \alpha_1 f_{c0} bx\left(h-\frac{x}{2}\right)+f'_{y0}A'_{s0}(h-a') + f'_{sp}A'_{sp}h - f_{y0}A_{s0}(h-h_0) \qquad (9.2.3\text{-}1)$$

$$\alpha_1 f_{c0} bx = \psi_{sp} f_{sp} A_{sp} + f_{y0}A_{s0} - f'_{y0}A'_{s0} - f'_{sp}A'_{sp} \qquad (9.2.3\text{-}2)$$

$$\psi_{sp} = \frac{(0.8\varepsilon_{cu}h/x)-\varepsilon_{cu}-\varepsilon_{sp,0}}{f_{sp}/E_{sp}} \qquad (9.2.3\text{-}3)$$

$$x \geqslant 2a' \qquad (9.2.3\text{-}4)$$

式中：M ——构件加固后弯矩设计值（kN·m）；

x——混凝土受压区高度（mm）；

b、h——矩形截面宽度和高度（mm）；

f_{sp}、f'_{sp}——加固钢板的抗拉、抗压强度设计值（N/mm^2）；

A_{sp}、A'_{sp}——受拉钢板和受压钢板的截面面积（mm^2）；

A_{s0}、A'_{s0}——原构件受拉和受压钢筋的截面面积（mm^2）；

a'——纵向受压钢筋合力点至截面近边的距离（mm）；

h_0——构件加固前的截面有效高度（mm）；

ψ_{sp}——考虑二次受力影响时，受拉钢板抗拉强度有可能达不到设计值而引用的折减系数；当$\psi_{sp}>1.0$时，取$\psi_{sp}=1.0$；

ε_{cu}——混凝土极限压应变，取$\varepsilon_{cu}=0.0033$；

$\varepsilon_{sp,0}$——考虑二次受力影响时，受拉钢板的滞后应变，应按本规范第9.2.9条的规定计算；若不考虑二次受力影响，取$\varepsilon_{sp,0}=0$；

9.2.4 当受压面没有粘贴钢板（即$A'_{sp}=0$），可根据式（9.2.3-1）计算出混凝土受压区的高度x，按式（9.2.3-3）计算出强度折减系数ψ_{sp}，然后代入式（9.2.3-2），求出受拉面应粘贴的加固钢板量A_{sp}。

9.2.5 对受弯构件正弯矩区的正截面加固，其受拉面沿轴向粘贴的钢板的截断位置，应从其强度充分利用的截面算起，取不小于按下式确定的粘贴延伸长度：

$$l_{sp}\geqslant(f_{sp}t_{sp}/f_{bd})+200 \quad (9.2.5)$$

式中：l_{sp}——受拉钢板粘贴延伸长度（mm）；

t_{sp}——粘贴的钢板总厚度（mm）；

f_{sp}——加固钢板的抗拉强度设计值（N/mm^2）；

f_{bd}——钢板与混凝土之间的粘结强度设计值（N/mm^2），取$f_{bd}=0.5f_t$；f_t为混凝土抗拉强度设计值，按现行国家标准《混凝土结构设计规范》GB 50010的规定值采用；当f_{bd}计算值低于0.5MPa时，取f_{bd}为0.5MPa；当f_{bd}计算值高于0.8MPa时，取f_{bd}为0.8MPa。

9.2.6 对框架梁和独立梁的梁底进行正截面粘钢加固时，受拉钢板的粘贴应延伸至支座边或柱边，且延伸长度l_{sp}应满足本规范第9.2.5条的规定。当受实际条件限制无法满足此规定时，可在钢板的端部锚固区加贴U形箍板（图9.2.6）。此时，U形箍板数量的确定应符合下列规定：

1 当$f_{sv}b_1\leqslant 2f_{bd}h_{sp}$时

$$f_{sp}A_{sp}\leqslant 0.5f_{bd}l_{sp}b_1+0.7nf_{sv}b_{sp}b_1 \quad (9.2.6\text{-}1)$$

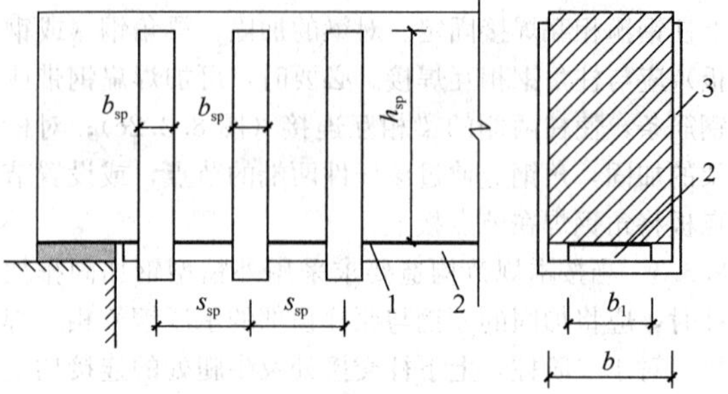

图9.2.6 梁端增设U形箍板锚固

1—胶层；2—加固钢板；3—U形箍板

2 当$f_{sv}b_1>2f_{bd}h_{sp}$时

$$f_{sp}A_{sp}\leqslant 0.5f_{bd}l_{sp}b_1+nf_{bd}b_{sp}h_{sp} \quad (9.2.6\text{-}2)$$

式中：f_{sv}——钢对钢粘结强度设计值（N/mm^2），对A级胶取为3.0MPa；对B级胶取为2.5MPa；

A_{sp}——加固钢板的截面面积（mm^2）；

n——加固钢板每端加贴U形箍板的数量；

b_1——加固钢板的宽度（mm）；

b_{sp}——U形箍板的宽度（mm）；

h_{sp}——U形箍板单肢与梁侧面混凝土粘结的竖向高度（mm）。

9.2.7 对受弯构件负弯矩区的正截面加固，钢板的截断位置距充分利用截面的距离，除应根据负弯矩包络图按公式（9.2.5）确定外，尚宜按本规范第9.6.4条的构造规定进行设计。

9.2.8 对翼缘位于受压区的T形截面受弯构件的受拉面粘贴钢板进行受弯加固时，应按本规范第9.2.1条至第9.2.3条的原则和现行国家标准《混凝土结构设计规范》GB 50010中关于T形截面受弯承载力的计算方法进行计算。

9.2.9 当考虑二次受力影响时，加固钢板的滞后应变$\varepsilon_{sp,0}$应按下式计算：

$$\varepsilon_{sp,0}=\frac{\alpha_{sp}M_{0k}}{E_sA_sh_0} \quad (9.2.9)$$

式中：M_{0k}——加固前受弯构件验算截面上作用的弯矩标准值（kN·m）；

α_{sp}——综合考虑受弯构件裂缝截面内力臂变化、钢筋拉应变不均匀以及钢筋排列影响的计算系数，按表9.2.9的规定采用。

表9.2.9 计算系数α_{sp}值

ρ_{te}	≤0.007	0.010	0.020	0.030	0.040	≥0.060
单排钢筋	0.70	0.90	1.15	1.20	1.25	1.30
双排钢筋	0.75	1.00	1.25	1.30	1.35	1.40

注：1 ρ_{te}为原有混凝土有效受拉截面的纵向受拉钢筋配筋率，即$\rho_{te}=A_s/A_{te}$；A_{te}为有效受拉混凝土截面面积，按现行国家标准《混凝土结构设计规范》GB 50010的规定计算。

2 当原构件钢筋应力$\sigma_{s0}\leqslant$150MPa，且$\rho_{te}\leqslant$0.05时，表中α_{sp}值可乘以调整系数0.9。

9.2.10 当钢板全部粘贴在梁底面（受拉面）有困难时，允许将部分钢板对称地粘贴在梁的两侧面。此时，侧面粘贴区域应控制在距受拉边缘1/4梁高范围内，且应按下式计算确定梁的两侧面实际需粘贴的钢板截面面积$A_{sp,1}$。

$$A_{sp,1} = \eta_{sp} A_{sp,b} \quad (9.2.10)$$

式中：$A_{sp,b}$——按梁底面计算确定的、但需改贴到梁的两侧面的钢板截面面积；

η_{sp}——考虑改贴梁侧面引起的钢板受拉合力及其力臂改变的修正系数，应按表9.2.10采用。

表9.2.10 修正系数η_{sp}值

h_{sp}/h	0.05	0.10	0.15	0.20	0.25
η_{sp}	1.09	1.20	1.33	1.47	1.65

注：h_{sp}为从梁受拉边缘算起的侧面粘贴高度；h为梁截面高度。

9.2.11 钢筋混凝土结构构件加固后，其正截面受弯承载力的提高幅度，不应超过40%，并应验算其受剪承载力，避免受弯承载力提高后而导致构件受剪破坏先于受弯破坏。

9.2.12 粘贴钢板的加固量，对受拉区和受压区，分别不应超过3层和2层，且钢板总厚度不应大于10mm。

9.3 受弯构件斜截面加固计算

9.3.1 受弯构件斜截面受剪承载力不足，应采用胶粘的箍板进行加固，箍板宜设计成加锚封闭箍、胶锚U形箍或钢板锚U形箍的构造方式（图9.3.1a），当受力很小时，也可采用一般U形箍。箍板应垂直于构件轴线方向粘贴（图9.3.1b）；不得采用斜向粘贴。

9.3.2 受弯构件加固后的斜截面应符合下列规定：

当$h_w/b \leqslant 4$时

$$V \leqslant 0.25\beta_c f_{c0} b h_0 \quad (9.3.2\text{-}1)$$

当$h_w/b \geqslant 6$时

$$V \leqslant 0.20\beta_c f_{c0} b h_0 \quad (9.3.2\text{-}2)$$

当$4 < h_w/b < 6$时，按线性内插法确定。

式中：V——构件斜截面加固后的剪力设计值；

β_c——混凝土强度影响系数，按现行国家标准《混凝土结构设计规范》GB 50010规定值采用；

b——矩形截面的宽度；T形或I形截面的腹板宽度；

h_w——截面的腹板高度：对矩形截面，取有效高度；对T形截面，取有效高度减去翼缘高度；对I形截面，取腹板净高。

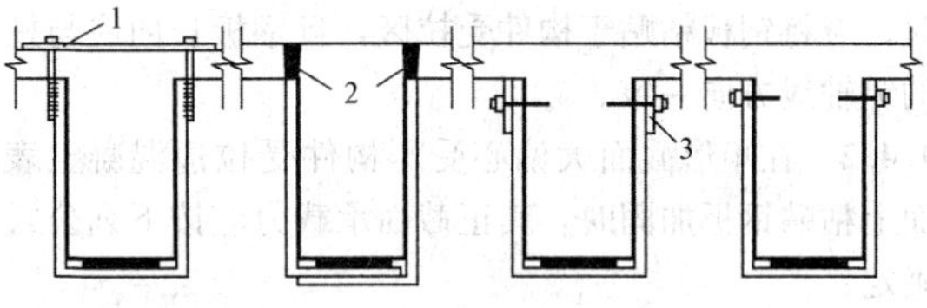

(a) 构造方式

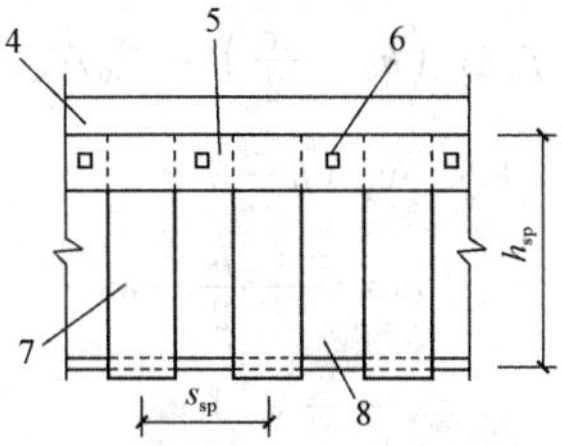

(b) U形箍加纵向钢板压条

图9.3.1 扁钢抗剪箍及其粘贴方式

1—扁钢；2—胶锚；3—粘贴钢板压条；4—板；5—钢板底面空鼓处应加钢垫板；6—钢板压条附加锚栓锚固；7—U形箍；8—梁

9.3.3 采用加锚封闭箍或其他U形箍对钢筋混凝土梁进行抗剪加固时，其斜截面承载力应符合下列公式规定：

$$V \leqslant V_{b0} + V_{b,sp} \quad (9.3.3\text{-}1)$$

$$V_{b,sp} = \psi_{vb} f_{sp} A_{b,sp} h_{sp} / s_{sp} \quad (9.3.3\text{-}2)$$

式中：V_{b0}——加固前梁的斜截面承载力（kN），按现行国家标准《混凝土结构设计规范》GB 50010计算；

$V_{b,sp}$——粘贴钢板加固后，对梁斜截面承载力的提高值（kN）；

ψ_{vb}——与钢板的粘贴方式及受力条件有关的抗剪强度折减系数，按表9.3.3确定；

$A_{b,sp}$——配置在同一截面处箍板各肢的截面面积之和（mm^2），即$2b_{sp}t_{sp}$，此处：b_{sp}和t_{sp}分别为箍板宽度和箍板厚度；

h_{sp}——U形箍板单肢与梁侧面混凝土粘结的竖向高度（mm）；

s_{sp}——箍板的间距（图9.3.1b）（mm）。

表9.3.3 抗剪强度折减系数ψ_{vb}值

箍板构造		加锚封闭箍	胶锚或钢板锚U形箍	一般U形箍
受力条件	均布荷载或剪跨比$\lambda \geqslant 3$	1.00	0.92	0.85
	剪跨比$\lambda \leqslant 1.5$	0.68	0.63	0.58

注：当λ为中间值时，按线性内插法确定ψ_{vb}值。

9.4 大偏心受压构件正截面加固计算

9.4.1 采用粘贴钢板加固大偏心受压钢筋混凝土柱

时，应将钢板粘贴于构件受拉区，且钢板长向应与柱的纵轴线方向一致。

9.4.2 在矩形截面大偏心受压构件受拉边混凝土表面上粘贴钢板加固时，其正截面承载力应按下列公式确定：

$$N \leqslant \alpha_1 f_{c0} bx + f'_{y0} A'_{s0} - f_{y0} A_{s0} - f_{sp} A_{sp} \tag{9.4.2-1}$$

$$Ne \leqslant \alpha_1 f_{c0} bx \left(h_0 - \frac{x}{2}\right) + f'_{y0} A'_{s0} (h_0 - a') + f_{sp} A_{sp} (h - h_0) \tag{9.4.2-2}$$

$$e = e_i + \frac{h}{2} - a \tag{9.4.2-3}$$

$$e_i = e_0 + e_a \tag{9.4.2-4}$$

式中：N——加固后轴向压力设计值（kN）；

e——轴向压力作用点至纵向受拉钢筋和钢板合力作用点的距离（mm）；

e_i——初始偏心距（mm）；

e_0——轴向压力对截面重心的偏心距（mm），取为 $e_0 = M/N$；当需要考虑二阶效应时，M 应按本规范第 5.4.3 条确定；

e_a——附加偏心距（mm），按偏心方向截面最大尺寸 h 确定；当 $h \leqslant 600$mm 时，$e_a = 20$mm；当 $h > 600$mm 时，$e_a = h/30$；

a、a'——分别为纵向受拉钢筋和钢板合力点、纵向受压钢筋合力点至截面近边的距离（mm）；

f_{sp}——加固钢板的抗拉强度设计值（N/mm²）。

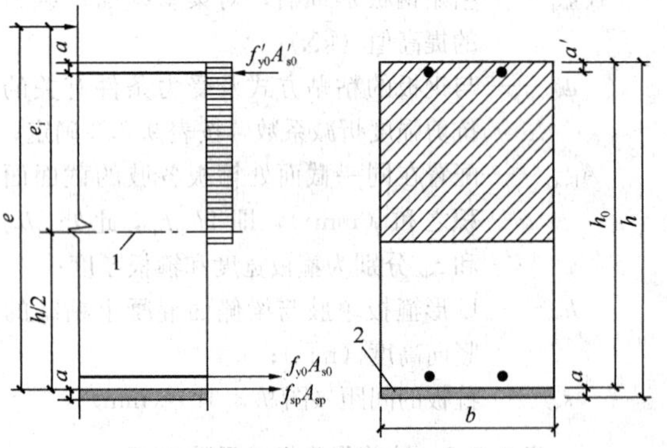

图 9.4.2 矩形截面大偏心受压构件粘钢加固承载力计算

1—截面重心轴；2—加固钢板

9.5 受拉构件正截面加固计算

9.5.1 采用外贴钢板加固钢筋混凝土受拉构件时，应按原构件纵向受拉钢筋的配置方式，将钢板粘贴于相应位置的混凝土表面上，且应处理好端部的连接构造及锚固。

9.5.2 轴心受拉构件的加固，其正截面承载力应按下式确定：

$$N \leqslant f_{y0} A_{s0} + f_{sp} A_{sp} \tag{9.5.2}$$

式中：N——加固后轴向拉力设计值；

f_{sp}——加固钢板的抗拉强度设计值。

9.5.3 矩形截面大偏心受拉构件的加固，其正截面承载力应符合下列规定：

$$N \leqslant f_{y0} A_{s0} + f_{sp} A_{sp} - \alpha_1 f_{c0} bx - f'_{y0} A'_{s0} \tag{9.5.3-1}$$

$$Ne \leqslant \alpha_1 f_{c0} bx \left(h_0 - \frac{x}{2}\right) + f'_{y0} A'_{s0} (h_0 - a') + f_{sp} A_{sp} (h - h_0) \tag{9.5.3-2}$$

式中：N——加固后轴向拉力设计值（kN）；

e——轴向拉力作用点至纵向受拉钢筋合力点的距离（mm）。

9.6 构 造 规 定

9.6.1 粘钢加固的钢板宽度不宜大于 100mm。采用手工涂胶粘贴的钢板厚度不应大于 5mm；采用压力注胶粘结的钢板厚度不应大于 10mm，且应按外粘型钢加固法的焊接节点构造进行设计。

9.6.2 对钢筋混凝土受弯构件进行正截面加固时，均应在钢板的端部（包括截断处）及集中荷载作用点的两侧，对梁设置 U 形钢箍板；对板应设置横向钢压条进行锚固。

9.6.3 当粘贴的钢板延伸至支座边缘仍不满足本规范第 9.2.5 条延伸长度的规定时，应采取下列锚固措施：

1 对梁，应在延伸长度范围内均匀设置 U 形箍（图 9.6.3），且应在延伸长度的端部设置一道加强箍。U 形箍的粘贴高度应为梁的截面高度；梁有翼缘

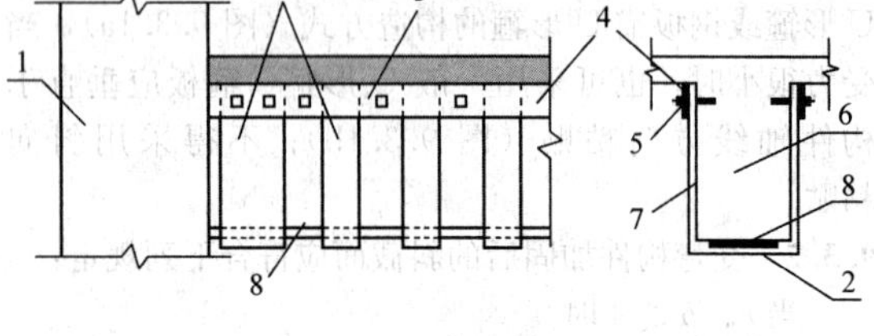

(a) U形钢箍

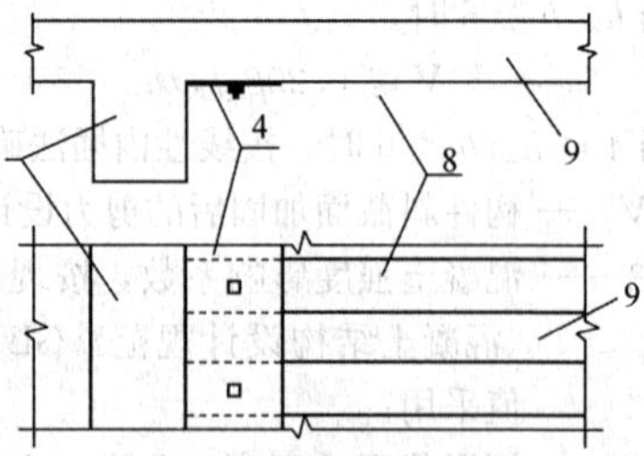

(b) 横向钢压条

图 9.6.3 梁粘贴钢板端部锚固措施

1—柱；2—U 形箍；3—压条与梁之间空隙应加垫板；4—钢压条；5—化学锚栓；6—梁；7—胶层；8—加固钢板；9—板

（或有现浇楼板），应伸至其底面。U形箍的宽度，对端箍不应小于加固钢板宽度的 2/3，且不应小于 80mm；对中间箍不应小于加固钢板宽度的 1/2，且不应小于 40mm。U形箍的厚度不应小于受弯加固钢板厚度的 1/2，且不应小于 4mm。U形箍的上端应设置纵向钢压条；压条下面的空隙应加胶粘钢垫块填平。

2 对板，应在延伸长度范围内通长设置垂直于受力钢板方向的钢压条。钢压条一般不宜少于 3 条；钢压条应在延伸长度范围内均匀布置，且应在延伸长度的端部设置一道。压条的宽度不应小于受弯加固钢板宽度的 3/5，钢压条的厚度不应小于受弯加固钢板厚度的 1/2。

9.6.4 当采用钢板对受弯构件负弯矩区进行正截面承载力加固时，应采取下列构造措施：

1 支座处无障碍时，钢板应在负弯矩包络图范围内连续粘贴；其延伸长度的截断点应按本规范第 9.2.5 条的原则确定。在端支座无法延伸的一侧，尚应按本条第 3 款的构造方式（图 9.6.4-2）进行锚固处理。

2 支座处虽有障碍，但梁上有现浇板时，允许绕过柱位，在梁侧 4 倍板厚（$4h_b$）范围内，将钢板粘贴于板面上（图 9.6.4-1）。

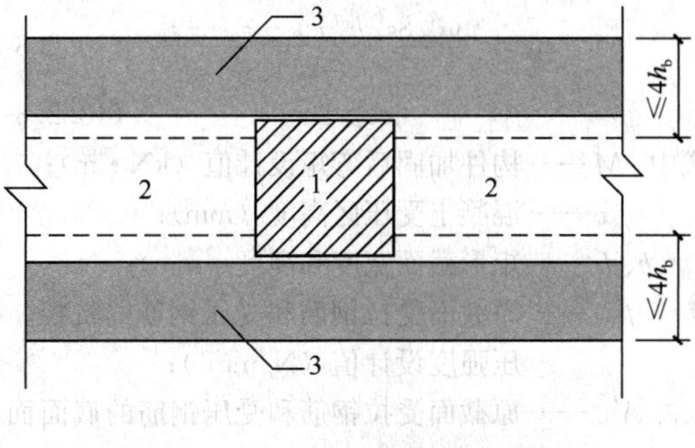

图 9.6.4-1　绕过柱位粘贴钢板

1—柱；2—梁；3—板顶面粘贴的钢板；h_b—板厚

3 当梁上负弯矩区的支座处需采取加强的锚固措施时，可采用图 9.6.4-2 的构造方式进行锚固处理。

9.6.5 当加固的受弯构件粘贴不止一层钢板时，相邻两层钢板的截断位置应错开不小于 300mm，并应在截断处加设 U 形箍（对梁）或横向压条（对板）进行锚固。

9.6.6 当采用粘贴钢板箍对钢筋混凝土梁或大偏心受压构件的斜截面承载力进行加固时，其构造应符合下列规定：

1 宜选用封闭箍或加锚的 U 形箍；若仅按构造需要设箍，也可采用一般 U 形箍；

2 受力方向应与构件轴向垂直；

3 封闭箍及 U 形箍的净间距 $s_{sp,n}$ 不应大于现行国家标准《混凝土结构设计规范》GB 50010 规定的最大箍筋间距的 0.70 倍，且不应大于梁高的 0.25 倍；

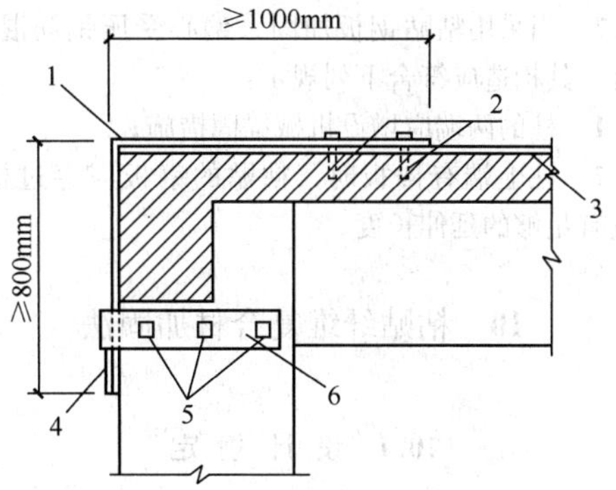

(a) 柱顶加贴L形钢板的构造

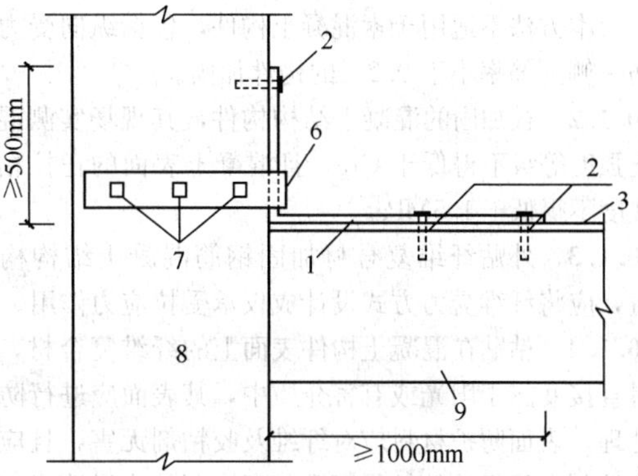

(b) 柱中部加贴L形钢板的构造

图 9.6.4-2　梁柱节点处粘贴钢板的机械锚固措施

1—粘贴 L 形钢板；2—M12 锚栓；3—加固钢板；4—加焊顶板（预焊）；5—d≥M16 的 6.8 级锚栓；6—胶粘于柱上的 U 形钢箍板；7—d≥M22 的 6.8 级锚栓及其钢垫板；8—柱；9—梁

4 箍板的粘贴高度应符合本规范第 9.6.3 条的规定；一般 U 形箍的上端应粘贴纵向钢压条予以锚固；钢压条下面的空隙应加胶粘钢垫板填平；

5 当梁的截面高度（或腹板高度）h 大于等于 600mm 时，应在梁的腰部增设一道纵向腰间钢压条（图 9.6.6）。

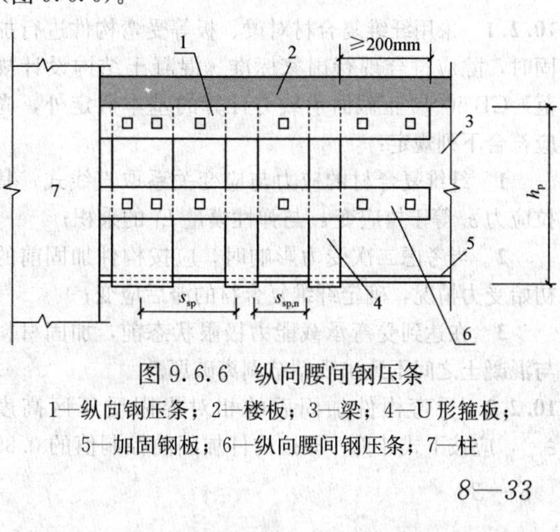

图 9.6.6　纵向腰间钢压条

1—纵向钢压条；2—楼板；3—梁；4—U 形箍板；5—加固钢板；6—纵向腰间钢压条；7—柱

9.6.7 当采用粘贴钢板加固大偏心受压钢筋混凝土柱时，其构造应符合下列规定：

1 柱的两端应增设机械锚固措施；

2 柱上端有楼板时，粘贴的钢板应穿过楼板，并应有足够的延伸长度。

10 粘贴纤维复合材加固法

10.1 设 计 规 定

10.1.1 本方法适用于钢筋混凝土受弯、轴心受压、大偏心受压及受拉构件的加固。

本方法不适用于素混凝土构件，包括纵向受力钢筋一侧配筋率小于 0.2%的构件加固。

10.1.2 被加固的混凝土结构构件，其现场实测混凝土强度等级不得低于 C15，且混凝土表面的正拉粘结强度不得低于 1.5MPa。

10.1.3 外贴纤维复合材加固钢筋混凝土结构构件时，应将纤维受力方式设计成仅承受拉应力作用。

10.1.4 粘贴在混凝土构件表面上的纤维复合材，不得直接暴露于阳光或有害介质中，其表面应进行防护处理。表面防护材料应对纤维及胶粘剂无害，且应与胶粘剂有可靠的粘结强度及相互协调的变形性能。

10.1.5 采用本方法加固的混凝土结构，其长期使用的环境温度不应高于 60℃；处于特殊环境（如高温、高湿、介质侵蚀、放射等）的混凝土结构采用本方法加固时，除应按国家现行有关标准的规定采取相应的防护措施外，尚应采用耐环境因素作用的胶粘剂，并按专门的工艺要求进行粘贴。

10.1.6 采用纤维复合材对钢筋混凝土结构进行加固时，应采取措施卸除或大部分卸除作用在结构上的活荷载。

10.1.7 当被加固构件的表面有防火要求时，应按现行国家标准《建筑设计防火规范》GB 50016 规定的耐火等级及耐火极限要求，对纤维复合材进行防护。

10.2 受弯构件正截面加固计算

10.2.1 采用纤维复合材对梁、板等受弯构件进行加固时，除应符合现行国家标准《混凝土结构设计规范》GB 50010 正截面承载力计算的基本假定外，尚应符合下列规定：

1 纤维复合材的应力与应变关系取直线式，其拉应力 σ_f 等于拉应变 ε_f 与弹性模量 E_f 的乘积；

2 当考虑二次受力影响时，应按构件加固前的初始受力情况，确定纤维复合材的滞后应变；

3 在达到受弯承载能力极限状态前，加固材料与混凝土之间不致出现粘结剥离破坏。

10.2.2 受弯构件加固后的相对界限受压区高度 $\xi_{b,f}$，应按下式计算，即按构件加固前控制值的 0.85 倍采用：

$$\xi_{b,f}=0.85\xi_b \tag{10.2.2}$$

式中：ξ_b ——构件加固前的相对界限受压区高度，按现行国家标准《混凝土结构设计规范》GB 50010 的规定计算。

10.2.3 在矩形截面受弯构件的受拉边混凝土表面上粘贴纤维复合材进行加固时（图 10.2.3），其正截面承载力应按下列公式确定：

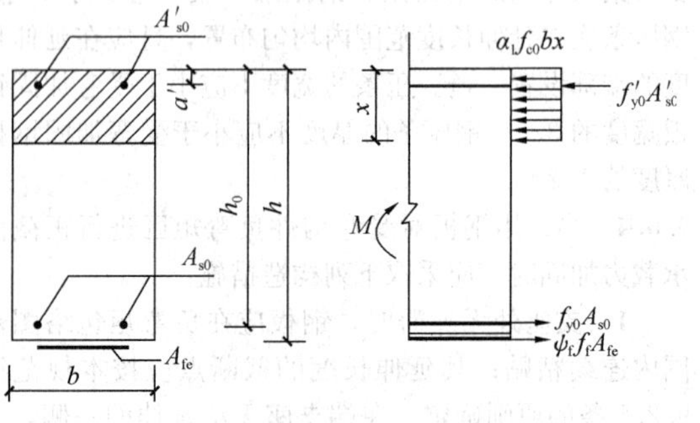

图 10.2.3 矩形截面构件正截面受弯承载力计算

$$M\leqslant\alpha_1 f_{c0}bx\left(h-\frac{x}{2}\right)+f'_{y0}A'_{s0}(h-a')-f_{y0}A_{s0}(h-h_0) \tag{10.2.3-1}$$

$$\alpha_1 f_{c0}bx=f_{y0}A_{s0}+\psi_f f_f A_{fe}-f'_{y0}A'_{s0} \tag{10.2.3-2}$$

$$\psi_f=\frac{(0.8\varepsilon_{cu}h/x)-\varepsilon_{cu}-\varepsilon_{f0}}{\varepsilon_f} \tag{10.2.3-3}$$

$$x\geqslant 2a' \tag{10.2.3-4}$$

式中：M ——构件加固后弯矩设计值（kN·m）；

x ——混凝土受压区高度（mm）；

b、h ——矩形截面宽度和高度（mm）；

f_{y0}、f'_{y0} ——原截面受拉钢筋和受压钢筋的抗拉、抗压强度设计值（N/mm²）；

A_{s0}、A'_{s0} ——原截面受拉钢筋和受压钢筋的截面面积（mm²）；

a' ——纵向受压钢筋合力点至截面近边的距离（mm）；

h_0 ——构件加固前的截面有效高度（mm）；

f_f ——纤维复合材的抗拉强度设计值（N/mm²），应根据纤维复合材的品种，分别按本规范表 4.3.4-1、表 4.3.4-2 及表 4.3.4-3 采用；

A_{fe} ——纤维复合材的有效截面面积（mm²）；

ψ_f ——考虑纤维复合材实际抗拉应变达不到设计值而引入的强度利用系数，当 $\psi_f>1.0$ 时，取 $\psi_f=1.0$；

ε_{cu} ——混凝土极限压应变，取 $\varepsilon_{cu}=0.0033$；

ε_f ——纤维复合材拉应变设计值，应根据纤维复合材的品种，按本规范表 4.3.5 采用；

ε_{f0} ——考虑二次受力影响时纤维复合材的滞后应变，应按本规范第10.2.8条的规定计算，若不考虑二次受力影响，取 $\varepsilon_{f0}=0$。

10.2.4 实际应粘贴的纤维复合材截面面积 A_f，应按下式计算：

$$A_f = A_{fe}/k_m \qquad (10.2.4\text{-}1)$$

纤维复合材厚度折减系数 k_m，应按下列规定确定：

1 当采用预成型板时，$k_m=1.0$；

2 当采用多层粘贴的纤维织物时，k_m 值按下式计算：

$$k_m = 1.16 - \frac{n_f E_f t_f}{308000} \leqslant 0.90 \qquad (10.2.4\text{-}2)$$

式中：E_f ——纤维复合材弹性模量设计值（MPa），应根据纤维复合材的品种，按本规范表4.3.5采用；

n_f ——纤维复合材（单向织物）层数；

t_f ——纤维复合材(单向织物)的单层厚度(mm)；

10.2.5 对受弯构件正弯矩区的正截面加固，其粘贴纤维复合材的截断位置应从其强度充分利用的截面算起，取不小于按下式确定的粘贴延伸长度（图10.2.5）：

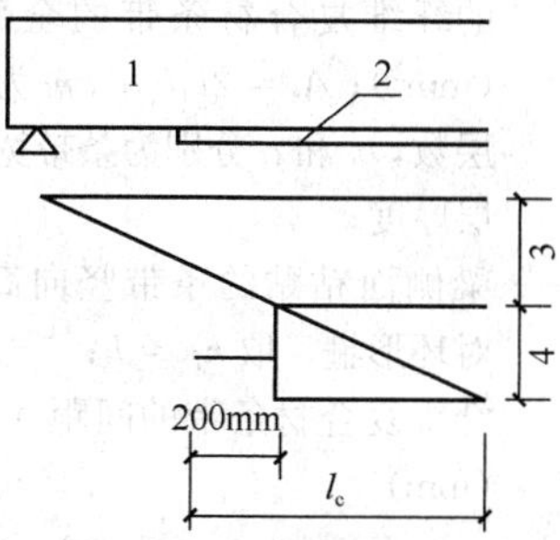

图10.2.5 纤维复合材的粘贴延伸长度

1—梁；2—纤维复合材；3—原钢筋承担的弯矩；4—加固要求的弯矩增量

$$l_c = \frac{f_f A_f}{f_{f,v} b_f} + 200 \qquad (10.2.5)$$

式中：l_c ——纤维复合材粘贴延伸长度（mm）；

b_f ——对梁为受拉面粘贴的纤维复合材的总宽度（mm），对板为1000mm板宽范围内粘贴的纤维复合材总宽度；

f_f ——纤维复合材抗拉强度设计值（N/mm^2），按本规范表4.3.4-1、表4.3.4-2或表4.3.4-3采用；

$f_{f,v}$ ——纤维与混凝土之间的粘结抗剪强度设计值（MPa），取 $f_{f,v}=0.40f_t$；f_t 为混凝土抗拉强度设计值，按现行国家标准《混凝土结构设计规范》GB 50010规定值采用；当 $f_{f,v}$ 计算值低于0.40MPa时，取 $f_{f,v}=0.40$MPa；当 $f_{f,v}$ 计算值高于0.70MPa时，取 $f_{f,v}=0.70$MPa。

10.2.6 对受弯构件负弯矩区的正截面加固，纤维复合材的截断位置距支座边缘的距离，除应根据负弯矩包络图按上式确定外，尚应符合本规范第10.9.3条的构造规定。

10.2.7 对翼缘位于受压区的T形截面受弯构件的受拉面粘贴纤维复合材进行受弯加固时，应按本规范第10.2.1条至第10.2.4条的计算原则和现行国家标准《混凝土结构设计规范》GB 50010中关于T形截面受弯承载力的计算方法进行计算。

10.2.8 当考虑二次受力影响时，纤维复合材的滞后应变 ε_{f0} 应按下式计算：

$$\varepsilon_{f0} = \frac{\alpha_f M_{0k}}{E_s A_s h_0} \qquad (10.2.8)$$

式中：M_{0k} ——加固前受弯构件验算截面上原作用的弯矩标准值；

α_f ——综合考虑受弯构件裂缝截面内力臂变化、钢筋拉应变不均匀以及钢筋排列影响等的计算系数，应按表10.2.8采用。

表10.2.8 计算系数 α_f 值

ρ_{te}	≤0.007	0.010	0.020	0.030	0.040	≥0.060
单排钢筋	0.70	0.90	1.15	1.20	1.25	1.30
双排钢筋	0.75	1.00	1.25	1.30	1.35	1.40

注：1 ρ_{te} 为混凝土有效受拉截面的纵向受拉钢筋配筋率，即 $\rho_{te}=A_s/A_{te}$，A_{te} 为有效受拉混凝土截面面积，按现行国家标准《混凝土结构设计规范》GB 50010的规定计算。

2 当原构件钢筋应力 $\sigma_{s0}\leqslant150$MPa，且 $\rho_{te}\leqslant0.05$ 时，表中 α_f 值可乘以调整系数0.9。

10.2.9 当纤维复合材全部粘贴在梁底面（受拉面）有困难时，允许将部分纤维复合材对称地粘贴在梁的两侧面。此时，侧面粘贴区域应控制在距受拉区边缘1/4梁高范围内，且应按下式计算确定梁的两侧面实际需要粘贴的纤维复合材截面面积 $A_{f,l}$：

$$A_{f,l} = \eta_f A_{f,b} \qquad (10.2.9)$$

式中：$A_{f,b}$ ——按梁底面计算确定的，但需改贴到梁的两侧面的纤维复合材截面积；

η_f ——考虑改贴梁侧面引起的纤维复合材受拉合力及其力臂改变的修正系数，应按表10.2.9采用。

表10.2.9 修正系数 η_f 值

h_f/h	0.05	0.10	0.15	0.20	0.25
η_f	1.09	1.19	1.30	1.43	1.59

注：h_f 为从梁受拉边缘算起的侧面粘贴高度；h 为梁截面高度。

10.2.10 钢筋混凝土结构构件加固后，其正截面受弯承载力的提高幅度，不应超过40%，并应验算其受剪承载力，避免因受弯承载力提高后而导致构件受剪破坏先于受弯破坏。

10.2.11 纤维复合材的加固量，对预成型板，不宜超过2层，对湿法铺层的织物，不宜超过4层，超过4层时，宜改用预成型板，并采取可靠的加强锚固措施。

10.3 受弯构件斜截面加固计算

10.3.1 采用纤维复合材条带（以下简称条带）对受弯构件的斜截面受剪承载力进行加固时，应粘贴成垂直于构件轴线方向的环形箍或其他有效的U形箍（图10.3.1）；不得采用斜向粘贴方式。

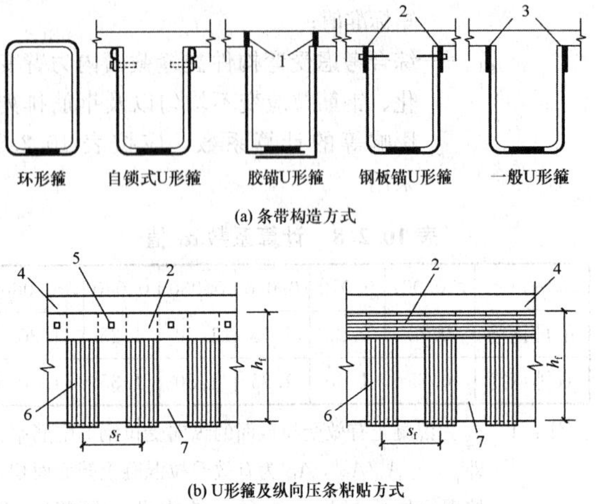

图10.3.1 纤维复合材抗剪箍及其粘贴方式

1—胶锚；2—钢板压条；3—纤维织物压条；4—板；5—锚栓加胶粘锚固；6—U形箍；7—梁

10.3.2 受弯构件加固后的斜截面应符合下列规定：

当 $h_w/b \leqslant 4$ 时

$$V \leqslant 0.25\beta_c f_{c0} bh_0 \quad (10.3.2\text{-}1)$$

当 $h_w/b \geqslant 6$ 时

$$V \leqslant 0.20\beta_c f_{c0} bh_0 \quad (10.3.2\text{-}2)$$

当 $4 < h_w/b < 6$ 时，按线性内插法确定。

式中：V——构件斜截面加固后的剪力设计值（kN）；

β_c——混凝土强度影响系数，按现行国家标准《混凝土结构设计规范》GB 50010的规定值采用；

f_{c0}——原构件混凝土轴心抗压强度设计值（N/mm²）；

b——矩形截面的宽度、T形或I形截面的腹板宽度（mm）；

h_0——截面有效高度（mm）；

h_w——截面的腹板高度（mm），对矩形截面，取有效高度；对T形截面，取有效高度减去翼缘高度；对I形截面，取腹板净高。

10.3.3 当采用条带构成的环形（封闭）箍或U形箍对钢筋混凝土梁进行抗剪加固时，其斜截面承载力应按下列公式确定：

$$V \leqslant V_{b0} + V_{bf} \quad (10.3.3\text{-}1)$$

$$V_{bf} = \psi_{vb} f_f A_f h_f / s_f \quad (10.3.3\text{-}2)$$

式中：V_{b0}——加固前梁的斜截面承载力（kN），应按现行国家标准《混凝土结构设计规范》GB 50010计算；

V_{bf}——粘贴条带加固后，对梁斜截面承载力的提高值（kN）；

ψ_{vb}——与条带加锚方式及受力条件有关的抗剪强度折减系数（表10.3.3）；

f_f——受剪加固采用的纤维复合材抗拉强度设计值（N/mm²），应根据纤维复合材品种分别按表4.3.4-1、表4.3.4-2及表4.3.4-3规定的抗拉强度设计值乘以调整系数0.56确定；当为框架梁或悬挑构件时，调整系数改取0.28；

A_f——配置在同一截面处构成环形或U形箍的纤维复合材条带的全部截面面积（mm²）；$A_f = 2n_f b_f t_f$，n_f 为条带粘贴的层数，b_f 和 t_f 分别为条带宽度和条带单层厚度；

h_f——梁侧面粘贴的条带竖向高度（mm）；对环形箍，取 $h_f = h$；

s_f——纤维复合材条带的间距（图10.3.1b）（mm）。

表10.3.3 抗剪强度折减系数 ψ_{vb} 值

条带加锚方式		环形箍及自锁式U形箍	胶锚或钢板锚U形箍	加织物压条的一般U形箍
受力条件	均布荷载或剪跨比 $\lambda \geqslant 3$	1.00	0.88	0.75
	$\lambda \leqslant 1.5$	0.68	0.60	0.50

注：当 λ 为中间值时，按线性内插法确定 ψ_{vb} 值。

10.4 受压构件正截面加固计算

10.4.1 轴心受压构件可采用沿其全长无间隔地环向连续粘贴纤维织物的方法（简称环向围束法）进行加固。

10.4.2 采用环向围束法加固轴心受压构件仅适用于下列情况：

1 长细比 $l/d \leqslant 12$ 的圆形截面柱；

2 长细比 $l/d \leqslant 14$、截面高宽比 $h/b \leqslant 1.5$、截面高度 $h \leqslant 600$mm，且截面棱角经过圆化打磨的正方形或矩形截面柱。

10.4.3 采用环向围束的轴心受压构件，其正截面承载力应符合下列公式规定：

$$N \leqslant 0.9\left[(f_{c0}+4\sigma_l)A_{cor}+f'_{y0}A'_{s0}\right] \quad (10.4.3\text{-}1)$$

$$\sigma_l = 0.5\beta_c k_c \rho_f E_f \varepsilon_{fe} \quad (10.4.3\text{-}2)$$

式中：N——加固后轴向压力设计值（kN）；

f_{c0}——原构件混凝土轴心抗压强度设计值（N/mm^2）；

σ_l——有效约束应力（N/mm^2）；

A_{cor}——环向围束内混凝土面积（mm^2）；圆形截面：$A_{cor}=\frac{\pi D^2}{4}$，正方形和矩形截面：$A_{cor}=bh-(4-\pi)r^2$；

D——圆形截面柱的直径（mm）；

b——正方形截面边长或矩形截面宽度（mm）；

h——矩形截面高度（mm）；

r——截面棱角的圆化半径（倒角半径）；

β_c——混凝土强度影响系数；当混凝土强度等级不大于C50时，$\beta_c=1.0$；当混凝土强度等级为C80时，$\beta_c=0.8$；其间按线性内插法确定；

k_c——环向围束的有效约束系数，按本规范第10.4.4条的规定采用；

ρ_f——环向围束体积比，按本规范第10.4.4条的规定计算；

E_f——纤维复合材的弹性模量（N/mm^2）；

ε_{fe}——纤维复合材的有效拉应变设计值；重要构件取$\varepsilon_{fe}=0.0035$；一般构件取$\varepsilon_{fe}=0.0045$。

10.4.4 环向围束的计算参数k_c和ρ_f，应按下列规定确定：

1 有效约束系数k_c值的确定：

1) 圆形截面柱：$k_c=0.95$；

2) 正方形和矩形截面柱，应按下式计算：

$$k_c = 1-\frac{(b-2r)^2+(h-2r)^2}{3A_{cor}(1-\rho_s)} \quad (10.4.4\text{-}1)$$

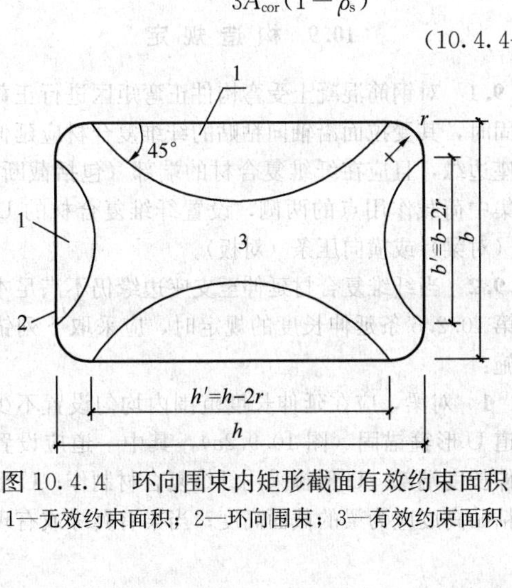

图 10.4.4 环向围束内矩形截面有效约束面积

1—无效约束面积；2—环向围束；3—有效约束面积

式中：ρ_s——柱中纵向钢筋的配筋率。

2 环向围束体积比ρ_f值的确定：

对圆形截面柱：

$$\rho_f = 4n_f t_f/D \quad (10.4.4\text{-}2)$$

对正方形和矩形截面柱：

$$\rho_f = 2n_f t_f(b+h)/A_{cor} \quad (10.4.4\text{-}3)$$

式中：n_f——纤维复合材的层数；

t_f——纤维复合材每层厚度（mm）。

10.5 框架柱斜截面加固计算

10.5.1 当采用纤维复合材的条带对钢筋混凝土框架柱进行受剪加固时，应粘贴成环形箍，且纤维方向应与柱的纵轴线垂直。

10.5.2 采用环形箍加固的柱，其斜截面受剪承载力应符合下列公式规定：

$$V \leqslant V_{c0}+V_{cf} \quad (10.5.2\text{-}1)$$

$$V_{cf} = \psi_{vc} f_f A_f h/s_f \quad (10.5.2\text{-}2)$$

$$A_f = 2n_f b_f t_f \quad (10.5.2\text{-}3)$$

式中：V——构件加固后剪力设计值（kN）；

V_{c0}——加固前原构件斜截面受剪承载力（kN），按现行国家标准《混凝土结构设计规范》GB 50010 的规定计算；

V_{cf}——粘贴纤维复合材加固后，对柱斜截面承载力的提高值（kN）；

ψ_{vc}——与纤维复合材受力条件有关的抗剪强度折减系数，按表10.5.2的规定值采用；

f_f——受剪加固采用的纤维复合材抗拉强度设计值（N/mm^2），按本规范第4.3.4条规定的抗拉强度设计值乘以调整系数0.5确定；

A_f——配置在同一截面处纤维复合材环形箍的全截面面积（mm^2）；

n_f——为纤维复合材环形箍的层数；

b_f、t_f——分别为纤维复合材环形箍的宽度和每层厚度（mm）；

h——柱的截面高度（mm）；

s_f——环形箍的中心间距（mm）。

表 10.5.2 抗剪强度折减系数ψ_{vc}值

轴压比		≤0.1	0.3	0.5	0.7	0.9
受力条件	均布荷载或$\lambda_c\geqslant3$	0.95	0.84	0.72	0.62	0.51
	$\lambda_c\leqslant1$	0.90	0.72	0.54	0.34	0.16

注：1 λ_c为柱的剪跨比；对框架柱$\lambda_c=H_n/2h_0$；H_n为柱的净高；h_0为柱截面有效高度。

2 中间值按线性内插法确定。

10.6 大偏心受压构件加固计算

10.6.1 当采用纤维增强复合材加固大偏心受压的钢

筋混凝土柱时，应将纤维复合材粘贴于构件受拉区边缘混凝土表面，且纤维方向应与柱的纵轴线方向一致。

10.6.2 矩形截面大偏心受压柱的加固，其正截面承载力应符合下列公式规定：

$$N \leqslant \alpha_1 f_{c0} bx + f'_{y0} A'_{s0} - f_{y0} A_{s0} - f_f A_f \quad (10.6.2\text{-}1)$$

$$Ne \leqslant \alpha_1 f_{c0} bx \left(h_0 - \frac{x}{2}\right) + f'_{y0} A'_{s0} (h_0 - a') + f_f A_f (h - h_0) \quad (10.6.2\text{-}2)$$

$$e = e_i + \frac{h}{2} - a \quad (10.6.2\text{-}3)$$

$$e_i = e_0 + e_a \quad (10.6.2\text{-}4)$$

式中：e——轴向压力作用点至纵向受拉钢筋 A_s 合力点的距离（mm）；

e_i——初始偏心距（mm）；

e_0——轴向压力对截面重心的偏心距（mm），取为 M/N；当需考虑二阶效应时，M 应按本规范第 5.4.3 条确定；

e_a——附加偏心距（mm），按偏心方向截面最大尺寸 h 确定：当 $h \leqslant 600$mm 时，$e_a = 20$mm；当 $h > 600$mm 时，$e_a = h/30$；

a、a'——纵向受拉钢筋合力点、纵向受压钢筋合力点至截面近边的距离（mm）；

f_f——纤维复合材抗拉强度设计值（N/mm^2），应根据其品种，分别按本规范表 4.3.4-1、表 4.3.4-2 及表 4.3.4-3 采用。

10.7 受拉构件正截面加固计算

10.7.1 当采用外贴纤维复合材加固环形或其他封闭式钢筋混凝土受拉构件时，应按原构件纵向受拉钢筋的配置方式，将纤维织物粘贴于相应位置的混凝土表面上，且纤维方向应与构件受拉方向一致，并处理好围拢部位的搭接和锚固问题。

10.7.2 轴心受拉构件的加固，其正截面承载力应按下式确定：

$$N \leqslant f_{y0} A_{s0} + f_f A_f \quad (10.7.2)$$

式中：N——轴向拉力设计值；

f_f——纤维复合材抗拉强度设计值，应根据其品种，分别按本规范表 4.3.4-1、表 4.3.4-2 及表 4.3.4-3 的规定采用；

10.7.3 矩形截面大偏心受拉构件的加固，其正截面承载力应符合下列公式规定：

$$N \leqslant f_{y0} A_{s0} + f_f A_f - \alpha_1 f_{c0} bx - f'_{y0} A'_{s0} \quad (10.7.3\text{-}1)$$

$$Ne \leqslant \alpha_1 f_{c0} bx \left(h_0 - \frac{x}{2}\right) + f'_{y0} A'_{s0} (h_0 - a'_s) + f_f A_f (h - h_0) \quad (10.7.3\text{-}2)$$

式中：N——加固后轴向拉力设计值（kN）；

e——轴向拉力作用点至纵向受拉钢筋合力点的距离（mm）；

f_f——纤维复合材抗拉强度设计值（N/mm^2），应根据其品种，分别按本规范表 4.3.4-1、表 4.3.4-2 及表 4.3.4-3 采用。

10.8 提高柱的延性的加固计算

10.8.1 钢筋混凝土柱因延性不足而进行抗震加固时，可采用环向粘贴纤维复合材构成的环向围束作为附加箍筋。

10.8.2 当采用环向围束作为附加箍筋时，应按下列公式计算柱箍筋加密区加固后的箍筋体积配筋率 ρ_v，且应满足现行国家标准《混凝土结构设计规范》GB 50010 规定的要求：

$$\rho_v = \rho_{v,e} + \rho_{v,f} \quad (10.8.2\text{-}1)$$

$$\rho_{v,f} = k_c \rho_f \frac{b_f f_f}{s_f f_{yv0}} \quad (10.8.2\text{-}2)$$

式中：$\rho_{v,e}$——被加固柱原有箍筋的体积配筋率；当需重新复核时，应按箍筋范围内的核心截面进行计算；

$\rho_{v,f}$——环向围束作为附加箍筋算得的箍筋体积配筋率的增量；

ρ_f——环向围束体积比，应按本规范第 10.4.4 条计算；

k_c——环向围束的有效约束系数，圆形截面，$k_c = 0.90$；正方形截面，$k_c = 0.66$；矩形截面 $k_c = 0.42$；

b_f——环向围束纤维条带的宽度（mm）；

s_f——环向围束纤维条带的中心间距（mm）；

f_f——环向围束纤维复合材的抗拉强度设计值（N/mm^2），应根据其品种，分别按本规范表 4.3.4-1、表 4.3.4-2 及表 4.3.4-3 采用；

f_{yv0}——原箍筋抗拉强度设计值（N/mm^2）。

10.9 构造规定

10.9.1 对钢筋混凝土受弯构件正弯矩区进行正截面加固时，其受拉面沿轴向粘贴的纤维复合材应延伸至支座边缘，且应在纤维复合材的端部（包括截断处）及集中荷载作用点的两侧，设置纤维复合材的 U 形箍（对梁）或横向压条（对板）。

10.9.2 当纤维复合材延伸至支座边缘仍不满足本规范第 10.2.5 条延伸长度的规定时，应采取下列锚固措施：

1 对梁，应在延伸长度范围内均匀设置不少于三道 U 形箍锚固（图 10.9.2a），其中一道应设置在延伸长度端部。U 形箍采用纤维复合材制作；U 形箍的粘贴高度应为梁的截面高度；当梁有翼缘或有现浇楼板，应伸至其底面。U形箍的宽度，对端箍不应小于加固纤维复合材宽度的2/3，且不应小于150mm；对中间箍不应小于加固纤维复合材条带宽度的1/2，且不应小于100mm。U形箍的厚度不应小于受弯加固纤维复合材厚度的1/2。

2 对板，应在延伸长度范围内通长设置垂直于受力纤维方向的压条（图10.9.2b）。压条采用纤维复合材制作。压条除应在延伸长度端部布置一道外，尚宜在延伸长度范围内再均匀布置1道～2道。压条的宽度不应小于受弯加固纤维复合材条带宽度的3/5，压条的厚度不应小于受弯加固纤维复合材厚度的1/2。

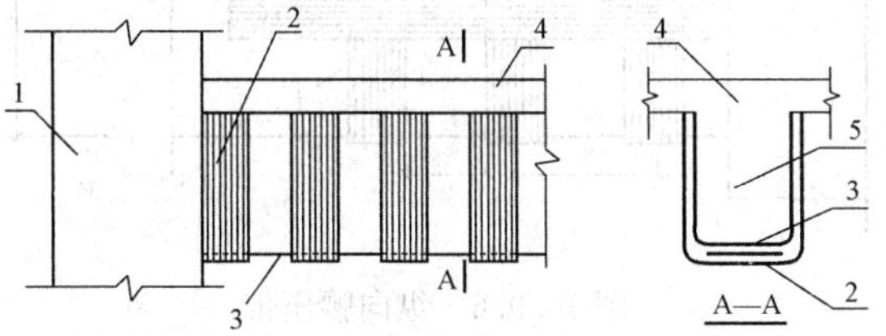

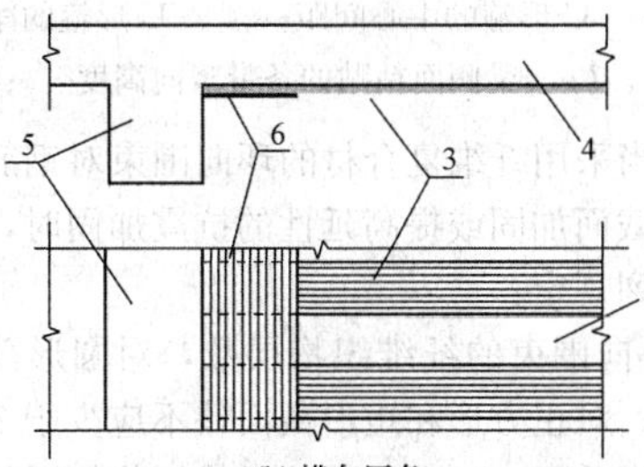

图10.9.2 梁、板粘贴纤维复合材端部锚固措施

1—柱；2—U形箍；3—纤维复合材；4—板；5—梁；6—横向压条

注：(a) 图中未画压条。

3 当纤维复合材延伸至支座边缘，遇到下列情况，应将端箍（或端部压条）改为钢材制作、传力可靠的机械锚固措施：

1) 可延伸长度小于按公式（10.2.5）计算长度的一半；

2) 加固用的纤维复合材为预成型板材。

10.9.3 当采用纤维复合材对受弯构件负弯矩区进行正截面承载力加固时，应采取下列构造措施：

1 支座处无障碍时，纤维复合材应在负弯矩包络图范围内连续粘贴；其延伸长度的截断点应位于正弯矩区，且距正负弯矩转换点不应小于1m。

2 支座处虽有障碍，但梁上有现浇板，且允许绕过柱位时，宜在梁侧4倍板厚（h_b）范围内，将纤维复合材粘贴于板面上（图10.9.3-1）。

3 在框架顶层梁柱的端节点处，纤维复合材只能贴至柱边缘而无法延伸时，应采用结构胶加贴L形碳纤维板或L形钢板进行粘结与锚固（图10.9.3-2）。L形钢板的总截面面积应按下式进行计算：

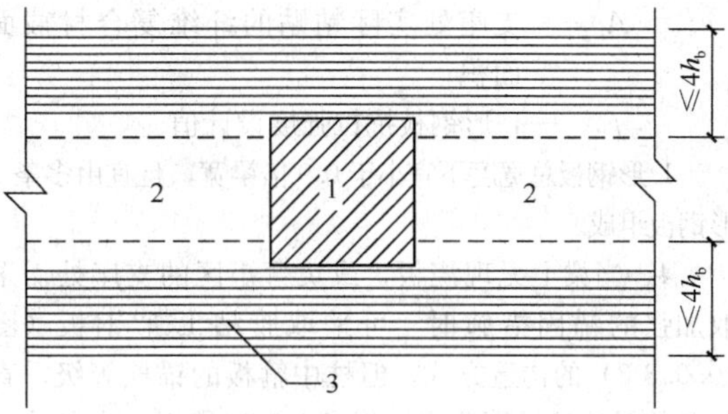

图10.9.3-1 绕过柱位粘贴纤维复合材

1—柱；2—梁；3—板顶面粘贴的纤维复合材；h_b—板厚

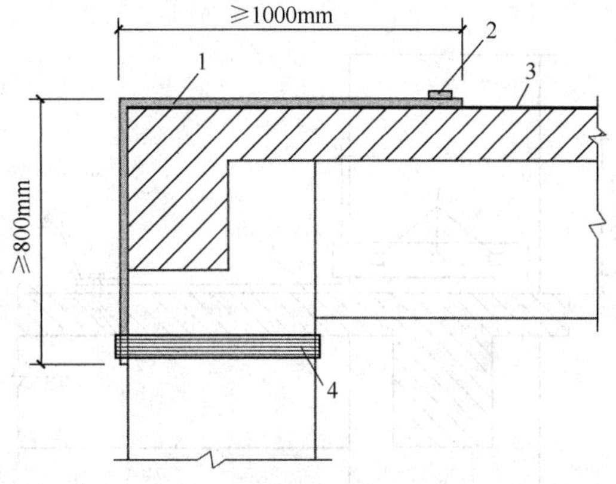

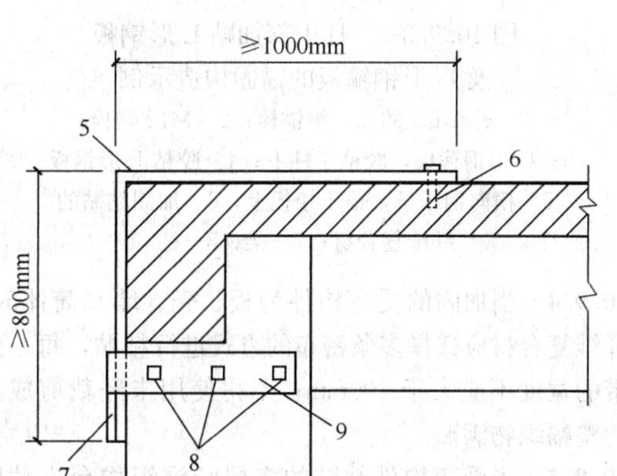

图10.9.3-2 柱顶加贴L形碳纤维板或钢板锚固构造

1—粘贴L形碳纤维板；2—横向压条；3—纤维复合材；4—纤维复合材围束；5—粘贴L形钢板；6—M12锚栓；7—加焊顶板（预焊）；8—d≥M16的6.8级锚栓；9—胶粘于柱上的U形钢箍板

$$A_{a,1} = 1.2\psi_f f_f A_f / f_y \qquad (10.9.3)$$

式中：$A_{a,1}$——支座处需粘贴的L形钢板截面面积；

ψ_f——纤维复合材的强度利用系数，按本规范第10.2.3条采用；

f_f——纤维复合材的抗拉强度设计值，按本规范第4.3.4条采用；

A_f——支座处实际粘贴的纤维复合材截面面积；

f_y——L形钢板抗拉强度设计值。

L形钢板总宽度不宜小于0.9倍梁宽，且宜由多条L形钢板组成。

4 当梁上无现浇板，或负弯矩区的支座处需采取加强的锚固措施时，可采取胶粘L形钢板（图10.9.3-3）的构造方式。但柱中箍板的锚栓等级、直径及数量应经计算确定。当梁上有现浇板，也可采取这种构造方式进行锚固，其U形钢箍板穿过楼板处，应采用半叠钻孔法，在板上钻出扁形孔以插入箍板，再用结构胶予以封固。

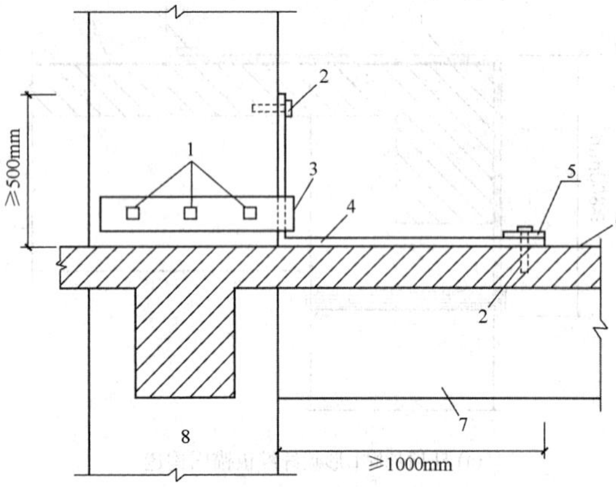

图10.9.3-3 柱中部加贴L形钢板及U形钢箍板的锚固构造示例

1—d≥M22的6.8级锚栓；2—M12锚栓；3—U形钢箍板，胶粘于柱上；4—胶粘L形钢板；5—横向钢压条，锚于楼板上；6—加固粘贴的纤维复合材；7—梁；8—柱

10.9.4 当加固的受弯构件为板、壳、墙和筒体时，纤维复合材应选择多条密布的方式进行粘贴，每一条带的宽度不应大于200mm；不得使用未经裁剪成条的整幅织物满贴。

10.9.5 当受弯构件粘贴的多层纤维织物允许截断时，相邻两层纤维织物宜按内短外长的原则分层截断；外层纤维织物的截断点宜越过内层截断点200mm以上，并应在截断点加设U形箍。

10.9.6 当采用纤维复合材对钢筋混凝土梁或柱的斜截面承载力进行加固时，其构造应符合下列规定：

1 宜选用环形箍或端部自锁式U形箍；当仅按构造需要设箍时，也可采用一般U形箍；

2 U形箍的纤维受力方向应与构件轴向垂直；

3 当环形箍、端部自锁式U形箍或一般U形箍采用纤维复合材条带时，其净间距$s_{f,n}$（图10.9.6）不应大于现行国家标准《混凝土结构设计规范》GB 50010规定的最大箍筋间距的0.70倍，且不应大于梁高的0.25倍；

4 U形箍的粘贴高度应符合本规范第10.9.2条的规定；当U形箍的上端无自锁装置，应粘贴纵向压条予以锚固；

5 当梁的高度h大于等于600mm时，应在梁的腰部增设一道纵向腰压带（图10.9.6）；必要时，也可在腰压带端部增设自锁装置。

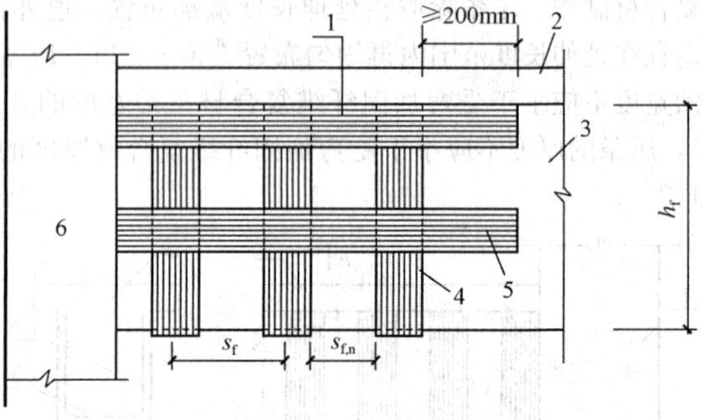

图10.9.6 纵向腰压带

1—纵向压条；2—板；3—梁；4—U形箍；5—纵向腰压条；6—柱；s_f—U形箍的中心间距；$s_{f,n}$—U形箍的净间距；h_f—梁侧面粘贴的条带竖向高度

10.9.7 当采用纤维复合材的环向围束对钢筋混凝土柱进行正截面加固或提高延性的抗震加固时，其构造应符合下列规定：

1 环向围束的纤维织物层数，对圆形截面不应少于2层；对正方形和矩形截面柱不应少于3层；当有可靠的经验时，对采用芳纶纤维织物加固的矩形截面柱，其最少层数也可取为2层。

2 环向围束上下层之间的搭接宽度不应小于50mm，纤维织物环向截断点的延伸长度不应小于200mm，且各条带搭接位置应相互错开。

10.9.8 当沿柱轴向粘贴纤维复合材对大偏心受压柱进行正截面承载力加固时，纤维复合材应避开楼层梁，沿柱角穿越楼层，且纤维复合材宜采用板材；其上下端部锚固构造应采用机械锚固。同时，应设法避免在楼层处截断纤维复合材。

10.9.9 当采用U形箍、L形纤维板或环向围束进行加固而需在构件阳角处绕过时，其截面棱角应在粘贴前通过打磨加以圆化处理（图10.9.9）。梁的圆化半径r，对碳纤维和玻璃纤维不应小于

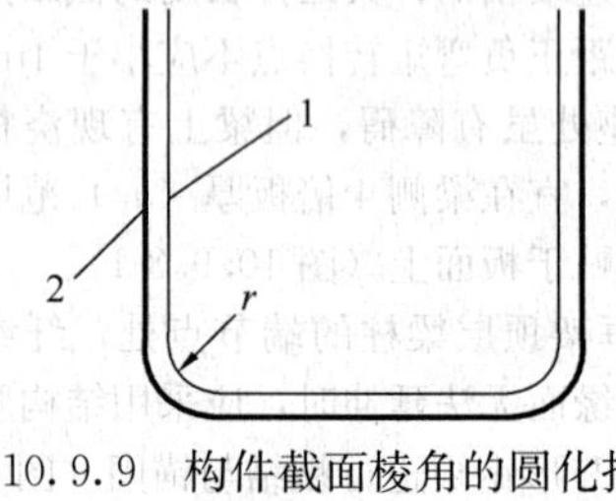

图10.9.9 构件截面棱角的圆化打磨

1—构件截面外表面；2—纤维复合材；r—角部圆化半径

20mm；对芳纶纤维不应小于 15mm；柱的圆化半径，对碳纤维和玻璃纤维不应小于 25mm；对芳纶纤维不应小于 20mm。

10.9.10 当采用纤维复合材加固大偏心受压的钢筋混凝土柱时，其构造应符合下列规定：

1 柱的两端应增设可靠的机械锚固措施；

2 柱上端有楼板时，纤维复合材应穿过楼板，并应有足够的延伸长度。

11 预应力碳纤维复合板加固法

11.1 设 计 规 定

11.1.1 本方法适用于截面偏小或配筋不足的钢筋混凝土受弯、受拉和大偏心受压构件的加固。本方法不适用于素混凝土构件，包括纵向受力钢筋一侧配筋率低于 0.2%的构件加固。

11.1.2 被加固的混凝土结构构件，其现场实测混凝土强度等级不得低于 C25，且混凝土表面的正拉粘结强度不得低于 2.0MPa。

11.1.3 粘贴在混凝土构件表面上的预应力碳纤维复合板，其表面应进行防护处理。表面防护材料应对纤维及胶粘剂无害。

11.1.4 粘贴预应力碳纤维复合板加固钢筋混凝土结构构件时，应将碳纤维复合板受力方式设计成仅承受拉应力作用。

11.1.5 采用预应力碳纤维复合板对钢筋混凝土结构进行加固时，碳纤维复合板张拉锚固部分以外的板面与混凝土之间也应涂刷结构胶粘剂。

11.1.6 采用本方法加固的混凝土结构，其长期使用的环境温度不应高于 60℃；处于特殊环境（如高温、高湿、动荷载、介质侵蚀、放射等）的混凝土结构采用本方法加固时，除应按国家现行有关标准的规定采取相应的防护措施外，尚应采用耐环境因素作用的结构胶粘剂，并按专门的工艺要求施工。

11.1.7 当被加固构件的表面有防火要求时，应按现行国家标准《建筑设计防火规范》GB 50016 规定的耐火等级及耐火极限要求，对胶粘剂和碳纤维复合板进行防护。

11.1.8 采用预应力碳纤维复合板加固混凝土结构构件时，纤维复合板宜直接粘贴在混凝土表面。不推荐采用嵌入式粘贴方式。

11.1.9 设计应对所用锚栓的抗剪强度进行验算，锚栓的设计剪应力不得大于锚栓材料抗剪强度设计值的 0.6 倍。

11.1.10 采用预应力碳纤维复合板对钢筋混凝土结构进行加固时，其锚具（图 11.1.10-1、图 11.1.10-2、图 11.1.10-3、图 11.1.10-4）的张拉端和锚固端至少应有一端为自由活动端。

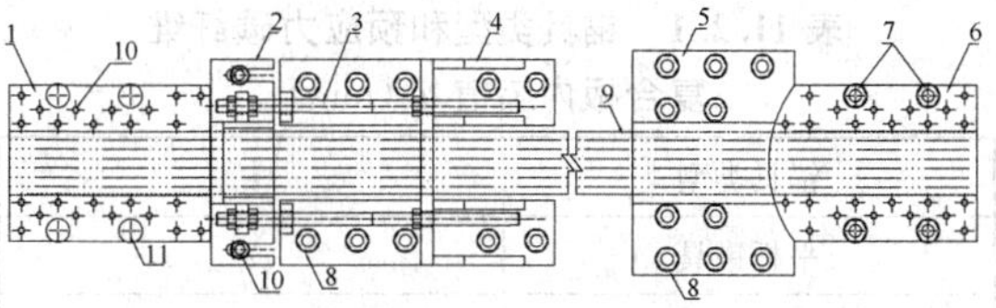

图 11.1.10-1 张拉前锚具平面示意图

1—张拉端锚具；2—推力架；3—导向螺杆；4—张拉支架；5—固定端定位板；6—固定端锚具；7—M20 胶锚螺栓；8—M16 螺栓；9—碳纤维复合板；10—M12 螺栓；11—预留孔，张拉完成后植入 M20 胶锚螺栓

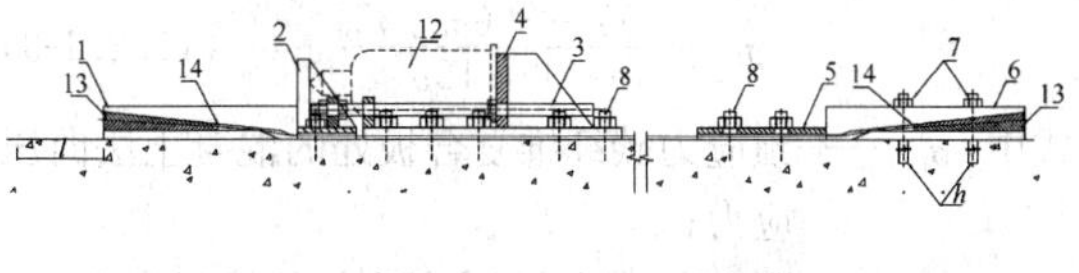

图 11.1.10-2 张拉前锚具纵向剖面示意图

1—张拉端锚具；2—推力架；3—导向螺杆；4—张拉支架；5—固定端定位板；6—固定端锚具；7—M20 胶锚螺栓；8—M16 螺栓；12—千斤顶；13—楔形锁固；14—6°倾斜角；l—张拉行程；h—锚固深度，取为 170mm

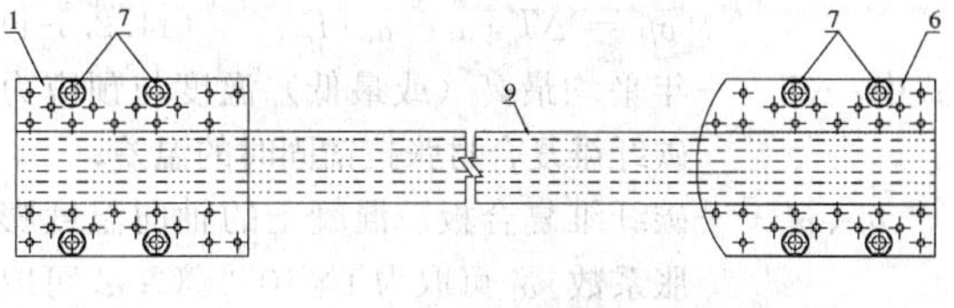

图 11.1.10-3 张拉完成锚具平面示意图

1—张拉端锚具；6—固定端锚具；7—M20 胶锚螺栓；9—碳纤维复合板

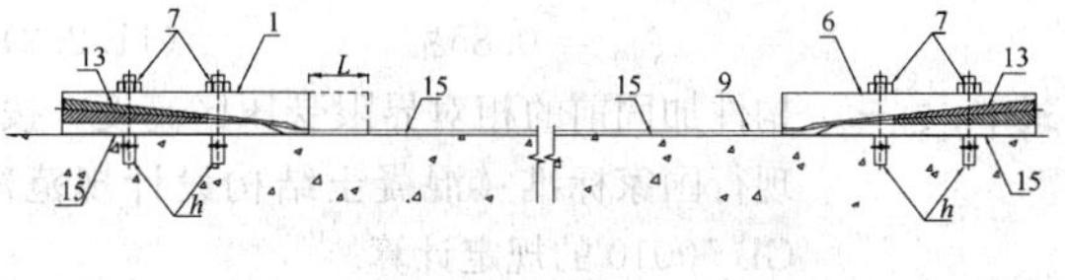

图 11.1.10-4 张拉完成锚具纵向剖面示意图

1—张拉端锚具；6—固定端锚具；7—M20 胶锚螺栓；9—碳纤维复合板；13—楔形锁固；15—结构胶粘剂；L—张拉位移；h—锚固深度，取为 170mm

11.2 预应力碳纤维复合板加固受弯构件

11.2.1 当采用预应力碳纤维复合板对梁、板等受弯构件进行加固时，其预应力损失应按下列规定计算：

1 锚具变形和碳纤维复合板内缩引起的预应力损失值 σ_{l1}：

$$\sigma_{l1}=\frac{a}{l}E_{\mathrm{f}} \qquad (11.2.1\text{-}1)$$

式中：a——张拉锚具变形和碳纤维复合板内缩值（mm），应按表 11.2.1 采用；

l——张拉端至锚固端之间的净距离（mm）；

E_{f}——碳纤维复合板的弹性模量（MPa）。

表 11.2.1 锚具类型和预应力碳纤维复合板内缩值 a（mm）

锚具类型	a
平板锚具	2
波形锚具	1

2 预应力碳纤维复合板的松弛损失 σ_{l2}：

$$\sigma_{l2}=r\sigma_{\mathrm{con}} \tag{11.2.1-2}$$

式中：r——松弛损失率，可近似取 2.2%。

3 混凝土收缩和徐变引起的预应力损失值 σ_{l3}：

$$\sigma_{l3}=\frac{55+300\sigma_{\mathrm{pc}}/f'_{\mathrm{cu}}}{1+15\rho} \tag{11.2.1-3}$$

式中：σ_{pc}——预应力碳纤维复合板处的混凝土法向压应力；

ρ——预应力碳纤维复合板和钢筋的配筋率，其计算公式为：$\rho=(A_{\mathrm{f}}E_{\mathrm{f}}/E_{\mathrm{s0}}+A_{\mathrm{s0}})/bh_0$；

f'_{cu}——施加预应力时的混凝土立方体抗压强度。

4 由季节温差造成的温差损失 σ_{l4}：

$$\sigma_{l4}=\Delta T\,|\alpha_{\mathrm{f}}-\alpha_{\mathrm{c}}|\,E_{\mathrm{f}} \tag{11.2.1-4}$$

式中：ΔT——年平均最高（或最低）温度与预应力碳纤维复合材张拉锚固时的温差；

α_{f}、α_{c}——碳纤维复合板、混凝土的轴向温度膨胀系数。α_{f} 可取为 $1\times10^{-6}/℃$；α_{c} 可取为 $1\times10^{-5}/℃$。

11.2.2 受弯构件加固后的相对界限受压区高度 $\xi_{\mathrm{b,f}}$ 可采用下式计算，即取加固前控制值的 0.85 倍：

$$\xi_{\mathrm{b,f}}=0.85\xi_{\mathrm{b}} \tag{11.2.2}$$

式中：ξ_{b}——构件加固前的相对界限受压区高度，按现行国家标准《混凝土结构设计规范》GB 50010 的规定计算。

11.2.3 采用预应力碳纤维复合板对梁、板等受弯构件进行加固时，除应符合现行国家标准《混凝土结构设计规范》GB 50010 正截面承载力计算的基本假定外，尚应符合下列补充规定：

1 构件达到承载能力极限状态时，粘贴预应力碳纤维复合板的拉应变 ε_{f} 应按截面应变保持平面的假设确定；

2 碳纤维复合板应力 σ_{f} 取等于拉应变 ε_{f} 与弹性模量 E_{f} 的乘积；

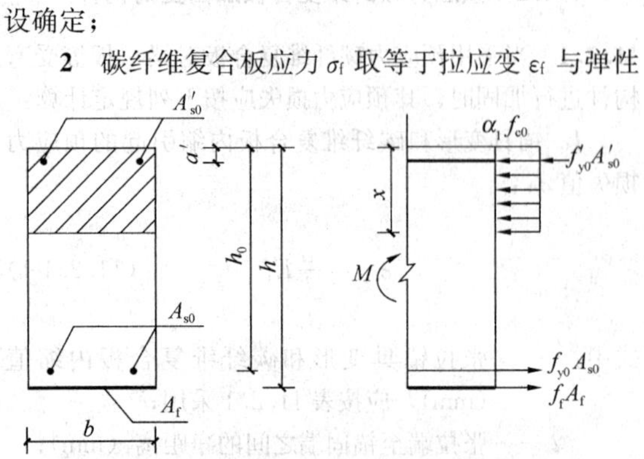

图 11.2.3 矩形截面正截面受弯承载力计算

3 在达到受弯承载力极限状态前，预应力碳纤维复合板与混凝土之间的粘结不致出现剥离破坏。

11.2.4 在矩形截面受弯构件的受拉边混凝土表面上粘贴预应力碳纤维复合板进行加固时，其锚具设计所采取的预应力纤维复合板与混凝土相粘结的措施，仅作为安全储备，不考虑其在结构计算中的粘结作用。在这一前提下，其正截面承载力应符合下列规定：

$$M\leqslant\alpha_1 f_{\mathrm{c0}}bx\left(h-\frac{x}{2}\right)+f'_{\mathrm{y0}}A'_{\mathrm{s0}}(h-a')-f_{\mathrm{y0}}A_{\mathrm{s0}}(h-h_0) \tag{11.2.4-1}$$

$$\alpha_1 f_{\mathrm{c0}}bx=f_{\mathrm{f}}A_{\mathrm{f}}+f_{\mathrm{y0}}A_{\mathrm{y0}}-f'_{\mathrm{y0}}A'_{\mathrm{s0}} \tag{11.2.4-2}$$

$$2a'\leqslant x\leqslant\xi_{\mathrm{b,f}}h_0 \tag{11.2.4-3}$$

式中：M——弯矩（包括加固前的初始弯矩）设计值（kN·m）；

α_1——计算系数：当混凝土强度等级不超过 C50 时，取 $\alpha_1=1.0$，当混凝土强度等级为 C80 时，取 $\alpha_1=0.94$，其间按线性内插法确定；

f_{c0}——混凝土轴心抗压强度设计值（$\mathrm{N/mm^2}$）；

x——混凝土受压区高度（mm）；

b、h——矩形截面的宽度和高度（mm）；

f_{y0}、f'_{y0}——受拉钢筋和受压钢筋的抗拉、抗压强度设计值（$\mathrm{N/mm^2}$）；

A_{s0}、A'_{s0}——受拉钢筋和受压钢筋的截面面积（$\mathrm{mm^2}$）；

a'——纵向受压钢筋合力点至混凝土受压区边缘的距离（mm）；

h_0——构件加固前的截面有效高度（mm）；

f_{f}——碳纤维复合板的抗拉强度设计值（$\mathrm{N/mm^2}$）；

A_{f}——预应力碳纤维复合材的截面面积（$\mathrm{mm^2}$）。

加固设计时，可根据公式（11.2.4-1）计算出混凝土受压区的高度 x，然后代入公式（11.2.4-2），即可求出受拉面应粘贴的预应力碳纤维复合板的截面面积 A_{f}。

11.2.5 对翼缘位于受压区的 T 形截面受弯构件的受拉面粘贴预应力碳纤维复合板进行受弯加固时，应按本规范第 11.2.2 条至第 11.2.4 条的规定和现行国家标准《混凝土结构设计规范》GB 50010 中关于 T 形截面受弯承载力的计算方法进行计算。

11.2.6 采用预应力碳纤维复合板加固的钢筋混凝土受弯构件，应进行正常使用极限状态的抗裂和变形验算，并进行预应力碳纤维复合板的应力验算。受弯构件的挠度验算按现行国家标准《混凝土结构设计规范》GB 50010 的规定执行。

11.2.7 采用预应力碳纤维复合板进行加固的钢筋混

凝土受弯构件，其抗裂控制要求可按现行国家标准《混凝土结构设计规范》GB 50010 确定。

11.2.8 在荷载效应的标准组合下，当受拉边缘混凝土名义拉应力 $\sigma_{ck}-\sigma_{pc}\leqslant f_{tk}$ 时，抗裂验算可按现行国家标准《混凝土结构设计规范》GB 50010 的方法进行；当受拉边缘混凝土名义拉应力 $\sigma_{ck}-\sigma_{pc}>f_{tk}$ 时，在荷载效应的标准组合并考虑长期作用影响的最大裂缝宽度应按下列公式计算：

$$w_{max}=1.9\psi\frac{\sigma_{sk}}{E_s}\left(1.9c+0.08\frac{d_{eq}}{\rho_{te}}\right) \quad (11.2.8\text{-}1)$$

$$\psi=1.1-0.65\frac{f_{tk}}{\rho_{te}\sigma_{sk}} \quad (11.2.8\text{-}2)$$

$$d_{eq}=\frac{\sum n_i d_i^2}{\sum n_i \nu_i d_i} \quad (11.2.8\text{-}3)$$

$$\rho_{te}=\frac{A_s+A_f E_f/E_s}{A_{te}} \quad (11.2.8\text{-}4)$$

$$\sigma_{sk}=\frac{M_k\pm M_2-N_{p0}(z-e_p)}{(A_f E_f/E_s+A_s)z} \quad (11.2.8\text{-}5)$$

$$z=\left[0.87-0.12(1-\gamma'_f)\left(\frac{h_0}{e}\right)^2\right]h_0 \quad (11.2.8\text{-}6)$$

$$e=e_p+\frac{M_k\pm M_2}{N_{p0}} \quad (11.2.8\text{-}7)$$

式中：ψ——裂缝间纵向受拉钢筋应变不均匀系数：当 $\psi<0.2$ 时，取 $\psi=0.2$；当 $\psi>1.0$ 时，取 $\psi=1.0$；对直接承受重复荷载的构件，取 $\psi=1.0$；

σ_{sk}——按荷载准永久组合计算的受弯构件纵向受拉钢筋的等效应力（N/mm^2）；

E_s——钢筋的弹性模量（N/mm^2）；

E_f——预应力碳纤维复合板的弹性模量（N/mm^2）；

c——最外层纵向受拉钢筋外边缘至受拉区底边的距离（mm）；当 $c<20$ 时，取 $c=20$；当 $c>65$ 时，取 $c=65$；

ρ_{te}——按有效受拉混凝土截面面积计算的纵向受拉钢筋的等效配筋率；

A_f——预应力碳纤维复合板的截面面积（mm^2）；

A_{te}——有效受拉混凝土截面面积（mm^2），受弯构件取 $A_{te}=0.5bh+(b_f-b)h_f$，其中 b_f、h_f 为受拉翼缘的宽度、高度；

d_{eq}——受拉区纵向钢筋的等效直径（mm）；

d_i——受拉区第 i 种纵向钢筋的公称直径（mm）；

n_i——受拉区第 i 种纵向钢筋的根数；

ν_i——受拉区第 i 种纵向钢筋的相对粘结特性系数：光圆钢筋为 0.7；带肋钢筋为 1.0；

M_k——按荷载效应的标准组合计算的弯矩值（kN·m）；

M_2——后张法预应力混凝土超静定结构构件中的次弯矩（kN·m），应按国家标准《混凝土结构设计规范》GB 50010－2010 第 10.1.5 条确定；

N_{p0}——纵向钢筋和预应力碳纤维复合板的合力（kN）；

z——受拉区纵向钢筋和预应力碳纤维复合板合力点至截面受压区合力点的距离（mm）；

γ'_f——受压翼缘截面面积与腹板有效截面面积的比值，计算公式为 $\gamma'_f=\frac{(b'_f-b)h'_f}{bh_0}$；

b'_f、h'_f——受压区翼缘的宽度、高度（mm），当 $h'_f>0.2h_0$ 时，取 $h'_f=0.2h_0$；

e_p——混凝土法向预应力等于零时 N_{p0} 的作用点至受拉区纵向钢筋合力点的距离（mm）。

11.2.9 采用预应力碳纤维复合板加固的钢筋混凝土受弯构件，其抗弯刚度 B_s 应按下列方法计算：

1 不出现裂缝的受弯构件：

$$B_s=0.85E_c I_0 \quad (11.2.9\text{-}1)$$

2 出现裂缝的受弯构件：

$$B_s=\frac{0.85E_c I_0}{k_{cr}+(1-k_{cr})w} \quad (11.2.9\text{-}2)$$

$$k_{cr}=\frac{M_{cr}}{M_k} \quad (11.2.9\text{-}3)$$

$$w=\left(1.0+\frac{0.21}{\alpha_E\bar{\rho}}\right)(1.0+0.45\gamma_f)-0.7 \quad (11.2.9\text{-}4)$$

$$M_{cr}=(\sigma_{pc}+\gamma f_{tk})W_0 \quad (11.2.9\text{-}5)$$

式中：E_c——混凝土的弹性模量（N/mm^2）；

I_0——换算截面惯性矩（mm^4）；

α_E——纵向受拉钢筋弹性模量与混凝土弹性模量的比值，计算公式为：$\alpha_E=E_s/E_c$；

$\bar{\rho}$——纵向受拉钢筋的等效配筋率，$\bar{\rho}=(A_f E_f/E_s+A_s)/(bh_0)$；

γ_f——受拉翼缘截面面积与腹板有效截面面积的比值；

k_{cr}——受弯构件正截面的开裂弯矩 M_{cr} 与弯矩 M_k 的比值，当 $\kappa_{cr}>1.0$ 时，取 $\kappa_{cr}=1.0$；

σ_{pc}——扣除全部预应力损失后，由预加力在抗裂边缘产生的混凝土预压应力（N/mm^2）；

γ——混凝土构件的截面抵抗矩塑性影响系

数，应按现行国家标准《混凝土结构设计规范》GB 50010 的规定计算；

f_{tk}——混凝土抗拉强度标准值（N/mm²）。

11.3 构造要求

11.3.1 预应力碳纤维复合板加固用锚具可采用平板锚具，也可采用带小齿齿纹锚具（尖齿齿纹锚具和圆齿齿纹锚具）等。

11.3.2 设计普通平板锚具的构造时，其盖板和底板的厚度应分别不小于 14mm 和 10mm；其加压螺栓的公称直径不应小于 22mm（图 11.3.2-1、图 11.3.2-2）。

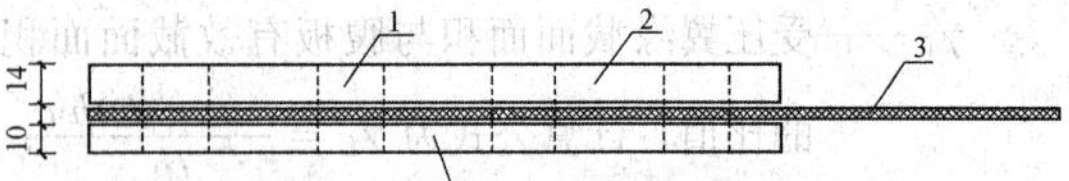

图 11.3.2-1 碳纤维板平板锚具

1—螺栓孔；2—盖板；3—碳纤维板；4—底板

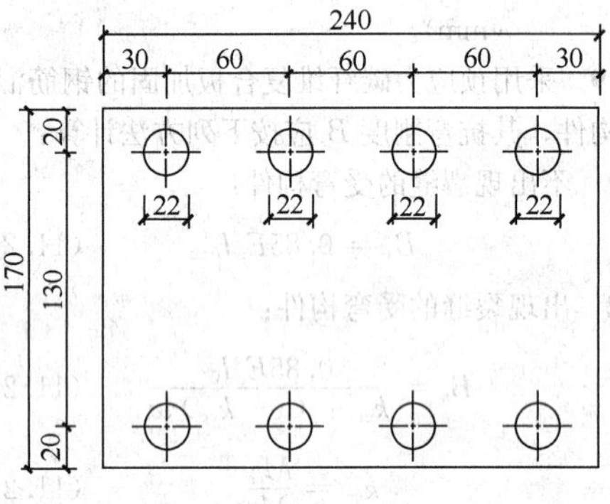

图 11.3.2-2 平板锚具盖板和底板平面

11.3.3 设计尖齿齿纹锚具的构造时，其齿深宜为 0.3mm～0.5mm，齿间距宜为 0.6mm～1.0mm（图 11.3.3-1、图 11.3.3-2）。

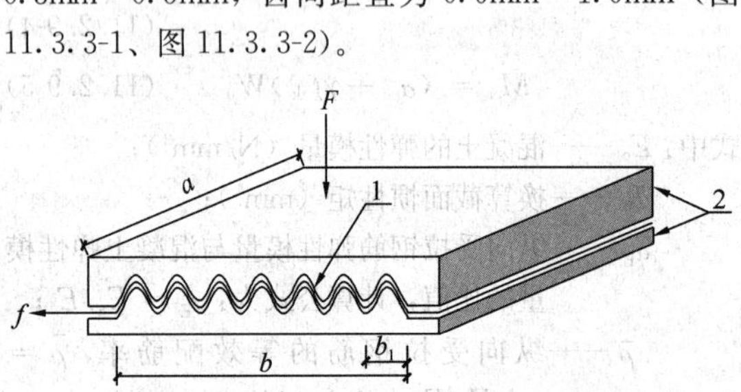

图 11.3.3-1 尖齿齿纹锚具示意图

1—碳纤维复合板；2—夹具；F—锚具的夹紧力；

f—锚具摩擦力；a—锚具宽度；

b—锚具齿纹长度；b_1—齿间距

11.3.4 尖齿齿纹锚具摩擦力可按下式进行计算：

$$f = 2\mu F \frac{\sin\alpha + \sin\beta}{\cos\alpha \times \sin\beta + \cos\beta \times \sin\alpha} \tag{11.3.4}$$

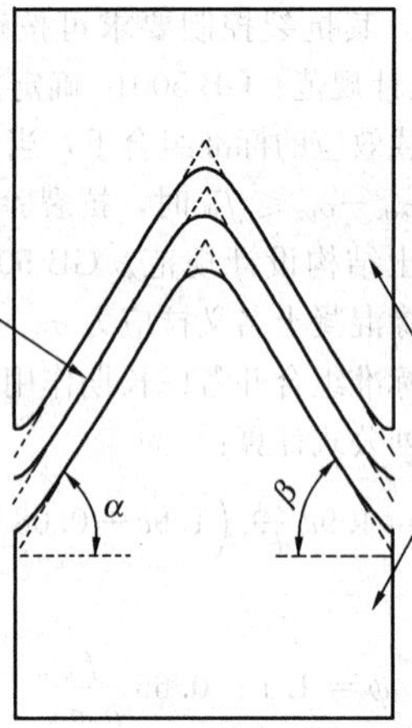

图 11.3.3-2 尖齿齿纹锚具单齿示意图

1—碳纤维复合板；2—锚具；

α—左侧齿纹与水平方向的夹角；

β—右侧齿纹与水平方向的夹角

式中：F——锚具的夹紧力（kN）；

μ——碳纤维板与锚具之间的摩擦系数；

α——左侧齿纹与水平方向的夹角；

β——右侧齿纹与水平方向的夹角。

11.3.5 设计圆齿齿纹锚具的构造时，其齿深宜为 0.3mm～0.5mm，齿间距宜为 0.6mm～1.0mm（图 11.3.5-1、图 11.3.5-2）。

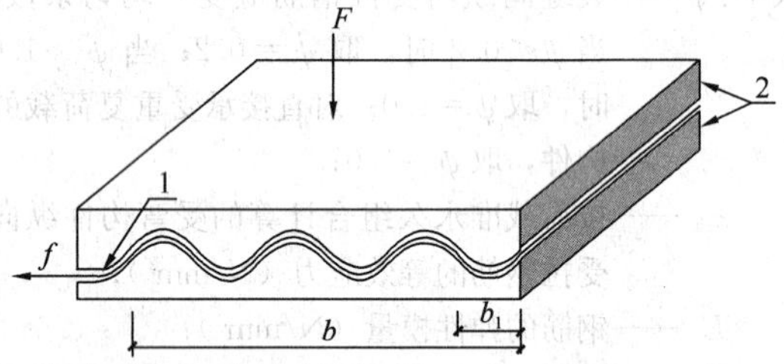

图 11.3.5-1 圆齿齿纹锚具示意图

1—碳纤维复合板；2—锚具；F—锚具的夹紧力；

f—锚具摩擦力；b—锚具齿纹长度；b_1—齿间距

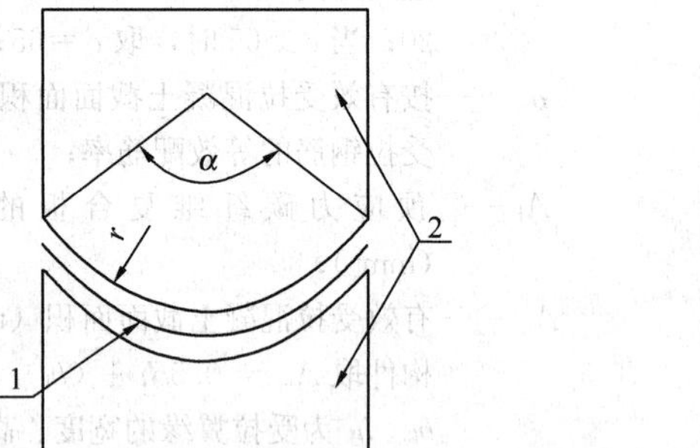

图 11.3.5-2 圆齿齿纹锚具单齿示意图

1—碳纤维复合板；2—锚具；

α—齿纹弧度圆心角；r—齿纹半径

11.3.6 圆齿齿纹锚具摩擦力可按下式进行计算：

$$f=\mu F\frac{\alpha}{\sin\ (\alpha/2)}\qquad(11.3.6)$$

式中：F——锚具的夹紧力（kN）；

μ——碳纤维板与锚具之间的摩擦系数；

α——齿纹弧度圆心角。

11.3.7 预应力碳纤维复合材的宽度宜为 100mm，对截面宽度较大的构件，可粘贴多条预应力碳纤维复合材进行加固。

11.3.8 锚具的开孔位置和孔径应根据实际工程确定，孔距和边距应符合国家现行有关标准的规定。

11.3.9 对于平板锚具，锚具表面粗糙度 $25\mu m\leqslant R_a\leqslant 50\mu m$，$80\mu m\leqslant R_y\leqslant 150\mu m$，$60\mu m\leqslant R_z\leqslant 100\mu m$。

11.3.10 为了防止尖齿齿纹锚具将预应力碳纤维复合板剪断，该类锚具在尖齿处应进行倒角处理（图 11.3.3-2）。

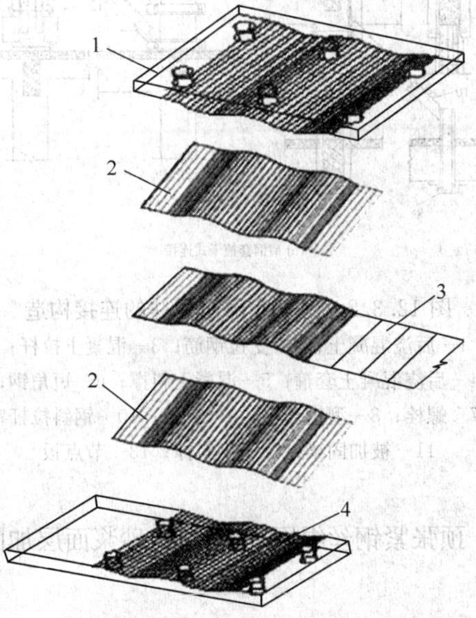

图 11.3.12 锚具内加贴的碳纤维织物垫层

1—盖板；2—碳纤维布垫片；3—预应力碳纤维板；4—底板

11.3.11 对圆齿齿纹锚具，为防止预应力碳纤维复合板在锚具出口处因与锚具摩擦而产生断丝现象，锚具在端部切线方向应与预应力碳纤维复合板受拉力方向平行。

11.3.12 现场施工时，在锚具与预应力碳纤维复合材之间宜粘贴 2 层～4 层碳纤维织物作为垫层（图 11.3.12），并在锚具、预应力碳纤维复合材以及垫层上均应涂刷高强快固型结构胶，并在凝固前迅速将夹具锚紧，以防止预应力碳纤维复合板与锚具间的滑移。

11.4 设计对施工的要求

11.4.1 采用本方法加固在施加预应力前，可不采取卸除作用在被加固结构上活荷载的措施。

11.4.2 预应力碳纤维复合材的张拉控制应力值 σ_{con} 宜为碳纤维复合材抗拉强度设计值 f_f 的 0.6 倍～0.7 倍。

11.4.3 对外露的锚具应采取防腐措施加以防护。

11.4.4 锚固和张拉端的碳纤维应平直、无表面缺陷。

11.4.5 当张拉过程中发现有明显滑移现象或达不到设计张拉应力时，应调整螺栓紧固力后重新张拉。当张拉过程顺利且达到设计应力后，松开张拉装置，涂布胶粘剂，二次张拉至设计应力值。

12 增设支点加固法

12.1 设计规定

12.1.1 本方法适用于梁、板、桁架等结构的加固。

12.1.2 本方法按支承结构受力性能的不同可分为刚性支点加固法和弹性支点加固法两种。设计时，应根据被加固结构的构造特点和工作条件选用其中一种。

12.1.3 设计支承结构或构件时，宜采用有预加力的方案。预加力的大小，应以支点处被支顶构件表面不出现裂缝和不增设附加钢筋为度。

12.1.4 制作支承结构和构件的材料，应根据被加固结构所处的环境及使用要求确定。当在高湿度或高温环境中使用钢构件及其连接时，应采用有效的防锈、隔热措施。

12.2 加固计算

12.2.1 采用刚性支点加固梁、板时，其结构计算应按下列步骤进行：

1 计算并绘制原梁的内力图；

2 初步确定预加力（卸荷值），并绘制在支承点预加力作用下梁的内力图；

3 绘制加固后梁在新增荷载作用下的内力图；

4 将上述内力图叠加，绘出梁各截面内力包络图；

5 计算梁各截面实际承载力；

6 调整预加力值，使梁各截面最大内力值小于截面实际承载力；

7 根据最大的支点反力，设计支承结构及其基础。

12.2.2 采用弹性支点加固梁时，应先计算出所需支点弹性反力的大小，然后根据此力确定支承结构所需的刚度，并应按下列步骤进行：

1 计算并绘制原梁的内力图；

2 绘制原梁在新增荷载下的内力图；

3 确定原梁所需的预加力（卸荷值），并由此求出相应的弹性支点反力值 R；

4 根据所需的弹性支点反力 R 及支承结构类型，计算支承结构所需的刚度；

5 根据所需的刚度确定支承结构截面尺寸，并验算其地基基础。

12.3 构 造 规 定

12.3.1 采用增设支点加固法新增的支柱、支撑，其上端应与被加固的梁可靠连接，并应符合下列规定：

1 湿式连接：

当采用钢筋混凝土支柱、支撑为支承结构时，可采用钢筋混凝土套箍湿式连接（图 12.3.1a）；被连接部位梁的混凝土保护层应全部凿掉，露出箍筋；起连接作用的钢筋箍可做成 Π 形；也可做成 Γ 形，但应卡住整个梁截面，并与支柱或支撑中的受力筋焊接。钢筋箍的直径应由计算确定，但不应少于 2 根直径为 12mm 的钢筋。节点处后浇混凝土的强度等级，不应低于 C25。

2 干式连接：

当采用型钢支柱、支撑为支承结构时，可采用型钢套箍干式连接（图 12.3.1b）。

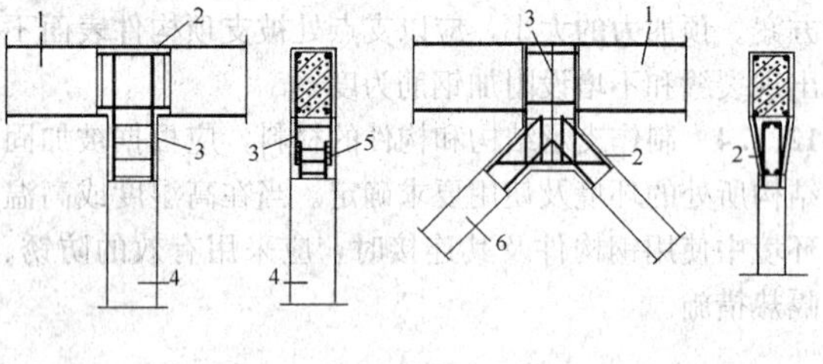

(a) 钢筋混凝土套箍湿式连接

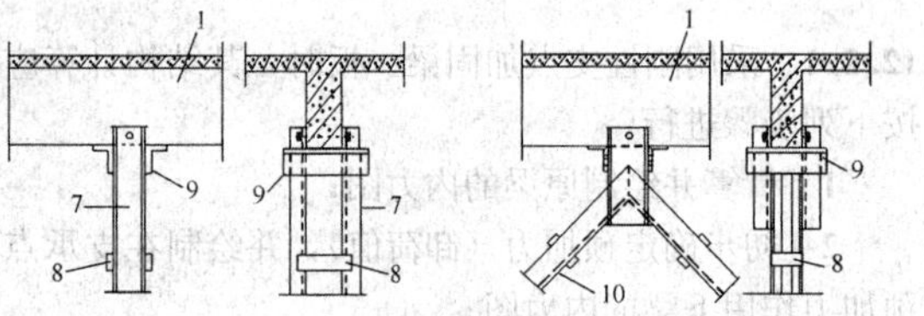

(b) 型钢套箍干式连接

图 12.3.1 支柱、支撑上端与原结构的连接构造

1—被加固梁；2—后浇混凝土；3—连接筋；4—混凝土支柱；5—焊缝；6—混凝土斜撑；7—钢支柱；8—缀板；9—短角钢；10—钢斜撑

12.3.2 增设支点加固法新增的支柱、支撑，其下端连接，当直接支承于基础上时，可按一般地基基础构造进行处理；当斜撑底部以梁、柱为支承时，可采用下列构造：

1 对钢筋混凝土支撑，可采用湿式钢筋混凝土围套连接（图 12.3.2a）。对受拉支撑，其受拉主筋应绕过上、下梁（柱），并采用焊接。

2 对钢支撑，可采用型钢套箍干式连接（图 12.3.2b）。

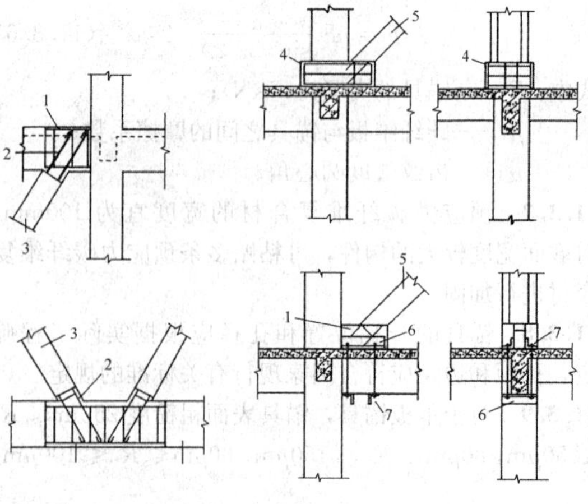

(a) 钢筋混凝土围套湿式连接

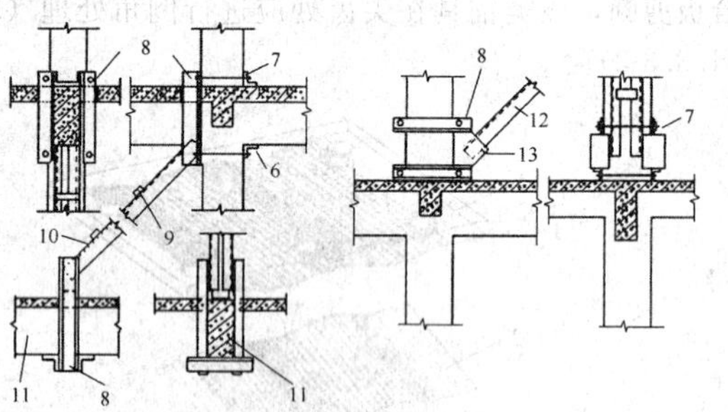

(b) 型钢套箍干式连接

图 12.3.2 斜撑底部与梁柱的连接构造

1—后浇混凝土；2—受拉钢筋；3—混凝土拉杆；4—后浇混凝土套箍；5—混凝土斜撑；6—短角钢；7—螺栓；8—型钢套箍；9—缀板；10—钢斜拉杆；11—被加固梁；12—钢斜撑；13—节点板

13 预张紧钢丝绳网片-聚合物砂浆面层加固法

13.1 设 计 规 定

13.1.1 本方法适用于钢筋混凝土梁、柱、墙等构件的加固，但本规范仅对受弯构件的加固作出规定。本方法不适用于素混凝土构件，包括纵向受拉钢筋一侧配筋率小于 0.2% 的构件加固。

13.1.2 采用本方法时，原结构、构件按现场检测结果推定的混凝土强度等级不应低于 C15 级，且混凝土表面的正拉粘结强度不应低于 1.5MPa。

13.1.3 采用钢丝绳网片-聚合物砂浆面层加固混凝土结构构件时，应将网片设计成仅承受拉应力作用，并能与混凝土变形协调、共同受力。

13.1.4 钢丝绳网片-聚合物砂浆面层应采用下列构造方式对混凝土结构构件进行加固：

1 梁和柱，应采用三面或四面围套的面层构造（图 13.1.4a 和 b）；

2 板和墙，宜采用对称的双面外加层构造（图

13.1.4d)。当采用单面的面层构造（图 13.1.4c）时，应加强面层与原构件的锚固与拉结。

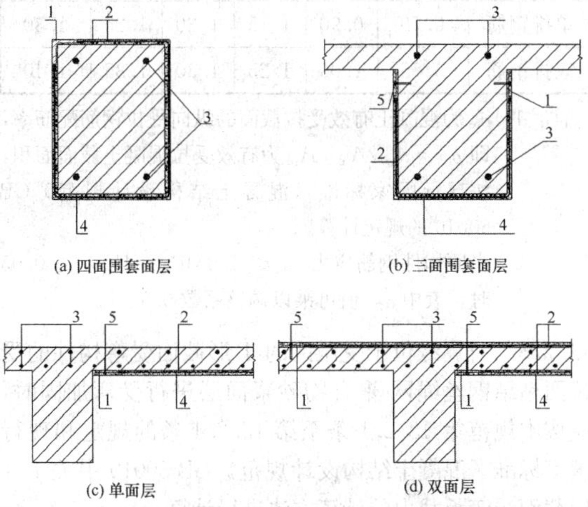

图 13.1.4 钢丝绳网片-聚合物砂浆面层构造示意图
1—固定板；2—钢丝绳网片；3—原钢筋；
4—聚合物砂浆面层；5—胶粘型锚栓

13.1.5 钢丝绳网片安装时，应施加预张紧力；预张紧应力大小取 $0.3f_{rw}$，允许偏差为±10%，f_{rw} 为钢丝绳抗拉强度设计值。施加预张紧力的工序及其施力值应标注在设计、施工图上，不得疏漏，以确保其安装后能立即与原结构共同工作。

13.1.6 采用本方法加固的混凝土结构，其长期使用的环境温度不应高于 60℃。处于特殊环境下（如介质腐蚀、高温、高湿、放射等）的混凝土结构，其加固除应采用耐环境因素作用的聚合物配制砂浆外，尚应符合现行国家标准《工业建筑防腐蚀设计规范》GB 50046 的规定，并采取相应的防护措施。

13.1.7 采用本方法加固时，应采取措施卸除或大部分卸除作用在结构上的活荷载。

13.1.8 当被加固结构、构件的表面有防火要求时，应按现行国家标准《建筑设计防火规范》GB 50016 规定的耐火等级及耐火极限要求，对钢丝绳网片-聚合物改性水泥砂浆外加层进行防护。

13.2 受弯构件正截面加固计算

13.2.1 采用钢丝绳网片-聚合物砂浆面层对受弯构件进行加固时，除应符合现行国家标准《混凝土结构设计规范》GB 50010正截面承载力计算的基本假定外，尚应符合下列规定：

1 构件达到受弯承载能力极限状态时，钢丝绳网片的拉应变 ε_{rw} 可按截面应变保持平面的假设确定；

2 钢丝绳网片应力 σ_{rw} 可近似取等于拉应变 ε_{rw} 与弹性模量 E_{rw} 的乘积；

3 当考虑二次受力影响时，应按构件加固前的初始受力情况，确定钢丝绳网片的滞后应变；

4 在达到受弯承载能力极限状态前，钢丝绳网与混凝土之间不出现粘结剥离破坏；

5 对梁的不同面层构造，统一采用仅按梁的受拉区底面有面层的计算简图，但在验算梁的正截面承载力时，应引入修正系数 η_{rl} 考虑梁侧面围套内钢丝绳网片对承载力提高的作用。

13.2.2 受弯构件加固后的相对界限受压区高度 $\xi_{b,rw}$ 应按下式计算，即加固前控制值的 0.85 倍采用：

$$\xi_{b,rw}=0.85\xi_b \tag{13.2.2}$$

式中：ξ_b——构件加固前的相对界限受压区高度，按现行国家标准《混凝土结构设计规范》GB 50010 的规定计算。

13.2.3 矩形截面受弯构件采用钢丝绳网片-聚合物砂浆面层进行加固时（图 13.2.3），其正截面承载力应按下列公式确定：

$$M\leqslant\alpha_1 f_{c0}bx\left(h-\frac{x}{2}\right)+f'_{y0}A'_{s0}(h-a')-f_{y0}A_{s0}(h-h_0) \tag{13.2.3-1}$$

$$\alpha_1 f_{c0}bx=f_{y0}A_{s0}+\eta_{rl}\psi_{rw}f_{rw}A_{rw}-f'_{y0}A'_{s0} \tag{13.2.3-2}$$

$$\psi_{rw}=\frac{(0.8\varepsilon_{cu}h/x)-\varepsilon_{cu}-\varepsilon_{rw,0}}{f_{rw}/E_{rw}} \tag{13.2.3-3}$$

$$2a'\leqslant x\leqslant\xi_{b,rw}h_0 \tag{13.2.3-4}$$

式中：M——构件加固后的弯矩设计值（kN·m）；

x——等效矩形应力图形的混凝土受压区高度（mm）；

b、h——矩形截面的宽度和高度（mm）；

f_{rw}——钢丝绳网片抗拉强度设计值（N/mm²）；

A_{rw}——钢丝绳网片受拉截面面积（mm²）；

a'——纵向受压钢筋合力点至混凝土受压区边缘的距离（mm）；

h_0——构件加固前的截面有效高度（mm）；

η_{rl}——考虑梁侧面围套 h_{rl} 高度范围内配有与梁底部相同的受拉钢丝绳网片时，该部分网片对承载力提高的系数；对围套式面层按表 13.2.3 的规定值采用；对单面面层，取 $\eta_{rl}=1.0$；

h_{rl}——自梁侧面受拉区边缘算起，配有与梁底部相同的受拉钢丝绳网片的高度（mm）；设计时应取 h_{rl} 小于等于 $0.25h$；

ψ_{rw}——考虑受拉钢丝绳网片的实际拉应变可能达不到设计值而引入的强度利用系数；当 ψ_{rw} 大于 1.0 时，取 ψ_{rw} 等于 1.0；

ε_{cu}——混凝土极限压应变，取 $\varepsilon_{cu}=0.0033$；

$\varepsilon_{rw,0}$——考虑二次受力影响时，钢丝绳网片的滞后应变，按本规范第 13.2.4 条的规定计算。若不考虑二次受力影响，取 $\varepsilon_{rw,0}=0$。

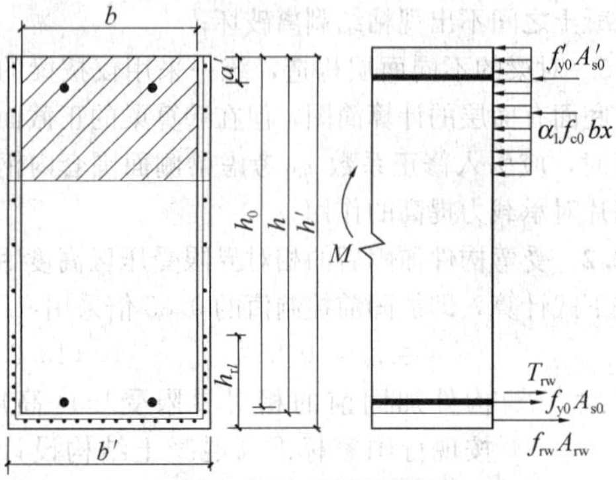

(a) 围套式外加层原计算图

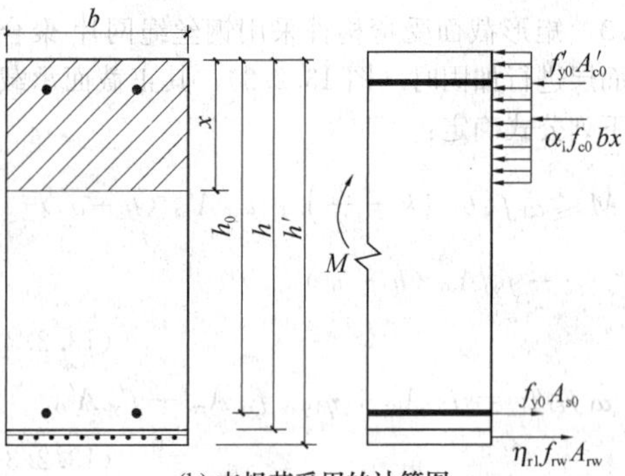

(b) 本规范采用的计算图

图 13.2.3　受弯构件正截面承载力计算

表 13.2.3　梁侧面 h_{rl} 高度范围配置网片的承载力提高系数

h_{rl}/h \ h/b	1.0	1.5	2.0	2.5	3.0	3.5	4.0	4.5
0.05	1.09	1.14	1.18	1.23	1.28	1.32	1.37	1.41
0.10	1.17	1.25	1.34	1.42	1.50	1.59	1.67	1.76
0.15	1.23	1.34	1.46	1.57	1.69	1.80	1.92	2.03
0.20	1.28	1.42	1.56	1.70	1.83	1.97	2.11	2.25
0.25	1.32	1.47	1.63	1.79	1.95	2.10	2.26	2.42

13.2.4　当考虑二次受力影响时，钢丝绳网片的滞后应变 $\varepsilon_{rw,0}$ 应按下式计算：

$$\varepsilon_{rw,0}=\frac{\alpha_{rw}M_{0k}}{E_{s0}A_{s0}h_0} \tag{13.2.4}$$

式中：M_{0k} ——加固前受弯构件验算截面上原作用的弯矩标准值；

E_{s0} ——原钢筋的弹性模量；

α_{rw} ——综合考虑受弯构件裂缝截面内力臂变化、钢筋拉应变不均匀以及钢筋排列影响的计算系数，按表 13.2.4 的规定采用。

表 13.2.4　计算系数 α_{rw} 值

ρ_{te}	≤0.007	0.010	0.020	0.030	0.040	≥0.060
单排钢筋	0.70	0.90	1.15	1.20	1.25	1.30
双排钢筋	0.75	1.00	1.25	1.30	1.35	1.40

注：1　ρ_{te} 为混凝土有效受拉截面的纵向受拉钢筋配筋率，即 $\rho_{te}=A_{s0}/A_{te}$，A_{te} 为有效受拉混凝土截面面积，按现行国家标准《混凝土结构设计规范》GB 50010 的规定计算。

2　当原构件钢筋应力 $\sigma_{s0}\leqslant150$MPa，且 $\rho_{te}\leqslant0.05$ 时，表中 α_{rw} 值可乘以调整系数 0.9。

13.2.5　对翼缘位于受压区的 T 形截面受弯构件的受拉面粘结钢丝绳网-聚合物砂浆面层进行受弯加固时，应按本规范第 13.2.1 条至第 13.2.4 条的规定和现行国家标准《混凝土结构设计规范》GB 50010 中关于 T 形截面受弯承载力的计算方法进行计算。

13.2.6　钢筋混凝土结构构件加固后，其正截面受弯承载力的提高幅度，不宜超过 30%，当有可靠试验依据时，也不应超过 40%；并且应验算其受剪承载力，避免因受弯承载力提高后而导致构件受剪破坏先于受弯破坏。

13.2.7　钢丝绳计算用的截面面积及参考质量，可按表 13.2.7 的规定值采用。

表 13.2.7　钢丝绳计算用截面面积及参考重量

种类	钢丝绳公称直径（mm）	钢丝直径（mm）	计算用截面面积（mm²）	参考重量（kg/100m）
6×7+IWS	2.4	(0.27)	2.81	2.40
	2.5	0.28	3.02	2.73
	3.0	0.32	3.94	3.36
	3.05	(0.34)	4.45	3.83
	3.2	0.35	4.71	4.21
	3.6	0.40	6.16	6.20
	4.0	(0.44)	7.45	6.70
	4.2	0.45	7.79	7.05
	4.5	0.50	9.62	8.70
1×19	2.5	0.50	3.73	3.10

注：括号内的钢丝直径为建筑结构加固非常用的直径。

13.2.8　采用钢丝绳网片-聚合物砂浆面层加固的钢筋混凝土矩形截面受弯构件，其短期刚度 B_s 应按下列公式确定：

$$B_s=\frac{E_{s0}A_sh_0^2}{1.15\psi+0.2+0.6\alpha_E\rho} \tag{13.2.8-1}$$

$$A_s=A_{s0}+A'_{rw}=A_{s0}+\frac{E_{rw}}{E_{s0}}A_{rw} \tag{13.2.8-2}$$

$$\psi = 1.1 - \frac{0.65 f_{tk}}{\rho_{te}\sigma_{ss}} \quad (13.2.8\text{-}3)$$

$$\rho = \frac{A_s}{bh_0} \quad (13.2.8\text{-}4)$$

$$\rho_{te} = \frac{A_s}{0.5bh} = \frac{A_s}{0.5b(h_l + \delta)} \quad (13.2.8\text{-}5)$$

$$\sigma_{ss} = \frac{M_k}{0.87h_0 A_s} \quad (13.2.8\text{-}6)$$

式中：E_{s0}——原构件纵向受力钢筋的弹性模量（N/mm^2）；

A_s——结构加固后的钢筋换算截面面积（mm^2）；

h_0——加固后截面有效高度（mm）；

ψ——原构件纵向受拉钢筋应变不均匀系数；当 $\psi<0.2$ 时，取 $\psi=0.2$；当 $\psi>1.0$ 时，取 $\psi=1.0$；

α_E——钢筋弹性模量与混凝土弹性模量比值：$\alpha_E = E_{s0}/E_c$；

ρ_{te}——按有效受拉混凝土截面面积计算，并按纵向受拉配筋面积 A_s 确定的配筋率；当 ρ_{te} 小于 0.01 时，取 ρ_{te} 等于 0.01；

A_{s0}——原构件纵向受拉钢筋的截面面积（mm^2）；

A_{rw}——新增纵向受拉钢丝绳网片截面面积（mm^2）；

A'_{rw}——新增钢丝绳网片换算成钢筋后的截面面积（mm^2）；

E_{rw}——钢丝绳弹性模量（N/mm^2）；

h——加固后截面高度（mm）；

h_l——原截面高度（mm）；

δ——截面外加层厚度（mm）；

σ_{ss}——截面受拉区纵向配筋合力点处的应力（N/mm^2）；

M_k——按荷载效应标准组合计算的弯矩值（kN·m）。

13.3 受弯构件斜截面加固计算

13.3.1 采用钢丝绳网片-聚合物砂浆面层对受弯构件斜截面进行加固时，应在围套中配置以钢丝绳构成的“环形箍筋”或“U 形箍筋”（图 13.3.1）。

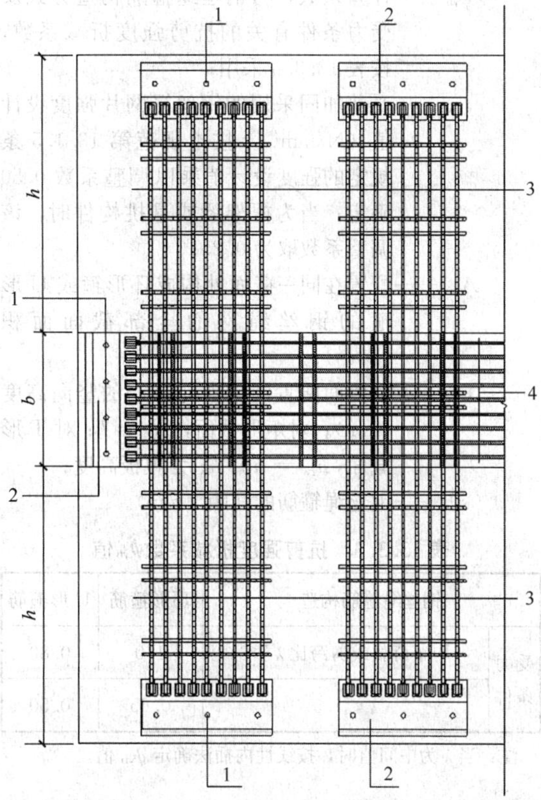

图 13.3.1 采用钢丝绳网片加固的受弯构件三面展开图
1—胶粘型锚栓；2—固定板；3—抗剪加固钢筋网（横向网）；4—抗弯加固钢筋网片（主网）；b—梁宽；h—梁高

13.3.2 受弯构件加固后的斜截面应符合下列公式规定：

当 $h_w/b \leqslant 4$ 时

$$V \leqslant 0.25\beta_c f_{c0} bh_0 \quad (13.3.2\text{-}1)$$

当 $h_w/b \geqslant 6$ 时

$$V \leqslant 0.20\beta_c f_{c0} bh_0 \quad (13.3.2\text{-}2)$$

当 $4 < h_w/b < 6$ 时，按线性内插法确定。

式中：V——构件斜截面加固后的剪力设计值（kN）；

β_c——混凝土强度影响系数，当原构件混凝土强度等级不超过 C50 时，取 $\beta_c=1.0$；当混凝土强度等级为 C80 时，取 $\beta_c=0.8$；其间按直线内插法确定；

f_{c0}——原构件混凝土轴心抗压强度设计值（N/mm^2）；

b——矩形截面的宽度或 T 形截面的腹板宽度（mm）；

h_0——截面有效高度（mm）；

h_w——截面的腹板高度（mm）；对矩形截面，取有效高度；对 T 形截面，取有效高度减去翼缘高度。

13.3.3 采用钢丝绳网片-聚合物砂浆面层对钢筋混凝土梁进行抗剪加固时，其斜截面承载力应按下列公式确定：

$$V \leqslant V_{b0} + V_{br} \quad (13.3.3\text{-}1)$$

$$V_{br} \leqslant \psi_{vb} f_{rw} A_{rw} h_{rw}/s_{rw} \quad (13.3.3\text{-}2)$$

式中：V_{b0}——加固前，梁的斜截面承载力（kN），按现行国家标准《混凝土结构设计规范》GB 50010 计算；

V_{br}——配置钢丝绳网片加固后，对梁斜截面承载力的提高值（kN）；

ψ_{vb} ——计算系数，与钢丝绳箍筋构造方式及受力条件有关的抗剪强度折减系数，按表 13.3.3 采用；

f_{rw} ——受剪加固采用的钢丝绳网片强度设计值（N/mm^2），按本规范第 13.1.5 条规定的强度设计值乘以调整系数 0.50 确定；当为框架梁或悬挑构件时，该调整系数取为 0.25；

A_{rw} ——配置在同一截面处构成环形箍或 U 形箍的钢丝绳网的全部截面面积（mm^2）；

h_{rw} ——梁侧面配置的钢丝绳箍筋的竖向高度（mm）；对矩形截面，$h_{rw}=h$；对 T 形截面，$h_{rw}=h_w$；h_w 为腹板高度；

s_{rw} ——钢丝绳箍筋的间距（mm）。

表 13.3.3 抗剪强度折减系数 ψ_{vb} 值

钢丝绳箍筋构造		环形箍筋	U 形箍筋
受力条件	均布荷载或剪跨比 $\lambda\geqslant3$	1.0	0.80
	$\lambda\leqslant1.5$	0.65	0.50

注：当 λ 为中间值时，按线性内插法确定 ψ_{vb} 值。

13.4 构造规定

13.4.1 钢丝绳网的设计与制作应符合下列规定：

1 网片应采用小直径不松散的高强度钢丝绳制作；绳的直径宜为 2.5mm～4.5mm；当采用航空用高强度钢丝绳时，可使用规格为 2.4mm 的高强度钢丝绳。

2 绳的结构形式（图 13.4.1-1）应为 6×7+IWS 金属股芯右交互捻钢丝绳或 1×19 单股左捻钢丝绳。

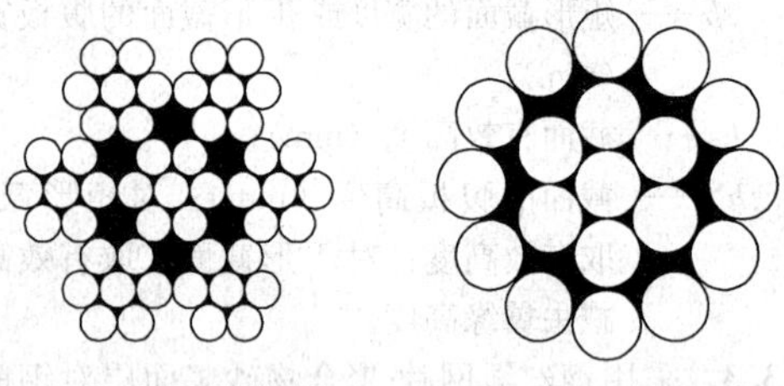

(a) 6×7+IWS钢丝绳　　(b) 1+19钢绞线

图 13.4.1-1 钢丝绳的结构形式

3 网的主筋（即纵向受力钢丝绳）与横向筋（即横向钢丝绳，也称箍筋）的交点处，应采用同品种钢材制作的绳扣束紧；主筋的端部应采用固定结固定在固定板上；固定板以胶粘型锚栓锚于原结构上，胶粘型锚栓的材质和型号的选用，应经计算确定。预张紧钢丝绳网片的固定构造应按图 13.4.1-2 进行设计；当钢丝绳采用锥形锚头紧固时，其端部固定板构造应按图 13.4.1-3 进行设计。

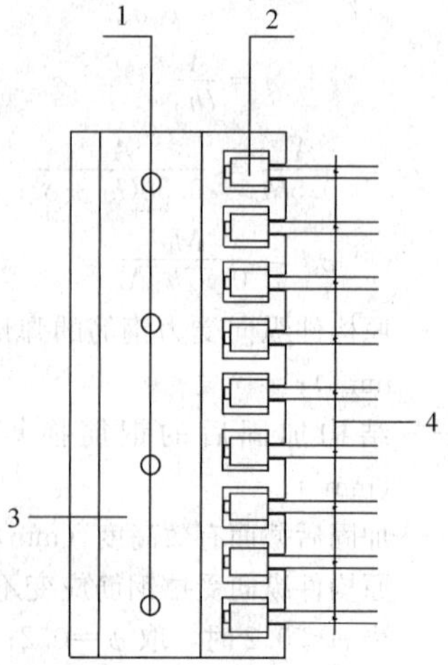

图 13.4.1-2 采用固定结紧固钢丝绳的端头锚固构造

1—胶粘型锚栓；2—固定结；3—固定板；4—钢丝绳

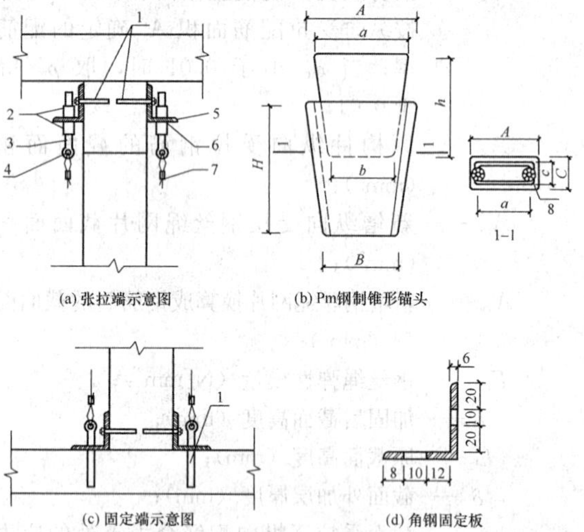

(a) 张拉端示意图　(b) Pm钢制锥形锚头　(c) 固定端示意图　(d) 角钢固定板

图 13.4.1-3 采用锥形锚头紧固钢丝绳的端部锚固构造

1—锚栓或植筋；2—Pm 调节螺母；3—Pm 调节螺杆；4—穿绳孔；5—角钢固定板；6—张拉端角钢锚固；7—锥形锚头；8—钢丝绳

4 网中受拉主筋的间距应经计算确定，但不应小于 20mm，也不应大于 40mm。

5 网中横向筋的间距，当用作梁、柱承受剪力的箍筋时，应经计算确定，但不应大于 50mm；当用作构造箍筋时，梁、柱不应大于 150mm；板和墙，可按实际情况取为 150mm～200mm。

6 网片应在工厂使用专门的机械和工艺制作。板和墙加固用的网，宜按标准规格成批生产；梁和柱加固用的围套网，宜按设计图纸专门生产。

13.4.2 采用钢丝绳网-聚合物砂浆面层加固钢筋混凝土构件前，应先清理、修补原构件，并按产品使用说明书的规定进行界面处理；当原构件钢筋有锈蚀现象时，应对外露的钢筋进行除锈及阻锈处理；当原构件钢筋经检测认为已处于“有锈蚀可能”的状态，但混凝土保护层尚未开裂时，宜采用喷涂型阻锈剂进行处理。

13.4.3 钢丝绳网与基材混凝土的固定，应在网片就位并张拉绷紧的情况下进行。一般情况下，应采用尼龙锚栓或胶粘螺杆植入混凝土中作为支点，以开口销作为绳卡与网连接。锚栓或螺杆的长度不应小于55mm；其直径 d 不应小于4.0mm；净埋深不应小于40mm；间距不应大于150mm。构件端部固定套环用的锚栓，其净埋深不应小于60mm。

13.4.4 当钢丝绳网的主筋需要接长时，应采取可靠锚固措施保证预张紧应力不受损失（图13.4.4），且不应位于最大弯矩区。

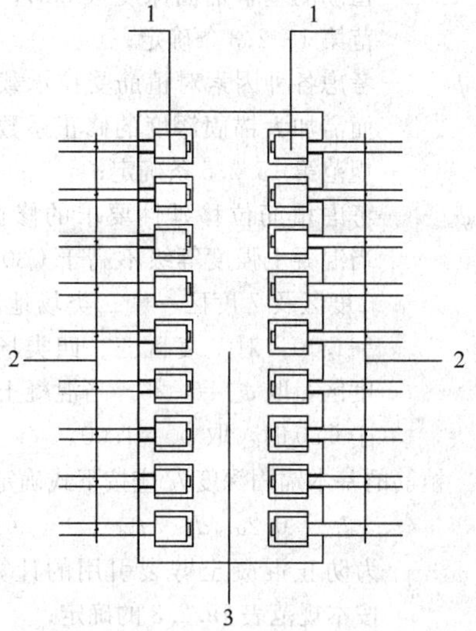

图13.4.4 主绳连接锚固构造示意图

1—固定结或锥形锚头；2—钢丝绳；3—连接型固定板

13.4.5 聚合物砂浆面层的厚度，不应小于25mm，也不宜大于35mm；当采用镀锌钢丝绳时，其保护层厚度尚不应小于15mm。

13.4.6 聚合物砂浆面层的表面应喷涂一层与该品种砂浆相适配的防护材料，提高面层耐环境因素作用的能力。

14 绕丝加固法

14.1 设计规定

14.1.1 本方法适用于提高钢筋混凝土柱的位移延性的加固。

14.1.2 采用绕丝法时，原构件按现场检测结果推定的混凝土强度等级不应低于C10级，但也不得高于C50级。

14.1.3 采用绕丝法时，若柱的截面为方形，其长边尺寸 h 与短边尺寸 b 之比，应不大于1.5。

14.1.4 当绕丝的构造符合本规范的规定时，采用绕丝法加固的构件可按整体截面进行计算。

14.2 柱的抗震加固计算

14.2.1 采用环向绕丝法提高柱的位移延性时，其柱端箍筋加密区的总折算体积配箍率 ρ_v 应按下列公式计算：

$$\rho_v = \rho_{v,e} + \rho_{v,s} \quad (14.2.1\text{-}1)$$

$$\rho_{v,s} = \psi_{v,s}\frac{A_{ss}l_{ss}}{s_sA_{cor}}\frac{f_{ys}}{f_{yv}} \quad (14.2.1\text{-}2)$$

式中：$\rho_{v,e}$——被加固柱原有的体积配箍率，当需重新复核时，应按原箍筋范围内核心面积计算；

$\rho_{v,s}$——以绕丝构成的环向围束作为附加箍筋计算得到的箍筋体积配箍率的增量；

A_{ss}——单根钢丝截面面积（mm^2）；

A_{cor}——绕丝围束内原柱截面混凝土面积（mm^2），按本规范第10.4.3条计算；

f_{yv}——原箍筋抗拉强度设计值（N/mm^2）；

f_{ys}——绕丝抗拉强度设计值（N/mm^2），取 $f_{ys}=300N/mm^2$；

l_{ss}——绕丝的周长（mm）；

s_s——绕丝间距（mm）；

$\psi_{v,s}$——环向围束的有效约束系数；对圆形截面，$\psi_{v,s}=0.75$，对正方形截面，$\psi_{v,s}=0.55$，对矩形截面，$\psi_{v,s}=0.35$。

14.3 构造规定

14.3.1 绕丝加固法的基本构造方式是将钢丝绕在4根直径为25mm专设的钢筋上（图14.3.1），然后再浇筑细石混凝土或喷抹M15水泥砂浆。绕丝用的钢丝，应为直径为4mm的冷拔钢丝，但应经退火处理后方可使用。

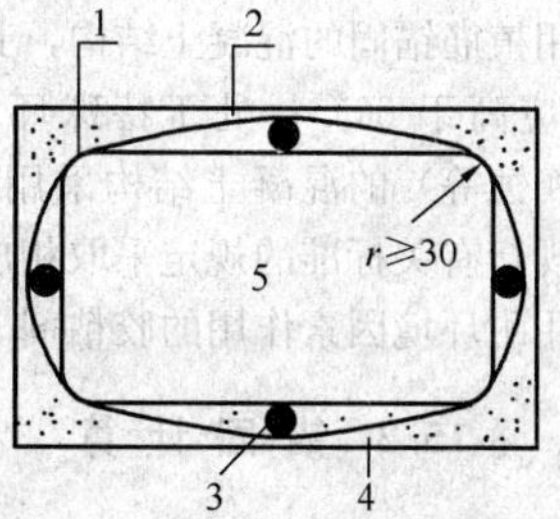

图14.3.1 绕丝构造示意图

1—圆角；2—直径为4mm间距为5mm～30mm的钢丝；3—直径为25mm的钢筋；4—细石混凝土或高强度等级水泥砂浆；5—原柱；r—圆角半径

14.3.2 原构件截面的四角保护层应凿除，并应打磨成圆角（图14.3.1），圆角的半径 r 不应小于30mm。

14.3.3 绕丝加固用的细石混凝土应优先采用喷射混

凝土；但也可采用现浇混凝土；混凝土的强度等级不应低于C30级。

14.3.4 绕丝的间距，对重要构件，不应大于15mm；对一般构件，不应大于30mm。绕丝的间距应分布均匀，绕丝的两端应与原构件主筋焊牢。

14.3.5 绕丝的局部绷不紧时，应加钢楔绷紧。

15 植筋技术

15.1 设计规定

15.1.1 本章适用于钢筋混凝土结构构件以结构胶种植带肋钢筋和全螺纹螺杆的后锚固设计；不适用于素混凝土构件，包括纵向受力钢筋一侧配筋率小于0.2%的构件的后锚固设计。素混凝土构件及低配筋率构件的植筋应按锚栓进行设计。

15.1.2 采用植筋技术，包括种植全螺纹螺杆技术时，原构件的混凝土强度等级应符合下列规定：

1 当新增构件为悬挑结构构件时，其原构件混凝土强度等级不得低于C25；

2 当新增构件为其他结构构件时，其原构件混凝土强度等级不得低于C20。

15.1.3 采用植筋和种植全螺纹螺杆锚固时，其锚固部位的原构件混凝土不得有局部缺陷。若有局部缺陷，应先进行补强或加固处理后再植筋。

15.1.4 种植用的钢筋或螺杆，应采用质量和规格符合本规范第4章规定的钢材制作。当采用进口带肋钢筋时，除应按现行专门标准检验其性能外，尚应要求其相对肋面积 A_r 符合大于等于0.055且小于等于0.08的规定。

15.1.5 植筋用的胶粘剂应采用改性环氧类结构胶粘剂或改性乙烯基酯类结构胶粘剂。当植筋的直径大于22mm时，应采用A级胶。锚固用胶粘剂的质量和性能应符合本规范第4章的规定。

15.1.6 采用植筋锚固的混凝土结构，其长期使用的环境温度不应高于60℃；处于特殊环境（如高温、高湿、介质腐蚀等）的混凝土结构采用植筋技术时，除应按国家现行有关标准的规定采取相应的防护措施外，尚应采用耐环境因素作用的胶粘剂。

15.2 锚固计算

15.2.1 承重构件的植筋锚固计算应符合下列规定：

1 植筋设计应在计算和构造上防止混凝土发生劈裂破坏；

2 植筋仅承受轴向力，且仅允许按充分利用钢材强度的计算模式进行设计；

3 植筋胶粘剂的粘结强度设计值应按本章的规定值采用；

4 抗震设防区的承重结构，其植筋承载力仍按本节的规定进行计算，但其锚固深度设计值应乘以考虑位移延性要求的修正系数。

15.2.2 单根植筋锚固的承载力设计值应符合下列公式规定：

$$N_t^b = f_y A_s \qquad (15.2.2\text{-}1)$$

$$l_d \geqslant \psi_N \psi_{ae} l_s \qquad (15.2.2\text{-}2)$$

式中：N_t^b——植筋钢材轴向受拉承载力设计值（kN）；

f_y——植筋用钢筋的抗拉强度设计值（N/mm²）；

A_s——钢筋截面面积（mm²）；

l_d——植筋锚固深度设计值（mm）；

l_s——植筋的基本锚固深度（mm），按本规范第15.2.3条确定；

ψ_N——考虑各种因素对植筋受拉承载力影响而需加大锚固深度的修正系数，按本规范第15.2.5条确定；

ψ_{ae}——考虑植筋位移延性要求的修正系数；当混凝土强度等级不高于C30时，对6度区及7度区一、二类场地，取 ψ_{ae}=1.10；对7度区三、四类场地及8度区，取 ψ_{ae}=1.25。当混凝土强度高于C30时，取 ψ_{ae}=1.00。

15.2.3 植筋的基本锚固深度 l_s 应按下式确定：

$$l_s = 0.2\alpha_{spt} d f_y / f_{bd} \qquad (15.2.3)$$

式中：α_{spt}——为防止混凝土劈裂引用的计算系数，按本规范表15.2.3的确定；

d——植筋公称直径（mm）；

f_{bd}——植筋用胶粘剂的粘结抗剪强度设计值（N/mm²），按本规范表15.2.4的规定值采用。

表15.2.3 考虑混凝土劈裂影响的计算系数 α_{spt}

混凝土保护层厚度 c(mm)		25		30		35	≥40
箍筋设置情况	直径 ϕ(mm)	6	8或10	6	8或10	≥6	≥6
	间距 s(mm)	在植筋锚固深度范围内，s不应大于100mm					
植筋直径 d(mm)	≤20	1.00		1.00		1.00	1.00
	25	1.10	1.05	1.05	1.00	1.00	1.00
	32	1.25	1.15	1.15	1.10	1.10	1.05

注：当植筋直径介于表列数值之间时，可按线性内插法确定 α_{spt} 值。

15.2.4 植筋用结构胶粘剂的粘结抗剪强度设计值 f_{bd} 应按表15.2.4的规定值采用。当基材混凝土强度等级大于C30，且采用快固型胶粘剂时，其粘结抗剪强度设计值 f_{bd} 应乘以调整系数0.8。

表 15.2.4 粘结抗剪强度设计值 f_{bd}

胶粘剂等级	构造条件	基材混凝土的强度等级				
		C20	C25	C30	C40	≥C60
A级胶或B级胶	$s_1 \geqslant 5d$；$s_2 \geqslant 2.5d$	2.3	2.7	3.7	4.0	4.5
A级胶	$s_1 \geqslant 6d$；$s_2 \geqslant 3.0d$	2.3	2.7	4.0	4.5	5.0
	$s_1 \geqslant 7d$；$s_2 \geqslant 3.5d$	2.3	2.7	4.5	5.0	5.5

注：1 当使用表中的 f_{bd} 值时，其构件的混凝土保护层厚度，不应低于现行国家标准《混凝土结构设计规范》GB 50010 的规定值；

2 s_1 为植筋间距；s_2 为植筋边距；

3 f_{bd} 值仅适用于带肋钢筋或全螺纹螺杆的粘结锚固。

15.2.5 考虑各种因素对植筋受拉承载力影响而需加大锚固深度的修正系数 ψ_N，应按下式计算：

$$\psi_N = \psi_{br}\psi_w\psi_T \qquad (15.2.5)$$

式中：ψ_{br}——考虑结构构件受力状态对承载力影响的系数：当为悬挑结构构件时，ψ_{br} = 1.50；当为非悬挑的重要构件接长时，ψ_{br} = 1.15；当为其他构件时，ψ_{br} = 1.00；

ψ_w——混凝土孔壁潮湿影响系数，对耐潮湿型胶粘剂，按产品说明书的规定值采用，但不得低于 1.1；

ψ_T——使用环境的温度 T 影响系数，当 $T \leqslant 60$℃时，取 $\psi_T = 1.0$；当 60℃ $< T \leqslant$ 80℃时，应采用耐中温胶粘剂，并应按产品说明书规定的 ψ_T 值采用；当 $T >$ 80℃时，应采用耐高温胶粘剂，并应采取有效的隔热措施。

15.2.6 承重结构植筋的锚固深度应经设计计算确定；不得按短期拉拔试验值或厂商技术手册的推荐值采用。

15.3 构造规定

15.3.1 当按构造要求植筋时，其最小锚固长度 l_{min} 应符合下列构造规定：

1 受拉钢筋锚固：max {$0.3l_s$；$10d$；100mm}；

2 受压钢筋锚固：max {$0.6l_s$；$10d$；100mm}；

3 对悬挑结构、构件尚应乘以 1.5 的修正系数。

15.3.2 当植筋与纵向受拉钢筋搭接（图 15.3.2）时，其搭接接头应相互错开。其纵向受拉搭接长度 l_l，应根据位于同一连接区段内的钢筋搭接接头面积百分率，按下式确定：

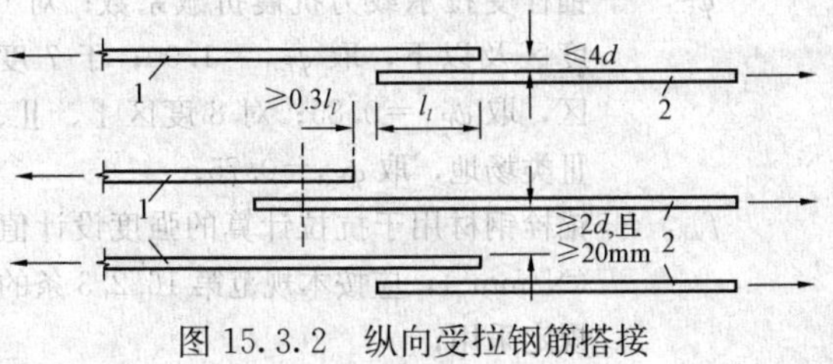

图 15.3.2 纵向受拉钢筋搭接

1—纵向受拉钢筋；2—植筋

$$l_l = \zeta_l l_d \qquad (15.3.2)$$

式中：ζ_l——纵向受拉钢筋搭接长度修正系数，按表 15.3.2 取值。

表 15.3.2 纵向受拉钢筋搭接长度修正系数

纵向受拉钢筋搭接接头面积百分率（%）	≤25	50	100
ζ_l 值	1.2	1.4	1.6

注：1 钢筋搭接接头面积百分率定义按现行国家标准《混凝土结构设计规范》GB 50010 的规定采用；

2 当实际搭接接头面积百分率介于表列数值之间时，按线性内插法确定 ζ_l 值；

3 对梁类构件，纵向受拉钢筋搭接接头面积百分率不应超过 50%。

15.3.3 当植筋搭接部位的箍筋间距 s 不符合本规范表 15.2.3 的规定时，应进行防劈裂加固。此时，可采用纤维织物复合材的围束作为原构件的附加箍筋进行加固。围束可采用宽度为 150mm，厚度不小于 0.165mm 的条带缠绕而成，缠绕时，围束间应无间隔，且每一围束，其所粘贴的条带不应少于 3 层。对方形截面尚应打磨棱角，打磨的质量应符合本规范第 10.9.9 条的规定。若采用纤维织物复合材的围束有困难，也可剔去原构件混凝土保护层，增设新箍筋（或钢箍板）进行加密（或增强）后再植筋。

15.3.4 植筋与纵向受拉钢筋在搭接部位的净间距，应按本规范图 15.3.2 的标示值确定。当净间距超过 $4d$ 时，则搭接长度 l_l 应增加 $2d$，但净间距不得大于 $6d$。

15.3.5 用于植筋的钢筋混凝土构件，其最小厚度 h_{min} 应符合下式规定：

$$h_{min} \geqslant l_d + 2D \qquad (15.3.5)$$

式中：D——钻孔直径（mm），应按表 15.3.5 确定。

表 15.3.5 植筋直径与对应的钻孔直径设计值

钢筋直径 d（mm）	钻孔直径设计值 D（mm）
12	15
14	18
16	20
18	22
20	25
22	28
25	32
28	35
32	40

15.3.6 植筋时，其钢筋宜先焊后种植；当有困难而必须后焊时，其焊点距基材混凝土表面应大于 $15d$，且应采用冰水浸渍的湿毛巾多层包裹植筋外露部分的根部。

16 锚栓技术

16.1 设计规定

16.1.1 本章适用于普通混凝土承重结构；不适用于轻质混凝土结构及严重风化的结构。

16.1.2 混凝土结构采用锚栓技术时，其混凝土强度等级：对重要构件不应低于C25级；对一般构件不应低于C20级。

16.1.3 承重结构用的机械锚栓，应采用有锁键效应的后扩底锚栓。这类锚栓按其构造方式的不同，又分为自扩底（图16.1.3-1a）、模扩底（图16.1.3-1b）和胶粘-模扩底（图16.1.3-1c）三种；承重结构用的胶粘型锚栓，应采用特殊倒锥形胶粘型锚栓（图16.1.3-2）。自攻螺钉不属于锚栓体系，不得按锚栓进行设计计算。

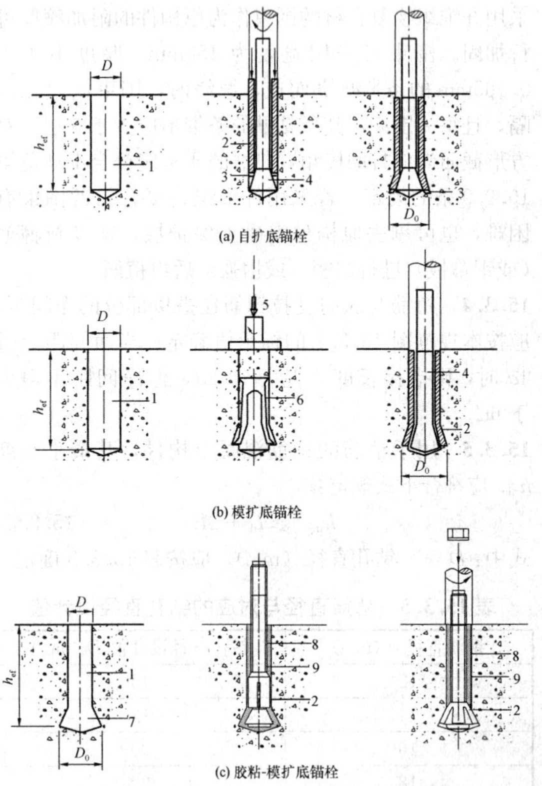

图16.1.3-1 后扩底锚栓

1—直孔；2—扩张套筒；3—扩底刀头；4—柱锥杆；5—压力直线推进；6—模具式刀具；7—扩底孔；8—胶粘剂；9—螺纹杆；h_{ef}—锚栓的有效锚固深度；D—钻孔直径；D_0—扩底直径

16.1.4 在抗震设防区的结构中，以及直接承受动力荷载的构件中，不得使用膨胀锚栓作为承重结构的连接件。

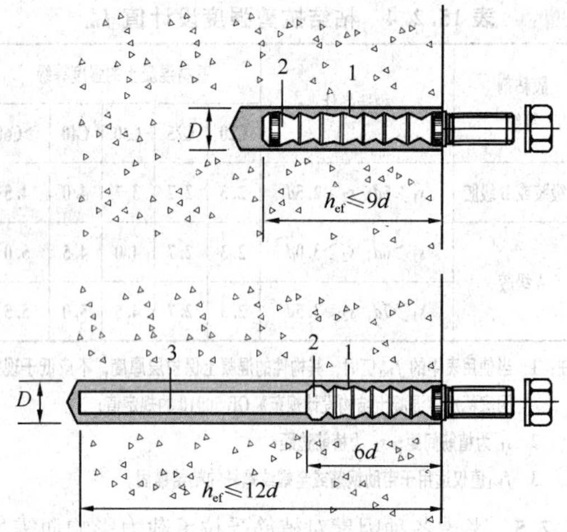

图16.1.3-2 特殊倒锥形胶粘型锚栓

1—胶粘剂；2—倒锥形螺纹套筒；3—全螺纹螺杆；D—钻孔直径；d—全螺纹螺杆直径；h_{ef}—锚栓的有效锚固深度

16.1.5 当在抗震设防区承重结构中使用锚栓时，应采用后扩底锚栓或特殊倒锥形胶粘型锚栓，且仅允许用于设防烈度不高于8度并建于Ⅰ、Ⅱ类场地的建筑物。

16.1.6 用于抗震设防区承重结构或承受动力作用的锚栓，其性能应通过现行行业标准《混凝土用膨胀型、扩孔型建筑锚栓》JG 160的低周反复荷载作用或疲劳荷载作用的检验。

16.1.7 承重结构锚栓连接的设计计算，应采用开裂混凝土的假定；不得考虑非开裂混凝土对其承载力的提高作用。

16.1.8 锚栓受力分析应符合本规范附录F的规定。

16.2 锚栓钢材承载力验算

16.2.1 锚栓钢材的承载力验算，应按锚栓受拉、受剪及同时受拉剪作用等三种受力情况分别进行。

16.2.2 锚栓钢材受拉承载力设计值，应符合下式规定：

$$N_t^a = \psi_{E,t} f_{ud,t} A_s \quad (16.2.2)$$

式中：N_t^a——锚栓钢材受拉承载力设计值（N/mm²）；

$\psi_{E,t}$——锚栓受拉承载力抗震折减系数；对6度区及以下，取$\psi_{E,t}=1.00$；于7度区，取$\psi_{E,t}=0.85$；对8度区Ⅰ、Ⅱ、Ⅲ类场地，取$\psi_{E,t}=0.75$；

$f_{ud,t}$——锚栓钢材用于抗拉计算的强度设计值（N/mm²），应按本规范第16.2.3条的规定采用；

A_s——锚栓有效截面面积（mm²）。

16.2.3 碳钢、合金钢及不锈钢锚栓的钢材强度设计指标必须符合表 16.2.3-1 和表 16.2.3-2 的规定。

表 16.2.3-1 碳钢及合金钢锚栓钢材强度设计指标

性能等级		4.8	5.8	6.8	8.8
锚栓强度设计值（MPa）	用于抗拉计算 $f_{ud,t}$	250	310	370	490
	用于抗剪计算 $f_{ud,v}$	150	180	220	290

注：锚栓受拉弹性模量 E_s 取 2.0×10^5 MPa。

表 16.2.3-2 不锈钢锚栓钢材强度设计指标

性能等级		50	70	80
螺纹直径（mm）		≤32	≤24	≤24
锚栓强度设计值（MPa）	用于抗拉计算 $f_{ud,t}$	175	370	500
	用于抗剪计算 $f_{ud,v}$	105	225	300

16.2.4 锚栓钢材受剪承载力设计值，应区分无杠杆臂和有杠杆臂两种情况（图 16.2.4）按下列公式进行计算：

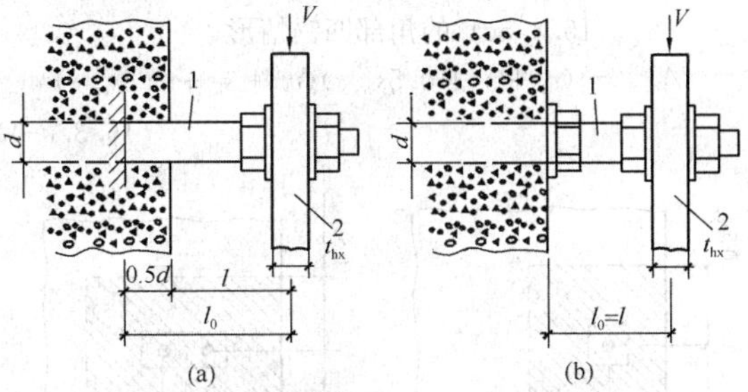

图 16.2.4 锚栓杠杆臂计算长度的确定

1—锚栓；2—固定件；l_0—杠杆臂计算长度

1 无杠杆臂受剪

$$V^a = \psi_{E,v} f_{ud,v} A_s \qquad (16.2.4\text{-}1)$$

2 有杠杆臂受剪

$$V^a = 1.2\psi_{E,v} W_{el} f_{ud,t}\left(1-\frac{\sigma}{f_{ud,t}}\right)\frac{\alpha_m}{l_0} \qquad (16.2.4\text{-}2)$$

式中：V^a——锚栓钢材受剪承载力设计值（kN）；

$\psi_{E,v}$——锚栓受剪承载力抗震折减系数：对 6 度区及以下，取 $\psi_{E,v}=1.00$；对 7 度区，取 $\psi_{E,v}=0.80$；对 8 度区Ⅰ、Ⅱ、Ⅲ类场地，取 $\psi_{E,v}=0.70$；

A_s——锚栓的有效截面面积（mm^2）；

W_{el}——锚栓截面抵抗矩（mm^3）；

σ——被验算锚栓承受的轴向拉应力（N/mm^2），其值按 N_t^a/A_s 确定；符号 N_t^a 和 A_s 的意义见式（16.2.2）；

α_m——约束系数，对图 16.2.4（a）的情况，取 $\alpha_m=1$；对图 16.2.4（b）的情况，取 $\alpha_m=2$；

l_0——杠杆臂计算长度（mm）；当基材表面有压紧的螺帽时，取 $l_0=l$；当无压紧螺帽时，取 $l_0=l+0.5d$。

16.3 基材混凝土承载力验算

16.3.1 基材混凝土的承载力验算，应考虑三种破坏模式：混凝土呈锥形受拉破坏（图 16.3.1-1）、混凝土边缘呈楔形受剪破坏（图 16.3.1-2）以及同时受拉、剪作用破坏。对混凝土剪撬破坏（图 16.3.1-3）、混凝土劈裂破坏，以及特殊倒锥形胶粘锚栓的组合破坏，应通过采取构造措施予以防止，不参与验算。

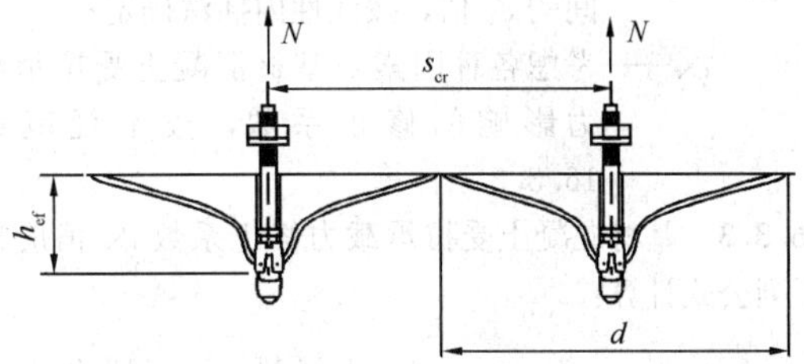

图 16.3.1-1 混凝土呈锥形受拉破坏

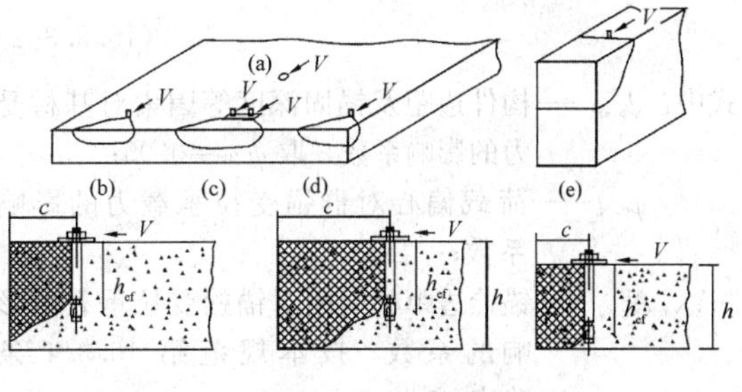

图 16.3.1-2 混凝土边缘呈楔形受剪破坏

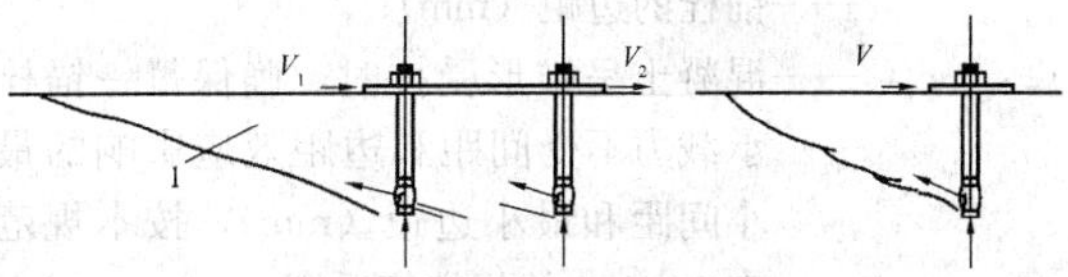

图 16.3.1-3 混凝土剪撬破坏

1—混凝土锥体

16.3.2 基材混凝土的受拉承载力设计值，应按下列公式进行验算：

1 对后扩底锚栓

$$N_t^c = 2.8\psi_a\psi_N\sqrt{f_{cu,k}}\,h_{ef}^{1.5} \qquad (16.3.2\text{-}1)$$

2 对本规范采用的胶粘型锚栓

$$N_t^c = 2.4\psi_b\psi_N\sqrt{f_{cu,k}}\,h_{ef}^{1.5} \qquad (16.3.2\text{-}2)$$

式中：N_t^c——锚栓连接的基材混凝土受拉承载力设计值（kN）；

$f_{cu,k}$——混凝土立方体抗压强度标准值（N/mm^2），按现行国家标准《混凝土结构设计规范》GB 50010 的规定采用；

h_{ef}——锚栓的有效锚固深度（mm）；应按锚

栓产品说明书标明的有效锚固深度采用；

ψ_a——基材混凝土强度等级对锚固承载力的影响系数；当混凝土强度等级不大于C30时，取 $\psi_a=0.90$；当混凝土强度等级大于C30时，对机械锚栓，取 $\psi_a=1.00$；对胶粘型锚栓，仍取 $\psi_a=0.90$；

ψ_b——胶粘型锚栓对粘结强度的影响系数；当 $d_0\leqslant16$mm时，取 $\psi_b=0.90$；当 $d_0\geqslant24$mm时，取 $\psi_b=0.80$；介于两者之间的 ψ_b 值，按线性内插法确定；

ψ_N——考虑各种因素对基材混凝土受拉承载力影响的修正系数，按本规范第16.3.3条计算。

16.3.3 基材混凝土受拉承载力修正系数 ψ_N 值应按下列公式计算：

$$\psi_N=\psi_{s,h}\psi_{e,N}A_{cN}/A_{c,N}^0 \qquad (16.3.3\text{-}1)$$

$$\psi_{e,N}=1/[1+(2e_N/s_{cr,N})]\leqslant1 \qquad (16.3.3\text{-}2)$$

式中：$\psi_{s,h}$——构件边距及锚固深度等因素对基材受力的影响系数，取 $\psi_{s,h}=0.95$；

$\psi_{e,N}$——荷载偏心对群锚受拉承载力的影响系数；

$A_{cN}/A_{c,N}^0$——锚栓边距和间距对锚栓受拉承载力影响的系数，按本规范第16.3.4条确定；

c——锚栓的边距（mm）；

$s_{cr,N}$、$c_{cr,N}$——混凝土呈锥形受拉时，确保每一锚栓承载力不受间距和边距效应影响的最小间距和最小边距（mm），按本规范表16.4.4的规定值采用；

e_N——拉力（或其合力）对受拉锚栓形心的偏心距（mm）。

16.3.4 当锚栓承载力不受其间距和边距效应影响时，由单个锚栓引起的基材混凝土呈锥形受拉破坏的锥体投影面积基准值 $A_{c,N}^0$（图16.3.4）可按下式确定：

$$A_{c,N}^0=s_{cr,N}^2 \qquad (16.3.4)$$

16.3.5 混凝土呈锥形受拉破坏的实际锥体投影面积 $A_{c,N}$，可按下列公式计算：

1 当边距 $c>c_{cr,N}$，且间距 $s>s_{cr,N}$ 时

$$A_{c,N}=nA_{c,N}^0 \qquad (16.3.5\text{-}1)$$

式中：n——参与受拉工作的锚栓个数。

2 当边距 $c\leqslant c_{cr,N}$（图16.3.5）时

1）对 $c_1\leqslant c_{cr,N}$（图16.3.5a）的单锚情形

$$A_{c,N}=(c_1+0.5s_{cr,N})s_{cr,N} \qquad (16.3.5\text{-}2)$$

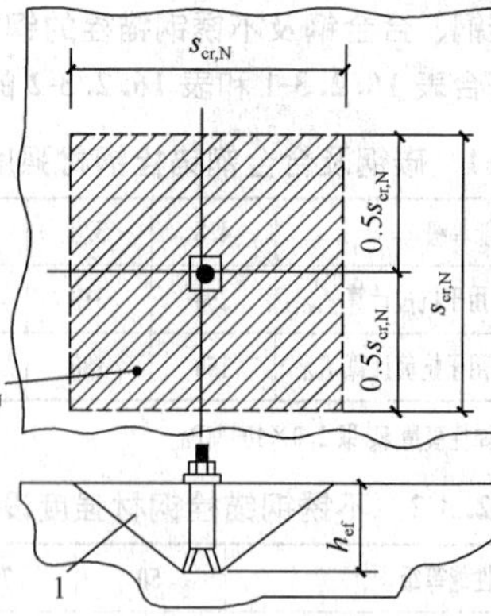

图16.3.4 单锚混凝土锥形破坏理想锥体投影面积
1—混凝土锥体

2）对 $c_1\leqslant c_{cr,N}$，且 $s_1\leqslant s_{cr,N}$（图16.3.5-2b）的双锚情形

$$A_{c,N}=(c_1+s_1+0.5s_{cr,N})s_{cr,N} \qquad (16.3.5\text{-}3)$$

3）对 c_1、$c_2\leqslant c_{cr,N}$，且 s_1、$s_2\leqslant s_{cr,N}$ 时（图16.3.5c）的角部四锚情形

$$A_{c,N}=(c_1+s_1+0.5s_{cr,N})(c_2+s_2+0.5s_{cr,N}) \qquad (16.3.5\text{-}4)$$

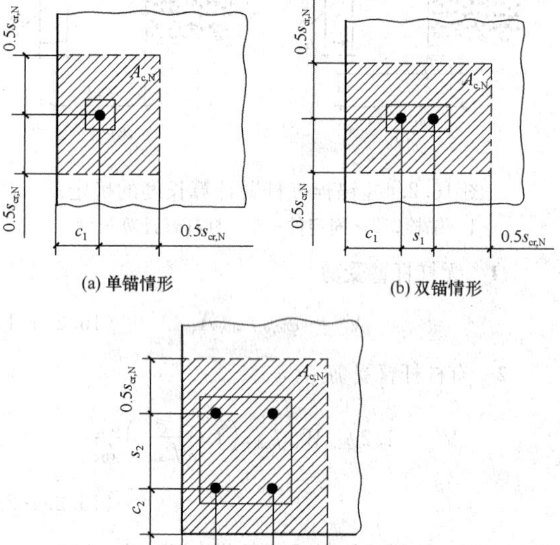

图16.3.5 近构件边缘混凝土锥形受拉破坏实际锥体投影面积

16.3.6 基材混凝土的受剪承载力设计值，应按下式计算：

$$V^c=0.18\psi_v\sqrt{f_{cu,k}}c_1^{1.5}d_0^{0.3}h_{ef}^{0.2} \qquad (16.3.6)$$

式中：V^c——锚栓连接的基材混凝土受剪承载力设计值（kN）；

ψ_v——考虑各种因素对基材混凝土受剪承载力影响的修正系数，应按本规范第16.3.7条计算；

c_1——平行于剪力方向的边距（mm）；

d_0——锚栓外径（mm）；

h_{ef}——锚栓的有效锚固深度（mm）。

16.3.7 基材混凝土受剪承载力修正系数 ψ_v 值，应按下列公式计算：

$$\psi_v = \psi_{s,v}\psi_{h,v}\psi_{\alpha,v}\psi_{e,v}\psi_{u,v}A_{cv}/A_{c,v}^0 \quad (16.3.7\text{-}1)$$

$$\psi_{s,v} = 0.7 + 0.2\frac{c_2}{c_1} \leqslant 1 \quad (16.3.7\text{-}2)$$

$$\psi_{h,v} = (1.5c_1/h)^{1/3} \geqslant 1 \quad (16.3.7\text{-}3)$$

$$\psi_{\alpha,v} = \begin{cases} 1.0 & (0° < \alpha_v \leqslant 55°) \\ 1/(\cos\alpha_v + 0.5\sin\alpha_v) & (55° < \alpha_v \leqslant 90°) \\ 2.0 & (90° < \alpha_v \leqslant 180°) \end{cases} \quad (16.3.7\text{-}4)$$

$$\psi_{e,v} = 1/[1 + (2e_v/3c_1)] \leqslant 1 \quad (16.3.7\text{-}5)$$

$$\psi_{u,v} = \begin{cases} 1.0\text{(边缘没有配筋)} \\ 1.2\text{(边缘配有直径 } d \geqslant 12\text{mm 钢筋)} \\ 1.4\text{(边缘配有直径 } d \geqslant 12\text{mm 钢筋及 } s \geqslant 100\text{mm 箍筋)} \end{cases} \quad (16.3.7\text{-}6)$$

式中：$\psi_{s,v}$——边距比 c_2/c_1 对受剪承载力的影响系数；

$\psi_{h,v}$——边距厚度比 c_1/h 对受剪承载力的影响系数；

$\psi_{\alpha,v}$——剪力与垂直于构件自由边的轴线之间的夹角 α_v（图 16.3.7）对受剪承载力的影响系数；

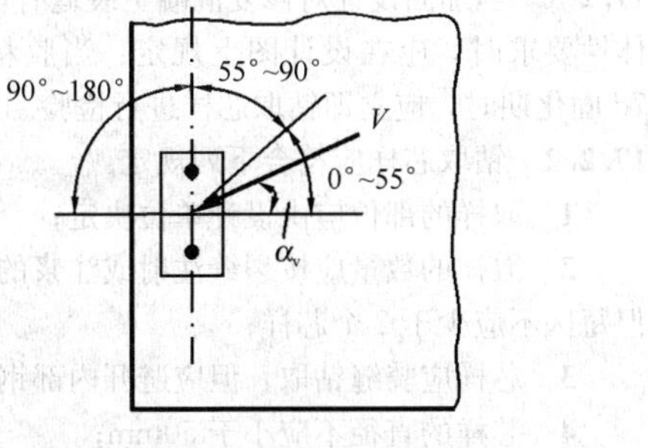

图 16.3.7　剪切角 α_v

$\psi_{e,v}$——荷载偏心对群锚受剪承载力的影响系数；

$\psi_{u,v}$——构件锚固区配筋对受剪承载力的影响系数；

$A_{cv}/A_{c,v}^0$——锚栓边距、间距等几何效应对受剪承载力的影响系数，按本规范第 16.3.8 条及第 16.3.9 条确定；

c_2——垂直于 c_1 方向的边距（mm）；

h——构件厚度（基材混凝土厚度）（mm）；

e_v——剪力对受剪锚栓形心的偏心距（mm）。

16.3.8 当锚栓受剪承载力不受其边距、间距及构件厚度的影响时，其基材混凝土呈半锥体破坏的侧向投影面积基准值 $A_{c,v}^0$，可按下式计算（图 16.3.8）：

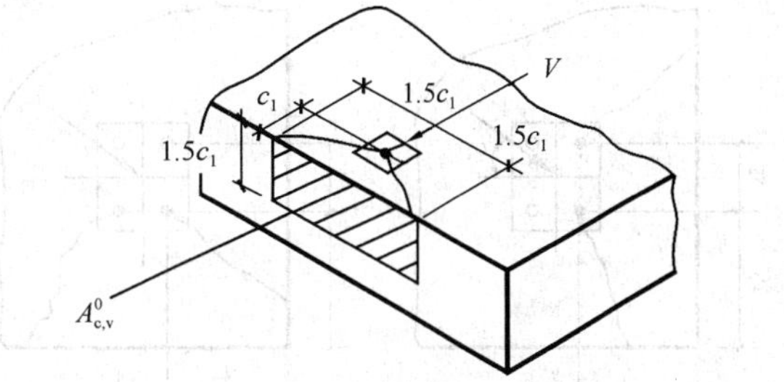

图 16.3.8　近构件边缘的单锚受剪混凝土楔形投影面积

$$A_{c,v}^0 = 4.5c_1^2 \quad (16.3.8)$$

16.3.9 当单锚或群锚受剪时，若锚栓间距 $s \geqslant 3c_1$、边距 $c_2 \geqslant 1.5c_1$，且构件厚度 $h \geqslant 1.5c$ 时，混凝土破坏锥体的侧向实际投影面积 $A_{c,v}$，可按下式计算：

$$A_{c,v} = nA_{c,v}^0 \quad (16.3.9)$$

式中：n——参与受剪工作的锚栓个数。

16.3.10 当锚栓间距、边距或构件厚度不满足本规范第 16.3.9 条要求时，侧向实际投影面积 $A_{c,v}$ 应按下列公式的计算方法进行确定（图 16.3.10）。

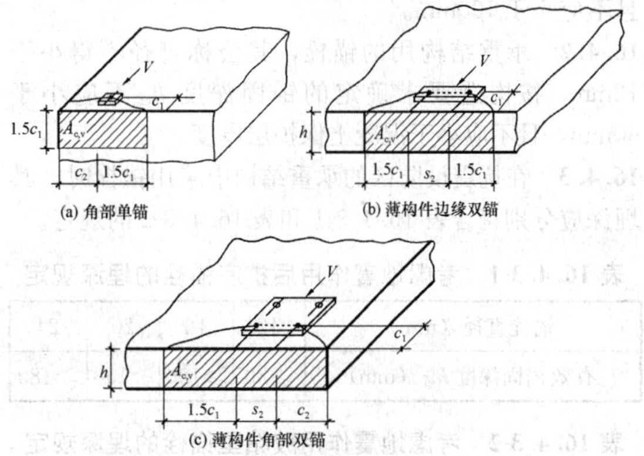

图 16.3.10　剪力作用下混凝土楔形破坏侧向投影面积

1　当 $h > 1.5c_1$，$c_2 \leqslant 1.5c_1$ 时：

$$A_{c,v} = 1.5c_1\ (1.5c_1 + c_2) \quad (16.3.10\text{-}1)$$

2　当 $h \leqslant 1.5c_1$，$s_2 \leqslant 3c_1$ 时：

$$A_{c,v} = (3c_1 + s_2)\ h \quad (16.3.10\text{-}2)$$

3　当 $h \leqslant 1.5c_1$，$s_2 \leqslant 3c_1$，$c_2 \leqslant 1.5c_1$ 时：

$$A_{c,v} = 1.5\ (3c_1 + s_2 + c_2)\ h \quad (16.3.10\text{-}3)$$

16.3.11 对基材混凝土角部的锚固，应取两个方向计算承载力的较小值（图 16.3.11）。

16.3.12 当锚栓连接承受拉力和剪力复合作用时，混凝土承载力应符合下式的规定：

$$(\beta_N)^\alpha + (\beta_v)^\alpha \leqslant 1 \quad (16.3.12)$$

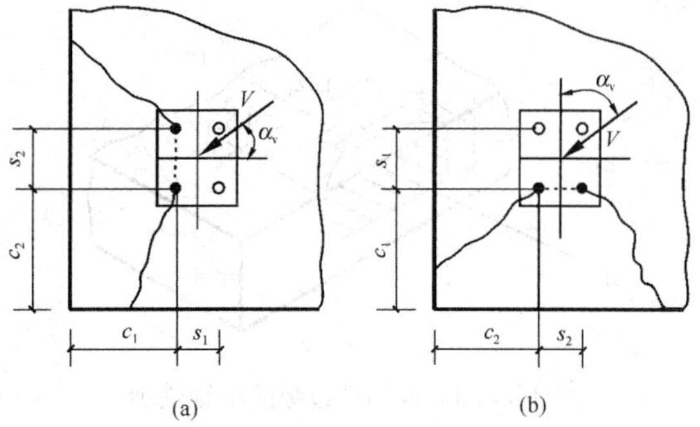

图 16.3.11 剪力作用下的角部群锚

式中：β_N——拉力作用设计值与混凝土抗拉承载力设计值之比；

β_V——剪力作用设计值与混凝土抗剪承载力设计值之比；

α——指数，当两者均受锚栓钢材破坏模式控制时，取 α=2.0；当受其他破坏模式控制时，取 α=1.5。

16.4 构造规定

16.4.1 混凝土构件的最小厚度 h_{min} 不应小于 1.5h_{ef}，且不应小于 100mm。

16.4.2 承重结构用的锚栓，其公称直径不得小于 12mm；按构造要求确定的锚固深度 h_{ef} 不应小于 60mm，且不应小于混凝土保护层厚度。

16.4.3 在抗震设防区的承重结构中采用锚栓时，其埋深应分别符合表 16.4.3-1 和表 16.4.3-2 的规定。

表 16.4.3-1 考虑地震作用后扩底锚栓的埋深规定

锚栓直径（mm）	12	16	20	24
有效锚固深度 h_{ef}（mm）	≥80	≥100	≥150	≥180

表 16.4.3-2 考虑地震作用胶粘型锚栓的埋深规定

锚栓直径（mm）	12	16	20	24
有效锚固深度 h_{ef}（mm）	≥100	≥125	≥170	≥200

16.4.4 锚栓的最小边距 c_{min}、临界边距 $c_{cr,N}$ 和群锚最小间距 s_{min}、临界间距 $s_{cr,N}$ 应符合表 16.4.4 的规定。

表 16.4.4 锚栓的边距和间距

c_{min}	$c_{cr,N}$	s_{min}	$s_{cr,N}$
≥0.8h_{ef}	≥1.5h_{ef}	≥1.0h_{ef}	≥3.0h_{ef}

16.4.5 锚栓防腐蚀标准应高于被固定物的防腐蚀要求。

17 裂缝修补技术

17.1 设计规定

17.1.1 本章适用于承重构件混凝土裂缝的修补；对承载力不足引起的裂缝，除应按本章适用的方法进行修补外，尚应采用适当的加固方法进行加固。

17.1.2 经可靠性鉴定确认为必须修补的裂缝，应根据裂缝的种类进行修补设计，确定其修补材料、修补方法和时间。

17.1.3 裂缝修补材料应符合下列规定：

1 改性环氧树脂类、改性丙烯酸酯类、改性聚氨酯类等的修补胶液，包括配套的打底胶、修补胶和聚合物注浆料等的合成树脂类修补材料，适用于裂缝的封闭或补强，可采用表面封闭法、注射法或压力注浆法进行修补。

修补裂缝的胶液和注浆料的安全性能指标，应符合现行国家标准《工程结构加固材料安全性鉴定技术规范》GB 50728 的规定。

2 无流动性的有机硅酮、聚硫橡胶、改性丙烯酸酯、聚氨酯等柔性的嵌缝密封胶类修补材料，适用于活动裂缝的修补，以及混凝土与其他材料接缝界面干缩性裂隙的封堵。

3 超细无收缩水泥注浆料、改性聚合物水泥注浆料以及不回缩微膨胀水泥等的无机胶凝材料类修补材料，适用于 w 大于 1.0mm 的静止裂缝的修补。

4 无碱玻璃纤维、耐碱玻璃纤维或高强度玻璃纤维织物、碳纤维织物或芳纶纤维等的纤维复合材与其适配的胶粘剂，适用于裂缝表面的封护与增强。

17.2 裂缝修补要求

17.2.1 当加固设计对修复混凝土裂缝有恢复截面整体性要求时，应在设计图上规定：当胶粘材料到达 7d 固化期时，应立即钻取芯样进行检验。

17.2.2 钻取芯样应符合下列规定：

1 取样的部位应由设计单位决定；

2 取样的数量应按裂缝注射或注浆的分区确定，但每区不应少于 2 个芯样；

3 芯样应骑缝钻取，但应避开内部钢筋；

4 芯样的直径不应小于 50mm；

5 取芯造成的孔洞，应立即采用强度等级较原构件提高一级的细石混凝土填实。

17.2.3 芯样检验应采用劈裂抗拉强度测定方法。当检验结果符合下列条件之一时应判为符合设计要求：

1 沿裂缝方向施加的劈力，其破坏应发生在混凝土内部，即内聚破坏；

2 破坏虽有部分发生在裂缝界面上，但这部分破坏面积不大于破坏面总面积的 15%。

附录 A 既有建筑物结构荷载标准值的确定方法

A.0.1 对既有结构上的荷载标准值取值，尚应符合现行国家标准《建筑结构荷载规范》GB 50009 的规定。

A.0.2 结构和构件自重的标准值，应根据构件和连接的实测尺寸，按材料或构件单位自重的标准值计算确定。对难以实测的某些连接构造的尺寸，允许按结构详图估算。

A.0.3 常用材料和构件的单位自重标准值，应按现行国家标准《建筑结构荷载规范》GB 50009 的规定采用。当该规范的规定值有上、下限时，应按下列规定采用：

1 当荷载效应对结构不利时，取上限值；

2 当荷载效应对结构有利（如验算倾覆、抗滑移、抗浮起等）时，取下限值。

A.0.4 当遇到下列情况之一时，材料和构件的自重标准值应按现场抽样称量确定：

1 现行国家标准《建筑结构荷载规范》GB 50009 尚无规定；

2 自重变异较大的材料或构件，如现场制作的保温材料、混凝土薄壁构件等；

3 有理由怀疑材料或构件自重的原设计采用值与实际情况有显著出入。

A.0.5 现场抽样检测材料或构件自重的试样数量，不应少于 5 个。当按检测的结果确定材料或构件自重的标准值时，应按下列规定进行计算：

1 当其效应对结构不利时

$$g_{k,sup} = m_g + \frac{t}{\sqrt{n}} s_g \qquad (A.0.5\text{-}1)$$

式中：$g_{k,sup}$——材料或构件自重的标准值；

m_g——试样称量结果的平均值；

s_g——试样称量结果的标准差；

n——试样数量；

t——考虑抽样数量影响的计算系数，按表 A.0.5 采用。

2 当其效应对结构有利时

$$g_{k,sup} = m_g - \frac{t}{\sqrt{n}} s_g \qquad (A.0.5\text{-}2)$$

表 A.0.5 计算系数 t 值

n	t值	n	t值	n	t值	n	t值
5	2.13	8	1.89	15	1.76	30	1.70
6	2.02	9	1.86	20	1.73	40	1.68
7	1.94	10	1.80	25	1.71	≥60	1.67

A.0.6 对非结构的构、配件，或对支座沉降有影响的构件，当其自重效应对结构有利时，应取其自重标准值 $g_{k,sup}=0$。

A.0.7 当房屋结构进行加固验算时，对不上人的屋面，应计入加固工程的施工荷载，其取值应符合下列规定：

1 当估算的荷载低于现行国家标准《建筑结构荷载规范》GB 50009 规定的屋面均布活荷载或集中荷载时，应按该规范采用。

2 当估算的荷载高于现行国家标准《建筑结构荷载规范》GB 50009 的规定值时，应按实际估算值采用。

当施工荷载过大时，宜采取措施予以降低。

A.0.8 对加固改造设计的验算，其基本雪压值、基本风压值和楼面活荷载的标准值，除应按现行国家标准《建筑结构荷载规范》GB 50009 的规定采用外，尚应按下一目标使用年限，乘以本附录表 A.0.8 的修正系数 ψ_a 予以修正。

下一目标使用年限，应由委托方和鉴定方共同商定。

表 A.0.8 基本雪压、基本风压及楼面活荷载的修正系数

下一目标使用年限	10 年	20 年	30 年～50 年
雪荷载或风荷载	0.85	0.95	1.00
楼面活荷载	0.85	0.90	1.00

注：对表中未列出的中间值，可按线性内插法确定，当下一目标使用年限小于 10 年时，应按 10 年取 ψ_a 值。

附录 B 既有结构混凝土回弹值龄期修正的规定

B.0.1 本规定适用于龄期已超过 1000d，且由于结构构造等原因无法采用取芯法对回弹检测结果进行修正的混凝土结构构件。

B.0.2 当采用本规定的龄期修正系数对回弹法检测得到的测区混凝土抗压强度换算值进行修正时，应符合下列规定：

1 龄期已超过 1000d，但处于干燥状态的普通混凝土；

2 混凝土外观质量正常，未受环境介质作用的侵蚀；

3 经超声波或其他探测法检测结果表明，混凝土内部无明显的不密实区和蜂窝状局部缺陷；

4 混凝土抗压强度等级在 C20 级～C50 级之间，且实测的碳化深度已大于 6mm。

B.0.3 混凝土抗压强度换算值可乘以表 B.0.3 的修正系数 α_n 予以修正。

表 B.0.3 测区混凝土抗压强度换算值龄期修正系数

龄期（d）	1000	2000	4000	6000	8000	10000	15000	20000	30000
修正系数 α_n	1.00	0.98	0.96	0.94	0.93	0.92	0.89	0.86	0.82

附录C 锚固用快固胶粘结拉伸抗剪强度测定法之一钢套筒法

C.1 适用范围及应用条件

C.1.1 本方法适用于以快固型结构胶粘剂粘结带肋钢筋（或锚栓螺杆）与钢套筒的拉伸抗剪强度测定。

C.1.2 本方法不得用于测定非快固型胶粘剂的拉伸抗剪强度。

C.2 试验设备及装置

C.2.1 试验机的加荷能力，应使试件的破坏荷载处于试验机标定满负荷的20%～80%。试验机力值的示值误差不应大于1%。试验机应能连续、平稳、速率可控地施荷。

C.2.2 夹持器及其夹具：试验机配备的夹持器及其夹具，应能自动对中，使力线与试件的轴线始终保持一致。

C.3 试 件

C.3.1 试件由受检胶粘剂粘结直径为12mm的带肋钢筋或锚栓螺杆与专用钢套筒组成（图C.3.1）。试件的剪切面长度为（36±0.5）mm。

C.3.2 受检胶粘剂应按规定的抽样规则从一定批量的产品中抽取。

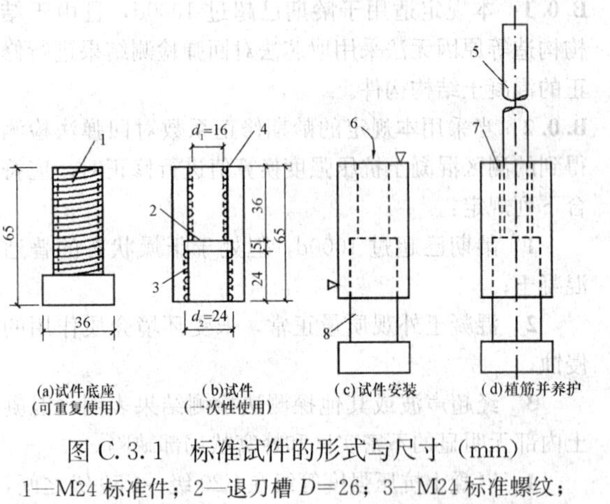

图C.3.1 标准试件的形式与尺寸（mm）

1—M24标准件；2—退刀槽 $D=26$；3—M24标准螺纹；4—梯形螺纹（螺距4，深度0.4）；5—带肋钢筋（或锚栓螺杆）（$l=150$）；6—注胶；7—胶缝；8—底座

C.3.3 专用钢套筒应采用45号碳钢制作。套筒内壁应有螺距为4mm、深度为0.4mm的梯形螺纹。

C.3.4 试件数量应符合下列规定：

1 常规试验的试件：每组不应少于5个；

2 确定粘结抗剪强度标准值的试件数量应按现行国家标准《工程结构加固材料安全性鉴定技术规范》GB 50728的规定确定。

C.4 试件制备

C.4.1 钢筋、螺杆和钢套筒，应经除锈、除油污；套筒内壁尚应无毛刺；粘结前，钢筋、螺杆和套筒应用工业丙酮清洗一遍。

C.4.2 钢筋的直径以及套筒的内径和深度，应用量具测量，精确到0.05mm。

C.4.3 粘结时，胶粘剂的配合比、粘结工艺要求以及养护时间均应按该产品的使用说明书确定。

C.5 试验条件

C.5.1 试件应在胶粘剂养护到期时立即进行试验。当因故需推迟试验日期时，应征得有关方面一致同意，且不得超过1d。

C.5.2 试验应在室温为（23±2）℃的环境中进行。仲裁性试验或对环境湿度敏感的胶粘剂，其相对湿度尚应控制为45%～55%。

C.5.3 对温度、湿度有要求的试验，其试件在测试前的调控时间不应少于24h。

C.6 试验步骤

C.6.1 试验时应将试件（图C.6.1）对称地夹持在夹具中；夹持长度不应少于50mm。

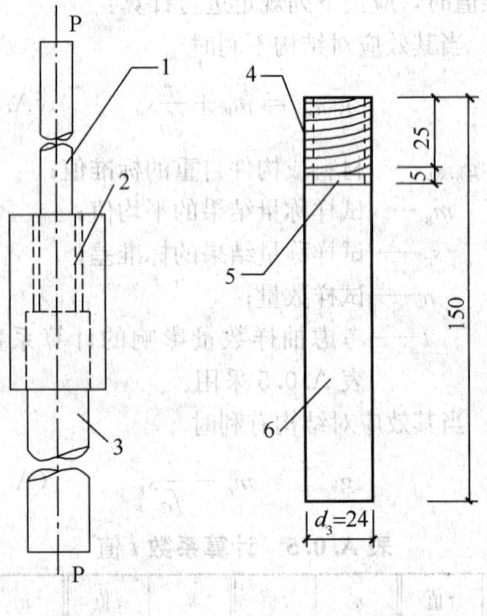

图C.6.1 试件安装钢螺杆

1—长度为150mm的钢筋或螺杆；2—砂浆缝；3—将底座换为钢螺杆；4—M24标准螺纹；5—退刀槽；6—可重复使用的C_r40螺杆

C.6.2 开动试验机，以连续、均匀的速率加荷；自试样加荷至破坏的时间应控制为1min～3min。

C.6.3 试样破坏时，应记录其最大荷载值，并记录粘结的破坏形式（如内聚破坏、粘附破坏等）。

C.7 试验结果

C.7.1 胶粘剂的粘结抗剪强度 f_{vu}，应按下式计算：

$$f_{vu} = P/0.8\pi Dl \quad (C.7.1)$$

式中：P——拉伸的破坏荷载（N）；

D——钢套筒的内径（mm）；

l——粘结面长度（mm）。

注：当试件为螺杆拉断破坏时，应视为该试件粘结抗剪强度达到合格标准。

C.7.2 试验结果的计算应取三位有效数字。

C.7.3 试验报告应包括下列内容：

1 受检粘结材料的品种、型号和批号；

2 抽样规则及抽样数量；

3 试件制备方法及养护条件；

4 试件的编号及其剪切面的尺寸；

5 试验环境的温度和相对湿度；

6 仪器设备的型号、量程和检定日期；

7 加荷方式及加荷速度；

8 试件破坏荷载及破坏形式；

9 试验结果的整理和计算；

10 试验人员、校核人员及试验日期。

附录D 锚固型快固结构胶抗震性能检验方法

D.1 适 用 范 围

D.1.1 本方法适用于锚固型快固结构胶的抗震性能检验。

D.1.2 采用本方法时，应以受检快固胶粘结全螺纹螺杆或锚栓，埋置于混凝土基材内测定其抗拔和抗震性能。

D.1.3 本方法不推荐用于环氧类结构胶的抗震性能测定。

D.1.4 当不同行业标准的检验方法与本规范不一致时，对承重结构加固用的锚固型快固结构胶抗震性能检验，应按本规范的规定执行。

D.2 取 样 规 则

D.2.1 锚固型快固结构胶抗震性能检验的受检胶样本，应取自同品种、同型号、同批号生产的库存产品中；至少随机抽取3件；每件抽取2支（含双组分），构成两组试件用胶：一组为检验组，另一组为对照组。当为仲裁性检验时，试件数量应加倍。

D.2.2 作为锚固件的全螺纹螺杆，其直径应为M16；其钢材应为8.8级碳素结构钢，并取自有合格证和有中文标志的批次中；钢材的抗拉性能应符合本规范表4.2.5-1的规定。

D.3 种植全螺纹螺杆的基材

D.3.1 种植全螺纹螺杆的基材，应为强度等级为C30的混凝土块体。块体的设计应符合下列规定：

1 块体尺寸：应按每块种植一根螺杆设计；一般取单块尺寸为300mm×300mm×600mm（图D.3.1）。

2 块体配筋：沿块体纵向周边配置4Φ12钢筋和Φ8@100箍筋（单位均为mm）。

3 外观要求：混凝土表面应平整，且无裂缝。

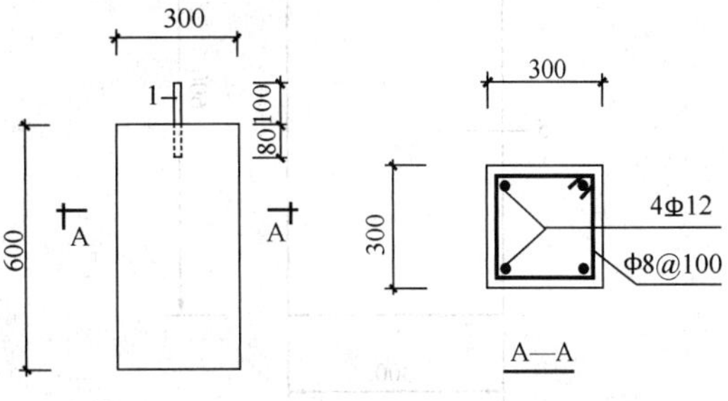

图D.3.1 种有螺杆的试件（单位mm）

1—直径为16mm的螺杆

D.3.2 混凝土块体的制作，应按所要求的强度等级进行配合比设计。块体浇筑后应经28d标准养护。在养护期间应保持混凝土处于湿润状态，以防出现早期裂纹。

D.3.3 混凝土块材种植螺杆的方法和要求，应符合现行国家标准《建筑结构加固工程施工质量验收规范》GB 50550的规定。

D.4 试验设备和装置

D.4.1 试验应在2000kN伺服试验系统上进行。种植在试件上的螺杆应通过连接板与伺服机的千斤顶相连（图D.4.1）。连接板与千斤顶的连接需采用4个M20螺栓连接；连接板与螺杆间的连接，其上下均应用螺母固定；下螺母与混凝土面的间隙宜控制在5mm～10mm。试件下部与试验台座应有可靠连接，也可以在试件侧面设置固定螺栓。试件安装完毕应保证其垂直度偏差不大于0.1%。

D.4.2 检测用的加荷设备，应符合下列规定：

1 设备的加荷能力应比预计的检验荷载值至少大20%，且应能连续、平稳、速度可控地运行；

2 设备的测力系统，其整机误差应为全量程的±2%，且应具有峰值储存功能；

3 设备的液压加荷系统在小于等于5min的短时保持荷载期间，其降荷值不得大于5%；

4 设备的夹持器应能保持力线与锚固件轴线的对中；

5 仪表的量程不应小于50mm；其测量的误差应为±0.02mm；

6 测量位移装置应能与测力系统同步工作，连续记录，测出锚固件相对于混凝土表面的垂直位移，并绘制荷载-位移的全程曲线。

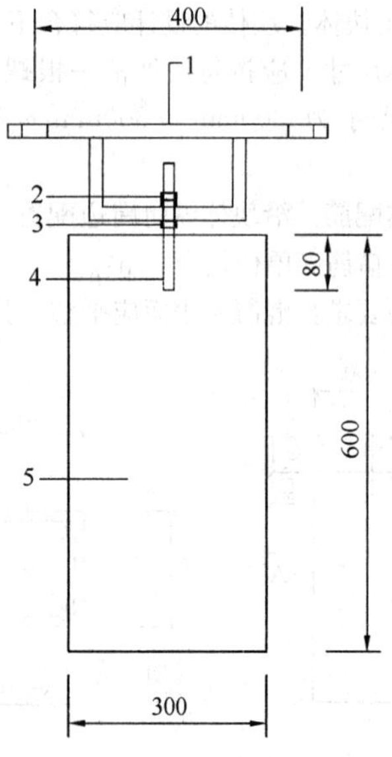

图 D.4.1 试件与伺服试验机的连接（单位 mm）

1—连接板，与伺服机的千斤顶相连；2—双螺母；3—单螺母；4—直径为 16mm 的螺杆；5—混凝土基材

D.5 试验步骤与方法

D.5.1 螺杆胶粘好后的试件，其试验应在胶粘剂固化达到产品使用说明书规定的时间立即进行。

D.5.2 首先应进行对照组 3 个试件的拉拔承载力试验，其加荷宜采用连续加荷制度，以均匀速率加荷，控制在 2min～3min 时间内发生破坏。

D.5.3 对照组检验结果以螺杆最大抗拔力的平均值 $N_{u,m}$ 表示。

D.5.4 在取得对照组检验结果后，即可对检验组 3 个试件进行低周反复荷载试验，加荷等级为 $0.1N_{u,m}$，加载制度按图 D.5.4 执行；以确定试件抗拔力的实测平均值 $N_{ue,m}$ 和实测最小值 $N_{ue,min}$。

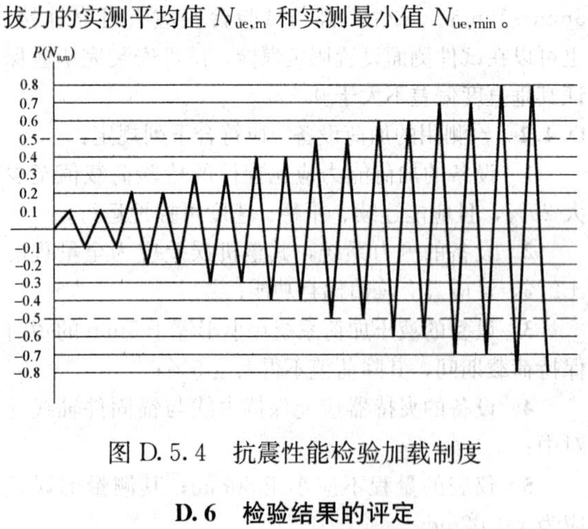

图 D.5.4 抗震性能检验加载制度

D.6 检验结果的评定

D.6.1 锚固型快固结构胶抗震性能评定，当 $N_{ue,m} \geqslant 0.50N_{u,m}$ 且 $N_{ue,min} \geqslant 0.45N_{u,m}$ 时，为合格。

D.6.2 试验报告应包括下列内容：

1 受检胶粘剂的品种、型号和批号；

2 抽样规则及抽样数量；

3 试坯及试件制备方法及养护条件；

4 试件的编号和尺寸；

5 试验环境温度和相对湿度；

6 仪器设备的型号、量程和检定日期；

7 加荷方式及加荷速度；

8 试件的破坏荷载及破坏形式；

9 试验结果整理和计算；

10 试验人员、校核人员及试验日期。

D.6.3 当委托方有要求时，试验报告应附有试验结果合格评定报告，且合格评定标准应符合本附录的规定。

附录 E 既有混凝土结构钢筋阻锈方法

E.1 设计规定

E.1.1 本方法适用于以喷涂型阻锈剂对既有混凝土结构、构件中的钢筋进行防锈与锈蚀损坏的修复。

E.1.2 在下列情况下，应进行阻锈处理：

1 结构安全性鉴定发现下列问题之一时：

1）承重构件混凝土的密实性差，且已导致其强度等级低于设计要求的等级两档以上；

2）混凝土保护层厚度平均值不足现行国家标准《混凝土结构设计规范》GB 50010 规定值的 75%；或两次抽检结果，其合格点率均达不到现行国家标准《混凝土结构工程施工质量验收规范》GB 50204 的规定；

3）锈蚀探测表明：内部钢筋已处于“有腐蚀可能”状态；

4）重要结构的使用环境或使用条件与原设计相比，已显著改变，其结构可靠性鉴定表明这种改变有损于混凝土构件的耐久性。

2 未作钢筋防锈处理的露天重要结构、地下结构、文物建筑、使用除冰盐的工程以及临海的重要工程结构；

3 委托方要求对既有结构、构件的内部钢筋进行加强防护时。

E.1.3 采用阻锈剂时，应选用对氯离子、氧气、水以及其他有害介质滤除能力强，不影响混凝土强度和握裹力，并不致在修复界面形成附加阳极的阻锈剂。

E.2 喷涂型钢筋阻锈剂使用规定

E.2.1 喷涂型钢筋阻锈剂的使用，应符合下列规定：

1 喷涂前应仔细清理混凝土的表层，不得粘有浮浆、尘土、油污、水渍、霉菌或残留的装饰层；

2　剔凿、修复局部劣化的混凝土表面，如空鼓、松动、剥落等；

3　喷涂阻锈剂前，混凝土龄期不应少于 28d；局部修补的混凝土，其龄期不应少于 14d；

4　混凝土表面温度应为 5℃～45℃；

5　阻锈剂应连续喷涂，使被涂表面饱和溢流；喷涂的遍数及其时间间隔应按产品说明书和设计要求确定；

6　每一遍喷涂后，均应采取措施防止日晒雨淋；最后一遍喷涂后，应静置 24h 以上，然后用压力水将表面残留物清除干净。

E.2.2　对露天工程或在腐蚀性介质的环境中使用亲水性阻锈剂时，应在构件表面增喷附加涂层进行封护。

E.2.3　当混凝土表面原先刷过涂料或各种防护液，已使混凝土失去可渗性且无法清除时，本附录规定的喷涂阻锈方法无效，应改用其他阻锈技术。

E.3　阻锈剂使用效果检测与评定

E.3.1　本方法适用于已有混凝土结构喷涂阻锈剂前后，通过量测其内部钢筋锈蚀电流的变化，对该阻锈剂的阻锈效果进行评估。

E.3.2　评估用的检测设备和技术条件应符合下列规定：

1　应采用专业的钢筋锈蚀电流测定仪及相应的数据采集分析设备，仪器的测试精度应能达到 $0.1\mu A/cm^2$。

2　电流测定可采用静态化学电流脉冲法（GPM 法），也可采用线性极化法（LPM 法）。当为仲裁性检测时，应采用静态化学电流脉冲法。

3　仪器的使用环境要求及测试方法应按厂商提供的仪器使用说明书执行，但厂商应保证该仪器测试的精度能达到使用说明书规定的指标。

E.3.3　测定钢筋锈蚀电流的取样规则应符合下列规定：

1　梁、柱类构件，以同规格、同型号的构件为一检验批。每批构件的取样数量不少于该批构件总数的 1/5，且不得少于 3 根；每根受检构件不应少于 3 个测值。

2　板、墙类构件，以同规格、同型号的构件为一检验批。至少每 $200m^2$（不足者按 $200m^2$ 计）设置一个测点，每一测点不应少于 3 个测值。

3　露天、地下结构以及临海混凝土结构，取样数量应加倍。

4　测量钢筋中的锈蚀电流时，应同时记录环境的温度和相对湿度。条件允许时，宜同步测量半电池电位、电阻抗和混凝土中的氯离子含量。

E.3.4　混凝土结构中钢筋锈蚀程度及锈蚀破坏开始产生的时间预测可按表 E.3.4 进行估计。

表 E.3.4　混凝土构件中钢筋锈蚀程度判定及破坏发生时间预测

锈蚀电流	锈蚀程度	锈蚀破坏开始时间预测
$<0.2\mu A/cm^2$	无	不致发生锈蚀破坏
$0.2\sim1\mu A/cm^2$	轻微锈蚀	>10 年
$1\sim10\mu A/cm^2$	中度锈蚀	2 年～10 年
$>10\mu A/cm^2$	严重锈蚀	<2 年

注：对重要结构，当检测结果大于 $2\mu A/cm^2$ 时，应加强锈蚀监测。

E.3.5　喷涂阻锈剂效果的评估应符合下列规定：

1　应在喷涂阻锈剂 150d 后，采用同一仪器（至少应采用相同型号的测试仪）对阻锈处理前测试的构件进行原位复测。其锈蚀电流的降低率应按下式计算：

$$\text{锈蚀电流的降低率} = \frac{I_0 - I}{I_0} \times 100\% \quad (E.3.5)$$

式中：I——150d 后的锈蚀电流平均值；

I_0——喷涂阻锈剂前的初始锈蚀电流平均值。

2　当检测结果达到下列指标时，可认为该工程的阻锈处理符合本规范规定，可以重新交付使用：

（1）初始锈蚀电流 $>1\mu A/cm^2$ 的构件，其 150d 后锈蚀电流的降低率不小于 80%；

（2）初始锈蚀电流 $<1\mu A/cm^2$ 的构件，其 150d 后锈蚀电流的降低率不小于 50%。

附录 F　锚栓连接受力分析方法

F.1　锚栓拉力作用值计算

F.1.1　锚栓受拉力作用（图 F.1.1-1、图 F.1.1-2）时，其受力分析应符合下列基本假定：

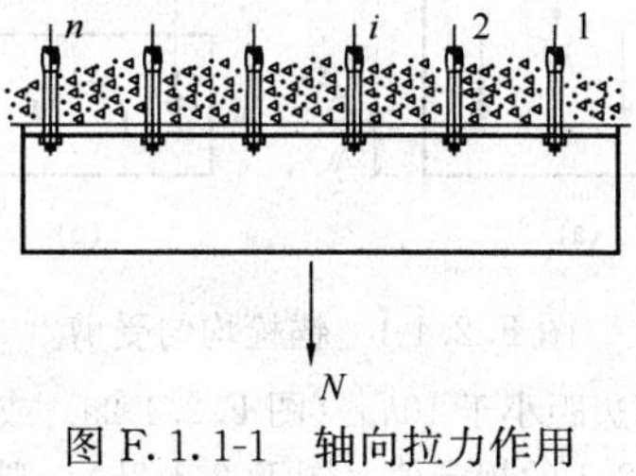

图 F.1.1-1　轴向拉力作用

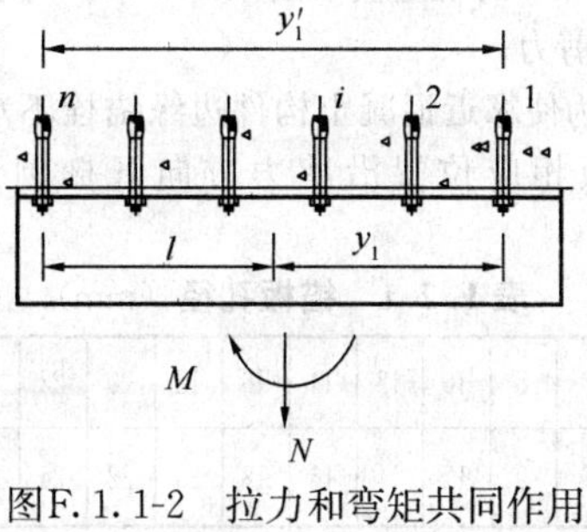

图F.1.1-2　拉力和弯矩共同作用

1 锚板具有足够的刚度，其弯曲变形可忽略不计；

2 同一锚板的各锚栓，具有相同的刚度和弹性模量；其所承受的拉力，可按弹性分析方法确定；

3 处于锚板受压区的锚栓不承受压力，该压力直接由锚板下的混凝土承担。

F. 1. 2 在轴向拉力与外力矩共同作用下，应按下列公式计算确定锚板中受力最大锚栓的拉力设计值 N_h：

1 当 $N/n - My_1/\Sigma y_i^2 \geqslant 0$ 时，

$$N_h = N/n + (My_1/\Sigma y_i^2) \quad (F.1.2\text{-}1)$$

2 当 $N/n - My_1/\Sigma y_i^2 < 0$ 时，

$$N_h = (M + Nl)y_1'/\Sigma (y_i')^2 \quad (F.1.2\text{-}2)$$

式中：N、M——分别为轴向拉力（kN）和弯矩（kN·m）的设计值；

y_1、y_i——锚栓 1 及 i 至群锚形心的距离（mm）；

y_1'、y_i'——锚栓 1 及 i 至最外排受压锚栓的距离（mm）；

l——轴力 N 至最外排受压锚栓的距离（mm）；

n——锚栓个数。

注：当外边距 $M=0$ 时，上式计算结果即为轴向拉力作用下每一锚栓所承受的拉力设计值 N_i。

F. 2 锚栓剪力作用值计算

F. 2. 1 作用于锚板上的剪力和扭矩在群锚中的内力分配，按下列三种情况计算：

1 当锚板孔径与锚栓直径符合表 F. 2. 1 的规定，且边距大于 $10h_{ef}$ 时，则所有锚栓均匀承受剪力（图 F. 2. 1-1）；

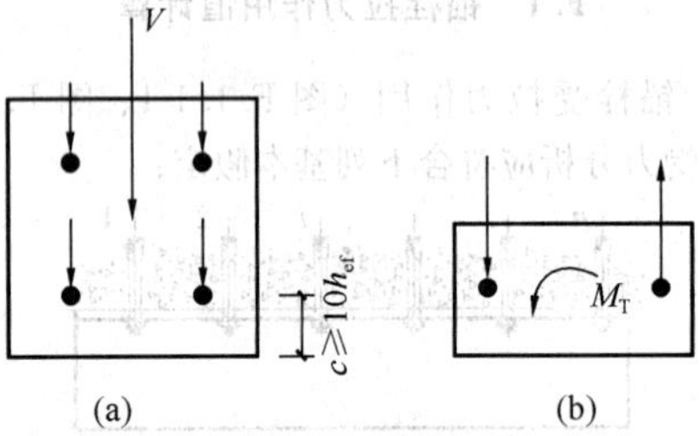

图 F. 2. 1-1 锚栓均匀受剪

2 当边距小于 $10h_{ef}$（图 F. 2. 1-2a）或锚板孔径大于表 F. 2. 1 的规定值（图 F. 2. 1-2b），则只有部分锚栓承受剪力；

3 为使靠近混凝土构件边缘锚栓不承受剪力，可在锚板相应位置沿剪力方向开椭圆形孔（图 F. 2. 1-3）。

表 F. 2. 1 锚板孔径（mm）

锚栓公称直径 d_0	6	8	10	12	14	16	18	20	22	24	27	30
锚板孔径 d_f	7	9	12	14	16	18	20	22	24	26	30	33

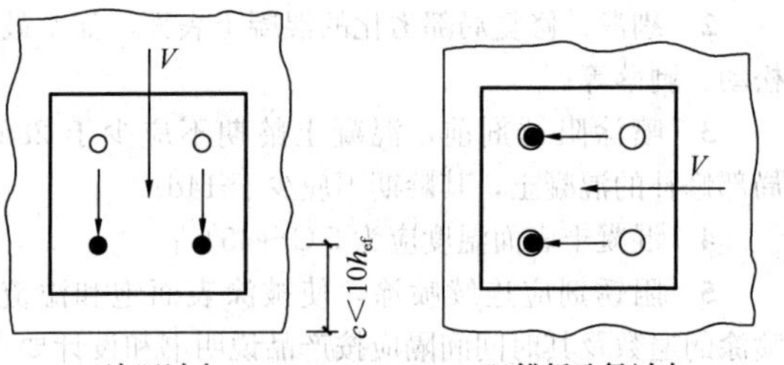

(a)边距过小 (b)锚板孔径过大

图 F. 2. 1-2 锚栓处于不利情况下受剪

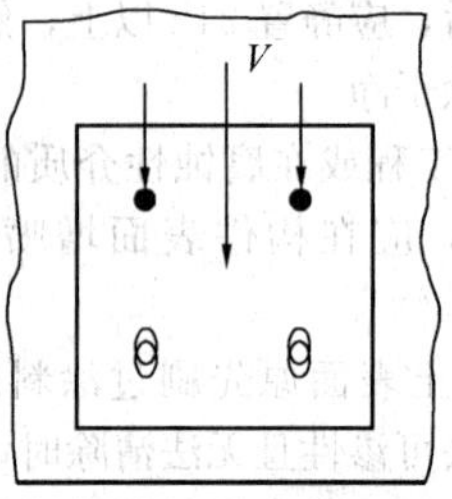

图 F. 2. 1-3 控制剪力分配方法

F. 2. 2 剪切荷载通过受剪锚栓形心（图 F. 2. 2）时，群锚中各受剪锚栓的受力应按下列公式确定：

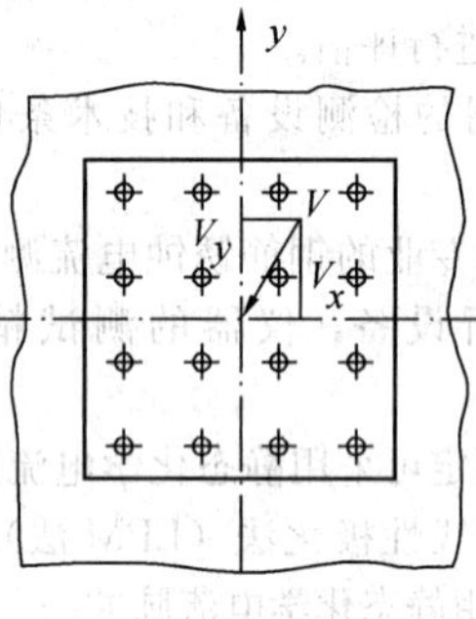

图 F. 2. 2 受剪力作用

$$V_i^V = \sqrt{(V_{ix}^V)^2 + (V_{iy}^V)^2} \quad (F.2.2\text{-}1)$$

$$V_{ix}^V = V_x/n_x \quad (F.2.2\text{-}2)$$

$$V_{iy}^V = V_y/n_y \quad (F.2.2\text{-}3)$$

式中：V_{ix}^V、V_{iy}^V——分别为锚栓 i 在 x 和 y 方向的剪力分量（kN）；

V_i^V——剪力设计值 V 作用下锚栓 i 的组合剪力设计值（kN）；

V_x、n_x——剪力设计值 V 的 x 分量（kN）及 x 方向参与受剪的锚栓数目；

V_y、n_y——剪力设计值 V 的 y 分量（kN）及 y 方向参与受剪的锚栓数目。

F. 2. 3 群锚在扭矩 T（图 F. 2. 3）作用下，各受剪锚栓的受力应按下列公式确定：

$$V_i^T = \sqrt{(V_{ix}^T)^2 + (V_{iy}^T)^2} \quad (F.2.3\text{-}1)$$

$$V_{ix}^T = \frac{Ty_i}{\sum x_i^2 + \sum y_i^2} \quad (F.2.3\text{-}2)$$

$$V_{iy}^{T}=\frac{Tx_i}{\sum x_i^2+\sum y_i^2} \quad (F.2.3\text{-}3)$$

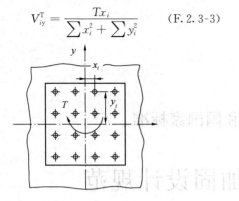

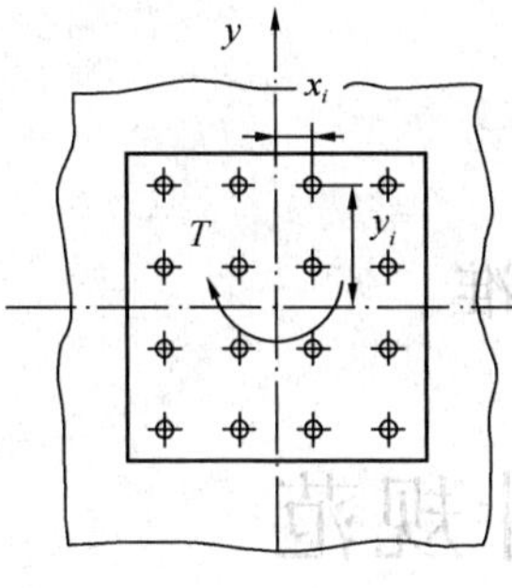

图 F.2.3 受扭矩作用

式中：T——外扭矩设计值（kN·m）；

V_{ix}^{T}、V_{iy}^{T}——T 作用下锚栓 i 所受剪力的 x 分量和 y 分量（kN）；

V_i^{T}——T 作用下锚栓 i 的剪力设计值（kN）；

x_i、y_i——锚栓 i 至以群锚形心为原点的坐标距离（mm）。

F.2.4 群锚在剪力和扭矩（图 F.2.4）共同作用下，各受剪锚栓的受力应按下式确定：

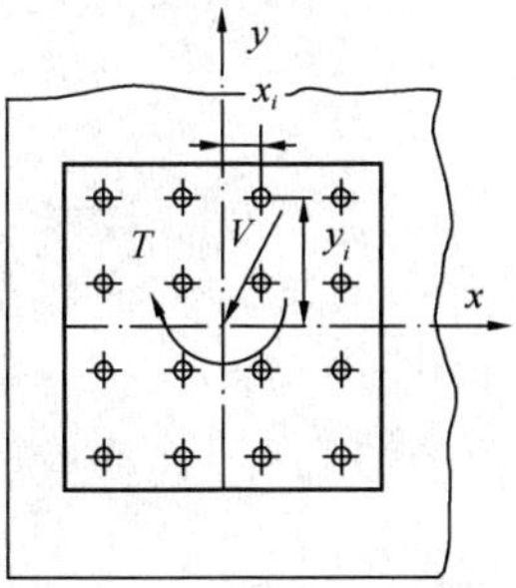

图 F.2.4 剪力与扭矩共同作用

$$V_i^{g}=\sqrt{(V_{ix}^{V}+V_{ix}^{T})^2+(V_{iy}^{V}+V_{iy}^{T})^2} \quad (F.2.4)$$

式中：V_i^{g}——群锚中锚栓所受组合剪力设计值（kN）。

本规范用词说明

1 为便于在执行本规范条文时区别对待，对要求严格程度不同的用词说明如下：

1） 表示很严格，非这样做不可的：

正面词采用“必须”，反面词采用“严禁”；

2） 表示严格，在正常情况下均应这样做的：

正面词采用“应”，反面词采用“不应”或“不得”；

3） 表示允许稍有选择，在条件许可时首先应这样做的：

正面词采用“宜”，反面词采用“不宜”；

4） 示有选择，在一定条件下可以这样做的，采用“可”。

2 条文中指明应按其他有关标准执行的写法为：“应按……执行”或“应符合……的规定”。

引用标准名录

1《建筑结构荷载规范》GB 50009

2《混凝土结构设计规范》GB 50010

3《建筑抗震设计规范》GB 50011

4《建筑设计防火规范》GB 50016

5《钢结构设计规范》GB 50017

6《建筑抗震鉴定标准》GB 50023

7《工业建筑防腐蚀设计规范》GB 50046

8《工业构筑物抗震鉴定标准》GBJ 117

9《工业建筑可靠性鉴定标准》GB 50144

10《混凝土结构工程施工质量验收规范》GB 50204

11《钢结构工程施工质量验收规范》GB 50205

12《民用建筑可靠性鉴定标准》GB 50292

13《建筑结构加固工程施工质量验收规范》GB 50550

14《钢结构焊接规范》GB 50661

15《工程结构加固材料安全性鉴定技术规范》GB 50728

16《碳素结构钢》GB/T 700

17《钢筋混凝土用钢 第1部分：热轧光圆钢筋》GB 1499.1

18《钢筋混凝土用钢 第2部分：热轧带肋钢筋》GB 1499.2

19《树脂浇铸体性能试验方法》GB/T 2567

20《低合金高强度结构钢》GB/T 1591

21《非合金钢及细晶粒钢焊条》GB/T 5117

22《热强钢焊条》YB/T 5357

23《胶粘剂 拉伸剪切强度的测定（刚性材料对刚性材料）》GB/T 7124

24《钢筋焊接及验收规程》JGJ 18

25《建筑抗震加固技术规程》JGJ 116

26《混凝土用膨胀型、扩底型建筑锚栓》JG 160

27《无粘结预应力钢绞线》JG 161

28《冶金建设试验检验规程 第3分册 化学分析》YBJ 222.3

29《耐火浇注料抗热震性试验方法（水急冷法）》YB/T 2206.2

30《钢丝镀锌层》YB/T 5357

31《钢筋阻锈剂应用技术规程》YB/T 9231

32《海港工程混凝土结构防腐蚀技术规范》JTJ 275

中华人民共和国国家标准

混凝土结构加固设计规范

GB 50367—2013

条　文　说　明

修 订 说 明

《混凝土结构加固设计规范》GB 50367－2013 经住房和城乡建设部 2013 年 11 月 1 日以第 208 号公告批准、发布。

本规范是在《混凝土结构加固设计规范》GB 50367－2006 的基础上修订而成的。上一版的主编单位是四川省建筑科学研究院；参加单位是：同济大学、西南交通大学、福州大学、湖南大学、重庆大学、重庆市建筑科学研究院、辽宁省建设科学研究院、中国科学院大连化学物理研究所、中国建筑西南设计院、上海市工程建设标准化办公室、上海加固行建筑技术工程有限公司、北京东洋机械建筑工程有限公司、喜利得（中国）商贸有限公司、厦门中连结构胶有限公司、慧鱼（太仓）建筑锚栓有限公司、享斯迈先进化工材料（广东）有限公司、北京风行技术有限公司、上海库力浦实业有限公司、湖南固特邦土木技术发展有限公司、大连凯华新技术工程有限公司、台湾安固工程股份有限公司、武汉长江加固技术有限公司；主要起草人员是：梁坦、王永维、陆竹卿、梁爽、吴善能、黄棠、林文修、卓尚木、古天纯、贺曼罗、倪士珠、张书禹、莫群速、侯发亮、卜良桃、陈大川、王立民、李力平、王稚、吴进、陈友明、张成英、线运恒、张剑、单远铭、张首文、唐趋伦、张欣、温斌。本次修订的主要技术内容是：增加了芳纶纤维复合材作为加固材料的应用规定；增加了锚固型快固胶的安全性鉴定和抗震鉴定的技术内容；增加了无粘结钢绞线体外预应力加固技术和预应力碳纤维复合板加固技术；调整了部分加固计算参数等。

本规范修订过程中，修订组进行了广泛的调查研究，总结了我国工程建设的实践经验，同时参考了国外先进技术标准，许多单位和学者进行了大量的试验和研究，为本次修订提供了极有价值的参考资料。

为便于广大设计、施工、科研、学校等单位有关人员在使用本规范时能正确理解和执行条文的规定，本规范修订组按章、节、条顺序编制了《混凝土结构加固设计规范》的条文说明，对条文规定的目的、依据以及执行中需注意的有关事项进行了说明，还着重对强制性条文的强制理由作了解释。但条文说明不具备与规范正文同等的效力，仅供使用者作为理解和掌握规范规定的参考。

目　次

1　总则 ………………………………………… 8—70
2　术语和符号 ……………………………… 8—70
2.1　术语 ……………………………………… 8—70
2.2　符号 ……………………………………… 8—70
3　基本规定 ………………………………… 8—70
3.1　一般规定 ………………………………… 8—70
3.2　设计计算原则 …………………………… 8—71
3.3　加固方法及配合使用的技术 …………… 8—71
4　材料 ……………………………………… 8—72
4.1　混凝土 …………………………………… 8—72
4.2　钢材及焊接材料 ………………………… 8—72
4.3　纤维和纤维复合材 ……………………… 8—72
4.4　结构加固用胶粘剂 ……………………… 8—73
4.5　钢丝绳 …………………………………… 8—74
4.6　聚合物改性水泥砂浆 …………………… 8—75
4.7　阻锈剂 …………………………………… 8—75
5　增大截面加固法 ………………………… 8—76
5.1　设计规定 ………………………………… 8—76
5.2　受弯构件正截面加固计算 ……………… 8—76
5.3　受弯构件斜截面加固计算 ……………… 8—77
5.4　受压构件正截面加固计算 ……………… 8—77
5.5　构造规定 ………………………………… 8—77
6　置换混凝土加固法 ……………………… 8—78
6.1　设计规定 ………………………………… 8—78
6.2　加固计算 ………………………………… 8—78
6.3　构造规定 ………………………………… 8—78
7　体外预应力加固法 ……………………… 8—78
7.1　设计规定 ………………………………… 8—78
7.2　无粘结钢绞线体外预应力的加固计算 …… 8—79
7.3　普通钢筋体外预应力的加固计算 ……… 8—80
7.4　型钢预应力撑杆的加固计算 …………… 8—80
7.5　无粘结钢绞线体外预应力构造规定 …… 8—81
7.6　普通钢筋体外预应力构造规定 ………… 8—81
7.7　型钢预应力撑杆构造规定 ……………… 8—81
8　外包型钢加固法 ………………………… 8—82
8.1　设计规定 ………………………………… 8—82
8.2　外粘型钢加固计算 ……………………… 8—82
8.3　构造规定 ………………………………… 8—82
9　粘贴钢板加固法 ………………………… 8—82
9.1　设计规定 ………………………………… 8—82
9.2　受弯构件正截面加固计算 ……………… 8—83
9.3　受弯构件斜截面加固计算 ……………… 8—84
9.4　大偏心受压构件正截面加固计算 ……… 8—84
9.5　受拉构件正截面加固计算 ……………… 8—84
9.6　构造规定 ………………………………… 8—84
10　粘贴纤维复合材加固法 ………………… 8—85
10.1　设计规定 ……………………………… 8—85
10.2　受弯构件正截面加固计算 …………… 8—85
10.3　受弯构件斜截面加固计算 …………… 8—86
10.4　受压构件正截面加固计算 …………… 8—87
10.5　框架柱斜截面加固计算 ……………… 8—87
10.6　大偏心受压构件加固计算 …………… 8—87
10.7　受拉构件正截面加固计算 …………… 8—87
10.8　提高柱的延性的加固计算 …………… 8—87
10.9　构造规定 ……………………………… 8—87
11　预应力碳纤维复合板加固法 …………… 8—88
11.1　设计规定 ……………………………… 8—88
11.2　预应力碳纤维复合板加固受弯构件 …… 8—88
11.3　构造要求 ……………………………… 8—88
12　增设支点加固法 ………………………… 8—88
12.1　设计规定 ……………………………… 8—88
12.2　加固计算 ……………………………… 8—89
12.3　构造规定 ……………………………… 8—89
13　预张紧钢丝绳网片-聚合物砂浆面层加固法 …… 8—89
13.1　设计规定 ……………………………… 8—89
13.2　受弯构件正截面加固计算 …………… 8—89
13.3　受弯构件斜截面加固计算 …………… 8—89
13.4　构造规定 ……………………………… 8—89
14　绕丝加固法 ……………………………… 8—90
14.1　设计规定 ……………………………… 8—90
14.2　柱的抗震加固计算 …………………… 8—90
14.3　构造规定 ……………………………… 8—90
15　植筋技术 ………………………………… 8—90
15.1　设计规定 ……………………………… 8—90

15.2 锚固计算 …………………………… 8—91
15.3 构造规定 …………………………… 8—91
16 锚栓技术………………………………… 8—91
16.1 设计规定 …………………………… 8—91
16.2 锚栓钢材承载力验算 ………………… 8—92
16.3 基材混凝土承载力验算 ……………… 8—92
16.4 构造规定 …………………………… 8—92
17 裂缝修补技术 …………………………… 8—92
17.1 设计规定 …………………………… 8—92
17.2 裂缝修补要求 ……………………… 8—93
附录A 既有建筑物结构荷载标准值的确定方法 …………………… 8—93
附录B 既有结构混凝土回弹值龄期修正的规定………………………… 8—93
附录C 锚固用快固胶粘结拉伸抗剪强度测定法之一钢套筒法 …… 8—94
附录D 锚固型快固结构胶抗震性能检验方法 …………………… 8—94
附录E 既有混凝土结构钢筋阻锈方法………………………………… 8—94
附录F 锚栓连接受力分析方法 ……… 8—94

1 总　　则

1.0.1 本条规定了制定本规范的目的和要求，这里应说明的是，本规范作为混凝土结构加固通用的国家标准，主要是针对为保障安全、质量、卫生、环保和维护公共利益所必须达到的最低指标和要求作出统一的规定。至于以更高质量要求和更能满足社会生产、生活需求的标准，则应由其他层次的标准规范，如专业性很强的行业标准、以新技术应用为主的推荐性标准和企业标准等在国家标准基础上进行充实和提高。然而，在前一段时间里，这一最基本的标准化关系，由于种种原因而没有得到遵循，出现了有些标准对安全、质量的要求反而低于国家标准的不正常情况。为此，在实施本规范过程中，若遇到上述情况，一定要从国家标准是保证加固结构安全的最低标准这一基点出发，按照《中华人民共和国国家标准化法》和建设部第25号令的规定来实施本规范，做好混凝土结构的加固设计工作，以避免在加固工程中留下安全隐患。

1.0.2 本条规定的适用范围，与现行国家标准《混凝土结构设计规范》GB 50010相对应，以便于配套使用。

1.0.3、1.0.4 这两条主要是对本规范在实施中与其他相关标准配套使用的关系作出规定。

2 术语和符号

2.1 术　　语

2.1.1～2.1.17 本规范采用的术语及其涵义，是根据下列原则确定的：

1 凡现行工程建设国家标准已作规定的，一律加以引用，不再另行给出定义；

2 凡现行工程建设国家标准尚未规定的，由本规范参照国际标准和国外先进标准给出其定义；

3 当现行工程建设国家标准虽已有该术语，但定义不准确或概括的内容不全时，由本规范完善其定义。

2.2 符　　号

2.2.1～2.2.4 本规范采用的符号及其意义，尽可能与现行国家标准《混凝土结构设计规范》GB 50010及《钢结构设计规范》GB 50017相一致，以便于在加固设计、计算中引用其公式，只有在遇到公式中必须给出加固设计专用的符号时，才另行制定，即使这样，在制定过程中仍然遵循了下列原则：

1 对主体符号及其上、下标的选取，应符合现行国家标准《工程结构设计基本术语和通用符号》GBJ 132的符号用字及其构成规则；

2 当必须采用通用符号，但又必须与新建工程使用的该符号有所区别时，可在符号的释义中加上定语。

3 基本规定

3.1 一般规定

3.1.1 混凝土结构是否需要加固，应经结构可靠性鉴定确认。我国已发布的现行国家标准《工业建筑可靠性鉴定标准》GB 50144和《民用建筑可靠性鉴定标准》GB 50292，是通过实测、验算并辅以专家评估才作出可靠性鉴定的结论，因而较为客观、稳健，可以作为混凝土结构加固设计的基本依据；但须指出的是，混凝土结构加固设计所面临的不确定因素远比新建工程多而复杂，况且还要考虑业主的种种要求；因而本条作出了“应按本规范的规定和业主的要求进行加固设计”的规定。

此外，众多的工程实践经验表明，承重结构的加固效果，除了与其所采用的方法有关外，还与该建筑物现状有着密切的关系。一般而言，结构经局部加固后，虽然能提高被加固构件的安全性，但这并不意味着该承重结构的整体承载便一定是安全的。因为就整个结构而言，其安全性还取决于原结构方案及其布置是否合理，构件之间的连接、拉结是否系统而可靠，其原有的构造措施是否得当与有效等，而这些就是结构整体牢固性（robustness）的内涵，其所起到的综合作用就是使结构具有足够的延性和冗余度。因此，本规范要求专业技术人员在承担结构加固设计时，应对该承重结构的整体牢固性进行检查与评估，以确定是否需作相应的加强。

3.1.2 被加固的混凝土结构、构件，其加固前的服役时间各不相同，其加固后的结构使用功能又可能有所改变，因此不能直接沿用原设计的安全等级作为加固后的安全等级，而应根据委托方对该结构下一目标使用期的要求，以及该房屋加固后的用途和重要性重新进行定位，故有必要由委托方与设计单位共同商定。

3.1.3 本条为保留条文。此次修订增加了“应避免对未加固部分以及相关的结构、构件和地基基础造成不利的影响”的规定。因为在当前的结构加固设计领域中，经验不足的设计人员占较大比重，致使加固工程出现“顾此失彼”的失误案例时有发生，故有必要加以提示。

3.1.4 由高温、高湿、冻融、冷脆、腐蚀、振动、温度应力、收缩应力、地基不均匀沉降等原因造成的结构损坏，在加固时，应采取有效的治理对策，从源头上消除或限制其有害的作用。与此同时，尚应正确把握处理的时机，使之不至对加固后的结构重新造成损坏。就一般概念而言，通常应先治理后加固，但也有一些防治措施可能需在加固后采取。因此，在加固设计时，应合理地安排好治理与加固的工作顺序，以使这些有害因素不至于复萌。这样才能保证加固后结构的安全和正常使用。

3.1.7 本条是在原规范 GB 50367－2006 编制组调研工作基础上，根据实施中反馈的意见进行修订的。其要点如下：

1 结构加固的设计使用年限，应与结构加固后的使用状态及其维护制度相联系，否则是无法确定的。因此，本规范给出的是在正常使用与定期维护条件下的设计使用年限，至于其他使用条件下的设计使用年限，应由专门技术规程作出规定。

2 当结构加固使用的是传统材料（如混凝土、钢和普通砌体），且其设计计算和构造符合本规范的规定时，可按业主要求的年限，但不高于 50 年确定。当使用的加固材料含有合成树脂（如常用的结构胶）或其他聚合物成分时，其设计使用年限宜按 30 年确定。若业主要求结构加固的设计使用年限为 50 年，其所使用的合成材料的粘结性能，应通过耐长期应力作用能力的检验。检验方法应按现行国家标准《工程结构加固材料安全性鉴定技术规范》GB 50728 的规定执行。

3 当为局部加固时，尚应考虑原建筑物（或原结构）剩余设计使用年限对结构加固设计使用年限的影响。

4 结构的定期检查维护制度应由设计单位制定，由物管单位执行。

此外，应指出的是，对房屋建筑的修复，还应听取业主的意见。若业主认为其房屋极具保存价值，而加固费用也不成问题，则可商定一个较长的设计使用年限；譬如，可参照历史建筑的修复，定一个较长的使用年限，这在技术上都是能够做到的，但毕竟很费财力，不应在业主无特殊要求的情况下，误导他们这么做。

基于以上所做的工作，制定了本条确定设计使用年限的原则。

3.1.8 混凝土结构的加固设计，系以委托方提供的结构用途、使用条件和使用环境为依据进行的。倘若加固后任意改变其用途、使用条件或使用环境，将显著影响结构加固部分的安全性及耐久性。因此，改变前必须经技术鉴定或设计许可，否则其后果将很严重。本条为强制性条文，必须严格执行。

3.2 设计计算原则

3.2.1 本条为新增的内容，弥补了原规范对加固结构分析方法未作规定的不足。由于线弹性分析方法是最成熟的结构加固分析方法，迄今为国外结构加固设计规范和指南所广泛采用。因此，本规范作出了“在一般情况下，应采用线弹性分析方法计算被加固结构的作用效应”的规定。至于塑性内力重分布分析方法，由于到目前为止仅见在增大截面加固法中有所应用，故未作具体规定。若设计人员认为其所采用的加固法需按塑性内力重分布分析方法进行计算时，应有可靠的实验依据，以确保被加固结构的安全。另外，还应指出的是，即使是增大截面加固法，在考虑塑性内力重分布时，也应符合现行有关规范、规程对这种分析方法所作出的限制性规定。

3.2.2 本规定对混凝土结构的加固验算作了详细而明确的规定。这里仅指出一点，即：其中大部分计算参数已在该结构加固前可靠性鉴定中通过实测或验算予以确定。因此，在进行结构加固设计时，宜尽可能加以引用，这样不仅节约时间和费用，而且在被加固结构日后万一出现问题时，也便于分清责任。

3.2.3 本条是根据国内外众多震害教训作出的规定。对抗震设防区的结构、构件单纯进行承载力加固，未必对抗震有利。因为局部的加强或刚度的突变，会形成新的薄弱部位，或导致地震作用效应的增大，故必须在从事承载力加固的同时，考虑其抗震能力是否需要加强；同理，在从事抗震加固的同时，也应考虑其承载力是否需要提高。倘若忽略了这个问题，将会因原结构、构件承载力的不足，而使抗震加固无效。两者相辅相成，在结构、构件加固问题上，必须全面考虑周到，绝不可就事论事，片面地采取加固措施，以致留下安全隐患。

3.2.4 本条是根据现行国家标准《正态分布完全样本可靠度置信下限》GB/T 4885 制定的。在检验材料的性能时，采用这一方法确定加固材料强度标准值，由于考虑了样本容量和置信水平的影响，不仅将比过去滥用“1.645”这个系数值，更能实现设计所要求的 95%保证率，而且与当前国际标准、欧洲标准、乌克兰标准、ACI 标准等检验材料强度标准值所采用的方法，在概念上也是一致的。

3.2.5 为防止使用胶粘剂或其他聚合物的结构加固部分意外失效（如火灾或人为破坏等）而导致的建筑物坍塌，国外有关的设计规程和指南，如 ACI 440 2R-02 和英国混凝土协会 55 号设计指南等均要求设计者对原结构、构件提供附加的安全保护。一般是要求原结构、构件必须具有一定的承载力，以便在结构加固部分意外失效时尚能继续承受永久荷载和少量可变荷载的作用。为此，规范编制组提出了按可变荷载标准值与永久荷载标准值之比值的大小，分别给出验算用的荷载值，以供设计校核原结构、构件在应急状态下的承载力使用。至于 n 值取 1.2 和 1.5，系参照上述国外资料和国内设计经验确定的。

3.3 加固方法及配合使用的技术

3.3.1 根据结构加固方法的受力特点，本规范参照国内外有关文献将加固方法分为两类。就一般情况而言，直接加固法较为灵活，便于处理各类加固问题，间接加固法较为简便、可靠，且便于日后的拆卸、更换，因此在有些情况下，还可用于有可逆性要求的历史、文物建筑的抢险加固。设计时，可根据实际条件和使用要求进行选择。

3.3.2、3.3.3 本规范共纳入 10 种加固方法和 3 种配合使用的技术，基本上满足了当前加固工程的需要。这里应指出的是，每种方法和技术，均有其适用范围和应用条件；在选用时，若无充分的科学试验和论证依据，切勿随意扩大其使用范围，或忽视其应用条件，以免因考虑不周而酿成安全质量事故。

4 材 料

4.1 混 凝 土

4.1.1 结构加固用的混凝土，其强度等级之所以要比原结构、构件提高一级，且不得低于 C20，不仅是为了保证新旧混凝土界面以及它与新加钢筋或其他加固材料之间能有足够的粘结强度，还因为局部新增的混凝土，其体积一般较小，浇筑空间有限，施工条件远不及全构件新浇的混凝土。调查和试验表明，在小空间模板内浇筑的混凝土均匀性较差，其现场取芯确定的混凝土强度可能要比正常浇筑的混凝土低 10% 以上，故有必要适当提高其强度等级。

4.1.2 随着商品混凝土和高强混凝土的大量进入建设工程市场，CECS 25：90 规范关于"加固用的混凝土中不应掺入粉煤灰"的规定经常受到质询，纷纷要求规范采取积极的措施予以解决。为此，编制组对制定该规范第 2.2.7 条的背景情况进行了调查，并从中了解到主要是由于 20 世纪 80 年代工程上所使用的粉煤灰，其质量较差，烧失量过大，致使掺有粉煤灰的混凝土，其收缩率可能达到难以与原构件混凝土相适应的程度，从而影响了结构加固的质量。因此作出了禁用的规定。此次修订本规范，对结构加固用的混凝土如何掺加粉煤灰作了专题的分析研究，其结论表明：只要使用的是Ⅰ级灰，且限制其烧失量在 5%范围内，便不致对加固后的结构产生明显的不良影响。据此，制定了本条文的规定。

4.1.3 为了使建筑物地下室和结构基础加固使用的混凝土具有微膨胀的性能，应寻求膨胀作用发生在水泥水化过程的膨胀剂，才能抵消混凝土在硬化过程中产生的收缩而起到预压应力的作用。为此，当购买微膨胀水泥或微膨胀剂产品时，应要求厂商提供该产品在水泥水化过程中的膨胀率及其与水泥的配合比；与此同时，还应要求厂商说明其使用的后期是否会发生回缩问题，并提供不回缩或回缩率极小的书面保证，因为膨胀剂能否起到长期的施压作用，直接涉及加固结构的安全。

4.2 钢材及焊接材料

4.2.1～4.2.5 本规范对结构加固用钢材的选择，主要基于以下三点的考虑：

1 在二次受力条件下，具有较高的强度利用率和较好的延性，能较充分地发挥被加固构件新增部分的材料潜力；

2 具有良好的可焊性，在钢筋、钢板和型钢之间焊接的可靠性能得到保证；

3 高强钢材仅推荐用于预应力加固及锚栓连接。

4.2.6 几年来有关焊接信息的反馈情况表明，在混凝土结构加固工程中，一般对钢筋焊接较为熟悉，需要解释的问题很少；而对钢板、扁钢、型钢等的焊接，仍有很多设计人员对现行《钢结构设计规范》GB 50017 理解不深，以致在施工图中，对焊缝质量所提出的要求，往往与施工人员有争执。最近修订的国家标准《钢结构设计规范》GB 50017 已基本上解决了这个问题，因此，在混凝土结构加固设计中，当涉及型钢和钢板焊接问题时，应先熟悉该规范的规定及其条文说明，将有助于做好钢材焊缝的设计。

4.3 纤维和纤维复合材

4.3.1 对结构加固用的纤维复合材，本规范选择了以碳纤维、芳纶纤维和玻璃纤维制作，现分别说明如下：

1 碳纤维按其主要原料分为三类，即聚丙烯腈（PAN）基碳纤维、沥青（PITCH）基碳纤维和粘胶（RAYON）基碳纤维。从结构加固性能要求来考量，只有 PAN 基碳纤维最符合承重结构的安全性和耐久性要求；粘胶基碳纤维的性能和质量差，不能用于承重结构的加固；沥青基碳纤维只有中、高模量的长丝，可用于需要高刚性材料的加固场合，但在通常的建筑结构加固中很少遇到这类用途，况且在国内尚无实际使用经验。因此，本规范规定：必须选用聚丙烯腈基（PAN 基）碳纤维。另外，应指出的是最近市场新推出的玄武岩纤维，由于其强度和弹性模量很低，不能用以替代碳纤维作为结构加固材料。因此，在选材时，切勿听信不实的宣传。

当采用聚丙烯腈基碳纤维时，还必须采用 15K 或 15K 以下的小丝束；严禁使用大丝束纤维。其所以作出这样严格的规定，主要是因为小丝束的抗拉强度十分稳定，离散性很小，其变异系数均在 5%以下，容易在生产和使用过程中，对其性能和质量进行有效的控制；而大丝束则不然，其变异系数高达 15%～18%，且在试验和试用中所表现出的可靠性较差，故不能作为承重结构加固材料使用。

另外，应指出的是，K 数大于 15，但不大于 24 的碳纤维，虽仍属小丝束的范围，但由于我国工程结构使用碳纤维的时间还很短，所积累的成功经验均是从12K和15K碳纤维的试验和工程中取得的；对大于15K的小丝束碳纤维所积累的试验数据和工程使用经验均嫌不足。因此，在此次修订的本规范中，仅允许使用15K及15K以下的碳纤维。这一点应提请加固设计单位注意。

2 对芳纶纤维在承重结构工程中的应用，必须选用对位芳香族聚酰胺长丝纤维；同时，还必须采用线密度不小于3160dtex（分特）的制品；才能确保工程安全。

芳纶纤维韧性好，又耐冲击、耐疲劳。因而常用于有这方面要求的结构加固。另外，还用于与碳纤维混杂编织，以减少碳纤维脆性的影响。芳纶纤维的缺点是吸水率较大，耐光老化性能较差。为此，应采取必要的防护措施。

3 对玻璃纤维在结构加固工程中的应用，必须选用高强度的S玻璃纤维、耐碱的AR玻璃纤维或含碱量低于0.8%的E玻璃纤维（也称无碱玻璃纤维）。至于A玻璃纤维和C玻璃纤维，由于其含碱量（K、Na）高，强度低，尤其是在湿态环境中强度下降更为严重，因而应严禁在结构加固中使用。

4 预浸料由于储存期短，且要求低温冷藏，在现场施工条件下很难做到，常常因此而导致预浸料提前变质、硬化。若勉强加以利用，将严重影响结构加固工程的安全和质量，故作出严禁使用这种材料的规定。

本条为强制性条文，必须严格执行。

4.3.2 在建设工程中，结构加固工程所占比重甚小，其所采用的加固材料及制品，鲜见专门生产；多是从按一般产品标准生产的材料及制品中选择优质适用者。在这种情况下，为了保证所选用材料及制品的性能和质量符合结构加固安全使用要求，就必须对进入加固市场的产品进行安全性能检测和鉴定。为此，国家制定了《工程结构加固材料安全性鉴定技术规范》GB 50728，并作出了凡是工程结构加固工程的材料及制品，其安全性能均应符合该规范的规定。考虑到这一规定涉及结构加固的安全问题，因此在本规范中作出了相应的规定。

4.3.3、4.3.4 这两条给出了纤维复合材抗拉强度的标准值和设计值，现分别说明如下：

1 纤维复合材的抗拉强度标准值

表4.3.3的指标是根据全国建筑物鉴定与加固标准技术委员会10多年来对进入我国建设工程市场各种品牌和型号纤维复合材的抽检结果，并参照国外有关规程和指南制定的。就每一品种和型号而言，其抗拉强度标准值，均具有95%的强度保证率和99%的置信水平。在这基础上，通过加权方法给出了规范的取值，因而具有较好的包容性和可靠性。其中，需要指出的是Ⅲ级碳纤维复合材，由于其强度离散性很大，不适宜采用一般统计方法确定其标准值，因而改用稳健估计方法进行取值。

2 纤维复合材的抗拉强度设计值

（1）碳纤维复合材

表4.3.4-1～表4.3.4-3的指标为其强度标准值除以分项系数γ_s的数值，经取整后确定的。考虑到纤维复合材的延性较差，对一般结构，取γ_s为1.5；对重要结构，还需乘以重要性系数1.4，以确保安全。另外，应说明的是：按本规范确定的抗拉强度设计值，与欧美等国按拉应变设计值ε_f与弹性模量设计值E_f乘积确定的设计应力值相当。

（2）芳纶纤维复合材和玻璃纤维复合材

由于弹性模量较低，其安全度设计模式的研究尚不充分，故目前尚只能参照国外标准的经验取值方法进行确定，因而较为偏于安全。

第4.3.3条为强制性条文，必须严格执行。

4.3.6 本条的规定必须得到强制执行。因为一种纤维与一种胶粘剂的配伍通过了安全性及适配性的检验，并不等于它与其他胶粘剂的配伍，也具有同等的安全性及适配性。故必须重新检验，但检验项目可以适当减少。

4.3.7 在现场施工条件下，使用纤维织物（布）制作复合材时，其单位面积质量之所以必须严格限制，主要是因为织物太厚时，室温固化型结构胶将很难浸润和渗透，极易因纤维内部缺胶或胶液分布不均而严重影响纤维复合材的粘结性能，致使被加固的结构安全得不到保证。与此同时，结构胶的浸润与渗透质量，还取决于施工工艺方法。为此，根据国外经验和现场验证性试验结果，分别按手工涂布和真空灌注两种工艺，制定了不同织物单位面积质量的限值，以确保结构加固工程质量和安全。

4.4 结构加固用胶粘剂

4.4.1 一种胶粘剂能否用于承重结构，主要由其安全性能的综合评价决定；但同属承重结构胶粘剂，仍可按其主要性能的显著差别，划分为若干等级。本规范根据加固工程的实际需要，将室温固化型Ⅰ类结构胶划分为A、B两级，并按结构的重要性和受力的特点明确其适用范围。

这里需要指出的是，这两个等级的主要区别在于其韧性和耐湿热老化性能的合格指标不同。因此，在实际工程中，业主和设计单位对参与竞争的不同品牌胶粘剂所进行的考核，也应侧重于这方面，而不宜单纯做简单的强度检验以决高低。因为这样做的结果，往往选中的是短期强度虽高，但却是十分脆性的劣质胶粘剂，而这正是推销商误导使用单位的常用手法。

4.4.2 为了确保使用粘结技术加固的结构安全，必须要求胶粘剂的粘结抗剪强度标准值应具有足够高的强度保证率及其实现概率（即置信水平）。本规范采用的95%保证率，系根据现行国家标准《建筑结构可靠度设计统一标准》GB 50068确定的；其90%的置信水平（即$C=0.90$）是参照国外同类标准和我国标准化工作应用数理统计方法的经验确定的。本条为强制性条文，必须严格执行。

4.4.3 经过数十年的实践，如今国际上已公认专门研制的改性环氧树脂胶为加固混凝土结构首选的胶粘剂；尤其是对粘接纤维复合材和钢材而言，不论从抗剥离性能、耐环境作用性能、耐应力长期作用性能，还是抗冲击、抗疲劳性能来考察，都是其他品种胶粘剂所无法比拟的。但应注意的是：这些良好的胶粘性能均是通过使用高性能固化剂和其他改性剂进行改性和筛选才获得的，从而也才消除了环氧树脂固有的脆性缺陷。因此，在使用前必须按现行国家标准《工程结构加固材料安全性鉴定技术规范》GB 50728进行检验和鉴定。在确认其改性效果后才能保证其粘结的可靠性。至于不饱和聚酯树脂及醇酸树脂，由于其耐潮湿、耐水和耐老化性能极差，因而不允许用作承重结构加固的胶粘剂。

另外，需要指出的是：现行国家标准《工程结构加固材料安全性鉴定技术规范》GB 50728之所以十分重视结构胶的耐湿热老化性能的检验和鉴定，是由于对承重结构而言，这项指标十分重要：一是因为建筑物对胶粘剂的使用年限要求长达30年以上，其后期粘结强度必须得到保证；二是因为本规范采用的湿热老化检验法，其检出不良固化剂的能力很强，而固化剂的性能在很大程度上决定着胶粘剂长期使用的可靠性。最近一段时间，由于恶性的价格竞争愈演愈烈，导致了不少厂商纷纷变更胶粘剂原配方中的固化剂成分。尽管固化剂的改变，虽有可能做到不影响胶粘剂的短期粘结强度，但却无法制止胶粘剂抗环境老化能力的急剧下降。因此，这些劣质的固化剂很容易在湿热老化试验中被检出。为此，结构加固设计人员、监理人员和业主必须坚持进行见证抽样的湿热老化检验；在任何情况下均不得以其他人工老化试验替代湿热老化试验。

这里还应指出的是，现行国家标准《工程结构加固材料安全性鉴定技术规范》GB 50728之所以引用欧洲标准化委员会《结构胶粘剂老化试验方法》EN 2243-5关于以湿热环境进行老化试验的规定，系基于以下认识，即：胶粘剂在紫外光作用下虽能起化学反应，使聚合物中的大分子链破坏；但对大多数胶粘剂而言，由于受到被粘物屏蔽保护，光老化并非其老化主因，很难借以判明胶粘剂老化性能；而迄今只有在湿热的综合作用下才能检验其老化性能。因为：其一，湿气总能侵入胶层，而在一定温度促进下，还会加快其渗入胶层的速度，使之更迅速地起到破坏胶层易水解化学键的作用，使胶粘剂分子链更易降解；其二，水分子渗入胶粘剂与被粘物的界面，会促使其分离；其三，水分还起着物理增塑作用，降低了胶层抗剪和抗拉性能；其四，热的作用还可使键能小的高聚物发生裂解和分解；等等。所有这些由于湿热的作用使得胶粘剂性能降低或变坏的过程，即使在自然环境中也会随着时间的向前推移而逐渐地发生，并形成累积性损伤，只是老化的时间和过程较长而已。因此，显然可以利用胶粘剂对湿热老化作用的敏感性设计成一种快速而有效的检验方法。试验表明，有不少品牌胶粘剂可以很容易通过3000h～5000h的各种人工气候老化检验，但却在720h的湿热老化试验过程中几乎完全丧失强度。其关键问题就在于这些品牌胶粘剂使用的是劣质固化剂以及有害的外加剂，不具备结构胶粘剂所要求的耐长期环境作用的能力。

种植后锚固件（如植筋、锚栓等）的结构胶，其安全性能的检验项目及检验方法，与前述几种结构胶有所不同。这是因为这类胶属于富填料型，其部分检验项目很难用一般试验方法进行试件制备与试验。因此，现行国家标准《工程结构加固材料安全性鉴定技术规范》GB 50728针对工程最常用的改性环氧类结构胶，专门制定了适用于锚固型结构胶的检验项目及其合格指标供安全性鉴定使用。

4.4.4 不饱和聚酯树脂和醇酸树脂，由于其耐水性、耐潮湿性和耐湿热老化性能很差，在承重结构中作为结构胶使用，不仅会留下安全隐患，而且已有一些加固工程因使用这类胶而导致出现安全事故。因此，必须严禁其在承重结构加固中使用。

本条为强制性条文，必须严格执行。

4.4.5 目前在后锚固工程中，有不少场合需要采用快固结构胶，但在《工程结构加固材料安全性鉴定技术规范》GB 50728中尚未包括这类胶的安全性能鉴定标准。致使其应用受到影响，为了解决这个问题，本条给出了锚固型快固结构胶的安全性能鉴定标准，供锚固工程使用，待国家标准《工程结构加固材料安全性鉴定技术规范》GB 50728今后修订时，再行移交。

4.5 钢 丝 绳

4.5.1 在结构加固工程中应用钢丝绳网片的初期，均采用高强度不锈钢丝制作的钢丝绳为原材料。后来随着阻锈技术的发展，以及镀锌质量的提高，开始将高强度镀锌钢丝绳列入本加固方法。在区分环境介质和采取有效阻锈措施的条件下，将高强不锈钢丝绳和高强镀锌钢丝绳分别用于重要结构和一般结构，从而可以收到降低造价和合理利用材料的效果。但应强调指出的是，碳钢细钢丝的阻锈工作难度很大。因此，即使采取了多道防线的阻锈措施，仍然仅允许用于干燥的室内环境中，以保证结构加固工程的安全和耐久性。

4.5.2 本条根据承重结构加固材料的安全要求，给出了不锈钢丝绳和碳钢镀锌钢丝绳的主要化学成分指标，供设计使用。执行时，对其余化学成分，可参照国家现行标准《不锈钢丝绳》GB/T 9944 和《航空用钢丝绳》YB/T 5197 的规定执行。对这两种钢丝绳所用的钢丝，其性能和质量可参照国家现行标准《不锈钢丝》GB/T 4240 和《优质碳素结构钢丝》YB/T 5303 的有关规定执行。

4.5.3 承重结构用钢丝绳应具有不低于 95％的强度保证率，这是根据现行国家标准《建筑结构可靠度设计统一标准》GB 50068 作出的规定。其所要求的不低于 90％的置信水平，是参照现行国家标准《工程结构加固材料安全性鉴定技术规范》GB 50728 和美国 ACI 有关标准的规定，经专家论证和验证性试验后制定的。因此，在结构加固工程中执行本规定，可以使所使用钢丝绳的抗拉强度具有较高的可靠性。本条为强制性条文，必须严格执行。

4.5.4 根据本规范第 4.5.3 条规定的原则，制定了结构加固用钢丝绳的抗拉强度标准值和设计值，与原《混凝土结构加固设计规范》GB 50367－2006 相比，做了如下修订：

1 原规范当时取样较少，所取得的强度数据偏高。此次修订规范，根据各地区的平均水平，对抗拉强度标准值作了修正。

2 考虑到不锈钢丝绳和镀锌钢丝绳在结构加固应用中均属新材料，故在确定其抗拉强度设计值时，采用了较为稳健的分项系数，对不锈钢丝绳和镀锌钢丝绳分别取 γ_s 为 1.3 和 1.5。

本条为强制性条文，必须严格执行。

4.5.5 钢丝绳的弹性模量很难准确测定。本规范引用的是现行行业标准《光缆增强用碳素钢绞线》YB/T 098 的测定方法，该方法测得的仅是弹性模量的近似值，但若用于计算，一般偏于安全，故决定用作设计值。至于钢丝绳拉应变设计值，国内外取值，大致变化在 0.007～0.014 之间。本规范考虑到我国在近几年的试用中，一般均较为谨慎。因此，仍然继续采用稳健值，即：对不锈钢丝绳和镀锌碳钢丝绳，分别取 ε_{rw} 为 0.01 和 0.008，待设计计算经验进一步积累后再作调整。

4.5.6 结构加固用的钢丝绳，若按一般习惯内外涂以油脂，则钢丝绳与聚合物改性水泥砂浆之间的粘结力将严重下降，以致无法传递剪切应力。因此，本规范作出严禁涂油脂的规定。为了在工程上得到贯彻实施，除了应在施工图上以及与钢厂订货合同上予以明确外，还必须在进场检查时作为主控项目对待，才能防止涂有油脂的产品流入工程。本条为强制性条文，必须严格执行。

4.6 聚合物改性水泥砂浆

4.6.1 目前市场上聚合物乳液的品种很多，但绝大多数都是不能用于配制承重结构加固用的聚合物改性水泥砂浆。为此，根据规范编制组通过验证性试验的筛选结果，经专家论证后作出了本规定，以供加固设计单位在选材时使用。

同时，应指出的是，聚合物改性水泥砂浆中采用的聚合物材料，应有成功的工程应用经验（如改性环氧、改性丙烯酸酯、丁苯、氯丁等），不得使用耐水性差的水溶性聚合物（如聚乙烯醇等），禁止采用可能加速钢筋锈蚀的氯偏乳液、显著影响耐久性能的苯丙乳液等以及对人体健康有危害的其他聚合物。

4.6.2 根据本规范修订组所进行的调查研究表明，国外对结构加固用的聚合物改性水泥砂浆的研制是分级进行的。不同级别的聚合物改性水泥砂浆，其所用的聚合物品种、含量和性能有着一定的差别，必须在加固设计选材时予以区分。有些进口产品的代理商在国内推销时，只推销低级别的产品，而且选择在原构件混凝土强度很低的场合演示其使用效果。一旦得到设计单位和当地建设主管部门认可后，便不分场合到处推广使用。这是一种必须制止的危险做法。因为采用低级别聚合物配制的砂浆，与强度等级在 C25 以上的基材混凝土的粘结，其效果是不好的，会给承重结构加固工程留下严重的安全隐患；故设计、监理单位和业主务必注意。

4.6.3 本规范之所以要求承重结构面层加固用的聚合物改性水泥砂浆，其安全性能必须符合现行国家标准《工程结构加固材料安全性鉴定技术规范》GB 50728 的规定，是因为该规范是以本规范 2006 年版规定的检验项目及合格指标为基础，并参考福建厦门、湖南长沙以及国外进口产品在混凝土结构加固工程中应用的检验数据制定的。因此，不论对进口产品或国内产品的性能和质量都要进行较有效的控制，从而保证承重结构使用的安全。

4.7 阻 锈 剂

4.7.1 既有混凝土结构、构件的防锈，是一种事后补救的措施。因此，只能使用具有渗透性、密封性和滤除有害物质功能的喷涂型阻锈剂。这类阻锈剂的品牌、型号不少，但按其作用方式归纳起来只有两类：烷氧基类和氨基类。这两类阻锈剂各有特点，可以结合工程实际情况进行选用。

4.7.2、4.7.3 表 4.7.2 及表 4.7.3 规定的阻锈剂质量和性能合格指标，是参照目前市场上较为著名，且有很多工程实例可证明其阻锈效果的产品技术资料，并根据全国建筑物鉴定与加固标准技术委员会统一抽检结果制定的，可供加固设计选材使用。

4.7.4 就本条所指出的四种情况而言，喷涂型阻锈剂是提高已有混凝土结构耐久性、延长其使用寿命的有效补救措施。有大量资料表明，只要采用了适合的阻锈剂，即便是氯离子浓度达到能引发钢筋锈蚀含量阈值12倍的情况下，也能使钢筋保持钝化状态。国外规范也有类似的条文规定。例如俄罗斯建筑法规CHuP2-03-11第8.16条规定："为了提高钢筋混凝土在各种介质环境中的耐用能力，必须采用钢筋阻锈剂，以提高抗蚀性和对钢筋的保护能力"。日本建设省指令第597号文《钢筋混凝土用砂盐分规定》中要求："砂含盐量介于0.04%～0.2%时必须采取防护措施：如采用防锈剂等"。美国最新研究表明，高速公路桥2.5年～5年即出现钢筋腐蚀破坏；处于海水飞溅区的方桩，氯离子渗入混凝土内的量达到每立方米1kg的时间仅需8年；但若采用钢筋阻锈剂则能延缓钢筋发生锈蚀时间和降低锈蚀速度，从而达到40年～50年或更长的寿命期。

在本规范中之所以强调对既有混凝土结构的防锈，必须采用喷涂型阻锈剂，是因为这类结构防锈蚀属于事后补救措施，难以使用掺加型阻锈剂；即使在剔除已破损混凝土后，可以在重浇新混凝土中使用掺加型阻锈剂，但也会因为仍然存在着新旧混凝土的界面问题，而必须在这些部位喷涂阻锈剂。否则总难以避免氯离子沿着界面的众多微细通道渗入混凝土内部。

4.7.5 亚硝酸盐类属于阳极型阻锈剂，此类阻锈剂的缺点是在氯离子浓度达到一定程度时会产生局部腐蚀和加速腐蚀。另外，该类阻锈剂还有致癌、引起碱骨料反应、影响坍落度等问题存在，使得它的应用受到很大限制。例如在瑞士、德国等国家已明令禁止使用这种类型的阻锈剂。

5 增大截面加固法

5.1 设计规定

5.1.1 增大截面加固法，由于它具有工艺简单、使用经验丰富、受力可靠、加固费用低廉等优点，很容易为人们所接受；但它的固有缺点，如湿作业工作量大、养护期长、占用建筑空间较多等，也使得其应用受到限制。调查表明，其工程量主要集中在一般结构的梁、板、柱上，特别是中小城市的加固工程，往往以增大截面法为主。据此，修订组认为这种方法的适用范围以定位在梁、板、柱为宜。

5.1.2 调查表明，在实际工程中虽曾遇到混凝土强度等级低达C7.5的柱子也在用增大截面法进行加固，但从其加固效果来看，新旧混凝土界面的粘结强度很难得到保证。若采用植入剪切-摩擦筋来改善结合面的粘结抗剪和抗拉能力，也会因基材强度过低而无法提供足够的锚固力。因此，作出了原构件的混凝土强度等级不应低于C13（旧标号150）的规定。另外，应指出的是：当遇到混凝土强度等级低，或是密实性差，甚至还有蜂窝、空洞等缺陷时，不应直接采用增大截面法进行加固，而应先置换有局部缺陷或密实性太差的混凝土，然后再进行加固；若置换有困难，或有受力裂缝等损伤时，也可不考虑原柱的承载作用，完全由新增的钢筋和混凝土承重。

5.1.3 本规范关于增大截面加固法的构造规定，是以保证原构件与新增部分的结合面能可靠地传力、协同地工作为目的。因此，只要新旧混凝土粘结或拉结质量合格，便可采用本条的基本假定。

5.1.4 采用增大截面加固法，由于受原构件应力、应变水平的影响，虽然不能简单地按现行国家规范《混凝土结构设计规范》GB 50010进行计算，但该规范的基本假定仍然具有普遍意义，应在加固计算中得到遵守。

5.2 受弯构件正截面加固计算

5.2.1 本条给出了加固设计常用的截面增大形式，但应指出的是，在混凝土受压区增设现浇钢筋混凝土层的做法，主要用于楼板的加固。对梁而言，仅在楼层或屋面允许梁顶面突出时才能使用。因此，一般只能用于某些屋面梁、边梁和独立梁的加固；上部砌有墙体的梁虽然也可采用这种做法，但应考虑拆墙是否方便。

5.2.2 与CECS 25：90规范相比，本规范增加了关于混凝土叠合层应按构造要求配置受压钢筋和分布钢筋的规定。其原因是为了提高新增混凝土面层的安全性，同时也为了与现行国家标准《混凝土结构设计规范》GB 50010作出的"应在板的未配筋表面布置温度、收缩钢筋"的规定相协调。因为这一规定很重要，可以大大减少新增混凝土面层产生温度、收缩应力引起的裂缝。

5.2.3 就理论分析而言，在截面受拉区增补主筋加固钢筋混凝土构件，其受力特征与加固施工是否卸载有关。当不卸载时，加固后的构件工作属二次受力性质，存在着应变滞后问题；当完全卸载时，加固后的构件工作虽属一次受力，但由于受二次施工的影响，其截面仍然不如一次施工的新构件。在这种情况下，计算似乎应按不同模式进行。然而试验结果表明，倘若原构件主筋的极限拉应变均能达到现行设计规范规定的0.01水平，而新增的主筋又按本规范的规定采用了热轧钢筋，则正截面受弯破坏时，两种受力性质的新增主筋均能屈服。因此，不论哪一种受力构件，均可近似地按一次受力计算，只是在计算中应考虑到新增主筋在连接构造上和受力状态上不可避免地要受到种种影响因素的综合作用，从而有可能导致其强度难以充分发挥，故仍应从保证安全的角度出发，对新增钢筋的强度进行折减，并统一取$\alpha_s=0.9$。

5.2.4 由于加固后的受弯构件正截面承载力可以近似地按照一次受力构件计算，且试验也验证了新增主筋一般能够屈服，因而可写出其相对界限受压区高度

ξ_b 值如（5.2.4-1）式所示。对该式，需要说明的是新增钢筋位置处的初始应变值计算公式的确定问题。这个公式从表面看来似乎是根据 $x_b=0.375h_{01}$ 推导的，其实是引用原苏联 H. M. OHYФРИЕВ 对受弯构件内力臂系数的取值（即0.85）推导得到的。规范修订组之所以决定引用该值，是因为注意到 CECS 25：90 规范早在1990年即已引用，而我国西南交通大学和东南大学也都认为该值可以近似地用于计算加固构件初始应变而不会有显著的偏差。另外，规范修订组所做的试算结果也表明，采用该值偏于安全，故决定用以计算 ε_{s1} 值，如本规范（5.2.4-2）式所示。

5.3 受弯构件斜截面加固计算

5.3.1 对受剪截面限制条件的规定与国家标准《混凝土结构设计规范》GB 50010－2010 完全一致，而从增大截面构件的荷载试验过程来看，增大截面还有助于减缓斜裂缝宽度的发展，特别是围套法更为有利。因此引用 GB 50010 的规定作为加固构件的受剪截面限制条件仍然是合适的。

5.3.2 本条的计算规定与原规范比较主要有三点不同：一是将新、旧混凝土的斜截面受剪承载力分开计算，并给出了具体公式；二是新、旧混凝土的抗拉强度设计值分别按原规范和现行设计规范的规定值取用；三是按试验和分析结果重新确定了混凝土和钢筋的强度利用系数。试算的情况表明，按本规范确定的斜截面承载力，其安全储备有所提高。这显然是合理而必要的。

5.4 受压构件正截面加固计算

5.4.1 钢筋混凝土轴心受压构件采用增大截面加固后，其正截面承载力的计算公式仍按原规范的公式采用。虽然这几年来有不少论文建议采用更精确的方法修改该公式中的 α_{cs} 取值，但经规范编制组讨论后仍决定维持原规范对该系数 α_{cs} 的取值不变，之所以作这样决定，主要是基于以下几点理由：

（1）该系数 α_{cs} 经过近20余年的工程应用未出现安全问题；

（2）精确的算法必须建立在对原构件应力水平的精确估算上，但这很难做到，况且这种加固方法在不发达地区用得最为普遍，却因限于当地的技术水平，对实际荷载的估算结果往往因人而异；若遇到事后复查，很难辨明是非；

（3）由于原规范的 α_{cs} 取值，系以当时的试验结果为依据，并且也意识到试验所考虑的情况还不够充分，因此，在原条文中曾作出了“当有充分试验依据时，α_{cs} 值可作适当调整”的规定。但迄今为止，所有的修改建议均只是以分析、计算为依据提出的，未见有新的试验验证资料发表。

因此，在这次修订中仍维持原案，我们认为这样处理较为稳妥。至于 α_{cs} 值今后是否有调整必要的问题，留待积累更多试验数据后再进行论证。

5.4.2 此次修订规范，修订组曾对原规范偏心受压计算中采用的强度利用系数进行了讨论分析。其结果一致认为这是一项稳健的规定，不宜贸然修改。具体理由如下：

1 对新增的受压区混凝土和纵向受压钢筋，原规范为考虑二次受力影响，采用简化计算的方式引入强度利用系数是可行的。因为经过20余年的施行，未出现过任何问题，也足以证明这一点。

2 就新增的纵向受拉钢筋而言，在大偏心受压工作条件下，其理论分析虽能确定钢筋的应力将会达到抗拉强度设计值，而不必再乘以强度利用系数，但不能因此便认定原规范的规定过于保守。因为考虑到纵向受拉钢筋的重要性，以及其工作条件总不如原钢筋，而在国家标准中适当提高其安全储备也是必要的。因此，宜予保留。

另外，由于加固后偏压构件的混凝土受压区可能包含部分旧混凝土，因而有必要采用新旧混凝土组合截面的轴心抗压强度设计值进行计算，但其取值较为复杂，不仅需要考虑不同的组合情况，而且还需要通过试验才能确定其数值。在这种情况下，为了简化起见，编制组研究决定采用近似值，但同时也允许设计单位根据其试验结果进行取值。这样做所引起的偏差不会很大。试算表明，此偏差介于3%～9%之间，大多数不超过5%。因此还是可行的。

5.4.3 本规范修订组所做的加固偏压柱的电算分析和验证性试验结果表明，对被加固结构构件而言，采用现行设计规范 GB 50010 规定的考虑二阶弯矩影响的 M 值计算时，还应乘以修正系数 ψ_η 值，才能与加固构件计算分析和试验结论相吻合，也才能保证受力的安全。为此，给出了 ψ_η 值的取值规定。

5.5 构 造 规 定

5.5.1 采用增大截面加固法时，其新增截面部分可采用现浇混凝土、自密实混凝土、喷射混凝土或掺有细石混凝土的水泥基灌浆料浇筑而成，其中需要注意的是，对灌浆料的应用，应有可靠的工程经验，因为这种材料的性能更接近砂浆；如果配制不当，容易导致新增面层产生裂缝。从目前的经验来看，一是要使用优质的膨胀剂配制，例如用的是德国进口的膨胀剂，其效果就比较好；二是要掺加30%的细石混凝土，可以在很大程度上减少早期裂缝的产生；但若在灌浆料中已掺加了粒径为16mm～20mm的粗骨料，并且级配合理，也可不再掺加细石混凝土。

5.5.2 考虑到界面处理对新增截面加固法能否确保新旧混凝土共同工作十分重要。因此，界面如何处理，应由设计单位提出具体要求。一般情况下，对梁、柱构件，在原混凝土表面凿毛的基础上，只要再涂布结构界面胶即可满足安全要求；而对墙、板构件则还需增设剪切销钉，但仅需按构造要求布置即可满足要求。另外，应指出的是，对某些结构，其架设钢筋和模板所需时间很长，已大大超出涂布界面胶的可操作时间（适用期）。在这种情况下，界面胶将因失去其粘结能力，而不再有使用价值。为了解决这个问题，可以考虑单独使用剪切销钉的方案来处理新旧混凝土界面的剪应力传递问题。从前一段时间的工程经验来看，当采用ϕ6mm的r形销钉种植，且植入深度为50mm、销钉间距为200mm～300mm时，可以满足混凝土表面已凿毛的界面传力的需求。

5.5.3～5.5.6 这四条主要是根据结构加固工程的实践经验和有关的研究资料作出的规定，其目的是保证原构件与新增混凝土的可靠连接，使之能够协同工作，以保证力的可靠传递，从而收到良好的加固效果。

另外，应指出的是纯环氧树脂配制的砂浆，由于未经改性，很快便开始变脆，而且耐久性很差，故不应在承重结构植筋中使用。至于所谓的无机锚固剂，由于粘结性能极差，几乎全靠膨胀剂起摩阻作用传力，不能保证后锚固件的安全工作，故也应予以禁用。

6 置换混凝土加固法

6.1 设计规定

6.1.1 置换混凝土加固法适用于承重结构受压区混凝土强度偏低或有局部严重缺陷的加固。因此，常用于新建工程混凝土质量不合格的返工处理，也用于既有混凝土结构受火灾烧损、介质腐蚀以及地震、强风和人为破坏后的修复。但应注意的是，这种加固方法能否在承重结构中安全使用，其关键在于新浇混凝土与被加固构件原混凝土的界面处理效果是否能达到可采用两者协同工作假设的程度。国内外大量试验表明：新建工程的混凝土置换，由于被置换构件的混凝土尚具有一定活性，且其置换部位的混凝土表面处理已显露出坚实的结构层，因而可使新浇混凝土的胶体能在微膨胀剂的预压应力促进下渗入其中，并在水泥水化过程中粘合成一体。在这种情况下，采用两者协同工作的假设，不会有安全问题。然而，应注意的是这一协同工作假设不能沿用于既有结构的旧混凝土，因为它已完全失去活性，此时新旧混凝土界面的粘合必须依靠具有良好渗透性和粘结能力的结构界面胶才能保证新旧混凝土协同工作；也正因此，在工程中选用界面胶时，必须十分谨慎，一定要选用优质、可信的产品，并要求厂商出具质量保证书，以保证工程使用的安全。

6.1.2 当采用本方法加固受弯构件时，为了确保置换混凝土施工全过程中原结构、构件的安全，必须采取有效的支顶措施，使置换工作在完全卸荷的状态下进行。这样做还有助于加固后结构更有效地承受荷载。对柱、墙等承重构件完全支顶有困难时，允许通过验算和监测进行全过程控制。其验算的内容和监测指标应由设计单位确定，但应包括相关结构、构件受力情况的验算与监控。

6.1.3 对原构件非置换部分混凝土强度等级的最低要求，之所以应按其建造时规范的规定进行确定，是基于以下两点考虑：

1 按原规范设计的构件，不能随意否定其安全性。

2 如果非置换部分的混凝土强度等级低于建造时所执行规范的规定时也应进行置换。

6.2 加固计算

6.2.1 采用置换法加固钢筋混凝土轴心受压构件时，其正截面承载力计算公式，除了应分别写出新旧两部分不同强度混凝土的承载力外，其他与整截面无甚区别，因此，可参照设计规范GB 50010的计算公式给出，但需引进置换部分新混凝土强度的利用系数α_c，以考虑施工无支顶时新混凝土的抗压强度不能得到充分利用的情况；至于采用$\alpha_c=0.8$，则是引用增大截面加固法的规定。

6.2.2 偏心受压构件区压混凝土置换深度$h_n<x_n$时，存在新旧混凝土均参与承载的情况，故应将压区混凝土分成新旧混凝土两部分处理。

6.2.3 受弯构件压区混凝土置换深度$h_n<x_n$，其正截面承载力计算公式相当于现行国家标准《混凝土结构设计规范》GB 50010的受弯构件T形截面承载力计算公式。

6.3 构造规定

6.3.1、6.3.2 为考虑新旧混凝土协调工作，并避免在局部置换的部位产生“销栓效应”，故要求新置换的混凝土强度等级不宜过高，一般以提高一级为宜。另外，为保证置换混凝土的密实性，对置换范围应有最小尺寸的要求。

6.3.3 考虑到置换部分的混凝土强度等级要比原构件混凝土高1～2级，在这种情况下，对梁的混凝土置换，若不对称地剔除被置换混凝土，可能造成梁截面受力不均匀或传力偏心，因此，规定不允许仅剔除截面的一隅。

7 体外预应力加固法

7.1 设计规定

7.1.1 由于体外预应力加固法在工程上采用了三种

不同钢材作为预应力杆件，且各有特点，故分别规定了其适用范围。为了便于理解和掌握，现结合这项技术的发展过程说明如下：

1 以普通钢筋施加预应力的加固法

本方法的应用，始于20世纪50年代；60年代中期开始进入我国，主要用于工业厂房加固。这是一种传统的方法，其所以沿用至今，是因为这种方法无需将原构件表层混凝土全部凿除来补焊钢筋，而只需在连接处开出孔槽，将补强的预应力筋锚固即可。因此，具有取材方便、施工简单，可在不停止使用的条件下进行加固。近几年来，这种加固方法虽然常被无粘结钢绞线体外预应力加固法所替代，但在中小城市，尤其是一些中小跨度结构中仍然有不少应用。故仍有必要保留在本规范中。

尽管如此，但大量工程实践表明，这种传统方法存在下述缺点：（1）可建立的预应力值不高，且预应力损失所占比例较大；（2）当需要补强拉杆承担较大内力时，钢筋截面面积需要很大；（3）不易对连续跨进行加固施工。

2 以普通高强钢绞线施加预应力的加固法

为了克服传统方法的上述缺点，自1988年开始，在传统的下撑式预应力拉杆加固法基础上，发展了用普通高强钢绞线作为补强拉杆的体外预应力加固法（当时我国尚未生产无粘结高强钢绞线）。这是一种高效的预应力技术，与传统方法相比，具有下述优点：（1）钢绞线强度高，作为补强拉杆承受较大内力时，其截面面积也无需很大；（2）张拉应力高，预应力损失所占比例小，长期预应力效果好；（3）端部锚固有现成的锚具产品可以利用，安全可靠，且无需现场电焊；（4）钢绞线的柔性好，易形成设计所要求的外形；（5）钢绞线长度很长，可以进行连续跨的加固施工。但这种方法也有其缺点，即：张拉时在转折点处会产生很大摩擦力，所以当市场上出现无粘结高强钢绞线后，这种施加预应力的材料便很快被取代了。

3 以无粘结高强钢绞线施加预应力的加固法

这种方法与普通钢绞线施加预应力加固法相比，具有下述优点：（1）在转折点处摩擦力较小，钢绞线的应力较均匀；（2）张拉应力可以加大，一般可达$0.7f_{ptk}$；（3）钢绞线布置较灵活，跨中水平段的钢绞线可不设在梁底；（4）钢绞线防腐蚀性能较好，防腐措施较简单；（5）储存方便，不易锈蚀。

4 以型钢为预应力撑杆的加固法

这是一种通过对型钢撑杆施加预压应力，以使原柱产生设计所要求的卸载量，从而保证撑杆与原柱能很好地共同工作，以达到提高柱加固后承载能力的加固方法。这种预应力方法不属于上述体系，但发展得也很早，20世纪50年代便已问世，1964年传入我国，主要用于工业厂房钢筋混凝土柱的加固。这种方法虽属传统加固法，但由于它所能提高的柱的承载力可达1200kN，且安全可靠，因而一直为历年加固规范所收录。

基于以上所述，设计人员可根据实际情况和要求，选用适宜的预应力加固方法。

7.1.3 当采用体外预应力加固法对钢筋混凝土结构、构件进行加固时，原《混凝土结构加固设计规范》GB 50367－2006规定其原构件的混凝土强度等级应基本符合国家标准《混凝土结构设计规范》GB 50010－2002对预应力混凝土强度等级的要求，即应接近于C40。这项规定这次作了大的修改，改而规定原构件的混凝土强度等级不宜低于C20。这是基于如下认识：

我国的预应力结构设计规范之所以规定预应力混凝土构件的混凝土强度不得低于C40，主要是针对预制构件而言。在预应力技术应用的初期，主要是应用于预制构件，如桥梁、吊车梁、屋面梁、屋架下弦杆这类预应力预制构件。对于这种平时以承受自重为主的预应力预制构件，必须考虑两个问题：一是施加预应力时构件截面要能够承受较大的预压应力；二是要避免构件因预压应力过大而产生过大的由混凝土徐变产生的预应力损失。因此，预应力预制构件的混凝土强度要求不宜低于C40，且不应低于C30是有道理的。

但对于需要作预应力加固处理的既有混凝土构件，一般都已作为承重构件使用过一段时间。这类构件平时已承受了较大的荷载，加固所施加的预应力不会产生较大的预压应力；相反它会同时减小混凝土截面受压边缘的最大压应力和受拉边缘的最大拉应力。因此它反而可以降低对混凝土强度的要求，只要求两端锚固区的局部承压强度能满足规范要求即可。在这种情况下，即使原构件局压强度不足，也只需要作局部的处理。

至于原混凝土强度等级低于C20的构件是否适宜采用预应力加固法的问题，应按本条用语“不宜”的概念来理解，并作为个案处理较为稳妥。

7.1.4～7.1.6 这是根据预应力杆件及其零配件的受力性能作出的防护规定。由于这些规定直接涉及加固结构的安全，应得到严格的遵守。

7.2 无粘结钢绞线体外预应力的加固计算

7.2.1 钢筋混凝土梁采用无粘结钢绞线体外预应力加固法加固时，均应进行正截面强度验算和斜截面强度验算。验算的关键是要确定构件达极限状态时钢绞线的应力值，亦即确定钢绞线的有效预应力值和钢绞线在构件达到极限状态时的应力增量值。钢绞线的有效预应力值比较容易计算；钢绞线的应力增量值计算比较困难。因为钢绞线的应力增量值等于与钢绞线同高度的梁截面纤维的总伸长量除以钢绞线的长度，再乘以钢绞线的弹性模量值。但由于梁截面的伸长量与外荷载产生的弯矩分布图及梁的截面刚度有关，梁的截面刚度又与截面是否开裂有关，所以必须利用积分的方法进行计算。其计算工作量显然是很大的。为了简化计算，本规范假定钢绞线的应力增量值与钢绞线的预应力损失值相等，于是便可将极限状态时的钢绞线应力值取为预应力张拉控制值。

7.2.2 受弯构件不论采用什么方法进行加固，为了保证受弯构件不出现脆性破坏，均应要求 $\xi \leqslant \xi_b$，也就是要求呈受拉区钢筋首先屈服、然后压区混凝土压碎的破坏模式。为此，并为了防止脆性破坏，故简单地要求受弯构件加固后的相对界限受压区高度 ξ_{pb} 应按加固前控制值的 0.85 倍采用，即取：$\xi_{pb}=0.85\xi_b$，以确保安全。

7.2.3 无粘结钢绞线体外预应力加固钢筋混凝土梁的正截面计算，不少文献是按压弯构件进行的。此次修订本规范改为按受弯构件计算。其理由如下：

（1）从混凝土结构设计规范的规定可知：对普通的有粘结预应力混凝土梁，应要求受压区混凝土相对高度 $\xi \leqslant \xi_b$。据此，对无粘结钢绞线体外预应力加固的钢筋混凝土梁，也应有同样的要求，才能保证加固后的梁仍然是适筋梁而非超筋梁。因此钢绞线的配置量应受到相应的限制。

（2）如果按照压弯构件进行计算，有可能出现大偏心受压构件和小偏心受压构件两种情况，如果呈现小偏心受压状态，也就是说该梁已经属于超筋梁，这是不容许的。如果呈现大偏心受压状态，说明该梁仍然属于适筋梁，其加固方案是可行的。根据压弯构件的 M-N 相关曲线可知，在大偏心受压状态下，压力的存在对受弯承载力是有利的，因此不考虑梁的这一纵向压力作用是偏于安全的。

（3）对一般框架梁施加预应力，产生的预压应力不全是由框架梁单独承担。然而框架梁到底承受多少预压应力，却是无法准确判定的。因此，若按压弯构件进行计算，如何确定预压应力值将很困难，况且一般加固梁所施加的预应力也不是很大。在这种情况下，预压应力不予计入，仅作为安全储备，显然不仅可行，而且还可使得计算较为简便。因此，修订组作出了按受弯构件计算的决定。

7.2.4 本规范采用的斜截面承载力计算方法，与现行国家标准《混凝土结构设计规范》GB 50010 一致。与此同时，考虑到弯折的预应力拉杆与破坏的斜截面相交位置的不定性，其应力可能有变化，不一定达到设计规定值。故有必要引入考虑拉杆应力不定性的系数 0.8。

7.3 普通钢筋体外预应力的加固计算

7.3.1、7.3.2 采用预应力下撑式拉杆加固钢筋混凝土梁的设计步骤，主要是根据国内外大量实践经验制定的。梁加固后增大的受弯承载力，可根据该梁加固前能承受的受弯承载力与加固后在新设计荷载作用下所需的受弯承载力来初步确定。但是，由（7.3.1-1）式求出的拉杆截面面积只是初步的计算结果。这是因为预应力拉杆发挥作用时，必然与被加固梁组成超静定结构体系，致使拉杆内力增大。这时，拉杆产生的作用效应增量 ΔN，可用结构力学方法求出。于是，被加固梁承受的全部外荷载和预应力拉杆的内力作用效应均已确定，便可按现行设计规范 GB 50010 验算原梁在跨中截面和支座截面的偏心受压承载力。若验算结果能满足规范要求，则拉杆的截面尺寸也就选定。但需要指出的是，为了确保这种加固方法的安全使用，规范修订组在分析研究国外的使用经验后，提出了一个较为稳健的建议（不作为条文规定），供设计人员参考，即：采用预应力下撑式拉杆加固的梁，若原梁基本完好，只是截面偏小时，则建议其受弯承载力的增量不宜大于原梁承载力的 1.5 倍，且梁内受拉钢筋与拉杆截面面积的总和，也不宜超过混凝土截面面积的 2.5%。若原梁有损伤或有严重缺陷，且不易修复时，则建议改用其他加固方法。

预应力拉杆与原梁的协同工作系数，是根据国内外有关试验研究成果确定的。

为便于选择施加预应力的方法，对机张法和横向张拉法的张拉量计算分别作了规定。横向张拉量的计算公式（7.3.2），是根据应力与变形的关系推导的，计算时略去了 $(\sigma_p/E_s)^2$ 的值，故计算结果为近似值。

7.4 型钢预应力撑杆的加固计算

7.4.1 采用预应力撑杆加固轴心受压钢筋混凝土柱的设计步骤较为简单明确。撑杆中的预应力主要是以保证撑杆与被加固柱能较好地共同工作为度，故施加的预应力值 σ_p 不宜过高，以控制在 50MPa～80MPa 为妥。

根据国内外有关的试验研究成果，当被加固柱需要提高的受压承载力不大于 1200kN 时，采用预应力撑杆加固是较为合适的。若需要通过加固提高的承载力更大，则应考虑选用其他加固方法。

7.4.2、7.4.3 采用预应力撑杆加固偏心受压钢筋混凝土柱时，由于影响因素较多，其计算方法较为冗繁。因此，偏心受压柱的加固计算应主要通过验算进行。但应指出，采用预应力撑杆加固偏心受压柱时，其受压承载力、受弯承载力均只能在一定范围内提高。

验算时，撑杆肢的有效受压承载力取 $0.9f'_{py}A'_p$ 是考虑协同工作不充分的影响，即撑杆肢的极限承载力有所降低。其承载力降低系数取 0.9 是根据国内外试验结果确定的。

当柱子较高时，撑杆的稳定性可能不满足现行《钢结构设计规范》GB 50017 的规定。此时，可采用不等边角钢来做撑杆肢，其较窄的翼缘应焊以缀板，其较宽的翼缘，应位于柱子的两侧面。撑杆肢安装后再在较宽的翼缘上焊以连接板。

对承受正负弯矩作用的柱（即弯矩变号的柱），应采用双侧撑杆进行加固。由于撑杆主要是承受压力，所以应按双侧撑杆加固的偏心受压柱的公式进行计算，但仅考虑被加固柱的受压区一侧的撑杆受力。

7.5 无粘结钢绞线体外预应力构造规定

7.5.1 不论从构造需要出发，还是为了保证受力均匀和安全可靠，均应将钢绞线成对布置在梁的两侧，并以采用纵向张拉法为主。因为纵向张拉的预应力较易准确控制，且力值不受限制。尽管如此，横向张拉法仍有其用途。以连续梁为例，当连续跨的跨数超过两跨（一端张拉）或四跨（两端张拉）时，仍需依靠横向张拉补足预应力。

另外，应指出的是钢绞线跨中水平段支承点的布置，与所采用的张拉方式有关。对纵向张拉而言，以布置在梁底以上的位置为佳。因为不论从外观、构造和受力来看，都比较容易处理得好。但若需要依靠横向张拉来补足预应力，或是采用纵向张拉有困难时，其跨中水平段的支承点，就必须布置在梁的底部，因为只有这样，才能进行横向张拉。

7.5.2 本条给出了中间连续节点支承构造方式和端部锚固节点构造方式的几个示例。可根据实际情况选用。

预应力钢绞线节点的做法关系到加固的可靠性和经济成本。本规范提供的端部锚固方法和中间连续节点的做法是经过大量的工程实践，被证明为行之有效的方法。不过在具体施工中，对于混凝土强度等级不高的构件，其细部做法必须考究。例如端部的支承面处，必须平整；当钻孔使混凝土面受到损坏时，必须提前一天用快速堵漏剂修补、抹平；在钢销棍和钢吊棍的支承面处，有必要设置钢管垫，以使应力分布均匀。

7.5.4 在现行施工规范尚未纳入无粘结钢绞线体外预应力加固法的情况下，为了保证施工单位和监理单位能有效地执行本条规定，建议可暂按下列要求施加预应力：

1 对纵向张拉，施加预应力时应符合下列规定：

(1) 当钢绞线在跨中的转折点设在梁底以上位置时，应采用纵向张拉。

(2) 当钢绞线沿连续梁布置时，若采用一端张拉，而连续跨的跨数超过二跨，或采用二端张拉，而连续跨的跨数超过四跨时，钢绞线在跨中的转折点应设在梁底以下位置，且应在纵向张拉后，还应利用设在跨中的横向拉紧螺栓进行横向张拉，以补足由摩擦力引起的预应力损失值。

(3) 纵向张拉的工具宜采用穿心千斤顶和高压油泵，张拉力直接从油压表中读取。

(4) 张拉时应采用交错张拉的方法：先张拉一端，把第一根钢绞线张拉至张拉控制值的50%，再张拉另一侧钢绞线至张拉控制值，然后再把第一根钢绞线张拉至张拉控制值。

2 对横向张拉，施加预应力时应符合下列规定：

(1) 施加预应力时宜先使用工具式U形拉紧螺栓，待张拉至一定程度后再换上较短的、直径较细的永久性U形拉紧螺栓继续张拉。

(2) 在横向张拉前，应对钢绞线进行初张拉，然后再通过拉紧螺栓横向施加预应力。

(3) 收紧各跨拉紧螺栓时，应设法保持同步，用量测两根钢绞线中距的方法进行控制。当钢绞线应力达到要求值后，拉紧螺栓应用双螺帽固定。

(4) 为测量钢绞线应力，可在每跨梁的梁底较长水平段的钢绞线磨平面上各粘贴一对铜片测点，用500mm或250mm标距的手持式引伸仪测量钢绞线的伸长量，进而推算应力值。

7.5.6 根据本规范第7.5.5条关于“应按计算确定拉紧螺栓和中间撑棍的数量”的规定，给出了按构造要求确定的拉紧螺栓和中间撑棍的数量。

7.5.7 本条给出了拉紧螺栓安设位置与中间撑棍位置相互配合的关系。执行时，应结合本规范第7.5.6条的规定进行调整。

7.5.9 本条给出了两种常用的防腐和防火措施：一是用1∶2水泥砂浆包裹。其施工较方便，但外观较差；二是用C25细石混凝土包裹或封护。其施工较麻烦，但外观较好。

7.6 普通钢筋体外预应力构造规定

7.6.1 预应力拉杆选用的钢材与施工方法有密切关系。机张法能拉各种高强、低强的碳素钢丝、钢绞线或粗钢筋等钢材；横向张拉法仅适用于张拉强度较低、张拉力较小（一般在150kN以下）的Ⅰ级钢筋。横向张拉用的钢材，之所以常选用Ⅰ级钢筋，是因为考虑到拉杆两端需采用焊接连接，Ⅰ级钢筋施焊易于保证焊接质量。

预应力拉杆距构件下缘的净空为30mm～80mm时，可使预应力拉杆的端部锚固构造和下撑式拉杆弯折处的构造都比较简单。

7.7 型钢预应力撑杆构造规定

7.7.2、7.7.3 预应力撑杆适宜用横向张拉法施工，其建立的预应力值也比较可靠。这种方法在原苏联采用较多，也有许多工程实践经验表明该法简便可行。过去国内多采用干式外包钢加固法，即在角钢中不建立预应力，或仅为了使角钢的上下端与混凝土构件顶紧而打入楔子，计算上也不考虑预应力的作用，因此，经济性很差，宜以预应力撑杆来取代。预应力撑杆则要求建立一定的预应力值，故能保证它与原柱共同工作。

为了建立预应力，在横向张拉法中要求撑杆中部先制成弯折形状，然后在施工中旋紧螺栓使撑杆通过变直而顶紧。为了便于实施，本规范对弯折的方法和要求均作了示例性质的规定，其中还包括了切口形状和弥补切口削弱的措施。

预应力撑杆肢的角钢及其焊接缀板的最小截面规定是根据国内外工程加固实践经验确定的。

对撑杆端部的传力构造作了详细的规定，这种传力构造可保证其杆端不致产生偏移。

8 外包型钢加固法

8.1 设计规定

8.1.1 外包型钢（一般为角钢或扁钢）加固法，是一种既可靠，又能大幅度提高原结构承载能力和抗震能力的加固技术。当采用结构胶粘合混凝土构件与型钢构架时，称为有粘结外包型钢加固法，也称外粘型钢加固法，或湿式外包钢加固法，属复合构件范畴；当不使用结构胶，或仅用水泥砂浆堵塞混凝土与型钢间缝隙时，称为无粘结外包型钢加固法，也称干式外包钢加固法。这种加固方法，属组合构件范畴；由于型钢与原构件间无有效的连接，因而其所受的外力，只能按原柱和型钢的各自刚度进行分配，而不能视为复合构件受力，以致很费钢材，仅在不宜使用胶粘的场合使用。

8.1.2 近几年来，不少新建工程的加固，为了做到不致因加固而影响其设计使用年限，往往选择了使用干式外包钢法，从而使已淘汰多年的干式外包钢加固法，又有了市场需求。因此，经研究决定将此方法重新纳入本规范，但考虑到这种加固方法主要是按钢结构设计规范的规定进行设计、计算，为了避免重复和不必要的矛盾，故仅在本条中作出原则性规定。征求设计单位意见表明，有了这五款规定，即可满足设计人员计算的需求。

8.1.3 当工程允许使用结构胶粘结混凝土与型钢时，宜选用有粘结外包型钢加固法。因为采用此法两者粘结后能形成共同工作的复合截面构件，不仅节约钢材，而且将获得更大的承载力。因此，比干式外包钢更能得到良好的技术经济效益。

8.1.4 本条采用的截面刚度近似计算公式与精确计算公式相比，仅略去型钢绕自身轴的惯性矩，其所引起的计算误差很小，完全可以应用。

8.2 外粘型钢加固计算

8.2.1 采用外粘型钢加固钢筋混凝土轴心受压构件（柱）时，由于型钢可靠地粘结于原柱，并有卡紧的缀板焊接成箍，从而使原柱的横向变形受到型钢骨架的约束作用。在这种构造条件下，外粘型钢加固的轴心受压柱，其正截面承载力不仅可按整截面计算，而且可引入 ψ_{sc} 系数予以提高，但应考虑二次受力的影响，故对受压型钢乘以强度利用系数 α_a。考虑到加固用的型钢属于软钢（Q235），且原规范所取的 α_a 值，虽是通过试验取用的近似值，但经过近 15 年的工程应用，未发现有安全问题，因而决定仍继续沿用该值，亦即取 $\alpha_a=0.9$，较为安全稳妥。

8.2.2 采用外粘型钢加固的钢筋混凝土偏心受压构件，其受压肢型钢，由于存在应变滞后的问题，在按（8.2.2-1）式及（8.2.2-2）式计算正截面承载力时，必须乘以强度利用系数 α_a 予以折减，这虽然是一种简化的做法，但对标准规范来说，却是可行的。至于受拉肢型钢，在大偏心受压工作条件下，尽管其应力一般都能达到抗拉强度设计值，但考虑到受拉肢工作的重要性，以及粘结传力总不如原构件中的钢筋可靠，故有必要在规范中适当提高其安全储备，以保证被加固结构受力的安全。

另外，应指出的是，在偏心受压构件的正截面承载力计算中仍应按本规范第 5.4.3 条的规定计算偏心距（包括二阶效应 M 值的修正），以保证安全。

8.2.3 采用外粘型钢加固的钢筋混凝土梁，其截面应力特征与粘贴钢板加固法十分相近，因此允许按粘贴钢板的计算方法进行正截面和斜截面承载力的验算。

8.3 构造规定

8.3.1 为加强型钢肢之间的连系，以提高钢骨架的整体性与共同工作能力，应沿梁、柱轴线每隔一定距离，用箍板或缀板与型钢焊接。与此同时，为了使梁的箍板能起到封闭式环形箍的作用，在本条中还给出了三种加锚式箍板的构造示意图供设计参考使用；另外，应指出的是：型钢肢在缀板焊接前，应先用工具式卡具勒紧，使角钢肢紧贴于混凝土表面，以消除过大间隙引起的变形。

8.3.2 为保证力的可靠传递，外粘型钢必须通长、连续设置，中间不得断开；若型钢长度受限制，应通过焊接方法接长；型钢的上下两端应与结构顶层（或上一层）构件和底部基础可靠地锚固。

8.3.5 加固完成后，之所以还需在型钢表面喷抹高强度水泥砂浆保护层，主要是为了防腐蚀和防火，但若型钢表面积较大，很可能难以保证抹灰质量。此时，可在构件表面先加设钢丝网或点粘一层豆石，然后再抹灰，便不会发生脱落和开裂。

9 粘贴钢板加固法

9.1 设计规定

9.1.1 根据粘贴钢板加固混凝土构件的受力特性，

规定了这种方法仅适用于钢筋混凝土受弯、受拉和大偏心受压构件的加固。

同时还指出：本方法不适用于素混凝土构件（包括纵向受力钢筋配筋率不符合现行设计规范 GB 50010 最小配筋率构造要求的构件）的加固。

9.1.2 在实际工程中，有时会遇到原结构的混凝土强度低于现行设计规范规定的最低强度等级的情况。如果原结构混凝土强度过低，它与钢板的粘结强度也必然很低。此时，极易发生呈脆性的剥离破坏。故本条规定了被加固结构、构件的混凝土强度最低等级，以及钢板与混凝土表面粘结应达到的最低正拉粘结强度。

9.1.3 粘钢的承重构件最忌在复杂的应力状态下工作，故本条强调了应将钢板受力方式设计成仅承受轴向应力作用。

9.1.4 对粘贴在混凝土表面的钢板之所以要进行防护处理，主要是考虑加固的钢板一般较薄，容易因锈蚀而显著削弱截面，或引起粘合面剥离破坏，其后果必然影响使用安全。

9.1.5 本条规定了长期使用的环境温度不应高于60℃，是按常温条件下使用的普通型树脂的性能确定的。当采用与钢板匹配的耐高温树脂为胶粘剂时，可不受此规定限制，但应受现行钢结构设计规范有关规定的限制。在特殊环境下（如振动、高湿、介质侵蚀、放射等）采用粘贴钢板加固法时，除应符合相应的国家现行有关标准的规定采取专门的粘贴工艺和相应的防护措施外，尚应采用耐环境因素作用的胶粘剂。

9.1.6 采用粘贴钢板加固时，应采取措施卸除或大部分卸除活荷载。其目的是减少二次受力的影响，也就是降低钢板的滞后应变，使得加固后的钢板能充分发挥强度。

9.1.7 粘贴钢板的胶粘剂一般是可燃的，故应按现行国家标准《建筑设计防火规范》GB 50016 规定的耐火等级和耐火极限要求以及相关规范的防火构造规定进行防护。

9.2 受弯构件正截面加固计算

9.2.1 国内外的试验研究表明，在受弯构件的受拉面和受压面粘贴钢板进行受弯加固时，其截面应变分布仍可采用平截面假定。

9.2.2 本条对受弯构件加固后的相对界限受压区高度的控制值 ξ_{b} 作出了规定，其目的是为了避免因加固量过大而导致超筋性质的脆性破坏。对于粘钢构件，采用构件加固前控制值的 0.85 倍；若按 HRB335 级钢筋计算，达到界限时相应的钢筋应变约为 1.5 倍屈服应变，具有一定延性。满足此条要求，实际上已经确定了粘钢的“最大加固量”。

9.2.3、9.2.4 本规范的受弯构件正截面计算公式与以前发布的国内外标准相比，在表达上有了较大的改进。由于用一组公式代替多组公式，在计算结果无显著差异的前提下，可使设计计算更为方便，条理也较为清晰。

公式(9.2.3-2)是截面上的轴向力平衡公式；公式(9.2.3-1)是截面上的力矩平衡公式，力矩中心取受拉区边缘，其目的是使此式中不同时出现两个未知量；公式（9.2.3-3）是根据应变平截面假定推导得到的计算公式；公式（9.2.3-4）是为了保证受压钢筋达到屈服强度。当 $x<2a'$时，之所以近似地取 $x=2a'$进行计算，是为了确保安全而采用了受压钢筋合力作用点与压区混凝土合力作用点重合的假定。

加固设计时，可根据（9.2.3-1）式计算出混凝土受压区的高度 x，按（9.2.3-3）式计算出强度利用系数 ψ_{sp}，然后代入（9.2.3-2)，即可求出粘贴的钢板面积 A_{sp}。

另外，当“$\psi_{sp}>1.0$ 时，取 $\psi_{sp}=1.0$”的规定，是用以控制钢板的“最小加固量”。

9.2.5 这次修订规范对本条内容作了下列两方面的修订：

1 将加固钢板粘贴延伸长度的确定方法与纤维复合材进行了统一，从而使计算概念及方法相一致，便于使用者理解和执行。

2 修订了钢板与混凝土的粘结抗剪强度设计值的取值方法，使之更符合工程实际。因为原规范是按照试验室的试验结果取值的，未考虑施工不定性的影响。现根据现场取样的检测结果作了修正，从而使强度取值更能保证工程安全。

9.2.6 对加设 U 形箍板作为端部锚固措施而言，其计算需考虑以下两种情况：

1 当箍板与加固钢板间的粘结受剪承载力小于或等于箍板与混凝土间的粘结受剪承载力时，锚固承载力为加固钢板与混凝土间的粘结受剪承载力及箍板与加固钢板间的粘结受剪承载力之和。此即本规范公式（9.2.6-1）所给出的计算方法。

2 当箍板与加固钢板间的粘结受剪承载力大于箍板与混凝土间的粘结受剪承载力时，锚固承载力为加固钢板及箍板与混凝土间的粘结受剪承载力之和。此即本规范公式（9.2.6-2）所给出的计算方法。

9.2.7 见本规范第 9.6.4 条的条文说明。

9.2.8 对翼缘位于受压区的 T 形截面梁（包括有现浇楼板的梁），其正弯矩区的受弯加固，不仅应考虑 T 形截面的有利作用，而且还须符合有关翼缘计算宽度取值的限制性规定，故要求应按现行设计规范和本规范的有关原则和规定进行计算。

9.2.9 滞后应变的计算，在考虑了钢筋的应变不均匀系数、内力臂变化和钢筋排列影响的基础上，还依据工程设计经验作了适当调整。同时，在表达方式上，为了避开繁琐的计算，并力求使用方便，故对

α_{sp}的取值，采取了按配筋率和钢筋排数的不同以查表的方式确定。

9.2.10 根据应变平截面假定（见图1），可算得侧面粘贴钢板的上、下两端平均应变与下边缘应变的比值，即修正系数 η_{f1}：

$$\eta_{p1}=\frac{\left(\frac{\varepsilon_1+\varepsilon_2}{2}\right)}{\varepsilon_2}=\frac{1+\varepsilon_1/\varepsilon_2}{2}$$

$$=\frac{1+(h-1.25x-h_f)/(h-1.25x)}{2}$$

$$=1-\frac{0.5h_f}{h-1.25x}=1-\left(\frac{0.5}{1-1.25\xi h_0/h}\right)\left(\frac{h_f}{h}\right) \tag{1}$$

令：$\beta_1=\frac{0.5}{1-1.25\xi h_0/h}$，则：$\eta_{p1}=1-\beta_1\frac{h_f}{h}$，设 $h_0=h/1.1$；$\xi=\xi_{pb}$。

于是可以算得配置HRB335级钢筋的一般构件和重要构件，其系数 β_1 分别为1.33和1.14；同理，算得采用HRB400级钢筋的一般构件和重要构件，其系数 β_1 分别为1.22和1.06。注意到 β_1 值变化幅度不大，故偏于安全地统一取 $\beta_1=1.33$。

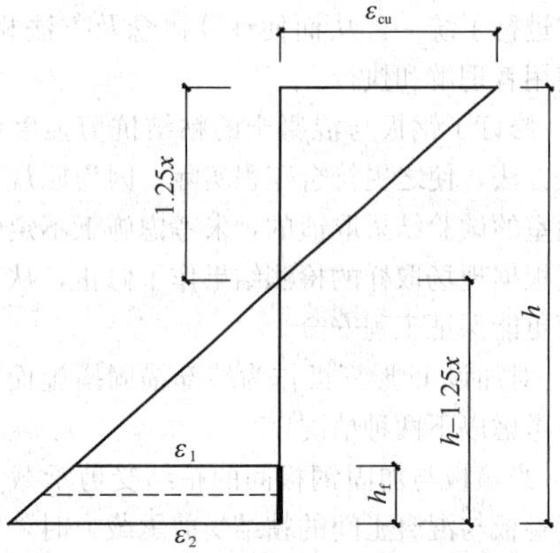

图1 应变平截面假定图

与此同时，还应考虑侧面粘贴的钢板，其合力中心至压区混凝土合力中心之距离与底面粘贴的钢板合力中心至压区混凝土合力中心之距离的比值，即修正系数 η_{p2}。

$$\eta_{p2}=\frac{(h-0.5x)-0.5h_f}{h-0.5x}=1-\left(\frac{0.5}{1-0.5\xi h_0/h}\right)\left(\frac{h_f}{h}\right) \tag{2}$$

令：$\beta_2=\frac{0.5}{1-0.5\xi h_0/h}$，则：$\eta_{f2}=1-\beta_2\frac{h_f}{h}$，设 $h_0=h/1.1$；$\xi=\xi_{pb}$；

于是可以算得配置HRB335级钢筋的一般构件和重要构件，其系数 β_2 分别为0.667和0.645；同理，算得采用HRB400级钢筋的一般构件和重要构件，其系数 β_2 分别为0.654和0.634。注意到 β_2 值变化幅度不大，故偏于安全地统一取 $\beta_2=0.66$。

于是得到综合考虑侧面粘贴纤维复合材受拉合力及相应力臂的修正后的放大系数 η_p 为：

$$\eta_p=\frac{1}{\eta_{p1}\times\eta_{p2}}=\frac{1}{(1-1.33h_f/h)\times(1-0.66h_f/h)} \tag{3}$$

9.2.11 本条规定钢筋混凝土结构构件采用粘贴钢板加固时，其正截面承载力的提高幅度不应超过40%。其目的是为了控制加固后构件的裂缝宽度和变形，也是为了强调“强剪弱弯”设计原则的重要性。

9.2.12 为了钢板的可靠锚固以及节约材料，本条对粘贴钢板的层数作出了建议性的规定。

9.3 受弯构件斜截面加固计算

9.3.1 根据实际经验，本条对受弯构件斜截面加固的钢箍板粘贴方式作了统一的规定，并且在构造上，只允许采用垂直于构件轴线方向的加锚封闭箍和其他三种有效的U形箍；不允许仅在侧面粘贴钢条受剪，因为试验表明，这种粘贴方式受力不可靠。

9.3.2 本条的规定与现行国家标准《混凝土结构设计规范》GB 50010的规定，在概念上是一致的。

9.3.3 根据现有的试验资料和工程实践经验，对垂直于构件轴线方向粘贴的箍板，按被加固构件的不同剪跨比和箍板的不同加锚方式，给出了抗剪强度的折减系数 ψ_{vb} 值。

9.4 大偏心受压构件正截面加固计算

9.4.2 本条关于正截面承载力计算的规定是参照现行设计规范GB 50010的规定导出的。因为在大偏心受压的情况下，验算控制的截面达到极限状态时，其原钢筋及新增的受拉钢板一般都能达到抗拉强度。

9.5 受拉构件正截面加固计算

9.5.1 本条应说明的内容与本规范条文说明第10.7.1条相同，不再赘述。

9.5.2、**9.5.3** 这两条规定是参照现行设计规范GB 50010的规定导出的。因为轴心受拉情况下，只要结构构造合理，其计算截面达到极限状态时，原钢筋及新增的加固钢板均能达到抗拉强度。

9.6 构造规定

9.6.1 原规范仅允许采用2mm～5mm厚的钢板。此次修订规范，在汲取国外采用厚钢板粘贴的工程实践经验基础上，还组织一些加固公司进行了工程试用，然后才对原规范的规定作了修订。修订后的条文，虽然允许使用较厚（包括总厚度较厚）的钢板，但为了防止钢板与混凝土粘结的劈裂破坏，应要求其端部与梁柱节点的连接构造必须符合外粘型钢焊接及注胶方法的规定。由之可见，它与外粘型钢（一般指扁钢）的构造要求无甚差别，但仍按习惯列于本节中。

9.6.2 在受弯构件受拉区粘贴钢板，其板端一段由于边缘效应，往往会在胶层与混凝土粘合面之间产生较大的剪应力峰值和法向正应力的集中，成为粘钢的最薄弱部位。若锚固不当或粘贴不规范，均易导致脆性剥离或过早剪坏。为此，修订组研究认为有必要采取如本条所规定的加强锚固措施。

9.6.3 本条采取的锚固措施，是根据国内科研单位和高等院校的试验结果，以及规范编制组所总结的工程经验，经讨论、验证后确定的。因此，可供设计使用。另外，应指出的是，图中的锚栓布置是示意性的；其直径、数量和位置应由设计人员按实际需要确定。

9.6.4 对本条第2、3两款需作如下说明：

1 对支座处虽有障碍，但梁上有现浇板，允许绕过柱位在梁侧粘贴钢板的情况，之所以还需规定应紧贴柱边在梁侧4倍板厚范围内粘贴钢板，是因为试验表明，在这样条件下，较能充分发挥钢板的作用；如果远离该位置，钢板的作用将会降低。

2 当梁上无现浇板，或负弯矩区的支座处需采取机械锚固措施加强时，其构造问题最难处理。为了解决这个问题，编制组曾向设计单位征集了不少锚固方案，但未获得满意结果。本款所给出的两个图，只是在归纳上述设计方案优缺点基础上的一个示例，也并非最佳方案，但试验表明具有较强的锚固能力，可供工程设计试用。另外，在有些情况下，L形钢板及水平方向的U形箍板也可采用等代钢筋进行设计。

9.6.7 对偏心受压构件而言，其加固构造难度最大的是N和M均较大的柱底和柱顶两处。因此，强调在这两个部位应增设可靠的机械锚固措施。当柱的上端有楼板时，加固所粘贴的钢板尚应穿过楼板，并应有足够的粘贴延伸长度，才能保证传力的安全。

10 粘贴纤维复合材加固法

10.1 设计规定

10.1.1 根据粘贴纤维复合材的受力特性，本条规定了这种方法仅适用于钢筋混凝土受弯、受拉、轴心受压和大偏心受压构件的加固；不推荐用于小偏心受压构件的加固。因为纤维增强复合材仅适合于承受拉应力作用，而且小偏心受压构件的纵向受拉钢筋达不到屈服强度，采用粘贴纤维复合材将造成材料的极大浪费。因此，对小偏心受压构件，应建议采用其他合适的方法加固。

同时，本条还指出：本方法不适用于素混凝土构件（包括配筋率不符合现行设计规范GB 50010最小配筋率构造要求的构件）的加固。

10.1.2 在实际工程中，经常会遇到原结构的混凝土强度低于现行设计规范规定的最低强度等级的情况。如果原结构混凝土强度过低，它与纤维复合材的粘结强度也必然会很低，易发生呈脆性的剥离破坏。此时，纤维复合材不能充分发挥作用，因此本条规定了被加固结构、构件的混凝土强度等级，以及混凝土与纤维复合材正拉粘结强度的最低要求。

10.1.3 本条强调了纤维复合材料不能承受压力，只能考虑其抗拉作用，因而要求将纤维受力方式设计成仅承受拉应力作用。

10.1.4 本条规定粘贴在混凝土表面的纤维增强复合材不得直接暴露于阳光或有害介质中。为此，其表面应进行防护处理，以防止长期受阳光照射或介质腐蚀，从而起到延缓材料老化、延长使用寿命的作用。

10.1.5 本条规定了采用这种方法加固的结构，其长期使用的环境温度不应高于60℃。但应指出的是，这是按常温条件下，使用普通型结构胶粘剂的性能确定的。当采用耐高温胶粘剂粘结时，可不受此规定限制；但应受现行国家标准《混凝土结构设计规范》GB 50010对混凝土结构承受生产性高温的限制。另外，对其他特殊环境（如振动、高湿、介质侵蚀、放射等）采用粘贴纤维增强复合材加固时，除应符合相应的国家现行有关标准的规定采取专门的粘贴工艺和相应的防护措施外，尚应采用耐环境因素作用的结构胶粘剂。

10.1.6 采用纤维增强复合材料加固时，应采取措施尽可能地卸载。其目的是减少二次受力的影响，亦即降低纤维复合材的滞后应变，使得加固后的结构能充分利用纤维材料的强度。

10.1.7 粘贴纤维复合材的胶粘剂一般是可燃的，故应按照现行国家标准《建筑设计防火规范》GB 50016规定的耐火等级和耐火极限要求，对纤维复合材进行防护。

10.2 受弯构件正截面加固计算

10.2.1 为了听取不同的学术观点，规范修订组邀请国内8位知名专家对受弯构件的受拉面粘贴纤维增强复合材进行加固时，其截面应变分布是否可采用平截面假定进行论证。其结果表明，持可用和不宜用观点各占50%，但均认为这个假定不理想；不过在当前试验研究工作尚不足以作出改变的情况下，仍可加以借用，而不致造成很大问题。

10.2.2 本条规定了受弯构件加固后的相对界限受压区高度的控制值$\xi_{b,f}$，是为了避免因加固量过大而导致超筋性质的脆性破坏。对于所有构件，均采用构件加固前控制值的0.85倍；对于HRB335级钢筋，达到界限时相应的钢筋应变约为1.5倍屈服应变；满足此条要求，实际上已经确定了纤维的“最大加固量”。

10.2.3 本规范的受弯构件正截面计算公式与以前发布的国内外同类标准相比，在表达上有较大的改进。由于用一组公式代替多组公式，在计算结果无显著差异的前提下，可使设计人员应用更为方便，条理也更为清晰。

公式（10.2.3-1）是截面上的力矩平衡公式；力矩中心取受拉区边缘，其目的是使此式中不同时出现两个未知量；公式（10.2.3-2）是截面上的轴向力平衡公式；公式（10.2.3-3）是根据应变平截面假定推导得到的 ψ_f 计算公式。公式（10.2.3-4）是保证钢筋受压达到屈服强度。当 $x<2a'$ 时，近似取 $x=2a'$ 进行计算，是为了确保安全而采用了受压钢筋合力作用点与压区混凝土合力作用点相重合的假定。

另外，当"$\psi>1.0$ 时，取 $\psi=1.0$"的规定，是用以控制纤维复合材的"最小加固量"。

加固设计时，可根据（10.2.3-1）式计算出混凝土受压区的高度 x，按（10.2.3-3）式计算出强度利用系数 ψ，然后代入（10.2.3-2）式，即可求出纤维的有效截面面积 A_{fe}。

10.2.4 本条是考虑纤维复合材多层粘贴的不利影响，而对第10.2.3条计算得到的有效截面面积进行放大，作为实际应粘贴的面积。为此，引入了纤维复合材的厚度折减系数 k_m。该系数系参照ACI440委员会于2000年7月修订的"Guide for the design and construction of externally bonded frp systems for strengthening concrete structures"而制定的。

10.2.5、10.2.6 公式（10.2.5）中给出的 $f_{f,v}$ 的确定方法，是根据本规范修订组和四川省建科院的试验结果拟合的；在纳入本规范前又参照有关文献作了偏于安全的调整。另外，该计算式的适用范围为C15～C60，基本上可以涵盖当前已有结构的混凝土强度等级情况，至于C60以上的混凝土，暂时还只能按 $f_{f,v}=0.7$ 采用。

10.2.7 对翼缘位于受压区的T形截面梁，其正弯矩区进行受弯加固时，不仅应考虑T形截面的有利作用，而且还须符合有关翼缘计算宽度取值的限制性规定。故本条要求应按现行设计规范GB 50010和本规范的规定进行计算。

10.2.8 滞后应变的计算，在考虑了钢筋的应变不均匀系数、内力臂变化和钢筋排列影响的基础上，还依据工程设计经验作了适当调整；同时，在表达方式上，为了避开繁琐的计算，并力求为设计使用提供方便，故对 α_f 的取值，采取了按配筋率和钢筋排数的不同以查表的方式确定。

10.2.9 根据应变平截面假定（见图2），可算得侧面粘贴纤维的上、下两端平均应变与下边缘应变的比值，即修正系数 η_{f1}：

$$\eta_{f1}=\frac{\left(\frac{\varepsilon_1+\varepsilon_2}{2}\right)}{\varepsilon_2}=\frac{1+(h-1.25x-h_f)/(h-1.25x)}{2}$$

$$=1-\frac{0.5h_f}{h-1.25x}=1-\left(\frac{0.5}{1-1.25\xi h_0/h}\right)\left(\frac{h_f}{h}\right) \quad (4)$$

令：$\beta_1=\frac{0.5}{1-1.25\xi h_0/h}$，则：$\eta_{f1}=1-\beta_1\frac{h_f}{h}$，设 $h_0=h/1.1$；$\xi=\xi_{b,f}$。

可算得配置HRB335级钢筋的构件，其系数 β_1 为1.07；同理，可算得配置HRB400级钢筋的构件，其系数 β_1 为1.0。注意到 β_1 值变化幅度不大，故偏于安全地统一取 $\beta_1=1.07$。

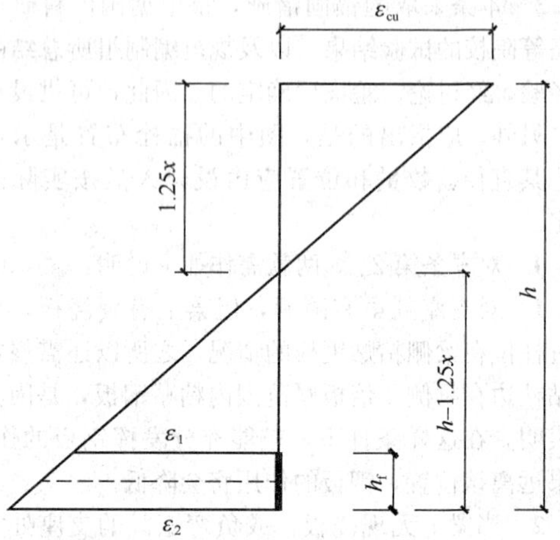

图2 应变平截面假定图

与此同时，还应考虑侧面粘贴的纤维复合材，其合力中心至受压区混凝土合力中心之距离与底面粘贴的纤维复合材合力中心至受压区混凝土合力中心之距离的比值，即修正系数 η_{f2}：

$$\eta_{f2}=\frac{(h-0.5x)-0.5h_f}{h-0.5x}=1-\left(\frac{0.5}{1-0.5\xi h_0/h}\right)\left(\frac{h_f}{h}\right) \quad (5)$$

令：$\beta_2=\frac{0.5}{1-0.5\xi h_0/h}$，则：$\eta_{f2}=1-\beta_2\frac{h_f}{h}$，设 $h_0=h/1.1$；$\xi=\xi_{b,f}$。

可算得配置HRB335级钢筋的构件，其系数 β_2 为0.635；同理，可算得配置HRB400级钢筋的构件，其系数 β_2 为0.625。注意到 β_2 值变化幅度不大，故偏于安全地统一取 $\beta_2=0.63$。

于是，得到综合考虑侧面粘贴纤维复合材受拉合力及相应力臂的修正后的放大系数 η_f 为：

$$\eta_f=\frac{1}{(1-1.07h_f/h)\times(1-0.63h_f/h)} \quad (6)$$

10.2.10 本条规定钢筋混凝土结构构件采用粘贴纤维复合材加固时，其正截面承载力的提高幅度不应超过40%。其目的是为了控制加固后构件的裂缝宽度和变形，也是为了强调"强剪弱弯"设计原则的重要性。

10.2.11 为了纤维复合材的可靠锚固以及节约材料，本条对纤维复合材的层数提出了指导性意见。

10.3 受弯构件斜截面加固计算

10.3.1 根据实际经验，本条对受弯构件斜截面加固的纤维粘贴方向作了统一的规定，并且在构造上只允许采用环形箍、自锁式U形箍、加锚U形箍和加织物压条的一般U形箍，不允许仅在侧面粘贴条带受剪，因为试验表明，这种粘贴方式受力不可靠。

10.3.2 本条的规定与国家标准《混凝土结构设计规范》GB 50010－2010第6.3.1条完全一致。

10.3.3 根据现有试验资料和工程实践经验，对垂直于构件轴线方向粘贴的条带，按被加固构件的不同剪跨比和条带的不同加锚方式，给出了抗剪强度的折减系数。

10.4 受压构件正截面加固计算

10.4.1 采用沿构件全长无间隔地环向连续粘贴纤维织物的方法，即环向围束法，对轴心受压构件正截面承载力进行间接加固，其原理与配置螺旋箍筋的轴心受压构件相同。

10.4.2 当$l/d>12$或$l/d>14$时，构件的长细比已比较大，有可能因纵向弯曲而导致纤维材料不起作用；与此同时，若矩形截面边长过大，也会使纤维材料对混凝土的约束作用明显降低，故明确规定了采用此方法加固时的适用范围。

10.4.3、**10.4.4** 公式（10.4.3-1）是考虑了在三向约束混凝土的条件下，其抗压强度能够提高的有利因素。公式（10.4.3-2）是参照了ACI440、CEB-FIP及我国台湾的公路规程和工业技术研究院设计实录等制定的。

10.5 框架柱斜截面加固计算

10.5.1 本规范对受压构件斜截面的纤维复合材加固，仅允许采用环形箍。因为其他形式的纤维箍均易发生剥离破坏，故在适用范围的规定中加以限制。

10.5.2 采用环形箍加固的柱，其斜截面受剪承载力的计算公式是参照美国ACI440委员会和欧洲CEB-FIP（fib）的设计指南，结合我国台湾工业技术研究院的设计实录和我国内地的试验资料制定的，从规范编制组委托设计单位所做的试设计来看，还是较为稳妥可行的。

10.6 大偏心受压构件加固计算

10.6.1 采用纤维增强复合材料加固大偏心受压构件时，本条之所以强调纤维应粘贴在受拉一侧，是因为本规范已在第10.1.3条中作出了“应将纤维受力方式设计成仅承受拉应力作用”的规定。

10.6.2 本条的计算公式是参照国家标准《混凝土结构设计规范》GB 50010－2010的规定推导的。其中需要说明的是，在大偏心受压构件加固计算中，对纤维复合材之所以不考虑强度利用系数，是因为在实际工程中绝大多数偏心受压构件均处于受压状态。因此，在承载能力极限状态下，受拉侧的拉应变是从受压侧应变转化过来的，故不存在拉应变滞后的问题，亦即认为：纤维复合材的抗拉强度能得到充分发挥。

10.7 受拉构件正截面加固计算

10.7.1 由于非预应力的纤维复合材在受拉杆件（如桁架弦杆、受拉腹杆等）端部锚固的可靠性很差，因此一般仅用于环形结构（如水塔、水池等）和方形封闭结构（如方形料槽、储仓等）的加固，而且仍然要处理好围拢（或棱角）部位的搭接与锚固问题。由之可见，其适用范围是很有限的，应事先做好可行性论证。例如，对裂缝宽度要求很严的受拉构件，尤应慎用本加固方法。

10.7.2、**10.7.3** 从本节规定的适用范围可知，受拉构件的纤维复合材加固主要用于上述的构筑物中，而这些构筑物既容易卸荷，又经常在大多数情况下被强制要求卸荷，因此，在计算其承载力时可不考虑二次受力的影响问题，不必在计算公式中引入强度利用系数。

10.8 提高柱的延性的加固计算

10.8.1 采用纤维复合材构成的环向围束作为柱的附加箍筋来防止柱的塑铰区搭接破坏或提高柱的延性，在我国台湾地区震后修复工程中用得较多，而且有设计规程可依。与此同时，同济大学等院校也做过不少分析研究工作，在此基础上，经本规范修订组讨论后决定纳入这种加固方法，供抗震加固使用。

10.8.2 公式（10.8.2-2）系以环向围束作为附加箍筋的体积配筋率的计算公式，是参照国外有关文献，由同济大学作了大量分析后提出的。经试算表明，略偏于安全。

10.9 构造规定

10.9.1、**10.9.2** 本规范对受弯构件正弯矩区正截面承载力加固的构造规定，是根据国内科研单位和高等院校的试验研究结果和规范修订组总结工程实践经验，经讨论、筛选后提出的。因此，可供当前的加固设计参考使用。

10.9.3 采用纤维复合材对受弯构件负弯矩区进行正截面承载力加固时，其端部在梁柱节点处的锚固构造最难处理。为了解决这个问题，修订组曾通过各种渠道收集了国内外各种设计方案和部分试验数据，但均未得到满意的构造方式。图10.9.3-2及图10.9.3-3给出的构造示例，是在归纳上述设计方案优缺点的基础上逐步形成的。其优点是具有较强的锚固能力，可有效地防止纤维复合材剥离，但应注意的是，其所用的锚栓强度等级及数量应经计算确定。本条示例图中所给的锚栓强度等级及数量仅供一般情况参考。当受弯构件顶部有现浇楼板或翼缘时，箍板须穿过楼板或翼缘才能发挥其作用。最初的工程试用觉得很麻烦，经学习瑞士安装经验，采用半重叠钻孔法形成扁形孔安装（插进）钢箍板后，施工就变得十分简单。为了进一步提高箍板的锚固能力，还可采取先给箍板刷胶然后安装的工艺。另外，应注意的是安装箍板完毕应立即注胶封闭扁形孔，使它与混凝土粘结牢固，同时也解决了楼板可能渗水等问题。

10.9.4 这是国内外的共同经验。因为整幅满贴纤维织物时，其内部残余空气很难排除，胶层厚薄也不容易控制，以致大大降低粘贴的质量，影响纤维织物的正常受力。

10.9.5 同济大学的试验表明，按内短外长的原则分层截断纤维织物时，有助于防止内层纤维织物剥离，故推荐给设计、施工单位参考使用。

10.9.7～10.9.9 这三条的构造规定，是参照美国ACI 440指南、欧洲CEB-FIP（fib）指南、我国台湾工业技术研究院的设计实录以及修订组的试验资料制定的。

11 预应力碳纤维复合板加固法

11.1 设计规定

11.1.1 从本条规定可知，这种加固方法仅推荐用于截面偏小或配筋不足的钢筋混凝土构件的加固，也就是说被加固构件的质量基本上是完好的，能够正常工作的。因此，当构件有严重损伤或缺陷时，不应选用这种加固方法。

11.1.2 本条规定是基于如下认识：即对于需要作预应力碳纤维加固的混凝土构件，一般都已作为梁或板使用一段时间，其平时已承受了较大的荷载，且所施加的预应力也不会产生较大的预压应力，相反它会同时减小截面受压边缘的最大压应力和受拉边缘的最大拉应力，从而降低了对混凝土强度的要求。况且对碳纤维复合板所施加的预应力值一般是比较小的，因此对原混凝土强度无需提出特别要求，仅需考虑其密实性和整体性是否适合施加预应力即可。

11.1.3、11.1.4、11.1.6、11.1.7 条文说明同本规范第10章相应条文说明。

11.2 预应力碳纤维复合板加固受弯构件

11.2.1 规定了预应力碳纤维的预应力损失值计算。

11.2.2 对混凝土在加固后的相对界限受压区高度统一取用加固前控制值的0.85倍，即$\xi_{b,f}=0.85\xi_b$。具体理由见本规范第10.2.2条的说明。

11.2.3 预应力碳纤维复合板对梁、板等受弯构件进行加固时的正截面承载力计算基本上与碳纤维加固相同，唯一的区别是碳纤维板的强度取值不考虑强度利用系数。因为施加了预应力，碳纤维本身强度完全能充分利用。

11.2.4 碳纤维复合板与混凝土表面间仍然需采用结构胶粘贴，但仅作为安全储备。锚具本身完全具有锚固性能。

11.3 构造要求

11.3.1～11.3.6 提供了普通平板锚具齿形锚具和波形锚具的做法。这些锚具虽在工程实践中被采用过，但并非最佳的设计。如果有成熟经验也可以修改锚具构造和尺寸，或采用其他更好的锚具。

11.3.7 预应力碳纤维复合板的宽度宜采用100mm。这主要是根据同济大学等单位相关试验研究结果推荐的。当宽度更大时，对锚具的要求将会更高，也更难设计。

11.3.12 在锚具与预应力碳纤维复合板之间宜粘贴2层～4层碳纤维布，目的是当锚具钢板发生变形时，仍然能发挥良好的锚固作用。

12 增设支点加固法

12.1 设计规定

12.1.1 增设支点加固法是一种传统的加固法，适用于对外观和使用功能要求不高的梁、板、桁架、网架等的加固。此外，还经常用于抢险工程。尽管这种方法的缺点很突出，但由于它具有简便、可靠和易拆卸的优点，一直是结构加固不可或缺的手段。

12.1.2 增设支点加固法虽然是通过减小被加固结构的跨度或位移，来改变结构不利的受力状态，以提高其承载力的；根据支承结构、构件受力变形性能的不同，又分为刚性支点加固法和弹性支点加固法。刚性支点加固法一般是以支顶的方式直接将荷载传给基础，但也有以斜拉杆作为支点直接将荷载传给刚度较大的梁柱节点或其他可视为“不动点”的结构。在这种情况下，由于传力构件的轴向压缩变形很小，可在计算中忽略不计，因此，结构受力较为明确，计算大为简化。弹性支点加固法则是通过传力构件的受弯或桁架作用等间接地将荷载传递给其他可作为支点的结构。在这种情况下，由于被加固结构和传力构件的变形均不能忽略不计，因此，其内力计算必须考虑两者的变形协调关系才能求解。由之可见，刚性支点加固法对提高原结构承载力的作用较大，而弹性支点加固法的计算较复杂，但对原结构的使用空间的影响相对较小。尽管各有其优缺点，但在加固设计时并非可以任意选择，因此作了“应根据被加固结构的构造特点和工作条件进行选用”的规定。

12.1.3 这是因为有预加力的方案，其预加力与外荷载的方向相反，可以抵消原结构部分内力，能较大地发挥支承结构的作用。但具体设计时应以不致使结构、构件出现裂缝以及不增设附加钢筋为度。

12.2 加固计算

12.2.1、12.2.2 考虑到这两种加固方法的每一计算项目及其计算内容，设计人员都很熟识，只要明确了各自的计算步骤，便可按常规设计方法进行。因此，略去了具体的结构力学计算和截面设计。

12.3 构造规定

12.3.1、12.3.2 增设支点法的支柱与原结构间的连接有湿式连接和干式连接两种构造之分。湿式连接适用于混凝土支承；其接头整体性好，但施工较为麻烦；干式连接适用于型钢支承，其施工较前者简便。图 12.3.1 及图 12.3.2 所示的连接构造，虽为国内外常用的传统连接方法，但均属示例性质，设计人员可在此基础上加以改进。另外，若采用型钢支承，应注意做好防锈、防腐蚀和防火的防护层。

13 预张紧钢丝绳网片-聚合物砂浆面层加固法

13.1 设计规定

13.1.1 本条规定了预张紧钢丝绳网片-聚合物砂浆面层加固法的适用范围。但本规范仅对受弯构件使用这种方法作出规定，而未涉及其他受力种类的构件。这是因为这种加固方法在我国应用时间还不长，现有试验数据的积累，只有这种构件较为充分，可以用于制定标准，至于其他受力种类的构件还有待于继续做工作。

13.1.2 在实际工作中，有时会遇到原结构的混凝土强度低于现行设计规范规定的最低强度等级的情况。如果原结构混凝土强度过低，它与聚合物改性水泥砂浆的粘结强度也必然很低。此时，极易发生呈脆性的剪切破坏或剥离破坏。故本条规定了被加固结构、构件的混凝土强度的最低等级，以及这种砂浆与混凝土表面粘结应达到的最小正拉粘结强度。

13.1.3 以预张紧的钢丝绳网片-聚合物砂浆面层加固的承重构件最忌在复杂的应力状态下工作，故本条强调了应将钢丝绳网片的受力方式设计成仅承受轴向拉应力作用。

13.1.4 规范修订组和湖南大学等单位所做的构件试验均表明：对梁和柱只有在采取三面或四面围套外加层的情况下，才能保证混凝土与聚合物砂浆面层之间具有足够的粘结力，而不致发生粘结破坏。因此，作出了本条规定，以提示设计人员必须予以遵守。

13.1.5 工程实践经验和验证性试验均表明，钢丝绳网片安装时，若不施加足够的预张紧力，就会大大削弱网片与原结构共同工作的能力。在多数情况下，可使这种加固方法新增的承载力降低 20%。因此，作出了必须施加预张紧力的规定，并参照北京和厦门的试验数据，给出了应施加的预张紧力的大小，供设计、施工使用。

13.1.6 本条规定了长期使用的环境温度不应高于 60℃，是根据砂浆、混凝土和常温固化聚合物的性能综合确定的。对于特殊环境（如腐蚀介质环境、高温环境等）下的混凝土结构，其加固不仅应采用耐环境因素作用的聚合物配制砂浆；而且还应要求供应厂商出具符合专门标准合格指标的验证证书，严禁按厂家所谓的“技术手册”采用，以免枉自承担违反标准规范导致工程出安全问题的终身责任。与此同时还应考虑被加固结构的原构件混凝土以及聚合物砂浆中的水泥和砂等成分是否能承受特殊环境介质的作用。

13.1.7 采用粘结钢丝绳网片加固时，应采取措施卸除结构上的活荷载。其目的是减少二次受力的影响，也就是降低钢丝绳网片的滞后应变，使得加固后的钢丝绳网片能充分发挥其作用。

13.1.8 尽管不少厂商，特别是外国厂家的代理商在推销其聚合物砂浆的产品时，总要强调它具有很好的防火性能，但无法否认的是，其砂浆中所掺的聚合物和合成纤维，几乎都是可燃的。在这种情况下，即使砂浆不燃烧，它也会在高温中失效。故仍应按现行国家标准《建筑设计防火规范》GB 50016 规定的耐火等级和耐火极限要求进行检验与防护。

13.2 受弯构件正截面加固计算

13.2.1 本条前 4 款的规定，是根据国内外目前试验研究成果制定的；第 5 款主要是出于简化计算目的而采用的近似方法。

13.2.2 如同本规范第 9.2.2 条及第 10.2.2 条一样，是为了控制“最大加固量”，防止出现“超筋”而采取的保证安全的措施，应在加固设计中得到执行。

13.2.3 表 13.2.3 的出处可参阅本规范第 9.2.10 条及第 10.2.9 条的说明。

13.2.6 参阅本规范第 9.2.11 条的说明。

13.3 受弯构件斜截面加固计算

13.3.1 本条给出了钢丝绳网受剪构造的梁式构件三面展开图供设计使用，但只是作为一个示例，并不要求设计生搬硬套。

13.3.2、13.3.3 参阅本规范第 9.3.2 条及第 9.3.3 条的说明。

13.4 构造规定

13.4.1 本条的 1、2 两款是参照国家标准 GB 8918－2006、GB/T 9944－2002 以及行业标准 YB/T 5196－2005 和 YB/T 5197－2005 制定的。其余各款是参照国内高等院校及有关公司和科研单位的试用经验制定的。

13.4.2～13.4.5 这四条也是对国内工程经验的总结，可供设计单位参照使用。

13.4.6 对粘结在混凝土表面的聚合物改性砂浆面层，其面上之所以还要喷抹一层防护材料（一般为配套使用的乳浆），是因为整个面层只有30mm厚；其防渗性能还需要加强，其所掺加的聚合物也需要防止日光照射。倘若使用的是镀锌钢丝绳，该防护材料还应具有阻锈的作用。

14 绕丝加固法

14.1 设计规定

14.1.1 绕丝加固法的优点，主要是能够显著地提高钢筋混凝土构件的斜截面承载力，另外由于绕丝引起的约束混凝土作用，还能提高轴心受压构件的正截面承载力。不过从实用的角度来说，绕丝的效果虽然可靠（特别是机械绕丝），但对受压构件使用阶段的承载力提高的增量不大，因此，在工程上仅用于提高钢筋混凝土柱位移延性的加固。由于这项用途已得到有关院校的试验验证，因而据以对其适用范围作出规定。

14.1.2 绕丝法因限于构造条件，其约束作用不如螺旋式间接钢筋。在高强混凝土中，其约束作用更是显著下降，因而作了“不得高于C50”的规定。

14.1.3 本条系参照螺旋筋和碳纤维围束的构造规定提出的，其限值与ACI、FIB和我国台湾地区等的指南相近。

14.1.4 本规范仅确认当绕丝面层为细石混凝土时，可以采用本假定。而对有些工程已开始使用的水泥砂浆面层，因缺乏试验验证，尚嫌依据不足，故未将水泥砂浆面层的做法纳入本规范。

14.2 柱的抗震加固计算

14.2.1 本条计算公式中矩形截面有效约束系数 $\varphi_{v,s}$ 的取值，是根据我国试验结果，采用分析与工程经验相结合的方法确定的，但由于迄今研究尚不充分，未区分轴压比和卸载情况，也未考虑混凝土外加层的有利作用，只是偏于安全地取最低值。

14.3 构造规定

14.3.1、14.3.2 由于圆形箍筋对核心区混凝土的约束性能要高于方形箍筋，因此对方形截面的受压构件，要求在截面四周中部设置四根ϕ25钢筋，并凿去四角混凝土保护层作圆化处理，使得施工时容易拉紧钢丝，也使绕丝对核心混凝土的约束作用增大。

14.3.3 由于喷射混凝土与原混凝土之间具有良好的粘着力，故建议优先采用喷射混凝土，以增加绕丝构件的安全储备。

14.3.4 绕丝最大间距的规定，是根据我国对退火钢丝的试验研究结果作出的。

14.3.5 工程实践经验表明，采用钢楔可以进一步绷紧钢丝，但应注意检查的是：其他部位是否会因局部楔紧而变松。

15 植筋技术

15.1 设计规定

15.1.1 植筋技术之所以仅适用于钢筋混凝土结构，而不适用素混凝土结构和过低配筋率的情况，是因为这项技术主要用于连接原结构构件与新增构件，只有当原构件混凝土具有正常的配筋率和足够的箍筋时，这种连接才是有效而可靠的。与此同时，为了确保这种连接承载的安全性，还必须按充分利用钢筋强度和延性的破坏模式进行计算。但这对素混凝土构件来说，并非任何情况下都能做到。因为在素混凝土中要保证植筋的强度得到充分发挥，必须有很大的间距和边距，而这在建筑结构构造上往往难以满足。此时，只能改用按混凝土基材承载力设计的锚栓连接。

15.1.2 原构件的混凝土强度等级直接影响植筋与混凝土的粘结性能，特别是悬挑结构、构件更为敏感。为此，必须规定对原构件混凝土强度等级的最低要求。

15.1.3 承重构件植筋部位的混凝土应坚实、无局部缺陷，且配有适量钢筋和箍筋，才能使植筋正常受力。因此，不允许有局部缺陷存在于锚固部位；即使处于锚固部位以外，也应先加固后植筋，以保证安全和质量。

15.1.4 国内外试验表明，带肋钢筋相对肋面积 A_r 的不同，对植筋的承载力有一定影响。其影响范围大致在0.9～1.16之间。当 $0.05\leqslant A_r<0.08$ 时，对植筋承载力起提高作用；当 $A_r>0.08$ 时起降低作用。因此，我国国家标准要求相对肋面积应在0.055～0.065之间。然而国外有些标准对 A_r 的要求较宽，允许 $0.05\leqslant A_r\leqslant 0.1$ 的带肋钢筋均为合格品。在这种情况下，若接受 $A_r>0.08$ 的产品，显然对植筋的安全质量有影响，故规定当采用进口的带肋钢筋时，应检查此项目，并且至少应要求其 A_r 值不应大于0.08。

15.1.5 这是根据全国建筑物鉴定与加固标准技术委员会抽样检测20余种中、高档锚固型结构胶粘剂的试验结果，参照国外有关技术资料制定的，并且在实际工程的试用中得到验证。因此，必须严格执行，以确保植筋技术在承重结构中应用的安全。另外，应指出的是：氨基甲酸酯胶粘剂也属于乙烯基酯类胶粘剂的一种。

15.1.6 本条规定了采用植筋连接的结构，其长期使用的环境温度不应高于60℃。但应说明的是，这是按常温条件下，使用普通型结构胶粘剂的性能确定的。当采用耐高温胶粘剂粘结时，可不受此规定限制，但基材混凝土应受现行国家标准《混凝土结构设计规范》GB 50010 对结构表面温度规定的约束。

15.2 锚固计算

15.2.1～15.2.3 本规范对植筋受拉承载力的确定，虽然是以充分利用钢材强度和延性为条件的，但在计算其基本锚固深度时，却是按钢材屈服和粘结破坏同时发生的临界状态进行确定的。因此，在计算地震区植筋承载力时，对其锚固深度设计值的确定，尚应乘以保证其位移延性达到设计要求的修正系数。试验表明，该修正系数只要符合本条的规定，其所植钢筋不仅都能屈服，而且后继强化段明显，能够满足抗震对延性的要求。

另外，应说明的是在植筋承载力计算中还引入了防止混凝土劈裂的计算系数。这是参照 ACI 38-02 的规定制定的；但考虑到按 ACI 公式计算较为复杂，况且也有必要按我国的工程经验进行调整，故而采取了按查表的方法确定。

15.2.4 锚固用胶粘剂粘结强度设计值，不仅取决于胶粘剂的基本力学性能，而且还取决于混凝土强度等级以及结构的构造条件。表 15.2.4 规定的粘结抗剪强度设计值是参照 ICBO 对胶粘剂粘结强度规定的安全系数以及 EOTA 给出的取值曲线，按我国试验数据和工程经验确定的。从表面上看，本规范的取值似乎偏高，其实并非如此。因为本规范引入了对植筋构件不同受力条件的考虑，并按其风险的大小，对基本取值进行了调整。这样得到的最后结果，对非悬挑的梁类构件而言，与欧美取值相近；对悬挑结构构件而言，取值要比欧洲低，但却是必要的；因为这类构件的植筋受力条件最为不利，必须要有较高的安全储备才能保证植筋连接的可靠性；所以根据修订组的试验数据和专家论证的意见作了调整。

另外，应指出的是快固型结构胶在 C30 以上（不包括 C30）的混凝土基材中使用时，其粘结抗剪强度之所以需作降低的调整，是因为在较高强度等级的混凝土基材中植筋，胶的粘结性能才能显现出来，并起到控制的作用，而快固型结构胶主要成分的固有性能决定了它的粘结强度要比慢固型结构胶低。因此，有必要加以调整，以确保安全。

本条为强制性条文，必须严格执行。

15.2.5 本条规定的各种因素对植筋受拉性能影响的修正系数，是参照欧洲有关指南和我国的试验研究结果制定的。

15.2.6 当前植筋市场竞争十分激烈，不少厂商为了夺标，无视工程安全，采取以下手法来影响设计单位和业主的决策。

一是故意混淆单根植筋与多根植筋（成组植筋）在受力性能上的本质差别，以单根植筋试验分析结果确定的计算参数引用于多根群植的植筋设计计算，任意在梁、柱等承重构件的接长工程中推荐使用 $10d$～$12d$ 的植筋锚固长度，甚至还纳入其所编制的“技术手册”到处散发，致使很多经验不足的设计人员和外行的业主受到误导。这对承重结构而言，是极其危险的。因为多根群植的植筋，其试验结果表明，若锚固深度仅有 $10d$，在构件破坏时，群植的钢筋不可能屈服，完全是由于混凝土劈裂而引起的脆性破坏。由此可知这类误导所造成危害的严重性。

二是鼓励业主采用单筋拉拔试验作为选胶的依据，并按单筋拉断的埋深作为多根群植的植筋锚固长度进行接长设计。这种做法不仅贻害工程，而且所选中的都是劣质植筋胶。因为在现场拉拔的大比拼中，最容易入选的植筋胶，多是以乙二胺为主成分的 T31 固化剂配制的。其特点是早期强度高，但性脆、有毒，且不耐老化，缺乏结构胶所要求的韧性和耐久性，在使用过程中容易脱胶。

15.3 构造规定

15.3.1 本条规定的最小锚固深度，是从构造要求出发，参照国外有关的指南和技术手册确定的，而且已在我国试用过几年，其所反馈的信息表明，在一般情况下还是合理可行的；只是对悬挑结构构件尚嫌不足。为此，根据一些专家的建议，作出了应乘以 1.5 修正系数的补充规定。

15.3.2、15.3.3 与国家标准《混凝土结构设计规范》GB 50010－2010 的规定相对应，可参考该规范的条文说明。

15.3.5 植筋钻孔直径的大小与其受拉承载力有一定关系，因此，本条规定的钻孔直径是经过承载力试验对比后确定的，应认真遵守，不得以植筋公司的说法为凭。

16 锚栓技术

16.1 设计规定

16.1.1 对本条的规定需要说明两点：

1 轻质混凝土结构的锚栓锚固，应采用适应其材性的专用锚栓。目前市场上有不同品牌和功能的国内外产品可供选择，但不属本规范管辖范围。

2 严重风化的混凝土结构不能作为锚栓锚固的基材，其道理是显而易见的，但若必需使用锚栓，应先对被锚固的构件进行混凝土置换，然后再植入锚栓，才能起到承载作用。

16.1.2 对基材混凝土的最低强度等级作出规定，主要是为了保证承载的安全。本规范的规定值之所以按重要构件和一般构件分别给出，除了考虑安全因素和失效后果的严重性外，还注意到迄今为止所总结的工程经验，其实际混凝土强度等级多在 C30～C50 之间，而我国使用新型锚栓的时间又不长，因此，对重要构件要求严一些较为稳妥。至于C20级作为一般构件的最低强度等级要求，与其他各国的规定是一致的，不会有什么问题。

16.1.3 根据全国建筑物鉴定与加固标准技术委员会近10年来对各种锚栓所进行的安全性检测及其使用效果的观测结果，本规范修订组从中筛选了三种适合于承重结构使用的机械锚栓，即自扩底锚栓、模扩底锚栓和胶粘型模扩底锚栓纳入规范，之所以选择这三种锚栓，主要是因为它们嵌入基材混凝土后，能起到机械锁键作用，并产生类似预埋的效应，而这对承载的安全至关重要。至于胶粘型模扩底锚栓，由于增加了结构胶的粘结，还可以在增加安全储备的同时，起到防腐蚀的作用，宜在有这方面要求的场合应用。

对于化学锚栓，由于目前市场上品牌多，存在着鱼龙混杂的现象，兼之不少单位在设计概念和计算方法上还很混乱，因而不能任其在承重结构中滥用。为此，本规范此次修订做了两项工作：一是不再采用“化学锚栓”这个不科学的名称，而改名为“胶粘型锚栓”；二是在经过筛选后，仅纳入能适应开裂混凝土性能的“特殊倒锥形胶粘型锚栓”。其所以这样做，是因为目前能用于承重结构的胶粘型锚栓，均是经过特殊设计和验证性试验后才投入批量生产的，而且尽管有不同品牌，但其承载原理都是相同的，即：通过材料粘合和具有挤紧作用的嵌合来取得安全承载的效果，以达到提高锚固安全性之目的。

16.1.4 普通膨胀锚栓在承重结构中应用不断出现危及安全的问题已是多年来有目共睹的事实。正因此，不少省、市、自治区的建委或建设厅先后作出了禁用的规定，所以本规范也作出了相应的强制性规定。

16.1.5 对于在地震区采用锚栓的限制性规定，是参照国外有关规程、指南、手册对锚栓适用范围的划分，经咨询专家和设计人员的意见后作出了较为稳健的规定。例如：有些指南和手册规定这三种机械锚栓可用于6度～8度区；而本规范则规定：对8度区仅允许用于Ⅰ、Ⅱ类场地，原因是这两种锚栓在我国应用时间尚不长，缺乏震害资料，还是以稳健为妥。

16.1.7 对锚栓连接的计算之所以不考虑国外所谓的非开裂混凝土对锚栓承载力提高的作用，主要是因为它只有理论意义，无甚工程应用的实际价值；若判别不当还很容易影响结构的安全。

16.2 锚栓钢材承载力验算

16.2.1～16.2.4 这三条规定基本上是参照欧洲标准制定的，但根据我国钢材性能和质量情况对设计指标稍作偏于安全的调整。此外，还在条文内容的表达方式上作了适当改变：一是与现行设计规范相协调，给出锚栓钢材强度的设计值；二是直接以锚栓抗剪强度设计值 $f_{ud,v}$ 取代原公式中的 $0.5f_{ud,t}$，使该表达式（16.2.4-1）在计算结果相同的情况下概念较为清晰。这次修订，又参照美国 ACI 318 附录 D 的规定，对 $\psi_{E,V}$ 的取值作了偏于安全的调整。

同时这次修订，也对锚栓受剪承载力的地震影响系数作了偏于安全的调整，其依据也是参照了美国 ACI 318 的相应规定。

16.3 基材混凝土承载力验算

16.3.1、16.3.2 本规范对基材混凝土的承载力验算，在破坏模式的考虑上与欧洲标准及 ACI 标准完全一致。但在其受拉承载力的计算上，根据我国试验资料和工程使用经验作了偏于安全的调整。计算表明，可以更好地反映当前我国锚栓连接的受力性能和质量情况。

16.3.3 这次修订规范，参照国外相关标准和6年多来国内实施原规范反馈的信息，对参数 $\psi_{S,N}$ 和 $\psi_{h,N}$ 重新作了调整，并合并为一个参数 $\psi_{s,h}$，调整后的效果是使混凝土基材的受拉承载力稍有提高。试设计表明，修订后的混凝土基材的承载力居于原规范与欧美标准之间，较为符合我国施工质量状况，且稳健、可行。

16.3.4 与欧洲标准相同，均采用图例方式给出各几何参数的确定方法，供锚栓连接的设计计算使用。

16.3.5～16.3.10 关于基材混凝土受剪承载力的计算方法以及计算所需几何参数的确定方法，均参照 ETAG 标准进行制定。

16.4 构 造 规 定

16.4.1、16.4.2 对混凝土最小厚度 h_{min} 的规定，考虑到本规范的锚栓设计仅适用于承重结构，且要求锚栓直径不得小于12mm，故将 h_{min} 的取值调整为 h_{min} 不应小于60mm。

16.4.3 本规范推荐的锚栓品种仅有4种，且均属国内外验证性试验确认为有预埋效应的锚栓；其有效锚固深度的基本值又是以6度区～8度区为界限确定的。因此，在进一步限制其设防烈度最高为8度区Ⅰ、Ⅱ、Ⅲ类场地的情况下，本条规定的 h_{ef} 最小值是能够满足抗震构造要求的。

16.4.4 锚栓的边距和间距，系参照 ETAG 标准制定的，但不分锚栓品种，统一取 $s_{min}=1.0h_{ef}$，有助于保证胶粘型锚栓的安全。

16.4.5 本条对锚栓的防腐蚀要求仅作出原则性规定。具体设计时，尚应符合现行国家标准《工业建筑防腐蚀设计规范》GB 50046 的规定。

17 裂缝修补技术

17.1 设 计 规 定

17.1.1 迄今为止，研究和开发裂缝修补技术所取得的成果表明，对因承载力不足而产生裂缝的结构、构件而言，开裂只是其承载力下降的一种表面征兆和构造性的反应，而非导致承载力下降的实质性原因，故不可能通过单纯的裂缝修补来恢复其承载功能。基于这一共识，可以将修补裂缝的作用概括为以下5类：

1 抵御诱发钢筋锈蚀的介质侵入，延长结构实际使用年数；

2 通过补强保持结构、构件的完整性；

3 恢复结构的使用功能，提高其防水、防渗能力；

4 消除裂缝对人们形成的心理压力；

5 改善结构外观。

由此可以界定这种技术的适用范围及其可以收到的实效。

17.1.2 混凝土结构的裂缝依其形成可分为以下三类：

1 静止裂缝：形态、尺寸和数量均已稳定不再发展的裂缝。修补时，仅需依裂缝粗细选择修补材料和方法。

2 活动裂缝：宽度在现有环境和工作条件下始终不能保持稳定，易随着结构构件的受力、变形或环境温、湿度的变化而时张时闭的裂缝。修补时，应先消除其成因，并观察一段时间，确认已稳定后，再依静止裂缝的处理方法修补；若不能完全消除其成因，但确认对结构、构件的安全性不构成危害时，可使用具有弹性和柔韧性的材料进行修补。

3 尚在发展的裂缝：长度、宽度或数量尚在发展，但经历一段时间后将会终止的裂缝。对此类裂缝应待其停止发展后，再进行修补或加固。

裂缝修补方法应符合下列规定：

1 表面封闭法：利用混凝土表层微细独立裂缝（裂缝宽度 $w \leqslant 0.2$mm）或网状裂纹的毛细作用吸收低黏度且具有良好渗透性的修补胶液，封闭裂缝通道。对楼板和其他需要防渗的部位，尚应在混凝土表面粘贴纤维复合材料以增强封护作用。

2 注射法：以一定的压力将低黏度、高强度的裂缝修补胶液注入裂缝腔内；此方法适用于 $0.1\text{mm} \leqslant w \leqslant 1.5\text{mm}$ 静止的独立裂缝、贯穿性裂缝以及蜂窝状局部缺陷的补强和封闭。注射前，应按产品说明书的规定，对裂缝周边进行密封。

3 压力注浆法：在一定时间内，以较高压力（按产品使用说明书确定）将修补裂缝用的注浆料压入裂缝腔内；此法适用于处理大型结构贯穿性裂缝、大体积混凝土的蜂窝状严重缺陷以及深而蜿蜒的裂缝。

4 填充密封法：在构件表面沿裂缝走向骑缝凿出槽深和槽宽分别不小于20mm和15mm的U形沟槽；当裂缝较细时，也可凿成V形沟槽。然后用改性环氧树脂或弹性填缝材料充填，并粘贴纤维复合材以封闭其表面；此法适用于处理 $w > 0.5$mm 的活动裂缝和静止裂缝。填充完毕后，其表面应做防护层（图3）。

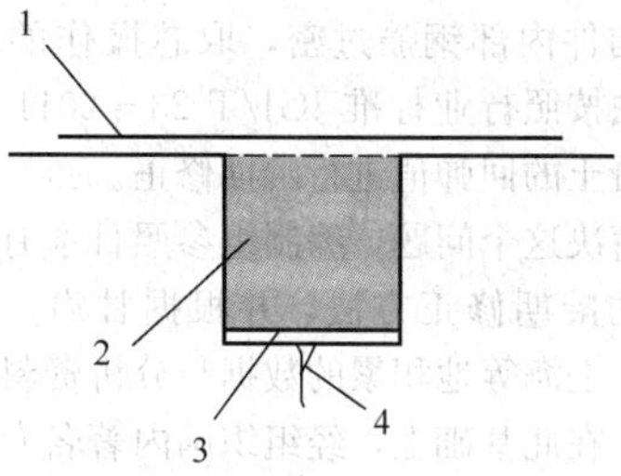

图3　裂缝处开U形沟槽充填修补材料

1—封护材料；2—填充材料；3—隔离层；4—裂缝

注：当为活动裂缝时，槽宽应按不小于15mm+5t确定（t为裂缝最大宽度）。

裂缝的修补必须以结构可靠性鉴定结论为依据。因为它通过现场调查、检测和分析，对裂缝起因、属性和类别作出判断，并根据裂缝的发展程度、所处的位置与环境，对受检裂缝可能造成的危害作出鉴定。据此，才能有针对地选择适用的修补方法进行防治。

17.2　裂缝修补要求

17.2.1～17.2.3 对混凝土有补强要求的裂缝，其修补效果的检验以取芯法最为有效。若能在钻芯前辅以超声探测混凝土内部情况，则取芯成功率将会大大提高。芯样的检验以采用劈裂抗拉强度试验方法为宜，因为该法能查出裂缝修补液的粘结强度是否合格。

附录A　既有建筑物结构荷载标准值的确定方法

现行国家标准《建筑结构荷载规范》GB 50009是以新建工程为对象制定的；当用于已有建筑物结构加固设计时，还需要根据已有建筑物的特点作些补充规定。例如：现行国家标准《建筑结构荷载规范》GB 50009尚未规定的有些材料自重标准值的确定；加固设计使用年限调整后，楼面活荷载、风、雪荷载标准值的确定等。为此，编制组与“建筑结构荷载规范管理组”商讨后制定了本附录，作为对GB 50009的补充，供既有建筑物结构加固设计使用。

附录B　既有结构混凝土回弹值龄期修正的规定

建筑结构加固设计中遇到的原构件混凝土，其龄期绝大多数已远远超过1000d，这也就意味着必须采用取芯法对回弹值进行修正。但这在实际工程中是很难做到的，例如当原构件截面过小，原构件混凝土有缺陷，原构件内部钢筋过密，取芯操作的风险过大时，都无法按照行业标准JGJ/T 23－2011的规定对原构件混凝土的回弹值进行龄期修正。

为了解决这个问题，编制组参照日本有关可靠性检验手册的龄期修正方法，并根据甘肃、重庆、四川、辽宁、上海等地积累的数据与分析资料进行了验证与调整。在此基础上，经组织国内著名专家论证后制定了本规定。这里需要指出：

1 本规定仅允许用于结构加固设计；不得用于安全性鉴定的仲裁性检验；

2 本规定是为了解决当前结构加固设计的急需而制定的，属暂行规定的性质。一旦有了专门的检验方法标准发布实施，本规范管理组将立即上报主管部门终止本附录的使用。

龄期修正系数 α_n 应用示例如下：

现场测得某测区平均回弹值 R_m ＝50.8；其平均碳化深度 d_m 大于6mm；由行业标准《回弹法检测混凝土抗压强度技术规程》JGJ/T 23－2011附录A查得：测区混凝土换算值 $f^c_{cu,i}$（1000d）＝40.3MPa。若被测混凝土的龄期已达15000d，则由本规定表B.0.3可查得龄期修正系数 α_n ＝0.89；$f^c_{cu,i}$（15000d）＝40.3×0.89＝35.8MPa。

附录C 锚固用快固胶粘结拉伸抗剪强度测定法之一钢套筒法

本方法为测定锚固型快固胶粘结拉伸抗剪强度的专用测定方法之一，而且应与GB/T 7124配套执行，其检验结果亦为有效。因此，这是为了解决这类粘结材料粘结能力评定有困难才制定的。

本方法最早由建设部建筑物鉴定与加固规范管理委员会于1999年提出，曾先后在植筋和锚栓胶粘剂的安全性统一检测过程中进行了近5年的试用。其试用情况表明，能较好地反映这类胶粘剂在特定条件下的粘结性能。特别是在20余种国产和进口胶粘剂的统一检测中，积累了大量数据，因而能用以确定本方法检验结果的合格指标。这也就使得本规范在制定快固胶性能指标时，有了可靠的基础。故决定纳入本规范供结构加固的选材使用。

附录D 锚固型快固结构胶抗震性能检验方法

根据国外有关标准和指南的新规定，对锚固型快固结构胶的应用，均提出“应通过地震区适用的认证”的要求。与此同时，从我国“5·12”震害的调查中，也深感有加强锚固型快固结构胶抗震性能检验的必要。为此，由同济大学等单位通过各种比对试验与分析，确认采用本附录的测试方法最为简便，但仍然需要较长时间和较高费用。因此，仅推荐在新产品进入市场时使用，对于常规的检验，仅要求审查此项鉴定报告的有效性和可靠性。

附录E 既有混凝土结构钢筋阻锈方法

对本附录需说明以下4点：

1 本规范采用的钢筋阻锈技术，是针对既有混凝土结构的特点进行选择的，因而仅纳入适合这类结构使用的喷涂型阻锈剂；但应指出的是，对新建工程中密实性很差的混凝土构件而言，也可作为补救性的有效防锈措施，以提高有缺陷混凝土构件的耐久性。

2 本附录是在国内外使用喷涂型阻锈剂工程经验总结的基础上制定的，因而应务必予以重视，否则很可能达不到应有的处理效果。

3 亲水性的钢筋阻锈剂虽然能很好地吸附在混凝土内部钢筋表面，对钢筋进行保护，但却不能有效滤除混凝土基材内的氯离子、氧气及其他有害物质。随着时间的推移，这些有害成分会不断累积，从而使混凝土中钢筋受到新的锈蚀威胁。因此，在露天工程或有腐蚀性介质的环境中，使用亲水性阻锈剂时，需要采用附加的表面涂层，以起到滤除氯离子及其他有害杂质的作用。

4 本附录规定的检测方法及其评定标准，是参照国外著名机构的有关试验方法与评估指南制定的，较为可信；尤其是对锈蚀电流降低率的检测，能够有效地衡量阻锈剂的使用效果；其唯一的缺点是测试的时间较晚，从喷涂时间算起，需等待150d才能进行检测，但其评估结论却是最准确的，因而仍然受到设计和业主单位的青睐。

附录F 锚栓连接受力分析方法

对混凝土结构加固设计而言，内力分析和承载力验算是不可或缺且相互影响的两大部分。从欧美规范的构成可以看出，结构分析的内容占有相当篇幅，甚至独立成章。过去我国规范中以截面计算为主，很少涉及这方面内容。然而自从《混凝土结构设计规范》GB 50010修订以后，已在该规范中增补了“结构分析”一章，由此可见其重要性已被国人所认识。为此，也将这方面内容纳入本规范的附录，以供后锚固连接设计使用。

中华人民共和国国家标准

钢结构现场检测技术标准

Technical standard for in-site testing of steel structure

GB/T 50621—2010

主编部门：中华人民共和国住房和城乡建设部
批准部门：中华人民共和国住房和城乡建设部
施行日期：2 0 1 1 年 6 月 1 日

中华人民共和国住房和城乡建设部
公　告

第 738 号

关于发布国家标准《钢结构现场检测技术标准》的公告

现批准《钢结构现场检测技术标准》为国家标准，编号为 GB/T 50621-2010，自 2011 年 6 月 1 日起实施。

本标准由我部标准定额研究所组织中国建筑工业出版社出版发行。

中华人民共和国住房和城乡建设部
2010 年 8 月 18 日

前　言

根据原建设部《关于印发〈二〇〇四年工程建设国家标准制订、修订计划〉的通知》（建标［2004］第 67 号）的要求，由中国建筑科学研究院会同有关单位共同编制完成的。

本标准在编制过程中，编制组经广泛调查研究，认真总结实践经验，参考有关国际标准和国外先进标准，并在广泛征求意见的基础上，最后经审查定稿。

本标准共分 14 章和 4 个附录，主要技术内容包括：总则、术语和符号、基本规定、外观质量检测、表面质量的磁粉检测、表面质量的渗透检测、内部缺陷的超声波检测、高强度螺栓终拧扭矩检测、变形检测、钢材厚度检测、钢材品种检测、防腐涂层厚度检测、防火涂层厚度检测、钢结构动力特性检测。

本标准由住房和城乡建设部负责管理，由中国建筑科学研究院负责具体技术内容的解释。执行过程中如有意见或建议，请寄送中国建筑科学研究院（地址：北京市北三环东路 30 号，邮编：100013；E-mail：standards@cabr.com.cn）。

本标准主编单位：中国建筑科学研究院

本标准参编单位：上海市建筑科学研究院（集团）有限公司
深圳市太科检验有限公司
中冶建筑研究总院有限公司
安徽省建筑科学研究设计院
上海材料研究所
广东省建筑科学研究院
北京市机械施工有限公司
国家建筑工程质量监督检验中心

本标准主要起草人员：袁海军　尹　荣　冷小克　段　斌　项炳泉　陶　里　段向胜　施天敏　任胜谦　徐教宇　邓　浩　王久明　许　君

本标准主要审查人员：贺明玄　周明华　柴　昶　高小旺　郁银泉　朱　丹　张宣关　林松涛　王明贵　陈友泉　周　安

目　次

1　总则 …… 9—6
2　术语和符号 …… 9—6
2.1　术语 …… 9—6
2.2　符号 …… 9—6
3　基本规定 …… 9—6
3.1　钢结构检测的分类 …… 9—6
3.2　检测工作程序与基本要求 …… 9—7
3.3　无损检测方法的选用 …… 9—7
3.4　抽样比例及合格判定 …… 9—7
3.5　检测设备和检测人员 …… 9—8
3.6　检测报告 …… 9—8
4　外观质量检测 …… 9—8
4.1　一般规定 …… 9—8
4.2　辅助工具 …… 9—9
4.3　外观质量 …… 9—9
5　表面质量的磁粉检测 …… 9—9
5.1　一般规定 …… 9—9
5.2　设备与器材 …… 9—9
5.3　检测步骤 …… 9—10
5.4　检测结果的评价 …… 9—10
6　表面质量的渗透检测 …… 9—10
6.1　一般规定 …… 9—10
6.2　试剂与器材 …… 9—10
6.3　检测步骤 …… 9—11
6.4　检测结果的评价 …… 9—11
7　内部缺陷的超声波检测 …… 9—11
7.1　一般规定 …… 9—11
7.2　设备与器材 …… 9—12
7.3　检测步骤 …… 9—13
7.4　检测结果的评价 …… 9—14
8　高强度螺栓终拧扭矩检测 …… 9—14
8.1　一般规定 …… 9—14
8.2　检测设备 …… 9—14
8.3　检测技术 …… 9—14
8.4　检测结果的评价 …… 9—15
9　变形检测 …… 9—15
9.1　一般规定 …… 9—15
9.2　检测设备 …… 9—15
9.3　检测技术 …… 9—15
9.4　检测结果的评价 …… 9—15
10　钢材厚度检测 …… 9—15
10.1　一般规定 …… 9—15
10.2　检测设备 …… 9—15
10.3　检测步骤 …… 9—15
10.4　检测结果的评价 …… 9—16
11　钢材品种检测 …… 9—16
11.1　一般规定 …… 9—16
11.2　钢材取样与分析 …… 9—16
11.3　钢材品种的判别 …… 9—16
12　防腐涂层厚度检测 …… 9—16
12.1　一般规定 …… 9—16
12.2　检测设备 …… 9—16
12.3　检测步骤 …… 9—16
12.4　检测结果的评价 …… 9—16
13　防火涂层厚度检测 …… 9—17
13.1　一般规定 …… 9—17
13.2　检测量具 …… 9—17
13.3　检测步骤 …… 9—17
13.4　检测结果的评价 …… 9—17
14　钢结构动力特性检测 …… 9—17
14.1　一般规定 …… 9—17
14.2　检测设备 …… 9—17
14.3　检测技术 …… 9—17
14.4　检测数据分析 …… 9—18
附录A　磁粉检测记录 …… 9—18
附录B　渗透检测记录 …… 9—18
附录C　T形接头、角接接头的超声波检测 …… 9—18
附录D　超声波检测记录 …… 9—19
本标准用词说明 …… 9—19
引用标准名录 …… 9—20
附：条文说明 …… 9—21

Contents

1 General Provisions ········· 9—6
2 Terms and Symbols ········· 9—6
2.1 Terms ········· 9—6
2.2 Symbols ········· 9—6
3 Basic Requirements ········· 9—6
3.1 Classification for Testing of Steel Structure ········· 9—6
3.2 Procedures of Testing and Basic Requirements ········· 9—7
3.3 Selection of Nondestructive Testing Method ········· 9—7
3.4 Selective Testing Ratio Scale and Acceptance Judgement ········· 9—7
3.5 Detection Devices and Testers ········· 9—8
3.6 Test Report ········· 9—8
4 Testing of Apparent Quality ········· 9—8
4.1 General Requirements ········· 9—8
4.2 Auxiliary Instrument ········· 9—9
4.3 Apparent Quality ········· 9—9
5 Magnetic Particle Testing for Surface Quality ········· 9—9
5.1 General Requirements ········· 9—9
5.2 Equipments and Facilities ········· 9—9
5.3 Testing Process ········· 9—10
5.4 Evaluation of Test Results ········· 9—10
6 Penetrant Testing for Surface Quality ········· 9—10
6.1 General Requirements ········· 9—10
6.2 Reagent and Facilities ········· 9—10
6.3 Testing Process ········· 9—11
6.4 Evaluation of Test Results ········· 9—11
7 Ultrasonic Testing for Internal Defects ········· 9—11
7.1 General Requirements ········· 9—11
7.2 Equipments and Facilities ········· 9—12
7.3 Testing Process ········· 9—13
7.4 Evaluation of Test Results ········· 9—14
8 Eventually Torque Testing for High Strength Bolts ········· 9—14
8.1 General Requirements ········· 9—14
8.2 Testing Equipments ········· 9—14
8.3 Testing Technique ········· 9—14
8.4 Evaluation of Test Results ········· 9—15
9 Deformation Testing ········· 9—15
9.1 General Requirements ········· 9—15
9.2 Testing Equipments ········· 9—15
9.3 Testing Technique ········· 9—15
9.4 Evaluation of Test Results ········· 9—15
10 Thickness Testing for Steel Products ········· 9—15
10.1 General Requirements ········· 9—15
10.2 Testing Equipments ········· 9—15
10.3 Testing Process ········· 9—15
10.4 Evaluation of Test Results ········· 9—16
11 Test of Steel Type ········· 9—16
11.1 General Requirements ········· 9—16
11.2 Sampling and Analysis of Steel Products ········· 9—16
11.3 Differentiate of Steel Type ········· 9—16
12 Thickness Testing for Anticorrosive Coating ········· 9—16
12.1 General Requirements ········· 9—16
12.2 Testing Equipments ········· 9—16
12.3 Testing Process ········· 9—16
12.4 Evaluation of Test Results ········· 9—16
13 Thickness Testing for Fireprotection Layer ········· 9—17
13.1 General Requirements ········· 9—17
13.2 Measurement Device ········· 9—17
13.3 Testing Process ········· 9—17
13.4 Evaluation of Test Results ········· 9—17
14 Dynamic Characteristics Test of Steel Structure ········· 9—17
14.1 General Requirements ········· 9—17
14.2 Testing Equipments ········· 9—17
14.3 Testing Technique ········· 9—17

14.4 Analysis of Test Data ………………… 9—18
Appendix A Magnetic Particle Testing Report ………… 9—18
Appendix B Penetrant Testing Report ……………………… 9—18
Appendix C Ultrasonic Detection of Type T Junction and Corner Joint ………………………… 9—18
Appendix D Ultrasonic Testing Report ……………………… 9—19
Explanation of Wording in This Standard ……………………………… 9—19
List of Quoted Standards ……………… 9—20
Addition: Explanation of Provisions ……………………… 9—21

1 总 则

1.0.1 为了在钢结构现场检测中，做到安全适用、数据准确、确保质量、便于操作，制定本标准。

1.0.2 本标准适用于钢结构中有关连接、变形、钢材厚度、钢材品种、涂装厚度、动力特性等的现场检测及检测结果的评价。

1.0.3 钢结构现场检测除应符合本标准的规定外，尚应符合国家现行有关标准的规定。

2 术语和符号

2.1 术 语

2.1.1 现场检测 in-site testing

对钢结构实体实施的原位检查、测量和检验等工作。

2.1.2 目视检测 visual testing

用人的肉眼或借助低倍放大镜，对材料表面进行直接观察的检测方法。

2.1.3 无损检测 nondestructive testing

对材料或工件实施的一种不损害其使用性能或用途的检测方法。

2.1.4 磁粉检测 magnetic particle testing

利用缺陷处漏磁场与磁粉的相互作用，显示铁磁性材料表面和近表面缺陷的无损检测方法。

2.1.5 渗透检测 penetrant testing

利用毛细管作用原理检测材料表面开口性缺陷的无损检测方法。

2.1.6 超声波检测 ultrasonic testing

利用超声波在介质中遇到界面产生反射的性质及其在传播时产生衰减的规律，来检测缺陷的无损检测方法。

2.1.7 射线检测 radiographic testing

利用被检工件对透入射线的不同吸收来检测缺陷的无损检测方法。

2.1.8 线型缺陷 linear defects

缺陷的长度与宽度之比大于3。

2.1.9 圆型缺陷 circular defects

缺陷的长度与宽度之比小于或等于3。

2.1.10 焊缝缺陷 weld defects

焊缝中的裂纹、未焊透、未熔合、夹渣、气孔等。

2.1.11 焊缝裂纹 weld crack

焊缝中原子结合遭到破坏，而导致在新界面上产生缝隙。

2.1.12 未焊透 lack of penetration

母材金属未熔化，焊接金属未进入母材金属内而导致接头根部的缺陷。

2.1.13 未熔合 lack of fusion

焊接金属与母材金属之间或焊接金属之间未熔化结合在一起的缺陷。

2.1.14 焊缝夹渣 weld slag inclusion

焊接后残留在焊缝中的熔渣、金属氧化物夹杂等。

2.1.15 平面型缺陷 planar defects

两维尺寸的缺陷，例如，裂纹、未熔合以及钢板的分层、层状撕裂等。

2.1.16 体积型缺陷 volume defects

三维尺寸的缺陷，例如，气孔、夹渣、夹杂等。

2.2 符 号

2.2.1 几何参数

β——斜探头的折射角；

K——斜探头的斜率（即 $\tan\beta$）；

L——线型缺陷的显示长度；

d——圆型缺陷的主轴长度；

b——试块或焊缝宽度；

D_e——声源有效直径；

ΔL——缺陷指示长度；

S——声程；

δ——母材或被测物的厚度；

W——探头接触面宽度；

λ——波长。

2.2.2 力学参数

T_c——施工终拧扭矩值。

3 基 本 规 定

3.1 钢结构检测的分类

3.1.1 钢结构的检测可分为在建钢结构的检测和既有钢结构的检测。

3.1.2 当遇到下列情况之一时，应按在建钢结构进行检测：

1 在钢结构材料检查或施工验收过程中需了解质量状况；

2 对施工质量或材料质量有怀疑或争议；

3 对工程事故，需要通过检测，分析事故的原因以及对结构可靠性的影响。

3.1.3 当遇到下列情况之一时，应按既有钢结构进行检测：

1 钢结构安全鉴定；

2 钢结构抗震鉴定；

3 钢结构大修前的可靠性鉴定；

4 建筑改变用途、改造、加层或扩建前的鉴定；

5 受到灾害、环境侵蚀等影响的鉴定；

6 对既有钢结构的可靠性有怀疑或争议。

3.1.4 钢结构的现场检测应为钢结构质量的评定或钢结构性能的鉴定提供真实、可靠、有效的检测数据和检测结论。

3.2 检测工作程序与基本要求

3.2.1 钢结构检测工作的程序，宜按图 3.2.1 的框图进行。

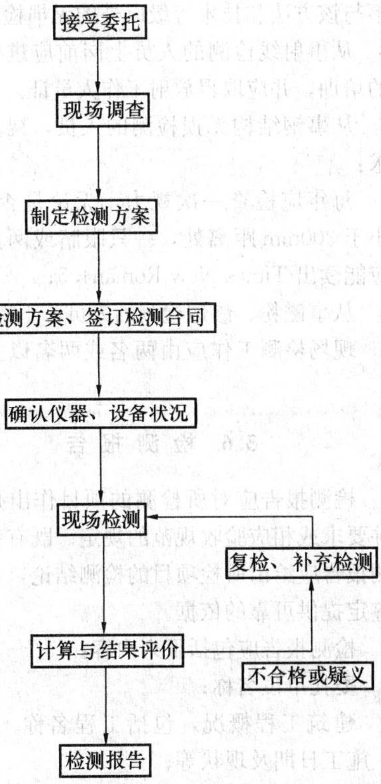

图 3.2.1 检测工作程序框图

3.2.2 现场调查宜包括下列工作内容：

1 收集被检测钢结构的设计图纸、设计文件、设计变更、施工记录、施工验收和工程地质勘察报告等资料；

2 调查被检测钢结构现状，环境条件，使用期间是否已进行过检测或维修加固情况以及用途与荷载等变更情况；

3 向有关人员进行调查；

4 进一步明确委托方的检测目的和具体要求。

3.2.3 检测项目应根据现场调查情况确定，并应制定相应的检测方案。检测方案宜包括下列主要内容：

1 概况，主要包括设计依据、结构形式、建筑面积、总层数，设计、施工及监理单位，建造年代等；

2 检测目的或委托方的检测要求；

3 检测依据，主要包括检测所依据的标准及有关的技术资料等；

4 检测项目和选用的检测方法以及检测的数量；

5 检测人员和仪器设备情况；

6 检测工作进度计划；

7 所需要委托方与检测单位的配合工作；

8 检测中的安全措施；

9 检测中的环保措施。

3.2.4 检测的原始记录，应记录在专用记录纸上；记录数据应准确、字迹清晰、信息完整，不得追记、涂改，如有笔误，应进行杠改，并应由修改人签署姓名及日期。当采用自动记录时，应符合有关要求。原始记录应由检验及审核人员签字。

3.2.5 当发现检测数据数量不足或检测数据出现异常情况时，应进行补充检测。

3.3 无损检测方法的选用

3.3.1 钢结构焊缝常用的无损检测可采用磁粉检测、渗透检测、超声波检测和射线检测。

3.3.2 钢结构的无损检测宜根据无损检测方法的适用范围以及建筑结构状况和现场条件按表 3.3.2 选择。

表 3.3.2 无损检测方法的选用

序号	检测方法	适用范围
1	磁粉检测	铁磁性材料表面和近表面缺陷的检测
2	渗透检测	表面开口性缺陷的检测
3	超声波检测	内部缺陷的检测， 主要用于平面型缺陷的检测
4	射线检测	内部缺陷的检测， 主要用于体积型缺陷的检测

3.3.3 当钢结构中焊缝采用磁粉检测、渗透检测、超声波检测和射线检测时，应经目视检测合格且焊缝冷却到环境温度后进行。对于低合金结构钢等有延迟裂纹倾向的焊缝应在 24h 后进行检测。

3.3.4 当采用射线检测钢结构内部缺陷时，在检测现场周边区域应采取相应的防护措施。射线检测可按现行国家标准《金属熔化焊焊接接头射线照相》GB/T 3323 的有关规定执行。

3.4 抽样比例及合格判定

3.4.1 钢结构现场检测可采用全数检测或抽样检测。当抽样检测时，宜采用随机抽样或约定抽样方法。

3.4.2 当遇到下列情况之一时，宜采用全数检测：

1 外观缺陷或表面损伤的检查；

2 受检范围较小或构件数量较少；

3 构件质量状况差异较大；

4 灾害发生后对结构受损情况的识别；

5 委托方要求进行全数检测。

3.4.3 在建钢结构按检验批检测时，其抽样检测的比例及合格判定应符合现行国家标准《钢结构工程施工质量验收规范》GB 50205的规定。

3.4.4 既有钢结构计数抽样检测时，其每批抽样检测的最小样本容量不应小于表3.4.4的限定值。

表3.4.4 既有钢结构抽样检测的最小样本容量

检验批的容量	最小样本容量			检验批的容量	最小样本容量		
	A	B	C		A	B	C
3～8	2	2	3	151～280	13	32	50
9～15	2	3	5	281～500	20	50	80
16～25	3	5	8	501～1200	32	80	125
26～50	5	8	13	1201～3200	50	125	200
51～90	5	13	20	3201～10000	80	200	315
91～150	8	20	32	—	—	—	—

注：1 表中A、B、C为检测类别，检测类别A适用于一般施工质量的检测，检测类别B适用于结构质量或性能的检测，检测类别C适用于结构质量或性能的严格检测或复检；

2 无特别说明时，样本为构件。

3.4.5 既有钢结构计数抽样检测时，根据检验批中的不合格数，判断检验批是否合格。检验批的合格判定，应符合下列规定：

1 计数抽样检测的对象为主控项目时，应按表3.4.5-1判定；

2 计数抽样检测的对象为一般项目时，应按表3.4.5-2判定。

表3.4.5-1 主控项目的判定

样本容量	合格判定数	不合格判定数	样本容量	合格判定数	不合格判定数
2～5	0	1	80	7	9
8～13	1	2	125	10	11
20	2	3	200	14	15
32	3	4	≥315	21	22
50	5	6	—	—	—

表3.4.5-2 一般项目的判定

样本容量	合格判定数	不合格判定数	样本容量	合格判定数	不合格判定数
2～5	1	2	32	7	9
8	2	3	50	10	11
13	3	4	80	14	15
20	5	6	≥125	21	22

3.5 检测设备和检测人员

3.5.1 钢结构检测所用的仪器、设备和量具应有产品合格证、计量检定机构出具的有效期内的检定（校准）证书，仪器设备的精度应满足检测项目的要求。检测所用检测试剂应标明生产日期和有效期，并应具有产品合格证和使用说明书。

3.5.2 检测人员应经过培训取得上岗资格；从事钢结构无损检测的人员应按现行国家标准《无损检测 人员资格鉴定与认证》GB/T 9445进行相应级别的培训、考核，并持有相应考核机构颁发的资格证书。

3.5.3 取得不同无损检测方法的各技术等级人员不得从事与该方法和技术等级以外的无损检测工作。

3.5.4 从事射线检测的人员上岗前应进行辐射安全知识的培训，并应取得放射工作人员证。

3.5.5 从事钢结构无损检测的人员，视力应满足下列要求：

1 每年应检查一次视力，无论是否经过矫正，在不小于300mm距离处，一只眼睛或两只眼睛的近视力应能读出Times New Roman4.5；

2 从事磁粉、渗透检测的人员，不得有色盲。

3.5.6 现场检测工作应由两名或两名以上检测人员承担。

3.6 检测报告

3.6.1 检测报告应对所检测的项目作出是否符合设计文件要求或相应验收规范的规定。既有钢结构性能的检测报告应给出所检项目的检测结论，并应为钢结构的鉴定提供可靠的依据。

3.6.2 检测报告应包括下列内容：

1 委托单位名称；

2 建筑工程概况，包括工程名称、结构类型、规模、施工日期及现状等；

3 建设单位、设计单位、施工单位及监理单位名称；

4 检测原因、检测目的，以往检测情况概述；

5 检测项目、检测方法及依据的标准；

6 抽样方案及数量；

7 检测日期，报告完成日期；

8 检测项目中的主要分类检测数据和汇总结果，检测结论；

9 主检、审核和批准人员的签名。

4 外观质量检测

4.1 一般规定

4.1.1 本章适用于钢结构现场外观质量的检测。

4.1.2 直接目视检测时，眼睛与被检工件表面的距离不得大于600mm，视线与被检工件表面所成的夹角不得小于30°，并宜从多个角度对工件进行观察。

4.1.3 被测工件表面的照明亮度不宜低于160lx；当对细小缺陷进行鉴别时，照明亮度不得低于540lx。

4.2 辅 助 工 具

4.2.1 对细小缺陷进行鉴别时，可使用 2 倍～6 倍的放大镜。

4.2.2 对焊缝的外形尺寸可用焊缝检验尺进行测量。

4.3 外 观 质 量

4.3.1 钢材表面不应有裂纹、折叠、夹层，钢材端边或断口处不应有分层、夹渣等缺陷。

4.3.2 当钢材的表面有锈蚀、麻点或划伤等缺陷时，其深度不得大于该钢材厚度负偏差值的 1/2。

4.3.3 焊缝外观质量的目视检测应在焊缝清理完毕后进行，焊缝及焊缝附近区域不得有焊渣及飞溅物。焊缝焊后目视检测的内容应包括焊缝外观质量、焊缝尺寸，其外观质量及尺寸允许偏差应符合现行国家标准《钢结构工程施工质量验收规范》GB 50205的有关规定。

4.3.4 高强度螺栓连接副终拧后，螺栓丝扣外露应为 2 扣～3 扣，其中允许有 10％的螺栓丝扣外露 1 扣或 4 扣；扭剪型高强度螺栓连接副终拧后，未拧掉梅花头的螺栓数不宜多于该节点总螺栓数的 5％。

4.3.5 涂层不应有漏涂，表面不应存在脱皮、泛锈、龟裂和起泡等缺陷，不应出现裂缝，涂层应均匀、无明显皱皮、流坠、乳突、针眼和气泡等，涂层与钢基材之间和各涂层之间应粘结牢固，无空鼓、脱层、明显凹陷、粉化松散和浮浆等缺陷。

5 表面质量的磁粉检测

5.1 一 般 规 定

5.1.1 本章适用于铁磁性材料熔化焊焊缝表面或近表面缺陷的检测。

5.1.2 钢结构铁磁性原材料的表面或近表面缺陷，可按照本章的规定进行检测。

5.2 设备与器材

5.2.1 磁粉探伤装置应根据被测工件的形状、尺寸和表面状态选择，并应满足检测灵敏度的要求。

5.2.2 对于磁轭法检测装置，当极间距离为 150mm、磁极与试件表面间隙为 0.5mm 时，其交流电磁轭提升力应大于 45N，直流电磁轭提升力应大于 177N。

5.2.3 对接管子和其他特殊试件焊缝的检测可采用线圈法、平行电缆法等。对于铸钢件可采用通过支杆直接通电的触头法，触头间距宜为 75mm～200mm。

5.2.4 磁悬液施加装置应能均匀地喷洒磁悬液到试件上。磁粉探伤仪的其他装置应符合现行国家标准《无损检测 磁粉检测 第 3 部分：设备》GB/T 15822.3 的有关规定。

5.2.5 磁粉检测中的磁悬液可选用油剂或水剂作为载液。常用的油剂可选用无味煤油、变压器油、煤油与变压器油的混合液；常用的水剂可选用含有润滑剂、防锈剂、消泡剂等的水溶液。

5.2.6 在配制磁悬液时，应先将磁粉或磁膏用少量载液调成均匀状，再在连续搅拌中缓慢加入所需载液，应使磁粉均匀弥散在载液中，直至磁粉和载液达到规定比例。磁悬液的检验应按现行国家标准《无损检测 磁粉检测 第 2 部分：检测介质》GB/T 15822.2 规定的方法进行。

5.2.7 对用非荧光磁粉配置的磁悬液，磁粉配制浓度宜为10g/L～25g/L；对用荧光磁粉配置的磁悬液，磁粉配制浓度宜为 1g/L～2g/L。

5.2.8 用荧光磁悬液检测时，应采用黑光灯照射装置。当照射距离试件表面为 380mm 时，测定紫外线辐射强度不应小于 10W/m²。

5.2.9 检查磁粉探伤装置、磁悬液的综合性能及检定被检区域内磁场的分布规律等可用灵敏度试片进行测试。

5.2.10 A 型灵敏度试片应采用 100μm 厚的软磁材料制成；型号有 1 号，2 号，3 号三种，其人工槽深度应分别为 15μm、30μm 和 60μm，A 型灵敏度试片的几何尺寸应符合图 5.2.10 的规定。

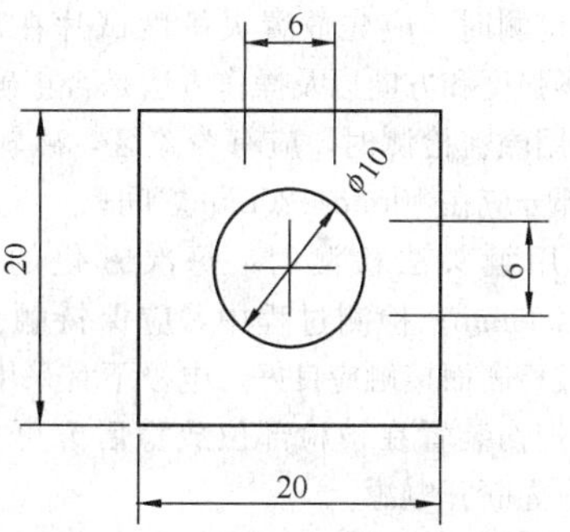

图 5.2.10 A 型灵敏度试片的尺寸（mm）

5.2.11 当磁粉检测中使用 A 型灵敏度试片有困难时，可用与 A 型材质和灵敏度相同的 C 型灵敏度试片代替。C 型灵敏度试片厚度应为 50μm，人工槽深度应为 15μm，其几何尺寸应符合图 5.2.11 的规定。

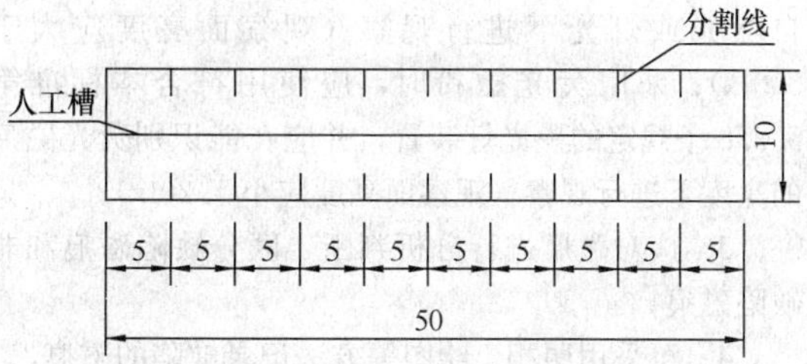

图 5.2.11 C 型灵敏度试片的尺寸（mm）

5.2.12 在连续磁化法中使用的灵敏度试片，应将刻有人工槽的一侧与被检试件表面紧贴。可在灵敏度试片边缘用胶带粘贴，但胶带不得覆盖试片上的人工槽。

5.3 检测步骤

5.3.1 磁粉检测应按照预处理、磁化、施加磁悬液、磁痕观察与记录、后处理等步骤进行。

5.3.2 预处理应符合下列要求：

1 应对试件探伤面进行清理，清除检测区域内试件上的附着物（油漆、油脂、涂料、焊接飞浅、氧化皮等）；在对焊缝进行磁粉检测时，清理区域应由焊缝向两侧母材方向各延伸20mm的范围；

2 根据工件表面的状况、试件使用要求，选用油剂载液或水剂载液；

3 根据现场条件、灵敏度要求，确定用非荧光磁粉或荧光磁粉；

4 根据被测试件的形状、尺寸选定磁化方法。

5.3.3 磁化应符合下列规定：

1 磁化时，磁场方向宜与探测的缺陷方向垂直，与探伤面平行；

2 当无法确定缺陷方向或有多个方向的缺陷时，应采用旋转磁场或采用两次不同方向的磁化方法。采用两次不同方向的磁化时，两次磁化方向间应垂直；

3 检测时，应先放置灵敏度试片在试件表面，检验磁场强度和方向以及操作方法是否正确；

4 用磁轭检测时，应有覆盖区，磁轭每次移动的覆盖部分应在10mm～20mm之间；

5 用触头法检测时，每次磁化的长度宜为75mm～200mm；检测过程中，应保持触头端干净，触头与被检表面接触应良好，电极下宜采用衬垫；

6 探伤装置在被检部位放稳后方可接通电源，移去时应先断开电源。

5.3.4 在施加磁悬液时，可先喷洒一遍磁悬液使被测部位表面湿润，在磁化时再次喷洒磁悬液。磁悬液宜喷洒在行进方向的前方，磁化应一直持续到磁粉施加完成为止，形成的磁痕不应被流动的液体所破坏。

5.3.5 磁痕观察与记录应按下列要求进行：

1 磁痕的观察应在磁悬液施加形成磁痕后立即进行；

2 采用非荧光磁粉时，应在能清楚识别磁痕的自然光或灯光下进行观察（观察面亮度应大于500lx）；采用荧光磁粉时，应使用符合本标准第5.2.8条规定的黑光灯装置，并应在能识别荧光磁痕的亮度下进行观察（观察面亮度应小于20lx）；

3 应对磁痕进行分析判断，区分缺陷磁痕和非缺陷磁痕；

4 可采用照相、绘图等方法记录缺陷的磁痕。

5.3.6 检测完成后，应按下列要求进行后处理：

1 被测试件因剩磁而影响使用时，应及时进行退磁；

2 对被测部位表面应清除磁粉，并清洗干净，必要时应进行防锈处理。

5.4 检测结果的评价

5.4.1 磁粉检测可允许有线型缺陷和圆型缺陷存在。当缺陷磁痕为裂纹缺陷时，应直接评定为不合格。

5.4.2 评定为不合格时，应对其进行返修，返修后应进行复检。返修复检部位应在检测报告的检测结果中标明。

5.4.3 检测后应填写检测记录。所填写内容宜符合本标准附录A的规定。

6 表面质量的渗透检测

6.1 一般规定

6.1.1 本章适用于钢结构焊缝表面开口性缺陷的检测。

6.1.2 钢结构原材料表面开口性缺陷的检测可按本章的规定进行。

6.1.3 渗透检测的环境及被检测部位的温度宜在10℃～50℃范围内。当温度低于10℃或高于50℃时，应按现行行业标准《承压设备无损检测　第5部分：渗透检测》JB/T 4730.5的规定进行灵敏度的对比试验。

6.2 试剂与器材

6.2.1 渗透剂、清洗剂、显像剂等渗透检测剂的质量应符合现行行业标准《无损检测　渗透检测用材料》JB/T 7523的有关规定。并宜采用成品套装喷罐式渗透检测剂。采用喷罐式渗透检测剂时，其喷罐表面不得有锈蚀，喷罐不得出现泄漏。应使用同一厂家生产的同一系列配套渗透检测剂，不得将不同种类的检测剂混合使用。

6.2.2 现场检测宜采用非荧光着色渗透检测，渗透剂可采用喷罐式的水洗型或溶剂去除型，显像剂可采用快干式的湿显像剂。

6.2.3 渗透检测应配备铝合金试块（A型对比试块）和不锈钢镀铬试块（B型灵敏度试块），其技术要求应符合现行行业标准《无损检测　渗透检测用试块》JB/T 6064的有关规定。

6.2.4 试块的选用应符合下列规定：

1 当进行不同渗透检测剂的灵敏度对比试验、同种渗透检测剂在不同环境温度条件下的灵敏度对比试验时，应选用铝合金试块（A型对比试块）；

2 当检验渗透检测剂系统灵敏度是否满足要求及操作工艺正确性时，应选用不锈钢镀铬试块（B型灵敏度试块）。

6.2.5 试块灵敏度的分级应符合下列规定：

1 当采用不同灵敏度的渗透检测剂系统进行渗透检测时，不锈钢镀铬试块（B型灵敏度试块）上可显示的裂纹区号应符合表6.2.5-1的规定；

表6.2.5-1 不同灵敏度等级下显示的裂纹区号

检测系统的灵敏度	显示的裂纹区号	检测系统的灵敏度	显示的裂纹区号
低	2～3	高	4～5
中	3～4		

2 不锈钢镀铬试块（B型灵敏度试块）裂纹区的长径显示尺寸应符合表6.2.5-2的规定。

表6.2.5-2 不锈钢镀铬试块裂纹区的长径显示尺寸

裂纹区号	1	2	3	4	5
裂纹长径(mm)	5.5～6.5	3.7～4.5	2.7～3.5	1.6～2.4	0.8～1.6

6.2.6 检测灵敏度等级的选择应符合下列规定：

1 焊缝及热影响区应采用“中灵敏度”检测，使其在不锈钢镀铬试块（B型灵敏度试块）中可清晰显示“3～4”号裂纹；

2 焊缝母材机加工坡口、不锈钢工件应采用“高灵敏度”检测，使其在不锈钢镀铬试块（B型灵敏度试块）中可清晰显示“4～5”号裂纹。

6.3 检测步骤

6.3.1 渗透检测应按照预处理、施加渗透剂、去除多余渗透剂、干燥、施加显像剂、观察与记录、后处理等步骤进行。

6.3.2 预处理应符合下列规定：

1 对检测面上的铁锈、氧化皮、焊接飞溅物、油污以及涂料应进行清理。应清理从检测部位边缘向外扩展30mm的范围；机加工检测面的表面粗糙度（R_a）不宜大于12.5μm，非机械加工面的粗糙度不得影响检测结果；

2 对清理完毕的检测面应进行清洗；检测面应充分干燥后，方可施加渗透剂。

6.3.3 施加渗透剂时，可采用喷涂、刷涂等方法，使被检测部位完全被渗透剂所覆盖。在环境及工件温度为10℃～50℃的条件下，保持湿润状态不应少于10min。

6.3.4 去除多余渗透剂时，可先用无绒洁净布进行擦拭。在擦除检测面上大部分多余的渗透剂后，再用蘸有清洗剂的纸巾或布在检测面上朝一个方向擦洗，直至将检测面上残留渗透剂全部擦净。

6.3.5 清洗处理后的检测面，经自然干燥或用布、纸擦干或用压缩空气吹干。干燥时间宜控制在5min～10min之间。

6.3.6 宜使用喷罐型的快干湿式显像剂进行显像。使用前应充分摇动，喷嘴宜控制在距检测面300mm～400mm处进行喷涂，喷涂方向宜与被检测面成30°～40°的夹角，喷涂应薄而均匀，不应在同一处多次喷涂，不得将湿式显像剂倾倒至被检面上。

6.3.7 迹痕观察与记录应按下列要求进行：

1 施加显像剂后宜停留7min～30min后，方可在光线充足的条件下观察迹痕显示情况；

2 当检测面较大时，可分区域检测；

3 对细小迹痕，可用5倍～10倍放大镜进行观察；

4 缺陷的迹痕可采用照相、绘图、粘贴等方法记录。

6.3.8 检测完成后，应将检测面清理干净。

6.4 检测结果的评价

6.4.1 渗透检测可允许有线型缺陷和圆型缺陷存在。当缺陷迹痕为裂纹缺陷时，应直接评定为不合格。

6.4.2 评定为不合格时，应对其进行返修。返修后应进行复检。返修复检部位应在检测报告的检测结果中标明。

6.4.3 检测后应填写检测记录。所填写内容宜符合本标准附录B的规定。

7 内部缺陷的超声波检测

7.1 一般规定

7.1.1 本章适用于母材厚度不小于8mm、曲率半径不小于160mm的碳素结构钢和低合金高强度结构钢对接全熔透焊缝，使用A型脉冲反射法手工超声波的质量检测。对于母材壁厚为4mm～8mm、曲率半径为60mm～160mm的钢管对接焊缝与相贯节点焊缝应按照现行行业标准《钢结构超声波探伤及质量分级法》JG/T 203的有关规定执行。

7.1.2 探伤人员应了解工件的材质、结构、曲率、厚度、焊接方法、焊缝种类、坡口形式、焊缝余高及背面衬垫、沟槽等实际情况。

7.1.3 根据质量要求，检验等级可按下列规定划分为A、B、C三级：

1 A级检验：采用一种角度探头在焊缝的单面单侧进行检验，只对允许扫查到的焊缝截面进行探测。一般可不要求作横向缺陷的检验。母材厚度大于50mm时，不得采用A级检验。

2 B级检验：宜采用一种角度探头在焊缝的单面双侧进行检验，对整个焊缝截面进行探测。母材厚度大于100mm时，应采用双面双侧检验；当受构件的几何条件限制时，可在焊缝的双面单侧采用两种角度的探头进行探伤；条件允许时要求作横向缺陷的检验。

3 C级检验：至少应采用两种角度探头在焊缝的单面双侧进行检验，且应同时作两个扫查方向和两种探头角度的横向缺陷检验。母材厚度大于100mm时，宜采用双面双侧检验。

7.1.4 钢结构焊缝质量的超声波探伤检验等级应根据工件的材质、结构、焊接方法、受力状态选择，当结构设计和施工上无特别规定时，钢结构焊缝质量的超声波探伤检验等级宜选用B级。

7.1.5 钢结构中T形接头、角接接头的超声波检测，除用平板焊缝中提供的各种方法外，尚应考虑到各种缺陷的可能性，在选择探伤面和探头时，宜使声束垂直于该焊缝中的主要缺陷。在对T形接头、角接接头进行超声波检测时，探伤面和探头的选择应符合本标准附录D的规定。

7.2 设备与器材

7.2.1 模拟式和数字式的A型脉冲反射式超声仪的主要技术指标应符合表7.2.1的规定。

表 7.2.1 A型脉冲反射式超声仪的主要技术指标

仪器部件	项目	技术指标
超声仪主机	工作频率	2MHz～5MHz
	水平线性	≤1%
	垂直线性	≤5%
	衰减器或增益器总调节量	≥80dB
	衰减器或增益器每档步进量	≤2dB
	衰减器或增益器任意12dB内误差	≤±1dB
探头	声束轴线水平偏离角	≤2°
	折射角偏差	≤2°
	前沿偏差	≤1mm
超声仪主机与探头的系统	在达到所需最大检测声程时，其有效灵敏度余量	≥10dB
	远场分辨率	直探头：≥30dB 斜探头：≥6dB

7.2.2 超声仪、探头及系统性能的检查应按现行行业标准《无损检测 A型脉冲反射式超声检测系统工作性能测试方法》JB/T 9214规定的方法测试，其周期检查项目及时间应符合表7.2.2的规定。

表 7.2.2 超声仪、探头及系统性能的周期检查项目及时间

检查项目	检查时间
前沿距离 折射角或K值 偏离角	开始使用及每隔5个工作日
灵敏度余量 分辨率	开始使用、修理后及每隔1个月
超声仪的水平线性 超声仪的垂直线性	开始使用、修理后及每隔3个月

7.2.3 探头的选择应符合下列规定：

1 纵波直探头的晶片直径宜在10mm～20mm范围内，频率宜为1.0MHz～5.0MHz。

2 横波斜探头应选用在钢中的折射角为45°、60°、70°或K值为1.0、1.5、2.0、2.5、3.0的横波斜探头，其频率宜为2.0MHz～5.0MHz。

3 纵波双晶探头两晶片之间的声绝缘应良好，且晶片的面积不应小于150mm^2。

4 探伤面与斜探头的折射角β（或K值）应根据材料厚度、焊缝坡口形式等因素选择，检测不同板厚所用探头角度宜按表7.2.3采用。

表 7.2.3 不同板厚所用探头角度

板厚δ(mm)	检验等级			探伤法	推荐的折射角β（K值）
	A级	B级	C级		
8～25	单面单侧	单面双侧或双面单侧		直射法及一次反射法	70°（K2.5）
25～50					70°或60°（K2.5或K2.0）
50～100	—			直射法	45°和60°并用或45°和70°并用（K1.0和K2.0并用或K1.0和K2.5并用）
>100	—	双面双侧			45°和60°并用（K1.0和K2.0并用）

7.2.4 标准试块的形状和尺寸应与图7.2.4相符。标准试块的制作技术要求应符合现行行业标准《无损

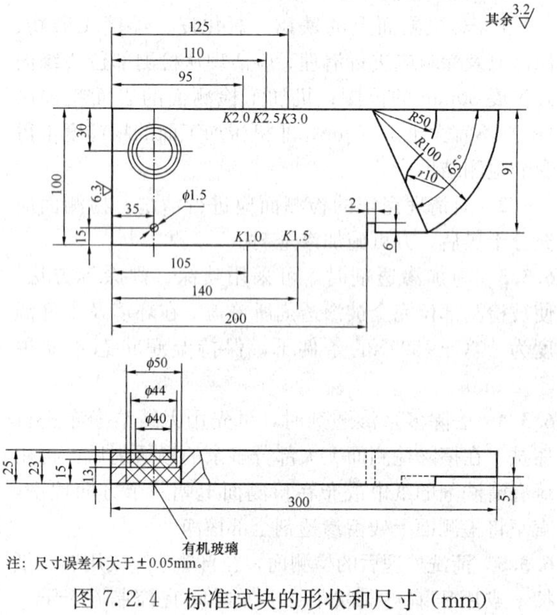

注：尺寸误差不大于±0.05mm。

图 7.2.4 标准试块的形状和尺寸（mm）

检测　超声检测用试块》JB/T 8428的有关规定。

7.2.5　对比试块的形状和尺寸应与图7.2.5相符。对比试块应采用与被检测材料相同或声学特性相近的钢材制成。

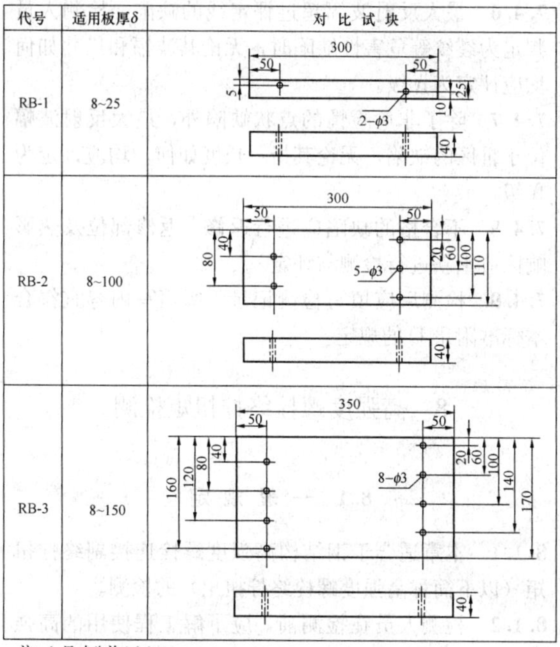

注：1 尺寸公差±0.1mm；
2 各边垂直度不大于0.1；
3 表面粗糙度不大于6.3μm；
4 标准孔与加工面的平行度不大于0.05。

图7.2.5　对比试块的形状和尺寸（mm）

7.3 检测步骤

7.3.1　检测前，应对超声仪的主要技术指标（如斜探头入射点、斜率K值或角度）进行检查确认；应根据所测工件的尺寸调整仪器时基线，并应绘制距离-波幅（DAC）曲线。

7.3.2　距离-波幅（DAC）曲线应由选用的仪器、探头系统在对比试块上的实测数据绘制而成。当探伤面曲率半径R小于等于$W^2/4$时，距离-波幅（DAC）曲线的绘制应在曲面对比试块上进行。距离-波幅（DAC）曲线的绘制应符合下列要求：

1　绘制成的距离-波幅曲线（图7.3.2）应由评定线EL、定量线SL和判废线RL组成。评定线与定量线之间（包括评定线）的区域规定为Ⅰ区，定量线与判废线之间（包括定量线）的区域规定为Ⅱ区，判废线及其以上区域规定为Ⅲ区。

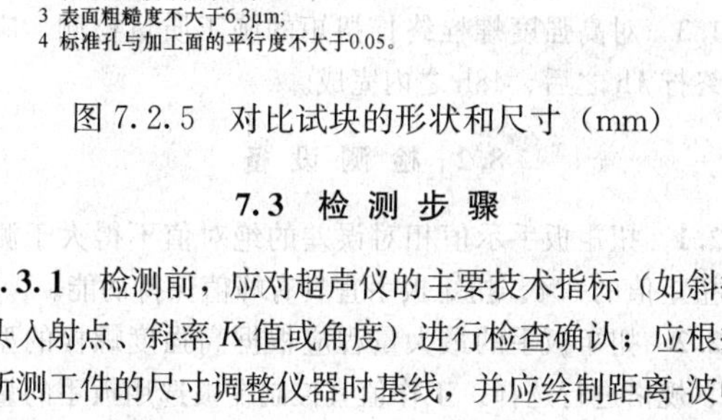

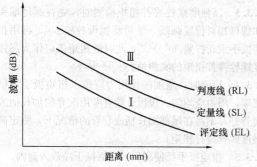

图7.3.2　距离-波幅曲线示意图

2　不同检验等级所对应的灵敏度要求应符合表7.3.2的规定。表中的DAC应以$\phi3$横通孔作为标准反射体绘制距离-波幅曲线（即DAC曲线）。在满足被检工件最大测试厚度的整个范围内绘制的距离-波幅曲线在探伤仪荧光屏上的高度不得低于满刻度的20%。

表7.3.2　距离-波幅曲线的灵敏度

检验等级 / 板厚（mm） / 距离-波幅曲线	A级	B级	C级
	8～50	8～300	8～300
判废线	DAC	DAC-4dB	DAC-2dB
定量线	DAC-10dB	DAC-10dB	DAC-8dB
评定线	DAC-16dB	DAC-16dB	DAC-14dB

7.3.3　超声波检测应包括探测面的修整、涂抹耦合剂、探伤作业、缺陷的评定等步骤。

7.3.4　检测前应对探测面进行修整或打磨，清除焊接飞溅、油垢及其他杂质，表面粗糙度不应超过6.3μm。当采用一次反射或串列式扫查检测时，一侧修整或打磨区域宽度应大于$2.5K\delta$；当采用直射检测时，一侧修整或打磨区域宽度应大于$1.5K\delta$。

7.3.5　应根据工件的不同厚度选择仪器时基线水平、深度或声程的调节。当探伤面为平面或曲率半径R大于$W^2/4$时，可在对比试块上进行时基线的调节；当探伤面曲率半径R小于等于$W^2/4$时，探头楔块应磨成与工件曲面相吻合的形状，反射体的布置可参照对比试块确定，试块宽度应按下式进行计算：

$$b \geqslant 2\lambda S/D_e \qquad (7.3.5)$$

式中：b——试块宽度（mm）；

λ——波长（mm）；

S——声程（mm）；

D_e——声源有效直径（mm）。

7.3.6　当受检工件的表面耦合损失及材质衰减与试块不同时，宜考虑表面补偿或材质补偿。

7.3.7　耦合剂应具有良好透声性和适宜流动性，不应对材料和人体有损伤作用，同时应便于检测后清理。当工件处于水平面上检测时，宜选用液体类耦合剂；当工件处于竖立面检测时，宜选用糊状类耦合剂。

7.3.8　探伤灵敏度不应低于评定线灵敏度。扫查速度不应大于150mm/s，相邻两次探头移动区域应保持有探头宽度10%的重叠。在查找缺陷时，扫查方式可选用锯齿形扫查、斜平行扫查和平行扫查。为确定缺陷的位置、方向、形状、观察缺陷动态波形，可采用前后、左右、转角、环绕等四种探头扫查方式。

7.3.9 对所有反射波幅超过定量线的缺陷，均应确定其位置、最大反射波幅所在区域和缺陷指示长度。缺陷指示长度的测定可采用以下两种方法：

1 当缺陷反射波只有一个高点时，宜用降低6dB相对灵敏度法测定其长度；

2 当缺陷反射波有多个高点时，则宜以缺陷两端反射波极大值之处的波高降低6dB之间探头的移动距离，作为缺陷的指示长度（图7.3.9）。

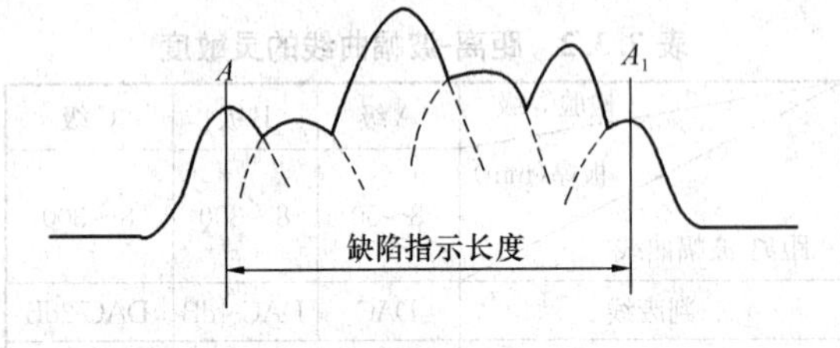

图7.3.9 端点峰值测长法

3 当缺陷反射波在Ⅰ区未达到定量线时，如探伤者认为有必要记录时，可将探头左右移动，使缺陷反射波幅降低到评定线，以此测定缺陷的指示长度。

7.3.10 在确定缺陷类型时，可将探头对准缺陷作平动和转动扫查，观察波形的相应变化，并可结合操作者的工程经验作出判断。

7.4 检测结果的评价

7.4.1 最大反射波幅位于DAC曲线Ⅱ区的非危险性缺陷，其指示长度小于10mm时，可按5mm计。

7.4.2 在检测范围内，相邻两个缺陷间距不大于8mm时，两个缺陷指示长度之和作为单个缺陷的指示长度；相邻两个缺陷间距大于8mm时，两个缺陷分别计算各自指示长度。

7.4.3 最大反射波幅位于Ⅱ区的非危险性缺陷，可根据缺陷指示长度ΔL进行评级。不同检验等级，不同焊缝质量评定等级的缺陷指示长度限值应符合表7.4.3的规定。

表7.4.3 焊缝质量评定等级的缺陷指示长度限值（mm）

检验等级 / 板厚(mm) / 评定等级	A级	B级	C级
	8～50	8～300	8～300
Ⅰ	2δ/3，最小12	δ/3，最小10，最大30	δ/3，最小10，最大20
Ⅱ	3δ/4，最小12	2δ/3，最小12，最大50	δ/2，最小10，最大30
Ⅲ	δ，最小20	3δ/4，最小16，最大75	2δ/3，最小12，最大50
Ⅳ	超过Ⅲ级者		

注：焊缝两侧母材厚度δ不同时，取较薄侧母材厚度。

7.4.4 最大反射波幅不超过评定线（未达到Ⅰ区）的缺陷应评为Ⅰ级。

7.4.5 最大反射波幅超过评定线，但低于定量线的非裂纹类缺陷应评为Ⅰ级。

7.4.6 最大反射波幅超过评定线的缺陷，检测人员判定为裂纹等危害性缺陷时，无论其波幅和尺寸如何均应评定为Ⅳ级。

7.4.7 除了非危险性的点状缺陷外，最大反射波幅位于Ⅲ区的缺陷，无论其指示长度如何，均应评定为Ⅳ级。

7.4.8 不合格的缺陷应进行返修，返修部位及热影响区应重新进行检测与评定。

7.4.9 检测后应填写检测记录。所填写内容宜符合本标准附录D的规定。

8 高强度螺栓终拧扭矩检测

8.1 一 般 规 定

8.1.1 本章适合于钢结构高强度螺栓连接副终拧扭矩（以下简称高强度螺栓终拧扭矩）的检测。

8.1.2 检测人员在检测前，应了解工程使用的高强度螺栓的型号、规格、扭矩施加方式。

8.1.3 对高强度螺栓终拧扭矩的施工质量检测，应在终拧1h之后、48h之内完成。

8.2 检 测 设 备

8.2.1 扭矩扳手示值相对误差的绝对值不得大于测试扭矩值的3%。扭矩扳手宜具有峰值保持功能。

8.2.2 扭矩扳手的最大量程应根据高强度螺栓的型号、规格进行选择。工作值宜控制在被选用扳手的量限值20%～80%范围内。

8.3 检 测 技 术

8.3.1 在对高强度螺栓的终拧扭矩进行检测前，应清除螺栓及周边涂层。螺栓表面有锈蚀时，应进行除锈处理。

8.3.2 对高强度螺栓终拧扭矩的检测，应经外观检查或小锤敲击检查合格后进行。

8.3.3 高强度螺栓终拧扭矩检测时，先在螺尾端头和螺母相对位置画线，然后将螺母拧松60°，再用扭矩扳手重新拧紧60°～62°，此时的扭矩值应作为高强度螺栓终拧扭矩的实测值。

8.3.4 检测时，施加的作用力应位于扭矩扳手手柄尾端，用力应均匀、缓慢。除有专用配套的加长柄或套管外，不得在尾部加长柄或套管的情况下，测定高强度螺栓终拧扭矩。

8.3.5 扭矩扳手经使用后，应擦拭干净放入盒内。

8.3.6 长期不用的扭矩扳手，在使用前应先预加载

3次，使内部工作机构被润滑油均匀润滑。

8.4 检测结果的评价

8.4.1 高强度螺栓终拧扭矩的实测值宜在 $0.9T_c$～$1.1T_c$ 范围内。

8.4.2 小锤敲击检查发现有松动的高强度螺栓，应直接判定其终拧扭矩不合格。

9 变 形 检 测

9.1 一 般 规 定

9.1.1 本章适用于钢结构或构件变形检测。

9.1.2 变形检测可分为结构整体垂直度、整体平面弯曲以及构件垂直度、弯曲变形、跨中挠度等项目。

9.1.3 在对钢结构或构件变形进行检测前，宜先清除饰面层；当构件各测试点饰面层厚度接近，且不明显影响评定结果，可不清除饰面层。

9.2 检 测 设 备

9.2.1 钢结构或构件变形的测量可采用水准仪、经纬仪、激光垂准仪或全站仪等仪器。

9.2.2 用于钢结构或构件变形的测量仪器及其精度宜符合现行行业标准《建筑变形测量规范》JGJ 8 的有关规定，变形测量级别可按三级考虑。

9.3 检 测 技 术

9.3.1 应以设置辅助基准线的方法，测量结构或构件的变形；对变截面构件和有预起拱的结构或构件，尚应考虑其初始位置的影响。

9.3.2 测量尺寸不大于 6m 的钢构件变形，可用拉线、吊线锤的方法，并应符合下列规定：

1 测量构件弯曲变形时，从构件两端拉紧一根细钢丝或细线，然后测量跨中位置构件与拉线之间的距离，该数值即是构件的变形。

2 测量构件的垂直度时，从构件上端吊一线锤直至构件下端，当线锤处于静止状态后，测量吊锤中心与构件下端的距离，该数值即是构件的顶端侧向水平位移。

9.3.3 测量跨度大于 6m 的钢构件挠度，宜采用全站仪或水准仪，并按下列方法进行检测：

1 钢构件挠度观测点应沿构件的轴线或边线布设，每一构件不得少于3点；

2 将全站仪或水准仪测得的两端和跨中的读数相比较，可求得构件的跨中挠度；

3 钢网架结构总拼完成及屋面工程完成后的挠度值检测，对跨度 24m 及以下钢网架结构测量下弦中央一点；对跨度 24m 以上钢网架结构测量下弦中央一点及各向下弦跨度的四等分点。

9.3.4 尺寸大于 6m 的钢构件垂直度、侧向弯曲矢高以及钢结构整体垂直度与整体平面弯曲宜采用全站仪或经纬仪检测。可用计算测点间的相对位置差的方法来计算垂直度或弯曲度，也可采用通过仪器引出基准线，放置量尺直接读取数值的方法。

9.3.5 当测量结构或构件垂直度时，仪器应架设在与倾斜方向成正交的方向线上，且宜距被测目标（1～2）倍目标高度的位置。

9.3.6 钢构件、钢结构安装主体垂直度检测，应测量钢构件、钢结构安装主体顶部相对于底部的水平位移与高差，并分别计算垂直度及倾斜方向。

9.3.7 当用全站仪检测，且现场光线不佳、起灰尘、有振动时，应用其他仪器对全站仪的测量结果进行对比判断。

9.4 检测结果的评价

9.4.1 在建钢结构或构件变形应符合设计要求和现行国家标准《钢结构工程施工质量验收规范》GB 50205 及《钢结构设计规范》GB 50017 等的有关规定。

9.4.2 既有钢结构或构件变形应符合现行国家标准《民用建筑可靠性鉴定标准》GB 50292、《工业建筑可靠性鉴定标准》GB 50144等的有关规定。

10 钢材厚度检测

10.1 一 般 规 定

10.1.1 本章适用于超声波原理测量钢结构构件的厚度。

10.1.2 钢材的厚度应在构件的3个不同部位进行测量，取3处测试值的平均值作为钢材厚度的代表值。

10.1.3 对于受腐蚀后的构件厚度，应将腐蚀层除净、露出金属光泽后再进行测量。

10.2 检 测 设 备

10.2.1 超声测厚仪的主要技术指标应符合表 10.2.1 的规定。

表 10.2.1 超声测厚仪的主要技术指标

项　目	技 术 指 标
显示最小单位	0.1mm
工作频率	5MHz
测量范围	板材：1.2mm～200mm　管材下限：$\phi20\times3$
测量误差	±（δ/100＋0.1）mm，δ 为被测构件的厚度
灵敏度	能检出距探测面 80mm，直径 2mm 的平底孔

10.2.2 超声测厚仪应随机配有校准用的标准块。

10.3 检 测 步 骤

10.3.1 在对钢结构钢材厚度进行检测前，应清除表面油漆层、氧化皮、锈蚀等，并打磨至露出金属光泽。

10.3.2 检测前应预设声速，并应用随机标准块对仪器进行校准，经校准后方可进行测试。

10.3.3 将耦合剂涂于被测处，耦合剂可用机油、化学浆糊等。在测量小直径管壁厚度或工件表面较粗糙时，可选用粘度较大的甘油。

10.3.4 将探头与被测构件耦合即可测量，接触耦合时间宜保持 1s～2s。在同一位置宜将探头转过 90°后作二次测量，取二次的平均值作为该部位的代表值。在测量管材壁厚时，宜使探头中间的隔声层与管子轴线平行。

10.3.5 测厚仪使用完毕后，应擦去探头及仪器上的耦合剂和污垢，保持仪器的清洁。

10.4 检测结果的评价

10.4.1 钢材的厚度偏差应以设计图纸规定的尺寸为基准进行计算；并应符合相应产品标准的规定。

11 钢材品种检测

11.1 一 般 规 定

11.1.1 本章适用于采用化学成分分析方法判断国产结构钢钢材的品种。

11.2 钢材取样与分析

11.2.1 取样所用工具、机械、容器等应预先进行清洗。

11.2.2 钢材取样时，应避开钢结构在制作、安装过程中有可能受切割火焰、焊接等热影响的部位。

11.2.3 在取样部位可用钢锉打磨构件表面，除去表面油漆、锈斑，直至露出金属光泽。

11.2.4 屑状试样宜采用电钻钻取。同一构件钢材宜选取 3 个不同部位进行取样，每个部位的试样重量不宜少于 5g。取样过程中应避免过热而引起屑状试样发蓝、发黑的现象，也不得使用水、油或其他滑油剂。取样时，宜去掉钢材表面 1mm 以内的浅层试样。

11.2.5 宜采用化学分析法测定试样中 C、Mn、Si、S、P 五元素的含量。对于低合金高强度结构钢，必要时，可进一步测定试样中 V、Nb、Ti 三元素的含量。

11.2.6 采用化学分析法测定钢材中 C、Mn、Si、S、P、V、Nb、Ti 等元素的含量时，其操作与测定应符合现行国家标准《钢铁　总碳硫含量的测定　高频感应炉燃烧后红外吸收法（常规方法）》GB/T 20123 和《钢铁及合金化学分析方法》GB/T 223 中相应元素化学分析方法的有关规定。

11.3 钢材品种的判别

11.3.1 钢材的品种应根据钢材中 C、Mn、Si、S、P 五元素或 C、Mn、Si、S、P、V、Nb、Ti 八元素的含量，对照现行国家标准《碳素结构钢》GB/T 700、《低合金高强度结构钢》GB/T 1591中的化学成分含量进行判别。

12 防腐涂层厚度检测

12.1 一 般 规 定

12.1.1 本章适用于钢结构防腐涂层厚度的检测。

12.1.2 防腐涂层厚度的检测应在涂层干燥后进行。检测时构件的表面不应有结露。

12.1.3 同一构件应检测 5 处，每处应检测 3 个相距 50mm 的测点。测点部位的涂层应与钢材附着良好。

12.1.4 使用涂层测厚仪检测时，应避免电磁干扰。

12.1.5 防腐涂层厚度检测，应经外观检查合格后进行。

12.2 检 测 设 备

12.2.1 涂层测厚仪的最大量程不应小于 1200μm，最小分辨率不应大于 2μm，示值相对误差不应大于 3%。

12.2.2 测试构件的曲率半径应符合仪器的使用要求。在弯曲试件的表面上测量时，应考虑其对测试准确度的影响。

12.3 检 测 步 骤

12.3.1 确定的检测位置应有代表性，在检测区域内分布宜均匀。检测前应清除测试点表面的防火涂层、灰尘、油污等。

12.3.2 检测前对仪器应进行校准。校准宜采用二点校准，经校准后方可测试。

12.3.3 应使用与被测构件基体金属具有相同性质的标准片对仪器进行校准，也可用待涂覆构件进行校准。检测期间关机再开机后，应对仪器重新校准。

12.3.4 测试时，测点距构件边缘或内转角处的距离不宜小于 20mm。探头与测点表面应垂直接触，接触时间宜保持 1s～2s，读取仪器显示的测量值，对测量值应进行打印或记录。

12.4 检测结果的评价

12.4.1 每处 3 个测点的涂层厚度平均值不应小于设计厚度的 85%，同一构件上 15 个测点的涂层厚度平均值不应小于设计厚度。

12.4.2 当设计对涂层厚度无要求时，涂层干漆膜总厚度：室外应为 150μm，室内应为 125μm，其允许偏差应为$-25\mu m$。

13 防火涂层厚度检测

13.1 一 般 规 定

13.1.1 本章适用于钢结构厚型防火涂层厚度检测。

13.1.2 防火涂层厚度的检测应在涂层干燥后进行。

13.1.3 楼板和墙体的防火涂层厚度检测，可选两相邻纵、横轴线相交的面积为一个构件，在其对角线上，按每米长度选1个测点，每个构件不应少于5个测点。

13.1.4 梁、柱构件的防火涂层厚度检测，在构件长度内每隔3m取一个截面，且每个构件不应少于2个截面。对梁、柱构件的检测截面宜按图13.1.4所示布置测点。

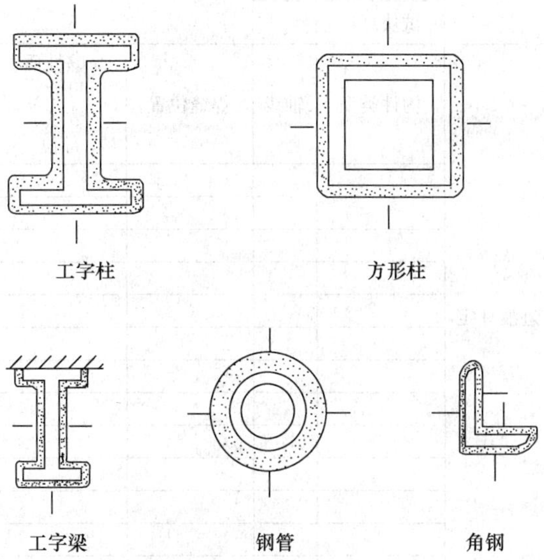

图13.1.4 测点示意图

13.1.5 防火涂层厚度检测，应经外观检查合格后进行。

13.2 检 测 量 具

13.2.1 对防火涂层的厚度可采用探针和卡尺进行检测，用于检测的卡尺尾部应有可外伸的窄片。测量设备的量程应大于被测的防火涂层厚度。

13.2.2 检测设备的分辨率不应低于0.5mm。

13.3 检 测 步 骤

13.3.1 检测前应清除测试点表面的灰尘、附着物等，并应避开构件的连接部位。

13.3.2 在测点处，应将仪器的探针或窄片垂直插入防火涂层直至钢材防腐涂层表面，并记录标尺读数，测试值应精确到0.5mm。

13.3.3 当探针不易插入防火涂层内部时，可采取防火涂层局部剥除的方法进行检测。剥除面积不宜大于15mm×15mm。

13.4 检测结果的评价

13.4.1 同一截面上各测点厚度的平均值不应小于设计厚度的85%，构件上所有测点厚度的平均值不应小于设计厚度。

14 钢结构动力特性检测

14.1 一 般 规 定

14.1.1 本章适用于钢结构动力特性的检测。通过测试结构动力输入处和响应处的应变、位移、速度或加速度等时程信号，可获取结构的自振频率、模态振型、阻尼等结构动力性能参数。

14.1.2 符合下列情况之一的钢结构，宜对结构动力特性进行检测：

1 需要进行抗震、抗风、工作环境或其他激励下的动力响应计算的结构；

2 需要通过动力参数进行结构损伤识别和故障诊断的结构；

3 在某种动力作用下，局部动力响应过大的结构。

14.2 检 测 设 备

14.2.1 应根据被测参数选择合适的位移计、速度计、加速度计和应变计，被测频率应落在传感器的频率响应范围内。

14.2.2 检测前应根据预估被测参数的最大幅值，选择合适的传感器和动态信号测试仪的量程范围，并应提高输出信号的信噪比。

14.2.3 动态信号测试仪应具备低通滤波，低通滤波截止频率应小于采样频率的0.4倍，并应防止信号发生频率混淆。

14.2.4 动态信号测试系统的精度、分辨率、线性度、时漂等参数应符合国家现行有关标准的要求。

14.3 检 测 技 术

14.3.1 检测前应根据检测目的制定检测方案，必要时应进行计算。根据方案准备适合的信号测试系统。

14.3.2 结构动力特性检测可采用环境随机振动激励法。对于仅需获得结构基本模态的，可采用初始位移法、重物撞击法等方法，如结构模态密集或结构特别重要且条件许可时，可采用稳态正弦激振方法或频率扫描法。对于大型复杂结构宜采用多点激励法。对于单点激励法测试结果，必要时可采用多点激励法进行校核。

14.3.3 根据振动频率，确定动态信号测试仪采样间隔和采样时长；采样频率应满足采样定理的基本要求。

14.3.4 确定传感器的安装方式，安装谐振频率要远高于测试频率。

14.3.5 传感器安装位置宜避开振型节点和反节点处。

14.3.6 结构动力特性测试作业时，应保证不产生对结构性能有明显影响的损伤，也应避免环境对测试系统的干扰。

14.4 检测数据分析

14.4.1 数据处理前，应对记录的信号进行零点漂移、波形和信号起始相位的检验。

14.4.2 对记录的信号可进行截断、去直流、积分、微分和数字滤波等信号预处理。

14.4.3 根据激励方式和结构特点，可选择时域、频域方法或小波分析等信号处理方法。

14.4.4 采用频域方法进行数据处理时，宜根据信号类型选择不同的窗函数处理。

14.4.5 检测数据处理后，应根据需要提供所测结构的自振频率、阻尼比和振型以及动力反应最大幅值、时程曲线、频谱曲线等分析结果。

附录A 磁粉检测记录

表A 钢结构磁粉检测记录

工程名称			委托单位	
检测设备			设备型号	
设备编号			检定日期	
熔焊方法			规格/材质	
设计等级			检测数量	
检测依据			检测日期	
磁粉检测条件	磁粉种类		磁粉记录（草图或照片）	
	磁化方法			
	磁化时间			
	磁场方向			
	磁场电流			
	磁极间距			
	磁悬液施加方法			
	磁悬液浓度			
	退磁情况			
	试片规格			
	灵敏度			
磁痕评定	构件类型	轴线	焊缝位置	缺陷性质、尺寸、数量、部位
返修情况				
检验员	MT ___ 级		审核人	MT ___ 级

附录B 渗透检测记录

表B 钢结构渗透检测记录

工程名称			委托单位	
渗透温度			规格/材质	
熔焊方法			表面状态	
设计等级			检测数量	
检测依据			检测日期	
渗透检测条件	渗透剂型号		渗透记录（草图或照片）	
	清洗剂型号			
	显像剂型号			
	渗透时间			
	显像时间			
	观察时间			
	试块规格			
迹痕评定	构件类型	轴线	焊缝位置	缺陷性质、尺寸、数量、部位
返修情况				
检验员	PT ___ 级		审核人	PT ___ 级

附录C T形接头、角接接头的超声波检测

C.0.1 T形接头的超声波检测，探伤面和探头的选择应符合下列要求：

1 采用 $K1$ 探头在腹板一侧作直射法和一次反射法探测焊缝及腹板侧热影响区的裂纹，如图C.0.1-1所示。

2 为探测腹板及翼板间未焊透或翼板侧焊缝下层状撕裂等缺陷，可采用直探头或斜探头在翼板外侧探测，也可在翼板内侧用 $K1$ 探头作一次反射法探测，如图C.0.1-2所示。

3 T形接头检测应根据腹板厚度选择探头角度，

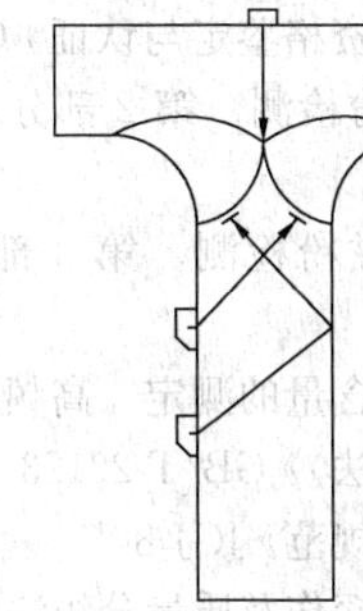

图 C.0.1-1　探测焊缝与腹板侧热影响区的裂纹

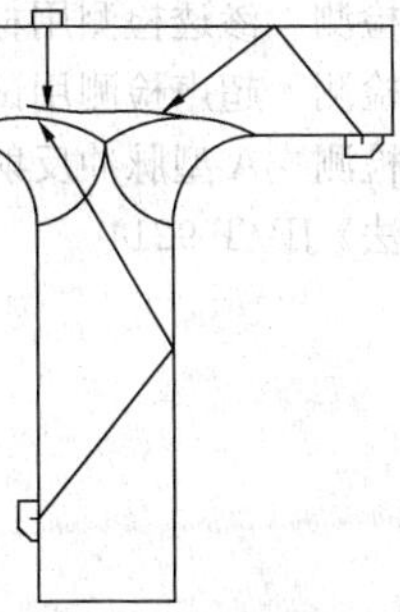

图 C.0.1-2　探测腹板与翼板间未焊透或翼板侧焊缝下层状撕裂

探头选择应符合表 C.0.1 的规定。

表 C.0.1　不同腹板厚度选用的探头角度

腹板厚度（mm）	探头折射角（*K* 值）
＜25	70°（*K*2.5）
25～50	60°（*K*2.5 或 *K*2.0）
＞50	45°（*K*1 或 *K*1.5）

C.0.2　角接接头的超声波检测，探伤面和探头的选择应符合图 C.0.2 和表 C.0.1 的要求。

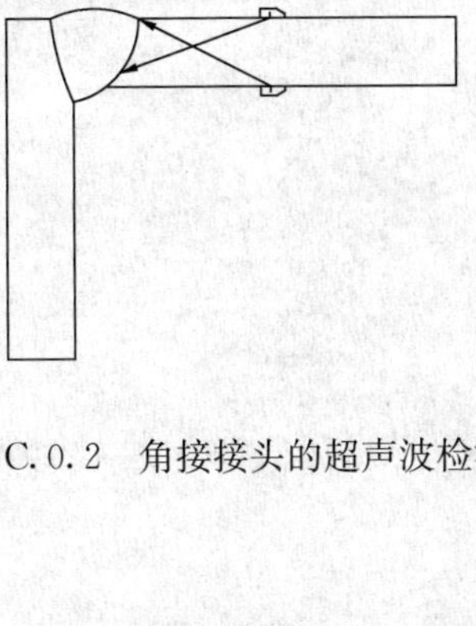

图 C.0.2　角接接头的超声波检测

附录 D　超声波检测记录

表 D　钢结构超声波检测记录

<table>
<tr><td>工程名称</td><td colspan="3"></td><td>委托单位</td><td colspan="2"></td></tr>
<tr><td>检测设备</td><td colspan="3"></td><td>设备型号</td><td colspan="2"></td></tr>
<tr><td>设备编号</td><td colspan="3"></td><td>检定日期</td><td colspan="2"></td></tr>
<tr><td>材　质</td><td colspan="3"></td><td>厚　度</td><td colspan="2"></td></tr>
<tr><td>焊缝种类</td><td colspan="6">对接平缝○　对接环缝○　角接纵缝○　T形焊缝○　管接口缝○</td></tr>
<tr><td>焊接方法</td><td colspan="3"></td><td>探伤面状态</td><td colspan="2">修整○　轧制○　机加○</td></tr>
<tr><td>探伤时机</td><td colspan="3">焊后○　热处理后○</td><td>耦合剂</td><td colspan="2">机油○　甘油○　浆糊○</td></tr>
<tr><td>探伤方式</td><td colspan="6">垂直○　斜角○　单探头○　双探头○　串列探头○</td></tr>
<tr><td>扫描调节</td><td colspan="2">深度○　水平○　声程○</td><td>比例</td><td></td><td>试块</td><td></td></tr>
<tr><td>探头尺寸</td><td colspan="2"></td><td>探头 K 值</td><td></td><td>探头频率</td><td></td></tr>
<tr><td>探伤灵敏度</td><td colspan="3"></td><td>表面补偿</td><td colspan="2"></td></tr>
<tr><td>设计等级</td><td colspan="3"></td><td>检测数量</td><td colspan="2"></td></tr>
<tr><td>评定等级</td><td colspan="3"></td><td>检测日期</td><td colspan="2"></td></tr>
<tr><td>检测依据</td><td colspan="6"></td></tr>
<tr><td colspan="7">探伤部位示意图</td></tr>
<tr><td rowspan="5">探伤结果及返修情况</td><td>构件类型</td><td>轴线</td><td>焊缝位置</td><td>探伤长度</td><td>显示情况</td><td>备注</td></tr>
<tr><td></td><td></td><td></td><td></td><td></td><td></td></tr>
<tr><td></td><td></td><td></td><td></td><td></td><td></td></tr>
<tr><td></td><td></td><td></td><td></td><td></td><td></td></tr>
<tr><td></td><td></td><td></td><td></td><td></td><td></td></tr>
<tr><td>检验员</td><td colspan="2">UT___级</td><td>审核人</td><td colspan="3">UT___级</td></tr>
</table>

本标准用词说明

1　为了便于在执行本标准条文时区别对待，对要求严格程度不同的用词说明如下：

1） 表示很严格，非这样做不可的用词：
正面词采用"必须"；反面词采用"严禁"。

2） 表示严格，在正常情况下均应这样做的用词：
正面词采用"应"；反面词采用"不应"或"不得"。

3） 表示允许稍有选择，在条件许可时首先这样做的用词：

正面词采用“宜”；反面词采用“不宜”。

4）表示有选择，在一定条件下可以这样做的，采用“可”。

2 条文中指明应按其他有关标准、规范执行时，写法为：“应符合……的规定”或“应按……执行”。

引用标准名录

1 《钢结构设计规范》GB 50017

2 《工业建筑可靠性鉴定标准》GB 50144

3 《钢结构工程施工质量验收规范》GB 50205

4 《民用建筑可靠性鉴定标准》GB 50292

5 《钢铁及合金化学分析方法》GB/T 223

6 《碳素结构钢》GB/T 700

7 《低合金高强度结构钢》GB/T 1591

8 《金属熔化焊焊接接头射线照相》GB/T 3323

9 《无损检测　人员资格鉴定与认证》GB/T 9445

10 《无损检测　磁粉检测　第2部分:检测介质》GB/T 15822.2

11 《无损检测　磁粉检测　第3部分：设备》GB/T 15822.3

12 《钢铁　总碳硫含量的测定　高频感应炉燃烧后红外吸收法（常规方法)》GB/T 20123

13 《建筑变形测量规范》JGJ 8

14 《钢结构超声波探伤及质量分级法》JG/T 203

15 《承压设备无损检测　第5部分：渗透检测》JB/T 4730.5

16 《无损检测　渗透检测用试块》JB/T 6064

17 《无损检测　渗透检测用材料》JB/T 7523

18 《无损检测　超声检测用试块》JB/T 8428

19 《无损检测　A型脉冲反射式超声检测系统工作性能测试方法》JB/T 9214

中华人民共和国国家标准

钢结构现场检测技术标准

GB/T 50621—2010

条 文 说 明

制 定 说 明

《钢结构现场检测技术标准》GB/T 50621－2010经住房和城乡建设部2010年8月18日以第738号公告批准、发布。

为便于广大建设、监理、设计、施工、房屋业主和市政基础设计管理部门有关人员在使用本标准时，能正确理解和执行条文规定。《钢结构现场检测技术标准》编制组按章、节、条顺序编制了本标准的条文说明，对条文规定的目的、依据以及执行中需注意的有关事项进行了说明。但是，本条文说明不具备与标准正文同等的法律效力，仅供使用者作为理解和把握标准参考。

目　次

1　总则 …………………………………… 9—24
2　术语和符号 ………………………………… 9—24
2.1　术语 ………………………………… 9—24
2.2　符号 ………………………………… 9—24
3　基本规定 ………………………………… 9—24
3.1　钢结构检测的分类 ……………………… 9—24
3.2　检测工作程序与基本要求 ……………… 9—25
3.3　无损检测方法的选用 …………………… 9—25
3.4　抽样比例及合格判定 …………………… 9—25
3.5　检测设备和检测人员 …………………… 9—25
4　外观质量检测 …………………………… 9—26
4.1　一般规定 ……………………………… 9—26
4.2　辅助工具 ……………………………… 9—26
5　表面质量的磁粉检测 …………………… 9—26
5.1　一般规定 ……………………………… 9—26
5.2　设备与器材 …………………………… 9—26
5.3　检测步骤 ……………………………… 9—27
5.4　检测结果的评价 ……………………… 9—27
6　表面质量的渗透检测 …………………… 9—27
6.1　一般规定 ……………………………… 9—27
6.2　试剂与器材 …………………………… 9—27
6.3　检测步骤 ……………………………… 9—27
6.4　检测结果的评价 ……………………… 9—28
7　内部缺陷的超声波检测 ………………… 9—28
7.1　一般规定 ……………………………… 9—28
7.3　检测步骤 ……………………………… 9—28
7.4　检测结果的评价 ……………………… 9—28
8　高强度螺栓终拧扭矩检测 ……………… 9—29
8.1　一般规定 ……………………………… 9—29
8.2　检测设备 ……………………………… 9—29
8.3　检测技术 ……………………………… 9—29
9　变形检测 ………………………………… 9—30
9.1　一般规定 ……………………………… 9—30
9.2　检测设备 ……………………………… 9—30
9.3　检测技术 ……………………………… 9—30
9.4　检测结果的评价 ……………………… 9—30
10　钢材厚度检测 ………………………… 9—30
10.1　一般规定 …………………………… 9—30
10.2　检测设备 …………………………… 9—30
10.3　检测步骤 …………………………… 9—30
11　钢材品种检测 ………………………… 9—31
11.1　一般规定 …………………………… 9—31
11.2　钢材取样与分析 …………………… 9—31
11.3　钢材品种的判别 …………………… 9—31
12　防腐涂层厚度检测 …………………… 9—31
12.1　一般规定 …………………………… 9—31
12.2　检测设备 …………………………… 9—31
12.3　检测步骤 …………………………… 9—31
13　防火涂层厚度检测 …………………… 9—32
13.1　一般规定 …………………………… 9—32
13.2　检测量具 …………………………… 9—32
13.3　检测步骤 …………………………… 9—32
14　钢结构动力特性检测 ………………… 9—32
14.1　一般规定 …………………………… 9—32
14.2　检测设备 …………………………… 9—32
14.3　检测技术 …………………………… 9—32
14.4　检测数据分析 ……………………… 9—33

1 总　　则

1.0.1　近些年来，钢结构工程发展较快，钢结构占建筑工程中的份额越来越大，目前已经制订了一些钢结构材料强度及构件质量的检测标准，但是，尚无一本，既适用于工程现场检测，又有具体可操作性的钢结构技术标准。因此，需要制定一本钢结构现场检测技术标准，为钢结构工程质量的评定和既有钢结构性能的鉴定提供技术保障。

另外，虽然金属无损检测方面，有现行行业标准《承压设备无损检测》JB/T 4730.1～4730.6、《无损检测　焊缝磁粉检测》JB/T 6061 等，但基本上是针对机械、船舶、承压设备等行业。而建筑钢结构相对于这些行业而言，其质量等级要求较低，也无密闭性的要求，显然不能依据现行其他行业的标准对建筑钢结构进行检测。

1.0.2　钢结构检测内容很多，具体检测内容可按现行国家标准《建筑结构检测技术标准》GB/T 50344 的相关要求执行，考虑到现行国家标准《建筑结构检测技术标准》GB/T 50344 中缺少相应检测方法和操作过程，本标准从钢结构的特点出发，解决钢结构检测中常用的、重要的有关检测方法和操作过程（表1）。

表1　钢结构中的主要问题与本标准各章节的对应关系

钢结构的特点	与钢结构特点相对应的现实	拟解决的问题	各章节的对应关系
工业化程度高	工厂制造、工地安装	连接质量	第4～8章
钢材强度高	构件尺寸较小	弯曲失稳 钢材品种 整体动力特性	第9章 第11章 第14章
容易锈蚀	锈蚀后截面减小 喷涂防腐材料	锈蚀后的厚度 防腐涂层厚度	第10章 第12章
耐火性较差	喷涂防火材料	防火涂层厚度	第13章

因此，本标准适用于钢结构中有关连接、变形、钢材厚度、钢材品种、涂装厚度、动力特性等方面质量的现场检测及相应检测结果的评价。鉴于钢网架一般采用无缝钢管制作而成，其钢管焊接缺陷的超声波检测有其自身的特点，本标准第7章“一般规定”中强调，对于母材壁厚为4mm～8mm、曲率半径为60mm～160mm 的钢管对接焊缝与相贯节点焊缝应按照现行行业标准《钢结构超声波探伤及质量分级法》JG/T 203 执行。

本标准中所列方法是在工程现场可完成的，且检测时或检测后不会对钢结构的安全产生不利影响。本标准中所涉及的检测项目，并非指现场检测需对各项目均做检测。对一个具体工程而言，应根据具体情况而定。

1.0.3　本条规定在钢结构的检测工作中，除执行本标准的规定外，尚应执行国家现行的有关标准、规范的规定。这些现行的国家有关标准、规范主要是《建筑工程施工质量验收统一标准》GB 50300、《钢结构工程施工质量验收规范》GB 50205、《建筑结构检测技术标准》GB/T 50344、《民用建筑可靠性鉴定标准》GB 50292、《工业建筑可靠性鉴定标准》GB 50144、《建筑抗震鉴定标准》GB 50023 以及相应的钢结构材料强度检测标准等。

2 术语和符号

2.1 术　　语

本标准给出了有关钢结构检测方面的专用术语，这些术语仅从本标准的角度赋予其涵义，但涵义不一定是术语的定义。同时还分别给出了相应的推荐性英文术语，该英文术语不一定是国际上的标准术语，仅供参考。

对工程建设而言，通常所说的无损检测是指在检测过程中，对结构的既有性能没有影响的检测。但在其他行业（如机械、特种设备、船泊等）中，无损检测这一术语有其特定的含义，一般来说，是指磁粉检测、渗透检测、超声波检测、射线检测等方法。为保证与其他行业在术语上的一致性，因此，本标准中所说的无损检测专指磁粉检测、渗透检测、超声波检测、射线检测等方法，而非工程建设中所说的广义上的无损检测。

2.2 符　　号

本标准给出的符号都是本标准各章节中所引用的。

3 基 本 规 定

3.1 钢结构检测的分类

3.1.2　一般情况下，钢结构工程的施工质量验收应按现行国家标准《建筑工程施工质量验收统一标准》GB 50300 和《钢结构工程施工质量验收规范》GB 50205 进行验收。

3.1.3　本条规定了既有钢结构应按本标准进行检测的情况。既有钢结构在使用过程中，不仅需要经常性的管理与维护，而且还需要进行必要的检测、检查与维修，才能全面完成设计所预期的功能。有的既有钢结构或因设计、施工、使用不当而需要加固，因用途变更而需要改造，因当地抗震设防烈度改变而需要抗震鉴定或因受到灾害、环境侵蚀影响需要鉴定等等；还有些钢结构，虽然使用多年，但影响其可靠性的根本问题还是施工质量问题。对于这些既有钢结构应进行结构性能的鉴定。要做好这些鉴定工作，经常需要对有关连接、变形、钢材厚度、涂装厚度、钢材强度、结构动力特性等进行检测，以便了解既有钢结构的可靠性等方面的实际情况，为鉴定提供真实、可靠和有效的依据。

3.2 检测工作程序与基本要求

3.2.1 本条阐述了钢结构检测的流程和几个主要阶段。程序框图中所描述的一般钢结构检测从接受委托到出具检测报告的各个阶段。对于特殊情况的检测，则应根据钢结构检测的目的确定其检测程序框图和相应的内容。

3.2.2 检测工作中的现场调查和有关资料的调查是非常重要的。了解结构的状况和收集有关资料，不仅有利于较好地制定检测方案，而且有助于确定检测的内容和重点。现场调查主要是了解被检测钢结构的现状缺陷或使用期间的加固维修，以及用途和荷载等变更情况，同时应与委托方探讨确定检测的目的、内容和重点。

有关的资料主要是指钢结构的设计图、设计变更、施工记录和验收资料、加固图和维修记录等。当缺乏有关资料时，应向有关人员进行调查。当建筑结构受到灾害或邻近工程施工的影响时，尚应调查钢结构受到损伤前的情况。

3.2.3 钢结构的检测方案应根据检测的目的、钢结构现状的调查结果来制定，宜包括概况、检测的目的、检测依据、检测项目、选用的检测方法和检测数量等以及所需要的配合、安全和环保措施等。

3.2.4 本条规定了现场检测原始记录的要求，这些要求是根据原始记录的重要性和为了规范检测人员的行为而提出的。

3.3 无损检测方法的选用

3.3.3 本条规定主要为防止不做目视检测，直接对钢结构焊缝进行无损检测。有些焊缝有可能存在严重的错边、弧坑，但无损检测未发现焊缝超标的缺陷，实际上由于错边过大、弧坑过深已严重影响构件的承载力，仅做无损检测也就失去了意义。

在焊接过程中、焊缝冷却过程及以后的相当长的一段时间可能产生裂纹。普通碳素钢产生延迟裂纹的可能性很小，在焊缝冷却到环境温度后即可进行外观检查。对于低合金结构钢等有延迟裂纹倾向的焊缝，尚应满足焊接24h后这一时限的要求。

3.3.4 本标准中之所以未将射线检测单列一章，详细阐述射线检测的内容，主要原因有：1）大多结构形式不适合贴X光片，无法透照；2）设备笨重，高空作业难度大、不安全；3）设安全区影响太大，在施工现场难以保证。

另外，编制组制作了对接焊试件，进一步验证超声检测与射线检测对缺陷的敏感程度。用2块300mm×110mm×11mm的Q235钢板制作成对接焊试件，在焊缝处人为制作深2mm、直径1.5mm的圆孔和长30mm的未熔合缺陷。超声检测对未熔合缺陷较敏感，对圆孔反射不明显；而射线检测能清晰显示圆孔，而对未熔合缺陷不敏感。因此，射线检测主要适合于体积型缺陷的检测，而对平面型缺陷（如裂纹、未熔合等）不敏感。在钢结构中确有必要进行射线检测时，可按照现行国家标准《金属熔化焊焊接接头射线照相》GB/T 3323的要求进行检测。

3.4 抽样比例及合格判定

3.4.2 本条提出了采用全数检测方式的适用情况。全数检测并不意味对整个工程的全部构件（区域）进行检测，也可以是对应于检验批内的全部构件（区域）。

3.4.4 本条引自现行国家标准《建筑结构检测技术标准》GB/T 50344中的第3.3.13条，规定了钢结构按检验批检测时抽样的最小样本容量，其目的是要保证抽样检测结果具有代表性。最小样本容量不是最佳的样本容量，实际检测时可根据具体情况和相应技术规程的规定确定样本容量，但样本容量不应少于表3.4.4的限定量。

3.4.5 本条引自现行国家标准《建筑结构检测技术标准》GB/T 50344－2004中的第3.3.14条。以表3.4.5-2为例说明使用方法。当为一般项目抽样时，样本容量为20，在20个试样中有5个或5个以下的试样被判为不合格时，检测批可判为合格；当20个试样中有6个或6个以上的试样被判为不合格时则该检测批可判为不合格。

一般项目的允许不合格率为10%，主控项目的允许不合格率为5%。主控项目和一般项目应按相应工程施工质量验收规范确定。对于本标准而言，磁粉检测、渗透检测、超声波检测、高强度螺栓终拧扭矩检测、防腐涂层厚度检测、防火涂层厚度检测、钢材强度检测等属于主控项目的内容，外观质量的目视检测、钢材厚度检测属于一般项目的内容。

3.5 检测设备和检测人员

3.5.2、3.5.3 对实施钢结构检测的人员提出了资格方面的要求。

常用的钢结构的无损检测方法有超声波检测（UT）、射线检测（RT）、磁粉检测（MT）、渗透检测（PT）。在各种方法中，对检测人员分为三个等级：Ⅰ级（初级）、Ⅱ级（中级）、Ⅲ级（高级）。

以机械工程学会超声波检测培训为例，各等级的差别如下：

1　Ⅰ级（初级）——报考人需接受40小时的培训，通过理论考试、实际操作考试；Ⅰ级持证人员能进行检测，但不能编写检测报告，不能对检测结果作评定。

2　Ⅱ级（中级）——报考人需接受120小时的培训，通过理论考试、实际操作考试；Ⅱ级持证人员既能进行检测，又能编写检测报告。

3　Ⅲ级（高级）——要求报考人已取得Ⅱ级证，再接受40小时的培训，通过理论（含专门技术、通用技术）考试、编制工艺考试；Ⅲ级持证人员能检测、编写检测报告，可对技术问题作解释。

3.5.5　从事钢结构无损检测的人员，由于无损检测的方法不同，其人员的视力要求是不一样的。

4　外观质量检测

4.1　一 般 规 定

4.1.2、4.1.3　在对钢结构进行目视检测时，除了检测人员应具备正常的视力外，保证适当的视角及足够的照明是必不可少的。必要时，可使用辅助灯光照明。

4.2　辅 助 工 具

4.2.1　放大镜的放大倍数愈大，其焦距愈小，在现场目视检测时，过小焦距不宜于观察，因此，放大镜的放大倍数不宜过大。

4.2.2　焊缝检验尺由主尺、多用尺和高度标尺构成，可用于测量焊接母材的坡口角度、间隙、错位及焊缝高度、焊缝宽度和角焊缝高度。

5　表面质量的磁粉检测

5.1　一 般 规 定

5.1.1　本条规定的铁磁性材料是指碳素结构钢、低合金结构钢、沉淀硬化钢和电工钢等，而铝、镁、铜、钛及其合金和奥氏体不锈钢，以及用奥氏体钢焊条焊接的焊缝都不能用磁粉检测。熔焊焊缝的内部缺陷不能用磁粉检测。

磁粉检测又分干法和湿法两种，通常干法检测所用的磁粉颗粒较大，所以检测灵敏度较低。湿法流动性好，可采用比干法更加细的磁粉，使磁粉更易于被微小的漏磁场所吸附，因此湿法比干法的检测灵敏度高。因此，钢结构中磁粉检测采用湿法。

5.1.2　原材料的表面和近表面缺陷检测可以按照本章规定的一些基本原则来实施。

5.2　设备与器材

5.2.1　根据探伤构件的形状、尺寸、焊缝形式，选择方便、快捷、有利于缺陷检出的磁化方式，磁化方法有磁轭法、线圈法、平行电缆法或触头法等。

5.2.2　磁轭探伤设备需进行计量检定，提升力的检定结果必须达到规定要求以上方可使用。磁轭的磁极间距不能太大，太大不能有效磁化构件，影响探伤结果。

5.2.3　小的管子、轴类等对接焊缝可用通电线圈进行磁化，但应注意构件的长度与直径之比值，该比值越小越难磁化。大的管类构件可用缠绕电缆的方法，用表面绝缘的通电电缆紧贴构件绕成线圈，被检区域应在线圈范围内。检测较长的角焊缝可用单根绝缘通电电缆沿焊缝平行放置，返回电缆应尽量远离检测区域。用两支杆触头按一定间距直接通电进行磁化的方法，既方便又灵活，但应注意触头间距离。间距过小，电极附近磁化电流密度过大，易产生非相关磁痕；间距过大，磁场变弱，需加大磁化电流，易烧灼探测构件表面，所以，一般此方法常用于铸钢件探伤。

5.2.4　目前在钢结构磁粉检测中，磁化设备种类较多，但其磁化性能必须符合现行国家标准《无损检测　磁粉检测　第3部分：设备》GB/T 15822.3的规定。

5.2.5　钢结构工程中较多采用水做载液，可降低成本，又无火险隐患，检测后焊缝表面易于作防腐、防锈处理。

5.2.6　磁悬液喷洒装置其喷嘴喷出的液体要均匀，喷洒时需控制液流大小，避免高速液流冲刷掉已形成的缺陷显示。

5.2.7　磁悬液的浓度直接影响其检验的灵敏度。浓度过低，易引起小缺陷漏检，浓度过高会干扰缺陷的显示，所以应控制磁悬液的配置浓度。

5.2.8　用荧光磁粉或荧光磁悬液时，检测应在暗区进行，暗区的白光照度应小于20lx。

5.2.10、5.2.11　灵敏度试片是磁粉探伤时必备的工具，用来检查探伤设备、磁粉、磁悬液的综合使用性能，以及人员操作方式是否适当。常用的有A型、C型灵敏度试片和磁场指示器等。不同型号的三种A型灵敏度试片，其分数值越小的试片，所需要的有效磁场强度越大，其检测灵敏度就越高。

A型灵敏度试片上的圆形和十字形人工槽可以确定有效磁场的方向。在狭窄部位探伤，当放置A型灵敏度试片有困难时，可用尺寸较小的C型灵敏度试片。C型灵敏度试片使用时可沿分割线切成5mm×10mm的小片。

在试片上看到与人工刻槽相对应的磁痕显示，但并不代表实际能检测缺陷的大小。灵敏度试片的磁痕显示只代表在某磁场作用下，试片中人工缺陷处的漏磁场达到了探伤灵敏度要求。

5.2.12 在使用A型灵敏度试片时，人工槽一侧应向内，向外一侧应是没有开口槽的，正确磁化和喷洒磁粉后，试片上会出现十字和圆形磁痕显示。

5.3 检 测 步 骤

5.3.1 焊缝磁粉探伤应等焊缝冷却到环境温度后进行，低合金结构钢焊缝必须在焊后24h后才可以探伤。磁粉检测的步骤应按先后工序。

5.3.2 焊缝磁粉探伤的检测面宽度应包括焊缝及热影响区域，焊缝及向母材两侧各延伸20mm。应除去焊缝及热影响区表面的杂物、油漆层，不然会影响探伤结果。

5.3.3 磁化及磁粉施加要求：

1 磁场方向应垂直于探测的缺陷方向，这样有利于缺陷的检出。

2 旋转磁场可用交叉磁轭仪，它可产生椭圆形旋转磁场，检测各方向上的缺陷，只需一次磁化探伤；而用磁轭检测时，就必须在焊缝走向上要呈+45°和−45°的方向分别进行磁化。

3 在探测前，应将灵敏度试片粘贴在焊缝边上先进行试片检验，试片磁痕显示正确后，方可进行探伤检测。

4 用磁轭检测时，磁轭每次移动应有重叠区域，以防缺陷漏检。在检测中，应避免交叉磁轭的四个磁极与探测构件表面间产生空隙，空隙会降低磁化效果。

5 用触头法检测时，应尽量减少触点的过热，以防烧伤检测面。在电接触部位可加垫铅板或铜丝编织带作成的圆盘，不可用锌作为衬垫。衬垫和编织物厚度应均匀。

5.3.4 焊缝表面较粗糙时，不利于小缺陷的检出，可用砂纸或局部打磨来改善表面状况。

5.3.5 可借助2倍～10倍的放大镜对磁痕进行观察，在观察中应区分缺陷磁痕和伪缺陷磁痕，有疑义的磁痕显示应采用其他有效方法进行验证。

5.3.6 一般而言，建筑钢结构焊缝上的剩磁很低，无需退磁。如有特殊要求必须退磁的，可用交变磁场进行退磁。

5.4 检测结果的评价

5.4.1 缺陷的磁痕显示可有多种形态，按长宽比分为线型磁痕和圆型磁痕。裂纹是危险性缺陷，在焊缝中不允许存在。

5.4.2 对不合格缺陷进行打磨去除，对返修后的区域进行复检时，应采用相同的磁粉检验方法和质量评定标准。返修复检的部位应在检测报告中标明，以便对其进行核查。

5.4.3 检测记录是整个探伤过程的重要环节，应在记录中填写主要的信息。

6 表面质量的渗透检测

6.1 一 般 规 定

6.1.1 本条规定该检测方法用于金属材料表面开口性缺陷的检测。检测灵敏度随工件表面光洁度的提高而增高。该方法不仅用于钢铁材料也用于各种不锈钢材料和有色金属材料。在钢结构工程中主要用于角焊缝、磁粉探伤有困难或效果不佳的焊缝，例如对接双面焊焊缝清根检测、焊缝坡口母材分层检测等。

6.2 试剂与器材

6.2.1 渗透剂、清洗剂、显像剂等应对被检焊缝及母材无腐蚀作用，而且应便于携带和现场的使用。当检测含镍合金材料时，检测剂中的硫含量不应超过残留物重量的1%；当检测奥氏体不锈钢或钛合金材料时，检测剂中的氯和氟含量之和不应超过残留物重量的1%。

6.2.2 对于建筑钢结构的焊缝而言，一般情况下不选择荧光渗透剂，通常选择溶剂去除型非荧光渗透剂，采用喷涂方式。当采用喷罐套装检测剂时一定要注意有效期，超过有效期的检测剂不可继续使用。

6.2.3 A型铝合金试块主要用于检测剂的性能测试；B型不锈钢镀铬试块则用于根据被检工件和设计要求，确定检测灵敏度的级别时使用。A型铝合金试块在其表面上，应分别具有宽度不大于3μm、3μm～5μm和大于5μm等三类尺寸的非规则分布的开口裂纹，且每块试块上有不大于3μm的裂纹不得少于两条。

6.2.5 各种试块使用后必须彻底清洗，清洗干净后将其放入丙酮或乙醇溶液中浸泡30min，晾干或吹干后，将试块放置在干燥处保存。

6.3 检 测 步 骤

6.3.1、6.3.2 渗透检测过程中工件表面的处理很重要，工件表面光洁度越高，检测灵敏度也越高。通常采用机械打磨或钢丝刷清理工件表面，再用清洗溶剂将清理面擦洗干净。不允许用喷砂、喷丸等可能堵塞表面开口性缺陷的清理方法。当焊接的焊道或其他表面不规则形状影响检测时，应将其打磨平整。清洗时，可采用溶剂、洗涤剂或喷罐套装的清洗剂。清洗后的工件表面，经自然挥发或用适当的强风使其充分干燥。

6.3.4 多余渗透剂清洗是渗透检测中的重要环节，清洗不足会使本底反差减小，无法辨别缺陷迹痕，过度清洗又会将缺陷中的渗透剂清洗掉，使缺陷迹痕难以显现，达不到检测目的。通常采用擦洗的方式清除多余渗透剂，不可用冲洗或泡洗的方式进行清除。

6.4 检测结果的评价

6.4.1 缺陷的迹痕显示可有多种形态，按长宽比分为线型迹痕和圆型迹痕。裂纹是危险性缺陷，在焊缝中不允许存在。

6.4.2 对不合格缺陷进行打磨去除，对返修后的区域进行复检时，应采用相同的渗透检验方法和灵敏度等级。返修复检的部位应在检测报告中标明，以便对其进行核查。

7 内部缺陷的超声波检测

7.1 一 般 规 定

7.1.1 用超声波检测缺陷时，对于板厚小于8mm的焊缝，难以对缺陷进行精确定位，因此，本章提出了对不同板厚、不同曲率半径的构件进行检测，应满足不同的要求。对壁厚为4mm～8mm管、球节点焊缝等曲率半径较小的构件焊缝进行超声波检测，应按现行行业标准《钢结构超声波探伤及质量分级法》JG/T 203执行，这本标准中对探头、标准试块、T形焊接接头距离—波幅曲线的灵敏度及缺陷定量等均有专门的要求。

7.1.3 检验工作的难度系数按A、B、C顺序逐渐增高。

7.1.5 T形焊接接头是钢结构中的常见焊接形式，直探头从端面对焊缝进行探伤易发现焊接质量缺陷，因此，除按一般要求进行检测外，宜用直探头从端面对焊缝质量进行超声波探伤。

7.3 检 测 步 骤

7.3.8 探伤灵敏度确定时，在扫查横向缺陷时应在本标准表7.3.2的基础上提高6dB。

7.3.10 判断缺陷的性质，是对钢结构质量评估的重要一环。常见缺陷类型的反射波特性见表2。

表2 常见缺陷类型的反射波特性

缺陷类型	反射波特性	备 注
裂缝	一般呈线状或面状，反射明显。探头平行移动时，反射波不会很快消失；探头转动时，多峰波的最大值交替错动	危险性缺陷
未焊透	表面较规则，反射明显。沿焊缝方向移动探头时，反射波较稳定；在焊缝两侧扫查时，得到的反射波大致相同	危险性缺陷
未熔合	从不同方向绕缺陷探测时，反射波高度变化显著。垂直于焊缝方向探动时，反射波较高	危险性缺陷
夹渣	属于体积型缺陷，反射不明显。从不同方向绕缺陷探测时，反射波高度变化不明显，反射波较低	非危险性缺陷
气孔	属于体积型缺陷。从不同方向绕缺陷探测时，反射波高度变化不明显	非危险性缺陷

7.4 检测结果的评价

7.4.3 对最大反射波幅位于Ⅱ区的非危险性缺陷，应根据缺陷指示长度ΔL来评定缺陷等级。在工程检测中，经常出现理解不准确或误判的情况，以下举例说明缺陷指示长度限值的计算。如某焊缝评定采用B级检验、板厚10mm、Ⅱ评定等级，计算出$2\delta/3$为7mm，但此值小于最小值（12mm），因此，其缺陷指示长度限值为12mm；如某焊缝评定采用B级检验、板厚为90mm、Ⅱ评定等级，计算出$2\delta/3$为60mm，但此值大于最大值（50mm），因此，其缺陷指示长度限值为50mm。在质量评级时，应先根据板厚计算限值，然后比较大小，最后确定评定用的缺陷长度限值。也就是说，对于薄板是以最小值控制，对于厚板是以最大值控制。为便于检测人员查阅，根据表7.4.3的要求，计算出部分不同板厚时的缺陷长度限值（表3）。

表3 缺陷指示长度限值（mm）

板厚 \ 评定等级 \ 检验等级	A级			B级			C级		
	Ⅰ	Ⅱ	Ⅲ	Ⅰ	Ⅱ	Ⅲ	Ⅰ	Ⅱ	Ⅲ
8～15	12	12	20	10	12	16	10	10	12
20	13	15	20	10	13	16	10	10	13
25	17	19	25	10	17	19	10	12	17
30	20	22	30	10	20	22	10	15	20
35	23	26	35	12	23	26	12	18	23
40	27	30	40	13	27	30	13	20	27
45	30	34	45	15	30	34	15	23	30
50	33	38	50	17	33	38	17	25	33
55	—	—	—	18	37	41	18	28	37
60	—	—	—	20	40	45	20	30	40
65	—	—	—	22	43	49	20	30	43

续表 3

板厚 \ 评定等级 \ 检验等级	A级			B级			C级		
	Ⅰ	Ⅱ	Ⅲ	Ⅰ	Ⅱ	Ⅲ	Ⅰ	Ⅱ	Ⅲ
70	—	—	—	23	47	52	20	30	47
75	—	—	—	25	50	56	20	30	50
80	—	—	—	27	50	60	20	30	50
85	—	—	—	28	50	64	20	30	50
90	—	—	—	30	50	67	20	30	50
95	—	—	—	30	50	71	20	30	50
100～300	—	—	—	30	50	75	20	30	50

8 高强度螺栓终拧扭矩检测

8.1 一 般 规 定

8.1.1 高强度螺栓连接副分大六角头高强度螺栓连接副和扭剪型高强度螺栓连接副。大六角头高强度螺栓连接副形式包括一个螺栓、一个螺母和两个垫圈（图 1），扭剪型高强度螺栓连接副形式包括一个螺栓、一个螺母和一个垫圈（图 2）。

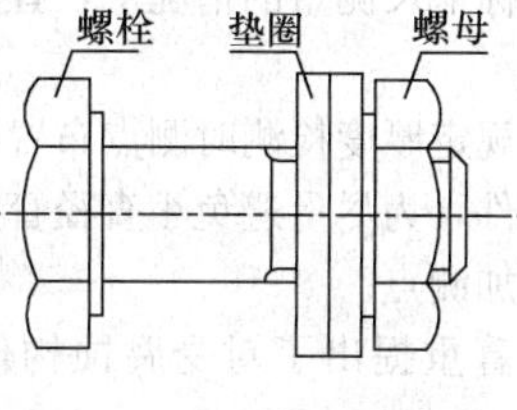

图 1 大六角头高强度螺栓连接副

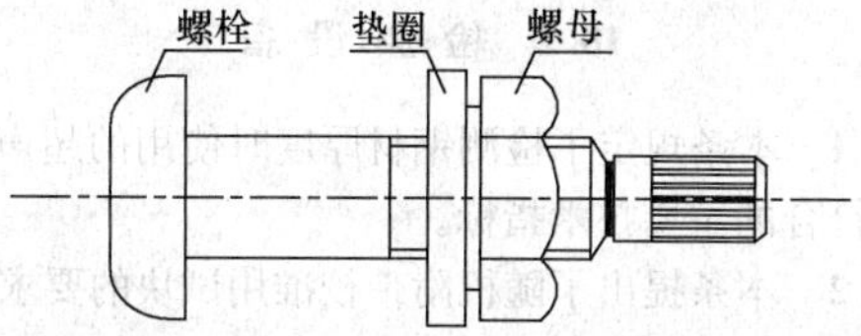

图 2 扭剪型高强度螺栓连接副

由于扭剪型高强度螺栓尾部带有梅花头，尾部梅花头被拧掉者视同其终拧扭矩达到质量要求，一般不需对其终拧扭矩进行检测，所以，本章所述的高强度螺栓终拧扭矩是针对高强度大六角头螺栓而言的。当扭剪型高强度螺栓尾部梅花头未被拧掉时，应按本章要求对其进行检测。

8.1.3 现行国家标准《钢结构工程施工质量验收规范》GB 50205 规定高强螺栓终拧 1h 后，48h 内应进行终拧扭拒检查。

为了解高强度螺栓轴力、扭矩随时间而变化的规律，本标准参编单位上海市建筑科学研究院制作了大六角头高强度螺栓试件进行试验。螺栓规格为 M20，初始扭矩值为 388N·m，经历不同的时间段后，测量其轴力、扭矩，高强度螺栓轴力、扭矩随时间而变化见表 4。

表 4 高强度螺栓轴力、扭矩随时间而变化

经历的时间（h）	轴力值（kN）	扭矩值（N·m）	变化率
0	160.2	388.0	—
1	157.2	380.7	1.87%
2	157.0	380.3	2.00%
3	156.8	379.8	2.12%
24	156.0	377.8	2.62%
48	155.6	376.9	2.87%
120	155.6	376.9	2.87%
144	155.6	376.9	2.87%

从表 4 可知，高强度螺栓扭矩在 1h 内变化最大，在 48h 内已趋于稳定。本试验进一步验证了现行国家标准《钢结构工程施工质量验收规范》GB 50205 中规定的“扭矩检验应在终拧 1h 之后、48h 之内完成”，是比较合理的。

8.2 检 测 设 备

8.2.1 为防止扭矩扳手出现过大的误差，在使用前，可采用挂配重的方法，对扭矩扳手进行使用前的自校。

8.3 检 测 技 术

8.3.2 可用小锤（0.3kg）敲击的方法对高强度大六角头螺栓进行普查。敲击检查时，一手扶螺栓（或螺母），另一手敲击，要求螺母（或螺栓头）不偏移、不松动，锤声清脆。

8.3.3 为了解高强度螺栓扭矩与拧紧角度的关系，编制组制作了 M20、M24 两种规格的大六角头高强度螺栓试件各 3 个进行试验。将各高强度螺栓拧到终拧扭矩值后，在螺尾端头和螺母相对位置画线。为便于控制转角大小，在连接板上沿螺母的 6 个平面向外划出延长线。然后将螺母拧松 60°，再用扭矩扳手重新拧紧至 60°、63°、66°时，测定高强度螺栓的扭矩值，同一规格螺栓的扭矩平均值的变化趋势见图 3。

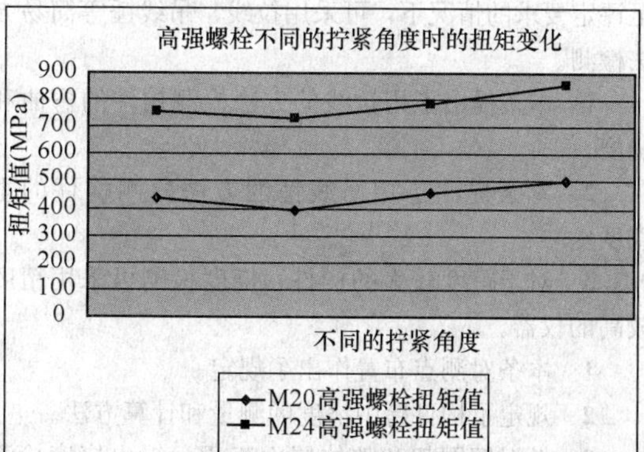

图 3 拧紧角度与扭矩平均值的关系
（后 3 个点拧紧角度分别为 60°、63°、66°）

从图中可知，如果采用“将螺母拧松 60°，再用扭矩扳手将螺母拧回原位（重新拧紧 60°）”的方法，检测高强度螺栓扭矩值，其结果将降低 4%～10%。如果“将螺母拧松 60°，再用扭矩扳手重新拧紧 63°”后，再检测高强度螺栓扭矩值，其结果将偏高 4%左右，因此，在检测高强度螺栓终拧扭矩时，“将螺母拧松 60°，再用扭矩扳手重新拧紧 60°～62°”比较合理。

螺尾端头和螺母上的线重合时为 60°转角，为较准确地定出 2°旋转角，可先划出扭矩扳手手柄一侧在连接板的投影线，再距螺栓中心 600mm 处，在连接板上顺时针方向向前 21mm 定出一点，由该点与螺栓中心相连而成的线，即为旋转 2°后手柄指定一侧在连接板的投影线。

8.3.4 检测时，应根据检测人员的具体情况调整操作姿势，防止操作失效时人员跌倒。扳手手柄上宜施加拉力而不是推力。

9 变形检测

9.1 一般规定

9.1.1 本条提出了钢结构变形大致包括结构整体变形和构件变形。

9.1.2 本条提出了钢结构变形的检测项目。造成钢结构变形的原因有重力荷载、地基沉降、火灾、地震影响、外因损伤、构件加工和安装偏差等，根据变形的原因和检测目的，确定变形检测项目。

9.2 检测设备

9.2.1 本条规定了变形检测所用的仪器。

9.2.2 本条规定了变形检测的仪器要求。

9.3 检测技术

9.3.1 本条阐述变形检测的基本原理。

9.3.2 在构件尺寸不大于 6m 时，检测精度能够满足评定要求的情况下，可采用拉线、吊线锤等简易方法检测。

1 本条提出了用拉线的方法检测构件的弯曲和挠度。

2 本条提出了用吊线锤的方法检测构件的垂直度。

9.3.3 对于跨度较大的构件，挠度检测可采用精度较高的仪器。

1 本条对测点布置作出了规定。

2 规定了构件跨中挠度的测量和计算方法。

3 针对钢网架和整体屋面工程，提出挠度检测的具体方法和要求。

9.3.4 规定了大尺寸构件的垂直度和竖向弯曲的检测方法。

9.3.5 为保证测量精度和准确性，结构或构件的倾斜方向应与检测仪器的视线垂直。

9.3.7 全站仪受现场环境条件的影响较大，现场光线不佳、起灰尘、有振动时，均影响全站仪的测量结果。

9.4 检测结果的评价

9.4.2 对既有建筑的整体垂直度进行检测时，如发现个别测点超过规范要求，宜进一步查明其是否由外饰面不平或结构施工时超标引起的。避免因外饰面不一致而引起对结果的误判。

10 钢材厚度检测

10.1 一般规定

10.1.1 当在构件横截面或外侧无法用游标卡尺直接测量厚度时，可采用超声波原理测量钢结构构件的厚度。由于耦合不良、探头磨损等因素，超声测厚仪的测量误差往往比直接用游标卡尺的大，在构件横截面或外侧可用游标卡尺测量的情况下，宜采用游标卡尺测量。

10.1.2 本条规定厚度检测时测点布置要求。对于钢网架、桁架杆件，为尽量避免小直径管壁厚度检测时的误差，宜增加测点。

10.1.3 本条着重提出了对受腐蚀构件的表面处理要求。

10.2 检测设备

10.2.1 本条规定了检测钢材厚度时使用的超声测厚仪应符合的主要技术指标。

10.2.2 本条提出了随机附带校准用试块的要求。

10.3 检测步骤

10.3.1 本条提出了在对钢材厚度进行测量前的表面处理要求，以减小测量误差。打磨宜采用砂纸或钢丝刷或抛光片等方法，不宜采用手提砂轮打磨，砂轮打磨易损伤钢材本体。

10.3.2 本条提出了测量前仪器的准备工作。

10.3.3 本条提出了不同测量对象时耦合剂的选用。对于小直径管壁或工件表面较粗糙时，由于探头与工件表面间空隙较大，为保证有良好的耦合效果，宜选用粘度较大的甘油作耦合剂。

10.3.4 在同一位置将探头转过 90°后作二次测量，是为了减小测量误差。

11 钢材品种检测

11.1 一 般 规 定

11.1.1 在既有钢结构中，经常由于原始资料丢失，需要了解钢材的强度。通常情况下，钢材的强度宜选用现场截取钢材试样的方法进行检测，但从钢结构中取样后，会影响结构承载力，因此，本章针对这种情况，提出用化学成分分析方法判断钢材的品种，确定钢材品种后，由鉴定人员再依据钢材的品种来定出相应的钢材设计强度。考虑到进口钢材与国产钢材的化学成分有一定差异，因此，本方法适用于对国产钢材的品种进行判定。

11.2 钢材取样与分析

11.2.1 对取样所用工具、机械、容器等进行清洗是为了防止取样用具不清洁而影响钢材中化学元素含量测定的准确度。

11.2.2 当钢材受切割火焰、焊接等的热影响，有可能会引起钢材中元素含量的变化。

11.2.3 在取样部位上的表面油漆、锈斑，会影响钢材化学成分的测定结果，在取样前可用钢锉打磨构件表面，直至露出金属光泽。

11.2.4 同一构件宜选取3个不同部位进行取样，是为了防止钢材材质不均匀而影响检测结果。在对钢材进行化学成分的测定时，屑状试样不宜过少。取样过程中屑状试样会因温度过高而引起发蓝、发黑的现象，而过高的温度同样有可能引起钢材中元素含量的变化。在取样时，使用水、油或其他滑油剂，会影响化学成分的含量。去掉钢材表面1mm以内的浅层试样，是为了避免试样受表层脱碳层、渗碳层的影响。

11.2.5 钢材中C、Mn、Si、S、P是一般常规化学分析中需测定的五元素。对于低合金高强度结构钢，有时需要测定试样中V、Nb、Ti三元素的含量。

11.3 钢材品种的判别

11.3.1 从现行国家标准《碳素结构钢》GB/T 700、《低合金高强度结构钢》GB/T 1591中所规定的Mn元素含量来看，碳素结构钢与低合金高强度结构钢两者的Mn元素含量有较大差别，因此，可根据Mn元素含量较容易区分是碳素结构钢，还是低合金高强度结构钢。当Mn元素含量为0.30%～0.80%时，可判断该钢材属于碳素结构钢；当Mn元素含量为1.00%～1.70%时，可判断该钢材属于低合金高强度结构钢。

根据现行国家标准《钢结构设计规范》GB 50017，碳素结构钢主要是指Q235钢，低合金高强度结构钢主要有Q345钢、Q390钢和Q420钢。当然，仅从钢材中C、Mn、Si、S、P五元素含量的大小，难以准确判断属于低合金高强度结构钢中的何种钢，对于既有钢结构中使用的早期钢材，根据国内、外相关资料，钢材的抗拉强度与钢材的化学元素含量间存在一定的相关性（$\sigma_b = 285 + 7C + 2Si + 0.06Mn + 7.5P$，以0.01%计），可从该式进一步大致了解钢材的强度范围。

12 防腐涂层厚度检测

12.1 一 般 规 定

12.1.1 目前钢结构防腐涂层以油漆类材料为主，一些特殊的工程或部位采用橡胶、塑料等材料。对防腐效果的判定以涂层厚度为指标。

防腐涂层的设计厚度与涂层种类、环境条件、构件重要性等因素有关，目前常用的油漆种类及涂层厚度见表5。

表5 油漆种类及涂层厚度

序　号	涂层（油漆）种类	涂层厚度（μm）
1	油性酚醛、醇酸漆	70～200
2	无机富锌漆	80～150
3	有机硅漆	100～150
4	聚氨酯漆	100～200
5	氯化橡胶漆	150～300
6	环氧树脂漆	150～250
7	氟碳漆	100～200

12.1.5 在防腐涂层厚度检测前，应对涂层的外观质量进行检查。如存在外观质量问题，应进行修补，并在修补后检测涂层厚度。

12.2 检 测 设 备

12.2.1 检测防腐涂层厚度的仪器较多，根据测试原理，可分为磁性测厚仪、超声测厚仪、涡流测厚仪等。对检测使用何种仪器不做规定，仪器的量程、分辨率及误差符合要求即可用于检测。目前的涂层测厚仪最大量程一般在1000μm～1500μm左右，最小分辨率为1μm～2μm，示值相对误差小于3%，可以满足一般检测需要。如涂层厚度较厚，可局部取样直接测量厚度。

12.2.2 大部分仪器探头面积较小，但构件曲率半径过小，会导致一些型号的仪器探头无法与测点有效贴合，增大测试误差。

12.3 检 测 步 骤

12.3.1 清除测试点表面的防火涂层等时，应注意避免损伤防腐涂层。

12.3.2 零点校准和二点校准是测厚仪校准的常用方法。为减少仪器的测试误差，宜采用二点校准。二点校准是在零点校准的基础上，在厚度大致等于预计的待测涂层厚度的标准片上进行一次测量，调节仪器上的按钮，使其达到标准片的标称值。

12.3.3 可用于铜、铝、锌、锡等材料防腐涂层厚度的检测，为减少测试误差，校准时垫片材质应与基体金属基本相同。校准时所选用的标准片厚度应与待测涂层厚度接近。

12.3.4 测试时，仪器探头与涂层接触力度应适中，避免用力过大导致测点涂层变薄。试件边缘、阴角、水平圆管下表面等部位的涂层一般较厚，检测数据不具代表性。

13 防火涂层厚度检测

13.1 一 般 规 定

13.1.1 钢结构防火涂料分膨胀型和非膨胀型，主要有超薄型、薄型、厚型3种。对于超薄型防火涂层厚度，可参照本标准第12章的方法进行检测。

13.1.4 受施工工艺、涂层材料等影响，构件不同位置的防火涂层厚度可能不同，对水平向构件，测点应布置在构件顶面、侧面、底面；对竖向构件，测点应布置在不同高度处。对于桁架或网架结构而言，应将其杆件作为构件，按梁、柱构件的测量方法进行检测。

13.2 检 测 量 具

13.2.1 常用防火涂层类型及相应厚度见表6。

表6 常用防火涂层类型及相对应的厚度

序号	涂层类型	涂层厚度（mm）
1	超薄型	≤3
2	薄型	3～7
3	厚型	7～45

厚型防火涂层通常超出涂层测厚仪的最大量程，一般情况下，用卡尺、探针检测较为适宜。

13.2.2 防火涂层可抹涂、喷涂施工，其涂层厚度值较离散，过高的检测精度在实际工程中意义不大，同时为方便检测操作，对超薄型、薄型、厚型涂层的检测精度统一规定为不低于0.5mm。

13.3 检 测 步 骤

13.3.1 构件的连接部位的涂层厚度可能偏大，检测数据不具代表性。

13.3.2 对于厚型防火涂层表面凹凸不平的情况，为便于检测，可用砂纸将涂层表面适当打磨平整。

13.3.3 检测后，宜修复局部剥除的防火涂层。

14 钢结构动力特性检测

14.1 一 般 规 定

14.1.2 本条规定了适用于动力特性检测的对象，通过动力特性检测能为结构的理论分析、结构损伤识别和采取减振措施提供依据。

14.2 检 测 设 备

14.2.1、14.2.2 传感器按测试参数分类可分为位移计、速度计、加速度计和应变计，按工作原理分可分为电阻式、电容式、电动势式和电量式等类型，每种类型的传感器都有一定的使用特性，同一种类型的传感器有不同的测量范围，在选择传感器时应考虑被测参数的频率、幅值的要求，综合确定适合的传感器。在满足被测结构动态响应的同时，尽可能地提高输出信号的信噪比。

14.2.3 根据测试的需求，保留有用的频段信号，对无用的频段信号、噪声进行抑制，从而提高信噪比。为防止部分频谱的相互重叠，一般选择采样频率为处理信号中最高频率的2.5倍或更高，对0.4倍采样频率以上频段进行低通滤波，防止离散的信号频谱与原信号频谱不一致。

14.2.4 动态信号测试系统由传感器、动态信号测试仪组成，动态信号测试系统应满足相关规范的要求。

14.3 检 测 技 术

14.3.1 检测前应了解被测结构的结构形式、材料特性、结构或构件截面尺寸等，选择检测采用的激励方式，估计被测参数的幅度变化和频率响应范围。对于复杂的结构，宜通过计算分析来确定其范围。检测前制定完整详细的检测方案，准备好检测设备。

14.3.2 环境随机振动激励法无需测量荷载，直接从响应信号中识别模态参数，可以对结构实现在线模态分析，能够比较真实的反应结构的工作状态，而且测试系统相对简单，但由于精度不高，应特别注意避免产生虚假模态；对于复杂的结构，单点激励能量一般较小，很难使整个结构获得足够能量振动起来，结构上的响应信号较小，信噪比过低，不宜单独使用，在条件允许的情况下宜采用多点激励方法。对于相对简单结构，可采用初始位移法、重物撞击法等方法进行激励，对于复杂重要结构，在条件许可的情况下，采用稳态正弦激振方法。

14.3.3 信号的时间分辨率和采样间隔有关，采样间隔越小，时域中取值点之间越细密。信号的频域分辨率和采样时长有关，信号长度越长，频域分辨率越高。根据测试需要，选择适合的采样间隔和采样时长，同时必须满足采样定理的基本要求。

14.3.4 传感器的安装谐振频率是控制测试系统频率的关键，传感器与被测物的连接刚度和传感的质量本身构成了一个弹簧和质量二阶单自由度系统，安装谐振频率越高，测试的响应信号越能反应结构实际响应状态。一般而言，以下几种安装方式的安装谐振频率由高到低依次为：

1 传感器与被测物采用螺栓直接连接（一般称为刚性连接）；

2 传感器与被测物体用薄层胶、石蜡等直接粘贴；

3 用螺栓将传感器安装在垫座上；

4 传感器吸附在磁性垫座上；

5 传感器吸附在厚磁性垫座上，垫座与被测物体采用钉子连接固定，且垫座与被测物体间悬空；

6 传感器通过触针与被测物体接触。

14.3.5 节点处某些模态无法被激发出来，传感器安装位置应远离节点，尽可能选择能量输出较大的位置，提高传感器信号输出信噪比。

14.4 检测数据分析

14.4.1 对原始信号进行分析前，应仔细核对，避免产生差错。

14.4.2 对记录的原始信号进行转换、滤波、放大等处理，提高信号的信噪比，为信号的计算分析做好准备。

14.4.3 根据检测中采用的激励方式，选择合适的信号处理方法，减少信号因截断、转换等造成的分析误差，提供所测结构的相关模态参数。

中华人民共和国国家标准

砌体结构加固设计规范

Code for design of strengthening masonry structures

GB 50702—2011

主编部门：四 川 省 住 房 和 城 乡 建 设 厅
批准部门：中华人民共和国住房和城乡建设部
施行日期：2 0 1 2 年 8 月 1 日

中华人民共和国住房和城乡建设部
公　　告

第1095号

关于发布国家标准《砌体结构加固设计规范》的公告

现批准《砌体结构加固设计规范》为国家标准，编号为GB 50702－2011，自2012年8月1日起实施。其中，第3.1.9、4.2.3、4.3.6、4.4.3、4.5.2、4.5.3、4.5.5、4.6.1、4.6.2、4.6.3、4.7.5、4.7.7、9.1.7、10.1.4条为强制性条文，必须严格执行。

本规范由我部标准定额研究所组织中国建筑工业出版社出版发行。

中华人民共和国住房和城乡建设部

2011年7月26日

前　　言

本规范是根据原建设部《1989年工程建设专业标准制订修订计划》的要求，由四川省建筑科学研究院会同有关单位编制完成的。

本规范在编制过程中，编制组开展了各种结构加固方法的专题研究；进行了广泛的调查分析和重点项目的验证性试验和工程试用；总结了近20年来我国砌体结构加固设计经验，并与国外先进的标准、规范进行了比较分析和借鉴。在此基础上以多种方式广泛征求了有关单位和社会公众的意见并进行了试设计和对加固效果的评估。据此，还对主要条文进行了反复修改，最后经审查定稿。

本规范共分13章和2个附录，主要技术内容包括：总则、术语和符号、基本规定、材料、钢筋混凝土面层加固法、钢筋网水泥砂浆面层加固法、外包型钢加固法、外加预应力撑杆加固法、粘贴纤维复合材加固法、钢丝绳网-聚合物改性水泥砂浆面层加固法、增设砌体扶壁柱加固法、砌体结构构造性加固法、砌体裂缝修补法。

本规范中以黑体字标志的条文为强制性条文，必须严格执行。

本规范由住房和城乡建设部负责管理和对强制性条文的解释；由四川省建筑科学研究院负责具体技术内容的解释。为充实提高规范的质量，请各使用单位在执行本规范过程中，结合工程实践，注意总结经验，积累数据、资料，随时将意见和建议寄交四川省建筑科学研究院（邮编：610081，地址：成都市一环路北三段55号）。

本规范主编单位：四川省建筑科学研究院

中国华西企业有限公司

本规范参编单位：湖南大学
同济大学
哈尔滨工业大学
福州大学
武汉大学
中国建筑西南设计院
上海市民用建筑设计院
重庆市建筑科学研究院
陕西省建筑科学研究院
亨斯迈化工精细材料有限公司
上海安固建筑材料有限公司
厦门中连结构胶有限公司
上海同华加固工程有限公司
南京市凯盛建筑设计研究院有限责任公司

本规范主要起草人：梁　坦　吴　体　梁　爽
王晓波　吴善能　施楚贤
刘新玉　唐岱新　许政谐
林文修　陈大川　雷　波
何英明　张成英　唐超伦
陈友明　张坦贤　刘延年
黄　刚　黎红兵

本规范审查人员：刘西拉　戴宝城　高小旺
弓俊青　李德荣　张书禹
黄兴棣　王庆霖　古天纯
陈　宙

目　次

1　总则 ………………………………… 10—6
2　术语和符号 ……………………… 10—6
2.1　术语 ………………………………… 10—6
2.2　符号 ………………………………… 10—6
3　基本规定 ………………………… 10—7
3.1　一般规定 ………………………… 10—7
3.2　设计计算原则 …………………… 10—7
3.3　加固方法及配合使用的技术 …… 10—8
4　材料 ……………………………… 10—8
4.1　砌筑材料 ………………………… 10—8
4.2　混凝土原材料 …………………… 10—8
4.3　钢材及焊接材料 ………………… 10—9
4.4　钢丝绳 ………………………… 10—10
4.5　纤维复合材 …………………… 10—10
4.6　结构胶粘剂 …………………… 10—11
4.7　聚合物改性水泥砂浆 ………… 10—11
4.8　砌体裂缝修补材料 …………… 10—11
4.9　防裂用短纤维 ………………… 10—12
5　钢筋混凝土面层加固法 ……… 10—12
5.1　一般规定 ……………………… 10—12
5.2　砌体受压加固 ………………… 10—13
5.3　砌体抗剪加固 ………………… 10—14
5.4　砌体抗震加固 ………………… 10—14
5.5　构造规定 ……………………… 10—14
6　钢筋网水泥砂浆面层加固法 ……… 10—15
6.1　一般规定 ……………………… 10—15
6.2　砌体受压加固 ………………… 10—15
6.3　砌体抗剪加固 ………………… 10—16
6.4　砌体抗震加固 ………………… 10—16
6.5　构造规定 ……………………… 10—16
7　外包型钢加固法 ……………… 10—17
7.1　一般规定 ……………………… 10—17
7.2　计算方法 ……………………… 10—17
7.3　构造规定 ……………………… 10—18
8　外加预应力撑杆加固法 ……… 10—18
8.1　一般规定 ……………………… 10—18
8.2　计算方法 ……………………… 10—18
8.3　构造规定 ……………………… 10—20
9　粘贴纤维复合材加固法 ……… 10—20
9.1　一般规定 ……………………… 10—20
9.2　砌体抗剪加固 ………………… 10—20
9.3　砌体抗震加固 ………………… 10—21
9.4　构造规定 ……………………… 10—21
10　钢丝绳网-聚合物改性水泥砂浆面层加固法 ……… 10—22
10.1　一般规定 ……………………… 10—22
10.2　砌体抗剪加固 ………………… 10—22
10.3　砌体抗震加固 ………………… 10—23
10.4　构造规定 ……………………… 10—23
11　增设砌体扶壁柱加固法 ……… 10—23
11.1　计算方法 ……………………… 10—23
11.2　构造规定 ……………………… 10—24
12　砌体结构构造性加固法 ……… 10—24
12.1　增设圈梁加固 ………………… 10—24
12.2　增设构造柱加固 ……………… 10—25
12.3　增设梁垫加固 ………………… 10—25
12.4　砌体局部拆砌 ………………… 10—26
13　砌体裂缝修补法 ……………… 10—26
13.1　一般规定 ……………………… 10—26
13.2　填缝法 ………………………… 10—26
13.3　压浆法 ………………………… 10—26
13.4　外加网片法 …………………… 10—27
13.5　置换法 ………………………… 10—27
附录A　已有建筑物结构荷载标准值的确定 ……… 10—27
附录B　粘结材料粘合加固材与基材的正拉粘结强度试验室测定方法及评定标准 ……… 10—28
本规范用词说明 ……………………… 10—30
引用标准名录 ………………………… 10—31
附：条文说明 ………………………… 10—32

Contents

1 General Provisions …… 10—6
2 Terms and Symbols …… 10—6
2.1 Terms …… 10—6
2.2 Symbols …… 10—6
3 Basic Requirements …… 10—7
3.1 General Requirements …… 10—7
3.2 Principles for Calculation of Design …… 10—7
3.3 Strengthening Methods and Technology …… 10—8
4 Materials …… 10—8
4.1 Masonry Materials …… 10—8
4.2 Concrete Original Materials …… 10—8
4.3 Steel and Welding Materials …… 10—9
4.4 Wire Ropes …… 10—10
4.5 Fiber Reinforced Polymer …… 10—10
4.6 Structural Adhesives …… 10—11
4.7 Polymer Modified Cement Mortar …… 10—11
4.8 Materials for Masonry Crack Repairing …… 10—11
4.9 Short Fiber for Anticracking …… 10—12
5 Structure Member Strengthening with Reinforced Concrete Layer …… 10—12
5.1 General Requirements …… 10—12
5.2 Masonry Compression Strengthening …… 10—13
5.3 Masonry Shear Strengthening …… 10—14
5.4 Masonry Seismic Strengthening …… 10—14
5.5 Construction Requirements …… 10—14
6 Structure Member Strengthening with Externally Steel Reinforcement Mesh Mortar Layer …… 10—15
6.1 General Requirements …… 10—15
6.2 Masonry Compression Strengthening …… 10—15
6.3 Masonry Shear Strengthening …… 10—16
6.4 Masonry Seismic Strengthening …… 10—16
6.5 Construction Requirements …… 10—16
7 Structure Member Strengthening with Sectional Steel Frame …… 10—17
7.1 General Requirements …… 10—17
7.2 Calculation Methods …… 10—17
7.3 Construction Requirements …… 10—18
8 Structure Member Strengthening with Externally Prestressed Strut …… 10—18
8.1 General Requirements …… 10—18
8.2 Calculation Methods …… 10—18
8.3 Construction Requirements …… 10—20
9 Structure Member Strengthening with Externally Bonded Fibre Reinforced Polymer …… 10—20
9.1 General Requirements …… 10—20
9.2 Masonry Shear Strengthening …… 10—20
9.3 Masonry Seismic Strengthening …… 10—21
9.4 Construction Requirements …… 10—21
10 Structure Member Strengthening with Wire Rope Mesh-Polymer Modified Cement Mortar Layer …… 10—22
10.1 General Requirements …… 10—22
10.2 Masonry Shear Strengthening …… 10—22
10.3 Masonry Seismic Strengthening …… 10—23
10.4 Construction Requirements …… 10—23
11 Structure Member Strengthening with Adding Masonry Counterfort Column …… 10—23
11.1 Calculation Methods …… 10—23
11.2 Construction Requirements …… 10—24
12 Construction Strengthening of Masonry Structures …… 10—24
12.1 Strengthening with Adding Ring Beam …… 10—24

12.2 Strengthening with Adding Structural Concrete Column ········ 10—25
12.3 Strengthening with Adding Concrete Padstone ························ 10—25
12.4 Disassembling and Bonding Partial Masonry ························ 10—26
13 Masonry Crack Repairing ··········· 10—26
13.1 General Requirements ·············· 10—26
13.2 Masonry Crack Repairing by Filler ·································· 10—26
13.3 Masonry Crack Repairing by Grout ································· 10—26
13.4 Masonry Crack Repairing by Externally Mesh ··················· 10—27
13.5 Masonry Crack Repairing by Replacement ·························· 10—27
Appendix A Determination for Load Characteristic Value of Existing Structures ················ 10—27
Appendix B Specifications for Test and Evaluation of Bonding Tensile Strength between Strengthening Materials and Substrate ································ 10—28
Explanation of Wording in This Code ···································· 10—30
List of Quoted Standards ············ 10—31
Addition: Explanation of Provisions ································ 10—32

1 总 则

1.0.1 为了使砌体结构的加固做到技术可靠、安全适用、经济合理、确保质量，制定本规范。

1.0.2 本规范适用于房屋和一般构筑物砌体结构的加固设计。

1.0.3 砌体结构加固前，应根据不同建筑类型分别按现行国家标准《工业建筑可靠性鉴定标准》GB 50144和《民用建筑可靠性鉴定标准》GB 50292等标准的有关规定进行可靠性鉴定。当与抗震加固结合进行时，尚应按现行国家标准《建筑抗震鉴定标准》GB 50023的有关规定进行抗震能力鉴定。

1.0.4 砌体结构的加固设计除应符合本规范的规定外，尚应符合国家现行有关标准的规定。

2 术语和符号

2.1 术 语

2.1.1 砌体结构加固 strengthening of masonry structures

对可靠性不足或业主要求提高可靠度的砌体结构、构件及其相关部分采取增强、局部更换或调整其内力等措施，使其具有现行设计规范及业主所要求的安全性、耐久性和适用性。

2.1.2 原构件 existing structure member

实施加固前的原有构件。

2.1.3 重要构件 important structure member

其自身失效将影响或危及承重结构体系安全工作的构件。

2.1.4 一般构件 general structure member

重要构件以外的构件。

2.1.5 水泥复合砂浆 composite cement mortar

以水泥和高性能矿物掺合料为主要组分，并掺有外加剂和短细纤维的砂浆。

2.1.6 聚合物改性水泥砂浆 polymer modified cement mortar

掺有改性环氧乳液或其他改性共聚物乳液的高强度水泥砂浆。承重结构用的聚合物改性水泥砂浆应能显著提高其锚固钢筋和粘结混凝土、砌体等基材的能力。

2.1.7 钢筋网 steel reinforcement mesh

用普通热轧带肋钢筋或冷轧带肋钢筋焊接而成的网片。

2.1.8 纤维复合材 fiber reinforced polymer

采用高强度的连续纤维按一定规则排列，经用胶粘剂浸渍、粘结固化后形成的具有纤维增强效应的复合材料，通称纤维复合材。

2.1.9 材料强度利用系数 strength utilization factor of material

考虑加固材料在二次受力条件下其强度得不到充分利用所引入的计算系数。

2.1.10 外加面层加固法 external layer strengthening

通过外加钢筋混凝土面层或钢筋网砂浆面层，以提高原构件承载力和刚度的一种加固法。

2.1.11 外包型钢加固法 sectional steel strengthening

对砌体柱包以型钢肢与缀板焊成的构架，并按各自刚度比例分配所承受外力的加固法，也称为干式外包钢加固法。

2.1.12 外加预应力撑杆加固法 external prestressed strut strengthening

通过收紧横向螺杆装置，对带切口、且有弯折外形的两对角钢撑杆施加预压力，以将砌体柱所承受的荷载卸给撑杆的加固法。

2.1.13 扶壁柱加固法 counterfort masonry column strengthening

沿砌体墙长度方向每隔一定距离将局部墙体加厚形成墙带垛加劲墙体的加固法。

2.1.14 砌体裂缝修补法 masonry crack repairing

为封闭砌体裂缝或恢复开裂砌体整体性所采取的修补或修复法。

2.2 符 号

2.2.1 材料性能

E_m——原构件砌体弹性模量；

E_a——新增型钢弹性模量；

E_f——新增纤维复合材弹性模量；

f_{m0}、f——分别为原砌体和新增砌体抗压强度设计值；

f_c——新增混凝土轴心抗压强度设计值；

f_y、f'_y——分别为新增钢筋抗拉、抗压强度设计值；

f_f——新增纤维复合材抗拉强度设计值。

2.2.2 作用效应及承载力

N——构件加固后的轴向压力设计值；

M——构件加固后弯矩设计值；

V——构件加固后剪力设计值；

σ_s——钢筋受拉应力。

2.2.3 几何参数

A_{m0}——原构件砌体截面面积；

A_c——新增混凝土截面面积；

A_s——新增钢筋截面面积；

A_a——新增型钢（角钢）全截面面积；

h——构件加固后的截面高度；

h_0——构件加固后的截面有效高度；

b——原构件矩形截面宽度；

I_{m0}——原构件截面惯性矩；

I_a——钢构架截面惯性矩；

H_0——构件的计算高度；

h_T——带壁柱墙截面的折算厚度。

2.2.4 计算系数

β——砌体构件高厚比；

α_c——新增混凝土强度利用系数；

α_s——新增钢筋强度利用系数；

α_f——纤维复合材参与工作系数；

α_m——新增砌体强度利用系数；

φ_{com}——轴心受压组合砌体构件稳定系数；

K_m——原砌体刚度降低系数；

η——协同工作系数；

ρ_f——环向围束体积比。

3 基本规定

3.1 一般规定

3.1.1 砌体结构经可靠性鉴定确认需要加固时，应根据鉴定结论和委托方提出的要求，由有资质的专业技术人员按本规范的规定和业主的要求进行加固设计。加固设计的范围，可按整幢建筑物或其中某独立区段确定，也可按指定的结构、构件或连接确定，但均应考虑该结构的整体牢固性，并应综合考虑节约能源与环境保护的要求。

3.1.2 在加固设计中，若发现原砌体结构无圈梁和构造柱，或涉及结构整体牢固性部位无拉结、锚固和必要的支撑，或这些构造措施设置的数量不足，或设置不当，均应在本次的加固设计中，予以补足或加以改造。

3.1.3 加固后砌体结构的安全等级，应根据结构破坏后果的严重性、结构的重要性和加固设计使用年限，由委托方与设计方按实际情况共同商定。

3.1.4 砌体结构的加固设计，应根据结构特点，选择科学、合理的方案，并应与实际施工方法紧密结合，采取有效措施，保证新增构件及部件与原结构连接可靠，新增截面与原截面粘结牢固，形成整体共同工作；并应避免对未加固部分，以及相关的结构、构件和地基基础造成不利的影响。

3.1.5 对高温、高湿、低温、冻融、化学腐蚀、振动、温度应力、地基不均匀沉降等影响因素引起的原结构损坏，应在加固设计中提出有效的防治对策，并按设计规定的顺序进行治理和加固。

3.1.6 砌体结构的加固设计，应综合考虑其技术经济效果，既应避免加固适修性很差的结构，也应避免不必要的拆除或更换。

注：适修性很差的结构，指其加固总费用达到新建结构总造价70%以上的结构，但不包括文物建筑和其他有历史价值或艺术价值的建筑。

3.1.7 对加固过程中可能出现倾斜、失稳、过大变形或坍塌的砌体结构，应在加固设计文件中提出有效的临时性安全措施，并明确要求施工单位必须严格执行。

3.1.8 砌体结构的加固设计使用年限，应按下列原则确定：

1 结构加固后的使用年限，应由业主和设计单位共同商定。

2 一般情况下，宜按30年考虑；到期后，若重新进行的可靠性鉴定认为该结构工作正常，仍可继续延长其使用年限。

3 对使用胶粘方法或掺有聚合物加固的结构、构件，尚应定期检查其工作状态。检查的时间间隔可由设计单位确定，但第一次检查时间不应迟于10年。

3.1.9 未经技术鉴定或设计许可，不得改变加固后砌体结构的用途和使用环境。

3.2 设计计算原则

3.2.1 砌体结构加固设计采用的结构分析方法，在一般情况下，应采用线弹性分析方法计算结构的作用效应，并应符合现行国家标准《砌体结构设计规范》GB 50003的有关规定。

3.2.2 加固砌体结构时，应按下列规定进行承载能力的设计、验算，并应满足正常使用功能的要求。

1 结构上的作用，应经调查或检测核实，并应按本规范附录A的规定和要求确定其标准值或代表值。

2 被加固结构、构件的作用效应，应按下列要求确定：

1）结构的计算图形，应符合其实际受力和构造状况；

2）作用效应组合和组合值系数以及作用的分项系数，应按现行国家标准《建筑结构荷载规范》GB 50009的有关规定确定，并应考虑由于实际荷载偏心、结构变形、温度作用等造成的附加内力。

3 结构、构件的尺寸，对原有部分应采用实测值；对新增部分，可采用加固设计文件给出的名义值。

4 原结构、构件的砌体强度等级和受力钢筋抗拉强度标准值应按下列规定取值：

1）当原设计文件有效，且不怀疑结构有严重的性能退化时，可采用原设计值；

2）当结构可靠性鉴定认为应重新进行现场检测时，应采用检测结果推定的标准值。

5 加固材料的性能和质量，应符合本规范第4章的规定；其性能的标准值应按本规范第3.2.3条确定；其性能的设计值应按本规范各相关章节的规定采用。

6 验算结构、构件承载力时，应考虑原结构在加固时的实际受力状况，包括加固部分应变滞后的特点，以及加固部分与原结构共同工作程度。

7 加固后改变传力路线或使结构质量增大时，应对相关结构、构件及建筑物地基基础进行必要的验算。

8 抗震设防区结构、构件的加固，除应满足承载力要求外，尚应复核其抗震能力；不应存在因局部加强或刚度突变而形成的新薄弱部位；同时，还应考虑结构刚度增大而导致地震作用效应增大的影响。

注：本规范的各种加固方法，一般情况下可用于结构的抗震加固，但具体采用时，尚应在设计、计算和构造上执行现行国家标准《建筑抗震设计规范》GB 50011 和现行行业标准《建筑抗震加固技术规程》JGJ 116 的有关规定和要求。

3.2.3 加固材料性能的标准值（f_k），应根据抽样检验结果按下式确定：

$$f_k = m_f - k \cdot s \quad (3.2.3)$$

式中：m_f——按 n 个试件算得的材料强度平均值；

s——按 n 个试件算得的材料强度标准差；

k——与 α、c 和 n 有关的材料强度标准值计算系数，由表 3.2.3 查得；

α——正态概率分布的下分位数；根据材料强度标准值所要求的 95% 保证率，应取 $\alpha=0.05$；

c——检测加固材料性能所取的置信水平（置信度），一般对钢材，可取 $c=0.90$；对混凝土和木材，可取 $c=0.75$；对砌体，可取 $c=0.60$；对其他材料，由本规范有关章节作出规定。

表 3.2.3 材料强度标准值计算系数 k 值

n	$\alpha=0.05$ 时的 k 值			
	$c=0.99$	$c=0.90$	$c=0.75$	$c=0.60$
4	—	3.957	2.680	2.102
5	—	3.400	2.463	2.005
6	5.409	3.092	2.336	1.947
7	4.730	2.894	2.250	1.908
10	3.739	2.568	2.103	1.841
15	3.102	2.329	1.991	1.790
20	2.807	2.208	1.933	1.764
25	2.632	2.132	1.895	1.748
30	2.516	2.080	1.869	1.736
50	2.296	1.965	1.811	1.712

3.2.4 为防止结构加固部分意外失效而导致的坍塌，在使用胶粘剂或掺有聚合物的加固方法时，其加固设计除应按本规范的规定进行外，尚应对原结构进行验算。验算时，应要求原结构、构件能承担 n 倍恒载标准值的作用。当可变荷载（不含地震作用）标准值与永久荷载标准值之比值不大于 1 时，n 取 1.2；当该比值等于或大于 2 时，n 取 1.5；其间按线性内插法确定。

3.3 加固方法及配合使用的技术

3.3.1 砌体结构的加固可分为直接加固与间接加固两类，设计时，可根据结构特点、实际条件和使用要求选择适宜的加固方法及配合使用的技术。

3.3.2 直接加固宜根据工程的实际情况选用外加面层加固法、外包型钢加固法、粘贴纤维复合材加固法和外加扶壁柱加固法等。

3.3.3 间接加固宜根据工程的实际情况选用外加预应力撑杆加固法和改变结构计算图形的加固方法。

3.3.4 与结构加固方法配合使用的技术应采用符合本规范要求的裂缝修补技术和拉结、锚固技术。

4 材 料

4.1 砌 筑 材 料

4.1.1 砌体结构加固用的块体（块材），应采用与原构件同品种块体；块体质量不应低于一等品，其强度等级应按原设计的块体等级确定，且不应低于 MU10。

4.1.2 砌体结构外加面层用的水泥砂浆，若设计为普通水泥砂浆，其强度等级不应低于 M10；若设计为水泥复合砂浆，其强度等级不应低于 M25。

4.1.3 砌体结构加固用的砌筑砂浆，可采用水泥砂浆或水泥石灰混合砂浆；但对防潮层、地下室以及其他潮湿部位，应采用水泥砂浆或水泥复合砂浆。在任何情况下，均不得采用收缩性大的砌筑砂浆。加固用的砌筑砂浆，其抗压强度等级应比原砌体使用的砂浆抗压强度等级提高一级，且不得低于 M10。

4.2 混凝土原材料

4.2.1 砌体结构加固用的水泥，应采用强度等级不低于 32.5 级的硅酸盐水泥和普通硅酸盐水泥；也可采用矿渣硅酸盐水泥或火山灰质硅酸盐水泥，但其强度等级不应低于 42.5 级；必要时，还可采用快硬硅酸盐水泥或复合硅酸盐水泥。

注：1 当被加固结构有耐腐蚀、耐高温要求时，应采用相应的特种水泥。

2 配制聚合物改性水泥砂浆和水泥复合砂浆用的水泥，其强度等级不应低于 42.5 级，且应符合其产品说明书的规定。

4.2.2 水泥的性能和质量应分别符合现行国家标准《通用硅酸盐水泥》GB 175 和《快硬硅酸盐水泥》GB 199 的有关规定。

4.2.3 砌体结构加固工程中，严禁使用过期水泥、受潮水泥、品种混杂的水泥以及无出厂合格证和未经进场检验合格的水泥。

4.2.4 配制结构加固用的混凝土，其骨料的品种和质量应符合下列规定：

1 粗骨料应选用坚硬、耐久性好的碎石或卵石。其最大粒径应符合下列规定：

1）对现场拌合混凝土，不宜大于 20mm；

2）对喷射混凝土，不宜大于 12mm；

3）对掺有短纤维的混凝土，不宜大于 10mm；

4）粗骨料的质量应符合现行行业标准《普通混凝土用砂、石质量及检验方法标准》JGJ 52 的有关规定；不得使用含有活性二氧化硅石料制成的粗骨料。

2 细骨料应选用中、粗砂，其细度模数不宜小于 2.5；细骨料的质量及含泥量应符合现行行业标准《普通混凝土用砂、石质量及检验方法标准》JGJ 52 的规定。

4.2.5 混凝土拌合用水应采用饮用水或水质符合现行行业标准《混凝土用水标准》JGJ 63 规定的天然洁净水。

4.2.6 砌体结构加固用的混凝土，可使用商品混凝土，但其所掺的粉煤灰应是Ⅰ级灰，且其烧失量不应大于 5%。

4.2.7 当结构加固材料选用聚合物混凝土、微膨胀混凝土、钢纤维混凝土、合成纤维混凝土或喷射混凝土时，应在施工前进行试配，经检验其性能符合设计要求后方可使用。

4.3 钢材及焊接材料

4.3.1 砌体结构加固用的钢筋，其品种、性能和质量应符合下列规定：

1 应采用 HRB335 级和 HRBF335 级的热轧或冷轧带肋钢筋；也可采用 HPB300 级的热轧光圆钢筋。

2 钢筋的质量应分别符合现行国家标准《钢筋混凝土用钢　第 1 部分：热轧光圆钢筋》GB 1499.1、《钢筋混凝土用钢　第 2 部分：热轧带肋钢筋》GB 1499.2 和《钢筋混凝土用余热处理钢筋》GB 13014 的有关规定。

3 钢筋的性能设计值应按现行国家标准《混凝土结构设计规范》GB 50010 的有关规定采用。

4 不得使用无出厂合格证、无标志或未经进场检验的钢筋以及再生钢筋。

注：若条件许可，抗震设防区砌体结构加固用的钢筋宜优先选用热轧带肋钢筋。

4.3.2 砌体结构加固用的钢筋网，其质量应符合现行国家标准《钢筋混凝土用钢　第 3 部分：钢筋焊接网》GB 1499.3 的有关规定；其性能设计值应按现行行业标准《钢筋焊接网混凝土结构技术规程》JGJ 114 的有关规定采用。

4.3.3 砌体结构加固用的钢板、型钢、扁钢和钢管，其品种、质量和性能应符合下列规定：

1 应采用 Q235（3 号钢）或 Q345（16Mn 钢）钢材；对重要结构的焊接构件，若采用 Q235 级钢，应选用 Q235-B 级钢。

2 钢材质量应分别符合现行国家标准《碳素结构钢》GB/T 700 和《低合金高强度结构钢》GB/T 1591 的有关规定。

3 钢材的性能设计值应按现行国家标准《钢结构设计规范》GB 50017 的有关规定采用。

4 不得使用无出厂合格证、无标志或未经进场检验的钢材。

4.3.4 当砌体结构锚固件和拉结件采用后锚固的植筋时，应使用热轧带肋钢筋，不得使用光圆钢筋。植筋用的钢筋，其质量应符合本规范第 4.3.1 条的规定。

4.3.5 当锚固件为钢螺杆时，应采用全螺纹的螺杆，不得采用锚入部位无螺纹的螺杆。螺杆的钢材等级应为 Q235 级；其质量应符合现行国家标准《碳素结构钢》GB/T 700 的有关规定。

4.3.6 砌体结构采用的锚栓应为砌体专用的碳素钢锚栓。碳素钢砌体锚栓的钢材抗拉性能指标应符合表 4.3.6 的规定。

表 4.3.6 碳素钢砌体锚栓的钢材抗拉性能指标

性能等级		4.8	5.8
锚栓钢材性能指标	抗拉强度标准值 f_{stk}（MPa）	400	500
	屈服强度标准值 f_{yk} 或 $f_{s,0.2k}$（MPa）	320	400
	伸长率 δ_5（%）	14	10

注：性能等级 4.8 表示：$f_{stk}=400MPa$；$f_{yk}/f_{stk}=0.8$。

4.3.7 砌体结构加固用的焊接材料，其型号和质量应符合下列规定：

1 焊条型号应与被焊接钢材的强度相适应。

2 焊条的质量应符合现行国家标准《碳钢焊条》GB/T 5117 和《低合金钢焊条》GB/T 5118 的有关规定。

3 焊接工艺应符合现行行业标准《钢筋焊接及验收规程》JGJ 18 或《建筑钢结构焊接技术规程》JGJ 81 的有关规定。

4 焊缝连接的设计原则及计算指标应符合现行国家标准《钢结构设计规范》GB 50017 的有关规定。

4.4 钢 丝 绳

4.4.1 采用钢丝绳网-聚合物砂浆面层加固砌体结构、构件时，其钢丝绳的选用应符合下列规定：

1 重要结构或结构处于腐蚀性介质环境、高温环境和露天环境时，应选用不锈钢丝绳制作的网片。

2 处于正常温、湿度环境中的一般结构，可采用低碳钢镀锌钢丝绳制作的网片，但应采取有效的阻锈措施。

4.4.2 制绳用的钢丝应符合下列规定：

1 当采用不锈钢丝时，应采用碳含量不大于0.15%及硫、磷含量不大于0.025%的优质不锈钢制丝。

2 当采用镀锌钢丝时，应采用硫、磷含量均不大于0.03%的优质碳素结构钢制丝；其锌层重量及镀锌质量应符合现行国家标准《钢丝镀锌层》GB/T 15393对AB级的规定。

4.4.3 钢丝绳的强度标准值（f_{rtk}）应按其极限抗拉强度确定，并应具有不小于95%的保证率以及不低于90%的置信度。钢丝绳抗拉强度标准值应符合表4.4.3的规定。

表4.4.3 钢丝绳抗拉强度标准值（MPa）

种类	符号	不锈钢丝绳		镀锌钢丝绳	
		钢丝绳公称直径（mm）	钢丝绳抗拉强度标准值 f_{rtk}	钢丝绳公称直径（mm）	钢丝绳抗拉强度标准值 f_{rtk}
6×7+IWS	ϕ_r	2.4～4.5	1800、1700	2.5～4.5	1650、1560
1×19	ϕ_s	2.5	1560	2.5	1560

4.4.4 砌体结构加固用的钢丝绳内外均不得涂有油脂。

4.5 纤维复合材

4.5.1 纤维复合材用的纤维应为连续纤维，其品种和性能应符合下列规定：

1 承重结构加固用的碳纤维，应选用聚丙烯腈基（PAN基）12K或12K以下的小丝束纤维，严禁使用大丝束纤维；当有可靠工程经验时，允许使用15K碳纤维。

2 承重结构加固用的玻璃纤维，应选用高强度的S玻璃纤维或碱金属氧化物含量低于0.8%的E玻璃纤维，严禁使用高碱的A玻璃纤维或中碱的C玻璃纤维。

3 当被加固结构有防腐蚀要求时，允许用玄武岩纤维替代E玻璃纤维。

4.5.2 结构加固用的碳纤维、玻璃纤维和玄武岩纤维复合材的安全性能指标必须分别符合表4.5.2-1或表4.5.2-2的要求。纤维复合材的抗拉强度标准值应根据置信水平 c 为0.99、保证率为95%的要求确定。

表4.5.2-1 碳纤维复合材安全性能指标

项目		单向织物（布） 高强度Ⅱ级	单向织物（布） 高强度Ⅲ级	条形板 高强度Ⅱ级
抗拉强度（MPa）	平均值	≥3500	≥2700	≥2500
	标准值	≥3000	—	≥2000
受拉弹性模量（MPa）		$\geqslant 2.0\times10^5$	$\geqslant 1.8\times10^5$	$\geqslant 1.4\times10^5$
伸长率（%）		≥1.5	≥1.3	≥1.4
弯曲强度（MPa）		≥600	≥500	—
层间剪切强度（MPa）		≥35	≥30	≥40
纤维复合材与砖或砌块的正拉粘结强度（MPa）		≥1.8，且为MU20烧结砖或混凝土砌块内聚破坏		

注：15k碳纤维织物的性能指标按高强度Ⅱ级的规定值采用。

4.5.3 对符合本规范第4.5.2条安全性能指标要求的纤维复合材，当它的纤维材料与其他改性环氧树脂胶粘剂配套使用时，必须按下列项目重新作适配性检验，且检验结果必须符合本规范表4.5.2-1或表4.5.2-2的规定。

表4.5.2-2 玻璃纤维、玄武岩纤维单向织物复合材安全性能指标

类别 \ 项目	抗拉强度标准值（MPa）	受拉弹性模量（MPa）	伸长率（%）	弯曲强度（MPa）	纤维复合材与烧结砖或砌块的正拉粘结强度（MPa）	层间剪切强度（MPa）	单位面积质量（g/m²）
S玻璃纤维	≥2200	$\geqslant 1.0\times10^5$	≥2.5	≥600	≥1.8，且为MU20烧结砖或混凝土砌块内聚破坏	≥40	≤450
E玻璃纤维	≥1500	$\geqslant 7.2\times10^4$	≥2.0	≥500		≥35	≤600
玄武岩纤维	≥1700	$\geqslant 9.0\times10^4$	≥2.0	≥500		≥35	≤300

注：表中除标有标准值外，其余均为平均值。

1　抗拉强度标准值。

2　纤维复合材与烧结砖或混凝土砌块正拉粘结强度。

3　层间剪切强度。

4.5.4　当进行材料性能检验和加固设计时，纤维织物截面面积应按纤维的净截面面积计算。净截面面积取纤维织物的计算厚度乘以宽度。纤维织物的计算厚度应按其单位面积质量除以纤维密度确定。

4.5.5　承重结构的现场粘贴加固，当采用涂刷法施工时，不得使用单位面积质量大于 300g/m² 的碳纤维织物；当采用真空灌注法施工时，不得使用单位面积质量大于 450g/m² 的碳纤维织物；在现场粘贴条件下，尚不得采用预浸法生产的碳纤维织物。

4.6　结构胶粘剂

4.6.1　砌体加固工程用的结构胶粘剂，应采用 B 级胶。使用前，必须进行安全性能检验。检验时，其粘结抗剪强度标准值应根据置信水平 *C* 为 0.90、保证率为 95%的要求确定。

4.6.2　浸渍、粘结纤维复合材的胶粘剂及粘贴钢板、型钢的胶粘剂必须采用专门配制的改性环氧树脂胶粘剂，其安全性能指标必须符合现行国家标准《混凝土结构加固设计规范》GB 50367 规定的对 B 级胶的要求。承重结构加固工程中不得使用不饱和聚酯树脂、醇酸树脂等胶粘剂。

4.6.3　种植后锚固件的胶粘剂，必须采用专门配制的改性环氧树脂胶粘剂，其安全性能指标必须符合现行国家标准《混凝土结构加固设计规范》GB 50367 的规定。在承重结构的后锚固工程中，不得使用水泥卷及其他水泥基锚固剂。种植锚固件的结构胶粘剂，其填料必须在工厂制胶时添加，严禁在施工现场掺入。

4.7　聚合物改性水泥砂浆

4.7.1　砌体结构用的聚合物改性水泥砂浆及复合水泥砂浆，其品种的选用应符合下列规定：

1　对重要构件，应采用改性环氧类聚合物配制。

2　对一般构件，可采用改性环氧类聚合物、改性丙烯酸酯共聚物乳液、丁苯胶乳或氯丁胶乳配制；复合水泥砂浆应采用高强矿物掺合料配制。

3　不得使用主成分不明的聚合物改性水泥砂浆或复合水泥砂浆。

4.7.2　砌体结构用的聚合物改性水泥砂浆等级分为 Ⅰm级和Ⅱm级，应分别按下列规定采用：

1　柱的加固：均应采用Ⅰm级砂浆；

2　墙的加固：可采用Ⅰm级或Ⅱm级砂浆。

4.7.3　聚合物改性水泥砂浆的安全性能应符合表 4.7.3 的规定。

4.7.4　当采用水泥复合砂浆时，其安全性鉴定标准应按表 4.7.3Ⅱm级的规定执行。

表 4.7.3　聚合物改性水泥砂浆安全性能指标

检验项目 聚合物砂浆等级	劈裂抗拉强度（MPa）	与烧结砖或混凝土小砌块的正拉粘结强度（MPa）	抗折强度（MPa）	抗压强度（MPa）	钢套筒粘结抗剪强度标准值（MPa）
Ⅰm级	≥6.0	≥1.8，且为MU20 砖或砌块内聚破坏	≥10	≥55	≥7.5
Ⅱm级	≥4.5		≥8	≥45	≥5.5
试验方法标准	GB 50550	本规范附录 B	GB 50550	JGJ 70	GB 50550

注：1　检验应在浇注的试件达到 28d 养护期时立即在试验室进行，若因故需推迟检验日期，除应征得有关各方同意外，尚不应超过 3d；

2　表中的性能指标除标有强度标准值外，均为平均值。

4.7.5　砌体结构加固用的聚合物砂浆，其粘结剪切性能必须经湿热老化检验合格。湿热老化检验应在 50℃温度和 95%相对湿度环境条件下，采用钢套筒粘结剪切试件，按现行国家标准《建筑结构加固工程施工质量验收规范》GB 50550 规定的方法进行；老化试验持续的时间不得少于 60d。老化结束后，在常温条件下进行的剪切破坏试验，其平均强度降低的百分率（%）均应符合下列规定：

1　Ⅰm级砂浆不得大于 15%。

2　Ⅱm级砂浆不得大于 20%。

4.7.6　寒冷地区加固砌体结构使用的聚合物砂浆，应具有耐冻融性能检验合格的证书。冻融环境温度应为 −25℃～35℃，循环次数不应少于 50 次；每次循环应为 8h；试验结束后，钢套筒粘结剪切试件在常温条件下测得的平均强度降低百分率均不应大于 10%。

4.7.7　配制聚合物改性水泥砂浆用的聚合物原料，必须进行毒性检验。其完全固化物的检验结果应达到实际无毒的卫生等级。

4.8　砌体裂缝修补材料

4.8.1　砌体裂缝修补胶（注射剂）的安全性能指标应符合表 4.8.1 的规定。

表 4.8.1　砌体裂缝修补胶（注射剂）安全性能指标

检　验　项　目		性能指标	试验方法标准
钢-钢拉伸抗剪强度标准值（MPa）		≥10	GB/T 7124
胶体性能	抗拉强度（MPa）	≥20	GB/T 2568
	受拉弹性模量（MPa）	≥1500	GB/T 2568
	抗压强度（MPa）	≥50	GB/T 2569
	抗弯强度（MPa）	≥30，且不得呈脆性（碎裂状）破坏	GB/T 2570
不挥发物含量（%）		≥99	GB/T 2793
可灌注性		在产品使用说明书规定的压力下能注入宽度为 0.3mm 的裂缝	现场试灌注固化后取芯样检查

4.8.2 砌体裂缝修补用水泥基注浆料的安全性能指标应符合表 4.8.2 的规定。

表 4.8.2 砌体裂缝修补用水泥基注浆料浆体安全性能指标

检 验 项 目	性能或质量指标	试验方法标准
3d 抗压强度（MPa）	≥40	GB/T 2569
28d 劈裂抗拉强度（MPa）	≥5	GB 50550
28d 抗折强度（MPa）	≥10	GB 50550

4.8.3 砌体裂缝修补用改性环氧类注浆料浆液和固化物的安全性能指标应分别符合表 4.8.3-1 和表 4.8.3-2 的规定。

表 4.8.3-1 改性环氧类注浆料浆液性能

项 目	浆 液 性 能		试验方法标准
	较低黏度型	一般黏度型	
浆液密度（g/cm^3）	1.00	1.00	GB/T 13354
初始黏度（mPa·s）	≤800	≤1500	GB/T 2794
适用期（25℃下测定值）（min）	≥40	≥30	GB/T 7123.1

表 4.8.3-2 改性环氧类注浆料固化物性能

项 目	28d 固化物性能		试验方法标准
	I_m级	II_m级	
抗压强度（MPa）	≥60	≥40	GB/T 2569
拉伸剪切强度（MPa）	≥7.0	≥5.0	GB/T 7124
抗拉强度（MPa）	≥15	≥10	GB/T 2568
与 MU25 烧结砖或混凝土小砌块正拉粘结强度（MPa）	≥1.8，且为基材内聚破坏		本规范附录 B
抗渗压力（MPa）	≥1.2	≥1.0	GB/T 18445
渗透压力比（%）	≥400	≥300	

4.9 防裂用短纤维

4.9.1 砌体结构加固中用于混凝土或砂浆面层防裂的短纤维，可根据工程的要求，选用钢纤维或合成纤维。

4.9.2 当采用钢纤维时，其质量和性能应符合现行行业标准《钢纤维混凝土》JG/T 3064 的有关规定。

4.9.3 当采用合成纤维时，其单丝的主要参数和性能应符合表 4.9.3 的规定。

表 4.9.3 合成纤维主要参数和性能指标

纤维品种		聚丙烯腈纤维（腈纶）	聚酰胺纤维（尼龙）	改性聚酯纤维（涤纶）	聚丙烯纤维（丙纶）
主要参数	直径（μm）	20～27	23～30	10～15	10～15
	适用长度（mm）	12～20	6～19	6～20	6～20
	纤维形状	单丝、束状或膜裂网状			
	密度（g/cm^3）	1.18	1.16	1.0～1.3	0.9

续表 4.9.3

纤维品种		聚丙烯腈纤维（腈纶）	聚酰胺纤维（尼龙）	改性聚酯纤维（涤纶）	聚丙烯纤维（丙纶）
单丝性能	抗拉强度（MPa）	≥600	≥600	≥600	≥280
	弹性模量（MPa）	≥1.7×10^4	≥5×10^3	≥1.4×10^4	≥3.7×10^3
	伸长率（%）	≥15	≥18	≥20	≥18
	吸水性（%）	<2	<4	<0.4	<0.1
	熔点（℃）	240	220	250	175
再生链烯烃（再生塑料）含量		不允许	不允许	不允许	不允许
毒 性		无	无	无	无

5 钢筋混凝土面层加固法

5.1 一 般 规 定

5.1.1 本章规定适用于以外加钢筋混凝土面层加固砌体墙、柱的设计。

5.1.2 采用钢筋混凝土面层加固砖砌体构件时，对柱宜采用围套加固的形式（图 5.1.2a）；对墙和带壁柱墙，宜采用有拉结的双侧加固形式（图 5.1.2b、c）。

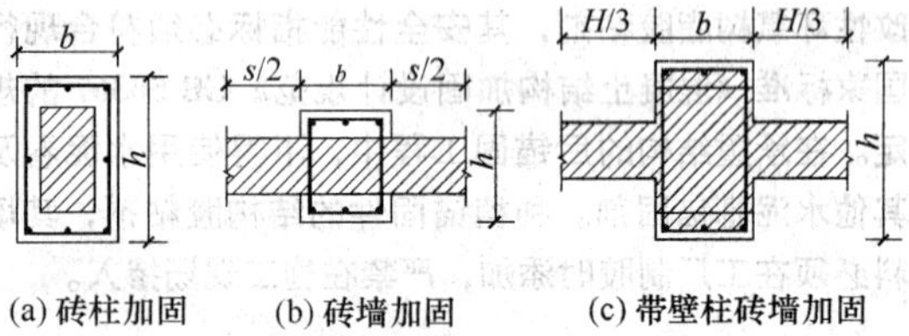

(a) 砖柱加固　(b) 砖墙加固　(c) 带壁柱砖墙加固

图 5.1.2 钢筋混凝土外加面层的形式

5.1.3 加固后的砌体柱，其计算截面可按宽度为 b 的矩形截面采用。加固后的砌体墙，其计算截面的宽度取为 $b+s$；b 为新增混凝土的宽度；s 为新增混凝土的间距；加固后的带壁柱砌体墙，其计算截面的宽度取窗间墙宽度；但当窗间墙宽度大于 $b+\frac{2}{3}H$（H 为墙高）时，仍取 $b+\frac{2}{3}H$ 作为计算截面的宽度。

5.1.4 当原砌体与后浇混凝土面层之间的界面处理及其粘结质量符合本规范的要求时，可按整体截面计算。

注：加固构件的界面不允许有尘土、污垢、油渍等的污染，也不允许采取降低承载力的做法来考虑其污染的影响。

5.1.5 采用钢筋混凝土面层加固砌体构件时，其加固后承载力的计算，应遵守现行国家标准《砌体结构设计规范》GB 50003、《混凝土结构设计规范》GB 50010 和本规范的有关规定。

5.2 砌体受压加固

5.2.1 采用钢筋混凝土面层加固轴心受压的砌体构件时，其正截面受压承载力应按下式验算：

$$N \leqslant \varphi_{com}(f_{m0}A_{m0}+\alpha_c f_c A_c+\alpha_s f'_y A'_s) \quad (5.2.1)$$

式中：N——构件加固后的轴心压力设计值；

φ_{com}——轴心受压构件的稳定系数，可根据加固后截面的高厚比及配筋率，按表 5.2.1 采用；

f_{m0}——原构件砌体抗压强度设计值；

A_{m0}——原构件截面面积；

α_c——混凝土强度利用系数，对砖砌体，取 $\alpha_c=0.8$；对混凝土小型空心砌块砌体，取 $\alpha_c=0.7$；

f_c——混凝土轴心抗压强度设计值；

A_c——新增混凝土面层的截面面积；

α_s——钢筋强度利用系数，对砖砌体，取 $\alpha_s=0.85$；对混凝土小型空心砌块砌体，取 $\alpha_s=0.75$；

f'_y——新增竖向钢筋抗压强度设计值；

A'_s——新增受压区竖向钢筋截面面积。

表 5.2.1 轴心受压构件稳定系数 φ_{com}

高厚比 β	配筋率 ρ（%）				
	0.2	0.4	0.6	0.8	1.0
8	0.93	0.95	0.97	0.99	1.00
10	0.90	0.92	0.94	0.96	0.98
12	0.85	0.88	0.91	0.93	0.95
14	0.80	0.83	0.86	0.89	0.92
16	0.75	0.78	0.81	0.84	0.87
18	0.70	0.73	0.76	0.79	0.81
20	0.65	0.68	0.71	0.73	0.75

5.2.2 当采用钢筋混凝土面层加固偏心受压的砌体构件（图 5.2.2）时，其正截面承载力应按下列公式计算：

$$N \leqslant f_{m0}A'_m+\alpha_c f_c A'_c+\alpha_s f_y A'_s-\sigma_s A_s \quad (5.2.2\text{-}1)$$

$$N \cdot e_N \leqslant f_{m0}S_{ms}+\alpha_c f_c S_{cs}+\alpha_s f'_y A'_s(h_0-a') \quad (5.2.2\text{-}2)$$

此时，钢筋 A_s 的应力 σ_s（单位为 MPa，正值为拉应力，负值为压应力），应根据截面受压区相对高度 ξ，按下列规定确定：

当 $\xi>\xi_b$（即小偏心受压）时

$$\sigma_s=650-800\xi \quad (5.2.2\text{-}3)$$

$$-f'_y \leqslant \sigma_s \leqslant f_y \quad (5.2.2\text{-}4)$$

当 $\xi \leqslant \xi_b$（即大偏心受压）时

$$\sigma_s=f_y \quad (5.2.2\text{-}5)$$

$$\xi=x/h_0 \quad (5.2.2\text{-}6)$$

其中截面受压区高度 x，可由下式解得：

$$f_{m0}S_{mN}+\alpha_c f_c S_{cN}+\alpha_s f'_y A'_s e'_N-\sigma_s A_s e_N=0 \quad (5.2.2\text{-}7)$$

$$e_N=e+e_a+(h/2-a) \quad (5.2.2\text{-}8)$$

$$e'_N=e+e_a-(h/2-a') \quad (5.2.2\text{-}9)$$

$$e_a=\frac{\beta^2 h}{2200}(1-0.022\beta) \quad (5.2.2\text{-}10)$$

式中：A'_m——砌体受压区的截面面积；

α_c——偏心受压构件混凝土强度利用系数，对砖砌体，取 $\alpha_c=0.9$；对混凝土小型空心砌块砌体，取 $\alpha_c=0.80$；

A'_c——混凝土面层受压区的截面面积；

α_s——偏心受压构件钢筋强度利用系数，对砖砌体，取 $\alpha_s=1.0$；对混凝土小型空心砌块砌体，取 $\alpha_s=0.95$；

e_N——钢筋 A_s 的合力点至轴向力 N 作用点的距离；

S_{ms}——砌体受压区的截面面积对钢筋 A_s 重心的面积矩；

S_{cs}——混凝土面层受压区的截面面积对钢筋 A_s 重心的面积矩；

ξ_b——加固后截面受压区相对高度的界限值，对 HPB300 级钢筋配筋，取 0.575；对 HRB335 和 HRBF335 级钢筋配筋，取 0.550；

S_{mN}——砌体受压区的截面面积对轴向力 N 作用点的面积矩；

S_{cN}——混凝土外加面层受压区的截面面积对轴向力 N 作用点的面积矩；

e'_N——钢筋 A'_s 的重心至轴向力 N 作用点的距离；

e——轴向力对加固后截面的初始偏心距，按荷载设计值计算，当 $e<0.05h$ 时，取 $e=0.05h$；

e_a——加固后的构件在轴向力作用下的附加偏心距；

β——加固后的构件高厚比；

h——加固后的截面高度；

h_0——加固后的截面有效高度；

a 和 a'——分别为钢筋 A_s 和 A'_s 的合力点至截面较近边的距离；

A_s——距轴向力 N 较远一侧钢筋的截面面积；

A'_s——距轴向力 N 较近一侧钢筋的截面面积。

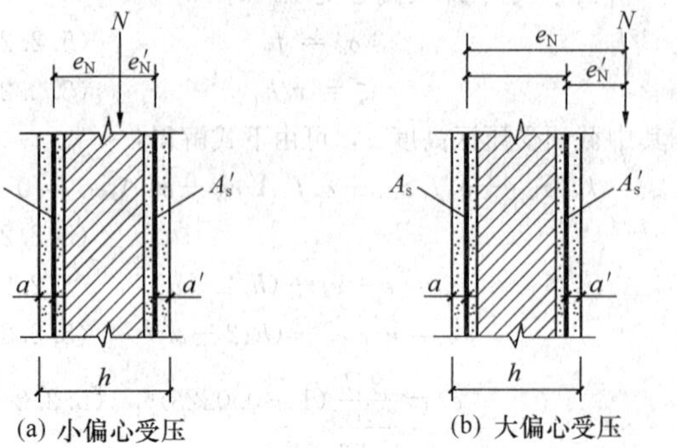

图 5.2.2 加固后的偏心受压构件

5.3 砌体抗剪加固

5.3.1 钢筋混凝土面层对砌体加固的受剪承载力应符合下列条件：

$$V \leqslant V_m + V_{cs} \quad (5.3.1)$$

式中：V——砌体墙面内剪力设计值；

V_m——原砌体受剪承载力，按现行国家标准《砌体结构设计规范》GB 50003 计算确定；

V_{cs}——采用钢筋混凝土面层加固后提高的受剪承载力。

5.3.2 钢筋混凝土面层加固后提高的受剪承载力 V_{cs} 应按下列规定计算：

$$V_{cs} = 0.44\alpha_c f_t bh + 0.8\alpha_s f_y A_s (h/s) \quad (5.3.2)$$

式中：f_t——混凝土轴心抗拉强度设计值；

α_c——砂浆强度利用系数，对于砖砌体，取 $\alpha_c=0.8$；对混凝土小型空心砌块，取 $\alpha_c=0.7$；

α_s——钢筋强度利用系数，取 $\alpha_s=0.9$；

b——混凝土面层厚度（双面时，取其厚度之和）；

h——墙体水平方向长度；

f_y——水平向钢筋的设计强度值；

A_s——水平向单排钢筋截面面积；

s——水平向钢筋的间距。

5.4 砌体抗震加固

5.4.1 钢筋混凝土面层对砌体结构进行抗震加固，宜采用双面加固形式增强砌体结构的整体性。

5.4.2 钢筋混凝土面层加固砌体墙的抗震受剪承载力应按下列公式计算：

$$V \leqslant V_{ME} + \frac{V_{cs}}{\gamma_{RE}} \quad (5.4.2)$$

式中：V——考虑地震组合的墙体剪力设计值；

V_{ME}——原砌体截面抗震受剪承载力，按现行国家标准《砌体结构设计规范》GB 50003 计算确定；

V_{cs}——采用钢筋混凝土面层加固后提高的抗震受剪承载力，按本规范第 5.3.2 条计算；

γ_{RE}——承载力抗震调整系数，取 γ_{RE} 为 0.85。

5.5 构 造 规 定

5.5.1 钢筋混凝土面层的截面厚度不应小于 60mm；当用喷射混凝土施工时，不应小于 50mm。

5.5.2 加固用的混凝土，其强度等级应比原构件混凝土高一级，且不应低于 C20 级；当采用 HRB335 级（或 HRBF335 级）钢筋或受有振动作用时，混凝土强度等级尚不应低于 C25 级。在配制墙、柱加固用的混凝土时，不应采用膨胀剂；必要时，可掺入适量减缩剂。

5.5.3 加固用的竖向受力钢筋，宜采用 HRB335 级或 HRBF335 级钢筋。竖向受力钢筋直径不应小于 12mm，其净间距不应小于 30mm。纵向钢筋的上下端均应有可靠的锚固；上端应锚入有配筋的混凝土梁垫、梁、板或牛腿内；下端应锚入基础内。纵向钢筋的接头应为焊接。

5.5.4 当采用围套式的钢筋混凝土面层加固砌体柱时，应采用封闭式箍筋；箍筋直径不应小于 6mm。箍筋的间距不应大于 150mm。柱的两端各 500mm 范围内，箍筋应加密，其间距应取为 100mm。若加固后的构件截面高度 $h \geqslant 500$mm，尚应在截面两侧加设竖向构造钢筋（图 5.5.4），并相应设置拉结钢筋作为箍筋。

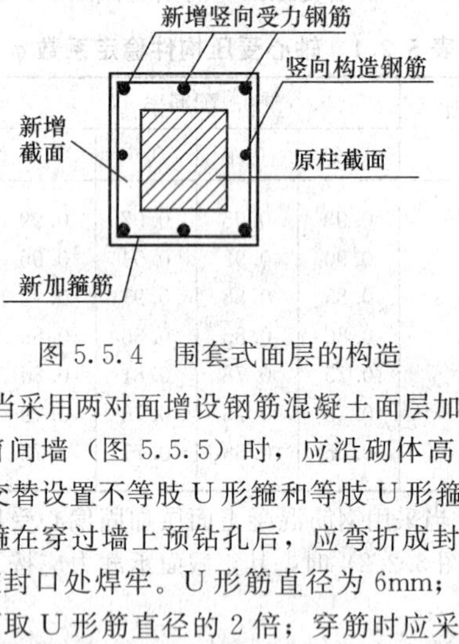

图 5.5.4 围套式面层的构造

5.5.5 当采用两对面增设钢筋混凝土面层加固带壁柱墙或窗间墙（图 5.5.5）时，应沿砌体高度每隔 250mm 交替设置不等肢 U 形箍和等肢 U 形箍。不等肢 U 形箍在穿过墙上预钻孔后，应弯折成封闭式箍筋，并在封口处焊牢。U 形筋直径为 6mm；预钻孔的直径可取 U 形筋直径的 2 倍；穿筋时应采用植筋专用的结构胶将孔洞填实。对带壁柱墙，尚应在其拐角部位增设竖向构造钢筋与 U 形箍筋焊牢。

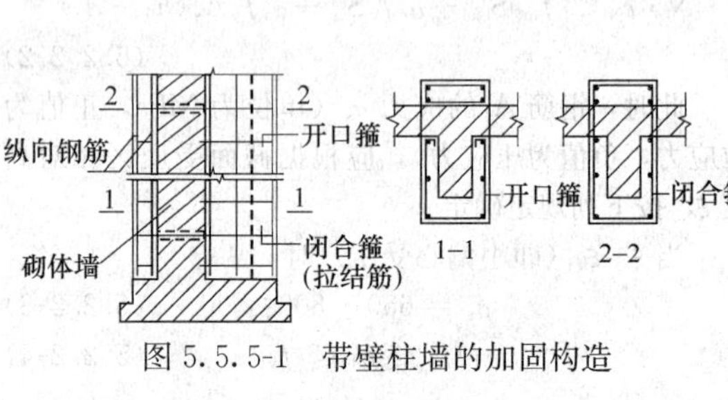

图 5.5.5-1 带壁柱墙的加固构造

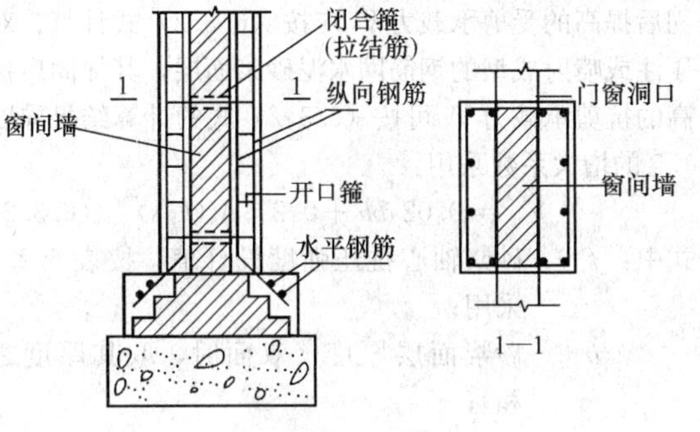

图 5.5.5-2 窗间墙的加固构造

5.5.6 当砌体构件截面任一边的竖向钢筋多于 3 根时，应通过预钻孔增设复合箍筋或拉结钢筋，并采用植筋专用结构胶将孔洞填实。

5.5.7 钢筋混凝土面层的构造，除应符合本节的规定外，尚应符合现行国家标准《混凝土结构设计规范》GB 50010 的有关规定（包括抗震设计要求）。

6 钢筋网水泥砂浆面层加固法

6.1 一 般 规 定

6.1.1 钢筋网水泥砂浆面层加固法应适用于各类砌体墙、柱的加固。

6.1.2 当采用钢筋网水泥砂浆面层加固法加固砌体构件时，其原砌体的砌筑砂浆强度等级应符合下列规定：

1 受压构件：原砌筑砂浆的强度等级不应低于 M2.5；

2 受剪构件：对砖砌体，其原砌筑砂浆强度等级不宜低于 M1；但若为低层建筑，允许不低于 M0.4。对砌块砌体，其原砌筑砂浆强度等级不应低于 M2.5。

6.1.3 块材严重风化（酥碱）的砌体，不应采用钢筋网水泥砂浆面层进行加固。

6.2 砌体受压加固

6.2.1 采用钢筋网水泥砂浆面层加固轴心受压砌体构件时，其加固后正截面承载力应按下式计算：

$$N \leqslant \varphi_{com}(f_{m0}A_{m0} + \alpha_c f_c A_c + \alpha_s f'_s A'_s) \tag{6.2.1}$$

式中：N——构件加固后的轴心压力设计值；

φ——轴心受压构件的稳定系数，可根据加固后截面的高厚比及配筋率，按本规范表 5.2.1 采用；

f_{m0}——原构件砌体抗压强度设计值；

A_{m0}——原构件截面面积；

α_c——砂浆强度利用系数，对砖砌体，取 α_c＝0.75；对混凝土小型空心砌块，取 α_c＝0.65；

f_c——砂浆轴心抗压强度设计值，应按表 6.2.1 采用；

A_c——新增砂浆面层的截面面积；

α_s——钢筋强度利用系数，对砖砌体，取 α_s＝0.8；对混凝土小型空心砌块，取 α_s＝0.7；

f'_s——新增纵向钢筋抗压强度设计值；

A'_s——新增纵向钢筋截面面积。

表 6.2.1 砂浆轴心抗压强度设计值（MPa）

砂浆品种及施工方法		砂浆强度等级					
		M10	M15	M30	M35	M40	M45
普通水泥砂浆	喷射法	3.8	5.6	—	—	—	—
	手工抹压法	3.4	5.0	—	—	—	—
聚合物砂浆或水泥复合砂浆	喷射法	—	—	14.3	16.7	19.1	21.1
	手工抹压法	—	—	10.0	11.6	13.3	14.7

6.2.2 当采用钢筋网水泥砂浆面层加固偏心受压砌体构件时，其加固后正截面承载力应按下列公式计算：

$$N \leqslant f_{m0}A'_m + \alpha_c f_c A'_c + \alpha_s f_y A'_s - \sigma_s A_s \tag{6.2.2-1}$$

$$N \cdot e_N \leqslant f_{m0}S_{ms} + \alpha_c f_c S_{cs} + \alpha_s f'_y A'_s(h_0 - a') \tag{6.2.2-2}$$

此时，钢筋 A_s 的应力 σ_s 应根据截面受压区相对高度 ξ，按下列公式计算：

当 $\xi > \xi_b$（即小偏心受压）时

$$\sigma_s = 650 - 800\xi \tag{6.2.2-3}$$

$$-f'_y \leqslant \sigma_s \leqslant f_y \tag{6.2.2-4}$$

当 $\xi \leqslant \xi_b$（即大偏心受压）时

$$\sigma_s = f_y \tag{6.2.2-5}$$

$$\xi = x/h_0 \tag{6.2.2-6}$$

其中混凝土受压区高度，应按下列公式计算：

$$f_{m0}S_{mN} + \alpha_c f_c S_{cN} + \alpha_s f'_y A'_s e'_N - \sigma_s A_s e_N = 0 \tag{6.2.2-7}$$

$$e_N = e + e_a + (h/2 - a) \tag{6.2.2-8}$$

$$e'_N = e + e_a - (h/2 - a') \tag{6.2.2-9}$$

$$e_a = \frac{\beta^2 h}{2200}(1 - 0.022\beta) \tag{6.2.2-10}$$

注：钢筋 A_s 的应力 σ_s 单位为 MPa，正值为拉应力，负值为压应力。

式中：A'_m——砌体受压区的截面面积；

α_c——偏心受压构件混凝土强度利用系数，对砖砌体，取 α_c＝0.85；对混凝土小型空心砌块砌体，取 α_c＝0.75；

A'_c——混凝土面层受压区的截面面积；

α_s——偏心受压构件钢筋强度利用系数，对砖砌体，取 $\alpha_s=0.90$；对混凝土小型空心砌块砌体，取$\alpha_s=0.80$；

e_N——钢筋 A_s 的重心至轴向力 N 作用点的距离；

S_{ms}——砌体受压区的截面面积对钢筋 A_s 重心的面积矩；

S_{cs}——混凝土面层受压区的截面面积对钢筋 A_s 重心的面积矩；

ξ_b——加固后截面受压区相对高度的界限值，对 HPB300 级钢筋配筋，取 0.475；对 HRB335 和 HRBF335 级钢筋配筋，取 0.437；

S_{mN}——砌体受压区的截面面积对轴向力 N 作用点的面积矩；

S_{cN}——混凝土面层受压区的截面面积对轴向力 N 作用点的面积矩；

e'_N——钢筋 A'_s 的重心至轴向力 N 作用点的距离；

e——轴向力对加固后截面的初始偏心距；按荷载设计值计算；当 $e<0.05h$ 时，取 $e=0.05h$；

e_a——加固后的构件在轴向力作用下的附加偏心距；

β——加固后的构件高厚比；

h——加固后的截面高度；

h_0——加固后的截面有效高度；

a 和 a'——分别为钢筋 A_s 和 A'_s 的截面重心至截面较近边的距离；

A_s——距轴向力 N 较远一侧钢筋的截面面积；

A'_s——距轴向力 N 较近一侧钢筋的截面面积。

6.2.3 根据加固计算结果确定的钢筋网水泥浆面层厚度大于 50mm 时，宜改用钢筋混凝土面层，并重新进行设计。

6.3 砌体抗剪加固

6.3.1 钢筋网水泥砂浆面层对砌体加固的受剪承载力应符合下式条件：

$$V \leqslant V_M + V_{sj} \quad (6.3.1)$$

式中：V——砌体墙面内剪力设计值；

V_M——原砌体受剪承载力，按现行国家标准《砌体结构设计规范》GB 50003 计算确定；

V_{sj}——采用钢筋网水泥砂浆面层加固后提高的受剪承载力，按第 6.3.2 条确定。

6.3.2 采用手工抹压施工的钢筋网水泥砂浆面层加固后提高的受剪承载力 V_{sj} 应按（6.3.2）式计算；对压注或喷射成型的钢筋网水泥砂浆面层，其加固后提高的抗剪承载力 V_{sj} 可按（6.3.2）式的计算结果乘以 1.5 的增大系数采用：

$$V_{sj} = 0.02fbh + 0.2f_yA_s(h/s) \quad (6.3.2)$$

式中：f——砂浆轴心抗压强度设计值，按表 6.2.1 采用；

b——砂浆面层厚度（双面时，取其厚度之和）；

h——墙体水平方向长度；

f_y——水平向钢筋的设计强度值；

A_s——水平向单排钢筋截面面积；

s——水平向钢筋的间距。

6.4 砌体抗震加固

6.4.1 钢筋网水泥砂浆面层对砌体结构进行抗震加固，宜采用双面加固形式增强砌体结构的整体性。

6.4.2 钢筋网水泥砂浆面层加固砌体墙的抗震受剪承载力应符合下式的要求：

$$V \leqslant V_{ME} + \frac{V_{sj}}{\gamma_{RE}} \quad (6.4.2)$$

式中：V——考虑地震组合的墙体剪力设计值；

V_{ME}——原砌体抗震受剪承载力，按现行国家标准《砌体结构设计规范》GB 50003 的有关规定计算确定；

V_{sj}——采用钢筋网水泥砂浆面层加固后提高的抗震受剪承载力，按本规范第 6.3.2 条计算；

γ_{RE}——承载力抗震调整系数，取 γ_{RE} 为 0.9。

6.5 构造规定

6.5.1 当采用钢筋网水泥砂浆面层加固砌体承重构件时，其面层厚度，对室内正常湿度环境，应为 35mm～45mm；对于露天或潮湿环境，应为 45mm～50mm。

6.5.2 钢筋网水泥砂浆面层加固砌体承重构件的构造应符合下列规定：

1 加固受压构件用的水泥砂浆，其强度等级不应低于 M15；加固受剪构件用的水泥砂浆，其强度等级不应低于 M10。

2 受力钢筋的砂浆保护层厚度，不应小于表 6.5.2 中的规定。受力钢筋距砌体表面的距离不应小于 5mm。

表 6.5.2 钢筋网水泥砂浆保护层最小厚度（mm）

构件类别 \ 环境条件	室内正常环境	露天或室内潮湿环境
墙	15	25
柱	25	35

6.5.3 结构加固用的钢筋，宜采用 HRB335 级钢筋或 HRBF335 级钢筋，也可采用 HPB300 级钢筋。

6.5.4 当加固柱和墙的壁柱时，其构造应符合下列规定：

1 竖向受力钢筋直径不应小于 10mm，其净间距不应小于 30mm；受压钢筋一侧的配筋率不应小于 0.2%；受拉钢筋的配筋率不应小于 0.15%。

2 柱的箍筋应采用封闭式，其直径不宜小于 6mm，间距不应大于 150mm。柱的两端各 500mm 范围内，箍筋应加密，其间距应取为 100mm。

3 在墙的壁柱中，应设两种箍筋；一种为不穿墙的 U 形筋，但应焊在墙柱角隅处的竖向构造筋上，其间距与柱的箍筋相同；另一种为穿墙箍筋，加工时宜先做成不等肢 U 形箍，待穿墙后再弯成封闭式箍，其直径宜为 8mm～10mm，每隔 600mm 替换一支不穿墙的 U 形箍筋。

4 箍筋与竖向钢筋的连接应为焊接。

6.5.5 加固墙体时，宜采用点焊方格钢筋网，网中竖向受力钢筋直径不应小于 8mm；水平分布钢筋的直径宜为 6mm；网格尺寸不应大于 300mm。当采用双面钢筋网水泥砂浆时，钢筋网应采用穿通墙体的 S 形或 Z 形钢筋拉结，拉结钢筋宜成梅花状布置，其竖向间距和水平间距均不应大于 500mm（图 6.5.5）。

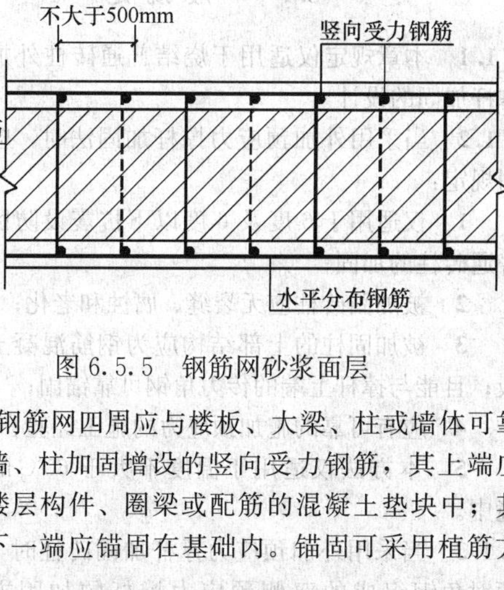

图 6.5.5　钢筋网砂浆面层

6.5.6 钢筋网四周应与楼板、大梁、柱或墙体可靠连接。墙、柱加固增设的竖向受力钢筋，其上端应锚固在楼层构件、圈梁或配筋的混凝土垫块中；其伸入地下一端应锚固在基础内。锚固可采用植筋方式。

6.5.7 当原构件为多孔砖砌体或混凝土小砌块砌体时，应采用专门的机具和结构胶埋设穿墙的拉结筋。混凝土小砌块砌体不得采用单侧外加面层。

6.5.8 受力钢筋的搭接长度和锚固长度应按现行国家标准《混凝土结构设计规范》GB 50010 的有关规定确定。

6.5.9 钢筋网的横向钢筋遇有门窗洞时，对单面加固情形，宜将钢筋弯入洞口侧面并沿周边锚固；对双面加固情形，宜将两侧的横向钢筋在洞口处闭合，且尚应在钢筋网折角处设置竖向构造钢筋；此外，在门窗转角处，尚应设置附加的斜向钢筋。

7　外包型钢加固法

7.1　一 般 规 定

7.1.1 本章规定适用于以外包型钢加固砌体柱的设计。

7.1.2 当采用外包型钢加固矩形截面砌体柱时，宜设计成以角钢为组合构件四肢，以钢缀板围束砌体的钢构架加固方式（图 7.1.2），并考虑二次受力的影响。

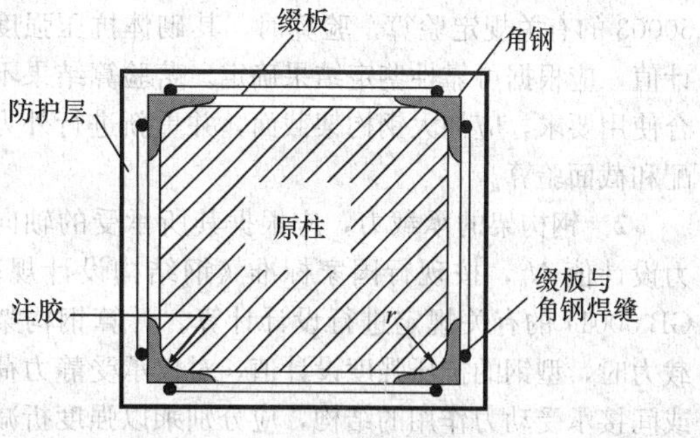

图 7.1.2　外包型钢加固

7.2　计 算 方 法

7.2.1 当采用外包角钢（或其他型钢）加固砌体承重柱时，其加固后承受的轴向压力设计值 N 和弯矩设计值 M，应按刚度比分配给原柱和钢构架，并应符合下列规定：

1 原柱承受的轴向力设计值 N_m 和弯矩设计值 M_m 应按下列公式进行计算：

$$N_m = \frac{k_m E_{m0} A_{m0}}{k_m E_{m0} A_{m0} + E_a A_a} N \quad (7.2.1\text{-}1)$$

$$M_m = \frac{k_m E_{m0} I_{m0}}{k_m E_{m0} I_{m0} + \eta E_a I_a} M \quad (7.2.1\text{-}2)$$

2 钢构架承受的轴向力设计值 N_a 和弯矩设计值 M_a 应按下列公式进行计算：

$$N_a = N - N_m \quad (7.2.1\text{-}3)$$

$$M_a = M - M_m \quad (7.2.1\text{-}4)$$

式中：k_m——原砌体刚度降低系数，对完好原柱，取 $k_m = 0.9$；对基本完好原柱，取 $k_m = 0.8$；对已有腐蚀迹象的原柱，经剔除腐蚀层并修补后，取 $k_m = 0.65$。若原柱有竖向裂缝，或有其他严重缺陷，则取 $k_m = 0$，即不考虑原柱的作用；全部荷载由角钢（或其他型钢）组成的钢构架承担；

E_{m0} 和 E_a——分别为原砌体和新增型钢的弹性模量；

A_{m0} 和 A_a——分别为原砌体截面面积和新增型钢的全截面面积；

I_{m0}——原砌体截面的惯性矩；

I_a——钢构架的截面惯性矩；计算时，可忽略各分肢角钢自身截面的惯性矩，即：$I_a = 0.5A_a \cdot a^2$（a 为计算方向两侧型钢截面形心间的距离）；

η——协同工作系数，可取 $\eta = 0.9$。

7.2.2 当采用外包型钢加固轴心受压砌体构件时，其加固后原柱和外增钢构架的承载力应按下列规定验算：

1 原柱的承载力，应根据其所承受的轴向压力值 N_m，按现行国家标准《砌体结构设计规范》GB 50003 的有关规定验算。验算时，其砌体抗压强度设计值，应根据可靠性鉴定结果确定。若验算结果不符合使用要求，应加大钢构架截面，并重新进行外力分配和截面验算。

2 钢构架的承载力，应根据其所承受的轴向压力设计值 N_a，按现行国家标准《钢结构设计规范》GB 50017 的有关规定进行设计计算。计算钢构架承载力时，型钢的抗压强度设计值，对仅承受静力荷载或间接承受动力作用的结构，应分别乘以强度折减系数 0.95 和 0.90。对直接承受动力荷载或振动作用的结构，应乘以强度折减系数 0.85。

3 外包型钢砌体加固后的承载力为钢构架承载力和原柱承载力之和。不论角钢肢与砌体柱接触面处涂布或灌注任何粘结材料，均不考虑其粘结作用对计算承载力的提高。

7.2.3 当采用外包型钢加固偏心受压砌体构件时，可依据本规范第 7.2.1 条及第 7.2.2 条的规定，分别按现行国家标准《砌体结构设计规范》GB 50003 和《钢结构设计规范》GB 50017 进行原柱和钢构架的承载力验算。

7.3 构 造 规 定

7.3.1 当采用外包型钢加固砌体承重柱时，钢构架应采用 Q235 钢（3 号钢）制作；钢构架中的受力角钢和钢缀板的最小截面尺寸应分别为∟ 60mm×60mm×6mm 和 60mm×6mm。

7.3.2 钢构架的四肢角钢，应采用封闭式缀板作为横向连接件，以焊接固定。缀板的间距不应大于 500mm。

7.3.3 为使角钢及其缀板紧贴砌体柱表面，应采用水泥砂浆填塞角钢及缀板，也可采用灌浆料进行压注。

7.3.4 钢构架两端应有可靠的连接和锚固（图 7.3.4）；其下端应锚固于基础内；上端应抵紧在该加固柱上部（上层）构件的底面，并与锚固于梁、板、柱帽或梁垫的短角钢相焊接。在钢构架（从地面标高向上量起）的 $2h$ 和上端的 $1.5h$（h 为原柱截面高度）节点区内，缀板的间距不应大于 250mm。与此同时，

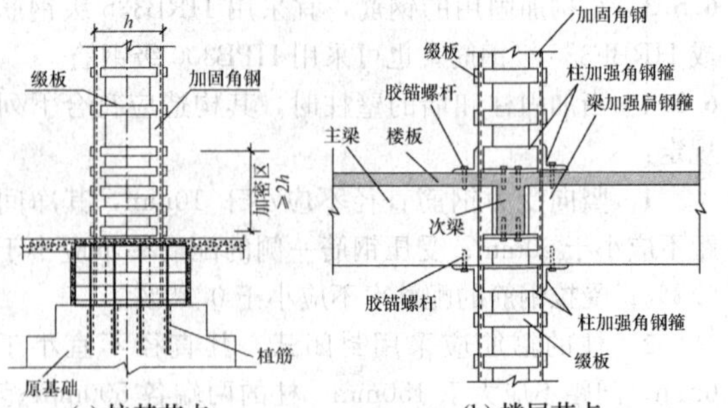

(a) 柱基节点　(b) 楼层节点

图 7.3.4 钢构架构造

还应在柱顶部位设置角钢箍予以加强。

7.3.5 在多层砌体结构中，若不止一层承重柱需增设钢构架加固，其角钢应通过开洞连续穿过各层现浇楼板；若为预制楼板，宜局部改为现浇，使角钢保持通长。

7.3.6 采用外包型钢加固砌体柱时，型钢表面宜包裹钢丝网并抹厚度不小于 25mm 的 1∶3 水泥砂浆作防护层。否则，应对型钢进行防锈处理。

8 外加预应力撑杆加固法

8.1 一 般 规 定

8.1.1 本章规定仅适用于烧结普通砖柱外加预应力撑杆加固的设计。

8.1.2 当采用外加预应力撑杆加固法时，应符合下列规定：

1 仅适用于 6 度及 6 度以下抗震设防区的烧结普通砖柱的加固；

2 被加固砖柱应无裂缝、腐蚀和老化；

3 被加固柱的上部结构应为钢筋混凝土现浇梁板；且能与撑杆上端的传力角钢可靠锚固；

4 应有可靠的施加预应力的施工经验；

5 本方法仅适用于温度不大于 60℃ 的正常环境中。

8.1.3 当采用外加预应力撑杆加固砖柱时，宜选用两对角钢组成的双侧预应力撑杆的加固方式（图 8.1.3）；不得采用单侧预应力撑杆的加固方式。

8.1.4 当按本规范的要求施加预应力时，可不考虑原柱应力水平对加固效果的影响。

8.2 计 算 方 法

8.2.1 当采用预应力撑杆加固轴心受压砖柱时，应按下列步骤进行设计计算：

1 内力计算应按下列步骤进行：

1）确定砖柱加固后需承受的轴向压力设计值 N；

2）根据原柱可靠性鉴定结果确定其轴心受压

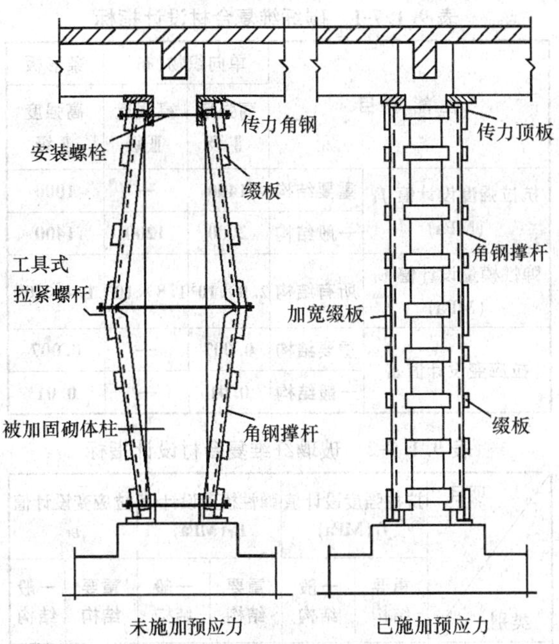

图 8.1.3　预应力撑杆加固方式

承载力 N_m；

3）计算需由撑杆承受的轴向压力设计值 N_1，并应按下式进行计算：

$$N_1 = N - N_m \quad (8.2.1\text{-}1)$$

2　预应力撑杆的总截面面积应按下式进行计算：

$$N_1 \leqslant \varphi_a f'_{py} A'_p \quad (8.2.1\text{-}2)$$

式中：φ_a——撑杆钢构架的稳定系数，按现行国家标准《钢结构设计规范》GB 50017 格构式截面确定；

f'_{py}——撑杆角钢的抗压强度设计值；

A'_p——撑杆的总截面面积。

3　预应力撑杆加固后的砌体柱轴心受压承载力 N 可符合下式的要求：

$$N \leqslant \varphi_0 (A_{m0} f_{m0} + A'_p f'_{py}) \quad (8.2.1\text{-}3)$$

式中：φ_0——原柱轴心受压的稳定系数，应按现行国家标准《砌体结构设计规范》GB 50003 的规定值采用；

A_{m0}——原柱的砌体截面面积；

f_{m0}——原砌体抗压强度设计值。

注：若验算结果不满足设计要求，可加大撑杆截面面积，再重新验算。

4　缀板可按现行国家标准《钢结构设计规范》GB 50017 的有关规定进行计算；其尺寸和间距尚应保证在施工期间受压肢（单根角钢）不致失稳。

5　施工时的预加压应力值 σ'_p 应按下列公式确定：

$$\sigma'_p \leqslant \varphi_1 f'_{py} \quad (8.2.1\text{-}4)$$

$$0.4 f'_{py} \leqslant \sigma'_p \leqslant 0.7 f'_{py} \quad (8.2.1\text{-}5)$$

式中：φ_1——用横向张拉法时，压杆肢的稳定系数，其计算长度取压杆肢全长的 1/2。

6　当采用工具式拉紧螺杆以横向张拉法安装撑杆（图 8.2.1）时，其横向张拉控制量 ΔH，可按下式确定：

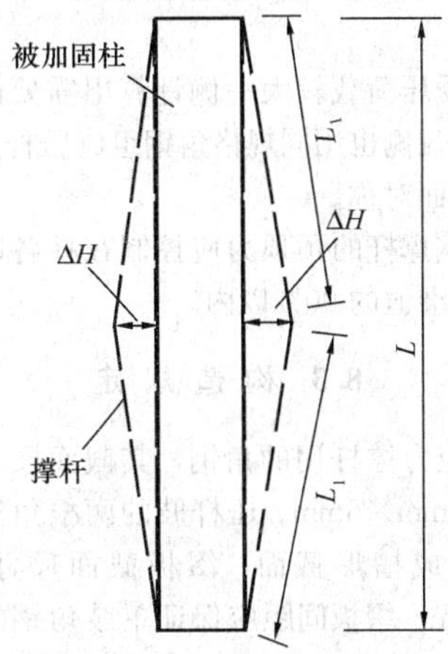

图 8.2.1　预应力撑杆肢横向张拉量

$$\Delta H = 0.5L\sqrt{2\sigma'_p/\eta E_a} + \delta \quad (8.2.1\text{-}6)$$

式中：L——撑杆的竖向全长；

η——经验系数，取 $\eta = 0.9$；

E_a——撑杆钢材的弹性模量；

δ——撑杆端顶板与上部混凝土构件间的压缩量，一般取 δ 为 5mm～7mm。实际弯折撑杆肢时，取撑杆肢矢高为 ΔH＋(3～5)mm，但施工中只收紧 ΔH，以使撑杆处于预压状态。

8.2.2　当采用预应力撑杆加固偏心受压组合砌体柱时，应按下列步骤进行设计计算：

1　偏心受压荷载计算：

1）确定该柱加固后需承受的最大偏心荷载——轴向压力 N 和弯矩 M 的设计值；

2）确定撑杆肢承载力，可先试用两根较小的角钢作撑杆肢，其有效承载力取为 0.9 $A'_{p1} f'_{py1}$（其中 A'_{p1} 为受压一侧角钢的总截面面积）；

3）根据静力平衡条件，原组合砌体柱一侧加固后需承受的偏心受压荷载为：

$$N_{01} = N - 0.9 f'_{py} A'_{p1} \quad (8.2.2\text{-}1)$$

$$M_{01} = M - 0.9 f'_{py} A'_{p1} a/2 \quad (8.2.2\text{-}2)$$

式中：a 为两侧角钢形心之间的距离。

2　偏心受压柱加固后承载力，应按现行国家标准《砌体结构设计规范》GB 50003 的规定验算原组合砌体柱在 N_{01} 和 M_{01} 作用下的承载力。当原砌体柱的承载力不满足上述验算要求时，可加大角钢截面面积，并重新进行验算。

3 缀板计算应符合现行国家标准《钢结构设计规范》GB 50017 的要求，并应保证撑杆肢的角钢在施工中不致失稳。

4 施工时预加压应力值 σ'_p，宜取为 $50N/mm^2 \sim 80N/mm^2$。

5 横向张拉量 ΔH，应按本规范公式（8.2.1-6）计算确定。

6 按受压荷载较大一侧计算出需要的角钢截面后，柱的另一侧也用同规格角钢组成压杆肢，使撑杆的两侧的截面对称。

8.2.3 角钢撑杆的预顶力应控制在柱各阶段所受竖向恒荷载标准值的90%以内。

8.3 构造规定

8.3.1 预应力撑杆用的角钢，其截面尺寸不应小于L60mm×60mm×6mm。压杆肢的两根角钢应用钢缀板连接，形成槽形截面，缀板截面尺寸不应小于80mm×6mm。缀板间距应保证单肢角钢的长细比不大于40。

8.3.2 撑杆肢上端的传力构造及预应力撑杆横向张拉的构造，可参照现行国家标准《混凝土结构加固设计规范》GB 50367 进行设计，且传力角钢应与上部钢筋混凝土梁（或其他承重构件）可靠锚固。

9 粘贴纤维复合材加固法

9.1 一般规定

9.1.1 本方法仅适用于烧结普通砖墙（以下简称砖墙）平面内受剪加固和抗震加固。

9.1.2 被加固的砖墙，其现场实测的砖强度等级不得低于 MU7.5；砂浆强度等级不得低于 M2.5；现已开裂、腐蚀、老化的砖墙不得采用本方法进行加固。

9.1.3 采用本方法加固的纤维材料及其配套的结构胶粘剂，其安全性能应符合本规范第4章的要求。

9.1.4 外贴纤维复合材加固砖墙时，应将纤维受力方式设计成仅承受拉应力作用。

9.1.5 粘贴在砖砌构件表面上的纤维复合材，其表面应进行防护处理。表面防护材料应对纤维及胶粘剂无害。

9.1.6 采用本方法加固的砖墙结构，其长期使用的环境温度不应高于60℃；处于特殊环境的砖砌结构采用本方法加固时，除应按国家现行有关标准的规定采取相应的防护措施外，尚应采用耐环境因素作用的胶粘剂，并按专门的工艺要求施工。

9.1.7 碳纤维和玻璃纤维复合材的设计指标必须分别按表 9.1.7-1 及表 9.1.7-2 的规定值采用。

表 9.1.7-1 碳纤维复合材设计指标

性能项目		单向织物(布)		条形板
		高强度Ⅱ级	高强度Ⅲ级	高强度Ⅱ级
抗拉强度设计值 f_f (MPa)	重要结构	1400	—	1000
	一般结构	2000	1200	1400
弹性模量设计值 E_f (MPa)	所有结构	2.0×10^5	1.8×10^5	1.4×10^5
拉应变设计值 ε_f	重要结构	0.007	—	0.007
	一般结构	0.01	—	0.01

表 9.1.7-2 玻璃纤维复合材设计指标

项目 / 类别	抗拉强度设计值 f_f (MPa)		弹性模量设计值 E_f (MPa)		拉应变设计值 ε_f	
	重要结构	一般结构	重要结构	一般结构	重要结构	一般结构
S 玻璃纤维	500	700	7.0×10^4		0.007	0.01
E 玻璃纤维	350	500	5.0×10^4		0.007	0.01

9.1.8 当被加固构件的表面有防火要求时，应按现行国家标准《建筑设计防火规范》GB 50016 规定的耐火等级及耐火极限要求，对胶层和纤维复合材进行防护。

9.2 砌体抗剪加固

9.2.1 粘贴纤维复合材提高砌体墙平面内受剪承载力的加固方式，可根据工程实际情况选用：水平粘贴方式、交叉粘贴方式、平叉粘贴方式或双叉粘贴方式等（图 9.2.1-1 及图 9.2.1-2）。每一种方式的端部均应加贴竖向或横向压条。

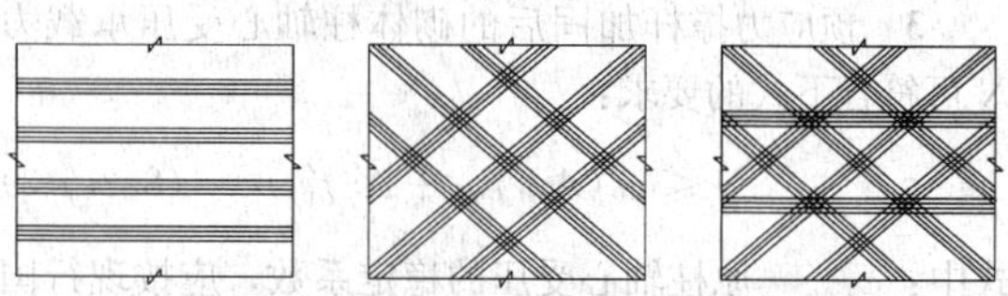

(a) 水平粘贴方式 (b) 交叉粘贴方式 (c) 平叉粘贴方式

图 9.2.1-1 纤维复合材（布）粘贴方式示例

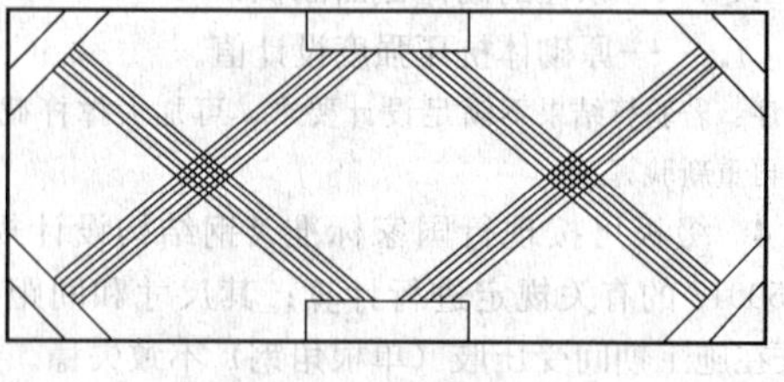

图 9.2.1-2 纤维复合材（条形板）粘贴方式示例

9.2.2 粘贴纤维复合材对砌体墙平面内受剪加固的受剪承载力应符合下列条件：

$$V \leqslant V_m + V_F \quad (9.2.2\text{-}1)$$

$$V \leqslant 1.4\alpha_v V_m \quad (9.2.2\text{-}2)$$

式中：V——砌体墙平面内剪力设计值；

V_m——原砌体受剪承载力，按现行国家标准《砌体结构设计规范》GB 50003 的规定计算确定；

V_F——采用纤维复合材加固后提高的受剪承载力；

α_v——厚砌体压应力影响系数，对一般情况，取 α_v 为 1.0；对原砌体砂浆强度等级不低于 M5，且原构件轴压比不小于 0.5 的情况，取 α_v 为 0.9。

9.2.3 粘贴纤维复合材后提高的受剪承载力 V_F 应按下列规定计算：

$$V_F = \alpha_f f_f \sum_{i=1}^{n} A_{fi} \cos a_i \quad (9.2.3)$$

式中：α_f——纤维复合材参与工作系数，对水平粘贴方式和交叉方式分别按表 9.2.3-1 及表 9.2.3-2 取值；

f_f——受剪加固采用的纤维复合材抗拉强度设计值，按本规范第 9.1.7 条规定的抗拉强度设计值乘以调整系数 0.28 确定；

A_{fi}——穿过计算斜截面的第 i 个纤维复合材条带的截面面积；

a_i——第 i 个纤维复合材条带纤维方向与水平方向的夹角；

n——穿过计算斜截面的纤维复合材条带数。当纤维复合材在条带端部构造不满足本规范第 9.4.3 条锚固要求时，不应考虑其对受剪承载力的贡献。

注：对平斜粘贴方式，应按水平粘贴方式和交叉方式分别用式（9.2.3）计算后叠加而得。

表 9.2.3-1 水平粘贴方式纤维复合材参与工作系数 α_f

墙体高宽比	0.4	0.6	0.8	1.0	1.2
参与工作系数 α_f	0.40	0.50	0.55	0.60	0.65

表 9.2.3-2 交叉粘贴方式纤维复合材参与工作系数 α_f

穿过计算斜截面纤维布条带数 n	1	2	3	4
参与工作系数 α_f	1	0.85	0.70	0.60

9.3 砌体抗震加固

9.3.1 粘贴纤维布对砖墙进行抗震加固时，应采用连续粘贴形式，以增强墙体的整体性能。

9.3.2 粘贴纤维布加固砌体墙的抗震受剪承载力应按下列公式计算：

$$V \leqslant V_{ME} + V_F \quad (9.3.2\text{-}1)$$

$$V \leqslant 1.4\alpha_v V_{ME} \quad (9.3.2\text{-}2)$$

式中：V——考虑地震组合的墙体剪力设计值；

V_{ME}——原砌体抗震受剪承载力，按现行国家标准《砌体结构设计规范》GB 50003 的有关规定计算确定；

V_F——采用纤维复合材加固后提高的抗震受剪承载力，按本规范第 9.2.3 条计算，但应除承载力抗震调整系数 γ_{RE}，一般取 γ_E 为 1.0；若原柱为组合砌体，取 γ_{RE} 为 0.85；

α_v——原砌体压应力影响系数，按本规范第 9.2.2 条的规定确定。

9.4 构造规定

9.4.1 纤维布条带在全墙面上宜等间距均匀布置，条带宽度不宜小于 100mm，条带的最大净间距不宜大于三皮砖块的高度，也不宜大于 200mm。

9.4.2 沿纤维布条带方向应有可靠的锚固措施（图 9.4.2）。

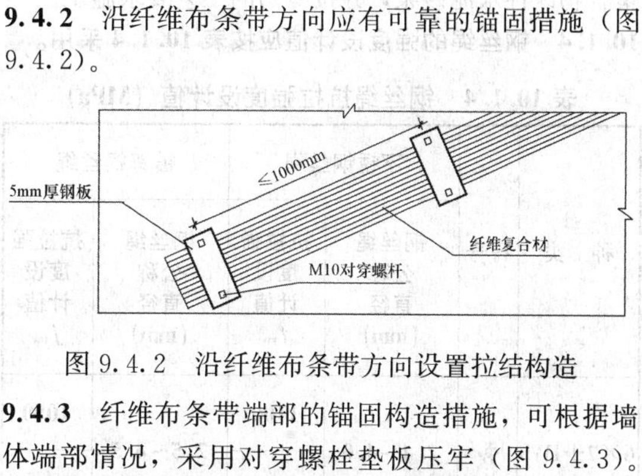

图 9.4.2 沿纤维布条带方向设置拉结构造

9.4.3 纤维布条带端部的锚固构造措施，可根据墙体端部情况，采用对穿螺栓垫板压牢（图 9.4.3）。当纤维布条带需绕过阳角时，阳角转角处曲率半径不应小于 20mm。当有可靠的工程经验或试验资料时，也可采用其他机械锚固方式。

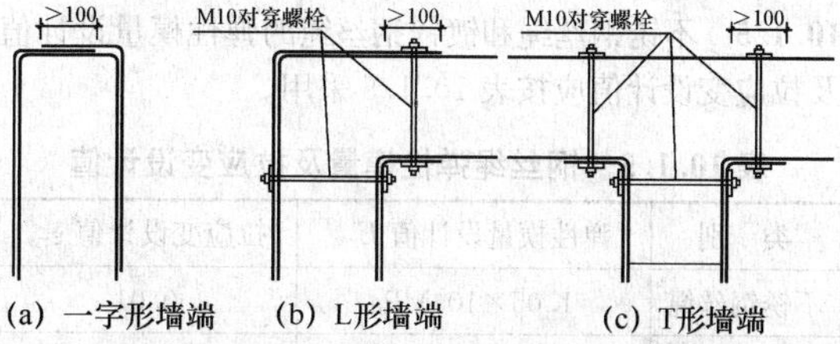

图 9.4.3 纤维布条带端部的锚固构造

9.4.4 当采用搭接的方式接长纤维布条带时，搭接长度不应小于 200mm，且应在搭接长度中部设置一道锚栓锚固。

9.4.5 当砖墙采用纤维复合材加固时，其墙、柱表面应先做水泥砂浆抹平层；层厚不应小于 15mm 且应平整；水泥砂浆强度等级应不低于 M10；粘贴纤维复合材应待抹平层硬化、干燥后方可进行。

10 钢丝绳网-聚合物改性水泥砂浆面层加固法

10.1 一般规定

10.1.1 本方法仅适用于以钢丝绳网-聚合物改性水泥砂浆面层对烧结普通砖墙进行的平面内受剪加固和抗震加固。

注：单股钢丝绳也称钢绞线。

10.1.2 采用本方法时，原砌体构件按现场检测结果推定的块体强度等级不应低于 MU7.5 级；砂浆强度等级不应低于 M1.0；块体表面与结构胶粘结的正拉粘结强度不应低于 1.5MPa。

严重腐蚀、粉化的砌体构件不得采用本方法加固。

10.1.3 采用本方法加固的砌体结构，其长期使用的环境温度不应高于 60℃；处于特殊环境的砌体结构采用本方法加固时，除应按国家现行有关标准的规定采取相应的防护措施外，尚应采用耐环境因素作用的聚合物改性水泥砂浆，并按专门的工艺要求施工。

10.1.4 钢丝绳的强度设计值应按表 10.1.4 采用。

表 10.1.4 钢丝绳抗拉强度设计值（MPa）

种类	符号	不锈钢丝绳		镀锌钢丝绳	
		钢丝绳公称直径（mm）	抗拉强度设计值 f_{rw}	钢丝绳公称直径（mm）	抗拉强度设计值 f_{rw}
6×7+IWS	ϕ_r	2.4～4.0	1100	2.5～4.5	1050
			1050		1000
1×19	ϕ_s	2.5	1050	2.5	1100

10.1.5 不锈钢丝绳和镀锌钢丝绳的弹性模量设计值及拉应变设计值应按表 10.1.5 采用。

表 10.1.5 钢丝绳弹性模量及拉应变设计值

类别	弹性模量设计值 E_{rw}	拉应变设计值 ε_{rw}
不锈钢丝绳	1.05×10^5MPa	0.01
镀锌钢丝绳	1.30×10^5MPa	0.008

10.1.6 钢丝绳计算用的截面面积及其参考重量，可按表 10.1.6 的规定值采用。

表 10.1.6 钢丝绳计算用截面面积及参考重量

种类	钢丝绳公称直径（mm）	钢丝直径（mm）	计算用截面面积（mm^2）	参考重量（kg/100m）
6×7+IWS	2.4	(0.27)	2.81	2.40
	2.5	0.28	3.02	2.73
	3.0	0.32	3.94	3.36
	3.05	(0.34)	4.45	3.83
	3.2	0.35	4.71	4.21
	3.6	0.40	6.16	6.20
	4.0	(0.44)	7.45	6.70
	4.2	0.45	7.79	7.05
	4.5	0.50	9.62	8.70
1×19	2.5	0.50	3.73	3.10

注：括号内的钢丝直径为建筑结构加固非常用的直径。

10.1.7 当被加固构件的表面有防火要求时，应按现行国家标准《建筑设计防火规范》GB 50016 规定的耐火等级及耐火极限要求，对钢丝绳网-聚合物砂浆面层进行防护。

10.1.8 采用本方法加固时，应采取措施卸除或大部分卸除作用在结构上的活荷载。

10.2 砌体抗剪加固

10.2.1 钢丝绳网-聚合物砂浆面层对砌体墙面内受剪加固的受剪承载力应符合下列条件：

$$V \leqslant V_M + V_{rw} \quad (10.2.1\text{-}1)$$

$$V \leqslant 1.4V_M \quad (10.2.1\text{-}2)$$

式中：V——砌体墙面内剪力设计值；

V_M——原砌体受剪承载力，按现行国家标准《砌体结构设计规范》GB 50003 计算确定；

V_{rw}——采用钢丝绳网-聚合物砂浆面层加固后提高的受剪承载力。

10.2.2 钢丝绳网-聚合物砂浆面层加固后提高的受剪承载力 V_{rw} 应按下列规定计算：

$$V_{rw} = \alpha_{rw} f_{rw} \sum_{i=1}^{n} A_{rwi} \quad (10.2.2)$$

式中：α_{rw}——钢丝绳网参与工作系数，按表 10.2.2 采用；

f_{rw}——受剪加固采用的钢丝绳网抗拉强度设计值，按本规范第 10.1.4 条规定的抗拉强度设计值乘以调整系数 0.28 确定；

A_{rwi}——穿过计算斜截面的第 i 个水平向钢丝绳的截面面积；

n——穿过计算斜截面的水平向钢丝绳根数。

10.2.2 水平向钢丝绳网参与工作系数 α_{rw}

墙体高宽比	0.4	0.6	0.8	1.0	1.2
参与工作系数 α_{rw}	0.40	0.50	0.55	0.60	0.60

10.3 砌体抗震加固

10.3.1 钢丝绳网-聚合物砂浆面层对砌体结构进行抗震加固，宜采用双面加固形式增强砌体结构的整体性。

10.3.2 钢丝绳网-聚合物砂浆面层加固砌体墙的抗震受剪承载力应按下列公式计算：

$$V \leqslant V_{ME} + \frac{V_{rw}}{\gamma_{RE}} \qquad (10.3.2\text{-}1)$$

$$V \leqslant 1.4V_{ME} \qquad (10.3.2\text{-}2)$$

式中：V——考虑地震组合的墙体剪力设计值；

V_{ME}——原砌体抗震受剪承载力，按国家标准《砌体结构设计规范》GB 50003－2001 第10.2.1条和第10.2.3条计算确定；

V_{rw}——采用钢丝绳网-聚合物砂浆面层加固后提高的抗震受剪承载力，按本规范10.2.2条计算；

γ_{RE}——承载力抗震调整系数，取 γ_{RE} 为0.9。

10.4 构 造 规 定

10.4.1 钢丝绳网的设计与制作应符合下列规定：

1 网片应采用小直径不松散的高强度钢丝绳制作；绳的直径宜在2.5mm～4.5mm范围内；当采用航空用高强度钢丝绳时，也可使用规格为2.4mm的高强度钢丝绳。

2 绳的结构形式（图10.4.1-1）应为6×7+IWS金属股芯右交互捻钢丝绳或1×19单股左捻钢丝绳（钢绞线）。

3 网的主绳与横向绳（即分布绳）的交点处，应采用钢材制作的绳扣束紧；主绳的端部应采用带套环的绳扣通过加固锚固；套环及其绳扣或压管的构造与尺寸应经设计计算确定。

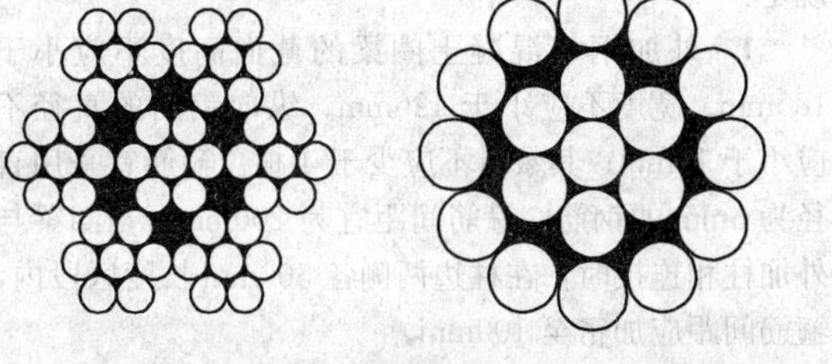

(a) 6×7+IWS钢丝绳　(b) 1×19钢绞线（单股钢丝绳）

图10.4.1-1 钢丝绳的结构形式

4 网中受拉主绳的间距应经计算确定，但不应小于20mm，也不应大于40mm。

5 采用钢丝绳网加固墙体时，网中横向绳的布置示例如图10.4.1-2所示。

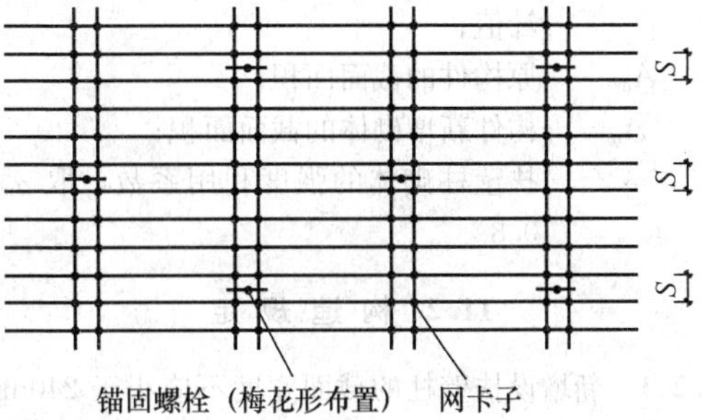

图10.4.1-2 水平钢丝绳网布置

10.4.2 水平钢丝绳（主绳）网在墙体端部的锚固，宜锚在预设于墙体交接处的角钢或钢板上（图10.4.2）。角钢和钢板应按绳距预先钻孔；钢丝绳穿过孔后，套上钢套管，通过压扁套管进行锚固，也可采用其他方法进行锚固。

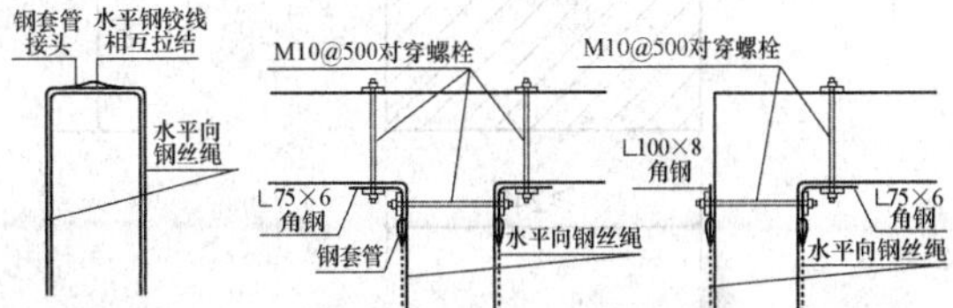

图10.4.2 水平钢丝绳的锚固构造

11 增设砌体扶壁柱加固法

11.1 计 算 方 法

11.1.1 本章规定仅适用于抗震设防烈度为6度及以下地区的砌体墙加固设计。

11.1.2 增设砌体扶壁柱加固墙体时，其承载力和高厚比的验算应按现行国家标准《砌体结构设计规范》GB 50003的规定进行。当扶壁柱的构造及其与原墙的连接符合本规范规定时，可按整体截面计算。

11.1.3 当增设砌体扶壁柱用以提高墙体的稳定性时，其高厚比可按下式计算：

$$\beta = H_0 / h_T \qquad (11.1.3)$$

式中：H_0——墙体的计算高度；

h_T——带壁柱墙截面的折算厚度，按加固后的截面计算。

11.1.4 当增设砌体扶壁柱加固受压构件时，其承载力应满足下式的要求：

$$N \leqslant \varphi(f_{m0}A_{m0} + \alpha_m f_m A_m) \qquad (11.1.4)$$

式中：N——构件加固后由荷载设计值产生的轴向力；

φ——高厚比 β 和轴向力的偏心距对受压构件承载力的影响系数，采用加固后的截面，按现行国家标准《砌体结构设计规范》GB 50003的规定确定；

f_{m0}和 f_m——分别为原砌体和新增砌体的抗压强度设计值；

A_{m0}——原构件的截面面积；

A_m——构件新增砌体的截面面积；

α_m——扶壁柱砌体的强度利用系数，取 $\alpha_m=0.8$。

11.2 构 造 规 定

11.2.1 新增设扶壁柱的截面宽度不应小于 240mm，其厚度不应小于 120mm（图 11.2.1）。当用角钢-螺栓拉结时，应沿墙的全高和内外的周边，增设水泥砂浆或细石混凝土防护层（图 11.2.3）。

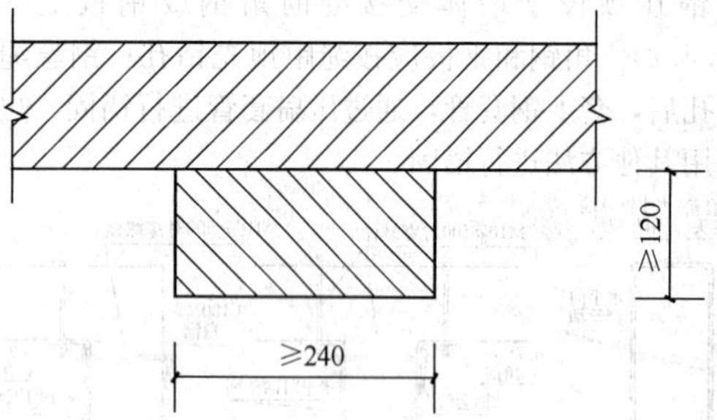

图 11.2.1 增设扶壁柱的截面尺寸（mm）

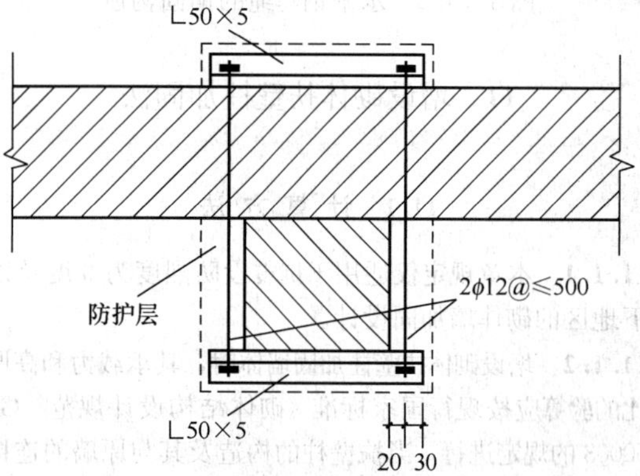

图 11.2.3 砌体墙与扶壁柱间的套箍拉结（mm）

当增设扶壁柱以提高受压构件的承载力时，应沿墙体两侧增设扶壁柱。

11.2.2 加固用的块材强度等级应比原结构的设计块材强度等级提高一级，不得低于 MU15；并应选用整砖（砌块）砌筑。加固用的砂浆强度等级，不应低于原结构设计的砂浆强度等级，且不应低于 M5。

11.2.3 增设扶壁柱处，沿墙高应设置以 2ϕ12mm 带螺纹、螺帽的钢筋与双角钢组成的套箍，将扶壁柱与原墙拉结；套箍的间距不应大于 500mm（图 11.2.3）。

11.2.4 在原墙体需增设扶壁柱的部位，应沿墙高，每隔 300mm 凿去一皮砖块，形成水平槽口（图 11.2.4）。砌筑扶壁柱时，槽口处的原墙体与新增扶壁柱之间，应上下错缝，内外搭砌。砖砌体接槎时，必须将接槎处的表面清理干净，浇水湿润，用干捻砂浆将灰缝填实。

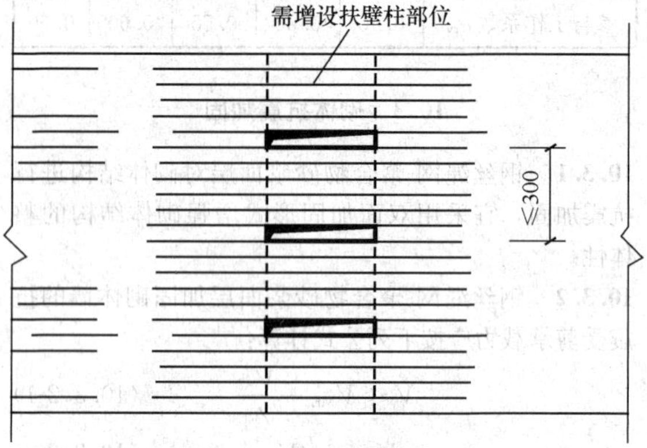

图 11.2.4 水平槽口（mm）

11.2.5 扶壁柱应设基础，其埋深应与原墙基础相同。

12 砌体结构构造性加固法

12.1 增设圈梁加固

12.1.1 当无圈梁或圈梁设置不符合现行设计规范要求，或纵横墙交接处咬槎有明显缺陷，或房屋的整体性较差时，应增设圈梁进行加固。

12.1.2 外加圈梁，宜采用现浇钢筋混凝土圈梁或钢筋网水泥复合砂浆砌体组合圈梁，在特殊情况下，亦可采用型钢圈梁。对内墙圈梁还可用钢拉杆代替。钢拉杆设置间距应适当加密，且应贯通房屋横墙（或纵墙）的全部宽度，并应设在有横墙（或纵墙）处，同时应锚固在纵墙（或横墙）上。

12.1.3 外加圈梁应靠近楼（屋）盖设置。钢拉杆应靠近楼（屋）盖和墙面。外加圈梁应在同一水平标高交圈闭合。变形缝处两侧的圈梁应分别闭合，如遇开口墙，应采取加固措施使圈梁闭合。

12.1.4 采用外加钢筋混凝土圈梁时，应符合下列规定：

1 外加钢筋混凝土圈梁的截面高度不应小于 180mm、宽度不应小于 120mm。纵向钢筋的直径不应小于 10mm；其数量不应少于 4 根。箍筋宜采用直径为 6mm 的钢筋，箍筋间距宜为 200mm；当圈梁与外加柱相连接时，在柱边两侧各 500mm 长度区段内，箍筋间距应加密至 100mm。

2 外加钢筋混凝土圈梁的混凝土强度等级不应低于 C20，圈梁在转角处应设 2 根直径为 12mm 的斜筋。

钢筋混凝土外加圈梁的顶面应做泛水，底面应做滴水沟。

3 外加钢筋混凝土圈梁的钢筋外保护层厚度不

应小于20mm，受力钢筋接头位置应相互错开，其搭接长度为40d（d为纵向钢筋直径）。任一搭接区段内，有搭接接头的钢筋截面面积不应大于总面积的25%；有焊接接头的纵向钢筋截面面积不应大于同一截面钢筋总面积的50%。

12.1.5 采用钢筋网水泥复合砂浆砌体组合圈梁时，应符合下列规定：

1 梁顶平楼（屋）面板底，梁高不应小于300mm。

2 穿墙拉结钢筋宜呈梅花状布置，穿墙筋位置应在丁砖上（对单面组合圈梁）或丁砖缝（对双面组合圈梁）。

3 面层材料和构造应符合下列规定：

1）面层砂浆强度等级：水泥砂浆不应低于M10，水泥复合砂浆不应低于M20；

2）钢筋网水泥复合砂浆面层厚度宜为30mm～45mm；

3）钢筋网的钢筋直径宜为6mm或8mm，网格尺寸宜为120mm×120mm；

4）单面组合圈梁的钢筋网，应采用直径为6mm的L形锚筋；双面组合圈梁的钢筋网，应采用直径为6mm的Z形或S形穿墙筋连接；L形锚筋间距宜为240mm×240mm；Z形或S形锚筋间距宜为360mm×360mm；

5）钢筋网的水平钢筋遇有门窗洞时，单面圈梁宜将水平钢筋弯入洞口侧面锚固，双面圈梁宜将两侧水平钢筋在洞口闭合；

6）对承重墙，不宜采用单面组合圈梁。

12.1.6 采用钢拉杆代替内墙圈梁时，应符合下列规定：

1 横墙承重房屋的内墙，可用两根钢拉杆代替圈梁；纵墙承重和纵横墙承重的房屋，钢拉杆宜在横墙两侧各设一根。钢拉杆直径应根据房屋进深尺寸和加固要求等条件确定，但不应小于14mm，其方形垫板尺寸宜为200mm×200mm×15mm。

2 无横墙的开间可不设钢拉杆，但外加圈梁应与进深方向梁或现浇钢筋混凝土楼盖可靠连接。

3 每道内纵墙均应用单根拉杆与外山墙拉结，钢拉杆直径可视墙厚、房屋进深和加固要求等条件确定，但不应小于16mm，钢拉杆长度不应小于两个开间。

12.1.7 外加钢筋混凝土圈梁与砖墙的连接，应符合下列规定：

1 宜选用结构胶锚筋，亦可选用化学锚栓或钢筋混凝土销键。

2 当采用化学植筋或化学锚栓时，砌体的块材强度等级不应低于MU7.5，原砌体砖的强度等级不应低于MU7.5，其他要求按压浆锚筋确定。

3 压浆锚筋仅适用于实心砖砌体与外加钢筋混凝土圈梁之间的连接，原砌体砖的强度等级不应低于MU7.5，原砂浆的强度等级不应低于M2.5。

4 压浆锚筋与钢拉杆的间距宜为300mm；锚筋之间的距离宜为500mm～1000mm。

12.1.8 钢拉杆与外加钢筋混凝土圈梁可采用下列方法之一进行连接：

1 钢拉杆埋入圈梁，埋入长度为30d（d为钢拉杆直径），端头应做弯钩。

2 钢拉杆通过钢管穿过圈梁，应用螺栓拧紧。

3 钢拉杆端头焊接垫板埋入圈梁，垫板与墙面之间的间隙不应小于80mm。

12.1.9 角钢圈梁的规格不应小于∟80mm×6mm或∟75mm×6mm，并应每隔1m～1.5m，与墙体用普通螺栓拉结，螺杆直径不应小于12mm。

12.2 增设构造柱加固

12.2.1 当无构造柱或构造柱设置不符合现行设计规范要求时，应增设现浇钢筋混凝土构造柱或钢筋网水泥复合砂浆组合砌体构造柱。

12.2.2 构造柱的材料、构造、设置部位应符合现行设计规范要求。

12.2.3 增设的构造柱应与墙体圈梁、拉杆连接成整体，若所在位置与圈梁连接不便，也应采取措施与现浇混凝土楼（屋）盖可靠连接。

12.2.4 采用钢筋网水泥复合砂浆砌体组合构造柱时，应符合下列要求：

1 组合构造柱截面宽度不应小于500mm。

2 穿墙拉结钢筋宜呈梅花状布置，其位置应在丁砖缝上。

3 面层材料和构造应符合下列规定：

1）面层砂浆强度等级：水泥砂浆不应低于M10，水泥复合砂浆不应低于M20；

2）钢筋网水泥复合砂浆面层厚度宜为30mm～45mm；

3）钢筋网的钢筋直径宜为6mm或8mm，网格尺寸宜为120mm×120mm；

4）构造柱的钢筋网应采用直径为6mm的Z形或S形锚筋，Z形或S形锚筋间距宜为360mm×360mm。

12.3 增设梁垫加固

12.3.1 当大梁下砌体被局部压碎或在大梁下墙体出现局部竖向或斜向裂缝时，应增设梁垫进行加固。

12.3.2 新增设的梁垫，其混凝土强度等级，现浇时不应低于C20；预制时不应低于C25。梁垫尺寸应按现行设计规范的要求，经计算确定，但梁垫厚度不应小于180mm；梁垫的配筋应按抗弯条件计算配置。当按构造配筋时，其用量不应少于梁垫体积的 0.5%。

12.3.3 增设梁垫应采用“托梁换柱”的方法进行施工。

12.4 砌体局部拆砌

12.4.1 当墙体局部破裂但在查清其破裂原因后尚未影响承重及安全时，可将破裂墙体局部拆除，并按提高一级砂浆强度等级用整砖填砌。

12.4.2 分段拆砌墙体时，应先砌部分留槎，并埋设水平钢筋与后砌部分拉结。

12.4.3 局部拆砌墙体时，新旧墙交接处不得凿水平槎或直槎，应做成踏步槎接缝，缝间设置拉结钢筋以增强新旧的整体性。

13 砌体裂缝修补法

13.1 一 般 规 定

13.1.1 本章的规定适用于修补影响砌体结构、构件正常使用性的裂缝，对承载能力不足引起的裂缝，尚应按本规范规定的方法进行加固。

13.1.2 砌体结构裂缝的修补应根据其种类、性质及出现的部位进行设计，选择适宜的修补材料、修补方法和修补时间。

13.1.3 常用的裂缝修补方法应有填缝法、压浆法、外加网片法和置换法等。根据工程的需要，这些方法尚可组合使用。

13.1.4 砌体裂缝修补后，其墙面抹灰的做法应符合现行国家标准《建筑装饰装修工程质量验收规范》GB 50210 的有关规定。在抹灰层砂浆或细石混凝土中加入短纤维可进一步减少和限制裂缝的出现。

13.2 填 缝 法

13.2.1 填缝法适用于处理砌体中宽度大于 0.5mm 的裂缝。

13.2.2 修补裂缝前，首先应剔凿干净裂缝表面的抹灰层，然后沿裂缝开凿 U 形槽。对凿槽的深度和宽度，并应符合下列规定：

1 当为静止裂缝时，槽深不宜小于 15mm，槽宽不宜小于 20mm。

2 当为活动裂缝时，槽深宜适当加大，且应凿成光滑的平底，以利于铺设隔离层；槽宽宜按裂缝预计张开量 t 加以放大，通常可取为 $(15+5t)$ mm。另外，槽内两侧壁应凿毛。

3 当为钢筋锈蚀引起的裂缝时，应凿至钢筋锈蚀部分完全露出为止，钢筋底部混凝土凿除的深度，以能使除锈工作彻底进行。

13.2.3 对静止裂缝，可采用改性环氧砂浆、改性氨基甲酸乙酯胶泥或改性环氧胶泥等进行充填（图 13.2.3a）。对活动裂缝，可采用丙烯酸树脂、氨基甲酸乙酯、氯化橡胶或可挠性环氧树脂等为填充材料，并可采用聚乙烯片、蜡纸或油毡片等为隔离层（图 13.2.3b）。

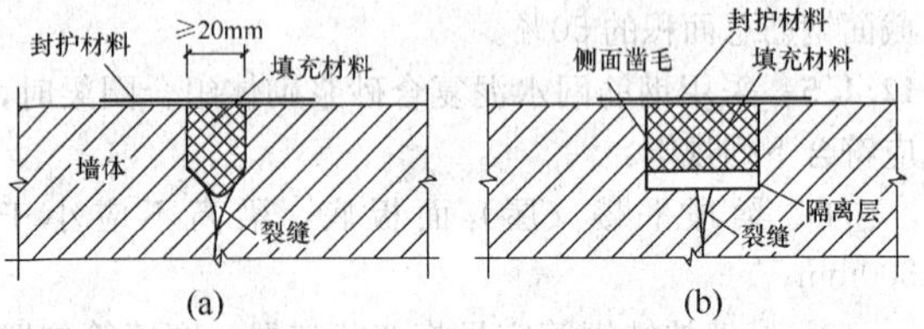

图 13.2.3 填缝法裂缝补图

13.2.4 对锈蚀裂缝，应在已除锈的钢筋表面上，先涂刷防锈液或防锈涂料，待干燥后再充填封闭裂缝材料。对活动裂缝，其隔离层应干铺，不得与槽底有任何粘结。其弹性密封材料的充填，应先在槽内两侧表面上涂刷一层胶粘剂，以使充填材料能起到既密封又能适应变形的作用。

13.2.5 修补裂缝应符合下列规定：

1 充填封闭裂缝材料前，应先将槽内两侧凿毛的表面浮尘清除干净。

2 采用水泥基修补材料填补裂缝，应先将裂缝及周边砌体表面润湿。

3 采用有机材料不得湿润砌体表面，应先将槽内两侧面上涂刷一层树脂基液。

4 充填封闭材料应采用搓压的方法填入裂缝中，并应修复平整。

13.3 压 浆 法

13.3.1 压浆法即压力灌浆法，适用于处理裂缝宽度大于 0.5mm 且深度较深的裂缝。

13.3.2 压浆的材料可采用无收缩水泥基灌浆料、环氧基灌浆料等。

13.3.3 压浆工艺应按规定的流程（图 13.3.3）进行。

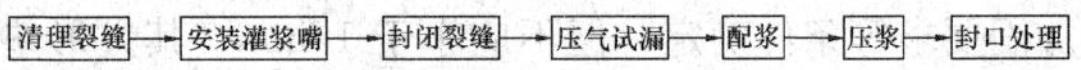

图 13.3.3 压浆工艺流程

13.3.4 压浆法的操作应符合下列规定：

1 清理裂缝时，应在砌体裂缝两侧不少于 100mm 范围内，将抹灰层剔除。若有油污也应清除干净；然后用钢丝刷、毛刷等工具，清除裂缝表面的灰土、浮渣及松软层等污物；用压缩空气清除缝隙中的颗粒和灰尘。

2 灌浆嘴安装应符合下列规定：

1）当裂缝宽度在 2mm 以内时，灌浆嘴间距可取 200mm～250mm；当裂缝宽度在 2mm～5mm 时，可取 350mm；当裂缝宽度大于 5mm 时，可取 450mm，且应设在裂缝端部和裂缝较大处。

2）应按标示位置钻深度 30mm～40mm 的孔眼，孔径宜略大于灌浆嘴的外径。钻好后应清除孔中的粉屑。

3）灌浆嘴应在孔眼用水冲洗干净后进行固定。固定前先涂刷一道水泥浆，然后用环氧胶泥或环氧树脂砂浆将灌浆嘴固定，裂缝较细或墙厚超过 240mm 时，应在墙的两侧均安放灌浆嘴。

3 封闭裂缝时，应在已清理干净的裂缝两侧，先用水浇湿砌体表面，再用纯水泥浆涂刷一道，然后用 M10 水泥砂浆封闭，封闭宽度约为 200mm。

4 试漏应在水泥砂浆达到一定强度后进行，并采用涂抹皂液等方法压气试漏。对封闭不严的漏气处应进行修补。

5 配浆应根据灌浆料产品说明书的规定及浆液的凝固时间，确定每次配浆数量。浆液稠度过大，或者出现初凝情况，应停止使用。

6 压浆应符合下列要求：

1）压浆前应先灌水。

2）空气压缩机的压力宜控制在 0.2MPa～0.3MPa。

3）将配好的浆液倒入储浆罐，打开喷枪阀门灌浆，直至邻近灌浆嘴（或排气嘴）溢浆为止。

4）压浆顺序应自下而上，边灌边用塞子堵住已灌浆的嘴，灌浆完毕且已初凝后，即可拆除灌浆嘴，并用砂浆抹平孔眼。

13.3.5 压浆时应严格控制压力，防止损坏边角部位和小截面的砌体，必要时，应作临时性支护。

13.4 外加网片法

13.4.1 外加网片法适用于增强砌体抗裂性能，限制裂缝开展，修复风化、剥蚀砌体。

13.4.2 外加网片所用的材料应包括钢筋网、钢丝网、复合纤维织物网等。当采用钢筋网时，其钢筋直径不宜大于 4mm。当采用无纺布替代纤维复合材料修补裂缝时，仅允许用于非承重构件的静止细裂缝的封闭性修补上。

13.4.3 网片覆盖面积除应按裂缝或风化、剥蚀部分的面积确定外，尚应考虑网片的锚固长度。网片短边尺寸不宜小于 500mm。网片的层数：对钢筋和钢丝网片，宜为单层；对复合纤维材料，宜为 1 层～2 层；设计时可根据实际情况确定。

13.5 置 换 法

13.5.1 置换法适用于砌体受力不大，砌体块材和砂浆强度不高的开裂部位，以及局部风化、剥蚀部位的加固（图 13.5.1）。

13.5.2 置换用的砌体块材可以是原砌体材料，也可

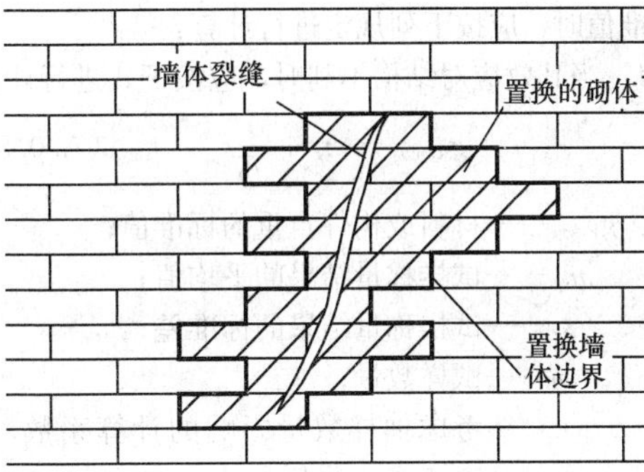

图 13.5.1 置换法处理裂缝图

以是其他材料，如配筋混凝土实心砌块等。

13.5.3 置换砌体时应符合下列规定要求：

1 把需要置换部分及周边砌体表面抹灰层剔除，然后沿着灰缝将被置换砌体凿掉。在凿打过程中，应避免扰动不置换部分的砌体。

2 仔细把粘在砌体上的砂浆剔除干净，清除浮尘后充分润湿墙体。

3 修复过程中应保证填补砌体材料与原有砌体可靠嵌固。

4 砌体修补完成后，再做抹灰层。

附录 A 已有建筑物结构荷载标准值的确定

A.0.1 对已有结构上的荷载标准值取值，除应符合现行国家标准《建筑结构荷载规范》GB 50009 的规定外，尚应遵守本附录的规定。

A.0.2 结构和构件自重的标准值，应根据构件和连接的实测尺寸，按材料或构件单位自重的标准值计算确定。对难以实测的某些连接构造的尺寸，允许按结构详图估算。

A.0.3 常用材料和构件的单位自重标准值，应按现行国家标准《建筑结构荷载规范》GB 50009 的规定采用。当该规范的规定值有上、下限时，应按下列规定采用：

1 当荷载效应对结构不利时，取上限值。

2 当荷载效应对结构有利（如验算倾覆、抗滑移、抗浮起等）时，取下限值。

A.0.4 当遇到下列情况之一时，材料和构件的自重标准值应按现场抽样称量确定：

1 现行国家标准《建筑结构荷载规范》GB 50009 尚无规定；

2 自重变异较大的材料或构件，如现场制作的保温材料、混凝土薄壁构件等；

3 有理由怀疑材料或构件自重的原设计采用值与实际情况有显著出入。

A.0.5 现场抽样检测材料或构件自重的试样数量，不应少于 5 个。当按检测的结果确定材料或构件自重

的标准值时，应按下列规定进行计算：

1　当其效应对结构不利时，应按下式进行计算：

$$g_{\mathrm{k,sup}} = m_{\mathrm{g}} + \frac{t}{\sqrt{n}} s_{\mathrm{g}} \qquad \text{(A.0.5-1)}$$

式中：$g_{\mathrm{k,sup}}$——材料或构件自重的标准值；

m_{g}——试样称量结果的平均值；

s_{g}——试样称量结果的标准差；

n——试样数量；

t——考虑抽样数量影响的计算系数，按表 A.0.5 采用。

2　当其效应对结构有利时，应按下式进行计算：

$$g_{\mathrm{k,sup}} = m_{\mathrm{g}} - \frac{t}{\sqrt{n}} s_{\mathrm{g}} \qquad \text{(A.0.5-2)}$$

表 A.0.5　计算系数 t 值

n	t 值	n	t 值	n	t 值	n	t 值
5	2.13	8	1.89	15	1.76	30	1.70
6	2.02	9	1.86	20	1.73	40	1.68
7	1.94	10	1.80	25	1.71	≥60	1.67

A.0.6　对非结构的构、配件，或对支座沉降有影响的构件，若其自重效应对结构有利时，应取其自重标准值 $g_{\mathrm{k,sup}}$ 等于 0。

A.0.7　当房屋结构进行加固验算时，对不上人的屋面，应计入加固工程的施工荷载，其取值应符合下列规定：

1　当估算的荷载低于现行国家标准《建筑结构荷载规范》GB 50009 规定的屋面均布活荷载或集中荷载时，应按该规范采用。

2　当估算的荷载高于现行国家标准《建筑结构荷载规范》GB 50009 的规定值时，应按实际估算值采用。

当施工荷载过大时，宜采取措施予以降低。

A.0.8　对加固改造设计的验算，其基本雪压值、基本风压值和楼面活荷载的标准值，除应按现行国家标准《建筑结构荷载规范》GB 50009 的规定采用外，尚应按下一目标使用年限，乘以本附录表 A.0.8 的修正系数 ψ_{a} 予以修正。下一目标使用年限，应由委托方和鉴定方共同商定。

表 A.0.8　基本雪压、基本风压及楼面活荷载的修正系数 ψ_{a}

下一目标使用年限	10a	20a	30a～50a
雪荷载或风荷载	0.85	0.95	1.0
楼面活荷载	0.85	0.90	1.0

注：1　对表中未列出的中间值，可按线性内插法确定，当下一目标使用年限小于 10a，应按 10a 取 ψ_{a} 值；

2　符号 a 为年。

附录 B　粘结材料粘合加固材与基材的正拉粘结强度试验室测定方法及评定标准

B.1　适用范围

B.1.1　本方法适用于试验室条件下以结构胶粘剂或聚合物改性水泥砂浆为粘结材料粘合下列加固材料与基材，在均匀拉应力作用下发生内聚、粘附或混合破坏的正拉粘结强度测定：

1　纤维复合材与基材烧结普通砖；

2　钢板与基材烧结普通砖；

3　结构用聚合物改性水泥砂浆层与基材烧结普通砖。

B.2　试验设备

B.2.1　拉力试验机的力值量程选择，应使试样的破坏荷载发生在该机标定的满负荷的 20%～80%之间；力值的示值误差不得大于 1%。

B.2.2　试验机夹持器的构造应能使试件垂直对中固定，不产生偏心和扭转的作用。

B.2.3　试件夹具应由带拉杆的钢夹套与带螺杆的钢标准块构成，且应以 45 号碳钢制作；其形状及主要尺寸如图 B.2.3 所示。

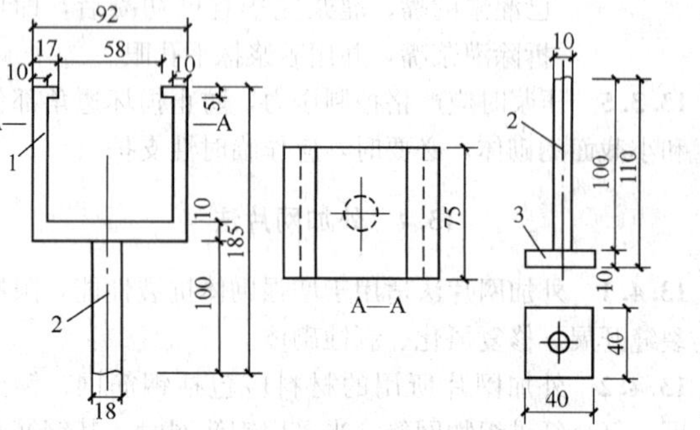

(a) 带拉杆钢夹具　(b) 带螺杆钢标准块

图 B.2.3　试件夹具及钢标准块尺寸

1—钢夹具；2—螺杆；3—标准块

注：图中尺寸为 mm

B.3　试　件

B.3.1　试验室条件下测定正拉粘结强度应采用组合式试件，其构造应符合下列规定：

1　以胶粘剂为粘结材料的试件应由砖试块（图 B.3.1-1）、胶粘剂、加固材料（如纤维复合材或钢板等）及钢标准块相互粘合而成（图 B.3.1-2a）。

2　以结构用聚合物改性水泥砂浆为粘结材料的试件应由砖试块（图 B.3.1-1）、结构界面胶（剂）涂布层、现浇的聚合物改性水泥砂浆层及钢标准块相互粘合而成（图 B.3.1-2b）。

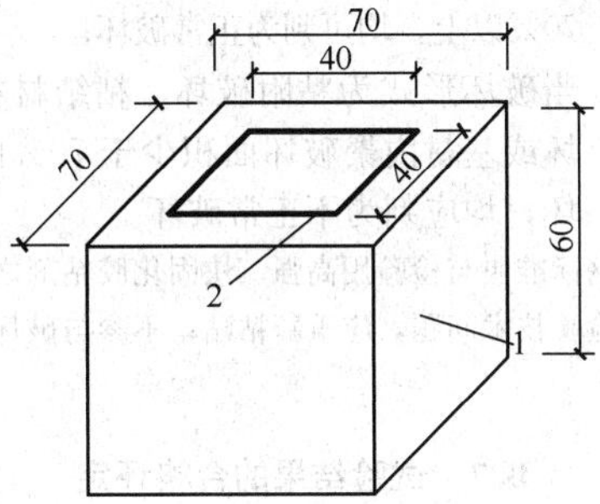

图 B.3.1-1 砖试块形式及尺寸

1—砖试块；2—预切缝

注：图中尺寸为 mm

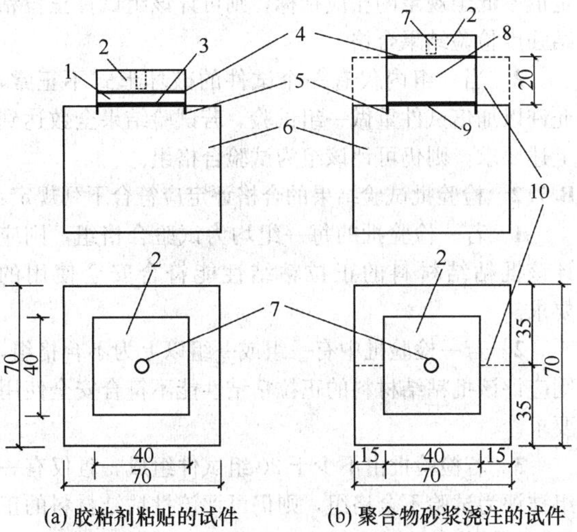

图 B.3.1-2 正拉粘结强度试验的试件

1—加固材料；2—钢标准块；3—受检胶的胶缝；4—粘贴标准块的快固胶；5—预切缝；6—混凝土试块；7—ϕ10 螺孔；8—现浇聚合物改性水泥砂浆层；9—结构界面胶（剂）；10—虚线部分表示浇注砂浆用可拆卸模具的安装位置

注：图中尺寸为 mm

B.3.2 试样组成部分的制备应符合下列规定：

1 受检粘接材料应按产品使用说明书规定的工艺要求进行配制和使用。

2 普通烧结砖试块的尺寸应为 70mm×70mm×60mm，其块体强度等级应为 MU20；试块使用前，应以专用的机械切出深度为 4mm～5mm 的预切缝，缝宽约 2mm，如图 B.3.1-1 所示。预切缝围成的方形平面，其净尺寸应为 40mm×40mm，并应位于试块的中心。混凝土试块的粘贴面（方形平面）应作打毛处理。打毛深度应达骨料断面，且手感粗糙，无尖锐突起。试块打毛后应清理洁净，不得有松动的骨料和粉尘。

3 受检加固材料的取样应符合下列规定：

1） 纤维复合材应按规定的抽样规则取样；从纤维复合材中间部位裁剪出尺寸为 40mm×40mm 的试件；试件外观应无划痕和折痕；粘合面应洁净，无油脂、粉尘等影响胶粘的污染物。

2） 钢板应从施工现场取样，并切割成 40mm×40mm 的试件，其板面及周边应加工平整，且应经除氧化膜、锈皮、油污和糙化处理；粘合前，尚应用工业丙酮擦洗干净。

3） 聚合物砂浆应从一次性进场的批量中随机抽取其各组分，然后在试验室进行配制和浇注。

4 钢标准块（图 B.2.3b）宜用 45 号碳钢制作；其中心应车有安装 ϕ10 螺杆用的螺孔。标准块与加固材料粘合的表面应经喷砂或其他机械方法的糙化处理；糙化程度应以喷砂效果为准。标准块可重复使用，但重复使用前应完全清除粘合面上的粘结材料层和污迹，并重新进行表面处理。

B.3.3 试件的粘合、浇注与养护应符合下列规定：

1 应先在砖试块的中心位置，按规定的粘合工艺粘贴加固材料（如纤维复合材或薄钢板），若为多层粘贴，应在胶层指干时立即粘贴下一层。

2 当检验聚合物改性水泥砂浆时，应在试块上先安装模具，再浇注砂浆层；若产品使用说明书规定需涂刷结构界面胶（剂）时，还应在砖试块上先刷上界面胶（剂），再浇注砂浆层。

3 试件粘贴或浇注时，应采取措施防止胶液或砂浆流入预切缝。

4 粘贴或浇注完毕后，应按产品使用说明书规定的工艺要求进行加压、养护；分别经 7d 固化（胶粘剂）或 28d 硬化（聚合物砂浆）后，用快固化的高强胶粘剂将钢标准块粘贴在试件表面。每一道作业均应检查各层之间的对中情况。

注：对结构胶粘剂的加压、养护，若工期紧，且征得有关各方同意，允许采用以下快速固化、养护制度：

1 在 50℃条件下烘 24h；烘烤过程中仅允许有 2℃的正偏差；

2 自然冷却至 23℃后，再静置 16h，即可贴上标准块。

B.3.4 试件应安装在钢夹具（图 B.3.4）内并拧上传力螺杆。安装完成后各组成部分的对中标志线应在同一轴线上。

B.3.5 常规试验的试样数量每组不应少于 5 个；仲裁试验的试样数量应加倍。

B.4 试验环境

B.4.1 试验环境应保持在温度（23±2）℃、相对湿度（50±5）%～（65±10）%。

注：仲裁性试验的实验室相对湿度应控制在 45%～55%。

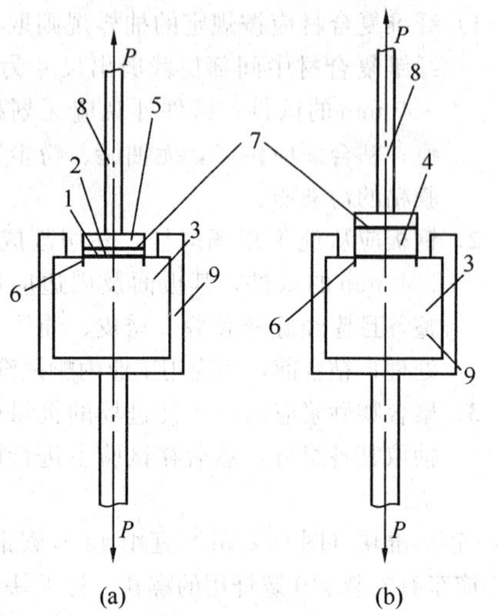

图 B.3.4　试件组装

1—受检胶粘剂；2—被粘合的纤维复合材或钢板；3—混凝土试块；4—聚合物砂浆层；5—钢标准块；6—混凝土试块预切缝；7—快固化高强胶粘剂的胶缝；8—传力螺杆；9—钢夹具

B.4.2　若试样系在异地制备后送检，应在试验标准环境条件下放置24h后才进行试验，且应作异地制备的记载于检验报告上。

B.5　试 验 步 骤

B.5.1　将安装在夹具内的试件（图B.3.4）置于试验机上下夹持器之间，并调整至对中状态后夹紧。

B.5.2　以3mm/min的均匀速率加荷直至破坏。记录试样破坏时的荷载值，并观测其破坏形式。

B.6　试 验 结 果

B.6.1　正拉粘结强度应按下式进行计算：

$$f_{ti} = P_i / A_{ai} \quad \text{(B.6.1)}$$

式中：f_{ti}——试样 i 的正拉粘结强度（MPa）；

P_i——试样 i 破坏时的荷载值（N）；

A_{ai}——金属标准块 i 的粘合面面积（mm^2）。

B.6.2　试样破坏形式及其正常性判别：

1　试样破坏形式应按下列规定划分：

1）内聚破坏：应分为基材普通烧结砖内聚破坏和受检粘结材料的内聚破坏；后者可见于使用低性能、低质量的胶粘剂（或聚合物砂浆）的场合；

2）粘附破坏（层间破坏）：应分为胶层或砂浆层与基材之间的界面破坏及胶层与纤维复合材或钢板之间的界面破坏；

3）混合破坏：粘合面出现两种或两种以上的破坏形式。

2　破坏形式正常性判别，应符合下列规定：

1）当破坏形式为基材普通烧结砖内聚破坏，或虽出现两种或两种以上的混合破坏形式，但基材内聚破坏形式的破坏面积占粘合面面积70%以上，均可判为正常破坏；

2）当破坏形式为粘附破坏、粘结材料内聚破坏或基材内聚破坏面积少于70%的混合破坏，均应判为不正常破坏。

注：钢标准块与检验用高强、快固化胶粘剂之间的界面破坏，属检验技术问题，应重新粘贴；不参与破坏形式正常性评定。

B.7　试验结果的合格评定

B.7.1　组试验结果的合格评定，应符合下列规定：

1　当一组内每一试件的破坏形式均属正常时，应舍去组内最大值和最小值，而以中间三个值的平均值作为该组试验结果的正拉粘结强度推定值；若该推定值不低于规定的相应指标，则可评该组试件正拉粘结强度检验结果合格。

2　当一组内仅有一个试件的破坏形式不正常，允许以加倍试件重做一组试验。若试验结果全数达到上述要求，则仍可评该组为试验合格组。

B.7.2　检验批试验结果的合格评定应符合下列规定：

1　若一检验批的每一组均为试验合格组，则应评该批粘结材料的正拉粘结性能符合安全使用的要求。

2　若一检验批中有一组或一组以上为不合格组，则应评该批粘结材料的正拉粘结性能不符合安全使用要求。

3　若检验批由不少于20组试件组成，且仅有一组被评为试验不合格组，则仍可评该批粘结材料的正拉粘结性能符合使用要求。

B.7.3　试验报告应包括下列内容：

1　受检胶粘剂或聚合物砂浆的品种、型号和批号。

2　抽样规则及抽样数量。

3　试件制备方法及养护条件。

4　试件的编号和尺寸。

5　试验环境的温度和相对湿度。

6　仪器设备的型号、量程和检定日期。

7　加荷方式及加荷速度。

8　试件的破坏荷载及破坏形式。

9　试验结果整理和计算。

10　取样、测试、校核人员及测试日期。

本规范用词说明

1　为便于在执行本规范条文时区别对待，对要求严格程度不同的用词说明如下：

1）表示很严格，非这样做不可的用词：

正面词采用“必须”；反面词采用“严禁”。

2）表示严格，在正常情况下均应这样做的

用词：

正面词采用“应”；反面词采用“不应”或“不得”。

3）表示允许稍有选择，在条件许可时首先应这样做的用词：

正面词采用“宜”；反面词采用“不宜”。

4）表示有选择，在一定条件下可以这样做的，采用“可”。

2 条文中指定应按其他有关标准执行的写法为：“应符合……的规定”或“应按……执行”。

引用标准名录

1 《砌体结构设计规范》GB 50003

2 《建筑结构荷载规范》GB 50009

3 《混凝土结构设计规范》GB 50010

4 《建筑抗震设计规范》GB 50011

5 《建筑设计防火规范》GB 50016

6 《钢结构设计规范》GB 50017

7 《建筑抗震鉴定标准》GB 50023

8 《工业建筑可靠性鉴定标准》GB 50144

9 《建筑装饰装修工程质量验收规范》GB 50210

10 《民用建筑可靠性鉴定标准》GB 50292

11 《混凝土结构加固设计规范》GB 50367

12 《建筑结构加固工程施工质量验收规范》GB 50550

13 《通用硅酸盐水泥》GB 175

14 《快硬硅酸盐水泥》GB 199

15 《碳素结构钢》GB/T 700

16 《钢筋混凝土用钢　第1部分：热轧光圆钢筋》GB 1499.1

17 《钢筋混凝土用钢　第2部分：热轧带肋钢筋》GB 1499.2

18 《钢筋混凝土用钢　第3部分：钢筋焊接网》GB 1499.3

19 《低合金高强度结构钢》GB/T 1591

20 《碳钢焊条》GB/T 5117

21 《低合金钢焊条》GB/T 5118

22 《增强制品试验方法　第3部分：单位面积质量的测定》GB/T 9914.3

23 《钢筋混凝土用余热处理钢筋》GB 13014

24 《钢丝镀锌层》GB/T 15393

25 《钢筋焊接及验收规程》JGJ 18

26 《普通混凝土用砂、石质量及检验方法标准》JGJ 52

27 《混凝土用水标准》JGJ 63

28 《建筑砂浆基本性能试验方法》JGJ 70

29 《建筑钢结构焊接技术规程》JGJ 81

30 《钢筋焊接网混凝土结构技术规程》JGJ 114

31 《建筑抗震加固技术规程》JGJ 116

32 《钢纤维混凝土》JG/T 3064

中华人民共和国国家标准

砌体结构加固设计规范

GB 50702—2011

条 文 说 明

制 定 说 明

本规范是根据原建设部《1989年工程建设专业标准制订修订计划》的要求，由四川省建筑科学研究院和中国华西企业有限公司共同编制而成。

为便于大家在使用本规范时能正确理解和执行条文的规定，编制组根据《工程建设标准编写规定》的要求，按照章、节、条的顺序，编制了《砌体结构加固设计规范》条文说明，对条文规定的目的、依据以及执行中需注意的有关事项进行了说明。但是，本条文说明不具备与规范正文同等的法律效力，仅供使用者作为理解和把握规范规定的参考。规范执行中如发现条文说明有欠妥之处，请将意见或建议寄交四川省建筑科学研究院。

目 次

1 总则 …… 10—35
2 术语和符号 …… 10—35
2.1 术语 …… 10—35
2.2 符号 …… 10—35
3 基本规定 …… 10—35
3.1 一般规定 …… 10—35
3.2 设计计算原则 …… 10—36
3.3 加固方法及配合使用的技术 …… 10—37
4 材料 …… 10—37
4.1 砌筑材料 …… 10—37
4.2 混凝土原材料 …… 10—37
4.3 钢材及焊接材料 …… 10—37
4.4 钢丝绳 …… 10—38
4.5 纤维复合材 …… 10—38
4.6 结构胶粘剂 …… 10—39
4.7 聚合物改性水泥砂浆 …… 10—39
4.8 砌体裂缝修补材料 …… 10—40
4.9 防裂用短纤维 …… 10—40
5 钢筋混凝土面层加固法 …… 10—40
5.1 一般规定 …… 10—40
5.2 砌体受压加固 …… 10—41
5.3 砌体抗剪加固 …… 10—41
5.4 砌体抗震加固 …… 10—41
5.5 构造规定 …… 10—41
6 钢筋网水泥砂浆面层加固法 …… 10—42
6.1 一般规定 …… 10—42
6.2 砌体受压加固 …… 10—42
6.3 砌体抗剪加固 …… 10—42
6.4 砌体抗震加固 …… 10—42
6.5 构造规定 …… 10—42
7 外包型钢加固法 …… 10—42
7.1 一般规定 …… 10—42
7.2 计算方法 …… 10—42
7.3 构造规定 …… 10—43
8 外加预应力撑杆加固法 …… 10—43
8.1 一般规定 …… 10—43
8.2 计算方法 …… 10—43
8.3 构造规定 …… 10—43
9 粘贴纤维复合材加固法 …… 10—43
9.1 一般规定 …… 10—43
9.2 砌体抗剪加固 …… 10—44
9.3 砌体抗震加固 …… 10—44
9.4 构造规定 …… 10—44
10 钢丝绳网-聚合物改性水泥砂浆面层加固法 …… 10—44
10.1 一般规定 …… 10—44
10.2 砌体抗剪加固 …… 10—44
10.3 砌体抗震加固 …… 10—44
10.4 构造规定 …… 10—45
11 增设砌体扶壁柱加固法 …… 10—45
11.1 计算方法 …… 10—45
11.2 构造规定 …… 10—45
12 砌体结构构造性加固法 …… 10—45
12.1 增设圈梁加固 …… 10—45
12.2 增设构造柱加固 …… 10—45
12.3 增设梁垫加固 …… 10—45
12.4 砌体局部拆砌 …… 10—46
13 砌体裂缝修补法 …… 10—46
13.1 一般规定 …… 10—46
13.2 填缝法 …… 10—46
13.3 压浆法 …… 10—46
13.4 外加网片法 …… 10—47
13.5 置换法 …… 10—47

1 总 则

1.0.1 本条规定了制定本规范的目的和要求，这里应说明的是，本规范作为砌体结构加固通用的国家标准，主要是针对为保障安全、质量、卫生、环保和维护公共利益所必需达到的最低指标和要求作出统一的规定。至于以更高质量要求和更能满足社会生产、生活需求的标准，则应由其他层次的标准规范，如专业性很强的行业标准、以新技术应用为主的推荐性标准和企业标准等在国家标准基础上进行充实和提高。然而，在前一段时间里，这一最基本的标准化关系，由于种种原因而没有得到遵循，出现了有些标准对安全、质量的要求反而低于国家标准的不正常情况。为此，在实施本规范过程中，若遇到上述情况，一定要从国家标准是保证加固结构安全的最低标准这一基点出发，按照《中华人民共和国标准化法》和建设部第25号部令的规定来实施本规范，做好砌体结构的加固设计工作，以避免在加固工程中留下安全隐患。

1.0.2 本条规定了本规范的适用范围。它与现行国家标准《砌体结构设计规范》GB 50003及《建筑抗震加固技术规程》JGJ 116（部分章节）相衔接，以便于配套使用。

1.0.3、1.0.4 这两条主要是对本规范在实施中与其他相关标准配套使用的关系作出规定。但应指出的是，由于结构加固是一个新领域，其标准规范体系中尚有不少缺口，一时还很难完成配套工作。在这种情况下，当遇到困难时，应及时向住房和城乡建设部建筑物鉴定与加固规范管理委员会反映，以取得该委员会的具体帮助。

2 术语和符号

2.1 术 语

2.1.1～2.1.14 本规范采用的术语及其涵义，是根据下列原则确定的：

1 凡现行工程建设国家标准已作规定的，一律加以引用，不再另行给出定义；

2 凡现行工程建设国家标准尚未规定的，由本规范参照国际标准和国外先进标准给出其定义；

3 当现行工程建设国家标准虽已有该术语，但定义不准确或概括的内容不全时，由本规范完善其定义。

2.2 符 号

2.2.1～2.2.4 本规范采用的符号及其意义，尽可能与现行国家标准《砌体结构设计规范》GB 50003及《混凝土结构设计规范》GB 50010相一致，以便于在加固设计、计算中引用其公式，只有在遇到公式中必须给出加固设计专用的符号时，才另行制定，即使这样，在制定过程中仍然遵循了下列原则：

1 对主体符号及其上、下标的选取，应符合现行国家标准《工程结构设计基本术语和通用符号》GBJ 132的符号用字及其构成规则；

2 当必须采用通用符号，但又必须与新建工程使用的该符号有所区别时，可在符号的释义中加上定语。

3 基 本 规 定

3.1 一 般 规 定

3.1.1 砌体结构是否需要加固，应经结构可靠性鉴定确认。我国已发布的现行国家标准《工业建筑可靠性鉴定标准》GB 50144和《民用建筑可靠性鉴定标准》GB 50292，是通过实测、验算并辅以专家评估才作出可靠性鉴定的结论，因而可以作为砌体结构加固设计的基本依据；但须指出的是砌体结构加固设计所面临的不确定因素远比新建工程多而复杂，况且还要考虑业主的种种要求；因而本条作出了："应由有资质的专业技术人员按本规范的规定和业主的要求进行加固设计"的规定。

同时，众多的工程实践经验还表明，承重结构的加固效果，除了与其所采用的方法有关外，还与该建筑物现状有着密切的关系。一般而言，结构经局部加固后，虽然能提高被加固构件的安全性，但这并不意味着该承重结构的整体承载便一定是安全的。因为就整个结构而言，其安全性还取决于原结构方案及其布置是否合理，构件之间的连接是否可靠，其原有的构造措施是否得当与有效等；而这些就是结构整体牢固性（robustness）的内涵；其所起到的综合作用就是使结构具有足够的延性和冗余度，不致发生与其原因不相称的严重破坏后果，如局部破坏引起的大范围连续倒塌等。因此，本规范要求专业技术人员在承担结构加固设计时，应对该承重结构的整体性进行检查与评估，以确定是否需作相应的加强。另外，还应关注节能与环保等要求是否得到应有的执行。

3.1.2 不同类型的结构，在整体牢固性上有着显著的差别；即使同样满足承载力安全度的要求，砌体结构的整体安全性仍然很难与钢筋混凝土结构和钢结构相比拟；以致在遭遇不测事件时，往往会发生连续倒塌。然而一旦采取了有效的构造措施，则情况将大为不同。不少砖混结构在各种灾害后，之所以能够幸存、可修，就是因为设计单位在结构整体牢固性的考虑上，采取了正确的构造措施。这对砌体结构的加固设计而言，更显得重要。因为对已有砌体结构普遍存在的、影响整体性的缺陷，倘若不在加固的同时加以整治，则再好的局部性加固，也抵御不了不测事件的破坏作用。为此，本规范作出规定：应对所发现的此类问题一一进行整治。

3.1.3 被加固的混凝土结构、构件，其加固前的服役时间各不相同，其加固后的结构功能又有所改变，因此不能直接沿用其新建时的安全等级作为加固后的安全等级，而应根据业主对该结构下一目标使用期的要求，以及该房屋加固后的用途和重要性重新进行定位，故有必要由业主与设计单位共同商定。

3.1.4 本条主要强调两点：一是应从设计与施工两方面共同采取措施，以保证新旧两部分能形成整体共同工作；二是应避免对未加固部分以及相关的结构、构件和地基基础造成不利的影响。这是两个常识性的基本要求，之所以需要强调，是因为在当前的结构加固设计领域中，经验不足的设计人员占较大比重，致使加固工程出现"顾此失彼"的失误案例时有发生，故有必要加以提示。

3.1.5 由高温、高湿、冻融、冷脆、腐蚀、振动、温度应力、收缩应力、地基不均匀沉降等原因造成的结构损坏，在加固时，应采取有效的治理对策，从源头上消除或限制其有害的作用。与此同时，尚应正确把握处理的时机，使之不致对加固后的结构重新造成损坏。就一般概念而言，通常应先治理后加固，但也有一些防治措施可能需在加固后采取。因此，在加固设计时，应合理地安排好治理与加固的工作顺序，以使这些有害因素不至于复萌。这样才能保证加固后结构的安全和正常使用。

3.1.8 结构加固工作反馈的信息表明，业主和设计单位普遍要求本规范给出结构加固后预期的正常使用年限。这个要求无可厚非，也很必要，但问题在于大多数加固技术在实际工程中已经使用的年数都不长，很难据以判断一种加固方法，其使用年限是否能与新建的工程一样长。为了解决这个问题，规范编制组对国内外有关情况进行了调查。其主要结果如下：

1 国外有关结构加固的指南普遍认为：基于现有房屋结构的修复经验，以30年作为正常使用与维护条件下结构加固的设计使用年限是相当适宜的。倘若能引进桥梁定期检查与维护制度，则不仅更能保证安全，而且在到达设计年限时，继续延长其使用期的可能性将明显增大。这一点对使用聚合物材料的加固方法尤为重要。

2 国外保险业对房屋结构在正常使用和维护条件下的最高保用年限也定为30年。因为其所作的评估认为：这个年数较能为有关各方共同接受。

3 我国档案材料的统计数据表明，一般公用建筑投入使用后，其前30年的检查、维护周期一般为6～12年；其30年后的检查、修缮时间的间隔显著缩短，甚至很快便进入大修期。

由上述可见，对正常使用、正常维护的房屋结构而言，30年是一个可以接受的标志性年限。为此，国家标准《混凝土结构加固设计规范》编制组会同本规范编制组在调查基础上，又组织专家进行了论证，其主要结论如下：

1 以30年为加固设计的使用年限，较为符合当前加固技术发展的水平和近20年来所积累的经验；况且到了30年也并不意味着该房屋结构寿命的终结，而只是需要进行一次系统的检查，以作出是否可以继续安全使用的结论。这对已使用30年的房屋而言，也确有此必要。

2 对使用胶粘剂或其他聚合物的加固方法，不论厂商如何标榜其产品的优良性能，使用者必须清醒地意识到这些人工合成的材料，不可避免地存在着老化问题，只是程度不同而已，况且在工程施工的现场，还很容易因错用劣质材料或所使用的工艺不当，而过早地发生破坏。为了防范这类隐患，即使在发达的国家也同样要求加强检查（如房屋）或监测（如桥梁），但检查时间的间隔可由设计单位作出规定，不过第一次检查时间宜定为投入使用后的6～8年，且至迟不应晚于10年。

此外，专家也指出，对房屋建筑的修复，还应首先听取业主的意见。若业主认为其房屋极具保存价值，而加固费用也不成问题，则可商定一个较长的设计使用年限；譬如，可参照历史建筑的修复，定一个较长的使用年限，这在技术上都是能够做到的，但毕竟很费财力，不应在业主无特殊要求的情况下，误导他们这么做。

基于以上所做的工作，制定了本条的三项处理原则。

3.1.9 砌体结构的加固设计，系以委托方提供的结构用途、使用条件和使用环境为依据进行的。倘若加固后任意改变其用途、使用条件或使用环境，将显著影响结构加固部分的安全性及耐久性。因此，改变前必须经技术鉴定或设计许可，否则后果的严重性将很难预料。本条为强制性条文，必须严格执行。

3.2 设计计算原则

3.2.1 考虑到线弹性分析方法是最成熟的结构分析方法，迄今为国外结构加固设计规范和指南所广泛采用。因此，本规范作出了"在一般情况下，应采用线弹性分析方法计算被加固结构作用效应"的规定。

3.2.2 本规定对砌体结构的加固验算作了详细而明确的规定。这里仅指出一点，即：其中部分计算参数已在该结构加固前的可靠性鉴定中通过实测或验算予以确定。因此，在进行结构加固设计时，宜尽可能加以引用，这样不仅可以节约时间和费用，而且在被加固结构日后万一出现问题时，也便于分清责任。

3.2.3 本条是根据现行国家标准《正态分布完全样本可靠度单侧置信下限》GB 4885制定的。采用这一方法确定的加固材料强度标准值，由于考虑了样本容量和置信水平的影响，不仅将比过去滥用“1.645”这个系数值，更能实现设计所要求的95%保证率，而且与当前国际标准、欧洲标准、ACI标准等检验材料强度标准值所采用的方法，在概念上也是一致的。

3.2.4 为防止使用胶粘剂或其他聚合物的结构加固部分意外失效（如火灾或人为破坏等）而导致的建筑物坍塌，国外有关的设计规程和指南，如ACI 440 2R-02和英国混凝土协会55号设计指南等均要求设计者对原结构、构件提供附加的安全保护。一般是要求原结构、构件必须具有一定的承载能力，以便在结构加固部分意外失效时能继续承受永久荷载和少量可变荷载的作用。为此，规范编制组提出了按可变荷载标准值与永久荷载标准值之比值的大小，验算原结构、构件承载力的要求。至于n值取1.2和1.5，系参照上述国外资料和国内设计经验确定的。

3.3 加固方法及配合使用的技术

3.3.1 根据结构加固方法的受力特点，本规范参照国内外有关文献将加固方法分为两类。就一般情况而言，直接加固法较为灵活，便于处理各类加固问题，间接加固法较为简便、可靠，且便于日后的拆卸、更换，因此还可用于有可逆性要求的历史、文物建筑的抢险加固。设计时，可根据实际条件和使用要求进行选择。

3.3.2、3.3.3 本规范共列入八种加固方法和一种结构加固所需配合使用的技术。基本上满足了当前砌体结构加固工程的需要。这里应指出的是，每种方法均有其适用范围和应用条件；在选用时，若无充分的科学试验和论证依据，切勿随意扩大其适用范围，或忽视其应用条件，以免因考虑不周而酿成安全质量事故。

4 材 料

4.1 砌筑材料

4.1.1 砌体结构加固用的块体（块材），主要用于原材料受损块体的置换，其品种与原构件相同时，较易处理一些问题，故规定：一般应采用与原构件同品种的块体。至于外加的砌体扶壁柱，只要其外观能被业主接受，也可采用不同品种的块体砌筑。

4.1.2 砌体结构外加面层的砂浆是要参与承载的，因而应对其强度等级提出要求。当喷抹的是普通水泥砂浆时，其强度等级不应低于M10；这是根据本规范和《建筑抗震加固技术规程》JGJ 116编制组所做的工作确定的；当喷抹的是水泥复合砂浆时，其强度等级不应低于M25；这是根据湖南大学试验研究结果确定的。

4.1.3 地面以上部分的砌体结构，其砌筑砂浆，过去一直以“宜采用水泥石灰混合砂浆”予以推荐；其理由有二：一是可以节约水泥；二是在用砂量较大的条件下可以改善砂浆的和易性和保水性。但随着我国经济的发展，水泥已成为比石灰更容易获得的建筑材料，况且掺有外加剂的水泥砂浆，其性能也比混合砂浆为好。在这种情况下，根据有关专家的建议，将水泥石灰混合砂浆的用词，由“宜采用”改为“可采用”，以便于设计人员作出选择。

4.2 混凝土原材料

4.2.1 本条的规定是根据国内外混凝土结构加固工程使用水泥的经验制定的。其中需说明的是，对火山灰质和矿渣质硅酸盐水泥的使用，之所以强调应有工程实践经验，是因为其所配制的混凝土，容易出现泌水现象，且早期强度偏低，需要的养护时间较长，容易受到意外因素的干扰；但若有使用经验，则可通过采取相应的技术措施予以防备。

4.2.3 本条指出的五种水泥，若用于结构加固工程上，将严重影响被加固结构的安全，因而列为强制性条文，要求严格执行。

4.2.6 早期的加固规范规定：“加固用的混凝土中不应掺入粉煤灰”，因而经常受到质询，纷纷要求规范采取积极措施解决粉煤灰的应用问题。为此，GB 50367规范编制组对该规定的背景情况进行了调查；从中了解到主要是因为20世纪80年代工程用的粉煤灰，其烧失量过大，致使掺有粉煤灰的混凝土收缩率很大，从而影响了结构加固的质量。据此，该编制组开展了专题研究，其结论表明：只要使用Ⅰ级灰，且限制其烧失量不超过5%，便不致对加固后的结构产生明显的不良影响。据此，本规范也作出了相应的规定。

4.3 钢材及焊接材料

4.3.1～4.3.5 本规范对结构加固用钢材的选择，主要基于以下三点的考虑：

1 在二次受力条件下，具有较高的强度利用率，能较充分地发挥被加固构件新增部分的材料潜力；

2 具有良好的可焊性，在钢筋、钢板和型钢之间焊接的可靠性能得到保证；

3 高强钢材仅推荐用于预应力加固及锚栓连接。

4.3.6 砌体结构、构件是以砂浆砌筑块材而成，其整体性远不如混凝土，一般锚栓嵌入其中起不到应有的锚固作用。因此，必须采用按其材性和构造专门设计的锚栓。与此同时，其锚栓原材料的性能等级，也不是越高越好，而是有其适宜的选材范围。为此，从现行国家标准《紧固件机械性能——螺栓、螺钉和螺柱》GB/T 3098.1中选择了4.8和5.8两个性能等级的碳素钢作为砌体专门锚栓的用钢，并相应给出了其性能指标。本条为强制性条文，必须严格执行。

4.3.7 工程上有关焊接信息的反馈情况表明，在砌体结构加固工程中，一般对钢筋焊接较为熟悉，提出的问题很少；而对钢板、扁钢、角钢等的焊接，仍有很多设计人员对现行钢结构设计规范理解不深，以致在施工图中，对焊缝质量所提出的要求，往往与施工人员有争执。但应指出的是：国家标准《钢结构设计规范》GB 50017－2003已基本上解决了这个问题，因此，在砌体结构加固设计中，当涉及角钢、钢板焊接问题时，应先熟悉该规范第7.1.1条的规定以及该条的条文说明，将有助于做好钢材焊缝的设计。

4.4 钢丝绳

4.4.1、4.4.2 考虑到我国目前小直径钢丝绳，采用不锈钢丝制作的产品价格昂贵，因此，根据国内试验、试用的结果，引入了镀锌的钢丝绳；在区分环境介质和采取阻锈措施的条件下，将两类钢丝绳分别用于重要构件和一般构件，从而可以收到降低造价和合理利用材料的效果。

4.4.3 本条是根据现行国家标准《建筑结构可靠度设计统一标准》GB 50068的要求制定的。制定时，考虑到仅规定保证率，而无保证其实现的措施仍然无法执行。为此，以现行国家标准《正态分布完全样本可靠度单侧置信下限》GB 4885为依据，引入了置信水平概念，使保证率与试样数量挂钩，以提高其实现的概率，并在此基础上，参照欧洲标准给出了置信水平的具体取值，弥补了统一标准的缺陷，以确保实际工程的设计质量。本条为强制性条文，必须严格执行。

4.4.4 涂有油脂的钢丝绳，它与聚合物砂浆之间的粘结力将严重下降，故作出本规定。

4.5 纤维复合材

4.5.1 对本条的规定需说明以下三点：

1 碳纤维按其主原料分为三类，即聚丙烯腈(PAN)基碳纤维、沥青(PITCH)基碳纤维和粘胶(RAYON)基碳纤维。从结构加固性能要求来考量，只有PAN基碳纤维最符合承重结构的安全性和耐久性要求；粘胶基碳纤维的性能和质量差，不能用于承重结构的加固；沥青基碳纤维只有中、高模量的长丝，可用于需要高刚性材料的加固场合，但在通常的建筑结构加固中很少遇到这类用途，况且在国内尚无实际使用经验，因此，本规范规定：应选用聚丙烯腈基(PAN基)碳纤维。另外，应指出的是最近市场新推出的玄武岩纤维，由于其强度和弹性模量很低，不能用于承重结构加固。因此，在选材时，切勿听信不实的宣传。

2 当采用聚丙烯腈基碳纤维时，还必须采用12K或12K以下的小丝束纤维；严禁使用大丝束纤维；其所以作出这样严格的规定，主要是因为小丝束的抗拉强度十分稳定，离散性很小，其变异系数均在5%以下，容易在生产和使用过程中，对其性能和质量进行有效的控制；而大丝束则不然，其变异系数高达18%以上，且在试验和试用中所表现出的可靠性很差，故不能作为承重结构加固材料使用。

另外，应指出的是，近来日本等国开始使用15K碳纤维。据报道使用效果甚好。我国所做的材性试验也表明：其性能介于Ⅰ级和Ⅱ级之间。因此，作出“当有可靠工程经验时，允许使用15K碳纤维”的规定。

3 对玻璃纤维在结构加固工程中的应用，必须选用高强度的S玻璃纤维或含碱金属氧化物含量低于0.8%的E玻璃纤维。至于A玻璃纤维和C玻璃纤维，由于其含碱量(K、Na)高，强度低，尤其是在湿态环境中强度下降更为严重，因而应严禁在结构加固中使用。

4.5.2 对本条文的制定，需说明以下三点：

1 纤维复合材虽然是工程结构加固的好材料，但在工程上使用时，除了应对纤维和胶粘剂的品种、型号、规格、性能和质量作出严格规定外，尚须对纤维与胶粘剂的“配伍”问题进行安全性与适配性的检验与合格评定。否则容易因材料“配伍”失误，而导致结构加固工程失败。

2 随着碳纤维生产技术的日益发展，高强度级碳纤维的基本性能和质量也越来越得到改善。为了更好地利用这类材料，国外有关规程和指南几乎都增加了“超高强”一级。正在修订的GB 50367规范根据目前国内市场供应的不同型号碳纤维的性能和质量的差异情况，也将结构加固使用的碳纤维分为“高强度Ⅰ级”、“高强度Ⅱ级”和“高强度Ⅲ级”三档，但对砌体结构加固，本规范仅推荐使用Ⅱ级和Ⅲ级纤维。另外，我国之所以不用“超高强”作为分级的冠名，主要是因为这个定语过于夸张，无助于技术的不断向前发展。

3 表4.5.2-1和表4.5.2-2的安全性能指标，是根据住房和城乡建设部建筑物鉴定与加固规范管理委员会几年来对进入我国建设工程市场各种品牌和型号碳纤维及玻璃纤维织物和板材的抽检结果，并参照国外有关规程和指南制定的。工程试用结果表明，按该表规定的指标接收产品较能保证结构安全所要求的质量。

本条为强制性条文，必须严格执行。

4.5.3 对符合本规范第4.5.2条安全性能指标要求的纤维复合材，当它与其他牌号结构胶配套使用时，之所以必须重做适配性检验，是因为一种纤维与一种牌号胶粘剂的配伍通过了安全性及适配性的检验，并不等于它与其他牌号胶粘剂的配伍，也具有同等的安全性及适配性。故必须重新做检验，但检验项目可以适当减少。本条为强制性条文，必须严格执行。

4.5.5 对本条需说明两点：

1 目前国内外生产的供工程结构粘贴纤维复合材使用的胶粘剂，是以常温固化和现场涂刷施工为前提，因此，其浸润性、渗透性和垂流度均仅适用于单位面积质量在 $300g/m^2$ 及其以下的碳纤维织物。若用于大于 $300g/m^2$，胶粘剂将很难浸透，致使碳纤维层内和层间因缺胶而使得所形成的复合材的整体性受到严重影响，达不到设计所要求的粘结强度。因此，在 GB 50367 规范 2006 年版本中，作出了"严禁使用单位面积质量大于 $300g/m^2$ 的碳纤维织物"的规定；但这几年来，为了解决这个工艺问题，国外厂家通过大量试验研究，推出了适合现场条件使用的真空灌注法，解决了 $300g/m^2$～$450g/m^2$ 的碳纤维织物在工程现场的注胶问题。这一新工艺经我国验证和使用表明：确能较饱满地完成厚型织物的注胶工艺。因此，这次制定本条时，补充了这项新工艺，并具体规定了其适用范围。但应指出的是：以 $450g/m^2$ 作为现场使用真空灌注法的界限值，是根据国内外共识界定的，不可听信有些厂商的不实宣传，而任意扩大厚型布适用范围。

2 预浸法生产的碳纤维织物，由于存储期短，且要求低温冷藏，在现场加固施工条件下很难做到，常常因此而导致预浸料发生粘连、变质。若勉强加以利用，将严重影响结构加固的安全和质量，故作出严禁使用这种材料的规定。为此，还需要指出的是：预浸料只能在工厂条件下采用中、高温（125℃～180℃）固化工艺，以低黏度的专用胶粘剂制作纤维复合材。但一些不法厂商为了赚取高利润，有意隐瞒这些事实，大量地将这类材料推销给建设工程使用，而一些业主和施工单位也为了有利可图而加以接受。在这种情况下，一旦发生事故将很难分清设计、施工、监理、业主和材料供应商的责任。故提请设计、监理和检验单位必须严加提防。

本条为强制性条文，必须严格执行。

4.6 结构胶粘剂

4.6.1 砌体结构加固工程用的结构胶粘剂，虽经国内外专家论证认为：可以使用 B 级胶，但为了确保工程的安全，仍然必须要求胶粘剂的粘结抗剪强度标准值应具有足够高的强度保证率及其较高的可能实现的概率（即置信水平）。本规范采用的 95％保证率，系根据现行国家标准《建筑结构可靠度设计统一标准》GB 50068 确定的；其置信水平是参照国内外同类标准如 ACI455.2、CIB-W18、GB 4885（与 ISO 国际标准等效），以及我国标准化工作应用概率统计方法的经验确定的，即取置信水平 $C=0.90$，与美国和欧洲标准相一致。

这里必须指出的是：迄今在国内，仍有为数不少的科研、设计人员在强度标准值的概述和算法上，还存在着一个误区，即简单地认为：强度标准值所要求的 95％保证率，就是将试验得到的强度平均值减去 1.645 倍标准差。其实这只有当试样数量 n 足够大时，例如当 $n \geqslant 3000$ 时，才接近于 1.645 这个值。若 n 的数量有限，例如 $n=5$ 与 $n=50$，倘若其试验结果的平均值仍然还是都只减去 1.645 倍标准值，那么，它们的强度保证率是否也都达到了 95％呢？答案显然是否定的。因为它忽略了试样数量这一重要的影响因素。概率统计计算表明：若置信水平为 0.90，则当 $n=5$ 与 $n=50$ 时，应分别减去 3.4 倍和 1.965 倍标准差，才能同样具有 95％的保证率。因此，显然不能只规定强度保证率，而不规定其所必需考虑的可能实现的概率（即置信水平）；也正因此，在本规范第 3.2.3 条中给出了强度标准值的正确算法，以供检验和设计人员使用。

4.6.2 经过数十年的实践，目前国际上已公认专门研制的改性环氧树脂胶为混凝土结构加固首选的胶粘剂。不论从抗剥离性能、耐环境作用、耐应力长期作用等各方面来考察，都是迄今其他建筑用胶所无法比拟的；但需要提请使用单位注意的是：这些良好的胶粘性能并非环氧树脂胶所固有的，而是通过改性消除了第一代环氧树脂胶脆性等一系列缺陷后才获得的。因此，在使用前必须通过安全性能检验，确认其改性效果后，才能保证被加固结构承载的安全可靠性。至于不饱和聚酯树脂以及所谓的醇酸树脂，由于其耐潮湿和耐老化性能差，因而不允许用作承重结构加固的胶粘剂。本条文为强制性条文，必须严格执行。

4.6.3 种植后锚固件（植筋、锚栓及拉结筋等）的胶粘剂，之所以必须使用专门配制的改性环氧树脂胶，其理由如同上条所述，这里需要补充说明的是：在砌体结构的锚固用胶中，仍然有不少使用了乙二胺（包括以乙二胺为主成分的 T-31）作固化剂。这在现行国家标准《混凝土结构加固设计规范》GB 50367 中是严禁使用的。因此，对本规范而言，该规定也同样有效。因为本条规定砌体结构锚固用胶必须符合该规范对 B 级胶的安全性能要求。另外，应指出的是：水泥卷及其他水泥基锚固剂，由于韧性差以及其中所含的膨胀剂对上部结构的负面影响，是不应该用于承重结构的，但受当前加固市场不规范的影响，不少厂商和设计单位仍以各种臆造的理由来推销这类产品，故必须在强制性条文中予以澄清。

4.7 聚合物改性水泥砂浆

4.7.1 目前市场上聚合物乳液的品种很多，但绝大多数都是不能用于配制承重结构加固用的聚合物改性水泥砂浆。为此，根据规范编制组通过验证性试验的筛选结果，经专家讨论后作出了本规定，以供加固设计单位在选材时使用。

4.7.2 根据本规范编制组所进行的调查研究表明，国外对结构加固用的聚合物改性水泥砂浆的研制是分档进行的。不同档次的聚合物改性水泥砂浆，其所用的聚合物品种、含量和性能有着显著的差别，必须在加固设计选材时予以区分。前一段时间，有些进口产品的代理商在国内推销时，只推销低档次的产品，而且选择在原构件混凝土强度很低的场合演示其使用效果。一旦得到设计单位和当地建设主管部门认可后，便不分场合到处推广使用。这是一种必须制止的危险做法。因为采用低档次聚合物配制的砂浆，与强度等级在C25以上的基材混凝土的粘结，其效果是很不好的，会给承重结构加固工程留下严重的安全隐患；故设计、监理单位和业主务必注意。

4.7.3 表4.7.3的检验项目及合格指标，是参照现行国家标准《混凝土结构加固设计规范》GB 50367对混凝土结构用聚合物改性水泥砂浆所作的规定，并参考福建厦门和湖南长沙两地产品在砌体结构中应用的检验数据制定的；与此同时，还根据各地反馈的意见进行了调整。因此，不论对进口产品或国内产品，均能进行较有效的控制，以保证其性能和质量能够满足砌体结构安全使用的要求。

4.7.4 对水泥复合砂浆，其安全性鉴定之所以应按$Ⅱ_m$级聚合物改性水泥砂浆的规定执行，是因为目前市场上的产品，即使其抗压强度很高，但它的综合性能水平仍然处于$Ⅱ_m$级聚合物改性水泥砂浆的档次上，在这种情况下，如果一种水泥复合砂浆的安全性鉴定结果还不合格，只能说明该产品的粘结抗剪能力不足，还需要通过更有效的改性予以提高，才能满足承重结构安全使用的要求。

4.7.5 聚合物改性水泥砂浆一般作为承重结构的加固面层使用。因此，其粘结性能就显得很重要，不仅要有足够的粘结抗剪强度，而且其使用后期的粘结能力必须得到保证。针对这一使用要求，必须采用对劣质聚合物检出能力很强的湿热老化检验法来检测其耐老化性能，才能作出正确判断。因为聚合物粘结剪切长期性能的优劣在很大程度上决定了这类砂浆面层的耐老化性能。本条为强制性条文，必须严格执行。

4.7.6 以聚合物为改性剂的水泥砂浆，其抗压试件的强度和抗冻性能都有显著的提高，但这方面提高并不意味着其粘结剪切的抗冻性也会相应提高。因为两者的破坏模式不同，况且聚合物改性水泥砂浆的应用上最关注的也是粘结剪切的抗冻性。在这种情况下，编制组决定采用剪切试件直接检验粘结抗剪工作的抗冻性，并参照结构胶的检验标准，给出了冻融循环次数和可接受的强度降低百分率。

4.7.7 关于配制改性水泥砂浆用的聚合物原料的毒性检验规定，在很多国家均纳入其有关法规。因为它与人体健康和环境卫生密切相关，必须保证其使用的安全。为此，本规范也参照国内外有关标准进行制定，并列为强制性条文，以保证严格执行。另外，应指出的是，就目前所使用的聚合物而言，在完全固化后要达到"实际无毒"的卫生等级，是完全可以做到的。之所以还需要对毒性检验进行强制，是为了防止新开发的其他品种聚合物忽视这个问题，也为了防范劣质有毒的产品混入市场。

4.8 砌体裂缝修补材料

4.8.1、4.8.3 砌体裂缝修补胶的应用效果，取决于其工艺性能和低黏度胶液的可灌注性以及其完全固化后所能达到的粘结强度。若裂缝的修补目的只是为了封闭，可仅做外观质量检验；但若裂缝的修补有补强、恢复构件整体性或防渗的要求，则应按现行检验标准取芯样做劈裂抗拉强度试验，并要求其破坏面不在粘合裂缝的界面上，但这在砌体构件中，不一定都能做到。在竖向灰缝质量很差的情况下，只能达到基本上恢复部分整体性的要求。

4.8.2 注浆修补裂缝，主要是为了恢复构件的整体性，并消除其渗漏的隐患。因此，应通过各种探测手段对混凝土灌浆前的内部情况进行检查和分析。本条的规定只是供现场复验注浆料的性能和质量使用。

4.9 防裂用短纤维

4.9.1 用于砌体结构外加面层防止收缩裂缝的纤维，可根据工程实际条件和防裂要求，选用钢纤维或合成纤维。当采用合成纤维时，其抗拉强度不宜低于280MPa。

4.9.3 砌体结构加固工程选用合成纤维时，宜通过试验确定各项参数和性能指标。若无试验资料可供使用时，可按表4.9.3进行确定。

5 钢筋混凝土面层加固法

5.1 一 般 规 定

5.1.1 钢筋混凝土面层加固方法属于复合截面加固法的一种。其优点是施工工艺简单、适应性强，受力可靠、加固费用低廉，砌体加固后承载力有较大提高，并具有成熟的设计和施工经验，适用于柱、墙和带壁柱墙的加固；其缺点是现场施工的湿作业时间长，养护期长，对生产和生活有一定的影响，且加固后的建筑物净空有一定的减小。本条给出了柱、墙和带壁柱墙加固设计常用的钢筋混凝土面层加固方法。

5.1.2 本条规定的加固后砖砌体柱和砖砌体墙的计算截面宽度取值，如图5.1.2（a）、（b）易于理解，无需说明；对加固后的带壁柱砌体墙计算截面的宽度取值，是参照现行国家标准《砌体结构设计规范》GB 50003的相关规定制定的。

5.1.3 外加钢筋混凝土面层加固砌体结构应严格要求做好界面处理，并采取措施保证粘结质量，以使原构件与新增部分的结合面能可靠地传力、协同工作。只有界面处理和粘结质量合格，方可采用按整体截面进行计算的假定。

5.1.4 外加钢筋混凝土面层加固方法，由于受原砌体构件应力、应变水平的影响，虽然不能简单地按现行设计规范《砌体结构设计规范》GB 50003、《混凝土结构设计规范》GB 50010 进行计算，但该规范的基本假定具有普遍意义，仍应在加固计算中得到遵守。

5.2 砌体受压加固

5.2.1 在满足构造要求情况下，外加钢筋混凝土面层加固后的结构可看成砌体与钢筋混凝土面层的组合砌体构件。因此可以利用《砌体结构设计规范》GB 50003 中组合砌体构件轴心受压构件承载力计算公式推出加固后结构轴心受压计算公式。考虑到加固结构中的原有砌体加固前已经承受荷载，其应力水平一般都比较高，而加固新增的钢筋混凝土面层还不能立即工作，需待新加荷载后（第二次受力）才开始受力。此时，新增钢筋混凝土面层的应变滞后于原砌体的应变，原砌体的应变高于新增钢筋混凝土面层的应变；也就是说，当原砌体达到极限状态时，新增钢筋混凝土面层还没有达到其极限状态，其承载力不能得到充分发挥。因此，计算加固后构件的承载力，应考虑新增钢筋混凝土面层与原砌体承受应变起点不同，新增钢筋混凝土面层存在应变滞后现象的实际情况，即使完全卸载时，加固后构件的工作虽属一次受力，但由于受二次施工的影响，其截面工作仍然不如一次施工的构件，其承载力仍有所降低。因此，计算加固后构件的承载力时，引入后加材料的强度利用系数，对《砌体结构设计规范》GB 50003 组合砌体构件承载力的计算公式进行修正，从而得到加固后构件的承载力计算公式。根据实际工程和试验结果，新增混凝土的强度利用系数，对砖砌体，取 $\alpha_c=0.8$；对混凝土小型空心砌块砌体，取 $\alpha_c=0.7$。新增钢筋的强度利用系数，对砖砌体，取 $\alpha_s=0.85$；对混凝土小型空心砌块砌体，取$\alpha_s=0.75$。

表 5.2.1 的稳定系数 φ_{com} 来源于《砌体结构设计规范》GB 50003 中砌体和钢筋混凝土面层的组合砌体构件的稳定系数。

5.2.2 钢筋混凝土面层加固偏心受压砌体构件正截面承载力计算公式系由《砌体结构设计规范》GB 50003 组合砌体构件偏心受压承载力计算公式经修正得到的。根据试验结果和参照《混凝土结构加固设计规范》GB 50367 的模式，偏心受压构件新增混凝土的强度利用系数，对砖砌体，取 $\alpha_c=0.9$；对混凝土小型空心砌块砌体，取$\alpha_c=0.8$。偏心受压构件新增钢筋的强度利用系数，对砖砌体，取 $\alpha_s=1.0$；对混凝土小型空心砌块砌体，取$\alpha_s=0.95$。

5.3 砌体抗剪加固

5.3.1 外加钢筋混凝土面层对砌体墙面抗剪承载力的加固，可简化为原砌体的抗剪承载力加上钢筋混凝土面层的贡献。

5.3.2 公式（5.3.2）中的 $0.44\alpha_c f_t bh$ 相当于《混凝土结构设计规范》GB 50010－2010 公式（6.3.4-4）中的混凝土受剪承载力 $\frac{1.75}{\lambda+1}\alpha_c f_t bh_0$。为了简化计算和稳健取值，统一取剪跨比 $\lambda=3.0$，得到 $\frac{1.75}{\lambda+1}=0.44$。另外，对混凝土和钢筋引进了强度利用系数 α_c 和 α_s。

5.4 砌体抗震加固

5.4.2 原砌体的抗震承载力计算与现行国家标准《砌体结构设计规范》GB 50003 规定相同；而钢筋混凝土面层的贡献，根据现行《建筑抗震设计规范》GB 50011 在截面抗震验算中所建立的概念，可以简单地认为其抗震承载力与非抗震下的抗剪承载力相同，仅需将后者除以承载力抗震调整系数即可。这是一种偏于安全的处理方法。

5.5 构 造 规 定

5.5.1 本条规定主要是为保证加固施工时后浇混凝土的灌注质量，以及必需的混凝土保护层厚度而作出的。调查和施工经验均表明，如果后浇混凝土的截面厚度小于 60mm，则浇捣比较困难且不易密实；当采用喷射混凝土法施工时，其质量易控制，故厚度可适当减小。

5.5.2 结构加固用的混凝土，其强度等级不应低于 C20（或 C25），主要是为了保证新浇混凝土与原砖砌体构件界面以及它与新加受力钢筋或其他加固材料之间能有足够的粘结强度，使之能达到整体共同受力。上条已提及，因加固所需的后浇混凝土，其厚度一般较小，浇灌空间有限，施工条件较差。调查和试验均表明，在小空间模板内浇灌的混凝土均匀性较差，其现场取芯确定的混凝土抗压强度可能要比正常浇灌的混凝土低 10%左右，因此有必要适当提高其强度等级。

应指出的是，目前使用的膨胀剂均存在着回缩的问题，不能起到应有的作用。这将直接涉及加固结构的安全，故作此规定。

5.5.3～5.5.6 主要是根据结构加固工程的实践经验和有关的研究资料作出的规定，其目的是保证原构件与新增混凝土的可靠连接，使之能够协同工作，以保证力的可靠传递，从而收到良好的加固效果。

6 钢筋网水泥砂浆面层加固法

6.1 一 般 规 定

6.1.1、6.1.2 这两条明确规定了钢筋网水泥砂浆面层加固法的适用范围及加固墙体的基本要求。为了使钢筋网水泥砂浆面层加固法加固有效，除了应注意提高砌体受压承载力外，还应要求原砌体构件的砌筑砂浆强度等级不宜低于M2.5；当加固墙体受剪承载力时，除应要求原砌体构件的砌筑砂浆强度等级不应低于M1外，还在第6.5节的构造规定中强调了以下几点：①钢筋网与墙面应有间隙及锚固；②钢筋网应与原构件周边牢固连接；③砂浆面层厚度不应大于50mm。工程实践经验表明，只有采取了这些措施，才能保证加固工程的安全。

6.1.3 块材严重风化（酥碱）的砌体，因表层损失严重及刚度退化加剧，面层加固法很难形成协同工作，其加固效果甚微。故此，本条规定了不应采用钢筋网水泥砂浆面层进行加固。

6.2 砌体受压加固

6.2.1、6.2.2 这两条的设计概念和计算方法，与本规范第5章5.2节完全一致，只是根据砂浆面层的特性，调整了砂浆强度利用系数和钢筋强度利用系数。

6.2.3 试验表明，当砂浆面层大于50mm后，增加其厚度对加固效果提高不大，故作出了应改用钢筋混凝土面层的规定。

6.3 砌体抗剪加固

6.3.1 本规范采用了以下假定，即：钢筋网水泥砂浆面层加固后的砌体墙平面内抗剪承载力，可以近似地用原砌体的抗剪承载力加上钢筋网片砂浆面层的贡献来描述。据此，给出了具体计算公式。

6.3.2 钢筋网水泥砂浆面层的受剪承载力计算，是参照已有的钢筋网水泥砂浆面层对砖墙加固作用的科研成果来制定的。这些成果一般认为钢筋应力较小，约为其设计强度的20%～30%。

6.4 砌体抗震加固

6.4.1 原砌体的抗震受剪承载力计算与国家标准《砌体结构设计规范》GB 50003-2001规定相同。至于钢筋网水泥砂浆面层的贡献，可以简单地认为其抗震受剪承载力与非抗震下的受剪承载力相同（参见5.4.2条文说明）。这样的处理是偏于安全的。

6.5 构 造 规 定

6.5.1～6.5.9 这几条规定了钢筋网水泥砂浆面层加固法对砂浆强度等级、钢筋的强度等级及钢筋的构造要求。为保证加固发挥最大效果，规定了受压构件加固用的砂浆强度等级不应低于M15和受剪构件加固用的砂浆强度等级不应低于M10。与此同时，还强调了以下几点：

1 钢筋的保护层厚度和距离墙面的间隙；

2 钢筋与墙面的锚固；

3 钢筋与周边构件的连接。

试验及实际工程检测表明，钢筋网竖筋紧靠墙面会导致钢筋与墙面无粘结，从而造成加固失效。试验表明，采用5mm的间隙，两者可有较强的粘结。钢筋网的保护层厚度应满足规定，以保护钢筋，提高面层加固的耐久性。

7 外包型钢加固法

7.1 一 般 规 定

7.1.1 外包型钢加固法常用角钢约束砌体砖柱，并在卡具卡紧的条件下，将缀板与角钢焊接连成整体。该法属于传统加固方法，其优点是施工简便、现场工作量和湿作业少，受力十分可靠，适用于不允许增大原构件截面尺寸，却又要求大幅度提高截面承载力的砌体柱的加固；其缺点为加固费用较高，并需采用类似钢结构的防护措施。试验研究表明，外包钢加固砖砌体短柱，不仅可以提高强度，而且可延迟裂缝的出现和发展，具有很好的塑性。但角钢与砌体间应贴紧，角钢上顶大梁，下抵基础，缀板间距不宜过大，以保证角钢有效地承担分配的荷载，且使砌体强度得以提高。本条给出了柱加固设计常用的外包型钢加固方式。

7.2 计 算 方 法

7.2.1 试验表明，外包型钢对原柱的横向变形有约束作用，使原柱处于三向受压状态，从而间接地提高了原柱的承载力。由于约束作用与钢构架的构造及施工质量有很大关系，受力机理复杂，研究不够充分，因此计算中不考虑约束作用对承载力的提高，仅将其作为安全储备。

外包型钢加固法可分为干式和湿式两种。干式外包型钢加固法是型钢直接外包于被加固构件四周，型钢与构件间无任何连接。这种加固法不考虑结合面传递剪力。湿式加固法又分成两种：一种是用改性环氧树脂胶压注的方法，将角钢粘贴在砌体构件上；另一种是角钢与被加固构件之间留有一定的间距，中间压注灌浆料，实际上是一种外包型钢和外包混凝土相结合的复合加固法。由于砌体强度等级偏低，整体性差，其界面即使采用结构胶粘结，也难以有效地传递剪力。从试验破坏情况来看，角钢多是在两缀板间弯扭屈曲破坏；这也说明角钢与砌体不能形成整体截面共同工作。因此无论是干式还是湿式，不论角钢与砌体柱接触面处涂布或灌注任何粘结材料，计算中均不能考虑其粘结作用。由于以上原因，计算加固后构件承载力时，外包型钢与原构件所承受的外力按各自的刚度比例进行分配，然后分别计算。

对已有腐蚀、裂缝或其他严重缺陷的原柱，原柱强度和刚度均受到削弱，因此引入刚度降低系数。同时，应先剔除腐蚀层并修补后再进行加固，并根据缺陷情况选取原砌体的刚度降低系数 k_m。考虑到外包型钢与原构件的协同工作条件较差，因此弯矩分配时引入协同工作系数 $\eta=0.9$。

本条采用的是截面刚度近似计算公式，与精确计算公式相比，仅略去型钢绕自身轴的惯性矩，其所引起的计算误差很小，完全可以不计。

7.2.2 角钢在轴向力和砖砌体侧向压力作用下，两缀板间角钢产生压弯应力，砌体侧向压应力一般不是太大，且主要由缀板承受，对角钢来说可以忽略不计。对角钢影响较大的有两个因素：一者，四肢角钢加工不可能绝对均匀，在试验中虽然精心制作仍有误差，试验中四肢角钢的应变值不一致充分说明了这点，一般可根据施工精度和承受荷载的特点取 0.85～0.95 钢材强度折减系数；二者，从试验破坏情况来看，角钢多是在两缀板间弯扭屈曲破坏，说明缀板间的单肢验算不可忽略。

7.3 构造规定

7.3.1 钢材屈服强度越大，其强度利用系数就会越小。所以加固时不宜选用强度等级较高的钢材。

7.3.2、7.3.3 尽管从试验和实践中已得到充分证明，外包型钢加固砌体可以大幅度提高砌体的承载力。但其加固效果仍与构造是否恰当，施工是否符合要求有很大关系。为加强角钢肢之间的联系，沿柱轴线每隔一定距离设置与角钢焊接的封闭式缀板作为横向连接件，以提高钢构架的整体性与共同工作能力；为此，应采用工具式卡具勒紧、聚合物改性水泥砂浆粘贴或灌浆料压注等方法使角钢肢紧贴于砌体表面，以消除过大间隙引起的变形。

7.3.4 为保证力的可靠传递，消除间隙引起的变形不协调，使角钢有效分担砖柱的荷载，角钢的上下两端应与结构顶层构件和下部基础可靠地锚固。

7.3.5 为保证力的可靠传递，角钢必须通长、连续设置，中间不得断开。若角钢长度受限制，应通过焊接方法接长。

7.3.6 加固完成后，之所以还需在型钢表面喷抹高强度水泥砂浆保护层，主要为了防腐蚀和防火，但若型钢表面积较大，很可能难以保证抹灰质量。此时，可在构件表面先加设钢丝网或用胶粘方法分散洒布一层豆石，然后再抹灰，便不会发生脱落和开裂。

8 外加预应力撑杆加固法

8.1 一般规定

8.1.1、8.1.2 预应力加固法在钢筋混凝土结构中的应用虽然很好，但对变形敏感的砌体结构却不尽然。因此，作出这两条规定予以必要的限制。另外，还需要注意以下两点：

一是在采用预顶力方法加固时，对原结构局压区应进行校核，防止局压破坏。

二是采用外加预顶力撑杆对砖柱进行加固，虽能较大幅度提高柱的承载能力，但不应用于温度在60℃以上的环境中。

8.2 计算方法

8.2.1 采用预应力撑杆加固轴心受压砌体柱的设计步骤较为简单明确。撑杆中的预顶力主要是以保证撑杆与被加固柱能较好地共同工作为度。故施加的预应力值 σ_p 不宜过高，且应在施工过程中严加控制为妥。

8.2.2 基于砌体柱的抗拉能力弱，对偏心受压情况，仅允许组合砌体柱用预应力撑杆加固方法。

8.3 构造规定

8.3.1、8.3.2 预顶力撑杆适宜用横向张拉法施工。其建立的预顶力值也比较可靠。这种方法在原苏联采用较多，也有许多工程实践经验表明该法简便可行。因此，可参考 H. M. OHYФPИEB 所著的《工业房屋钢筋混凝土结构简易补强法》（中译本）一书。

9 粘贴纤维复合材加固法

9.1 一般规定

9.1.1 根据粘贴纤维增强复合材的受力特性，本条规定了这种方法仅适用于砖墙平面内抗剪加固和抗震加固。当有可靠依据时，粘贴纤维复合材也可用于其他形式的砌体结构加固，如墙体平面外受弯加固等。

这里需要指出的是，在混凝土结构加固设计规范中之所以规定了粘贴纤维复合材的加固方法不适用于素混凝土构件的加固，是因为在结构设计计算中，混凝土是不考虑其抗拉作用的，故认为全部拉应力由外粘纤维复合材来承受不够可靠；而在墙体的抗剪加固中，即使原墙体的砌筑砂浆抗压强度仅为 0.4MPa，也并不是全部剪力是由外粘纤维复合材来承受的，因此认为粘贴纤维复合材对无筋砌体的加固来说还是可行的，但墙体不应有裂缝存在。

9.1.2 考虑到纤维复合材与砌体的粘结性能及其适用的条件，规定了现场实测的砖强度等级不得低于

MU7.5，砂浆强度等级不得低于 M2.5，并且要求原墙体表面不得有裂缝、腐蚀和风化。否则，建议采用其他合适的方法进行加固。

9.1.4 本条强调了纤维复合材不能设计为承受压力，而只能将纤维受力方式设计为承受拉应力作用。

9.1.5 本条规定粘贴在砌体表面的纤维复合材不得直接暴露于阳光或有害介质中。为此，其表面应进行防护处理，以防止长期受阳光照射或介质腐蚀，从而起到延缓材料老化、延长使用寿命的作用。

9.1.6 本条规定了采用这种方法加固的结构，其长期使用的环境温度不应高于 60℃。但应当指出的是，这是按常温条件下，使用普通型结构胶粘剂的性能确定的。当采用耐高温胶粘剂粘结时，可不受此规定限制。另外，对其他特殊环境（如高温高湿、介质侵蚀、放射等）采用粘贴纤维复合材加固时，除应遵守相应的国家现行有关标准的规定采取专门的粘贴工艺和相应的防护措施外，尚应采用耐环境因素作用的结构胶粘剂。

9.1.7 为了确保被加固结构的安全，本规范统一制定了纤维复合材的设计计算指标。这对设计人员而言，不仅较为方便，而且还不至于因各自取值的差异，而引发争议；也不至于因厂商炒作的影响，贸然采用过高的计算指标而导致结构加固出问题。本条为强制性条文，必须严格执行。

9.1.8 粘贴纤维复合材的胶粘剂一般是可燃的，故应按照现行国家标准《建筑设计防火规范》GB 50016 规定的耐火等级和耐火极限要求，对纤维复合材进行防护。

9.2 砌体抗剪加固

9.2.1 为了说明纤维复合材对砌体墙面内受剪加固的方法，推荐了几种粘贴纤维复合材的方式。

9.2.2、9.2.3 对采用纤维复合材加固后的砌体墙，其平面内受剪承载力的确定，可简化为原砌体的受剪承载力加上纤维复合材的贡献。另外规定了其受剪承载力的提高幅度不应超过 40%，目的是保证即使加固作用失效，在静力荷载下也不至于破坏或倒塌。碳纤维强度的取值是按照混凝土构件抗剪加固的碳纤维取值的一半确定。

9.3 砌体抗震加固

9.3.2 原砌体的抗震受剪承载力计算与现行国家标准《砌体结构设计规范》GB 50003 规定相同，而碳纤维的贡献可以简单地认为其抗震受剪承载力与非受震下的受剪承载力相同（参见 5.4.2 条文说明）。这样处理是偏于安全的。

9.4 构 造 规 定

9.4.1 为了避免出现薄弱部位，规定了纤维带的间距。

9.4.2～9.4.5 本规范推荐了纤维复合材端部及中部的锚固方式，锚固的可靠性，是决定加固是否成功的关键；当有可靠经验时，也可以采取其他锚固方式。

10 钢丝绳网-聚合物改性水泥砂浆面层加固法

10.1 一 般 规 定

10.1.1 根据钢丝绳网-聚合物砂浆的受力特性，从严格控制其应用范围的审查意见出发，本条规定了这种方法仅适用于砖墙平面内受剪加固和抗震加固。

10.1.2 考虑到聚合物改性水泥砂浆与砌体的粘结性能，规定现场实测的原构件砖强度等级不得低于 MU7.5，砂浆强度等级不得低于 M1.0，并且墙体表面不得有裂缝、腐蚀和风化。否则，建议采用其他合适的方法进行加固。

10.1.3 本条规定了采用这种方法加固的结构，其长期使用的环境温度不应高于 60℃。当采用耐高温聚合物改性水泥砂浆时，可不受此规定限制。另外，对其他特殊环境（如高温高湿、介质侵蚀、放射等），除应遵守相应的国家现行有关标准的规定采取专门的工艺和相应的防护措施外，尚应采用耐环境因素作用的聚合物改性水泥砂浆。

10.1.4 为了确保被加固结构的安全，本规范统一制定了不锈钢钢丝绳和镀锌钢丝绳的强度设计计算指标。这对设计人员而言，不仅较为方便，而且还不至于因各自取值的差异，而引发争议；也不至于因厂商炒作的影响，贸然采用过高的计算指标而导致结构加固出问题。本条为强制性条文，必须严格执行。

10.1.5 钢丝绳网-聚合物改性水泥砂浆在高温下材料强度退化明显，故应按照现行国家标准《建筑设计防火规范》GB 50016 规定的耐火等级和耐火极限要求，对钢丝绳网-聚合物砂浆面层进行防护。

10.1.6 采取措施卸除或大部分卸除作用在结构上的活荷载，目的是减少二次受力的影响，尽量使得钢丝绳网的强度能够较充分发挥。

10.2 砌体抗剪加固

10.2.1、10.2.2 对采用钢丝绳网-聚合物砂浆加固后的砌体墙，其平面内受剪承载力的确定，可简化为原砌体的受剪承载力加上钢丝绳网-聚合物砂浆的贡献。另外规定了其受剪承载力的提高幅度不应超过 40%，目的是保证即使加固作用失效，在静力荷载下也不至于破坏或倒塌。

10.3 砌体抗震加固

10.3.2 原砌体的抗震受剪承载力计算与现行国家标

准《砌体结构设计规范》GB 50003 规定相同，而钢丝绳网-聚合物砂浆的贡献可以简单地认为其抗震受剪承载力与非抗震下的受剪承载力相同（参见 5.4.2 条文说明）。这样的处理是偏于安全的。

10.4 构 造 规 定

10.4.1、10.4.2 本规范规定了水平钢丝绳网的布置方式及其端部的锚固方式，但应理解为：是对设计的最低要求。考虑到锚固的可靠性是决定加固是否成功的关键，因此，当有可靠经验时，鼓励采取其他更好的锚固方式。

11 增设砌体扶壁柱加固法

11.1 计 算 方 法

11.1.1 考虑到后砌扶壁柱存在着应力应变滞后现象，在计算加固砖墙承载力时，后砌扶壁柱的抗压强度设计值 f 应乘以强度利用系数 0.8 予以降低。

11.2 构 造 规 定

11.2.1 对新增扶壁柱最小截面尺寸提出要求，以确保新增扶壁柱的稳定性和协同工作。当用角钢-螺栓拉结时，为避免钢构件锈蚀，应采取防护措施以增强其耐久性。

11.2.2 考虑结构的耐久性和安全性以及新老构件可靠连接，对加固用的块体和砂浆的强度等级提出了要求。

11.2.5 增设扶壁柱后，墙体承载力和稳定性有所提高，扶壁柱应新增基础或在原墙体基础上加固；使扶壁柱基础深度与原墙基础深度相同，以避免对原墙基础的不利影响。

12 砌体结构构造性加固法

12.1 增设圈梁加固

12.1.2～12.1.5 本规范引入钢筋网水泥复合砂浆砌体组合圈梁（图 1）加固法。根据湖南大学等单位关于钢筋水泥复合砂浆加固砌体的相关研究，钢筋网水泥复合砂浆砌体组合圈梁加固法可以很好的提高结构的承载力、刚度以及对墙体的约束能力，且施工简单，工程造价低。

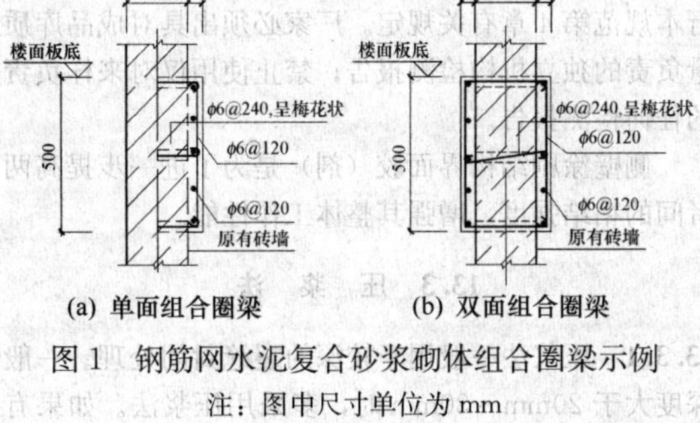

(a) 单面组合圈梁 (b) 双面组合圈梁

图 1 钢筋网水泥复合砂浆砌体组合圈梁示例

注：图中尺寸单位为 mm

1 试验研究表明，钢筋网水泥复合砂浆加固后的砌体，其强度可提高 50%以上。

2 计算表明，本规范规定的组合圈梁，其刚度较一般钢筋混凝土圈梁的刚度有较大幅度提高。

3 由于钢筋网水泥复合砂浆加固后的圈梁的强度和刚度得到提高，且构造柱和圈梁彼此相连，形成“弱框架”，砌体受到约束，增强了墙体的整体受力性能。

12.1.6 根据现行国家标准《建筑抗震设计规范》GB 50011，引入钢拉杆加固的构造要求。

12.1.7 砂浆锚筋的直径不应小于 16mm；压浆锚筋的直径不应小于 12mm；锚筋的根部应有弯钩，弯钩长度应大于 $2.5d$，锚筋埋深 $L_s \geqslant 10d$，且不应小于 120mm。锚筋孔采用电钻成孔，孔径 $D=2.5d$，孔深 L 取 L_s 加 10mm。

水泥基砂浆堵塞前，应用压力水冲洗孔道，使孔道砌体充分湿润，并保证砂浆夯填密实。树脂基砂浆堵塞前，其孔洞应干燥，且应按产品说明书的规定进行清孔。

当外加钢筋混凝土圈梁用普通锚栓与墙体连接时，锚栓的一端应作直角弯钩埋入圈梁，埋入长度为 $30d$（d 为锚栓的直径），另一端用螺母拧紧。锚栓的直径与间距可按本规范第 12.1.9 条确定。

当外加钢筋混凝土圈梁采用钢筋混凝土销键与墙体连接时，销键高度与圈梁相同，宽度为 120mm，入墙深度不应小于 180mm，配筋不应少于 4 根直径为 8mm 的钢筋，间距宜为1m～2m，外墙圈梁的销键宜设置在洞口两侧。

12.1.8、12.1.9 圈梁与墙面之间的间隙可用干硬性水泥砂浆塞严。型钢圈梁的接头应为焊接。钢拉杆和型钢圈梁均应除锈。

12.2 增设构造柱加固

12.2.1 按本规范设置的组合构造柱，其刚度较一般钢筋混凝土构造柱刚度亦有较大幅度提高，其说明可参见 12.1.2 条文说明。

12.2.2 现行设计规范是指《砌体结构设计规范》GB 50003 和《建筑抗震设计规范》GB 50011。

12.2.4 采用组合构造与楼板可靠连接时，凿孔穿通楼板不得伤及板内钢筋，砂浆填实。

组合构造柱应与相关构件可靠连接，其构造示例如图 2 所示。

12.3 增设梁垫加固

12.3.1、12.3.2 当梁下砌体局部受压承载力不足

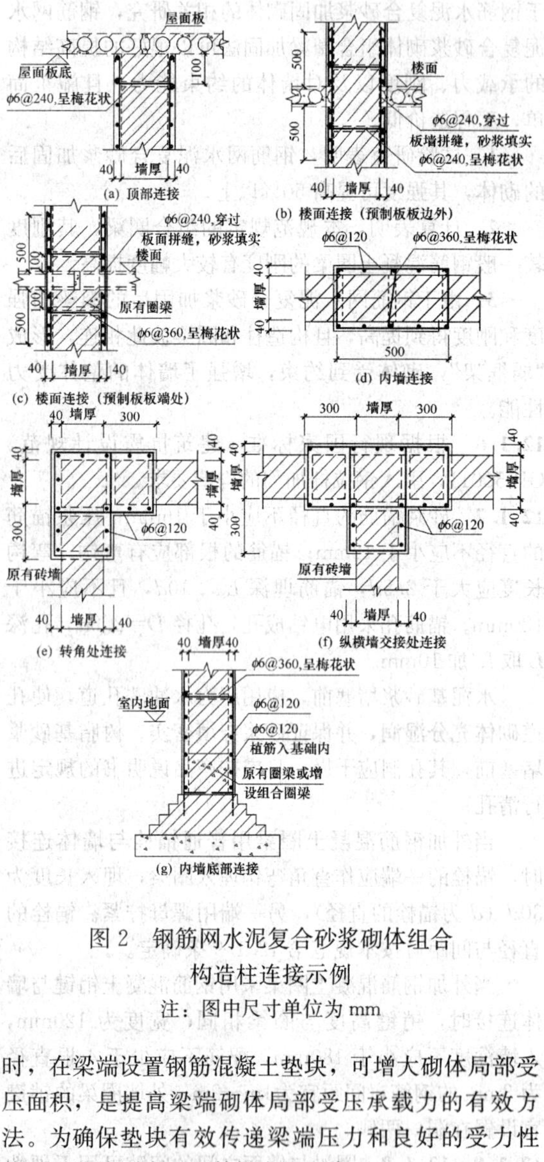

图 2　钢筋网水泥复合砂浆砌体组合构造柱连接示例

注：图中尺寸单位为 mm

时，在梁端设置钢筋混凝土垫块，可增大砌体局部受压面积，是提高梁端砌体局部受压承载力的有效方法。为确保垫块有效传递梁端压力和良好的受力性能，对垫块厚度和配筋提出了要求。

12.3.3　“托梁”支顶牢固后，按梁垫尺寸要求拆除梁下被压碎或有局部竖向或斜向裂缝的砌体，并提高一级砂浆强度等级用整砖补砌完整后，浇注或安置梁垫，待梁垫混凝土达到设计要求强度后，方能拆除托梁柱或支撑。

拆除梁下砌体时，应轻敲细打，逐块拆除，不得影响不拆除砌体的整体性强度，拆除完毕后，应清除碎渣和清洗浮灰，并待砌体充分湿润后，再坐浆安设梁垫。当安装预制钢筋混凝土梁垫时，应先铺设10mm 厚不低于 M10 的水泥砂浆，并与大梁紧密接触。如梁垫安装后与大梁底未达到紧密接触时，可用钢板填塞密实。

托梁柱或支撑的支撑处应牢固。当支承在地面上时，应采取措施分布所承担的荷载，以防止支承点沉降；当支承在楼面上时，应逐层支顶和采取分步荷载措施，以防止造成楼面的破坏和局部损伤。

12.4　砌体局部拆砌

12.4.1　当墙砌体可局部拆除时，为加强墙体的整体性，要求被拆除的砌体将砂浆强度等级提高一级并用整砖填筑。拆砌墙体时，应根据墙体破裂情况分段进行，拆砌前应对支承在墙体上的楼（屋）盖进行可靠的支顶。

12.4.2　可采用每五皮砖设 3 根直径为 4mm 的拉结钢筋，钢筋长度 1.2m，每端压入 600mm。

12.4.3　当采用钢筋扒钉进行拉结时，扒钉可用直径为 6mm 的钢筋弯成，长度应超过接（槎）缝两侧各240mm，两端弯成长 100mm 的直弯钩，并钉入砖缝，扒钉间距可取 300mm。

遇拆砌墙体位于转角处或纵横墙交接处时，应采取相应的可靠措施进行拉结锚固。

拆砌的最后一皮砖与上面的原砖墙相接处的水平灰缝，应用高强砂浆或细石混凝土堵塞密实，以确保墙体能均匀传递荷载。

局部拆砌墙体时，在新旧墙或先后接缝处，应将接槎剔干净，用水充分湿润，且砌筑时灰缝应饱满。

13　砌体裂缝修补法

13.1　一 般 规 定

13.1.1　本条主要明确本章的适用范围为影响砌体结构、构件正常使用性的裂缝。对于承载力原因引起的，需要先针对性加固，消除原因，然后再修补。

13.1.2　明确各类裂缝处理原则。

13.1.3　列出目前较成熟的材料和修补方法。

13.1.4　对墙面抹灰工程的验收方法。掺加短纤维是提高砂浆或细石混凝土整体性，减少裂缝的有效方法之一。

13.2　填　缝　法

13.2.1　填缝法一般用于较浅的宽裂缝封闭处理。一般深度为 20mm～30mm 的表层裂缝常用填缝法。

13.2.2　对于活动裂缝，一般深度应加大至 20mm～30mm，或根据实际情况决定加大的具体深度。

13.2.3、13.2.4　填充材料的选用标准，应该严格执行本规范第 4 章有关规定。厂家必须出具对成品库质量负责的独立机构检测报告；禁止使用仅对来样负责的任何检测报告。

侧壁涂刷结构界面胶（剂）是为了进一步提高两者间的粘结强度，增强其整体工作性能。

13.3　压　浆　法

13.3.1　压浆法一般用于较深的裂缝封闭处理。一般深度大于 20mm～30mm 时，多采用压浆法。如果有恢复结构刚性要求时，应采用压浆法。

13.3.2 压浆材料的选用标准，应该严格执行本规范第4章有关规定。禁止使用通过掺加膨胀剂达到无收缩的水泥基灌浆料。厂家必须出具对成品库质量负责的独立机构检测报告；禁止使用仅对来样负责的任何检测报告。

13.3.3～13.3.5 浮浆及灰土等的清理尤为关键。另外，压浆的压力不宜过大，一般应控制在0.2MPa～0.3MPa。若此压力下无法灌浆，应检查注浆通道是否畅通，如果是由于胶液的黏度原因，不允许添加溶剂以降低黏度，而应该更换固体含量＞99％的低黏度胶液。

13.4 外加网片法

13.4.2 外加网片所涉及材料必须符合本规范相关规定。注意无纺布的使用范围，仅允许用于非承重构件，且静止的细裂缝的封闭性修补，一般裂缝宽度不大于0.3mm。

13.4.3 必须考虑网片的可靠锚固和新旧界面结合的问题。关于界面胶的要求，可参照现行国家标准《混凝土结构加固设计规范》GB 50367和《建筑结构加固工程施工质量验收规范》GB 50550的有关规定。

13.5 置换法

13.5.1 判断使用置换法的前提是受力不大的部位，在这种情况下，针对砌体块材和砂浆强度不高的开裂部位，或局部风化、剥蚀部位进行置换加固。

13.5.2、13.5.3 置换的材料原则上应与原砌体的材料品种一致为好。

中华人民共和国国家标准

工程结构加固材料安全性鉴定技术规范

Technical code for safety appraisal of engineering structural strengthening materials

GB 50728—2011

主编部门：四川省住房和城乡建设厅
批准部门：中华人民共和国住房和城乡建设部
施行日期：2012年5月1日

中华人民共和国住房和城乡建设部
公　　告

第1213号

关于发布国家标准《工程结构加固材料安全性鉴定技术规范》的公告

现批准《工程结构加固材料安全性鉴定技术规范》为国家标准，编号为GB 50728－2011，自2012年5月1日起实施。其中，第3.0.1、3.0.5、4.1.4、4.2.2、4.4.2、4.5.2、5.2.5、6.1.4、7.1.5、8.2.1、8.2.4、8.3.4、8.4.2、9.1.2、9.3.1、12.1.2、12.1.3条为强制性条文，必须严格执行。

本规范由我部标准定额研究所组织中国建筑工业出版社出版发行。

中华人民共和国住房和城乡建设部

2011年12月5日

前　　言

本规范是根据原建设部《关于印发〈二〇〇〇至二〇〇一年工程建设国家标准制订、修订计划〉的通知》（建标［2001］87号）的要求，由四川省建筑科学研究院和中国华西企业股份有限公司会同有关单位编制完成的。

本规范在编制过程中，编制组开展了各种工程结构加固材料和制品安全性鉴定方法的专题研究；进行了广泛的调查分析和重点项目的验证性试验和检验试用；总结了二十多年来我国加固材料和制品的性能设计、质量控制和工程应用的经验，并与国外先进的标准、规范进行了比较分析和借鉴。在此基础上以多种方式广泛征求了有关单位和社会公众的意见并进行了检验和对检验效果的评估。据此，还对主要条文进行了反复修改，最后经审查定稿。

本规范共分12章和19个附录。主要技术内容包括：总则、术语、基本规定、结构胶粘剂、裂缝注浆料、结构加固用水泥基灌浆料、结构加固用聚合物改性水泥砂浆、纤维复合材、钢丝绳、合成纤维改性混凝土和砂浆、钢纤维混凝土、后锚固连接件。

本规范中以黑体字标志的条文为强制性条文，必须严格执行。

本规范由住房和城乡建设部负责管理和对强制性条文的解释，由四川省住房和城乡建设厅负责日常管理，由四川省建筑科学研究院负责具体技术内容的解释。为充分提高规范的质量，请各使用单位在执行本规范过程中，结合工程实践，注意总结经验，积累数据、资料，随时将意见和建议寄交成都市一环路北三段55号住房和城乡建设部建筑物鉴定与加固规范管理委员会（四川省建筑科学研究院内，邮编：610081）。

本规范主编单位：四川省建筑科学研究院
中国华西企业股份有限公司

本规范参编单位：同济大学
湖南大学
福州大学
武汉大学
中国科学院大连化学物理研究所
重庆市建筑科学研究院
南京玻璃纤维研究设计院
上海加固行建筑技术工程公司
亨斯迈先进化工材料（广东）有限公司
大连凯华新技术工程有限公司
厦门中连结构胶有限公司
湖南固特邦土木技术发展有限公司
吴江得力建筑结构胶厂
慧鱼集团（太仓）有限公司
喜利得（中国）商贸有限

公司
武汉长江加固技术有限公司
武汉武大巨成加固实业有限公司
上海怡昌碳纤维材料有限公司
上海同华特种土木工程有限公司

本规范主要起草人员：高永昭　梁　坦　陈跃熙　梁　爽　黄光洪　吴善能　王文军　张首文　贺曼罗　卓尚木　林文修　卜良桃　包兆鼎　王立民　张成英　陈友明　彭　勃　孙永根　刘　兵　张　智　侯发亮　保英明　周海明　张坦贤　刘延年　黎红兵

本规范审查人员：刘西拉　戴宝城　高小旺　赵世琦　蒋松岩　弓俊青　邱洪兴　张天宇　石建光　高旭东　毕　琼　单远铭

目　次

1　总则 ………………………………… 11—8
2　术语 ………………………………… 11—8
3　基本规定 …………………………… 11—9
4　结构胶粘剂……………………………… 11—10
4.1　一般规定 …………………………… 11—10
4.2　以混凝土为基材的结构胶………… 11—10
4.3　以砌体为基材的结构胶…………… 11—13
4.4　以钢为基材的结构胶……………… 11—13
4.5　以木材为基材的结构胶…………… 11—13
4.6　裂缝压注胶………………………… 11—15
4.7　结构加固用界面胶、底胶和修补胶 …………………………… 11—15
4.8　结构胶涉及工程安全的工艺性能要求……………………………… 11—15
5　裂缝注浆料……………………………… 11—16
5.1　一般规定…………………………… 11—16
5.2　裂缝注浆料的安全性鉴定………… 11—16
6　结构加固用水泥基灌浆料…………… 11—17
6.1　一般规定…………………………… 11—17
6.2　水泥基灌浆料的安全性鉴定……… 11—17
7　结构加固用聚合物改性水泥砂浆 ………………………………… 11—18
7.1　一般规定…………………………… 11—18
7.2　聚合物改性水泥砂浆的安全性鉴定……………………………… 11—18
8　纤维复合材……………………………… 11—19
8.1　一般规定…………………………… 11—19
8.2　碳纤维复合材……………………… 11—19
8.3　芳纶纤维复合材…………………… 11—19
8.4　玻璃纤维复合材…………………… 11—20
9　钢丝绳 ………………………………… 11—20
9.1　一般规定…………………………… 11—20
9.2　制绳用的钢丝……………………… 11—20
9.3　钢丝绳的安全性鉴定……………… 11—20
10　合成纤维改性混凝土和砂浆 ……………………………… 11—20
10.1　一般规定 ………………………… 11—20
10.2　合成纤维改性混凝土和砂浆的安全性鉴定 ………………………… 11—21
11　钢纤维混凝土………………………… 11—21
11.1　一般规定 ………………………… 11—21
11.2　钢纤维混凝土的安全性鉴定 ……… 11—21
12　后锚固连接件 ……………………… 11—22
12.1　一般规定 ………………………… 11—22
12.2　基材及锚固件材质鉴定 ………… 11—22
12.3　后锚固连接性能安全性鉴定 ……… 11—22
附录A　安全性鉴定适用的试验方法标准 ……………………… 11—23
附录B　材料性能标准值计算方法 ……………………………… 11—24
附录C　胶接耐久性楔子快速测定法 …………………………… 11—24
附录D　纤维复合材层间剪切强度测定方法………………………… 11—26
附录E　富填料胶粘剂胶体及聚合物改性水泥砂浆体劈裂抗拉强度测定方法 ……………… 11—28
附录F　结构胶粘剂T冲击剥离长度测定方法及评定标准 ………………………………… 11—29
附录G　粘结材料粘合加固材与基材的正拉粘结强度试验室测定方法及评定标准 ………… 11—31
附录H　结构胶粘剂不挥发物含量测定方法………………………… 11—33
附录J　结构胶粘剂和聚合物改性水泥砂浆湿热老化性能测定方法 ……………………………… 11—34
附录K　约束拉拔条件下胶粘剂粘结钢筋与基材混凝土的粘结强度测定方法 ……………… 11—35
附录L　结构胶粘剂耐热老化性能测定方法………………………… 11—37
附录M　胶接试件耐疲劳应力作用能力测定方法 ……………… 11—38
附录N　混凝土对混凝土粘结的

压缩抗剪强度测定方法及评定标准 ………………………… 11—38
附录P 胶粘剂浇注体（胶体）收缩率测定方法 ………………… 11—40
附录Q 结构胶粘剂初黏度测定方法 ………………………………… 11—41
附录R 结构胶粘剂触变指数测定方法 ……………………………… 11—43
附录S 聚合物改性水泥砂浆体和灌浆料浆体抗折强度测定方法 ……………………………… 11—43
附录T 合成纤维改性混凝土弯曲韧性测定方法 ………………… 11—44
附录U 锚固承载力检验方法 ………… 11—45
本规范用词说明 ………………………… 11—46
引用标准名录 …………………………… 11—46
附：条文说明 …………………………… 11—48

Contents

1 General Provisions …… 11—8
2 Terms …… 11—8
3 Basic Requirements …… 11—9
4 Structural Adhesives …… 11—10
4.1 General Requirements …… 11—10
4.2 Structural Adhesive for Concrete Substrates …… 11—10
4.3 Structural Adhesive for Masonry Substrates …… 11—13
4.4 Structural Adhesive for Steel Substrates …… 11—13
4.5 Structural Adhesive for Timber Substrates …… 11—13
4.6 Closing Adhesive and Restore Adhesive for Cracks …… 11—15
4.7 Interface Adhesive, Bottom Adhesive and Repair Adhesive for Structural …… 11—15
4.8 Technical Performance Requirements of Structural Adhesives for Engineering Safety …… 11—15
5 Injection Grout for Cracks …… 11—16
5.1 General Requirements …… 11—16
5.2 Safety Appraisal of Injection Grout …… 11—16
6 Cement Based Injection Grout for Structural Strengthening …… 11—17
6.1 General Requirements …… 11—17
6.2 Safety Appraisal of Cement Based Injection Grout …… 11—17
7 Polymer Modified Cement Mortar for Structural Strengthening …… 11—18
7.1 General Requirements …… 11—18
7.2 Safety Appraisal of Polymer Modified Cement Mortar …… 11—18
8 Fiber Composite Materials …… 11—19
8.1 General Requirements …… 11—19
8.2 Carbon Fiber Composite Materials …… 11—19
8.3 Aramid Fiber Composite Materials …… 11—19
8.4 Glass Fiber Composite Materials …… 11—20
9 Steel Wire Rope for Structural Strengthening …… 11—20
9.1 General Requirements …… 11—20
9.2 Steel Wire for Rope Use …… 11—20
9.3 Safety Appraisal of Steel Wire Rope …… 11—20
10 Synthetics Modified Concrete and Mortar …… 11—20
10.1 General Requirements …… 11—20
10.2 Safety Appraisal of Synthetics Modified Concrete and Mortar …… 11—21
11 Steel Fiber Concrete …… 11—21
11.1 General Requirements …… 11—21
11.2 Safety Appraisal of Steel Fiber Concrete …… 11—21
12 Post-installed Connector …… 11—22
12.1 General Requirements …… 11—22
12.2 Material Appraisal of Substrate and Installed Connector …… 11—22
12.3 Safety Appraisal of Post-installed Connector …… 11—22
Appendix A The List of Suitable Testing Method for Safety Inspection …… 11—23
Appendix B Determination Method of Standard Value for Reinforcement Materials Performance …… 11—24
Appendix C Rapid Test Method and Evaluation Standard for Wedge …… 11—24

Appendix D Determination Method of Interlaminar Shear Strength of Fiber Reinforced Plastic ······ 11—26
Appendix E Determination Method of Splitting Tensile Strength for Colloid and Grout ······ 11—28
Appendix F Determination Method and Evaluation of T Impact Peeling length for Steel to Steel ······ 11—29
Appendix G Laboratory Determination Method and Evaluation Standard of Tensile Bond Strength for Adhesive Material Agglutinate Reinforcement Material and Substrate ······ 11—31
Appendix H Determination Method of Non-volatile Materials Content for Structural Adhesive ······ 11—33
Appendix J Determination Method of Damp Heat Aging Resistance Ability for Structural Adhesive ······ 11—34
Appendix K Determination Method of Bond Strength for Adhesive Agglutinate Steel Bar and Concrete Substrate in Pull Out Constraint Condition ······ 11—35
Appendix L Determination Method of Heat Aging Resistance Ability for Structural Adhesive ······ 11—37
Appendix M Main Points of Determination Method of Fatigue Stress Resistance Ability for Specimen Connected with Adhesive ······ 11—38
Appendix N Determination Method and Evaluation Standard of Compression Shear Bond Strength for Concrete to Concrete ······ 11—38
Appendix P Determination Method of Shrinkage for Adhesive Casting (Colloid) ······ 11—40
Appendix Q Determination Method of Initial Viscosity for Structural Adhesive ······ 11—41
Appendix R Determination Method of Thixotropic Index for Structural Adhesive ······ 11—43
Appendix S Determination Method of Flexural Strength for Structural Strengthening Mortar and Injection Grout ······ 11—43
Appendix T Determination Method of Flexural Toughness for Synthetics Modified Concrete and Mortar ······ 11—44
Appendix U Test Method of Anchorage Capacity ······ 11—45
Explanation of Wording in This Code ······ 11—46
List of Quoted Standards ······ 11—46
Addition: Explanation of Provisions ······ 11—48

1 总 则

1.0.1 为加强对工程结构加固中应用的有关材料及制品的质量控制和技术管理，确保工程结构加固工程的质量和安全，制定本规范。

1.0.2 本规范适用于结构加固工程中应用的材料及制品的安全性检验与鉴定。

1.0.3 工程结构加固材料及制品的应用安全性鉴定结论应为工程加固选用材料的依据；不得用以替代加固材料及制品进入施工现场的取样复验。

1.0.4 工程结构加固材料及制品的应用安全性鉴定，应由国家有关主管部门批准的具备相应资格的检验、鉴定机构受理。

1.0.5 本规范应与现行国家标准《混凝土结构加固设计规范》GB 50367、《砌体结构加固设计规范》GB 50702、《建筑结构加固工程施工质量验收规范》GB 50550 等配套使用。

1.0.6 工程结构加固材料及制品的应用安全性检验与鉴定，除应执行本规范外，尚应符合国家现行有关标准的规定。

2 术 语

2.0.1 鉴定 appraisal

实施一组工作活动，其目的在于证明一种加固材料或制品在参与工程结构承重构件受力过程中的可靠性（包括安全性、适用性和耐久性）。

2.0.2 验证性试验 verificity test

证明一种加固材料或制品的性能是否符合规定要求的试验。

2.0.3 抽样 sampling

随机抽取或按一定规则组成样本的过程。

2.0.4 样本 sample

按规定方式取自总体的一个或若干个的个体，用以提供关于总体的信息，并作为可能判定总体某一特征的基础。

2.0.5 材料性能标准值 characteristic value of a material property

材料性能的基本代表值。该值应根据符合规定质量的材料性能概率分布的某一分位数确定。在工程结构中，通常取该分位数为0.05。

2.0.6 基材 substrate

胶接工程中的加固件与原构件同是被粘物，但两者性质不同，为便于区别，而将原构件或其被粘部分称为基材。

2.0.7 结构胶粘剂 structural adhesive

用于承重结构或构件胶接的、能长期承受设计应力和环境作用的胶粘剂，简称结构胶。

2.0.8 底胶 primer

用于被加固构件（基材）的表面处理，为防止表面污染和改善表层粘结性能而使用的胶粘剂。

2.0.9 修补胶 putty

用于被加固构件（基材）表面缺陷修补、找平的胶粘剂。为适应工程结构现场使用条件，一般要求修补胶能在室温条件下固化，且对胶粘表面无苛求。

2.0.10 结构用界面胶 interfacial adhesive for structure

在工程结构加固工程中，为改善新旧混凝土或旧混凝土与新增面层的粘结能力而使用的胶粘剂，也称结构用混凝土界面剂。

2.0.11 裂缝压注胶 pressure injection adhesive for cracks

采用低黏度改性环氧类胶液配制的、以压力注入结构或构件裂缝腔内、具有一定粘结能力的胶粘剂。当仅用于封闭、填充裂缝时，称为“裂缝封闭用压注胶”；当用于恢复开裂构件的整体性和抗拉强度时，称为“裂缝修复用压注胶”；两者不得混淆。

2.0.12 室温固化 room temperature curing

对未经改性的结构胶，指能在不低于15℃的室温下进行正常化学反应的固化过程；对改性的结构胶，指能在不低于5℃的室温下进行正常化学反应的固化过程。

2.0.13 低温固化 low temperature curing

能在低于5℃的低温环境中进行正常化学反应的固化过程。对工程结构加固用的低温固化型胶粘剂，一般按其反应所要求的自然温度分为−5℃、−10℃和−20℃三档。

2.0.14 老化 ageing

胶接件的性能随时间降低的现象。在工程结构设计中，需要考虑的老化现象有湿热老化、热老化以及其他环境作用的老化等。

2.0.15 聚合物改性水泥砂浆 polymer modified cement mortar

以高分子聚合物为增强粘结性能的改性材料配制而成的水泥砂浆。

2.0.16 灌浆料 grouting material

一种高流态、可塑性良好的灌注材料。工程结构用的灌浆料，应具有不分层、不分化、固化收缩极小、体积稳定的物理特性，并具有符合规定要求的粘结性能和力学性能。一般分为改性环氧类灌浆料和改性水泥基类灌浆料。

2.0.17 裂缝注浆料 injection grouting for cracks

灌浆料的一个系列。主要用于压注宽度为1.5mm～5.0mm的混凝土裂缝和砌体裂缝。因不用粗骨料，而改称为“注浆料”以示与一般灌浆料的区别。

2.0.18 纤维复合材 fibre reinforced polymer

采用高强度或高模量连续纤维按一定规则排列并经专门处理而成的、具有纤维增强效应的复合材料。

2.0.19 纤维混凝土 fibre concrete

在水泥基混凝土中掺入方向无规则，但分布均匀的短纤维所形成的复合材料。当主要用于提高混凝土强度时，称为纤维增强混凝土；当主要用于改善混凝土抗裂性或韧性时，一般称为纤维改性混凝土。

2.0.20 不锈钢纤维 stainless steel fibre reinforced concrete

仅指适用于混凝土或砂浆面层加固的、以熔抽法生产的、掺有镍、铬组分的不锈钢短纤维。一般多用于对防腐蚀和耐热性有严格要求的重要结构。

2.0.21 不锈钢丝绳 stainless wire ropes

采用不锈钢细钢丝编制而成的金属股芯、内外不涂敷油脂的钢丝绳。在工程结构加固工程中，一般用于聚合物砂浆面层的配筋。当为单股钢丝绳时，也称为不锈钢绞线。

2.0.22 镀锌钢丝绳 zinc-coated steel wire ropes

采用锌层质量不低于AB级的镀锌钢丝编制而成的金属股芯、内外不涂敷油脂的钢丝绳。在有可靠阻锈措施的条件下，可替代不锈钢丝绳用于无化学介质腐蚀的室内环境中。当为单股钢丝绳时，也称为镀锌钢绞线。

2.0.23 植筋 bonded rebars

以锚固型结构胶，将带肋钢筋或全螺纹螺杆胶接固定于混凝土或砌体基材锚孔中的一种后锚固连接件。

3 基本规定

3.0.1 凡涉及工程安全的工程结构加固材料及制品，必须按本规范的要求通过安全性鉴定。

3.0.2 申请安全性鉴定的加固材料或制品应符合下列条件：

1 已具备批量供应能力；

2 基本试验研究资料齐全，且已经过试点工程或工程试用；

3 材料或制品的毒性和燃烧性能，已分别通过卫生部门和消防部门的检验与鉴定。

3.0.3 加固材料或制品的安全性鉴定取样应符合下列规定：

1 安全性鉴定的样本，应由独立鉴定机构从检验批中按一定规则抽取的样品构成。在任何情况下，均不得使用特别制作的或专门挑选的样本，也不得使用委托单位自行抽样的样本。

2 每一性能项目所需的试样（或试件，以下同），应至少取自3个检验批次；每一批次应至少抽取一组试样；每组试样的数量应符合下列规定：

1）当检验结果以平均值表示时，其有效试样数不应少于5个；

2）当检验结果以标准值表示时，其有效试样数不应少于15个。

3.0.4 安全性鉴定的检验及检验结果的整理，应符合下列规定：

1 按本规范第3.0.3条规定抽取的试样，当需加工成试件时，应按所采用检验方法标准的要求进行加工，并进行检验前的状态调节；

2 安全性鉴定采用的试验方法应符合本规范附录A的规定；

3 检验应在规定的温湿度环境中进行；其程序与操作方法应严格按规定执行；

4 当个别数据的正常性受到怀疑时，应首先查找该数据异常的物理原因；若确实无法查明时，方允许按现行国家标准《正态样本离群值的判断与处理》GB/T 4883进行判断和处理，不得随意取舍；

5 安全性鉴定的检验结果，应直接与本规范规定的合格指标进行比较，并据以作出合格与否的判定。在这过程中，不计其置信区间估计值对判定的有利影响。

3.0.5 根据安全性鉴定检验结果确定的材料性能标准值，应具有按规定置信水平确定的95%的强度保证率。

3.0.6 工程结构加固材料性能标准值的计算方法应符合本规范附录B的规定。计算所取的置信水平(γ)，应符合下列规定：

1 对置信水平取值有经验可依的加固材料：

1）结构胶粘剂：γ应取为0.90；

2）碳纤维复合材：γ应取为0.99；

3）芳纶纤维复合材：γ应取为0.95；

4）玻璃纤维复合材：γ应取为0.90；

5）不锈钢丝：γ应取为0.95；

6）镀锌钢丝：γ应取为0.90；

7）混凝土：γ应取为0.75；

8）砂浆：γ应取为0.60。

2 对置信水平取值无经验可依的加固材料，应按试验结果的变异系数C_{vs}的置信上限C_{vu}值，由表3.0.6查得γ值。

表3.0.6 按变异系数置信上限确定的γ值

变异系数C_{vs}的置信上限C_{vu}值	≤0.07	≤0.11	≤0.15	≤0.25	≤0.30
计算材料性能标准值采用的γ值	0.99	0.95	0.90	0.75	0.60

3 变异系数置信上限C_{vu}值，应按现行国家标准《正态分布变差系数置信上限》GB/T 11791规定的方法计算；计算时取C_{vu}的置信水平为0.90。

3.0.7 经安全性检验合格的结构加固材料或制品，应提出安全性鉴定报告。鉴定报告所附的检验报告中，应具体说明检验所采用的取样规则、取样对象、取样方法和时间。检验报告中不得使用“本报告仅对来样负责”的措词，若存在此类措词，该报告无效。

3.0.8 工程加固材料或制品应用安全性鉴定合格的资格保留期为4年。

4 结构胶粘剂

4.1 一 般 规 定

4.1.1 工程结构加固用的结构胶，应按胶接基材的不同，分为混凝土用胶、结构钢用胶、砌体用胶和木材用胶等，每种胶还应按其现场固化条件的不同，划分为室温固化型、低温固化型和高湿面（或水下）固化型等三种类型结构胶。必要时，尚应根据使用环境的不同，区分为普通结构胶、耐温结构胶和耐介质腐蚀结构胶等。安全性鉴定时，应分别进行取样、检验与评定。

4.1.2 室温固化型结构胶的使用说明书，应按下列规定标明其最高使用温度类别；其相应的合格评定标准由本章各节作出规定：

1 Ⅰ类适用的温度范围为－45℃～60℃；

2 Ⅱ类适用的温度范围为－45℃～95℃；

3 Ⅲ类适用的温度范围为－45℃～125℃。

4.1.3 工程结构用的结构胶粘剂，其设计使用年限应符合下列规定：

1 当用于既有建筑物加固时，宜为30年；

2 当用于新建工程（包括新建工程的加固改造）时应为50年；

3 当结构胶到达设计使用年限时，若其胶粘能力经鉴定未发现有明显退化者，允许适当延长其使用年限，但延长的年限须由鉴定机构通过检测，会同建筑产权人共同确定。

4.1.4 经安全性鉴定合格的结构胶，凡被发现有改变粘料、固化剂、改性剂、添加剂、颜料、填料、载体、配合比、制造工艺、固化条件等情况时，均应将该胶粘剂视为未经鉴定的胶粘剂。

4.1.5 申请安全性鉴定时，应随同研制报告提供有标题、编号和日期的使用说明书。说明书至少应包括下列内容：

1 结构胶的基本化学组成和载体类型；

2 配制说明，包括组分、配比、加料顺序、配胶时必需的环境控制及配好的结构胶适用期（可操作时间）；

3 推荐的基材表面处理方法及其详细说明；

4 胶粘剂施工环境控制；

5 涂布或压注工艺操作及要求的详细说明；

6 固化程序，包括典型的时间、温度、压力以及各参数极限值的说明；

7 储存要求及储存期。

4.2 以混凝土为基材的结构胶

4.2.1 本节规定适用于以混凝土结构构件为基材（基层）粘结钢材、粘贴纤维复合材、种植锚固件等用的结构胶以及需配套使用的底胶和修补胶的安全性鉴定。

4.2.2 以混凝土为基材，室温固化型的结构胶，其安全性鉴定应包括基本性能鉴定、长期使用性能鉴定和耐介质侵蚀能力鉴定。鉴定时，应遵守下列规定：

1 结构胶的基本性能应分别符合表4.2.2-1、表4.2.2-2或表4.2.2-3的要求。

2 结构胶的长期使用性能鉴定应符合表4.2.2-4中的下列要求：

1）对设计使用年限为30年的结构胶，应通过耐湿热老化能力的检验；

2）对设计使用年限为50年的结构胶，应通过耐湿热老化能力和耐长期应力作用能力的检验；

3）对承受动荷载作用的结构胶，应通过抗疲劳能力检验；

4）对寒冷地区使用的结构胶，应通过耐冻融能力检验。

3 结构胶的耐介质侵蚀能力应符合表4.2.2-5的要求。

表4.2.2-1 以混凝土为基材，粘贴钢材用结构胶基本性能鉴定标准

检验项目			检验条件	鉴定合格指标			
				Ⅰ类胶		Ⅱ类胶	Ⅲ类胶
				A级	B级		
胶体性能	抗拉强度(MPa)		在(23±2)℃、(50±5)%*RH*条件下，以2mm/min加荷速度进行测试	≥30	≥25	≥30	≥35
	受拉弹性模量(MPa)	涂布胶		≥3.2×10³		≥3.5×10³	
		压注胶		≥2.5×10³	≥2.0×10³	≥3.0×10³	
	伸长率(%)			≥1.2	≥1.0	≥1.5	
	抗弯强度(MPa)			≥45	≥35	≥45	≥50
				且不得呈碎裂状破坏			
	抗压强度(MPa)			≥65			
粘结能力	钢对钢拉伸抗剪强度(MPa)	标准值	(23±2)℃、(50±5)%*RH*	≥15	≥12	≥18	
		平均值	(60±2)℃、10min	≥17	≥14	—	—
			(95±2)℃、10min	—	—	≥17	—
			(125±3)℃、10min	—	—	—	≥14
			(－45±2)℃、30min	≥17	≥14	≥20	
	钢对钢对接粘结抗拉强度(MPa)		在(23±2)℃、(50±5)%*RH*条件下，按所执行试验方法标准规定的加荷速度测试	≥33	≥27	≥33	≥38
	钢对钢T冲击剥离长度(mm)			≤25	≤40	≤15	
	钢对C45混凝土正拉粘结强度(MPa)			≥2.5，且为混凝土内聚破坏			

续表 4.2.2-1

检验项目	检验条件	鉴定合格指标			
		Ⅰ类胶		Ⅱ类胶	Ⅲ类胶
		A级	B级		
热变形温度(℃)	固化、养护21d，到期使用0.45MPa弯曲应力的B法测定	≥65	≥60	≥100	≥130
不挥发物含量(%)	(105±2)℃、(180±5)min	≥99			

注：表中各项性能指标，除标有标准值外，均为平均值。

表 4.2.2-2 以混凝土为基材，粘贴纤维复合材用结构胶基本性能鉴定要求

检验项目			检验条件	鉴定合格指标			
				Ⅰ类胶		Ⅱ类胶	Ⅲ类胶
				A级	B级		
胶体性能	抗拉强度(MPa)		在(23±2)℃、(50±5)%RH条件下，以2mm/min加荷速度进行测试	≥38	≥30	≥38	≥40
	受拉弹性模量(MPa)			≥2.4×10^3	≥1.5×10^3	≥2.0×10^3	
	伸长率(%)			≥1.5			
	抗弯强度(MPa)			≥50	≥40	≥45	≥50
				且不得呈碎裂状破坏			
	抗压强度(MPa)			≥70			
粘结能力	钢对钢拉伸抗剪强度(MPa)	标准值	(23±2)℃、(50±5)%RH	≥14	≥10	≥16	
		平均值	(60±2)℃、10min	≥16	≥12	—	—
			(95±2)℃、10min	—	—	≥15	—
			(125±3)℃、10min	—	—	—	≥13
			(−45±2)℃、30min	≥16	≥12	≥18	
	钢对钢粘结抗拉强度(MPa)		在(23±2)℃、(50±5)%RH条件下，按所执行试验方法标准规定的加荷速度测试	≥40	≥32	≥40	≥43
	钢对钢T冲击剥离长度(mm)			≤20	≤35	≤20	
	钢对C45混凝土正拉粘结强度(MPa)			≥2.5，且为混凝土内聚破坏			
热变形温度(℃)			使用0.45MPa弯曲应力的B法	≥65	≥60	≥100	≥130
不挥发物含量(%)			(105±2)℃、(180±5)min	≥99			

注：表中各项指标，除标有标准值外，均为平均值。

表 4.2.2-3 以混凝土为基材，锚固用结构胶基本性能鉴定标准

检验项目			检验条件		鉴定合格指标			
					Ⅰ类胶		Ⅱ类胶	Ⅲ类胶
					A级	B级		
胶体性能	劈裂抗拉强度(MPa)		在(23±2)℃、(50±5)%RH条件下，以2mm/min加荷速度进行测试		≥8.5	≥7.0	≥10	≥12
	抗弯强度(MPa)				≥50	≥40	≥50	≥55
					且不得呈碎裂状破坏			
	抗压强度(MPa)				≥60			
粘结能力	钢对钢拉伸抗剪强度(MPa)	标准值	(23±2)℃、(50±5)%RH		≥10	≥8	≥12	
		平均值	(60±2)℃、10min		≥11	≥9	—	—
			(95±2)℃、10min		—	—	≥11	—
			(125±3)℃、10min		—	—	—	≥10
			(−45±2)℃、30min		≥12	≥10	≥13	
	约束拉拔条件下带肋钢筋（或全螺杆）与混凝土粘结强度		(23±2)℃、(50±5)%RH	C30 ϕ25 l=150	≥11	≥8.5	≥11	≥12
				C60 ϕ25 l=125	≥17	≥14	≥17	≥18
	钢对钢T冲击剥离长度（mm）		(23±2)℃、(50±5)%RH		≤25	≤40	≤20	
热变形温度(℃)			使用0.45MPa弯曲应力的B法		≥65	≥60	≥100	≥130
不挥发物含量（%）			(105±2)℃、(180±5)min		≥99			

注：表中各项指标，除标有标准值外，均为平均值。

表 4.2.2-4 以混凝土为基材，结构胶长期使用性能鉴定标准

检验项目		检验条件	鉴定合格指标			
			Ⅰ类胶		Ⅱ类胶	Ⅲ类胶
			A级	B级		
耐环境作用	耐湿热老化能力	在50℃、95% *RH* 环境中老化90d（B级胶为60d）后，冷却至室温进行钢对钢拉伸抗剪试验	与室温下短期试验结果相比，其抗剪强度降低率（%）:			
			≤12	≤18	≤10	≤12
	耐热老化能力	在下列温度环境中老化30d后，以同温度进行钢对钢拉伸抗剪试验	与同温度10min短期试验结果相比，其抗剪强度降低率:			
		(80±2)℃	≤5	不要求	—	—
		(95±2)℃	—	—	≤5	—
		(125±3)℃	—	—	—	≤5
	耐冻融能力	在−25℃⇄35℃冻融循环温度下，每次循环8h，经50次循环后，在室温下进行钢对钢拉伸抗剪试验	与室温下，短期试验结果相比，其抗剪强度降低率不大于5%			
耐应力作用能力	耐长期应力作用能力	在（23±2）℃、（50±5）%*RH* 环境中承受4.0MPa剪应力持续作用210d	钢对钢拉伸抗剪试件不破坏，且蠕变的变形值小于0.4mm			
	耐疲劳应力作用能力	在室温下，以频率为5Hz、应力比为5：1.5、最大应力为4.0MPa的疲劳荷载下进行钢对钢拉伸抗剪试验	经 2×10^{6} 次等幅正弦波疲劳荷载作用后，试件不破坏			

注：若在申请安全性鉴定前已委托有关科研机构完成该品牌结构胶耐长期应力作用能力的验证性试验与合格评定工作，且该评定报告已通过安全性鉴定机构的审查，则允许免作此项检验，而改作楔子快速测定（附录C）。

表 4.2.2-5 以混凝土为基材，结构胶耐介质侵蚀性能鉴定标准

应检验性能	介质环境及处理要求	鉴定合格指标	
		与对照组相比强度下降率（%）	处理后的外观质量要求
耐盐雾作用	5% NaCl 溶液；喷雾压力0.08MPa；试验温度（35±2）℃；每0.5h喷雾一次，每次0.5h；盐雾应自由沉降在试件上；作用持续时间：A级胶及Ⅱ、Ⅲ类胶90d；B级胶60d；到期进行钢对钢拉伸抗剪强度试验	≤5	不得有裂纹或脱胶
耐海水浸泡作用（仅用于水下结构胶）	海水或人造海水；试验温度（35±2）℃；浸泡时间：A级胶90d；B级胶60d；到期进行钢对钢拉伸抗剪强度试验	≤7	不得有裂纹或脱胶
耐碱性介质作用	$Ca(OH)_2$ 饱和溶液；试验温度（35±2）℃；浸泡时间：A级胶及Ⅱ、Ⅲ类胶60d；B级胶45d；到期进行钢对混凝土正拉粘结强度试验	不下降，且为混凝土破坏	不得有裂纹、剥离或起泡
耐酸性介质作用	5% H_2SO_4 溶液；试验温度（35±2）℃；浸泡时间：各类胶均为30d；到期进行钢对混凝土正拉粘结强度试验	混凝土破坏	不得有裂纹或脱胶

4.2.3 以混凝土为基材的结构胶，其性能检验的技术细节要求，应符合下列规定：

1 钢试片的粘合面应经喷砂处理合格。

2 钢试片周边应采取防腐蚀的保护措施。当采用防腐漆涂刷时，漆层不得沾染胶层。

3 锚固型结构胶的胶体抗弯强度试验，其试件厚度应为8mm。

4 检验用的人造海水配方，应符合表4.2.3的规定。

5 各检验项目适用的试验方法标准应符合本规范附录A的规定。

表 4.2.3 人造海水配方

成 分	含量（g/L）	成 分	含量（g/L）
NaCl	24.5	$NaHCO_3$	0.201
$MgCl_2\cdot6H_2O$	11.1	KBr	0.101
Na_2SO_4	4.09	H_3BO_2	0.0270
$CaCl_2$	1.16	$SrCl_2\cdot6H_2O$	0.0420
KCl	0.695	NaF	0.0030

4.2.4 以混凝土为基材，低温固化型结构胶的安全性鉴定，应遵守下列规定：

1 试件的制作与测试应符合以下要求：

1）应在胶粘剂使用说明书中标示的最低温度下，静置胶样各组分24h，使温度达到平衡状态。此时，胶样各组分应无结晶析出。

2）应立即使用经过温度平衡的胶样配制胶液并粘合试件。

3）应在该低温环境中，静置固化试件至规定的时间。

4）应采用本规范附录A规定的测试方法标准，对试件进行测试。

2 低温固化型结构胶基本性能鉴定要求应符合表4.2.4的规定。

表4.2.4 低温固化型结构胶基本性能鉴定要求

检验项目	检验条件	鉴定合格指标
钢对钢拉伸抗剪强度标准值（MPa）	低温固化、养护7d，到期立即在（23±2）℃、（50±5）%RH条件下测试	与室温固化型同品种、A级结构胶合格指标相比，强度下降不大于10%
	低温固化、养护7d，再在（23±2）℃下养护3d，到期立即在（23±2）℃、（50±5）%RH条件下测试	与室温固化型同品种、A级结构胶合格指标相比，强度不下降
钢对钢粘结抗拉强度（MPa）	低温固化、养护7d，再在（23±2）℃下养护3d，到期立即在（23±2）℃、（50±5）%RH条件下测试	≥30
钢对C45混凝土正拉粘结强度（MPa）		≥2.5，且为混凝土内聚破坏
钢对钢T冲击剥离长度（mm）		≤35

3 低温固化型结构胶长期使用性能和耐介质侵蚀性能的鉴定，应以低温固化、养护7d，再在（23±2）℃下养护3d的试件进行检验。其检验结果应达到同品种A级胶的合格指标要求。

4.2.5 以混凝土为基材，湿面施工、水下固化型结构胶的安全性鉴定，应符合下列规定：

1 试件的制作与测试要求：

1）应在5℃环境中进行配胶、拌胶并粘合具有湿面（无浮水）的试件。

2）应在静水中固化、养护试件至规定时间。

3）应采用本规范附录A规定的试验方法标准对试件进行测试。

2 湿面施工、水下固化型结构胶基本性能鉴定要求，应符合表4.2.5的规定。

表4.2.5 湿面施工、水下固化型结构胶基本性能鉴定要求

检验项目	检验条件	鉴定合格指标
钢对钢拉伸抗剪强度标准值（MPa）	水下固化、养护7d，到期立即在5℃条件下测试	≥10
	水下固化、养护7d的试件，晾干3d后，再在水下浸泡30d到期立即测试	≥8
钢对钢拉伸抗剪强度平均值（MPa）	在室温下进行干态粘合的试件，经7d固化、养护后立即测试	应达到同品种A级胶合格指标的要求
钢对钢T冲击剥离长度平均值（mm）		
钢对C45混凝土正拉粘结强度平均值（MPa）		

3 湿面施工、水下固化型结构胶长期使用性能的鉴定，应以水下固化、养护7d，再晾干3d的试件进行检验。其检验结果应达到同品种A级胶的合格指标要求。

4 湿面施工、水下固化型结构胶耐介质腐蚀性能检验可仅作耐海水浸泡一项。经过90d浸泡的试件与浸泡前对照组相比，其钢对钢拉伸抗剪强度的下降百分率不应大于10%。

4.3 以砌体为基材的结构胶

4.3.1 以钢筋混凝土为面层的组合砌体构件，其加固用结构胶的安全性鉴定应按以混凝土为基材的结构胶的规定进行。

4.3.2 以素砌体为基材，粘贴钢板、纤维复合材及种植带肋钢筋、全螺纹螺杆和化学锚栓用的结构胶，其基本性能的安全性鉴定应分别按以混凝土为基材相应用途的B级胶的规定进行。

4.4 以钢为基材的结构胶

4.4.1 本节规定适用于以钢结构构件为基材（基层）粘结加固材料用的结构胶及其配套底胶和修补胶的安全性鉴定。

4.4.2 以钢为基材粘合碳纤维复合材或钢加固件的室温固化型结构胶，其安全性鉴定应包括基本性能鉴定和耐久性能鉴定。鉴定时，应符合下列规定：

1 钢结构加固用胶的设计使用年限，均应按不少于50年确定。

2 结构胶的基本性能和耐久性能鉴定，应分别符合表4.4.2-1、表4.4.2-2和表4.4.2-3的要求；其耐侵蚀介质性能的鉴定应符合本规范表4.2.2-5的要求。

3 胶的粘结能力检验，其破坏模式应为胶层内聚破坏，而不应为粘结界面的粘附破坏。当胶层内聚破坏的面积占粘合面积85%以上时，均可视为正常的内聚破坏。

4 用于安全性检验的钢材表面处理方法（包括脱脂、除锈、糙化、钝化等），应按结构胶使用说明书采用，检验人员应按说明书规定的程序和方法严格执行。

5 当有使用底胶的要求时，检验、鉴定对其性能的要求，不应低于配套结构胶的标准。对粘结钢材用的底胶，尚应使用耐蚀底胶。

4.4.3 以钢为基材结构胶检验项目适用的试验方法标准应符合本规范附录A的规定。

4.5 以木材为基材的结构胶

4.5.1 本节规定适用于以干燥木材为基材粘结木材的室温固化型结构胶的安全性鉴定。

注：干燥木材系指平均含水率不大于15%的方木和原木，或表面含水率为12%的板材。

表 4.4.2-1　以钢为基材，粘贴钢加固件的结构胶基本性能鉴定标准

检验项目			检验条件	鉴定合格指标 Ⅰ类胶 AAA级	Ⅰ类胶 AA级	Ⅱ类胶	Ⅲ类胶
胶体性能	抗拉强度(MPa)		试件浇注毕养护至7d，到期立即在：(23±2)℃、(50±5)%RH条件下测试	≥45	≥35	≥45	≥50
	受拉弹性模量(MPa)	涂布胶		≥4.0×10³	≥3.5×10³	≥3.5×10³	
		压注胶		≥3.0×10³	≥2.7×10³	≥2.7×10³	
	伸长率(%)	涂布胶		≥1.5		≥1.7	
		压注胶		≥1.8		≥2.0	
	抗弯强度(MPa)			≥50		≥60	
				且不得呈碎裂状破坏			
	抗压强度(MPa)			≥65		≥70	
粘结能力	钢对钢拉伸抗剪强度(MPa)	标准值	试件粘合后养护7d，到期立即在(23±2)℃、(50±5)%RH条件下测试	≥18	≥15	≥18	
		平均值	(95±2)℃；10min	—	—	≥16	—
			(125±3)℃；10min	—	—	—	≥14
			(−45±2)℃；30min	≥20	≥17	≥20	
	钢对钢对接接头抗拉强度(MPa)		试件粘合后养护7d，到期立即在(23±2)℃、(50±5)%RH条件下测试	≥40	≥33	≥35	≥38
	钢对钢T冲击剥离长度(mm)			≤10	≤20	≤6	
	钢对钢不均匀扯离强度(kN/m)			≥30	≥25	≥35	
热变形温度(℃)			使用0.45MPa弯曲应力的B法	≥65		≥100	≥130

注：表中各项性能指标，除标有标准值外，均为平均值。

表 4.4.2-2　以钢为基材，粘贴碳纤维复合材的结构胶基本性能鉴定标准

检验项目			检验条件	鉴定合格指标 Ⅰ类胶 AAA级	Ⅰ类胶 AA级	Ⅱ类胶	Ⅲ类胶
胶体性能	抗拉强度(MPa)		试件浇注毕养护7d，到期立即在：(23±2)℃、(50±5)%RH条件下测试	≥50	≥40	≥50	≥45
	受拉弹性模量(MPa)	涂布胶		≥3.3×10³	≥2.8×10³	≥3.0×10³	
		压注胶		≥2.5×10³		≥2.5×10³	
	伸长率(%)	涂布胶		≥1.7		≥2.0	
		压注胶		≥2.0		≥2.3	
	抗弯强度(MPa)			≥50		≥60	
				且不得呈碎裂状破坏			
	抗压强度(MPa)			≥65		≥70	

续表 4.4.2-2

检验项目			检验条件	鉴定合格指标 Ⅰ类胶 AAA级	Ⅰ类胶 AA级	Ⅱ类胶	Ⅲ类胶
粘结能力	钢对钢拉伸抗剪强度(MPa)	标准值	试件粘合毕养护7d，到期立即在(23±2)℃、(50±5)%RH条件下测试	≥17	≥14	≥17	
		平均值	(95±2)℃；10min	—	—	≥15	—
			(125±3)℃；10min	—	—	—	≥12
			(−45±2)℃；30min	≥19	≥16	≥19	
	钢对钢对接接头抗拉强度(MPa)		试件粘合后养护7d，到期立即在(23±2)℃、(50±5)%RH条件下测试	≥45	≥40	≥45	≥38
	钢对钢T冲击剥离长度(mm)			≤10	≤20	≤6	
	钢对钢不均匀扯离强度(kN/m)			≥30	≥25	≥35	
热变形温度(℃)			使用0.45MPa弯曲应力的B法	≥65		≥100	≥130

注：表中各项性能指标，除标有标准值外，均为平均值。

表 4.4.2-3　以钢为基材，结构胶耐久性能鉴定要求

检验项目		检验条件	鉴定合格指标 Ⅰ类胶 A级	Ⅰ类胶 B级	Ⅱ类胶	Ⅲ类胶
耐环境作用	耐湿热老化能力	在50℃、95%RH环境中老化90d后，冷却至室温进行钢对钢拉伸抗剪强度试验	与室温下短期试验结果相比，其抗剪强度降低率(%)：			
			≤12	≤18	≤10	≤15
	耐热老化能力	在下列温度环境中老化90d后，以同温度进行钢对钢拉伸抗剪试验	与同温度短期试验结果相比，其抗剪强度平均降低率(%)：			
		(60±2)℃恒温	≤5	≤10	—	—
		(95±2)℃恒温	—	—	≤5	—
		(125±3)℃恒温	—	—	—	≤7
	耐冻融能力	在−25℃⇌35℃冻融循环温度下，每次循环8h，经50次循环后，在室温下进行钢对钢拉伸抗剪试验	与室温下短期试验结果相比，其抗剪强度平均降低率(%)不大于5%			
耐应力作用能力	耐长期剪应力作用能力	在各类胶最高使用温度下，承受5.0MPa剪应力，持续作用210d	钢对钢拉伸抗剪试件不破坏，且蠕变的变形值小于0.4mm			
	耐疲劳作用能力	在室温下，以频率为5Hz、应力比为5：1、最大应力为5.0MPa的疲劳荷载下进行钢对钢拉伸抗剪试验	经5×10^6次等幅正弦波疲劳荷载作用后，试件未破坏			

4.5.2　木材与木材粘结室温固化型结构胶安全性鉴定标准应符合表 4.5.2 的规定。

表 4.5.2 木材与木材粘结室温固化型结构胶安全性鉴定标准

检验的性能			鉴定合格指标	
			红松等软木松	栎木或水曲柳
粘结性能	胶缝顺木纹方向抗剪强度（MPa）	干试件	≥6.0	≥8.0
		湿试件	≥4.0	≥5.5
	木材对木材横纹正拉粘结强度 f_t^b（MPa）		$f_t^b \geqslant f_{t,90}$，且为木材横纹撕拉破坏	
耐环境作用性能	以 20℃水浸泡 48h→－20℃冷冻 9h→室温置放 15h→70℃热烘 10h 为一循环，经 8 个循环后，测定胶缝顺纹抗剪破坏形式		沿木材剪坏的面积不得少于剪面面积的 75%	

4.6 裂缝压注胶

4.6.1 本章规定适用于混凝土和砌体结构构件裂缝压注胶的安全性鉴定。

4.6.2 裂缝压注胶分为裂缝封闭胶和裂缝修复胶两类。封闭胶用于封闭和填充裂缝；修复胶用于恢复混凝土构件的整体性和部分强度。

4.6.3 混凝土裂缝封闭胶安全性鉴定的检验项目及合格指标，应符合以混凝土为基材粘结纤维复合材的B级胶的规定。

4.6.4 混凝土裂缝修复胶安全性鉴定标准应符合表 4.6.4 的规定。

表 4.6.4 混凝土裂缝修复胶安全性鉴定标准

检验项目		检验条件	鉴定合格指标
胶体性能	抗拉强度（MPa）	浇注毕养护 7d，到期立即在（23±2）℃、（50±5）%RH 条件下测试	≥25
	受拉弹性模量（MPa）		≥1.5×10³
	伸长率（%）		≥1.7
	抗弯强度（MPa）		≥30 且不得呈碎裂破坏
	抗压强度（MPa）		≥50
	无约束线性收缩率（%）	浇注毕养护 7d，到期立即在（23±2）℃条件下测试	≤0.3
粘结能力	钢对钢拉伸抗剪强度（MPa）	粘合毕养护 7d，到期立即在（23±2）℃、（50±5）%RH 条件下测试	≥15
	钢对钢对接抗拉强度（MPa）		≥20
	钢对干态混凝土正拉粘结强度（MPa）		≥2.5，且为混凝土内聚破坏
	钢对湿态混凝土正拉粘结强度（MPa）		≥1.8，且为混凝土内聚破坏
耐湿热老化性能		在 50℃、（95±3）%RH 环境中老化 90d，冷却至室温进行钢对钢拉伸抗剪强度试验	与室温下，短期试验结果相比，其抗剪强度降低率不大于 18%

注：1 表中各项性能指标均为平均值；
2 干态混凝土指含水率不大于 6%的硬化混凝土；湿态混凝土指饱和含水率状态下的硬化混凝土。

4.7 结构加固用界面胶、底胶和修补胶

4.7.1 承重结构新旧混凝土连接用界面胶的安全性鉴定应符合下列规定：

1 界面胶干态粘结的基本性能、长期使用性能和耐介质侵蚀性能应按配套结构胶的鉴定检验标准确定；

2 界面胶在混凝土对混凝土湿态粘结条件下的压缩抗剪强度，应符合本规范附录 N 的要求；

3 界面胶在钢对钢湿态粘结条件下的拉伸抗剪强度，应符合本规范第 4.2.5 条第 2 款的要求；

4 对重要结构，界面胶胶体的无约束线性收缩率 CS 应符合下列规定：

1）当不加填料时，$CS \leqslant 0.4\%$；

2）当加填料时，$CS \leqslant 0.2\%$。

4.7.2 当胶接的设计要求使用底胶时，应对结构胶配套的底胶进行安全性鉴定。底胶的安全性鉴定标准应符合表 4.7.2 的规定。

表 4.7.2 底胶安全性鉴定标准

检验项目	检验要求	鉴定合格指标
钢对钢拉伸抗剪强度（MPa）	1 试件的粘合面应经喷砂处理 2 试件应先涂刷底胶，待指干时再涂刷结构胶，粘合后固化养护 7d，到期立即测试 3 测试条件：（23±2）℃、（50±5）%RH	≥20，且为结构胶的胶层内聚破坏
钢对混凝土正拉粘结强度（MPa）		≥2.5，且为混凝土内聚破坏
钢对钢 T 冲击剥离长度（mm）		≤25
耐湿热老化能力	1 采用钢对钢拉伸抗剪试件，涂胶要求同本表上栏 2 试件固化后，置于（50±2）℃、（95～98）%RH 环境中老化 90d，到期在室温下测试其抗剪强度	与对照组相比，其强度降低率不大于12%

注：表中各项性能指标均为平均值。

4.7.3 结构加固用的修补胶，其安全性鉴定的检验项目及合格指标应按配套结构胶的要求确定。

4.8 结构胶涉及工程安全的工艺性能要求

4.8.1 结构胶涉及工程安全的工艺性能，也应作为安全性鉴定的一个组成部分进行检验和鉴定。Ⅰ类胶的检验项目及其合格指标应符合表 4.8.1 的规定，Ⅱ、Ⅲ类胶的检验项目及其合格指标应按Ⅰ类 A 级胶的标准采用。

4.8.2 结构胶工艺性能检验的技术细节要求，应符合下列规定：

1 测定结构胶初黏度和触变指数用的试样，其拌胶量应以 250g 为准。

2 当按黏度上升判定法检测受检胶的适用期时，

宜以胶的初黏度测值为基值，并按下列规定进行判定：

1）对一般结构胶：以黏度上升至基值 1.5 倍的时间，定为该胶的适用期；

2）对灌注型结构胶：以黏度上升至基值 2.5 倍的时间，定为该胶的适用期。

表 4.8.1 Ⅰ类结构胶工艺性能鉴定标准

结构胶粘剂类别及其用途				工艺性能鉴定合格指标					
				混合后初黏度（mPa·s）	触变指数	25℃下垂流度（mm）	在各季节试验温度下测定的适用期（min）		
							春秋用（23℃）	夏用（30℃）	冬用（10℃）
适用于涂刷	底 胶			≤600	—	—	≥60	≥30	60～180
	修补胶			—	≥3.0	≤2.0	≥50	≥35	50～180
	纤维复合材结构胶	织物	A级	—	≥3.0	—	≥90	≥60	90～240
			B级	—	≥2.2	—	≥80	≥45	80～240
		板材	A级	—	≥4.0	≤2.0	≥50	≥40	50～180
	涂布型粘钢结构胶		A级	—	≥4.0	≤2.0	≥50	≥40	50～180
			B级	—	≥3.0	≤2.0	≥40	≥30	40～180
适用于压力灌注	压注型粘钢结构胶		A级	≤1000	—	—	≥40	≥30	40～210
	裂缝修复胶	0.05≤ω<0.2	A级	≤150	—	—	≥50	≥40	50～210
		0.2≤ω<0.5		≤300	—	—	≥40	≥30	40～180
		0.5≤ω<1.5		≤800	—	—	≥30	≥20	30～180
	锚固用快固型结构胶		A级	—	≥4.0	≤2.0	10～25	5～15	25～60
锚固用非快固型结构胶			A级	—	≥4.0	≤2.0	≥40	≥30	40～120
			B级	—	≥4.0	≤2.0	≥40	≥25	40～120

注：1 表中的指标，除已注明外，均是在（23±0.5）℃试验温度条件下测定；

2 表中符号ω为裂缝宽度，其单位为毫米。

3 测定胶液垂流度（下垂度）的模具，其深度应为 3mm，且干燥箱温度应调节到（25±2）℃。

4 当表 4.8.1 中仅给出 A 级胶的指标时，表明该用途不允许使用 B 级胶。

5 当裂缝宽度 ω 大于 1.5mm 时，宜改用裂缝注浆料修补裂缝。

6 结构胶工艺性能各检验项目适用的试验方法标准应符合本规范附录 A 的规定。

5 裂缝注浆料

5.1 一般规定

5.1.1 封闭、填充混凝土和砌体裂缝用的注浆料，应按其所使用粘结材料的不同，分为改性环氧基注浆料和改性水泥基注浆料。改性环氧基注浆料又分为室温固化型和低温固化型两种，水泥基注浆料又分为常温环境用和高温环境用两种。安全性鉴定时，应分别进行取样、检验与评定。

5.1.2 采用符合本规范安全性要求的裂缝注浆料的设计使用年限应符合下列规定：

1 对改性环氧基裂缝注浆料，应按本规范第 4.1.3 条的规定执行；

2 对常温环境使用的改性水泥基裂缝注浆料，应按设计使用年限不少于 50 年进行设计；高温环境使用的裂缝注浆料应按用户与设计单位共同商定的使用年限，且不大于 30 年进行设计。

5.1.3 经安全性鉴定合格的裂缝注浆料，凡被发现有改变用料、配合比或工艺的情况时，均应将其视为未经鉴定的注浆料。

5.2 裂缝注浆料的安全性鉴定

5.2.1 改性环氧基裂缝注浆料安全性鉴定的检验项目及合格指标应符合表 5.2.1 的规定。

表 5.2.1 改性环氧基裂缝注浆料安全性鉴定标准

检验项目		检验条件	鉴定合格指标
浆体性能	劈裂抗拉强度（MPa）	浆体浇注毕养护 7d，到期立即在：（23±2）℃、（50±5）%RH 条件下以 2mm/min 的加荷速度进行测试	≥7.0
	抗弯强度（MPa）		≥25 且不得呈碎裂状破坏
	抗压强度（MPa）		≥60
粘结能力	钢对钢拉伸剪切强度标准值（MPa）	试件粘合毕养护 7d，到期立即在：（23±2）℃、（50±5）%RH 条件下进行测试	≥7.0
	钢对钢粘结抗拉强度（mm）		≥15
	钢对混凝土正拉粘结强度（MPa）		≥2.5，且为混凝土内聚破坏
耐湿热老化能力（MPa）		在 50℃、98%RH 环境中老化 90d 后，冷却至室温进行钢对钢拉伸抗剪强度试验	老化后的抗剪强度平均降低率应不大于 20%

注：表中各项性能指标均为平均值。

5.2.2 改性水泥基裂缝注浆料安全性鉴定标准，应符合表 5.2.2 的规定。

表 5.2.2 改性水泥基裂缝注浆料安全性鉴定标准

检验项目	龄期（d）	检验条件	合格指标
抗压强度（MPa）	3	采用 40mm×40mm×160mm 的试件，按 GB/T 17671 规定的方法在（23±2）℃、（50±5）%RH 条件下检测	≥25.0
	7		≥35.0
	28		≥55.0
劈裂抗拉强度（MPa）	7	采用 GB 50550 规定的试件尺寸和测试方法进行检测	≥3.0
	28		≥4.0

续表 5.2.2

检验项目	龄期（d）	检验条件	合格指标
抗折强度（MPa）	7	采用GB 50550规定的试件尺寸和测试方法进行检测	≥5.0
	28		≥8.0
与混凝土正拉粘结强度（MPa）	28	采用GB 50550规定的注浆料浇注成型方法和测试方法进行检测	≥1.5
耐施工负温作用能力（抗压强度比，%）	（−7+28）	采用GB/T 50448规定的养护条件和测试方法进行检测	≥80
	（−7+56）		≥90

注：（−7+28）表示在规定的负温下养护7d再转标准养护28d，余类推。

5.2.3 用于高温环境的改性水泥基注浆料的性能，除应符合表5.2.2的安全性要求外，尚应符合表5.2.3的耐热性能要求。

表 5.2.3　用于高温环境的改性水泥基注浆料耐热性能指标

使用环境温度	抗压强度比（%）	抗热震性（20次）
按注浆料使用说明书规定的耐热性能指标确定，但不高于500℃	≥100	1　试件热震后表面无脱落； 2　热震后试件浸水端抗压强度与对照组标准养护28d的抗压强度比≥90%

5.2.4 裂缝注浆料涉及工程安全的工艺性能要求，应符合表5.2.4的规定。

表 5.2.4　裂缝注浆料涉及工程安全的工艺性能标准

检验项目		注浆料性能指标	
		改性环氧类	改性水泥基类
初始黏度（mPa·s）		≤1500	—
流动度（自流）	初始值（mm）	—	≥380
	30min保留率（%）	—	≥90
竖向膨胀率	3h（%）	—	≥0.10
	24h与3h之差值（%）	—	≥0.020
23℃下7d无约束线性收缩率（%）		≤0.20	—
泌水率（%）		—	0
25℃测定的可操作时间（min）		≥60	≥90
适合注浆的裂缝宽度 ω（mm）		$1.5<\omega\leqslant3.0$	$3.0<\omega\leqslant5.0$ 且符合材料说明书规定

5.2.5　改性环氧基裂缝注浆料中不得含有挥发性溶剂和非反应性稀释剂；改性水泥基裂缝注浆料中氯离子含量不得大于胶凝材料质量的0.05%。任何注浆料均不得对钢筋及金属锚固件和预埋件产生腐蚀作用。

6　结构加固用水泥基灌浆料

6.1　一般规定

6.1.1 本章规定适用于结构加固用水泥基灌浆料的安全性鉴定。

6.1.2 当不同标准给出的安全性鉴定的检验项目及合格指标有低于本规范要求时，对工程结构加固用的水泥基灌浆料，必须执行本规范的规定。

6.1.3 采用符合本规范安全性要求的水泥基灌浆料，其结构加固后的使用年限，应按本规范第5.1.2条第2款确定。

6.1.4　经安全性鉴定合格的灌浆料，凡被发现有改变用料成分、配合比或工艺的情况时，均应视为未经鉴定的灌浆料。

6.2　水泥基灌浆料的安全性鉴定

6.2.1 工程结构加固用水泥基灌浆料安全性鉴定的检验项目及合格指标，应符合表6.2.1-1和表6.2.1-2的规定。

表 6.2.1-1　结构加固用水泥基灌浆料安全性鉴定标准

检验项目	龄期（d）	检验条件	合格指标
抗压强度（MPa）	1	采用边长为100mm立方体试件，按GB/T 50081规定的方法在（23±2）℃、（50±5）%*RH*条件下进行检测	≥20.0
	3		≥40.0
	28		≥60.0
劈裂抗拉强度（MPa）	7	采用直径为100mm的圆柱形试件，按GB/T 50081规定的方法进行检测	≥2.5
	28		≥3.5
抗折强度（MPa）	7	采用100mm×100mm×400mm的试件，按GB/T 50081规定的方法进行检测	≥6.0
	28		≥9.0
与钢筋握裹强度（MPa）	28	采用ϕ20mm光面钢筋，埋入浆体长度为200mm，按DL/T 5150规定的方法进行检测	≥5.0
对钢筋腐蚀作用	0（新拌浆料）	采用GB 8076规定的试样和方法进行检测	无
耐施工负温作用能力（抗压强度比，%）	（−7+28）	采用GB/T 50448规定的养护条件和测试方法进行检测	≥80
	（−7+56）		≥90

注：（−7+28）表示在规定的负温下养护7d再转标准养护28d，余类推。

表 6.2.1-2 结构用灌浆料涉及工程安全的工艺性能鉴定标准

<table>
<tr><th colspan="3">检验项目</th><th>合格指标</th></tr>
<tr><td rowspan="6">重要工艺性能要求</td><td colspan="2">一般用途的最大骨料粒径（mm）</td><td>≤4.75</td></tr>
<tr><td rowspan="2">流动度</td><td>初始值（mm）</td><td>≥320</td></tr>
<tr><td>30min 保留率（%）</td><td>≥90</td></tr>
<tr><td rowspan="2">竖向膨胀率（%）</td><td>3h</td><td>≥0.10</td></tr>
<tr><td>24h 与 3h 之差值</td><td>0.02～0.30</td></tr>
<tr><td colspan="2">泌水率（%）</td><td>0</td></tr>
</table>

注：1 表中各项目的性能检验，应以灌浆料使用说明书规定的最大用水量制作试样。
2 用于增大截面加固法的灌浆料，其最大骨料粒径应为 20mm。

6.2.2 当结构加固用灌浆料应用于高温环境时，灌浆料的安全性能鉴定，除应符合本规范第 6.2.1 条的要求外，尚应进行耐温性能检验，其检验结果应符合表 6.2.2 的规定。

表 6.2.2 用于高温环境的灌浆料耐热性能鉴定标准

使用环境温度	抗压强度比	热震性（20 次）
按灌浆料使用说明书中耐热性能指标确定，但不高于 500℃	加热至受检温度，并恒温 3h 的试件抗压强度与未加热试件的 28d 抗压强度之比≥95%	按 GB/T 50448 规定的方法测试结果应符合下列要求： 1）试件表面应无崩裂、脱落 2）热震后的试件浸水端抗压强度与标准养护 28d 的抗压强度比≥90%

7 结构加固用聚合物改性水泥砂浆

7.1 一 般 规 定

7.1.1 工程结构加固用的聚合物改性水泥砂浆，按聚合物材料的状态分为乳液类和干粉类。对重要结构加固，应选用乳液类。聚合物改性水泥砂浆中采用的聚合物材料，应为改性环氧类、改性丙烯酸酯类、改性丁苯类或改性氯丁类聚合物，不得使用聚乙烯醇类、苯丙类、氯偏类聚合物以及乙烯-醋酸乙烯共聚物。

7.1.2 使用聚合物改性水泥砂浆的工程结构加固工程，其设计使用年限宜按 30 年确定。当用户要求按 50 年设计时，应具有耐应力长期作用鉴定合格的证书。

7.1.3 承重结构加固使用的聚合物改性砂浆分为Ⅰ级和Ⅱ级，应分别按下列规定采用：

1 对混凝土结构：

1）当原构件混凝土强度等级不低于 C30 时，应采用Ⅰ级聚合物改性水泥砂浆；

2）当原构件混凝土强度等级低于 C30 时，应采用Ⅰ级或Ⅱ级聚合物改性水泥砂浆。

2 对砌体结构：若无特殊要求，可采用Ⅱ级聚合物改性水泥砂浆。

7.1.4 聚合物改性水泥砂浆长期使用的环境温度不应高于 60℃。

7.1.5 经安全性鉴定合格的聚合物改性水泥砂浆，凡被发现有改变用料成分配合比或工艺的情况时，均应视为未经鉴定的聚合物改性水泥砂浆。

7.2 聚合物改性水泥砂浆的安全性鉴定

7.2.1 以混凝土或砖砌体为基材的结构用聚合物改性水泥砂浆的安全性鉴定分为基本性能鉴定和长期使用性能鉴定。鉴定的检验项目及合格指标应分别符合表 7.2.1-1 及表 7.2.1-2 的要求。

表 7.2.1-1 聚合物改性水泥砂浆基本性能鉴定标准（MPa）

<table>
<tr><th colspan="3" rowspan="2">检验项目</th><th rowspan="2">检验条件</th><th colspan="2">鉴定合格指标</th></tr>
<tr><th>Ⅰ级</th><th>Ⅱ级</th></tr>
<tr><td rowspan="4">浆体性能</td><td colspan="2">劈裂抗拉强度</td><td rowspan="4">浆体成型后，不拆模，湿养护 3d；然后拆侧模，仅留底模再湿养护 25d（个别为 4d），到期立即在 (23±2)℃、(50±5)%RH 条件下进行测试</td><td>≥7</td><td>≥5.5</td></tr>
<tr><td colspan="2">抗折强度</td><td>≥12</td><td>≥10</td></tr>
<tr><td rowspan="2">抗压强度</td><td>7d</td><td>≥40</td><td>≥30</td></tr>
<tr><td>28d</td><td>≥55</td><td>≥45</td></tr>
<tr><td rowspan="2">粘结能力</td><td>与钢丝绳粘结抗剪强度</td><td>标准值</td><td rowspan="2">粘结工序完成后，静置湿养护 28d，到期立即在 (23±2)℃、(50±5)%RH 条件下进行测试</td><td>≥9</td><td>≥5</td></tr>
<tr><td colspan="2">与混凝土正拉粘结强度</td><td colspan="2">≥2.5，且为混凝土内聚破坏</td></tr>
</table>

注：表中指标，除注明为标准值外，均为平均值。

表 7.2.1-2 聚合物改性水泥砂浆长期使用性能鉴定标准

<table>
<tr><th colspan="2" rowspan="2">检验项目</th><th rowspan="2">检验条件</th><th colspan="2">鉴定合格指标</th></tr>
<tr><th>Ⅰ级</th><th>Ⅱ级</th></tr>
<tr><td rowspan="3">耐环境作用能力</td><td>耐湿热老化能力</td><td>在 50℃、RH 为 98%环境中，老化 90d（Ⅱ级聚合物砂浆为 60d）后，其室温下钢丝绳与浆体粘结（钢套筒法）抗剪强度降低率（%）</td><td>≤10</td><td>≤15</td></tr>
<tr><td>耐冻融性能</td><td>在－25℃⇄35℃冻融交变流环境中，经受 50 次循环（每次循环 8h）后，其室温下钢丝绳与浆体粘结（钢套筒法）抗剪强度降低率（%）</td><td>≤5</td><td>≤10</td></tr>
<tr><td>耐水性能</td><td>在自来水浸泡 30d 后，拭去浮水进行测试，其室温下钢标准块与基材的正拉粘结强度（MPa）</td><td colspan="2">≥1.5，且为基材内聚破坏</td></tr>
</table>

8 纤维复合材

8.1 一般规定

8.1.1 工程结构加固用的纤维复合材，包括碳纤维复合材、玻璃纤维复合材和芳纶纤维复合材。为增韧目的，允许以混编或增层方式使用部分玄武岩纤维，但不得单独使用玄武岩纤维复合材。

8.1.2 纤维复合材的纤维必须为连续纤维；其受力方式必须设计成仅承受拉应力作用。

8.1.3 纤维复合材抗拉强度标准值应根据本规范第3.0.5条规定的置信水平，按强度保证率为95%的要求确定。

8.1.4 纤维复合材的安全性鉴定必须与所选用的配套结构胶同时进行。若该品牌纤维拟与其他品牌结构胶配套使用，应分别按下列项目重作适配性检验：

1 纤维复合材抗拉强度；

2 纤维复合材与混凝土正拉粘结强度；

3 纤维复合材层间剪切强度。

8.2 碳纤维复合材

8.2.1 承重结构加固用的碳纤维，其材料品种和规格必须符合下列规定：

1 对重要结构，必须选用聚丙烯腈基（PAN 基）12k 或 12k 以下的小丝束纤维，严禁使用大丝束纤维；

2 对一般结构，除使用聚丙烯腈基 12k 或 12k 以下的小丝束纤维外，若有适配的结构胶，尚允许使用不大于 15k 的聚丙烯腈基碳纤维。

8.2.2 碳纤维复合材按其性能分为Ⅰ、Ⅱ、Ⅲ三个等级。安全性鉴定时，应按委托方报的等级进行检验。鉴定结果仅予以确认，不得因该检验批试样性能较高而给予升级。

8.2.3 碳纤维复合材安全性鉴定，应先对申请鉴定的材料进行下列确认工作：

1 应通过检查检验批的中文标志、批号和包装的完整性，以确认取样的有效性；

2 应通过测定碳纤维的 k 数和导电性，以确认该批材料的真实性；

3 应通过核查结构胶的安全性鉴定报告，以确认粘结材料的可靠性。

8.2.4 碳纤维复合材安全性鉴定的检验项目及合格指标，应符合表 8.2.4 的规定。

表 8.2.4 碳纤维复合材安全性鉴定标准

检验项目		鉴定合格指标				
		单向织物			条形板	
		高强Ⅰ级	高强Ⅱ级	高强Ⅲ级	高强Ⅰ级	高强Ⅱ级
抗拉强度 (MPa)	标准值	≥3400	≥3000	—	≥2400	≥2000
	平均值	—	—	≥3000	—	—
受拉弹性模量（MPa）		$\geqslant 2.3\times10^5$	$\geqslant 2.0\times10^5$	$\geqslant 2.0\times10^5$	$\geqslant 1.6\times10^5$	$\geqslant 1.4\times10^5$
伸长率（%）		≥1.6	≥1.5	≥1.3	≥1.6	≥1.4
弯曲强度（MPa）		≥700	≥600	≥500	—	—
层间剪切强度（MPa）		≥45	≥35	≥30	≥50	≥40
纤维复合材与基材正拉粘结强度（MPa）		对混凝土和砌体基材：≥2.5，且为基材内聚破坏；对钢基材：≥3.5，且不得为粘附破坏				
单位面积质量 (g/m^2)	人工粘贴	≤300			—	
	真空灌注	≤450			—	
纤维体积含量（%）		—			≥65	≥55

注：表中指标，除注明标准值外，均为平均值。

8.3 芳纶纤维复合材

8.3.1 承重结构用的芳纶纤维品种，应符合下列规定：

1 弹性模量不得低于 8.0×10^4MPa；

2 饱和含水率不得大于4.5%。

8.3.2 芳纶纤维复合材按其性能分为Ⅰ级和Ⅱ级。安全性鉴定时，应按委托方报的等级进行检验。鉴定结果仅予以确认，不得因该检验批试样性能较高而给予升级。

8.3.3 结构加固用芳纶纤维复合材的安全性鉴定前，应先对送检材料进行下列确认工作：

1 应通过检查检验批的中文标志、批号和包装的完整性，以确认取样的有效性；

2 应通过测定芳纶纤维的饱和含水率，以确认该材料型号的可信性；

3 应通过核查结构胶的安全性鉴定报告，以确认粘结材料的可靠性。

8.3.4 芳纶纤维复合材安全性鉴定的检验项目及合格指标，应符合表 8.3.4 的规定。

表 8.3.4 芳纶纤维复合材安全性鉴定标准

检验项目		鉴定合格指标			
		单向织物		条形板	
		高强度Ⅰ级	高强度Ⅱ级	高强度Ⅰ级	高强度Ⅱ级
抗拉强度（MPa）	标准值	≥2100	≥1800	≥1200	≥800
	平均值	≥2300	≥2000	≥1700	≥1200
受拉弹性模量 E_f（MPa）		$\geqslant 1.1\times10^5$	$\geqslant 8.0\times10^4$	$\geqslant 7.0\times10^4$	$\geqslant 6.0\times10^4$
伸长率（%）		≥2.2	≥2.6	≥2.5	≥3.0
弯曲强度（MPa）		≥400	≥300	—	—
层间剪切强度（MPa）		≥40	≥30	≥45	≥35
与混凝土基材正拉粘结强度（MPa）		≥2.5，且为混凝土内聚破坏			
纤维体积含量（%）		—		≥60	≥50
单位面积质量（g/m2）	人工粘贴	≤450		—	
	真空灌注	≤650		—	

注：表中指标，除注明标准值外，均为平均值。

8.4 玻璃纤维复合材

8.4.1 工程结构加固用的玻璃纤维，应为连续纤维，且应采用高强S玻璃纤维或碱金属氧化物含量小于0.8%的E玻璃纤维；严禁使用中碱C玻璃纤维和高碱A玻璃纤维。

8.4.2 玻璃纤维复合材安全性鉴定的检验项目及合格指标，应符合表8.4.2的规定。

表8.4.2 玻璃纤维复合材安全性鉴定标准

检验项目		鉴定合格指标	
		高强玻璃纤维	E玻璃纤维
抗拉强度标准值（MPa）		≥2200	≥1500
受拉弹性模量（MPa）		$\geqslant 1.0\times10^5$	$\geqslant 7.2\times10^4$
伸长率（%）		≥2.5	≥1.8
弯曲强度（MPa）		≥600	≥500
层间剪切强度（MPa）		≥40	≥35
纤维复合材与混凝土正拉粘结强度（MPa）		≥2.5，且为混凝土内聚破坏	
单位面积质量（g/m^2）	人工粘贴	≤450	≤600
	真空灌注	≤550	≤750

注：表中指标，除注明标准值外，均为平均值。

9 钢丝绳

9.1 一般规定

9.1.1 本章规定适用于制作结构加固用钢丝绳的钢丝及钢丝绳的安全性鉴定。

9.1.2 工程结构加固用的钢丝绳分为高强度不锈钢丝绳和高强度镀锌钢丝绳两类。选用时，应符合下列规定：

1 重要结构，或结构处于腐蚀介质环境、潮湿环境和露天环境时，应采用高强度不锈钢丝绳；

2 处于正常温、湿度室内环境中的一般结构，当采用高强度镀锌钢丝绳时，应采取有效的阻锈措施；

3 结构加固用钢丝绳的内外均不得涂有油脂。

9.2 制绳用的钢丝

9.2.1 当采用高强度不锈钢丝制绳时，应采用碳含量不大于0.15%及硫、磷含量分别不大于0.025%和0.035%的优质不锈钢制丝。

9.2.2 当采用高强度镀锌钢丝制绳时，应采用硫、磷含量均不大于0.30%的优质碳素结构钢制丝；其锌层重量及镀锌质量应根据结构的重要性，分别符合现行国家标准《钢丝镀锌层》GB/T 15393对A级或AB级的规定。

9.2.3 钢丝的安全性鉴定分为化学成分鉴定和力学性能鉴定，应以钢丝生产企业出具的质量保证书为依据。安全性鉴定机构仅负责审查证书的可信性和有效性。

9.3 钢丝绳的安全性鉴定

9.3.1 结构用钢丝绳安全性鉴定的检验项目及合格指标，应符合表9.3.1的规定。

表9.3.1 高强钢丝绳安全性鉴定标准

种类	符号	高强不锈钢丝绳			高强镀锌钢丝绳		
		钢丝绳公称直径（mm）	抗拉强度标准值（MPa）	弹性模量平均值（MPa）	钢丝绳公称直径（mm）	抗拉强度标准值（MPa）	弹性模量平均值（MPa）
6×7+IWS	ϕ^f	2.4～4.0	1800	$\geqslant 1.05\times10^5$	2.5～4.5	1650	$\geqslant 1.30\times10^5$
			1700			1560	
1×19	ϕ^s	2.5	1560		2.5	1560	

9.3.2 钢丝绳的抗拉强度及弹性模量，应按本规范附录A规定的试验方法标准进行测定。

9.3.3 对钢丝绳的基本性能进行安全性鉴定时，其计算用的截面面积应按表9.3.3的规定值采用。

表9.3.3 钢丝绳计算用截面面积

种类	钢丝绳公称直径（mm）	钢丝直径（mm）	计算用截面面积（mm^2）
6×7+IWS	2.4	0.27	2.81
	2.5	0.28	3.02
	3.0	0.32	3.94
	3.05	0.34	4.45
	3.2	0.35	4.71
	3.6	0.40	6.16
	4.0	0.44	7.45
	4.2	0.45	7.79
	4.5	0.50	9.62
1×19	2.5	0.50	3.73

10 合成纤维改性混凝土和砂浆

10.1 一般规定

10.1.1 本章规定适用于以聚丙烯腈纤维、改性聚酯纤维、聚酰胺纤维、聚乙烯醇纤维和聚丙烯纤维配制的合成纤维改性混凝土或砂浆的安全性鉴定。

10.1.2 当需采用其他品种合成纤维替代时，其安全性鉴定的指标不应低于被替代的纤维。

10.1.3 在工程结构加固工程中，合成纤维改性混凝土或砂浆主要用于下列场合：

1　防止新增混凝土或砂浆的早期塑性收缩开裂；

2　限制新增混凝土或砂浆在使用过程中的干缩裂缝和温度裂缝；

3　增强新增混凝土或砂浆的弯曲韧性、耐冲击性和耐疲劳能力；

4　提高混凝土或砂浆的抗渗性和抗冻性。

当用于结构增韧、增强目的时，应采用聚丙烯腈纤维、改性聚酯纤维、聚酰胺纤维和聚乙烯醇纤维；当仅用于限裂目的时，还可采用聚丙烯纤维。

10.2　合成纤维改性混凝土和砂浆的安全性鉴定

10.2.1　结构加固用的合成纤维，其细观形态和几何特征应符合表10.2.1的规定。

表10.2.1　合成纤维的形态识别和几何尺寸的控制要求

检测项目	识别标志与控制指标				
	聚丙烯腈纤维（腈纶纤维）	改性聚酯纤维（涤纶纤维）	聚酰胺纤维（尼龙纤维）	聚乙烯醇纤维（PVA纤维）	聚丙烯纤维（丙纶纤维）
纤维形态	束状，纵向有纹理	束状	束状，易分散成丝	集束	单丝或膜裂
截面形状	肾形或圆形	三角形	圆形	异形	圆形或异形
纤维直径（mm）	20～27	10～15	23～30	10～14	10～15
纤维长度（mm）	12～20	6～20	6～19	6～20	6～20

10.2.2　结构加固用的合成纤维，其安全性鉴定标准应符合表10.2.2的规定。

表10.2.2　合成纤维安全性鉴定标准

检验项目	鉴定合格指标				
	聚丙烯腈纤维（腈纶纤维）	改性聚酯纤维（涤纶纤维）	聚酰胺纤维（尼龙纤维）	聚乙烯醇纤维（PVA纤维）	聚丙烯纤维（丙纶纤维）
抗拉强度（MPa）	≥600	≥600	≥600	≥800	≥280
拉伸弹性模量（MPa）	$\geqslant 1.7\times10^4$	$\geqslant 1.4\times10^4$	$\geqslant 5\times10^3$	$\geqslant 1.2\times10^4$	$\geqslant 3.7\times10^3$
伸长率（%）	≥15	≥20	≥18	≥5	≥18
吸水率（%）	<2	<0.4	<4	<2	<0.1
熔点（℃）	240	250	220	210	175
再生链烯烃（再生塑料）含量	不允许	不允许	不允许	不允许	不允许
毒性	无	无	无	无	无

10.2.3　用于防止混凝土或砂浆早期塑性收缩开裂的合成纤维，其纤维体积率一般应控制在0.1%～0.4%范围内；若有特殊要求，应通过试配确定。用于混凝土或砂浆增韧的合成纤维，其纤维体积率应控制在0.5%～1.5%范围内；在能达到设计要求的情况下，应采用较低的纤维体积率。

10.2.4　采用合成纤维增韧的硬化混凝土或砂浆，其安全性鉴定应符合下列规定：

1　混凝土强度等级和砂浆强度等级分别不应低于C20和M10；

2　按本规范附录N确定的弯曲韧性指标——剩余强度指数*RSI*不应小于40%；

3　硬化混凝土或砂浆的抗冻性应分别符合现行有关标准的要求；

4　合成纤维改性混凝土的强度等级，应按普通混凝土的强度等级确定。但当纤维掺率大于0.5%时，应按普通混凝土的强度等级降低一级采用。

11　钢纤维混凝土

11.1　一般规定

11.1.1　本章规定适用于以碳钢纤维、合金钢纤维和不锈钢纤维配制的纤维增强混凝土的安全性鉴定。

11.1.2　在工程结构加固中，钢纤维主要用于对增强、增韧、抗震、抗冲击、抗疲劳和抗爆等有较高要求的结构构件或其局部部位，其中，不锈钢纤维还适用于对耐腐蚀和耐高温有严格要求的重要结构。

11.2　钢纤维混凝土的安全性鉴定

11.2.1　工程结构加固用钢纤维的几何特征应符合下列要求：

1　应采用异形纤维，但不应采用圆直钢丝切断型纤维、波浪形纤维及直角钩纤维。

2　熔抽型工艺仅允许用于不锈钢纤维；不允许用于碳钢纤维和合金钢纤维。

3　钢纤维的几何参数应符合表11.2.1的规定。

表11.2.1　工程结构加固用钢纤维几何参数要求

检验项目	合格参数	检验项目	合格参数
纤维等效直径（mm）	0.40～0.90	纤维长径比	40～80
纤维长度（mm）	35～60	纤维几何形状合格率	≥85%

11.2.2　工程结构加固用的钢纤维，其抗拉强度等级应符合下列规定：

1　对普通混凝土，应采用380级或600级（490级）；

2　对高强混凝土，应采用600级（490级）或1000级（830级）。

注：括号内的数值适用于不锈钢纤维。

11.2.3 当钢纤维用钢板制作时，允许用切断成型的母材作抗拉强度试验，并用以表示钢纤维的抗拉强度等级。

11.2.4 抗拉强度等级符合本章第 11.2.2 条及第 11.2.3 条规定的钢纤维，其质量应符合下列要求：

1 单根钢纤维在不低于 15℃室温条件下，应能经受绕 $\phi3$ 圆棒弯折 90°不断裂的检验；

2 钢纤维表面不应有油污及影响粘结的杂质，且不得有锈蚀。

11.2.5 钢纤维混凝土采用的钢纤维体积率应符合下列规定：

1 当用于增强、增韧目的时，钢纤维体积率应控制在 1.2%～2.0%范围内，并应符合设计的要求；

2 当仅用于防裂目的时，钢纤维体积率应控制在 0.5%～1.0%范围内，并应符合设计的要求；

3 当用于有特殊要求的场合时，钢纤维体积率应由设计单位通过试配和检验确定。

11.2.6 工程结构加固用钢纤维混凝土的弯曲韧性检验确定的韧性指数 I_5 不应低于 5。

11.2.7 有抗疲劳、抗冲击要求的钢纤维混凝土，其安全性鉴定，除应符合本章规定外，尚应通过专家组设计的检验方案的鉴定。

11.2.8 符合本章各条规定的钢纤维混凝土，可评为对结构加固工程适用的钢纤维增强（或改性）混凝土。

12 后锚固连接件

12.1 一 般 规 定

12.1.1 本章的规定适用于以普通混凝土为基材的后锚固连接件的安全性鉴定。

12.1.2 工程结构用的后锚固连接件应采用胶接植筋、胶接全螺纹螺杆和有机械锁紧效应的自扩底锚栓、模扩底锚栓和特殊倒锥形化学锚栓。

12.1.3 在考虑地震作用的结构中，严禁使用膨胀型锚栓作为承重构件的连接件。

12.1.4 后锚固连接件的安全性鉴定，应包括基材和锚固件的材质鉴定以及连接的性能鉴定。

12.2 基材及锚固件材质鉴定

12.2.1 混凝土基材的安全性鉴定应符合下列规定：

1 当采用胶接植筋和胶接全螺纹螺杆时，其基材混凝土的强度等级应符合下列规定：

1）当新增构件为悬挑结构构件时，其基材混凝土强度等级不得低于 C25 级；

2）当新增构件为其他结构构件时，其基材混凝土强度等级不得低于 C20 级。

2 当采用锚栓时，其基材混凝土的强度等级：对重要结构，不得低于 C30 级；对一般结构，不得低于 C25 级。

12.2.2 对碳素钢、合金钢和不锈钢锚栓的安全性鉴定，应分别符合表 12.2.2-1、表 12.2.2-2 的规定。

表 12.2.2-1 碳素钢及合金钢锚栓的安全性能指标

性 能 等 级	4.8	5.8	6.8	8.8
抗拉强度标准值 f_{stk}（MPa）	≥400	≥500	≥600	≥800
屈服强度标准值 f_{yk} 或 $f_{s0.2k}$（MPa）	≥320	≥400	≥480	≥640
伸长率 δ_s（%）	≥14	≥10	≥8	≥12
受拉弹性模量（MPa）	$\geqslant 2.0\times10^5$			

注：性能等级 4.8 表示：$f_{stk}=400$；$f_{yk}/f_{stk}=0.8$。

表 12.2.2-2 不锈钢（奥氏体 A_1、A_2、A_4）锚栓性能指标

性能等级	抗拉强度标准值 f_{stk}（MPa）	屈服强度标准值 f_{yk}（MPa）	伸长值 δ
50	≥500	≥210	≥0.6d
70	≥700	≥450	≥0.4d
80	≥800	≥600	≥0.3d

12.2.3 胶接植筋的钢筋应采用 HRB400 级及 HRB335 级的带肋钢筋。胶接全螺纹钢螺杆应采用 Q235 和 Q345 的钢螺杆。鉴定时，钢筋和螺杆的强度指标应分别按现行国家标准《混凝土结构设计规范》GB 50010 和《钢结构设计规范》GB 50017 的规定采用。

12.3 后锚固连接性能安全性鉴定

12.3.1 后锚固连接的承载力鉴定，应采用破坏性检验方法（附录 U），其检验结果的评定，应符合下列规定：

1 当检验结果符合下列要求时，其锚固承载力评为合格：

$$N_{u,m} \geqslant [\gamma_u] N_t \quad (12.3.1\text{-}1)$$

且

$$N_{u,min} \geqslant 0.85 N_{u,m} \quad (12.3.1\text{-}2)$$

式中：$N_{u,m}$——受检验锚固件极限抗拔力实测平均值；

$N_{u,min}$——受检验锚固件极限抗拔力实测最小值；

N_t——受检验锚固件连接的轴向受拉承载力设计值，应按现行国家标准《混凝土结构加固设计规范》GB 50367 的规定计算确定；

$[\gamma_u]$——破坏性检验安全系数，按表 12.3.1

取用。

2 当 $N_{u,m}<[\gamma_u]N_t$，或 $N_{u,min}<0.85N_{u,m}$ 时，应评为锚固承载力不合格。

表 12.3.1 检验用安全系数 $[\gamma_u]$

锚固件种类	破坏类型	
	钢材破坏	非钢材破坏
植筋	≥1.45	不允许
锚栓	≥1.65	≥3.5

12.3.2 后锚固连接的专项性能检验与鉴定，应按现行行业标准《混凝土用膨胀型、扩孔型建筑锚栓》JG160 附录 F 的规定执行。通过该专项检验的后锚固连接，可作出其抗震或抗疲劳性能符合安全使用的鉴定。

附录 A 安全性鉴定适用的试验方法标准

A.0.1 结构胶粘剂胶体性能的测定，应采用下列试验方法标准：

1 现行国家标准《塑料试样状态调节和试验的标准环境》GB/T 2918；

2 现行国家标准《树脂浇注体性能试验方法》GB/T 2567；

3 本规范附录 E《富填料胶粘剂胶体及聚合物改性水泥砂浆体劈裂抗拉强度测定方法》；

4 本规范附录 P《胶粘剂浇注体（胶体）收缩率测定方法》。

A.0.2 结构胶粘剂粘结能力的测定，应采用下列试验方法标准：

1 现行国家标准《胶粘剂拉伸剪切强度的测定（刚性材料对刚性材料）》GB/T 7124；

2 现行国家标准《胶粘剂对接接头拉伸强度的测定》GB/T 6329；

3 现行国家军用标准《胶粘剂高温拉伸剪切强度试验方法（金属与金属）》GJB 444；

4 本规范附录 F《结构胶粘剂 T 冲击剥离长度测定方法及评定标准》；

5 本规范附录 G《粘结材料粘合加固材与基材的正拉粘结强度试验室测定方法及评定标准》；

6 本规范附录 K《约束拉拔条件下胶粘剂粘结钢筋与基材混凝土的粘结强度测定方法》；

7 本规范附录 N《混凝土对混凝土粘结的压缩抗剪强度测定方法及评定标准》。

A.0.3 结构胶粘剂耐环境和长期应力作用能力的测定，应采用下列试验方法标准：

1 本规范附录 C《胶接耐久性楔子快速测定法》；

2 本规范附录 J《结构胶粘剂和聚合物改性水泥砂浆湿热老化性能测定方法》；

3 本规范附录 L《结构胶粘剂耐热老化性能测定方法》；

4 现行国家军用标准《胶接耐久性试验方法》GJB 3383（方法 105）；

5 本规范附录 M《胶接试件耐疲劳应力作用能力测定方法》；

6 现行国家标准《木结构试验方法标准》GB/T 50329。

A.0.4 结构胶粘剂物理化学性能的测定，应采用下列试验方法标准：

1 现行国家标准《胶粘剂适用期的测定》GB/T 7123.1；

2 现行国家标准《塑料负荷变形温度的测定》GB/T 1634.2；

3 现行国家标准《建筑密封材料试验方法 流动性的测定》GB/T 13477.6；

4 本规范附录 H《结构胶粘剂不挥发物含量测定方法》；

5 本规范附录 Q《结构胶粘剂初黏度测定方法》；

6 本规范附录 R《结构胶粘剂触变指数测定方法》。

A.0.5 水泥基注浆料和灌浆料性能的测定，应采用下列试验方法标准：

1 现行国家标准《水泥基灌浆材料应用技术规范》GB/T 50448 附录 A；

2 现行国家标准《混凝土外加剂应用技术规范》GB 50119 附录 C；

3 本规范附录 S《聚合物改性水泥砂浆体和灌浆料浆体抗折强度测定方法》；

4 现行行业标准《耐火浇注料抗热震性试验方法（水急冷法）》YB/T 2206.2；

5 现行行业标准《水工混凝土试验规程》DL/T 5150。

A.0.6 纤维复合材性能的测定，应采用下列试验方法标准：

1 现行国家标准《定向纤维增强塑料拉伸性能试验方法》GB/T 3354；

2 现行国家标准《单向纤维增强塑料弯曲性能试验方法》GB/T 3356；

3 现行国家标准《碳纤维增强塑料纤维体积含量试验方法》GB/T 3366；

4 现行国家标准《增强制品试验方法 第 3 部分：单位面积质量的测定》GB/T 9914.3；

5 本规范附录 D《纤维复合材层间剪切强度测定方法》。

A.0.7 钢丝绳抗拉强度和弹性模量的测定，应采用下列试验方法标准：

1 现行国家标准《金属材料 拉伸试验 第1部分：室温试验方法》GB/T 228.1；

2 现行行业标准《光缆用镀锌钢绞线》YB/T 098（附录A）。

A.0.8 纤维改性混凝土或砂浆弯曲韧性的测定应采用本规范附录T《合成纤维改性混凝土弯曲韧性测定方法》。

A.0.9 后锚固连接性能的测定，应采用下列试验方法标准：

1 现行国家标准《紧固件机械性能 螺栓、螺钉和螺柱》GB/T 3098.1；

2 现行国家标准《紧固件机械性能 不锈钢螺栓、螺钉和螺柱》GB/T 3098.6；

3 本规范附录U《锚固承载力检验方法》；

4 现行行业标准《混凝土用膨胀型、扩孔型建筑锚栓》JG 160，附录F《专项性能检验》。

附录B 材料性能标准值计算方法

B.0.1 材料性能标准值（f_k），应根据抽样检验结果按下式确定：

$$f_k = m_f - ks \tag{B.0.1}$$

式中：m_f——按 n 个试件算得的材料性能平均值；

s——按 $n-1$ 个试件算得的材料性能标准差，宜采用计算器的统计模式（MODE S）计算；

k——与 α、c 和 n 有关的材料性能标准值计算系数，由表B.0.1查得；

α——正态概率分布的分位值，根据材料性能标准值所要求的95%保证率，取 $\alpha=0.05$；

γ——检测加固材料性能所取的置信水平（置信度），按本规范第3章第3.0.6条的规定进行确定。

表B.0.1 材料性能标准值计算系数k值

n	α=0.05时的k值				n	α=0.05时的k值			
	γ=0.99	γ=0.95	γ=0.90	γ=0.75		γ=0.99	γ=0.95	γ=0.90	γ=0.75
3	—	—	5.310	3.804	15	3.102	2.566	2.329	1.991
4	—	5.145	3.957	2.680	20	2.807	2.396	2.208	1.933
5	—	4.202	3.400	2.463	25	2.632	2.292	2.132	1.895
6	5.409	3.707	3.092	2.336	30	2.516	2.220	2.080	1.869
7	4.730	3.399	2.894	2.250	45	2.313	2.092	1.986	1.821
10	3.739	2.911	2.568	2.103	50	2.296	2.065	1.965	1.811

附录C 胶接耐久性楔子快速测定法

C.1 适用范围及应用条件

C.1.1 本方法适用于结构胶耐久性能的快速复验与评定。

C.1.2 采用本方法进行耐久性能检验的结构胶应符合下列条件：

1 该结构胶已通过胶体性能、粘结能力、耐老化作用及耐长期应力作用的检验；

2 被检验的样品来源于批量生产的结构胶的随机抽样。

C.2 仪器、设备及工具

C.2.1 适用的仪器、设备及工具应包括：

1 湿热老化试验箱；

2 工具显微镜或5倍～30倍放大镜；

3 游标卡尺，精度为0.002；

4 楔子推进装置，匀速要求应为(30±5)mm/min；

5 划针，应能在不锈钢表面划出显著的划痕；

6 铜槌；

7 台钳（必要时）。

C.2.2 湿热老化试验箱，其性能应符合现行国家标准《湿热试验箱技术条件》GB/T 10586的要求。湿热箱内环境条件应为(50±2)℃、(95～100)%RH。

C.3 楔 子 制 备

C.3.1 制作楔子的材料，不得与结构胶发生电解、锈蚀及其他化学反应作用。

C.3.2 本方法推荐采用2Cr13不锈钢制作楔子，当有使用经验时，也允许采用LY12CZ铝合金制作。楔子试件形式及尺寸见图C.3.2。不锈钢楔子经清理洁净后可以反复使用。

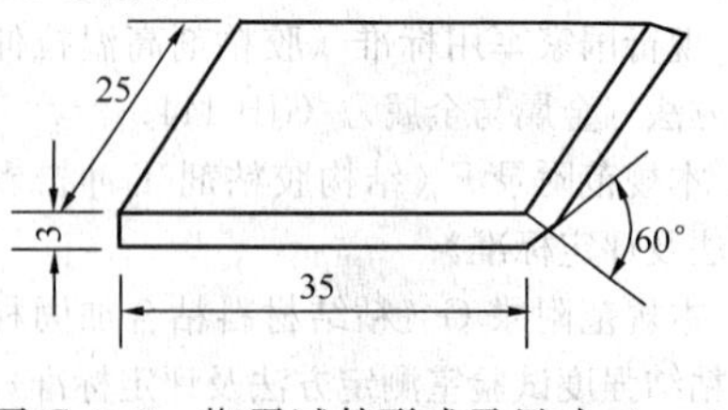

图C.3.2 楔子试件形式及尺寸（mm）

C.4 试板及试件制作

C.4.1 试件由胶接试板加工而成，并应符合下列规定：

1 用3mm厚的不锈钢板材，加工成160mm×160mm的试板两块，经粘合后可制作试件5个（图C.4.1）。

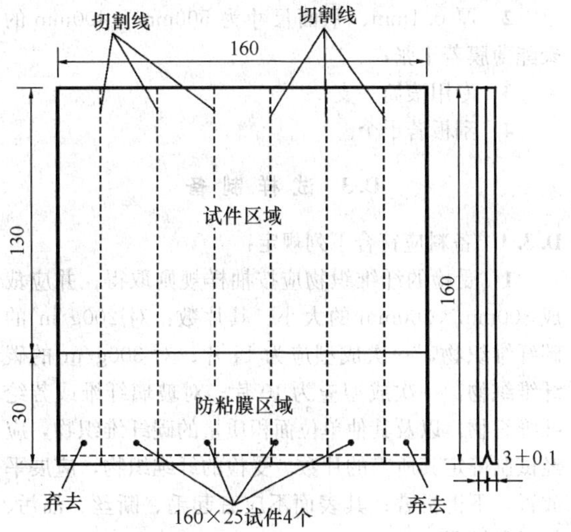

图 C.4.1　试板形式和尺寸（mm）

2　试板表面在涂胶前应经表面处理，处理方法应符合该胶粘剂使用说明书的规定。若使用说明书未作出规定，应采用喷砂法处理。

3　按所采用结构胶的胶接工艺胶接试板，但胶接前应注意先在非胶接区放置好防粘膜（图 C.4.1）。防粘膜可用厚度小于 0.1mm 的聚四氟乙烯薄膜制作。

4　粘合后的试板，应在(23±2)℃温度条件养护 7d。到期时，将试板按图 C.4.1 的要求加工出 5 个试件。试件加工时不允许使用冷却液，以保证胶层不受油污侵蚀；应控制切削速度，使试件表面温度不超过 60℃。

C.4.2　若有使用经验，允许不用试板加工试件，而直接采用 3mm×25mm×160mm 的钢片制作试件。

C.4.3　试件胶层的厚度量测应符合下列要求：

1　每一试件至少需要在 3 个不同位置的测点来量测胶层厚度；

2　每个测点分别在其两侧各读数一次，并精确至 0.01mm；

3　取 3 个测点总平均值作为该试件胶层厚度标准值。

C.4.4　试件数量，应按每一型号结构胶的试件总数不少于 20 个确定。

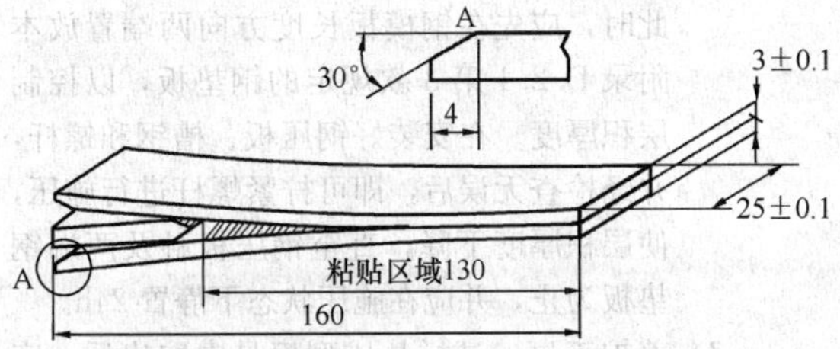

图 C.5.1　试件与楔块示意图（mm）

C.5　试验步骤

C.5.1　在试件非胶接区端部，取出防粘膜，塞进楔子，直至楔子顶端与试件平齐（图 C.5.1），用楔子推进装置顶入楔块时，不允许有大的冲力，也不允许造成塑性变形。

C.5.2　用工具显微镜或放大镜观察试件两侧胶体裂缝的位置，并以划针划出明显标记。

C.5.3　用游标卡尺测量楔子与试件两夹板接触点至划线标记处的距离，以“mm”计，并以两侧量值 l'_0 和 l''_0 的平均值作为初始裂缝长度 l_0。l'_0 和 l''_0 相差大于 5mm，则该试件作废。

C.5.4　将试件置放于温度为(50±2)℃、相对湿度为 95%以上的湿热老化箱中保持 240h(10d)。每 24h(1d)取出试件观察其裂缝尖端位置一次，并做好划线的标记。同时，测量楔块与试件两夹板接触点至划线标记的距离，以“mm”计，并分别记为 l_{F1}、l_{F2}……l_{F9}；第 10 次记录的 l_{F10}，即最终裂缝长度，改记为 l_F。

C.5.5　将经过 240h（10d）湿热处理的试件剥开，观测裂缝的破坏形式，确定是内聚破坏、粘附破坏还是混合破坏，并做好详细记录。

C.6　试验结果整理

C.6.1　按下式计算平均裂缝伸长量 Δl，如图 C.6.1 所示。

$$\Delta l = l_F - l_0 \quad \text{(C.6.1)}$$

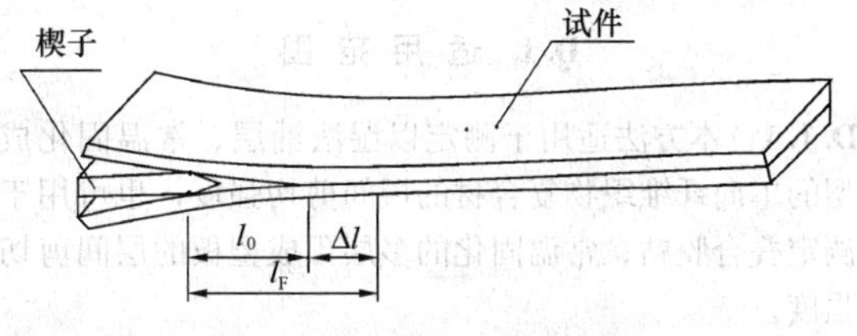

图 C.6.1　裂缝开展示意图

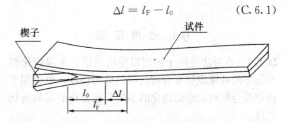

C.6.2　根据 10 次量测的裂缝 Δl_i 值，绘制 Δl_i-t 曲线图（t 为试验时间，按 h 或 d 计）。

C.7　试验结果的评定

C.7.1　试件破坏形式及其正常性判别应符合下列规定：

1　破坏形式的划分：

1）内聚破坏：沿胶粘剂内部破坏；

2）粘附破坏：沿胶粘剂与楔子界面破坏；

3）混合破坏：粘合区内出现两种破坏形式。

2　破坏形式的正常性判别：

1）当破坏形式为结构胶内聚破坏，或虽出现混合破坏，但内聚破坏形式的破坏面积占粘合面积的 75%以上，均可判为正常破坏；

2）当破坏形式为粘附破坏，或粘附破坏面积大于 25%时，均应判为粘结不良破坏。

C.7.2　当结构胶的试验过程表现及试验结果符合下

列要求时，应判为耐久性快速检验合格：

1 Δl-t 曲线走势很快平稳，且渐近于水平线；

2 经湿热老化后的裂缝伸长量 Δl 不大于 15mm。

C.8 试验报告

C.8.1 楔子试验报告应包括下列内容：

1 试验项目名称；

2 试样来源：

1）不锈钢板的牌号、规格及表面处理方法；

2）结构胶的品种、型号和批号；

3）抽样规则及抽样数量。

3 试件制备方法及养护条件；

4 试件编号及试件尺寸；

5 试验环境和条件；

6 试验设备的型号及检定日期；

7 试件老化后的裂缝扩展状态描述及主要试验现象；

8 试验结果整理和计算；

9 合格评定结论；

10 试验人员、校核人员及试验日期。

附录D 纤维复合材层间剪切强度测定方法

D.1 适用范围

D.1.1 本方法适用于测定以湿法铺层、常温固化成型的单向纤维织物复合材的层间剪切强度；也可用于测定叠合胶粘、常温固化的多层预成型板的层间剪切强度。

D.1.2 本方法测定的纤维复合材层间剪切强度可用于纤维材料与胶粘剂的适配性评定。

D.2 试样成型模具

D.2.1 试样成型模具的制备应符合下列规定：

1 成型模具由一对尺寸为 400mm×300mm×25mm 光洁的钢板组成，其中一块作为压板，另一块作为织物铺层的模板。在模具的上下各有一对长 500mm 的 10 号或 12 号槽钢；在槽钢端部钻有 D=18mm 的螺孔，并配有 4 根用于拧紧施压的直径 d=16mm 的螺杆、螺帽及套在螺杆上的压力弹簧，作为纤维织物粘合成试样时的施压工具。

2 成型模具的钢板，应经刨平后在铣床上铣平，其加工面的表面光洁度应为 $\overset{6.3}{\bigtriangledown\bigtriangledown}$ 级。

3 成型模具尚应配有 2 块长 300mm、宽 20mm、厚 4mm 的钢垫板，用于控制织物铺层经加压后应达到的标准厚度。

D.2.2 辅助工具及材料应符合下列规定：

1 可测力的活动扳手 4 把；

2 厚 0.1mm、平面尺寸为 500mm×400mm 的聚酯薄膜若干张；

3 专用滚筒一支；

4 刮板若干个。

D.3 试样制备

D.3.1 备料应符合下列规定：

1 受检的纤维织物应按抽样规则取得；并应裁成 300mm×200mm 的大小。其片数：对 200g/m^2 的碳纤维织物，一次成型应为 14 片；对 300g/m^2 的碳纤维织物，一次成型应为 10 片；对玻璃纤维或芳纶纤维织物，以及其他单位面积质量的碳纤维织物，应经试制确定其所需的片数。受检的纤维织物，应展平放置，不得折叠；其表面不应有起毛、断丝、油污、粉尘和皱褶。

2 受检的预成型板应按抽样规则取得；并截成长 300mm 的片材 3 片，但不得使用板端 50mm 长度内的材料作试样。受检的板材，应平直，无划痕，纤维排列应均匀，无污染。

3 受检的胶粘剂，应按抽样规则取得；并应按一次成型需用量由专业人员配制；用剩的胶液不得继续使用。配制及使用胶液的工艺要求应符合该胶粘剂使用说明书的规定。

D.3.2 试样制备应符合下列规定：

1 纤维织物复合材试样的制备应符合下列要求：

1）湿法铺层工序：应在室温条件下，安装好钢模板，经清理洁净后，将聚酯薄膜铺在其板面上，铺时应充分展平，不得有皱褶和破裂口。在薄膜上用刮板均匀涂布胶液，随即进行铺层（即敷上一层纤维织物）；铺层时，应用刮板和滚筒刮平、压实，使胶液充分浸渍织物，使纤维顺直、方向一致；然后再涂胶、再铺层，逐层重复上述操作，直至全部铺完，并在最上层纤维织物面上铺放一张聚酯薄膜。

2）施压成型工序：应在顶层铺放聚酯薄膜后，即可安装钢压板，准备进入施压成型工序。施压成型全过程也应在室温条件下进行。此时，应先在钢模板长度方向两端置放本附录 D.2.1 第 3 款规定的钢垫板，以控制层积厚度。在安装好钢压板、槽钢和螺杆，并经检查无误后，即可拧紧螺杆进行施压，使层积厚度下降，直至钢压板触及两端钢垫板为止，并应在施压状态下静置 24h。

3）养护工序：试样从成型模具中取出后，应继续养护 144h，养护温度应控制在（23±2）℃。严禁采用人工高温的养护方法。在养护期间不得扰动或进行任何机械加工，也不得受到日晒、雨淋或受潮。

2　预成型板试样的制备应符合下列要求：

1）应采用3块条形板胶粘叠合而成的试样；

2）制备时，可利用上述成型模具进行涂胶、粘贴、加压（不加垫板）和养护；

3）加压和养护时间应符合本条第1款第3项的规定。

D.4　试件制作

D.4.1　试件应从试样中部切取；最外一个试件距试样边缘不应小于30mm，加工试件宜用金刚石车刀，且宜在用水润滑后进行锯、刨或磨光等作业。试件边缘应光滑、平整、相互平行。试件加工人员应穿戴防尘眼镜、防护衣帽及口罩，严防粉尘粘附皮肤。

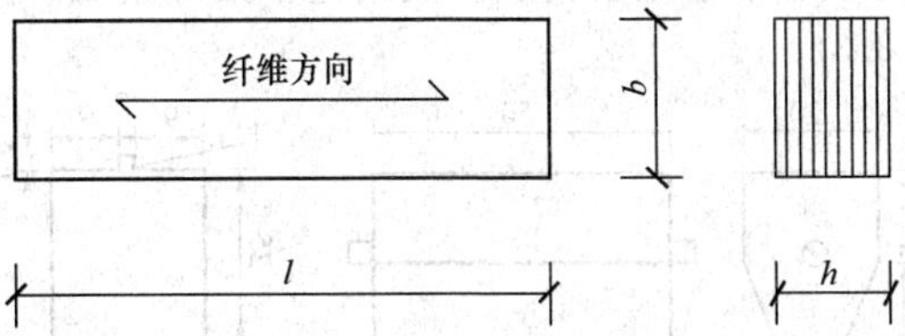

图 D.4.2　试件形状及尺寸符号

l—试件长度；h—试件高度；b—试件宽度

D.4.2　一般情况下，应取试件长度 $l=30\text{mm}\pm1\text{mm}$；宽度 $b=6.0\text{mm}\pm0.5\text{mm}$；对纤维织物制成的试件，其厚度按模压确定，即 $h=4\text{mm}\pm0.2\text{mm}$；对预成型板粘合成的试样，其厚度若大于4mm，允许在机床上单面细加工到4mm（图D.4.2）。每组试件数量不应少于5个；若需确定试验结果的标准差，每组试件数量不应少于15个；仲裁试验的试件数量应加倍。

D.5　试验条件

D.5.1　试件状态调节、试验设备及试验的标准环境应符合现行国家标准《纤维增强塑料性能试验方法总则》GB/T 1446的规定。

D.5.2　试验装置（图D.5.2）的加载压头及支座与试件的抵承面应为圆柱曲面；加载压头及支座应采用45号钢制作，其表面应光滑，无凹陷及疤痕等缺陷。加载压头的半径 R 应为 3mm±0.1mm；支座圆柱半径 r 应为（1.5mm～2.0mm）±0.1mm，加荷压头和支座的长度宜比试件的宽度大4mm。

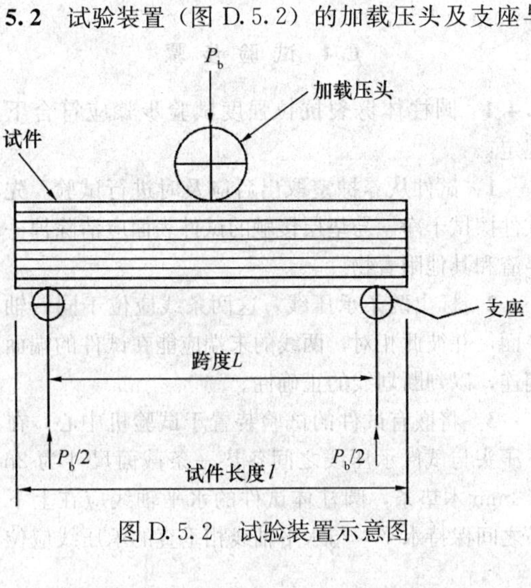

图 D.5.2　试验装置示意图

D.6　试验步骤

D.6.1　试验前应对试件外观进行检查，其外观质量应符合现行国家标准《纤维增强塑料性能试验方法总则》GB/T 1446的要求。

D.6.2　试件应置于试验装置的中心位置上。其跨度应调整为 $L=20\text{mm}$，且误差不应大于0.3mm；加载压头的轴线应位于两支座之间的中央；且应与支座轴线平行。

D.6.3　以（1～2）mm/min的加荷速度连续加荷至试件破坏；记录最大荷载 P_b 及试件破坏形式。

D.6.4　当试验出现下列情形之一时，即可确认试件已破坏，并可立即停止试验：

1　荷载读数已较峰值下降30%；

2　加荷压头移动的行程已超过试件的名义厚度（即4mm）；

3　试件分离成两片。

D.7　试验结果

D.7.1　试件层间剪切强度应按下式计算：

$$f_s=\frac{3P_b}{4bh} \tag{D.7.1}$$

式中：f_s——层间剪切强度（MPa）；

P_b——试件破坏时的最大荷载（N）；

b——试件宽度（mm）；

h——试件厚度（mm）。

D.7.2　试件破坏形式及正常性判别，应符合下列规定：

1　试件的破坏典型形式（图D.7.2）：

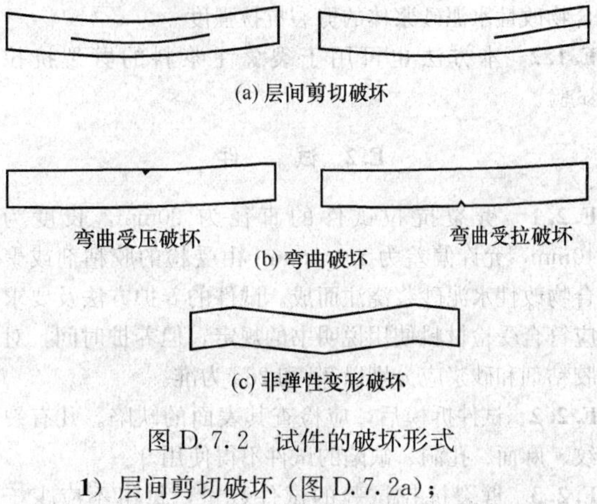

图 D.7.2　试件的破坏形式

1）层间剪切破坏（图D.7.2a）；

2）弯曲破坏：或呈上边缘纤维压皱，或呈下边缘纤维拉断（图D.7.2b）；

3）非弹性变形破坏（图 D.7.2c）。

2 破坏正常性判别及处理：

1）当发生图 D.7.2（a）形式的破坏时，属层间剪切正常破坏；当发生图 D.7.2（b）或（c）的破坏时，属非层间剪切的不正常破坏；

2）当一组试件中仅有一根破坏不正常时，可重作试验，但试件数量应加倍。若重作试验全数破坏正常，仍可认为该组试验结果可以使用；若仍有试件破坏不正常，则应认为该种纤维与所配套的胶粘剂在适配性上不良，并应重新对胶粘剂进行改性，或改用其他型号胶粘剂配套。

D.7.3 试验报告应包括下列内容：

1 受检纤维材料及其胶粘剂的来源、品种、型号和批号；

2 取样规则及抽样数量；

3 试件制备方法及养护条件；

4 试件的编号和尺寸；

5 试验环境的温度和相对湿度；

6 试验设备的型号、量程及检定日期；

7 加荷方式及加荷速度；

8 试样的破坏荷载及破坏形式；

9 试验结果的整理和计算；

10 取样、试验、校核人员及试验日期。

附录 E 富填料胶粘剂胶体及聚合物改性水泥砂浆体劈裂抗拉强度测定方法

E.1 适 用 范 围

E.1.1 本方法适用于测定富填料结构胶胶体以及聚合物改性水泥砂浆体的劈裂抗拉强度。

E.1.2 本方法也可用于裂缝注浆料的劈裂抗拉试验。

E.2 试 件

E.2.1 劈裂抗拉试件的直径为 20mm，长度为 40mm，允许偏差为±0.1mm，由受检的胶粘剂或聚合物改性水泥砂浆浇注而成。试件的养护方法及要求应符合受检材料使用说明书的规定，但养护时间，对胶粘剂和砂浆应分别以 7d 和 28d 为准。

E.2.2 试件拆模后，应检查其表面的缺陷。凡有裂纹、麻面、孔洞、缺陷的试件不得使用。

E.2.3 劈裂抗拉试验的试件数量，每组不应少于 5 个。

E.3 试验设备及装置

E.3.1 劈裂抗拉试件的制作应在专门的模具中浇注而成。模具可自行设计，但应便于脱模，且不应伤及试件；模具的内壁应经抛光，其光洁度应达到$\overset{6.3}{\nabla\nabla}$。其他技术要求应符合现行行业标准《混凝土试模》JG 237 的规定。

E.3.2 劈裂抗拉试件的加载，应采用最大压力标定值不大于 4kN 的压力试验机；其力值的示值误差不应大于 1%；每年应检定一次。试件的破坏荷载应处于试验机标定满负荷的 20%～80%之间。

E.3.3 劈拉试验装置，应采用 45 号钢制作；由加载钢压头、带小压头钢底座及钢定位架等组成（图 E.3.3）。

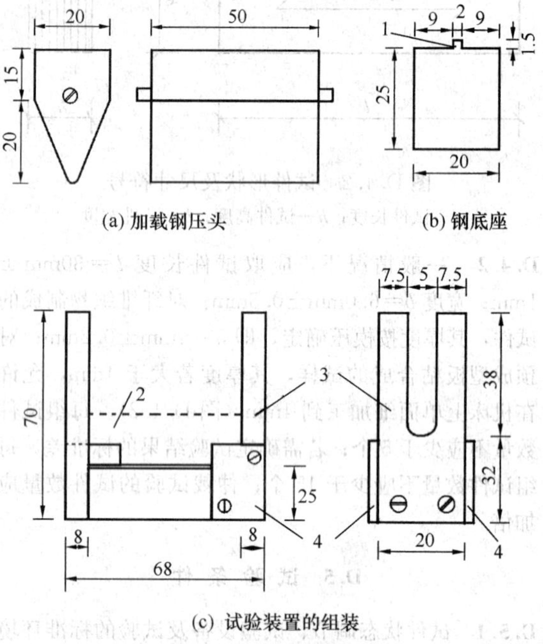

图 E.3.3 劈拉试验装置（mm）

1—小压头；2—试件安装位置；3—定位架；4—挡板

E.4 试 验 步 骤

E.4.1 圆柱体劈裂抗拉强度试验步骤应符合下列规定：

1 试件从养护室取出后应及时进行试验。先将试件擦拭干净，与垫层接触的试件表面应清除掉一切浮渣和其他附着物。

2 标出两条承压线。这两条线应位于同一轴向平面，并彼此相对，两线的末端应能在试件的端面上相连，以判断划线的正确性。

3 将嵌有试件的试验装置于试验机中心，在上下压头与试件承压线之间各垫一条截面尺寸为 2mm×2mm 木垫条，圆柱体试件的水平轴线应在上下垫条之间保持水平，与水平轴线相垂直的承压线应位于垫条的中心，其上下位置应对准（图 E.4.1）。

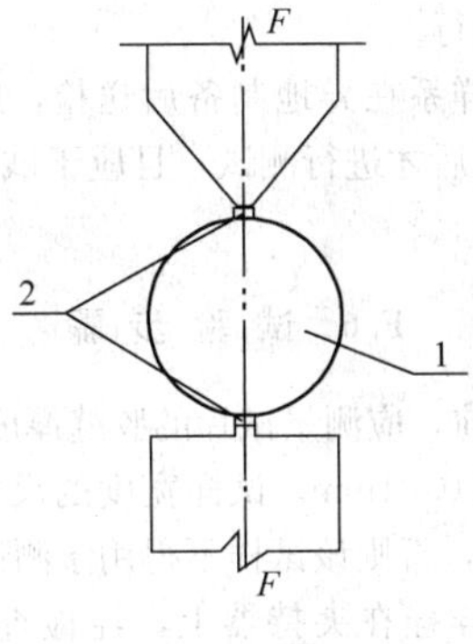

图 E.4.1 试件安装示意图

1—试件；2—木垫条

4 施加荷载应连续均匀地进行，并控制在 1min～1.5min 内破坏。

5 试件破坏时，应记录其最大荷载值及破坏形式。

E.4.2 当按本附录第 E.4.1 条规定的试验步骤进行试验时，若试件的破坏形式不是劈裂破坏，应检查试件的上下对中情况是否符合要求；若对中没有问题，应检查试件的原材料是否固化不良，或不属于富填料的粘结材料。

E.5 试验结果

E.5.1 圆柱体试件劈裂抗拉强度试验结果的整理应符合下列规定：

1 圆柱体劈裂抗拉强度应按下式计算，计算精确至 0.01MPa：

$$f_{ct}=\frac{2F}{\pi dl}=\frac{0.637F}{dl} \qquad (E.5.1)$$

式中：f_{ct}——圆柱体劈裂抗拉强度测试值（MPa）；

F——试件破坏荷载（N）；

d——劈裂面的试件直径（mm）；

l——试件的长度（mm）。

2 圆柱体劈裂抗拉强度有效值应按下列规定进行确定：

1）以 5 个测值的算术平均值作为该组试件的有效强度值；

2）若一组测值中，有一最大值或最小值，与中间值之差大于 15%时，以中间值作为该组试件的有效强度值；

3）若最大值和最小值与中间值之差均大于 15%，则该组试验结果无效，应重做。

E.5.2 当需要计算劈裂抗拉试验结果的标准差及变异系数时，应至少有 15 个有效强度值。

E.5.3 试验报告应包括下列内容：

1 受检材料的来源、品种、型号和批号；

2 取样规则及抽样数量；

3 试件制备方法及养护条件；

4 试件的编号和尺寸；

5 试验环境的温度和相对湿度；

6 试验设备的型号、量程及检定日期；

7 加荷方式及加荷速度；

8 试样的破坏荷载及破坏形式；

9 试验结果的整理和计算；

10 取样、试验、校核人员及试验日期。

附录 F 结构胶粘剂 T 冲击剥离长度测定方法及评定标准

F.1 适用范围

F.1.1 本标准适用于室温固化结构胶粘剂韧性重要标志——T 冲击剥离长度的测定。

F.1.2 抗震设防区建筑加固所使用结构胶粘剂的韧性要求，可按本标准进行测试与合格评定。

F.2 原理

F.2.1 以一对软钢薄片胶接成 T 冲击剥离试样，在规定的条件下，对试样未胶接端施加冲击力，使试样沿其胶接线产生剥离。韧性不同的结构胶粘剂，其剥离长度有显著差别，从中可判别出其韧性的优劣。

F.2.2 通过测量试样剥离长度以及对不同型号胶粘剂测试数据的比较分析，可制定出以剥离长度为指标的、简易、实用的结构胶粘剂韧性合格评定标准。

F.3 试验装置

F.3.1 采用自由落体式冲击剥离试验装置，如图 F.3.1 所示。

F.3.2 冲击剥离试验装置采用 45 号钢制作，其表面应作防锈处理。

F.3.3 试验装置的零部件加工应符合下列要求：

1 作为自由落体的冲击块，应采用 45 号钢制作，其质量应为 900_{0}^{+5} g；

2 自由滑落导杆应笔直，其表面加工的光洁度应达到 $\nabla\nabla\nabla$ 6.3 级；其设计控制的自由落下高度 H 应为 305mm±1mm。

F.3.4 试验夹具的加工，应能使试样安装后的导杆轴线通过试样两孔中心。

F.4 试样

F.4.1 T 冲击剥离试样由一对 Q235 薄钢片胶接而成（图 F.4.1）。

F.4.2 试片加工的允许偏差应符合下列规定：

1 试片弯折后长度 l：±1mm；

2 试片宽度 b：仅允许有 0.2mm 负偏差；

3 试片厚度 t：+0.1mm，且不得有负偏差。

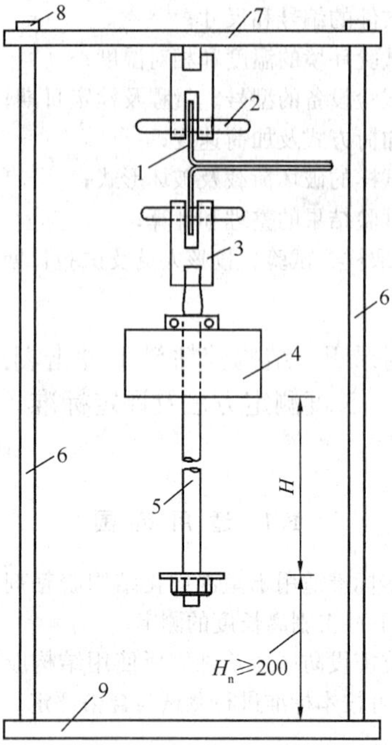

图 F.3.1 冲击剥离试验装置示意图（mm）

1—T形剥离试件；2—ϕ10 销棒；3—夹持器；4—冲击块 P；5—ϕ20 导杆；6—ϕ20 圆钢杆；7—顶板（厚 20）；8—螺母；9—底板（厚 16）

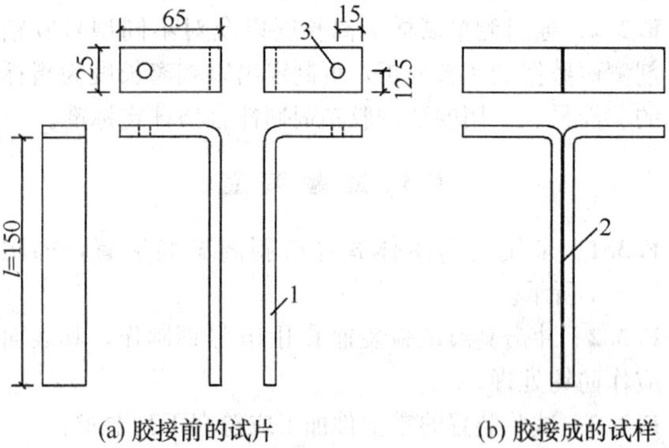

图 F.4.1 T 冲击剥离试样尺寸（mm）

1—试片厚度 $t=1.0$；2—胶缝；3—ϕ12 孔

F.4.3 试片胶接前应按结构胶粘剂对碳钢表面处理的要求，进行机械喷砂处理。

F.4.4 试样制备应按结构胶粘剂使用说明书规定的胶接工艺及设计要求的胶层厚度进行。胶接后的试样应在加压状态下，固化养护 7d；若有关各方同意，允许采用快速固化养护法，即：胶粘、加压后立即置入烘箱，在(50±2)℃条件下连续烘 24h，经自然冷却并静置 16h 后进行试验。

F.4.5 每组试样不应少于 5 个。

F.5 试验条件

F.5.1 试验环境温度应为（23±2)℃，相对湿度应为 55%～70%。仲裁试验必须按标准的湿度条件 45%～55%执行。

F.5.2 若试样系在异地制备后送检，应在试验室环境下放置 12h 后才进行测试，且应于试验报告上作异地制备的记载。

F.6 试验步骤

F.6.1 试验前，应测量试片的胶缝厚度和胶缝长度，应分别精确到 0.01mm。试样宽度的尺寸偏差应符合 F.4.2 的要求，否则该试样不得用于测试。

F.6.2 将试样挂在夹持器上，经检查对中无误后，用手将作为自由落体的冲击块提至设计高度 H；突然松手，让钢块自由落下，使试样产生剥离。

F.6.3 测量并记录试样的剥离长度，精确到 0.1mm。

F.7 试验结果表示

F.7.1 试验结果以 5 个试样测得的剥离长度的平均值表示。

F.7.2 若 5 个试样中，有一个试样的剥离长度大于其余 4 个试样剥离长度平均值的 25%，表明胶粘工艺有问题，应重新制作 5 个试样进行测试。原测试结果应全部作废，不得参与新测试结果的计算。

F.7.3 试件破坏后的残件应按原状妥为保存，在未经设计人员观察并确认前不得销毁。

F.8 试验结果评定

F.8.1 T 形试样抗冲击剥离的试验结果，应按表 F.8.1 的冲击剥离韧性标准进行评定。

表 F.8.1 结构胶粘剂冲击剥离的韧性评定标准

使用对象	结构胶粘剂等级	平均剥离长度（mm）	评定结论
混凝土结构加固工程	A 级	≤20	韧性符合 A 级胶要求
	B 级	≤35	韧性符合 B 级胶要求
钢结构加固工程	AAA 级（3A 级）	≤6	韧性符合 3A 级要求
	AA 级（2A 级）	≤12	韧性符合 2A 级要求

F.9 试验报告

F.9.1 结构胶粘剂抗冲击剥离能力测试及其韧性评定的报告应包括下列内容：

1 受检结构胶粘剂来源、品种、型号和批号；

2 取样规则及抽样数量；

3 试样制备方法及固化养护条件；

4 试样编号、尺寸、外观质量、数量；

5 试验环境温度和相对湿度；

6 冲击装置的自由落体冲击块质量、自由落下高度；

7 试样剥离长度（应为经设计人员观察后确认的剥离长度）；

8 试验结果的整理、计算和评定；

9 取样、测试、校核人员及测试日期。

附录G 粘结材料粘合加固材与基材的正拉粘结强度试验室测定方法及评定标准

G.1 适用范围

G.1.1 本方法适用于试验室条件下以结构胶粘剂、界面胶（剂）或聚合物改性水泥砂浆为粘结材料粘合（包括涂布、喷抹、浇注等）下列加固材料与基材，在均匀拉应力作用下发生内聚、粘附或混合破坏的正拉粘结强度测定：

1 纤维复合材与基材混凝土；

2 钢板与基材混凝土；

3 结构用聚合物改性水泥砂浆层与基材混凝土；

4 结构界面胶（剂）与基材混凝土。

G.2 试验设备

G.2.1 拉力试验机的力值量程选择，应使试样的破坏荷载发生在该机标定的满负荷的20%～80%之间，力值的示值误差不得大于1%。

G.2.2 试验机夹持器的构造应能使试件垂直对中固定，不产生偏心和扭转的作用。

G.2.3 试件夹具应由带拉杆的钢夹套与带螺杆的钢标准块构成，且应以45号碳钢制作。其形状及主要尺寸如图G.2.3所示。

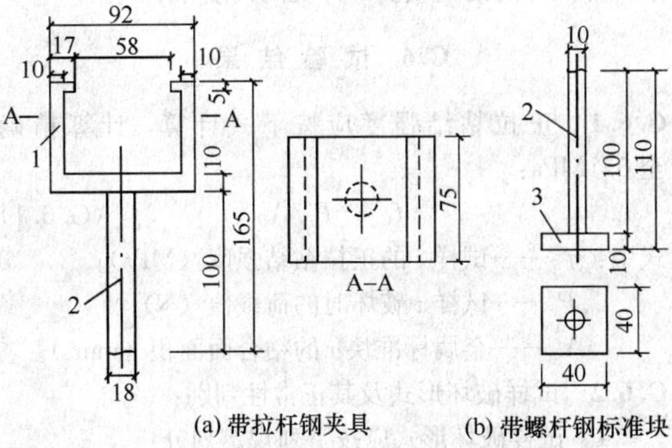

(a) 带拉杆钢夹具　(b) 带螺杆钢标准块

图G.2.3 试件夹具及钢标准块尺寸（mm）

1—钢夹具；2—螺杆；3—标准块

G.3 试件

G.3.1 试验室条件下测定正拉粘结强度应采用组合式试件，其构造应符合下列规定：

1 以胶粘剂为粘结材料的试件应由混凝土试块（图G.3.1-1）、胶粘剂、加固材料（如纤维复合材或钢板等）及钢标准块相互粘合而成（图G.3.1-2a）；

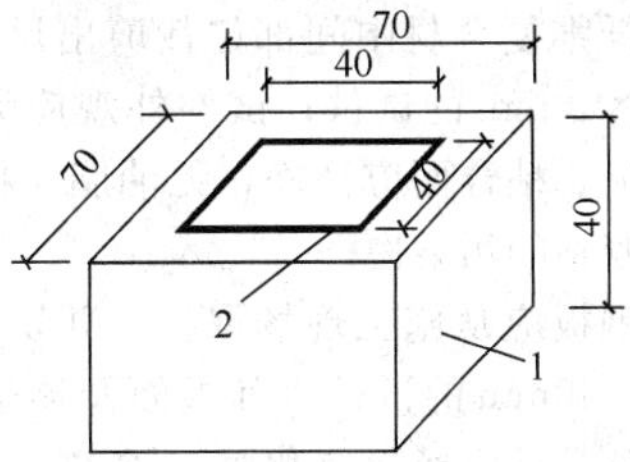

图G.3.1-1 混凝土试块形式及尺寸（mm）

1—混凝土试块；2—预切缝

2 以结构用聚合物改性水泥砂浆为粘结材料的试件应由混凝土试块（图G.3.1-1）、结构界面胶（剂）涂布层、现浇的聚合物改性水泥砂浆层及钢标准块相互粘合而成（图G.3.1-2b）。

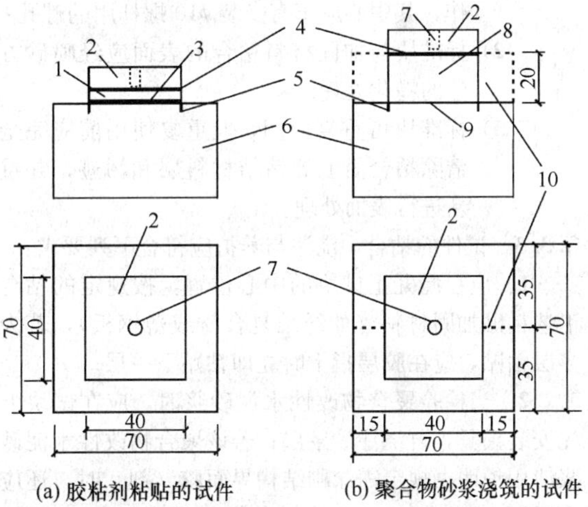

(a) 胶粘剂粘贴的试件　(b) 聚合物砂浆浇筑的试件

图G.3.1-2 正拉粘结强度试验的试件及尺寸（mm）

1—加固材料；2—钢标准块；3—受检胶的胶缝；4—粘贴标准块的快固胶；5—预切缝；6—混凝土试块；7—ϕ10螺孔；8—现浇聚合物砂浆层（或复合砂浆层）；9—结构界面胶（剂）；10—虚线部分表示浇筑砂浆用可拆卸模具的安装位置

G.3.2 试样组成部分的制备应符合下列规定：

1 受检粘结材料应按其使用说明书规定的工艺要求进行制备。

2 混凝土试块的尺寸应为70mm×70mm×40mm，其混凝土强度等级，对A级和B级胶粘剂均应为C40～C45；对A级和B级界面胶（剂），应分别为C40和C25。对Ⅰ级和Ⅱ级聚合物砂浆，其试块强度等级与界面胶（剂）的要求相同。试块浇筑后应经28d标准养护；试块使用前，应以专用的机械切出深度约5mm的预切缝，缝宽约2mm，如图G.3.1-1

所示。预切缝围成的方形平面，其净尺寸应为 40mm ×40mm，并应位于试块的中心。混凝土试块的粘贴面（方形平面）应作打毛处理。打毛深度应达骨料新面，且手感粗糙，无尖锐突起。试块打毛后应清理洁净，不得有松动的骨料和粉尘。

3 受检加固材料的取样应符合下列要求：

1）纤维复合材应按规定的抽样规则取样，从纤维复合材中间部位裁剪出尺寸为 40mm ×40mm 的试件；试件外观应无划痕和折痕，粘合面应洁净，无油脂、粉尘等影响胶粘的污染物；

2）钢板应从施工现场取样，并切割成 40mm ×40mm 的试件，其板面及周边应加工平整，且应经除氧化膜、锈皮、油污和喷砂处理；粘合前，尚应用工业丙酮擦洗干净；

3）聚合物砂浆和复合砂浆，应从一次性进场的批量中随机抽取其各组分，然后在试验室进行配制和浇注。

4 钢标准块的制作应符合下列要求：

1）钢标准块（图 G.2.3b）宜用 45 号碳钢制作，其中心应车有安装 ϕ10 螺杆用的螺孔；

2）标准块与加固材料粘合的表面应经喷砂方法的糙化处理；

3）标准块可重复使用，但重复使用前应完全清除粘合面上的粘结材料层和污迹，并重新进行表面处理。

G.3.3 试件的粘合、浇注与养护应符合下列要求：

1 应在混凝土试块的中心位置，按规定的粘合工艺粘贴加固材料（如纤维复合材或薄钢板），若为多层粘贴，应在胶层指干时立即粘贴下一层；

2 当检验聚合物改性水泥砂浆时，应在试块上先安装模具，再浇注砂浆层；若该聚合物改性水泥砂浆使用说明书规定需涂刷结构界面胶（剂）时，还应在混凝土试块上先刷上专门的界面胶（剂），再浇注砂浆层；

3 试件粘贴或浇注时，应采取措施防止胶液或砂浆流入预切缝。粘贴或浇注完毕后，应按受检材料使用说明书规定的工艺要求进行加压、养护，分别经 7d 固化（胶粘剂）或 28d 硬化（砂浆）后，用快固化的高强胶粘剂将钢标准块粘贴在试件表面。每一道作业均应检查各层之间的对中情况。

G.3.4 对结构胶粘剂的加压、养护，若工期紧，且征得有关各方同意，允许采用以下快速固化、养护制度：

1 在 50℃条件下烘 24h；热烘过程中允许有±2℃的偏差；

2 自然冷却至 23℃后，再静置 16h，即可贴上标准块。

G.3.5 试件应安装在钢夹具（图 G.3.5）内并拧上传力螺杆。安装完成后各组成部分的对中标志线应在同一轴线上。

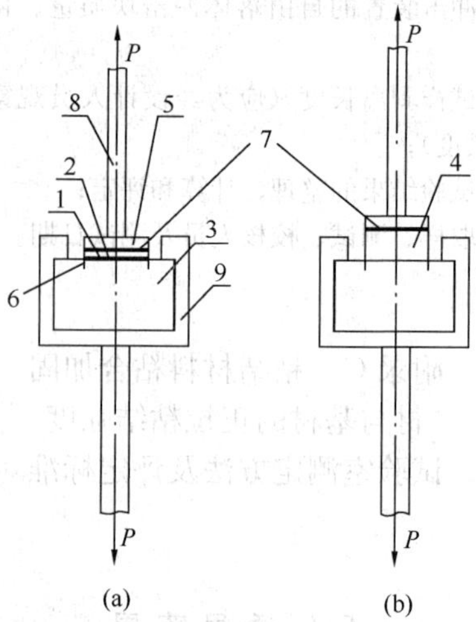

图 G.3.5 试件组装

1—受检胶粘剂；2—被粘合的纤维复合材或钢板；3—混凝土试块；4—聚合物砂浆层；5—钢标准块；6—混凝土试块预切缝；7—快固化高强胶粘剂的胶缝；8—传力螺杆；9—钢夹具

G.3.6 常规试验的试样数量每组不应少于 5 个，仲裁试验的试样数量应加倍。

G.4 试 验 环 境

G.4.1 试验环境应保持在温度(23±2)℃，相对湿度 45%～70%。对仲裁性试验，相对湿度应控制在 45%～55%。

G.4.2 若试样系在异地制备后送检，应在试验标准环境条件下放置 24h 后才进行试验，且应于检验报告上作异地制备的记载。

G.5 试 验 步 骤

G.5.1 将安装在夹具内的试件（图 G.3.5）置于试验机上下夹持器之间，并调整至对中状态后夹紧。

G.5.2 以 3mm/min 的均匀速率加荷直至破坏。记录试样破坏时的荷载值，并观测其破坏形式。

G.6 试 验 结 果

G.6.1 正拉粘结强度应按下式计算，计算精确至 0.1MPa：

$$f_{ti} = P_i / A_{ai} \tag{G.6.1}$$

式中：f_{ti}——试样 i 的正拉粘结强度（MPa）；

P_i——试样 i 破坏时的荷载值（N）；

A_{ai}——金属标准块 i 的粘合面面积（mm²）。

G.6.2 试样破坏形式及其正常性判别：

1 试样破坏形式应按下列规定划分：

1）内聚破坏：应分为基材混凝土内聚破坏和受检粘结材料的内聚破坏，后者可见于使用低性能、低质量的胶粘剂（或聚合物砂浆和复合砂浆）的场合；

2）粘附破坏（层间破坏）：应分为胶层或砂浆层与基材之间的界面破坏及胶层与纤维复合材或钢板之间的界面破坏；

3）混合破坏：粘合面出现两种或两种以上的破坏形式。

2 破坏形式正常性判别，应符合下列规定：

1）当破坏形式为基材混凝土内聚破坏，或虽出现两种或两种以上的混合破坏形式，但基材混凝土内聚破坏形式的破坏面积占粘合面面积85%以上，均可判为正常破坏；

2）当破坏形式为粘附破坏、粘结材料内聚破坏或基材混凝土内聚破坏面积少于85%的混合破坏，均应判为不正常破坏。

注：钢标准块与检验用高强、快固化胶粘剂之间的界面破坏，属检验技术问题，应重新粘贴；不参与破坏形式正常性评定。

G.7 试验结果的合格评定

G.7.1 组试验结果的合格评定，应符合下列规定：

1 当一组内每一试件的破坏形式均属正常时，应舍去组内最大值和最小值，而以中间三个值的平均值作为该组试验结果的正拉粘结强度推定值。若该推定值不低于本规范规定的相应指标，则可评该组试件正拉粘结强度检验结果合格。

2 当一组内仅有一个试件的破坏形式不正常，允许以加倍试件重做一组试验。若试验结果全数达到上述要求，则仍可评该组为试验合格组。

G.7.2 检验批试验结果的合格评定应符合下列要求：

1 若一检验批的每一组均为试验合格组，则应评该批粘结材料的正拉粘结性能符合安全使用的要求；

2 若一检验批中有一组或一组以上为不合格组，则应评该批粘结材料的正拉粘结性能不符合安全使用要求；

3 若检验批由不少于20组试件组成，且仅有一组被评为试验不合格组，则仍可评该批粘结材料的正拉粘结性能符合使用要求。

G.7.3 试验报告应包括下列内容：

1 受检材料的品种、型号和批号；

2 抽样规则及抽样数量；

3 试件制备方法及养护条件；

4 试件的编号和尺寸；

5 试验环境的温度和相对湿度；

6 仪器设备的型号、量程和检定日期；

7 加荷方式及加荷速度；

8 试件的破坏荷载及破坏形式；

9 试验结果整理和计算；

10 取样、测试、校核人员及测试日期。

附录H 结构胶粘剂不挥发物含量测定方法

H.1 适用范围

H.1.1 本方法适用于室温固化的改性环氧类和改性乙烯基酯类结构胶粘剂不挥发物含量的测定。

H.1.2 本方法的测定结果，可用以判断被检测的胶粘剂中是否掺有影响结构胶粘剂性能和质量的挥发性成分。

H.2 仪器设备

H.2.1 测定胶粘剂不挥发物含量用的仪器设备应符合下列要求：

1 电热鼓风干燥箱（烘箱），其温度波动不应大于±2℃；

2 温度计应备有两种，其测温范围分别为0℃～150℃和0℃～250℃；

3 称量容器应采用铝制称量盒或耐温称量瓶，其直径宜为50mm，高度宜为30mm；

4 称量天平应为分析天平，其感量应为1mg，最大称量应为200g；

5 干燥器应为有密封盖的玻璃干燥器，数量应不少于4个，且均应盛有蓝变色硅胶；

6 胶皿，其制皿材料与胶粘剂原材料之间应不发生化学反应。

H.3 测试前准备工作

H.3.1 仪器设备校正要求：对分析天平及烘箱温控系统，均应按国家计量部门的检定规程定期检定，不得使用已超过检定有效期的仪器设备。

H.3.2 烘干硅胶要求：将两个干燥器所需的硅胶量，置于200℃烘箱中烘烤约8h，至完全蓝变色后取出，分成两份放入干燥器待用。

H.3.3 称量盒（瓶）的烘干要求：应在约105℃的烘箱中，置入所需数量的空称量盒（瓶），揭开盖子烘至恒重，恒重以最后两次称量之差不超过0.002g为准。达到恒重时，记录其质量后再放进干燥器待用。

H.4 取样与状态调节

H.4.1 取样要求：应在包装完好、未启封的结构胶粘剂检验批中，随机抽取一件。经检查中文标志无误后，拆开包装，从每一组分容器中各称取样品约50g，分别盛于取胶皿，签封后送检测机构。

H.4.2 样品状态调节要求：应将所取的各组分样品

连同取胶皿放进干燥器内，在试验室正常温湿度条件下静置一夜，调节其状态。

H.5 测试步骤

H.5.1 制作试样要求：

1 应根据该胶粘剂使用说明书规定的配合比，按配制 30g 胶粘剂分别计算并称取每一组分的用量；经核对无误后，倒入调胶器皿中混合均匀；

2 应用两个称量盒（瓶）从混合均匀的胶液中，各称取一份试样，每份约 1g，分别记其净质量为 m_{01} 和 m_{02}，称量应准确至 0.001g；

3 应将两份试样同时置于 40_{0}^{+2}℃ 的环境中固化 24h；

4 应将已固化的两份试样移入已调节好温度的烘箱中，在 105℃±2℃条件下，烘烤 180min±5min；

5 取出两份试样，放入干燥器中冷却至室温；

6 分别称量两份试样，记其净质量为 m_{11} 和 m_{12}，称量应精确至 0.001g。

H.6 结果表示

H.6.1 一次平行试验取得的两个结果，可按式（H.6.1-1）和式（H.6.1-2）分别计算试样 1 和试样 2 的不挥发物含量测值，取三位有效数字：

$$x_1 = \frac{m_{11}}{m_{01}} \times 100\% \qquad (H.6.1\text{-}1)$$

$$x_2 = \frac{m_{12}}{m_{02}} \times 100\% \qquad (H.6.1\text{-}2)$$

式中：x_1 和 x_2 ——分别为试样 1 和试样 2 的不挥发物含量测值（%）；

m_{01} 和 m_{02} ——分别为试样 1 和试样 2 加热前的净质量（g）；

m_{11} 和 m_{12} ——分别为试样 1 和试样 2 加热后的净质量（g）。

H.6.2 在完成第一次平行试验后，尚应按同样的步骤完成第二次平行试验，并得到相应的不挥发物含量测值 x_3 和 x_4。测试结果以两次平行试验的平均值表示。

H.7 试验报告

H.7.1 试验报告应包括下列内容：

1 受检结构胶粘剂的品种、型号和批号；

2 取样规则和取样数量；

3 试样制备方法；

4 试样编号；

5 测试环境温度和相对湿度；

6 分析天平型号、精确度和检定日期；

7 测试结果及计算确定的该胶粘剂不挥发物含量；

8 取样、测试、校核人员及测试日期。

附录 J 结构胶粘剂和聚合物改性水泥砂浆湿热老化性能测定方法

J.1 适用范围及应用条件

J.1.1 本方法适用于结构胶粘剂和聚合物改性水泥砂浆耐老化性能的验证性试验。

J.1.2 采用本方法进行老化试验的结构胶粘剂或聚合物改性水泥砂浆应已通过其他项目的安全性能检验。

J.2 试验设备及试验用水

J.2.1 试件的老化应在可程式恒温恒湿试验机中进行。该机老化箱内的温度和相对湿度应能自动控制、连续记录，并保持稳定；箱内的空气流速应能保持在 0.5m/s～1.0m/s；箱壁和箱顶的冷凝水应能自动除去，不得滴在试件上。

J.2.2 试验机用水应采用蒸馏水或去离子水；未经纯化的冷凝水不得再重复利用。仲裁性试验机用水，还应要求其电阻率不得小于 500Ω·m。湿球系统也应采用相同水质的水。每次试验前应更换湿球纱布及剩水，且纱布使用期不得超过 30d。

J.2.3 试验机电源应为双电源，并应能在工作电源断电时自动切换；任何原因引起的短时间断电，均应记录在案备查。

J.3 试件

J.3.1 对结构胶粘剂老化性能的测定应采用钢对钢拉伸剪切试件，并应按现行国家标准《胶粘剂拉伸剪切强度的测定（刚性材料对刚性材料）》GB/T 7124 的规定和要求制备，粘结用的金属试片应为粘合面经过喷砂处理的 45 号钢。对聚合物改性水泥砂浆的老化性能测定应采用符合国家标准《建筑结构加固工程施工质量验收规范》GB 50550－2010 附录 R 规定的钢套筒式试件。

J.3.2 试件的数量不应少于 15 个，且应随机均分为 3 组；其中一组为对照组，另两组为老化试验组。

J.3.3 试件胶缝静置固化 7d 后，应对金属外露表面涂以防锈油漆进行密封，但应防止油漆沾染胶缝。

J.4 试验条件

J.4.1 湿热条件应符合下列规定：

1 温度：应保持 $50℃^{+2}_{-1}℃$；

2 相对湿度：应保持 95%～100%；

3 恒温、恒湿时间：自箱内温、湿度达到规定值算起，应为 60d 或 90d。

J.4.2 升温、恒温及降温过程的控制：

1 升温制度：应在1.5h～2h内使老化箱内温度自25℃$^{+3}_{-1}$℃连续、均匀地升至50℃$^{+3}_{-1}$℃，相对湿度也应升至95%以上。此过程中试样表面应有凝结水出现。

2 恒温、恒湿制度：老化箱内有效工作区的温、湿度达到规定值后，应分布均匀，且无明显波动，并按传感器的示值进行实时监控。

3 降温制度：应在连续恒温达到90d时立即开始降温，且应在1.5h～2h内从50℃连续、均匀地降至25℃±2℃，但相对湿度仍应保持在95%以上。

J.5 试验步骤

J.5.1 老化性能测定的步骤应符合下列规定：

1 试件经7d（对聚合物改性水泥砂浆为28d）固化后，应立即先测定对照组试件的初始抗剪强度。

2 将老化试验组的试件放入老化箱内，试件相互之间、试件与箱壁之间不得接触。对仲裁性试验，试样与箱壁、箱底和箱顶的距离均不应少于150mm。

3 老化试验的温度和湿度控制应按本附录第J.4节的规定和要求进行。

4 在试验过程中，若需取出或放入试样，开启箱门的时间应短暂，防止试样表面出现凝结水珠。

5 在恒温、恒湿达到30d时，应取出一组试件进行抗剪试验。若试件抗剪强度降低百分率大于15%，该老化试验便应中止，并直接判为不合格；不得继续进行试验。若抗剪强度降低百分率小于15%，应继续进行至规定时间。

6 试验达到90d（对B级胶为60d），并自然降温至35℃时，即可将试样取出置于密闭器皿中，待与室温平衡后，逐个进行抗剪破坏试验，且每组试验均应在30min内完成。

J.6 试验结果

J.6.1 老化试验完成后，应按下式计算抗剪强度降低百分率，取两位有效数字：

$$\rho_{R,i}=\frac{R_{0,i}-R_i}{R_{0,i}}\times 100\% \qquad (J.6.1)$$

式中：$\rho_{R,i}$——第i组老化试验后抗剪强度降低百分率（%）；

$R_{0,i}$——对照组试样初始抗剪强度算术平均值；

R_i——经老化试验后第i组试样抗剪强度算术平均值。

J.7 试验报告

J.7.1 湿热老化试验报告应包括下列各项内容：

1 受检材料来源、品种、型号和批号；

2 取样规则及取样数量；

3 试样制备及试样编号；

4 试验条件和试样状态调节过程；

5 仪器设备型号及检定日期；

6 试验开始和结束日期、实验室的温度及相对湿度；

7 试验过程老化箱内温湿度控制情况（若遇短时间停电，应作记录）；

8 试件的破坏荷载及破坏形式；

9 试验结果的整理和计算；

10 取样、测试、校核人员及测试日期。

附录K 约束拉拔条件下胶粘剂粘结钢筋与基材混凝土的粘结强度测定方法

K.1 适用范围

K.1.1 本方法适用于以锚固型胶粘剂粘结带肋钢筋与基材混凝土，在约束拉拔条件下测定其粘结强度。

K.1.2 本方法也可用于以锚固型胶粘剂粘合全螺纹螺杆与基材粘结强度的测定。

K.2 试验设备和装置

K.2.1 由油压穿心千斤顶、力值传感器、钢制夹具、约束用的钢垫板等组成的约束拉拔式粘结强度检测仪（图K.2.1）。宜配备300kN和60kN穿心千斤顶各一台，其力值传感器测量精度应达±1.0%，试件破坏荷载应处于拉拔装置标定满负荷的20%～80%之间。若需测定拉拔过程的位移，尚应配备位移传感器和力-位移数据同步采集仪及笔记本电脑和适用的绘图程序。拉拔仪应每年检定一次。

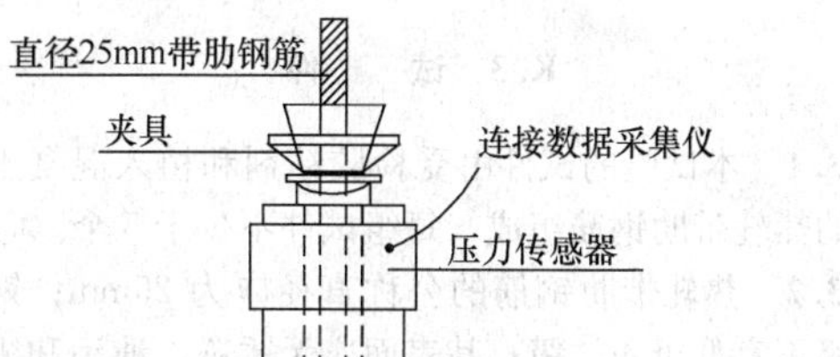

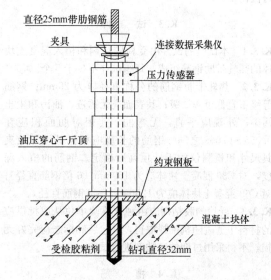

图K.2.1 约束拉拔式粘结强度检测仪示意图

K.2.2 约束用的钢垫板应为中心开孔的圆形钢板，钢板直径不应小于180mm，板中心应开有直径为36mm的圆孔，板厚为15mm～20mm，上下板面应刨平。

K.2.3 植筋用的混凝土块体应按种植 15 根 ϕ25 带肋钢筋进行设计，并应符合下列规定：

1 块体尺寸：其长度、宽度和高度应分别不小于 1260mm、1060mm 和 250mm。

2 块体混凝土强度等级：一块应为 C30 级；另一块应为 C60 级。

3 块体配筋：仅配置架立钢筋和箍筋（图 K.2.3）。若需吊装，尚应设置吊环。必要时，还可在块体底部配少量纵向钢筋，钢筋保护层厚度为 30mm。吊环预埋位置及底部配筋位置可根据实际情况确定。

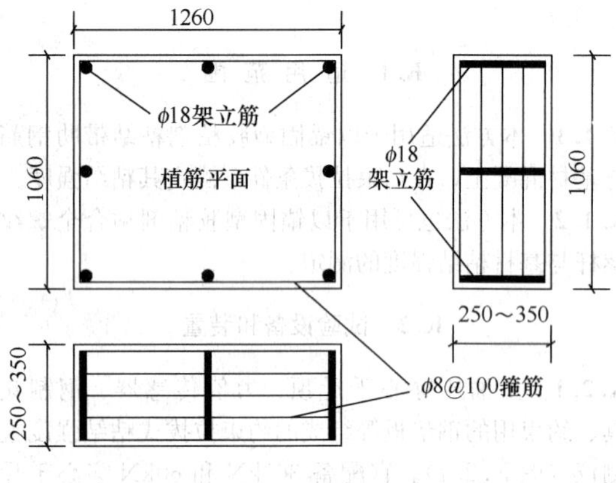

图 K.2.3 植筋用混凝土块体配筋图

4 外观要求：混凝土表面应抹平整。

K.2.4 植筋用的钻孔机械，可根据试验设计的要求进行选择。当采用水钻机械时，钻孔后，应对孔壁进行糙化处理。

K.3 试 件

K.3.1 本试验的试件由受检胶粘剂和植入混凝土块体的热轧带肋钢筋组成，每组试件不少于 5 个。

K.3.2 热轧带肋钢筋的公称直径应为 25mm；钢筋等级不宜低于 400 级；其表面应无锈迹、油污和尘土污染；外观应平直，无弯曲，其相对肋面积应在 0.055～0.065 之间。钢筋的长度应根据其埋深及夹具尺寸和检测仪的千斤顶高度确定。钢筋的植入深度，对 C30 混凝土块体应为 150mm（6 倍钢筋直径）；对 C60 混凝土块体应为 125mm（5 倍钢筋直径）。

K.3.3 受检的胶粘剂应由独立检验单位从成批供应的材料中通过随机抽样取得，其包装和标志应完好无损，不得采用过期的胶粘剂进行试验。

K.4 植 筋

K.4.1 植筋前应检测混凝土块材钻孔部位的含水率，其检测结果应符合试验设计的要求。

K.4.2 钻孔的直径及其实测的偏差应符合该胶粘剂使用说明书的规定。

K.4.3 植筋前的清孔，应采用专门的清孔设备，但清孔的吹和刷的次数应比该胶粘剂使用说明书规定的次数减少一半。若使用说明书的规定为两吹一刷，则实际操作时只吹一次而不再刷；若使用说明书未规定清孔的方法和次数，则试验时不得进行清孔。

K.4.4 植筋胶液的调制和注胶方法应严格按胶粘剂使用说明书的规定执行。

K.4.5 在注入胶液的孔中，应立即插入钢筋，并按顺时针方向边转边插，直至达到规定的深度。

K.4.6 植筋完毕应静置养护 7d，养护的条件应按使用说明书的规定执行。养护到期的当天应立即进行拉拔试验，若因故推迟不得超过 1d。

K.5 拉 拔 试 验

K.5.1 试验环境的温度应为 23℃±2℃，相对湿度应不大于 70%。若受检的胶粘剂对湿度敏感，相对湿度应控制在 45%～55%。

K.5.2 试验步骤应符合下列规定：

1 将粘结强度检测仪的空心千斤顶穿过钢筋安装在混凝土块体表面的钢垫板上，并通过其上部的夹具夹持植筋试件，并仔细对中、夹持牢固；

2 启动可控油门，均匀、连续地施荷，并控制在 2min～3min 内破坏；

3 记录破坏时的荷载值及破坏形式。

K.6 试 验 结 果

K.6.1 约束拉拔条件下的粘结强度 $f_{b,c}$，应按下式计算：

$$f_{b,c} = N_u / \pi d_0 l_b \quad (K.6.1)$$

式中：N_u——拉拔的破坏荷载（N）；

d_0——钢筋公称直径（mm）；

l_b——钢筋锚固深度（mm）。

K.6.2 破坏形式应符合下列情况，若遇到钢筋先屈服的情况，应检查其原因，并重新制作试件进行试验。

1 胶粘剂与混凝土粘合面粘附破坏；

2 胶粘剂与钢筋粘合面粘附破坏；

3 混合破坏。

K.6.3 试验报告应包括下列内容：

1 受检胶粘剂的品种、型号和批号；

2 抽样规则及抽样数量；

3 钻孔、清孔及植筋方法；

4 植筋实测的埋深及植筋编号；

5 试验环境的温度和相对湿度；

6 仪器设备的型号、量程和检定日期；

7 加荷方式及加荷速度；

8 试件破坏荷载及破坏形式；

9 试验结果的整理和计算；

10 试验人员、校核人员及试验日期。

附录L 结构胶粘剂耐热老化性能测定方法

L.1 适用范围及应用条件

L.1.1 本方法适用于结构胶粘剂耐热老化性能的验证性试验。

L.1.2 采用本方法进行热老化试验的结构胶粘剂应已通过其他项目的安全性能检验。

L.2 试验设备及试验用水

L.2.1 试件的热老化应在可程式恒温试验箱中进行。该老化箱内的温度应能自动控制、连续记录，并保持稳定，箱内的空气流速应能保持在0.5m/s～1.0m/s。

L.2.2 试验机电源应为双电源，并应能在工作电源断电时自动切换。任何原因引起的短时间断电，均应记录在案备查。

L.3 试件

L.3.1 热老化性能的测定应采用钢对钢拉伸剪切试件，并应按现行国家标准《胶粘剂拉伸剪切强度的测定（刚性材料对刚性材料）》GB/T 7124 的规定和要求制备，粘结用的金属试片应为粘合面经过喷砂处理的45号钢。

对聚合物改性水泥砂浆的热老化性能测定应采用符合国家标准《建筑结构加固工程施工质量验收规范》GB 50550－2010 附录R规定的钢套筒式试件。

L.3.2 试件的数量不应少于15个，且应随机均分为3组。其中一组为对照组，另两组为老化试验组。

L.3.3 试件胶粘后应静置固化7d。

L.4 试验条件

L.4.1 温度条件应符合下列规定：

1 温度：对Ⅰ类胶应保持80℃$^{+2}_{-1}$℃；对Ⅱ类胶应保持95℃$^{+2}_{-1}$℃；对Ⅲ类胶应保持125℃$^{+3}_{-2}$℃；

2 恒温时间：自箱内温达到规定值算起，应为90d。

L.4.2 升温、恒温及降温过程的控制应符合下列要求：

1 升温制度要求：应在1.5h～2h内，使老化箱内温度自25℃$^{+3}_{-1}$℃连续、均匀地升至规定的高温；

2 恒温制度要求：应使老化箱内有效工作区的温度保持均匀，不得有明显波动，且应按传感器的示值进行实时监控；

3 降温制度要求：应在连续恒温达到90d时立即开始降温，且应在1.5h～2h内连续、均匀地降至(25±2)℃。

L.5 试验步骤

L.5.1 热老化性能测定的步骤应符合下列规定：

1 试件经7d（对聚合物改性水泥砂浆为28d）固化后应立即先测定对照组试件同温度（见本附录L.4.1的规定）的初始抗剪强度。

2 将老化试验组的试件放入老化箱内，试件相互之间、试件与箱壁之间不得接触。对仲裁性试验，试样与箱壁、箱底和箱顶的距离均不应少于150mm。

3 老化试验的温度和湿度控制应按本附录第L.4节的规定和要求进行。

4 在试验过程中，若需取出或放入试样，开启箱门的时间应短暂，防止试样表面出现凝结水珠。

5 在恒温达到30d时，应取出一组试件在带有高温炉的试验机中进行抗剪试验。若试件抗剪强度降低百分率平均大于10%，该老化试验便应中止，并直接判为不合格，不得继续进行试验。若抗剪强度降低百分率小于10%，尚应继续进行至规定时间。

6 试验达到90d，立即将试样逐个取出在带有高温炉的试验机中进行同温度抗剪破坏试验，且每组试验均应在30min内完成。

L.6 试验结果

L.6.1 老化试验完成后，应按下式计算抗剪强度降低百分率，取两位有效数字：

$$\rho_{R,i}=\frac{R_{0,i}-R_i}{R_{0,i}}\times 100\% \qquad (L.6.1)$$

式中：$\rho_{R,i}$——第i组老化试验后抗剪强度降低百分率（%）；

$R_{0,i}$——对照组试样初始抗剪强度算术平均值；

R_i——经老化试验后第i组试样抗剪强度算术平均值。

L.7 试验报告

L.7.1 湿热老化试验报告应包括下列各项内容：

1 受检材料来源、品种、型号和批号；

2 取样规则及取样数量；

3 试样制备及试样编号；

4 试验条件和试样状态调节过程；

5 仪器设备型号及检定日期；

6 试验开始和结束日期、实验室的温度及相对湿度；

7 试验过程老化箱内温度控制情况（若遇短时间停电，应作记录）；

8 试件的破坏荷载及破坏形式；

9 试验结果的整理和计算；

10 取样、测试、校核人员及测试日期。

附录M 胶接试件耐疲劳应力作用能力测定方法

M.1 适 用 范 围

M.1.1 本方法适用于测定标准剪切试件在规定的试验条件下的胶粘剂拉伸剪切疲劳强度。

M.1.2 采用本方法测定胶粘剂拉伸剪切疲劳强度时，其频率可根据用户的要求确定。当频率未规定时，本方法推荐的频率为5Hz。

M.2 试 验 设 备

M.2.1 试验机应能施加正弦波形的循环荷载。试验机应配有适宜的夹具，能牢固地夹住试件，并便于试件与荷载轴线对中。荷载应精确至±2%。

M.3 试 件

M.3.1 试件形状和尺寸如图M.3.1-1和图M.3.1-2所示，允许任选一种。

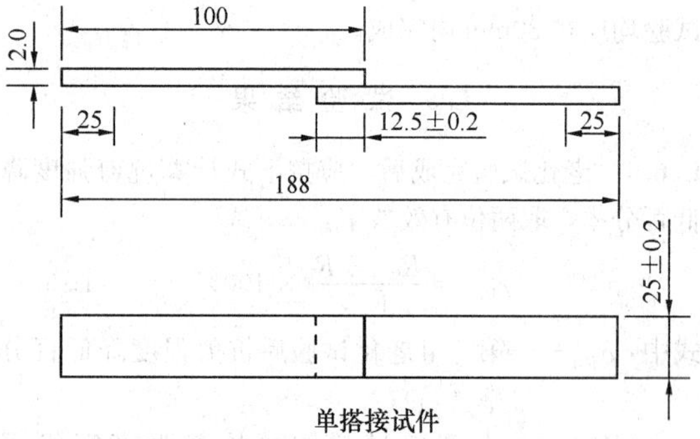

图M.3.1-1 试件形状和尺寸（一）(mm)

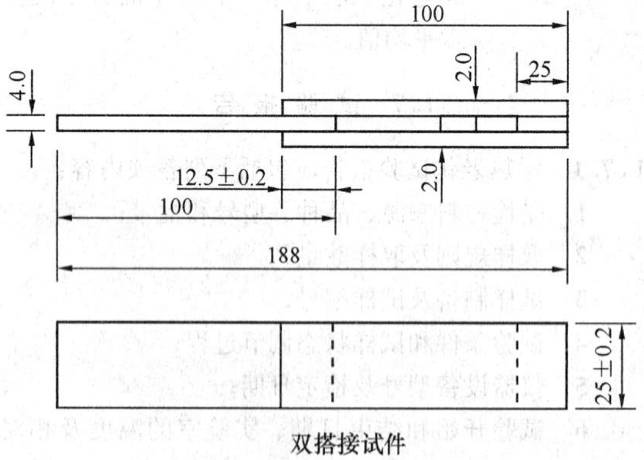

图M.3.1-2 试件形状和尺寸（二）(mm)

M.3.2 试件数目至少为25个。

M.4 试 验 步 骤

M.4.1 试件预处理

试件应在(23±2)℃和(50±5)%*RH*的室内环境中，进行试验状态调节，且不少于16h。

M.4.2 试件安装

将试件置于试验机夹具中牢固地夹紧，试件轴线与夹头轴线应呈一直线，夹头棱边距搭接头棱边为25mm。

M.4.3 施加荷载

按M.1.2的规定值，施加交变荷载并定时检查，试验应连续进行到试件破坏或直至所施加的循环应力次数达到最大要求。

M.4.4 记录破坏时的循环次数和相应荷载以及每个试件的破坏情况。

M.5 试 验 报 告

M.5.1 试验报告应包括下列内容：

1 胶的品牌、型号及批号；
2 试验设备型号；
3 试件数量及编号；
4 试验环境的温、湿度；
5 频率、最大应力及应力比；
6 破坏或停止试验时的循环次数和相应荷载；
7 每个试件的破坏情况；
8 试验人员、校核人员和试验日期与时间。

附录N 混凝土对混凝土粘结的压缩抗剪强度测定方法及评定标准

N.1 适 用 范 围

N.1.1 本方法适用于承重结构混凝土与混凝土粘结的下列项目测定：

1 界面胶（剂）粘结的压缩抗剪强度；
2 混凝土湿面胶接的压缩抗剪强度。

N.1.2 当需检验聚合物改性水泥砂浆或水泥复合砂浆面层与混凝土基材粘结的压缩抗剪强度时，也可采用本方法。

N.2 试验设备及装置

N.2.1 压力试验机的加荷能力，应使试件的破坏荷载处于试验机标定满负荷的20%～80%之间，试验机的示值误差不应大于1%。

N.2.2 剪切加荷装置的构造应为单剪受力方式（图N.2.2），并应采用45号碳钢制作。其零部件的加工允许偏差应取为±0.1mm。

N.2.3 测定界面剂粘合面剪切强度的试件，应以混凝土凸形块为试坯经专门加工而成。混凝土凸形块应在特制的模具中浇注成型。该模具应为钢模，采用45号碳钢制作。其设计和加工应符合下列要求：

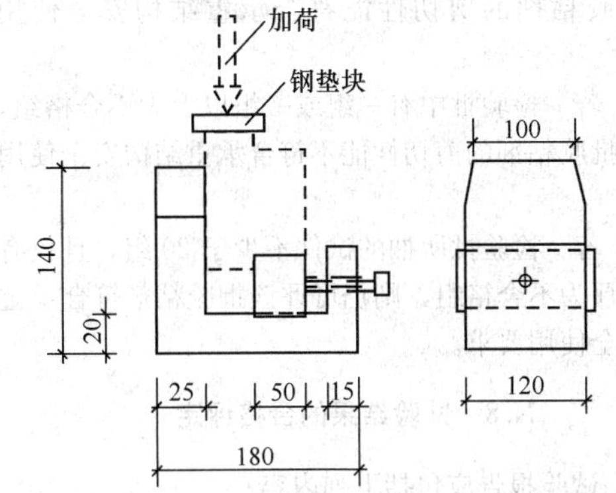

图 N.2.2 剪切加荷装置构造示意图（mm）

1 模具应可拆卸，且拆卸的构造不应在操作时伤及试坯；

2 模具内表面的光洁度应达$\overset{6.3}{\bigtriangledown\bigtriangledown}$级；

3 模具加工的允许偏差应符合下列规定：

1）模内净截面各边尺寸允许偏差为±0.10mm,模内净长度尺寸允许偏差为±0.50mm；

2）模具各相邻平面的夹角应为90°，其允许偏差为±6′；

3）模具各边组成的上、下两表面，其平面度的允许偏差为短边长度的±1.0%。

N.3 试坯和试件的制备

N.3.1 制作凸形块（图 N.3.1）的混凝土应符合下列要求：

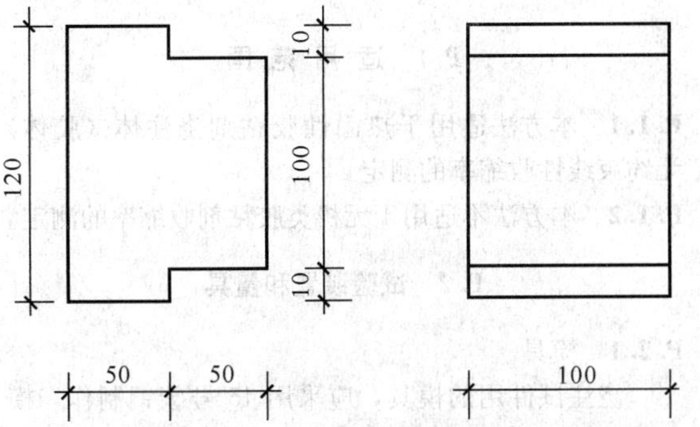

图 N.3.1 混凝土凸形块（mm）

1 水泥应为强度等级不低于 42.5 级的普通硅酸盐水泥，其质量应符合现行国家标准《通用硅酸盐水泥》GB 175 的规定；

2 细骨料应为中国 ISO 标准砂，其质量应符合现行国家标准《水泥胶砂强度检验方法（ISO 法）》GB/T 17671 的规定；

3 粗骨料应为最大颗粒直径不大于 5mm 的碎石或卵石，其质量应符合现行国家标准《普通混凝土用砂、石质量及检验方法标准》JGJ 52 的规定；

4 拌合用水应为饮用水；

5 混凝土的配合比应按 C40 强度等级确定；

6 每次配制混凝土，应制作一组标准尺寸的试块，供检验其强度等级使用。

N.3.2 试坯浇注成型后，应覆盖塑料薄膜进行养护，其养护制度及拆模时间应符合现行国家标准《普通混凝土力学性能试验方法标准》GB/T 50081 的规定。配制混凝土时制作的试块应随同试坯在同条件下进行养护。

N.3.3 试坯拆模后，应检查其外观质量。凡有裂纹、麻面、孔洞、缺损的试坯均应弃用。

N.3.4 测定界面胶（剂）压缩剪切粘结强度时，其试件的制备应符合下列规定：

1 试坯养护到期后，立即置入剪切加荷装置，在压力试验机中加荷至试坯凸出部分完全剪断；

2 弃去试坯的凸出部分，将留下的棱柱形部分作为涂刷界面胶（剂）的基材；

3 清除基材剪断面的松动骨料及粉尘；

4 按界面胶（剂）使用说明书的规定，在基材剪断面上涂刷界面胶（剂）并嵌入原钢模；

5 当涂刷的胶液晾置至指干时，将新配制的细石混凝土填补钢模内原凸出部分的空缺（对砂浆面层与混凝土基材粘结的试验，应改用聚合物改性水泥砂浆填补空缺），经捣实后重新形成的凸形试件，即为本试验方法所使用的试件；

6 新成型的试件，应按本附录 N.3.2 的要求进行养护。

N.3.5 测定结构胶水下或高湿态粘结的压缩抗剪强度时，其试件的制备应符合下列规定：

1 试坯养护到期后，立即置入剪切加荷装置，在压力试验机中加荷至试坯凸出部分完全剪断；

2 清除试件剪断面的松动骨料及粉尘后，将试件剪断的两部分均浸没于水中直至吸水饱和；

3 按结构胶使用说明书的规定，调配结构胶，并涂刷在拭去浮水的试件剪断面上；涂刷时应注意修补剪伤的局部细小缺陷，若修补有困难，应弃用该试件；

4 将涂好胶的试件重新拼好，并嵌入原钢模内，经 7d 固化、养护后，即成为本试验所使用的试件。

N.4 试验条件

N.4.1 试验应在养护到期的当日进行，若因故需推迟试验日期，应征得有关方面一致同意，且不得超过 1d。

N.4.2 试验应在室温为 23℃±2℃的环境中进行，仲裁性试验或对环境湿度敏感的胶粘，其试验环境的相对湿度应控制在(50±5)%之间。

N.5 试验步骤

N.5.1 试验时应将试件置入剪切加荷装置，通过调整可移动的下支承块，使试件恰好触及加荷装置的侧壁，而又不产生挤压应力为度。

N.5.2 开动压力试验机，以连续、均匀的3mm/min～5mm/min的速度施加压缩剪切荷载，直至试件破坏，记录最大荷载值，并记录粘合面破坏形式（如内聚破坏、粘附破坏、混合破坏等）。

N.6 试验结果

N.6.1 胶粘剂粘接面压缩抗剪强度 f_{vu} 应按下式计算，取三位有效数字：

$$f_{vu} = P_v / A_v \quad (N.6.1)$$

式中：P_v——压缩剪切施加的最大荷载值（破坏荷载值）（N）；

A_v——剪切面面积（mm^2）。

N.6.2 试件的破坏形式及其正常性判别应符合下列规定：

1 试件破坏形式应按下列规定划分：

1）混凝土内聚破坏——破坏发生在混凝土内部；

2）粘附破坏——破坏发生在涂刷胶粘剂的原剪断面上；

3）混合破坏。

2 破坏形式正常性判别准则，应符合下列规定：

1）混凝土内聚破坏，或混凝土内聚破坏面积占粘合面积85%以上的混合破坏，均可判为正常破坏；

2）粘附破坏，或混凝土内聚破坏面积少于85%的混合破坏，均应判为不正常破坏。

N.7 试验结果的合格评定

N.7.1 组试验结果的合格评定，应符合下列规定：

1 当一组内每一试件的破坏形式均属正常时，以组内最小值作为该组试验结果的粘结剪切强度推定值。若该推定值不低于表N.7.1规定的合格指标，则可评该组试件粘结剪切强度检验结果合格。

表 N.7.1 胶粘剂粘结剪切强度合格指标

检验项目	胶粘剂等级	合格指标	
混凝土对混凝土压缩抗剪强度（MPa）	A级	≥4.0	且为混凝土内聚破坏
	B级	≥3.0	

注：界面胶不分等级，均应按A级胶执行。

2 当一组内仅有一个试件的破坏形式不正常，允许以加倍试件重做一组试验。若试验结果全数达到上述要求，仍可评该组为试验合格组。

N.7.2 检验批试验结果的合格评定，应符合下列规定：

1 若一检验批中每一组均为试验合格组，则应评该批胶粘剂的剪切性能符合承重结构安全使用要求；

2 若一检验批中有一组或一组以上为不合格组，应评该批胶粘剂的剪切性能不符合承重结构安全使用要求；

3 若一检验批所抽的试件不少于20组，且仅有一组被评为不合格组，则仍可评该批胶粘剂符合承重结构安全使用要求。

N.8 试验结果的合格评定

N.8.1 试验报告应包括下列内容：

1 受检胶粘剂的品种、型号和批号；

2 抽样规则及抽样数量；

3 试坯及试件制备方法及养护条件；

4 试件的编号和尺寸；

5 试验环境温度和相对湿度；

6 仪器设备的型号、量程和检定日期；

7 加荷方式及加荷速度；

8 试件的破坏荷载及破坏形式；

9 试验结果整理和计算；

10 试验人员、校核人员及试验日期。

N.8.2 当委托方有要求时，试验报告应附有试验结果合格评定报告，且合格评定标准应符合本附录的规定。

附录P 胶粘剂浇注体（胶体）收缩率测定方法

P.1 适用范围

P.1.1 本方法适用于热固性胶粘剂浇注体（胶体）无约束线性收缩率的测定。

P.1.2 本方法不适用于无机类胶粘剂收缩率的测定。

P.2 试验装置和量具

P.2.1 模具

浇注试件用的模具，应采用45号碳钢制作，模具形式、构造和尺寸如图P.2.1所示，模具内腔尺寸的允许偏差为±0.01mm；模具内腔的端面应垂直于模具长轴方向；模具内腔表面应平整、光滑，其光洁度应为$\overset{3.2}{\bigtriangledown}$。

P.2.2 浇注工具：可采用注射器或灌胶杯，并配有抹平浇注体（试件）表面用的刮刀。

P.2.3 胶液浇注过程中产生的气泡，宜使用真空脱泡装置或振动台清除；若胶液的气泡较少，也可采用针挑法清除。

P.2.4 测量模具内腔净长度及试件长度用的量具，其测量精度应为0.01mm。量具应经计量部门检定，并应在有效检定周期内使用。

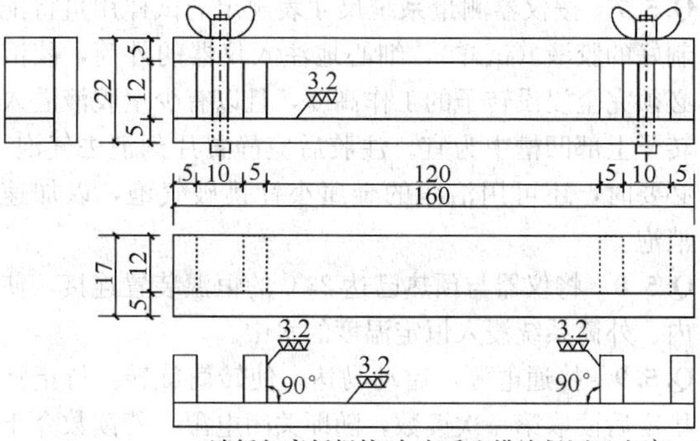

（端板与底板焊接时，应采取措施保证垂直度）

图 P.2.1　浇注试件用的模具形式及尺寸（mm）

P.3　试　　件

P.3.1　测量无约束线性收缩率的试件，应为浇注成型的长方体；其尺寸为 12mm×12mm×120mm；试件尺寸的精确度由模具内腔的加工精确度保证，不另行规定。试件数量为每组不少于 5 个。

P.3.2　试件应采用浇注法制备，并应符合下列要求：

1　制备浇注体试件的模具，应事先置于(23±2)℃、(50±5)%*RH* 环境(即标准)环境中平衡 24h，到期立即在该温、湿度环境中，测量其内腔的净长度 L_0，精确到 0.01mm，经检查无误后，置于标准环境中待用。

2　模具外表面及内腔表面均应仔细涂刷优质隔离剂，涂刷的质量应经专人检查认可。

3　用于浇注试件的胶液应按其使用说明书配制，且拌胶的速度应受控制，以防止气泡的产生。

4　拌好的胶液应仔细注入模具。在整个浇注过程中应注意防止胶液产生气泡，若有气泡应采取措施消除。胶液浇注饱满后，应使用刮刀抹平浇注体的表面。若发现有麻面等缺陷，应及时填补密实。

5　试件浇注完毕后，应连同模具在标准环境中放置 2d 后脱模，然后敞开放在一个平面上，无约束地以同样温、湿度条件再养护 19d。

P.4　收缩率的测量

P.4.1　浇注体试件经 21d 养护后，应立即在标准环境中进行无约束线性收缩率测量。

P.4.2　为测定浇注体试件的无约束线性收缩率，应使用量具测量其长度，精确至 0.01mm，并取两个方向测值的算术平均值作为试件长度的测量值 L_s。

P.4.3　浇注体试件的无约束线性收缩率应按下式计算：

$$CS = \frac{L_0 - L_s}{L_0} \times 100 \qquad (P.4.3)$$

式中：L_0——模具内腔在标准环境中净长度测量值（mm）；

L_s——浇注体试件 21d 长度测量值（mm）。

P.5　试验报告

P.5.1　试验报告应包括下列内容：

1　受检胶粘剂的品种、型号和批号；

2　取样规则及抽样数量；

3　试件制备方法及固化、养护条件；

4　试验环境的温度和相对湿度；

5　量具名称、型号、量程和检定日期；

6　试件尺寸及编号；

7　试件外观质量；

8　测量方法；

9　试验结果的整理和计算；

10　试验人员、校核人员及试验日期。

附录 Q　结构胶粘剂初黏度测定方法

Q.1　基本规定

Q.1.1　为统一结构胶粘剂混合后初黏度的测试方法，使所测黏度的测量误差能控制在 0.5%以内，并在各试验室之间具有可再现性，制定本规定。

Q.1.2　结构胶粘剂应按其流变特性分为两类：

1　近似牛顿流体特性的结构胶粘剂，其黏度一般低于 8×10^4 mPa·s；

2　非牛顿流体特性的结构胶，其黏度一般大于 8×10^4 mPa·s。

Q.1.3　当加固工程测定结构胶的初黏度时，其所使用的仪器应符合下列规定：

1　当黏度的估计值不大于 8×10^4 mPa·s 时，可使用游丝扭矩式旋转黏度计或具有规定剪切速率的同轴双圆筒旋转黏度计进行测试；

2　当黏度的估计值大于 8×10^4 mPa·s 时，应统一使用具有规定剪切速率的同轴双圆筒旋转黏度计进行测试。

Q.2　仪器设备

Q.2.1　测量黏度仪器的选用，应符合下列规定：

1　对近似牛顿流体的结构胶粘剂，宜使用旋转黏度计。

2　对非牛顿流体的结构胶粘剂，宜使用双圆筒旋转黏度计。

Q.2.2　配套设备应符合下列要求：

1　恒温浴（槽）：应能保持 23℃±0.2℃，且在 20℃～100℃范围内可调。

2　温度计：分度应为 0.1℃。

3　容器：应按黏度计使用说明书的规定，选用合适的形状和尺寸。

Q.3 试验条件

Q.3.1 试验温度应统一定为23℃±0.2℃。若用于个别工程项目的实时控制，也可按设计规定的试验温度进行测试，但应在仪器使用说明书允许范围内。

Q.3.2 测量系统选择应符合下列要求：

1 对旋转黏度计，应按该仪器提供的量程表，决定转子号及转速。

2 对双圆筒旋转黏度计，应统一采用D转子系统，取剪切速率为7.204s^{-1}，即转速为65r/min。

Q.4 试样制备

Q.4.1 结构胶初始黏度检测的抽样量应以250g为准。

Q.4.2 测试前，应将抽样取得的各组分，置于23℃～25℃恒温试验室中调节其状态不少于6h。

Q.4.3 在称量试样前，应将试样各组分（包括其容器）置于恒温水浴中30min～60min，然后按配合比分别称量所需的质量。

Q.4.4 对易吸湿的或含有挥发性物质的试样，应密封于容器中。

Q.5 试验步骤

（A）估计黏度值小于8×10^4mPa·s的胶液

Q.5.1 试样各组分经搅拌混合成均匀胶液后，倒入直径为70mm的烧杯或直筒形容器内，并置于恒温浴中准确控制胶液温度。若试样含有气泡，应在注入前，完全去掉。

Q.5.2 将保护架安装在仪器上。安装前应先熟悉旋入方向。

Q.5.3 按仪器使用说明书给出的量程表（mPa·s），选择转子号及转速（r/min）。

Q.5.4 按仪器使用说明书规定的操作方法和步骤，先旋转升降组，让转子缓缓浸入胶液中，直至转子液面标志和液面齐平。然后启动电机，转动变速旋钮，使所选转速数对准转速指示点，使转子在胶液中旋转，待指针趋于稳定立即读数，然后关闭电源，又重新启动仪器，进行第二、第三次读数。

Q.5.5 若指针读数不处于30格～90格之间，应更换转子号及转速；重新制备试样进行测试。原胶液试样应弃去，不得继续使用。若更换转子号及转速，仍测不出黏度，应改用同轴双圆筒旋转黏度计进行测试。

（B）估计黏度值大于8×10^4mPa·s的胶液

Q.5.6 按规定的剪切速率选择转筒、转速及固定筒，并按仪器使用说明书规定的步骤和方法安装好仪器。

Q.5.7 按仪器测量系统尺寸表规定的试样用量将配制好的胶液（试样），细心地注入仪器的外筒，胶液必须完全浸没转子的工作高度，且以有少量胶液溢入转子上部凹槽中为宜。注胶后应静置片刻消去气泡。必要时，还可用洁净的金属小针挑破气泡，以加速消泡。

Q.5.8 将仪器与预热已达23℃的恒温装置连接，使内、外筒系统浸入恒定温度的水中。

Q.5.9 接通电源，启动马达，使转筒旋转。待指针稳定后读取第一次读数，随即关闭电源。若读数介于表盘满刻度的20%～90%之间，则认为读数有效。随即又重新启动电源两次，分别读取第二、三两次读数。

Q.5.10 测量结束后，应立即用丙酮或其他适用的洗液，彻底清洗黏度计转子系统及内外筒等零部件，不得因延误此项作业而损坏仪器。

Q.6 结果计算与表示

Q.6.1 结构胶粘剂混合后的初黏度η（mPa·s）应按下式计算：

$$\eta = K \cdot a \qquad (Q.6.1)$$

式中：K——仪器常数（mPa·s），应按仪器使用说明书给出的仪器常数表取值；

a——3次读数平均值。若其中一个读数与平均值之间相差较显著，应采用格拉布斯（Grubbs）检验法进行判定，不得随意舍弃。

Q.6.2 结果表示：测定的黏度值应取3位有效数，并应以括号形式注明下列参数值：

1 对旋转黏度计测定的黏度，应表示为η(23℃)值；

2 对双圆筒旋转黏度计测定的黏度，应表示为η(23℃，7.204s^{-1})值；

3 对其他仪器测定的黏度，应表示为η(23℃，选用的剪切速率)值。

Q.6.3 试验报告应包括下列内容：

1 受检材料品种、型号和批号；

2 抽样规则及抽样数量；

3 试样制备及调节方法；

4 试样编号；

5 试验环境温度和相对湿度；

6 仪器设备的型号、量程和检定日期；

7 采用的转子系统、转速、剪切速率；

8 恒温浴（槽）的水温及其偏差；

9 黏度测定值；

10 试验人员、校核人员及试验日期。

附录R　结构胶粘剂触变指数测定方法

R.1 适 用 范 围

R.1.1 本方法适用于以不同转速下动力黏度比值表征结构胶粘剂触变性能的触变指数（thixotropic index）测定。

R.1.2 对常温下施工的涂刷型结构胶粘剂，其工艺性能所要求的触变性，可通过测定其触变指数进行评估。

R.2 仪器和设备

R.2.1 旋转黏度计：当采用牛顿流体黏度计时，其转子速度应有 6r/min 和 60r/min 两种；当采用非牛顿流体黏度计时，若其转子速度设置不同，允许用 5.6r/min 和 65r/min 替代。

注：对掺有填料的胶粘剂，应采用 NXS-11A 型黏度计。

R.2.2 恒温浴槽：应能在 20℃～100℃范围内可调，且恒定水温的误差不大于 0.2℃。

R.2.3 温度计的分度应为 0.1℃。

R.2.4 容器应按所使用旋转式黏度计的说明书确定容器形状和尺寸。

R.3 试　样

R.3.1 结构胶粘剂各组分应从检验批中随机抽取，并在试验室置放不少于 24h。测试前，应按该胶粘剂使用说明书规定的配合比，在 23℃±0.5℃的室温下进行拌合均匀后，作为测定胶液黏度的试样。

R.3.2 试样应均匀、色泽一致，无结块。

R.3.3 试样量应能满足旋转式黏度计测试需要。

R.4 试 验 步 骤

R.4.1 将盛有试样的容器放入已升温至试验温度的恒温浴（槽）中，使试样温度与试验温度 23℃±0.5℃平衡，并保持试样温度均匀。

R.4.2 将 6r/min（或 5.6r/min）的转子垂直浸入试样中的部位，并使液面达到转子液位标线。

R.4.3 按黏度计说明书规定的操作方法启动黏度计，读取旋转的指针稳定后的第一次读数。关闭马达后再重新启动两次，分别读取指针第二次和第三次稳定后的读数。

R.4.4 将 6r/min（或 5.6r/min）的转子更换为 60r/min（或 65r/min）的转子，重复上述步骤，测量其指针稳定后的读数，共三次。

R.5 结果计算与表示

R.5.1 按旋转黏度计使用说明书规定的方法，分别计算 6r/min（或 5.6r/min）和 60r/min（或 65r/min）的黏度 η_6（或 $\eta_{5.6}$）和 η_{60}（或 η_{65}）。计算时，指针读数值 α，取 3 次读数的平均值，且取有效数 3 位。黏度的单位以“mPa·s”表示。

R.5.2 触变指数 I_t 应按下式计算，取两位有效数，并应注明试验的温度：

对中、低黏度胶液：$I_t = \eta_6 / \eta_{60}$　　(R.5.2-1)

对高黏度胶液：$I_t = \eta_{5.6} / \eta_{65}$　　(R.5.2-2)

R.5.3 试验报告应包括下列内容：

1 受检材料来源、品种、型号和批号；

2 取样规则及抽样数量；

3 试样制备及试样编号；

4 试验条件及试样状态调节过程；

5 仪器设备型号及检定日期；

6 采用的转子号及转速；

7 恒温浴槽的水温及其偏差；

8 黏度测定值及触变指数的计算；

9 试验人员、校核人员及试验日期。

附录S　聚合物改性水泥砂浆体和灌浆料浆体抗折强度测定方法

S.1 适 用 范 围

S.1.1 本方法适用于结构加固用聚合物改性水泥砂浆体和灌浆料浆体抗折强度的测定。

S.1.2 本方法不适用于测定低强度普通水泥砂浆体的抗折强度。

S.2 试验装置和设备

S.2.1 浇注试件用的模具应符合下列要求：

1 应为可拆卸的钢制模具，其钢材宜为 45 号碳钢，模具内表面的光洁度应达 $\overset{6.3}{\bigtriangledown\bigtriangledown}$。

2 模具内部净尺寸应为 30mm×30mm×120mm 及 40mm×40mm×160mm 两种；其允许偏差应符合下列规定：

1）模内净截面各边尺寸的偏差不得超过 0.20mm，模内净长度的偏差不得超过 1mm；

2）组装后模内各相邻面的夹角应为 90°，其不垂直度不应超过±0.5°；

3）模具各边组成的上表面，其平面度偏差不得超过短边长度的 1.5%。

3 模具的拆卸构造不应在操作时伤及试件。

S.2.2 当浇注试件需经振实成型时，振实台的技术性能和质量应符合现行行业标准《水泥胶砂试体成型振实台》JC/T 682 的规定。

S.2.3 抗折试验使用的压力试验机应为液压式压力

试验机，其测量精度应达±1.0%。试验机应能均匀、连续、速度可控地施加荷载。试件破坏荷载应处于压力机标定满负荷的20%～80%之间。

S.2.4 试件的支座和加载压头应为直径10mm～15mm、长度分别为35mm和45mm的45号碳钢圆柱体。分配荷载的钢板，应采用45号碳钢制成，其尺寸应根据试件的尺寸分别取为10mm×35mm×50mm和10mm×45mm×60mm。

S.2.5 抗折试验装置，应为图S.2.5所示的三分点加荷装置。

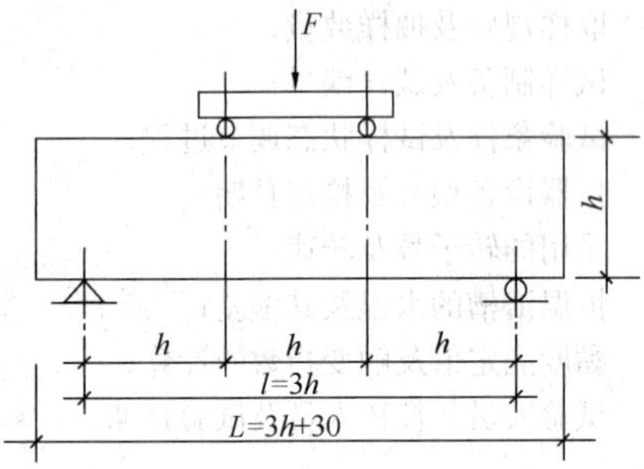

图S.2.5 抗折试验装置（mm）

S.3 取样规则

S.3.1 验证性试验用的抗折试样，应在试验室按该受检材料使用说明书的要求专门配制，并按每盘拌合物取样制作一组试件，每组不少于5个试件的原则确定应拌合的盘数。拌合时试验室的温度应在23℃±2℃。若需采用搅拌机拌合时，宜采用符合现行行业标准《行星式水泥胶砂搅拌机》JC/T 681要求的搅拌机。

S.3.2 工程质量检验用的抗折试样，应在现场随机选取3盘拌合物，每盘取样制作一组试件，每组试件不应少于4个。

S.3.3 拌合物取样后，应在该受检材料使用说明书规定的适用期（按min计）内浇注成试件；不得使用逾期的拌合物浇注试件。

S.4 试件制备

S.4.1 试件形式及尺寸：当测定聚合物砂浆及复合砂浆抗折强度时，应采用30mm×30mm×120mm的棱柱形试件；当测定灌浆料抗折强度时，应采用40mm×40mm×160mm的棱柱形试件。

S.4.2 试件应在符合本附录第S.2.1条要求的模具中制作、浇注、捣实和养护。其养护制度和拆摸时间应按该受检材料使用说明书确定，但为结构加固提供设计、施工依据的试件，其养护时间应以28d为准。

S.4.3 若需评估浆体强度增长的正常性，可增加试件组数，在浇注后1d、3d、7d等时段拆模进行强度试验。

S.4.4 试件拆摸后，应检查试件表面的缺陷；凡有裂纹、麻点、孔洞、缺损的试件应弃用。

S.5 试验步骤

S.5.1 试件养护到期后应及时进行试验，若因故需推迟试验不得超过1d。

S.5.2 在试验机中安装试件（图S.2.5）时，应以试件成型时的侧面作为加荷的承压面，并应从试验机前后两面对试件进行对中，若发现试件与支座或施力点接触不严或不稳时，应予以垫平。

S.5.3 试件加荷应均匀、连续，并应控制在1.5min～2.0min内破坏，破坏时除应记录试验机荷载示值外，还应记录破坏点位置及破坏形式。当试件的破坏点位于两集中荷载作用线之间时为正常破坏；若破坏点位于集中荷载作用线与支座之间时为非正常破坏，应检查其发生原因，并经整改后重新制作试件进行试验。

S.6 试验结果

S.6.1 正常破坏的试件，其抗折强度值 f_b 应按下式计算，精确至0.1MPa：

$$f_b = Pl_b/bh^2 \qquad (S.6.1)$$

式中：P——试件破坏荷载（N）；

l_b——试件跨度（mm）；

b 和 h——试件截面的宽度和高度。

S.6.2 一组试件的抗折强度值的确定应符合下列规定：

1 当一组试件的破坏均属正常破坏时，以全组测值的算术平均值表示；

2 当一组试件中仅有1个测值为非正常破坏时，应弃去该测值，而以其余3个测值的算术平均值表示；

3 当一组试件中非正常破坏值不止一个时，该组试验无效。

S.6.3 试验报告应包括下列内容：

1 受检材料的来源、品种、型号和批号；

2 取样规则及抽样数量；

3 试件制备方法及养护条件；

4 试件的编号和尺寸；

5 试验环境的温度和相对湿度；

6 仪器设备的型号、量程和检定日期；

7 加荷方式及加荷速度；

8 试件破坏荷载及破坏形式；

9 试验结果的整理和计算；

10 取样、试验、校核人员及试验日期。

附录T 合成纤维改性混凝土弯曲韧性测定方法

T.1 适用范围

T.1.1 本方法适用于合成纤维改性混凝土弯曲韧性

的表征值——弯曲剩余强度指数的测定。

T.1.2 本方法也可用于合成纤维改性砂浆弯曲剩余强度指数的测定。

T.2 试验装置

T.2.1 本试验采用的试验机宜为螺杆传动式或液压式试验机，其变形控制可采用开环控制系统。

T.2.2 试件的钢底板应采用不锈钢制作，其尺寸应为100mm×12mm×350mm。

T.2.3 加荷装置应采用三分点加荷方式的试验架。

T.2.4 挠度测量装置应设计成直接测得纯挠度的测量系统（图T.2.4）。若有条件，可将荷载与挠度的输出信号经放大器与$x-y$记录仪相连接，直接绘制荷载-挠度曲线。

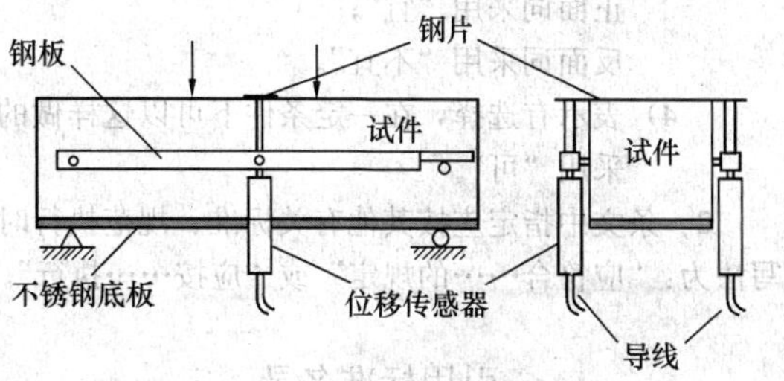

图T.2.4 弯曲试验挠度测量示意图

T.3 试件

T.3.1 试件形式、尺寸及数量应符合下列规定：

试件截面尺寸应为100mm×100mm，试件长度应为350mm，并应设计成梁式试件。梁的计算跨度应为300mm。每组试件不应少于10个。其中5个作抗折强度试验；另5个作本试验。

T.3.2 试件的混凝土强度等级，应按试验设计确定，但不得低于C25。

T.3.3 合成纤维的分布应通过采取正确的投料、浇注和振捣方法，使纤维在混凝土拌合过程中呈方向不规则的均匀分布。

T.3.4 混凝土试件应经7d的标准养护，然后按一般要求养护至第28天进行试验。

T.4 试验步骤

T.4.1 在量测试件尺寸后，将12mm厚的不锈钢垫块垫放于梁式试件的底部。

T.4.2 在试验机中安装带垫板的梁式试件及加荷装置。然后以（0.5±0.1）mm/min的加荷速率施加荷载，直至挠度达到0.20mm。此时，若试件已开裂，即可卸载，并取掉不锈钢垫板。若试件开裂不在三分点内，则该试件的试验结果无效。

T.4.3 对取掉钢垫板的梁式试件，以0.1mm/min的加荷速度继续进行加荷，测得剩余荷载-挠度全曲线。

T.4.4 在剩余荷载-挠度全曲线上，以量尺在图上找出对应于挠度为0.5mm、0.75mm、1.0mm及1.25mm的各荷载值（单位为“N”），并用公式（T.4.4）求取这4个荷载值的平均值：

$$P_r = (P_{0.5} + P_{0.75} + P_{1.0} + P_{1.25})/4 \quad (T.4.4)$$

T.4.5 按式（T.4.5）计算该梁式试件的剩余强度值f_r，并精确至0.01MPa：

$$f_r = P_r l / bh^2 \quad (T.4.5)$$

式中：l——梁式试件跨度；

b和h——分别为梁宽和梁高。

T.4.6 根据本试验结果及抗折强度试验结果，可按下式计算该组梁式试件的弯曲剩余强度指数I_r值：

$$I_r = \overline{f_r} / \overline{f_m} \times 100(\%) \quad (T.4.6)$$

式中：$\overline{f_r}$和$\overline{f_m}$——分别为该组5个试件的剩余强度和抗折强度平均值，计算精确至0.01MPa。

附录U 锚固承载力检验方法

U.1 适用范围

U.1.1 本方法适用于混凝土结构后锚固抗拔承载力的破坏性检验。

U.1.2 本方法适用的后锚固件为带肋钢筋、全螺纹螺杆、自扩底锚栓、模扩底锚栓和特殊倒锥形锚栓。

U.2 取样规则

U.2.1 后锚固件抗拔承载力检验的取样，应以同品种、同规格、同强度等级、同批号的后锚固件为一检验批，并应从每一检验批所含的后锚固件中随机抽取。

U.2.2 破坏性检验的取样数量，应为每一检验批后锚固件总数的0.1%，且不少于5个进行检验。

U.2.3 当不同行业标准的取样规则与本规范不一致时，对承重结构加固用的后锚固承载力检验，必须按本规范的规定执行。

U.3 种植后锚固件的基材

U.3.1 种植后锚固件的基材，应采用强度等级为C30的混凝土块体。块体的设计应符合下列规定：

1 块体尺寸：宜按一组5个后锚固件单行排列进行设计；也可取为1800mm×600mm×300mm；

2 块体配筋：仅在块体周边配置架立钢筋和箍筋；若需吊装尚应设置吊环；

3 外观要求：混凝土表面应平整，且无裂缝。

U.3.2 混凝土块体的制作，应按所要求的强度等级进行配合比设计。块体浇注后应经28d标准养护。在养护期间应保持混凝土处于湿润状态，以防出现早期裂纹。

U.4 仪器设备要求

U.4.1 检测用的加荷设备，可采用专门的拉拔仪或自行组装的拉拔装置，但应符合下列要求：

1 设备的加荷能力应比预计的检验荷载值至少大20%，且应能连续、平稳、速度可控地运行；

2 设备的测力系统，其整机误差不得超过全量程的±2%，且应具有峰值储存功能；

3 设备的液压加荷系统在短时（≤5min）保持荷载期间，其降荷值不得大于5%；

4 设备的夹持器应能保持力线与锚固件轴线的对中；

5 设备的支承点与植筋的净间距不应小于 $6d$（d 为植筋或锚栓的直径），且不应小于125mm；设备的支承点与锚栓的净间距不应小于 $2h_{ef}$（h_{ef} 为有效埋深）。

U.4.2 当委托方要求检测重要结构锚固件连接的荷载-位移曲线时，现场测量位移的装置，应符合下列要求：

1 仪表的量程不应小于50mm，其测量的误差不应超过±0.02mm；

2 测量位移装置应能与测力系统同步工作和连续记录，测出锚固件相对于混凝土表面的垂直位移，并绘制荷载-位移的全程曲线。

U.4.3 若受条件限制，允许采用百分表，以手工操作进行分段记录。此时，在试样到达荷载峰值前，其位移记录点应在12点以上。

U.4.4 现场检验用的仪器设备应定期送检定机构检定。若遇到下列情况之一时，还应及时重新检定：

1 读数出现异常；

2 被拆卸检查或更换零部件后。

U.5 检验步骤与方法

U.5.1 非胶粘的后锚固件在混凝土块体上安装完毕，经检查合格后即可开始检验其承载力。胶粘的后锚固件，其检验应在胶粘剂固化7d时立即进行。若因故需推迟检验日期，除应征得鉴定机构同意外，尚不得超过3d。

U.5.2 检验后锚固拉拔承载力的加荷宜采用连续加荷制度，且应符合下列规定：

1 对锚栓，应以均匀速率加荷，控制在2min～3min时间内发生破坏；

2 对植筋，应以均匀速率加荷，控制在2min～7min时间内发生破坏。

U.5.3 检验结果以后锚固连接抗拔力的实测平均值 $N_{u,m}$ 及实测最小值 $N_{u,min}$ 表示，并按本规范第12.3.1条的规定进行合格评定。

本规范用词说明

1 为便于在执行本规范条文时区别对待，对要求严格程度不同的用词说明如下：

1）表示很严格，非这样做不可的用词：
正面词采用“必须”；
反面词采用“严禁”。

2）表示严格，在正常情况下均应这样做的用词：
正面词采用“应”；
反面词采用“不应”或“不得”。

3）表示允许稍有选择，在条件许可时首先应这样做的用词：
正面词采用“宜”；
反面词采用“不宜”。

4）表示有选择，在一定条件下可以这样做的，采用“可”。

2 条文中指定应按其他有关标准、规范执行时，写法为：“应符合……的规定”或“应按……执行”。

引用标准名录

国家标准

1《混凝土结构设计规范》GB 50010
2《钢结构设计规范》GB 50017
3《混凝土外加剂应用技术规范》GB 50119
4《木结构试验方法标准》GB/T 50329
5《混凝土结构加固设计规范》GB 50367
6《水泥基灌浆料应用技术规范》GB/T 50448
7《建筑结构加固工程施工质量验收规范》GB 50550
8《砌体结构加固设计规范》GB 50702
9《塑料负荷变形温度的测定》GB/T 1634.2
10《树脂浇注体拉伸强度试验方法》GB/T 2568
11《树脂浇注体压缩强度试验方法》GB/T 2569
12《树脂浇注体弯曲强度试验方法》GB/T 2570
13《紧固件机械性能 螺栓、螺钉和螺柱》GB/T 3098
14《定向纤维增强塑料拉伸性能试验方法》GB/T 3354
15《单向纤维增强塑料弯曲性能试验方法》GB/T 3356
16《碳纤维增强塑料纤维体积含量试验方法》GB/T 3366

17《正态样本离群值的判断与处理》GB/T 4883

18《胶粘剂对接接头拉伸强度的测定》GB/T 6329

19《胶粘剂适用期的测定》GB/T 7123.1

20《胶粘剂拉伸剪切强度的测定（刚性材料对刚性材料）》GB/T 7124

21《混凝土外加剂》GB 8076

22《增强制品试验方法　第3部分：单位面积质量的测定》GB/T 9914.3

23《正态分布变差系数置信上限》GB/T 11791

24《液态胶粘剂密度测定方法　重量杯法》GB/T 13354

25《建筑密封材料试验方法　流动性的测定》GB/T 13477.6

26《钢丝镀锌层》GB/T 15393

国家军用标准

1《胶粘剂——不均匀扯离强度试验方法（金属与金属）》GJB 94

2《胶粘剂高温拉伸剪切强度试验方法（金属与金属）》GJB 444

3《胶接耐久性试验方法》GJB 3383

行业标准

1《水工混凝土试验规程》DL/T 5150

2《混凝土用膨胀型、扩孔型建筑锚栓》JG 160

3《耐火浇注料抗热震性试验方法（水急冷法）》YB/T 2206.2

4《混凝土试模》JG 237

中华人民共和国国家标准

工程结构加固材料安全性鉴定技术规范

GB 50728—2011

条 文 说 明

制 订 说 明

《工程结构加固材料安全性鉴定技术规范》GB 50728-2011经住房和城乡建设部2011年12月5日以第1213号公告批准、发布。

本规范制订过程中，编制组进行了广泛的调查研究，总结了我国工程结构加固材料的研制和使用经验；参考了国外有关技术标准。同时，有不少单位和学者还进行了卓有成效的试验研究，为本规范制订提供了有参考价值的数据和资料。

为便于广大生产企业、监督检验、设计、施工、业主、管理等单位和部门的有关人员在使用本规范时能正确理解和执行条文规定，《工程结构加固材料安全性鉴定技术规范》编制组按章、节、条顺序编制了本规范的条文说明，对条文规定的目的、依据以及执行中应注意的有关事项进行了说明。但条文说明不具备与规范正文同等的效力，仅供使用者作为理解和把握规范规定的参考。

目　　次

1　总则 ………………………………………… 11—51
2　术语 ………………………………………… 11—51
3　基本规定 …………………………………… 11—51
4　结构胶粘剂 ………………………………… 11—51
4.1　一般规定 ………………………………… 11—51
4.2　以混凝土为基材的结构胶 ……………… 11—52
4.3　以砌体为基材的结构胶 ………………… 11—53
4.4　以钢为基材的结构胶 …………………… 11—53
4.5　以木材为基材的结构胶 ………………… 11—53
4.6　裂缝压注胶 ……………………………… 11—53
4.7　结构加固用界面胶、底胶和修补胶 …… 11—53
4.8　结构胶涉及工程安全的工艺性能要求 … 11—54
5　裂缝注浆料 ………………………………… 11—54
5.1　一般规定 ………………………………… 11—54
5.2　裂缝注浆料的安全性鉴定 ……………… 11—54
6　结构加固用水泥基灌浆料 ………………… 11—55
6.1　一般规定 ………………………………… 11—55
6.2　水泥基灌浆料的安全性鉴定 …………… 11—55
7　结构加固用聚合物改性水泥砂浆 ………… 11—55
7.1　一般规定 ………………………………… 11—55
7.2　聚合物改性水泥砂浆的安全性鉴定 …… 11—55
8　纤维复合材 ………………………………… 11—56
8.1　一般规定 ………………………………… 11—56
8.2　碳纤维复合材 …………………………… 11—56
8.3　芳纶纤维复合材 ………………………… 11—56
8.4　玻璃纤维复合材 ………………………… 11—57
9　钢丝绳 ……………………………………… 11—57
9.1　一般规定 ………………………………… 11—57
9.2　制绳用的钢丝 …………………………… 11—57
9.3　钢丝绳的安全性鉴定 …………………… 11—57
10　合成纤维改性混凝土和砂浆 …………… 11—57
10.1　一般规定 ……………………………… 11—57
10.2　合成纤维改性混凝土和砂浆的安全性鉴定 ……………… 11—58
11　钢纤维混凝土 …………………………… 11—58
11.1　一般规定 ……………………………… 11—58
11.2　钢纤维混凝土的安全性鉴定 ………… 11—58
12　后锚固连接件 …………………………… 11—59
12.1　一般规定 ……………………………… 11—59
12.2　基材及锚固件材质鉴定 ……………… 11—59
12.3　后锚固连接性能安全性鉴定 ………… 11—59

1 总 则

1.0.1 本条规定了制定本规范的目的和要求。这里应说明的是，本规范作为工程结构加固材料应用安全性鉴定的国家标准，主要是针对为保障安全、质量、卫生、环保和维护公共利益所必须达到的最低指标和最低要求作出统一的规定。至于更高的要求和更优的性能指标，则应由其他层次的标准，如专业性很强的行业标准、以新技术应用为主的推荐性标准和企业标准等在国家标准基础上进行优化和提高。然而，在前一段时间里，这一最基本的标准化原则，却由于种种原因而没有得到遵循，出现了上述标准对安全、质量的要求反而低于国家标准的不正常情况。为此，在实施本规范过程中，若遇到这类情况，一定要从国家标准是保证工程结构加固材料安全性的最低标准这一基点出发，按照《中华人民共和国标准化法》和建设部第25号令的规定来实施本规范，只有这样，才能做好安全性鉴定工作，以避免结构加固材料在未使用前，就留有安全隐患。

1.0.2、1.0.3 这两条对本规范的适用范围和具体用途作了明确的规定，并着重指出，本规范主要作为建设单位和设计单位选料的依据，其所以不能用来替代加固材料进场的复验，是因为在批量材料进入施工现场前，其间还要经过几个流通环节；任一环节均可能由于某种原因而造成对加固材料质量的影响。因此，不能以持有安全性鉴定证书为理由而免去进场取样复验这一程序。

另外，还需要说明的是，上述鉴定不包括传统工艺生产的通用材料，如水泥、钢筋、型钢、普通混凝土和普通水泥砂浆等材料。这些材料的安全性已为广大技术人员所了解，无需重新鉴定，只需通过进场复验即可。

1.0.6 本条属原则性规定，未特指哪些具体标准规范。

2 术 语

2.0.1～2.0.23 本规范采用的术语及其定义，是根据下列原则确定的：

1 凡现行工程建设国家标准已作出规定的，一律加以引用，不再另行给出命名和定义；

2 凡现行工程建设国家标准尚未规定的，由本规范参照国家标准和国外先进标准给出命名和定义；若国际标准和国外先进标准尚无这方面术语，则由本规范自行命名和定义；

3 当现行工程建设国家标准虽已有该术语，但若定义不准确或概括的内容不全时，由本规范完善其定义。

3 基 本 规 定

3.0.1 工程结构加固的可靠性，虽然取决于设计、材料、施工、工艺、监理、检验等诸多因素的质量，但实际工程的统计数据表明，因加固材料性能不符合使用要求所造成的安全问题占有很大的比重，其后果甚至是极其严重的。因此，必须在加固材料进入加固现场前，便对它进行系统的安全性检验与鉴定，以确认其性能和质量是否能达到安全使用的要求。

3.0.2 处于研制阶段的加固材料或制品，由于其组分、配方、规格、工艺等尚未定型，且产量很少，是无法进行安全性鉴定的。为此，本规范给出了参与鉴定的条件。其中应指出的是，本规范规定的鉴定项目，不涉及毒性和耐火的检验内容。因此，在参与结构安全性鉴定前，还需先通过卫生部门和消防部门的检验与鉴定。

3.0.3 为了保证安全性检验取样的代表性和可靠性，本条对取样必须遵守的基本原则作出了两款规定。应指出的是：这两款规定是取样工作的最低要求，而不是最佳要求。因此，在具体执行时，还可根据检验项目的不定性，适当增加检验批次，以提高检验结果的精确性。

3.0.4 本条系对检验过程控制及检验结果提出的基本要求。这些要求对保证检验工作正常进行、检验结果正确整理至关重要，应严格执行。

3.0.5、3.0.6 这是根据现行国家标准《正态分布完全样本可靠度单侧置信下限》GB/T 4885、《正态分布变差系数置信上限》GB/T 11791、《混凝土结构加固设计规范》GB 50367 的有关规定，并参照国际标准、欧洲标准、美国 ACI 标准和乌克兰国家标准等所给出的置信水平进行制定的。由于考虑了样本大小和置信水平的影响，更能实现鉴定所要求的95%保证率。

3.0.7 当前国内加固材料、制品的性能和质量，之所以每况愈下，其中的主要原因之一就是检测机构的责任心缺失。其具体表现就是发放不负责任的“仅对来样负责”的检测报告，以逃避责任。

4 结 构 胶 粘 剂

4.1 一 般 规 定

4.1.1 为了使结构胶粘剂（以下简称结构胶）具有各类工程结构安全使用所要求的性能和质量，必须根据基材的种类、特性、胶的固化条件和使用环境等的不同分别进行设计和配制，才能使不同品种的结构胶均具有良好的使用性能、耐久性能和经济性。同时，安全性鉴定时，应分别进行取样、检验和评定。另外，应指出的是，本规范之所以不包括中、高温固化型的结构胶，主要是因为其所要求的粘结设备和工艺条件很复杂，在工程结构施工现场条件下一般很难做到。即使有少数施工单位做得到，也只能作为个案处理。因此，当工程有条件使用中、高温固化工艺时，其鉴定标准由本规范管理机构另行专门提供。

4.1.2 在胶粘工艺不受限制的情况下，胶粘剂一般按常温、中温、高温和特高温分成四类，适用温度的范围，分别为(－55～80)℃、(－55～120)℃、(－55～150)℃和(－55～210)℃。但这在工程结构施工现场的常温胶接的条件下，是很难达到的。为此，本规范根据调查和验证性试验的结果，分为(－45～60)℃、(－45～95)℃、(－45～125)℃和(－45～150)℃四类，但本规范仅列Ⅰ、Ⅱ、Ⅲ类，而对Ⅳ类胶则作为个案处理。因为前三类已有较成熟的工艺，而第Ⅳ类胶的常温固化工艺还很不成熟，需要采取特殊的措施。

4.1.3 结构胶粘剂的使用年限，在一定范围内，是可以根据其所采用的主粘料、固化剂、改性材和其他添加剂进行设计的。目前加固常用的结构胶，一般是按30年使用年限设计的。因此，若要进一步提高其使用年限，则应进行专门设计，并应按本规范的要求通过专项的检验与鉴定。为了保证新建工程使用结构胶的安全，凡通过该专项鉴定的结构胶，在供应时均应出具“可安全工作50年”的质量保证书，并承担相应的法律责任。

4.1.4 这是因为粘料、固化剂、改性剂、添加剂、颜料、填料、载体、配合比、制造工艺、固化条件的任一改变，均有可能改变结构胶粘剂的性能和质量。因此，应将有上述任一变更的胶粘剂视为未经鉴定的胶粘剂。这是胶粘剂行业公认的规则，且涉及使用的安全问题，故必须作为强制性条文予以严格执行。

4.2 以混凝土为基材的结构胶

4.2.2 以混凝土为基材的结构胶，其安全性鉴定包括基本性能鉴定、长期使用性能鉴定和耐侵蚀性介质作用能力的鉴定。现分别说明如下：

1 基本性能鉴定

由胶体性能鉴定与粘结性能构成（见表4.2.2-1、表4.2.2-2及表4.2.2-3），对该表的构成需要指出两点：

1）在基本性能检验中，之所以纳入了胶体性能检验，是因为胶粘剂在承重结构中的应用，虽不以胶体的形式出现，但胶体的性能却与胶的粘结能力有着显著的相关性。例如：胶体拉伸强度高，其粘结强度也高；胶体的弯曲破坏呈韧性，则粘结的韧性也好。尤其是胶体的检验，由于不涉及被粘物的表面处理和粘结方式的影响问题，更能反映胶的质量优劣。与此同时，还可借以判断受检结构胶在选料、配方、固化条件和胶的性能设计与控制上是否存在欠缺和不协调等问题。

2）本条表列的粘结性能指标和要求，是参照国外有关标准（包括著名品牌胶的企业标准），经本规范编制组所组织的验证性试验复核与调整后确定的。尤其是Ⅰ类胶，还经过了GB 50367近五年的实施，在大量工程实践中，验证了其可靠性。因此，专家论证认为：本条所制定的鉴定标准较为稳健、安全、可信。

2 长期使用性能

由耐环境作用能力的鉴定与耐长期应力作用能力的鉴定构成（见表4.2.2-4），其中需要指出的是：

1）对胶的热老化性能鉴定标准，是参照原航空工业部HB 5398，经使用温度调整和试验验证后制定的。至于热老化时间，则是根据工程结构胶使用时间较长的特点，参照国外名牌耐温胶的检验时间作了较大幅度的延长，即从200h提升为720h。但试验表明，胶的性能变化仍然较为规律，可以按720h的强度降低率重新制定合格指标。

2）对胶的耐长期应力作用能力的检验，虽由于利用了Findley理论和公式，可以在5000h（210d）左右完成，但对安全性检验来说，还是嫌时间长了。为此，在表注中给出了可以改做楔子快速检验的条件。该检验方法是我国军用国家标准参照国外著名企业标准提出的。对耐长期应力作用能力较差的结构胶，具有较强的检出能力，已为我国军用标准采用多年。经本规范编制组验证表明该方法可以应用于工程结构。

3 耐介质侵蚀性能

在胶的耐介质侵蚀性能的检验中，之所以要做耐弱酸作用，是因为考虑到即使处于一般环境中的胶接构件，也会遇到酸雨、酸雾以及工业区大气污染的作用。另外，应注意的是本项检验结果不能用于有酸性蒸汽的工业建筑。因为它们需要通过耐酸结构胶的专门检验，其鉴定标准应由有关行业另行制定。

4.2.4 低温固化型结构胶之所以具有低温固化能力，是因为它在主粘料、固化剂和其他改性剂的选择和应用上有着针对性的考虑。以环氧类结构胶为例，其设计很好地解决了如何获得足够的环氧开环活性；如何提高固化剂和稀释剂的反应活性；如何筛选适用的胶粘工艺等关键技术问题。基于这些系统性的技术措施所配制的低温固化型结构胶，从使用要求来说，其性能应与室温固化型结构胶无显著差别，但它毕竟是在低温下固化的，故在安全性鉴定中，既应考核它固化后在室温条件下的常规表现，又要考核它在低温条件下性能的稳定性。为此，提出了对低温固化型结构胶鉴定的专门要求。

4.2.5 湿面（或水下）固化型结构胶，是指能在潮湿面上或饱含水分的粘合面上正常固化的胶粘剂。对这类胶的要求，是它的涂布性必须具有能牢固地附着在水分子集结的被粘物表面上的能力。与此同时，还应要求其所使用的固化剂和促进剂能在湿面和水下进行反应。目前国内已有不少品牌结构胶，不仅具有上述能力，而且还能获得不低于 15MPa 拉伸粘结抗剪强度平均值。据此，要求这类胶粘剂应能通过本规范的各项检验与鉴定。

4.3 以砌体为基材的结构胶

4.3.1 以钢筋混凝土为面层的组合砌体构件，它的表面特性及其与结构胶的相容性，均与混凝土基材无显著差异。因此，其所用的结构胶的安全性鉴定应按以混凝土为基材的结构胶进行。

4.3.2 传统的概念认为，砌体加固用的结构胶，其性能和质量还可以比混凝土用的 B 级胶再低一个档次，以取得更好的经济效益。但自从弃用第一代未改性的结构胶以来，很多研制的数据表明，只要选用的改性材料和方法正确，其所配制的砌体用胶，在基本性能和耐久性能的合格指标制定上，很难做到与混凝土用的 B 级胶有显著差别，成本也不可能有大的下降。因此，本规范规定砌体用胶的安全性鉴定标准按混凝土用的 B 级胶确定，亦即可以直接采用 B 级胶，而无需另行配制砌体结构的专用胶。

4.4 以钢为基材的结构胶

4.4.2 钢结构用胶安全性鉴定的标准，系按以下 5 个原则制定的：

1 被粘物——钢材的表面处理应正确、到位，且符合该胶粘剂使用说明书的要求；

2 胶与被粘物表面应具有相容性，且不致腐蚀被粘物，也不致形成弱界面；

3 粘结的破坏形式，应为胶层内聚破坏，不得为粘附破坏；

4 检验指标应首先保证胶接的蠕变满足安全使用要求，在这一前提下，尽可能提高其剥离强度和断裂韧性；

5 钢结构构件的防护措施，应符合现行国家标准《钢结构设计规范》GB 50017 的规定。

4.5 以木材为基材的结构胶

4.5.1 木材为传统的建筑材料，其粘结所采用的胶粘剂品种很多，但从工程结构的承载能力要求来考虑，本规范的规定仅适用于安全性能良好的少数几种结构胶，如：改性间苯二酚-甲醛树脂胶和改性环氧树脂胶等。因为工程结构对胶接的耐水性、耐久性和韧性的要求十分严格，从而使得众多的木材常用胶难以入选，这一点在选择木材粘结用胶时必须予以高度关注。

4.5.2 粘结木材用的结构胶，其安全性鉴定标准的检验项目虽然较少，但它是以下列原则为前提制定的：

1 木材的树种应符合结构用材的要求，尤其是它的含脂率、扭斜纹的斜率应得到控制；

2 木材的含水率应符合现行木结构设计规范对胶合木结构用材的要求；

3 粘结用的木材，其表面应经过刨光，以及除油污处理；

4 粘结用的结构胶应能在室温的条件下正常固化；

5 木材的胶接工艺已定型，且已在胶粘剂使用说明书中予以规定。

4.6 裂缝压注胶

4.6.2 裂缝处理用的结构胶，虽分为裂缝封闭和裂缝修复两类，但当裂缝较大时，一般均只能起到封闭的作用。在《建筑结构加固工程施工质量验收规范》GB 50550 中，规定修复胶的适用范围为 0.05mm～1.5mm，这一规定与本规范是一致的。执行时，应予以注意。

4.6.3 裂缝封闭胶之所以规定要按纤维复合材 B 级结构胶的性能指标配制，是因为封闭裂缝一般使用 E 玻璃纤维布、碳纤维布或无纺布；因此，要求其所使用的胶粘剂应具有较好的湿润性、渗透性和耐久性，而价格又不能太昂贵。经筛选认为 B 级结构胶较为合适，故规定其安全性鉴定标准应按 B 级纤维复合材用胶执行。

4.6.4 对裂缝修复胶的胶体性能检验，除了常规项目外，还要求进行无约束线性收缩率检验。这是因为过大的收缩率将影响胶层的粘结能力，使构件的整体性恢复达不到要求。

4.7 结构加固用界面胶、底胶和修补胶

4.7.1 根据现行行业标准生产的界面处理剂，由于其性能要求很低，无法在承重结构加固中应用。因此，有必要另行制定结构加固用界面胶安全性鉴定的检验项目和合格指标。与此同时，为了区别起见，还必须将结构加固用的界面剂更名为界面胶，以防止混淆所导致的负面影响。

对结构加固用的界面胶，其安全性鉴定的性能要求主要有三个方面：一是其基本性能、长期使用性能和耐介质侵蚀性能应与配套的结构胶相当，并具有相容性。二是其粘结抗剪性能，应不受界面高含水率的

影响，在富含水分子的粘合面中能够正常固化，并具有所要求的抗剪强度。三是它的线性收缩率应受到控制，以保证其工作的可靠性。基于上述要求，制定了界面胶安全性鉴定的规定和要求。

4.7.2 对底胶的要求主要有4项：

一是其钢对钢拉伸抗剪强度应略高于配套的结构胶；

二是其拉伸抗剪的破坏模式，应是结构胶的胶层内聚破坏，而不是结构胶与底胶的粘附破坏，也不应是底胶与钢试件间的粘附破坏；

三是底胶与被粘物表面必须相容，不应腐蚀被粘的金属件；

四是底胶的耐老化性能应与结构胶相当。

基于以上要求，制定了底胶安全性鉴定标准。

4.7.3 结构加固用的修补胶，也称找平胶；主要用于修补被粘物表面的局部小缺陷。其安全性鉴定，除了要求其性能与配套结构胶相当外，还要求其使用能适应现场施工的条件，即：要求较低的固化温度和固化压力，且对胶接表面无苛求。

4.8 结构胶涉及工程安全的工艺性能要求

4.8.1 结构胶工艺性能的优劣，直接关系到其粘结性能的可靠性。因此，本条对结构胶涉及工程安全的重要工艺性能指标作出了具体规定。从表4.8.1所列的项目可知：大多数均为本专业人员所熟悉，无需再加以说明。其中只有“触变指数”一项略为生疏，需要作一些说明。为此，应先说明什么是胶粘剂的触变性。所谓的触变性，是指胶液在一定剪切速率作用下，其剪应力随时间延长而减小的特性。在胶粘工艺上具体表现为：搅动下，胶液黏度迅速下降，便于涂刷；停止时，胶液黏度立即增大，不会随意流淌。这一特性对粘钢、粘贴纤维复合材的预成型板和植筋都很重要，因为既可减轻劳动强度，又能保证涂刷的均匀性和胶缝厚度的可控性，故有必要检验涂刷型和锚固型结构胶粘剂的触变性。为此，必须引入触变性的表征量——触变指数 I_t。该指数的测定方法是在规定的温度（一般为23℃）下，采用两个相差悬殊的剪切速率，分别测定一种胶粘剂的表观黏度 η_1 和 η_2，且令 $\eta_1 > \eta_2$，则 $I_t = \frac{\eta_1}{\eta_2}$。当以 I_t 的测值来描述该胶粘剂的触变性大小时，可以从不同配方胶液的表现情况中看出，I_t 值大的胶液，其触变性也大，反之亦然。这里应指出的是：胶液的触变指数并非越大越好。因为过大的触变指数，意味着该胶液的初始黏度很大。虽然在涂刷过程中，其黏度会很快下降，但涂刷一停止，其所下降的黏度会立即升高。从而使胶液没有时间让气泡逃逸，以致将因脱泡性变差而影响到胶粘剂的粘结强度。至于粘贴纤维织物的胶粘剂，虽也要求便于涂刷，但同时还要求胶液对纤维具有良好的浸润、渗透性。这一性质显然与触变性相左。但试验表明：可以通过协调，使两项指标均处于可以接受的范围内。表4.8.1中的初黏度和触变指数的指标就是按协调结果，并考虑到现场条件和经济因素后所确定的可接受的标准。

4.8.2 对本条需要说明的是，结构胶适用期之所以选用黏度上升法测定，是因为此法较为直观而易行，并便于技术人员在检验时进行判断。

5 裂缝注浆料

5.1 一般规定

5.1.1 本规范对裂缝注浆料的分类之所以仅涉及结构加固用途的范畴，主要是因为普通注浆料，已有行业标准，如JC/T 986等控制其质量即可。

裂缝注浆料，对改性环氧类胶粘剂而言，仅划分为室温固化型和低温固化型两种。因为本规范要求，它们均应能够在干燥或潮湿（无浮水）环境中固化。这一点在选择胶粘剂时，必须予以注意。至于中、高温固化型的胶粘剂，其所以未予列入，主要是考虑到在现场条件下很难做到。

另外，在工业建筑中应用注浆料时，可能遇到高温环境问题。因此，规定了耐温型注浆料的使用环境温度，但考虑到注浆料在高温环境下的使用经验较少，故暂限在500℃以下使用。若有可靠的工程实践经验，也可适当调高使用环境的温度，但应以更严格的抗热震性次数进行检验。

5.1.2 正常使用情况下，裂缝注浆料的设计使用年限与水泥砂浆和细石混凝土相应。高温环境使用的裂缝注浆料，由于其水化产物在长期高温下的稳定性尚不明确，因而其设计使用年限，应由业主与设计单位共同商定，且不宜大于30年。

5.2 裂缝注浆料的安全性鉴定

5.2.1 改性环氧基裂缝注浆料主要用于混凝土构件。由于注浆料中含有一定比例的细骨料，故在检测项目的设置与合格指标的取值要求上均低于裂缝修复胶。这种注浆料适合于压注宽度为1.5mm～5.0mm的裂缝。

5.2.2、5.2.3 改性水泥基裂缝注浆料可用于混凝土构件和砌体构件。其安全性鉴定标准，是参照国内外有关的企业标准，经验证和调整后制定的。这里需要指出的是，高温环境下使用的裂缝注浆料，需要满足的是它的耐温性能要求，而非耐火性能要求。尽管引用的是耐火浇注料的试验方法，但所规定的项目和指标是有差别的。

5.2.4 本条规定了裂缝注浆料涉及工程安全的工艺性能要求。其中需要指出的是环氧基注浆料的初始黏度要求，给出的是最高允许值。若裂缝宽度不大或气温较低，最好能控制在600mPa·s～1000mPa·s之间较易压注，但严禁使用非活性的溶剂和稀释剂进行调节。

5.2.5 制定本条系基于以下两点考虑：

1 在改性环氧类裂缝注浆料中掺加挥发性溶剂和非反应性稀释剂，是目前制售劣质注浆料的主要手段之一。其后果是大大降低注浆料的性能和质量，影响其在工程结构中的安全使用。

2 在改性水泥基裂缝注浆料中，氯离子含量过高，将引起钢筋很快锈蚀，从而将严重影响结构构件受力性能和耐久性。

本条为强制性条文，必须严格执行。

6 结构加固用水泥基灌浆料

6.1 一般规定

6.1.1、6.1.2 本规范规定的工程结构加固用的水泥基灌浆料，系针对承重结构的加固用途设计的，况且又是对安全、质量要求仅达可接受水平的国家标准，因而，当遇到其他层次标准的要求还低于国家标准时，必须执行本规范的规定。

这里需要指出的是，因灌浆料的粗骨料细而少，致使其弹性模量、徐变、收缩均显著大于混凝土，而更接近于水泥砂浆。故在混凝土增大截面加固工程中，宜优先采用粗骨料直径在10mm～16mm之间的减缩混凝土或自密实混凝土；只有在必要的情况下，才考虑采用灌浆料。这一点在设计人员的思想上必须明确，不应任意扩大其适用范围。

6.1.4 这是因为浆料组分、配合比和工艺的任一改变，均有可能改变灌浆料的性能和质量。因此，一经变动，便应视为未经鉴定的灌浆料。这是为保证结构加固用灌浆料安全使用的一个重要措施，必须严格执行。

6.2 水泥基灌浆料的安全性鉴定

6.2.1、6.2.2 水泥基灌浆料的安全性鉴定标准，系参照国外有关的标准，经验证和调整后制定的。其检验项目与裂缝注浆料基本相同，但在指标的确定上，考虑了灌浆料含有粗骨料的因素，因而有显著差别。另外，灌浆料的使用环境温度，也参照国外有关标准作了调整。

7 结构加固用聚合物改性水泥砂浆

7.1 一般规定

7.1.1 国际上，一般将砂浆中掺加的聚合物分为三个类型，并赋予不同的名称：一是聚合物砂浆，由于其组分中不含水泥，也称为树脂砂浆；二是聚合物浸渍砂浆，其英文名称为：Polymer Impregnated Mortar，简称PIM；三是聚合物改性水泥砂浆，即本章所要鉴定的材料。这里应提请注意的是，市售的普通聚合物改性水泥砂浆，其性能要求远低于结构加固用的聚合物改性水泥砂浆。因此，在使用上不允许等同对待，也不得随意混淆。

结构加固用的聚合物改性水泥砂浆，按聚合物材料的状态分为干粉类（powder）和乳液类（emulsion）。对重要结构构件的加固，应选用乳液类。因为与干粉类聚合物相比，乳液类虽运输、储存较为麻烦，但它对水泥基材料的改性效果较为显著而稳定。

聚合物改性水泥砂浆中采用的聚合物材料，应有成功的工程应用经验（如改性环氧、改性丙烯酸酯、丁苯、氯丁等），不得使用耐水性差的水溶性聚合物（如聚乙烯醇等），禁止采用可能加速钢筋锈蚀的氯偏乳液、显著影响耐久性能的苯丙乳液等以及对人体健康有危害的其他聚合物。

7.1.2 考虑到聚合物的老化问题，大多数国家均将其设计使用年限定为30年；如果到期复查表明其性能尚未明显劣化，仍可适当延长其使用年限。本规定与GB 50367的规定是一致的。

7.1.4 在聚合物改性水泥砂浆研制过程中，多做过80℃条件下的砂浆粘结性能和耐久性能。尽管如此，但本规范还是将它们的长期使用环境温度定为60℃。因为在这个温控条件下，聚合物不会出现热变形问题。

7.1.5 在聚合物改性水泥砂浆中，聚合物、水泥、其他化学添加剂等存在着适应性的问题，随意变更其中任何一种原材料的种类、品牌、配比，都极易导致不适应的现象，出现如破乳、缓凝、引气等问题。因此，对配方、配合比或工艺的任何改变，均应重新检验；另外，也不允许施工单位自行配制未经安全性鉴定的聚合物改性水泥砂浆。

7.2 聚合物改性水泥砂浆的安全性鉴定

7.2.1 聚合物改性水泥砂浆包括聚合物成膜和水泥水化两个同时进行的过程。因此，试件的标准养护方法与常用的水泥强度测试有一定的差异，采用先湿养、后干养的方法。与普通水泥砂浆相比，聚合物改性水泥砂浆具有韧性好（折压比大）、粘结强度高的显著特点。因此，对其性能首先要求有较高的抗折强度和良好的粘结性能（能使老混凝土基材破坏）。本条对浆体的折压比虽未提出要求，但在制定折、压指标时，已考虑了这个因素。另外，应指出的是：通过采用高效减水剂降低水灰比的手段，不含聚合物的普通高强砂浆虽然更容易达到所要求的浆体抗折及抗压强度，但普通高强砂浆的粘结能力仍难满足安全使用要求。因此，在聚合物改性水泥砂浆的性能检测中，不能仅注重其浆体的抗折、抗压强度，而更应注重其界面粘结强度和折压比，以保证能用到优质聚合物所配制的改性水泥砂浆。

8 纤维复合材

8.1 一般规定

8.1.1 对本条规定需要说明两点：

一是芳纶纤维（芳族聚酰胺纤维），虽然具有不少优越的特性，但它属于人工合成的有机材料，对它的使用，应有防护面层。

二是玄武岩纤维，由于它的弹性模量低，生产工艺尚未定型，因而，以混编方式与碳纤维共用，较能发挥它的增韧作用。

8.1.2 纤维复合材主要用于传递拉应力，故必须采用连续纤维才能设计成仅承受拉应力的作用。

8.1.4 考虑到不同品牌、型号的纤维束，其所用的偶联剂的不同，以及制作工艺的不同，因而与所使用的结构胶存在着适配性问题。故规定纤维复合材的安全性鉴定必须与所选用的结构胶配套进行。

8.2 碳纤维复合材

8.2.1 对本条的规定需要说明以下三点：

1 碳纤维按其主原料分为三类，即聚丙烯腈（PAN）基碳纤维、沥青（PITCH）基碳纤维和粘胶（RAYON）基碳纤维。从结构加固性能要求来考量，只有PAN基碳纤维最符合承重结构的安全性和耐久性要求；粘胶基碳纤维的性能和质量差，不能用于承重结构的加固；沥青基碳纤维只有中、高模量的长丝，可用于需要高刚性材料的加固场合，但在通常的建筑结构加固中很少遇到这类用途，况且在国内尚无实际使用经验，因此，本规范规定：对承重结构加固，必须选用聚丙烯腈基（PAN基）碳纤维。另外，应指出的是最近新推出的玄武岩纤维，由于其强度和弹性模量很低，只能用于替代无碱玻璃纤维，而不能用以替代碳纤维。

2 当采用聚丙烯腈基碳纤维时，对重要结构，还必须采用12k或12k以下的小丝束；严禁使用大丝束纤维；其所以作出这样严格的规定，主要是因为小丝束的抗拉强度十分稳定，离散性很小，其变异系数均在5%以下，且胶液容易浸润、渗透，故在生产和使用过程中，均能对其性能和质量进行有效地控制；而大丝束则不然，其变异系数高达15%～18%，甚至更大。在试验和试用中所表现出的可靠性较差，故不能作为承重结构加固材料使用。

3 应指出的是，k数大于12，但不大于24的碳纤维，虽仍属小丝束的范围，但由于我国工程结构使用碳纤维的时间还很短，所积累的成功经验均是从12k及15k碳纤维的试验和工程中取得的；对大于15k的小丝束碳纤维所积累的试验数据和工程使用经验均嫌不足。因此规定：对一般结构，仅允许使用15k及15k以下的碳纤维。这一点应提请加固设计单位注意。

8.2.2 碳纤维的性能和质量，是可以通过对原材料的选择以及对制作工艺的改良与控制进行设计的。因而在大量生产时，不同型号的碳纤维，其性能、质量和价格不仅有了显著差别，而且这种差别，对大量生产的碳纤维而言，还是很稳定的。这就为制定检验、鉴定标准提供了基本依据。在这种情况下，本规范按照可接受水平的概念，给每个等级材料所制定的性能和质量指标，均属于下限值。这对一次抽样结果来说，完全是有可能高于此限值的，但不会高于高一等级的平均水平。如果是多次抽样，其平均水平也只是越来越接近于本等级碳纤维的总体水平。因此，不能按一次好的抽样结果，便据以作出升级的决定，而只能对其所申报的等级予以确认。

8.2.3 本条规定了安全性鉴定前应对受检材料的真实性进行的确认工作，使安全性鉴定建立在可信的基础上。

8.2.4 表8.2.4给出的碳纤维复合材安全性鉴定标准，是在参照日、美、德、法等国有关标准的基础上，经验证和调整后制定的。试用表明较为稳健、可靠，对次品检出能力较强，能满足工程结构选材的要求。

其中，需要说明的是：Ⅲ级碳纤维织物之所以未给出其复合材抗拉强度的标准值，是因为该级材料的强度离散性较大，不宜用数理统计方法确定其标准值。在这种情况下，正在修订的GB 50367拟在制定其抗拉强度设计值时，采用抗拉强度平均值为基准，按安全系数法进行确定。据此，本表也相应给出了Ⅲ级碳纤维复合材的抗拉强度平均值，以供实际应用。

另外，应指出的是：纤维复合材与基材的正拉粘结强度检验一栏中，对钢基材的粘结破坏形式，之所以只规定："不得为粘附破坏"，是因为粘附破坏最不安全；至于胶层内聚破坏及内聚破坏占85%的混合破坏，在强度达到规定值的前提下，对钢材的粘结而言，都是可以接受的。

8.3 芳纶纤维复合材

8.3.1 芳纶纤维的品种和型号不少，只有符合本条规定的芳纶纤维，其性能和质量才能满足工程结构的使用要求。凡不符合本条规定的材料，不应接受其参与安全性鉴定。

8.3.2 参阅本规范第8.2.2条的条文说明。

8.3.3 参阅本规范第8.2.3条的条文说明。

8.3.4 由于芳纶纤维复合材在我国工程结构工程上

使用的时间较短，所积累的经验不多，对它的安全性鉴定，必须持积极慎重的态度。因而本条所给出的检验项目和指标均是参照国外公司的标准，经验证性试验和调整后制定的。但评估认为：通过本规范鉴定的芳纶复合材可以在混凝土结构加固中安全使用。

8.4 玻璃纤维复合材

8.4.1 工程结构加固用的玻璃纤维，之所以不能用含碱量高的品种，主要是因为这类玻璃纤维很容易被水泥中的碱性所腐蚀，且强度低，耐水、耐老化性能差，故在混凝土结构加固中应严禁使用这类玻璃纤维，以确保加固工程的安全。

8.4.2 迄今在工程结构中，对玻璃纤维复合材仅推荐用于混凝土和砌体结构的加固，故未给出以钢为基材的检验项目和指标。

表 8.4.2 的安全性鉴定标准，是以南京玻璃纤维研究院的数据为基础，参照国外标准的指标，经验证性试验和专家调整后制定的。该标准经 GB 50367 试行了近 6 年，其反馈信息表明：是安全、可行的。

9 钢 丝 绳

9.1 一 般 规 定

9.1.1 本条之所以加上一注，要求设计、施工单位不得错用术语，主要是因为同直径的钢丝绳与钢绞线，其截面特性及粘结能力有着显著差别。若因此而错用了材料，将导致工程出现安全问题。然而，迄今仍有少数设计人员为了避开现行国家标准《混凝土结构加固设计规范》GB 50367 较严格规定的约束，故意在施工图上将 6×7＋IWS 规格的钢丝绳也写成钢铰线。因此，应视为很严重的问题，必须责成设计单位纠正。

9.1.2 考虑到我国目前小直径钢丝绳，采用高强度不锈钢丝制作的价格昂贵，因此，根据国内试验、试用的结果，引入了高强度镀锌的钢丝绳；在区分环境介质和采取阻锈措施的条件下，将两类钢丝绳分别用于重要结构和一般结构，从而可以收到降低造价和合理利用材料的效果。

另外，之所以规定结构加固用的钢丝绳，其内外不得涂有油脂，是因为一般用途的钢丝绳，在制绳时普遍涂有油脂。如果用涂有油脂的钢丝绳作为加固材料，其粘结能力将大幅度下降。为了防止出现这个问题，应在订货时提出不允许涂油脂的条款，作为进场复验时拒收的依据。

9.2 制绳用的钢丝

9.2.1 本条给出的不锈钢丝牌号，只是作为可用材料的示例，不含非用这个品牌不可的意思。

9.2.2 本条给出的镀锌钢丝级别，只是作为可接受等级的举例，不含非用这个等级不可的意思。

9.2.3 优质钢丝的出厂检验，均较为严格，其质量分布情况也较为均匀，因此，在安全性鉴定时，可仅审查其合格证书的可信性和有效性，只有对材料外观质量有怀疑时，才取样进行检验。

9.3 钢丝绳的安全性鉴定

9.3.1、9.3.2 工程结构加固用的钢丝绳，其安全性鉴定标准，是参照我国航空用绳的相应标准，经验证和调整后制定的。至于安全性鉴定、检验所必需使用的钢丝绳计算截面面积，则是参照原国家标准《圆股钢丝绳》GB 1102－74 确定的。其所以采用原标准，除了其算法较稳健外，还因为现行标准删去了这部分内容，而其他行业标准的算法又很不一致。因此，决定仍按原标准的算法采用。

10 合成纤维改性混凝土和砂浆

10.1 一 般 规 定

10.1.1 根据国内外工程经验，结合纤维的几何参数、物理力学特征，经筛选后，确定了五种纤维可用作混凝土和砂浆的防裂、限裂的改性材料。从大连理工大学等单位所作的统计（见下表 1），可以对表列的四种纤维混凝土的主要性能参数有个概括的了解。

表 1 常用纤维混凝土主要性能参数与同强度等级素混凝土的比较

项 目	掺量及变化	聚丙烯腈纤维混凝土	聚丙烯纤维混凝土	聚酰胺纤维混凝土
收缩裂缝	降低比例(%)	58~73	55	57
	纤维掺量(kg/m³)	0.5~1.0	0.9	0.9
28d 收缩率	降低比例(%)	11~14	10	12
	纤维掺量(kg/m³)	0.5~1.0	0.9	0.9
相同水压下渗透高度降低	降低比例(%)	44~56	29~43	30~41
	纤维掺量(kg/m³)	0.5~1.0	0.9	0.9
50 次冻融循环强度损失	损失比例(%)	0.2~0.4	0.6	0.5~0.7
	纤维掺量(kg/m³)	0.5~1.0	0.9	0.9
冲击耗能	提高比例(%)	42~62	70	80
	纤维掺量(kg/m³)	1.0~2.0	1.0~2.0	1.0~2.0
弯曲疲劳强度	提高比例(%)	9~12	6~8	—
	纤维掺量(kg/m³)	1.0	1.0	—

注：1 表中收缩裂缝降低的试验基体采用砂浆，其余各项试验基体采用混凝土；
2 表中性能适用于中等强度等级(CF20~CF40)的混凝土。

10.1.2 为了使新开发的合成纤维品种也能用于工程

结构加固，作出了本条规定。

10.1.3 近十多年来，合成纤维混凝土（或砂浆）已在许多行业中得到广泛的应用。本条所列的只是在工程结构加固、修补中的应用场合，可供开发的用途还有不少。根据国内外经验，其应用已在下列领域中取得了较好效果。

1 混凝土、砂浆加固面层的防裂；

2 作为纤维复合材、粘钢的防护层；

3 路面、桥面的限裂；

4 屋面、地下室、储液池的防渗漏；

5 喷射混凝土、泵送混凝土的改性；

6 墙体的砂浆抹面；

7 板、壳混凝土置换；

8 水工建筑物、隧道衬砌的防渗、防裂；

9 寒冷地区新增构件的防冻害等。

10.2 合成纤维改性混凝土和砂浆的安全性鉴定

10.2.1 为保证鉴定的可靠性，给出了各品种合成纤维的细观形态的识别标志和几何特征的控制要求，应指出的是：几何特征处于控制范围内的合成纤维，其应用效果较为显著。

10.2.2 表 10.2.2 所列的合成纤维安全性鉴定标准，是参照国内外有关规程和文献资料，经验证和调整后制定的。

这里需要指出的是，对于防止和减小混凝土（或砂浆）早期塑性收缩开裂而言，由于塑性阶段混凝土（或砂浆）基材的抗拉强度和弹性模量极低，故对纤维力学性能要求不高，只要保证纤维间距不超过阻裂要求的临界值，且纤维分散均匀，与基材粘结良好，就能起到阻裂作用。但对硬化后混凝土的增韧要求而言，则需要纤维抗拉强度和弹性模量高，才能在裂缝间起到配筋的阻裂作用，约束裂缝的开展。因此，要注意选用适宜的纤维品种。

10.2.3 考虑到纤维体积率太大时，可能影响所配制混凝土（或砂浆）的强度，故规定：只要能达到设计要求的阻裂、增韧作用，就应该采用较低的纤维体积率。

10.2.4 本条规定了采用合成纤维增韧的混凝土（或砂浆）的安全性鉴定要求。

对本条需要说明的是：合成纤维混凝土（或砂浆）的弯曲韧性之所以用剩余弯拉强度（ARS）与其名义弯拉强度（MOR）之比的无量纲韧性指标 RSI（%）表示，是因为有如下几点考虑：

1 利用 ASTM-C 1399 的方法，可以测出纤维混凝土（或砂浆）梁的荷载-挠度曲线的下降段；

2 对试验机的要求，由必须采用闭环控制系统变为可用开环控制系统；

3 评价体系不再关注很难测定的初裂点，而依靠剩余强度又可较真实地反映纤维对混凝土（或砂浆）的阻裂增韧作用；

4 韧性指标采用剩余强度表示，与当前结构设计概念较易衔接；

5 在峰值荷载后，剩余承载力的提高是纤维增韧程度的体现；

6 试验方法简易，设备容易解决。

11 钢纤维混凝土

11.1 一 般 规 定

11.1.1、11.1.2 这两条规定了钢纤维混凝土的适用范围和选用的品种，其中，应指出的是，不锈钢纤维虽然价格较昂贵，但它具有耐腐蚀和耐高温的良好性能。因此，在有些工程结构加固工程中，还需要应用它。

11.2 钢纤维混凝土的安全性鉴定

11.2.1 碳钢熔抽型纤维，因制作过程中产生氧化皮，对粘结性能不利，故不允许使用；而不锈钢熔抽异形纤维，由于生产过程中加入了镍铬组分，不仅使之具有耐热性能，而且成本较低，所以在工程上使用很多。

另外，表 11.2.1 规定的几何参数要求，是参照国内外有关标准，经验证和调整后确定的。试用表明，能满足工程的需要。

这里需要指出的是，之所以采用等效直径，是因为本规范仅允许使用异形钢纤维，不允许使用圆直的钢纤维。

所谓的等效直径（equivalent diameter），是指当纤维截面为非圆形时，按截面面积相等概念换算成圆形截面的直径，也可按质量等效概念换算为圆柱体尺寸，推算出等效直径。

11.2.2 试验表明，钢纤维的抗拉强度不仅需要分级，而且还与混凝土的强度等级有关，但遗憾的是，迄今为止各行业用的钢纤维尚无统一的强度等级标准。本规范的钢纤维抗拉强度等级系参照行业标准《钢纤维混凝土》JG/T 3064 和《混凝土用钢纤维》YB/T 151 制定的，并根据工程结构加固工程使用经验，与混凝土强度等级挂钩。另外，应说明的是，抗拉强度等级括号内的数值，系供不锈钢纤维使用的。

11.2.3 考虑到钢纤维长度过短，夹持较难，故允许其抗拉强度试验可用母材替代，但应注意的是这一措施并不能完全解决问题。对熔抽和铣削工艺制作的钢纤维，仍然需要另行设计专门的夹具。

11.2.4 弯折 90°不断裂的检验，主要是为了保证钢纤维不致在施工过程中发生脆断。这在国内外标准均有类似的规定。

11.2.5 本条仅给出适用于工程结构加固的钢纤维体积率，不涉及对其他行业是否适用的问题。

11.2.6、11.2.7 这两条是针对目前钢纤维混凝土的应用体系尚未建立的状况，给出了安全性鉴定的最低要求，实际执行时，尚可补充设计提出的要求。

12 后锚固连接件

12.1 一 般 规 定

12.1.2 本条需要说明的是，胶接全螺纹螺杆属于胶接植筋的一种，不能擅自称为“定型化学锚栓”。自切底锚栓和模扩底锚栓的应用，不能使用普通的钻具，而须由厂家随供货配有专用钻具。凡不带钻具的锚栓均不得在工程中使用。另外，特殊倒锥形锚栓，旧称为“定型化学锚栓”，亦即所谓的“糖葫芦型锚栓”。由于“定型化学锚栓”这一名称，已被不诚信的厂商滥用，故改称为较易识别的“特殊倒锥形锚栓”，以便与全螺纹螺杆彻底区分。

12.1.3 膨胀型锚栓在承重结构中应用不断出现危及安全的问题，且在地震灾害中破坏尤为严重，故已被各省工程建设部门禁用很长时间。本条的规定只是重申这一禁令。

12.2 基材及锚固件材质鉴定

12.2.1 本条的规定系参照现行国家标准《混凝土加固设计规范》GB 50367 制定的，但根据汶川 5·12 大地震的震害经验，对一般结构的基材混凝土强度等级作了调整，以确保抗震设防区的工程安全。

12.2.2 本条中碳钢及合金钢锚栓用钢的性能等级及指标，系参照现行国家标准《紧固件机械性能 螺栓、螺钉和螺柱》GB/T 3098.1 制定的；不锈钢锚栓用钢的性能等级及指标，系参照现行国家标准《紧固件机械性能 不锈钢螺栓、螺钉和螺柱》GB/T 3098.6制定的；但由于在后锚固工程中仅采用部分性能等级，故有必要转录这部分标准，以便于设计使用。

12.3 后锚固连接性能安全性鉴定

12.3.1 对本条规定，需说明以下两点：

1 后锚固连接的承载力检验，之所以应采用破坏性检验方法，是因为其检出劣质锚固件和不良锚固工艺的能力最强，且样本量可比非破损检验小得多。故在安全性鉴定的检验中，禁止以非破损检验取代破坏性检验。

2 后锚固连接承载力的设计值，应按现行国家标准《混凝土结构加固设计规范》GB 50367 规定的受拉承载力设计值的计算方法确定；不得采用厂家所谓的“技术手册”的推荐值。

本条为强制性条文，必须严格执行。

12.3.2 涉及后锚固连接安全性的专项性能检验项目和合格指标，在 JG 160 标准中已作出规定，故不再重复，仅要求应按该标准执行。

中华人民共和国国家标准

混凝土结构现场检测技术标准

Technical standard for in-situ inspection of concrete structure

GB/T 50784—2013

批准部门：中华人民共和国住房和城乡建设部
施行日期：2 0 1 3 年 9 月 1 日

中华人民共和国住房和城乡建设部
公　　告

第1634号

住房城乡建设部关于发布国家标准《混凝土结构现场检测技术标准》的公告

现批准《混凝土结构现场检测技术标准》为国家标准，编号为GB/T 50784－2013，自2013年9月1日起实施。

本标准由我部标准定额研究所组织中国建筑工业出版社出版发行。

中华人民共和国住房和城乡建设部

2013年2月7日

前　　言

本标准是根据原建设部《关于印发〈二〇〇四年工程建设国家标准制定、修订计划〉的通知》（建标〔2004〕67号）的要求，由中国建筑科学研究院和中国新兴建设开发总公司会同有关单位共同编制完成。

本标准在编制过程中，编制组经广泛调查研究，认真总结实践经验，参考有关国际标准和国外先进标准，并在广泛征求意见的基础上，经反复讨论、修改，最后经审查定稿。

本标准共分12章7个附录，主要技术内容包括：总则、术语和符号、基本规定、混凝土力学性能检测、混凝土长期性能和耐久性能检测、有害物质含量及其作用效应检验、混凝土构件缺陷检测、构件尺寸偏差与变形检测、混凝土中的钢筋检测、混凝土构件损伤检测、环境作用下剩余使用年限推定、结构构件性能检验等。

本标准由住房和城乡建设部负责管理，由中国建筑科学研究院负责具体技术内容的解释。本标准在执行过程中，请各单位认真总结经验，注意积累资料，如发现需要修改或补充之处，请将意见或建议寄至中国建筑科学研究院（地址：北京市北三环东路30号，邮编：100013，E-mail：standards@cabr.com.cn）。

本 标 准 主 编 单 位：中国建筑科学研究院
中国新兴建设开发总公司

本 标 准 参 编 单 位：北京市政工程研究院
北京市建设监理协会
北京智博联科技有限公司
全军工程与环境质量监督总站
重庆市建筑科学研究院
广东省建筑科学研究院
江苏省建筑科学研究院
辽宁省建设科学研究院
山东省建筑科学研究院
山西省建筑科学研究院

本标准主要起草人员：邸小坛　彭立新　汪道金
由世岐　崔士起　成　勃
徐天平　濮存亭　王自强
彭尚银　张元勃　盛国赛
魏利国　王宇新　翟传明
管　钧　李　栋　汤东婴
王景贤　黄选明　徐　骋

本标准主要审查人员：陈肇元　高小旺　张国堂
冯力强　张　鑫　吴晓广
胡孔国　刘新生　吴月华
杨健康　吕　岩　袁庆华

目　次

1　总则……………………………………… 12—7
2　术语和符号 …………………………… 12—7
　2.1　术语 ………………………………… 12—7
　2.2　符号 ………………………………… 12—7
3　基本规定 ……………………………… 12—8
　3.1　检测范围和分类 …………………… 12—8
　3.2　检测工作的基本程序与要求 ……… 12—8
　3.3　检测项目和检测方法 ……………… 12—9
　3.4　检测方式与抽样方法 ……………… 12—9
　3.5　检测报告…………………………… 12—11
4　混凝土力学性能检测 ………………… 12—11
　4.1　一般规定…………………………… 12—11
　4.2　混凝土抗压强度检测……………… 12—11
　4.3　混凝土劈裂抗拉强度检测………… 12—12
　4.4　混凝土抗折强度检测……………… 12—13
　4.5　混凝土静力受压弹性模量检测…… 12—13
　4.6　缺陷与性能劣化区混凝土力学性能参数检测………………………… 12—13
5　混凝土长期性能和耐久性能检测 ………………………………… 12—14
　5.1　一般规定…………………………… 12—14
　5.2　取样法检测混凝土抗渗性能……… 12—14
　5.3　取样慢冻法检测混凝土抗冻性能………………………………… 12—14
　5.4　取样快冻法检测混凝土的抗冻性能………………………………… 12—15
　5.5　氯离子渗透性能检测……………… 12—16
　5.6　抗硫酸盐侵蚀性能检测…………… 12—16
6　有害物质含量及其作用效应检验 ………………………………… 12—16
　6.1　一般规定…………………………… 12—16
　6.2　氯离子含量检测…………………… 12—17
　6.3　混凝土中碱含量检测……………… 12—17
　6.4　取样检验碱骨料反应的危害性………………………………… 12—18
　6.5　取样检验游离氧化钙的危害性………………………………… 12—18
7　混凝土构件缺陷检测 ………………… 12—19
　7.1　一般规定…………………………… 12—19
　7.2　外观缺陷检测……………………… 12—19
　7.3　内部缺陷检测……………………… 12—19
8　构件尺寸偏差与变形检测…………… 12—19
　8.1　一般规定…………………………… 12—19
　8.2　构件截面尺寸及其偏差检测……… 12—20
　8.3　构件倾斜检测……………………… 12—20
　8.4　构件挠度检测……………………… 12—20
　8.5　构件裂缝检测……………………… 12—20
9　混凝土中的钢筋检测 ………………… 12—21
　9.1　一般规定…………………………… 12—21
　9.2　钢筋数量和间距检测……………… 12—21
　9.3　混凝土保护层厚度检测…………… 12—21
　9.4　混凝土中钢筋直径检测…………… 12—22
　9.5　构件中钢筋锈蚀状况检测………… 12—22
　9.6　钢筋力学性能检测………………… 12—23
10　混凝土构件损伤检测 ……………… 12—23
　10.1　一般规定 ………………………… 12—23
　10.2　火灾损伤检测 …………………… 12—23
　10.3　环境作用损伤检测 ……………… 12—24
11　环境作用下剩余使用年限推定 ……………………………… 12—24
　11.1　一般规定 ………………………… 12—24
　11.2　碳化剩余使用年限推定 ………… 12—25
　11.3　冻融损伤剩余使用年限推定 …… 12—25
12　结构构件性能检验………………… 12—26
　12.1　一般规定 ………………………… 12—26
　12.2　静载检验 ………………………… 12—26
　12.3　动力测试 ………………………… 12—27
附录A　混凝土抗压强度现场检测方法 ……………………………… 12—28
附录B　芯样混凝土抗压强度异常数据判别和处理 ………………… 12—30
附录C　混凝土换算抗压强度钻芯修正方法…………………………… 12—30
附录D　混凝土内部不密实区超声检测方法…………………………… 12—31
附录E　混凝土裂缝深度超声单面平测方法…………………………… 12—33

附录 F　混凝土性能受影响层厚度原位检测方法 ······················ 12—34
附录 G　混凝土性能受影响层厚度取样检测方法 ······················ 12—35
本标准用词说明 ································· 12—35
引用标准名录 ··································· 12—36
附：条文说明 ··································· 12—37

Contents

1 General Provisios ········ 12—7
2 Terms and Symbols ········ 12—7
2.1 Terms ········ 12—7
2.2 Symbols ········ 12—7
3 Basic Requirement ········ 12—8
3.1 Scope and Classification of Inspection ········ 12—8
3.2 Programme and Requirement of Inspection ········ 12—8
3.3 Aspects and Methods of Inspection ········ 12—9
3.4 Plan and Procedure of Sampling ········ 12—9
3.5 Report of Inspection ········ 12—11
4 Inspection for Mechanical Properties of Concrete ········ 12—11
4.1 General Requirement ········ 12—11
4.2 Inspection for Compressive Strength of Concrete ········ 12—11
4.3 Inspection for Tensile Splitting Strength of Concrete ········ 12—12
4.4 Inspection for Rupture Strength of Concrete ········ 12—13
4.5 Inspection for Static Modulus of Elasticity of Concrete ········ 12—13
4.6 Inspection for Mechanical Properties of Defective and Damaged Concrete ········ 12—13
5 Inspection for Long-term Properties of Concrete ········ 12—14
5.1 General Requirement ········ 12—14
5.2 Inspection for Resistance of Concrete to Water Penetration ········ 12—14
5.3 Slow Test Method for Resistance of Concrete to Freezing and Thawing ········ 12—14
5.4 Rapid Test Method for Resistance of Concrete to Freezing and Thawing ········ 12—15
5.5 Inspection for Resistance of Concrete to Chloride Penetration ········ 12—16
5.6 Inspection for Resistance of Concrete to Sulfate Attack ········ 12—16
6 Inspection for Content and Effect of Detrimental Substance ········ 12—16
6.1 General Requirement ········ 12—16
6.2 Inspection for Content of Chloride Ions ········ 12—17
6.3 Inspection for Content of Alkali ········ 12—17
6.4 Inspection for Alkali-aggregate Reaction ········ 12—18
6.5 Inspection for Effect of f-CaO ········ 12—18
7 Inspection for Defects in Structural Member ········ 12—19
7.1 General Requirement ········ 12—19
7.2 Inspection for Appearant Defects Structural Member ········ 12—19
7.3 Inspection for Internal Defects of Structural Member ········ 12—19
8 Inspection for Dimension Deviation and Deformation of Structural Member ········ 12—19
8.1 General Requirement ········ 12—19
8.2 Inspection for Geometric Properties of Cross-section ········ 12—20
8.3 Inspection for Inclination of Structural Member ········ 12—20
8.4 Inspection for Deflection of Structural Member ········ 12—20
8.5 Inspection for Crack of Structural Member ········ 12—20
9 Inspection for Reinforcing Steel in Concrte ········ 12—21
9.1 General Requirement ········ 12—21
9.2 Inspection for Quantity and Spacing of Reinforcing Steel in Concrete ········ 12—21
9.3 Inspection for Depth of Concrete Cover of Concrete ········ 12—21

9.4 Inspection for Nominal Diameter of Reinforcing Bars ······ 12—22
9.5 Inspection for Corrosion State of Reinforcing Bars ······ 12—22
9.6 Inspection for Mechanical Properties of Reinforcing Bars ······ 12—23
10 Inspection for Damage of Structural Member ······ 12—23
10.1 General Requirement ······ 12—23
10.2 Inspection for Damage by Fire ······ 12—23
10.3 Inspection for Degradation and Damage by Environmental Effect ······ 12—24
11 Assessment of Residual Service Life Exposed to Environmental Effect ······ 12—24
11.1 General Requirement ······ 12—24
11.2 Assessment of Residual Service Life under Carbonation Exposure ······ 12—25
11.3 Assessment of Residual Service Life Related to Freezing and Thawing ······ 12—25
12 Inspection for Structural Properties ······ 12—26
12.1 General Requirement ······ 12—26
12.2 Statically Loading Test ······ 12—26
12.3 Dynamically Loading Test ······ 12—27
Appendix A Method of In-situ Testing Compressive Strength of Concrete ······ 12—28
Appendix B Evaluation and Handling of Abnormal Data of Compressive Strength ······ 12—30
Appendix C Method of Core Modification for Converted Compressive Strength ······ 12—30
Appendix D Method for Testing the Internal Defect of Concrete by Means of Ultrasonoscope ······ 12—31
Appendix E Method for Testing Crack depth of Concrete by Means of Ultrasonoscope ······ 12—33
Appendix F Core Drilling Method for Testing Depth of Damaged Layer of Concrete ······ 12—34
Appendix G Method for Testing Compressive Strength of Concrete Outside Layer ······ 12—35
Explanation of Wording in This Code ······ 12—35
List of Quoted Standards ······ 12—36
Addition: Explanation of Provisions ······ 12—37

1 总 则

1.0.1 为规范混凝土结构现场检测工作程序，合理选择检测方法，正确评价混凝土结构性能，保证检测工作质量，制定本标准。

1.0.2 本标准适用于房屋建筑、市政工程和一般构筑物中混凝土结构的现场检测，不适用于轻骨料混凝土结构的现场检测。

1.0.3 混凝土结构现场检测除应符合本标准外，尚应符合国家现行有关标准的规定。

2 术语和符号

2.1 术 语

2.1.1 混凝土结构现场检测 in-situ inspection of concrete structure

对混凝土结构实体实施的原位检查、检验和测试以及对从结构实体中取得的样品进行的检验和测试分析。

2.1.2 工程质量检测 inspection of structural quality

为评定混凝土结构工程质量与设计要求或与施工质量验收规范规定的符合性所实施的检测。

2.1.3 结构性能检测 inspection of structural performance

为评估混凝土结构安全性、适用性、耐久性或抗灾害能力所实施的检测。

2.1.4 荷载检验 load test

通过施加作用力以检验构件的承载力、刚度、抗裂性或裂缝宽度等参数为目的的检测。

2.1.5 复检 recheck

为验证检测数据的有效性，对已受检的对象所实施的现场检测。

2.1.6 补充检测 additional test

为补充已获得的数据所实施的现场检测。

2.1.7 重新检测 renewal test

不计入已有的检测数据和结果，以新的检测数据和结果为准的现场检测。

2.1.8 直接测试方法 method of direct measurement

直接获得待判定参数数值的检测方法。

2.1.9 间接测试方法 method of indirect measurement

利用间接的参数并经换算关系获得待判定参数数值的检测方法。

2.1.10 检验批 inspection lot

由检测项目相同、质量要求和生产工艺等基本相同、环境条件或损伤程度相近的一定数量构件或区域构成的检测对象。

2.1.11 个体 individual

可以单独取得一个检验或检测数据的区域或构件。

2.1.12 换算值 conversion value

在按认可的试验方法建立间接参数与判定参数之间或者非标准状态与标准状态待测参数之间的换算关系基础上获得的待测参数值。

2.1.13 推定值 reference value

对样本中每个个体的检测值进行统计分析并应用一定的规则得到的代表检验批总体性能的统计值。

2.1.14 随机抽样 random sampling

使检验批中每个个体具有相同被抽检概率的抽样方法。

2.1.15 约定抽样 agreed sampling

由委托方指定且不满足随机抽样原则的样本抽取方法。

2.1.16 计数抽样 method of attributes

以样本中个体不合格数或不合格点的数量对检验批总体的符合性作出判定的抽样方法。

2.1.17 计量抽样 method of variables

以样本中各个体数据的统计量对检验批总体的符合性作出判定或对检验批总体参数进行推定的抽样方法。

2.1.18 分层计量抽样 stratified sampling

首先在检验批中抽取区域或构件，然后在抽取的区域或构件上按规定的要求布置测区的抽样方法。

2.1.19 分位数 quantile

与随机变量分布函数的某一概率相对应的值，常用的分位数有0.5分位数和0.05分位数。

2.1.20 特征值 characteristic value

总体中具有95%保证率的值。

2.2 符 号

$f_{cu,e}$——混凝土抗压强度推定值；

$f^c_{cu,i}$——检验批或构件第 i 个测区混凝土抗压强度换算值；

$f^c_{cu,ai}$——检验批或构件第 i 个测区修正后混凝土抗压强度换算值；

$m_{f^c_{cu}}$——检验批测区混凝土抗压强度换算值的平均值；

$s_{f^c_{cu}}$——检验批测区混凝土抗压强度换算值的标准差；

$f^c_{cor,i}$——第 i 个芯样试件混凝土抗压强度换算值；

$f^c_{cor,m}$——样本中芯样试件混凝土抗压强度换算值的平均值；

$f^c_{cu,j,i}$——检验批第 j 个构件上第 i 个测区混凝土抗压强度换算值；

$m_{f^c_{cu,j}}$——检验批第 j 个构件测区混凝土抗压强度换算值的平均值；

$\Delta_{f_{cu,e}}$——检验批混凝土抗压强度推定区间上限与下限差值；

$m_{\Delta f}$——检验批混凝土抗压强度推定区间上限与下限均值；

$f_{t,cor,i}$——第 i 个芯样试件劈裂抗拉强度；

$f_{t,e}$——混凝土抗拉强度推定值；

N——检验批容量；

n——样本容量；

n_j——检验批第 j 个构件上布置的测区数；

s——样本标准差；

m——样本均值；

μ_u——均值推定区间的上限值；

μ_l——均值推定区间的下限值；

$k_{0.5}$——0.5 分位数推定区间限值系数；

$k_{0.05,l}$——0.05 分位数推定区间下限值系数；

$k_{0.05,u}$——0.05 分位数推定区间上限值系数；

Δ_{tot}——总体修正量；

Δ_{loc}——对应样本修正量；

η_{loc}——对应样本修正系数；

η——对应修正系数。

3 基本规定

3.1 检测范围和分类

3.1.1 混凝土结构现场检测应分为工程质量检测和结构性能检测。

3.1.2 当遇到下列情况之一时，应进行工程质量的检测：

1 涉及结构工程质量的试块、试件以及有关材料检验数量不足；

2 对结构实体质量的抽测结果达不到设计要求或施工验收规范要求；

3 对结构实体质量有争议；

4 发生工程质量事故，需要分析事故原因；

5 相关标准规定进行的工程质量第三方检测；

6 相关行政主管部门要求进行的工程质量第三方检测。

3.1.3 当遇到下列情况之一时，宜进行结构性能检测：

1 混凝土结构改变用途、改造、加层或扩建；

2 混凝土结构达到设计使用年限要继续使用；

3 混凝土结构使用环境改变或受到环境侵蚀；

4 混凝土结构受偶然事件或其他灾害的影响；

5 相关法规、标准规定的结构使用期间的鉴定。

3.2 检测工作的基本程序与要求

3.2.1 混凝土结构现场检测工作宜按图 3.2.1 的程序进行。

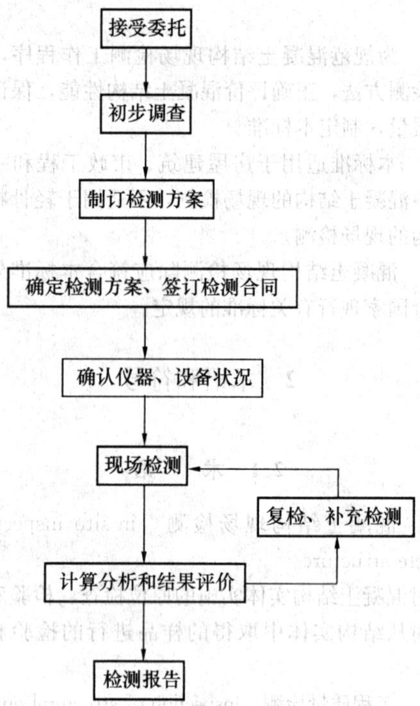

图 3.2.1 混凝土结构现场检测工作程序框图

3.2.2 混凝土结构现场检测工作可接受单方委托，存在质量争议时宜由当事各方共同委托。

3.2.3 初步调查应以确认委托方的检测要求和制定有针对性的检测方案为目的。初步调查可采取踏勘现场、搜集和分析资料及询问有关人员等方法。

3.2.4 检测方案应征询委托方意见。

3.2.5 混凝土结构现场检测方案宜包括下列主要内容：

1 工程或结构概况，包括结构类型、设计、施工及监理单位，建造年代或检测时工程的进度情况等；

2 委托方的检测目的或检测要求；

3 检测的依据，包括检测所依据的标准及有关的技术资料等；

4 检测范围、检测项目和选用的检测方法；

5 检测的方式、检验批的划分、抽样方法和检测数量；

6 检测人员和仪器设备情况；

7 检测工作进度计划；

8 需要委托方配合的工作；

9 检测中的安全与环保措施。

3.2.6 现场检测所用仪器、设备的适用范围和检测精度应满足检测项目的要求。检测时，所用仪器、设备应在检定或校准周期内，并应处于正常状态。

3.2.7 现场检测工作应由本机构不少于两名检测人

员承担，所有进入现场的检测人员应经过培训。

3.2.8 现场检测的测区和测点应有明晰标注和编号，必要时标注和编号宜保留一定时间。

3.2.9 现场检测获取的数据或信息应符合下列要求：

1 人工记录时，宜用专用表格，并应做到数据准确、字迹清晰、信息完整，不应追记、涂改，当有笔误时，应进行杠改并签字确认；

2 仪器自动记录的数据应妥善保存，必要时宜打印输出后经现场检测人员校对确认；

3 图像信息应标明获取信息的时间和位置。

3.2.10 现场取得的试样应及时标识并妥善保存。

3.2.11 当发现检测数据数量不足或检测数据出现异常情况时，应进行补充检测或复检，补充检测或复检应有必要的说明。

3.2.12 混凝土结构现场检测工作结束后，应及时提出针对由于检测造成结构或构件局部损伤的修补建议。

3.3 检测项目和检测方法

3.3.1 混凝土结构现场检测应依据委托方提出的检测目的合理确定检测项目。

3.3.2 混凝土结构现场检测可在下列项目中选取必要的项目进行检测：

1 混凝土力学性能检测；

2 混凝土长期性能和耐久性能检测；

3 混凝土有害物质含量及其效应检测；

4 混凝土构件尺寸偏差与变形检测；

5 混凝土构件缺陷检测；

6 混凝土中钢筋的检测；

7 混凝土构件损伤的识别与检测；

8 结构或构件剩余使用年限检测；

9 荷载检验；

10 其他特种参数的专项检测。

3.3.3 混凝土结构现场检测，应根据检测类别、检测目的、检测项目、结构实际状况和现场具体条件选择适用的检测方法。

3.3.4 工程质量检测时，应选用直接法或间接法与直接法相结合的综合检测方法。

3.3.5 当将试验室对标准试件的试验技术用于现场取样检测时，应符合下列规定：

1 取样试件的尺寸应符合相应试验方法标准对试件的要求；

2 取样试件的数量不应少于标准试验方法要求的试件数量；

3 取样试件检验步骤应与试验方法标准的规定一致。

3.3.6 当采用检测单位自行开发或引进的检测方法时，应符合下列规定：

1 该方法应通过技术鉴定；

2 该方法应已与成熟的方法进行比对试验；

3 检测单位应有相应的检测细则，并应提供测试误差或测试结果的不确定度；

4 在检测方案中应予以说明并经委托方同意。

3.4 检测方式与抽样方法

3.4.1 混凝土结构现场检测可采取全数检测或抽样检测两种检测方式。抽样检测时，宜随机抽取样本。当不具备随机抽样条件时，可按约定方法抽取样本。

3.4.2 遇到下列情况时宜采用全数检测方式：

1 外观缺陷或表面损伤的检查；

2 受检范围较小或构件数量较少；

3 检验指标或参数变异性大或构件状况差异较大；

4 灾害发生后对结构受损情况的外观检查；

5 需减少结构的处理费用或处理范围；

6 委托方要求进行全数检测。

3.4.3 批量检测可根据检测项目的实际情况采取计数抽样方法、计量抽样方法或分层计量抽样方法进行检测；当产品质量标准或施工质量验收规范的规定适用于现场检测时，也可按相应的规定进行抽样。

3.4.4 计数抽样时检验批最小样本容量宜按表3.4.4的规定确定，分层计量抽样时检验批中受检构件的最少数量可按表3.4.4的规定确定。

表 3.4.4 检验批最小样本容量

检验批的容量	检测类别和样本最小容量			检验批的容量	检测类别和样本最小容量		
	A	B	C		A	B	C
2～8	2	2	3	91～150	8	20	32
9～15	2	3	5	151～280	13	32	50
16～25	3	5	8	281～500	20	50	80
26～50	5	8	13	501～1200	32	80	125
51～90	5	13	20	—	—	—	—

注：1 检测类别A适用于施工质量的检测，检测类别B适用于结构质量或性能的检测，检测类别C适用于结构质量或性能的严格检测或复检；
2 无特别说明时，样本单位为构件。

3.4.5 计数抽样检验批的符合性判定应符合下列规定：

1 检测的对象为主控项目时按表3.4.5-1的规定确定；

2 检测的对象为一般项目时按表3.4.5-2的规定确定。

表 3.4.5-1 主控项目的判定

样本容量	合格判定数	不合格判定数	样本容量	合格判定数	不合格判定数
2～5	0	1	50	5	6
8～13	1	2	80	7	8
20	2	3	125	10	11
32	3	4	—	—	—

表 3.4.5-2 一般项目的判定

样本容量	合格判定数	不合格判定数	样本容量	合格判定数	不合格判定数
2～5	1	2	32	7	8
8	2	3	50	10	11
13	3	4	80	14	15
20	5	6	125	21	22

3.4.6 对符合正态分布的性能参数可对该参数总体特征值或总体均值进行推定，推定时应提供被推定值的推定区间，标准差未知时计量抽样和分层计量抽样的推定区间限值系数可按表 3.4.6 的规定确定。

表 3.4.6 标准差未知时计量抽样和分层计量抽样的推定区间限值系数

样本容量 n	标准差未知时推定区间上限值与下限值系数					
	0.5 分位值		0.05 分位值			
	$k_{0.5}$ (0.05)	$k_{0.5}$ (0.1)	$k_{0.05,u}$ (0.05)	$k_{0.05,l}$ (0.05)	$k_{0.05,u}$ (0.1)	$k_{0.05,l}$ (0.1)
5	0.95339	0.68567	0.81778	4.20268	0.98218	3.39983
6	0.82264	0.60253	0.87477	3.70768	1.02822	3.09188
7	0.73445	0.54418	0.92037	3.39947	1.06516	2.89380
8	0.66983	0.50025	0.95803	3.18729	1.09570	2.75428
9	0.61985	0.46561	0.98987	3.03124	1.12153	2.64990
10	0.57968	0.43735	1.01730	2.91096	1.14378	2.56837
11	0.54648	0.41373	1.04127	2.81499	1.16322	2.50262
12	0.51843	0.39359	1.06247	2.73634	1.18041	2.44825
13	0.49432	0.37615	1.08141	2.67050	1.19576	2.40240
14	0.47330	0.36085	1.09848	2.61443	1.20958	2.36311
15	0.45477	0.34729	1.11397	2.56600	1.22213	2.32898
16	0.43826	0.33515	1.12812	2.52366	1.23358	2.29900
17	0.42344	0.32421	1.14112	2.48626	1.24409	2.27240
18	0.41003	0.31428	1.15311	2.45295	1.25379	2.24862
19	0.39782	0.30521	1.16423	2.42304	1.26277	2.22720
20	0.38665	0.29689	1.17458	2.39600	1.27113	2.20778
21	0.37636	0.28921	1.18425	2.37142	1.27893	2.19007
22	0.36686	0.28210	1.19330	2.34896	1.28624	2.17385
23	0.35805	0.27550	1.20181	2.32832	1.29310	2.15891
24	0.34984	0.26933	1.20982	2.30929	1.29956	2.14510
25	0.34218	0.26357	1.21739	2.29167	1.30566	2.13229
26	0.33499	0.25816	1.22455	2.27530	1.31143	2.12037
27	0.32825	0.25307	1.23135	2.26005	1.31690	2.10924
28	0.32189	0.24827	1.23780	2.24578	1.32209	2.09881
29	0.31589	0.24373	1.24395	2.23241	1.32704	2.08903
30	0.31022	0.23943	1.24981	2.21984	1.33175	2.07982

续表 3.4.6

样本容量 n	标准差未知时推定区间上限值与下限值系数					
	0.5 分位值		0.05 分位值			
	$k_{0.5}$ (0.05)	$k_{0.5}$ (0.1)	$k_{0.05,u}$ (0.05)	$k_{0.05,l}$ (0.05)	$k_{0.05,u}$ (0.1)	$k_{0.05,l}$ (0.1)
31	0.30484	0.23536	1.25540	2.20800	1.33625	2.07113
32	0.29973	0.23148	1.26075	2.19682	1.34055	2.06292
33	0.29487	0.22779	1.26588	2.18625	1.34467	2.05514
34	0.29024	0.22428	1.27079	2.17623	1.34862	2.04776
35	0.28582	0.22092	1.27551	2.16672	1.35241	2.04075
36	0.28160	0.21770	1.28004	2.15768	1.35605	2.03407
37	0.27755	0.21463	1.28441	2.14906	1.35955	2.02771
38	0.27368	0.21168	1.28861	2.14085	1.36292	2.02164
39	0.26997	0.20884	1.29266	2.13300	1.36617	2.01583
40	0.26640	0.20612	1.29657	2.12549	1.36931	2.01027
41	0.26297	0.20351	1.30035	2.11831	1.37233	2.00494
42	0.25967	0.20099	1.30399	2.11142	1.37526	1.99983
43	0.25650	0.19856	1.30752	2.10481	1.37809	1.99493
44	0.25343	0.19622	1.31094	2.09846	1.38083	1.99021
45	0.25047	0.19396	1.31425	2.09235	1.38348	1.98567
46	0.24762	0.19177	1.31746	2.08648	1.38605	1.98130
47	0.24486	0.18966	1.32058	2.08081	1.38854	1.97708
48	0.24219	0.18761	1.32360	2.07535	1.39096	1.97302
49	0.23960	0.18563	1.32653	2.07008	1.39331	1.96909
50	0.23710	0.18372	1.32939	2.06499	1.39559	1.96529
60	0.21574	0.16732	1.35412	2.02216	1.41536	1.93327
70	0.19927	0.15466	1.37364	1.98987	1.43095	1.90903
80	0.18608	0.14449	1.38959	1.96444	1.44366	1.88988
90	0.17521	0.13610	1.40294	1.94376	1.45429	1.87428
100	0.16604	0.12902	1.41433	1.92654	1.46335	1.86125
110	0.15818	0.12294	1.42421	1.91191	1.47121	1.85017
120	0.15133	0.11764	1.43289	1.89929	1.47810	1.84059
130	0.14531	0.11298	1.44060	1.88827	1.48421	1.83222
140	0.13995	0.10883	1.44750	1.87852	1.48969	1.82481
150	0.13514	0.10510	1.45372	1.86984	1.49462	1.81820
160	0.13080	0.10174	1.45938	1.86203	1.49911	1.81225
170	0.12685	0.09868	1.46456	1.85497	1.50321	1.80686
180	0.12324	0.09588	1.46931	1.84854	1.50697	1.80196
190	0.11992	0.09330	1.47370	1.84265	1.51044	1.79746
200	0.11685	0.09092	1.47777	1.83724	1.51366	1.79332
250	0.10442	0.08127	1.49443	1.81547	1.52683	1.77667
300	0.09526	0.07415	1.50687	1.79964	1.53665	1.76454
400	0.08243	0.06418	1.52453	1.77776	1.55057	1.74773
500	0.07370	0.05739	1.53671	1.76305	1.56017	1.73641

3.4.7 推定区间的置信度宜为 0.90，并使错判概率和漏判概率均为 0.05。特殊情况下，推定区间的置信度可为 0.85，使漏判概率为 0.10，错判概率仍为 0.05。推定区间可按下列公式计算：

1 检验批标准差未知时，总体均值的推定区间应按下列公式计算：

$$\mu_u = m + k_{0.5}s \qquad (3.4.7\text{-}1)$$

$$\mu_l = m - k_{0.5}s \qquad (3.4.7\text{-}2)$$

式中：μ_u ——均值推定区间的上限值；

μ_l ——均值推定区间的下限值；

m ——样本均值；

s ——样本标准差。

2 检验批标准差为未知时，计量抽样检验批具有95%保证率特征值的推定区间上限值和下限值可按下列公式计算：

$$x_{0.05,u} = m - k_{0.05,u}s \qquad (3.4.7\text{-}3)$$

$$x_{0.05,l} = m - k_{0.05,l}s \qquad (3.4.7\text{-}4)$$

式中：$x_{0.05,u}$ ——特征值推定区间的上限值；

$x_{0.05,l}$ ——特征值推定区间的下限值。

3.4.8 对计量抽样检测结果推定区间上限值与下限值之差值宜进行控制。

3.5 检 测 报 告

3.5.1 检测报告应结论明确、用词规范、文字简练，对于容易混淆的术语和概念应以文字解释或图例、图像说明。

3.5.2 检测报告应包括下列内容：

1 委托方名称；

2 建筑工程概况，包括工程名称、地址、结构类型、规模、施工日期及现状等；

3 设计单位、施工单位及监理单位名称；

4 检测原因、检测目的及以往相关检测情况概述；

5 检测项目、检测方法及依据的标准；

6 检验方式、抽样方法、检测数量与检测的位置；

7 检测项目的主要分类检测数据和汇总结果、检测结果、检测结论；

8 检测日期，报告完成日期；

9 主检、审核和批准人员的签名；

10 检测机构的有效印章。

3.5.3 检测机构应就委托方对报告提出的异议作出解释或说明。

4 混凝土力学性能检测

4.1 一 般 规 定

4.1.1 混凝土力学性能检测可分为混凝土抗压强度、劈裂抗拉强度、抗折强度和静力受压弹性模量等检测项目。

4.1.2 混凝土力学性能检测的测区或取样位置应布置在无缺陷、无损伤且具有代表性的部位；当发现构件存在缺陷、损伤或性能劣化现象时，应在检测报告中予以描述。

4.1.3 当委托方有特定要求时，可对存在缺陷、损伤或性能劣化现象的部位进行混凝土力学性能的专项检测。

4.2 混凝土抗压强度检测

4.2.1 混凝土抗压强度的现场检测应提供结构混凝土在检测龄期相当于边长为150mm立方体试件抗压强度特征值的推定值。

4.2.2 混凝土抗压强度可采用回弹法、超声-回弹综合法、后装拔出法、后锚固法等间接法进行现场检测。当具备钻芯法检测条件时，宜采用钻芯法对间接法检测结果进行修正或验证。

4.2.3 混凝土抗压强度现场检测的操作和单个构件混凝土抗压强度特征值的推定应按本标准附录A执行。

4.2.4 当采取钻芯法对间接法检测结果进行修正时，芯样样本宜按本标准附录B的规定进行异常值判别和处理。

4.2.5 采用钻芯法对间接法检测结果进行修正应按本标准附录C执行。

4.2.6 批量检测混凝土抗压强度时，宜采取分层计量抽样方法。检验批受检构件数量可按下列方法确定：

1 按相应的检测技术规程的规定确定；

2 按委托方的要求确定；

3 按本标准表3.4.4的规定确定。

4.2.7 检验批测区总数或芯样总数应满足推定区间限值要求，确定检验批测区数量时宜考虑受检混凝土抗压强度的变异性。当不能确定混凝土抗压强度变异性时，可取混凝土抗压强度变异系数为0.15来确定检验批测区数量。

4.2.8 当不需要提供每个受检构件混凝土强度推定值且总测区数满足推定区间限值要求时，每个构件布置的测区数量可适当减少，但不宜少于3个。

4.2.9 混凝土抗压强度的批量检测应符合下列规定：

1 将混凝土抗压强度和质量状况相近的同类构件划分为一个检验批。

2 按本标准第4.2.6条确定受检构件数量。

3 在检验批中随机选取受检构件，按预先确定的测区数或芯样总数在每个构件上均匀布置测区或取样点，按选定的方法进行测试，得到每个测区或每个芯样的混凝土换算强度。

4.2.10 批量检测混凝土抗压强度时，样本换算强度平均值和样本换算强度标准差应按下列公式计算：

$$m_{f^c_{cu}} = \frac{1}{n}\sum_{i=1}^{n} f^c_{cu,i} \qquad (4.2.10\text{-}1)$$

$$s_{f^c_{cu}} = \sqrt{\frac{\sum_{i=1}^{n}(f^c_{cu,i} - m_{f^c_{cu}})^2}{n-1}} \qquad (4.2.10\text{-}2)$$

式中：$m_{f^c_{cu}}$——样本换算强度平均值，精确至0.1MPa；

n——样本容量，取获得换算强度的测区总数或芯样总数；

$f^c_{cu,i}$——测区或芯样换算强度值，精确至0.1MPa；

$s_{f^c_{cu}}$——样本换算强度标准差，精确至0.01MPa。

4.2.11 批量检测混凝土抗压强度时，检验批混凝土抗压强度推定区间上限值、下限值、上限与下限差值及其均值应按下列公式计算：

$$f_{cu,u}=m_{f^c_{cu}}-k_{0.05,u}s_{f^c_{cu}} \qquad (4.2.11\text{-}1)$$

$$f_{cu,l}=m_{f^c_{cu}}-k_{0.05,l}s_{f^c_{cu}} \qquad (4.2.11\text{-}2)$$

$$\Delta_{f_{cu,e}}=f_{c,u}-f_{c,l} \qquad (4.2.11\text{-}3)$$

$$m_{\Delta f}=\frac{f_{cu,u}+f_{cu,l}}{2} \qquad (4.2.11\text{-}4)$$

式中：$f_{cu,u}$——推定区间上限值，精确至0.1MPa；

$f_{cu,l}$——推定区间下限值，精确至0.1MPa；

$\Delta_{f_{cu,e}}$——推定区间上限与下限的差值，精确至0.1MPa；

$m_{\Delta f}$——推定区间上限与下限的均值，精确至0.1MPa。

4.2.12 检验批混凝土抗压强度的推定应符合下列规定：

1 当推定区间上限与下限差值不大于5.0MPa和0.1$m_{\Delta f}$两者之间的较大值时，检验批混凝土抗压强度推定值可根据实际情况在推定区间内取值。

2 当推定区间上限与下限差值大于5.0MPa和0.1$m_{\Delta f}$两者之间的较大值时，宜采取下列措施之一进行处理，直至满足本条第1款的规定：

1）增加样本容量，进行补充检测；

2）细分检验批，进行补充检测或重新检测。

3 当推定区间上限与下限差值大于5.0MPa和0.1$m_{\Delta f}$两者之间的较大值且不具备本条第2款条件时，不宜进行批量推定。

4 工程质量检测时，当检验批混凝土抗压强度推定值不小于设计要求的混凝土抗压强度等级时，可判定检验批混凝土抗压强度符合设计要求。

5 结构性能检测时，可采用检验批混凝土抗压强度推定值作为结构复核的依据。

4.3 混凝土劈裂抗拉强度检测

4.3.1 混凝土劈裂抗拉强度应采用取样法进行检测，检测结果可作为结构性能评定的依据。

4.3.2 混凝土劈裂抗拉强度的试件和测试应符合下列规定：

1 混凝土芯样直径为100mm或150mm且宜大于骨料最大粒径3倍，芯样长度宜大于直径的2倍；

2 将芯样切割、磨平，制成高径比为2.0±0.1的芯样试件；

3 在芯样试件上标出两条承压线，两条承压线彼此相对并应位于同一轴向平面，两线的末端在芯样试件的端面相连；

4 按现行国家标准《普通混凝土力学性能试验方法标准》GB/T 50081的相关规定进行劈裂试验，确定试件的破坏荷载；

5 单个试件的劈裂抗拉强度应按下式计算：

$$f_{t,cor,i}=\frac{2F_i}{\pi\times d\times l}=0.637F_i/A_i \qquad (4.3.2)$$

式中：$f_{t,cor,i}$——试件劈裂抗拉强度，精确至0.1MPa；

F_i——试件破坏荷载（N）；

A_i——试件劈裂面积（mm^2）；

l——试件高度（mm）；

d——劈裂面试件直径（mm）。

4.3.3 单个构件混凝土劈裂抗拉强度应按下列规定进行检测和推定：

1 从构件上钻取芯样，芯样位置应均匀分布；

2 应将取得的芯样加工成3个试件；

3 应按本标准第4.3.2条的规定检测每个芯样试件的劈裂抗拉强度；

4 该构件混凝土劈裂抗拉强度的推定值可按芯样试件劈裂抗拉强度的最小值确定。

4.3.4 批量检测混凝土劈裂抗拉强度应符合下列规定：

1 应将混凝土强度等级和质量状况相近的同类构件划分为一个检验批；

2 受检构件数量应按本标准表3.4.4确定；

3 每个受检构件上的取样数量不宜超过2个，总取样数量不应少于10个；

4 应按本标准第4.3.2条的规定检测每个芯样试件的劈裂抗拉强度。

4.3.5 批量检测混凝土劈裂抗拉强度时，样本劈裂抗拉强度平均值和样本劈裂抗拉强度标准差应按下列公式计算：

$$m_{f_t}=\frac{1}{n}\sum_{i=1}^{n}f_{t,cor,i} \qquad (4.3.5\text{-}1)$$

$$s_{f_t}=\sqrt{\frac{\sum_{i=1}^{n}(f_{t,cor,i}-m_{f_t})^2}{n-1}} \qquad (4.3.5\text{-}2)$$

式中：m_{f_t}——样本劈裂抗拉强度平均值，精确至0.1MPa；

n——样本容量，取试件数量；

s_{f_t}——试件劈裂抗拉强度标准差，精确至0.01MPa。

4.3.6 批量检测混凝土劈裂抗拉强度时，检验批混凝土劈裂抗拉强度推定区间上限与下限差值及其均值应按下列公式计算：

$$\Delta_{f_{t,e}} = (k_{0.05,l} - k_{0.05,u}) s_{f_t} \quad (4.3.6\text{-}1)$$

$$m_{\Delta f} = \frac{(k_{0.05,u} + k_{0.05,l}) s_{f_t}}{2} \quad (4.3.6\text{-}2)$$

式中：$\Delta_{f_{t,e}}$——推定区间上限与下限的差值，精确至 0.1MPa；

$m_{\Delta f}$——推定区间上限与下限的均值，精确至 0.1MPa。

4.3.7 检验批混凝土劈裂抗拉强度可按下列规定进行推定：

1 当推定区间上限与下限差值不大于 $0.1m_{\Delta f}$ 时，检验批混凝土劈裂抗拉强度推定值应按下式进行计算：

$$f_{t,e} = m_{f_t} - k_{0.05,u} s_{f_t} \quad (4.3.7\text{-}1)$$

式中：$f_{t,e}$——检验批混凝土劈裂抗拉强度推定值。

2 当推定区间上限与下限差值大于 $0.1m_{\Delta f}$ 时，该检验批混凝土劈裂抗拉强度推定值可按下式计算：

$$f_{t,e} = f_{t,min} \quad (4.3.7\text{-}2)$$

式中：$f_{t,min}$——试件劈裂抗拉强度最小值。

4.4 混凝土抗折强度检测

4.4.1 混凝土抗折强度宜采用取样法检测。当无法取得抗折强度试件时，可按本标准第 4.3 节检测混凝土劈裂抗拉强度，再按进行验证的劈裂抗拉强度与抗折强度关系曲线得到抗折强度换算值。

4.4.2 混凝土抗折强度的取样和试件的测试应符合下列规定：

1 从混凝土实体中切割混凝土试样，选择无缺陷的试样加工成截面为 100mm×100mm、长度为 400mm 的试件，试件中不应含有纵向钢筋。

2 应按现行国家标准《普通混凝土力学性能试验方法标准》GB/T 50081 的有关规定进行抗折试验，检测试件抗折破坏荷载。

3 当试件的下边缘断裂位置处于两个集中荷载作用线之间时，试件的抗折强度应按下式计算：

$$f_{f,i} = \frac{0.85 \times F_i \times l}{bh^2} \quad (4.4.2)$$

式中：F_i——试件破坏荷载（N）；

$f_{f,i}$——试件抗折强度，精确至 0.1MPa；

l——支座间跨度（mm）；

b——试件截面宽度（mm）；

h——试件截面高度（mm）。

4.4.3 单个构件混凝土抗折强度应按下列规定进行检测和推定：

1 应在构件上切割试样，加工成 3 个试件；

2 应按本标准第 4.4.2 条的规定检测每个试件的抗折强度；

3 该构件混凝土抗折强度的推定值可按试件抗折强度最小值确定。

4.4.4 检验批混凝土抗折强度可按本标准第 4.3.4 条和第 4.3.5 条的有关规定进行检测和推定。

4.5 混凝土静力受压弹性模量检测

4.5.1 混凝土静力受压弹性模量应采用取样法检测。

4.5.2 检测混凝土静力受压弹性模量应符合下列规定：

1 应将混凝土强度等级相同、质量状况相近的构件划为一个检验批；

2 在结构实体中随机钻取芯样，芯样直径为 100mm 且宜大于骨料最大粒径 3 倍，芯样的高度与直径之比大于 2；

3 应对芯样进行处理，形成高度满足 $2d \pm 0.05d$，端面的平面度公差不应大于 0.1mm 且端面与侧面垂直度为 90°±1°的试件；

4 当混凝土轴心抗压强度已知时，应采用 6 个试件，用于测试混凝土静力受压弹性模量；当混凝土轴心抗压强度未知时，尚应在对应部位增加 6 个试件，用于确定混凝土轴心抗压强度；

5 应按现行国家标准《普通混凝土力学性能试验方法标准》GB/T 50081 的相关规定检测每个试件的静力受压弹性模量和轴心抗压强度。

4.5.3 当混凝土轴心抗压强度未知时，控制荷载的轴心抗压强度值应按下式计算：

$$f_p = \frac{1}{6}\sum_{i=1}^{6} f_{c,i} \quad (4.5.3)$$

式中：f_p——控制荷载的轴心抗压强度值，精确至 0.1MPa；

$f_{c,i}$——试件轴心抗压强度值，精确至 0.1MPa。

4.5.4 结构混凝土在检测龄期静力受压弹性模量推定值的确定应符合下列规定：

1 当试件的轴心抗压强度值与用以确定检验控制荷载的轴心抗压强度值相差超过后者的 20%时，剔除该试件的静力受压弹性模量；

2 计算余下全部试件静力受压弹性模量的平均值；

3 以此平均值作为结构混凝土在检测龄期静力受压弹性模量的推定值。

4.6 缺陷与性能劣化区混凝土力学性能参数检测

4.6.1 缺陷与性能劣化区混凝土力学性能参数应采用取样法进行测试。

4.6.2 缺陷与劣化区混凝土力学性能参数的检测可提供单一测区的测试值，也可提供若干测区测试值的平均值。

4.6.3 当需要确定缺陷与性能劣化区混凝土力学性能参数下降量时，可采取在正常区域取样比对的方法。

5 混凝土长期性能和耐久性能检测

5.1 一 般 规 定

5.1.1 结构混凝土抗渗性能、抗冻性能、抗氯离子渗透性能和抗硫酸盐侵蚀性能等长期耐久性能应采用取样法进行检测。

5.1.2 取样检测结构混凝土长期性能和耐久性能时，芯样最小直径应符合表 5.1.2 的规定：

表 5.1.2 芯样最小直径（mm）

骨料最大粒径	31.5	40.0	63.0
最小直径	100	150	200

5.1.3 取样位置应在受检区域内随机选取，取样点应布置在无缺陷的部位。当受检区域存在明显劣化迹象时，取样深度应考虑劣化层的厚度。

5.1.4 当委托方有要求时，可对特定部位的混凝土长期性能和耐久性能进行专项检测。

5.2 取样法检测混凝土抗渗性能

5.2.1 取样法检测混凝土抗渗性能的操作与试件处理宜符合下列规定：

1 每个受检区域取样不宜少于 1 组，每组宜由不少于 6 个直径为 150mm 的芯样构成；

2 芯样的钻取方向宜与构件承受水压的方向一致；

3 宜将内部无明显缺陷的芯样加工成符合现行国家标准《普通混凝土长期性能和耐久性能试验方法标准》GB/T 50082 有关规定的抗渗试件，每组抗渗试件为 6 个。

5.2.2 逐级加压法检测混凝土抗渗性能应符合下列规定：

1 应将同组的 6 个抗渗试件置于抗渗仪上进行封闭；

2 应按现行国家标准《普通混凝土长期性能和耐久性能试验方法标准》GB/T 50082 的逐级加压法对同组试件进行抗渗性能的检测；

3 当 6 个试件中的 3 个试件表面出现渗水或检测的水压高于规定数值或设计指标，在 8h 内出现表面渗水的试样少于 3 个时可停止试验，并应记录此时的水压力 H（精确至 0.1MPa）。

5.2.3 混凝土在检测龄期实际抗渗等级的推定值可按下列规定确定：

1 当停止试验时，6 个试件中有 2 个试件表面出现渗水，该组混凝土抗渗等级的推定值可按下式计算：

$$P_e = 10H \tag{5.2.3-1}$$

2 当停止试验时，6 个试件中有 3 个试件表面出现渗水，该组混凝土抗渗等级的推定值可按下式计算：

$$P_e = 10H - 1 \tag{5.2.3-2}$$

3 当停止试验时，6 个试件中少于 2 个试件表面出现渗水，该组混凝土抗渗等级的推定值可按下式计算：

$$P_e > 10H \tag{5.2.3-3}$$

式中：P_e——结构混凝土在检测龄期实际抗渗等级的推定值；

H——停止试验时的水压力（MPa）。

5.2.4 渗水高度法检测混凝土抗渗性能应符合下列规定：

1 应将同组的 6 个抗渗试件分别压入试模并进行可靠密封；

2 应按现行国家标准《普通混凝土长期性能和耐久性能试验方法标准》GB/T 50082 的渗水高度法对同组试件进行抗渗性能的检测；

3 稳压过程中应随时注意观察试件端面的渗水情况；

4 当某一个试件端面出现渗水时，应停止该试件试验并记录时间，此时该试件的渗水高度应为试件高度；

5 当端面未出现渗水时，24h 后应停止试验，取出试件；将试件沿纵断面对中劈裂为两半，用防水笔描出渗水轮廓线；并应在芯样劈裂面中线两侧各 60mm 的范围内，用钢尺沿渗水轮廓线等间距量测 10 点渗水高度，读数精确至 1mm；

6 单个试件渗水高度和相对渗透系数应按下式计算：

$$\overline{h}_i = \frac{\sum_{j=1}^{10} h_j}{10} \tag{5.2.4-1}$$

式中：h_j——第 i 个试件第 j 个测点处的渗水高度（mm）；

$\overline{h}_i$——第 i 个试件平均渗水高度（mm）；当某一个试件端面出现渗水时，该试件的平均渗水高度为试件高度。

7 一组试件渗水高度应按下式计算：

$$\overline{h} = \frac{\sum_{j=1}^{6} h_i}{6} \tag{5.2.4-2}$$

5.2.5 当委托方有要求时，可按上述方法对缺陷、疏松处混凝土的实际抗渗性能进行测试，每组抗渗试件可少于 6 个，但不应少于 3 个，并应提供每个试件的检测结果。

5.3 取样慢冻法检测混凝土抗冻性能

5.3.1 取样慢冻法检测混凝土抗冻性能时，取样和试样的处理应符合下列规定：

1 在受检区域随机布置取样点，每个受检区域取样不应少于1组，每组应由不少于6个直径不小于100mm且长度不小于直径的芯样组成；

2 将无明显缺陷的芯样加工成高径比为1.0的抗冻试件，每组应由6个抗冻试件组成；

3 将6个试件同时放在20℃±2℃水中，浸泡4d后取出3个试件开始慢冻试验，余下3个试件用于强度比对，继续在水中养护。

5.3.2 慢冻试验应符合下列规定：

1 应将浸泡好的试样用湿布擦除表面水分，编号并分别称取其质量；

2 应按现行国家标准《普通混凝土长期性能和耐久性能试验方法标准》GB/T 50082 慢冻法的有关规定进行冻融循环试验；

3 在每次循环时应注意观察试样的表面损伤情况，当发现损伤时应称量试样的质量；

4 当3个试件的质量损失率的算术平均值为5%±0.2%或冻融循环超过预期的次数时应停止试验，并应记录停止试验时的循环次数；

5 试件平均质量损失率应按下式计算：

$$\Delta w=\frac{1}{3}\sum_{i=1}^{3}\frac{W_{0i}-W_{ni}}{W_{0i}}\times 100 \quad (5.3.2)$$

式中：Δw——N次冻融循环后的平均质量损失率，精确至0.1%；

W_{ni}——N次冻融循环后第i个芯样的质量(g)；

W_{0i}——冻融循环试验前第i个芯样的质量(g)。

5.3.3 抗压强度损失率应按下列规定检测：

1 应将3个冻融试件与3个比对试件晾干，同时进行端面修整，并应使6个试件承压面的平整度、端面平行度及端面垂直度符合现行国家标准《普通混凝土力学性能试验方法标准》GB/T 50081 的有关规定；

2 检测试件的抗压强度，应分别计算3个冻融试件与3个比对试件的平均抗压强度；

3 冻融循环试件的抗压强度损失率应按下式计算：

$$\lambda_{\mathrm{f}}=(f_{\mathrm{cor,d,m0}}-f_{\mathrm{cor,d,m}})/f_{\mathrm{cor,d,m0}} \quad (5.3.3)$$

式中：λ_{f}——N_{f}次冻融循环后的混凝土抗压强度损失率，精确至0.1%；

$f_{\mathrm{cor,d,m0}}$——3个比对试件的平均抗压强度，精确至0.1MPa；

$f_{\mathrm{cor,d,m}}$——N_{f}次冻融循环后3个冻融试件的平均抗压强度，精确至0.1MPa。

5.3.4 取样慢冻法混凝土抗冻性能可按下列规定进行评价：

1 当λ_{f}不大于0.25时，可以停止冻融循环时的冻融循环次数N_{d}作为结构混凝土在检测龄期实际抗冻性能的检测值$N_{\mathrm{d,e}}$；

2 当λ_{f}大于0.25时，$N_{\mathrm{d,e}}$可按下式计算：

$$N_{\mathrm{d,e}}=0.25N_{\mathrm{d}}/\lambda_{\mathrm{f}} \quad (5.3.4)$$

5.4 取样快冻法检测混凝土的抗冻性能

5.4.1 取样快冻法检测混凝土抗冻性能时，取样和试样的处理应符合下列规定：

1 在受检区域随机布置取样点，每个受检区域应钻取芯样数量不应少于3个，芯样直径不宜小于100mm，芯样高径比不应小于4；

2 将无明显缺陷的芯样加工成高径比为4.0的抗冻试件，每组应由3个抗冻试件组成；

3 成型同样形状尺寸，中心埋有热电偶的测温试件，其所用混凝土的抗冻性能应高于抗冻试件；

4 应将3个抗冻试件浸泡4d后开始进行快冻试验。

5.4.2 快冻试验应符合下列规定：

1 将浸泡好的试件用湿布擦除表面水分，编号并分别称取其质量和检测动弹性模量；

2 按现行国家标准《普通混凝土长期性能和耐久性能试验方法标准》GB/T 50082 快冻法的有关规定进行冻融循环试验和中间的动弹性模量和质量损失率的检测；

3 当出现下列3种情况之一时停止试验：

1）冻融循环次数超过预期次数；

2）试件相对动弹性模量小于60%；

3）试件质量损失率达到5%。

5.4.3 试件相对动弹性模量应按下式计算：

$$P=\frac{1}{3}\sum_{i=1}^{3}\frac{f_{ni}^{2}}{f_{0i}^{2}}\times 100 \quad (5.4.3)$$

式中：P——经N次冻融循环后一组试件的相对动弹性模量(%)，精确至0.1；

f_{ni}——N次冻融循环后第i个芯样试件横向基频(Hz)；

f_{0i}——冻融循环试验前测得的第i个试件横向基频初始值(Hz)。

5.4.4 试件质量损失率应按下式计算：

$$\Delta w=\frac{1}{3}\sum_{i=1}^{3}\frac{W_{0i}-W_{ni}}{W_{0i}}\times 100 \quad (5.4.4)$$

式中：Δw——N次冻融循环后一组试件的平均质量损失率(%)，精确至0.1；

W_{ni}——N次冻融循环后第i个试件质量(g)；

W_{0i}——冻融循环试验前测得的第i个试件质量(g)。

5.4.5 混凝土在检测龄期实际抗冻性能的检测值可采取下列方法表示：

1 用符号F_{e}后加停止冻融循环时对应的冻融循

环次数表示；

2 用抗冻耐久性系数表示，抗冻耐久性系数推定值可按下式计算：

$$DF_e = P \times N_d / 300 \quad (5.4.5)$$

式中：DF_e ——混凝土抗冻耐久性系数推定值；

N_d ——停止试验时冻融循环的次数。

5.5 氯离子渗透性能检测

5.5.1 结构混凝土抗氯离子渗透性能可采用快速氯离子迁移系数法和电通量法检测。

5.5.2 采用快速检测氯离子迁移系数法时，取样与测试应符合下列规定：

1 在受检区域随机布置取样点，每个受检区域取样不应少于1组；每组应由不少于3个直径100mm且长度不小于120mm的芯样组成；

2 将无明显缺陷的芯样从中间切成两半，加工成2个高度为50mm±2mm的试件，分别标记为内部试件和外部试件；将3个外部试件作为一组，对应的3个外部试件作为另一组；

3 按现行国家标准《普通混凝土长期性能和耐久性能试验方法标准》GB/T 50082的有关规定分别对两组试件进行试验，试验面为中间切割面；

4 按规定进行数据取舍后，分别确定两组氯离子迁移系数测定值；

5 当两组氯离子迁移系数测定值相差不超过15%时，应以两组平均值作为结构混凝土在检测龄期氯离子迁移系数推定值；

6 当两组氯离子迁移系数测定值相差超过15%时，应以分别给出两组氯离子迁移系数测定值，作为结构混凝土内部和外部在检测龄期氯离子迁移系数推定值。

5.5.3 采用电通量法时，取样与测试应符合下列规定：

1 在受检区域随机布置取样点，每个受检区域取样不应少于1组；每组应由不少于3个直径100mm且长度不小于120mm的芯样组成；

2 应将无明显缺陷且无钢筋、无钢纤维的芯样从中间切成两半，加工成2个高度为50mm±2mm的试件，分别标记为内部试件和外部试件；将3个外部试件作为一组，对应的3个外部试件作为另一组；

3 应按现行国家标准《普通混凝土长期性能和耐久性能试验方法标准》GB/T 50082的有关规定分别对两组试件进行试验，试验面应为中间切割面；

4 按规定进行数据取舍后，应分别确定两组电通量测定值；

5 当两组电通量测定值相差不超过15%时，应以两组平均值作为结构混凝土在检测龄期电通量推定值；

6 当两组氯离子迁移系数测定值相差超过15%时，应以分别给出两组电通量测定值，作为结构混凝土内部和外部在检测龄期电通量推定值。

5.6 抗硫酸盐侵蚀性能检测

5.6.1 取样检测抗硫酸盐侵蚀性能时，取样与测试应符合下列规定：

1 在受检区域随机布置取样点，每个受检区域取样不应少于1组；每组应由不少于6个直径不小于100mm且长度不小于直径的芯样组成；

2 应将无明显缺陷的芯样加工成6个高度为100mm±2mm的试件，取3个做抗硫酸盐侵蚀试验，另外3个作为抗压强度对比试件；

3 应按现行国家标准《普通混凝土长期性能和耐久性能试验方法标准》GB/T 50082有关规定进行硫酸盐溶液干湿交替的试验；

4 当试件出现明显损伤或干湿交替次数超过预期的次数时，应停止试验，进行抗压强度检测，并应计算混凝土强度耐腐蚀系数。

5.6.2 抗压强度及强度耐蚀系数应按下列规定检测：

1 将3个硫酸盐侵蚀试件与3个比对试件晾干，同时进行端面修整，使6个试件承压面的平整度、端面平行度及端面垂直度应符合国家现行标准《普通混凝土力学性能试验方法标准》GB/T 50081的有关规定；

2 测试试件的抗压强度，应分别计算3个硫酸盐侵蚀试件和3个比对试件的抗压强度平均值；

3 强度耐蚀系数应按下式计算：

$$K_f = \frac{f_{cor,s,m}}{f_{cor,s,m0}} \times 100 \quad (5.6.2)$$

式中：K_f ——强度耐蚀系数，精确至0.1%；

$f_{cor,s,m0}$ ——3个对比试件的抗压强度平均值，精确至0.1MPa；

$f_{cor,s,m}$ ——3个硫酸盐侵蚀试件抗压强度平均值，精确至0.1MPa。

5.6.3 混凝土抗硫酸盐等级可按下列规定进行推定：

1 当强度耐蚀系数在75%±5%范围内时，混凝土抗硫酸盐等级可用停止试验时的干湿循环次数表示；

2 当强度耐蚀系数超过75%±5%范围时，混凝土抗硫酸盐等级可按下式计算：

$$N_{SR} = N_S \times K_f / 0.75 \quad (5.6.3)$$

式中：N_{SR} ——推定的混凝土抗硫酸盐等级；

N_S ——停止试验时的干湿循环次数。

6 有害物质含量及其作用效应检验

6.1 一般规定

6.1.1 结构混凝土中的有害物质含量宜通过化学分

析方法测定，有害物质或其反应产物的分布情况也可通过岩相分析方法测定。

6.1.2 测定有害物质含量时，应将有害物质区分为混入和渗入两种类型。

6.1.3 受检区域应在现场查勘的基础上确定或由委托方指定。

6.1.4 对受检区域混凝土中的有害物质含量进行总体评价时，取样位置应在该区域混凝土中随机确定；每个区域混凝土钻取芯样不应少于3个，芯样直径不应小于最大骨料粒径的两倍，且不应小于100mm，芯样长度宜贯穿整个构件，或不应小于100mm。

6.1.5 当需要确定受检区域不同深度混凝土中有害物质含量时，可将钻取的芯样从外到里分层切割，同一受检区域中的所有芯样分层切割规则应保持一致。

6.1.6 对已确认存在的有害物质宜通过取样试验检验其对混凝土的作用效应，当确认存在的有害物质含量超过相关标准要求时，应通过取样试验确定其对混凝土的可能影响。

6.1.7 通过取样试验检验有害物质对混凝土的作用效应时，宜在不怀疑存在有害物质的部位钻取芯样进行比对。

6.1.8 对某一特定部位进行评价时，宜在出现明显质量缺陷或损伤的位置取样，其检测结果不宜用于评价该部位以外的混凝土。

6.2 氯离子含量检测

6.2.1 混凝土中氯离子含量的检测结果宜用混凝土中氯离子与硅酸盐水泥用量之比表示，当不能确定混凝土中硅酸盐水泥用量时，可用混凝土中氯离子与胶凝材料用量之比表示。

6.2.2 混凝土氯离子含量测定所用试样的制备应符合下列规定：

1 将混凝土试件破碎，剔除石子；

2 将试样缩分至100g，研磨至全部通过0.08mm的筛；

3 用磁铁吸出试样中的金属铁屑；

4 将试样置于105℃～110℃烘箱中烘干2h，取出后放入干燥器中冷却至室温备用。

6.2.3 试样中氯离子含量的化学分析应符合现行国家标准《建筑结构检测技术标准》GB/T 50344的有关规定。

6.2.4 混凝土中氯离子与硅酸盐水泥用量的百分数应按下式计算：

$$P_{Cl,p}=P_{Cl,m}/P_{p,m}\times 100\% \quad (6.2.4)$$

式中：$P_{Cl,p}$——混凝土中氯离子与硅酸盐水泥用量的质量百分数；

$P_{Cl,m}$——按本标准第6.2.3条测定的试样中氯离子的质量百分数；

$P_{p,m}$——试样中硅酸盐水泥的质量百分数。

6.2.5 当不能确定试样中硅酸盐水泥的质量百分数时，混凝土中氯离子与胶凝材料的质量百分数可按下式计算：

$$P_{Cl,t}=P_{Cl,m}/\lambda_c \quad (6.2.5)$$

式中：$P_{Cl,t}$——氯离子与胶凝材料的质量百分数；

λ_c——根据混凝土配合比确定的混凝土中胶凝材料与砂浆的质量比。

6.3 混凝土中碱含量检测

6.3.1 混凝土中碱含量应以单位体积混凝土中碱含量表示。

6.3.2 混凝土碱含量测定所用试样的制备应符合本标准第6.2.2条的规定。

6.3.3 混凝土总碱含量的检测应按符合下列规定：

1 混凝土总碱含量的检测操作应符合现行国家标准《水泥化学分析方法》GB/T 176的有关规定；

2 样品中氧化钾质量分数、氧化钠质量分数和氧化钠当量质量分数应按下列公式计算：

$$w_{K_2O}=\frac{m_{K_2O}}{m_s\times 1000}\times 100 \quad (6.3.3\text{-}1)$$

$$w_{Na_2O}=\frac{m_{Na_2O}}{m_s\times 1000}\times 100 \quad (6.3.3\text{-}2)$$

$$w_{Na_2O,eq}=w_{Na_2O}+0.658w_{K_2O} \quad (6.3.3\text{-}3)$$

式中：w_{K_2O}——样品中氧化钾的质量分数（%）；

w_{Na_2O}——样品中氧化钠的质量分数（%）；

$w_{Na_2O,eq}$——样品中氧化钠当量的质量分数，即样品的碱含量（%）；

m_{K_2O}——100mL被检测溶液中氧化钾的含量（mg）；

m_{Na_2O}——100mL被检测溶液中氧化钠的含量（mg）；

m_s——样品的质量（g）；

3 样品中氧化钠当量质量分数的检测值应以3次测试结果的平均值表示；

4 单位体积混凝土中总碱含量应按下式计算：

$$m_{a,t}=\frac{\rho(m_{cor}-m_c)}{m_{cor}}\times \overline{w}_{Na_2O,eq} \quad (6.3.3\text{-}4)$$

式中：$m_{a,t}$——单位体积混凝土中总碱含量（kg）；

ρ——芯样的密度（kg/m^3），按实测值；无实测值时取2500kg/m^3；

m_{cor}——芯样的质量（g）；

m_c——芯样中骨料的质量（g）；

$\overline{w}_{Na_2O,eq}$——样品中氧化钠当量的质量分数的检测值（%）。

6.3.4 混凝土可溶性碱含量的检测应按符合下列规定：

1 准确称取25.0g（精确至0.01g）样品放入

500mL 锥形瓶中，加入 300mL 蒸馏水，用振荡器振荡 3h 或 80℃水浴锅中用磁力搅拌器搅拌 2h，然后在弱真空条件下用布氏漏斗过滤。将滤液转移到一个 500mL 的容量瓶中，加水至刻度。

2 混凝土可溶性碱含量的检测操作应符合现行国家标准《水泥化学分析方法》GB/T 176 的有关规定。

3 样品中氧化钾质量分数、氧化钠质量分数和氧化钠当量质量分数应按下列公式计算：

$$w^{S}_{K_2O} = \frac{m_{K_2O}}{m_s \times 1000} \times 100 \quad (6.3.4\text{-}1)$$

$$w^{S}_{Na_2O} = \frac{m_{Na_2O}}{m_s \times 1000} \times 100 \quad (6.3.4\text{-}2)$$

$$w^{S}_{Na_2O_{eq}} = w^{S}_{Na_2O} + 0.658 w^{S}_{K_2O} \quad (6.3.4\text{-}3)$$

式中：$w^{S}_{K_2O}$ ——样品中可溶性氧化钾的质量分数（%）；

$w^{S}_{Na_2O}$ ——样品中可溶性氧化钠的质量分数（%）；

$w^{S}_{Na_2O_{eq}}$ ——样品中可溶性氧化钠当量的质量分数，即样品的可溶性碱含量（%）。

4 样品中氧化钠当量质量分数的检测值应以 3 次测试结果的平均值表示。

5 单位体积中混凝土中可溶性碱含量应按下式计算：

$$m_{a,s} = \frac{\rho(m_{cor} - m_c)}{m_{cor}} \times \overline{w}^{S}_{Na_2O_{eq}} \quad (6.3.4\text{-}4)$$

式中：$m_{a,s}$ ——单位体积混凝土中的可溶性碱含量（kg）。

6.4 取样检验碱骨料反应的危害性

6.4.1 当混凝土碱含量检测值超过相应规范要求时，应采取检验骨料碱活性或检验试件膨胀率的方法检验是否存在碱骨料反应引起的潜在危害。

6.4.2 混凝土中骨料碱活性可按下列步骤进行检验：

1 将钻取的芯样破碎后，挑出石子；

2 将 3 个芯样的石子充分混合后破碎，用筛筛取 0.15mm～0.63mm 的部分作试验用料；

3 按现行行业标准《普通混凝土用砂、石质量及检验方法标准》JGJ 52 的有关规定检验骨料的膨胀率；

4 当骨料膨胀值小于 0.1%时，可判定受检混凝土中骨料的膨胀率符合检验标准的要求；

5 当骨料膨胀值不小于 0.1%时，可取样检验试件膨胀率。

6.4.3 试件膨胀率检验法的取样及试样的加工应符合下列规定：

1 从受检区域随机钻取直径不小于 75mm 的芯样，芯样的长度不应小于 275mm，芯样数量不应少于 3 个；

2 将无明显缺陷的芯样加工成长度为 275mm±3mm 的试样，并应在端面安装直径为 5mm～7mm，长度为 25mm 的不锈钢测头。

6.4.4 试件膨胀率应按下列规定检验：

1 应按现行国家标准《普通混凝土长期性能和耐久性能试验方法标准》GB/T 50082 的有关规定进行检验。

2 单个试件的膨胀率可按下式计算：

$$\varepsilon_t = (L_t - L_0)/(L_0 - 2\Delta) \times 100 \quad (6.4.4)$$

式中：ε_t ——试件在 t 天的膨胀率，精确至 0.001%；

L_t ——试件在 t 天的长度（mm）；

L_0 ——试件的基准长度（mm）；

Δ ——测头长度（mm）。

3 可以 3 个试件膨胀率的算术平均值作为该测试期的膨胀率检测值。

4 每次检测时应观察试件开裂、变形、渗出物和反应生成物及变化情况。

6.4.5 当检验周期超过 52 周且膨胀率小于 0.04%时，可停止检验并判定受检混凝土未见碱骨料反应的潜在危害。

6.4.6 当出现下列情况之一且检验周期不超过 52 周时，可停止检验并判定受检混凝土存在碱骨料反应所引起的潜在危害。

1 混凝土试件膨胀率超过 0.04%；

2 混凝土试件开裂或反应生成物大量增加。

6.5 取样检验游离氧化钙的危害性

6.5.1 当安定性存在疑问的水泥用于混凝土结构后或混凝土外观质量检查发现可能存在游离氧化钙不良影响时，可采取取样检验的方法检验是否存在游离氧化钙引起的潜在危害。

6.5.2 检验所用试件的制备应符合下列规定：

1 按约定抽样方法在怀疑区域钻取混凝土芯样，芯样的直径为 70mm ～100mm，同一部位同时钻取两个芯样，同一受检区域应取得上述混凝土芯样三组；

2 在每个芯样上截取一个无外观缺陷、厚度为 10mm 的薄片试件，同时将芯样加工成高径比为 1.0 的抗压试件，抗压试件不应存在钢筋或明显的外观缺陷。

6.5.3 试件的检测应符合下列规定：

1 将所有薄片和取自同一部位的 2 个抗压试件中的 1 个放入沸煮箱的试架上进行沸煮，调整好沸煮箱内的水位，使能保证在整个沸煮过程中都超过试件，不需中途添补试验用水，同时又能保证在 30min±5min 内升至沸腾。将试样放在沸煮箱的试架上，在 30min±5min 内加热至沸，恒沸 6h，关闭沸煮箱自然降至室温；

2 对沸煮过的试件进行外观检查；

3 将沸煮过的抗压试件晾置3d，并与对应的未沸煮的抗压试件同时进行抗压强度测试；

4 每组试件抗压强度变化率和所有试件抗压强度变化率的平均值应按下列公式计算：

$$\xi_{cor,i}=(f_{cor,i}^{*}-f_{cor,i})/f_{cor,i}^{*}\times 100 \quad (6.5.3\text{-}1)$$

$$\xi_{cor,m}=\frac{1}{3}\sum_{i=1}^{3}\xi_{cor,i} \quad (6.5.3\text{-}2)$$

式中：$\xi_{cor,i}$——第 i 组试件抗压强度变化率（%）；

$f_{cor,i}$——第 i 组沸煮试件抗压强度（MPa）；

$f_{cor,i}^{*}$——第 i 组未沸煮芯样试件抗压强度（MPa）；

$\xi_{cor,m}$——试件抗压强度变化率的平均值（%）。

6.5.4 当出现下列情况之一时，可判定游离氧化钙对混凝土质量有潜在危害：

1 有两个或两个以上沸煮试件（包括薄片试件和芯样试件）出现开裂、疏松或崩溃等现象；

2 试件抗压强度变化率的平均值大于30%；

3 仅有一个薄片试件出现开裂、疏松或崩溃等现象，并有一组试件抗压强度变化率大于30%。

7 混凝土构件缺陷检测

7.1 一 般 规 定

7.1.1 混凝土构件缺陷检测宜分为外观缺陷检测和内部缺陷检测。

7.1.2 混凝土构件外观缺陷应按现行国家标准《混凝土结构工程施工质量验收规范》GB 50204 的有关规定进行分类并判定其严重程度。

7.2 外观缺陷检测

7.2.1 现场检测时，宜对受检范围内构件外观缺陷进行全数检查；当不具备全数检查条件时，应注明未检查的构件或区域。

7.2.2 混凝土构件外观缺陷的相关参数可根据缺陷的情况按下列方法检测：

1 露筋长度可用钢尺或卷尺量测；

2 孔洞直径可用钢尺量测，孔洞深度可用游标卡尺量测；

3 蜂窝和疏松的位置和范围可用钢尺或卷尺量测，委托方有要求时，可通过剔凿、成孔等方法量测蜂窝深度；

4 麻面、掉皮、起砂的位置和范围可用钢尺或卷尺测量；

5 表面裂缝的最大宽度可用裂缝专用测量仪器量测，表面裂缝长度可用钢尺或卷尺量测。

7.2.3 混凝土构件外观缺陷应按缺陷类别进行分类汇总，汇总结果可用列表或图示的方式表述并宜反映外观缺陷在受检范围内的分布特征。

7.3 内部缺陷检测

7.3.1 对怀疑存在内部缺陷的构件或区域宜进行全数检测，当不具备全数检测条件时，可根据约定抽样原则选择下列构件或部位进行检测：

1 重要的构件或部位；

2 外观缺陷严重的构件或部位。

7.3.2 混凝土构件内部缺陷宜采用超声法进行双面对测，当仅有一个可测面时，可采用冲击回波法和电磁波反射法进行检测，对于判别困难的区域应进行钻芯验证或剔凿验证。

7.3.3 超声法检测混凝土构件内部缺陷时声学参数的测量应符合下列规定：

1 应根据检测要求和现场操作条件，确定缺陷测试部位（简称测位）；

2 测位混凝土表面应清洁、平整，必要时可用砂轮磨平或用高强度快凝砂浆抹平；抹平砂浆应与待测混凝土良好粘结；

3 在满足首波幅度测读精度的条件下，应选择较高频率的换能器；

4 换能器应通过耦合剂与混凝土测试表面保持紧密结合，耦合层内不应夹杂泥沙或空气；

5 检测时应避免超声传播路径与内部钢筋轴线平行，当无法避免时，应使测线与该钢筋的最小距离不小于超声测距的1/6；

6 应根据测距大小和混凝土外观质量，设置仪器发射电压、采样频率等参数，检测同一测位时，仪器参数宜保持不变；

7 应读取并记录声时、波幅和主频值，必要时存取波形；

8 检测中出现可疑数据时应及时查找原因，必要时应进行复测校核或加密测点补测。

7.3.4 超声法检测混凝土构件内部不密实区可按本标准附录D的有关规定进行。

7.3.5 超声法检测混凝土构件裂缝深度可按本标准附录E的有关规定进行。

7.3.6 混凝土构件内部缺陷检测应提供有关测位的选择方式、位置、外观质量描述以及缺陷的性质和分布特征等信息。

8 构件尺寸偏差与变形检测

8.1 一 般 规 定

8.1.1 构件尺寸偏差与变形检测可分为截面尺寸及偏差、倾斜、挠度、裂缝和地基沉降等检测项目。

8.1.2 检测构件尺寸偏差与变形时，应采取措施消除构件表面抹灰层、装修层等造成的影响。

8.1.3 工程质量检测时，检验批的划分、抽样方法及判别规则应符合现行国家标准《混凝土结构工程施工质量验收规范》GB 50204 的有关规定。

8.1.4 地基沉降的检测应符合现行行业标准《建筑变形测量规范》JGJ 8 的有关规定。

8.2 构件截面尺寸及其偏差检测

8.2.1 单个构件截面尺寸及其偏差的检测应符合下列规定：

1 对于等截面构件和截面尺寸均匀变化的变截面构件，应分别在构件的中部和两端量取截面尺寸；对于其他变截面构件，应选取构件端部、截面突变的位置量取截面尺寸；

2 应将每个测点的尺寸实测值与设计图纸规定的尺寸进行比较，计算每个测点的尺寸偏差值；

3 应将构件尺寸实测值作为该构件截面尺寸的代表值。

8.2.2 批量构件截面尺寸及其偏差的检测应符合下列规定：

1 将同一楼层、结构缝或施工段中设计截面尺寸相同的同类型构件划为同一检验批；

2 在检验批中随机选取构件，按本标准第3.4.4条的有关规定确定受检构件数量；

3 按本标准第 8.2.1 条对每个受检构件进行检测。

8.2.3 结构性能检测时，检验批构件截面尺寸的推定应符合下列规定：

1 应按本标准第 3.4.5 条进行符合性判定；

2 当检验批判定为符合且受检构件的尺寸偏差最大值不大于偏差允许值 1.5 倍时，可设计的截面尺寸作为该批构件截面尺寸的推定值；

3 当检验批判定为不符合或检验批判定为符合但受检构件的尺寸偏差最大值大于偏差允许值 1.5 倍时，宜全数检测或重新划分检验批进行检测；

4 当不具备全数检测或重新划分检验批检测条件时，宜以最不利检测值作为该批构件尺寸的推定值。

8.3 构件倾斜检测

8.3.1 构件倾斜检测时宜对受检范围内存在倾斜变形的构件进行全数检测，当不具备全数检测条件时，可根据约定抽样原则选择下列构件进行检测：

1 重要的构件；

2 轴压比较大的构件；

3 偏心受压构件；

4 倾斜较大的构件。

8.3.2 构件倾斜检测应符合下列规定：

1 构件倾斜可采用经纬仪、激光准直仪或吊锤的方法检测，当构件高度小于 10m 时，可使用经纬仪或吊锤测量；当构件高度大于或等于 10m 时，应使用经纬仪或激光准直仪测量；

2 检测时应消除施工偏差或截面尺寸变化造成的影响；

3 检测时宜分别检测构件在所有相交轴线方向的倾斜，并提供各个方向的倾斜值。

8.3.3 倾斜检测应提供构件上端对于下端的偏离尺寸及其与构件高度的比值。

8.4 构件挠度检测

8.4.1 构件挠度检测时宜对受检范围内存在挠度变形的构件进行全数检测，当不具备全数检测条件时，可根据约定抽样原则选择下列构件进行检测：

1 重要的构件；

2 跨度较大的构件；

3 外观质量差或损伤严重的构件；

4 变形较大的构件。

8.4.2 构件挠度检测应符合下列规定：

1 构件挠度可采用水准仪或拉线的方法进行检测；

2 检测时宜消除施工偏差或截面尺寸变化造成的影响；

3 检测时应提供跨中最大挠度值和受检构件的计算跨度值。当需要得到受检构件挠度曲线时，应沿跨度方向等间距布置不少于 5 个测点。

8.4.3 当需要确定受检构件荷载—挠度变化曲线时，宜采用百分表、挠度计、位移传感器等设备直接测量挠度值。

8.5 构件裂缝检测

8.5.1 裂缝检测时宜对受检范围内存在裂缝的构件进行全数检测，当不具备全数检测条件时，可根据约定抽样原则选择下列构件进行检测：

1 重要的构件；

2 裂缝较多或裂缝宽度较大的构件；

3 存在变形的构件。

8.5.2 裂缝检测时宜区分受力裂缝和非受力裂缝。

8.5.3 裂缝检测宜符合下列规定：

1 对构件上存在的裂缝宜进行全数检查，并记录每条裂缝的长度、走向和位置；当构件存在的裂缝较多时，可用示意图表示裂缝的分布特征；

2 对于构件上较宽的裂缝，宜检测裂缝宽度；

3 必要时可选择较宽的裂缝，检测裂缝深度；

4 对于处于变化中或快速发展中的裂缝宜进行监测。

9 混凝土中的钢筋检测

9.1 一般规定

9.1.1 混凝土中的钢筋检测可分为钢筋数量和间距、混凝土保护层厚度、钢筋直径、钢筋力学性能及钢筋锈蚀状况等检测项目。

9.1.2 混凝土中的钢筋宜采用原位实测法检测；采用间接法检测时，宜通过原位实测法或取样实测法进行验证并可根据验证结果进行适当的修正。

9.2 钢筋数量和间距检测

9.2.1 混凝土中钢筋数量和间距可采用钢筋探测仪或雷达仪进行检测，仪器性能和操作要求应符合现行行业标准《混凝土中钢筋检测技术规程》JGJ/T 152的有关规定。

9.2.2 当遇到下列情况之一时，应采取剔凿验证的措施：

1 相邻钢筋过密，钢筋间最小净距小于钢筋保护层厚度；

2 混凝土（包括饰面层）含有或存在可能造成误判的金属组分或金属件；

3 钢筋数量或间距的测试结果与设计要求有较大偏差；

4 缺少相关验收资料。

9.2.3 检测梁、柱类构件主筋数量和间距时应符合下列规定：

1 测试部位应避开其他金属材料和较强的铁磁性材料，表面应清洁、平整；

2 应将构件测试面一侧所有主筋逐一检出，并在构件表面标注出每个检出钢筋的相应位置；

3 应测量和记录每个检出钢筋的相对位置。

9.2.4 检测墙、板类构件钢筋数量和间距时应符合下列规定：

1 在构件上随机选择测试部位，测试部位应避开其他金属材料和较强的铁磁性材料，表面应清洁、平整；

2 在每个测试部位连续检出7根钢筋，少于7根钢筋时应全部检出，并宜在构件表面标注出每个检出钢筋的相应位置；

3 应测量和记录每个检出钢筋的相对位置；

4 可根据第一根钢筋和最后一根钢筋的位置，确定这两个钢筋的距离，计算出钢筋的平均间距；

5 必要时应计算钢筋的数量。

9.2.5 梁、柱类构件的箍筋可按本标准第9.2.4条检测，当存在箍筋加密区时，宜将加密区内箍筋全部测出。

9.2.6 单个构件的符合性判定应符合下列规定：

1 梁、柱类构件主筋实测根数少于设计根数时，该构件配筋应判定为不符合设计要求；

2 梁、柱类构件主筋的平均间距与设计要求的偏差大于相关标准规定的允许偏差时，该构件配筋应判定为不符合设计要求；

3 墙、板类构件钢筋的平均间距与设计要求的偏差大于相关标准规定的允许偏差时，该构件配筋应判定为不符合设计要求；

4 梁、柱类构件的箍筋可按墙、板类构件钢筋进行判定。

9.2.7 批量检测钢筋数量和间距时应符合下列规定：

1 将设计文件中钢筋配置要求相同的构件作为一个检验批；

2 按本标准表3.4.4的规定确定抽检构件的数量；

3 随机选取受检构件；

4 按本标准第9.2.3条或第9.2.4条的方法对单个构件进行检测；

5 按本标准第9.2.6条对受检构件逐一进行符合性判定。

9.2.8 对检验批符合性判定应符合下列规定：

1 根据检验批中受检构件的数量和其中不符合构件的数量应按本标准表3.4.5-1进行检验批符合性判定；

2 对于梁、柱类构件，检验批中一个构件的主筋实测根数少于设计根数，该批应直接判为不符合设计要求；

3 对于墙、板类构件，当出现受检构件的钢筋间距偏差大于偏差允许值1.5倍时，该批应直接判为不符合设计要求；

4 对于判定为符合设计要求的检验批，可建议采用设计的钢筋数量和间距进行结构性能评定；对于判定为不符合设计要求的检验批，宜细分检验批后重新检测或进行全数检测。当不能进行重新检测或全数检测时，可建议采用最不利检测值进行结构性能评定。

9.3 混凝土保护层厚度检测

9.3.1 混凝土保护层厚度宜采用钢筋探测仪进行检测并应通过剔凿原位检测法进行验证。

9.3.2 剔凿原位检测混凝土保护层厚度应符合下列规定：

1 采用钢筋探测仪确定钢筋的位置；

2 在钢筋位置上垂直于混凝土表面成孔；

3 以钢筋表面至构件混凝土表面的垂直距离作为该测点的保护层厚度测试值。

9.3.3 采用剔凿原位检测法进行验证时，应符合下列规定：

1 应采用钢筋探测仪检测混凝土保护层厚度；

2　在已测定保护层厚度的钢筋上进行剔凿验证，验证点数不应少于本标准表3.4.4中B类且不应少于3点；构件上能直接量测混凝土保护层厚度的点可计为验证点；

3　应将剔凿原位检测结果与对应位置钢筋探测仪检测结果进行比较，当两者的差异不超过±2mm时，判定两个测试结果无明显差异；

4　当检验批有明显差异校准点数在本标准表3.4.5-2控制的范围之内时，可直接采用钢筋探测仪检测结果；

5　当检验批有明显差异校准点数超过本标准表3.4.5-2控制的范围时，应对钢筋探测仪量测的保护层厚度进行修正；当不能修正时应采取剔凿原位检测的措施。

9.3.4　工程质量检测时，混凝土保护层厚度的抽检数量及合格判定规则，宜按现行国家标准《混凝土结构工程施工质量验收规范》GB 50204的有关规定执行。

9.3.5　结构性能检测时，检验批混凝土保护层厚度检测应符合下列规定：

1　应将设计要求的混凝土保护层厚度相同的同类构件作为一个检验批，按本标准表3.4.4中A类确定受检构件的数量；

2　随机抽取构件，对于梁、柱类应对全部纵向受力钢筋混凝土保护层厚度进行检测；对于墙、板类应抽取不少于6根钢筋（少于6根钢筋时应全检），进行混凝土保护层厚度检测；

3　将各受检钢筋混凝土保护层厚度检测值按本标准第3.4.7条计算均值推定区间；

4　当均值推定区间上限值与下限值的差值不大于其均值的10%时，该批钢筋混凝土保护层厚度检测值可按推定区间上限值或下限值确定；

5　当均值推定区间上限值与下限值的差值大于其均值的10%时，宜补充检测或重新划分检验批进行检测。当不具备补充检测或重新检测条件时，应以最不利检测值作为该检验批混凝土保护层厚度检测值。

9.4　混凝土中钢筋直径检测

9.4.1　混凝土中钢筋直径宜采用原位实测法检测；当需要取得钢筋截面积精确值时，应采取取样称量法进行检测或采取取样称量法对原位实测法进行验证。当验证表明检测精度满足要求时，可采用钢筋探测仪检测钢筋公称直径。

9.4.2　原位实测法检测混凝土中钢筋直径应符合下列规定：

1　采用钢筋探测仪确定待检钢筋位置，剔除混凝土保护层，露出钢筋；

2　用游标卡尺测量钢筋直径，测量精确到0.1mm；

3　同一部位应重复测量3次，将3次测量结果的平均值作为该测点钢筋直径检测值。

9.4.3　取样称量法检测钢筋直径应符合下列规定：

1　确定待检测的钢筋位置，沿钢筋走向凿开混凝土保护层，截除长度不小于300mm的钢筋试件；

2　清理钢筋表面的混凝土，用12%盐酸溶液进行酸洗，经清水漂净后，用石灰水中和，再以清水冲洗干净；擦干后在干燥器中至少存放4h，用天平称重；

3　钢筋实际直径按下式计算：

$$d = 12.74\sqrt{w/l} \tag{9.4.3}$$

式中：d——钢筋实际直径，精确至0.01mm；

w——钢筋试件重量，精确至0.01g；

l——钢筋试件长度，精确至0.1mm。

9.4.4　采用钢筋探测仪检测钢筋公称直径应符合现行行业标准《混凝土中钢筋检测技术规程》JGJ/T 152的有关规定。

9.4.5　检验批钢筋直径检测应符合下列规定：

1　检验批应按钢筋进场批次划分；当不能确定钢筋进场批次时，宜将同一楼层或同一施工段中相同规格的钢筋作为一个检验批；

2　应随机抽取5个构件，每个构件抽检1根；

3　应采用原位实测法进行检测；

4　应将各受检钢筋直径检测值与相应钢筋产品标准进行比较，确定该受检钢筋直径是否符合要求；

5　当检验批受检钢筋直径均符合要求时，应判定该检验批钢筋直径符合要求；当检验批存在1根或1根以上受检钢筋直径不符合要求时，应判定该检验批钢筋直径不符合要求；

6　对于判定为符合要求的检验批，可建议采用设计的钢筋直径参数进行结构性能评定；对于判定为不符合要求的检验批，宜补充检测或重新划分检验批进行检测。当不具备补充检测或重新检测条件时，应以最小检测值作为该批钢筋直径检测值。

9.5　构件中钢筋锈蚀状况检测

9.5.1　混凝土中钢筋锈蚀状况应在对使用环境和结构现状进行调查并分类的基础上，按约定抽样原则进行检测。

9.5.2　混凝土中钢筋锈蚀状况宜采用原位检测、取样检测等直接法进行检测，当采用混凝土电阻率、混凝土中钢筋电位、锈蚀电流、裂缝宽度等参数间接推定混凝土中钢筋锈蚀状况时，应采用直接检测法进行验证。

9.5.3　原位检测可采用游标卡尺直接量测钢筋的剩余直径、蚀坑深度、长度及锈蚀物的厚度，推算钢筋的截面损失率。取样检测可通过截取钢筋，按本标准第9.4.3条检测剩余直径并计算钢筋的截面损失率。

9.5.4 钢筋的截面损失率应按下式进行计算，当钢筋的截面损失率大于5%，应按本标准第9.6节进行锈蚀钢筋的力学性能检测。

$$l_{s,a}=(d/d_s)^2\times100\% \quad (9.5.4)$$

式中：d ——钢筋直径实测值，精确至0.1mm；

d_s ——钢筋公称直径；

$l_{s,a}$ ——钢筋的截面损失率，精确至0.1%。

9.5.5 混凝土中钢筋电位的检测应符合现行行业标准《混凝土中钢筋检测技术规程》JGJ/T 152的有关规定。

9.5.6 混凝土的电阻率宜采用四电极混凝土电阻率检测仪进行检测；混凝土中钢筋锈蚀电流宜采用基于线形极化原理的检测仪器进行检测。检测时，应按相关仪器说明进行操作。

9.5.7 采用综合分析判定方法检测裂缝宽度、钢筋保护层厚度、混凝土强度、混凝土碳化深度、混凝土中有害物质含量等参数时应符合本标准的相关规定。

9.6 钢筋力学性能检测

9.6.1 混凝土中钢筋的力学性能应采用取样法进行检测，截取钢筋试件应符合下列规定：

1 截取钢筋时应采取必要措施，确保受检构件和结构的安全；

2 钢筋截取位置宜选在在应力较小的部位；

3 钢筋试件的长度应满足钢筋力学性能试验方法的要求。

9.6.2 需要进行批量检测时，检验批应根据进场批次进行划分；当无法确定进场批次或无法确定进场批次与结构中位置的对应关系时，检验批宜以同一楼层或同一施工段中的同类构件划分。

9.6.3 工程质量检测时，钢筋抽检数量和合格判定规则应按相关产品标准的要求执行。对于判定为符合要求的检验批，可采用设计规范规定的钢筋力学性能参数进行结构性能评定；对于判定为不符合要求的检验批，应提供每个受检钢筋力的检测数据。必要时，建议进行结构性能检测。

9.6.4 结构性能检测时，检验批钢筋力学性能检测应符合下列规定：

1 将配置有同一规格钢筋的构件作为一个检验批，并应按本标准表3.4.4确定受检构件的数量；

2 随机抽取构件，每个构件截取1根钢筋，截取钢筋总数不应少于6根；当检测结果仅用于验证时，可随机截取2根钢筋进行力学性能检验；

3 应将各受检钢筋力学性能检测值按本标准第3.4.7条计算特征值推定区间；

4 当特征值推定区间上限值与下限值的差值不大于其均值的10%时，该批钢筋力学性能检测值可按推定区间下限值确定；当特征值推定区间上限值与下限值的差值大于其均值的10%时，宜补充检测或重新划分检验批进行检测。当不具备补充检测或重新检测条件时，应以最小检测值作为该批钢筋力学性能检测值。

9.6.5 受损钢筋的力学性能宜在损伤状况调查基础上分类进行检测，同一损伤类别中的钢筋应根据约定抽样原则选取，并宜取力学参数的最低检测值作为该类别受损钢筋力学性能的检测值。

10 混凝土构件损伤检测

10.1 一般规定

10.1.1 混凝土构件的损伤可分为火灾损伤、环境作用损伤和偶然作用损伤等。

10.1.2 混凝土构件的损伤检测应在损伤原因识别的基础上，根据损伤程度选择检测项目和相应的检测方法。

10.1.3 对损伤结构进行全面检测前，应检查可能出现的结构坍塌、构件或配件脱落等安全隐患，并应对检测现场可能存在的有毒、有害物质等进行调查。

10.1.4 对于碰撞等偶然作用造成的局部损伤，可记录损伤的位置与损伤的程度。

10.1.5 混凝土构件的受损伤影响层厚度可按本标准附录F、附录G的有关规定进行检测。

10.2 火灾损伤检测

10.2.1 混凝土结构的火灾损伤检测，应通过全面的外观检查将损伤识别为下列五种状态：

1 未受火灾影响；

2 表面或表层性能劣化；

3 构件损伤；

4 构件破坏；

5 局部坍塌。

10.2.2 未受火灾影响状态的识别特征应为装饰层完好或仅出现被熏黑现象。对该状态的区域可选取少量构件进行混凝土强度、构件尺寸和构件钢筋配置情况的抽查。

10.2.3 表面或表层性能劣化状态的识别特征应为装饰层脱落、构件混凝土被熏黑或混凝土表面颜色改变。

10.2.4 对表面或表层性能劣化状态的区域，除应按本标准第10.2.2条进行检测外，宜进行下列专项的检测：

1 受影响层厚度；

2 可能存在的空鼓区域；

3 受影响层的混凝土力学性能。

10.2.5 对构件损伤状态的识别特征应为混凝土出现龟裂、剥落、钢筋外露等，但构件不应有超过有关规范限值的位移与变形。

10.2.6 对构件损伤状态的区域除进行适量的常规检测外，宜进行下列项目的专项检测：

1 逐个记录损伤的位置或面积；

2 逐个检测损伤的程度，检测裂缝的宽度或深度，检测混凝土损伤层的厚度；

3 检测损伤层混凝土力学性能；

4 取样检测钢筋力学性能；

5 梁板类构件可能存在的挠度和墙柱类构件可能存在的倾斜。

10.2.7 构件破坏状态的识别特征应为梁板类构件产生明显不可恢复性变形、严重开裂，墙柱类构件产生明显的倾斜和梁柱节点出现位移或破坏。

10.2.8 对构件破坏状态的区域应对构件逐个予以说明并取得现场的影像资料，检测构件的位移或变形。

10.2.9 对于已坍塌部分，可进行范围的描述并取得现场情况的影像资料。

10.2.10 对于难以现场检测的性能参数时，评估火场温度对其的影响，可采取模拟试验的方法。

10.3 环境作用损伤检测

10.3.1 遇到下列情况之一时，可对环境作用造成的构件损伤进行检测：

1 硬化混凝土遭受冻融影响；

2 新拌混凝土遭受冻害影响；

3 硫酸盐侵蚀的环境；

4 高温、高湿环境；

5 造成钢筋锈蚀的一般环境和氯盐侵蚀环境；

6 化学物质影响环境；

7 生物侵蚀环境；

8 气蚀和磨损条件。

10.3.2 环境作用损伤的检测，应通过外观检查将其识别成下列四种状态：

1 未见材料性能劣化；

2 存在材料性能劣化；

3 出现构件损伤；

4 构件结构性能受到严重影响。

10.3.3 现场检查时宜以下列现象或状况作为未见构件材料性能劣化状态的识别依据：

1 建筑装饰层完好无损；

2 构件抹灰层完好无损；

3 构件混凝土暴露但不存在遭受环境作用的条件。

10.3.4 现场检查时宜以下列现象或状况作为存在材料性能劣化状态的识别依据：

1 构件混凝土暴露在室外环境中且使用年数较长；

2 构件混凝土暴露在室外环境中且有附着的生物；

3 构件浸泡在水中；

4 出现渗水的构件；

5 直接与土壤接触的部分；

6 直接暴露在水流或高速气流的部分；

7 直接暴露在侵蚀性气体或液体中的构件；

8 受到摩擦影响的表面；

9 冬期施工且未采取蓄热养护措施构件的表层。

10.3.5 对存在材料性能劣化状态区域的检测应包括下列项目：

1 外观状态检查；

2 性能受影响层厚度检测；

3 影响层混凝土力学性能检测。

10.3.6 当需要推定碳化等造成的材料性能劣化区域剩余使用年限时，可按本标准第11章进行检验。

10.3.7 现场检查时宜以下列现象或状况作为出现损伤构件状态的识别依据，出现损伤的构件应评定为达耐久性极限状态的构件。

1 构件出现裂缝，包括顺筋裂缝、贯通断面裂缝和表面裂纹和龟裂；

2 混凝土保护层脱落；

3 构件混凝土出现起砂现象；

4 构件混凝土水泥石脱落；

5 裸露的钢筋出现锈蚀现象。

10.3.8 出现损伤构件的检测项目宜包括损伤的面积、深度和位置，必要时应提出进行构件承载力评定的建议。

10.3.9 现场检查时宜以下列现象或状况作为构件结构性能受到严重影响状态的识别依据；对于受到严重影响的构件应建议进行构件承载力评定。

1 混凝土大面积剥落；

2 钢筋明显锈蚀；

3 构件出现明显的不可恢复性变形。

10.3.10 对于受到严重影响的构件宜进行下列项目的检测：

1 钢筋锈蚀量及锈蚀钢筋的力学性能；

2 混凝土损伤深度、面积与位置；

3 构件变形的检测。

11 环境作用下剩余使用年限推定

11.1 一般规定

11.1.1 环境作用下剩余使用年限推定宜提供自检测时刻起至出现构件损伤标志时的剩余使用年限的估计值。

11.1.2 环境作用下剩余使用年限推定可分为碳化剩余使用年限和冻融损伤剩余使用年限等项目。

11.1.3 环境作用下剩余使用年限推定宜对结构中混凝土品种相同、所处的环境情况和防护措施基本相近的构件进行归并、分类，从每个类别中选择典型构件或区域进行检测。

11.2 碳化剩余使用年限推定

11.2.1 碳化剩余使用年限推定可用于推定自检测时刻起至钢筋开始锈蚀的剩余年限或检测时刻起至钢筋具备锈蚀条件的剩余年限。

11.2.2 碳化剩余使用年限可采用已有碳化模型、校准碳化模型或实测碳化模型的方法进行推定。

11.2.3 利用已有碳化模型和校准碳化模型的方法时，均应检测构件混凝土实际碳化深度并确定构件混凝土实际碳化时间。

11.2.4 已有碳化模型的验证应符合下列规定：

1 应将混凝土实际碳化时间、混凝土参数及环境实际参数带入选定的碳化模型，计算碳化深度。

2 实测碳化深度与计算碳化深度之差的绝对值应按下式计算：

$$\Delta_D = |D_0 - D_{cal}| \quad (11.2.4)$$

式中：Δ_D——实测碳化深度与计算碳化深度之差的绝对值，精确至0.1mm；

D_0——实测碳化深度，精确至0.1mm；

D_{cal}——实测碳化深度，精确至0.1mm。

3 当满足Δ_D不大于2mm或Δ_D不大于$0.1D_0$时，可利用该模型推定碳化剩余使用年限；当两个条件均不能满足时，应采取校准碳化模型的方法。

11.2.5 利用已有碳化模型推定碳化剩余使用年限可按下列步骤进行：

1 将钢筋的实际保护层厚度带入选定的碳化模型，计算碳化达到钢筋表面所需的时间。

2 碳化达到钢筋表面的剩余时间按下式计算：

$$t_e = t_c - t_0 \quad (11.2.5)$$

式中：t_e——碳化达到钢筋表面的剩余时间（年）；

t_c——碳化达到钢筋表面的时间（年）；

t_0——已经碳化的时间（年）。

3 对于干湿交替环境或室外环境，以t_e作为钢筋开始锈蚀的剩余年限；对于干燥环境，以t_e作为钢筋具备锈蚀条件的剩余年限。

11.2.6 选定碳化模型校准应符合下列规定：

1 将碳化模型的所有参数实测值或经验值代入选定碳化模型计算碳化深度；

2 将计算碳化深度与实测碳化深度进行比较，确定应调整的参数、参数的系数或参数在碳化模型的函数关系；

3 采用调整后的模型计算D_{cal}，直至满足本标准第11.2.4条第3款的要求。

11.2.7 利用校准碳化模型的碳化剩余年限应使用校正后的碳化模型按本标准第11.2.5条的有关规定进行推定。

11.2.8 实测碳化模型的确定应符合下列规定：

1 实测不应少于20个碳化深度数据；

2 应计算碳化深度均值推定区间；

3 当均值推定区间上限值与下限值的差值不大于其均值的10%时，应以均值作为该批混凝土碳化深度的代表值；

4 碳化系数可按下式计算：

$$k_c = D_m / \sqrt{t_0} \quad (11.2.8\text{-}1)$$

式中：k_c——碳化系数；

D_m——该批混凝土碳化深度的代表值；

t_0——已经碳化的时间（年）。

5 实测碳化模型可用下式表示：

$$D = k_c\sqrt{t} \quad (11.2.8\text{-}2)$$

11.2.9 利用实测碳化模型碳化剩余年限的推定应符合本标准第11.2.5条的有关规定。

11.3 冻融损伤剩余使用年限推定

11.3.1 冻融损伤剩余使用年限可用于推定自检测时刻起至混凝土出现表面损伤的剩余年限。

11.3.2 冻融损伤剩余使用年限可采用取样比对冻融试验的方法推定。

11.3.3 取样比对冻融试验方法应从结构中取得遭受冻融影响和未遭受冻融影响试样，进行冻融试验，通过比较推定冻融损伤剩余年限。

11.3.4 取样及试样的加工应符合下列规定：

1 在受到相同冻融影响的构件上钻取混凝土芯样，芯样数量不应少于6个，芯样直径不应小于100mm，长度不应小于200mm，所有芯样均应带有受冻影响层；

2 将同组的6个芯样编号，并将每个芯样锯切成两个试件，试件的高度不应小于100mm，其中带有受影响表面的芯样应作为测试试件，未受冻融影响的芯样应作为比对试件；

3 应对同组的6个测试试件和6个比对试件同时进行冻融试验。

11.3.5 冻融试验和相关参数的确定可按下列步骤进行：

1 混凝土经历冻融环境的实际年数用t_0表示；

2 将12个试件浸泡4h～5h，晾至表干，检测试件表面的里氏硬度值，测试试件检测面为遭受冻融影响的表面，测试结果用$LH_{c,i}$表示；比对试件的检测面为与测试试件最接近的表面，测试结果用$LH_{b0,i}$表示；

3 称量所有试件的质量并分别予以记录；

4 按现行国家标准《普通混凝土长期性能和耐久性能试验方法标准》GB/T 50082的有关规定对12个试件进行冻融循环试验；

5 对于测试试件，每次冻融循环观察试样的损伤情况，并称取试件的质量。当试样的质量损失率达到5%或冻融循环超过300次时可停止试验，记录试件经受的冻融循环次数$N_{D,i}$；

6 对于比对试件，每次冻融循环后将试件取出，晾至表干，检测受冻融检验面的里氏硬度 $LH_{b,i}$，当 $LH_{b,i}$ 小于 $LH_{c,i}$ 时，继续试验至比对试件满足 $LH_{b,i}=LH_{c,i}$，然后停止试验，记录该试件经历的冻融循环次数 $N_{d,i0}$。

11.3.6 取样比对冻融检验方法的检验结果可按下列方法计算：

1 试件年当量冻融循环次数可按下式计算：

$$N_{cal,i}=N_{d,i0}/t_0 \quad (11.3.6\text{-}1)$$

式中：$N_{cal,i}$ ——试件年当量冻融循环次数计算值；

$N_{d,i0}$ ——比对试件表面硬度降至与测试试件表面硬度值相当时所经历的标准冻融循环次数；

t_0 ——已经冻融的时间（年）。

2 测试试件出现表面损伤时的换算年数可按下式计算：

$$t_{cal,i}=N_{D,i}/N_{cal,i} \quad (11.3.6\text{-}2)$$

式中：$t_{cal,i}$ ——测试试件出现表面损伤时的换算年数；

$N_{D,i}$ ——测试试样停止试验时所经历的冻融循环次数。

11.3.7 结构混凝土冻融损伤剩余年限 t_e 可按下列方法推定：

1 当6个测试试件均为超过规定的冻融循环次数而停止冻融试验时，可取换算年数中的最小值作为 t_e；

2 当6个测试试件部分为超过规定的冻融循环次数而停止冻融试验时，可将这部分数据舍弃，取剩余换算年数中的最大值作为 t_e；

3 当6个测试试件均为质量损失达到限值而停止试验时，可计算换算年数的算术平均值 $t_{cal,m}$ 和换算年数的最小值 $t_{cal,min}$，以 $t_{cal,min}\sim t_{cal,m}$ 作为 t_e 的推定区间。

12 结构构件性能检验

12.1 一 般 规 定

12.1.1 结构构件性能检验可分为静载检验和动力测试。

12.1.2 结构构件性能检验时，应根据现场调查、检测和计算分析的结果，预测检验过程中结构的性能，并应考虑相邻的结构构件、组件或整个结构之间的影响。

12.1.3 现场批量生产的预制构件结构性能检验应符合现行国家标准《混凝土结构工程施工质量验收规范》GB 50204 的有关规定。

12.2 静 载 检 验

12.2.1 静载检验可分为结构构件的适用性检验、安全性检验和承载力检验。

12.2.2 静载检验构件应按约定抽样原则从结构实体中选取，选取时应综合考虑下列因素：

1 该构件计算受力最不利；

2 该构件施工质量较差、缺陷较多或病害及损伤较严重；

3 便于搭设脚手架，设置测点或实施加载。

12.2.3 静载检验所用仪器仪表的精度要求、安装调试以及数据的测读和记录应符合现行国家标准《混凝土结构试验方法标准》GB/T 50152 的有关规定。

12.2.4 静载检验所用荷载和加载图式应符合计算简图，当采用等效荷载时，应对等效荷载产生的差别作适当修正。

12.2.5 确定检验荷载应符合下列规定：

1 结构构件适用性检验荷载应根据结构构件正常使用极限状态荷载短期效应组合的设计值和加载图式经换算确定。荷载短期效应组合的设计值应按现行国家标准《建筑结构荷载规范》GB 50009 的有关规定计算确定，或由设计文件提供。

2 结构构件安全性检验荷载应根据结构构件承载能力极限状态荷载效应组合的设计值和加载图式经换算确定。荷载效应组合的设计值应按现行国家标准《建筑结构荷载规范》GB 50009 的有关规定计算确定，或由设计文件提供。

3 结构构件承载力检验荷载应根据结构构件承载能力极限状态荷载效应组合的设计值、加载图式和承载力检验标志经换算确定。

4 当设计有专门要求时，宜采用设计要求的检验荷载值。

12.2.6 静载检验应选择下列基本观测项目进行观测：

1 构件的最大挠度；

2 支座处的位移；

3 控制截面应变；

4 裂缝的出现与扩展情况。

12.2.7 进行结构构件适用性检验时，尚应根据委托方的要求选择下列参数进行观测：

1 装饰装修层的应变；

2 管线位移和变形；

3 设备的相对位移及运行情况。

12.2.8 检验荷载应分级施加，每级荷载、累积荷载及其作用下观测数据的数值应通过计算分析确定。

12.2.9 静载检验时，可选择下列指标作为停止加载工作的标志：

1 控制测点变形达到或超过规范允许值；

2 控制测点应变达到或超过计算理论值；

3 出现裂缝或裂缝宽度超过规范允许值；

4 出现检验标志；

5 检验荷载超过计算值。

12.2.10 每级荷载施加后应稳定测读相应的测试数据并及时与计算值进行比较，观察构件、支承的表面情况，必要时应观察相邻构件、附属设备与设施等的状态变化，当出现本标准第12.2.9条的现象时可停止加载。

12.2.11 全部荷载加完后或停止加载工作后应进行下列工作：

1 应分级卸载，测读数据，观察并记录构件表面情况；

2 卸除全部荷载并达到变形恢复持续时间后，应再次测读数据，观察并记录表面情况。

12.2.12 当按现行国家标准《混凝土结构设计规范》GB 50010规定的挠度允许值进行检验时，挠度数据整理应符合下列规定：

1 消除支座沉降影响后实测的跨中最大挠度应按下式计算：

$$a_q^0 = u_m^0 - \frac{u_l^0 + u_r^0}{2} \qquad (12.2.12\text{-}1)$$

式中：a_q^0 ——消除支座沉降影响后实测的跨中最大挠度；

u_l^0 ——左端支座的沉降位移实测值；

u_r^0 ——右端支座的沉降位移实测值；

u_m^0 ——包括支座沉降在内的跨中挠度实测值。

2 考虑自重等修正后的跨中最大挠度可按下式计算：

$$a_s^0 = (a_q^0 + a_g^c)\psi \qquad (12.2.12\text{-}2)$$

式中：a_s^0 ——考虑自重等修正后的跨中最大挠度；

a_g^c ——构件自重和加载设备重产生的跨中挠度值；

ψ ——用等效集中荷载代替均布荷载时的修正系数。

3 考虑自重等修正后的跨中最大挠度可按下式计算：

$$a_g^c = \frac{M_g}{M_b} a_b^0 \qquad (12.2.12\text{-}3)$$

式中：M_g ——构件自重和加载设备重产生的跨中弯矩值；

M_b、a_b^0 ——从外加荷载开始至弯矩－挠度曲线出现拐点的前一级荷载产生的跨中弯矩值和跨中挠度实测值。

4 构件长期挠度可按下式计算：

$$a_l^0 = \frac{M_l(\theta - 1) + M_s}{M_s} a_s^0 \qquad (12.2.12\text{-}4)$$

式中：a_l^0 ——构件长期挠度值；

M_l ——按荷载长期效应组合计算的弯矩值；

M_s ——按荷载短期效应组合计算的弯矩值；

θ ——考虑荷载长期效应组合对挠度增大的影响系数。

5 确定受弯构件的弹性挠度曲线，可采用有限差分法，此时测点数目不应少于5个。

12.2.13 静载检验检测报告除应满足本标准第3.5.3条要求外，还应提供下列内容：

1 检验过程描述；

2 测点布置、荷载简图；

3 主要测点相对残余变形；

4 主要测点实测变形与荷载的关系曲线；

5 主要测点实测变形与相应的理论计算值的对照表及关系曲线。

12.2.14 静载检验结果可按下列规定进行评定：

1 在构件适用性检验荷载作用下，经修正后的实测挠度值和裂缝宽度不应大于现行国家标准《混凝土结构设计规范》GB 50010等相关设计规范要求的限值、附属设备、设施未出现影响正常使用的状态，此时，受检构件适用性可评定为满足要求。

2 在构件安全性检验荷载作用下，当受检构件无明显破坏迹象，实测挠度值满足下列条件之一时，可评定受检构件安全性满足要求。

1）实测挠度值小于相应的理论计算值；

2）实测挠度与荷载基本保持线性关系；

3）构件残余挠度不大于最大挠度的20%。

12.2.15 结构构件承载力的荷载检验应按下列规定进行：

1 宜将受检构件从结构中移出，在场地附近按现行国家标准《混凝土结构工程施工质量验收规范》GB 50204的有关规定进行检验。

2 确有把握时，构件承载力的检验可在原位进行，完成检验目标后应迅速卸载。

3 构件极限状态承载能力荷载检验停止加载或合格性判定指标，应按现行国家标准《混凝土结构试验方法标准》GB/T 50152中相应承载力极限状态的标志确定。

12.3 动力测试

12.3.1 动力测试可适用于结构动力特性测试和结构动力反应的检测。

12.3.2 结构动力特性测试宜选用脉动试验法，在满足测试要求的前提下也可选用初位移等其他激振方法。

12.3.3 混凝土结构动力反应宜选用可稳定再现的动荷载作为检验荷载。当需确定基桩施工、设备运行等非标准动荷载作用下的动力反应时，应对该动荷载的再现性进行约定。

12.3.4 动力测试的测试系统，可采用电磁式测试系统、压电式测试系统、电阻应变式测试系统或光电式测试系统。在选择测试系统时，应注意选择测振仪器的技术指标，使传感器、放大器、记录装置组成的测试系统的灵敏度、动态范围、幅频特性和幅值范围等技术指标满足被测结构动力特性范围的要求。

12.3.5 动力测试前，应对测试系统的灵敏度、幅频特性、相频特性线性度等进行标定，标定宜采用系统标定。

12.3.6 结构动力特性测试时，测点布置应结合混凝土结构形式综合确定，并宜避开振型的节点。

12.3.7 检测结构振型时，可选用下列方法：

1 在所要检测混凝土结构振型的峰、谷点上布设测振传感器，用放大特性相同的多路放大器和记录特性相同的多路记录仪，同时测记各测点的振动响应信号。

2 将结构分成若干段，选择某一分界点作为参考点，在参考点和各分界点分别布设测振传感器（拾振器），用放大特性相同的多路放大器和记录特性相同的多路记录仪，同时测记各测点的振动响应信号。

12.3.8 结构动力特性测试的数据处理，应符合下列规定：

1 时域数据处理：对记录的测试数据应进行零点漂移、记录波形和记录长度的检验；被测试结构的自振周期，可在记录曲线上比较规则的波形段内取有限个周期的平均值；被测试结构的阻尼比，可按自由衰减曲线求取，在采用稳态正弦波激振时，可根据实测的共振曲线采用半功率点法求取；被测试结构各测点的幅值，应采用记录信号幅值除以测试系统的增益，并应按此求得振型。

2 频域数据处理：对频域中的数据应采用滤波、零均值化方法进行处理；被测试结构的自振频率，可采用自谱分析或傅里叶谱分析方法求取；被测试结构的阻尼比，宜采用自相关函数分析、曲线拟合法或半功率点法确定；被测试结构的振型，宜采用自谱分析、互谱分析或传递函数分析方法确定；对于复杂结构的测试数据，宜采用谱分析、相关分析或传递函数分析等方法进行分析。

附录A 混凝土抗压强度现场检测方法

A.1 一般规定

A.1.1 本方法适用于结构或构件混凝土抗压强度的检测。

A.1.2 混凝土抗压强度可采用回弹法、超声一回弹综合法、后装拔出法、后锚固法等间接法进行检测，也可采用直接检测抗压强度的钻芯法进行检测。

A.1.3 检测混凝土抗压强度所用仪器应通过技术鉴定，并应具有产品合格证书和检定证书。

A.1.4 除了有特殊的检测目的之外，混凝土抗压强度检测方法的选择应符合下列规定：

1 采用回弹法时，被检测混凝土的表层质量应具有代表性，且混凝土的抗压强度和龄期不应超过相应技术标准限定的范围；

2 采用超声回弹综合法时，被检测混凝土的内外质量应无明显差异，并宜具有超声对测面；

3 采用后装拔出法和后锚固法时，被检测混凝土的表层质量应具有代表性；

4 当被检测混凝土的表层质量不具有代表性时，应采用钻芯法；

5 回弹法、超声回弹综合法或后装拔出法的检测结果，宜进行钻芯修正或利用同条件养护立方体试块的抗压强度进行修正。

A.1.5 采用钻芯法对回弹法、超声回弹综合法、后装拔出法或后锚固法进行修正时，应符合本标准附录C的规定。

A.2 回弹法检测混凝土抗压强度

A.2.1 回弹法所采用的回弹仪应符合现行行业标准《混凝土回弹仪》JJG 817 的有关规定，并应符合下列标准状态的要求：

1 水平弹击时，在弹击锤脱钩的瞬间，回弹仪弹击锤的冲击能量应为2.207J；

2 弹击锤与弹击杆碰撞的瞬间，弹击弹簧应处于自由状态；

3 在洛氏硬度HRC为60±2的钢砧上，回弹仪的率定值为80±2。

A.2.2 回弹法测区应符合下列规定：

1 当需要进行单个构件推定时，每个构件布置的测区数不宜少于10个；当不需要进行单个构件推定时，每个构件布置的测区数可适当减少，但不应少于3个；

2 测区离构件端部或施工缝边缘的距离不宜小于0.2m；

3 测区应选在使回弹仪处于水平方向检测混凝土浇筑侧面。当不能满足这一要求时，可使回弹仪处于非水平方向检测混凝土浇筑侧面、表面或底面；

4 测区宜选在构件的两个对称可测面上，也可选在一个可测面上，且应均匀分布。在构件的重要部位和薄弱部位应布置测区；

5 测区面积不宜大于0.04m^2；

6 检测面应为混凝土面，并应清洁、平整，不应有疏松、浮浆及蜂窝、麻面；

7 测区应有清晰的编号。

A.2.3 测区回弹值测量应符合下列规定：

1 检测时，回弹仪的轴线应始终垂直于检测面，缓慢施压，准确读数，快速复位。

2 测点应在测区范围内均匀分布，相邻两测点的净距不宜小于20mm；测点距外露钢筋、预埋件的距离不宜小于30mm。弹击时应避开气孔和外露石子，同一测点只应弹击一次，读数估读至1。每一个测区应记取16个回弹值。

3 同一测区16个回弹值中的3个最大值和3个最小值应直接剔除，计算余下的10个回弹值的平均值。

4 应根据现行行业标准《回弹法检测混凝土抗压强度技术规程》JGJ/T 23的有关规定对回弹平均值进行修正，以修正后的平均值作为该测区回弹值的代表值。

A.2.4 碳化深度值测量应符合下列规定：

1 回弹值测量完毕后，应在有代表性的位置测量碳化深度值；测量数不应少于构件测区数的30%，取其平均值作为该构件所有测区的碳化深度值；

2 碳化深度值测量可按本标准附录F中方法进行。

A.2.5 测区混凝土抗压强度换算值应根据现行行业标准《回弹法检测混凝土抗压强度技术规程》JGJ/T 23的有关规定进行计算。

A.2.6 单个构件混凝土抗压强度推定应符合下列规定：

1 当构件测区数量不少于10个时，该构件混凝土抗压强度推定值可按下式计算：

$$f_{cu,e} = m_{f_{cu}^c} - 1.645 s_{f_{cu}^c} \quad (A.2.6\text{-}1)$$

式中 $f_{cu,e}$——构件混凝土抗压强度推定值，精确至0.1MPa；

$m_{f_{cu}^c}$——测区换算强度平均值，精确至0.1MPa；

$s_{f_{cu}^c}$——测区换算强度标准差，精确至0.01MPa。

2 当构件测区数量少于10个时，该构件混凝土抗压强度推定值应按下式计算：

$$f_{cu,e} = f_{cu,min}^c \quad (A.2.6\text{-}2)$$

式中 $f_{cu,min}^c$——测区换算强度最小值，精确至0.1MPa。

A.3 超声回弹综合法检测混凝土抗压强度

A.3.1 超声回弹综合法所采用的回弹仪应符合本标准第A.2.1条的要求。

A.3.2 超声回弹综合法所采用的超声仪应符合现行行业标准《混凝土超声波检测仪》JG/T 5004的有关规定；换能器的工作频率宜在50kHz～100kHz范围内，其实测主频与标称主频相差不应超过±10%。

A.3.3 超声回弹综合法测区除应符合本标准第A.2.2条的要求外，尚应符合下列规定：

1 测区应选在构件的两个对称可测面上，并宜避开钢筋密集区；

2 同一个构件上的超声测距宜基本一致；

3 超声测线距与其平行的钢筋距离不宜小于30mm。

A.3.4 测区回弹值测量应符合本标准第A.2.3条的要求。

A.3.5 测区声速测量应符合下列规定：

1 超声测点应布置在回弹测试的对应测区内，每一个测区布置3个测点；

2 超声测试时，换能器应通过耦合剂与混凝土测试面良好耦合；

3 声时测量应精确至0.1μs，测距测量应精确至1mm，声速计算精确至0.01km/s；

4 以同一测区3个测点声速的平均值作为该测区声速的代表值。

A.3.6 测区混凝土抗压强度换算值计算应符合下列规定：

1 当不进行芯样修正时，测区混凝土抗压强度宜采用专用测强曲线或地区测强曲线换算；

2 当进行芯样修正时，测区混凝土抗压强度可按下列公式进行计算。

当粗骨料为卵石时：

$$f_{cu,i}^c = 0.0056 v_{ai}^{1.439} R_{ai}^{1.769} + \Delta_{cu,z} \quad (A.3.6\text{-}1)$$

当粗骨料为碎石时：

$$f_{cu,i}^c = 0.0162 v_{ai}^{1.656} R_{ai}^{1.410} + \Delta_{cu,z} \quad (A.3.6\text{-}2)$$

式中：$f_{cu,i}^c$——测区混凝土抗压强度换算值，精确至0.1MPa；

v_{ai}——测区声速代表值，精确至0.01km/s；

R_{ai}——测区回弹代表值，精确至0.1；

$\Delta_{cu,z}$——修正量，按本标准附录C计算，当无修正时，$\Delta_{cu,z}$等于0。

A.3.7 单个构件混凝土抗压强度推定应符合本标准第A.2.6条的要求。

A.4 后装拔出法检测混凝土抗压强度

A.4.1 后装拔出法所采用的拔出仪应满足下列要求：

1 额定拔出力应大于测试范围内的最大拔出力；

2 工作行程对于圆环式拔出试验装置不应小于4mm；对于三点式拔出试验装置不应小于6mm；

3 测力装置应具有峰值保持功能；

4 允许示值偏差应为±2%。

A.4.2 后装拔出法测区除应符合本标准第A.2.2条的要求外，尚应符合下列规定：

1 每个构件布置3个测区；当需要进行单个构件推定且出现最大拔出力或最小拔出力与中间值之差大于中间值的15%时，应在最小拔出力测区附近加测2个测区；

2 测区宜布置在混凝土浇筑侧面；当不能满足时，可布置在混凝土浇筑表面或底面；

3 在构件的重要部位和薄弱部位应布置测区；

4 测区离构件端部或施工缝边缘的距离不宜小于4倍锚固深度；相邻测区距离不宜小于10倍锚固深度。

A.4.3 拔出试验应符合下列规定：

1　在钻孔过程中，钻头应始终与混凝土表面保持垂直，垂直度偏差不应大于3°。钻孔直径应不应小于仪器规定值0.1mm，且不应大于1.0mm，钻孔深度应比锚固深度深20mm～30mm，锚固深度允许偏差应为±0.8mm。

2　在混凝土孔壁磨环形槽时，磨槽机的定位圆盘应始终紧靠混凝土表面回转，磨出的环形槽应规整；环形槽深度应为3.6mm～4.5mm。

3　应将胀簧插入成型孔内，通过胀杆使胀簧锚固台阶完全嵌入环形槽内。

4　拔出仪应与锚固拉杆对中连接，并与混凝土检测面垂直。

5　连续均匀施加拔出力，速度应控制在0.5kN/s～1.0kN/s。

6　应继续施加拔出力至混凝土开裂破坏、测力显示器读数不再增加为止，记录极限拔出力，精确至0.1kN。

A.4.4　测区混凝土抗压强度换算值计算应符合下列规定：

1　当不进行芯样修正时，测区混凝土抗压强度宜采用专用测强曲线或地区测强曲线换算；

2　当进行芯样修正时，测区混凝土抗压强度可按下式进行计算：

$$f^{c}_{cu,i}=1.5F_{i}-5.8+\Delta_{cu,z} \qquad (A.4.4)$$

式中：$f^{c}_{cu,i}$——测区混凝土抗压强度换算值，精确至0.1MPa；

F_i——极限拔出力，精确至0.1kN；

$\Delta_{cu,z}$——修正量，按本标准附录C计算，当无修正时，$\Delta_{cu,z}$等于0。

A.4.5　单个构件混凝土抗压强度推定应符合下列规定：

1　当最大拔出力和最小拔出力与中间值之差均小于中间值的15%时，应以测区换算强度最小值作为该构件混凝土抗压强度推定值；

2　当最大拔出力或最小拔出力与中间值之差大于中间值的15%时，应计算换算强度最小值和其附近加测的2个测区换算强度的平均值，以该平均值与前一次的中间值的较小值作为该构件混凝土抗压强度推定值。

附录B　芯样混凝土抗压强度异常数据判别和处理

B.1　一般规定

B.1.1　本方法适用于芯样混凝土抗压强度异常数据的判别和处理。

B.1.2　在采用钻芯法修正或验证其他无损检测方法时，宜对芯样混凝土抗压强度异常值进行判别或处理。

B.1.3　本方法可在双侧情形判断样本中的异常值，即异常值是在两端都可能出现的极端值。

B.1.4　本方法规定在样本中检出异常值的个数的上限不应超过2个，当超过了2个时，对此样本的代表性，应作慎重的研究和处理。

B.2　异常值检验

B.2.1　统计量应按下式计算：

$$t=\left|\frac{m_{x}-x_{k}}{s_{x}}\sqrt{\frac{n-1}{n}}\right| \qquad (B.2.1)$$

式中：t——统计量；

x_k——样本中芯样强度最大值或最小值；

m_x——余下的$n-1$个芯样强度平均值；

s_x——余下的$n-1$个芯样强度标准差；

n——芯样样本数量。

B.2.2　当计算统计量t大于临界值t_α时，可认为x_k系粗大误差构成的异常值。

B.2.3　临界值t_α可按表B.2.3取值。

表B.2.3　临界值t_α

芯样数量（个）	4	5	6	7	8	9
t_α	2.92	2.35	2.13	2.02	1.94	1.89
芯样数量（个）	10	11	12	13	14	15
t_α	1.86	1.83	1.81	1.80	1.78	1.77

B.3　异常值处理

B.3.1　对检出的异常值，应寻找产生异常值的原因，作为处理异常值的依据。

B.3.2　剔出异常值应符合下列规定：

1　高端异常值可直接剔除；

2　在有充分理由说明其异常原因时，可剔除低端异常值；

3　当无充分理由说明其异常原因时，在低端异常值芯样邻近位置重新取样复测，根据复测结果，判断是否剔除。

B.3.3　芯样剔除应由主检签字认可，并应记录剔除的理由和必要的说明。

附录C　混凝土换算抗压强度钻芯修正方法

C.0.1　本方法适用于混凝土换算抗压强度的钻芯修正。

C.0.2　钻芯修正可采用总体修正量、对应样本修正量、对应样本修正系数或一一对应修正系数等修正方法，并宜优先采用总体修正量方法。

C.0.3 钻芯修正时，芯样试件的数量和取芯位置应符合下列要求：

1 芯样数量可按下式预估：

$$n_{cor,r} = 400\delta^2 \quad (C.0.3)$$

式中：$n_{cor,r}$ ——芯样数量；

δ ——混凝土抗压强度变异系数。

对于直径 100mm 的芯样，芯样数量尚不应少于 6 个；对于小直径芯样，芯样数量尚不应少于 9 个。

2 芯样应从间接法受检构件中随机抽取，取芯位置应符合本标准第 A.5.3 条的规定。

3 当采用的间接法为无损检测方法时，取芯位置应与间接法相应的测区重合。

4 当采用的间接法对结构有损伤时，取芯位置应布置在间接法相应的测区附近。

C.0.4 当采用总体修正量法时，芯样抗压强度应按本标准第 3.4.7 条的规定确定推定区间，推定区间上限与下限差值不应大于其均值的 10%。总体修正量和相应的修正可按下列公式计算：

$$\Delta_{tot} = f_{cor,m} - f^c_{cu,m} \quad (C.0.4\text{-}1)$$

$$f^c_{cu,ai} = f^c_{cu,i} + \Delta_{tot} \quad (C.0.4\text{-}2)$$

式中：Δ_{tot} ——总体修正量（MPa）；

$f_{cor,m}$ ——芯样抗压强度的平均值（MPa）；

$f^c_{cu,m}$ ——测区混凝土换算强度的平均值（MPa）；

$f^c_{cu,ai}$ ——修正后测区混凝土换算强度；

$f^c_{cu,i}$ ——修正前测区混凝土换算强度。

C.0.5 当采用对应样本修正量法时，修正量和相应的修正可按下列公式计算：

$$\Delta_{loc} = f_{cor,m} - f^c_{cu,r,m} \quad (C.0.5\text{-}1)$$

$$f^c_{cu,ai} = f^c_{cu,i} + \Delta_{loc} \quad (C.0.5\text{-}2)$$

式中：Δ_{loc} ——对应样本修正量（MPa）；

$f^c_{cu,r,m}$ ——与芯样对应的测区换算强度均值（MPa）。

C.0.6 当采用对应样本修正系数方法时，修正系数和相应的修正可按下列公式计算：

$$\eta_{loc} = f_{cor,m} / f^c_{cu,r,m} \quad (C.0.6\text{-}1)$$

$$f^c_{cu,ai} = \eta_{loc} \times f^c_{cu,i} \quad (C.0.6\text{-}2)$$

式中：η_{loc} ——对应样本修正系数。

C.0.7 当采用一一对应修正系数方法时，修正系数和相应的修正可按下列公式计算：

$$\eta = \frac{1}{n_{cor,r}} \sum_{i=1}^{n_{cor,r}} f_{cor,i} / f^c_{cu,r,i} \quad (C.0.7\text{-}1)$$

$$f^c_{cu,ai} = \eta \times f^c_{cu,i} \quad (C.0.7\text{-}2)$$

式中：η ——一一对应修正系数；

$f_{cor,i}$ ——第 i 个芯样试件混凝土立方体抗压强度换算值（MPa）；

$f^c_{cu,r,i}$ ——与芯样对应的第 i 个测区被修正方法的换算抗压强度（MPa）。

C.0.8 对单个构件或检验批混凝土抗压强度进行推定时，应以修正后测区混凝土换算强度进行计算。

附录 D 混凝土内部不密实区超声检测方法

D.0.1 超声法检测混凝土内部缺陷时被测部位应满足下列要求：

1 被测部位应具有可进行检测的测试面，并保证测线能穿过被检测区域；

2 测试范围应大于有怀疑的区域，使测试范围内具有同条件的正常混凝土；

3 总测点数不应少于 30 个，且其中同条件的正常混凝土的对比用测点数不应少于总测点数的 60%，且不少于 20 个。

D.0.2 检测结合面质量时应根据结合面位置确定测试部位，被测部位应具有使声波垂直或斜穿过结合面的测试条件。

D.0.3 超声法检测混凝土内部缺陷时测点布置应符合下列规定：

1 当构件具有两对相互平行的测试面时，宜采用对测法，应在测试部位两对相互平行的测试面上分别画出等间距的网格，网格间距可为 100mm～300mm，大型构件可适当放宽，编号确定对应的测点位置（图 D.0.3-1）。

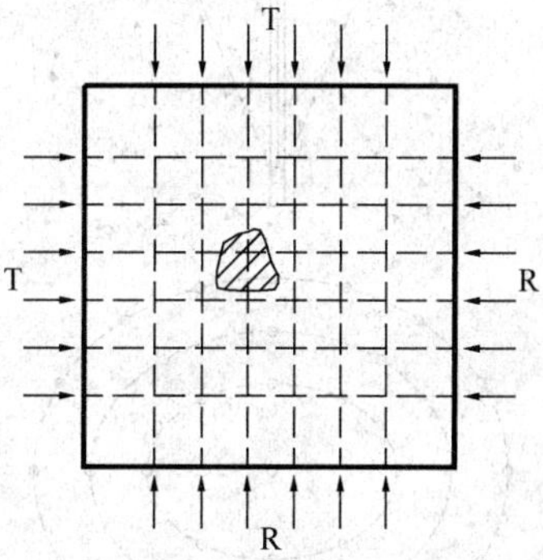

(a)平面图

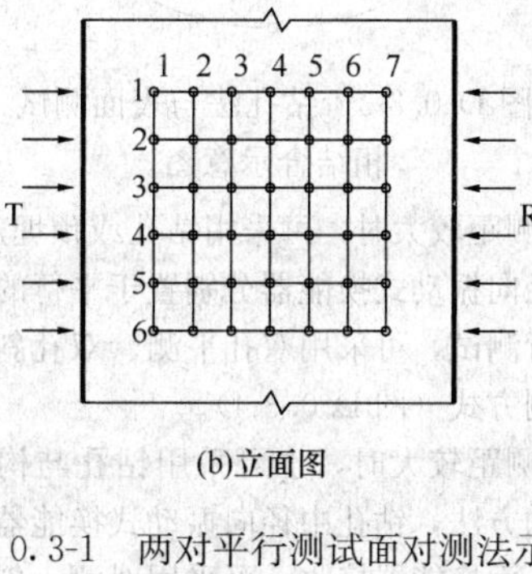

(b)立面图

图 D.0.3-1 两对平行测试面对测法示意图

2 当构件具有一对相互平行的测试面时，宜采用对测和斜测相结合的方法，应在测试部位相互平行的测试面上分别画出等间距的网格，网格间距可为 100mm～300mm，大型构件可适当放宽，在对测的基础上进行交叉斜测（图 D.0.3-2）。

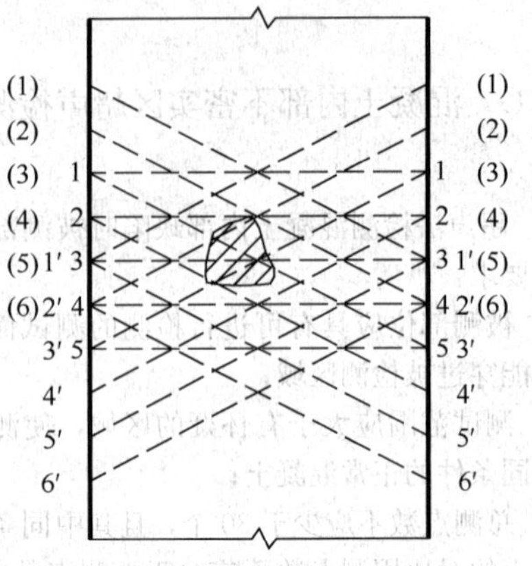

图 D.0.3-2　一对平行测试面斜测法示意图

3　当构件只具有一个测试面时，宜采用钻孔和表面测试相结合的方法，应在测试面中心钻孔，孔中放置径向振动式换能器作为发射点，以钻孔为中心不同半径的圆周上布置平面换能器的接收测点，同一圆周上测点间距一般为 100mm～300mm，不同圆周的半径相差 100mm～300mm，大型构件可适当放宽，同一圆周上的测点作为同一个构件数据进行分析（图 D.0.3-3）。

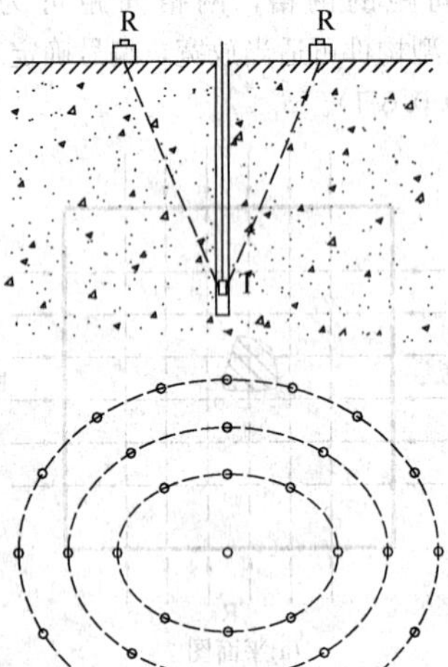

图 D.0.3-3　钻孔法与表面测试相结合示意图

4　当测距较大时，可采用钻孔或预埋声测管法，应用两个径向振动式换能器分别置于平行的测孔或声测管中进行测试，可采用双孔平测、双孔斜测、扇形扫测的检测方式（图 D.0.3-4）。

5　当测距较大时，也可采用钻孔与构件表面对测相结合的方法，钻孔中径向振动式换能器发射，构件表面的平面换能器接收。可采用对测、斜测、扇形扫描的检测方式（图 D.0.3-5）。

6　当构件测试面不平行而是具有一对相互垂直或有一定夹角的测试面时，应在一对测试面上分别画

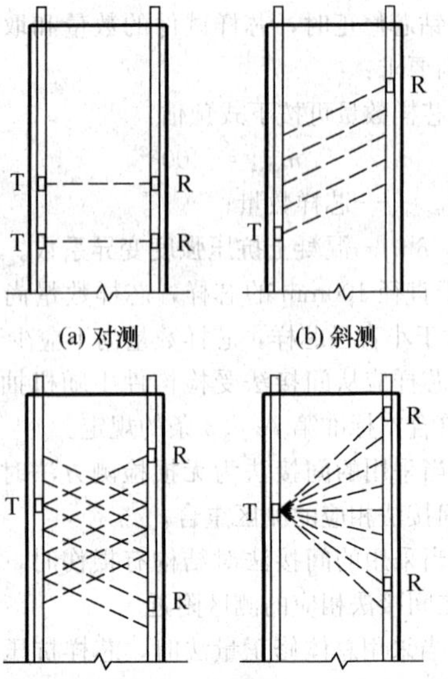

(a) 对测　(b) 斜测

(c) 交叉斜测　(d) 扇形扫描测

图 D.0.3-4　钻孔法示意图

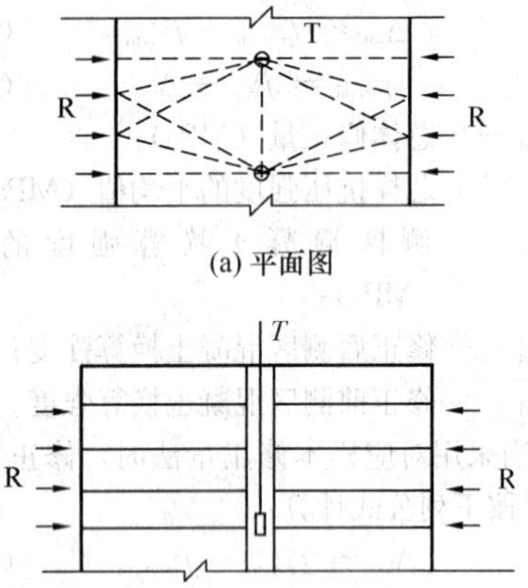

(a) 平面图

(b) 立面图

图 D.0.3-5　钻孔法与表面对测结合法示意图

上等间距的网格，网格间距一般为 100mm～300mm，测线应尽可能与测试面垂直且尽可能均匀分布地穿过被测部位（图 D.0.3-6）。

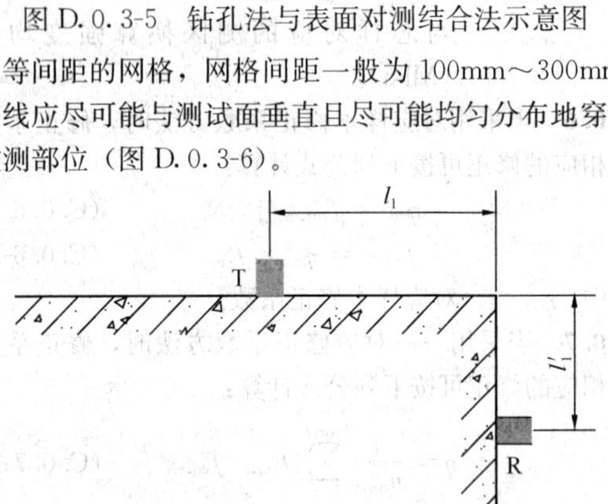

图 D.0.3-6　一对不平行测试面斜测法示意图

7　混凝土结合面质量检测时换能器连线应垂直或斜穿过结合面测量每个测点的声时、波幅、主频和测距，对发生畸变的波形应存储或记录（图 D.0.3-7）。

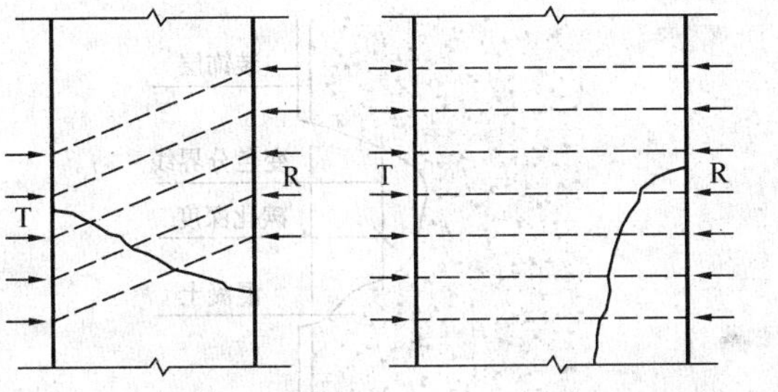

(a) 斜测法　　(b) 对测法

图 D.0.3-7　结合面质量对测或斜测法示意图

8　对同一测试区域在测试时应保证测试系统以及工作参数的一致性，并尽可能保证测距和测线倾斜角度的一致性。

D.0.4　声学参数异常点的判定应符合下列规定：

1　将测区内各测点的声速、波幅由大到小顺序排列，并按下式计算异常情况的判断值，当被测构件声速异常偏大时，可根据实际情况直接剔除。

$$x_0 = m_x - \lambda_1 s_x \tag{D.0.4-1}$$

式中：x_0——声学参数异常情况的判断值；

m_x——各测点的声学参数平均值；

s_x——各测点的声学参数标准差；

λ_1——系数，$\lambda_1 = \Phi^{-1}(1/n)$。

2　当测区内某测点声学参数被判为异常时，可按下列公式进一步判别其相邻测点是否异常：

$$x_0 = m_x - \lambda_2 s_x \tag{D.0.4-2}$$

$$x_0 = m_x - \lambda_3 s_x \tag{D.0.4-3}$$

式中：λ_2——当测点网格状布置时所取的系数，$\lambda_2 = \Phi^{-1}(\sqrt{1/4n})$；

λ_3——当测点单排布置时所取的系数，$\lambda_3 = \Phi^{-1}(\sqrt{1/2n})$。

3　当被测构件上有怀疑的区域范围较大，在同一构件中不能满足本标准第 D.0.1 条的要求时，可选择同条件的正常构件进行检测，按正常构件声学参数的均值和标准差以及被测构件的测点数，计算异常数据的判断值，以此判断值对被测构件声学参数进行判断，确定声学参数异常点。

4　当被测构件缺陷的匀质性较好或缺陷区域的厚度较薄（结合面），导致计算出的异常数据判断值与经验值相比明显偏低时，可采用声学参数的经验判断值进行判断，确定声学参数异常点。

5　当被测构件测点数不满足本标准第 D.0.1 条的要求、无法进行统计法判断时，或当测线的测距或倾斜角度不一致、幅度值不具有可比性时，可将有怀疑测点的声参数与同条件的正常混凝土区域测点的声参数进行比较，当有怀疑测点的声参数明显低于正常混凝土测点声参数，该点可判为声学参数异常点。

D.0.5　混凝土内部缺陷的位置和范围应结合声参数异常点的分布及波形状况进行综合判定。

附录 E　混凝土裂缝深度超声单面平测方法

E.0.1　当结构的裂缝部位只有一个可测面，裂缝的估计深度不大于 500mm 且比被测构件厚度至少小 100mm 以上时，可采用单面平测法检测混凝土裂缝深度。

E.0.2　单面平测法检测混凝土裂缝深度时，受检裂缝两侧均应具有清洁、平整且无裂缝的检测面，检测面宽度均不宜小于估计的缝深；被测裂缝中不应有积水或泥浆等。

E.0.3　单面平测法检测裂缝深度应按下列步骤进行：

1　应将 T 和 R 换能器置于裂缝附近同一侧，以两个换能器内边缘间距（l'_i）等于 100mm、150mm、200mm……分别读取 4 个以上的声时值（t_i），求出声时与测距之间的回归直线方程：

$$l = a + bt \tag{E.0.3-1}$$

式中：l——测距（mm）；

t——与测距 l 对应的声时值（μs）；

a——回归直线方程的常数项（mm）；

b——回归系数即平测法声速 v（km/s）。

2　各测点超声实际传播的距离 l_i 应按下式计算

$$l_i = l'_i + |a| \tag{E.0.3-2}$$

3　应将 T、R 换能器分别置于以裂缝为对称的两侧（图 E.0.3），对应不同的 l'_i 值分别测读声时值 t_i^0。

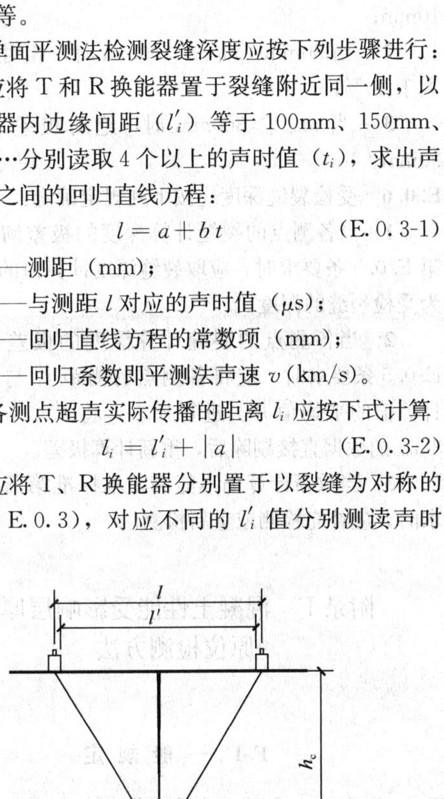

图 E.0.3　跨缝测试示意图

E.0.4　对应于不同测距的裂缝深度及裂缝深度的极差和裂缝深度的平均值应按下列公式计算：

$$h_{ci} = \frac{l_i}{2}\sqrt{\left(\frac{t_i^0 v}{l_i}\right)^2 - 1} \tag{E.0.4-1}$$

$$m_{h,c} = \frac{1}{n}\sum_{i=1}^{n} h_{ci} \tag{E.0.4-2}$$

$$\Delta_h = h_{max} - h_{min} \tag{E.0.4-3}$$

$$\delta_{\Delta h} = \frac{\Delta_h}{m_{h,c}} \times \% \tag{E.0.4-4}$$

式中：h_{ci}——第 i 点裂缝深度计算值（mm）；

l_i——不跨缝平测时第 i 点的超声波实际传播距离（mm）；

t_i^0——第 i 点跨缝平测的声时值（μs）；

v——裂缝区域的混凝土声速，可取用平测法声速（km/s）；

$m_{h,c}$——各测点裂缝深度计算值的平均值（mm）；

h_{max}——最大裂缝深度计算值；

h_{min}——最小裂缝深度计算值；

n——跨缝测点数。

E.0.5 各测点的裂缝计算深度的极差应满足下列规定：

1 当 $m_{h,c} \leqslant 30$mm 时，绝对极差不应大于 10mm；

2 当 30mm$<m_{h,c}<$300mm 时，相对极差不应大于 30%；

3 当 $m_{h,c} \geqslant 300$mm 时，绝对极差不应大于 90mm。

E.0.6 受检裂缝深度应按下列规定确定：

1 当各测点的裂缝计算深度的极差满足本标准第 E.0.5 条要求时，应取裂缝深度计算值的平均值作为受检裂缝的深度。

2 当各测点的裂缝计算深度的极差不满足第 E.0.5 条要求时，应将各测点的测距 l'_i 与裂缝深度计算值的平均值 $m_{h,c}$ 进行比较，将 $l'_i<m_{h,c}$ 和 $l'_i>3m_{h,c}$ 的数据直接剔除后，重新计算极差。

3 当重新计算仍不能满足本标准第 E.0.5 条要求时，应补充检测或重新检测。

附录 F 混凝土性能受影响层厚度原位检测方法

F.1 一 般 规 定

F.1.1 本方法适用于遭受冻伤、火灾或化学腐蚀后混凝土性能受影响层厚度的原位检测。

F.1.2 混凝土性能受影响层厚度应根据受影响层混凝土物理性质或化学性质的可能变化选择碳化深度测试方法或超声法进行检测。

F.1.3 原位检测宜进行取样验证，混凝土性能受影响层厚度的取样检测可按本标准附录 G 进行。

F.2 碳化深度测试方法

F.2.1 单个测区碳化深度的测试可按下列步骤操作：

1 在混凝土表面布置测孔，根据预估的碳化深度选择测孔直径；

2 清扫孔内碎屑和粉末；

3 向孔内喷洒浓度为 1% 的酚酞试液，喷洒量以表面均匀湿润但不流淌；

4 当已碳化和未碳化界限清楚时，测量已碳化

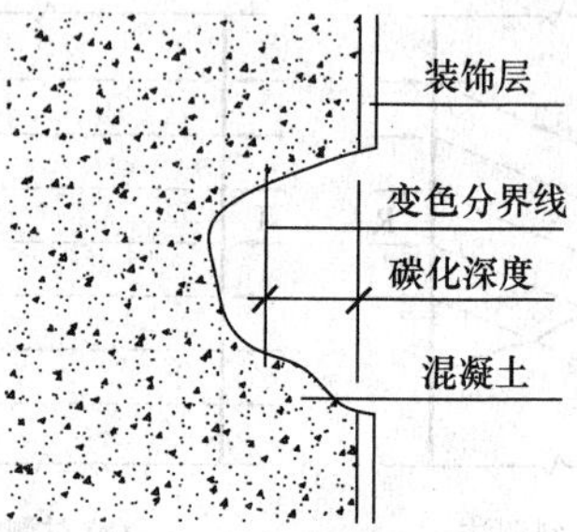

图 F.2.1 碳化深度测孔示意图

和未碳化交界面至混凝土表面的垂直距离即为碳化深度，测量不应少于 3 次，取其平均值，精确至 0.5mm。

F.2.2 当碳化深度用于损伤程度评定时，测区和测孔的布置应符合下列规定：

1 根据表面损伤状况进行分类，将表面损伤状况相近的构件作为一个损伤类别；

2 对每个损伤类别按约定抽样方法选择受检构件或受检区域；

3 每个损伤类别布置不应少于 6 个测区，测区宜布置在有代表性的部位；

4 每个测区应布置 3 个测孔，取 3 个测孔碳化深度的平均值作为该测区碳化深度的代表值；

5 提供每个测区的碳化深度检测值；

6 以每个类别中最大的碳化深度作为该类别混凝土性能受影响层的厚度。

F.3 表面损伤层厚度超声检测方法

F.3.1 超声检测表面损伤层厚度时，测区的布置应符合下列规定：

1 根据表面损伤状况进行分类，将表面损伤状况相近的构件作为一个损伤类别；

2 对每个损伤类别按约定抽样方法选择受检构件或受检区域；

3 每个损伤类别布置不应少于 3 个测区，测区宜布置在有代表性的部位；

4 测区表面应平整并处于干燥状态，且无接缝和饰面层；

5 以每个类别中最大的损伤深度作为该类别混凝土性能受影响层的厚度。

F.3.2 单个测区表面损伤层厚度的检测应符合下列规定：

1 表面损伤层厚度检测宜选用频率较低的厚度振动式换能器；

2 测试时，T 换能器应耦合好，并保持不动；将 R 换能器依次耦合在间距为 30mm 的 1、2、3、……测点位置上，读取相应的声时值 t_1、t_2、t_3、……，并测量每次 T、R 换能器内边缘之间的距离 l_1、l_2、l_3、……（图 F.3.2-1）；

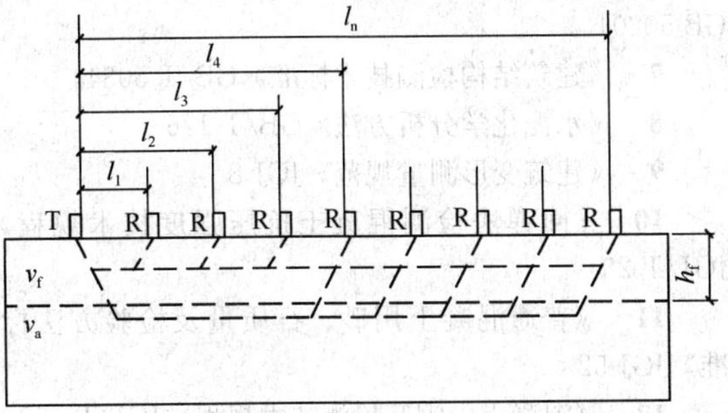

图 F. 3. 2-1 超声检测损伤层厚度示意图

3 每个测区布置的测点数不应少于 6 个，损伤层较厚或不均匀时，应适当增加测点数；

4 用各测点的声时值 t_i 和对应的距离 l_i 绘制"时-距"图（图 F. 3. 2-2）。分别用图中转折点前、后数据求出损伤和未损伤混凝土的"l-t"回归直线方程：

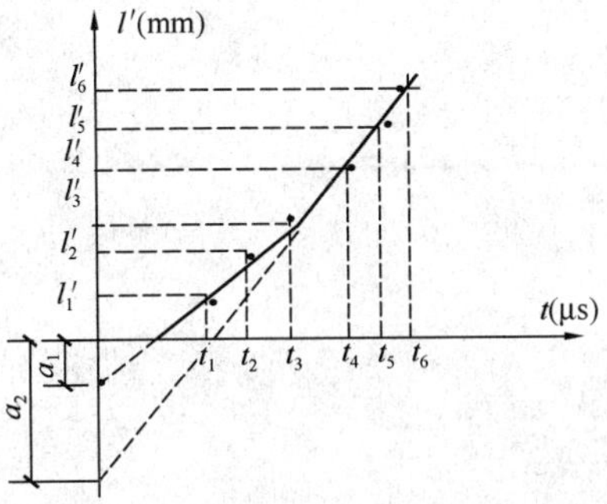

图 F. 3. 2-2 超声检测损伤层"时-距"图

损伤混凝土：

$$l_f = a_1 + b_1 t_f \quad \text{(F. 3. 2-1)}$$

未损伤混凝土：

$$l_a = a_2 + b_2 t_a \quad \text{(F. 3. 2-2)}$$

5 测区损伤层厚度应按下列公式计算：

$$l_0 = \frac{a_1 b_2 - a_2 b_1}{b_2 - b_1} \quad \text{(F. 3. 2-3)}$$

$$h_f = \frac{l_0}{2}\sqrt{\frac{b_2 - b_1}{b_2 + b_1}} \quad \text{(F. 3. 2-4)}$$

附录 G 混凝土性能受影响层厚度取样检测方法

G. 0. 1 本方法适用于混凝土性能受影响层厚度的取样检测。

G. 0. 2 混凝土性能受影响层厚度可根据造成影响因素的特点，通过湿润深度、里氏硬度和碳化深度的测试结果进行判定。

G. 0. 3 湿润深度法测试应符合下列规定：

1 将混凝土芯样进行冲洗后，放入干净水中浸泡 2h；

2 将芯样从水中取出，表面朝上直立放置在通风阴凉处；

3 定时观察芯样侧面湿润程度的情况变化，当芯样侧面出现明显的湿润分界线时，测量两个相互垂直直径对应的 4 个测点湿润分界线至芯样上表面的垂直距离，读数精确至 0.1mm；

4 取 4 个测点测值的平均值作为该芯样湿润深度的代表值；

5 湿润深度的代表值可作为该芯样所在部位混凝土性能受影响层厚度的判定值。

G. 0. 4 里氏硬度法测试应符合下列规定：

1 将混凝土芯样冲洗后、擦干并晾置面干。

2 沿两个相互垂直直径对应的 4 个测点在芯样侧面画出 4 条平行于芯样轴线的测试线。

3 沿每条测试线分别从芯样上表面开始以 5mm 的间距，连续测试里氏硬度；当连续 3 个测试数据相差不超过 5 时，停止测试。

4 将测点离上表面的距离与对应的里氏硬度值进行数据分析，得到里氏硬度值突变时的测点位置参数。

5 4 个测线位置参数测值的算术平均值可作为该芯样所在部位混凝土性能受影响层厚度的判定值。

G. 0. 5 碳化深度法测试应符合下列规定：

1 将混凝土芯样冲洗后晾干；

2 将芯样对中劈开，在两个新劈开面的中间部位喷洒浓度为 1%的酚酞试液，喷洒量以表面均匀湿润但不流淌；

3 测量每个劈开面的中间及两侧各 1/4 半径对应部位的碳化深度读数精确至 0.1mm；

4 取两个新劈开面共 6 个测点的碳化深度平均值作为该芯样碳化深度的代表值；

5 碳化深度的代表值可作为该芯样所在部位混凝土性能受影响层厚度的判定值。

本标准用词说明

1 为了便于在执行本标准条文时区别对待，对要求严格程度不同的用词说明如下：

1）表示很严格，非这样做不可的：
正面词采用"必须"；反面词采用"严禁"；

2）表示严格，在正常情况下均应这样做的：
正面词采用"应"；反面词采用"不应"或"不应"；

3）表示允许稍有选择，在条件许可时首先这样做的：
正面词采用"宜"；反面词采用"不宜"；

4）表示有选择，在一定条件下可以这样做的，采用"可"。

2 标准中指明应按其他有关标准执行的写法为：

“应符合……的规定”或“应按……执行”。

引用标准名录

1 《建筑结构荷载规范》GB 50009

2 《混凝土结构设计规范》GB 50010

3 《普通混凝土力学性能试验方法标准》GB/T 50081

4 《普通混凝土长期性能和耐久性能试验方法标准》GB/T 50082

5 《混凝土结构试验方法标准》GB/T 50152

6 《混凝土结构工程施工质量验收规范》GB 50204

7 《建筑结构检测技术标准》GB/T 50344

8 《水泥化学分析方法》GB/T 176

9 《建筑变形测量规范》JGJ 8

10 《回弹法检测混凝土抗压强度技术规程》JGJ/T 23

11 《普通混凝土用砂、石质量及检验方法标准》JGJ 52

12 《混凝土中钢筋检测技术规程》JGJ/T 152

13 《混凝土回弹仪》JJG 817

14 《混凝土超声波检测仪》JG/T 5004

中华人民共和国国家标准

混凝土结构现场检测技术标准

GB/T 50784—2013

条 文 说 明

制 订 说 明

《混凝土结构现场检测技术标准》GB/T 50784-2013，经住房和城乡建设部2013年2月7日以第1634号公告批准、发布。

本标准制订过程中，编制组进行了广泛、深入的调查研究，总结了我国混凝土结构现场检测的实践经验，同时参考了国外先进技术法规、技术标准，通过试验比对，取得了适合混凝土结构现场检测的重要技术参数。

为便于广大检测、鉴定、设计、施工、科研、学校等单位有关人员在使用本标准时能正确理解和执行条文规定，《混凝土结构现场检测技术标准》编制组按章、节、条顺序编制了本标准的条文说明，对条文规定的目的、依据以及执行中需注意的有关事项进行了说明。但是，本条文说明不具备与标准正文同等的法律效力，仅供使用者作为理解和把握标准规定的参考。

目　次

1　总则 …………………………………… 12—40
2　术语和符号 ………………………… 12—40
2.1　术语 ……………………………… 12—40
2.2　符号 ……………………………… 12—40
3　基本规定 …………………………… 12—41
3.1　检测范围和分类 ………………… 12—41
3.2　检测工作的基本程序与要求 …… 12—41
3.3　检测项目和检测方法 …………… 12—41
3.4　检测方式与抽样方法 …………… 12—42
3.5　检测报告 ………………………… 12—42
4　混凝土力学性能检测 ……………… 12—43
4.1　一般规定 ………………………… 12—43
4.2　混凝土抗压强度检测 …………… 12—43
4.3　混凝土劈裂抗拉强度检测 ……… 12—43
4.4　混凝土抗折强度检测 …………… 12—44
4.5　混凝土静力受压弹性模量检测 … 12—44
4.6　缺陷与性能劣化区混凝土力学性能参数检测 ………………………… 12—44
5　混凝土长期性能和耐久性能检测 ……………………………… 12—44
5.1　一般规定 ………………………… 12—44
5.2　取样法检测混凝土抗渗性能 …… 12—45
5.3　取样慢冻法检测混凝土抗冻性能 ……………………………… 12—45
5.4　取样快冻法检测混凝土的抗冻性能 …………………………… 12—45
5.5　氯离子渗透性能检测 …………… 12—45
5.6　抗硫酸盐侵蚀性能检测 ………… 12—45
6　有害物质含量及其作用效应检验 ……………………………… 12—45
6.1　一般规定 ………………………… 12—45
6.2　氯离子含量检测 ………………… 12—46
6.3　混凝土中碱含量检测 …………… 12—46
6.4　取样检验碱骨料反应的危害性 … 12—46
6.5　取样检验游离氧化钙的危害性 … 12—46
7　混凝土构件缺陷检测 ……………… 12—46
7.1　一般规定 ………………………… 12—46
7.2　外观缺陷检测 …………………… 12—46
7.3　内部缺陷检测 …………………… 12—46
8　构件尺寸偏差与变形检测 ………… 12—47
8.1　一般规定 ………………………… 12—47
8.2　构件截面尺寸及其偏差检测 …… 12—47
8.3　构件倾斜检测 …………………… 12—47
8.4　构件挠度检测 …………………… 12—47
8.5　构件裂缝检测 …………………… 12—47
9　混凝土中的钢筋检测 ……………… 12—47
9.1　一般规定 ………………………… 12—47
9.2　钢筋数量和间距检测 …………… 12—47
9.3　混凝土保护层厚度检测 ………… 12—48
9.4　混凝土中钢筋直径检测 ………… 12—48
9.5　构件中钢筋锈蚀状况检测 ……… 12—48
9.6　钢筋力学性能检测 ……………… 12—48
10　混凝土构件损伤检测 …………… 12—49
10.1　一般规定 ……………………… 12—49
10.2　火灾损伤检测 ………………… 12—49
10.3　环境作用损伤检测 …………… 12—49
11　环境作用下剩余使用年限推定 …………………………………… 12—49
11.1　一般规定 ……………………… 12—49
11.2　碳化剩余使用年限推定 ……… 12—49
11.3　冻融损伤剩余使用年限推定 … 12—50
12　结构构件性能检验 ……………… 12—50
12.1　一般规定 ……………………… 12—50
12.2　静载检验 ……………………… 12—50
12.3　动力测试 ……………………… 12—51

1 总　　则

1.0.1 本条提出了编制本标准的宗旨。

1.0.2 本条规定了本标准的适用范围，适用范围与《混凝土结构设计规范》GB 50010 一致。

1.0.3 混凝土结构现场检测综合性强、涉及面广，与设计、施工、鉴定、评估密切相关。本标准未涉及的内容，应执行国家现行的有关标准、规范的规定。特种混凝土结构尚应执行相关行业标准的规定。

2 术语和符号

2.1 术　　语

本章所给出的术语为本标准的专用术语，除了与有关标准协调外，多数仅从本标准的角度赋予其涵义，但涵义不一定是术语的定义。同时还分别给出了相应的推荐性英文术语，该英文术语不一定是国际上的标准术语，仅供参考。

2.1.1 现场检测包括两个方面的内容，一是通过对混凝土结构实体实施原位检查、检验、和测试直接获得检测数据；二是在试验室通过对结构实体中取得的样品进行检验、测试获得检测数据。

2.1.2 工程质量检测有严格的抽样方法、检测方法、评价指标和判定规则，检测应给出明确的符合性结论。为区别于质量验收时的合格评定，本标准中工程质量检测结果只提供符合性结论。

2.1.3 结构性能检测的目的是为结构性能评定提供数据。

2.1.4 现场静载检验主要针对受弯构件，可检验构件的承载力、刚度、抗裂性或裂缝宽度等指标，本标准未包括基桩的抗压、抗拔试验。

2.1.5 本术语专指验证检测数据有效性的复检，检测方法的有效性应通过其他方式确认。对于破坏性试验应对留存的或重新取得的同类样品按照同一种试验方法进行检测。

2.1.6 检测前受检参数的实际情况是未知的，在数据分析和处理中可能出现需要补充数据的情况，如受检参数的变异性大导致推定区间长度不能满足检测精度要求、异常数据处理后导致样本数量不能满足标准要求等。

补充检测得到的数据可与原检测数据合并处理。

2.1.7 由于检测中的失误导致检测数据失效或其他原因导致检测结果不被接受时，需要重新检测。重新检测一般由另一家检测单位实施，无异议时，也可由原检测单位实施。重新检测得到的数据不应与原检测数据合并处理。

2.1.9 不能直接测量的性能参数，通过一定的换算关系利用间接的物理量得到的该性能参数值；或者非标准状态下直接测量的性能参数，通过一定的换算关系得到的该性能参数相当于标准状态下的值。

2.1.10 现场检测常遇到的是批量检测，即通过样本数据确定或评估检验批总体质量状况和性能指标。实现批量检测的前提之一是正确划分检验批，同一检验批中受检参数的实际值应是相近的。不能正确划分检验批将导致推定结果没有代表性或推定结果明显偏低。

2.1.11 可以单独取得一个检验或检测数据的区域或构件。现场检测时个体一般指测点或测区，当可用一个数值表示构件受检参数检测值时，个体可以为构件。如以构件上各测点混凝土保护层厚度的平均值作为该构件混凝土保护层厚度检测值时，可以把该构件作为一个个体。

2.1.12 间接测试方法的原理是在间接物理量与待测参数之间的换算关系基础上获得待测参数值。如回弹法检测混凝土强度是根据测区回弹值通过换算曲线得到测区混凝土抗压强度换算值。

2.1.13 一般而言，推定值是与置信水平相关的，因此，推定值是一个区间。由于样本数量的限制和习惯做法，为与相关标准协调，本标准中也存在以样本均值或样本最小值作为总体推定值的规定。

2.1.14 通过样本数据确定或评估检验批总体质量状况和性能指标时，应采用随机抽样。

2.1.15 由于条件限制或出于特定的检测目的，由委托方确定或由委托方与检测方协商确定的样本抽取方法。约定抽样检测时，应注明抽样方法的形成过程并提供每个受检个体的检测数据，不宜根据样本数据推定总体性能参数值。有时，约定抽样隐含着对总体进行评价，如选择损伤最严重的构件进行静载检验。

2.1.16 分层抽样是随机抽样的一种类型，可以更好地保证样本的代表性。分层抽样先抽取一级样本（构件），再抽取次级样本（测区），此时总的样本量为次级样本量之和。

2.1.17 计数抽样方法不要求待测参数服从正态分布，且概念明确、易于理解，但不能提供待测参数的具体指标，如均值、变异系数。

2.1.18 本标准中的计量抽样方法严格意义上属于统计估值，即以检验批样本数据的统计量对检验批总体性能指标进行推定，要求待测参数服从正态分布。

2.1.19 对于正态分布，0.5 分位数对应的数值在概念上与均值相同，0.05 分位数对应的数值在概念上与具有 95%保证率的特征值相同。

2.2 符　　号

本节的符号符合现行国家标准《建筑结构设计术语和符号标准》GB/T 50083 的有关规定。

3 基本规定

3.1 检测范围和分类

3.1.1 本条对混凝土结构现场检测进行了分类。

工程质量检测是对工程质量的状况与设计要求的指标或规范限定的指标比较并判定其符合性的工作，这项工作注重的是有关当事方的合法权益，在抽样方法、检测方法、评价指标和判定规则上不允许偏离，检测应给出明确的符合性结论。

结构性能检测是确定结构性能参数的实际状况，一般应给出受检参数的推定值或代表值，为结构性能评定提供数据与信息，便于评定机构采取适当处理措施。

工程质量检测和结构性能检测之间存在相互转化的过程，工程质量检测为不符合的工程，往往需要进一步做结构性能检测，以便采取适当的加固处理措施或进行让步验收；即使工程质量检测为符合的工程，当改变用途时，为利用实际结构的某些性能参数，也需要进一步做结构性能检测。同样，结构性能检测的数据，必要时也可作为工程质量评定的依据。

3.1.2 本条规定了进行混凝土结构工程质量检测的几种情况，在这些情况下一般要求检测必须给出明确的符合性结论。

3.1.3 本条规定了进行混凝土结构性能检测的几种情况，在这些情况下仅进行工程质量检测有时不能提供足够、必要的数据和信息。

3.2 检测工作的基本程序与要求

3.2.1 本条规定了混凝土结构现场检测工作的基本程序。

检测工作自身的质量应有一套程序来保证，对于一般混凝土结构现场检测工作，程序框图中描述的从接受委托到检测报告的各个阶段都是必不可少的。

对于特殊情况的检测，则应根据检测的目的确定其检测程序和相应的内容。

3.2.2 存在质量争议的工程质量检测宜由当事各方共同委托，一方面可以保证检测工作的公正、公平性，保护当事各方利益，另一方面有利于检测结论的接受和采信，避免重复检测及由此产生的费用和时间损失。司法鉴定涉及的检测工作应满足相应程序要求。

3.2.3 了解结构的状况和收集有关资料，不仅有利于较好地制定检测方案，而且有助于确定检测的内容和重点。现场调查主要是了解被检测结构的现状缺陷或使用期间的加固维修及用途和荷载等变更情况，同时应与委托方商定检测的目的、范围、内容和重点。

有关的资料主要是指结构的设计图、设计变更、施工记录和验收资料、加固图和维修记录等。当缺乏有关资料时，应向有关人员进行调查。当结构受到灾害或邻近工程施工的影响时，尚应确认结构受到损伤前的情况。

3.2.4 检测方案常常作为检测合同的附件，征询委托方意见，是为了进一步明确检测目的、范围、项目以及采用的检测方法，避免可能产生的纠纷。检测方案经过检测机构内部的审定，是为了保证检测工作的准确性和有效性。

3.2.5 本条规定了检测方案的主要内容。混凝土结构现场检测中的安全问题包括检测人员、检测仪器设备、受检结构及相邻构件的安全问题。

3.2.6 本条对现场检测所用仪器、设备提出要求。在检定或校准周期内的仪器设备并不都处于正常状态，实施检测时，应进行必要的校验。

3.2.7 本条对从事混凝土结构现场检测工作的人员提出要求。

3.2.8 现场检测的测区和测点应有明晰标注和编号，不仅方便检测机构内部的检查，也有利于相关方对检测工作的监督，同时，便于对异常数据进行追踪和复检。保留时间可根据工程具体情况确定。

3.2.9 本条对现场检测获取的数据或信息提出要求。

仪器自动记录时，将自动记录的数据转换成专用记录格式打印输出，是为了便于对原始记录长期保存；图像信息应标明获取信息的位置和时间是为了保证原始记录的可追溯性。

3.2.10 现场取得的试样应与结构实体上取样位置形成对应关系，才能根据试样的检测分析结果评价结构实体对应区域的性能。混淆现场取得的试样可能造成错误的判断；丢失现场取得的试样甚至引起异议导致全部检测无效。

3.2.11 为了避免人为随意舍弃数据，同时考虑到复检或补充检测要重新进入现场，容易造成误解，因此进行复测或补充检测时应有必要的说明。

3.2.12 混凝土结构现场检测工作不应对受检结构或构件造成安全隐患，因此混凝土结构现场检测工作结束后，应及时提出针对因检测造成的结构或构件局部损伤的修补建议。

3.3 检测项目和检测方法

3.3.1 检测机构不应进行与委托方检测目的无关的检测或过度检测。

3.3.2 本条提出了混凝土结构现场检测的检测项目，这些检测项目是根据相关设计规范、验收规范和鉴定标准确定的。

3.3.3 当同一个检测参数存在多种检测方法时，应尽量选择直观、明了、无损、经济的检测方法。

3.3.4 本条强调优先使用直接法，直接法的系统不确定性（偏差）小，概念明确，争议相对较小。当不具备采用直接法对较多构件进行检测的条件时，允许使用间接法与直接法相结合的综合检测方法。

3.3.5 把成熟的试验方法用于现场的取样检测是行业内的共识，条件是取样试件与标准试件基本一致。

3.3.6 为了促进检测技术的发展，鼓励检测单位开发或引进检测仪器及检测方法。本条对采用检测单位自行开发或引进的检测仪器及检测方法时应遵守的规定提出要求。

3.4 检测方式与抽样方法

3.4.1 现场检测一般有全数检测和抽样检测两种方式。

3.4.2 本条提出了采用全数检测方式的适用情况。所谓全数检测并不意味对整个工程的全部构件（区域）进行检测，全数对应于检验批内的全部构件（区域），当检验批缩小至单个构件时，全数对应于该构件可布置的测区。

对按计数抽样方法判定为不合格的检验批进行全数检测，不仅可以更准确地确定该检验批的结构性能状况，而且可以缩小处理范围、减少相应的结构处理费用。

3.4.3 抽样检验的目的是通过样本质量特征来推定总体质量状况，抽样方法分成计数抽样方法、计量抽样方法两种情况。计数抽样方法有明确的抽检量和验收概率的计算方法，对检测量的总体分布类型无特殊要求，但检测结果不能充分反映检测量的质量状况信息。计量抽样方法要求检测量的总体分布服从正态分布，抽检量和验收概率依赖于检验批总体的变异性，但检测结果能更多地反映检测量的质量状况信息。混凝土结构现场检测中会涉及一些个体如何划分的问题，例如，混凝土强度检测的个体为测区时，检验批的总量就是一个不确定量或者称为无限大量，给抽样检测带来困难。根据目前检测单位的习惯，本标准采取分层抽样方法，先随机抽取构件，在每个受检构件上均匀布置测区，这种方法也是抽样规则允许的。

有些产品质量标准对抽样有专门的规定，如钢筋、预制构件等应按规定的抽样方法进行抽样。

3.4.4 根据国家现行标准《验收抽样检验导则》GB/T 13393 和实际工作经验，总体分布服从正态分布时，计量抽样检查方案比计数抽样检查方案所需的样本小。考虑到混凝土结构现场检测时采用计量抽样检查方案的检测项目都是关键项目（如混凝土强度），将计量抽样检查方案和计数抽样检查方案所需最小样本统一进行规定。

3.4.5 依据国家现行标准《计数抽样检验程序 第1部分：按接收质量限（AQL）检索的逐批检验抽样计划》GB/T 2828.1 给出了混凝土结构检测的计数抽样的样本容量和正常一次抽样的判定方法。一般项目的允许不合格率为10%，主控项目的允许不合格率为5%。主控项目和一般项目应按《混凝土结构工程施工质量验收规范》GB 50204 确定。当其他检测项目按计数方法进行评定时，可按上述方法实施。

3.4.6 国家现行标准《建筑结构可靠度设计统一标准》GB 50068 对材料性能和几何参数提出如下要求：材料强度的标准值可按其概率分布的 0.05 分位值确定。材料弹性模量、泊松比等物理性能的标准值可按其概率分布的 0.5 分位值确定。结构构件的几何参数的标准值可采用设计规定的公称值，或根据几何参数概率分布的某个分位值确定。

当总体均值和标准差未知时，根据样本数据确定分位数时，需要用到非中心参数为 δ 的 t 分布。

国家现行标准《正态分布分位数与变异系数的置信限》GB/T 10094 提供了根据样本容量及给定置信水平，确定分位数 x_p 置信区间的方法，该标准提供的最大样本容量为 120 个。考虑采用回弹法等无损检测方法现场检测混凝土强度时，样本容量往往大于 120 个，将最大样本容量增加到 500 个。

本条依据国家现行标准《正态分布完全样本可靠度置信下限》GB/T 4885 并补充了部分数据，给出了样本容量与推定区间限值系数的对应关系表。

3.4.7 根据抽样检测的理论，随机抽样不能得到被推定参数的准确数值，只能得到被推定参数的估计值，因此推定结果应该是一个区间。

由于只定义了合格质量水平，未定义极限质量水平，本条中的错判概率和漏判概率不能完全等同于生产方风险和用户方风险。

3.4.8 本条对计量抽样检验批检测结果的推定区间进行了限制，在置信度相同的前提下，推定区间越小，推定结果的不确定性越小。样本的标准差 s 和样本容量 n 决定了推定区间的大小，因此减小样本的标准差 s 或增加样本的容量 n 是减小检测结果不确定性的措施。对于无损检测方法来说，增加样本容量相对容易实现，对于局部破损的取样检测方法和原位检测方法来说，增加样本容量相对难于实现。对于后者来说，减小测试误差更为重要。

3.5 检 测 报 告

3.5.1 检测报告是工程质量评定和结构性能评估的依据。

当报告中出现容易混淆的术语和概念时，应以文字解释或图例、图像说明。

3.5.2 本条提出检测报告应包括的内容，保证信息的完整性。

3.5.3 检测机构对检测数据和检测结论的真实有效性负责，对检测机构提出的检测结论委托方未必完全接受。当委托方对报告提出的异议时，应进行内部审查。当审查表明检测结论正确时应予以解释或说明，当审查表明检测结论错误时应予以纠正。

4 混凝土力学性能检测

4.1 一 般 规 定

4.1.1 混凝土结构设计是以混凝土抗压强度（混凝土强度等级）为依据，其他的力学性能指标如劈裂抗拉强度、抗折强度、静力受压弹性模量等是根据混凝土抗压强度按照一定的换算关系得到的，就具体工程而言，有时需要这些参数的实测值。

4.1.2 混凝土强度非破损检测方法的测强曲线都是基于表面无损伤和无缺陷的试件建立的，当用于表面有缺陷和损伤部位测试时，测试结果会有系统不确定性或偏差。

构件存在缺陷、损伤或性能劣化现象，应按照缺陷和损伤项目进行检测。

4.1.3 近年来，确定缺陷或损伤等部位混凝土力学性能要求逐渐增多，特别是确定性能劣化与损伤部位混凝土的力学性能是结构性能评定作出处理决策的重要依据，增加性能劣化部位混凝土力学性能的测试很有必要。

4.2 混凝土抗压强度检测

4.2.1 混凝土结构设计参数是依据混凝土强度等级取值的，结构中混凝土不具备标准养护的条件，检测时的龄期又不能正好是28d，现场抽样检测应提供检测龄期结构混凝土相当于150mm立方体试件抗压强度具有95%的特征值的推定值。

4.2.2 钻芯法检测结果直观、明确、可信度高、争议小，但对结构有局部损伤。

4.2.3 回弹法、超声-回弹综合法、后装拔出法、后锚固法和钻芯法检测混凝土抗压强度已有成熟的应用经验，本标准附录A对回弹法、超声-回弹综合法、后装拔出法和钻芯法检测混凝土抗压强度提出了一些基本要求。

4.2.4 本条提出的钻芯法修正是减小系统不确定性的有效措施。

间接法检测结果的不确定性（偏差）有三个因素，检测操作的不确定性，检测方法的不确定性（系统偏差）和样本不完备性造成的不确定性。

修正指的是根据芯样抗压强度和对应部位无损测试数据的关系对所有测试数据进行必要的调整，验证指的是根据芯样抗压强度对无损测试数据的准确性进行评估。

鉴于芯样样本数据直接影响检测结果的准确性，应对芯样样本中的异常数据进行识别和处理。本标准附录B规定了异常值判别和处理方法。

4.2.5 混凝土抗压强度检测时，钻芯法检测和间接法检测是两个独立的随机事件，采用两个独立随机事件的个体进行比较，缺乏必要的理论依据且离散性大。

采用钻芯法对无损检测结果进行修正本质上属于均值修正，即保证无损法检测结果和钻芯法检测结果在均值意义上一致，因此，应优先采用总体修正法进行修正。

为了与已有的相关检测技术标准协调，本标准附录C规定了几种修正方法。

4.2.6 批量检测混凝土抗压强度时，首先需要划分检验批和确定检验批容量。考虑混凝土结构的实际情况并适应检测中的习惯做法，采取分层抽样方法，先抽取构件，再布置测区。

在检测方法有效的前提下，检测结果的准确性仅与标准差和样本容量有关。尽管如此，为了避免过大划分检验批，导致抽样比例过小的情况，增加了最小样本容量要求。

现场检测大多数都是委托检测，委托方提出更高要求时，可根据委托方要求的数量抽取构件。

4.2.7 计量抽样检测结果的准确性可以通过控制推定区间的大小来保证，推定区间的大小仅与样本标准差和样本容量相关，为了保证检测结果的准确性，应根据样本标准差的变化调整样本容量。

根据经验，超声-回弹综合法和回弹法检测结果的变异系数在0.05～0.08之间，拔出法和钻芯法变异系数明显增大，在0.08～0.15之间。变异系数的估计需要靠检测机构的工程经验，一般情况下取0.15时，可以满足本标准第4.2.10条对推定区间的限制。

4.2.8 当无需推定检验批中单个构件混凝土抗压强度特征值时应把测区尽量布置在较多的构件上，使检测结果更具有代表性，此时每个构件上的测区数量可不受相关检测技术标准的限制。当需要推定检验批中单个构件混凝土抗压强度时，每个构件上的测区数量应满足附录A和相关检测技术标准的要求。

4.2.9 正确划分检验批是保证根据样本数据进行总体推定的基础。

将混凝土设计强度等级相同，原材料、配合比、成型工艺、养护条件基本一致且龄期和质量状况相近的同类构件划分为一个检验批

由于混凝土强度增长具有早期快、后期慢的特点，当检验批中混凝土龄期相差不超过检测时最短龄期的10%时，可视为龄期相近。

不易判别混凝土质量状况时（如不同损伤状况），应尽量缩小检验批范围。

4.2.12 本条提出混凝土抗压强度推定原则。

对于符合设计要求的检验批中的个别强度明显偏低的构件，宜建议进行专项处理。

4.3 混凝土劈裂抗拉强度检测

4.3.1 现行国家标准《混凝土结构设计规范》GB

50010 提供的混凝土抗拉强度设计值是从混凝土立方体抗压强度换算得到的，而不同品种混凝土的抗拉强度与抗压强度的换算关系有较大的差异。

采用轴心受拉（正拉）检测混凝土的抗拉强度，受偏心和应力分布的影响较大，采用劈裂试验可以更加稳定的检测结果。

4.3.2 取样检测混凝土抗拉强度的试验方法与现行国家标准《普通混凝土力学性能试验方法标准》GB/T 50081 规定的圆柱体试件劈裂抗拉强度试验方法基本相同，主要差异在于龄期与养护方法。当芯样长度 l 无法满足 $2d$ 的要求时，可采用长度为 $1d$ 的试件。此时，应在检测报告中特别注明。

4.3.3 虽然用最小值作为特征值的推定值错判概率一般大于 5%，且随着取样数量的增加，最小值出现的概率增大。但考虑检测结果的可靠性和实际可操作性，取测试数据的最小值作为推定值是检测评定中经常使用的方法。

4.3.4 本条规定了批量检测混凝土劈裂抗拉强度时的最小抽样数量。

4.3.7 本条规定了批量检测混凝土劈裂抗拉强度时推定原则。

1 当推定区间满足要求时，采用推定区间上限值作为强度推定值；

2 当推定区间不满足要求且出现较低值时，采用最小值作为强度推定值。

4.4 混凝土抗折强度检测

4.4.1 公路工程中需要测定混凝土抗折强度。

劈裂抗拉强度与抗折强度关系曲线可按相关行业标准确定。

劈裂抗拉强度与抗折强度关系曲线可采用切割试件进行验证，当无切割试件时，可采用相同配合比混凝土分别成型 6 块标准抗折试件和 6 块圆柱体劈裂试件，同条件养护 28d，当抗折强度均值与劈裂试块的换算抗折强度均值的比值在 0.9～1.1 之间时，可直接采用换算抗折强度。当抗折强度均值与劈裂试块的换算抗折强度均值的比值不在 0.9～1.1 之间时，应按修正量法进行修正。

4.4.2 本条对混凝土抗折强度的试件及其强度测试作出规定，有效抗折数据是指下边缘断裂位置处于两个集中荷载作用线之间试件的抗折强度测试值。

4.4.4 一般情况下不易采用取样法批量检测混凝土抗折强度，可通过劈裂抗拉强度与抗折强度关系曲线得到抗折强度的换算值。

4.5 混凝土静力受压弹性模量检测

4.5.1 对损伤结构进行性能评估时，需要了解结构混凝土静力受压弹性模量实际情况。静力受压弹性模量宜根据损伤检测结果针对不同的混凝土类别采用取样法进行检测。

4.5.2 现行国家标准《普通混凝土力学性能试验方法标准》GB/T 50081 中规定的试件数量为 6 个，其中 3 个做抗压强度检验，3 个做静力受压弹性模量试验，有数据舍弃的规定。

与标准试块相比，芯样混凝土强度和弹性模量的变异性大，因此，相应增加了试件数量。

4.5.3 本条规定了控制荷载的轴心抗压强度值的确定方法。

如果已有混凝土立方体抗压强度检测值，也可通过换算关系确定轴心抗压强度值。

4.5.4 现行国家标准《工程结构可靠性设计统一标准》GB 50153规定：材料弹性模量、泊松比等物理性能的标准值可按其概率分布的 0.5 分位值确定。

按此方法得到静力受压弹性模量值 $E_{cor,m}$ 与依据 $f_{cu,e}$ 计算的弹性模量和依据 $f_{cu,k}$ 计算的弹性模量之间必然存在差异，但是 $E_{cor,m}$ 更接近结构混凝土实际的情况。

4.6 缺陷与性能劣化区混凝土力学性能参数检测

本节提出缺陷与性能劣化区混凝土力学性能参数的测试方法，主要目的是为了定量评价缺陷与性能劣化对混凝土结构性能的影响，为混凝土结构性能鉴定提供数据。

5 混凝土长期性能和耐久性能检测

5.1 一 般 规 定

5.1.1 现行国家标准《普通混凝土长期性能和耐久性能试验方法标准》GB/T 50082 是针对混凝土材料性能的检测，要求使用标准状态下的试件。现场检测是对结构实体中混凝土性能进行检测，本质上属于结构性能检测。现场检测所用试件不具备标准养护条件，有些试件的尺寸与试验方法标准规定的尺寸不完全一致，检测时混凝土龄期一般也不是 28d，取样只能测定结构混凝土在检测龄期时的实际性能参数。

由于相关设计规范和质量验收标准尚未对结构混凝土性能的合格指标有相应的规定，按照本章得到的检测结果不宜用于工程质量检测，只用于结构性能评估时参考。

5.1.2 试件尺寸与骨料最大粒径的关系对试验结果影响较大。

5.1.3 取样检测结构混凝土长期性能和耐久性能，不宜进行批量检测。现场查勘时，应根据混凝土的质量状况进行归并分类，根据约定抽样原则在不同质量类别的混凝土布置受检区域，检测结果的代表性应预先确认。

5.2 取样法检测混凝土抗渗性能

5.2.1 按现行国家标准《普通混凝土长期性能和耐久性能试验方法标准》GB/T 50082的有关规定对抗渗试件侧面进行处理，使得芯样试件的尺寸基本符合该标准的要求，该标准规定的标准试件为截锥体，椎体上面直径175mm，下面直径185mm，高度150mm。

5.2.2～5.2.4 与现行国家标准《普通混凝土长期性能和耐久性能试验方法标准》GB/T 50082的有关规定基本一致。

5.3 取样慢冻法检测混凝土抗冻性能

5.3.1 本条对取样慢冻法检测结构混凝土抗冻性能时的取样操作与试件处理提出规定。现行国家标准《普通混凝土长期性能和耐久性能试验方法标准》GB/T 50082的规定标准试件为立方体，最小棱长为100mm，现场检测取得立方体试件比较困难，鉴于圆柱体试件的比表面积最大，采用圆柱体试件的受冻情况可能更加严重。

5.3.2 现行国家标准《普通混凝土长期性能和耐久性能试验方法标准》GB/T 50082要求的试件组数较多，主要用于分阶段比对抗压强度，以便判断强度损失率达到25%时冻融循环次数。结构混凝土抗冻性检测不可能取得这样多的芯样，同时芯样混凝土抗压强度自身的离散性大。建议仅取两组，一组冻融，另一组比对，判定停止冻融循环试验主要靠冻融试件的质量损失率。计算质量损失率时应按现行国家标准《普通混凝土长期性能和耐久性能试验方法标准》GB/T 50082的有关规定进行数值处理。

5.3.3 本条对取样慢冻法检测结构混凝土抗冻性能时抗压强度损失率的测定进行规定。考虑芯样混凝土抗压强度自身的离散性大，计算中不进行数据的舍弃。

5.3.4 本条提出取样慢冻法检测结构混凝土抗冻性能测定结果的评价原则。

5.4 取样快冻法检测混凝土的抗冻性能

5.4.1 本条对取样快冻法检测结构混凝土抗冻性能时的取样操作与试件处理提出规定。《普通混凝土长期性能和耐久性能试验方法标准》GB/T 50082规定标准试件为棱柱体，试件数量3个，试件长度为400mm，主要是为了准确测得基振频率。

5.4.2～5.4.5 本条提出的试验方法与现行国家标准《普通混凝土长期性能和耐久性能试验方法标准》GB/T 50082的有关规定基本一致。

5.5 氯离子渗透性能检测

本节提出的试验方法与《普通混凝土长期性能和耐久性能试验方法标准》GB/T 50082的有关规定基本一致。

5.6 抗硫酸盐侵蚀性能检测

5.6.1 本条对取样检测结构混凝土抗硫酸盐侵蚀性能的取样操作与试件处理提出规定。

5.6.2 本条提出的试验方法与《普通混凝土长期性能和耐久性能试验方法标准》GB/T 50082的有关规定基本一致。

5.6.3 本条提出取样法检测结构混凝土抗硫酸盐侵蚀性能测定结果的评价原则。结构混凝土抗硫酸盐侵蚀性能检测值应根据混凝土强度耐腐蚀系数进行修正。

6 有害物质含量及其作用效应检验

6.1 一般规定

6.1.1 对混凝土造成不利影响的有害物质很多，如硫酸盐、氯盐、游离氧化钙、低品质骨料等，其中有些可采用化学分析方法测定其含量，有些也可通过岩相分析方法确认其是否存在。鉴于有害物质的品种很多，进行化学分析前，应根据既有信息判断可能存在的有害物质并选择合理的分析方法。本章仅对常见的氯离子和碱含量提出分析方法，其他有害物质可按现行国家标准《水泥化学分析方法》GB/T 176等进行化学分析。

6.1.2 混凝土的有害物质有“混入”和“渗入”两种进入方式。“混入”大多与原材料品质和施工管理有关，“渗入”与使用环境有关。一般而言，“混入”的有害物质在同一批混凝土中的分布是均匀的，而“渗入”的有害物质在同一批混凝土中的分布是不均匀的和有梯度的。

6.1.4 为了保证检测结果的客观公正性，对某一区域混凝土的有害物质含量进行评价时，取样位置应在该区域混凝土中随机确定，取样应有一定的数量。

6.1.5 针对“渗入”的有害物质，分层检测有害物质含量，可以得到有害物质的分布梯度和渗入规律，便于进行混凝土耐久性评估。

6.1.6 有害物质的存在并不必然对混凝土产生不利影响，有害物质的作用效应一般需通过一定的条件才能体现，通过取样试验检验已确认存在的有害物质对混凝土的作用效应，为进一步的处理提供参考。

6.1.7 导致混凝土性能劣化、出现损伤的原因很多，有时混凝土性能劣化并不是有害物质造成的，而是由其他原因引起的。通过取样试验检验对混凝土的作用效应时，在不怀疑存在有害物质的部位钻取芯样进行比对，有利于更准确判定混凝土性能劣化的原因，以便更有效地进行处理。

6.1.8 检测结果不能以偏概全。

6.2 氯离子含量检测

6.2.1 现行国家标准《混凝土结构设计规范》GB 50010 的限值为氯离子与胶凝材料的比值，有些国家的限值为是氯离子与混凝土质量的比值或氯离子与硅酸盐水泥的比值。硬化混凝土中，硅酸盐水泥的水化物具有结合或平衡氯离子的能力，掺和料对于提高硅酸盐水泥水化物结合或平衡氯离子的作用不明显，混凝土中的骨料不能结合氯离子。用氯离子与硅酸盐水泥用量之比值作为限值可能较好。

6.2.2 本条对结构混凝土中氯离子含量测定所用样品的制备进行规定。

混凝土中氯离子含量一般较少，采用砂浆制取试样，既可提高分析结果的稳定性和准确性，也可排除骨料中相应成分的干扰。

6.2.3 本条提出水溶性氯离子含量的化学分析方法。

混凝土中氯离子可以分为水溶性氯离子和酸溶性氯离子（总氯含量），造成钢筋锈蚀的主要是水溶性氯离子。

当需要测定混凝土中总氯离子含量时，可参照相关试验方法标准进行检测。

6.2.4 本条提出了混凝土中氯离子与硅酸盐水泥用量的百分比的确定方法。

砂浆试样中硅酸盐水泥用量可按混凝土配合比换算。一些国际标准提供了混凝土中硅酸盐水泥用量的测定方法，对这些方法进行验证后，可用于混凝土中硅酸盐水泥用量的直接测定。

6.2.5 本条提出混凝土中氯离子与胶凝材料用量的百分比的计算方法。计算时宜确认原始配合比的有效性。

6.3 混凝土中碱含量检测

6.3.1 本条提出了混凝土中碱含量检测结果的表示方法，目的是与相关标准的限值要求保持一致。

6.3.2 本条对结构混凝土中碱含量测定所用样品的制备进行规定。

6.3.3 本条对结构混凝土中总碱含量的测定进行规定。

6.3.4 本条对结构混凝土中水溶性碱含量的测定进行规定。

6.4 取样检验碱骨料反应的危害性

6.4.1 碱骨料反应是碱活性骨料与碱之间的反应，碱骨料反应的发生还与环境条件有关。混凝土中碱含量超过相应规范要求时，并不必然存在碱骨料反应所引起的潜在危害。为了避免不必要的处理，可进一步检测骨料的碱活性或测试试件的碱骨料反应。

6.4.2 本条规定了骨料碱活性快速试验方法。当受检混凝土中骨料为非碱活性时，碱含量没有限制。

6.4.3～6.4.6 除试件龄期和尺寸以外，其他与现行国家标准《普通混凝土长期性能和耐久性能试验方法标准》GB/T 50082 的有关规定基本一致。

6.5 取样检验游离氧化钙的危害性

6.5.1 本条规定了取样检验混凝土中游离氧化钙影响的条件。

由于水泥安定性检验结果与水泥熟化程度有关，存在安定性问题的水泥在一定的条件下才能引起混凝土体积不稳定。

6.5.2 本条规定了检验混凝土中游离氧化钙影响的试件制作方法。

6.5.3、6.5.4 规定了混凝土中游离氧化钙影响的取样检验方法。

7 混凝土构件缺陷检测

7.1 一般规定

7.1.1 本条规定了混凝土构件缺陷检测的内容。

7.1.2 现行国家标准《混凝土结构工程施工质量验收规范》GB 50204 确定的外观缺陷包括露筋、蜂窝、孔洞、夹渣、疏松、裂缝、连接部位缺陷、缺棱掉角、棱角不直、翘曲不平、飞边、凸肋等外形缺陷和表面麻面、掉皮、起砂等外表缺陷。

7.2 外观缺陷检测

7.2.1 混凝土结构的质量问题常常通过外观缺陷表现出来，外观缺陷检查是进一步检测的基础，现场检测时，应对受检范围内构件外观缺陷进行全数检查，特别是对存在修补痕迹的部位应重点检查。当不具备全数检查条件时，为了避免以偏概全，对未检查的构件或区域应进行说明。

7.2.2 本条提出了混凝土构件外观缺陷的相关参数的测定方法。

7.2.3 本条对混凝土构件外观缺陷检测结果的表述方式提出要求，用列表或图示的方式表述便于检测报告的理解和使用，从而有利于正确评价外观缺陷对结构性能、使用功能或耐久性的影响。

7.3 内部缺陷检测

7.3.1 混凝土构件内部缺陷一般都是独立的事件，不具备批量检测的条件，宜对怀疑存在缺陷的构件或区域进行全数检测。当怀疑存在缺陷的构件数量较多、区域范围较大时或受检测条件限制不能进行全数检测时，可根据约定抽样原则进行检测。

7.3.2 超声对测法检测混凝土构件内部缺陷是目前公认的成熟的检测方法，已有大量成功应用经验，当仅有一个可测面时，采用超声法检测存在困难，此时可采用冲击回波法和电磁波反射法（雷达仪）进行检测。非破损方法检测混凝土构件内部缺陷，基本上都是通过波（超声波、应力波和电磁波）的传播特性、透射、反射规律来间接得到内部缺陷的相关信息，受检混凝土性能、含水量及缺陷特性等因素影响检测的准确性，因此，对于判别困难的区域宜通过钻取混凝土芯样或剔凿进行验证。

7.3.3 超声在介质中传播会出现衰减现象，衰减不仅与测距有关，也与频率有关；超声传播路径中的缺陷会导致声波产生反射、散射、绕射等现象，从而改变接收波的声时、波幅、主频，引起波形变化。本条对声学参数的测量提出要求，目的是为了排除干扰，保证检测的精确度。

8 构件尺寸偏差与变形检测

8.1 一 般 规 定

8.1.1 本条提出了构件尺寸偏差与变形的主要检测项目，这些检测项目源于相关验收规范和鉴定标准的要求。

8.1.2 构件表面的抹灰层、装修层会对检测结果的准确性造成不利影响。

8.2 构件截面尺寸及其偏差检测

8.2.1 本条对单个构件截面尺寸及其偏差的检测提出要求，本条的符合性指与设计要求的符合性，在检测报告中宜表述为“符合设计要求”或“不符合设计要求”。

8.2.2 本条与《混凝土结构工程施工质量验收规范》GB 50204 的相关要求有一定的差别，原因是本标准适用于第三方检测，着重于结构性能参数的确认。

8.2.3 本条规定了构件截面尺寸推定值的确定方法。

构件尺寸按其概率分布的 0.5 分位值确定，采用计量抽样方法检测时应满足本标准的相关规定。

8.3 构件倾斜检测

8.3.1 本条对检测构件倾斜时的抽样方法作出规定。

构件倾斜一般不具备批量检测条件。检测时，应使重要的构件和最不利状况得到充分的检验。

8.3.2 本条规定了构件倾斜的检测方法。

8.4 构件挠度检测

8.4.1 本条对检测构件挠度的抽样方法作出规定。

构件挠度一般不具备批量检测条件。检测时，应使重要的构件和最不利状况得到充分的检验。

8.4.2 本条规定了构件挠度的检测方法。

8.5 构件裂缝检测

8.5.1 本条对检测构件裂缝的抽样方法作出规定。

构件裂缝一般不具备批量检测条件。检测时，应使重要的构件和最不利状况得到充分的检验。

8.5.2 本条规定了构件裂缝的检测分类。

8.5.3 本条规定了构件挠度的检测方法。

9 混凝土中的钢筋检测

9.1 一 般 规 定

9.1.1 本条提出了混凝土中钢筋的主要检测项目，这些检测项目源于相关验收规范和鉴定标准的要求。

9.1.2 原位实测法指剔除混凝土保护层后在原位对钢筋进行的直接检测方法。间接检测方法具有方便、快捷、对结构无损伤等特点，但其准确性依赖于特定的条件。实际结构千变万化，施工质量参差不齐，为保证检测结果的可靠性，宜进行验证并可根据验证结果进行适当的修正。

9.2 钢筋数量和间距检测

9.2.1 采用钢筋探测仪和雷达仪检测钢筋数量和间距，其精度可以满足要求。由于电磁屏蔽作用，当多层配筋时，钢筋探测仪和雷达仪难以测定内层钢筋；当钢筋间距较小时，还可能会出现漏检的情况。

9.2.2 本条规定了应进行剔凿验证的情况。

9.2.3 本条规定了梁、柱类构件主筋数量和间距的检测方法。

9.2.4 本条规定了墙、板类构件钢筋数量和间距的检测方法。

9.2.5 本条规定了梁、柱类构件箍筋数量和间距的检测方法。

9.2.6 本条提出了单个构件钢筋数量和间距符合性判定规则。

现行国家标准《混凝土结构工程施工质量验收规范》GB 50204规定的检测方法和判定规则针对的是未浇筑混凝土时的钢筋安装质量，本标准提出的检测方法和判定规则针对的是已浇筑混凝土后的钢筋位置实际状况。由于混凝土浇筑过程中的扰动，以现行国家标准《混凝土结构工程施工质量验收规范》GB 50204 规定的检测方法和判定规则来检测和评定实际结构混凝土中的钢筋是偏严的，本标准提出均值验收是符合实际情况的。

9.2.7 本条提出了构件钢筋数量和间距批量检测时的检测方法。

9.2.8 本条提出了工程质量检测时检验批符合性判定规则和相应的措施。

钢筋的间距按计数检验法进行检验，根据检验批中受检构件的数量和其中不合格构件的数量进行检验批合格判定。

对于梁、柱类构件，钢筋间距符合不能保证钢筋数量符合，从保证结构安全考虑，检验批中一个构件的主筋实测根数少于设计根数，该批直接判为不符合。

对于判定为不符合的批宜进行全数检测。如果不具备全数检测条件，可细分检验批后重新检测，以缩小处理的范围。

9.3 混凝土保护层厚度检测

9.3.1 由于混凝土介电常数受含水率影响大，混凝土保护层厚度不宜采用基于电磁波反射法的雷达仪进行检测。基于电磁感应法的钢筋探测仪也不能确保相应的精度要求，需要采用剔凿原位法对这些方法的检测结果进行验证。

9.3.2 本条提出了混凝土保护层厚度的剔凿原位检测方法。

9.3.3 本条提出了采用钢筋探测仪检测混凝土保护层厚度时的验证方法。

9.3.4 工程质量检测时，《混凝土结构工程施工质量验收规范》GB 50204 已有规定。

9.3.5 结构性能检测时，混凝土保护层厚度用于计算构件有效截面高度和评估耐久年限，检测时宜与构件截面尺寸、碳化深度同时检测。

9.4 混凝土中钢筋直径检测

9.4.1 钢筋直径是关系到混凝土结构安全的重要参数，目前尚无准确检测混凝土中钢筋直径的间接测试方法。考虑到常用的钢筋公称直径最小的级差也有2mm，实践证明采用钢筋探测仪区分不同公称直径的钢筋具有可行性，尽管如此，此方法仍应慎用。

既有混凝土结构中钢筋可能出现不均匀锈蚀，甚至出现非标准尺寸钢筋，原位实测法的检测结果也会出现偏差，此时应采用取样称量法进行检测或进行验证。

9.4.2 混凝土保护层剔除的长度和深度应满足准确测量的要求。测量的项目和方法应满足相关钢筋产品标准如现行国家标准《钢筋混凝土用钢 第2部分：热轧带肋钢筋》GB 1499.2 的有关规定。对于带肋钢筋应同时测量内径和外径，以便计算肋高。

9.4.3 应尽可能截取外露的钢筋。公式（9.4.3）是根据钢材密度 7.85g/cm³ 计算钢筋直径，严格意义上来说是不同截面形式钢筋的当量直径。

9.4.4 现行行业标准《混凝土中钢筋检测技术规程》JGJ/T 152 已有具体的规定。

9.4.5 本条规定了检验批符合性判定规则。

结构性能检测时，对于带肋钢筋宜以内径为检测参数，将内径检测值乘以 1.03 的系数作为钢筋直径的检测值。当钢筋锈蚀严重时，应采取取样称量法进行验证。

9.5 构件中钢筋锈蚀状况检测

9.5.1 钢筋锈蚀状况不具备批量检测的条件，宜在对使用环境和结构现状进行调查并分类的基础上，选取使用环境恶劣、外观损伤严重的区域或关键构件进行检测。

9.5.2 间接方法受混凝土状态（如含水率等）的影响较大，存在较大的不确定性。

9.5.6 测试结果的判定可参考下列建议：

1 钢筋锈蚀电流与钢筋锈蚀速率及构件损伤年限判别见表1。

表1 钢筋锈蚀电流与钢筋锈蚀速率及构件损伤年限判别

序号	锈蚀电流 I_{corr}（μA/cm²）	锈蚀速率	保护层出现损伤年限
1	＜0.2	钝化状态	—
2	0.2～0.5	低锈蚀速率	＞15年
3	0.5～1.0	中等锈蚀速率	10～15年
4	1.0～10	高锈蚀速率	2～10年
5	＞10	极高锈蚀速率	不足2年

2 混凝土电阻率与钢筋锈蚀状况判别见表2。

表2 混凝土电阻率与钢筋锈蚀状态判别

序号	混凝土电阻率（kΩcm）	钢筋锈蚀状态判别
1	＞100	钢筋不会锈蚀
2	50～100	低锈蚀速率
3	10～50	钢筋活化时，可出现中高锈蚀速率
4	＜10	电阻率不是锈蚀的控制因素

9.5.7 有关研究提出了钢筋锈蚀深度与裂缝宽度、混凝土保护层厚度的关系。

9.6 钢筋力学性能检测

9.6.1 虽然有研究资料表明，可采用硬度或化学成分分析得到钢材的极限抗拉强度换算值，并通过屈强比得到钢材的屈服强度值，但在钢筋上的应用尚存在较大的不确定性；为了保证检测结果的准确性，混凝土中的钢筋力学性能宜采用取样检测。

本条提出了钢筋试件的截取原则，工程事故原因分析时，可不受本条限制。

9.6.2 当无法确定进场批次或无法确定进场批次与结构上位置的对应关系时，检验批应以同一楼层或同一施工段中的同类构件划分，缩小检验批范围，可减少处理费用。

9.6.3 工程质量检测时，检验批的划分应有明确的依据，在此前提下，钢筋抽检数量和合格判定规则按相关产品标准的要求执行。

9.6.4 结构性能检测无须作出符合性判定，但要提供钢筋力学性能的特征值供评定单位参考。在结构中不可能找到力学性能最差的钢筋，但在检验批划分正确的情况下，由于钢筋力学性能的变异性不大（变异系数0.06），通过抽样检测可以得到一定置信水平下的推定值。当特征值推定区间上限值与下限值的差值大于其均值的10%时，又不具备补充检测或重新检测条件时，应以最小检测值作为该批钢筋直径检测值。

9.6.5 损伤钢筋无法形成严格意义上的检验批，现场取样也不易抽到损伤最严重的钢筋，现行结构设计规范使用钢筋材料强度具有不小于95%的特征值作为标准值，为保证结构安全，使用最小值。

10 混凝土构件损伤检测

10.1 一 般 规 定

10.1.1 本条根据损伤原因对混凝土构件的损伤进行分类，这种分类不具备完整性。本章规定了针对常见损伤的检测。

10.1.2 进行损伤程度的识别，便于分类处理。

10.1.3 损伤结构不同于一般的结构，存在较多的安全隐患，检测现场存在的有毒有害物质对检测人员可能造成潜在的危害。

10.1.4 储运仓库中的柱、交通设施中的桥墩宜受车辆的碰撞，由此造成的局部损伤，可记录损伤的位置与损伤的程度。

10.2 火灾损伤检测

10.2.1 本条提出了火灾损伤的5种状况，大面积坍塌的混凝土结构一般已没必要性进行构件损伤检测。

10.2.2 对未受火灾影响状态的区域进行少量构件的抽查，可以为评估火灾对混凝土性能影响程度提供基准数据。同时，在对火灾后混凝土结构安全性能评估时，评定机构也需要了解结构工程施工质量的情况。

10.2.3 本条提出了表面或表层材料性能劣化状态的识别特征。

10.2.4 本条规定了表面或表层性能劣化状态的检测项目。

10.2.5 本条提出了构件损伤状态的识别特征。

10.2.6 本条规定了构件损伤状态的检测项目。

10.2.7 本条提出了构件破坏状态的识别特征。

10.2.8 本条规定了构件破坏状态的检测项目和检测方法。

10.2.9 对于已坍塌部分，已没必要性再进行构件损伤检测。当需要分析坍塌原因时，应根据实际需要选择检测项目，此时宜优先采用直接法进行检测。

10.2.10 对于难以现场检测的性能参数，如火灾对已封锚的预应力钢筋的影响等，当需要评估火场温度对其影响时，可采取模拟试验的方法。

10.3 环境作用损伤检测

本节针对混凝土构件环境作用损伤的检测提出规定，通过外观检查将其识别成4种状态的目的是为了有针对性地进行检测。

11 环境作用下剩余使用年限推定

11.1 一 般 规 定

11.1.1 环境作用下剩余使用年限与结构所处的环境情况和构件的防护措施密切相关，剩余使用年限内结构所处的环境情况和构件的防护措施均应没有明显改变。

11.1.2 环境作用下混凝土结构性能退化或损伤机理有多种，包括大气环境和氯盐环境下钢筋锈蚀、严寒环境中混凝土冻融损伤、碱骨料反应、硫酸盐等化学侵蚀以及物理磨损等。基于认识水平、技术成熟度、工程实际需要和应用可行性考虑，本标准提出碳化剩余使用年限和冻融损伤剩余使用年限的推定方法。

11.1.3 环境作用下剩余使用年限推定时有关参数的取值可以采用下列方式：

1 对结构中的构件进行归并、分类，从每个类别中选择典型构件或最不利构件进行检测，获得参数值；

2 对结构中的构件进行归并、分类，从每个类别中随机选取构件进行检测，获得参数的平均值；

3 对结构中的构件进行归并、分类，从每个类别中随机选取构件进行检测，获得参数的随机分布模型。

环境作用下剩余使用年限推定一般不具有批量检测的可能性，本标准从实用的角度出发，采用约定抽样方法进行，获得典型或最不利参数值。

11.2 碳化剩余使用年限推定

11.2.1 混凝土中钢筋锈蚀不仅与碳化有关，还如环境中的相对湿度、氧气的输送机制、混凝土保护层厚度等条件有关。根据环境条件，碳化剩余使用年限可分为钢筋开始锈蚀的剩余年限和钢筋具备锈蚀条件的剩余年限。碳化剩余使用年限不能等同于结构剩余使用寿命。

11.2.2 国内外相关研究中描叙混凝土碳化发展规律的一般公式形式为$D=k_c\sqrt{t}$，其中碳化系数k_c是与混凝土组成和混凝土所处环境有关的参数。《混凝土结构耐久性评定标准》CECS 220 提出了碳化系数估算公式，可作为已有碳化模型。当已有碳化模型的精度不能满足要求时，可采用校准已有碳化模型和利用实测数据回归模型的方法。

11.2.3 混凝土实际碳化深度 D_0 可按本标准附录 F 或附录 G 中规定的方法检测；混凝土实际碳化时间 t_0 为自混凝土浇筑时刻起至检测时刻止历经的年限。

11.2.4 根据碳化模型计算的碳化深度不可能与实测碳化深度完全一致，本条规定了利用已有碳化模型推断碳化剩余使用年限的应用条件。

11.2.5 本条规定了利用已有碳化模型推断碳化剩余使用年限 t_e 的工作步骤。

11.2.6 本条规定了对选定碳化模型的校准方法。

11.2.7 本条规定了利用校准已有碳化模型的方法推断碳化剩余年限的工作步骤。

11.2.8 本条规定了实测模型的确定方法。$D=k_c\sqrt{t}$ 是公认的碳化发展规律，实测的碳化深度是个随机变量，严格意义上来说，碳化系数 k_c 也是一个随机变量，存在一个可靠度的问题。考虑与其他标准协调和便于应用，本标准采用均值，即具有 50%保证率。

11.2.9 本条规定了利用实测推断碳化剩余年限的工作步骤。

11.3 冻融损伤剩余使用年限推定

11.3.1 现行国家标准《混凝土结构设计规范》GB 50010、《混凝土结构耐久性设计规范》GB/T 50476、《普通混凝土长期性能和耐久性能试验方法标准》GB/T 50082 规定的混凝土抗冻融性能力与实际的环境作用没有直接关联关系。

11.3.2 取样比对检验方法关键要解决标准冻融循环试验与实际环境冻融作用之间联系问题。

11.3.3 取样比对冻融检验方法的基本原理。

11.3.4 将每个芯样锯切成两个试件时，应保证比对试件未受冻融影响。

11.3.5 冻融损伤最终表现为混凝土强度降低，由于混凝土强度与硬度存在一定的关系，可用硬度变化来反映强度变化。选用里氏硬度值的目的是避免测定硬度时对试件的损伤。

11.3.6 通过年当量冻融循环次数把标准冻融试验条件与实际的环境作用联系起来。混凝土冻融损伤是一个累计效应，实际环境下的冻融作用与标准冻融循环制度相差很多，年当量冻融循环次数是平均效应。

11.3.7 推断冻融损伤剩余使用年限时以质量损失率达到 5%作为结构混凝土冻融损伤的极限状态。

12 结构构件性能检验

12.1 一 般 规 定

12.1.1 荷载作用下结构的实际工作状况（挠度、应变）和结构自身的模态特征（自振频率、振型等）可根据结构参数通过计算确定。由于计算都是在一定的计算模型和本构关系基础上进行的，实际结构往往与计算模型不完全相符，损伤等对结构计算参数的影响也难以定量表述，当对计算确定的结构性能有异议或难以通过计算确定结构性能时，可通过荷载试验进行检验。

一般考虑进行荷载试验的情况有：

1 采用新结构体系、新材料、新工艺建造的混凝土结构，需验证或评估结构的设计和施工质量的可靠程度；

2 外观质量较差的结构，需鉴定外观缺陷对其结构性能的实际影响程度；

3 既有混凝土结构出现损伤后，需鉴定损伤对其结构性能的实际影响程度；

4 缺少设计图纸、施工资料或结构体系复杂、受力不明确，难以通过计算确定结构性能；

5 现行设计规范和施工验收规范要求的验证检测。

12.1.2 动力测试可检验结构的模态特征（自振频率、振型及阻尼比）和动力反应特性。

12.1.3 结构构件性能检验在结构实体上进行的，由于受检结构和构件性能的不确定性，结构构件性能检验存在一定的风险，结构构件性能检验不仅可能造成受检构件的破坏，而且也可能造成相邻构件甚至整个结构的坍塌。因此，要求由具备实际经验的结构工程师负责制定试验方案和指导现场试验。

12.2 静 载 检 验

12.2.1 现行国家标准《混凝土结构设计规范》GB 50010 要求的正常使用极限状态指标只包括受弯构件的挠度限值和构件的裂缝及裂缝宽度限值，不能涵盖构件适用性的所有方面。满足上述限值的构件，也会出现其他适用性的问题，如装修层开裂、防水层破坏等。当这类检验进行施工质量的评定时，可能会出现正常使用极限状态指标评定为合格的构件又存在明显的适用性问题。

现行国家标准《混凝土结构试验方法标准》GB/T 50152 和《混凝土结构工程施工质量验收规范》GB 50204 针对不同的极限状态标志确定的承载力试验荷载，本质上属于极限状态承载能力和安全裕度的检验。结构实体中构件静载试验，针对的是具体的构件，考虑到结构安全，一般不进行承载能力极限状态的检验，而实际工作中又需要通过荷载试验验证受检构件承载能力能否满足要求。

12.2.2 结构性能静载试验一般不能实现批量检测，只对单个构件进行检测，有时单个构件的试验结果又作为该类构件进行处理的依据，因此，试验构件的选取宜在结构现状检查的基础上，按照约定抽样原则选取并应使最不利构件得到检验。

12.2.3 现行国家标准《混凝土结构试验方法标准》GB/T 50152 有具体要求。

12.2.4 荷载试验应尽量采用与标准荷载相同的荷载，但由于客观条件的限制，试验荷载与标准荷载会有所不同，此时，应根据效应等效的原则计算试验荷载。本条仅提出原则性要求，试验荷载的具体计算，应按各专业相关标准、规范的要求进行。

12.2.5 由于各专业（公路、铁道等）工程结构可靠度设计统一标准和设计规范在极限状态承载能力和荷载组合的特点，本条仅提出原则性要求，试验荷载的具体计算，应按各专业相关标准、规范的要求进行。

就建筑结构而言：

1 构件适用性检验荷载的效应不应小于可变作用标准值的效应与永久作用标准值的效应之和，即：

$$Q_s = G_k + Q_k$$

式中：Q_s——构件适用性短期结构构件性能检验值；

G_k——永久荷载标准值；

Q_k——可变荷载标准值。

2 构件安全性检验荷载的效应不应小于可变作用设计值的效应与永久作用设计值的效应之和，即：

$$Q_d = \gamma_G G_k + \gamma_Q Q_k$$

式中：Q_d——构件安全性结构构件性能检验值；

γ_G——永久荷载分项系数，一般取 1.2；

γ_Q——可变荷载分项系数，一般取 1.4。

3 构件极限状态承载能力检验荷载的效应不应小于可变和永久作用设计值的效应之和与承载力检验系数允许值之乘积，即：

$$Q_u = [\gamma_u](\gamma_G G_k + \gamma_Q Q_k)$$

式中：Q_u——对应不同检验指标的结构构件性能检验值；

$[\gamma_u]$——对应不同检验指标的承载力检验系数，按《混凝土结构试验方法标准》GB/T 50152 取值。

12.2.6 在进行静载检验时，观测项目主要包括三个方面：整体变形观测（挠度、扭转、支座沉降、转动等）、局部变形观测（应变）和现象观测（裂缝出现及裂缝宽度变化情况、混凝土压溃等）。

一般根据计算分析结果，选择变形较大或受力最不利截面作为控制截面，对于受弯构件一般选择跨中。

12.2.7 构件适用性的范围很广，由于混凝土构件变形可能造成附属设施破损和附属设备运行不正常，因此，尚应根据委托方的具体要求选择观测项目。

12.2.8 在进行静载检验时，试验荷载应分级施加，一般情况下分为（4～5）级。分级施加试验荷载的目的为了保证受检结构安全，更好地控制试验的进行。具体的分级要求按现行国家标准《混凝土结构试验方法标准》GB/T 50152 的有关规定执行。

12.2.9 本条规定了静载检验停止加载工作的标志。上述判定指标只有第 1 款、第 2 款为有关规范提出的限制，其他各款的限值应根据实际情况确定，此外本条仅提出部分可能出现问题。

构件承载力的检验可不受本条限制。

12.2.10 对试验数据的实时处理便于试验人员及时了解和判断结构的工作状态，避免出现安全事故。

12.2.11 荷载作用下持续时间和变形恢复持续时间按现行国家标准《混凝土结构试验方法标准》GB/T 50152 的有关规定执行。相对残余变形（残余变形与弹性变形的比值）的大小反映结构是否处于弹性状态，由于混凝土材料并不是完全弹性材料，对于构件承载力检验，荷载作用下持续时间和变形恢复持续时间不应少于 24h，在此条件下可根据最大变形值、相对残余变形和变形值与相应的理论计算值的关系综合判断构件承载能力。一般情况下，相对残余变形小于 20％作为判断构件承载能力的关键指标。

12.2.12 构件的挠度控制指标是考虑长期变形的，因此应对短期荷载作用下的变形进行换算。本条的换算方法与现行国家标准《混凝土结构设计规范》GB 50010 和《混凝土结构试验方法标准》GB/T 50152 的有关规定一致。

12.2.13 本条对荷载试验应提供的信息提出要求，便于检测报告使用者对荷载试验过程和结果有更详细的了解。

12.2.14 关于安全的结论，仅对受检结构构件有效。

12.2.15 结构构件承载力原位检验存在较大的风险。

12.3 动 力 测 试

12.3.1 结构动力特性测试包括自振频率、振型和阻尼系数，这些参数是结构自身的模态参数，结构损伤可以通过这些模态参数进行识别，构件加固前、后状况也可通过模态参数的变化进行评估。结构动力反应不仅与结构自身状况有关，也与外加动力荷载有关。

12.3.2 混凝土结构的脉动是一种很微小的振动，脉动源来自地壳内部微小的振动、车辆交通和设备运行引起的微小振动以及风引起的振动。利用结构的脉动响应来确定其动力特性，称为脉动试验。脉动试验不需要任何激振设备，对结构不会造成损伤且不影响结构的使用，是一种有效简便的方法。在桥梁检测中，也可利用跳车试验进行激振。

12.3.3 混凝土结构动力反应随动荷载的变化而变化，因此，宜选用可稳定再现的动荷载作为试验荷载。实际检测中常常涉及基桩施工、设备运行等非标准动荷载作用下的结构动力反应，为了避免纠纷，应对该动荷载的再现性进行约定。

12.3.4 由于被测结构动力特性的变化和动力荷载的变化，不宜对测试系统作出统一的规定。

12.3.5 分部标定中间环节多，操作麻烦，且精度不高。

12.3.6 结构动力特性测试时，测点布置应结合混凝土结构形式和计算分析的结果综合确定，振型节点处信号弱，尽可能避开。

12.3.7 当传感器的数量不足时，可进行分段测试。

12.3.8 现代测振仪器已实现数字化和集成化，可以对数据进行快速、实时分析。

中华人民共和国国家标准

建筑边坡工程鉴定与加固技术规范

Technical code for appraisal and reinforcement
of building slope

GB 50843—2013

主编部门：重 庆 市 城 乡 建 设 委 员 会
批准部门：中华人民共和国住房和城乡建设部
施行日期：2 0 1 3 年 5 月 1 日

中华人民共和国住房和城乡建设部
公　　告

第1586号

住房城乡建设部关于发布国家标准《建筑边坡工程鉴定与加固技术规范》的公告

现批准《建筑边坡工程鉴定与加固技术规范》为国家标准，编号为GB 50843－2013，自2013年5月1日起实施。其中，第3.1.3、4.1.1、5.1.1、9.1.1条为强制性条文，必须严格执行。

本规范由我部标准定额研究所组织中国建筑工业出版社出版发行。

中华人民共和国住房和城乡建设部

2012年12月25日

前　　言

根据住房和城乡建设部《关于印发〈2009年工程建设标准规范制订、修订计划〉的通知》（建标[2009] 88号）的要求，规范编制组经广泛调查研究，认真总结实践经验，参考有关国内标准和国际标准，并在广泛征求意见的基础上，编制本规范。

本规范主要技术内容是：总则、术语和符号、基本规定、边坡加固工程勘察、边坡工程鉴定、边坡加固工程设计计算、边坡工程加固方法、边坡工程加固、监测和加固工程施工及验收。

本规范中以黑体字标志的条文为强制性条文，必须严格执行。

本规范由住房和城乡建设部负责管理和对强制性条文的解释，由重庆一建建设集团有限公司负责具体技术内容的解释。执行过程中如有意见或建议，请寄送重庆一建建设集团有限公司（地址：重庆市九龙坡区滩子口广厦城一号办公楼；邮政编码：400053）。

本规范主编单位：重庆一建建设集团有限公司
重庆市设计院

本规范参编单位：中国建筑技术集团有限公司
重庆市建筑科学研究院
中冶建筑研究总院有限公司
四川省建筑科学研究院
重庆大学
建设综合勘察研究设计院有限公司
重庆市建设工程勘察质量监督站
广厦建设集团有限责任公司

本规范主要起草人：郑生庆　陈希昌　汤启明
刘兴远　姚　刚　胡建林
何　平　林文修　周忠明
王德华　郭明田　董　勇
叶晓明　冉　艺　陈阁琳
何开明　周长安　廖乾章
王嘉琳　方玉树　张培文

本规范主要审查人：郑颖人　张苏民　薛尚龄
伍法权　陈跃熙　钱志雄
贾金青　唐秋元　康景文

目　次

1　总则 ………………………………………… 13—5
2　术语和符号 …………………………………… 13—5
2.1　术语 ………………………………………… 13—5
2.2　符号 ………………………………………… 13—5
3　基本规定 ……………………………………… 13—6
3.1　一般规定 …………………………………… 13—6
3.2　边坡工程鉴定 ……………………………… 13—6
3.3　边坡工程加固设计 ………………………… 13—7
4　边坡加固工程勘察 …………………………… 13—7
4.1　一般规定 …………………………………… 13—7
4.2　勘察工作 …………………………………… 13—7
4.3　稳定性分析评价 …………………………… 13—8
4.4　参数取值 …………………………………… 13—8
5　边坡工程鉴定 ………………………………… 13—8
5.1　一般规定 …………………………………… 13—8
5.2　鉴定的程序与工作内容 …………………… 13—9
5.3　调查与检测 ………………………………… 13—10
5.4　鉴定评级标准 ……………………………… 13—11
5.5　支护结构构件的鉴定与评级 ……………… 13—12
5.6　子单元的鉴定评级 ………………………… 13—12
5.7　鉴定单元的鉴定评级 ……………………… 13—13
6　边坡加固工程设计计算 ……………………… 13—13
6.1　一般规定 …………………………………… 13—13
6.2　计算原则 …………………………………… 13—13
6.3　计算参数 …………………………………… 13—14
7　边坡工程加固方法 …………………………… 13—15
7.1　一般规定 …………………………………… 13—15
7.2　削方减载法 ………………………………… 13—15
7.3　堆载反压法 ………………………………… 13—15
7.4　锚固加固法 ………………………………… 13—15
7.5　抗滑桩加固法 ……………………………… 13—16
7.6　加大截面加固法 …………………………… 13—16
7.7　注浆加固法 ………………………………… 13—16
7.8　截排水法 …………………………………… 13—17
8　边坡工程加固 ………………………………… 13—18
8.1　一般规定 …………………………………… 13—18
8.2　锚杆挡墙工程的加固 ……………………… 13—18
8.3　重力式挡墙及悬臂式、扶壁式挡墙工程的加固 …………………………………… 13—18
8.4　桩板式挡墙工程的加固 …………………… 13—19
8.5　岩石锚喷边坡工程的加固 ………………… 13—19
8.6　坡率法边坡工程的加固 …………………… 13—19
8.7　地基和基础加固 …………………………… 13—20
9　监测 …………………………………………… 13—20
9.1　一般规定 …………………………………… 13—20
9.2　监测工作 …………………………………… 13—20
9.3　监测数据处理 ……………………………… 13—21
9.4　监测报告 …………………………………… 13—21
10　加固工程施工及验收 ……………………… 13—21
10.1　一般规定 ………………………………… 13—21
10.2　施工组织设计 …………………………… 13—22
10.3　施工险情应急措施 ……………………… 13—22
10.4　工程验收 ………………………………… 13—22
附录A　原有支护结构有效抗力作用下的边坡稳定性计算方法 …………………………… 13—22
附录B　支护结构地基基础安全性鉴定评级 ……………………………………… 13—24
附录C　鉴定单元稳定性鉴定评级 ……………………………………… 13—25
本规范用词说明 ………………………………… 13—26
引用标准名录 …………………………………… 13—26
附：条文说明 …………………………………… 13—27

Contents

1 General Provisions ························ 13—5
2 Terms and Symbols ····················· 13—5
2.1 Terms ································· 13—5
2.2 Symbols ······························· 13—5
3 Basic Requirements ····················· 13—6
3.1 General Requirements ················· 13—6
3.2 Appraisal of Slope Engineering ········ 13—6
3.3 Slope Engineering Strengthening Design ································· 13—7
4 Geological Investigation of Slope Strengthening Engineering ··········· 13—7
4.1 General Requirements ················· 13—7
4.2 Geological Investigation of Slope ································· 13—7
4.3 Stability Assessment of Slope ········ 13—8
4.4 Values of Parameters ················· 13—8
5 Appraisal of Slope Engineering ········ 13—8
5.1 General Requirements ················· 13—8
5.2 Procedures and Contents of Appraisal ······························ 13—9
5.3 Investigation and Inspection ········ 13—10
5.4 Appraisal Standards ················· 13—11
5.5 Appraisal of Retaining Structure Components ························· 13—12
5.6 Sub-system Appraisal ················ 13—12
5.7 Appraisal of Appraisal Unit ········ 13—13
6 Slope Strengthening Engineering Calculation ···························· 13—13
6.1 General Requirements ················ 13—13
6.2 Calculation Principle ················ 13—13
6.3 Parameters for Calculation ·········· 13—14
7 Slope Engineering Strengthening Method ································ 13—15
7.1 General Requirements ················ 13—15
7.2 Cut Unloading at Top of Slope ······· 13—15
7.3 Back Loading at Toe of Slope ········ 13—15
7.4 Anchoring Method ···················· 13—15
7.5 Slide-resistant Pile Method ·········· 13—16
7.6 Structure Member Strengthening with R.C ······························ 13—16
7.7 Grouting Method ····················· 13—16
7.8 Cut-off and Draining Method ········ 13—17
8 Slope Strengthening Engineering ······· 13—18
8.1 General Requirements ················ 13—18
8.2 Anchor Retaining Wall Strengthening ························ 13—18
8.3 Gravity Retaining Wall, Cantilever Retaining Wall and Counterfort Retaining Wall Strengthening ········ 13—18
8.4 Pile Retaining Wall Strengthening ························ 13—19
8.5 Anchoring and Shotcreting for Rock Slope Strengthening ··········· 13—19
8.6 Slope Ratio Method Engineering Strengthening ························ 13—19
8.7 Foundation Strengthening ··········· 13—20
9 Monitoring of Slope Engineering ········ 13—20
9.1 General Requirements ················ 13—20
9.2 Monitoring ··························· 13—20
9.3 Monitoring Data Processing ·········· 13—21
9.4 Monitoring Report ··················· 13—21
10 Construction and Quality Acceptance of Slope Strengthening Engineering ········ 13—21
10.1 General Requirements ··············· 13—21
10.2 Construction Design ················ 13—22
10.3 Emergency Treatment for Construction Hazards ················· 13—22
10.4 Quality Acceptance ················· 13—22
Appendix A Slope Stability Calculation Method with Effective Resistance of the Original Retaining Structure ······················ 13—22
Appendix B Safety Appraisal of Retaining Structure Foundation ················· 13—24
Appendix C Stability Appraisal of Appraisal Unit ··········· 13—25
Explanation of Wording in This Code ···························· 13—26
List of Quoted Standards ················ 13—26
Addition: Explanation of Provisions ···························· 13—27

既有边坡工程期望使用的年限。

1 总 则

1.0.1 为了在既有建筑边坡工程鉴定与加固中贯彻执行国家的技术经济政策，做到技术先进、安全可靠、经济合理、确保质量及保护环境，制定本规范。

1.0.2 本规范适用于岩质边坡高度为30m以下（含30m），土质边坡高度为15m以下（含15m）的既有建筑边坡工程和岩质基坑边坡的鉴定和加固。

超过上述高度的边坡加固工程以及地质和环境条件复杂的边坡加固工程除应符合本规范外，还应进行专项设计，采取有效、可靠的加固处理措施。

1.0.3 软土、湿陷性黄土、冻土及膨胀土等特殊性岩土和侵蚀性环境以及地震区、灾后的建筑边坡工程的鉴定和加固除应符合本规范外，尚应符合国家现行相应专业标准的规定。

1.0.4 既有建筑边坡工程的鉴定及加固除应符合本规范外，尚应符合国家现行有关标准的规定。

2 术语和符号

2.1 术 语

2.1.1 建筑边坡 building slope

在建筑场地或其周边，由于建筑工程和市政工程开挖或填筑施工所形成的人工边坡和对建筑物安全或稳定有影响的自然斜坡。本规范中简称边坡。

2.1.2 既有边坡工程 existing building slope engineering

整体或部分已建成的建筑边坡工程。

2.1.3 边坡工程鉴定 appraisal of existing building slope engineering

对既有边坡工程的安全性、正常使用性等进行的调查、检测、分析验算和评定等一系列活动。

2.1.4 既有边坡工程加固 strengthening of existing building slope engineering

对既有建筑边坡工程及其相关部分采取增强、局部更换等措施，使其满足国家现行标准规定的安全性、适用性和耐久性。

2.1.5 边坡加固工程勘察 geological investigation of slope strengthening engineering

边坡鉴定与加固前，针对既有边坡工程进行的岩土工程勘察活动。

2.1.6 加固设计使用年限 design working life for strengthening of existing building slope engineering

正常条件下既有建筑边坡工程或支护结构、构件加固后无需重新进行检测、鉴定即可按其预定目的使用的时期。

2.1.7 目标使用年限 target working life

既有边坡工程期望使用的年限。

2.1.8 检测 inspection

为评定施工质量或性能等实施的检查、测量、试验和检验活动。

2.1.9 鉴定单元 appraisal unit

根据被鉴定边坡工程的支护结构体系、构造特点、结构布置、边坡高度和作用大小等不同所划分的可以独立进行鉴定的区段，每一区段为一鉴定单元。

2.1.10 子单元 sub-system

鉴定单元中根据组成支护结构的不同形式所细分的基本鉴定单位。

2.1.11 构件 member

支护结构中可以进一步细分的基本受力单位。

2.1.12 锚杆 anchor

将拉力传至稳定岩土层的构件。当采用钢绞线或高强钢丝束作杆体材料时，也可称为锚索。本规范中除特殊注明外，锚杆为锚杆和预应力锚索的总称。

2.1.13 削方减载法 cut unloading at top of slope

通过清除建筑边坡推力区的岩土体达到减少边坡推力，使加固后的既有建筑边坡工程满足预定功能的一种加固法。

2.1.14 堆载反压法 back loading at toe of slope

通过在既有边坡工程坡脚堆载反压，使加固后的既有边坡工程满足预定功能的一种加固法。

2.1.15 抗滑桩加固法 slide-resistant pile method

通过设置抗滑桩，使加固后的既有边坡工程满足预定功能的一种加固法。

2.1.16 加大截面加固法 structure member strengthening with R. C

加大原结构或构件的截面面积或增配钢筋，以提高其承载力和刚度的一种加固法。

2.1.17 锚固加固法 anchoring method

通过设置锚杆及传力结构，使加固后的既有边坡工程满足预定功能的一种加固法。

2.1.18 注浆加固法 grouting method

通过对岩土体进行注浆处理，改变岩土体的物理、力学性能，使加固后的既有边坡工程满足预定功能的一种加固法。

2.1.19 截排水法 cut-off and draining method

通过设置或改造截、排水系统，使加固后的既有边坡工程满足预定功能的一种加固法。

2.2 符 号

2.2.1 作用和作用效应

E_i——第 i 计算条块与第 $i+1$ 计算条块单位宽度水平条间力；

E_n——第 n 条块单位宽度剩余水平推力；

G、G_i——滑体、第 i 计算条块单位宽度重力；

G_b、G_{bi}——滑体、第 i 计算条块单位宽度附加竖向荷载；

M_i——第 i 计算条块与第 $i+1$ 计算条块单位宽度（对坐标原点的）条间力矩；

M_n——第 n 条块单位宽度（对坐标原点的）剩余力矩；

P_i——第 i 计算条块与第 $i+1$ 计算条块单位宽度剩余下滑力；

P_n——第 n 条块单位宽度剩余下滑力；

Q、Q_i——滑体、第 i 计算条块单位宽度水平荷载；

R、R_i——滑体、第 i 计算条块单位宽度重力及其他外力引起的抗滑力；

R_N——新增支护结构或构件的抗力；

R_0、R_{0i}——滑体，第 i 计算条块所受单位宽度有效抗力；

S——支护结构上的外部作用效应；

T、T_i——滑体、第 i 计算条块单位宽度重力及其他外力引起的下滑力；

U、U_i——滑面、第 i 计算条块滑面单位宽度总水压力；

V——后缘陡倾裂隙单位宽度总水压力；

Y_i——第 i 计算条块与第 $i+1$ 计算条块单位宽度竖直条间力。

2.2.2 材料性能参数

c、c_i——滑面、第 i 计算条块滑面黏聚力；

φ、φ_i——滑面、第 i 计算条块滑面内摩擦角；

γ_w——水重度。

2.2.3 几何参数

H——建筑物的高度或边坡高度；

h_w、h_{wi}，$h_{w,i-1}$——后缘陡倾裂隙充水高度，第 i 及第 $i-1$ 计算条块滑面前端水头高度；

L、L_i——滑面、第 i 计算条块长度；

x_{ci}——第 i 计算条块重心横坐标；

x_{gi}——第 i 计算条块单位宽度竖向附加荷载作用点横坐标；

x_{ni}，y_{ni}——第 i 计算条块滑面中点横、纵坐标；

y_{qi}——第 i 计算条块单位宽度水平荷载作用点纵坐标；

x_{ri}，y_{ri}——第 i 计算条块有效抗力作用点横、纵坐标；

α、α_i——滑体、第 i 计算条块单位宽度有效抗力倾角；

θ、θ_i——滑面、第 i 计算条块倾角。

2.2.4 计算系数

F_s、F_t——边坡抗滑、抗倾覆稳定安全系数；

F_{st}——整体稳定安全系数；

i——计算条块号，从后方起编；

n——条块数量；

x'_i——第 i 计算条块与第 $i+1$ 计算条块垂直分界面到滑面前端的相对水平距离，是到滑面前端的水平距离与滑面前后端之间水平距离的比值；

γ_0——支护结构重要性系数；

ζ_L——新增支护结构或构件的抗力发挥系数；

ψ_i——第 i 计算条块剩余下滑推力向第 $i+1$ 计算条块的传递系数。

2.2.5 鉴定评级

A_s、B_s、C_s——子单元正常使用性等级；

A_{ss}、B_{ss}、C_{ss}——鉴定单元正常使用性等级；

A_{su}、B_{su}、C_{su}、D_{su}——鉴定单元安全性等级；

A_u、B_u、C_u、D_u——子单元安全性等级；

a_s、b_s、c_s——构件正常使用性等级；

a_u、b_u、c_u、d_u——构件安全性等级。

3 基 本 规 定

3.1 一 般 规 定

3.1.1 既有边坡工程的加固设计应采用动态设计法，并应符合现行国家标准《建筑边坡工程技术规范》GB 50330 的相关规定。

3.1.2 与支护结构配合使用的混凝土结构、砌体结构或构件的加固技术、裂缝修补技术、锚固技术和防锈技术以及加固材料等应符合现行国家标准《混凝土结构加固设计规范》GB 50367 和《砌体结构加固设计规范》GB 50702 等的有关规定。

3.1.3 加固后的边坡工程应进行正常维护，当改变其用途和使用条件时应进行边坡工程安全性鉴定。

3.1.4 既有边坡工程鉴定、加固设计、施工、监测、监理和验收应由具有相应资质的单位和有经验的专业技术人员承担。

3.2 边坡工程鉴定

3.2.1 边坡工程鉴定适用于建筑边坡工程安全性、正常使用性、耐久性和施工质量等的鉴定。

3.2.2 边坡工程鉴定应明确鉴定的对象、范围和要求。鉴定对象应由委托单位确定，可将建筑边坡工程整体作为鉴定对象，也可将鉴定单元、子单元或构件作为鉴定对象。

3.2.3 当边坡工程遭受洪水、泥石流等灾害后需进行特殊项目鉴定时，特殊项目鉴定评级应符合国家现行有关标准的规定。

3.2.4 鉴定对象的目标使用年限，应根据边坡工程的使用历史、当前的工作状态和今后的使用要求确定。对边坡工程不同鉴定单元，根据其安全等级可确定不同的目标使用年限。

3.3 边坡工程加固设计

3.3.1 下列情况的边坡工程应进行加固设计：

1 边坡出现失稳迹象、支护结构及构件出现明显开裂及变形的边坡工程；

2 使用条件有重大变化或改造可能影响安全的边坡工程；

3 遭受灾害及已发生安全事故的边坡工程；

4 经鉴定确认应进行加固的边坡工程；

5 支护结构出现严重腐蚀的边坡工程。

3.3.2 边坡加固工程设计时应取得下列资料：

1 边坡工程的鉴定报告；

2 边坡工程原有设计和施工竣工资料；

3 边坡加固工程的勘察报告；

4 边坡工程周边建筑物、管线等环境资料；

5 现有的施工技术、设备性能、施工条件及类似工程加固经验等资料；

6 委托方提供的边坡加固工程设计任务书。

3.3.3 边坡加固工程安全等级应按现行国家标准《建筑边坡工程技术规范》GB 50330 的规定确定。当边坡的使用条件和环境发生改变，使边坡工程损坏后造成的破坏后果的严重性发生变化时，加固边坡工程安全等级应作相应的调整。

3.3.4 边坡加固工程设计使用年限应按下列原则确定：

1 边坡加固后的使用年限不应低于边坡工程服务对象的使用年限；

2 当支护结构采用植筋、碳纤维布加固时，应按 30 年考虑；到期后若重新鉴定认为其工作正常，仍可继续延长使用年限。

3.3.5 对使用粘结方法或掺有聚合物加固的支护结构或构件，尚应定期检查其工作状态，检查的时间可由设计单位确定，但第一次时间不应超过 10 年。

3.3.6 边坡工程的加固方案设计应符合下列规定：

1 边坡加固设计应综合考虑边坡工程的鉴定报告、勘察报告、加固目的、加固设计的可靠性及预期效果、施工难易程度和条件、对邻近建筑和环境的影响、工期和造价等因素，进行全面的技术及经济分析后确定合理的加固设计方案；

2 依据鉴定报告，加固方案设计应考虑合理利用原有支护结构的有效抗力；

3 边坡加固范围应根据鉴定结果及设计分析确定，可对边坡工程整体、区段、支护结构或构件、以及截、排水系统进行加固处理，但均应考虑边坡工程的整体性及加固部分与邻近建筑物的相互影响；

4 边坡加固工程应综合考虑其技术经济效果，避免不必要的拆除或更换；适修性差的边坡工程不应进行加固；

5 边坡加固工程设计应考虑景观及环保要求，做到美化环境，保护生态。

3.3.7 对加固施工过程中可能出现大变形或塌滑的边坡工程，应在设计文件中规定，先实施临时性的预加固及采取其他有效、安全的措施后，再实施永久性加固措施。

3.3.8 下列既有边坡工程加固设计及施工应进行专门论证：

1 超过本规范适用高度的边坡加固工程；

2 边坡工程塌滑影响区内有重要建筑物、稳定性较差的边坡加固工程；

3 地质和环境条件复杂、对边坡加固施工扰动较敏感的边坡加固工程；

4 已发生严重事故的边坡加固工程；

5 采用新结构、新技术的边坡加固工程。

4 边坡加固工程勘察

4.1 一般规定

4.1.1 既有边坡工程加固前应进行边坡加固工程勘察。

4.1.2 既有边坡加固工程勘察应在充分利用既有边坡工程勘察资料的基础上进行，并对已有的资料进行必要的验证。

4.1.3 既有边坡加固工程勘察时应根据边坡特点、破坏情况、边坡工程鉴定要求和加固方式，有针对性地开展工作。

4.1.4 既有边坡加固工程可直接进行详细阶段勘察。

4.1.5 边坡加固工程勘察报告应包括下列内容：

1 在查明边坡工程的变形、开裂及破坏原因以及工程地质和水文地质条件的基础上，确定边坡类型和可能的破坏形式；

2 提供边坡稳定性、变形验算、边坡工程鉴定和加固设计所需的岩土参数；

3 评价边坡的稳定性，提出稳定性结论；

4 提出边坡工程加固处理措施和监测方案建议。

4.2 勘察工作

4.2.1 边坡加固工程勘察前应取得下列资料：

1 气象、水文资料，特别是雨期和暴雨强度等资料；

2 场地已有岩土工程勘察资料；

3 既有边坡工程的相关资料；

4 附有坐标和地形的边坡工程平面图等；

5 邻近建筑物、地下工程和管线等环境资料。

4.2.2 边坡加固工程勘察除应符合现行国家标准《岩土工程勘察规范》GB 50021 和《建筑边坡工程技

术规范》GB 50330 的有关规定外，尚应重点查明下列内容：

1 边坡岩土体与支护结构变形特征及其成因；

2 边坡岩土体及岩体结构面的物理力学性质及其变化；

3 场地的地下水类型、水位、水量、补给、排泄条件和动态变化，岩土层的透水性，地下水出露情况等水文地质条件及其变化。

4.2.3 边坡加固工程勘察手段和勘察工作布置应符合下列规定：

1 边坡加固工程勘察宜先进行工程地质测绘和调查，并应符合现行国家标准《岩土工程勘察规范》GB 50021 的工程地质测绘和调查的有关规定；

2 勘察工作布置应根据边坡工程的勘察等级和已出现的变形破坏迹象，结合搜集的已有岩土工程勘察成果等资料，适当补充勘探孔、原位测试；对于勘察等级为甲级的边坡工程，其勘探布孔应适当加密，必要时，采取现场剪切试验确定滑动面的抗剪强度指标；

3 勘探工作宜采用钻探、坑（井）探和槽探等方法。

4.3 稳定性分析评价

4.3.1 边坡加固工程的稳定性分析评价应在充分查明工程地质条件的基础上，根据边坡岩土类型、可能破坏形式和支护结构特征以及支护结构作用等进行稳定性评价。

4.3.2 边坡加固工程的稳定性评价包括定性评价和定量评价，应先进行定性评价，后进行定量评价。边坡加固工程的稳定性评价应符合现行国家标准《建筑边坡工程技术规范》GB 50330 的有关规定。

4.3.3 当原支护结构对边坡稳定性起有利作用时，边坡工程稳定性验算应考虑其有效抗力。原支护结构的有效抗力应根据边坡工程破坏模式、变形、破坏情况和地区工程经验确定。

4.3.4 存在原有支护结构有效抗力作用时的边坡稳定性可按本规范附录 A 提供的方法进行计算。其他情况的稳定性验算应符合现行国家标准《岩土工程勘察规范》GB 50021 和《建筑边坡工程技术规范》GB 50330 的有关规定。

4.3.5 滑动面为圆弧形和折线形时，应在滑面倾角明显变化处、滑面与水位线相交处、滑面强度指标变化处、地下水位线倾角明显变化处、地形坡角明显变化处、地形线与河（库）水位线相交处、地面荷载明显变化处等处进行计算条块分界点的划分；计算条块数量应满足计算精度的要求。

4.3.6 对存在多个滑动面的边坡工程，应分别对各种可能的滑动面进行稳定性验算分析，并取最小稳定性系数作为边坡工程稳定性系数。对多级滑动面的边坡工程，应分别对各级滑动面进行稳定性验算分析。

4.3.7 边坡抗滑稳定状态应分为稳定、基本稳定、欠稳定和不稳定四种，可根据边坡抗滑稳定系数按表 4.3.7 确定。

表 4.3.7 既有边坡工程稳定状态划分

边坡稳定性系数 F_s	$F_s<1.00$	$1.00\leqslant F_s<1.05$	$1.05\leqslant F_s<F_{st}$	$F_s\geqslant F_{st}$
边坡稳定状态	不稳定	欠稳定	基本稳定	稳定

注：F_{st}为边坡稳定安全系数。

4.3.8 下列情况时应提出加固处理建议：

1 当边坡工程岩土体及支护结构地基出现明显变形破坏迹象时；

2 当边坡工程整体稳定性不能满足稳定安全系数要求时。

4.4 参 数 取 值

4.4.1 边坡加固工程的有关岩土物理力学指标应通过原位测试、室内试验并参考地区经验确定。当无试验条件时，安全等级为二级或三级的边坡加固工程可按地区经验确定。

4.4.2 对于未出现变形或处于弱变形阶段的边坡工程，滑动面抗剪强度指标可取现场原位测试的峰值强度值；处于滑动阶段或已滑动的边坡工程，滑动面抗剪强度指标可取残余强度值；处于强变形阶段的边坡工程，滑动面抗剪强度指标可取介于峰值强度与残余强度之间值。

4.4.3 利用搜集的岩土物理力学指标时应进行分析复核，并应充分考虑边坡工程使用期间岩土体及岩体结构面的物理力学性质发生的变化。

4.4.4 当边坡工程已产生变形或滑动时，可采用反演分析法确定滑动面抗剪强度指标。对出现变形的边坡工程，其稳定性系数 K_s 宜取 1.00～1.05；对产生滑动的边坡工程，其稳定系数 K_s 宜取 0.95～1.00。

4.4.5 边坡工程鉴定报告所提供的原支护结构的有效抗力和岩土物理力学指标应加以合理利用，并应对边坡加固工程设计所需的有关岩土物理力学指标进行校核。

5 边坡工程鉴定

5.1 一 般 规 定

5.1.1 既有边坡工程加固前应进行边坡工程鉴定。

5.1.2 在下列条件下，应进行边坡工程安全性鉴定：

1 遭受灾害、事故或其他应急鉴定时；

2 存在较严重的质量缺陷或出现影响边坡工程安全性、适用性或耐久性的材料劣化、构件损伤或其他不利状态时；

3 对邻近建筑物安全有影响时；

4 进行改造、扩建及使用环境改变时；

5 需要进行整体维护、维修时；

6 达到设计使用年限拟继续使用时；

7 需进行司法鉴定时；

8 使用性鉴定中发现安全性问题时。

5.1.3 在下列情况下，可进行边坡工程正常使用性鉴定：

1 使用维护中需要进行常规性的检查；

2 边坡工程有特殊使用要求的鉴定。

5.1.4 当边坡工程存在耐久性问题时，应进行边坡工程耐久性鉴定。

5.2 鉴定的程序与工作内容

5.2.1 边坡工程鉴定程序可按图5.2.1进行。

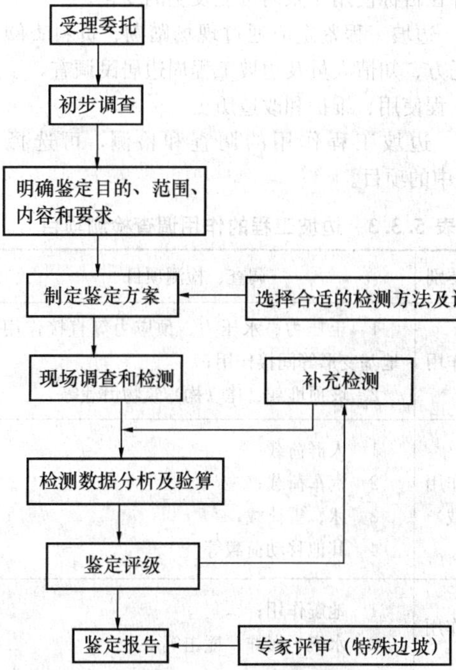

图5.2.1 鉴定程序

5.2.2 初步调查宜包含下列工作内容：

1 查阅边坡工程资料，包括边坡工程勘察资料、设计图、设计变更资料、竣工图、竣工资料、历次检测（监测）、加固和改造资料、质量或事故处理报告等；

2 调查边坡工程历史，如原始施工、维修、加固、改造、用途变更、使用条件改变以及受灾等情况；

3 现场考察，根据资料核对实物，调查边坡工程实际使用情况，查看已发现的问题，听取有关人员的意见等；

4 拟定鉴定方案。

5.2.3 鉴定方案应根据鉴定对象的特点和初步调查的结果，鉴定的目的、范围、内容和要求制定。鉴定方案宜包括下列内容：

1 工程概况，主要包括边坡工程类型、边坡总高度、周边环境，边坡设计、施工及监理单位，建造年代等；

2 鉴定的目的、范围、内容和要求；

3 鉴定依据，主要包括检测、鉴定所依据的标准及有关的技术资料等；

4 检测项目和选用的检测方法以及抽样检测的数量；

5 检测鉴定人员和仪器设备情况；

6 鉴定工作进度计划；

7 所需要的配合工作；

8 检测中的安全措施；

9 检测中的环保措施。

5.2.4 详细调查与检测宜根据实际需要选择下列工作内容：

1 详细研究相关文件资料；当边坡工程勘察资料不完整或检测过程中发现其他工程地质问题时，应按本规范第4章的规定执行；

2 调查核实使用条件；应对设计、施工、用途、维修、加固等建设、使用历史进行调查，同时对永久荷载、可变荷载、偶然荷载作用和间接作用进行调查，当环境作用对边坡安全性影响较大时应进行环境作用调查；

3 材料性能检测分析；当图纸资料有说明且不怀疑材料性能有变化时，可采用设计值；当无图纸资料或存在问题时，应按国家现行有关检测技术标准，现场取样进行检测或现场测试；

4 支护结构、构件的检查和抽样检测；当有图纸资料时，可进行现场抽样复核；当无图纸资料或图纸资料不全时，应通过对支护结构的现场调查和分析，再按国家现行有关检测技术标准，对重要和有代表性的支护结构、构件进行现场抽样检测；检测数据离散性大时应全数检测；

5 附属工程的检查和检测；重点检查边坡工程排水系统的设置和其排水功能，对其他影响安全的附属结构也应进行检查。

5.2.5 根据详细调查与检测数据，对各鉴定单元的安全性进行分析与验算，包括整体稳定性和局部稳定性分析，支护结构、构件的安全性、正常使用性和耐久性分析及出现问题的原因分析。

5.2.6 在边坡工程鉴定过程中，若发现调查和检测资料不充分或不准确时，应及时补充调查、检测。

5.2.7 边坡工程可划分成若干鉴定单元进行鉴定评级，并应符合下列规定：

1 安全性评级分为四个等级，正常使用性评级分为三个等级；

2 当鉴定单元可划分为构件和子单元时，应按

表 5.2.7 规定的工作内容进行鉴定单元的评级；

表 5.2.7 鉴定单元评级的层次、等级划分及工作内容

<table>
<tr><td>层次</td><td colspan="2">一</td><td colspan="2">二</td><td>三</td></tr>
<tr><td>层名</td><td colspan="2">鉴定单元</td><td colspan="2">子单元</td><td>构件</td></tr>
<tr><td rowspan="5">安全性鉴定</td><td>等级</td><td>A_{su}、B_{su}、C_{su}、D_{su}</td><td>等级</td><td>A_u、B_u、C_u、D_u</td><td>a_u、b_u、c_u、d_u</td></tr>
<tr><td colspan="2" rowspan="4">稳定性分析
子单元评级综合分析</td><td>地基基础</td><td>地基变形、承载力</td><td>—</td></tr>
<tr><td rowspan="2">支护结构</td><td>整体性能</td><td>—</td></tr>
<tr><td>承载功能</td><td>承载能力、连接和构造</td></tr>
<tr><td>附属工程</td><td>排水功能</td><td>—</td></tr>
<tr><td rowspan="5">正常使用性鉴定</td><td>等级</td><td>A_{ss}、B_{ss}、C_{ss}</td><td>等级</td><td>A_s、B_s、C_s</td><td>a_s、b_s、c_s</td></tr>
<tr><td colspan="2" rowspan="4">子单元评级综合分析</td><td>地基基础</td><td>影响边坡正常使用的地基基础变形、损伤</td><td>—</td></tr>
<tr><td rowspan="2">支护结构</td><td>使用状况</td><td>变形
裂缝
缺陷、损伤
腐蚀</td></tr>
<tr><td>位移</td><td>空间位移</td></tr>
<tr><td>附属结构</td><td>功能与状况</td><td>—</td></tr>
</table>

3 当鉴定单元不能细分为构件、子单元时，应根据鉴定单元的实际检测数据，直接对其安全性进行评级；

4 对复杂鉴定单元，可将其分成若干独立的子单元，按表 5.2.7 进行独立子单元的评级。

5.2.8 特殊项目鉴定的程序可按本规范第 5.2.1 条规定的程序执行，但其工作内容应符合特殊项目鉴定的要求。

5.2.9 边坡工程鉴定工作完成后，应及时提出鉴定报告，鉴定报告应包括下列内容：

1 工程概况；

2 鉴定的目的、范围、内容和要求；

3 鉴定依据；

4 调查、检测项目的实测数据；

5 检测数据的分析、验算及结果；

6 鉴定结论及建议；

7 附件。

5.2.10 鉴定报告的编写应符合下列规定：

1 鉴定报告中宜明确鉴定对象的剩余使用年限，应指出鉴定对象在剩余使用年限内可能存在的问题及产生的原因；

2 鉴定报告中应明确鉴定结果，指明鉴定对象的最终评级结果，作为技术管理或制定加固、维修计划的依据；

3 鉴定报告宜按表 5.2.10 明确各层次构件、子单元和鉴定单元的评级结果，且应明确处理对象，对安全性等级为 c_u 级和 d_u 级的构件及 C_{su} 级和 D_{su} 级的鉴定单元的数量、所处位置做出详细说明，并提出处理建议。

表 5.2.10 边坡工程鉴定评级汇总表

鉴定单元	支护结构构件评级结果	子单元评级结果	鉴定单元评级结果
Ⅰ	a_u、b_u、c_u、d_u a_s、b_s、c_s	A_u、B_u、C_u、D_u A_s、B_s、C_s	A_{su}、B_{su}、C_{su}、D_{su} A_{ss}、B_{ss}、C_{ss}
Ⅱ	a_u、b_u、c_u、d_u a_s、b_s、c_s	A_u、B_u、C_u、D_u A_s、B_s、C_s	A_{su}、B_{su}、C_{su}、D_{su} A_{ss}、B_{ss}、C_{ss}
⋮	⋮	⋮	⋮

5.3 调查与检测

5.3.1 使用条件的调查与检测应包括边坡工程上的作用、使用环境和使用历史三部分，调查中应考虑使用条件在目标使用年限内可能发生的变化。

5.3.2 边坡工程鉴定应通过现场踏勘、资料查阅和向委托方、知情人员及边坡工程周边居民调查，了解边坡工程使用、维护和改造历史。

5.3.3 边坡工程作用的调查和检测，可选择表 5.3.3 中的项目。

表 5.3.3 边坡工程的作用调查检测项目

作用类别	调查、检测项目
永久作用	1 土压力、水压力、预应力等直接作用，地基变形等间接作用； 2 坡顶堆载、建（构）筑物恒载等
可变作用（荷载）	1 人群荷载； 2 汽车荷载； 3 冰、雪荷载； 4 其他移动荷载等
偶然作用	1 地震作用； 2 水灾、爆炸、撞击等

5.3.4 边坡工程使用环境应包括气象环境、地质环境和边坡工程工作环境，可按表 5.3.4 中所列项目进行调查。

表 5.3.4 边坡工程使用环境调查项目

环境条件	调 查 项 目
气象条件	降雨季节、降雨量、降雪量、霜冻期、冻融交替、土壤冻结深度等
地质环境	地形、地貌、工程地质、周边建筑物等
边坡工程工作环境	侵蚀性气体、液体、固体等

5.3.5 边坡工程所处环境类别和作用等级，可按现行国家标准《工业建筑可靠性鉴定标准》GB 50144 的有关规定确定；当为化学腐蚀环境时，可按现行国家标准《工业建筑防腐蚀设计规范》GB 50046 和《岩土工程勘察规范》GB 50021 的有关规定确定。

5.3.6 边坡工程及周边环境的变形与裂缝的调查、检测应符合下列规定：

1 调查范围为边坡工程塌滑区及其影响范围内的地面、建筑物、需保护的管线等；

2 对已发生变形或出现裂缝的部位应做出标识和记录；

3 对建筑物的变形、倾斜等应采用相应的仪器设备进行检测；

4 对地面或结构体裂缝深度、宽度、走向应采用相应的仪器设备进行检测或观测，并对其变化趋势进行监测或判断。

5.3.7 边坡工程现场检测应符合下列规定：

1 检测抽样原则和抽样数量应按现行国家标准《建筑结构检测技术标准》GB/T 50344 的规定执行，支护结构构件的抽样数量可按检测类别 B 的要求执行，检测数据离散性大时应全数检测；

2 检测项目和内容应包括地基基础、支护结构和附属工程的几何特性、材料性能和结构性能等；

3 地基基础、支护结构和附属结构的检测除应符合现行国家标准《建筑结构检测技术标准》GB/T 50344 的规定外，尚应符合国家其他现行有关检测标准的要求；

4 检测时应确保所使用的仪器设备在检定或校准周期内并处于正常工作状态，仪器设备的精度应满足检测项目的要求。

5.4 鉴定评级标准

5.4.1 边坡工程鉴定的构件、子单元和鉴定单元的评级标准应符合表 5.4.1-1 和表 5.4.1-2 的规定。

表 5.4.1-1 安全性鉴定评级标准

鉴定对象	等级	分级标准	处理要求
构件	a_u	构件承载能力不低于设计要求的 100%，符合国家现行标准的安全性要求	不必采取措施
构件	b_u	构件承载能力不低于设计要求的 95%，基本符合国家现行标准的安全性要求	可不采取措施
构件	c_u	构件承载能力不低于设计要求的 90%，不符合国家现行标准的安全性要求，影响安全	应采取措施
构件	d_u	构件承载能力低于设计要求的 90%，严重不符合国家现行标准的安全性要求，已严重影响安全	必须及时或立即采取措施

续表 5.4.1-1

鉴定对象	等级	分级标准	处理要求
子单元	A_u	符合国家现行标准的安全性要求	可能有个别次要构件宜采取适当措施
子单元	B_u	无 d_u 级构件且 c_u 级构件不超过 20%，无影响承载功能的变形，整体符合国家现行标准的安全性要求	可能有极少数构件应采取措施
子单元	C_u	d_u 级构件不超过构件总数的 10%，且 d_u 级构件不危及支护结构整体安全性，局部略有影响承载功能的变形，不符合国家现行标准的安全性要求	可能有极少数构件必须立即采取措施
子单元	D_u	d_u 级构件超过构件总数的 10% 或 d_u 级构件危及支护结构整体安全性，有影响承载功能的变形，严重不符合国家现行标准的安全性要求	必须立即采取措施
鉴定单元	A_{su}	符合国家现行标准的安全性要求	可能有个别次要构件宜采取适当措施
鉴定单元	B_{su}	符合国家现行标准的安全性要求，无影响整体安全的构件	可能有极少数构件应采取措施
鉴定单元	C_{su}	不符合国家现行标准的安全性要求，影响整体安全，应采取措施	可能有极少数构件必须立即采取措施
鉴定单元	D_{su}	严重不符合国家现行标准的安全性要求，严重影响整体安全	必须立即采取措施

表 5.4.1-2 使用性鉴定评级标准

鉴定对象	等级	分级标准	处理要求
构件	a_s	符合国家现行标准的正常使用要求，能正常使用	不必采取措施
构件	b_s	符合国家现行标准的正常使用要求，但构件可能有不影响正常使用的裂缝或其他缺欠	可不采取措施
构件	c_s	不符合国家现行标准的正常使用要求，影响正常使用	应采取措施
子单元	A_s	符合国家现行标准的正常使用要求	可能有个别次要构件宜采取适当措施
子单元	B_s	符合国家现行标准的正常使用要求，b_s 级构件不超过构件总数的 20%，且不含 c_s 级构件，不影响整体正常使用	可能有极少数构件应采取措施
子单元	C_s	不符合国家现行标准的正常使用要求，影响整体正常使用	应采取措施

续表 5.4.1-2

鉴定对象	等级	分级标准	处理要求
鉴定单元	A_{ss}	符合国家现行标准的正常使用要求	可能有个别次要构件宜采取适当措施
	B_{ss}	符合国家现行标准的正常使用要求，有 B_s 级子单元，但无 C_s 级子单元，不影响整体正常使用	可能有极少数构件应采取措施
	C_{ss}	不符合国家现行标准的正常使用要求，影响整体正常使用	应采取措施

5.5 支护结构构件的鉴定与评级

5.5.1 边坡工程单个构件的划分，应符合下列规定：

1 基础

1）独立基础：一个基础为一个构件；

2）条形基础：两个变形缝所分割的区段为一个构件；

3）单桩：一根为一个构件；

4）群桩：两个变形缝所分割的承台或独立的承台及其所含的基桩为一个构件；

5）地梁：两个变形缝所分割的区段为一个构件。

2 支护结构

1）锚杆：一根锚杆为一个构件；

2）抗滑桩：一根抗滑桩为一个构件；

3）肋柱：两根锚杆所区分的一段肋柱为一个构件；

4）肋梁：两根肋柱所区分的一段肋梁为一个构件；

5）挡墙：两个变形缝所分割的挡墙段为一个构件；

6）挡板：按肋梁、肋柱或桩区分的挡板段为一个构件。

5.5.2 构件的安全性等级评定应通过承载力项目的校核和连接构造项目的分析确定。评级标准应符合本规范表 5.4.1-1 的规定。

5.5.3 构件的使用性等级评定应通过裂缝、变形、缺陷和损伤、腐蚀等项目对构件正常使用的影响分析确定。评级标准应符合本规范表 5.4.1-2 的规定。

5.5.4 锚杆安全性鉴定评级宜按下列规定进行：

1 调查锚杆已有技术资料，根据已有技术资料对锚头、锚杆杆体、锚固段承载力进行验算；

2 锚杆现场检测可抽样检测，检测项目及抽样数量宜符合下列规定：

1）对锚杆外锚头固端质量进行全数检查。对发现有质量缺陷的外锚头进行全数检测；对未发现有质量缺陷的外锚头抽其总数的5%，且不应少于3个进行检测，并对外锚头锚固性能进行评价；

2）有条件时，对锚杆杆体施工质量进行检测；

3）采取有效安全措施或预加固措施后，抽取锚杆总数的5%，且每种类型锚杆不应少于3根，进行锚杆抗拔试验，检验其抗拔承载力。

5.5.5 锚杆的耐久性应根据锚杆修建年代、材料选择、防腐措施、环境类别和作用等级，及当地工程经验类比进行评估；确有必要，可局部开挖探坑检测锚杆腐蚀情况，按国家现行有关标准评估其耐久年限。

5.5.6 混凝土构件的耐久年限可按现行国家标准《工业建筑可靠性鉴定标准》GB 50144 进行评估。

5.5.7 重力式挡墙中砌体材料的耐久性年限可按现行国家标准《砌墙砖试验方法》GB/T 2542 进行评估。

5.5.8 按坡率法修建的边坡工程，应根据边坡工程的地质特点、高度和已使用年限，划分成若干鉴定单元，调查各鉴定单元的外露岩土体的风化程度、局部块体材料的裂隙、损伤程度，根据其整体或局部滑动的可能性、危害后果的严重程度及当地工程经验，确定其耐久年限。

5.6 子单元的鉴定评级

5.6.1 支护结构中地基基础的安全性评级应符合本规范附录 B 的规定。

5.6.2 支护结构的安全性应按支护结构的整体性、承载功能和变形二个项目进行评级，评级应符合下列规定：

1 支护结构整体性评定等级应符合表 5.6.2-1 规定；

表 5.6.2-1 支护结构整体性评定等级

评定等级	A_u 或 B_u	C_u 或 D_u
支护结构布置和构造	支护结构布置合理，形成完整的体系；传力路径明确或基本明确；结构形式和构件选型、整体性构造和连接等符合或基本符合国家现行标准的规定，满足安全性要求或不影响安全	支护结构布置不合理，基本上未形成或未形成完整的体系；传力路径不明确或不当；结构形式和构件选型、整体性构造和连接等不符合或严重不符合国家现行标准的规定，影响安全或严重影响安全

2 按承载功能和变形评定支护结构的等级应符合表 5.6.2-2 的规定；

表 5.6.2-2 支护结构承载功能和变形评定等级

评定等级	A_u	B_u	C_u	D_u
支护结构承载功能和变形	构件集中不含 c_u 级和 d_u 级构件，b_u 级构件不超过30%，无影响承载功能的变形	构件集中不含 d_u 级构件，c_u 级构件不超过 20%，无影响承载功能的变形	构件集中 d_u 级构件不超过构件总数的 10%，且 d_u 级构件不危及支护结构整体安全性，局部略有影响承载功能的变形	构件集中 d_u 级构件超过构件总数的 10%，或 d_u 级构件危及支护结构整体安全性，有影响承载功能的变形

3 支护结构应按本条第 1、2 款的较低评定等级作为支护结构的评级结果。

5.6.3 附属工程的安全性应对排水工程或系统的排水功能进行评定。当排水工程或系统失效严重影响边坡工程排水功能时，应根据其影响地基基础、支护结构承载功能和变形的程度及同类工程经验类比，直接评定为 C_u 或 D_u 级；其他情况可评定 A_u 或 B_u 级。

5.6.4 子单元正常使用性评定应符合下列规定：

1 A_s 级：子单元所含构件无变形或已有变形满足国家现行标准规定，无 c_s 级构件，b_s 级的构件数量较少，使用状况良好；

2 B_s 级：子单元所含构件已有变形、裂缝最大值基本满足国家现行标准规定，c_s 级构件不超过构件总数的 20%；

3 C_s 级：子单元所含构件已有变形、裂缝最大值不满足国家现行标准规定，且 c_s 级构件超过构件总数的 20%。

5.7 鉴定单元的鉴定评级

5.7.1 鉴定单元的稳定性鉴定评级应符合本规范附录 C 的规定。

5.7.2 鉴定单元安全性的鉴定评级应符合下列规定：

1 当附属工程安全性评定为 B_u 级以上时，应以地基基础、支护结构和鉴定单元稳定性评级中的最低评定等级，作为鉴定单元的安全性等级；

2 当附属工程安全性等级为 C_u 级，地基基础、支护结构和鉴定单元稳定性评级不低于 B_u 级时，鉴定单元安全性评级应为 B_{su} 级；

3 当附属工程安全性等级为 D_u 级，地基基础、支护结构和鉴定单元稳定性评级不低于 C_u 级时，鉴定单元安全性评级应为 C_{su} 级；

4 其他情况应以地基基础、支护结构和鉴定单元稳定性评级中的最低评定等级，作为鉴定单元安全性评定等级。

5.7.3 鉴定单元使用性评定应符合下列规定：

1 A_{ss} 级：B_s 级子单元不应超过子单元总数的 1/3；

2 B_{ss} 级：无 C_s 级子单元；

3 C_{ss} 级：有 C_s 级子单元。

6 边坡加固工程设计计算

6.1 一 般 规 定

6.1.1 既有边坡工程加固设计计算应符合现行国家标准《建筑边坡工程技术规范》GB 50330 的有关规定。其中，混凝土构件加固设计计算应符合现行国家标准《混凝土结构加固设计规范》GB 50367 的有关规定，砌体构件加固设计计算应符合现行国家标准《砌体结构加固设计规范》GB 50702 的有关规定。

6.1.2 地震区边坡工程、涉水边坡工程及动荷载作用下的边坡工程加固设计计算除应符合本规范规定外，尚应符合国家现行有关标准的规定。

6.1.3 原支护结构、构件几何尺寸应根据鉴定结果确定。

6.1.4 原支护结构、构件材料的强度标准值应按下列规定取值：

1 当现场检测数据符合原设计值时，可采用原设计标准值；

2 当现场检测数据与原设计值有差异时，应采用检测结果推定的标准值，标准值的推定方法应符合国家现行有关标准的规定。

6.2 计 算 原 则

6.2.1 边坡加固工程的设计计算应符合下列规定：

1 采用削方减载法、堆载反压法、加大截面加固法加固时，岩土侧压力应根据边坡加固工程勘察资料提供的岩土参数，按现行国家标准《建筑边坡工程技术规范》GB 50330 的有关规定进行计算；

2 采用注浆加固法加固时，岩土侧压力应根据试验区加固后的岩土参数实测值，按现行国家标准《建筑边坡工程技术规范》GB 50330 的有关规定进行计算；

3 边坡工程无支护结构或支护结构失效、地基失稳或边坡工程整体失稳，采用锚固加固法、抗滑桩加固法等方法加固时，新增支护结构和构件承担的岩土侧压力应根据边坡加固工程勘察资料提供的岩土参数，按现行国家标准《建筑边坡工程技术规范》GB 50330 的有关规定进行计算；

4 采用新增支护结构或构件与原支护结构或构件形成组合支护结构加固边坡时，新增支护结构或构件抗力应按本规范第 6.2.2 条确定，原支护结构或构件的有效抗力应按本规范第 6.2.3 和第 6.2.4 条确定。

6.2.2 采用锚固加固法、抗滑桩加固法加固时，新增支护结构或构件与原支护结构形成组合支护结构共同工作，组合支护结构抗力计算应符合下列规定：

1 应根据边坡加固工程的勘察报告、鉴定结论、使用要求、加固措施等，确定计算单元中新增支护结构或构件的抗力和原支护结构或构件的有效抗力；

2 组合支护结构抗力计算简图，应符合其实际受力和构造；

3 计算单元中的组合支护结构或构件应满足下式要求：

$$\zeta_L R_N + R_0 \geqslant KS \quad (6.2.2)$$

式中：R_N——新增支护结构或构件的抗力；

ζ_L——新增支护结构或构件的抗力发挥系数，按本规范第6.3节的有关规定确定；

R_0——原支护结构或构件的有效抗力，按本规范第6.2.3和第6.2.4条确定；

K——安全系数，根据不同支护结构类型的不同计算模式按现行国家标准《建筑边坡工程技术规范》GB 50330的相关规定确定；

S——支护结构或构件上的外部作用，根据边坡工程破坏模式按现行国家标准《建筑边坡工程技术规范》GB 50330相关规定确定。

6.2.3 边坡工程加固设计时，原支护结构或构件的有效抗力可根据原支护结构构件的几何尺寸和材料性能按现行国家标准《建筑边坡工程技术规范》GB 50330和《混凝土结构设计规范》GB 50010的相关规定计算确定。原支护结构构件的几何尺寸和材料强度宜按下列规定确定：

1 对鉴定等级为a_u级的构件，其几何尺寸、材料性能可按原设计文件取值；

2 对鉴定等级为b_u、c_u、d_u级的构件，其几何尺寸、材料性能应根据鉴定结果取值。

6.2.4 边坡工程加固设计时，下列情况不应考虑原支护结构或构件的有效抗力：

1 支护结构基础位于潜在滑面之上，边坡工程整体失稳时；

2 锚杆锚固段位于非稳定地层中时；

3 支护结构或构件通过加固处理后，除结构自身重力作用外，难以有效恢复的抗力；

4 鉴定结果认定支护结构或构件已经失效时，除结构自身重力作用和满足结构安全性要求的构件外的抗力。

6.2.5 边坡工程加固后改变传力路径或使支护结构质量增大时，应对相关支护结构、构件及地基基础进行必要的验算。

6.2.6 加固后的支护结构上岩土侧压力分布应根据加固方法、原边坡岩土侧压力分布图形、新增支护结构刚度及作用位置、施工方法等因素确定，可简化为三角形、梯形或矩形。

6.2.7 地震区支护结构或构件的加固，除应满足承载力要求外，尚应复核其抗震能力。同时，还应考虑支护结构刚度增大和结构质量重分布而导致地震作用效应增大的影响。

6.3 计算参数

6.3.1 采用锚固加固法加固时，根据边坡工程的支护形式和鉴定单元安全性等级，新增锚杆及传力结构的抗力发挥系数ζ_L宜按表6.3.1采用。

表6.3.1 新增锚杆及传力结构的抗力发挥系数ζ_L

边坡支护形式	鉴定单元的安全性等级	非预应力锚固加固法	预应力锚固加固法
重力式挡墙	B_{su}	0.80	1.00
	C_{su}	0.75	0.95
	D_{su}	0.70	0.90
悬臂式、扶壁式挡墙	B_{su}	0.85	1.00
	C_{su}	0.80	0.95
	D_{su}	0.75	0.90
锚杆（索）挡墙	C_{su}	0.70	0.95
	D_{su}	0.65	0.90
岩石锚喷边坡	C_{su}	0.90	1.00
	D_{su}	0.85	0.95
桩板式挡墙	B_{su}	0.85	1.00
	C_{su}	0.80	0.95
	D_{su}	0.75	0.90

注：1 锚固段为土层时，抗力发挥系数宜比表中数值降低0.05；

2 考虑新增传力结构构件重力作用时，抗力发挥系数取1.00。

6.3.2 采用抗滑桩加固法加固重力式挡墙、桩板式挡墙时，根据边坡工程的支护形式和鉴定单元安全性等级，新增抗滑桩及传力结构的抗力发挥系数ζ_L宜按表6.3.2采用。

表6.3.2 新增抗滑桩及传力结构的抗力发挥系数ζ_L

边坡支护形式	鉴定单元的安全性等级		
	B_{su}	C_{su}	D_{su}
重力式挡墙	0.85	0.80	0.75
桩板式挡墙	0.90	0.85	0.80

注：1 抗滑桩与预应力锚杆组合加固时，抗力发挥系数按本规范表6.3.1采用；

2 抗滑桩埋入段为土层时，抗力发挥系数宜比表中数值降低0.05；

3 考虑新增抗滑桩及传力结构构件重力作用时，抗力发挥系数取1.00。

6.3.3 采用加大截面加固法加固时，加固后边坡支护结构构件的承载力计算及有关参数取值应符合现行国家标准《混凝土结构加固设计规范》GB 50367 和《砌体结构加固设计规范》GB 50702 的有关规定。

7 边坡工程加固方法

7.1 一 般 规 定

7.1.1 既有边坡工程加固方法可分为削方减载法、堆载反压法、锚固加固法、抗滑桩加固法、加大截面加固法、注浆加固法和截排水法等。也可采用当地成熟、可靠、有效的其他加固法。

7.1.2 本章中的加固方法尚应符合下列规定：

1 原有支护结构及构件有局部损坏时，应对损坏的支护结构及构件按国家现行有关标准进行加固处理；

2 根据边坡工程的情况，应采取必要的排水、防渗措施以及植被绿化等措施；

3 当边坡工程变形引发坡顶建筑物变形或开裂时，应对坡顶建筑物实施监测和加固。

7.1.3 本章中各类加固方法的设计及构造要求除应符合本章规定外，尚应符合现行国家标准《建筑边坡工程技术规范》GB 50330 的规定。

7.2 削方减载法

7.2.1 削方减载法主要用于边坡整体稳定性及支护结构稳定性等不满足要求时的加固。

7.2.2 下列情况不宜采用削方减载法：

1 削方后可能危及邻近建筑物及管线等的安全和正常使用时；

2 无抗滑地段、削方减载不能使边坡工程达到稳定时；

3 对牵引式斜坡或膨胀性土体的边坡工程。

7.2.3 削方减载法应符合下列规定：

1 削方量应根据边坡工程及支护结构的整体和局部稳定性验算确定；

2 削方应在推力段范围内执行；

3 削方减载不应产生新的不稳定边坡；

4 削方应距已有的邻近建筑物基础有一定的安全间距；不得危及邻近建筑物、管线及道路等的安全及正常使用；

5 有条件时宜尽量削减或分阶削减不稳定岩土体，降低不稳定或欠稳定部分的边坡高度。

7.2.4 对削方减载后形成的边坡可采用坡率法、支护及坡面防护等进行处理，并应符合下列规定：

1 对削方减载后形成的不稳定边坡，应采取适宜的支护结构进行处理；

2 削方减载后形成的边坡整体稳定性满足要求时，应进行坡面防护；

3 削方边坡表面防护形式应根据其岩土情况、稳定性、使用要求及周边环境条件等，可采用混凝土或条石格构护坡、干砌片石或浆砌块石护坡、喷射混凝土及植被绿化等措施，坡顶宜设置截水沟，坡脚宜设置护脚墙并设置排水沟。

7.2.5 削方减载法施工应符合下列规定：

1 根据现场情况，确定分段施工长度，并隔段施工；

2 开挖应先上后下、先高后低、均匀减重；

3 开挖后的坡面应及时进行防护及排水处理；

4 不应因施工开挖形成不稳定的斜坡；

5 开挖土体应及时运出，不得对邻近边坡形成堆载或因临时堆载造成新的不稳定边坡。

7.3 堆载反压法

7.3.1 堆载反压法主要用于边坡的整体稳定性和支护结构稳定性等不满足要求时的加固。

7.3.2 堆载反压法应符合下列规定：

1 堆载反压量应根据拟加固边坡的整体稳定性及支护结构的稳定性验算确定；

2 反压位置应在抗滑段和边坡坡脚部位；

3 堆载反压不应危及邻近建筑物及管线等的安全和正常使用，不应对邻近的边坡带来不利影响；

4 堆载反压加固材料宜就地取材、便于施工，可采用岩土体、条石、沙袋或混凝土等；

5 堆载反压体应与被加固的坡体紧密接触，保证能提供有效的抗力；当采用土体进行堆载反压时，土体应堆填密实；当为永久性加固时，土体的密实度不宜低于 0.90；采用毛条石反压时应错缝浆砌搭接；

6 堆载反压的地基稳定性、承载力及变形应满足要求；

7 堆载反压不应堵塞挡墙前缘的地下水渗水、排水通道。

7.3.3 当应急抢险堆载反压的土体不满足永久性加固要求时，应采用换填、碾压或注浆加固法等进行处理。

7.4 锚固加固法

7.4.1 锚固加固法适用于有锚固条件的边坡整体稳定和支护结构抗滑移、抗倾覆、支护结构及构件承载力等不满足要求时的加固。

7.4.2 下列情况的边坡工程宜优先采用锚固加固法：

1 高大的岩质边坡或锚固段土质能满足锚固要求的土质边坡；

2 各类锚杆边坡工程；

3 变形控制要求较高的边坡工程；

4 无放坡条件或因施工扰动使边坡稳定性降低较大的边坡工程；

5 抗震设防烈度较高地区的边坡工程。

7.4.3 下列情况的边坡工程不应采用锚固加固法：

1 软弱土层的边坡工程；

2 岩土体对钢筋和水泥有强烈腐蚀作用的边坡工程；

3 经锚固处理也不能满足设计要求的土质边坡；

4 锚杆非锚固段为欠固结的新填土、高度较高及竖向压缩变形较大的边坡工程。

7.4.4 锚固加固法应符合下列规定：

1 新增锚杆的承载力、数量及间距应根据边坡整体稳定性、支护结构抗滑移、抗倾覆稳定性、支护结构及构件的强度等计算确定，并符合本规范第6章的规定；

2 锚杆的布设位置及方位应根据边坡潜在的破坏模式、支护结构抗滑移、抗倾覆和构件强度等要求确定，并考虑边坡作用力分布形态；

3 新增锚杆与原支护结构中的锚杆间距不宜小于1m，且应将锚固段错开布置，或改变锚杆的倾角或水平方向角；新增锚杆锚固段起点应从原锚杆锚固段的终点开始计算，且应穿过已有滑裂面或潜在滑裂面不小于2m；

4 锚杆外锚头处的传力构件应有足够的强度与刚度。

7.4.5 锚固加固法中锚杆应符合下列规定：

1 预应力锚杆宜采用精轧螺纹钢筋、无粘结钢绞线等易于调整预应力值的锚固体系；

2 新增锚杆的锁定预应力值宜为锚杆拉力设计值；当被锚固的支护结构位移控制值较低时，预应力锚杆的锁定预应力值可为锚杆拉力设计值的75%～90%；

3 锚杆防腐和其他应符合现行国家标准《建筑边坡工程技术规范》GB 50330的有关规定。

7.4.6 原有锚杆外锚头出现锈蚀或保护层开裂时，应按国家现行标准的有关规定进行修复。

7.4.7 锚固加固法施工应符合下列规定：

1 采用水钻成孔法施工可能引发边坡变形增大、稳定性降低时，应改用干钻成孔法施工；

2 锚杆施工时，不应损伤原支护结构、构件和邻近建筑物基础；

3 预应力锚杆张拉顺序应避免相近锚杆相互影响，并应采用分级张拉到位的施工方法；

4 预应力张拉过程中，应加强监测原支护结构及构件的变形，防止预应力张拉对其造成危害。

7.5 抗滑桩加固法

7.5.1 抗滑桩加固法适用于边坡工程及桩板式挡墙、重力式挡墙等支护结构加固。

7.5.2 抗滑桩可与预应力锚杆联合使用，并与原有支护结构共同组成抗滑支护体系。

7.5.3 抗滑桩加固法应符合下列规定：

1 抗滑桩设置应根据边坡工程的稳定性验算分析确定；

2 边坡岩土体不应越过桩顶或从桩间滑出；

3 不应产生新的深层滑动；

4 用于滑坡治理的抗滑桩桩位宜设在滑坡体较薄、锚固段地基强度较高的地段，应综合考虑其平面布置、桩间距、桩长和截面尺寸等因素；

5 用于桩板式挡墙、重力式挡墙加固的抗滑桩宜紧贴墙面设置。

7.5.4 抗滑桩施工应符合下列规定：

1 施工前应作好场地地表排水。稳定性较差的边坡工程宜避开雨期施工，必要时宜采取堆载反压等增强边坡稳定性的措施，防止变形加大；

2 抗滑桩施工应分段间隔开挖，宜从边坡工程两端向主轴方向进行；

3 滑坡区施工开挖的弃渣不得随意堆放在滑坡体内，以免引起新的滑坡；

4 桩纵筋的接头不得设在土石分界处和滑动面处；

5 桩身混凝土宜连续灌注，避免形成水平施工缝。

7.5.5 抗滑桩设计计算应符合本规范第6章的规定。

7.6 加大截面加固法

7.6.1 加大截面加固法适用于下列支护结构、构件及基础的加固：

1 重力式挡墙墙身、墙下钢筋混凝土扩展基础；

2 桩板式挡墙挡板；

3 锚杆挡墙肋柱、肋梁及挡板；

4 悬臂式挡墙和扶臂式挡墙的钢筋混凝土构件。

7.6.2 支护结构及构件采用加大截面加固法时，加固后支护结构及构件的抗力计算应符合现行国家标准《混凝土结构加固设计规范》GB 50367和《砌体结构加固设计规范》GB 50702的有关规定。

7.6.3 支护结构基础采用加大截面加固法时，尚应符合现行行业标准《既有建筑地基基础加固技术规范》JGJ 123的有关规定。

7.7 注浆加固法

7.7.1 注浆加固法适用于砂土、粉土、黏性土、人工填土等土体地基加固、岩土边坡坡体加固、抗滑桩前土体加固及提高土体的抗剪参数值。

7.7.2 注浆加固法应符合下列规定：

1 注浆质量指标和注浆范围应根据边坡工程特点和加固目的，结合地质条件及施工条件确定；

2 应考虑注浆过程对边坡工程带来的不利影响；

3 应根据边坡加固的要求，选择注浆材料、注浆方法；以提高岩土体抗剪参数为主时，可采用以水泥为主剂的浆液；以防渗堵漏为主时，可采用黏土水泥浆、黏土水玻璃浆等浆液；孔隙较大的砂砾石层和裂隙岩层，可采用渗透注浆法；黏性土层可采用劈裂注浆法；

4 注浆设计前宜进行室内浆液配比试验和现场注浆试验，确定浆液的扩散半径、注浆孔间距及布置等设计参数和检验施工方法及设备；也可根据当地类似工程的经验确定设计参数；

5 注浆孔可采用等距布孔、梅花形布置；渗透性较好的砂性土层，注浆孔间距可取 1.0m ～2.0m；黏性土层可取 0.8m ～1.5m；

6 渗透注浆的注浆压力不应超过注浆点处覆盖层土体的自重压力与外加荷载压力之和；

7 注浆加固地基时，注浆孔布孔范围超过基础边缘外宽度不宜小于基础宽度的一半，且大于地基有效持力层宽度，注浆加固深度不应小于地基有效持力层深度；

8 注浆加固边坡时，注浆范围应深入滑动面以下；当支护结构被动土压力区采取注浆加固时，注浆范围应深入被动土压力滑裂面以下，但不宜超过支护结构底部。

7.7.3 注浆加固法施工应符合下列规定：

1 选择注浆方法时，应考虑岩土的类型和浆液的凝胶时间；

2 施工时要随时根据支护结构及周边环境的反应调整注浆压力，不能出现因压力过大而导致支护结构或边坡变形过大；

3 注浆施工前，应选择有代表性的地段进行注浆试验，通过监测数据反馈分析优化注浆参数；注浆区域较大或地质条件复杂时，注浆试验不应少于 3 处；试验孔均可作为施工孔利用；

4 注浆时应遵守逐渐加密的原则，加密次数视地质条件和施工条件等因素而定；

5 软弱破碎、竖向裂隙发育、容易串冒浆的岩土层，宜采用自上而下分段注浆；

6 岩体裂隙注浆时，宜先用稀浆填充较小的裂隙，再用较稠的浆液填充较宽的裂缝，注浆过程中变浆时机可根据注浆压力与吸浆率的变化情况而定。

7.7.4 注浆过程中，出现浆液冒出地表时，可采取下列措施：

1 降低注浆压力，同时提高浆液浓度，必要时掺砂或水玻璃；

2 限量注浆，间歇注浆；

3 地面进行填料反压处理。

7.7.5 注浆过程中，浆液过量流失到非注浆范围时，可采取下列措施：

1 低压或自流注浆；

2 改用较稠浆液；

3 加粗骨料；

4 添加速凝剂；

5 间歇注浆；

6 调整注浆施工顺序，首先进行周边封闭孔注浆。

7.7.6 注浆质量检验可选用标准贯入试验、轻型动力触探、静力触探、电阻率法、声波法或钻孔抽芯法。对重要工程可采用载荷试验检验。

7.7.7 注浆加固法设计、施工及质量检验尚应符合现行行业标准《既有建筑地基基础加固技术规范》JGJ 123 的有关规定。

7.8 截 排 水 法

7.8.1 当边坡工程变形及失稳与坡体积水直接相关时，宜采用截排水法对边坡工程进行加固处理。

7.8.2 对边坡加固工程采用截排水法时，应根据边坡坡体的渗透性、水源、渗透水量及环境条件等，选用下列方式进行处理：

1 原有地表截排水系统及地下排水系统失效时，应进行疏通、修复；

2 泄水孔失效时，应进行疏通或新增泄水孔；

3 当原有截排水系统不满足要求时，应新增截、排水系统，新增截、排水系统距坡顶水平距离不应小于 5m；

4 对渗透性差的含水土层，宜采用砂井与仰斜排水孔联合排水。

7.8.3 新增截、排水系统设计应符合下列规定：

1 对地表水、生活及工业用水，宜在沿坡体直接塌滑区和强变形区以外边缘的汇流区设截水沟，在坡体上沿水流汇集区设排水沟；

2 对地下水，可根据坡体渗透性及水量等采用垂向孔或斜向孔排水、渗管（井）排水、滤水层，或采用透水材料反压等；

3 在挡墙墙身上增设泄水孔。

7.8.4 地表的截、排水沟的设计应符合下列规定：

1 截、排水沟的截面形式宜采用矩形或梯形，也可采用半圆形；当通过道路等时，宜采用箱涵或涵洞；

2 截、排水沟的截面形式及尺寸应根据水量计算确定，最小宽度和深度均不应小于 300mm；

3 当考虑城市排洪要求时，截、排水沟应满足城市防排洪水设计要求。

7.8.5 盲沟（洞）排水的设计应符合下列规定：

1 盲沟宜环状或折线形布置，并与地下水流向垂直；对原有冲沟、沟谷及低凹处，宜沿低凹处布置；

2 盲沟的转折点和每隔 30m～50m 直线地段应设置检查井；

3 盲沟的断面尺寸应根据水量及施工条件等确定，沟底宽度不宜小于 0.5m，坡度不宜小于 3%；

4 盲沟沟底应低于坡体内最低的渗水层；

5 盲沟内应采用碎块石回填，表面设滤水层。

7.8.6 斜孔排水的设计应符合下列规定：

1 斜孔应根据坡体地下水情况，设置于汇水面积较大的低凹部位；

2 孔的直径应根据排水量、钻孔施工机具及孔壁加固材料等确定，且不宜小于50mm，孔的倾斜度宜为10°～15°；

3 孔壁可选用镀锌铜滤管、塑料滤管、竹管或采用风压吹砂填塞钻孔。

7.8.7 对渗透性差的含水土层，可采用砂井与仰斜排水孔联合排水措施，并应符合下列规定：

1 斜孔应进入稳定地层；

2 砂井的井底和砂井与斜孔的交接点应低于滑动面；

3 砂井充填料应保证孔隙水可以自由流入砂井，不被细粒砂土淤积。

7.8.8 对整体稳定、坡度较平缓的边坡，可优先采用植被绿化，固土防冲刷。

7.8.9 采用截排水法处理后的边坡加固工程宜同时对原支护结构采用必要的加固措施。

8 边坡工程加固

8.1 一般规定

8.1.1 既有边坡工程加固方案的选择应考虑下列因素：

1 原支护结构的损伤、破坏原因；

2 原支护结构的破坏模式和支护结构及构件的开裂变形情况；

3 新增支护结构与原支护结构受力关系的合理性及加固有效性；

4 施工方案的可行性；

5 经济合理性。

8.1.2 根据边坡工程的破坏模式、原因、施工安全及可行性以及现场条件等，边坡工程的加固可以使用一种或多种加固方法组合。当采用组合加固法时，应使组合支护结构受力、变形相协调。

8.1.3 边坡工程加固可采用新增支护结构和原有支护结构相互独立的受力体系，或新增结构与原有支护结构共同受力的组合受力体系。

8.1.4 加固方案宜优先采用有利于与原支护结构协同工作、主动受力并对边坡工程稳定性和支护结构安全性扰动小的支护结构形式。

8.1.5 下列情况宜优先采用预应力锚杆加固法：

1 已发生较大变形和开裂的边坡工程；

2 对变形控制有较高要求的边坡工程；

3 采用其他加固方法造成施工期边坡稳定性降低的边坡工程；

4 土质边坡工程。

8.1.6 当已发生较大变形和开裂的边坡支护结构的主要构件应力较高时，应首先采取预应力锚杆加固法、削方减载法或堆载反压法，对高应力构件进行卸载，降低其应力水平。当采用预应力锚杆降低支护结构的应力水平时，预应力锚杆数量除应满足卸载需要外，尚应满足锚固加固的需要。

8.1.7 支护结构前缘进一步切坡开挖形成的边坡，其设计、施工、监测等应符合现行国家标准《建筑边坡工程技术规范》GB 50330的有关规定。

8.1.8 边坡工程加固设计计算除本章有特别规定外，尚应符合第6章的有关规定。

8.2 锚杆挡墙工程的加固

8.2.1 锚杆挡墙的加固，可采用下列一种或多种加固方法：

1 锚杆挡墙整体失稳、锚杆锚固力及肋柱承载力不足时的加固，应优先采用锚固加固法，也可采用抗滑桩加固法；

2 锚杆挡墙的钢筋混凝土构件加固可采用加大截面法，也可采用锚固加固法；

3 坡脚有反压条件时，可采用堆载反压法；

4 坡顶有较高的斜坡且有削方条件时，可采用削方减载法；

5 原挡墙排水系统功能失效时，可采用截排水加固法。

8.2.2 采用锚固加固法时，应符合下列规定：

1 当锚杆挡墙的整体稳定、锚杆承载力、锚杆挡墙肋柱承载力等不足，采用锚固加固法时，可在肋柱上增设锚杆加固，也可在锚杆挡墙肋柱间增设肋柱、横梁和锚杆加固；

2 新增锚杆的位置及大小应使原挡墙和加固构件的受力合理；

3 锚杆挡墙肋柱外倾位移较大时，可在肋柱上加设预应力锚杆。

8.2.3 采用抗滑桩加固法时应符合下列规定：

1 抗滑桩宜设于肋柱中间，并应设置可靠的传力构件，或采用抗滑桩紧贴挡板原位浇筑的方法；

2 抗滑桩悬臂高度较高，或岩土体作用力较大时，应采用抗滑桩加预应力锚杆加固方法。

8.3 重力式挡墙及悬臂式、扶壁式挡墙工程的加固

8.3.1 重力式挡墙及悬臂式、扶壁式挡墙的整体稳定性、抗滑移、抗倾覆或墙身强度不满足设计要求时，可采用下列一种或多种加固方法：

1 坡体为锚固性能较好的岩土层时，可优先采用锚固加固法；

2 挡墙地基承载力较高时，可采用抗滑桩加固

法或加大截面加固法；

3 挡墙地基承载力较低或基础沉降变形较大时，可采用注浆加固法；

4 本规范第 8.2.1 条 3、4 和 5 款规定的加固方法。

8.3.2 采用锚固加固法时，应符合下列规定：

1 岩质边坡的重力式挡墙无明显变形时，可采用非预应力锚杆加固；土质边坡的重力式挡墙或挡墙变形已较大或需要严格控制变形以及需要增加较大外加抗力时，可采用预应力锚杆加固；

2 置于岩石上的重力式挡墙，无水平锚固条件时，可采用竖向预应力锚杆加固；锚固点处应增设纵向的现浇钢筋混凝土梁，梁的截面及配筋应满足外锚头的传力、构造和整体受力要求；

3 增设的锚杆和钢筋混凝土格构梁应与原挡墙形成组合受力体系。

8.3.3 采用加大截面加固法时，应符合下列规定：

1 根据设计要求、场地施工条件，可在挡墙外侧或内侧加大截面；

2 当新增挡墙和原挡墙的连接可靠且能形成整体时，加固后的支护结构按复合结构进行整体计算；

3 应考虑加大截面后对地基基础的不利影响；土质地基时，加大截面部分基础宜采用钢筋混凝土板式基础；

4 新增部分基础开挖应采用分段跳槽的开挖方案，必要时可采用削方减载等措施，确保施工开挖安全。

8.3.4 采用抗滑桩加固法时应符合下列规定：

1 抗滑桩的截面、嵌固深度及高度应按计算确定；

2 抗滑桩宜紧贴重力式挡墙面现浇，或在抗滑桩与挡墙面之间增设混凝土传力构件；

3 抗滑桩护壁设计时应考虑挡墙传来的土压力作用；

4 边坡稳定性较差时，抗滑桩施工应间隔开挖、及时浇筑混凝土，并应防止抗滑桩施工期对原支护结构安全造成不利影响。

8.3.5 扶壁式挡墙工程采用锚固加固法时，锚杆宜设于扶壁的两侧，也可设于扶壁间的立板中部。

8.3.6 悬臂式、扶壁式挡墙结构构件的加固应符合现行国家标准《混凝土结构加固设计规范》GB 50367 的有关规定。

8.4 桩板式挡墙工程的加固

8.4.1 桩板式挡墙的整体稳定性、桩及挡板构件承载力等不满足设计要求时，可采用下列一种或多种加固方法：

1 锚固区岩土层性能较好时，可采用锚固加固法；

2 基岩面埋深较浅时，可采用抗滑桩加固法；

3 桩板式挡墙因桩前土体水平承载力不足时，可采用注浆加固法；

4 本规范第 8.2.1 条 3、4 和 5 款规定的加固方法。

8.4.2 采用锚固加固法时应符合下列规定：

1 应优先采用预应力锚杆加固；

2 锚杆可设于桩身；当锚杆设于桩两侧时，应增设传力构件使新增锚杆和桩变形协调；

3 当混凝土挡板承载力不足时，可在挡板上加设锚杆及可靠的传力构件。

8.4.3 桩板式挡墙的桩前地基采用注浆加固法时，注浆区域为桩嵌固段被动土压力区。

8.4.4 采用抗滑桩加固法时，应符合下列规定：

1 抗滑桩宜设于桩板式挡墙的桩的中间，等距布置；新增抗滑桩与原有桩之间中心距不宜小于抗滑桩桩径与原有桩径的较大值的 2 倍；

2 应在新增抗滑桩、原桩板式挡墙的桩顶设置可靠的连接构件；

3 抗滑桩宜紧贴面板现浇，或增设可靠的传力构件。

8.5 岩石锚喷边坡工程的加固

8.5.1 岩石锚喷边坡整体稳定性不足、锚杆承载力不足、锚固深度不足时的加固，可采用下列一种或多种加固方法：

1 宜优先采用混凝土格构式锚固加固法；锚杆设置总量和锚杆锚固深度应计算确定；锚杆可采用非预应力锚杆，当边坡工程变形较大时，应采用预应力锚杆；

2 有施工条件时，也可采用抗滑桩加固法；

3 本规范第 8.2.1 条 3、4 和 5 款规定的加固方法。

8.5.2 当岩石锚喷边坡喷射混凝土面板或格构梁承载力不满足要求时，可采用下列加固方法：

1 喷射混凝土面板承载力不足时，可采用面板补强、置换法或锚杆加固法进行加固；置换法除应符合现行国家标准《混凝土结构加固设计规范》GB 50367 的有关规定外，置换部分的混凝土面板厚度和配筋应根据计算确定，且其厚度不应小于 100mm；

2 喷射混凝土格构梁因承载力不足出现裂缝时，应先封闭裂缝，再采用锚杆加固法或增大截面法进行加固；增大截面法应符合现行国家标准《混凝土结构加固设计规范》GB 50367 的有关规定。

8.6 坡率法边坡工程的加固

8.6.1 坡率法边坡工程的整体稳定性不满足设计要求时，可在坡脚设置抗滑桩、锚杆挡墙、重力式挡墙进行加固；也可采用本规范第 8.2.1 条 3、4 和 5 款规定的方法进行加固。

8.6.2 坡率法边坡工程的局部稳定性不满足要求时，可采用下列加固方法：

1 有锚固条件时，可采用混凝土格构式锚杆加固法；

2 坡面倾角较大、表层土体滑移时，可采用锚杆格构、砌块护坡及绿化护坡等加固方法。

8.7 地基和基础加固

8.7.1 支护结构基础尺寸或地基竖向承载力不满足设计要求时，宜采用下列一种或多种加固方法：

1 基础截面有条件加大时，可采用加大截面法；

2 有施工条件和类似工程经验时，可采用注浆加固法；

3 当地基受地下水或地表渗水不利影响较大时，可采用截排水加固法；

4 根据地基土性状，还可采用树根桩法、高压喷射注浆法、深层搅拌法等加固地基，并应符合现行行业标准《既有建筑地基基础加固技术规范》JGJ 123的有关规定。

8.7.2 支护结构基础嵌固段外侧岩土体的水平承载力不满足设计要求时，可采用下列一种或多种加固方法：

1 支护结构有外加锚固条件时，可在支护结构及基础上增设锚杆，将边坡推力传至深部稳定的地层中；无外加锚固条件时，可采用抗滑桩加固法加固；

2 当支护结构基础嵌固段被动土压力区地基土有注浆条件时，可采用注浆加固法加固。

8.7.3 支护结构地基和基础加固的其他要求尚应符合现行行业标准《既有建筑地基基础加固技术规范》JGJ 123的有关规定。

9 监　　测

9.1 一 般 规 定

9.1.1 边坡进行加固施工，对被保护对象可能引发较大变形或危害时，应对加固的边坡及被保护对象进行监测。

9.1.2 符合本规范第3.3.8条所列情况的及其他可能产生严重后果的边坡加固工程，其变形监测应按一级边坡工程监测要求执行。

9.1.3 一级边坡加固工程的监测应符合信息法施工要求，及时提供监测数据和报告。

9.1.4 边坡加固工程竣工后的监测要求应符合现行国家标准《建筑边坡工程技术规范》GB 50330的有关规定。

9.1.5 边坡加固工程应提出具体监测内容和要求。监测单位编制监测方案，经设计、监理和业主等单位共同认可后实施。

9.1.6 边坡监测工作应由两名或两名以上监测人员承担；当监测仪器测量精度与监测人员有关时，监测人员应固定不变。

9.2 监 测 工 作

9.2.1 监测方案应包括监测目的、监测项目、方法及精度要求，测点布置，监测项目报警值、信息反馈制度和现场原始状态资料记录等内容。

9.2.2 监测点的布置应满足监控要求，且边坡塌滑区影响范围内的被保护对象宜作为监测对象。

9.2.3 边坡加固工程可按表9.2.3选择监测项目。

9.2.4 变形观测点的布置应符合现行国家标准《工程测量规范》GB 50026和《建筑基坑工程监测技术规范》GB 50497的有关规定。

表 9.2.3 边坡加固工程监测项目表

测试项目	测点布置位置	边坡工程安全等级		
		一级	二级	三级
坡顶水平位移和垂直位移	支护结构顶部	应测	应测	应测
地表裂缝	坡顶背后1.0H（岩质）~1.5H（土质）范围内	应测	应测	选测
坡顶建筑物、地下管线变形	建筑物基础、墙面，管线顶面	应测	应测	选测
锚杆拉力	外锚头或锚杆主筋	应测	应测	可不测
支护结构变形	主要受力杆件	应测	选测	可不测
支护结构应力	应力最大处	宜测	宜测	可不测
地下水、渗水与降雨关系	出水点	应测	选测	可不测

注：H为挡墙高度。

9.2.5 与加固边坡工程相邻的独立建筑物的变形监测应符合下列规定：

1 设置4个以上的观测点，监测建筑物的沉降与水平位移变化情况；

2 设置不应少于2个观测断面的监测系统，监测建筑物整体倾斜变化情况；

3 建筑物已出现裂缝时，应根据裂缝分布情况，选择适当数量的控制性裂缝，对其长度、宽度、深度和发展方向的变化情况进行监测。

9.2.6 边坡坡顶背后塌滑区范围内的地面变形观测宜符合下列规定：

1 选择2条以上的典型地裂缝观测裂缝长度、宽度、深度和发展方向的变化情况；

2 选择2条以上测线，每条测线不应少于3个控制测点，监测地表面位移变化规律。

9.2.7 边坡工程临空面、支护结构体的变形监测应符合下列规定：

1 监测总断面数量不宜少于3个，且在边坡长度20m范围内至少应有一个监测断面；

2 每个监测断面测点数不宜少于3点；

3 坡顶水平位移监测总点数不应少于3点；

4 预估边坡变形最大的部位应有变形监测点。

9.2.8 锚杆应力监测应符合下列规定：

1 根据边坡加固施工进程的安排，应对鉴定时已进行过拉拔试验的原锚杆和新选择的有代表性的锚杆，测定锚杆应力和预应力变化，及时反映后续锚杆施工对已有锚杆应力和预应力变化的影响；

2 非预应力锚杆的应力监测根数不宜少于锚杆总数的3%，预应力锚杆应力监测数量不宜少于锚杆总数的5%，且不应少于3根；

3 当加固锚杆对原有支护结构构件的工作状态有影响时，宜对原有支护结构构件应力变化情况进行监测。

9.2.9 支护结构构件应力监测宜符合下列规定：

1 对同类型支护结构构件，相同受力状态，应力监测点数不应少于2点；

2 对支护结构构件的应力监测，应在边坡工程的不同高度处布置应力监测点，测点总数量不应少于3点；

3 宜采用两种或两种以上不同的应力监测方法，监测支护结构构件的应力状态。

9.2.10 当设置水文观测孔，监测地下水、渗水和降雨对边坡加固工程的影响时，观测孔的设置数量和位置应符合现行国家标准《岩土工程勘察规范》GB 50021的规定。

9.2.11 边坡加固施工初期，监测宜每天一次，且根据监测结果调整监测时间及频率。

9.2.12 边坡加固施工遇到下列情况时应及时报警，并采取相应的应急措施：

1 有软弱外倾结构面的岩土边坡支护结构坡顶有水平位移迹象或支护结构受力裂缝有发展；无外倾结构面的岩质边坡支护结构坡顶累积水平位移大于5mm或支护结构构件的最大裂缝宽度超过国家现行相关标准的允许值；土质边坡支护结构坡顶的累积最大水平位移已大于边坡开挖深度的1/500或20mm，或其水平位移速率已连续3d每天大于2mm；

2 土质边坡坡顶邻近建筑物的累积沉降或不均匀沉降已大于现行国家标准《建筑地基基础设计规范》GB 50007规定允许值的70%，或建筑物的整体倾斜度变化速度已连续3d每天大于0.00007；

3 坡顶邻近建筑物出现新裂缝、原有裂缝有新发展；

4 支护结构中有重要构件出现应力骤增、压屈、断裂、松弛或拔出的迹象；

5 边坡底部或周围土体已出现可能导致边坡剪切破坏的迹象或其他可能影响安全的征兆；

6 根据当地工程经验判断认为已出现其他必须报警的情况。

9.3 监测数据处理

9.3.1 边坡加固工程的监测资料应分类，且应按国家现行标准《工程测量规范》GB 50026和《建筑变形测量规范》JGJ 8进行整理、统计及分析，其方法及精度应符合国家现行有关标准的规定。

9.3.2 监测数据应反映监测参数与监测时间的关系，监测数据应编制成监测参数与时间关系的数据表，并绘制监测参数与监测时间关系曲线图。

9.4 监测报告

9.4.1 监测报告应结论准确、用词规范、文字简练，对于容易混淆的术语和概念应书面予以解释。

9.4.2 监测报告应包括下列内容：

1 边坡加固工程概况，包括工程名称、支护结构类型、规模、施工日期及加固边坡与周边建筑物平面图等；

2 设计单位、施工单位及监理单位名称；

3 监测原因、内容和目的，以往相关技术资料；

4 监测依据；

5 监测仪器的型号、规格和标定资料；

6 监测各阶段原始资料；

7 数据处理的依据及数据整理结果，监测参数与监测时间曲线图；

8 监测结果分析；

9 监测结论及建议；

10 监测日期，报告完成日期；

11 监测人员、审核和批准人员签字。

10 加固工程施工及验收

10.1 一般规定

10.1.1 既有边坡加固工程应根据其加固前现状、工程地质和水文地质、加固设计文件、鉴定结果、安全等级、边坡环境等条件编制施工方案，采取适当的措施保证施工安全。

10.1.2 对不稳定或欠稳定的边坡工程，应根据加固前边坡工程已发生的变形迹象、地质特征和可能发生的破坏模式等情况，采取有效的措施增加边坡工程稳定性，确保边坡工程和施工安全。严禁无序大开挖、大爆破作业。

10.1.3 严禁在边坡潜在塌滑区内超量堆载。

10.1.4 边坡加固工程施工时应采取有组织的截、排水措施，满足地下水、暴雨和施工用水等的排放要求。有条件时宜结合边坡工程的永久性排水措施进行。

10.1.5 施工时应建立边坡工程变形观测点，进行自检观测。雨期施工时应适当加大观测的频率。

10.1.6 边坡加固工程施工组织设计除应按规定审核外，尚应经勘察及设计单位等认可。

10.1.7 一级边坡加固工程应采用信息法施工，并符合现行国家标准《建筑边坡工程技术规范》GB 50330 的有关规定。

10.1.8 边坡加固工程施工质量的验收除应符合本规范规定外，尚应符合现行国家标准《建筑工程施工质量验收统一标准》GB 50300 的规定。

10.2 施工组织设计

10.2.1 边坡加固工程施工组织设计应包括下列内容：

1 工程概况

边坡环境和邻近建筑物基础资料、场区地形、工程地质与水文地质特点、施工条件、边坡加固设计方案的技术特点和难点、及对施工的特殊要求。

2 施工准备

熟悉地勘资料、设计图，技术准备、施工所需的设备、材料采购和进场、劳动力等计划。

3 施工方案

拟定施工场地平面布置、边坡加固施工合理的施工顺序、施工方法、监测方案，尽量避免交叉作业、相互干扰；施工最不利工况的安全性验算应符合现行国家标准《建筑边坡工程技术规范》GB 50330 的有关规定。

4 施工措施及要求

应有质量保证体系和措施、安全管理和文明施工、环保措施；施工技术管理人员应具有边坡加固工程施工经验。

5 应急预案

根据可能的危险源、现场地形、地貌等基本情况，编制应急预案。

10.2.2 边坡加固工程组织设计应反映信息法施工的特殊要求。

10.3 施工险情应急措施

10.3.1 建筑边坡加固工程施工过程中出现险情时，应做好边坡支护结构和边坡环境异常情况资料收集、整理及汇编等工作。

10.3.2 当边坡工程变形过大，变形速率过快，周边建筑物、地面出现沉降开裂等险情时应暂停施工，根据险情原因选择下列应急措施：

1 在坡顶主动推力区进行削方减载，减小岩土体压力；

2 在坡脚被动区采用堆载反压法进行临时抢险处理；

3 封闭坡面及坡面裂缝，做好临时防水、排水措施；

4 对支护结构进行临时加固；

5 对险情段加强监测；

6 立即向勘察和设计等单位反馈信息，开展勘察和设计资料复审，按现状进行施工工况验算，并提出合理排险措施；

7 危及相关人员安全和财产损失时应撤出边坡加固工程影响范围内的人员及财产。

10.4 工程验收

10.4.1 边坡加固工程施工质量验收应取得下列资料：

1 边坡加固工程的设计文件，边坡加固工程勘察报告和鉴定报告；

2 原材料出厂合格证，进场材料复检报告或委托检验报告；

3 混凝土、砂浆强度检验报告；

4 边坡加固工程与周围建筑物位置关系图；

5 支护结构或构件的有关检验报告；

6 隐蔽工程验收记录；

7 边坡加固工程和周围建筑物监测报告；

8 设计变更通知、重大问题处理文件和技术洽商记录；

9 施工记录和竣工图。

10.4.2 边坡加固工程验收应符合下列规定：

1 检验批工程的质量验收应分别按主控项目和一般项目验收；

2 隐蔽工程应在施工单位自检合格后，于隐蔽前通知有关人员检查验收，并形成中间验收文件；

3 分部或子分部工程的验收，应在分项工程通过验收的基础上，对必要的部位进行见证检验验收；

4 边坡加固工程完工后，施工单位自行组织有关人员进行检查评定，并向建设单位提交工程验收报告；

5 建设单位收到边坡加固工程验收报告后，应由建设单位组织施工、勘察、设计及监理等单位进行边坡加固工程验收。

附录 A 原有支护结构有效抗力作用下的边坡稳定性计算方法

A.0.1 对圆弧形滑面可采用简化毕肖普法，边坡稳定性系数可按下列公式计算（图 A.0.1）：

$$F_s=\frac{\sum_{i=1}^{n}\frac{1}{m_{\theta i}}\left[c_iL_i\cos\theta_i+(G_i+G_{bi}+R_{0i}\sin\alpha_i-U_i\cos\theta_i)\tan\varphi_i\right]}{\sum_{i=1}^{n}\left[(G_i+G_{bi})\sin\theta_i+Q_i\cos\theta_i-R_{0i}\cos(\theta_i+\alpha_i)\right]} \quad (A.0.1\text{-}1)$$

$$m_{\theta i}=\cos\theta_i+\frac{\tan\varphi_i\sin\theta_i}{F_s} \quad (A.0.1\text{-}2)$$

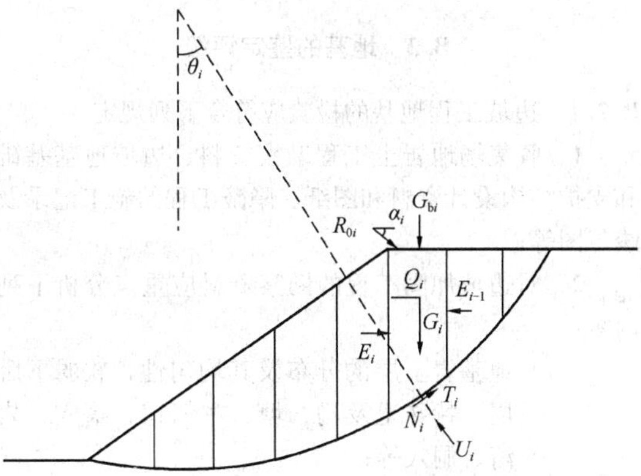

图 A.0.1 圆弧形滑面边坡计算模型示意

$$U_i = \frac{1}{2}\gamma_w(h_{wi}+h_{w,i-1})L_i \qquad (A.0.1\text{-}3)$$

式中：F_s——边坡稳定性系数；

c_i——第 i 计算条块滑面黏聚力（kPa）；

φ_i——第 i 计算条块滑面内摩擦角（°）；

L_i——第 i 计算条块滑面长度（m）；

θ_i——第 i 计算条块滑面倾角（°），滑面倾向与滑动方向相同时取正值，底面倾向与滑动方向相反时取负值；

U_i——第 i 计算条块滑面单位宽度总水压力（kN/m）；

G_i——第 i 计算条块单位宽度岩土体自重（kN/m）；

G_{bi}——第 i 计算条块单位宽度附加竖向荷载（kN/m）；方向指向下方时取正值，指向上方时取负值；

Q_i——第 i 计算条块单位宽度水平荷载（kN/m）；方向指向坡外时取正值，指向坡内时取负值；

R_{0i}——第 i 计算条块所受原有支护结构单位宽度有效抗力（kN/m）；当只在最末一个条块上作用有有效抗力 R_0 时，取 $R_{0i}=0$（$i<n$），$R_{0n}=R_0$；

α_i——第 i 计算条块原有支护结构单位宽度有效抗力倾角（°）；有效抗力方向指向斜下方时取正值，指向斜上方时取负值；

$h_{wi}, h_{w,i-1}$——第 i 及第 $i-1$ 计算条块滑面前端水头高度（m）；

γ_w——水重度，取 $10kN/m^3$；

i——计算条块号，从后方起编；

n——条块数量。

A.0.2 对平面滑面，边坡稳定性系数可按下列公式计算（图 A.0.2）：

$$F_s = \frac{R}{T} \qquad (A.0.2\text{-}1)$$

$$R = [(G+G_b)\cos\theta - Q\sin\theta + R_0\sin(\theta+\alpha) - V\sin\theta - U]\tan\varphi + cL \qquad (A.0.2\text{-}2)$$

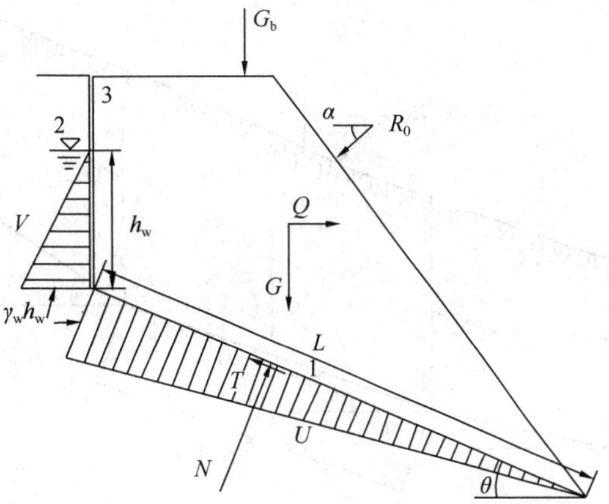

图 A.0.2 平面滑面边坡计算模型示意

1—滑面；2—地下水位；3—后缘裂缝

$$T = (G+G_b)\sin\theta + Q\cos\theta - R_0\cos(\theta+\alpha) + V\cos\theta \qquad (A.0.2\text{-}3)$$

$$V = \frac{1}{2}\gamma_w h_w^2 \qquad (A.0.2\text{-}4)$$

$$U = \frac{1}{2}\gamma_w h_w L \qquad (A.0.2\text{-}5)$$

式中：T——滑体单位宽度重力及其他外力引起的下滑力（kN/m）；

R——滑体单位宽度重力及其他外力引起的抗滑力（kN/m）；

c——滑面的黏聚力（kPa）；

φ——滑面的内摩擦角（°）；

L——滑面长度（m）；

G——滑体单位宽度重力（kN/m）；

G_b——滑体单位宽度附加竖向荷载（kN/m）；方向指向下方时取正值，指向上方时取负值；

θ——滑面倾角（°）；

U——滑面单位宽度总水压力（kN/m）；

V——后缘陡倾裂隙单位宽度总水压力（kN/m）；

Q——滑体单位宽度水平荷载（kN/m）；方向指向坡外时取正值，指向坡内时取负值；

R_0——滑体所受原有支护结构单位宽度有效抗力（kN/m）；

α——原有支护结构单位宽度有效抗力倾角（°）；有效抗力方向指向斜下方时取正值，指向斜上方时取负值；

h_w——后缘陡倾裂隙充水高度（m），根据裂隙情况及汇水条件确定。

A.0.3 对折线形滑面可采用传递系数法隐式解，边坡稳定性系数可按下列公式计算（图 A.0.3）：

$$P_n = 0 \qquad (A.0.3\text{-}1)$$

$$P_i = P_{i-1}\varphi_{i-1} + T_i - R_i/F_s \qquad (A.0.3\text{-}2)$$

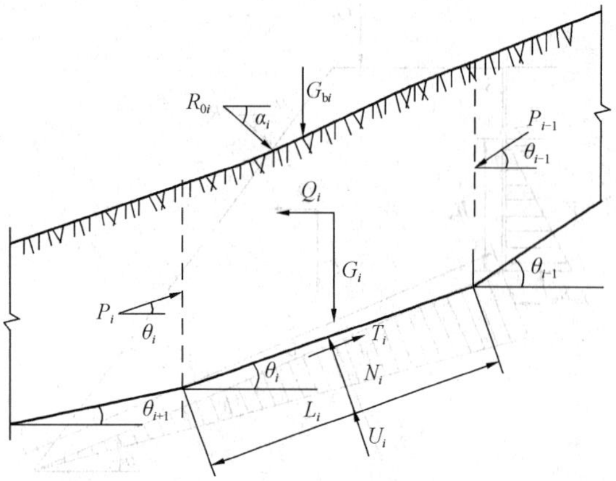

图 A.0.3　折线形滑面边坡传递系数法计算模型示意

$$\varphi_{i-1}=\cos(\theta_{i-1}-\theta_i)-\sin(\theta_{i-1}-\theta_i)\tan\varphi_i/F_s \tag{A.0.3-3}$$

$$T_i=(G_i+G_{bi})\sin\theta_i+Q_i\cos\theta_i-R_{0i}\cos(\theta+\alpha_i) \tag{A.0.3-4}$$

$$R_i=c_iL_i+[(G_i+G_{bi})\cos\theta_i-Q_i\sin\theta_i+R_{0i}\sin(\theta+\alpha_i)-U_i]\tan\varphi_i \tag{A.0.3-5}$$

式中：P_n——第 n 条块单位宽度剩余下滑力（kN/m）；

P_i——第 i 计算条块与第 $i+1$ 计算条块单位宽度剩余下滑力（kN/m）；当 $P_i<0$（$i<n$）时取 $P_i=0$；

φ_{i-1}——第 $i-1$ 计算条块对第 i 计算条块的传递系数；

T_i——第 i 计算条块单位宽度重力及其他外力引起的下滑力（kN/m）；

R_i——第 i 计算条块单位宽度重力及其他外力引起的抗滑力（kN/m）。

附录 B　支护结构地基基础安全性鉴定评级

B.1　一般规定

B.1.1　支护结构地基基础的安全性鉴定，包括地基及基础二个项目，以及基础、基础梁和桩三种主要构件。

B.1.2　支护结构地基的岩土性能标准值和地基承载力标准值应按边坡加固工程的勘察资料确定。

B.1.3　根据地基、基础变形观测资料、上部支护结构变形、损伤情况及当地工程实践经验，结合地基和基础的承载力检测验算，综合评定支护结构地基、基础的安全性。

B.1.4　支护结构地基基础的安全性评定以地基及基础二个项目中的最低评定等级作为地基基础的安全性评定等级。

B.2　地基的鉴定评级

B.2.1　边坡工程地基的检验应符合下列规定：

1　收集场地岩土工程勘察资料、边坡地基基础和支护结构设计资料和图纸、隐蔽工程的施工记录及竣工图等；

2　对边坡加固工程的勘察资料应重点分析下列内容：

1）地基岩土层的分布及其均匀性，软弱下卧层、特殊土及沟、塘、古河道、墓穴、岩溶、洞穴等；

2）地基岩土的物理力学性能；

3）地下水的水位、渗流及其腐蚀性；

4）场地稳定性；

5）地基震害特性。

3　调查边坡实际使用荷载、支护结构变形、裂缝、损伤等情况，并分析其原因；

4　调查邻近建筑物、地下工程、管线等情况，并分析其对地基的影响程度；

5　根据收集的资料和调查情况进行综合分析，提出检测方法、进行地基抽样检测。

B.2.2　根据边坡工程和场地的实际条件，可选择下列检测工作：

1　采用钻探、井探、槽探或地球物理等方法进行勘探；

2　进行原状土、岩石的室内物理力学性能试验；

3　进行载荷试验、静力触探试验、十字板剪切试验等原位测试。

B.2.3　根据检测数据、计算分析结果及本地区工程经验，地基的安全性评级应符合下列规定：

A_u 级：地基承载力符合国家现行标准要求，或不均匀沉降、整体沉降量小于现行国家标准《建筑地基基础设计规范》GB 50007 规定的允许值，支护结构无裂缝、变形。

B_u 级：地基承载力符合国家现行标准要求，不均匀沉降、整体沉降量不超过现行国家标准《建筑地基基础设计规范》GB 50007 规定的允许值，支护结构虽有轻微裂缝、变形，但无发展迹象。

C_u 级：地基承载力不符合现行国家标准《建筑地基基础设计规范》GB 50007 和《建筑边坡工程技术规范》GB 50330 要求，不均匀沉降、整体沉降量不超过现行国家标准《建筑地基基础设计规范》GB 50007 规定的允许值的 1.05 倍，支护结构有裂缝、变形，且短期内无终止迹象。

D_u 级：地基承载力严重不符合国家现行标准要求，不均匀沉降、整体沉降量大于现行国家标准《建筑地基基础设计规范》GB 50007 规定的允许值的 1.05 倍，或支护结构有严重变形裂缝，且危及支护结构或构件的安全性。

B.3 基础的鉴定评级

B.3.1 基础的调查应符合下列规定：

1 收集基础、支护结构和管线设计资料和竣工图，了解支护结构各部分基础的实际荷载；

2 应进行现场调查；可通过开挖探坑验证基础类型、材料、尺寸及埋置深度，检查基础开裂、腐蚀或损坏程度。判断基础材料的强度等级。对变形或开裂的支护结构尚应查明基础的倾斜、弯曲、扭曲等情况。对桩基应查明其进入岩土层的深度、持力层情况和桩身质量。

B.3.2 基础应进行下列检验工作：

1 目测基础的外观质量；

2 用检测设备查明基础的质量，用非破损法或局部破损法检测基础材料的强度；

3 检查钢筋的直径、数量、位置、保护层厚度和锈蚀情况；

4 对桩基可通过沉降、侧移观测，判断桩基工作状态。

B.3.3 根据检测数据、计算分析结果及本地区工程经验，基础的安全性评级应符合下列规定：

A_u 级：基础强度、刚度及耐久性符合国家现行标准要求，支护结构基础无沉降、侧移、裂缝、变形。

B_u 级：基础强度、刚度及耐久性基本符合国家现行标准要求，不均匀沉降、侧移及耐久性不超过国家现行标准规定的允许值，支护结构虽有轻微裂缝、变形，但无发展迹象。

C_u 级：基础强度、刚度及耐久性不符合国家现行标准要求，不均匀沉降、侧移及耐久性不超过国家现行标准规定的允许值的1.05倍，支护结构有裂缝、变形，且短期内无终止迹象。

D_u 级：基础强度、刚度及耐久性严重不符合国家现行标准要求，不均匀沉降、侧移及耐久性大于国家相关规范规定的允许值的1.05倍，或支护结构有严重变形裂缝，且危及支护结构或构件的安全性。

附录C 鉴定单元稳定性鉴定评级

C.0.1 稳定性评级分为支护结构稳定性评级和鉴定单元整体稳定性评级。

C.0.2 鉴定单元稳定性鉴定评级应符合下列规定：

1 资料调查应符合本规范第B.2.1、B.3.1条的规定；

2 支护结构构件、地基基础和附属工程安全性评级已经完成；

3 稳定性评级应以鉴定单元或子单元作为评定对象；

4 已经出现稳定性破坏的或已有重大安全事故迹象的鉴定单元，应直接评定为 D_{su} 级。

C.0.3 对支护结构按抗滑稳定性和抗倾覆稳定性进行安全性鉴定评级时，应符合下列规定：

1 以抗滑稳定性和抗倾覆稳定性的最低鉴定等级作为鉴定单元的安全性等级；

2 支护结构无变形、倾覆迹象，结合当地工程经验，可直接将其抗滑稳定性和抗倾覆稳定性评定为 A_{su} 级或 B_{su} 级；

3 支护结构有变形、倾覆迹象，应按实际检测数据验算评定支护结构抗滑和抗倾覆稳定性，其评定等级应符合表C.0.3-1和表C.0.3-2的规定。

表C.0.3-1 一、二级边坡工程支护结构抗滑、抗倾覆稳定性评级表

稳定性系数	≥1.00F_s 或 F_t	≥0.95F_s 或 F_t	≥0.90F_s 或 F_t	<0.90F_s 或 F_t
评定等级	A_{su}	B_{su}	C_{su}	D_{su}

注：F_s、F_t 为抗滑或抗倾覆稳定安全系数。

表C.0.3-2 三级边坡工程支护结构抗滑、抗倾覆稳定性评级表

稳定性系数	≥1.00F_s 或 F_t	≥0.93F_s 或 F_t	≥0.87F_s 或 F_t	<0.87F_s 或 F_t
评定等级	A_{su}	B_{su}	C_{su}	D_{su}

注：F_s、F_t 为抗滑或抗倾覆稳定安全系数。

C.0.4 应根据鉴定单元整体变形迹象、大小、稳定性验算结果及当地工程实际经验，综合评定鉴定单元整体稳定性，且鉴定单元整体稳定性评级应符合下列规定：

1 已经出现整体稳定性破坏的或已有重大安全事故迹象的鉴定单元，其稳定性评级按本规范第C.0.2条规定执行；

2 当鉴定单元及其影响范围内的岩土体、建筑物无变形、裂缝等异常现象时，可结合当地工程经验和建设年代，将其稳定性评定为 A_{su} 级或 B_{su} 级；

3 当鉴定单元及其影响范围内的岩土体、建筑物有变形、裂缝等异常现象，但无破坏迹象时，其稳定性评定等级应符合表C.0.4的规定。

表C.0.4 鉴定单元整体稳定性评级表

稳定性系数	≥1.00F_{st}	≥0.96F_{st}	≥0.93F_{st}	<0.93F_{st}
评定等级	A_{su}	B_{su}	C_{su}	D_{su}

注：1 F_{st} 为对应鉴定单元整体稳定安全系数；
2 边坡滑塌区影响范围内无重要建筑物时取小值。

本规范用词说明

1　为便于在执行本规范条文时区别对待，对要求严格程度不同的用词说明如下：

1）表示很严格，非这样做不可的：

正面词采用“必须”，反面词采用“严禁”；

2）表示严格，在正常情况下均应这样做的：

正面词采用“应”，反面词采用“不应”或“不得”；

3）表示允许稍有选择，在条件许可时首先应这样做的：

正面词采用“宜”，反面词采用“不宜”；

4）表示有选择，在一定条件下可以这样做的，采用“可”。

2　条文中指明应按其他有关标准执行的写法为：“应符合……的规定”或“应按……执行”。

引用标准名录

1　《建筑地基基础设计规范》GB 50007

2　《混凝土结构设计规范》GB 50010

3　《岩土工程勘察规范》GB 50021

4　《工程测量规范》GB 50026

5　《工业建筑防腐蚀设计规范》GB 50046

6　《工业建筑可靠性鉴定标准》GB 50144

7　《建筑工程施工质量验收统一标准》GB 50300

8　《建筑边坡工程技术规范》GB 50330

9　《建筑结构检测技术标准》GB/T 50344

10　《混凝土结构加固设计规范》GB 50367

11　《建筑基坑工程监测技术规范》GB 50497

12　《砌体结构加固设计规范》GB 50702

13　《砌墙砖试验方法》GB/T 2542

14　《建筑变形测量规范》JGJ 8

15　《既有建筑地基基础加固技术规范》JGJ 123

中华人民共和国国家标准

建筑边坡工程鉴定与加固技术规范

GB 50843—2013

条文说明

制 订 说 明

《建筑边坡工程鉴定与加固技术规范》GB 50843－2013，经住房和城乡建设部2012年12月25日以第1586号公告批准、发布。

本规范编制过程中，编制组进行了广泛的调查研究，总结了我国工程建设的实践经验，同时参考了国外先进技术法规、技术标准，取得了重要技术参数。

为便于广大设计、施工、科研、学校等单位有关人员在使用本规范时能正确理解和执行条文规定，《建筑边坡工程鉴定与加固技术规范》编制组按章、节、条顺序编制了本规范的条文说明，对条文规定的目的、依据以及执行中需注意的有关事项进行了说明，还着重对强制性条文的强制性理由做了解释。但是，本条文说明不具备与规范正文同等的法律效力，仅供使用者作为理解和把握规范规定的参考。

目　次

1　总则 ………………………………………… 13—30
2　术语和符号 ………………………………… 13—30
2.1　术语 ………………………………………… 13—30
2.2　符号 ………………………………………… 13—30
3　基本规定 …………………………………… 13—30
3.1　一般规定 …………………………………… 13—30
3.2　边坡工程鉴定 ……………………………… 13—30
3.3　边坡工程加固设计 ………………………… 13—31
4　边坡加固工程勘察 ………………………… 13—31
4.1　一般规定 …………………………………… 13—31
4.2　勘察工作 …………………………………… 13—31
4.3　稳定性分析评价 …………………………… 13—31
4.4　参数取值 …………………………………… 13—32
5　边坡工程鉴定 ……………………………… 13—33
5.1　一般规定 …………………………………… 13—33
5.2　鉴定的程序与工作内容 …………………… 13—33
5.3　调查与检测 ………………………………… 13—34
5.4　鉴定评级标准 ……………………………… 13—34
5.5　支护结构构件的鉴定与评级 ……………… 13—34
5.6　子单元的鉴定评级 ………………………… 13—35
5.7　鉴定单元的鉴定评级 ……………………… 13—35
6　边坡加固工程设计计算 …………………… 13—35
6.1　一般规定 …………………………………… 13—35
6.2　计算原则 …………………………………… 13—35
6.3　计算参数 …………………………………… 13—36
7　边坡工程加固方法 ………………………… 13—37
7.1　一般规定 …………………………………… 13—37
7.2　削方减载法 ………………………………… 13—37
7.3　堆载反压法 ………………………………… 13—37
7.4　锚固加固法 ………………………………… 13—37
7.5　抗滑桩加固法 ……………………………… 13—38
7.6　加大截面加固法 …………………………… 13—38
7.7　注浆加固法 ………………………………… 13—38
7.8　截排水法 …………………………………… 13—39
8　边坡工程加固 ……………………………… 13—39
8.1　一般规定 …………………………………… 13—39
8.2　锚杆挡墙工程的加固 ……………………… 13—40
8.3　重力式挡墙及悬臂式、扶壁式挡墙工程的加固 …………………………… 13—40
8.4　桩板式挡墙工程的加固 …………………… 13—41
8.5　岩石锚喷边坡工程的加固 ………………… 13—41
8.6　坡率法边坡工程的加固 …………………… 13—41
8.7　地基和基础加固 …………………………… 13—41
9　监测 ………………………………………… 13—41
9.1　一般规定 …………………………………… 13—41
9.2　监测工作 …………………………………… 13—42
9.3　监测数据处理 ……………………………… 13—42
9.4　监测报告 …………………………………… 13—42
10　加固工程施工及验收 ……………………… 13—42
10.1　一般规定 …………………………………… 13—42
10.2　施工组织设计 ……………………………… 13—42
10.3　施工险情应急措施 ………………………… 13—42
附录B　支护结构地基基础安全性鉴定评级 ……………………………………… 13—43
附录C　鉴定单元稳定性鉴定评级 ……………………………………… 13—43

1 总　　则

1.0.1 既有边坡工程鉴定与加固涉及边坡工程施工质量、性能检测、工程地质、水文地质、岩土力学、支护结构、锚固技术、施工及监测等多门学科。边坡工程岩土特性复杂多变，破坏模式、计算参数及计算理论存在诸多不确定性。因勘察、设计、施工和管理不当等原因造成一些质量低劣、安全度低、耐久性差、抗震性能低及年久失修的边坡工程，对存在安全隐患或影响正常使用的边坡工程急需加固处理。制定本规范的目的是使边坡工程的鉴定与加固技术标准化、规范化，符合技术可靠、安全适用、经济合理、确保质量、保护环境的要求。

1.0.2 本规范适用于岩土质基坑边坡及非软土类等一般岩土边坡工程的鉴定与加固。超过本条规定高度的边坡工程鉴定与加固工程实例较少且工程经验欠充分，因此对超高边坡工程的鉴定与加固设计应作必要的加强处理，特别是对地质和环境条件很复杂的边坡工程，应针对地质和环境条件的复杂特点，采取特殊的加强措施，进行专门的鉴定与加固设计。

1.0.3 对软土、湿陷性黄土、冻土及膨胀土等特殊性岩土边坡工程，以及地震区、灾后的边坡工程的鉴定与加固，原则上也可使用，但上述边坡工程的特殊技术问题如抗隆起、抗渗流、湿陷性和膨胀性处理、锚固技术处理及支护结构选型等，还应按国家现行相关标准执行。

1.0.4 边坡工程鉴定与加固是一门综合性和边缘性强的工程技术学科，本规范是我国第一本有关边坡工程鉴定与加固的技术规范，主要内容为边坡工程的安全性、适用性、耐久性和施工质量鉴定，以及边坡工程的加固设计、勘察、监测、施工和质量验收等。因此，本条规定除遵守本规范外，边坡工程鉴定与加固设计涉及的其他技术要求还应符合《建筑边坡工程技术规范》GB 50330等国家现行标准的相关规定。

2 术语和符号

2.1 术　　语

2.1.1～2.1.19 本节根据既有边坡工程鉴定与加固的特点，给出了本规范主要术语的定义。一些术语与国家现行有关规范是一致的。

2.2 符　　号

2.2.1～2.2.5 本节给出的符号主要是本规范出现的符号，其他符号应按国家现行有关标准执行。

3 基本规定

3.1 一般规定

3.1.1 岩土边坡工程特性复杂多变，岩土体计算参数、设计理论和计算方法均存在诸多不确定性，加之现有检测手段有限，因此边坡工程的加固设计、鉴定更具有复杂性和不确定性。为确保加固工程的质量，要求在施工全过程中采用信息化动态管理方法，根据施工中反馈的信息和监测数据，对加固设计、地质勘察、鉴定结论和施工方案作相应的调整、补充和修改，是一种客观求实、稳妥、安全的设计方法。

1 动态设计的基本原则要求设计者应掌握施工开挖反映的真实地质特征，边坡变形量、应力监测值，确认和核实原设计参数取值，计算方法、设计方案的合理性，必要时对原设计作补充和完善；

2 山区地质情况复杂多变，受多种因素制约，勘察资料准确性的保证率较低，勘察结论失误造成的工程事故不乏其例；动态设计也包括勘察，勘察应根据施工开挖揭示的地质真实情况，查对核实原地质勘察结论的正确性，当出现异常变化时及时修改地质勘察结论并通知设计、鉴定和施工单位作相应的调整处理；

3 信息法施工的要求和内容应按现行国家标准《建筑边坡工程技术规范》GB 50330关于“信息法施工”的规定执行；

4 当施工中反馈的信息确定原勘察结论需作修改，原提供的支护结构等原始条件不准确时，鉴定也应与设计、勘察共同执行动态管理原则，对原鉴定结论进行相应调整。

3.1.3 加固后边坡工程应进行正常维护，例如排水系统、坡面绿化等的维护，并要求不得改变加固后边坡工程的用途和使用条件。使用条件的改变一般是边坡顶地面使用荷载增大、坡顶建筑荷载超过原边坡支护结构荷载允许值、边坡高度增高、排水系统失效等造成边坡安全系数降低的改变。

3.2 边坡工程鉴定

3.2.1 边坡工程鉴定的适用范围为边坡工程安全性、正常使用性及耐久性鉴定及边坡工程施工质量鉴定。

3.2.2 任何建（构）筑物工程的鉴定均应明确鉴定的对象、范围和要求，因此，边坡工程的鉴定也不例外。根据鉴定对象和鉴定目的的差异，鉴定对象可以是整个边坡工程，相对独立的鉴定单元、特定的支护结构或构件；一般情况下为使委托方应用方便、目标明确，应根据支护结构类型、构造、边坡高度及作用荷载大小等情况，由鉴定单位协助委托单位确定鉴定对象和鉴定目的，可将边坡工程划分成若干个独立的鉴定单元（子单元），以鉴定单元（子单元）作为基本鉴定对象。

3.2.3 对特殊原因如洪水、泥石流等造成的边坡工程灾害或损伤的鉴定应根据产生灾害原因的不同，结合本规范的有关规定，选择相应的国家现行有关标准进行对应项目的鉴定。

3.2.4 边坡工程各鉴定单元的鉴定通常需要明确其鉴定后的目标使用年限，故应根据边坡工程各鉴定单元的安全等级、已使用的年限、目前的工作状态和未来的使用要求，按国家现行相关标准确定。当国家现行相关标准无明确规定时，应由委托方和鉴定方根据现有边坡工程的安全等级、技术水平、参考同类工程经验及国家现行相关标准的一般规定共同商定；对边坡工程的不同鉴定单元，由于其所处位置、环境、使用条件、破坏后果及要求等的差别，可确定不同的目标使用年限。

3.3 边坡工程加固设计

3.3.3 边坡工程的危及对象、经济损失及不良社会影响等发生变化，使用条件和环境发生改变，例如边坡的高度减低或增高，边坡坡顶和坡脚邻近增加或取消重要建筑物等后，边坡加固工程的安全等级应根据情况作相应的调高或调低。

3.3.6 边坡加固工程的设计方案优化是设计成功的关键，设计方案的制定应根据本条和第8章的相应规定，执行多方案的比较和优选，最终确定合理的加固设计方案。

适修性差的边坡工程指既有边坡工程的加固费用超过新建支护结构费用的70%以上，此时已不适合采用对原支护结构进行加固的做法。

3.3.7 当边坡工程已发生较大的变形，原支护结构出现破坏迹象时，加固设计方案首先应考虑提高施工期边坡稳定性和支护结构安全性的临时性的预加固措施。例如，组织好排水，增加临时性的支护，或提前实施部分加固措施等，以保证施工过程中的安全。避免因加固施工的扰动进一步降低原边坡工程的稳定性，出现过大变形和塌滑现象。

3.3.8 本条所指的需加固的既有边坡工程情况复杂、技术难度大、风险高，组织专家进行专门论证，可达到设计和施工方案合理，技术先进，确保质量，安全经济的良好效果。重庆、广州、上海、北京等地区在主管部门领导下采用专家论证方式，在解决重大边坡工程技术难题和减少工程事故方面取得了良好效果。本条所指的“新结构、新技术”是指尚未被规范和有关法规认可的“新型支护结构、新型支护技术”等。

4 边坡加固工程勘察

4.1 一 般 规 定

4.1.1 边坡加固工程勘察是边坡加固设计和鉴定的依据，为了满足既有边坡加固的需要，加固设计前应进行工程勘察。当既有边坡工程无勘察资料，或原勘察资料不能满足工程鉴定需要时，边坡工程鉴定前应进行工程勘察。

既有建筑边坡工程加固和鉴定前，建设单位应提供符合本规范要求的，经具有相应资质的施工图审查机构审查合格的既有建筑边坡工程勘察文件，否则，鉴定单位不应开展既有建筑边坡工程鉴定工作，设计单位不得进行既有建筑边坡工程的加固设计。

原边坡勘察资料经复核、验证后能满足边坡工程鉴定与加固设计需要时，可经具有相应资质的勘察单位确认后使用。

4.1.2 充分利用既有边坡工程勘察资料，可以节省工作量，避免重复工作。验证已有资料是否适合目前边坡状态是必要的。

4.1.3 既有边坡加固情况不同，勘察工作内容、工作深度也不同，相关标准也有具体要求，这里强调要有针对性。

4.2 勘 察 工 作

4.2.1 既有边坡工程相关资料较多，包括边坡工程的规模、支护形式、边坡顶、底高程和支护结构尺寸，原支护设计图、隐蔽工程的施工记录和竣工图、边坡变形监测资料以及其他相关资料等均应收集完整。

4.2.2 在已有资料的情况下，初勘工作的重点是查明可能发生变化的评价参数（如抗剪强度等）。

4.3 稳定性分析评价

4.3.3 既有边坡工程由于存在支护结构与没有支护结构时的边坡力平衡体系是不一样的，支护结构为边坡稳定提供了抗力。因此，边坡加固工程稳定性计算时应当合理考虑原支护结构的有效抗力。但是，要准确地确定原有支护结构的有效抗力较为困难。边坡加固工程勘察时，可根据边坡破坏模式、变形破坏情况和地区工程经验对原有支护结构的有效抗力进行预估，最终以边坡鉴定报告为准。

当支护结构完全破坏已失效或滑动面位于支护结构体外（滑动面位于支护结构基础之下或支护结构之上）时，边坡加固工程稳定性验算不考虑原有支护结构的有效抗力。

4.3.4 存在原有支护结构有效抗力作用时，边坡稳定性将有不同程度的提高，边坡稳定性计算需要考虑有效抗力的作用。附录A根据滑面的不同提供了不同的边坡稳定性计算方法。为与国家标准《建筑边坡工程技术规范》保持一致，附录A所附边坡稳定性计算方法与即将发布的国家标准《建筑边坡工程技术规范》（修编版）相同，即：对圆弧形滑面采用简化毕肖普法［即式（A.0.1-1）～式（A.0.1-3）］，对折线形滑面采用传递系数隐式解法［即式（A.0.3-1）～式（A.0.3-5）］，但为了清楚地反映原有支护结构有效抗力的作用，将有效抗力产生的水平分力和竖向分力分别从式中的水平荷载和竖向附加荷载中分离出来，单独列出。对平面滑动问题，原有支护结构有效抗力也如此处理。

传递系数法有隐式解与显式解两种形式。显式解的出现是由于当时计算机不普及，对传递系数作了一个简化的假设，将传递系数中的安全系数值假设为1，从而使计算简化，但增加了计算误差。同时对安全系数作了新的定义，在这一定义中当荷载增大时只考虑下滑力的增大，不考虑抗滑力的提高，这也不符合力学规律。因而隐式解优于显式解，当前计算机已经很普及，应当回归到原来的传递系数法。

无论隐式解与显式解法，传递系数法都存在一个缺陷，即对折线形滑面有严格的要求，如果两滑面间的夹角（即转折点处的两倾角的差值）过大，就会出现不可忽视的误差。因而当转折点处的两倾角的差值超过10°时，需要对滑面进行处理，以消除尖角效应。一般可采用对突变的倾角作圆弧连接，然后在弧上插点，来减少倾角的变化值，使其小于10°，处理后，误差可以达到工程要求。

对于折线形滑动面，国际通常采用摩根斯坦-普赖斯法进行计算。摩根斯坦-普赖斯法是一种严格的条分法，计算精度很高，也是国外和国内水利水电部门等推荐采用的方法。由于国内工程界习惯采用传递系数法，通过比较，尽管传递系数法是一种非严格的条分法，如果采用隐式解法且两滑面间的夹角不大，该法也有很高的精度，而且计算简单，国内广为应用，我国工程师比较熟悉，所以本规范建议采用传递系数隐式解法。在实际工程中，也可采用国际上通用的摩根斯坦-普赖斯法进行计算。

原有支护结构有效抗力倾角取决于有效抗力的方向，有效抗力的方向与支护结构承载力验算式中荷载项的方向相反。有效抗力的作用点与支护结构承载力验算式中荷载项的作用点相同。

需要注意的是，公式中的原有支护结构有效抗力是单位宽度有效抗力。计算时，对锚杆和支护桩，应根据锚杆间距和桩距将锚杆和支护桩的有效抗力换算为单位宽度有效抗力。

为简化计算，在式（A.0.1-1）中，把各种力引起的平行滑面分力（即滑弧切向分力）的力臂均视为与滑弧半径 R 等长，因此，式中不出现力臂的符号。

在附录A各式中，因原有支护结构有效抗力 R_0 或 R_{0i} 已单独列出，滑体单位宽度水平荷载 Q 及第 i 计算条块单位宽度水平荷载 Q_i 在通常情况下是地震力，其作用点位于滑体或计算条块重心处。

例：某边坡以重力为荷载，无地下水、也无水平荷载和竖向附加荷载作用，滑面黏聚力为11kPa，内摩擦角为12°，滑体重力为4800kN/m，滑面倾角为18°，滑面长度为40m，用抗滑桩支挡，经计算和换算，其原有支护结构单位宽度有效抗力为254.90kN/m（为水平方向）。需计算其稳定系数。

由式（A.0.2-1）～式（A.0.2-3）得：

$$F_s=\frac{cL+(G\cos\theta+Q\sin\theta)\tan\varphi}{G\sin\theta-Q\cos\theta}$$

$$=\frac{11\times 40+(4800\times\cos 18^\circ+254.90\times\sin 18^\circ)\times\tan 12^\circ}{4800\times\sin 18^\circ-254.90\times\cos 18^\circ}$$

$$=1.15$$

计算结果是：稳定系数为1.15。

4.4 参数取值

4.4.1 原位测试、室内试验方法应根据岩土条件、设计对参数的要求、方法的适用性、地区经验等因素选用，试验条件尽可能接近实际。实践证明：通过综合测试、试验并结合工程经验的方法较合理。

4.4.3 由于岩土物理力学指标会随着时间和环境改变而发生变化，故对搜集的岩土物理力学指标进行分析复核是必要的。譬如，填土随着时间增长密实度会增大，其重度、抗剪强度指标也会随之增高；又如，岩体结构面因受施工开挖卸荷回弹张开、爆破松动以及地下水侵蚀等不利作用的影响，其抗剪强度指标会降低。因此，边坡加固工程勘察时，应充分考虑这些变化，对搜集的岩土物理力学指标作适当的调整。

4.4.4 反演分析法是一种有效的确定滑动面抗剪强度指标的方法。当边坡、工程滑坡已经出现了变形或滑动，且边坡或滑坡的整体稳定性能够通过宏观、定性判断确定稳定性系数 K_s 值时，可以采用反演分析法计算滑动面抗剪强度指标。

对于出现变形的边坡工程，按经验，弱变形阶段 K_s 可取1.02～1.05，强变形阶段 K_s 可取1.00～1.02。值得注意的是：此处的变形是指与整体稳定性有关的变形，而非局部岩土体变形或支护结构体设计正常使用的变形，需要在现场认真、准确地加以判断。此外，弱变形与强变形两个阶段也是没有明确界限的。一般来说，可以根据岩土体中所产生的裂缝宽度、裂缝贯通和延伸程度、结构体的变形破坏程度以及变形发展态势等因素进行综合判定。

4.4.5 原支护结构的有效抗力 R_0 取值大小对确定边坡工程的稳定性和滑动面抗剪强度指标 c 值有影响，特别是对采用反演分析法所确定的滑动面 c、φ 值影响很大。R_0 取值偏小，反演分析计算出的滑动面 c、φ 值偏大，导致加固设计不安全。R_0 取值偏大，反演分析计算出的滑动面 c、φ 值偏小，使加固设计不经济。由于勘察时采用预估的有效抗力可能与边坡工程鉴定报告最终确定的 R_0 不一致，因此，应当利用边坡工程鉴定报告所提供的 R_0 对滑动面 c、φ 值进行校核。

5 边坡工程鉴定

5.1 一 般 规 定

5.1.1 既有边坡加固工程的设计依赖于边坡鉴定报告中提供的原有支护结构、构件现有状态、安全性等级等条件，特别是原有支护结构有效抗力的鉴定，否则，既有边坡加固工程缺少设计依据，难以保证加固后边坡工程的安全，因此，该条确定为强制性条文，必须严格执行。

既有建筑边坡工程加固设计前，建设单位应提供符合本规范要求的既有建筑边坡工程鉴定报告，否则设计单位不得进行既有建筑边坡工程的加固设计。

5.1.2、5.1.3 从大量的边坡工程鉴定实践项目来看，95%以上的边坡工程鉴定项目是以解决安全性问题为主要目的，对涉及安全的边坡工程耐久性问题也逐步提到日常工作中来，大部分边坡工程对正常使用性的要求不高，只有少数的边坡工程涉及正常使用问题；因此，边坡工程鉴定应以安全性鉴定为主导，兼并正常使用和耐久性鉴定，对于比常规的边坡工程鉴定更复杂、存在某些特定的突出问题，应采取更深入、更细致、更有针对性的专项鉴定来解决。从划分边坡工程具体鉴定项目的条件而言，给出了常见情况的处理方法；只是特别提出了对需进行司法鉴定的边坡工程而言，宜首先选择对其安全性进行鉴定，当然也可单独进行其他项目的鉴定，如边坡工程施工质量鉴定，从而使边坡工程司法鉴定工作有了依据，确保科学、公正和规范地开展司法鉴定工作。

5.1.4 由于边坡工程耐久性问题极其复杂，国内外研究成果主要适用于特定的环境、特定的问题和试验室研究，对一般的耐久性问题还缺乏系统、充分的研究，因此，给出普遍适用的耐久性鉴定标准还需要进行大量长期艰苦的研究工作。本规范考虑到边坡工程耐久性问题的重要性，故此规定：在边坡工程一般鉴定工作中，当发现边坡工程耐久性问题已严重影响边坡工程的安全性，不能保证边坡工程正常使用年限时，应根据边坡工程实际条件和当地工程经验进行边坡工程耐久性鉴定。

5.2 鉴定的程序与工作内容

5.2.1 本规范结合了民用建筑和工业建筑鉴定工作的特色，针对边坡工程鉴定的具体实际情况，给出了边坡工程鉴定工作程序。由于委托方可能缺少专业技术知识，其委托的项目和要求与实际建筑边坡工程存在的问题可能存在很大差别或委托的检测项目无法实施或不需检测，故现场初步调查后可与委托方协商，重新确定鉴定的目的、范围和内容。对于复杂的、特殊的、争议较大的边坡工程鉴定项目可邀请专家对鉴定报告进行评审，对专家提出的问题进行相应的补充检测、验算和评定；同时有关鉴定程序应符合有关国家法律和行政管理条例的规定。

5.2.2、5.2.3 这两条规定的内容和要求是搞好以下各部分工作的前提条件，是进入现场进行详细调查、检测需要做好的准备工作。事实上，接受鉴定委托，不仅要明确鉴定的目的、范围和内容，同时还要按规定要求搞好初步调查，对于比较复杂的、超本规范适用范围的边坡工程项目更要做好初步调查工作，才能草制拟订出符合实际、符合要求的鉴定方案，确定下一步工作大纲并指导后续工作。

5.2.4 由于不同边坡工程的复杂程度差异极大，因此可根据实际边坡工程的复杂程度有选择地进行相应项目的调查和检测。

对于已有变形迹象的边坡工程，应根据边坡工程的实际现状开展补充地质勘察工作，特别是对需加固的边坡工程应进行边坡加固工程地质勘察，并核实边坡工程的实际使用条件。当边坡工程环境差异过大时，应对环境作用进行相应的调查，条件允许时，应对相关项目进行现场实地检测或进行相应的原位实验检测。对于支护结构材料，有证据证明材料特性确有保证时，可直接采用原设计值，也可进行简单抽样检测验证；无证据时，应严格按国家现行有关检测技术标准，通过现场取样检测或现场测试确定材料特性。

由于边坡工程的特殊性和复杂性，对支护结构、构件的检查和抽样检测是比较困难的，通常通过对支护结构、构件及周边环境的变形调查和检测，初步判断支护结构、构件的安全性，当支护结构、构件和边坡环境有明显变形迹象时，应适当增加抽检数量，且重点检测变形部分支护结构、构件的变形、损伤情况。目前边坡工程附属工程的检查和检测并未引起工程技术人员充分重视，特别是检查边坡排水系统的设置及其使用功能的发挥效果，边坡工程的安全与排水系统的关系极为密切，因此，应引起工程技术人员的高度重视。

5.2.5、5.2.6 在获取了边坡工程详细技术资料和检测数据后，应按国家现行相关技术标准核算鉴定单元的安全性，当发现调查、检测资料不完整或不全面时，应及时补充调查、检测；对发现可能影响支护结构、构件安全的正常使用性和耐久性问题时，应分析及探明问题的原因，并进行必要的补充检测和验证。

5.2.7 由于边坡工程的特殊性，因此边坡工程应重点评定其安全性，此条与国家现行相关标准相一致。在具体分析边坡工程安全性时，应将边坡工程划分成若干鉴定单元作为基本鉴定对象，以鉴定单元为龙头，将安全性评级分四个等级，正常使用性评级分三个等级，分层次、分阶段、分步骤、渐进地分析鉴定单元的安全性和正常使用性。

在具体评级时可将鉴定单元划分为构件、子单元和鉴定单元分别评级，这与国家现行有关鉴定标准的相关规定是一致的；对不能具体细分为构件、子单元的鉴定单元，应直接对鉴定单元进行相应的评级。

对于在同一剖面、不同高度位置采用不同支护结构形式组成的复杂鉴定单元，应根据鉴定单元的实际情况，将其细分为若干相对独立的子单元（每一子单元的组成与简单鉴定单元的组成可能相似）后，按表5.2.7的规定进行独立子单元的鉴定评级。

5.2.8 对特殊的鉴定项目（如洪水、泥石流、地震、火灾、爆炸、撞击等）其鉴定程序可按本规范第5.2.1条的规定执行，但其工作内容应符合特殊项目鉴定的要求，并应符合国家现行相关标准的规定。

5.2.9 当边坡工程鉴定工作完成后，为有效、及时地处理边坡工程中存在的问题，特别是急需解决的安全隐患问题，应及时向委托单位出具鉴定报告。

应该指出的是：由于不同边坡工程的复杂程度、难易程度有很大差别，本条规定只是最基本的规定，应根据边坡工程实际情况，报告所含内容、项目和要求的差别，可适当增加或减少相应的内容，专家评审意见宜作为附件使用，而非报告的必要要件。

5.2.10 对既有建筑边坡工程每一鉴定对象而言，剩余使用年限是指在正常使用和正常维护条件，不需大修，鉴定对象就可完成预定功能的时间。

为使报告使用者方便地掌握边坡工程鉴定的成果，宜将鉴定成果按表5.2.10进行汇总。

5.3 调查与检测

5.3.1、5.3.2 既有边坡工程鉴定除应考虑下一目标使用期内可能受到的作用和使用环境外，还应考虑边坡工程已承受到的各种作用及其工作条件，以及使用历史上受到设计中未考虑的作用。例如边坡工程坡顶超载作用、灾害作用或临时性损伤等也应在调查之列。向周边居民调查有其特殊意义，由于居民与边坡工程的特殊关系，居民对周边环境的变化更为敏感，因此，应重视向边坡工程周边居民调查，了解边坡工程使用、维护和改造历史。

5.3.3 边坡工程上的作用是根据现行国家标准《建筑结构可靠度设计统一标准》GB 50068和《建筑结构荷载规范》GB 50009的相关规定及边坡工程作用特点确定的，其相关技术参数的取值应符合国家现行相关标准的规定。

5.3.4 在边坡工程鉴定中最关心的是鉴定对象是否安全，能否满足下一个目标使用期的要求，而鉴定对象的安全性与其所处气象环境、地质环境和工作环境密切相关，因此，应根据鉴定对象所处地区的特殊环境，对可能影响鉴定对象安全性的环境进行调查。

5.3.5 边坡工程所处环境类别和作用等级，应根据具体情况按国家现行相关标准的有关规定确定。

5.3.6 边坡工程及周边环境的变形、裂缝的调查、检测直接关系到边坡工程安全性鉴定，因此，应引起高度重视，本条给出了调查、检测的规定，同时鼓励采取新技术、新设备、新手段进行更有效的调查、检测鉴定对象及周边环境的变形和裂缝，在条件允许时，应对其变化趋势进行监测。

5.3.7 由于边坡工程现场检测受场地、地理和建筑环境、边坡高度等多种因素的影响确定合理的、符合实际情况的抽样检测标准是非常困难的，本条参考国家现行有关验收、检测标准规定了抽样的基本原则、检测内容、检测设备等要求。随着研究工作的深入开展和各地区边坡工程检测、鉴定经验的总结，各地区可根据本地区边坡工程特点编制相应的边坡工程检测技术地方标准，补充完善相应的检测规定。

5.4 鉴定评级标准

5.4.1 本条结合边坡工程特点，并综合现行国家标准《工业建筑可靠性鉴定标准》GB 50144和《民用建筑可靠性鉴定标准》GB 50292的有关规定，将边坡工程鉴定的评级按构件、子单元和鉴定单元分别进行评级，以鉴定单元的评定为最终目标。对处理范围而言，以构件、子单元和鉴定单元依次递进，根据三者的相互关系、连接构造、内在联系和当地成熟、有效的工程实践经验，工程技术人员可适当调整处理范围。

5.5 支护结构构件的鉴定与评级

5.5.1 为使用方便，本条给出了支护结构构件划分方法。

5.5.2、5.5.3 给出了单个构件安全性和使用性评级标准，对相应构件验算、评级时应按现行国家标准《建筑边坡工程技术规范》GB 50330、《工业建筑可靠性鉴定标准》GB 50144和《民用建筑可靠性鉴定标准》GB 50292等的有关规定进行。

5.5.4 锚杆是边坡工程中最常用也是最重要的支护结构构件之一，其安全性直接关系到鉴定对象的安全性及整体稳定性，其安全性评定应引起充分重视。由于锚杆构件属隐蔽构件，在现有技术手段条件下，实际检测其工作状态存在困难，因此，本条明确了应进行的基本检测工作。

需要说明的是当锚杆为全粘接性锚杆时，一般情况下锚杆抗拔试验只能检测非锚固段的抗拔承载性能，此时，应全面考虑已有工程建设年代、地质勘察资料、设计资料、竣工资料及其他类似工程经验，综合评定锚杆的实际工作性能。

5.5.5～5.5.8 基于本规范第5.1.4条同样的原因，具体检测、评定鉴定对象的耐久性是一件非常困难的工作。根据目前现有的技术条件、技术标准和检测手段，本规范第5.5.5条～第5.5.8条给出了一些可以具体操作的规定，在实际使用这些规定时，工程技术人员应充分考虑本地区同类边坡工程经验，建设年代、材料特性、地形地质环境、设计水平、危害后果的严重程度及当地边坡工程施工技术水平，综合评定边坡工程支护结构、构件的耐久性。

5.6 子单元的鉴定评级

5.6.1 由于支护结构中的地基基础埋置在岩土体中，具体的检测工作存在许多困难，目前的检测手段也非常有限，因此，借助国家其他现行标准的有关规定制定了地基基础子单元安全性评级标准。

5.6.2 支护结构子单元安全性评定包含支护结构的整体性、承载功能和变形二项具体内容。

随边坡支护结构类型、构造、连接的不同，支护结构发挥的效能有很大差别，不同地区、不同边坡工程设计单位均有不同的工程经验；当其连接构造和连接本身不满足支护结构有效传递外部作用时，应直接评定为C_u或D_u级。

当按支护结构承载性能和变形评定支护结构安全性等级时，除应考虑构件的评定等级外，还应考虑鉴定单元中支护结构的变形，不同变形表现了支护结构的不同安全状态，随岩土体特性的差异，支护结构变形控制指标也有很大差别，因此，各地区可根据本地区岩土体特性和当地工程实践经验，对已变形支护结构，当其变形严重影响支护结构安全性时，应直接评定为D_u级。

对支护结构子单元，应进行支护结构整体性评级、承载性能和变形评级，并将两种评级方式中的最低评定等级作为支护结构子单元的最终评定等级。

在具体界定子单元评级时，本规范参考现行国家标准《工业建筑可靠性鉴定标准》GB 50144、《民用建筑可靠性鉴定标准》GB 50292的有关规定，规定在抽检构件的"构件集"中，不同等级构件数量所占比例作为判定等级的标准；由于不同类型建筑边坡工程复杂程度、规模大小、边坡高度、施工条件、施工质量和环境条件差异很大，当建筑边坡工程抽检构件数量不足时，应根据具体条件进行补充检测，扩大抽检的构件集（或按现行国家标准《建筑结构检测技术标准》GB/T 50344中C类规定确定抽检构件数量，且抽检构件一定要有代表性），当检测数据离散性过大，无法进行批量评定时应全数检测。

5.6.3 附属工程中排水系统是否可以正常发挥功效将影响鉴定单元的安全性，工程实践经验表明，边坡工程的垮塌事故多数与边坡的排水系统有关，全国各地边坡工程实践经验有所差别，因此，应结合各地的工程实践经验，考虑排水系统的完整性和实际排水功效及对地基基础、支护结构安全性的影响程度，评定附属工程子单元的安全性；当排水系统失效对地基基础、支护结构的安全性有较严重影响时，应根据其影响地基基础、支护结构承载功能和变形的程度，加之当地同类边坡工程经验对比，直接将其安全性评定为C_u或D_u级。

一般情况下护栏虽不影响边坡工程本身的安全性，但对边坡工程使用功能有一定影响，对人身安全性有较大影响；因此，当边坡工程护栏安全性不满足要求时，应单独指出其安全性等级，并采取相应的处理措施。

5.6.4 给出了子单元正常使用性评定标准。目前由于各种因素影响，支护结构中挡墙或混凝土挡板渗、漏水现象严重，既影响边坡工程美观，又可能影响挡墙、挡板的安全性，此类裂缝的评定标准还缺少国家现行标准的支撑，因此，在实际边坡工程使用性评定中，应结合本地区岩土体特性和当地工程实践经验，做适当调整。

5.7 鉴定单元的鉴定评级

5.7.1 鉴定单元稳定性鉴定评级是边坡工程安全性评定的重要组成部分，因此，编制了本规范附录C。

5.7.2 本条在子单元评级及稳定性评级的基础上给出了鉴定单元安全性的评级方法。

5.7.3 本条给出了鉴定单元正常使用性评级方法。

6 边坡加固工程设计计算

6.1 一般规定

6.1.3、6.1.4 对既有支护结构、构件的几何尺寸和材料性能指标的取值做了明确规定。根据边坡工程加固程序，边坡加固设计前，既有支护结构、构件的相关参数应在边坡工程鉴定中通过实测等方式予以确定。

6.2 计算原则

6.2.1 本条根据不同加固方法的特点，对边坡加固工程设计计算进行了具体规定。

1 削方减载法、堆载反压法、加大截面加固法加固时，不会改变岩土参数和支护结构的传力途径，根据地勘单位提供的岩土参数，岩土侧压力仍按现行国家标准《建筑边坡工程技术规范》GB 50330的相关规定进行计算；

2 注浆加固法加固仅改变岩土参数。全面加固前，先进行试验，试验地段的岩土参数实测值作为计算岩土侧压力的依据；

3 当仅考虑新增支护结构抗力时，按一个新的边坡工程进行设计；

4 新增支护结构与原支护结构形成组合支护结构对边坡进行加固，在边坡加固工程中较为常见，共同受力时新、旧支护结构如何发挥作用缺乏明确的规定。本章根据新、旧支护结构形式的不同组合，提出了具体的计算方式和相应的计算参数，便于实际工程使用。

6.2.2 本条规定了采用锚固加固法、抗滑桩加固法加固，新、旧支护结构共同受力时，组合支护结构抗力计算的相关规定。根据现行国家标准《建筑边坡工程技术规范》GB 50330 修订版的有关规定，边坡工程稳定性、变形及构件强度等计算时，应采用不同的荷载效应最不利组合，相应的抗力取值分别为特征值和设计值。本条提到的组合支护结构抗力则为特征值和设计值的统称，边坡加固计算采用抗力特征值或是抗力设计值应按现行国家标准《建筑边坡工程技术规范》GB 50330 修订版的有关规定执行。

1 组合支护结构中新增支护结构和原支护结构抗力的发挥程度受加固方法、原支护结构现状等多种因素影响，加固设计时应根据本章具体规定分别计算各自有效抗力；

3 本款公式主要表达新旧支护结构共同受力时，抗力大于作用的基本概念。

原支护结构有效抗力通过鉴定报告提供的有关参数计算确定，不再作折减。当加固前原支护结构构件处于高应力状态且无法进行有效卸载和检测鉴定确认时，原支护结构有效抗力的利用应慎重。新增支护结构抗力则由于加固后支护结构因二次受力存在应变滞后，难以充分发挥。本条根据支护结构形式和加固方法分别采用不同的抗力发挥系数来考虑应变滞后对新增支护结构抗力发挥的影响。采用此方法计算抗力一是便于设计人员理解和应用，同时又与国家混凝土结构加固规范和砌体结构加固规范的加固计算思路一致。

6.2.3 边坡加固工程设计时，原有支护结构及构件还能发挥多少作用，应依据边坡工程鉴定报告中提供的实测或明确的计算参数确定。本条明确了结构构件尺寸和材料强度的选取原则。

6.2.4 目前的鉴定检测技术尚难以对边坡工程进行全面精确的测试，岩土工程的可变性更增加了鉴定的难度。因此，对影响边坡整体安全的支护结构、构件的施工质量存在怀疑且难以通过鉴定查明时，原支护结构、构件有效抗力计算不宜考虑其有利作用。

1 支护结构基础位于潜在滑面之上时，边坡整体稳定无法得到保证，支护结构也无法发挥作用。此时不应考虑原支护结构的作用；

4 支护结构鉴定单元属于严重不符合国家现行安全性标准时，其中满足安全性要求的构件依然可以在组合支护结构中作为新增支护结构的构件发挥作用。当结构重量对边坡稳定起有利作用时，应考虑其作用。

6.2.6 岩土侧压力分布和支护结构的变形密切相关。一般来讲，采用被动式加固方法时，加固后作用于组合支护结构的岩土侧压力分布可采用原支护结构岩土侧压力分布；采用主动式加固方法时，若原支护结构为锚杆挡墙，岩土侧压力分布可采用锚杆挡墙的岩土侧压力分布图形；原支护结构为重力式挡墙、桩板式挡墙、悬臂式挡墙等时，若在挡墙顶部附近增设锚杆约束变形，作用于支护结构的岩土侧压力分布可采用梯形或矩形分布图形。

6.3 计 算 参 数

6.3.1 鉴于目前国内外边坡加固的相关实测数据、试验资料较少，本节在确定新增锚杆及传力结构的构件抗力发挥系数时，借鉴国家现行相关加固规范的成果，主要考虑了边坡安全性鉴定结果、新旧结构构件结合程度、加固后支护结构的应力应变滞后等因素的影响。

对边坡加固工程中最为常用的锚固加固法加固支护结构，本条明确了各种不同形式支护结构抗力发挥系数取值。

重力式挡墙刚度一般较大，新增非预应力锚杆时，同样变形锚杆承担的拉力较小，所以锚杆抗力发挥系数折减较多。

悬臂式、桩板式挡墙的自身变形较大，新增非预应力锚杆更容易与之协同工作，所以锚杆抗力发挥系数折减比重力式挡墙少。

锚杆挡墙加固时，新增非预应力锚杆抗拉刚度较小，在边坡新的变形下其应力应变滞后严重，新增锚杆发挥作用小，因此锚杆抗力发挥系数折减最多。另外，锚杆挡墙安全性鉴定时，锚杆作为关键构件，直接决定其安全性等级。当为 B_{su} 级时，说明锚杆是满足安全性要求的，加固部位只会出现在锚肋、挡板等相对次要部位。此时，采用加大截面法等加固是最经济合理的选择，无需增设锚杆。因此，表 6.3.1 未列出 B_{su} 级时锚杆抗力发挥系数。

岩石锚喷边坡加固时，较完整岩石中采用锚杆加固，其应力应变滞后小，因此锚杆抗力发挥系数折减最少。另外，岩石锚喷边坡安全性鉴定为 B_{su} 级时，说明锚杆是满足安全性要求的，加固部位只会出现在面板等相对次要部位。此时无需增设锚杆，因此表 6.3.1 未列出 B_{su} 级时锚杆抗力发挥系数。

锚杆工程土层为锚固段时，锚杆变形量大且土层提供锚固力不如岩层可靠度高，因此对抗力发挥系数进行了适当降低。

预应力锚固加固法对原支护结构有卸载作用，锚杆抗拉刚度大，有利于消除应力应变滞后，充分发挥新增支护结构的作用，所以折减少。实际工程应用时，应注意避免张拉控制应力过大，对原支护结构带来损伤或对原锚杆等产生的过多卸载作用，影响原支护结构有效抗力的发挥。

6.3.2 本条明确了抗滑桩加固法加固两种支护结构时抗力发挥系数取值。抗滑桩加固法用于地基稳定性加固时，不应执行本条，应按国家边坡规范相关内容计算。

7 边坡工程加固方法

7.1 一 般 规 定

7.1.1 本规范仅列出常用的几种加固方法。由于岩土工程地域性强，各地工程技术人员可结合规范中有关的加固设计原则，采用当地成熟、可靠的加固方法对边坡进行加固。

7.1.2 水对边坡工程安全性危害大。由于水软化岩土的物理力学指标，支护结构承担岩土侧压力增大，安全性降低。工程中边坡安全事故的发生大都是水的不良作用诱发的。加强边坡排水、防渗措施，有利于保证边坡的长期安全，是各种加固处理方法中的必要辅助措施。边坡绿化则是园林化城市建设的需要。

边坡加固应遵守动态设计、信息法施工的原则。因此，本条再次强调了边坡加固过程中对周边建筑物监测的必要性。

7.2 削方减载法

7.2.1 削方减载法适用于有削方条件、不危及后缘坡体整体稳定性及邻近建构筑物、管线、道路及场地等安全和正常使用的情况。

7.2.2 本条规定了几种情况不宜采用削方减载法。原因是这几种情况受开挖放坡条件限制，仅采用削方不能使需加固的边坡工程达到稳定或仍将影响坡顶邻近建筑物及管线等的安全和正常使用。

7.2.3 本条规定了削方减载法设计的具体内容及要求。

7.2.4 有条件采用削方减载法对既有边坡工程进行加固时，削方减载后使拟加固的边坡工程稳定性满足要求，也需对新形成的坡脚及坡面进行保护。对稳定性不满足要求的及新形成的开挖边坡均应按国家现行有关标准的规定进行支护处理。

7.2.5 本条规定了采用削方减载法时现场施工顺序及有关要求。现场施工时，应根据工程的具体情况、边坡的稳定性及现场条件等确定施工顺序，并做好临时封闭、截排水、开挖临时放坡、弃土弃渣及安全施工等有关工作。

7.3 堆载反压法

7.3.1 堆载反压法通过在既有边坡工程坡脚堆载反压，使拟加固的边坡工程满足预定功能的一种直接加固法。

堆载反压法适用于坡脚有堆载反压的空间及位置，并不影响邻近建筑物、管线及场地功能等的情况。

7.3.2 本条规定了堆载反压法设计的具体内容及要求。

7.3.3 应急抢险过程的堆载反压体作为边坡永久性加固工程使用时，应复核其能否满足永久性的要求，并根据具体情况采取适当的处理措施。

有条件采用堆载反压法进行加固的边坡工程，需对新形成坡面及坡脚进行保护，对稳定性不满足要求的及新形成的开挖边坡尚应按国家现行有关标准的规定进行处理，确保堆载反压满足加固的要求。

7.4 锚固加固法

7.4.1 锚固加固法用于有锚固条件的工程主要是指新增锚杆或锚固体系具有可施作的场地以及周围建筑物的基础、管线、工程地质、水文地质条件满足锚杆施工和承载力的要求等；锚杆作用的部位、方向、结构参数、间距和施作时机可以根据需要较为方便地进行设定和调整，能以最小的支护抗力，获得最佳的稳定效果，因此对于边坡的稳定、支护结构抗滑移、抗倾覆等加固具有良好的适应性和加固效果，技术经济效益显著。

7.4.2 由于锚固法具有施工简便、及时提供支护抗力、对原有支护结构扰动小，显著节约工程材料并充分利用岩土体的自身强度的特点，因而在边坡工程加固中优先采用。对于高大的岩质边坡、变形控制要求较高的边坡由于预应力锚杆及时提供支护抗力，控制支护结构及边坡的变形，能提高边坡的稳定性和施工过程的安全性，成为不可或缺的加固手段之一；对施工期间稳定期较差或者无开挖条件的边坡工程，采用锚杆和预应力锚杆不但能减少变形，而且增加边坡软弱结构面、滑裂面上的抗剪强度，改善其力学性能，有利于边坡的稳定；国内外地震对锚固边坡稳定性的影响研究和调查（尤其是四川汶川大地震边坡失稳工程调查）结果表明：由于锚杆具有良好的延性，将结构物或边坡不稳定地层与稳定地层紧密地锁在一起，形成共同的工作体系，采用预应力锚杆进行加固且锚杆的工作状态良好的边坡工程及大坝工程基本上都处于稳定状态。因此规定采用预应力锚杆对抗震设防烈度较高地区的边坡及构筑物进行加固，有利于提高其抗震性能和安全性。

7.4.3 锚杆锚固段设置在软弱土层或经处理也不能满足锚固要求的地层中，会引起显著的蠕变而导致锚杆预应力值降低，或因锚固段注浆体与土层间的摩阻强度过低无法满足设计要求的锚固力；由于地层对钢筋和灌浆体的强腐蚀性，降低了锚杆的使用寿命，导致边坡存在安全隐患和边坡稳定维护成本的增加；填方锚杆挡墙垮塌事故经验证实，锚杆自由段处在欠固结的新填土边坡及竖向变形较大的边坡工程中，在锚杆施工完成后，随着填土的固结和沉降，竖向变形加大，导致锚杆的拉压力增加和对挡墙附加推力增加，不利于边坡的稳定，因此根据上述分析，对不适于锚杆的情况进行了规定。

7.4.4 本规定给出了新增锚杆承载力、数量、间距等的确定方法。

锚杆布设的位置与方位要充分考虑边坡可能发生的破坏模式、支护结构抗滑移、抗倾覆和强度等要求，锚杆位置布设于边坡作用力合力点，能使其最大限度提高抵抗滑移或倾倒破坏的抗力。

新增锚杆与原支护体系中锚杆的间距过密，会引起群锚效应，从而降低了锚杆的承载能力，不能充分发挥新增锚杆与原支护体系中锚杆的作用；锚固段穿过滑裂面或潜在滑裂面不小于 2m 有利于锚固的可靠性，并参考国内外的岩土锚杆规范所做的规定。

锚杆传力构件具有足够的强度和刚度，是为了避免传力构件局部损坏和坡面地层因压缩变形而导致锚杆作用效果降低或不能将锚固力有效地传至稳定地层中。

7.4.5 精轧螺纹钢筋是在整根钢筋上轧有螺纹的大直径、高强度、高尺寸精度的直条钢筋，可在任意截面上通过内螺纹连接器进行加长或者采用螺母进行锚固，具有连接、锚固简便、利于重复张拉、与胶凝材料粘结力强、施工方便等优点；钢绞线具有强度高、低松弛、可重复张拉、与钢筋相比可大量节省钢材且便于运输和现场施工的特点，此外预应力锚杆杆体采用精轧螺纹钢筋、无黏结钢绞线时，可根据监测结果较方便地进行预应力调整，进行边坡动态设计与施工；新增锚杆由于控制变形和加固的要求，预应力锁定值为锚杆拉力设计值；对于被锚固支护结构位移控制值较低时，尤其是软土深基坑工程、蠕变较大的软岩高边坡工程，其周围无建筑物或者变形不影响周围建筑物的安全，在某些情况下，由于支护结构变形，锚杆预应力增加约 35%～50%，有些锚杆的筋体甚至断裂（锦屏Ⅰ、Ⅱ电站两岸高边坡采用预应力锚杆加固，由于岩石蠕变变形过大而导致筋体断裂）。因此在被锚固结构允许产生一定变形的工程，锚杆初始预应力（锁定荷载）取为锚杆拉力设计值的 75%～90%。

7.4.6 通过对国内外边坡工程中锚杆腐蚀破坏的实例调查研究表明，锚杆的断裂部位主要位于锚头附近。保护层开裂，由于大气水的渗入，常导致锚头腐蚀，因此本条对已有锚杆锚头出现锈蚀以及保护层开裂进行修复处理进行规定，以便保证锚杆的长期锚固性能。

7.4.7 由于钻孔用水会软化边坡岩土体，引起其岩土体物理力学参数下降，导致边坡的变形加大，降低边坡的稳定性，因此，本条规定，对于水钻成孔导致边坡的变形加大、稳定性降低较为明显时，采用干钻成孔；锚杆预应力张拉过程会出现应力集中，可能引起原支护结构局部损坏或压缩变形，因此在张拉时，不但要分级张拉到位，同时需加强对原支护结构及构件变形的监测。

7.5 抗滑桩加固法

7.5.1 边坡滑动或有潜在滑面时，采用抗滑桩加固效果好，也是岩土工程界常用的加固措施。支护结构稳定性或强度不足、边坡滑移引起支护挡墙失稳时，采用抗滑桩加固法既可加固地基，又可加固支护结构。

7.5.2 抗滑桩悬臂长度一般不宜超过 15m。当悬臂长度较大时，桩身配筋大，桩顶位移大，经济性差。此时，在桩顶附近增设预应力锚杆，改善桩的受力状况，桩身配筋和桩顶位移显著减小。另外，当加固需要对桩顶位移进行严格控制时，桩顶增设预应力锚杆也是非常有效的。抗滑桩与预应力锚杆结合，可充分发挥桩身强度和锚杆抗拉能力强的优点，是岩土工程中常用的处理措施之一。

7.5.3 埋入式抗滑桩设计时应控制桩顶标高，避免岩土体从桩顶滑出。当没有设置桩间挡板时，应控制桩间距离，避免土体从桩间滑出。当地基存在多个软弱面时，应将桩伸过深层软弱面，避免因桩长度不够对边坡未能全面加固，存在产生深层滑动的可能。

7.5.4 抗滑桩施工阶段因对边坡进一步扰动，边坡的稳定性处于相对较低时期。施工采取跳槽开挖等措施尽量减少对边坡的扰动，有利于保证施工期间边坡的安全。

7.6 加大截面加固法

7.6.1 支护结构、构件截面尺寸不满足支护结构稳定性或强度要求时，可采用混凝土或钢筋混凝土加大构件截面尺寸，以满足支护结构整体稳定性和构件强度的要求。

支护结构的地基承载力或基础底面积尺寸不满足设计要求时，可采用混凝土或钢筋混凝土加大基础截面，以满足地基承载力和变形的设计要求。

7.7 注浆加固法

7.7.1 注浆法通过将浆液注入岩土体内，将原来松散的土颗粒胶结成一个整体，或者通过填充岩石裂隙，将因裂隙切割的岩石胶结在一起，从而提高岩土的物理力学性能。但由于注浆参数难以把握，注浆效果检测手段目前均不够理想，注浆加固法更适合作为边坡加固中提高边坡工程稳定性的补充措施，与本规范所述的其余加固法一起使用。

7.7.2 注浆设计前应弄清场地能否采用注浆处理、适合采用何种注浆材料和多大压力、预计的注浆量以及注浆处理后强度增加或渗透性减小的程度等。

边坡注浆堵塞的泄水孔应重新采取清孔措施，同时应控制注浆压力，避免注浆过程中边坡稳定性降低或对支护结构带来新的损伤。

注浆浆液的扩散半径与浆液的流变特性、注浆压力、胶凝时间、注浆时间等因素有关。理论计算的扩散半径与实际往往相差很大，有条件时进行现场注浆试验确定相关参数对设计和施工更有指导意义。

渗透注浆是在很小的压力下，克服地下水压和土的阻力，渗入土体的天然孔隙，在土层结构基本不受扰动和破坏的情况下达到加固的目的。

注浆加固地基时，增加的注浆宽度是参照有关地基基础处理规范而来，其目的是有利于保证对地基持力层的有效加固。

7.7.3 注浆施工合理性是确保注浆加固效果的重要环节。施工过程中对注浆压力、注浆流量的监测和调整则是提高注浆质量的关键。

注浆施工包括注浆机械的选择、注浆方法的选择、确定注浆次序和进行注浆控制。其中注浆控制可以采用过程控制，即通过调整浆液性质和注浆压力、流量，把浆液控制在所要处理的范围内；也可采用质量控制方法，通过注浆总量、注浆压力、注浆时间等的控制，达到注浆加固的要求。

7.7.5 浆液过量流失大都伴随着注浆压力不升、吃浆不止的情况，多为岩土层内部特殊的岩土结构等原因造成的。因此，选用处理方法时应根据不同的地质情况，采用不同的处理方法。

7.7.6 注浆质量的好坏应通过合适的检查方法检验。轻型动力触探、静力触探、钻孔抽芯等方法存在仅能反映检查一点的加固效果的局限性，电阻率法、声波法等存在难以定量和直接反映检查效果的缺点，对地基整体加固效果的检查目前尚无有效的方法。相比之下，采用现场载荷试验检验注浆加固效果，在一定范围内较能反映实际现状，但其检验费用相对较高，时间也较长，对重要工程为确保工程安全，采用此方法检验是合理的。

7.8 截排水法

7.8.1～7.8.9 本节的截排水加固法主要适用于既有边坡工程出现问题的主导原因是地下水及地表水。采用此法基本能达到加固目的，而不需在采取其他加固措施的情况。当然，一般情况下还宜对原有支护结构采取必要的加固措施。

本节针对不同的情况提出了系统、合理的截排水设置及构造要求等。设计时应根据工程的具体情况，合理地布设截、排水措施。

地表水渗入既有边坡工程坡体，产生水压力，增加坡体的重量，增加滑动力，同时降低了潜在滑面的抗剪强度，对边坡稳定是不利的。

采用截排水法加固时，应遵循地表截、防、排水与地下排水相结合，以地下排水为主，地表截、防排水为辅，有机结合的原则。通过截、防、导、排，尽可能降低边坡地下水位，减小渗水压力，改善边坡稳定条件，提高边坡稳定性。

对于坡体以外的地表水，层层修建截水沟、排水沟。在坡体范围内的地表水，对地表尤其是裂隙及渗水强的部位进行封闭、封堵，低凹积水地方进行填平，顺地表水集中的地方设排水沟排走地表水。对地下水，根据坡体的岩土情况及渗透性等采用盲沟（洞）、斜孔进行排水。

8 边坡工程加固

8.1 一般规定

8.1.1 本条明确了既有边坡工程加固方案选择时应考虑的主要因素。

8.1.2 需进行加固的既有边坡工程出现问题的情况及原因较多，应根据工程的具体情况选择适宜的加固方案。可采用一种或多种加固方法组合进行加固。

加固方案应考虑与原有结构协调工作、尽量利用原有结构、易于场地施工、经济、有效等因素综合确定。应注重工程环境、条件和技术难度上的可实施性，不得危及工程周边相关建筑的安全。

8.1.3 新增支护结构可以与原有边坡支护结构结合协调受力，也可独立受力，分别发挥作用，达到整体加固的目的。

8.1.4 原支护结构能发挥作用的尽量发挥其作用，同时新增加的支护结构不应或尽量少影响原有结构发挥作用。为使原结构充分发挥作用和新增支护结构发挥相应的作用，宜优先采用有利于与原支护结构协同工作的、主动受力的结构形式。

原支护结构的安全性较低时，加固设计应考虑边坡工程损坏的时间效应，应选择施工过程不影响原支护结构稳定的加固方案，防止施工过程中边坡失稳。

8.1.5 本条规定的这几种情况，采用预应力锚索加固有利于新增支护结构提前进入工作状态，发挥作用，也有利发挥原有支护结构的作用，更有利于控制整个边坡工程及支护结构的稳定及变形。因此，在条件可能的情况下应优先采用预应力锚索加固。

8.1.6 边坡变形大、开裂严重及原有支护结构的主要受力构件应力水平高时，为使新增支护结构发挥主导作用，同时防止高应力构件发生超应力状态，应优先对高压力构件进行卸载，降低其应力水平。卸载的方式有预应力锚杆加固、坡顶削方减载及坡脚堆载反压等。

8.2 锚杆挡墙工程的加固

8.2.1 根据国内外大量锚杆挡墙工程调查，锚杆挡墙工程损伤、破坏方式及原因概述为以下8大类型，以便有针对性地制定综合处理方案进行加固：

1 在岩土推力作用下，锚杆挡墙整体失稳；

2 锚杆杆体强度、锚固段抗力及外锚头锚固力等不足造成锚杆承载力不满足设计要求，锚杆挡墙出现变形和开裂；

3 锚固总抗力不足或锚杆非锚固段过长等因素使锚杆挡墙外倾变形量超过设计允许值；

4 锚杆挡墙肋柱、排桩、格构梁的强度和刚度不足或混凝土强度等级过低，不满足承载力要求，出现变形和开裂；

5 锚杆严重腐蚀，造成锚杆承载力不足，安全系数不满足设计要求；

6 锚杆挡墙肋柱、排桩、基础承载力不满足要求，挡墙出现严重的沉降和倾斜；

7 锚杆挡墙挡板的强度和刚度不满足设计要求，出现的变形和开裂；

8 锚杆挡墙的排水系统功能失效，在水的作用下，岩土压力增大，导致挡墙变形和开裂。

锚杆挡墙工程失稳诱发因素很多，因此在考虑技术、经济、保护环境等因素的情况下，应优先采用锚固加固法。

8.2.2 根据锚杆挡墙工程破坏的原因和结构构件的鉴定结果，在肋柱上增设锚杆，不但可以提高锚杆挡墙的稳定性，同时也可以减小肋柱的变形；对于原锚杆挡墙工程中由于肋柱间距过大及锚固总量不够而导致锚杆挡墙失稳，可以采用以下两种方法来提高锚杆挡墙的抗力：(1) 在原肋柱之间增设新的肋柱；(2) 在原肋柱之间增设横梁和锚杆。

新增锚杆的位置与原支护体系中锚杆应有一定的间距，以避免群锚效应，新增锚杆初始预应力的大小应考虑原支护体系的锚杆的锚固力的大小，新增锚杆的锁定预应力值宜与其周围锚杆预应力一致，以有利于新旧锚杆共同发挥锚固作用。

8.2.3 对于采用抗滑桩方法加固的锚杆挡墙工程，新增抗滑桩和挡板（肋柱）间设置可靠的传力构件（或者采用紧贴挡板原位浇注），有利于原支护体系中的挡板（肋柱）与新增抗滑桩之间土压力的传递、协调变形与施工。

抗滑桩悬臂较高或边坡岩土体作用力较大时，采用锚拉桩加固法是被动加固与主动加固相结合的综合治理方法，有利于控制由于边坡岩土体作用力过大抗滑桩顶部的变形，避免其倾倒破坏，并有利于减少桩身配筋，提高其经济性。

8.3 重力式挡墙及悬臂式、扶壁式挡墙工程的加固

8.3.1 挡墙的主要载荷是土压力和相关的外来载荷，随着其使用时间的增长，挡土墙的外观质量、稳定性就可能会减弱，出现墙面开裂、鼓胀甚至不同程度的失稳现象。由于挡墙所承受的外部载荷环境、回填土性质、地质条件不同，因而，挡墙出现结构损坏、失稳的原因和所采用的加固方法也不尽相同，本条列出了几种有代表性的加固方法。

在实际工程中，重力式挡墙的加固除采用本条所述方法外，可根据挡墙的受力特点和具体情况，采用安全、经济、便捷的加固处理措施。如当重力式挡墙为俯斜式、直立式挡墙时，可通过采用加大截面法将部分高度挡墙挡土面调整为仰斜状，减小加大截面段墙后土压力，以达到对挡墙加固的目的；当重力式挡墙为衡重式挡墙，墙后存在稳定岩土边坡时，可采取在衡重台处增设钢筋混凝土卸荷板的加固措施，降低土压力。

8.3.2 本条列出了锚固加固法用于重力式挡墙加固时的基本规定。

8.3.3 当重力式挡墙截面尺寸不够时，可采用墙前或墙后加大截面宽度，也可墙前和墙后同时加大截面宽度。加大截面尺寸范围可以是挡墙的局部高度区域。

挡墙或基础采用钢筋混凝土时，加大截面部分混凝土浇筑前，应采取凿毛处理、植入拉结钢筋等措施，保证新、旧混凝土结合成为整体。当挡墙为砌体材料时，应先剔除原结构表面疏松部分，对不饱满的灰缝进行处理，加固部位采取设水平齿槽或锚筋等措施，保证新加混凝土与挡墙结合成为整体。

基槽开挖施工阶段，挡墙的稳定性会削弱。采取分段跳槽施工，可减少挡墙同时受扰动的范围，避免坑槽内地基土暴露过久引起原基础产生和加剧不均匀沉降，甚至危及挡墙的安全。

8.3.4 采用抗滑桩加固时，抗滑桩与重力式挡墙之间水平力的可靠传递是关键。当抗滑桩无法紧贴挡墙时，可将桩与挡墙之间的土体置换为现浇混凝土。

8.3.5 本条规定了采用锚固加固法对悬臂式、扶壁式挡墙工程进行加固时的方案及一些构造要求。

1 对扶壁式挡墙，锚杆宜设于扶壁的两侧，也可设于挡墙的中部；

2 锚杆应锚固于挡墙后的稳定地层内；

3 锚杆的外锚固部分与原支护结构间应设传力构件；当已有挡墙挡板不满足加固锚杆的传力时，可设格构梁、肋或增厚挡板；

4 对边坡挡墙工程变形较大或需控制挡墙变形时，宜采用预应力锚索进行加固。

8.3.6 悬臂式、扶壁式挡墙的结构构件包括扶壁、

立板（或称面板）、墙趾板和墙踵板，是混凝土结构构件，无特殊性，可完全按现行国家标准《混凝土结构加固设计规范》GB 50367 的有关规定进行加固，以满足其受力要求。

8.4 桩板式挡墙工程的加固

8.4.1 本条列出了几种有代表性的加固方法。对施工期间因多种原因造成部分已施工桩或挡板不满足安全要求时，还可根据实际情况采用加大截面加固法、墙后部分土体材料置换（当未填土时）等措施，必要时结合本条所列的加固方法。

8.4.2 桩板挡墙通常采用悬臂桩，桩顶位移过大引起的周边建筑、市政设施损坏的情况较多。采用预应力锚杆加固，可有效控制桩顶位移。

8.4.4 新增抗滑桩与原桩基距离过近，施工期间对原桩基可能会产生不利的影响，削弱其埋入岩土层段的嵌固效果。

抗滑桩与桩板式挡墙排桩之间在桩顶应设置后浇的钢筋混凝土连系梁，提高桩受力的整体性。

8.5 岩石锚喷边坡工程的加固

8.5.1 对需进行加固的岩石锚喷边坡工程，应根据加固工程地质勘察报告、边坡加固工程鉴定和加固后边坡工作状态，分析边坡破坏模式，根据破坏模式，兼顾已有边坡现状，选择合理的加固设计方案。

本条规定了岩石锚喷边坡工程整体稳定性不满足要求时，可根据现场情况采用一种或多种加固法组合进行加固。

损坏的锚杆属于明确鉴定时，则按局部加固。损坏的锚杆属于不明确鉴定时按普遍性加固。加固锚杆的布设及构造应按现行有关规范执行。

8.5.2 岩石锚喷边坡喷射混凝土面板作为局部受力构件或封面构件，可采用锚杆加固法和置换法进行加固。格构梁应根据其受力按国家现行混凝土构件进行加固。

对损坏的喷射混凝土面板，将失效部分混凝土和已经风化的表层岩面清除干净；已损坏部分原有板内钢筋已经锈蚀时，用同等级和直径钢筋替换，采用焊接或植筋的方法将加固钢筋与原结构或钢筋连接；新喷射混凝土的强度等级应不低于原有混凝土的强度等级且不低于C20；加固部分的喷射混凝土挡板厚度不小于原喷射混凝土挡板的厚度，且不应小于100mm。

8.6 坡率法边坡工程的加固

8.6.1 对需进行加固的坡率法边坡工程，应根据加固工程地质勘察报告、边坡加固工程鉴定和加固后边坡工作状态，分析边坡破坏模式，根据破坏模式，兼顾已有边坡现状，选择合理的加固设计方案。

本条规定了坡率法边坡工程整体稳定性不满足要求时，可根据现场情况采用一种或多种加固法组合进行加固。

8.6.2 本条规定了坡率法边坡工程局部稳定性不满足要求时，需根据工程情况及条件采用混凝土格构式锚杆加固法、锚钉格构护坡、砌块护坡、绿化护坡等进行加固。

8.7 地基和基础加固

8.7.1 现行行业标准《既有建筑地基基础加固技术规范》JGJ 123 中的有关加固方法通常也适用于支护结构地基加固。对基础偏心受力引起的地基竖向承载力不够，有锚固条件时，也可采用锚固加固法调整支护结构的偏心受力，达到对地基加固的目的。

8.7.2 桩板式挡墙排桩、抗滑桩等以悬臂受力为主的支护结构对地基的水平承载力要求相对较高。地基水平承载力不足会削弱地基对桩的嵌固作用，造成桩顶位移加大，严重时会造成桩前被动土压力区地基土被挤出破坏，支护结构整体作用失效。实际工程应用表明，采用锚固加固法，在支护结构或基础上增设锚杆，是解决地基水平承载力不足的有效加固方法，也为广大岩土工作者所接受。

地基水平承载力不满足支护结构受力需要，造成的后果多伴随着支护结构本身不满足使用要求，选择加固方法时应兼顾地基和支护结构的加固。

9 监　测

9.1 一 般 规 定

9.1.1 当边坡加固工程施工中产生变形对坡顶建筑物安全有危害时，应引起高度重视，及时对其可能威胁的保护对象采取保护措施，对加固措施的有效性进行监控，预防灾害的发生及避免产生不良社会影响；因此，本条作为强制性条文应严格执行。

对既有建筑边坡工程进行加固施工前，设计单位应明确指出被保护对象内可能被危害的保护对象，并给出具体监测项目要求。

9.1.2、9.1.3 当出现下列情况的边坡加固工程应按一级边坡工程进行变形监测，且提出了监测的具体要求。

1 超过本规范适用高度的边坡工程；

2 边坡工程塌滑影响区内有重要建筑物、稳定性较差的边坡加固工程；

3 地质和环境条件很复杂、对边坡加固施工扰动较敏感的边坡加固工程；

4 已发生严重事故的边坡工程；

5 采用新结构、新技术的边坡加固工程；

6 其他可能产生严重后果的边坡加固工程。

对边坡加固工程施工难度大、施工过程中易引发事故或灾害的边坡加固工程的变形监测方案应进行专门论证，预防边坡加固过程中产生新的灾害。

9.1.5 边坡工程及支护结构变形值的大小与边坡高度、地质条件、水文条件、支护类型、加固施工方案、坡顶荷载等多种因素有关，变形计算复杂且不成熟，国家现行有关标准均未提出较成熟的计算理论。因此，目前较准确地提出边坡加固工程变形预警值也是困难的，特别是对岩体或岩土体边坡工程变形控制标准更难提出统一的判定标准，工程实践中只能根据地区经验，采取工程类比的方法确定。在确定具体监测内容和要求时，宜由设计单位提出初步意见，再与边坡加固工程变形监测有关的单位共同协商最终确定边坡加固工程监测方案。

9.2 监 测 工 作

9.2.1～9.2.3 为规范边坡加固工程变形监测工作，给出了监测方案的具体要求及监测对象、项目的选择要求，供相关工程技术人员参考使用。

9.2.4～9.2.11 为了使边坡加固工程监测工作有法可依且可以有效实施，给出了变形观测点布置应执行的国家现行有关标准、相应监测项目、监测要求的最低标准，同时给出了监测频率的一般规定，其目的是避免边坡加固工程监测工作实际操作中缺乏统一的监测规定，随意布置变形观测点或随意增加无效观测点的现象，在满足实际工程需求的前提下，减少社会资源和财富的浪费。

9.2.12 基于本规范第9.1.5条同样的原因，边坡加固工程监测预警的控制是一件非常困难的工作，关系到社会资源、人力、物力的调配，预报不及时或不准确，其生产的后果都是严重的，在参考了国家现行相关标准和有关边坡工程实践后，给出了预警预报的一般要求。在实际使用中，监测单位应根据边坡加固工程自然环境条件、危害后果的严重程度、地区边坡工程经验（如发现少量流砂、涌土、隆起、陷落等现象时的处理经验）及同类边坡工程的类比，慎重、科学地作出预警预报。

9.3 监测数据处理

9.3.1、9.3.2 通过对已有边坡工程监测报告的调查发现，监测数据的处理方法、表达形式差异极大，且不规范，为统一监测数据的处理方法，表达方式特做此规定。

9.4 监 测 报 告

9.4.1、9.4.2 从对已有边坡工程监测报告的调查发现，监测报告形式繁多，表达内容、方式各不相同，报告水平参差不齐现象十分严重，造成了社会资源的无端浪费，为规范、统一边坡加固工程监测报告的编制特做此规定。

10 加固工程施工及验收

10.1 一 般 规 定

10.1.1 既有边坡工程的加固，由于各种原因容易造成施工安全事故，所以施工方案应结合边坡的具体工程条件及设计基本原则，采取合理可行、有效的综合措施，在确保边坡加固工程施工安全、质量可靠的前提下施工。

10.1.2 对不稳定或欠稳定以及出现较大变形的边坡工程，施工前须采取措施增加边坡工程的稳定性，确保施工安全。采取特殊施工方法时，应经设计单位许可，否则严禁无序大开挖、大爆破作业施工，预防加固施工中造成边坡工程垮塌。

10.1.3 边坡工程实践证明，在坡顶超载堆放施工材料、施工用水，经常引发边坡工程事故，为此，作此规定预防超量堆载危及边坡工程稳定和安全。

10.1.5 加固边坡工程应根据其特殊情况或设计要求，施工单位应将监控网的监测范围延伸至相邻建筑物或周边环境进行自检监测，以便对边坡加固工程的整体或局部稳定做出准确判断，必要时采取应急措施，保障施工安全及施工质量；雨期施工时，应加强监测、巡查次数。

10.1.6 由于边坡加固工程的特殊性，同时要执行信息施工法，故施工方案应经地勘及设计单位等认可。

地勘及设计单位对施工方案进行审查，主要是审查施工顺序及施工方案等是否与现场情况相符、是否会影响施工质量及施工期的安全等。

10.1.7 信息施工法是将设计、施工、监测及信息反馈融为一体的施工法。信息施工法是动态设计法的延伸，也是动态设计法的需要，是一种客观、求实的工作方法。边坡加固工程，应使监控网、信息反馈系统与动态设计和施工活动有机结合在一起，及时将现场边坡地质变化、变形情况反馈到设计、施工单位，以调整设计参数与施工方案，指导设计与施工，从而确保施工期间边坡加固工程安全。

10.2 施工组织设计

10.2.1 边坡加固工程的施工组织设计是贯彻实施设计意图、确保工程进度、工程质量和施工安全、指导施工的主要技术文件。施工单位应认真编制，严格审查，实行多方会审制度。方案中应有施工应急控制措施和实施信息法施工的具体措施和要求。

10.3 施工险情应急措施

10.3.1 当施工中边坡加固工程出现险情时，施工单位应及时采取相应措施处理，并向设计等单位反馈信息，未经许可不得继续施工，避免出现工程事故。

附录B 支护结构地基基础安全性鉴定评级

B.1 一 般 规 定

B.1.1～B.1.4 任何工程的地基基础一般均为隐蔽工程，实际现场检测工作受周边环境、场地条件、检测设备、检测方法等多种因素影响，实际支护结构地基基础的检测存在很大困难，因此，岩土体参数应按边坡加固工程勘察报告确定；同时根据地基基础变形观测资料、上部支护结构反应、当地工程实践经验，结合有关验算，评定支护结构地基基础的安全性。

支护结构地基基础包括地基及基础二个项目，其安全性以地基及基础二个项目中的最低评定等级作为地基基础的安全性等级。

B.2 地基的鉴定评级

B.2.1 本条参考国家现行有关标准给出了边坡工程地基检验的基本要求。

B.2.2 本条给出了地基检测的几种工作方法。

B.2.3 本条给出了地基安全性评级方法和标准。

B.3 基础的鉴定评级

B.3.1、**B.3.2** 给出了基础检验应符合的规定及现场检测的几种方法。

B.3.3 本条给出了基础安全性评级方法和标准。

附录C 鉴定单元稳定性鉴定评级

C.0.1 本条给出了稳定性评级包含的内容。

应该指出的是在不考虑边坡工程支护结构作用时，边坡岩土体稳定性评价问题是由本规范第4章解决的，即边坡工程岩土体破坏模式由边坡加固工程勘察解决。

C.0.2 本条给出了稳定性鉴定评级的范围、评定条件和评定对象，当鉴定单元已经出现稳定性破坏或已有重大安全事故迹象时，应直接将其安全性评定为D_{su}级。

C.0.3 本条给出了支护结构按抗滑稳定性和抗倾覆稳定性评价其安全性的方法和标准，由于全国各地工程地质环境差异很大，各地区边坡工程实践经验各有不同，因此，第3款鉴定评级是以2个表格表达的。各地区应根据当地边坡工程实际经验、同类边坡工程对比，总结适合本地区边坡工程实践的参数评定支护结构抗滑稳定性和抗倾覆稳定性。

C.0.4 本条给出了支护结构整体稳定性评级方法，其分界参数与建筑边坡安全性等级等因素相关，其分级标准与边坡工程安全性等级变化后的安全系数基本一致。

应当注意的是：因边坡支护结构的存在，致使岩土体破坏模式发生改变，应对不同破坏模式的鉴定单元进行稳定性验算，以最小安全系数或最不利状态作为评定边坡工程整体稳定性的依据。

中华人民共和国国家标准

建筑与桥梁结构监测技术规范

Technical code for monitoring of building and bridge structures

GB 50982—2014

主编部门：中华人民共和国住房和城乡建设部
批准部门：中华人民共和国住房和城乡建设部
施行日期：2 0 1 5 年 8 月 1 日

中华人民共和国住房和城乡建设部
公　　告

第583号

住房城乡建设部关于发布国家标准《建筑与桥梁结构监测技术规范》的公告

现批准《建筑与桥梁结构监测技术规范》为国家标准，编号为GB 50982－2014，自2015年8月1日起实施。其中，第3.1.8条为强制性条文，必须严格执行。

本规范由我部标准定额研究所组织中国建筑工业出版社出版发行。

中华人民共和国住房和城乡建设部

2014年10月9日

前　　言

根据住房和城乡建设部《关于印发〈2011年工程建设标准制订、修订计划〉的通知》（建标[2011]17号）的要求，规范编制组经广泛调查研究，认真总结实践经验，参考有关国际标准和国外先进标准，并在广泛征求意见的基础上，编制本规范。

本规范主要技术内容是：1. 总则；2. 术语和符号；3. 基本规定；4. 监测方法；5. 高层与高耸结构；6. 大跨空间结构；7. 桥梁结构；8. 其他结构。

本规范中以黑体字标志的条文为强制性条文，必须严格执行。

本规范由住房和城乡建设部负责管理和对强制性条文的解释，由中国建筑科学研究院负责具体技术内容的解释。执行过程中如有意见或建议，请寄送中国建筑科学研究院（地址：北京市北三环东路30号；邮编：100013）。

本规范主编单位：中国建筑科学研究院
海南建设工程股份有限公司

本规范参编单位：重庆大学
北京工业大学
清华大学
北京市建筑设计研究院有限公司
奥雅纳工程咨询（上海）有限公司
中交公路规划设计院有限公司
云南省地震工程研究院
中国铁道科学研究院
北京市市政工程研究院
澳门土木工程实验室
天津市建设工程质量安全监督管理总队

本规范主要起草人员：段向胜　常　乐　郭泽文　阳　洋　王　霓　邸小坛　聂建国　潘　鹏　刘　鹏　裴岷山　徐教宇　潘宠平　闫维明　安晓文　束伟农　曾志斌　冯良平　何浩祥　李　骞　蔡　奇　樊健生　区秉光　尹　波　张新越　黄宗明　雷立争

本规范主要审查人员：周福霖　柯长华　傅学怡　李国强　娄　宇　李　霆　刘凤奎　杨学山　李　乔　周　智　薛　鹏

目　次

1　总则 ………………………………………… 14—5
2　术语和符号 ………………………………… 14—5
2.1　术语 ……………………………………… 14—5
2.2　符号 ……………………………………… 14—5
3　基本规定 …………………………………… 14—5
3.1　一般规定 ………………………………… 14—5
3.2　监测系统、测点及设备规定 ………… 14—5
3.3　施工期间监测 …………………………… 14—6
3.4　使用期间监测 …………………………… 14—7
4　监测方法 …………………………………… 14—8
4.1　一般规定 ………………………………… 14—8
4.2　应变监测 ………………………………… 14—8
4.3　变形与裂缝监测 ………………………… 14—8
4.4　温湿度监测 ……………………………… 14—9
4.5　振动监测………………………………… 14—10
4.6　地震动及地震响应监测……………… 14—10
4.7　风及风致响应监测…………………… 14—10
4.8　其他项目监测………………………… 14—11
4.9　巡视检查与系统维护………………… 14—11
5　高层与高耸结构 ………………………… 14—11
5.1　一般规定……………………………… 14—11
5.2　施工期间监测………………………… 14—12
5.3　使用期间监测………………………… 14—13
6　大跨空间结构 …………………………… 14—14
6.1　一般规定……………………………… 14—14
6.2　施工期间监测………………………… 14—14
6.3　使用期间监测………………………… 14—15
7　桥梁结构………………………………… 14—15
7.1　一般规定……………………………… 14—15
7.2　施工期间监测………………………… 14—16
7.3　使用期间监测………………………… 14—16
8　其他结构………………………………… 14—17
8.1　隔震结构……………………………… 14—17
8.2　穿越施工……………………………… 14—18
附录A　监测设备主要技术指标 ……… 14—18
附录B　不同类型桥梁使用期间监测要求 ……………………………… 14—19
本规范用词说明 ………………………… 14—20
引用标准名录 …………………………… 14—20
附：条文说明 …………………………… 14—21

Contents

1 General Provisions ······················ 14—5

2 Terms and Symbols ······················ 14—5

2.1 Terms ······················ 14—5

2.2 Symbols ······················ 14—5

3 Basic Requirements ······················ 14—5

3.1 General Requirements ······················ 14—5

3.2 Monitoring System, Point and Equipment ······················ 14—5

3.3 Construction Monitoring ······················ 14—6

3.4 Post Construction Monitoring ······················ 14—7

4 Monitoring Methods ······················ 14—8

4.1 General Requirements ······················ 14—8

4.2 Stress and Strain ······················ 14—8

4.3 Deformation and Crack ······················ 14—8

4.4 Temperature and Humidity ······················ 14—9

4.5 Vibration ······················ 14—10

4.6 Earthquake and Seismic Response ··· 14—10

4.7 Wind and Wind-induced Response ··· 14—10

4.8 Other Items ······················ 14—11

4.9 Patrol Inspection and System Maintenance ······················ 14—11

5 High-rise Building and Structure ······················ 14—11

5.1 General Requirements ······················ 14—11

5.2 Construction Monitoring ······················ 14—12

5.3 Post Construction Monitoring ······················ 14—13

6 Long-span Spatial Structure ······················ 14—14

6.1 General Requirements ······················ 14—14

6.2 Construction Monitoring ······················ 14—14

6.3 Post Construction Monitoring ······················ 14—15

7 Bridge Structure ······················ 14—15

7.1 General Requirements ······················ 14—15

7.2 Construction Monitoring ······················ 14—16

7.3 Post Construction Monitoring ······················ 14—16

8 Other Structures ······················ 14—17

8.1 Seismically Isolated Structure ······················ 14—17

8.2 Crossing Construction ······················ 14—18

Appendix A Technique Requirement of Monitoring Equipment ······················ 14—18

Appendix B Monitoring Requirement of Different Types of Bridges ······················ 14—19

Explanation of Wording in This Code ······················ 14—20

List of Quoted Standards ······················ 14—20

Addition: Explanation of Provisions ······················ 14—21

1 总 则

1.0.1 为规范建筑与桥梁结构监测技术及相应分析预警，做到技术先进、数据可靠、经济合理，制定本规范。

1.0.2 本规范适用于高层与高耸、大跨空间、桥梁、隔震等工程结构监测以及受穿越施工影响的既有结构的监测。

1.0.3 建筑与桥梁结构的监测，除应符合本规范的规定外，尚应符合国家现行有关标准的规定。

2 术语和符号

2.1 术 语

2.1.1 结构监测 structural monitoring

频繁、连续观察或量测结构的状态。

2.1.2 施工期间监测 construction monitoring

施工期间进行的结构监测。

2.1.3 使用期间监测 post construction monitoring

使用期间进行的结构监测。

2.1.4 监测系统 monitoring system

由监测设备组成实现一定监测功能的软件及硬件集成。

2.1.5 监测设备 monitoring equipment

监测系统中，传感器、采集仪等硬件的统称。

2.1.6 传感器 transducer / sensor

能感受规定的被测量并按照一定的规律转换成可用输出信号的器件或装置，通常由敏感元件和转换元件组成。

2.1.7 监测频次 times of monitoring

单位时间内的监测次数。

2.1.8 监测预警值 precaution value for monitoring

为保证工程结构安全或质量及周边环境安全，对表征监测对象可能发生异常或危险状态的监测量所设定的警戒值。

2.1.9 监测系统稳定性 monitoring system stability

监测系统经过长期使用以后其工作特性保持正常的性能。

2.1.10 监测设备耐久性 monitoring equipment durability

监测设备在正常使用和维护条件下，随时间的延续仍能满足监测设备预定功能要求的能力。

2.1.11 传感器频响范围 sensor frequency range

传感器在此频率范围内，输入信号频率的变化不会引起其灵敏度和相位发生超出限值的变化。

2.1.12 结构分析模型修正 structural analyzing model updating

通过识别或修正分析模型中的参数，使模型计算分析结果与实际量测值尽可能接近的过程。

2.1.13 穿越施工 crossing construction

地下工程穿越既有结构的施工过程。

2.2 符 号

f_n——n阶自振频率；

l——长度或跨度；

n——振型阶数；

P——推力；

r——导线电阻；

T——索力；

δ——相对变形量；

ε——应变；

ρ——单位长度质量。

3 基 本 规 定

3.1 一 般 规 定

3.1.1 建筑与桥梁结构监测应分为施工期间监测和使用期间监测。

3.1.2 施工期间监测宜与量测、观测、检测及工程控制相结合，使用期间监测宜采用具备数据自动采集功能的监测系统进行。

3.1.3 监测期间应进行巡视检查和系统维护。

3.1.4 施工期间监测宜与使用期间监测统筹考虑。

3.1.5 监测前应根据各方的监测要求与设计文件明确监测目的，结合工程结构特点、现场及周边环境条件等因素，制定监测方案。

3.1.6 对需要监测的结构，设计阶段应提出监测要求。

3.1.7 下列工程结构的监测方案应进行专门论证：

1 甲类或复杂的乙类抗震设防类别的高层与高耸结构、大跨空间结构；

2 特大及结构形式复杂的桥梁结构；

3 发生严重事故，经检测、处理与评估后恢复施工或使用的工程结构；

4 监测方案复杂或其他需要论证的工程结构。

3.1.8 建筑与桥梁结构监测应设定监测预警值，监测预警值应满足工程设计及被监测对象的控制要求。

3.1.9 监测期间，应对监测设施采取保护和维护措施。

3.1.10 建筑与桥梁结构监测应明确其目的和功能，未经监测实施单位许可不得改变测点或损坏传感器、电缆、采集仪等监测设备。

3.2 监测系统、测点及设备规定

3.2.1 应根据监测项目及现场情况对结构的整体或

局部建立监测系统，并宜设置专用监控室。

3.2.2 监测系统宜具有完整的传感、调理、采集、传输、存储、数据处理及控制、预警及状态评估功能。

3.2.3 监测系统应按规定的方法或流程进行参数设置和调试，并应符合下列规定：

1 监测前，宜对传感器进行初始状态设置或零平衡处理；

2 应对干扰信号进行来源检查，并应采取有效措施进行处理；

3 使用期间的监测系统宜继承施工期间监测的数据，并宜进行对比分析与鉴别。

3.2.4 监测系统的采样频率应满足监测要求。

3.2.5 监测期间，监测结果应与结构分析结果进行适时对比，当监测数据异常时，应及时对监测对象与监测系统进行核查，当监测值超过预警值时应立即报警。

3.2.6 测点应符合下列规定：

1 应反映监测对象的实际状态及变化趋势，且宜布置在监测参数值的最大位置；

2 测点的位置、数量宜根据结构类型、设计要求、施工过程、监测项目及结构分析结果确定；

3 测点的数量和布置范围应有冗余量，重要部位应增加测点；

4 可利用结构的对称性，减少测点布置数量；

5 宜便于监测设备的安装、测读、维护和替代；

6 不应妨碍监测对象的施工和正常使用；

7 在符合上述要求的基础上，宜缩短信号的传输距离。

3.2.7 监测设备应符合下列基本规定：

1 监测设备的选择应符合监测期、监测项目与方法及系统功能的要求，并具有稳定性、耐久性、兼容性和可扩展性；

2 测得信号的信噪比应符合实际工程分析需求；

3 在投入使用前应进行校准；

4 应根据监测方法和监测功能的要求选择安装方式，安装方式应牢固，安装工艺及耐久性应符合监测期内的使用要求；

5 安装完成后应及时现场标识并绘制监测设备布置图，存档备查。

3.2.8 监测传感器除应符合本规范第 3.2.7 条基本要求以外，尚应符合下列规定：

1 传感器的选型应根据监测对象、监测项目和监测方法的要求，遵循“技术先进、性能稳定、兼顾性价比”的原则；

2 宜采用具有补偿功能的传感器；

3 传感器应符合监测系统对灵敏度、通频带、动态范围、量程、线性度、稳定性、供电方式及寿命等要求。

3.2.9 监测设备作业环境应符合下列基本规定：

1 信号电缆、监测设备与大功率无线电发射源、高压输电线和微波无线电信号传输通道的距离宜符合现行国家标准《综合布线系统工程设计规范》GB 50311 的相关要求；

2 监测接收设备附近不宜有强烈反射信号的大面积水域、大型建筑、金属网及无线电干扰源；

3 采用卫星定位系统测量时，视场内障碍物高度角不宜超过 15°。

3.3 施工期间监测

3.3.1 施工期间监测应为保障施工安全，控制结构施工过程，优化施工工艺及实现结构设计要求提供技术支持。

3.3.2 施工期间监测，宜重点监测下列构件和节点：

1 应力变化显著或应力水平较高的构件；

2 变形显著的构件或节点；

3 承受较大施工荷载的构件或节点；

4 控制几何位形的关键节点；

5 能反映结构内力及变形关键特征的其他重要受力构件或节点。

3.3.3 施工期间监测项目可包括应变监测、变形与裂缝监测、环境及效应监测。变形监测可包括基础沉降监测、竖向变形监测及水平变形监测；环境及效应监测可包括风及风致响应监测、温湿度监测及振动监测。

3.3.4 施工期间监测前应对结构与构件进行结构分析，结构分析应符合下列规定：

1 内力验算宜按荷载效应的基本组合计算，结构分析计算值与应变实测值对比应按荷载效应的标准组合计算，变形验算应按荷载效应的标准组合计算；

2 应考虑恒荷载、活荷载等重力荷载，可根据工程实际需要计入地基沉降、温度作用、风荷载及波浪作用；

3 应以实际施工方案为准，施工过程中方案有调整的，施工全过程结构分析应相应更新；计算参数假定与施工早期监测数据差别较大时，应及时调整计算参数，校正计算结果，并应用于下一阶段的施工期间监测中；

4 宜采用实测的构件和材料的参数及荷载参数；

5 结构分析模型应与设计结构模型进行核对；

6 应结合施工方案，采用实际的施工工序，并应考虑可能出现风险的中间工况；

7 应充分考虑施工临时支护、支撑对结构的影响。

3.3.5 施工期间的监测预警应根据安全控制与质量控制的不同目标，宜按“分区、分级、分阶段”的原则，结合施工过程结构分析结果，对监测的构件或节点，提出相应的限值要求和不同危急程度的预警值，预警值应满足相关现行施工质量验收规范的要求。

3.3.6 施工期间的监测频次应符合下列规定：

1 每一个阶段施工过程应至少进行一次施工期间监测；

2 由监测数据指导设计与施工的工程应根据结构应力或变形速率实时调整监测频次；

3 复杂工程的监测频次，应根据工程结构形式、变形特征、监测精度和工程地质条件等因素综合确定；

4 停工时和复工时应分别进行一次监测。

3.3.7 当出现下列情况，应提高监测频次：

1 监测数据达到或超过预警值；

2 结构受到地震、洪水、台风、爆破、交通事故等异常情况影响；

3 工程结构现场、周边建（构）筑物的结构部分及其地面出现可能发展的变形裂缝或较严重的突发裂缝等可能影响工程安全的异常情况。

3.3.8 监测数据应进行处理分析，关键性数据宜实时进行分析判断，异常数据应及时进行核查确认。

3.3.9 施工期间监测应按施工进度进行巡视检查。

3.3.10 施工期间监测工作程序，可按图 3.3.10 的流程实施。

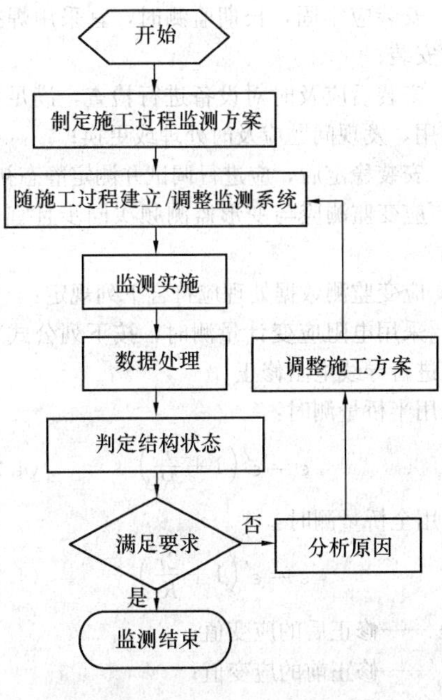

图 3.3.10 施工期间监测流程图

3.3.11 施工期间的监测报告宜分为阶段性报告和总结性报告。阶段性报告应在监测期间定期提交，总结性报告应在监测结束后提交。

3.3.12 监测报告应满足监测方案的要求，内容完整、结论明确、文理通顺；应为施工期间工程结构性能的评价提供真实、可靠、有效的监测数据和结论。

3.3.13 阶段性监测报告应包括下列内容：

1 项目及施工阶段概况；

2 监测方法和依据，包括：监测依据的技术标准，监测期和频次，监测参数，采用的监测设备及设备主要参数，测点布置，施工过程结构分析结果及预警值；

3 监测结果，包括：监测期间各测点监测参数的监测结果，与结构分析结果的对比情况，预警情况及评估结果，测点的变化情况，对监测期间异常情况的处理记录；

4 监测结论与建议；

5 预警报告、处理结果及相关附件。

3.3.14 总结性监测报告应反映整个监测期内的监测情况，报告内容应包括各阶段监测报告的主要内容。

3.3.15 监测记录应在监测现场或监测系统中完成，记录的数据、文字及图表应真实、准确、清晰、完整，不得随意涂改。

3.3.16 监测方案、监测报告、原始记录应进行归档，原始记录中应包括施工过程结构分析的计算书、结构变形及应变监测的监测记录和对比分析结果，对异常情况的处理记录，预警报告及处理结果。

3.4 使用期间监测

3.4.1 使用期间监测应为结构在使用期间的安全使用性、结构设计验证、结构模型校验与修正、结构损伤识别、结构养护与维修以及新方法新技术的发展与应用提供技术支持。

3.4.2 使用期间监测项目可包括变形与裂缝监测、应变监测、索力监测和环境及效应监测，变形监测可包括基础沉降监测、结构竖向变形监测及结构水平变形监测；环境及效应监测可包括风及风致响应监测、温湿度监测、地震动及地震响应监测、交通监测、冲刷与腐蚀监测。

3.4.3 使用期间的监测宜为长期实时监测。

3.4.4 重要结构使用期间监测宜进行结构分析模型修正，修正后模型应反映结构现状。

3.4.5 使用期间的监测预警应根据结构性能，并结合长期数据积累提出与结构安全性、适用性和耐久性相应的限值要求和不同的预警值，预警值应满足国家现行相关结构设计标准的要求。

3.4.6 使用期间监测系统应能不间断工作，宜具备自动生成监测报表功能。

3.4.7 当监测数据异常或报警时，应及时对监测系统及结构进行检查或检测。

3.4.8 使用期间监测应定期进行巡视检查和系统维护。

3.4.9 使用期间监测工作程序，可按图 3.4.9 的流程实施。

3.4.10 使用期间的监测报告可分为监测系统报告和监测报表，监测系统报告应在监测系统完成时提交，监测报表应在监测期间由监测系统自动生成。

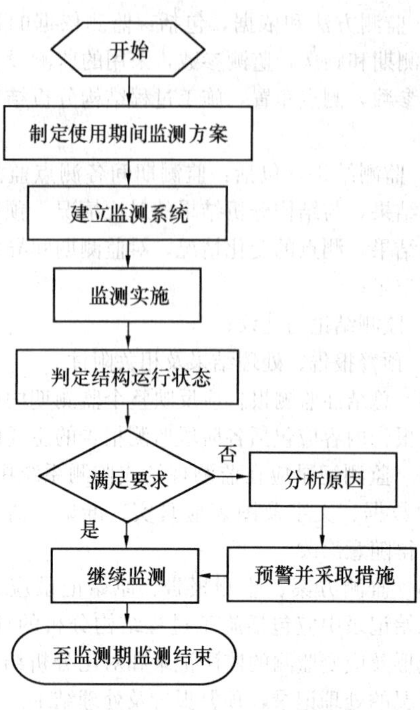

图 3.4.9 使用期间监测流程图

3.4.11 监测报表应为使用期间结构性能的评价提供真实、可靠、有效的监测数据和结论。

3.4.12 监测系统报告应包括项目概况、施工过程、监测方法和依据、监测项目及监测系统操作指南。

3.4.13 监测报表应包括下列内容：

1 监测结果及对比情况，包括：规定时间段内的监测结果及与结构分析结果的对比，预警值；

2 监测结论。

3.4.14 监测报表、原始记录应进行归档。

4 监 测 方 法

4.1 一 般 规 定

4.1.1 监测项目宜包括应变监测、变形与裂缝监测、温湿度监测、振动监测、地震动及地震响应监测、风及风致响应监测、索力监测和腐蚀监测。

4.1.2 监测参数可分为静态参数与动态参数，监测参数的选择应满足对结构状态进行监控、预警及评价的要求。

4.2 应 变 监 测

4.2.1 应变监测可选用电阻应变计、振弦式应变计、光纤类应变计等应变监测元件进行监测。

4.2.2 应变计宜根据监测目的和工程要求，以及传感器技术、环境特性进行选择。

4.2.3 应变计应符合下列基本规定：

1 量程应与量测范围相适应，应变量测的精度应为满量程的 0.5%，监测值宜控制为满量程的 30%～80%；

2 混凝土构件宜选择大标距的应变计；应变梯度较大的应力集中区域，宜选用标距较小的应变计；

3 应变计应具备温度补偿功能。

4.2.4 选用不同类型的应变传感器应符合下列规定：

1 电阻应变计的测量片和补偿片应选用同一规格产品，并进行屏蔽绝缘保护；

2 振弦式应变计应与匹配的频率仪配套校准，频率仪的分辨率不应大于 0.5Hz；

3 光纤解调系统各项指标应符合被监测对象对待测参数的规定；

4 采用位移传感器等构成的装置监测应变时，其标距误差应为±1.0%，最小分度值不宜大于被测总应变的 1.0%。

4.2.5 应变传感器的安装应符合下列规定：

1 安装前应逐个确认传感器的有效性，确保能正常工作；

2 安装位置各方向偏离监测截面位置不应大于30mm；安装角度偏差不应大于 2°；

3 安装中，不同类型传感器的导线或电缆宜分别集中引出及保护，无电子识别编号的传感器应在线缆上标注传感器编号；

4 安装应牢固，长期监测时，宜采用焊接或栓接方式安装；

5 安装后应及时对设备进行检查，满足要求后方能使用，发现问题应及时处理或更换；

6 安装稳定后，应进行调试并测定静态初始值。

4.2.6 应变监测应与变形监测频次同步且宜采用实时监测。

4.2.7 应变监测数据处理应符合下列规定：

1 采用电阻应变计量测时，按下列公式对实测应变值进行导线电阻修正：

采用半桥量测时：

$$\varepsilon=\varepsilon'\left(1+\frac{r}{R}\right) \quad (4.2.7\text{-}1)$$

采用全桥量测时：

$$\varepsilon=\varepsilon'\left(1+\frac{2r}{R}\right) \quad (4.2.7\text{-}2)$$

式中：ε——修正后的应变值；

ε'——修正前的应变值；

r——导线电阻（Ω）；

R——电阻应变计电阻（Ω）。

2 采用光纤类应变计及振弦式应变计量测时，应按校准系数进行换算。

4.3 变形与裂缝监测

4.3.1 变形监测可分为水平位移监测、垂直位移监测、三维位移监测和其他位移监测。

4.3.2 根据监测仪器的种类，监测方法可分为机械式测试仪器法、电测仪器法、光学仪器法及卫星定位系统法。

4.3.3 应根据结构或构件的变形特征确定监测项目和监测方法。

4.3.4 变形监测应建立基准网，采用的平面坐标系统和高程系统可与施工采用的系统一致。局部相对变形测量可不建立基准网，但应考虑结构整体变形对监测结果的影响。

4.3.5 变形基准值监测应减少温度等环境因素的影响。

4.3.6 变形监测的结果应结合环境及效应监测的结果进行修正。

4.3.7 变形监测仪器量程应介于测点位移估计值或允许值的2倍～3倍；采用机械式测试仪器时，精度应为测点位移估计值的1/10。

4.3.8 监测标志应根据不同工程结构的特点进行设计；监测标志点应牢固、适用和便于保护。

4.3.9 基坑监测应按现行国家标准《建筑基坑工程监测技术规范》GB 50497有关规定执行；当采用光学仪器法、卫星定位系统法进行变形监测时，应按现行国家标准《工程测量规范》GB 50026有关规定执行；振动位移监测应按本规范第4.5节规定执行。

4.3.10 对于施工阶段累积变形较大的结构，应按设计要求采取补偿技术修正工程结构的标高，宜使最终的标高与设计标高一致，标高补偿技术应采用预测和监测相结合的方式进行。

4.3.11 变形监测的频次应符合下列规定：

1 当监测项目包括水平位移与垂直位移时，两者监测频次宜一致；

2 结构监测可从基础垫层或基础底板完成后开始；

3 首次监测应连续进行两次独立量测，并应取其中数作为变形量测的初始值；

4 当施工过程遇暂时停工，停工时及复工时应各量测一次，停工期间可根据具体情况进行监测；

5 监测过程中，监测数据达到预警值或发生异常变形时应增加监测次数。

4.3.12 根据现场条件和精度要求，三维位移可选择光学仪器法、卫星定位系统法及摄影法进行监测。

4.3.13 倾斜及挠度监测应符合下列规定：

1 倾斜监测方法的选择及相关技术要求应按现行国家标准《工程测量规范》GB 50026有关规定执行；

2 重要构件的倾斜监测宜采用倾斜传感器，倾斜传感器可根据监测要求选用固定式或便携式；

3 倾斜和挠度监测频次应根据倾斜或挠度变化速度确定，宜与水平位移监测及垂直位移监测频次相协调，当发现倾斜和挠度增大时应及时增加监测次数或进行持续监测。

4.3.14 裂缝监测宜采用量测、观测、检测与监测方法独立或相互结合的方式进行。

4.3.15 裂缝监测参数包括裂缝的长度和宽度，监测中应符合下列规定：

1 裂缝长度和较大裂缝的宽度可采用钢尺或机械式测试仪器法测量。直接测量时可采用裂缝宽度检验卡、电子裂缝观察仪，每个测点每次量测不宜少于3次；裂缝宽度检验卡最小分度值不宜大于0.05mm；利用电子裂缝观察仪时，量测精度应为0.02mm；

2 对于宽度1mm以下的裂缝，可采用电测仪器法，仪器分辨率不应大于0.01mm；

3 需监测裂缝两侧两点位移的变化时可用结构裂缝监测传感器，传感器包括振弦式测缝计、应变式裂缝计或光纤类位移计，传感器的量程应大于裂缝的预警宽度，传感器测量方向应与裂缝走向垂直；

4 已发生开裂结构，宜监测裂缝的宽度变化；尚未发生开裂结构，宜监测结构的应变变化。

4.4 温湿度监测

4.4.1 温湿度监测可包括环境及构件温度监测和环境湿度监测。

4.4.2 大体积混凝土温度监测应按现行国家标准《大体积混凝土施工规范》GB 50496有关规定执行。

4.4.3 温度监测精度宜为±0.5℃，湿度监测精度宜为±2%RH。

4.4.4 环境及构件温度监测应符合下列规定：

1 温度监测的测点应布置在温度梯度变化较大位置，宜对称、均匀，应反映结构竖向及水平向温度场变化规律；

2 相对独立空间应设1个～3个点，面积或跨度较大时，以及结构构件应力及变形受环境温度影响大的区域，宜增加测点；

3 大气温度仪可与风速仪一并安装在结构表面，并应直接置于大气中以获得有代表性的温度值；

4 监测整个结构的温度场分布和不同部位结构温度与环境温度对应关系时，测点宜覆盖整个结构区域；

5 温度传感器宜选用监测范围大、精度高、线性化及稳定性好的传感器；

6 监测频次宜与结构应力监测和变形监测保持一致；

7 长期温度监测时，监测结果应包括日平均温度、日最高温度和日最低温度；结构温度分布监测时，宜绘制结构温度分布等温线图。

4.4.5 环境湿度监测应符合下列规定：

1 湿度宜采用相对湿度表示，湿度计监测范围应为12% RH～99% RH；

2 湿度传感器要求响应时间短、温度系数小，稳定性好以及湿滞后作用低；

3　大气湿度仪宜与温度仪、风速仪一并安装；宜布置在结构内湿度变化大，对结构耐久性影响大的部位；

4　长期湿度监测时，监测结果应包括日平均湿度、日最高湿度和日最低湿度。

4.5　振动监测

4.5.1　振动监测应包括振动响应监测和振动激励监测，监测参数可为加速度、速度、位移及应变。

4.5.2　振动监测的方法可分为相对测量法和绝对测量法。

4.5.3　相对测量法监测结构振动位移应符合下列规定：

1　监测中应设置有一个相对于被测工程结构的固定参考点；

2　被监测对象上应牢固地设置有靶、反光镜等测点标志；

3　测量仪器可选择自动跟踪的全站仪、激光测振仪、图像识别仪。

4.5.4　绝对测量法宜采用惯性式传感器，以空间不动点为参考坐标，可测量工程结构的绝对振动位移、速度和加速度，并应符合下列规定：

1　加速度量测可选用力平衡加速度传感器、电动速度摆加速度传感器、ICP 型压电加速度传感器、压阻加速度传感器；速度量测可选用电动位移摆速度传感器，也可通过加速度传感器输出于信号放大器中进行积分获得速度值；位移测量可选用电动位移摆速度传感器输出于信号放大器中进行积分获得位移值；

2　结构在振动荷载作用下产生的振动位移、速度和加速度，应测定一定时间段内的时间历程。

4.5.5　振动监测前，宜进行结构动力特性测试。

4.5.6　动态响应监测时，测点应选在工程结构振动敏感处；当进行动力特性分析时，振动测点宜布置在需识别的振型关键点上，且宜覆盖结构整体，也可根据需求对结构局部增加测点；测点布置数量较多时，可进行优化布置。

4.5.7　振动监测数据采集与处理应符合下列规定：

1　应根据不同结构形式及监测目的选择相应采样频率；

2　应根据监测参数选择滤波器；

3　应选择合适的窗函数对数据进行处理。

4.5.8　动应变监测设备量程不应低于量测估计值的 2 倍～3 倍，监测设备的分辨率应满足最小应变值的量测要求，确保较高的信噪比。振动位移、速度及加速度监测的精度应根据振动频率及幅度、监测目的等因素确定。

4.5.9　动应变监测应符合下列规定：

1　动应变监测可选用电阻应变计或光纤类应变计；

2　动态监测设备使用前应进行静态校准。监测较高频率的动态应变时，宜增加动态校准。

4.6　地震动及地震响应监测

4.6.1　下列结构，应进行地震响应监测：

1　设防烈度为 7、8、9 度时，高度分别超过 160m、120m、80m 的大型公共建筑；

2　特别重要的特大桥；

3　设计文件要求或其他有特殊要求的结构。

4.6.2　监测参数主要为地震动及地震响应加速度，也可按工程要求监测力及位移等其他参数。

4.6.3　结构地震动及地震响应监测应符合下列规定：

1　监测方案应包括监测系统类型、测点布置、仪器的技术指标、监测设备安装和管理维护的要求；

2　测点应根据设防烈度、抗震设防类别和结构重要性、结构类型和地形地质条件进行布置；

3　可结合风、撞击、交通等振动响应统筹布置监测系统，并应与震害检查设施结合；

4　测点布置应能反映地震动及上部结构地震响应；

5　监测设备主要技术指标可按本规范附录 A 执行。

4.7　风及风致响应监测

4.7.1　对风敏感的结构宜进行风及风致响应监测。

4.7.2　风及风致响应监测参数应包括风压、风速、风向及风致振动响应，对桥梁结构尚宜包括风攻角。

4.7.3　风压监测应符合下列规定：

1　风压监测宜选用微压量程、具有可测正负压的压力传感器，也可选用专用的风压计，监测参数为空气压力；

2　风压传感器的安装应避免对工程结构外立面的影响，并采取有效保护措施，相应的数据采集设备应具备时间补偿功能；

3　风压测点宜根据风洞试验的数据和结构分析的结果确定；无风洞试验数据情况下，可根据风荷载分布特征及结构分析结果布置测点；

4　进行表面风压监测的项目，宜绘制监测表面的风压分布图。

4.7.4　风压计的量程应满足结构设计中风场的要求，可选择可调量程的风压计，风压计的精度应为满量程的±0.4%，且不宜低于 10Pa，非线性度应在满量程的±0.1%范围内，响应时间应小于 200ms。风速仪量程应大于设计风速，风速监测精度宜为 0.1m/s，风向监测精度宜为 3°。

4.7.5　风速及风向监测应符合下列规定：

1　结构中绕流风影响区域宜采用计算流体动力学数值模拟或风洞试验的方法分析；

2　机械式风速测量装置和超声式风速测量装置

宜成对设置；

3 风速仪应安装在工程结构绕流影响区域之外；

4 宜选取采样频率高的风速仪，且不应低于10Hz；

5 监测结果应包括脉动风速、平均风速和风向。

4.7.6 风致响应监测宜符合下列规定：

1 风致响应监测应对不同方向的风致响应进行量测，现场实测时应根据监测目的和内容布置传感器；

2 风致响应测点可布置量测不同物理量的多种传感器；

3 应变传感器应根据分析结果，布置在应力或应变较大或刚度突变能反映结构风致响应特征的位置；

4 对位移有限制要求的结构部位宜布置位移传感器，位移传感器记录结果应与位移限值进行对比。

4.8 其他项目监测

Ⅰ 拉索索力监测

4.8.1 拉索索力监测应符合下列规定：

1 监测方法可包括压力表测定千斤顶油压法、压力传感器测定法、振动频率法；

2 压力表测定千斤顶油压法与振动频率法监测精度宜为满量程的5.0%，压力传感器测定法监测精度宜为满量程的3.0%；

3 振动频率法监测索力的加速度传感器频响范围应覆盖索体振动基频，采用实测频率推算索力时，应将拉索及拉索两端弹性支承结构整体建模共同分析；

4 索力监测系统在设计时，宜与结构内部管线、通信设备综合协调；

5 拉索索力监测预警值应结合工程设计的限值、结构设计要求及监测对象的控制要求综合确定。

4.8.2 索力监测应符合下列规定：

1 应确保锚索计的安装呈同心状态；

2 采用振动频率法监测时，传感器安装位置应在远离拉索下锚点而接近拉索中点，量测索力的加速度传感器布设位置距索端距离应大于0.17倍索长；

3 日常监测时宜避开不良天气影响，且宜在一天中日照温差最小的时刻进行量测，并记录当时的温度与风速。

Ⅱ 腐蚀监测

4.8.3 在氯离子含量较高或受腐蚀影响较大的区域或有设计要求时，可进行腐蚀监测。

4.8.4 腐蚀监测应符合下列规定：

1 腐蚀监测方案中应包括腐蚀监测方法、监测参数、监测位置和监测频次；

2 腐蚀监测宜选用电化学方法，电化学监测方法可选用电流监测、电位监测，也可同时采用电流和电位监测；

3 腐蚀监测参数可包括结构腐蚀电位、腐蚀电流和混凝土温度；

4 腐蚀监测位置应根据监测目的，结合工程结构特点、特殊部位、结构连接位置、不同位置的腐蚀速率等因素确定；测点宜选择在力与侵蚀环境荷载分别作用的典型区域及侵蚀环境荷载作用下的典型节点；

5 腐蚀传感器应能分辨腐蚀类型、测定腐蚀速率。可采用外置式和嵌入式两种方式布置：对于新建结构，可在施工过程中将传感器埋入预定的位置；对既有结构，可在结构相应测点的邻近位置外置传感器。

4.9 巡视检查与系统维护

4.9.1 巡视检查内容应包括监测范围内的结构和构件变形、开裂、测点布设及监测设备或结合当地经验确定的其他巡视检查内容。

4.9.2 系统维护应确保监测系统运行正常，并进行系统更新。

4.9.3 巡视检查应符合下列规定：

1 巡视检查以目测为主，可辅以锤、钎、量尺、放大镜等工器具以及摄像、摄影等设备进行；

2 发出预警信号时，应加强巡视检查；当发现异常或危险情况，应及时通知相关单位；

3 巡视检查的重点是确认基准点、测点的位置未改变及完好状况，确认监测设备运行正常及保护状态；

4 巡视检查宜由熟悉本工程情况的人员参加，并相对固定；

5 巡视检查应做好记录。

5 高层与高耸结构

5.1 一般规定

5.1.1 除设计文件要求外，高度250m及以上或竖向结构构件压缩变形显著的高层与高耸结构应进行施工期间监测，高度350m及以上的高层与高耸结构应进行使用期间监测。

5.1.2 除设计文件要求或其他规定应进行施工期间监测的高层与高耸结构外，满足下列条件之一时，高层及高耸结构宜进行施工期间监测：

1 施工过程增设大型临时支撑结构的高层与高耸结构；

2 施工过程中整体或局部结构受力复杂的高层与高耸结构；

3 受温度变化、混凝土收缩、徐变、日照等环境因素影响显著的大体积混凝土结构及含有超长构件、特殊截面的结构；

4 施工方案对结构内力分布有较大影响的高层与高耸结构；

5 对沉降和位形要求严格的高层与高耸结构；

6 受邻近施工作业影响的高层与高耸结构。

5.1.3 除设计文件要求或其他规定应进行使用期间监测的高层与高耸结构外，满足下列条件之一时，高层及高耸结构宜进行使用期间监测：

1 高度300m及以上的高层与高耸结构；

2 施工过程导致结构最终位形与设计目标位形存在较大差异的高层与高耸结构；

3 带有隔震体系的高层与高耸结构；

4 其他对结构变形比较敏感的高层与高耸结构。

5.1.4 开挖深度大于等于5m或开挖深度小于5m但现场地质情况和周围环境较复杂的基坑工程以及其他需要监测的基坑工程应实施基坑工程监测，监测实施应按现行国家标准《建筑基坑工程监测技术规范》GB 50497的规定执行。

5.1.5 高层与高耸结构施工期间监测项目应根据工程特点按表5.1.5选择。

表5.1.5 施工期间监测项目

	基础沉降监测	变形监测		应变监测	环境及效应监测			基坑支护监测
		竖向	水平		风	温湿度	振动	
高层结构	★	★	★	★	▲	▲	▲	▲
高耸结构	★	★	★	★	▲	▲	▲	▲

注：★应监测项，▲宜监测项。

5.1.6 高层与高耸结构使用期间监测项目应根据结构特点按表5.1.6进行选择。

表5.1.6 使用期间监测项目

	基础沉降监测	变形监测		应变监测	环境及效应监测		
		竖向	水平		风	温湿度	地震
高层结构	▲	▲	★	▲	▲	▲	★
高耸结构	▲	▲	★	▲	▲	▲	★

注：★应监测项，▲宜监测项。

5.1.7 高层与高耸结构监测应与结构分析相结合，结构分析应符合下列规定：

1 伸臂桁架和悬吊构件的施工过程应进行施工过程结构分析，且应真实反映设计和实际施工的顺序，以及节点的连接方式；

2 结构分析应按工程精度需要，计入结构构件的安装和刚度生成、支撑的设置和拆除等刚度变化影响因素；宜考虑几何非线性及混凝土材料收缩徐变的影响；

3 结构分析中，应根据实际施工方案预测施工过程中整个建筑的沉降变形、楼层的累积变形以及关键部位的变形和内力，为施工及监测方案的调整提供指导，保证完工后结构的水平度和标高满足设计要求；

4 框架-剪力墙结构或剪力墙结构中的连梁刚度不宜折减。

5.2 施工期间监测

Ⅰ 沉降监测

5.2.1 沉降监测中应先引测工作基点，再分区布置沉降测点，沉降监测点宜与水平位移监测点一致。

Ⅱ 变形监测

5.2.2 施工期间变形监测可包括轴线监测、标高监测、建筑体形之间联系构件的相对变形监测、结构关键点位的三维空间变形监测。

5.2.3 施工周期超过一年的结构或昼夜温差较大地区的结构施工，宜进行日照变形监测。

5.2.4 变形监测测点应布置在结构变形较大或变形反应敏感的区域。

5.2.5 滑模施工过程中，应对滑模施工的水平度及垂直度进行监测。

5.2.6 悬臂和连体结构施工过程中，应对悬臂阶段的施工位形进行监测。

5.2.7 高层与高耸结构变形监测的监测频次除应符合本规范第4.3.11条的规定外，尚应符合下列规定：

1 地下施工期间，楼层每增加1层监测一次；

2 地上结构施工期间，楼层每增加1层～5层监测一次；

3 关键楼层或部位施工时期，监测频次不应低于日常监测频次的2倍；

4 对于高耸结构，除重要的受力节间外，可按一定的高度间隔取相应的结构节间进行监测；应至少在重量达到总重的50%和100%时各监测一次。

Ⅲ 应变监测

5.2.8 在荷载变化和边界条件变化的主要施工过程中，应进行应变监测。

5.2.9 监测测点应布置在特征位置构件、转换部位构件、受力复杂构件、施工过程中内力变化较大构件。

5.2.10 测试截面和测点的布置应反映相应构件的实

际受力情况；对于后装延迟构件和有临时支撑的构件，应反映施工过程中构件受力状况的变化。

5.2.11 施工期间对结构产生较大临时荷载的设施，宜对相应受力部位及设施本身进行应变监测。

5.2.12 塔吊支承架结构的主梁以及牛腿预埋件结构，应根据塔吊支承架结构的受力特点及现场施工条件确定支承架主梁的应力测点以及牛腿预埋件应力测点的位置及监测方案。

5.2.13 应变的监测频次除应符合本规范第4.2.6条规定外，尚应符合下列规定：

1 对于连体、后装延迟构件或有临时支撑的结构，连体合龙前后、延迟构件固定前后及支撑拆除前后，相应应力变化较大的构件应增加监测频次；

2 应符合本规范第5.2.7条第2～4款规定，本规范第5.2.7条其他款项可参照执行。

Ⅳ 风及风致响应监测

5.2.14 当获取平均风速和风向，且施工过程中结构顶层不易安装监测桅杆时，可将风速仪安装于高于结构顶面的施工塔吊顶部。

5.3 使用期间监测

Ⅰ 变 形 监 测

5.3.1 变形监测测点可选择下列位置：

1 影响结构安全性的特征构件、变形较显著的关键点、承重墙柱拐角、大的工程结构截面转变处；主要墙角、间隔2根～3根柱基以及沉降缝的顶部和底部、工程结构裂缝的两边、结构突变处、主要构件斜率变化较大处；

2 结构体型之间的联系构件及不同结构分界处的两侧；

3 结构外立面中间部位的墙或柱上，且一侧墙体的测点不宜少于3个。

5.3.2 可选定特征明显的塔尖、避雷针、圆柱（球）体边缘作为高耸结构的变形监测测点。

5.3.3 对季节效应和不均匀日照作用下的温度效应敏感的高层与高耸结构，应进行日照变形监测。

5.3.4 高层与高耸结构的沉降及变形，在施工完成后第一年内宜至少每3个月监测一次，第二年内宜至少监测2次～3次，第三年以后宜每年至少监测1次。

Ⅱ 应 变 监 测

5.3.5 应变监测的测点应选择应力较大的构件和受力不利构件。测点不宜过于分散，宜服从分区集中准则。

5.3.6 下列重要部位或构件宜进行应变监测：

1 转换部位及相邻上下楼层；

2 伸臂桁架受力较大的杆件及相邻部位；

3 巨型柱、巨型斜撑、竖向构件平面外收进以及竖向刚度分布不连续区域等结构不规则位置及相邻部位；

4 其他重要部位和构件。

5.3.7 施工或使用期间发生过重大质量事故并已采取措施补救确认为安全的结构，对补救部位的应变情况宜进行监测。

Ⅲ 风及风致响应监测

5.3.8 已进行风洞试验的高层与高耸结构，宜根据风洞试验结果布置测点；对于未进行风洞试验的高层与高耸结构，宜选择自由场及对风致响应敏感的构件及节点位置，并宜与地震动及地震响应监测的测点布置相协调。

5.3.9 测点应设置在工程结构的顶层、地上一层、结构刚度突变和质量突变处以及对安全性要求较高的重点楼层的刚度中心或几何中心。进行动力特性分析时，振动测点应沿结构不同高度布置，宜设置在结构各段的质量中心处，并应避开振型的节点。

5.3.10 高层、高耸结构顶部风速仪宜高于顶部1m，并处于避雷针的覆盖范围之内。环境风速监测宜安装在距结构约100m～200m外相对开阔场地，高出地面10m处。

5.3.11 对风敏感的建（构）筑物有验证要求时，可监测建（构）筑物表面的风压分布情况。

5.3.12 舒适度控制区域宜布置测点，对相应控制参数进行监测。

Ⅳ 地震动及地震响应监测

5.3.13 地震动及地震响应监测测点应布置在结构地下室的底面、结构顶层的顶面及不少于2个中间层位置。尚应结合结构振动测点，选择测点布置部位。

5.3.14 平移振动监测测点宜布置在建筑物的刚度中心。

5.3.15 扭转振动监测测点宜布置在结构的四周边缘转动最大的点。

5.3.16 已进行振动台模型试验的高层与高耸结构，可根据振动台模型试验结果布置测点。

Ⅴ 温湿度监测

5.3.17 结构温湿度监测，测点可单独布置于指定的结构内部或结合应变测点布置。

5.3.18 监测结构梯度温度时，宜在结构的受阳光直射面和相对的结构背面以及结构内部沿结构高度布置测点，结构同一水平面上测点不应少于3个。

5.3.19 环境温湿度监测，宜将温度或湿度传感器布置在离地面或楼面1.5m高度空气流通的百叶箱内。

5.3.20 结构内温度监测，测点可布置在结构内壁便于维修维护的部位。宜按对角线或梅花式均匀布点，应避开门窗通风口。

6 大跨空间结构

6.1 一般规定

6.1.1 除设计文件要求或其他规定应进行施工期间监测的大跨空间结构外，满足下列条件之一时，大跨空间结构应进行施工期间监测：

1 跨度大于 100m 的网架及多层网壳钢结构或索膜结构；

2 跨度大于 50m 的单层网壳结构；

3 单跨跨度大于 30m 的大跨组合结构；

4 结构悬挑长度大于 30m 的钢结构；

5 受施工方法或顺序影响，施工期间结构受力状态或部分杆件内力或位形与一次成型整体结构的成型加载分析结果存在显著差异的大跨空间结构。

6.1.2 高度超过 8m 或跨度超过 18m、施工总荷载大于 $10kN/m^2$ 以及集中线荷载大于 15kN/m 的超高、超重、大跨度模板支撑系统应进行监测。

6.1.3 除设计文件要求或其他规定应进行使用期间监测的大跨空间结构外，满足下列条件之一时，大跨空间结构宜进行使用期间监测：

1 跨度大于 120m 的网架及多层网壳钢结构；

2 跨度大于 60m 的单层网壳结构；

3 结构悬挑长度大于 40m 的钢结构。

6.1.4 大跨空间结构施工期间监测项目应根据工程特点按表 6.1.4 进行选择。对影响结构施工安全的重要支撑或胎架，可按结构体系的监测要求进行监测。

6.1.5 大跨空间结构使用期间监测项目应根据结构特点按表 6.1.5 进行选择。

表 6.1.4 施工期间监测项目

	基础沉降监测	变形监测		应变监测	环境及效应监测			支座位移监测
		竖向	水平		风	温度	振动	
网架结构	▲	★	○	▲	○	▲	○	○
网壳结构	▲	★	○	▲	○	▲	○	★
悬索结构	▲	★	○	★	○	▲	○	▲
膜结构	▲	★	○	★	○	▲	○	○
悬挑结构	▲	★	○	▲	○	▲	○	○
临时支撑	○	★	○	★	○	—	○	—
特殊结构	▲	▲	○	▲	○	▲	○	○

注：1 ★应监测项，▲宜监测项，○可监测项，—不涉及该监测项；

2 特殊结构指上述结构以外的结构类型。

表 6.1.5 使用期间监测项目

	基础沉降监测	变形监测		应变监测	环境及效应监测			支座位移监测	动力特性
		竖向	水平		风	温度	地震		
网架结构	▲	★	○	▲	○	▲	○	○	○
网壳结构	▲	★	○	▲	○	▲	○	▲	▲
悬索结构	▲	★	○	▲	○	▲	○	▲	▲
膜结构	▲	★	○	▲	○	▲	○	○	○
悬挑结构	▲	★	○	▲	○	▲	○	○	○
特殊结构	▲	★	○	▲	○	▲	○	○	○

注：1 ★应监测项，▲宜监测项，○可监测项；

2 特殊结构指上述结构以外的结构类型。

6.2 施工期间监测

Ⅰ 基础沉降监测

6.2.1 超静定结构卸载过程中，应对基础沉降进行监测；大跨空间结构基础沉降监测可按本规范第 5.2.1 条规定执行。

Ⅱ 变形监测

6.2.2 施工期间变形监测可包括构件挠度、支座中心轴线偏移、最高与最低支座高差、相邻支座高差、杆件轴线、构件垂直度及倾斜变形监测。

6.2.3 空间结构安装完成后，当监测主跨挠度值时，测点位置可由设计单位确定。当设计无要求时，对跨度为 24m 及 24m 以下的情况，应监测跨中挠度；对跨度大于 24m 的情况，应监测跨中及跨度方向四等分点的挠度。

6.2.4 膜结构监测中，应跟踪监测膜面控制点空间坐标，控制点高度偏差不应大于该点膜结构矢高的 1/600，且不应大于 20mm；水平向偏差不应大于该点膜结构矢高的 1/300，且不应大于 40mm。

6.2.5 拔杆吊装中，应监测空间结构四角高差，提升高差值不应大于吊点间距离的 1/400，且不宜大于 100mm，或通过验算确定。

6.2.6 大跨空间结构临时支撑拆除过程中，应对结构关键点的变形及应力进行监测。

6.2.7 结构滑移施工过程中，应对结构关键点的变形、应力及滑移的同步性进行监测。

6.2.8 竖向位移监测时，大跨空间结构的支座、跨中、跨间测点间距不宜大于 30m，且不宜少于 5 个点。

6.2.9 变形监测的监测频次除应符合本规范第 4.3.11 条规定外，尚应在吊装及卸载过程中重量变化 50%和 100%时各监测不少于一次。

Ⅲ 应变监测

6.2.10 施工安装过程中，应力监测应选择关键受力部位，连续采集监测信号，及时将实测结果与计算结果作对比。发现监测结果或量值与结构分析不符时应进行预警。

6.2.11 结构卸载施工过程监测除应符合本规范第6.2.6条规定外，每步卸载到位后先静止5min～10min，再采集数据；当监测值超出预警值时应及时报警。

6.2.12 监测膜结构膜面预张力时，应根据施工工序确定监测阶段，各膜面部分均应有代表性测点，且应均匀分布。

6.2.13 索力监测的测点应具有代表性，且均匀分布；单根拉索或钢拉杆的不同位置宜有对比性测点，可监测同一根钢索不同位置的索力变化；横索、竖索、张拉索与辅助索均应布设测点。

6.2.14 应变监测的监测频次应符合本规范第4.2.6条规定，吊装及卸载监测时，应增加监测频次。

6.3 使用期间监测

Ⅰ 变形监测

6.3.1 使用期间变形监测的测点布置应按表6.3.1进行选择。

表 6.3.1 使用期间变形监测测点布置位置

	网架结构、网壳结构、索结构、膜结构、特殊结构	悬挑结构
竖向	跨中	悬挑端外檐
水平	支座、端部	—

Ⅱ 应变监测

6.3.2 使用期间关键支座及受力主要构件宜进行应变监测；超大悬挑结构悬挑端根部或受力较大部位宜进行应变监测。

6.3.3 索结构使用期间应定期监测索力，索力与设计值正负偏差大于10%时，应及时预警并调整或补偿索力。

Ⅲ 风及风致响应监测

6.3.4 膜结构主要膜面进行风及风致响应监测时，监测区域宜分为风压、风振主监测区和风压副监测区，监测项目为膜面振动以及上下表面风压。

7 桥梁结构

7.1 一般规定

7.1.1 除设计文件要求或其他规定应进行施工期间监测的桥梁结构外，满足下列条件之一时，桥梁结构应进行施工期间监测：

1 单孔跨径大于150m的大跨桥梁；

2 施工过程增设大型临时结构的桥梁；

3 施工过程中整体或局部结构受力复杂桥梁；

4 大体积混凝土结构、大型预制构件及特殊截面受温度变化、混凝土收缩、徐变、日照等环境因素影响显著的桥梁结构；

5 施工过程存在体系转换的重要桥梁结构；

6 对沉降和变形要求严格的桥梁结构。

7.1.2 对特别重要的特大桥，应进行使用期间监测。

7.1.3 除本规范第7.1.2条规定，设计文件要求或其他规定应进行使用期间监测的桥梁结构外，满足下列条件之一时，桥梁结构宜进行使用期间监测：

1 主跨跨径大于150m的梁桥；

2 主跨跨径大于300m的斜拉桥；

3 主跨跨径大于500m的悬索桥；

4 主跨跨径大于200m的拱桥；

5 处于复杂环境或结构特殊的其他桥梁结构。

7.1.4 桥梁结构施工期间应对重要大型临时设施进行监测，其他监测项目应根据工程特点按表7.1.4进行选择。

7.1.5 桥梁结构使用期间监测项目应根据结构特点按表7.1.5进行选择。

7.1.6 不同类型桥梁使用期间监测要求应符合本规范附录B的规定。

表 7.1.4 施工期间监测项目

	基础沉降监测	变形监测		应变监测	环境及效应监测		
		竖向	水平		风	温度	振动
梁桥	★	★	○	★	○	★	○
拱桥	★	★	▲	★	○	★	○
斜拉桥	★	★	▲	★	★	★	○
悬索桥	★	★	▲	★	★	★	○

注：1 ★应监测项，▲宜监测项，○可监测项；

2 有推力拱桥的拱脚水平位移应设置为“应监测项”。

表 7.1.5 使用期间监测项目

	基础沉降监测	变形监测		应变监测	环境及效应监测			车辆荷载	动力响应	支座反力和位移
		竖向	水平		风	温湿度	地震			
梁桥	▲	★	○	★	○	★	▲	★	▲	▲
拱桥	▲	★	▲	★	○	★	▲	★	▲	▲
斜拉桥	▲	★	▲	★	★	★	▲	★	▲	▲
悬索桥	▲	★	▲	★	★	★	▲	★	▲	▲

注：1 ★应监测项，▲宜监测项，○可监测项；

2 车辆荷载指交通监测。

7.2 施工期间监测

Ⅰ 基础沉降监测

7.2.1 连续梁桥的墩台、拱桥的拱脚、斜拉桥或悬索桥的桥墩和索塔、所有类型的高速铁路桥梁的墩台均应进行施工期间的沉降监测。

7.2.2 沉降监测应反映荷载及荷载作用变化、结构体系转化等情况。

Ⅱ 变形监测

7.2.3 施工期间的变形监测可包括轴线监测、挠度监测、倾斜变形监测。

7.2.4 高度大于30m的索塔、大于15m的墩台施工时，应进行水平度和垂直度监测。

7.2.5 应对悬臂施工主梁的水平向和竖向变形进行监测。

7.2.6 变形监测时应停止可能对监测结果造成影响的桥上机械作业。对于缆索安装、悬臂施工对日照比较敏感的施工过程，变形监测应考虑日照影响，并进行修正。

7.2.7 变形监测的监测频次除应符合本规范第4.3.11条规定外，尚应符合下列规定：

1 桥梁体系转换施工过程、节段施工新增节段过程中，应连续进行变形监测；

2 整体浇筑或吊装的桥梁应至少在增加荷载的50%和100%时各监测一次。

Ⅲ 应变监测

7.2.8 监测的关键构件及其关键部位宜包括特征位置构件、吊杆或吊索、斜拉索、主缆，施工过程中内力变化较大构件，反映构件受力特性的关键位置，受力复杂的局部位置。

7.2.9 复杂支架、扣塔及吊塔施工过程中的主要临时设施应进行应变监测。

7.2.10 应变监测的频率除符合本规范第4.2.6条规定外，尚应符合下列规定：

1 节段施工的桥梁在新增节段过程中，应进行应变监测；

2 体系转换过程中，应进行应变监测；

3 整体浇筑或吊装的桥梁应至少在增加荷载的50%和100%时各监测一次。

Ⅳ 环境及效应监测

7.2.11 环境及效应监测可包括温度、风及风致响应监测。温度监测结果应与变形、应变监测结果进行对比分析。风及风致响应监测应结合结构特点设置相应的预警值。

Ⅴ 其他施工过程的监测

7.2.12 转体施工期间监测应符合下列规定：

1 转体施工时应将转体临时索、塔结构纳入主体结构监测体系，监测应包括搭设、加载、承载及落架全过程；

2 应对主体结构及转体临时结构的力学参数、几何参数及转体速度进行监测。

7.2.13 顶推施工期间监测应将临时结构纳入主体结构监测体系，顶推过程中应对主体结构及顶推临时结构的力学参数、几何参数及顶推速度进行监测。

7.2.14 顶升施工期间监测应符合下列规定：

1 顶升过程中应对顶升速度、同步性和被顶升结构的稳定性进行监测；

2 应根据顶升过程结构的受力特性，确定变形和应变测点。

7.3 使用期间监测

Ⅰ 变形监测

7.3.1 使用期间的变形监测项目应包括竖向位移、水平位移及倾角。

7.3.2 变形监测的测点应反映结构整体性能变化，下列部位及项目应进行变形监测：

1 跨中竖向位移；

2 拱脚竖向位移、水平位移及倾角，拱顶及拱肋关键位置的竖向位移；

3 斜拉桥主塔塔顶水平位移，各跨主梁关键位置竖向位移；

4 悬索桥主缆关键位置的空间位移，锚碇或主缆锚固点的水平位移，索塔塔顶水平位移，各跨主梁竖向位移；

5 伸缩缝的位移。

7.3.3 使用期间变形监测的频率应结合桥梁结构的特点以及使用时间确定，不应少于定期检查的频率，特大桥宜进行实时监测。

Ⅱ 应变监测

7.3.4 应变监测测点应结合桥梁结构的受力特点布置。

7.3.5 应变监测应根据使用期间结构应变变化幅值设置预警值。

7.3.6 吊杆或吊索、斜拉索或主缆索力监测应符合下列规定：

1 应在每种规格型号的索中选取代表性的索均匀布置测点；

2 应选取索力最大的索、应力幅最大的索及安全系数最小的索进行监测；

3 测点布置宜包括上游、下游及中跨、边跨。

7.3.7 钢结构桥梁应进行疲劳监测；监测参数可包括疲劳应力及钢结构温度。

Ⅲ 动力响应监测

7.3.8 动力响应监测应兼顾动力特性测试，监测项目可包括结构自振频率、振型及阻尼比。

Ⅳ 基础沉降监测

7.3.9 基础沉降监测应按本规范第7.2.1条执行。

Ⅴ 支座反力与位移监测

7.3.10 支座反力和位移监测应符合下列规定：

1 对于易发生倾覆破坏的独柱桥梁、弯桥、斜桥、基础易发生沉降的桥梁及存在负反力的大跨径桥梁可布置支座反力或偏载监测设备；监测项目应包括支座位移、支座反力或桥梁横向倾斜度；

2 支座反力的监测宜选用测力支座；测力支座在使用前，应重新设置零点，并在支座上加载标准重物，修正支座参数；

3 支座位移的监测应能判定支座脱空情况。采用位移监测设备监测支座位移时，传感器量测方向应平行于支座反力方向。

Ⅵ 环境及效应监测

7.3.11 环境及效应监测应在本规范第7.1.5条的基础上，结合桥梁结构的重要程度及桥址桥位特点，可选择增加腐蚀、雨量及冲刷等监测项目。

7.3.12 风及风致响应监测的测点应布置在主跨桥面和索塔顶处，各个方向无遮挡。

7.3.13 温湿度监测的测点应布置在桥面、钢箱梁、索塔及锚室内部温湿度变化大或对结构影响大的位置。监测参数应包括环境温度、相对湿度及结构内相对湿度。

7.3.14 地震动及船撞响应监测的测点应布置在相对固定不动、接近大地的位置，安装于大桥承台顶部、索塔根部及锚碇的锚室内。

7.3.15 缆索结构体系桥梁可进行雨量监测。进行风雨振动相关分析或有设计要求时，雨量计可布置在桥面及索塔顶位置。同时宜与风速仪等环境监测设备布置在同一位置。监测参数宜包括降雨量及降雨强度。

7.3.16 下列情况宜进行桥梁基础的冲刷监测：

1 依据结构分析或冲刷模型试验，判定冲刷速率或冲刷深度较大的区域；

2 使用过程中，实测冲刷速率大于结构分析结果的区域；

3 冲刷深度已达设计值或超过设计值的区域；

4 后期工程建设对河床造成改变，影响结构原冲刷规律的；

5 不易进行常规冲刷监测或结构冲刷变动剧烈，有必要进行高频量测的区域。

7.3.17 冲刷监测宜选择测深仪、流速仪及具有连续输出功能的水位计进行监测，应依据桥址处最大冲刷深度确定测深仪、流速仪及水位计的量程和精度。

7.3.18 冲刷监测的监测参数可包括冲刷深度、流速及水位。监测测点应根据专项研究报告，桩基类型，选择冲刷最大区域及桩基薄弱区域进行布置。

Ⅶ 车 辆 荷 载

7.3.19 对车流量大、重车多或需要进行荷载静动力响应对比分析的桥梁结构，宜进行动态交通荷载的监测。

7.3.20 交通荷载监测项目可包括交通流量、车型及分布、车速及车头间距。

7.3.21 动态称重系统量程应根据桥梁的限行车辆载重及实际预估车辆载重确定，同时其尺寸选型应考虑车道宽度和车辆轴距。动态称重监测系统应具备数据自动记录功能，并应与其他监测系统的软硬件接口兼容。

7.3.22 测点宜布设在主桥上桥方向振动较小的断面。车轴车速仪与摄像头应相配套，摄像头的监视方向为来车方向。

8 其 他 结 构

8.1 隔 震 结 构

8.1.1 除设计文件要求或其他规定应进行监测的隔震结构以外，满足下列条件之一时，隔震结构应进行施工及使用期间监测：

1 桥梁隔震结构；

2 结构高度大于60m或高宽比大于4的高层隔震建筑；

3 结构跨度大于60m的大跨空间隔震结构；

4 单体面积大于80000m^{2}的隔震结构。

8.1.2 隔震层测点应设置在隔震层关键部位，施工期间应监测隔震层水平和竖向位移；使用期间尚应监测隔震层及结构顶层的加速度。

8.1.3 隔震支座变形监测可分为隔震支座水平剪切变形监测和竖向压缩变形监测，监测应符合下列规定：

1 施工期间，应对隔震支座的竖向压缩变形进行监测；

2 使用期间，宜对隔震支座的水平剪切变形和竖向压缩变形进行监测；

3 隔震支座正常使用状态下，隔震主体结构施工完毕，应以此时的状态作为初始状态，最大水平剪切变形不应大于50mm，最大竖向压缩变形不应大于5mm；

4 对于设置后浇带的建筑，每一后浇带分区应在中心点和至少一个角点设置测点；

5 施工和使用期间巡视检查中，应确保隔震缝的完整隔离；

6 监测设备可选择全站仪、位移计或单点沉降仪；仪器参数规定可按本规范附录A相关规定执行。

8.2 穿越施工

8.2.1 地下工程穿越既有结构分正穿和侧穿，下列情况应进行穿越施工监测：

1 地下工程正穿既有结构；

2 地铁区间结构、管线侧穿既有结构的监测范围一般为地铁结构及管线外沿两侧各30m范围内。在地铁车站施工地段，监测范围应视车站周围环境和既有结构情况适当加大。

8.2.2 监测项目可分为应监测项目和选监测项目两类。应监测项目包括沉降监测和巡视检查，选监测项目包括应变监测与倾斜监测。

8.2.3 地下工程穿越既有工程结构时，对穿越施工引起周边结构沉降的监测应符合下列规定：

1 城市桥梁，沉降测点应布置在桥墩上，每个桥墩上对称布点数不应少于2个；当不便在桥墩上布点时，可在盖梁或支座上方的梁、板上布点；

2 大型立交桥，每个匝道桥应至少布置一个工作基点，工作基点可布置在影响区以外的相邻墩台上；无相邻墩台时，可将距离最远的测点作为工作基点；

3 建（构）筑物变形监测布置应按现行国家标准《工程测量规范》GB 50026要求执行；

4 监测期间，每天应进行巡视检查。

8.2.4 应对所穿越的重要结构进行穿越施工期间的实时监测。

附录A 监测设备主要技术指标

A.0.1 加速度传感器的主要技术指标应符合表A.0.1规定。

表A.0.1 加速度传感器的主要技术指标

项目	力平衡加速度计	电动式加速度计	ICP压电加速度计
灵敏度（V/（m/s²））	±0.125	±0.3	±0.1
满量程输出（V）	±2.5	±6	±5
频率响应（Hz）	0～80	0.25～80	0.3～1000

续表A.0.1

项目	力平衡加速度计	电动式加速度计	ICP压电加速度计
动态范围（dB）	≥120	≥120	≥110
线性度误差（%）	≤1	≤1	≤1
运行环境温度（℃）	－10～＋50	－20～＋50	－10～＋50
信号调理	线性放大、积分	线性放大、积分	ICP调理放大

A.0.2 速度传感器的主要技术指标应符合表A.0.2规定。

表A.0.2 速度传感器主要技术指标

项目	技术指标	备注
灵敏度（V/（m/s））	±1～25	可调
满量程输出（V）	±5	
频率响应（Hz）	0.1～100	可调
动态范围（dB）	≥120	
线性度误差（%）	≤1	
运行环境温度（℃）	－20～＋50	
信号调理	线性放大、积分、滤波	

A.0.3 地震动及地震动响应监测仪器主要由力平衡加速度计和记录器两部分组成。力平衡加速度计主要技术指标应符合表A.0.1的规定，记录器的主要技术指标应符合表A.0.3规定。

表A.0.3 记录器主要技术指标

项目	技术指标	项目	技术指标
通道数	≥3	采样率	程控，至少2档，最高采样率不低于200SPS
满量程输入（V）	≥±5	时间服务	标准UTC，内部时钟稳定度优于10^{-6}，同步精度优于1ms
动态范围（dB）	≥120	数据通信	RS-232时实数据流串口，通信速率9600，19200可选
转换精度（bit）	≥20	数据存储	CF卡闪存，≥4Gb
触发模式	带通阈值触发、STA/LTA比值触发、外触发	道间延迟	0
环境温度（℃）	－20～＋70	软件	包括通信程序，图形显示程序，其他实用程序与监控、诊断命令
环境湿度	＜80%	—	—

A.0.4 信号采集分析仪由采集卡和分析软件组成，信号采集分析仪的采集卡技术应符合表A.0.4的规定。

表A.0.4 信号采集分析仪采集卡技术指标

项　目	技术指标
每通道采样率（sps）	50～1000
A/D位数	不低于16位 （有效位数不低于14位）
采样方式	采集通道同步， 每通道使用单独A/D
动态范围（dB）	≥80
输入量程（V）	±10
接口	USB接口、LAN接口
数据存储长度	不低于5个小时的采样数据

A.0.5 隔震支座水平位移监测传感器技术指标宜符合表A.0.5的规定。

表A.0.5 位移传感器技术指标

项　目	技术指标
最大可测位移（cm）	±50
频率范围（Hz）	0～5（当拉线长度为5m时）
灵敏度（mV/cm/V）	10
线性度	≤0.2%
分辨率（mm）	0.2

附录B 不同类型桥梁使用期间监测要求

B.0.1 梁式桥使用期间监测应符合下列规定：

1 荷载监测项目可包括温湿度、地震动及船撞响应、动态交通荷载；结构响应监测项目可包括主梁挠度、主梁水平位移、结构动力响应及关键截面应力。

2 梁式桥挠度可利用连通管原理采用静力水准仪或液压传感器进行监测，双向6车道及以上的梁桥应进行主梁扭转监测；梁端部纵向位移宜采用拉绳式位移计进行监测。

3 体外预应力宜采用压力式传感器或磁通量传感器进行监测。

B.0.2 拱桥使用期间监测应符合下列规定：

1 荷载监测项目可包括风荷载、温湿度、地震动及船撞响应、动态交通荷载；结构响应监测项目可包括拱肋变形、桥面系水平位移、结构动力响应、关键截面应力、吊索力及吊杆力。

2 结构空间变形监测应选用合适的监测设备，跨度大于300m的钢拱桥宜在拱顶采用GPS法监测空间变位，桥面挠度宜利用连通管原理采用静力水准仪或液压传感器进行监测；梁端部纵向位移宜采用拉绳式位移计进行监测。

3 系杆拱桥的系杆拉力可采用压力传感器或磁通量传感器进行监测。传感器应在安装前进行校准，并在施工期间完成安装。

4 代表性吊杆力可采用振动传感器或磁通量传感器进行监测。

B.0.3 斜拉桥使用期间监测应符合下列规定：

1 荷载监测项目可包括风荷载、温湿度、地震动及船撞响应、动态交通荷载；结构响应监测项目可包括主梁挠度、主梁水平位移、结构动力特性、索塔变形、关键截面应力、疲劳应力及斜拉索索力。

2 结构空间变形监测应选用合适的监测设备，索塔塔顶变形监测宜采用倾斜仪或GPS法；跨度大于600m的钢主梁斜拉桥或跨度大于400m的混凝土主梁斜拉桥宜在主梁跨中采用GPS法监测整个截面竖向、横向、纵向及扭转位移，挠度可利用连通管原理采用静力水准仪或液压传感器进行监测，双向6车道及以上的斜拉桥应进行主梁扭转监测；主梁端部纵向位移宜采用拉绳式位移计进行监测。

3 斜拉索索力宜采用压力传感器或振动传感器进行监测。压力传感器应在安装前进行校准，压力传感器应在斜拉索张拉前进行安装。

B.0.4 悬索桥使用期间监测应符合下列规定：

1 荷载监测项目可包括风荷载、温湿度、地震动及船撞响应、动态交通荷载；结构响应监测项目可包括主缆变形、主梁水平位移、结构动力特性、关键截面应力、疲劳应力、缆索索力及吊索索力。

2 结构空间变形监测应选用合适的监测设备，主缆变形监测宜采用GPS法，索塔塔顶变形监测宜采用倾斜仪监测或GPS法；跨度大于600m的悬索桥宜在主梁跨中采用GPS法监测整个截面竖向、横向、纵向及扭转位移，挠度可利用连通管原理采用静力水准仪或液压传感器进行监测，双向6车道及以上的悬索桥应进行主梁扭转监测；主梁端部纵向位移可采用拉绳式位移计进行监测。

3 主缆索力可采用压力传感器或磁通量传感器进行监测。传感器应在安装前进行校准，并在施工期间完成安装。

4 代表性吊索、吊杆力可采用振动传感器或磁通量传感器进行监测。

B.0.5 铁路桥使用期间监测系统应具备自动触发功能，能完整记录并存储整列车从上桥到出桥全过程的各项数据。铁路桥使用期间监测可根据实际情况选择下列监测项目：

1 主梁关键构件或部位的应力、变形，支座横向和纵向位移，支座反力；

2 主梁横向和竖向振幅及振动加速度，动挠度，动应力；

3 桥墩横向和纵向振幅；

4 索力；

5 轮轨力，包括脱轨系数、减载率；

6 列车动轴重、速度。

本规范用词说明

1 为便于在执行本规范条文时区别对待，对要求严格程度不同的用词说明如下：

1）表示很严格，非这样做不可的用词：

正面词采用“必须”，反面词采用“严禁”；

2）表示严格，在正常情况均应这样做的用词：

正面词采用“应”，反面词采用“不应”或“不得”；

3）表示允许稍有选择，在条件许可时首先应这样做的用词：

正面词采用“宜”，反面词采用“不宜”；

4）表示有选择，在一定条件下可以这样做的用词：采用“可”。

2 条文中指明应按其他有关标准执行的写法为：“应符合……的规定”或“应按……执行”。

引用标准名录

1 《工程测量规范》GB 50026

2 《综合布线系统工程设计规范》GB 50311

3 《大体积混凝土施工规范》GB 50496

4 《建筑基坑工程监测技术规范》GB 50497

中华人民共和国国家标准

建筑与桥梁结构监测技术规范

GB 50982—2014

条 文 说 明

修 订 说 明

《建筑与桥梁结构监测技术规范》GB 50982－2014，经住房和城乡建设部2014年10月9日以第583号公告批准、发布。

在本规范编制过程中，编制组开展了专题研究，进行了广泛的调查分析，总结了我国在建筑与桥梁结构监测领域的科研成果，与相关标准进行了协调，与国际相关标准进行了比较和借鉴，充分考虑了我国的经济条件和工程实践，并以多种形式征求了全国有关单位的意见，在此基础上经规范组讨论、整理、汇编而成。

为便于广大监测、设计、施工、检测、科研、学校等单位有关人员在使用本规范时能正确理解和执行条文规定，《建筑与桥梁结构监测技术规范》编制组按章、节、条顺序编制了本规范的条文说明，对条文规定的目的、依据以及执行中需注意的有关事项进行了说明，还着重对强制性条文的强制性理由作了解释。但是条文说明不具备与规范正文同等的效力，仅供使用者作为理解和把握规范规定的参考。

目　次

1　总则 ………………………………………… 14—24
2　术语和符号………………………………… 14—24
2.1　术语……………………………………… 14—24
3　基本规定 ………………………………… 14—24
3.1　一般规定………………………………… 14—24
3.2　监测系统、测点及设备规定 ………… 14—24
3.3　施工期间监测…………………………… 14—25
3.4　使用期间监测…………………………… 14—26
4　监测方法 ………………………………… 14—27
4.1　一般规定………………………………… 14—27
4.2　应变监测………………………………… 14—27
4.3　变形与裂缝监测………………………… 14—27
4.4　温湿度监测……………………………… 14—28
4.5　振动监测………………………………… 14—28
4.6　地震动及地震响应监测………………… 14—29
4.7　风及风致响应监测……………………… 14—29
4.8　其他项目监测…………………………… 14—29
4.9　巡视检查与系统维护…………………… 14—30
5　高层与高耸结构 ………………………… 14—30
5.1　一般规定………………………………… 14—30
5.2　施工期间监测…………………………… 14—30
5.3　使用期间监测…………………………… 14—31
6　大跨空间结构 …………………………… 14—32
6.1　一般规定………………………………… 14—32
6.2　施工期间监测…………………………… 14—32
6.3　使用期间监测…………………………… 14—32
7　桥梁结构…………………………………… 14—32
7.1　一般规定………………………………… 14—32
7.2　施工期间监测…………………………… 14—33
7.3　使用期间监测…………………………… 14—33
8　其他结构…………………………………… 14—33
8.1　隔震结构………………………………… 14—33
8.2　穿越施工………………………………… 14—33
附录A　监测设备主要技术指标 ……… 14—34
附录B　不同类型桥梁使用期间监测要求 ………………………………… 14—34

1 总　　则

1.0.1 我国对建筑与桥梁结构有相应的建设法律法规和系列的规范标准，但缺少相应的施工和使用期间的监测技术规范。近年来随着高层与高耸、大跨空间、桥梁、隔震及穿越施工等工程结构在我国的不断发展，工程结构监测技术也取得了长足的进步，但缺少统一的监测技术规范。为达到有效监测的目的，满足当前工程结构监测科学研究和工程应用的需要，编制本规范。

1.0.2 本条规定了本规范的适用范围。其中，桥梁包含城市桥梁、公路桥梁和铁路桥梁；穿越施工的工程结构监测是指受穿越施工影响的既有结构的监测，非穿越工程本身的监测。重要的城市地下工程施工期间也需要进行监测，鉴于地下工程的施工监测已有国家和地方的技术规范提及，本规范不再赘述，可参照相应技术规范执行。

1.0.3 本规范归纳总结了一些国内及国际上成熟的监测技术，监测时，除应符合本规范的规定外，尚应符合国家现行有关标准的规定。

2 术语和符号

2.1 术　　语

2.1.10 监测设备的耐久性，特别是传感器，指的是经过长期使用以后其工作特性保持正常的性能。

3 基本规定

3.1 一般规定

3.1.1 施工期间监测应以施工安全或工程质量控制为基准，使用期间监测应以结构正常使用极限状态或结构适用性为基准。

3.1.2 量测指采用仪器设备对被测对象进行测量的过程，观测指采用人工或仪器设备对被测对象进行观察、量测的过程，检测相对量测与观测，增加了比对与评定的内容，监测侧重于频繁或连续不断的量测或观测。监测前宜进行相关项目的检测，检测数据可为施工过程结构分析和监测提供依据。监测中宜配合进行量测与观测。使用期间监测的周期较长，宜采用自动采集数据的仪器监测方式。

3.1.3 监测过程中应进行巡视检查，仪器监测与巡视检查两者互为补充、相互验证。仪器监测可以取得定量的数据，进行定量分析；以目测为主的巡视检查更加及时，可以起到定性和补充的作用，从而避免片面地分析和处理问题。系统维护可确保监测系统能按监测方案反应结构的状况。

3.1.4 施工期间监测的仪器设备可根据实际情况选择性用于使用期间监测，使用期间的监测系统应充分利用施工期间监测的数据进行校核。

3.1.5 监测前应根据业主、设计、施工与监理方的要求，按结构工程的特点，明确监测的目的与要求；监测方案的制定应考虑监测目的、结构特点(新建或既有，结构形式等)，设计文件及监测要求确定监测期，结合现场及周边环境条件选择监测项目及合适的监测方法，并根据监测期、监测项目及方法选取合适的监测设备；方案中应针对不同监测项目提出具体实施措施及相应预警值。

3.1.6 对于需要监测的结构，应在设计阶段提出监测要求；监测测点的布置、监测设备的安装、走线方式、预埋管、保护装置及相应标志标识的设立等宜在结构设计阶段结合结构施工图的设计统筹考虑。

3.1.7 特大及复杂结构桥梁是指多孔跨径总长大于1000m，单孔跨径大于150m，且计算与施工复杂的桥梁。已发生严重事故的工程等级确定应按照国务院及地方部门规定具体执行。

3.1.8 此条是强制性条文，监测预警是建筑与桥梁结构实施监测的主要目的之一，是预防工程事故发生、确保结构及周边环境安全的重要措施。监测预警值是监测工作的实施前提，是监测期间对结构正常、异常和危险不同状态进行判断的重要依据，应分级制定，因此建筑与桥梁结构监测必须确定监测预警值。

3.1.9 保护措施指根据现场情况采取的相应防风、防雨雪、防水、防雷、防尘、防晒等措施，应力传感器应避免阳光的直接照射，并宜根据现场情况在信号线外增加电气屏蔽、采取措施将导线中产生的感应电压互相抵消(条件允许可采用无线传输装置)以提高抗干扰能力。维护措施指定期对监测设备及保护措施进行检查，对监测系统进行维护，以确保监测系统的正常运行及耐久性。

3.1.10 建筑与桥梁结构监测自立项开始即有明确的目的和功能，监测预警是监测的主要功能之一，而监测测点及传感器、电缆、采集仪、棱镜等监测设备是保证监测预警的最基本条件，因此监测期间改变或损坏监测测点、监测设备均会影响监测预警功能和安全，因此任何对监测测点、设备的改变(包括施工期间监测与使用期间监测)均须经监测技术单位许可，以保证监测的功能和安全。

3.2 监测系统、测点及设备规定

3.2.1 施工期间监测，工程现场情况复杂，可根据现场实际条件对整体或局部结构建立监测系统；使用期间监测可根据监测目的、项目及监测期等对整体或局部结构建立监测系统。为了更好地保证监测工作的实施，宜设置专用监控室，并制定监控室相关工作制度。

3.2.2 监测系统的采集功能一般由各种特定功能的传感器等监测设备完成，传输功能一般由有线或无线装置将采集的数据发送至接收端，控制功能包括查询监测数据或设置数据采集分析仪、查询监测系统工作状态，生成数据记录文件。预警功能指当监测值超出预警值时，系统能按照设定的程序进行预警。

3.2.3 干扰信号来源检查时应首先排除仪器内部等因素造成的干扰，然后检查导线仪器是否有输出信号。检查干扰信号时，可在现场进行信号测试，对存在的干扰信号进行时频分析，确定其特征参数，并根据干扰信号的特征参数对可能存在的干扰信号源进行检查。信号处理时可根据具体情况对受干扰信号选择数字滤波器进行滤波处理。

3.2.4 实时监测时，如结构卸载、滑移、顶推或顶升时的实时监测，监测数据需及时快速反映结构的状态，监测系统的采样频率应能满足使用要求，且监测系统中传感器的动态范围及监测系统对传感器数据的读取方式(串联或并联)应满足要求。

3.2.5 对监测对象的结构分析可采用理论计算与数值分析等多种方式。现场监测结果经常会受到多种不确定性因素的影响，如施工过程中的活荷载、地基沉降、日照对结构产生的不均匀温度作用、混凝土的收缩徐变、传感器量测值的漂移等，因此，监测过程中，当监测结果与理论分析结果之间存在不一致时，应首先分析并查明原因，再确定处理方案。必要时，应及时和设计单位沟通，共同商定解决方法。

3.2.6 监测测点的布置是捕捉监测对象有效信息的关键环节，测点要能反映监测对象的实际状态及变化趋势。在结合结构分析结果布置测点时，宜对结构的内力分布、变形和动力特性等作全面的分析，选择结构静动力反应及变形较大的部位，并结合现场实际情况确定测点位置；测点的数量既要考虑到监测系统的可靠性，又要考虑经济性。

3.2.7 监测设备的稳定性和耐久性应与监测期相适应，施工期间监测的设备选择宜兼顾使用期间监测的需求，监测设备的耐久性、稳定性以及造价宜与使用期间的监测统筹考虑。当监测设备使用寿命短于结构寿命，应及时更换。监测设备的稳定性不仅要求监测设备经过长期使用以后其工作特性能保持正常，还要求其对工作环境具有较强的适应能力和抗干扰能力。兼容性一般要求监测系统中所有设备的接口使用标准接口。

监测设备的安装方式应避免预埋传感器及导线损伤，同时应避免结构出现不可恢复的永久性损伤；安装方式应牢固，其耐久性应能满足监测期内的使用要求。

3.2.8 不同的监测对象，如高层、高耸、大跨、桥梁等，不同的监测项目，如应变监测、变形监测等，不同的监测方法，如安装位置、采样频率、保护措施等，对传感器的要求也不同，因此监测传感器的选型需考虑监测对象、监测项目和监测方法等因素。选型中可参考下列指标：

灵敏度：传感器应具有良好而稳定的灵敏度和信噪比。

通频带：系统输出信号从最大值衰减 3dB 的信号频率为截止频率，上下截止频率之间的频带称为通频带。通频带应有足够宽的频率范围，足以覆盖被监测对象的振动频率。

动态范围：指灵敏度随幅值的变化量不超出给定误差限的输入机械量的范围。幅值范围指在此范围内，输出电压和机械输入量成正比，所以也称为线性范围。动态范围一般不用绝对量数值表示，而用分贝做单位，这是因为被测量值变化幅度过大的缘故，以分贝级表示使用更方便一些。监测仪器设备应有足够大的动态范围，以满足最大和最小监测幅值的需要。

量程：传感器的量程宜使被测量参数处在整个量程的80%～90%之内，且最大工作状态点不应超过满量程。

线性度：传感器应具有良好而稳定的线性度，在对结构位移及应变等反应进行监测时宜满足较高的线性度要求。

稳定性：传感器应具有良好的稳定性，具有较强的环境适应能力。

供电方式：应根据实际情况和监测要求确定不同类型的传感器供电形式。

寿命：应根据结构监测期选择满足使用年限的传感器，并充分考虑置换方案和时间。

采样频率也是重要指标之一，通常情况下应根据监测参数和传感器类型选择适当的采样频率。对于静态信号，采样频率可设置低于 1Hz；对于动态信号，采样频率宜为动态信号频率上限的 5 倍～10 倍；此外，为进行数据间的相关性分析，一个监测系统应采用同类型传感器，各通道采样频率宜相同，或采用一定的倍频进行采集。监测系统的各组成部分应合理匹配，同时还应考虑传感器的动态特性，如传感器的传递函数和瞬态反应。

3.3 施工期间监测

3.3.2 本条文中所述的构件与节点不仅包含原设计结构中的构件与节点，还包含施工过程的临时结构与支撑中的构件及节点。

3.3.3 应变监测在常规情况下是指通过应变测试反算应力的情况，也是直观了解构件受力状态的最佳手段，是保证施工期间结构安全性的一个最重要的方法。

3.3.4 结构分析包含内力验算与变形分析。内力验算包含结构承载力验算和构件内力验算。与整个结构的服役期相比，施工过程相对较短，且使用人群数量相对较少，偶然荷载出现的概率更低，因此在承载力验算时未提及偶然荷载作用，变形验算时也未提及频遇组合及准永久组合。

重力荷载包括结构自重、附加恒荷载(室内装修荷载、设备荷载)、幕墙荷载、施工活荷载(模板及支撑、施工人员、施工机械或临时堆载等)等。除结构自重外，上述荷载应根据现场实际情况，并结合施工进度具体确定。当无准确数据时，施工人员、模板及支撑以及临时少量堆载引起的楼面施工活荷载可按表1执行。

表1 工作面上施工活荷载标准值

序号	工作状态描述	均布荷载(kN/m^2)
1	少量人工用工具进行轻质材料施工	0.5～1.0
2	大量人工和机具进行施工	2.0～2.5
3	密集人工用机械设备进行施工	3.0～3.5

其中室内装修荷载主要指：找平层、建筑面层、粉刷层、隔墙等；工作面上施工活荷载标准值参考ASCE 37-02(美国结构施工荷载规范)，经简化和调整。

3.3.5 分区：是指依据结构的不同形式，采用不同的控制指标；分级：根据结构危险程度将结构统一划分为不同的保护等级；分阶段：是指将施工过程划分为几个主要的施工阶段，对于每个阶段，提出阶段控制指标。对分区、分级、分阶段的详细说明应根据结构特点、环境条件等进行综合分析。施工期间监测预警值应根据施工过程结构分析结果设定，根据预警等级不同，可采用结构分析结果的50%、70%和90%进行预警；但监测值应满足相应施工质量验收规范的要求。

3.3.6 应按要求的监测频次实施监测，监测数据采集方式可为自动采集或人工测读。每个阶段指的是施工期间可根据施工工序进行划分，如悬臂钢结构施工工序可为拼装阶段、拆除支撑阶段及安装幕墙等增加荷载阶段。

3.3.7 本条所描述的情况均属于施工违规操作、外部环境变化趋向恶劣、结构临近或超过预警标准、有可能导致或出现工程安全事故的征兆或现象，应引起各方的足够重视，因此，应加强监测，提高监测频次，监测频次宜由工程各相关方根据具体情况协商确定。

3.3.8 监测数据的分析方法应按照本规范第4章所列方法执行。关键性数据是指影响结构工程质量以及安全的主要监测参数，异常数据是指个别数据偏离预期或大量统计数据结果的情况。如果把这些数据和正常监测数据放在一起进行统计分析，可能会影响监测结果的正确性；如果把这些数据简单地剔除，又可能忽略了重要的监测信息。所以需要判断异常数据，及时核查确认，是否是结构自身或监测系统本身及环境等因素引起，是否影响工程质量及安全，判断是否将其剔除。

3.3.9 施工期间的巡视检查非常重要，不仅可以直观检验监测结果的真实性，还可以及时发现施工现场的问题与结构异常情况。

3.3.10 在本条流程图中，施工期间监测系统不是一次建立的，应随着工程施工建立监测系统；当施工工序或方案有调整时，监测系统应及时进行相应调整。

3.3.13 项目及施工阶段概况包括建设、设计及施工等单位、工程概况、监测目的和要求，项目完成的起始时间，实际完成的工作量，施工进度等。预警报告为监测期间监测预警时监测单位发出的监测预警记录。

3.3.14 总监测报告是对整个监测阶段的总结，应对整个监测阶段的结构及监测系统的运行情况进行汇总，内容涵盖阶段性监测报告的全部主要内容，且有归纳和总结。

3.3.16 归档应符合国家和地方相关主管部门制定的归档文件要求。

3.4 使用期间监测

3.4.1 结构使用期间监测的目的和功能包括但不限于下列内容：

1 验证结构设计结果及分析、试验时的假定；

2 提高使用过程中的安全性，当意外或灾害发生时可及时预警，当意外或灾害发生后，可为结构状态评估和处理提供实际数据；

3 为结构的日常维护和管理提供依据；

4 为新方法新技术的应用及发展提供验证数据和参考建议。

3.4.2 特殊情况下，可根据实际情况考虑波浪等荷载。

3.4.3 使用期间监测一般为长期监测，重要结构宜进行全寿命周期内的监测。

3.4.4 本规范中的重要结构指安全等级为一级的结构和部分安全等级为二级的结构，具体划分应根据工程结构的破坏后果，即危及人的生命、造成经济损失、对社会或环境产生影响等的严重程度确定。

结构分析模型修正时可首先与设计基准结构模型进行核对，然后考虑结构日常使用(温度、设备、风及振动等)、加固改造及突发事件(如地震、船撞、台风、雪灾、爆炸、交通事故)对模型参数的影响，可利用监测、检测的结果对结构模型进行修正。修正后的模型可在后续监测期间进行验证。

3.4.6 使用期间的监测系统应能不间断工作，在日常维护中能保持正常运行，支持热备份和手动故障恢复功能。具备形成监测报表功能的目的是在监测系统由监测单位交付业主自行管理后，可根据报表结果进行预警与分析。

3.4.8 使用期间监测一般为长期监测，甚至全寿命周期内的监测，因此定期对监测系统进行巡视检查和系统维护非常必要。监测期间，当发生强雷电、暴雨、地震等异常情况应进行巡视检查。

3.4.10 监测报表可通过监测系统设置，自动生成。

3.4.12 监测系统报告一般包括项目概况、监测方法和依据、监测项目及系统操作指南。监测方法中应包括监测期、监测频次、测点分布，数据处理方法等，监测项目包括监测参数、采用的监测设备及其检校情况。系统操作指南为监测系统移交后供使用方掌握监测系统的使用方法说明。

3.4.14 原始记录应包括对监测系统的定期巡视检查情况、对异常情况的处理记录及结果；归档应符合国家和地方相关主管部门制定的归档文件要求。

4 监 测 方 法

4.1 一 般 规 定

4.1.1 本章针对不同监测项目的监测方法进行了规定。

4.1.2 静态参数包括：静力荷载(作用)及所产生的应变、变形与裂缝，温湿度及腐蚀类等环境参数。动态参数包括：动力荷载(作用)及其引起的加速度、速度、动位移、动应变等参数，以及获取结构频率、振型及阻尼比等动力特性参数。

4.2 应 变 监 测

4.2.1 本节应变监测指的是除动应变及索力以外的应变监测。当结构表面或内部无法安装应变监测传感器时，可采用间接监测的方法，间接监测应变时可用位移传感器等位移计构成的装置进行；动应变监测相关规定应按本规范第4.5节规定执行，索力监测相关规定应按本规范第4.8节规定执行。

4.2.2 应变计传感器的选择应根据实际工程的要求以及经济等因素选择确定，一般情况下应变计特性对比如表2所示。

表2 应变计技术特点

特性 \ 类型	振弦式应变计	电阻应变计	光纤类应变计
时漂	小，适宜长期量测	较高，可通过特殊定制适当减小	小，适宜长期量测
灵敏度	较低	高	较高（与解调仪精度有关）
对温度的敏感性	需要修正	通过电桥实现温度补偿	需要修正
信号线长度影响	几乎不影响量测结果	需进行导线电阻影响的修正	不影响量测结果
信号传输距离	较长	短	很长，可达几十公里
抗电磁干扰能力	较强	差	很好
对绝缘的要求	不高	高	光信号，无需考虑
动态响应	差	很好	好
精度	较高	高	较高

4.2.3 混凝土等非匀质材料制作的构件所选用应变计标距应大于混凝土骨料最大粒径的3倍～4倍，一般采用的标距为40mm～150mm；钢结构等均匀材料制作的构件选用的应变片标距在进行动态应力量测时可选较小的，一般为5mm～10mm；进行静态应力量测时，可选用符合要求的长标距应变计。在温度变化较大的环境中进行应力监测时，应优先选用具有温度补偿措施或温度敏感性低的应变计，或采取有效措施消除温差引起的热输出。

4.2.4 电阻应变计的使用及技术规定按照《金属粘贴式电阻应变计》GB/T 13992执行；光纤类应变计按照光纤类应变计说明书的技术要求严格执行；位移传感器的标距误差及最小分度值等技术规定按照《混凝土结构试验方法标准》GB/T 50152执行。

4.2.5 传感器安装应牢固，当采用胶体等粘结材料时应考虑其耐久性。

4.2.6 应变监测应与变形监测基本同步，确保应力和变形监测数据可以对应。

4.2.7 由于电阻应变计（又称应变片）一般是通过胶粘结在结构上，胶结层具有一定的厚度，同时由于应变片粘结的长度有限，导致应变片实际量测到的应变小于结构的真实应变。应变片量测数值与结构真实应变的差值随着粘结厚度的增加而增加，与粘结长度成反比。一般情况下，该误差为10%。如果粘结层较厚，则需要进一步的修正才能得到结构的真实应变。

4.3 变形与裂缝监测

4.3.1 本节中变形包括倾斜、沉降、标高、挠度及收缩徐变等。条文中其他位移指相对滑移、转角、倾斜、挠度、瞬时变形及日照变形等。

4.3.2 水平位移监测可选用机械式测试仪器法、电测仪器法、光学仪器法、卫星定位系统法等，也可同时采用多种方法；电测仪器法应选用电子百分表、电子倾斜仪、位移传感器等测量法；光学仪器法应选用激光准直法、基准线法（正倒垂线法、视准线法、引张线法）、边角法（三角形网、极坐标法、交会法）等。监测前，应分析预估测点的位移方向，无法估计时，可选择相互垂直的两个方向进行监测。

垂直位移监测可选用机械式测试仪器法、电测仪器法、光学仪器法、卫星定位系统法。机械式测试仪器法应选用百分表、张线式位移计、收敛计等测量方法；电测仪器法应选用电子百分表、位移传感器、连通液位式挠度仪、静力水准仪等测量方法；光学仪器法应选用水准测量方法、三角高程测量方法等。

4.3.4 局部相对变形测量在下列情况下采用光学仪器法时，通常可不布置监测基准网：

1 监测结构局部或构件的相对垂直位移；

2 桥梁支座顶升、托换，构件吊装等短期监测。

4.3.5 基准值的量测时间应选在结构体内温度场相对稳定的时刻，如日出前 2h。

4.3.6 修正是为了消除温度对结构变形特性的影响。使用期间变形监测应考虑此项修正，施工期间变形监测应根据监测期及现场条件确定。

4.3.9 基坑工程中的水平位移、竖向位移、倾斜、裂缝等监测的具体规定可按现行国家标准《建筑基坑工程监测技术规范》GB 50497 执行；激光准直法、基准线法（正倒垂线法、视准线法、引张线法）、边角法（三角形网、极坐标法、交会法）等光学仪器法以及 GPS 等卫星定位系统测试方法的相关规定可按现行国家标准《工程测量规范》GB 50026 执行。

4.3.10 一方面，通过对施工时标高的监测，可以获得当前标高的实际值；另一方面，通过考虑时变效应的分析技术预测包括收缩徐变和基础沉降的长期变形量，并在施工阶段标高层预留长期变形量作为标高补偿。在施工调整变形时，可结合施工误差一并进行。

4.3.11 首次即零周期。长时间连续降雨、基础附近地面荷载骤增、基础周围地质发生变化等均可能引起结构发生异常变形。

4.3.13 固定式倾斜传感器可实时监测测点的转角，精度可达 1"。便携式倾斜传感器可根据需要定期测读测点的转角，测点处只需安装倾斜盘，但精度相对前者较低。

4.3.14 裂缝监测前宜进行检测，查明裂缝的位置、走向、宽度、长度、深度等，已发现的裂缝的宽度开展情况可采用布设传感器进行监测，未知裂缝可监测结构应变的变化，并结合观测和量测的方法进行监测。

4.3.15 对于裂缝长度变化的增量，每次监测时应在裂缝末端做标记，标记包括垂直裂缝方向的细线和时间信息，每次监测应留下照片作为原始记录。当同一区域裂缝条数较多时，可采用方格网板定期读取“坐标差”计算裂缝长度变化值。

测点宜布置在最大裂缝宽度处。裂缝监测标志安装完成后，应拍摄裂缝监测初期照片。对于尚未出现裂缝的结构，需要根据受力分析的结果，预先判定裂缝可能的走向。传感器量测方向应与裂缝可能的走向垂直。裂缝初期可每半个月监测一次，基本稳定后宜每月监测一次，当发现裂缝加大时应及时增加监测次数，必要时应持续监测。

4.4 温湿度监测

4.4.4 结构构件应力及变形受环境温度影响大的区域主要是针对温差引起构件应力及变形变化大的部位，为了反映其变化规律，宜增加测点。监测结构温度的传感器可布设于构件内部或表面。当日照引起的结构温差较大时，宜在结构迎光面和背光面分别设置传感器。为反映结构上平均气温，环境温度测点可设在结构内部距结构平面高 1.5m 的代表性空间内。监测频次及采样时间应与监测目的匹配，如监测温度连续变化规律时，宜采用自动监测系统；若采用人工监测读数，监测频次宜不少于每小时 1 次。

4.4.5 室内湿度测点可参考温度仪一并布置在结构内壁且便于维修维护的部位。对湿度传感器的要求参考《湿度传感器校准规范》JJF 1076。

4.5 振动监测

4.5.1 本节适用于交通、爆破、地震、风、动力设备、人流等振动监测的一般规定。

4.5.2 相对测量法适用于位移振幅大、振动周期长的振动位移监测，绝对测量法适用于绝对位移、速度、加速度等动态参数的监测。

4.5.3 振动监测参数一般为最大振幅、最小振幅、频率范围及环境温度等。

4.5.4 采集结构动态响应的时间历程可用于分析其特征参数和振动规律。振动位移监测方法的选择应根据结构类型、结构振动幅值、振动周期和监测精度要求等确定。精度要求高、结构振动周期长、振动幅值小的位移监测，可采用全站仪自动跟踪监测等方法，其具体要求应满足本规范第 4.3 节规定。精度要求低、结构振动周期短、振动幅值大的位移监测，可采用位移传感器、速度传感器、加速度传感器、卫星定位系统动态实时差分监测等方法。振动频率低时，可采用数字近景摄影监测或经纬仪测角前方交会等方法。

4.5.5 结构动力特性测试主要用于掌握结构动力特性（包括振型、频率、阻尼比等）及初始状态。动力特性测试数据的分析处理可采用频域分析法或时域分析法。对环境激励下的非平稳随机过程，也可同时在时、频两域进行联合分析。

4.5.6 传感器布置是指如何将传感器布置在结构的

适当位置，使量测信息最丰富而满足某一特定目标的过程。在振动监测中，由于应变传感器可以通过有限元分析确定极值处和关键控制位置，其他如风速仪等特殊类型的传感器也可依其量测特点进行布置。所以，传感器布置一般指加速度传感器的优化布置。测点的布置应能使其实测值的连线勾画出其空间（沿横剖面和纵剖面）的反应规律。测点数量多于5个时，可考虑优化布置。

4.5.7 采样频率选择，当只作频域分析时，采样频率不宜低于被监测结构关注最高频率的4倍；只作时域分析时，采样频率不宜低于被监测结构关注最高频率的2.56倍；作频域分析又作时域分析时，采样频率不宜低于被监测结构关注最高频率的8倍～10倍；作失真度测试时，采样频率不宜小于被监测结构关注最高频率的28倍。

窗函数选择应考虑被分析信号的性质与处理要求，如果采样包含了非整数周期，分析时宜发生泄漏。

4.6 地震动及地震响应监测

4.6.1 建筑与桥梁结构地震动及地震响应监测应形成地震动及地震响应监测系统，符合监测系统功能要求。本条第1款参考《建筑抗震设计规范》GB 50011－2010第3.11条。

特别重要的特大桥指安全等级为一级的特大桥和有特殊要求的桥涵结构，具体划分应根据工程结构的破坏后果，即危及人的生命、造成经济损失、对社会或环境产生影响等的严重程度确定。

4.6.3 地震动监测系统一般有两类：一类为无传输装置的监测系统，包含传感器和记录仪两部分，地震来临时该系统会自动记录，地震后可到现场将数据导出；另一类增加了数据发射与接收装置，可为有线或无线，地震后监测系统可自动将监测数据传输至设定的接受装置，无需到现场即可获得监测数据。

4.7 风及风致响应监测

4.7.1 高层与高耸、大跨等柔性结构对风荷载较敏感，如高度超过200m的高层与高耸结构，大跨屋盖结构及容易产生风致振动的桥梁结构等。

4.7.2 风致振动响应指由风引起的结构振动响应，一般含风致加速度和风致位移。

4.7.3 风压传感器当没有合适的产品，可订制。建议选用压阻式压力传感器。光纤类传感器监测系统具有可靠性好、抗干扰能力强、监测精度高、可进行多点分布式监测的优点，但目前对微压的敏感度还需进一步研究。由于其后端（信号解调系统）费用较高，对于测点少的工况体现不出明显优势。

每个区域上布置测点以便识别作用在构件上的脉动风荷载，绘制结构风作用表面分区和风压力传感器分布图。

4.7.5 风速需记录三秒钟极值风速、十分钟平均风速、每小时平均风速、风玫瑰图、风谱图等。采样频率对极值风速监测结果有较大影响，采样频率高的仪器监测结果更为精确，应尽可能提高采样频率。

4.7.6 风致响应监测包括顺风向响应、横风向响应和扭转响应，风致响应有位移、加速度、内力等，一个测点既可以布置一种传感器，也可以布置监测不同物理量的多种传感器。

4.8 其他项目监测

4.8.1 索力监测的方法较多，还有三点弯曲法、激光测振法、光纤传感器测试法、磁通量法等。比如直径不大于36mm拉索索力可采用三点弯曲法量测。激光测振法与光纤传感器测试法均通过测定索的位移来测索力。采用磁通量法监测时，磁通量传感器穿过拉索安装完成后，应与拉索可靠连接，防止在吊装或施工过程中滑动错位。磁通量传感器应与拉索一起校准后使用，材料、截面尺寸等不同的拉索应分别进行校准。

振动频率法一般适用于已张拉完成的索的索力监测。在脉动或简单扰动情况下，以检测拉索的一阶或二阶模态为主。

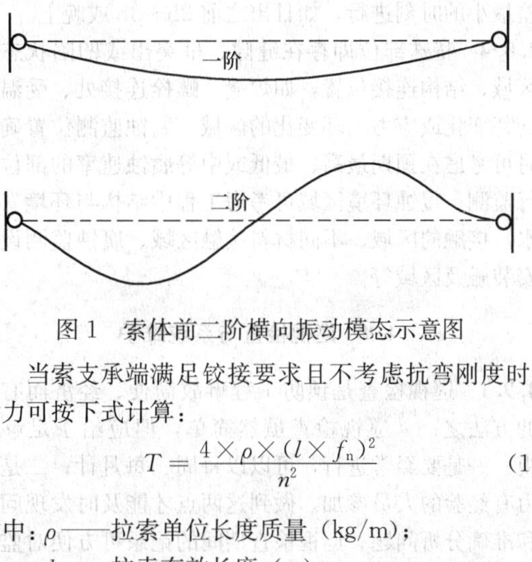

图1 索体前二阶横向振动模态示意图

当索支承端满足铰接要求且不考虑抗弯刚度时，索力可按下式计算：

$$T=\frac{4\times\rho\times(l\times f_n)^2}{n^2} \tag{1}$$

式中：ρ——拉索单位长度质量（kg/m）；

l——拉索有效长度（m）；

n——索面外振型阶数；

f_n——钢索的n阶横向自振频率（Hz）；

T——索轴力（N）。

当考虑索的抗弯刚度，索力可按下式计算：

$$T=\frac{4\times\rho\times(l\times f_n)^2}{n^2}-\frac{EI\pi^2n^2}{l^2} \tag{2}$$

对于短索，利用振动频率法监测索力应考虑抗弯刚度对索力的影响，索结构抗弯刚度对张紧索自振特性的影响，可按式下式计算：

$$\omega_n=\frac{n\pi}{l}\sqrt{\frac{H}{\rho}\left(1+\frac{n^2\pi^2EI}{l^2H}\right)} \tag{3}$$

式中：ω_n——拉索第 n 阶自振频率；

H——索力的水平分量；

E——拉索弹性模量；

I——拉索截面惯性矩。

其他符号与公式（2）相同。

三点弯曲法量测时，索力可按下式计算：

$$T=P\times L/(4\delta) \tag{4}$$

式中：T——索力（N）；

P——横向推力（N）；

δ——拉索中点的横向相对位移量（mm）；

L——拉索的长度（mm）。

长短索如果考虑环境激振来获取频率，应读较长时间，不应少于 5min；人工激振由于读数从激振到衰退时间较快，大概 30s，需要有一定经验的人敲锤并测试。

当需了解在恶劣天气条件下（如台风、暴雨等）索力和其他构件的受力状态，可考虑在拉索上安装长期监测的传感器，进行实时监测。

磁通量法的监测索力原理是利用导磁率与应力之间的线性关系，通过监测缠绕在索体上的线圈组成电磁感应系统的磁通量变化确定索力。

4.8.2 为了减小温度作用的影响，量测宜在日照温差最小的时刻进行，如日出之前 2h～3h 或晚上。

4.8.4 特殊部位即存在缝隙、呈突出或凹陷状态的区域；结构连接位置，如焊缝、螺栓连接处、受温度交替变化或应力循环变化的区域。腐蚀监测位置确定时可考虑在预期最高、最低或中等腐蚀速率的部位进行监测。侵蚀环境区域可考虑工程中结构与环境（如水）接触的区域、不同材料接触区域、腐蚀监测设备安装触及区域等。

4.9 巡视检查与系统维护

4.9.1 巡视检查是预防工程事故简便、经济而有效的方法之一。巡视检查虽然简单，但应给予足够重视：一是要经常进行，可以以每周、每月计；二是要由有经验的人员参加。做到这两点才能及时发现问题和准确分析问题。巡视检查期间的记录可方便对监测数据的综合分析。

4.9.2 施工期间监测以巡视检查为主，使用期间监测以系统维护为主。使用期间监测一般为长期监测，监测期间应确保监测系统的正常运行和必要的软件升级，并应根据阶段性的检测结果对监测系统进行参数更新，确保监测系统能更真实地反映结构的状态。

5 高层与高耸结构

5.1 一般规定

5.1.1 本章适用于高层与高耸结构施工及使用期间的监测。高层结构形式包括框架结构、剪力墙结构、框剪结构、筒体结构、混合结构、巨型组合结构及其他新型高层结构；高耸结构形式包括塔楼、电视塔、烟囱、水塔及纪念碑等。

施工期间监测高度限值为 250m，经调查国内多数 200m 以上的高层与高耸结构已进行了施工期间监测，如厦门建设银行大厦（172.6m）、中央电视塔新台址（234m）、深圳证券交易所营运中心（245.8m）、天津津塔（336.9m）、上海金茂大厦（420.5m）、广州西塔（432m）、广州电视塔（600m）等。

使用期间监测的高度限值为 350m，此高度在欧美国家已是绝对重要的建筑物，日本至今尚只有一栋超过 300m 的建筑，在我国，350m 以上的建筑也是各地的地标性建筑物；且高层建筑高度 300m 以上已体现出明显的高柔特性，其监测数据对提升整体设计水平、监控结构运行状态、科学研究等具有重要意义。下列结构均已进行了使用期间监测：深圳证券交易所营运中心（245.8m）、广州利通大厦（302.9m）、香港国际金融中心大厦（IFC）（420m）、上海金茂大厦（420.5m）、广州西塔（432m）、广州电视塔（600m）等。

5.1.5 应监测：一般情况下均应监测，除非有明确证据证明可以忽略该因素的影响。宜监测：视结构的具体特点允许稍有选择，条件许可时应监测。可监测：有选择，一定条件下可监测。

5.1.7 预测施工过程中整个建筑的沉降变形、楼层的累积变形以及关键部位的变形和内力的主要目的是为施工及监测方案的调整提供指导，保证完工的结构水平度和标高满足设计要求。结构分析时，现浇钢筋混凝土框架梁梁端负弯矩调幅系数宜取 1.0。

5.2 施工期间监测

5.2.1 沉降监测的测点应设在沿周边与基础轴线相交的对称位置上，点数不小于 4 个。沉降测点应尽量和水平位移测点一致。测点应设立在能反映结构变形特征的位置，当无法确定，可参考下列位置：

1 基础埋深相差悬殊或基础形式改变以及地质条件变化处的两侧；

2 重型设备基础四周及有邻近堆置重物处、受振动有显著影响的部位及基础下的暗浜（沟）处；

3 片筏基础、箱形基础底板、结构基础四角、中部及内部（工程结构承重墙、柱）；

4 结构周长每隔 10m～15m 设置一个测点；

5 结构大转角、沿外墙 10m ～20m 或间隔 2 根～3 根柱；

6 沉降缝、后浇带、新旧结构、不同荷载分布等交接处两侧；

7 框架、框剪、框筒结构体系的电梯井和核心筒处；

8　高低层建筑、新旧建筑、纵横墙等交接处的两侧；

9　大悬臂和大平台的合龙楼层的楼面处。

对于宽度大于等于15m或小于15m而地质复杂以及膨胀土地区的结构，应在承重内隔墙中部设内墙点，并在室内地面中心及四周设地面点。

5.2.2　轴线监测是监测在施工结构轴线位置相对于设计轴线位置的偏差。标高监测是监测结构高度是否达到设计标高。建筑体型之间的联系构件相对变形指不同结构形式之间的变形，如内外框筒之间相对竖向变形、框架-核心筒相对竖向变形等。结构关键点位的三维空间变形指结构变形较大、反应敏感的部位，如转换桁架挠度、支座变形和转角位移、关键位置柱的偏移及梁的中心线的偏差等。

5.2.3　昼夜温差较大地区指昼夜温差月平均值大于20℃的地区。

5.2.4　变形较大、反应敏感的区域包括建筑外形的各特征角点，结构体系最大总位移楼层（如外框架竖向最大总位移楼层、核心筒竖向最大总位移楼层、核心筒与外框架竖向最大相对变形楼层）、结构中部及顶部、转换桁架上下弦、腹杆、端部及相邻受力影响较大的关键部位。

5.2.5　滑模施工过程中，由于千斤顶不同步，数值累积会使模板系统产生很大应力差，如不加以控制，不仅建筑物垂直度难以保证，也会使模板结构产生变形，影响工程质量。

5.2.6　悬臂合龙前，应对合龙杆件两端点空间相对位置关系（包括长度、两端点相对错动）进行连续跟踪监测；悬臂合龙后，应对悬臂的施工位形监测控制，与悬臂区域内的竖向相对沉降监测一并指导施工。

5.2.7　高耸结构的高度一般可以按节进行分段，施工期间监测可根据施工进度按不同的节进行监测；由于高耸结构节间高度变化较大，监测的高度间隔也可参照本条高层结构的高度间隔取值。

5.2.9　特征位置构件包括首层、交接楼层、高度中部楼层、错层或连体结构的连接楼层、伸臂桁架加强层上下两层、柱斜率变化较大处楼层；施工过程中内力变化较大构件包括悬臂构件、伸臂桁架、后装延迟构件周围部分构件、有临时支撑的结构构件、连体结构、重要斜撑及焊接残余应力较大的构件等。

5.2.10　本条针对构件受力应区分轴力、受弯、压弯/拉弯或受扭等情况相应选择测试截面和布置测点。另一方面在施工过程可能发生受力状况的改变，如受弯变成压弯，不受力变成有受力等。

测试截面位置选择时：主要承受轴力的构件，宜在每根测试构件至少设一个测试截面，柱间支撑构件测试截面宜位于支撑跨越非刚性楼层楼面以上500mm处；桁架斜腹杆测试截面位于构件下端节点区外500mm处；楼面内斜撑测试截面宜位于构件跨中。柱的测试截面宜位于柱下端节点区上方1000mm处；梁的测试截面，宜位于梁端节点区外500mm处；部分剪力墙的竖向和主拉力方向应力。

5.2.11　较大临时荷载的设施是指对结构产生较大荷载的运输设备、脚手架及模板支架、堆土等。如2009年上海闵行区某小区楼房由于在短期内堆土过高，另一侧基坑开挖，大楼两侧的压力差导致房屋整体倾倒。因此，有必要对相应受力部位及设施本身进行应变监测，以防此类事故的发生。

5.3　使用期间监测

5.3.1　如外框架-核心筒体系位移监测，应选择外框架竖向最大总位移楼层、核心筒竖向最大总位移楼层、核心筒与外框架竖向最大相对变形楼层。结构突变处指结构刚度突变或质量突变处。

5.3.3　日照变形监测应在高层与高耸结构受强阳光照射或辐射的过程中进行，应测定结构上部由于向阳面与背阳面温差引起的偏移量及其变化规律。日照变形监测点的选择应符合下列规定：

1　当利用建筑内部竖向通道监测时，应以通道底部中心位置作为测点，以通道顶部正垂直对应于测站点的位置作为测点；

2　当从建（构）筑物外部监测时，测点应选在受热面的顶部或受热面上部的不同高度处与底部（视监测方法需要布置）适中位置，并设置照准标志，若为单柱即可直接照准顶部与底部中心线位置；测站点应选在与测点连线呈正交或近于正交的两条方向线上，其中一条宜与受热面垂直。测站点宜设在距测点距离为照准目标高度1.5倍以外的固定位置处，并埋设标石；

3　日照变形的监测时间，宜选在夏季的高温天进行。监测可在白天时间段进行，从日出前开始，日落后停止，宜每隔1h监测一次。在每次监测的同时，应测出建（构）筑物向阳面与背阳面的温度，并测定风速与风向。记录建（构）筑物顶部风速、沿高度变化的风压、监测时刻和向阳面背阳面的温度。

5.3.5　分区集中准则是指将结构分为不同的应变区域，对各区域选择性集中监测。

5.3.6　转换部位主要指转换梁、转换柱、转换桁架等。其他重要部位和构件应包括不同结构区域的交界处，应力集中程度非常高的部位及构件、几何突变处、特征位置构件、重要支撑构件等。

5.3.9　若刚度中心不宜确定，平面位置的几何中心较明显，可设置在几何中心。

5.3.11　记录的环境风速情况，主要用来与建筑物顶部风速比较，从而了解风力沿高度的变化情况。

5.3.13　地震动监测，当条件具备时，也可在自由场上增加布置测点，用于记录结构的输入地震动。

5.3.14 振动测点布置的楼层一般包括底层、标准层、加强层、截面变化层以及顶层等关键楼层。布置结构地震反应监测系统时，自由场测定点安装三分向仪器用于记录结构的地震动输入；在选定楼层的几何中心上安装三分向测点。进行动力特性分析时如要保证高阶振型的精度，测点分布宜下部较稀疏，上部较密集。

5.3.16 除振动加速度测点布置外，宜根据实际状况选择性布置振动速度及振动位移测点。

6 大跨空间结构

6.1 一般规定

6.1.1 本章适用于钢结构、混凝土结构、钢-混凝土组合结构及索膜结构等大跨度空间结构施工及使用期间的监测。本条参考下列相关规定结合工程经验及专家意见，综合确定。

根据行业标准《空间网格结构技术规程》JGJ 7-2010 对空间网格屋盖结构的跨度划分为：大跨度为60m以上；中跨度为30m～60m；小跨度为30m以下。

国家标准《钢结构设计规范》GB 50017-2003，第3.1.3条规范跨度大于或等于60m的大跨度结构安全等级宜为一级。

超限审查规定：屋盖的跨度大于120m或悬挑长度大于40m或单向长度大于300m。根据《拱形钢结构技术规程》JGJ/T 249-2011第5.1.5条，跨度大于120m的拱形钢结构，应考虑温度变化对内力和变形的影响，给出安装合龙温度区间。

行业标准《空间网格结构技术规程》JGJ 7-2010第3.3.1条3款：单层球面网壳跨度（平面直径）不宜大于80m。第3.3.2条4款：两端边支承的单层圆柱面网壳，其跨度不宜大于35m；沿两纵向边支承的单层圆柱面网壳，其跨度不宜大于30m。第3.3.3条4款：单层双曲抛物面网壳的跨度不宜大于60m。第3.3.4条4款单层椭圆抛物面网壳跨度不宜大于50m。

6.1.2 根据原建设部2003年发文《建筑工程预防坍塌事故若干规定》，该文件第七条规定：施工单位应编制深基坑（槽）、高切坡、桩基和超高、大跨度模板支撑系统等专项施工方案，并组织专家审查。本规定所称深基坑（槽）是指开挖深度超过5m的基坑（槽）或深度未超过5m但地质情况和周围环境较复杂的基坑（槽）。高切坡是指岩质边坡超过30m或土质边坡超过15m的边坡。超高、超重、大跨度模板支撑系统是指高度超过8m或跨度超过18m或施工总荷载大于10kN/m^{2}或集中线荷载大于15kN/m的模板支撑系统。

6.2 施工期间监测

6.2.5 提升高差指相邻两拔杆间或相邻两吊点组的合力点间的相对高差。

6.2.6 大跨空间结构卸载过程复杂，常常导致工程事故发生，比如临时支撑的卸除过程会导致主体结构内力不断重分布，影响结构施工安全，因此必须对其进行施工全过程的结构关键控制点的应力及变形监测，并设定变形预警值。

6.2.7 滑移施工过程中结构内力与变形处于动态变化中，轨道的平顺性，同步性，滑移着力点，关键构件及节点的应力及变形均会发生变化，因此，应对结构关键点的变形、应力及滑移的同步性进行监测。

滑移施工开始之前，应先确定所有测点的初始值。读取初读数的时间应选择在结构不同部位的温度差不大于1℃的时间段内，实际操作时可选择2：00～5：00时间段。应确保所有滑移点每步的位移相同，若相互之间的误差超过10%，应及时查明原因，修正滑移方案。每步滑移到位后，静止5min～10min，然后对结构变形进行测试，当变形超过预警值时，应查明原因，判断危险程度，确定下一步的滑移位移量。

6.2.12 每膜面单元应至少有一个测点；关键部位均布有测点。实测值与设计值的相对偏差为0～+100%，超出这一范围的测点数量不应超过总测点数量的10%，且最大相对偏差为-50%～+150%。

6.2.13 钢索和钢拉杆预张力，实测值与设计值的相对偏差应为-10%～+30%。

6.3 使用期间监测

6.3.2 支座与悬挑构件的根部均为常规情况下的受力较大部位，测点选取时应着重考虑。

7 桥梁结构

7.1 一般规定

7.1.1 本章适用于公路、铁路、市政桥梁结构施工及使用期间监测。桥梁结构形式包括梁桥、拱桥、斜拉桥、悬索桥等，建桥材料包括圬工、钢筋混凝土、钢材等。大型临时结构指大跨支架、大型吊塔、扣塔、移动模架等。对沉降和变形要求严格的桥梁结构，如高速铁路桥梁。

7.1.2 特大桥、结构特殊的桥梁和单孔跨径60m及以上大桥的检测评定工作应符合下列规定：

1 在桥梁上下部结构的必要部位埋设永久性位移观测点，并定期进行观测，一、二类桥每三年至少一次，三类桥每年至少一次，四、五类桥每季度至少一次，特殊情况时应加大观测频次。

2 应安排专项经费委托有资质的单位进行定期的特殊检查。一、二类桥每五年至少一次，三类桥每三年至少一次，四、五类桥应立即安排进行特殊检测。

3 对特别重要的特大桥，应建立符合自身特点的养护管理系统和健康监测系统。

7.1.4 施工期间，桥梁结构的重要大型临时设施的力学或几何参数将影响永久结构的内力及几何状态，如拱桥施工的临时缆索、顶推施工过程中的导梁等，因此，应对其进行监测。

7.2 施工期间监测

7.2.10 体系转换过程中监测包含体系转换前与体系转换后的监测，以方便进行对比。

7.2.13 顶推前宜进行顶推机构摩阻力与摩擦系数的测试试验，力学及几何参数应包括顶推荷载及支墩的应力变形等。

7.2.14 顶升前应对顶升系统的同步性进行测试验证。

7.3 使用期间监测

7.3.7 部分混凝土桥也应考虑疲劳监测，如桥塔的拉索锚固区。疲劳监测时宜符合下列规定：

1 疲劳测点应布置在容易发生疲劳破坏及附近部位，根据结构易损性分析结果而定，由结构分析得到的应力变化为布置疲劳监测部位的主要依据。

2 应变传感器应与被测结构（构件）紧密结合。对新建钢筋混凝土构件，宜采用埋入式应变传感器；对既有桥梁结构，可在结构表面埋设膨胀螺栓，将应变传感器焊接于膨胀螺栓；对钢结构桥梁，宜采用焊接，尽可能避免采用胶粘剂粘贴方式安装应变传感器。

3 疲劳监测传感器应具有较高的疲劳寿命，主要包括振弦式应变传感器和光纤类应变传感器等，应变传感器的选型主要考虑分辨率、量测精度、动态响应、线性度、温度、稳定性、最大量程、抗电磁干扰、耐久性等要求；在均满足精度和量程的要求下，宜优先考虑长期稳定性和抗电磁干扰能力。

4 通过应变传感元件监测结构高应力区的应变时程，然后对记录的应变时程采用一定的方法（如雨流法）进行分析来评估结构的疲劳状况。实测应变时程中不同应变幅应区别对待处理。

7.3.10 负反力指由于采取压重措施而产生的力。

7.3.12 桥梁结构风速仪应安装在专门支架（桁架）上，支架伸出桥体长度或高度一般不少于3m，支架应具有足够的刚度，并与桥体连接牢固；若没有条件满足上述规定，桥面风速仪可安装于人行道或中间分隔带，安装立柱高度大于4m（高于货车的高度）；塔顶风速仪高于塔顶1m，并处于避雷针的覆盖范围之内。其他工程结构宜布置于结构周边。环境风速监测宜将风速仪安装在距工程结构约100m～200m外相对开阔场地，距地面10m的高度处。

7.3.13 桥梁结构湿度仪应选择布置在桥面、钢箱梁内、索塔钢锚箱内。

7.3.15 设备选型：依据桥址处历史记录的最大降雨量确定雨量传感器的量程和精度。对于安装空间较小的桥梁结构，宜选用体积较小的电容雨量传感器或红外散射式雨量传感器；对于台风频袭地区的大跨度桥梁结构，可选用不易损坏的传统单翻斗雨量传感器。安装方法：室外雨量计可与风速仪一起安装在桁架或立柱上，雨量计的安装方向尽量与桥面垂直。

7.3.20 车型及分布包含车的轴数、轴距、单轴重、总重及偏载。

7.3.22 桥面铺装完成后，可在桥面进行切槽，埋设传感器。前期应在护栏及中间分隔带预埋传感器至机柜安装位置的通信管道，方便后期传感器走线。

8 其他结构

8.1 隔震结构

8.1.1 国家标准《建筑抗震设计规范》GB 50011-2010第12章规定隔震建筑的高宽比宜小于4，房屋的高度约在50m～60m，大于60m超过了当初规范编制的高度限制。

8.1.2 监测测点可为建筑物角部，不同地基或基础的分界处，建筑物不同结构的分界处，变形缝或抗震缝的两侧，新、旧建筑物或高、低建筑物交接处的两侧。

为了监测地面输入，需要在地面布置传感器；在隔震层布置传感器，通过与地面传感器的对比，可以验证隔震层的隔震效果；在顶层布置传感器可以通过与地面以及隔震层的对比，确定隔震结构的放大倍数。

加速度传感器安装位置应远离工程结构内的振源，如运行的机械设备、使用频繁的通道，安装表面的平整度应优于3mm。

8.1.3 混凝土收缩、徐变和温度变化会引起隔震支座产生水平剪切变形，支座处在长期偏压状态下，如果剪切变形过大，将会对支座产生影响，因此，需要对隔震支座的水平剪切变形进行监测。隔震支座的竖向压缩变形量是反映隔震支座质量的重要指标之一，因此，在隔震建筑施工期间和使用期间要监测隔震支座的竖向压缩变形。参照日本《隔震建筑维护管理标准》(2010)，允许支座剪切变形最大值不超过50mm，支座竖向压缩变形最大值不超过5mm。

8.2 穿越施工

8.2.1 穿越施工是指地下工程穿越既有结构的施工过程，穿越施工监测是指受穿越施工影响的既有结构的监测。本节所称的既有结构是指已建成受穿越施工影响的地下结构及地面高层与高耸、大跨空间及桥梁结构。

随着城市建设的发展，地下出现了越来越多的各类建（构）筑物。其中较典型的有：地铁、站台、铁路隧道、地下管线、涵洞等。地下工程建设难免会与之相近或相交，包括上穿、下穿和侧穿以上各类建（构）筑物。表3以地下工程施工穿越既有隧道为例说明了正穿和侧穿两种基本情况。

表3 地下工程穿越方式分类
（以穿越既有隧道为例）

地下工程与既有隧道相互位置关系	几何关系	预计的既有隧道动态	穿越方式
与既有隧道并列	与隧道平行新建地下工程的情况	既有隧道向接近的新建地下工程方向发生位移；因并列隧道的施工，既有隧道周边围岩松弛，而使作用在衬砌上的荷载增加	侧穿
与既有隧道交叉	从既有隧道上部或下部穿过的情况	新建地下工程在既有隧道上部通过，当深埋时，既有隧道向上方变形，围岩的拱作用受到破坏，而使衬砌上的荷载增加；当浅埋时，上部穿过有明显卸载作用，衬砌荷载减小，有可能上浮；新建地下工程在既有隧道下部通过时，既有隧道会发生下沉	正穿

8.2.4 鉴于目前全国各大城市均在进行地铁建设，地铁穿越施工期间所穿越工程进行不间断监测是预防事故发生、确保地铁穿越工程及周边环境安全的重要措施，部分地区已将此条列为地方强制性标准。通过在部分地区地铁穿越工程的监测实践证明，进行本项监测无论对于地铁工程本身的安全，还是对于城市环境安全来说都是十分重要的工作。

附录A 监测设备主要技术指标

A.0.1 给出地震动及地震响应监测时加速度传感器的主要技术指标，一般振动监测可参考此表。

A.0.5 隔震支座水平位移监测传感器即相对位移计；表中灵敏度的单位为mV/cm/V，表示对于最大测量量程为±50cm的位移传感器的灵敏度为每伏10mV/cm。

附录B 不同类型桥梁使用期间监测要求

B.0.1 梁式桥包括刚构桥。双向6车道及以上的桥梁，考虑到桥梁横向较宽，易出现扭转变形，因此增加扭转监测。

B.0.2 跨度大于300m的钢拱桥，拱顶变形较大，考虑采用GPS监测平面位移。

B.0.3 跨度大于600m的钢主梁斜拉桥或跨度大于400m的混凝土主梁斜拉桥，跨中截面变形较大，考虑采用GPS监测平面位移。

中华人民共和国行业标准

建筑变形测量规范

Code for deformation measurement of building and structure

JGJ 8—2007
J 719—2007

批准部门：中华人民共和国建设部
施行日期：2 0 0 8 年 3 月 1 日

中华人民共和国建设部
公　　告

第 710 号

建设部关于发布行业标准《建筑变形测量规范》的公告

现批准《建筑变形测量规范》为行业标准，编号为 JGJ 8－2007，自 2008 年 3 月 1 日起实施。其中，第 3.0.1、3.0.11 条为强制性条文，必须严格执行。原行业标准《建筑变形测量规程》JGJ/T 8－97 同时废止。

本规范由建设部标准定额研究所组织中国建筑工业出版社出版发行。

中华人民共和国建设部
2007 年 9 月 4 日

前　　言

根据建设部建标［2004］66 号文的要求，标准编制组经广泛调查研究，认真总结实践经验，参考有关国外先进标准，在广泛征求意见的基础上，对原《建筑变形测量规程》JGJ/T 8－97 进行了修订。

本规范的主要技术内容是：1. 总则；2. 术语、符号和代号；3. 基本规定；4. 变形控制测量；5. 沉降观测；6. 位移观测；7. 特殊变形观测；8. 数据处理分析；9. 成果整理与质量检查验收。

修订的内容是：1. 将标准的名称修订为《建筑变形测量规范》；2. 增加了第 2、7、9 章和第 4.5、4.8、6.4 节及附录 C；3. 将原第 2 章作较大的修改后成为目前的第 3 章；4. 将原第 3、4 章修改并合并为目前的第 4 章；5. 在第 4、5、6 章中分别增加“一般规定”一节；6. 将原第 6 章中的日照变形观测、风振观测和裂缝观测放入第 7 章；7. 对原第 7 章作了较大的修改和扩充后成为目前的第 8 章；8. 对有关技术要求和作业方法等作了较为全面的修订；9. 设置了强制性条文。

本规范以黑体字标志的条文为强制性条文，必须严格执行。

本规范由建设部负责管理和对强制性条文进行解释，由主编单位负责具体技术内容的解释。

本规范主编单位：建设综合勘察研究设计院（北京东直门内大街 177 号，邮政编码：100007）

本规范参编单位：上海岩土工程勘察设计研究院有限公司
西北综合勘察设计研究院
南京工业大学
深圳市勘察测绘院有限公司
中国有色金属工业西安勘察设计研究院
北京市测绘设计研究院
武汉市勘测设计研究院
广州市城市规划勘测设计研究院
长沙市勘测设计研究院
重庆市勘测院
北京威远图数据开发有限公司

本规范主要起草人：王　丹　陆学智　张肇基　潘庆林　王双龙　王百发　刘广盈　张凤录　严小平　欧海平　戴建清　谢征海　陈宜金　孙　焰

目　次

1　总则 ………………………………………… 15—4
2　术语、符号和代号………………………… 15—4
2.1　术语 ………………………………………… 15—4
2.2　符号 ………………………………………… 15—4
2.3　代号 ………………………………………… 15—5
3　基本规定 ………………………………… 15—5
4　变形控制测量 …………………………… 15—7
4.1　一般规定 …………………………………… 15—7
4.2　高程基准点的布设与测量 ……………… 15—7
4.3　平面基准点的布设与测量 ……………… 15—8
4.4　水准测量 …………………………………… 15—9
4.5　电磁波测距三角高程测量 ……………… 15—10
4.6　水平角观测 ……………………………… 15—11
4.7　距离测量 ………………………………… 15—12
4.8　GPS 测量 ………………………………… 15—13
5　沉降观测 ………………………………… 15—14
5.1　一般规定 ………………………………… 15—14
5.2　建筑场地沉降观测 ……………………… 15—14
5.3　基坑回弹观测 …………………………… 15—15
5.4　地基土分层沉降观测 …………………… 15—15
5.5　建筑沉降观测 …………………………… 15—15
6　位移观测 ………………………………… 15—17
6.1　一般规定 ………………………………… 15—17
6.2　建筑主体倾斜观测 ……………………… 15—17
6.3　建筑水平位移观测 ……………………… 15—18
6.4　基坑壁侧向位移观测 …………………… 15—19
6.5　建筑场地滑坡观测 ……………………… 15—19
6.6　挠度观测 ………………………………… 15—20
7　特殊变形观测 …………………………… 15—21
7.1　动态变形测量 …………………………… 15—21
7.2　日照变形观测 …………………………… 15—22
7.3　风振观测 ………………………………… 15—22
7.4　裂缝观测 ………………………………… 15—22
8　数据处理分析 …………………………… 15—23
8.1　平差计算 ………………………………… 15—23
8.2　变形几何分析 …………………………… 15—23
8.3　变形建模与预报 ………………………… 15—23
9　成果整理与质量检查验收 ……………… 15—24
9.1　成果整理 ………………………………… 15—24
9.2　质量检查验收 …………………………… 15—25
附录A　高程控制点标石、标志 ……… 15—25
附录B　水平位移观测墩及重力平衡球式照准标志 …………… 15—27
附录C　三角高程测量专用觇牌及配件 ………………… 15—27
附录D　沉降观测点标志 ……………… 15—28
附录E　沉降观测成果图 ……………… 15—29
附录F　位移与特殊变形观测成果图 …………………… 15—30
本规范用词说明 ………………………… 15—31
附：条文说明 …………………………… 15—32

1 总　　则

1.0.1 为了在建筑变形测量中贯彻执行国家有关技术经济政策，做到技术先进、经济合理、安全适用、确保质量，制定本规范。

1.0.2 本规范适用于工业与民用建筑的地基、基础、上部结构及场地的沉降测量、位移测量和特殊变形测量。

1.0.3 建筑变形测量应能确切地反映建筑地基、基础、上部结构及其场地在静荷载或动荷载及环境等因素影响下的变形程度或变形趋势。

1.0.4 建筑变形测量所用仪器设备必须经检定合格。仪器设备的检定、检验及维护，应符合本规范和国家现行有关标准的规定。

1.0.5 建筑变形测量除使用本规范规定的各种方法外，亦可采用能满足本规范规定的技术质量要求的其他方法。

1.0.6 建筑变形测量除应符合本规范外，尚应符合国家现行有关标准的规定。

2 术语、符号和代号

2.1 术　　语

2.1.1 建筑变形　deformation of building and structure

建筑的地基、基础、上部结构及其场地受各种作用力而产生的形状或位置变化现象。

2.1.2 建筑变形测量　deformation measurement of building and structure

对建筑的地基、基础、上部结构及其场地受各种作用力而产生的形状或位置变化进行观测，并对观测结果进行处理和分析的工作。

2.1.3 地基　foundation soils，subgrade

支承基础的土体或岩体。

2.1.4 基础　foundation

将结构所承受的各种作用力传递到地基上的结构组成部分。

2.1.5 基坑　foundation pit

为进行建筑基础与地下室的施工所开挖的地面以下空间。

2.1.6 基坑回弹　rebound of foundation pit

基坑开挖时由于卸除土的自重而引起坑底土隆起的现象。

2.1.7 沉降　settlement，subsidence

建筑地基、基础及地面在荷载作用下产生的竖向移动，包括下沉和上升。其下沉或上升值称为沉降量。

2.1.8 沉降差　differential settlement

同一建筑的不同部位在同一时间段的沉降量差值，亦称差异沉降。

2.1.9 相邻地基沉降　adjacent subgrade subsidence

由于毗邻建筑间的荷载差异引起的相邻地基土应力重新分布而产生的附加沉降。

2.1.10 场地地面沉降　field ground subsidence

由于长期降雨、管道漏水、地下水位大幅度变化、大面积堆载、地裂缝、大面积潜蚀、砂土液化以及地下采空等原因引起的一定范围内的地面沉降。

2.1.11 位移　displacement

本规范特指建筑产生的非竖向变形。

2.1.12 倾斜　inclination

建筑中心线或其墙、柱等，在不同高度的点对其相应底部点的偏移现象。

2.1.13 挠度　deflection

建筑的基础、上部结构或构件等在弯矩作用下因挠曲引起的垂直于轴线的线位移。

2.1.14 动态变形　dynamic deformation

建筑在动荷载作用下产生的变形。

2.1.15 风振变形　wind loading deformation

由于受强风作用而产生的变形。

2.1.16 日照变形　sunshine deformation

由于受阳光照射受热不均而产生的变形。

2.1.17 变形允许值　allowable deformation value

建筑能承受而不至于产生损害或影响正常使用所允许的变形值。

2.1.18 基准点　benchmark，reference point

为进行变形测量而布设的稳定的、需长期保存的测量控制点。

2.1.19 工作基点　working reference point

为直接观测变形点而在现场布设的相对稳定的测量控制点。

2.1.20 观测点　observation point

布设在建筑地基、基础、场地及上部结构的敏感位置上能反映其变形特征的测量点，亦称变形点。

2.1.21 变形速率　rate of deformation

单位时间的变形量。

2.1.22 观测周期　time interval of measurement

前后两次变形观测的时间间隔。

2.1.23 变形因子　deformation factor

引起建筑变形的因素，如荷载、时间等。

2.2 符　　号

2.2.1 变形量

A——风力振幅

d——位移分量；偏离值

d_d——动态位移

d_m——平均位移值

d_s——静态位移

f_c——基础相对弯曲度

f_d——挠度值

f_{dc}——跨中挠度值

s——沉降量

α——基础或构件倾斜度

β——风振系数

Δ——观测点两周期之间的变形量

Δd——位移分量差

Δs——沉降差

2.2.2 观测量

D——距离；边长

h——高差

I——仪器高

L——附合路线、环线或视准线长度

n——测回数；测站数；高差个数

r——水准观测同一路线的观测次数

S——视线长度

α_v——垂直角

v——觇牌高

2.2.3 中误差

m_d——位移分量或偏离值测定中误差

$m_{\Delta d}$——位移分量差测定中误差

m_h——测站高差中误差

m_0——水准测量单程观测每测站高差中误差

m_s——沉降量测定中误差

$m_{\Delta s}$——沉降差测定中误差

m_α——方向中误差

m_β——测角中误差

μ——单位权中误差；观测点测站高差中误差；观测点坐标中误差

2.2.4 误差估算参数

C_1、C_2——导线类别系数

Q——观测点变形量的协因数

Q_H——最弱观测点高程的协因数

Q_h——待求观测点间高差的协因数

Q_X——最弱观测点坐标的协因数

$Q_{\Delta X}$——待求观测点间坐标差的协因数

λ——系统误差影响系数

2.2.5 仪器特征参数

a——电磁波测距仪标称的固定误差

b——电磁波测距仪标称的比例误差系数

i——水准仪视准轴与水准管轴的夹角

$2C$——经纬仪两倍视准误差

2.2.6 其他符号

H_g——自室外地面起算的建筑物高度

K——大气垂直折光系数

R——地球平均曲率半径

2.3 代 号

DJ——经纬仪型号代码，主要有 DJ05、DJ1、DJ2 等型号

DS——水准仪型号代码，主要有 DS05、DS1、DS3 等型号

DSZ——自动安平水准仪型号代码，主要有 DSZ05、DSZ1、DSZ3 等型号

GPS——全球定位系统 global positioning system

PDOP——GPS 的空间位置精度因子 position dilution of precision

3 基本规定

3.0.1 下列建筑在施工和使用期间应进行变形测量：

1 地基基础设计等级为甲级的建筑；

2 复合地基或软弱地基上的设计等级为乙级的建筑；

3 加层、扩建建筑；

4 受邻近深基坑开挖施工影响或受场地地下水等环境因素变化影响的建筑；

5 需要积累经验或进行设计反分析的建筑。

3.0.2 建筑变形测量的平面坐标系统和高程系统宜采用国家平面坐标系统和高程系统或所在地方使用的平面坐标系统和高程系统，也可采用独立系统。当采用独立系统时，必须在技术设计书和技术报告书中明确说明。

3.0.3 建筑变形测量工作开始前，应根据建筑地基基础设计的等级和要求、变形类型、测量目的、任务要求以及测区条件进行施测方案设计，确定变形测量的内容、精度级别、基准点与变形点布设方案、观测周期、仪器设备及检定要求、观测与数据处理方法、提交成果内容等，编写技术设计书或施测方案。

3.0.4 建筑变形测量的级别、精度指标及其适用范围应符合表 3.0.4 的规定。

表 3.0.4 建筑变形测量的级别、精度指标及其适用范围

变形测量级别	沉降观测	位移观测	主要适用范围
	观测点测站高差中误差（mm）	观测点坐标中误差（mm）	
特级	±0.05	±0.3	特高精度要求的特种精密工程的变形测量
一级	±0.15	±1.0	地基基础设计为甲级的建筑的变形测量；重要的古建筑和特大型市政桥梁等变形测量等

续表 3.0.4

变形测量级别	沉降观测	位移观测	主要适用范围
	观测点测站高差中误差（mm）	观测点坐标中误差（mm）	
二级	±0.5	±3.0	地基基础设计为甲、乙级的建筑的变形测量；场地滑坡测量；重要管线的变形测量；地下工程施工及运营中变形测量；大型市政桥梁变形测量等
三级	±1.5	±10.0	地基基础设计为乙、丙级的建筑的变形测量；地表、道路及一般管线的变形测量；中小型市政桥梁变形测量等

注：1 观测点测站高差中误差，系指水准测量的测站高差中误差或静力水准测量、电磁波测距三角高程测量中相邻观测点相应测段间等价的相对高差中误差；

2 观测点坐标中误差，系指观测点相对测站点（如工作基点）的坐标中误差、坐标差中误差以及等价的观测点相对基准线的偏差值中误差、建筑或构件相对底部固定点的水平位移分量中误差；

3 观测点点位中误差为观测点坐标中误差的$\sqrt{2}$倍；

4 本规范以中误差作为衡量精度的标准，并以二倍中误差作为极限误差。

3.0.5 建筑变形测量精度级别的确定应符合下列规定：

1 地基基础设计为甲级的建筑及有特殊要求的建筑变形测量工程，应根据现行国家标准《建筑地基基础设计规范》GB 50007 规定的建筑地基变形允许值，分别按本规范第 3.0.6 条和第 3.0.7 条的规定进行精度估算后，按下列原则确定精度级别：

1）当仅给定单一变形允许值时，应按所估算的观测点精度选择相应的精度级别；

2）当给定多个同类型变形允许值时，应分别估算观测点精度，根据其中最高精度选择相应的精度级别；

3）当估算出的观测点精度低于本规范表 3.0.4 中三级精度的要求时，应采用三级精度。

2 其他建筑变形测量工程，可根据设计、施工的要求，按照本规范表 3.0.4 的规定，选取适宜的精度级别；

3 当需要采用特级精度时，应对作业过程和方法作出专门的设计与论证后实施。

3.0.6 沉降观测点测站高差中误差应按下列规定进行估算：

1 按照设计的沉降观测网，计算网中最弱观测点高程的协因数 Q_H、待求观测点间高差的协因数 Q_h；

2 单位权中误差即观测点测站高差中误差 μ 应按公式（3.0.6-1）或公式（3.0.6-2）估算：

$$\mu = m_s / \sqrt{2Q_H} \quad (3.0.6\text{-}1)$$

$$\mu = m_{\Delta s} / \sqrt{2Q_h} \quad (3.0.6\text{-}2)$$

式中 m_s——沉降量 s 的测定中误差（mm）；

$m_{\Delta s}$——沉降差 Δs 的测定中误差（mm）。

3 公式（3.0.6-1）、（3.0.6-2）中的 m_s 和 $m_{\Delta s}$ 应按下列规定确定：

1）沉降量、平均沉降量等绝对沉降的测定中误差 m_s，对于特高精度要求的工程可按地基条件，结合经验具体分析确定；对于其他精度要求的工程，可按低、中、高压缩性地基土或微风化、中风化、强风化地基岩石的类别及建筑对沉降的敏感程度的大小分别选 ±0.5mm、±1.0mm、±2.5mm；

2）基坑回弹、地基土分层沉降等局部地基沉降以及膨胀土地基沉降等的测定中误差 m_s，不应超过其变形允许值的 1/20；

3）平置构件挠度等变形的测定中误差，不应超过变形允许值的 1/6；

4）沉降差、基础倾斜、局部倾斜等相对沉降的测定中误差，不应超过其变形允许值的 1/20；

5）对于具有科研及特殊目的的沉降量或沉降差的测定中误差，可根据需要将上述各项中误差乘以 1/5～1/2 系数后采用。

3.0.7 位移观测点坐标中误差应按下列规定进行估算：

1 应按照设计的位移观测网，计算网中最弱观测点坐标的协因数 Q_X、待求观测点间坐标差的协因数 $Q_{\Delta X}$；

2 单位权中误差即观测点坐标中误差 μ 应按公式（3.0.7-1）或公式（3.0.7-2）估算：

$$\mu = m_d / \sqrt{2Q_X} \quad (3.0.7\text{-}1)$$

$$\mu = m_{\Delta d} / \sqrt{2Q_{\Delta X}} \quad (3.0.7\text{-}2)$$

式中 m_d——位移分量 d 的测定中误差（mm）；

$m_{\Delta d}$——位移分量差 Δd 的测定中误差（mm）。

3 公式（3.0.7-1）、（3.0.7-2）中的 m_d 和 $m_{\Delta d}$ 应按下列规定确定：

1）对建筑基础水平位移、滑坡位移等绝对位移，可按本规范表 3.0.4 选取精度级别；

2）受基础施工影响的位移、挡土设施位移等局部地基位移的测定中误差，不应超过其变形允许值分量的1/20。变形允许值分量应按变形允许值的$1/\sqrt{2}$采用；

3）建筑的顶部水平位移、工程设施的整体垂直挠曲、全高垂直度偏差、工程设施水平轴线偏差等建筑整体变形的测定中误差，不应超过其变形允许值分量的1/10；

4）高层建筑层间相对位移、竖直构件的挠度、垂直偏差等结构段变形的测定中误差，不应超过其变形允许值分量的1/6；

5）基础的位移差、转动挠曲等相对位移的测定中误差，不应超过其变形允许值分量的1/20；

6）对于科研及特殊目的的变形量测定中误差，可根据需要将上述各项中误差乘以1/5～1/2系数后采用。

3.0.8 建筑变形测量应按确定的观测周期与总次数进行观测。变形观测周期的确定应以能系统地反映所测建筑变形的变化过程、且不遗漏其变化时刻为原则，并综合考虑单位时间内变形量的大小、变形特征、观测精度要求及外界因素影响情况。

3.0.9 建筑变形测量的首次（即零周期）观测应连续进行两次独立观测，并取观测结果的中数作为变形测量初始值。

3.0.10 一个周期的观测应在短的时间内完成。不同周期观测时，宜采用相同的观测网形、观测路线和观测方法，并使用同一测量仪器和设备。对于特级和一级变形观测，宜固定观测人员、选择最佳观测时段、在相同的环境和条件下观测。

3.0.11 当建筑变形观测过程中发生下列情况之一时，必须立即报告委托方，同时应及时增加观测次数或调整变形测量方案：

1 变形量或变形速率出现异常变化；

2 变形量达到或超出预警值；

3 周边或开挖面出现塌陷、滑坡；

4 建筑本身、周边建筑及地表出现异常；

5 由于地震、暴雨、冻融等自然灾害引起的其他变形异常情况。

4 变形控制测量

4.1 一般规定

4.1.1 建筑变形测量基准点和工作基点的设置应符合下列规定：

1 建筑沉降观测应设置高程基准点；

2 建筑位移和特殊变形观测应设置平面基准点，必要时应设置高程基准点；

3 当基准点离所测建筑距离较远致使变形测量作业不方便时，宜设置工作基点。

4.1.2 变形测量的基准点应设置在变形区域以外、位置稳定、易于长期保存的地方，并应定期复测。复测周期应视基准点所在位置的稳定情况确定，在建筑施工过程中宜1～2月复测一次，点位稳定后宜每季度或每半年复测一次。当观测点变形测量成果出现异常，或当测区受到地震、洪水、爆破等外界因素影响时，应及时进行复测，并按本规范第8.2节的规定对其稳定性进行分析。

4.1.3 变形测量基准点的标石、标志埋设后，应达到稳定后方可开始观测。稳定期应根据观测要求与地质条件确定，不宜少于15d。

4.1.4 当有工作基点时，每期变形观测时均应将其与基准点进行联测，然后再对观测点进行观测。

4.1.5 变形控制测量的精度级别应不低于沉降或位移观测的精度级别。

4.2 高程基准点的布设与测量

4.2.1 特级沉降观测的高程基准点数不应少于4个；其他级别沉降观测的高程基准点数不应少于3个。高程工作基点可根据需要设置。基准点和工作基点应形成闭合环或形成由附合路线构成的结点网。

4.2.2 高程基准点和工作基点位置的选择应符合下列规定：

1 高程基准点和工作基点应避开交通干道主路、地下管线、仓库堆栈、水源地、河岸、松软填土、滑坡地段、机器振动区以及其他可能使标石、标志易遭腐蚀和破坏的地方；

2 高程基准点应选设在变形影响范围以外且稳定、易于长期保存的地方。在建筑区内，其点位与邻近建筑的距离应大于建筑基础最大宽度的2倍，其标石埋深应大于邻近建筑基础的深度。高程基准点也可选择在基础深且稳定的建筑上；

3 高程基准点、工作基点之间宜便于进行水准测量。当使用电磁波测距三角高程测量方法进行观测时，宜使各点周围的地形条件一致。当使用静力水准测量方法进行沉降观测时，用于联测观测点的工作基点宜与沉降观测点设在同一高程面上，偏差不应超过±1cm。当不能满足这一要求时，应设置上下高程不同但位置垂直对应的辅助点传递高程。

4.2.3 高程基准点和工作基点标石、标志的选型及埋设应符合下列规定：

1 高程基准点的标石应埋设在基岩层或原状土层中，可根据点位所在处的不同地质条件，选埋基岩水准基点标石、深埋双金属管水准基点标石、深埋钢管水准基点标石、混凝土基本水准标石。在基岩壁或稳固的建筑上也可埋设墙上水准标志；

2 高程工作基点的标石可按点位的不同要求，选用浅埋钢管水准标石、混凝土普通水准标石或墙上水准标志等；

3 标石、标志的形式可按本规范附录A的规定执行。特殊土地区和有特殊要求的标石、标志规格及埋设，应另行设计。

4.2.4 高程控制测量宜使用水准测量方法。对于二、三级沉降观测的高程控制测量，当不便使用水准测量时，可使用电磁波测距三角高程测量方法。

4.3 平面基准点的布设与测量

4.3.1 平面基准点、工作基点的布设应符合下列规定：

1 各级别位移观测的基准点（含方位定向点）不应少于3个，工作基点可根据需要设置；

2 基准点、工作基点应便于检核校验；

3 当使用GPS测量方法进行平面或三维控制测量时，基准点位置还应满足下列要求：

1）应便于安置接收设备和操作；

2）视场内障碍物的高度角不宜超过15°；

3）离电视台、电台、微波站等大功率无线电发射源的距离不应小于200m；离高压输电线和微波无线电信号传输通道的距离不应小于50m；附近不应有强烈反射卫星信号的大面积水域、大型建筑以及热源等；

4）通视条件好，应方便后续采用常规测量手段进行联测。

4.3.2 平面基准点、工作基点标志的形式及埋设应符合下列规定：

1 对特级、一级位移观测的平面基准点、工作基点，应建造具有强制对中装置的观测墩或埋设专门观测标石，强制对中装置的对中误差不应超过±0.1mm；

2 照准标志应具有明显的几何中心或轴线，并应符合图像反差大、图案对称、相位差小和本身不变形等要求。根据点位不同情况，可选用重力平衡球式标、旋入式杆状标、直插式觇牌、屋顶标和墙上标等形式的标志。观测墩及重力平衡球式照准标志的形式，可按本规范附录B的规定执行；

3 对用作平面基准点的深埋式标志、兼作高程基准的标石和标志以及特殊土地区或有特殊要求的标石、标志及其埋设应另行设计。

4.3.3 平面控制测量可采用边角测量、导线测量、GPS测量及三角测量、三边测量等形式。三维控制测量可使用GPS测量及边角测量、导线测量、水准测量和电磁波测距三角高程测量的组合方法。

4.3.4 平面控制测量的精度应符合下列规定：

1 测角网、测边网、边角网、导线网或GPS网的最弱边边长中误差，不应大于所选级别的观测点坐标中误差；

2 工作基点相对于邻近基准点的点位中误差，不应大于相应级别的观测点点位中误差；

3 用基准线法测定偏差值的中误差，不应大于所选级别的观测点坐标中误差。

4.3.5 除特级控制网和其他大型、复杂工程以及有特殊要求的控制网应专门设计外，对于一、二、三级平面控制网，其技术要求应符合下列规定：

1 测角网、测边网、边角网、GPS网应符合表4.3.5-1的规定：

表 4.3.5-1 平面控制网技术要求

级别	平均边长（m）	角度中误差（″）	边长中误差（mm）	最弱边边长相对中误差
一级	200	±1.0	±1.0	1：200000
二级	300	±1.5	±3.0	1：100000
三级	500	±2.5	±10.0	1：50000

注：1 最弱边边长相对中误差中未计及基线边长误差影响；

2 有下列情况之一时，不宜按本规定，应另行设计：

1）最弱边边长中误差不同于表列规定时；

2）实际平均边长与表列数值相差大时；

3）采用边角组合网时。

2 各级测角、测边控制网宜布设为近似等边三角形网，其三角形内角不宜小于30°；当受地形或其他条件限制时，个别角可放宽，但不应小于25°。宜优先使用边角网，在边角网中应以测边为主，加测部分角度，并合理配置测角和测边的精度；

3 导线测量的技术要求应符合表4.3.5-2的规定：

表 4.3.5-2 导线测量技术要求

级别	导线最弱点点位中误差（mm）	导线总长（m）	平均边长（m）	测边中误差（mm）	测角中误差（″）	导线全长相对闭合差
一级	±1.4	$750C_1$	150	$\pm 0.6C_2$	±1.0	1：100000
二级	±4.2	$1000C_1$	200	$\pm 2.0C_2$	±2.0	1：45000
三级	±14.0	$1250C_1$	250	$\pm 6.0C_2$	±5.0	1：17000

注：1 C_1、C_2为导线类别系数。对附合导线，$C_1=C_2=1$；对独立单一导线，$C_1=1.2$，$C_2=2$；对导线网，导线总长系指附合点与结点或结点间的导线长度，取$C_1 \leqslant 0.7$、$C_2=1$；

2 有下列情况之一时，不宜按本规定，应另行设计：

1）导线最弱点点位中误差不同于表列规定时；

2）实际导线的平均边长和总长与表列数值相差大时。

4.3.6 对于三维控制测量，其平面位置和高程应分别符合平面基准点和高程基准点的布设和测量规定。

4.4 水 准 测 量

4.4.1 采用水准测量方法进行各级高程控制测量或沉降观测，应符合下列规定：

1 各等级水准测量使用的仪器型号和标尺类型应符合表 4.4.1-1 的规定：

表 4.4.1-1 水准测量的仪器型号和标尺类型

级 别	使用的仪器型号			标尺类型		
	DS05、DSZ05 型	DS1、DSZ1 型	DS3、DSZ3 型	因瓦尺	条码尺	区格式木制标尺
特级	✓	×	×	✓	✓	×
一级	✓	×	×	✓	✓	×
二级	✓	✓	×	✓	✓	×
三级	✓	✓	✓	✓	✓	✓

注：表中“✓”表示允许使用；“×”表示不允许使用。

2 使用光学水准仪和数字水准仪进行水准测量作业的基本方法应符合现行国家标准《国家一、二等水准测量规范》GB 12897 和《国家三、四等水准测量规范》GB 12898 的相应规定；

3 一、二、三级水准测量的观测方式应符合表 4.4.1-2 的规定：

表 4.4.1-2 一、二、三级水准测量观测方式

级别	高程控制测量、工作基点联测及首次沉降观测			其他各次沉降观测		
	DS05、DSZ05 型	DS1、DSZ1 型	DS3、DSZ3 型	DS05、DSZ05 型	DS1、DSZ1 型	DS3、DSZ3 型
一级	往返测	—	—	往返测或单程双测站	—	—
二级	往返测或单程双测站	往返测或单程双测站	—	单程观测	单程双测站	—
三级	单程双测站	单程双测站	往返测或单程双测站	单程观测	单程观测	单程双测站

4 特级水准观测的观测次数 r 可根据所选精度和使用的仪器类型，按公式（4.4.1-1）估算并作调整后确定：

$$r=(m_0/m_h)^2 \tag{4.4.1-1}$$

式中 m_h ——测站高差中误差；

m_0 ——水准仪单程观测每测站高差中误差估值（mm）。对 DS05 和 DSZ05 型仪器，m_0 可按公式(4.4.1-2)计算：

$$m_0=0.025+0.0029\times S \tag{4.4.1-2}$$

式中 S——最长视线长度（m）。

对按公式（4.4.1-1）估算的结果，应按下列规定执行：

1) 当 $1<r\leqslant 2$ 时，应采用往返观测或单程双测站观测；

2) 当 $2<r<4$ 时，应采用两次往返观测或正反向各按单程双测站观测；

3) 当 $r\leqslant 1$ 时，对高程控制网的首次观测、复测、各周期观测中的工作基点稳定性检测及首次沉降观测应进行往返测或单程双测站观测。从第二次沉降观测开始，可进行单程观测。

4.4.2 水准观测的有关技术要求应符合下列规定：

1 水准观测的视线长度、前后视距差和视线高度应符合表 4.4.2-1 的规定：

表 4.4.2-1 水准观测的视线长度、前后视距差和视线高（m）

级别	视线长度	前后视距差	前后视距差累积	视线高度
特级	≤10	≤0.3	≤0.5	≥0.8
一级	≤30	≤0.7	≤1.0	≥0.5
二级	≤50	≤2.0	≤3.0	≥0.3
三级	≤75	≤5.0	≤8.0	≥0.2

注：1 表中的视线高度为下丝读数；

2 当采用数字水准仪观测时，最短视线长度不宜小于 3m，最低水平视线高度不应低于 0.6m。

2 水准观测的限差应符合表 4.4.2-2 的规定：

表 4.4.2-2 水准观测的限差（mm）

级 别		基辅分划读数之差	基辅分划所测高差之差	往返较差及附合或环线闭合差	单程双测站所测高差较差	检测已测测段高差之差
特级		0.15	0.2	$\leqslant 0.1\sqrt{n}$	$\leqslant 0.07\sqrt{n}$	$\leqslant 0.15\sqrt{n}$
一级		0.3	0.5	$\leqslant 0.3\sqrt{n}$	$\leqslant 0.2\sqrt{n}$	$\leqslant 0.45\sqrt{n}$
二级		0.5	0.7	$\leqslant 1.0\sqrt{n}$	$\leqslant 0.7\sqrt{n}$	$\leqslant 1.5\sqrt{n}$
三级	光学测微法	1.0	1.5	$\leqslant 3.0\sqrt{n}$	$\leqslant 2.0\sqrt{n}$	$\leqslant 4.5\sqrt{n}$
	中丝读数法	2.0	3.0			

注：1 当采用数字水准仪观测时，对同一尺面的两次读数差不设限差，两次读数所测高差之差的限差执行基辅分划所测高差之差的限差；

2 表中 n 为测站数。

4.4.3 使用的水准仪、水准标尺在项目开始前和结束后应进行检验，项目进行中也应定期检验。当观测成果出现异常，经分析与仪器有关时，应及时对仪器进行检验与校正。检验和校正应按现行国家标准《国家一、二等水准测量规范》GB 12897 和《国家三、四等水准测量规范》GB 12898 的规定执行。检验后应符合下列要求：

1 对用于特级水准观测的仪器，i 角不得大于 10″；对用于一、二级水准观测的仪器，i 角不得大于 15″；对用于三级水准观测的仪器，i 角不得大于 20″。补偿式自动安平水准仪的补偿误差绝对值不得大于 0.2″；

2 水准标尺分划线的分米分划线误差和米分划间隔真长与名义长度之差，对线条式因瓦合金标尺不应大于 0.1mm，对区格式木质标尺不应大于 0.5mm。

4.4.4 水准观测作业应符合下列要求：

1 应在标尺分划线成像清晰和稳定的条件下进行观测。不得在日出后或日落前约半小时、太阳中天前后、风力大于四级、气温突变时以及标尺分划线的成像跳动而难以照准时进行观测。阴天可全天观测；

2 观测前半小时，应将仪器置于露天阴影下，使仪器与外界气温趋于一致。设站时，应用测伞遮蔽阳光。使用数字水准仪前，还应进行预热；

3 使用数字水准仪，应避免望远镜直接对着太阳，并避免视线被遮挡。仪器应在其生产厂家规定的温度范围内工作。振动源造成的振动消失后，才能启动测量键。当地面振动较大时，应随时增加重复测量次数；

4 每测段往测与返测的测站数均应为偶数，否则应加入标尺零点差改正。由往测转向返测时，两标尺应互换位置，并应重新整置仪器。在同一测站上观测时，不得两次调焦。转动仪器的倾斜螺旋和测微鼓时，其最后旋转方向，均应为旋进；

5 对各周期观测过程中发现的相邻观测点高差变动迹象、地质地貌异常、附近建筑基础和墙体裂缝等情况，应做好记录，并画草图。

4.4.5 凡超出本规范表 4.4.2-2 规定限差的成果，均应先分析原因再进行重测。当测站观测限差超限时，应立即重测；当迁站后发现超限时，应从稳固可靠的固定点开始重测。

4.4.6 静力水准测量的技术要求应符合表 4.4.6 的规定：

表 4.4.6 静力水准观测技术要求

级 别	特 级	一 级	二 级	三 级
仪器类型	封闭式	封闭式 敞口式	敞口式	敞口式
读数方式	接触式	接触式	目视式	目视式
两次观测高差较差（mm）	±0.1	±0.3	±1.0	±3.0
环线及附合路线闭合差（mm）	$\pm0.1\sqrt{n}$	$\pm0.3\sqrt{n}$	$\pm1.0\sqrt{n}$	$\pm3.0\sqrt{n}$

注：n 为高差个数。

4.4.7 静力水准测量作业应符合下列规定：

1 观测前向连通管内充水时，不得将空气带入，可采用自然压力排气充水法或人工排气充水法进行充水；

2 连通管应平放在地面上，当通过障碍物时，应防止连通管在竖向出现Ω形而形成滞气“死角”。连通管任何一段的高度都应低于蓄水罐底部，但最低不宜低于 20cm；

3 观测时间应选在气温最稳定的时段，观测读数应在液体完全呈静态下进行；

4 测站上安置仪器的接触面应清洁、无灰尘杂物。仪器对中误差不应大于±2mm，倾斜度不应大于 10′。使用固定式仪器时，应有校验安装面的装置，校验误差不应大于±0.05mm；

5 宜采用两台仪器对向观测。条件不具备时，亦可采用一台仪器往返观测。每次观测，可取 2～3 个读数的中数作为一次观测值。根据读数设备的精度和沉降观测级别，读数较差限值宜为 0.02～0.04mm。

4.4.8 使用自动静力水准设备进行水准测量时，应根据变形测量的精度级别和所用设备的性能，参照本规范的有关规定，制定相应的作业规程。作业中，应定期对所用设备进行检校。

4.5 电磁波测距三角高程测量

4.5.1 对水准测量确有困难的二、三级高程控制测量，可采用电磁波测距三角高程测量，并按附录 C 的规定使用专用觇牌和配件。对于更高精度或特殊的高程控制测量确需采用三角高程测量时，应进行详细设计和论证。

4.5.2 电磁波测距三角高程测量的视线长度不宜大于 300m，最长不得超过 500m，视线垂直角不得超过 10°，视线高度和离开障碍物的距离不得小于 1.3m。

4.5.3 电磁波测距三角高程测量应优先采用中间设站观测方式，也可采用每点设站、往返观测方式。当采用中间设站观测方式时，每站的前后视线长度之差，对于二级不得超过 15m，三级不得超过视线长度的 1/10；前后视距差累积，对于二级不得超过 30m，三级不得超过 100m。

4.5.4 电磁波测距三角高程测量施测的主要技术要求应符合下列规定：

1 三角高程测量边长的测定，应采用符合本规范表 4.7.1 规定的相应精度等级的电磁波测距仪往返观测各 2 测回。当采取中间设站观测方式时，前、后视各观测 2 测回。测距的各项限差和要求应符合本规范第 4.7 节的要求；

2 垂直角观测应采用觇牌为照准目标，按表 4.5.4 的要求采用中丝双照准法观测。当采用中间设站观测方式分两组观测时，垂直角观测的顺序宜为：

第一组：后视—前视—前视—后视（照准上目标）；

第二组：前视—后视—后视—前视（照准下目标）。

表 4.5.4 垂直角观测的测回数与限差

级别	二级		三级	
仪器类型	DJ05	DJ1	DJ1	DJ2
测回数	4	6	4	6
两次照准目标读数差(″)	1.5	4	4	6
垂直角测回差(″)	2	5	5	7
指标差较差(″)	3			

每次照准后视或前视时，一次正倒镜完成该分组测回数的 1/2。中间设站观测方式的垂直角总测回数应等于每点设站、往返观测方式的垂直角总测回数；

3 垂直角观测宜在日出后 2h 至日落前 2h 的期间内目标成像清晰稳定时进行。阴天和多云天气可全天观测；

4 仪器高、觇标高应在观测前后用经过检验的量杆或钢尺各量测一次，精确读至 0.5mm，当较差不大于 1mm 时取用中数。采用中间设站观测方式时可不量测仪器高；

5 测定边长和垂直角时，当测距仪光轴和经纬仪照准轴不共轴，或在不同觇牌高度上分两组观测垂直角时，必须进行边长和垂直角归算后才能计算和比较两组高差。

4.5.5 电磁波测距三角高程测量高差的计算及其限差应符合下列规定：

1 每点设站、往返观测时，单向观测高差应按公式（4.5.5-1）计算：

$$h = D\tan\alpha_{\mathrm{V}} + \frac{1-K}{2R}D^2 + I - v \quad (4.5.5\text{-}1)$$

式中 D——三角高程测量边的水平距离（m）；

h——三角高程测量边两端点的高差（m）；

α_{V}——垂直角；

K——为大气垂直折光系数；

R——地球平均曲率半径（m）；

I——仪器高（m）；

v——觇牌高（m）。

2 中间设站观测时应按公式（4.5.5-2）计算高差：

$$h_{12} = (D_2\tan\alpha_2 - D_1\tan\alpha_1) + \left(\frac{D_2^2 - D_1^2}{2R}\right) - \left(\frac{D_2^2}{2R}K_2 - \frac{D_1^2}{2R}K_1\right) - (v_2 - v_1) \quad (4.5.5\text{-}2)$$

式中 h_{12}——后视点与前视点之间的高差（m）；

α_1、α_2——后视、前视垂直角；

D_1、D_2——后视、前视水平距离（m）；

K_1、K_2——后视、前视大气垂直折光系数；

R——地球平均曲率半径（m）；

v_1、v_2——后视、前视觇牌高（m）。

3 电磁波测距三角高程测量观测的限差应符合表 4.5.5 的要求。

表 4.5.5 三角高程测量的限差（mm）

级别	附合线路或环线闭合差	检测已测边高差之差
二级	$\leqslant\pm4\sqrt{L}$	$\leqslant\pm6\sqrt{D}$
三级	$\leqslant\pm12\sqrt{L}$	$\leqslant\pm18\sqrt{D}$

注：D 为测距边边长，以 km 为单位；L 为附合路线或环线长度，以 km 为单位。

4.6 水平角观测

4.6.1 各级水平角观测的技术要求应符合下列规定：

1 水平角观测宜采用方向观测法，当方向数不多于 3 个时，可不归零；特级、一级网点亦可采用全组合测角法。导线测量中，当导线点上只有两个方向时，应按左、右角观测；当导线点上多于两个方向时，应按方向法观测；

2 一、二、三级水平角观测的测回数，可按表 4.6.1 的规定执行：

表 4.6.1 水平角观测测回数

级别	一级	二级	三级
DJ05	6	4	2
DJ1	9	6	3
DJ2	—	9	6

3 对于特级水平角观测及当有可靠的光学经纬仪、电子经纬仪或全站仪精度实测数据时，可按公式（4.6.1）估算测回数：

$$n = 1\Big/\left[\left(\frac{m_\beta}{m_\alpha}\right)^2 - \lambda^2\right] \quad (4.6.1)$$

式中 n——测回数，对全组合测角法取方向权 nm 之 1/2 为测回数（此处 m 为测站上的方向数）；

m_β——按闭合差计算的测角中误差（″）；

m_α——各测站平差后一测回方向中误差的平均值（″），该值可根据仪器类型、读数和照准设备、外界条件以及操作的严格与熟练程度，在下列数值范围内选取：

DJ05 型仪器 0.4″～0.5″；

DJ1 型仪器 0.8″～1.0″；

DJ2 型仪器 1.4″～1.8″；

λ——系统误差影响系数，宜为 0.5～0.9。

按公式（4.6.1）估算结果凑整取值时，对方向观测法与全组合测角法，应考虑光学经纬仪、电子经纬仪和全站仪观测度盘位置编制的要求；对动态式测角系统的电子经纬仪和全站仪，不需进行度盘配置；对导线观测应取偶数，当估算结果 n 小于 2 时，应取 n 等于 2。

4.6.2 各级别水平角观测的限差应符合下列要求：

1 方向观测法观测的限差应符合表 4.6.2-1 的规定：

表 4.6.2-1 方向观测法限差（″）

仪器类型	两次照准目标读数差	半测回归零差	一测回内 2C 互差	同一方向值各测回互差
DJ05	2	3	5	3
DJ1	4	5	9	5
DJ2	6	8	13	8

注：当照准方向的垂直角超过±3°时，该方向的 2C 互差可按同一观测时间段内相邻测回进行比较，其差值仍按表中规定。

2 全组合测角法观测的限差应符合表 4.6.2-2 的规定：

表 4.6.2-2 全组合测角法限差（″）

仪器类型	两次照准目标读数差	上下半测回角值互差	同一角度各测回角值互差
DJ05	2	3	3
DJ1	4	6	5
DJ2	6	10	8

3 测角网的三角形最大闭合差，不应大于 $2\sqrt{3}m_\beta$；导线测量每测站左、右角闭合差，不应大于 $2m_\beta$；导线的方位角闭合差，不应大于 $2\sqrt{n}m_\beta$（n 为测站数）。

4.6.3 各级水平角观测作业应符合下列要求：

1 使用的仪器设备在项目开始前应进行检验，项目进行中也应定期检验；

2 观测应在通视良好、成像清晰稳定时进行。晴天的日出、日落前后和太阳中天前后不宜观测。作业中仪器不得受阳光直接照射，当气泡偏离超过一格时，应在测回间重新整置仪器。当视线靠近吸热或放热强烈的地形地物时，应选择阴天或有风但不影响仪器稳定的时间进行观测。当需削减时间性水平折光影响时，应按不同时间段观测；

3 控制网观测宜采用双照准法，在半测回中每个方向连续照准两次，并各读数一次。每站观测中，应避免二次调焦，当观测方向的边长悬殊较大、有关方向应调焦时，宜采用正倒镜同时观测法，并可不考虑 2C 变动范围。对于大倾斜方向的观测，应严格控制水平气泡偏移，当垂直角超过 3°时，应进行仪器竖轴倾斜改正。

4.6.4 当观测成果超出限差时，应按下列规定进行重测：

1 当 2C 互差或各测回互差超限时，应重测超限方向，并联测零方向；

2 当归零差或零方向的 2C 互差超限时，应重测该测回；

3 在方向观测法一测回中，当重测方向数超过所测方向总数的 1/3 时，应重测该测回；

4 在一个测站上，对于采用方向观测法，当基本测回重测的方向测回数超过全部方向测回总数的 1/3 时，应重测该测站；对于采用全组合测角法，当重测的测回数超过全部基本测回数的 1/3 时，应重测该测站；

5 基本测回成果和重测成果均应记入手簿。重测成果与基本测回结果之间不得取中数，每一测回只应取用一个符合限差的结果；

6 全组合测角法，当直接角与间接角互差超限时，在满足本条第 4 款要求，即不超过全部基本测回数 1/3 的前提下，可重测单角；

7 当三角形闭合差超限需要重测时，应进行分析，选择有关测站进行重测。

4.7 距离测量

4.7.1 电磁波测距仪测距的技术要求，除特级和其他有特殊要求的边长须专门设计外，对一、二、三级位移观测应符合表 4.7.1 的要求，并应按下列规定执行：

表 4.7.1 电磁波测距技术要求

级别	仪器精度等级（mm）	每边测回数 往	每边测回数 返	一测回读数间较差限值（mm）	单程测回间较差限值（mm）	气象数据测定的最小读数 温度（℃）	气象数据测定的最小读数 气压（mmHg）	往返或时段间较差限值
一级	≤1	4	4	1	1.4	0.1	0.1	$\sqrt{2}(a+b\cdot D\cdot 10^{-6})$
二级	≤3	4	4	3	5.0	0.2	0.5	
三级	≤5	2	2	5	7.0	0.2	0.5	
	≤10	4	4	10	15.0	0.2	0.5	

注：1 仪器精度等级系根据仪器标称精度（$a+b\cdot D\cdot 10^{-6}$），以相应级别的平均边长 D 代入计算的测距中误差划分；
2 一测回是指照准目标一次、读数 4 次的过程；
3 时段是指测边的时间段，如上午、下午和不同的白天。可采用不同时段观测代替往返观测。

1 往返测或不同时间段观测值较差，应将斜距化算到同一水平面上方可进行比较；

2 测距时应使用经检定合格的温度计和气压计；

3 气象数据应在每边观测始末时在两端进行测定，取其平均值；

4 测距边两端点的高差，对一、二级边可采用三级水准测量方法测定；对三级边可采用三角高程测量方法测定，并应考虑大气折光和地球曲率对垂直角观测值的影响；

5 测距边归算到水平距离时，应在观测的斜距中加入气象改正和加常数、乘常数、周期误差改正后，化算至测距仪与反光镜的平均高程面上。

4.7.2 电磁波测距作业应符合下列要求：

1 项目开始前，应对使用的测距仪进行检验；项目进行中，应对其定期检验；

2 测距应在成像清晰、气象条件稳定时进行。阴天、有微风时可全天观测；晴天最佳观测时间宜为日出后 1h 和日落前 1h；雷雨前后、大雾、大风、雨、雪天和大气透明度很差时，不应进行观测；

3 晴天作业时，应对测距仪和反光镜打伞遮阳，严禁将仪器照准头对准太阳，不宜顺、逆光观测；

4 视线离地面或障碍物宜在 1.3m 以上，测站不应设在电磁场影响范围之内；

5 当一测回中读数较差超限时，应重测整测回。当测回间较差超限时，可重测 2 个测回，然后去掉其中最大、最小两个观测值后取平均。如重测后测回差仍超限，应重测该测距边的所有测回。当往返测或不同时段较差超限时，应分析原因，重测单方向的距离。如重测后仍超限，应重测往、返两方向或不同时段的距离。

4.7.3 因瓦尺和钢尺丈量距离的技术要求，除特级和其他有特殊要求的边长须专门设计外，对一、二、三级位移观测的边长丈量，应符合表 4.7.3 的要求，并应按下列规定执行：

表 4.7.3 因瓦尺及钢尺距离丈量技术要求

级别	尺子类型	尺数	丈量总次数	定线最大偏差（mm）	尺段高差较差（mm）	读数次数	最小估读值（mm）	最小温度读数（℃）	同尺各次或同段各尺的较差（mm）	经各项改正后的各次或各尺全长较差（mm）
一级	因瓦尺	2	4	20	3	3	0.1	0.5	0.3	$2.5\sqrt{D}$
二级	因瓦尺	1 2	4 2	30	5	3	0.1	0.5	0.5	$3.0\sqrt{D}$
	钢尺	2	8	50	5	3	0.5	0.5	1.0	
三级	钢尺	2	6	50	5	3	0.5	0.5	2.0	$5.0\sqrt{D}$

注：1 表中 D 是以 100m 为单位计的长度；

2 表列规定所适应的边长丈量相对中误差为：一级 1/200000，二级1/100000，三级 1/50000。

1 因瓦尺、钢尺在使用前应按规定进行检定，并在有效期内使用；

2 各级边长测量应采用往返悬空丈量方法。使用的重锤、弹簧秤和温度计，均应进行检定。丈量时，引张拉力值应与检定时相同；

3 当下雨、尺的横向有二级以上风或作业时的温度超过尺子膨胀系数检定时的温度范围时，不应进行丈量；

4 网的起算边或基线宜选成尺长的整倍数。用零尺段时，应改变拉力或进行拉力改正；

5 量距时，应在尺子的附近测定温度；

6 安置轴杆架或引张架时应使用经纬仪定线。尺段高差可采用水准仪中丝法往返测或单程双测站观测；

7 丈量结果应加入尺长、温度、倾斜改正，因瓦尺还应加入悬链线不对称、分划尺倾斜等改正。

4.8 GPS 测 量

4.8.1 选用 GPS 接收机，应根据需要并符合表 4.8.1 的规定。

表 4.8.1 GPS 接收机的选用

级 别	一、二级	三 级
接收机类型	双频或单频	双频或单频
标称精度	≤（$3mm+D\times10^{-6}$）	≤（$5mm+D\times10^{-6}$）

4.8.2 GPS 接收机必须经检定合格后方可用于变形测量作业。接收机在使用过程中应进行必要的检验。

4.8.3 GPS 测量的基本技术要求应符合表 4.8.3 的规定。

表 4.8.3 GPS 测量基本技术要求

级 别		一 级	二 级	三 级
卫星截止高度角（°）		≥15	≥15	≥15
有效观测卫星数		≥6	≥5	≥4
观测时段长度（min）	静 态	30～90	20～60	15～45
	快速静态	—	—	≥15
数据采样间隔（s）	静 态	10～30	10～30	10～30
	快速静态	—	—	5～15
PDOP		≤5	≤6	≤6

4.8.4 GPS观测作业应符合下列规定：

1 对于一、二级GPS测量，应使用零相位天线和强制对中器安置GPS接收机天线，对中精度应高于±0.5mm，天线应统一指向北方；

2 作业中应严格按规定的时间计划进行观测；

3 经检查接收机电源电缆和天线等各项连结无误，方可开机；

4 开机后经检验有关指示灯与仪表显示正常后，方可进行自测试，输入测站名和时段等控制信息；

5 接收机启动前与作业过程中，应填写测量手簿中的记录项目；

6 每时段应进行一次气象观测；

7 每时段开始、结束时，应分别量测一次天线高，并取其平均值作为天线高；

8 观测期间应防止接收设备振动，并防止人员和其他物体碰动天线或阻挡信号；

9 观测期间，不得在天线附近使用电台、对讲机和手机等无线电通信设备；

10 天气太冷时，接收机应适当保暖。天气很热时，接收机应避免阳光直接照晒，确保接收机正常工作。雷电、风暴天气不宜进行测量；

11 同一时段观测过程中，不得进行下列操作：

1）接收机关闭又重新启动；

2）进行自测试；

3）改变卫星截止高度角；

4）改变数据采样间隔；

5）改变天线位置；

6）按动关闭文件和删除文件功能键；

12 在GPS快速静态定位测量中，整个作业时间段内，参考站观测不得中断，参考站和流动站采样间隔应相同；

13 GPS测量数据的处理应按现行国家标准《全球定位系统（GPS）测量规范》GB/T 18314的相应规定执行，数据采用率宜大于95%。对于一、二级变形测量，宜使用精密星历。

5 沉 降 观 测

5.1 一 般 规 定

5.1.1 建筑沉降观测可根据需要，分别或组合测定建筑场地沉降、基坑回弹、地基土分层沉降以及基础和上部结构沉降。对于深基础建筑或高层、超高层建筑，沉降观测应从基础施工时开始。

5.1.2 各类沉降观测的级别和精度要求，应视工程的规模、性质及沉降量的大小及速度确定。

5.1.3 布设沉降观测点时，应结合建筑结构、形状和场地工程地质条件，并应顾及施工和建成后的使用方便。同时，点位应易于保存，标志应稳固美观。

5.1.4 各类沉降观测应根据本规范第9.1节的规定及时提交相应的阶段性成果和综合成果。

5.2 建筑场地沉降观测

5.2.1 建筑场地沉降观测应分别测定建筑相邻影响范围之内的相邻地基沉降与建筑相邻影响范围之外的场地地面沉降。

5.2.2 建筑场地沉降点位的选择应符合下列规定：

1 相邻地基沉降观测点可选在建筑纵横轴线或边线的延长线上，亦可选在通过建筑重心的轴线延长线上。其点位间距应视基础类型、荷载大小及地质条件，与设计人员共同确定或征求设计人员意见后确定。点位可在建筑基础深度1.5～2.0倍的距离范围内，由外墙向外由密到疏布设，但距基础最远的观测点应设置在沉降量为零的沉降临界点以外；

2 场地地面沉降观测点应在相邻地基沉降观测点布设线路之外的地面上均匀布设。根据地质地形条件，可选择使用平行轴线方格网法、沿建筑四角辐射网法或散点法布设。

5.2.3 建筑场地沉降点标志的类型及埋设应符合下列规定：

1 相邻地基沉降观测点标志可分为用于监测安全的浅埋标和用于结合科研的深埋标两种。浅埋标可采用普通水准标石或用直径25cm的水泥管现场浇灌，埋深宜为1～2m，并使标石底部埋在冰冻线以下。深埋标可采用内管外加保护管的标石形式，埋深应与建筑基础深度相适应，标石顶部须埋入地面下20～30cm，并砌筑带盖的窨井加以保护；

2 场地地面沉降观测点的标志与埋设，应根据观测要求确定，可采用浅埋标志。

5.2.4 建筑场地沉降观测的路线布设、观测精度及其他技术要求可按照本规范第5.5节的有关规定执行。

5.2.5 建筑场地沉降观测的周期，应根据不同任务要求、产生沉降的不同情况以及沉降速度等因素具体分析确定，并符合下列规定：

1 基础施工的相邻地基沉降观测，在基坑降水时和基坑土开挖过程中应每天观测一次。混凝土底板浇完10d以后，可每2～3d观测一次，直至地下室顶板完工和水位恢复。此后可每周观测一次至回填土完工；

2 主体施工的相邻地基沉降观测和场地地面沉降观测的周期可按照本规范第5.5节的有关规定确定。

5.2.6 建筑场地沉降观测应提交下列图表：

1 场地沉降观测点平面布置图；

2 场地沉降观测成果表；

3 相邻地基沉降的距离-沉降曲线图；

4 场地地面等沉降曲线图。

5.3 基坑回弹观测

5.3.1 基坑回弹观测应测定建筑基础在基坑开挖后，由于卸除基坑土自重而引起的基坑内外影响范围内相对于开挖前的回弹量。

5.3.2 回弹观测点位的布设，应根据基坑形状、大小、深度及地质条件确定，用适当的点数测出所需纵横断面的回弹量。可利用回弹变形的近似对称特性，按下列规定布点：

1 对于矩形基坑，应在基坑中央及纵（长边）横（短边）轴线上布设，纵向每8～10m布一点，横向每3～4m布一点。对其他形状不规则的基坑，可与设计人员商定；

2 对基坑外的观测点，应埋设常用的普通水准点标石。观测点应在所选坑内方向线的延长线上距基坑深度1.5～2.0倍距离内布置。当所选点位遇到地下管道或其他物体时，可将观测点移至与之对应方向线的空位置上；

3 应在基坑外相对稳定且不受施工影响的地点选设工作基点及为寻找标志用的定位点。

5.3.3 回弹标志应埋入基坑底面以下20～30cm，根据开挖深度和地层土质情况，可采用钻孔法或探井法埋设。根据埋设与观测方法，可采用辅助杆压入式、钻杆送入式或直埋式标志。回弹标志的埋设可按本规范附录D第D.0.2条的规定执行。

5.3.4 回弹观测的精度可按本规范第3.0.5条的规定以给定或预估的最大回弹量为变形允许值进行估算后确定，但最弱观测点相对邻近工作基点的高程中误差不得大于±1.0mm。

5.3.5 回弹观测路线应组成起迄于工作基点的闭合或附合路线。

5.3.6 回弹观测不应少于3次，其中第一次应在基坑开挖之前，第二次应在基坑挖好之后，第三次应在浇筑基础混凝土之前。当基坑挖完至基础施工的间隔时间较长时，应适当增加观测次数。

5.3.7 基坑开挖前的回弹观测，宜采用水准测量配以铅垂钢尺读数的钢尺法。较浅基坑的观测，可采用水准测量配辅助杆垫高水准尺读数的辅助杆法。观测结束后，应在观测孔底充填厚度约为1m的白灰。

5.3.8 回弹观测的设备及作业方法应符合下列规定：

1 钢尺在地面的一端，应使用三脚架、滑轮、重锤或拉力计牵拉。在孔内的一端，应配以能在读数时准确接触回弹标志头的装置。观测时可配挂磁锤。当基坑较深、地质条件复杂时，可用电磁探头装置观测。当基坑较浅时，可用挂钩法，此时标志顶端应加工成弯钩状；

2 辅助杆宜用空心两头封口的金属管制成，顶部应加工成半球状，并在顶部侧面安置圆水准器，杆长以放入孔内后露出地面20～40cm为宜；

3 测前与测后应对钢尺和辅助杆的长度进行检定。长度检定中误差不应大于回弹观测站高差中误差的1/2；

4 每一测站的观测可按先后视水准点上标尺、再前视孔内标尺的顺序进行，每组读数3次，反复进行两组作为一测回。每站不应少于两测回，并应同时测记孔内温度。观测结果应加入尺长和温度改正。

5.3.9 基坑开挖后的回弹观测，应利用传递到坑底的临时工作点，按所需观测精度，用水准测量方法及时测出每一观测点的标高。当全部点挖见后，再统一观测一次。

5.3.10 基坑回弹观测应提交的主要图表为：

1 回弹观测点位布置平面图；

2 回弹观测成果表；

3 回弹纵、横断面图（本规范附录E)。

5.4 地基土分层沉降观测

5.4.1 分层沉降观测应测定建筑地基内部各分层土的沉降量、沉降速度以及有效压缩层的厚度。

5.4.2 分层沉降观测点应在建筑地基中心附近2m×2m或各点间距不大于50cm的范围内，沿铅垂线方向上的各层土内布置。点位数量与深度应根据分层土的分布情况确定，每一土层应设一点，最浅的点位应在基础底面下不小于50cm处，最深的点位应在超过压缩层理论厚度处或设在压缩性低的砾石或岩石层上。

5.4.3 分层沉降观测标志的埋设应采用钻孔法，埋设要求可按本规范第D.0.3条的规定执行。

5.4.4 分层沉降观测精度可按分层沉降观测点相对于邻近工作基点或基准点的高程中误差不大于±1.0mm的要求设计确定。

5.4.5 分层沉降观测应按周期用精密水准仪或自动分层沉降仪测出各标顶的高程，计算出沉降量。

5.4.6 分层沉降观测应从基坑开挖后基础施工前开始，直至建筑竣工后沉降稳定时为止。观测周期可按照本规范第5.5节的有关规定确定。首次观测至少应在标志埋好5d后进行。

5.4.7 地基土分层沉降观测应提交下列图表：

1 地基土分层标点位置图；

2 地基土分层沉降观测成果表；

3 各土层荷载-沉降-深度曲线图（本规范附录E)。

5.5 建筑沉降观测

5.5.1 建筑沉降观测应测定建筑及地基的沉降量、沉降差及沉降速度，并根据需要计算基础倾斜、局部倾斜、相对弯曲及构件倾斜。

5.5.2 沉降观测点的布设应能全面反映建筑及地基变形特征，并顾及地质情况及建筑结构特点。点位宜选设在下列位置：

1 建筑的四角、核心筒四角、大转角处及沿外墙每 10～20m 处或每隔 2～3 根柱基上；

2 高低层建筑、新旧建筑、纵横墙等交接处的两侧；

3 建筑裂缝、后浇带和沉降缝两侧、基础埋深相差悬殊处、人工地基与天然地基接壤处、不同结构的分界处及填挖方分界处；

4 对于宽度大于等于 15m 或小于 15m 而地质复杂以及膨胀土地区的建筑，应在承重内隔墙中部设内墙点，并在室内地面中心及四周设地面点；

5 邻近堆置重物处、受振动有显著影响的部位及基础下的暗浜（沟）处；

6 框架结构建筑的每个或部分柱基上或沿纵横轴线上；

7 筏形基础、箱形基础底板或接近基础的结构部分之四角处及其中部位置；

8 重型设备基础和动力设备基础的四角、基础形式或埋深改变处以及地质条件变化处两侧；

9 对于电视塔、烟囱、水塔、油罐、炼油塔、高炉等高耸建筑，应设在沿周边与基础轴线相交的对称位置上，点数不少于 4 个。

5.5.3 沉降观测的标志可根据不同的建筑结构类型和建筑材料，采用墙（柱）标志、基础标志和隐蔽式标志等形式，并符合下列规定：

1 各类标志的立尺部位应加工成半球形或有明显的突出点，并涂上防腐剂；

2 标志的埋设位置应避开雨水管、窗台线、散热器、暖水管、电气开关等有碍设标与观测的障碍物，并应视立尺需要离开墙（柱）面和地面一定距离；

3 隐蔽式沉降观测点标志的形式可按本规范第 D.0.1 条的规定执行；

4 当应用静力水准测量方法进行沉降观测时，观测标志的形式及其埋设，应根据采用的静力水准仪的型号、结构、读数方式以及现场条件确定。标志的规格尺寸设计，应符合仪器安置的要求。

5.5.4 沉降观测点的施测精度应按本规范第 3.0.5 条的规定确定。

5.5.5 沉降观测的周期和观测时间应按下列要求并结合实际情况确定：

1 建筑施工阶段的观测应符合下列规定：

1） 普通建筑可在基础完工后或地下室砌完后开始观测，大型、高层建筑可在基础垫层或基础底部完成后开始观测；

2） 观测次数与间隔时间应视地基与加荷情况而定。民用高层建筑可每加高 1～5 层观测一次，工业建筑可按回填基坑、安装柱子和屋架、砌筑墙体、设备安装等不同施工阶段分别进行观测。若建筑施工均匀增高，应至少在增加荷载的 25%、50%、75%和 100%时各测一次；

3） 施工过程中若暂停工，在停工时及重新开工时应各观测一次。停工期间可每隔 2～3 个月观测一次；

2 建筑使用阶段的观测次数，应视地基土类型和沉降速率大小而定。除有特殊要求外，可在第一年观测 3～4 次，第二年观测 2～3 次，第三年后每年观测 1 次，直至稳定为止；

3 在观测过程中，若有基础附近地面荷载突然增减、基础四周大量积水、长时间连续降雨等情况，均应及时增加观测次数。当建筑突然发生大量沉降、不均匀沉降或严重裂缝时，应立即进行逐日或 2～3d 一次的连续观测；

4 建筑沉降是否进入稳定阶段，应由沉降量与时间关系曲线判定。当最后 100d 的沉降速率小于 0.01～0.04mm/d 时可认为已进入稳定阶段。具体取值宜根据各地区地基土的压缩性能确定。

5.5.6 沉降观测的作业方法和技术要求应符合下列规定：

1 对特级、一级沉降观测，应按本规范第 4.4 节的规定执行；

2 对二级、三级沉降观测，除建筑转角点、交接点、分界点等主要变形特征点外，允许使用间视法进行观测，但视线长度不得大于相应等级规定的长度；

3 观测时，仪器应避免安置在有空压机、搅拌机、卷扬机、起重机等振动影响的范围内；

4 每次观测应记载施工进度、荷载量变动、建筑倾斜裂缝等各种影响沉降变化和异常的情况。

5.5.7 每周期观测后，应及时对观测资料进行整理，计算观测点的沉降量、沉降差以及本周期平均沉降量、沉降速率和累计沉降量。根据需要，可按公式（5.5.7-1）、（5.5.7-2）计算基础或构件的倾斜或弯曲量：

1 基础或构件倾斜度 α：

$$\alpha = (s_A - s_B)/L \tag{5.5.7-1}$$

式中 s_A、s_B——基础或构件倾斜方向上 A、B 两点的沉降量（mm）；

L——A、B 两点间的距离（mm）。

2 基础相对弯曲度 f_c：

$$f_c = [2s_0 - (s_1 + s_2)]/L \tag{5.5.7-2}$$

式中 s_0——基础中点的沉降量（mm）；

s_1、s_2——基础两个端点的沉降量（mm）；

L——基础两个端点间的距离（mm）。

注：弯曲量以向上凸起为正，反之为负。

5.5.8 沉降观测应提交下列图表：

1　工程平面位置图及基准点分布图；

2　沉降观测点位分布图；

3　沉降观测成果表；

4　时间-荷载-沉降量曲线图（本规范附录E）；

5　等沉降曲线图（本规范附录E）。

6　位 移 观 测

6.1　一 般 规 定

6.1.1　建筑位移观测可根据需要，分别或组合测定建筑主体倾斜、水平位移、挠度和基坑壁侧向位移，并对建筑场地滑坡进行监测。

6.1.2　位移观测应根据建筑的特点和施测要求做好观测方案的设计和技术准备工作，并取得委托方及有关人员的配合。

6.1.3　位移观测的标志应根据不同建筑的特点进行设计。标志应牢固、适用、美观。若受条件限制或对于高耸建筑，也可选定变形体上特征明显的塔尖、避雷针、圆柱（球）体边缘等作为观测点。对于基坑等临时性结构或岩土体，标志应坚固、耐用、便于保护。

6.1.4　位移观测可根据现场作业条件和经济因素选用视准线法、测角交会法或方向差交会法、极坐标法、激光准直法、投点法、测小角法、测斜法、正倒垂线法、激光位移计自动测记法、GPS法、激光扫描法或近景摄影测量法等。

6.1.5　各类建筑位移观测应根据本规范第9.1节的规定及时提交相应的阶段性成果和综合成果。

6.2　建筑主体倾斜观测

6.2.1　建筑主体倾斜观测应测定建筑顶部观测点相对于底部固定点或上层相对于下层观测点的倾斜度、倾斜方向及倾斜速率。刚性建筑的整体倾斜，可通过测量顶面或基础的差异沉降来间接确定。

6.2.2　主体倾斜观测点和测站点的布设应符合下列要求：

1　当从建筑外部观测时，测站点的点位应选在与倾斜方向成正交的方向线上距照准目标1.5～2.0倍目标高度的固定位置。当利用建筑内部竖向通道观测时，可将通道底部中心点作为测站点；

2　对于整体倾斜，观测点及底部固定点应沿着对应测站点的建筑主体竖直线，在顶部和底部上下对应布设；对于分层倾斜，应按分层部位上下对应布设；

3　按前方交会法布设的测站点，基线端点的选设应顾及测距或长度丈量的要求。按方向线水平角法布设的测站点，应设置好定向点。

6.2.3　主体倾斜观测点位的标志设置应符合下列要求：

1　建筑顶部和墙体上的观测点标志可采用埋入式照准标志。当有特殊要求时，应专门设计；

2　不便埋设标志的塔形、圆形建筑以及竖直构件，可以照准视线所切同高边缘确定的位置或用高度角控制的位置作为观测点位；

3　位于地面的测站点和定向点，可根据不同的观测要求，使用带有强制对中装置的观测墩或混凝土标石；

4　对于一次性倾斜观测项目，观测点标志可采用标记形式或直接利用符合位置与照准要求的建筑特征部位，测站点可采用小标石或临时性标志。

6.2.4　主体倾斜观测的精度可根据给定的倾斜量允许值，按本规范第3.0.5条的规定确定。当由基础倾斜间接确定建筑整体倾斜时，基础差异沉降的观测精度应按本规范第3.0.5条的规定确定。

6.2.5　主体倾斜观测的周期可视倾斜速度每1～3个月观测一次。当遇基础附近因大量堆载或卸载、场地降雨长期积水等而导致倾斜速度加快时，应及时增加观测次数。施工期间的观测周期，可根据要求按照本规范第5.5.5条的规定确定。倾斜观测应避开强日照和风荷载影响大的时间段。

6.2.6　当从建筑或构件的外部观测主体倾斜时，宜选用下列经纬仪观测法：

1　投点法。观测时，应在底部观测点位置安置水平读数尺等量测设施。在每测站安置经纬仪投影时，应按正倒镜法测出每对上下观测点标志间的水平位移分量，再按矢量相加法求得水平位移值（倾斜量）和位移方向（倾斜方向）；

2　测水平角法。对塔形、圆形建筑或构件，每测站的观测应以定向点作为零方向，测出各观测点的方向值和至底部中心的距离，计算顶部中心相对底部中心的水平位移分量。对矩形建筑，可在每测站直接观测顶部观测点与底部观测点之间的夹角或上层观测点与下层观测点之间的夹角，以所测角值与距离值计算整体的或分层的水平位移分量和位移方向；

3　前方交会法。所选基线应与观测点组成最佳构形，交会角宜在60°～120°之间。水平位移计算，可采用直接由两周期观测方向值之差解算坐标变化量的方向差交会法，亦可采用按每周期计算观测点坐标值，再以坐标差计算水平位移的方法。

6.2.7　当利用建筑或构件的顶部与底部之间的竖向通视条件进行主体倾斜观测时，宜选用下列观测方法：

1　激光铅直仪观测法。应在顶部适当位置安置接收靶，在其垂线下的地面或地板上安置激光铅直仪或激光经纬仪，按一定周期观测，在接收靶上直接读取或量出顶部的水平位移量和位移方向。作业中仪器应严格置平、对中，应旋转180°观测两次取其中数。

对超高层建筑，当仪器设在楼体内部时，应考虑大气湍流影响；

2 激光位移计自动记录法。位移计宜安置在建筑底层或地下室地板上，接收装置可设在顶层或需要观测的楼层，激光通道可利用未使用的电梯井或楼梯间隔，测试室宜选在靠近顶部的楼层内。当位移计发射激光时，从测试室的光线示波器上可直接获取位移图像及有关参数，并自动记录成果；

3 正、倒垂线法。垂线宜选用直径 0.6～1.2mm 的不锈钢丝或因瓦丝，并采用无缝钢管保护。采用正垂线法时，垂线上端可锚固在通道顶部或所需高度处设置的支点上。采用倒垂线法时，垂线下端可固定在锚块上，上端设浮筒。用来稳定重锤、浮子的油箱中应装有阻尼液。观测时，由观测墩上安置的坐标仪、光学垂线仪、电感式垂线仪等量测设备，按一定周期测出各测点的水平位移量；

4 吊垂球法。应在顶部或所需高度处的观测点位置上，直接或支出一点悬挂适当重量的垂球，在垂线下的底部固定毫米格网读数板等读数设备，直接读取或量出上部观测点相对底部观测点的水平位移量和位移方向。

6.2.8 当利用相对沉降量间接确定建筑整体倾斜时，可选用下列方法：

1 倾斜仪测记法。可采用水管式倾斜仪、水平摆倾斜仪、气泡倾斜仪或电子倾斜仪进行观测。倾斜仪应具有连续读数、自动记录和数字传输的功能。监测建筑上部层面倾斜时，仪器可安置在建筑顶层或需要观测的楼层的楼板上。监测基础倾斜时，仪器可安置在基础面上，以所测楼层或基础面的水平倾角变化值反映和分析建筑倾斜的变化程度；

2 测定基础沉降差法。可按本规范第 5.5 节有关规定，在基础上选设观测点，采用水准测量方法，以所测各周期基础的沉降差换算求得建筑整体倾斜度及倾斜方向。

6.2.9 当建筑立面上观测点数量多或倾斜变形量大时，可采用激光扫描或数字近景摄影测量方法，具体技术要求应另行设计。

6.2.10 倾斜观测应提交下列图表：

1 倾斜观测点位布置图；

2 倾斜观测成果表；

3 主体倾斜曲线图。

6.3 建筑水平位移观测

6.3.1 建筑水平位移观测点的位置应选在墙角、柱基及裂缝两边等处。标志可采用墙上标志，具体形式及其埋设应根据点位条件和观测要求确定。

6.3.2 水平位移观测的精度可根据本规范第 3.0.5 条的规定确定。

6.3.3 水平位移观测的周期，对于不良地基土地区的观测，可与一并进行的沉降观测协调确定；对于受基础施工影响的有关观测，应按施工进度的需要确定，可逐日或隔 2～3d 观测一次，直至施工结束。

6.3.4 当测量地面观测点在特定方向的位移时，可使用视准线、激光准直、测边角等方法。

6.3.5 当采用视准线法测定位移时，应符合下列规定：

1 在视准线两端各自向外的延长线上，宜埋设检核点。在观测成果的处理中，应顾及视准线端点的偏差改正；

2 采用活动觇牌法进行视准线测量时，观测点偏离视准线的距离不应超过活动觇牌读数尺的读数范围。应在视准线一端安置经纬仪或视准仪，瞄准安置在另一端的固定觇牌进行定向，待活动觇牌的照准标志正好移至方向线上时读数。每个观测点应按确定的测回数进行往测与返测；

3 采用小角法进行视准线测量时，视准线应按平行于待测建筑边线布置，观测点偏离视准线的偏角不应超过 30″。偏离值 d（见图 6.3.5）可按公式（6.3.5）计算：

$$d = \alpha/\rho \cdot D \tag{6.3.5}$$

式中 α——偏角（″）；

D——从观测端点到观测点的距离（m）；

ρ——常数，其值为 206265。

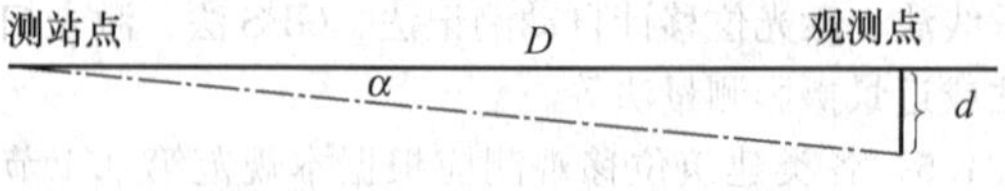

图 6.3.5 小角法

6.3.6 当采用激光准直法测定位移时，应符合下列规定：

1 使用激光经纬仪准直法时，当要求具有 10^{-5}～10^{-4} 量级准直精度时，可采用 DJ2 型仪器配置氦—氖激光器或半导体激光器的激光经纬仪及光电探测器或目测有机玻璃方格网板；当要求达 10^{-6} 量级精度时，可采用 DJ1 型仪器配置高稳定性氦—氖激光器或半导体激光器的激光经纬仪及高精度光电探测系统；

2 对于较长距离的高精度准直，可采用三点式激光衍射准直系统或衍射频谱成像及投影成像激光准直系统。对短距离的高精度准直，可采用衍射式激光准直仪或连续成像衍射板准直仪；

3 激光仪器在使用前必须进行检校，仪器射出的激光束轴线、发射系统轴线和望远镜照准轴应三者重合，观测目标与最小激光斑应重合；

4 观测点位的布设和作业方法应按照本规范第 6.3.5 条第 2 款的规定执行。

6.3.7 当采用测边角法测定位移时，对主要观测点，可以该点为测站测出对应视准线端点的边长和角度，求得偏差值。对其他观测点，可选适宜的主要观测点为测站，测出对应其他观测点的距离与方向值，按坐标法求得偏差值。角度观测测回数与长度的丈量精度要求，应根据要求的偏差值观测中误差确定。

6.3.8 测量观测点任意方向位移时，可视观测点的分布情况，采用前方交会或方向差交会及极坐标等方法。单个建筑亦可采用直接量测位移分量的方向线法，在建筑纵、横轴线的相邻延长线上设置固定方向线，定期测出基础的纵向和横向位移。

6.3.9 对于观测内容较多的大测区或观测点远离稳定地区的测区，宜采用测角、测边、边角及GPS与基准线法相结合的综合测量方法。

6.3.10 水平位移观测应提交下列图表：

1 水平位移观测点位布置图；

2 水平位移观测成果表；

3 水平位移曲线图。

6.4 基坑壁侧向位移观测

6.4.1 基坑壁侧向位移观测应测定基坑围护结构桩墙顶水平位移和桩墙深层挠曲。

6.4.2 基坑壁侧向位移观测的精度应根据基坑支护结构类型、基坑形状、大小和深度、周边建筑及设施的重要程度、工程地质与水文地质条件和设计变形报警预估值等因素综合确定。

6.4.3 基坑壁侧向位移观测可根据现场条件使用视准线法、测小角法、前方交会法或极坐标法，并宜同时使用测斜仪或钢筋计、轴力计等进行观测。

6.4.4 当使用视准线法、测小角法、前方交会法或极坐标法测定基坑壁侧向位移时，应符合下列规定：

1 基坑壁侧向位移观测点应沿基坑周边桩墙顶每隔10～15m布设一点；

2 侧向位移观测点宜布置在冠梁上，可采用铆钉枪射入铝钉，亦可钻孔埋设膨胀螺栓或用环氧树脂胶粘标志；

3 测站点宜布置在基坑围护结构的直角上。

6.4.5 当采用测斜仪测定基坑壁侧向位移时，应符合下列规定：

1 测斜仪宜采用能连续进行多点测量的滑动式仪器；

2 测斜管应布设在基坑每边中部及关键部位，并埋设在围护结构桩墙内或其外侧的土体内，其埋设深度应与围护结构入土深度一致；

3 将测斜管吊入孔或槽内时，应使十字形槽口对准观测的水平位移方向。连接测斜管时应对准导槽，使之保持在一直线上。管底端应装底盖，每个接头及底盖处应密封；

4 埋设于基坑围护结构中的测斜管，应将测斜管绑扎在钢筋笼上，同步放入成孔或槽内，通过浇筑混凝土后固定在桩墙中或外侧；

5 埋设于土体中的测斜管，应先用地质钻机成孔，将分段测斜管连接放入孔内，测斜管连接部分应密封处理，测斜管与钻孔壁之间空隙宜回填细砂或水泥与膨润土拌合的灰浆，其配合比应根据土层的物理力学性能和水文地质情况确定。测斜管的埋设深度应与围护结构入土深度一致；

6 测斜管埋好后，应停留一段时间，使测斜管与土体或结构固连为一整体；

7 观测时，可由管底开始向上提升测头至待测位置，或沿导槽全长每隔500mm（轮距）测读一次，将测头旋转180°再测一次。两次观测位置（深度）应一致，依此作为一测回。每周期观测可测两测回，每个测斜导管的初测值，应测四测回，观测成果取中数。

6.4.6 当应用钢筋计、轴力计等物理测量仪表测定基坑主要结构的轴力、钢筋内力及监测基坑四周土体内土体压力、孔隙水压力时，应能反映基坑围护结构的变形特征。对变形大的区域，应适当加密观测点位和增设相应仪表。

6.4.7 基坑壁侧向位移观测的周期应符合下列规定：

1 基坑开挖期间应2～3d观测一次，位移速率或位移量大时应每天1～2次；

2 当基坑壁的位移速率或位移量迅速增大或出现其他异常时，应在做好观测本身安全的同时，增加观测次数，并立即将观测结果报告委托方。

6.4.8 基坑壁侧向位移观测应提交下列图表：

1 基坑壁位移观测点布置图；

2 基坑壁位移观测成果表；

3 基坑壁位移曲线图。

6.5 建筑场地滑坡观测

6.5.1 建筑场地滑坡观测应测定滑坡的周界、面积、滑动量、滑移方向、主滑线以及滑动速度，并视需要进行滑坡预报。

6.5.2 滑坡观测点位的布设应符合下列要求：

1 滑坡面上的观测点应均匀布设。滑动量较大和滑动速度较快的部位，应适当增加布点；

2 滑坡周界外稳定的部位和周界内稳定的部位，均应布设观测点；

3 主滑方向和滑动范围已明确时，可根据滑坡规模选取十字形或格网形平面布点方式；主滑方向和滑动范围不明确时，可根据现场条件，采用放射形平面布点方式；

4 需要测定滑坡体深部位移时，应将观测点钻孔位置布设在主滑轴线上，并可对滑坡体上局部滑动和可能具有的多层滑动面进行观测；

5 对已加固的滑坡，应在其支挡锚固结构的主要受力构件上布设应力计和观测点；

6 采用GPS观测滑坡位移时，观测点的布设还应符合本规范第4.8节的有关规定。

6.5.3 滑坡观测点位的标石、标志及其埋设应符合下列要求：

1 土体上的观测点可埋设预制混凝土标石。根据观测精度要求，顶部的标志可采用具有强制对中装置的活动标志或嵌入加工成半球状的钢筋标志。标石埋深不宜小于1m，在冻土地区应埋至当地冻土线以下0.5m。标石顶部应露出地面20～30cm；

2 岩体上的观测点可采用砂浆现场浇固的钢筋标志。凿孔深度不宜小于10cm。标志埋好后，其顶部应露出岩体面5cm；

3 必要的临时性或过渡性观测点以及观测周期短、次数少的小型滑坡观测点，可埋设硬质大木桩，但顶部应安置照准标志，底部应埋至当地冻土线以下；

4 滑坡体深部位移观测钻孔应穿过潜在滑动面进入稳定的基岩面以下不小于1m。观测钻孔应铅直，孔径应不小于110mm。测斜管与孔壁之间的孔隙应按本规范第6.4.5条第5款的规定回填。

6.5.4 滑坡观测点的测定精度可选择本规范表3.0.4中所列的二、三级精度。有特殊要求的，应另行确定。

6.5.5 滑坡观测的周期应视滑坡的活跃程度及季节变化等情况而定，并应符合下列规定：

1 在雨季，宜每半月或一月测一次；干旱季节，可每季度测一次；

2 当发现滑速增快，或遇暴雨、地震、解冻等情况时，应增加观测次数；

3 当发现有大的滑动可能或有其他异常时，应在做好观测本身安全的同时，及时增加观测次数，并立即将观测结果报告委托方。

6.5.6 滑坡观测点的位移观测方法，可根据现场条件，按下列要求选用：

1 当建筑数量多、地形复杂时，宜采用以三方向交会为主的测角前方交会法，交会角宜在50°～110°之间，长短边不宜悬殊。也可采用测距交会法、测距导线法以及极坐标法；

2 对于视野开阔的场地，当面积小时，可采用放射线观测网法，从两个测站点上按放射状布设交会角在30°～150°之间的若干条观测线，两条观测线的交点即为观测点。每次观测时，应以解析法或图解法测出观测点偏离两测线交点的位移量。当场地面积大时，可采用任意方格网法，其布设与观测方法应与放射线观测网相同，但应需增加测站点与定向点；

3 对于带状滑坡，当通视较好时，可采用测线支距法，在与滑动轴线的垂直方向，布设若干条测线，沿测线选定测站点、定向点与观测点。每次观测时，应按支距法测出观测点的位移量与位移方向。当滑坡体窄而长时，可采用十字交叉观测网法；

4 对于抗滑墙（桩）和要求高的单独测线，可选用本规范第6.3.5条规定的视准线法；

5 对于可能有大滑动的滑坡，除采用测角前方交会等方法外，亦可采用数字近景摄影测量方法同时测定观测点的水平和垂直位移；

6 滑坡体内深部测点的位移观测，可采用测斜仪观测方法，作业要求可按本规范第6.4.5条的规定执行；

7 当符合GPS观测条件和满足观测精度要求时，可采用单机多天线GPS观测方法观测。

6.5.7 滑坡观测点的高程测量可采用水准测量方法，对困难点位可采用电磁波测距三角高程测量方法。观测路线均应组成闭合或附合网形。

6.5.8 滑坡预报应采用现场严密监视和资料综合分析相结合的方法进行。每次观测后，应及时整理绘制出各观测点的滑动曲线。当利用回归方程发现有异常观测值，或利用位移对数和时间关系曲线判断有拐点时，应在加强观测的同时，密切注意观察滑前征兆，并结合工程地质、水文地质、地震和气象等方面资料，全面分析，作出滑坡预报，及时预警以采取应急措施。

6.5.9 滑坡观测应提交下列图表：

1 滑坡观测点位布置图；

2 观测成果表；

3 观测点位移与沉降综合曲线图（本规范附录F）。

6.6 挠度观测

6.6.1 建筑基础和建筑主体以及墙、柱等独立构筑物的挠度观测，应按一定周期测定其挠度值。

6.6.2 挠度观测的周期应根据荷载情况并考虑设计、施工要求确定。观测的精度可按本规范第3.0.5条的有关规定确定。

6.6.3 建筑基础挠度观测可与建筑沉降观测同时进行。观测点应沿基础的轴线或边线布设，每一轴线或边线上不得少于3点。标志设置、观测方法应符合本规范第5.5节的规定。

6.6.4 建筑主体挠度观测，除观测点应按建筑结构类型在各不同高度或各层处沿一定垂直方向布设外，其标志设置、观测方法应按本规范第6.2节的有关规定执行。挠度值应由建筑上不同高度点相对于底部固定点的水平位移值确定。

6.6.5 独立构筑物的挠度观测，除可采用建筑主体挠度观测要求外，当观测条件允许时，亦可用挠度计、位移传感器等设备直接测定挠度值。

6.6.6 挠度值及跨中挠度值应按下列公式计算：

1 挠度值f_d应按下列公式计算（图6.6.6）：

$$f_d = \Delta s_{AE} - \frac{L_{AE}}{L_{AE}+L_{EB}}\Delta s_{AB} \quad (6.6.6\text{-}1)$$

$$\Delta s_{AE} = s_E - s_A \quad (6.6.6\text{-}2)$$

$$\Delta s_{AB} = s_B - s_A \quad (6.6.6\text{-}3)$$

式中 s_A、s_B——为基础上 A、B 点的沉降量或位移量（mm）；

s_E——基础上 E 点的沉降量或位移量（mm），E 点位于 A、B 两点之间；

L_{AE}——A、E 之间的距离（m）；

L_{EB}——E、B 之间的距离（m）。

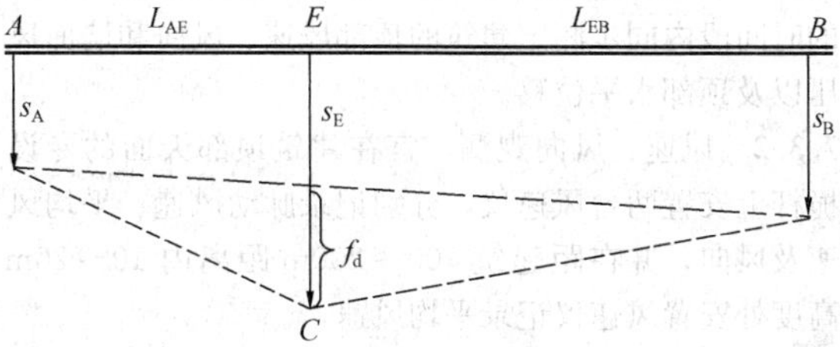

图 6.6.6 挠度

2 跨中挠度值 f_{dc} 应按下列公式计算：

$$f_{dc} = \Delta s_{10} - \frac{1}{2}\Delta s_{12} \quad (6.6.6\text{-}4)$$

$$\Delta s_{10} = s_0 - s_1 \quad (6.6.6\text{-}5)$$

$$\Delta s_{12} = s_2 - s_1 \quad (6.6.6\text{-}6)$$

式中 s_0——基础中点的沉降量或位移量（mm）；

s_1、s_2——基础两个端点的沉降量或位移量（mm）。

6.6.7 挠度观测应提交下列图表：

1 挠度观测点布置图；

2 观测成果表；

3 挠度曲线图。

7 特殊变形观测

7.1 动态变形测量

7.1.1 对于建筑在动荷载作用下而产生的动态变形，应测定其一定时间段内的瞬时变形量，计算变形特征参数，分析变形规律。

7.1.2 动态变形的观测点应选在变形体受动荷载作用最敏感并能稳定牢固地安置传感器、接收靶和反光镜等照准目标的位置上。

7.1.3 动态变形测量的精度应根据变形速率、变形幅度、测量要求和经济因素来确定。

7.1.4 动态变形测量方法的选择可根据变形体的类型、变形速率、变形周期特征和测定精度要求等确定，并符合下列规定：

1 对于精度要求高、变形周期长、变形速率小的动态变形测量，可采用全站仪自动跟踪测量或激光测量等方法；

2 对于精度要求低、变形周期短、变形速率大的建筑，可采用位移传感器、加速度传感器、GPS动态实时差分测量等方法；

3 当变形频率小时，可采用数字近景摄影测量或经纬仪测角前方交会等方法。

7.1.5 采用全站仪自动跟踪测量方法进行动态变形观测时，应符合下列规定：

1 测站应设立在基准点或工作基点上，并使用有强制对中装置的观测台或观测墩；

2 变形观测点上宜安置观测棱镜，距离短时也可采用反射片；

3 数据通信电缆宜采用光纤或专用数据电缆，并应安全敷设。连接处应采取绝缘和防水措施；

4 测站和数据终端设备应备有不间断电源；

5 数据处理软件应具有观测数据自动检核、超限数据自动处理、不合格数据自动重测、观测目标被遮挡时可自动延时观测以及变形数据自动处理、分析、预报和预警等功能。

7.1.6 采用激光测量方法进行动态变形观测时，应符合下列规定：

1 激光经纬仪、激光导向仪、激光准直仪等激光器宜安置在变形区影响之外或受变形影响小的区域。激光器应采取防尘、防水措施；

2 安置激光器后，应同时在激光器附近的激光光路上，设立固定的光路检核标志；

3 整个光路上应无障碍物，光路附近应设立安全警示标志；

4 目标板或感应器应稳固设立在变形比较敏感的部位并与光路垂直；目标板的刻划应均匀、合理。观测时，应将接收到的激光光斑调至最小、最清晰。

7.1.7 采用GPS动态实时差分测量方法进行动态变形观测时，应符合下列规定：

1 应在变形区之外或受变形影响小的地势高处设立GPS参考站。参考站上部应无高度角超过10°的障碍物，且周围无大面积水域、大型建筑等GPS信号反射物及高压线、电视台、无线电发射源、热源、微波通道等干扰源；

2 变形观测点宜设置在建筑顶部变形敏感的部位，变形观测点的数目应依建筑结构和要求布设，接收天线的安置应稳固，并采取保护措施，周围无高度角超过10°的障碍物。卫星接收数量不应少于5颗，并应采用固定解成果；

3 长期的变形观测宜采用光缆或专用数据电缆进行数据通信，短期的也可采用无线电数据链；

4 卫星实时定位测量的其他技术要求，应满足本规范第4.8节的相关规定。

7.1.8 采用数字近景摄影测量方法进行动态变形观测时，应满足下列要求：

1 应根据观测体的变形特点、观测规模和精度要求，合理选用作业方法，可采用时间基线视差法、立体摄影测量方法或多摄站摄影测量方法；

2 像控点可采用独立坐标系。像控点应布设在建筑的四周，并应在景深范围内均匀布设。像控点测定中误差不宜大于变形观测点中误差的1/3。当采用直接线性变换法解算待定点时，一个像对宜布设6～9个控制点；当采用时间基线视差法时，一个像对宜至少布设4个控制点；

3 变形观测点的点位中误差宜为±1～10mm，相对中误差宜为1/5000～1/20000。观测标志，可采用十字形或同心圆形，标志的颜色可采用与被摄建筑色调有明显反差的黑、白两色相间；

4 摄影站应设置固定观测墩。对于长方形的建筑，摄影站宜布设在与其长轴线相平行的一条直线上，并使摄影主光轴垂直于被摄物体的主立面；对于圆柱形外表的建筑，摄影站可均匀布设在与物体中轴线等距的四周；

5 多像对摄影时，应布设像对间起连接作用的标志点；

6 近景摄影测量的其他技术要求，应满足现行国家标准《工程摄影测量规范》GB 50167的有关规定。

7.1.9 各类动态变形观测应根据本规范第9.1节的要求及时提交相应的阶段性成果和综合成果。

7.2 日照变形观测

7.2.1 日照变形观测应在高耸建筑或单柱受强阳光照射或辐射的过程中进行，应测定建筑或单柱上部由于向阳面与背阳面温差引起的偏移量及其变化规律。

7.2.2 日照变形观测点的选设应符合下列要求：

1 当利用建筑内部竖向通道观测时，应以通道底部中心位置作为测站点，以通道顶部正垂直对应于测站点的位置作为观测点；

2 当从建筑或单柱外部观测时，观测点应选在受热面的顶部或受热面上部的不同高度处与底部（视观测方法需要布置）适中位置，并设置照准标志，单柱亦可直接照准顶部与底部中心线位置；测站点应选在与观测点连线呈正交或近于正交的两条方向线上，其中一条宜与受热面垂直。测站点宜设在距观测点的距离为照准目标高度1.5倍以外的固定位置处，并埋设标石。

7.2.3 日照变形的观测时间，宜选在夏季的高温天进行。观测可在白天时间段进行，从日出前开始，日落后停止，宜每隔1h观测一次。在每次观测的同时，应测出建筑向阳面与背阳面的温度，并测定风速与风向。

7.2.4 日照变形观测的精度，可根据观测对象和观测方法的不同，具体分析确定。

7.2.5 日照变形观测可根据不同观测条件与要求选用本规范第7.1节规定的方法。

7.2.6 日照变形观测应提交下列图表：

1 日照变形观测点位布置图；

2 日照变形观测成果表；

3 日照变形曲线图（本规范附录F）。

7.3 风振观测

7.3.1 风振观测应在高层、超高层建筑受强风作用的时间段内同步测定建筑的顶部风速、风向和墙面风压以及顶部水平位移。

7.3.2 风速、风向观测，宜在建筑顶部天面的专设桅杆上安置两台风速仪，分别记录脉动风速、平均风速及风向，并在距建筑100～200m距离内10～20m高度处安置风速仪记录平均风速。

7.3.3 应在建筑不同高度的迎风面与背风面外墙上，对应设置适当数量的风压盒，或采用激光光纤压力计和自动记录系统，测定风压分布和风压系数。

7.3.4 当用自动测记法时，风振位移的观测精度应根据所用仪器设备的性能和精度要求具体确定。当采用经纬仪观测时，观测点相对测站点的点位中误差不应大于±15mm。

7.3.5 顶部动态位移观测可根据要求和现场情况选用本规范7.1节规定的方法。

7.3.6 由实测位移值计算风振系数β时，可采用公式（7.3.6-1）或公式（7.3.6-2）：

$$\beta=(d_m+0.5A)/d_m \quad (7.3.6\text{-}1)$$

$$\beta=(d_s+d_d)/d_s \quad (7.3.6\text{-}2)$$

式中 A——风力振幅（mm）；

d_m——平均位移值（mm）；

d_s——静态位移（mm）；

d_d——动态位移（mm）。

7.3.7 风振观测应提交下列图表：

1 风速、风压、位移的观测位置布置图；

2 风振观测成果表；

3 风速、风压、位移及振幅等曲线图。

7.4 裂缝观测

7.4.1 裂缝观测应测定建筑上的裂缝分布位置和裂缝的走向、长度、宽度及其变化情况。

7.4.2 对需要观测的裂缝应统一进行编号。每条裂缝应至少布设两组观测标志，其中一组应在裂缝的最宽处，另一组应在裂缝的末端。每组应使用两个对应的标志，分别设在裂缝的两侧。

7.4.3 裂缝观测标志应具有可供量测的明晰端面或

中心。长期观测时，可采用镶嵌或埋入墙面的金属标志、金属杆标志或楔形板标志；短期观测时，可采用油漆平行线标志或用建筑胶粘贴的金属片标志。当需要测出裂缝纵横向变化值时，可采用坐标方格网板标志。使用专用仪器设备观测的标志，可按具体要求另行设计。

7.4.4 对于数量少、量测方便的裂缝，可根据标志形式的不同分别采用比例尺、小钢尺或游标卡尺等工具定期量出标志间距离求得裂缝变化值，或用方格网板定期读取“坐标差”计算裂缝变化值；对于大面积且不便于人工量测的众多裂缝宜采用交会测量或近景摄影测量方法；需要连续监测裂缝变化时，可采用测缝计或传感器自动测记方法观测。

7.4.5 裂缝观测的周期应根据其裂缝变化速度而定。开始时可半月测一次，以后一月测一次。当发现裂缝加大时，应及时增加观测次数。

7.4.6 裂缝观测中，裂缝宽度数据应量至 0.1mm，每次观测应绘出裂缝的位置、形态和尺寸，注明日期，并拍摄裂缝照片。

7.4.7 裂缝观测应提交下列图表：

1 裂缝位置分布图；

2 裂缝观测成果表；

3 裂缝变化曲线图。

8 数据处理分析

8.1 平差计算

8.1.1 每期建筑变形观测结束后，应依据测量误差理论和统计检验原理对获得的观测数据及时进行平差计算和处理，并计算各种变形量。

8.1.2 变形观测数据的平差计算，应符合下列规定：

1 应利用稳定的基准点作为起算点；

2 应使用严密的平差方法和可靠的软件系统；

3 应确保平差计算所用的观测数据、起算数据准确无误；

4 应剔除含有粗差的观测数据；

5 对于特级、一级变形测量平差计算，应对可能含有系统误差的观测值进行系统误差改正；

6 对于特级、一级变形测量平差计算，当涉及边长、方向等不同类型观测值时，应使用验后方差估计方法确定这些观测值的权；

7 平差计算除给出变形参数值外，还应评定这些变形参数的精度。

8.1.3 对各类变形控制网和变形测量成果，平差计算的单位权中误差及变形参数的精度应符合本规范第3章、第4章规定的相应级别变形测量的精度要求。

8.1.4 建筑变形测量平差计算和分析中的数据取位应符合表8.1.4的规定。

表 8.1.4 变形测量平差计算和分析中的数据取位要求

级别	高差(mm)	角度(″)	边长(mm)	坐标(mm)	高程(mm)	沉降值(mm)	位移值(mm)
特级	0.01	0.01	0.01	0.01	0.01	0.01	0.01
一级	0.01	0.01	0.1	0.1	0.01	0.01	0.1
二、三级	0.1	0.1	0.1	0.1	0.1	0.1	0.1

8.2 变形几何分析

8.2.1 变形测量几何分析应对基准点的稳定性进行检验和分析，并判断观测点是否变动。

8.2.2 当基准点按本规范第4章的相关规定设置在稳定地点时，基准点的稳定性可使用下列方法进行分析判断：

1 当基准点单独构网时，每次基准网复测后，应根据本次复测数据与上次数据之间的差值，通过组合比较的方式对基准点的稳定性进行分析判断；

2 当基准点与观测点共同构网时，每期变形观测后，应根据本期基准点观测数据与上期观测数据之间的差值，通过组合比较的方式对基准点的稳定性进行分析判断。

8.2.3 当基准点可能不稳定或可能发生变动但使用本规范第8.2.2条方法不能判定时，可以通过统计检验的方法对其稳定性进行检验，并找出变动的基准点。

8.2.4 在变形观测过程中，当某期观测点变形量出现异常变化时，应分析原因，在排除观测本身错误的前提下，应及时对基准点的稳定性进行检测分析。

8.2.5 观测点的变动分析应符合下列规定：

1 观测点的变动分析应基于以稳定的基准点作为起始点而进行的平差计算成果；

2 二、三级及部分一级变形测量，相邻两期观测点的变动分析可通过比较观测点相邻两期的变形量与最大测量误差（取两倍中误差）来进行。当变形量小于最大误差时，可认为该观测点在这两个周期间没有变动或变动不显著；

3 特级及有特殊要求的一级变形测量，当观测点两期间的变形量Δ符合公式（8.2.5）时，可认为该观测点在这两个周期间没有变动或变动不显著：

$$\Delta < 2\mu\sqrt{Q} \qquad (8.2.5)$$

式中 μ——单位权中误差，可取两个周期平差单位权中误差的平均值；

Q——观测点变形量的协因数；

4 对多期变形观测成果，当相邻周期变形量小，但多期呈现出明显的变化趋势时，应视为有变动。

8.3 变形建模与预报

8.3.1 对于多期建筑变形观测成果，根据需要，应建立反映变形量与变形因子关系的数学模型，对引起变形的原因作出分析和解释，必要时还应对变形的发展趋势进行预报。

8.3.2 当一个变形体上所有观测点或部分观测点的变形状况总体一致时，可利用这些观测点的平均变形量建立相应的数学模型。当各观测点变形状况差异大或某些观测点变形状况特殊时，应对各观测点或特殊的观测点分别建立数学模型。对于特级和某些一级变形观测成果，根据需要，可以利用地理信息系统技术实现多点变形状态的可视化表达。

8.3.3 建立变形量与变形因子关系数学模型可使用回归分析方法，并应符合下列规定：

1 应以不少于10个周期的观测数据为依据，通过分析各期所测的变形量与相应荷载、时间之间的相关性，建立荷载或时间-变形量数学模型；

2 变形量与变形因子之间的回归模型应简单，包含的变形因子数不宜超过2个。回归模型可采用线性回归模型和指数回归模型、多项式回归模型等非线性回归模型。对非线性回归模型，应进行线性化；

3 当只有一个变形因子时，可采用一元回归分析方法；

4 当考虑多个变形因子时，宜采用逐步回归分析方法，确定影响显著的因子。

8.3.4 对于沉降观测，当观测值近似呈等时间间隔时，可采用灰色建模方法，建立沉降量与时间之间的灰色模型。

8.3.5 对于动态变形观测获得的时序数据，可使用时间序列分析方法建模并加以分析。

8.3.6 建立变形量与变形因子关系模型后，应对模型的有效性进行检验和分析。用于后续分析的数学模型应是有效的。

8.3.7 需要利用变形量与变形因子关系模型进行变形趋势预报时，应给出预报结果的误差范围和适用条件。

9 成果整理与质量检查验收

9.1 成 果 整 理

9.1.1 建筑变形测量在完成记录检查、平差计算和处理分析后，应按下列规定进行成果的整理：

1 观测记录手簿的内容应完整、齐全；

2 平差计算过程及成果、图表和各种检验、分析资料应完整、清晰；

3 使用的图式符号应规格统一、注记清楚。

9.1.2 建筑变形测量的观测记录、计算资料及技术成果均应有有关责任人签字，技术成果应加盖成果章。

9.1.3 根据建筑变形测量任务委托方的要求，可按周期或变形发展情况提交下列阶段性成果：

1 本次或前1～2次观测结果；

2 与前一次观测间的变形量；

3 本次观测后的累计变形量；

4 简要说明及分析、建议等。

9.1.4 当建筑变形测量任务全部完成后或委托方需要时，应提交下列综合成果：

1 技术设计书或施测方案；

2 变形测量工程的平面位置图；

3 基准点与观测点分布平面图；

4 标石、标志规格及埋设图；

5 仪器检验与校正资料；

6 平差计算、成果质量评定资料及成果表；

7 反映变形过程的图表；

8 技术报告书。

9.1.5 建筑变形测量技术报告书内容应真实、完整，重点应突出，结构应清晰，文理应通顺，结论应明确。技术报告书应包括下列内容：

1 项目概况。应包括项目来源、观测目的和要求，测区地理位置及周边环境，项目完成的起止时间，实际布设和测定的基准点、工作基点、变形观测点点数和观测次数，项目测量单位，项目负责人、审核审定人等；

2 作业过程及技术方法。应包括变形测量作业依据的技术标准，项目技术设计或施测方案的技术变更情况，采用的仪器设备及其检校情况，基准点及观测点的标志及其布设情况，变形测量精度级别，作业方法及数据处理方法，变形测量各周期观测时间等；

3 成果精度统计及质量检验结果；

4 变形测量过程中出现的变形异常和作业中发生的特殊情况等；

5 变形分析的基本结论与建议；

6 提交的成果清单；

7 附图附表等。

9.1.6 建筑变形测量的观测记录、计算资料和技术成果应进行归档。

9.1.7 建筑变形测量的各项观测、计算数据及成果的组织、管理和分析宜使用专门的变形测量数据处理与信息管理系统进行。该系统宜具备下列功能：

1 对变形测量的各项起始数据、各次观测记录和计算数据以及各种中间及最终成果建立相应的数据库；

2 各种数据的输入、输出和格式转换；

3 变形测量基准点和观测点点之记信息管理；

4 变形测量控制网数据管理、平差计算、精度分析；

5 各次原始观测记录和计算数据管理；

6 必要的变形分析；

7 各种报表和分析图表的生成及变形测量成果

可视化；

8 用户管理及安全管理等。

9.2 质量检查验收

9.2.1 测量单位应对建筑变形测量项目实行两级检查、一级验收制度，并应符合下列规定：

1 对于所有变形观测记录和计算、分析结果，应进行两级检查；

2 对于需要提交委托方的变形测量阶段性成果和综合成果，应在两级检查的基础上进行验收。提交的成果应为验收合格的成果；

3 检查验收情况应形成记录，并进行归档。

9.2.2 质量检查验收应依据下列规定进行：

1 项目委托书或合同书及委托方与测量方达成的其他文件；

2 技术设计书或施测方案；

3 依据的技术标准和国家政策法规；

4 测量单位质量管理文件。

9.2.3 质量检查验收应对项目实施情况进行准确全面的评价，应包括下列主要方面：

1 执行技术设计书或施测方案及技术标准、政策法规情况；

2 使用仪器设备及其检定情况；

3 记录和计算所用软件系统情况；

4 基准点和变形观测点的布设及标石、标志情况；

5 实际观测情况，包括观测周期、观测方法和操作程序的正确性等；

6 基准点稳定性检测与分析情况；

7 观测限差和精度统计情况；

8 记录的完整准确性及记录项目的齐全性；

9 观测数据的各项改正情况；

10 计算过程的正确性、资料整理的完整性、精度统计和质量评定的合理性；

11 变形测量成果分析的合理性；

12 提交成果的正确性、可靠性、完整性及数据的符合性情况；

13 技术报告书内容的完整性、统计数据的准确性、结论的可靠性及体例的规范性；

14 成果签署的完整性和符合性情况等。

9.2.4 当质量检查验收中发现不符合项时，应立即提出处理意见，返回作业部门进行纠正。纠正后的成果应重新进行检查验收。

附录A 高程控制点标石、标志

A.0.1 基岩水准基点标石应按图A.0.1的形式埋设。

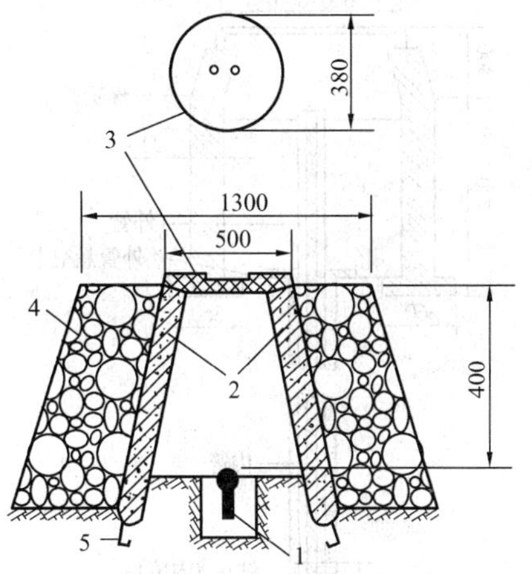

图A.0.1 岩层水准基点标石（单位：mm）
1—抗蚀的金属标志；2—钢筋混凝土井圈；
3—井盖；4—砌石土丘；5—井圈保护层

A.0.2 深埋双金属管水准基点标石应按图A.0.2的规格埋设。

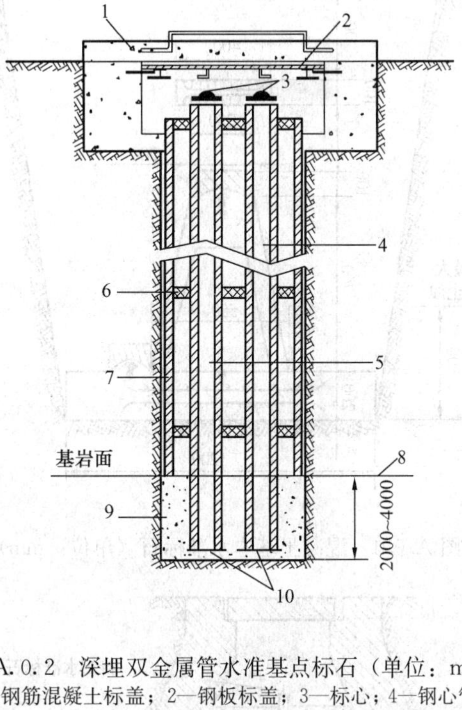

图A.0.2 深埋双金属管水准基点标石（单位：mm）
1—钢筋混凝土标盖；2—钢板标盖；3—标心；4—钢心管；
5—铝心管；6—橡胶环；7—钻孔保护钢管；8—新鲜基岩面；
9—M20水泥砂浆；10—钢心管底板与根络

A.0.3 深埋钢管水准基点标石应按图A.0.3的规格埋设。

A.0.4 混凝土基本水准标石应按图A.0.4的规格埋设。

A.0.5 浅埋钢管水准标石应按图A.0.5的规格埋设。

A.0.6 混凝土普通水准标石应按图A.0.6的规格埋设。

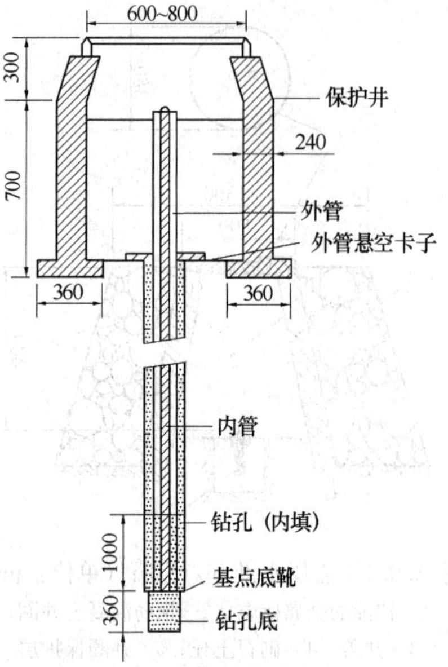

图 A.0.3　深埋钢管水准基点标石（单位：mm）

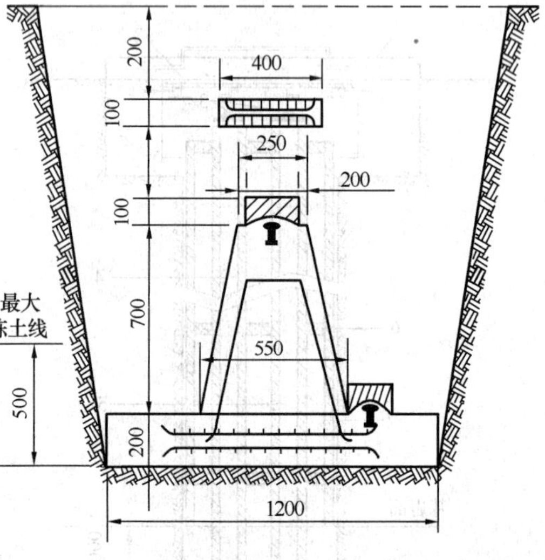

图 A.0.4　混凝土基本水准标石（单位：mm）

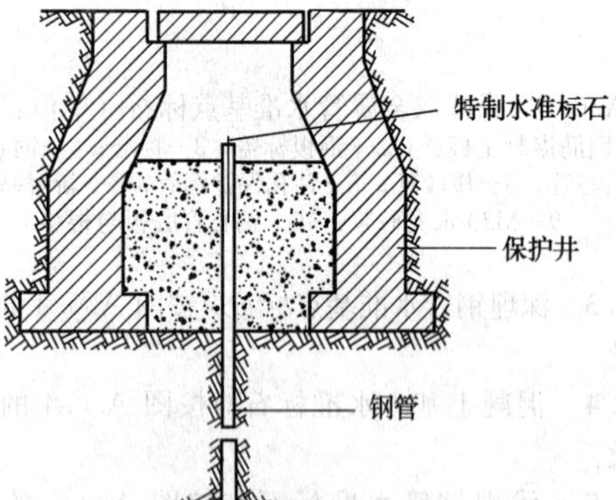

图 A.0.5　浅埋钢管水准标石

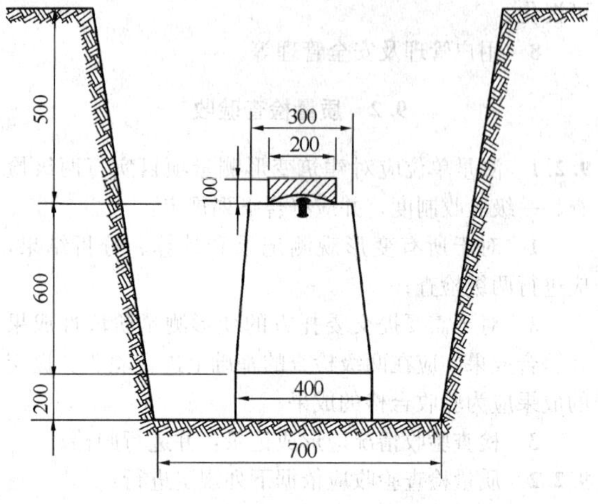

图 A.0.6　混凝土普通水准标石（单位：mm）

A.0.7　混凝土三角高程点墩标标石应按图 A.0.7 的规格埋设。

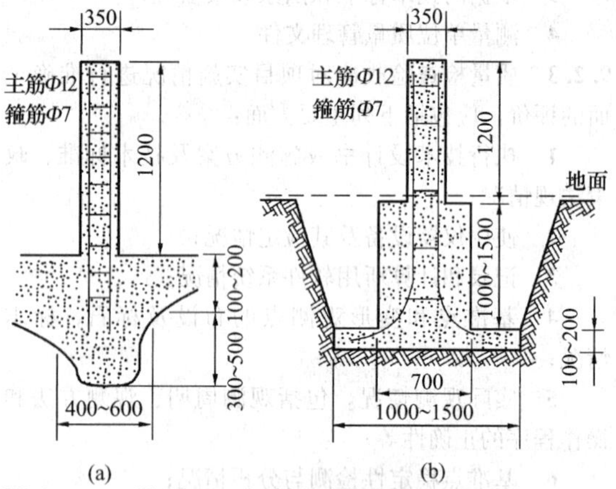

图 A.0.7　混凝土三角高程点墩标标石（单位：mm）

(a) 岩层点墩标；(b) 土层点墩标

A.0.8　铸铁或不锈钢墙水准标志应按图 A.0.8 的规格埋设。

A.0.9　混凝土三角高程点建筑顶标石应按图 A.0.9 的规格埋设。

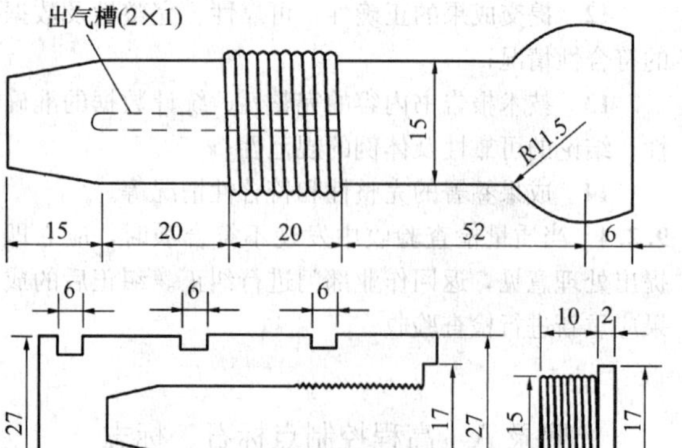

图 A.0.8　铸铁或不锈钢墙水准标志（单位：mm）

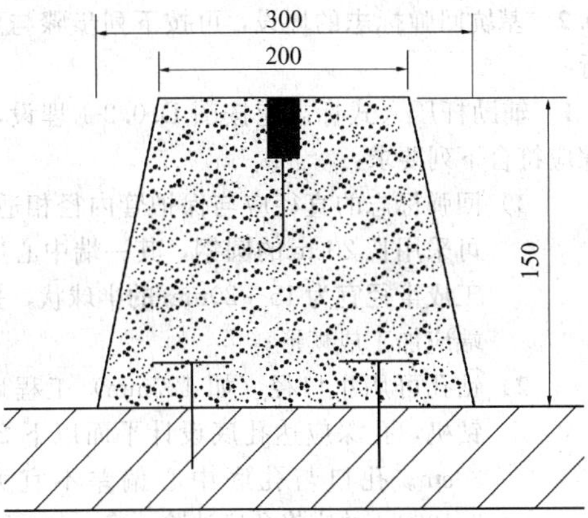

图 A.0.9 混凝土三角高程点建筑顶标石（单位：mm）

附录B 水平位移观测墩及重力平衡球式照准标志

B.0.1 水平位移观测墩应按图 B.0.1 的规格埋设。

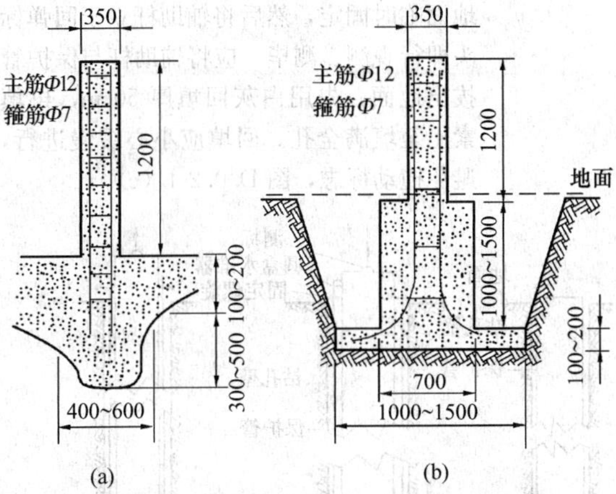

图 B.0.1 水平位移观测墩（单位：mm）

（a）岩层点观测墩；（b）土层点观测墩

B.0.2 重力平衡球式照准标志应按图 B.0.2 规格埋设。

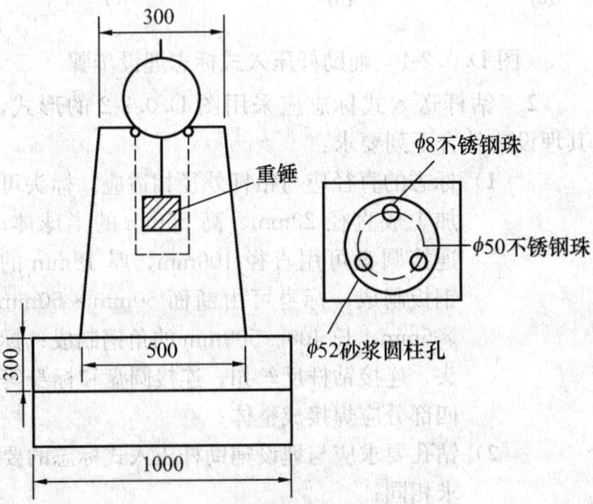

图 B.0.2 重力平衡球式照准标志（单位：mm）

附录C 三角高程测量专用觇牌及配件

C.0.1 三角高程测量觇牌可按图 C.0.1 的形式制作。

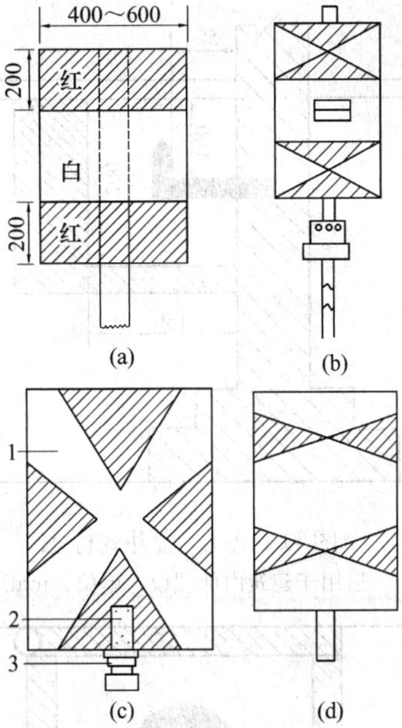

图 C.0.1 三角高程测量觇牌（单位：mm）

1—觇板；2—螺钉；3—牌座

C.0.2 三角高程测量量高杆见图 C.0.2 所示。

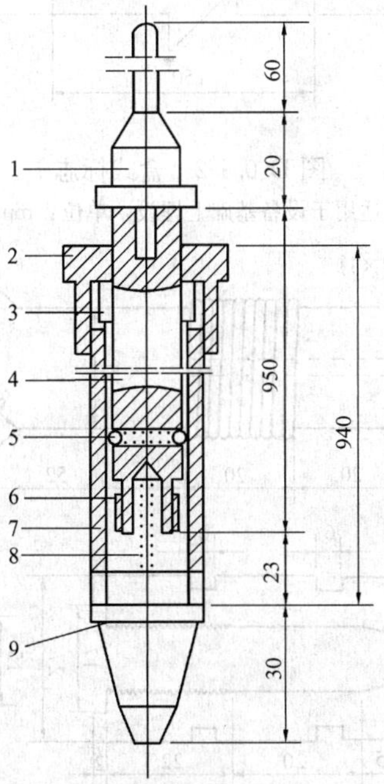

图 C.0.2 三角高程测量量高杆（单位：mm）

1—顶杆；2—压盖；3—导套；4—尺杆；5—钢球；6—扶正圈；7—外管；8—弹簧；9—底座

附录D 沉降观测点标志

D.0.1 隐蔽式沉降观测标志应按图D.0.1-1、图D.0.1-2或图D.0.1-3的规格埋设。

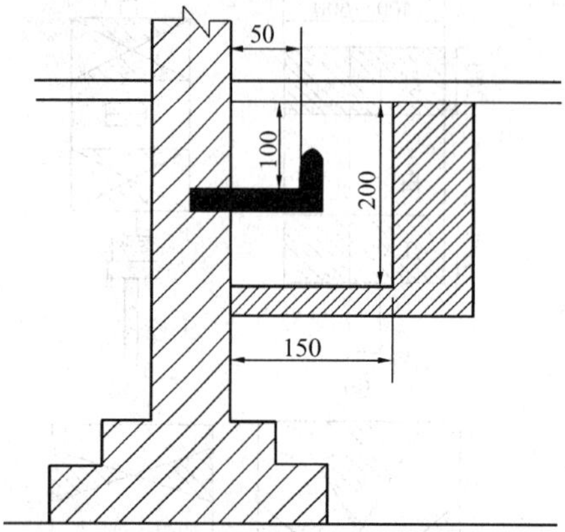

图D.0.1-1 窨井式标志

（适用于建筑内部埋设，单位：mm）

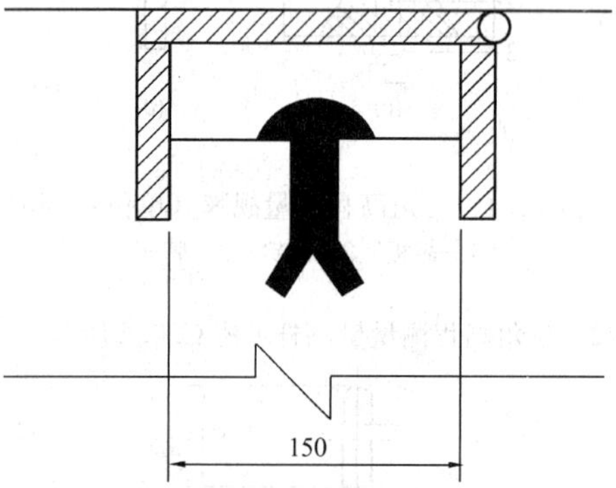

图D.0.1-2 盒式标志

（适用于设备基础上埋设，单位：mm）

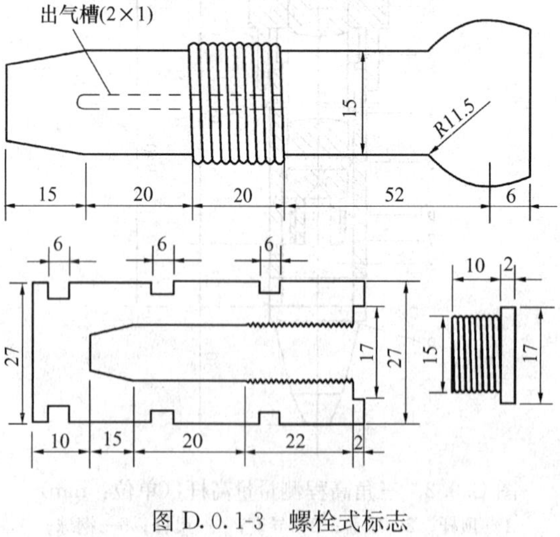

图D.0.1-3 螺栓式标志

（适用于墙体上埋设，单位：mm）

D.0.2 基坑回弹标志的埋设，可按下列步骤与要求进行：

1 辅助杆压入式标志应按图D.0.2-1埋设，其步骤应符合下列要求：

1）回弹标志的直径应与保护管内径相适应，可采用长20cm的圆钢，其一端中心应加工成半径宜为15～20mm的半球状，另一端应加工成楔形；

2）钻孔可用小口径（如127mm）工程地质钻机，孔深应达孔底设计平面以下20～30cm。孔口与孔底中心偏差不宜大于3/1000，并应将孔底清除干净；

3）应将回弹标套在保护管下端顺孔口放入孔底，图D.0.2-1（a）；

4）不得有孔壁土或地面杂物掉入，应保证观测时辅助杆与标头严密接触，图D.0.2-1（b）；

5）观测时，应先将保护管提起约10cm，在地面临时固定，然后将辅助杆立于回弹标头即行观测。测毕，应将辅助杆与保护管拔出地面，先用白灰回填厚50cm，再填素土至填满全孔。回填应小心缓慢进行，避免撞动标志，图D.0.2-1（c）。

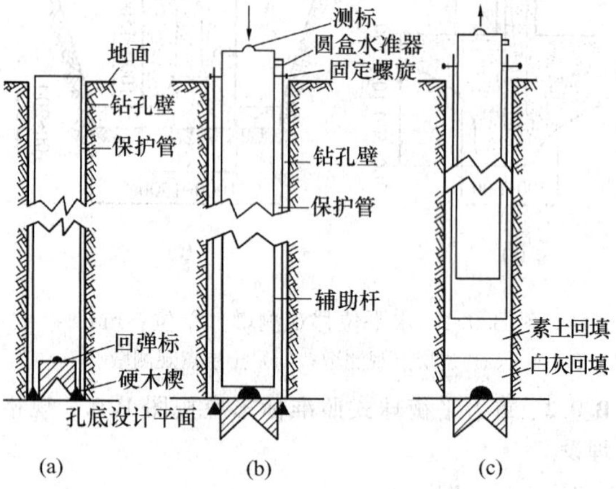

图D.0.2-1 辅助杆压入式标志埋设步骤

2 钻杆送入式标志应采用图D.0.2-2的形式，其埋设应符合下列要求：

1）标志的直径应与钻杆外径相适应。标头可加工成直径20mm、高25mm的半球体；连接圆盘可用直径100mm、厚18mm的钢板制成；标身可由断面50mm×50mm×5mm、长400～500mm的角钢制成；标头、连接钻杆反丝扣、连接圆盘和标身等四部分应焊接成整体；

2）钻孔要求应与埋设辅助杆压入式标志的要求相同；

3）当用磁锤观测时，孔内应下套管至基坑设计标高以下。观测前，应先提出钻杆卸下钻头，换上标志打入土中，使标头进至低于坑底面 20～30cm 防止开挖基坑时被铲坏。然后，拧动钻杆使与标志自然脱开，提出钻杆后即可进行观测；

4）当用电磁探头观测时，在上述埋标过程中可免除下套管工序，直接将电磁探头放入钻杆内进行观测。

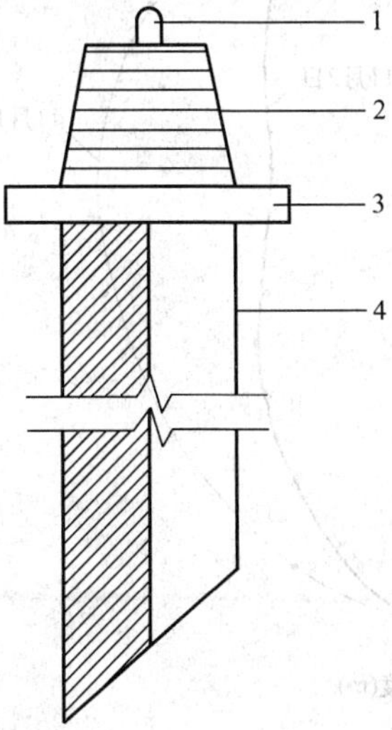

图 D.0.2-2　钻杆送入式标志

1—标头；2—连接钻杆反丝扣；3—连接圆盘；4—标身

3　直埋式标志可用于深度不大于 10m 的浅基坑配合探井成孔使用。标志可用直径 20～24mm、长 40cm 的圆钢或螺纹钢制成，其一端应加工成半球状，另一端应锻尖。探井口直径不应大于 1m，挖深应至基坑底部设计标高以下 10cm 处，标志可直接打入至其顶部低于坑底设计标高 3～5cm 为止。

D.0.3　地基土分层沉降观测可使用测标式标志按图 D.0.3 所示步骤埋设，并应符合下列要求：

1　测标长度应与点位深度相适应，顶端应加工成半球形并露出地面，下端应为焊接的标脚，应埋设于预定的观测点位置；

2　钻孔时，孔径大小应符合设计要求，并应保持孔壁铅垂；

3　下标志时，应用活塞将长 50mm 的套管和保护管挤紧，图 D.0.3（a）；

4　测标、保护管与套管三者应整体徐徐放入孔底，若测杆较长、钻孔较深，应在测标与保护管之间加入固定滑轮，避免测标在保护管内摆动，图 D.0.3（b）；

5　整个标脚应压入孔底面以下，当孔底土质坚硬时，可用钻机钻一小孔后再压入标脚，图 D.0.3（c）；

6　标志埋好后，应用钻机卡住保护管提起 30～50cm，然后在提起部分和保护管与孔壁之间的空隙内灌沙，提高标志随所在土层活动的灵敏性。最后，应用定位套箍将保护管固定在基础底板上，并以保护管测头随时检查保护管在观测过程中有无脱落情况，图 D.0.3（d）。

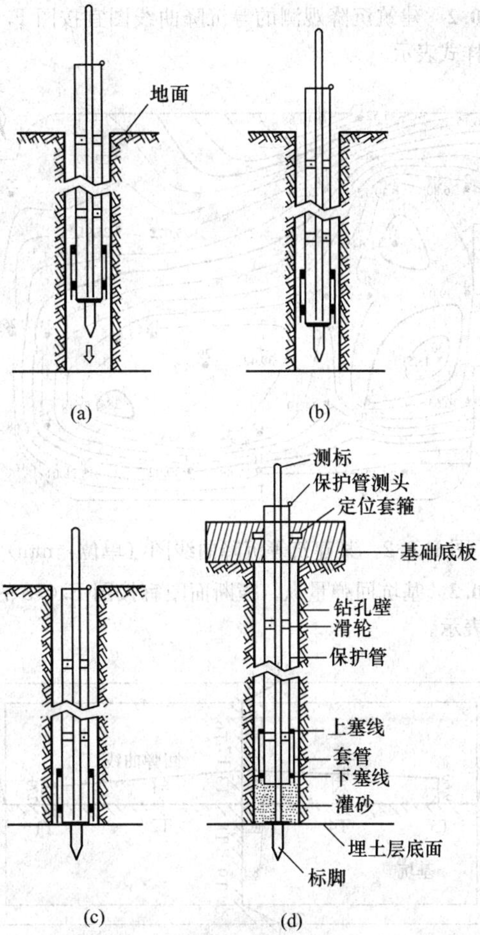

图 D.0.3　测标式标志埋设步骤

附录 E　沉降观测成果图

E.0.1　建筑沉降观测的时间-荷载-沉降量曲线图宜按图 E.0.1 的样式表示。

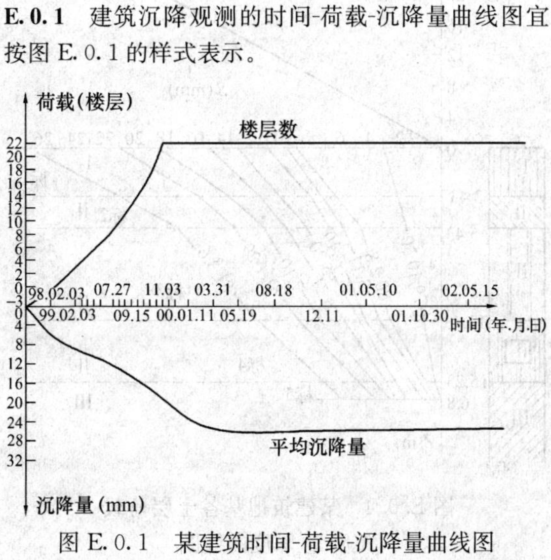

图 E.0.1　某建筑时间-荷载-沉降量曲线图

E.0.2 建筑沉降观测的等沉降曲线图宜按图 E.0.2 的样式表示。

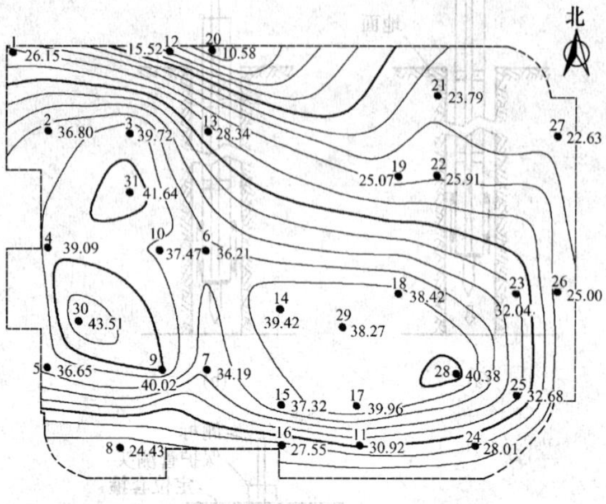

图 E.0.2 某建筑等沉降曲线图（单位：mm）

E.0.3 基坑回弹量纵、横断面图宜按图 E.0.3 的样式表示。

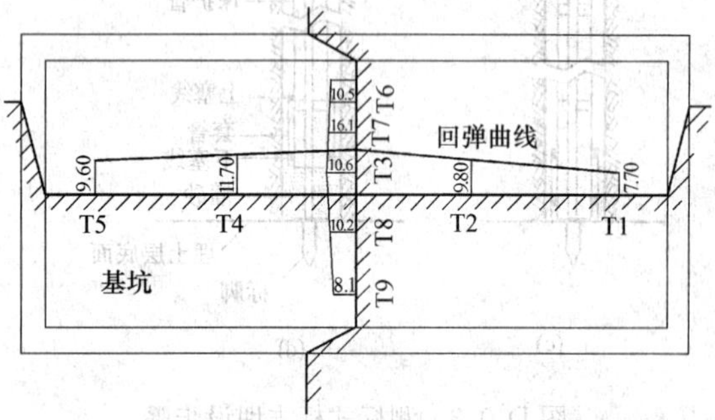

图 E.0.3 某建筑基坑回弹量纵、横断面图

E.0.4 地基土分层沉降观测的各土层荷载-沉降量-深度曲线图宜按图 E.0.4 的形式表示。

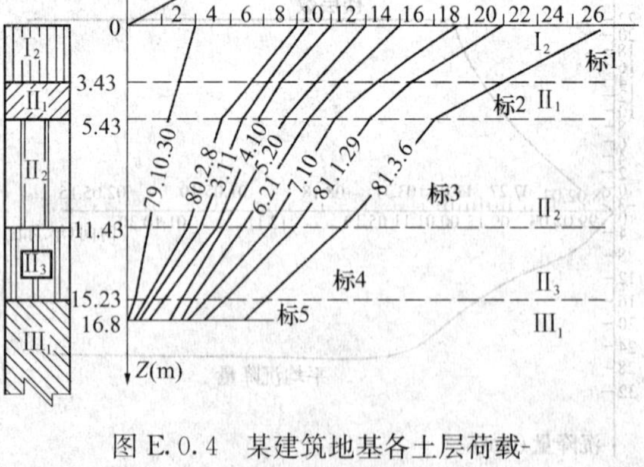

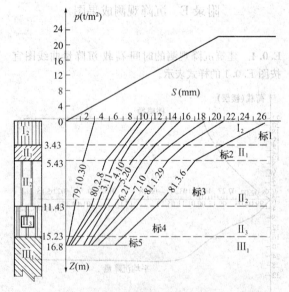

图 E.0.4 某建筑地基各土层荷载-沉降量-深度曲线图

附录 F 位移与特殊变形观测成果图

F.0.1 地基土深层侧向位移图宜按图 F.0.1-1、图 F.0.1-2 表示。

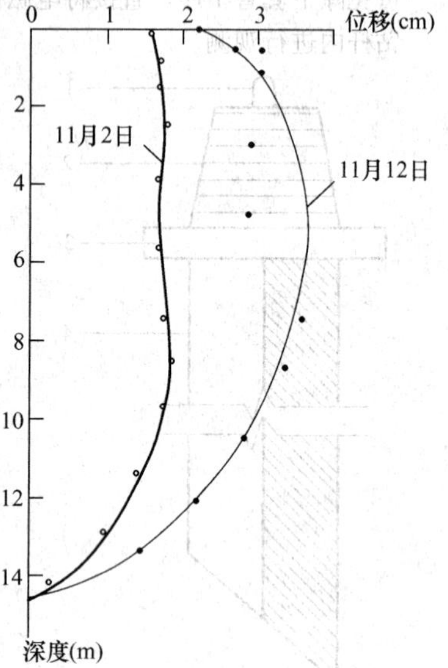

图 F.0.1-1 深度-位移曲线图

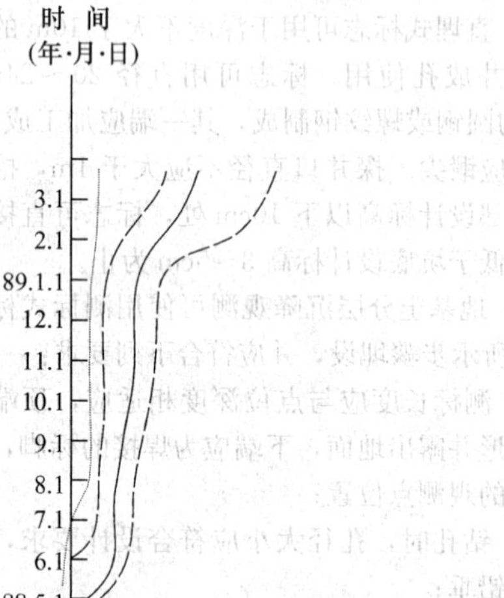

图 F.0.1-2 时间-位移曲线图

注：1 图 F.0.1-1 为某一工程实测的大面积加荷引起的水平位移沿深度分布线；

2 图 F.0.1-2 为某一高层建筑基坑四周地下钢筋混凝土连续墙上一个测斜导管，在不同深度处，从基坑开挖前开始，直至基础底板混凝土浇筑完毕止，所测得的时间-位移曲线。

F.0.2 日照变形曲线图可按图 F.0.2 的样式表示。

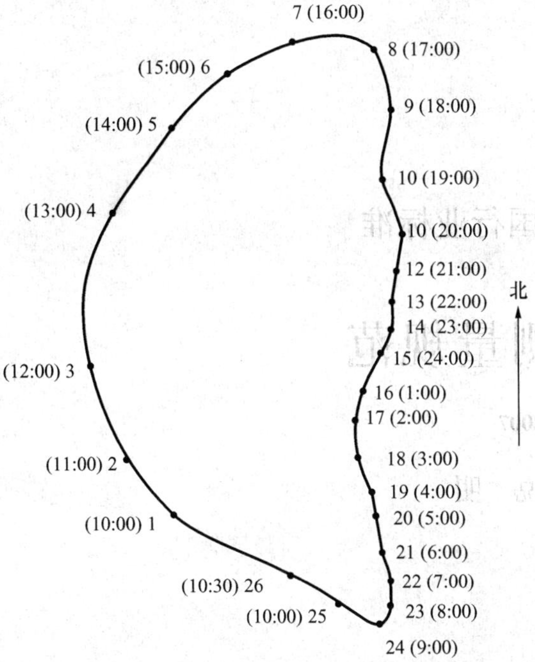

图 F.0.2　某电视塔顶部日照变形曲线图

注：1　图中顺序号为观测次数编号，括号内数字为时间；
2　曲线图由激光铅直仪直接测出的激光中心轨迹反转而成。

F.0.3　滑坡观测点的位移与沉降综合曲线图可按图 F.0.3 的样式表示。

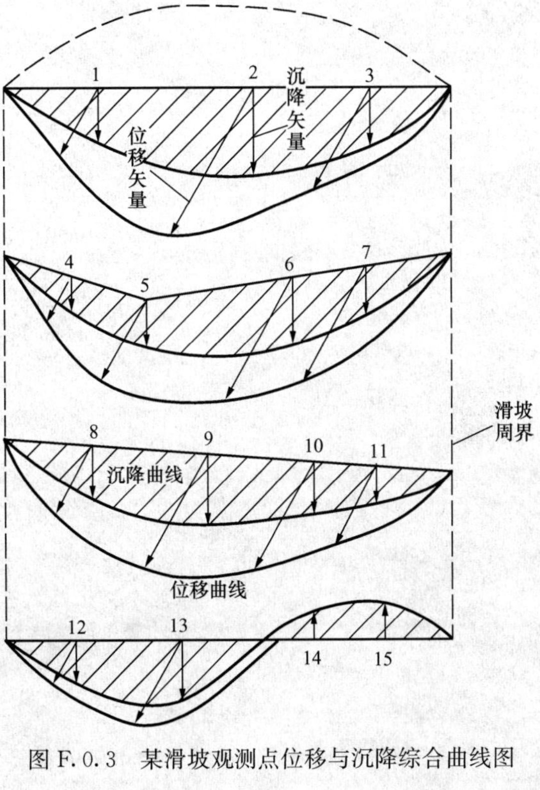

图 F.0.3　某滑坡观测点位移与沉降综合曲线图

本规范用词说明

1　为便于在执行本规范条文时区别对待，对要求严格程度不同的用词说明如下：

1）表示很严格，非这样做不可的：
正面词采用“必须”，反面词采用“严禁”；

2）表示严格，在正常情况下均应这样做的：
正面词采用“应”，反面词采用“不应”或“不得”；

3）表示允许稍可选择，在条件许可时首先应这样做的：
正面词采用“宜”，反面词采用“不宜”；
表示有选择，在一定条件下可以这样做的，采用“可”。

2　条文中指明应按其他有关标准执行的写法为：“应符合……的规定”或“应按……执行”。

中华人民共和国行业标准

建筑变形测量规范

JGJ 8—2007

条 文 说 明

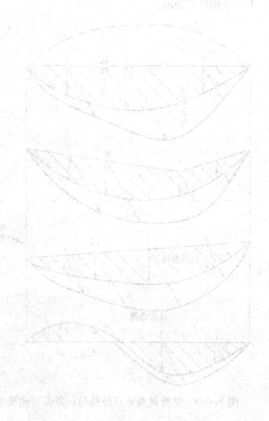

前　言

《建筑变形测量规范》JGJ 8－2007，经建设部2007年9月4日以第710号公告批准发布。

本规范第一版的主编单位是建设部综合勘察研究设计院，参加单位是陕西省综合勘察设计院、中南勘察设计院、南京建筑工程学院、上海市民用建筑设计院、中国有色金属工业西安勘察院。

为便于广大勘测、设计、施工及科研教学等人员在使用本规范时能正确理解和执行条文规定，《建筑变形测量规范》编制组按章、节、条顺序编制了本规范的条文说明。在使用中，如发现条文说明中有欠妥之处，请将意见函寄建设综合勘察研究设计院科技质量处（北京东直门内大街177号，邮编：100007）。

目　次

1　总则 …………………………………………… 15—35
2　术语、符号和代号 ………………………… 15—35
3　基本规定 ………………………………………… 15—36
4　变形控制测量 ………………………………… 15—41
5　沉降观测 ………………………………………… 15—48
6　位移观测 ………………………………………… 15—50
7　特殊变形观测 ………………………………… 15—51
8　数据处理分析 ………………………………… 15—51
9　成果整理与质量检查验收 ………………… 15—53

1 总 则

1.0.1 本规范采用“建筑变形测量”一词，主要基于如下考虑：

1 本规范规定的变形测量不仅针对建筑物，也适用于构筑物，因此使用“建筑”作为建筑物、构筑物的通称。而“建筑变形”除包括建筑物、构筑物基础与上部结构的变形外，还包括建筑地基及场地的变形；

2 “变形测量”比“变形观测”更便于概括除获得变形信息的观测作业之外的变形分析、预报等数据处理的内容；

3 建筑变形测量属于工程测量范畴，但在技术方法、精度要求等方面与工程控制测量、地形测量及施工测量等有诸多不同之处，目前已发展成一种具有较完善技术体系的专业测量。

1.0.2 本规范主要适用于工业与民用建筑的地基、基础、上部结构及场地的沉降、位移和特殊变形测量。将建筑变形测量分为沉降、位移和特殊变形测量三类，是以观测项目的主要变形性质为依据并顾及建筑设计、施工习惯用语而确定的。这里的沉降测量包括建筑场地沉降、基坑回弹、地基土分层沉降、建筑沉降等观测；位移测量包括建筑主体倾斜、建筑水平位移、基坑壁侧向位移、场地滑坡及挠度等观测；特殊变形测量包括日照变形、风振、裂缝及其他动态变形测量等。

《建筑变形测量规程》JGJ/T 8－97将建筑变形分为沉降和位移两类。考虑到日照、风振及裂缝变形的性质与一般的建筑位移是有区别的，本次修订时将这三种变形列为特殊变形测量。同时，由于测量技术的进步，使得人们能够用更先进的仪器捕捉到建筑受风荷载、日照及其他外力作用下的实时变形，根据需要本规范增加了动态变形测量内容，并列入特殊变形测量一章中。

1.0.3 将“确切地反映建筑地基、基础、上部结构及其场地在静荷载或动荷载及环境等因素影响下的变形程度或变形趋势”作为建筑变形测量的基本要求，是由变形测量性质所决定的，应体现在变形测量全过程中。

从测量目的考虑，只有使变形测量成果资料符合上述基本要求，才能做到：

1）有效监视新建建筑在施工及运营使用期间的安全，以利及时采取预防措施；

2）有效监测已建建筑以及建筑场地的稳定性，为建筑维修、保护、特殊性土地区选址以及场地整治提供依据；

3）为验证有关建筑地基基础、工程结构设计的理论及设计参数提供可靠的基础数据；

4）在结合典型工程、典型地质条件开展的建筑变形规律与预报以及变形理论与测量方法的研究工作中，依据对系统、可信的观测资料的综合分析，获得有价值的结论。

由于建筑变形测量属于测绘学科与土木工程学科的边缘，人员的技术素质与工作方法也要与之相适应。变形测量工作者除了努力提高有关现代测量理论与技术水平外，还应学习必要的土力学和土木工程基础知识，并在工作中重视与建筑设计、施工及建设单位的密切配合。比如，在编制施测方案时，应与有关设计、施工、岩土工程人员协商，合理解决诸如点位选设、观测周期等问题；在施测过程中，对于发现的变形异常情况，应及时通报项目委托单位，以采取必要措施。

1.0.4 测量仪器的检验检定对于保障建筑变形测量成果的质量具有十分重要的意义。仪器设备应经国家认可机构检定并在检定有效期内使用。大地测量仪器的检验检定在现行有关国家测量规范中已有详细规定，本规范除结合建筑变形测量特点规定其必要的检验技术要求外，对于光学和数字水准仪、光学和电子经纬仪、全站仪、测距仪、GPS接收机及相关配件的检验项目、方法及维护要求，均应按照现行有关国家规范的规定执行。这些规范主要有：《国家一、二等水准测量规范》GB 12897、《国家三、四等水准测量规范》GB 12898、《国家三角测量规范》GB/T 17942、《中、短程光电测距规范》GB/T 16818、《全球定位系统(GPS)测量规范》GB/T 18314、《精密工程测量规范》GB/T 15314等。此外，关于测量仪器检定还有一些行业标准可供借鉴，如：《水准仪检定规程》JJG 425、《水准标尺检定规程》JJG 8、《光学经纬仪检定规程》JJG 414、《全站型电子速测仪检定规程》JJG 100、《光电测距仪检定规程》JJG 703、《全球定位系统（GPS）接收机（测地型和导航型）校准规范》JJF 1118等。使用中应依据这些标准的最新版本。

1.0.5 现代测量技术发展迅速，本规范规定：在建筑变形测量实践中，除使用本规范中规定的各种方法外，也可采用其他测量方法，但这些方法应能满足本规范规定的技术质量要求。

2 术语、符号和代号

本章主要对规范中使用的术语、代号和符号作出说明，以便于理解和使用。

对一些术语主要是按照建筑变形测量的特点和实际工作中的习惯来定义的，如“观测周期”、“沉降差”等。在本规范中，“沉降差”是指同一建筑的不同部位在同一时间段的沉降量差值。

“地基”、“基础”、“基坑回弹”等主要参考了

《岩土工程基本术语标准》GB/T 50279－98。“倾斜”、“日照”等主要参考了《工程测量基本术语标准》GB/T 50228－96。

3 基本规定

3.0.1 为监视建筑及其周围环境在施工和使用期间的安全，了解其变形特征，并为工程设计、管理及科研提供资料，在参考国家标准《建筑地基基础设计规范》GB 50007－2002 规定的地基基础设计等级和第 10.2.9 条（强制性条文）及国家标准《岩土工程勘察规范》GB 50021－2001 第 13.2.5 条规定的基础上，本规范提出 5 类建筑在施工及使用期间应进行变形观测，并将该条作为强制性条文。其中的地基基础设计等级主要使用了 GB 50007－2002 中表 3.0.1 的规定。为了方便使用，我们将该表列在这里（见表 3-1）。

表 3-1 建筑地基基础设计等级

设计等级	建筑和地基类型
甲级	重要的工业与民用建筑 30 层以上的高层建筑 体型复杂，层数相差超过 10 层的高低层连成一体的建筑 大面积的多层地下建筑物（如地下车库、商场、运动场等） 对地基变形有特殊要求的建筑物 复杂地质条件下的坡上建筑物（包括高边坡） 对原有工程影响较大的新建建筑物 场地和地基条件复杂的一般建筑物 位于复杂地质条件及软土地区的二层及二层以上地下室的基坑工程
乙级	除甲级、丙级以外的工业与民用建筑物
丙级	场地和地基条件简单、荷载分布均匀的七层及七层以下民用建筑及一般工业建筑物；次要的轻型建筑物

3.0.2 建筑变形测量的平面坐标系统与高程系统通常应优先采用国家或所在地方的平面坐标系统和高程系统。当观测条件困难，难以与国家或地方使用的系统联测时，采用独立系统也可以满足要求，这是因为变形测量主要以测定变形体的变形量为目的。为了便于变形测量成果的进一步使用和管理，当采用独立平面坐标或高程系统时，必须在技术设计书和技术报告书中作出明确说明。

3.0.3 建筑变形测量的基本要求是以确切反映建筑及其场地在静荷载或动荷载及环境等影响下的变形程度或变形趋势，这一要求应体现在变形测量的全过程。变形测量的成果质量取决于各个测量环节，而技术设计尤为重要。因此，应在建筑变形测量开始前，认真做好技术设计，形成书面的技术设计书或施测方案。技术设计书或施测方案的编写要求可参照现行行业标准《测绘技术设计规定》CH/T 1004 的相关规定进行。

3.0.4 本次修订中，有关建筑变形测量的级别名称、级别划分及精度要求沿用了原《建筑变形测量规程》JGJ/T 8－97 的规定。原规程发布后，有一些用户对规程使用“级”而不是“等”有不同的看法。经过分析研究，我们认为，对于建筑变形测量，使用“级”而不是“等”能更好地体现变形测量的精度特征，也便于实际应用的延续性。

建筑变形测量的级别划分及其精度要求系根据原规程的下述分析来进行确定的（本次修订中补充了有关标准当前版本的规定）。

1 沉降测量的级别划分及其精度要求

1）级别划分。采用特级、一级、二级、三级，并分别代表特高精度、高精度、中等精度、低精度等 4 个级别精度档次。级别精度是按照与我国国家水准测量等级精度指标相靠拢，并能概括国内有关标准对沉降水准测量精度规定综合确定的。

国内外有关标准的规定等级及其精度要求参见表 3-2。

2）精度指标。考虑到沉降测量的自身特点及其小范围测量的环境，同时为了便于使用和数据处理，宜以观测点测站高差中误差作为精度指标。从表 3-2 可见，一些沉降测量规范也是采用测站高差中误差作为规定测量精度的依据。

表 3-2 有关标准规定的等级及其精度要求

标准名称	等级划分及其精度指标			m_0(mm)
德国工业标准《建筑物沉降观测》(DIN 4107)	分四档，规定观测高差中误差(mm)为：			
	特高精度	±0.1		±0.1
		±0.3		±0.3
		（指相邻观测点间高差中误差）		
	高精度	±0.5		$\pm0.5/\sqrt{Q}$
	中等精度	±3.0		$\pm3.0/\sqrt{Q}$
	低精度	沉降终值的 10%		
		（指观测点相对于控制点的高差中误差）		
前苏联建筑物沉降观测规定（载于《大型工程建筑物的变形观测》，1974 年）	分五等，规定每公里高差中数偶然中误差(mm)为：			
	—	±0.28	(S=5m, r=2)	±0.04
	Ⅰ等	±0.50	(S=50m, r=4)	±0.32
	Ⅱ等	±0.84	(S=65m, r=2)	±0.43
	Ⅲ等	±1.67	(S=75m, r=2)	±0.92
	Ⅳ等	±6.68	(S=100m, r=1)	±3.00

续表 3-2

标准名称	等级划分及其精度指标			m_0(mm)
《国家一、二等水准测量规范》(GB 12897)《国家三、四水准测量规范》(GB 12898)	分四等，规定每公里往返测高差中数的偶然中误差(mm)分别为：			
	一等	±0.45	(S≤30m)	±0.16
	二等	±1.0	(S≤50m)	±0.45
	三等	±3.0	(S≤75m)	±1.64
	四等	±5.0	(S≤100m)	±3.16
《工程测量规范》GB 50026－93	分四等，规定变形点的高程中误差、相邻变形点高差中误差(mm)分别为：			
	一等	±0.3，±0.1	(S≤15m)	±0.10
	二等	±0.5，±0.3	(S≤35m)	±0.30
	三等	±1.0，±0.5	(S≤50m)	±0.50
	四等	±2.0，±1.0	(S≤100m)	±1.00
《地下铁道、轻轨交通工程测量规范》(GB 50308－99)	分三等，规定变形点的高程中误差、相邻变形点的高差中误差(mm)分别为：			
	一等	±0.3，±0.1	(S≤15m)	±0.10
	二等	±0.5，±0.3	(S≤35m)	±0.30
	三等	±1.0，±0.5	(S≤50m)	±0.50

注：1 表中 S 为视线长度，r 为观测路线条数，n 为测站数，Q 为协因数，m_0 为按各个标准规定精度指标换算的测站高差中误差；

2 表中等级和精度指标用词，均为原标准使用的原词。

3）一、二、三级沉降观测精度指标。以国家水准测量规范规定的一、二、三等水准测量每公里往返测高差中数的偶然中误差 M_Δ 为依据，由下列换算式计算出单程观测测站高差中误差 m_0（mm），则可得沉降水准测量精度指标，如表 3-3。

$$m_0 = M_\Delta\sqrt{\frac{S}{250}} \tag{3-1}$$

式中 S——本规范规定的各级别水准视线长度（m）。

表 3-3 一、二、三级沉降观测精度指标计算

等级	M_Δ (mm)	S (m)	换算的 m_0 值 (mm)	取用值 (mm)
一级	0.45	30	±0.16	±0.15
二级	1.0	50	±0.45	±0.5
三级	3.0	75	±1.64	±1.5

4）特级精度指标。我国国家水准测量规范没有这个级别的精度指标，现依据表 3-2 所列的国内外的有关标准的规定，分析确定如下：

①根据表 3-2 所列前苏联建筑物沉降观测标准的特高精度等级 M_Δ＝±0.28mm（S＝5m，r＝2），按（3-1）式换算为本规范的特级 m_0 值为±0.056mm；

②按国内所使用的最高精度水准仪 DS05 型的观测精度，取用本规范第 4.4.1 条中计算 DS05 单程观测每测站高差中误差 m_0（mm）的经验公式为：

$$m_0 = 0.025 + 0.0029S \tag{3-2}$$

式中 S——视线长度，且 S≤10m。

按（3-2）式为 m_0≤±0.054mm；

③按表 3-2 所列《工程测量规范》规定一测站变形点高程中误差±0.30mm，顾及等影响原则，其测站高差中误差为 $\pm0.30\text{mm}/\sqrt{2}=\pm0.21\text{mm}$，当 S≤15m 时，按（3-1）式可换算为本规范特级 m_0 值小于或等于±0.051mm。

综合上述三种情况，取±0.05mm 作为特级精度指标是合理的。同时，这样取值也使相邻级别沉降观测的精度比例约为 1∶3，体现了精度系列的系统性。

5）按实测的沉降测量工程项目精度统计，检验本规范规定的精度指标的可行性与合理性。我们统计了近二十年完成的 68 项大型工程项目，其中水准测量 64 项、静力水准测量 4 项，涉及精密工程、科研工程、高层建筑、工业民用建筑、古建筑及场地沉降等，现列于表 3-4。

表 3-4 68 项工程的实测测站高差中误差统计

级别	特级	一级	二级	三级
精度（mm）	±0.05	±0.15	±0.50	±1.50
项目数	7	17	37	7
%	10	25	54	11

注：1 一项工程中计算多个中误差值时，取其中最大者统计；

2 达到特级精度指标的项目，包括特种精密工程项目 3 项、工业与民用建筑 4 项。

由表 3-4 可见，用水准测量方法进行沉降观测所得成果精度均在规定的精度范围以内，其分布属一、二级者最多，三级者较少，特级也较少，符合正常规律。同时通过原规程发布后多年的实践和应用，也表明本规范采用的精度级别与精度指标的规定是先进合理、实用的。

2 位移测量的级别划分及其精度指标

1）级别划分。按照与沉降测量的规定相配套考虑，分为特、一、二、三级。

2）精度指标。从有利于概括不同位移的向量性质和使用直观、方便来考虑，本规范采用变形观测点坐标中误差作为精度指标。目前，位移观测中，绝大多数是使用测定坐标的方法（如全站仪、GPS、测斜仪测量等），规定用坐标中误差作为观测点相对于测站点（工作基点）的测定精度较为方便。对于有些非直接测定观测点坐标的方法（如基准线法、铅垂仪法），可按"与坐标等价"的原则考虑，如基准线法规定为观测点相对基准线的偏差值中误差，铅垂仪法规定为建筑物（或构件）上部观测点相对于底部定点的水平位移分量中误差。另外，有些建筑位移观测规定以点位中误差表示精度时，则可按坐标中误差的$\sqrt{2}$倍计算。从原规程发布后多年的工程实践表明，采用观测点坐标中误差作为精度指标是合适的。

3）各级别的精度指标取值。本规范各级别的精度指标取值仍采用原规程的规定。首先确定特级和三级的精度指标值，再以适当比例定出一、二级的精度指标，构成较为合理的精度系列。

①特级的精度指标，以适应特种精密工程变形观测要求为原则，综合考虑表 3-5 所列几项代表性工程项目的观测精度要求和表 3-6 所列国内近年来完成的几项典型工程项目实测精度来确定。

表 3-5 几项特种精密工程项目的观测精度要求

工程项目	观测精度要求（mm）	相当的坐标中误差（mm）
高能粒子加速器工程	漂移管横向精度 ±0.05～±0.3	±0.05～±0.30
人造卫星与导弹发射轨道	几百米以内的横向中误差 ±0.1～±0.3	±0.10～±0.30
抛光与磨光工艺玻璃传送带		
大型核电厂汽轮发电机组	水平位移监测精度 ±0.2～±0.5	±0.14～±0.35

表 3-6 几种特种精密工程项目的实测精度要求

工程项目	观测精度要求（mm）		相当的坐标中误差（mm）
北京正负电子对撞机工程	地面测边控制网点位中误差	±0.30	±0.20
	输运线平面控制网相对点位中误差	±0.20	±0.14
	贮存环平面控制网相对点位中误差	±0.15	±0.10
	各种磁铁及其他束流部件安装定位横向精度	±0.1～±0.2	±0.10～±0.20

续表 3-6

工程项目	观测精度要求（mm）		相当的坐标中误差（mm）
武汉船模实验水池工程	控制点横向点位中误差	±0.3	±0.3
	池壁横向变形测量误差	≤±0.2	≤±0.2
	轨道精调实测最大不直度中误差	±0.179	±0.2
某雷达标准基线	天线控制点之间的距离误差	±0.28	±0.28

综合表 3-5、表 3-6 所列精度，取特级的观测点坐标中误差为±0.3mm。

②三级的精度指标，以满足具有最大位移允许值的高耸建筑顶部水平位移观测精度要求为原则，综合考虑表 3-7 所列的几项项目的精度估算结果和表 3-8 所列几项工程的实测精度确定。

表 3-7 几个观测项目的观测精度要求

项目	规范及给定的估算参数（取最大值）	估算的观测点坐标中误差（mm）
风荷载作用下的高层建筑顶部水平位移	《钢筋混凝土高层建筑结构设计与施工规程》JGJ 3－91 $\Delta/H=1/500$　H 取值 130m	±13
电视塔中心线垂直度	原国家广电部规定，130m 以上高度的允许偏差为 $H/1500$，取 $H=300$m	±10
钢筋混凝土烟囱中心线垂直度	《烟囱工程施工及验收规范》 $H=300$m　允许偏差为 165mm	±8

注：1 表中 Δ 为建筑物顶部水平位移允许值，H 为建筑高度；
2 精度估算，按本规范第 3.0.7 条规定，取坐标中误差＝允许值/20。

表 3-8 几项工程的实测精度

项目	观测方法	实测点位中误差（mm）	换算的观测点坐标中误差（mm）
北京 380m 高中央电视塔倾斜观测	三方向交会法比值解析法	±13.0	±9.2

续表 3-8

项　目	观测方法	实测点位中误差（mm）	换算的观测点坐标中误差（mm）
南宁 75.76m 高砖瓦厂烟囱倾斜观测	交会法	±12.5	±8.8
德国 360m 高电视塔摆动观测	地面摄影法	±11.0(250m 处) ±13.0(305m 处) ±15.0(360m 处)	±7.8 ±9.2 ±10.6
前苏联 316m 高电视塔倾斜观测	三方向交会法	±8.5(200m 处)	±6

综合表 3-7、表 3-8 的精度，并考虑到《工程测量规范》GB 50026－93 最低一级水平位移变形点点位中误差为 ± 12mm（换算为坐标中误差为 ±8.5mm），本规范三级的观测点坐标中误差定为 ±10mm。

③一、二级的精度指标，按与沉降观测各级别之间精度指标比例相同考虑（即 1∶3），取一级为 ±1.0mm、二级为±3.0mm。

④按实测的位移测量工程项目精度统计，验证本规范规定的级别精度指标是可行、实用的。现统计 20 世纪 80 年代以来国内完成的 57 个工程 72 个观测项目，其中控制网 22 个、倾斜观测项目 19 个、滑坡观测项目 8 个、其他位移观测项目 23 个。将这 72 个观测项目实测精度均换算为坐标中误差形式，归纳列于表 3-9。

表 3-9　57 个工程的 72 个观测项目实测精度统计

级　别		特级	一级	二级	三级	级外
精度指标（mm）		±0.3	±1.0	±3.0	±10.0	＞±10.0
控制网个数		5	5	10	2	—
观测项目个数	建筑物倾斜	—	2	4	12	1
	场地滑坡	—	—	1	7	—
	其他位移	6	1	10	6	—
合计个数		11	8	25	27	1
%		15	11	35	38	1

注：表列特级均为特种精密工程，共 5 个工程，其中 2 个工程包括 2 个控制网 5 个观测项目；其余等级的统计量中，除少数工程占 2 个项目（包括控制网与观测项目）外，均为一个工程一个项目。

从表 3-9 统计看出，实测成果精度除个别项目外，均在本规范规定的精度范围以内，且分布符合正常情况。本规范表 3.0.4 中的适用范围，也是参照表 3-9 中所列各项目实际达到的精度及其在各级别中的一般分布特征来确定的。原规程位移观测精度规定经过多年的工程实践和应用，表明级别精度规定是合适的。

3.0.5　这里涉及的建筑地基变形允许值采用了国家标准《建筑地基基础设计规范》GB 50007－2002 表 5.3.4 的规定。关于变形允许值的确定可参见该规范相应的条文说明。为了方便使用，我们将该表列在这里（见表 3-10）。

表 3-10　建筑物的地基变形允许值

变　形　特　征	地基土类别：中、低压缩性土	地基土类别：高压缩性土
砌体承重结构基础的局部倾斜	0.002	0.003
工业与民用建筑相邻柱基的沉降差		
（1）框架结构	$0.002l$	$0.003l$
（2）砌体墙填充的边排柱	$0.0007l$	$0.001l$
（3）当基础不均匀沉降时不产生附加应力的结构	$0.005l$	$0.005l$
单层排架结构（柱距为 6m）柱基的沉降量（mm）	（120）	200
桥式吊车轨面的倾斜（按不调整轨道考虑） 纵向	0.004	
横向	0.003	
多层和高层建筑物的整体倾斜 $H_g \leqslant 24$	0.004	
$24 < H_g \leqslant 60$	0.003	
$60 < H_g \leqslant 100$	0.0025	
$H_g > 100$	0.002	
体形简单的高层建筑基础的平均沉降量（mm）	200	
高耸结构基础的倾斜 $H_g \leqslant 20$	0.008	
$20 < H_g \leqslant 50$	0.006	
$50 < H_g \leqslant 100$	0.005	
$100 < H_g \leqslant 150$	0.004	
$150 < H_g \leqslant 200$	0.003	
$200 < H_g \leqslant 250$	0.002	
高耸结构基础的沉降量（mm） $H_g \leqslant 100$	400	
$100 < H_g \leqslant 200$	300	
$200 < H_g \leqslant 250$	200	

注：1　本表数值为建筑物地基实际最终变形允许值；
2　有括号者仅适用于中压缩性土；
3　l 为相邻柱基的中心距离（mm），H_g 为自室外地面起算的建筑物高度（m）；
4　倾斜指基础倾斜方向两端点的沉降差与其距离的比值；
5　局部倾斜指砌体承重结构沿纵向 6～10m 内基础两点的沉降差与其距离的比值。

3.0.6 高程控制网和观测点精度设计中的最终沉降量观测中误差是按照下列对变形值观测中误差的分析与估计确定的。

1 对已有变形值观测中误差取值方法的分析

国内外有关变形值观测中误差取值方法有很多种，但使用较广泛的是以变形允许值为依据给以一定比例系数确定或直接给出观测中误差值。对一般变形测量，观测值中误差不应超过变形允许值的1/20～1/10，或者±（1～2）mm；而对一些具有科研目的的变形监测，应分别为1/100～1/20，或者±0.2mm。另外，也有少数是以一定小的变形特征值（如，达到稳定指标时的变形量、建筑阶段平均变形量等）为依据给以一定比例系数的取值方法。因此，本规范结合建筑变形特点及测量要求，归纳出以下确定变形值观测精度的基本思路。

1）区分实用目的与科研目的。以前者的取值为依据，视不同要求，取其1/2～1/5作为科研和特殊目的的变形值观测中误差；

2）绝对变形允许值，在建筑设计、施工中通常不作为主要控制指标，其变形值因地质环境影响复杂变化较大，给出的允许值也带有较大概略性，因此绝对变形值的观测精度以按综合分析方法考虑不同地质条件直接确定为宜。除绝对变形允许值之外的各种变形允许值，在建筑设计、施工中通常作为主要控制指标，其数值比较稳定，可信赖性强，对于这类变形的观测精度，宜以允许值为依据给以适当比例系数估算确定；

3）从便于使用考虑，宜对不同变形观测项目类别分别给出比例系数。在按其变形性质所选取的一定概率下，以可忽略的测量误差作为变形值观测误差来估算出比例系数。

2 推导为实用目的变形值观测中误差估算公式

按上款确定比例系数的思路，取变形值与测量误差的关系式为：

$$\Delta_0^2 = \Delta_1^2 + \Delta_2^2 \quad (3\text{-}3)$$

式中 Δ_0——用测量方法测得的变形值；

Δ_1——在一定概率下可忽略的测量误差；

Δ_2——在测量误差小到可忽略程度时，所反映的近似纯变形值。

当Δ_1可忽略时，即

$$\Delta_0 = \sqrt{\Delta_1^2 + \Delta_2^2} \approx \Delta_2 \quad (3\text{-}4)$$

为求Δ_1应比Δ_2小到多少才可以忽略，令

$$\Delta_1 = \Delta_2/\lambda \quad (3\text{-}5)$$

将公式（3-5）代入公式（3-3），可得

$$\lambda = \frac{1}{\sqrt{\left(\frac{\Delta_0}{\Delta_2}\right)^2 - 1}} \quad (3\text{-}6)$$

以m表示Δ_1的中误差并作为变形值观测中误差，以Δ表示Δ_0的限差即变形允许值，令按变形性质与类型选取的概率为$P=\Delta_2/\Delta_0$，顾及公式（3-4），则由公式（3-5）、（3-6）可得实用估算式为：

$$m = \frac{\Delta}{t\lambda} \quad (3\text{-}7)$$

$$\lambda = \frac{1}{\sqrt{\left(\frac{1}{P}\right)^2 - 1}} \quad (3\text{-}8)$$

式中 t——置信区间内允许误差与中误差之比值，取$t=2$；

$1/t\lambda$——比例系数。

3 绝对沉降（值）的观测中误差取值，系综合下列估算和已有规定确定。

1）按原《建筑地基基础设计规范》GBJ 7－89对一般多层建筑物在施工期间完成的沉降量所占最终沉降量之比例规定，取该规范条文说明中根据64幢建筑物完工时的沉降观测资料所绘经验曲线，可知完工时对于低、中、高压缩性土的沉降量分别为≤20mm、≥40mm、≥120mm。按公式（3-7）、（3-8），取Δ为20mm、40mm、120mm，$P=0.999$，可得$1/t\lambda=1/44$，则估算得变形值观测中误差，对低、中、高压缩性土分别为±0.45mm、±0.91mm与±2.7mm；

2）国内有些单位实测中，按不同沉降情况，采用的沉降量观测中误差为±0.5mm、±1.0mm与±2.0mm；

3）前苏联的沉降观测规范规定，对岩石和半岩石，沙土、黏土及其他压缩性土，填土、湿陷土、泥炭土及其他高压缩性土等三类地基土，分别规定测定沉降的允许误差为不大于1mm、2mm与5mm，即相应的沉降观测中误差为±0.5mm、±1.0mm、±2.5mm。

上述三种取值基本接近，综合考虑国内外经验，作出规定：对低、中、高压缩性土的绝对沉降观测中误差分别为±0.5mm、±1.0mm与±2.5mm。

4 绝对沉降之外的各种变形的观测中误差。按公式（3-7）、（3-8）估算确定，其采用的概率P与比例系数$1/t\lambda$分别为：

1）对于相对沉降（如沉降差、基础倾斜、局部倾斜）和具有相对变形性质的局部地基沉降（如基坑回弹、地基土分层沉降）、膨胀土地基沉降，取$P=0.995$，则$1/t\lambda \leqslant 1/20$；

2）结构段变形（如平置构件挠度），取$P=0.950$，则$1/t\lambda \leqslant 1/6$。

3.0.7 平面控制网和观测点精度设计中的变形值观

测中误差取值，按本规范第3.0.6条条文说明中提出的基本思路和估算方法确定。需要注意的是采用的变形值应在向量意义上与作为级别精度指标的坐标中误差相协调，即所估算的变形值观测中误差应是位移分量的观测中误差；对应的变形允许值应是变形允许值的分量值，并约定以允许值的$1/\sqrt{2}$作为允许值分量。

1 对于绝对位移（如建筑基础水平位移、滑坡位移等）的允许值，现行的建筑规范中未有规定，也难以给定，因此可不估算其位移值的观测中误差，根据经验或结合分析，直接按照本规范表3.0.4的规定选取适宜的精度等级。

2 对于绝对位移之外各项位移分量的观测中误差，则可按本规范第3.0.6条条文说明中的公式（3-7）、（3-8）估算确定，其取用的概率P与比例系数$1/\lambda$为：

1）对相对位移（如基础的位移差、转动、挠曲等）和具有相对变形性质的局部地基位移（如受基础施工影响的建筑物或地下管线位移，挡土墙等设施的位移）的观测中误差，可取$P=0.995$，即$1/\lambda \leqslant 1/20$；

2）对建筑整体性位移（如建筑顶部水平位移、建筑全高垂直度偏差、桥梁等工程设施水平轴线偏差）的观测中误差，可取$P=0.980$，即$1/\lambda \leqslant 1/10$；

3）对结构段变形（如高层建筑层间相对位移、竖直构件的挠度、垂直偏差等）的观测中误差，可取$P=0.950$，即$1/\lambda \leqslant 1/6$；

4）对于科研及特殊项目的位移分量观测中误差，取与沉降观测中误差的规定相同，即将上列各项变形值观测中误差，再乘以1/5～1/2的适当系数采用。

3.0.8 建筑变形测量中观测点与控制点应按照变形观测周期进行观测，其观测周期应根据变形体的特征、变形速率和变形观测精度要求及外界因素影响等综合确定。当有多种原因使某一变形体产生变形时，可分别以各种因素确定观测周期后，以其最短周期作为观测周期。

3.0.9 变形测量的时间性很强，它反映某一时刻变形体相对于基点的变形程度或变形趋势，因此首次观测值（初始值）是整个变形观测的基础数据，应认真观测，仔细复核，增加观测量，进行两次同精度独立观测，以保证首次观测成果有足够的精度和可靠性。

3.0.10 一个周期的观测应在尽可能短的时间内完成，以保证同一周期的变形观测数据在时态上基本一致。对于不同周期的变形测量，采用相同的观测网形（路线）和观测方法，并使用同一仪器和设备等观测措施，其目的是为了尽可能减弱系统误差影响，提高观测精度，保证成果质量。

3.0.11 为了保证建筑及周围环境在施工或运营期间的安全，当变形测量过程中出现各种异常或有异常趋势时，必须立即报告委托方以便采取必要的安全措施。同时，应及时增加观测次数或调整变形测量方案，以获取更准确全面的变形信息。本条第2款中的预警值通常取允许变形值的60%。本条作为强制性条文，必须严格执行。

4 变形控制测量

4.1 一 般 规 定

4.1.1～4.1.4 变形测量基准点的基本要求是应在整个变形观测阶段保持稳定可靠，因此除了对其位置有要求外，还应定期对其进行复测和稳定性分析。

设置工作基点的主要目的是为方便较大规模变形测量工程的每期变形观测作业。由于工作基点一般距待测目标较近，因此在每期变形观测时，应将其与基准点进行联测。

需要说明的是，原规程中将高程控制和平面控制分别列为两章，本次修订将其合并为一章，并作了较多的补充、修改和顺序调整。

4.2 高程基准点的布设与测量

4.2.1 本规范规定“特级沉降观测的高程基准点数不应少于4个、其他级别沉降观测的高程基准点数不应少于3个”是为了保证有足够数量的基准点可用于检测其稳定性，从而保证沉降观测成果的可靠性。高程控制网不能布设成附合路线，只能独立布设成闭合环或布设成由附合路线构成的结点网，这主要是为了便于检核校验。

4.2.2 根据地基基础设计的规定和经验总结，规定高程基准点和工作基点位置选择的要求，以便保证高程基准点的稳定和长期保存以及工作基点的适用性。关于基准点位置的进一步分析还可参见本规范第5.2.2条的条文说明。

4.2.3 高程基准点标石、标志的形式有多种，本规范附录A仅给出了一些常用的形式。

4.2.4 在建立沉降观测高程控制网的方法中增加电磁波测距三角高程测量，主要是考虑到在一些二、三级沉降观测高程控制测量中，可能难以进行高效率的水准测量作业。为减少垂线偏差和折光影响，对电磁波测距三角高程测量观测视线的路径要高度重视，尽可能使两个端点周围的地形相互对称，并提高视线高度，使视线通过类似的地貌和植被。

4.3 平面基准点的布设与测量

4.3.2 平面基准点标石、标志的形式有多种，本规范附录B仅给出了几种常用的形式。

4.3.5 一般测区的一、二、三级平面控制网技术要求，系按下列思路分析确定：

1 主要思路：

1）取一般建筑场地的规模、按一个层次布设控制网点，以常用网形和观测精度考虑；

2）测角、测边网的最弱边边长中误差，按相邻点间边长中误差与点的坐标中误差近似相等的关系，取与相应等级精度指标的观测点坐标中误差等值，导线（网）的最弱点点位中误差取与相应级别观测点坐标中误差的$\sqrt{2}$倍等值；

3）控制网精度设计，主要考虑测角、测距精度及网的构形，未计及起始数据误差影响。

2 本规范表4.3.5-1中的技术要求（按三角网进行估算）：

1）精度估算按下列公式：

$$m_{\lg D} = m_{\beta}\sqrt{\frac{1}{P_{\lg D}}} \tag{4-1}$$

$$\frac{1}{T} = \frac{m_D}{D} = \frac{m_{\lg D}}{\mu \cdot 10^6} \tag{4-2}$$

$$m_{\beta} = \frac{\mu \cdot 10^6}{T\sqrt{\frac{1}{P_{\lg D}}}} \tag{4-3}$$

$$\frac{1}{P_{\lg D}} = K\Sigma R \tag{4-4}$$

式中 D——最弱边边长（mm）；

m_D——边长中误差（mm）；

$m_{\lg D}$——边长对数中误差，以对数第六位为单位；

m_{β}——测角中误差（″）；

T——最弱边边长相对中误差的分母；

$1/P_{\lg D}$——边长对数权倒数；

R——为图形强度因子；

K——图形系数。

μ取0.4343；

2）各项技术要求的确定

取实际布网中常遇三角形（三个角度分别为45°、60°、75°）作为推算路线的图形，平均的R值为5.7。

一级网，主要用于建筑或场地的高精度水平位移观测。一般控制面积不大，边长较短，取平均边长D=200m。按三角网，布设两条起算边，传算三角形个数为3，因K=1/3，则$1/P_{\lg D}$=5.7；按四边形网，布设一条起算边，传算三角形个数为2，因K=0.4，则$1/P_{\lg D}$=4.6；按五边中点多边形网，布设一条起算边，传算三角形个数为3，因K=0.35，则$1/P_{\lg D}$=6.0。取m_D=±1.0mm，即T=200000，由公式(4-3)可得出上述三种网形的m_{β}值分别为：三角网±0.9″，四边形网±1.0″，五边中点多边形网±0.9″，取用±1.0″。

二级网，主要用于中等精度要求的建筑水平位移观测和重要场地滑坡观测。一般控制面积较大，边长较长，取平均边长D=300m。按三角网，布设两条起算边，传算三角形个数为4，即$1/P_{\lg D}$=7.6；按四边形网，布设一条起算边，传算三角形个数为2，即$1/P_{\lg D}$=4.6；按六边中点多边形网，布设一条起算边，传算三角形个数为3，因K=0.45，则$1/P_{\lg D}$=7.7。取m_D=3.0mm，即T=100000，由公式（4-3）可得上述三种网形的m_{β}分别为：三角网±1.6″，四边形网±2.0″，六边中点多边形网±1.6″，取用±1.5″。

三级网，主要用于低精度要求的建筑水平位移观测和一般场地滑坡观测。一般控制面积大，边长长，取平均边长为500m。按三角网，布设两条起算边，传算三角形个数为6，即$1/P_{\lg D}$=11.4；如布设一条起算边，传算三角形个数为3，因K=2/3，则$1/P_{\lg D}$=11.4；按七边中点多边形，布设一条起算边，传算三角形个数为4，因K=0.52，则$1/P_{\lg D}$=11.8。取m_D=±10.0mm，即T=50000，由公式（4-3）可得出上述三种网形的m_{β}分别为±2.6″、±2.6″、±2.5″，取用±2.5″。

需要说明的是，目前由于高精度全站仪的普及应用，三角网更多地使用边角网。边角网具有测角和测边精度的互补特性，受网形影响小，布设灵活，精度也高，应优先采用。在边角网中应以测边为主，加测部分角度。测角和测边精度匹配的原则是使$m_{\alpha}/\rho \approx m_D/D$。本规范表4.3.5-1的技术要求宜分别采用准确度为Ⅰ、Ⅱ、Ⅲ等级的全站仪，从其相应的出厂标称准确度来看，其测角和测边精度完全可以满足上述技术要求。

3 本规范表4.3.5-2中的导线测量技术要求：

1）确定技术要求的主要思路为：

导线设计，以直伸等边的单一导线分析为基础，再用等权代替法、模拟计算法等推广到导线网。单一导线包括附合导线和独立单一导线，本规范表4.3.5-2中的规定是以附合导线的技术要求为依据，在有关参数上给以乘系数即可又用于独立单一导线和导线网。考虑点位布设条件与要求的不同，导线边长取比测角网为短，边长测量以电磁波测距为主，视需要亦可采用直接钢尺丈量；

2）精度估算按下列公式进行：

①附合导线。根据导线起算数据误差对导线中点（最弱点）的横向影响与纵向影响相等、导线中点的横向测量误差与纵向测量误差相等的原则，可推导出如下估算式：

$$m_D = \frac{1}{\sqrt{n}}M_Z \tag{4-5}$$

$$m_\beta = \frac{4\sqrt{3}}{L\sqrt{n+3}}\rho M_Z \quad (4\text{-}6)$$

$$\frac{1}{T} = \frac{2\sqrt{7}}{L}M_Z \quad (4\text{-}7)$$

式中 M_Z——导线中点顾及起算数据误差影响的点位中误差（mm）；

m_D——导线平均边长的边长中误差（mm）；

n——导线边数；

m_β——导线测角中误差（″）；

L——导线全长（mm）；

$1/T$——导线全长相对闭合差。

②独立单一导线。按不顾及起算数据误差影响的中点横向测量误差与纵向测量误差相等为原则，可推导出如下估算式：

$$m_D = \sqrt{\frac{2}{n}}M_Z \quad (4\text{-}8)$$

$$m_\beta = \frac{4\sqrt{6}}{L\sqrt{n+3}}\rho M_Z \quad (4\text{-}9)$$

$$\frac{1}{T} = \frac{2\sqrt{10}}{L}M_Z \quad (4\text{-}10)$$

式中 M_Z——不顾及起算数据误差影响的导线中点点位中误差（mm）。

3）各项技术要求的确定：

取 M_Z为等级精度指标观测点坐标中误差的$\sqrt{2}$倍值；导线平均边长，对一级为 150m，二级为 200m，三级为 250m；导线边数 n，对附合导线取 5，对独立单一导线取 6。将这些估算参数代入公式（4-5）～（4-10），可得估算结果如表 4-1：

表 4-1 单一导线测量主要技术要求指标的估算

	附合导线					
	一 级		二 级		三 级	
	估算	取用	估算	取用	估算	取用
M_Z (mm)		±1.4		±4.2		±14.0
m_D (mm)	±0.6	±0.6	±1.9	±2.0	±6.3	±6.0
m_β (″)	±0.9	±1.0	±2.1	±2.0	±5.6	±5.0
T	101200	100000	45000	45000	16900	17000
	独立单一导线					
	一 级		二 级		三 级	
	估算	取用	估算	取用	估算	取用
M_Z (mm)		±1.4		±4.2		±14.0
m_D (mm)	±0.8	±0.8	±2.4	±2.5	±8.1	±8.0
m_β (″)	±1.0	±1.0	±2.4	±2.0	±6.3	±5.0
T	101600	100000	45200	45000	16900	17000

从表 4-1 估算结果可知：

①两种导线，在要求的 M_Z与平均边长 D 相同条件下，m_β与 $1/T$ 也基本相同。在各自的边数相差不大时，独立单一导线的 m_D可比附合导线的 m_D放宽约$\sqrt{2}$倍；

②对于导线网，亦可采用附合导线的技术要求，只是需将附合点与结点间或结点与结点间的长度，按附合导线长度乘以小于或等于 0.7 的系数采用。

4 在执行本规范表 4.3.5-1、表 4.3.5-2 的规定时，需注意表列技术要求系以一般测量项目采用的级别精度下限指标值和一般场地条件选取的网点方案为依据来确定的。当实际平均边长、导线总长均与规定相差较大时以及对于复杂的布网方案，应当另行估算确定适宜的技术要求。

4.4 水 准 测 量

4.4.1 本条中 DS05、DSZ05 型仪器的 m_0 值估算经验公式（4.4.1-2）系根据有关测量规范（原《国家水准测量规范》、《大地形变测量规范（水准测量）》）说明中给出的实例数据以及华北电力设计院、中南勘测设计研究院、北京市测绘设计研究院等 8 个单位的实测统计资料，经统计分析求出的。一些数据检验表明，该 m_0 估算式较为合理、可靠。

4.4.2 各级别几何水准观测的视线要求和各项观测限差的规定依据，说明如下：

1 水准观测的视线要求：

1）视线长度规定为特级≤10m、一级≤30m、二级≤50m、三级≤75m，系综合考虑实际作业经验和现行有关标准规定而确定。其中一、二、三级的视线长度与现行《国家一、二等水准测量规范》及《国家三、四等水准测量规范》规定的一、二、三等水准测量一致，二、三级的视线长度也与现行《工程测量规范》的相关规定一致；

2）视线高度规定为特级≥0.8m、一级≥0.5m、二级≥0.3m、三级≥0.2m，是根据确定的视线长度并考虑变形观测条件，参照现行《国家一、二等水准测量规范》、《国家三、四等水准测量规范》与《工程测量规范》的相关规定确定的；

3）前后视距差 Δ_d系按下式关系确定：

$$\Delta_d \leqslant \delta_d \rho / i \quad (4\text{-}11)$$

式中 i——视准轴不平行于水准管轴的误差（″）；

δ_d——要求对测站高差中误差 m_0 的影响小到在 $P=0.950$ 下可忽略不计的由于 Δ_d而产生的高差误差（mm），$\delta_d = m_0/\lambda$（取 $\lambda=3$）。

将规定的 m_0 与 i 值代入公式（4-11），则得：

特级（$m_0 \leqslant 0.05$mm，$i=10''$）：$\Delta_d \leqslant 0.3$m，取

$\Delta_d \leqslant 0.3$m；

一级（$m_0 \leqslant 0.15$mm，$i=15''$）：$\Delta_d \leqslant 0.7$m，取 $\Delta_d \leqslant 0.7$m；

二级（$m_0 \leqslant 0.50$mm，$i=15''$）：$\Delta_d \leqslant 2.3$m，取 $\Delta_d \leqslant 2.0$m；

三级（$m_0 \leqslant 1.50$mm，$i=20''$）：$\Delta_d \leqslant 5.0$m，取 $\Delta_d \leqslant 5.0$m。

4）前后视距差累积

从水准测段或环线一般只有几百米的长度情况考虑，取前后视距差累积为前后视距差的1.5倍计，则可得：

特级：≤0.45m，取≤0.5m；

一级：≤1.05m，取≤1.0m；

二级：≤3.0m，取≤3.0m；

三级：≤7.5m，取≤8.0m。

2 各项观测限差：

1）基、辅分划（黑红面）读数之差 $\Delta_{基辅}$

同一标尺基、辅分划的观测条件相同，则可得：

$$\Delta_{基辅} = 2\sqrt{2}m_d \tag{4-12}$$

各级别测站观测的 $\Delta_{基辅}$ 估算结果见表4-2：

表4-2　$\Delta_{基辅}$ 与 $\Delta h_{基辅}$ 的估算

级别	仪器类型	最长视距（m）	m_d（mm）	$\Delta_{基辅}$		$\Delta h_{基辅}$	
				估算值	取用值	估算值	取用值
特级	DS05	10	0.05	0.14	0.15	0.22	0.2
一级	DS05	30	0.11	0.31	0.3	0.45	0.5
二级	DS05	50	0.17	0.48	0.5	0.68	0.7
	DS1	50	0.20	0.56		0.79	
三级	DS05	75	0.24	0.68	1.0	0.96	1.5
	DS1	75	0.29	0.82		1.16	
	DS3	75	0.77	2.17	2.0	3.08	3.0

注：公式（4-12）的 m_d 及表4-2中相应的数值为根据《建筑变形测量规程》JGJ/T 8－97中给出几种类型水准仪单程观测每测站高差中误差经验公式求得的。

2）基、辅分划（黑红面）所测高差之差 $\Delta h_{基辅}$

高差之差是读数之差的和差函数，则可得

$$\Delta h_{基辅} = \sqrt{2}\Delta_{基辅} \tag{4-13}$$

各级别测站观测的 $\Delta h_{基辅}$ 估算结果见表4-2。

表列一、二、三级的 $\Delta_{基辅}$ 与 $\Delta h_{基辅}$ 取用值与《国家一、二等水准测量规范》和《国家三、四等水准测量规范》的规定一致。

3）往返较差、附合或环线闭合差 $\Delta_{限}$

往返测高差不符值实质为单程往测与返测构成的闭合差，附合路线与环线的线路长度较短，可只考虑偶然误差影响，则三者以测站为单位的限差均为：

$$\Delta_{限} \leqslant 2\mu\sqrt{n} \tag{4-14}$$

式中　μ——单程观测测站高差中误差（mm）；

n——测站数。

各级别 $\Delta_{限}$ 的估算结果取值见表4-3。

4）单程双测站所测高差较差 $\Delta_{双}$

单程双测站观测所测高差较差中基本不反映系统性误差影响，取双测站较差为往返测较差的 $1/\sqrt{2}$，则可得：

$$\Delta_{双} \leqslant \sqrt{2}\mu\sqrt{n} \tag{4-15}$$

各级别 $\Delta_{双}$ 的估算结果取值见表4-3：

表4-3　$\Delta_{限}$、$\Delta_{双}$、$\Delta_{检}$ 的估算（mm）

级别	μ	$\Delta_{限}$		$\Delta_{双}$		$\Delta_{检}$	
		估算	取用	估算	取用	估算	取用
特级	±0.05	$\leqslant 0.1\sqrt{n}$	$\leqslant 0.1\sqrt{n}$	$\leqslant 0.07\sqrt{n}$	$\leqslant 0.07\sqrt{n}$	$\leqslant 0.14\sqrt{n}$	$\leqslant 0.15\sqrt{n}$
一级	±0.15	$\leqslant 0.3\sqrt{n}$	$\leqslant 0.3\sqrt{n}$	$\leqslant 0.21\sqrt{n}$	$\leqslant 0.2\sqrt{n}$	$\leqslant 0.42\sqrt{n}$	$\leqslant 0.45\sqrt{n}$
二级	±0.5	$\leqslant 1.0\sqrt{n}$	$\leqslant 1.0\sqrt{n}$	$\leqslant 0.7\sqrt{n}$	$\leqslant 0.7\sqrt{n}$	$\leqslant 1.4\sqrt{n}$	$\leqslant 1.5\sqrt{n}$
三级	±1.5	$\leqslant 3.0\sqrt{n}$	$\leqslant 3.0\sqrt{n}$	$\leqslant 2.1\sqrt{n}$	$\leqslant 2.0\sqrt{n}$	$\leqslant 4.2\sqrt{n}$	$\leqslant 4.5\sqrt{n}$

注：μ 值取各等级精度指标下限值。

5）检测已测测段高差之差 $\Delta_{检}$

检测与已测的时间间隔不长，且均按相同精度要求观测，则可得：

$$\Delta_{检} \leqslant 2\sqrt{2}\mu\sqrt{n} \tag{4-16}$$

各级别 $\Delta_{检}$ 的估算结果取值见表4-3。

4.4.6～4.4.7　在一些场合中，静力水准测量具有相对优越性，是沉降观测的有效作业方法之一。这里根据静力水准测量的作业经验，对其技术和作业要求进行了规定。

4.4.8　由于自动静力水准设备的类型、规格和性能都有很大的不同，因此，对于不同的设备应分别制定相应的作业规程，以保证满足本规范规定的精度要求。

4.5　电磁波测距三角高程测量

4.5.1　最近20多年来的大量实践表明，电磁波测距三角高程测量在一定条件下可以代替一定等级的水准测量。就建筑变形测量而言，对于某些使用水准测量作业困难、效率低的场合，可以使用电磁波测距三角高程测量方法进行二、三级高程控制测量。本节有关技术指标和要求是在认真总结相关应用案例并考虑变形测量特点的基础上给定的。对于更高精度或特殊要求下的电磁波测距三角高程测量，应进行专门的技术设计和论证。

4.5.3　电磁波测距三角高程测量作业可分别采用中间设站观测方式（即在两照准点中间安置仪器）或每

点设站、往返观测方式（即在每一照准点上安置仪器并进行对向往返观测）。这两种方式可同时或交替使用。实际作业中，应优先使用中间设站方式，因为这种方式作业迅速方便、不需量测仪器高。规定中间设站方式下的前后视线长度差及累积差限差是为了有效地消减地球曲率与大气垂直折光影响。

4.5.4 边长和垂直角的观测顺序对不同观测方式分别为：

1 当按单点设站、对向往返观测方式时，边长和垂直角应独立测量，观测顺序为：

往测时：观测边长—观测垂直角；

返测时：观测垂直角—观测边长。

2 当按中间设站观测方式时，垂直角应采用单程双测法，在特制觇牌的两个照准目标高度上独立地分两组观测，以避免粗差并消减垂直度盘和测微器的分划系统性误差，同时可评定每公里偶然中误差。如采用本规范附录C图C.0.1（b）、（d）所示觇牌，观测顺序为：

第一组：观测边长—观测垂直角（此处n为规程规定的垂直角观测测回数）

1）照准后视点反射镜，观测边长2测回（结束后安置觇牌）；

2）照准前视点反射镜，观测边长2测回（结束后安置觇牌）；

3）照准后视觇牌上目标，正倒镜观测垂直角$n/2$测回；

4）照准前视觇牌上目标，正倒镜观测垂直角$n/2$测回；

5）照准前视觇牌上目标，正倒镜观测垂直角$n/2$测回；

6）照准后视觇牌上目标，正倒镜观测垂直角$n/2$测回。

第二组：观测垂直角—观测边长

1）照准前视觇牌下目标，正倒镜观测垂直角$n/2$测回；

2）照准后视觇牌下目标，正倒镜观测垂直角$n/2$测回；

3）照准后视觇牌下目标，正倒镜观测垂直角$n/2$测回（结束后安置反射镜）；

4）照准前视觇牌下目标，正倒镜观测垂直角$n/2$测回（结束后安置反射镜）；

5）照准后视点反射镜，观测边长2测回；

6）照准前视点反射镜，观测边长2测回。

3 应该注意到，电子经纬仪和全站仪的垂直角观测精度比光学经纬仪要高。按照国家计量检定规程《全站型电子速测仪检定规程》JJG 100－1994和《光学经纬仪检定规程》JJG 414－1994规定的一测回垂直角中误差：1″级全站仪和电子经纬仪为1″，而DJ1型光学经纬仪为2″；2″级全站仪和电子经纬仪为2″，而DJ2型光学经纬仪为6″；6″级全站仪和电子经纬仪为6″，而DJ6型光学经纬仪为10″。因此，有条件时，应尽可能使用电子经纬仪和全站仪以提高观测精度和速度。作业时，应避免在折光系数急剧变化的时间段内观测，尽量缩短观测时间，观测顺序要对称。

4.5.5 电磁波测距三角高程测量的验算项目包括：

1）每点设站对向观测时，可根据在一测站同一方向两个不同目标高度上观测的两组垂直角观测值，按公式（4-17）计算每公里高差中数的偶然中误差$m_{\Delta 1}$：

$$m_{\Delta 1}=\pm\frac{1}{4}\sqrt{\frac{1}{N_1}\left[\frac{\Delta\Delta}{S}\right]} \tag{4-17}$$

式中 Δ_i——往测（或返测）时用观测的斜距和两组垂直角计算的两组高差之差（mm）；

N_1——对向观测的边数；

S——观测的边长（km）。

2）中间设站时，两组高差中数的每公里偶然中误差$m_{\Delta 2}$按公式（4-18）计算：

$$m_{\Delta 2}=\pm\sqrt{\frac{1}{4N_2}\left[\frac{\Delta\Delta}{L}\right]} \tag{4-18}$$

式中 Δ_i——每一测站计算的两组高差之差（mm）；

N_2——中间设站数；

L——每站前后视距之和（km）。

4.6 水平角观测

4.6.1 水平角观测的测回数估算系根据以下分析确定：

1 对于特级水平角观测和当有可靠的实测精度数据时，采用估算方法确定测回数，可以适应水平角观测的多样性需要（如不同精度要求的测角网点和导线点的观测、独立测站点上的观测等）。

2 估算公式主要根据长江流域规划办公室勘测处对23个高精度短边三角网观测成果的统计结果（见《中国测绘学会第二届综合学术年会论文选编（第四卷）》，测绘出版社，1981）。采用导入系统误差影响系数λ和各测站平差后一测回方向中误差的平均值m_α值的方法，推导得出测角中误差m_β与m_α和测回数n之间的相关函数数学表达式为：

$$m_\beta=\pm\sqrt{(\lambda\cdot m_\alpha)^2+m_\alpha^2/n} \tag{4-19}$$

即

$$n=1\bigg/\left[\left(\frac{m_\beta}{m_\alpha}\right)^2-\lambda^2\right] \tag{4-20}$$

关于该公式的推导、验算以及采用不同的λ值（0.5、0.7和0.9）、从2到24测回数的观测精度计算结果和最适宜的测回数等的研究见《经纬仪水平角观测精度的研究》（《工程勘察》，2005年第3期）。

这里利用的23个三角网分布在重庆、四川、湖北、贵州、河南、陕西等省市，为包括三峡、葛洲坝和丹江口在内的坝址、坝区三角网，边长为0.2～3.0km，三角点上均建有混凝土观测墩，配备强制对中装置和照准标志，用DJ1型仪器观测。这些观测条件与要求与本规范的规定基本相同。

3 m_α的取值规定

《光学经纬仪检定规程》JJG 414－1994规定室内检定时，一测回水平方向中误差不应超过表4-4的规定。

表4-4 JJG 414－1994规定的光学经纬仪一测回水平方向中误差

仪器型号	DJ07	DJ1	DJ2	DJ6
一测回水平方向中误差（室内）	0.6″	0.8″	1.6″	4.0″

《全站型电子速测仪检定规程》JJG 100－1994规定室内检定时，一测回水平方向中误差应满足仪器出厂的标称准确度。各等级全站仪及电子经纬仪的限差见表4-5。

表4-5 JJG 100－1994规定的全站仪和电子经纬仪一测回水平方向中误差

仪器等级	Ⅰ		Ⅱ		Ⅲ		
出厂标称准确度值	±0.5″	±1″	±1.5″	±2.0″	±3″	±5″	±6″
一测回水平方向中误差	≤0.5″	≤0.7″	≤1.1″	≤1.4″	≤2.1″	≤3.6″	≤3.6″

部分实测精度统计见表4-6。

表4-6 部分实测m_α值统计

仪器类型	观测方法	m_α (″)	依据的资料及统计的数据量
DJ1	全组合测角法	±0.82	长办测短边三角网，测站数181个
		±0.94	长办测一、二、三、四、五等三角网，测站数397个
	方向观测法	±0.86	长办测短边三角网，测站数472个
		±0.90	长办测一、二、三、四、五等三角网，测站数2698个
DJ2	方向观测法	±1.41	长办测一、二、三、四、五等三角网，测站数1150个

综合表4-4、表4-5和表4-6，m_α值可根据仪器类型、读数和照准设备、外界条件以及操作的严格与熟练程度，在下列数值范围内选取：

DJ05型仪器：0.4～0.5″；

DJ1型仪器：0.8～1.0″；

DJ2型仪器：1.4～1.8″。

考虑到变形测量角度观测具有多次重复观测的特点，为此，本规范规定，允许根据各类仪器的实测精度数据按照公式(4-20)调整测回数。

4 按公式（4-20）估算测回数n时，需注意以下两个问题：

1） 估算结果凑整取值时，对方向观测法与全组合测角法，应顾及观测度盘位置编制要求，使各测回均匀地分配在度盘和测微器的不同位置上。对于导线观测，当按左、右角观测时，总测回数应成偶数，当估算后$n<2$时，取$n=2$；

2） 由于一测回角度观测值是由上、下半测回各两个方向观测值之差的平均值组成，按误差传播原理可知，$m_角$等于半测回（正镜或倒镜）每方向的观测中误差$m_方$，这种等值关系在精度估算中经常使用。

4.6.2 水平角观测限差系根据以下分析确定：

1 方向观测法观测的限差

1） 二次照准目标读数差的限值$\Delta_{照准}$

二次照准目标读数之差的中误差为$\sqrt{2}m_方$，取2倍中误差为限差，并顾及$m_方=m_角$，则

$$\Delta_{照准}=2\sqrt{2}m_角 \tag{4-21}$$

2） 半测回归零差的限值$\Delta_{归零}$

半测回归零差的中误差，如仅考虑偶然误差，其中误差即为$\sqrt{2}\,m_方$，但尚有仪器基座扭转、外界条件变化等误差影响，取这些误差影响为偶然误差的$\sqrt{2}$倍，则

$$\Delta_{归零}=2\sqrt{2}\times\sqrt{2}m_方=4m_角 \tag{4-22}$$

3） 一测回内2C互差的限值Δ_{2C}

一测回内2C互差之中误差如仅考虑偶然误差，其中误差即为$\sqrt{4}m_方$，但在2C互差中尚包含仪器基座扭转、仪器视准轴和水平轴倾斜等误差影响，设这些误差影响为偶然误差的$\sqrt{3}$倍，则

$$\Delta_{2C}=2\sqrt{4}\times\sqrt{3}m_方=4\sqrt{3}m_角 \tag{4-23}$$

4） 同一方向值各测回互差的限值$\Delta_{测回}$

同一方向各测回互差之中误差，如仅考虑偶然误差，其中误差即为$\sqrt{2}m_方$，但在测回互差中尚包括仪器水平度盘分划和测微器的系统误差、以旁折光为主的外界条件变化等误差影响，设这些误差影响为偶然误差的$\sqrt{2}$倍，则

$$\Delta_{测回}=2\sqrt{2}\times\sqrt{2}m_方=4m_角 \tag{4-24}$$

5）在公式（4-21）、（4-22）、（4-23）、（4-24）中，将第4.6.1条文说明中确定的 m_α 值代入，则可得各项观测限值，见表4-7。

表 4-7 方向观测法各项观测限值估算（″）

仪器类型	m_α	$m_角$	$\Delta_{照准}$		$\Delta_{归零}$		Δ_{2C}		$\Delta_{测回}$	
			估算	取用	估算	取用	估算	取用	估算	取用
DJ05	±0.5	±0.7	2.0	2	2.8	3	4.8	5	2.8	3
DJ1	±0.9	±1.3	3.7	4	5.2	5	8.9	9	5.2	5
DJ2	±1.4	±2.0	5.6	6	8.0	8	13.8	13	8.0	8

2 全组合观测法观测的限差主要参照《精密工程测量规范》GB/T 15314－94 第7.3.6条表5的规定。

4.7 距 离 测 量

4.7.1 一般地区一、二、三级边长的电磁波测距技术要求，系按下列考虑与分析确定：

1 建筑变形测量的边长较短（一般在1km之内），测距精度要求高（从小于1mm到10mm）。本规范将测距仪精度分为 $m_D\leqslant1$mm、$m_D\leqslant3$mm、$m_D\leqslant$ 5mm与 $m_D\leqslant10$mm四个等级。m_D 值以采用的边长 D（测边网取平均边长）代入具体仪器标称精度表达式（$m_D=a+b\cdot10^{-6}D$）计算。

2 规定各级别边长均应采用往、返观测或以不同时段代替往、返测，是从尽可能减弱由气象等因素引起的系统误差影响和使观测成果具有必要检核来考虑的，这样也与现行有关规范规定相协调。

3 测距的各项限差是依据原《城市测量规范》编制说明中提供的仪器内部符合精度 $m_内$ 较仪器外部符合精度（仪器标称精度）m_D 缩小1/3的关系以及其分析各项限差的思路来确定的。

1）一测回读数间较差的限值 $\Delta_{读数}$

读数间较差主要反映仪器内部符合精度，取2倍中误差为规定限值，则

$$\Delta_{读数}=2\sqrt{2}m_内=2\sqrt{2}\times1/3\times m_D\approx m_D \tag{4-25}$$

取 $m_D=1$mm、3mm、5mm、10mm，则相应的 $\Delta_{读数}=1$mm、3mm、5mm、10mm。

2）单程测回间较差的限值 $\Delta_{测回}$

以一测回内最少读数次数为2来考虑，即一测回读数中误差为 $m_内/\sqrt{2}$。取测回间较差中的照准误差、大气瞬间变化影响等因素的综合影响为一测回读数中误差之2倍，则

$$\Delta_{测回}=2\sqrt{2}\times2\times1/\sqrt{2}m_内=4/3m_D\approx\sqrt{2}m_D \tag{4-26}$$

对应 $m_D=1$mm、3mm、5mm、10mm的 $\Delta_{测回}$ 分别为1.4mm、4mm、7mm、14mm，实际分别取1.5mm、5mm、7mm和15mm。

3）往返或时间段较差的限值 $\Delta_{往返}$

往返或时间段间较差，除受 $m_内$ 的影响外，更主要的是受大气条件变化影响以及仪器对中误差、倾斜改正误差等的影响，因此，可以认为该较差之大小主要反映的是仪器外部符合精度的高低。取一测回测距中误差≤（$a+b\cdot10^{-6}D$），往返或不同时段各测4测回，则

$$\Delta_{往返}=2\sqrt{2}\times1/\sqrt{4}(a+b\cdot10^{-6}D)=\sqrt{2}(a+b\cdot10^{-6}D) \tag{4-27}$$

4.7.3 本规范表4.7.3中规定的丈量边长（距离）技术要求，是以适应各等级边长相对中误差：一级1/200000、二级1/100000、三级1/50000并参照现行《城市测量规范》和《工程测量规范》中相应这一精度要求的规定来确定的。本规范除对个别指标作调整外，从便于衡量短边的精度考虑，还将"经各项改正后各次或各尺全长较差"一项的限值，由按 L（以km为单位）表达的公式，改为按 D（以100m为单位）表达的公式，即

对一级，原为 $8\sqrt{L}$，换算为 $2.5\sqrt{D}$，取用 $2.5\sqrt{D}$；

对二级，原为 $10\sqrt{L}$，换算为 $3.2\sqrt{D}$，取用 $3.0\sqrt{D}$；

对三级，原为 $15\sqrt{L}$，换算为 $4.7\sqrt{D}$，取用 $5.0\sqrt{D}$。

4.8 GPS 测 量

4.8.1 应用GPS进行建筑变形测量时，应根据变形测量的精度要求，尽可能选用高精度、高性能的GPS接收机。

4.8.2 GPS接收机的检验、检定应符合以下规定：

1 新购置的GPS接收机应按规定进行全面检验后使用。GPS接收机的全面检验应包括以下内容：

1）一般检视：

—GPS接收机及天线的外观良好，型号正确；

—各种部件及其附件应匹配、齐全和完好；

—需紧固的部件不得松动和脱落；

—设备使用手册和后处理软件操作手册及磁（光）盘应齐全；

2）通电检验：

—有关信号灯工作应正常；

—按键和显示系统工作应正常；

—利用自测试命令进行测试；

—检验接收机锁定卫星时间的快慢，接收信号强弱及信号失锁情况；

3）试测检验前，还应检验：

—天线或基座圆水准器和光学对中器是否正确；

—天线高量尺是否完好，尺长精度是否正确；

—数据传录设备及软件是否齐全，数据传输性能是否完好；

—通过实例计算，测试和评估数据后处理软件。

2 GPS接收机在完成一般检视和通电检验后，应在不同长度的标准基线上进行以下测试：

1）接收机内部噪声水平测试；

2）接收机天线相位中心稳定性测试；

3）接收机野外作业性能及不同测程精度指标测试；

4）接收机频标稳定性检验和数据质量的评价；

5）接收机高低温性能测试；

6）接收机综合性能评价等。

3 GPS接收机或天线受到强烈撞击后，或更新接收机部件及更新天线与接收机的匹配关系后，应按新购买仪器做全面检验。

4 GPS接收机应定期送专门检定机构进行检定。

5 GPS接收机的所有检验、检定项目和方法应符合相关技术标准的规定。

4.8.4 GPS测量的基本要求、作业规定及数据处理等尚应参照《全球定位系统（GPS）测量规范》GB/T 18413等相应规定。

5 沉降观测

5.1 一般规定

5.1.1 对于深基础或高层、超高层建筑，基础的荷载不可漏测，观测点需从基础底板开始布设并观测。据某设计院提供的资料，如仅在建筑底层布设观测点，将漏掉5t/m^{2}的荷载（约等于三层楼），从而将影响变形的整体分析。因此，对这类建筑的沉降观测，应从基础施工时就开始，以获取基础和上部结构的沉降量。

5.1.2 同一测区或同一建筑物随着沉降量和沉降速度的变化，原则上可以采用不同的沉降观测等级和精度，因为有的工程由于沉降观测初期沉降量较大或非常明显，采用较高精度不仅费时、费工造成浪费，而且也无必要。而在观测后期或经过治理以后沉降量较小，采用较低精度观测则不能正确反映其沉降量。同一测区也有沉降量大的区域和小的区域，采用不同的观测等级和精度较为经济，也符合要求。但一般情况下，如果变形量差别不是很大，还是采用一种观测精度较为方便。

5.1.4 本规范第9.1节对建筑变形测量阶段性成果和综合成果的内容进行了较详细的规定。对于不同类型的变形测量，应提交的图表可能有所不同。因此本规范对各类变形测量提出了应提交的主要图表类型，分别列在有关章节中。

5.2 建筑场地沉降观测

5.2.1 将建筑场地沉降观测分为相邻地基沉降观测与场地地面沉降观测，是根据建筑设计、施工的实际需要特别是软土地区密集房屋之间的建筑施工需要来确定的。这两种沉降的定义见本规范第2.1节术语。

毗邻的高层与低层建筑或新建与已建的建筑，由于荷载的差异，引起相邻地基土的应力重新分布，而产生差异沉降，致使毗邻建筑物遭到不同程度的危害。差异沉降越大，建筑刚度越差，危害愈烈，轻者房屋粉刷层坠落、门窗变形，重则地坪与墙面开裂、地下管道断裂，甚至房屋倒塌。因此建筑场地沉降观测的首要任务是监视已有建筑安全，开展相邻地基沉降观测。

在相邻地基变形范围之外的地面，由于降雨、地下水等自然因素与堆卸、采掘等人为因素的影响，也产生一定沉降，并且有时相邻地基沉降与场地地面沉降还会交错重叠。但两者的变形性质与程度毕竟不同，分别提供观测成果便于区分建筑沉降与场地地面沉降，对于研究场地与建筑共同沉降的程度、进行整体变形分析和有效验证设计参数是有益的。

5.2.2 对相邻地基沉降观测点的布设，规定可在以建筑基础深度1.5～2.0倍的距离为半径的范围内，以外墙附近向外由密到疏进行布置，这是根据软土地基上建筑相邻影响距离的有关规定和研究成果分析确定的。

1 取《上海地基基础设计规范》编制说明介绍的沉桩影响距离（见表5-1）和《建筑地基基础设计规范》GB 50007－2002表7.3.3相邻建筑基础间的净距（见表5-2）作为分析的依据。

表5-1 沉桩影响距离（m）

被影响建筑物类型	影响距离
结构差的三层以下房屋	（1.0～1.5）L
结构较好的三至五层楼房	1.0L
采用箱基、桩基六层以上楼房	0.5L

注：L为桩基长度（m）。

2 从表5-1、表5-2可知，影响距离与沉降量、建筑结构形式有着复杂的相关关系，从测量工作预期的相邻没有建筑的影响范围和使用方便考虑，取表

5-1中的最大影响距离（1.0～1.5）L 再乘以 $\sqrt{2}$ 系数作为选设观测点的范围半径，亦即以建筑基础深度的1.5～2.0倍之距离为半径，是比较合理、安全和可行的。另外，补充说明的是，本规范第4.2.2条中规定的基准点应选设在离开邻近建筑的基础深度2倍之外的稳固位置，也是以上述分析为依据的。

表5-2　相邻建筑基础间的净距（m）

影响建筑的预估平均沉降量 S（mm）	被影响建筑的长高比	
	$2.0 \leqslant L/H_f < 3.0$	$3.0 \leqslant L/H_f < 5.0$
70～150	2～3	3～6
160～250	3～6	6～9
260～400	6～9	9～12
>400	9～12	≥12

注：1　表中 L 为建筑长度或沉降缝分隔的单元长度（m），H_f 为自基础底面标高算起的建筑高度（m）；

2　当被影响建筑的长高比为 $1.5 < L/H_f < 2.0$ 时，其间净距可适当缩小。

3　产生影响建筑的沉降量随其离开距离增大而减小，因此对观测点也规定应从其建筑外墙附近开始向外由密到疏来布置。

5.3　基坑回弹观测

5.3.2　基坑回弹观测比较复杂，需要建筑设计、施工和测量人员密切配合才能完成。回弹观测点的埋设也十分费时、费工，在基坑开挖时保护也相当困难，因此在选定点位时要与设计人员讨论，原则上以较少数量的点位能测出基坑必要的回弹量为出发点。据调查，国内只有北京、西安、上海、山东等地做过这个项目。表5-3分别给出几个示例供参考。

表5-3　3个观测项目情况

序号	基坑下土质	基坑长×宽×高（m）	回弹量（cm）	
			最大	最小
1	第四纪冲击砂卵石层	30.0×10.0×8.9	1.45	0.72
2	第四纪 Q_3	57.5×18.5×7.0	1.5	0.8
3	粉质黏土、中砂	50.4×43.2×8.7	3.6	1.8

5.3.4　规定回弹观测最弱观测点相对邻近工作基点的高程中误差不应大于±1.0mm，是根据以下考虑和估算确定的。

1　基坑的回弹量，在地基设计中可根据基坑形状（形状系数）、深度、隆起或回弹系数、杨氏模量等参数进行预估。经调查，基坑回弹量占最终沉降量的比例，在沿海地区为1/4～1/5，北京地区为1/2～1/3，西安地区为1/3以上。统计一般高层建筑，基坑深度为5～10m的回弹量，黄土地区为10～20mm，软土地区为10～30mm，这与设计预估的回弹量基本一致。

2　按本规范第3.0.5条和第3.0.6条对估算局部地基沉降的变形观测值中误差 m_s 和公式（3.0.6-1）的规定，可求出最弱观测点高程中误差。取最大回弹量为30mm，则得：

$$m_s = 30/20 = \pm 1.5\text{mm};$$

$$m_H = m_s/\sqrt{2} = \pm 1.0\text{mm}。$$

此处的 m_H 即为相对于邻近工作基点的高程中误差。

5.3.7　基坑开挖前的回弹观测结束后，为了防止点位被破坏和便于寻找点位，应在观测孔底充填厚度约为1m左右的白灰。如果开挖后仍找不到点位，可用本规范第5.3.2条第3款设置的坑外定位点通过交会来确定。

5.4　地基土分层沉降观测

5.4.2　分层沉降观测点的布设，限定在地基中心附近约2m见方范围内，间隔约50cm最好在同一垂直面内，一方面是为了方便观测和管理，另一方面制图较为准确。因为分层沉降观测从基础施工开始直到建筑沉降稳定为止，时间较长，且在建筑底面上加砌窨井与护盖，标志不再取出。

5.4.4　规定分层沉降观测点相对于邻近工作基点或基准点的高程中误差不应大于±1.0mm，是依据以下考虑提出的：地基土的分层及其沉降情况比较复杂，不仅各地区的地质分层不一，而且同一基础各分层的沉降量相差也比较悬殊，例如最浅层的沉降量可能和建筑的沉降量相同，而最深层（超过理论压缩层）的沉降量可能等于零，因此就难以预估分层沉降量，也不能按估算的方法确定分层观测精度要求。

5.5　建筑沉降观测

5.5.5　本条关于建筑沉降观测周期与观测时间的规定，是在综合有关标准规定和工程实践经验基础上进行的。由于观测目的不同，荷载和地基土类型各异，执行中还应结合实际情况灵活运用。对于从施工开始直至沉降稳定为止的系统（长期）观测项目，应将施工期间与竣工后的观测周期、次数与观测时间统一考虑确定。对于已建建筑和因某些原因从基础浇筑后才开始观测的项目，在分析最终沉降量时，应注意到所漏测的基础沉降问题。

对于沉降稳定控制指标，本规范使用最后100d的沉降速率小于0.01～0.04mm/d作为稳定指标。这一指标来源于对几个主要城市有关设计、勘测单位的调查（见表5-4）。

表 5-4　几个城市采用的稳定指标

城市	接近稳定时的周期容许沉降量	稳定控制指标
北京	1mm/100d	0.01mm/d
天津	3mm/半年，1mm/100d	0.017～0.01mm/d
济南	1mm/100d	0.01mm/d
西安	1～2mm/50d	0.02～0.04mm/d
上海	2mm/半年	0.01mm/d

实际应用中，稳定指标的具体取值应根据不同地区地基土的压缩性能来综合考虑确定。

6　位移观测

6.2　建筑主体倾斜观测

6.2.4　在建筑主体倾斜观测精度估算中，应注意以下问题：

1　当以给定的主体倾斜允许值，按本规范第3.0.5条的有关规定进行估算时，应注意允许值的向量性质，取如下估算参数：

1）对整体倾斜，令给定的建筑顶部水平位移限值或垂直度偏差限值为Δ，则

$$m_S = \Delta/(10\sqrt{2}), m_X \leqslant m_S/\sqrt{2} = \Delta/20 \quad (6\text{-}1)$$

2）对分层倾斜，令给定的建筑层间相对位移限值为Δ，则

$$m_S = \Delta/(6\sqrt{2}), m_X \leqslant m_S/\sqrt{2} = \Delta/12 \quad (6\text{-}2)$$

3）对竖直构件倾斜，令给定的构件垂直度偏差限值为Δ，则

$$m_S = \Delta/(6\sqrt{2}), m_X \leqslant m_S/\sqrt{2} = \Delta/12 \quad (6\text{-}3)$$

2　当由基础倾斜间接确定建筑整体倾斜时，该建筑应具有足够的整体结构刚度。

6.2.9　近年来，随着技术的进步，激光扫描仪和基于数码相机的数字近景摄影测量方法有了进一步的发展，并在建筑变形测量及相关领域得到应用，值得关注。由于这两种技术的特殊性，实际用于建筑变形测量时，应根据精度要求、现场作业条件和仪器性能等，进行专门的技术设计，必要时还应进行技术论证。

6.4　基坑壁侧向位移观测

6.4.1　随着城市建设的发展，高层建筑、大型市政设施及地下空间的开发建设方兴未艾，出现了大量的基坑工程。基坑工程尽管是临时性的，但其技术复杂，并对建筑基础的施工安全起到非常重要的保障作用，因此将有关基坑变形观测的内容纳入本规范是非常必要的。

基坑的观测内容比较多，涉及范围较广，既有属于基坑本身的，也有属于邻近环境（如建筑物、管线和地表等）的，还有属于自然环境（雨水、洪水、气温、水位等）的。通过对现行国家标准《建筑地基基础设计规范》GB 50007－2002和现行行业标准《建筑基坑支护技术规程》JGJ 120－99以及一些地方标准（如上海、广东）有关观测内容的比较分析，可以发现它们实际上是大同小异的，可归纳为表6-1的观测内容。

表 6-1　基坑观测内容

观测内容＼基坑安全等级	一级	二级	三级
基坑周围地面超载状况	应测	应测	应测
自然环境（雨水、洪水、气温等）	应测	应测	应测
基坑渗、漏水状况	应测	应测	应测
土方分层开挖标高	应测	应测	应测
支护结构位移	应测	应测	应测
周围建筑物、地下管线变形	应测	应测	宜测
地下水位	应测	应测	宜测
桩墙内力	应测	宜测	可测
锚杆拉力	应测	宜测	可测
支撑轴力	应测	宜测	可测
支柱变形	应测	宜测	可测
基坑隆起	应测	宜测	可测
孔隙水压力	宜测	可测	可测
支护结构界面上侧向压力	宜测	可测	可测

本规范内容侧重于位移观测，由于有关章节已经对有关位移观测项目作了规定，因此本节仅对基坑壁侧向位移观测进行规定。基坑工程分为无支护开挖和支护开挖，无支护开挖就是放坡，说明土体稳定性较好；需要支护的开挖，说明土体稳定性较差，土体侧向位移直接作用于围护结构，所以基坑围护结构的变形是非常重要的观测内容。

按照《建筑基坑支护技术规程》JGJ 120－99和国家标准《建筑地基基础工程施工质量验收规范》GB 50202－2002的规定，将建筑基坑安全等级划分为一级、二级和三级，以利于工程类比分析和工程监控。对比这两本标准的分级标准，我们认为GB 50202－2002表7.1.7的分级标准更容易操作，现将其罗列出来以供使用参考：

1　符合下列情况之一，为一级基坑：

1）重要工程或支护结构做主体结构的一部分；

2）开挖深度大于10m；

3）与邻近建筑物、重要设施的距离在开挖深度内的基坑；

4）基坑范围内有历史文物、近代优秀建筑、重要管线等需要严加保护的基坑。

2　三级基坑为开挖深度小于7m，且周围环境无

特别要求的基坑。

3 除一级和三级外的基坑属二级基坑。

4 当周围已有的设施有特殊要求时，尚应符合这些要求。

6.4.2 本条的规定在实际工程应用中可参考以下意见：

1 有设计指标时，可根据设计变形预估值结合基坑安全级别（参照第6.4.1条说明确定），按预估值的1/10～1/20作为观测精度，并按本规范第3.0.5条确定观测精度。

2 当没有设计指标时，可根据《建筑地基基础工程施工质量验收规范》GB 50202－2002表7.1.7规定的基坑变形监控值（见表6-2，监控值约为允许值的60%），按允许值的1/20确定观测精度，并按第3.0.5条确定观测精度。经计算分析认为，安全等级为一、二级的基坑可选择本规范规定的建筑变形测量级别为二级的精度要求进行观测；三级基坑可选择变形测量二级或三级。

表6-2 基坑变形的监控值（cm）

基坑类别	围护结构墙顶位移监控值	围护结构墙体最大位移监控值	地面最大沉降监控值
一级基坑	3	5	3
二级基坑	6	8	6
三级基坑	8	10	10

6.4.7 位移速率的大小应根据具体工程情况和工程类比经验分析确定。当无法确定时，可将5～10mm/d作为位移速率大的参考标准。位移量大，是指与监控值比较的结果。为了保证基坑安全，当出现异常或特殊情况（如位移速率或位移量突变、出现较大的裂缝等）时应随时进行观测，并将结果及时报告有关部门。由于基坑壁侧向位移观测的特殊性，紧急情况下进行观测前，必须采取有效措施保护好观测人员和设备的安全。

6.5 建筑场地滑坡观测

6.5.1 滑坡对工程建设和自然环境危害极大，所以必须重视滑坡问题。滑坡观测是保证工程、自然环境、人员和财产安全的重要手段之一，其主要目的是了解滑坡发生演变过程，及时捕捉临滑特征信息，为滑坡稳定性分析和预测预报提供准确可靠的数据，并检验防治工程的效果。为了实现滑坡观测的目的，结合具体滑坡工程，需要对滑坡的变形场、渗流场、气象水文、波动力场等进行观测。建筑场地滑坡观测重点应放在变形场和渗流场的观测，现行国家标准《岩土工程勘察规范》GB 50021－2001第13.3.4条规定滑坡观测的内容应包括：滑坡体的位移；滑坡位置及错动；滑坡裂缝的发生发展；滑坡体内外地下水位、流向、泉水流量和滑带孔隙水压力；支挡结构及其他工程设施的位移、变形、裂缝的发生和发展。本规范侧重于变形场的观测。

6.5.3 本条对滑坡土体上的观测点的规定埋深不宜小于1m，在冻土地区则应埋至当地冰冻线以下0.5m。这里取1m的限值，主要参考了有关实践经验，如西北综合勘察设计研究院在陕西、甘肃等省多项场地滑坡观测中，对埋深1m左右的观测点标石，经两年多重复观测均未发现标石有异常现象，观测成果比较规律，反映了场地滑坡的实际情况。深部位移观测孔应进入稳定基岩才可能保证观测质量，即滑动面上下岩体的相对位移观测的可靠性；钻孔进入稳定基岩多深才合适，综合考虑其可靠性和经济性，认为取1m作为限制较为合适，能保证在稳定基岩层起码读数两次（一般0.5m读数一次）。

6.5.5 滑坡观测中，当出现异常时，应立即增加观测次数，并将结果及时报告有关部门。由于滑坡观测的特殊性，紧急情况下进行观测前，必须采取有效措施保护好观测人员和设备的安全。

7 特殊变形观测

7.1 动态变形测量

7.1.3 变形观测的精度，应依据设计部门提出的最大允许位移量和可变荷载的分布、大小等因素，按本规范第3.0.5条的规定确定观测中误差。

7.1.4 可变荷载作用下的变形属于弹性变形，其特点是变形具有周期性。这类变形观测一般采用实时的连续观测、自动记录、自动处理数据方法。

观测方法的选择，应根据变形周期的长短和建筑的外部结构和观测的精度要求选择适合的方法，条文中所罗列的方法都是比较常用的方法。作业时，不一定只选一种方法，应根据不同的精度要求和观测目的，采用多种方法的综合，也可以进行相互的检验以便获得更高的可靠性。

7.3 风振观测

7.3.1 测定高层、超高层建筑的顶部风速、风向和墙面风压以及顶部水平位移的目的是获取建筑的风压分布、风压系数及风振系数等参数。

7.3.2 在距建筑100～200m距离内10～20m高度处安置风速仪记录平均风速的目的是与建筑顶部测定的风速进行比较，以观测风力沿高度的变化。

8 数据处理分析

8.1 平差计算

8.1.1 建筑变形测量的计算和分析是决定最终成果

可靠性的重要环节，必须高度重视。

8.1.2 建筑变形测量平差计算应利用稳定的基准点作为起算点。某期平差计算和分析中，如果发现有基准点变动，不得使用该点作为起算点。当经多次复测或某期观测发现基准点变动，应重新选择参考系并使用原观测数据重新平差计算以前的各次成果。

变形观测数据的平差计算和处理的方法很多，目前已有许多成熟的平差计算软件实现了严密的平差计算。这些软件一般都具有粗差探测、系统误差补偿、验后方差估计和精度评定等功能。平差计算中，需要特别注意的是要确保输入的原始观测数据和起算数据正确无误。

8.2 变形几何分析

8.2.2 基准点稳定性检验虽提出了许多方法，但都有其局限性。对于建筑变形测量，一般均按本规范第4章的相关规定设置了稳定的基准点，且基准点的数量一般不会超过3～4个，所以可以采用较为简单的方法对其稳定性进行分析判断。

8.2.3 一种较为典型的基准点稳定性统计检验方法称之为“平均间隙法”。该方法由德国Pelzer教授提出。其基本思想是：

1 对两期观测成果，按秩亏自由网方法分别进行平差；

2 使用F检验法进行两周期图形一致性检验（或称“整体检验”），如果检验通过，则确认所有基准点是稳定的；

3 如果检验不通过，使用“尝试法”，依次去掉每一点，计算图形不一致性减少的程度，使得图形不一致性减少最大的那一点是不稳定的点。排除不稳定点后再重复上述过程，直至去掉不稳定点后的图形一致性通过检验为止。

关于该方法的详细介绍可参见有关文献，如陈永奇等《变形监测分析与预报》（测绘出版社，1998）和黄声享等《变形监测数据处理》（武汉大学出版社，2003）。

8.2.5 观测点的变动分析一般可直接通过比较观测点相邻两期的变形量与最大测量误差（取两倍中误差）来进行。要求较高时，可通过比较变形量与该变形测量的测定精度来进行。公式（8.3.5）中的$\mu\sqrt{Q}$实际上就是该变形量的测定精度。对多期变形观测成果，还应综合分析多周期的变形特征，尽管相邻周期变形量可能很小，但多期呈现出较明显的变化趋势时，应视为有变动。

8.3 变形建模与预报

8.3.1 建筑变形分析与预报的目的是，对多期变形观测成果，通过分析变形量与变形因子之间的相关性，建立变形量与变形因子之间的数学模型，并根据需要对变形的发展趋势进行预报。这是建筑变形测量的任务之一，但也是一个较困难的环节。近20多年来，有关变形分析与预报的研究成果较多，许多方法尚处在探索中。本节主要吸收和采纳了其中一些相对成熟和便于使用的方法。

8.3.2 由于一个变形体上各观测点的变形状况不可能完全一致，因此对一个变形观测项目，可能需要建立多个反映变形量与变形因子之间关系的数学模型。具体建多少个模型应根据实际变形状况及应用的要求来确定。一般可利用平均变形量对整个变形体建立一个数学模型。如果需要，可选择几个变形量较大的或特殊的点建立相应于单个点或一组点的模型。当有多个变形数学模型时，则可以利用地理信息系统的空间分析技术实现多点变形状态的可视化和形象化表达。

8.3.3 回归分析是建立变形量与变形因子关系数学模型最常用的方法。该方法简单，使用也较方便。在使用中需要注意：

1 回归模型应尽可能简单，包含的变形因子数不宜过多，对于建筑变形而言，一般没有必要超过2个。

2 常用的回归模型是线性回归模型、指数回归模型和多项式回归模型。后两种非线性回归模型可以通过变量变换的方法转化成线性回归模型来处理。变量变换方法在各种回归分析教材中均有详细介绍。

3 当有多个变形因子时，有必要采用逐步回归分析方法，确定影响最显著的几个关键因子。逐步回归分析方法可参见有关教材的介绍。

8.3.4 灰色建模方法目前已经成为变形观测建模的一种较常用的方法。该方法只要求有4个以上周期的观测数据即可建模，建模过程也比较简单。灰色建模方法认为，变形体的变形可看成是一个复杂的动态过程，这一过程每一时刻的变形量可以视为变形体内部状态的过去变化与外部所有因素的共同作用的结果。基于这一思想，可以通过关联分析提取建模所需变量，对离散数据建立微分方程的动态模型，即灰色模型。

灰色模型有多种，变形分析中最常用的为GM（1，1）模型，它只包括一个变量（时间）。应用灰色建模方法的前提是，变形量的取得应呈等时间间隔，即应为时间序列数据（时序数据）。实际中，当不完全满足这一要求时，可通过插值的方式进行插补。有关灰色建模的原理、方法及其在变形测量中的应用方式等，可参见有关文献，如条文说明第8.2.3条给出的两种文献。

8.3.5 动态变形观测获得的是大量的时序数据，对这些数据可使用时间序列分析方法建模并作分析。

动态变形分析通常以变形的频率和变形的幅度为主要参数进行，可采用时域法和频域法两种时间序列分析方法。当变形周期很长时，变形值常呈现出密切的相关性，对于这类序列宜采用时域法分析。该方法是以时间序列的自相关函数作为拟合的基础。当变形周期较短时，宜采用频域法。该方法是对时间序列的谱分布进行统计分析作为主要的诊断工具。当预报精度要求高时，还应对拟合后的残差序列进行分析计算或进一步拟合。

有关时序分析及其在变形测量中应用的详细介绍可参见条文说明第 8.2.3 条给出的两种文献。

8.3.6 模型的有效性检验对于不同类型的数学模型方法不同。对于一元线性回归，主要是通过计算相关系数来判定。对于灰色模型 GM（1，1），则是通过计算后验差比值和小误差概率来判定。具体方法可参阅介绍这些建模方法的文献。需要注意的是，只有有效的数字模型，才能用于进一步的分析，如变形预报等。

8.3.7 当利用变形量与变形因子模型进行变形趋势预报时，为了提高预报精度，应尽可能对该模型生成的残差序列作进一步的时序分析，以精化预报模型。具体方法可参见介绍这些建模方法的文献。为了全面、合理地掌握预报结果，变形预报除给出某一时刻变形量的预报值外，还应同时给出预报值的误差范围和该预报值有效的边界条件。

9 成果整理与质量检查验收

9.1 成果整理

9.1.1 每次变形观测结束后，均应及时进行测量资料的整理，保证各项资料完整性。整个项目完成后，应对资料分类合并，整理装订。自动记录器记录的数据应注意观测时间和变形点号等的正确性。

9.1.2 为了保证变形测量成果的质量和可靠性，有关观测记录、计算资料和技术成果必须有有关责任人签字，并加盖成果章。这里的技术成果包括本规范第 9.1.3 条和第 9.1.4 条中的阶段性成果和综合成果。

9.1.3～9.1.4 建筑变形测量周期一般较长，很多情况下需要向委托方提交阶段性成果。变形测量任务全部完成后，或委托方需要时，则应提交综合成果。需要说明的是，变形测量过程中提交的阶段性成果实际上是综合成果的重要组成部分，必须切实保证阶段性成果的质量以及与综合成果之间的一致性。

9.1.5 建筑变形测量技术报告书是变形测量的主要成果，编写时可参考现行行业标准《测绘技术总结编写规定》CH/T 1001 的相关要求，其内容应涵盖本条所列的各个方面。

9.1.6 建筑变形测量的各项记录、计算资料以及阶段性成果和综合成果应按照档案管理的规定及时进行完整的归档。

9.1.7 建筑变形测量手段和处理方法的自动化程度正在不断提高。在条件允许的情况下，建立变形测量数据处理和信息管理系统，实现变形观测、记录、处理、分析和管理的一体化，方便资源共享，是非常必要的。

9.2 质量检查验收

9.2.1 建筑变形测量成果资料的正确无误，要依靠完善的质量保证体系来实现，两级检查、一级验收制度是多年来形成的行之有效的质量保证制度，检查验收人员应具备建筑变形测量的有关知识和经验，具有必要的数据处理分析能力。需要特别强调的是，变形测量的阶段性成果和综合成果一样重要，都需要经过严格的检查验收才能提交给委托方。

9.2.2 质量检查验收主要依据项目委托书、合同书及技术设计书等进行，因一般建筑变形测量周期较长，且对成果的时效性要求高，观测条件变化不可预计，对于成果的录用标准可能发生变化，所以对在作业中形成的文字记录可能变成成果录用的标准，从而成为检查验收的依据。

9.2.3 本条按变形测量的过程列出了质量检验的有关内容，在检查验收过程中某项内容可能不宜进行事后验证，要依靠作业员的诚信素质在作业过程中严格掌握。阶段性成果的检查应根据实际情况进行，以保证提交成果的正确无误。

9.2.4 变形测量时效性决定了测量过程的不可完全重复性的特点，因此，应保证现场检验的及时性和正确性，后续检查验收的时间要缩短。当质量检查不合格时，反馈渠道要畅通，应在分析造成不合格的原因后，立即进行必要的现场复测和纠正。纠正后的成果应重新进行质量检查验收。

中华人民共和国行业标准

回弹法检测混凝土抗压强度技术规程

Technical specification for inspecting of concrete compressive strength by rebound method

JGJ/T 23—2011

批准部门：中华人民共和国住房和城乡建设部

施行日期：2 0 1 1 年 1 2 月 1 日

中华人民共和国住房和城乡建设部
公　　告

第1000号

关于发布行业标准《回弹法检测混凝土抗压强度技术规程》的公告

现批准《回弹法检测混凝土抗压强度技术规程》为行业标准，编号为JGJ/T 23-2011，自2011年12月1日起实施。原行业标准《回弹法检测混凝土抗压强度技术规程》JGJ/T 23-2001同时废止。

本规程由我部标准定额研究所组织中国建筑工业出版社出版发行。

中华人民共和国住房和城乡建设部

2011年5月3日

前　　言

根据住房和城乡建设部《关于印发〈2008年工程建设标准规范制订、修订计划（第一批）〉的通知》（建标［2008］102号）的要求，规程编制组经过广泛的调查研究，认真总结实践经验，参考有关国际标准和国外先进标准，并在广泛征求意见的基础上，修订了本规程。

本规程的主要技术内容是：1. 总则；2. 术语和符号；3. 回弹仪；4. 检测技术；5. 回弹值计算；6. 测强曲线；7. 混凝土强度的计算。

修订的主要技术内容是：1. 增加了数字式回弹仪的技术要求；2. 增加了泵送混凝土测强曲线及测区强度换算表。

本规程由住房和城乡建设部负责管理，陕西省建筑科学研究院负责具体技术内容的解释。执行过程中如有意见或建议，请寄送陕西省建筑科学研究院（地址：西安市环城西路北段272号，邮政编码：710082，E-mail：sjkwhw@126.com）。

本规程主编单位：陕西省建筑科学研究院
浙江海天建设集团有限公司

本规程参编单位：浙江省建筑科学设计研究院有限公司
中国建筑科学研究院
乐陵市回弹仪厂
四川省建筑科学研究院
舟山市博远科技开发有限公司
江苏省建筑科学研究院
贵州中建建筑科研设计院
浙江省建设工程检测协会
四川华西混凝土工程有限公司
广州穗监工程质量安全检测中心
山东省建筑科学研究院
中山市建设工程质量检测中心

本规程主要起草人员：文恒武　卢锡雷　魏超琪
徐国孝　张仁瑜　王明堂
彭泽杨　应培新　崔士起
周岳年　顾瑞南　朱艾路
张　晓　诸华丰　马　林
郭　林　吴福成　王金山
吴照海

本规程主要审查人员：罗骐先　黄政宇　王福川
薛永武　郝挺宇　叶　健
童寿兴　朱金根　国天逵
王文明　张荣成

目　次

1　总则 …………………………………… 16—5
2　术语和符号 ……………………………… 16—5
2.1　术语 ……………………………………… 16—5
2.2　符号 ……………………………………… 16—5
3　回弹仪 …………………………………… 16—5
3.1　技术要求 ………………………………… 16—5
3.2　检定 ……………………………………… 16—5
3.3　保养 ……………………………………… 16—6
4　检测技术 ………………………………… 16—6
4.1　一般规定 ………………………………… 16—6
4.2　回弹值测量 ……………………………… 16—7
4.3　碳化深度值测量 ………………………… 16—7
4.4　泵送混凝土的检测 ……………………… 16—7
5　回弹值计算 ……………………………… 16—7
6　测强曲线 ………………………………… 16—7
6.1　一般规定 ………………………………… 16—7
6.2　统一测强曲线 …………………………… 16—8
6.3　地区和专用测强曲线 …………………… 16—8
7　混凝土强度的计算 ……………………… 16—8
附录A　测区混凝土强度换算表 ……… 16—9
附录B　泵送混凝土测区强度换算表 ……………………………… 16—15
附录C　非水平方向检测时的回弹值修正值 ………………………… 16—20
附录D　不同浇筑面的回弹值修正值 ……………………………… 16—21
附录E　地区和专用测强曲线的制定方法 ………………………… 16—21
附录F　回弹法检测混凝土抗压强度报告 ………………………… 16—22
本规程用词说明 …………………………… 16—22
引用标准名录 ……………………………… 16—22
附：条文说明 ……………………………… 16—23

Contents

1 General Provisions ························ 16—5
2 Terms and Symbol ························ 16—5
2.1 Terms ························ 16—5
2.2 Symbol ························ 16—5
3 Rebound Hammer ························ 16—5
3.1 Technical Requirements ························ 16—5
3.2 Verification ························ 16—5
3.3 Maintenance ························ 16—6
4 Testing Technology ························ 16—6
4.1 General Requirements ························ 16—6
4.2 Rebound Value Measurement ························ 16—7
4.3 Carbonation Depth Measurement ························ 16—7
4.4 Pumped Strength Concrete Testing ························ 16—7
5 Calculation of Rebound Value ························ 16—7
6 Testing Strength Curve ························ 16—7
6.1 General Requirements ························ 16—7
6.2 National Testing Strength Curve ························ 16—8
6.3 Testing Strength Curve for Regions and Special Projects ························ 16—8
7 Calculation of compressive Strength for Concrete ························ 16—8
Appendix A Conversion Table of Compressive Strength of Concrete for Test Area ························ 16—9
Appendix B Conversion Table of compressive Strength of Pumped Concrete for Test Area ························ 16—15
Appendix C Modified Value of Rebound Value under Non-horizontal Testing ························ 16—20
Appendix D Modified Value of Rebound Value of Different Pouring Planes ························ 16—21
Appendix E Method of Formulating Testing Strength Curve for Different Regionals and Project Types ························ 16—21
Appendix F Report for Testing of Concrete Compressive Strength by Rebound Method ························ 16—22
Explanation of Wording in This Specification ························ 16—22
List of Quoted Standards ························ 16—22
Addition: Explanation of Provisions ························ 16—23

1 总 则

1.0.1 为统一使用回弹仪检测普通混凝土抗压强度的方法，保证检测精度，制定本规程。

1.0.2 本规程适用于普通混凝土抗压强度（以下简称混凝土强度）的检测，不适用于表层与内部质量有明显差异或内部存在缺陷的混凝土强度检测。

1.0.3 使用回弹法进行检测的人员，应通过专门的技术培训。

1.0.4 回弹法检测混凝土强度除应符合本规程外，尚应符合国家现行有关标准的规定。

2 术语和符号

2.1 术 语

2.1.1 测区 test area

检测构件混凝土强度时的一个检测单元。

2.1.2 测点 test point

测区内的一个回弹检测点。

2.1.3 测区混凝土强度换算值 conversion value of concrete compressive strength of test area

由测区的平均回弹值和碳化深度值通过测强曲线或测区强度换算表得到的测区现龄期混凝土强度值。

2.1.4 混凝土强度推定值 estimation value of strength for concrete

相应于强度换算值总体分布中保证率不低于95%的构件中的混凝土强度值。

2.2 符 号

d_m——测区的平均碳化深度值。

$f^c_{cu,i}$——测区混凝土强度换算值。

$f_{cor,m}$——芯样试件混凝土强度平均值。

$f_{cu,m}$——同条件立方体试块混凝土强度平均值。

$f^c_{cu,m0}$——对应于钻芯部位或同条件试块回弹测区混凝土强度换算值的平均值。

$f_{cor,i}$——第 i 个混凝土芯样试件的抗压强度。

$f_{cu,i}$——第 i 个混凝土立方体试块的抗压强度。

$f^c_{cu,i0}$——修正前第 i 个测区的混凝土强度换算值。

$f^c_{cu,i1}$——修正后第 i 个测区的混凝土强度换算值。

$f^c_{cu,min}$——构件中测区混凝土强度换算值的最小值。

$f_{cu,e}$——构件混凝土强度推定值。

$m_{f^c_{cu}}$——测区混凝土强度换算值的平均值。

$S_{f^c_{cu}}$——构件测区混凝土强度换算值的标准差。

R_i——测区第 i 个测点的回弹值。

R_m——测区或试块的平均回弹值。

$R_{m\alpha}$——回弹仪非水平方向检测时，测区的平均回弹值。

R^t_m——回弹仪在水平方向检测混凝土浇筑表面时，测区的平均回弹值。

R^b_m——回弹仪在水平方向检测混凝土浇筑底面时，测区的平均回弹值。

R^t_a——回弹仪检测混凝土浇筑表面时，回弹值的修正值。

R^b_a——回弹仪检测混凝土浇筑底面时，回弹值的修正值。

$R_{a\alpha}$——非水平方向检测时，回弹值的修正值。

Δ_{tot}——测区混凝土强度修正量。

3 回 弹 仪

3.1 技 术 要 求

3.1.1 回弹仪可为数字式的，也可为指针直读式的。

3.1.2 回弹仪应具有产品合格证及计量检定证书，并应在回弹仪的明显位置上标注名称、型号、制造厂名（或商标）、出厂编号等。

3.1.3 回弹仪除应符合现行国家标准《回弹仪》GB/T 9138 的规定外，尚应符合下列规定：

1 水平弹击时，在弹击锤脱钩瞬间，回弹仪的标称能量应为 2.207J；

2 在弹击锤与弹击杆碰撞的瞬间，弹击拉簧应处于自由状态，且弹击锤起跳点应位于指针指示刻度尺上的“0”处；

3 在洛氏硬度 HRC 为 60±2 的钢砧上，回弹仪的率定值应为 80±2；

4 数字式回弹仪应带有指针直读示值系统；数字显示的回弹值与指针直读示值相差不应超过 1。

3.1.4 回弹仪使用时的环境温度应为(−4～40)℃。

3.2 检 定

3.2.1 回弹仪检定周期为半年，当回弹仪具有下列情况之一时，应由法定计量检定机构按现行行业标准《回弹仪》JJG 817 进行检定：

1 新回弹仪启用前；

2 超过检定有效期限；

3 数字式回弹仪数字显示的回弹值与指针直读示值相差大于1；

4 经保养后，在钢砧上的率定值不合格；

5 遭受严重撞击或其他损害。

3.2.2 回弹仪的率定试验应符合下列规定：

1 率定试验应在室温为(5～35)℃的条件下进行；

2 钢砧表面应干燥、清洁，并应稳固地平放在刚度大的物体上；

3 回弹值应取连续向下弹击三次的稳定回弹结

果的平均值；

4 率定试验应分四个方向进行，且每个方向弹击前，弹击杆应旋转90度，每个方向的回弹平均值均应为80±2。

3.2.3 回弹仪率定试验所用的钢砧应每2年送授权计量检定机构检定或校准。

3.3 保 养

3.3.1 当回弹仪存在下列情况之一时，应进行保养：

1 回弹仪弹击超过2000次；

2 在钢砧上的率定值不合格；

3 对检测值有怀疑。

3.3.2 回弹仪的保养应按下列步骤进行：

1 先将弹击锤脱钩，取出机芯，然后卸下弹击杆，取出里面的缓冲压簧，并取出弹击锤、弹击拉簧和拉簧座。

2 清洁机芯各零部件，并应重点清理中心导杆、弹击锤和弹击杆的内孔及冲击面。清理后，应在中心导杆上薄薄涂抹钟表油，其他零部件不得抹油。

3 清理机壳内壁，卸下刻度尺，检查指针，其摩擦力应为(0.5～0.8)N。

4 对于数字式回弹仪，还应按产品要求的维护程序进行维护。

5 保养时，不得旋转尾盖上已定位紧固的调零螺丝，不得自制或更换零部件。

6 保养后应按本规程第3.2.2条的规定进行率定。

3.3.3 回弹仪使用完毕，应使弹击杆伸出机壳，并应清除弹击杆、杆前端球面以及刻度尺表面和外壳上的污垢、尘土。回弹仪不用时，应将弹击杆压入机壳内，经弹击后按下按钮，锁住机芯，然后装入仪器箱。仪器箱应平放在干燥阴凉处。当数字式回弹仪长期不用时，应取出电池。

4 检 测 技 术

4.1 一 般 规 定

4.1.1 采用回弹法检测混凝土强度时，宜具有下列资料：

1 工程名称、设计单位、施工单位；

2 构件名称、数量及混凝土类型、强度等级；

3 水泥安定性，外加剂、掺合料品种，混凝土配合比等；

4 施工模板，混凝土浇筑、养护情况及浇筑日期等；

5 必要的设计图纸和施工记录；

6 检测原因。

4.1.2 回弹仪在检测前后，均应在钢砧上做率定试验，并应符合本规程第3.1.3条的规定。

4.1.3 混凝土强度可按单个构件或按批量进行检测，并应符合下列规定：

1 单个构件的检测应符合本规程第4.1.4条的规定。

2 对于混凝土生产工艺、强度等级相同，原材料、配合比、养护条件基本一致且龄期相近的一批同类构件的检测应采用批量检测。按批量进行检测时，应随机抽取构件，抽检数量不宜少于同批构件总数的30%且不宜少于10件。当检验批构件数量大于30个时，抽样构件数量可适当调整，并不得少于国家现行有关标准规定的最少抽样数量。

4.1.4 单个构件的检测应符合下列规定：

1 对于一般构件，测区数不宜少于10个。当受检构件数量大于30个且不需提供单个构件推定强度或受检构件某一方向尺寸不大于4.5m且另一方向尺寸不大于0.3m时，每个构件的测区数量可适当减少，但不应少于5个。

2 相邻两测区的间距不应大于2m，测区离构件端部或施工缝边缘的距离不宜大于0.5m，且不宜小于0.2m。

3 测区宜选在能使回弹仪处于水平方向的混凝土浇筑侧面。当不能满足这一要求时，也可选在使回弹仪处于非水平方向的混凝土浇筑表面或底面。

4 测区宜布置在构件的两个对称的可测面上，当不能布置在对称的可测面上时，也可布置在同一可测面上，且应均匀分布。在构件的重要部位及薄弱部位应布置测区，并应避开预埋件。

5 测区的面积不宜大于$0.04m^2$。

6 测区表面应为混凝土原浆面，并应清洁、平整，不应有疏松层、浮浆、油垢、涂层以及蜂窝、麻面。

7 对于弹击时产生颤动的薄壁、小型构件，应进行固定。

4.1.5 测区应标有清晰的编号，并宜在记录纸上绘制测区布置示意图和描述外观质量情况。

4.1.6 当检测条件与本规程第6.2.1条和第6.2.2条的适用条件有较大差异时，可采用在构件上钻取的混凝土芯样或同条件试块对测区混凝土强度换算值进行修正。对同一强度等级混凝土修正时，芯样数量不应少于6个，公称直径宜为100mm，高径比应为1。芯样应在测区内钻取，每个芯样应只加工一个试件。同条件试块修正时，试块数量不应少于6个，试块边长应为150mm。计算时，测区混凝土强度修正量及测区混凝土强度换算值的修正应符合下列规定：

1 修正量应按下列公式计算：

$$\Delta_{tot} = f_{cor,m} - f^{c}_{cu,m0} \quad (4.1.6\text{-}1)$$

$$\Delta_{tot} = f_{cu,m} - f^{c}_{cu,m0} \quad (4.1.6\text{-}2)$$

$$f_{\mathrm{cor,m}}=\frac{1}{n}\sum_{i=1}^{n}f_{\mathrm{cor},i} \tag{4.1.6-3}$$

$$f_{\mathrm{cu,m}}=\frac{1}{n}\sum_{i=1}^{n}f_{\mathrm{cu},i} \tag{4.1.6-4}$$

$$f_{\mathrm{cu,m0}}^{c}=\frac{1}{n}\sum_{i=1}^{n}f_{\mathrm{cu},i}^{c} \tag{4.1.6-5}$$

式中：Δ_{tot} ——测区混凝土强度修正量（MPa），精确到 0.1MPa；

$f_{\mathrm{cor,m}}$ ——芯样试件混凝土强度平均值（MPa），精确到 0.1MPa；

$f_{\mathrm{cu,m}}$ ——150mm 同条件立方体试块混凝土强度平均值（MPa），精确到 0.1MPa；

$f_{\mathrm{cu,m0}}^{c}$ ——对应于钻芯部位或同条件立方体试块回弹测区混凝土强度换算值的平均值（MPa），精确到 0.1MPa；

$f_{\mathrm{cor},i}$ ——第 i 个混凝土芯样试件的抗压强度；

$f_{\mathrm{cu},i}$ ——第 i 个混凝土立方体试块的抗压强度；

$f_{\mathrm{cu},i}^{c}$ ——对应于第 i 个芯样部位或同条件立方体试块测区回弹值和碳化深度值的混凝土强度换算值，可按本规程附录 A 或附录 B 取值；

n ——芯样或试块数量。

2 测区混凝土强度换算值的修正应按下式计算：

$$f_{\mathrm{cu},i1}^{c}=f_{\mathrm{cu},i0}^{c}+\Delta_{\mathrm{tot}} \tag{4.1.6-6}$$

式中：$f_{\mathrm{cu},i0}^{c}$ ——第 i 个测区修正前的混凝土强度换算值（MPa），精确到 0.1MPa；

$f_{\mathrm{cu},i1}^{c}$ ——第 i 个测区修正后的混凝土强度换算值（MPa），精确到 0.1MPa。

4.2 回弹值测量

4.2.1 测量回弹值时，回弹仪的轴线应始终垂直于混凝土检测面，并应缓慢施压、准确读数、快速复位。

4.2.2 每一测区应读取 16 个回弹值，每一测点的回弹值读数应精确至 1。测点宜在测区范围内均匀分布，相邻两测点的净距离不宜小于 20mm；测点距外露钢筋、预埋件的距离不宜小于 30mm；测点不应在气孔或外露石子上，同一测点应只弹击一次。

4.3 碳化深度值测量

4.3.1 回弹值测量完毕后，应在有代表性的测区上测量碳化深度值，测点数不应少于构件测区数的 30%，应取其平均值作为该构件每个测区的碳化深度值。当碳化深度值极差大于 2.0mm 时，应在每一测区分别测量碳化深度值。

4.3.2 碳化深度值的测量应符合下列规定：

1 可采用工具在测区表面形成直径约 15mm 的孔洞，其深度应大于混凝土的碳化深度；

2 应清除孔洞中的粉末和碎屑，且不得用水擦洗；

3 应采用浓度为 1%～2%的酚酞酒精溶液滴在孔洞内壁的边缘处，当已碳化与未碳化界线清晰时，应采用碳化深度测量仪测量已碳化与未碳化混凝土交界面到混凝土表面的垂直距离，并应测量 3 次，每次读数应精确至 0.25mm；

4 应取三次测量的平均值作为检测结果，并应精确至 0.5mm。

4.4 泵送混凝土的检测

4.4.1 检测泵送混凝土强度时，测区应选在混凝土浇筑侧面。

5 回弹值计算

5.0.1 计算测区平均回弹值时，应从该测区的 16 个回弹值中剔除 3 个最大值和 3 个最小值，其余的 10 个回弹值按下式计算：

$$R_{\mathrm{m}}=\frac{\sum_{i=1}^{10}R_i}{10} \tag{5.0.1}$$

式中：R_{m}——测区平均回弹值，精确至 0.1；

R_i——第 i 个测点的回弹值。

5.0.2 非水平方向检测混凝土浇筑侧面时，测区的平均回弹值应按下式修正：

$$R_{\mathrm{m}}=R_{\mathrm{m}\alpha}+R_{\mathrm{a}\alpha} \tag{5.0.2}$$

式中：$R_{\mathrm{m}\alpha}$ ——非水平方向检测时测区的平均回弹值，精确至 0.1；

$R_{\mathrm{a}\alpha}$ ——非水平方向检测时回弹值修正值，应按本规程附录 C 取值。

5.0.3 水平方向检测混凝土浇筑表面或浇筑底面时，测区的平均回弹值应按下列公式修正：

$$R_{\mathrm{m}}=R_{\mathrm{m}}^{\mathrm{t}}+R_{\mathrm{a}}^{\mathrm{t}} \tag{5.0.3-1}$$

$$R_{\mathrm{m}}=R_{\mathrm{m}}^{\mathrm{b}}+R_{\mathrm{a}}^{\mathrm{b}} \tag{5.0.3-2}$$

式中：$R_{\mathrm{m}}^{\mathrm{t}}$、$R_{\mathrm{m}}^{\mathrm{b}}$ ——水平方向检测混凝土浇筑表面、底面时，测区的平均回弹值，精确至 0.1；

$R_{\mathrm{a}}^{\mathrm{t}}$、$R_{\mathrm{a}}^{\mathrm{b}}$ ——混凝土浇筑表面、底面回弹值的修正值，应按本规程附录 D 取值。

5.0.4 当回弹仪为非水平方向且测试面为混凝土的非浇筑侧面时，应先对回弹值进行角度修正，并应对修正后的回弹值进行浇筑面修正。

6 测强曲线

6.1 一般规定

6.1.1 混凝土强度换算值可采用下列测强曲线计算：

1　统一测强曲线：由全国有代表性的材料、成型工艺制作的混凝土试件，通过试验所建立的测强曲线。

2　地区测强曲线：由本地区常用的材料、成型工艺制作的混凝土试件，通过试验所建立的测强曲线。

3　专用测强曲线：由与构件混凝土相同的材料、成型养护工艺制作的混凝土试件，通过试验所建立的测强曲线。

6.1.2　有条件的地区和部门，应制定本地区的测强曲线或专用测强曲线。检测单位宜按专用测强曲线、地区测强曲线、统一测强曲线的顺序选用测强曲线。

6.2　统一测强曲线

6.2.1　符合下列条件的非泵送混凝土，测区强度应按本规程附录A进行强度换算：

1　混凝土采用的水泥、砂石、外加剂、掺合料、拌合用水符合国家现行有关标准；

2　采用普通成型工艺；

3　采用符合国家标准规定的模板；

4　蒸汽养护出池经自然养护7d以上，且混凝土表层为干燥状态；

5　自然养护且龄期为(14～1000)d；

6　抗压强度为(10.0～60.0)MPa。

6.2.2　符合本规程第6.2.1条的泵送混凝土，测区强度可按本规程附录B的曲线方程计算或按本规程附录B的规定进行强度换算。

6.2.3　测区混凝土强度换算表所依据的统一测强曲线，其强度误差值应符合下列规定：

1　平均相对误差(δ)不应大于±15.0%；

2　相对标准差(e_r)不应大于18.0%。

6.2.4　当有下列情况之一时，测区混凝土强度不得按本规程附录A或附录B进行强度换算：

1　非泵送混凝土粗骨料最大公称粒径大于60mm，泵送混凝土粗骨料最大公称粒径大于31.5mm；

2　特种成型工艺制作的混凝土；

3　检测部位曲率半径小于250mm；

4　潮湿或浸水混凝土。

6.3　地区和专用测强曲线

6.3.1　地区和专用测强曲线的强度误差应符合下列规定：

1　地区测强曲线：平均相对误差(δ)不应大于±14.0%，相对标准差(e_r)不应大于17.0%。

2　专用测强曲线：平均相对误差(δ)不应大于±12.0%，相对标准差(e_r)不应大于14.0%。

3　平均相对误差（δ）和相对标准差（e_r）的计算应符合本规程附录E的规定。

6.3.2　地区和专用测强曲线应按本规程附录E的方法制定。使用地区或专用测强曲线时，被检测的混凝土应与制定该类测强曲线混凝土的适应条件相同，不得超出该类测强曲线的适应范围，并应每半年抽取一定数量的同条件试件进行校核，当存在显著差异时，应查找原因，不得继续使用。

7　混凝土强度的计算

7.0.1　构件第 i 个测区混凝土强度换算值，可按本规程第5章所求得的平均回弹值（R_m）及按本规程第4.3条所求得的平均碳化深度值（d_m）由本规程附录A、附录B查表或计算得出。当有地区或专用测强曲线时，混凝土强度的换算值宜按地区测强曲线或专用测强曲线计算或查表得出。

7.0.2　构件的测区混凝土强度平均值应根据各测区的混凝土强度换算值计算。当测区数为10个及以上时，还应计算强度标准差。平均值及标准差应按下列公式计算：

$$m_{f^c_{cu}} = \frac{\sum_{i=1}^{n} f^c_{cu,i}}{n} \tag{7.0.2-1}$$

$$S_{f^c_{cu}} = \sqrt{\frac{\sum_{i=1}^{n}(f^c_{cu,i})^2 - n(m_{f^c_{cu}})^2}{n-1}} \tag{7.0.2-2}$$

式中：$m_{f^c_{cu}}$——构件测区混凝土强度换算值的平均值(MPa)，精确至0.1MPa；

n——对于单个检测的构件，取该构件的测区数；对批量检测的构件，取所有被抽检构件测区数之和；

$S_{f^c_{cu}}$——结构或构件测区混凝土强度换算值的标准差(MPa)，精确至0.01MPa。

7.0.3　构件的现龄期混凝土强度推定值（$f_{cu,e}$）应符合下列规定：

1　当构件测区数少于10个时，应按下式计算：

$$f_{cu,e} = f^c_{cu,min} \tag{7.0.3-1}$$

式中：$f^c_{cu,min}$——构件中最小的测区混凝土强度换算值。

2　当构件的测区强度值中出现小于10.0MPa时，应按下式确定：

$$f_{cu,e} < 10.0\text{MPa} \tag{7.0.3-2}$$

3　当构件测区数不少于10个时，应按下式计算：

$$f_{cu,e} = m_{f^c_{cu}} - 1.645 S_{f^c_{cu}} \tag{7.0.3-3}$$

4　当批量检测时，应按下式计算：

$$f_{cu,e} = m_{f^c_{cu}} - k S_{f^c_{cu}} \tag{7.0.3-4}$$

式中：k——推定系数，宜取1.645。当需要进行推定强度区间时，可按国家现行有关标准的规定取值。

注：构件的混凝土强度推定值是指相应于强度换算值总体分布中保证率不低于95%的构件中混凝土抗压强度值。

7.0.4 对按批量检测的构件，当该批构件混凝土强度标准差出现下列情况之一时，该批构件应全部按单个构件检测：

1 当该批构件混凝土强度平均值小于25MPa、$S_{f^c_{cu}}$ 大于4.5MPa时；

2 当该批构件混凝土强度平均值不小于25MPa且不大于60MPa、$S_{f^c_{cu}}$ 大于5.5MPa时。

7.0.5 回弹法检测混凝土抗压强度报告可按本规程附录F的格式编写。

附录A 测区混凝土强度换算表

表A 测区混凝土强度换算表

平均回弹值 R_m	测区混凝土强度换算值 $f^c_{cu,i}$（MPa）												
	平均碳化深度值 d_m（mm）												
	0.0	0.5	1.0	1.5	2.0	2.5	3.0	3.5	4.0	4.5	5.0	5.5	≥6
20.0	10.3	10.1	—	—	—	—	—	—	—	—	—	—	—
20.2	10.5	10.3	10.0	—	—	—	—	—	—	—	—	—	—
20.4	10.7	10.5	10.2	—	—	—	—	—	—	—	—	—	—
20.6	11.0	10.8	10.4	10.1	—	—	—	—	—	—	—	—	—
20.8	11.2	11.0	10.6	10.3	—	—	—	—	—	—	—	—	—
21.0	11.4	11.2	10.8	10.5	10.0	—	—	—	—	—	—	—	—
21.2	11.6	11.4	11.0	10.7	10.2	—	—	—	—	—	—	—	—
21.4	11.8	11.6	11.2	10.9	10.4	10.0	—	—	—	—	—	—	—
21.6	12.0	11.8	11.4	11.0	10.6	10.2	—	—	—	—	—	—	—
21.8	12.3	12.1	11.7	11.3	10.8	10.5	10.1	—	—	—	—	—	—
22.0	12.5	12.2	11.9	11.5	11.0	10.6	10.2	—	—	—	—	—	—
22.2	12.7	12.4	12.1	11.7	11.2	10.8	10.4	10.0	—	—	—	—	—
22.4	13.0	12.7	12.4	12.0	11.4	11.0	10.7	10.3	10.0	—	—	—	—
22.6	13.2	12.9	12.5	12.1	11.6	11.2	10.8	10.4	10.2	—	—	—	—
22.8	13.4	13.1	12.7	12.3	11.8	11.4	11.0	10.6	10.3	—	—	—	—
23.0	13.7	13.4	13.0	12.6	12.1	11.6	11.2	10.8	10.5	10.1	—	—	—
23.2	13.9	13.6	13.2	12.8	12.2	11.8	11.4	11.0	10.7	10.3	10.0	—	—
23.4	14.1	13.8	13.4	13.0	12.4	12.0	11.6	11.2	10.9	10.4	10.2	—	—
23.6	14.4	14.1	13.7	13.2	12.7	12.2	11.8	11.4	11.1	10.7	10.4	10.1	—
23.8	14.6	14.3	13.9	13.4	12.8	12.4	12.0	11.5	11.2	10.8	10.5	10.2	—
24.0	14.9	14.6	14.2	13.7	13.1	12.7	12.2	11.8	11.5	11.0	10.7	10.4	10.1
24.2	15.1	14.8	14.3	13.9	13.3	12.8	12.4	11.9	11.6	11.2	10.9	10.6	10.3
24.4	15.4	15.1	14.6	14.2	13.6	13.1	12.6	12.2	11.9	11.4	11.1	10.8	10.4
24.6	15.6	15.3	14.8	14.4	13.7	13.3	12.8	12.3	12.0	11.5	11.2	10.9	10.6
24.8	15.9	15.6	15.1	14.6	14.0	13.5	13.0	12.6	12.2	11.8	11.4	11.1	10.7
25.0	16.2	15.9	15.4	14.9	14.3	13.8	13.3	12.8	12.5	12.0	11.7	11.3	10.9

续表 A

平均回弹值 R_m	测区混凝土强度换算值 $f^c_{cu,i}$（MPa）												
	平均碳化深度值 d_m（mm）												
	0.0	0.5	1.0	1.5	2.0	2.5	3.0	3.5	4.0	4.5	5.0	5.5	≥6
25.2	16.4	16.1	15.6	15.1	14.4	13.9	13.4	13.0	12.6	12.1	11.8	11.5	11.0
25.4	16.7	16.4	15.9	15.4	14.7	14.2	13.7	13.2	12.9	12.4	12.0	11.7	11.2
25.6	16.9	16.6	16.1	15.7	14.9	14.4	13.9	13.4	13.0	12.5	12.2	11.8	11.3
25.8	17.2	16.9	16.3	15.8	15.1	14.6	14.1	13.6	13.2	12.7	12.4	12.0	11.5
26.0	17.5	17.2	16.6	16.1	15.4	14.9	14.4	13.8	13.5	13.0	12.6	12.2	11.6
26.2	17.8	17.4	16.9	16.4	15.7	15.1	14.6	14.0	13.7	13.2	12.8	12.4	11.8
26.4	18.0	17.6	17.1	16.6	15.8	15.3	14.8	14.2	13.9	13.3	13.0	12.6	12.0
26.6	18.3	17.9	17.4	16.8	16.1	15.6	15.0	14.4	14.1	13.5	13.2	12.8	12.1
26.8	18.6	18.2	17.7	17.1	16.4	15.8	15.3	14.6	14.3	13.8	13.4	12.9	12.3
27.0	18.9	18.5	18.0	17.4	16.6	16.1	15.5	14.8	14.6	14.0	13.6	13.1	12.4
27.2	19.1	18.7	18.1	17.6	16.8	16.2	15.7	15.0	14.7	14.1	13.8	13.3	12.6
27.4	19.4	19.0	18.4	17.8	17.0	16.4	15.9	15.2	14.9	14.3	14.0	13.4	12.7
27.6	19.7	19.3	18.7	18.0	17.2	16.6	16.1	15.4	15.1	14.5	14.1	13.6	12.9
27.8	20.0	19.6	19.0	18.2	17.4	16.8	16.3	15.6	15.3	14.7	14.2	13.7	13.0
28.0	20.3	19.7	19.2	18.4	17.6	17.0	16.5	15.8	15.4	14.8	14.4	13.9	13.2
28.2	20.6	20.0	19.5	18.6	17.8	17.2	16.7	16.0	15.6	15.0	14.6	14.0	13.3
28.4	20.9	20.3	19.7	18.8	18.0	17.4	16.9	16.2	15.8	15.2	14.8	14.2	13.5
28.6	21.2	20.6	20.0	19.1	18.2	17.6	17.1	16.4	16.0	15.4	15.0	14.3	13.6
28.8	21.5	20.9	20.0	19.4	18.5	17.8	17.3	16.6	16.2	15.6	15.2	14.5	13.8
29.0	21.8	21.1	20.5	19.6	18.7	18.1	17.5	16.8	16.4	15.8	15.4	14.6	13.9
29.2	22.1	21.4	20.8	19.9	19.0	18.3	17.7	17.0	16.6	16.0	15.6	14.8	14.1
29.4	22.4	21.7	21.1	20.2	19.3	18.6	17.9	17.2	16.8	16.2	15.8	15.0	14.2
29.6	22.7	22.0	21.3	20.4	19.5	18.8	18.2	17.5	17.0	16.4	16.0	15.1	14.4
29.8	23.0	22.3	21.6	20.7	19.8	19.1	18.4	17.7	17.2	16.6	16.2	15.3	14.5
30.0	23.3	22.6	21.9	21.0	20.0	19.3	18.6	17.9	17.4	16.8	16.4	15.4	14.7
30.2	23.6	22.9	22.2	21.2	20.3	19.6	18.9	18.2	17.6	17.0	16.6	15.6	14.9
30.4	23.9	23.2	22.5	21.5	20.6	19.8	19.1	18.4	17.8	17.2	16.8	15.8	15.1
30.6	24.3	23.6	22.8	21.9	20.9	20.2	19.4	18.7	18.0	17.5	17.0	16.0	15.2
30.8	24.6	23.9	23.1	22.1	21.2	20.4	19.7	18.9	18.2	17.7	17.2	16.2	15.4
31.0	24.9	24.2	23.4	22.4	21.4	20.7	19.9	19.2	18.4	17.9	17.4	16.4	15.5
31.2	25.2	24.4	23.7	22.7	21.7	20.9	20.2	19.4	18.6	16.1	17.6	16.6	15.7
31.4	25.6	24.8	24.1	23.0	22.0	21.2	20.5	19.7	18.9	18.4	17.8	16.9	15.8
31.6	25.9	25.1	24.3	23.3	22.3	21.5	20.7	19.9	19.2	18.6	18.0	17.1	16.0
31.8	26.2	25.4	24.6	23.6	22.5	21.7	21.0	20.2	19.4	18.9	18.2	17.3	16.2
32.0	26.5	25.7	24.9	23.9	22.8	22.0	21.2	20.4	19.6	19.1	18.4	17.5	16.4
32.2	26.9	26.1	25.3	24.2	23.1	22.3	21.5	20.7	19.9	19.4	18.6	17.7	16.6

续表 A

平均回弹值 R_m	测区混凝土强度换算值 $f^c_{cu,i}$（MPa）												
	平均碳化深度值 d_m（mm）												
	0.0	0.5	1.0	1.5	2.0	2.5	3.0	3.5	4.0	4.5	5.0	5.5	≥6
32.4	27.2	26.4	25.6	24.5	23.4	22.6	21.8	20.9	20.1	19.6	18.8	17.9	16.8
32.6	27.6	26.8	25.9	24.8	23.7	22.9	22.1	21.3	20.4	19.9	19.0	18.1	17.0
32.8	27.9	27.1	26.2	25.1	24.0	23.2	22.3	21.5	20.6	20.1	19.2	18.3	17.2
33.0	28.2	27.4	26.5	25.4	24.3	23.4	22.6	21.7	20.9	20.3	19.4	18.5	17.4
33.2	28.6	27.7	26.8	25.7	24.6	23.7	22.9	22.0	21.2	20.5	19.6	18.7	17.6
33.4	28.9	28.0	27.1	26.0	24.9	24.0	23.1	22.3	21.4	20.7	19.8	18.9	17.8
33.6	29.3	28.4	27.4	26.4	25.2	24.2	23.3	22.6	21.7	20.9	20.0	19.1	18.0
33.8	29.6	28.7	27.7	26.6	25.4	24.4	23.5	22.8	21.9	21.1	20.2	19.3	18.2
34.0	30.0	29.1	28.0	26.8	25.6	24.6	23.7	23.0	22.1	21.3	20.4	19.5	18.3
34.2	30.3	29.4	28.3	27.0	25.8	24.8	23.9	23.2	22.3	21.5	20.6	19.7	18.4
34.4	30.7	29.8	28.6	27.2	26.0	25.0	24.1	23.4	22.5	21.7	20.8	19.8	18.6
34.6	31.1	30.2	28.9	27.4	26.2	25.2	24.3	23.6	22.7	21.9	21.0	20.0	18.8
34.8	31.4	30.5	29.2	27.6	26.4	25.4	24.5	23.8	22.9	22.1	21.2	20.2	19.0
35.0	31.8	30.8	29.6	28.0	26.7	25.8	24.8	24.0	23.2	22.3	21.4	20.4	19.2
35.2	32.1	31.1	29.9	28.2	27.0	26.0	25.0	24.2	23.4	22.5	21.6	20.6	19.4
35.4	32.5	31.5	30.2	28.6	27.3	26.3	25.4	24.4	23.7	22.8	21.8	20.8	19.6
35.6	32.9	31.9	30.6	29.0	27.6	26.6	25.7	24.7	24.0	23.0	22.0	21.0	19.8
35.8	33.3	32.3	31.0	29.3	28.0	27.0	26.0	25.0	24.3	23.3	22.2	21.2	20.0
36.0	33.6	32.6	31.2	29.6	28.2	27.2	26.2	25.2	24.5	23.5	22.4	21.4	20.2
36.2	34.0	33.0	31.6	29.9	28.6	27.5	26.5	25.5	24.8	23.8	22.6	21.6	20.4
36.4	34.4	33.4	32.0	30.3	28.9	27.9	26.8	25.8	25.1	24.1	22.8	21.8	20.6
36.6	34.8	33.8	32.4	30.6	29.2	28.2	27.1	26.1	25.4	24.4	23.0	22.0	20.9
36.8	35.2	34.1	32.7	31.0	29.6	28.5	27.5	26.4	25.7	24.6	23.2	22.2	21.1
37.0	35.5	34.4	33.0	31.2	29.8	28.8	27.7	26.6	25.9	24.8	23.4	22.4	21.3
37.2	35.9	34.8	33.4	31.6	30.2	29.1	28.0	26.9	26.2	25.1	23.7	22.6	21.5
37.4	36.3	35.2	33.8	31.9	30.5	29.4	28.3	27.2	26.6	25.4	24.0	22.9	21.8
37.6	36.7	35.6	34.1	32.3	30.8	29.7	28.6	27.5	26.8	25.7	24.2	23.1	22.0
37.8	37.1	36.0	34.5	32.6	31.2	30.0	28.9	27.8	27.1	26.0	24.5	23.4	22.3
38.0	37.5	36.4	34.9	33.0	31.5	30.3	29.2	28.1	27.4	26.2	24.8	23.6	22.5
38.2	37.9	36.8	35.2	33.4	31.8	30.6	29.5	28.4	27.7	26.5	25.0	23.9	22.7
38.4	38.3	37.2	35.6	33.7	32.1	30.9	29.8	28.7	28.0	29.8	25.3	24.1	23.0
38.6	38.7	37.5	36.0	34.1	32.4	31.2	30.1	29.0	28.3	27.0	25.5	24.4	23.2
38.8	39.1	37.9	36.4	34.4	32.7	31.5	30.4	29.3	28.5	27.2	25.8	24.6	23.5
39.0	39.5	38.2	36.7	34.7	33.0	31.8	30.6	29.6	28.8	27.4	26.0	24.8	23.7
39.2	39.9	38.5	37.0	35.0	33.3	32.1	30.8	29.8	29.0	27.6	26.2	25.0	25.0
39.4	40.3	38.8	37.3	35.3	33.6	32.4	31.0	30.0	29.2	27.8	26.4	25.2	24.2

续表A

平均回弹值 R_m	测区混凝土强度换算值 $f^c_{cu,i}$（MPa）												
	平均碳化深度值 d_m（mm）												
	0.0	0.5	1.0	1.5	2.0	2.5	3.0	3.5	4.0	4.5	5.0	5.5	≥6
39.6	40.7	39.1	37.6	35.6	33.9	32.7	31.2	30.2	29.4	28.0	26.6	25.4	24.4
39.8	41.2	39.6	38.0	35.9	34.2	33.0	31.4	30.5	29.7	28.2	26.8	25.6	24.7
40.0	41.6	39.9	38.3	36.2	34.5	33.3	31.7	30.8	30.0	28.4	27.0	25.8	25.0
40.2	42.0	40.3	38.6	36.5	34.8	33.6	32.0	31.1	30.2	28.6	27.3	26.0	25.2
40.4	42.4	40.7	39.0	36.9	35.1	33.9	32.3	31.4	30.5	28.8	27.6	26.2	25.4
40.6	42.8	41.1	39.4	37.2	35.4	34.2	32.6	31.7	30.8	29.1	27.8	26.5	25.7
40.8	43.3	41.6	39.8	37.7	35.7	34.5	32.9	32.0	31.2	29.4	28.1	26.8	26.0
41.0	43.7	42.0	40.2	38.0	36.0	34.8	33.2	32.3	31.5	29.7	28.4	27.1	26.2
41.2	44.1	42.3	40.6	38.4	36.3	35.1	33.5	32.6	31.8	30.0	28.7	27.3	26.5
41.4	44.5	42.7	40.9	38.7	36.6	35.4	33.8	32.9	32.0	30.3	28.9	27.6	26.7
41.6	45.0	43.2	41.4	39.2	36.9	35.7	34.2	33.3	32.4	30.6	29.2	27.9	27.0
41.8	45.4	43.6	41.8	39.5	37.2	36.0	34.5	33.6	32.7	30.9	29.5	28.1	27.2
42.0	45.9	44.1	42.2	39.9	37.6	36.3	34.9	34.0	33.0	31.2	29.8	28.5	27.5
42.2	46.3	44.4	42.6	40.3	38.0	36.6	35.2	34.3	33.3	31.5	30.1	28.7	27.8
42.4	46.7	44.8	43.0	40.6	38.3	36.9	35.5	34.6	33.6	31.8	30.4	29.0	28.0
42.6	47.2	45.3	43.4	41.1	38.7	37.3	35.9	34.9	34.0	32.1	30.7	29.3	28.3
42.8	47.6	45.7	43.8	41.4	39.0	37.6	36.2	35.2	34.3	32.4	30.9	29.5	28.6
43.0	48.1	46.2	44.2	41.8	39.4	38.0	36.6	35.6	34.6	32.7	31.3	29.8	28.9
43.2	48.5	46.6	44.6	42.2	39.8	38.3	36.9	35.9	34.9	33.0	31.5	30.1	29.1
43.4	49.0	47.0	45.1	42.6	40.2	38.7	37.2	36.3	35.3	33.3	31.8	30.4	29.4
43.6	49.4	47.4	45.4	43.0	40.5	39.0	37.5	36.6	35.6	33.6	32.1	30.6	29.6
43.8	49.9	47.9	45.9	43.4	40.9	39.4	37.9	36.9	35.9	33.9	32.4	30.9	29.9
44.0	50.4	48.4	46.4	43.8	41.3	39.8	38.3	37.3	36.3	34.3	32.8	31.2	30.2
44.2	50.8	48.8	46.7	44.2	41.7	40.1	38.6	37.6	36.6	34.5	33.0	31.5	30.5
44.4	51.3	49.2	47.2	44.6	42.1	40.5	39.0	38.0	36.9	34.9	33.3	31.8	30.8
44.6	51.7	49.6	47.6	45.0	42.4	40.8	39.3	38.3	37.2	35.2	33.6	32.1	31.0
44.8	52.2	50.1	48.0	45.4	42.8	41.2	39.7	38.6	37.6	35.5	33.9	32.4	31.3
45.0	52.7	50.6	48.5	45.8	43.2	41.6	40.1	39.0	37.9	35.8	34.3	32.7	31.6
45.2	53.2	51.1	48.9	46.3	43.6	42.0	40.4	39.4	38.3	36.2	34.6	33.0	31.9
45.4	53.6	51.5	49.4	46.6	44.0	42.3	40.7	39.7	38.6	36.4	34.8	33.2	32.2
45.6	54.1	51.9	49.8	47.1	44.4	42.7	41.1	40.0	39.0	36.8	35.2	33.5	32.5
45.8	54.6	52.4	50.2	47.5	44.8	43.1	41.5	40.4	39.3	37.1	35.5	33.9	32.8
46.0	55.0	52.8	50.6	47.9	45.2	43.5	41.9	40.8	39.7	37.5	35.8	34.2	33.1
46.2	55.5	53.3	51.1	48.3	45.5	43.8	42.2	41.1	40.0	37.7	36.1	34.4	33.3
46.4	56.0	53.8	51.5	48.7	45.9	44.2	42.6	41.4	40.3	38.1	36.4	34.7	33.6
46.6	56.5	54.2	52.0	49.2	46.3	44.6	42.9	41.8	40.7	38.4	36.7	35.0	33.9

续表 A

平均回弹值 R_m	测区混凝土强度换算值 $f^c_{cu,i}$（MPa）												
	平均碳化深度值 d_m（mm）												
	0.0	0.5	1.0	1.5	2.0	2.5	3.0	3.5	4.0	4.5	5.0	5.5	≥6
46.8	57.0	54.7	52.4	49.6	46.7	45.0	43.3	42.2	41.0	38.8	37.0	35.3	34.2
47.0	57.5	55.2	52.9	50.0	47.2	45.2	43.7	42.6	41.4	39.1	37.4	35.6	34.5
47.2	58.0	55.7	53.4	50.5	47.6	45.8	44.1	42.9	41.8	39.4	37.7	36.0	34.8
47.4	58.5	56.2	53.8	50.9	48.0	46.2	44.5	43.3	42.1	39.8	38.0	36.3	35.1
47.6	59.0	56.6	54.3	51.3	48.4	46.6	44.8	43.7	42.5	40.1	40.0	36.6	35.4
47.8	59.5	57.1	54.7	51.8	48.8	47.0	45.2	44.0	42.8	40.5	38.7	36.9	35.7
48.0	60.0	57.6	55.2	52.2	49.2	47.4	45.6	44.4	43.2	40.8	39.0	37.2	36.0
48.2	—	58.0	55.7	52.6	49.6	47.8	46.0	44.8	43.6	41.1	39.3	37.5	36.3
48.4	—	58.6	56.1	53.1	50.0	48.2	46.4	45.1	43.9	41.5	39.6	37.8	36.6
48.6	—	59.0	56.6	53.5	50.4	48.6	46.7	45.5	44.3	41.8	40.0	38.1	36.9
48.8	—	59.5	57.1	54.0	50.9	49.0	47.1	45.9	44.6	42.2	40.3	38.4	37.2
49.0	—	60.0	57.5	54.4	51.3	49.4	47.5	46.2	45.0	42.5	40.6	38.8	37.5
49.2	—	—	58.0	54.8	51.7	49.8	47.9	46.6	45.4	42.8	41.0	39.1	37.8
49.4	—	—	58.5	55.3	52.1	50.2	48.3	47.1	45.8	43.2	41.3	39.4	38.2
49.6	—	—	58.9	55.7	52.5	50.6	48.7	47.4	46.2	43.6	41.7	39.7	38.5
49.8	—	—	59.4	56.2	53.0	51.0	49.1	47.8	46.5	43.9	42.0	40.1	38.8
50.0	—	—	59.9	56.7	53.4	51.4	49.5	48.2	46.9	44.3	42.3	40.4	39.1
50.2	—	—	60.0	57.1	53.8	51.9	49.9	48.5	47.2	44.6	42.6	40.7	39.4
50.4	—	—	—	57.6	54.3	52.3	50.3	49.0	47.7	45.0	43.0	41.0	39.7
50.6	—	—	—	58.0	54.7	52.7	50.7	49.4	48.0	45.4	43.4	41.4	40.0
50.8	—	—	—	58.5	55.1	53.1	51.1	49.8	48.4	45.7	43.7	41.7	40.3
51.0	—	—	—	59.0	55.6	53.5	51.5	50.1	48.8	46.1	44.1	42.0	40.7
51.2	—	—	—	59.4	56.0	54.0	51.9	50.5	49.2	46.4	44.4	42.3	41.0
51.4	—	—	—	59.9	56.4	54.4	52.3	50.9	49.6	46.8	44.7	42.7	41.3
51.6	—	—	—	60.0	56.9	54.8	52.7	51.3	50.0	47.2	45.1	43.0	41.6
51.8	—	—	—	—	57.3	55.2	53.1	51.7	50.3	47.5	45.4	43.3	41.8
52.0	—	—	—	—	57.8	55.7	53.6	52.1	50.7	47.9	45.8	43.7	42.3
52.2	—	—	—	—	58.2	56.1	54.0	52.5	51.1	48.3	46.2	44.0	42.6
52.4	—	—	—	—	58.7	56.5	54.4	53.0	51.5	48.7	46.5	44.4	43.0
52.6	—	—	—	—	59.1	57.0	54.8	53.4	51.9	49.0	46.9	44.7	43.3
52.8	—	—	—	—	59.6	57.4	55.2	53.8	52.3	49.4	47.3	45.1	43.6
53.0	—	—	—	—	60.0	57.8	55.6	54.2	52.7	49.8	47.6	45.4	43.9
53.2	—	—	—	—	—	58.3	56.1	54.6	53.1	50.2	48.0	45.8	44.3
53.4	—	—	—	—	—	58.7	56.5	55.0	53.5	50.5	48.3	46.1	44.6
53.6	—	—	—	—	—	59.2	56.9	55.4	53.9	50.9	48.7	46.4	44.9
53.8	—	—	—	—	—	59.6	57.3	55.8	54.3	51.3	49.0	46.8	45.3

续表 A

平均回弹值 R_m	测区混凝土强度换算值 $f^c_{cu,i}$（MPa）												
	平均碳化深度值 d_m（mm）												
	0.0	0.5	1.0	1.5	2.0	2.5	3.0	3.5	4.0	4.5	5.0	5.5	≥6
54.0	—	—	—	—	—	60.0	57.8	56.3	54.7	51.7	49.4	47.1	45.6
54.2	—	—	—	—	—	—	58.2	56.7	55.1	52.1	49.8	47.5	46.0
54.4	—	—	—	—	—	—	58.6	57.1	55.6	52.5	50.2	47.9	46.3
54.6	—	—	—	—	—	—	59.1	57.5	56.0	52.9	50.5	48.2	46.6
54.8	—	—	—	—	—	—	59.5	57.9	56.4	53.2	50.9	48.5	47.0
55.0	—	—	—	—	—	—	59.9	58.4	56.8	53.6	51.3	48.9	47.3
55.2	—	—	—	—	—	—	60.0	58.8	57.2	54.0	51.6	49.3	47.7
55.4	—	—	—	—	—	—	—	59.2	57.6	54.4	52.0	49.6	48.0
55.6	—	—	—	—	—	—	—	59.7	58.0	54.8	52.4	50.0	48.4
55.8	—	—	—	—	—	—	—	60.0	58.5	55.2	52.8	50.3	48.7
56.0	—	—	—	—	—	—	—	—	58.9	55.6	53.2	50.7	49.1
56.2	—	—	—	—	—	—	—	—	59.3	56.0	53.5	51.1	49.4
56.4	—	—	—	—	—	—	—	—	59.7	56.4	53.9	51.4	49.8
56.6	—	—	—	—	—	—	—	—	60.0	56.8	54.3	51.8	50.1
56.8	—	—	—	—	—	—	—	—	—	57.2	54.7	52.2	50.5
57.0	—	—	—	—	—	—	—	—	—	57.6	55.1	52.5	50.8
57.2	—	—	—	—	—	—	—	—	—	58.0	55.5	52.9	51.2
57.4	—	—	—	—	—	—	—	—	—	58.4	55.9	53.3	51.6
57.6	—	—	—	—	—	—	—	—	—	58.9	56.3	53.7	51.9
57.8	—	—	—	—	—	—	—	—	—	59.3	56.7	54.0	52.3
58.0	—	—	—	—	—	—	—	—	—	59.7	57.0	54.4	52.7
58.2	—	—	—	—	—	—	—	—	—	60.0	57.4	54.8	53.0
58.4	—	—	—	—	—	—	—	—	—	—	57.8	55.2	53.4
58.6	—	—	—	—	—	—	—	—	—	—	58.2	55.6	53.8
58.8	—	—	—	—	—	—	—	—	—	—	58.6	55.9	54.1
59.0	—	—	—	—	—	—	—	—	—	—	59.0	56.3	54.5
59.2	—	—	—	—	—	—	—	—	—	—	59.4	56.7	54.9
59.4	—	—	—	—	—	—	—	—	—	—	59.8	57.1	55.2
59.6	—	—	—	—	—	—	—	—	—	—	60.0	57.5	55.6
59.8	—	—	—	—	—	—	—	—	—	—	—	57.9	56.0
60.0	—	—	—	—	—	—	—	—	—	—	—	58.3	56.4

注：表中未注明的测区混凝土强度换算值为小于 10MPa 或大于 60MPa。

附录B　泵送混凝土测区强度换算表

表B　泵送混凝土测区强度换算表

平均回弹值 R_m	测区混凝土强度换算值 $f^c_{cu,i}$（MPa）												
	平均碳化深度值 d_m（mm）												
	0.0	0.5	1.0	1.5	2.0	2.5	3.0	3.5	4.0	4.5	5.0	5.5	≥6
18.6	10.0	—	—	—	—	—	—	—	—	—	—	—	—
18.8	10.2	10.0	—	—	—	—	—	—	—	—	—	—	—
19.0	10.4	10.2	10.0	—	—	—	—	—	—	—	—	—	—
19.2	10.6	10.4	10.2	10.0	—	—	—	—	—	—	—	—	—
19.4	10.9	10.7	10.4	10.2	10.0	—	—	—	—	—	—	—	—
19.6	11.1	10.9	10.6	10.4	10.2	10.0	—	—	—	—	—	—	—
19.8	11.3	11.1	10.9	10.6	10.4	10.2	10.0	—	—	—	—	—	—
20.0	11.5	11.3	11.1	10.9	10.6	10.4	10.2	10.0	—	—	—	—	—
20.2	11.8	11.5	11.3	11.1	10.9	10.6	10.4	10.2	10.0	—	—	—	—
20.4	12.0	11.7	11.5	11.3	11.1	10.8	10.6	10.4	10.2	10.0	—	—	—
20.6	12.2	12.0	11.7	11.5	11.3	11.0	10.8	10.6	10.4	10.2	10.0	—	—
20.8	12.4	12.2	12.0	11.7	11.5	11.3	11.0	10.8	10.6	10.4	10.2	10.0	—
21.0	12.7	12.4	12.2	11.9	11.7	11.5	11.2	11.0	10.8	10.6	10.4	10.2	10.0
21.2	12.9	12.7	12.4	12.2	11.9	11.7	11.5	11.2	11.0	10.8	10.6	10.4	10.2
21.4	13.1	12.9	12.6	12.4	12.1	11.9	11.7	11.4	11.2	11.0	10.8	10.6	10.3
21.6	13.4	13.1	12.9	12.6	12.4	12.1	11.9	11.6	11.4	11.2	11.0	10.7	10.5
21.8	13.6	13.4	13.1	12.8	12.6	12.3	12.1	11.9	11.6	11.4	11.2	10.9	10.7
22.0	13.9	13.6	13.3	13.1	12.8	12.6	12.3	12.1	11.8	11.6	11.4	11.1	10.9
22.2	14.1	13.8	13.6	13.3	13.0	12.8	12.5	12.3	12.0	11.8	11.6	11.3	11.1
22.4	14.4	14.1	13.8	13.5	13.3	13.0	12.7	12.5	12.2	12.0	11.8	11.5	11.3
22.6	14.6	14.3	14.0	13.8	13.5	13.2	13.0	12.7	12.5	12.2	12.0	11.7	11.5
22.8	14.9	14.6	14.3	14.0	13.7	13.5	13.2	12.9	12.7	12.4	12.2	11.9	11.7
23.0	15.1	14.8	14.5	14.2	14.0	13.7	13.4	13.1	12.9	12.6	12.4	12.1	11.9
23.2	15.4	15.1	14.8	14.5	14.2	13.9	13.6	13.4	13.1	12.8	12.6	12.3	12.1
23.4	15.6	15.3	15.0	14.7	14.4	14.1	13.9	13.6	13.3	13.1	12.8	12.6	12.3
23.6	15.9	15.6	15.3	15.0	14.7	14.4	14.1	13.8	13.5	13.3	13.0	12.8	12.5
23.8	16.2	15.8	15.5	15.2	14.9	14.6	14.3	14.1	13.8	13.5	13.2	13.0	12.7
24.0	16.4	16.1	15.8	15.5	15.2	14.9	14.6	14.3	14.0	13.7	13.5	13.2	12.9
24.2	16.7	16.4	16.0	15.7	15.4	15.1	14.8	14.5	14.2	13.9	13.7	13.4	13.1
24.4	17.0	16.6	16.3	16.0	15.7	15.3	15.0	14.7	14.5	14.2	13.9	13.6	13.3
24.6	17.2	16.9	16.5	16.2	15.9	15.6	15.3	15.0	14.7	14.4	14.1	13.8	13.6
24.8	17.5	17.1	16.8	16.5	16.2	15.8	15.5	15.2	14.9	14.6	14.3	14.1	13.8

续表 B

平均回弹值 R_m	测区混凝土强度换算值 $f^c_{cu,i}$（MPa）												
	平均碳化深度值 d_m（mm）												
	0.0	0.5	1.0	1.5	2.0	2.5	3.0	3.5	4.0	4.5	5.0	5.5	≥6
25.0	17.8	17.4	17.1	16.7	16.4	16.1	15.8	15.5	15.2	14.9	14.6	14.3	14.0
25.2	18.0	17.7	17.3	17.0	16.7	16.3	16.0	15.7	15.4	15.1	14.8	14.5	14.2
25.4	18.3	18.0	17.6	17.3	16.9	16.6	16.3	15.9	15.6	15.3	15.0	14.7	14.4
25.6	18.6	18.2	17.9	17.5	17.2	16.8	16.5	16.2	15.9	15.6	15.2	14.9	14.7
25.8	18.9	18.5	18.2	17.8	17.4	17.1	16.8	16.4	16.1	15.8	15.5	15.2	14.9
26.0	19.2	18.8	18.4	18.1	17.7	17.4	17.0	16.7	16.3	16.0	15.7	15.4	15.1
26.2	19.5	19.1	18.7	18.3	18.0	17.6	17.3	16.9	16.6	16.3	15.9	15.6	15.3
26.4	19.8	19.4	19.0	18.6	18.2	17.9	17.5	17.2	16.8	16.5	16.2	15.9	15.6
26.6	20.0	19.6	19.3	18.9	18.5	18.1	17.8	17.4	17.1	16.8	16.4	16.1	15.8
26.8	20.3	19.9	19.5	19.2	18.8	18.4	18.0	17.7	17.3	17.0	16.7	16.3	16.0
27.0	20.6	20.2	19.8	19.4	19.1	18.7	18.3	17.9	17.6	17.2	16.9	16.6	16.2
27.2	20.9	20.5	20.1	19.7	19.3	18.9	18.6	18.2	17.8	17.5	17.1	16.8	16.5
27.4	21.2	20.8	20.4	20.0	19.6	19.2	18.8	18.5	18.1	17.7	17.4	17.1	16.7
27.6	21.5	21.1	20.7	20.3	19.9	19.5	19.1	18.7	18.4	18.0	17.6	17.3	17.0
27.8	21.8	21.4	21.0	20.6	20.2	19.8	19.4	19.0	18.6	18.3	17.9	17.5	17.2
28.0	22.1	21.7	21.3	20.9	20.4	20.0	19.6	19.3	18.9	18.5	18.1	17.8	17.4
28.2	22.4	22.0	21.6	21.1	20.7	20.3	19.9	19.5	19.1	18.8	18.4	18.0	17.7
28.4	22.8	22.3	21.9	21.4	21.0	20.6	20.2	19.8	19.4	19.0	18.6	18.3	17.9
28.6	23.1	22.6	22.2	21.7	21.3	20.9	20.5	20.1	19.7	19.3	18.9	18.5	18.2
28.8	23.4	22.9	22.5	22.0	21.6	21.2	20.7	20.3	19.9	19.5	19.2	18.8	18.4
29.0	23.7	23.2	22.8	22.3	21.9	21.5	21.0	20.6	20.2	19.8	19.4	19.0	18.7
29.2	24.0	23.5	23.1	22.6	22.2	21.7	21.3	20.9	20.5	20.1	19.7	19.3	18.9
29.4	24.3	23.9	23.4	22.9	22.5	22.0	21.6	21.2	20.8	20.3	19.9	19.5	19.2
29.6	24.7	24.2	23.7	23.2	22.8	22.3	21.9	21.4	21.0	20.6	20.2	19.8	19.4
29.8	25.0	24.5	24.0	23.5	23.1	22.6	22.2	21.7	21.3	20.9	20.5	20.1	19.7
30.0	25.3	24.8	24.3	23.8	23.4	22.9	22.5	22.0	21.6	21.2	20.7	20.3	19.9
30.2	25.6	25.1	24.6	24.2	23.7	23.2	22.8	22.3	21.9	21.4	21.0	20.6	20.2
30.4	26.0	25.5	25.0	24.5	24.0	23.5	23.0	22.6	22.1	21.7	21.3	20.9	20.4
30.6	26.3	25.8	25.3	24.8	24.3	23.8	23.3	22.9	22.4	22.0	21.6	21.1	20.7
30.8	26.6	26.1	25.6	25.1	24.6	24.1	23.6	23.2	22.7	22.3	21.8	21.4	21.0
31.0	27.0	26.4	25.9	25.4	24.9	24.4	23.9	23.5	23.0	22.5	22.1	21.7	21.2
31.2	27.3	26.8	26.2	25.7	25.2	24.7	24.2	23.8	23.3	22.8	22.4	21.9	21.5
31.4	27.7	27.1	26.6	26.0	25.5	25.0	24.5	24.1	23.6	23.1	22.7	22.2	21.8
31.6	28.0	27.4	26.9	26.4	25.9	25.3	24.8	24.4	23.9	23.4	22.9	22.5	22.0
31.8	28.3	27.8	27.2	26.7	26.2	25.7	25.1	24.7	24.2	23.7	23.2	22.8	22.3
32.0	28.7	28.1	27.6	27.0	26.5	26.0	25.5	25.0	24.5	24.0	23.5	23.0	22.6

续表 B

平均回弹值 R_m	测区混凝土强度换算值 $f^c_{cu,i}$（MPa）												
	平均碳化深度值 d_m（mm）												
	0.0	0.5	1.0	1.5	2.0	2.5	3.0	3.5	4.0	4.5	5.0	5.5	≥6
32.2	29.0	28.5	27.9	27.4	26.8	26.3	25.8	25.3	24.8	24.3	23.8	23.3	22.9
32.4	29.4	28.8	28.2	27.7	27.1	26.6	26.1	25.6	25.1	24.6	24.1	23.6	23.1
32.6	29.7	29.2	28.6	28.0	27.5	26.9	26.4	25.9	25.4	24.9	24.4	23.9	23.4
32.8	30.1	29.5	28.9	28.3	27.8	27.2	26.7	26.2	25.7	25.2	24.7	24.2	23.7
33.0	30.4	29.8	29.3	28.7	28.1	27.6	27.0	26.5	26.0	25.5	25.0	24.5	24.0
33.2	30.8	30.2	29.6	29.0	28.4	27.9	27.3	26.8	26.3	25.8	25.2	24.7	24.3
33.4	31.2	30.6	30.0	29.4	28.8	28.2	27.7	27.1	26.6	26.1	25.5	25.0	24.5
33.6	31.5	30.9	30.3	29.7	29.1	28.5	28.0	27.4	26.9	26.4	25.8	25.3	24.8
33.8	31.9	31.3	30.7	30.0	29.5	28.9	28.3	27.7	27.2	26.7	26.1	25.6	25.1
34.0	32.3	31.6	31.0	30.4	29.8	29.2	28.6	28.1	27.5	27.0	26.4	25.9	25.4
34.2	32.6	32.0	31.4	30.7	30.1	29.5	29.0	28.4	27.8	27.3	26.7	26.2	25.7
34.4	33.0	32.4	31.7	31.1	30.5	29.9	29.3	28.7	28.1	27.6	27.0	26.5	26.0
34.6	33.4	32.7	32.1	31.4	30.8	30.2	29.6	29.0	28.5	27.9	27.4	26.8	26.3
34.8	33.8	33.1	32.4	31.8	31.2	30.6	30.0	29.4	28.8	28.2	27.7	27.1	26.6
35.0	34.1	33.5	32.8	32.2	31.5	30.9	30.3	29.7	29.1	28.5	28.0	27.4	26.9
35.2	34.5	33.8	33.2	32.5	31.9	31.2	30.6	30.0	29.4	28.8	28.3	27.7	27.2
35.4	34.9	34.2	33.5	32.9	32.2	31.6	31.0	30.4	29.8	29.2	28.6	28.0	27.5
35.6	35.3	34.6	33.9	33.2	32.6	31.9	31.3	30.7	30.1	29.5	28.9	28.3	27.8
35.8	35.7	35.0	34.3	33.6	32.9	32.3	31.6	31.0	30.4	29.8	29.2	28.6	28.1
36.0	36.0	35.3	34.6	34.0	33.3	32.6	32.0	31.4	30.7	30.1	29.5	29.0	28.4
36.2	36.4	35.7	35.0	34.3	33.6	33.0	32.3	31.7	31.1	30.5	29.9	29.3	28.7
36.4	36.8	36.1	35.4	34.7	34.0	33.3	32.7	32.0	31.4	30.8	30.2	29.6	29.0
36.6	37.2	36.5	35.8	35.1	34.4	33.7	33.0	32.4	31.7	31.1	30.5	29.9	29.3
36.8	37.6	36.9	36.2	35.4	34.7	34.1	33.4	32.7	32.1	31.4	30.8	30.2	29.6
37.0	38.0	37.3	36.5	35.8	35.1	34.4	33.7	33.1	32.4	31.8	31.2	30.5	29.9
37.2	38.4	37.7	36.9	36.2	35.5	34.8	34.1	33.4	32.8	32.1	31.5	30.9	30.2
37.4	38.8	38.1	37.3	36.6	35.8	35.1	34.4	33.8	33.1	32.4	31.8	31.2	30.6
37.6	39.2	38.4	37.7	36.9	36.2	35.5	34.8	34.1	33.4	32.8	32.1	31.5	30.9
37.8	39.6	38.8	38.1	37.3	36.6	35.9	35.2	34.5	33.8	33.1	32.5	31.8	31.2
38.0	40.0	39.2	38.5	37.7	37.0	36.2	35.5	34.8	34.1	33.5	32.8	32.2	31.5
38.2	40.4	39.6	38.9	38.1	37.3	36.6	35.9	35.2	34.5	33.8	33.1	32.5	31.8
38.4	40.9	40.1	39.3	38.5	37.7	37.0	36.3	35.5	34.8	34.2	33.5	32.8	32.2
38.6	41.3	40.5	39.7	38.9	38.1	37.4	36.6	35.9	35.2	34.5	33.8	33.2	32.5
38.8	41.7	40.9	40.1	39.3	38.5	37.7	37.0	36.3	35.5	34.8	34.2	33.5	32.8
39.0	42.1	41.3	40.5	39.7	38.9	38.1	37.4	36.6	35.9	35.2	34.5	33.8	33.2
39.2	42.5	41.7	40.9	40.1	39.3	38.5	37.7	37.0	36.3	35.5	34.8	34.2	33.5

续表 B

平均回弹值 R_m	测区混凝土强度换算值 $f_{cu,i}^c$（MPa）												
	平均碳化深度值 d_m（mm）												
	0.0	0.5	1.0	1.5	2.0	2.5	3.0	3.5	4.0	4.5	5.0	5.5	≥6
39.4	42.9	42.1	41.3	40.5	39.7	38.9	38.1	37.4	36.6	35.9	35.2	34.5	33.8
39.6	43.4	42.5	41.7	40.9	40.0	39.3	38.5	37.7	37.0	36.3	35.5	34.8	34.2
39.8	43.8	42.9	42.1	41.3	40.4	39.6	38.9	38.1	37.3	36.6	35.9	35.2	34.5
40.0	44.2	43.4	42.5	41.7	40.8	40.0	39.2	38.5	37.7	37.0	36.2	35.5	34.8
40.2	44.7	43.8	42.9	42.1	41.2	40.4	39.6	38.8	38.1	37.3	36.6	35.9	35.2
40.4	45.1	44.2	43.3	42.5	41.6	40.8	40.0	39.2	38.4	37.7	36.9	36.2	35.5
40.6	45.5	44.6	43.7	42.9	42.0	41.2	40.4	39.6	38.8	38.1	37.3	36.6	35.8
40.8	46.0	45.1	44.2	43.3	42.4	41.6	40.8	40.0	39.2	38.4	37.7	36.9	36.2
41.0	46.4	45.5	44.6	43.7	42.8	42.0	41.2	40.4	39.6	38.8	38.0	37.3	36.5
41.2	46.8	45.9	45.0	44.1	43.2	42.4	41.6	40.7	39.9	39.1	38.4	37.6	36.9
41.4	47.3	46.3	45.4	44.5	43.7	42.8	42.0	41.1	40.3	39.5	38.7	38.0	37.2
41.6	47.7	46.8	45.9	45.0	44.1	43.2	42.3	41.5	40.7	39.9	39.1	38.3	37.6
41.8	48.2	47.2	46.3	45.4	44.5	43.6	42.7	41.9	41.1	40.3	39.5	38.7	37.9
42.0	48.6	47.7	46.7	45.8	44.9	44.0	43.1	42.3	41.5	40.6	39.8	39.1	38.3
42.2	49.1	48.1	47.1	46.2	45.3	44.4	43.5	42.7	41.8	41.0	40.2	39.4	38.6
42.4	49.5	48.5	47.6	46.6	45.7	44.8	43.9	43.1	42.2	41.4	40.6	39.8	39.0
42.6	50.0	49.0	48.0	47.1	46.1	45.2	44.3	43.5	42.6	41.8	40.9	40.1	39.3
42.8	50.4	49.4	48.5	47.5	46.6	45.6	44.7	43.9	43.0	42.2	41.3	40.5	39.7
43.0	50.9	49.9	48.9	47.9	47.0	46.1	45.2	44.3	43.4	42.5	41.7	40.9	40.1
43.2	51.3	50.3	49.3	48.4	47.4	46.5	45.6	44.7	43.8	42.9	42.1	41.2	40.4
43.4	51.8	50.8	49.8	48.8	47.8	46.9	46.0	45.1	44.2	43.3	42.5	41.6	40.8
43.6	52.3	51.2	50.2	49.2	48.3	47.3	46.4	45.5	44.6	43.7	42.8	42.0	41.2
43.8	52.7	51.7	50.7	49.7	48.7	47.7	46.8	45.9	45.0	44.1	43.2	42.4	41.5
44.0	53.2	52.2	51.1	50.1	49.1	48.2	47.2	46.3	45.4	44.5	43.6	42.7	41.9
44.2	53.7	52.6	51.6	50.6	49.6	48.6	47.6	46.7	45.8	44.9	44.0	43.1	42.3
44.4	54.1	53.1	52.0	51.0	50.0	49.0	48.0	47.1	46.2	45.3	44.4	43.5	42.6
44.6	54.6	53.5	52.5	51.5	50.4	49.4	48.5	47.5	46.6	45.7	44.8	43.9	43.0
44.8	55.1	54.0	52.9	51.9	50.9	49.9	48.9	47.9	47.0	46.1	45.1	44.3	43.4
45.0	55.6	54.5	53.4	52.4	51.3	50.3	49.3	48.3	47.4	46.5	45.5	44.6	43.8
45.2	56.1	55.0	53.9	52.8	51.8	50.7	49.7	48.8	47.8	46.9	45.9	45.0	44.1
45.4	56.5	55.4	54.3	53.3	52.2	51.2	50.2	49.2	48.2	47.3	46.3	45.4	44.5
45.6	57.0	55.9	54.8	53.7	52.7	51.6	50.6	49.6	48.6	47.7	46.7	45.8	44.9
45.8	57.5	56.4	55.3	54.2	53.1	52.1	51.0	50.0	49.0	48.1	47.1	46.2	45.3
46.0	58.0	56.9	55.7	54.6	53.6	52.5	51.5	50.5	49.5	48.5	47.5	46.6	45.7
46.2	58.5	57.3	56.2	55.1	54.0	52.9	51.9	50.9	49.9	48.9	47.9	47.0	46.1
46.4	59.0	57.8	56.7	55.6	54.5	53.4	52.3	51.3	50.3	49.3	48.3	47.4	46.4

续表 B

平均回弹值 R_m	测区混凝土强度换算值 $f^c_{cu,i}$（MPa）												
	平均碳化深度值 d_m（mm）												
	0.0	0.5	1.0	1.5	2.0	2.5	3.0	3.5	4.0	4.5	5.0	5.5	≥6
46.6	59.5	58.3	57.2	56.0	54.9	53.8	52.8	51.7	50.7	49.7	48.7	47.8	46.8
46.8	60.0	58.8	57.6	56.5	55.4	54.3	53.2	52.2	51.1	50.1	49.1	48.2	47.2
47.0	—	59.3	58.1	57.0	55.8	54.7	53.7	52.6	51.6	50.5	49.5	48.6	47.6
47.2	—	59.8	58.6	57.4	56.3	55.2	54.1	53.0	52.0	51.0	50.0	49.0	48.0
47.4	—	60.0	59.1	57.9	56.8	55.6	54.5	53.5	52.4	51.4	50.4	49.4	48.4
47.6	—	—	59.6	58.4	57.2	56.1	55.0	53.9	52.8	51.8	50.8	49.8	48.8
47.8	—	—	60.0	58.9	57.7	56.6	55.4	54.4	53.3	52.2	51.2	50.2	49.2
48.0	—	—	—	59.3	58.2	57.0	55.9	54.8	53.7	52.7	51.6	50.6	49.6
48.2	—	—	—	59.8	58.6	57.5	56.3	55.2	54.1	53.1	52.0	51.0	50.0
48.4	—	—	—	60.0	59.1	57.9	56.8	55.7	54.6	53.5	52.5	51.4	50.4
48.6	—	—	—	—	59.6	58.4	57.3	56.1	55.0	53.9	52.9	51.8	50.8
48.8	—	—	—	—	60.0	58.9	57.7	56.6	55.5	54.4	53.3	52.2	51.2
49.0	—	—	—	—	—	59.3	58.2	57.0	55.9	54.8	53.7	52.7	51.6
49.2	—	—	—	—	—	59.8	58.6	57.5	56.3	55.2	54.1	53.1	52.0
49.4	—	—	—	—	—	60.0	59.1	57.9	56.8	55.7	54.6	53.5	52.4
49.6	—	—	—	—	—	—	59.6	58.4	57.2	56.1	55.0	53.9	52.9
49.8	—	—	—	—	—	—	60.0	58.8	57.7	56.6	55.4	54.3	53.3
50.0	—	—	—	—	—	—	—	59.3	58.1	57.0	55.9	54.8	53.7
50.2	—	—	—	—	—	—	—	59.8	58.6	57.4	56.3	55.2	54.1
50.4	—	—	—	—	—	—	—	60.0	59.0	57.9	56.7	55.6	54.5
50.6	—	—	—	—	—	—	—	—	59.5	58.3	57.2	56.0	54.9
50.8	—	—	—	—	—	—	—	—	60.0	58.8	57.6	56.5	55.4
51.0	—	—	—	—	—	—	—	—	—	59.2	58.1	56.9	55.8
51.2	—	—	—	—	—	—	—	—	—	59.7	58.5	57.3	56.2
51.4	—	—	—	—	—	—	—	—	—	60.0	58.9	57.8	56.6
51.6	—	—	—	—	—	—	—	—	—	—	59.4	58.2	57.1
51.8	—	—	—	—	—	—	—	—	—	—	59.8	58.7	57.5
52.0	—	—	—	—	—	—	—	—	—	—	60.0	59.1	57.9
52.2	—	—	—	—	—	—	—	—	—	—	—	59.5	58.4
52.4	—	—	—	—	—	—	—	—	—	—	—	60.0	58.8
52.6	—	—	—	—	—	—	—	—	—	—	—	—	59.2
52.8	—	—	—	—	—	—	—	—	—	—	—	—	59.7

注：表中未注明的测区混凝土强度换算值为小于 10MPa 或大于 60MPa；

表中数值是根据曲线方程 $f=0.034488R^{1.9400}10^{(-0.0173d_m)}$ 计算。

附录C　非水平方向检测时的回弹值修正值

表C　非水平方向检测时的回弹值修正值

$R_{m\alpha}$	检测角度							
	向上				向下			
	90°	60°	45°	30°	−30°	−45°	−60°	−90°
20	−6.0	−5.0	−4.0	−3.0	+2.5	+3.0	+3.5	+4.0
21	−5.9	−4.9	−4.0	−3.0	+2.5	+3.0	+3.5	+4.0
22	−5.8	−4.8	−3.9	−2.9	+2.4	+2.9	+3.4	+3.9
23	−5.7	−4.7	−3.9	−2.9	+2.4	+2.9	+3.4	+3.9
24	−5.6	−4.6	−3.8	−2.8	+2.3	+2.8	+3.3	+3.8
25	−5.5	−4.5	−3.8	−2.8	+2.3	+2.8	+3.3	+3.8
26	−5.4	−4.4	−3.7	−2.7	+2.2	+2.7	+3.2	+3.7
27	−5.3	−4.3	−3.7	−2.7	+2.2	+2.7	+3.2	+3.7
28	−5.2	−4.2	−3.6	−2.6	+2.1	+2.6	+3.1	+3.6
29	−5.1	−4.1	−3.6	−2.6	+2.1	+2.6	+3.1	+3.6
30	−5.0	−4.0	−3.5	−2.5	+2.0	+2.5	+3.0	+3.5
31	−4.9	−4.0	−3.5	−2.5	+2.0	+2.5	+3.0	+3.5
32	−4.8	−3.9	−3.4	−2.4	+1.9	+2.4	+2.9	+3.4
33	−4.7	−3.9	−3.4	−2.4	+1.9	+2.4	+2.9	+3.4
34	−4.6	−3.8	−3.3	−2.3	+1.8	+2.3	+2.8	+3.3
35	−4.5	−3.8	−3.3	−2.3	+1.8	+2.3	+2.8	+3.3
36	−4.4	−3.7	−3.2	−2.2	+1.7	+2.2	+2.7	+3.2
37	−4.3	−3.7	−3.2	−2.2	+1.7	+2.2	+2.7	+3.2
38	−4.2	−3.6	−3.1	−2.1	+1.6	+2.1	+2.6	+3.1
39	−4.1	−3.6	−3.1	−2.1	+1.6	+2.1	+2.6	+3.1
40	−4.0	−3.5	−3.0	−2.0	+1.5	+2.0	+2.5	+3.0
41	−4.0	−3.5	−3.0	−2.0	+1.5	+2.0	+2.5	+3.0
42	−3.9	−3.4	−2.9	−1.9	+1.4	+1.9	+2.4	+2.9
43	−3.9	−3.4	−2.9	−1.9	+1.4	+1.9	+2.4	+2.9
44	−3.8	−3.3	−2.8	−1.8	+1.3	+1.8	+2.3	+2.8
45	−3.8	−3.3	−2.8	−1.8	+1.3	+1.8	+2.3	+2.8
46	−3.7	−3.2	−2.7	−1.7	+1.2	+1.7	+2.2	+2.7
47	−3.7	−3.2	−2.7	−1.7	+1.2	+1.7	+2.2	+2.7
48	−3.6	−3.1	−2.6	−1.6	+1.1	+1.6	+2.1	+2.6
49	−3.6	−3.1	−2.6	−1.6	+1.1	+1.6	+2.1	+2.6
50	−3.5	−3.0	−2.5	−1.5	+1.0	+1.5	+2.0	+2.5

注：1　$R_{m\alpha}$ 小于20或大于50时，分别按20或50查表；

2　表中未列入的相应于 $R_{m\alpha}$ 的修正值 $R_{m\alpha}$，可用内插法求得，精确至0.1。

附录D　不同浇筑面的回弹值修正值

表D　不同浇筑面的回弹值修正值

R_m^t 或 R_m^b	表面修正值（R_a^t）	底面修正值（R_a^b）	R_m^t 或 R_m^b	表面修正值（R_a^t）	底面修正值（R_a^b）
20	+2.5	−3.0	36	+0.9	−1.4
21	+2.4	−2.9	37	+0.8	−1.3
22	+2.3	−2.8	38	+0.7	−1.2
23	+2.2	−2.7	39	+0.6	−1.1
24	+2.1	−2.6	40	+0.5	−1.0
25	+2.0	−2.5	41	+0.4	−0.9
26	+1.9	−2.4	42	+0.3	−0.8
27	+1.8	−2.3	43	+0.2	−0.7
28	+1.7	−2.2	44	+0.1	−0.6
29	+1.6	−2.1	45	0	−0.5
30	+1.5	−2.0	46	0	−0.4
31	+1.4	−1.9	47	0	−0.3
32	+1.3	−1.8	48	0	−0.2
33	+1.2	−1.7	49	0	−0.1
34	+1.1	−1.6	50	0	0
35	+1.0	−1.5			

注：1　R_m^t 或 R_m^b 小于20或大于50时，分别按20或50查表；

2　表中有关混凝土浇筑表面的修正系数，是指一般原浆抹面的修正值；

3　表中有关混凝土浇筑底面的修正系数，是指构件底面与侧面采用同一类模板在正常浇筑情况下的修正值；

4　表中未列入相应于 R_m^t 或 R_m^b 的 R_a^t 和 R_a^b，可用内插法求得，精确至0.1。

附录E　地区和专用测强曲线的制定方法

E.0.1　制定地区和专用测强曲线的试块应与欲测构件在原材料（含品种、规格）、成型工艺、养护方法等方面条件相同。

E.0.2　试块的制作、养护应符合下列规定：

1　应按最佳配合比设计5个强度等级，且每一强度等级不同龄期应分别制作不少于6个150mm立方体试块；

2　在成型24h后，应将试块移至与被测构件相同条件下养护，试块拆模日期宜与构件的拆模日期相同。

E.0.3　试块的测试应按下列步骤进行：

1　擦净试块表面，以浇筑侧面的两个相对面置于压力机的上下承压板之间，加压(60～100)kN（低强度试件取低值）；

2　在试块保持压力下，采用符合本规程第3.1.3条规定的标准状态的回弹仪和本规程第4.2.1条规定的操作方法，在试块的两个侧面上分别弹击8个点；

3　从每一试块的16个回弹值中分别剔除3个最大值和3个最小值，以余下的10个回弹值的平均值（计算精确至0.1）作为该试块的平均回弹值 R_m；

4　将试块加荷直至破坏，计算试块的抗压强度值 f_{cu}（MPa），精确至0.1MPa；

5　按本规程第4.3节的规定在破坏后的试块边缘测量该试块的平均碳化深度值。

E.0.4　地区和专用测强曲线的计算应符合下列规定：

1　地区和专用测强曲线的回归方程式，应按每一试件测得的 R_m、d_m 和 f_{cu}，采用最小二乘法原理计算；

2　回归方程宜采用以下函数关系式：

$$f_{cu}^c = aR_m^b \cdot 10^{cd_m} \tag{E.0.4-1}$$

3　用下式计算回归方程式的强度平均相对误差 δ 和强度相对标准差 e_r，且当 δ 和 e_r 均符合本规程第6.3.1条规定时，可报请上级主管部门审批：

$$\delta = \pm \frac{1}{n}\sum_{i=1}^{n}\left|\frac{f_{cu,i}^c}{f_{cu,i}} - 1\right| \times 100 \tag{E.0.4-2}$$

$$e_r = \sqrt{\frac{1}{n-1}\sum_{i=1}^{n}\left(\frac{f_{cu,i}^c}{f_{cu,i}} - 1\right)^2} \times 100 \tag{E.0.4-3}$$

式中：δ——回归方程式的强度平均相对误差（%），精确至0.1；

e_r——回归方程式的强度相对标准差（%），精确至0.1；

$f_{cu,i}$——由第 i 个试块抗压试验得出的混凝土抗压强度值（MPa），精确至0.1MPa；

$f^{c}_{cu,i}$——由同一试块的平均回弹值 R_m 及平均碳化深度值 d_m 按回归方程式算出的混凝土的强度换算值（MPa），精确至0.1MPa；

n——制定回归方程式的试件数。

附录F 回弹法检测混凝土抗压强度报告

表F 回弹法检测混凝土抗压强度报告

编号（ ）第______号 第______页 共______页

委托单位________ 施工单位________

工程名称________ 混凝土类型________

强度等级________ 浇筑日期________

检测原因________ 检测依据________

环境温度________ 检测日期________

回弹仪型号________ 回弹仪检定证号________

检 测 结 果

构件	测区混凝土抗压强度换算值（MPa）				构件现龄期混凝土强度推定值（MPa）	备注
名称	编号	平均值	标准差	最小值		

（有需要说明的问题或表格不够请续页）

批准：________审核：________

主检________上岗证书号________主检________上岗证号书________

报告日期________年________月________日

本规程用词说明

1 为便于在执行本规程条文时区别对待，对于要求严格程度不同的用词说明如下：

1）表示很严格，非这样做不可的：
正面词采用"必须"；反面词采用"严禁"；

2）表示严格，在正常情况下均应这样做的：
正面词采用"应"；反面词采用"不应"或"不得"；

3）表示允许稍有选择，在条件许可时首先应这样做的：
正面词采用"宜"；反面词采用"不宜"；

4）表示有选择，在一定条件下可以这样做的，采用"可"。

2 条文中指明应按其他有关标准执行的写法为："应按……执行"或"应符合……规定"。

引用标准名录

1 《回弹仪》GB/T 9138

2 《回弹仪》JJG 817

中华人民共和国行业标准

回弹法检测混凝土抗压强度技术规程

JGJ/T 23—2011

条 文 说 明

修 订 说 明

《回弹法检测混凝土抗压强度技术规程》JGJ/T 23－2011，经住房和城乡建设部2011年5月3日以第1000号公告批准、发布。

本规程是在《回弹法检测混凝土抗压强度技术规程》JGJ/T 23－2001的基础上修订而成。本规程第一版于1985年颁布实施，主编单位是陕西省建筑科学研究院，参编单位是中国建筑科学研究院、浙江省建筑科学研究院、四川省建筑科学研究院、贵州中建建筑科学研究院、重庆市建建筑科学研究院、天津建筑仪器试验机公司。

本规程经过1992年和2001年两次修订，本次为第三次修订。

为便于广大设计、生产、施工、科研、学校等单位有关人员在使用本规程时能正确理解和执行条文规定，本规程编制组按章、节、条顺序编制了本规程的条文说明，供使用者参考。但是，本条文说明不具备与规程正文同等的法律效力，仅供使用者作为理解和把握规程规定的参考。

目　次

1　总则 …………………………………… 16—26
3　回弹仪 ………………………………… 16—26
3.1　技术要求 …………………………… 16—26
3.2　检定 ………………………………… 16—26
3.3　保养 ………………………………… 16—27
4　检测技术 ……………………………… 16—27
4.1　一般规定 …………………………… 16—27
4.2　回弹值测量 ………………………… 16—28
4.3　碳化深度值测量 …………………… 16—28
4.4　泵送混凝土的检测 ………………… 16—28
5　回弹值计算 …………………………… 16—28
6　测强曲线 ……………………………… 16—28
6.1　一般规定 …………………………… 16—28
6.2　统一测强曲线 ……………………… 16—28
6.3　地区和专用测强曲线 ……………… 16—29
7　混凝土强度的计算 …………………… 16—29

1 总 则

1.0.1 统一回弹仪检测方法，保证检测精度是本规程制定的目的。回弹法在我国已使用了几十年，应用非常广泛，为了保证检测的准确性和可靠性，就必须统一检测方法。

1.0.2 本条所指的普通混凝土系主要由水泥、砂、石、外加剂、掺合料和水配制的密度为 2000kg/m^3～2800kg/m^{3}的混凝土。

1.0.3 由于本规程规定的方法是处理混凝土质量问题的依据，若不进行统一培训，则会对同一构件混凝土强度的推定结果存在着因人而异的混乱现象，因此本条规定，凡从事本项检测的人员应经过培训并持有相应的资格证书。

1.0.4 凡本规程涉及的其他有关方面，例如钻芯取样，高空、深坑作业时的安全技术和劳动保护等，均应遵守相应的标准和规范。

3 回 弹 仪

3.1 技 术 要 求

3.1.1 随着光电子技术在回弹仪上的应用，国内数字式回弹仪的技术水平有了很大的提高，技术上已经成熟，我国一些回弹仪企业生产的数字回弹仪性能已相当稳定。为了推广和应用先进技术，提高工作效率，减少人为产生的读数、记录、计算等过程出现差错，因此，本条规定可使用数字式回弹仪也可使用传统指针直读式回弹仪。

3.1.2 由于回弹仪为计量仪器，因此在回弹仪明显的位置上要标明名称、型号、制造厂名、生产编号及生产日期。

3.1.3 回弹仪的质量及测试性能直接影响混凝土强度推定结果的准确性。根据多年对回弹仪的测试性能试验研究，编制组认为：回弹仪的标准状态是统一仪器性能的基础，是使回弹法广泛应用于现场的关键所在；只有采用质量统一，性能一致的回弹仪，才能保证测试结果的可靠性，并能在同一水平上进行比较。在此基础上，提出了下列回弹仪标准状态的各项具体指标：

1 水平弹击时，对于中型回弹仪弹击锤脱钩的瞬间，回弹仪的标准能量 E，即中型回弹仪弹击拉簧恢复原始状态所作的功为：

$$E=\frac{1}{2}KL^2=\frac{1}{2}\times 784.532\times 0.075^2=2.207\text{J} \tag{3-1}$$

式中：K——弹击拉簧的刚度系数（N/m）；

L——弹击拉簧工作时拉伸长度（m）。

2 弹击锤与弹击杆碰撞瞬间，弹击拉簧应处于自由状态，此时弹击锤起跳点应相应于刻度尺上的“0”处，同时弹击锤应在相应于刻度尺上的“100”处脱钩，也即在“0”处起跳。

试验表明，当弹击拉簧的工作长度、拉伸长度及弹击锤的起跳点不符合以上规定的要求，即不符合回弹仪工作的标准状态时，则各仪器在同一试块上测得的回弹值的极差高达 7.82 分度值，调为标准状态后，极差为 1.72 分度值。

3 检验回弹仪的率定值是否符合 80±2 的作用是：检验回弹仪的标称能量是否为 2.207J；回弹仪的测试性能是否稳定；机芯的滑动部分是否有污垢等。

当钢砧率定值达不到规定值时，不允许用混凝土试块上的回弹值予以修正，更不允许旋转调零螺丝人为地使其达到率定值。试验表明上述方法不符合回弹仪测试性能，破坏了零点起跳亦即使回弹仪处于非标准状态。此时，可按本规程第 3.3 节要求进行常规保养，若保养后仍不合格，可送检定单位检定。

4 现有绝大多数数字式回弹仪都是在传统机械构造和标准技术参数的基础上实现回弹值的数字化采样的，即现有数字式回弹仪所得到的回弹值采样系统都是把回弹仪的指针示值实现数字化采样。也只有这种形式的数字回弹仪才符合现行回弹法技术规程的使用要求。

市场上少数劣质数字回弹仪采样系统所采用的技术手段落后、器件质量耐久性差，工作不久就经常出现采样数据与实际指针回弹值发生偏差的故障。如早期机械接触式数显回弹仪，由于采样系统的电阻片耐久性差，容易发生低值区严重磨损出现率定值（采样高值区）正确而实际检测值（采样低值区）严重失真的情况。

保留人工直读示值系统能使数字回弹仪的操作者在实际检测过程中随时核对数字回弹仪所显示的采样值是否与指针示值相同，及时发现仪器采样系统的故障。

如数字回弹仪不保留人工直读示值系统，检测单位或操作人员将难以及时发现和判断数字回弹仪采样系统的故障，极易造成检测结果错误，严重时将影响被测建筑物的安全性判断。

因此，规定数字式回弹仪应带有指针直读系统，这是保证数字式回弹仪的数字显示与指针显示一致性的基本要求。

3.1.4 环境温度异常时，对回弹仪的性能有影响，故规定了其使用时的环境温度。

3.2 检 定

3.2.1 本条指出，检定混凝土回弹仪的单位应由主管部门授权，并按照国家计量检定规程《回弹仪》JJG 817（新修订的计量检定规程将原《混凝土回弹仪》更名为《回弹仪》）进行。开展检定工作要备有回弹仪检定器、拉簧刚度测量仪等设备。目前有的地区或部门不具备检定回弹仪的资格及条件，甚至不懂得回弹仪的标准状态，进行调整调零螺丝以使其钢砧率定值达到80±2的错误做法；有的没有检定设备也开展检定工作，以至于影响了回弹法的正确推广应用。因此，有必要强调检定单位的资格和统一检定回弹仪的方法。

目前，回弹仪生产不能完全保证每台新回弹仪均为标准状态，因此新回弹仪在使用前必须检定。回弹仪检定期限为半年，这样规定比较符合我国目前使用回弹仪的情况。原规程规定的6000次，是参照国内外有关试验资料而定的。一般情况下，如不超过这一界限，正常质量的弹击拉簧不会产生显著的塑性变形而影响其工作性能。但是，6000次如何具体定量，相对较困难，所以这次予以删除，用半年期限和其他参数控制。

3.2.2 本条给出了回弹仪的率定方法。

3.2.3 钢砧的钢芯硬度和表面状态会随着弹击次数的增加而变化，故规定钢砧应每两年校验一次。

3.3 保　养

3.3.1 本条主要规定了回弹仪常规保养的要求。

3.3.2 本条给出了回弹仪常规保养的步骤。进行常规保养时，必须先使弹击锤脱钩后再取出机芯，否则会使弹击杆突然伸出造成伤害。取机芯时要将指针轴向上轻轻抽出，以免造成指针片折断。此外，各零部件清洗完后，不能在指针轴上抹油，否则，使用中由于指针轴的油污垢，将使指针摩擦力变化，直接影响检测结果。数字式回弹仪结构和原理较复杂，其厂商已提供了使用和维护手册，应按该手册的要求进行维护和保养。

3.3.3 回弹仪每次使用完毕后，应及时清除表面污垢。不用时，应将弹击杆压入仪器内，必须经弹击后方可按下按钮锁住机芯，如果未经弹击而锁住机芯，将使弹击拉簧在不工作时仍处于受拉状态，极易因疲劳而损坏。存放时回弹仪应平放在干燥阴凉处，如存放地点潮湿将会使仪器锈蚀。

4 检测技术

4.1 一般规定

4.1.1 本条列举的1～6项资料，是为了对被检测的构件有全面、系统的了解。此外，必须了解水泥的安定性。如水泥安定性不合格则不能检测，如不能确切提供水泥安定性合格与否则应在检测报告上说明，以免产生由于后期混凝土强度因水泥安定性不合格而降低或丧失所引起的事故责任不清的问题。另外，也应了解清楚混凝土成型日期，这样可以推算出检测时构件混凝土的龄期。

4.1.2 本条是为了保证在使用中及时发现和纠正回弹仪的非标准状态。

4.1.3 由于回弹法测试具有快速、简便的特点，能在短期内进行较多数量的检测，以取得代表性较高的总体混凝土强度数据，故规定：按批进行检测的构件，抽检数量不得少于同批构件总数的30%且构件数量不得少于10个。当检验批构件数量过多时，抽检构件数量可按照《建筑结构检测技术标准》GB/T 50344进行适当调整。

此外，抽取试样应严格遵守“随机”的原则，并宜由建设单位、监理单位、施工单位会同检测单位共同商定抽样的范围、数量和方法。

4.1.4 某一方向尺寸不大于4.5m且另一方向尺寸不大于0.3m时，作为是否需要10个测区数的界线。另外，当受检构件数量较多且混凝土质量较均匀时，如果还按10个测区，检测工作量太大，可以适当减少测区数量，但不得少于5个测区。

检测构件布置测区时，相邻两测区的间距及测区离构件端部或施工缝的距离应遵守本条规定。布置测区时，宜选在构件两个对称的可测面上。当可测面的对称面无法检测时，也可在一个检测面上布置测区。

检测面应为混凝土原浆面，已经粉刷的构件应将粉刷层清除干净，不可将粉刷层当作混凝土原浆面进行检测。如果养护不当，混凝土表面会产生疏松层，尤其在气候干燥地区更应注意，应将疏松层清除后方可检测，否则会造成误判。

对于薄壁小型构件，如果约束力不够，回弹时产生颤动，会造成回弹能量损失，使检测结果偏低。因此必须加以可靠支撑，使之有足够的约束力时方可检测。

4.1.5 在记录纸上描述测区在构件上的位置和外观质量（例如有无裂缝），目的是以备推定和分析处理构件混凝土强度时参考。

4.1.6 当检测条件与测强曲线的适用条件有较大差异时，例如龄期、成型工艺、养护条件等有差异时，可以采用钻取混凝土芯样或同条件试块进行修正，修正时试件数量应不少于6个。芯样数量太少代表性不够，且离散较大。如果数量过大，则钻取芯工作量太大，有些构件又不宜取过多芯样，否则影响其结构安全性，因此，规定芯样数量不少于6个。考虑到芯样强度计算时，不同的规格修正会带来新的误差，因此规定芯样的直径宜为100mm，高径比为1。另外，需要指出的是，此处每一个钻取芯样的部位均应在回弹测区内，先测定测区回弹值、碳化深度值，然后再钻取芯样。不可以将较长芯样沿长度方向截取为几个芯样试件来计算修正值。芯样的钻取、加工、计算可参照中国工程建设标准化协会标准《钻芯法检测混凝土强度技术规程》CECS 03的规定执行。同样，同条件试块修正时，试块数量不少于6个，试块边长应为150mm，避免试块尺寸不同进行换算时带来二次误差。

为了更精确、合理的对测区混凝土强度进行修正，修订编制组经过反复讨论，推荐采用修正量方法对测区混凝土强度进行修正。具体理由如下：

1 国家标准《建筑结构检测技术标准》GB/T 50344－2004的第4.3.3条文为“采用钻芯修正法时，宜选用总体修正量的方法。”中国工程建设标准化协会标准《钻芯法检测混凝土强度技术规程》CECS 03：2007的第3.3.1条文为“对间接测强方法进行钻芯修正时，宜采用修正量的方法”。

2 经过数学公式的推定及查阅国内相关的技术文章，得出统一结论：修正量方法对测区强度进行修正后，只修正混凝土测区强度值，不会改变同一构件或同批构件的标准差。

3 根据CECS 03：2007的条文解释，修正量的概念与现行国家标准《数据的统计处理和解释　在成对观测值情形下两个均值的比较》GB/T 3361的概念相符；欧洲标准《Assessment of in-suit compressive strength in structures and precast concrete components》BS EN 13791：2007也采取修正量的方法。

4.2 回弹值测量

4.2.1 检测时，应注意回弹仪的轴线应始终垂直于混凝土检测面，并且缓慢施压不能冲击，否则回弹值读数不准确。

4.2.2 本条规定每一测区记取16点回弹值，它不包含弹击隐藏在薄薄一层水泥浆下的气孔或石子上的数值，这两种数值与该测区的正常回弹值偏差很大，很好判断。同一测点只允许弹击一次，若重复弹击则后者回弹值高于前者，这是因为经弹击后该局部位置较密实，再弹击时吸收的能量较小从而使回弹值偏高。

4.3 碳化深度值测量

4.3.1 本规程附录A中测区混凝土强度换算值由回弹值及碳化深度值两个因素确定，因此需要具体确定每一个测区的碳化深度值。当出现测区间碳化深度值极差大于2.0mm情况时，可能预示该构件混凝土强度不均匀，因此要求每一测区应分别测量碳化深度值。

4.3.2 由于现在所用水泥掺合料品种繁多，有些水泥水化后不能立即呈现碳化与未碳化的界线，需等待一段时间显现。因此本条规定了量测碳化深度时，需待碳化与未碳化界线清楚时再进行量测的内容。与回弹值一样，碳化深度值的测量准确与否，直接影响推定混凝土强度的准确性，因此在测量碳化深度值时应为垂直距离，并非孔洞中显现的非垂直距离。测量碳化深度值时应采用专用碳化深度测量仪，每个点测量3次，每次测量碳化深度可以精确到0.25mm，3次测量结果取平均值，精确到0.5mm。当测区的碳化深度的极差大于2.0mm时，可能预示着该构件的混凝土强度不均匀，因此要求每一个测区均需要测量碳化深度值。征求意见稿中有些专家提出“用2%的酚酞酒精溶液来显示碳化深度，效果较好”，经编制组的多次试验，1%的酚酞酒精溶液和2%的酚酞酒精溶液差别不大，因此将原来规定的1%的酒精酚酞溶液改为1%～2%的酚酞酒精溶液。对于因养护不当及酸性隔离剂等因素引起的异常碳化，可用其他方法对检测结果进行修正。

4.4 泵送混凝土的检测

4.4.1 泵送混凝土的流动性大，其浇筑面的表面和底面性能相差较大，由于缺乏足够的具有说服力的实验数据，故规定测区应选在混凝土浇筑侧面。

5 回弹值计算

5.0.1 本条规定的测区平均回弹值计算方法和建立测强曲线时的取舍方法一致，不会引进新的误差。

5.0.2、5.0.3 由于现场检测条件的限制，有时不能满足水平方向检测混凝土浇筑侧面的要求，需按照规定修正。本规程附录C及附录D系参考国外有关标准和国内试验资料而制定的。

5.0.4 当检测时回弹仪为非水平方向且测试面为非混凝土的浇筑侧面时，应先按本规程附录C对回弹值进行角度修正，然后用上述按角度修正后的回弹值查本规程附录D再行修正，两次修正后的值可理解为水平方向检测混凝土浇筑侧面的回弹值。这种先后修正的顺序不能颠倒，更不允许分别修正后的值直接与原始回弹值相加减。

6 测强曲线

6.1 一般规定

6.1.1 我国地域辽阔，气候差别很大，混凝土材料种类繁多，工程分散，施工和管理水平参差不齐。在全国工程中使用回弹法检测混凝土强度，除应统一仪器标准，统一测试技术，统一数据处理，统一强度推定方法外，还应尽力提高检测曲线的精度，发挥各地区的技术作用。各地区使用统一测强曲线外，也可以根据各地的气候和原材料特点，因地制宜地制定和采用专用测强曲线和地区测强曲线。

6.1.2 对于有条件的地区如能建立本地区的测强区线或专用测强曲线，则可以提高该地区的检测精度。地区和专用测强曲线须经地方建设行政主管部门组织的审查和批准，方能实施。各地可以根据专用测强曲线、地区测强曲线、统一测强曲线的次序选用。

6.2 统一测强曲线

6.2.1 统一测强曲线经过了20多年的使用，对于非泵送混凝土效果良好，这次修订时予以保留。本条给出了全国统一测强曲线的适应条件。

6.2.2 泵送混凝土在原材料、配合比、搅拌、运输、浇筑、振捣、养护等环节与传统的混凝土都有很大的区别。为了适用混凝土技术的发展，提高回弹法检测的精度，这次把泵送混凝土进行单独回归。本次各参加实验单位共取得泵送混凝土实验数据9843个，按照最小二乘法的原理，通过回归而得到的幂函数曲线方程为：

$$f=0.034488R^{1.9400}\ 10^{(-0.0173d_m)}$$

其强度误差值为：平均相对误差(δ)±13.89%；相对标准差(e_r)17.24%；相关系数(r)：0.878。

得到的指数方程为：

$$f=5.1392e^{(0.0535R-0.0444d_m)}$$

其强度误差值为：平均相对误差(δ)±14.31%；相对标准差(e_r)17.69%；相关系数(r)：0.870。

通过分析比较，最后采用幂函数曲线方程作为泵送混凝土的测强曲线方程。该曲线方程与全国部分地方曲线方程相比，在混凝土抗压强度区间(10.0～60.0)MPa范围内，各地的测强曲线中回弹值既有一定的差异，同时又比较接近，这就充分说明了本次修订的泵送混凝土的测强曲线具有广泛的适应性和可靠性。

下面是全国部分地方曲线方程强度在(10.0～60.0)MPa范围内的回弹区间：

陕西省	回弹值17.0～48.6	强度值(MPa) 10.0～59.8
山东省	回弹值20.6～45.8	强度值(MPa) 9.8～60.1
浙江省(碎石)	回弹值18.2～47.6	强度值(MPa) 13.1～59.9
浙江省(卵石)	回弹值20.0～48.0	强度值(MPa) 10.3～60.0
辽宁省	回弹值20.0～54.8	强度值(MPa) 10.0～60.0
北京市	回弹值20.0～50.0	强度值(MPa) 10.9～60.1
唐山市(2003年)	回弹值20.0～47.6	强度值(MPa) 14.5～60.0
成都市(1997年)	回弹值35.0～43.6	强度值(MPa) 31.9～60.2
温州市(2003年)	回弹值27.0～47.2	强度值(MPa) 17.4～60.2
焦作市	回弹值18.6～46.6	强度值(MPa) 10.0～59.5
宁夏回族自治区	回弹值21.0～46.2	强度值(MPa) 11.2～60.3
本次修订的行标	回弹值18.6～46.8	强度值(MPa) 10.0～60.0

6.2.3 本条给出了对统一测强曲线误差的基本要求。

6.2.4 粗骨料最大公称粒径大于60mm，已超出实验时试块及试件粗骨料的最大粒径，泵送混凝土粗骨料最大公称粒径大于31.5mm时已不能满足泵送的要求；构件生产中，有的并非一般机械成型工艺可以完成，例如混凝土轨枕，上、下水管道等，就需采用加压振动或离心法成型工艺，超出了该测强曲线的使用范围；对于在非平面的构件上测得的回弹值与在平面上测得的回弹值关系，国内目前尚无试验资料，现参照国外资料，规定凡测试部位的曲率半径小于250mm的构件一律不能采用该测强曲线；混凝土表面湿度对回弹法测强影响很大，应等待混凝土表面干燥后再进行检测。

6.3 地区和专用测强曲线

6.3.1 地区和专用测强曲线的强度误差值均应小于全国统一测强曲线，本条给出了地区和专用测强曲线的强度误差值要求。

6.3.2 地区和专用测强曲线的制定应按本规程附录E进行并报主管部门批准实施，使用中应注意其使用范围，只能在制定曲线时的试件条件范围内，例如龄期、原材料、外加剂、强度区间等，不允许超出该使用范围。这些测强曲线均为经验公式制定，因此决不能根据测强公式而任意外推，以免得出错误的计算结果。此外，应经常抽取一定数量的同条件试块进行校核，如发现误差较大时，应停止使用并应及时查找原因。

7 混凝土强度的计算

7.0.1 构件的每一测区的混凝土强度换算值，是由每一测区的平均回弹值及平均碳化深度值按照测强曲线计算或查表得出。

7.0.2 此条给出了测区混凝土强度平均值及标准差的计算方法。需要说明的是，在计算标准差时，强度平均值应精确至0.01MPa，否则会因二次数据修约而增大计算误差。

7.0.3 当测区数量≥10个时，为了保证构件的混凝土强度满足95%的保证率，采用数理统计的公式计算强度推定值；当构件测区数<10个时，因样本太少，取最小值作为强度推定值。此外，当构件中出现测区强度无法查出（如 f^c_{cu} <10.0MPa或 f^c_{cu} >60MPa）时，因无法计算平均值及标准差，也只能以最小值作为该强度推定值。

7.0.4 当测区间的标准差过大时，说明已有某些系统误差因素起作用，例如构件不是同一强度等级，龄期差异较大等，不属于同一母体，因此不能按批进行推定。

7.0.5 检测报告是工程测试的最后结果，是处理混凝土质量问题的依据，宜按统一格式出具。

中华人民共和国行业标准

房屋渗漏修缮技术规程

Technical specification for repairing water seepage of building

JGJ/T 53—2011

批准部门：中华人民共和国住房和城乡建设部
施行日期：2 0 1 1 年 1 2 月 1 日

中华人民共和国住房和城乡建设部
公　　告

第 901 号

关于发布行业标准《房屋渗漏修缮技术规程》的公告

现批准《房屋渗漏修缮技术规程》为行业标准，编号为 JGJ/T 53－2011，自 2011 年 12 月 1 日起实施。原行业标准《房屋渗漏修缮技术规程》CJJ 62－95 同时废止。

本规程由我部标准定额研究所组织中国建筑工业出版社出版发行。

中华人民共和国住房和城乡建设部

2011 年 1 月 28 日

前　　言

根据住房和城乡建设部《关于印发〈2009 年工程建设标准规范制订、修订计划〉的通知》（建标［2009］88 号）的要求，规程编制组经过广泛调查研究，认真总结实践经验，参考有关国际标准和国外先进标准，并在广泛征求意见的基础上，修订了本规程。

本规程的主要技术内容是：1. 总则；2. 术语；3. 基本规定；4. 屋面渗漏修缮工程；5. 外墙渗漏修缮工程；6. 厕浴间和厨房渗漏修缮工程；7. 地下室渗漏修缮工程；8. 质量验收；9. 安全措施。

修订的主要技术内容是：1. 修订了总则、屋面渗漏修缮工程、外墙渗漏修缮工程、厕浴间和厨房渗漏修缮工程、地下室渗漏修缮工程等的有关条款；2. 修订了质量验收的要求；3. 增加了术语，基本规定，安全措施等内容。

本规程由住房和城乡建设部负责管理，由河南国基建设集团有限公司负责具体技术内容的解释。在执行过程中如有意见和建议，请寄送河南国基建设集团有限公司（地址：河南省郑州市郑花路 65 号恒华大厦 11 楼，邮政编码：450047）。

本规程主编单位：河南国基建设集团有限公司
　　　　　　　　新蒲建设集团有限公司

本规程参编单位：北京市建筑工程研究院
　　　　　　　　河南省第一建筑工程集团有限责任公司
　　　　　　　　南京天堰防水工程有限公司
　　　　　　　　总参工程兵科研三所
　　　　　　　　中国工程建设标准化协会建筑防水专业委员会
　　　　　　　　河南建筑材料研究设计院有限责任公司
　　　　　　　　中国建筑学会防水技术专业委员会
　　　　　　　　杭州金汤建筑防水有限公司
　　　　　　　　东莞市普赛达密封粘胶有限公司
　　　　　　　　宁波镭纳涂层技术有限公司

本规程主要起草人员：周忠义　王麦对　朱国防　刘　铁　彭建新　孙惠民　王君若　叶林标　任绍志　孙家齐　陈宝贵　吴　明　胡保刚　胡　骏　施嘉霖　高延继　徐昊辉　曹征富　职晓云　冀文政

本规程主要审查人员：吴松勤　李承刚　张玉玲　薛绍祖　杨嗣信　徐宏峰　张道真　曲　慧　韩世敏　哈承德　王　天　姜静波

目 次

1 总则 …… 17—5
2 术语 …… 17—5
3 基本规定 …… 17—5
4 屋面渗漏修缮工程 …… 17—6
4.1 一般规定 …… 17—6
4.2 查勘 …… 17—6
4.3 修缮方案 …… 17—7
4.4 施工 …… 17—12
5 外墙渗漏修缮工程 …… 17—14
5.1 一般规定 …… 17—14
5.2 查勘 …… 17—14
5.3 修缮方案 …… 17—14
5.4 施工 …… 17—16
6 厕浴间和厨房渗漏修缮工程 …… 17—16
6.1 一般规定 …… 17—16
6.2 查勘 …… 17—16
6.3 修缮方案 …… 17—17
6.4 施工 …… 17—17
7 地下室渗漏修缮工程 …… 17—18
7.1 一般规定 …… 17—18
7.2 查勘 …… 17—18
7.3 修缮方案 …… 17—18
7.4 施工 …… 17—18
8 质量验收 …… 17—21
9 安全措施 …… 17—21
本规程用词说明 …… 17—22
引用标准名录 …… 17—22
附：条文说明 …… 17—23

Contents

1 General Provisions ······ 17—5
2 Terms ······ 17—5
3 Basic Requirements ······ 17—5
4 Repairing Water Seepage of Roofing ······ 17—6
4.1 General Requirements ······ 17—6
4.2 Survey ······ 17—6
4.3 Repairing Description ······ 17—7
4.4 Construction ······ 17—12
5 Repairing Water Seepage of Exterior Wall ······ 17—14
5.1 General requirements ······ 17—14
5.2 Survey ······ 17—14
5.3 Repairing Description ······ 17—14
5.4 Construction ······ 17—16
6 Repairing Water Seepage of Toilet & Kitchen ······ 17—16
6.1 General Requirements ······ 17—16
6.2 Survey ······ 17—16
6.3 Repairing Description ······ 17—17
6.4 Construction ······ 17—17
7 Repairing Water Seepage of Basement ······ 17—18
7.1 General requirements ······ 17—18
7.2 Survey ······ 17—18
7.3 Repairing Description ······ 17—18
7.4 Construction ······ 17—18
8 Acceptance of Quality ······ 17—21
9 Safety Precautions ······ 17—21
Explanation of Wording in This Specification ······ 17—22
List of Quoted Standards ······ 17—22
Addition: Explanation of Provisions ······ 17—23

1 总 则

1.0.1 为提高房屋渗漏修缮的技术水平，保证修缮质量，制定本规程。

1.0.2 本规程适用于既有房屋的屋面、外墙、厕浴间和厨房、地下室等渗漏修缮。

1.0.3 房屋渗漏修缮应遵循因地制宜、防排结合、合理选材、综合治理的原则，并做到安全可靠、技术先进、经济合理、节能环保。

1.0.4 房屋渗漏修缮除应符合本规程外，尚应符合国家现行有关标准的规定。

2 术 语

2.0.1 渗漏修缮 seepage repairs

对已发生渗漏部位进行维修和翻修等防渗封堵的工作。

2.0.2 查勘 survey

采用实地调查、观察或仪器检测的形式，寻找渗漏原因和渗漏范围的工作。

2.0.3 维修 maintenance

对房屋局部不能满足正常使用要求的防水层采取定期检查更换、整修等措施进行修复的工作。

2.0.4 翻修 renovation

对房屋不能满足正常使用要求的防水层及相关构造层，采取重新设计、施工等恢复防水功能的工作。

3 基本规定

3.0.1 房屋渗漏修缮施工前，应进行现场查勘，并应编制现场查勘书面报告。现场勘查后，应根据查勘结果编制渗漏修缮方案。

3.0.2 现场查勘宜包括下列内容：

1 工程所在位置周围的环境，使用条件、气候变化对工程的影响；

2 渗漏水发生的部位、现状；

3 渗漏水变化规律；

4 渗漏部位防水层质量现状及破坏程度，细部防水构造现状；

5 渗漏原因、影响范围，结构安全和其他功能的损害程度。

3.0.3 现场查勘宜采用走访、观察、仪器检测等方法，并宜符合下列规定：

1 对屋顶、外墙的渗漏部位，宜在雨天进行反复观察，划出标记，做好记录；

2 对卷材、涂膜防水层，宜直接观察其裂缝、翘边、龟裂、剥落、腐烂、积水及细部节点部位损坏等现状，并宜在雨后观察或蓄水检查防水层大面及细部节点部位渗漏现象；

3 对刚性防水层，宜直接观察其开裂、起砂、酥松、起壳；密封材料剥离、老化；排气管、女儿墙等部位防水层破损等现状，并宜在雨后观察或蓄水检查防水层大面及细部节点渗漏现象；

4 对瓦件，宜直接观察其裂纹、风化、接缝及细部节点部位现状，并宜在雨后观察瓦件及细部节点部位渗漏现象；

5 对清水、抹灰、面砖与板材等墙面，宜直接观察其裂缝、接缝、空鼓、剥落、酥松及细部节点部位损坏等现状，并宜在雨后观察和淋水检查墙面及细部节点部位渗漏现象；

6 对厕浴间和楼地面，宜直接观察其裂缝、积水、空鼓及细部节点部位损坏等现状，并宜在蓄水后检查楼地面、厕浴间墙面及细部节点部位渗漏现象；

7 对地下室墙地面、顶板，宜观察其裂缝、蜂窝、麻面及细部节点部位损坏等现状，宜直接观察渗漏水量较大或比较明显的部位；对于慢渗或渗漏水点不明显的部位，宜辅以撒水泥粉确定。

3.0.4 编制渗漏修缮方案前，应收集下列资料：

1 原防水设计文件；

2 原防水系统使用的构配件、防水材料及其性能指标；

3 原施工组织设计、施工方案及验收资料；

4 历次修缮技术资料。

3.0.5 编制渗漏修缮方案时，应首先根据房屋使用要求、防水等级，结合现场查勘书面报告，确定采用局部维修或整体翻修措施。渗漏修缮方案宜包括下列内容：

1 细部修缮措施；

2 排水系统设计及选材；

3 防水材料的主要物理力学性能；

4 基层处理措施；

5 施工工艺及注意事项；

6 防水层相关构造与功能恢复；

7 保温层相关构造与功能恢复；

8 完好防水层、保温层、饰面层等保护措施。

3.0.6 渗漏修缮方案设计应符合下列规定：

1 因结构损害造成的渗漏水，应先进行结构修复；

2 不得采用损害结构安全的施工工艺及材料；

3 渗漏修缮中宜改善提高渗漏部位的导水功能；

4 渗漏修缮应统筹考虑保温和防水的要求；

5 施工应符合国家有关安全、劳动保护和环境保护的规定。

3.0.7 修缮用的材料应按工程环境条件和施工工艺的可操作性选择，并应符合下列规定：

1 应满足施工环境条件的要求，且应配置合理、安全可靠、节能环保；

2 应与原防水层相容、耐用年限相匹配；

3 对于外露使用的防水材料，其耐老化、耐穿刺等性能应满足使用要求；

4 应满足由温差等引起的变形要求。

3.0.8 房屋渗漏修缮用的防水材料和密封材料应符合下列规定：

1 防水卷材宜选用高聚物改性沥青防水卷材、合成高分子防水卷材等，并宜热熔或胶粘铺设；

2 柔性防水涂料宜选用聚氨酯防水涂料、喷涂聚脲防水涂料、聚合物水泥防水涂料、高聚物改性沥青防水涂料、丙烯酸乳液防水涂料等，并宜涂布（喷涂）施工；

3 刚性防水涂料宜选用高渗透性渗透型改性环氧树脂防水涂料、无机防水涂料等，并宜涂布施工；

4 密封材料宜选用合成高分子密封材料、自粘聚合物沥青泛水带、丁基橡胶防水密封胶带、改性沥青嵌缝油膏等，并宜嵌填施工；

5 抹面材料宜选用聚合物水泥防水砂浆或掺防水剂的水泥砂浆等，并宜抹压施工；

6 刚性、柔性防水材料宜复合使用。

3.0.9 渗漏修缮选用材料的质量、性能指标、试验方法等应符合国家现行有关标准的规定。进场材料应合格。

3.0.10 渗漏修缮施工应具有资质的专业施工队伍承担，作业人员应持证上岗。

3.0.11 渗漏修缮施工应符合下列规定：

1 施工前应根据修缮方案进行技术、安全交底；

2 潮湿基层应进行处理，并应符合修缮方案要求；

3 铲除原防水层时，应预留新旧防水层搭接宽度；

4 应做好新旧防水层搭接密封处理，使两者成为一体；

5 不得破坏原有完好防水层和保温层；

6 施工过程中应随时检查修缮效果，并应做好隐蔽工程施工记录；

7 对已完成渗漏修缮的部位应采取保护措施；

8 渗漏修缮完工后，应恢复该部位原有的使用功能。

3.0.12 整体翻修或大面积维修时，应对防水材料进行现场见证抽样复验。局部维修时，应根据用量及工程重要程度，由委托方和施工方协商防水材料的复验。

3.0.13 修缮施工过程中的隐蔽工程，应在隐蔽前进行验收。

4 屋面渗漏修缮工程

4.1 一般规定

4.1.1 本章适用于卷材防水屋面、涂膜防水屋面、瓦屋面和刚性防水屋面渗漏修缮工程。

4.1.2 屋面渗漏宜从迎水面进行修缮。

4.1.3 屋面渗漏修缮工程基层处理宜符合下列规定：

1 基层酥松、起砂、起皮等应清除，表面应坚实、平整、干净、干燥，排水坡度应符合设计要求；

2 基层与突出屋面的交接处，以及基层的转角处，宜作成圆弧；

3 内部排水的水落口周围应作成略低的凹坑；

4 刚性防水屋面的分格缝应修整、清理干净。

4.1.4 屋面渗漏局部维修时，应采取分隔措施，并宜在背水面设置导排水设施。

4.1.5 屋面渗漏修缮过程中，不得随意增加屋面荷载或改变原屋面的使用功能。

4.1.6 屋面渗漏修缮施工应符合下列规定：

1 应按修缮方案和施工工艺进行施工；

2 防水层施工时，应先做好节点附加层的处理；

3 防水层的收头应采取密封加强措施；

4 每道工序完工后，应经验收合格后再进行下道工序施工；

5 施工过程中应做好完好防水层等保护工作。

4.1.7 雨期修缮施工应做好防雨遮盖和排水措施，冬期施工应采取防冻保温措施。

4.2 查 勘

4.2.1 屋面渗漏修缮查勘应全面检查屋面防水层大面及细部构造出现的弊病及渗漏现象，并应对排水系统及细部构造重点检查。

4.2.2 卷材、涂膜防水屋面渗漏修缮查勘应包括下列内容：

1 防水层的裂缝、翘边、空鼓、龟裂、流淌、剥落、腐烂、积水等状况；

2 天沟、檐沟、檐口、泛水、女儿墙、立墙、伸出屋面管道、阴阳角、水落口、变形缝等部位的状况。

4.2.3 瓦屋面渗漏修缮查勘应包括下列内容：

1 瓦件裂纹、缺角、破碎、风化、老化、锈蚀、变形等状况；

2 瓦件的搭接宽度、搭接顺序、接缝密封性、平整度、牢固程度等；

3 屋脊、泛水、上人孔、老虎窗、天窗等部位的状况；

4 防水基层开裂、损坏等状况。

4.2.4 刚性屋面渗漏修缮查勘应包括下列内容：

1 刚性防水层开裂、起砂、酥松、起壳等状况；

2 分格缝内密封材料剥离、老化等状况；

3 排气管、女儿墙等部位防水层及密封材料的破损程度。

4.3 修缮方案

Ⅰ 选材及修缮要求

4.3.1 屋面渗漏修缮工程应根据房屋重要程度、防水设计等级、使用要求，结合查勘结果，找准渗漏部位，综合分析渗漏原因，编制修缮方案。

4.3.2 屋面渗漏修缮选用的防水材料应依据屋面防水设防要求、建筑结构特点、渗漏部位及施工条件选定，并应符合下列规定：

1 防水层外露的屋面应选用耐紫外线、耐老化、耐腐蚀、耐酸雨性能优良的防水材料；外露屋面沥青卷材防水层宜选用上表面覆有矿物粒料保护的防水卷材。

2 上人屋面应选用耐水、耐霉菌性能优良的材料；种植屋面宜选用耐根穿刺的防水卷材。

3 薄壳、装配式结构、钢结构等大跨度变形较大的建筑屋面应选用延伸性好、适应变形能力优良的防水材料。

4 屋面接缝密封防水，应选用粘结力强，延伸率大、耐久性好的密封材料。

4.3.3 屋面工程渗漏修缮中多种材料复合使用时，应符合下列规定：

1 耐老化、耐穿刺的防水层宜设置在最上面，不同材料之间应具有相容性；

2 合成高分子类卷材或涂膜的上部不得采用热熔型卷材。

4.3.4 瓦屋面选材应符合下列规定：

1 瓦件及配套材料的产品规格宜统一。

2 平瓦及其脊瓦应边缘整齐，表面光洁，不得有剥离、裂纹等缺陷，平瓦的瓦爪与瓦槽的尺寸应准确。

3 沥青瓦应边缘整齐，切槽清晰，厚薄均匀，表面无孔洞、楞伤、裂纹、折皱和起泡等缺陷。

4.3.5 柔性防水层破损及裂缝的修缮宜采用与其类型、品种相同或相容性好的卷材、涂料及密封材料。

4.3.6 涂膜防水层开裂的部位，宜涂布带有胎体增强材料的防水涂料。

4.3.7 刚性防水层的修缮可采用沥青类卷材、涂料、防水砂浆等材料，其分格缝应采用密封材料。

4.3.8 瓦屋面修缮时，更换的瓦件应采取固定加强措施，多雨地区的坡屋面檐口修缮宜更换制品型檐沟及水落管。

4.3.9 混凝土微细结构裂缝的修缮宜根据其宽度、深度、漏水状况，采用低压化学灌浆。

4.3.10 重新铺设的卷材防水层应符合国家现行有关标准的规定，新旧防水层搭接宽度不应小于100mm。翻修时，铺设卷材的搭接宽度应按现行国家标准《屋面工程技术规范》GB 50345的规定执行。

4.3.11 粘贴防水卷材应使用与卷材相容的胶粘材料，其粘结性能应符合表4.3.11的规定。

表 4.3.11 防水卷材粘结性能

项目		自粘聚合物沥青防水卷材粘合面 PY类	自粘聚合物沥青防水卷材粘合面 N类	三元乙丙橡胶和聚氯乙烯防水卷材胶粘剂	丁基橡胶自粘胶带
剪切状态下的粘合性（卷材-卷材）	标准试验条件（N/mm）	≥4或卷材断裂	≥2或卷材断裂	≥2或卷材断裂	≥2或卷材断裂
粘结剥离强度（卷材-卷材）	标准试验条件（N/mm）	≥1.5或卷材断裂		≥1.5或卷材断裂	≥0.4或卷材断裂
	浸水168h后保持率（%）	≥70		≥70	≥80
与混凝土粘结强度（卷材-混凝土）	标准试验条件（N/mm）	≥1.5或卷材断裂		≥1.5或卷材断裂	≥0.6或卷材断裂

4.3.12 采用涂膜防水修缮时，涂膜防水层应符合国家现行有关标准的规定，新旧涂膜防水层搭接宽度不应小于100mm。

4.3.13 保温隔热层浸水渗漏修缮，应根据其面积的大小，进行局部或全部翻修。保温层浸水不易排除时，宜增设排水措施；保温层潮湿时，宜增设排汽措施，再做防水层。

4.3.14 屋面发生大面积渗漏，防水层丧失防水功能时，应进行翻修，并按现行国家标准《屋面工程技术规范》GB 50345的规定重新设计。

Ⅱ 卷材防水屋面

4.3.15 天沟、檐沟卷材开裂渗漏修缮应符合下列规定：

1 当渗漏点较少或分布零散时，应拆除开裂破损处已失效的防水材料，重新进行防水处理，修缮后应与原防水层衔接形成整体，且不得积水（图4.3.15）。

2 渗漏严重的部位翻修时，宜先将已起鼓、破损的原防水层铲除、清理干净，并修补基层，再铺设卷材或涂布防水涂料附加层，然后重新铺设防水层，

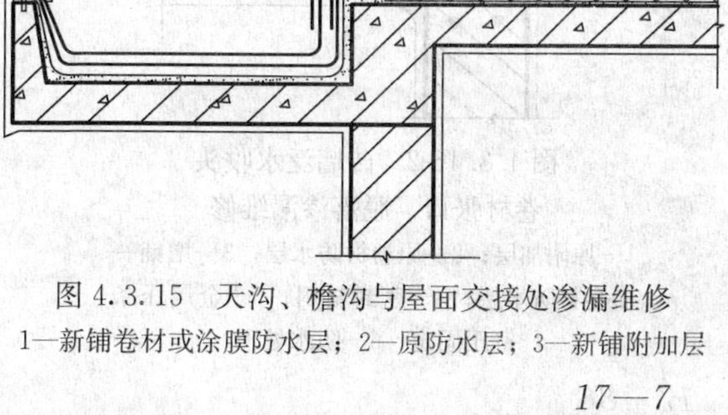

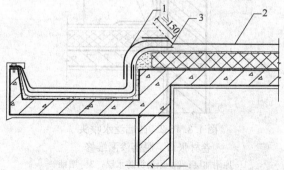

图 4.3.15 天沟、檐沟与屋面交接处渗漏维修
1—新铺卷材或涂膜防水层；2—原防水层；3—新铺附加层

卷材收头部位应固定、密封。

4.3.16 泛水处卷材开裂、张口、脱落的维修应符合下列规定：

1 女儿墙、立墙等高出屋面结构与屋面基层的连接处卷材开裂时，应先将裂缝清理干净，再重新铺设卷材或涂布防水涂料，新旧防水层应形成整体（图 4.3.16-1）。卷材收头可压入凹槽内固定密封，凹槽距屋面找平层高度不应小于 250mm，上部墙体应做防水处理。

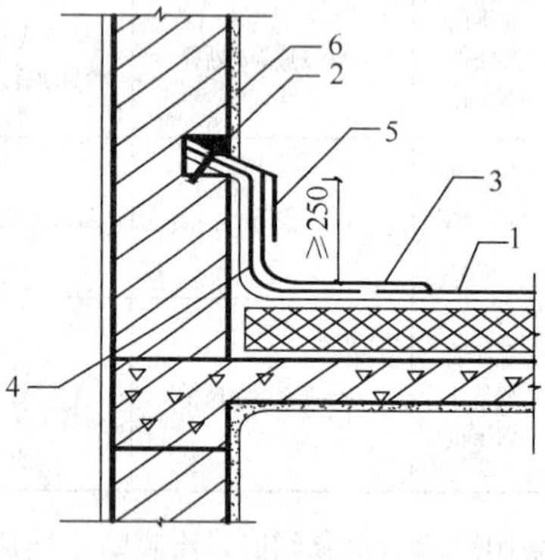

图 4.3.16-1 女儿墙、立墙与屋面基层连接处开裂维修

1—原防水层；2—密封材料；3—新铺卷材或涂膜防水层；4—新铺附加层；5—压盖原防水层卷材；6—防水处理

2 女儿墙泛水处收头卷材张口、脱落不严重时，应先清除原有胶粘材料及密封材料，再重新满粘卷材。上部应覆盖一层卷材，并应将卷材收头铺至女儿墙压顶下，同时应用压条钉压固定并用密封材料封闭严密，压顶应做防水处理（图 4.3.16-2）。张口、脱落严重时应割除并重新铺设卷材。

3 混凝土墙体泛水处收头卷材张口、脱落时，应先清除原有胶粘材料、密封材料、水泥砂浆层至结构层，再涂刷基层处理剂，然后重新满粘卷材。卷材

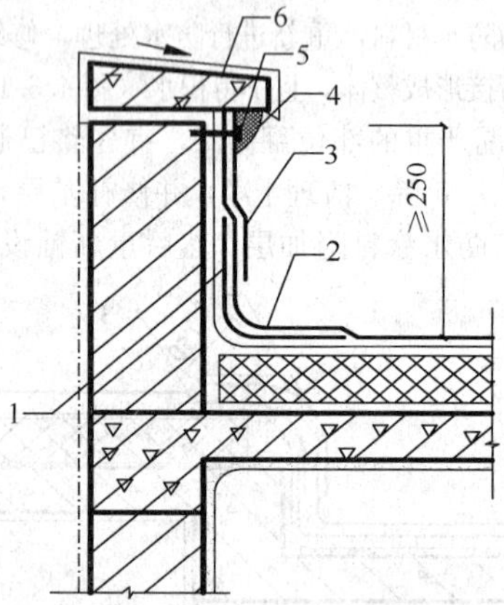

图 4.3.16-2 砖墙泛水收头卷材张口、脱落渗漏维修

1—原附加层；2—原卷材防水层；3—增铺一层卷材防水层；4—密封材料；5—金属压条钉压固定；6—防水处理

收头端部应裁齐，并应用金属压条钉压固定，最大钉距不应大于 300mm，并应用密封材料封严。上部应采用金属板材覆盖，并应钉压固定、用密封材料封严（图 4.3.16-3）。

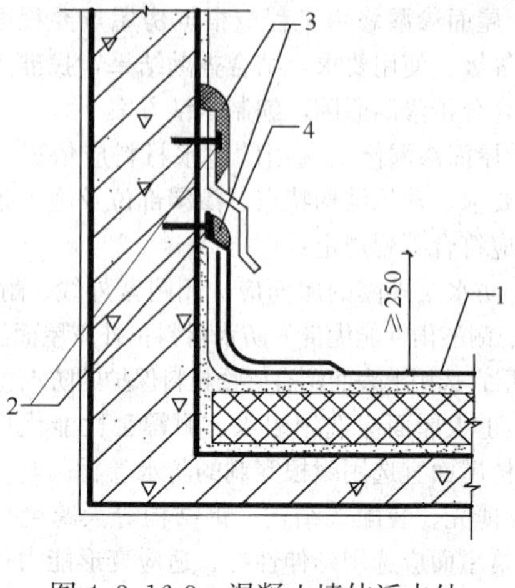

图 4.3.16-3 混凝土墙体泛水处收头卷材张口、脱落渗漏维修

1—原卷材防水层；2—金属压条钉压固定；3—密封材料；4—增铺金属板材或高分子卷材

4.3.17 女儿墙、立墙和女儿墙压顶开裂、剥落的维修应符合下列规定：

1 压顶砂浆局部开裂、剥落时，应先剔除局部砂浆后，再铺抹聚合物水泥防水砂浆或浇筑 C20 细石混凝土。

2 压顶开裂、剥落严重时，应先凿除酥松砂浆，再修补基层，然后在顶部加扣金属盖板，金属盖板应做防锈蚀处理。

4.3.18 变形缝渗漏的维修应符合下列规定：

1 屋面水平变形缝渗漏维修时，应先清除缝内原卷材防水层、胶结材料及密封材料，且基层应保持干净、干燥，再涂刷基层处理剂、缝内填充衬垫材料，并用卷材封盖严密，然后在顶部加扣混凝土盖板或金属盖板，金属盖板应做防腐蚀处理（图 4.3.18-1）。

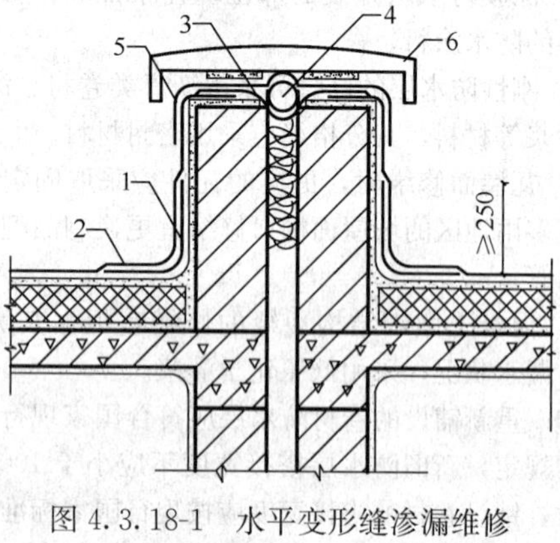

图 4.3.18-1 水平变形缝渗漏维修

1—原附加层；2—原卷材防水层；3—新铺卷材；4—新嵌衬垫材料；5—新铺卷材封盖；6—新铺金属盖板

2 高低跨变形缝渗漏时，应先按本条第 1 款进行清理及卷材铺设，卷材应在立墙收头处用金属压条钉压固定和密封处理，上部再用金属板或合成高分子卷材覆盖，其收头部位应固定密封（图 4.3.18-2）。

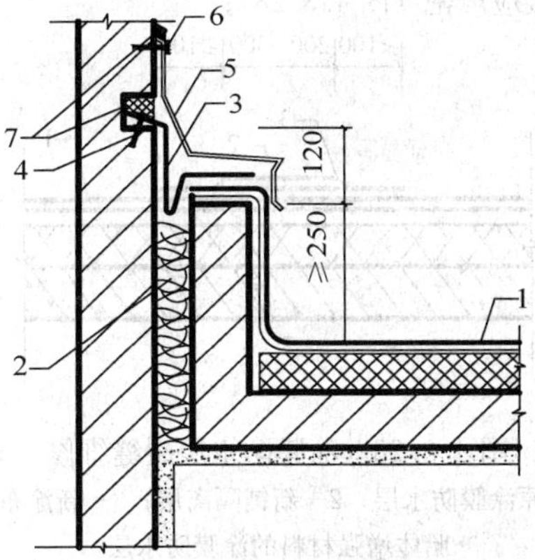

图 4.3.18-2 高低跨变形缝渗漏维修

1—原卷材防水层；2—新铺泡沫塑料；3—新铺卷材封盖；4—水泥钉；5—新铺金属板材或合成高分子卷材；6—金属压条钉压固定；7—新嵌密封材料

3 变形缝挡墙根部渗漏应按本规程第 4.3.16 条第 1 款的规定进行处理。

4.3.19 水落口防水构造渗漏维修应符合下列规定：

1 横式水落口卷材收头处张口、脱落导致渗漏时，应拆除原防水层，清理干净，嵌填密封材料，新铺卷材或涂膜附加层，再铺设防水层（图 4.3.19-1）。

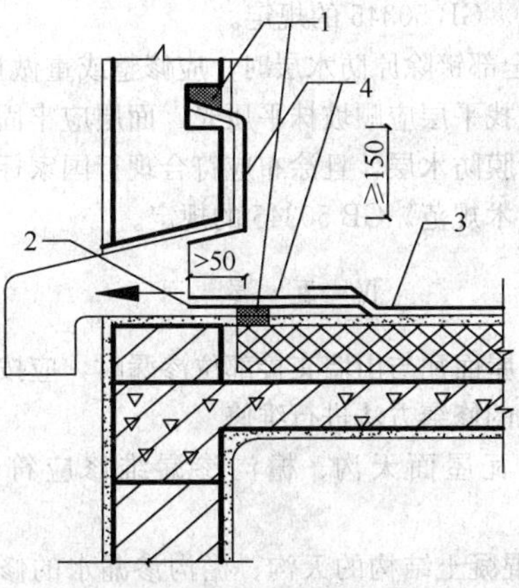

图 4.3.19-1 横式水落口与基层接触处渗漏维修

1—新嵌密封材料；2—新铺附加层；3—原防水层；4—新铺卷材或涂膜防水层

2 直式水落口与基层接触处出现渗漏时，应清除周边已破损的防水层和凹槽内原密封材料，基层处理后重新嵌填密封材料，面层涂布防水涂料，厚度不应小于 2mm（图 4.3.19-2）。

4.3.20 伸出屋面的管道根部渗漏时，应先将管道周围的卷材、胶粘材料及密封材料清除干净至结构层，

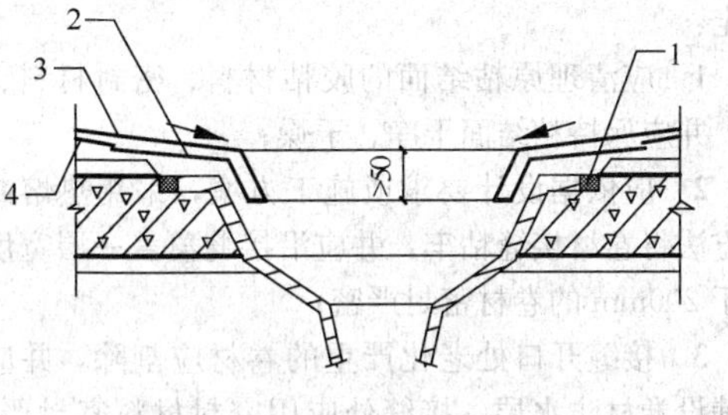

图 4.3.19-2 直式水落口与基层接触处渗漏维修

1—新嵌密封材料；2—新铺附加层；3—新涂膜防水层；4—原防水层

再在管道根部重做水泥砂浆圆台，上部增设防水附加层，面层用卷材覆盖，其搭接宽度不应小于 200mm，并应粘结牢固，封闭严密。卷材防水层收头高度不应小于 250mm，并应先用金属箍箍紧，再用密封材料封严（图 4.3.20）。

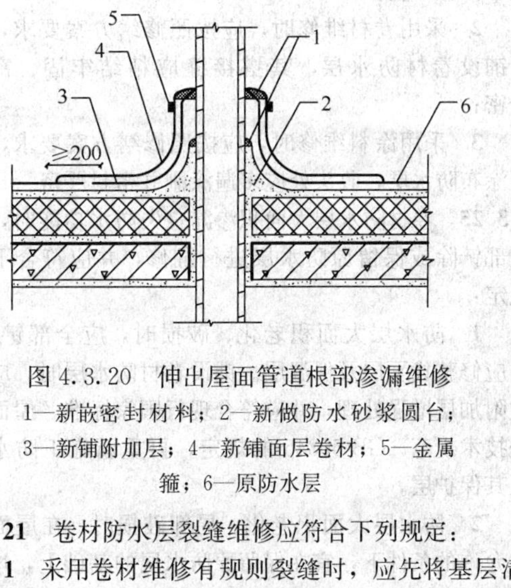

图 4.3.20 伸出屋面管道根部渗漏维修

1—新嵌密封材料；2—新做防水砂浆圆台；3—新铺附加层；4—新铺面层卷材；5—金属箍；6—原防水层

4.3.21 卷材防水层裂缝维修应符合下列规定：

1 采用卷材维修有规则裂缝时，应先将基层清理干净，再沿裂缝单边点粘宽度不小于 100mm 卷材隔离层，然后在原防水层上铺设宽度不小于 300mm 卷材覆盖层，覆盖层与原防水层的粘结宽度不应小于 100mm。

2 采用防水涂料维修有规则裂缝时，应先沿裂缝清理面层浮灰、杂物，再沿裂缝铺设隔离层，其宽度不应小于 100mm，然后在面层涂布带有胎体增强材料的防水涂料，收头处密封严密。

3 对于无规则裂缝，宜沿裂缝铺设宽度不小于 300mm 卷材或涂布带有胎体增强材料的防水涂料。维修前，应沿裂缝清理面层浮灰、杂物。防水层应满粘满涂，新旧防水层应搭接严密。

4 对于分格缝或变形缝部位的卷材裂缝，应清除缝内失效的密封材料，重新铺设衬垫材料和嵌填密封材料。密封材料应饱满、密实，施工中不得裹入空气。

4.3.22 卷材接缝开口、翘边的维修应符合下列

规定：

1 应清理原粘结面的胶粘材料、密封材料、尘土，并应保持粘结面干净、干燥；

2 应依据设计要求或施工方案，采用热熔或胶粘方法将卷材接缝粘牢，并应沿接缝覆盖一层宽度不小于200mm的卷材密封严密；

3 接缝开口处老化严重的卷材应割除，并应重新铺设卷材防水层，接缝处应用密封材料密封严密、粘结牢固。

4.3.23 卷材防水层起鼓维修时，应先将卷材防水层鼓泡用刀割除，并清除原胶粘材料，基层应干净、干燥，再重新铺设防水卷材，防水卷材的接缝处应粘结牢固、密封严密。

4.3.24 卷材防水层局部龟裂、发脆、腐烂等的维修应符合下列规定：

1 宜铲除已破损的防水层，并应将基层清理干净、修补平整；

2 采用卷材维修时，应按照修缮方案要求，重新铺设卷材防水层，其搭接缝应粘结牢固、密封严密；

3 采用涂料维修时，应按照修缮方案要求，重新涂布防水层，收头处应多遍涂刷并密封严密。

4.3.25 卷材防水层大面积渗漏丧失防水功能时，可全部铲除或保留原防水层进行翻修，并应符合下列规定：

1 防水层大面积老化、破损时，应全部铲除，并应修整找平层及保温层。铺设卷材防水层时，应先做附加层增强处理，并应符合现行国家标准《屋面工程技术规范》GB 50345的规定，再重新施工防水层及其保护层。

2 防水层大面积老化、局部破损时，在屋面荷载允许的条件下，宜在保留原防水层的基础上，增做面层防水层。防水卷材破损部分应铲除，面层应清理干净，必要时应用水冲刷干净。局部修补、增强处理后，应铺设面层防水层，卷材铺设应符合现行国家标准《屋面工程技术规范》GB 50345的规定。

Ⅲ 涂膜防水屋面

4.3.26 涂膜防水屋面泛水部位渗漏维修应符合下列规定：

1 应清理泛水部位的涂膜防水层，且面层应干燥、干净。

2 泛水部位应先增设涂膜防水附加层，再涂布防水涂料，涂膜防水层有效泛水高度不应小于250mm。

4.3.27 天沟水落口维修时，应清理防水层及基层，天沟应无积水且干燥，水落口杯应与基层锚固。施工时，应先做水落口的密封防水处理及增强附加层，其直径应比水落口大200mm，再在面层涂布防水涂料。

4.3.28 涂膜防水层裂缝的维修应符合下列规定：

1 对于有规则裂缝维修，应先清除裂缝部位的防水涂膜，并将基层清理干净，再沿缝干铺或单边点粘空铺隔离层，然后在面层涂布涂膜防水层，新旧防水层搭接应严密（图4.3.28）；

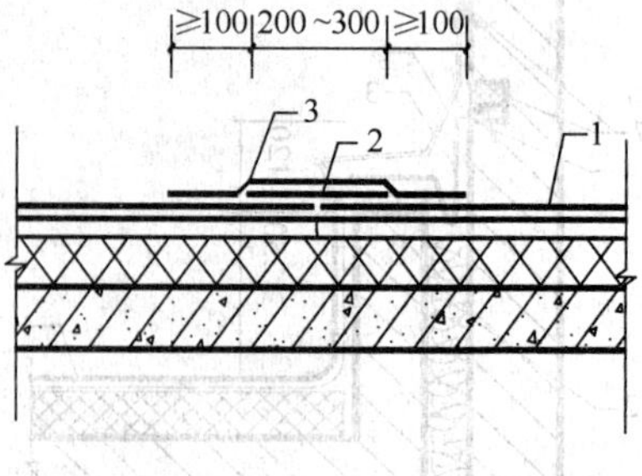

图4.3.28 涂膜防水层裂缝维修

1—原涂膜防水层；2—新铺隔离层；3—新涂布有胎体增强材料的涂膜防水层

2 对于无规则裂缝维修，应先铲除损坏的涂膜防水层，并清除裂缝周围浮灰及杂物，再沿裂缝涂布涂膜防水层，新旧防水层搭接应严密。

4.3.29 涂膜防水层起鼓、老化、腐烂等维修时，应先铲除已破损的防水层并修整或重做找平层，找平层应抹平压光，再涂刷基层处理剂，然后涂布涂膜防水层，且其边缘应多遍涂刷涂膜。

4.3.30 涂膜防水层翻修应符合下列规定：

1 保留原防水层时，应将起鼓、腐烂、开裂及老化部位涂膜防水层清除。局部维修后，面层应涂布涂膜防水层，且涂布应符合现行国家标准《屋面工程技术规范》GB 50345的规定。

2 全部铲除原防水层时，应修整或重做找平层，水泥砂浆找平层应顺坡抹平压光，面层应牢固。面层应涂布涂膜防水层，且涂布应符合现行国家标准《屋面工程技术规范》GB 50345的规定。

Ⅳ 瓦 屋 面

4.3.31 屋面瓦与山墙交接部位渗漏时，应按女儿墙泛水渗漏的修缮方法进行维修。

4.3.32 瓦屋面天沟、檐沟渗漏维修应符合下列规定：

1 混凝土结构的天沟、檐沟渗漏水的修缮应符合本规程第4.3.15条的规定；

2 预制的天沟、檐沟应根据损坏程度决定局部维修或整体更换。

4.3.33 水泥瓦、黏土瓦和陶瓦屋面渗漏维修应符合下列规定：

1 少量瓦件产生裂纹、缺角、破碎、风化时，应拆除破损的瓦件，并选用同一规格的瓦件予以更换；

2 瓦件松动时，应拆除松动瓦件，重新铺挂瓦件；

3 块瓦大面积破损时，应清除全部瓦件，整体翻修。

4.3.34 沥青瓦屋面渗漏维修应符合下列规定：

1 沥青瓦局部老化、破裂、缺损时，应更换同一规格的沥青瓦；

2 沥青瓦大面积老化时，应全部拆除沥青瓦，并按现行国家标准《屋面工程技术规范》GB 50345的规定重新铺设防水垫层及沥青瓦。

V 刚性防水屋面

4.3.35 刚性防水层泛水部位渗漏的维修应符合下列规定：

1 泛水渗漏的维修应在泛水处用密封材料嵌缝，并应铺设卷材或涂布涂膜附加层；

2 当泛水处采用卷材防水层时，卷材收头应用金属压条钉压固定，并用密封材料封闭严密（图4.3.35）。

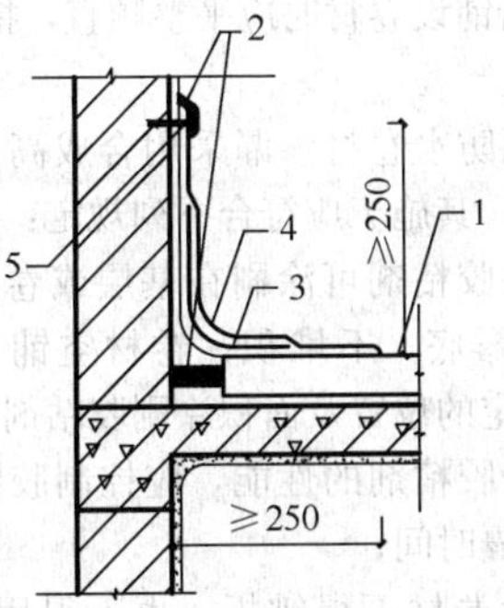

图 4.3.35 泛水部位的渗漏维修

1—原刚性防水层；2—新嵌密封材料；3—新铺附加层；4—新铺防水层；5—金属条钉压

4.3.36 分格缝渗漏维修应符合下列规定：

1 采用密封材料嵌缝时，缝槽底部应先设置背衬材料，密封材料覆盖宽度应超出分格缝每边50mm以上（图4.3.36-1）。

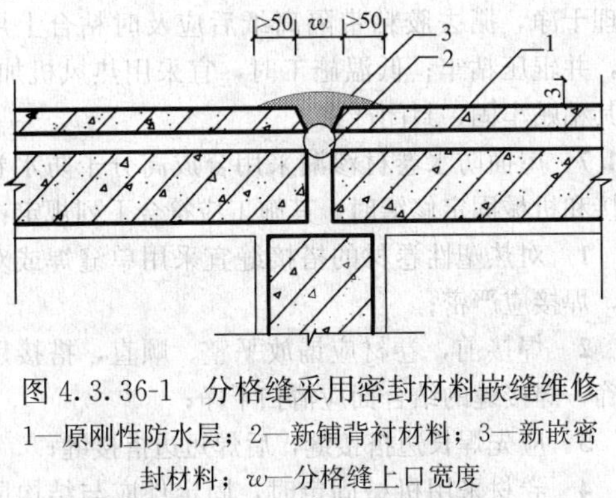

图 4.3.36-1 分格缝采用密封材料嵌缝维修

1—原刚性防水层；2—新铺背衬材料；3—新嵌密封材料；w—分格缝上口宽度

2 采用铺设卷材或涂布有胎体增强材料的涂膜防水层维修时，应清除高出分格缝的密封材料。面层铺设卷材或涂布有胎体增强材料的涂膜防水层应与板面贴牢封严。铺设防水卷材时，分格缝部位的防水卷材宜空铺，卷材两边应满粘，且与基层的有效搭接宽度不应小于100mm（图4.3.36-2）。

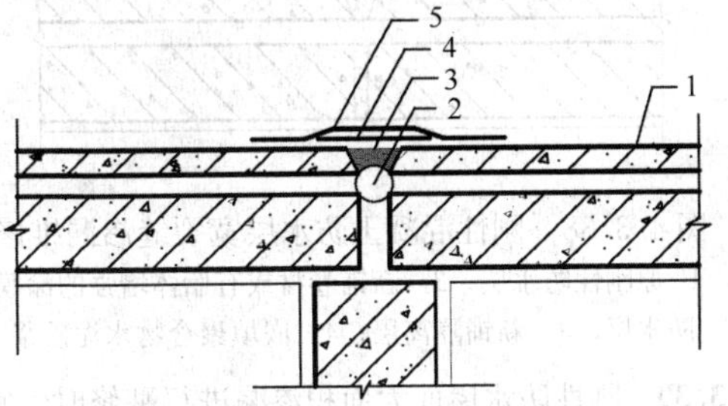

图 4.3.36-2 分格缝采用卷材或涂膜防水层维修

1—原刚性防水层；2—新铺背衬材料；3—新嵌密封材料；4—隔离层；5—新铺卷材或涂膜防水层

4.3.37 刚性防水层表面因混凝土风化、起砂、酥松、起壳、裂缝等原因而导致局部渗漏时，应先将损坏部位清除干净，再浇水湿润后，然后用聚合物水泥防水砂浆分层抹压密实、平整。

4.3.38 刚性混凝土防水层裂缝维修时，宜针对不同部位的裂缝变异状况，采取相应的维修措施，并应符合下列规定：

1 有规则裂缝采用防水涂料维修时，宜选用高聚物改性沥青防水涂料或合成高分子防水涂料，并应符合下列规定：

1）应在基层补强处理后，沿缝设置宽度不小于100mm的隔离层，再在面层涂布带有胎体增强材料的防水涂料，且宽度不应小于300mm；

2）采用高聚物改性沥青防水涂料时，防水层厚度不应小于3mm，采用合成高分子防水涂料时，防水层厚度不应小于2mm；

3）涂膜防水层与裂缝两侧混凝土粘结宽度不应小于100mm。

2 有规则裂缝采用防水卷材维修时，应在基层补强处理后，先沿裂缝空铺隔离层，其宽度不应小于100mm，再铺设卷材防水层，宽度不应小于300mm，卷材防水层与裂缝两侧混凝土防水层的粘结宽度不应小于100mm，卷材与混凝土之间应粘贴牢固、收头密封严密。

3 有规则裂缝采用密封材料嵌缝维修时，应沿裂缝剔凿出15mm×15mm的凹槽，基层清理后，槽壁涂刷与密封材料配套的基层处理剂，槽底填放背衬材料，并在凹槽内嵌填密封材料，密封材料应嵌填密实、饱满，防止裹入空气，缝壁粘牢封严。

4 宽裂缝维修时，应先沿缝嵌填聚合物水泥防水砂浆或掺防水剂的水泥砂浆，再按本规程第4.3.21条第1款或第2款的规定进行维修（图4.3.38）。

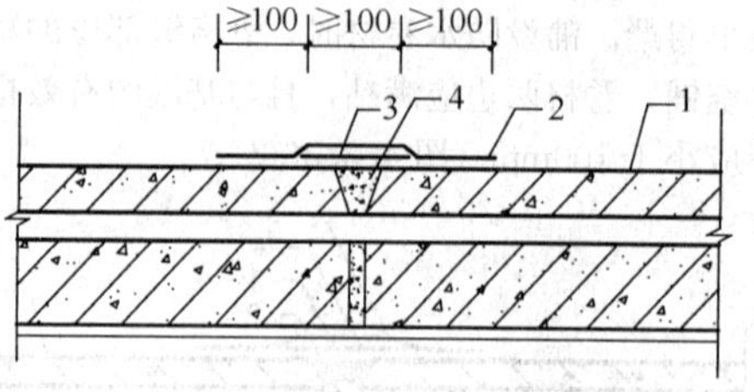

图 4.3.38　刚性混凝土防水层宽裂缝渗漏维修
1—原刚性防水层；2—新铺卷材或有胎体增强的涂膜防水层；3—新铺隔离层；4—嵌填聚合物水泥砂浆

4.3.39　刚性防水屋面大面积渗漏进行翻修时，宜优先采用柔性防水层，且防水层施工应符合现行国家标准《屋面工程技术规范》GB 50345 的规定。翻修前，应先清除原防水层表面损坏部分，再对渗漏的节点及其他部位进行维修。

4.4　施　　工

4.4.1　屋面渗漏修缮基层处理应满足材料及施工工艺的要求，并应符合本规程第 4.1.3 条的规定。

4.4.2　采用基层处理剂时，其配制与施工应符合下列规定：

1　基层处理剂可采取喷涂法或涂刷法施工；

2　喷、涂基层处理剂前，应用毛刷对屋面节点、周边、转角等部分进行涂刷；

3　基层处理剂配比应准确，搅拌充分，喷、涂应均匀一致，覆盖完全，待其干燥后应及时施工防水层。

4.4.3　屋面防水卷材渗漏采用卷材修缮时，其施工应符合下列规定：

1　铺设卷材的基层处理应符合修缮方案的要求，其干燥程度应根据卷材的品种与施工要求确定；

2　在防水层破损或细部构造及阴阳角、转角部位，应铺设卷材加强层；

3　卷材铺设宜采用满粘法施工；

4　卷材搭接缝部位应粘结牢固、封闭严密；铺设完成的卷材防水层应平整，搭接尺寸应符合设计要求；

5　卷材防水层应先沿裂缝单边点粘或空铺一层宽度不小于 100mm 的卷材，或采取其他能增大防水层适应变形的措施，然后再大面积铺设卷材。

4.4.4　屋面水落口、天沟、檐沟、檐口及立面卷材收头等渗漏修缮施工应符合下列规定：

1　重新安装的水落口应牢固固定在承重结构上；当采用金属制品时应做防锈处理；

2　天沟、檐沟重新铺设的卷材应从沟底开始，当沟底过宽、卷材需纵向搭接时，搭接缝应用密封材料封口；

3　混凝土立面的卷材收头应裁齐后压入凹槽，并用压条或带垫片钉子固定，最大钉距不应大于 300mm，凹槽内用密封材料嵌填封严；

4　立面铺设高聚物改性沥青防水卷材时，应采用满粘法，并宜减少短边搭接。

4.4.5　屋面防水卷材渗漏采用高聚物改性沥青防水卷材热熔修缮时，施工应符合下列规定：

1　火焰加热器的喷嘴距卷材面的距离应适中，幅宽内加热应均匀，以卷材表面熔融至光亮黑色为度，不得过分加热卷材；

2　厚度小于 3mm 的高聚物改性沥青防水卷材，严禁采用热熔法施工；

3　卷材表面热熔后应立即铺设卷材，铺设时应排除卷材下面的空气，使之平展并粘贴牢固；

4　搭接缝部位宜以溢出热熔的改性沥青为度，溢出的改性沥青宽度以 2mm 左右并均匀顺直为宜；当接缝处的卷材有铝箔或矿物粒（片）料时，应清除干净后再进行热熔和接缝处理；

5　重新铺设卷材时应平整顺直，搭接尺寸准确，不得扭曲。

4.4.6　屋面防水卷材渗漏采用合成高分子防水卷材冷粘修缮时，其施工应符合下列规定：

1　基层胶粘剂可涂刷在基层或卷材底面，涂刷应均匀，不露底，不堆积；卷材空铺、点粘、条粘时，应按规定的位置及面积涂刷胶粘剂；

2　根据胶粘剂的性能，应控制胶粘剂涂刷与卷材铺设的间隔时间；

3　铺设卷材不得皱折，也不得用力拉伸卷材，并应排除卷材下面的空气，辊压粘贴牢固；

4　铺设的卷材应平整顺直，搭接尺寸准确，不得扭曲；

5　卷材铺好压粘后，应将搭接部位的粘合面清理干净，并采用与卷材配套的接缝专用胶粘剂粘贴牢固；

6　搭接缝口应采用与防水卷材相容的密封材料封严；

7　卷材搭接部位采用胶粘带粘结时，粘合面应清理干净，撕去胶粘带隔离纸后应及时粘合上层卷材，并辊压粘牢；低温施工时，宜采用热风机加热，使其粘贴牢固、封闭严密。

4.4.7　屋面防水卷材渗漏采用合成高分子防水卷材焊接和机械固定修缮时，其施工应符合下列规定：

1　对热塑性卷材的搭接缝宜采用单缝焊或双缝焊，焊接应严密；

2　焊接前，卷材应铺放平整、顺直，搭接尺寸准确，焊接缝的结合面应清扫干净；

3　应先焊长边搭接缝，后焊短边搭接缝；

4　卷材采用机械固定时，固定件应与结构层固定牢固，固定件间距应根据当地的使用环境与条件确定，并不宜大于 600mm；距周边 800mm 范围内的卷材应满粘。

4.4.8 屋面防水卷材渗漏采用防水涂膜修缮时应符合本规程第4.4.9条～第4.4.12条的规定。

4.4.9 涂膜防水层渗漏修缮施工应符合下列规定：

1 基层处理应符合修缮方案的要求，基层的干燥程度，应视所选用的涂料特性而定；

2 涂膜防水层的厚度应符合国家现行有关标准的规定；

3 涂膜防水层修缮时，应先做带有铺胎体增强材料涂膜附加层，新旧防水层搭接宽度不应小于100mm；

4 涂膜防水层应采用涂布或喷涂法施工；

5 涂膜防水层维修或翻修时，天沟、檐沟的坡度应符合设计要求；

6 防水涂膜应分遍涂布，待先涂布的涂料干燥成膜后，方可涂布后一遍涂料，且前后两遍涂料的涂布方向应相互垂直；

7 涂膜防水层的收头，应采用防水涂料多遍涂刷或用密封材料封严；

8 对已开裂、渗水的部位，应凿出凹槽后再嵌填密封材料，并增设一层或多层带有胎体增强材料的附加层；

9 涂膜防水层应沿裂缝增设带有胎体增强材料的空铺附加层，其空铺宽度宜为100mm。

4.4.10 涂膜防水层渗漏采用高聚物改性沥青防水涂膜修缮时，其施工应符合下列规定：

1 防水涂膜应多遍涂布，其总厚度应达到设计要求；

2 涂层的厚度应均匀，且表面平整；

3 涂层间铺设带有胎体增强材料时，宜边涂布边铺胎体；胎体应铺设平整，排除气泡，并与涂料粘结牢固；在胎体上涂布涂料时，应使涂料浸透胎体，覆盖完全，不得有胎体外露现象；最上面的涂层厚度不应小于1.0mm；

4 涂膜施工应先做好节点处理，铺设带有胎体增强材料的附加层，然后再进行大面积涂布；

5 屋面转角及立面的涂膜应薄涂多遍，不得有流淌和堆积现象。

4.4.11 涂膜防水层渗漏采用合成高分子防水涂膜修缮时，其施工应符合下列要求：

1 可采用涂布或喷涂施工；当采用涂布施工时，每遍涂布的推进方向宜与前一遍相互垂直；

2 多组分涂料应按配合比准确计量，搅拌均匀，已配制的多组分涂料应及时使用；配料时，可加入适量的缓凝剂或促凝剂来调节固化时间，但不得混入已固化的涂料；

3 在涂层间铺设带有胎体增强材料时，位于胎体下面的涂层厚度不宜小于1mm，最上层的涂层不应少于两遍，其厚度不应小于0.5mm。

4.4.12 涂膜防水层渗漏采用聚合物水泥防水涂膜修缮施工时，应有专人配料、计量，搅拌均匀，不得混入已固化或结块的涂料。

4.4.13 屋面防水层渗漏采用合成高分子密封材料修缮时，其施工应符合下列规定：

1 单组分密封材料可直接使用；多组分密封材料应根据规定的比例准确计量，拌合均匀；每次拌合量、拌合时间和拌合温度，应按所用密封材料的要求严格控制；

2 密封材料可使用挤出枪或腻子刀嵌填，嵌填应饱满，不得有气泡和孔洞；

3 采用挤出枪嵌填时，应根据接缝的宽度选用口径合适的挤出嘴，均匀挤出密封材料嵌填，并由底部逐渐充满整个接缝；

4 一次嵌填或分次嵌填应根据密封材料的性能确定；

5 采用腻子刀嵌填时，应先将少量密封材料批刮在缝槽两侧，分次将密封材料嵌填在缝内，并防止裹入空气，接头应采用斜槎；

6 密封材料嵌填后，应在表干前用腻子刀进行修整；

7 多组分密封材料拌合后，应在规定时间内用完，未混合的多组分密封材料和未用完的单组分密封材料应密封存放；

8 嵌填的密封材料表干后，方可进行保护层施工；

9 对嵌填完毕的密封材料，应避免碰损及污染；固化前不得踩踏。

4.4.14 瓦屋面渗漏修缮施工应符合下列规定：

1 更换的平瓦应铺设整齐，彼此紧密搭接，并应瓦榫落槽，瓦脚挂牢，瓦头排齐；

2 更换的油毡瓦应自檐口向上铺设，相邻两层油毡瓦，其拼缝及瓦槽应均匀错开；

3 每片油毡瓦不应少于4个油毡钉，油毡钉应垂直钉入，钉帽不得外露油毡瓦表面；当屋面坡度大于150%时，应增加油毡钉或采用沥青胶粘贴。

4.4.15 刚性防水层渗漏采用聚合物水泥防水砂浆或掺外加剂的防水砂浆修缮时，其施工应符合下列规定：

1 基层表面应坚实、洁净，并应充分湿润、无明水；

2 防水砂浆配合比应符合设计要求，施工中不得随意加水；

3 防水层应分层抹压，最后一层表面应提浆压光；

4 聚合物水泥防水砂浆拌合后应在规定时间内用完，凡结硬砂浆不得继续使用；

5 砂浆层硬化后方可浇水养护，并应保持砂浆表面湿润，养护时间不应少于14d，温度不宜低于5℃。

4.4.16 刚性防水层渗漏采用柔性防水层修缮时，其施工应符合本规程第4.4.3条～第4.4.13条的规定。

4.4.17 屋面大面积渗漏进行翻修时，其施工应符合下列规定：

1 基层处理应符合修缮方案要求；

2 采用防水卷材修缮施工应符合本规程第4.4.3条～第4.4.8条的规定，并应符合现行国家标准《屋面工程技术规范》GB 50345的规定；

3 采用防水涂膜修缮施工应符合本规程第4.4.9条～第4.4.12条的规定，并应符合现行国家标准《屋面工程技术规范》GB 50345的规定；

4 防水层修缮合格后，应恢复屋面使用功能。

4.4.18 屋面渗漏修缮施工严禁在雨天、雪天进行；五级风及其以上时不得施工。施工环境气温应符合现行国家标准的规定。

4.4.19 当工程现场与修缮方案有出入时，应暂停施工。需变更修缮方案时应做好洽商记录。

5 外墙渗漏修缮工程

5.1 一般规定

5.1.1 本章适用于建筑外墙渗漏修缮工程。

5.1.2 建筑外墙渗漏宜以迎水面修缮为主。

5.1.3 对于因房屋结构损坏造成的外墙渗漏，应先加固修补结构，再进行渗漏修缮。

5.2 查勘

5.2.1 外墙渗漏现场查勘应重点检查节点部位的渗漏现象。

5.2.2 外墙渗漏修缮查勘应包括下列内容：

1 清水墙灰缝、裂缝、孔洞等；

2 抹灰墙面裂缝、空鼓、风化、剥落、酥松等；

3 面砖与板材墙面接缝、开裂、空鼓等；

4 预制混凝土墙板接缝、开裂、风化、剥落、酥松等；

5 外墙变形缝、外装饰分格缝、穿墙管道根部、阳台、空调板及雨篷根部、门窗框周边、女儿墙根部、预埋件或挂件根部、混凝土结构与填充墙结合处等节点部位。

5.3 修缮方案

Ⅰ 选材及修缮要求

5.3.1 外墙渗漏修缮的选材应符合下列规定：

1 外墙渗漏局部修缮选用材料的材质、色泽、外观宜与原建筑外墙装饰材料一致，翻修时，所采用的材料、颜色应由设计确定；

2 嵌缝材料宜选用粘结强度高、耐久性好、冷施工和环保型的密封材料；

3 抹面材料宜选用聚合物水泥防水砂浆或掺加防水剂的水泥砂浆；

4 防水涂料宜选用粘结性好、耐久性好、对基层开裂变形适应性强并符合环保要求的合成高分子防水涂料。

5.3.2 外墙渗漏修缮宜遵循“外排内治”、“外排内防”、“外病内治”的原则。

5.3.3 对于因面砖、板材等材料本身破损而导致的渗漏，当需更换面砖、板材时，宜采用聚合物水泥防水砂浆或胶粘剂粘贴并做好接缝密封处理。

5.3.4 对于面砖、板材接缝的渗漏，宜采用聚合物水泥防水砂浆或密封材料重新嵌缝。

5.3.5 对于外墙水泥砂浆层裂缝而导致的渗漏，宜先在裂缝处刮抹聚合物水泥腻子后，再涂刷具有装饰功能的防水涂料。裂缝较大时，宜先凿缝嵌填密封材料，再涂刷高弹性防水涂料。

5.3.6 对于孔洞的渗漏，应根据孔洞的用途，采取永久封堵、临时封堵或排水等维修方法。

5.3.7 对于预埋件或挂件根部的渗漏，宜采用嵌填密封材料、外涂防水涂料维修。

5.3.8 对于门窗框周边的渗漏，宜在室内外两侧采用密封材料封堵。

5.3.9 混凝土结构与填充墙结合处裂缝的渗漏，宜采用钢丝网或耐碱玻纤网格布挂网，抹压防水砂浆的方法维修。

Ⅱ 清水墙面

5.3.10 清水墙渗漏维修应符合下列规定：

1 墙体坚实完好、墙面灰缝损坏时，可先将渗漏部位的灰缝剔凿出深度为(15～20)mm的凹槽，经浇水湿润后，再采用聚合物水泥防水砂浆勾缝；

2 墙面局部风化、碱蚀、剥皮，应先将已损坏的砖面剔除，并清理干净，再浇水湿润，然后抹压聚合物水泥防水砂浆，并进行调色处理使其与原墙面基本一致；

3 严重渗漏时，应先抹压聚合物水泥防水砂浆对基层进行防水补强后，再采用涂刷具有装饰功能的防水涂料或聚合物水泥防水砂浆粘贴面砖等进行处理。

Ⅲ 抹灰墙面

5.3.11 抹灰墙面局部损坏渗漏时，应先剔凿损坏部分至结构层，并清理干净、浇水湿润，然后涂刷界面剂，并分层抹压聚合物水泥防水砂浆，每层厚度宜控制在10mm以内并处理好接槎。抹灰层完成后，应恢复饰面层。

5.3.12 抹灰墙面裂缝渗漏的维修应符合下列规定：

1　对于抹灰墙面的龟裂，应先将表面清理干净，再涂刷颜色与原饰面层一致的弹性防水涂料；

2　对于宽度较大的裂缝，应先沿裂缝切割并剔凿出 15mm×15mm 的凹槽，且对于松动、空鼓的砂浆层，应全部清除干净，再在浇水湿润后，用聚合物水泥防水砂浆修补平整，然后涂刷与原饰面层颜色一致且具有装饰功能的防水涂料。

5.3.13　外墙外保温墙面渗漏维修时，宜针对保温及饰面层体系构造、损坏程度、渗漏现状等状况，采取相应的维修措施，并应符合下列规定：

1　对于保温层裂缝渗漏，可不拆除保温层，并应根据保温层及饰面层体系形式，按本规程第 5.3.1 条～第 5.3.9 条的规定进行维修；

2　保温层局部严重渗漏且丧失保温功能时，应先将其局部拆除，并对结构墙体补强处理后，再涂布防水涂料，然后恢复保温层及饰面层。

5.3.14　抹灰墙面大面积渗漏时，应进行翻修，并应在基层补强处理后，采用涂布外墙防水饰面涂料或防水砂浆粘贴面砖等方法进行饰面处理。

Ⅳ　面砖与板材墙面

5.3.15　面砖、板材饰面层渗漏的维修应符合下列规定：

1　对于面砖饰面层接缝处渗漏，应先清理渗漏部位的灰缝，并用水冲洗干净，再采用聚合物水泥防水砂浆勾缝；

2　对于面砖局部损坏，应先剔除损坏的面砖，并清理干净，再浇水湿润，然后在修补基层后，再用聚合物水泥防水砂浆粘贴与原有饰面砖一致的面砖，并勾缝严密；

3　对于板材局部破损，应先剔除破损的板材，并清理干净，再在经防水处理后，恢复板材饰面层；

4　严重渗漏时应翻修，并可在对损坏部分修补后，选用下列方法进行防水处理：

1）涂布高弹性且具有防水装饰功能的外墙涂料；

2）分段抹压聚合物水泥防水砂浆后，再恢复外墙面砖、板材饰面层。

Ⅴ　预制混凝土墙板

5.3.16　预制混凝土墙板渗漏维修应符合下列规定：

1　墙板接缝处的排水槽、滴水线、挡水台、披水坡等部位渗漏，应先将损坏及周围酥松部分剔除，并清理干净，再浇水湿润，然后嵌填聚合物水泥防水砂浆，并沿缝涂布防水涂料。

2　墙板的垂直缝、水平缝、十字缝需恢复空腔构造防水时，应先将勾缝砂浆清理干净，并更换缝内损坏或老化的塑料条或油毡条，再用护面砂浆勾缝。勾缝应严密，十字缝的四方应保持通畅，缝的下方应留出与空腔连通的排水孔。

3　墙板的垂直缝、水平缝、十字缝空腔构造防水改为密封材料防水时，应先剔除原勾缝砂浆，并清除空腔内杂物，再嵌填聚合物水泥防水砂浆进行勾缝，并在空腔内灌注水泥砂浆，然后在填背衬材料后，嵌填密封材料。

封贴保护层应按外墙装饰要求镶嵌面砖或用砂浆着色勾缝。

4　墙板的垂直缝、水平缝、十字缝防水材料损坏时，应先凿除接缝处松动、脱落、老化的嵌缝材料，并清理干净，待基层干燥后，再用密封材料补填嵌缝，粘贴牢固。

5　当墙板板面渗漏时，板面风化、酥松、蜂窝、孔洞周围松动等的混凝土应先剔除，并冲水清理干净，再用聚合物水泥防水砂浆分层抹压，面层涂布防水涂料。蜂窝、孔洞部位应先灌注 C20 细石混凝土，并用钢钎振捣密实后再抹压防水砂浆。

高层建筑外墙混凝土墙板渗漏，宜采用外墙内侧堵水维修，并应浇水湿润后，再嵌填或抹压聚合物水泥防水砂浆，涂布防水涂膜层。

6　对于上、下墙板连接处，楼板与墙板连接处坐浆灰不密实，风化、酥松等引起的渗漏，宜采用内堵水维修，并应先剔除松散坐浆灰，清理干净，再沿缝嵌填密封材料，密封应严密，粘结应牢固。

Ⅵ　细 部 修 缮

5.3.17　墙体变形缝渗漏维修应符合下列规定：

1　原采用弹性材料嵌缝的变形缝渗漏维修时，应先清除缝内已失效的嵌缝材料及浮灰、杂物，待缝内干燥后再设置背衬材料，然后分层嵌填密封材料，并应密封严密、粘结牢固。

2　原采用金属折板盖缝的外墙变形缝渗漏维修时，应先拆除已损坏的金属折板、防水层和衬垫材料，再重新粘铺衬垫材料，钉粘合成高分子防水卷材，收头处钉压固定并用密封材料封闭严密，然后在表面安装金属折板，折板应顺水流方向搭接，搭接长度不应小于 40mm。金属折板应做好防腐蚀处理后锚固在墙体上，螺钉眼宜选用与金属折板颜色相近的密封材料嵌填、密封（图 5.3.17）。

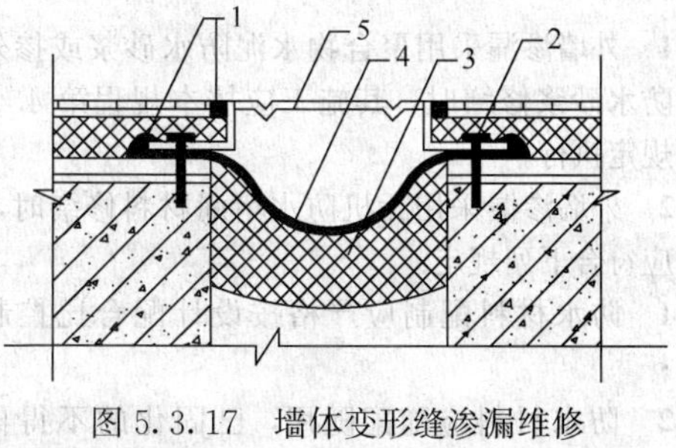

图 5.3.17　墙体变形缝渗漏维修

1—新嵌密封材料；2—钉压固定；3—新铺衬垫材料；4—新铺防水卷材；5—不锈钢板或镀锌薄钢板

5.3.18 外装饰面分格缝渗漏维修，应嵌填密封材料和涂布高分子防水涂料。

5.3.19 穿墙管道根部渗漏维修，应用掺聚合物的细石混凝土或水泥砂浆固定穿墙管，在穿墙管外墙外侧的周边应预留出 20mm×20mm 的凹槽，凹槽内应嵌填密封材料（图 5.3.19）。

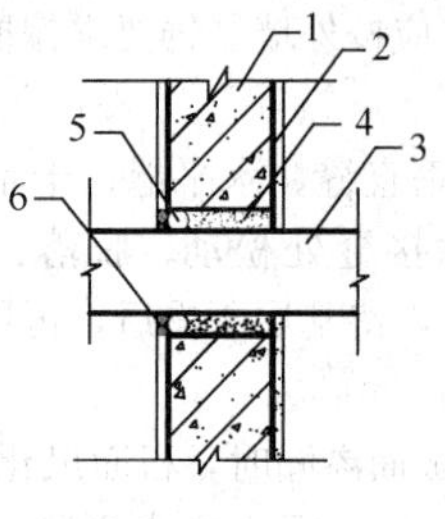

图 5.3.19 穿墙管根部渗漏维修

1—墙体；2—外墙面；3—穿墙管；4—细石混凝土或水泥砂浆；5—新嵌背衬材料；6—新嵌密封材料

5.3.20 混凝土结构阳台、雨篷根部墙体渗漏的维修应符合下列规定：

1 阳台、雨篷、遮阳板等产生倒泛水或积水时，可凿除原有找平层，再用聚合物水泥防水砂浆重做找平层，排水坡度不应小于 1%。当阳台、雨篷等水平构件部位埋设的排水管出现淋湿墙面状况时，应加大排水管的伸出长度或增设水落管。

2 阳台、雨篷与墙面交接处裂缝渗漏维修，应先在连接处沿裂缝墙上剔凿沟槽，并清理干净，再嵌填密封材料。剔凿时，不得重锤敲击，不得损坏钢筋。

3 阳台、雨篷的滴水线（滴水槽）损坏时，应重新修复。

5.3.21 女儿墙根部外侧水平裂缝渗漏维修，应先沿裂缝切割宽度为 20mm、深度至构造层的凹槽，再在槽内嵌填密封材料，并封闭严密。

5.3.22 现浇混凝土墙体穿墙套管渗漏，应将外墙外侧或内侧的管道周边嵌填密封材料，并封堵严密。

5.3.23 现浇混凝土墙体施工缝渗漏，可采用在外墙面喷涂无色透明或与墙面相似色防水剂或防水涂料，厚度不应小于 1mm。

5.4 施 工

5.4.1 外墙渗漏采用聚合物水泥防水砂浆或掺外加剂的防水砂浆修缮时，其施工应按本规程第 4.4.15 条的规定执行。

5.4.2 外墙渗漏采用无机防水堵漏材料修缮时，其施工应符合下列规定：

1 防水材料配制应严格按设计配合比控制用水量；

2 防水材料应随配随用，已固化的不得再次使用；

3 初凝前应全部完成抹压，并将现场及基层清理干净；

4 宜按照从上到下的顺序进行施工。

5.4.3 面砖与板材墙面面砖与板材接缝渗漏修缮的施工应符合下列规定：

1 接缝嵌填材料和深度应符合设计要求，接缝嵌填应连续、平直、光滑、无裂纹、无空鼓；

2 接缝嵌填宜先水平后垂直的顺序进行。

5.4.4 外墙墙体结构缺陷渗漏修缮应符合下列规定：

1 对于孔洞、酥松、外表等缺陷，应凿除胶结不牢固部分墙体，用钢丝刷清理，浇水湿润后用水泥砂浆抹平；

2 裂缝采用无机防水堵漏材料封闭；

3 清水墙修补后宜在水泥砂浆或细石混凝土修补后用磨光机械磨平。

5.4.5 外墙变形缝渗漏采用金属折板盖缝修缮时，其施工应符合下列规定：

1 止水带安装应在无渗漏水时进行；

2 基层转角处先用无机防水堵漏材料抹成钝角，并设置衬垫材料；

3 水泥钉的长度和直径应符合设计要求，宜采取防锈处理；安装时，不得破坏变形缝两侧的基层；

4 合成高分子卷材铺设时应留有变形余量，外侧装设外墙专用金属压板配件。

5.4.6 孔洞渗漏采用防水涂料及无机防水堵漏材料修缮的施工应符合本规程第 4.4.9 条～第 4.4.12 条和第 5.4.2 条的规定。

5.4.7 外墙裂缝渗漏修缮采用无机防水堵漏材料封堵裂缝渗漏的施工宜符合本规程第 5.4.2 条的规定；采用防水砂浆的施工应符合本规程第 4.4.15 条的规定。

5.4.8 外墙大面积渗漏修缮施工应符合下列规定：

1 抹压无机防水堵漏材料时，应先清理基层，除去表面的酥松、起皮和杂质，然后分多遍抹压无机防水涂料并形成连续的防水层；

2 涂布防水涂料时，应按照从高处向低处、先细部后整体、先远处后近处的顺序进行施工，其施工应符合本规程第 4.4.9 条～第 4.4.12 条的规定；

3 抹压防水砂浆修缮施工应符合本规程第 4.4.15 条的规定；

4 防水层修缮合格后，再恢复饰面层。

6 厕浴间和厨房渗漏修缮工程

6.1 一 般 规 定

6.1.1 本章适用于厕浴间和厨房等渗漏修缮工程。

6.1.2 厕浴间和厨房渗漏修缮宜在迎水面进行。

6.2 查 勘

6.2.1 厕浴间和厨房的查勘应包括下列内容：

1 地面与墙面及其交接部位裂缝、积水、空鼓等；

2 地漏、管道与地面或墙面的交接部位；

3 排水沟及其与下水管道交接部位等。

6.2.2 厕浴间和厨房的查勘时，应查阅相关资料，并应查明隐蔽性管道的铺设路径、接头的数量与位置。

6.3 修缮方案

6.3.1 厕浴间和厨房的墙面和地面面砖破损、空鼓和接缝的渗漏修缮，应拆除该部位的面砖、清理干净并洒水湿润后，再用聚合物水泥防水砂浆粘贴与原有面砖一致的面砖，并应进行勾缝处理。

6.3.2 厕浴间和厨房墙面防水层破损渗漏维修，应采用涂布防水涂料或抹压聚合物水泥防水砂浆进行防水处理。

6.3.3 地面防水层破损渗漏的修缮，应涂布防水涂料，且管根、地漏等部位应进行密封防水处理。修缮后，排水应顺畅。

6.3.4 地面与墙面交接处防水层破损渗漏维修，宜在缝隙处嵌填密封材料，并涂布防水涂料。

6.3.5 设施与墙面接缝的渗漏维修，宜采用嵌填密封材料的方法进行处理。

6.3.6 穿墙（地）管根渗漏维修，宜嵌填密封材料，并涂布防水涂料。

6.3.7 地漏部位渗漏修缮，应先在地漏周边剔出15mm×15mm的凹槽，清理干净后，再嵌填密封材料封闭严密。

6.3.8 墙面防水层高度不足引起的渗漏维修应符合下列规定：

1 维修后，厕浴间防水层高度不宜小于2000mm，厨房间防水层高度不宜小于1800mm；

2 在增加防水层高度时，应先处理加高部位的基层，新旧防水层之间搭接宽度不应小于150mm。

6.3.9 厨房排水沟渗漏维修，可选用涂布防水涂料、抹压聚合物水泥防水砂浆，修缮后应满足排水要求。

6.3.10 卫生洁具与给排水管连接处渗漏时，宜凿开地面，清理干净，洒水湿润后，抹压聚合物水泥防水砂浆或涂布防水涂料做好便池底部的防水层，再安装恢复卫生洁具。

6.3.11 地面因倒泛水、积水而造成的渗漏维修，应先将饰面层凿除，重新找坡，再涂刷基层处理剂，涂布涂膜防水层，然后铺设饰面层，重新安装地漏。地漏接口和翻口外沿应嵌填密封材料，并应保持排水畅通。

6.3.12 地面砖破损、空鼓和接缝处渗漏的维修，应先将损坏的面砖拆除，对基层进行防水处理后，再采用聚合物水泥防水砂浆将面砖满浆粘贴牢固并勾缝严密。

6.3.13 楼地面裂缝渗漏应区分裂缝大小，分别采用涂布有胎体增强材料涂膜防水层及抹压防水砂浆或直接涂布防水涂料的方式进行维修。

6.3.14 穿过楼地面管道的根部积水或裂缝渗漏的维修，应先清除管道周围构造层至结构层，再重新抹聚合物水泥防水砂浆找坡并在管根周边预留出凹槽，然后嵌填密封材料，涂布防水涂料，恢复饰面层。

6.3.15 墙面渗漏维修，宜先清除饰面层至结构层，再抹压聚合物水泥砂浆或涂布防水涂料。

6.3.16 卫生洁具与给排水管连接处渗漏维修应符合下列规定：

1 便器与排水管连接处漏水引起楼地面渗漏时，宜凿开地面，拆下便器，并用防水砂浆或防水涂料做好便池底部的防水层；

2 便器进水口漏水，宜凿开便器进水口处地面进行检查，皮碗损坏应更换；

3 卫生洁具更换、安装、修理完成后，应经检查无渗漏水后再进行其他修复工序。

6.3.17 楼地面防水层丧失防水功能严重渗漏进行翻修时，应符合下列规定：

1 采用聚合物水泥防水砂浆时，应将面层、原防水层凿除至结构层，并清理干净后。裂缝及节点应按本规程第6.3.2条～第6.3.5条的规定进行基层补强处理后，再分层抹压聚合物水泥防水砂浆防水层，然后恢复饰面层。

2 采用防水涂料时，应先进行基层补强处理，并应做到坚实、牢固、平整、干燥。卫生洁具、设备、管道（件）应安装牢固并处理好固定预埋件的防腐、防锈、防水和接口及节点的密封。应先做附加层，再涂布涂膜防水层，最后恢复饰面层。

6.4 施工

6.4.1 厕浴间渗漏采用防水砂浆修缮的施工应按本规程第4.4.15条的规定执行。

6.4.2 厕浴间渗漏采用防水涂膜修缮的施工应按本规程第4.4.9条～第4.4.12条的规定执行。

6.4.3 穿过楼地面管道的根部积水或裂缝渗漏的维修施工应符合下列规定：

1 采用无机防水堵漏材料修缮施工应按本规程第5.4.2条的规定执行；

2 采用防水涂料修缮时应先清除管道周围构造层至结构层，重新抹压聚合物水泥防水砂浆找坡并在管根预留凹槽嵌填密封材料，涂布防水涂料应按本规程第4.4.9条～第4.4.12条的规定执行。

6.4.4 楼地面裂缝渗漏的维修施工应符合下列规定：

1 裂缝较大时，应先凿除面层至结构层，清理干净后，再沿缝嵌填密封材料，涂布有胎体增强材料涂膜防水层，并采用聚合物水泥防水砂浆找平，恢复饰面层；

2 裂缝较小时，可沿裂缝剔缝，清理干净，涂布涂膜防水层，或直接清理裂缝表面，沿裂缝涂布两遍无色或浅色合成高分子涂膜防水层，宽度不应小于100mm。

6.4.5 楼地面与墙面交接处渗漏维修，应先清除面层至防水层，并在基层处理后，再涂布防水涂料。立面涂布的防水层高度不应小于250mm，水平面与原防水层的搭接宽度不应小于150mm，防水层完成后应恢复饰面层。

6.4.6 面砖接缝渗漏修缮应按本规程第5.4.3条的规定执行。

6.4.7 楼地面防水层丧失防水功能严重渗漏应进行翻修，施工应符合下列规定：

1 采用聚合物水泥防水砂浆修缮时，应按本规程第4.4.15条的规定执行；

2 采用防水涂料修缮时应按本规程第4.4.9条～第4.4.12条的规定执行；

3 防水层修缮合格后，再恢复饰面层。

6.4.8 各种卫生器具与台面、墙面、地面等接触部位修缮后密封严密。

7 地下室渗漏修缮工程

7.1 一般规定

7.1.1 本章适用于混凝土及砌体结构地下室渗漏水的修缮工程。

7.1.2 地下室有积水时，宜先将积水抽干后，再进行查勘。

7.1.3 结构变形引起的裂缝，宜待结构稳定后再进行处理。

7.2 查 勘

7.2.1 混凝土及砌体结构地下室现场查勘宜包括下列内容：

1 墙地面、顶板结构裂缝、蜂窝、麻面等；

2 变形缝、施工缝、预埋件周边、管道穿墙（地）部位、孔洞等。

7.2.2 渗漏水部位的查找可采用下列方法：

1 渗漏水量较大或比较明显的部位，可直接观察确定；

2 慢渗或渗漏水点不明显的部位，将表面擦干后均匀撒一层干水泥粉，出现湿渍处，可确定为渗漏水部位。

7.3 修缮方案

7.3.1 根据查勘结果及渗水点的位置、渗水状况及损坏程度编制修缮方案。

7.3.2 地下室渗漏修缮宜按照大漏变小漏、缝漏变点漏、片漏变孔漏的原则，逐步缩小渗漏水范围。

7.3.3 地下室渗漏修缮用的材料应符合下列规定：

1 防水混凝土的配合比应通过试验确定，其抗渗等级不应低于原防水混凝土设计要求；掺用的外加剂宜采用防水剂、减水剂、膨胀剂及水泥基渗透结晶型防水材料等；

2 防水抹面材料宜采用掺水泥基渗透结晶型防水材料、聚合物乳液等非憎水性外加剂、防水剂的防水砂浆；

3 防水涂料的选用应符合国家现行标准《地下工程渗漏治理技术规程》JGJ/T 212的规定；

4 防水密封材料应具有良好的粘结性、耐腐蚀性及施工性能；

5 注浆材料的选用应符合国家现行标准《地下工程渗漏治理技术规程》JGJ/T 212的规定；

6 导水及排水系统宜选用铝合金或不锈钢、塑料类排水装置。

7.3.4 大面积轻微渗漏水和漏水点，宜先采用漏点引水，再做抹压聚合物水泥防水砂浆或涂布涂膜防水层等进行加强处理，最后采用速凝材料进行漏点封堵。

7.3.5 渗漏水较大的裂缝，宜采用钻斜孔注浆法处理，并应符合国家现行标准《地下工程渗漏治理技术规程》JGJ/T 212的规定。

7.3.6 变形缝渗漏修缮应符合国家现行标准《地下工程渗漏治理技术规程》JGJ/T 212的规定。

7.3.7 穿墙管和预埋件可先采用快速堵漏材料止水，再采用嵌填密封材料、涂布防水涂料、抹压聚合物水泥防水砂浆等措施处理。

7.3.8 施工缝可根据渗水情况采用注浆、嵌填密封材料等方法处理，表面应增设聚合物水泥防水砂浆、涂膜防水层等加强措施。

7.4 施 工

7.4.1 地下室渗漏水修缮施工应符合下列规定：

1 地下室封堵施工顺序应先高处、后低处，先墙身、后底板。

2 渗漏墙面、地面维修部位的基层应牢固，表面浮浆应清刷干净。

3 施工时应采取排水措施。

7.4.2 混凝土裂缝渗漏水的维修应符合下列规定：

1 水压较小的裂缝可采用速凝材料直接封堵。维修时，应沿裂缝剔出深度不小于30mm、宽度不小于15mm的U形槽。用水冲刷干净，再用速凝堵漏材料嵌填密实，使速凝材料与槽壁粘结紧密，封堵材料表面低于板面不应小于15mm。经检查无渗漏后，用聚合物水泥防水砂浆沿U形槽壁抹平、扫毛，再分层抹压聚合物水泥防水砂浆防水层。

2 水压较大的裂缝，可在剔出的沟槽底部沿裂缝放置线绳（或塑料管），沟槽采用速凝材料嵌填密实。抽出线绳，使漏水顺线绳导出后进行维修。裂缝较长时，可分段封堵，段间留 20mm 空隙，每段均用速凝材料嵌填密实，空隙用包有胶浆钉子塞住，待胶浆快要凝固时，将钉子转动拔出，钉孔采用孔洞漏水直接封堵的方法处理。封堵完毕，采用聚合物水泥防水砂浆分层抹压防水层。

3 水压较大的裂缝急流漏水，可在剔出的沟槽底部每隔 500mm～1000mm 扣一个带有圆孔的半圆铁片（PVC 管），把胶管插入圆孔内，按裂缝渗漏水分段直接封堵。漏水顺胶管流出后，应用速凝材料嵌填沟槽，拔管堵眼，再分层抹压聚合物水泥防水砂浆防水层（图 7.4.2）。

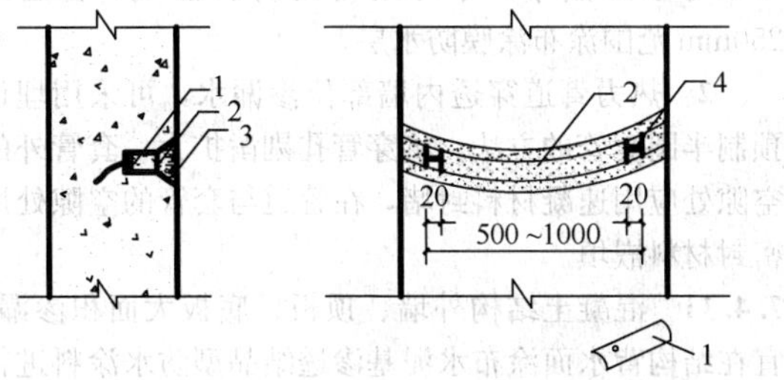

图 7.4.2 裂缝漏水下半圆铁片封堵

1—半圆铁片；2—速凝材料；3—防水砂浆；4—引流孔

4 局部较深的裂缝且水压较大的急流漏水，可采用注浆封堵，并应符合下列规定：

1）裂缝处理：沿裂缝剔成 V 形槽，用水冲刷干净。

2）布置注浆孔：注浆孔位置宜选择在漏水密集处及裂缝交叉处，其间距视漏水压力、漏水量、缝隙大小及所选用的注浆材料而定，间距宜为 500mm～1000mm。注浆孔应交错布置，注浆嘴用速凝材料嵌固于孔洞内。

3）封闭漏水部位：混凝土裂缝表面及注浆嘴周边应用速凝材料封闭，各孔应畅通，经注水检查封闭情况。

4）灌注浆液：确定注浆压力后（注浆压力应大于地下水压力 2～3 倍），注浆应按水平缝自一端向另一端，垂直缝先下后上的顺序进行。当浆液注到不再进浆，且邻近灌浆嘴冒浆时，应立即封闭，停止压浆，按顺序依次灌注直至全部注完。

5）封孔：注浆完毕，经检查无渗漏现象后，剔除注浆嘴，封堵注浆孔，再分层抹压聚合物水泥防水砂浆防水面层。

7.4.3 混凝土结构竖向或斜向贯穿裂缝渗漏水维修采用钻斜孔注浆时，应符合下列规定：

1 采用钻机钻孔时，孔径不宜大于 20mm，注浆孔可布置在裂缝一侧，或呈梅花形布置在裂缝两侧。钻斜孔角度 45°～60°，钻入缝垂直深度不应小于 150mm，孔间距 300mm～500mm（图 7.4.3）。

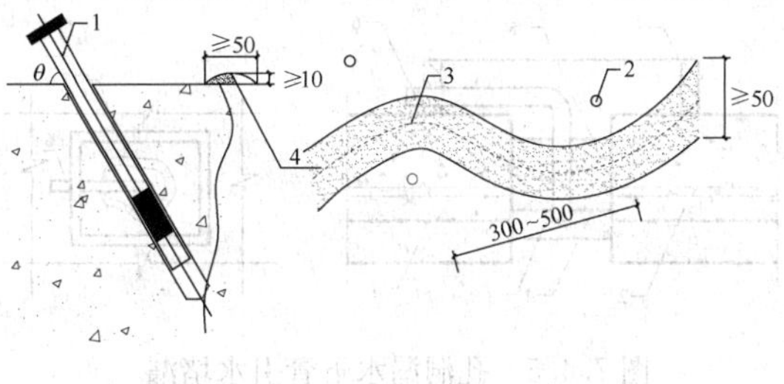

图 7.4.3 钻孔注浆示意图

1—注浆嘴；2—钻孔；3—裂缝；4—封缝材料

2 注浆嘴应根据钻孔深度及孔径大小要求优先采用单向止逆压环式注浆嘴注浆，注浆液应采用亲水性低黏度环氧浆液或聚氨酯浆液。

3 竖向结构裂缝灌浆顺序应沿裂缝走向自下而上依次进行。

4 注浆宜用低压注浆，压力 0.8MPa～1.0MPa，注浆孔压力不得超过最大注浆压力，达到设计注浆终压或出现漏浆且无法封堵时应停止注浆。注浆范围内无渗水后，按照设计要求加固注浆孔。

5 斜孔注浆裂缝较宽、钻孔偏浅时应封闭。采用速凝堵漏材料封闭时，宽度不宜小于 50mm，厚度不宜小于 10mm。

7.4.4 混凝土表面渗漏水采用聚合物水泥砂浆维修时，应先将酥松、起壳部分剔除，堵住漏水，排除地面积水，清除污物，其维修方法宜符合下列要求：

1 混凝土表面凹凸不平处深度大于 10mm，剔成慢坡形，表面凿毛，用水冲刷干净。面层涂刷混凝土界面剂后，应用聚合物水泥防水砂浆分层抹压至板面齐平，抹平压光。

2 混凝土蜂窝孔洞维修时，应剔除松散石子，将蜂窝孔洞周边剔成斜坡并凿毛，用水冲刷干净。表面涂刷混凝土界面剂后，用比原强度等级高一级的细石混凝土或补偿收缩混凝土嵌填捣实，养护后，应用聚合物水泥防水砂浆分层抹压至板面齐平，抹平压光。

3 混凝土表面蜂窝麻面，应用水冲刷干净。表面涂刷混凝土界面剂后，应用聚合物水泥防水砂浆分层抹压至板面齐平。

7.4.5 混凝土孔洞漏水的维修应符合下列规定：

1 水位小于等于 2m、孔洞不大，采用速凝材料封堵时。漏水孔洞应剔成圆槽，用水冲刷干净，槽壁涂刷混凝土界面剂后，应用速凝材料按本规程第 7.4.2 条第 1 款的要求封堵。经检查无渗漏后，应用聚合物水泥防水砂浆分层抹压至板面齐平。

2 水位在 2m～4m、孔洞较大，采用下管引水封堵时。将引水管穿透卷材层至碎石内引走孔洞漏水，用速凝材料灌满孔洞，挤压密实，表面应低于结构面不小于 15mm（图 7.4.5）。嵌填完毕，经检查无渗漏水后，拔管堵眼，再用聚合物水泥防水砂浆分层抹压至板面齐平。

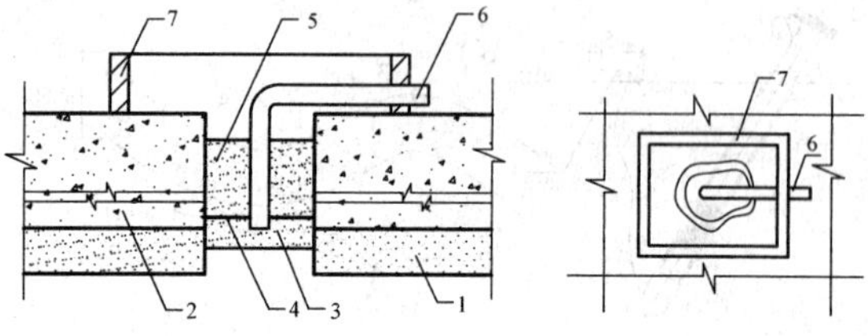

图 7.4.5　孔洞漏水下管引水堵漏

1—垫层；2—基层；3—碎石层；4—卷材；5—速凝材料；6—引水管；7—挡水墙

3　水位大于等于 4m、孔洞漏水水压很大时，宜采用木楔等堵塞孔眼，先将水止住，再用速凝材料封堵。经检查无渗漏后，再用聚合物水泥防水砂浆分层抹压密实。

7.4.6　砌体结构水泥砂浆防水层维修应符合下列规定：

1　防水层局部渗漏水，应剔除渗水部位并查出漏水点，封堵应符合本规程第 7.4.2 条～第 7.4.4 条的规定。经检查无渗漏水后，重新抹压聚合物水泥防水砂浆防水层至表面齐平。

2　防水层空鼓、裂缝渗漏水，应剔除空鼓处水泥砂浆，沿裂缝剔成凹槽。混凝土裂缝应按本规程第 7.4.2 条规定封堵。砖砌体结构应剔除酥松部分并清除干净，采用下管引水的方法封堵。经检查无渗漏后，重新抹压聚合物水泥防水砂浆防水层至表面齐平。

3　防水层阴阳角处渗漏水，维修可按本规程第 7.4.2 条第 1 款或第 2 款的规定执行，阴阳角的防水层应抹成圆弧形，抹压应密实。

7.4.7　变形缝渗漏水修缮施工应按国家现行标准《地下工程渗漏治理技术规程》JGJ/T 212 的规定执行。

7.4.8　施工缝渗漏水修缮施工应按国家现行标准《地下工程渗漏治理技术规程》JGJ/T 212 的规定执行。

7.4.9　预埋件周边渗漏水，应将其周边剔成环形沟槽，清除预埋件锈蚀，并用水冲刷干净，再采用嵌填速凝材料或灌注浆液等方法进行封堵处理。

对于受振动而造成预埋件周边出现的渗漏水，宜凿除预埋件，将预埋位置剔成凹槽，将替换的混凝土预制块表面抹防水层后，固定于凹槽内，周边应用速凝材料嵌填密实，分层抹压聚合物水泥防水砂浆防水层至表面齐平（图 7.4.9）。

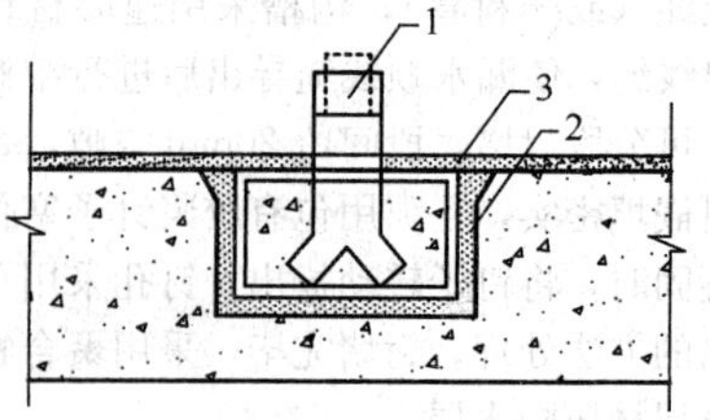

图 7.4.9　受振动的预埋件部位渗漏水维修

1—预埋件及预制块；2—速凝材料；3—防水砂浆

7.4.10　管道穿墙（地）部位渗漏水的维修应符合下列规定：

1　常温管道穿墙（地）部位渗漏水，应沿管道周边剔成环形沟槽，用水冲刷干净，宜用速凝材料嵌填密实，经检查无渗漏后，分层抹压聚合物水泥防水砂浆与基面嵌平；亦可用密封材料嵌缝，管道外 250mm 范围涂布涂膜防水层。

2　热力管道穿透内墙部位渗漏水，可采用埋设预制半圆套管的方法，将穿管孔剔凿扩大，套管外的空隙处应用速凝材料封堵，在管道与套管的空隙处用密封材料嵌填。

7.4.11　混凝土结构外墙、顶板、底板大面积渗漏，宜在结构背水面涂布水泥基渗透结晶型防水涂料进行维修，并应符合下列规定：

1　将饰面层凿除至结构层，将混凝土表面凿毛，基层应坚实、粗糙、干净、平整、无浮浆和明显积水。

2　对结构裂缝、施工缝、穿墙管等缺陷应先凿 U 形槽，槽宽 20mm，槽深 25mm，用水冲刷干净，表面无明水，槽内分层嵌填防水涂料胶浆料后，面层涂布防水涂料（图 7.4.11-1、图 7.4.11-2）。或按照本规程第 7.4.2 条或第 7.4.3 条的规定执行。

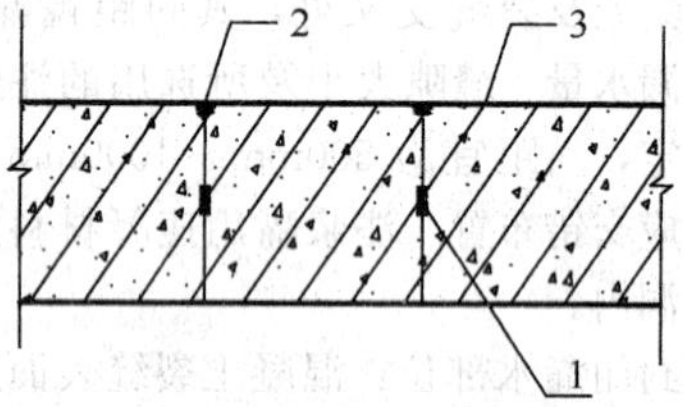

图 7.4.11-1　后浇带渗漏维修

1—遇水膨胀条；2—U 形槽嵌填水泥基渗透结晶型防水涂料胶浆；3—外墙结构（背水面）水泥基渗透结晶型防水涂料防水层

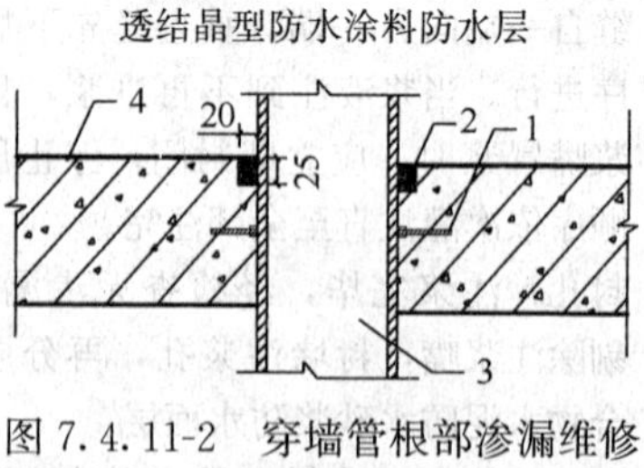

图 7.4.11-2　穿墙管根部渗漏维修

1—止水环；2—U 形槽嵌填水泥基渗透结晶型防水涂料胶浆；3—主管；4—外墙结构（背水面）水泥基渗透结晶型防水涂料防水层

3 蜂窝、孔洞、麻面等酥松结构，基层处理应按照本规程第7.4.4条第2款、第3款的规定执行。

4 大面积施工前先喷水湿润，但不得有明水现象，再分层涂布防水涂料，涂布应均匀，不允许漏涂和露底，接槎宽度不应小于100mm；涂料用量不应小于$1.5kg/m^2$，且厚度不应小于1.0mm。

5 涂布完工终凝后3h～4h或根据现场湿度，采用喷雾洒水养护，每天喷水养护（3～5）遍，连续3d，养护期间不得碰撞防水层。

7.4.12 地下室其他部位渗漏时，其施工应按国家现行标准《地下工程渗漏治理技术规程》JGJ/T 212的规定执行。

8 质量验收

8.0.1 房屋渗漏修缮施工完成后，应对修缮工程质量进行验收。

8.0.2 房屋渗漏修缮工程质量检验应符合下列规定：

1 整体翻修时应按修缮面积每$100m^2$抽查一处，每处$10m^2$，且不得少于3处。零星维修时可抽查维修工程量的20%～30%。

2 细部构造部位应全部进行检查。

8.0.3 对于屋面和楼地面的修缮检验，应在雨后或持续淋水2h后进行。有条件进行蓄水检验的部位，应蓄水24h后检查，且蓄水最浅处不得少于20mm。

8.0.4 房屋渗漏修缮工程质量验收文件和记录应符合表8.0.4的要求。

表8.0.4 房屋渗漏修缮工程质量验收文件和记录

序号	资料项目	资 料 内 容
1	修缮方案	渗漏查勘与诊断报告，渗漏修缮方案、防水材料性能、防水层相关构造的恢复设计、设计方案及工程洽商资料
2	材料质量	质量证明文件：出厂合格证、质量检验报告、复验报告
3	中间检查记录	隐蔽工程验收记录、施工检验记录、淋水或蓄水检验记录
4	工程检验记录	质量检验及观察检查记录

主 控 项 目

8.0.5 选用材料的质量应符合设计要求，且与原防水层相容。

检验方法：检查出厂合格证和质量检验报告等。

8.0.6 防水层修缮完成后不得有积水和渗漏现象，有排水要求的，修缮完成后排水应顺畅。

检验方法：雨后或蓄（淋）水检查。

8.0.7 天沟、檐沟、泛水、水落口和变形缝等防水层构造、保温层构造应符合设计要求。

检验方法：观察检查和检查隐蔽工程验收记录。

一 般 项 目

8.0.8 卷材铺贴方向和搭接宽度应符合设计要求，卷材搭接缝应粘（焊）结牢固，封闭严密，不得有皱折、翘边和空鼓现象。卷材收头应采取固定措施并封严。

检验方法：观察检查。

8.0.9 涂膜防水层的平均厚度应符合设计要求，最小厚度不应小于设计厚度的80%。

检验方法：针刺法或取样量测。

8.0.10 嵌缝密封材料应与基层粘结牢固，表面应光滑，不得有气泡、开裂和脱落、鼓泡现象。

检验方法：观察检查。

8.0.11 瓦件的规格、品种、质量应符合原设计要求，应与原有瓦件规格、色泽接近，外形应整齐，无裂缝、缺棱掉角等残次缺陷。铺瓦应与原有部分相接吻合。

检验方法：观察检查。

8.0.12 抹压防水砂浆应密实，各层间结合应牢固、无空鼓。表面应平整，不得有酥松、起砂、起皮现象。

检验方法：观察检查。

8.0.13 上人屋面或其他使用功能的面层，修缮后应按照修缮方案要求恢复使用功能。

检验方法：观察检查。

9 安全措施

9.0.1 编制修缮方案时，应结合工程特点、施工方法、现场环境和气候条件等提出改善劳动条件和预防伤亡中毒等事故的安全技术措施。

9.0.2 开工前，应按安全技术措施向作业人员做书面技术交底，并签字。

9.0.3 在2m及以上高处作业无可靠防护设施时，应使用安全带。

9.0.4 屋面周边和既有孔洞部位应设置安全护栏，高处作业人员不得穿硬底鞋。

9.0.5 坡屋顶作业时，屋檐处应搭设防护栏杆并应铺设防滑设备。

9.0.6 渗漏修缮场所应保持通风良好。

9.0.7 修缮施工过程中遇有易燃、可燃物及保温材料时，严禁明火作业。

9.0.8 在不便人员出入的房屋渗漏修缮施工现场，应设置安全出入口和警示标志。

9.0.9 遇有雨、雪天及五级以上大风时，应停止露天和高处作业。

9.0.10 雨季施工的排水宜利用原有排水设施，必要时可修建临时排水设施。

9.0.11 脚手架应根据渗漏修缮工程实际情况进行设计和搭设，并应与建筑物建立牢固拉接。

9.0.12 施工现场临时用电应符合现行行业标准《施工现场临时用电安全技术规范》JGJ 46 的规定。

9.0.13 高处作业应符合现行行业标准《建筑施工高处作业安全技术规范》JGJ 80 的规定。

9.0.14 拆除作业应符合现行行业标准《建筑拆除工程安全技术规范》JGJ 147 的规定。

9.0.15 手持式电动工具应符合现行国家标准《手持式电动工具的管理、使用、检查和维修安全技术规程》GB/T 3787 的规定。

本规程用词说明

1 为便于在执行本规程条文时区别对待，对要求严格程度不同的用词说明如下：

1） 表示很严格，非这样不可的用词：

正面词采用“必须”，反面词采用“严禁”；

2） 表示严格，在正常情况下均应这样做的用词：

正面词采用“应”，反面词采用“不应”或“不得”；

3） 表示允许稍有选择，在条件许可时首先应这样做的用词：

正面词采用“宜”，反面词采用“不宜”；

4） 表示有选择，在一定条件下可以这样做的，采用“可”。

2 条文中指明应按其他有关标准执行的写法为：“应符合……的规定”或“应按……执行”。

引用标准名录

1 《屋面工程技术规范》GB 50345

2 《手持式电动工具的管理、使用、检查和维修安全技术规程》GB/T 3787

3 《施工现场临时用电安全技术规范》JGJ 46

4 《建筑施工高处作业安全技术规范》JGJ 80

5 《建筑拆除工程安全技术规范》JGJ 147

6 《地下工程渗漏治理技术规程》JGJ/T 212

中华人民共和国行业标准

房屋渗漏修缮技术规程

JGJ/T 53—2011

条 文 说 明

修 订 说 明

《房屋渗漏修缮技术规程》JGJ/T 53-2011，经住房和城乡建设部2011年1月28日以第901号公告批准、发布。

本规程是在《房屋渗漏修缮技术规程》CJJ 62-95的基础上修订而成，上一版的主编单位是南京市房产管理局，参编单位是天津市房地产管理局、北京市房地产管理局、上海市房产管理局、武汉市房地产管理局、西安市房地产管理局，主要起草人是：孙家齐、蔡东明、吴洵都、童闯、韩世敏、徐益超、俞汉媛、贠志德。本次修订的主要技术内容是：总则，术语，基本规定，屋面渗漏修缮工程，外墙渗漏修缮工程，厕浴间和厨房渗漏修缮工程，地下室渗漏修缮工程，质量验收，安全措施。

本规程修订过程中，规程编制组进行了国内房屋渗漏修缮技术现状的调查研究，总结了我国工程建设房屋渗漏修缮的一般规定、查勘、修缮方案、施工和质量验收等方面的实践经验，同时参考了国外先进技术法规、技术标准，修订了本规程。

为便于广大设计、施工、科研、学校等单位有关人员在使用本规程时能正确理解和执行条文的规定，《房屋渗漏修缮技术规程》编制组按章、节、条顺序编制了本规程的条文说明，对条文规定的目的、依据以及执行中需注意的有关事项进行了说明。虽然，本条文说明不具备与规程正文同等的法律效力，但建议使用者认真阅读，作为正确理解和把握规程规定的参考。

目　次

1　总则 ………………………………………… 17—26
2　术语 ………………………………………… 17—26
3　基本规定 …………………………………… 17—26
4　屋面渗漏修缮工程 ………………………… 17—27
4.1　一般规定 ………………………………… 17—27
4.2　查勘 ……………………………………… 17—28
4.3　修缮方案 ………………………………… 17—28
4.4　施工 ……………………………………… 17—31
5　外墙渗漏修缮工程 ………………………… 17—31
5.1　一般规定 ………………………………… 17—31
5.2　查勘 ……………………………………… 17—31
5.3　修缮方案 ………………………………… 17—32
5.4　施工 ……………………………………… 17—33
6　厕浴间和厨房渗漏修缮工程 ……………… 17—33
6.1　一般规定 ………………………………… 17—33
6.2　查勘 ……………………………………… 17—33
6.3　修缮方案 ………………………………… 17—33
6.4　施工 ……………………………………… 17—34
7　地下室渗漏修缮工程 ……………………… 17—34
7.1　一般规定 ………………………………… 17—34
7.2　查勘 ……………………………………… 17—34
7.3　修缮方案 ………………………………… 17—34
7.4　施工 ……………………………………… 17—34
8　质量验收 …………………………………… 17—35
9　安全措施 …………………………………… 17—35

1 总　　则

1.0.1 当前，我国的房屋建筑，不论是屋面，还是外墙、厕浴间和厨房、地下室等均存在不同程度的渗漏水现象，造成房屋渗漏的原因很多，综合起来分析，主要有设计、施工、材料和使用管理等四个方面。我国作为当前世界上最大的建筑市场，既有建筑保有量和年新建建筑量均十分庞大，既有建筑渗漏修缮已成为一项日常的工作。

由于渗漏修缮的对象主要是既有建筑物或构筑物，其查勘、修缮方案、施工和质量验收均与新建工程不同，既要遵循“材料是基础，设计是前提，施工是关键，管理维护要加强”的防水工程基本原则，更应做到“查勘仔细全面，分析严谨准确，方案合理可行，施工认真细致”。

房屋渗漏影响房屋的使用功能和住用安全，给国家造成巨大的经济损失。渗漏修缮工程由于措施不当，效果不好，以致出现年年漏、年年修，年年修、年年漏的现象。为规范房屋渗漏修缮，促进建筑防水、节能环保新技术的发展，确保房屋修缮质量，恢复房屋使用功能，在总结近年来国内工程实践经验的基础上，修订本规程。

1.0.2 本规程适用于既有房屋的屋面、外墙、厕浴间和厨房、地下室渗漏修缮工程，对渗漏修缮的查勘、修缮方案、材料选择、施工及质量验收都提出了明确的规定与要求。

根据现行国家标准《地下工程防水技术规范》GB 50108对地下工程防水范围的界定，本规程将住宅、公共建筑的地下室渗漏修缮的技术措施在原规程基础上进行修订。其他地下工程的渗漏治理应按照现行行业标准《地下工程渗漏治理技术规程》JGJ/T 212的有关规定执行。

鉴于当前我国屋面渗漏问题依然严重，本规程对卷材屋面、涂膜屋面、刚性屋面提出渗漏修缮的技术规定。同时增加瓦屋面渗漏修缮的技术规定。

环境保护和建筑节能，已经成为当前全社会不容忽视的问题，房屋渗漏修缮施工应符合国家和地方有关环境保护和建筑节能的规定。

1.0.3 本规程是在总结我国目前房屋渗漏修缮工程技术和行之有效的科研成果的基础上编制而成，本规程提出的查勘方法、方案设计、材料选择、技术措施、质量标准应符合国家现行技术政策，突出房屋渗漏修缮特点，结合实际，操作性强，为房屋渗漏修缮提供了技术依据。

房屋渗漏修缮工程应遵循“查勘是首要步骤，材料是基础、设计是前提、施工是关键、管理是保证”的综合治理原则。为使房屋建筑渗漏问题得到尽快解决，本规范将房屋渗漏修缮工程的修缮方案单列一节，并对有关章节的查勘内容、材料要求、修缮方案、施工、验收等内容均提出了要求，明确了房屋渗漏修缮工程设计、选材、施工和验收的技术规定。

渗漏修缮工艺因时、因地、因现场条件不同而异。本规程针对具体部位规定了一些具体的治理措施，编制修缮方案时根据实际情况应因地制宜、灵活掌握。防水工程是一项系统工程，与新建工程相比，渗漏修缮对设计、选材、施工的要求更高，必须合理、综合运用各种防、排水手段才可能杜绝渗漏的发生，确保工程质量。

1.0.4 本规程系国家行业标准，突出了房屋渗漏修缮技术特色，是各类房屋渗漏修缮工程规范化、科学化的依据，为确保工程质量，必须严格贯彻执行。

在执行本规程时，尚应符合国家现行标准的有关规定，详见引用标准名录。

对于建筑美学及舒适、节能的不断追求使得建筑防水工程的内涵不断拓宽，难度逐渐加大，防水工程与建筑结构、保温、加固、装饰装修等专业的关系日益密切。执行本规程时，尚应符合现行国家标准《屋面工程技术规范》GB 50345、《屋面工程质量验收规范》GB 50207、《地下工程防水技术规范》GB 50108、《地下防水工程质量验收规范》GB 50208、《混凝土结构加固设计规范》GB 50367等的规定。

2 术　　语

根据住房和城乡建设部《关于印发〈工程建设标准编写规定〉的通知》（建标［2008］182号）第二十三条的规定，标准中采用的术语和符号，当现行标准中尚无统一规定，且需要给出定义或涵义时，可独立成章，集中列出。按照该规定规程本次修订时增加该章内容。本规程的术语是从房屋渗漏修缮查勘、修缮方案、施工、验收的角度赋予其涵义的，将本规程中尚未在其他国家标准、行业标准中规定的术语单独列出，如渗漏修缮、查勘、维修、翻修等，为房屋渗漏修缮工程的特色用语。

3 基本规定

3.0.1 现场查勘是全面掌握房屋渗漏情况的首要步骤，由使用方或监理单位、物业单位、施工单位等参加。现场查勘结束后应根据现场查勘结果、技术资料、修缮合同等撰写现场查勘书面报告，并包括渗漏原因、判断依据、漏水部位等内容。现场查勘书面报告是编制修缮方案的主要依据。

3.0.2 房屋渗漏修缮的成功与否，现场查勘起了决定性作用，本条规定了现场查勘应包括的内容，从使用环境、渗漏水、细部构造及影响结构安全和使用功能等方面均作了明确规定。但由于渗漏修缮工程的工程量相差悬殊，查勘内容可根据工程实际情况进行选择取舍。

3.0.3 现场查勘方法主要采用走访、观察等，仪器检测可作为辅助手段，必要时可采用取样的方法。取样通常是在特殊情况下才能采用的，但为了避免因破坏防水层而引起更严重的渗漏，一般不采用取样的方法。同时本条对渗漏查勘的基本内容及要求均作出了规定，查勘时可根据具体工程实际情况选用。

3.0.4 收集原防水设计、防水材料、施工方案等工程技术资料是编制修缮方案重要的前期工作，这些资料对正确分析造成房屋渗漏的原因具有非常重要的作用，现场查勘时一定要注意收集。

3.0.5 修缮方案是确定房屋渗漏修缮工程报价、工期、质量的基础性文件，其技术性、经济性应合理、可行。修缮方案应明确采用维修措施还是翻修措施，并明确修缮目标，即修缮后工程总体防水等级及相应的设防要求，具体可参照现行国家标准《屋面工程技术规范》GB 50345 的相关要求，修缮方案中明确修缮设防等级的，施工应符合该设计要求。

1 细部节点是防水工程的重要部位，渗漏往往与细部节点的防水失败有关。因此，规定细部修缮措施是一项重要工作。

2 需增强原有排水功能时，应在修缮方案中注明排水系统的设计和选材要求。

3 为杜绝使用不合格防水材料，修缮方案中应列出选用防水材料的主要物理性能，以方便监督管理。

6～7 根据现场实际情况，防水层、保温层等修缮完工后应根据修缮合同或协议要求恢复使用功能。

3.0.6 房屋渗漏修缮是因为结构损坏造成时，应首先保证房屋结构安全，根据另行设计的修缮方案先进行结构修复合格后，再进行渗漏修缮。

渗漏修缮禁止采用对房屋结构安全有影响的工艺和材料，同时禁止随意增加屋面及阳台荷载等行为。否则便失去房屋渗漏修缮的意义。渗漏修缮施工时应充分利用既有完好的排水设施，必要时才可另行设计排水措施。

渗漏修缮工程应优先选用符合国家“节能减排”政策要求的建筑材料，修缮施工安全文明，减少或避免有毒废弃物排放。

3.0.7 材料选用是房屋渗漏修缮工程的基础，选用的材料要根据工程环境条件和工艺的可操作性选择，因地制宜、经济合理，推广应用新技术并限制、禁止使用落后的技术。

3.0.8 本条列举了目前国内现阶段经常采用的修缮材料和修缮施工方法：包括铺贴防水卷材、涂布防水涂料、嵌填密封材料、抹压刚性防水材料等，同时推荐防水材料复合使用，刚柔相济，提高防水性能。

3.0.9 根据渗漏修缮工程的特点及常用材料种类，对修缮材料的质量、性能指标、试验方法等选用时可对照相应标准执行。

3.0.10 渗漏修缮施工是对防水材料进行再加工的专业性施工活动之一，专业施工队伍和作业人员必须具备相应的资格后才能承担该项工作。

3.0.11 修缮方案是保证渗漏修缮质量的基本依据，施工前进行书面技术、安全交底是指导操作人员全面正确理解修缮方案，严格执行修缮工艺，确保修缮质量安全的重要措施。

防水层维修后每道防水构造层次必须封闭（交圈），并应做好新旧防水层搭接密封处理工作，使两者成为一体，确保防水系统的完整性。现存的原有完好防水层已基本适应使用环境要求，维修施工时应禁止破坏，同时也减少了建筑垃圾排放量。

渗漏修缮的隐蔽工程如基面处理、新旧防水层搭接宽度等，施工时应随时检查，发现问题及时纠正，验收不合格不得进行下道工序施工。

渗漏修缮有使用功能要求时，如屋面、厕浴间和厨房等修缮完工后应基本恢复原使用功能。

3.0.12 渗漏修缮工程严禁使用不合格的材料。因渗漏修缮工程中实际材料用量差异较大，本条规定翻修或大面积维修工程材料必须进行现场抽检并提交检测报告。重要房屋和防水要求高的渗漏修缮工程，由委托方和施工方协商是否进行现场复验。

3.0.13 修缮施工过程中的隐蔽工程验收，有利于及时发现质量隐患并得以纠正。

4 屋面渗漏修缮工程

4.1 一 般 规 定

4.1.1 根据现行国家标准《屋面工程技术规范》GB 50345 常用屋面分类，本条分别规定了卷材防水屋面、涂膜防水屋面、瓦屋面、刚性防水屋面的渗漏维修和翻修措施。本次修订弱化了刚性防水屋面的技术内容，增加了瓦屋面和保温隔热屋面的渗漏修缮措施。

4.1.2 屋面防水层位于结构迎水面，具备从迎水面进行修缮的基本条件。随着屋面结构和使用功能的日趋复杂，在迎水面修缮较容易发现防水层和细部节点的质量弊病，有利于纠正原质量隐患。

4.1.3 屋面渗漏修缮施工首先要处理好基层，本条对基层处理提出严格要求、施工时应遵照执行。检查基层是否干燥的简易方法：将 $1m^2$ 卷材平铺在基层上，待（3～4）h 后掀开检查，基层被覆盖部位及卷材上均无水印为合格。

4.1.4 屋面局部维修要采取分隔措施，当具备条件时，屋面渗漏修缮应在背水面相应增设导排水设施，贯彻“防排结合、以排为主”的防水理念，保证防水效果。

4.1.5 屋面渗漏修缮的目的是恢复或改进屋面原有使用功能，修缮时增加荷载将直接影响房屋结构安全，增加安全隐患。实际工程中需增加荷载或改变原屋面使用功能时必须事先征得业主同意并经设计验算后进行。

4.1.6 修缮方案是修缮施工的基本依据，必须严格执行。修缮施工中，应做好节点附加层及嵌缝处理，卷材防水层的收头应固定牢固，并用密封材料密封严密，涂膜防水层的收头应多遍涂刷，搭接严密。

4.1.7 下雨或天气寒冷时将直接影响渗漏修缮质量，雨期施工时要做好的防雨遮盖和排水工作，冬期施工要采取防冻保温措施。

4.2 查　勘

4.2.1 调查表明，70%的屋面渗漏是由细部构造的防水处理措施不当或失败而造成的。天沟、檐沟等细部构造部位是容易出现渗漏的部位。屋面排水系统设计不合理、施工质量隐患或排水不顺畅等造成积水渗漏的应全部检查。

4.2.2 卷材和涂膜防水屋面渗漏查勘内容包括重点检查的部位、弊病及检查中应注意的问题。同时还应重点检查排水比较集中的部位，如天沟、檐口、檐沟、屋面转角处以及伸出屋面管道周围等。

4.2.3 瓦屋面渗漏查勘应重点检查瓦件自身质量缺陷、节点部位、施工质量弊病等，可采用雨天室内观察的方法查找渗漏部位。瓦屋面渗漏一般多发生在屋脊、泛水、上人孔等部位。

4.2.4 刚性屋面渗漏查勘应从顶层室内观察顶棚、墙体部分，记录漏水位置以及渗漏现象。对分格缝特别是女儿墙、檐沟、排水系统等部位进行检查，一般可采用浇水法。屋面渗漏部位大多数情况下内外不对应，应综合分析，确定渗漏部位。

刚性屋面渗漏一般发生在天沟、纵横分格缝交叉处、屋面与墙（管道）交接处等部位。

4.3 修 缮 方 案

Ⅰ　选材及修缮要求

4.3.1 在修缮前必须综合分析、查清渗漏原因，主要从选用材料、节点构造及防水做法上入手查清渗漏部位，对症下药，采用科学、有效的渗漏修缮技术措施，解决屋面渗漏。

综合考虑经济和社会效益等因素，房屋重要程度实质上已经决定了渗漏修缮的标准——是维修还是翻修，故本次修订增加了该项指标。

4.3.2 本条给出了屋面工程渗漏修缮选用材料的原则，相关内容参考了现行国家标准《屋面工程质量验收规范》GB 50207 的规定。选用防水材料时，根据原屋面防水层做法、渗漏现状、特征以及施工条件、经济条件、工程造价等因素选择适宜的材料。最终选用的防水材料应是最适宜渗漏修缮且对原防水层破坏最小，同时产生建筑垃圾最少的。

4.3.3 本条规定是为了充分发挥材料各自的优势，实现最优防水性能。屋面渗漏修缮推荐多种材料复合使用，刚柔相济，综合治理，实现渗漏修缮目的。当不同材料复合使用时，相互间不能出现材料性能劣化、丧失功能的不良反应，如溶胀、降解、硌破等现象。

4.3.4 瓦件一般与配套材料配套使用，本条规定修缮时要尽量选用统一规格的瓦件及配套材料，且优先选用原厂同规格瓦件。

4.3.5 柔性防水层包括卷材或涂膜防水层，修缮防水层破损及裂缝时要选用与原防水层相容、耐用年限相匹配的防水材料或选用两种及以上材料复合使用。

4.3.6 维修涂膜防水层裂缝时，涂布带有胎体增强材料的目的是提高防水层适应基层变形的能力。

4.3.7 柔性材料主要指卷材、涂料、密封材料。刚性材料主要有掺无机类和有机类材料两大类：掺无机类材料如防水宝、膨胀剂、UEA 等，掺有机类材料有 EVA、丙烯酸、聚氨酯、环氧树脂等其他聚合物材料。

聚合物水泥防水砂浆的配制：

1 聚合物水泥防水砂浆是由水泥、砂和一定量的橡胶胶乳或树脂乳液以及稳定剂、消泡剂等助剂经搅拌混合配制而成。

2 聚合物水泥防水砂浆的各项性能在很大程度上取决于聚合物本身的特性及其在砂浆中的掺入量。聚合物水泥防水砂浆的质量应符合《聚合物水泥防水砂浆》JC/T 984 的规定。

3 聚合物水泥防水砂浆的配制：

聚合物水泥防水砂浆主要由水泥、砂、乳胶等组成，其参考配合比可参见表 1。

表 1　聚合物水泥防水砂浆参考配合比

用　途	参考配合比（重量比）			涂层厚度（mm）
	水泥	砂	聚合物	
防水层材料	1	2～3	0.3～0.5	5～20
新旧混凝土或砂浆接缝材料	1	0～1	>0.2	—
修补裂缝材料	1	0～3	>0.2	—

柔性防水材料宜用于防水层裂缝、分格缝、构造节点及复杂部位的处理。刚性防水材料宜用于防水面层风化修补或翻修防水层，不宜用做防水层裂缝或分格缝的维修。

4.3.8 瓦件被大风掀起、脱落会造成质量安全事故，更换新瓦件时应按照现行国家标准《屋面工程技术规范》GB 50345 的规定采取固定加固措施。

4.3.9 刚性防水层上宽度小于 0.2mm 的裂缝可以通过低压注入高渗透性改性环氧树脂灌浆材料等方法修缮，其灌浆压力不应大于 0.2MPa。

4.3.10 防水卷材是应用最为广泛的防水材料，也是渗漏修缮的主要材料。卷材厚度和新旧卷材、卷材与涂膜防水层的搭接宽度决定了修缮后防水层质量。新铺卷材必须具有足够的厚度，才能保证修缮的可靠性和耐久性。搭接宽度、搭接缝密封是实现整体性防水系统的重要环节，为保证搭接宽度，确保修缮质量，维修防水层搭接宽度统一按照最小 100mm 的规定取值，使用时应严格掌握。翻修的防水层搭接宽度同新建工程。国家有关建筑防水材料标准的现行版本见表 2。

表 2　国家有关建筑防水材料标准的现行版本

类别	标准名称	标准号
沥青防水卷材	(1) 弹性体改性沥青防水卷材	GB 18242-2008
	(2) 塑性体改性沥青防水卷材	GB 18243-2008
	(3) 改性沥青聚乙烯胎防水卷材	GB 18967-2009
	(4) 自粘聚合物改性沥青防水卷材	GB 23441-2009
	(5) 带自粘层的防水卷材	GB/T 23260-2009
	(6) 预铺/湿铺防水卷材	GB 23457-2009
	(7) 沥青基防水卷材用基层处理剂	JC/T 1069-2008
高分子防水卷材	(1) 聚氯乙烯防水卷材	GB 12952-2003
	(2) 高分子防水材料　第1部分：片材	GB 18173.1-2006
	(3) 高分子防水卷材胶粘剂	JC 863-2000
防水涂料	(1) 聚氨酯防水涂料	GB/T 19250-2003
	(2) 水乳型沥青防水涂料	JC/T 408-2005
	(3) 聚合物乳液建筑防水涂料	JC/T 864-2008
	(4) 聚合物水泥防水涂料	GB/T 23445-2009
	(5) 喷涂聚脲防水涂料	GB/T 23446-2009
	(6) 建筑表面用有机硅防水剂	JC/T 902-2002
	(7) 混凝土界面处理剂	JC/T 907-2002
密封材料	(1) 硅酮建筑密封胶	GB/T 14683-2003
	(2) 聚氨酯建筑密封胶	JC/T 482-2003
	(3) 聚硫建筑密封胶	JC/T 483-2006
	(4) 丙烯酸酯建筑密封胶	JC/T 484-2006
	(5) 丁基橡胶防水密封胶粘带	JC/T 942-2004
刚性防水材料	(1) 水泥基渗透结晶型防水材料	GB 18445-2001
	(2) 无机防水堵漏材料	GB 23440-2009
	(3) 砂浆、混凝土防水剂	JC 474-2008
	(4) 聚合物水泥防水砂浆	JC/T 984-2005
瓦	(1) 玻纤胎沥青瓦	GB/T 20474-2006
	(2) 混凝土瓦	JC/T 746-2007
	(3) 烧结瓦	GB/T 21149-2007
灌浆材料	(1) 混凝土裂缝用环氧树脂灌浆材料	JC/T 1041-2007
	(2) 聚氨酯灌浆材料	JC/T 2041-2010
发泡填充材料	(1) 单组分聚氨酯泡沫填缝剂	JC 936-2004
防水材料试验方法	(1) 建筑防水卷材试验方法	GB/T 328.1-2007～GB/T 328.27-2007
	(2) 建筑胶粘剂通用试验方法	GB/T 12954-1991
	(3) 建筑密封材料试验方法	GB/T 13477.1-2002～GB/T 13477.20-2002
	(4) 建筑防水涂料试验方法	GB/T 16777-2008
	(5) 建筑防水材料老化试验方法	GB 18244-2000

4.3.11 渗漏修缮施工对防水材料的粘结性能要求较高，粘结性能必须符合本条列表的规定。相关内容参考了现行国家标准《屋面工程质量验收规范》GB 50207 的规定。

4.3.12 厚度和搭接宽度是涂膜防水层质量的主要技术指标，为有效控制涂膜防水层修缮质量，本条列出了涂膜防水层的厚度和新旧防水层搭接的要求，设计施工时应严格执行。翻修时防水层搭接宽度同新建工程。

涂膜厚度是影响防水质量的关键因素，大面积施工前应经过试验，规定出每平方米最低材料用量。

4.3.13 屋面保温层局部维修时，将已浸水的保温层清除干净，更换聚苯板保温层。不具备拆除条件时，为防止温度变化导致防水层产生鼓胀而发生局部破坏，引起重复渗漏，有条件的工程可增设排水、排汽措施，具体做法可参照现行国家标准《屋面工程技术规范》GB 50345 的有关规定。

4.3.14 防水层翻修前，首先应根据原屋面现状及破损程度来确定防水层、找平层的处理方法。翻修时可考虑采用保留和铲除原防水层两种措施，修缮施工应优先考虑符合"节能减排"要求的技术措施，即采用保留原防水层的翻修措施。屋面防水层翻修同新建工程，防水层可采用卷材、涂料或复合使用。

Ⅱ　卷材防水屋面

4.3.15 渗漏点较少或分布较零散的天沟、檐沟卷材开裂时应局部维修，渗漏点较多或分布较集中严重渗漏时应翻修。修缮采用铺设卷材或涂布涂膜防水层。一般情况下，将原防水层覆盖搭接在新铺设防水层上面很难做到，实际多采用新铺防水层直接覆盖原防水层。

4.3.16 屋面泛水的防水功能与原屋面防水材料、防水构造及女儿墙结构密切相关。女儿墙、立墙等与屋面基层连接处易出现开裂渗漏，采用铺设卷材或涂布涂料维修，新旧防水层形成整体。墙体泛水处张口等渗漏维修时应按现行国家标准《屋面工程技术规范》GB 50345 的规定将防水层收头重新固定并密封。

4.3.17 现浇或预制女儿墙压顶渗漏，应结合渗漏实际情况，分别采用抹压防水砂浆或加扣金属盖板进行防水处理。

4.3.18 变形缝是为了防止因温差、沉降等因素使建筑物产生变形、开裂破坏而设置的构造缝。根据变形缝两片挡墙上部高度是否相同，分屋面和高低跨变形缝，其渗漏原因和维修方法基本相同。两侧卷材防水层根部损坏，雨水顺变形缝两侧墙体向室内渗透导致渗漏，维修时应选用具有良好强度、断裂延伸率和耐候性好的高分子防水卷材恢复防水构造，变形缝顶部加扣混凝土盖板或金属盖板，做好排水措施。

4.3.19 由于水落口与混凝土的膨胀系数不同，环境温度变化热胀冷缩导致水落口周围产生裂缝发生渗漏。渗漏原因因水落口的安装形式而异，修缮方法也不同。本条对横式和直式水落口的维修方法分别列出，供维修时选用。

4.3.20 伸出屋面管道与混凝土易在结合部位产生缝隙，导致防水层开裂产生渗漏。维修方法是在迎水面管道根部将原防水层等清除至结构层，管道四周剔成凹槽并修整找平层，锥台损坏的先修补完好，槽内嵌填密封材料。本条规定新旧防水层的最小搭接宽度为200mm，使用时应严格掌握。

4.3.21 卷材防水层引起裂缝的主要原因是屋面结构应力及温度变化造成屋面板应力变化，一般裂缝维修时沿缝覆盖铺设卷材或涂布带有胎体增强材料涂膜防水层。对有规则性裂缝的维修处理，应力集中、变形大的裂缝部位干铺一层卷材做缓冲层处理，涂膜防水隔离层采用空铺或单边点粘的方法处理，其目的就是满足和适应裂缝的伸缩变化。

4.3.22 原卷材接缝处存在施工质量隐患已张口、开裂而导致渗漏，卷材未严重老化时应保留，不得随意割除，重新热熔粘结固定即可，严重损坏时需割除，面层采用满粘法覆盖一层卷材，搭接缝密封应严密。

4.3.23 卷材与基层粘贴不实、窝有水分或气体时，受热后体积膨胀导致防水层起鼓。维修时将鼓泡割除，基层晾干后覆盖铺设一层卷材，搭接平整严密即可。

4.3.24 卷材防水层局部过早老化损坏且丧失防水功能时，应选用高聚物改性沥青卷材或防水涂料维修。先将开裂、剥落、收缩、腐烂部位的卷材清除，基层牢固、无浮灰，提高防水层与基层之间的粘结力。搭接缝采用耐热性能好的胶粘剂密封，新旧卷材搭接宽度不得小于100mm。

4.3.25 经过多次大修或较长使用年限，屋面防水层大面积老化、严重渗漏、丧失防水功能时，应将原防水层全部铲除。在屋面荷载允许的情况下，可保留原防水层，先对裂缝、节点及破损部位进行修补处理后，在原防水层上空铺或机械固定覆盖铺设新防水层。

Ⅲ 涂膜防水屋面

4.3.26 泛水处渗漏包括根部和防水层收口处开裂渗漏两种情况。维修时可参照卷材屋面泛水渗漏维修方法执行，但涂膜防水层应增设带有胎体增强材料的附加层。多种原因导致屋面泛水一般达不到设计高度，修缮施工时应予以纠正，修缮完工后泛水高度应大于或等于250mm。

4.3.27 天沟、水落口是雨水汇集部位，同时也是防水的重要部位且易发生渗漏，维修时密封防水及附加层处理措施必须满足修缮方案的要求。

4.3.28 涂膜防水层裂缝一般有两种：有规则和无规则裂缝。有规则通长直裂缝可直接导致屋面雨水浸入，对于此类裂缝维修时应注意以下两点：

1 处理找平层时，对裂缝较宽部位，应嵌填密封材料。

2 铺防水层前，应沿裂缝通常干铺或点粘隔离层。该做法可适应基层的伸缩变形，能较好地起到缓冲作用，是解决有规则裂缝渗漏的有效措施。

4.3.29 防水层起鼓一般为圆形或椭圆形，也有树枝形，且大小不一。多数鼓泡出现在向阳的屋面平面部位，泛水部位也有发生。鼓泡的一般维修方法是割除，老化、腐烂时应视损坏程度决定采用保留或铲除起鼓部位原防水层修缮措施。

4.3.30 防水层翻修前，应视防水层损坏程度决定采用保留原防水层或是全部铲除的修缮措施。

Ⅳ 瓦 屋 面

4.3.31 目前屋面瓦与山墙交接部位的防水处理主要采用的是柔性防水层，其渗漏维修可参照女儿墙泛水执行。

4.3.32 本条分别规定了现浇和预制两种结构形式的天沟、檐沟渗漏水的维修措施。预制的天沟、檐沟主要包括镀锌薄钢板或不锈钢等材料压制成型的成品，维修时将损坏严重的原天沟、檐沟整体拆除予以更换即可。

4.3.33 瓦屋面出现渗漏的原因一般是瓦件本身质量缺陷、施工质量弊病、瓦缝密封不严等，修缮时应针对具体问题，采取相应措施。

1 瓦件本身质量问题如裂纹、缺角、破损、风化时，应拆除旧瓦件更换新瓦件。

2 瓦件松动时必须重新铺挂瓦件，清除原施工弊病，固定牢固。瓦件大面积严重渗漏时应整体翻修。

4.3.34 沥青瓦局部老化、破裂、缺损时，应更换新瓦。沥青瓦大面积老化丧失防水功能时应进行翻修。

Ⅴ 刚性防水屋面

4.3.35 刚性屋面泛水部位渗漏采用柔性防水材料维修，接缝及裂缝处应先嵌填密封材料增强防水能力，同时铺设附加层及密封处理应符合修缮方案要求。

4.3.36 刚性防水层分格缝渗漏可采取沿缝嵌填密封

材料，铺设卷材或涂布有胎体增强材料涂膜防水层三种修缮措施。分格缝渗漏维修时应注意：

1 分格缝中的原有密封材料如嵌填不实或已变质失效，应剔除干净，必要时可用喷灯烧除并清理干净。变形中的分格缝，维修时缝上防水层应空铺或点粘法施工。

2 原施工分格缝漏设的，修缮时应纠正，割缝至找平层，防水层应完全断开（有钢筋时要剪断）。宽度宜为（20～40）mm，横截面宜成倒梯形，缝壁混凝土应无损坏现象。

4.3.37 本条对刚性防水层混凝土表面局部损坏部位提出了表面凿毛、浇水湿润的要求，目的是增强抹压聚合物水泥防水砂浆与基层的粘结力。

4.3.38 刚性防水层维修裂缝的方法与其性质、特点及所处的位置有关，本条对维修裂缝的常用方法作了规定。

结构裂缝一般发生在屋面板拼接缝处，并穿过防水层而上下贯通，即有规则的通长的裂缝。对于其他裂缝如因水泥收缩产生的龟裂，受撞击或震动导致的裂缝，一般是不规则的、断续的裂缝。

裂缝一般采用柔性材料进行修缮。采用卷材或涂膜防水层维修时，应沿缝增铺隔离层，以适应裂缝变形的应力变化。

4.3.39 刚性防水层大面积严重渗漏、防水层丧失防水功能时应进行翻修，可采用柔性防水材料或刚柔防水材料复合使用的修缮措施。先将原防水层裂缝、节点、渗漏部位及板缝处进行修整合格后再进行翻修。

4.4 施 工

4.4.1 基层处理是做好防水工作的基本要求，应按照所选用的修缮材料及施工工艺的不同而不同。

4.4.2 本条规定了基层处理剂配制及施工的要求，修缮时可参照执行。

4.4.3～4.4.8 分别规定了屋面防水卷材渗漏时，采用高聚物改性沥青防水卷材热熔法、合成高分子防水卷材冷粘法、焊接和机械固定法等防水卷材和采用防水涂膜修缮施工的要点。施工时可参照执行。

铺设防水层前在阴阳角、转角等部位做附加层。卷材防水层维修采用满粘法施工时，卷材与基层、卷材、搭接缝的粘结及密封质量决定了防水层施工质量。

4.4.9 涂膜厚度是影响防水质量的关键因素，涂膜厚度必须符合国家现行有关标准的规定。涂膜施工前应经过试验，确定达到设计厚度要求的每平方米最低材料用量。

目前社会上薄质涂料较多，薄质涂料涂刷时，必须待上遍涂膜实干后才能进行下一遍涂膜施工。涂膜施工一般不宜在气温较低的条件下施工，由于涂膜厚度大，涂层内部不易固化。强风下施工，基层不易清扫干净，涂刷时，涂料易被风吹散。

天沟、檐沟渗漏修缮时，原排水坡度不符合设计要求时应纠正，“防排结合”，应重视排水措施。

4.4.10～4.4.12 分别规定了涂膜防水层渗漏采用高聚物改性沥青防水涂膜修缮、合成高分子防水涂膜修缮、聚合物水泥防水涂膜修缮施工的要点，施工时应遵照执行。

4.4.13 本条规定了屋面防水层渗漏采用合成高分子密封材料修缮施工的要点，施工时应遵照执行。

4.4.14 本条规定了瓦屋面渗漏修缮施工的要点，施工时应遵照执行。

4.4.15、4.4.16 分别规定了刚性防水层渗漏采用聚合物水泥防水砂浆或掺外加剂防水砂浆和采用柔性防水层修缮施工的要点，施工时应遵照执行。

4.4.17 本条规定了屋面大面积渗漏进行翻修的施工规定，施工时应遵照执行。

4.4.18 本条对屋面渗漏修缮施工的气候、环境温度都作了规定，施工时应遵照执行。

4.4.19 施工现场的情况与修缮方案有出入时，应办理变更手续后方可施工。

5 外墙渗漏修缮工程

5.1 一 般 规 定

5.1.1 房屋外墙墙体的种类繁多，使用的材料和构造不尽相同，有砖、石、砌块等砌体墙，预制或现浇混凝土墙以及木结构、金属板结构、玻璃板结构、塑料板结构、膜结构等墙体结构形式。目前国内，砖砌体和混凝土墙体占有比例最大，本章针对砌体和混凝土围护结构外墙墙体的渗漏修缮特点规定了相应的技术措施。

5.1.2 建筑外墙防水、保温、装饰等细部节点做法日益复杂，外墙渗漏日益增多。

外墙采用面砖、石板材等饰面层产生渗漏的原因是采用防水砂浆粘贴面砖时易产生空腔，且勾缝不严密并易开裂。下雨时，雨水在风力作用下在勾缝处侵入空腔内汇集起来，并慢慢向墙体内渗、洇水，造成在降水后的一定时期内持续发生。这就是根据墙内渗漏情况判断墙外渗漏部位不准确的最主要原因。

迎水面防水对墙体保温层及墙体起到防水防护的作用。因此，一般情况下采用迎水面进行渗漏修缮。

5.1.3 外墙渗漏修缮应首先检查渗漏对外墙结构产生的不利影响，不安全结构构件应先行按加固方案修缮合格后再进行渗漏修缮。目的是为了保证房屋的基本安全、确保渗漏修缮的质量。

5.2 查 勘

5.2.1 外墙渗漏现场查勘应结合外墙结构、材料性能和使用情况综合分析，查清渗漏原因，对变形缝等节点部位应重点查勘。

5.2.2 本条分别规定了清水墙、抹灰墙面、面砖与板材墙面、预制混凝土墙板、节点部位等外墙渗漏修缮的查勘内容，供查勘时参考。具体工程应根据实际情况，灵活掌握。

5.3 修缮方案

Ⅰ 选材及修缮要求

5.3.1 本条对外墙渗漏修缮选用材料的材质及色泽、外观作出了规定，同时对嵌缝、抹面材料和防水涂料的选用也作了明确规定，修缮时应遵照执行。受施工条件限制，嵌缝材料宜选用低模量的聚氨酯密封膏，抹面材料宜选用与基面粘结好，抗裂性能优的聚合物水泥防水砂浆，涂料类选用丙烯酸酯类或有机硅类防水涂料（防水剂）等合成高分子防水涂料。

5.3.2 本条规定了外墙和窗台渗漏修缮时需遵循“防排结合、以排为主、预防渗漏”的原则，修缮设计施工时应严格执行。

5.3.3 面砖、板材破损时应更换，并采用聚合物水泥防水砂浆或胶粘剂粘贴，接缝密封应严密。

5.3.4 在粘贴面砖或石板材时易在接缝处产生集水空腔。因此，接缝处理很重要，目前勾缝通常采用聚合物水泥砂浆，高档的石板材接缝采用密封胶。修缮范围建议以渗漏点为中心向上不宜小于6m，向下不应小于1m，左右不宜小于3m，或到阴角、阳角止。

5.3.5 外墙水泥砂浆层裂缝渗漏，先用密封材料嵌缝，再涂布具有防水功能和装饰功能的外墙涂料。

5.3.6 施工安装时留下的脚手架孔洞，应永久封堵。预留用于设备安装的空调、电缆洞口等，宜采取临时封堵措施。专门预留用于采光、通风等，应采取必要的防、排水措施。

5.3.7 随着建筑外墙安装设备的增多直接导致预埋件或挂件越来越多，但其根部易产生渗漏，维修时先用密封材料嵌填处理后，面层再涂刷防水涂料。

5.3.8 外墙门窗框周边的渗漏主要是门窗框与墙体间接缝填充的密封材料开裂或失效，修缮时先清除原失效的密封材料，再重新嵌填密封材料恢复防水功能。

5.3.9 混凝土结构与填充墙结合处裂缝一般为一道水平缝，修缮时先清除至结构层，再铺设宽度200mm～300mm的钢丝网，面层抹压聚合物水泥防水砂浆或掺外加剂的防水砂浆。

Ⅱ 清 水 墙 面

5.3.10 清水墙渗漏一般发生在墙面灰缝、墙面局部破损部位，本条列出了相应的维修措施。一般渗漏维修采用聚合物水泥防水砂浆勾缝和抹压处理，严重渗漏时应进行翻修。在原墙面上分段抹压聚合物水泥防水砂浆或掺外加剂的防水砂浆进行基层防水处理后，外墙再重新涂布外墙涂料或粘贴面砖饰面层。

Ⅲ 抹 灰 墙 面

5.3.11 抹灰墙面局部损坏时应凿除至结构层，并禁止扰动完好抹灰层，然后在缝内分层嵌填聚合物水泥防水砂浆，嵌填应密实、平整。

5.3.12 外墙裂缝渗漏修缮应视其宽度，采用相应的材料和维修措施。外墙墙面经修补后应坚实、平整，无浮渣。墙面龟裂用防水剂或合成高分子防水涂料等进行修缮关键是控制好喷涂范围及涂膜厚度，使涂料充分覆盖裂缝。宽度较大的裂缝重点处理好裂缝、周围基层及嵌缝的处理。

5.3.13 目前，国内已形成外墙外保温多体系、多形式的局面，使得外墙外保温的渗漏原因多种多样，本工程将继续针对保温体系渗漏机理、原因、修缮方法进行研究和收集资料，积累修缮经验，完善技术措施。

5.3.14 抹灰墙面翻修优先采用涂布同时具有装饰和防水等功能的外墙涂料。或在原饰面层上整体抹压聚合物水泥防水砂浆找平层兼防水层处理后，再进行饰面层的处理。

Ⅳ 面砖与板材墙面

5.3.15 面砖、板材饰面层是目前采用的主要外墙装饰形式，其渗漏一般多发生在接缝、裂缝等部位。

1 面砖饰面层接缝开裂引起的渗漏，先用专用工具将原勾缝砂浆清除干净，浇水润湿，用聚合物水泥防水砂浆重新勾缝。

2 当面砖、板材局部风化、损坏时，应更换面砖。

3 饰面层渗漏严重时应翻修，翻修时应根据原饰面层损坏程度决定采用何种翻修措施，但应优先考虑不铲除原饰面层的翻修方案。该方案对局部损坏部位先进行补强处理，在原饰面层上涂布同时具有装饰和防水功能外墙涂料或分段抹压聚合物水泥防水砂浆找平层兼防水层，再进行饰面层的处理。

Ⅴ 预制混凝土墙板

5.3.16 本条对板面风化、起酥部分的清除作了明确的规定，经清理后其基面必须牢固、平整。对于板面出现的蜂窝、空洞，灌注细石混凝土必须要捣实，要做好养护，提高混凝土的密实性，增强抗渗能力。

Ⅵ 细 部 修 缮

5.3.17 原金属折板盖缝外墙变形缝渗漏修缮时应根据构造特点，采取更换高分子防水卷材和金属折板盖板并嵌填密封材料的方法维修。

5.3.18 外墙分格缝渗漏的现象比较普遍，造成这种情况的主要原因是：

1 分格缝不交圈、不平直或缝内砂浆等残留物，雨水易积聚；

2 木条嵌入过深，底部抹灰层厚度不足，雨水易侵入；

3 缝内嵌填材料老化，已丧失防水密封功能。

维修时，先剔凿缝槽并清理干净，重新嵌填密封材料。

5.3.19 穿墙管道根部应根据裂缝开裂程度，先采用掺聚合物的细石混凝土或水泥砂浆固定并预留凹槽，再在槽内嵌填密封材料。

5.3.20 阳台渗漏维修要区分板式和梁式。在荷载允许的条件下，阳台、雨篷倒泛水，重做找平层纠正泛水坡度。板式阳台、雨篷与墙面交接处开裂处剔凿时禁止损坏受力钢筋，不允许重锤敲击。

5.3.21 渗漏水侵入砌体结构女儿墙根部防水层裂缝，经冻融循环在其四周出现一道水平裂缝，维修时先切割凹槽，再在槽内嵌填密封材料。

5.3.22 穿墙套管维修时，先清除原凹槽密封材料后再重新嵌填，一般常用聚氨酯密封膏。

5.3.23 施工缝渗漏，表面喷涂防水剂或防水涂料进行修缮，防水层厚度满足设计要求。

5.4 施 工

5.4.1～5.4.8 分别规定了外墙渗漏采用聚合物水泥防水砂浆修缮、采用无机防水堵漏材料修缮，面砖与板材接缝渗漏修缮，墙体结构缺陷渗漏修缮，外墙变形缝渗漏采用金属折板盖缝修缮及外墙饰面层大面积严重渗漏进行翻修施工要点，供施工时参照。

6 厕浴间和厨房渗漏修缮工程

6.1 一 般 规 定

6.1.1 本章适用于厕浴间和厨房楼地面、墙面及其接合处、与设备交接部位的渗漏水维修，但不包括设备损坏、节点漏水的处理。

6.1.2 厕浴间和厨房面积一般较小，管道、设施等细部防水构造多，从迎水面进行修缮容易保证质量。

6.2 查 勘

6.2.1 蓄水检查厕浴间和厨房渗漏现象，楼板底部下方直接观察渗漏痕迹，综合分析渗漏原因。

6.2.2 相关资料是指装修图纸等，目前厕浴间和厨房装修多数情况下更改水路采用将明改暗的方式，因此查明隐蔽性管道的走向、接头有利于准确判断渗漏原因等。

6.3 修 缮 方 案

6.3.1 墙、地面面砖破损、空鼓、接缝引起的渗漏，更换面砖时采用聚合物水泥防水砂浆粘贴并勾缝严密。接缝处理范围：渗漏点向四周不宜小于1m，或到阴角、阳角止。

6.3.2 墙面防水层破损时优先选用涂布防水涂料或抹压防水砂浆进行防水处理，涂布防水涂料或抹压防水砂浆易做到无缝施工，可以保证防水质量，一般情况下不采用卷材。

6.3.3 防水涂料宜选用聚合物水泥防水涂料、水泥基渗透结晶型防水涂料、无机防水涂料或非焦油聚氨酯防水涂料。

6.3.4 一般情况下地面与墙面交接处防水层破损是开裂引起的，修缮时先在裂缝内嵌填密封材料后，再涂布防水涂料。

6.3.5 浴盆、洗脸盆与墙面结合处渗漏水应先处理墙面，最后在结合处嵌填密封材料。

6.3.6 穿墙管道根部渗漏多见上水管滴漏，水沿管外侧倒流，渗入接触管墙面或顺墙流到地面，这种水压力不大，但流量不一定小，故应先排除水咀、管子等渗漏，先堵水源，再治管根渗漏。

6.3.7 地漏渗漏一般是泛水坡度不符合设计要求、局部安装过高、管道密封失效引起的。轻微泛水坡度不足时，以地漏口作为最低点重新找坡。地漏局部安装过高时剔除高出部分并重新安装。

6.3.8 厕浴间因防水高度不足引起的墙面侵蚀渗漏，维修时应增加防水层高度。根据设计尺寸和实践经验，本条规定了渗漏修缮防水层完工后的最低高度。

6.3.9 排水沟按材质分为砌筑、不锈钢或塑料等类型。一般情况下，只有大厨房有排水沟，砌筑排水沟发生渗漏应涂布JS防水涂料、抹压防水砂浆维修，不得采用聚氨酯（911）、沥青类材料。

6.3.10 排水管连接处渗漏应先凿开地面，先维修连接处不渗漏后，在便池等设施底部再抹压防水砂浆或涂布防水涂料进行防水处理。

6.3.11 地面因倒泛水、积水造成渗漏的维修，应重新做防水处理，并恢复饰面层。

6.3.12 地面砖局部损坏时，更换新面砖采用聚合物水泥防水砂浆粘贴并勾缝严密。

6.3.13 裂缝较大时，一般沿裂缝中心线剔除整块面层材料至结构层，基层补强处理后，在基层上重新涂布涂膜防水层。

较小裂缝多产生于管根处或地面墙面交界处，一般渗漏较轻，有时走向无规则，实践经验表明维修时可直接在原面层沿缝涂布高分子涂膜防水层。为美观和使防水涂膜对裂缝有较好的渗透性和粘合力，宜选用透明或较浅（淡）颜色的合成高分子材料（如聚氨酯）。在具体操作时应注意两点：

1 面层必须干净、干燥；

2 涂刷的材料要稀，把涂料稀释一倍以上，作多次（两次以上）涂刷成膜，目的使涂料充分渗入裂缝之内，达到既不破坏面层，又解决渗漏和不影响美观的目的。

6.3.14 穿过楼地面管道管道包括上下水、暖气、热力管道及套管等。裂缝较小时，直接沿缝嵌填密封材料，再涂刷渗透性较大的经稀释的防水涂料即可。根部积水或较大裂缝渗漏维修，先将面层等其他材料清除至结构层。防水砂浆补强处理根除施工弊病后，再做防水处理。

6.3.15 本条维修范围包括楼地面、墙面基层和楼地面及墙面交接部位的维修。

6.3.16 本条对卫生洁具与给排水管连接处渗漏维修作了相应规定，维修时应遵照执行。

6.3.17 楼地面翻修有两种情况：一是原楼地面没有防水层，二是原防水层已老化或大面积损坏失去防水功能。本条对采用刚性和柔性防水材料的翻修做法分别作出了规定。重新施工防水层前，先将裂缝及节点等部分处理合格。

6.4 施　工

6.4.1～6.4.6 分别规定了厕浴间渗漏采用防水砂浆修缮，采用涂布防水涂膜修缮，楼地面管道的根部积水或裂缝渗漏的维修，厕浴间楼地面裂缝渗漏的维修施工，楼地面与墙面交接处渗漏维修施工，面砖接缝渗漏修缮施工要点，供施工时参考。

6.4.7 本条对厕浴间楼地面防水层丧失防水功能严重渗漏进行翻修的技术措施，分别采用聚合物水泥砂浆、防水涂料进行修缮，饰面层施工前，防水层施工应合格。

6.4.8 本条规定了各种卫生器具与台面、墙面、地面等接触部位修缮完成后应用硅酮胶或防水密封条密封。

7　地下室渗漏修缮工程

7.1 一 般 规 定

7.1.1 本章适用于地下室室内顶板及墙体的渗漏维修工程。地下室一般无法在迎水面维修，通常是在背水面。维修内容包括裂缝、孔洞、大面积渗漏及变形缝、施工缝等特殊部位的渗漏修缮。

7.1.2 地下室渗漏修缮时大多情况下存在积水，为方便查勘，应将积水排干。

7.1.3 结构仍在变形中的裂缝，修缮质量不易保证，结构裂缝应处于稳定状态下方可进行维修施工。

7.2 查　勘

7.2.1 地下室渗漏修缮的关键是查清渗漏原因，找准漏水的位置，对症下药，采取有效的维修措施。

7.2.2 本条针对地下室渗漏水的表现特征，提出了通常查找渗漏水部位的检查方法。

7.3 修 缮 方 案

7.3.1 为了保证维修质量，修缮方案应根据查勘结果、渗水位置、结构损坏的程度进行编制。维修措施需兼顾结构渗漏修缮和抵抗高压渗透水的能力，确保完工后不渗漏。

7.3.2 有水状态渗漏修缮时，应采取逐步缩小渗漏范围的修缮措施，使漏水集中于“点”，再封堵止水。

7.3.3 选用的防水材料必须满足本条对材质性能的技术要求。刚性防水材料是地下室渗漏维修的主要材料，条文对掺外加剂的混凝土及水泥砂浆在其配合比、抗渗等级、外加剂品种和应用提出了要求，应根据工程具体情况和有关技术规定执行。为满足实际需要，本次修订增加柔性防水材料的材质性能指标，供设计施工参考。

7.3.4 本条针对大面积轻微渗漏水和漏水点规定了维修方法，先采用速凝材料封堵止水维修，再抹压聚合物水泥防水砂浆防水层或涂布涂膜防水层。

7.3.5 渗漏水较大的裂缝，钻孔宜采用钻斜孔法处理。其注浆压力根据裂缝宽度、深度进行设计，并符合国家现行标准《地下工程渗漏治理技术规程》JGJ/T 212 的规定。

7.3.6 变形缝渗漏治理在国家现行标准《地下工程渗漏治理技术规程》JGJ/T 212 中已有详细规定，在本规程中直接引用。

7.3.7 穿墙管和预埋件处渗漏按照先止水，再嵌填密封材料、最后做防水处理的方法进行维修。

7.3.8 根据渗漏水情况，施工缝采用注浆、嵌填密封材料等方式进行维修合格后，表面再做防水处理增强措施。

7.4 施　工

7.4.1 本条规定了地下室渗漏修缮封堵施工的顺序。由于受渗漏水影响，维修部位往往有酥松损坏和污物等现象，修缮前应将基面先修补牢固、平整，以达到维修的质量要求，有利于新旧防水层结合牢固，保证修缮质量。

7.4.2 混凝土裂缝渗漏水的维修一般根据水压和漏水量采取相应的方法。布管间距宜根据裂缝宽度进行调整，当裂缝宽、水流量大，则间距小；裂缝小，则间距大。

采用速凝材料直接封堵的方法，适用于水压较小的裂缝渗漏水，裂缝应剔成深度不小于 30mm、宽度不小于 15mm 的凹槽。当速凝材料开始凝固时方可嵌填，并用力向槽壁挤压密实，水泥砂浆应分层抹压并与表面嵌平。

掺外加剂水泥砂浆系指掺无机盐防水剂的水泥砂浆或聚合物水泥防水砂浆。渗漏部位修补优先采用聚合物水泥防水砂浆。

7.4.3 采用钻斜孔注浆修缮混凝土结构竖向或斜向贯穿缝是近年来经工程实践检验成熟有效的维修新技术。本条针对斜孔注浆施工的注浆液、钻孔孔径、深度、间距、角度及竖向裂缝注浆工序及压力等作了明确规定。

7.4.4 当混凝土出现蜂窝、麻面时，应按以下工艺顺序进行处理：

剔除——凿毛——冲刷——涂刷混凝土界面剂——抹压掺外加剂水泥砂浆。

7.4.5 孔洞渗漏水按水压和孔洞大小分别采取不同的处理方法，达到维修封堵止水的目的。

1 根据渗漏水量大小，以漏点为圆心剔成圆槽（直径×深度＝10mm×20mm、20mm×30mm、30mm×50mm），将速凝材料捻成与圆槽直径相似的圆锥体，待速凝材料开始凝固时用力堵塞于槽内。应控制好速凝材料的初凝过程，确保维修渗漏有效。

2 当水压较高、孔洞较大时，采用下管引水封堵的方法，最后用速凝材料堵塞修补。

3 当水压较大、孔洞较小时，宜采用木楔封堵等技术措施，将水堵住，再采取相应的修补措施。

7.4.6 20世纪五六十年代，地下室大多采用砖结构及水泥砂浆防水层，做在外墙外侧面，因此这类工程宜进行迎水面修缮。水泥砂浆防水层维修应区别不同渗漏现象，采用不同的修缮措施。

1 局部渗漏水的防水层应剔除干净，并查明漏水点，再采取相应的维修措施。

2 条文对混凝土和砖砌体结构裂缝分别规定了不同的处理方法。砖砌体结构在采取下管引水封堵之前应将酥松部分和污物清除干净，使重新抹压防水层与基层紧密结合。

7.4.7 变形缝渗漏治理在国家现行标准《地下工程渗漏治理技术规程》JGJ/T 212中有详细的规定，在本规程中直接引用。

7.4.8 施工缝渗漏治理在国家现行标准《地下工程渗漏治理技术规程》JGJ/T 212中有详细的规定，在本规程中直接引用。

7.4.9 一般预埋件周边渗漏时，剔环形槽，槽内嵌填密封材料密封严密即可。预埋件如已受扰动的，修缮时将预埋件剔除，重新嵌固更换的新埋件。

7.4.10 条文规定了热力管道穿透内墙部位的渗漏水所采取的扩大穿孔、埋设预制半圆混凝土套管的方法，旨在防止因温差变化而导致管道周边防水的失效。

7.4.11 水泥基渗透结晶型防水涂料是混凝土结构背水面防水处理的理想材料。施工时应重点控制基层处理、涂布、养护等工作，养护期间不得磕碰防水层。

首先清除混凝土表面的化学养护膜、模板隔离剂、浮灰等，使混凝土毛细管畅通，对混凝土模板对拉孔，有缺陷的施工缝、裂缝、蜂窝麻面等表面要补强处理。对混凝土出现裂缝的部位用钢丝刷进行打毛，裂缝大于0.4mm的要开U形槽处理，再沿缝嵌填防水涂料胶浆料，再涂布防水涂料。

混凝土表面光滑时，应进行酸洗或磨砂，使之粗糙。施工基层应保持充分湿润、润透但不得有明水。防水涂料完工后，应保持雾状喷水养护，时间不少于3天。

7.4.12 地下室其他部位渗漏时，其治理技术措施应直接引用国家现行标准《地下工程渗漏治理技术规程》JGJ/T 212的相关规定。

8 质量验收

8.0.1 质量验收是检验修缮质量的最后关键环节。修缮完工后，应依据修缮合同或协议进行验收，验收不合格应返工。

8.0.2 渗漏修缮涉及工序多，工程量大小不一，差别较大，多数达不到现行国家标准《建筑工程施工质量验收统一标准》GB 50300中规定的分项工程检验批的要求。为保证房屋渗漏修缮工程质量，本条规定屋面、墙面、楼地面、地下室整体翻修的质量验收按修缮面积划分检验批，零星工程抽查验收，鉴于细部构造是防水工程的薄弱环节故细部构造应全数检查。

8.0.3 渗漏修缮的目的是解决渗漏或积水弊病，本条对渗漏的检查方法做了规定，检查修缮部位有无渗漏和积水、排水系统是否畅通，在雨后、淋水或蓄水后检查。

8.0.4 本条规定了房屋渗漏修缮工程质量验收的文件和记录，工程资料应与施工同步进行，施工时应注意保留完整的修缮资料并及时归档。完工后，按照合同要求提供验收资料。

8.0.5～8.0.13 房屋渗漏修缮目的是无渗漏且恢复或改进使用功能。第8.0.5条～第8.0.7条作为主控项目，分别对修缮选用材料的质量和防水层修缮质量、细部构造及保温层构造的恢复和改进作出了明确的规定，施工验收时必须遵照执行。渗漏修缮施工过程的检查是施工质量控制的重要环节，第8.0.8条～第8.0.13条作为一般项目，分别对卷材防水层、涂膜防水层、密封材料以及瓦件等施工要求作出了明确的规定，验收时应遵照执行。

9 安全措施

9.0.1～9.0.15 为加强房屋渗漏修缮工程安全技术

管理，保障房屋渗漏修缮施工安全，在总结房屋渗漏修缮工程特点及实践经验的基础上，本次修订增加安全措施并单列一章。

安全措施包括现场通风、消防、警示标志、临时用电、临时防护、特殊天气施工、脚手架、高处作业、拆除作业等。作业人员应当遵守安全施工强制性标准、规章制度和操作规程，正确使用安全防护用具、机械设备等。

安全措施除执行本规程外，还应当严格执行国家及地方现行的安全生产法律法规、标准等。

中华人民共和国行业标准

建筑基桩检测技术规范

Technical code for testing of building foundation piles

JGJ 106—2014

批准部门：中华人民共和国住房和城乡建设部
施行日期：2 0 1 4 年 1 0 月 1 日

中华人民共和国住房和城乡建设部
公　　告

第 384 号

住房城乡建设部关于发布行业标准《建筑基桩检测技术规范》的公告

现批准《建筑基桩检测技术规范》为行业标准，编号为 JGJ 106－2014，自 2014 年 10 月 1 日起实施。其中，第 4.3.4、9.2.3、9.2.5 和 9.4.5 条为强制性条文，必须严格执行。原《建筑基桩检测技术规范》JGJ 106－2003 同时废止。

本规范由我部标准定额研究所组织中国建筑工业出版社出版发行。

中华人民共和国住房和城乡建设部

2014 年 4 月 16 日

前　　言

根据住房和城乡建设部《关于印发〈2010 年工程建设标准规范制订、修订计划〉的通知》（建标［2010］43 号）的要求，规范编制组经广泛调查研究，认真总结实践经验，参考有关国外先进标准，并在广泛征求意见的基础上，修订了《建筑基桩检测技术规范》JGJ 106－2003。

本规范主要技术内容是：1. 总则；2. 术语和符号；3. 基本规定；4. 单桩竖向抗压静载试验；5. 单桩竖向抗拔静载试验；6. 单桩水平静载试验；7. 钻芯法；8. 低应变法；9. 高应变法；10. 声波透射法。

本规范修订的主要技术内容是：1. 取消了工程桩承载力验收检测应通过统计得到承载力特征值的要求；2. 修改了抗拔桩验收检测实施的有关要求；3. 修改了水平静载试验要求以及水平承载力特征值的判定方法；4. 补充、修改了钻芯法桩身完整性判定方法；5. 增加了低应变法检测时应进行辅助验证检测的要求；6. 取消了高应变法对动测承载力检测值进行统计的要求；7. 补充、修改了声波透射法现场测试和异常数据剔除的要求；8. 增加了采用变异系数对检测剖面声速异常判断概率统计值进行限定的要求；9. 修改了声波透射法多测线、多剖面的空间关联性判据；10. 增加了滑动测微计测量桩身应变的方法。

本规范以黑体字标志的条文为强制性条文，必须严格执行。

本规范由住房和城乡建设部负责管理和对强制性条文的解释，由中国建筑科学研究院负责具体技术内容的解释。执行过程中如有意见或建议，请寄送中国建筑科学研究院（地址：北京市北三环东路 30 号，邮编：100013）。

本 规 范 主 编 单 位：中国建筑科学研究院

本 规 范 参 编 单 位：广东省建筑科学研究院
中冶建筑研究总院有限公司
福建省建筑科学研究院
中交上海三航科学研究院有限公司
辽宁省建设科学研究院
中国科学院武汉岩土力学研究所
机械工业勘察设计研究院
宁波三江检测有限公司
青海省建筑建材科学研究院
河南省建筑科学研究院

本规范主要起草人员：陈　凡　徐天平　钟冬波　高文生　陈久照　滕延京　刘艳玲　关立军　施　峰　吴　锋　王敏权　张　杰　郑建国　彭立新　蒋荣夫　高永强　赵海生

本规范主要审查人员：沈小克　张　雁　顾国荣　顾宝和　刘金砺　顾晓鲁　刘松玉　束伟农　何玉珊　刘金光　谢昭晖　林奕禧

目次

1 总则 …… 18—5
2 术语和符号 …… 18—5
2.1 术语 …… 18—5
2.2 符号 …… 18—5
3 基本规定 …… 18—6
3.1 一般规定 …… 18—6
3.2 检测工作程序 …… 18—6
3.3 检测方法选择和检测数量 …… 18—7
3.4 验证与扩大检测 …… 18—8
3.5 检测结果评价和检测报告 …… 18—8
4 单桩竖向抗压静载试验 …… 18—8
4.1 一般规定 …… 18—8
4.2 设备仪器及其安装 …… 18—9
4.3 现场检测 …… 18—9
4.4 检测数据分析与判定 …… 18—10
5 单桩竖向抗拔静载试验 …… 18—10
5.1 一般规定 …… 18—10
5.2 设备仪器及其安装 …… 18—11
5.3 现场检测 …… 18—11
5.4 检测数据分析与判定 …… 18—11
6 单桩水平静载试验 …… 18—12
6.1 一般规定 …… 18—12
6.2 设备仪器及其安装 …… 18—12
6.3 现场检测 …… 18—12
6.4 检测数据分析与判定 …… 18—12
7 钻芯法 …… 18—13
7.1 一般规定 …… 18—13
7.2 设备 …… 18—13
7.3 现场检测 …… 18—13
7.4 芯样试件截取与加工 …… 18—14
7.5 芯样试件抗压强度试验 …… 18—14
7.6 检测数据分析与判定 …… 18—14
8 低应变法 …… 18—16
8.1 一般规定 …… 18—16
8.2 仪器设备 …… 18—16
8.3 现场检测 …… 18—16
8.4 检测数据分析与判定 …… 18—16
9 高应变法 …… 18—17
9.1 一般规定 …… 18—17
9.2 仪器设备 …… 18—18
9.3 现场检测 …… 18—18
9.4 检测数据分析与判定 …… 18—18
10 声波透射法 …… 18—20
10.1 一般规定 …… 18—20
10.2 仪器设备 …… 18—20
10.3 声测管埋设 …… 18—20
10.4 现场检测 …… 18—21
10.5 检测数据分析与判定 …… 18—21
附录A 桩身内力测试 …… 18—24
附录B 混凝土桩桩头处理 …… 18—25
附录C 静载试验记录表 …… 18—25
附录D 钻芯法检测记录表 …… 18—26
附录E 芯样试件加工和测量 …… 18—26
附录F 高应变法传感器安装 …… 18—27
附录G 试打桩与打桩监控 …… 18—27
本规范用词说明 …… 18—28
引用标准名录 …… 18—28
附：条文说明 …… 18—29

Contents

1 General Provisions .... 18—5
2 Terms and Symbols .... 18—5
2.1 Terms .... 18—5
2.2 Symbols .... 18—5
3 Basic Requirements .... 18—6
3.1 General Requirements .... 18—6
3.2 Testing Procedures .... 18—6
3.3 Selection of Test Methods, Number of Test Piles .... 18—7
3.4 Verification and Extended Tests .... 18—8
3.5 Test Results Assessment and Report .... 18—8
4 Vertical Compressive Static Load Test on Single Pile .... 18—8
4.1 General Requirements .... 18—8
4.2 Equipments and Installation .... 18—9
4.3 Field Test .... 18—9
4.4 Test Data Interpretation .... 18—10
5 Vertical Uplift Static Load Test on Single Pile .... 18—10
5.1 General Requirements .... 18—10
5.2 Equipments and Installation .... 18—11
5.3 Field Test .... 18—11
5.4 Test Data Interpretation .... 18—11
6 Lateral Static Load Test on Single Pile .... 18—12
6.1 General Requirements .... 18—12
6.2 Equipments and Installation .... 18—12
6.3 Field Test .... 18—12
6.4 Test Data Interpretation .... 18—12
7 Core Drilling Method .... 18—13
7.1 General Requirements .... 18—13
7.2 Equipments .... 18—13
7.3 Field Test .... 18—13
7.4 Interception and Processing of Core Sample .... 18—14
7.5 Compressive Strength Testing of Core Specimen .... 18—14
7.6 Test Data Interpretation .... 18—14
8 Low-strain Integrity Test .... 18—16
8.1 General Requirements .... 18—16
8.2 Equipments .... 18—16
8.3 Field Test .... 18—16
8.4 Test Data Interpretation .... 18—16
9 High-strain Dynamic Test .... 18—17
9.1 General Requirements .... 18—17
9.2 Equipments .... 18—18
9.3 Field Test .... 18—18
9.4 Test Data Interpretation .... 18—18
10 Cross-hole Sonic Logging .... 18—20
10.1 General Requirements .... 18—20
10.2 Equipments .... 18—20
10.3 Installation of Access Tubes .... 18—20
10.4 Field Test .... 18—21
10.5 Test Data Interpretation .... 18—21
Appendix A Internal Force Testing of Pile Shaft .... 18—24
Appendix B Head Treatment of Concrete Piles .... 18—25
Appendix C Record Table of Static Load Test .... 18—25
Appendix D Record Table of Core Drilling Test .... 18—26
Appendix E Processing and Measurement of Core Specimens .... 18—26
Appendix F Sensor Attachment for High-strain Dynamic Testing .... 18—27
Appendix G Trial Pile Driving and Driven Pile Installation Monitoring .... 18—27
Explanation of Wording in This Code .... 18—28
List of Quoted Standards .... 18—28
Addition: Explanation of Provisions .... 18—29

1 总 则

1.0.1 为了在基桩检测中贯彻执行国家的技术经济政策，做到安全适用、技术先进、数据准确、评价正确，为设计、施工及验收提供可靠依据，制定本规范。

1.0.2 本规范适用于建筑工程基桩的承载力和桩身完整性的检测与评价。

1.0.3 基桩检测应根据各种检测方法的适用范围和特点，结合地基条件、桩型及施工质量可靠性、使用要求等因素，合理选择检测方法，正确判定检测结果。

1.0.4 建筑工程基桩检测除应符合本规范外，尚应符合国家现行有关标准的规定。

2 术语和符号

2.1 术 语

2.1.1 基桩 foundation pile

桩基础中的单桩。

2.1.2 桩身完整性 pile integrity

反映桩身截面尺寸相对变化、桩身材料密实性和连续性的综合定性指标。

2.1.3 桩身缺陷 pile defects

在一定程度上使桩身完整性恶化，引起桩身结构强度和耐久性降低，出现桩身断裂、裂缝、缩颈、夹泥（杂物）、空洞、蜂窝、松散等不良现象的统称。

2.1.4 静载试验 static load test

在桩顶部逐级施加竖向压力、竖向上拔力或水平推力，观测桩顶部随时间产生的沉降、上拔位移或水平位移，以确定相应的单桩竖向抗压承载力、单桩竖向抗拔承载力或单桩水平承载力的试验方法。

2.1.5 钻芯法 core drilling method

用钻机钻取芯样，检测桩长、桩身缺陷、桩底沉渣厚度以及桩身混凝土的强度，判定或鉴别桩端岩土性状的方法。

2.1.6 低应变法 low-strain integrity testing

采用低能量瞬态或稳态方式在桩顶激振，实测桩顶部的速度时程曲线，或在实测桩顶部的速度时程曲线同时，实测桩顶部的力时程曲线。通过波动理论的时域分析或频域分析，对桩身完整性进行判定的检测方法。

2.1.7 高应变法 high-strain dynamic testing

用重锤冲击桩顶，实测桩顶附近或桩顶部的速度和力时程曲线，通过波动理论分析，对单桩竖向抗压承载力和桩身完整性进行判定的检测方法。

2.1.8 声波透射法 cross-hole sonic logging

在预埋声测管之间发射并接收声波，通过实测声波在混凝土介质中传播的声时、频率和波幅衰减等声学参数的相对变化，对桩身完整性进行检测的方法。

2.1.9 桩身内力测试 internal force testing of pile shaft

通过桩身应变、位移的测试，计算荷载作用下桩侧阻力、桩端阻力或桩身弯矩的试验方法。

2.2 符 号

2.2.1 抗力和材料性能

c——桩身一维纵向应力波传播速度（简称桩身波速）；

E——桩身材料弹性模量；

f_{cor}——混凝土芯样试件抗压强度；

m——地基土水平抗力系数的比例系数；

Q_u——单桩竖向抗压极限承载力；

R_a——单桩竖向抗压承载力特征值；

R_c——凯司法单桩承载力计算值；

R_x——缺陷以上部位土阻力的估计值；

Z——桩身截面力学阻抗；

ρ——桩身材料质量密度。

2.2.2 作用与作用效应

F——锤击力；

H——单桩水平静载试验中作用于地面的水平力；

P——芯样抗压试验测得的破坏荷载；

Q——单桩竖向抗压静载试验中施加的竖向荷载、桩身产生的轴力；

s——桩顶竖向沉降、桩身竖向位移；

U——单桩竖向抗拔静载试验中施加的上拔荷载；

V——质点运动速度；

Y_0——水平力作用点的水平位移；

δ——桩顶上拔量；

σ_s——钢筋应力；

σ_t——桩身锤击拉应力。

2.2.3 几何参数

A——桩身截面面积；

B——矩形桩的边宽；

b_0——桩身计算宽度；

D——桩身直径（外径）；

d——芯样试件的平均直径；

I——桩身换算截面惯性矩；

L——测点下桩长；

l'——每检测剖面相应两声测管的外壁间净距离；

x——传感器安装点至桩身缺陷或桩身某一位置的距离；

z——测线深度。

2.2.4 计算系数

J_c——凯司法阻尼系数；

α——桩的水平变形系数；

β——高应变法桩身完整性系数；

λ——样本中不同统计个数对应的系数；

ν_y——桩顶水平位移系数；

ξ——混凝土芯样试件抗压强度折算系数。

2.2.5 其他

A_m——某一检测剖面声测线波幅平均值；

A_p——声测线的波幅值；

a——信号首波峰值电压；

a_0——零分贝信号峰值电压；

c_m——桩身波速的平均值；

C_v——变异系数；

f——频率、声波信号主频；

n——数目、样本数量；

PSD——声时-深度曲线上相邻两点连线的斜率与声时差的乘积；

s_x——标准差；

T——信号周期；

t'——声测管及耦合水层声时修正值；

t_0——仪器系统延迟时间；

t_1——速度第一峰对应的时刻；

t_c——声时；

t_i——时间、声时测量值；

t_r——速度或锤击力上升时间；

t_x——缺陷反射峰对应的时刻；

Δf——幅频曲线上桩底相邻谐振峰间的频差；

$\Delta f'$——幅频曲线上缺陷相邻谐振峰间的频差；

ΔT——速度波第一峰与桩底反射波峰间的时间差；

Δt_x——速度波第一峰与缺陷反射波峰间的时间差；

v_0——声速异常判断值；

v_c——声速异常判断临界值；

v_L——声速低限值；

v_m——声速平均值；

v_p——混凝土试件的声速平均值。

3 基本规定

3.1 一般规定

3.1.1 基桩检测可分为施工前为设计提供依据的试验桩检测和施工后为验收提供依据的工程桩检测。基桩检测应根据检测目的、检测方法的适应性、桩基的设计条件、成桩工艺等，按表3.1.1合理选择检测方法。当通过两种或两种以上检测方法的相互补充、验证，能有效提高基桩检测结果判定的可靠性时，应选择两种或两种以上的检测方法。

表3.1.1 检测目的及检测方法

检测目的	检测方法
确定单桩竖向抗压极限承载力； 判定竖向抗压承载力是否满足设计要求； 通过桩身应变、位移测试，测定桩侧、桩端阻力，验证高应变法的单桩竖向抗压承载力检测结果	单桩竖向抗压静载试验
确定单桩竖向抗拔极限承载力； 判定竖向抗拔承载力是否满足设计要求； 通过桩身应变、位移测试，测定桩的抗拔侧阻力	单桩竖向抗拔静载试验
确定单桩水平临界荷载和极限承载力，推定土抗力参数； 判定水平承载力或水平位移是否满足设计要求； 通过桩身应变、位移测试，测定桩身弯矩	单桩水平静载试验
检测灌注桩桩长、桩身混凝土强度、桩底沉渣厚度，判定或鉴别桩端持力层岩土性状，判定桩身完整性类别	钻芯法
检测桩身缺陷及其位置，判定桩身完整性类别	低应变法
判定单桩竖向抗压承载力是否满足设计要求； 检测桩身缺陷及其位置，判定桩身完整性类别； 分析桩侧和桩端土阻力； 进行打桩过程监控	高应变法
检测灌注桩桩身缺陷及其位置，判定桩身完整性类别	声波透射法

3.1.2 当设计有要求或有下列情况之一时，施工前应进行试验桩检测并确定单桩极限承载力：

1 设计等级为甲级的桩基；

2 无相关试桩资料可参考的设计等级为乙级的桩基；

3 地基条件复杂、基桩施工质量可靠性低；

4 本地区采用的新桩型或采用新工艺成桩的桩基。

3.1.3 施工完成后的工程桩应进行单桩承载力和桩身完整性检测。

3.1.4 桩基工程除应在工程桩施工前和施工后进行基桩检测外，尚应根据工程需要，在施工过程中进行质量的检测与监测。

3.2 检测工作程序

3.2.1 检测工作应按图3.2.1的程序进行。

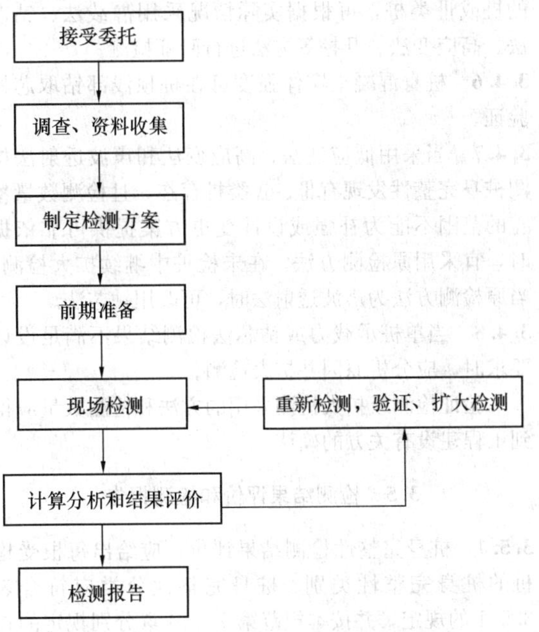

图 3.2.1 检测工作程序框图

3.2.2 调查、资料收集宜包括下列内容：

1 收集被检测工程的岩土工程勘察资料、桩基设计文件、施工记录，了解施工工艺和施工中出现的异常情况；

2 委托方的具体要求；

3 检测项目现场实施的可行性。

3.2.3 检测方案的内容宜包括：工程概况、地基条件、桩基设计要求、施工工艺、检测方法和数量、受检桩选取原则、检测进度以及所需的机械或人工配合。

3.2.4 基桩检测用仪器设备应在检定或校准的有效期内；基桩检测前，应对仪器设备进行检查调试。

3.2.5 基桩检测开始时间应符合下列规定：

1 当采用低应变法或声波透射法检测时，受检桩混凝土强度不应低于设计强度的70%，且不应低于15MPa；

2 当采用钻芯法检测时，受检桩的混凝土龄期应达到28d，或受检桩同条件养护试件强度应达到设计强度要求；

3 承载力检测前的休止时间，除应符合本条第2款的规定外，当无成熟的地区经验时，尚不应少于表3.2.5规定的时间。

表 3.2.5 休止时间

土的类别		休止时间（d）
砂土		7
粉土		10
黏性土	非饱和	15
	饱和	25

注：对于泥浆护壁灌注桩，宜延长休止时间。

3.2.6 验收检测的受检桩选择，宜符合下列规定：

1 施工质量有疑问的桩；

2 局部地基条件出现异常的桩；

3 承载力验收检测时部分选择完整性检测中判定的Ⅲ类桩；

4 设计方认为重要的桩；

5 施工工艺不同的桩；

6 除本条第1～3款指定的受检桩外，其余受检桩的检测数量应符合本规范第3.3.3～3.3.8条的相关规定，且宜均匀或随机选择。

3.2.7 验收检测时，宜先进行桩身完整性检测，后进行承载力检测。桩身完整性检测应在基坑开挖至基底标高后进行。承载力检测时，宜在检测前、后，分别对受检桩、锚桩进行桩身完整性检测。

3.2.8 当发现检测数据异常时，应查找原因，重新检测。

3.2.9 当现场操作环境不符合仪器设备使用要求时，应采取有效的防护措施。

3.3 检测方法选择和检测数量

3.3.1 为设计提供依据的试验桩检测应依据设计确定的基桩受力状态，采用相应的静载试验方法确定单桩极限承载力，检测数量应满足设计要求，且在同一条件下不应少于3根；当预计工程桩总数小于50根时，检测数量不应少于2根。

3.3.2 打入式预制桩有下列要求之一时，应采用高应变法进行试打桩的打桩过程监测。在相同施工工艺和相近地基条件下，试打桩数量不应少于3根。

1 控制打桩过程中的桩身应力；

2 确定沉桩工艺参数；

3 选择沉桩设备；

4 选择桩端持力层。

3.3.3 混凝土桩的桩身完整性检测方法选择，应符合本规范第3.1.1条的规定；当一种方法不能全面评价基桩完整性时，应采用两种或两种以上的检测方法，检测数量应符合下列规定：

1 建筑桩基设计等级为甲级，或地基条件复杂、成桩质量可靠性较低的灌注桩工程，检测数量不应少于总桩数的30%，且不应少于20根；其他桩基工程，检测数量不应少于总桩数的20%，且不应少于10根；

2 除符合本条上款规定外，每个柱下承台检测桩数不应少于1根；

3 大直径嵌岩灌注桩或设计等级为甲级的大直径灌注桩，应在本条第1、2款规定的检测桩数范围内，按不少于总桩数10%的比例采用声波透射法或钻芯法检测；

4 当符合本规范第3.2.6条第1、2款规定的桩数较多，或为了全面了解整个工程基桩的桩身完整性情况时，宜增加检测数量。

3.3.4 当符合下列条件之一时，应采用单桩竖向抗压静载试验进行承载力验收检测。检测数量不应少于同一条件下桩基分项工程总桩数的1%，且不应少于3根；当总桩数小于50根时，检测数量不应少于2根。

1 设计等级为甲级的桩基；

2 施工前未按本规范第3.3.1条进行单桩静载试验的工程；

3 施工前进行了单桩静载试验，但施工过程中变更了工艺参数或施工质量出现了异常；

4 地基条件复杂、桩施工质量可靠性低；

5 本地区采用的新桩型或新工艺；

6 施工过程中产生挤土上浮或偏位的群桩。

3.3.5 除本规范第3.3.4条规定外的工程桩，单桩竖向抗压承载力可按下列方式进行验收检测：

1 当采用单桩静载试验时，检测数量宜符合本规范第3.3.4条的规定；

2 预制桩和满足高应变法适用范围的灌注桩，可采用高应变法检测单桩竖向抗压承载力，检测数量不宜少于总桩数的5%，且不得少于5根。

3.3.6 当有本地区相近条件的对比验证资料时，高应变法可作为本规范第3.3.4条规定条件下单桩竖向抗压承载力验收检测的补充，其检测数量宜符合本规范第3.3.5条第2款的规定。

3.3.7 对于端承型大直径灌注桩，当受设备或现场条件限制无法检测单桩竖向抗压承载力时，可选择下列方式之一，进行持力层核验：

1 采用钻芯法测定桩底沉渣厚度，并钻取桩端持力层岩土芯样检验桩端持力层，检测数量不应少于总桩数的10%，且不应少于10根；

2 采用深层平板载荷试验或岩基平板载荷试验，检测应符合国家现行标准《建筑地基基础设计规范》GB 50007和《建筑桩基技术规范》JGJ 94的有关规定，检测数量不应少于总桩数的1%，且不应少于3根。

3.3.8 对设计有抗拔或水平力要求的桩基工程，单桩承载力验收检测应采用单桩竖向抗拔或单桩水平静载试验，检测数量应符合本规范第3.3.4条的规定。

3.4 验证与扩大检测

3.4.1 单桩竖向抗压承载力验证应采用单桩竖向抗压静载试验。

3.4.2 桩身浅部缺陷可采用开挖验证。

3.4.3 桩身或接头存在裂隙的预制桩可采用高应变法验证，管桩可采用孔内摄像的方式验证。

3.4.4 单孔钻芯检测发现桩身混凝土存在质量问题时，宜在同一基桩增加钻孔验证，并根据前、后钻芯结果对受检桩重新评价。

3.4.5 对低应变法检测中不能明确桩身完整性类别的桩或Ⅲ类桩，可根据实际情况采用静载法、钻芯法、高应变法、开挖等方法进行验证检测。

3.4.6 桩身混凝土实体强度可在桩顶浅部钻取芯样验证。

3.4.7 当采用低应变法、高应变法和声波透射法检测桩身完整性发现有Ⅲ、Ⅳ类桩存在，且检测数量覆盖的范围不能为补强或设计变更方案提供可靠依据时，宜采用原检测方法，在未检桩中继续扩大检测。当原检测方法为声波透射法时，可改用钻芯法。

3.4.8 当单桩承载力或钻芯法检测结果不满足设计要求时，应分析原因并扩大检测。

验证检测或扩大检测采用的方法和检测数量应得到工程建设有关方的确认。

3.5 检测结果评价和检测报告

3.5.1 桩身完整性检测结果评价，应给出每根受检桩的桩身完整性类别。桩身完整性分类应符合表3.5.1的规定，并按本规范第7～10章分别规定的技术内容划分。

表3.5.1 桩身完整性分类表

桩身完整性类别	分类原则
Ⅰ类桩	桩身完整
Ⅱ类桩	桩身有轻微缺陷，不会影响桩身结构承载力的正常发挥
Ⅲ类桩	桩身有明显缺陷，对桩身结构承载力有影响
Ⅳ类桩	桩身存在严重缺陷

3.5.2 工程桩承载力验收检测应给出受检桩的承载力检测值，并评价单桩承载力是否满足设计要求。

3.5.3 检测报告应包含下列内容：

1 委托方名称，工程名称、地点，建设、勘察、设计、监理和施工单位，基础、结构形式，层数，设计要求，检测目的，检测依据，检测数量，检测日期；

2 地基条件描述；

3 受检桩的桩型、尺寸、桩号、桩位、桩顶标高和相关施工记录；

4 检测方法，检测仪器设备，检测过程叙述；

5 受检桩的检测数据，实测与计算分析曲线、表格和汇总结果；

6 与检测内容相应的检测结论。

4 单桩竖向抗压静载试验

4.1 一般规定

4.1.1 本方法适用于检测单桩的竖向抗压承载力。

当桩身埋设有应变、位移传感器或位移杆时，可按本规范附录A测定桩身应变或桩身截面位移，计算桩的分层侧阻力和端阻力。

4.1.2 为设计提供依据的试验桩，应加载至桩侧与桩端的岩土阻力达到极限状态；当桩的承载力由桩身强度控制时，可按设计要求的加载量进行加载。

4.1.3 工程桩验收检测时，加载量不应小于设计要求的单桩承载力特征值的2.0倍。

4.2 设备仪器及其安装

4.2.1 试验加载设备宜采用液压千斤顶。当采用两台或两台以上千斤顶加载时，应并联同步工作，且应符合下列规定：

1 采用的千斤顶型号、规格应相同；

2 千斤顶的合力中心应与受检桩的横截面形心重合。

4.2.2 加载反力装置可根据现场条件，选择锚桩反力装置、压重平台反力装置、锚桩压重联合反力装置、地锚反力装置等，且应符合下列规定：

1 加载反力装置提供的反力不得小于最大加载值的1.2倍；

2 加载反力装置的构件应满足承载力和变形的要求；

3 应对锚桩的桩侧土阻力、钢筋、接头进行验算，并满足抗拔承载力的要求；

4 工程桩作锚桩时，锚桩数量不宜少于4根，且应对锚桩上拔量进行监测；

5 压重宜在检测前一次加足，并均匀稳固地放置于平台上，且压重施加于地基的压应力不宜大于地基承载力特征值的1.5倍；有条件时，宜利用工程桩作为堆载支点。

4.2.3 荷载测量可用放置在千斤顶上的荷重传感器直接测定。当通过并联于千斤顶油路的压力表或压力传感器测定油压并换算荷载时，应根据千斤顶率定曲线进行荷载换算。荷重传感器、压力传感器或压力表的准确度应优于或等于0.5级。试验用压力表、油泵、油管在最大加载时的压力不应超过规定工作压力的80%。

4.2.4 沉降测量宜采用大量程的位移传感器或百分表，且应符合下列规定：

1 测量误差不得大于0.1%FS，分度值/分辨力应优于或等于0.01mm；

2 直径或边宽大于500mm的桩，应在其两个方向对称安置4个位移测试仪表，直径或边宽小于等于500mm的桩可对称安置2个位移测试仪表；

3 基准梁应具有足够的刚度，梁的一端应固定在基准桩上，另一端应简支于基准桩上；

4 固定和支撑位移计（百分表）的夹具及基准梁不得受气温、振动及其他外界因素的影响；当基准梁暴露在阳光下时，应采取遮挡措施。

4.2.5 沉降测定平面宜设置在桩顶以下200mm的位置，测点应固定在桩身上。

4.2.6 试桩、锚桩（压重平台支墩边）和基准桩之间的中心距离，应符合表4.2.6的规定。当试桩或锚桩为扩底桩或多支盘桩时，试桩与锚桩的中心距不应小于2倍扩大端直径。软土场地压重平台堆载重量较大时，宜增加支墩边与基准桩中心和试桩中心之间的距离，并在试验过程中观测基准桩的竖向位移。

表4.2.6 试桩、锚桩（或压重平台支墩边）和基准桩之间的中心距离

反力装置	距离		
	试桩中心与锚桩中心（或压重平台支墩边）	试桩中心与基准桩中心	基准桩中心与锚桩中心（或压重平台支墩边）
锚桩横梁	≥4(3)D 且>2.0m	≥4(3)D 且>2.0m	≥4(3)D 且>2.0m
压重平台	≥4(3)D 且>2.0m	≥4(3)D 且>2.0m	≥4(3)D 且>2.0m
地锚装置	≥4D 且>2.0m	≥4(3)D 且>2.0m	≥4D 且>2.0m

注：1 D为试桩、锚桩或地锚的设计直径或边宽，取其较大者；
2 括号内数值可用于工程桩验收检测时多排桩设计桩中心距离小于4D或压重平台支墩下2倍～3倍宽影响范围内的地基土已进行加固处理的情况。

4.2.7 测试桩侧阻力、桩端阻力、桩身截面位移时，桩身内传感器、位移杆的埋设应符合本规范附录A的规定。

4.3 现场检测

4.3.1 试验桩的桩型尺寸、成桩工艺和质量控制标准应与工程桩一致。

4.3.2 试验桩桩顶宜高出试坑底面，试坑底面宜与桩承台底标高一致。混凝土桩头加固可按本规范附录B执行。

4.3.3 试验加、卸载方式应符合下列规定：

1 加载应分级进行，且采用逐级等量加载；分级荷载宜为最大加载值或预估极限承载力的1/10，其中，第一级加载量可取分级荷载的2倍；

2 卸载应分级进行，每级卸载量宜取加载时分级荷载的2倍，且应逐级等量卸载；

3 加、卸载时，应使荷载传递均匀、连续、无冲击，且每级荷载在维持过程中的变化幅度不得超过分级荷载的±10%。

4.3.4 为设计提供依据的单桩竖向抗压静载试验应采用慢速维持荷载法。

4.3.5 慢速维持荷载法试验应符合下列规定：

1 每级荷载施加后，应分别按第 5min、15min、30min、45min、60min 测读桩顶沉降量，以后每隔 30min 测读一次桩顶沉降量；

2 试桩沉降相对稳定标准：每一小时内的桩顶沉降量不得超过 0.1mm，并连续出现两次（从分级荷载施加后的第 30min 开始，按 1.5h 连续三次每 30min 的沉降观测值计算）；

3 当桩顶沉降速率达到相对稳定标准时，可施加下一级荷载；

4 卸载时，每级荷载应维持 1h，分别按第 15min、30min、60min 测读桩顶沉降量后，即可卸下一级荷载；卸载至零后，应测读桩顶残余沉降量，维持时间不得少于 3h，测读时间分别为第 15min、30min，以后每隔 30min 测读一次桩顶残余沉降量。

4.3.6 工程桩验收检测宜采用慢速维持荷载法。当有成熟的地区经验时，也可采用快速维持荷载法。

快速维持荷载法的每级荷载维持时间不应少于 1h，且当本级荷载作用下的桩顶沉降速率收敛时，可施加下一级荷载。

4.3.7 当出现下列情况之一时，可终止加载：

1 某级荷载作用下，桩顶沉降量大于前一级荷载作用下的沉降量的 5 倍，且桩顶总沉降量超过 40mm；

2 某级荷载作用下，桩顶沉降量大于前一级荷载作用下的沉降量的 2 倍，且经 24h 尚未达到本规范第 4.3.5 条第 2 款相对稳定标准；

3 已达到设计要求的最大加载值且桩顶沉降达到相对稳定标准；

4 工程桩作锚桩时，锚桩上拔量已达到允许值；

5 荷载-沉降曲线呈缓变型时，可加载至桩顶总沉降量60mm～80mm；当桩端阻力尚未充分发挥时，可加载至桩顶累计沉降量超过 80mm。

4.3.8 检测数据宜按本规范表 C.0.1 的格式进行记录。

4.3.9 测试桩身应变和桩身截面位移时，数据的测读时间宜符合本规范第 4.3.5 条的规定。

4.4 检测数据分析与判定

4.4.1 检测数据的处理应符合下列规定：

1 确定单桩竖向抗压承载力时，应绘制竖向荷载-沉降（$Q-s$）曲线、沉降-时间对数（$s-\lg t$）曲线；也可绘制其他辅助分析曲线；

2 当进行桩身应变和桩身截面位移测定时，应按本规范附录 A 的规定，整理测试数据，绘制桩身轴力分布图，计算不同土层的桩侧阻力和桩端阻力。

4.4.2 单桩竖向抗压极限承载力应按下列方法分析确定：

1 根据沉降随荷载变化的特征确定：对于陡降型 $Q-s$ 曲线，应取其发生明显陡降的起始点对应的荷载值；

2 根据沉降随时间变化的特征确定：应取 $s-\lg t$ 曲线尾部出现明显向下弯曲的前一级荷载值；

3 符合本规范第 4.3.7 条第 2 款情况时，宜取前一级荷载值；

4 对于缓变型 $Q-s$ 曲线，宜根据桩顶总沉降量，取 s 等于 40mm 对应的荷载值；对 D（D 为桩端直径）大于等于 800mm 的桩，可取 s 等于 $0.05D$ 对应的荷载值；当桩长大于 40m 时，宜考虑桩身弹性压缩；

5 不满足本条第 1～4 款情况时，桩的竖向抗压极限承载力宜取最大加载值。

4.4.3 为设计提供依据的单桩竖向抗压极限承载力的统计取值，应符合下列规定：

1 对参加算术平均的试验桩检测结果，当极差不超过平均值的 30％时，可取其算术平均值为单桩竖向抗压极限承载力；当极差超过平均值的 30％时，应分析原因，结合桩型、施工工艺、地基条件、基础形式等工程具体情况综合确定极限承载力；不能明确极差过大的原因时，宜增加试桩数量；

2 试验桩数量小于 3 根或桩基承台下的桩数不大于 3 根时，应取低值。

4.4.4 单桩竖向抗压承载力特征值应按单桩竖向抗压极限承载力的 50％取值。

4.4.5 检测报告除应包括本规范第 3.5.3 条规定的内容外，尚应包括下列内容：

1 受检桩桩位对应的地质柱状图；

2 受检桩和锚桩的尺寸、材料强度、配筋情况以及锚桩的数量；

3 加载反力种类，堆载法应指明堆载重量，锚桩法应有反力梁布置平面图；

4 加、卸载方法；

5 本规范第 4.4.1 条要求绘制的曲线；

6 承载力判定依据；

7 当进行分层侧阻力和端阻力测试时，应包括传感器类型、安装位置，轴力计算方法，各级荷载作用下的桩身轴力曲线，各土层的桩侧极限侧阻力和桩端阻力。

5 单桩竖向抗拔静载试验

5.1 一般规定

5.1.1 本方法适用于检测单桩的竖向抗拔承载力。当桩身埋设有应变、位移传感器或桩端埋设有位移测量杆时，可按本规范附录 A 测定桩身应变或桩端上拔量，计算桩的分层抗拔侧阻力。

5.1.2 为设计提供依据的试验桩，应加载至桩侧岩土阻力达到极限状态或桩身材料达到设计强度；工程桩验收检测时，施加的上拔荷载不得小于单桩竖向抗拔承载力特征值的2.0倍或使桩顶产生的上拔量达到设计要求的限值。

当抗拔承载力受抗裂条件控制时，可按设计要求确定最大加载值。

5.1.3 检测时的抗拔桩受力状态，应与设计规定的受力状态一致。

5.1.4 预估的最大试验荷载不得大于钢筋的设计强度。

5.2 设备仪器及其安装

5.2.1 试验加载设备宜采用液压千斤顶，加载方式应符合本规范第4.2.1条的规定。

5.2.2 试验反力系统宜采用反力桩提供支座反力，反力桩可采用工程桩；也可根据现场情况，采用地基提供支座反力。反力架的承载力应具有1.2倍的安全系数，并应符合下列规定：

1 采用反力桩提供支座反力时，桩顶面应平整并具有足够的强度；

2 采用地基提供反力时，施加于地基的压应力不宜超过地基承载力特征值的1.5倍；反力梁的支点重心应与支座中心重合。

5.2.3 荷载测量及其仪器的技术要求应符合本规范第4.2.3条的规定。

5.2.4 上拔量测量及其仪器的技术要求应符合本规范第4.2.4条的规定。

5.2.5 上拔量测量点宜设置在桩顶以下不小于1倍桩径的桩身上，不得设置在受拉钢筋上；对于大直径灌注桩，可设置在钢筋笼内侧的桩顶面混凝土上。

5.2.6 试桩、支座和基准桩之间的中心距离，应符合表4.2.6的规定。

5.2.7 测试桩侧抗拔侧阻力分布和桩端上拔位移时，桩身内传感器、桩端位移杆的埋设应符合本规范附录A的规定。

5.3 现 场 检 测

5.3.1 对混凝土灌注桩、有接头的预制桩，宜在拔桩试验前采用低应变法检测受检桩的桩身完整性。为设计提供依据的抗拔灌注桩，施工时应进行成孔质量检测，桩身中、下部位出现明显扩径的桩，不宜作为抗拔试验桩；对有接头的预制桩，应复核接头强度。

5.3.2 单桩竖向抗拔静载试验应采用慢速维持荷载法。设计有要求时，可采用多循环加、卸载方法或恒载法。慢速维持荷载法的加、卸载分级以及桩顶上拔量的测读方式，应分别符合本规范第4.3.3条和第4.3.5条的规定。

5.3.3 当出现下列情况之一时，可终止加载：

1 在某级荷载作用下，桩顶上拔量大于前一级上拔荷载作用下的上拔量5倍；

2 按桩顶上拔量控制，累计桩顶上拔量超过100mm；

3 按钢筋抗拉强度控制，钢筋应力达到钢筋强度设计值，或某根钢筋拉断；

4 对于工程桩验收检测，达到设计或抗裂要求的最大上拔量或上拔荷载值。

5.3.4 检测数据可按本规范表C.0.1的格式进行记录。

5.3.5 测试桩身应变和桩端上拔位移时，数据的测读时间宜符合本规范第4.3.5条的规定。

5.4 检测数据分析与判定

5.4.1 数据处理应绘制上拔荷载-桩顶上拔量（$U-\delta$）关系曲线和桩顶上拔量-时间对数（$\delta-\lg t$）关系曲线。

5.4.2 单桩竖向抗拔极限承载力应按下列方法确定：

1 根据上拔量随荷载变化的特征确定：对陡变型$U-\delta$曲线，应取陡升起始点对应的荷载值；

2 根据上拔量随时间变化的特征确定：应取$\delta-\lg t$曲线斜率明显变陡或曲线尾部明显弯曲的前一级荷载值；

3 当在某级荷载下抗拔钢筋断裂时，应取前一级荷载值。

5.4.3 为设计提供依据的单桩竖向抗拔极限承载力，可按本规范第4.4.3条的统计方法确定。

5.4.4 当验收检测的受检桩在最大上拔荷载作用下，未出现本规范第5.4.2条第1～3款情况时，单桩竖向抗拔极限承载力应按下列情况对应的荷载值取值：

1 设计要求最大上拔量控制值对应的荷载；

2 施加的最大荷载；

3 钢筋应力达到设计强度值时对应的荷载。

5.4.5 单桩竖向抗拔承载力特征值应按单桩竖向抗拔极限承载力的50%取值。当工程桩不允许带裂缝工作时，应取桩身开裂的前一级荷载作为单桩竖向抗拔承载力特征值，并与按极限荷载50%取值确定的承载力特征值相比，取低值。

5.4.6 检测报告除应包括本规范第3.5.3条规定的内容外，尚应包括下列内容：

1 临近受检桩桩位的代表性地质柱状图；

2 受检桩尺寸（灌注桩宜标明孔径曲线）及配筋情况；

3 加、卸载方法；

4 本规范第5.4.1条要求绘制的曲线；

5 承载力判定依据；

6 当进行抗拔侧阻力测试时，应包括传感器类型、安装位置、轴力计算方法、各级荷载作用下的桩身轴力曲线，各土层的抗拔极限侧阻力。

6 单桩水平静载试验

6.1 一 般 规 定

6.1.1 本方法适用于在桩顶自由的试验条件下，检测单桩的水平承载力，推定地基土水平抗力系数的比例系数。当桩身埋设有应变测量传感器时，可按本规范附录A测定桩身横截面的弯曲应变，计算桩身弯矩以及确定钢筋混凝土桩受拉区混凝土开裂时对应的水平荷载。

6.1.2 为设计提供依据的试验桩，宜加载至桩顶出现较大水平位移或桩身结构破坏；对工程桩抽样检测，可按设计要求的水平位移允许值控制加载。

6.2 设备仪器及其安装

6.2.1 水平推力加载设备宜采用卧式千斤顶，其加载能力不得小于最大试验加载量的1.2倍。

6.2.2 水平推力的反力可由相邻桩提供；当专门设置反力结构时，其承载能力和刚度应大于试验桩的1.2倍。

6.2.3 荷载测量及其仪器的技术要求应符合本规范第4.2.3条的规定；水平力作用点宜与实际工程的桩基承台底面标高一致；千斤顶和试验桩接触处应安置球形铰支座，千斤顶作用力应水平通过桩身轴线；当千斤顶与试桩接触面的混凝土不密实或不平整时，应对其进行补强或补平处理。

6.2.4 桩的水平位移测量及其仪器的技术要求应符合本规范第4.2.4条的有关规定。在水平力作用平面的受检桩两侧应对称安装两个位移计；当测量桩顶转角时，尚应在水平力作用平面以上50cm的受检桩两侧对称安装两个位移计。

6.2.5 位移测量的基准点设置不应受试验和其他因素的影响，基准点应设置在与作用力方向垂直且与位移方向相反的试桩侧面，基准点与试桩净距不应小于1倍桩径。

6.2.6 测量桩身应变时，各测试断面的测量传感器应沿受力方向对称布置在远离中性轴的受拉和受压主筋上；埋设传感器的纵剖面与受力方向之间的夹角不得大于10°。地面下10倍桩径或桩宽的深度范围内，桩身的主要受力部分应加密测试断面，断面间距不宜超过1倍桩径；超过10倍桩径或桩宽的深度，测试断面间距可以加大。桩身内传感器的埋设应符合本规范附录A的规定。

6.3 现 场 检 测

6.3.1 加载方法宜根据工程桩实际受力特性，选用单向多循环加载法或按本规范第4章规定的慢速维持荷载法。当对试桩桩身横截面弯曲应变进行测量时，宜采用维持荷载法。

6.3.2 试验加、卸载方式和水平位移测量，应符合下列规定：

1 单向多循环加载法的分级荷载，不应大于预估水平极限承载力或最大试验荷载的1/10；每级荷载施加后，恒载4min后，可测读水平位移，然后卸载至零，停2min测读残余水平位移，至此完成一个加卸载循环；如此循环5次，完成一级荷载的位移观测；试验不得中间停顿；

2 慢速维持荷载法的加、卸载分级以及水平位移的测读方式，应分别符合本规范第4.3.3条和第4.3.5条的规定。

6.3.3 当出现下列情况之一时，可终止加载：

1 桩身折断；

2 水平位移超过30mm～40mm；软土中的桩或大直径桩时可取高值；

3 水平位移达到设计要求的水平位移允许值。

6.3.4 检测数据可按本规范附录C表C.0.2的格式进行记录。

6.3.5 测试桩身横截面弯曲应变时，数据的测读宜与水平位移测量同步。

6.4 检测数据分析与判定

6.4.1 检测数据的处理应符合下列规定：

1 采用单向多循环加载法时，应分别绘制水平力-时间-作用点位移（$H-t-Y_0$）关系曲线和水平力-位移梯度（$H-\Delta Y_0/\Delta H$）关系曲线；

2 采用慢速维持荷载法时，应分别绘制水平力-力作用点位移（$H-Y_0$）关系曲线、水平力-位移梯度（$H-\Delta Y_0/\Delta H$）关系曲线、力作用点位移-时间对数（$Y_0-\lg t$）关系曲线和水平力-力作用点位移双对数（$\lg H-\lg Y_0$）关系曲线；

3 绘制水平力、水平力作用点水平位移-地基土水平抗力系数的比例系数的关系曲线（$H-m$、Y_0-m）。

6.4.2 当桩顶自由且水平力作用位置位于地面处时，m值应按下列公式确定：

$$m=\frac{(\nu_y\cdot H)^{\frac{5}{3}}}{b_0 Y_0^{\frac{5}{3}}(EI)^{\frac{2}{3}}} \tag{6.4.2-1}$$

$$\alpha=\left(\frac{mb_0}{EI}\right)^{\frac{1}{5}} \tag{6.4.2-2}$$

式中：m——地基土水平抗力系数的比例系数（kN/m^4）；

α——桩的水平变形系数（m^{-1}）；

ν_y——桩顶水平位移系数，由式（6.4.2-2）试算α，当$\alpha h\geqslant 4.0$时（h为桩的入土深度），$\nu_y=2.441$；

H——作用于地面的水平力（kN）；

Y_0——水平力作用点的水平位移（m）；

EI——桩身抗弯刚度（kN·m²）；其中 E 为桩身材料弹性模量，I 为桩身换算截面惯性矩；

b_0——桩身计算宽度(m)；对于圆形桩：当桩径 $D\leqslant 1$m 时，$b_0=0.9(1.5D+0.5)$；当桩径 $D>1$m 时，$b_0=0.9(D+1)$；对于矩形桩，当边宽 $B\leqslant 1$m 时，$b_0=1.5B+0.5$，当边宽 $B>1$m 时，$b_0=B+1$。

6.4.3 对进行桩身横截面弯曲应变测定的试验，应绘制下列曲线，且应列表给出相应的数据：

1 各级水平力作用下的桩身弯矩分布图；

2 水平力-最大弯矩截面钢筋拉应力（$H-\sigma_s$）曲线。

6.4.4 单桩的水平临界荷载可按下列方法综合确定：

1 取单向多循环加载法时的 $H-t-Y_0$ 曲线或慢速维持荷载法时的 $H-Y_0$ 曲线出现拐点的前一级水平荷载值；

2 取 $H-\Delta Y_0/\Delta H$ 曲线或 $\lg H-\lg Y_0$ 曲线上第一拐点对应的水平荷载值；

3 取 $H-\sigma_s$ 曲线第一拐点对应的水平荷载值。

6.4.5 单桩水平极限承载力可按下列方法确定：

1 取单向多循环加载法时的 $H-t-Y_0$ 曲线产生明显陡降的前一级，或慢速维持荷载法时的 $H-Y_0$ 曲线发生明显陡降的起始点对应的水平荷载值；

2 取慢速维持荷载法时的 $Y_0-\lg t$ 曲线尾部出现明显弯曲的前一级水平荷载值；

3 取 $H-\Delta Y_0/\Delta H$ 曲线或 $\lg H-\lg Y_0$ 曲线上第二拐点对应的水平荷载值；

4 取桩身折断或受拉钢筋屈服时的前一级水平荷载值。

6.4.6 为设计提供依据的水平极限承载力和水平临界荷载，可按本规范第 4.4.3 条的统计方法确定。

6.4.7 单桩水平承载力特征值的确定应符合下列规定：

1 当桩身不允许开裂或灌注桩的桩身配筋率小于 0.65%时，可取水平临界荷载的 0.75 倍作为单桩水平承载力特征值。

2 对钢筋混凝土预制桩、钢桩和桩身配筋率不小于 0.65%的灌注桩，可取设计桩顶标高处水平位移所对应荷载的 0.75 倍作为单桩水平承载力特征值；水平位移可按下列规定取值：

1）对水平位移敏感的建筑物取 6mm；

2）对水平位移不敏感的建筑物取 10mm。

3 取设计要求的水平允许位移对应的荷载作为单桩水平承载力特征值，且应满足桩身抗裂要求。

6.4.8 检测报告除应包括本规范第 3.5.3 条规定的内容外，尚应包括下列内容：

1 受检桩桩位对应的地质柱状图；

2 受检桩的截面尺寸及配筋情况；

3 加、卸载方法；

4 本规范第 6.4.1 条要求绘制的曲线；

5 承载力判定依据；

6 当进行钢筋应力测试并由此计算桩身弯矩时，应包括传感器类型、安装位置、内力计算方法以及本规范第 6.4.2 条要求的计算结果。

7 钻 芯 法

7.1 一 般 规 定

7.1.1 本方法适用于检测混凝土灌注桩的桩长、桩身混凝土强度、桩底沉渣厚度和桩身完整性。当采用本方法判定或鉴别桩端持力层岩土性状时，钻探深度应满足设计要求。

7.1.2 每根受检桩的钻芯孔数和钻孔位置，应符合下列规定：

1 桩径小于 1.2m 的桩的钻孔数量可为 1 个～2 个孔，桩径为 1.2m～1.6m 的桩的钻孔数量宜为 2 个孔，桩径大于 1.6m 的桩的钻孔数量宜为 3 个孔；

2 当钻芯孔为 1 个时，宜在距桩中心 10cm～15cm 的位置开孔；当钻芯孔为 2 个或 2 个以上时，开孔位置宜在距桩中心 $0.15D\sim0.25D$ 范围内均匀对称布置；

3 对桩端持力层的钻探，每根受检桩不应少于 1 个孔。

7.1.3 当选择钻芯法对桩身质量、桩底沉渣、桩端持力层进行验证检测时，受检桩的钻芯孔数可为 1 孔。

7.2 设 备

7.2.1 钻取芯样宜采用液压操纵的高速钻机，并配置适宜的水泵、孔口管、扩孔器、卡簧、扶正稳定器和可捞取松软渣样的钻具。

7.2.2 基桩桩身混凝土钻芯检测，应采用单动双管钻具钻取芯样，严禁使用单动单管钻具。

7.2.3 钻头应根据混凝土设计强度等级选用合适粒度、浓度、胎体硬度的金刚石钻头，且外径不宜小于 100mm。

7.2.4 锯切芯样的锯切机应具有冷却系统和夹紧固定装置。芯样试件端面的补平器和磨平机，应满足芯样制作的要求。

7.3 现 场 检 测

7.3.1 钻机设备安装必须周正、稳固、底座水平。钻机在钻芯过程中不得发生倾斜、移位，钻芯孔垂直度偏差不得大于 0.5%。

7.3.2 每回次钻孔进尺宜控制在 1.5m 内；钻至桩底时，宜采取减压、慢速钻进、干钻等适宜的方法和工艺，钻取沉渣并测定沉渣厚度；对桩底强风化岩层或土层，可采用标准贯入试验、动力触探等方法对桩端持力层的岩土性状进行鉴别。

7.3.3 钻取的芯样应按回次顺序放进芯样箱中；钻机操作人员应按本规范表 D.0.1-1 的格式记录钻进情况和钻进异常情况，对芯样质量进行初步描述；检测人员应按本规范表 D.0.1-2 的格式对芯样混凝土，桩底沉渣以及桩端持力层详细编录。

7.3.4 钻芯结束后，应对芯样和钻探标示牌的全貌进行拍照。

7.3.5 当单桩质量评价满足设计要求时，应从钻芯孔孔底往上用水泥浆回灌封闭；当单桩质量评价不满足设计要求时，应封存钻芯孔，留待处理。

7.4 芯样试件截取与加工

7.4.1 截取混凝土抗压芯样试件应符合下列规定：

1 当桩长小于 10m 时，每孔应截取 2 组芯样；当桩长为 10m～30m 时，每孔应截取 3 组芯样，当桩长大于 30m 时，每孔应截取芯样不少于 4 组；

2 上部芯样位置距桩顶设计标高不宜大于 1 倍桩径或超过 2m，下部芯样位置距桩底不宜大于 1 倍桩径或超过 2m，中间芯样宜等间距截取；

3 缺陷位置能取样时，应截取 1 组芯样进行混凝土抗压试验；

4 同一基桩的钻芯孔数大于 1 个，且某一孔在某深度存在缺陷时，应在其他孔的该深度处，截取 1 组芯样进行混凝土抗压强度试验。

7.4.2 当桩端持力层为中、微风化岩层且岩芯可制作成试件时，应在接近桩底部位 1m 内截取岩石芯样；遇分层岩性时，宜在各分层岩面取样。岩石芯样的加工和测量应符合本规范附录 E 的规定。

7.4.3 每组混凝土芯样应制作 3 个抗压试件。混凝土芯样试件的加工和测量应符合本规范附录 E 的规定。

7.5 芯样试件抗压强度试验

7.5.1 混凝土芯样试件的抗压强度试验应按现行国家标准《普通混凝土力学性能试验方法标准》GB/T 50081 执行。

7.5.2 在混凝土芯样试件抗压强度试验中，当发现试件内混凝土粗骨料最大粒径大于 0.5 倍芯样试件平均直径，且强度值异常时，该试件的强度值不得参与统计平均。

7.5.3 混凝土芯样试件抗压强度应按下式计算：

$$f_{cor}=\frac{4P}{\pi d^2} \quad (7.5.3)$$

式中：f_{cor}——混凝土芯样试件抗压强度（MPa），精确至 0.1MPa；

P——芯样试件抗压试验测得的破坏荷载（N）；

d——芯样试件的平均直径（mm）。

7.5.4 混凝土芯样试件抗压强度可根据本地区的强度折算系数进行修正。

7.5.5 桩底岩芯单轴抗压强度试验以及岩石单轴抗压强度标准值的确定，宜按现行国家标准《建筑地基基础设计规范》GB 50007 执行。

7.6 检测数据分析与判定

7.6.1 每根受检桩混凝土芯样试件抗压强度的确定应符合下列规定：

1 取一组 3 块试件强度值的平均值，作为该组混凝土芯样试件抗压强度检测值；

2 同一受检桩同一深度部位有两组或两组以上混凝土芯样试件抗压强度检测值时，取其平均值作为该桩该深度处混凝土芯样试件抗压强度检测值；

3 取同一受检桩不同深度位置的混凝土芯样试件抗压强度检测值中的最小值，作为该桩混凝土芯样试件抗压强度检测值。

7.6.2 桩端持力层性状应根据持力层芯样特征，并结合岩石芯样单轴抗压强度检测值、动力触探或标准贯入试验结果，进行综合判定或鉴别。

7.6.3 桩身完整性类别应结合钻芯孔数、现场混凝土芯样特征、芯样试件抗压强度试验结果，按本规范表 3.5.1 和表 7.6.3 所列特征进行综合判定。

当混凝土出现分层现象时，宜截取分层部位的芯样进行抗压强度试验。当混凝土抗压强度满足设计要求时，可判为Ⅱ类；当混凝土抗压强度不满足设计要求或不能制作成芯样试件时，应判为Ⅳ类。

多于三个钻芯孔的基桩桩身完整性可类比表 7.6.3 的三孔特征进行判定。

表 7.6.3 桩身完整性判定

类别	特征		
	单孔	两孔	三孔
Ⅰ	混凝土芯样连续、完整、胶结好，芯样侧表面光滑、骨料分布均匀，芯样呈长柱状、断口吻合		
	芯样侧表面仅见少量气孔	局部芯样侧表面有少量气孔、蜂窝麻面、沟槽，但在另一孔同一深度部位的芯样中未出现，否则应判为Ⅱ类	局部芯样侧表面有少量气孔、蜂窝麻面、沟槽，但在三孔同一深度部位的芯样中未同时出现，否则应判为Ⅱ类

续表 7.6.3

<table>
<tr><th rowspan="2">类别</th><th colspan="3">特　征</th></tr>
<tr><th>单　孔</th><th>两　孔</th><th>三　孔</th></tr>
<tr><td rowspan="2">Ⅱ</td><td colspan="3">混凝土芯样连续、完整、胶结较好，芯样侧表面较光滑、骨料分布基本均匀，芯样呈柱状、断口基本吻合。有下列情况之一：</td></tr>
<tr><td>1 局部芯样侧表面有蜂窝麻面、沟槽或较多气孔；
2 芯样侧表面蜂窝麻面严重、沟槽连续或局部芯样骨料分布极不均匀，但对应部位的混凝土芯样试件抗压强度检测值满足设计要求，否则应判为Ⅲ类</td><td>1　芯样侧表面有较多气孔、严重蜂窝麻面、连续沟槽或局部混凝土芯样骨料分布不均匀，但在两孔同一深度部位的芯样中未同时出现；
2　芯样侧表面有较多气孔、严重蜂窝麻面、连续沟槽或局部混凝土芯样骨料分布不均匀，且在另一孔同一深度部位的芯样中同时出现，但该深度部位的混凝土芯样试件抗压强度检测值满足设计要求，否则应判为Ⅲ类；
3　任一孔局部混凝土芯样破碎段长度不大于 10cm，且在另一孔同一深度部位的局部混凝土芯样的外观判定完整性类别为Ⅰ类或Ⅱ类，否则应判为Ⅲ类或Ⅳ类</td><td>1　芯样侧表面有较多气孔、严重蜂窝麻面、连续沟槽或局部混凝土芯样骨料分布不均匀，但在三孔同一深度部位的芯样中未同时出现；
2　芯样侧表面有较多气孔、严重蜂窝麻面、连续沟槽或局部混凝土芯样骨料分布不均匀，且在任两孔或三孔同一深度部位的芯样中同时出现，但该深度部位的混凝土芯样试件抗压强度检测值满足设计要求，否则应判为Ⅲ类；
3　任一孔局部混凝土芯样破碎段长度不大于 10cm，且在另两孔同一深度部位的局部混凝土芯样的外观判定完整性类别为Ⅰ类或Ⅱ类，否则应判为Ⅲ类或Ⅳ类</td></tr>
<tr><td rowspan="2">Ⅲ</td><td colspan="2">大部分混凝土芯样胶结较好，无松散、夹泥现象。有下列情况之一：</td><td>大部分混凝土芯样胶结较好。有下列情况之一：</td></tr>
<tr><td>1 芯样不连续、多呈短柱状或块状；
2 局部混凝土芯样破碎段长度不大于 10cm</td><td>1　芯样不连续、多呈短柱状或块状；
2　任一孔局部混凝土芯样破碎段长度大于 10cm 但不大于 20cm，且在另一孔同一深度部位的局部混凝土芯样的外观判定完整性类别为Ⅰ类或Ⅱ类，否则应判为Ⅳ类</td><td>1　芯样不连续、多呈短柱状或块状；
2　任一孔局部混凝土芯样破碎段长度大于 10cm 但不大于 30cm，且在另两孔同一深度部位的局部混凝土芯样的外观判定完整性类别为Ⅰ类或Ⅱ类，否则应判为Ⅳ类；
3　任一孔局部混凝土芯样松散段长度不大于 10cm，且在另两孔同一深度部位的局部混凝土芯样的外观判定完整性类别为Ⅰ类或Ⅱ类，否则应判为Ⅳ类</td></tr>
<tr><td rowspan="2">Ⅳ</td><td colspan="3">有下列情况之一：</td></tr>
<tr><td>1　因混凝土胶结质量差而难以钻进；
2　混凝土芯样任一段松散或夹泥；
3　局部混凝土芯样破碎长度大于 10cm</td><td>1　任一孔因混凝土胶结质量差而难以钻进；
2　混凝土芯样任一段松散或夹泥；
3　任一孔局部混凝土芯样破碎长度大于 20cm；
4　两孔同一深度部位的混凝土芯样破碎</td><td>1　任一孔因混凝土胶结质量差而难以钻进；
2　混凝土芯样任一段松散或夹泥段长度大于 10cm；
3　任一孔局部混凝土芯样破碎长度大于 30cm；
4　其中两孔在同一深度部位的混凝土芯样破碎、松散或夹泥</td></tr>
</table>

注：当上一缺陷的底部位置标高与下一缺陷的顶部位置标高的高差小于 30cm 时，可认定两缺陷处于同一深度部位。

7.6.4　成桩质量评价应按单根受检桩进行。当出现下列情况之一时，应判定该受检桩不满足设计要求：

1　混凝土芯样试件抗压强度检测值小于混凝土设计强度等级；

2　桩长、桩底沉渣厚度不满足设计要求；

3　桩底持力层岩土性状（强度）或厚度不满足设计要求。

当桩基设计资料未作具体规定时，应按国家现行标准判定成桩质量。

7.6.5　检测报告除应包括本规范第 3.5.3 条规定的内容外，尚应包括下列内容：

1　钻芯设备情况；

2 检测桩数、钻孔数量、开孔位置，架空高度、混凝土芯进尺、持力层进尺、总进尺，混凝土试件组数、岩石试件个数、圆锥动力触探或标准贯入试验结果；

3 按本规范表 D.0.1-3 格式编制的每孔柱状图；

4 芯样单轴抗压强度试验结果；

5 芯样彩色照片；

6 异常情况说明。

8 低应变法

8.1 一般规定

8.1.1 本方法适用于检测混凝土桩的桩身完整性，判定桩身缺陷的程度及位置。桩的有效检测桩长范围应通过现场试验确定。

8.1.2 对桩身截面多变且变化幅度较大的灌注桩，应采用其他方法辅助验证低应变法检测的有效性。

8.2 仪器设备

8.2.1 检测仪器的主要技术性能指标应符合现行行业标准《基桩动测仪》JG/T 3055 的有关规定。

8.2.2 瞬态激振设备应包括能激发宽脉冲和窄脉冲的力锤和锤垫；力锤可装有力传感器；稳态激振设备应为电磁式稳态激振器，其激振力可调，扫频范围为 10Hz～2000Hz。

8.3 现场检测

8.3.1 受检桩应符合下列规定：

1 桩身强度应符合本规范第 3.2.5 条第 1 款的规定；

2 桩头的材质、强度应与桩身相同，桩头的截面尺寸不宜与桩身有明显差异；

3 桩顶面应平整、密实，并与桩轴线垂直。

8.3.2 测试参数设定，应符合下列规定：

1 时域信号记录的时间段长度应在 $2L/c$ 时刻后延续不少于 5ms；幅频信号分析的频率范围上限不应小于 2000Hz；

2 设定桩长应为桩顶测点至桩底的施工桩长，设定桩身截面积应为施工截面积；

3 桩身波速可根据本地区同类型桩的测试值初步设定；

4 采样时间间隔或采样频率应根据桩长、桩身波速和频域分辨率合理选择；时域信号采样点数不宜少于 1024 点；

5 传感器的设定值应按计量检定或校准结果设定。

8.3.3 测量传感器安装和激振操作，应符合下列规定：

1 安装传感器部位的混凝土应平整；传感器安装应与桩顶面垂直；用耦合剂粘结时，应具有足够的粘结强度；

2 激振点与测量传感器安装位置应避开钢筋笼的主筋影响；

3 激振方向应沿桩轴线方向；

4 瞬态激振应通过现场敲击试验，选择合适重量的激振力锤和软硬适宜的锤垫；宜用宽脉冲获取桩底或桩身下部缺陷反射信号，宜用窄脉冲获取桩身上部缺陷反射信号；

5 稳态激振应在每一个设定频率下获得稳定响应信号，并应根据桩径、桩长及桩周土约束情况调整激振力大小。

8.3.4 信号采集和筛选，应符合下列规定：

1 根据桩径大小，桩心对称布置 2 个～4 个安装传感器的检测点：实心桩的激振点应选择在桩中心，检测点宜在距桩中心 2/3 半径处；空心桩的激振点和检测点宜为桩壁厚的 1/2 处，激振点和检测点与桩中心连线形成的夹角宜为 90°；

2 当桩径较大或桩上部横截面尺寸不规则时，除应按上款在规定的激振点和检测点位置采集信号外，尚应根据实测信号特征，改变激振点和检测点的位置采集信号；

3 不同检测点及多次实测时域信号一致性较差时，应分析原因，增加检测点数量；

4 信号不应失真和产生零漂，信号幅值不应大于测量系统的量程；

5 每个检测点记录的有效信号数不宜少于 3 个；

6 应根据实测信号反映的桩身完整性情况，确定采取变换激振点位置和增加检测点数量的方式再次测试，或结束测试。

8.4 检测数据分析与判定

8.4.1 桩身波速平均值的确定，应符合下列规定：

1 当桩长已知、桩底反射信号明确时，应在地基条件、桩型、成桩工艺相同的基桩中，选取不少于 5 根Ⅰ类桩的桩身波速值，按下列公式计算其平均值：

$$c_m = \frac{1}{n}\sum_{i=1}^{n} c_i \qquad (8.4.1\text{-}1)$$

$$c_i = \frac{2000L}{\Delta T} \qquad (8.4.1\text{-}2)$$

$$c_i = 2L \cdot \Delta f \qquad (8.4.1\text{-}3)$$

式中：c_m——桩身波速的平均值（m/s）；

c_i——第 i 根受检桩的桩身波速值（m/s），且 $|c_i - c_m|/c_m$ 不宜大于 5%；

L——测点下桩长（m）；

ΔT——速度波第一峰与桩底反射波峰间的时间差（ms）；

Δf——幅频曲线上桩底相邻谐振峰间的频差（Hz）；

n——参加波速平均值计算的基桩数量（$n \geqslant 5$）。

2 无法满足本条第1款要求时，波速平均值可根据本地区相同桩型及成桩工艺的其他桩基工程的实测值，结合桩身混凝土的骨料品种和强度等级综合确定。

8.4.2 桩身缺陷位置应按下列公式计算：

$$x = \frac{1}{2000} \cdot \Delta t_x \cdot c \qquad (8.4.2\text{-}1)$$

$$x = \frac{1}{2} \cdot \frac{c}{\Delta f'} \qquad (8.4.2\text{-}2)$$

式中：x——桩身缺陷至传感器安装点的距离（m）；

Δt_x——速度波第一峰与缺陷反射波峰间的时间差（ms）；

c——受检桩的桩身波速（m/s），无法确定时可用桩身波速的平均值替代；

$\Delta f'$——幅频信号曲线上缺陷相邻谐振峰间的频差（Hz）。

8.4.3 桩身完整性类别应结合缺陷出现的深度、测试信号衰减特性以及设计桩型、成桩工艺、地基条件、施工情况，按本规范表3.5.1和表8.4.3所列时域信号特征或幅频信号特征进行综合分析判定。

表8.4.3 桩身完整性判定

类别	时域信号特征	幅频信号特征
Ⅰ	$2L/c$ 时刻前无缺陷反射波，有桩底反射波	桩底谐振峰排列基本等间距，其相邻频差 $\Delta f \approx c/2L$
Ⅱ	$2L/c$ 时刻前出现轻微缺陷反射波，有桩底反射波	桩底谐振峰排列基本等间距，其相邻频差 $\Delta f \approx c/2L$，轻微缺陷产生的谐振峰与桩底谐振峰之间的频差 $\Delta f' > c/2L$
Ⅲ	有明显缺陷反射波，其他特征介于Ⅱ类和Ⅳ类之间	
Ⅳ	$2L/c$ 时刻前出现严重缺陷反射波或周期性反射波，无桩底反射波； 或因桩身浅部严重缺陷使波形呈现低频大振幅衰减振动，无桩底反射波	缺陷谐振峰排列基本等间距，相邻频差 $\Delta f' > c/2L$，无桩底谐振峰； 或因桩身浅部严重缺陷只出现单一谐振峰，无桩底谐振峰

注：对同一场地、地基条件相近、桩型和成桩工艺相同的基桩，因桩端部分桩身阻抗与持力层阻抗相匹配导致实测信号无桩底反射波时，可按本场地同条件下有桩底反射波的其他桩实测信号判定桩身完整性类别。

8.4.4 采用时域信号分析判定受检桩的完整性类别时，应结合成桩工艺和地基条件区分下列情况：

1 混凝土灌注桩桩身截面渐变后恢复至原桩径并在该阻抗突变处的反射，或扩径突变处的一次和二次反射；

2 桩侧局部强土阻力引起的混凝土预制桩负向反射及其二次反射；

3 采用部分挤土方式沉桩的大直径开口预应力管桩，桩孔内土芯闭塞部位的负向反射及其二次反射；

4 纵向尺寸效应使混凝土桩桩身阻抗突变处的反射波幅值降低。

当信号无畸变且不能根据信号直接分析桩身完整性时，可采用实测曲线拟合法辅助判定桩身完整性或借助实测导纳值、动刚度的相对高低辅助判定桩身完整性。

8.4.5 当按本规范第8.3.3条第4款的规定操作不能识别桩身浅部阻抗变化趋势时，应在测量桩顶速度响应的同时测量锤击力，根据实测力和速度信号起始峰的比例差异大小判断桩身浅部阻抗变化程度。

8.4.6 对于嵌岩桩，桩底时域反射信号为单一反射波且与锤击脉冲信号同向时，应采取钻芯法、静载试验或高应变法核验桩端嵌岩情况。

8.4.7 预制桩在 $2L/c$ 前出现异常反射，且不能判断该反射是正常接桩反射时，可按本规范第3.4.3条进行验证检测。

实测信号复杂，无规律，且无法对其进行合理解释时，桩身完整性判定宜结合其他检测方法进行。

8.4.8 低应变检测报告应给出桩身完整性检测的实测信号曲线。

8.4.9 检测报告除应包括本规范第3.5.3条规定的内容外，尚应包括下列内容：

1 桩身波速取值；

2 桩身完整性描述、缺陷的位置及桩身完整性类别；

3 时域信号时段所对应的桩身长度标尺、指数或线性放大的范围及倍数；或幅频信号曲线分析的频率范围、桩底或桩身缺陷对应的相邻谐振峰间的频差。

9 高应变法

9.1 一般规定

9.1.1 本方法适用于检测基桩的竖向抗压承载力和桩身完整性；监测预制桩打入时的桩身应力和锤击能量传递比，为选择沉桩工艺参数及桩长提供依据。对于大直径扩底桩和预估 $Q-s$ 曲线具有缓变型特征的大直径灌注桩，不宜采用本方法进行竖向抗压承载力检测。

9.1.2 进行灌注桩的竖向抗压承载力检测时，应具有现场实测经验和本地区相近条件下的可靠对比验证资料。

9.2 仪器设备

9.2.1 检测仪器的主要技术性能指标不应低于现行行业标准《基桩动测仪》JG/T 3055规定的2级标准。

9.2.2 锤击设备可采用筒式柴油锤、液压锤、蒸汽锤等具有导向装置的打桩机械，但不得采用导杆式柴油锤、振动锤。

9.2.3 高应变检测专用锤击设备应具有稳固的导向装置。重锤应形状对称，高径（宽）比不得小于1。

9.2.4 当采取落锤上安装加速度传感器的方式实测锤击力时，重锤的高径（宽）比应为1.0～1.5。

9.2.5 采用高应变法进行承载力检测时，锤的重量与单桩竖向抗压承载力特征值的比值不得小于0.02。

9.2.6 当作为承载力检测的灌注桩桩径大于600mm或混凝土桩桩长大于30m时，尚应对桩径或桩长增加引起的桩-锤匹配能力下降进行补偿，在符合本规范第9.2.5条规定的前提下进一步提高检测用锤的重量。

9.2.7 桩的贯入度可采用精密水准仪等仪器测定。

9.3 现场检测

9.3.1 检测前的准备工作，应符合下列规定：

1 对于不满足本规范表3.2.5规定的休止时间的预制桩，应根据本地区经验，合理安排复打时间，确定承载力的时间效应；

2 桩顶面应平整，桩顶高度应满足锤击装置的要求，桩锤重心应与桩顶对中，锤击装置架立应垂直；

3 对不能承受锤击的桩头应进行加固处理，混凝土桩的桩头处理应符合本规范附录B的规定；

4 传感器的安装应符合本规范附录F的规定；

5 桩头顶部应设置桩垫，桩垫可采用10mm～30mm厚的木板或胶合板等材料。

9.3.2 参数设定和计算，应符合下列规定：

1 采样时间间隔宜为50μs～200μs，信号采样点数不宜少于1024点；

2 传感器的设定值应按计量检定或校准结果设定；

3 自由落锤安装加速度传感器测力时，力的设定值由加速度传感器设定值与重锤质量的乘积确定；

4 测点处的桩截面尺寸应按实际测量确定；

5 测点以下桩长和截面积可采用设计文件或施工记录提供的数据作为设定值；

6 桩身材料质量密度应按表9.3.2取值；

表9.3.2 桩身材料质量密度（t/m³）

钢桩	混凝土预制桩	离心管桩	混凝土灌注桩
7.85	2.45～2.50	2.55～2.60	2.40

7 桩身波速可结合本地经验或按同场地同类型已检桩的平均波速初步设定，现场检测完成后应按本规范第9.4.3条进行调整；

8 桩身材料弹性模量应按下式计算：

$$E = \rho \cdot c^2 \tag{9.3.2}$$

式中：E——桩身材料弹性模量（kPa）；

c——桩身应力波传播速度（m/s）；

ρ——桩身材料质量密度（t/m³）。

9.3.3 现场检测应符合下列规定：

1 交流供电的测试系统应接地良好，检测时测试系统应处于正常状态；

2 采用自由落锤为锤击设备时，应符合重锤低击原则，最大锤击落距不宜大于2.5m；

3 试验目的为确定预制桩打桩过程中的桩身应力、沉桩设备匹配能力和选择桩长时，应按本规范附录G执行；

4 现场信号采集时，应检查采集信号的质量，并根据桩顶最大动位移、贯入度、桩身最大拉应力、桩身最大压应力、缺陷程度及其发展情况等，综合确定每根受检桩记录的有效锤击信号数量；

5 发现测试波形紊乱，应分析原因；桩身有明显缺陷或缺陷程度加剧，应停止检测。

9.3.4 承载力检测时应实测桩的贯入度，单击贯入度宜为2mm～6mm。

9.4 检测数据分析与判定

9.4.1 检测承载力时选取锤击信号，宜取锤击能量较大的击次。

9.4.2 出现下列情况之一时，高应变锤击信号不得作为承载力分析计算的依据：

1 传感器安装处混凝土开裂或出现严重塑性变形使力曲线最终未归零；

2 严重锤击偏心，两侧力信号幅值相差超过1倍；

3 四通道测试数据不全。

9.4.3 桩底反射明显时，桩身波速可根据速度波第一峰起升沿的起点到速度反射峰起升或下降沿的起点之间的时差与已知桩长值确定（图9.4.3）；桩底反射信号不明显时，可根据桩长、混凝土波速的合理取值范围以及邻近桩的桩身波速值综合确定。

9.4.4 桩身材料弹性模量和锤击力信号的调整应符

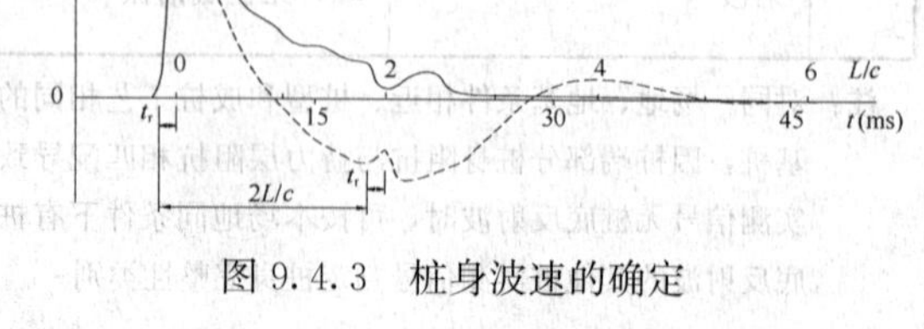

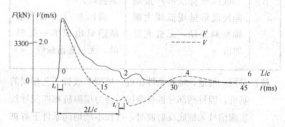

图9.4.3 桩身波速的确定

合下列规定：

1 当测点处原设定波速随调整后的桩身波速改变时，相应的桩身材料弹性模量应按本规范式（9.3.2）重新计算；

2 对于采用应变传感器测量应变并由应变换算冲击力的方式，当原始力信号按速度单位存储时，桩身材料弹性模量调整后尚应对原始实测力值校正；

3 对于采用自由落锤安装加速度传感器实测锤击力的方式，当桩身材料弹性模量或桩身波速改变时，不得对原始实测力值进行调整，但应扣除响应传感器安装点以上的桩头惯性力影响。

9.4.5 高应变实测的力和速度信号第一峰起始段不成比例时，不得对实测力或速度信号进行调整。

9.4.6 承载力分析计算前，应结合地基条件、设计参数，对下列实测波形特征进行定性检查：

1 实测曲线特征反映出的桩承载性状；

2 桩身缺陷程度和位置，连续锤击时缺陷的扩大或逐步闭合情况。

9.4.7 出现下列情况之一时，应采用静载试验方法进一步验证：

1 桩身存在缺陷，无法判定桩的竖向承载力；

2 桩身缺陷对水平承载力有影响；

3 触变效应的影响，预制桩在多次锤击下承载力下降；

4 单击贯入度大，桩底同向反射强烈且反射峰较宽，侧阻力波、端阻力波反射弱，波形表现出的桩竖向承载性状明显与勘察报告中的地基条件不符合；

5 嵌岩桩桩底同向反射强烈，且在时间 $2L/c$ 后无明显端阻力反射；也可采用钻芯法核验。

9.4.8 采用凯司法判定中、小直径桩的承载力，应符合下列规定：

1 桩身材质、截面应基本均匀。

2 阻尼系数 J_c 宜根据同条件下静载试验结果校核，或应在已取得相近条件下可靠对比资料后，采用实测曲线拟合法确定 J_c 值，拟合计算的桩数不应少于检测总桩数的30%，且不应少于3根。

3 在同一场地、地基条件相近和桩型及其截面积相同情况下，J_c 值的极差不宜大于平均值的30%。

4 单桩承载力应按下列凯司法公式计算：

$$R_c=\frac{1}{2}(1-J_c)\cdot[F(t_1)+Z\cdot V(t_1)]+\frac{1}{2}(1+J_c)\cdot\left[F(t_1+\frac{2L}{c})-Z\cdot V(t_1+\frac{2L}{c})\right] \quad (9.4.8\text{-}1)$$

$$Z=\frac{E\cdot A}{c} \quad (9.4.8\text{-}2)$$

式中：R_c——凯司法单桩承载力计算值（kN）；

J_c——凯司法阻尼系数；

t_1——速度第一峰对应的时刻；

$F(t_1)$——t_1 时刻的锤击力（kN）；

$V(t_1)$——t_1 时刻的质点运动速度（m/s）；

Z——桩身截面力学阻抗（kN·s/m）；

A——桩身截面面积（m^2）；

L——测点下桩长（m）。

5 对于 t_1+2L/c 时刻桩侧和桩端土阻力均已充分发挥的摩擦型桩，单桩竖向抗压承载力检测值可采用式（9.4.8-1）的计算值。

6 对于土阻力滞后于 t_1+2L/c 时刻明显发挥或先于 t_1+2L/c 时刻发挥并产生桩中上部强烈反弹这两种情况，宜分别采用下列方法对式（9.4.8-1）的计算值进行提高修正，得到单桩竖向抗压承载力检测值：

1）将 t_1 延时，确定 R_c 的最大值；

2）计入卸载回弹的土阻力，对 R_c 值进行修正。

9.4.9 采用实测曲线拟合法判定桩承载力，应符合下列规定：

1 所采用的力学模型应明确、合理，桩和土的力学模型应能分别反映桩和土的实际力学性状，模型参数的取值范围应能限定；

2 拟合分析选用的参数应在岩土工程的合理范围内；

3 曲线拟合时间段长度在 t_1+2L/c 时刻后延续时间不应小于20ms；对于柴油锤打桩信号，在 t_1+2L/c 时刻后延续时间不应小于30ms；

4 各单元所选用的土的最大弹性位移 s_q 值不应超过相应桩单元的最大计算位移值；

5 拟合完成时，土阻力响应区段的计算曲线与实测曲线应吻合，其他区段的曲线应基本吻合；

6 贯入度的计算值应与实测值接近。

9.4.10 单桩竖向抗压承载力特征值 R_a 应按本方法得到的单桩竖向抗压承载力检测值的50%取值。

9.4.11 桩身完整性可采用下列方法进行判定：

1 采用实测曲线拟合法判定时，拟合所选用的桩、土参数应符合本规范第9.4.9条第1～2款的规定；根据桩的成桩工艺，拟合时可采用桩身阻抗拟合或桩身裂隙以及混凝土预制桩的接桩缝隙拟合；

2 等截面桩且缺陷深度 x 以上部位的土阻力 R_x 未出现卸载回弹时，桩身完整性系数 β 和桩身缺陷位置 x 应分别按下列公式计算，桩身完整性可按表9.4.11并结合经验判定。

$$\beta=\frac{F(t_1)+F(t_x)+Z\cdot[V(t_1)-V(t_x)]-2R_x}{F(t_1)-F(t_x)+Z\cdot[V(t_1)+V(t_x)]} \quad (9.4.11\text{-}1)$$

$$x=c\cdot\frac{t_x-t_1}{2000} \quad (9.4.11\text{-}2)$$

式中：t_x——缺陷反射峰对应的时刻（ms）；

x——桩身缺陷至传感器安装点的距离（m）；

R_x——缺陷以上部位土阻力的估计值，等于缺陷反射波起始点的力与速度乘以桩身截面力学阻抗之差值（图 9.4.11）；

β——桩身完整性系数，其值等于缺陷 x 处桩身截面阻抗与 x 以上桩身截面阻抗的比值。

表 9.4.11 桩身完整性判定

类　别	β值
Ⅰ	$\beta=1.0$
Ⅱ	$0.8\leqslant\beta<1.0$
Ⅲ	$0.6\leqslant\beta<0.8$
Ⅳ	$\beta<0.6$

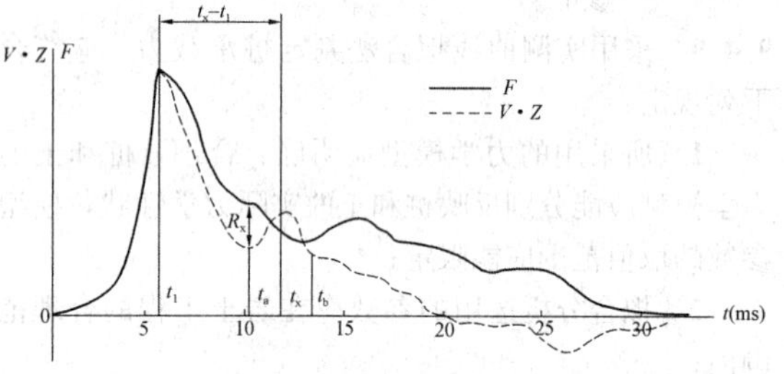

图 9.4.11　桩身完整性系数计算

9.4.12　出现下列情况之一时，桩身完整性宜按地基条件和施工工艺，结合实测曲线拟合法或其他检测方法综合判定：

1　桩身有扩径；

2　混凝土灌注桩桩身截面渐变或多变；

3　力和速度曲线在第一峰附近不成比例，桩身浅部有缺陷；

4　锤击力波上升缓慢；

5　本规范第 9.4.11 条第 2 款的情况：缺陷深度 x 以上部位的土阻力 R_x 出现卸载回弹。

9.4.13　桩身最大锤击拉、压应力和桩锤实际传递给桩的能量，应分别按本规范附录 G 的公式进行计算。

9.4.14　高应变检测报告应给出实测的力与速度信号曲线。

9.4.15　检测报告除应包括本规范第 3.5.3 条规定的内容外，尚应包括下列内容：

1　计算中实际采用的桩身波速值和 J_c 值；

2　实测曲线拟合法所选用的各单元桩和土的模型参数、拟合曲线、土阻力沿桩身分布图；

3　实测贯入度；

4　试打桩和打桩监控所采用的桩锤型号、桩垫类型，以及监测得到的锤击数、桩侧和桩端静阻力、桩身锤击拉应力和压应力、桩身完整性以及能量传递比随入土深度的变化。

10　声波透射法

10.1　一 般 规 定

10.1.1　本方法适用于混凝土灌注桩的桩身完整性检测，判定桩身缺陷的位置、范围和程度。对于桩径小于 0.6m 的桩，不宜采用本方法进行桩身完整性检测。

10.1.2　当出现下列情况之一时，不得采用本方法对整桩的桩身完整性进行评定：

1　声测管未沿桩身通长配置；

2　声测管堵塞导致检测数据不全；

3　声测管埋设数量不符合本规范第 10.3.2 条的规定。

10.2　仪 器 设 备

10.2.1　声波发射与接收换能器应符合下列规定：

1　圆柱状径向换能器沿径向振动应无指向性；

2　外径应小于声测管内径，有效工作段长度不得大于150mm；

3　谐振频率应为 30kHz～60kHz；

4　水密性应满足 1MPa 水压不渗水。

10.2.2　声波检测仪应具有下列功能：

1　实时显示和记录接收信号时程曲线以及频率测量或频谱分析；

2　最小采样时间间隔应小于等于 0.5μs，系统频带宽度应为 1kHz～200kHz，声波幅值测量相对误差应小于 5%，系统最大动态范围不得小于 100dB；

3　声波发射脉冲应为阶跃或矩形脉冲，电压幅值应为 200 V～1000V；

4　首波实时显示；

5　自动记录声波发射与接收换能器位置。

10.3　声测管埋设

10.3.1　声测管埋设应符合下列规定：

1　声测管内径应大于换能器外径；

2　声测管应有足够的径向刚度，声测管材料的温度系数应与混凝土接近；

3　声测管应下端封闭、上端加盖、管内无异物；声测管连接处应光顺过渡，管口应高出混凝土顶面 100mm 以上；

4　浇灌混凝土前应将声测管有效固定。

10.3.2　声测管应沿钢筋笼内侧呈对称形状布置（图 10.3.2），并依次编号。声测管埋设数量应符合下列规定：

1　桩径小于或等于 800mm 时，不得少于 2 根声测管；

2　桩径大于 800mm 且小于或等于 1600mm 时，

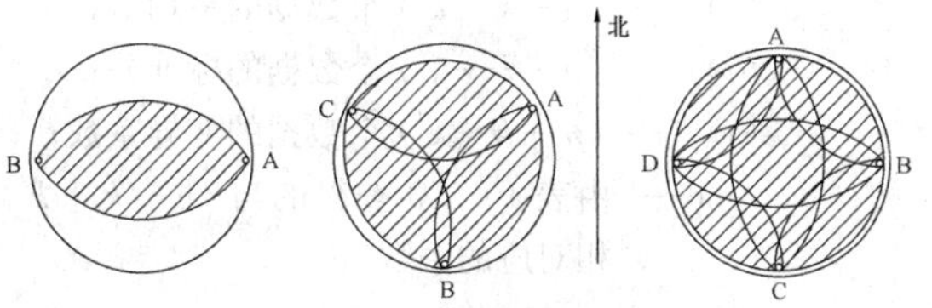

(a) 2根管　(b) 3根管　(c) 4根管

图 10.3.2　声测管布置示意图

注：检测剖面编组（检测剖面序号为 j）分别为：2 根管时，AB 剖面（$j=1$）；3 根管时，AB 剖面（$j=1$），BC 剖面（$j=2$），CA 剖面（$j=3$）；4 根管时，AB 剖面（$j=1$），BC 剖面（$j=2$），CD 剖面（$j=3$），DA 剖面（$j=4$），AC 剖面（$j=5$），BD 剖面（$j=6$）。

不得少于 3 根声测管；

3　桩径大于 1600mm 时，不得少于 4 根声测管；

4　桩径大于 2500mm 时，宜增加预埋声测管数量。

10.4　现 场 检 测

10.4.1　现场检测开始的时间除应符合本规范第 3.2.5 条第 1 款的规定外，尚应进行下列准备工作：

1　采用率定法确定仪器系统延迟时间；

2　计算声测管及耦合水层声时修正值；

3　在桩顶测量各声测管外壁间净距离；

4　将各声测管内注满清水，检查声测管畅通情况；换能器应能在声测管全程范围内正常升降。

10.4.2　现场平测和斜测应符合下列规定：

1　发射与接收声波换能器应通过深度标志分别置于两根声测管中；

2　平测时，声波发射与接收声波换能器应始终保持相同深度（图 10.4.2a）；斜测时，声波发射与接收换能器应始终保持固定高差（图 10.4.2b），且两个换能器中点连线的水平夹角不应大于 30°；

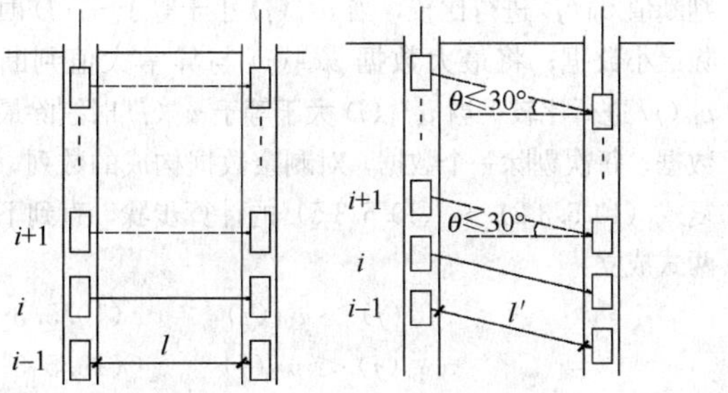

(a) 平测　(b) 斜测

图 10.4.2　平测、斜测示意图

3　声波发射与接收换能器应从桩底向上同步提升，声测线间距不应大于 100mm；提升过程中，应校核换能器的深度和校正换能器的高差，并确保测试波形的稳定性，提升速度不宜大于 0.5m/s；

4　应实时显示、记录每条声测线的信号时程曲线，并读取首波声时、幅值；当需要采用信号主频值作为异常声测线辅助判据时，尚应读取信号的主频值；保存检测数据的同时，应保存波列图信息；

5　同一检测剖面的声测线间距、声波发射电压和仪器设置参数应保持不变。

10.4.3　在桩身质量可疑的声测线附近，应采用增加声测线或采用扇形扫测（图 10.4.3）、交叉斜测、CT 影像技术等方式，进行复测和加密测试，确定缺陷的位置和空间分布范围，排除因声测管耦合不良等非桩身缺陷因素导致的异常声测线。采用扇形扫测时，两个换能器中点连线的水平夹角不应大于 40°。

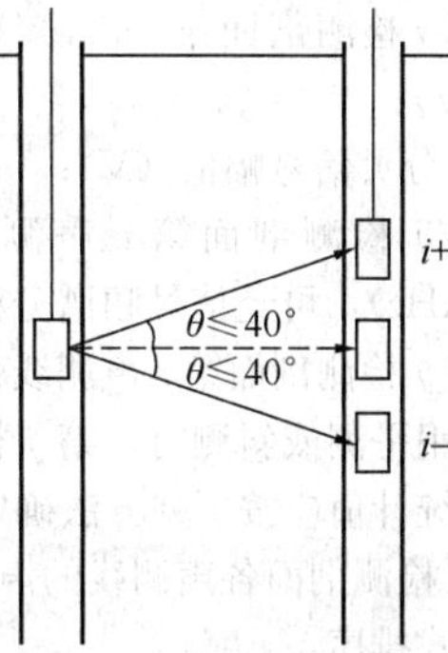

图 10.4.3　扇形扫测示意图

10.5　检测数据分析与判定

10.5.1　当因声测管倾斜导致声速数据有规律地偏高或偏低变化时，应先对管距进行合理修正，然后对数据进行统计分析。当实测数据明显偏离正常值而又无法进行合理修正时，检测数据不得作为评价桩身完整性的依据。

10.5.2　平测时各声测线的声时、声速、波幅及主频，应根据现场检测数据分别按下列公式计算，并绘制声速-深度曲线和波幅-深度曲线，也可绘制辅助的主频-深度曲线以及能量-深度曲线。

$$t_{ci}(j) = t_i(j) - t_0 - t' \qquad (10.5.2\text{-}1)$$

$$v_i(j) = \frac{l'_i(j)}{t_{ci}(j)} \qquad (10.5.2\text{-}2)$$

$$A_{pi}(j) = 20\lg\frac{a_i(j)}{a_0} \qquad (10.5.2\text{-}3)$$

$$f_i(j) = \frac{1000}{T_i(j)} \qquad (10.5.2\text{-}4)$$

式中：i——声测线编号，应对每个检测剖面自下而上（或自上而下）连续编号；

j——检测剖面编号，按本规范第 10.3.2 条编组；

$t_{ci}(j)$——第 j 检测剖面第 i 声测线声时（μs）；

$t_i(j)$——第 j 检测剖面第 i 声测线声时测量值（μs）；

t_0——仪器系统延迟时间（μs）；

t'——声测管及耦合水层声时修正值（μs）；

$l'_i(j)$——第 j 检测剖面第 i 声测线的两声测管的外壁间净距离（mm），当两声测管平行时，可取为两声测管管口的外壁间净距离；斜测时，$l'_i(j)$ 为声波发射和接收换能器各自中点对应的声测管外壁处之间的净距离，可由桩顶面两声测管的外壁间净距离和发射接收声波换能器的高差计算得到；

$v_i(j)$——第 j 检测剖面第 i 声测线声速（km/s）；

$A_{pi}(j)$——第 j 检测剖面第 i 声测线的首波幅值（dB）；

$a_i(j)$——第 j 检测剖面第 i 声测线信号首波幅值（V）；

a_0——零分贝信号幅值（V）；

$f_i(j)$——第 j 检测剖面第 i 声测线信号主频值（kHz），可经信号频谱分析得到；

$T_i(j)$——第 j 检测剖面第 i 声测线信号周期（μs）。

10.5.3 当采用平测或斜测时，第 j 检测剖面的声速异常判断概率统计值应按下列方法确定：

1 将第 j 检测剖面各声测线的声速值 $v_i(j)$ 由大到小依次按下式排序：

$$v_1(j) \geqslant v_2(j) \geqslant \cdots v_k{}'(j) \geqslant \cdots v_{i-1}(j) \geqslant v_i(j) \geqslant v_{i+1}(j) \geqslant \cdots v_{n-k}(j) \geqslant \cdots v_{n-1}(j) \geqslant v_n(j) \quad (10.5.3\text{-}1)$$

式中：$v_i(j)$——第 j 检测剖面第 i 声测线声速，i＝1，2，……，n；

n——第 j 检测剖面的声测线总数；

k——拟去掉的低声速值的数据个数，k＝0，1，2，……；

k'——拟去掉的高声速值的数据个数，k＝0，1，2，……。

2 对逐一去掉 $v_i(j)$ 中 k 个最小数值和 k' 个最大数值后的其余数据，按下列公式进行统计计算：

$$v_{01}(j) = v_m(j) - \lambda \cdot s_x(j) \quad (10.5.3\text{-}2)$$

$$v_{02}(j) = v_m(j) + \lambda \cdot s_x(j) \quad (10.5.3\text{-}3)$$

$$v_m(j) = \frac{1}{n-k-k'}\sum_{i=k'+1}^{n-k} v_i(j) \quad (10.5.3\text{-}4)$$

$$s_x(j) = \sqrt{\frac{1}{n-k-k'-1}\sum_{i=k'+1}^{n-k}(v_i(j)-v_m(j))^2} \quad (10.5.3\text{-}5)$$

$$C_v(j) = \frac{s_x(j)}{v_m(j)} \quad (10.5.3\text{-}6)$$

式中：$v_{01}(j)$——第 j 剖面的声速异常小值判断值；

$v_{02}(j)$——第 j 剖面的声速异常大值判断值；

$v_m(j)$——$(n-k-k')$ 个数据的平均值；

$s_x(j)$——$(n-k-k')$ 个数据的标准差；

$C_v(j)$——$(n-k-k')$ 个数据的变异系数；

λ——由表 10.5.3 查得的与 $(n-k-k')$ 相对应的系数。

表 10.5.3 统计数据个数（$n-k-k'$）与对应的 λ 值

$n-k-k'$	10	11	12	13	14	15	16	17	18	20
λ	1.28	1.33	1.38	1.43	1.47	1.50	1.53	1.56	1.59	1.64
$n-k-k'$	20	22	24	26	28	30	32	34	36	38
λ	1.64	1.69	1.73	1.77	1.80	1.83	1.86	1.89	1.91	1.94
$n-k-k'$	40	42	44	46	48	50	52	54	56	58
λ	1.96	1.98	2.00	2.02	2.04	2.05	2.07	2.09	2.10	2.11
$n-k-k'$	60	62	64	66	68	70	72	74	76	78
λ	2.13	2.14	2.15	2.17	2.18	2.19	2.20	2.21	2.22	2.23
$n-k-k'$	80	82	84	86	88	90	92	94	96	98
λ	2.24	2.25	2.26	2.27	2.28	2.29	2.29	2.30	2.31	2.32
$n-k-k'$	100	105	110	115	120	125	130	135	140	145
λ	2.33	2.34	2.36	2.38	2.39	2.41	2.42	2.43	2.45	2.46
$n-k-k'$	150	160	170	180	190	200	220	240	260	280
λ	2.47	2.50	2.52	2.54	2.56	2.58	2.61	2.64	2.67	2.69
$n-k-k'$	300	320	340	360	380	400	420	440	470	500
λ	2.72	2.74	2.76	2.77	2.79	2.81	2.82	2.84	2.86	2.88
$n-k-k'$	550	600	650	700	750	800	850	900	950	1000
λ	2.91	2.94	2.96	2.98	3.00	3.02	3.04	3.06	3.08	3.09
$n-k-k'$	1100	1200	1300	1400	1500	1600	1700	1800	1900	2000
λ	3.12	3.14	3.17	3.19	3.21	3.23	3.24	3.26	3.28	3.29

3 按 k＝0、k'＝0、k＝1、k'＝1、k＝2、k'＝2……的顺序，将参加统计的数列最小数据 $v_{n-k}(j)$ 与异常小值判断值 $v_{01}(j)$ 进行比较，当 $v_{n-k}(j)$ 小于等于 $v_{01}(j)$ 时剔除最小数据；将最大数据 $v_{k'+1}(j)$ 与异常大值判断值 $v_{02}(j)$ 进行比较，当 $v_{k'+1}(j)$ 大于等于 $v_{02}(j)$ 时剔除最大数据；每次剔除一个数据，对剩余数据构成的数列，重复式（10.5.3-2）～（10.5.3-5）的计算步骤，直到下列两式成立：

$$v_{n-k}(j) > v_{01}(j) \quad (10.5.3\text{-}7)$$

$$v_{k'+1}(j) < v_{02}(j) \quad (10.5.3\text{-}8)$$

4 第 j 检测剖面的声速异常判断概率统计值，应按下式计算：

$$v_0(j) = \begin{cases} v_m(j)(1-0.015\lambda) & \text{当 } C_v(j) < 0.015 \text{ 时} \\ v_{01}(j) & \text{当 } 0.015 \leqslant C_v(j) \leqslant 0.045 \text{ 时} \\ v_m(j)(1-0.045\lambda) & \text{当 } C_v(j) > 0.045 \text{ 时} \end{cases} \quad (10.5.3\text{-}9)$$

式中：$v_0(j)$——第 j 检测剖面的声速异常判断概率统计值。

10.5.4 受检桩的声速异常判断临界值，应按下列方法确定：

1 应根据本地区经验，结合预留同条件混凝土试件或钻芯法获取的芯样试件的抗压强度与声速对比试验，分别确定桩身混凝土声速低限值 v_L 和混凝土试件的声速平均值 v_p。

2 当 $v_0(j)$ 大于 v_L 且小于 v_p 时

$$v_c(j) = v_0(j) \qquad (10.5.4)$$

式中：$v_c(j)$——第 j 检测剖面的声速异常判断临界值；

$v_0(j)$——第 j 检测剖面的声速异常判断概率统计值。

3 当 $v_0(j)$ 小于等于 v_L 或 $v_0(j)$ 大于等于 v_p 时，应分析原因；第 j 检测剖面的声速异常判断临界值可按下列情况的声速异常判断临界值综合确定：

1）同一根桩的其他检测剖面的声速异常判断临界值；

2）与受检桩属同一工程、相同桩型且混凝土质量较稳定的其他桩的声速异常判断临界值。

4 对只有单个检测剖面的桩，其声速异常判断临界值等于检测剖面声速异常判断临界值；对具有三个及三个以上检测剖面的桩，应取各个检测剖面声速异常判断临界值的算术平均值，作为该桩各声测线的声速异常判断临界值。

10.5.5 声速 $v_i(j)$ 异常应按下式判定：

$$v_i(j) \leqslant v_c \qquad (10.5.5)$$

10.5.6 波幅异常判断的临界值，应按下列公式计算：

$$A_m(j) = \frac{1}{n}\sum_{j=1}^{n} A_{pj}(j) \qquad (10.5.6\text{-}1)$$

$$A_c(j) = A_m(j) - 6 \qquad (10.5.6\text{-}2)$$

波幅 $A_{pi}(j)$ 异常应按下式判定：

$$A_{pi}(j) < A_c(j) \qquad (10.5.6\text{-}3)$$

式中：$A_m(j)$——第 j 检测剖面各声测线的波幅平均值（dB）；

$A_{pi}(j)$——第 j 检测剖面第 i 声测线的波幅值（dB）；

$A_c(j)$——第 j 检测剖面波幅异常判断的临界值（dB）；

n——第 j 检测剖面的声测线总数。

10.5.7 当采用信号主频值作为辅助异常声测线判据时，主频-深度曲线上主频值明显降低的声测线可判定为异常。

10.5.8 当采用接收信号的能量作为辅助异常声测线判据时，能量-深度曲线上接收信号能量明显降低可判定为异常。

10.5.9 采用斜率法作为辅助异常声测线判据时，声时-深度曲线上相邻两点的斜率与声时差的乘积 PSD 值应按下式计算。当 PSD 值在某深度处突变时，宜结合波幅变化情况进行异常声测线判定。

$$PSD(j,i) = \frac{[t_{ci}(j) - t_{ci-1}(j)]^2}{z_i - z_{i-1}} \qquad (10.5.9)$$

式中：PSD——声时-深度曲线上相邻两点连线的斜率与声时差的乘积（$\mu s^2/m$）；

$t_{ci}(j)$——第 j 检测剖面第 i 声测线的声时（μs）；

$t_{ci-1}(j)$——第 j 检测剖面第 $i-1$ 声测线的声时（μs）；

z_i——第 i 声测线深度（m）；

z_{i-1}——第 $i-1$ 声测线深度（m）。

10.5.10 桩身缺陷的空间分布范围，可根据以下情况判定：

1 桩身同一深度上各检测剖面桩身缺陷的分布；

2 复测和加密测试的结果。

10.5.11 桩身完整性类别应结合桩身缺陷处声测线的声学特征、缺陷的空间分布范围，按本规范表3.5.1和表10.5.11所列特征进行综合判定。

表 10.5.11 桩身完整性判定

类别	特 征
Ⅰ	所有声测线声学参数无异常，接收波形正常； 存在声学参数轻微异常、波形轻微畸变的异常声测线，异常声测线在任一检测剖面的任一区段内纵向不连续分布，且在任一深度横向分布的数量小于检测剖面数量的50%
Ⅱ	存在声学参数轻微异常、波形轻微畸变的异常声测线，异常声测线在一个或多个检测剖面的一个或多个区段内纵向连续分布，或在一个或多个深度横向分布的数量大于或等于检测剖面数量的50%； 存在声学参数明显异常、波形明显畸变的异常声测线，异常声测线在任一检测剖面的任一区段内纵向不连续分布，且在任一深度横向分布的数量小于检测剖面数量的50%
Ⅲ	存在声学参数明显异常、波形明显畸变的异常声测线，异常声测线在一个或多个检测剖面的一个或多个区段内纵向连续分布，但在任一深度横向分布的数量小于检测剖面数量的50%； 存在声学参数明显异常、波形明显畸变的异常声测线，异常声测线在任一检测剖面的任一区段内纵向不连续分布，但在一个或多个深度横向分布的数量大于或等于检测剖面数量的50%； 存在声学参数严重异常、波形严重畸变或声速低于低限值的异常声测线，异常声测线在任一检测剖面的任一区段内纵向不连续分布，且在任一深度横向分布的数量小于检测剖面数量的50%

续表 10.5.11

类别	特　征
Ⅳ	存在声学参数明显异常、波形明显畸变的异常声测线，异常声测线在一个或多个检测剖面的一个或多个区段内纵向连续分布，且在一个或多个深度横向分布的数量大于或等于检测剖面数量的50%； 存在声学参数严重异常、波形严重畸变或声速低于低限值的异常声测线，异常声测线在一个或多个检测剖面的一个或多个区段内纵向连续分布，或在一个或多个深度横向分布的数量大于或等于检测剖面数量的50%

注：1　完整性类别由Ⅳ类往Ⅰ类依次判定。

2　对于只有一个检测剖面的受检桩，桩身完整性判定应按该检测剖面代表桩全部横截面的情况对待。

10.5.12　检测报告除应包括本规范第3.5.3条规定的内容外，尚应包括下列内容：

1　声测管布置图及声测剖面编号；

2　受检桩每个检测剖面声速-深度曲线、波幅-深度曲线，并将相应判据临界值所对应的标志线绘制于同一个坐标系；

3　当采用主频值、*PSD*值或接收信号能量进行辅助分析判定时，应绘制相应的主频-深度曲线、*PSD*曲线或能量-深度曲线；

4　各检测剖面实测波列图；

5　对加密测试、扇形扫测的有关情况说明；

6　当对管距进行修正时，应注明进行管距修正的范围及方法。

附录A　桩身内力测试

A.0.1　桩身内力测试适用于桩身横截面尺寸基本恒定或已知的桩。

A.0.2　桩身内力测试宜根据测试目的、试验桩型及施工工艺选用电阻应变式传感器、振弦式传感器、滑动测微计或光纤式应变传感器。

A.0.3　传感器测量断面应设置在两种不同性质土层的界面处，且距桩顶和桩底的距离不宜小于1倍桩径。在地面处或地面以上应设置一个测量断面作为传感器标定断面。传感器标定断面处应对称设置4个传感器，其他测量断面处可对称埋设2个～4个传感器，当桩径较大或试验要求较高时取高值。

A.0.4　采用滑动测微计时，可在桩身内通长埋设1根或1根以上的测管，测管内宜每隔1m设测标或测量断面一个。

A.0.5　应变传感器安装，可根据不同桩型选择下列方式：

1　钢桩可将电阻应变计直接粘贴在桩身上，振弦式和光纤式传感器可采用焊接或螺栓连接固定在桩身上；

2　混凝土桩可采用焊接或绑焊工艺将传感器固定在钢筋笼上；对采用蒸汽养护或高压蒸养的混凝土预制桩，应选用耐高温的电阻应变计、粘贴剂和导线。

A.0.6　电阻应变式传感器及其连接电缆，应有可靠的防潮绝缘防护措施；正式测试前，传感器及电缆的系统绝缘电阻不得低于200MΩ。

A.0.7　应变测量所用的仪器，宜具有多点自动测量功能，仪器的分辨力应优于或等于1$\mu\varepsilon$。

A.0.8　弦式钢筋计应按主筋直径大小选择，并采用与之匹配的频率仪进行测量。频率仪的分辨力应优于或等于1Hz，仪器的可测频率范围应大于桩在最大加载时的频率的1.2倍。使用前，应对钢筋计逐个标定，得出压力（拉力）与频率之间的关系。

A.0.9　带有接长杆的弦式钢筋计宜焊接在主筋上，不宜采用螺纹连接。

A.0.10　滑动测微计测管的埋设应确保测标同桩身位移协调一致，并保持测标清洁。测管安装可根据下列情况采用不同的方法：

1　对钢管桩，可通过安装在测管上的测标与钢管桩的焊接，将测管固定在桩壁内侧；

2　对非高温养护预制桩，可将测管预埋在预制桩中；管桩可在沉桩后将测管放入中心孔中，用含膨润土的水泥浆充填测管与桩壁间的空隙；

3　对灌注桩，可在浇筑混凝土前将测管绑扎在主筋上，并应采取防止钢筋笼扭曲的措施。

A.0.11　滑动测微计测试前后，应进行仪器标定，获得仪器零点和标定系数。

A.0.12　当桩身应变与桩身位移需要同时测量时，桩身位移测试应与桩身应变测试同步。

A.0.13　测试数据整理应符合下列规定：

1　采用电阻应变式传感器测量，但未采用六线制长线补偿时，应按下列公式对实测应变值进行导线电阻修正：

采用半桥测量时：

$$\varepsilon=\varepsilon'\cdot\left(1+\frac{r}{R}\right) \qquad (A.0.13\text{-}1)$$

采用全桥测量时：

$$\varepsilon=\varepsilon'\cdot\left(1+\frac{2r}{R}\right) \qquad (A.0.13\text{-}2)$$

式中：ε——修正后的应变值；

ε'——修正前的应变值；

r——导线电阻（Ω）；

R——应变计电阻（Ω）。

2　采用弦式钢筋计测量时，应根据率定系数将钢筋计的实测频率换算成力值，再将力值换算成与钢筋计断面处混凝土应变相等的钢筋应变量。

3 采用滑动测微计测量时，应按下列公式计算应变值：

$$e = (e' - z_0) \cdot K \qquad (A.0.13\text{-}3)$$

$$\varepsilon = e - e_0 \qquad (A.0.13\text{-}4)$$

式中：e——仪器读数修正值；

e'——仪器读数；

z_0——仪器零点；

K——率定系数；

ε——应变值；

e_0——初始测试仪器读数修正值。

4 数据处理时，应删除异常测点数据，求出同一断面有效测点的应变平均值，并应按下式计算该断面处的桩身轴力：

$$Q_i = \bar{\varepsilon}_i \cdot E_i \cdot A_i \qquad (A.0.13\text{-}5)$$

式中：Q_i——桩身第 i 断面处轴力（kN）；

$\bar{\varepsilon}_i$——第 i 断面处应变平均值，长期监测时应消除桩身徐变影响；

E_i——第 i 断面处桩身材料弹性模量（kPa）；当混凝土桩桩身测量断面与标定断面两者的材质、配筋一致时，应按标定断面处的应力与应变的比值确定；

A_i——第 i 断面处桩身截面面积（m^2）。

5 每级试验荷载下，应将桩身不同断面处的轴力值制成表格，并绘制轴力分布图。桩侧土的分层侧阻力和桩端阻力应分别按下列公式计算：

$$q_{si} = \frac{Q_i - Q_{i+1}}{u \cdot l_i} \qquad (A.0.13\text{-}6)$$

$$q_p = \frac{Q_n}{A_0} \qquad (A.0.13\text{-}7)$$

式中：q_{si}——桩第 i 断面与 $i+1$ 断面间侧阻力（kPa）；

q_p——桩的端阻力（kPa）；

i——桩检测断面顺序号，$i=1，2，\cdots\cdots，n$，并自桩顶以下从小到大排列；

u——桩身周长（m）；

l_i——第 i 断面与第 $i+1$ 断面之间的桩长（m）；

Q_n——桩端的轴力（kN）；

A_0——桩端面积（m^2）。

6 桩身第 i 断面处的钢筋应力应按下式计算：

$$\sigma_{si} = E_s \cdot \varepsilon_{si} \qquad (A.0.13\text{-}8)$$

式中：σ_{si}——桩身第 i 断面处的钢筋应力（kPa）；

E_s——钢筋弹性模量（kPa）；

ε_{si}——桩身第 i 断面处的钢筋应变。

A.0.14 指定桩身断面的沉降以及两个指定桩身断面之间的沉降差，可采用位移杆测量。位移杆应具有一定的刚度，宜采用内外管形式：外管固定在桩身，内管下端固定在需测试断面，顶端高出外管100mm～200mm，并能与测试断面同步位移。

A.0.15 测量位移杆位移的检测仪器应符合本规范第4.2.4条的规定。数据的测读应与桩顶位移测量同步。

附录B 混凝土桩桩头处理

B.0.1 混凝土桩应凿掉桩顶部的破碎层以及软弱或不密实的混凝土。

B.0.2 桩头顶面应平整，桩头中轴线与桩身上部的中轴线应重合。

B.0.3 桩头主筋应全部直通至桩顶混凝土保护层之下，各主筋应在同一高度上。

B.0.4 距桩顶1倍桩径范围内，宜用厚度为3mm～5mm的钢板围裹或距桩顶1.5倍桩径范围内设置箍筋，间距不宜大于100mm。桩顶应设置钢筋网片1层～2层，间距60mm～100mm。

B.0.5 桩头混凝土强度等级宜比桩身混凝土提高1级～2级，且不得低于C30。

B.0.6 高应变法检测的桩头测点处截面尺寸应与原桩身截面尺寸相同。

B.0.7 桩顶应用水平尺找平。

附录C 静载试验记录表

C.0.1 单桩竖向抗压静载试验的现场检测数据宜按表C.0.1的格式记录。

表C.0.1 单桩竖向抗压静载试验记录表

工程名称				桩号		日期			
加载级	油压（MPa）	荷载（kN）	测读时间	位移计（百分表）读数				本级沉降（mm）	累计沉降（mm）	备注
				1号	2号	3号	4号			

检测单位： 校核： 记录：

C.0.2 单桩水平静载试验的现场检测数据宜按表C.0.2的格式记录。

表 C.0.2 单桩水平静载试验记录表

工程名称				桩号		日期				上下表距		
油压（MPa）	荷载（kN）	观测时间	循环数	加载		卸载		水平位移（mm）		加载上下表读数差	转角	备注
				上表	下表	上表	下表	加载	卸载			

检测单位： 校核： 记录：

附录 D 钻芯法检测记录表

D.0.1 钻芯法检测的现场操作记录和芯样编录应分别按表 D.0.1-1 和表 D.0.1-2 的格式记录；检测芯样综合柱状图应按表 D.0.1-3 的格式记录和描述。

表 D.0.1-1 钻芯法检测现场操作记录表

桩号			孔号		工程名称			
时间		钻进（m）			芯样编号	芯样长度（m）	残留芯样	芯样初步描述及异常情况记录
自	至	自	至	计				

检测日期 机长： 记录： 页次：

表 D.0.1-2 钻芯法检测芯样编录表

工程名称			日期	
桩号/钻芯孔号		桩径	混凝土设计强度等级	
项目	分段（层）深度（m）	芯样描述	取样编号 取样深度	备注
桩身混凝土		混凝土钻进深度，芯样连续性、完整性、胶结情况、表面光滑情况、断口吻合程度、混凝土芯是否为柱状、骨料大小分布情况，以及气孔、空洞、蜂窝麻面、沟槽、破碎、夹泥、松散的情况		
桩底沉渣		桩端混凝土与持力层接触情况、沉渣厚度		
持力层		持力层钻进深度，岩土名称、芯样颜色、结构构造、裂隙发育程度、坚硬及风化程度； 分层岩层应分层描述	（强风化或土层时的动力触探或标贯结果）	

检测单位： 记录员： 检测人员：

表 D.0.1-3 钻芯法检测芯样综合柱状图

桩号/孔号		混凝土设计强度等级		桩顶标高		开孔时间	
施工桩长		设计桩径		钻孔深度		终孔时间	
层序号	层底标高（m）	层底深度（m）	分层厚度（m）	混凝土/岩土芯柱状图（比例尺）	桩身混凝土、持力层描述	序号 芯样强度深度（m）	备注
				□ □ □			

编制： 校核：

注：□代表芯样试件取样位置。

附录 E 芯样试件加工和测量

E.0.1 芯样加工时应将芯样固定，锯切平面垂直于芯样轴线。锯切过程中应淋水冷却金刚石圆锯片。

E.0.2 锯切后的芯样试件不满足平整度及垂直度要求时，应选用下列方法进行端面加工：

1 在磨平机上磨平；

2 用水泥砂浆、水泥净浆、硫磺胶泥或硫磺等材料在专用补平装置上补平；水泥砂浆或水泥净浆的补平厚度不宜大于 5mm，硫磺胶泥或硫磺的补平厚度不宜大于 1.5mm。

E.0.3 补平层应与芯样结合牢固，受压时补平层与芯样的结合面不得提前破坏。

E.0.4 试验前，应对芯样试件的几何尺寸做下列测量：

1 平均直径：在相互垂直的两个位置上，用游标卡尺测量芯样表观直径偏小的部位的直径，取其两次测量的算术平均值，精确至 0.5mm；

2 芯样高度：用钢卷尺或钢板尺进行测量，精确至 1mm；

3 垂直度：用游标量角器测量两个端面与母线的夹角，精确至 0.1°；

4 平整度：用钢板尺或角尺紧靠在芯样端面上，一面转动钢板尺，一面用塞尺测量与芯样端面之间的缝隙。

E.0.5 芯样试件出现下列情况时，不得用作抗压或单轴抗压强度试验：

1 试件有裂缝或有其他较大缺陷时；

2 混凝土芯样试件内含有钢筋时；

3 混凝土芯样试件高度小于 0.95d 或大于 1.05d 时（d 为芯样试件平均直径）；

4 岩石芯样试件高度小于 2.0d 或大于 2.5d 时；

5 沿试件高度任一直径与平均直径相差达 2mm 以上时；

6 试件端面的不平整度在 100mm 长度内超过 0.1mm 时；

7 试件端面与轴线的不垂直度超过 2°时；

8 表观混凝土粗骨料最大粒径大于芯样试件平均直径 0.5 倍时。

附录 F 高应变法传感器安装

F.0.1 高应变法检测时的冲击响应可采用对称安装在桩顶下桩侧表面的加速度传感器测量；冲击力可按下列方式测量：

1 采用对称安装在桩顶下桩侧表面的应变传感器测量测点处的应变，并将应变换算成冲击力；

2 在自由落锤锤体顶面下对称安装加速度传感器直接测量冲击力。

F.0.2 在桩顶下桩侧表面安装应变传感器和加速度传感器（图 F.0.1a～图 F.0.1c）时，应符合下列规定：

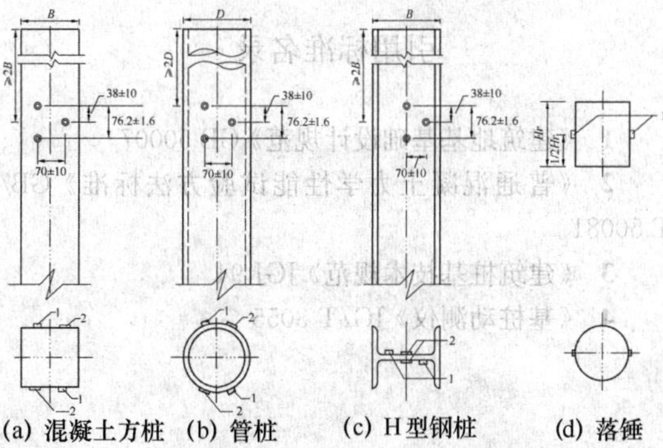

图 F.0.1 传感器安装示意图

注：图中尺寸单位为 mm。

1—加速度传感器；2—应变传感器；

B—矩形桩的边宽；D—桩身外径；

H_r—落锤锤体高度

1 应变传感器和加速度传感器，宜分别对称安装在距桩顶不小于 $2D$ 或 $2B$ 的桩侧表面处；对于大直径桩，传感器与桩顶之间的距离可适当减小，但不得小于 D；传感器安装面处的材质和截面尺寸应与原桩身相同，传感器不得安装在截面突变处附近；

2 应变传感器与加速度传感器的中心应位于同一水平线上；同侧的应变传感器和加速度传感器间的水平距离不宜大于 80mm；

3 各传感器的安装面材质应均匀、密实、平整；当传感器的安装面不平整时，可采用磨光机将其磨平；

4 安装传感器的螺栓钻孔应与桩侧表面垂直；安装完毕后的传感器应紧贴桩身表面，传感器的敏感轴应与桩中心轴平行；锤击时传感器不得产生滑动；

5 安装应变式传感器时，应对其初始应变值进行监视；安装后的传感器初始应变值不应过大，锤击时传感器的可测轴向变形余量的绝对值应符合下列规定：

1）混凝土桩不得小于 1000$\mu\varepsilon$；

2）钢桩不得小于 1500$\mu\varepsilon$。

F.0.3 自由落锤锤体上安装加速度传感器（图 F.0.1d）时，除应符合本规范第 F.0.2 条的有关规定外，尚应保证安装在桩侧表面的加速度传感器距桩顶的距离，不小于下列数值中的较大者：

1 0.4H_r；

2 D 或 B。

F.0.4 当连续锤击监测时，应将传感器连接电缆有效固定。

附录 G 试打桩与打桩监控

G.1 试 打 桩

G.1.1 为选择工程桩的桩型、桩长和桩端持力层进行试打桩时，应符合下列规定：

1 试打桩位置的地基条件应具有代表性；

2 试打桩过程中，应按桩端进入的土层逐一进行测试；当持力层较厚时，应在同一土层中进行多次测试。

G.1.2 桩端持力层应根据试打桩的打桩阻力与贯入度的关系，结合场地岩土工程勘察报告综合判定。

G.1.3 采用试打桩预估桩的承载力应符合下列规定：

1 应通过试打桩复打试验确定桩的承载力恢复系数；

2 复打至初打的休止时间应符合本规范表 3.2.5 的规定；

3 试打桩数量不应少于 3 根。

G.2 桩身锤击应力监测

G.2.1 桩身锤击应力监测应符合下列规定：

1 被监测桩的桩型、材质应与工程桩相同；施打机械的锤型、落距和垫层材料及状况应与工程桩施工时相同；

2 监测应包括桩身锤击拉应力和锤击压应力两部分。

G.2.2 桩身锤击应力最大值监测宜符合下列规定：

1 桩身锤击拉应力宜在预计桩端进入软土层或桩端穿过硬土层进入软夹层时测试；

2 桩身锤击压应力宜在桩端进入硬土层或桩侧土阻力较大时测试。

G.2.3 传感器安装点以下深度的桩身锤击拉应力应按下式计算：

$$\sigma_t = \frac{1}{2A}\Big[F\Big(t_1+\frac{2L}{c}\Big)-Z\cdot V\Big(t_1+\frac{2L}{c}\Big) + F\Big(t_1+\frac{2L-2x}{c}\Big) + Z\cdot V\Big(t_1+\frac{2L-2x}{c}\Big)\Big] \tag{G.2.3}$$

式中：σ_t——深度 x 处的桩身锤击拉应力（kPa）；

x——传感器安装点至计算点的深度（m）；

A——桩身截面面积（m^2）。

G.2.4 最大桩身锤击拉应力出现的深度，应与式（G.2.3）确定的最大桩身锤击拉应力相对应。

G.2.5 最大桩身锤击压应力可按下式计算：

$$\sigma_p = \frac{F_{max}}{A} \tag{G.2.5}$$

式中：σ_p——最大桩身锤击压应力（kPa）；

F_{max}——实测的最大锤击力（kN）。

当打桩过程中突然出现贯入度骤减甚至拒锤时，应考虑与桩端接触的硬层对桩身锤击压应力的放大作用。

G.2.6 桩身最大锤击应力控制值应符合现行行业标准《建筑桩基技术规范》JGJ 94 的有关规定。

G.3 锤击能量监测

G.3.1 桩锤实际传递给桩的能量应按下式计算：

$$E_n = \int_0^{t_e} F\cdot V\cdot dt \tag{G.3.1}$$

式中：E_n——桩锤实际传递给桩的能量（kJ）；

t_e——采样结束的时刻（s）。

G.3.2 桩锤最大动能宜通过测定锤芯最大运动速度确定。

G.3.3 桩锤传递比应按桩锤实际传递给桩的能量与桩锤额定能量的比值确定；桩锤效率应按实测的桩锤最大动能与桩锤额定能量的比值确定。

本规范用词说明

1 为便于在执行本规范条文时区别对待，对要求严格程度不同的用词说明如下：

1） 表示很严格，非这样做不可的用词：
正面词采用“必须”，反面词采用“严禁”；

2） 表示严格，在正常情况均应这样做的用词：
正面词采用“应”，反面词采用“不应”或“不得”；

3） 表示允许稍有选择，在条件许可时首先应这样做的用词：
正面词采用“宜”，反面词采用“不宜”；

4） 表示有选择，在一定条件下可以这样做的用词，采用“可”。

2 条文中指明按其他有关标准执行的写法为：“应符合……的规定”或“应按……执行”。

引用标准名录

1 《建筑地基基础设计规范》GB 50007

2 《普通混凝土力学性能试验方法标准》GB/T 50081

3 《建筑桩基技术规范》JGJ 94

4 《基桩动测仪》JG/T 3055

中华人民共和国行业标准

建筑基桩检测技术规范

JGJ 106—2014

条 文 说 明

修订说明

《建筑基桩检测技术规范》JGJ 106-2014，经住房和城乡建设部 2014 年 4 月 16 日以第 384 公告批准、发布。

本规范是在《建筑基桩检测技术规范》JGJ 106-2003 的基础上修订而成的。上一版的主编单位是中国建筑科学研究院，参编单位是广东省建筑科学研究院、上海港湾工程设计研究院、冶金工业工程质量监督总站检测中心、中国科学院武汉岩土力学研究所、深圳市勘察研究院、辽宁省建设科学研究院、河南省建筑工程质量检验测试中心站、福建省建筑科学研究院、上海市建筑科学研究院。主要起草人为陈凡、徐天平、朱光裕、钟冬波、刘明贵、刘金砺、叶万灵、滕延京、李大展、刘艳玲、关立军、李荣强、王敏权、陈久照、赵海生、柳春、季沧江。本次修订的主要技术内容是：1. 原规范的 10 条强制性条文修订减少为 4 条；2. 取消了原规范对检测机构和人员的要求；3. 基桩检测方法选择原则及抽检数量的规定；4. 大吨位堆载时支墩边与基准桩中心距离的要求；5. 桩底持力层岩土性状评价时截取岩芯数量的要求；6. 钻芯法判定桩身完整性的一桩多钻芯孔关联性判据，桩身混凝土强度对桩身完整性分类的影响；7. 对低应变法检测结果判定时易出现误判情况进行识别的要求；8. 长桩提前卸载对高应变法桩身完整性系数计算的影响；9. 声测管埋设的要求；10. 声波透射法现场自动检测及其仪器的相关要求；11. 声波透射法的声速异常判断临界值的确定方法；12. 声波透射法多测线、多剖面的空间关联性判据。

本规范修订过程中，编制组对我国基桩检测现状进行了调查研究，总结了《建筑基桩检测技术规范》JGJ 106-2003 实施以来的实践经验、出现的问题，同时参考了国外的先进检测技术、方法标准，通过调研、征求意见，对增加和修订的内容进行反复讨论、分析、论证，开展专题研究和工程实例验证等工作，为本次规范修订提供了依据。

为便于广大工程检测、设计、施工、监理、科研、学校等单位有关人员在使用本规范时能正确理解和执行条文规定，《建筑基桩检测技术规范》编制组按章、节、条顺序编制了本规范的条文说明。对条文规定的目的、依据以及执行中需注意的有关事项进行了说明，还着重对强制性条文的强制性理由做了解释。但是，本条文说明不具备与规范正文同等的法律效力，仅供使用者作为理解和把握规范规定的参考。

目　次

1　总则 ………………………………………… 18—32
2　术语和符号 ………………………………… 18—32
2.1　术语……………………………………… 18—32
3　基本规定 …………………………………… 18—33
3.1　一般规定………………………………… 18—33
3.2　检测工作程序…………………………… 18—34
3.3　检测方法选择和检测数量……………… 18—35
3.4　验证与扩大检测………………………… 18—36
3.5　检测结果评价和检测报告……………… 18—37
4　单桩竖向抗压静载试验…………………… 18—38
4.1　一般规定………………………………… 18—38
4.2　设备仪器及其安装 ……………………… 18—38
4.3　现场检测………………………………… 18—39
4.4　检测数据分析与判定…………………… 18—40
5　单桩竖向抗拔静载试验…………………… 18—41
5.1　一般规定………………………………… 18—41
5.2　设备仪器及其安装……………………… 18—41
5.3　现场检测………………………………… 18—41
5.4　检测数据分析与判定 …………………… 18—42
6　单桩水平静载试验 ………………………… 18—42
6.1　一般规定………………………………… 18—42
6.2　设备仪器及其安装……………………… 18—42
6.3　现场检测………………………………… 18—42
6.4　检测数据分析与判定…………………… 18—42
7　钻芯法……………………………………… 18—43
7.1　一般规定………………………………… 18—43
7.2　设备……………………………………… 18—44
7.3　现场检测………………………………… 18—44
7.4　芯样试件截取与加工 …………………… 18—45
7.5　芯样试件抗压强度试验………………… 18—45
7.6　检测数据分析与判定…………………… 18—46
8　低应变法…………………………………… 18—47
8.1　一般规定………………………………… 18—47
8.2　仪器设备………………………………… 18—47
8.3　现场检测………………………………… 18—48
8.4　检测数据分析与判定…………………… 18—49
9　高应变法…………………………………… 18—52
9.1　一般规定………………………………… 18—52
9.2　仪器设备………………………………… 18—52
9.3　现场检测………………………………… 18—53
9.4　检测数据分析与判定…………………… 18—55
10　声波透射法 ……………………………… 18—58
10.1　一般规定 ……………………………… 18—58
10.2　仪器设备 ……………………………… 18—58
10.3　声测管埋设 …………………………… 18—58
10.4　现场检测 ……………………………… 18—58
10.5　检测数据分析与判定 ………………… 18—59
附录A　桩身内力测试 ……………………… 18—62

1 总 则

1.0.1 桩基础是国内应用最为广泛的一种基础形式，其工程质量涉及上部结构的安全。我国年用桩量逾千万根，施工单位数量庞大且技术水平参差不齐，面对如此之大的用桩量，确保质量一直备受建设各方的关注。我国地质条件复杂多样，桩基工程技术的地域应用和发展水平不平衡。桩基工程质量除受岩土工程条件、基础与结构设计、桩土相互作用、施工工艺以及专业水平和经验等关联因素影响外，还具有施工隐蔽性高、更容易存在质量隐患的特点，发现质量问题难，出现事故处理更难。因此，设计规范、施工验收规范将桩的承载力和桩身结构完整性的检测均列为强制性要求，可见检测方法及其评价结果的正确与否直接关系上部结构的正常使用与安全。

2003版规范较好地解决了各种基桩检测方法的技术能力定位、方法合理选择搭配、结果评价等问题，使基桩检测方法、数量选择、检测操作和结果评价在建工行业内得到了统一，对保证桩基工程质量提供了有力的支持。

2003版规范实施以来，基桩的检测方法及其分析技术也在不断进步，工程桩检测的理论与实践经验也得到了丰富与积累。近十年来随着桩基技术和建设规模的快速发展，全国各地超高层、大跨结构普遍使用超大荷载基桩，单项工程出现了几千甚至上万根基桩用量，这些对基桩质量检测工作如何做到安全且适用提出了新的要求。因此，规范基桩检测工作，总结经验，提高基桩检测工作的质量，对促进基桩检测技术的健康发展将起到积极作用。

1.0.2 本规范适用于建工行业建筑和市政桥梁工程基桩的试验与检测。具体分为施工前为设计提供依据的试验桩检测和施工后为验收提供依据的工程桩检测，重点放在后者，主要检测参数为基桩的承载力和桩身完整性。

本规范所指的基桩是混凝土灌注桩、混凝土预制桩（包括预应力管桩）和钢桩。基桩的承载力和桩身完整性检测是基桩质量检测中的两项重要内容，除此之外，质量检测的其他内容与要求已在相关的设计和施工质量验收规范中作了明确规定。本规范的适用范围是根据现行国家标准《建筑地基基础设计规范》GB 50007和《建筑地基基础工程施工质量验收规范》GB 50202 的有关规定制定的，水利、交通、铁路等工程的基桩检测可参照使用。此外，对于支护桩以及复合地基增强体设计强度等级不小于C15的高粘结强度桩（水泥粉煤灰碎石桩），其桩身完整性检测的原理、方法与本规范基桩的桩身完整性检测无异，同样可参照本规范执行。

1.0.3 本条是本规范编制的基本原则。桩基工程的安全与单桩本身的质量直接相关，而地基条件、设计条件（桩的承载性状、桩的使用功能、桩型、基础和上部结构的形式等）和施工因素（成桩工艺、施工过程的质量控制、施工质量的均匀性、施工方法的可靠性等）不仅对单桩质量而且对整个桩基的正常使用均有影响。另外，检测得到的数据和信号也包含了诸如地基条件、桩身材料、不同桩型及其成桩可靠性、桩的休止时间等设计和施工因素的作用和影响，这些也直接决定了与检测方法相应的检测结果判定是否可靠，及所选择的受检桩是否具有代表性等。如果基桩检测及其结果判定时抛开这些影响因素，就会造成不必要的浪费或隐患。同时，由于各种检测方法在可靠性或经济性方面存在不同程度的局限性，多种方法配合时又具有一定的灵活性。因此，应根据检测目的、检测方法的适用范围和特点，考虑上述各种因素合理选择检测方法，使各种检测方法尽量能互为补充或验证，实现各种方法合理搭配、优势互补，即在达到“正确评价”目的的同时，又要体现经济合理性。

1.0.4 由于基桩检测工作需在工地现场开展，因此基桩检测不仅应满足国家现行有关标准的技术性要求，显然还应符合工地安全生产、防护、环保等有关标准的规定。

2 术语和符号

2.1 术 语

2.1.2 桩身完整性是一个综合定性指标，而非严格的定量指标，其类别是按缺陷对桩身结构承载力的影响程度划分的。这里有三点需要说明：

1 连续性包涵了桩长不够的情况。因动测法只能估算桩长，桩长明显偏短时，给出断桩的结论是正常的。而钻芯法则不同，可准确测定桩长。

2 作为完整性定性指标之一的桩身截面尺寸，由于定义为“相对变化”，所以先要确定一个相对衡量尺度。但检测时，桩径是否减小可能会比照以下条件之一：

1）按设计桩径；

2）根据设计桩径，并针对不同成桩工艺的桩型按施工验收规范考虑桩径的允许负偏差；

3）考虑充盈系数后的平均施工桩径。

所以，灌注桩是否缩颈必须有一个参考基准。过去，在动测法检测并采用开挖验证时，说明动测结论与开挖验证结果是否符合通常是按第一种条件。但严格地讲，应按施工验收规范，即第二个条件才是合理的，但因为动测法不能对缩颈严格定量，于是才定义为“相对变化”。

3 桩身结构承载力与混凝土强度有关，设计上根据混凝土强度等级验算桩身结构承载力是否满足设计荷载的要求。按本条的定义和表3.5.1描述，桩身完整性是与桩身结构承载力相关的非定量指标，限于检测技术水平，本规范中的完整性检测方法（除钻芯法可通过混凝土芯样抗压试验给出实体强度外）显然不能给出混凝土抗压强度的具体数值。虽然完整性检测结果无法给出混凝土强度的具体数值，但显而易见：桩身存在密实性类缺陷将降低混凝土强度，桩身缩颈会减少桩身有效承载断面等，这些都影响桩身结构承载力，而对结构承载力的影响程度是借助对桩身完整性的感观、经验判断得到的，没有具体量化值。另外，灌注桩桩身混凝土强度作为桩基工程验收的主控项目，以28d标养或同条件试块抗压强度值为依据已是惯例。相对而言，钻芯法在工程桩验收的完整性检测中应用较少。

2.1.3 桩身缺陷有三个指标，即位置、类型（性质）和程度。高、低应变动测时，不论缺陷的类型如何，其综合表现均为桩的阻抗变小，即完整性动力检测中分析的仅是阻抗变化，阻抗的变小可能是任何一种或多种缺陷类型及其程度大小的表现。因此，仅根据阻抗的变小不能判断缺陷的具体类型，如有必要，应结合地质资料、桩型、成桩工艺和施工记录等进行综合判断。对于扩径而表现出的阻抗变大，应在分析判定时予以说明，不应作为缺陷考虑。

2.1.6、2.1.7 基桩动力检测方法按动荷载作用产生的桩顶位移和桩身应变大小可分为高应变法和低应变法。前者的桩顶位移量与竖向抗压静载试验接近，桩周岩土全部或大部进入塑性变形状态，桩身应变量通常在0.1‰～1.0‰范围内；后者的桩-土系统变形完全在弹性范围内，桩身应变量一般小于或远小于0.01‰。对于普通钢桩，桩身应变超过1.0‰已接近钢材屈服台阶所对应的变形；对于混凝土桩，视混凝土强度等级的不同，其出现明显塑性变形对应的应变量小于或远小于0.5‰～1.0‰。

3 基本规定

3.1 一般规定

3.1.1 桩基工程一般按勘察、设计、施工、验收四个阶段进行，基桩试验和检测工作多数情况下分别放在设计和验收两阶段，即施工前和施工后。大多数桩基工程的试验和检测工作确是在这两个阶段展开的，但对桩数较多、施工周期较长的大型桩基工程，验收检测应尽早在施工过程中穿插进行，而且这种做法应大力提倡。

本条强调检测方法合理选择搭配，目的是提高检测结果的可靠性和检测过程的可操作性，也是第1.0.3条的原则体现。表3.1.1所列7种方法是基桩检测中最常用的检测方法。对于冲钻孔、挖孔和沉管灌注桩以及预制桩等桩型，可采用其中多种甚至全部方法进行检测；但对异型桩、组合型桩，表3.1.1中的部分方法就不能完全适用（如高、低应变动测法）。因此在具体选择检测方法时，应根据检测目的、内容和要求，结合各检测方法的适用范围和检测能力，考虑设计、地基条件、施工因素和工程重要性等情况确定，不允许超适用范围滥用。同时也要兼顾实施中的经济合理性，即在满足正确评价的前提下，做到快速经济。

工程桩承载力验收检测方法，应根据基桩实际受力状态和设计要求合理选择。以竖向承压为主的基桩通常采用竖向抗压静载试验，考虑到高应变法快速、经济和检测桩数覆盖面较大的特点，对符合一定条件及高应变法适用范围的桩基工程，也可选用高应变法作为补充检测。例如条件相同、预制桩量大的桩基工程中，一部分桩可选用静载法检测，而另一部分可用高应变法检测，前者应作为后者的验证对比资料。对不具备条件进行静载试验的端承型大直径灌注桩，可采用钻芯法检查桩端持力层情况，也可采用深层载荷板试验进行核验。对专门承受竖向抗拔荷载或水平荷载的桩基，则应选用竖向抗拔静载试验方法或水平静载试验方法。

桩身完整性检测方法有低应变法、声波透射法、高应变法和钻芯法，除中小直径灌注桩外，大直径灌注桩一般同时选用两种或多种的方法检测，使各种方法能相互补充印证，优势互补。另外，对设计等级高、地基条件复杂、施工质量变异性大的桩基，或低应变完整性判定可能有技术困难时，提倡采用直接法（静载试验、钻芯和开挖，管桩可采用孔内摄像）进行验证。

3.1.2 施工前进行试验桩检测并确定单桩极限承载力，目的是为设计单位选定桩型和桩端持力层、掌握桩侧桩端阻力分布并确定基桩承载力提供依据，同时也为施工单位在新的地基条件下设定并调整施工工艺参数进行必要的验证。对设计等级高且缺乏地区经验的工程，为获得既经济又可靠的设计施工参数，减少盲目性，前期试桩尤为重要。本条规定的第1～3款条件，与现行国家标准《建筑地基基础设计规范》GB 50007、现行行业标准《建筑桩基技术规范》JGJ 94的原则一致。考虑到桩基础选型、成桩工艺选择与地基条件、桩型和工法的成熟性密切相关，为在推广应用新桩型或新工艺过程中不断积累经验，使其能达到预期的质量和效益目标，规定本地区采用新桩型或新工艺也应在施工前进行试桩。通常为设计提供依据的试验桩静载试验往往应加载至极限破坏状态，但受设备条件和反力提供方式的限制，试验可能做不到破坏状态，为安全起见，此时的单桩极限承载力取试验时最大加载值，但前提是应符合设计的预期要求。

3.1.3 工程桩的承载力和桩身完整性（或桩身质量）

是国家标准《建筑地基基础工程施工质量验收规范》GB 50202－2002桩基验收中的主控项目，也是现行国家标准《建筑地基基础设计规范》GB 50007和现行行业标准《建筑桩基技术规范》JGJ 94以强制性条文形式规定的必检项目。因工程桩的预期使用功能要通过单桩承载力实现，完整性检测的目的是发现某些可能影响单桩承载力的缺陷，最终仍是为减少安全隐患、可靠判定工程桩承载力服务。所以，基桩质量检测时，承载力和完整性两项内容密不可分，往往是通过低应变完整性普查，找出基桩施工质量问题并得到对整体施工质量的大致估计，而工程桩承载力是否满足设计要求则需通过有代表性的单桩承载力检验来实现。

3.1.4 鉴于目前对施工过程中的检测重视不够，本条强调了施工过程中的检测，以便加强施工过程的质量控制，做到信息化施工。如：冲钻孔灌注桩施工中应提倡或明确规定采用一些成熟的技术和常规的方法进行孔径、孔斜、孔深、沉渣厚度和桩端岩性鉴别等项目的检验；对于打入式预制桩，提倡沉桩过程中的高应变监测等。

桩基施工过程中可能出现以下情况：设计变更、局部地基条件与勘察报告不符、工程桩施工工艺与施工前为设计提供依据的试验桩不同、原材料发生变化、施工单位更换等，都可能造成质量隐患。除施工前为设计提供依据的检测外，仅在施工后进行验收检测，即使发现质量问题，也只是事后补救，造成不必要的浪费。因此，基桩检测除在施工前和施工后进行外，尚应加强桩基施工过程中的检测，以便及时发现并解决问题，做到防患于未然，提高效益。

基桩检测工作不论在何时、何地开展，相关单位应时刻牢记和切实执行安全生产的有关规定。

3.2 检测工作程序

3.2.1 框图3.2.1是检测机构应遵循的检测工作程序。实际执行检测程序中，由于不可预知的原因，如委托要求的变化、现场调查情况与委托方介绍的不符，或在现场检测尚未全部完成就已发现质量问题而需要进一步排查，都可能使原检测方案中的检测数量、受检桩桩位、检测方法发生变化。如首先用低应变法普测（或扩检），再根据低应变法检测结果，采用钻芯法、高应变法或静载试验，对有缺陷的桩重点抽测。总之，检测方案并非一成不变，可根据实际情况动态调整。

3.2.2 根据第1.0.3条的原则及基桩检测工作的特殊性，本条对调查阶段工作提出了具体要求。为了正确地对基桩质量进行检测和评价，提高基桩检测工作的质量，做到有的放矢，应尽可能详细了解和搜集有关技术资料，并按表1填写受检桩设计施工概况表。另外，有时委托方的介绍和提出的要求是笼统的、非技术性的，也需要通过调查来进一步明确委托方的具体要求和现场实施的可行性；有些情况下还需要检测技术人员到现场了解和搜集。

表1 受检桩设计施工概况表

桩号	桩横截面尺寸	混凝土设计强度等级（MPa）	设计桩顶标高（m）	检测时桩顶标高（m）	施工桩底标高（m）	施工桩长（m）	成桩日期	设计桩端持力层	单桩承载力特征值或极限值（kN）	备注
工程名称				地点				桩型		

3.2.3 本条提出的检测方案内容为一般情况下包含的内容，某些情况下还需要包括桩头加固、处理方案以及场地开挖、道路、供电、照明等要求。有时检测方案还需要与委托方或设计方共同研究制定。

3.2.4 检测所用仪器必须进行定期检定或校准，以保证基桩检测数据的准确可靠性和可追溯性。虽然测试仪器在有效计量检定或校准周期之内，但由于基桩检测工作的环境较差，使用期间仍可能由于使用不当或环境恶劣等造成仪器仪表受损或校准因子发生变化。因此，检测前还应加强对测试仪器、配套设备的期间核查；发现问题后应重新检定或校准。

3.2.5 混凝土是一种与龄期相关的材料，其强度随时间的增加而增长。在最初几天内强度快速增加，随后逐渐变缓，其物理力学、声学参数变化趋势亦大体如此。桩基工程受季节气候、周边环境或工期紧的影响，往往不允许等到全部工程桩施工完并都达到28d龄期强度后再开始检测。为做到信息化施工，尽早发现桩的施工质量问题并及时处理，同时考虑到低应变法和声波透射法检测内容是桩身完整性，对混凝土强度的要求可适当放宽。但如果混凝土龄期过短或强度过低，应力波或声波在其中的传播衰减加剧，或同一场地由于桩的龄期相差大，声速的变异性增大。因此，对于低应变法或声波透射法的测试，规定桩身混凝土强度应大于设计强度的70%，并不得低于15MPa。钻芯法检测的内容之一是桩身混凝土强度，显然受检桩应达到28d龄期或同条件养护试块达到设计强度，如果不是以检测混凝土强度为目的的验证检测，也可根据实际情况适当缩短混凝土龄期。高应变法和静载试验在桩身产生的应力水平高，若桩身混凝土强度低，有可能引起桩身损伤或破坏。为分清责任，桩身混凝土应达到28d龄期或设计强度。另外，桩身混凝土强度过低，也可能出现桩身材料应力-应变关系的严重非线性，使高应变测试信号失真。

桩在施工过程中不可避免地扰动桩周土，降低土体强度，引起桩的承载力下降，以高灵敏度饱和黏性土中的摩擦桩最明显。随着休止时间的增加，土体重新固结，土体强度逐渐恢复提高，桩的承载力也逐渐增加。成桩后桩的承载力随时间而变化的现象称为桩的承载力时间（或歇后）效应，我国软土地区这种效应尤为突出。大量资料表明，时间效应可使桩的承载力比初始值增长40%～400%。其变化规律一般是初期增长速度较快，随后渐慢，待达到一定时间后趋于相对稳定，其增长的快慢和幅度除与土性和类别有关，还与桩的施工工艺有关。除非在特定的土质条件和成桩工艺下积累大量的对比数据，否则很难得到承载力的时间效应关系。另外，桩的承载力随时间减小也应引起注意，除挤土上浮、负摩擦等原因引起承载力降低外，已有桩端泥岩持力层遇水软化导致承载力下降的报道。

桩的承载力包括两层涵义，即桩身结构承载力和支撑桩结构的地基岩土承载力，桩的破坏可能是桩身结构破坏或支撑桩结构的地基岩土承载力达到了极限状态，多数情况下桩的承载力受后者制约。如果混凝土强度过低，桩可能产生桩身结构破坏而地基土承载力尚未完全发挥，桩身产生的压缩量较大，检测结果不能真正反映设计条件下桩的承载力与桩的变形情况。因此，对于承载力检测，应同时满足地基土休止时间和桩身混凝土龄期（或设计强度）双重规定，若验收检测工期紧，无法满足休止时间规定时，应在检测报告中注明。

3.2.6 由于检测成本和周期问题，很难做到对桩基工程全部基桩进行检测。施工后验收检测的最终目的是查明隐患、确保安全。为了在有限的检测数量中更能充分暴露桩基存在的质量问题，宜优先检测本条第1～5款所列的桩，其次再考虑随机性。

3.2.7 相对于静载试验而言，本规范规定的完整性检测（除钻芯法外）方法作为普查手段，具有速度快、费用较低和检测数量大的特点，容易发现桩基的整体施工质量问题，至少能为有针对性地选择静载试验提供依据。所以，完整性检测安排在静载试验之前是合理的。当基础埋深较大时，基坑开挖产生土体侧移将桩推断或机械开挖将桩碰断的现象时有发生，此时完整性检测应等到开挖至基底标高后进行。

竖向抗压静载试验中，有时会因桩身缺陷、桩身截面突变处应力集中或桩身强度不足造成桩身结构破坏，有时也因锚桩质量问题而导致试桩失败或中途停顿，故建议在试桩前后对试验桩和锚桩进行完整性检测，为分析桩身结构破坏的原因提供证据和确定锚桩能否正常使用。

对于混凝土桩的抗拔、水平或高应变试验，常因拉应力过大造成桩身开裂或破损，因此承载力检测完成后的桩身完整性检测比检测前更有价值。

3.2.8 测试数据异常通常是因测试人员误操作、仪器设备故障及现场准备不足造成的。用不正确的测试数据进行分析得出的结果必然不正确。对此，应及时分析原因，组织重新检测。

3.2.9 操作环境要求是按测量仪器设备对使用温湿度、电压波动、电磁干扰、振动冲击等现场环境条件的适应性规定的。

3.3 检测方法选择和检测数量

3.3.1 本条所说的“基桩受力状态”是指桩的承压、抗拔和水平三种受力状态。

“地基条件、桩长相近，桩端持力层、桩型、桩径、成桩工艺相同”即为本规范所指的“同一条件”。对于大型工程，“同一条件”可能包含若干个桩基分项（子分项）工程。同一桩基分项工程可能由两个或两个以上“同一条件”的桩组成，如直径400mm和500mm的两种规格的管桩应区别对待。

本条规定同一条件下的试桩数量不得少于一组3根，是保障合理评价试桩结果的低限要求。若实际中由于某些原因不足以为设计提供可靠依据或设计另有要求时，可根据实际情况增加试桩数量。另外，如果施工时桩参数发生了较大变动或施工工艺发生了变化，应重新试桩。

对于端承型大直径灌注桩，当受设备或现场条件限制无法做竖向抗压静载试验时，可依据现行行业标准《建筑桩基技术规范》JGJ 94相关要求，按现行国家标准《建筑地基基础设计规范》GB 50007进行深层平板载荷试验、岩基载荷试验；或在其他条件相同的情况下进行小直径桩静载试验，通过桩身内力测试，确定承载力参数，并建议考虑尺寸效应的影响。另外，采用上述替代方案时，应先通过相关质量责任主体组织的技术论证。

试验桩场地的选择应有代表性，附近应有地质钻孔。设计提出侧阻和端阻测试要求时，应在试验桩施工中安装测试桩身应变或变形的元件，以得到试桩的侧摩阻力分布及桩端阻力，为设计选择桩基持力层提供依据。试验桩的设计应符合试验目的要求，静载试验装置的设计和安装应符合试验安全的要求。

3.3.2 本条的要求恰好是在打入式预制桩（特别是长桩、超长桩）情况下的高应变法技术优势所在。进行打桩过程监控可减少桩的破损率和选择合理的入土深度，进而提高沉桩效率。

3.3.3 桩身完整性检测，应在保证准确全面判定的原则上，首选适用、快速、经济的检测方法。当一种方法不能全面评判基桩完整性时，应采用两种或多种检测方法组合进行检测。例如：（1）对多节预制桩，接头质量缺陷是较常见的问题。在无可靠验证对比资料和经验时，低应变法对不同形式的接头质量判定尺度较难掌握，所以对接头质量有怀疑时，宜采用低应变法与高应变法或孔内摄像相结合的方式检测。(2)中小直径灌注桩常采用低应变法，但大直径灌注桩一般设计承载力高，桩身质量是控制承载力的主要因素；随着桩径的增大和桩长超长，尺寸效应和有效检测深度对低应变法的影响加剧，而钻芯法、声透法恰好适合于大直径桩的检测（对于嵌岩桩，采用钻芯法可同时钻取桩端持力层岩芯和检测沉渣厚度）。同时，对大直径桩采用联合检测方式，多种方法并举，可以实现低应变法与钻芯法、声波透射法之间的相互补充或验证，优势互补，提高完整性检测的可靠性。

按设计等级、地质情况和成桩质量可靠性确定灌注桩的检测比例大小，20 多年来的实践证明是合理的。

“每个柱下承台检测桩数不得少于 1 根”的规定涵盖了单桩单柱应全数检测之意。但应避免为满足本条 1～3 款最低抽检数量要求而贪图省事、不负责任地选择受检桩：如核心筒部位荷载大、基桩密度大，但受检桩却大量挑选在裙楼基础部位；又如 9 桩或 9 桩以上的柱下承台仅检测 1 根桩。

当对复合地基中类似于素混凝土桩的增强体进行检测时，检测数量应按《建筑地基处理技术规范》JGJ 79 规定执行。

3.3.4 桩基工程属于一个单位工程的分部（子分部）工程中的分项工程，一般以分项工程单独验收，所以本规范将承载力验收检测的工程桩数量限定在分项工程内。本条同时规定了在何种条件下工程桩应进行单桩竖向抗压静载试验及检测数量低限。

采用挤土沉桩工艺时，由于土体的侧挤和隆起，质量问题（桩被挤断、拉断、上浮等）时有发生，尤其是大面积密集群桩施工，加上施打顺序不合理或打桩速率过快等不利因素，常引发严重的质量事故。有时施工前虽做过静载试验并以此作为设计依据，但因前期施工的试桩数量毕竟有限，挤土效应并未充分显现，施工后的单桩承载力与施工前的试桩结果相差甚远，对此应给予足够的重视。

另需注意：当符合本条六款条件之一，但单桩竖向抗压承载力检测的数量或方法的选择不能按本条执行时，为避免无法实施竖向抗压承载力检测的情况出现，本规范的第 3.3.6 条和第 3.3.7 条作为本条的补充条款给予了出路。

3.3.5 预制桩和满足高应变法适用检测范围的灌注桩，可采用高应变法。高应变法作为一种以检测承载力为主的试验方法，尚不能完全取代静载试验。该方法的可靠性的提高，在很大程度上取决于检测人员的技术水平和经验，绝非仅通过一定量的静动对比就能解决。由于检测人员水平、设备匹配能力、桩土相互作用复杂性等原因，超出高应变法适用范围后，静动对比在机理上就不具备可比性。如果说“静动对比”是衡量高应变法是否可靠的唯一“硬”指标的话，那么对比结果就不能只是与静载承载力数值的比较，还应比较动测得到的桩的沉降和土参数取值是否合理。同时，在不受第 3.3.4 条规定条件限制时，尽管允许采用高应变法进行验收检测，但仍需不断积累验证资料、提高分析判断能力和现场检测技术水平。尤其针对灌注桩检测中，实测信号质量有时不易保证、分析中不确定因素多的情况，本规范第 9.1.1～9.1.2 条对此已作了相应规定。

3.3.6 为了全面了解工程桩的承载力情况，使验收检测达到既安全又经济的目的，本条提出可采用高应变法作为静载试验的“补充”，但无完全代替静载试验之意。如场地地基条件复杂、桩施工变异大，但按本规范第 3.3.4 条规定的静载试桩数量很少，存在抽样数量不足、代表性差的问题，此时在满足本规范第 3.3.4 条规定的静载试桩数量的基础上，只能是额外增加高应变检测；又如场地地基条件和施工变异不大，按 1%抽检的静载试桩数量较大，根据经验能认定高应变法适用且其结果与静载试验有良好的可比性，此时可适当减少静载试桩数量，采用高应变检测作为补充。

3.3.7 端承型大直径灌注桩（事实上对所有高承载力的桩），往往不允许任何一根桩承载力失效，否则后果不堪设想。由于试桩荷载大或场地限制，有时很难、甚至无法进行单桩竖向抗压承载力静载检测。对此，本条规定实际是对本规范第 3.3.4 条的补充，体现了“多种方法合理搭配，优势互补”的原则，如深层平板载荷试验、岩基载荷试验，终孔后混凝土灌注前的桩端持力层鉴别，成桩后的钻芯法沉渣厚度测定、桩端持力层钻芯鉴别（包括动力触探、标贯试验、岩芯试件抗压强度试验）。

3.4 验证与扩大检测

3.4.1～3.4.5 这五条内容针对检测中出现的缺乏依据、无法或难于定论的情况，提出了验证检测原则。用准确可靠程度（或直观性）高的检测方法来弥补或复核准确可靠程度（或直观性）低的检测方法结果的不确定性，称为验证检测。

管桩孔内摄像的优点是直观、定量化，其原理及操作细节可参见中国工程建设标准化协会发布的《基桩孔内摄像检测技术规程》。

本规范第 3.4.4 条的做法，介于重新检测和验证检测之间，使验证检测结果与首次检测结果合并在一起，重新对受检桩进行评价。

应该指出：桩身完整性不符合要求和单桩承载力不满足设计要求是两个独立概念。完整性为Ⅰ类或Ⅱ类而承载力不满足设计要求显然存在结构安全隐患；竖向抗压承载力满足设计要求而完整性为Ⅲ类或Ⅳ类则可能存在安全和耐久性方面的隐患。如桩身出现水平整合型裂缝（灌注桩因挤土、开挖等原因也常出现）或断裂，低应变完整性为Ⅲ类或Ⅳ类，但高应变完整性可能为Ⅱ类，且竖向抗压承载力可能满足设计要求，但存在水平承载力和耐久性方面的隐患。

3.4.6 当需要验证运送至现场某批次混凝土强度或对预留的试块强度和浇注后的混凝土强度有异议时，可按结构构件取芯的方式，验证评价桩身实体混凝土强度。注意本条提出的桩实体强度取芯验证与本规范第7章钻芯法有差别，前者只要按《混凝土结构现场检测技术标准》GB/T 50784，在满足随机抽样的代表性和数量要求的条件下，可以给出具有保证率的检验批混凝土强度推定值；后者常因检测桩数少、缺乏代表性而仅对受检单桩的混凝土强度进行评价。

3.4.7、3.4.8 通常，因初次抽样检测数量有限，当抽样检测中发现承载力不满足设计要求或完整性检测中Ⅲ、Ⅳ类桩比例较大时，应会同有关各方分析和判断桩基整体的质量情况，如果不能得出准确判断，为补强或设计变更方案提供可靠依据时，应扩大检测。扩大检测数量宜根据地基条件、桩基设计等级、桩型、施工质量变异性等因素合理确定。

3.5 检测结果评价和检测报告

3.5.1 桩身结构承载力不仅与桩身完整性有关，显然亦与混凝土强度有关，对此已在本规范第2.1.2条条文说明做了解释。如需了解桩身混凝土强度对结构承载力的影响程度，可通过钻取混凝土芯样，按本规范第7章有关规定得到桩身混凝土强度检测值，然后据此验算评价。

表3.5.1规定了桩身完整性类别划分标准，有利于对完整性检测结果的判定和采用。需要特别指出：分项工程施工质量验收时的检查项目很多，桩身完整性仅是主控检查项目之一（承载力也如此），通常所有的检查项目都满足规定要求时才给出是否合格的结论，况且经设计复核或补强处理还允许通过验收。

桩基整体施工质量问题可由桩身完整性普测发现，如果不能就提供的完整性检测结果判断对桩承载力的影响程度，进而估计是否危及上部结构安全，那么在很大程度上就减少了桩身完整性检测的实际意义。桩的承载功能是通过桩身结构承载力实现的。完整性类别划分主要是根据缺陷程度，但这种划分不能机械地理解为不需考虑桩的设计条件和施工因素。综合判定能力对检测人员极为重要。

按桩身完整性定义中连续性的涵义，只要实测桩长小于施工记录桩长，桩身完整性就应判为Ⅳ类。这对桩长虽短、桩端进入了设计要求的持力层且桩的承载力基本不受影响的情况也如此。

按表3.5.1和惯例，Ⅰ、Ⅱ类桩属于所谓“合格”桩，Ⅲ、Ⅳ类桩为“不合格”桩。对Ⅲ、Ⅳ类桩，工程上一般会采取措施进行处理，如对Ⅳ类桩的处理内容包括：补强、补桩、设计变更或由原设计单位复核是否可满足结构安全和使用功能要求；而对Ⅲ桩，也可能采用与处理Ⅳ类桩相同的方式，也可能采用其他更可靠的检测方法验证后再做决定。另外，低应变反射波法出现Ⅲ类桩的判定结论后，可能还附带检测机构要求对该桩采用其他方法进一步验证的建议。

3.5.2 承载力现场试验的实测数据通过分析或综合分析所确定或判定的值称为承载力检测值，该值也包括采用正常使用极限状态要求的某一限值（如变形、裂缝）所对应的加载量值。

本次修订，对原规范条文“……并据此给出单位工程同一条件下的单桩承载力特征值是否满足设计要求的结论”进行了修改，原因是：

1 因为某些桩基分项工程采用多种规格（承载力）的桩，如对每个规格（承载力）的桩均按“1%且不少于3根”的数量做静载检验有时很难实现，故删除了原条文中的“同一条件下”。

2 针对工程桩验收检测，已在静载试验和高应变法相关章节取消了通过统计得到承载力极限值，并以此进行整体评价的要求。因为采用统计方式进行整体评价相当于用小样本推断大母体，基桩检测所采用的百分比抽样并非概率统计学意义上的抽样方式，结果评价时的错判概率和漏判概率未知。举一浅显的例子，假设有两个桩基分项工程，同一条件下的总桩数分别为300根和3000根，验收时应分别做3根和30根静载试验，按算术平均后的极限值（除以2后为特征值）对桩基分项工程进行承载力的符合性评价，显然前者结果的可靠度要低于后者。故不再使用经统计得到的承载力值，避免与工程中常见的具有保证率的验收评价结果相混淆。

3 对于验收检测，尚无要求单桩承载力特征值（或极限值）需通过多根试桩结果的统计得到，自然可以针对一根桩或多根桩的承载力特征值（或极限值），做出是否满足设计要求的符合性结论。

4 原规范条文采用了经过“统计”的承载力值进行符合性评价，有两层含义：(1) 承载力验收检验的符合性结论即便明确是针对整个分项工程做出的，理论上也不能代表该工程全部基桩的承载力都满足设计要求；(2) 符合性结论即便是针对每根受检桩的承载力而非整个工程做出的，也不会被误解为“仅对来样负责”而无法验收。虽然2003版规范要求符合性结论应针对桩基分项工程整体做出，但在近十年的实施中，绝大多数检测机构出具的符合性结论是按单桩承载力做出的，即只要有一根桩的承载力不满足要求，就需采取补救措施（如增加试桩、补桩或加固等），否则不能通过分项工程验收。可见，新版规范对承载力符合性评价的要求比2003版规范要严。

最后还需说明两点：(1) 承载力检测因时间短

暂，其结果仅代表试桩那一时刻的承载力，不能包含日后自然或人为因素（如桩周土湿陷、膨胀、冻胀、融沉、侧移，基础上浮、地面超载等）对承载力的影响。(2) 承载力评价可能出现矛盾的情况，即承载力不满足设计要求而满足有关规范要求。因为规范一般给出满足安全储备和正常使用功能的最低要求，而设计时常在此基础上留有一定余量。考虑到责权划分，可以作为问题或建议提出，但仍需设计方复核和有关各责任主体方确认。

3.5.3 检测报告应根据所采用的检测方法和相应的检测内容出具检测结论。为使报告具有较强的可读性和内容完整，除众所周知的要求——报告用词规范、检测结论明确、必要的概况描述外，报告中还应包括检测原始记录信息或由其直接导出的信息，即检测报告应包含各受检桩的原始检测数据和曲线，并附有相关的计算分析数据和曲线。本条之所以这样详尽规定，目的就是要杜绝检测报告仅有检测结果而无任何检测数据和图表的现象发生。

4 单桩竖向抗压静载试验

4.1 一般规定

4.1.1 单桩抗压静载试验是公认的检测基桩竖向抗压承载力最直观、最可靠的传统方法。本规范主要是针对我国建筑工程中惯用的维持荷载法进行了技术规定。根据桩的使用环境、荷载条件及大量工程检测实践，在国内其他行业或国外，尚有循环荷载等变形速率及特定荷载下长时间维持等方法。

通过在桩身埋设测试元件，并与桩的静载荷试验同步进行的桩身内力测试，是充分了解桩周土层侧阻力和桩底端阻力发挥特征的主要手段，对于优化桩基设计，积累土层侧阻力和端阻力与土性指标关系的资料具有十分重要的意义。

4.1.2 本条明确规定为设计提供依据的静载试验应加载至桩的承载极限状态甚至破坏，即试验应进行到能判定单桩极限承载力为止。对于以桩身强度控制承载力的端承型桩，当设计另有规定时，应从其规定。

4.1.3 在对工程桩验收检测时，规定了加载量不应小于单桩承载力特征值的 2.0 倍，以保证足够的安全储备。

4.2 设备仪器及其安装

4.2.1 为防止加载偏心，千斤顶的合力中心应与反力装置的重心、桩横截面形心重合（桩顶扩径可能是例外），并保证合力方向与桩顶面垂直。使用单台千斤顶的要求也如此。

4.2.2 实际应用中有多种反力装置形式，如伞形堆重装置、斜拉锚桩反力装置等，但都可以归结为本条中的四种基本反力装置形式，无论采用哪种反力装置，都需要符合本条的规定，实际应用中根据具体情况选取。对单桩极限承载力较小的摩擦桩可用土锚作反力；对岩面浅的嵌岩桩，可利用岩锚提供反力。

对于利用静力压桩机进行抗压静载试验的情况，由于压桩机支腿尺寸的限制，试验场地狭小，如果压桩机支腿（视为压重平台支墩）、试桩、基准桩三者之间的距离不满足本规范表 4.2.6 的规定，则不得使用压桩机作为反力装置进行静载试验。

锚桩抗拔力由锚桩桩周岩土的性质和桩身材料强度决定，抗拔力验算时应分别计算桩周岩土的抗拔承载力及桩身材料的抗拉承载力，结果取两者的小值。当工程桩作锚桩且设计对桩身有特殊要求时，应征得有关方同意。此外，当锚桩还受水平力时，尚应在试验中监测锚桩水平位移。

4.2.3 用荷重传感器（直接方式）和油压表（间接方式）两种荷载测量方式的区别在于：前者采用荷重传感器测力，不需考虑千斤顶活塞摩擦对出力的影响；后者需通过率定换算千斤顶出力。同型号千斤顶在保养正常状态下，相同油压时的出力相对误差约为 1%～2%，非正常时可超过 5%。采用传感器测量荷重或油压，容易实现加卸荷与稳压自动化控制，且测量准确度较高。准确度等级一般是指仪器仪表测量值的最大允许误差，如采用惯用的弹簧管式精密压力表测定油压时，符合准确度等级要求的为 0.4 级，不得使用大于 0.5 级的压力表控制加载。当油路工作压力较高时，有时出现油管爆裂、接头漏油、油泵加压不足造成千斤顶出力受限，压力表在超过其 3/4 满量程时的示值误差增大。所以，应适当控制最大加荷时的油压，选用耐压高、工作压力大和量程大的油管、油泵和压力表。另外，也应避免将大吨位级别的千斤顶用于小荷载（相对千斤顶最大出力）的静载试验中。

4.2.4 对于大量程（50mm）百分表，计量检定规程规定：全程最大示值误差和回程误差应分别不超过 40μm 和 8μm，相当于满量程最大允许测量误差不大于 0.1%FS。基准桩应打入地面以下足够的深度，一般不小于 1m。基准梁应一端固定，另一端简支，这是为减少温度变化引起的基准梁挠曲变形。在满足表 4.2.6 的规定条件下，基准梁不宜过长，并应采取有效遮挡措施，以减少温度变化和刮风下雨的影响，尤其在昼夜温差较大且白天有阳光照射时更应注意。当基准桩、基准梁不具备规定要求的安装条件，可采用光学仪器测试，其安装的位置应满足表 4.2.6 的要求。

4.2.5 沉降测定平面宜在千斤顶底座承压板以下的桩身位置，即不得在承压板上或千斤顶上设置沉降观测点，避免因承压板变形导致沉降观测数据失实。

4.2.6 在试桩加卸载过程中，荷载将通过锚桩（地锚）、压重平台支墩传至试桩、基准桩周围地基土并使之变形。随着试桩、基准桩和锚桩（或压重平台支墩）三者间相互距离缩小，地基土变形对试桩、基准桩的附加应力和变位影响加剧。

1985 年，国际土力学与基础工程协会（ISSMFE）提出了静载试验的建议方法并指出：试桩中心到锚桩（或压重平台支墩边）和到基准桩各自间的距离应分别“不小于 2.5m 或 3*D*”，这和我国现行规范规定的“大于等于 4*D* 且不小于 2.0m”相比更容易满足（小直径桩按 3*D* 控制，大直径桩按 2.5m 控制）。高重建筑物下的大直径桩试验荷载大、桩间净距小（最小中心距为 3*D*），往往受设备能力制约，采用锚桩法检测时，三者间的距离有时很难满足“不小于 4*D*”的要求，加长基准梁又难避免气候环境影响。考虑到现场验收试验中的困难，且压重平台支墩桩下沉或锚桩上拔对基准桩、试桩的影响小于天然地基作为压重平台支墩对它们的影响，以及支墩下 2 倍～3 倍墩宽应力影响范围内的地基进行加固后将减少对试桩和基准桩的影响，故本规范中对部分间距的规定放宽为“不小于 3*D*”。因此，对群桩间距小于 4*D* 但大于等于 3*D* 时的试验现场，可尽量利用受检桩周边的工程桩作为压重平台的支墩或锚桩。

关于压重平台支墩边与基准桩和试桩之间的最小间距问题，应区别两种情况对待。在场地土较硬时，堆载引起的支墩及其周边地面沉降和试验加载引起的地面回弹均很小。如 ϕ1200 灌注桩采用（10×10）m^2 平台堆载 11550kN，土层自上而下为凝灰岩残积土、强风化和中风化凝灰岩，堆载和试验加载过程中，距支墩边 1 m、2m 处观测到的地面沉降及回弹量几乎为零。但在软土场地，大吨位堆载由于支墩影响范围大而应引起足够的重视。以某一场地 ϕ500 管桩用（7×7）m^2 平台堆载 4000kN 为例：在距支墩边 0.95m、1.95m、2.55m 和 3.5m 设四个观测点，平台堆载至 4000kN 时观测点下沉量分别为 13.4mm、6.7mm、3.0mm 和 0.1mm；试验加载至 4000kN 时观测点回弹量分别为 2.1mm、0.8mm、0.5mm 和 0.4mm。但也有报导管桩堆载 6000kN，支墩产生明显下沉，试验加载至 6000kN 时，距支墩边 2.9m 处的观测点回弹近 8mm。这里出现两个问题：其一，当支墩边距试桩较近时，大吨位堆载地面下沉将对桩产生负摩阻力，特别对摩擦型桩将明显影响其承载力；其二，桩加载（地面卸载）时地基土回弹对基准桩产生影响。支墩对试桩、基准桩的影响程度与荷载水平及土质条件等有关。对于软土场地超过 10000kN 的特大吨位堆载（目前国内压重平台法堆载已超过 50000kN），为减少对试桩产生附加影响，应考虑对支墩影响范围内的地基土进行加固；对大吨位堆载支墩出现明显下沉的情况，尚需进一步积累资料和研究可靠的沉降测量方法，简易的办法是在远离支墩处用水准仪或张紧的钢丝观测基准桩的竖向位移。

4.3 现场检测

4.3.1 本条是为使试桩具有代表性而提出的。

4.3.2 为便于沉降测量仪表安装，试桩顶部宜高出试坑地面；为使试验桩受力条件与设计条件相同，试坑地面宜与承台底标高一致。对于工程桩验收检测，当桩身荷载水平较低时，允许采用水泥砂浆将桩顶抹平的简单桩头处理方法。

4.3.3 本条是按我国的传统做法，对维持荷载法进行的原则性规定。

4.3.4 慢速维持荷载法是我国公认且已沿用几十年的标准试验方法，是其他工程桩竖向抗压承载力验收检测方法的唯一参照标准，也是与桩基设计有关的行业或地方标准的设计参数规定值获取的最可信方法。

4.3.5、4.3.6 按本规范第 4.3.5 条第 2 款，慢速维持荷载法每级荷载持载时间最少为 2h。对绝大多数桩基而言，为保证上部结构正常使用，控制桩基绝对沉降是第一重要的，这是地基基础按变形控制设计的基本原则。在工程桩验收检测中，国内某些行业或地方标准允许采用快速维持荷载法。国外许多国家的维持荷载法相当于我国的快速维持荷载法，最少持载时间为 1h，但规定了较为宽松的沉降相对稳定标准，与我国快速法的差别就在于此。1985 年 ISSMFE 在推荐的试验方法中建议：“维持荷载法加载为每小时一级，稳定标准为 0.1mm/20min”。当桩端嵌入基岩时，个别国家还允许缩短时间；也有些国家为测定桩的蠕变沉降速率建议采用终级荷载长时间维持法。

快速维持荷载法在国内从 20 世纪 70 年代就开始应用，我国港口工程规范从 1983 年、上海地基设计规范从 1989 年起就将这一方法列入，与慢速法一起并列为静载试验方法。快速法由于每级荷载维持时间为 1h，各级荷载下的桩顶沉降相对慢速法确实要小一些。相对而言，这种差异是能接受的，因为如将“慢速法”的加荷速率与建筑物建造过程中的施工加载速率相比，显然“慢速法”加荷速率已非常快了，经验表明：慢速法试桩得到的使用荷载对应的桩顶沉降与建筑物桩基在长期荷载作用下的实际沉降相比，要小几倍到十几倍。

快速法试验得到的极限承载力一般略高于慢速法，其中黏性土中桩的承载力提高要比砂土中的桩明显。

在我国，如有些软土中的摩擦桩，按慢速法加载，在最大试验荷载（一般为 2 倍承载力特征值）的前几级，就已出现沉降稳定时间逐渐延长，即在 2h 甚至更长时间内不收敛。此时，采用快速法是不适宜的。而也有很多地方的工程桩验收试验，在每级荷载施加不久，沉降迅速稳定，缩短持载时间不会明显影响试桩结果；且因试验周期的缩短，又可减少昼夜温差等环境影响引起的沉降观测误差。在此，给出快速维持荷载法的试验步骤供参考：

1 每级荷载施加后维持 1h，按第 5min、15min、30min 测读桩顶沉降量，以后每隔 15min 测读一次。

2 测读时间累计为 1h 时，若最后 15min 时间间隔的桩顶沉降增量与相邻 15min 时间间隔的桩顶沉降增量相比未明显收敛时，应延长维持荷载时间，直至最后 15min 的沉降增量小于相邻 15min 的沉降增量为止。

3 终止加荷条件可按本规范第 4.3.7 条第 1、3、4、5 款执行。

4 卸载时，每级荷载维持 15min，按第 5min、15min 测读桩顶沉降量后，即可卸下一级荷载。卸载至零后，应测读桩顶残余沉降量，维持时间为 1h，测读时间为第 5min、15min、30min。

各地在采用快速法时，应总结积累经验，并可结合当地条件提出适宜的沉降相对稳定控制标准。

4.3.7 当桩身存在水平整合型缝隙、桩端有沉渣或吊脚时，在较低竖向荷载时常出现本级荷载沉降超过上一级荷载对应沉降 5 倍的陡降，当缝隙闭合或桩端与硬持力层接触后，随着持载时间或荷载增加，变形梯度逐渐变缓，以此分析陡降原因。当摩擦桩桩端产生刺入破坏或桩身强度不足桩被压断时，也会出现陡降，但与前相反，随着沉降增加，荷载不能维持甚至大幅降低。所以，出现陡降后终止加载并不代表终止试验，尚应在桩顶下沉量超过 40mm 后，记录沉降满足稳定标准时的桩顶最大沉降所对应的荷载，以大致判断造成陡降的原因。

非嵌岩的长（超长）桩和大直径(扩底)桩的 Q-s 曲线一般呈缓变型，在桩顶沉降达到 40mm 时，桩端阻力一般不能充分发挥。前者由于长细比大、桩身较柔，弹性压缩量大，桩顶沉降较大时，桩端位移还很小；后者虽桩端位移较大，但尚不足以使端阻力充分发挥。因此，放宽桩顶总沉降量控制标准是合理的。

4.4 检测数据分析与判定

4.4.1 除 Q-s、s-lg$t$ 曲线外，还可绘制 s-lg$Q$ 曲线及其他分析曲线，如为了直观反映整个试验过程情况，可给出连续的荷载-时间（Q-t）曲线和沉降-时间（s-t）曲线，并为方便比较绘制于一图中。同一工程的一批试桩曲线应按相同的沉降纵坐标比例绘制，满刻度沉降值不宜小于 40mm，当桩顶累计沉降量大于 40mm 时，可按总沉降量以 10mm 的整模数倍增加满刻度值，使结果直观、便于比较。

4.4.2 太沙基和 ISSMFE 指出：当沉降量达到桩径的 10%时，才可能出现极限荷载；黏性土中端阻充分发挥所需的桩端位移为桩径的 4%～5%，而砂土中可能高到 15%。故第 4 款对缓变型 Q-s 曲线，按 s 等于 0.05D 确定大直径桩的极限承载力大体上是保守的；且因 D 大于等于 800mm 时定义为大直径桩，当 D 等于 800mm 时，0.05D 等于 40mm，正好与中、小直径桩的取值标准衔接。应该注意，世界各国按桩顶总沉降确定极限承载力的规定差别较大，这和各国安全系数的取值大小、特别是上部结构对桩基沉降的要求有关。因此当按本规范建议的桩顶沉降量确定极限承载力时，尚应考虑上部结构对桩基沉降的具体要求。

关于桩身弹性压缩量：当进行桩身应变或位移测试时是已知的；缺乏测试数据时，可假设桩身轴力沿桩长倒梯形分布进行估算，或忽略端承力按倒三角形保守估算，计算公式为 $\frac{QL}{2EA}$。

4.4.3 本条只适用于为设计提供依据时的竖向抗压极限承载力试验结果的统计，统计取值方法按《建筑地基基础设计规范》GB 50007 的规定执行。前期静载试验的桩数一般很少，而影响单桩承载力的因素复杂多变。为数有限的试验桩中常出现个别桩承载力过低或过高，若恰好不是偶然原因造成，简单算术平均容易造成浪费或不安全。因此规定极差超过平均值的 30%时，首先应分析、查明原因，结合工程实际综合确定。例如一组 5 根试桩的极限承载力值依次为 800 kN、900 kN、1000 kN、1100 kN、1200kN，平均值为 1000kN，单桩承载力最低值和最高值的极差为 400kN，超过平均值的 30%，则不宜简单地将最低值 800kN 去掉用后面 4 个值取平均，或将最低和最高值都去掉取中间 3 个值的平均值，应查明是否出现桩的质量问题或场地条件变异情况。当低值承载力的出现并非偶然原因造成时，例如施工方法本身质量可靠性较低，但能够在之后的工程桩施工中加以控制和改进，出于安全考虑，按本例可依次去掉高值后取平均，直至满足极差不超过 30%的条件，此时可取平均值 900kN 为极限承载力；又如桩数为 3 根或 3 根以下承台，或以后工程桩施工为密集挤土群桩，出于安全考虑，极限承载力可取低值 800 kN。

4.4.4 《建筑地基基础设计规范》GB 50007 规定的单桩竖向抗压承载力特征值是按单桩竖向抗压极限承载力除以安全系数 2 得到的，综合反映了桩侧、桩端极限阻力控制承载力特征值的低限要求。

本条中的“单桩竖向抗压极限承载力”来自两种情况：对于验收检测，即为按第 4.4.2 条得到的单根桩极限承载力值；而对于为设计提供依据的检测，还需按第 4.4.3 条进行统计取值。

4.4.5 本条规定了检测报告中应包含的一些内容，有利于委托方、设计及检测部门对报告的审查和分析。

5 单桩竖向抗拔静载试验

5.1 一般规定

5.1.1 单桩竖向抗拔静载试验是检测单桩竖向抗拔承载力最直观、可靠的方法。与本规范的抗压静载试验相似，国内外抗拔桩试验多采用维持荷载法。本规范规定采用慢速维持荷载法。

5.1.2 当为设计提供依据时，应加载到能判别单桩抗拔极限承载力为止，或加载到桩身材料设计强度限值，这里所说的限值对钢筋混凝土桩而言，实则为钢筋的强度设计值。考虑到可能出现承载力变异和钢筋受力不均等情况，最好适当增加试桩的配筋量。工程桩验收检测时，要求加载量不低于单桩竖向抗拔承载力特征值2倍旨在保证桩侧岩土阻力具有足够的安全储备。

桩侧岩土阻力的抗力分项系数比桩身混凝土要大、比钢材要大很多，因此时常出现设计对抗拔桩有裂缝控制要求时，抗裂验算给出的荷载可能小于或远小于单桩竖向抗拔承载力特征值的2倍，因此试验时的最大上拔荷载只能按设计要求确定。设计对桩上拔量有要求时也如此。

5.1.3 与桩顶受竖向压力作用所发挥的桩侧（正）摩阻力相比，当桩顶受拔使桩身受拉时，由于桩周土中的垂直向主应力减小、桩身泊松效应等，将造成桩侧抗拔（负）摩阻力弱化。对于混凝土抗拔桩，当抗拔承载力相对较高且对抗裂有限制要求时，采用常规模式——桩顶拉拔受力状态（桩身受拉）的抗拔桩恐难设计。这一难题可通过无粘结预应力并在桩端用挤压锚锚固的方式予以解决，此时桩身完全处于受压状态且桩侧负摩阻力能得到提升。这种受力状态的抗拔桩承载力特征值检测，也可等价地采用在桩底上顶桩的方式（加载装置放在桩底）来实现，但若桩的设计受力状态为桩顶拉拔（桩身受拉）方式，仍采用桩底上顶的方式显然不正确，已有实例表明：同条件下的抗拔桩，桩底上顶时的承载力远高于桩顶拉拔时的承载力。

5.1.4 对于钢筋混凝土桩，最大试验荷载不得超过钢筋的强度设计值，以避免因钢筋拔断提前中止试验或出现安全事故。除此之外，建议检测单位尽量了解设计条件，如抗裂或裂缝宽度验算、作用和抗力的考虑（如抗浮桩设计时的设防水位、桩的浮重度、抗拔阻力取值等），这些因素将对抗拔桩的配筋和承载力取值产生影响。

5.2 设备仪器及其安装

5.2.1 本条的要求基本同本规范第4.2.1条。因拔桩试验时千斤顶安放在反力架上面，当采用二台以上千斤顶加载时，应采取一定的安全措施，防止千斤顶倾倒或其他意外事故发生。

5.2.2 当采用地基作反力时，两边支座处的地基强度应相近，且两边支座与地面的接触面积宜相同，避免加载过程中两边沉降不均造成试桩偏心受拉。

5.2.5 本条规定出于以下两种考虑：(1) 桩顶上拔量测量平面必须在桩身位置，严禁在混凝土桩的受拉钢筋上设置位移观测点，避免因钢筋变形导致上拔量观测数据失实；(2) 为防止混凝土桩保护层开裂对上拔量测试的影响，上拔量观测点应避开混凝土明显破裂区域设置。

5.2.6 本条虽等同采用本规范第4.2.6条，但应注意：在采用天然地基提供支座反力时，拔桩时的加载相当于给支座处地面加载，支座附近的地面会出现不同程度的沉降。荷载越大，地基下沉越大。为防止支座处地基沉降对基准桩产生影响，一是应使基准桩与支座、试桩各自之间的间距满足表4.2.6的规定，二是基准桩需打入试坑地面以下一定深度（一般不小于1m）。

5.3 现场检测

5.3.1 本条包含以下四个方面内容：

1 在拔桩试验前，对混凝土灌注桩及有接头的预制桩采用低应变法检查桩身质量，目的是防止因试验桩自身质量问题而影响抗拔试验成果。

2 对抗拔试验的钻孔灌注桩在浇注混凝土前进行成孔检测，目的是查明桩身有无明显扩径现象或出现扩大头，因这类桩的抗拔承载力缺乏代表性，特别是扩大头桩及桩身中下部有明显扩径的桩，其抗拔极限承载力远远高于长度和桩径相同的非扩径桩，且相同荷载下的上拔量也有明显差别。

3 对有接头的预制桩应进行接头抗拉强度验算。对电焊接头的管桩除验算其主筋强度外，还要考虑主筋墩头的折减系数以及管节端板偏心受拉时的强度及稳定性。墩头折减系数可按有关规范取0.92，而端板强度的验算则比较复杂，可按经验取一个较为安全的系数。

4 对于管桩抗拔试验，存在预应力钢棒连接的问题，可通过在桩管中放置一定长度的钢筋笼并浇筑混凝土来解决。

5.3.2 本条规定拔桩试验应采用慢速维持荷载法，其荷载分级、试验方法及稳定标准均同本规范第4.3.5～4.3.6条有关规定。考虑到拔桩过程中对桩身混凝土开裂情况观测较为困难，本次规范修订将“仔细观察桩身混凝土开裂情况”的要求取消。

5.3.3 本条规定出现所列四种情况之一时，可终止加载。但若在较小荷载下出现某级荷载的桩顶上拔量大于前一级荷载下的5倍时，应综合分析原因，有条件加载时可继续加载，因混凝土桩当桩身出现多条环向裂缝后，桩顶位移可能会出现小的突变，而此时并非达到桩侧土的极限抗拔力。

对工程桩的验收检测，当设计对桩顶最大上拔量或裂缝控制有明确的荷载要求时，应按设计要求执行。

5.4 检测数据分析与判定

5.4.1 拔桩试验与压桩试验一样，一般应绘制 U-δ 曲线和 δ-lg$t$ 曲线，但当上述二种曲线难以判别时，也可以辅以 δ-lg$U$ 曲线或 lg$U$-lgδ 曲线，以确定拐点位置。

5.4.2 本条前两款确定的抗拔极限承载力是土的极限抗拔阻力与桩（包括桩向上运动所带动的土体）的自重标准值两部分之和。第3款所指的“断裂”是因钢筋强度不够情况下的断裂。如果因抗拔钢筋受力不均匀，部分钢筋因受力太大而断裂，应视该桩试验无效并进行补充试验。不能将钢筋断裂前一级荷载作为极限荷载。

5.4.4 工程桩验收检测时，混凝土桩抗拔承载力可能受抗裂或钢筋强度制约，而土的抗拔阻力尚未充分发挥，只能取最大试验荷载或上拔量控制值所对应的荷载作为极限荷载，不能轻易外推。当然，在上拔量或抗裂要求不明确时，试验控制的最大加载值就是钢筋强度的设计值。

6 单桩水平静载试验

6.1 一 般 规 定

6.1.1 桩的水平承载力静载试验除了桩顶自由的单桩试验外，还有带承台桩的水平静载试验（考虑承台的底面阻力和侧面抗力，以便充分反映桩基在水平力作用下的实际工作状况）、桩顶不能自由转动的不同约束条件及桩顶施加垂直荷载等试验方法，也有循环荷载的加载方法。这一切都可根据设计的特殊要求给予满足，并参考本方法进行。

桩的抗弯能力取决于桩和土的力学性能、桩的自由长度、抗弯刚度、桩宽、桩顶约束等因素。试验条件应尽可能和实际工作条件接近，将各种影响降低到最小的程度，使试验成果能尽量反映工程桩的实际情况。通常情况下，试验条件很难做到和工程桩的情况完全一致，此时应通过试验桩测得桩周土的地基反力特性，即地基土的水平抗力系数。它反映了桩在不同深度处桩侧土抗力和水平位移之间的关系，可视为土的固有特性。根据实际工程桩的情况（如不同桩顶约束、不同自由长度），用它确定土抗力大小，进而计算单桩的水平承载力和弯矩。因此，通过试验求得地基土的水平抗力系数具有更实际、更普遍的意义。

6.2 设备仪器及其安装

6.2.3 若水平力作用点位置高于基桩承台底标高，试验时在相对承台底面处产生附加弯矩，影响测试结果，也不利于将试验成果根据实际桩顶的约束予以修正。球形铰支座的作用是在试验过程中，保持作用力的方向始终水平和通过桩轴线，不随桩的倾斜或扭转而改变。

6.2.6 为保证各测试断面的应力最大值及相应弯矩的测量精度，试桩设置时应严格控制测点的纵剖面与力作用方向之间的偏差。对承受水平荷载的桩而言，桩的破坏是由于桩身弯矩引起的结构破坏。因此对中长桩而言，浅层土的性质起了重要作用，在这段范围内的弯矩变化也最大。为找出最大弯矩及其位置，应加密测试断面。

6.3 现 场 检 测

6.3.1 单向多循环加载法，主要是为了模拟实际结构的受力形式。由于结构物承受的实际荷载异常复杂，所以当需考虑长期水平荷载作用影响时，宜采用本规范第4章规定的慢速维持荷载法。由于单向多循环荷载的施加会给内力测试带来不稳定因素，为保证测试质量，建议采用本规范第4章规定的慢速或快速维持荷载法；此外水平试验桩通常以结构破坏为主，为缩短试验时间，也可参照港口工程桩基水平承载力试验方法，采用更短时间的快速维持荷载法。

6.3.3 对抗弯性能较差的长桩或中长桩而言，承受水平荷载桩的破坏特征是弯曲破坏，即桩身发生折断，此时试验自然终止。在工程桩水平承载力验收检测中，终止加荷条件可按设计要求或标准规范规定的水平位移允许值控制。考虑软土的侧向约束能力较差以及大直径桩的抗弯刚度大等特点，终止加载的变形限可取上限值。

6.4 检测数据分析与判定

6.4.2 本条中的地基土水平抗力系数随深度增长的比例系数 m 值的计算公式仅适用于水平力作用点至试坑地面的桩自由长度为零时的情况。按桩、土相对刚度不同，水平荷载作用下的桩-土体系有两种工作状态和破坏机理，一种是“刚性短桩”，因转动或平移而破坏，相当于 $\alpha h<2.5$ 时的情况；另一种是工程中常见的“弹性长桩”，桩身产生挠曲变形，桩下段嵌固于土中不能转动，即本条中 $\alpha h\geqslant4.0$ 的情况。在 $2.5\leqslant\alpha h<4.0$ 范围内，称为“有限长度的中长桩”。《建筑桩基技术规范》JGJ 94 对中长桩的 ν_y 变化给出了具体数值（见表2）。因此，在按式（6.4.2-1）计算 m 值时，应先试算 αh 值，以确定 αh 是否大于或等于4.0，若在2.5～4.0范围以内，应调整 ν_y 值重新计算 m 值（有些行业标准不考虑）。当 $\alpha h<2.5$ 时，式

(6.4.2-1) 不适用。

表 2 桩顶水平位移系数 ν_y

桩的换算埋深 αh	4.0	3.5	3.0	2.8	2.6	2.4
桩顶自由或铰接时的 ν_y 值	2.441	2.502	2.727	2.905	3.163	3.526

注：当 αh＞4.0 时取 αh＝4.0。

试验得到的地基土水平抗力系数的比例系数 m 不是一个常量，而是随地面水平位移及荷载而变化的曲线。

6.4.4 对于混凝土长桩或中长桩，随着水平荷载的增加，桩侧土体的塑性区自上而下逐渐开展扩大，最大弯矩断面下移，最后形成桩身结构的破坏。所测水平临界荷载 H_{cr} 为桩身产生开裂前所对应的水平荷载。因为只有混凝土桩才会产生开裂，故只有混凝土桩才有临界荷载。

6.4.5 单桩水平极限承载力是对应于桩身折断或桩身钢筋应力达到屈服时的前一级水平荷载。

6.4.7 单桩水平承载力特征值除与桩的材料强度、截面刚度、入土深度、土质条件、桩顶水平位移允许值有关外，还与桩顶边界条件（嵌固情况和桩顶竖向荷载大小）有关。由于建筑工程基桩的桩顶嵌入承台深度通常较浅，桩与承台连接的实际约束条件介于固接与铰接之间，这种连接相对于桩顶完全自由时可减少桩顶位移，相对于桩顶完全固接时可降低桩顶约束弯矩并重新分配桩身弯矩。如果桩顶完全固接，水平承载力按位移控制时，是桩顶自由时的 2.60 倍；对较低配筋率的灌注桩按桩身强度（开裂）控制时，由于桩顶弯矩的增加，水平临界承载力是桩顶自由时的 0.83 倍。如果考虑桩顶竖向荷载作用，混凝土桩的水平承载力将会产生变化，桩顶荷载是压力，其水平承载力增加，反之减小。

桩顶自由的单桩水平试验得到的承载力和弯矩仅代表试桩条件的情况，要得到符合实际工程桩嵌固条件的受力特性，需将试桩结果转化，而求得地基土水平抗力系数是实现这一转化的关键。考虑到水平荷载-位移关系的非线性且 m 值随荷载或位移增加而减小，有必要给出 H-m 和 Y_0-m 曲线并按以下考虑确定 m 值：

1 可按设计给出的实际荷载或桩顶位移确定 m 值；

2 设计未作具体规定的，可取水平承载力特征值对应的 m 值。

与竖向抗压、抗拔桩不同，混凝土桩（除高配筋率桩外）在水平荷载作用下的破坏模式一般为弯曲破坏，极限承载力由桩身强度控制。在单桩水平承载力特征值 H_a 的确定上，不采用水平极限承载力除以某一固定安全系数的做法，而是把桩身强度、开裂或允许位移等条件作为控制因素。也正是因为水平承载桩的承载能力极限状态主要受桩身强度（抗弯刚度）制约，通过水平静载试验给出的极限承载力和极限弯矩对强度控制设计非常必要。

抗裂要求不仅涉及桩身抗弯刚度，也涉及桩的耐久性。虽然本条第 3 款可按设计要求的水平允许位移确定水平承载力，但根据现行国家标准《混凝土结构设计规范》GB 50010，只有裂缝控制等级为三级的构件，才允许出现裂缝，且桩所处的环境类别至少是二级以上（含二级），裂缝宽度限值为 0.2mm。因此，当裂缝控制等级为一、二级时，水平承载力特征值就不应超过水平临界荷载。

7 钻 芯 法

7.1 一 般 规 定

7.1.1 钻芯法是检测钻（冲）孔、人工挖孔等现浇混凝土灌注桩的成桩质量的一种有效手段，不受场地条件的限制，特别适用于大直径混凝土灌注桩的成桩质量检测。钻芯法检测的主要目的有四个：

1 检测桩身混凝土质量情况，如桩身混凝土胶结状况、有无气孔、松散或断桩等，桩身混凝土强度是否符合设计要求；

2 桩底沉渣厚度是否符合设计或规范的要求；

3 桩端持力层的岩土性状（强度）和厚度是否符合设计或规范要求；

4 施工记录桩长是否真实。

受检桩长径比较大时，成孔的垂直度和钻芯孔的垂直度很难控制，钻芯孔容易偏离桩身，故要求受检桩桩径不宜小于 800mm、长径比不宜大于 30。

桩端持力层岩土性状的准确判断直接关系到受检桩的使用安全。《建筑地基基础设计规范》GB 50007 规定：嵌岩灌注桩要求按端承桩设计，桩端以下 3 倍桩径范围内无软弱夹层、断裂破碎带和洞隙分布，在桩底应力扩散范围内无岩体临空面。虽然施工前已进行岩土工程勘察，但有时钻孔数量有限，对较复杂的地基条件，很难全面弄清岩石、土层的分布情况。因此，应对桩端持力层进行足够深度的钻探。

7.1.2 当钻芯孔为一个时，规定宜在距桩中心 10cm～15cm 的位置开孔，一是考虑导管附近的混凝土质量相对较差、不具有代表性，二是方便验证时的钻孔位置布置。

为准确确定桩的中心点，桩头宜开挖裸露；来不及开挖或不便开挖的桩，应采用全站仪或经纬仪确定桩位中心。

7.1.3 当采用钻芯法对桩长、桩身混凝土强度、桩身局部缺陷、桩底沉渣、桩端持力层进行验证检测时，应根据具体验证的目的进行检测，不需要按本规范第7.6节进行单桩全面评价。如验证桩身混凝土强度，可将桩作为单根构件，在桩顶浅部对多桩（或单桩多孔）钻取混凝土芯样，且当抽检桩的代表性和数量符合混凝土结构检测标准的相关要求时，可推定基桩的检测批次混凝土强度。如验证桩身局部缺陷，钻进深度可控制为缺陷以下1m～2m处，对芯样混凝土质量进行评价，并应进行芯样试件抗压强度试验。

7.2 设 备

7.2.1 钻机宜采用岩芯钻探的液压高速钻机，并配有相应的钻塔和牢固的底座，机械技术性能良好，不得使用立轴旷动过大的钻机。钻杆应顺直，直径宜为50mm。

钻机设备参数应满足：额定最高转速不低于790r/min；转速调节范围不少于4档；额定配用压力不低于1.5MPa。

水泵的排水量宜为50L/min～160L/min，泵压宜为1.0 MPa～2.0MPa。

孔口管、扶正稳定器（又称导向器）及可捞取松软渣样的钻具应根据需要选用。桩较长时，应使用扶正稳定器确保钻芯孔的垂直度。桩顶面与钻机塔座距离大于2m时，宜安装孔口管，孔口管应垂直且牢固。

7.2.2 钻取芯样的真实程度与所用钻具有很大关系，进而直接影响桩身完整性的类别判定。为提高钻取桩身混凝土芯样的完整性，钻芯检测用钻具应为单动双管钻具，明确禁止使用单动单管钻具。

7.2.3 为了获得比较真实的芯样，要求钻芯法检测应采用金刚石钻头，钻头胎体不得有肉眼可见的裂纹、缺边、少角喇叭形磨损。此外，还需注意金刚石钻头、扩孔器与卡簧的配合和使用的细节：金刚石钻头与岩芯管之间必须安有扩孔器，用以修正孔壁；扩孔器外径应比钻头外径大0.3mm～0.5mm，卡簧内径应比钻头内径小0.3mm左右；金刚石钻头和扩孔器应按外径先大后小的排列顺序使用，同时考虑钻头内径小的先用，内径大的后用。

芯样试件直径不宜小于骨料最大粒径的3倍，在任何情况下不得小于骨料最大粒径的2倍，否则试件强度的离散性较大。目前，钻头外径有76mm、91mm、101mm、110mm、130mm几种规格，从经济合理的角度综合考虑，应选用外径为101mm和110mm的钻头；当受检桩采用商品混凝土、骨料最大粒径小于30mm时，可选用外径为91mm的钻头；如果不检测混凝土强度，可选用外径为76mm的钻头。

7.2.4 芯样制作分两部分，一部分是锯切芯样，另一部分是对芯样端部进行处理。锯切芯样时应尽可能保证芯样不缺角、两端面平行，可采用单面锯或双面锯。当芯样端部不满足要求时，可采取补平或磨平方式进行处理。具体要求见本规范附录E。

7.3 现 场 检 测

7.3.1 钻芯设备应精心安装，钻机立轴中心、天轮中心（天车前沿切点）与孔口中心必须在同一铅垂线上。设备安装后，应进行试运转，在确认正常后方能开钻。钻进初始阶段应对钻机立轴进行校正，及时纠正立轴偏差，确保钻芯过程不发生倾斜、移位。

当出现钻芯孔与桩体偏离时，应立即停机记录，分析原因。当有争议时，可进行钻孔测斜，以判断是受检桩倾斜超过规范要求还是钻芯孔倾斜超过规定要求。

7.3.2 因为钻进过程中钻孔内循环水流不会中断，因此可根据回水含砂量及颜色，发现钻进中的异常情况，调整钻进速度，判断是否钻至桩端持力层。钻至桩底时，为检测桩底沉渣或虚土厚度，应采用减压、慢速钻进。若遇钻具突降，应立即停钻，及时测量机上余尺，准确记录孔深及有关情况。

当持力层为中、微风化岩石时，可将桩底0.5m左右的混凝土芯样、0.5m左右的持力层以及沉渣纳入同一回次。当持力层为强风化岩层或土层时，可采用合金钢钻头干钻的方法和工艺钻取沉渣并测定沉渣厚度。

对中、微风化岩的桩端持力层，可直接钻取岩芯鉴别；对强风化岩层或土层，可采用动力触探、标准贯入试验等方法鉴别。试验宜在距桩底1m内进行。

7.3.3 芯样取出后，钻机操作人员应由上而下按回次顺序放进芯样箱中，芯样侧表面上应清晰标明回次数、块号、本回次总块数（宜写成带分数的形式，如$2\frac{3}{5}$表示第2回次共有5块芯样，本块芯样为第3块）。及时记录孔号、回次数、起至深度、块数、总块数、芯样质量的初步描述及钻进异常情况。

有条件时，可采用孔内摄像辅助判断混凝土质量。

检测人员对桩身混凝土芯样的描述包括桩身混凝土钻进深度，芯样连续性、完整性、胶结情况、表面光滑情况、断口吻合程度、混凝土芯样是否为柱状、骨料大小分布情况，气孔、蜂窝麻面、沟槽、破碎、夹泥、松散的情况，以及取样编号和取样位置。

检测人员对持力层的描述包括持力层钻进深度，岩土名称、芯样颜色、结构构造、裂隙发育程度、坚硬及风化程度，以及取样编号和取样位置，或动力触探、标准贯入试验位置和结果。分层岩层应分别描述。

7.3.4 芯样和钻探标示牌的内容包括：工程名称、桩号、钻芯孔号、芯样试件采取位置、桩长、孔深、检测单位名称等，可将一部分内容在芯样上标识，另一部分标识在指示牌上。对全貌拍完彩色照片后，再截取芯样试件。取样完毕剩余的芯样宜移交委托单位妥善保存。

7.4 芯样试件截取与加工

7.4.1 以概率论为基础、用可靠性指标度量桩基的可靠度是比较科学的评价基桩强度的方法，即在钻芯法受检桩的芯样中截取一批芯样试件进行抗压强度试验，采用统计的方法判断混凝土强度是否满足设计要求。但在应用上存在以下一些困难：一是由于基桩施工的特殊性，评价单根受检桩的混凝土强度比评价整个桩基工程的混凝土强度更合理。二是混凝土桩应作为受力构件考虑，薄弱部位的强度（结构承载能力）能否满足使用要求，直接关系到结构安全。综合多种因素考虑，规定按上、中、下截取芯样试件。

一般来说，蜂窝麻面、沟槽等缺陷部位的强度较正常胶结的混凝土芯样强度低，无论是严把质量关，尽可能查明质量隐患，还是便于设计人员进行结构承载力验算，都有必要对缺陷部位的芯样进行取样试验。因此，缺陷位置能取样试验时，应截取一组芯样进行混凝土抗压试验。

如果同一基桩的钻芯孔数大于一个，其中一孔在某深度存在蜂窝麻面、沟槽、空洞等缺陷，芯样试件强度可能不满足设计要求，按本规范第7.6.1条的多孔强度计算原则，在其他孔的相同深度部位取样进行抗压试验是非常必要的，在保证结构承载能力的前提下，减少加固处理费用。

7.4.2 由于单个岩石芯样截取的长度至少是其直径的2倍，通常在桩底以下1m范围内很难截取3个完整芯样，因此本次修订取消了原规范截取岩石芯样试件数量为“一组3个”的要求。

为便于设计人员对端承力的验算，提供分层岩性的各层强度值是必要的。为保证岩石天然状态，拟截取的岩石芯样应及时密封包装后浸泡在水中，避免暴晒雨淋，特别是软岩。

7.4.3 对于基桩混凝土芯样来说，芯样试件可选择的余地较大，因此，为了避免试件强度的离散性较大，在选取芯样试件时，应观察芯样侧表面的表观混凝土粗骨料粒径，确保芯样试件平均直径不小于2倍表观混凝土粗骨料最大粒径。

为了避免再对芯样试件高径比进行修正，规定有效芯样试件的高度不得小于$0.95d$且不得大于$1.05d$时（d为芯样试件平均直径）。

附录E规定平均直径测量精确至0.5mm；沿试件高度任一直径与平均直径相差达2mm以上时不得用作抗压强度试验。这里作以下几点说明：

1 一方面要求直径测量误差小于1mm，另一方面允许不同高度处的直径相差大于1mm，增大了芯样试件强度的不确定度。考虑到钻芯过程对芯样直径的影响是强度低的地方直径偏小，而抗压试验时直径偏小的地方容易破坏，因此，在测量芯样平均直径时宜选择表观直径偏小的芯样部位。

2 允许沿试件高度任一直径与平均直径相差达2mm，极端情况下，芯样试件的最大直径与最小直径相差可达4mm，此时固然满足规范规定，但是，当芯样侧表面有明显波浪状时，应检查钻机的性能，钻头、扩孔器、卡簧是否合理配置，机座是否安装稳固，钻机立轴是否摆动过大，提高钻机操作人员的技术水平。

3 在诸多因素中，芯样试件端面的平整度是一个重要的因素，容易被检测人员忽视，应引起足够的重视。

7.5 芯样试件抗压强度试验

7.5.1 芯样试件抗压破坏时的最大压力值可能与混凝土标准试件明显不同，芯样试件抗压强度试验时应合理选择压力机的量程和加荷速率，保证试验精度。

根据桩的工作环境状态，试件宜在20±5℃的清水中浸泡一段时间后进行抗压强度试验。但考虑到钻芯过程中诸因素影响均使芯样试件强度降低，同时也为方便起见，允许芯样试件加工完毕后，立即进行抗压强度试验。

7.5.2 当出现截取芯样未能制作成试件、芯样试件平均直径小于2倍试件内混凝土粗骨料最大粒径时，应重新截取芯样试件进行抗压强度试验。条件不具备时，可将另外两个强度的平均值作为该组混凝土芯样试件抗压强度值。在报告中应对有关情况予以说明。

7.5.3、7.5.4 混凝土芯样试件的强度值不等于在施工现场取样、成型、同条件养护试块的抗压强度，也不等于标准养护28天的试块抗压强度。

芯样试件抗压强度与同条件试块或标养试块抗压强度之间存在差别，其原因主要是成型工艺和养护条件的不同，为了综合考虑上述差别以及混凝土徐变、持续持荷等方面的影响，《混凝土结构设计规范》GB 50010在设计强度取值时采用了0.88的折减系数。

大部分实测数据表明桩身混凝土芯样抗压强度低于控制混凝土材料质量的立方体试件抗压强度，但降低幅度存在较大的波动范围，也有一些实测数据表明桩身混凝土芯样抗压强度并不低于控制混凝土材料质量的立方体试件抗压强度。广东有137组数据表明在桩身混凝土中的钻芯强度与立方体强度的比值的统计平均值为0.749。为考察小芯样取芯的离散性（如尺寸效应、机械扰动等），广东、福建、河南等地6家单位在标准立方体试块中钻取芯样进行抗压强度试验（强度等级C15～C50，芯样直径68mm～100mm，共184组），目的是排除龄期、振捣和养护条件的差异。结果表明：芯样试件强度与立方体强度的比值分别为0.689、0.848、0.895、0.915、1.106、1.106，平均为0.943，其中有两单位得出了$\phi 68$、$\phi 80$芯样强度与$\phi 100$芯样强度相比均接近于1.0的结论。当排除龄期和养护条件（温度、湿度）差异时，尽管普遍认同芯样强度低于立方体强度，尤其是在桩身混凝土中钻芯更是如此，但上述结果表明，尚不能采用一个统一的折算系数来反映芯样强度与立方体强度的差异。作为行业标准，为了安全起见，本规范不推荐采用某一个统一的折算系数，对芯样强度进行修正。

考虑到我国幅员辽阔，在桩身混凝土材料及配比、成孔成桩工艺、施工水平等方面，各地存在较多差异，本规范第7.5.4条允许有条件的省、市、地区，通过详尽的对比试验并报当地主管部门审批，在地方标准或相关的规范性文件中提供有地区代表性的芯样强度折算系数。

7.5.5 与工程地质钻探相比，桩端持力层钻芯的主要目的是判断或鉴别桩端持力层岩土性状，因单桩钻芯所能截取的完整岩芯数量有限，当岩石芯样单轴抗压强度试验仅仅是配合判断桩端持力层岩性时，检测报告中可不给出岩石单轴抗压强度标准值，只给出单个芯样单轴抗压强度检测值。

按岩土工程勘察的做法和现行国家标准《建筑地基基础设计规范》GB 50007的相关规定，需要在岩石的地质年代、名称、风化程度、矿物成分、结构、构造相同条件下至少钻取6个以上完整岩石芯样，才有可能确定岩石单轴抗压强度标准值。显然这项工作要通过多桩、多孔钻芯来完成。

岩土工程勘察提供的岩石单轴抗压强度值一般是在岩石饱和状态下得到的，因为水下成孔、灌注施工会不同程度造成岩石强度下降，故采用饱和强度是安全的做法。基桩钻芯法钻取岩芯相当于成桩后的验收检验，正常情况下应尽量使岩芯保持钻芯时的“天然”含水状态。只有明确要求提供岩石饱和单轴抗压强度标准值时，岩石芯样试件应在清水中浸泡不少于12h后进行试验。

7.6 检测数据分析与判定

7.6.1 混凝土芯样试件抗压强度的离散性比混凝土标准试件要大，通过对几千组数据进行验算，证实取平均值作为检测值的方法可行。

同一根桩有两个或两个以上钻芯孔时，应综合考虑各孔芯样强度来评定桩身承载力。取同一深度部位各孔芯样试件抗压强度（每孔取一组混凝土芯样试件抗压强度检测值参与平均）的平均值作为该深度的混凝土芯样试件抗压强度检测值，是一种简便实用方法。

虽然桩身轴力上大下小，但从设计角度考虑，桩身承载力受最薄弱部位的混凝土强度控制。因此，规定受检桩中不同深度位置的混凝土芯样试件抗压强度检测值中的最小值为该桩混凝土芯样试件抗压强度检测值。

7.6.2 检测人员可能不熟悉岩土性状的描述和判定，建议有工程地质专业人员参与。

7.6.3 与2003版规范相比，在本次修订中，对同一受检桩钻取两孔或三孔芯样的桩身完整性判定做了较大调整：一是强调同一深度部位的不同钻孔的芯样质量的关联性，二是强调局部芯样强度检测值对桩身完整性判定的影响。虽然桩身完整性和混凝土芯样试件抗压强度是两个不同的概念，本规范第2.1.2条和第3.5.1条的条文说明已做了说明。但是为了充分利用钻芯法的有效检测信息、更客观地评价成桩质量，本规范强调完整性判断应根据混凝土芯样表观特征和缺陷分布情况并结合局部芯样强度检测值进行综合判定，关注缺陷部位能否取样制作成芯样试件以及缺陷部位的芯样试件强度的高低。当混凝土芯样的外观完整性介于Ⅱ类和Ⅲ类之间时，利用出现缺陷部位的“混凝土芯样试件抗压强度检测值是否满足设计要求”这一辅助手段，加以区分。

为便于理解，以三孔桩身完整性Ⅱ类特征之3款为例，做两点说明：(1)“且在另两孔同一深度部位的局部混凝土芯样的外观判定完整性类别为Ⅰ类或Ⅱ类”的表述强调了将同一深度部位的局部混凝土芯样质量单列出来进行评价，确定某深度局部范围内的混凝土质量有没有达到完整性Ⅰ类或Ⅱ类判定条件，这里的“Ⅰ类或Ⅱ类”涵盖了芯样完好、芯样有蜂窝等轻微缺陷等情况。(2)对“否则应判为Ⅲ类或Ⅳ类”的理解，例如符合三孔桩身完整性Ⅳ类特征之4款条件，完整性应判为Ⅳ类；而既非Ⅱ类又非Ⅳ类者，应判为Ⅲ类。

桩长检测精度应考虑桩底锅底形的影响。按连续性涵义，实测桩长小于施工记录桩长应判为Ⅳ类。

当存在水平裂缝时，可结合水平荷载设计要求和水平裂缝深度进行综合判断：当桩受水平荷载较大且水平裂缝位于桩上部时应判为Ⅳ类桩；当设计对水平承载力无要求且水平裂缝位于桩下部时可判为Ⅱ类桩；其他情况可判为Ⅲ类。

7.6.4 本规范第8～10章检测方法都能判定桩身完整性类别，限于目前测试技术水平，尚不能将桩身混凝土强度是否满足设计要求与桩身完整性类别直接联系起来，虽然钻芯法能检测桩身混凝土强度，但并非是本规范第3.5.1条的要求。此外，钻芯法的桩身完整性Ⅰ类判据中，也未考虑混凝土强度问题，因此，如没有对芯样抗压强度检测的要求，有可能出现完整性为Ⅰ类但混凝土强度却不满足设计要求。

判定受检桩是否满足设计要求除考虑桩长和芯样试件抗压强度检测值外，当设计有要求时，应判断桩底的沉渣厚度、持力层岩土性状（强度）或厚度是否满足设计要求，否则，应判断是否满足相关规范的要求。另外，钻芯法与本规范第8～10章的检测方法不同，属于直接法，桩身完整性类别是通过芯样及其外表特征观察得到的。根据表 7.6.3 关于Ⅳ类桩判据的描述，Ⅳ类桩肯定存在局部的且影响桩身结构承载力的低质混凝土，即桩身混凝土强度不满足设计要求。因此，对于完整性评价为Ⅳ类的桩，可以明确该桩不满足设计要求。

8 低 应 变 法

8.1 一 般 规 定

8.1.1 目前国内外普遍采用瞬态冲击方式，通过实测桩顶加速度或速度响应时域曲线，籍一维波动理论分析来判定基桩的桩身完整性，这种方法称之为反射波法（或瞬态时域分析法）。目前国内几乎所有检测机构采用这种方法，所用动测仪器一般都具有傅立叶变换功能，可通过速度幅频曲线辅助分析判定桩身完整性，即所谓瞬态频域分析法；也有些动测仪器还具备实测锤击力并对其进行傅立叶变换的功能，进而得到导纳曲线，这称之为瞬态机械阻抗法。当然，采用稳态激振方式直接测得导纳曲线，则称之为稳态机械阻抗法。无论瞬态激振的时域分析还是瞬态或稳态激振的频域分析，只是习惯上从波动理论或振动理论两个不同角度去分析，数学上忽略截断和泄漏误差时，时域信号和频域信号可通过傅立叶变换建立对应关系。所以，当桩的边界和初始条件相同时，时域和频域分析结果应殊途同归。综上所述，考虑到目前国内外使用方法的普遍程度和可操作性，本规范将上述方法合并编写并统称为低应变（动测）法。

一维线弹性杆件模型是低应变法的理论基础。有别于静力学意义下按长细比大小来划分杆件，考虑波传播时满足一维杆平截面假设成立的前提是：瞬态激励脉冲有效高频分量的波长与杆的横向尺寸之比不宜小于10。另外，基于平截面假设成立的要求，设计桩身横截面宜基本规则。对于薄壁钢管桩、大直径现浇薄壁混凝土管桩和类似于H型钢桩的异型桩，若激励响应在桩顶面接收时，本方法不适用。钢桩桩身质量检验以焊缝检查和焊缝探伤为主。

本方法对桩身缺陷程度不做定量判定，尽管利用实测曲线拟合法分析能给出定量的结果，但由于桩的尺寸效应、测试系统的幅频与相频响应、高频波的弥散、滤波等造成的实测波形畸变，以及桩侧土阻尼、土阻力和桩身阻尼的耦合影响，曲线拟合法还不能达到精确定量的程度。

对于桩身不同类型的缺陷，低应变测试信号中主要反映桩身阻抗减小，缺陷性质往往较难区分。例如，混凝土灌注桩出现的缩颈与局部松散、夹泥、空洞等，只凭测试信号就很难区分。因此，对缺陷类型进行判定，应结合地质、施工情况综合分析，或采取开挖、钻芯、声波透射等其他方法验证。

由于受桩周土约束、激振能量、桩身材料阻尼和桩身截面阻抗变化等因素的影响，应力波从桩顶传至桩底再从桩底反射回桩顶的传播为一能量和幅值逐渐衰减过程。若桩过长（或长径比较大）或桩身截面阻抗多变或变幅较大，往往应力波尚未反射回桩顶甚至尚未传到桩底，其能量已完全衰减或提前反射，致使仪器测不到桩底反射信号，而无法评定整根桩的完整性。在我国，若排除其他条件差异而只考虑各地区地基条件差异时，桩的有效检测长度主要受桩土刚度比大小的制约。因各地提出的有效检测范围变化很大，如长径比 30～50、桩长 30m～50m 不等，故本条未规定有效检测长度的控制范围。具体工程的有效检测桩长，应通过现场试验，依据能否识别桩底反射信号，确定该方法是否适用。

对于最大有效检测深度小于实际桩长的长桩、超长桩检测，尽管测不到桩底反射信号，但若有效检测长度范围内存在缺陷，则实测信号中必有缺陷反射信号。因此，低应变方法仍可用于查明有效检测长度范围内是否存在缺陷。

8.1.2 本条要求对桩身截面多变且变化幅度较大的灌注桩的检测有效性进行辅助验证，主要考虑以下几点：

1 阻抗变化会引起应力波多次反射，且阻抗变化截面离桩顶越近，反射越强，当多个阻抗变化截面的一次或多次反射相互叠加时，造成波形难于识别；

2 阻抗变化对应力波向下传播有衰减，截面变化幅度越大引起的衰减越严重；

3 大直径灌注桩的横向尺寸效应，桩径越大，短波长窄脉冲激励造成响应波形的失真就越严重，难以采用；

4 桩身阻抗变化范围的纵向尺度与激励脉冲波长相比越小，阻抗变化的反射就越弱，即所谓偏离一维杆波动理论的“纵向尺寸效应”越显著。

因此，承接这类灌注桩检测前，应在积累本地区经验的基础上，了解工艺和施工情况（例如充盈系数、护壁尺寸、何种土层采用何种施工工艺更容易出现塌孔等），使所选用的验证方法切实可行，降低误判几率。

另外，应用机械啮合接头等施工工艺的预制桩，接缝明显，也会造成检测结果判断不准确。

8.2 仪 器 设 备

8.2.1 低应变动力检测采用的测量响应传感器主要是压电式加速度传感器（国内多数厂家生产的仪器尚能兼容磁电式速度传感器测试），根据其结构特点和动态性能，当压电式传感器的可用上限频率在其安装谐振频率的 1/5 以下时，可保证较高的冲击测量精度，且在此范围内，相位误差几乎可以忽略。所以应尽量选用安装谐振频率较高的加速度传感器。

对于桩顶瞬态响应测量，习惯上是将加速度计的实测信号积分成速度曲线，并据此进行判读。实践表明：除采用小锤硬碰硬敲击外，速度信号中的有效高频成分一般在2000Hz以内。但这并不等于说，加速度计的频响线性段达到2000Hz就足够了。这是因为，加速度原始波形比积分后的速度波形要包含更多和更尖的毛刺，高频尖峰毛刺的宽窄和多寡决定了它们在频谱上占据的频带宽窄和能量大小。事实上，对加速度信号的积分相当于低通滤波，这种滤波作用对尖峰毛刺特别明显。当加速度计的频响线性段较窄时，就会造成信号失真。所以，在±10%幅频误差内，加速度计幅频线性段的高限不宜小于5000Hz，同时也应避免在桩顶敲击处表面凹凸不平时用硬质材料锤（或不加锤垫）直接敲击。

高阻尼磁电式速度传感器固有频率在10Hz～20Hz之间时，幅频线性范围（误差±10%时）约在20Hz～1000Hz内，若要拓宽使用频带，理论上可通过提高阻尼比来实现。但从传感器的结构设计、制作以及可用性看却又难于做到。因此，若要提高高频测量上限，必须提高固有频率，势必造成低频段幅频特性恶化，反之亦然。同时，速度传感器在接近固有频率时使用，还存在因相位越迁引起的相频非线性问题。此外由于速度传感器的体积和质量均较大，其二阶安装谐振频率受安装条件影响很大，安装不良时会大幅下降并产生自身振荡，虽然可通过低通滤波将自振信号滤除，但在安装谐振频率附近的有用信息也将随之滤除。综上所述，高频窄脉冲冲击响应测量不宜使用速度传感器。

8.2.2 瞬态激振操作应通过现场试验选择不同材质的锤头或锤垫，以获得低频宽脉冲或高频窄脉冲。除大直径桩外，冲击脉冲中的有效高频分量可选择不超过2000Hz（钟形力脉冲宽度为1ms，对应的高频截止分量约为2000Hz）。目前激振设备普遍使用的是力锤、力棒，其锤头或锤垫多选用工程塑料、高强尼龙、铝、铜、铁、橡皮垫等，锤的质量为几百克至几十千克不等。

稳态激振设备可包括扫频信号发生器、功率放大器及电磁式激振器。由扫频信号发生器输出等幅值、频率可调的正弦信号，通过功率放大器放大至电磁激振器输出同频率正弦激振力作用于桩顶。

8.3 现场检测

8.3.1 桩顶条件和桩头处理好坏直接影响测试信号的质量。因此，要求受检桩桩顶的混凝土质量、截面尺寸应与桩身设计条件基本等同。灌注桩应凿去桩顶浮浆或松散、破损部分，露出坚硬的混凝土表面；桩顶表面应平整干净且无积水；妨碍正常测试的桩顶外露主筋应割掉。对于预应力管桩，当法兰盘与桩身混凝土之间结合紧密时，可不进行处理，否则，应采用电锯将桩头锯平。

当桩头与承台或垫层相连时，相当于桩头处存在很大的截面阻抗变化，对测试信号会产生影响。因此，测试时桩头应与混凝土承台断开；当桩头侧面与垫层相连时，除非对测试信号没有影响，否则应断开。

8.3.2 从时域波形中找到桩底反射位置，仅仅是确定了桩底反射的时间，根据$\Delta T=2L/c$，只有已知桩长L才能计算波速c，或已知波速c计算桩长L。因此，桩长参数应以实际记录的施工桩长为依据，按测点至桩底的距离设定。测试前桩身波速可根据本地区同类桩型的测试值初步设定，实际分析时应按桩长计算的波速重新设定或按本规范第8.4.1条确定的波速平均值c_m设定。

对于时域信号，采样频率越高，则采集的数字信号越接近模拟信号，越有利于缺陷位置的准确判断。一般应在保证测得完整信号（1024个采样点，且时段不少于$2L/c+5ms$）的前提下，选用较高的采样频率或较小的采样时间间隔。但是，若要兼顾频域分辨率，则应按采样定理适当降低采样频率或增加采样点数。

稳态激振是按一定频率间隔逐个频率激振，并持续一段时间。频率间隔的选择决定于速度幅频曲线和导纳曲线的频率分辨率，它影响桩身缺陷位置的判定精度；间隔越小，精度越高，但检测时间很长，降低工作效率。一般频率间隔设置为3Hz、5Hz、10Hz。每一频率下激振持续时间，理论上越长越好，这样有利于消除信号中的随机噪声。实际测试过程中，为提高工作效率，只要保证获得稳定的激振力和响应信号即可。

8.3.3 本条是为保证响应信号质量而提出的基本要求：

1 传感器安装底面与桩顶面之间不得留有缝隙，安装部位混凝土凹凸不平时应磨平，传感器用耦合剂粘结时，粘结层应尽可能薄。

2 激振点与传感器安装点应远离钢筋笼的主筋，其目的是减少外露主筋对测试产生干扰信号。若外露主筋过长而影响正常测试时，应将其割短。

3 激振方向应沿桩轴线方向的要求是为了有效减少敲击时的水平分量。

4 瞬态激振通过改变锤的重量及锤头材料，可改变冲击入射波的脉冲宽度及频率成分。锤头质量较大或硬度较小时，冲击入射波脉冲较宽，低频成分为主；当冲击力大小相同时，其能量较大，应力波衰减较慢，适合于获得长桩桩底信号或下部缺陷的识别。锤头较轻或硬度较大时，冲击入射波脉冲较窄，含高频成分较多；冲击力大小相同时，虽其能量较小并加剧大直径桩的尺寸效应影响，但较适宜于桩身浅部缺陷的识别及定位。

5 稳态激振在每个设定的频率下激振时，为避免频率变换过程产生失真信号，应具有足够的稳定激振时间，以获得稳定的激振力和响应信号，并根据桩径、桩长及桩周土约束情况调整激振力。稳态激振器的安装方式及好坏对测试结果起着很大的作用。为保证激振系统本身在测试频率范围内不至于出现谐振，激振器的安装宜采用柔性悬挂装置，同时在测试过程中应避免激振器出现横向振动。

8.3.4 本条主要是对激振点和检测点位置进行了规定，以保证从现场获取的信息尽量完备：

1 本条第1款有两层含义：

第一是减小尺寸效应影响。相对桩顶横截面尺寸而言，激振点处为集中力作用，在桩顶部位可能出现与桩的横向振型相对应的高频干扰。当锤击脉冲变窄或桩径增加时，这种由三维尺寸效应引起的干扰加剧。传感器安装点与激振点距离和位置不同，所受干扰的程度各异。理论研究表明：实心桩安装点在距桩中心约2/3半径R时，所受干扰相对较小；空心桩安装点与激振点平面夹角等于或略大于90°时也有类似效果，该处相当于横向耦合低阶振型的驻点。传感器安装点、激振（锤击）点布置见图1。另应注意：加大安装与激振两点距离或平面夹角将增大锤击点与安装点响应信号时间差，造成波速或缺陷定位误差。

第二是使同一场地同一类型桩的检测信号具有可比性。因不同的激振点和检测点所测信号的差异主要随桩径或桩上部截面尺寸不规则程度变大而变强，因此尽量找出同一场地相近条件下各桩信号的规律性，对复杂波形的判断有利。

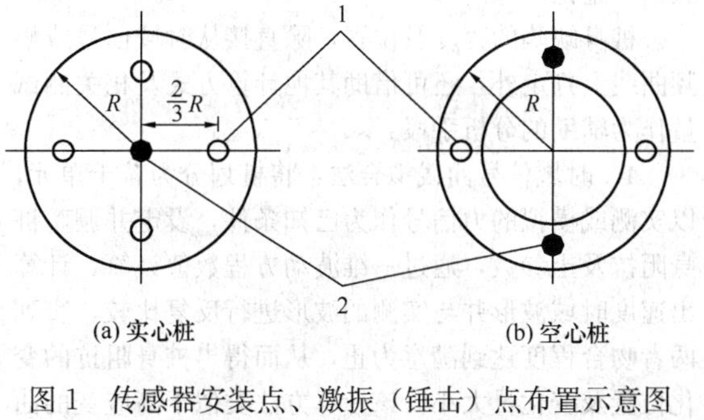

(a) 实心桩　　(b) 空心桩

图1 传感器安装点、激振（锤击）点布置示意图
1—传感器安装点；2—激振锤击点

当预制桩桩顶高于地面很多，或灌注桩桩顶部分桩身截面很不规则，或桩顶与承台等其他结构相连而不具备传感器安装条件时，可将两支测量响应传感器对称安装在桩顶以下的桩侧表面，且宜远离桩顶。

2 本条第2款所述“适当改变激振点和检测点的位置”是指位置选择可不受第1款的限制。

3 桩径增大时，桩截面各部位的运动不均匀性也会增加，桩浅部的阻抗变化往往表现出明显的方向性，故应增加检测点数量，使检测结果能全面反映桩身结构完整性情况。

4 对现场检测人员的要求绝不能仅满足于熟练操作仪器，因为只有通过检测人员对所获波形在现场的合理、快速判断，才有可能决定下一步激振点、检测点以及敲击方式（锤重、锤垫等）的选择。

5 应合理选择测试系统量程范围，特别是传感器的量程范围，避免信号波峰削波。

6 每个检测点有效信号数不宜少于3个，通过叠加平均可提高信噪比。

8.4 检测数据分析与判定

8.4.1 为分析不同时段或频段信号所反映的桩身阻抗信息、核验桩底信号并确定桩身缺陷位置，需要确定桩身波速及其平均值c_m。波速除与桩身混凝土强度有关外，还与混凝土的骨料品种、粒径级配、密度、水灰比、成桩工艺（导管灌注、振捣、离心）等因素有关。波速与桩身混凝土强度整体趋势上呈正相关关系，即强度高波速高，但二者并不为一一对应关系。在影响混凝土波速的诸多因素中，强度对波速的影响并非首位。中国建筑科学研究院的试验资料表明：采用普硅水泥，粗骨料相同，不同试配强度及龄期强度相差1倍时，声速变化仅为10%左右；根据辽宁省建设科学研究院的试验结果：采用矿渣水泥，28d强度为3d强度的4倍～5倍，一维波速增加20%～30%；分别采用碎石和卵石并按相同强度等级试配，发现以碎石为粗骨料的混凝土一维波速比卵石高约13%。天津市政研究院也得到类似辽宁院的规律，但有一定离散性，即同一组（粗骨料相同）混凝土试配强度不同的杆件或试块，同龄期强度低约10%～15%，但波速或声速略有提高。也有资料报导正好相反，例如福建省建筑科学研究院的试验资料表明：采用普硅水泥，按相同强度等级试配，骨料为卵石的混凝土声速略高于骨料为碎石的混凝土声速。因此，不能依据波速去评定混凝土强度等级，反之亦然。

虽然波速与混凝土强度二者并不呈一一对应关系，但考虑到二者整体趋势上呈正相关关系，且强度等级是现场最易得到的参考数据，故对于超长桩或无法明确找出桩底反射信号的桩，可根据本地区经验并结合混凝土强度等级，综合确定波速平均值，或利用成桩工艺、桩型相同且桩长相对较短并能够找出桩底反射信号的桩确定的波速，作为波速平均值。此外，当某根桩露出地面且有一定的高度时，可沿桩长方向间隔一可测量的距离段安置两个测振传感器，通过测量两个传感器的响应时差，计算该桩段的波速值，以该值代表整根桩的波速值。

8.4.2 本方法确定桩身缺陷的位置是有误差的，原因是：缺陷位置处Δt_x和$\Delta f'$存在读数误差；采样点数不变时，提高采样频率降低了频域分辨率；波速确定的方式及用抽样所得平均值c_m替代某具体桩身段波速带来的误差。其中，波速带来的缺陷位置误差 $\Delta x = x \cdot \Delta c/c$（$\Delta c/c$ 为波速相对误差）影响最大，如波速相对误差为5%，缺陷位置为10m时，则误差有0.5m；缺陷位置为20m时，则误差有1.0m。

对瞬态激振还存在另一种误差，即锤击后应力波主要以纵波形式直接沿桩身向下传播，同时在桩顶又主要以表面波和剪切波的形式沿径向传播。因锤击点与传感器安装点有一定的距离，接收点测到的入射峰总比锤击点处滞后，考虑到表面波或剪切波的传播速度比纵波低得多，特别对大直径桩或直径较大的管桩，这种从锤击点起由近及远的时间线性滞后将明显增加。而波从缺陷或桩底以一维平面应力波反射回桩顶时，引起的桩顶面径向各点的质点运动却在同一时刻都是相同的，即不存在由近及远的时间滞后问题。严格地讲，按入射峰-桩底反射峰确定的波速将比实际的高，若按“正确”的桩身波速确定缺陷位置将比实际的浅；另外桩身截面阻抗在纵向较长一段范围内变化较大时，将引起波的绕行距离增加，使“真实的一维杆波速”降低。基于以上两种原因，按照目前的锤击方式测桩，不可能精确地测到桩的“一维杆纵波波速”。

8.4.3 表8.4.3列出了根据实测时域或幅频信号特征、所划分的桩身完整性类别。完整桩典型的时域信号和速度幅频信号见图2和图3，缺陷桩典型的时域信号和速度幅频信号见图4和图5。

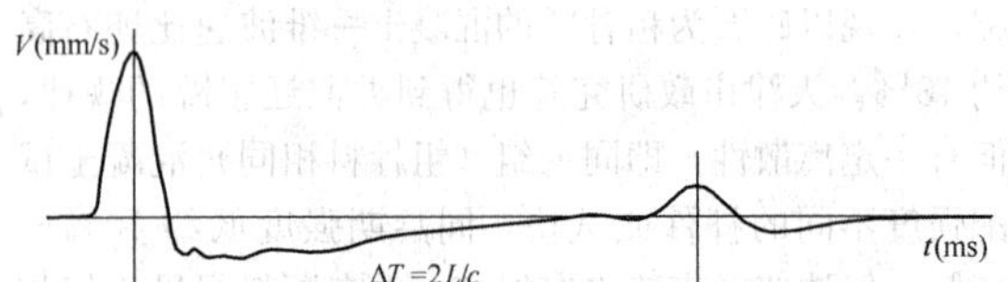

图2 完整桩典型时域信号特征

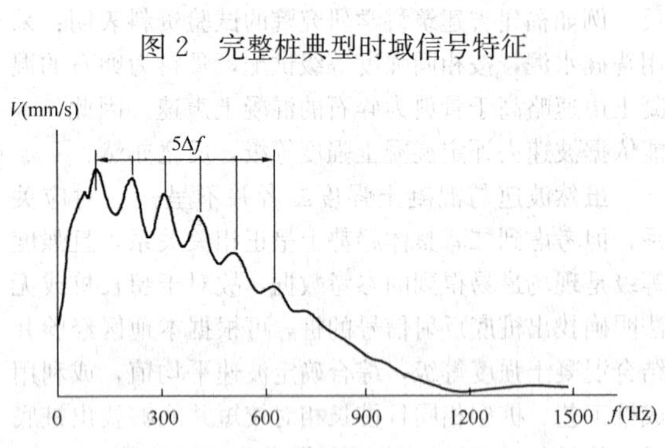

图3 完整桩典型速度幅频信号特征

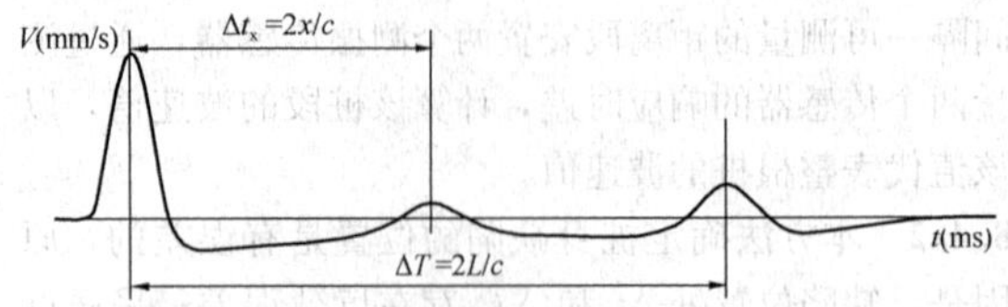

图4 缺陷桩典型时域信号特征

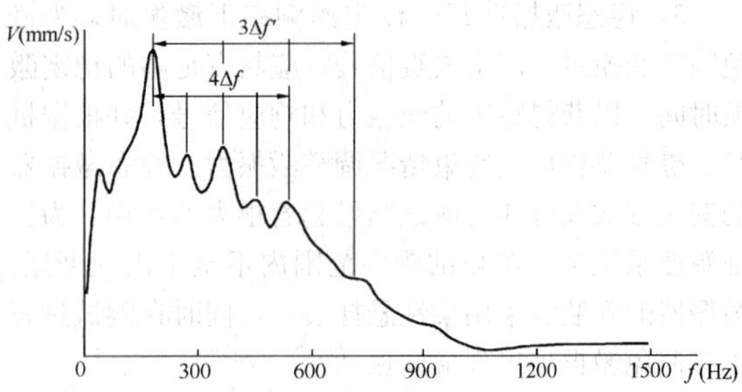

图5 缺陷桩典型速度幅频信号特征

完整桩分析判定，据时域信号或频域曲线特征判定相对来说较简单直观，而分析缺陷桩信号则复杂些，有的信号的确是因施工质量缺陷产生的，但也有是因设计构造或成桩工艺本身局限导致的，例如预制打入桩的接缝，灌注桩的逐渐扩径再缩回原桩径的变截面，地层硬夹层影响等。因此，在分析测试信号时，应仔细分清哪些是缺陷波或缺陷谐振峰，哪些是因桩身构造、成桩工艺、土层影响造成的类似缺陷信号特征。另外，根据测试信号幅值大小判定缺陷程度，除受缺陷程度影响外，还受桩周土阻力（阻尼）大小及缺陷所处深度的影响。相同程度的缺陷因桩周土岩性不同或缺陷埋深不同，在测试信号中其幅值大小各异。因此，如何正确判定缺陷程度，特别是缺陷十分明显时，如何区分是Ⅲ类桩还是Ⅳ类桩，应仔细对照桩型、地基条件、施工情况结合当地经验综合分析判断；不仅如此，还应结合基础和上部结构形式对桩的承载安全性要求，考虑桩身承载力不足引发桩身结构破坏的可能性，进行缺陷类别划分，不宜单凭测试信号定论。

桩身缺陷的程度及位置，除直接从时域信号或幅频曲线上判定外，还可借助其他计算方式及相关测试量作为辅助的分析手段：

1 时域信号曲线拟合法：将桩划分为若干单元，以实测或模拟的力信号作为已知条件，设定并调整桩身阻抗及土参数，通过一维波动方程数值计算，计算出速度时域波形并与实测的波形进行反复比较，直到两者吻合程度达到满意为止，从而得出桩身阻抗的变化位置及变化量大小。该计算方法类似于高应变的曲线拟合法。

2 根据速度幅频曲线或导纳曲线中基频位置，利用实测导纳值与计算导纳值相对高低、实测动刚度的相对高低进行判断。此外，还可对速度幅频信号曲线进行二次谱分析。

图6为完整桩的速度导纳曲线。计算导纳值 N_c、实测导纳值 N_m 和动刚度 K_d 分别按下列公式计算：

导纳理论计算值：$N_c = \dfrac{1}{\rho c_m A}$ (1)

实测导纳几何平均值：$N_m = \sqrt{P_{max} \cdot Q_{min}}$ (2)

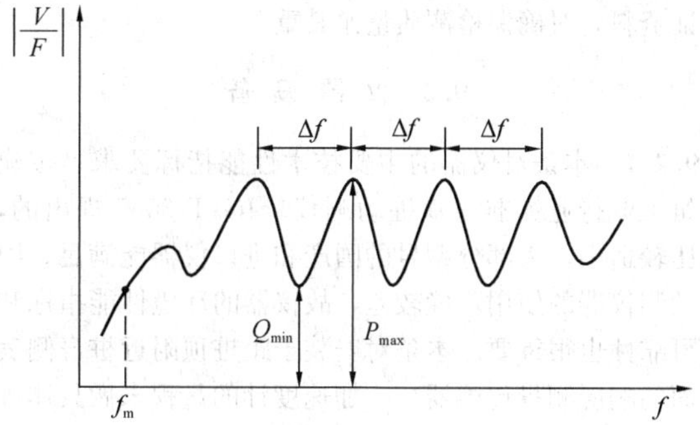

图 6　均匀完整桩的速度导纳曲线图

动刚度：
$$K_d = \frac{2\pi f_m}{\left|\frac{V}{F}\right|_m} \tag{3}$$

式中：ρ——桩材质量密度（kg/m^3）；

c_m——桩身波速平均值（m/s）；

A——设计桩身截面积（m^2）；

P_{max}——导纳曲线上谐振波峰的最大值（$m/s \cdot N^{-1}$）；

Q_{min}——导纳曲线上谐振波谷的最小值（$m/s \cdot N^{-1}$）；

f_m——导纳曲线上起始近似直线段上任一频率值（Hz）；

$\left|\frac{V}{F}\right|_m$——与 f_m 对应的导纳幅值（$m/s \cdot N^{-1}$）。

理论上，实测导纳值 N_m、计算导纳值 N_c 和动刚度 K_d 就桩身质量好坏而言存在一定的相对关系：完整桩，N_m 约等于 N_c，K_d 值正常；缺陷桩，N_m 大于 N_c，K_d 值低，且随缺陷程度的增加其差值增大；扩径桩，N_m 小于 N_c、K_d 值高。

值得说明，由于稳态激振过程在某窄小频带上激振，其能量集中、信噪比高、抗干扰能力强等特点，所测的导纳曲线、导纳值及动刚度比采用瞬态激振方式重复性好、可信度较高。

表 8.4.3 没有列出桩身无缺陷或有轻微缺陷但无桩底反射这种信号特征的类别划分。事实上，测不到桩底信号这种情况受多种因素和条件影响，例如：

——软土地区的超长桩，长径比很大；

——桩周土约束很大，应力波衰减很快；

——桩身阻抗与持力层阻抗匹配良好；

——桩身截面阻抗显著突变或沿桩长渐变；

——预制桩接头缝隙影响。

其实，当桩侧和桩端阻力很强时，高应变法同样也测不出桩底反射。所以，上述原因造成无桩底反射也属正常。此时的桩身完整性判定，只能结合经验、参照本场地和本地区的同类型桩综合分析或采用其他方法进一步检测。

对承载有利的扩径灌注桩，不应判定为缺陷桩。

8.4.4　当灌注桩桩截面形态呈现如图 7 情况时，桩身截面（阻抗）渐变或突变，在阻抗突变处的一次或二次反射常表现为类似明显扩径、严重缺陷或断桩的相反情形，从而造成误判。桩侧局部强土阻力和大直径开口预应力管桩桩孔内土塞部位反射也有类似情况，即一次反射似扩径，二次反射似缺陷。纵向尺寸效应与一维杆平截面假设相违，即桩身阻抗突变段的反射幅值随突变段纵向范围的缩小而减弱。例如支盘桩的支盘直径很大，但随着支盘厚度的减小，扩径反射将愈来愈不明显；若此情形换为缩颈，其危险性不言而喻。以上情况可结合施工、地层情况综合分析加以区分；无法区分时，应结合其他检测方法综合判定。

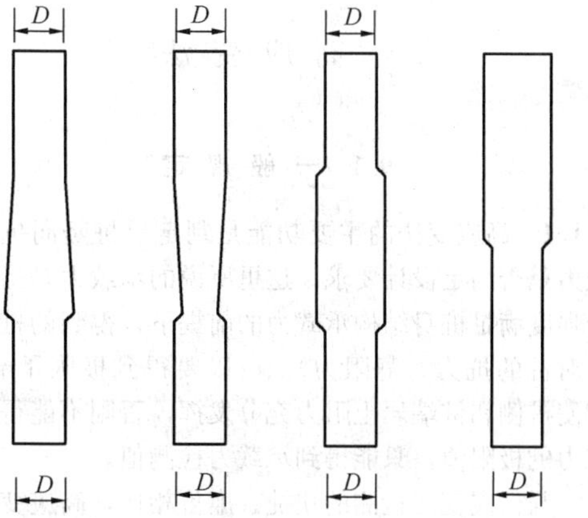

(a) 逐渐扩径　(b) 逐渐缩颈　(c) 中部扩径　(d) 上部扩径

图 7　混凝土灌注桩截面（阻抗）变化示意图

当桩身存在不止一个阻抗变化截面（见图 7c）时，由于各阻抗变化截面的一次和多次反射波相互叠加，除距桩顶第一阻抗变化截面的一次反射能辨认外，其后的反射信号可能变得十分复杂，难于分析判断。此时，在信号没有受尺寸效应、测试系统频响等影响产生畸变的前提下，可按下列建议尝试采用实测曲线拟合法进行辅助分析：

1　宜采用实测力波形作为边界条件输入；

2　桩顶横截面尺寸应按现场实际测量结果确定；

3　通过同条件下、截面基本均匀的相邻桩曲线拟合，确定引起应力波衰减的桩土参数取值。

8.4.5　本条是这次修订增加的内容。由于受横向尺寸效应的制约，激励脉冲的波长有时很难明显小于浅部阻抗变化的深度，造成无法对桩身浅部特别是极浅部的阻抗变化进行定性和定位，甚至是误判，如浅部局部扩径，波形可能主要表现出扩径恢复后的“似缩颈”反射。因此要求根据力和速度信号起始峰的比例差异情况判断桩身浅部阻抗变化程度。建议采用这种方法时，按本规范第 8.3.4 条在同条件下进行多根桩对比，在解决阻抗变化定性的基础上，判定阻抗变化程度，不过，在阻抗变化位置很浅时可能仍无法准确定位。

8.4.6　对嵌岩桩，桩底沉渣和桩端下存在的软弱夹层、溶洞等是直接关系到该桩能否安全使用的关键因素。虽然本方法不能确定桩底情况，但理论上可以将嵌岩桩桩端视为杆件的固定端，并根据桩底反射波的方向及其幅值判断桩端端承效果，也可通过导纳值、动刚度的相对高低提供辅助分析。采用本方法判定桩端嵌固效果差时，应采用钻芯、静载或高应变等检测方法核验桩端嵌岩情况，确保基桩使用安全。

8.4.8 人员水平低、测量系统动态范围窄、激振设备选择或操作不当、人为信号再处理影响信号真实性等，都会直接影响结论判断的正确性，只有根据原始信号曲线才能鉴别。

9 高 应 变 法

9.1 一 般 规 定

9.1.1 高应变法的主要功能是判定单桩竖向抗压承载力是否满足设计要求。这里所说的承载力是指在桩身强度满足桩身结构承载力的前提下，得到的桩周岩土对桩的抗力（静阻力）。所以要得到极限承载力，应使桩侧和桩端岩土阻力充分发挥，否则不能得到承载力的极限值，只能得到承载力检测值。

与低应变法检测的快捷、廉价相比，高应变法检测桩身完整性虽然是附带性的。但由于其激励能量和检测有效深度大的优点，特别在判定桩身水平整合型缝隙、预制桩接头等缺陷时，能够在查明这些“缺陷”是否影响竖向抗压承载力的基础上，合理判定缺陷程度。当然，带有普查性的完整性检测，采用低应变法更为恰当。

高应变检测技术是从打入式预制桩发展起来的，试打桩和打桩监控属于其特有的功能，是静载试验无法做到的。

除嵌入基岩的大直径桩和摩擦型大直径桩外，大直径灌注桩、扩底桩（墩）由于桩端尺寸效应明显，通常其静载 Q-s 曲线表现为缓变型，端阻力发挥所需的位移很大。另外，增加桩径使桩身截面阻抗（或桩的惯性）按直径的平方增加，而桩侧阻力按直径的一次方增加，桩-锤匹配能力下降。而多数情况下高应变检测所用锤的重量有限，很难在桩顶产生较长持续时间的荷载作用，达不到使土阻力充分发挥所需的位移量。另一原因如本规范第 9.1.2 条条文说明所述。

9.1.2 灌注桩的截面尺寸和材质的非均匀性、施工的隐蔽性（干作业成孔桩除外）及由此引起的承载力变异性普遍高于打入式预制桩，而灌注桩检测采集的波形质量低于预制桩，波形分析中的不确定性和复杂性又明显高于预制桩。与静载试验结果对比，灌注桩高应变检测判定的承载力误差也如此。因此，积累灌注桩现场测试、分析经验和相近条件下的可靠对比验证资料，对确保检测质量尤其重要。

9.2 仪 器 设 备

9.2.1 本条对仪器的主要技术性能指标要求是按建筑工业行业标准《基桩动测仪》JG/T 3055 提出的，比较适中，大部分型号的国产和进口仪器能满足。因动测仪器的使用环境较差，故仪器的环境性能指标和可靠性也很重要。本条对安装于距桩顶附近桩身侧表面的响应测量传感器——加速度计的量程未做具体规定，原因是对不同类型的桩，各种因素影响使最大冲击加速度变化很大。建议根据实测经验来合理选择，宜使选择的量程大于预估最大冲击加速度值的一倍以上。如对钢桩，宜选择 $20000m/s^2$ ～$30000m/s^2$ 量程的加速度计。

9.2.2 导杆式柴油锤荷载上升时间过于缓慢，容易造成速度响应信号失真。

本条没有对锤重的选择做出规定，因为利用打桩机械测试不一定是休止后的承载力检测，软土场地对长或超长桩的初打监控，出现锤重不符合本规范第 9.2.5～9.2.6 条规定的情况属于正常。另外建工行业多采用筒式柴油锤，它与自由落锤相比冲击动能较大，轻锤也可能完成沉桩工作。

9.2.3 本条之所以定为强制性条文，是因为锤击设备的导向和锤体形状直接关系到信号质量与现场试验的安全。

无导向锤的脱钩装置多基于杠杆式原理制成，操作人员需在离锤很近的范围内操作，缺乏安全保障，且脱钩时会不同程度地引起锤的摇摆，更容易造成锤击严重偏心而产生垃圾信号。另外，如果采用汽车吊直接将锤吊起并脱钩，因锤的重量突然释放造成吊车吊臂的强烈反弹，对吊臂造成损害。因此稳固的导向装置的另一个作用是：在落锤脱钩前需将锤的重量通过导向装置传递给锤击装置的底盘，使吊车吊臂不再受力。扁平状锤如分片组装式锤的单片或混凝土浇筑的强夯锤，下落时不易导向且平稳性差，容易造成严重锤击偏心，影响测试质量。因此规定锤体的高径（宽）比不得小于 1。

9.2.4 自由落锤安装加速度计测量桩顶锤击力的依据是牛顿第二和第三定律。其成立条件是同一时刻锤体内各质点的运动和受力无差异，也就是说，虽然锤为弹性体，只要锤体内部不存在波传播的不均匀性，就可视锤为一刚体或具有一定质量的质点。波动理论分析结果表明：当沿正弦波传播方向的介质尺寸小于正弦波波长的 1/10 时，可认为在该尺寸范围内无波传播效应，即同一时刻锤的受力和运动状态均匀。除钢桩外，较重的自由落锤在桩身产生的力信号中的有效频率分量（占能量的 90%以上）在 200Hz 以内，超过 300Hz 后可忽略不计。按不利条件估计，对力信号有贡献的高频分量波长一般也不小于 20m。所以，在大多数采用自由落锤的场合，牛顿第二定律能较严格地成立。规定锤体高径（宽）比不大于1.5正是为了避免波传播效应造成的锤内部运动状态不均匀。这种方式与在桩头附近的桩侧表面安装应变式传感器的测力方式相比，优缺点是：

1 避免了桩头损伤和安装部位混凝土质量差导致的测力失败以及应变式传感器的经常损坏。

2 避免了因混凝土非线性造成的力信号失真（混凝土受压时，理论上讲是对实测力值放大，是不安全的）。

3 直接测定锤击力，即使混凝土的波速、弹性模量改变，也无需修正；当混凝土应力-应变关系的非线性严重时，不存在通过应变环测试换算冲击力造成的力值放大。

4 测量响应的加速度计只能安装在距桩顶较近的桩侧表面，尤其不能安装在桩头变阻抗截面以下的桩身上。

5 桩顶只能放置薄层桩垫，不能放置尺寸和质量较大的桩帽（替打）。

6 锤高一般以2.0m～2.5m为限，则最大使用的锤重可能受到限制，除非采用重锤或厚软锤垫减少锤上的波传播效应。

7 锤在非受力状态时有负向（向下）的加速度，可能被误认为是冲击力变化：如撞击前锤体自由下落时的$-g$（g为重力加速度）加速度；撞击后锤体可能与桩顶脱离接触（反弹）并回落而产生负向加速度，锤愈轻、桩的承载力或桩身阻抗愈大，反弹表现就愈显著。

8 重锤撞击桩顶瞬时难免与导架产生碰撞或摩擦，导致锤体上产生高频纵、横干扰波，锤的纵、横尺寸越小，干扰波频率就越高，也就越容易被滤除。

9.2.5 我国每年高应变法检测桩的总量粗估在15万根桩以上，已超过了单桩静载验收检测的总桩数，但该法在国内发展不均衡，主要在沿海地区应用。本条强制性条文的规定连同第9.2.6条规定之涵义，在2003年版规范中曾合并于一条强条来表述。为提高强条的可操作性，本次修订保留了锤重低限值的强制性要求。锤的重量大小直接关系到桩侧、桩端岩土阻力发挥的高低，只有充分包含土阻力发挥信息的信号才能视为有效信号，也才能作为高应变承载力分析与评价的依据。锤重不变时，随着桩横截面尺寸、桩的质量或单桩承载力的增加，锤与桩的匹配能力下降，试验中直观表象是锤的强烈反弹，锤落距提高引起的桩顶动位移或贯入度增加不明显，而桩身锤击应力的增加比传递给桩的有效能量的增加效果更为显著，因此轻锤高落距锤击是错误的做法。个别检测机构，为了降低运输（搬运）、吊（安）装成本和试验难度，一味采用轻锤进行试验，由于土阻力（承载力）发挥信息严重不足，遂随意放大调整实测信号，导致承载力虚高；有时，轻锤高击还引起桩身破损。

本条是保证信号有效性规定的最低锤重要求，也是体现高应变法“重锤低击”原则的最低要求。国际上，应尽量加大动测用锤重的观点得到了普遍推崇，如美国材料与试验协会ASTM在2000年颁布的《桩的高应变动力检测标准试验方法》D4945中提出：锤重选择以能充分调动桩侧、桩端岩土阻力为原则，并无具体低限值的要求；而在2008年修订时，针对灌注桩增加了“落锤锤重至少为极限承载力期望值的1%～2%”的要求，相当于本规范所用锤重与单桩竖向抗压承载力特征值的比值为2%～4%。

另需注意：本规范第9.2.3条关于锤的导向和形状要求是从避免出现表观垃圾信号的角度提出，不能证明信号的有效性，即承载力发挥信息是否充分。

9.2.6 本条未规定锤重增加范围的上限值，一是体现“重锤低击”原则，二是考虑以下情况：

1 桩较长或桩径较大时，一般使侧阻、端阻充分发挥所需位移大；

2 桩是否容易被“打动”取决于桩身“广义阻抗”的大小。广义阻抗与桩身截面波阻抗和桩周土岩土阻力均有关。随着桩直径增加，波阻抗的增加通常快于土阻力，而桩身阻抗的增加实际上就是桩的惯性质量增加，仍按承载力特征值的2%选取锤重，将使锤对桩的匹配能力下降。

因此，不仅从土阻力，也要从桩身惯性质量两方面考虑提高锤重是更科学的做法。当桩径或桩长明显超过本条低限值时，例如，1200mm直径灌注桩，桩长20m，设计要求的承载力特征值较低，仅为2000kN，即使将锤重与承载力特征值的比值提高到3%，即采用60kN的重锤仍感锤重偏轻。

9.2.7 测量贯入度的方法较多，可视现场具体条件选择：

1 如采用类似单桩静载试验架设基准梁的方式测量，准确度较高，但现场工作量大，特别是重锤对桩冲击使桩周土产生振动，使受检桩附近架设的基准梁受影响，导致桩的贯入度测量结果可靠度下降；

2 预制桩锤击沉桩时利用锤击设备导架的某一标记作基准，根据一阵锤（如10锤）的总下沉量确定平均贯入度，简便但准确度不高；

3 采用加速度信号二次积分得到的最终位移作为贯入度，操作最为简便，但加速度计零漂大和低频响应差（时间常数小）时将产生明显的积分漂移，且零漂小的加速度计价格很高；另外因信号采集时段短，信号采集结束时若桩的运动尚未停止（以柴油锤打桩时为甚）则不能采用；

4 用精密水准仪时受环境振动影响小，观测准确度相对较高。

9.3 现场检测

9.3.1 承载力时间效应因地而异，以沿海软土地区最显著。成桩后，若桩周岩土无隆起、侧挤、沉陷、软化等影响，承载力随时间增长。工期紧休止时间不够时，除非承载力检测值已满足设计要求，否则应休止到满足表 3.2.5 规定的时间为止。

锤击装置垂直、锤击平稳对中、桩头加固和加设桩垫，是为了减小锤击偏心和避免击碎桩头；在距桩顶规定的距离下的合适部位对称安装传感器，是为了减小锤击在桩顶产生的应力集中和对偏心进行补偿。所有这些措施都是为保证测试信号质量提出的。

9.3.2 采样时间间隔为 100μs，对常见的工业与民用建筑的桩是合适的。但对于超长桩，例如桩长超过 60m，采样时间间隔可放宽为 200μs，当然也可增加采样点数。

应变式传感器直接测到的是其安装面上的应变，并按下式换算成锤击力：

$$F = A \cdot E \cdot \varepsilon \tag{4}$$

式中：F——锤击力；

A——测点处桩截面积；

E——桩材弹性模量；

ε——实测应变值。

显然，锤击力的正确换算依赖于测点处设定的桩参数是否符合实际。另一需注意的问题是：计算测点以下原桩身的阻抗变化、包括计算的桩身运动及受力大小，都是以测点处桩头单元为相对“基准”的。

测点下桩长是指桩头传感器安装点至桩底的距离，一般不包括桩尖部分。

对于普通钢桩，桩身波速可直接设定为 5120m/s。对于混凝土桩，桩身波速取决于混凝土的骨料品种、粒径级配、成桩工艺（导管灌注、振捣、离心）及龄期，其值变化范围大多为 3000m/s～4500m/s。混凝土预制桩可在沉桩前实测无缺陷桩的桩身平均波速作为设定值；混凝土灌注桩应结合本地区混凝土波速的经验值或同场地已知值初步设定，但在计算分析前，应根据实测信号进行校正。

9.3.3 对本条各款依次说明如下：

1 传感器外壳与仪器外壳共地，测试现场潮湿，传感器对地未绝缘，交流供电时常出现 50Hz 干扰，解决办法是良好接地或改用直流供电。

2 根据波动理论分析：若视锤为一刚体，则桩顶的最大锤击应力只与锤冲击桩顶时的初速度有关，落距越高，锤击应力和偏心越大，越容易击碎桩头（桩端进入基岩时因桩端压应力放大造成桩尖破损）。此外，强锤击压应力是使桩身出现较强反射拉应力的先决条件，即使桩头不会被击碎，但当打桩阻力较低（例如挤土上浮桩、深厚软土中的摩擦桩）、且入射压力脉冲较窄（即锤较轻）或桩较长时，桩身有可能被拉裂。轻锤高击并不能有效提高桩锤传递给桩的能量和增大桩顶位移，因为力脉冲作用持续时间显著与锤重有关；锤击脉冲越窄，波传播的不均匀性，即桩身受力和运动的不均匀性（惯性效应）越明显，实测波形中土的动阻力影响加剧，而与位移相关的静土阻力呈明显的分段发挥态势，使承载力的测试分析误差增加。事实上，若将锤重增加到单桩承载力特征值的 10%～20%以上，则可得到与静动法（STATNAMIC 法）相似的长持续力脉冲作用。此时，由于桩身中的波传播效应大大减弱，桩侧、桩端岩土阻力的发挥更接近静载作用时桩的荷载传递性状。因此，“重锤低击”是保障高应变法检测承载力准确性的基本原则，这与低应变法充分利用波传播效应（窄脉冲）准确探测缺陷位置有着概念上的区别。

3 打桩过程监测是指预制桩施打开始后进行的打桩全部过程测试，也可根据重点关注的预计穿越土层或预计达到的持力层段测试。

4 高应变试验成功的关键是信号质量以及信号中的信息是否充分。所以应根据每锤信号质量以及动位移、贯入度和大致的土阻力发挥情况，初步判别采集到的信号是否满足检测目的的要求。同时，也要检查混凝土桩锤击拉、压应力和缺陷程度大小，以决定是否进一步锤击，以免桩头或桩身受损。自由落锤锤击时，锤的落距应由低到高；打入式预制桩则按每次采集一阵（10 击）的波形进行判别。

5 检测工作现场情况复杂，经常产生各种不利影响。为确保采集到可靠的数据，检测人员应能正确判断波形质量、识别干扰，熟练诊断测量系统的各类故障。

9.3.4 贯入度的大小与桩尖刺入或桩端压密塑性变形量相对应，是反映桩侧、桩端土阻力是否充分发挥的一个重要信息。贯入度小，即通常所说的“打不动”，使检测得到的承载力低于极限值。本条是从保证承载力分析计算结果的可靠性出发，给出的贯入度合适范围，不能片面理解成在检测中应减小锤重使单击贯入度不超过 6mm。贯入度大且桩身无缺陷的波形特征是 $2L/c$ 处桩底反射强烈，其后的土阻力反射或桩的回弹不明显。贯入度过大造成的桩周土扰动大，高应变承载力分析所用的土的力学模型，对真实的桩-土相互作用的模拟接近程度变差。据国内发现的一些实例和国外的统计资料：贯入度较大时，采用常规的理想弹-塑性土阻力模型进行实测曲线拟合分析，不少情况下预示的承载力明显低于静载试验结果，统计结果离散性很大！而贯入度较小、甚至桩几乎未被打动时，静动对比的误差相对较小，且统计结果的离散性也不大。若采用考虑桩端土附加质量的能量耗散机制模型修正，与贯入度小时的承载力提高幅度相比，会出现难以预料的承载力成倍提高。原因是：桩底反射强意味着桩端的运动加速度和速度强烈，附加土质量产生的惯性力和动阻力恰好分别与加速度和速度成正比。可以想见，对于长细比较大、侧阻力较强的摩擦型桩，上述效应就不会明显。此外，

6mm 贯入度只是一个统计参考值，本章第 9.4.7 条第 4 款已针对此情况作了具体规定。

9.4 检测数据分析与判定

9.4.1 从一阵锤击信号中选取分析用信号时，除要考虑有足够的锤击能量使桩周岩土阻力充分发挥外，还应注意下列问题：

1 连续打桩时桩周土的扰动及残余应力；

2 锤击使缺陷进一步发展或拉应力使桩身混凝土产生裂隙；

3 在桩易打或难打以及长桩情况下，速度基线修正带来的误差；

4 对桩垫过厚和柴油锤冷锤信号，因加速度测量系统的低频特性造成速度信号出现偏离基线的趋势项。

9.4.2 高质量的信号是得出可靠分析计算结果的基础。除柴油锤施打的长桩信号外，力的时程曲线应最终归零。对于混凝土桩，高应变测试信号质量不但受传感器安装好坏、锤击偏心程度和传感器安装面处混凝土是否开裂的影响，也受混凝土的不均匀性和非线性的影响。这些影响对采用应变式传感器测试、经换算得到的力信号尤其敏感。混凝土的非线性一般表现为：随应变的增加，割线模量减小，并出现塑性变形，使根据应变换算到的力值偏大且力曲线尾部不归零。本规范所指的锤击偏心相当于两侧力信号之一与力平均值之差的绝对值超过平均值的 33%。通常锤击偏心很难避免，因此严禁用单侧力信号代替平均力信号。

9.4.3 桩身平均波速也可根据下行波起升沿的起点和上行波下降沿的起点之间的时差与已知桩长值确定。对桩底反射峰变宽或有水平裂缝的桩，不应根据峰与峰间的时差来确定平均波速。桩较短且锤击力波上升缓慢时，可采用低应变法确定平均波速。

9.4.4 通常，当平均波速按实测波形改变后，测点处的原设定波速也按比例线性改变，弹性模量则应按平方的比例关系改变。当采用应变式传感器测力时，多数仪器并非直接保存实测应变值，如有些是以速度（$V=c\cdot\varepsilon$）的单位存储。若弹性模量随波速改变后，仪器不能自动修正以速度为单位存储的力值，则应对原始实测力值校正。注意：本条所说的“力值校正”与本规范第 9.4.5 条所禁止的“比例失调时”的随意调整是截然不同的两种行为。

对于锤上安装加速度计的测力方式，由于力值 F 是按牛顿第二定律 $F=m_r a_r$（式中 m_r 和 a_r 分别为锤体的质量和锤体的加速度）直接测量得到的，因此不存在对实测力值进行校正的问题。F 仅代表作用在桩顶的力，而分析计算则需要在桩顶下安装测量响应加速度计横截面上的作用力，所以需要考虑测量响应加速度计以上的桩头质量产生的惯性力，对实测桩顶力值修正。

9.4.5 通常情况下，如正常施打的预制桩，力和速度信号在第一峰处应基本成比例，即第一峰处的 F 值与 $V\cdot Z$ 值基本相等（见图 9.4.3）。但在以下几种不成比例（比例失调）的情况下属于正常：

1 桩浅部阻抗变化和土阻力影响；

2 采用应变式传感器测力时，测点处混凝土的非线性造成力值明显偏高；

3 锤击力波上升缓慢或桩很短时，土阻力波或桩底反射波的影响。

信号随意比例调整均是对实测信号的歪曲，并产生虚假的结果。如通过放大实测力或速度进行比例调整的后果是计算承载力不安全。因此，为保证信号真实性，禁止将实测力或速度信号重新标定。这一点必须引起重视，因为有些仪器具有比例自动调整功能。

9.4.6 高应变分析计算结果的可靠性高低取决于动测仪器、分析软件和人员素质三个要素。其中起决定作用的是具有坚实理论基础和丰富实践经验的高素质检测人员。高应变法之所以有生命力，表现在高应变信号不同于随机信号的可解释性——即使不采用复杂的数学计算和提炼，只要检测波形质量有保证，就能定性地反映桩的承载性状及其他相关的动力学问题。因此对波形的正确定性解释的重要性超过了软件建模分析计算本身，对人员的要求首先是解读波形，其次才是熟练使用相关软件。增强波形正确判读能力的关键是提高人员的素质，仅靠技术规范以及仪器和软件功能的增强是无法做到的。因此，承载力分析计算前，应有高素质的检测人员对信号进行定性检查和判断。

9.4.7 当出现本条所述五款情况时，因高应变法难于分析判定承载力和预示桩身结构破坏的可能性，建议进行验证检测。本条第 4、5 款反映的代表性波形见图 8，波形反映出的桩承载性状与设计条件不符（基本无侧阻、端阻反射，桩顶最大动位移 11.7mm，贯入度 6mm～8mm）。原因解释参见本规范第 9.3.4 条的条文说明。由图 9 可见，静载验证试验尚未压至

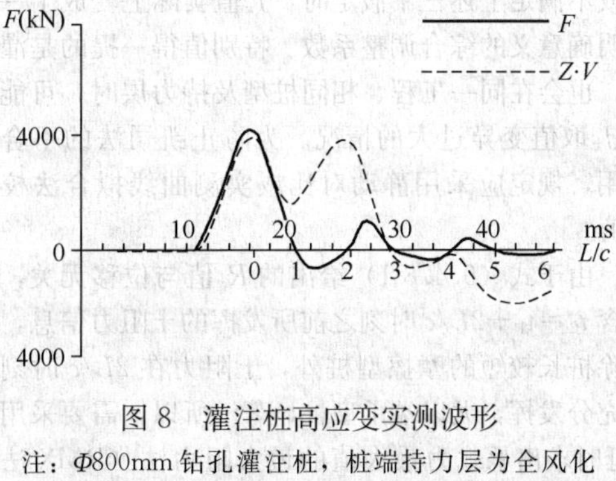

图 8 灌注桩高应变实测波形

注：Φ800mm 钻孔灌注桩，桩端持力层为全风化花岗片麻岩，测点下桩长 16m。采用 60kN 重锤，先做高应变检测，后做静载验证检测。

破坏，但高应变测试的锤重符合要求，贯入度表明承载力已“充分”发挥。当采用波形拟合法分析承载力时，由于承载力比按勘察报告估算的低很多，除采用直接法验证外，不能主观臆断或采用能使拟合的承载力大幅提高的桩-土模型及其参数。

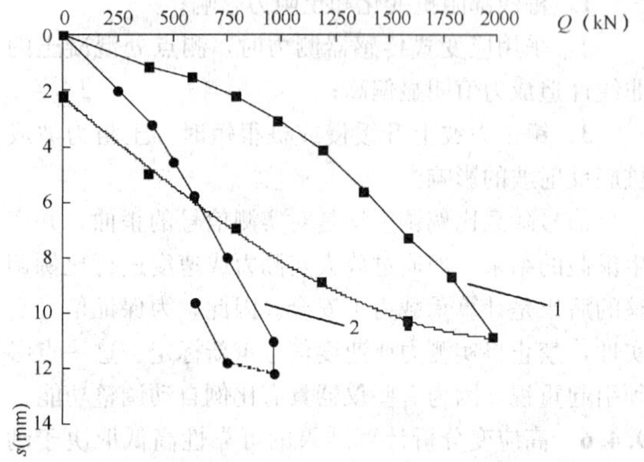

图 9 静载和动载模拟的 Q-s 曲线

1—静载曲线；2—动测曲线

9.4.8 凯司法与实测曲线拟合法在计算承载力上的本质区别是：前者在计算极限承载力时，单击贯入度与最大位移是参考值，计算过程与它们无关。另外，凯司法承载力计算公式是基于以下三个假定推导出的：

1 桩身阻抗基本恒定；

2 动阻力只与桩底质点运动速度成正比，即全部动阻力集中于桩端；

3 土阻力在时刻 $t_2=t_1+2L/c$ 已充分发挥。

显然，它较适用于摩擦型的中、小直径预制桩和截面较均匀的灌注桩。

公式中的唯一未知数——凯司法无量纲阻尼系数 J_c 定义为仅与桩端土性有关，一般遵循随土中细粒含量增加阻尼系数增大的规律。J_c 的取值是否合理在很大程度上决定了计算承载力的准确性。所以，缺乏同条件下的静动对比校核或大量相近条件下的对比资料时，将使其使用范围受到限制。当贯入度达不到规定值或不满足上述三个假定时，J_c 值实际上变成了一个无明确意义的综合调整系数。特别值得一提的是灌注桩，也会在同一工程、相同桩型及持力层时，可能出现 J_c 取值变异过大的情况。为防止凯司法的不合理应用，规定应采用静动对比或实测曲线拟合法校核 J_c 值。

由于式（9.4.8-1）给出的 R_c 值与位移无关，仅包含 $t_2=t_1+2L/c$ 时刻之前所发挥的土阻力信息，通常除桩长较短的摩擦型桩外，土阻力在 $2L/c$ 时刻不会充分发挥，尤以端承型桩显著。所以，需要采用将 t_1 延时求出承载力最大值的最大阻力法（RMX 法），对与位移相关的土阻力滞后 $2L/c$ 发挥的情况进行提高修正。

桩身在 $2L/c$ 之前产生较强的向上回弹，使桩身从顶部逐渐向下产生土阻力卸载（此时桩的中下部土阻力属于加载）。这对于桩较长、侧阻力较大而荷载作用持续时间相对较短的桩较为明显。因此，需要采用将桩中上部卸载的土阻力进行补偿提高修正的卸载法（RSU 法）。

RMX 法和 RSU 法判定承载力，体现了高应变法波形分析的基本概念——应充分考虑与位移相关的土阻力发挥状况和波传播效应，这也是实测曲线拟合法的精髓所在。另外，凯司法还有几种子方法可在积累了成熟经验后采用，它们是：

1 在桩尖质点运动速度为零时，动阻力也为零，此时有两种与 J_c 无关的计算承载力“自动”法，即 RAU 法和 RA2 法。前者适用于桩侧阻力很小的情况，后者适用于桩侧阻力适中的场合。

2 通过延时求出承载力最小值的最小阻力法（RMN 法）。

9.4.9 实测曲线拟合法是通过波动问题数值计算，反演确定桩和土的力学模型及其参数值。其过程为：假定各桩单元的桩和土力学模型及其模型参数，利用实测的速度（或力、上行波、下行波）曲线作为输入边界条件，数值求解波动方程，反算桩顶的力（或速度、下行波、上行波）曲线。若计算的曲线与实测曲线不吻合，说明假设的模型及参数不合理，有针对性地调整模型及参数再行计算，直至计算曲线与实测曲线（以及贯入度的计算值与实测值）的吻合程度良好且不易进一步改善为止。虽然从原理上讲，这种方法是客观唯一的，但由于桩、土以及它们之间的相互作用等力学行为的复杂性，实际运用时还不能对各种桩型、成桩工艺、地基条件，都能达到十分准确地求解桩的动力学和承载力问题的效果。所以，本条针对该法应用中的关键技术问题，作了具体阐述和规定：

1 关于桩与土模型：（1）目前已有成熟使用经验的土的静阻力模型为理想弹-塑性或考虑土体硬化或软化的双线性模型；模型中有两个重要参数——土的极限静阻力 R_u 和土的最大弹性位移 s_q，可以通过静载试验（包括桩身内力测试）来验证。在加载阶段，土体变形小于或等于 s_q 时，土体在弹性范围工作；变形超过 s_q 后，进入塑性变形阶段（理想弹-塑性时，静阻力达到 R_u 后不再随位移增加而变化）。对于卸载阶段，同样要规定卸载路径的斜率和弹性位移限。（2）土的动阻力模型一般习惯采用与桩身运动速度成正比的线性粘滞阻尼，带有一定的经验性，且不易直接验证。（3）桩的力学模型一般为一维杆模型，单元划分应采用等时单元（实际为特征线法求解的单元划分模式），即应力波通过每个桩单元的时间相等，由于没有高阶项的影响，计算精度高。（4）桩单元除考虑 A、E、c 等参数外，也可考虑桩身阻尼和裂隙。另外，也可考虑桩底的缝隙、开口桩或异形桩的土塞、残余应力影响和其他阻尼形式。(5) 所用模型的物理力学概念应明确，参数取值应能限定；避免采用可使承载力计算结果产生较大变异的桩-土模型及其参数。

2 拟合时应根据波形特征，结合施工和地基条件合理确定桩土参数取值。因为拟合所用的桩土参数的数量和类型繁多，参数各自和相互间耦合的影响非常复杂，而拟合结果并非唯一解，需通过综合比较判断进行参数选取或调整。正确选取或调整的要点是参数取值应在岩土工程的合理范围内。

3 本款考虑两点原因：一是自由落锤产生的力脉冲持续时间通常不超过 20ms（除非采用很重的落锤），但柴油锤信号在主峰过后的尾部仍能产生较长的低幅值延续；二是与位移相关的总静阻力一般会不同程度地滞后于 $2L/c$ 发挥，当端承型桩的端阻力发挥所需位移很大时，土阻力发挥将产生严重滞后，因此规定 $2L/c$ 后延时足够的时间，使曲线拟合能包含土阻力响应区段的全部土阻力信息。

4 为防止土阻力未充分发挥时的承载力外推，设定的 s_q 值不应超过对应单元的最大计算位移值。若桩、土间相对位移不足以使桩周岩土阻力充分发挥，则给出的承载力结果只能验证岩土阻力发挥的最低程度。

5 土阻力响应区是指波形上呈现的静土阻力信息较为突出的时间段。所以本条特别强调此区段的拟合质量，避免只重波形头尾，忽视中间土阻力响应区段拟合质量的错误做法，并通过合理的加权方式计算总的拟合质量系数，突出土阻力响应区段拟合质量的影响。

6 贯入度的计算值与实测值是否接近，是判断拟合选用参数、特别是 s_q 值是否合理的辅助指标。

9.4.10 高应变法动测承载力检测值（见第 3.5.2 条的条文说明）多数情况下不会与静载试验桩的明显破坏特征或产生较大的桩顶沉降相对应，总趋势是沉降量偏小。为了与静载的极限承载力相区别，称为本方法得到的承载力检测值或动测承载力。需要指出：本次修订取消了验收检测中对单桩承载力进行统计平均的规定。单桩静载试验常因加荷量或设备能力限制，试桩达不到极限承载力，不论是否取平均，只要一组试桩有一根桩的极限承载力达不到特征值的 2 倍，结论就是不满足设计要求。动测承载力则不同，可能出现部分桩的承载力远高于承载力特征值的 2 倍，即使个别桩的承载力不满足设计要求，但“高”和“低”取平均后仍可能满足设计要求。所以，本章修订取消了通过算术平均进行承载力统计取值的规定，以规避高估承载力的风险。

9.4.11 高应变法检测桩身完整性具有锤击能量大，可对缺陷程度定量计算，连续锤击可观察缺陷的扩大和逐步闭合情况等优点。但和低应变法一样，检测的仍是桩身阻抗变化，一般不宜判定缺陷性质。在桩身情况复杂或存在多处阻抗变化时，可优先考虑用实测曲线拟合法判定桩身完整性。

式 (9.4.11-1) 适用于截面基本均匀桩的桩顶下第一个缺陷的程度定量计算。当有轻微缺陷，并确认为水平裂缝（如预制桩的接头缝隙）时，裂缝宽度 δ_w 可按下式计算：

$$\delta_w = \frac{1}{2}\int_{t_a}^{t_b}\left(V - \frac{F - R_x}{Z}\right)\cdot dt \tag{5}$$

当满足本条第 2 款“等截面桩”和“土阻力未卸载回弹”的条件时，β 值计算公式为解析解，即 β 值测试属于直接法，在结果的可信度上，与属于半直接法的高应变法检测判定承载力是不同的。“土阻力未卸载回弹”限制条件是指：当土阻力 R_x 先于 $t_1 + 2x/c$ 时刻发挥并产生桩中上部明显反弹时，x 以上桩段侧阻提前卸载造成 R_x 被低估，β 计算值被放大，不安全，因此公式 (9.4.11-1) 不适用。此种情况多在长桩存在深部缺陷时出现。

9.4.12 对于本条第 1～2 款情况，宜采用实测曲线拟合法分析桩身扩径、桩身截面渐变或多变的情况，但应注意合理选择土参数。

高应变法锤击的荷载上升时间通常在 1ms～3ms 范围，因此对桩身浅部缺陷的定位存在盲区，不能定量给出缺陷的具体部位，也无法根据式 (9.4.11-1) 来判定缺陷程度，只能根据力和速度曲线不成比例的情况来估计浅部缺陷程度；当锤击力波上升缓慢时，可能出现力和速度曲线不成比例的似浅部阻抗变化情况，但不能排除土阻力的耦合影响。对浅部缺陷桩，宜用低应变法检测并进行缺陷定位。

9.4.13 桩身锤击拉应力是混凝土预制桩施打抗裂控制的重要指标。在深厚软土地区，打桩初始阶段侧阻和端阻虽小，但桩很长，桩锤能正常爆发起跳（高幅值锤击压应力是产生强拉应力的必要条件），桩底反射回来的上行拉力波的头部（拉应力幅值最大）与下行传播的锤击压力波尾部叠加，在桩身某一部位产生净的拉应力。当拉应力强度超过混凝土抗拉强度时，引起桩身拉裂。开裂部位一般发生在桩的中上部，且桩愈长或锤击力持续时间愈短，最大拉应力部位就愈往下移。当桩进入硬土层后，随着打桩阻力的增加拉应力逐步减小，桩身压应力逐步增加，如果桩在易打情况下已出现拉应力水平裂缝，渐强的压应力在已有裂缝处产生应力集中，使裂缝处混凝土逐渐破碎并最终导致桩身断裂。

入射压力波遇桩身截面阻抗增大时，会引起小阻抗桩身压应力放大，桩身可能出现下列破坏形态：表面纵向裂缝、保护层脱落、主筋压曲外凸、混凝土压碎崩裂。例如：打桩过程中桩端碰上硬层（基岩、孤石、漂石等）表现出的突然贯入度骤减或拒锤，继续施打会造成桩身压应力过大而破坏。此时，最大压应力出现在接近桩端的部位。

9.4.14 本条解释同本规范第8.4.8条。

10 声波透射法

10.1 一般规定

10.1.1 声波透射法是利用声波的透射原理对桩身混凝土介质状况进行检测，适用于桩在灌注成型时已经预埋了两根或两根以上声测管的情况。当桩径小于0.6m时，声测管的声耦合误差使声时测试的相对误差增大，因此桩径小于0.6m时应慎用本方法；基桩经钻芯法检测后（有两个以及两个以上的钻孔）需进一步了解钻芯孔之间的混凝土质量时也可采用本方法检测。

由于桩内跨孔测试的测试误差高于上部结构混凝土的检测，且桩身混凝土纵向各部位硬化环境不同，粗细骨料分布不均匀，因此该方法不宜用于推定桩身混凝土强度。

10.2 仪器设备

10.2.1 声波换能器有效工作面长度指起到换能作用的部分的实际轴向尺寸，该长度过大将夸大缺陷实际尺寸并影响测试结果。

换能器的谐振频率越高，对缺陷的分辨率越高，但高频声波在介质中衰减快，有效测距变小。选配换能器时，在保证有一定的接收灵敏度的前提下，原则上尽可能选择较高频率的换能器。提高换能器谐振频率，可使其外径减少到30mm以下，有利于换能器在声测管中升降顺畅或减小声测管直径。但因声波发射频率的提高，将使声波穿透能力下降。所以，本规范规定用30kHz～60kHz谐振频率范围的换能器，在混凝土中产生的声波波长约8cm～15cm，能探测的缺陷尺度约在分米量级。当测距较大接收信号较弱时，宜选用带前置放大器的接收换能器，也可采用低频换能器，提高接收信号的幅度，但后者要以牺牲分辨力为代价。

桩中的声波检测一般以水作为耦合剂，换能器在1MPa水压下不渗水也就是在100m水深能正常工作，这可以满足一般的工程桩检测要求。对于超长桩，宜考虑更高的水密性指标。

声波换能器宜配置扶正器，防止换能器在声测管内摆动影响测试声参数的稳定性。

10.2.2 由于混凝土灌注桩的声波透射法检测没有涉及桩身混凝土强度的推定，因此系统的最小采样时间间隔放宽至0.5μs。首波自动判读可采用阈值法，亦可采用其他方法，对于判定为异常的波形，应人工校核数据。

10.3 声测管埋设

10.3.1 声测管内径与换能器外径相差过大时，声耦合误差明显增加；相差过小时，影响换能器在管中的移动，因此两者差值取10mm为宜。声测管管壁太薄或材质较软时，混凝土灌注后的径向压力可能会使声测管产生过大的径向变形，影响换能器正常升降，甚至导致试验无法进行，因此要求声测管有一定的径向刚度，如采用钢管、镀锌管等管材，不宜采用PVC管。由于钢材的温度系数与混凝土相近，可避免混凝土凝固后与声测管脱开产生空隙。声测管的平行度是影响测试数据可靠性的关键，因此，应保证成桩后各声测管之间基本平行。

10.3.2 检测剖面、声测线和检测横截面的编组和编号见图10。

本次修订将桩中预埋三根声测管的桩径范围上限由2000mm降至1600mm，使声波的检测范围更能有效覆盖大部分桩身横截面。因多数工程桩的桩径仍在此范围，这首先既保证了检测准确性，又适当兼顾了经济性，即三根声测管构成三个检测剖面时，使声测管利用率最高。声测管按规定的顺序编号，便于复检、验证试验，以及对桩身缺陷的加固、补强等工程处理。

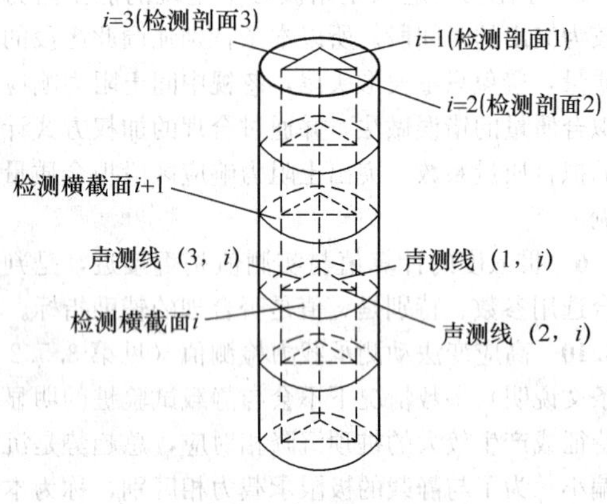

图10 检测剖面、声测线、检测横截面编组和编号示意图

10.4 现场检测

10.4.1 本条说明如下：

1 原则上，桩身混凝土满28d龄期后进行声波透射法检测是合理的。但是，为了加快工程建设进度、缩短工期，当采用声波透射法检测桩身缺陷和判定其完整性类别时，可适当将检测时间提前，以便能在施工过程中尽早发现问题，及时补救，赢得宝贵时间。这种适当提前检测时间的做法基于以下两个原因：一是声波透射法是一种非破损检测方法，不会因检测导致桩身混凝土强度降低或破坏；二是在声波透射法检测桩身完整性时，没有涉及混凝土强度问题，

对各种声参数的判别采用的是相对比较法，混凝土的早期强度和满龄期后的强度有一定的相关性，而混凝土内因各种原因导致的内部缺陷一般不会因时间的增长而明显改善。因此，按本规范第3.2.5条第1款的规定，原则上只要混凝土硬化并达到一定强度即可进行检测。

2 率定法测定仪器系统延迟时间的方法是将发射、接收换能器平行悬于清水中，逐次改变点源距离并测量相应声时，记录不少于4个点的声时数据并作线性回归的时距曲线：

$$t = t_0 + b \cdot l \tag{6}$$

式中：b——直线斜率（μs/mm）；

l——换能器表面净距离（mm）；

t——声时（μs）；

t_0——仪器系统延迟时间（μs）。

3 声测管及耦合水层声时修正值按下式计算：

$$t' = \frac{d_1 - d_2}{v_t} + \frac{d_2 - d'}{v_w} \tag{7}$$

式中：d_1——声测管外径（mm）；

d_2——声测管内径（mm）；

d'——换能器外径（mm）；

v_t——声测管材料声速（km/s）；

v_w——水的声速（km/s）；

t'——声测管及耦合水层声时修正值（μs）。

10.4.2 对本条说明如下：

1 由于每一个声测管中的测点可能对应多个检测剖面，而声测线则是组成某一检测剖面的两声测管中测点之间的连线，它的声学特征与其声场辐射区域的混凝土质量之间具有较显著的相关性，故本次修订采用"声测线"代替了原规范采用的"测点"。径向换能器在径向无指向性，但在垂直面上有指向性，且换能器的接收响应随着发、收换能器中心连线与水平面夹角θ的增大而非线性递减。为达到斜测目的，测试系统应有足够的灵敏度，且夹角θ不应大于30°。

2 声测线间距将影响桩身缺陷纵向尺寸的检测精度，间距越小，检测精度越高，但需花费更多的时间。一般混凝土灌注桩的缺陷在空间有一定的分布范围，规定声测线间距不大于100mm，可满足工程检测精度的要求。当采用自动提升装置时，声测线间距还可进一步减小。

非匀速下降的换能器在由静止（或缓降）变为向下运动（或快降）时，由于存在不同程度的失重现象，使电缆线出现不同程度松弛，导致换能器位置不准确。因此应从桩底开始同步提升换能器进行检测才能保证记录的换能器位置的准确性。

自动记录声波发射与接收换能器位置时，提升过程中电缆线带动编码器卡线轮转动，编码器计数卡线轮转动值换算得到换能器位置。电缆线与编码器卡线轮之间滑动、卡线轮直径误差等因素均会导致编码器位置计数与实际传感器位置有一定误差，因此每隔一定间距应进行一次高差校核。此外，自动记录声波发射与接收换能器位置时，如果同步提升声波发射与接收换能器的提升速度过快，会导致换能器在声测管中剧烈摆动，甚至与声测管管壁发生碰撞，对接受的声波波形产生不可预测的影响。因此换能器的同步提升速度不宜过快，应保证测试波形的稳定性。

3 在现场对可疑声测线应结合声时（声速）、波幅、主频、实测波形等指标进行综合判定。

4 桩内预埋n根声测管可以有C_n^2个检测剖面，预埋2根声测管有1个检测剖面，预埋3根声测管有3个检测剖面，预埋4根声测管有6个检测剖面，预埋5根声测管有10个检测剖面。

5 不仅要求同一检测剖面，最好是一根桩各检测剖面，检测时都能满足各检测剖面声波发射电压和仪器设置参数不变的条件，使各检测剖面的声学参数具有可比性，利于综合判定。但应注意：4管6剖面时，若采用四个换能器同步提升并自动记录则属例外，此时对角线剖面的测距比边线剖面的测距大1.41倍，而长测距会增大声波衰减。

10.4.3 经平测或斜测普查后，找出各检测剖面的可疑声测线，再经加密平测（减小测线间距）、交叉斜测等方式既可检验平测普查的结论是否正确，又可以依据加密测试结果判定桩身缺陷的边界，进而推断桩身缺陷的范围和空间分布特征。

10.5 检测数据分析与判定

10.5.1 当声测管平行时，构成某一检测剖面的两声测管外壁在桩顶面的净距离l等于该检测剖面所有声测线测距，当声测管弯曲时，各声测线测距将偏离l值，导致声速值偏离混凝土声速正常取值。一般情况下声测管倾斜造成的各测线测距变化沿深度方向有一定规律，表现为各条声测线的声速值有规律地偏离混凝土正常取值，此时可采用高阶曲线拟合等方法对各条测线测距作合理修正，然后重新计算各测线的声速。

如果不对斜管进行合理的修正，将严重影响声速的临界值合理取值，因此本条规定声测管倾斜时应作测距修正。但是，对于各声测线声速值的偏离沿深度方向无变化规律的，不得随意修正。因堵管导致数据不全，只能对有效检测范围内的桩身进行评价，不能整桩评价。

10.5.2 在声测中，不同声测线的波幅差异很大，采用声压级（分贝）来表示波幅更方便。式（10.5.2-4）用于模拟式声波仪通过信号周期来推算主频率；数字式声波仪具有频谱分析功能，可通过频谱分析获得信号主频。

10.5.3 对本条解释如下：

1 同批次混凝土试件在正常情况下强度值的波

动是服从正态分布规律的，这已被大量的实测数据证实。由于混凝土构件的声速与其强度存在较显著的相关性，所以其声速值的波动也近似地服从正态分布规律。灌注桩作为一种混凝土构件，可认为在正常情况下其各条声测线的声速测试值也近似服从正态分布规律。这是用概率法计算混凝土灌注桩各剖面声速异常判断概率统计值的前提。

2 如果某一剖面有 n 条声测线，相当于进行了 n 个试件的声速试验，在正常情况下，这 n 条声测线的声速值的波动可认为服从正态分布规律。但是，由于桩身混凝土在成型过程中，环境条件或人为过失的影响或测试系统的误差等都将会导致 n 个测试值中的某些值偏离正态分布规律，在计算某一剖面声速异常判断概率统计值时，应剔除偏离正态分布的声测线，通过对剩余的服从正态分布规律的声测线数据进行统计计算就可以得到该剖面桩身混凝土在正常波动水平下可能出现的最低声速，这个声速值就是判断该剖面各声测线声速是否异常的概率统计值。

3 本规范在计算剖面声速异常判断概率统计值时采用了“双边剔除法”。一方面，桩身混凝土硬化条件复杂、混凝土粗细骨料不均匀、桩身缺陷、声测管耦合状况的变化、测距的变异性（将桩顶面的测距设定为整个检测剖面的测距）、首波判读的误差等因素可能导致某些声测线的声速值向小值方向偏离正态分布。另一方面，混凝土离析造成的局部粗骨料集中、声测管耦合状况的变化、测距的变异、首波判读的误差以及部分声测线可能存在声波沿环向钢筋的绕射等因素也可能导致某些声测线声速测值向大值方向偏离正态分布，这也属于非正常情况，在声速异常判断概率统计值的计算时也应剔除，否则两边的数据不对称，加剧剩余数据偏离正态分布，影响正态分布特征参数 v_m 和 s_x 的推定。

双剔法是按照下列顺序逐一剔除：(1) 异常小，(2) 异常大，(3) 异常小，……，每次统计计算后只剔一个，每次异常值的误判次数均为 1，没有改变原规范的概率控制条件。

在实际计算时，先将某一剖面 n 条声测线的声速测试值从大到小排列为一数列，计算这 n 个测试值在正常情况下（符合正态分布规律下）可能出现的最小值 $v_{01}(j)=v_m(j)-\lambda\cdot s_x(j)$ 和最大值 $v_{02}(j)=v_m(j)+\lambda\cdot s_x(j)$，依次将声速数列中大于 $v_{02}(j)$ 或小于 $v_{01}(j)$ 的数据逐一剔除（这些被剔除的数据偏离了正态分布规律），再对剩余数据构成的数列重新计算，直至式（10.5.3-7）和式（10.5.3-8）同时满足，此时认为剩余数据全部服从正态分布规律。$v_{01}(j)$ 就是判断声速异常的概率法统计值。

由于统计计算的样本数是 10 个以上，因此对于短桩，可通过减小声测线间距获得足够的声测线数。

桩身混凝土均匀性可采用变异系数 $C_v=s_x(j)/v_m(j)$ 评价。

为比较“单边剔除法”和“双边剔除法”两种计算方法的差异，将 21 根工程桩共 72 个检测剖面的实测数据分别用两种方法计算得到各检测剖面的声速异常判断概率统计值，如图 11 所示。1 号～15 号桩（对应剖面为 1～48）桩身混凝土均匀、质量较稳定，两种计算方法得到的声速异常判断概率统计值差异不大（双剔法略高）；16 号～21 号桩（对应剖面为49～72）桩身存在较多缺陷，混凝土质量不稳定，两种计算方法得到的声速异常判断概率统计值差异较大，单剔法得到的异常判断概率统计值甚至会出现明显不合理的低值，而双剔法得到的声速异常判断概率统计值则比较合理。

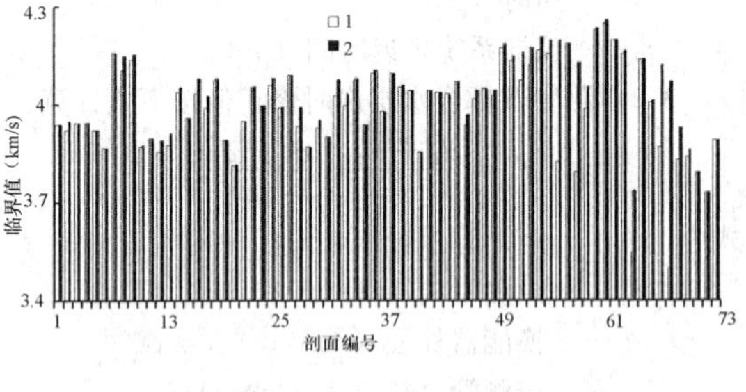

图 11　21 根桩 72 个检测剖面双剔法与单剔法的异常判断概率统计值比较

1—单边剔除法；2—双边剔除法

再分别将两种计算方法对同一根桩的各个剖面声速异常判断概率统计值的标准差进行统计分析，结果如图 12 所示。由该图可以看到，双剔法计算得到的每根桩各个检测剖面声速异常判断概率统计值的标准差普遍小于单剔法。在工程上，同一根桩的混凝土设计强度，配合比、地基条件、施工工艺相同，不同检测剖面（自下而上）不存在明显差异，各剖面声速异常判断概率统计值应该是相近的，其标准差趋于变小才合理。所以双剔法比单剔法更符合工程实际情况。

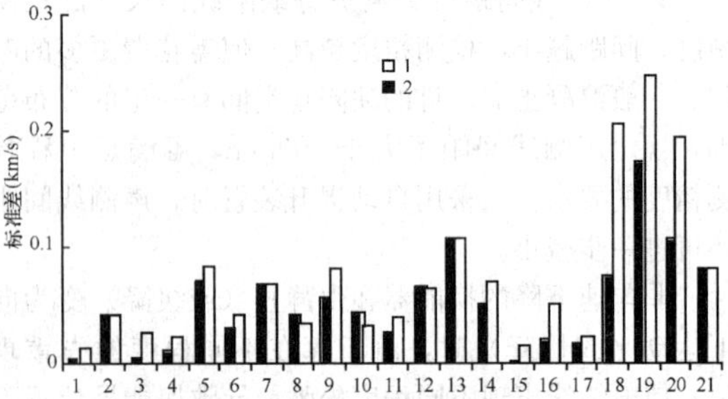

图 12　21 根桩双剔法与单剔法的标准差比较

1—单边剔除法；2—双边剔除法

双剔法的结果更符合规范总则——安全适用。一方面对于混凝土质量较稳定的桩，双剔法异常判断概率统计值接近或略高于单剔法（在工程上偏于安全）；

另一方面对于混凝土质量不稳定的桩，尤其是桩身存在多个严重缺陷的桩，双剔法有效降低了因为声速标准差过大而导致声速异常判断概率统计值过低（如小于3500m/s），从而漏判桩身缺陷而留下工程隐患的可能性。

4 当桩身混凝土质量稳定，声速测试值离散小时，由于标准差 $s_x(j)$ 较小，可能导致异常判断概率统计值 $v_{01}(j)$ 过高从而误判；另一方面当桩身混凝土质量不稳定，声速测试值离散大时，由于 $s_x(j)$ 过大，可能会导致异常判断概率统计值 $v_{01}(j)$ 过小从而导致漏判。为尽量减小出现上述两种情况的几率，对变异系数 $C_v(j)$ 作了限定。

通过大量工程桩检测剖面统计分析，发现将 $C_v(j)$ 限定在［0.015，0.045］区间内，声速异常判断概率统计值的取值落在合理范围内的几率较大。

10.5.4 对本条各款依次解释如下：

1 v_L 和 v_p 的合理确定是大量既往检测经验的体现。当桩身混凝土未达到龄期而提前检测时，应对 v_L 和 v_p 的取值作适当调整。

2 概率法从本质上说是一种相对比较法，它考察的只是各条声测线声速与相应检测剖面内所有声测线声速平均值的偏离程度。当声测管倾斜或桩身存在多个缺陷时，同一检测剖面内各条声测线声速值离散很大，这些声速值实际上已严重偏离了正态分布规律，基于正态分布规律的概率法判据已失效，此时，不能将概率法临界值 $v_0(j)$ 作为该检测剖面各声测线声速异常判断临界值 v_c，式（10.5.4）就是对概率法判据值作合理的限定。

3 同一桩型是指施工工艺相同、混凝土的设计强度和配合比相同的桩。

4 声速的测试值受非缺陷因素影响小，测试值较稳定，不同剖面间的声速测试值具有可比性。取各检测剖面声速异常判断临界值的平均值作为该桩各剖面内所有声测线声速异常判断临界值，可减小各剖面间因为用概率法计算的临界值差别过大造成的桩身完整性判别上的不合理性。另一方面，对同一根桩，桩身混凝土设计强度和配合比以及施工工艺都是一样的，应该采用一个临界值标准来判定各剖面所有声测线对应的混凝土质量。当某一剖面声速临界值明显偏离合理取值范围时，应分析原因，计算时应剔除。

10.5.6 波幅临界值判据为 $A_{pi}(j)<A_m(j)-6$，即选择当信号首波幅值衰减量为对应检测剖面所有信号首波幅值衰减量平均值的一半时的波幅分贝数为临界值，在具体应用中应注意下面几点：

波幅判据没有采用如声速判据那样的各检测剖面取平均值的办法，而是采用单剖面判据，这是因为不同剖面间测距及声耦合状况差别较大，使波幅不具有可比性。此外，波幅的衰减受桩身混凝土不均匀性、声波传播路径和点源距离的影响，故应考虑声测管间距较大时波幅分散性而采取适当的调整。

因波幅的分贝数受仪器、传感器灵敏度及发射能量的影响，故应在考虑这些影响的基础上再采用波幅临界值判据。当波幅差异性较大时，应与声速变化及主频变化情况相结合进行综合分析。

10.5.7 声波接收信号的主频漂移程度反映了声波在桩身混凝土中传播时的衰减程度，而这种衰减程度又能体现混凝土质量的优劣。接收信号的主频受诸如测试系统的状态、声耦合状况、测距等许多非缺陷因素的影响，测试值没有声速稳定，对缺陷的敏感性不及波幅。在实用时，作为声速、波幅等主要声参数判据之外的一个辅助判据。

在使用主频判据时，应保持声波换能器具有单峰的幅频特性和良好的耦合一致性，接收信号不应超量程，否则削波带来的高频谐波会影响分析结果。若采用FFT方法计算主频值，还应保证足够的频域分辨率。

10.5.8 接收信号的能量与接收信号的幅值存在正相关性，可以将约定的某一足够长时间段内的声波时域曲线的绝对值对时间积分后得到的结果（或约定的某一足够长时段内的声波时域曲线的平均幅值）作为能量指标。接收信号的能量反映了声波在混凝土介质中各个声传播路径上能量总体衰减情况，是测区混凝土质量的综合反映，也是波形畸变程度的量化指标。使用能量判据时，接收信号不应超量程（削波）。

10.5.9 在桩身缺陷的边缘，声时将发生突变，桩身存在缺陷的声测线对应声时-深度曲线上的突变点。经声时差加权后的 *PSD* 判据图更能突出桩身存在缺陷的声测线，并在一定程度上减小了声测管的平行度差或混凝土不均匀等非缺陷因素对数据分析判断的影响。实际应用时可先假定缺陷的性质（如夹层、空洞、蜂窝等）和尺寸，计算临界状态的 *PSD* 值，作为 *PSD* 临界值判据，但需对缺陷区的声速作假定。

10.5.10 声波透射法与其他的桩身完整性检测方法相比，具有信息量更丰富、全面、细致的特点：可以依据对桩身缺陷处加密测试（斜测、交叉斜测、扇形扫测以及CT影像技术）来确定缺陷几何尺寸；可以将不同检测剖面在同一深度的桩身缺陷状况进行横向关联，来判定桩身缺陷的横向分布。

10.5.11 表10.5.11中声波透射法桩身完整性类别分类特征是根据以下几个因素来划分的：(1) 缺陷空间几何尺寸的相对大小；(2) 声学参数异常的相对程度；(3) 接收波形畸变的相对程度；(4) 声速与低限值比较。这几个因素中除声速可与低限值作定量对比外，如Ⅰ、Ⅱ类桩混凝土声速不低于低限值，Ⅲ、Ⅳ类桩局部混凝土声速低于低限值，其他参数均是以相对大小或异常程度来作定性的比较。

预埋有多个声测管的声波透射法测试过程中，多个检测剖面中也常出现某一检测剖面个别声测线声学参数明显异常情况，即空间范围内局部较小区域出现明显缺陷。这种情况，可依据缺陷在深度方向出现的位置和影响程度，以及基桩荷载分布情况和使用特点，将类别划分的等级提高一级，即多个检测剖面中某一检测剖面只有个别声测线声学参数明显异常、波形明显畸变，该特征归类到Ⅱ类桩；而声学参数严重异常、接收波形严重畸变或接收不到信号，则归类到Ⅲ类桩。

这里需要说明：对于只预埋 2 根声测管的基桩，仅有一个检测剖面，只能认定该检测剖面代表基桩全部横截面，无论是连续多根声测线还是个别声测线声学参数异常均表示为全断面的异常，相当于表中的“大于或等于检测剖面数量的一半”。

根据规范规定采用的换能器频率对应的波长以及 100mm 最大声测线间距，使异常声测线至少连续出现 2 次所对应的缺陷尺度一般不会低于 10cm 量级。

声波接收波形畸变程度示例见图 13。

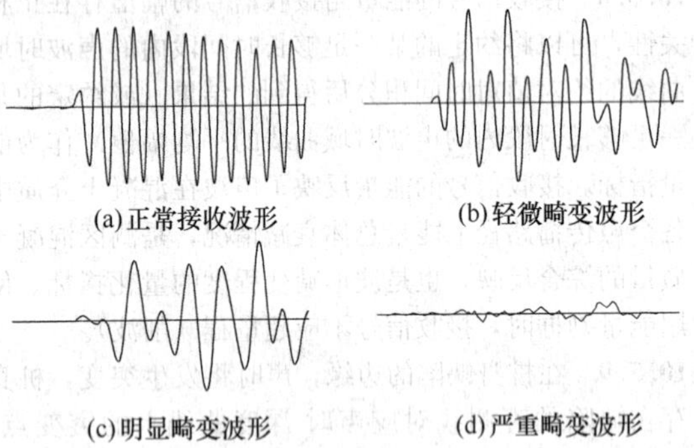

图 13　接收波形畸变程度示意

10.5.12　实测波形的后续部分可反映声波在接、收换能器之间的混凝土介质中各种声传播路径上总能量衰减状况，其影响区域大于首波，因此检测剖面的实测波形波列图有助于测试人员对桩身缺陷程度及位置直观地判定。

附录 A　桩身内力测试

A.0.1　通过内力测试可解决如下问题：对竖向抗压静载试验桩，可得到桩侧各土层的分层抗压侧阻力和桩端支承力；对竖向抗拔静荷载试验桩，可得到桩侧土的分层抗拔侧阻力；对水平静荷载试验桩，可求得桩身弯矩分布，最大弯矩位置等；对需进行负摩阻力测试的试验桩，可得到桩侧各土层的负摩阻力及中性点位置；对打入式预制混凝土桩和钢桩，可得到打桩过程中桩身各部位的锤击拉、压应力。

灌注桩桩身轴力换算准确与否与桩身横截面尺寸有关，某一成孔工艺对不同地层条件的适应性不同，因此对成孔质量无把握或预计桩身将出现较大变径时，应进行灌注前的成孔质量检测。

A.0.2　测试方案选择是否合适，一定程度上取决于检测技术人员对试验要求、施工工艺及其细节的了解，以及对振弦、光纤和电阻应变式传感器的测量原理及其各自的技术、环境性能的掌握。对于灌注桩，传感器的埋设难度随埋设数量的增加而增大，为确保传感器埋设后有较高的成活率，重点需要协调成桩过程中与传感器及其电缆固定方式相关的防护问题；为了确保测试结果可靠，检测前应针对传感器的防水、温度补偿、长电缆及受力状态引起的灵敏度变化等实际情况，对传感器逐个进行检查和自校。当需要检测桩身某断面或桩端位移时，可在需检测断面设置位移杆，也可通过滑动测微计直接测量。

A.0.4　滑动测微计测管的体积较大，测管的埋设数量一般根据桩径的大小以及桩顶以上的操作空间决定：对灌注桩宜对称埋设不少于 2 根；对预制桩，当埋设 1 根测管时，宜将测管埋设在桩中心轴上。对水平静荷载试验桩，宜沿受力方向在桩两侧对称埋设 2 根测管，测管可不通长埋设，但应大于水平力影响深度。

A.0.5　应变式传感器可按全桥或半桥方式制作，宜优先采用全桥方式。传感器的测量片和补偿片应选用同一规格同一批号的产品，按轴向、横向准确地粘贴在钢筋同一断面上。测点的连接应采用屏蔽电缆，导线的对地绝缘电阻值应在 500MΩ 以上；使用前应将整卷电缆除两端外全部浸入水中 1h，测量芯线与水的绝缘；电缆屏蔽线应与钢筋绝缘；测量和补偿所用连接电缆的长度和线径应相同。

应变式传感器可视以下情况采用不同制作方法：

1　对钢桩可采用以下两种方法之一：

1）将应变计用特殊的粘贴剂直接贴在钢桩的桩身，应变计宜采用标距 3mm～6mm 的 350Ω 胶基箔式应变计，不得使用纸基应变计。粘贴前应将贴片区表面除锈磨平，用有机溶剂去污清洗，待干燥后粘贴应变计。粘贴好的应变计应采取可靠的防水防潮密封防护措施。

2）将应变式传感器直接固定在测量位置。

2　对混凝土预制桩和灌注桩，应变传感器的制作和埋设可视具体情况采用以下两种方法之一：

1）在 600mm～1000mm 长的钢筋上，轴向、横向粘贴四个（二个）应变计组成全桥（半桥），经防水绝缘处理后，到材料试验机上进行应力-应变关系标定。标定时的最大拉力宜控制在钢筋抗拉强度设计值的 60%以内，经三次重复标定，应力-应变曲线的线性、滞后和重复性满足要求后，方可采用。传感器应在浇筑混凝土前按指定位置焊接或绑扎（泥浆护壁灌注桩应焊接）

在主筋上，并满足规范对钢筋锚固长度的要求。固定后带应变计的钢筋不得弯曲变形或有附加应力产生。

2）直接将电阻应变计粘贴在桩身指定断面的主筋上，其制作方法及要求同本条第1款钢桩上粘贴应变计的方法及要求。

A.0.10 滑动测微计探头直接测试的是相邻测标间的应变，应确保测标能与桩体位移协调一致才能测试得到桩体的应变；同时桩身内力测试对应变测试的精度要求极高，必须保持测标在埋设直至测试结束过程中的清洁，防止杂质污染。对灌注桩，若钢筋笼过长、主筋过细，会导致钢筋笼及绑扎在其上的测管严重扭曲从而影响测试，宜采取措施防范。

A.0.13 电阻应变测量通常采用四线制，导线长度超过5m～10m就需对导线电阻引起的桥压下降进行修正。采用六线制长线补偿是指通过增加2根导线作为补偿取样端，从而形成闭合回路，消除长导线电阻及温度变化带来的误差。

由于混凝土属于非线性材料，当应变或应力水平增加时，其模量会发生不同程度递减，E_i并非常数，实则为割线模量。因此需要将测量断面实测应变值对照标定断面的应力-应变曲线进行内插取值。

进行长期监测时，桩体在内力长期作用下除发生弹性应变外，也会发生徐变，若得到的应变中包含较大的徐变量，应将徐变量予以扣除。

A.0.14、A.0.15 两相邻位移杆（沉降杆）的沉降差代表该段桩身的平均应变，通常位移杆的埋设数量有限，仅依靠位移杆测试桩身应变，很难准确测出桩身轴力分布（导致无法详细了解桩侧阻力的分布）。但有时为了了解端承力的发挥程度，可仅在桩端埋设位移杆，通过测得的桩端沉降估计端承力的发挥状况，此外结合桩顶沉降还可确定桩身（弹性）压缩量。当位移杆底端固定断面处桩身埋设有应变传感器时，可得到该断面处桩身轴力Q_i和竖向位移s_i。

中华人民共和国行业标准

建筑抗震加固技术规程

Technical specification for seismic
strengthening of buildings

JGJ 116—2009

批准部门：中华人民共和国住房和城乡建设部
施行日期：2 0 0 9 年 8 月 1 日

中华人民共和国住房和城乡建设部
公　　告

第340号

关于发布行业标准《建筑抗震加固技术规程》的公告

现批准《建筑抗震加固技术规程》为建筑工程行业标准，编号为JGJ 116－2009，自2009年8月1日起实施。其中，第1.0.3、1.0.4、3.0.1、3.0.3、3.0.6、5.3.1、5.3.7、5.3.13、6.1.2、6.3.1、6.3.4、6.3.7、7.1.2、7.3.1、7.3.3、9.3.1、9.3.5条为强制性条文，必须严格执行。原《建筑抗震加固技术规程》JGJ 116－98同时废止。

本规程由我部标准定额研究所组织中国建筑工业出版社出版发行。

中华人民共和国住房和城乡建设部
2009年6月18日

前　　言

根据原建设部《关于印发〈二〇〇四年度工程建设城建、建工行业标准制订、修订计划〉的通知》（建标［2004］66号）的要求，规程编制组经广泛调查研究，认真总结实践经验，参考有关国际标准和国外先进标准，并在广泛征求意见的基础上，修订本规程。

本规程的主要技术内容是：1. 总则；2. 术语和符号；3. 基本规定；4. 地基和基础；5. 多层砌体房屋；6. 多层及高层钢筋混凝土房屋；7. 内框架和底层框架砖房；8. 单层钢筋混凝土柱厂房；9. 单层砖柱厂房和空旷房屋；10. 木结构和土石墙房屋；11. 烟囱和水塔。

本规程修订的主要技术内容是：

1. 与现行国家标准《建筑抗震鉴定标准》GB 50023相配合，明确了不同后续使用年限建筑的抗震加固要求。2. 在保持原规程“综合抗震能力指数”加固方法的基础上，增加了按设计规范方法进行加固的内容。3. 新增了粘贴钢板、碳纤维布、钢绞线网-聚合物砂浆、消能减震加固技术。4. 加强了对重点设防类建筑、超高超层建筑、不利于抗震的结构的加固要求。5. 与现行国家标准《混凝土结构加固设计规范》GB 50367进行了协调。

本规程中以黑体字标志的条文为强制性条文，必须严格执行。

本规程由住房和城乡建设部负责管理和对强制性条文的解释，由中国建筑科学研究院负责具体技术内容的解释。执行过程中如有意见或建议，请寄送中国建筑科学研究院（地址：北京市北三环东路30号，邮政编码：100013）。

本规程主编单位：中国建筑科学研究院

本规程参编单位：中国机械工业集团有限公司
中国航空工业规划设计研究院
四川省建筑科学研究院
中冶集团建筑研究总院
中国中元国际工程公司
西部建筑抗震勘察设计研究院
同济大学
中国地震局工程力学研究所
上海维固建筑结构设计有限公司

本规程主要起草人：程绍革　戴国莹（以下按姓氏笔画排列）
尹保江　史铁花　白雪霜
吕西林　李仕全　吴　体
辛鸿博　张　耀　金来建
姚秋来　徐　建　戴君武

本规程主要审查人：吴学敏　刘志刚　高永昭
（以下按姓氏笔画排列）
王亚勇　韦开波　李彦莉
吴翔天　杨玉成　苗启松
娄　宇　袁金西　莫　庸
侯忠良　黄世敏

目　次

1　总则 ………………………………………… 19—5
2　术语和符号 ………………………………… 19—5
2.1　术语 ………………………………………… 19—5
2.2　符号 ………………………………………… 19—5
3　基本规定 …………………………………… 19—6
4　地基和基础 ………………………………… 19—7
5　多层砌体房屋 ……………………………… 19—7
5.1　一般规定…………………………………… 19—7
5.2　加固方法 ………………………………… 19—8
5.3　加固设计及施工 ………………………… 19—9
6　多层及高层钢筋混凝土房屋 …………… 19—14
6.1　一般规定………………………………… 19—14
6.2　加固方法………………………………… 19—15
6.3　加固设计及施工………………………… 19—15
7　内框架和底层框架砖房 ………………… 19—19
7.1　一般规定………………………………… 19—19
7.2　加固方法………………………………… 19—20
7.3　加固设计及施工………………………… 19—20
8　单层钢筋混凝土柱厂房 ………………… 19—22
8.1　一般规定………………………………… 19—22
8.2　加固方法………………………………… 19—22
8.3　加固设计及施工………………………… 19—22
9　单层砖柱厂房和空旷房屋 ……………… 19—25
9.1　一般规定………………………………… 19—25
9.2　加固方法………………………………… 19—25
9.3　加固设计及施工………………………… 19—25
10　木结构和土石墙房屋 ………………… 19—27
10.1　木结构房屋 …………………………… 19—27
10.2　土石墙房屋 …………………………… 19—28
11　烟囱和水塔 …………………………… 19—29
11.1　烟囱 …………………………………… 19—29
11.2　水塔 …………………………………… 19—30
本规程用词说明 ………………………………… 19—31
引用标准名录 …………………………………… 19—31
附：条文说明 …………………………………… 19—32

Contents

1 General Provisions ······ 19—5
2 Terms and Symbols ······ 19—5
2.1 Terms ······ 19—5
2.2 Symbols ······ 19—5
3 Basic Requirements ······ 19—6
4 Subsoil and Foundation ······ 19—7
5 Multi-story Masonry Buildings ······ 19—7
5.1 General Requirements ······ 19—7
5.2 Strengthening Methods ······ 19—8
5.3 Strengthening Design and Construction ······ 19—9
6 Multi-story and Tall Reinforced Concrete Buildings ······ 19—14
6.1 General Requirements ······ 19—14
6.2 Strengthening Methods ······ 19—15
6.3 Strengthening Design and Construction ······ 19—15
7 Multi-story Brick Buildings with Bottom-frame or Inner-frame ······ 19—19
7.1 General Requirements ······ 19—19
7.2 Strengthening Methods ······ 19—20
7.3 Strengthening Design and Construction ······ 19—20
8 Single-story Factory Buildings with Reinforced Concrete Columns ······ 19—22
8.1 General Requirements ······ 19—22
8.2 Strengthening Methods ······ 19—22
8.3 Strengthening Design and Construction ······ 19—22
9 Single-story Factory Buildings with Brick Columns and Single-story Spacious Buildings ······ 19—25
9.1 General Requirements ······ 19—25
9.2 Strengthening Methods ······ 19—25
9.3 Strengthening Design and Construction ······ 19—25
10 Wood, Earth and Stone Houses ······ 19—27
10.1 Wood Houses ······ 19—27
10.2 Unfired Earth Houses and Stone Houses ······ 19—28
11 Chimneys and Water Towers ······ 19—29
11.1 Chimneys ······ 19—29
11.2 Water Towers ······ 19—30
Explanation of Wording in This Specification ······ 19—31
Normative Standards ······ 19—31
Explanation of Provisions ······ 19—32

1 总 则

1.0.1 为贯彻执行国家有关防震减灾的法律法规，实行以预防为主的方针，减轻地震破坏，减少损失，使现有建筑的抗震加固做到抗震安全、经济、合理、有效、实用，制定本规程。

注：抗震安全，指加固后的现有建筑在预期的后续使用年限内能够达到不低于其抗震鉴定的设防目标。

1.0.2 本规程适用于抗震设防烈度为6～9度地区经抗震鉴定后需要进行抗震加固的现有建筑的设计及施工。

古建筑和行业有特殊要求的建筑，应按专门的规定进行抗震加固的设计及施工。

注：本规程以下"6、7、8、9度"为"抗震设防烈度为6、7、8、9度"的简称。

1.0.3 现有建筑抗震加固前，应依据其设防烈度、抗震设防类别、后续使用年限和结构类型，按现行国家标准《建筑抗震鉴定标准》GB 50023 的相应规定进行抗震鉴定。

1.0.4 现有建筑抗震加固时，建筑的抗震设防类别及相应的抗震措施和抗震验算要求，应按现行国家标准《建筑抗震鉴定标准》GB 50023－2009 第1.0.3条的规定执行。

1.0.5 现有建筑的抗震加固及施工，除应符合本规程的规定外，尚应符合国家现行有关标准、规范的规定。

2 术语和符号

2.1 术 语

2.1.1 现有建筑 available buildings

除古建筑、新建建筑、危险建筑以外，迄今仍在使用的既有建筑。

2.1.2 后续使用年限 continuous seismic working life, continuing seismic service life

对现有建筑经抗震鉴定后继续使用所约定的一个时期，在这个时期内，建筑不需要重新鉴定和相应加固就能按预期目的使用，并完成预定的功能。

2.1.3 抗震设防烈度 seismic fortification intensity

按国家规定的权限批准作为一个地区抗震设防依据的地震烈度。

2.1.4 抗震加固 seismic strengthening of buildings

使现有建筑达到抗震鉴定的要求所进行的设计及施工。

2.1.5 综合抗震能力 compound seismic capability

整个建筑结构综合考虑其构造和承载力等因素所具有的抵抗地震作用的能力。

2.1.6 面层加固法 masonry strengthening with mortar splint

在砌体墙侧面增抹一定厚度的无筋、有钢筋网的水泥砂浆，形成组合墙体的加固方法。

2.1.7 板墙加固法 masonry strengthening with concrete splint

在砌体墙侧面浇筑或喷射一定厚度的钢筋混凝土，形成抗震墙的加固方法。

2.1.8 外加柱加固法 masonry strengthening with tie-columns

在砌体墙交接处等增设钢筋混凝土构造柱，形成约束砌体墙的加固方法。

2.1.9 壁柱加固法 brick column strengthening with concrete columns

在砌体墙垛（柱）侧面增设钢筋混凝土柱，形成组合构件的加固方法。

2.1.10 混凝土套加固法 structure member strengthening with reinforced concrete

在原有的钢筋混凝土梁柱或砌体柱外包一定厚度的钢筋混凝土，扩大原构件截面的加固方法。

2.1.11 钢构套加固法 structure member strengthening with steel frame

在原有的钢筋混凝土梁柱或砌体柱外包角钢、扁钢等制成的构架，约束原有构件的加固方法。

2.1.12 钢绞线网-聚合物砂浆面层加固法 structure member strengthening with strand steel wire web-polymer mortar

在原有的砌体墙面或钢筋混凝土梁柱表面外抹一定厚度的钢绞线网-聚合物砂浆层的加固方法。

2.1.13 碳纤维布加固法 structure member strengthening with carbonic fibre reinforced polymer

在原有的钢筋混凝土梁柱表面用胶粘材料粘贴碳纤维片材等的加固方法。

2.2 符 号

2.2.1 作用和作用效应

N_G——对应于重力荷载代表值的轴向压力；

V_e——楼层的弹性地震剪力；

S——结构构件地震基本组合的作用效应设计值。

2.2.2 材料性能和抗力

f_0、f_{k0}——材料现有的强度设计值、标准值；

f、f_k——加固材料的强度设计值、标准值；

K——加固后结构构件刚度；

M_y——加固后构件现有受弯承载力；

R——加固后结构构件承载力设计值；

V_y——加固后构件或楼层现有受剪承载力。

2.2.3 几何参数

A_s ——实有钢筋截面面积；

A_{w0} ——原有抗震墙截面面积；

A_w ——加固后抗震墙截面面积；

b ——加固后构件截面宽度；

h ——加固后构件截面高度；

l ——加固后构件长度、屋架跨度。

2.2.4 计算系数

β_0 ——原有的综合抗震能力指数；

β_s ——加固后的综合抗震能力指数；

γ_{Rs} ——抗震加固的承载力调整系数；

ξ_y ——加固后楼层屈服强度系数；

ψ_1 ——加固后结构构造的体系影响系数；

ψ_2 ——加固后结构构造的局部影响系数。

3 基本规定

3.0.1 现有建筑抗震加固的设计原则应符合下列要求：

1 加固方案应根据抗震鉴定结果经综合分析后确定，分别采用房屋整体加固、区段加固或构件加固，加强整体性、改善构件的受力状况、提高综合抗震能力。

2 加固或新增构件的布置，应消除或减少不利因素，防止局部加强导致结构刚度或强度突变。

3 新增构件与原有构件之间应有可靠连接；新增的抗震墙、柱等竖向构件应有可靠的基础。

4 加固所用材料类型与原结构相同时，其强度等级不应低于原结构材料的实际强度等级。

5 对于不符合鉴定要求的女儿墙、门脸、出屋顶烟囱等易倒塌伤人的非结构构件，应予以拆除或降低高度，需要保持原高度时应加固。

3.0.2 抗震加固的方案、结构布置和连接构造，尚应符合下列要求：

1 不规则的现有建筑，宜使加固后的结构质量和刚度分布较均匀、对称。

2 对抗震薄弱部位、易损部位和不同类型结构的连接部位，其承载力或变形能力宜采取比一般部位增强的措施。

3 宜减少地基基础的加固工程量，多采取提高上部结构抵抗不均匀沉降能力的措施，并应计入不利场地的影响。

4 加固方案应结合原结构的具体特点和技术经济条件的分析，采用新技术、新材料。

5 加固方案宜结合维修改造、改善使用功能，并注意美观。

6 加固方法应便于施工，并应减少对生产、生活的影响。

3.0.3 现有建筑抗震加固设计时，地震作用和结构抗震验算应符合下列规定：

1 当抗震设防烈度为6度时（建造于Ⅳ类场地的较高的高层建筑除外），以及木结构和土石墙房屋，可不进行截面抗震验算，但应符合相应的构造要求。

2 加固后结构的分析和构件承载力计算，应符合下列要求：

1）结构的计算简图，应根据加固后的荷载、地震作用和实际受力状况确定；当加固后结构刚度和重力荷载代表值的变化分别不超过原来的10%和5%时，应允许不计入地震作用变化的影响；在条状突出的山嘴、高耸孤立的山丘、非岩石的陡坡、河岸和边坡边缘等不利地段，水平地震作用应按现行国家标准《建筑抗震设计规范》GB 50011的规定乘以增大系数1.1～1.6；

2）结构构件的计算截面面积，应采用实际有效的截面面积；

3）结构构件承载力验算时，应计入实际荷载偏心、结构构件变形等造成的附加内力；并应计入加固后的实际受力程度、新增部分的应变滞后和新旧部分协同工作的程度对承载力的影响。

3 当采用楼层综合抗震能力指数进行结构抗震验算时，体系影响系数和局部影响系数应根据房屋加固后的状态取值，加固后楼层综合抗震能力指数应大于1.0，并应防止出现新的综合抗震能力指数突变的楼层。采用设计规范方法验算时，也应防止加固后出现新的层间受剪承载力突变的楼层。

3.0.4 采用现行国家标准《建筑抗震设计规范》GB 50011的方法进行抗震验算时，宜计入加固后仍存在的构造影响，并应符合下列要求：

对于后续使用年限50年的结构，材料性能设计指标、地震作用、地震作用效应调整、结构构件承载力抗震调整系数均应按国家现行设计规范、规程的有关规定执行；对于后续使用年限少于50年的结构，即现行国家标准《建筑抗震鉴定标准》GB 50023规定的A、B类建筑结构，其设计特征周期、原结构构件的材料性能设计指标、地震作用效应调整等应按现行国家标准《建筑抗震鉴定标准》GB 50023的规定采用，结构构件的“承载力抗震调整系数”应采用下列“抗震加固的承载力调整系数”替代：

1 A类建筑，加固后的构件仍应依据其原有构件按现行国家标准《建筑抗震鉴定标准》GB 50023规定的“抗震鉴定的承载力调整系数”值采用；新增钢筋混凝土构件、砌体墙体可仍按原有构件对待。

2 B类建筑，宜按现行国家标准《建筑抗震设计规范》GB 50011的“承载力抗震调整系数”值采用。

3.0.5 加固所用的砌体块材、砂浆和混凝土的强度等级，钢筋、钢材的性能指标，应符合现行国家标准《建筑抗震设计规范》GB 50011 的有关规定，其他各种加固材料和胶粘剂的性能指标应符合国家现行相关标准、规范的要求。

3.0.6 抗震加固的施工应符合下列要求：

1 应采取措施避免或减少损伤原结构构件。

2 发现原结构或相关工程隐蔽部位的构造有严重缺陷时，应会同加固设计单位采取有效处理措施后方可继续施工。

3 对可能导致的倾斜、开裂或局部倒塌等现象，应预先采取安全措施。

4 地基和基础

4.0.1 本章适用于存在软弱土、液化土、明显不均匀土层的抗震不利地段上的建筑地基和基础。不利地段应按现行国家标准《建筑抗震设计规范》GB 50011 的规定划分。

4.0.2 抗震加固时，天然地基承载力可计入建筑长期压密的影响，并按现行国家标准《建筑抗震鉴定标准》GB 50023 规定的方法进行验算。其中，基础底面压力设计值应按加固后的情况计算，而地基土长期压密提高系数仍按加固前取值。

4.0.3 当地基竖向承载力不满足要求时，可作下列处理：

1 当基础底面压力设计值超过地基承载力特征值在 10%以内时，可采用提高上部结构抵抗不均匀沉降能力的措施。

2 当基础底面压力设计值超过地基承载力特征值 10%及以上时或建筑已出现不容许的沉降和裂缝时，可采取放大基础底面积、加固地基或减少荷载的措施。

4.0.4 当地基或桩基的水平承载力不满足要求时，可作下列处理：

1 基础顶面、侧面无刚性地坪时，可增设刚性地坪。

2 沿基础顶部增设基础梁，将水平荷载分散到相邻的基础上。

4.0.5 液化地基的液化等级为严重时，对乙类和丙类设防的建筑，宜采取消除液化沉降或提高上部结构抵抗不均匀沉降能力的措施；液化地基的液化等级为中等时，对乙类设防的 B 类建筑，宜采取提高上部结构抵抗不均匀沉降能力的措施。

4.0.6 为消除液化沉降进行地基处理时，可选用下列措施：

1 桩基托换：将基础荷载通过桩传到非液化土上，桩端（不包括桩尖）伸入非液化土中的长度应按计算确定，且对碎石土，砾、粗、中砂，坚硬黏性土和密实粉土尚不应小于 0.5m，对其他非岩石土尚不宜小于 1.5m。

2 压重法：对地面标高无严格要求的建筑，可在建筑周围堆土或重物，增加覆盖压力。

3 覆盖法：将建筑的地坪和外侧排水坡改为钢筋混凝土整体地坪。地坪应与基础或墙体锚固，地坪下应设厚度为 300mm 的砂砾或碎石排水层，室外地坪宽度宜为 4～5m。

4 排水桩法：在基础外侧设碎石排水桩，在室内设整体地坪。排水桩不宜少于两排，桩距基础外缘的净距不应小于 1.5m。

5 旋喷法：穿过基础或紧贴基础打孔，制作旋喷桩。桩长应穿过液化层并支承在非液化土层上。

4.0.7 对液化地基、软土地基或明显不均匀地基上的建筑，可采取下列提高上部结构抵抗不均匀沉降能力的措施：

1 提高建筑的整体性或合理调整荷载。

2 加强圈梁与墙体的连接。当可能产生差异沉降或基础埋深不同且未按 1/2 的比例过渡时，应局部加强圈梁。

3 用钢筋网砂浆面层等加固砌体墙体。

5 多层砌体房屋

5.1 一 般 规 定

5.1.1 本章适用于砖墙体和砌块墙体承重的多层房屋，其适用的最大高度和层数应符合现行国家标准《建筑抗震鉴定标准》GB 50023 的有关规定。

5.1.2 砌体房屋的抗震加固应符合下列要求：

1 同一楼层中，自承重墙体加固后的抗震能力不应超过承重墙体加固后的抗震能力。

2 对非刚性结构体系的房屋，应选用有利于消除不利因素的抗震加固方案；当采用加固柱或墙垛，增设支撑或支架等保持非刚性结构体系的加固措施时，应控制层间位移和提高其变形能力。

3 当选用区段加固的方案时，应对楼梯间的墙体采取加强措施。

5.1.3 当现有多层砌体房屋的高度和层数超过规定限值时，应采取下列抗震对策：

1 当现有多层砌体房屋的总高度超过规定而层数不超过规定的限值时，应采取高于一般房屋的承载力且加强墙体约束的有效措施。

2 当现有多层砌体房屋的层数超过规定限值时，应改变结构体系或减少层数；乙类设防的房屋，也可改变用途按丙类设防使用，并符合丙类设防的层数限值；当采用改变结构体系的方案时，应在两个方向增设一定数量的钢筋混凝土墙体，新增的混凝土墙应计入竖向压应力滞后的影响并宜承担结构的全部地震作用。

3 当丙类设防且横墙较少的房屋超出规定限值1层和3m以内时，应提高墙体承载力且新增构造柱、圈梁等应达到现行国家标准《建筑抗震设计规范》GB 50011对横墙较少房屋不减少层数和高度的相关要求。

5.1.4 加固后的楼层和墙段的综合抗震能力指数，应按下列公式验算：

$$\beta_s = \eta\psi_1\psi_2\beta_0 \quad (5.1.4)$$

式中 β_s——加固后楼层或墙段的综合抗震能力指数；

η——加固增强系数，可按本规程第5.3节的规定确定；

β_0——楼层或墙段原有的抗震能力指数，应分别按现行国家标准《建筑抗震鉴定标准》GB 50023规定的有关方法计算；

ψ_1、ψ_2——分别为体系影响系数和局部影响系数，应根据房屋加固后的状况，按现行国家标准《建筑抗震鉴定标准》GB 50023的有关规定取值。

5.1.5 墙体加固后，按现行国家标准《建筑抗震设计规范》GB 50011的规定只选择从属面积较大或竖向应力较小的墙段进行抗震承载力验算时，截面抗震受剪承载力可按下列公式验算：

不计入构造影响时 $V \leqslant \eta V_{R0}$ (5.1.5-1)

计入构造影响时 $V \leqslant \eta\psi_1\psi_2 V_{R0}$ (5.1.5-2)

式中 V——墙段的剪力设计值；

η——墙段的加固增强系数，可按本规程第5.3节的规定确定；

V_{R0}——墙段原有的受剪承载力设计值，可按现行国家标准《建筑抗震设计规范》GB 50011对砌体墙的有关规定计算；但其中的材料性能设计指标、承载力抗震调整系数，应按本规程第3.0.4条的规定采用。

5.2 加固方法

5.2.1 房屋抗震承载力不满足要求时，宜选择下列加固方法：

1 拆砌或增设抗震墙：对局部的强度过低的原墙体可拆除重砌；重砌和增设抗震墙的结构材料宜采用与原结构相同的砖或砌块，也可采用现浇钢筋混凝土。

2 修补和灌浆：对已开裂的墙体，可采用压力灌浆修补，对砌筑砂浆饱满度差且砌筑砂浆强度等级偏低的墙体，可用满墙灌浆加固。

修补后墙体的刚度和抗震能力，可按原砌筑砂浆强度等级计算；满墙灌浆加固后的墙体，可按原砌筑砂浆强度等级提高一级计算。

3 面层或板墙加固：在墙体的一侧或两侧采用水泥砂浆面层、钢筋网砂浆面层、钢绞线网-聚合物砂浆面层或现浇钢筋混凝土板墙加固。

4 外加柱加固：在墙体交接处增设现浇钢筋混凝土构造柱加固。外加柱应与圈梁、拉杆连成整体，或与现浇钢筋混凝土楼、屋盖可靠连接。

5 包角或镶边加固：在柱、墙角或门窗洞边用型钢或钢筋混凝土包角或镶边；柱、墙垛还可用现浇钢筋混凝土套加固。

6 支撑或支架加固：对刚度差的房屋，可增设型钢或钢筋混凝土支撑或支架加固。

5.2.2 房屋的整体性不满足要求时，应选择下列加固方法：

1 当墙体布置在平面内不闭合时，可增设墙段或在开口处增设现浇钢筋混凝土框形成闭合。

2 当纵横墙连接较差时，可采用钢拉杆、长锚杆、外加柱或外加圈梁等加固。

3 楼、屋盖构件支承长度不满足要求时，可增设托梁或采取增强楼、屋盖整体性等的措施；对腐蚀变质的构件应更换；对无下弦的人字屋架应增设下弦拉杆。

4 当构造柱或芯柱设置不符合鉴定要求时，应增设外加柱；当墙体采用双面钢筋网砂浆面层或钢筋混凝土板墙加固，且在墙体交接处增设相互可靠拉结的配筋加强带时，可不另设构造柱。

5 当圈梁设置不符合鉴定要求时，应增设圈梁；外墙圈梁宜采用现浇钢筋混凝土，内墙圈梁可用钢拉杆或在进深梁端加锚杆代替；当采用双面钢筋网砂浆面层或钢筋混凝土板墙加固，且在上下两端增设配筋加强带时，可不另设圈梁。

6 当预制楼、屋盖不满足抗震鉴定要求时，可增设钢筋混凝土现浇层或增设托梁加固楼、屋盖，钢筋混凝土现浇层做法应符合本规程第7.3.4条的规定。

5.2.3 对房屋中易倒塌的部位，宜选择下列加固方法：

1 窗间墙宽度过小或抗震能力不满足要求时，可增设钢筋混凝土窗框或采用钢筋网砂浆面层、板墙等加固。

2 支承大梁等的墙段抗震能力不满足要求时，可增设砌体柱、组合柱、钢筋混凝土柱或采用钢筋网砂浆面层、板墙加固。组合柱加固的设计与施工，可按本规程第9.3.3、9.3.4条的规定执行。

3 支承悬挑构件的墙体不符合鉴定要求时，宜在悬挑构件端部增设钢筋混凝土柱或砌体组合柱加固，并对悬挑构件进行复核。

4 隔墙无拉结或拉结不牢，可采用镶边、埋设钢夹套、锚筋或钢拉杆加固；当隔墙过长、过高时，可采用钢筋网砂浆面层进行加固。

5 出屋面的楼梯间、电梯间和水箱间不符合鉴定要求时，可采用面层或外加柱加固，其上部应与屋盖构件有可靠连接，下部应与主体结构的加固措施相连。

6 出屋面的烟囱、无拉结女儿墙、门脸等超过规定的高度时，宜拆除、降低高度或采用型钢、钢拉杆加固。

7 悬挑构件的锚固长度不满足要求时，可加拉杆或采取减少悬挑长度的措施。

5.2.4 当具有明显扭转效应的多层砌体房屋抗震能力不满足要求时，可优先在薄弱部位增砌砖墙或现浇钢筋混凝土墙，或在原墙加面层；也可采取分割平面单元，减少扭转效应的措施。

5.2.5 现有的空斗墙房屋和普通黏土砖砌筑的墙厚不大于180mm的房屋需要继续使用时，应采用双面钢筋网砂浆面层或板墙加固。

5.3 加固设计及施工

Ⅰ 水泥砂浆和钢筋网砂浆面层加固

5.3.1 采用水泥砂浆面层和钢筋网砂浆面层加固墙体时，应符合下列要求：

1 钢筋网应采用呈梅花状布置的锚筋、穿墙筋固定于墙体上；钢筋网四周应采用锚筋、插入短筋或拉结筋等与楼板、大梁、柱或墙体可靠连接；钢筋网外保护层厚度不应小于10mm，钢筋网片与墙面的空隙不应小于5mm。

2 面层加固采用综合抗震能力指数验算时，有关构件支承长度的影响系数应作相应改变，有关墙体局部尺寸的影响系数应取1.0。

5.3.2 采用水泥砂浆面层和钢筋网砂浆面层加固墙体的设计，尚应符合下列规定：

1 原砌体实际的砌筑砂浆强度等级不宜高于M2.5。

2 面层的材料和构造尚应符合下列要求：

1）面层的砂浆强度等级，宜采用M10；

2）水泥砂浆面层的厚度宜为20mm；钢筋网砂浆面层的厚度宜为35mm；

3）钢筋网的钢筋直径宜为4mm或6mm；网格尺寸，实心墙宜为300mm×300mm，空斗墙宜为200mm×200mm；

4）单面加面层的钢筋网应采用ϕ6的L形锚筋，双面加面层的钢筋网应采用ϕ6的S形穿墙筋连接；L形锚筋的间距宜为600mm，S形穿墙筋的间距宜为900mm；

5）钢筋网的横向钢筋遇有门窗洞时，单面加固宜将钢筋弯入洞口侧边锚固，双面加固宜将两侧的横向钢筋在洞口闭合；

6）底层的面层，在室外地面下宜加厚并伸入地面下500mm。

3 面层加固后，楼层抗震能力的增强系数可按下列公式计算：

$$\eta_{Pi} = 1 + \frac{\sum_{j=1}^{n}(\eta_{Pij}-1)A_{ij0}}{A_{i0}} \quad (5.3.2\text{-}1)$$

$$\eta_{Pij} = \frac{240}{t_{w0}}\left[\eta_0 + 0.075\left(\frac{t_{w0}}{240}-1\right)/f_{vE}\right] \quad (5.3.2\text{-}2)$$

式中 η_{Pi}——面层加固后第i楼层抗震能力的增强系数；

η_{Pij}——第i楼层第j墙段面层加固的增强系数；

η_0——基准增强系数，砖墙体可按表5.3.2-1采用，空斗墙体应双面加固，可取表中数值的1.3倍；

A_{i0}——第i楼层中验算方向原有抗震墙在1/2层高处净截面的面积；

A_{ij0}——第i楼层中验算方向面层加固的抗震墙j墙段的在1/2层高处净截面的面积；

n——第i楼层中验算方向上的面层加固抗震墙的道数；

t_{w0}——原墙体厚度（mm）；

f_{vE}——原墙体的抗震抗剪强度设计值（MPa）。

表5.3.2-1 面层加固的基准增强系数

面层厚度（mm）	面层砂浆强度等级	钢筋网规格（mm）		单面加固			双面加固		
				原墙体砂浆强度等级					
		直径	间距	M0.4	M1.0	M2.5	M0.4	M1.0	M2.5
20	M10	无筋	—	1.46	1.04	—	2.08	1.46	1.13
30		6	300	2.06	1.35	—	2.97	2.05	1.52
40		6	300	2.16	1.51	1.16	3.12	2.15	1.65

4 加固后砖墙体刚度的提高系数应按下列公式计算：

实心墙单面加固 $$\eta_k = \frac{240}{t_{w0}}\eta_{k0} - 0.75\left(\frac{240}{t_{w0}}-1\right) \quad (5.3.2\text{-}3)$$

实心墙双面加固 $$\eta_k = \frac{240}{t_{w0}}\eta_{k0} - \left(\frac{240}{t_{w0}}-1\right) \quad (5.3.2\text{-}4)$$

空斗墙双面加固 $$\eta_k = 1.67(\eta_{k0} - 0.4) \quad (5.3.2\text{-}5)$$

式中 η_k——加固后墙体的刚度提高系数；

η_{k0}——刚度的基准提高系数，可按表5.3.2-2采用。

表 5.3.2-2　面层加固时墙体刚度的基准提高系数

面层厚度（mm）	面层砂浆强度等级	单面加固			双面加固		
		原墙体砂浆强度等级					
		M0.4	M1.0	M2.5	M0.4	M1.0	M2.5
20	M10	1.39	1.12	—	2.71	1.98	1.70
30		1.71	1.30	—	3.57	2.47	2.06
40		2.03	1.49	1.29	4.43	2.96	2.41

5.3.3　面层加固的施工应符合下列要求：

1　面层宜按下列顺序施工：原有墙面清底、钻孔并用水冲刷，孔内干燥后安设锚筋并铺设钢筋网，浇水湿润墙面，抹水泥砂浆并养护，墙面装饰。

2　原墙面碱蚀严重时，应先清除松散部分并用1：3水泥砂浆抹面，已松动的勾缝砂浆应剔除。

3　在墙面钻孔时，应按设计要求先画线标出锚筋（或穿墙筋）位置，并应采用电钻在砖缝处打孔，穿墙孔直径宜比S形筋大2mm，锚筋孔直径宜采用锚筋直径的1.5～2.5倍，其孔深宜为100～120mm，锚筋插入孔洞后可采用水泥基灌浆料、水泥砂浆等填实。

4　铺设钢筋网时，竖向钢筋应靠墙面并采用钢筋头支起。

5　抹水泥砂浆时，应先在墙面刷水泥浆一道再分层抹灰，且每层厚度不应超过15mm。

6　面层应浇水养护，防止阳光曝晒，冬季应采取防冻措施。

Ⅱ　钢绞线网-聚合物砂浆面层加固

5.3.4　钢绞线网-聚合物砂浆面层加固砌体墙的材料性能，应符合下列要求：

1　钢绞线网片应符合下列要求：

1）钢绞线应采用6×7＋IWS金属股芯钢绞线，单根钢绞线的公称直径应在2.5～4.5mm范围内；应采用硫、磷含量均不大于0.03％的优质碳素结构钢制丝；镀锌钢绞线的锌层重量及镀锌质量应符合现行国家标准《钢丝镀锌层》GB/T 15393对AB级的规定；

2）宜采用抗拉强度标准值为1650MPa（直径不大于4.0mm）和1560MPa（直径大于4.0mm）的钢绞线；相应的抗拉强度设计值取1050MPa（直径不大于4.0mm）和1000MPa（直径大于4.0mm）；

3）钢绞线网片应无破损，无死折，无散束，卡扣无开口、脱落，主筋和横向筋间距均匀，表面不得涂有油脂、油漆等污物。

2　聚合物砂浆可采用Ⅰ级或Ⅱ级聚合物砂浆，其正拉粘结强度、抗拉强度和抗压强度以及老化检验、毒性检验等应符合现行国家标准《混凝土结构加固设计规范》GB 50367的有关要求。

5.3.5　钢绞线网-聚合物砂浆面层加固砌体墙的设计，应符合下列要求：

1　原墙体砌筑的块体实际强度等级不宜低于MU7.5。

2　聚合物砂浆面层的厚度应大于25mm，钢绞线保护层厚度不应小于15mm。

3　钢绞线网-聚合物砂浆层可单面或双面设置，钢绞线网应采用专用金属胀栓固定在墙体上，其间距宜为600mm，且呈梅花状布置。

4　钢绞线网四周应与楼板或大梁、柱或墙体可靠连接；面层可不设基础，外墙在室外地面下宜加厚并伸入地面下500mm。

5　墙体加固后，有关构件支承长度的影响系数应作相应改变，有关墙体局部尺寸的影响系数可取1.0；楼层抗震能力的增强系数，可按本规程公式（5.3.2-1）采用，其中，面层加固的基准增强系数，对黏土普通砖可按表5.3.5-1采用；墙体刚度的基准提高系数，可按表5.3.5-2采用。

表 5.3.5-1　钢绞线网-聚合物砂浆面层加固的基准增强系数

面层厚度（mm）	钢绞线网片		单面加固				双面加固			
	直径（mm）	间距（mm）	原墙体砂浆强度等级							
			M0.4	M1.0	M2.5	M5.0	M0.4	M1.0	M2.5	M5.0
25	3.05	80	2.42	1.92	1.65	1.48	3.10	2.17	1.89	1.65
		120	2.25	1.69	1.51	1.35	2.90	1.95	1.72	1.52

表 5.3.5-2　钢绞线网-聚合物砂浆面层加固墙体刚度的基准提高系数

面层厚度（mm）	单面加固				双面加固			
	原墙体砂浆强度等级							
	M0.4	M1.0	M2.5	M5.0	M0.4	M1.0	M2.5	M5.0
25	1.55	1.21	1.15	1.10	3.14	2.23	1.88	1.45

5.3.6　钢绞线网-聚合物砂浆层加固砌体墙的施工，应符合下列要求：

1　面层宜按下列顺序施工：原有墙面清理，放线定位，钻孔并用水冲刷，钢绞线网片锚固、绷紧、调整和固定，浇水湿润墙面，进行界面处理，抹聚合物砂浆并养护，墙面装饰。

2　墙面钻孔应位于砖块上，应采用$\phi 6$钻头，钻孔深度应控制在40～45mm。

3 钢绞线网端头应错开锚固，错开距离不小于50mm。

4 钢绞线网应双层布置并绷紧安装，竖向钢绞线网布置在内侧，水平钢绞线网布置在外侧，分布钢绞线应贴向墙面，受力钢绞线应背离墙面。

5 聚合物砂浆抹面应在界面处理后随即开始施工，第一遍抹灰厚度以基本覆盖钢绞线网片为宜，后续抹灰应在前次抹灰初凝后进行，后续抹灰的分层厚度控制在10～15mm。

6 常温下，聚合物砂浆施工完毕6h内，应采取可靠保湿养护措施；养护时间不少于7d；雨期、冬期或遇大风、高温天气时，施工应采取可靠应对措施。

Ⅲ 板墙加固

5.3.7 采用现浇钢筋混凝土板墙加固墙体时，应符合下列要求：

1 板墙应采用呈梅花状布置的锚筋、穿墙筋与原有砌体墙连接；其左右应采用拉结筋等与两端的原有墙体可靠连接；底部应有基础；板墙上下应与楼、屋盖可靠连接，至少应每隔1m设置穿过楼板且与竖向钢筋等面积的短筋，短筋两端应分别锚入上下层的板墙内，其锚固长度不应小于短筋直径的40倍。

2 板墙加固采用综合抗震能力指数验算时，有关构件支承长度的影响系数应作相应改变，有关墙体局部尺寸的影响系数应取1.0。

5.3.8 现浇钢筋混凝土板墙加固墙体的设计，应符合下列要求：

1 板墙的材料和构造尚应符合下列要求：

1）混凝土的强度等级宜采用C20，钢筋宜采用HPB235级或HRB335级热轧钢筋；

2）板墙厚度宜采用60～100mm；

3）板墙可配置单排钢筋网片，竖向钢筋可采用$\phi12$（对于HRB335级钢筋，可采用$\phi10$），横向钢筋可采用$\phi6$，间距宜为150～200mm；

4）板墙与原有墙体的连接，可沿墙高每隔0.7～1.0m在两端各设1根$\phi12$的拉结钢筋，其一端锚入板墙内的长度不宜小于500mm，另一端应锚固在端部的原有墙体内；

5）单面板墙宜采用$\phi8$的∟形锚筋与原砌体墙连接，双面板墙宜采用$\phi8$的S形穿墙筋与原墙体连接；锚筋在砌体内的锚固深度不应小于120mm；锚筋的间距宜为600mm，穿墙筋的间距宜为900mm；

6）板墙基础埋深宜与原有基础相同。

2 板墙加固后，楼层抗震能力的增强系数可按本规程公式（5.3.2-1）计算；其中，板墙加固墙段的增强系数，原有墙体的砌筑砂浆强度等级为M2.5和M5时可取2.5，砌筑砂浆强度等级为M7.5时可取2.0，砌筑砂浆强度等级为M10时可取1.8。

3 双面板墙加固且总厚度不小于140mm时，其增强系数可按增设混凝土抗震墙加固法取值。

5.3.9 板墙加固的施工应符合下列要求：

1 板墙加固施工的基本顺序、钻孔注意事项，可按本规程第5.3.3条对面层加固的相关规定执行。

2 板墙可支模浇筑或采用喷射混凝土工艺，应采取措施使墙顶与楼板交界处混凝土密实，浇筑后应加强养护。

Ⅳ 增设抗震墙加固

5.3.10 增设砌体抗震墙加固房屋的设计，应符合下列要求：

1 抗震墙的材料和构造应符合下列要求：

1）砌筑砂浆的强度等级应比原墙体实际强度等级高一级，且不应低于M2.5；

2）墙厚不应小于190mm；

3）墙体中宜设置现浇带或钢筋网片加强：可沿墙高每隔0.7～1.0m设置与墙等宽、高60mm的细石混凝土现浇带，其纵向钢筋可采用3$\phi6$，横向系筋可采用$\phi6$，其间距宜为200mm；当墙厚为240mm或370mm时，可沿墙高每隔300～700mm设置一层焊接钢筋网片，网片的纵向钢筋可采用3$\phi4$，横向系筋可采用$\phi4$，其间距宜为150mm；

4）墙顶应设置与墙等宽的现浇钢筋混凝土压顶梁，并与楼、屋盖的梁（板）可靠连接；可每隔500～700mm设置$\phi12$的锚筋或M12锚栓连接；压顶梁高不应小于120mm，纵筋可采用4$\phi12$，箍筋可采用$\phi6$，其间距宜为150mm；

5）抗震墙应与原有墙体可靠连接：可沿墙体高度每隔500～600mm设置2$\phi6$且长度不小于1m的钢筋与原有墙体用螺栓或锚筋连接；当墙体内有混凝土带或钢筋网片时，可在相应位置处加设2$\phi12$（对钢筋网片为$\phi6$）的拉筋，锚入混凝土带内长度不宜小于500mm，另一端锚在原墙体或外加柱内，也可在新砌墙与原墙间加现浇钢筋混凝土内柱，柱顶与压顶梁连接，柱与原墙应采用锚筋、销键或螺栓连接；

6）抗震墙应有基础，其埋深宜与相邻抗震墙相同，宽度不应小于计算宽度的1.15倍。

2 加固后，横墙间距的体系影响系数应作相应改变；楼层抗震能力的增强系数可按下式计算：

$$\eta_{wi}=1+\frac{\sum_{j=1}^{n}\eta_{ij}A_{ij}}{A_{i0}} \quad (5.3.10)$$

式中 η_{wi}——增设抗震墙加固后第 i 楼层抗震能力的增强系数；

A_{ij}——第 i 楼层中验算方向增设的抗震墙 j 墙段的在1/2层高处净截面的面积；

η_{ij}——第 i 楼层第 j 墙段的增强系数；对黏土砖墙，无筋时取 1.0，有混凝土带时取 1.12，有钢筋网片时，240mm 厚墙取 1.10，370mm 厚墙取 1.08；

n——第 i 楼层中验算方向增设的抗震墙道数。

5.3.11 增设砌体抗震墙施工中，配筋的细石混凝土带可在砌到设计标高时浇筑，当混凝土终凝后方可在其上砌砖。

5.3.12 采用增设现浇钢筋混凝土抗震墙加固砌体房屋时，应符合下列要求：

1 原墙体砌筑的砂浆实际强度等级不宜低于 M2.5，现浇混凝土墙沿平面宜对称布置，沿高度应连续布置，其厚度可为 140～160mm，混凝土强度等级宜采用 C20；可采用构造配筋；抗震墙应设基础，与原有的砌体墙、柱和梁板均应有可靠连接。

2 加固后，横墙间距的影响系数应作相应改变；楼层抗震能力的增强系数可按本规程公式（5.3.10）计算，其中，增设墙段的厚度可按 240mm 计算，墙段的增强系数，原墙体砌筑砂浆强度等级不高于 M7.5 时可取 2.8，M10 时可取 2.5。

Ⅴ 外加圈梁-钢筋混凝土柱加固

5.3.13 采用外加圈梁-钢筋混凝土柱加固房屋时，应符合下列要求：

1 外加柱应在房屋四角、楼梯间和不规则平面的对应转角处设置，并应根据房屋的设防烈度和层数在内外墙交接处隔开间或每开间设置；外加柱应由底层设起，并应沿房屋全高贯通，不得错位；外加柱应与圈梁（含相应的现浇板等）或钢拉杆连成闭合系统。

2 外加柱应设置基础，并应设置拉结筋、销键、压浆锚杆或锚筋等与原墙体、原基础可靠连接；当基础埋深与外墙原基础不同时，不得浅于冻结深度。

3 增设的圈梁应与墙体可靠连接；圈梁在楼、屋盖平面内应闭合，在阳台、楼梯间等圈梁标高变换处，圈梁应有局部加强措施；变形缝两侧的圈梁应分别闭合。

4 加固后采用综合抗震能力指数验算时，圈梁布置和构造的体系影响系数应取 1.0；墙体连接的整体构造影响系数和相关墙垛局部尺寸的局部影响系数应取 1.0。

5.3.14 外加钢筋混凝土柱的设计，尚应符合下列要求：

1 外加柱的布置尚应符合下列规定：

1）外加柱宜在平面内对称布置；

2）采用钢拉杆代替内墙圈梁与外加柱形成闭合系统时，钢拉杆应符合本规程第 5.3.17 条的要求，钢拉杆用量尚不应少于本规程第 5.3.18 条关于增强纵横墙连接的用量规定；

3）内廊房屋的内廊在外加柱的轴线处无连系梁时，应在内廊两侧的内纵墙加柱，或在内廊楼、屋盖的板下增设与原有的梁板可靠连接的现浇钢筋混凝土梁或钢梁；

4）当采用外加柱增强墙体的受剪承载力时，替代内墙圈梁的钢拉杆不宜少于 2ϕ16。

2 外加柱的材料和构造尚应符合下列规定：

1）柱的混凝土强度等级宜采用 C20；

2）柱截面可采用 240mm×180mm 或 300mm×150mm；扁柱的截面面积不宜小于 36000mm^2，宽度不宜大于 700mm，厚度可采用 70mm；外墙转角可采用边长为 600mm 的∟形等边角柱，厚度不应小于 120mm；

3）纵向钢筋不宜少于 4ϕ12，转角处纵向钢筋可采用 12ϕ12，并宜双排布置；箍筋可采用 ϕ6，其间距宜为 150～200mm，在楼、屋盖上下各 500mm 范围内的箍筋间距不应大于 100mm；

4）外加柱宜在楼层 1/3 和 2/3 层高处同时设置拉结钢筋和销键与墙体连接，亦可沿墙体高度每隔 500mm 左右设置锚栓、压浆锚杆或锚筋与墙体连接。

3 外加柱加固后，当抗震鉴定需要有构造柱时，与构造柱有关的体系影响系数可取 1.0；当抗震鉴定无构造柱设置要求时，楼层抗震能力的增强系数应按下式计算：

$$\eta_{ci}=1+\frac{\sum_{j=1}^{n}(\eta_{cij}-1)A_{ij0}}{A_{i0}} \quad (5.3.14)$$

式中 η_{ci}——外加柱加固后第 i 楼层抗震能力的增强系数；

η_{cij}——第 i 楼层第 j 墙段外加柱加固的增强系数；砖墙可按表 5.3.14 采用，但 B 类砖房的窗间墙，增强系数宜取 1.0；

n——第 i 楼层中验算方向有外加柱的抗震墙道数。

表 5.3.14 外加柱加固黏土砖墙的增强系数

砌筑砂浆强度等级	外加柱在加固墙体的位置			
	一端	两端		窗间墙中部
		墙体无洞口	墙体有洞口	
≤M2.5	1.1	1.3	1.2	1.2
≥M5	1.0	1.1	1.1	1.1

5.3.15 外加柱的拉结钢筋、销键、压浆锚杆和锚筋应分别符合下列要求：

1 拉结钢筋可采用 2ϕ12 钢筋，长度不应小于 1.5m，应紧贴横墙布置；其一端应锚在外加柱内，另一端应锚入横墙的孔洞内；孔洞尺寸宜采用 120mm×120mm，拉结钢筋的锚固长度不应小于其直径的 15 倍，并用混凝土填实。

2 销键截面宜采用 240mm×180mm，入墙深度可采用 180mm，销键应配置 4ϕ18 钢筋和 2ϕ6 箍筋，销键与外加柱必须同时浇筑。

3 压浆锚杆可采用 1 根 ϕ14 的钢筋，在柱和横墙内的锚固长度均不应小于锚杆直径的 35 倍；锚浆可采用水泥基灌浆料等，锚杆应先在墙面固定后，再浇筑外加柱混凝土，墙体锚孔压浆前应采用压力水将孔洞冲刷干净。

4 锚筋适用于砌筑砂浆实际强度等级不低于 M2.5 的实心砖墙体，并可采用 ϕ12 钢筋，锚孔直径可依据胶粘剂的不同取 18～25mm，锚入深度可采用 150～200mm。

5.3.16 后加圈梁的材料和构造，尚应符合下列要求：

1 圈梁应现浇，其混凝土强度等级不应低于 C20，钢筋可采用 HPB235 级或 HRB335 级热轧钢筋；对 A 类砌体房屋，7 度且不超过三层时，顶层可采用型钢圈梁，采用槽钢时不应小于［8，采用角钢时不应小于∟75×6。

2 圈梁截面高度不应小于 180mm，宽度不应小于 120mm；圈梁的纵向钢筋，对 A 类砌体房屋，7、8、9 度时可分别采用 4ϕ8、4ϕ10 和 4ϕ12，对 B 类砌体房屋，7、8、9 度时可分别采用 4ϕ10、4ϕ12 和 4ϕ14；箍筋可采用 ϕ6，其间距宜为 200mm；外加柱和钢拉杆锚固点两侧各 500mm 范围内的箍筋应加密。

3 钢筋混凝土圈梁与墙体的连接，可采用销键、螺栓、锚栓或锚筋连接；型钢圈梁宜采用螺栓连接。采用的销键、螺栓、锚栓或锚筋应符合下列要求：

1）销键的高度宜与圈梁相同，其宽度和锚入墙内的深度均不应小于 180mm；销键的主筋可采用 4ϕ8，箍筋可采用 ϕ6；销键宜设在窗口两侧，其水平间距可为 1～2m；

2）螺栓和锚筋的直径不应小于 12mm，锚入圈梁内的垫板尺寸可采用 60mm×60mm×6mm，螺栓间距可为 1～1.2m；

3）对 A 类砌体房屋且砌筑砂浆强度等级不低于 M2.5 的墙体，可采用 M10～M16 的锚栓。

5.3.17 代替内墙圈梁的钢拉杆，应符合下列要求：

1 当每开间均有横墙时，应至少隔开间采用 2 根 ϕ12 的钢筋；当多开间有横墙时，在横墙两侧的钢拉杆直径不应小于 14mm。

2 沿内纵墙端部布置的钢拉杆长度不得小于两开间；沿横墙布置的钢拉杆两端应锚入外加柱、圈梁内或与原墙体锚固，但不得直接锚固在外廊柱头上；单面走廊的钢拉杆在走廊两侧墙体上都应锚固。

3 当钢拉杆在增设圈梁内锚固时，可采用弯钩或加焊 80mm×80mm×8mm 的锚板埋入圈梁内；弯钩的长度不应小于拉杆直径的 35 倍；锚板与墙面的间隙不应小于 50mm。

4 钢拉杆在原墙体锚固时，应采用钢垫板，拉杆端部应加焊相应的螺栓；钢拉杆在原墙体锚固的方形钢锚板的尺寸可按表 5.3.17 采用。

表 5.3.17 钢拉杆方形锚板尺寸（边长×厚度，mm）

钢拉杆直径	原墙体厚度					
	370			180～240		
	原墙体砂浆强度等级					
	M0.4	M1.0	M2.5	M0.4	M1.0	M2.5
12	200×10	100×10	100×14	200×10	150×10	100×12
14	—	150×12	100×14	—	250×10	100×12
16	—	200×15	100×14	—	350×14	200×14
18	—	200×15	150×16	—	—	250×15
20	—	300×17	200×19	—	—	350×17

5.3.18 用于增强 A 类砌体房屋纵、横墙连接的圈梁、钢拉杆，尚应符合下列要求：

1 圈梁应现浇；7、8 度且砌筑砂浆强度等级为 M0.4 时，圈梁截面高度不应小于 200mm，宽度不应小于 180mm。

2 当层高约 3m、承重横墙间距不大于 3.6m，且每开间外墙面洞口不小于 1.2m×1.5m 时，增设圈梁的纵向钢筋可按表 5.3.18-1 采用，钢拉杆的直径可按表 5.3.18-2 采用；单根拉杆直径过大时，可采用双拉杆，但其总有效截面面积应大于单根拉杆有效截面面积的 1.25 倍。

3 房屋为纵墙或纵横墙承重时，无横墙处可不设置钢拉杆，但增设的圈梁应与楼、屋盖可靠连接。

表 5.3.18-1 增强纵横墙连接的钢筋混凝土圈梁纵向钢筋

<table>
<tr><th rowspan="3">总层数</th><th rowspan="3">圈梁设置楼层</th><th rowspan="3">砂浆强度等级</th><th colspan="2">6 度</th><th colspan="2">7 度</th><th colspan="2">8 度</th><th colspan="2">9 度</th></tr>
<tr><th colspan="2">墙厚(mm)</th><th colspan="2">墙厚(mm)</th><th colspan="2">墙厚(mm)</th><th colspan="2">墙厚(mm)</th></tr>
<tr><th>370</th><th>240</th><th>370</th><th>240</th><th>370</th><th>240</th><th>370</th><th>240</th></tr>
<tr><td rowspan="2">6</td><td>5～6</td><td>M1.0，M2.5
M0.4</td><td rowspan="7">4φ8</td><td rowspan="7">4φ8</td><td>4φ10
4φ12</td><td>4φ8
4φ10</td><td>4φ12
4φ14</td><td>4φ10
4φ12</td><td>—</td><td>—</td></tr>
<tr><td>1～4</td><td>M1.0，M2.5
M0.4</td><td>4φ8
4φ10</td><td>4φ8</td><td>4φ12</td><td>4φ10</td><td>—</td><td>—</td></tr>
<tr><td rowspan="2">5</td><td>4～5</td><td>M1.0，M2.5
M0.4</td><td>4φ10
4φ12</td><td>4φ8</td><td>4φ12</td><td>4φ12</td><td>—</td><td>—</td></tr>
<tr><td>1～3</td><td>M1.0，M2.5
M0.4</td><td>4φ8
4φ10</td><td>4φ8</td><td>4φ10</td><td>4φ10</td><td>—</td><td>—</td></tr>
<tr><td rowspan="2">4</td><td>3～4</td><td>M1.0，M2.5
M0.4</td><td>4φ8</td><td>4φ8</td><td>4φ10
4φ12</td><td>4φ10</td><td>4φ14</td><td>4φ12</td></tr>
<tr><td>1～2</td><td>M1.0，M2.5
M0.4</td><td>4φ8</td><td>4φ8</td><td>4φ10</td><td>4φ10</td><td>4φ12</td><td>4φ12</td></tr>
<tr><td>3</td><td>1～3</td><td>M1.0，M2.5
M0.4</td><td>4φ8</td><td>4φ8</td><td>4φ10</td><td>4φ10</td><td>4φ12</td><td>4φ12</td></tr>
</table>

表 5.3.18-2 增强纵横墙连接的钢拉杆直径

<table>
<tr><th rowspan="3">总层数</th><th rowspan="3">拉杆设置楼层</th><th>6 度</th><th colspan="2">7 度每层隔开间</th><th colspan="2">8 度每层隔开间</th><th colspan="2">8 度隔层每开间</th><th colspan="2">8 度每层每开间</th><th colspan="2">9 度每层每开间</th></tr>
<tr><th colspan="11">墙厚（mm）</th></tr>
<tr><th>≤370</th><th>≤240</th><th>370</th><th>≤240</th><th>370</th><th>≤240</th><th>370</th><th>≤240</th><th>370</th><th>≤240</th><th>370</th></tr>
<tr><td>6</td><td>1～6</td><td rowspan="6">φ12</td><td rowspan="6">φ12</td><td>φ16</td><td>—</td><td>—</td><td>—</td><td>—</td><td>—</td><td>—</td><td>—</td><td>—</td></tr>
<tr><td>5</td><td>4～5
1～3</td><td>φ16</td><td>—</td><td>—</td><td>φ14</td><td>φ16</td><td>φ12</td><td>φ16
φ12</td><td>—</td><td>—</td></tr>
<tr><td>4</td><td>3～4
1～2</td><td>φ16</td><td>φ16</td><td>φ20</td><td>φ14</td><td>φ16</td><td>φ12</td><td>φ14
φ12</td><td>φ16
φ12</td><td>φ20
φ14</td></tr>
<tr><td>3</td><td>1～3</td><td>φ14</td><td>φ16</td><td>φ20</td><td>φ12</td><td>φ14</td><td>φ12</td><td>φ14</td><td>φ16</td><td>φ20</td></tr>
<tr><td>2</td><td>1～2</td><td>φ14</td><td>φ16</td><td>φ20</td><td>φ12</td><td>φ14</td><td>φ12</td><td>φ14</td><td>φ16</td><td>φ18</td></tr>
<tr><td>1</td><td>1</td><td>φ14</td><td>φ16</td><td>φ18</td><td>—</td><td>—</td><td>φ12</td><td>φ12</td><td>φ14</td><td>φ16</td></tr>
</table>

5.3.19 圈梁和钢拉杆的施工应符合下列要求：

1 增设圈梁处的墙面有酥碱、油污或饰面层时，应清除干净；圈梁与墙体连接的孔洞应用水冲洗干净；混凝土浇筑前，应浇水润湿墙面和木模板；锚筋和锚栓应可靠锚固。

2 圈梁的混凝土宜连续浇筑，不应在距钢拉杆（或横墙）1m 以内处留施工缝，圈梁顶面应做泛水，其底面应做滴水槽。

3 钢拉杆应张紧，不得弯曲和下垂；外露铁件应涂刷防锈漆。

6 多层及高层钢筋混凝土房屋

6.1 一 般 规 定

6.1.1 本章适用于现浇及装配整体式钢筋混凝土框架（包括填充墙框架）、框架-抗震墙结构以及抗震墙结构的抗震加固，其适用的最大高度和层数应符合现行国家标准《建筑抗震鉴定标准》GB 50023 的有关规定。

钢筋混凝土结构房屋的抗震等级，B 类房屋应符合现行国家标准《建筑抗震鉴定标准》GB 50023 的有关规定，C 类房屋应符合现行国家标准《建筑抗震设计规范》GB 50011 的有关规定。

6.1.2 钢筋混凝土房屋的抗震加固应符合下列要求：

1 抗震加固时应根据房屋的实际情况选择加固方案，分别采用主要提高结构构件抗震承载力、主要增强结构变形能力或改变框架结构体系的方案。

2 加固后的框架应避免形成短柱、短梁或强梁弱柱。

3 采用综合抗震能力指数验算时，加固后楼层屈服强度系数、体系影响系数和局部影响系数应根据

房屋加固后的状态计算和取值。

6.1.3 钢筋混凝土房屋加固后，当采用楼层综合抗震能力指数进行抗震验算时，应采用现行国家标准《建筑抗震鉴定标准》GB 50023 规定的计算公式，对框架结构可选择平面结构计算；构件加固后的抗震承载力应根据其加固方法按本章的规定计算。

6.1.4 钢筋混凝土房屋加固后，当按本规程第3.0.4条的规定采用现行国家标准《建筑抗震设计规范》GB 50011 规定的方法进行抗震承载力验算时，可按现行国家标准《建筑抗震鉴定标准》GB 50023 的规定计入构造的影响；构件加固后的抗震承载力应根据其加固方法按本章的规定计算。

6.2 加 固 方 法

6.2.1 钢筋混凝土房屋的结构体系和抗震承载力不满足要求时，可选择下列加固方法：

1 单向框架应加固，或改为双向框架，或采取加强楼、屋盖整体性且同时增设抗震墙、抗震支撑等抗侧力构件的措施。

2 单跨框架不符合鉴定要求时，应在不大于框架-抗震墙结构的抗震墙最大间距且不大于24m的间距内增设抗震墙、翼墙、抗震支撑等抗侧力构件或将对应轴线的单跨框架改为多跨框架。

3 框架梁柱配筋不符合鉴定要求时，可采用钢构套、现浇钢筋混凝土套或粘贴钢板、碳纤维布、钢绞线网-聚合物砂浆面层等加固。

4 框架柱轴压比不符合鉴定要求时，可采用现浇钢筋混凝土套等加固。

5 房屋刚度较弱、明显不均匀或有明显的扭转效应时，可增设钢筋混凝土抗震墙或翼墙加固，也可设置支撑加固。

6 当框架梁柱实际受弯承载力的关系不符合鉴定要求时，可采用钢构套、现浇钢筋混凝土套或粘贴钢板等加固框架柱；也可通过罕遇地震下的弹塑性变形验算确定对策。

7 钢筋混凝土抗震墙配筋不符合鉴定要求时，可加厚原有墙体或增设端柱、墙体等。

8 当楼梯构件不符合鉴定要求时，可粘贴钢板、碳纤维布、钢绞线网-聚合物砂浆面层等加固。

6.2.2 钢筋混凝土构件有局部损伤时，可采用细石混凝土修复；出现裂缝时，可灌注水泥基灌浆料等补强。

6.2.3 填充墙体与框架柱连接不符合鉴定要求时，可增设拉筋连接；填充墙体与框架梁连接不符合鉴定要求时，可在墙顶增设钢夹套等与梁拉结；楼梯间的填充墙不符合鉴定要求，可采用钢筋网砂浆面层加固。

6.2.4 女儿墙等易倒塌部位不符合鉴定要求时，可按本规程第5.2.3条的有关规定选择加固方法。

6.3 加固设计及施工

Ⅰ 增设抗震墙或翼墙

6.3.1 增设钢筋混凝土抗震墙或翼墙加固房屋时，应符合下列要求：

1 混凝土强度等级不应低于C20，且不应低于原框架柱的实际混凝土强度等级。

2 墙厚不应小于140mm，竖向和横向分布钢筋的最小配筋率，均不应小于0.20%。对于B、C类钢筋混凝土房屋，其墙厚和配筋应符合其抗震等级的相应要求。

3 增设抗震墙后应按框架-抗震墙结构进行抗震分析，增设的混凝土和钢筋的强度均应乘以规定的折减系数。加固后抗震墙之间楼、屋盖长宽比的局部影响系数应作相应改变。

6.3.2 增设钢筋混凝土抗震墙或翼墙加固房屋的设计，尚应符合下列要求：

1 抗震墙宜设置在框架的轴线位置；翼墙宜在柱两侧对称布置。

2 抗震墙或翼墙的墙体构造应符合下列规定：

1）墙体的竖向和横向分布钢筋宜双排布置，且两排钢筋之间的拉结筋间距不应大于600mm；墙体周边宜设置边缘构件；

2）墙与原有框架可采用锚筋或现浇钢筋混凝土套连接（见图6.3.2）；锚筋可采用$\phi10$或$\phi12$的钢筋，与梁柱边的距离不应小于30mm，与梁柱轴线的间距不应大于300mm，钢筋的一端应采用胶粘剂锚入梁柱的钻孔内，且埋深不应小于锚筋直径的10倍，另一端宜与墙体的分布钢筋焊接；现浇钢筋混凝土套与柱的连接应符合本规程第6.3.7条的有关规定，且厚度不应小于50mm。

3 增设翼墙后，翼墙与柱形成的构件可按整体偏心受压构件计算。新增钢筋、混凝土的强度折减系

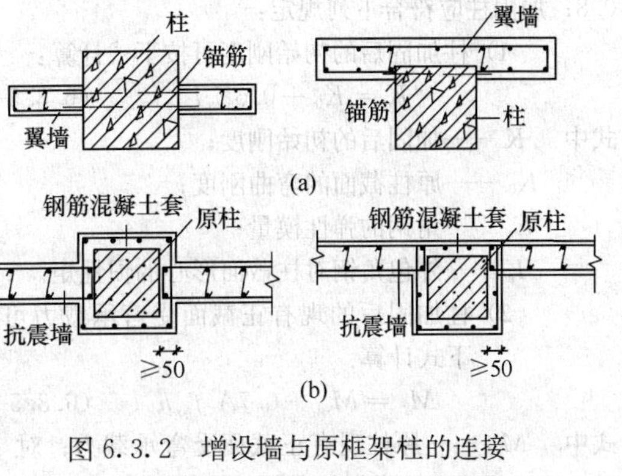

图6.3.2 增设墙与原框架柱的连接

（a）锚筋连接；（b）钢筋混凝土套连接

数不宜大于0.85；当新增的混凝土强度等级比原框架柱高一个等级时，可直接按原强度等级计算而不再计入混凝土强度的折减系数。

6.3.3 抗震墙和翼墙的施工应符合下列要求：

1 原有的梁柱表面应凿毛，浇筑混凝土前应清洗并保持湿润，浇筑后应加强养护。

2 锚筋应除锈，锚孔应采用钻孔成形，不得用手凿，孔内应采用压缩空气吹净并用水冲洗，注胶应饱满并使锚筋固定牢靠。

Ⅱ 钢构套加固

6.3.4 采用钢构套加固框架时，应符合下列要求：

1 钢构套加固梁时，纵向角钢、扁钢两端应与柱有可靠连接。

2 钢构套加固柱时，应采取措施使楼板上下的角钢、扁钢可靠连接；顶层的角钢、扁钢应与屋面板可靠连接；底层的角钢、扁钢应与基础锚固。

3 加固后梁、柱截面抗震验算时，角钢、扁钢应作为纵向钢筋、钢缀板应作为箍筋进行计算，其材料强度应乘以规定的折减系数。

6.3.5 采用钢构套加固框架的设计，尚应符合下列要求：

1 钢构套加固梁时，应在梁的阳角外贴角钢（见图6.3.5a），角钢应与钢缀板焊接，钢缀板应穿过楼板形成封闭环形。

2 钢构套加固柱时，应在柱四角外贴角钢（见图6.3.5b），角钢应与外围的钢缀板焊接。

3 钢构套的构造应符合下列要求：

1）角钢不宜小于L50×6；钢缀板截面不宜小于40mm×4mm，其间距不应大于单肢角钢的截面最小回转半径的40倍，且不应大于400mm，构件两端应适当加密；

2）钢构套与梁柱混凝土之间应采用胶粘剂粘结。

4 加固后按楼层综合抗震能力指数验算时，梁柱箍筋构造的体系影响系数可取1.0。构件按组合截面进行抗震验算，加固梁的钢材强度宜乘以折减系数0.8；加固柱应符合下列规定：

1）柱加固后的初始刚度可按下式计算：

$$K = K_0 + 0.5E_a I_a \qquad (6.3.5\text{-}1)$$

式中 K ——加固后的初始刚度；

K_0 ——原柱截面的弯曲刚度；

E_a ——角钢的弹性模量；

I_a ——外包角钢对柱截面形心的惯性矩。

2）柱加固后的现有正截面受弯承载力可按下式计算：

$$M_y = M_{y0} + 0.7A_a f_{ay} h \qquad (6.3.5\text{-}2)$$

式中 M_{y0} ——原柱现有正截面受弯承载力；对A、B类钢筋混凝土结构，可按现行国家标准《建筑抗震鉴定标准》GB 50023的有关规定确定；

A_a ——柱一侧外包角钢、扁钢的截面面积；

f_{ay} ——角钢、扁钢的抗拉屈服强度；

h ——验算方向柱截面高度。

3）柱加固后的现有斜截面受剪承载力可按下式计算：

$$V_y = V_{y0} + 0.7f_{ay}(A_a/s)h \qquad (6.3.5\text{-}3)$$

式中 V_y ——柱加固后的现有斜截面受剪承载力；

V_{y0} ——原柱现有斜截面受剪承载力；对A、B类钢筋混凝土结构，可按现行国家标准《建筑抗震鉴定标准》GB 50023的有关规定确定；

A_a ——同一柱截面内扁钢缀板的截面面积；

f_{ay} ——扁钢抗拉屈服强度；

s ——扁钢缀板的间距。

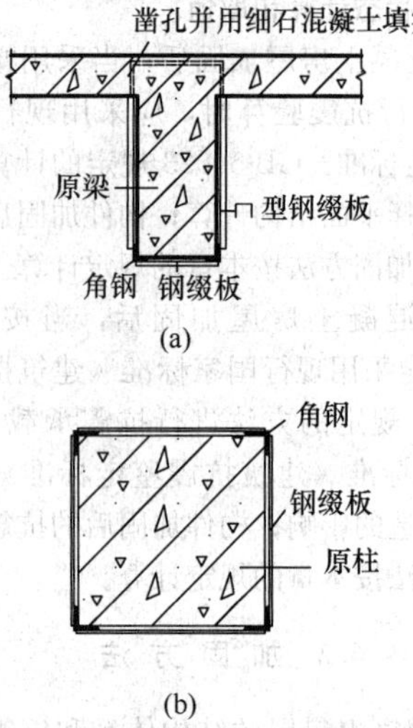

图6.3.5 钢构套加固示意

(a) 加固梁；(b) 加固柱

6.3.6 钢构套的施工应符合下列要求：

1 加固前应卸除或大部分卸除作用在梁上的活荷载。

2 原有的梁柱表面应清洗干净，缺陷应修补，角部应磨出小圆角。

3 楼板凿洞时，应避免损伤原有钢筋。

4 构架的角钢应采用夹具在两个方向夹紧，缀板应分段焊接。注胶应在构架焊接完成后进行，胶缝厚度宜控制在3～5mm。

5 钢材表面应涂刷防锈漆，或在构架外围抹25mm厚的1∶3水泥砂浆保护层，也可采用其他具有防腐蚀和防火性能的饰面材料加以保护。

Ⅲ 钢筋混凝土套加固

6.3.7 采用钢筋混凝土套加固梁柱时，应符合下列要求：

1 混凝土的强度等级不应低于 C20，且不应低于原构件实际的混凝土强度等级。

2 柱套的纵向钢筋遇到楼板时，应凿洞穿过并上下连接，其根部应伸入基础并满足锚固要求，其顶部应在屋面板处封顶锚固；梁套的纵向钢筋应与柱可靠连接。

3 加固后梁、柱按整体截面进行抗震验算，新增的混凝土和钢筋的材料强度应乘以规定的折减系数。

6.3.8 采用钢筋混凝土套加固梁柱的设计，尚应符合下列要求：

1 采用钢筋混凝土套加固梁时，应将新增纵向钢筋设在梁底面和梁上部（见图 6.3.8a），并应在纵向钢筋外围设置箍筋；采用钢筋混凝土套加固柱时，应在柱周围设置纵向钢筋（见图 6.3.8b），并应在纵向钢筋外围设置封闭箍筋，纵筋应采用锚筋与原框架柱有可靠拉结。

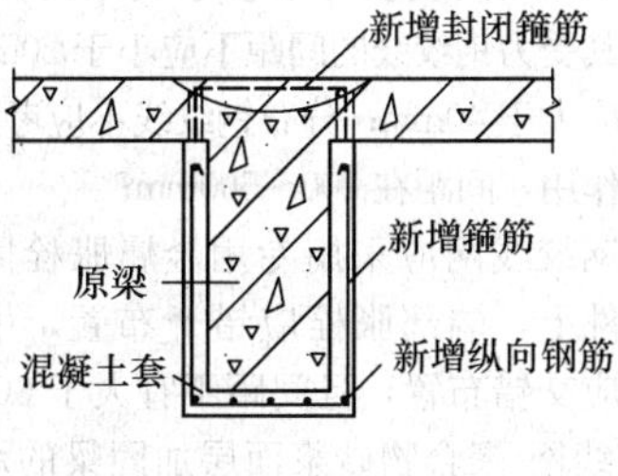

(a)

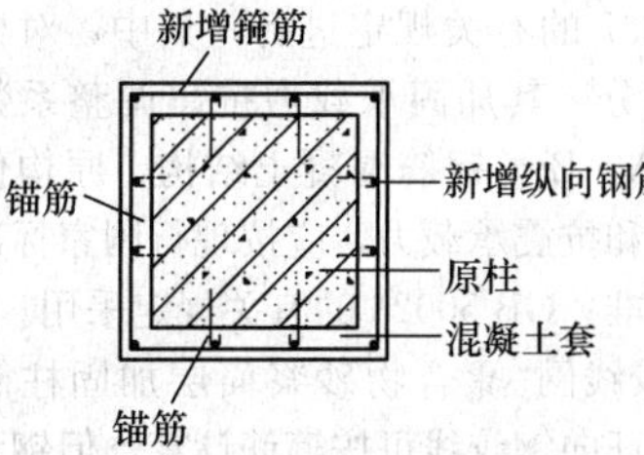

(b)

图 6.3.8 钢筋混凝土套加固
(a) 加固梁；(b) 加固柱

2 钢筋混凝土套的材料和构造尚应符合下列要求：

1）宜采用细石混凝土，其强度宜高于原构件一个等级；

2）纵向钢筋宜采用 HRB400、HRB335 级热轧钢筋，箍筋可采用 HPB235 级热轧钢筋；

3）A 类钢筋混凝土结构，箍筋直径不宜小于 8mm，间距不宜大于 200mm，B、C 类钢筋混凝土结构，应符合其抗震等级的相关要求；靠近梁柱节点处应加密；柱套的箍筋应封闭，梁套的箍筋应有一半穿过楼板后弯折封闭。

3 加固后的梁柱可作为整体构件进行抗震验算，其现有承载力，A、B 类钢筋混凝土结构可按现行国家标准《建筑抗震鉴定标准》GB 50023 规定的方法确定，C 类钢筋混凝土结构可按现行国家标准《混凝土结构设计规范》GB 50010 规定的方法确定。其中，新增钢筋、混凝土的强度折减系数不宜大于 0.85；当新增的混凝土强度等级比原框架柱高一个等级时，可直接按原强度等级计算而不再计入混凝土强度的折减系数。对 A、B 类钢筋混凝土结构，按楼层综合抗震能力指数验算时，梁柱箍筋、轴压比等的体系影响系数可取 1.0。

6.3.9 钢筋混凝土套的施工应符合下列要求：

1 加固前应卸除或大部分卸除作用在梁上的活荷载。

2 原有的梁柱表面应凿毛并清理浮渣，缺陷应修补。

3 楼板凿洞时，应避免损伤原有钢筋。

4 浇筑混凝土前应用水清洗并保持湿润，浇筑后应加强养护。

Ⅳ 粘贴钢板加固

6.3.10 采用粘贴钢板加固梁柱时，应符合下列要求：

1 原构件的混凝土实际强度等级不应低于 C15；混凝土表面的受拉粘结强度不应低于 1.5MPa。粘贴钢板应采用粘结强度高且耐久的胶粘剂；钢板可采用 Q235 或 Q345 钢，厚度宜为2～5mm。

2 钢板的受力方式应设计成仅承受轴向应力作用。钢板在需要加固的范围以外的锚固长度，受拉时不应小于钢板厚度的 200 倍，且不应小于 600mm；受压时不应小于钢板厚度的 150 倍，且不应小于 500mm。

3 粘贴钢板与原构件尚宜采用专用金属胀栓连接。

4 粘贴钢板加固钢筋混凝土结构的胶粘剂的材料性能、加固的构造和承载力验算，可按现行国家标准《混凝土结构加固设计规范》GB 50367 的有关规定执行，其中，对构件承载力的新增部分，其加固承载力抗震调整系数宜采用 1.0，且对 A、B 类钢筋混凝土结构，原构件的材料强度设计值和抗震承载力，应按现行国家标准《建筑抗震鉴定标准》GB 50023 的有关规定采用。

5 被加固构件长期使用的环境和防火要求，应符合国家现行有关标准的规定。

6 粘贴钢板加固时，应卸除或大部分卸除作用在梁上的活荷载，其施工应符合专门的规定。

Ⅴ 粘贴纤维布加固

6.3.11 采用粘贴纤维布加固梁柱时，应符合下列要求：

1 原结构构件实际的混凝土强度等级不应低于C15，且混凝土表面的正拉粘结强度不应低于1.5MPa。

2 碳纤维的受力方式应设计成仅承受拉应力作用。当提高梁的受弯承载力时，碳纤维布应设在梁顶面或底面受拉区；当提高梁的受剪承载力时，碳纤维布应采用U形箍加纵向压条或封闭箍的方式；当提高柱受剪承载力时，碳纤维布宜沿环向螺旋粘贴并封闭，当矩形截面采用封闭环箍时，至少缠绕3圈且搭接长度应超过200mm。粘贴纤维布在需要加固的范围以外的锚固长度，受拉时不应小于600mm。

3 纤维布和胶粘剂的材料性能、加固的构造和承载力验算，可按现行国家标准《混凝土结构加固设计规范》GB 50367的有关规定执行，其中，对构件承载力的新增部分，其加固承载力抗震调整系数宜采用1.0，且对A、B类钢筋混凝土结构，原构件的材料强度设计值和抗震承载力，应按现行国家标准《建筑抗震鉴定标准》GB 50023的有关规定采用。

4 被加固构件长期使用的环境和防火要求，应符合国家现行有关标准的规定。

5 粘贴纤维布加固时，应卸除或大部分卸除作用在梁上的活荷载，其施工应符合专门的规定。

Ⅵ 钢绞线网-聚合物砂浆面层加固

6.3.12 钢绞线网-聚合物砂浆面层加固梁柱的钢绞线网片、聚合物砂浆的材料性能，应符合本规程第5.3.4条的规定。界面剂的性能应符合现行行业标准《混凝土界面处理剂》JC/T 907关于Ⅰ型的规定。

6.3.13 钢绞线网-聚合物砂浆面层加固梁柱的设计，应符合下列要求：

1 原有构件混凝土的实际强度等级不应低于C15，且混凝土表面的正拉粘结强度不应低于1.5MPa。

2 钢绞线网的受力方式应设计成仅承受拉应力作用。当提高梁的受弯承载力时，钢绞线网应设在梁顶面或底面受拉区（见图6.3.13-1）；当提高梁的受剪承载力时，钢绞线网应采用三面围套或四面围套的方式（见图6.3.13-2）；当提高柱受剪承载力时，钢绞线网应采用四面围套的方式（见图6.3.13-3）。

3 钢绞线网-聚合物砂浆面层加固梁柱的构造，应符合下列要求：

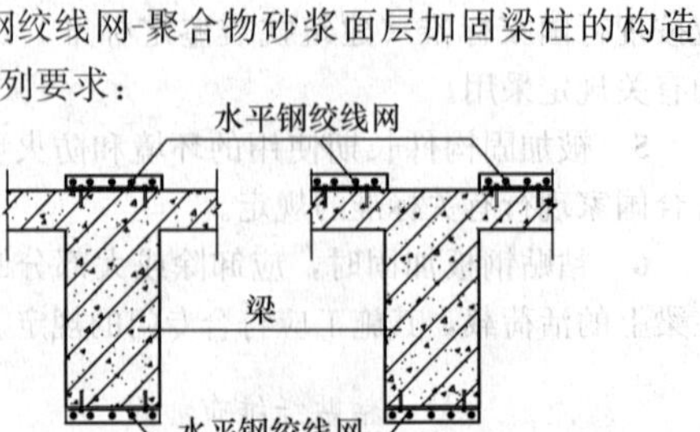

图6.3.13-1 梁受弯加固

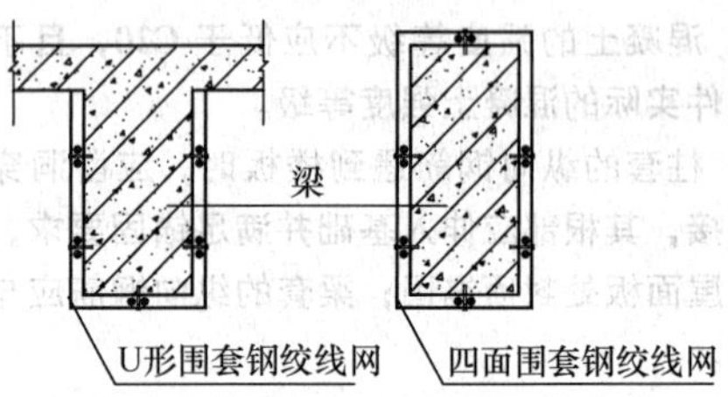

图6.3.13-2 梁受剪加固

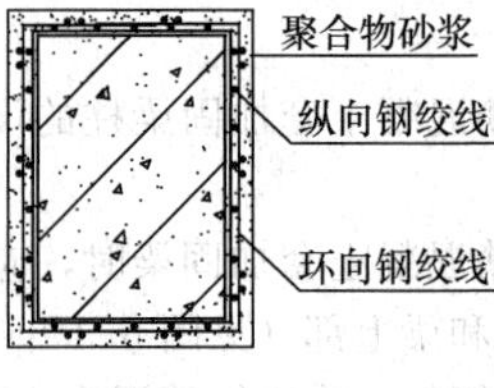

图6.3.13-3 柱受剪加固

1）面层的厚度应大于25mm，钢绞线保护层厚度不应小于15mm；

2）钢绞线网应设计成仅承受单向拉力作用，其受力钢绞线的间距不应小于20mm，也不应大于40mm；分布钢绞线不应考虑其受力作用，间距在200～500mm；

3）钢绞线网应采用专用金属胀栓固定在构件上，端部胀栓应错开布置，中部胀栓应交错布置，且间距不宜大于300mm。

4 钢绞线网-聚合物砂浆面层加固梁的承载力验算，可按照现行国家标准《混凝土结构加固设计规范》GB 50367的有关规定进行，其中，对构件承载力的新增部分，其加固承载力抗震调整系数宜采用1.0，且对A、B类钢筋混凝土结构，原构件的材料强度设计值和抗震承载力，应按现行国家标准《建筑抗震鉴定标准》GB 50023的有关规定采用。

5 钢绞线网-聚合物砂浆面层加固柱简化的承载力验算，环向钢绞线可按箍筋计算，但钢绞线的强度应依据柱剪跨比的大小乘以折减系数，剪跨比不小于3时取0.50，剪跨比不大于1.5时取0.32。对A、B类钢筋混凝土结构，原构件的材料强度设计值和抗震承载力，应按现行国家标准《建筑抗震鉴定标准》GB 50023的有关规定采用。

6 被加固构件长期使用的环境要求，应符合国家现行有关标准的规定。

6.3.14 钢绞线网-聚合物砂浆面层的施工应符合下列要求：

1 加固前应卸除或大部分卸除作用在梁上的活荷载。

2 加固的施工顺序和主要注意事项可按本规程第5.3.6条的规定执行。

3 加固时应清除原有抹灰等装修面层，处理至裸露原混凝土结构的坚实面，对缺陷处应涂刷界面剂后用聚合物砂浆修补，基层处理的边缘应比设计抹灰尺寸外扩 50mm。

4 界面剂喷涂施工应与聚合物砂浆抹面施工段配合进行，界面剂应随用随搅拌，分布应均匀，不得遗漏被钢绞线网遮挡的基层。

Ⅶ 增设支撑加固

6.3.15 采用钢支撑加固框架结构时，应符合下列要求：

1 支撑的布置应有利于减少结构沿平面或竖向的不规则性；支撑的间距不应超过框架-抗震墙结构中墙体最大间距的规定。

2 支撑的形式可选择交叉形或人字形，支撑的水平夹角不宜大于 55°。

3 支撑杆件的长细比和板件的宽厚比，应依据设防烈度的不同，按现行国家标准《建筑抗震设计规范》GB 50011 对钢结构设计的有关规定采用。

4 支撑可采用钢箍套与原有钢筋混凝土构件可靠连接，并应采取措施将支撑的地震内力可靠地传递到基础。

5 新增钢支撑可采用两端铰接的计算简图，且只承担地震作用。

6 钢支撑应采取防腐、防火措施。

6.3.16 采用消能支撑加固框架结构时，应符合下列要求：

1 消能支撑可根据需要沿结构的两个主轴方向分别设置。消能支撑宜设置在变形较大的位置，其数量和分布应通过综合分析合理确定，并有利于提高整个结构的消能减震能力，形成均匀合理的受力体系。

2 采用消能支撑加固框架结构时，结构抗震验算应符合现行国家标准《建筑抗震设计规范》GB 50011 的相关要求；其中，对 A、B 类钢筋混凝土结构，原构件的材料强度设计值和抗震承载力，应按现行国家标准《建筑抗震鉴定标准》GB 50023 的有关规定采用。

3 消能支撑与主体结构之间的连接部件，在消能支撑最大出力作用下，应在弹性范围内工作，避免整体或局部失稳。

4 消能支撑与主体结构的连接，应符合普通支撑构件与主体结构的连接构造和锚固要求。

5 消能支撑在安装前应按规定进行性能检测，检测的数量应符合相关标准的要求。

Ⅷ 混凝土缺陷修补

6.3.17 混凝土构件局部损伤和裂缝等缺陷的修补，应符合下列要求：

1 修补所采用的细石混凝土，其强度等级宜比原构件的混凝土强度等级高一级，且不应低于 C20；修补前，损伤处松散的混凝土和杂物应剔除，钢筋应除锈，并采取措施使新、旧混凝土可靠结合。

2 压力灌浆的浆液或浆料的可灌性和固化性应满足设计、施工要求；灌浆前应对裂缝进行处理，并埋设灌浆嘴；灌浆时，可根据裂缝的范围和大小选用单孔灌浆或分区群孔灌浆，并应采取措施使浆液饱满密实。

Ⅸ 填充墙加固

6.3.18 砌体墙与框架连接的加固应符合下列要求：

1 墙与柱的连接可增设拉筋加强（见图 6.3.18a）；拉筋直径可采用 6mm，其长度不应小于 600mm，沿柱高的间距不宜大于 600mm，8、9 度时或墙高大于 4m 时，墙半高的拉筋应贯通墙体；拉筋的一端应采用胶粘剂锚入柱的斜孔内，或与锚入柱内的锚栓焊接；拉筋的另一端弯折后锚入墙体的灰缝内，并用1∶3水泥砂浆将墙面抹平。

2 墙与梁的连接，可按本条第 1 款的方法增设拉筋加强墙与梁的连接；亦可采用墙顶增设钢夹套加强墙与梁的连接（见图 6.3.18b）；墙长超过层高 2 倍时，在中部宜增设上下拉结的措施。钢夹套的角钢不应小于 L63×6，螺栓不宜少于 2 根，其直径不应小于 12mm，沿梁轴线方向的间距不宜大于 1.0m。

3 加固后按楼层综合抗震能力指数验算时，墙体连接的局部影响系数可取 1.0。

4 拉筋的锚孔和螺栓孔应采用钻孔成形，不得用手凿；钢夹套的钢材表面应涂刷防锈漆。

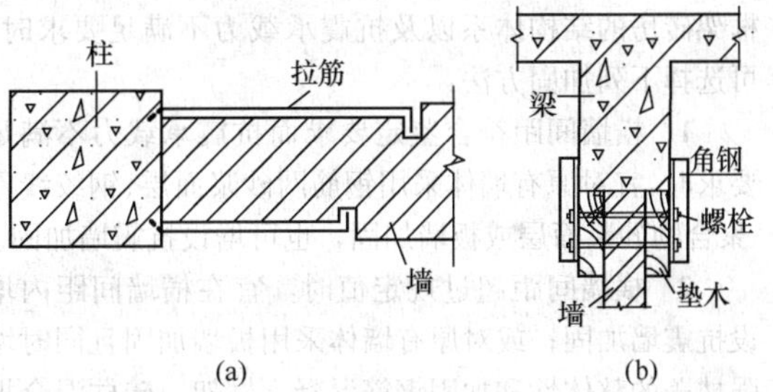

图 6.3.18 砌体墙与框架的连接

(a) 拉筋连接；(b) 钢夹套连接

7 内框架和底层框架砖房

7.1 一般规定

7.1.1 本章适用于内框架、底层框架与砖墙混合承重的多层房屋，其适用的最大高度和层数应符合现行国家标准《建筑抗震鉴定标准》GB 50023 的有关规定。

7.1.2 内框架和底层框架砖房的抗震加固应符合下列要求：

1 底层框架房屋加固后，框架层与相邻上部砌体层的刚度比，应符合现行国家标准《建筑抗震设计规范》GB 50011 的相应规定。

2 加固部位的框架应防止形成短柱或强梁弱柱。

3 采用综合抗震能力指数验算时，楼层屈服强度系数、加固增强系数、加固后的体系影响系数和局部影响系数应根据房屋加固后的状态计算和取值。

7.1.3 当加固后按本规程第3.0.4条的规定采用现行国家标准《建筑抗震设计规范》GB 50011规定的方法进行抗震承载力验算时，应计入构造的影响；加固后构件的抗震承载力应按本章确定。

7.1.4 当现有的A、B类底层框架砖房的层数和总高度超过现行国家标准《建筑抗震鉴定标准》GB 50023规定的层数和高度限值，但未超过现行国家标准《建筑抗震设计规范》GB 50011规定的层数和高度限值时，应提高其抗震承载力并采取增设外加构造柱等措施，达到现行国家标准《建筑抗震设计规范》GB 50011对其承载力和构造柱的相关要求。当其层数超过现行国家标准《建筑抗震设计规范》GB 50011规定的层数时，应改变结构体系或减少层数。

7.1.5 底层框架、底层内框架砖房上部各层的加固，应符合本规程第5章的有关规定，其竖向构件的加固应延续到底层；底层加固时，应计入上部各层加固后对底层的影响。框架梁柱的加固，应符合本规程第6章的有关规定。

7.2 加固方法

7.2.1 底层框架、底层内框架砖房的底层和多层内框架砖房的结构体系以及抗震承载力不满足要求时，可选择下列加固方法：

1 横墙间距符合鉴定要求而抗震承载力不满足要求时，宜对原有墙体采用钢筋网砂浆面层、钢绞线网-聚合物砂浆面层或板墙加固，也可增设抗震墙加固。

2 横墙间距超过规定值时，宜在横墙间距内增设抗震墙加固；或对原有墙体采用板墙加固且同时增强楼盖的整体性和加固钢筋混凝土框架、砖柱混合框架；也可在砖房外增设抗侧力结构减小横墙间距。

3 钢筋混凝土柱配筋不满足要求时，可增设钢构套、现浇钢筋混凝土套、粘贴纤维布、钢绞线网-聚合物砂浆面层等方法加固；也可增设抗震墙减少柱承担的地震作用。

4 当底层框架砖房的框架柱轴压比不满足要求时，可增设钢筋混凝土套加固或按现行国家标准《建筑抗震设计规范》GB 50011的相关规定增设约束箍筋提高体积配箍率。

5 外墙的砖柱（墙垛）承载力不满足要求时，可采用钢筋混凝土外壁柱或内、外壁柱加固；也可增设抗震墙以减少砖柱（墙垛）承担的地震作用。

6 底层框架砖房的底层为单跨框架时，应增设框架柱形成双跨；当底层刚度较弱或有明显扭转效应时，可在底层增设钢筋混凝土抗震墙或翼墙加固；当过渡层刚度、承载力不满足鉴定要求时，可对过渡层的原有墙体采用钢筋网砂浆面层、钢绞线网-聚合物砂浆面层加固或采用钢筋混凝土墙替换底部为钢筋混凝土墙的部分砌体墙等方法加固。

7.2.2 内框架和底层框架砖房整体性不满足要求时，应选择下列加固方法：

1 底层框架、底层内框架砖房的底层楼盖为装配式混凝土楼板时，可增设钢筋混凝土现浇层加固。

2 圈梁布置不符合鉴定要求时，应增设圈梁；外墙圈梁宜采用现浇钢筋混凝土，内墙圈梁可用钢拉杆或在进深梁端加锚杆代替；当墙体采用双面钢筋网砂浆面层或板墙进行加固且在上下两端增设配筋加强带时，可不另设圈梁。

3 当构造柱设置不符合鉴定要求时，应增设外加柱；当墙体采用双面钢筋网砂浆面层或板墙进行加固且在对应位置增设相互可靠拉结的配筋加强带时，可不另设外加柱。

4 外墙四角或内、外墙交接处的连接不符合鉴定要求时，可增设钢筋混凝土外加柱加固。

5 楼、屋盖构件的支承长度不满足要求时，可增设托梁或采取增强楼、屋盖整体性的措施。

7.2.3 内框架和底层框架砖房易倒塌部位不符合鉴定要求时，可按本规程第5.2.3条的有关规定选择加固方法。

7.2.4 现有的A类底层内框架、单排柱内框架房屋需要继续使用时，应在原壁柱处增设钢筋混凝土柱形成梁柱固接的结构体系或改变结构体系。

7.3 加固设计及施工

Ⅰ 壁柱加固

7.3.1 增设钢筋混凝土壁柱加固内框架房屋的砖柱（墙垛）时，应符合下列要求：

1 壁柱应从底层设起，沿砖柱（墙垛）全高贯通；在楼、屋盖处应与圈梁或楼、屋盖拉结；壁柱应设基础，埋深与外墙基础不同时，不得浅于冻结深度。

2 壁柱的截面面积不应小于36000mm²，内壁柱的截面宽度应大于相连内框架梁的宽度。

3 壁柱的纵向钢筋不应少于4ϕ12；箍筋间距不应大于200mm，在楼、屋盖标高上下各500mm范围内，箍筋间距不应大于100mm；内外壁柱间沿柱高度每隔600mm，应拉通一道箍筋。

7.3.2 增设钢筋混凝土壁柱加固内框架房屋砖柱（墙垛）的设计，尚应符合下列规定：

1 壁柱的混凝土强度等级不应低于C20；纵向钢筋宜采用HRB400、HRB335级热轧钢筋，箍筋可采用HPB235、HRB335级热轧钢筋。

2 壁柱的构造尚应符合下列要求：

1）壁柱的截面宽度不宜大于700mm，截面高度不宜小于70mm；内壁柱的截面，每侧比相连的梁宽出的尺寸应大于70mm；

2）内壁柱应有不少于50%纵向钢筋穿过楼板，其余的纵向钢筋可采用插筋相连，插筋上下端的锚固长度不应小于插筋直径的40倍；

3）外壁柱与砖柱（墙垛）的连接，可按本规程第5.3.15条的有关规定采用。

3 采用壁柱加固后形成的组合砖柱（墙垛），其抗震验算应符合下列要求：

1）横墙间距符合鉴定要求时，加固后组合砖柱承担的地震剪力可取楼层地震剪力按各抗侧力构件的有效侧向刚度分配的值；有效侧向刚度的取值，对原有框架柱和加固后的组合砖柱不折减，对A类内框架，钢筋混凝土抗震墙可取实际值的40%，对砖抗震墙可取实际值的30%；对B类内框架，钢筋混凝土抗震墙可取实际值的30%，对砖抗震墙可取实际值的20%。

2）横墙间距超过规定值时，加固后的组合砖柱承担的地震剪力可按下式计算：

$$V_{cij}=\frac{\eta K_{cij}}{\Sigma K_{cij}}(V_i-V_{wi}) \quad (7.3.2\text{-}1)$$

$$\eta=1.6L/(L+B) \quad (7.3.2\text{-}2)$$

式中 V_{cij}——第 i 层第 j 柱承担的地震剪力设计值；

K_{cij}——第 i 层第 j 柱的侧向刚度；

V_i——第 i 层的层间地震剪力设计值，应按现行国家标准《建筑抗震设计规范》GB 50011的规定确定；

V_{wi}——第 i 层所有抗震墙现有受剪承载力之和；对A、B类内框架，可按现行国家标准《建筑抗震鉴定标准》GB 50023的有关规定确定；

η——楼、屋盖平面内变形影响的地震剪力增大系数；当 $\eta\leqslant1.0$ 时，取 $\eta=1.0$；

L——抗震横墙间距；

B——房屋宽度。

3）加固后的组合砖柱（墙垛）可采用梁柱铰接的计算简图，并可按钢筋混凝土壁柱与砖柱（墙垛）共同工作的组合构件验算其抗震承载力。验算时，钢筋和混凝土的强度宜乘以折减系数0.85，加固后有关的体系影响系数和局部尺寸的影响系数可取1.0。

Ⅱ 楼盖现浇层加固

7.3.3 增设钢筋混凝土现浇层加固楼盖时，现浇层的厚度不应小于40mm，钢筋的直径不应小于6mm，其间距不应大于300mm；尚应采取措施加强现浇层与原有楼板、墙体的连接。

7.3.4 增设的现浇层与原有墙、板的连接，应符合下列要求：

1 现浇层的分布钢筋应有50%的钢筋穿过墙体。另外50%的钢筋，可通过插筋相连，插筋两端的锚固长度不应小于插筋直径的40倍；也可锚固于现浇层周边的加强配筋带中，加强配筋带应通过穿过墙体的钢筋相互可靠连接。

2 现浇层宜采用呈梅花形布置的L形锚筋或锚栓与原楼板相连；当原楼板为预制板时，锚筋、锚栓应通过钻孔并采用胶粘剂锚入预制板缝内，锚固深度不小于80～100mm。

3 施工时，应去掉原有装饰层，板面应凿毛、涂刷界面剂，并注意养护。

Ⅲ 增设面层、板墙、抗震墙、外加柱加固

7.3.5 增设钢筋网砂浆面层加固时，其材料和构造应符合本规程第5.3.1、5.3.2条的要求，其施工应符合本规程第5.3.3条的要求。

7.3.6 增设钢绞线网-聚合物砂浆面层加固时，其钢绞线网片、聚合物砂浆的材料性能和构造应符合本规程第5.3.4、5.3.5条的要求，其施工应符合本规程第5.3.6条的要求。

7.3.7 增设钢筋混凝土板墙加固时，其材料和构造应符合本规程第5.3.7、5.3.8条的要求，其施工应符合本规程第5.3.9条的要求。

7.3.8 增设抗震墙加固时，其材料和构造应符合本规程第5.3.10、5.3.12条的要求，其施工应符合本规程第5.3.11条的要求。

7.3.9 外加柱和圈梁的设计及施工，应符合本规程第5.3.13～5.3.19条的规定。

7.3.10 底层框架、底层内框架砖房的底层和多层内框架砖房加固后进行抗震验算时，各层的地震剪力，宜全部由该方向的抗震墙承担；加固后墙段抗震承载力的增强系数和有关的体系影响系数、局部影响系数，应根据不同的加固方法分别取值：

1 采用钢筋网砂浆面层加固，应按本规程第5.3.1、5.3.2条的规定取值。

2 采用钢绞线网-聚合物砂浆面层加固，应按本规程第5.3.5条的规定取值。

3 采用板墙加固，应按本规程第5.3.7、5.3.8条的规定取值。

4 增设砖抗震墙加固，应按本规程第5.3.10条的规定取值。

5 增设钢筋混凝土抗震墙加固，应按本规程第5.3.10、5.3.12条的规定取值。

Ⅳ 框架柱加固

7.3.11 钢筋混凝土柱的加固设计及施工应符合本

规程第6.3节的规定；加固后钢筋混凝土柱承担的地震剪力，可按本规程第7.3.2条的有关规定计算。

8 单层钢筋混凝土柱厂房

8.1 一般规定

8.1.1 本章适用于装配式单层钢筋混凝土柱厂房和混合排架厂房。

注：1 钢筋混凝土柱厂房包括由屋面板、三角刚架、双梁和牛腿柱组成的锯齿形厂房；

2 混合排架厂房指边柱列为砖柱、中柱列为钢筋混凝土的厂房。

8.1.2 厂房的加固，应着重提高其整体性和连接的可靠性；增设支撑等构件时，应避免有关节点应力的加大和地震作用在原有构件间的重分配；对一端有山墙和体型复杂的厂房，宜采取减少厂房扭转效应的措施。

8.1.3 厂房加固后，可按现行国家标准《建筑抗震设计规范》GB 50011的规定进行纵、横向的抗震分析，并可采用本章规定的方法进行构件的抗震承载力验算。

8.1.4 混合排架厂房砖柱部分的加固，应符合本规程第9章的有关规定。

8.2 加固方法

8.2.1 厂房的屋盖支撑布置或柱间支撑布置不符合鉴定要求时，应增设支撑，6、7度时也可采用钢筋混凝土窗框代替天窗架竖向支撑。

8.2.2 厂房构件抗震承载力不满足要求时，可选择下列加固方法：

1 天窗架立柱的抗震承载力不满足要求时，可加固立柱或增设支撑并加强连接节点。

2 屋架的混凝土构件不符合鉴定要求时，可增设钢构套加固。

3 排架柱箍筋或截面形式不满足要求时，可增设钢构套加固。

4 排架柱纵向钢筋不满足要求时，可增设钢构套加固或采取加强柱间支撑系统且加固相应柱的措施。

8.2.3 厂房构件连接不符合鉴定要求时，可采用下列加固方法：

1 下柱柱间支撑的下节点构造不符合鉴定要求时，可在下柱根部增设局部的现浇钢筋混凝土套加固，但不应使柱形成新的薄弱部位。

2 构件的支承长度不满足要求时或连接不牢固，可增设支托或采取加强连接的措施。

3 墙体与屋架、钢筋混凝土柱连接不符合鉴定要求时，可增设拉筋或圈梁加固。

8.2.4 女儿墙超过规定的高度时，宜降低高度或采用角钢、钢筋混凝土竖杆加固。

8.2.5 柱间的隔墙、工作平台不符合鉴定要求时，可采取剔缝脱开、改为柔性连接、拆除或根据计算加固排架柱和节点的措施。

8.3 加固设计及施工

Ⅰ 屋盖加固

8.3.1 A类厂房钢筋混凝土Ⅱ型天窗架为T形截面立柱时，其加固应符合下列要求：

1 当为6、7度时，应加固竖向支撑的节点预埋件。

2 当为8度Ⅰ、Ⅱ类场地时，尚应加固竖向支撑的立柱。

3 当为8度Ⅲ、Ⅳ类场地或9度时，除按第1款的要求加固外，尚应加固所有的立柱。

8.3.2 增设屋盖支撑时，宜符合下列要求：

1 原有上弦横向支撑设在厂房单元两端的第二开间时，可在抗风柱柱顶与原有横向支撑节点间增设水平压杆。

2 增设的竖向支撑与原有的支撑宜采用同一形式；当原来无支撑时，宜采用“W”形支撑，且各杆应按压杆设计；支撑节点的高度差超过3m时，宜采用“X”形支撑。

3 屋架和天窗支撑杆件的长细比，压杆不宜大于200，当为6、7度时，拉杆不宜大于350，当为8、9度时，拉杆不宜大于300。

Ⅱ 排架柱加固

8.3.3 排架柱上柱柱顶采用钢构套加固时（见图8.3.3），钢构套的长度不应小于600mm，且不应小于柱截面高度；角钢不应小于L63×6，钢缀板截面可按表8.3.3采用。

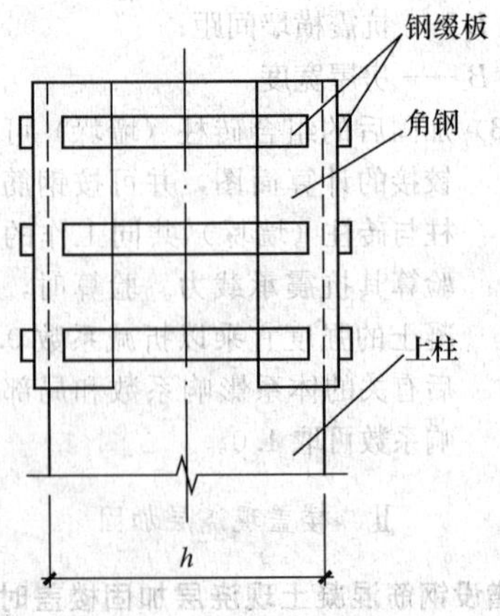

图8.3.3 柱顶加固

表 8.3.3　钢缀板截面（mm）

烈度和场地	7 度Ⅲ、Ⅳ类场地 8 度Ⅰ、Ⅱ类场地	8 度Ⅲ、Ⅳ类场地 9 度Ⅰ、Ⅱ类场地	9 度Ⅲ、Ⅳ类场地
钢缀板（A 类厂房）	−50×6	−60×6	−70×6
钢缀板（B 类厂房）	−60×6	−70×6	−85×6

8.3.4　有吊车的阶形柱上柱底部采用钢构套加固时（见图 8.3.4），钢构套上端应超过吊车梁顶面，且超过值不应小于柱截面高度；其角钢和钢缀板可按表 8.3.4 采用。

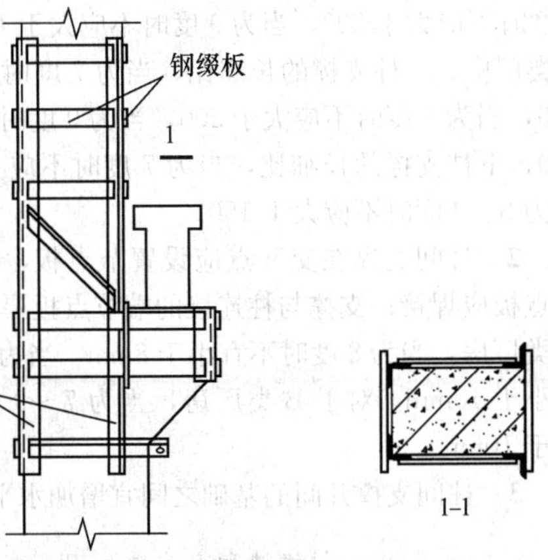

图 8.3.4　阶形柱上柱底部加固

表 8.3.4　角钢和钢缀板（mm）

烈度和场地		7 度Ⅲ、Ⅳ类场地 8 度Ⅰ、Ⅱ类场地	8 度Ⅲ、Ⅳ类场地 9 度Ⅰ、Ⅱ类场地	9 度Ⅲ、Ⅳ类场地
角钢	（A 类厂房）	—	L75×8	L100×10
	（B 类厂房）	L75×8	L90×8	L100×12
钢缀板	（A 类厂房）	—	−60×6	−70×6
	（B 类厂房）	−60×6	−70×6	−85×6

8.3.5　不等高厂房排架柱支承低跨屋盖牛腿采用钢构套加固时（见图 8.3.5），应符合下列要求：

1　当厂房跨度不大于 24m 且屋面荷载不大于 $3.5kN/m^2$ 时，钢缀板、钢拉杆和钢横梁的截面，A 类厂房可按表 8.3.5 采用，B 类厂房可按表 8.3.5 增加 15%采用。

2　不符合上述条件且为 8、9 度时，钢缀板、钢拉杆的截面可按下列公式计算，钢横梁的截面面积可按钢拉杆截面面积的 5 倍采用。

$$N_t \leqslant \frac{1}{\gamma_{Rs}} \cdot \frac{0.75nA_a f_a h_2}{h_1} \quad (8.3.5\text{-}1)$$

$$N_t = N_E + N_G a/h_0 - 0.85 f_{y0} A_{s0} \quad (8.3.5\text{-}2)$$

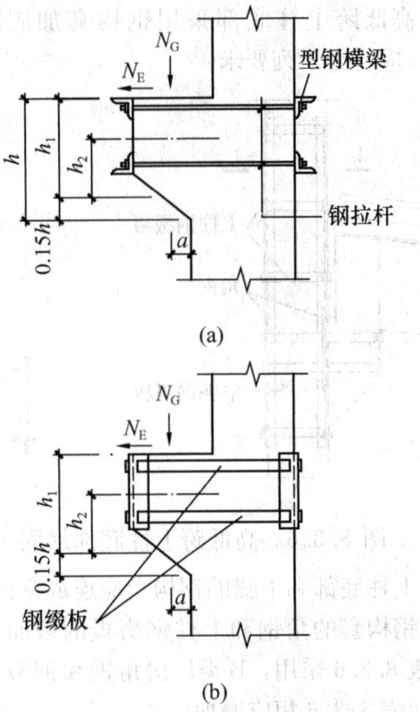

图 8.3.5　柱牛腿加固

（a）钢拉杆加固；（b）钢缀板加固

式中　N_t——钢拉杆（钢缀板）承受的水平拉力设计值；

N_E——地震作用在柱牛腿上引起的水平拉力设计值；

N_G——柱牛腿上重力荷载代表值产生的压力设计值；

n——钢拉杆（钢缀板）根数；

A_a——1 根钢拉杆（钢缀板）的截面面积；

f_a——钢材抗拉强度设计值，应按现行国家标准《钢结构设计规范》GB 50017 的规定采用；

h_1、h_2——分别为柱牛腿竖向截面受压区 0.15h 高度处至水平力、钢拉杆（钢缀板）截面重心的距离；

a——压力作用点至下柱近侧边缘的距离；

A_{s0}——柱牛腿原有受拉钢筋的截面面积；

f_{y0}——柱牛腿原有受拉钢筋的抗拉强度设计值；

γ_{Rs}——抗震加固的承载力调整系数，应按本规程 3.0.4 条的规定采用。

表 8.3.5　A 类厂房的钢构套杆件截面

烈度和场地		7 度Ⅲ、Ⅳ类场地 8 度Ⅰ、Ⅱ类场地	8 度Ⅲ、Ⅳ类场地 9 度Ⅰ、Ⅱ类场地	9 度Ⅲ、Ⅳ类场地
钢缀板		−60×6	−70×6	−80×6
钢拉杆		ϕ16	ϕ20	ϕ25
钢横梁	柱宽 400mm	L75×6	L90×8	L110×10
	柱宽 500mm	L90×6	L110×8	L125×10

8.3.6 高低跨上柱底部采用钢构套加固时（见图8.3.6），应符合下列要求：

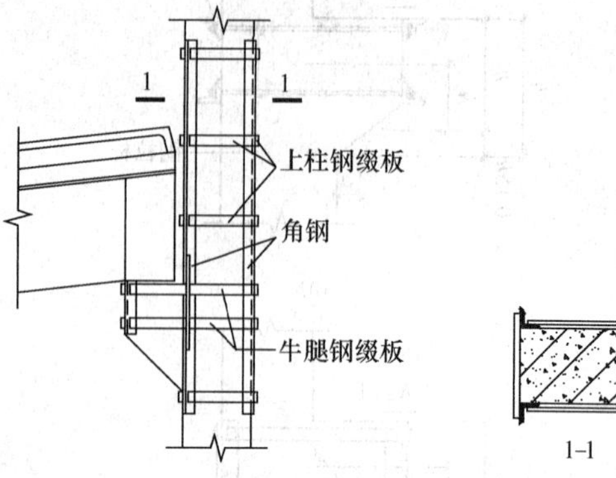

图 8.3.6 高低跨上柱底部加固

1 上柱底部和牛腿的钢构套应连成整体。

2 钢构套的角钢和上柱钢缀板的截面，A类厂房可按表8.3.6采用，B类厂房角钢和钢缀板的截面面积宜比表8.3.6相应增加15%。

3 牛腿钢缀板的截面应按本规程第8.3.4条的规定采用。

表 8.3.6 A类厂房的角钢和上柱钢缀板截面（mm）

烈度和场地	7度Ⅲ、Ⅳ类场地 8度Ⅰ、Ⅱ类场地	8度Ⅲ、Ⅳ类场地 9度Ⅰ、Ⅱ类场地	9度Ⅲ、Ⅳ类场地
角钢	L63×6	L80×8	L110×12
上柱缀板	−60×6	−100×8	−120×10

8.3.7 钢构套加固的施工，应符合本规程第6.3.6条的规定。

Ⅲ 柱间支撑加固

8.3.8 增设钢筋混凝土套加固下柱支撑的下节点时（见图8.3.8），应符合下列要求：

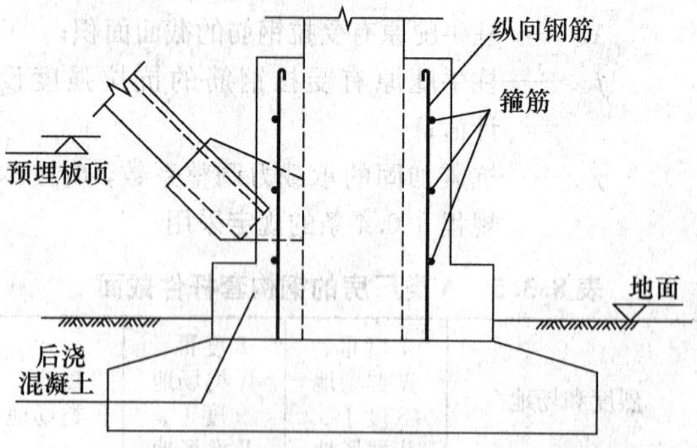

图 8.3.8 柱根部加固

1 混凝土宜采用细石混凝土，其强度等级宜比原柱的混凝土强度提高一个等级；厚度不宜小于60mm且不宜大于100mm，并应与基础可靠连接；纵向钢筋直径不应小于12mm，箍筋应封闭，其直径不宜小于8mm，间距不宜大于100mm。

2 加固后，柱根沿厂房纵向的抗震受剪承载力可按整体构件进行截面抗震验算，但新增的混凝土和钢筋强度应乘以0.85的折减系数。

3 施工时，原柱加固部位的混凝土表面应凿毛、清除酥松杂质，灌注混凝土前应用水清洗并保持湿润。

8.3.9 增设柱间支撑时，应符合下列要求：

1 增设的柱间支撑应采用型钢；对于A类厂房，上柱支撑的长细比，当为8度时不应大于250，当为9度时不应大于200；下柱支撑的长细比，当为8度时不应大于200，当为9度时不应大于150。对于B类厂房，上柱支撑的长细比，当为7度时不应大于250，当为8度时不应大于200，当为9度时不应大于150；下柱支撑的长细比，当为7度时不应大于200，当为8、9度时不应大于150。

2 柱间支撑在交叉点应设置节点板，斜杆与该节点板应焊接；支撑与柱连接的端节点板厚度，对于A类厂房，当为8度时不宜小于8mm，当为9度时不宜小于10mm。对于B类厂房，当为7～9度时不宜小于10mm。

3 柱间支撑开间的基础之间宜增加水平压梁。

Ⅳ 封檐墙和女儿墙加固

8.3.10 封檐墙、女儿墙的加固，应符合下列要求：

1 竖向角钢或钢筋混凝土竖杆，应设置在厂房排架柱位置处的墙外（见图8.3.10）。

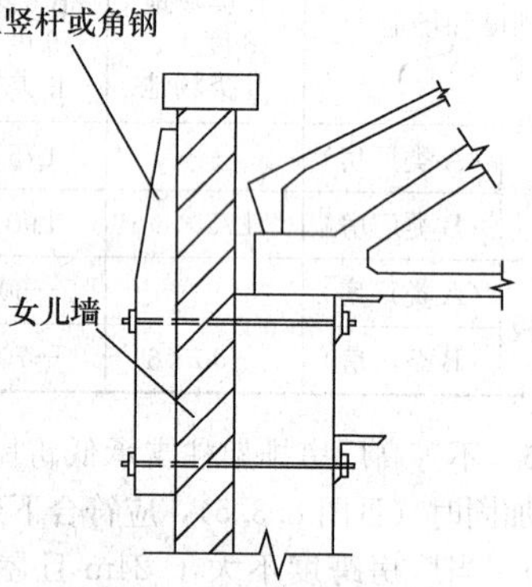

图 8.3.10 女儿墙加固

2 钢材可采用Q235，混凝土强度等级宜采用C20，钢筋宜采用HPB235级钢筋。

3 无拉结且高度不超过1.5m时，对A类厂房，竖向角钢可按表8.3.10-1选用，钢筋混凝土竖杆可按表8.3.10-2选用；对B类厂房，角钢和钢筋的截面面积宜相应增加15%。

4 竖向角钢或钢筋混凝土竖杆应与柱顶或屋架节点可靠连接，出入口上部的女儿墙尚应在角钢或竖杆的上端设置联系角钢。

表 8.3.10-1 A类厂房的竖向角钢

无拉结高度 h (mm)	烈度和场地			
	7度Ⅰ、Ⅱ类场地	7度Ⅲ、Ⅳ类场地 8度Ⅰ、Ⅱ类场地	8度Ⅲ、Ⅳ类场地 9度Ⅰ、Ⅱ类场地	9度Ⅲ、Ⅳ类场地
$h \leqslant 1000$	2L63×6	2L63×6	2L90×6	2L100×10
$1000 < h \leqslant 1500$	2L75×6	2L90×8	2L100×10	2L125×12

表 8.3.10-2 A类厂房的钢筋混凝土竖杆截面和配筋

无拉结高度 h (mm)		烈度和场地			
		7度Ⅰ、Ⅱ类场地	7度Ⅲ、Ⅳ类场地 8度Ⅰ、Ⅱ类场地	8度Ⅲ、Ⅳ类场地 9度Ⅰ、Ⅱ类场地	9度Ⅲ、Ⅳ类场地
$h \leqslant 1000$	宽×高	120×120	120×120	120×150	120×200
	配筋	4ϕ10	4ϕ10	4ϕ14	4ϕ16
$1000 < h \leqslant 1500$	宽×高	120×120	120×150	120×200	120×250
	配筋	4ϕ10	4ϕ14	4ϕ16	4ϕ16

9 单层砖柱厂房和空旷房屋

9.1 一般规定

9.1.1 本章适用于砖柱（墙垛）承重的单层厂房和砖墙承重的单层空旷房屋。

注：单层厂房包括仓库、泵房等，单层空旷房屋指影剧院、礼堂、食堂等。

9.1.2 单层砖柱厂房和单层空旷房屋的抗震加固方案，应有利于砖柱（墙垛）抗震承载力的提高、屋盖整体性的加强和结构布置上不利因素的消除。

9.1.3 当现有的A、B类单层空旷房屋的大厅超出砌体墙承重的适用范围时，宜改变结构体系或提高构件承载力且加强墙体的约束达到现行国家标准《建筑抗震设计规范》GB 50011的相应要求。

9.1.4 房屋加固后，可按现行国家标准《建筑抗震设计规范》GB 50011的规定进行纵、横向的抗震分析，并可采用本章规定的方法进行构件的抗震验算。

9.1.5 混合排架房屋的钢筋混凝土部分，应按本规程第8章的有关要求加固；附属房屋应根据其结构类型按本规程相应章节的有关要求加固，但其与车间或大厅相连的部位，尚应符合本章的要求并应计入相互间的不利影响。

9.2 加固方法

9.2.1 砖柱（墙垛）抗震承载力不满足要求时，可选择下列加固方法：

1 6、7度时或抗震承载力低于要求在30%以内的轻屋盖房屋，可采用钢构套加固。

2 乙类设防，或8、9度的重屋盖房屋或延性、耐久性要求高的房屋，宜采用钢筋混凝土壁柱或钢筋混凝土套加固。

3 除本条第1、2款外的情况，可增设钢筋网面层与原有柱（墙垛）形成面层组合柱加固。

4 独立砖柱房屋的纵向，可增设到顶的柱间抗震墙加固。

9.2.2 房屋的整体性连接不符合鉴定要求时，应选择下列加固方法：

1 屋盖支撑布置不符合鉴定要求时，应增设支撑。

2 构件的支承长度不满足要求时或连接不牢固时，可增设支托或采取加强连接的措施。

3 墙体交接处连接不牢固或圈梁布置不符合鉴定要求时，可增设圈梁加固。

4 大厅与前后厅、附属房屋的连接不符合鉴定要求时，可增设圈梁加固。

5 舞台口大梁的支承部位不符合鉴定要求时，可增设钢筋网砂浆面层组合柱、钢筋混凝土壁柱等加固。

9.2.3 局部的结构构件或非结构构件不符合鉴定要求时，应选择下列加固方法：

1 舞台的后墙平面外稳定性不符合鉴定要求时，可增设壁柱、工作平台、天桥等构件增强其稳定性。

2 悬挑式挑台的锚固不符合鉴定要求时，宜增设壁柱减少悬挑长度或增设拉杆等加固。

3 高大的山墙山尖不符合鉴定要求时，可采用轻质隔墙替换。

4 砌体隔墙不符合鉴定要求时，可将砌体隔墙与承重构件间改为柔性连接。

5 舞台口大梁上部的墙体、女儿墙、封檐墙不符合鉴定要求时，可按本规程第8.2.4、8.3.10条的规定处理。

9.3 加固设计及施工

Ⅰ 面层组合柱加固

9.3.1 增设钢筋网砂浆面层与原有砖柱（墙垛）形成面层组合柱时，面层应在柱两侧对称布置；纵向钢筋的保护层厚度不应小于20mm，钢筋与砌体表面的空隙不应小于5mm，钢筋的上端应与柱顶的垫块或圈梁连接，下端应锚固在基础内；柱两侧面层沿柱高应每隔600mm采用ϕ6的封闭钢箍拉结。

9.3.2 增设面层组合柱的材料和构造，尚应符合下列要求（见图9.3.2）：

1 水泥砂浆的强度等级宜采用M10，钢筋宜采用HPB235级钢筋。

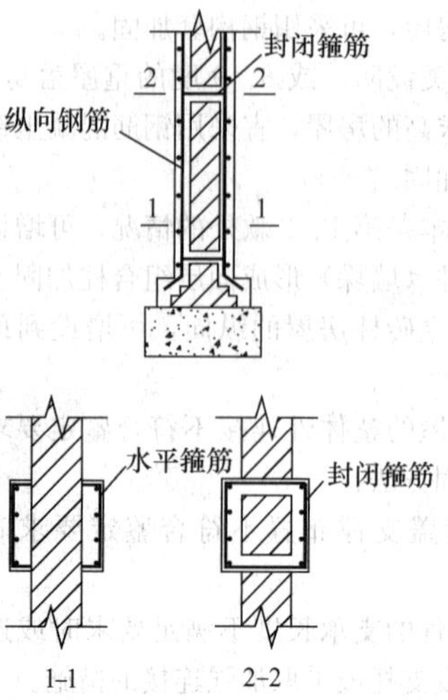

图 9.3.2　面层组合柱加固墙垛

2　面层的厚度可采用 35～45mm。

3　纵向钢筋直径不宜小于 8mm，间距不应小于 50mm；水平钢筋的直径不宜小于 4mm，间距不应大于 400mm，在距柱顶和柱脚的 500mm 范围内，间距应加密。

4　面层应深入地坪下 500mm。

9.3.3　面层组合柱的抗震验算应符合下列要求：

1　7、8 度区的 A 类房屋，轻屋盖房屋组合砖柱的每侧纵向钢筋分别不少于 3ϕ8、3ϕ10，且配筋率不小于 0.1%，可不进行抗震承载力验算。

2　加固后，柱顶在单位水平力作用下的位移可按下式计算：

$$u=\frac{H_0^3}{3(E_{\mathrm{m}}I_{\mathrm{m}}+E_{\mathrm{c}}I_{\mathrm{c}}+E_{\mathrm{s}}I_{\mathrm{s}})} \quad (9.3.3)$$

式中　u——面层组合柱柱顶在单位水平力作用下的位移；

H_0——面层组合柱的计算高度，可按现行国家标准《砌体结构设计规范》GB 50003 的规定采用；但当为 9 度时均应按弹性方案取值，当为 8 度时可按弹性或刚弹性方案取值；

I_{m}、I_{c}、I_{s}——分别为砖砌体（不包括翼缘墙体）、混凝土或砂浆面层、纵向钢筋的横截面面积对组合砖柱折算截面形心轴的惯性矩；

E_{m}、E_{c}、E_{s}——分别为砖砌体、混凝土或砂浆面层、纵向钢筋的弹性模量；砖砌体的弹性模量应按现行国家标准《砌体结构设计规范》GB 50003 的规定采用；混凝土和钢筋的弹性模量应按现行国家标准《混凝土结构设计规范》GB 50010 的规定采用；砂浆的弹性模量，对 M7.5 取 7400N/mm²，对 M10 取 9300N/mm²，对 M15 取 12000N/mm²。

3　加固后形成的面层组合柱，当不计入翼缘的影响时，计算的排架基本周期，宜乘以表 9.3.3 的折减系数。

表 9.3.3　基本周期的折减系数

屋架类别	翼缘宽度小于腹板宽度 5 倍	翼缘宽度不小于腹板宽度 5 倍
钢筋混凝土和组合屋架	0.9	0.8
木、钢木和轻钢屋架	1.0	0.9

4　面层组合柱的抗震承载力验算，可按现行国家标准《建筑抗震设计规范》GB 50011 的规定进行。其中，抗震加固的承载力调整系数，应按本规程第 3.0.4 条的规定采用；增设的砂浆（或混凝土）和钢筋的强度应乘以折减系数 0.85；A、B 类房屋的原结构材料强度应按现行国家标准《建筑抗震鉴定标准》GB 50023 的规定采用。

9.3.4　面层组合柱的施工，宜符合本规程第 5.3.3 条的有关要求。

Ⅱ　组合壁柱加固

9.3.5　增设钢筋混凝土壁柱或套与原有砖柱（墙垛）形成组合壁柱时，应符合下列要求：

1　壁柱应在砖墙两面相对位置同时设置，并采用钢筋混凝土腹杆拉结。在砖柱（墙垛）周围设置钢筋混凝土套遇到砖墙时，应设钢筋混凝土腹杆拉结。壁柱或套应设基础，基础的横截面面积不得小于壁柱截面面积的一倍，并应与原基础可靠连接。

2　壁柱或套的纵向钢筋，保护层厚度不应小于 25mm，钢筋与砌体表面的净距不应小于 5mm；钢筋的上端应与柱顶的垫块或圈梁连接，下端应锚固在基础内。

3　壁柱或套加固后按组合砖柱进行抗震承载力验算，但增设的混凝土和钢筋的强度应乘以规定的折减系数。

9.3.6　增设钢筋混凝土壁柱或钢筋混凝土套加固砖柱（墙垛）的设计，尚应符合下列要求：

1　壁柱和套的混凝土宜采用细石混凝土，强度等级宜采用 C20；钢筋宜采用 HRB335 级或 HPB235 级热轧钢筋。

2　采用钢筋混凝土壁柱加固砖墙（见图 9.3.6a）或钢筋混凝土套加固砖柱（墙垛）（见图 9.3.6b）时，其构造尚应符合下列规定：

1）壁柱和套的厚度宜为 60～120mm；

2）纵向钢筋宜对称配置，配筋率不应小于 0.2%；

3）箍筋的直径不应小于 4mm 且不小于纵向钢筋直径的 20%，间距不应大于 400mm

且不应大于纵向钢筋直径的20倍，在距柱顶和柱脚的500mm范围内，其间距应加密；当柱一侧的纵向钢筋多于4根时，应设置复合箍筋或拉结筋；

4）钢筋混凝土拉结腹杆沿柱高度的间距不宜大于壁柱最小厚度的12倍，配筋量不宜少于两侧壁柱纵向钢筋总面积的25%；

5）壁柱或套的基础埋深宜与原基础相同，当有较厚的刚性地坪时，埋深可浅于原基础，但不宜浅于室外地面下500mm。

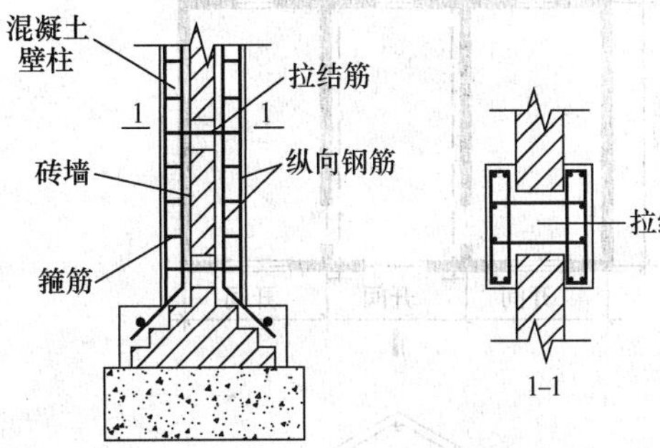

(a)

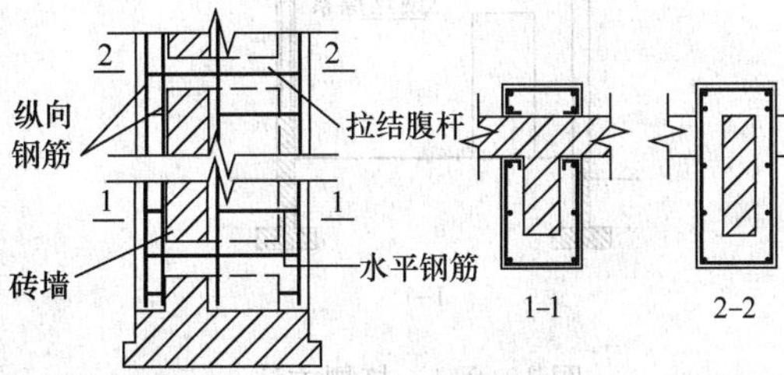

(b)

图9.3.6 砖柱（墙垛）加固

(a) 钢筋混凝土壁柱加固砖墙；

(b) 钢筋混凝土套加固砖柱（墙垛）

3 采用壁柱或套加固后的抗震承载力验算，应符合本规程第9.3.3条的有关规定，钢筋和混凝土的强度应乘以折减系数0.85；A、B类房屋的材料强度应按现行国家标准《建筑抗震鉴定标准》GB 50023的有关规定采用。

Ⅲ 钢构套加固

9.3.7 增设钢构套加固砖柱（墙垛）的设计，应符合下列规定：

1 钢构套的纵向角钢不应小于L56×5。角钢应紧贴砖砌体，下端应伸入刚性地坪下200mm，上端应与柱顶垫块、圈梁连接。

2 钢构套的横向缀板截面不应小于35mm×5mm，系杆直径不应小于16mm。缀板或系杆的间距不应大于纵向单肢角钢最小截面回转半径的40倍，在柱上下端和变截面处，间距应加密。

3 对于A类房屋，当为7度时或抗震承载力低于要求在30%以内的轻屋盖房屋，增设钢构套加固后，砖柱（墙垛）可不进行抗震承载力验算。

9.3.8 钢构套加固砖柱（墙垛）时，砖柱（墙垛）四角应打磨成圆角且用高强度的砂浆抹平，其施工尚宜符合本规程第6.3.6条的有关规定。

Ⅳ 其　　他

9.3.9 外加圈梁加固单层砖柱厂房和单层空旷房屋时，其设计及施工应符合本规程第5.3.16～5.3.19条的有关规定。

9.3.10 女儿墙、封檐墙、舞台口大梁上部墙体的加固设计及施工，应符合本规程第8.3.10条的有关规定。

10 木结构和土石墙房屋

10.1 木结构房屋

10.1.1 本节适用于中、小型木结构房屋，其构架类型和房屋的层数，应符合现行国家标准《建筑抗震鉴定标准》GB 50023的有关规定。

10.1.2 木结构房屋的抗震加固，应提高木构架的抗震能力；可根据实际情况，采取减轻屋盖重力、加固木构架、加强构件连接、增设柱间支撑、增砌砖抗震墙等措施。增设的柱间支撑或抗震墙在平面内应均匀布置。

10.1.3 木结构房屋抗震加固时，可不进行抗震验算。

10.1.4 木构架的加固应符合下列要求：

1 旧式木骨架的构造形式不合理时，应增设防倾倒的杆件。

2 穿斗木骨架的榀柱连接未采用银锭榫和穿枋时，应采用铁件和附木加固；当榫槽截面占柱截面大于1/3时，可采用钢板条、扁钢箍、贴木板或钢丝绑扎等加固。

3 康房底层柱间应采用斜撑或剪刀撑加固，且不宜少于2对。

4 木构架倾斜度超过柱径的1/3且有明显拔榫时，应先打牮拨正，后用铁件加固；亦可在柱间增设抗震墙并加强节点连接。

5 当为9度且明柱的柱脚与柱基础无连接时，宜采用铁件加固。

10.1.5 木构件加固应符合下列要求：

1 木构件截面不符合鉴定标准要求或明显下垂时，应增设构件加固，增设的构件应与原有构件可靠连接。

2 木构件腐朽、疵病、严重开裂而丧失承载能力时，应更换或增设构件加固；增设构件的截面尺寸，宜符合现行国家标准《建筑抗震鉴定标准》GB

50023的规定且应与原构件可靠连接；木构件裂缝时可采用铁箍加固。

3 当木柱柱脚腐朽时，可采用下列方法加固：

1）腐朽高度大于300mm时，可采用拍巴掌榫墩接（见图10.1.5）；墩接区段内可用两道8号钢丝捆扎，每道不应少于4匝；当为8、9度时，明柱在墩接接头处应采用铁件或扒钉连接；

2）腐朽高度不大于300mm时，应采用整砖墩接；砖墩的砂浆强度等级不应低于M2.5。

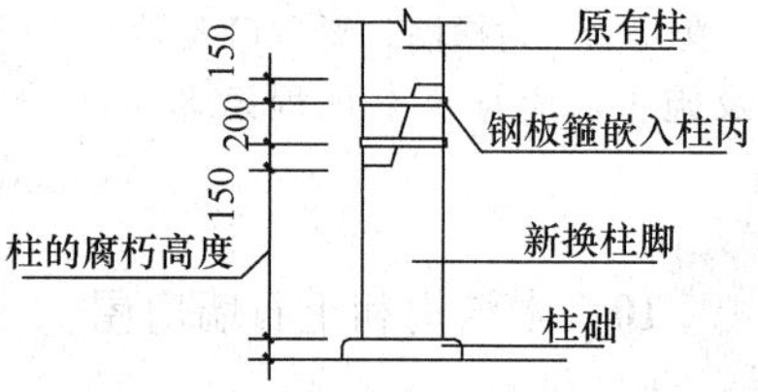

图10.1.5 拍巴掌榫墩接

10.1.6 砖墙的加固应符合下列要求：

1 墙体空臌、酥碱、歪闪或有明显裂缝时，应拆除重砌。当为8度时，砖墙的砌筑砂浆强度等级不应低于M1.0；当为9度时，砌筑砂浆强度等级不应低于M2.5。

2 增砌的隔墙应符合下列要求：

1）高度不大于3.0m，长度不大于5.0m的隔墙，可采用120mm砖墙，砌筑砂浆的强度等级宜采用M1.0；

2）高度大于3.0m，长度大于5.0m的隔墙，应采用240mm砖墙，砌筑砂浆的强度等级不应低于M0.4；

3）当为9度时，沿墙高每隔1.0m应设一道长700mm的2ϕ6钢筋或8号钢丝与柱拉结；

4）当为8、9度时，墙顶应与柁（梁）连接；

5）增砌的隔墙应有基础。

3 增设的轻质隔墙，上下层宜在同一轴线上，墙底应设置底梁并与柱脚连接，墙顶应与梁或屋架连接，隔墙的龙骨之间宜设置剪刀撑或斜撑。

4 柁、梁上增设的隔墙，应采用轻质隔墙；原有的砖、土坯山花应拆除，更换为轻质墙。

10.1.7 无锚固的女儿墙、门脸、出屋顶小烟囱，应拆除、降低高度或采取加固措施。

10.2 土石墙房屋

10.2.1 本节适用于6、7度时村镇土石墙承重房屋，其墙体的类型和房屋的层数，应符合现行国家标准《建筑抗震鉴定标准》GB 50023的有关规定。

10.2.2 土石墙房屋的加固，可根据实际情况采取加固墙体、加强墙体连接、减轻屋盖重力等措施。

10.2.3 土石墙承重房屋抗震加固时，可不进行抗震验算。

10.2.4 墙体加固时应符合下列要求：

1 墙体严重酥碱、空臌、歪闪，应拆除重砌。

2 前后檐墙外闪或内外墙无咬砌时，宜采用打摽（见图10.2.4）或增设扶墙垛等方法加固。

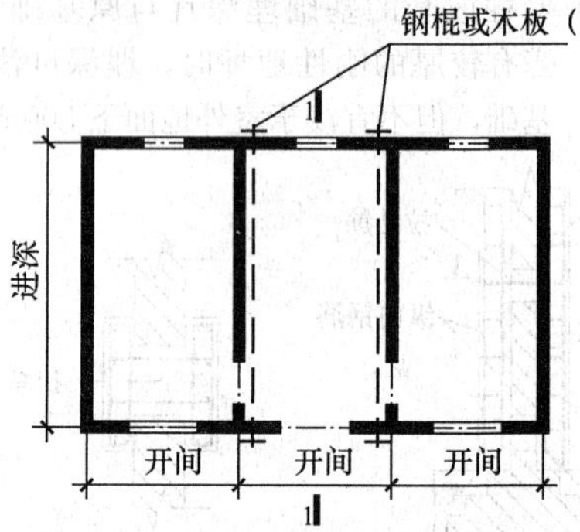

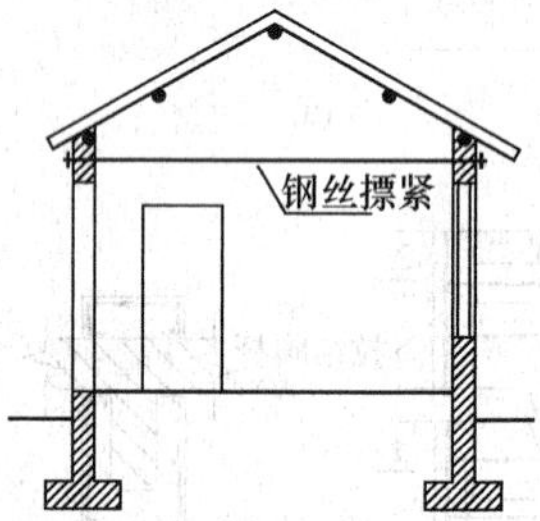

1—1

图10.2.4 打摽方法

3 横墙间距超过规定时，宜增砌横墙并与檐墙拉结，或采取增强整体性的其他措施。

4 防潮碱草已腐烂时，宜更换。

10.2.5 屋盖木构件加固时，应符合下列要求：

1 木构件截面不符合鉴定要求或明显下垂时，应增设构件加固，增设的构件应与原有的构件可靠连接。

2 木构件腐朽、疵病、严重开裂而丧失承载能力时，应更换或增设构件加固；新增构件的截面尺寸宜符合现行国家标准《建筑抗震鉴定标准》GB 50023的要求，且应与原有的构件可靠连接；木构件的裂缝可采用铁箍加固。

3 木构件支承长度不满足要求时，应采取增设支托或夹板、扒钉连接。

4 尽端三花山墙与排山柁无拉结时，宜采用扒墙钉拉结（见图10.2.5）。

10.2.6 屋顶草泥过厚时，宜结合维修减薄。

10.2.7 房屋易损部位的加固时，应符合下列要求：

1 对柁眼（山花）的土坯和砖砌体，应拆除或改用苇箔、秫秸箔墙等材料。

2 当出屋顶烟囱不符合鉴定要求时，在出入口

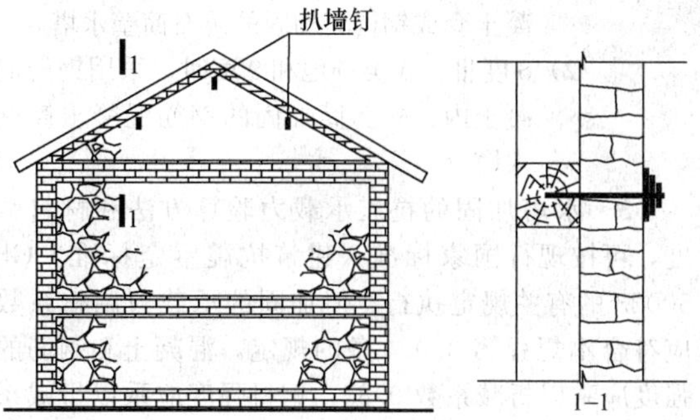

图 10.2.5　扒墙钉

或人流通道处，应拆除、降低高度或采取加固措施。

11　烟囱和水塔

11.1　烟　　囱

Ⅰ　一 般 规 定

11.1.1　本节适用于普通类型的独立砖烟囱和钢筋混凝土烟囱，其高度应符合现行国家标准《建筑抗震鉴定标准》GB 50023 的有关规定。

11.1.2　砖烟囱不符合抗震鉴定要求时，可采用钢筋网砂浆面层或扁钢构套加固；钢筋混凝土烟囱不符合抗震鉴定要求时，可采用现浇或喷射钢筋混凝土套加固。

11.1.3　烟囱加固时，高度不超过 50m 的砖烟囱及设防烈度不高于 8 度、高度不超过 100m 的钢筋混凝土烟囱，可不进行抗震验算。

11.1.4　地震时有倒塌伤人危险且无加固价值的烟囱应拆除。

Ⅱ　砖烟囱加固设计及施工

11.1.5　采用钢筋网砂浆面层加固砖烟囱时，应符合下列要求：

1　水泥砂浆的强度等级宜采用 M10。

2　面层厚度可为 40～60mm，顶部应设钢筋混凝土圈梁。

3　面层的竖向和环向钢筋，对于 A 类烟囱，应按表 11.1.5 选用，当为 6 度时可按 7 度选用，但竖向钢筋直径可减少 2mm，环向钢筋间距可采用 300mm；对于设防烈度为 6～8 度的 B 类烟囱，钢筋直径仍按表 11.1.5 选用，但竖向钢筋间距不应大于 250mm，环向钢筋间距不应大于 200mm。

4　竖向钢筋的端部应设弯钩；下端应锚固在基础或深入地面 500mm 下的圈梁内，上端应锚固在顶部的圈梁内。

5　面层的施工宜符合本规程第 5.3.3 条的有关规定。

表 11.1.5　A 类烟囱钢筋砂浆面层的竖向和环向钢筋

烟囱高度(m)	烈度	场地类别	竖向钢筋（mm）		环向钢筋（mm）	
			直径	间　距	直　径	间　距
30	7	Ⅰ～Ⅳ	$\phi 8$	300	$\phi 6$	250
	8	Ⅰ～Ⅳ	$\phi 14$			
	9	Ⅰ、Ⅱ	$\phi 14$			
40	7	Ⅰ～Ⅳ	$\phi 10$			
	8	Ⅰ～Ⅳ	$\phi 14$			
	9	Ⅰ、Ⅱ	$\phi 14$			
50	7	Ⅰ～Ⅳ	$\phi 12$			
	8	Ⅰ～Ⅳ	$\phi 16$			
	9	Ⅰ、Ⅱ	$\phi 16$			

注：本表适用于砖强度等级为 MU10，砂浆强度等级为 M5 的砖烟囱。

11.1.6　采用扁钢构套加固砖烟囱时，应符合下列要求：

1　烟囱实际的砖强度等级不宜低于 MU7.5，实际的砂浆强度等级不宜低于 M2.5。

2　竖向和环向扁钢的用量，A 类烟囱可按表 11.1.6 选用，当为 6 度时可按 7 度选用，但竖向扁钢厚度可减少 2mm；对于设防烈度为 6～8 度的 B 类烟囱，扁钢的截面面积宜比表 11.1.6 增加 15%。

3　竖向扁钢应紧贴砖筒壁，且每隔 1.0m 应采用钢筋与筒壁锚拉，下端应锚固在基础或深入地面 500mm 下的圈梁内；环向扁钢应与竖向扁钢焊牢。

4　扁钢构套应采取防腐措施。

表 11.1.6　A 类烟囱扁钢构套的竖向和环向扁钢

烟囱高度(m)	烈度	场地类别	竖向扁钢		环向扁钢(mm)	
			根数	规格(mm)	规　格	间距
30	7	Ⅰ～Ⅳ	8	—60×8	—30×6	2000
	8	Ⅰ～Ⅳ	8	—80×8		
	9	Ⅰ、Ⅱ	8	—80×8		
40	7	Ⅰ～Ⅳ	8	—60×8	—60×6	2000
	8	Ⅰ～Ⅳ	8	—80×8		
	9	Ⅰ、Ⅱ	8	—80×8		
50	7	Ⅰ～Ⅳ	8	—60×8	—80×6	1500
	8	Ⅰ～Ⅳ	8	—80×8		
	9	Ⅰ、Ⅱ	8	—80×10		

注：本表适用于砖强度等级为 MU10，砂浆强度等级为 M5 的砖烟囱。

Ⅲ　钢筋混凝土烟囱加固设计及施工

11.1.7　采用钢筋混凝土套加固钢筋混凝土烟囱时，应符合下列要求：

1　混凝土强度等级宜高于原烟囱一个等级，且不应低于 C20。

2　钢筋混凝土套的厚度，当浇筑施工时不应小于120mm，当喷射施工时不应小于80mm。

3 对于A类烟囱，竖向钢筋直径不宜小于12mm，其下端应锚入基础内；环向钢筋直径不应小于8mm，其间距不应大于250mm。对于B类烟囱，其竖向钢筋直径宜增加2mm，环向钢筋间距不应大于200mm。

4 钢筋混凝土套的施工应符合本规程第6.3.9条的有关规定。

11.2 水　　塔

Ⅰ 一般规定

11.2.1 本节适用于砖和钢筋混凝土的筒壁式和支架式独立水塔，其容积和高度应符合现行国家标准《建筑抗震鉴定标准》GB 50023的有关规定。

11.2.2 水塔不符合抗震鉴定要求时，可选择下列加固方法：

1 容积小于50m³的砖石筒壁水塔，当为7度时和8度Ⅰ、Ⅱ类场地时，可采用扁钢构套加固；容积不小于50m³的A类砖石筒壁水塔，当为7度时和8度Ⅰ、Ⅱ类场地时，可采用外加钢筋混凝土圈梁和柱或钢筋网砂浆面层加固，当为8度Ⅲ、Ⅳ类场地和9度时，可采用钢筋混凝土套加固。

2 砖支柱水塔，当为A类且7度时和8度Ⅰ、Ⅱ类场地时，当为B类且6度和7度Ⅰ、Ⅱ类场地时，高度不超过12m的可采用钢筋网砂浆面层加固。

3 钢筋混凝土支架水塔，当为8度Ⅲ、Ⅳ类场地和9度时，可采用钢构套或钢筋混凝土套加固。

4 当为7度Ⅲ、Ⅳ类场地和8度时的倒锥壳水塔及9度Ⅲ、Ⅳ类场地的钢筋混凝土筒壁水塔，可采用钢筋混凝土内、外套筒加固，套筒应与基础锚固并应与原筒壁紧密连成一体。

5 水塔基础倾斜，应纠偏复位；对整体式基础尚应加大其面积，对单独基础尚应改为条形基础或增设系梁加强其整体性。

11.2.3 按本节规定加固水塔时，抗震验算应符合下列规定：

1 对于A类水塔，遇下列情况之一时应进行抗震验算：

1）当为8度Ⅲ、Ⅳ类场地和9度时，采用钢筋混凝土套或钢构套加固的砖石筒壁水塔和钢筋混凝土支架水塔；

2）当为7度Ⅲ、Ⅳ类场地和8度时，采用钢筋混凝土套筒加固的倒锥壳水塔；

3）当为9度Ⅲ、Ⅳ类场地采用钢筋混凝土内、外套筒加固的钢筋混凝土筒壁水塔。

2 对于B类水塔，遇下列情况之一时应进行抗震验算：

1）7度和8度Ⅰ、Ⅱ类场地时，采用钢筋混凝土套或钢构套加固的砖石筒壁水塔。

2）8度Ⅲ、Ⅳ类场地和9度时，采用钢筋混凝土内、外套筒加固的钢筋混凝土筒壁水塔。

3 水塔加固的抗震承载力验算方法和材料强度，可按现行国家标准《建筑抗震鉴定标准》GB 50023的有关规定执行，但加固的承载力调整系数应符合本规程第3.0.4条的规定，混凝土和钢筋的强度应乘以折减系数0.85，钢材强度应乘以折减系数0.70。

11.2.4 地震时有倒塌伤人危险且无加固价值的水塔应拆除。

Ⅱ 砖筒壁、砖支柱水塔的加固设计及施工

11.2.5 采用扁钢构套加固水塔砖筒壁时，应符合下列要求：

1 扁钢的厚度不应小5mm。

2 竖向扁钢不应少8根，并应紧贴筒壁，下端应与基础锚固；环向扁钢间距不应大于1.5m，并应与竖向扁钢焊牢。

3 扁钢构套应采取防腐措施。

11.2.6 采用外加钢筋混凝土圈梁和柱加固水塔筒壁时，应符合下列要求：

1 外加柱不应少于4根，截面不应小于300mm×300mm，并应与基础锚固；外加圈梁可沿筒壁高度每隔4～5m设置一道，截面不应小于300mm×400mm。

2 对A类水塔，外加圈梁和柱的主筋不应少于4ϕ16，箍筋不应小于ϕ8，间距不应大于200mm，梁柱节点附近的箍筋应加密。对B类水塔，主筋、箍筋的直径均应增加2mm。

11.2.7 采用钢筋网砂浆面层加固水塔的砖筒壁或砖支柱时，应符合下列要求：

1 砂浆的强度等级不应低于M10，面层的厚度可采用40～60mm。

2 加固砖筒壁时，竖向和环向钢筋的直径均不应小于8mm，间距不应大于250mm。

3 加固砖柱的面层应四周设置，其竖向钢筋每边不应少于3ϕ10，箍筋直径不应小于6mm，间距不应大于250mm。

4 加固的竖向钢筋应与基础锚固。

11.2.8 采用钢筋混凝土套加固砖筒壁水塔时，应符合下列要求：

1 钢筋混凝土套的厚度不宜小于120mm，并应与基础锚固。

2 宜采用细石混凝土，强度等级不应低于C20。

3 加固砖筒壁时，竖向钢筋直径不应小于12mm，间距不应大于250mm；环向钢筋直径不应小于8mm，间距不应大于300mm。

Ⅲ 钢筋混凝土支架水塔的加固设计及施工

11.2.9 采用钢筋混凝土套加固钢筋混凝土支架时，应符合下列要求：

1 钢筋混凝土套的厚度不宜小于 120mm，并应与基础锚固。

2 宜采用细石混凝土，强度等级宜高于原支架一个等级，且不应低于 C20。

3 A 类水塔的混凝土支架加固，其纵向钢筋不应小于 4ϕ12，箍筋直径不应小于 8mm，间距不应大于 200mm。B 类水塔的混凝土支架加固，其纵向钢筋、箍筋的直径均应增加 2mm。

11.2.10 采用角钢构套加固钢筋混凝土水塔支架的设计及施工，宜符合本规程第 6.3.4～6.3.6 条的有关规定，并应喷或抹水泥砂浆保护层。

本规程用词说明

1 为了便于在执行本规程条文时区别对待，对要求严格程度不同的用词说明如下：

1）表示很严格，非这样做不可的用词：
正面词采用“必须”，反面词采用“严禁”；

2）表示严格，在正常情况下均应这样做的用词：
正面词采用“应”，反面词采用“不应”或“不得”；

3）表示允许稍有选择，在条件许可时首先应这样做的用词：
正面词采用“宜”，反面词采用“不宜”；
表示有选择，在一定条件下可以这样做的，采用“可”。

2 条文中指明应按其他有关标准执行的写法为：“应符合……规定”或“应按……执行”。

引用标准名录

1 《砌体结构设计规范》GB 50003
2 《混凝土结构设计规范》GB 50010
3 《建筑抗震设计规范》GB 50011
4 《钢结构设计规范》GB 50017
5 《建筑抗震鉴定标准》GB 50023－2009
6 《混凝土结构加固设计规范》GB 50367
7 《钢丝镀锌层》GB/T 15393
8 《混凝土界面处理剂》JC/T 907

中华人民共和国行业标准

建筑抗震加固技术规程

JGJ 116—2009

条 文 说 明

修 订 说 明

《建筑抗震加固技术规程》JGJ 116－2009，经住房和城乡建设部2009年6月18日以第340号公告批准发布。

本规程是在《建筑抗震加固技术规程》JGJ 116－98的基础上修订而成，上一版的主编单位是中国建筑科学研究院，参编单位是机械部设计研究总院、国家地震局工程力学研究所、北京市房地产科学技术研究所、同济大学、冶金部建筑科学研究总院、清华大学、四川省建筑科学研究院、铁道部专业设计院、上海建筑材料工业学院、陕西省建筑科学研究院、辽宁省建筑科学研究所、江苏省建筑科学研究所、西安冶金建筑学院，主要起草人员是李德虎、李毅弘、魏琏、王骏孙、杨玉成、戴国莹、徐建、刘惠珊、张良铎、谢玉玮、朱伯龙、吴明舜、宋绍先、柏傲冬、高云学、霍自正、楼永林、徐善藩、那向谦、刘昌茂、王清敏。本次修订的主要技术内容是：

1 与新修订的《建筑抗震鉴定标准》GB 50023－2009相配套，可适用于后续使用年限30年、40年和50年的不同建筑，即现行国家标准《建筑抗震鉴定标准》中的A、B、C类建筑。

2 明确了现有建筑抗震加固的设防目标。即在预期的后续使用年限内具有不低于其抗震鉴定的设防目标，对于后续使用年限50年的C类建筑，具有与现行国家标准《建筑抗震设计规范》GB 50011相同的设防目标；后续使用年限少于50年的A、B类建筑，在遭遇同样的地震影响时，其损坏程度略大于按后续50年加固的建筑。

3 明确了不同的后续使用年限建筑抗震加固分析与构件承载力验算方法。在保持原规程"综合抗震能力指数"加固方法的基础上，增加了按设计规范方法进行加固设计的承载力计算方法，引入"抗震加固的承载力调整系数"体现不同后续使用年限的抗震加固要求。

4 加强了对重点设防类设防要求建筑的抗震加固要求。对重点设防类设防的砌体房屋，当层数超过规定时，明确要求减少层数或增设钢筋混凝土抗震墙改变结构体系，当层数不超而高度超过时，应降低高度或提高加固要求；对重点设防类设防的钢筋混凝土房屋，当为单跨框架结构时应增设抗震墙改变结构体系或加固为多跨框架。

5 总结了近年来工程抗震加固经验，对原规程中的加固设计与施工技术进行了补充完善，并新增了粘贴钢板、粘贴碳纤维布、钢绞线网-聚合物砂浆面层及增设消能支撑减震加固方法。

6 总结了汶川大地震的经验教训，增加了楼梯构件、框架填充墙等的抗震加固要求。

7 与现行国家标准《混凝土结构加固设计规范》GB 50367进行了协调，一些共性条款采用了引用标准的方法，一些条款按GB 50367进行了调整。

本规程修订过程中，编制组总结了原规程颁布实施以来建筑抗震加固的工程经验，吸收了近年来建筑抗震加固的最新研究成果，进行了必要的补充试验。

为便于广大设计、科研、教学、鉴定等单位有关人员在使用本标准时能正确理解和执行条文规定，《建筑抗震加固技术规程》编制组按章、节、条顺序编制了本标准的条文说明，对条文规定的目的、依据以及执行中需注意的有关事项进行了说明。但是本条文说明不具备与标准正文同等的法律效力，仅供使用者作为理解和把握标准规定的参考。

目　　次

1　总则……………………………………19—35
3　基本规定………………………………19—36
4　地基和基础……………………………19—38
5　多层砌体房屋…………………………19—39
　5.1　一般规定……………………………19—39
　5.2　加固方法……………………………19—40
　5.3　加固设计及施工……………………19—40
6　多层及高层钢筋混凝土房屋 ………19—41
　6.1　一般规定……………………………19—41
　6.2　加固方法……………………………19—42
　6.3　加固设计及施工……………………19—43
7　内框架和底层框架砖房………………19—44
　7.1　一般规定……………………………19—44
　7.2　加固方法……………………………19—45
　7.3　加固设计及施工……………………19—45
8　单层钢筋混凝土柱厂房………………19—46
　8.1　一般规定……………………………19—46
　8.2　加固方法……………………………19—46
　8.3　加固设计及施工……………………19—46
9　单层砖柱厂房和空旷房屋……………19—47
　9.1　一般规定……………………………19—47
　9.2　加固方法……………………………19—47
　9.3　加固设计及施工……………………19—47
10　木结构和土石墙房屋 ………………19—48
　10.1　木结构房屋………………………19—48
　10.2　土石墙房屋………………………19—49
11　烟囱和水塔 …………………………19—50
　11.1　烟囱………………………………19—50
　11.2　水塔………………………………19—50

1 总 则

1.0.1 地震中建筑物的破坏是造成地震灾害的主要原因。1977年以来建筑抗震鉴定、加固的实践和震害经验表明，对现有建筑进行抗震鉴定，并对不满足鉴定要求的建筑采取适当的抗震对策，是减轻地震灾害的重要途径。经过抗震加固的工程，在1981年邢台M6级地震、1981年道孚M6.9级地震、1985年自贡M4.8级地震、1989年澜沧耿马M7.6级地震、1996年丽江M7级地震，以及2008年汶川地震中，有的已经受了地震的考验，证明了抗震加固与不加固大不一样，抗震加固的确是保障人民生命安全和生产发展的积极而有效的措施。

多年来我国在加固方面开展了大量的试验研究，取得了系统的研究成果，并在实践中积累了丰富的经验。从当前的抗震加固工作面临的任务及所具备的条件来看，制定一部适合我国国情并充分反映当前技术水平的抗震加固技术规程，可使建筑的抗震加固做到抗震安全、经济、合理、有效、实用。

经济，就是要在我国的经济条件下，根据国家有关抗震加固方面的政策，按照规定的程序进行审批，严格掌握加固标准。

合理，就是要在加固设计过程中，根据现有建筑的实际情况，从提高结构整体抗震能力出发，综合提出加固方案。

有效，就是要达到预期的加固目标，加固方法要根据具体条件选择，施工要严格按要求进行，一定要保证质量，特别要采取措施减少对原结构的损伤，以及加强对新旧构件连接效果的检查。

实用，就是抗震加固可结合建筑的维修、改造，包括节能环保改造，在经济合理的前提下，改善使用功能，并注意美观。

抗震安全，指现有建筑经过抗震加固后达到的设防目标，依据其后续使用年限的不同，分别与现行《建筑抗震鉴定标准》GB 50023总则中规定的目标相同或略高。到目前为止，将现有建筑抗震鉴定和加固的后续使用年限分为30年、40年、50年三个档次，分别称为A、B、C类，符合我国的国情，并符合现有建筑的特点。这一目标也与国际标准《结构可靠性总原则》ISO 2394对于现有建筑可靠性要求的原则规定——"当可靠程度不足时，鉴定的结论可包括：出于经济理由保持现状、减少荷载、修补加固或拆除等"相协调。

1.0.2 本规程的适用范围，与现行国家标准《建筑抗震鉴定标准》GB 50023相协调，即在抗震设防区中不符合抗震鉴定要求的现有建筑的抗震加固设计及施工。本规程称为抗震加固技术规程，指的是使现有房屋建筑达到规定的抗震设防安全要求所进行的设计和施工。

由于新建建筑工程应符合设计规范的要求；古建筑及属于文物的建筑，有专门的要求；危险房屋不能正常使用。因此，本规程的现有建筑，只是既有建筑中的一部分，不包括古建筑、新建的建筑工程（含烂尾楼）和危险房屋；而且，一般情况，在不遭受地震影响时，仍在正常使用，不需要进行加固，但其抗震鉴定结果认为：在遭遇到预期的地震影响时，其综合抗震能力不足，需要进行抗震加固。

1.0.3 建筑的抗震加固之前，一定要依据设防烈度、抗震设防类别、后续使用年限和结构类型，按现行国家标准《建筑抗震鉴定标准》GB 50023的规定进行抗震鉴定。指的是：

1 抗震鉴定是抗震加固的前提，鉴定与加固应前后连续，才能确保抗震加固取得最佳的效果。不进行抗震鉴定，则加固设计缺乏基本的依据，成为盲目加固。

2 现有建筑不符合抗震鉴定的要求时，按现行国家标准《建筑抗震鉴定标准》GB 50023－2009第3.0.7条的规定，可采取"维修、加固、改变用途和更新"等抗震减灾对策，本规程是其中需要进行加固（包括全面加固、配合维修的局部修复加固和配合改造的适当加固）的专门规定。

3 本规程各章与现行国家标准《建筑抗震鉴定标准》GB 50023－2009的各章有密切的联系，从后续使用年限的选择、不同抗震设防类别的要求，结构构造的影响系数到综合抗震能力的验算方法，凡有对应关系可直接引用的内容，按技术标准编写的规定，本规程的条文均不再重复，需与《建筑抗震鉴定标准》GB 50023－2009的对应章节配套使用。

4 衡量抗震加固是否达到规定的设防目标，也应以《建筑抗震鉴定标准》GB 50023－2009对应章节的相关规定为依据，即以综合抗震能力是否提高为目标对加固的效果进行检查、验算和评定。

1.0.4 现有建筑进行抗震加固时，其设防标准分为四类，与现行国家标准《建筑抗震设防分类标准》GB 50223相一致。但加固设计的要求与现行《建筑抗震鉴定标准》GB 50023的要求保持一致。因此，本条直接引用《建筑抗震鉴定标准》GB 50023－2009第1.0.3条而不重复。

进行抗震加固设计时，必须明确所属的抗震设防类别，采取不同的抗震措施。

1.0.5 本规程仅对现有建筑的抗震加固设计及施工的重点问题和特殊要求作了具体的规定，对未给出具体规定而涉及其他设计规范的应用时，尚应符合相应规范的要求；新增的材料性能和施工质量尚应符合国家有关产品标准、施工质量验收规范的要求。

3 基本规定

3.0.1、3.0.2 抗震鉴定结果是抗震加固设计的主要依据，但在加固设计之前，仍应对建筑的现状进行深入的调查，特别查明是否存在局部损伤。对已存在的损伤要进行专门分析，在抗震加固时一并处理，以便达到最佳效果。当建筑面临维修、节能环保改造、或使用布局在近期需要调整、或建筑外观需要改变等，抗震加固时要一并处理，避免加固后再维修改造，损伤加固后的现有建筑。

1 抗震加固不仅设计技术难度较大，而且施工条件较差。表现为：要使抗震加固能确实提高现有建筑的抗震能力，需针对现有建筑存在的问题，提出具体加固方案，例如：

1）对不符合抗震鉴定要求的建筑进行抗震加固，一般采用提高承载力、提高变形能力或既提高承载力又提高变形能力的方法，需针对房屋存在的缺陷，对可选择的加固方法逐一进行分析，以提高结构综合抗震能力为目标予以确定。

2）需要提高承载力同时提高结构刚度，则以扩大原构件截面、新增部分构件为基本方法；需要提高承载力而不提高刚度，则以外包钢构套、粘钢或碳纤维加固为基本方法；需要提高结构变形能力，则以增加连接构件、外包钢构套等为基本方法。

3）当原结构的结构体系明显不合理时，若条件许可，应采用增设构件的方法予以改善；否则，需要采取同时提高承载力和变形能力的方法，以使其综合抗震能力能满足抗震鉴定的要求。

4）当结构的整体性连接不符合要求时，应采取提高变形能力的方法。

5）当局部构件的构造不符合要求时，应采取不使薄弱部位转移的局部处理方法；或通过结构体系的改变，使地震作用由增设的构件承担，从而保护局部构件。

2 为减少加固施工对生活、工作在现有房屋内的人们的环境影响，还需采取专门对策。例如，在房屋内部加固和外部加固的效果相当时，应采用外部加固；干作业与湿作业相比，造价高、施工进度快且影响面小，有条件时尽量采用；需要在房屋内部湿作业加固时，选择集中加固的方案，也可减少对内部环境的影响。

3 随着技术的进步，加固的手段和方法不断发展，当现有建筑的具体条件合适时，应尽可能采用新的成熟的技术，包括采用隔震、减震技术进行加固设计。

4 震害和理论分析都表明，建筑的结构体型、场地情况及构件受力状况，对建筑结构的抗震性能有显著的影响。与新建建筑工程抗震设计相同，现有房屋建筑的抗震加固也应考虑概念设计。抗震加固的概念设计，主要包括：加固结构体系、新旧构件连接、抗震分析中的内力和承载力调整、加固材料和加固施工的特殊要求等方面。

抗震加固的结构布置和连接构造的概念设计，直接关系到加固后建筑的整体综合抗震能力是否能得到应有的提高。抗震加固设计时，根据结构的实际情况，正确处理好下列关系，是改善结构整体抗震性能、使加固达到有效合理的重要途径：

1 减少扭转效应。增设构件或加强原有构件，均要考虑对整个结构产生扭转效应的可能，尽可能使加固后结构的重量和刚度分布比较均匀对称。虽然现有建筑的体型难以改变，但结合加固、维修和改造，减少不利于抗震的因素，仍然是有可能的。

2 改善受力状态。加固设计要防止结构构件的脆性破坏；要避免局部加强导致刚度和承载力发生突变，加固设计要复核原结构的薄弱部位，采取适当的加强措施，并防止薄弱部位的转移；1976年唐山地震后，天津第二毛纺厂框架结构的主厂房因不合理的加固，导致在同年的宁河地震中倒塌，就是薄弱层转移的后果，为此，要求防止承载力突变。综合抗震能力指数、层间受剪承载力突变，按《建筑抗震设计规范》GB 50011（2008年版）第3.4.2条中概念设计的有关规定，指本层受剪承载力大于相邻下一层的20%。因此，当加固后使本层受剪承载力超过相邻下一楼层的20%时，则出现新的薄弱层，需要同时增强下一楼层的抗震能力。框架结构加固后要防止或消除不利于抗震的强梁弱柱等受力状态。

3 加强薄弱部位的抗震构造。对不同结构类型的连接处，房屋平、立面局部突出部位等，地震反应加大。对这些薄弱部位，加固时要采取相应的加强构造。

4 考虑场地影响。在条状突出的山嘴、高耸孤立的山丘、非岩石的陡坡、河岸和边坡边缘等不利地段，水平地震作用应按规定乘以增大系数1.1～1.6。针对建筑和场地条件的具体情况，加固后的结构要选择地震反应较小的结构体系，避免加固后地震作用的增大超过结构抗震能力的提高。

5 加强新旧构件的连接。连接的可靠性是使加固后结构整体工作的关键，设计时要予以足够的重视。本规程对一些主要构件的连接作了具体规定；对某些部位的连接仅有一般要求，其具体方法由设计者根据实际情况参照相关规定设计。

6 新增设的抗震墙、柱等竖向构件，不仅要传递竖向荷载，而且是直接抵抗水平地震作用的主要构件，因此，这类构件应自上至下连续并落到基础上，不允许直接支承在楼层梁板上。对于新增构件基础的埋深和宽度，除本规程有具体规定外，应根据计算确定，板墙和构架的基础埋深，一般宜与原构件相同。

7 女儿墙、门脸、出屋面烟囱等非结构构件的处理，应以加强与主体结可靠连接、防止倒塌伤人为目的。对不符合要求时，优先考虑拆除、降低高度或改用轻质材料，然后再考虑加固。

8 加固所用砂浆强度和混凝土强度一般比原结构材料强度提高一级，但强度过高并不能发挥预期效果。

本次修订，将抗震加固的方案设计和概念设计要求分为强制性和非强制性的两部分，分别在不同的条文中予以规定，特别强调以下几点：

1 加固方案的结构布置，应针对原结构存在的缺陷，弄清使结构达到规定抗震设防要求的关键，尽可能消除原结构不规则、不合理、局部薄弱层等不利因素。

2 防止局部加固增加结构的不规则性，应从整体结构综合抗震能力的提高入手。

3 新旧构件连接的细部构造，不能损伤原有构件且应能确保连接的可靠性。

4 当非结构构件的构造不符合要求时，至少对可能倒塌伤人的部位进行处理。

5 加固方法要考虑施工的可能性及其对周围正常生活、社会活动工作等的影响，可局部、区段加固的，就不需要所有构件均加固。

3.0.3、3.0.4 现有建筑抗震加固的设计计算，与新建建筑的设计计算不完全相同，有自身的某些特点，主要内容是：

1 抗震加固设计，一般情况应在两个主轴方向分别进行抗震验算；在下列情况下，加固的抗震验算要求有所放宽：6度时（建造于Ⅳ类场地的较高的现有高层建筑除外），同现行《建筑抗震设计规范》GB 50011第5章的规定一样，可不进行构件截面抗震验算；对局部抗震加固的结构，当加固后结构刚度不超过加固前的10%或者重力荷载的变化不超过5%时，可不再进行整个结构的抗震分析。

2 应采用符合加固后结构实际情况的计算简图与计算参数，包括实际截面构件尺寸、钢筋有效截面、实际荷载偏心和构件实际挠度产生的附加内力等，对新增构件的抗震承载力，需考虑应变滞后的二次受力影响。

3 A类结构的抗震验算，优先采用与抗震鉴定相同的简化方法，如要求楼层综合抗震能力指数大于1.0，但应按加固后的实际情况取相应的计算参数和构造影响系数。这些方法不仅便捷、有足够精度，而且能较好地解释现有建筑的震害。

4 本次修订，明确不同后续使用年限的抗震验算方法，增加了按《建筑抗震设计规范》GB 50011加固的构件验算方法。当计入构造影响时，构件承载力的验算表达式为：

$$S < \psi_{1s}\psi_{2s}R_s/\gamma_{Rs}$$

式中，ψ_{1s}、ψ_{2s} 为加固后的体系影响系数和局部影响系数，R_s 为加固后计入应变滞后等的构件承载力设计值，γ_{Rs} 为抗震加固的承载力调整系数，对于后续使用年限50年，取 γ_{RE}。

此时，应注意：

1） 对后续使用年限少于50年的A类房屋建筑，应将《建筑抗震设计规范》GB 50011中的“承载力抗震调整系数 γ_{RE}”改用本条中的“抗震加固的承载力调整系数 γ_{Rs}”。这个系数是在抗震承载力验算中体现现有建筑抗震加固标准的重要系数，其取值与《建筑抗震鉴定标准》GB 50023中抗震鉴定的承载力调整系数 γ_{Ra} 相协调，除加固专有的情况外，取值完全相同。

2） 对于B类建筑，规定“抗震加固的承载力调整系数”宜仍按设计规范的“承载力抗震调整系数”采用，标准的执行用语“宜”意味着，参照《民用建筑可靠性鉴定标准》GB 50292关于 a_u、b_u 级构件可不采取措施的规定，当加固技术上确有困难，构件抗震承载力按《建筑抗震设计规范》GB 50011计算时，墙、柱、支撑等主要抗侧力构件可降低5%以内，其他次要抗侧力构件可降低10%以内。

3） 构件承载力要根据加固后的情况按本规程各章规定的方法计算。例如，砌体结构的墙体，加固后的承载力可乘以相应的增强系数：一般的砂浆面层加固见本规程第5.3.2条，聚合物砂浆面层加固见本规程第5.3.5条，板墙加固见本规程第5.3.8条，新增砌体墙加固见本规程第5.3.10条，新增混凝土墙加固见本规程第5.3.12条，外加构造柱加固见本规程第5.3.14条。

4） 对于不同的后续使用年限，结构构件地震内力调整、承载力计算公式和材料性能设计指标是不同的，应与鉴定时所采用的参数一致，不能相混。

3.0.5、3.0.6 为使抗震加固达到有效的要求，加固材料的质量与施工监理及安全，便成为直接关系抗震加固工程安全和质量的要害所在。针对加固的特殊性，本规程在材料和施工方面所提出的要求是：

1 对于加固所用的特殊材料应明确材料性能及其耐久性，对特殊的加固工法应要求由具有相应资质的专业队伍施工。

2 采取有效措施，避免损伤原构件，并加强对新旧构件连接效果的检查。

3 原图纸的尺寸只是名义尺寸，加固施工前要复核实际尺寸，作相应调整。

4 注意发现原结构存在的隐患，及时采取补救措施。

5 努力减少施工对生产、生活的影响，并采取措施防止施工的安全事故。

4 地基和基础

4.0.1 本章与《建筑抗震鉴定标准》GB 50023－2009第4章有密切的联系。现有地基基础的处理需十分慎重，应根据具体情况和问题的严重性采取因地制宜的对策。地基基础的加固可简单概括为：提高承载力、减少土层压缩性、改善透水性、消除液化沉降，以及改善土层的动力特性等方面。

提高承载力——即通过增加土层的抗压强度来提高地基承载力和稳定性；

减少压缩性——即减少土层的弹性变形、压密变形和上部土层的侧向位移所引起的地基沉陷；

改善透水性——即采取措施使地基不透水或减少动水压力，避免流砂、边坡滑移；

消除液化沉降——即改变土层的组成或含水率等，避免液化沉降；

改善动力特性——即采取措施提高松散土质的密实度。

对于抗震危险地段上的地基基础，在《建筑抗震鉴定标准》GB 50023－2009第4章已经明确，其加固需由专门研究确定。

对处于隐伏断裂上的建筑物，在《建筑抗震设计规范》GB 50011规定需要避开主断裂带的范围内，现有建筑也宜迁离或改为次要建筑使用。

本章仅规定了存在软弱土、液化土、明显不均匀土层的抗震不利地段上不符合抗震鉴定要求的现有地基和基础的抗震处理和加固。

4.0.2 抗震加固时，天然地基承载力的验算方法与《建筑抗震鉴定标准》GB 50023的规定相同，与新建工程不同的是，可根据具体岩土形状、已经使用的年限和实际的基底压力的大小计入地基的长期压密提高效应，提高系数由1.05～1.20不等，有关的公式不再重复；其中，考虑地基的长期压密效应时，需要区分加固前、后基础底面的实际平均压力，只有加固前的压力才可计入长期压密效应。

4.0.3 本条规定地基竖向承载力不足时的加固和处理方法。

考虑到地基基础的加固难度较大，而且其损坏往往不能直接看到，只能通过观察上部结构的损坏并加以分析才能发现。因此，可以首先考虑通过加强上部结构的刚度和整体性，以弥补地基基础承载力的某些不足和缺陷。本规程根据工程实践，将是否超过地基承载力特征值10%作为不同的地基处理方法的分界，尽可能减少现有地基的加固工作量。

需注意，对于天然地基基础，其承载力指计入地基长期压密效应后的承载力。当加固使基础增加的重力荷载占原有基础荷载的比例小于长期压密提高系数时，则不需要经过验算就可判断为不超过地基承载力。

加固原有地基，包括地基土的置换、挤密、固化和桩基托换等，其设计和施工方法，可按现行行业标准《既有建筑地基基础加固技术规范》JGJ 123的规定执行。

4.0.4 本条规定地基、桩基水平承载力的加固和处理方法，主要针对设置柱间支撑的柱基、拱脚等需要进行抗滑验算的情况。

天然地基的抗滑阻力，按《建筑抗震鉴定标准》GB 50023－2009第4.2节的规定，除了一般只考虑基础底面摩擦力和基础正面、侧面土层的水平抗力（被动土压力的1/3）外，还可利用刚性地坪的抗滑能力。震害和试验表明，刚性地坪可很好地抵抗上部结构传来的地震剪力，抗震加固时可充分利用，只需设置不小于墙、柱横截面尺寸3倍宽度的刚性地坪（地坪抗力取墙、柱与地坪接触面积的轴心抗压强度计算），还需注意，刚性地坪受压的抗力不可与土层水平抗力叠加，只能取二者的较大值。

增设基础梁分散水平地震力时，一般按柱承受的竖向荷载的1/10作为基础梁的轴向拉力或压力进行设计计算。

4.0.5 现有地基基础抗震加固时，液化地基的抗液化措施，也要经过液化判别，根据地基的液化指数和液化等级以及抗震设防类别区别对待。通常选择抗液化处理的原则要求低于《建筑抗震设计规范》GB 50011对新建工程的要求，对于A类建筑，仅对液化等级为严重的现有地基采取抗液化措施；对于乙类设防的B类建筑，液化等级为中等时也需采取抗液化措施，见表1。

表1 现有地基基础的抗液化措施

设防类别	轻微液化	中等液化	严重液化
乙类	可不采取措施	基础和上部结构处理或其他经济措施	宜全部消除液化沉陷
丙类	可不采取措施	可不采取措施	宜部分消除液化沉陷或基础和上部结构处理

4.0.6 本条规定，除采用提高上部结构抵抗不均匀

沉降的能力外，还列举了现有地基消除液化沉降的常用处理措施，包括：

桩基托换，采用树根桩、静压桩托换，轻型建筑也可采用悬臂式牛腿桩支托，当液化土层在浅层且厚度不大时，可通过加深基础穿过液化土层，将基础置于非液化的土层上；条形基础托换需分段进行，每段的长度一般不超过 2m；当液化土层埋深较大或厚度较大时，需新增桩基；桩端伸入非液化土层的深度，需满足《建筑抗震设计规范》GB 50011 的要求——对碎石土，砾、粗、中砂，坚硬黏性土和密实粉土尚不应小于 0.5m，对其他非岩石土尚不宜小于 1.5m；托换法不适用于地下水位高于托换基础标高的情况。

压重法，利用加大液化土层的压力来减轻液化影响，压重范围和压力需经过计算确定，施工时，堆载要分级均匀对称，防止不均匀沉降。

覆盖法，也是利用加大液化土层的压力来减轻液化影响，震害调查和室内模型试验均表明，即使下部土层液化，如果不发生喷冒，则基础的不均匀沉降和平均沉降均明显减小，在很大程度上减轻液化危害；抗喷冒用的刚性地坪应厚度均匀，与基础紧密接触；还需要嵌入基础，以防止地坪上浮。

排水桩法，其原理是：直接位于基础下的区域比自由场地不容易液化，而紧邻基础边有一个高的孔压区比自由场地更容易液化，因此，当地震震动的强度不足以使基础下的土层液化时，只需降低基础边的孔压就可能保持基础的稳定。此法在室内地坪不留缝隙，在基础边 1.5m 以外利用碎石的空隙作为土层的排水通道，将地震时土中的孔隙水压控制在容许范围内，以防止液化；排水桩的深度，最好达到液化土层的底部，排水桩的间距要经计算确定，排水桩的渗透性要比固结土大 200 倍以上，且不被淤塞。

旋喷法，适用于黏性土、砂土等，既可用来防止基础继续下沉，也可减少液化指数、降低液化等级或消除液化的可能。此法在基础内或紧贴基础侧面钻孔制作水泥旋喷桩：先用岩心钻钻到所需的深度，插入旋喷管，再用高压喷射水泥浆，边旋转注浆边提升，提到预定的深度后停止注浆并拔出旋喷管。在旋喷过程中利用水泥浆的冲击力扰动土体，使土体与水泥浆混合，凝固成圆柱状固体，达到加固地基土的目的。此法的优点如下：

①可在不同深度、不同范围内喷射水泥浆，可形成间隔的桩柱体或连成整体的连续桩；

②可适用于各种类型的软弱黏性土；

③桩柱体的强度，可通过硬化剂的用量控制；

④可形成竖直桩或斜桩。

4.0.7 本条规定了可用来抵抗结构不均匀沉降的一些构造措施。

5 多层砌体房屋

5.1 一般规定

5.1.1 本章的适用范围，主要是按《建筑抗震鉴定标准》GB 50023－2009 第 5 章进行抗震鉴定后需要加固的多层砖房等多层砌体房屋，故其适用的房屋层数和总高度不再重复，可直接引用的计算公式和系数也不再重复。

5.1.2 在砖砌体和砌块砌体房屋的加固中，正确选择加固体系和计算综合抗震能力是最基本的要求。

根据震害调查，对于不符合鉴定要求的房屋，抗震加固应从提高房屋的整体抗震能力出发，并注意满足建筑物的使用功能和同相邻建筑相协调，对于砌体房屋，往往采用加固墙体来提高房屋的整体抗震能力，但需注意防止在抗震加固中出现局部的抗震承载力突变而形成薄弱层，纵向非承重或自承重墙体加固后也不要超过同一层楼层中未加固的横向承重墙体的抗震承载力。

鉴于楼梯间在抗震救灾中的重要性，特别要求注意加强。

5.1.3 本条明确了超高、超层砌体房屋的加固、加强原则。考虑到现有房屋的层数和高度已经存在，可优先选择给出路的抗震对策。

改变结构体系，指结构的全部地震作用，不能由原有的仅设置构造柱的砌体墙来承担。例如，约束砌体墙、配筋砌体墙、组合砌体墙、足够数量的钢筋混凝土墙等，均可采用。当采用混凝土面层组合墙体时，原有的抗震砖墙体均需加固为组合墙体，净使用面积有所减少；采用足够数量的钢筋混凝土墙时，钢筋混凝土墙的间距可类似框-剪结构布置，净使用面积的减少量相对少些。按本规程第 5.3.8 条，双面设置板墙且合计厚度不小于 140mm 时，可视为增设钢筋混凝土墙。

横墙较少的砌体房屋不降低高度和减少层数的有关要求，见《建筑抗震设计规范》GB 50011（2008 年版）第 7.3.14 条。

5.1.4、5.1.5 抗震加固和抗震鉴定一样，可采用加固后的综合抗震能力指数作为衡量多层砌体房屋抗震能力的指标，也可按设计规范的方法对加固后的墙段用截面受剪承载力进行验算。

与鉴定不同的是，要按不同的加固方法考虑相应的加固增强系数，并按加固后的情况取体系影响系数 ψ_1 和局部影响系数 ψ_2，例如：

1 墙段加固的增强系数对 A、B 类砌体房屋均相同，对面层加固，根据原墙体的厚度和砂浆强度等级、加固面层的厚度和钢筋网等，取 1.1～3.1；对板墙加固，根据原墙体的砂浆强度等级，取 1.8～2.5；对外加柱加固，当鉴定不要求构造柱时，根据外加柱和洞口情况，取 1.1～1.3。

2 构造影响系数对 A、B 类砌体房屋略有不同，主要表现在构造柱的影响系数上：

1）增设抗震墙后，若横墙间距小于鉴定标准对刚性楼盖的规定值，取 $\psi_1 = 1.0$；

2）鉴定不要求有构造柱时，增设外加柱和拉杆、圈梁后，整体性连接的系数（楼屋盖支承长度、圈梁布置和构造等）取 $\psi_1 = 1.0$；鉴定要求有构造柱时，增设的构造柱需满足鉴定要求，相应的影响系数才能取 $\psi_1 = 1.0$；

3）采用面层、板墙加固或增设窗框、外加柱的窗间墙，其局部尺寸的影响系数取 $\psi_2 = 1.0$；

4）采用面层、板墙加固或增设支柱后，大梁支承长度的影响系数取 $\psi_2 = 1.0$。

5.2 加 固 方 法

5.2.1～5.2.4 根据我国多年来工程加固实践的总结，这几条分别列举了《建筑抗震鉴定标准》GB 50023－2009 第 5 章所明确的抗震承载力不足、房屋整体性不良、局部易倒塌部位连接不牢时及房屋有明显扭转效应时可供选择的多种有效加固方法，要针对房屋的实际情况单独或综合采用。

5.2.5 鉴于现有的 A 类空斗墙房屋和普通黏土砖砌筑的墙厚小于 180mm 的房屋属于早期建造的，20 世纪 80 年代后已不允许建造，故要求尽可能拆除处理，确实需要继续使用的，需要特别加强。

5.3 加固设计及施工

Ⅰ 面 层 加 固

5.3.1、5.3.2 这两条明确规定了面层（水泥砂浆面层或钢筋网水泥砂浆面层）加固墙体的设计方法，其中第 5.3.1 条是需要严格执行的强制性要求。为使面层加固有效，除了要注意原墙体的砌筑砂浆强度不高于 M2.5 外，强调了以下几点：①钢筋网的保护层及钢筋距墙面空隙；②钢筋网与墙面的锚固；③钢筋网与周边原有结构构件的连接。

面层加固的承载力计算，许多单位进行过试验研究并提出相应的计算公式。结合工程经验，本规程提出了原砌筑砂浆强度等级不高于 M2.5 而面层砂浆为 M10 时的增强系数。当原砌筑砂浆强度等级高于 M2.5 时，面层加固效果不大，增强系数接近于 1.0。

对砌筑砂浆强度等级 M2.5 的墙体，试验结果表明，钢筋间距以 300mm 为宜，过疏或过密都不能使钢筋充分发挥作用。

试验和现场检测发现，钢筋网竖筋紧靠墙面会导致钢筋与墙体无粘结，加固失效；试验表明，采用 5mm 间隙可有较强的粘结能力。钢筋网的保护层厚度应满足规定，提高耐久性，避免钢筋锈蚀后丧失加固效果。

面层加固可根据综合抗震能力指数的控制，只在某一层进行，不需要自上而下延伸至基础。但在底层的外墙，为提高耐久性，面层在室外地面以下宜加厚并向下延伸 500mm。

当利用面层中的配筋加强带起构造柱圈梁的约束作用时，一般需在墙体周边设置 3 根 $\phi10$ 的钢筋，净距 50mm；水平钢筋间距局部加密；墙体两面的钢筋还需要相互可靠拉结。在纵横墙交接处，则形成十字或 T 字形的组合柱。

面层加固的钢筋网布置及典型连接构造，参见图 1。

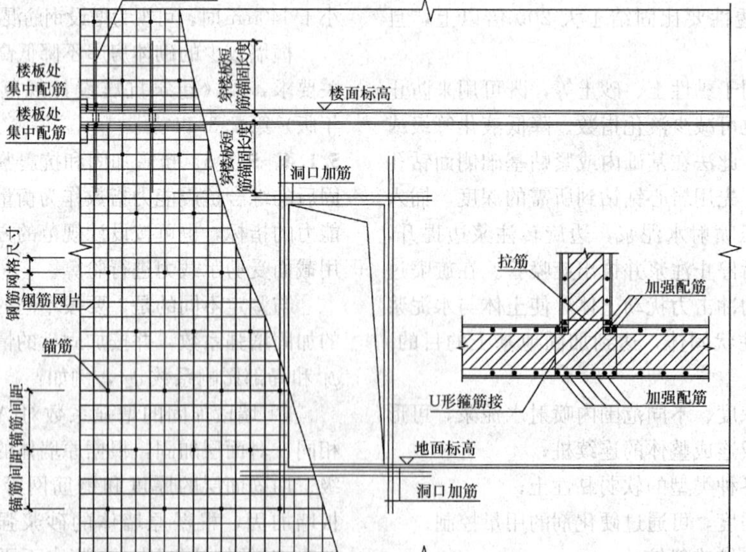

图 1 面层加固示意

5.3.3 注意钢筋网与原有墙面、周边构件的拉结筋应检验合格才能进行下一道工序的施工。锚筋除采用水泥基灌浆料、水泥砂浆外还可采用结构加固用胶粘剂，根据不同的材料和施工工艺，锚孔直径需相应调整。

Ⅱ 钢绞线网-聚合物砂浆面层加固

5.3.4～5.3.6 在近几年的试验研究和工程实践的基础上，本次修订增加了钢绞线网-聚合物砂浆面层加固砌体墙的方法，其加固效果好于钢筋网水泥砂浆面层加固法。

本方法与钢筋网砂浆面层加固的主要区别是，采用钢绞线网片，与原有墙体连接采用锚固在砖块上的专用金属胀栓，在墙体交接处需设置钢筋网等加强与左右两端墙体的连接，见图2。

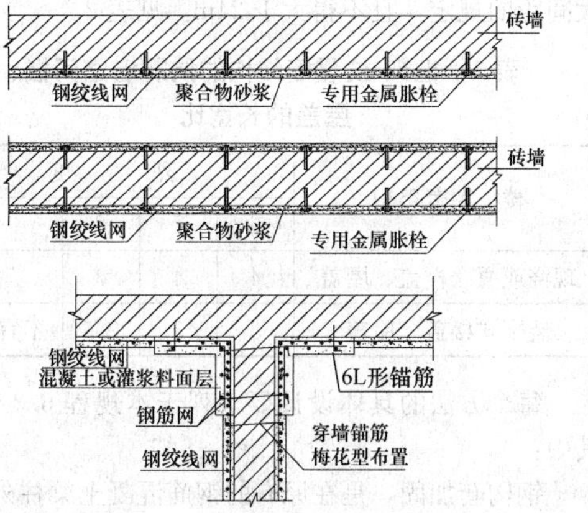

图2 钢绞线网-聚合物砂浆加固砖墙示意

Ⅲ 板 墙 加 固

5.3.7～5.3.9 钢筋混凝土板墙加固时，考虑到混凝土与砖砌体的弹性模量相差较大，混凝土不能充分发挥作用，其强度等级不宜过高，厚度不宜过大。

第5.3.7条是强制性要求，强调了以下几点：①板墙与原有楼板、周边结构构件应采用短筋、拉结钢筋可靠连接；②板墙的钢筋应与原墙体充分锚固；③板墙应有基础，条件允许时基础埋深同原有基础。

试验表明，板墙加固的增强系数与原墙体的砂浆强度等级有关。

本次修订，进一步明确双面板墙加固的增强系数，当双面合计的厚度达到140mm时，可直接按新增混凝土抗震墙对待。即，对于原有240mm厚的墙体，相当于双面加固的增强系数取为3.8（≤M7.5）和3.5（M10）。

板墙可支模浇筑或采用喷射混凝土工艺，板墙厚度较薄时应优先采用喷射混凝土工艺。

Ⅳ 增设抗震墙加固

5.3.10～5.3.12 新增砌的墙体应有基础，为防止新旧地基的不均匀沉降造成墙体开裂，按工程经验将基础宽度加大15%。

砖墙内设置钢筋网片和钢筋细石混凝土带的加固方法，是经过许多单位大量的试验提出的，其增强系数是试验结果的综合。

钢筋混凝土抗震墙加固时，如采用增强系数进行抗震验算，在规定的范围内，其取值可不考虑墙厚的不同。

Ⅴ 外加钢筋混凝土柱及圈梁、钢拉杆加固

5.3.13 利用外加钢筋混凝土柱、圈梁和替代内墙圈梁的拉杆，在水平和竖向将多层砌体结构的墙段加以分割和包围，形成对墙段的约束，能有效提高抗倒塌能力。这种加固方法已经受过地震的考验。

本条是强制性要求，其设置需依据设防烈度和设防类别的不同区别对待，为使约束系统的加固有效，强调了以下几点：①外加柱设置的位置应合理，还应与圈梁或钢拉杆连成封闭系统；②外加柱、圈梁应通过设置拉结钢筋和销键、锚栓、压浆锚杆或锚筋与墙体连接；③外加柱应有足够深度的基础；④圈梁遇阳台、楼梯间、变形缝时，应妥善处理；⑤拉杆应按照替代内墙圈梁的要求设置，并满足与墙体锚固的规定，使拉杆能保持张紧状态，切实发挥作用。

5.3.14、5.3.15 外加柱加固砖房的增强系数，是在总结几百个试验资料的基础上提出的。墙体承载力的提高，只适用于砂浆强度等级为M2.5以下鉴定不要求有构造柱的A类房屋墙体。

外加柱的截面和配筋均不必过大。外加柱应沿房屋全高贯通，不得错位；外加柱的钢筋混凝土销键适用于砂浆强度等级低于M2.5的墙体，砂浆强度等级为M2.5及以上时，可采用其他连接措施；在北方有季节性冻土的地区，外加柱埋深不得小于冻结深度；圈梁应连续闭合，内墙圈梁可用满足锚固要求的保持张紧的拉杆替代；

钢筋网砂浆面层和钢筋混凝土板墙中，沿墙体交接处、墙体与楼板交界处的集中配筋，也可替代该位置的构造柱和圈梁。

5.3.16～5.3.19 圈梁、钢拉杆应与构造柱配合形成封闭系统。其中第5.3.13条为强制性要求。

外加圈梁的截面、配筋和钢拉杆的直径，系按外墙墙体外甩计算得到的。

圈梁与墙体的连接，对砂浆强度等级低于M2.5的墙体，宜选用钢筋混凝土销键；对砂浆强度等级为M2.5及以上的墙体，可采用其他连接措施。

6 多层及高层钢筋混凝土房屋

6.1 一 般 规 定

6.1.1 本章与《建筑抗震鉴定标准》GB 50023 -

2009 第 6 章有密切联系，可直接引用的计算公式和系数不再重复。其适用的最大高度和层数，以及所属的抗震等级，需依据其后续使用年限的不同，分别由现行国家标准《建筑抗震鉴定标准》GB 50023－2009 第 6 章和《建筑抗震设计规范》GB 50011（2008 年版）第 6 章予以规定。

6.1.2 本条将 2002 版强制性条文的内容合并而成。

钢筋混凝土房屋的加固，体系选择和综合抗震能力验算是基本要求，注意以下几点：

1 要从提高房屋的整体抗震能力出发，防止因加固不当而形成楼层刚度、承载力分布不均匀或形成短柱、短梁、强梁弱柱等新的薄弱环节。

2 在加固的总体决策上，应从房屋的实际情况出发，侧重于提高承载力，或提高变形能力，或二者兼有；必要时，也可采用增设墙体、改变结构体系的集中加固，而不必每根梁柱普遍加固。

3 加固结构体系的确定，应符合抗震鉴定结论所提出的方案。当改变原框架结构体系时，应注意计算模型是否符合实际，整体影响系数和局部影响系数的取值方法应明确。

4 与砌体结构类似，加固的抗震验算，也可采用与抗震鉴定同样的简化方法。此时，混凝土结构综合抗震能力应按加固后的结构状况，确定其地震作用、楼层屈服强度系数、体系影响系数和局部影响系数的取值。

6.1.3 钢筋混凝土房屋加固后的抗震验算方法，当采用综合抗震能力指数方法时，即采用《建筑抗震鉴定标准》GB 50023－2009 第 6.2 节第二级鉴定规定的方法，取典型的平面结构计算。但其中，结构的地震作用要根据加固后的实际情况按本规程第 3.0.4 条的规定计算；构件的抗震承载力除了按《建筑抗震鉴定标准》GB 50023－2009 附录 C 计算外，需按本章规定考虑新增构件应变滞后和新旧构件协同工作程度的影响；体系影响系数和局部构造影响系数也按本章的有关规定确定。

6.1.4 钢筋混凝土房屋加固后的抗震验算方法，当采用国家标准《建筑抗震设计规范》GB 50011的方法时，地震作用的分项系数按规范规定取值，A、B类混凝土结构的地震内力调整系数、构件承载力需按现行国家标准《建筑抗震鉴定标准》GB 50023－2009第 6 章及相关附录的规定计算并计入构造的影响。加固后构件的抗震承载力，除了承载力抗震调整系数应采用本规程第 3.0.4 条的抗震加固的承载力调整系数替换外，同样需按本章规定考虑新增构件应变滞后和新旧构件协同工作程度的影响。

6.2 加 固 方 法

6.2.1 本条列举了结构体系和抗震承载力不满足要求时，可供选择的有效加固方法。在加固之前，应尽可能卸除加固构件相关部位的全部活荷载。

当原有的 A 类混凝土框架结构体系属于单向框架时，需通过节点加固成为双向框架；考虑到节点加固的难度较大，也可按《建筑抗震设计规范》GB 50011 对框架-抗震墙结构的墙体布置要求，增设一定数量的钢筋混凝土墙体并加固相关节点而改变结构体系，从而避免对所有的节点予以加固。对于 B、C 类混凝土框架结构，当时施行的《建筑抗震设计规范》GB 50011 已明确规定应设计为双向框架，一般不出现这类框架。

单跨框架对抗震不利是十分明确的，对于抗震鉴定结论明确要求加强的情况，可按本条规定选择增设墙体、翼墙、支撑或框架柱的方法。需注意，增设墙、支撑、柱的最大间距，应考虑多道防线的设计原则，符合设计规范对框架-抗震墙结构的墙体布置最大间距的规定，且不得大于 24m。见表 2。

表 2 框架-抗震墙结构的抗震墙之间楼、屋盖的长宽比

楼、屋盖类型	烈度			
	6	7	8	9
现浇或叠合楼盖、屋盖	4	4	3	2
装配式楼盖、屋盖	3	3	2.5	不宜采用

每个方法的具体设计要求列于本规程 6.3 节中。其中：

钢构套加固，是在原有的钢筋混凝土梁柱外包角钢、扁钢等制成的构架，约束原有构件的加固方法；现浇混凝土套加固，是在原有的钢筋混凝土梁柱外包一定厚度的钢筋混凝土，扩大原构件截面的加固方法。这两种加固方法，是提高梁柱承载力、改善结构延性的切实可行的方法；当仅加固框架柱时，还可提高“强柱弱梁”的程度。

粘贴钢板的方法是将钢板与混凝土面粘结使其协同工作来提高构件的承载力，粘结质量的好坏直接影响到加固效果，故需由专业队伍施工，确保加固效果；粘贴碳纤维是本次修订增加的、近来已经使用成熟的加固方法，但对胶粘剂的质量和粘贴工艺要求较严，同粘钢一样，粘结质量的好坏直接影响到加固效果，故需由专业队伍施工，确保加固效果，另外还要进行防火处理。

钢绞线网-聚合物砂浆面层是近年来发展的一种新型环保、耐久性较好的加固方法，对提高构件的承载力和刚度都有贡献，但需要满足本规程规定的材料性能和施工构造要求。

增设抗震墙或翼墙，是提高框架结构抗震能力及减少扭转效应的有效方法。

消能支撑加固是通过增设消能支撑的耗能吸收部分地震力，从而减小整个结构的地震作用。

增设抗震墙会较大地增加结构自重，要考虑基础承载的可能性。

增设翼墙适合于大跨度时采用，以避免梁的跨度减少后导致梁剪切破坏。

本次修订，增加了提高"强柱弱梁"目标的加固方法，以及楼梯间梯板的加固方法。

6.2.2 钢筋混凝土构件的局部损伤，可能形成结构的薄弱环节。按本条列举的方法进行构件局部修复加固，是恢复构件承载力的有效措施。

6.2.3 本条列举了墙体与结构构件连接不良时可供选择的有效的加固方法。对于砖填充墙与框架柱的连接，拉筋的方案比较有效；对于填充墙体与框架梁的连接，相比拉筋方式，采取在墙顶增设钢夹套与梁拉结的方案更为有效。

鉴于楼梯间和人流通道填充墙的震害，要求采用钢丝网抹面加强保护。

6.2.4 对女儿墙等易倒塌部位不符合鉴定要求的加固方法，可按本规程第5.2.3条的有关规定选择加固方法。

6.3 加固设计及施工

Ⅰ 增设抗震墙或翼墙

6.3.1 本条将2002版相关强制性条文合并而成，给出了增设墙体加固的构造和计算的最基本要求。增设抗震墙可避免对全部梁柱进行普遍加固，一般按框架-抗震墙结构进行抗震加固设计。

为使增设墙体的加固有效，强调了以下几点：①墙体最小厚度；②墙体的最小竖向和横向分布筋；③考虑新增构件的应力滞后，抗震承载力验算时，新增混凝土和钢筋的强度，均应乘以折减系数。④加固后抗震墙之间楼、屋盖长宽比的局部影响系数应作相应改变。

6.3.2 本条规定了增设钢筋混凝土抗震墙或翼墙加固方法的构造要求以及加固后截面的抗震验算方法。

增设抗震墙，需注意复核原有地基基础的承载力；增设翼墙需复核原有框架梁跨度减少后梁端的配筋。

增设抗震墙或翼墙加固的主要构造是确保新旧构件的连接，以便传递剪力。可有三种方法：

1 锚筋连接。需在原构件上钻孔，并用符合规定的高强胶锚固，施工质量要求高。

2 钢筋混凝土套连接。在云南耿马一带的加固中，使用效果良好。

3 锚栓连接。需要专用的施工机具，其布置可参照锚筋的规定。

当新增混凝土的强度等级比原有构件提高一个等级时，考虑混凝土、钢筋强度折减的截面抗震验算可有所简化：仍按原构件的混凝土强度等级采用，即相当于混凝土强度乘以折减系数0.85，然后，将计算所需增加的配筋乘以1.15，即为按原钢筋级别所需要新增的钢筋。

6.3.3 本条规定了抗震墙和翼墙的施工要点，对于结构抗震加固，施工方法的正确与否直接关系到加固效果，应注意遵守。

Ⅱ 钢构套加固

6.3.4 本条将2002版相关强制性条文归并而成，规定了采用钢构套加固框架的基本要求。钢构套对原结构的刚度影响较小，可避免结构地震反应的加大。因此，当加固后构件刚度和重力荷载代表值的变化符合本规程第3.0.4条的有关规定时，可以直接采用抗震鉴定的计算分析结果而不必重新进行整个结构的抗震计算分析。

为使钢构套的加固有效，强调了以下几点：①钢构套构件两端的锚固；②钢构套缀板的间距；③考虑新增构件的应力滞后和协同工作的程度，其钢材的强度应乘以折减系数。

6.3.5 本条规定了采用钢构套加固框架的设计要求。当刚度和重力荷载代表值变化在规定的范围内时，可直接将抗震鉴定结果中计算配筋的差距，按本条规定的梁、柱钢材强度折减系数换算为所需的型钢截面面积。

6.3.6 本条规定了钢构套的施工要点，需采取措施加强钢材与原有混凝土构件的连接，并注意防火和防腐，这些要求直接关系到加固效果，应注意遵守。

Ⅲ 钢筋混凝土套加固

6.3.7 本条将2002版相关强制性条文归并而成，规定了采用钢筋混凝土套加固梁柱的基本要求。钢筋混凝土套加固后构件刚度有一定增加，整个结构的地震作用有所增大，但试验研究表明，钢筋混凝土套加固后可作为整体构件计算，其承载力和延性的提高可比刚度的增加要大，从而达到加固的目的。

为使混凝土套的加固有效，强调了以下几点：①混凝土套的纵向钢筋要与其两端的原结构构件，如楼盖、屋盖、基础和柱等可靠连接；②应考虑新增部分的应力滞后，作为整体构件验算承载力，新增的混凝土和钢筋的强度，均应乘以折减系数。

6.3.8 本条规定了采用钢筋混凝土套加固梁柱的设计要求，并明确区分A、B、C类建筑的不同。对新增的箍筋，应采取措施加强与原有构件的拉接，如采用锚筋、锚栓或短筋焊接等方法。

当新增混凝土的强度等级比原有构件提高一个等级时，截面抗震验算可有所简化：仍按原构件的混凝土强度等级采用，即相当于混凝土强度乘以折减系数0.85，然后，将计算所需增加的配筋乘以1.15，即为原钢筋等级所需新增的钢筋截面面积。

6.3.9 本条规定了钢筋混凝土套的施工要点，这些要求直接关系到加固效果，需注意遵守。

Ⅳ 粘贴钢板加固

6.3.10 本条参照《混凝土结构加固设计规范》GB 50367 的规定，文字有所调整。本条规定了采用粘贴钢板加固方法的要求，加固前应卸载，并注意防腐和防火要求。

考虑到《混凝土结构加固设计规范》GB 50367 的承载力计算公式是针对静载的，胶粘剂在拉压反复作用下的性能与静载下有所区别，从偏于安全的角度，本条规定，采用《混凝土结构加固设计规范》GB 50367 的计算公式时，原有混凝土构件的抗震承载力与抗震鉴定时的取值相同，需取 γ_{Ra}（其值依据后续使用年限的不同而变，均小于 1.0），而钢板部分的承载力的"抗震加固承载力调整系数"取 1.0。例如，斜截面受剪承载力验算公式为：

$$V \leqslant V_0/\gamma_{Ra} + V_{sp}$$

式中，V_0/γ_{Ra} 为原有钢筋混凝土构件的抗震承载力，对于 A、B 类，可按《建筑抗震鉴定标准》GB 50023－2009 第 6 章的有关附录计算，即材料强度、计算公式与现行《混凝土结构设计规范》GB 50010 不同。

粘贴钢板加固时，宜采用专用胀栓加强钢板与结构构件的连接。

Ⅴ 粘贴纤维布加固

6.3.11 本条为新增，参照《混凝土结构加固设计规范》GB 50367的规定，对抗震加固不同之处加以规定。采用粘贴纤维布加固梁柱时，对原结构构件的混凝土强度有要求，并规定了采用碳纤维加固的设计和施工要求，加固前应卸载，并强调对碳纤维的防火要求。

考虑到《混凝土结构加固设计规范》GB 50367 的承载力计算公式是针对静载的，胶粘剂在拉压反复作用下的性能与静载下有所区别，从偏于安全的角度，本条规定，采用《混凝土结构加固设计规范》GB 50367 的计算公式时，原有混凝土构件的抗震承载力与抗震鉴定时的取值相同，需取 γ_{Ra}（其值依据后续使用年限的不同而变，均小于 1.0），而碳纤维部分的承载力的"抗震加固承载力调整系数"取 1.0。

Ⅵ 钢绞线网-聚合物砂浆面层加固

6.3.12 本条为新增，参照《混凝土结构加固设计规范》GB 50367的规定，对抗震加固不同之处加以规定。本条规定了采用钢绞线网-聚合物砂浆面层加固梁柱的钢绞线网片、聚合物砂浆的材料性能。

6.3.13 本条规定了钢绞线网-聚合物砂浆面层加固梁柱的设计要求，该方法只能承受拉应力。

考虑到《混凝土结构加固设计规范》GB 50367 的承载力计算公式是针对静载的，胶粘剂在拉压反复作用下的性能与静载下有所区别，从偏于安全的角度，本条规定，采用《混凝土结构加固设计规范》GB 50367 的计算公式时，原有混凝土构件的抗震承载力与抗震鉴定时的取值相同，需取 γ_{Ra}（其值依据后续使用年限的不同而变，均小于 1.0），而钢绞线网-聚合物砂浆面层部分的承载力的"抗震加固承载力调整系数"取 1.0。

6.3.14 本条规定了钢绞线网-聚合物砂浆面层加固的施工要求，施工前应首先卸载。

Ⅶ 增设支撑加固

6.3.15 本条列举了新增钢支撑的设计要点，这类支撑宜按不承担静载仅承担地震作用的要求进行设计，同时加固与支撑相连的框架节点，并将支撑承担的地震作用可靠地传递到基础。

6.3.16 本条为新增，主要参照《建筑抗震设计规范》GB 50011 第 12 章的规定。规定了采用消能支撑加固框架结构的要求。

Ⅷ 混凝土缺陷修补

6.3.17 本条规定了对混凝土构件局部损伤和裂缝等缺陷进行修补时的材料要求、施工要求。

Ⅸ 填充墙加固

6.3.18 本条规定了砌体墙与框架连接的加固的方法以及要求，适合于单独加强墙与梁柱的连接时采用。砌体墙与框架柱连接的加强，尽可能在框架全面加固时通盘考虑，设计人员可根据抗震鉴定的要求，结合具体情况处理。

墙与柱的连接可增设拉筋加强；墙与梁的连接，可设拉筋加强墙与梁的连接，亦可采用墙顶增设钢夹套加强墙与梁的连接，钢夹套应注意防锈防火。

7 内框架和底层框架砖房

7.1 一 般 规 定

7.1.1 本章与《建筑抗震鉴定标准》GB 50023－2009 第 7 章有密切联系，其最大适用高度及可直接引用的计算公式和系数不再重复。对于类似的砌块房屋，其加固也可参照。

7.1.2 内框架和底层框架房屋均是混合承重结构，其加固设计的基本要求与多层砌体房屋、多层钢筋混凝土房屋相同。针对内框架和底层框架砖房的结构特点，需要注意：

1 加固的总体决策，除采取提高承载力或增强整体性的加固方案外，尚应采取措施调整二层与底层的侧向刚度比，使之符合现行国家标准《建筑抗震设计规范》GB 50011 的相应规定，避免形成柔弱底层或薄弱层转移至二层，A 类内框架和底层框架房屋的加固设计，通常采用综合抗震能力指数方法，应确保不出现新的抗震薄弱层和薄弱部位。

2 加固措施还应避免造成短柱或强梁弱柱等不利于抗震受力的状态，是本规程第 3 章抗震概念加固设计的具体体现。

3 抗震验算所采用的计算模型和参数，应按加固后的实际情况取值。例如，墙体采用钢筋混凝土板墙加固，承载力增强系数、楼盖支承长度的体系影响系数等均可按本规程第 5 章对砌体墙加固的相关规定取值；增设横墙后，原横墙间距的影响系数相应改变；壁柱加固后，外纵墙局部尺寸、大梁与墙体连接的有关影响系数也可能相应变化。

7.1.3 内框架和底层框架砖房加固后的抗震验算方法，当采用现行国家标准《建筑抗震设计规范》GB 50011 规定的方法时，其中结构的地震作用、构件的抗震承载力和构造影响系数，要根据加固后的实际情况，按本章的有关规定确定。

7.1.4 本条规定了现有的底层框架砖房的层数和总高度超过规定限值的处理方法。针对现行国家标准《建筑抗震设计规范》GB 50011 规定的层数和高度限值高于 A、B 类底层框架砖房抗震鉴定的要求，提出了相应的加固对策。

7.1.5 对底层框架和底层内框架砖房，其上部各层按多层砖房的有关规定进行加固的竖向构件需延续到底层。即：混凝土板墙、构造柱等需通过底层落到基础上，面层需锚固在底层的框架梁上；底层的框架和内框架，也需考虑上部各层加固后重量、刚度变化造成的影响。

7.2 加 固 方 法

7.2.1 内框架和底层框架砖房经常遇到的抗震问题是：抗震横墙间距过大，或横墙承载力不足，或外墙（垛）的承载力不足，或底层与过渡层刚度比不满足要求，或底层为单跨框架，抗震赘余度不足。针对这些问题，确定抗震加固方案时需遵守下列原则：

1 抗震横墙间距符合要求而承载力不足时，采用钢筋网面层加固可提高承载力并改善结构延性，而且施工比较方便；当原墙体抗震承载力与设防要求相差太大时，可采用钢筋混凝土板墙加固。

2 抗震横墙间距超过限值，或房屋横向抗震承载力不足，应优先增设抗震墙加固，因为这种加固方法的效果最好。一般情况，增设的抗震墙可采用砖墙；当楼盖整体性较好且横向抗震承载力与设防要求相差较大时，也可增设钢筋混凝土抗震墙加固。

3 钢筋混凝土柱配筋不满足要求时，可增设钢构套架、现浇钢筋混凝土套等方法加固柱的抗弯、抗剪和抗压能力，也可采用粘贴纤维布、钢绞线网-聚合物砂浆面层等方法提高柱的抗剪能力；也可增设抗震墙减少柱承担的地震作用。

4 横向抗震验算时，承载力不足的外纵墙可用钢筋混凝土壁柱加固。壁柱可设在纵墙的内侧或外侧，也可内外侧同时增设；仅增设外壁柱时，要采取措施加强壁柱与楼盖梁的连接。也可增设抗震墙减少砖柱（墙垛）承担的地震作用。

5 底层框架砖房的底层为单跨框架时，应增设框架柱形成双跨或结合使用功能增设钢筋混凝土抗震墙以增加底层刚度，同时减少框架柱承担的地震作用；当底层刚度较弱或有明显扭转效应时，可在底层增设钢筋混凝土抗震墙或翼墙加固；当过渡层刚度、承载力不满足鉴定要求时，可对过渡层的原有墙体采用钢筋网砂浆面层、钢绞线网-聚合物砂浆面层加固或采用钢筋混凝土墙替换底部为钢筋混凝土墙的部分砌体墙等方法加固。

7.2.2 本条列举了整体性不足时可供选择的加固方法：楼面现浇层、圈梁、外加柱和托梁等。

7.2.4 由于底层内框架、单排柱内框架房屋的结构形式极为不利于抗震，存在较大抗震安全隐患，因此针对现有的 A 类底层内框架、单排柱内框架房屋，应结合规划拆除重建。对于暂时需要继续使用的建筑，应在原壁柱处增设钢筋混凝土柱形成梁柱固接的结构体系或采取增设墙体等方式改变其结构体系。

7.3 加固设计及施工

Ⅰ 壁 柱 加 固

7.3.1、7.3.2 这两条给出了增设混凝土壁柱的构造和计算要求。壁柱加固主要适用于纵向抗震能力不足，或者横墙间距过大需考虑楼盖平面内变形导致砌体柱（墙垛）承载力不足的加固方法。使用时注意：

1 壁柱与多层砖房的构造柱有所不同，其截面应严格控制，其构造应能使壁柱与砖柱（墙垛）形成组合构件，按组合构件进行验算；壁柱可单面或双面设置，与砖柱四周的钢筋混凝土套也有所不同。

2 可采用外壁柱、内壁柱或内外侧同时设置，当需要保持外立面原貌时，应采用内壁柱。壁柱需与砖柱（墙垛）形成组合构件，按组合构件计算刚度并进行验算。

3 抗震加固时，对多道抗震设防的要求稍低，故加固后砖柱（墙垛）承担的地震作用少于《建筑抗震设计规范》GB 50011 的要求，墙体有效侧向刚度的取值比规范大些；此外，根据试验结果，提出了横墙间距超过规定值时，加固后砖柱（墙垛）受力的计算方法。

4 作为简化，砖柱（墙垛）用壁柱加固后按组合构件计算其抗震承载力，考虑增设的部分受力滞后，新增的混凝土和钢筋的强度需乘以 0.85 的折减系数。

其中，第 7.3.2 条为强制性要求。为使壁柱的加固有效，强调了以下几点：①壁柱应从底层设起，沿砖柱（墙垛）全高贯通；②壁柱应满足最小截面和最小纵筋、箍筋设置要求；③壁柱应在楼、屋盖处与原结构拉结，并应有基础。

Ⅱ 楼盖现浇层加固

7.3.3、7.3.4 本条给出了楼盖面层加固的构造要求。

增设钢筋混凝土现浇层加固楼盖，可使底层框架房屋满足抗震鉴定对楼盖整体性的要求。为确保现浇面层的加固有效，楼盖面层加固的细部构造，要确实加强原预制楼盖的整体性。强调了以下几点：①现浇层的最小厚度不得过小；②现浇层的最小分布钢筋应满足构造要求。

Ⅲ 增设面层、板墙、抗震墙、外加柱加固

7.3.5～7.3.10 内框架和底层框架砖房采用面层、板墙和抗震墙进行加固的材料、构造、抗震验算设计及施工，直接引用了本规程第 5 章的有关规定。其中，参照《建筑抗震设计规范》GB 50011 的规定，各方向的地震作用最好由该方向的抗震墙承担。

Ⅳ 框架柱加固

7.3.11 内框架和底层框架砖房的钢筋混凝土柱采用钢构套、现浇钢筋混凝土套、纤维布进行加固的材料、构造、抗震验算及施工，直接引用了本规程第 6 章的有关规定。

8 单层钢筋混凝土柱厂房

8.1 一 般 规 定

8.1.1 本章与《建筑抗震鉴定标准》GB 50023－2009 第 8 章有密切联系，其适用范围相同。

8.1.2 钢筋混凝土厂房是装配式结构，抗震加固的重点与抗震鉴定的重点相同，侧重于提高厂房的整体性和连接的可靠性，而不增加原厂房的地震作用。

8.1.3 厂房加固后，各种支撑杆的截面、阶形柱上柱的钢构套等，多数可不进行抗震验算；需要验算时，内力分析与抗震鉴定时相同，均采用《建筑抗震设计规范》GB 50011 的方法，构件的抗震承载力验算，牛腿的钢构套可用本章的方法，其余按《建筑抗震设计规范》GB 50011 的方法，但采用“抗震加固的承载力调整系数”替代设计规范的“承载力抗震调整系数”。

8.2 加 固 方 法

8.2.1 各种支撑布置不符合鉴定要求时，一般采取增设支撑的方法。

8.2.2 本条列举了天窗架、屋架和排架柱承载力不足时可选择的加固方法。

8.2.3 本条列举了各种连接不符合鉴定要求时可选择的加固和处理方法。

8.2.4 降低女儿墙高度是消除不利抗震因素的积极措施。试验和地震经验表明：用竖向角钢加固超高女儿墙是保证裂而不倒的有效措施。当条件许可时，可利用钢筋混凝土竖杆代替角钢，有利于建筑立面处理和维护。

8.2.5 隔墙剔缝后，应注意保证隔墙本身的稳定性。

8.3 加固设计及施工

Ⅰ 屋 盖 加 固

8.3.1 本条与《建筑抗震鉴定标准》GB 50023－2009 第 8.2 节的鉴定要求相呼应，规定了不同烈度下Ⅱ形天窗架 T 形截面立柱的加固处理：节点加固、有支撑的立柱加固和全部立柱加固。

8.3.2 增设的竖向支撑与原有支撑形式相同，有利于地震作用的均匀分配。

当支撑全部为新增时，W 形的刚度较好，但支撑高大于 3m 时，其腹杆较长，需要较大的截面尺寸，改用 X 形比较经济。

Ⅱ 排架柱加固

8.3.3～8.3.7 这几条规定了采用钢构套加固排架柱各部位的设计及施工，本次修订增加了对 B 类厂房的加固要求。

1 柱顶加固构件的截面尺寸，系参照《建筑抗震设计规范》GB 50011 对抗剪箍筋的要求，考虑加固现有建筑时需引入“抗震加固的承载力调整系数”，分别给出 A、B 类厂房加固的简图和构件的选用表，用于柱截面宽度不大于 500mm 的情况。

2 单层厂房中，有吊车的阶形柱上柱的底部或吊车梁顶标高处，以及高低跨的上柱，在水平地震作用下容易产生水平断裂破坏。这种震害在 8 度时较多，高于 8 度时更为严重。因此，提供了 8、9 度时加固的简图和所用的角钢、钢缀板的截面尺寸。

3 支承低跨屋盖的牛腿不足以承受地震下的水平拉力时，不足部分由钢构套的钢缀板或钢拉杆承担，其值可根据牛腿上重力荷载代表值产生的压力设计值和纵向受力钢筋的截面面积，参照《建筑抗震设计规范》GB 50011 规定的方法求得。钢缀板、钢拉杆截面验算时，考虑钢构套与原有牛腿不能完全共同工作，将其承载力设计值乘以 0.75 的折减系数。本规程据此提供了不同烈度、不同场地的截面选用表，以减少计算工作。

Ⅲ 柱间支撑加固

8.3.8 本次修订对个别文字进行了调整和明确。

采用钢筋混凝土套加固排架柱底部时，其抗震承载力验算的方法与《混凝土结构设计规范》GB 50010相同，按偏压构件斜截面受剪承载力计算，公式不再重复。考虑到混凝土套的受力滞后于原排架柱，需将新增部分的抗震承载力乘以0.85的折减系数。

8.3.9 本次修订增加了对B类厂房的加固要求，补充了对柱间支撑开间的基础之间增加水平压梁的加固要求，使支撑的内力对基础的影响尽可能小。

增设柱间支撑时，需控制支撑杆的长细比，并采取有效的方法提高支撑与柱连接的可靠性。

Ⅳ 封檐墙和女儿墙加固

8.3.10 厂房的女儿墙、封檐墙，在7度时就可能出现震害，但适当加固后则效果明显。

本次修订增加了对B类厂房的加固要求。

表8.3.10-1和表8.3.10-2系按材料为Q235角钢、C20混凝土和HPB235钢筋得到的。

9 单层砖柱厂房和空旷房屋

9.1 一般规定

9.1.1 本章与《建筑抗震鉴定标准》GB 50023－2009第9章有密切联系，对多孔砖和其他烧结砖、蒸压砖砌筑的单层房屋的抗震加固，根据试验结果和震害经验，本章的规定可供参考。

9.1.2 本条强调了单层砖柱厂房和单层空旷房屋加固的重点。

单层空旷房屋指影剧院、礼堂、餐厅等空间较大的公共建筑，往往是由中央大厅和周围附属的不同结构类型房屋组成的以砌体承重为主的建筑。这种建筑的使用功能要求较高，加固难度较大，需要针对存在的抗震问题，从结构体系上予以改善。需要注意：

1 大厅的抗震能力主要取决于砖柱（墙垛），要防止加固后砖柱刚度增大导致地震作用显著增加，而砖柱加固后的抗震承载力仍然不足。例如，正确选择钢筋网砂浆面层的材料强度、厚度和配筋，使形成的组合砖柱，刚度的增加可小于承载力的增加，达到预期的效果。

2 为减少大厅砖柱的地震作用，要充分利用两端墙体形成空间工作体系，加固方案应有利于屋盖整体性的加强。

3 单层空旷房屋的空间布置高低起落，平面布置复杂，毗邻的建筑之间通常不设防震缝，抗震上不利因素较多，在加固设计的方案选择时，应有利于消除不利因素。例如，采用轻质墙替换砌体隔墙、山墙山尖或将隔墙与承重构件间改为柔性连接等，可减少结构布置上对抗震的不利因素。

9.1.3 针对砖墙承重的空旷房屋适用范围的限制，当按鉴定结果的要求，需要采用钢筋混凝土柱、组合柱承重时，则加固应增设相关构件、改变结构体系或采取既提高墙体（垛）承载力又提高延性的措施，达到现行《建筑抗震设计规范》GB 50011相应要求。

9.1.5 本条要求，大厅的混合排架结构、附属房屋的加固，应分别符合相应结构类型的要求。震害经验和研究分析表明，单层空旷砖房与其附属房屋之间的共同工作和相互影响是很明显的，抗震加固和抗震鉴定一样，需予以重视。

9.2 加固方法

9.2.1 提高砖柱（墙垛）承载力的方法，根据试验和加固后的震害经验总结，要根据实际情况选用：

壁柱和混凝土套加固，其承载力、延性和耐久性均优于钢筋砂浆面层加固，但施工较复杂且造价较高。一般在乙类设防时和8、9度的重屋盖时采用。

钢构套加固，着重于提高延性和抗倒塌能力，但承载力提高不多，适合于6、7度和承载力差距在30%以内时采用。

9.2.2 本条列举了提高整体性的加固方法，如采用增设支撑、支托、圈梁加固。

本次修订，尽可能明确单层空旷房屋大厅的相应加固方法。

9.2.3 砌体的山墙山尖，最容易破坏且因高度大使加固施工难度大；震害表明，轻质材料的山尖破坏较轻，特别在高烈度时更为明显；实践说明，高大墙体除采用增设扶壁柱加固外，山墙的山尖改为轻质材料，是较为经济、简便易行的。

空旷房屋大厅舞台口大梁上部的墙体，与单层工业厂房的悬墙受力状态接近，可采用类似的加固方法。

9.3 加固设计及施工

Ⅰ 面层组合柱加固

9.3.1～9.3.4 这几条规定面层加固砖柱（墙）形成组合柱的抗震承载力验算、构造及施工。其中，第9.3.1条是强制性要求。

1 计算组合砖柱的刚度时，加固面层与砖柱视为组合砖柱整体工作，包括面层中钢筋的作用。因为计算和试验均表明，钢筋的作用是显著的。

确定组合砖柱的计算高度时，对于9度地震，横墙和屋盖一般有一定的破坏，不具备空间工作性能，屋盖不能作为组合砖柱的不动铰支点，只能采用弹性方案；对于8度地震，屋盖结构尚具有一定的空间工作性能，因而可采用弹性和刚弹性两种计算方案。

必须指出，组合砖柱计算高度的改变，不会对抗震承载力验算结果产生明显的不利影响。因为抗震承载力验算时亦采用同一个计算高度。同时，对组合砖柱的弯矩和剪力，亦应乘以考虑空间工作的调整系数。

2 对T形截面砖柱，为了简化侧向刚度计算而不考虑翼缘，当翼缘宽度不小于腹板宽度5倍时，不考虑翼缘将使砖柱刚度减少20%以上，周期延长10%以上。因而相应的计算周期需予以折减。

当然，对钢筋混凝土屋架等重屋盖房屋，按铰接排架计算的周期，尚应再予以折减。

3 试验研究和计算表明，面层材料的弹性模量及其厚度等，对组合砖柱的刚度值有很大的影响，因而面层不宜采用较高强度等级的材料和较大的厚度，以免地震作用增加过大。

由于水泥砂浆的拉伸极限变形值低于混凝土的拉伸极限值较多，容易出现拉伸裂缝，为了保证组合砖柱的整体性和耐久性，规定砂浆面层内仅采用强度等级较低的HPB235级钢筋。

4 对加固组合砖柱拉结腹杆的间距、拉结腹杆的横截面尺寸及其配筋的规定，是考虑到使它们能传递必要的剪力，并使组合砖柱两侧的加固面层能整体工作。

5 震害表明，刚性地坪对砖柱等类似构件的嵌固作用很强，使其破坏均在地坪以上一定高度处。因而对埋入刚性地坪内的砖柱，其加固面层的基础埋深要求可适当放宽，即不要求与原柱子有同样的埋深。

Ⅱ 组合壁柱加固

9.3.5、9.3.6 这两条给出了增设混凝土壁柱加固的构造和计算要求；其中，第9.3.5条是强制性要求。采用壁柱和混凝土套加固，其承载力、延性和耐久性均优于钢筋砂浆面层加固。

壁柱加固要有效，加固的细部构造应确保壁柱与砖墙形成组合构件，本规程中给出了示意图，强调了以下几点：①控制最小配筋率和配箍及钢筋与砖墙表面的距离；②加强壁柱纵向钢筋在上下端与原结构连接件的连接；③壁柱下应设置基础，并控制基础的截面；④按组合截面计算承载力时，应考虑应力滞后，将混凝土和钢筋的强度乘以折减系数。

Ⅲ 钢构套加固

9.3.7 本条给出了增设钢构套加固砖垛的构造要求。

1 钢构套加固，构件本身要有足够的刚度和强度，以控制砖柱的整体变形和保证钢构套的整体强度；加固着重于提高延性和抗倒塌能力，但承载力提高不多，适合于6、7度和承载力差距在30%以内时采用，一般不作抗震验算。

2 钢构套加固砖垛的细部构造应确实形成砖垛的约束，为确保钢构套加固能有效控制砖柱的整体变形，纵向角钢、缀板和拉杆的截面应使构件本身有足够的刚度和承载力，其中，横向缀板的间距比钢结构中相应的尺寸大，因不要求角钢肢杆充分承压，且角钢紧贴砖柱，不像通常的格构式组合钢柱中能自由地失稳。

3 构件需具有一定的腐蚀裕度，以具备耐久性。

采用本方法需注意以下几点：①钢构套角钢的上下端应有可靠连接；②钢构套缀板在柱上下端和柱变截面处，间距应加密。

10 木结构和土石墙房屋

10.1 木结构房屋

本节与《建筑抗震鉴定标准》GB 50023－2009第10.1节有密切的联系。主要适用于不符合其要求的穿斗木构架、旧式木骨架、木柱木屋架、柁木檩架和康房的加固。

木结构房屋的震害表明，木结构是一种抗震能力较好的结构形式。只要木构件不腐朽、不严重开裂、不拔榫、不歪斜，且与围护墙有拉结，即使在高烈度区，仅有破坏轻微的实例。因此，木结构房屋抗震加固的重点是木结构的承重体系。只要地震时构架不倒，就会减轻地震造成的损失，达到墙倒屋不塌的目标。

木结构房屋的加固方法包括：

1 对构造不合理的木构架，采取增设杆件的方法加固，见图3～图7。

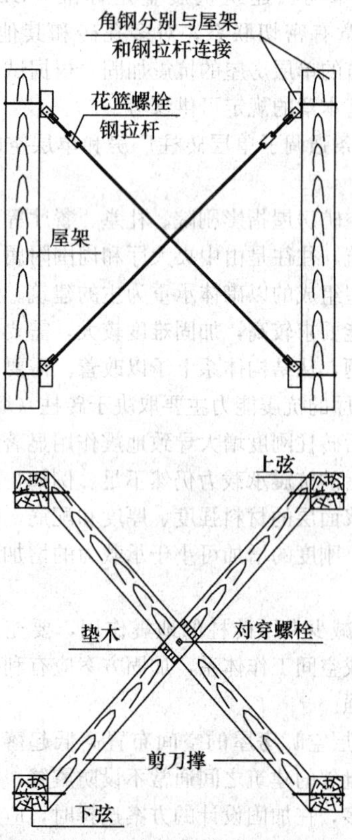

图3 增设屋架间钢拉杆和剪刀撑

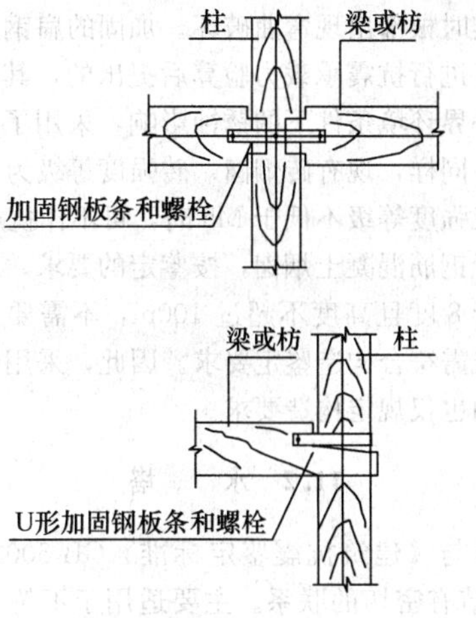

图4　增设木梁柱间拉结铁件

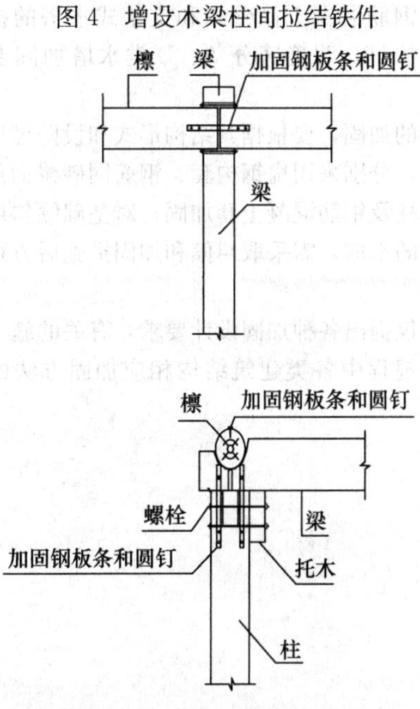

图5　增设檩、梁拉结铁件

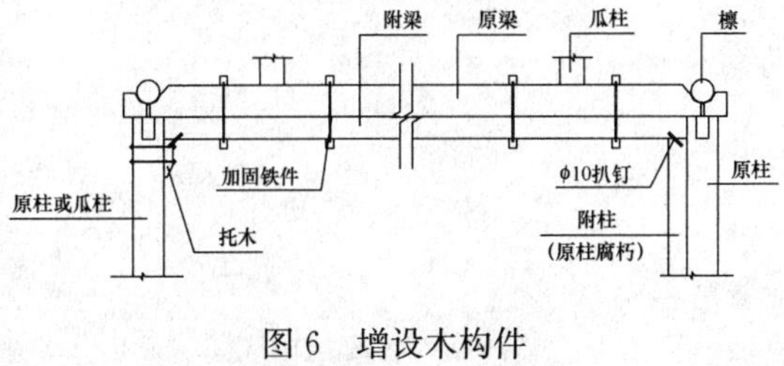

图6　增设木构件

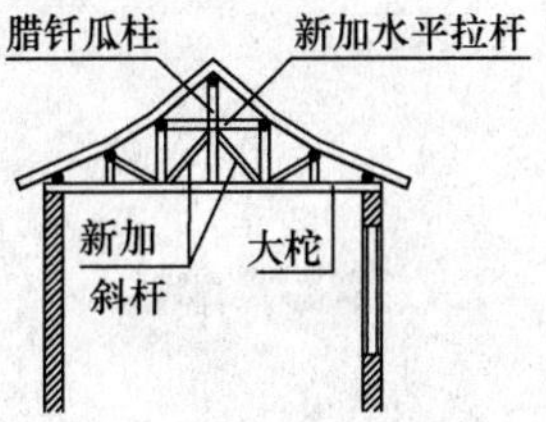

图7　增设构件加固腊钎瓜柱

2　木构架歪斜，采用打牮拨正、增砌抗震墙的措施。

3　木构件的截面过细、腐朽、严重开裂，采用更换、增附构件的方法加固，见图8～图10。

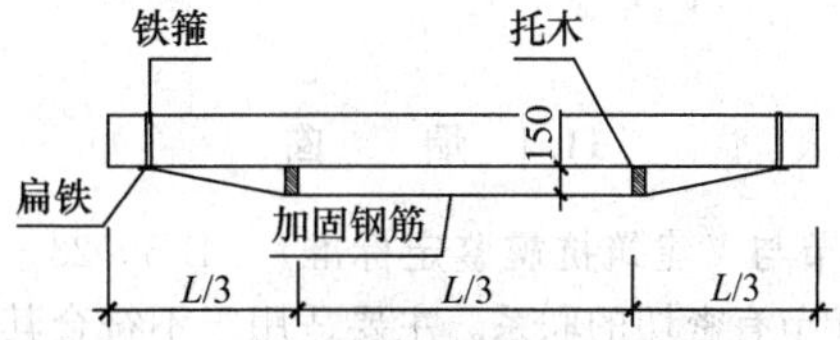

图8　木檩下垂增设拉杆加固

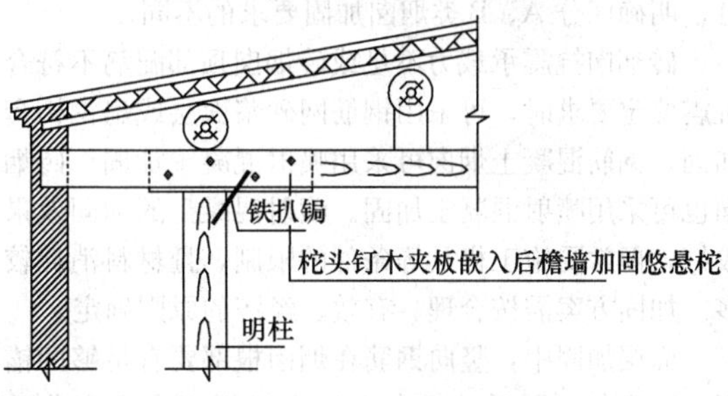

图9　钉木夹板嵌入后檐墙加固悠悬柁

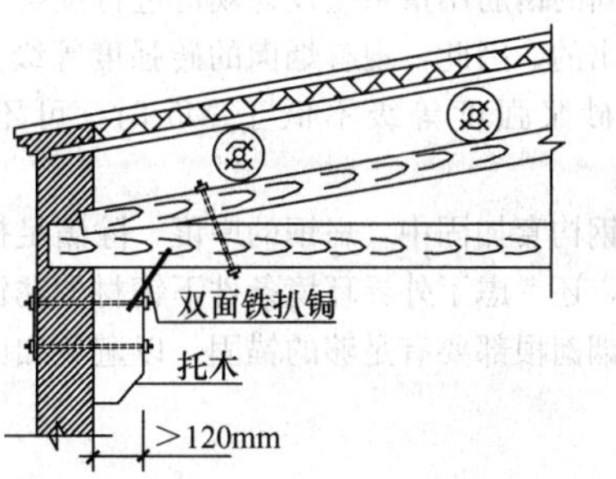

图10　屋架支承长度不足用托木加固

4　木构件的节点松动，采用加铁件连接的方法加固。

5　木构架与围护墙体之间的连接，可采用加墙缆拉结的方法加固。

木构架房屋抗震加固中新增构件的截面尺寸，可按静载作用下选择的截面尺寸采用，即《建筑抗震鉴定标准》GB 50023-2009附录G提供的木构件尺寸。但新旧构件之间要加强连接。

10.2　土石墙房屋

本节与《建筑抗震鉴定标准》GB 50023-2009第10.2节和第10.3节有密切的联系。主要适用于6、7度时不符合其鉴定要求的村镇土石墙房屋的抗震加固。

土石墙房屋加固的重点是墙体的承载力和连接。侧重于采用就地取材、简易可行的方法，如拆除重砌，增附构件，设墙缆、铁箍、钢丝等拉结，用苇箔、秫秸等轻质材料替换等。

四川省羌族民居——羌房，与毛片石房屋的情况有些类似，本节的规定可有些参考价值，需要针对地区的特点，在地方规程中进一步具体化。

11 烟囱和水塔

11.1 烟　　囱

本节与《建筑抗震鉴定标准》GB 50023－2009第11.1节有密切的联系。主要适用于不符合其鉴定要求的砖烟囱和钢筋混凝土烟囱的抗震加固。本次修订，明确区分A、B类烟囱加固要求的不同。

砖烟囱抗震承载力不足或砖烟囱顶部配筋不符合抗震鉴定要求时，可采用钢筋网砂浆面层或扁钢构套加固。钢筋混凝土烟囱可采用喷射混凝土加固。砖烟囱也可采用喷射混凝土加固。喷射混凝土的加固效果较好，但常受施工机具等条件的限制，且材料消耗较多。加固方案需按合理、有效、经济的原则确定。

面层加固中，竖向钢筋在烟囱根部要有足够的锚固，以避免加固后的烟囱在地震时根部出现弯曲破坏。加固的钢筋用量系按设计规范进行抗震承载力验算后提出的，因此，现有烟囱的砖强度等级为MU10且砌筑砂浆强度等级不低于M5时，可不作抗震验算。

扁钢构套加固中，扁钢的厚度，除满足抗震强度要求外，还考虑了外界环境条件下钢材的锈蚀。竖向扁钢在烟囱根部要有足够的锚固，以避免加固后的烟囱在地震时根部出现弯曲破坏。加固的扁钢用量系按设计规范进行抗震承载力验算后提出的，其中，考虑扁钢在外界环境条件下的锈蚀影响，采用了0.6的折减系数。同样，现有砖烟囱，砖强度等级为MU10且砌筑砂浆强度等级不低于M5时，可不作抗震验算。

对于钢筋混凝土烟囱，按鉴定的要求，当设防烈度不高于8度且高度不超过100m，不需要进行抗震验算，仅需符合构造鉴定要求。因此，采用钢筋混凝土套加固也仅规定构造要求。

11.2 水　　塔

本节与《建筑抗震鉴定标准》GB 50023－2009第11.2节有密切的联系。主要适用于不符合鉴定要求的砖和钢筋混凝土筒壁式和支架式水塔的抗震加固。本次修订，明确区分A、B类水塔加固要求的不同。

水塔的加固，要根据其结构形式和设防烈度、场地的不同，分别采用扁钢构套、钢筋网砂浆面层、圈梁和外加柱及钢筋混凝土套加固；对基础倾斜度超过鉴定要求的水塔，需采取纠偏和加固措施后方可继续使用。

这里仅提出各种加固设计要求，有关的施工要求可参照本规程中各类建筑结构相应加固方法的有关条款。

中华人民共和国行业标准

既有建筑地基基础加固技术规范

Technical code for improvement of soil and foundation of existing buildings

JGJ 123—2012

批准部门：中华人民共和国住房和城乡建设部

施行日期：2 0 1 3 年 6 月 1 日

中华人民共和国住房和城乡建设部
公　　告

第 1452 号

住房城乡建设部关于发布行业标准《既有建筑地基基础加固技术规范》的公告

现批准《既有建筑地基基础加固技术规范》为行业标准，编号为 JGJ 123-2012，自 2013 年 6 月 1 日起实施。其中，第 3.0.2、3.0.4、3.0.8、3.0.9、3.0.11、5.3.1 条为强制性条文，必须严格执行。原行业标准《既有建筑地基基础加固技术规范》JGJ 123-2000 同时废止。

本规范由我部标准定额研究所组织中国建筑工业出版社出版发行。

中华人民共和国住房和城乡建设部

2012 年 8 月 23 日

前　　言

根据住房和城乡建设部《关于印发〈2009 年工程建设标准规范制订、修订计划〉的通知》（建标［2009］88 号）的要求，规范编制组经广泛调查研究，认真总结实践经验，参考有关国际标准和国外先进标准，并在广泛征求意见的基础上，修订了《既有建筑地基基础加固技术规范》JGJ 123-2000。

本规范的主要技术内容是：总则、术语和符号、基本规定、地基基础鉴定、地基基础计算、增层改造、纠倾加固、移位加固、托换加固、事故预防与补救、加固方法、检验与监测。

本规范修订的主要技术内容是：1. 增加术语一节；2. 增加既有建筑地基基础加固设计的基本要求；3. 增加邻近新建建筑、深基坑开挖、新建地下工程对既有建筑产生影响时，应采取对既有建筑的保护措施；4. 增加不同加固方法的承载力和变形计算方法；5. 增加托换加固；6. 增加地下水位变化过大引起的事故预防与补救；7. 增加检验与监测；8. 增加既有建筑地基承载力持载再加荷载荷试验要点；9. 增加既有建筑桩基础单桩承载力持载再加荷载荷试验要点；10. 增加既有建筑地基基础鉴定评价的要求；11. 原规范纠倾加固和移位一章，调整为纠倾加固、移位加固两章；12. 修订增层改造、事故预防和补救、加固方法等内容。

本规范中以黑体字标志的条文为强制性条文，必须严格执行。

本规范由住房和城乡建设部负责管理和对强制性条文的解释，由中国建筑科学研究院负责具体技术内容的解释。执行过程中如有意见或建议，请寄送中国建筑科学研究院（地址：北京市北三环东路 30 号，邮编：100013）。

本规范主编单位：中国建筑科学研究院

本规范参编单位：福建省建筑科学研究院
河南省建筑科学研究院
北京交通大学
同济大学
山东建筑大学
中国建筑技术集团有限公司

本规范主要起草人员：滕延京　张永钧　刘金波　张天宇　赵海生　崔江余　叶观宝　李　湛　张　鑫　李安起　冯　禄

本规范主要审查人员：沈小克　顾国荣　张丙吉　康景文　柳建国　柴万先　潘凯云　滕文川　杨俊峰　袁内镇　侯伟生

目 次

1　总则 ………………………………………… 20—6
2　术语和符号 ……………………………… 20—6
2.1　术语 ………………………………… 20—6
2.2　符号 ………………………………… 20—6
3　基本规定 ………………………………… 20—7
4　地基基础鉴定 …………………………… 20—7
4.1　一般规定 …………………………… 20—7
4.2　地基鉴定 …………………………… 20—8
4.3　基础鉴定 …………………………… 20—8
5　地基基础计算 …………………………… 20—9
5.1　一般规定 …………………………… 20—9
5.2　地基承载力计算 …………………… 20—9
5.3　地基变形计算 ……………………… 20—10
6　增层改造 ………………………………… 20—11
6.1　一般规定 …………………………… 20—11
6.2　直接增层 …………………………… 20—11
6.3　外套结构增层 ……………………… 20—11
7　纠倾加固 ………………………………… 20—12
7.1　一般规定 …………………………… 20—12
7.2　迫降纠倾 …………………………… 20—12
7.3　顶升纠倾 …………………………… 20—13
8　移位加固 ………………………………… 20—15
8.1　一般规定 …………………………… 20—15
8.2　设计 ………………………………… 20—15
8.3　施工 ………………………………… 20—17
9　托换加固 ………………………………… 20—17
9.1　一般规定 …………………………… 20—17
9.2　设计 ………………………………… 20—18
9.3　施工 ………………………………… 20—18
10　事故预防与补救 ……………………… 20—19
10.1　一般规定 ………………………… 20—19
10.2　地基不均匀变形过大引起事故的补救 ………………………… 20—19
10.3　邻近建筑施工引起事故的预防与补救 …………………………… 20—19
10.4　深基坑工程引起事故的预防与补救 …………………………… 20—20
10.5　地下工程施工引起事故的预防与补救 …………………………… 20—20
10.6　地下水位变化过大引起事故的预防与补救 …………………………… 20—20
11　加固方法 ……………………………… 20—21
11.1　一般规定 ………………………… 20—21
11.2　基础补强注浆加固 ……………… 20—21
11.3　扩大基础 ………………………… 20—21
11.4　锚杆静压桩 ……………………… 20—22
11.5　树根桩 …………………………… 20—23
11.6　坑式静压桩 ……………………… 20—24
11.7　注浆加固 ………………………… 20—24
11.8　石灰桩 …………………………… 20—26
11.9　其他地基加固方法 ……………… 20—27
12　检验与监测 …………………………… 20—27
12.1　一般规定 ………………………… 20—27
12.2　检验 ……………………………… 20—27
12.3　监测 ……………………………… 20—27
附录A　既有建筑基础下地基土载荷试验要点 …………………………… 20—28
附录B　既有建筑地基承载力持载再加荷载荷试验要点 ……………… 20—28
附录C　既有建筑桩基础单桩承载力持载再加荷载荷试验要点 ……………………………… 20—29
本规范用词说明 ………………………… 20—29
引用标准名录 …………………………… 20—29
附：条文说明 …………………………… 20—31

Contents

1 General Provisions .... 20—6
2 Terms and Symbols .... 20—6
2.1 Terms .... 20—6
2.2 Symbols .... 20—6
3 Basic Requirements .... 20—7
4 Soil and Foundation Identification .... 20—7
4.1 General Requirements .... 20—7
4.2 Soil Identification .... 20—8
4.3 Foundation Identification .... 20—8
5 Soil and Foundation Calculation .... 20—9
5.1 General Requirements .... 20—9
5.2 Bearing Capacity Calculation of Subsoil .... 20—9
5.3 Deformation Calculation of Subsoil .... 20—10
6 Vertical Extension .... 20—11
6.1 General Requirements .... 20—11
6.2 Vertical Extension Without Foundation Improvement .... 20—11
6.3 Extension with Outer Structure .... 20—11
7 Improvement for Tilt Rectifying .... 20—12
7.1 General Requirements .... 20—12
7.2 Rectification with Forced Settlement .... 20—12
7.3 Rectification with Jacking .... 20—13
8 Improvement for Building Shifting .... 20—15
8.1 General Requirements .... 20—15
8.2 Design of Building Shifting .... 20—15
8.3 Construction of Building Shifting .... 20—17
9 Improvement for Underpinning .... 20—17
9.1 General Requirements .... 20—17
9.2 Design of Underpinning .... 20—18
9.3 Construction of Underpinning .... 20—18
10 Accident Prevention and Remedy .... 20—19
10.1 General Requirements .... 20—19
10.2 Accident Remedy Connected with Uneven Settlement .... 20—19
10.3 Accident Prevention and Remedy Connected with Construction Adjacent to Existing Building .... 20—19
10.4 Accident Prevention and Remedy Connected with Deep Excavation .... 20—20
10.5 Accident Prevention and Remedy Connected with Underground Engineering Construction .... 20—20
10.6 Accident Prevention and Remedy Connected with too Large Change of Underground Water .... 20—20
11 Improvement Methods .... 20—21
11.1 General Requirements .... 20—21
11.2 Foundation Reinforcement by Injections .... 20—21
11.3 Enlarged Foundation .... 20—21
11.4 Anchor Jacked Pile .... 20—22
11.5 Root Pile .... 20—23
11.6 Pit-jacked Pile .... 20—24
11.7 Grouting Improvement .... 20—24
11.8 Lime Pile .... 20—26
11.9 Other Improvement Methods .... 20—27
12 Inspection and Monitoring .... 20—27
12.1 General Requirements .... 20—27
12.2 Inspection .... 20—27
12.3 Monitoring .... 20—27
Appendix A Key Points of In-situ Loading Test on Subsoil Under Existing Buildings Foundation .... 20—28
Appendix B Key Points of Loading and Reloading Tests for

Subsoil Bearing Capacity of Existing Buildings ………………… 20—28
Appendix C Key Points of Loading and Reloading Tests for a Single Pile Bearing Capacity of Existing Buildings ………………… 20—29
Explanation of Wording in This Code ………………………… 20—29
List of Quoted Standards ……………… 20—29
Addition: Explanation of Provisions ……………………………… 20—31

1 总 则

1.0.1 为了在既有建筑地基基础加固的设计、施工和质量检验中贯彻执行国家的技术经济政策，做到安全适用、技术先进、经济合理、确保质量、保护环境，制定本规范。

1.0.2 本规范适用于既有建筑因勘察、设计、施工或使用不当；增加荷载、纠倾、移位、改建、古建筑保护；遭受邻近新建建筑、深基坑开挖、新建地下工程或自然灾害的影响等需对其地基和基础进行加固的设计、施工和质量检验。

1.0.3 既有建筑地基基础加固设计、施工和质量检验除应执行本规范外，尚应符合国家现行有关标准的规定。

2 术语和符号

2.1 术 语

2.1.1 既有建筑 existing building

已实现或部分实现使用功能的建筑物。

2.1.2 地基基础加固 soil and foundation improvement

为满足建筑物使用功能和耐久性的要求，对建筑地基和基础采取加固技术措施的总称。

2.1.3 既有建筑地基承载力特征值 characteristic value of subsoil bearing capacity of existing buildings

由载荷试验测定的在既有建筑荷载作用下地基土固结压密后再加荷，压力变形曲线线性变形段内规定的变形所对应的压力值，其最大值为再加荷段的比例界限值。

2.1.4 既有建筑单桩竖向承载力特征值 characteristic value of a single pile bearing capacity of existing buildings

由单桩静载荷试验测定的在既有建筑荷载作用下桩周和桩端土固结压密后再加荷，荷载变形曲线线性变形段内规定的变形所对应的荷载值，其最大值为再加荷段的比例界限值。

2.1.5 增层改造 vertical extension

通过增加建筑物层数，提高既有建筑使用功能的方法。

2.1.6 纠倾加固 improvement for tilt rectifying

为纠正建筑物倾斜，使之满足使用要求而采取的地基基础加固技术措施的总称。

2.1.7 移位加固 improvement for building shifting

为满足建筑物移位要求，而采取的地基基础加固技术措施的总称。

2.1.8 托换加固 improvement for underpinning

通过在结构与基础间设置构件或在地基中设置构件，改变原地基和基础的受力状态，而采取托换技术进行地基基础加固的技术措施的总称。

2.2 符 号

2.2.1 作用和作用效应

F_k——作用的标准组合时基础加固或增加荷载后上部结构传至基础顶面的竖向力；

G_k——基础自重和基础上的土重；

H_k——作用的标准组合时基础加固或增加荷载后桩基承台底面所受水平力；

M_k——作用的标准组合时基础加固或增加荷载后作用于基础底面的力矩；

M_{xk}——作用的标准组合时作用于承台底面通过桩群形心的 x 轴的力矩；

M_{yk}——作用的标准组合时作用于承台底面通过桩群形心的 y 轴的力矩；

N——滑板承受的竖向作用力；

N_a——顶升支承点的荷载；

p_k——作用的标准组合时基础加固或增加荷载后基础底面处的平均压力；

p_{kmax}——作用的标准组合时基础加固或增加荷载后基础底面边缘的最大压力；

p_{kmin}——作用的标准组合时基础加固或增加荷载后基础底面边缘的最小压力；

P_p——静压桩施工设计最终压桩力；

Q——单片墙线荷载或单柱集中荷载；

Q_k——作用的标准组合时基础加固或增加荷载后桩基中轴心竖向力作用下任一单桩的竖向力。

2.2.2 材料的性能和抗力

F——水平移位总阻力；

f_a——修正后的既有建筑地基承载力特征值；

f_0——滑板材料抗压强度；

p_s——静压桩压桩时的比贯入阻力；

q_{pa}——桩端端阻力特征值；

q_{sia}——桩侧阻力特征值；

R_a——既有建筑单桩竖向承载力特征值；

R_{Ha}——既有建筑单桩水平承载力特征值；

W——基础加固或增加荷载后基础底面的抵抗矩，建筑物基底总竖向荷载；

μ——行走机构摩擦系数。

2.2.3 几何参数

A——基础底面面积；

A_p——桩底端横截面面积；

A_0——滑动式行走机构上下轨道滑板的水平面积；

d——设计桩径；

s——地基最终变形量；

s_0——地基基础加固前或增加荷载前已完成的地基变形量；

s_1——地基基础加固后或增加荷载后产生的地基变形量；

s_2——原建筑荷载下尚未完成的地基变形量；

u_p——桩身周长。

2.2.4 设计参数和计算系数

n——桩基中的桩数或顶升点数；

q——石灰桩每延米灌灰量；

η_c——充盈系数。

3 基本规定

3.0.1 既有建筑地基基础加固，应根据加固目的和要求取得相关资料后，确定加固方法，并进行专业设计与施工。施工完成后，应按国家现行有关标准的要求进行施工质量检验和验收。

3.0.2 既有建筑地基基础加固前，应对既有建筑地基基础及上部结构进行鉴定。

3.0.3 既有建筑地基基础加固设计与施工，应具备下列资料：

1 场地岩土工程勘察资料。当无法搜集或资料不完整，不能满足加固设计要求时，应进行重新勘察或补充勘察。

2 既有建筑结构、地基基础设计资料和图纸、隐蔽工程施工记录、竣工图等。当搜集的资料不完整，不能满足加固设计要求时，应进行补充检验。

3 既有建筑结构、基础使用现状的鉴定资料，包括沉降观测资料、裂缝、倾斜观测资料等。

4 既有建筑改扩建、纠倾、移位等对地基基础的设计要求。

5 对既有建筑可能产生影响的邻近新建建筑、深基坑开挖、降水、新建地下工程的有关勘察、设计、施工、监测资料等。

6 受保护建筑物的地基基础加固要求。

3.0.4 既有建筑地基基础加固设计，应符合下列规定：

1 应验算地基承载力。

2 应计算地基变形。

3 应验算基础抗弯、抗剪、抗冲切承载力。

4 受较大水平荷载或位于斜坡上的既有建筑物地基基础加固，以及邻近新建建筑、深基坑开挖、新建地下工程基础埋深大于既有建筑基础埋深并对既有建筑产生影响时，应进行地基稳定性验算。

3.0.5 邻近新建建筑、深基坑开挖、新建地下工程对既有建筑产生影响时，除应优化新建地下工程施工方案外，尚应对既有建筑采取深基坑开挖支挡、地下墙（桩）隔离地基应力和变形、地基基础或上部结构加固等保护措施。

3.0.6 既有建筑地基基础加固设计，可按下列步骤进行：

1 根据加固的目的，结合地基基础和上部结构的现状，考虑上部结构、基础和地基的共同作用，选择并制定加固地基、加固基础或加强上部结构刚度和加固地基基础相结合的方案。

2 对制定的各种加固方案，应分别从预期加固效果，施工难易程度，施工可行性和安全性，施工材料来源和运输条件，以及对邻近建筑和周围环境的影响等方面进行技术经济分析和比较，优选加固方法。

3 对选定的加固方法，应通过现场试验确定具体施工工艺参数和施工可行性。

3.0.7 既有建筑地基基础加固使用的材料，应符合国家现行有关标准对耐久性设计的要求。

3.0.8 加固后的既有建筑地基基础使用年限，应满足加固后的既有建筑设计使用年限的要求。

3.0.9 纠倾加固、移位加固、托换加固施工过程应设置现场监测系统，监测纠倾变位、移位变位和结构的变形。

3.0.10 既有建筑地基基础的鉴定、加固设计和施工，应由具有相应资质的单位和有经验的专业人员承担。承担既有建筑地基基础加固施工的工程管理和技术人员，应掌握所承担工程的地基基础加固技术与质量要求，严格进行质量控制和工程监测。当发现异常情况时，应及时分析原因并采取有效处理措施。

3.0.11 既有建筑地基基础加固工程，应对建筑物在施工期间及使用期间进行沉降观测，直至沉降达到稳定为止。

4 地基基础鉴定

4.1 一般规定

4.1.1 既有建筑地基基础鉴定应按下列步骤进行：

1 搜集鉴定所需要的基本资料。

2 对搜集到的资料进行初步分析，制定现场调查方案，确定现场调查的工作内容及方法。

3 结合搜集的资料和调查的情况进行分析，提出检验方法并进行现场检验。

4 综合分析评价，作出鉴定结论和加固方法的建议。

4.1.2 现场调查应包括下列内容：

1 既有建筑使用历史和现状，包括建筑物的实际荷载、变形、开裂等情况，以及前期鉴定、加固情况。

2 相邻的建筑、地下工程和管线等情况。

3 既有建筑改造及保护所涉及范围内的地基情况。

4 邻近新建建筑、深基坑开挖、新建地下工程的现状情况。

4.1.3 具有下列情况时，应进行现场检验：

1 基本资料无法搜集齐全时。

2 基本资料与现场实际情况不符时。

3 使用条件与设计条件不符时。

4 现有资料不能满足既有建筑地基基础加固设计和施工要求时。

4.1.4 具有下列情况时，应对既有建筑进行沉降观测：

1 既有建筑的沉降、开裂仍在发展。

2 邻近新建建筑、深基坑开挖、新建地下工程等，对既有建筑安全仍有较大影响。

4.1.5 既有建筑地基基础鉴定，应对下列内容进行分析评价：

1 既有建筑地基基础的承载力、变形、稳定性和耐久性。

2 引起既有建筑开裂、差异沉降、倾斜的原因。

3 邻近新建建筑、深基坑开挖和降水、新建地下工程或自然灾害等，对既有建筑地基基础已造成的影响或仍然存在的影响。

4 既有建筑地基基础加固的必要性，以及采用的加固方法。

5 上部结构鉴定和加固的必要性。

4.1.6 鉴定报告应包含下列内容：

1 工程名称，地点，建设、勘察、设计、监理和施工单位，基础、结构形式，层数，改造加固的设计要求，鉴定目的，鉴定日期等。

2 现场的调查情况。

3 现场检验的方法、仪器设备、过程及结果。

4 计算分析与评价结果。

5 鉴定结论及建议。

4.2 地基鉴定

4.2.1 应结合既有建筑原岩土工程勘察资料，重点分析下列内容：

1 地基土层的分布及其均匀性，尤其是沟、塘、古河道、墓穴、岩溶、土洞等的分布情况。

2 地基土的物理力学性质，特别是软土、湿陷性土、液化土、膨胀土、冻土等的特殊性质。

3 地下水的水位变化及其腐蚀性的影响。

4 建造在斜坡上或相邻深基坑的建筑物场地稳定性。

5 自然灾害或环境条件变化，对地基土工程特性的影响。

4.2.2 地基的检验应符合下列规定：

1 勘探点位置或测试点位置应靠近基础，并在建筑物变形较大或基础开裂部位重点布置，条件允许时，宜直接布置在基础之下。

2 地基土承载力宜选择静载荷试验的方法进行检验，对于重要的增层、增加荷载等建筑，应按本规范附录A的规定，进行基础下载荷试验，或按本规范附录B的规定，进行地基土持载再加荷载荷试验，检测数量不宜少于3点。

3 选择井探、槽探、钻探、物探等方法进行勘探，地下水埋深较大时，优先选用人工探井的方法，采用物探方法时，应结合人工探井、钻孔等其他方法进行验证，验证数量不应少于3点。

4 选用静力触探、标准贯入、圆锥动力触探、十字板剪切或旁压试验等原位测试方法，并结合不扰动土样的室内物理力学性质试验，进行现场检验，其中每层地基土的原位测试数量不应少于3个，土样的室内试验数量不应少于6组。

4.2.3 地基分析评价应包括下列内容：

1 地基承载力、地基变形的评价；对经常受水平荷载作用的高层建筑，以及建造在斜坡上或边坡附近的建（构）筑物，应验算地基稳定性。

2 引起既有建筑开裂、差异沉降、倾斜等的原因。

3 邻近新建建筑，深基坑开挖和降水，新建地下工程或自然灾害等，对既有建筑地基基础已造成的影响，以及仍然存在的影响。

4 地基加固的必要性，提出加固方法的建议。

5 提出地基加固设计所需的有关参数。

4.3 基础鉴定

4.3.1 基础的现场调查，应包括下列内容：

1 基础的外观质量。

2 基础的类型、尺寸及埋置深度。

3 基础的开裂、腐蚀或损坏程度。

4 基础的倾斜、弯曲、扭曲等情况。

4.3.2 基础的检验可采用下列方法：

1 基础材料的强度，可采用非破损法或钻孔取芯法检验。

2 基础中的钢筋直径、数量、位置和锈蚀情况，可通过局部凿开或非破损方法检验。

3 桩的完整性可通过低应变法、钻孔取芯法检验，桩的长度可通过开挖、钻孔取芯法或旁孔透射法等方法检验，桩的承载力可通过静载荷试验检验。

4.3.3 基础的检验应符合下列规定：

1 对具有代表性的部位进行开挖检验，检验数量不应少于3处。

2 对开挖露出的基础应进行结构尺寸、材料强度、配筋等结构检验。

3 对已开裂的或处于有腐蚀性地下水中的基础钢筋锈蚀情况应进行检验。

4 对重要的增层、增加荷载等采用桩基础的建筑，宜按本规范附录C的规定进行桩的持载再加荷载荷试验。

4.3.4 基础的分析评价应包括下列内容：

1 结合基础的裂缝、腐蚀或破损程度，以及基础材料的强度等，对基础结构的完整性和耐久性进行分析评价。

2 对于桩基础，应结合桩身质量检验、场地岩土的工程性质、桩的施工工艺、沉降观测记录、载荷试验资料等，结合地区经验对桩的承载力进行分析和评价。

3 进行基础结构承载力验算，分析基础加固的必要性，提出基础加固方法的建议。

5 地基基础计算

5.1 一 般 规 定

5.1.1 既有建筑地基基础加固设计计算，应符合下列规定：

1 地基承载力、地基变形计算及基础验算，应符合现行国家标准《建筑地基基础设计规范》GB 50007 的有关规定。

2 地基稳定性计算，应符合国家现行标准《建筑地基基础设计规范》GB 50007 和《建筑地基处理技术规范》JGJ 79 的有关规定。

3 抗震验算，应符合现行国家标准《建筑抗震设计规范》GB 50011 的有关规定。

5.1.2 既有建筑地基基础加固设计，应遵循新、旧基础，新增桩和原有桩变形协调原则，进行地基基础计算。新、旧基础的连接应采取可靠的技术措施。

5.2 地基承载力计算

5.2.1 地基基础加固或增加荷载后，基础底面的压力，可按下列公式确定：

1 当轴心荷载作用时：

$$p_k = \frac{F_k + G_k}{A} \qquad (5.2.1\text{-}1)$$

式中：p_k ——相应于作用的标准组合时，地基基础加固或增加荷载后，基础底面的平均压力值（kPa）；

F_k ——相应于作用的标准组合时，地基基础加固或增加荷载后，上部结构传至基础顶面的竖向力值（kN）；

G_k ——基础自重和基础上的土重（kN）；

A ——基础底面积（m²）。

2 当偏心荷载作用时：

$$p_{kmax} = \frac{F_k + G_k}{A} + \frac{M_k}{W} \qquad (5.2.1\text{-}2)$$

$$p_{kmin} = \frac{F_k + G_k}{A} - \frac{M_k}{W} \qquad (5.2.1\text{-}3)$$

式中：p_{kmax} ——相应于作用的标准组合时，地基基础加固或增加荷载后，基础底面边缘最大压力值（kPa）；

M_k ——相应于作用的标准组合时，地基基础加固或增加荷载后，作用于基础底面的力矩值（kN·m）；

p_{kmin} ——相应于作用的标准组合时，地基基础加固或增加荷载后，基础底面边缘最小压力值（kPa）；

W ——基础底面的抵抗矩（m³）。

5.2.2 既有建筑地基基础加固或增加荷载时，地基承载力计算应符合下列规定：

1 当轴心荷载作用时：

$$p_k \leqslant f_a \qquad (5.2.2\text{-}1)$$

式中：f_a ——修正后的既有建筑地基承载力特征值（kPa）。

2 当偏心荷载作用时，除应符合式（5.2.2-1）要求外，尚应符合下式规定：

$$p_{kmax} \leqslant 1.2 f_a \qquad (5.2.2\text{-}2)$$

5.2.3 既有建筑地基承载力特征值的确定，应符合下列规定：

1 当不改变基础埋深及尺寸，直接增加荷载时，可按本规范附录B的方法确定。

2 当不具备持载试验条件时，可按本规范附录A的方法，并结合土工试验、其他原位试验结果以及地区经验等综合确定。

3 既有建筑外接结构地基承载力特征值，应按外接结构的地基变形允许值确定。

4 对于需要加固的地基，应采用地基处理后检验确定的地基承载力特征值。

5 对扩大基础的地基承载力特征值，宜采用原天然地基承载力特征值。

5.2.4 地基基础加固或增加荷载后，既有建筑桩基础群桩中单桩桩顶竖向力和水平力，应按下列公式计算：

1 轴心竖向力作用下：

$$Q_k = \frac{F_k + G_k}{n} \qquad (5.2.4\text{-}1)$$

2 偏心竖向力作用下：

$$Q_{ik} = \frac{F_k + G_k}{n} \pm \frac{M_{xk} y_i}{\sum y_i^2} \pm \frac{M_{yk} x_i}{\sum x_i^2} \qquad (5.2.4\text{-}2)$$

3 水平力作用下：

$$H_{ik} = \frac{H_k}{n} \qquad (5.2.4\text{-}3)$$

式中：Q_k ——地基基础加固或增加荷载后，轴心竖向力作用下任一单桩的竖向力（kN）；

F_k ——相应于作用的标准组合时，地基基础加固或增加荷载后，作用于桩基承台顶面的竖向力（kN）；

G_k ——地基基础加固或增加荷载后，桩基承台自重及承台上土自重（kN）；

n ——桩基中的桩数；

Q_{ik} ——地基基础加固或增加荷载后，偏心竖向力作用下第 i 根桩的竖向力（kN）；

M_{xk}、M_{yk} ——相应于作用的标准组合时，作用于承台底面通过桩群形心的 x、y 轴的力矩（kN·m）；

x_i、y_i ——桩 i 至桩群形心的 y、x 轴线的距离（m）；

H_k ——相应于作用的标准组合时，地基基础加固或增加荷载后，作用于承台底面的水平力（kN）；

H_{ik} ——地基基础加固或增加荷载后，作用于任一单桩的水平力（kN）。

5.2.5 既有建筑单桩承载力计算，应符合下列规定：

1 轴心竖向力作用下：

$$Q_k \leqslant R_a \quad (5.2.5\text{-}1)$$

式中：R_a ——既有建筑单桩竖向承载力特征值（kN）。

2 偏心竖向力作用下，除满足公式（5.2.5-1）外，尚应满足下式要求：

$$Q_{ikmax} \leqslant 1.2R_a \quad (5.2.5\text{-}2)$$

式中：Q_{ikmax} ——基础中受力最大的单桩荷载值（kN）。

3 水平荷载作用下：

$$H_{ik} \leqslant R_{Ha} \quad (5.2.5\text{-}3)$$

式中：R_{Ha} ——既有建筑单桩水平承载力特征值（kN）。

5.2.6 既有建筑单桩承载力特征值的确定，应符合下列规定：

1 既有建筑下原有的桩，以及新增加的桩的单桩竖向承载力特征值，应通过单桩竖向静载荷试验确定；既有建筑原有桩的单桩静载荷试验，可按本规范附录C进行；在同一条件下的试桩数量，不宜少于增加总桩数的1%，且不应少于3根；新增加桩的单桩竖向承载力特征值，应按现行国家标准《建筑地基基础设计规范》GB 50007的方法确定。

2 原有桩的单桩竖向承载力特征值，有地区经验时，可按地区经验确定。

3 新增加的桩初步设计时，单桩竖向承载力特征值可按下式估算：

$$R_a = q_{pa}A_p + u_p \Sigma q_{sia} l_i \quad (5.2.6\text{-}1)$$

式中：R_a ——单桩竖向承载力特征值（kN）；

q_{pa}，q_{sia} ——桩端端阻力、桩侧阻力特征值（kPa），按地区经验确定；

A_p ——桩底端横截面面积（m^2）；

u_p ——桩身周边长度（m）；

l_i ——第 i 层岩土的厚度（m）。

4 桩端嵌入完整或较完整的硬质岩中，可按下式估算单桩竖向承载力特征值：

$$R_a = q_{pa}A_p \quad (5.2.6\text{-}2)$$

式中：q_{pa} ——桩端岩石承载力特征值（kN）。

5.2.7 在既有建筑原基础内增加桩时，宜按新增加的全部荷载，由新增加的桩承担进行承载力计算。

5.2.8 对既有建筑的独立基础、条形基础进行扩大基础，并增加桩时，可按既有建筑原地基增加的承载力承担部分新增荷载、其余新增加的荷载由桩承担进行承载力计算，此时地基土承担部分新增荷载的基础面积应按原基础面积计算。

5.2.9 既有建筑桩基础扩大基础并增加桩时，可按新增加的荷载由原基础桩和新增加桩共同承担，进行承载力计算。

5.2.10 当地基持力层范围内存在软弱下卧层时，应进行软弱下卧层地基承载力验算，验算方法应符合现行国家标准《建筑地基基础设计规范》GB 50007的有关规定。

5.2.11 对邻近新建建筑、深基坑开挖、新建地下工程改变原建筑地基基础设计条件时，原建筑地基应根据改变后的条件，按现行国家标准《建筑地基基础设计规范》GB 50007的规定进行承载力验算。

5.3 地基变形计算

5.3.1 既有建筑地基基础加固或增加荷载后，建筑物相邻柱基的沉降差、局部倾斜、整体倾斜值的允许值，应符合现行国家标准《建筑地基基础设计规范》GB 50007的有关规定。

5.3.2 对有特殊要求的保护性建筑，地基基础加固或增加荷载后的地基变形允许值，应按建筑物的保护要求确定。

5.3.3 对地基基础加固或增加荷载的既有建筑，其地基最终变形量可按下式确定：

$$s = s_0 + s_1 + s_2 \quad (5.3.3)$$

式中：s ——地基最终变形量（mm）；

s_0 ——地基基础加固前或增加荷载前，已完成的地基变形量，可由沉降观测资料确定，或根据当地经验估算（mm）；

s_1 ——地基基础加固或增加荷载后产生的地基变形量（mm）；

s_2 ——原建筑物尚未完成的地基变形量（mm），可由沉降观测结果推算，或根据地方经验估算；当原建筑物基础沉降已稳定时，此值可取零。

5.3.4 地基基础加固或增加荷载后产生的地基变形量，可按下列规定计算：

1 天然地基不改变基础尺寸时，可按增加荷载量，采用由本规范附录B试验得到的变形模量计算。

2 扩大基础尺寸或改变基础形式时，可按增加荷载量，以及扩大后或改变后的基础面积，采用原地基压缩模量计算。

3 地基加固时，可采用加固后经检验测得的地基压缩模量或变形模量计算。

5.3.5 采用增加桩进行地基基础加固的建筑物基础沉降，可按下列规定计算：

1　既有建筑不改变基础尺寸，在原基础内增加桩时，可按增加荷载量，采用桩基础沉降计算方法计算。

2　既有建筑独立基础、条形基础扩大基础增加桩时，可按新增加的桩承担的新增荷载，采用桩基础沉降计算方法计算。

3　既有建筑桩基础扩大基础增加桩时，可按新增加的荷载，由原基础桩和新增加桩共同承担荷载，采用桩基础沉降计算方法计算。

6　增 层 改 造

6.1　一 般 规 定

6.1.1　既有建筑增层改造后的地基承载力、地基变形和稳定性计算，以及基础结构验算，应符合本规范第5章的有关规定。采用外套结构增层时，应按新建工程的要求，确定地基承载力。

6.1.2　当采用新、旧结构通过构造措施相连接的增层方案时，除应满足地基承载力条件外，尚应分别对新、旧结构进行地基变形验算，并应满足新、旧结构变形协调的设计要求；当既有建筑局部增层时，应进行结构分析，并进行地基基础验算。

6.1.3　当既有建筑的地基承载力和地基变形，不能满足增层荷载要求时，可按本规范第11章有关方法进行加固。

6.1.4　既有建筑增层改造时，对其地基基础加固工程，应进行质量检验和评价，待隐蔽工程验收合格后，方可进行上部结构的施工。

6.2　直 接 增 层

6.2.1　对沉降稳定的建筑物直接增层时，其地基承载力特征值，可根据增层工程的要求，按下列方法综合确定：

1　按基底土的载荷试验及室内土工试验结果确定：

1）按本规范附录B的规定进行载荷试验确定地基承载力；

2）在原建筑物基础下1.5倍基础宽度的深度范围内，取原状土进行室内土工试验，确定地基土的抗剪强度指标，以及土的压缩模量等参数，并结合地区经验，确定地基承载力特征值。

2　按地区经验确定：

建筑物增层时，可根据既有建筑原基底压力值、建筑使用年限、地基土的类别，并结合当地建筑物增层改造的工程经验确定，但其值不宜超过原地基承载力特征值的1.20倍。

6.2.2　直接增层需新设承重墙时，应采用调整新、旧基础底面积，增加桩基础或地基处理等方法，减少基础的沉降差。

6.2.3　直接增层时，地基基础的加固设计，应符合下列规定：

1　加大基础底面积时，加大的基础底面积宜比计算值增加10%。

2　采用桩基础承受增层荷载时，应符合本规范第5.2.8条的规定，并验算基础沉降。

3　采用锚杆静压桩加固时，当原钢筋混凝土条形基础的宽度或厚度不能满足压桩要求时，压桩前应先加宽或加厚基础。

4　采用抬梁或挑梁承受新增层结构荷载时，梁的截面尺寸及配筋应通过计算确定。

5　上部结构和基础刚度较好，持力层埋置较浅，地下水位较低，施工开挖对原结构不会产生附加下沉和开裂时，可采用加深基础或在原基础下做坑式静压桩加固。

6　施工条件允许时，可采用树根桩、旋喷桩等方法加固。

7　采用注浆法加固既有建筑地基时，对注浆加固易引起附加变形的地基，应进行现场试验，确定其适用性。

8　既有建筑为桩基础时，应检查原桩体质量及状况，实测土的物理力学性质指标，确定桩间土的压密状况，按桩土共同工作条件，提高原桩基础的承载能力。对于承台与土层脱空情况，不得考虑桩土共同工作。当桩数不足时，应补桩；对已腐烂的木桩或破损的混凝土桩，应经加固处理后，方可进行增层施工。

9　对于既有建筑无地质勘察资料或原地质勘察资料过于简单不能满足设计需要、而建筑物下有人防工程或场地条件复杂，以及地基情况与原设计发生了较大变化时，应补充进行岩土工程勘察。

10　采用扶壁柱式结构直接增层时，柱体应落在新设置的基础上，新、旧基础宜连成整体，且应满足新、旧基础变形协调条件，不满足时应进行地基加固处理。

6.3　外套结构增层

6.3.1　采用外套结构增层，可根据土质、地下水位、新增结构类型及荷载大小选用合理的基础形式。

6.3.2　位于微风化、中风化硬质岩地基上的外套增层工程，其基础类型与埋深可与原基础不同，新、旧基础可相连在一起，也可分开设置。

6.3.3　采用外套结构增层，应评价新设基础对原基础的影响，对原基础产生超过允许值的附加沉降和倾斜时应对新设基础地基进行处理或采用桩基础。

6.3.4　外套结构的桩基施工，不得扰动原地基基础。

6.3.5　外套结构增层采用天然地基或采用由旋喷桩、搅拌桩等构成的复合地基，应考虑地基受荷后的变形，避免增层后，新、旧结构产生标高差异。

6.3.6　既有建筑有地下室，外套增层结构宜采用桩基础，桩位布置应避开原地下室挑出的底板；如需凿除部分底板时，应通过验算确定；新、旧基础不得相连。

7 纠倾加固

7.1 一般规定

7.1.1 纠倾加固适用于整体倾斜值超过现行国家标准《建筑地基基础设计规范》GB 50007 规定的允许值，且影响正常使用或安全的既有建筑纠倾。

7.1.2 应根据工程实际情况，选择迫降纠倾和顶升纠倾的方法，复杂建筑纠倾可采用多种纠倾方法联合进行。

7.1.3 既有建筑纠倾加固设计前，应进行倾斜原因分析，对纠倾施工方案进行可行性论证，并对上部结构进行安全性评估。当上部结构不能满足纠倾施工安全性要求时，应对上部结构进行加固。当可能发生再度倾斜时，应确定地基加固的必要性，并提出加固方案。

7.1.4 建筑物纠倾加固设计应具备下列资料：

1 纠倾建筑物有关设计和施工资料。

2 建筑场地岩土工程勘察资料。

3 建筑物沉降观测资料。

4 建筑物倾斜现状及结构安全性评价。

5 纠倾施工过程结构安全性评价分析。

7.1.5 既有建筑纠倾加固后，建筑物的整体倾斜值及各角点纠倾位移值应满足设计要求。尚未通过竣工验收的倾斜建筑物，纠倾后的验收标准，应符合有关新建工程验收标准要求。

7.1.6 纠倾加固完成后，应立即对工作槽（孔）进行回填，对施工破损面进行修复；当上部结构因纠倾施工产生裂损时，应进行修复或加固处理。

7.2 迫降纠倾

7.2.1 迫降纠倾应根据地质条件、工程对象及当地经验，采用掏土纠倾法（基底掏土纠倾法、井式纠倾法、钻孔取土纠倾法）、堆载纠倾法、降水纠倾法、地基加固纠倾法和浸水纠倾法等方法。

7.2.2 迫降纠倾的设计，应符合下列规定：

1 对建筑物倾斜原因，结构和基础形式、整体刚度，工程地质条件，环境条件等进行综合分析，遵循确保安全、经济合理、技术可靠、施工方便的原则，确定迫降纠倾方法。

2 迫降纠倾不应对上部结构产生结构损伤和破坏。当施工对周边建筑物、场地和管线等产生不良影响时，应采取有效技术措施。

3 纠倾后的地基承载力，地基变形和稳定性应按本规范第5章的有关规定进行验算，防止纠倾后的再度倾斜。当既有建筑的地基承载力和变形不能满足要求时，可按本规范第11章有关方法进行加固。

4 应确定各控制点的迫降纠倾量。

5 纠倾施工工艺和操作要点。

6 设置迫降的监控系统。沉降观测点纵向布置每边不应少于4点，横向每边不应少于2点，相邻测点间距不应大于6m，且建筑物角点部位应设置倾斜值观测点。

7 应根据建筑物的结构类型和刚度确定纠倾速率。迫降速率不宜大于5mm/d，迫降接近终止时，应预留一定的沉降量，以防发生过纠现象。

8 应制定出现异常情况的应急预案，以及防止过量纠倾的技术处理措施。

7.2.3 迫降纠倾施工，应符合下列规定：

1 施工前，应对建筑物及现场进行详细查勘，检查纠倾施工可能影响的周边建筑物和场地设施，并应采取措施消除迫降纠倾施工的影响，或降低影响程度及影响范围，并做好查勘记录。

2 编制详细的施工技术方案和施工组织设计。

3 在施工过程中，应做到设计、施工紧密配合，严格按设计要求进行监测，及时调整迫降量及施工顺序。

7.2.4 基底掏土纠倾法可分为人工掏土法或水冲掏土法，适用于匀质黏性土、粉土、填土、淤泥质土和砂土上的浅埋基础建筑物的纠倾。当缺少地方经验时，应通过现场试验确定具体施工方法和施工参数，且应符合下列规定：

1 人工掏土法可选择分层掏土、室外开槽掏土、穿孔掏土等方法，掏土范围、沟槽位置、宽度、深度应根据建筑物迫降量、地基土性质、基础类型、上部结构荷载中心位置等，结合当地经验和现场试验综合确定。

2 掏挖时，应先从沉降量小的部位开始，逐渐过渡，依次掏挖。

3 当采用高压水冲掏土时，水冲压力、流量应根据土质条件通过现场试验确定，水冲压力宜为1.0MPa～3.0MPa，流量宜为40L/min。

4 水冲过程中，掏土槽应逐渐加深，不得超宽。

5 当出现掏土过量，或纠倾速率超出控制值时，应立即停止掏土施工。当纠倾至设计控制值可能出现过纠现象时，应立即采用砾砂、细石或卵石进行回填，确保安全。

7.2.5 井式纠倾法适用于黏性土、粉土、砂土、淤泥、淤泥质土或填土等地基上建筑物的纠倾。井式纠倾施工，应符合下列规定：

1 取土工作井，可采用沉井或挖孔护壁等方式形成，具体应根据土质情况及当地经验确定，井壁宜采用钢筋混凝土，井的内径不宜小于800mm，井壁混凝土强度等级不得低于C15。

2 井孔施工时，应观察土层的变化，防止流砂、涌土、塌孔、突陷等意外情况出现。施工前，应制定相应的防护措施。

3 井位应设置在建筑物沉降量较小的一侧，井位可布置在室内，井位数量、深度和间距应根据建筑物的倾斜情况、基础类型、场地环境和土层性质等综合确定。

4 当采用射水施工时，应在井壁上设置射水孔与回水孔，射水孔孔径宜为150mm～200mm，回水孔孔径宜为60mm；射水孔位置，应根据地基土质情况及纠倾量进行布置，回水孔宜在射水孔下方交错布置。

5 高压射水泵工作压力、流量，宜根据土层性质，通过现场试验确定。

6 纠倾达到设计要求后，工作井及射水孔均应回填，射水孔可采用生石灰和粉煤灰拌合料回填。

7.2.6 钻孔取土纠倾法适用于淤泥、淤泥质土等软弱地基上建筑物的纠倾。钻孔取土纠倾施工，应符合下列规定：

1 应根据建筑物不均匀沉降情况和土层性质，确定钻孔位置和取土顺序。

2 应根据建筑物的底面尺寸和附加应力的影响范围，确定钻孔的直径及深度，取土深度不应小于3m，钻孔直径不应小于300mm。

3 钻孔顶部3m深度范围内，应设置套管或套筒，保护浅层土体不受扰动，防止地基出现局部变形过大。

7.2.7 堆载纠倾法适用于淤泥、淤泥质土和松散填土等软弱地基上体量较小且纠倾量不大的浅埋基础建筑物的纠倾。堆载纠倾施工，应符合下列规定：

1 应根据工程规模、基底附加压力的大小及土质条件，确定堆载纠倾施加的荷载量、荷载分布位置和分级加载速率。

2 应评价地基土的整体稳定，控制加载速率；施工过程中，应进行沉降观测。

7.2.8 降水纠倾法适用于渗透系数大于10^{-4}cm/s的地基土层的浅埋基础建筑物的纠倾。设计施工前，应论证施工对周边建筑物及环境的影响，并采取必要的隔水措施。降水施工，应符合下列规定：

1 人工降水的井点布置、井深设计及施工方法，应按抽水试验或地区经验确定。

2 纠倾时，应根据建筑物的纠倾量来确定抽水量大小及水位下降深度，并应设置水位观测孔，随时记录所产生的水力坡降，与沉降实测值比较，调整纠倾水位降深。

3 人工降水时，应采取措施防止对邻近建筑地基造成影响，且应在邻近建筑附近设置水位观测井和回灌井；降水对邻近建筑产生的附加沉降超过允许值时，可采取设置地下隔水墙等保护措施。

4 建筑物纠倾接近设计值时，应预留纠倾值的1/10～1/12作为滞后回倾值，并停止降水，防止建筑物过纠。

7.2.9 地基加固纠倾法适用于淤泥、淤泥质土等软弱地基上沉降尚未稳定、整体刚度较好且倾斜量不大的既有建筑物的纠倾。应根据结构现况和地区经验确定适用性。地基加固纠倾施工，应符合下列规定：

1 优先选择托换加固地基的方法。

2 先对建筑物沉降较大一侧的地基进行加固，使该侧的建筑物沉降减少；根据监测结果，再对建筑物沉降较小一侧的地基进行加固，迫使建筑物倾斜纠正，沉降稳定。

3 对注浆等可能产生增大地基变形的加固方法，应通过现场试验确定其适用性。

7.2.10 浸水纠倾法适用于湿陷性黄土地基上整体刚度较大的建筑物的纠倾。当缺少当地经验时，应通过现场试验，确定其适用性。浸水纠倾施工，应符合下列规定：

1 根据建筑结构类型和场地条件，可选用注水孔、坑或槽等方式注水纠倾。注水孔、注水坑（槽）应布置在建筑物沉降量较小的一侧。

2 浸水纠倾前，应通过现场注水试验，确定渗透半径、浸水量与渗透速度的关系。当采用注水孔（坑）浸水时，应确定注水孔（坑）布置、孔径或坑的平面尺寸、孔（坑）深度、孔（坑）间距及注水量；当采用注水槽浸水时，应确定槽宽、槽深及分隔段的注水量；工程设计，应明确水量控制和计量系统。

3 浸水纠倾前，应设置严密的监测系统及防护措施。应根据基础类型、地基土层参数、现场试验数据等估算注水后的后期纠倾值，防止过纠的发生；设置限位桩；对注水流入沉降较大一侧地基采取防护措施。

4 当浸水纠倾的速率过快时，应立即停止注水，并回填生石灰料或采取其他有效的措施；当浸水纠倾速率较慢时，可与其他纠倾方法联合使用。

7.2.11 当纠倾速率较小，或原纠倾方法无法满足纠倾要求时，可结合掏土、降水、堆载等方法综合使用进行纠倾。

7.3 顶升纠倾

7.3.1 顶升纠倾适用于建筑物的整体沉降及不均匀沉降较大，以及倾斜建筑物基础为桩基础等不适用采用迫降纠倾的建筑纠倾。

7.3.2 顶升纠倾，可根据建筑物基础类型和纠倾要求，选用整体顶升纠倾、局部顶升纠倾。顶升纠倾的最大顶升高度不宜超过800mm；采用局部顶升纠倾，应进行顶升过程结构的内力分析，对结构产生裂缝等损伤，应采取结构加固措施。

7.3.3 顶升纠倾的设计，应符合下列规定：

1 通过上部钢筋混凝土顶升梁与下部基础梁组

成上、下受力梁系，中间采用千斤顶顶升，受力梁系平面上应连续闭合，且应进行承载力及变形等验算（图 7.3.3-1）。

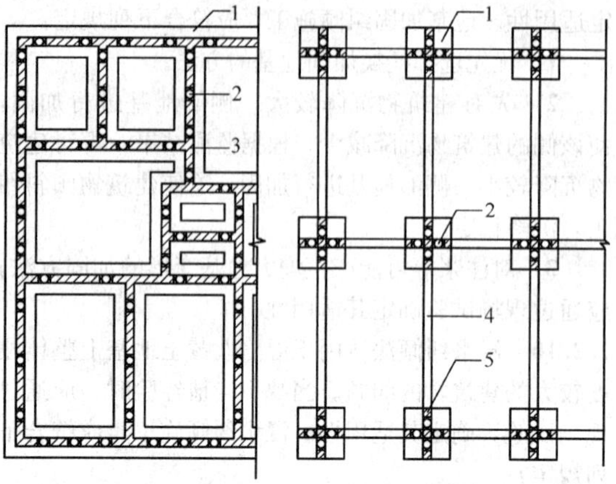

(a) 砌体结构建筑　　(b) 框架结构建筑

图 7.3.3-1　千斤顶平面布置图

1—基础；2—千斤顶；3—托换梁；4—连系梁；5—后置牛腿

2　顶升梁应通过托换加固形成，顶升托换梁宜设置在地面以上 500mm 位置，当基础梁埋深较大时，可在基础梁上增设钢筋混凝土千斤顶底座，并与基础连成整体。顶升梁、千斤顶、底座应形成稳固的整体（图 7.3.3-2）。

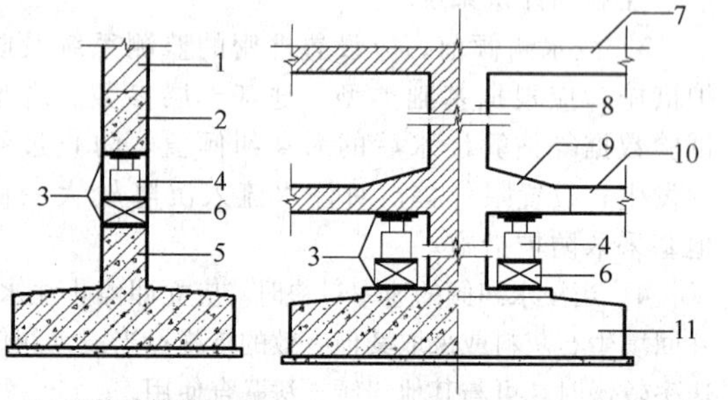

(a) 砌体结构建筑　　(b) 框架结构建筑

图 7.3.3-2　顶升梁、千斤顶、底座布置

1—墙体；2—钢筋混凝土顶升梁；3—钢垫板；4—千斤顶；5—钢筋混凝土基础梁；6—垫块（底座）；7—框架梁；8—框架柱；9—托换牛腿；10—连系梁；11—原基础

3　对砌体结构建筑，可根据墙体线荷载分布布置顶升点，顶升点间距不宜大于 1.5m，且应避开门窗洞及薄弱承重构件位置；对框架结构建筑，应根据柱荷载大小布置。单片墙或单柱下顶升点数量，可按下式估算：

$$n \geqslant K \frac{Q}{N_a} \tag{7.3.3}$$

式中：n ——顶升点数（个）；

Q ——相应于作用的标准组合时，单片墙总荷载或单柱集中荷载（kN）；

N_a ——顶升支承点千斤顶的工作荷载设计值（kN），可取千斤顶额定工作荷载的 0.8；

K ——安全系数，可取 2.0。

4　顶升量可根据建筑物的倾斜值、使用要求以及设计过纠量确定。纠倾后，倾斜值应符合现行国家标准《建筑地基基础设计规范》GB 50007 的要求。

7.3.4　砌体结构建筑的顶升梁系，可按倒置在弹性地基上的墙梁设计，并应符合下列规定：

1　顶升梁设计时，计算跨度应取相邻三个支承点中两边缘支点间的距离，并进行顶升梁的截面承载力及配筋设计。

2　当既有建筑的墙体承载力验算不能满足墙梁的要求时，可调整支承点的间距或对墙体进行加固补强。

7.3.5　框架结构建筑的顶升梁系的设置，应为有效支承结构荷载和约束框架柱的体系。顶升梁系包含顶升牛腿及连系梁两个部分，牛腿应按后设置牛腿设计，并应符合下列规定：

1　计算分析截断前、后柱端的抗压，抗弯和抗剪承载力是否满足顶升要求。

2　后设置牛腿，应符合现行国家标准《混凝土结构设计规范》GB 50010 的规定，并验算牛腿的正截面受弯承载力，局部受压承载力及斜截面的受剪承载力。

3　后设置牛腿设计时，钢筋的布置、焊接长度及（植筋）锚固应符合现行国家标准《混凝土结构设计规范》GB 50010 和《混凝土结构加固设计规范》GB 50367 的有关规定。

7.3.6　顶升纠倾的施工，应按下列步骤进行：

1　顶升梁系的托换施工。

2　设置千斤顶底座及顶升标尺，确定各点顶升值。

3　对每个千斤顶进行检验，安放千斤顶。

4　顶升前两天内，应设置完成监测测量系统，对尚存在连接的墙、柱等结构，以及水、电、暖气和燃气等进行截断处理。

5　实施顶升施工。

6　顶升到位后，应及时进行结构连接和回填。

7.3.7　顶升纠倾的施工，应符合下列规定：

1　砌体结构建筑的顶升梁应分段施工，梁分段长度不应大于 1.5m，且不应大于开间墙段的 1/3，并应间隔进行施工。主筋应预留搭接或焊接长度，相邻分段混凝土接头处，应按混凝土施工缝做法进行处理。当上部砌体无法满足托换施工要求，可在各段设置支承芯垫，其间距应视实际情况确定。

2　框架结构建筑的顶升梁、牛腿施工，宜按柱间隔进行，并应设置必要的辅助措施（如支撑等）。当在原柱中钻孔植筋时，应分批（次）进行，每批（次）钻孔削弱后的柱净截面，应满足柱承载力计算要求。

3 顶升的千斤顶上、下应设置应力扩散的钢垫块，顶升过程应均匀分布，且应有不少于30%的千斤顶保持与顶升梁、垫块、基础梁连成一体。

4 顶升前，应对顶升点进行承载力试验。试验荷载应为设计荷载的1.5倍，试验数量不应少于总数的20%，试验合格后，方可正式顶升。

5 顶升时，应设置水准仪和经纬仪观测站。顶升标尺应设置在每个支承点上，每次顶升量不宜超过10mm。各点顶升量的偏差，应小于结构的允许变形。

6 顶升应设统一的监测系统，并应保证千斤顶按设计要求同步顶升和稳固。

7 千斤顶回程时，相邻千斤顶不得同时进行；回程前，应先用楔形垫块进行保护，或采用备用千斤顶支顶进行保护，并保证千斤顶底座平稳。楔形垫块及千斤顶底座垫块，应采用外包钢板的混凝土垫块或钢垫块。垫块使用前，应进行强度检验。

8 顶升达到设计高度后，应立即在墙体交叉点或主要受力部位增设垫块支承，并迅速进行结构连接。顶升高度较大时，应设置安全保护措施。千斤顶应待结构连接达到设计强度后，方可分批分期拆除。

9 结构的连接处应不低于原结构的强度，纠倾施工受到削弱时，应进行结构加固补强。

8 移位加固

8.1 一般规定

8.1.1 建筑物移位加固适用于既有建筑物需保留而改变其平面位置的整体移位。

8.1.2 建筑物移位，按移动方法可分为滚动移位和滑动移位两种，应优先采用滚动移位方法；滑动移位方法适用于小型建筑物。

8.1.3 建筑物移位加固设计前，应具备下列资料：

1 移位总平面布置。

2 场地及移位路线的岩土工程勘察资料。

3 既有建筑物相关设计和施工资料，以及检测鉴定报告。

4 既有建筑物结构现状分析。

5 移位施工对周边建筑物、场地、地下管线的影响分析。

8.1.4 建筑物移位加固，应对上部结构进行安全性评估。当上部结构不能满足移位施工要求时，应对上部结构进行加固或采取有效的支撑措施。

8.1.5 建筑物移位加固设计时，应对移位建筑的地基承载力和变形进行验算。当不满足移位要求时，应对地基基础进行加固。

8.1.6 建筑移位就位后，应对建筑物轴线、垂直度进行测量，其水平位置偏差应为±40mm，垂直度位移增量应为±10mm。

8.1.7 移位工程完成后，应立即对工作槽（孔）进行回填、回灌，当上部结构因移位施工产生裂损时，应进行修复或加固处理。

8.2 设 计

8.2.1 设计前，应调查核实作用在结构上的实际荷载，并对建筑物轴线及构件的实际尺寸进行现场测量核对，并对结构或构件的材料强度、实际配筋进行抽检。

8.2.2 移位加固设计，应考虑恒荷载、活荷载及风荷载的组合，恒荷载及活荷载应按实际荷载取值，当无可靠依据时，活荷载标准值及基本风压值应符合现行国家标准《建筑结构荷载规范》GB 50009的规定；移位施工期间的基本风压，可按当地10年一遇的风压值采用。

8.2.3 建筑物移位加固设计，应包括托换结构梁系、移位地基基础、移动装置、施力系统和结构连接等设计内容。

8.2.4 托换结构梁系的设计，应符合下列规定：

1 托换梁系由上轨道梁、托换梁及连系梁组成（图8.2.4）。托换梁系应考虑移位过程中，上部结构竖向荷载和水平荷载的分布和传递，以及移位时的最不利组合，可按承载能力极限状态进行设计。荷载分项系数，应符合现行国家标准《建筑结构荷载规范》GB 50009的规定。

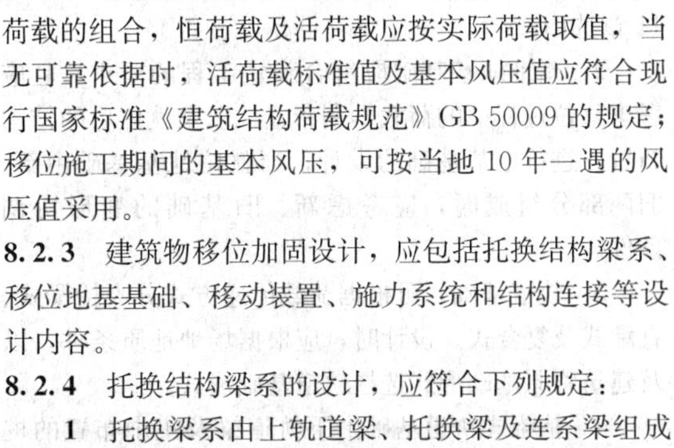

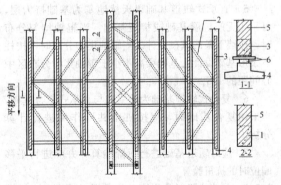

图8.2.4 托换梁系构件组成示意

1—托换梁；2—连系梁；3—上轨道梁；4—轨道基础；5—墙（柱）；6—移动装置

2 托换梁可按简支梁、连续梁设计。对砌体结构，当上部砌体及托换梁符合现行国家标准《砌体结构设计规范》GB 50003的要求时，可按简支墙梁、连续墙梁设计。

3 上轨道梁应根据地基承载力、上部荷载及上部结构形式，选用连续上轨道梁或悬挑上轨道梁。连续上轨道梁可按无翼缘的柱（墙）下条形基础梁设计。悬挑上轨道梁宜用于柱构件下，且应以柱中线对称布置，按悬挑梁或牛腿设计。上轨道梁线刚度，应满足梁底反力直线分布假定。

4 根据上部结构的整体性、刚度、平移路线地基情况，以及水平移位类型等情况对托换梁系的平面内、外刚度进行设计。

8.2.5 移位加固地基基础设计，应包括轨道地基基础及新址地基基础，且应符合下列规定：

1 轨道地基设计时，原地基承载力特征值或单桩承载力特征值可乘以系数1.20；轨道基础应按永久性工程设计，荷载分项系数按现行国家标准《混凝土结构设计规范》GB 50010的规定采用。当验算不满足移位要求时，地基基础加固方法可按本规范第11章选用。

2 新址地基基础应符合新建工程的要求，且应考虑移位过程中的荷载不利布置，以及就位后的结构布置，进行地基基础的设计；当就位地基基础由新、旧两部分组成时，应考虑新、旧基础的变形协调条件。

3 轨道基础，可根据荷载传递方式分为抬梁式、直承式及复合式。设计时，应根据场地地质条件，以及建筑物原基础形式选择轨道基础形式。

4 抬梁式轨道基础由下轨道梁及集中布置的桩基础或独立基础组成。下轨道梁应考虑移位过程荷载的不利布置，按连续梁进行正截面受弯承载力及斜截面承载力计算，其梁高不得小于梁跨度的1/6。当下轨道梁直接支承于桩上时，其构造尚应满足承台梁的构造要求。

5 直承式轨道基础以天然地基为基础持力层，可采用无筋扩展基础或扩展基础。当辊轴均匀分布时，按墙下条形基础设计。当辊轴集中分布时，按柱下条形基础设计，基础梁高不小于辊轴集中分布区中心间距的1/6。

6 复合式轨道基础为抬梁式与直承式复合基础，当采用复合基础时，应按桩土共同作用进行计算分析。

7 应对轨道基础进行沉降验算，并应进行平移偏位时的抗扭验算。

8.2.6 移动装置可分为滚动式及滑动式两种，设计应符合下列规定：

1 滚动式移动装置（图8.2.6）上、下承压板宜采用钢板，厚度应根据荷载大小计算确定，且不宜小于20mm。辊轴可采用直径不小于50mm的实心钢棒或直径不小于100mm的厚壁钢管混凝土棒，辊轴间距应根据计算确定，且不宜大于200mm。辊轴的径向承压力宜通过试验确定，也可用下式计算实心钢辊轴的径向承压力设计值 P_i：

$$P_i = k_p \frac{40dlf^2}{E} \qquad (8.2.6\text{-}1)$$

式中：k_p——经验系数，由试验或施工经验确定，一般可取0.6；

d——辊轴直径（mm）；

l——辊轴有效承压长度（mm），取上、下承压长度的较小值；

f——辊轴的抗压强度设计值（N/mm²）；

E——钢材的弹性模量（N/mm²）。

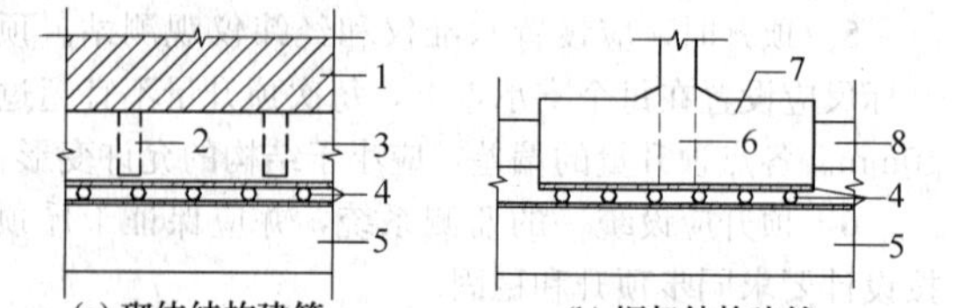

(a) 砌体结构建筑　　(b) 框架结构建筑

图8.2.6　水平移位辊轴均匀分布构造示意

1—墙；2—托换梁；3—连续上轨道梁；4—移动装置；5—轨道基础；6—墙（柱）；7—悬挑上轨道梁；8—连系梁

2 滑动式行走机构上、下轨道滑板的水平面积 A_0，应根据滑板的耐压性能，按下式计算：

$$A_0 \geqslant \frac{N}{f_0} \qquad (8.2.6\text{-}2)$$

式中：N——滑板承受的竖向作用力设计值（N）；

f_0——滑板材料抗压强度设计值（N/mm²）。

8.2.7 施力系统设计，应符合下列规定：

1 移位动力的施加可采用牵引、顶推和牵引顶推组合三种施力方式。牵引式适用于重量较小的建筑物移位，顶推式及牵引顶推组合方式适用于重量较大的建筑物移位。当建筑物旋转移位时，应优先选用牵引式或牵引顶推组合方式。

2 移位设计时，水平移位总阻力 F 可按下式计算：

$$F = k_s(iW + \mu W) \qquad (8.2.7\text{-}1)$$

式中：k_s——经验系数，由试验或施工经验确定，可取1.5～3.0；

i——移位路线下轨道坡度；

W——作用的标准组合时建筑物基底总竖向荷载（kN）；

μ——行走机构摩擦系数，应根据试验确定。

3 施力点应根据荷载分布均匀布置，施力点的竖向位置应靠近上轨道底面，施力点的数量可按下式估算：

$$n = k_G \frac{F}{T} \qquad (8.2.7\text{-}2)$$

式中：n——施力点数量（个）；

k_G——经验系数，当采用滚动式行走机构时取1.5，当采用滑行式行走机构时取2.0；

F——水平移位总阻力，按本规范式（8.2.7-1）计算；

T——施力点额定工作荷载值（kN）。

8.2.8 建筑物移位就位后，应进行上部结构与新址地基基础的连接设计，连接设计应符合下列规定：

1 连接构件应按国家有关标准的要求进行承载力和变形计算。

2 砌体结构建筑移位就位后，上部构造柱纵筋应与新址基础中预埋构造柱纵筋连接，连接区段箍筋间距应加密，且不大于100mm，托换梁系与基础间的空隙采用细石混凝土填充密实。

3 框架结构柱的连接应按计算确定。新址基础应预埋柱筋与上部框架柱纵筋连接，连接区段箍筋间距应加密，且不应大于100mm。柱连接区段采用细石混凝土灌注，连接区段宜采用外包钢筋混凝土套、外包型钢法等进行加固。

4 对于特殊建筑，当抗震设计要求无法满足时，可结合移位加固采用减震、隔震技术连接。

8.3 施 工

8.3.1 移位加固施工前，应编制详细的施工技术方案和施工组织设计。

8.3.2 托换梁施工，除应符合本规范第7.3.7条的规定外，尚应符合下列规定：

1 施工前，应设置水平标高控制线，上轨道梁底面标高应保证在同一水平面上。

2 上轨道梁施工时，可分段置入上承压板，并保证其在同一水平面上，上承压板宜可靠固定在上轨道梁底面，板端部应设置防翘曲构造措施。

3 当设计需要双向移位时，其上承压板可在托换施工时，进行双向预埋；也可先进行单向预埋，另一方向可在换向时进行置换。

8.3.3 移位加固地基基础施工，应符合下列规定：

1 轨道基础顶面标高应保证在同一水平面上，其表面应平整。

2 轨道地基基础和新址地基基础施工后，经检验达到设计要求时，方可进行移位施工。

8.3.4 移动装置施工，应符合下列规定：

1 移动装置包括上、下承压板，滚动支座或滑动支座，可在托换施工时，分段预先安装；也可在托换施工完成后，采取整体顶升后，一次性安装。

2 当采用滚动移位时，可采用直径不小于50mm的钢辊轴作为滚动支座；采用滑动移位时，可采用合适的橡胶支座作为滑动支座，其规格、型号等应统一。

3 当采用工具式下承压板时，每根承压板长度宜为2000mm，相互间连接构件应根据移位反力，按钢结构设计进行计算。

4 当移位距离较长时，宜采用可移动、可重复使用、易拆装的工具式下承压板，并与反力支座结合。

8.3.5 移位施工，应符合下列规定：

1 移位前，应对上托换梁系和移位地基基础等进行施工质量检验及验收。

2 移位前，应对移动装置、反力装置、施力系统、控制系统、监测系统、应急措施等进行检验与检查。

3 正式移位前，应进行试验性移位，检验各装置与系统的工作状态和安全可靠性能，并测读各移位轨道推力，当推力与设计值有较大差异时，应分析其原因。

4 移动施工时，动力施加应遵循均匀、分级、缓慢、同步的原则，动力系统应有测读装置，移动速度不宜大于50mm/min，应设置限制滚动装置，及时纠正移位中产生的偏移。

5 移位施工时，应避免建筑物长时间处于新、旧基础交接处，减少不均匀沉降对移位施工的影响。

6 移位施工过程中，应对上部建筑结构进行实时监测。出现异常时，应立即停止移位施工，待查明原因，消除隐患后，方可继续施工。

7 当折线、曲线移位施工过程需进行换向，或建筑物移位完成后，需置换或拆除移动装置时，可采用整体顶升方法，顶升施工应符合本规范第7.3.7条的规定。

9 托换加固

9.1 一般规定

9.1.1 发生下列情况时，可采用托换技术进行既有建筑地基基础加固：

1 地基不均匀变形引起建筑物倾斜、裂缝。

2 地震、地下洞穴及采空区土体移动，软土地基沉陷等引起建筑物损害。

3 建筑功能改变，结构承重体系改变，基础形式改变。

4 新建地下工程，邻近新建建筑，深基坑开挖，降水等引起建筑物损害。

5 地铁及地下工程穿越既有建筑，对既有建筑地基影响较大时。

6 古建筑保护。

7 其他需采用基础托换的工程。

9.1.2 托换加固设计，应根据工程的结构类型、基础形式、荷载情况以及场地地基情况进行方案比选，分别采用整体托换、局部托换或托换与加强建筑物整体刚度相结合的设计方案。

9.1.3 托换加固设计，应满足下列规定：

1 按上部结构、基础、地基变形协调原则进行承载力、变形验算。

2 当既有建筑基础沉降、倾斜、变形、开裂超过国家有关标准规定的控制指标时，应在原因分析的基础上，进行地基基础加固设计。

9.1.4 托换加固施工前，应制定施工方案；施工过程中，应对既有建筑结构变形、裂缝、基础沉降进行监测；工程需要时，尚应进行应力（或应变）监测。

9.2 设 计

9.2.1 整体托换加固的设计，应符合下列规定：

1 对于砌体结构，应在承重墙与基础梁间设置托换梁，对于框架结构，应在承重柱与基础间设置托换梁。

2 砌体结构的托换梁，可按连续梁计算。框架结构的托换梁，可按倒置的牛腿计算。

3 基础梁应进行地基承载力和变形验算；原基础梁刚度不满足时，应增大截面尺寸；地基承载力和变形验算不满足要求时，可按本规范第11章的方法进行地基加固。

4 按托换过程中最不利工况，进行上部结构内力复核。

5 分析评价进行上部结构加固的必要性及采取的保护措施。

9.2.2 局部托换加固的设计，应符合下列规定：

1 进行上部结构的受力分析，确定局部托换加固的范围，明确局部托换的变形控制标准。

2 进行局部托换加固的地基承载力和变形验算。

3 进行局部托换基础或基础梁的内力验算。

4 按局部托换最不利工况，进行上部结构的内力、变形复核。

5 分析评价进行上部结构加固的必要性及采取的保护措施。

9.2.3 地基承载力和变形不满足设计要求时，应进行地基基础加固。加固方法可按本规范第11章的规定采用锚杆静压桩、树根桩、加大基础底面积或采用抬墙梁、坑（墩）式托换，以及采用复合地基、桩基相结合的托换方式，并对地基加固后的基础内力进行验算，必要时，应采取基础加固措施。

9.2.4 新建地铁或地下工程穿越建筑物时，地基基础托换加固设计应符合下列规定：

1 应进行穿越工程对既有建筑物影响的分析评价，计算既有建筑的内力和变形。影响较小时，可采用加强建筑物基础刚度和结构刚度，或采用隔断防护措施的方法；可能引起既有建筑裂缝和正常使用时，可采用地基加固和基础、上部结构加固相结合的方法；穿越施工既有建筑存在安全隐患时，应采用加强上部结构的刚度、局部改变结构承重体系和加固地基基础的方法。

2 需切断建筑物桩体或在桩端下穿越时，应采用桩梁式托换、桩筏式托换以及增加基础整体刚度、扩大基础的荷载托换体系，必要时，应采用整体托换技术。

3 穿越天然地基、复合地基的建筑物托换加固，应采用桩梁式托换、桩筏式托换或地基注浆加固的方法。

9.2.5 既有建筑功能改造，改变上部结构承重体系或基础形式，地基基础托换加固设计，可采用下列方法：

1 建筑物需增加层高或因建筑物沉降量过大，需抬升时，可采用整体托换。

2 建筑物改变平面尺寸，增大开间或使用面积，改变承重体系时，可采用局部托换。

3 建筑物增加地下室，宜采用桩基进行整体托换。

9.2.6 因地震、地下洞穴及采空区土体移动、软土地基变形、地下水位变化、湿陷等造成地基基础损害时，地基基础托换加固，可采用下列方法：

1 建筑物不能正常使用时，可采用整体托换加固，也可采用改变基础形式的方法进行处理。

2 结构（包括基础）构件损害，不能满足设计要求时，可采用局部托换及结构构件加固相结合的方法。

3 地基承载力和变形不满足要求时，应进行地基加固。

9.2.7 采用抬墙法托换，应符合下列规定：

1 抬墙梁应根据其受力特点，按现行国家标准《混凝土结构设计规范》GB 50010的规定进行结构设计。

2 抬墙梁的位置，应避开一层门窗洞口，当不能避开时，应对抬墙梁上方的门窗洞口采取加强措施。

3 当抬墙梁与上部墙体材料不同时，抬墙梁处的墙体，应进行局部承压验算。

9.2.8 采用桩式托换，应满足下列规定：

1 当有地下洞穴、采空区影响时，应进行成桩的可行性分析。

2 评估托换桩的施工对原基础的影响。对产生影响的基础采取加固处理后，方可进行托换桩的施工。

3 布桩时，托换桩与新建地下工程、采空区、地下洞穴净距不应小于1.0m，托换桩端进入地下工程、采空区、地下洞穴底面以下土层的深度不应少于1.0m。

4 采取减少托换桩与原基础沉降差的措施。

9.3 施 工

9.3.1 采用钢筋混凝土坑（墩）式托换时，应在既有基础基底部位采用膨胀混凝土、分次浇筑、排气等措施充填密实；当既有基础两侧土体存在高度差时，应采取防止基础侧移的措施。

9.3.2 采用桩式托换时，应采用对地基土扰动较小的成桩方法进行施工。

10 事故预防与补救

10.1 一般规定

10.1.1 当既有建筑因外部条件改变，可能引起的地基基础变形影响其正常使用或危及安全时，应遵循预防为主的原则，采取必要措施，确保既有建筑的安全。

10.1.2 既有建筑地基基础出现工程事故时的补救，应符合下列原则：

1 分析判断造成工程事故的原因。

2 分析判断事故对整体结构安全及建筑物正常使用的影响。

3 分析判断事故对周围建筑物、道路、管线的影响。

4 采取安全、快速、施工方便、经济的补救方案。

10.1.3 当重要的既有建筑物地基存在液化土时，或软土地区建筑物因地震可能产生震陷时，应按现行国家标准《建筑抗震设计规范》GB 50011 的规定进行地基、基础或上部结构加固。

10.2 地基不均匀变形过大引起事故的补救

10.2.1 对于建造在软土地基上出现损坏的建筑，可采取下列补救措施：

1 对于建筑体型复杂或荷载差异较大引起的不均匀沉降，或造成建筑物损坏时，可根据损坏程度采用局部卸载，增加上部结构或基础刚度，加深基础，锚杆静压桩，树根桩加固等补救措施。

2 对于局部软弱土层或暗塘、暗沟等引起差异沉降较大，造成建筑物损坏时，可采用锚杆静压桩、树根桩等加固补救措施。

3 对于基础承受荷载过大或加荷速率过快，引起较大沉降或不均匀沉降，造成建筑物损坏时，可采用卸除部分荷载、加大基础底面积或加深基础等减小基底附加压力的措施。

4 对于大面积地面荷载或大面积填土引起柱基、墙基不均匀沉降，地面大量凹陷，或柱身、墙身断裂时，可采用锚杆静压桩或树根桩等加固。

5 对于地质条件复杂或荷载分布不均，引起建筑物倾斜较大时，可按本规范第 7 章有关规定选用纠倾加固措施。

10.2.2 对于建造在湿陷性黄土地基上出现损坏的建筑，可采取下列补救措施：

1 对非自重湿陷性黄土场地，当湿陷性土层较薄，湿陷变形已趋稳定或估计再次浸水湿陷量较小时，可选用上部结构加固措施；当湿陷性土层较厚，湿陷变形较大或估计再次浸水湿陷量较大时，可选用石灰桩、灰土挤密桩、坑式静压桩、锚杆静压桩、树根桩、硅化法或碱液法等进行加固，加固深度宜达到基础压缩层下限。

2 对自重湿陷性黄土场地，可选用灰土挤密桩、坑式静压桩、锚杆静压桩、树根桩或灌注桩等进行加固。加固深度宜穿透全部湿陷性土层。

10.2.3 对于建造在人工填土地基上出现损坏的建筑，可采取下列补救措施：

1 对于素填土地基，由于浸水引起较大的不均匀沉降而造成建筑物损坏时，可采用锚杆静压桩、树根桩、灌注桩、坑式静压桩、石灰桩或注浆等进行加固。加固深度应穿透素填土层。

2 对于杂填土地基上损坏的建筑，可根据损坏程度，采用加强上部结构或基础刚度，并进行锚杆静压桩、灌注桩、旋喷桩、石灰桩或注浆等加固。

3 对于冲填土地基上损坏的建筑，可采用本规范第 10.2.1 条的规定进行加固。

10.2.4 对于建造在膨胀土地基上出现损坏的建筑，可采取下列补救措施：

1 对建筑物损坏轻微，且膨胀等级为Ⅰ级的膨胀土地基，可采用设置宽散水及在周围种植草皮等保护措施。

2 对于建筑物损坏程度中等，且膨胀等级为Ⅰ、Ⅱ级的膨胀土地基，可采用加强结构刚度和设置宽散水等处理措施。

3 对于建筑物损坏程度较严重或膨胀等级为Ⅲ级的膨胀土地基，可采用锚杆静压桩、树根桩、坑式静压桩或加深基础等加固方法。桩端应埋置在非膨胀土层中或伸到大气影响深度以下的土层中。

4 建造在坡地上的损坏建筑物，除应对地基或基础加固外，尚应在坡地周围采取保湿措施，防止多向失水造成的危害。

10.2.5 对于建造在土岩组合地基上，因差异沉降造成建筑物损坏，可根据损坏程度，采用局部加深基础、锚杆静压桩、树根桩、坑式静压桩或旋喷桩等加固措施。

10.2.6 对于建造在局部软弱地基上，因差异沉降过大造成建筑物损坏，可根据损坏程度，采用局部加深基础或桩基加固等措施。

10.2.7 对于基底下局部基岩出露或存在大块孤石，造成建筑物损坏，可将局部基岩或孤石凿去，铺设褥垫层或采用在土层部位加深基础或桩基加固等。

10.3 邻近建筑施工引起事故的预防与补救

10.3.1 当邻近工程的施工对既有建筑可能产生影响时，应查明既有建筑的结构和基础形式、结构状态、建成年代和使用情况等，根据邻近工程的结构类型、荷载大小、基础埋深、间隔距离以及土质情况等因素，分析可能产生的影响程度，并提出相应的预防措施。

10.3.2 当软土地基上采用有挤土效应的桩基，对邻近既有建筑有影响时，可在邻近既有建筑一侧设置砂井、排水板、应力释放孔或开挖隔离沟，减小沉桩引起的孔隙水压力和挤土效应。对重要建筑，可设地下挡墙。

10.3.3 遇有振动效应的地基处理或桩基施工时，可采用开挖隔振沟，减少振动波传递。

10.3.4 当邻近建筑开挖基槽、人工降低地下水或迫降纠倾施工等，可能造成土体侧向变形或产生附加应力时，可对既有建筑进行地基基础局部加固，减小该侧地基附加应力，控制基础沉降。

10.3.5 在邻近既有建筑进行人工挖孔桩或钻孔灌注桩时，应防止地下水的流失及土的侧向变形，可采用回灌、截水措施或跳挖、套管护壁等施工方法等，并进行沉降观测，防止既有建筑出现不均匀沉降而造成裂损。

10.3.6 当邻近工程施工造成既有建筑裂损或倾斜时，应根据既有建筑的结构特点、结构损害程度和地基土层条件，采用本规范第7章、第9章和第11章的方法对既有建筑地基基础进行加固。

10.4 深基坑工程引起事故的预防与补救

10.4.1 当既有建筑周围进行新建工程基坑施工时，应分析新建工程基坑支护施工过程、基坑支护体系变形、基坑降水、基坑失稳等对既有建筑地基基础安全的影响，并采取有效的预防措施。

10.4.2 基坑支护工程对既有建筑地基基础的保护设计，应包括下列内容：

1 查清既有建筑的地基基础和上部结构现状，分析基坑土方开挖对既有建筑的影响。

2 查清基坑支护工程周围管线的位置、尺寸和埋深以及采取的保护措施。

3 当地下水位较高需要降水时，应采用帷幕截水、回灌等技术措施，避免由于地下水位下降影响邻近既有建筑和周围管线的安全。

4 基坑采用锚杆支护结构时，避免采用对邻近既有建筑地基稳定和基础安全有影响的锚杆施工工艺。

5 应在既有建筑上和深基坑周边设置水平变形和竖向变形观测点。当水平或竖向变形速率超过规定时，应立即停止施工，分析原因，并采取相应的技术措施。

6 对可能发生的基坑工程事故，应制定应急处理方案。

10.4.3 当基坑内降水开挖，造成邻近既有建筑或地下管线发生沉降、倾斜或裂损时，应立刻停止坑内降水，查出事故原因，并采取有效加固措施。应在基坑截水墙外侧，靠近邻近既有建筑附近设置水位观测井和回灌井。

10.4.4 当邻近既有建筑为桩基础或新建建筑采用打入式桩基础时，新建基坑支护结构外缘与邻近既有建筑的距离不应小于基坑开挖深度的1.5倍。无法满足最小安全距离时，应采用隔振沟或钢筋混凝土地下连续墙等保护既有建筑安全的基坑支护形式。

10.4.5 当既有建筑临近基坑时，该侧基坑周边不得搭建临时施工建筑和库房，不得堆放建筑材料和弃土，不得停放大型施工机械和车辆。基坑周边地面应做护面和排水沟，使地面水流向坑外，并防止雨水、施工用水渗入地下或坑内。

10.4.6 当既有建筑或地下管线因深基坑施工而出现倾斜、裂缝或损坏时，应根据既有建筑的上部结构特点、结构损害程度和地基土层条件，采用本规范第7章、第9章和第11章的方法对既有建筑地基基础进行加固或对地下管线采取保护措施。

10.5 地下工程施工引起事故的预防与补救

10.5.1 当地下工程施工对既有建筑、地下管线或道路造成影响时，可采用隔断墙将既有建筑、地下管线或道路隔开或对既有建筑地基进行加固。隔断墙可采用钢板桩、树根桩、深层搅拌桩、注浆加固或地下连续墙等；对既有建筑地基加固，可采用锚杆静压桩、树根桩或注浆加固等方法，加固深度应大于地下工程底面深度。

10.5.2 应对地下工程施工影响范围内的通信电缆、高压、易燃和易爆管道等管线采取预防保护措施。

10.5.3 应对地下工程施工影响范围内的既有建筑和地下管线的沉降和水平位移进行监测。

10.6 地下水位变化过大引起事故的预防与补救

10.6.1 对于建造在天然地基上的既有建筑，当地下水位降低幅度超出设计条件时，应评价地下水位降低引起的附加沉降对既有建筑的影响，当附加沉降值超过允许值时应对既有建筑地基采取加固处理措施；当地下水位升高幅度超出设计条件时，应对既有建筑采取增加荷载、增设抗浮桩等加固处理措施。

10.6.2 对于采用桩基或刚性桩复合地基的既有建筑物，应计算因地下水位降低引起既有建筑基础产生的附加沉降。

10.6.3 对于建造在湿陷性黄土、膨胀土、冻胀土及回填土地基上的既有建筑，地下水位变化过大引起事故的预防与补救措施应符合下列规定：

1 对于建造在湿陷性黄土地基上的既有建筑，应分析地下水位升高产生的湿陷对既有建筑地基变形的影响。当既有建筑地基湿陷沉降量超过现行国家标准《湿陷性黄土地区建筑规范》GB 50025的要求时，应按本规范第10.2.2条的规定，对既有建筑采取加固处理措施。

2 对于建造在膨胀土或冻胀土上的既有建筑，应分析地下水位升高产生的膨胀或冻胀对既有建筑基础的影响，不满足正常使用要求时可按本规范第10.2.4条的规定采取补救措施。

3 对建造在回填土上的既有建筑，当地下水位升高，造成既有建筑的地基附加变形超过允许值时，可按照本规范第10.2.3条的规定，对既有建筑采取加固处理措施。

11 加固方法

11.1 一般规定

11.1.1 确定地基基础加固施工方案时，应分析评价施工工艺和方法对既有建筑附加变形的影响。

11.1.2 对既有建筑地基基础加固采取的施工方法，应保证新、旧基础可靠连接，导坑回填应达到设计密实度要求。

11.1.3 当选用钢管桩等进行既有建筑地基基础加固时，应采取有效的防腐或增加钢管腐蚀量壁厚的技术保护措施。

11.2 基础补强注浆加固

11.2.1 基础补强注浆加固适用于因不均匀沉降、冻胀或其他原因引起的基础裂损的加固。

11.2.2 基础补强注浆加固施工，应符合下列规定：

1 在原基础裂损处钻孔，注浆管直径可为25mm，钻孔与水平面的倾角不应小于30°，钻孔孔径不应小于注浆管的直径，钻孔孔距可为0.5m～1.0m。

2 浆液材料可采用水泥浆或改性环氧树脂等，注浆压力可取0.1MPa～0.3MPa。如果浆液不下沉，可逐渐加大压力至0.6MPa，浆液在10min～15min内不再下沉，可停止注浆。

3 对单独基础每边钻孔不应少于2个；对条形基础应沿基础纵向分段施工，每段长度可取1.5m～2.0m。

11.3 扩大基础

11.3.1 扩大基础加固包括加大基础底面积法、加深基础法和抬墙梁法等。

11.3.2 加大基础底面积法适用于当既有建筑物荷载增加、地基承载力或基础底面积尺寸不满足设计要求，且基础埋置较浅，基础具有扩大条件时的加固，可采用混凝土套或钢筋混凝土套扩大基础底面积。设计时，应采取有效措施，保证新、旧基础的连接牢固和变形协调。

11.3.3 加大基础底面积法的设计和施工，应符合下列规定：

1 当基础承受偏心受压荷载时，可采用不对称加宽基础；当承受中心受压荷载时，可采用对称加宽基础。

2 在灌注混凝土前，应将原基础凿毛和刷洗干净，刷一层高强度等级水泥浆或涂混凝土界面剂，增加新、老混凝土基础的粘结力。

3 对基础加宽部分，地基上应铺设厚度和材料与原基础垫层相同的夯实垫层。

4 当采用混凝土套加固时，基础每边加宽后的外形尺寸应符合现行国家标准《建筑地基基础设计规范》GB 50007中有关无筋扩展基础或刚性基础台阶宽高比允许值的规定，沿基础高度隔一定距离应设置锚固钢筋。

5 当采用钢筋混凝土套加固时，基础加宽部分的主筋应与原基础内主筋焊接连接。

6 对条形基础加宽时，应按长度1.5m～2.0m划分单独区段，并采用分批、分段、间隔施工的方法。

11.3.4 当不宜采用混凝土套或钢筋混凝土套加大基础底面积时，可将原独立基础改成条形基础；将原条形基础改成十字交叉条形基础或筏形基础；将原筏形基础改成箱形基础。

11.3.5 加深基础法适用于浅层地基土层可作为持力层，且地下水位较低的基础加固。可将原基础埋置深度加深，使基础支承在较好的持力层上。当地下水位较高时，应采取相应的降水或排水措施，同时应分析评价降排水对建筑物的影响。设计时，应考虑原基础能否满足施工要求，必要时，应进行基础加固。

11.3.6 基础加深的混凝土墩可以设计成间断的或连续的。施工时，应先设置间断的混凝土墩，并在挖掉墩间土后，灌注混凝土形成连续墩式基础。基础加深的施工，应按下列步骤进行：

1 先在贴近既有建筑基础的一侧分批、分段、间隔开挖长约1.2m、宽约0.9m的竖坑，对坑壁不能直立的砂土或软弱地基，应进行坑壁支护，竖坑底面埋深应大于原基础底面埋深1.5m。

2 在原基础底面下，沿横向开挖与基础同宽，且深度达到设计持力层深度的基坑。

3 基础下的坑体，应采用现浇混凝土灌注，并在距原基础底面下200mm处停止灌注，待养护一天后，用掺入膨胀剂和速凝剂的干稠水泥砂浆填入基底空隙，并挤实填筑的砂浆。

11.3.7 当基础为承重的砖石砌体、钢筋混凝土基础梁时，墙基应跨越两墩之间，如原基础强度不能满足两墩间的跨越，应在坑间设置过梁。

11.3.8 对较大的柱基用基础加深法加固时，应将柱基面积划分为几个单元进行加固，一次加固不宜超过基础总面积的20%，施工顺序，应先从角端处开始。

11.3.9 抬墙梁法可采用预制的钢筋混凝土梁或钢

梁，穿过原房屋基础梁下，置于基础两侧预先做好的钢筋混凝土桩或墩上。抬墙梁的平面位置应避开一层门窗洞口。

11.4 锚杆静压桩

11.4.1 锚杆静压桩法适用于淤泥、淤泥质土、黏性土、粉土、人工填土、湿陷性黄土等地基加固。

11.4.2 锚杆静压桩设计，应符合下列规定：

1 锚杆静压桩的单桩竖向承载力可通过单桩载荷试验确定；当无试验资料时，可按地区经验确定，也可按国家现行标准《建筑地基基础设计规范》GB 50007和《建筑桩基技术规范》JGJ 94有关规定估算。

2 压桩孔应布置在墙体的内外两侧或柱子四周。设计桩数应由上部结构荷载及单桩竖向承载力计算确定；施工时，压桩力不得大于该加固部分的结构自重荷载。压桩孔可预留，或在扩大基础上由人工或机械开凿，压桩孔的截面形状，可做成上小下大的截头锥形，压桩孔洞口的底板、板面应设保护附加钢筋，其孔口每边不宜小于桩截面边长的50mm～100mm。

3 当既有建筑基础承载力和刚度不满足压桩要求时，应对基础进行加固补强，或采用新浇筑钢筋混凝土挑梁或抬梁作为压桩承台。

4 桩身制作除应满足现行行业标准《建筑桩基技术规范》JGJ 94的规定外，尚应符合下列规定：

1） 桩身可采用钢筋混凝土桩、钢管桩、预制管桩、型钢等；

2） 钢筋混凝土桩宜采用方形，其边长宜为200mm～350mm；钢管桩直径宜为100mm～600mm，壁厚宜为5mm～10mm；预制管桩直径宜为400mm～600mm，壁厚不宜小于10mm；

3） 每段桩节长度，应根据施工净空高度及机具条件确定，每段桩节长度宜为1.0m～3.0m；

4） 钢筋混凝土桩的主筋配置应按计算确定，且应满足最小配筋率要求。当方桩截面边长为200mm时，配筋不宜少于4ϕ10；当边长为250mm时，配筋不宜少于4ϕ12；当边长为300mm时，配筋不宜少于4ϕ14；当边长为350mm时，配筋不宜少于4ϕ16；抗拔桩主筋由计算确定；

5） 钢筋宜选用HRB335级以上，桩身混凝土强度等级不应小于C30级；

6） 当单桩承载力设计值大于1500kN时，宜选用直径不小于ϕ400mm的钢管桩；

7） 当桩身承受拉应力时，桩节的连接应采用焊接接头；其他情况下，桩节的连接可采用硫磺胶泥或其他方式连接。当采用硫磺胶泥接头连接时，桩节两端连接处，应设置焊接钢筋网片，一端应预埋插筋，另一端应预留插筋孔和吊装孔；当采用焊接接头时，桩节的两端均应设置预埋连接件。

5 原基础承台除应满足承载力要求外，尚应符合下列规定：

1） 承台周边至边桩的净距不宜小于300mm；

2） 承台厚度不宜小于400mm；

3） 桩顶嵌入承台内长度应为50mm～100mm；当桩承受拉力或有特殊要求时，应在桩顶四角增设锚固筋，锚固筋伸入承台内的锚固长度，应满足钢筋锚固要求；

4） 压桩孔内应采用混凝土强度等级为C30或不低于基础强度等级的微膨胀早强混凝土浇筑密实；

5） 当原基础厚度小于350mm时，压桩孔应采用2ϕ16钢筋交叉焊接于锚杆上，并应在浇筑压桩孔混凝土时，在桩孔顶面以上浇筑桩帽，厚度不得小于150mm。

6 锚杆应根据压桩力大小通过计算确定。锚杆可采用带螺纹锚杆、端头带镦粗锚杆或带爪肢锚杆，并应符合下列规定：

1） 当压桩力小于400kN时，可采用M24锚杆；当压桩力为400kN～500kN时，可采用M27锚杆；

2） 锚杆螺栓的锚固深度可采用12倍～15倍螺栓直径，且不应小于300mm，锚杆露出承台顶面长度应满足压桩机具要求，且不应小于120mm；

3） 锚杆螺栓在锚杆孔内的胶粘剂可采用植筋胶、环氧砂浆或硫磺胶泥等；

4） 锚杆与压桩孔、周围结构及承台边缘的距离不应小于200mm。

11.4.3 锚杆静压桩施工应符合下列规定：

1 锚杆静压桩施工前，应做好下列准备工作：

1） 清理压桩孔和锚杆孔施工工作面；

2） 制作锚杆螺栓和桩节；

3） 开凿压桩孔，孔壁凿毛；将原承台钢筋割断后弯起，待压桩后再焊接；

4） 开凿锚杆孔，应确保锚杆孔内清洁干燥后再埋设锚杆，并以胶粘剂加以封固。

2 压桩施工应符合下列规定：

1） 压桩架应保持竖直，锚固螺栓的螺母或锚具应均衡紧固，压桩过程中，应随时拧紧松动的螺母；

2） 就位的桩节应保持竖直，使千斤顶、桩节及压桩孔轴线重合，不得采用偏心加压；压桩时，应垫钢板或桩垫，套上钢桩帽后再进行压桩。桩位允许偏差应为±20mm，桩节垂直度允许偏差应为桩节长度的±1.0%；钢管桩平整度允许偏差应为±2mm，接桩处的坡口应为45°，焊缝应饱满、无气孔、无杂质，焊缝高度应为$h=t+1$（mm，t为壁厚）；

3）桩应一次连续压到设计标高。当必须中途停压时，桩端应停留在软弱土层中，且停压的间隔时间不宜超过24h；

4）压桩施工应对称进行，在同一个独立基础上，不应数台压桩机同时加压施工；

5）焊接接桩前，应对准上、下节桩的垂直轴线，且应清除焊面铁锈后，方可进行满焊施工；

6）采用硫磺胶泥接桩时，其操作施工应按现行国家标准《建筑地基基础工程施工质量验收规范》GB 50202的规定执行；

7）可根据静力触探资料，预估最大压桩力选择压桩设备。最大压桩力$P_{p(z)}$和设计最终压桩力P_p可分别按式（11.4.3-1）和式（11.4.3-2）计算：

$$P_{p(z)} = K_s \cdot p_{s(z)} \quad (11.4.3\text{-}1)$$

$$P_p = K_p \cdot R_d \quad (11.4.3\text{-}2)$$

式中：$P_{p(z)}$——桩入土深度为z时的最大压桩力（kN）；

K_s——换算系数（m^2），可根据当地经验确定；

$p_{s(z)}$——桩入土深度为z时的最大比贯入阻力（kPa）；

P_p——设计最终压桩力（kN）；

K_p——压桩力系数，可根据当地经验确定，且不宜小于2.0；

R_d——单桩竖向承载力特征值（kN）。

8）桩尖应达到设计深度，且压桩力不小于设计单桩承载力1.5倍时的持续时间不少于5min时，可终止压桩；

9）封桩前，应凿毛和刷洗干净桩顶桩侧表面，并涂混凝土界面剂，压桩孔内封桩应采用C30或C35微膨胀混凝土，封桩可采用不施加预应力的方法或施加预应力的方法。

11.4.4 锚杆静压桩质量检验，应符合下列规定：

1 最终压桩力与桩压入深度，应符合设计要求。

2 桩帽梁、交叉钢筋及焊接质量，应符合设计要求。

3 桩位允许偏差应为±20mm。

4 桩节垂直度允许偏差不应大于桩节长度的1.0%。

5 钢管桩平整度允许偏差应为±2mm，接桩处的坡口应为45°，接桩处焊缝应饱满、无气孔、无杂质，焊缝高度应为$h=t+1$（mm，t为壁厚）。

6 桩身试块强度和封桩混凝土试块强度，应符合设计要求。

11.5 树根桩

11.5.1 树根桩适用于淤泥、淤泥质土、黏性土、粉土、砂土、碎石土及人工填土等地基加固。

11.5.2 树根桩设计，应符合下列规定：

1 树根桩的直径宜为150mm～400mm，桩长不宜超过30m，桩的布置可采用直桩或网状结构斜桩。

2 树根桩的单桩竖向承载力可通过单桩载荷试验确定；当无试验资料时，也可按现行国家标准《建筑地基基础设计规范》GB 50007的有关规定估算。

3 桩身混凝土强度等级不应小于C20；混凝土细石骨料粒径宜为10mm～25mm；钢筋笼外径宜小于设计桩径的40mm～60mm；主筋直径宜为12mm～18mm；箍筋直径宜为6mm～8mm，间距宜为150mm～250mm；主筋不得少于3根；桩承受压力作用时，主筋长度不得小于桩长的2/3；桩承受拉力作用时，桩身应通长配筋；对直径小于200mm树根桩，宜注水泥砂浆，砂粒粒径不宜大于0.5mm。

4 有经验地区，可用钢管代替树根桩中的钢筋笼，并采用压力注浆提高承载力。

5 树根桩设计时，应对既有建筑的基础进行承载力的验算。当基础不满足承载力要求时，应对原基础进行加固或增设新的桩承台。

6 网状结构树根桩设计时，可将桩及周围土体视作整体结构进行整体验算，并应对网状结构中的单根树根桩进行内力分析和计算。

7 网状结构树根桩的整体稳定性计算，可采用假定滑动面不通过网状结构树根桩的加固体进行计算，有地区经验时，可按圆弧滑动法，考虑树根桩的抗滑力进行计算。

11.5.3 树根桩施工，应符合下列规定：

1 桩位允许偏差应为±20mm；直桩垂直度和斜桩倾斜度允许偏差不应大于1%。

2 可采用钻机成孔，穿过原基础混凝土。在土层中钻孔时，应采用清水或天然地基泥浆护壁；可在孔口附近下一段套管；作为端承桩使用时，钻孔应全桩长下套管。钻孔到设计标高后，清孔至孔口泛清水为止；当土层中有地下水，且成孔困难时，可采用套管跟进成孔或利用套管替代钢筋笼一次成桩。

3 钢筋笼宜整根吊放。当分节吊放时，节间钢筋搭接焊缝采用双面焊时，搭接长度不得小于5倍钢筋直径；采用单面焊时，搭接长度不得小于10倍钢筋直径。注浆管应直插到孔底，需二次注浆的树根桩应插两根注浆管，施工时，应缩短吊放和焊接时间。

4 当采用碎石和细石填料时，填料应经清洗，投入量不应小于计算桩孔体积的90%。填灌时，应同时采用注浆管注水清孔。

5 注浆材料可采用水泥浆、水泥砂浆或细石混凝土，当采用碎石填灌时，注浆应采用水泥浆。

6 当采用一次注浆时，泵的最大工作压力不应低于 1.5MPa。注浆时，起始注浆压力不应小于 1.0MPa，待浆液经注浆管从孔底压出后，注浆压力可调整为 0.1MPa～0.3MPa，浆液泛出孔口时，应停止注浆。

当采用二次注浆时，泵的最大工作压力不宜低于 4.0MPa，且待第一次注浆的浆液初凝时，方可进行第二次注浆。浆液的初凝时间根据水泥品种和外加剂掺量确定，且宜为 45min～100min。第二次注浆压力宜为 1.0MPa～3.0MPa，二次注浆不宜采用水泥砂浆和细石混凝土；

7 注浆施工时，应采用间隔施工、间歇施工或增加速凝剂掺量等技术措施，防止出现相邻桩冒浆和窜孔现象。

8 树根桩施工，桩身不得出现缩颈和塌孔。

9 拔管后，应立即在桩顶填充碎石，并在桩顶 1m～2m 范围内补充注浆。

11.5.4 树根桩质量检验，应符合下列规定：

1 每 3 根～6 根桩，应留一组试块，并测定试块抗压强度。

2 应采用载荷试验检验树根桩的竖向承载力，有经验时，可采用动测法检验桩身质量。

11.6 坑式静压桩

11.6.1 坑式静压桩适用于淤泥、淤泥质土、黏性土、粉土、湿陷性黄土和人工填土且地下水位较低的地基加固。

11.6.2 坑式静压桩设计，应符合下列规定：

1 坑式静压桩的单桩承载力，可按现行国家标准《建筑地基基础设计规范》GB 50007 的有关规定估算。

2 桩身可采用直径为 100mm～600mm 的开口钢管，或边长为 150mm～350mm 的预制钢筋混凝土方桩，每节桩长可按既有建筑基础下坑的净空高度和千斤顶的行程确定。

3 钢管桩管内应满灌混凝土，桩管外宜做防腐处理，桩段之间的连接宜用焊接连接；钢筋混凝土预制桩，上、下桩节之间宜用预埋插筋并采用硫磺胶泥接桩，或采用上、下桩节预埋铁件焊接成桩。

4 桩的平面布置，应根据既有建筑的墙体和基础形式及荷载大小确定，可采用一字形、三角形、正方形或梅花形等布置方式，应避开门窗等墙体薄弱部位，且应设置在结构受力节点位置。

5 当既有建筑基础承载力不能满足压桩反力时，应对原基础进行加固，增设钢筋混凝土地梁、型钢梁或钢筋混凝土垫块，加强基础结构的承载力和刚度。

11.6.3 坑式静压桩施工，应符合下列规定：

1 施工时，先在贴近被加固建筑物的一侧开挖竖向工作坑，对砂土或软弱土等地基应进行坑壁支护，并在基础梁、承台梁或直接在基础底面下开挖竖向工作坑。

2 压桩施工时，应在第一节桩桩顶上安置千斤顶及测力传感器，再驱动千斤顶压桩，每压入下一节桩后，再接上一节桩。

3 钢管桩各节的连接处可采用套管接头；当钢管桩较长或土中有障碍物时，需采用焊接接头，整个焊口（包括套管接头）应为满焊；预制钢筋混凝土方桩，桩尖可将主筋合拢焊在桩尖辅助钢筋上，在密实砂和碎石类土中，可在桩尖处包以钢板桩靴，桩与桩间接头，可采用焊接或硫磺胶泥接头。

4 桩位允许偏差应为±20mm；桩节垂直度允许偏差不应大于桩节长度的 1%。

5 桩尖到达设计深度后，压桩力不得小于单桩竖向承载力特征值的 2 倍，且持续时间不应少于 5min。

6 封桩可采用预应力法或非预应力法施工：

1）对钢筋混凝土方桩，压桩达到设计深度后，应采用 C30 微膨胀早强混凝土将桩与原基础浇筑成整体；

2）当施加预应力封桩时，可采用型钢支架托换，再浇筑混凝土；对钢管桩，应根据工程要求，在钢管内浇筑微膨胀早强混凝土，最后用混凝土将桩与原基础浇筑成整体。

11.6.4 坑式静压桩质量检验，应符合下列规定：

1 最终压桩力与压桩深度，应符合设计要求。

2 桩材试块强度，应符合设计要求。

11.7 注浆加固

11.7.1 注浆加固适用于砂土、粉土、黏性土和人工填土等地基加固。

11.7.2 注浆加固设计前，宜进行室内浆液配比试验和现场注浆试验，确定设计参数和检验施工方法及设备；有地区经验时，可按地区经验确定设计参数。

11.7.3 注浆加固设计，应符合下列规定：

1 劈裂注浆加固地基的浆液材料可选用以水泥为主剂的悬浊液，或选用水泥和水玻璃的双液型混合液。防渗堵漏注浆的浆液可选用水玻璃、水玻璃与水泥的混合液或化学浆液，不宜采用对环境有污染的化学浆液。对有地下水流动的地基土层加固，不宜采用单液水泥浆，宜采用双液注浆或其他初凝时间短的速凝配方。压密注浆可选用低坍落度的水泥砂浆，并应设置排水通道。

2 注浆孔间距应根据现场试验确定，宜为 1.2m～2.0m；注浆孔可布置在基础内、外侧或基础内，基础内注浆后，应采取措施对基础进行封孔。

3 浆液的初凝时间，应根据地基土质条件和注浆目的确定，砂土地基中宜为 5min～20min，黏性土地基中宜为1h～2h。

4 注浆量和注浆有效范围的初步设计，可按经验公式确定。施工图设计前，应通过现场注浆试验确定。在黏性土地基中，浆液注入率宜为15%～20%。注浆点上的覆盖土厚度不应小于2.0m。

5 劈裂注浆的注浆压力，在砂土中宜为0.2MPa～0.5MPa，在黏性土中宜为0.2MPa～0.3MPa；对压密注浆，水泥砂浆浆液坍落度宜为25mm～75mm，注浆压力宜为1.0MPa～7.0MPa。当采用水泥-水玻璃双液快凝浆液时，注浆压力不应大于1MPa。

11.7.4 注浆加固施工，应符合下列规定：

1 施工场地应预先平整，并沿钻孔位置开挖沟槽和集水坑。

2 注浆施工时，宜采用自动流量和压力记录仪，并应及时对资料进行整理分析。

3 注浆孔的孔径宜为70mm～110mm，垂直度偏差不应大于1%。

4 花管注浆施工，可按下列步骤进行：

1）钻机与注浆设备就位；

2）钻孔或采用振动法将花管置入土层；

3）当采用钻孔法时，应从钻杆内注入封闭泥浆，插入孔径为50mm的金属花管；

4）待封闭泥浆凝固后，移动花管自下向上或自上向下进行注浆。

5 塑料阀管注浆施工，可按下列步骤进行：

1）钻机与灌浆设备就位；

2）钻孔；

3）当钻孔钻到设计深度后，从钻杆内灌入封闭泥浆，或直接采用封闭泥浆钻孔；

4）插入塑料单向阀管到设计深度。当注浆孔较深时，阀管中应加入水，以减小阀管插入土层时的弯曲；

5）待封闭泥浆凝固后，在塑料阀管中插入双向密封注浆芯管，再进行注浆，注浆时，应在设计注浆深度范围内自下而上（或自上而下）移动注浆芯管；

6）当使用同一塑料阀管进行反复注浆时，每次注浆完毕后，应用清水冲洗塑料阀管中的残留浆液。对于不宜采用清水冲洗的场地，宜用陶土浆灌满阀管内。

6 注浆管注浆施工，可按下列步骤进行：

1）钻机与灌浆设备就位；

2）钻孔或采用振动法将金属注浆管压入土层；

3）当采用钻孔法时，应从钻杆内灌入封闭泥浆，然后插入金属注浆管；

4）待封闭泥浆凝固后（采用钻孔法时），捅去金属管的活络堵头进行注浆，注浆时，应在设计注浆深度范围内，自下而上移动注浆管。

7 低坍落度砂浆压密注浆施工，可按下列步骤进行：

1）钻机与灌浆设备就位；

2）钻孔或采用振动法将金属注浆管置入土层；

3）向底层注入低坍落度水泥砂浆，应在设计注浆深度范围内，自下而上移动注浆管。

8 封闭泥浆的7d立方体试块的抗压强度应为0.3MPa～0.5MPa，浆液黏度应为80″～90″。

9 注浆用水泥的强度等级不宜小于32.5级。

10 注浆时可掺用粉煤灰，掺入量可为水泥重量的20%～50%。

11 根据工程需要，浆液拌制时，可根据下列情况加入外加剂：

1）加速浆体凝固的水玻璃，其模数应为3.0～3.3。水玻璃掺量应通过试验确定，宜为水泥用量的0.5%～3%；

2）为提高浆液扩散能力和可泵性，可掺加表面活性剂（或减水剂），其掺加量应通过试验确定；

3）为提高浆液均匀性和稳定性，防止固体颗粒离析和沉淀，可掺加膨润土，膨润土掺加量不宜大于水泥用量的5%；

4）可掺加早强剂、微膨胀剂、抗冻剂、缓凝剂等，其掺加量应分别通过试验确定。

12 注浆用水不得采用pH值小于4的酸性水或工业废水。

13 水泥浆的水灰比宜为0.6～2.0，常用水灰比为1.0。

14 劈裂注浆的流量宜为7L/min～15L/min。充填型灌浆的流量不宜大于20L/min。压密注浆的流量宜为10L/min～40L/min。

15 注浆管上拔时，宜使用拔管机。塑料阀管注浆时，注浆芯管每次上拔高度应与阀管开孔间距一致，且宜为330mm；花管或注浆管注浆时，每次上拔或下钻高度宜为300mm～500mm；采用砂浆压密注浆，每次上拔高度宜为400mm～600mm。

16 浆体应经过搅拌机充分搅拌均匀后，方可开始压注。注浆过程中，应不停缓慢搅拌，搅拌时间不应大于浆液初凝时间。浆液在泵送前，应经过筛网过滤。

17 在日平均温度低于5℃或最低温度低于−3℃的条件下注浆时，应在施工现场采取保温措施，确保浆液不冻结。

18 浆液水温不得超过35℃，且不得将盛浆桶和注浆管路在注浆体静止状态暴露于阳光下，防止浆液凝固。

19 注浆顺序应根据地基土质条件、现场环境、周边排水条件及注浆目的等确定，并应符合下列

规定：

1）注浆应采用先外围后内部的跳孔间隔的注浆施工，不得采用单向推进的压注方式；

2）对有地下水流动的土层注浆，应自水头高的一端开始注浆；

3）对注浆范围以外有边界约束条件时，可采用从边界约束远侧往近侧推进的注浆的方式，深度方向宜由下向上进行注浆；

4）对渗透系数相近的土层注浆，应先注浆封顶，再由下至上进行注浆。

20 既有建筑地基注浆时，应对既有建筑及其邻近建筑、地下管线和地面的沉降、倾斜、位移和裂缝进行监测，且应采用多孔间隔注浆和缩短浆液凝固时间等技术措施，减少既有建筑基础、地下管线和地面因注浆而产生的附加沉降。

11.7.5 注浆加固地基的质量检验，应符合下列规定：

1 注浆检验时间应在注浆施工结束28d后进行。质量检测方法可用标准贯入试验、静力触探试验、轻便触探试验或静载荷试验对加固地层进行检测。对注浆效果的评定，应注重注浆前后数据的比较，并结合建筑物沉降观测结果综合评价注浆效果。

2 应在加固土的全部深度范围内，每间隔1.0m取样进行室内试验，测定其压缩性、强度或渗透性。

3 注浆检验点应设在注浆孔之间，检测数量应为注浆孔数的2%～5%。当检验点合格率小于或等于80%，或虽大于80%但检验点的平均值达不到强度或防渗的设计要求时，应对不合格的注浆区实施重复注浆。

4 应对注浆凝固体试块进行强度试验。

11.8 石 灰 桩

11.8.1 石灰桩适用于加固地下水位以下的黏性土、粉土、松散粉细砂、淤泥、淤泥质土、杂填土或饱和黄土等地基加固，对重要工程或地质条件复杂而又缺乏经验的地区，施工前，应通过现场试验确定其适用性。

11.8.2 石灰桩加固设计，应符合下列规定：

1 石灰桩桩身材料宜采用生石灰和粉煤灰（火山灰或其他掺合料）。生石灰氧化钙含量不得低于70%，含粉量不得超过10%，最大块径不得大于50mm。

2 石灰桩的配合比（体积比）宜为生石灰：粉煤灰=1：1、1：1.5或1：2。为提高桩身强度，可掺入适量水泥、砂或石屑。

3 石灰桩桩径应由成孔机具确定。桩距宜为2.5倍～3.5倍桩径，桩的布置可按三角形或正方形布置。石灰桩地基处理的范围应比基础的宽度加宽1排～2排桩，且不小于加固深度的一半。石灰桩桩长应由加固目的和地基土质等决定。

4 成桩时，石灰桩材料的干密度 ρ_d 不应小于 $1.1t/m^3$，石灰桩每延米灌灰量可按下式估算：

$$q = \eta_c \frac{\pi d^2}{4} \tag{11.8.2}$$

式中：q——石灰桩每延米灌灰量（m^3/m）；

η_c——充盈系数，可取1.4～1.8。振动管外投料成桩取高值；螺旋钻成桩取低值；

d——设计桩径（m）。

5 在石灰桩顶部宜铺设200mm～300mm厚的石屑或碎石垫层。

6 复合地基承载力和变形计算，应符合现行行业标准《建筑地基处理技术规范》JGJ 79的有关规定。

11.8.3 石灰桩施工，应符合下列规定：

1 根据加固设计要求、土质条件、现场条件和机具供应情况，可选用振动成桩法（分管内填料成桩和管外填料成桩）、锤击成桩法、螺旋钻成桩法或洛阳铲成桩工艺等。桩位中心点的允许偏差不应超过桩距设计值的8%，桩的垂直度允许偏差不应大于桩长的1.5%。

2 采用振动成桩法和锤击成桩法施工时，应符合下列规定：

1）采用振动管内填料成桩法时，为防止生石灰膨胀堵住桩管，应加压缩空气装置及空中加料装置；管外填料成桩，应控制每次填料数量及沉管的深度；采用锤击成桩法时，应根据锤击的能量，控制分段的填料量和成桩长度；

2）桩顶上部空孔部分，应采用3：7灰土或素土填孔封顶。

3 采用螺旋钻成桩法施工时，应符合下列规定：

1）根据成孔时电流大小和土质情况，检验场地情况与原勘察报告和设计要求是否相符；

2）钻杆达设计要求深度后，提钻检查成孔质量，清除钻杆上泥土；

3）施工过程中，将钻杆沉入孔底，钻杆反转，叶片将填料边搅拌边压入孔底，钻杆被压密的填料逐渐顶起，钻尖升至离地面1.0m～1.5m或预定标高后停止填料，用3：7灰土或素土封顶。

4 洛阳铲成桩法适用于施工场地狭窄的地基加固工程。洛阳铲成桩直径可为200mm～300mm，每层回填料厚度不宜大于300mm，用杆状重锤分层夯实。

5 施工过程中，应设专人监测成孔及回填料的质量，并做好施工记录。如发现地基土质与勘察资料不符时，应查明情况并采取有效处理措施后，方可继续施工。

6 当地基土含水量很高时，石灰桩应由外向内或沿地下水流方向施打，且宜采用间隔跳打施工。

11.8.4 石灰桩质量检验，应符合下列规定：

1 施工时，应及时检查施工记录。当发现回填料不足，缩径严重时，应立即采取补救处理措施。

2 施工过程中，应检查施工现场有无地面隆起异常及漏桩现象；并应按设计要求，抽查桩位、桩距，详细记录，对不符合质量要求的石灰桩，应采取补救处理措施。

3 质量检验可在施工结束28d后进行。检验方法可采用标准贯入、静力触探以及钻孔取样室内试验等测试方法，检测项目应包括桩体和桩间土强度，验算复合地基承载力。

4 对重要或大型工程，应进行复合地基载荷试验。

5 石灰桩的检验数量不应少于总桩数的2%，且不得少于3根。

11.9 其他地基加固方法

11.9.1 旋喷桩适用于处理淤泥、淤泥质土、黏性土、粉土、砂土、黄土、素填土和碎石土等地基。对于砾石粒径过大，含量过多及淤泥、淤泥质土有大量纤维质的腐殖土等，应通过现场试验确定其适用性。

11.9.2 灰土挤密桩适用于处理地下水位以上的粉土、黏性土、素填土、杂填土和湿陷性黄土等地基。

11.9.3 水泥土搅拌桩适用于处理正常固结的淤泥与淤泥质土、素填土、软一可塑黏性土、松散一中密粉细砂、稍密一中密粉土、松散一稍密中粗砂、饱和黄土等地基。

11.9.4 硅化注浆可分双液硅化法和单液硅化法。当地基土为渗透系数大于2.0m/d的粗颗粒土时，可采用双液硅化法（水玻璃和氯化钙）；当地基的渗透系数为0.1m/d～2.0m/d的湿陷性黄土时，可采用单液硅化法（水玻璃）；对自重湿陷性黄土，宜采用无压力单液硅化法。

11.9.5 碱液注浆适用于处理非自重湿陷性黄土地基。

11.9.6 人工挖孔混凝土灌注桩适用于地基变形过大或地基承载力不足等情况的基础托换加固。

11.9.7 旋喷桩、灰土挤密桩、水泥土搅拌桩、硅化注浆、碱液注浆的设计与施工应符合现行行业标准《建筑地基处理技术规范》JGJ 79的有关规定。人工挖孔混凝土灌注桩的设计与施工应符合现行行业标准《建筑桩基技术规范》JGJ 94的有关规定。

12 检验与监测

12.1 一般规定

12.1.1 既有建筑地基基础加固工程，应按设计要求及现行国家标准《建筑地基基础工程施工质量验收规范》GB 50202的规定进行质量检验。

12.1.2 对既有建筑地基基础加固工程，当监测数据出现异常时，应立即停止施工，分析原因，必要时采取调整既有建筑地基基础加固设计或施工方案的技术措施。

12.2 检 验

12.2.1 既有建筑地基基础加固施工，基槽开挖后，应进行地基检验。当发现与勘察报告和设计文件不一致，或遇到异常情况时，应结合地质条件，提出处理意见；对加固设计参数取值、施工方案实施影响大时，应进行补充勘察。

12.2.2 应对新、旧基础结构连接构件进行检验，并提供隐蔽工程检验报告。

12.2.3 基础补强注浆加固基础，应在基础补强后，对基础钻芯取样进行检验。

12.2.4 采用锚杆静压桩、坑式静压桩，应进行下列检验：

1 桩节的连接质量。

2 桩顶标高、桩位偏差等。

3 最终压桩力及压入深度。

12.2.5 采用现浇混凝土施工的树根桩、混凝土灌注桩，应进行下列检验：

1 提供经确认的原材料力学性能检验报告，混凝土试件留置数量及制作养护方法、混凝土抗压强度试验报告，钢筋笼制作质量检验报告等。

2 桩顶标高、桩位偏差等。

3 对桩的承载力应进行静载荷试验检验。

12.2.6 注浆加固施工后，应进行下列检验：

1 采用钻孔取样检验，室内试验测定加固土体的抗剪强度、压缩模量等，检验地基土加固土层的均匀性。

2 加固后地基土承载力的静载荷试验；有地区经验时，可采用标准贯入试验、静力触探试验，并结合地区经验进行加固后地基土承载力检验。

12.2.7 复合地基加固施工后，应对地基处理的施工质量进行检验：

1 桩顶标高、桩位偏差等。

2 增强体的密实度或强度。

3 复合地基承载力的静载荷试验，增强体承载力和桩身完整性检验。

12.2.8 纠倾加固和移位加固施工，应对顶升梁或托换梁的施工质量进行检验。

12.2.9 托换加固施工，应对托换结构以及连接构造进行检验，并提供隐蔽工程检验报告。

12.3 监 测

12.3.1 既有建筑地基基础加固施工时，应对影响范围内的周边建筑物、地下管线等市政设施的沉降和位移进行监测。

12.3.2 既有建筑地基基础加固施工降水对周边环境有影响时，应对有影响的建筑物及地下管线、道路进行沉降监测，对地下水位的变化进行监测。

12.3.3 外套结构增层，应对外套结构新增荷载引起的既有建筑附加沉降进行监测。

12.3.4 迫降纠倾施工，应在施工过程中对建筑物的沉降、倾斜值及结构构件的变形、裂缝进行监测，直到纠倾施工结束，监测周期应根据纠倾速率确定。

12.3.5 顶升纠倾施工，应在施工过程中对建筑物的倾斜值，结构构件的变形、裂缝以及千斤顶的工作状态进行监测，必要时，应对结构的内力进行监测。

12.3.6 移位施工过程中，应对建筑物结构构件的变形、裂缝以及施力系统的工作状态进行实时监测，必要时，应对结构的内力进行监测。

12.3.7 托换加固施工，应对建筑的沉降、倾斜、裂缝进行监测，必要时，应对建筑的水平移位或结构内力（或应变）进行监测。

12.3.8 注浆加固施工，应对施工引起的建筑物附加沉降进行监测。

12.3.9 采用加大基础底面积、加深基础进行基础加固时，应对开挖施工槽段内结构的变形和裂缝情况进行监测。

附录A 既有建筑基础下地基土载荷试验要点

A.0.1 本试验要点适用于测定地下水位以上既有建筑地基的承载力和变形模量。

A.0.2 试验压板面积宜取 $0.25m^2 \sim 0.50m^2$，基坑宽度不应小于压板宽度或压板直径的3倍。试验时，应保持试验土层的原状结构和天然湿度。在试压土层的表面，宜铺不大于20mm厚的中、粗砂层找平。

A.0.3 试验位置应在承重墙的基础下，加载反力可利用建筑物的自重，使千斤顶上的测力计直接与基础下钢板接触(图A.0.3)。钢板大小和厚度，可根据基础材料强度和加载大小确定。

A.0.4 在含水量较大或松散的地基土中挖试验坑时，应采取坑壁支护措施。

A.0.5 加载分级、稳定标准、终止加载条件和承载力取值，应按现行国家标准《建筑地基基础设计规范》GB 50007的规定执行。

A.0.6 在试验挖坑时，可同时取土样检验其物理力学性质，并对地基承载力取值和地基变形进行综合

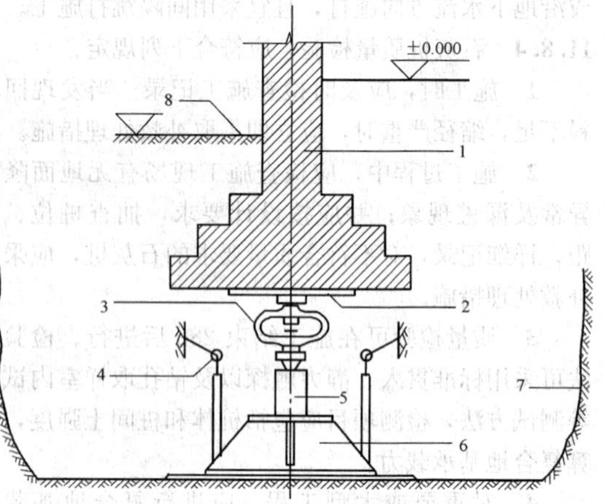

图A.0.3 载荷试验示意

1—建筑物基础；2—钢板；3—测力计；4—百分表；5—千斤顶；6—试验压板；7—试坑壁；8—室外地坪

分析。

A.0.7 当既有建筑基础下有垫层时，试验压板应埋置在垫层下的原土层上。

A.0.8 试验结束后，应及时采用低强度等级混凝土将基坑回填密实。

附录B 既有建筑地基承载力持载再加荷载荷试验要点

B.0.1 本试验要点适用于测定既有建筑基础再增加荷载时的地基承载力和变形模量。

B.0.2 试验压板可取方形或圆形。压板宽度或压板直径，对独立基础、条形基础应取基础宽度。对基础宽度大，试验条件不满足时，应考虑尺寸效应对检测结果的影响，并结合结构和基础形式以及地基条件综合分析，确定地基承载力和地基变形模量；当场地地基无软弱下卧层时，可用小尺寸压板的试验确定，但试验压板的面积不宜小于 $2.0m^2$。

B.0.3 试验位置应在与原建筑物地基条件相同的场地进行，并应尽量靠近既有建筑物。试验压板的底标高应与原建筑物基础底标高相同。试验时，应保持试验土层的原状结构和天然湿度。

B.0.4 在试压土层的表面，宜铺不大于20mm厚的中、粗砂层找平。基坑宽度不应小于压板宽度或压板直径的3倍。

B.0.5 试验使用的荷载稳压设备稳压偏差允许值不应大于施加荷载的±1%；沉降观测仪表24h的漂移值不应大于0.2mm。

B.0.6 加载分级、稳定标准、终止加载条件应按现行国家标准《建筑地基基础设计规范》GB 50007的规定执行。试验加荷至原基底使用荷载压力时应进行持载。持载时，应继续进行沉降观测。持载时间不得

少于7d。然后再继续分级加载，直至试验完成。

B.0.7 在含水量较大或松散的地基土中挖试验坑时，应采取坑壁支护措施。

B.0.8 既有建筑再加荷地基承载力特征值的确定，应符合下列规定：

1 当再加荷压力-沉降曲线上有比例界限时，取该比例界限所对应的荷载值。

2 当极限荷载小于对应比例界限的荷载值的2倍时，取极限荷载值的一半。

3 当不能按上述两款要求确定时，可取再加荷压力-沉降曲线上 $s/b=0.006$ 或 $s/d=0.006$ 所对应的荷载，但其值不应大于最大加载量的一半。

4 取建筑物地基的允许变形值对应的荷载值。

注：s 为载荷板沉降值；b、d 分别为载荷板的宽度或直径。

B.0.9 同一土层参加统计的试验点不应少于3点，各试验实测值的极差不得超过其平均值的30%，取平均值作为该土层的既有建筑再加荷的地基承载力特征值。既有建筑再加荷的地基变形模量，可按比例界限所对应的荷载值和变形进行计算，或按规定的变形对应的荷载值进行计算。

附录C 既有建筑桩基础单桩承载力持载再加荷载荷试验要点

C.0.1 本试验要点适用于测定既有建筑桩基础再增加荷载时的单桩承载力。

C.0.2 试验桩应在与原建筑物地基条件相同的场地，并应尽量靠近既有建筑物，按原设计的尺寸、长度、施工工艺制作。开始试验的时间：桩在砂土中入土 $7d$ 后；黏性土不得少于 $15d$；对于饱和软黏土不得少于 $25d$；灌注桩应在桩身混凝土达到设计强度后，方能进行。

C.0.3 加载反力装置，试桩、锚桩和基准桩之间的中心距离，加载分级，稳定标准，终止加载条件，卸载观测应按现行国家标准《建筑地基基础设计规范》GB 50007的规定执行。试验加荷至原基桩使用荷载时，应进行持载。持载时，应继续进行沉降观测。持载时间不得少于7d。然后再继续分级加载，直至试验完成。

C.0.4 试验使用的荷载稳压设备稳压偏差允许值不应大于施加荷载的±1%；沉降观测仪表24h的漂移值不应大于0.2mm。

C.0.5 既有建筑再加荷的单桩竖向极限承载力确定，应符合下列规定：

1 作再加荷的荷载-沉降（Q-s）曲线和其他辅助分析所需的曲线。

2 当曲线陡降段明显时，取相应于陡降段起点的荷载值。

3 当出现 $\frac{\Delta s_{n+1}}{\Delta s_n}\geqslant 2$ 且经24h尚未达到稳定而终止试验时，取终止试验的前一级荷载值。

4 Q-s 曲线呈缓变型时，取桩顶总沉降量 s 为40mm所对应的荷载值。

5 按上述方法判断有困难时，可结合其他辅助分析方法综合判定。对桩基沉降有特殊要求时，应根据具体情况选取。

6 参加统计的试桩，当满足其极差不超过平均值的30%时，可取其平均值作为单桩竖向极限承载力。极差超过平均值的30%时，宜增加试桩数量，并分析离差过大的原因，结合工程具体情况，确定极限承载力。对桩数为3根及3根以下的柱下桩台，取最小值。

C.0.6 再加荷的单桩竖向承载力特征值的确定，应符合下列规定：

1 当再加荷压力-沉降曲线上有比例界限时，取该比例界限所对应的荷载值。

2 当极限荷载小于对应比例界限荷载值的2倍时，取极限荷载值的一半。

3 当按既有建筑单桩允许变形进行设计时，应按 Q-s 曲线上允许变形对应的荷载确定。

本规范用词说明

1 为便于在执行本规范条文时区别对待，对要求严格程度不同的用词说明如下：

1）表示很严格，非这样做不可的：
正面词采用"必须"，反面词采用"严禁"；

2）表示严格，在正常情况下均应这样做的：
正面词采用"应"，反面词采用"不应"或"不得"；

3）表示允许稍有选择，在条件许可时首先应这样做的：
正面词采用"宜"，反面词采用"不宜"；

4）表示有选择，在一定条件可以这样做的，采用"可"。

2 条文中指明应按其他有关标准执行的写法为："应按……执行"或"应符合……的规定"。

引用标准名录

1《砌体结构设计规范》GB 50003

2《建筑地基基础设计规范》GB 50007

3《建筑结构荷载规范》GB 50009

4《混凝土结构设计规范》GB 50010

5 《建筑抗震设计规范》GB 50011

6 《湿陷性黄土地区建筑规范》GB 50025

7 《建筑地基基础工程施工质量验收规范》GB 50202

8 《混凝土结构加固设计规范》GB 50367

9 《建筑变形测量规范》JGJ 8

10 《建筑地基处理技术规范》JGJ 79

11 《建筑桩基技术规范》JGJ 94

中华人民共和国行业标准

既有建筑地基基础加固技术规范

JGJ 123—2012

条 文 说 明

修 订 说 明

《既有建筑地基基础加固技术规范》JGJ 123－2012，经住房和城乡建设部2012年8月23日以第1452号公告批准、发布。

本规范是在《既有建筑地基基础加固技术规范》JGJ 123－2000的基础上修订而成的，上一版的主编单位是中国建筑科学研究院，参编单位是同济大学、北方交通大学、福建省建筑科学研究院，主要起草人员是张永钧、叶书麟、唐业清、侯伟生。本次修订的主要技术内容是：1. 既有建筑地基基础加固设计的基本规定；2. 邻近新建建筑、深基坑开挖、新建地下工程对既有建筑产生影响时，对既有建筑采取的保护措施；3. 不同加固方法的承载力和变形计算方法；4. 托换加固；5. 地下水位变化过大引起的事故预防与补救；6. 检验与监测要求；7. 既有建筑地基承载力持载再加荷载荷试验要点；8. 既有建筑桩基础单桩承载力持载再加荷载荷试验要点；9. 既有建筑地基基础鉴定评价要求；10. 增层改造、事故预防和补救、加固方法等。

本次规范修订过程中，编制组进行了广泛的调查研究，总结了我国建筑地基基础领域的实践经验，同时参考了国外先进技术法规、技术标准，通过调研、征求意见及工程试算，对增加和修订内容的反复讨论、分析、论证，取得了重要技术参数。

为便于广大设计、施工、科研、学校等单位有关人员在使用本规范时能正确理解和执行条文规定，《既有建筑地基基础加固技术规范》编制组按章、节、条顺序编制了本规范的条文说明，对条文规定的目的、依据以及执行中需注意的有关事项进行了说明，还着重对强制性条文的强制性理由作了解释。但是，本条文说明不具备与规范正文同等的法律效力，仅供使用者作为理解和把握规范规定的参考。

目　次

1　总则 …………………………………… 20—34
3　基本规定 ……………………………… 20—34
4　地基基础鉴定 ………………………… 20—34
4.1　一般规定 …………………………… 20—34
4.2　地基鉴定 …………………………… 20—35
4.3　基础鉴定 …………………………… 20—36
5　地基基础计算 ………………………… 20—36
5.1　一般规定 …………………………… 20—36
5.2　地基承载力计算 …………………… 20—36
5.3　地基变形计算 ……………………… 20—38
6　增层改造 ……………………………… 20—38
6.1　一般规定 …………………………… 20—38
6.2　直接增层 …………………………… 20—38
6.3　外套结构增层 ……………………… 20—39
7　纠倾加固 ……………………………… 20—39
7.1　一般规定 …………………………… 20—39
7.2　迫降纠倾 …………………………… 20—39
7.3　顶升纠倾 …………………………… 20—40
8　移位加固 ……………………………… 20—41
8.1　一般规定 …………………………… 20—41
8.2　设计 ………………………………… 20—42
8.3　施工 ………………………………… 20—43
9　托换加固 ……………………………… 20—43
9.1　一般规定 …………………………… 20—43
9.2　设计 ………………………………… 20—43
9.3　施工 ………………………………… 20—44
10　事故预防与补救 ……………………… 20—44
10.1　一般规定 …………………………… 20—44
10.2　地基不均匀变形过大引起事故的补救 ……………………………… 20—44
10.3　邻近建筑施工引起事故的预防与补救 ……………………………… 20—44
10.4　深基坑工程引起事故的预防与补救 ……………………………… 20—44
10.5　地下工程施工引起事故的预防与补救 ……………………………… 20—45
10.6　地下水位变化过大引起事故的预防与补救 ……………………………… 20—45
11　加固方法 ……………………………… 20—45
11.1　一般规定 …………………………… 20—45
11.2　基础补强注浆加固 ………………… 20—46
11.3　扩大基础 …………………………… 20—46
11.4　锚杆静压桩 ………………………… 20—47
11.5　树根桩 ……………………………… 20—48
11.6　坑式静压桩 ………………………… 20—48
11.7　注浆加固 …………………………… 20—48
11.8　石灰桩 ……………………………… 20—50
11.9　其他地基加固方法 ………………… 20—51
12　检验与监测 …………………………… 20—51
12.1　一般规定 …………………………… 20—51
12.2　检验 ………………………………… 20—51
12.3　监测 ………………………………… 20—52

1 总　　则

1.0.1 根据我国情况，既有建筑因各种原因需要进行地基基础加固者，从建造年代来看，除少数古建筑和新中国成立前建造的建筑外，绝大多数是新中国成立以来建造的建筑，其中又以新中国成立初期至20世纪70年代末建造的建筑占主体，改革开放以来建造的大量建筑，也有一小部分需要进行加固。就建筑类型而言，有工业建筑和构筑物，也有公用建筑和大量住宅建筑。因而，需要进行地基基础加固的既有建筑范围很广、数量很多、工程量很大、投资很高。因此，既有建筑地基基础加固的设计和施工必须认真贯彻国家的各项技术经济政策，做到技术先进、经济合理、安全适用、确保质量、保护环境。

1.0.2 本条规定了规范的适用范围。增加荷载包括加固改造增加的荷载以及直接增层增加的荷载；自然灾害包括地震、风灾、水灾、泥石流、海啸等。

3 基 本 规 定

3.0.1 本条是对地基基础加固的设计、施工、质量检测的总体要求。既有建筑使用后地基土经压密固结作用后，其工程性质与天然地基不同，应根据既有建筑地基基础的工作性状制定设计方案和施工组织设计，精心施工，保证加固后的建筑安全使用。

3.0.2 既有建筑在进行加固设计和施工之前，应先对地基、基础和上部结构进行鉴定，根据鉴定结果，确定加固的必要性和可能性，针对地基、基础和上部结构的现状分析和评价，进行加固设计，制定施工方案。

3.0.3 本条是对既有建筑地基基础加固前应取得资料的规定。

3.0.4 本条是对既有建筑地基基础加固设计的要求。既有建筑地基基础加固设计，应满足地基承载力、变形和稳定性要求。既有建筑在荷载作用下地基土已固结压密，再加荷时的荷载分担、基底反力分布与直接加荷的天然地基不同，应按新老地基基础的共同作用分析结果进行地基基础加固设计。

3.0.5 邻近新建建筑、深基坑开挖、新建地下工程对既有建筑产生影响时，改变了既有建筑地基基础的设计条件，一方面应在邻近新建建筑、深基坑开挖、新建地下工程设计时对既有建筑地基基础的原设计进行复核，同时在邻近新建建筑、深基坑开挖、新建地下工程自身的结构设计时应对其长期荷载作用的荷载取值、变形条件考虑既有建筑的作用。不满足时，应优先采取调整邻近新建建筑的规划设计、新建地下工程施工方案、深基坑开挖支挡、地下墙（桩）隔离地基应力和变形等对既有建筑的保护措施，需要时应进行既有建筑地基基础或上部结构加固。

3.0.6 在选择地基基础加固方案时，本条强调应根据所列各种因素对初步选定的各种加固方案进行对比分析，选定最佳的加固方法。

大量工程实践证明，在进行地基基础设计时，采用加强上部结构刚度和承载力的方法，能减少地基的不均匀变形，取得较好的技术经济效果。因此，在选择既有建筑地基基础加固方案时，同样也应考虑上部结构、基础和地基的共同作用，采取切实可行的措施，既可降低费用，又可收到满意的效果。

3.0.7 地基基础加固使用的材料，包括水泥、碱液、硅酸钠以及其他胶结材料等，应符合环境保护要求，根据场地类别不同加固方法形成的增强体或基础结构应符合耐久性设计要求。

3.0.8 根据现行国家标准《工程结构可靠性设计统一标准》GB 50153的要求，既有建筑加固后的地基基础设计使用年限应满足加固后的建筑物设计使用年限。

3.0.9 纠倾加固、移位加固、托换加固施工过程可能对结构产生损伤或产生安全隐患，必须设置现场监测系统，监测纠倾变位、移位变位和结构的变形，根据监测结果及时调整设计和施工方案，必要时启动应急预案，保证工程按设计完成。目前按工程建设需要，纠倾加固、移位加固、托换加固工程的设计图纸和施工组织设计，均应进行专项审查，通过审查后方可实施。

3.0.10 既有建筑地基基础加固的施工，一般来说，具有技术要求高、施工难度大、场地条件差、不安全因素多、风险大等特点，本条特别强调施工人员应具备较高的素质。施工过程中除了应有专人负责质量控制外，还应有专人负责严密的监测，当出现异常情况时，应采取果断措施，以免发生安全事故。

3.0.11 既有建筑进行地基基础加固时，沉降观测是一项必须做的工作，它不仅是施工过程中进行监测的重要手段，而且是对地基基础加固效果进行评价和工程验收的重要依据。由于地基基础加固过程中容易引起对周围土体的扰动，因此，施工过程中对邻近建筑和地下管线也应进行监测。沉降观测终止时间应按设计要求确定，或按国家现行标准《工程测量规范》GB 50026和《建筑变形测量规范》JGJ 8的有关规定确定。

4 地基基础鉴定

4.1 一 般 规 定

4.1.1 既有建筑地基基础进行鉴定可采用以下步骤（图1）：

由于现场实际情况的变化，鉴定程序可根据实际

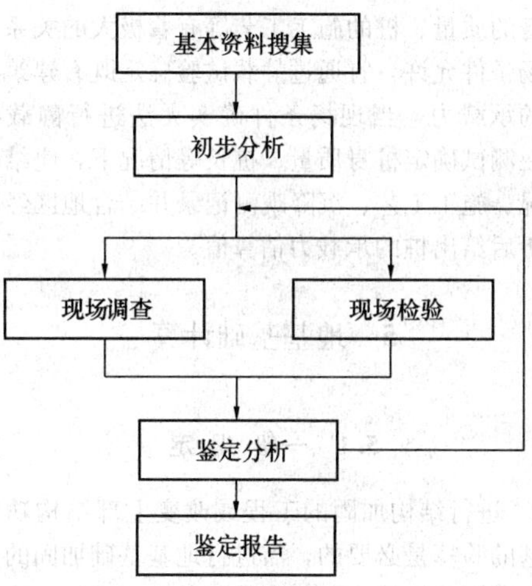

图1 鉴定工作程序框图

情况调整。例如：所鉴定的既有建筑基本资料严重缺失，则首先应进行现场调查，根据调查的情况分析确定现场检验方法和内容。根据现场调查及现场检验获得的资料作出分析，根据分析结果再到现场进行进一步的调查和必要的现场检验，才可能给出鉴定结论。现场调查情况与搜集的资料不符或在现场检验后发现新的问题而需要进一步的检验。

4.1.2 由于地基基础的隐蔽性，现场检验困难、复杂，不可能进行大面积的现场检验，在进行现场检验前，应首先在所掌握的基本资料基础上进行初步分析，根据初步分析的结果，确定下一步现场检验的工作重点和工作内容，并根据现场实际情况确定可以采用的现场检验方法。无论是资料搜集还是现场调查都应围绕加固的目的结合初步分析结果进行。资料搜集和现场调查过程中可能发生对初步分析结果更进一步深入的分析结果，两者应结合进行。

4.1.3、4.1.4 当根据所搜集和调查的资料仍无法对既有建筑的地基基础作出正确评价时，应进行现场检验和沉降观测，严禁凭空推断而得出鉴定结论。

基础的沉降是反映地基基础情况的一个最直接的综合指标，而目前往往无法获得连续的、真实的沉降观测资料。当既有建筑的变形仍在发展，根据当前状况得出的鉴定结果并不能代表既有建筑以后的情况，也需要进一步进行沉降观测。

当需要了解历史沉降情况而缺乏有效的沉降资料时，也可根据设计标高结合现场调查情况依照当地经验进行估算。

4.1.5 分析评价是鉴定工作的重要内容之一，需要根据所得到的资料围绕加固的目的、结合当地经验进行综合分析。除了给出既有建筑地基基础的承载力、变形、稳定性和耐久性的分析评价外，尚应根据加固目的的不同进行下列相应的分析评价：

1 因勘察、设计、施工或因使用不当而进行的既有建筑地基基础加固，应在充分了解引起建筑物开裂、沉降、倾斜的原因后，才能针对原因提出合理有效的加固方法，因此，对于此类加固，应分析引起既有建筑的开裂、沉降、倾斜的原因，以便确定合理有效的加固方法。

2 增加荷载、纠倾、移位、改建、古建筑保护而进行的既有建筑地基基础加固，只有在对既有建筑地基基础的实际承载力和改造、保护的要求比较后，才能确定出既有建筑的地基基础是否需要进行加固及如何加固，故此类加固应针对改造、保护的要求，结合既有建筑的地基基础的现状，来比较分析既有建筑改造、保护时地基加固的必要性。

3 遭受邻近新建建筑、深基坑开挖、新建地下工程或自然灾害的影响而进行的既有建筑地基基础加固，应首先分析清楚对既有建筑地基基础已造成的影响和仍然存在的影响情况后，才能采取有效措施消除已经造成的影响和避免进一步的影响，所以对于该类地基基础加固应对既有建筑的影响情况作出分析评价。

另外，对既有建筑地基基础进行鉴定的主要目的就是为了进行既有建筑地基基础加固，因此，对既有建筑地基基础的分析评价尚应结合现场条件来分析不同地基基础加固方法的适用性和可行性，以便给出建议的地基基础加固方法；当涉及上部结构的问题时，应对上部结构鉴定和加固的必要性进行分析，必要时提出进行上部结构鉴定和加固的建议。

4.1.6 本条规定为鉴定报告应该包含的基本内容。为了使得鉴定报告内容完整，有针对性，报告的内容有时尚应包括必要的情况说明甚至证明材料等。

鉴定结论是鉴定报告的核心内容，必须叙述用词规范、表达内容明确。同时为了使得鉴定报告确实能够对既有建筑地基基础加固的设计和施工起到一定的指导作用，鉴定结论的内容除了给出对既有建筑地基基础的评价外，尚应给出对加固设计和施工方法的建议。

鉴定报告应包含调查资料及现场测试数据和曲线，以及必要的计算分析过程和分析评价结果，严禁鉴定报告仅有鉴定结论而无数据和分析过程。

4.2 地 基 鉴 定

4.2.1 地基基础需要加固的原因与场地工程地质、水文地质情况以及由于环境条件变化或者是地下水的变化关系密切，这种情况需结合既有建筑原岩土工程勘察报告中提供的水文、岩土数据，结合现场调查和检验的结果，进行比较分析。

4.2.2 地基检验的方法应根据加固的目的和现场条件选用，作以下几点说明：

1 当有原岩土工程勘察报告且勘察报告的内容较齐全时，可补充少量代表性的勘探点和原位测试点，一方面用来验证原岩土工程勘察报告的数据，另一方面比较前后水位、岩土的物理力学参数等变化情况。

2 对于一般的工程，测点在变形较大部位（如既有建筑的四个“大角”及对应建筑物的重心点位置）或其附近布置即可，而对于重要的既有建筑，应根据既有建筑的情况在中间部位增加1个～3个测点。

当仅仅需要查明局部岩土情况时，也可仅仅在需要查明的部位布置3个～5个测点。但当土层变化较大如探测原始冲沟的分布情况时，则需要根据情况增加测点。

3 当条件允许时宜在基础下取不扰动土样进行室内土的物理力学性质试验。当无地下水时勘探点应尽量采用人工挖槽的方法，该方法还可以利用开挖的坑槽对基础进行现场调查和检测。坑槽的布置应分段，严禁集中布置而对基础产生影响。

4 目前越来越多的物理勘探方法应用在工程测试中，但由于各种物探方法都有着这样或那样的局限，因此，实际工程中应采用物探方法与常规勘探方法相结合的方式来进行地基的检验测试，利用物探方法快速方便的优点进行大面积检测，对物探检测发现的异常点采用常规勘探方法（如开挖、钻探等）来验证物探检测结果和确定具体数据。

5 对于重要的增加荷载如增层改造的建筑，应按本规范规定的方法通过现场荷载试验确定地基土的承载力特征值。

4.2.3 地基进行评价时地区经验很重要，应结合当地经验根据现场调查和检验结果进行综合分析评价。

4.3 基础鉴定

4.3.1～4.3.3 基础为隐蔽工程，由于现场条件的限制，其检测不可能大面积展开，因此应根据初步分析结果结合现场调查情况，确定代表性的部位进行检测，现场检测可按下述方法步骤进行：

1 确定代表性的检查点位置。一般选取上部变形较大处、荷载较大处及上部结构对沉降敏感处对应的位置或附近作为代表性点，另选取2处～3处一般性代表点，一般性代表点应随机均匀布置。

2 开挖目测检查基础的情况。

3 根据开挖检查的结果，根据现场实际条件选用合适的检测方法对基础进行结构检测，如基础为桩基时尚需进行基桩完整性和承载力检测。

4 对于重要的增加荷载如增层改造的建筑，采用桩基时应按本规范规定的方法通过现场载荷试验确定基桩的承载力特征值。

4.3.4 基础结构的评价，重点是结构承载力、完整性和耐久性评价。涉及地基评价的数据包括基础尺寸、埋深等，应给出检测评价结果。

桩的承载力不但和桩周土的性质有关，而且还和桩本身的质量、桩的施工工艺等有着极大的关系，如果现场条件允许，宜通过静载试验确定既有建筑桩基中桩的承载力，当现场条件确实无法进行静载试验时，在测试确定桩身质量、桩长等情况下，应结合地质情况、施工工艺、沉降观测记录并结合地区经验综合分析后给出桩的承载力估算值。

5 地基基础计算

5.1 一般规定

5.1.1 进行结构加固的工程或改变上部结构功能时对地基的验算是必要的，需进行地基基础加固的工程均应进行地基计算。既有建筑因勘察、设计、施工或使用不当，增加荷载，遭受邻近新建建筑、深基坑开挖、新建地下工程或自然灾害的影响等可能产生对建筑物稳定性的不利影响，应进行稳定性计算。既有建筑地基基础加固或增加荷载时，尚应对基础的抗冲、剪、弯能力进行验算。

5.1.2 既有建筑地基在建筑物荷载作用下，地基土经压密固结作用，承载力提高，在一定荷载作用下，变形减少，加固设计可充分利用这一特性。但扩大基础或增加桩进行加固时，新旧基础、新增加桩与原基础桩由于地基变形的差异，地基反力的分布是按变形协调的原则，新旧基础、新增加桩与原基础桩分担的荷载与天然地基时有所不同，应按变形协调的原则进行设计。扩大基础或改变基础形式时应保证新旧基础采取可靠的连接构造。

5.2 地基承载力计算

5.2.3 既有建筑地基承载力特征值的确定，应根据既有建筑地基基础的工作性状确定。既有建筑地基土的压密在荷载作用下已完成或基本完成，再加荷时地基土的“压密效应”，使其增加荷载的一部分由原地基土承担。

1 本规范附录B是采用与原基础、地基条件基本相同条件下，通过持载试验确定承载力，用于不改变原基础尺寸、埋深条件直接增加荷载的设计条件。中国建筑科学研究院地基所的试验结果表明（图2），原地基土在压力下固结压密后再加荷，荷载变形曲线明显变缓，表明其承载力提高。图3的结果表明，持载7d后（粉质黏土），变形趋于稳定。

2 采用本规范附录B进行试验有困难时，可按本规范附录A的方法结合土工试验、其他原位试验结果结合地区经验综合确定。

3 外接结构的地基变形允许值一般较严格，应根据场地特性和加固施工的措施，按变形允许值确定地基承载力特征值。

4 加固后的地基应采用在地基处理后通过检验

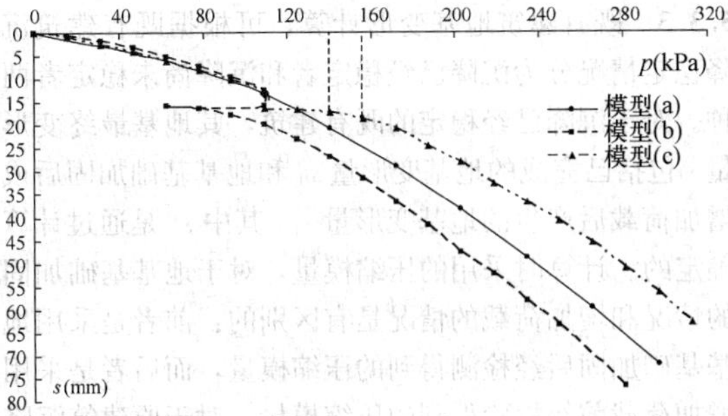

图 2　直接加载模型（a）、持载后扩大基础加载模型（b）和持载后继续加载模型（c）p-s 曲线对比

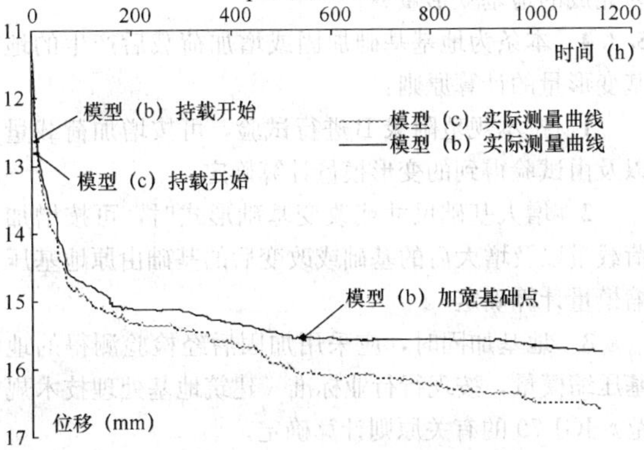

图 3　基础板(b)和(c)在持载时位移随时间发展情况

确定的地基承载力特征值。

5　扩大基础加固或改变基础形式，再加荷时原基础仍能承担部分荷载，可采用本规范附录 B 的方法确定其增加值，其余增加荷载由扩大基础承担而采用原地基承载力特征值设计，相对简单。

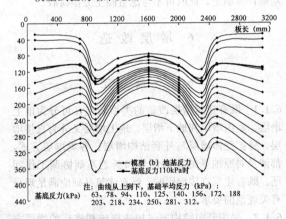

模型试验的结果见图 4。

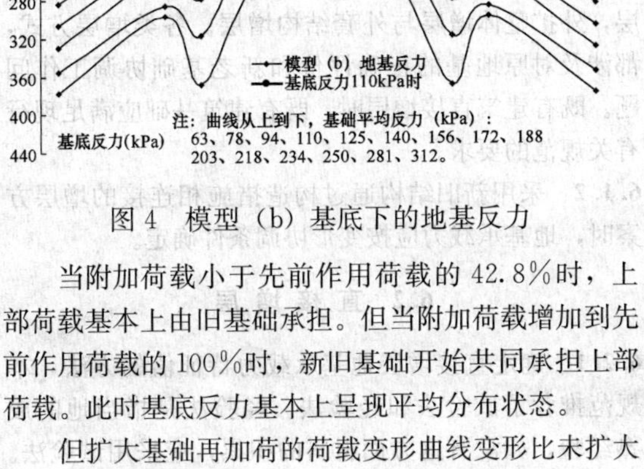

图 4　模型（b）基底下的地基反力

当附加荷载小于先前作用荷载的 42.8%时，上部荷载基本上由旧基础承担。但当附加荷载增加到先前作用荷载的 100%时，新旧基础开始共同承担上部荷载。此时基底反力基本上呈现平均分布状态。

但扩大基础再加荷的荷载变形曲线变形比未扩大基础时的变形大，为简化设计，本次修订建议采用扩大基础加固或改变基础形式加固时，仍采用天然地基承载力特征值设计。

5.2.6　本条为既有建筑单桩承载力特征值的确定原则。

既有建筑下原有的桩以及新增加的桩单桩竖向承载力特征值应通过单桩竖向静载荷试验确定。既有建筑原有的桩单桩的静载荷试验，有条件时应在既有建筑下进行，无条件时可按本规范附录 C 的方法进行；既有建筑下原有的桩的单桩竖向承载力特征值，有地区经验时也可按地区经验确定。

5.2.7　天然地基在使用荷载下持载，土层固结完成后在原基础内增加桩的试验结果，新增荷载在再加荷的初始阶段，大部分荷载由新增加的桩承担。

模型试验独立基础持载结束后在基础内植入树根桩形成桩基础再加载，在荷载达到 320 kN 前，承台下地基土反力增加很小（表 1），这说明上部结构传来的荷载几乎都由树根桩承担。随着上部结构的荷载增大，承台下地基土反力有了一定的增长，在加荷的中后期，承台下地基土分担的上部结构荷载达到 30%左右。

表 1　桩土分担荷载

荷载(kN)	240	280	320	360	400	440
荷载增加(kN)①	40	80	120	160	200	240
桩承担荷载(kN)	35.50	78.12	117.11	146.19	164.42	184.36
土承担荷载(kN)	4.50	1.88	2.89	13.81	35.58	55.64
桩土分担荷载比	7.89	41.55	40.52	10.59	4.62	3.31
荷载(kN)	480	520	560	600	640	680
荷载增加(kN)②	280	320	360	400	440	480
桩承担荷载(kN)	208.74	228.81	255.97	273.95	301.51	324.62
土承担荷载(kN)	71.26	91.19	104.03	126.05	138.49	155.38
桩土分担荷载比	2.93	2.51	2.46	2.17	2.18	2.09

注：①和②是指对 200kN 增加值。

5.2.8　既有建筑原地基增加的承载力可按本规范第 5.2.3 条的原则确定，地基土承担部分新增荷载的基础面积应按原基础面积计算。

模型试验独立基础持载结束后扩大基础底面积并植入树根桩，基础上部结构传来的荷载由原独立基础下的地基土、扩大基础底面积下的地基土、桩共同承担（表 2）。

表 2　桩土分担荷载

荷载(kN)	240	280	340	400	460	520	580
荷载增加(kN)	40	80	140	200	260	320	380
桩承担荷载(kN)	18.5	37.7	64.2	104.2	148.1	180.8	219.3
桩土分担荷载比(kN)	0.86	0.89	0.85	1.09	1.32	1.30	1.36
荷载(kN)	640	700	760	820	880	940	1000
荷载增加(kN)	440	500	560	620	680	740	800
桩承担荷载(kN)	253.7	293.0	324.9	357.8	382.7	410.4	432.9
桩土分担荷载比(kN)	1.36	1.41	1.38	1.36	1.29	1.25	1.18

5.2.9 本条原则的试验资料如下：

模型试验原桩基础持载结束后扩大基础底面积并植入树根桩，桩土分担荷载见表3。可知在增加荷载量为原荷载量时，新增加桩与原桩基础桩分担的荷载虽先后不同，但几乎共同分担。

表3 桩土分担荷载

荷载(kN)	240	280	360	440	520	600
荷载增加(kN)	40	80	160	240	320	400
原基础桩顶荷载增加(kN)	6.17	11.06	14.66	20.06	25.28	31.78
新基础桩顶荷载增加(kN)	3.05	8.02	15.23	23.76	32.09	39.42
桩承担荷载	36.88	76.32	119.56	175.28	229.48	284.80
桩分担总荷载比	0.92	0.95	0.75	0.73	0.72	0.71
桩土分担荷载比	11.82	20.74	2.96	2.71	2.54	2.47
荷载(kN)	760	840	920	1000	1160	1320
荷载增加(kN)	560	640	720	800	960	1120
原基础桩顶荷载增加(kN)	47.24	57.33	66.58	75.88	87.96	102.00
新基础桩顶荷载增加(kN)	54.18	60.68	67.44	75.49	96.50	112.95
桩承担荷载	405.68	472.04	536.08	605.48	737.84	859.80
桩分担总荷载比	0.72	0.74	0.74	0.76	0.77	0.77
桩土分担荷载比	2.63	2.81	2.91	3.11	3.32	3.30

5.2.11 邻近新建建筑、深基坑开挖、新建地下工程改变既有建筑地基设计条件的复核，应包括基础侧限条件、深宽修正条件、地下水条件等。

5.3 地基变形计算

5.3.1 加固后既有建筑的地基变形控制重要的是差异沉降和倾斜两项指标，国家标准《建筑地基基础设计规范》GB 50007－2011 表 5.3.4 中给出砌体承重结构基础的局部倾斜、工业与民用建筑相邻柱基的沉降差、桥式吊车轨面的倾斜（按不调整轨道考虑）、多层和高层建筑的整体倾斜、高耸结构基础的倾斜值是保证建筑物正常使用和结构安全的数值，工程设计应严格控制。既有建筑加固后的建筑物整体沉降控制，对于有相邻基础连接或地下管线连接时应视工程情况控制，可采取临时工程措施，包括断开、改变连接方式等，不允许时应对建筑物整体沉降控制，采用减少建筑物整体沉降的处理措施或顶升托换抬高建筑等方法。

5.3.2 有特殊要求的建筑物，包括古建筑、历史建筑等保护，要求保持现状；或者建筑物变形有更严格的要求时，应按建筑物的地基变形允许值，进行地基变形控制。

5.3.3 既有建筑地基变形计算，可根据既有建筑沉降稳定情况分为沉降已经稳定者和沉降尚未稳定者两种。对于沉降已经稳定的既有建筑，其地基最终变形量 s 包括已完成的地基变形量 s_0 和地基基础加固后或增加荷载后产生的地基变形量 s_1，其中 s_1 是通过计算确定的。计算时采用的压缩模量，对于地基基础加固的情况和增加荷载的情况是有区别的：前者是采用地基基础加固后经检测得到的压缩模量，而后者是采用增加荷载前经检验得到的压缩模量。对于原建筑沉降尚未稳定且增加荷载的既有建筑，其地基最终变形量 s 除了包括上述 s_0 和 s_1 外，尚应包括原建筑荷载下尚未完成的地基变形量 s_2。

5.3.4 本条为地基基础加固或增加荷载后产生的地基变形量的计算原则：

1 按本规范附录B进行试验，可按增加荷载量以及由试验得到的变形模量计算确定。

2 增大基础尺寸或改变基础形式时，可按增加荷载量以及增大后的基础或改变后的基础由原地基压缩模量计算确定。

3 地基加固时，应采用加固后经检验测得的地基压缩模量，按现行行业标准《建筑地基处理技术规范》JGJ 79 的有关原则计算确定。

5.3.5 本条为既有建筑基础为桩基础时的基础沉降计算原则：

1 按桩基础的变形计算方法，其变形为桩端下卧层的变形。

2 增加的桩承担的新增荷载，为新增荷载减去原地基承载力提高承担的荷载。

3 既有建筑桩基础扩大基础增加桩时，可按新增加的荷载由原基础桩和新增加桩共同承担荷载按桩基础计算确定，此时可不考虑桩间土分担荷载。

6 增层改造

6.1 一般规定

6.1.1 既有建筑增层改造的类型较多，可分为地上增层、室内增层和地下增层。地上增层又分为直接增层，外扩整体增层与外套结构增层。各类增层方式，都涉及对原地基的正确评价和新老基础协调工作问题。既有建筑直接增层时，既有建筑基础应满足现行有关规范的要求。

6.1.2 采用新旧结构通过构造措施相连接的增层方案时，地基承载力应按变形协调条件确定。

6.2 直接增层

6.2.1 确定直接增层地基承载力特征值的方法，本规范推荐了试验法和经验法。经验法是指当地的成熟经验，如没有这方面材料的积累，应采用试验法。

对重要建筑物的地基承载力确定，应采用两种以上方法综合确定。直接增层时，由于受到原墙体强度和地基承载力限制，一般不宜增层太多，通常不宜超过3层。

6.2.2 直接增层需新设承重墙基础，确定新基础宽度时，应以新旧纵横墙基础能均匀下沉为前提，可按以下经验公式确定新基础宽度：

$$b' = \frac{F+G}{f_a}M \tag{1}$$

式中：b'——新基础宽度（m）；

$F+G$——作用的标准组合时单位基础长度上的线荷载（kN/m）；

f_a——修正后的地基承载力特征值（kPa）；

M——增大系数，建议按 $M=E_{s2}/E_{s1}>1$ 取值；

E_{s1}、E_{s2}——分别为新旧基础下地基土的压缩模量。

6.2.3 直接增层时，地基基础的加固方法应根据地基基础的实际情况和增层荷载要求选用。本规范列出的部分方法都有其适用条件，还可参考各地区经验选用适合、有效的方法。

采用抬梁或挑梁承受新增层结构荷载时，梁可置于原基础或地梁下，当采用预制的抬梁时，梁、桩和基础应紧密连接，并应验算抬梁或挑梁与基础或地梁间的局部受压、受弯、受剪承载力。

6.3 外套结构增层

6.3.1～6.3.6 当既有建筑增加楼层较多时常采用外套结构增层的形式。外套结构的地基基础应按新建工程设计。施工时应将新旧基础分开，互不干扰，并避免对既有建筑地基的扰动，而降低其承载力。

对位于高水位深厚软土地基上建筑物的外套结构增层，由于增层结构荷载一般较大，常采用埋置较深的桩基础。在桩基施工成孔时，易对原基础（尤其是浅埋基础）产生影响，引起基础附加下沉，造成既有建筑下沉或开裂等，因此应根据工程的具体情况，选择合理的地基处理方法和基础加固施工方案。

7 纠倾加固

7.1 一般规定

7.1.1 纠倾的建筑层数多数在8层以内，构筑物高度多数在25m以内。近年来，国内已有高层建筑纠倾成功的例子，这些建筑物其整体倾斜多数超过0.7%，即超过现行行业标准《危险房屋鉴定标准》JGJ 125的危险临界值，影响安全使用；也有部分虽未超过危险临界值，但已超过设计规定的允许值，影响正常使用。

7.1.2 既有建筑纠倾加固方法可分为迫降纠倾和顶升纠倾两类。

迫降纠倾是从地基入手，通过改变地基的原始应力状态，强迫建筑物下沉；顶升纠倾是从建筑结构入手，通过调整结构自身来满足纠倾的目的。因此从总体来讲，迫降纠倾要比顶升纠倾经济、施工简便，但遇到不适合采用迫降纠倾时即可采用顶升纠倾。特殊情况可综合采用多种纠倾方法。

7.1.3 建筑物的倾斜多数是由于地基原因造成的，或是浅基础的变形控制欠佳，或是由于桩基和地基处理设计、施工质量问题等，建筑物纠倾施工将影响地基基础和上部结构的受力状态，因此纠倾加固设计应根据现状条件分析产生倾斜的原因，论证纠倾可行性，对上部结构进行安全评估，确保建筑物安全。如果建筑物的倾斜原因包括建筑物荷载中心偏移等，应论证地基加固的必要性，提出地基加固方法，防止再度倾斜。

7.1.4 建筑物纠倾加固设计是指导纠倾加固施工的技术性文件，以往有些纠倾工程存在直接按经验方法施工的情况，存在一定盲目性，因此有必要明确纠倾加固前期应做的工作，使之做到经济、合理、确保安全。

7.1.5 由于既有建筑物各角点倾斜值与其自身原有垂直度有关，因此对于纠倾加固后的验收，规定了以设计要求控制，对于尚未通过竣工验收的建筑物规定按新建工程验收要求控制。

7.1.6 施工过程中开挖的槽、孔等在工程完工后如不及时进行回填等处理将会对建筑物安全使用和人们日常生活带来安全隐患，水、电、暖等设施与日常生活有关，应予重视。

要加强对避雷设施修复后的检查与检测。当上部结构产生裂损时，应由设计单位明确加固修复处理方法。

7.2 迫降纠倾

7.2.1 迫降纠倾是通过人工或机械的办法来调整地基土体固有的应力状态，使建筑物原来沉降较小侧的地基土土体应力增加，迫使土体产生新的竖向变形或侧向变形，使建筑物在短时间内沉降加剧，达到纠倾的目的。

7.2.2 迫降纠倾与建筑物特征、地质情况、采用的迫降方法等有关，因此迫降的设计应围绕几个主要环节进行：选择合理的纠倾方法；编制详细的施工工艺；确定各个部位迫降量；设置监控系统；制定实施计划。根据选择的方法和编制的操作规程，做到有章可循，否则盲目施工往往失败或达不到预期的效果。由于纠倾施工会影响建筑物，因此强调了对主体结构不应产生损伤和破坏，对非主体结构的裂损应为可修复范围，否则应在纠倾加固前先进行加固处理。纠倾后应防止出现再次倾斜的可能性，必要时应对地基基础进行加固处理。对于纠倾过程可能存在的结构裂损、局部破坏应有加固处理预案。

纠倾加固施工过程可能出现危及安全的情况，设计时应有应急预案。过量纠倾可能会产生结构的再次损伤，应该防止其出现，设计时必须制定防止过量纠倾的技术措施。

7.2.3 迫降纠倾是一种动态设计信息化施工过程，因此沉降观测是极其重要的，同时观测结果应反馈给设计，以调整设计，指导施工，这就要求设计施工紧密配合。迫降纠倾施工前应做好详细的施工组织设计，并详细勘察周围场地现状，确定影响范围，做好查勘记录，采取措施防止出现对相邻建筑物和设施可能产生的影响。

7.2.4 基底掏土纠倾法是在基础底面以下进行掏挖土体，削弱基础下土体的承载面积迫使沉降，其特点是可在浅部进行处理，机具简单，操作方便。人工掏土法早在20世纪60年代初期就开始使用，已经处理了相当多的多层倾斜建筑。水冲掏土法则是20世纪80年代才开始应用研究，它主要利用压力水泵代替人工。该法直接在基础底面下操作，通过掏冲带出部分土体，因此对匀质土比较适用，施工时控制掏土槽的宽度及位置是非常重要的，也是掏土迫降效果好坏或成败的关键。

7.2.5 井式纠倾法是利用工作井（孔）在基础下一定深度范围内进行排土、冲土，一般包括人工挖孔、沉井两种。井壁有钢筋混凝土壁、混凝土孔壁，为确保施工安全，对于软土或砂土地基应先试挖成井，方可大面积开挖井（孔）施工。

井式纠倾法可分为两种：一种是通过挖井（孔）排土、抽水直接迫降，这种在沿海软土地区比较适用；另一种是通过井（孔）辐射孔进行射水掏冲土迫降。可视土质情况选择。

工作井（孔）一般是设置在建筑物周边，在沉降较小侧多设置，沉降较大侧少设置或不设置。建筑的宽度比较大时，井（孔）也可设置在室内，每开间设一个井（孔），可根据不同的迫降量布置辐射孔。

为方便施工井底深度宜比射水孔位置低。

工作井可用砂土或砂石混合料分层夯实回填，也可用灰土比为2∶8的灰土分层夯实回填，接近地面1m范围内的井壁应拆除。

7.2.6 钻孔取土纠倾法是通过机械钻孔取土成孔，依靠钻孔所形成的临空面，使土体产生侧向变形形成淤孔，反复钻孔取土使建筑物下沉。

7.2.7 堆载纠倾法适用于小型工程且地基承载力比较低的土层条件，对大型工程项目一般不适用，此法常与其他方法联合使用。

沉降观测应及时绘制荷载-沉降-时间关系曲线，及时调整堆载量，防止过纠，保证施工安全。

7.2.8 降水纠倾法适用的地基土主要取决于降水的方法，当采用真空法或电渗法时，也适用于淤泥土，但在既有建筑邻近使用应慎重，若有当地成功经验时也可采用。采用人工降水时应注意对水资源保护以及对环境影响。

7.2.9 加固纠倾法，实际上是对沉降大的部分采用地基托换补强，使其沉降减少；而沉降小的一侧仍继续下沉，这样慢慢地调整原来的差异沉降。这种方法一般用于差异沉降不大且沉降未稳定尚有一定沉降量的建筑物纠倾。使用该方法时，由于建筑物沉降未稳定，应对上部结构变形的适应能力进行评价，必要时应采取临时支撑或采取结构加固措施。

7.2.10 浸水纠倾法是利用湿陷性黄土遇水湿陷的特性对建筑物进行纠倾的，为了确保纠倾安全，必须通过系统的现场试验确定各项设计、施工参数，施工过程中应设置水量控制计量系统以及监测系统，确保浸水量准确，应有必要的防护措施，如预设限沉的桩基等，当水量过量时可采用生石灰吸收。

7.3 顶升纠倾

7.3.1 顶升纠倾是通过钢筋混凝土或砌体的结构托换加固技术，将建筑物的基础和上部结构沿某一特定的位置进行分离，采用钢筋混凝土进行加固、分段托换、形成全封闭的顶升托换梁（柱）体系。设置能支承整个建筑物的若干个支承点，通过这些支承点的顶升设备的启动，使建筑物沿某一直线（点）作平面转动，即可使倾斜建筑物得到纠正。若大幅度调整各支承点的顶高量，即可提高建筑物的标高。

顶升纠倾过程是一种基础沉降差异快速逆补偿过程，当地基土的固结度达80%以上，基础沉降接近稳定时，可通过顶升纠倾来调整剩余不均匀沉降。

顶升纠倾法仅对沉降较大处顶升，而沉降小处则仅作分离及同步转动，其目的是将已倾斜的建筑物纠正，该法适用于各类倾斜建筑物。

7.3.2 顶升纠倾早期在福建、浙江、广东等省应用较多，现在国内应用已较普遍，这足以证明顶升纠倾技术是一种可靠的技术，但如何正确使用却是问题的关键。某工程公司承接了一栋三层住宅的顶升纠倾，由于施工未能遵循一般的规律，顶升施工作用与反作用力，即基础梁与托换梁这对关系不具备，顶升机具没有足够的安全储备和承托垫块无法提供稳定性等原因造成重大的工程事故。从理论上顶升高度是没有限值的，但为确保顶升的稳定性，本规范规定顶升纠倾最大顶升高度不宜超过80cm。因为当一次顶升高度达到80cm时，其顶升的建筑物整体稳定性存在较大风险，目前国内虽已有顶升240cm的成功例子，但实际是分多次顶升施工的。

整体顶升也可应用于建筑物竖向抬升，提高其空间使用功能。

7.3.3 顶升纠倾设计必须遵循下列原则：

1　顶升应通过钢筋混凝土组成的一对上、下受力梁系实施，虽然在实际工程中已出现类似利用锚杆静压桩、原有基础或地基作为反力基座来进行顶升纠倾，其应用主要为较小型建筑物，且实际工程不多，尚缺乏普遍性，并存在一定的不确定因素和危险性，因此规范仍强调应由上、下梁系受力。

2　原规范采用荷载设计值，荷载分项系数约为1.35，本次修订改为采用荷载标准组合值，安全系数调整为2.0，以保持安全储备与原规范一致。

3　托换梁（柱）体系应是一套封闭式的钢筋混凝土结构体系。

4　顶升是在钢筋混凝土梁柱之间进行，因此顶升梁及底座都应该是钢筋混凝土的整体结构。

5　顶升的支托垫块必须是钢板混凝土块或钢垫块，具有足够的承载力及平整度，且是组合装配的工具式垫块，可抵抗水平力。顶升过程中保证上下顶升梁及千斤顶、垫块有不少于30%支点可连成一整体。

顶升量的确定应包括三个方面：

1）纠正建筑物倾斜所需各点的顶升量，可根据不同倾斜率及距离计算。

2）使用要求需要的整体顶升量。

3）过纠量。考虑纠正以后建筑物沉降尚未稳定还有少量的倾斜，则可通过超量的纠正来调整最终的垂直度。这个量应通过沉降计算确定，要求超过的纠倾量或最终稳定的倾斜值应满足现行国家标准《建筑地基基础设计规范》GB 50007的要求，当计算不能满足时，则应进行地基基础加固。

7.3.4　砌体结构建筑的荷载是通过砌体传递的。根据顶升的技术特点，顶升时砌体结构的受力特点相当于墙梁作用体系或将托换梁上的墙体视为弹性地基，托换梁按支座反力作用下的弹性地基梁设计。考虑协同工作的差异，顶升梁的支座计算距离可按图5所示选取。有地区经验时也可加大顶升梁的刚度，不考虑墙体的刚度，按连续梁进行顶升梁设计。

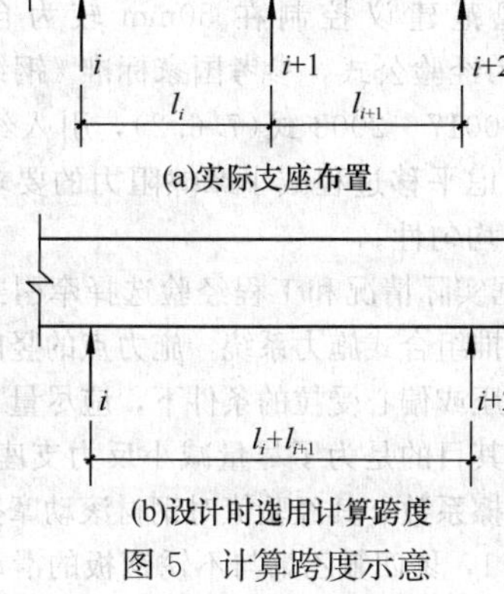

图5　计算跨度示意

7.3.5　框架结构荷载是通过框架柱传递的，顶升力应作用于框架柱下，但是要将框架柱切断，首先必须增设一个能支承整体框架柱的结构体系，这个结构托换体系就是后设置的牛腿及连系梁共同组成的。连系梁应能约束框架柱间的变位及调整差异顶升量。

纠倾前建筑已出现倾斜，结构的内力有不同程度的变化，断柱时结构的内力又将发生改变，因此设计时应对各种状态下的结构内力进行验算。

7.3.6　顶升纠倾一般分为顶升梁系托换，千斤顶设置与检验，测量监测系统设置，统一指挥系统设置、整体顶升、结构连接修复等步骤。

7.3.7　砌体结构进行顶升托换梁施工前，必须对墙体按平面进行分段，其分段长度不应大于1.5m，应根据砌体质量考虑在分段长度内每0.5m～0.6m先开凿一个竖槽，设置一个芯垫（芯垫埋入托换梁不取出，应不影响托换梁的承载力、钢筋绑扎及混凝土浇筑施工），用高强度等级水泥砂浆塞紧。预留搭接钢筋向两边凿槽外伸，且相邻墙段应间隔进行，并每段长不超过开间段的1/3，门窗洞口位置保证连续不得中断。

框架结构建筑的施工应先进行后设置牛腿、连系梁及千斤顶下支座的施工。由于凿除结构柱的保护层，露出部分主筋，因此一定要间隔进行，待托换梁（柱）体系达到强度后再进行相邻柱施工。当全部托换完成并经过试顶后确定承载力满足设计要求，方可进行断柱施工。

顶升前应对顶升点进行试顶试验，试验的抽检数量不少于20%，试验荷载为设计值的1.5倍，可分五级施工，每级历时1min～2min并观测顶升梁的变形情况。

每次顶升最大值不超过10mm，主要考虑到位置的先后对结构的影响，按结构允许变形（0.003～0.005）l来限制顶升量。

若千斤顶的最大间距为1.2m，则结构允许变形差为(0.003～0.005)×1200＝3.6mm～6.0mm。

当顶升到位的先后误差为30%时，变形差3mm＜3.6mm。

基于上述原因，力求协调一致，因此强调统一指挥系统，千斤顶同步工作。当有条件采用电气自动化控制全液压机械顶升，则可靠度更高。

顶升到位后应立即进行连接，因为此时整体建筑靠支承点支承着，若是有地震等的影响会出现危险，所以应尽量缩短这种不利时间。

8　移位加固

8.1　一般规定

8.1.1　由于城市改造、市政道路扩建、规划变更、场地用途改变、兴建地下建筑等需要建筑物搬迁移位或转动一定的角度，有时为了更好地保护古建、文物建筑，减少拆除重建，均可采用移位加固技术。目前移位技术在国内已得到广泛应用，已有十二层建筑物移位的成功经验。但一般多用于多层建筑的同一水平面移位，对大幅度改变其标高的工程未见实例。

8.1.2 由于移位滚动摩阻小于移位滑动摩阻，且滚动移位的施工精度要求相对滑动移位要低些。在实际工程中一般多数采用滚动方法，滑动方法仅在小型建筑物有应用，在大型建筑物应用应慎重。

8.1.3 移位所涉及的建筑结构及地基基础问题专业技术性强，要求在移位方案确定前应先通过搜集资料、补充计算验算、补充勘察等取得有关资料。

8.1.4 建筑物移位时对原结构有一定影响，在移位过程中建筑物将处于运动状态和受力不稳定状态，相对于移位前有许多不利因素，因此应对移位的建筑物进行必要的安全性评估。评估的主要内容为建筑物的结构整体性、抵抗竖向及水平向变形的能力。

8.1.5 建筑移位将改变原地基基础的受力状态，经验算后若不能满足移位过程或移位后的要求，则应进行地基基础加固，可选用本规范第 11 章有关加固方法。

8.1.6 建筑物移位后的验收主要包含建筑物轴线偏差和垂直度偏差，由于建筑物移位过程不可避免存在偏位，因此，轴线偏差控制在±40mm 以内认为是适宜的，对垂直度允许误差在±10mm。

8.2 设　　计

8.2.1 一般情况下建筑物经多年使用后，其使用功能均可能存在一定程度变化，对使用较久的建筑设计前应调查核实其现状。

8.2.2 考虑到移位加固施工是一个短期过程，移位过程建筑物已停止使用。为使设计更为合理，建议恒荷载和活荷载按实际荷载取值，基本风压按当地 10 年一遇的风压采用。

由于移位加固工程的复杂性和不确定因素较多，设计时应注重概念设计，应尽量全面地考虑到各种不利因素，按最不利情况设计，从而确保建筑物安全。

8.2.4 托换梁系设计应遵循的原则：

1 托换梁系由上轨道梁、托换梁或连系梁组成，与顶升纠倾托换一样，托换梁系是通过托换方式形成的一个梁系，其设计应考虑上部结构竖向荷载受力和移位时水平荷载的传递，根据最不利组合按承载能力极限状态设计，其荷载分项系数按现行国家标准《建筑结构荷载规范》GB 50009 采用。

2 托换梁是以上轨道梁为支座，可按简支梁或连续梁设计，托换梁的作用与转换梁相同，用于传递不连续的竖向荷载，由于一般需通过分段托换施工形成，故称为托换梁。对砌体结构当满足条件时其托换梁可按简支墙梁或连续墙梁设计。

3 上轨道梁可分成连续和悬挑两种类型，一般连续式上轨道梁用于砌体结构，而悬挑式上轨道梁用于框架结构或砌体结构中的柱构件。

4 在移位过程中，托换梁系平面内不可避免产生一定的不平衡力或力矩，因此造成偏位或对旋转轴心产生拉力。各下轨道基础（指抬梁式下轨道基础）也有可能存在不均匀的沉降变形，所以在进行托换梁系的设计时应充分考虑平移路线地基情况、水平移位类型、上部结构的整体性和刚度等，对托换梁系的平面内和平面外刚度进行设计。

8.2.5 移位地基基础包括移位过程中轨道地基基础和就位后新址地基基础，其设计原则如下：

1 轨道地基应满足建筑物行进过程中不出现过大沉降或不均匀沉降，其地基承载力特征值可考虑乘以 1.20 的系数采用。轨道基础设计的荷载分项系数应按现行国家标准《混凝土结构设计规范》GB 50010 采用。当有可靠工程经验时，当轨道基础利用建筑物原基础时，考虑长期荷载作用效应，原地基承载力特征值或单桩承载力特征值可提高 20%。

2 新址地基基础按新建工程设计，但应注意移位加固的特点，考虑移位就位时的荷载不利布置和一次性加载效应。

3 轨道基础形式是根据上部结构荷载传递与场地地质条件确定的，应综合考虑经济性和可靠性。

7 移位过程中的轨道地基基础沉降差和沉降量将直接影响移位施工，由于移位过程中不可避免会出现偏位，因此应对其进行抗扭计算。特别在抬梁式轨道基础设计中，应考虑偏位产生的对小直径桩的偏心作用，并保证轨道基础梁有一定的抗扭刚度。

8.2.6 滚动式移动装置主要由上、下承压板与钢辊轴组成，在实际工程中，承压板一般为钢板，主要起扩散滚轴径向压应力的作用，避免轨道基础混凝土产生局部承压破坏，其扩散面积与钢板厚度有关。规范建议采用的钢板厚度不宜小于 20mm。地基较好，轨道梁刚度较大，移位时钢板变形小时可适当减少厚度。国内工程应用中有采用 10mm 钢板成功的实例。辊轴的直径过小移动较慢，过大易产生偏位，规范建议控制在 50mm 较为合适。式(8.2.6-1)为经验公式，参考国家标准《钢结构设计规范》GB 50017－2003 式(7.6.2)，引入经验系数 k_p 以综合考虑平移过程减小摩擦阻力的要求以及辊轴受力的不均匀性。

8.2.7 根据实际情况和工程经验选择牵引式、顶推式或牵引顶推组合式施力系统，施力点的竖向位置在满足局部承压或偏心受拉的条件下，应尽量靠近托换梁系底面，其目的是为了尽量减小反力支座的弯曲。行走机构摩擦系数，其经验值对钢材滚动摩擦系数可取 0.05～0.1，聚四氟乙烯与不锈钢板的滑动摩擦系数可取 0.05～0.07。

8.2.8 建筑物就位后的连接关系到建筑物后期使用安全，因此要保证不改变原有结构受力状态，连接可靠性不低于原有标准。对于框架结构而言，由于框柱主筋一般在同一平面切断，因此，要求对此区域进行加强。

结合移位加固对建筑物采用隔震、减震措施进行抗震加固可节省较多费用。因此建筑物移位且需抗震加固时应综合考虑进行设计与施工。

8.3 施 工

8.3.1 移位加固施工具有特殊性，应编制专项的施工技术方案和施工组织设计方案，并应通过专项论证后实施。

8.3.2 托换梁系中的上轨道梁的施工质量将直接影响到移位加固实施，其关键点在于上轨道梁底标高是否水平，及各上轨道梁底标高是否在同一水平面。

8.3.3 移位地基基础施工应严格按统一的水平标高控制线施工，保证其顶面标高在同一水平面上。其控制措施可在其地基基础顶面采用高强度材料进行补平，对局部超高区域可采用机械打磨修整。

8.3.4 移位装置包含上承压板、下承压板、滚动或滑行支座，其型号、材质等应统一，防止产生变形差。托换施工时预先安装其优点是节省费用，但施工要求较高；采用后期整体顶升后一次性安装其优点是水平控制较易调整，但增加费用。

工具式下承压板由槽钢、钢板、混凝土加工制作而成，其大样示意图见图6，其优点是可移动、可拆装、可重复使用，使用方便，节省费用。

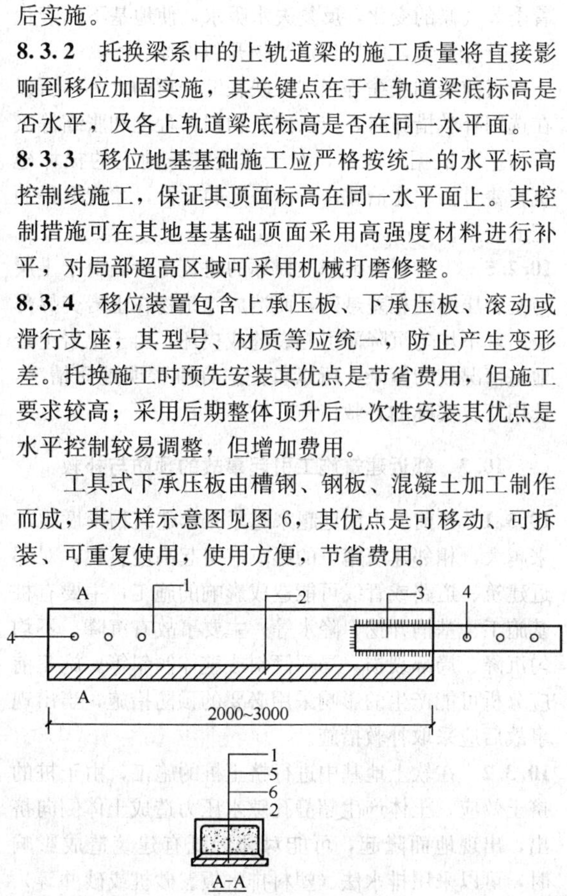

图6 组合式下轨道板

1—槽钢；2—封底钢板；3—连接钢板；
4—ϕ20 孔；5—细石混凝土；6—ϕ6@200

8.3.5 移位实施前应对托换梁系和移位地基基础等进行验收，对移位装置、反力装置、施力系统、控制系统、监测系统、指挥系统、应急措施等进行检验和检查。确认合格后，方可实施移位施工。

正式移位前的试验性移位，主要是检测各装置与系统间的工作状态和安全可靠性能，测试各施力点推力与理论计算值差异，以便复核与调整。

移位过程中应控制移动速度并应及时调整偏位，其偏位宜采用辊轴角度来调整。对于建筑物长时间处于新旧基础交接处时应考虑不均匀沉降对上部结构及后续移位产生的不利影响，对上部结构应进行实时监测，确保上部结构安全。

建筑物移位加固近年来得到了较大发展，其技术也日趋完善与成熟，从早期小型、低层、手动千斤顶或卷扬机外加动力，发展到目前多层或高层、液压千斤顶外加动力系统。在施力系统、控制系统、监测系统、指挥系统等方面尚可应用现代科技技术，增加自动化程度。

9 托 换 加 固

9.1 一 般 规 定

9.1.1 “托换技术”是指对结构荷载传递路径改变的结构加固或地基加固的通称，在地基基础加固工程中广泛应用。本节所指“托换加固”，是对采用托换技术所需进行的地基基础加固措施的总称。在纠倾工程、移位工程中采用的“托换技术”尚应符合第7章、第8章的有关规定。

9.1.2 托换加固工程的设计应根据工程的结构类型、基础形式、荷载情况以及场地地基情况进行方案比选，选择设计可靠、施工技术可行且安全的方案。

9.1.3 托换加固是在原有受力体系下进行，其实施应按上部结构、基础、地基共同作用，按托换地基与原地基变形协调原则进行承载力、变形验算。为保证工程安全，当既有建筑沉降、倾斜、变形、开裂已出现超过国家现行有关标准规定的控制指标时，应采取相应处理措施，或制定适用于该托换工程的质量控制标准。

9.1.4 托换加固工程对既有建筑结构变形、裂缝、基础沉降进行监测，是保证工程安全、校核设计符合性的重要手段，必须严格执行。

9.2 设 计

9.2.1 本条为既有建筑整体托换加固设计的要求。整体托换加固，应在上部结构满足整体托换要求条件下进行，并进行必要的计算分析。

9.2.2 局部托换加固的受力分析难度较大，确定局部托换加固的范围以及局部托换的位移控制标准应考虑既有建筑的变形适应能力。

9.2.4 这是近年工程中产生的新的问题。穿越工程的评价分析方法，采用的托换技术，以及采用桩梁式托换、桩筏式托换以及增加基础整体刚度、扩大基础的荷载托换体系等，应根据工程情况具体分析确定。

9.2.5 既有建筑功能改造，改变上部结构承重体系或基础形式，地基基础托换加固设计方案应结合工程经验、施工技术水平综合分析后确定。

9.2.6 针对因地震、地下洞穴及采空区土体移动、软土地基变形、地下水变化、湿陷等造成地基基础损害，提出地基基础托换加固可采用的方法。

9.3 施 工

9.3.1、9.3.2 托换加固施工中可能对持力土层产生扰动，基础侧移等情况，应采取必要的工程措施。

10 事故预防与补救

10.1 一 般 规 定

10.1.1 对于既有建筑，地基基础出现工程事故，轻则需加固处理，且加固处理一般比较困难；重则造成既有建筑的破坏，出现人员伤亡和重大经济损失。因此，对于既有建筑地基基础工程事故应采取预防为主的原则，避免事故发生。

10.1.2 本条为地基基础事故补救的一般原则。对于地基基础工程事故处理应遵循的原则首先应保证相关人员的安全，其次应分析事故原因，避免事故进一步扩大。采取的加固措施应具备安全、施工速度快、经济的特点。

10.1.3 20世纪五六十年代甚至更早的一些建筑，在勘察、设计阶段未进行抗震设防。当地震发生时由于液化和震陷造成建筑物的破坏。如我国的邢台地震、唐山地震、日本的阪神地震都有类似报道。采用天然地基的建筑物，液化常常造成建筑物的倾斜或整体倾覆。对于坡地岸边采用桩基的建筑物，可能会造成桩头部位混凝土受到剪压破坏。在软土地区采用天然地基的建筑，地震可能造成震陷，如1976年唐山地震影响到天津，天津汉沽的一些建筑震陷超过600mm。因此，对于一些重要的既有建筑物，可能存在液化或震陷问题时，应按现行国家标准《建筑抗震设计规范》GB 50011进行鉴定和加固。

10.2 地基不均匀变形过大引起事故的补救

10.2.1 软土地基系指主要由淤泥、淤泥质土或其他高压缩性土层构成的地基。这类地基土具有压缩性高、强度低、渗透性弱等特点，因此这类地基的变形特征除了建筑物沉降和不均匀沉降大以外，沉降稳定历时长，所以在选用补救措施时，尚应考虑加固后地基变形问题。此外，由于我国沿海地区的淤泥和淤泥质土一般厚度都较大，因此在采用本条的补救措施时，尚需考虑加固深度以下地基的变形。

10.2.2 湿陷性黄土地基的变形特征是在受水浸湿部位出现湿陷变形，一般变形量较大且发展迅速。在考虑选用补救措施时，首先应估计有无再次浸水的可能性，以及场地湿陷类型和等级，选择相应的措施。在确定加固深度时，对非自重湿陷性黄土场地，宜达到基础压缩层下限；对自重湿陷性黄土场地，宜穿透全部湿陷性土层。

10.2.3 人工填土地基中最常见的地基事故是发生在以黏性土为填料的素填土地基中。这种地基如堆填时间较短，又未经充分压实，一般比较疏松，承载力较低，压缩性高且不均匀，一旦遇水具有较强湿陷性，造成建筑物因大量沉降和不均匀沉降而开裂损坏，所以在采用各种补救措施时，加固深度均应穿透素填土层。

10.2.4 膨胀土是指土中黏粒成分主要由亲水性矿物组成，同时具有显著的吸水膨胀和失水收缩两种变形特性的黏性土。由于膨胀土的胀缩变形是可逆的，随着季节气候的变化，反复失水吸水，使地基不断产生反复升降变形，而导致建筑物开裂损坏。

目前采用胀缩等级来反映胀缩变形的大小，所以在选用补救措施时，应以建筑物损坏程度和胀缩等级作为主要依据。此外，对于建造在坡地上的损坏建筑，要贯彻“先治坡，后治房”的方针，才能取得预期的效果。

10.2.5 土岩组合地基上损坏的建筑主要是由于土层与基岩压缩性相差悬殊，而造成建筑物在土岩交界部位出现不均匀沉降而引起裂缝或损坏。由于土岩组合地基情况较为复杂，所以首先应详细探明地质情况，选用切合实际的补救措施。

10.3 邻近建筑施工引起事故的预防与补救

10.3.1 目前城市用地越来越紧张，建筑物密度也越来越大，相邻建筑施工的影响应引起高度重视，对邻近建筑、道路或管线可能造成影响的施工，主要有桩基施工、基槽开挖、降水等。主要事故有沉降、不均匀沉降、局部裂损，局部倾斜或整体倾斜等。施工前应分析可能产生的影响采用必要的预防措施，当出现事故后应采取补救措施。

10.3.2 在软土地基中进行挤土桩的施工，由于桩的挤土效应，土体产生超静孔隙水压力造成土体侧向挤出，出现地面隆起，可能对邻近既有建筑造成影响时，可以采用排水法（塑料排水板、砂桩或砂井等）、应力释放孔法或隔离沟等来预防对邻近既有建筑的影响，对重要的建筑可设地下挡墙阻挡挤土产生的影响。

10.3.5 人工挖孔桩是一种既简便又经济的桩基施工方法，被广泛地采用，但人工挖孔桩施工对周围影响较大，主要表现在降低地下水位后出现流砂、土的侧向变形等，应分析可能造成的影响并采取相应预防措施。

10.4 深基坑工程引起事故的预防与补救

10.4.1 基坑支护施工过程、基坑支护体系变形、基坑降水、基坑失稳都可能对既有建筑地基基础造成破坏，特别是在深厚淤泥、淤泥质土、饱和黏性土或饱和粉细砂等地层中开挖基坑，极易发生事故，对这类场地和深基坑必须充分重视，对可能发生的危害事故应有分析、有准备、预先做好危害事故的预防措施。

10.4.2 本条为基坑支护设计对既有建筑的保护措施：

2 近年来的一些基坑支护事故表明，如化粪池、污水井、给水排水管线的漏水均能造成基坑的破坏，影响既有建筑的安全。原因一是化粪池、污水井、给水排水管线原来就存在渗漏水现象，周围土体含水量高、强度低，如采用土钉墙支护会造成局部失稳；原因二是基坑水平变形过大，造成管线开裂，水渗透到基坑造成基坑破坏。这些基坑事故都可能危害既有建筑的安全。

3 我国每年都有基坑支护降水造成既有建筑、道路、管线开裂的报道，因此，地下水位较高时，宜避免采用开敞式降水方案，当既有建筑为天然地基时，支护结构应采用帷幕止水方案。

4 锚杆或土钉下穿既有建筑基础时，施工过程对基底土的扰动及浆液凝固前都可能产生沉降，如锚杆的倾斜角偏大则会出现建筑物的倾斜，应尽量避免下穿既有建筑基础。当无法解决锚杆对邻近建筑物的安全造成的影响时，应变更基坑支护方案。

5 基坑工程事故，影响到周边建筑物、构筑物及地下管线，工程损失很大。为了确保基坑及其周边既有建筑的安全，首先要有安全可靠的支护结构方案，其次要重视信息化施工，掌握基坑受力和变形状态，及时发现问题，迅速妥善处理。

10.4.3 基坑降水常引发基坑周边建筑物倾斜、地面或路面下陷开裂等事故，防止的关键在于保持基坑外水位的降深，一般可采取设置回灌井和有效的止水墙等措施。反之，不设回灌井，忽视对水位和邻近建筑物的观测或止水墙工程粗糙漏水，必然导致严重后果。因此，在地下水位较高的场地，地下水处理是保证基坑工程安全的重要技术措施。

10.4.4 在既有建筑附近进行打入式桩基础施工对既有建筑地基基础影响较大，应采取有效措施，保证既有建筑安全。

10.4.5 基坑周边不准修建临时工棚，因为场地坑边的临建工棚对环境卫生、工地施工安全、特别是对基坑安全会造成很大威胁。地表水或雨水渗漏对基坑安全不利，应采取疏导措施。

10.5 地下工程施工引起事故的预防与补救

10.5.1 隔断法是在既有建筑附近进行地下工程施工时，为避免或减少土体位移与变形对建筑物的影响，而在既有建筑与施工地面间设置隔断墙（如钢板桩、地下连续墙、树根桩或深层搅拌桩等墙体）予以保护的方法，国外称侧向托换（lateral underpinning）。墙体主要承受地下工程施工引起的侧向土压力，减少地基差异变形。上海市延安东路外滩天文台由于越江隧道经过其一侧时，就是采用树根桩进行隔断法加固的。

当地下工程施工时，会产生影响范围内的地面建筑物或地下管线的位移和变形，可在施工前对既有建筑的地基基础进行加固，其加固深度应大于地下工程的底面埋置深度，则既有建筑的荷载可直接传递至地下工程的埋置深度以下。

10.5.3 在地下工程施工过程中，为了及时掌握邻近建筑物和地下管线的沉降和水平位移情况，必须及时进行相应的监测。首先需在待测的邻近建筑或地下管线上设置观测点，其数量和位置的确定应能正确反映邻近建筑或地下管线关键点的沉降和位移情况，进行信息化施工。

10.6 地下水位变化过大引起事故的预防与补救

10.6.1 地下水位降低会增大建筑物沉降，造成道路、设备管线的开裂，因此在既有建筑周围大面积降水时，对既有建筑应采取保护措施。当地下水位的上升可能超过抗浮设防水位时，应重新进行抗浮设计验算，必要时应进行抗浮加固。

10.6.2 地下水位下降造成桩周土的沉降，对桩产生负摩阻力，相当于增大了桩身轴力，会增大沉降。

10.6.3 对于一些特殊土，如湿陷性黄土、膨胀土、回填土，地下水位上升都能造成地基变形，应采取预防措施。

11 加固方法

11.1 一般规定

11.1.1 既有建筑地基基础进行加固时，应分析评价由于施工扰动所产生的对既有建筑物附加变形的影响。由于既有建筑物在长期使用下，变形已处于稳定状态，对地基基础进行加固时，必然要改变已有的受力状态，通过加固处理会使新旧地基基础受力重新分配。首先应对既有建筑原有受力体系分析，然后根据加固的措施重新考虑加固后的受力体系。通常可借助于计算机对各种过程进行模拟，而且能对各种工况进行分析计算，对复杂的受力体系有定量的、较全面的了解。这个工作也是最近几年随着电子计算机的广泛应用才得以实现的。

对于有地区经验，可按地区经验评价。

11.1.2 既有地基基础加固对象是已投入使用的建筑物，在不影响正常使用的前提下达到加固改造目的。新建基础与既有基础连接的变形协调，各种地基基础加固方法的地基变形协调，应在设计要求的条件下通过严格的施工质量控制实现。导坑回填施工应达到设计要求的密实度，保证地基基础工作条件。

锚杆静压桩加固，当采用钢筋混凝土方桩时，顶进至设计深度后即可取出千斤顶，再用C30微膨胀早强混凝土将桩与原基础浇筑成整体。当控制变形严格，需施加预应力封桩时，可采用型钢支架托换，而后浇筑混凝土。对钢管桩，应根据工程要求，在钢管内浇筑C20微膨胀早强混凝土，最后用C30混凝土将桩与原基础浇筑成整体。

抬墙梁法施工，穿过原建筑物的地圈梁，支承于砖砌、毛石或混凝土新基础上。基础下的垫层应与原基础采用同一材料，并且做在同一标高上。浇筑抬墙梁时，应充分振捣密实，使其与地圈梁底紧密结合。若抬墙梁采用微膨胀混凝土，其与地圈梁挤密效果更佳。抬墙梁必须达到设计强度，才能拆除模板和墙体。

树根桩在既有基础上钻孔施工，树根桩完成后，在套管与孔之间采用非收缩的水泥浆注满。为了增强套管与水泥浆体之间的荷载传递能力，在套管置入之前，在钢套管上焊上一定间距的钢筋剪力环。树根桩在既有基础上钻孔施工，树根桩完成后，在套管与孔之间采用非收缩的水泥浆注满。

11.1.3 钢管桩表面应进行防腐处理，但实施的效果难于检验，采用增加钢管桩腐蚀量壁厚，较易实施。

11.2 基础补强注浆加固

11.2.1、11.2.2 基础补强注浆加固法的特点是：施工方便，可以加强基础的刚度与整体性。但是，注浆的压力一定要控制，压力不足，会造成基础裂缝不能充满，压力过高，会造成基础裂缝加大。实际施工时应进行试验性补强注浆，结合原基础材料强度和粘结强度，确定注浆施工参数。

注浆施工时的钻孔倾角是指钻孔中心线与地平面的夹角，倾角不应小于30°，以免钻孔困难。注浆孔布置应在基础损伤检测结果基础上进行，间距不宜超过2.0m。

封闭注浆孔，对混凝土基础，采用的水泥砂浆强度不应低于基础混凝土强度；对砌体基础，水泥砂浆强度不应低于原基础砂浆强度。

11.3 扩大基础

11.3.2、11.3.3 扩大基础底面积加固的特点是：1. 经济；2. 加强基础刚度与整体性；3. 减少基底压力；4. 减少基础不均匀沉降。

对条形基础应按长度1.5m～2.0m划分成单独区段，分批、分段、间隔分别进行施工。绝不能在基础全长上挖成连续的坑槽或使坑槽内地基土暴露过久而使原基础产生或加剧不均匀沉降。沿基础高度隔一定距离应设置锚固钢筋，可使加固的新浇混凝土与原有基础混凝土紧密结合成为整体。

当既有建筑的基础开裂或地基基础不满足设计要求时，可采用混凝土套或钢筋混凝土套加大基础底面积，以满足地基承载力和变形的设计要求。

当基础承受偏心受压时，可采用不对称加宽；当承受中心受压时，可采用对称加宽。原则上应保持新旧基础的结合，形成整体。

对加套混凝土或钢筋混凝土的加宽部分，应采用与原基础垫层的材料及厚度相同的夯实垫层，可使加套后的基础与原基础的基底标高和应力扩散条件相同和变形协调。

11.3.4 采用混凝土或钢筋混凝土套加大基础底面积尚不能满足地基承载力和变形等的设计要求时，可将原独立基础改成条形基础；将原条形基础改成十字交叉条形基础或筏形基础；将原筏形基础改成箱形基础。这样更能扩大基底面积，用以满足地基承载力和变形的设计要求；另外，由于加强了基础的刚度，也可减少地基的不均匀变形。

11.3.5、11.3.6 加深基础法加固的特点是：1. 经济；2. 有效减少基础沉降；3. 不得连续或集中施工；4. 可以是间断墩式也可以是连续墩式。

加深基础法是直接在基础下挖槽坑，再在坑内浇筑混凝土，以增大原基础的埋置深度，使基础直接支承在较好的持力层上，用以满足设计对地基承载力和变形的要求。其适用范围必须在浅层有较好的持力层，不然会因采用人工挖坑而费工费时又不经济；另外，场地的地下水位必须较低才合适，不然人工挖土时会造成邻近土的流失，即使采取相应的降水或排水措施，在施工上也会带来困难，而降水亦会导致对既有建筑产生附加不均匀沉降的隐患。

所浇筑的混凝土墩可以是间断的或连续的，主要取决于被托换的既有建筑的荷载大小和墩下地基土的承载能力及其变形性能。

鉴于施工是采用挖槽坑的方法，所以国外对基础加深法称坑式托换（pit underpinning）；亦因在坑内要浇筑混凝土，故国外对这种施工方法亦有称墩式托换（pier underpinning）。

11.3.7 如果加固的基础跨越较大时，应验算两墩之间能否满足承载力和变形的要求，如计算强度和变形不满足既有建筑原设计的要求，应采取设置过梁措施或采取托换措施，以保证施工中建筑物的安全。

11.3.9 抬墙梁法类似于结构的“托梁换柱法”，因此在采用这种方法时，必须掌握结构的形式和结构荷载的分布，合理地设置梁下桩的位置，同时还要考虑桩与原基础的受力及变形协调。抬墙梁的平面位置应避开一层门窗洞口，不能避开时，应对抬墙梁上的门窗洞口采取加强措施，并应验算梁支承处砖墙的局部承压强度。

11.4 锚杆静压桩

11.4.1 锚杆静压桩是锚杆和静压桩结合形成的桩基施工工艺。它是通过在基础上埋设锚杆固定压桩架，以既有建筑的自重荷载作为压桩反力，用千斤顶将桩段从基础中预留或开凿的压桩孔内逐段压入土中，再将桩与基础连接在一起，从而达到提高基础承载力和控制沉降的目的。

11.4.2、11.4.3 当既有建筑基础承载力不满足压桩所需的反力时，则应对基础进行加固补强；也可采用新浇筑的钢筋混凝土挑梁或抬梁作为压桩的承台。

封桩是锚杆静压桩技术的关键工序，封桩可分别采用不施加预应力的方法及施加预应力的方法。

不施加预应力的方法封桩工序（图 7）为：

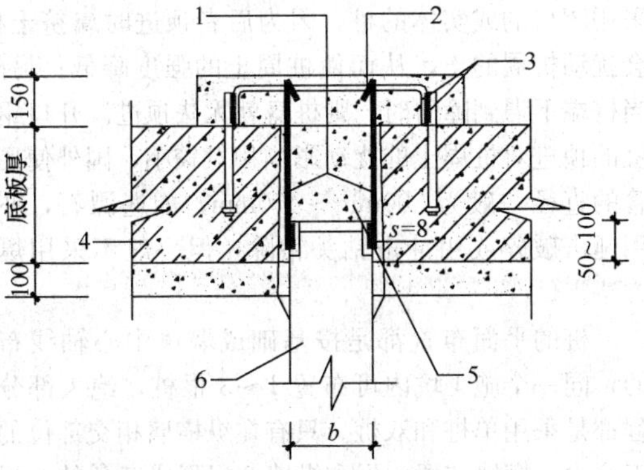

图 7 锚杆静压桩封桩节点示意

1—锚固筋（下端与桩焊接，上端弯折后与交叉钢筋焊接）；2—交叉钢筋；3—锚杆（与交叉钢筋焊接）；4—基础；5—C30 微膨胀混凝土；6—钢筋混凝土桩

清除压桩孔周围桩帽梁区域内的泥土-将桩帽梁区域内基础混凝土表面清洗干净-清洗压桩孔壁-清除压桩孔内的泥水-焊接交叉钢筋-检查-浇捣 C30 或 C35 微膨胀混凝土-检查封桩孔有无渗水。锚固筋不宜少于 4Φ14。

对沉降敏感的建筑物或要求加固后制止沉降起到立竿见影效果的建筑物（如古建筑、沉降缝两侧等部位），其封桩可采用预加预应力的方法（图 8）。通过预加反力封桩，附加沉降可以减少，收到良好的效果。

具体做法：在桩顶上预加反力（预加反力值一般为 1.2 倍单桩承载力），此时底板上保留了一个相反的上拔力，由此减少了基底反力，在桩顶预加反力作用下，桩身即形成了一个预加反力区，然后将桩与基础底板浇捣微膨胀混凝土，形成整体，待封桩混凝土硬结后拆除桩顶上千斤顶，桩身有很大的回弹力，从而减少基础的拖带沉降，起到减少沉降的作用。

常用的预加反力装置为一种用特制短反力架，通过特制的预加反力短柱，使千斤顶和桩顶起到传递荷载的作用，然后当千斤顶施加要求的反力后，立即浇

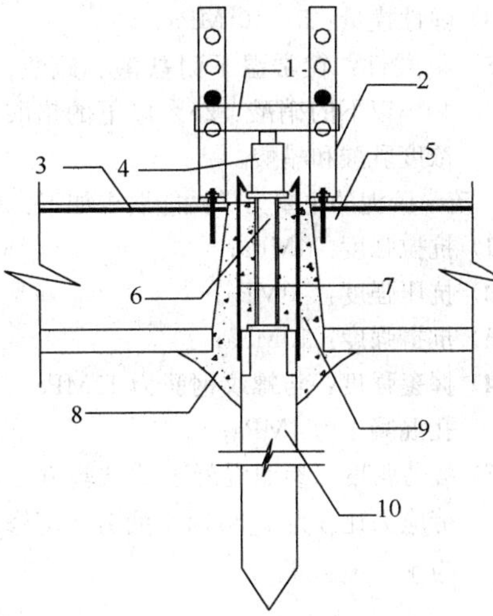

图 8 预加反力封桩示意

1—反力架；2—压桩架；3—板面钢筋；4—千斤顶；5—锚杆；6—预加反力钢杆（槽钢或钢管）；7—锚固筋；8—C30 微膨胀混凝土；9—压桩孔；10—钢筋混凝土桩

捣 C30 或 C35 微膨胀早强混凝土，当封桩混凝土强度达到设计要求后，拆除千斤顶和反力架。

1）锚杆静压桩对工程地质勘察除常规要求外，应补充进行静力触探试验。

2）压桩施工时不宜数台压桩机同时在一个独立柱基上施工，压桩施工应一次到位。

3）条形基础桩位靠近基础两侧，减少基础的弯矩。独立柱基围绕柱子对称布置，板基、筏基靠近荷载大的部位及基础边缘，尤其角的部位，适应马鞍形基底接触应力分布。

大型锚杆静压桩法可用于新建高层建筑桩基工程中经常遇到的类似断桩、缩径、偏斜、接头脱开等质量事故工程，以及既有高层建筑的使用功能改变或裙房区的加层等基础托换加固工程。

在加固工程中硫磺胶泥是一种常用的连接材料，下面对硫磺胶泥的配合比和主要物理力学性能指标简单介绍。

1 硫磺胶泥的重量配合比为：硫磺：水泥：砂：聚硫橡胶（44：11：44：1）。

2 硫磺胶泥的主要物理性能如下：

1）热变性：硫磺胶泥的强度与温度的关系：在 60℃ 以内强度无明显影响；120℃ 时变液态且随着温度的继续升高，由稠变稀；到 140℃～145℃ 时，密度最大且和易性最好；170℃ 时开始沸腾；超过 180℃ 开始焦化，且遇明火即燃烧。

2）重度：22.8kN/m^3～23.2kN/m^3。

3）吸水率：硫磺胶泥的吸水率与胶泥制作质量、重度及试件表面的平整度有关，一般为 0.12%～0.24%。

4）弹性模量：5×10^4 MPa。

5）耐酸性：在常温下耐盐酸、硫酸、磷酸、40%以下的硝酸、25%以下的铬酸、中等浓度乳酸和醋酸。

3 硫磺胶泥的主要力学性能要求如下：

1）抗拉强度：4MPa；

2）抗压强度：40MPa；

3）抗折强度：10MPa；

4）握裹强度：与螺纹钢筋为 11MPa；与螺纹孔混凝土为 4MPa；

5）疲劳强度：参照混凝土的试验方法，当疲劳应力比 ρ 为 0.38 时，疲劳强度修正系数为 $\gamma_p>0.8$。

11.5 树 根 桩

11.5.1 树根桩也称为微型桩或小桩，树根桩适用于各种不同的土质条件，对既有建筑的修复、增层、地下铁道的穿越以及增加边坡稳定性等托换加固都可应用，其适用性非常广泛。

11.5.2 树根桩设计时，应对既有建筑的基础进行有关承载力的验算。当不满足要求时，应先对原基础进行加固或增设新的桩承台。树根桩的单桩竖向承载力可按载荷试验得到，也可按国家现行标准《建筑地基基础设计规范》GB 50007 有关规定结合地区经验估算，但应考虑既有建筑的地基变形条件的限制和考虑桩身材料强度的要求。设计人员要根据被加固建筑物的具体条件，预估既有建筑所能承受的最大沉降量。在载荷试验中，可由荷载-沉降曲线上求出相应允许沉降量的单桩竖向承载力。

11.5.3 树根桩的施工由于采用了注浆成桩的工艺，根据上海经验通常有 50%以上的水泥浆液注入周围土层，从而增大了桩侧摩阻力。树根桩施工可采用二次注浆工艺。采用二次注浆可提高桩极限摩阻力的 30%～50%。由于二次注浆通常在某一深度范围内进行，极限摩阻力的提高仅对该土层范围而言。

如采用二次注浆，则需待第一次注浆的浆液初凝时方可进行。第二次注浆压力必须克服初凝浆液的凝聚力并剪裂周围土体，从而产生劈裂现象。浆液的初凝时间一般控制在 45min～60min 范围，而第二次注浆的最大压力一般不大于 4MPa。

拔管后孔内混凝土和浆液面会下降，当表层土质松散时会出现浆液流失现象，通常的做法是立即在桩顶填充碎石和补充注浆。

11.5.4 树根桩试块取自成桩后的桩顶混凝土，按现行国家标准《混凝土结构设计规范》GB 50010，试块尺寸为 150mm 立方体，其强度等级由 28d 龄期的用标准试验方法测得的抗压强度值确定。树根桩静载荷试验可参照混凝土灌注桩试验方法进行。

11.6 坑式静压桩

11.6.1 坑式静压桩是采用既有建筑自重做反力，用千斤顶将桩段逐段压入土中的施工方法。千斤顶上的反力梁可利用原有基础下的基础梁或基础板，对无基础梁或基础板的既有建筑，则可将底层墙体加固后再进行坑式静压桩施工。这种对既有建筑地基的加固方法，国外称压入桩（jacked piles）。

当地基土中含有较多的大块石、坚硬黏性土或密实的砂土夹层时，由于桩压入时难度较大，需要根据现场试验确定其适用与否。

11.6.2 国内坑式静压桩的桩身多数采用边长为 150mm～250mm 的预制钢筋混凝土方桩，亦有采用桩身直径为 100mm～600mm 开口钢管，国外一般不采用闭口的或实体的桩，因为后者顶进时属挤土桩，会扰动桩周的土，从而使桩周土的强度降低；另外，当桩端下遇到障碍时，则桩身就无法顶进。开口钢管桩的顶进对桩周土的扰动影响相对较小，国外使用钢管的直径一般为 300mm～450mm，如遇漂石，亦可用锤击破碎或用冲击钻头钻除，但一般不采用爆破方法。

桩的平面布置都是按基础或墙体中心轴线布置的，同一个施工坑内可布置 1～3 根桩，绝大部分工程都是采用单桩和双桩。只有在纵横墙相交部位的施工坑内，横墙布置 1 根和纵墙 2 根形成三角的 3 根静压桩。

11.6.3 由于压桩过程中是动摩擦力，因此压桩力达 2 倍设计单桩竖向承载力特征值相应的深度土层内，对于细粒土一般能满足静载荷试验时安全系数为 2 的要求；遇有碎石土，卵石土粒径较大的夹层，压入困难时，应采取掏土、振动等技术措施，保证单桩承载力。

对于静压桩与基础梁（或板）的连接，一般采用木模或临时砖模，再在模内浇灌 C30 混凝土，防止混凝土干缩与基础脱离。

为了消除静压桩顶进至设计深度后，取出千斤顶时桩身的卸载回弹，可采用克服或消除这种卸载回弹的预应力方法。其做法是预先在桩顶上安装钢制托换支架，在支架上设置两台并排的同吨位千斤顶，垫好垫块后同步压至压桩终止压力后，将已截好的钢管或工字钢的钢柱塞入桩顶与原基础底面间，并打入钢楔挤紧后，千斤顶同步卸荷至零，取出千斤顶，拆除托换支架，对填塞钢柱的上下两端周边应焊牢，最后用 C30 混凝土将其与原基础浇筑成整体。

封桩可根据要求采用预应力法或非预应力法施工。施工工艺可参考第 11.4 节锚杆静压桩封桩方法。

11.7 注 浆 加 固

11.7.1 注浆加固（grouting）亦称灌浆法，是指利用液压、气压或电化学原理，通过注浆管把浆液注入地层中，浆液以填充、渗透和挤密等方式，将土颗粒或岩石裂隙中的水分和空气排除后占据其位置，经一定时间后，浆液将原来松散的土粒或裂隙胶结成一个整体，形成一个结构新、强度大、防水性能高和化学稳定性良好的“结石体”。

注浆加固的应用范围有：

1 提高地基土的承载力、减少地基变形和不均匀变形。

2 进行托换技术，对古建筑的地基加固常用。

3 用以纠倾和抬升建筑。

4 用以减少地铁施工时的地面沉降，限制地下水的流动和控制施工现场土体的位移等。

11.7.2 注浆加固的效果与注浆材料、地基土性质、地下水性质关系密切，应通过现场试验确定加固效果，施工参数，注浆材料配比、外加剂等，有经验的地区应结合工程经验进行设计。注浆加固设计依加固目的，应满足土的强度、渗透性、抗剪强度等要求，加固后的地基满足均匀性要求。

11.7.3 浆液材料可分为下列几类（图 9）：

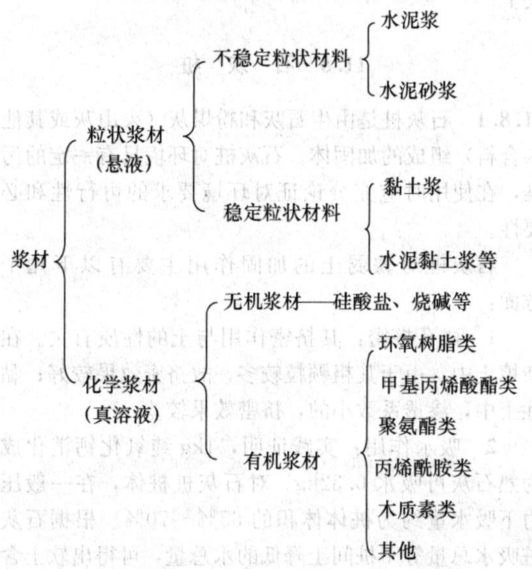

图 9　浆液材料

注浆按工艺性质分类可分为单液注浆和双液注浆。在有地下水流动的情况下，不应采用单液水泥浆，而应采用双液注浆，及时凝结，以免流失。

初凝时间是指在一定温度条件下，浆液混合剂到丧失流动性的这一段时间。在调整初凝时间时必须考虑气温、水温和液温的影响。单液注浆适合于凝固时间长，双液注浆适合于凝固时间短。

假定软土的孔隙率 $n=50\%$，充填率 $\alpha=40\%$，故浆液注入率约为 20%。

若注浆点上覆盖土厚度小于 2m，则较难避免在注浆初期产生“冒浆”现象。

按浆液在土中流动的方式，可将注浆法分为三类：

1 渗透注浆

浆液在很小的压力下，克服地下水压、土粒孔隙间的阻力和本身流动的阻力，渗入土体的天然孔隙，并与土粒骨架产生固化反应，在土层结构基本不受扰动和破坏的情况下达到加固的目的。

渗透注浆适用于渗透系数 $k>10^{-4}$ cm/s 的砂性土。

2 劈裂注浆

当土的渗透系数 $k<10^{-4}$ cm/s，应采用劈裂注浆，在劈裂注浆中，注浆管出口的浆液对周围地层施加了附加压应力，使土体产生剪切裂缝，而浆液则沿裂缝面劈裂。当周围土体是非匀质体时，浆液首先劈入强度最低的部分土体。当浆液的劈裂压力增大到一定程度时，再劈入另一部分强度较高的部分土体，这样劈入土体中的浆液便形成了加固土体的网络或骨架。

从实际加固地基开挖情况看，浆液的劈裂途径有竖向的、斜向的和水平向的。竖向劈裂是由土体受到扰动而产生的竖向裂缝；斜向的和水平向的劈裂是浆液沿软弱的或夹砂的土层劈裂而形成的。

3 压密注浆

压密注浆是指通过钻孔在土中灌入极浓的浆液，在注浆点使土体压密，在注浆管端部附近形成“浆泡”，当浆泡的直径较小时，灌浆压力基本上沿钻孔的径向扩展。随着浆泡尺寸的逐渐增大，便产生较大的上抬力而使地面抬动。浆泡的形状一般为球形或圆柱形。浆泡的最后尺寸取决于土的密度、湿度、力学条件、地表约束条件、灌浆压力和注浆速率等因素。离浆泡界面 0.3m～2.0m 内的土体都能受到明显的加密。评价浆液稠度的指标通常是浆液的坍落度。如采用水泥砂浆浆液，则坍落度一般为 25mm～75mm，注浆压力为 1MPa～7MPa。当坍落度较小时，注浆压力可取上限值。

渗透、劈裂和压密一般都会在注浆过程中同时出现。

“注浆压力”是指浆液在注浆孔口的压力，注浆压力的大小取决于以上三种注浆方式的不同、土性的不同和加固设计要求的不同。

由于土层的上部压力小，下部压力大，浆液就有向上抬高的趋势。灌注深度大，上抬不明显，而灌注深度浅，则上抬较多，甚至溢到地面上来，此时可用多孔间歇注浆法，亦即让一定数量的浆液灌注入上层孔隙大的土中后，暂停工作让浆液凝固，这样就可把上抬的通道堵死；或者加快浆液的凝固时间，使浆液（双液）出注浆管就凝固。

11.7.4 注浆压力和流量是施工中的两个重要参数，任何注浆方式均应有压力和流量的记录。自动流量和压力记录仪能随时记录并打印出注浆过程中的流量和压力值。

在注浆过程中，对注浆的流量、压力和注浆总流量中，可分析地层的空隙、确定注浆的结束条件、预测注浆的效果。

注浆施工方法较多，以上海地区而论最为常用的是花管注浆和单向阀管注浆两种施工方法。对一般工程的注浆加固，还是以花管注浆作为注浆工艺的主体。

花管注浆的注浆管在头部1m～2m范围内侧壁开孔，孔眼为梅花形布置，孔眼直径一般为3mm～4mm。注浆管的直径一般比锥尖的直径小1mm～2mm。有时为防止孔眼堵塞，可在开口的孔眼外再包一圈橡皮环。

为防止浆液沿管壁上冒，可加一些速凝剂或压浆后间歇数小时，使在加固层表面形成一层封闭层。如在地表有混凝土之类的硬壳覆盖的情况，也可将注浆管一次压到设计深度，再由下而上分段施工。

花管注浆工艺虽简单，成本低廉，但其存在的缺点是：1遇卵石或块石层时沉管困难；2不能进行二次注浆；3注浆时易于冒浆；4注浆深度不及塑料单向阀管。

注浆时可采用粉煤灰代替部分水泥的原因是：

1 粉煤灰颗粒的细度比水泥还细，及其占优势的球形颗粒，使比仅含有水泥和砂的浆液更容易泵送，用粉煤灰代替部分水泥或砂，可保持浆体的悬浮状态，以免发生离析和减少沉积来改善可泵性和可灌性。

2 粉煤灰具有火山灰活性，当加入到水泥中可增加胶结性，这种反应产生的粘结力比水泥砂浆间的粘结更为坚固。

3 粉煤灰含有一定量的水溶性硫酸盐，增强了水泥浆的抗硫酸盐性。

4 粉煤灰掺入水泥的浆液比一般水泥浆液用的水少，而通常浆液的强度与水灰比有关，它随水的减少而增加。

5 使用粉煤灰可达到变废为宝，具有社会效益，并节约工程成本。

每段注浆的终止条件为吸浆量小于1L/min～2L/min。当某段注浆量超过设计值的1倍～1.5倍时，应停止注浆，间歇数小时后再注，以防浆液扩到加固段以外。

为防止邻孔串浆，注浆顺序应按跳孔间隔注浆方式进行，并宜采用先外围后内部的注浆施工方法，以防浆液流失。当地下水流速较大时，应考虑浆液在水流中的迁移效应，应从水头高的一端开始注浆。

在浆液进行劈裂的过程中，产生超孔隙水压力，孔隙水压力的消散使土体固结和劈裂浆体的凝结，从而提高土的强度和刚度。但土层的固结要引起土体的沉降和位移。因此，土体加固的效应与土体扰动的效应是同时发展的过程，其结果是导致加固土体的效应和某种程度土体的变形，这就是单液注浆的初期会产生地基附加沉降的原因。而多孔间隔注浆和缩短浆液凝固时间等措施，能尽量减少既有建筑基础因注浆而产生的附加沉降。

11.7.5 注浆施工质量高不等于注浆效果好，因此，在设计和施工中，除应明确规定某些质量指标外，还应规定所要达到的注浆效果及检查方法。

1 计算灌浆量，可利用注浆过程中的流量和压力曲线进行分析，从而判断注浆效果。

2 由于浆液注入地层的不均匀性，采用地球物理检测方法，实际上存在难以定量和直接反映的缺点。标准贯入、轻型动力触探和静力触探的检测方法，简单实用，但它存在仅能反映取样点的加固效果的特点，因此对地基注浆加固效果评价的检查数量应满足统计要求，检验标准应通过现场试验对比校核使用。

3 检验点的数量和合格的标准除应按规范条文执行外，对不足20孔的注浆工程，至少应检测3个点。

11.8 石 灰 桩

11.8.1 石灰桩是由生石灰和粉煤灰（火山灰或其他掺合料）组成的加固体。石灰桩对环境具有一定的污染，在使用时应充分论证对环境要求的可行性和必要性。

石灰桩对软弱土的加固作用主要有以下几个方面：

1 成孔挤密：其挤密作用与土的性质有关。在杂填土中，由于其粗颗粒较多，故挤密效果较好；黏性土中，渗透系数小的，挤密效果较差。

2 吸水作用：实践证明，1kg纯氧化钙消化成为熟石灰可吸水0.32kg。对石灰桩桩体，在一般压力下吸水量约为桩体体积的65%～70%。根据石灰桩吸水总量等于桩间土降低的水总量，可得出软土含水量的降低值。

3 膨胀挤密：生石灰具有吸水膨胀作用，在压力50kPa～100kPa时，膨胀量为20%～30%，膨胀的结果使桩周土挤密。

4 发热脱水：1kg氧化钙在水化时可产生280cal热量，桩身温度可达200℃～300℃，使土产生一定的气化脱水，从而导致土中含水量下降、孔隙比减小、土颗粒靠拢挤密，在所加固区的地下水位也有一定的下降，并促使某些化学反应形成，如水化硅酸钙的形成。

5 离子交换：软土中钠离子与石灰中的钙离子发生置换，改善了桩间土的性质，并在石灰桩表层形成一个强度很高的硬层。

以上这些作用，使桩间土的强度提高、对饱和粉土和粉细砂还改善了其抗液化性能。

6 置换作用：软土为强度较高的石灰桩所代替，从而增加了复合地基承载力，其复合地基承载力的大小，取决于桩身强度与置换率大小。

11.8.2 石灰桩桩径主要取决于成孔机具，目前使用的桩管常用的有直径 325mm 和 425mm 两种；用人工洛阳铲成孔的一般为 200mm～300mm，机动洛阳铲成孔的直径可达 400mm～600mm。

石灰桩的桩距确定，与原地基土的承载力和设计要求的复合地基承载力有关，一般采用 2.5 倍～3.5 倍桩径。根据山西省的经验，采用桩距 3.0 倍～3.5 倍桩径的，地基承载力可提高 0.7 倍～1.0 倍；采用桩距 2.5 倍～3.0 倍桩径的，地基承载力可提高 1.0 倍～1.5 倍。

桩的布置可采用三角形或正方形，而采用等边三角形布置更为合理，它使桩周土的加固较为均匀。

桩的长度确定，应根据地质情况而定，当软弱土层厚度不大时，桩长宜穿过软弱土层，也可先假定桩长，再对软弱下卧层强度和地基变形进行验算后确定。

石灰桩处理范围一般要超出基础轮廓线外围 1 排～2 排，是基底压力向外扩散的需要，另外考虑基础边桩的挤密效果较差。

11.8.4 石灰桩施工记录是评估施工质量的重要依据，结合抽检结果可作出质量检验评价。

通过现场原位测试的标准贯入、静力触探以及钻孔取样进行室内试验，检测石灰桩施工质量及其周围土的加固效果。桩周土的测试点应布置在等边三角形或正方形的中心，因为该处挤密效果较差。

11.9 其他地基加固方法

11.9.1 旋喷桩是利用钻机钻进至土层的预定位置后，以高压设备通过带有喷嘴的注浆管使浆液以 20MPa～40MPa 的高压射流从喷嘴中喷射出来，冲击破坏土体，同时钻杆以一定速度渐渐向上提升，将浆液与土粒强制搅拌混合，浆液凝固后，在土中形成固结加固体。

固结加固体形状与喷射流移动方向有关。一般分为旋转喷射（简称旋喷）、定向喷射（简称定喷）和摆动喷射（简称摆喷）三种形式。托换加固中一般采用旋转喷射，即旋喷桩。当前，高压喷射注浆法的基本工艺类型有：单管法、二重管法、三重管法和多重管法等四种方法。

旋喷固结体的直径大小与土的种类和密实程度有较密切的关系。对黏性土地基加固，单管旋喷注浆加固体直径一般为0.3m～0.8m；三重管旋喷注浆加固体直径可达 0.7m～1.8m；二重管旋喷注浆加固体直径介于上述二者之间。多重管旋喷直径为 2.0m～4.0m。

一般在黏性土和黄土中的固结体，其抗压强度可达 5MPa～10MPa，砂类土和砂砾层中的固结体其抗压强度可达 8MPa～20MPa。

11.9.2 灰土挤密桩适应于无地下水的情况下，其特点是：1 经济；2 灵活性、机动性强；3 施工简单，施工作业面小等。灰土挤密桩法施作时一定要对称施工，不得使用生石灰与土拌合，应采用消解后的石灰，以防灰料膨胀不均匀造成基础拉裂。

11.9.3 水泥土搅拌桩由于设备较大，一般不用于既有建筑物基础下的地基加固。在相邻建筑施工时，要考虑其挤土效应对相邻基础的影响。

11.9.4 化学灌浆的特点是适应性比较强，施工作业面小，加固效果比较快。但是，这种方法对地下水有一定的污染，当施工场地位于饮水源、河流、湖泊、鱼池等附近时，对注浆材料和浆液配比要严格控制。

11.9.6 人工挖孔混凝土灌注桩的特点就是能提供较大的承载能力，同时易于检查持力层的土质情况是否符合设计要求。缺点是施工作业面要求大，施工过程容易扰动周边的土。该方法应在保证安全的条件下实施。

12 检验与监测

12.1 一 般 规 定

12.1.1 地基基础加固施工后，应按设计要求及现行国家标准《建筑地基基础工程施工质量验收规范》GB 50202 的规定进行施工质量检验。对于有特殊要求或国家标准没有具体要求的，可按设计要求或专门制定针对加固项目的检验标准及方法进行检验。

12.1.2 地基基础加固工程应在施工期间进行监测，根据监测结果采取调整既有建筑地基基础加固设计或施工方案的技术措施。

12.2 检 验

12.2.1 基槽检验是重要的施工检验程序，应按隐蔽工程要求进行。

12.2.2 新旧结构构件的连接构造应进行检验，提供隐蔽工程检验报告。

12.2.3 对基础钻芯取样，可采用目测方法检验浆液的扩散半径、浆液对基础裂缝的填充效果；尚应进行抗压强度试验测定注浆后基础的强度。钻芯取样数量，对条形基础宜每隔 5m～10m，或每边不少于 3 个，对独立柱基础，取样数可取 1 个～2 个，取样孔宜布置在两个注浆孔中间的位置。

12.2.7 复合地基加固可在原基础上开孔并对既有建筑基础下地基进行加固，也可用于扩大基础加固中既有建筑基础外的地基加固，或两者联合使用。但在原基础内实施难度较大，目前实际工程不多。对于扩大基础加固施工质量的检验，可根据场地条件按《建筑地基处理技术规范》JGJ 79 的要求确定检验方法。

12.3 监　　测

12.3.1、**12.3.2**　基槽开挖和施工降水等可能对周边环境造成影响，为保证周边环境的安全和正常使用，应对周边建筑物、管线的变形及地下水位的变化等进行监测。

12.3.4、**12.3.5**　纠倾加固施工，当各点的顶升量和迫降量不一致时，可能造成结构产生新的裂损，应对结构的变形和裂缝进行监测，根据监测结果进行施工控制。

12.3.6　移位施工过程中，当建筑物处于新旧基础交接处时，由于新旧基础的地基变形不同，可能造成建筑物产生新的损害，因此应对建筑物的变形、裂缝等进行监测。

12.3.7　托换加固要改变结构或地基的受力状态，施工时应对建筑的沉降、倾斜、开裂进行监测。

12.3.8　注浆加固施工会引起建筑物附加沉降，应在施工期间进行建筑物沉降监测。视沉降发展速率，施工后的一段时间也应进行沉降监测。

12.3.9　采用加大基础底面积加固法、加深基础加固法对基础进行加固时，当开挖施工槽段内结构在加固前已产生裂缝或加固施工时产生裂缝或变形时，应对开挖施工槽段内结构的变形和裂缝情况进行监测，确保安全。

中华人民共和国行业标准

危险房屋鉴定标准

Standard of dangerous building appraisal

JGJ 125—99

（2004 年版）

主编单位：重庆市土地房屋管理局
批准部门：中华人民共和国建设部
实施日期：2 0 0 0 年 3 月 1 日

中华人民共和国建设部
公　　告

第 238 号

建设部关于行业标准《危险房屋鉴定标准》局部修订的公告

现批准《危险房屋鉴定标准》JGJ 125—99 局部修订的条文，自 2004 年 8 月 1 日起实施。经此次修改的原条文同时废止。

中华人民共和国建设部
2004 年 6 月 4 日

关于发布行业标准《危险房屋鉴定标准》的通知

建标［1999］277 号

根据建设部《关于印发一九九一年工程建设行业标准制订、修订项目计划（第一批）的通知》（建标［1991］413 号）的要求，由重庆市土地房屋管理局主编的《危险房屋鉴定标准》，经审查，批准为强制性行业标准，编号 JGJ 125—99，自 2000 年 3 月 1 日起施行。原部标准《危险房屋鉴定标准》CJ 13—86 同时废止。

本标准由建设部房地产标准技术归口单位上海市房地产科学研究院负责管理，重庆市土地房屋管理局负责具体解释，建设部标准定额研究所组织中国建筑工业出版社出版。

中华人民共和国建设部
1999 年 11 月 24 日

前　　言

根据建设部建标［1991］413 号文的要求，标准编制组在广泛调查研究，认真总结实践经验，参考有关国际标准和国外先进标准，并广泛征求意见基础上，制定了本标准。

本标准的主要技术内容是：1. 总则；2. 符号、代号；3. 鉴定程序与评定方法；4. 构件危险性鉴定；5. 房屋危险性鉴定；6. 房屋安全鉴定报告等。

修订的主要技术内容是：1. 对标准的适用范围作了补充；2. 增加了符号、代号一章；3. 增加了鉴定程序和评定方法；4. 增加了钢结构构件鉴定；5. 增加了附录房屋安全鉴定报告；6. 以模糊集为理论基础，建立了分层综合评判模式等。

本标准由建设部房地产标准技术归口单位上海市房地产科学研究院归口管理，授权由主编单位负责具体解释。

本标准主编单位是：重庆市土地房屋管理局（地址：重庆市渝中区人和街 74 号；邮政编码 400015）

本标准参加单位是：上海市房地产科学研究院

本标准主要起草人员是：陈慧芳、戚正廷、顾方兆、赵为民、斯子芳、周云、张能杰

目　次

1　总则 ……………………………………… 21—4
2　符号、代号 ………………………………… 21—4
2.1　符号 ………………………………………… 21—4
2.2　代号 ………………………………………… 21—4
3　鉴定程序与评定方法 ……………………… 21—4
3.1　鉴定程序 …………………………………… 21—4
3.2　评定方法 …………………………………… 21—4
4　构件危险性鉴定 ………………………… 21—5
4.1　一般规定 …………………………………… 21—5
4.2　地基基础 …………………………………… 21—5
4.3　砌体结构构件 ……………………………… 21—5
4.4　木结构构件 ………………………………… 21—5
4.5　混凝土结构构件 …………………………… 21—6
4.6　钢结构构件 ………………………………… 21—6
5　房屋危险性鉴定 ………………………… 21—7
5.1　一般规定 …………………………………… 21—7
5.2　等级划分 …………………………………… 21—7
5.3　综合评定原则 ……………………………… 21—7
5.4　综合评定方法 ……………………………… 21—7
附录A　房屋安全鉴定报告 ……………………… 21—8
本标准用词说明 ………………………………… 21—9
附：条文说明 …………………………………… 21—10

1 总　　则

1.0.1 为有效利用既有房屋，正确判断房屋结构的危险程度，及时治理危险房屋，确保使用安全，制定本标准。

1.0.2 本标准适用于既有房屋的危险性鉴定。

1.0.3 危险房屋鉴定及对有特殊要求的工业建筑和公共建筑、保护建筑和高层建筑以及在偶然作用下的房屋危险性鉴定，除应符合本标准规定外，尚应符合国家现行有关强制性标准的规定。

2 符号、代号

2.1 符　　号

房屋危险性鉴定使用的符号及其意义，应符合下列规定：

L_0——计算跨度；

h——计算高度；

n——构件数；

n_{dc}——危险柱数；

n_{dw}——危险墙段数；

n_{dmb}——危险主梁数；

n_{dsb}——危险次梁数；

n_{ds}——危险板数；

n_c——柱数；

n_{mb}——主梁数；

n_{sb}——次梁数；

n_w——墙段数；

n_s—— 板数；

n_d——危险构件数；

n_{rt}——屋架榀数；

n_{drt}——危险屋架榀数；

p——危险构件（危险点）百分数；

p_{fdm}——地基基础中危险构件（危险点）百分数；

p_{sdm}——承重结构中危险构件（危险点）百分数；

p_{esdm}——围护结构中危险构件（危险点）百分数；

R——结构构件抗力；

S——结构构件作用效应；

μ——隶属度；

μ_A——房屋 A 级的隶属度；

μ_B——房屋 B 级的隶属度；

μ_C——房屋 C 级的隶属度；

μ_D——房屋 D 级的隶属度；

μ_a——房屋组成部分 a 级的隶属度；

μ_b——房屋组成部分 b 级的隶属度；

μ_c——房屋组成部分 c 级的隶属度；

μ_d——房屋组成部分 d 级的隶属度；

μ_{af}——地基基础 a 级的隶属度；

μ_{bf}——地基基础 b 级的隶属度；

μ_{cf}——地基基础 c 级的隶属度；

μ_{df}——地基基础 d 级的隶属度；

μ_{as}——上部承重结构 a 级的隶属度；

μ_{bs}——上部承重结构 b 级的隶属度；

μ_{cs}——上部承重结构 c 级的隶属度；

μ_{ds}——上部承重结构 d 级的隶属度；

μ_{aes}——围护结构 a 级的隶属度；

μ_{bes}——围护结构 b 级的隶属度；

μ_{ces}——围护结构 c 级的隶属度；

μ_{des}——围护结构 d 级的隶属度；

γ_0——结构构件重要性系数；

ρ——斜率。

2.2 代　　号

房屋危险性鉴定使用的代号及其意义，应符合下列规定：

a、b、c、d——房屋组成部分危险性鉴定等级；

A、B、C、D——房屋危险性鉴定等级；

F_d——非危险构件；

T_d——危险构件。

3 鉴定程序与评定方法

3.1 鉴 定 程 序

3.1.1 房屋危险性鉴定应依次按下列程序进行：

1 受理委托：根据委托人要求，确定房屋危险性鉴定内容和范围；

2 初始调查：收集调查和分析房屋原始资料，并进行现场查勘；

3 检测验算：对房屋现状进行现场检测，必要时，采用仪器测试和结构验算；

4 鉴定评级：对调查、查勘、检测、验算的数据资料进行全面分析，综合评定，确定其危险等级；

5 处理建议：对被鉴定的房屋，应提出原则性的处理建议；

6 出具报告：报告式样应符合附录 A 的规定。

3.2 评 定 方 法

3.2.1 综合评定应按三层次进行。

3.2.2 第一层次应为构件危险性鉴定，其等级评定应分为危险构件（T_d）和非危险构件（F_d）两类。

3.2.3 第二层次应为房屋组成部分（地基基础、上部承重结构、围护结构）危险性鉴定，其等级评定应分为 a、b、c、d 四等级。

3.2.4 第三层次应为房屋危险性鉴定，其等级评定应分为A、B、C、D四等级。

4 构件危险性鉴定

4.1 一 般 规 定

4.1.1 危险构件是指其承载能力、裂缝和变形不能满足正常使用要求的结构构件。

4.1.2 单个构件的划分应符合下列规定：

1 基础

1）独立柱基：以一根柱的单个基础为一构件；

2）条形基础：以一个自然间一轴线单面长度为一构件；

3）板式基础：以一个自然间的面积为一构件。

2 墙体：以一个计算高度、一个自然间的一面为一构件。

3 柱：以一个计算高度、一根为一构件。

4 梁、檩条、搁栅等：以一个跨度、一根为一构件。

5 板：以一个自然间面积为一构件；预制板以一块为一构件。

6 屋架、桁架等：以一榀为一构件。

4.2 地 基 基 础

4.2.1 地基基础危险性鉴定应包括地基和基础两部分。

4.2.2 地基基础应重点检查基础与承重砖墙连接处的斜向阶梯形裂缝、水平裂缝、竖向裂缝状况，基础与框架柱根部连接处的水平裂缝状况，房屋的倾斜位移状况，地基滑坡、稳定、特殊土质变形和开裂等状况。

4.2.3 当地基部分有下列现象之一者，应评定为危险状态：

1 地基沉降速度连续2个月大于4mm/月，并且短期内无收敛趋向；

2 地基产生不均匀沉降，其沉降量大于现行国家标准《建筑地基基础设计规范》（GB 50007）规定的允许值，上部墙体产生沉降裂缝宽度大于10mm，且房屋倾斜率大于1%；

3 地基不稳定产生滑移，水平位移量大于10mm，并对上部结构有显著影响，且仍有继续滑动迹象。

4.2.4 当房屋基础有下列现象之一者，应评定为危险点：

1 基础承载能力小于基础作用效应的85%（$R/\gamma_0 S<0.85$）；

2 基础老化、腐蚀、酥碎、折断，导致结构明显倾斜、位移、裂缝、扭曲等；

3 基础已有滑动，水平位移速度连续2个月大于2mm/月，并在短期内无终止趋向。

4.3 砌体结构构件

4.3.1 砌体结构构件的危险性鉴定应包括承载能力、构造与连接、裂缝和变形等内容。

4.3.2 需对砌体结构构件进行承载力验算时，应测定砌块及砂浆强度等级，推定砌体强度，或直接检测砌体强度。实测砌体截面有效值，应扣除因各种因素造成的截面损失。

4.3.3 砌体结构应重点检查砌体的构造连接部位，纵横墙交接处的斜向或竖向裂缝状况，砌体承重墙体的变形和裂缝状况以及拱脚裂缝和位移状况。注意其裂缝宽度、长度、深度、走向、数量及其分布，并观测其发展状况。

4.3.4 砌体结构构件有下列现象之一者，应评定为危险点：

1 受压构件承载力小于其作用效应的85%（$R/\gamma_0 S<0.85$）；

2 受压墙、柱沿受力方向产生缝宽大于2mm、缝长超过层高1/2的竖向裂缝，或产生缝长超过层高1/3的多条竖向裂缝；

3 受压墙、柱表面风化、剥落，砂浆粉化，有效截面削弱达1/4以上；

4 支承梁或屋架端部的墙体或柱截面因局部受压产生多条竖向裂缝，或裂缝宽度已超过1mm；

5 墙柱因偏心受压产生水平裂缝，缝宽大于0.5mm；

6 墙、柱产生倾斜，其倾斜率大于0.7%，或相邻墙体连接处断裂成通缝；

7 墙、柱刚度不足，出现挠曲鼓闪，且在挠曲部位出现水平或交叉裂缝；

8 砖过梁中部产生明显的竖向裂缝，或端部产生明显的斜裂缝，或支承过梁的墙体产生水平裂缝，或产生明显的弯曲、下沉变形；

9 砖筒拱、扁壳、波形筒拱、拱顶沿母线裂缝，或拱曲面明显变形，或拱脚明显位移，或拱体拉杆锈蚀严重，且拉杆体系失效；

10 石砌墙（或土墙）高厚比：单层大于14，二层大于12，且墙体自由长度大于6m。墙体的偏心距达墙厚的1/6。

4.4 木 结 构 构 件

4.4.1 木结构构件的危险性鉴定应包括承载能力、构造与连接、裂缝和变形等内容。

4.4.2 需对木结构构件进行承载力验算时，应对木材的力学性质、缺陷、腐朽、虫蛀和铁件的力学性能以及锈蚀情况进行检测。实测木构件截面有效值，应扣除因各种因素造成的截面损失。

4.4.3 木结构构件应重点检查腐朽、虫蛀、木材缺陷、构造缺陷、结构构件变形、失稳状况，木屋架端节点受剪面裂缝状况，屋架出平面变形及屋盖支撑系统稳定状况。

4.4.4 木结构构件有下列现象之一者，应评定为危险点：

1 木结构构件承载力小于其作用效应的90%（$R/\gamma_0 S<0.90$）；

2 连接方式不当，构造有严重缺陷，已导致节点松动变形、滑移、沿剪切面开裂、剪坏或铁件严重锈蚀、松动致使连接失效等损坏；

3 主梁产生大于$L_0/150$的挠度，或受拉区伴有较严重的材质缺陷；

4 屋架产生大于$L_0/120$的挠度，且顶部或端部节点产生腐朽或劈裂，或出平面倾斜量超过屋架高度的$h/120$；

5 檩条、搁栅产生大于$L_0/120$的挠度，入墙木质部位腐朽、虫蛀或空鼓；

6 木柱侧弯变形，其矢高大于$h/150$，或柱顶劈裂，柱身断裂。柱脚腐朽，其腐朽面积大于原截面1/5以上；

7 对受拉、受弯、偏心受压和轴心受压构件，其斜纹理或斜裂缝的斜率ρ分别大于7%、10%、15%和20%；

8 存在任何心腐缺陷的木质构件。

4.5 混凝土结构构件

4.5.1 混凝土结构构件的危险性鉴定应包括承载能力、构造与连接、裂缝和变形等内容。

4.5.2 需对混凝土结构构件进行承载力验算时，应对构件的混凝土强度、碳化和钢筋的力学性能、化学成分、锈蚀情况进行检测；实测混凝土构件截面有效值，应扣除因各种因素造成的截面损失。

4.5.3 混凝土结构构件应重点检查柱、梁、板及屋架的受力裂缝和主筋锈蚀状况，柱的根部和顶部的水平裂缝，屋架倾斜以及支撑系统稳定等。

4.5.4 混凝土构件有下列现象之一者，应评定为危险点：

1 构件承载力小于作用效应的85%（$R/\gamma_0 S<0.85$）；

2 梁、板产生超过$L_0/150$的挠度，且受拉区的裂缝宽度大于1mm；

3 简支梁、连续梁跨中部位受拉区产生竖向裂缝，其一侧向上延伸达梁高的2/3以上，且缝宽大于0.5mm，或在支座附近出现剪切斜裂缝，缝宽大于0.4mm；

4 梁、板受力主筋处产生横向水平裂缝和斜裂缝，缝宽大于1mm，板产生宽度大于0.4mm的受拉裂缝；

5 梁、板因主筋锈蚀，产生沿主筋方向的裂缝，缝宽大于1mm，或构件混凝土严重缺损，或混凝土保护层严重脱落、露筋；

6 现浇板面周边产生裂缝，或板底产生交叉裂缝；

7 预应力梁、板产生竖向通长裂缝；或端部混凝土松散露筋，其长度达主筋直径的100倍以上；

8 受压柱产生竖向裂缝，保护层剥落，主筋外露锈蚀；或一侧产生水平裂缝，缝宽大于1mm，另一侧混凝土被压碎，主筋外露锈蚀；

9 墙中间部位产生交叉裂缝，缝宽大于0.4mm；

10 柱、墙产生倾斜、位移，其倾斜率超过高度的1%，其侧向位移量大于$h/500$；

11 柱、墙混凝土酥裂、碳化、起鼓，其破坏面大于全截面的1/3，且主筋外露，锈蚀严重，截面减小；

12 柱、墙侧向变形，其极限值大于$h/250$，或大于30mm；

13 屋架产生大于$L_0/200$的挠度，且下弦产生横断裂缝，缝宽大于1mm；

14 屋架的支撑系统失效导致倾斜，其倾斜率大于屋架高度的2%；

15 压弯构件保护层剥落，主筋多处外露锈蚀；端节点连接松动，且伴有明显的变形裂缝；

16 梁、板有效搁置长度小于规定值的70%。

4.6 钢结构构件

4.6.1 钢结构构件的危险性鉴定应包括承载能力、构造和连接、变形等内容。

4.6.2 当需进行钢结构构件承载力验算时，应对材料的力学性能、化学成分、锈蚀情况进行检测。实测钢构件截面有效值，应扣除因各种因素造成的截面损失。

4.6.3 钢结构构件应重点检查各连接节点的焊缝、螺栓、铆钉等情况；应注意钢柱与梁的连接形式、支撑杆件、柱脚与基础连接损坏情况，钢屋架杆件弯曲、截面扭曲、节点板弯折状况和钢屋架挠度、侧向倾斜等偏差状况。

4.6.4 钢结构构件有下列现象之一者，应评定为危险点：

1 构件承载力小于其作用效应的90%（$R/\gamma_0 S<0.9$）；

2 构件或连接件有裂缝或锐角切口；焊缝、螺栓或铆接有拉开、变形、滑移、松动、剪坏等严重损坏；

3　连接方式不当，构造有严重缺陷；

4　受拉构件因锈蚀，截面减少大于原截面的10%；

5　梁、板等构件挠度大于 $L_0/250$，或大于45mm；

6　实腹梁侧弯矢高大于 $L_0/600$，且有发展迹象；

7　受压构件的长细比大于现行国家标准《钢结构设计规范》GB 50017—2003中规定值的1.2倍；

8　钢柱顶位移，平面内大于 $h/150$，平面外大于 $h/500$，或大于40mm；

9　屋架产生大于 $L_0/250$ 或大于40mm的挠度；屋架支撑系统松动失稳，导致屋架倾斜，倾斜量超过 $h/150$。

5　房屋危险性鉴定

5.1　一般规定

5.1.1　危险房屋（简称危房）为结构已严重损坏，或承重构件已属危险构件，随时可能丧失稳定和承载能力，不能保证居住和使用安全的房屋。

5.1.2　房屋危险性鉴定应根据被鉴定房屋的构造特点和承重体系的种类，按其危险程度和影响范围，按照本标准进行鉴定。

5.1.3　危房以幢为鉴定单位，按建筑面积进行计量。

5.2　等级划分

5.2.1　房屋划分成地基基础、上部承重结构和围护结构三个组成部分。

5.2.2　房屋各组成部分危险性鉴定，应按下列等级划分：

1　a级：无危险点；

2　b级：有危险点；

3　c级：局部危险；

4　d级：整体危险。

5.2.3　房屋危险性鉴定，应按下列等级划分；

1　A级：结构承载力能满足正常使用要求，未发现危险点，房屋结构安全。

2　B级：结构承载力基本能满足正常使用要求，个别结构构件处于危险状态，但不影响主体结构，基本满足正常使用要求。

3　C级：部分承重结构承载力不能满足正常使用要求，局部出现险情，构成局部危房。

4　D级：承重结构承载力已不能满足正常使用要求，房屋整体出现险情，构成整幢危房。

5.3　综合评定原则

5.3.1　房屋危险性鉴定应以整幢房屋的地基基础、结构构件危险程度的严重性鉴定为基础，结合历史状态、环境影响以及发展趋势，全面分析，综合判断。

5.3.2　在地基基础或结构构件发生危险的判断上，应考虑它们的危险是孤立的还是相关的。当构件的危险是孤立的时，则不构成结构系统的危险；当构件的危险是相关的时，则应联系结构的危险性判定其范围。

5.3.3　全面分析、综合判断时，应考虑下列因素：

1　各构件的破损程度；

2　破损构件在整幢房屋中的地位；

3　破损构件在整幢房屋所占的数量和比例；

4　结构整体周围环境的影响；

5　有损结构的人为因素和危险状况；

6　结构破损后的可修复性；

7　破损构件带来的经济损失。

5.4　综合评定方法

5.4.1　根据本标准划分的房屋组成部分，确定构件的总量，并分别确定其危险构件的数量。

5.4.2　地基基础中危险构件百分数应按下式计算：

$$p_{fdm} = n_d / n \times 100\% \tag{5.4.2}$$

式中　p_{fdm}——地基基础中危险构件(危险点)百分数；

n_d——危险构件数；

n——构件数。

5.4.3　承重结构中危险构件百分数应按下式计算：

$$p_{sdm} = [2.4n_{dc} + 2.4n_{dw} + 1.9(n_{dmb} + n_{drt}) + 1.4n_{dsb} + n_{ds}]/[2.4n_c + 2.4n_w + 1.9(n_{mb} + n_{rt}) + 1.4n_{sb} + n_s] \times 100\% \tag{5.4.3}$$

式中　p_{sdm}——承重结构中危险构件(危险点)百分数；

n_{dc}——危险柱数；

n_{dw}——危险墙段数；

n_{dmb}——危险主梁数；

n_{drt}——危险屋架榀数；

n_{dsb}——危险次梁数；

n_{ds}——危险板数；

n_c——柱数；

n_w——墙段数；

n_{mb}——主梁数；

n_{rt}——屋架榀数；

n_{sb}——次梁数；

n_s——板数。

5.4.4　围护结构中危险构件百分数应按下式计算：

$$p_{esdm}=n_d/n\times100\% \tag{5.4.4}$$

式中 p_{esdm}——围护结构中危险构件(危险点)百分数；

n_d——危险构件数；

n——构件数。

5.4.5 房屋组成部分 a 级的隶属函数应按下式计算：

$$\mu_a=\begin{cases}1 & (p=0\%)\\0 & (p\neq0\%)\end{cases} \tag{5.4.5}$$

式中 μ_a——房屋组成部分 a 级的隶属度；

p——危险构件（危险点）百分数。

5.4.6 房屋组成部分 b 级的隶属函数应按下式计算：

$$\mu_b=\begin{cases}0 & (p=0\%)\\1 & (0\%<p\leqslant5\%)\\(30\%-p)/25\% & (5\%<p<30\%)\\0 & (p\geqslant30\%)\end{cases} \tag{5.4.6}$$

式中 μ_b——房屋组成部分 b 级的隶属度；

p——危险构件（危险点）百分数。

5.4.7 房屋组成部分 c 级的隶属函数应按下式计算：

$$\mu_c=\begin{cases}0 & (p\leqslant5\%)\\(p-5\%)/25\% & (5\%<p<30\%)\\(100\%-p)/70\% & (30\%\leqslant p\leqslant100\%)\end{cases} \tag{5.4.7}$$

式中 μ_c——房屋组成部分 c 级的隶属度；

p——危险构件（危险点）百分数。

5.4.8 房屋组成部分 d 级的隶属函数应按下式计算：

$$\mu_d=\begin{cases}0 & (p\leqslant30\%)\\(p-30\%)/70\% & (30\%<p<100\%)\\1 & (p=100\%)\end{cases} \tag{5.4.8}$$

式中 μ_d——房屋组成部分 d 级的隶属度；

p——危险构件（危险点）百分数。

5.4.9 房屋 A 级的隶属函数应按下式计算：

$$\mu_A=\max[\min(0.3,\mu_{af}),\min(0.6,\mu_{as}),\min(0.1,\mu_{aes})] \tag{5.4.9}$$

式中 μ_A——房屋 A 级的隶属度；

μ_{af}——地基基础 a 级的隶属度；

μ_{as}——上部承重结构 a 级隶属度；

μ_{aes}——围护结构 a 级的隶属度。

5.4.10 房屋 B 级的隶属函数应按下式计算：

$$\mu_B=\max[\min(0.3,\mu_{bf}),\min(0.6,\mu_{bs}),\min(0.1,\mu_{bes})] \tag{5.4.10}$$

式中 μ_B——房屋 B 级的隶属度；

μ_{bf}——地基基础 b 级的隶属度；

μ_{bs}——上部承重结构 b 级隶属度；

μ_{bes}——围护结构 b 级的隶属度。

5.4.11 房屋 C 级的隶属函数应按下式计算：

$$\mu_C=\max[\min(0.3,\mu_{cf}),\min(0.6,\mu_{cs}),\min(0.1,\mu_{ces})] \tag{5.4.11}$$

式中 μ_C——房屋 C 级的隶属度；

μ_{cf}——地基基础 c 级的隶属度；

μ_{cs}——上部承重结构 c 级隶属度；

μ_{ces}——围护结构 c 级的隶属度。

5.4.12 房屋 D 级的隶属函数应按下式计算：

$$\mu_D=\max[\min(0.3,\mu_{df}),\min(0.6,\mu_{ds}),\min(0.1,\mu_{des})] \tag{5.4.12}$$

式中 μ_D——房屋 D 级的隶属度；

μ_{df}——地基基础 d 级的隶属度；

μ_{ds}——上部承重结构 d 级隶属度；

μ_{des}——围护结构 d 级的隶属度。

5.4.13 当隶属度为下列值时：

1 $\mu_{df}\geqslant0.75$，则为 D 级（整幢危房）。

2 $\mu_{ds}\geqslant0.75$，则为 D 级（整幢危房）。

3 $\max(\mu_A,\mu_B,\mu_C,\mu_D)=\mu_A$，则综合判断结果为 A 级（非危房）。

4 $\max(\mu_A,\mu_B,\mu_C,\mu_D)=\mu_B$，则综合判断结果为 B 级（危险点房）。

5 $\max(\mu_A,\mu_B,\mu_C,\mu_D)=\mu_C$，则综合判断结果为 C 级（局部危房）。

6 $\max(\mu_A,\mu_B,\mu_C,\mu_D)=\mu_D$，则综合判断结果为 D 级（整幢危房）。

5.4.14 其他简易结构房屋可按本章第 5.3 节原则直接评定。

附录 A 房屋安全鉴定报告

报告编号（　　　　）

一、委托单位/个人概况			
单位名称		电　话	
房屋地址		委托日期	
二、房屋概况			
房屋用途		建造年份	
结构类别		建筑面积	
平面形式		层　数	
产权性质		产权证编号	
备　注			
三、房屋安全鉴定目的			

续表附录 A

四、鉴定情况
五、损坏原因分析
六、鉴定结论
七、处理建议
八、检测鉴定人员
九、鉴定单位技术负责人签章 鉴定单位（公章） 鉴定人： 审核人： 审定人： 鉴定日期 年 月 日

本标准用词说明

1.0.1 为便于在执行本标准条文时区别对待，对于要求严格程度不同的用词说明如下：

1 表示很严格，非这样做不可的：

正面词采用“必须”；反面词采用“严禁”。

2 表示严格，在正常情况下均应这样做的：

正面词采用“应”；反面词采用“不应”或“不得”。

3 表示允许稍有选择，在条件许可时首先这样做的：

正面词采用“宜”；反面词采用“不宜”。

表示有选择，在一定条件下可以这样做的，采用“可”。

1.0.2 条文中指明应按其他有关标准执行的写法为：“应按……执行”或“应符合……的规定”。

中华人民共和国行业标准

危险房屋鉴定标准

JGJ 125—99

条 文 说 明

前　言

《危险房屋鉴定标准》（JGJ 125—99）经建设部一九九九年十一月二十四日以建标［1999］277号文批准，业已发布。

本标准第一版的主编单位是重庆市房地产管理局、锦州市房地产管理局。

为便于广大设计、施工、科研、学校等单位的有关人员在使用本标准时能正确理解和执行条文规定，《危险房屋鉴定标准》编制组按章、节、条顺序编制了本标准的条文说明，供国内使用者参考。在使用中如发现本条文说明有不妥之处，请将意见函寄重庆市土地房屋管理局。

目　次

1　总则 ………………………………………… 21—13
2　符号、代号………………………………… 21—13
3　鉴定程序与评定方法 …………………… 21—13
3.1　鉴定程序………………………………… 21—13
3.2　评定方法………………………………… 21—13
4　构件危险性鉴定 ………………………… 21—13
4.1　一般规定………………………………… 21—13
4.2　地基基础………………………………… 21—13
4.3　砌体结构构件…………………………… 21—13
4.4　木结构构件……………………………… 21—13
4.5　混凝土结构构件………………………… 21—14
4.6　钢结构构件……………………………… 21—14
5　房屋危险性鉴定 ………………………… 21—14
5.1　一般规定………………………………… 21—14
5.2　等级划分………………………………… 21—14
5.3　综合评定原则…………………………… 21—14
5.4　综合评定方法…………………………… 21—14
附录A　房屋安全鉴定报告 ……………… 21—15

1 总 则

1.0.1 《危险房屋鉴定标准》CJ13—86 制订于 1986 年，是我国房屋鉴定领域的第一部技术标准，其发布实施十多年来，在促进既有房屋的有效利用，保障房屋的使用安全方面发挥了重要作用。但随着时间的推移和检测鉴定技术的发展，原标准的部分内容已显陈旧，有必要对其进行一次较为全面的修订。

1.0.2 原标准规定“本标准适用于房地产管理部门经营管理的房屋，对单位自有和私有房屋的鉴定，可参考本标准。”同时规定“本标准不适用于工业建筑、公共建筑、高层建筑及文物保护建筑。”把标准适用范围按房屋产权或经营管理权限来进行划分，显然不尽合理，特别是在住房制度改革、房地产事业迅猛发展、房屋产权多元化的形势下，更有其弊端。本次修订将标准适用范围扩大为现存的既有房屋，并取消了原标准的不适用范围。

1.0.3 规定了危险房屋、各类有特殊要求的建筑及在偶然作用下的房屋危险性鉴定尚需参照有关专业技术标准或规范进行。条文中“有特殊要求的工业建筑和公共建筑”系指高温、高湿、强震、腐蚀等特殊环境下的工业与民用建筑；“偶然作用”系指天灾：如地震、泥石流、洪水、风暴等不可抗拒因素；人祸：如火灾、爆炸、车辆碰击等人为因素。

2 符号、代号

本章规定了房屋危险性鉴定中应用的各种符号、代号及其意义。

参照现行国家标准《工业厂房可靠性鉴定标准》GBJ 144—90，γ_0——结构构件重要性系数，对安全等级为一级、二级、三级的结构构件，可分别取 1.1、1.0、0.9。

3 鉴定程序与评定方法

3.1 鉴 定 程 序

3.1.1 根据我国房屋危险性鉴定的实践，并参考日本、美国和前苏联的有关资料，制定了本标准的房屋危险性鉴定程序。

3.2 评 定 方 法

3.2.1 在总结大量鉴定实践的基础上，把原标准规定的危险构件和危险房屋两个评定层次修订为三个层次，以求更加科学、合理和便于操作，满足实际工作需要。

4 构件危险性鉴定

4.1 一 般 规 定

4.1.1 本条在房屋危险性鉴定实践经验总结和广泛征求意见的基础上对危险构件进行了重新定义。

4.1.2 本条对原规定的构件单位进行了适当修正，使其划分更加科学，表述更明确。条文中的“自然间”是指按结构计算单元的划分确定，具体地讲是指房屋结构平面中，承重墙或梁围成的闭合体。

4.2 地 基 基 础

4.2.1～4.2.3 地基基础的检测鉴定是房屋危险性鉴定中的难点，本节根据有关标准规定和长期实验研究结果，确定了其鉴定内容和危险限值。根据鉴定手段和技术发展现状，提出了从地基承载力和上部结构变位来进行鉴定的方法。并把常见的地基基础危险迹象作为检查时的重点部位。

条文中列出的地基与基础沉降速度 2mm/月是根据国内外（中、日等）常年观察统计结果而采用；房屋局部倾斜率 1%和地基水平位移量参考现行国家标准《建筑地基基础设计规范》GBJ 7—89 允许值要求，综合考虑得出。

《危险房屋鉴定标准》规定的是危险值，若危险值与《建筑变形测量规程》JGJ/T 8—97 规定的稳定值过于接近，这会增加许多房屋的拆迁量，造成不必要的经济损失。用“收敛”比用“终止”更准确。

将原条文中“局部”二字去掉概念更清晰。

4.3 砌体结构构件

4.3.1 本条规定了砌体结构构件危险性鉴定的基本内容。

4.3.2 本条规定了在进行砌体结构构件承载力验算前应进行的必要检验工作，以保证验算结果更符合实际情况。

4.3.3～4.3.4 这些条款具体规定了砌体结构构件的危险限值，其中墙柱倾斜控制值与原标准相比，作了适当调整。（如原标准规定受压墙柱竖向缝宽为 2cm，专家认为此值过大，与实际不符，建议改为 2mm 为宜；墙柱倾斜控制值，原标准规定为层高的1.5/100，这次根据各地反映，原标准定得太宽，建议改为 0.7/100 为宜。）

4.4 木 结 构 构 件

4.4.1 本条规定了木结构构件危险性鉴定的基本内容。

4.4.2 本条规定了在进行木结构构件承载力验算前应进行的必要检验，以保证验算结果更符合实际情况。

4.4.3～4.4.4 这些条款具体规定了木结构构件的危险限值。其中原标准规定主梁大于 $L_0/120$，檩条搁栅大于 $L_0/100$ 挠度；柱腐朽达原截面 1/4～1/2；屋架出平面倾斜大于 $h/100$ 屋架高度等，经与专家交换意见，认为原标准尚未考虑其综合因素（如木节、斜纹、虫蛀、腐朽等），因此这次修订有所调整，相应改为 $L_0/150$、$L_0/120$ 挠度；柱腐朽达原截面 1/5 以及出平面倾斜 $h/120$ 屋架高度等。

另外，增加了斜率 ρ 值和材质心腐缺陷，是参照现行国家标准《古建筑木结构维护与加固技术规范》（GB 50165）确定的。

4.5 混凝土结构构件

4.5.1 本条规定了混凝土结构构件危险性鉴定的基本内容。

4.5.2 本条规定了在进行混凝土结构构件承载力验算前应进行的必要检测工作，以保证验算结果更符合实际情况。根据混凝土检测技术的发展，应尽量采用技术成熟、操作简便的检测方法。

4.5.3～4.5.4 这些条款具体规定了混凝土结构构件的危险限值。根据各地反映，原标准条文在名词术语和定量方面均有不妥处。这次修订：将单梁改为简支梁，支座斜裂缝宽度原标准未作规定，现确定为 0.4mm。此值参考了中、美等国混凝土构件裂缝控制值。增加了柱墙侧向变形值为 $h/250$ 或 30mm 内容，并规定墙柱倾斜率为 1%和位移量为 $h/500$。

4.6 钢结构构件

4.6.1 根据房屋危险性鉴定工作中出现的实际情况，增加了本节内容。本条规定了钢结构构件危险性鉴定的主要内容。

4.6.2 本条规定了在进行钢结构构件承载力验算前应进行的必要检测工作，以保证验算结果更符合实际情况。根据钢结构检测技术的发展，应尽量采用技术成熟、操作简便的检测方法。

4.6.3～4.6.4 这些条款具体规定了钢结构构件的危险限值，如梁、板等变形位移值 $L_0/250$，侧弯矢高 $L_0/600$ 以及柱顶水平位移平面内倾斜值 $h/150$，平面外倾斜值 $h/500$，以上限值参照了现行国家标准《工业厂房可靠性鉴定标准》GBJ 144—90。

5 房屋危险性鉴定

5.1 一般规定

5.1.1 对原标准中规定的危险房屋定义进行了修正，删除了“随时有倒塌可能”的词语，现在的表述更加科学、准确。

5.1.2～5.1.3 保留了原标准中规定的鉴定单位和计量单位，强调了房屋危险性鉴定必须根据实际情况独立进行。

5.2 等级划分

5.2.1 在原标准构件和房屋两个鉴定层次的基础上，增加了房屋组成部分这一鉴定层次，并根据一般房屋结构的共性规定了这一层次的三个分部，即地基基础、上部承重结构和围护结构。

5.2.2 房屋各组成部分的危险性鉴定，应按 a、b、c、d 四等级进行划分。

5.2.3 规定了房屋危险性鉴定应按 A、B、C、D 四等级进行划分，这四个等级中的 B、C、D 级与原标准的危险构件、局部危房和整幢危房的概念基本对应，并增加了 A 级，即未发现危险点这一等级。在本次修订中，为便于综合评判，将危险点及其数量作为基本参量，以量变质变的辩证原理来划分房屋危险性等级：

A 级：无危险点

B 级：有危险点

C 级：危险点量发展至局部危险

D 级：危险点量发展至整体危险

同样原理，可划分房屋各组成部分的危险等级 a、b、c、d。

5.3 综合评定原则

5.3.1～5.3.3 规定了房屋危险性鉴定综合评定应遵循的基本原则，保留了原标准中提出的“全面分析，综合判断”的提法，以求在按照本标准进行房屋危险性鉴定的过程中，最大限度发挥专业技术人员的丰富实践经验和综合分析能力，更好地保证鉴定结论的科学性、合理性。

条文中提出要考虑的 7 点因素，参考了天津地震工程研究所金国梁、冯家琪所著《房屋震害等级评定方法探讨》等资料。

5.4 综合评定方法

5.4.1 因为在综合评定中所需要的参量是危险点比例，而不是绝对精确量，所以只要按照简明、合理、统一的原则划分非危险构件和危险构件，并统计其数量。

在房屋建筑这一复杂的系统中，鉴定时需要考虑的因素往往很多，应用单一的综合评判模型来处理时，权重难以细致合理分配。即使逐一定出了权重，由于要满足归一化条件，使得每一因素所分得的权重必然很小，而在综合评定中的 Fuzzy(模糊)矩阵的基本复合运算是 A(min)和 V(max)，这就注定得到的综合评判值也都很小。这时，较小的权值通过 A 运算，实际上“泯没”了所有单因素评价，得不出任何有意义的结果。

采用多层次模型就可避免发生这种情况，即先把因素集按某些属性分成几类，对每一类进行综合评判，然后再对评判结果进行类之间的高层次综合，得出最终评判结果。因此本标准规定了进行综合评定的层次和等级。

综合评定方法的理论基础为 Fuzzy（模糊）数学中的综合评定理论。

5.4.2～5.4.4 地基划分单元可对应其上部的基础单元。

5.4.3 公式中的系数 2.4（柱）、2.4（墙）、1.9（主梁+屋架）、1.4（次梁）和 1（板）等是反映房屋结构承载类型的部位系数；上述系数的确定，参考了国内外相关技术资料和科研成果并听取了部分专家意见。

5.4.5～5.4.8 首先按 $p=0\%$, $0\%<p<5\%$, $5\%<p<30\%$, $30\%<p<100\%$，相应硬划分 a、b、c、d，然后根据 Fuzzy 数学原理，进行合理化，即承认存在着从一个等级到另一等级的中间过渡状态，而以在一定程度上隶属于某一等级来表示，这样才能较确切地反映其实际。因此建立相应于 a、b、c、d 各等级的线性隶属函数可以把该因素在 a、b、c、d 各等级之间的中间过渡状态充分表达出来（见图 1）。

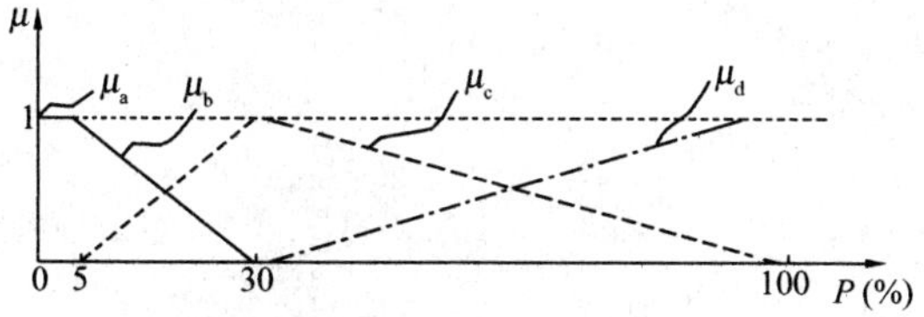

图 1　隶属函数图形

前版标准将条文中标有黑线的部分遗漏，应该补上。

5.4.9～5.4.12 式中系数为地基基础、承重结构和围护结构在综合评判中的权重分配。在影响房屋安全的诸多因素中，各因素的影响程度是不同的，为了在综合评判中体现这一点，就有必要建立各因素间的权重分配。建立危险房屋鉴定综合评判中的权重分配的原则是按照各因素相对于房屋安全性而言的重要性和影响程度，来确定各因素间的权重分配。因素间的权重通过专家征询和鉴定实践确定了该权重分配。

这些公式是 Fuzzy 数学中综合评判问题中的主因素决定型 $M(\wedge,\vee)$（$\wedge=\min$, $\vee=\max$）算子的 Fuzzy 矩阵展开式，因为它的结果只是由指标最大的决定，其余指标在一定范围内变化都不影响结果，比较适合危房鉴定。

5.4.13 考虑房屋的传力体系特点，地基基础、上部承重结构在影响房屋安全方面具有重要作用，所以在房屋危险性综合评判中，对地基基础或上部承重结构评判为 d 级时，则整幢房屋应评定为 D 级；在其他情况下，则应按 Fuzzy 数学中的综合评判中的最大隶属原则，确定房屋的危险性等级。

适当放宽隶属函数的取值，更有利于房屋住用安全。

5.4.14 简易结构房屋由于结构体系和用料混乱，可凭经验综合分析评定。

附录 A　房屋安全鉴定报告

《送审稿》时，原为“房屋安全鉴定书”。经专家讨论后，建议将“鉴定书”改为“鉴定报告”。其原因是通过检测、鉴定并出具的数据和结论，一般用“报告”的形式来表达更为准确。因此编制组采纳了此建议。

中华人民共和国行业标准

贯入法检测砌筑砂浆抗压强度技术规程

Technical specification for testing compressive strength of masonry mortar by penetration resistance method

JGJ/T 136—2001

批准部门：中 华 人 民 共 和 国 建 设 部

施行日期：2 0 0 2 年 1 月 1 日

关于发布行业标准《贯入法检测砌筑砂浆抗压强度技术规程》的通知

建标［2001］219号

根据建设部《关于印发〈一九九九年工程建设城建、建工行业标准制订、修订计划〉的通知》（建标［1999］309号）的要求，由中国建筑科学研究院主编的《贯入法检测砌筑砂浆抗压强度技术规程》，经审查，批准为行业标准，该标准编号为JGJ/T 136—2001，自2002年1月1日起施行。

本标准由建设部建筑工程标准技术归口单位中国建筑科学研究院负责管理，中国建筑科学研究院负责具体解释，建设部标准定额研究所组织中国建筑工业出版社出版。

中华人民共和国建设部

2001年10月31日

前　言

根据建设部建标［1999］309号文的要求，规程编制组经广泛调查研究，认真总结实践经验，参考有关国际标准和国外先进标准，并在广泛征求意见的基础上，制定了本规程。

本规程的主要技术内容是：1　总则；2　术语、符号；3　检测仪器；4　检测技术；5　砂浆抗压强度计算；6　检测报告；附录A　贯入仪校准；附录B　贯入深度测量表校准；附录C　砂浆抗压强度贯入检测记录表；附录D　砂浆抗压强度换算表；附录E　专用测强曲线制定方法等。

本规程由建设部建筑工程标准技术归口单位中国建筑科学研究院归口管理，授权由主编单位负责具体解释。

本规程主编单位是：中国建筑科学研究院（地址：北京市北三环东路30号，邮政编码：100013）。

本规程参加单位是：福建省建筑科学研究院、安徽省建筑科学研究设计院、河北省建筑科学研究院。

本规程主要起草人员是：张仁瑜、叶　健、邹道金、路彦兴、陈　松。

目　次

1　总则 ………………………………………… 22—4
2　术语、符号 ………………………………… 22—4
2.1　术语 ……………………………………… 22—4
2.2　符号 ……………………………………… 22—4
3　检测仪器 …………………………………… 22—4
3.1　仪器及性能 ……………………………… 22—4
3.2　校准基本要求 …………………………… 22—4
3.3　其他要求 ………………………………… 22—5
4　检测技术 …………………………………… 22—5
4.1　基本要求 ………………………………… 22—5
4.2　测点布置 ………………………………… 22—5
4.3　贯入检测 ………………………………… 22—5
5　砂浆抗压强度计算…………………………… 22—6
6　检测报告 …………………………………… 22—6
附录A　贯入仪校准 ………………………… 22—7
A.1　贯入力校准 ……………………………… 22—7
A.2　工作行程校准 …………………………… 22—7
附录B　贯入深度测量表校准………………… 22—7
附录C　砂浆抗压强度贯入检测记录表………………………………… 22—8
附录D　砂浆抗压强度换算表………………… 22—8
附录E　专用测强曲线制定方法 …………… 22—10
本规程用词说明 …………………………… 22—10
附：条文说明 ………………………………… 22—11

1 总　则

1.0.1 为了规范贯入法检测砌筑砂浆抗压强度技术，保证砌体工程现场检测的质量，制定本规程。

1.0.2 本规程适用于工业与民用建筑砌体工程中砌筑砂浆抗压强度的现场检测，并作为推定抗压强度的依据。本规程不适用于遭受高温、冻害、化学侵蚀、火灾等表面损伤的砂浆检测，以及冻结法施工的砂浆在强度回升期阶段的检测。

1.0.3 对砌筑砂浆抗压强度进行检测时，除应执行本规程外，尚应符合国家现行的有关强制性标准的规定。

2 术语、符号

2.1 术　语

2.1.1 贯入法检测　test of penetration resistance method

根据测钉贯入砂浆的深度和砂浆抗压强度间的相关关系，采用压缩工作弹簧加荷，把一测钉贯入砂浆中，由测钉的贯入深度通过测强曲线来换算砂浆抗压强度的检测方法。

2.1.2 测孔　pin hole

贯入试验时，贯入测钉在灰缝上所形成的孔。

2.1.3 砂浆抗压强度换算值　calculating compressive strength of masonry mortar

由构件的贯入深度平均值通过测强曲线计算得到的砌筑砂浆抗压强度值。相当于被测构件在该龄期下同条件养护的边长为70.7mm一组立方体试块的抗压强度平均值。

2.2 符　号

d_i^0——第i个测点的贯入深度测量表的不平整度读数；

d'_i——第i个测点的贯入深度测量表读数；

d_i——第i个测点的贯入深度值；

$f^c_{2,j}$——第j个构件的砂浆抗压强度换算值；

$f^c_{2,\min}$——同批构件中砂浆抗压强度换算值的最小值；

$f^c_{2,e}$——砂浆抗压强度推定值；

$f^c_{2,e1}$——砂浆抗压强度推定值之一；

$f^c_{2,e2}$——砂浆抗压强度推定值之二；

m_{d_j}——第j个构件的贯入深度平均值；

$m_{f^c_2}$——同批构件砂浆抗压强度换算值的平均值；

$s_{f^c_2}$——同批构件砂浆抗压强度换算值的标准差；

$\delta_{f^c_2}$——同批构件砂浆抗压强度换算值的变异系数。

3 检测仪器

3.1 仪器及性能

3.1.1 贯入法检测使用的仪器应包括贯入式砂浆强度检测仪（简称贯入仪，图3.1.1）、贯入深度测量表。

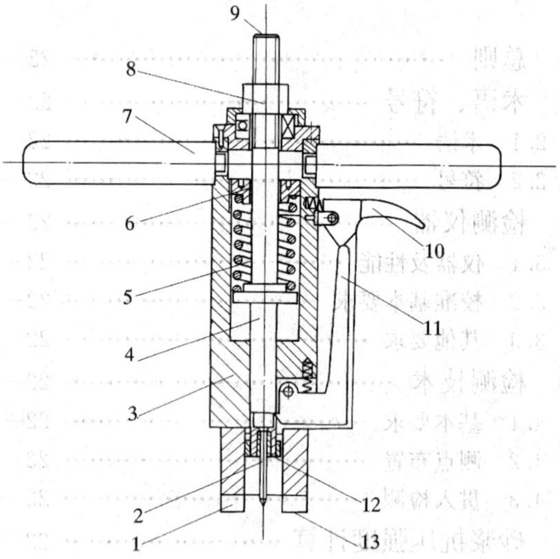

图3.1.1　贯入仪构造示意图

1—扁头；2—测钉；3—主体；4—贯入杆；5—工作弹簧；6—调整螺母；7—把手；8—螺母；9—贯入杆外端；10—扳机；11—挂钩；12—贯入杆端面；13—扁头端面

3.1.2 贯入仪及贯入深度测量表必须具有制造厂家的产品合格证、中国计量器具制造许可证及法定计量部门的校准合格证，并应在贯入仪的明显位置具有下列标志：名称、型号、制造厂名、商标、出厂日期和中国计量器具制造许可证标志CMC等。

3.1.3 贯入仪应满足下列技术要求：

——贯入力应为800±8N；

——工作行程应为20±0.10mm。

3.1.4 贯入深度测量表（图3.1.4）应满足下列技术要求：

——最大量程应为20±0.02mm；

——分度值应为0.01mm。

3.1.5 测钉长度应为40±0.10mm，直径应为3.5mm，尖端锥度应为45°。测钉量规的量规槽长度应为$39.5^{+0.10}_{0}$mm。

3.1.6 贯入仪使用时的环境温度应为−4～40℃。

3.2 校准基本要求

3.2.1 正常使用过程中，贯入仪、贯入深度测量表（通称为仪器）应由法定计量部门每年至少校准一次。

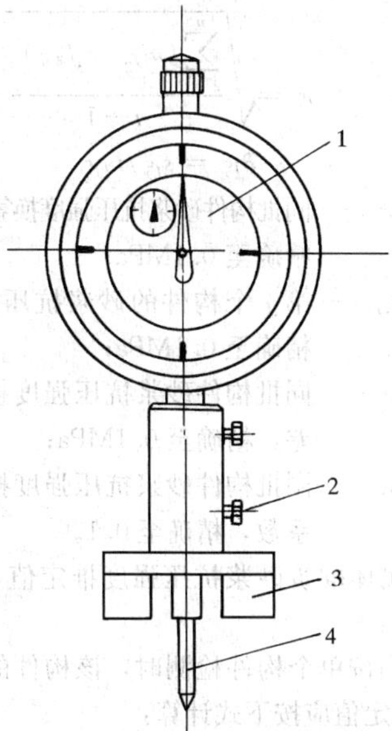

图 3.1.4 贯入深度测量表示意图

1—百分表；2—锁紧螺钉；

3—扁头；4—测头

校准应符合本规程附录 A、附录 B 的规定。

3.2.2 当遇到下列情况之一时，仪器应送法定计量部门进行校准：

——新仪器启用前；

——超过校准有效期；

——更换主要零件或对仪器进行过调整；

——检测数据异常；

——零部件松动；

——遭遇撞击或其他损坏；

——累计贯入次数为 10000 次。

3.3 其 他 要 求

3.3.1 贯入仪在闲置和保存时，工作弹簧应处于自由状态。

3.3.2 贯入仪不得随意拆装。

4 检 测 技 术

4.1 基 本 要 求

4.1.1 检测人员应通过相应专业培训。检测过程中应做到正确和安全操作。

4.1.2 用贯入法检测的砌筑砂浆应符合下列要求：

——自然养护；

——龄期为 28d 或 28d 以上；

——自然风干状态；

——强度为 0.4～16.0MPa。

4.1.3 检测砌筑砂浆抗压强度时，委托单位应提供下列资料：

——建设单位、设计单位、监理单位、施工单位和委托单位名称；

——工程名称、结构类型、有关图纸；

——原材料试验资料、砂浆品种、设计强度等级和配合比；

——砌筑日期、施工及养护情况；

——检测原因。

4.2 测 点 布 置

4.2.1 检测砌筑砂浆抗压强度时，应以面积不大于 $25m^2$ 的砌体构件或构筑物为一个构件。

4.2.2 按批抽样检测时，应取龄期相近的同楼层、同品种、同强度等级砌筑砂浆且不大于 $250m^3$ 砌体为一批，抽检数量不应少于砌体总构件数的 30%，且不应少于 6 个构件。基础砌体可按一个楼层计。

4.2.3 被检测灰缝应饱满，其厚度不应小于 7mm，并应避开竖缝位置、门窗洞口、后砌洞口和预埋件的边缘。

4.2.4 多孔砖砌体和空斗墙砌体的水平灰缝深度应大于 30mm。

4.2.5 检测范围内的饰面层、粉刷层、勾缝砂浆、浮浆以及表面损伤层等，应清除干净；应使待测灰缝砂浆暴露并经打磨平整后再进行检测。

4.2.6 每一构件应测试 16 点。测点应均匀分布在构件的水平灰缝上，相邻测点水平间距不宜小于 240mm，每条灰缝测点不宜多于 2 点。

4.3 贯 入 检 测

4.3.1 贯入检测应按下列程序操作：

1 将测钉插入贯入杆的测钉座中，测钉尖端朝外，固定好测钉；

2 用摇柄旋紧螺母，直至挂钩挂上为止，然后将螺母退至贯入杆顶端；

3 将贯入仪扁头对准灰缝中间，并垂直贴在被测砌体灰缝砂浆的表面，握住贯入仪把手，扳动扳机，将测钉贯入被测砂浆中。

4.3.2 每次试验前，应清除测钉上附着的水泥灰渣等杂物，同时用测钉量规检验测钉的长度；测钉能够通过测钉量规槽时，应重新选用新的测钉。

4.3.3 操作过程中，当测点处的灰缝砂浆存在空洞或测孔周围砂浆不完整时，该测点应作废，另选测点补测。

4.3.4 贯入深度的测量应按下列程序操作：

1 将测钉拔出，用吹风器将测孔中的粉尘吹干净；

2 将贯入深度测量表扁头对准灰缝，同时将测头插入测孔中，并保持测量表垂直于被测砌体灰缝砂浆的表面，从表盘中直接读取测量表显示值d_i'并记录在本规程附录C的记录表中，贯入深度应按下式计算：

$$d_i=20.00-d_i' \quad (4.3.4)$$

式中 d_i'——第 i 个测点贯入深度测量表读数，精确至0.01mm；

d_i——第 i 个测点贯入深度值，精确至0.01mm。

3 直接读数不方便时，可用锁紧螺钉锁定测头，然后取下贯入深度测量表读数。

4.3.5 当砌体的灰缝经打磨仍难以达到平整时，可在测点处标记，贯入检测前用贯入深度测量表测读测点处的砂浆表面不平整度读数 d_i^0，然后再在测点处进行贯入检测，读取 d_i'，则贯入深度应按下式计算：

$$d_i=d_i^0-d_i' \quad (4.3.5)$$

式中 d_i——第 i 个测点贯入深度值，精确至0.01mm；

d_i^0——第 i 个测点贯入深度测量表的不平整度读数，精确至0.01mm；

d_i'——第 i 个测点贯入深度测量表读数，精确至0.01mm。

5 砂浆抗压强度计算

5.0.1 检测数值中，应将16个贯入深度值中的3个较大值和3个较小值剔除，余下的10个贯入深度值可按下式取平均值：

$$m_{dj}=\frac{1}{10}\sum_{i=1}^{10}d_i \quad (5.0.1)$$

式中 m_{dj}——第 j 个构件的砂浆贯入深度平均值，精确至0.01mm；

d_i——第 i 个测点的贯入深度值，精确至0.01mm。

5.0.2 根据计算所得的构件贯入深度平均值 m_{dj}，可按不同的砂浆品种由本规程附录D查得其砂浆抗压强度换算值 $f_{2,j}^{c}$。其他品种的砂浆可按本规程附录E的要求建立专用测强曲线进行检测。有专用测强曲线时，砂浆抗压强度换算值的计算应优先采用专用测强曲线。

5.0.3 在采用本规程附录D的砂浆抗压强度换算表时，应首先进行检测误差验证试验，试验方法可按本规程附录E的要求进行，试验数量和范围应按检测的对象确定，其检测误差应满足本规程第E.0.10条的规定，否则应按本规程附录E的要求建立专用测强曲线。

5.0.4 按批抽检时，同批构件砂浆应按下列公式计算其平均值和变异系数：

$$m_{f_2^c}=\frac{1}{n}\sum_{j=1}^{n}f_{2,j}^{c} \quad (5.0.4\text{-}1)$$

$$s_{f_2^c}=\sqrt{\frac{\sum_{j=1}^{n}(m_{f_2^c}-f_{2,j}^{c})^2}{n-1}} \quad (5.0.4\text{-}2)$$

$$\delta_{f_2^c}=s_{f_2^c}/m_{f_2^c} \quad (5.0.4\text{-}3)$$

式中 $m_{f_2^c}$——同批构件砂浆抗压强度换算值的平均值，精确至0.1MPa；

$f_{2,j}^{c}$——第 j 个构件的砂浆抗压强度换算值，精确至0.1MPa；

$s_{f_2^c}$——同批构件砂浆抗压强度换算值的标准差，精确至0.1MPa；

$\delta_{f_2^c}$——同批构件砂浆抗压强度换算值的变异系数，精确至0.1。

5.0.5 砌体砌筑砂浆抗压强度推定值 $f_{2,e}^{c}$ 应按下列规定确定：

1 当按单个构件检测时，该构件的砌筑砂浆抗压强度推定值应按下式计算：

$$f_{2,e}^{c}=f_{2,j}^{c} \quad (5.0.5\text{-}1)$$

式中 $f_{2,e}^{c}$——砂浆抗压强度推定值，精确至0.1MPa；

$f_{2,j}^{c}$——第 j 个构件的砂浆抗压强度换算值，精确至0.1MPa。

2 当按批抽检时，应按下列公式计算：

$$f_{2,e1}^{c}=m_{f_2^c} \quad (5.0.5\text{-}2)$$

$$f_{2,e2}^{c}=\frac{f_{2,\min}^{c}}{0.75} \quad (5.0.5\text{-}3)$$

式中 $f_{2,e1}^{c}$——砂浆抗压强度推定值之一，精确至0.1MPa；

$f_{2,e2}^{c}$——砂浆抗压强度推定值之二，精确至0.1MPa；

$m_{f_2^c}$——同批构件砂浆抗压强度换算值的平均值，精确至0.1MPa；

$f_{2,\min}^{c}$——同批构件中砂浆抗压强度换算值的最小值，精确至0.1MPa。

应取公式（5.0.5-2）和（5.0.5-3）中的较小值作为该批构件的砌筑砂浆抗压强度推定值 $f_{2,e}^{c}$。

5.0.6 对于按批抽检的砌体，当该批构件砌筑砂浆抗压强度换算值变异系数不小于0.3时，则该批构件应全部按单个构件检测。

6 检测报告

6.0.1 砌筑砂浆抗压强度的检测报告，应包括下列主要内容：

——建设单位名称；

——委托单位名称；

——设计单位名称；

——施工单位名称；

——监理单位名称；

——工程名称和结构类型或构件名称；

——施工日期；

——检测原因；

——检测环境；

——检测依据（所用标准名称及编号）；

——仪器名称、型号、编号及校准证号；

——所测砌筑砂浆的强度设计等级和抗压强度推定值；

——出具报告的单位名称（盖章），有关检测人员签字；

——检测及出具报告的日期；

——其他需要说明的事项，对于无法用文字表达清楚的内容，应附简图。

附录A　贯入仪校准

A.1　贯入力校准

A.1.1　贯入力的校准应在弹簧拉压试验机上进行，校准时贯入仪的工作弹簧应处于自由状态（图A.1.1）。

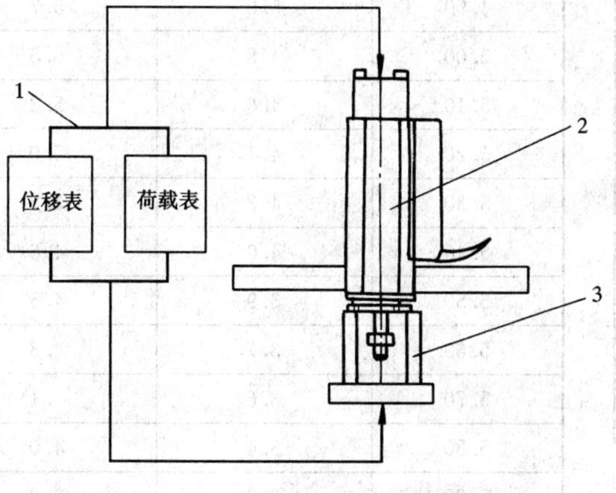

图 A.1.1　贯入力校准

1—弹簧拉压试验机；2—贯入仪；3—U形架

A.1.2　弹簧拉压试验机的性能应符合下列规定：

——位移分度值应为0.01mm；

——负荷分度值应为0.1N；

——位移误差应为±0.01mm；

——负荷误差应小于0.5%（示值误差）。

A.1.3　贯入力的校准应按下列步骤进行：

1　将U形架平放在试验机工作台上，然后将贯入仪的贯入杆外端置于U形架的U形槽中；

2　将弹簧拉压试验机压头与贯入杆端面接触；

3　下压20±0.10mm，弹簧拉压试验机读数应为800±8N。

A.2　工作行程校准

A.2.1　贯入仪贯入杆外端应先放在U形架的U形槽中，并用深度游标卡尺测量贯入仪在工作弹簧处于自由状态时的贯入杆端面至扁头端面的距离 l_0。

A.2.2　给贯入仪工作弹簧加荷，直至挂钩挂上为止，并应将螺母退至贯入杆外端。

A.2.3　应再将贯入仪贯入杆外端放在U形架的U形槽中，并用深度游标卡尺测量贯入仪在挂钩状态时的贯入杆端面至扁头端面的距离 l_1。

A.2.4　两个距离的差（l_1-l_0）即为工作行程，并应满足20±0.10mm。

附录B　贯入深度测量表校准

B.0.1　贯入深度测量表上的百分表应经法定计量部门检定。

B.0.2　在百分表检定合格后，应再校准贯入深度测量表的测头外露长度。

注：测头外露长度是指贯入深度测量表处于自由状态时，百分表指针对零位时的测头外露长度。

B.0.3　将测头外露部分压在钢制长方体量块上，直至扁头端面和量块表面重合（图B.0.3）。此时贯入深度测量表的读数应为20±0.02mm。

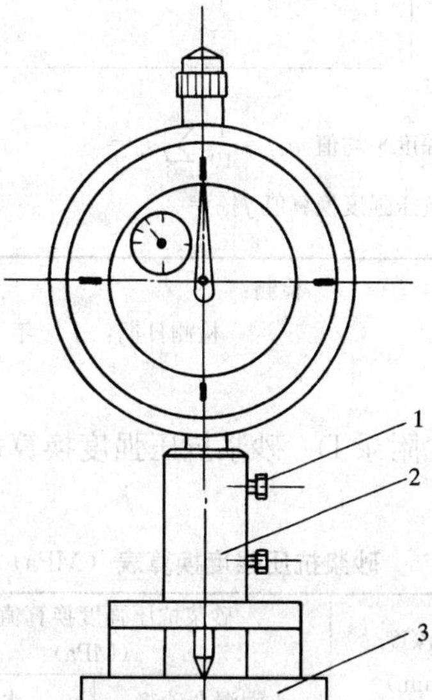

图 B.0.3　贯入深度测量表校准

1—校准调整螺母；2—贯入深度测量表

3—钢制长方体量块

附录C　砂浆抗压强度贯入检测记录表

工程名称：　　　　　　　　　　构件名称及编号：

贯入仪：型号及编号

砂浆品种：　　　　　　　　　　检测环境：

共　　页第　　页

序号	不平整度读数 d_i^0（mm）	贯入深度测量表读数 d_i'（mm）	贯入深度 d_i（mm）
1			
2			
3			
4			
5			
6			
7			
8			
9			
10			
11			
12			
13			
14			
15			
16			
备注			

贯入深度平均值 $m_{dj}=\frac{1}{10}\sum_{i=1}^{10}d_i=$

砂浆抗压强度换算值 $f_{2,j}^{c}=$

复核：　　　　　检测：

检测日期：　　年　月　日

附录D　砂浆抗压强度换算表

表D　　砂浆抗压强度换算表（MPa）

贯入深度 d_i（mm）	砂浆抗压强度换算值 $f_{2,j}^{c}$（MPa）	
	水泥混合砂浆	水泥砂浆
2.90	15.6	—
3.00	14.5	—
3.10	13.5	15.5
3.20	12.6	14.5
3.30	11.8	13.5

续表D

贯入深度 d_i（mm）	砂浆抗压强度换算值 $f_{2,j}^{c}$（MPa）	
	水泥混合砂浆	水泥砂浆
3.40	11.1	12.7
3.50	10.4	11.9
3.60	9.8	11.2
3.70	9.2	10.5
3.80	8.7	10.0
3.90	8.2	9.4
4.00	7.8	8.9
4.10	7.3	8.4
4.20	7.0	8.0
4.30	6.6	7.6
4.40	6.3	7.2
4.50	6.0	6.9
4.60	5.7	6.6
4.70	5.5	6.3
4.80	5.2	6.0
4.90	5.0	5.7
5.00	4.8	5.5
5.10	4.6	5.3
5.20	4.4	5.0
5.30	4.2	4.8
5.40	4.0	4.6
5.50	3.9	4.5
5.60	3.7	4.3
5.70	3.6	4.1
5.80	3.4	4.0
5.90	3.3	3.8
6.00	3.2	3.7
6.10	3.1	3.6
6.20	3.0	3.4
6.30	2.9	3.3
6.40	2.8	3.2
6.50	2.7	3.1
6.60	2.6	3.0
6.70	2.5	2.9
6.80	2.4	2.8
6.90	2.4	2.7
7.00	2.3	2.6
7.10	2.2	2.6

续表 D

贯入深度 d_i (mm)	砂浆抗压强度换算值 $f^c_{2,j}$ (MPa)	
	水泥混合砂浆	水泥砂浆
7.20	2.2	2.5
7.30	2.1	2.4
7.40	2.0	2.3
7.50	2.0	2.3
7.60	1.9	2.2
7.70	1.9	2.1
7.80	1.8	2.1
7.90	1.8	2.0
8.00	1.7	2.0
8.10	1.7	1.9
8.20	1.6	1.9
8.30	1.6	1.8
8.40	1.5	1.8
8.50	1.5	1.7
8.60	1.5	1.7
8.70	1.4	1.6
8.80	1.4	1.6
8.90	1.4	1.6
9.00	1.3	1.5
9.10	1.3	1.5
9.20	1.3	1.5
9.30	1.2	1.4
9.40	1.2	1.4
9.50	1.2	1.4
9.60	1.2	1.3
9.70	1.1	1.3
9.80	1.1	1.3
9.90	1.1	1.2
10.00	1.1	1.2
10.10	1.0	1.2
10.20	1.0	1.2
10.30	1.0	1.1
10.40	1.0	1.1
10.50	1.0	1.1
10.60	0.9	1.1
10.70	0.9	1.1
10.80	0.9	1.0
10.90	0.9	1.0

续表 D

贯入深度 d_i (mm)	砂浆抗压强度换算值 $f^c_{2,j}$ (MPa)	
	水泥混合砂浆	水泥砂浆
11.00	0.9	1.0
11.10	0.8	1.0
11.20	0.8	1.0
11.30	0.8	0.9
11.40	0.8	0.9
11.50	0.8	0.9
11.60	0.8	0.9
11.70	0.8	0.9
11.80	0.7	0.9
11.90	0.7	0.8
12.00	0.7	0.8
12.10	0.7	0.8
12.20	0.7	0.8
12.30	0.7	0.8
12.40	0.7	0.8
12.50	0.7	0.8
12.60	0.6	0.7
12.70	0.6	0.7
12.80	0.6	0.7
12.90	0.6	0.7
13.00	0.6	0.7
13.10	0.6	0.7
13.20	0.6	0.7
13.30	0.6	0.7
13.40	0.6	0.6
13.50	0.6	0.6
13.60	0.5	0.6
13.70	0.5	0.6
13.80	0.5	0.6
13.90	0.5	0.6
14.00	0.5	0.6
14.10	0.5	0.6
14.20	0.5	0.6
14.30	0.5	0.6
14.40	0.5	0.6
14.50	0.5	0.5
14.60	0.5	0.5
14.70	0.5	0.5

续表 D

贯入深度 d_i（mm）	砂浆抗压强度换算值 $f^c_{2,j}$（MPa）	
	水泥混合砂浆	水泥砂浆
14.80	0.5	0.5
14.90	0.4	0.5
15.00	0.4	0.5
15.10	0.4	0.5
15.20	0.4	0.5
15.30	0.4	0.5
15.40	0.4	0.5
15.50	0.4	0.5
15.60	0.4	0.5
15.70	0.4	0.5
15.80	0.4	0.5
15.90	0.4	0.4
16.00	0.4	0.4
16.10	0.4	0.4
16.20	0.4	0.4
16.30	0.4	0.4
16.40	0.4	0.4
16.50	0.4	0.4
16.60	0.4	0.4
16.70	—	0.4
16.80	—	0.4
16.90	—	0.4
17.00	—	0.4
17.10	—	0.4
17.20	—	0.4
17.30	—	0.4
17.40	—	0.4
17.50	—	0.4
17.60	—	0.4
17.70	—	0.4
—	—	—

注：①表内数据在应用时不得外推；

②表中未列数据，可用内插法求得，精确至 0.1MPa。

附录 E　专用测强曲线制定方法

E.0.1　制定专用测强曲线的试件应与检测砌体在原材料、成型工艺与养护方法等方面相同。

E.0.2　可按常用配合比设计 7 个强度等级，强度等级为 M0.4、M1、M2.5、M5、M7.5、M10、M15，也可按实际需要确定强度等级的数量，但实测抗压强度范围不得超出 0.4～16.0MPa。

E.0.3　每一强度等级制作不应少于 72 个尺寸为 70.7mm×70.7mm×70.7mm 的立方体试块，并应用同盘砂浆制作。采用普通粘土砖作底砖时，应按现行行业标准《建筑砂浆基本性能试验方法》（JGJ 70）的规定制作试块。

E.0.4　拆模后，试块应摊开进行自然养护，并应保证各个试块的养护条件相同。

E.0.5　同龄期同强度等级且同盘制作的试块表面应擦净，以六块试块进行抗压强度试验，同时以六块试块进行贯入深度试验。

E.0.6　应按现行行业标准《建筑砂浆基本性能试验方法》（JGJ 70）的规定进行砂浆试块的抗压强度试验，并应取六块试块的抗压强度平均值为代表值 f_2（MPa），精确至 0.1MPa。

E.0.7　贯入试验时，应先将砂浆试块固定，按照本规程第 4 章的规定在砂浆试块的成型侧面进行贯入试验，每块试块应进行一次贯入试验，取六块试块的贯入深度平均值为代表值 m_d（mm），精确至 0.01mm。

E.0.8　也可采用同盘砂浆砌筑砌体，同时制作试块进行同条件养护，在砌体灰缝上进行贯入试验，用同条件养护砂浆试块进行抗压强度试验。

E.0.9　专用测强曲线的计算应符合下列规定：

1　专用测强曲线的回归方程式，应按每一组试块的 f_2 和对应一组的 m_d 数据，采用最小二乘法进行计算。

2　回归方程式宜采用下式：

$$f^c_2 = \alpha \cdot m_d \beta \qquad (E.0.9)$$

式中　α、β——测强曲线回归系数；

m_d——贯入深度平均值；

f^c_2——砂浆抗压强度换算值。

E.0.10　建立的测强曲线尚应进行一定数量的误差验证试验，其平均相对误差不应大于 18%，相对标准差不应大于 20%。

本规程用词说明

1　为便于在执行本规程条文时区别对待，对要求严格程度不同的用词说明如下：

（1）表示很严格，非这样做不可的

正面词采用“必须”，反面词采用“严禁”；

（2）表示严格，在正常情况下均应这样做的

正面词采用“应”，反面词采用“不应”或“不得”；

（3）表示允许稍有选择，在条件许可时首先应这样做的

正面词采用“宜”，反面词采用“不宜”。

表示有选择，在一定条件下可以这样做的，采用“可”。

2　条文中指明应按其他有关标准执行的写法为，“应按……执行”或“应符合……要求（或规定）”。

中华人民共和国行业标准

贯入法检测砌筑砂浆抗压强度技术规程

JGJ/T 136—2001

条 文 说 明

前　言

《贯入法检测砌筑砂浆抗压强度技术规程》JGJ/T 136—2001，经建设部 2001 年 10 月 31 日以建标［2001］219 号文批准，业已发布。

为便于广大设计、施工、科研、质检、学校等单位的有关人员在使用本规程时能正确理解和执行条文规定，《贯入法检测砌筑砂浆抗压强度技术规程》编制组按章、节、条顺序编制了本规程的条文说明，供使用者参考。在使用中如发现本条文说明有不妥之处，请将意见函寄中国建筑科学研究院（地址：北京市北三环东路 30 号，邮政编码：100013）。

目 次

1 总则 …………………………… 22—14
3 检测仪器 ………………………… 22—14
3.1 仪器及性能 ……………………… 22—14
3.2 校准基本要求 …………………… 22—14
3.3 其他要求 ………………………… 22—14
4 检测技术 ………………………… 22—14
4.1 基本要求 ………………………… 22—14
4.2 测点布置 ………………………… 22—14
4.3 贯入检测 ………………………… 22—14
5 砂浆抗压强度计算 ………………… 22—15
附录D 砂浆抗压强度换算表 ………… 22—15

1 总　　则

1.0.1 砌体中砌筑砂浆的抗压强度检测，一直没有较好的原位无损检测方法。在进行新建工程质量事故处理和既有建筑物鉴定时，往往缺乏必要的手段和依据。贯入法检测砌筑砂浆抗压强度技术在全国各地得到了广泛的应用，解决了许多工程质量问题，取得了良好的社会效益和经济效益。为了保证砌体工程现场检测的质量，迫切需要制定一本行业规程来规范和指导检测工作。

1.0.2 贯入法检测技术适用于工业与民用建筑砌体工程中的砌筑砂浆抗压强度检测。当砂浆遭受高温、冻害、化学侵蚀、表面粉蚀、火灾等时，将与建立测强曲线的砂浆在性能上有差异，且砂浆的内外质量可能存在较大不同，因而不再适用。

1.0.3 在正常情况下，砌筑砂浆强度的检验和评定应按国家现行标准《砌体工程施工及验收规范》（GB 50203）、《建筑工程质量检验评定标准》（GBJ 301）、《建筑砂浆基本性能试验方法》（JGJ 70）、《砌体基本力学性能试验方法标准》（GBJ 129）等执行。不允许用本规程取代制作试块的规定。但是，当砌筑砂浆的强度不符合有关标准规范要求或对其有怀疑时，可按本规程进行检测，并作为抗压强度检测的依据。

3 检 测 仪 器

3.1 仪 器 及 性 能

3.1.1 贯入式砂浆强度检测仪是针对砌体中灰缝砂浆检测的特殊要求，并通过试验研究而设计的。贯入深度测量表是用机械式百分表改制而成，机械式百分表精度高且可靠耐用。为了砌体灰缝检测的需要，贯入仪专门设计了扁头。

3.1.2 保证检测仪器的性能指标满足本规程的要求，限制粗制滥造和假冒伪劣仪器的使用。

3.1.3 贯入仪的基本性能是通过试验确定的。试验证明，选用贯入力为800N是比较合适的，可以保证在检测较高和较低强度的砂浆时都有很好的精度，同时能够满足砂浆强度为0.4～16.0MPa的检测要求。

3.2 校准基本要求

3.2.1～3.2.2 仪器的校准是为了保证仪器在标准状态下进行检测，仪器的标准状态是统一仪器性能的基础，是贯入法广泛应用的关键所在，只有采用质量统一、性能一致的仪器，才能保证检测结果的可靠性，并能在同一水平上进行比较。才能使一台仪器建立的测强曲线适用于所有同类仪器。由于仪器在使用过程中，因检修、零件松动、工作弹簧松弛等都可能改变其标准状态，因而应按本节的要求由法定计量部门对仪器进行校准。以确保仪器的检测精度。

3.3 其 他 要 求

3.3.1 贯入仪在使用后，应将工作弹簧释放，使其处于自由状态时闲置和保管。若长时间使工作弹簧处于压缩状态时，将有可能改变工作弹簧的性能，使检测结果产生误差。

4 检 测 技 术

4.1 基 本 要 求

4.1.2 砂浆的含水量对检测结果有一定的影响，规定砂浆为自然风干状态可以避免含水量不同造成的影响。

4.2 测 点 布 置

4.2.1～4.2.2 规定贯入法检测时构件的划分原则和取样原则。现场检测往往是工程质量事故的鉴定，取样数量应比正常抽检数量多。

4.2.3～4.2.6 在《砌体工程施工及验收规范》GB 50203—98第4.2.3条中规定，砖砌体的水平灰缝厚度和竖向灰缝宽度一般为10mm，但不应小于8mm，也不应大于12mm。贯入仪的扁头厚度便是依据上述规定而设计为6mm。当灰缝厚度小于7mm时，扁头便有可能伸不进灰缝而导致无法检测。为了检测方便，一般应选用灰缝较厚的部位进行检测。

贯入法是用来检测砌筑砂浆强度的，故测区内的灰缝砂浆应该外露。如外露灰缝不够整齐，还应该进行打磨至平整后才能进行检测，否则将对贯入深度的测量带来误差，且主要是负偏差。对于砂浆表面粉蚀，遭受高温、冻害、化学侵蚀、火灾等的砂浆，可以将损伤层磨去后再进行检测。

为了全面准确地反映构件中砌筑砂浆的强度，在一个构件内的测点应均匀分布。

4.3 贯 入 检 测

4.3.2 测钉在试验中会受到磨损而变短，测钉的使用次数视所测砂浆的强度而定。测钉是否废弃，可用随贯入仪所附的测钉量规来测量，当测钉能够通过测钉量规槽时便应废弃。

4.3.4 贯入试验后的测孔内，由于贯入试验会积有一些粉尘，要用吹风器将测孔内的粉尘吹干净。否则将导致贯入深度测量结果偏浅。

贯入深度测量表直接测量的并不是贯入深度，而是相当于20.00mm长测钉的外露长度，故测钉的实际贯入深度 $d_i=20.00\text{mm}-d_i'$。例如：贯入深度测量表的读数为15.89mm，则贯入深度为20.00－15.89

$=4.11mm$。

4.3.5 在砌体灰缝表面不平整时进行检测，将可能导致强度检测结果偏低。在检测时先测量测点处的不平整度并进行扣除，将较大幅度提高检测精度。公式 $d_i=d_i^0-d_i^l$ 是由 $d_i=(20.00-d_i^l)-(20.00-d_i^0)$ 简化得出的。

5 砂浆抗压强度计算

5.0.1 在一个测区内检测16个测点，在数据处理时将3个较大值和3个较小值剔除，是为了减少试验的粗大误差，在贯入试验时由于操作不正确、测试面状态不好和碰上砂浆内的孔洞或小石子等都会影响贯入深度，通过数据直接剔除基本上可以消除这些误差，比二倍标准差或三倍标准差剔除方法简单实用。

5.0.2～5.0.3 由于测强曲线是根据试验结果建立的，砂浆强度换算表中未列的数据表示未曾进行过试验，故在查表换算砂浆的抗压强度时，其强度范围不得超出表中所列数据范围。否则，可能带来较大的误差。本规程所建立的测强曲线的试验数据，取自北京、安徽、河北、浙江、山东等。当砂浆在材料、养护等方面存在差异时，可能导致较大的检测误差，故在使用时应先进行检测误差验证，检测误差满足要求时才能使用附录D的砂浆抗压强度换算表。专用测强曲线往往是针对某一地区、甚至是某一工程所用材料和施工条件所建立的测强曲线，具有针对性强，检测精度高，因而应优先使用。

随着建筑技术的发展，许多砂浆新品种不断出现，如干拌砂浆、掺加各种塑化剂的砂浆等，对于这些砂浆品种可单独建立专用测强曲线，若满足附录E的要求便可以使用。

5.0.5 主要参考《砌体工程施工及验收规范》GB 50203—98第3.4.4条推导得出的。砌筑砂浆抗压强度推定值因龄期、养护条件等与标准试块不同，两者的结果并不完全相同。故称为“推定值”。

5.0.6 同批砌筑砂浆的抗压强度换算值的变异系数不小于0.3时，按照《砌筑砂浆配合比设计规程》JGJ 98—2000第5.1.3条的规定，变异系数超过0.3时，已属较差施工水平，可以认为它们已不属于同一母体，不能构成为同批砂浆，故应按单个构件检测。

砌筑砂浆抗压强度推定值相当于被测构件在该龄期下的同条件养护试块所对应的砂浆强度等级。

附录D 砂浆抗压强度换算表

附录D中所列砂浆抗压强度换算表，是在大量试验的基础上，通过对试验结果进行回归分析建立的测强曲线，根据测强曲线计算的砂浆抗压强度换算表，试验数据来自北京、安徽、河北、浙江、山东等省市，测强曲线的回归效果见表1。

表1 测强曲线的回归结果

砂浆品种	测强曲线	相关系数	平均相对误差(%)	相对标准差(%)
水泥混合砂浆	$f_{2,j}^c=159.2906m_{d_j}^{-2.1801}$	−0.97	17.0	21.7
水泥砂浆	$f_{2,j}^c=181.0213m_{d_j}^{-2.1730}$	−0.97	19.9	24.9

上述测强曲线在检验概率 $\alpha=0.95$ 的条件下，均具有显著的相关性。

建立测强曲线时采用试块—试块方式，即同条件试块中，一组进行抗压强度试验，对应的另一组进行贯入试验。

中华人民共和国行业标准

混凝土中钢筋检测技术规程

Technical specification for test of reinforcing steel bar in concrete

JGJ/T 152—2008
J 794—2008

批准部门：中华人民共和国住房和城乡建设部
施行日期：２００８年１０月１日

中华人民共和国住房和城乡建设部
公　　告

第 20 号

关于发布行业标准《混凝土中钢筋检测技术规程》的公告

现批准《混凝土中钢筋检测技术规程》为行业标准，编号为 JGJ/T 152—2008，自 2008 年 10 月 1 日起实施。

本规程由我部标准定额研究所组织中国建筑工业出版社出版发行。

中华人民共和国住房和城乡建设部

2008 年 4 月 28 日

前　　言

根据建设部建标［2002］84 号文的要求，规程编制组经广泛调查研究，认真总结实践经验，参考有关国际标准和国外先进标准，并在广泛征求意见的基础上，制定了本规程。

本规程的主要技术内容：1. 总则；2. 术语、符号；3. 钢筋间距和保护层厚度检测；4. 钢筋直径检测；5. 钢筋锈蚀性状检测。

本规程由住房和城乡建设部负责管理，由主编单位负责具体技术内容的解释。

本规程主编单位：中国建筑科学研究院（地址：北京市北三环东路 30 号，邮政编码：100013）

本规程参加单位：福建省建筑科学研究院
安徽省水利科学研究院
山东省建筑科学研究院
欧美大地仪器设备中国有限公司
北京盛世伟业科技有限公司
喜利得（中国）有限公司

本规程主要起草人员：张仁瑜　陈　松　崔德密
崔士起　叶　健　何春凯
陈　涛　李劲松　张今阳
成　勃　徐凯讯

目　次

1　总则 ………………………………………… 23—4
2　术语、符号 …………………………………… 23—4
　2.1　术语 ………………………………………… 23—4
　2.2　符号 ………………………………………… 23—4
3　钢筋间距和保护层厚度检测 ………………… 23—4
　3.1　一般规定 …………………………………… 23—4
　3.2　仪器性能要求 ……………………………… 23—4
　3.3　钢筋探测仪检测技术 ……………………… 23—4
　3.4　雷达仪检测技术 …………………………… 23—5
　3.5　检测数据处理 ……………………………… 23—5
4　钢筋直径检测 ………………………………… 23—5
　4.1　一般规定 …………………………………… 23—5
　4.2　检测技术 …………………………………… 23—5
5　钢筋锈蚀性状检测 …………………………… 23—6
　5.1　一般规定 …………………………………… 23—6
　5.2　仪器性能要求 ……………………………… 23—6
　5.3　钢筋锈蚀检测仪的保养、维护与校准 ……… 23—6
　5.4　钢筋半电池电位检测技术 ………………… 23—6
　5.5　半电池电位法检测结果评判 ……………… 23—7
附录A　检测记录表 ……………………………… 23—7
附录B　电磁感应法钢筋探测仪的校准方法 …… 23—8
　B.1　校准试件的制作 …………………………… 23—8
　B.2　校准项目及指标要求 ……………………… 23—9
　B.3　校准步骤 …………………………………… 23—9
附录C　雷达仪校准方法 ………………………… 23—9
　C.1　校准试件的制作 …………………………… 23—9
　C.2　校准项目及指标要求 ……………………… 23—9
　C.3　校准步骤 …………………………………… 23—9
本规程用词说明 ………………………………… 23—9
附：条文说明 …………………………………… 23—10

1 总 则

1.0.1 为规范混凝土结构及构件中钢筋检测及检测结果的评价方法，提高检测结果的可靠性和可比性，制定本规程。

1.0.2 本规程适用于混凝土结构及构件中钢筋的间距、公称直径、锈蚀性状及混凝土保护层厚度的现场检测。

1.0.3 检测前宜具备下列资料：

1 工程名称、结构及构件名称以及相应的钢筋设计图纸；

2 建设、设计、施工及监理单位名称；

3 混凝土中含有的铁磁性物质；

4 检测部位钢筋品种、牌号、设计规格、设计保护层厚度，结构构件中预留管道、金属预埋件等；

5 施工记录等相关资料；

6 检测原因。

1.0.4 对混凝土中钢筋进行检测时，除应符合本规程外，尚应符合国家现行有关标准的规定。

2 术语、符号

2.1 术 语

2.1.1 电磁感应法 electromagnetic test method

用电磁感应原理检测混凝土结构及构件中钢筋间距、混凝土保护层厚度及公称直径的方法。

2.1.2 雷达法 radar test method

通过发射和接收到的毫微秒级电磁波来检测混凝土结构及构件中钢筋间距、混凝土保护层厚度的方法。

2.1.3 半电池电位法 half-cell potentials test method

通过检测钢筋表面层上某一点的电位，并与铜-硫酸铜参考电极的电位作比较，以此来确定钢筋锈蚀性状的方法。

2.2 符 号

c_1^t、c_2^t——第1、2次检测的混凝土保护层厚度检测值；

c_0——探头垫块厚度；

$c_{m,i}^t$——第 i 个测点混凝土保护层厚度平均检测值；

c_c——混凝土保护层厚度修正值；

s_i——第 i 个钢筋间距；

$s_{m,i}$——钢筋平均间距；

T——检测环境温度；

V——温度修正后电位值；

V_R——温度修正前电位值。

3 钢筋间距和保护层厚度检测

3.1 一 般 规 定

3.1.1 本章所规定检测方法不适用于含有铁磁性物质的混凝土检测。

3.1.2 应根据钢筋设计资料，确定检测区域内钢筋可能分布的状况，选择适当的检测面。检测面应清洁、平整，并应避开金属预埋件。

3.1.3 对于具有饰面层的结构及构件，应清除饰面层后在混凝土面上进行检测。

3.1.4 钻孔、剔凿时，不得损坏钢筋，实测应采用游标卡尺，量测精度应为0.1mm。

3.1.5 钢筋间距和混凝土保护层厚度检测结果可按本规程附录A中表A.0.1和表A.0.2记录。

3.2 仪器性能要求

3.2.1 电磁感应法钢筋探测仪（以下简称钢筋探测仪）和雷达仪检测前应采用校准试件进行校准，当混凝土保护层厚度为10～50mm时，混凝土保护层厚度检测的允许误差为±1mm，钢筋间距检测的允许误差为±3mm。

3.2.2 钢筋探测仪的校准应按本规程附录B的规定进行，雷达仪的校准应按本规程附录C的规定进行。正常情况下，钢筋探测仪和雷达仪校准有效期可为一年。发生下列情况之一时，应对钢筋探测仪和雷达仪进行校准：

1 新仪器启用前；

2 检测数据异常，无法进行调整；

3 经过维修或更换主要零配件。

3.3 钢筋探测仪检测技术

3.3.1 钢筋探测仪可用于检测混凝土结构及构件中钢筋的间距和混凝土保护层厚度。

3.3.2 检测前，应对钢筋探测仪进行预热和调零，调零时探头应远离金属物体。在检测过程中，应核查钢筋探测仪的零点状态。

3.3.3 进行检测前，宜结合设计资料了解钢筋布置状况。检测时，应避开钢筋接头和绑丝，钢筋间距应满足钢筋探测仪的检测要求。探头在检测面上移动，直到钢筋探测仪保护层厚度示值最小，此时探头中心线与钢筋轴线应重合，在相应位置作好标记。按上述步骤将相邻的其他钢筋位置逐一标出。

3.3.4 钢筋位置确定后，应按下列方法进行混凝土保护层厚度的检测：

1 首先应设定钢筋探测仪量程范围及钢筋公称直径，沿被测钢筋轴线选择相邻钢筋影响较小的位置，并应避开钢筋接头和绑丝，读取第1次检测的混凝土保护层厚度检测值。在被测钢筋的同一位置应重复检测1次，读取第2次检测的混凝土保护层厚度检测值。

2 当同一处读取的2个混凝土保护层厚度检测值相差大于1mm时，该组检测数据应无效，并查明原因，在该处应重新进行检测。仍不满足要求时，应更换钢筋探测仪或采用钻孔、剔凿的方法验证。

注：大多数钢筋探测仪要求钢筋公称直径已知方能准确检测混凝土保护层厚度，此时钢筋探测仪必须按照钢筋公称直径对应进行设置。

3.3.5 当实际混凝土保护层厚度小于钢筋探测仪最小示值时，应采用在探头下附加垫块的方法进行检测。垫块对钢筋探测仪检测结果不应产生干扰，表面应光滑平整，其各方向厚度值偏差不应大于0.1mm。所加垫块厚度在计算时应予扣除。

3.3.6 钢筋间距检测应按本规程第3.3.3条的规定进行。应将检测范围内的设计间距相同的连续相邻钢筋逐一标出，并应逐个量测钢筋的间距。

3.3.7 遇到下列情况之一时，应选取不少于30%的已测钢筋，且不应少于6处（当实际检测数量不到6处时应全部选取），采用钻孔、剔凿等方法验证。

1 认为相邻钢筋对检测结果有影响；

2 钢筋公称直径未知或有异议；

3 钢筋实际根数、位置与设计有较大偏差；

4 钢筋以及混凝土材质与校准试件有显著差异。

3.4 雷达仪检测技术

3.4.1 雷达法宜用于结构及构件中钢筋间距的大面积扫描检测；当检测精度满足要求时，也可用于钢筋的混凝土保护层厚度检测。

3.4.2 根据被测结构及构件中钢筋的排列方向，雷达仪探头或天线应沿垂直于选定的被测钢筋轴线方向扫描，应根据钢筋的反射波位置来确定钢筋间距和混凝土保护层厚度检测值。

3.4.3 遇到下列情况之一时，应选取不少于30%的已测钢筋，且不应少于6处（当实际检测数量不到6处时应全部选取），采用钻孔、剔凿等方法验证。

1 认为相邻钢筋对检测结果有影响；

2 钢筋实际根数、位置与设计有较大偏差或无资料可供参考；

3 混凝土含水率较高；

4 钢筋以及混凝土材质与校准试件有显著差异。

3.5 检测数据处理

3.5.1 钢筋的混凝土保护层厚度平均检测值应按下式计算：

$$c_{m,i}^{t}=(c_1^t+c_2^t+2c_c-2c_0)/2 \tag{3.5.1}$$

式中 $c_{m,i}^{t}$——第 i 测点混凝土保护层厚度平均检测值，精确至1mm；

c_1^t、c_2^t——第1、2次检测的混凝土保护层厚度检测值，精确至1mm；

c_c——混凝土保护层厚度修正值，为同一规格钢筋的混凝土保护层厚度实测验证值减去检测值，精确至0.1mm；

c_0——探头垫块厚度，精确至0.1mm；不加垫块时 $c_0=0$。

3.5.2 检测钢筋间距时，可根据实际需要采用绘图方式给出结果。当同一构件检测钢筋不少于7根钢筋（6个间隔）时，也可给出被测钢筋的最大间距、最小间距，并按下式计算钢筋平均间距：

$$s_{m,i}=\frac{\sum_{i=1}^{n}s_i}{n} \tag{3.5.2}$$

式中 $s_{m,i}$——钢筋平均间距，精确至1mm；

s_i——第 i 个钢筋间距，精确至1mm。

4 钢筋直径检测

4.1 一般规定

4.1.1 应采用以数字显示示值的钢筋探测仪来检测钢筋公称直径，钢筋探测仪及检测应符合本规程第3.1节和第3.2节的要求。

4.1.2 对于校准试件，钢筋探测仪对钢筋公称直径的检测允许误差为±1mm。当检测误差不能满足要求时，应以剔凿实测结果为准。

4.1.3 钢筋直径的检测结果可按本规程附录A中表A.0.3记录。

4.2 检测技术

4.2.1 检测的准备应按本规程第3.1节的要求进行。

4.2.2 钢筋探测仪的操作应按本规程第3.3节的要求进行。

4.2.3 钢筋的公称直径检测应采用钢筋探测仪检测并结合钻孔、剔凿的方法进行，钢筋钻孔、剔凿的数量不应少于该规格已测钢筋的30%且不应少于3处（当实际检测数量不到3处时应全部选取）。钻孔、剔凿时，不得损坏钢筋，实测应采用游标卡尺，量测精度应为0.1mm。

4.2.4 实测时，根据游标卡尺的测量结果，可通过相关的钢筋产品标准查出对应的钢筋公称直径。

4.2.5 当钢筋探测仪测得的钢筋公称直径与钢筋实际公称直径之差大于1mm时，应以实测结果为准。

4.2.6 应根据设计图纸等资料，确定被测结构及构件中钢筋的排列方向，并采用钢筋探测仪按本规程第3.3节的要求对被测结构及构件中钢筋及其相邻钢筋进行准确定位并作标记。

4.2.7 被测钢筋与相邻钢筋的间距应大于100mm，

且其周边的其他钢筋不应影响检测结果，并应避开钢筋接头及绑丝。在定位的标记上，应根据钢筋探测仪的使用说明书操作，并记录钢筋探测仪显示的钢筋公称直径。每根钢筋重复检测 2 次，第 2 次检测时探头应旋转 180°，每次读数必须一致。

4.2.8 对需依据钢筋混凝土保护层厚度值来检测钢筋公称直径的仪器，应事先钻孔确定钢筋的混凝土保护层厚度。

5 钢筋锈蚀性状检测

5.1 一 般 规 定

5.1.1 本章适用于采用半电池电位法来定性评估混凝土结构及构件中钢筋的锈蚀性状，不适用于带涂层的钢筋以及混凝土已饱水和接近饱水的构件检测。

5.1.2 钢筋的实际锈蚀状况宜进行剔凿实测验证。

5.1.3 钢筋半电池电位的检测结果可按本规程附录 A 中表 A.0.4 记录。

5.2 仪器性能要求

5.2.1 检测设备应包括半电池电位法钢筋锈蚀检测仪（以下简称钢筋锈蚀检测仪）和钢筋探测仪等，钢筋探测仪的技术要求应符合本规程第 3 章相关规定。

5.2.2 钢筋锈蚀检测仪应由铜-硫酸铜半电池（以下简称半电池）、电压仪和导线构成。铜-硫酸铜半电池如图 5.2.2 所示。

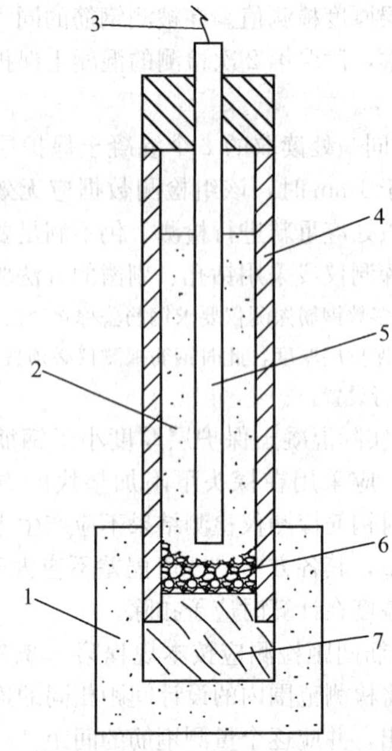

图 5.2.2 铜-硫酸铜半电池剖面
1—电连接垫（海绵）；2—饱和硫酸铜溶液；
3—与电压仪导线连接的插头；4—刚性管；
5—铜棒；6—少许硫酸铜结晶；
7—多孔塞（软木塞）

5.2.3 饱和硫酸铜溶液应采用分析纯硫酸铜试剂晶体溶解于蒸馏水中制备。应使刚性管的底部积有少量未溶解的硫酸铜结晶体，溶液应清澈且饱和。

5.2.4 半电池的电连接垫应预先浸湿，多孔塞和混凝土构件表面应形成电通路。

5.2.5 电压仪应具有采集、显示和存储数据的功能，满量程不宜小于 1000mV。在满量程范围内的测试允许误差为±3%。

5.2.6 用于连接电压仪与混凝土中钢筋的导线宜为铜导线，其总长度不宜超过 150m、截面面积宜大于 0.75mm²，在使用长度内因电阻干扰所产生的测试回路电压降不应大于 0.1mV。

5.3 钢筋锈蚀检测仪的保养、维护与校准

5.3.1 钢筋锈蚀检测仪使用后，应及时清洗刚性管、铜棒和多孔塞，并应密闭盖好多孔塞。

5.3.2 铜棒可采用稀释的盐酸溶液轻轻擦洗，并用蒸馏水清洗干净。不得用钢毛刷擦洗铜棒及刚性管。

5.3.3 硫酸铜溶液应根据使用时间给予更换，更换后宜采用甘汞电极进行校准。在室温（22±1）℃时，铜-硫酸铜电极与甘汞电极之间的电位差应为（68±10）mV。

5.4 钢筋半电池电位检测技术

5.4.1 在混凝土结构及构件上可布置若干测区，测区面积不宜大于 5m×5m，并应按确定的位置编号。每个测区应采用矩阵式（行、列）布置测点，依据被测结构及构件的尺寸，宜用 100mm×100mm～500mm×500mm 划分网格，网格的节点应为电位测点。

5.4.2 当测区混凝土有绝缘涂层介质隔离时，应清除绝缘涂层介质。测点处混凝土表面应平整、清洁。必要时应采用砂轮或钢丝刷打磨，并应将粉尘等杂物清除。

5.4.3 导线与钢筋的连接应按下列步骤进行：

1 采用钢筋探测仪检测钢筋的分布情况，并应在适当位置剔凿出钢筋；

2 导线一端应接于电压仪的负输入端，另一端应接于混凝土中钢筋上；

3 连接处的钢筋表面应除锈或清除污物，并保证导线与钢筋有效连接；

4 测区内的钢筋（钢筋网）必须与连接点的钢筋形成电通路。

5.4.4 导线与半电池的连接应按下列步骤进行：

1 连接前应检查各种接口，接触应良好；

2 导线一端应连接到半电池接线插头上，另一端应连接到电压仪的正输入端。

5.4.5 测区混凝土应预先充分浸湿。可在饮用水中

加入适量（约2%）家用液态洗涤剂配制成导电溶液，在测区混凝土表面喷洒，半电池的电连接垫与混凝土表面测点应有良好的耦合。

5.4.6 半电池检测系统稳定性应符合下列要求：

1 在同一测点，用相同半电池重复2次测得该点的电位差值应小于10mV；

2 在同一测点，用两只不同的半电池重复2次测得该点的电位差值应小于20mV。

5.4.7 半电池电位的检测应按下列步骤进行：

1 测量并记录环境温度；

2 应按测区编号，将半电池依次放在各电位测点上，检测并记录各测点的电位值；

3 检测时，应及时清除电连接垫表面的吸附物，半电池多孔塞与混凝土表面应形成电通路；

4 在水平方向和垂直方向上检测时，应保证半电池刚性管中的饱和硫酸铜溶液同时与多孔塞和铜棒保持完全接触；

5 检测时应避免外界各种因素产生的电流影响。

5.4.8 当检测环境温度在（22±5）℃之外时，应按下列公式对测点的电位值进行温度修正：

当 $T \geqslant 27$℃：

$$V = 0.9 \times (T - 27.0) + V_R \quad (5.4.8\text{-}1)$$

当 $T \leqslant 17$℃：

$$V = 0.9 \times (T - 17.0) + V_R \quad (5.4.8\text{-}2)$$

式中 V——温度修正后电位值，精确至1mV；

V_R——温度修正前电位值，精确至1mV；

T——检测环境温度，精确至1℃；

0.9——系数（mV/℃）。

5.5 半电池电位法检测结果评判

5.5.1 半电池电位检测结果可采用电位等值线图表示被测结构及构件中钢筋的锈蚀性状。

5.5.2 宜按合适比例在结构及构件图上标出各测点的半电池电位值，可通过数值相等的各点或内插等值的各点绘出电位等值线。电位等值线的最大间隔宜为100mV，如图5.5.2所示。

5.5.3 当采用半电池电位值评价钢筋锈蚀性状时，应根据表5.5.3进行判断。

表5.5.3 半电池电位值评价钢筋锈蚀性状的判据

电位水平（mV）	钢筋锈蚀性状
＞−200	不发生锈蚀的概率＞90%
−200～−350	锈蚀性状不确定
＜−350	发生锈蚀的概率＞90%

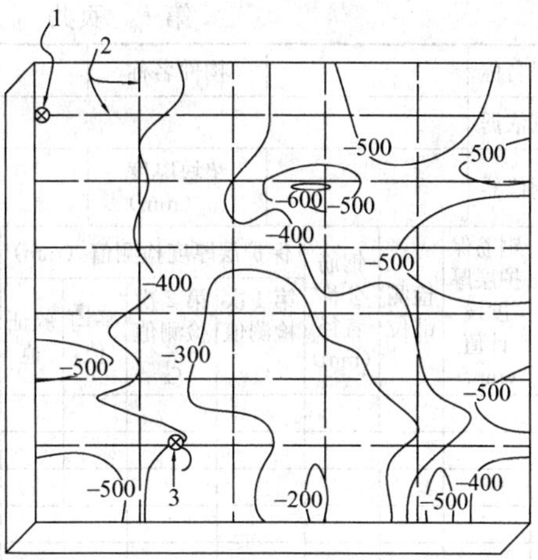

图5.5.2 电位等值线示意

1—钢筋锈蚀检测仪与钢筋连接点；2—钢筋；3—铜-硫酸铜半电池

附录A 检测记录表

A.0.1 钢筋间距检测记录表可采用表A.0.1的格式。

表A.0.1 钢筋间距检测记录表

第 页共 页

工程名称					构件名称				
检测依据									
检测仪器									
序号	设计配筋间距（mm）	检测部位	钢筋间距 s_i（mm）						验证值（mm）	备注
			1	2	3	4	5	6		
检测部位示意图										
备注										

校对： 检测： 记录：

检测日期： 年 月 日

A.0.2 钢筋混凝土保护层厚度检测记录表可采用表A.0.2的格式。

表 A.0.2 钢筋混凝土保护层厚度检测记录表

第　　页共　　页

工程名称				构件名称				
检测依据								
检测仪器				垫块厚度 c_0（mm）				
序号	钢筋保护层厚度设计值（mm）	检测部位	钢筋公称直径（mm）	保护层厚度检测值（mm）				备注
				第 1 次检测值 c_1^t	第 2 次检测值 c_2^t	平均值	验证值	
检测部位示意图								
备注								

校　对：　　　检测：　　　记录：

检测日期：　　　　年　　月　　日

A.0.3 钢筋公称直径检测记录表可采用表 A.0.3 的格式。

表 A.0.3 钢筋公称直径检测记录表

第　　页共　　页

工程名称				构件名称		
检测依据						
检测仪器						
序号	设计配筋直径（mm）	检测部位	检测结果（mm）			备　注
			第 1 次	第 2 次	实测参数（　）	
检测部位示意图						
备注						

校对：　　检测：　　记录：

检测日期：　　年　　月　　日

A.0.4 钢筋半电池电位检测记录表可采用表 A.0.4 的格式。

表 A.0.4 钢筋半电池电位检测记录表

第　　页共　　页

工程名称				构件名称			
检测依据							
检测仪器				检测环境温度（℃）			
检测部位	测点电位值（mV）						
	1	2	3	4	5	6	7
检测部位示意图							
备注							

校对：　　检测：　　记录：

检测日期：

年　　月　　日

附录 B 电磁感应法钢筋探测仪的校准方法

B.1 校准试件的制作

B.1.1 制作校准试件的材料不得对仪器产生电磁干扰，可采用混凝土、木材、塑料、环氧树脂等。宜优先采用混凝土材料，且在混凝土龄期达到 28d 后使用。

B.1.2 制作校准试件时，宜将钢筋预埋在校准试件中，钢筋埋置时两端应露出试件，长度宜为 50mm 以上。试件表面应平整，钢筋轴线应平行于试件表面，从试件 4 个侧面量测其钢筋的埋置深度应不相同，并且同一钢筋两外露端轴线至试件同一表面的垂直距离差应在0.5mm之内。

B.1.3 校准的试件尺寸、钢筋公称直径和钢筋保护层厚度可根据钢筋探测仪的量程进行设置，并应与工程中被检钢筋的实际参数基本相同。钢筋间距校准试件的制作可按本规程附录C第C.1.2条进行。

B.2 校准项目及指标要求

B.2.1 应对钢筋间距、混凝土保护层厚度和公称直径3个检测项目进行校准。

B.2.2 校准项目的指标应满足本规程第3.2.1条和第4.1.2条的要求。

B.3 校 准 步 骤

B.3.1 应在试件各测试表面标记出钢筋的实际轴线位置，用游标卡尺量测两外露钢筋在各测试面上的实际保护层厚度值，取其平均值，精确至0.1mm。

B.3.2 应采用游标卡尺量测钢筋，精确至0.1mm，并通过相关的钢筋产品标准查出其对应的公称直径。

B.3.3 校准时，钢筋探测仪探头应在试件上进行扫描，并标记出仪器所指定的钢筋轴线，应采用直尺量测试件表面钢筋探测仪所测定的钢筋轴线与实际钢筋轴线之间的最大偏差。记录钢筋探测仪指示的保护层厚度检测值。对于具有钢筋公称直径检测功能的钢筋探测仪，应进行钢筋公称直径检测。

B.3.4 钢筋探测仪检测值和实际量测值的对比结果均符合本规程附录第B.2节的要求时，应判定钢筋探测仪合格。当部分项目指标以及一定量程范围内符合本规程附录第B.2节的要求时，应判定其相应部分合格，但应限定钢筋探测仪的使用范围，并应指明其符合的项目和量程范围以及不符合的项目和量程范围。

B.3.5 经过校准合格或部分合格的钢筋探测仪，应注明所采用的校准试件的钢筋牌号、规格以及校准试件材质。

附录C 雷达仪校准方法

C.1 校准试件的制作

C.1.1 应选择当地常用的原材料及强度等级制作混凝土板，并宜采用同盘混凝土拌合物同时制作校正混凝土介电常数的素混凝土试块，其大小应参考雷达仪说明书的要求。当试件较多时，校准用混凝土板应和校正介电常数的试块逐一对应。

C.1.2 混凝土板应采用单层钢筋网，宜采用直径为8～12mm的圆钢制作，其间距宜为100～150mm，钢筋的混凝土保护层厚度应覆盖15mm、40mm、65mm、90mm四个区段，每个混凝土保护层厚度的钢筋网至少应有8个间距。钢筋两端应外露，其两端混凝土保护层厚度差不应大于0.5mm，两端的间距差不应大于1mm，否则应重新制作试件。也可根据工程实际制作相应的试件。

C.1.3 制作混凝土试件的原材料均不得含有铁磁性物质，试件浇筑后7d内应浇水并覆盖养护，7d后采用自然养护，试件龄期应达到28d且在自然风干后使用。

C.2 校准项目及指标要求

C.2.1 应对钢筋间距和混凝土保护层厚度2个项目进行校准。

C.2.2 校准项目的指标应满足本规程第3.2.1条的要求。

C.3 校 准 步 骤

C.3.1 校准过程中应避免外界的电磁干扰。

C.3.2 应先校正试件的介电常数，然后再进行雷达仪校准。

C.3.3 在外露钢筋的两端，应采用钢卷尺量测6段钢筋间距内的总长度，取平均值，并作为钢筋的实际平均间距。同时用游标卡尺量测钢筋两外露端实际混凝土保护层厚度值，取其平均值。

C.3.4 应根据雷达仪在试件上的扫描结果，标记出雷达仪所指定的钢筋轴线，并应根据扫描结果计算钢筋平均间距及混凝土保护层厚度检测值。

C.3.5 当雷达仪检测值和实际量测值的对比结果均符合本规程附录第C.2节的要求时，应判定雷达仪合格。当部分项目指标以及一定量程范围内符合本规程附录第C.2节的要求时，应判定其相应部分合格，但应限定雷达仪的使用范围，并应指明其符合的项目和量程范围以及不符合的项目和量程范围。

C.3.6 经过校准合格或部分合格的雷达仪，应注明所采用的校准试件的钢筋牌号、规格以及混凝土材质。

本规程用词说明

1 为便于在执行本规程条文时区别对待，对要求严格程度不同的用词说明如下：

1）表示很严格，非这样做不可的用词：
正面词采用“必须”，反面词采用“严禁”；

2）表示严格，在正常情况下均应这样做的用词：
正面词采用“应”，反面词采用“不应”或“不得”；

3）表示允许稍有选择，在条件许可时首先应这样做的用词：
正面词采用“宜”，反面词采用“不宜”；
表示有选择，在一定条件下可以这样做的用词，采用“可”。

2 本规程中指明应按其他有关标准执行的写法为“应按……执行”或“应符合……要求（规定）”。

中华人民共和国行业标准

混凝土中钢筋检测技术规程

JGJ/T 152—2008

条 文 说 明

前　言

《混凝土中钢筋检测技术规程》JGJ/T 152—2008，经住房和城乡建设部2008年4月28日以第20号公告批准、发布。

为便于广大设计、施工、科研、质检、学校等单位的有关人员在使用本规程时能正确理解和执行条文规定，《混凝土中钢筋检测技术规程》编制组按章、节、条顺序编制了本规程的条文说明，供使用者参考。在使用中如发现条文说明有不妥之处，请将意见函寄中国建筑科学研究院（地址：北京市北三环东路30号，邮政编码：100013）。

目　　次

1　总则 …………………………………… 23—13
3　钢筋间距和保护层厚度检测 ……… 23—13
3.1　一般规定 …………………………… 23—13
3.2　仪器性能要求 ……………………… 23—13
3.3　钢筋探测仪检测技术 ……………… 23—13
3.4　雷达仪检测技术 …………………… 23—13
3.5　检测数据处理 ……………………… 23—13
4　钢筋直径检测 ………………………… 23—13
4.1　一般规定 …………………………… 23—13
4.2　检测技术 …………………………… 23—14
5　钢筋锈蚀性状检测 …………………… 23—14
5.1　一般规定 …………………………… 23—14
5.2　仪器性能要求 ……………………… 23—14
5.3　钢筋锈蚀检测仪的保养、维护与校准 ………………………………… 23—14
5.4　钢筋半电池电位检测技术 ………… 23—14
5.5　半电池电位法检测结果评判 ……… 23—14

1 总 则

1.0.1、1.0.2 混凝土结构及构件通常由混凝土和置于混凝土内的钢筋组成。钢筋在混凝土结构中主要承受拉力并赋予结构以延性，补偿混凝土抗拉能力低下、容易开裂和脆断的缺陷，而混凝土则主要承受压力并保护内部的钢筋不致发生锈蚀。因此，混凝土中的钢筋直接关系到建筑物的结构安全和耐久性。混凝土中的钢筋已成为工程质量鉴定和验收所必检的项目，本规程的制定将规范混凝土结构及构件中钢筋的现场检测技术及检测结果的评价方法，提高检测结果的可靠性和可比性。

现行的较为成熟的检测内容主要有钢筋的间距、混凝土保护层厚度、公称直径以及锈蚀性状。采用的方法主要有电磁感应法钢筋探测仪、雷达仪和半电池电位法钢筋锈蚀检测仪。

3 钢筋间距和保护层厚度检测

3.1 一 般 规 定

3.1.1 铁磁性物质会对仪器造成干扰，对于混凝土保护层厚度的检测具有很大的影响。

3.1.2 钢筋在混凝土结构中属于隐蔽工程，检测前应充分了解设计资料以及委托单位意图，有助于检测人员制订较为妥善的检测方案，取得准确的检测结果。

3.1.3 在对既有建筑进行检测时，构件通常具有饰面层，应将饰面层清除后进行检测。对于设计和验收来说，需要检测的是钢筋的混凝土保护层厚度，不清除饰面层难以得到准确的检测值。

3.2 仪器性能要求

3.2.1 现行国家标准《混凝土结构工程施工质量验收规范》GB 50204－2002 附录 E“结构实体保护层厚度检测”中，对钢筋保护层厚度的检测误差规定不应大于 1mm，考虑到通常混凝土保护层厚度设计值以及现行验收规范所允许的实际施工误差，因此提出 10～50mm 范围内其检测允许误差为 1mm，多数钢筋探测仪在此量程范围内是可以满足要求的。需要指出的是，本条规定的是校准时的允许误差，在工程检测中的误差有时会更大一点。

3.2.2 校准是为了保证仪器的正常工作状态和检测精度。仪器的主要零配件包括探头、天线等。

3.3 钢筋探测仪检测技术

3.3.2 预热可以使钢筋探测仪达到稳定的工作状态。对于电子仪器，使用中难免受到各种干扰导致读数漂移，为保证钢筋探测仪读数的准确，应时常检查钢筋探测仪是否偏离调零时的零点状态。

3.3.3 应根据设计图纸或者结构知识，了解所检测结构及构件中可能的钢筋品种、排列方式，比如框架柱一般有纵筋、箍筋，然后用钢筋探测仪探头在构件上预先扫描检测，了解其大概的位置，以便于在进一步的检测中尽可能避开钢筋间的相互干扰。在尽可能避开钢筋相互干扰并大致了解所检钢筋分布状况的前提下，即可根据钢筋探测仪显示的最小保护层厚度检测值来判断钢筋轴线，此步骤便完成了钢筋的定位。

3.3.4 对于钢筋探测仪，其基本原理是根据钢筋对仪器探头所发出的电磁场的感应强度来判定钢筋的大小和深度，而钢筋公称直径和深度是相互关联的，对于同样强度的感应信号，当钢筋公称直径较大时，其混凝土保护层厚度较深，因此，为了准确得到钢筋的混凝土保护层厚度值，应该按照钢筋实际公称直径进行设定。当 2 次检测的误差超过允许值时，应检查零点是否出现漂移并采取相应的处理措施。

3.3.5 当混凝土保护层厚度值过小时，有些钢筋探测仪无法进行检测或示值偏差较大，可采用在探头下附加垫块来人为增大保护层厚度的检测值。

3.4 雷达仪检测技术

3.4.1 雷达法的特点是一次扫描后能形成被测部位的断面图象，因此可以进行快速、大面积的扫描。因为雷达法需要利用雷达波（电磁波的一种）在混凝土中的传播速度来推算其传播距离，而雷达波在混凝土中的传播速度和其介电常数有关，故为达到检测所需的精度要求，应根据被检结构及构件所采用的素混凝土，对雷达仪进行介电常数的校正。

3.5 检测数据处理

3.5.1 当混凝土保护层厚度很小时，例如混凝土保护层厚度检测值只有 1～2mm，而混凝土保护层厚度修正值也为 1～2mm 时，公式（3.5.1）的计算结果有可能会出现负值。但在混凝土保护层厚度很小时，一般是不需要修正的。

4 钢筋直径检测

4.1 一 般 规 定

4.1.2 一般建筑结构及构件常用的钢筋公称直径最小也是以 2mm 递增的，因此对于钢筋公称直径的检测，如果误差超过 2mm 则失去了检测意义。由于钢筋探测仪容易受到邻近钢筋的干扰而导致检测误差的增大，因此当误差较大时，应以剔凿实测结果为准。

4.2 检测技术

4.2.3 对于结构及构件来说，其钢筋即使仅仅相差一个规格，都会对结构安全带来重大影响，因此必须慎重对待。当前的技术手段还不能完全满足对钢筋公称直径进行非破损检测的要求，采用局部剔凿实测相结合的办法是很有必要的。

4.2.4 在用游标卡尺进行钢筋直径实测时，应根据相关的钢筋产品标准如《钢筋混凝土用钢　第2部分：热轧带肋钢筋》GB 1499.2 等来确定量测部位，并根据量测结果通过产品标准查出其对应的公称直径。

4.2.7 此规定的主要目的是尽量避开干扰，降低影响因素。为保证检测精度，对检测数据的重复性要求较高，也是为了避免错判。

5 钢筋锈蚀性状检测

5.1 一般规定

5.1.1 半电池电位法是一种电化学方法。考虑到在一般的建筑物中，混凝土结构及构件中钢筋腐蚀通常是由于自然电化学腐蚀引起的，因此采用测量电化学参数来进行判断。在本方法中，规定了一种半电池，即铜-硫酸铜半电池；同时将混凝土与混凝土中的钢筋看作是另一个半电池。测量时，将铜-硫酸铜半电池与钢筋混凝土相连接检测钢筋的电位，根据研究积累的经验来判断钢筋的锈蚀性状。所以这种方法适用于已硬化混凝土中钢筋的半电池电位的检测，它不受混凝土构件尺寸和钢筋保护层厚度的限制。

5.2 仪器性能要求

5.2.1 使用钢筋探测仪是要在检测前找到钢筋的位置，有利于提高工作效率。

5.2.4 将预先浸湿的电连接垫安装在刚性管底端，以使多孔塞和混凝土构件表面形成电通路，从而在混凝土表面和半电池之间提供一个低电阻的液体桥路。

5.3 钢筋锈蚀检测仪的保养、维护与校准

5.3.1 多孔塞一般为软木塞，一旦干燥收缩，将会产生很大变形，影响其使用寿命。

5.4 钢筋半电池电位检测技术

5.4.1 为了便于操作，建议测区面积不宜大于5m×5m。一般碰到尺寸较大结构及构件时，测区面积控制在5m×5m，测点间距可取大值，如500mm×500mm；而构件尺寸相对较小时，如梁、柱等，测区面积相应较小，测点间距可取小值，如100mm×100mm。

5.4.2 当混凝土表面有绝缘涂层介质隔离时，为了能让2个半电池形成通路，应清除绝缘层介质。为了保证半电池的电连接垫与测点处混凝土有良好接触，测点处混凝土表面应平整、清洁。如果表面有水泥浮浆或其他杂物时，应该用砂轮或钢丝刷打磨，把其清除掉。

5.4.3 选定好被测构件后，用钢筋探测仪扫描钢筋的分布情况，在合适的位置凿出2处钢筋。用万用表测量这2根钢筋是否连通，用以验证测区内的钢筋（钢筋网）是否与连接点的钢筋形成通路。然后选择其中1根钢筋用于连接电压仪。

5.5 半电池电位法检测结果评判

5.5.1、5.5.2 采用电位等值线图后，可以较直观地反映不同锈蚀性状的钢筋分布情况。

5.5.3 半电池电位法检测结果评判采用《Standard Test Method for Half-Cell Potentials of Uncoated Reinforcing Steel in Concrete》ASTM C876-91 (Reapproved 1999)中的判据。

中华人民共和国行业标准

房屋建筑与市政基础设施工程检测分类标准

Classification standard of test for building and municipal engineering

JGJ/T 181—2009

批准部门：中华人民共和国住房和城乡建设部

施行日期：2 0 1 0 年 8 月 1 日

中华人民共和国住房和城乡建设部
公　告

第 445 号

关于发布行业标准《房屋建筑与市政基础设施工程检测分类标准》的公告

现批准《房屋建筑与市政基础设施工程检测分类标准》为行业标准，编号为 JGJ/T 181－2009，自 2010 年 8 月 1 日起实施。

本标准由我部标准定额研究所组织中国建筑工业出版社出版发行。

中华人民共和国住房和城乡建设部

2009 年 11 月 24 日

前　言

根据原建设部《关于印发〈2005 年工程建设标准规范制订、修订计划（第一批）〉的通知》（建标函［2005］84 号）的要求，标准编制组经广泛调查研究，认真总结实践经验，参考有关国际标准和国外先进标准，并在广泛征求意见的基础上，制定本标准。

本标准的主要技术内容是：总则、基本规定、工程材料检测、工程实体检测、工程环境检测等。

本标准由住房和城乡建设部负责管理，由广州市建筑科学研究院有限公司负责具体技术内容的解释。执行过程中如有意见或建议，请寄送广州市建筑科学研究院有限公司（地址：广州市白云大道北 833 号；邮政编码：510440）。

本标准主编单位：广州市建筑科学研究院有限公司
国家建筑工程质量监督检验中心

本标准参编单位：上海市建筑科学研究院（集团）有限公司
同济大学
北京市市政工程研究院
辽宁省建设科学研究院
中国建筑材料科学研究总院
山东省建筑科学研究院
江苏省建筑科学研究院有限公司
广东省建设工程质量安全监督检测总站
国家空调设备质量监督检验中心
甘肃省建筑科学研究院
广州建设工程质量安全检测中心有限公司
广州市华软科技发展有限公司
无锡建仪仪器机械有限公司
沈阳紫微机电设备有限公司

本标准主要起草人：任　俊　姜　红　朱基千
萧　岩　张元发　吴裕锦
关淑君　孟小平　王春波
倪竹君　曹　阳　袁庆华
汪志功　田华强　杨　波
潘奇俊　范　伟　冯力强
吴　冰

本标准主要审查人：何星华　徐天平　吴战鹰
牛兴荣　潘延平　陈凤旺
张元勃　宋　波　冯　雅
朱立建

目　次

1　总则 ………………………………… 24—11
2　基本规定 ……………………………… 24—11
2.1　一般规定 ……………………………… 24—11
2.2　检测领域 ……………………………… 24—11
2.3　检测类别 ……………………………… 24—11
2.4　检测代码 ……………………………… 24—12
3　混凝土结构材料 ……………………… 24—12
3.1　一般规定 ……………………………… 24—12
3.2　水泥 ………………………………… 24—13
3.3　砂 …………………………………… 24—13
3.4　石 …………………………………… 24—14
3.5　轻骨料 ……………………………… 24—14
3.6　混凝土用水 ………………………… 24—15
3.7　外加剂 ……………………………… 24—15
3.8　掺合料 ……………………………… 24—16
3.9　钢筋 ………………………………… 24—16
3.10　钢筋焊接 ………………………… 24—16
3.11　钢筋机械连接 …………………… 24—17
3.12　普通混凝土 ……………………… 24—17
3.13　轻骨料混凝土 …………………… 24—17
3.14　钢纤维 …………………………… 24—18
3.15　钢绞线、钢丝 …………………… 24—18
3.16　预应力筋用锚具、夹具和连接器 ……………………………… 24—18
3.17　预应力混凝土用波纹管 ………… 24—19
3.18　灌浆材料 ………………………… 24—19
3.19　混凝土结构加固用纤维 ………… 24—19
3.20　混凝土结构加固用纤维复合材 … 24—19
4　墙体材料 ……………………………… 24—19
4.1　一般规定 ……………………………… 24—19
4.2　砖 …………………………………… 24—19
4.3　砌块 ………………………………… 24—20
4.4　墙板 ………………………………… 24—20
5　金属结构材料 ………………………… 24—21
5.1　一般规定 ……………………………… 24—21
5.2　钢材 ………………………………… 24—21
5.3　紧固件 ……………………………… 24—21
5.4　螺栓球 ……………………………… 24—22
5.5　焊接球 ……………………………… 24—22
5.6　焊接材料 ……………………………… 24—22
5.7　焊接接头 ……………………………… 24—22
6　木结构材料 …………………………… 24—22
6.1　一般规定 ……………………………… 24—22
6.2　原木 ………………………………… 24—23
6.3　锯木 ………………………………… 24—23
6.4　胶合材 ……………………………… 24—23
6.5　连接件 ……………………………… 24—24
7　膜结构材料 …………………………… 24—24
7.1　一般规定 ……………………………… 24—24
7.2　膜材 ………………………………… 24—24
7.3　索材 ………………………………… 24—25
7.4　连接件 ……………………………… 24—25
8　预制混凝土构配件 …………………… 24—25
8.1　一般规定 ……………………………… 24—25
8.2　混凝土块材 ………………………… 24—25
8.3　预制混凝土梁板 …………………… 24—26
8.4　预制混凝土桩 ……………………… 24—26
8.5　盾构管片 …………………………… 24—26
9　砂浆材料 ……………………………… 24—26
9.1　一般规定 ……………………………… 24—26
9.2　石灰 ………………………………… 24—26
9.3　石膏 ………………………………… 24—27
9.4　砂浆外加剂 ………………………… 24—27
9.5　普通砂浆 …………………………… 24—27
9.6　特种砂浆 …………………………… 24—28
10　装饰装修材料 ………………………… 24—28
10.1　一般规定 …………………………… 24—28
10.2　建筑涂料 …………………………… 24—28
10.3　陶瓷砖 ……………………………… 24—29
10.4　瓦 …………………………………… 24—30
10.5　壁纸 ………………………………… 24—30
10.6　普通装饰板材 ……………………… 24—30
10.7　天然饰面石材 ……………………… 24—31
10.8　人工装饰石材 ……………………… 24—31
10.9　竹木地板 …………………………… 24—32
11　门窗幕墙 ……………………………… 24—32
11.1　一般规定 …………………………… 24—32
11.2　建筑玻璃 …………………………… 24—33

11.3 铝型材 …………………………… 24—33
11.4 门窗 ……………………………… 24—34
11.5 幕墙 ……………………………… 24—34
11.6 密封条 …………………………… 24—34
11.7 执手 ……………………………… 24—35
11.8 合页、铰链 ……………………… 24—35
11.9 传动锁闭器 ……………………… 24—35
11.10 滑撑……………………………… 24—35
11.11 撑挡……………………………… 24—35
11.12 滑轮……………………………… 24—36
11.13 半圆锁…………………………… 24—36
11.14 限位器…………………………… 24—36
11.15 幕墙支承装置…………………… 24—36
12 防水材料 ………………………… 24—36
12.1 一般规定 ……………………… 24—36
12.2 防水卷材 ……………………… 24—37
12.3 防水涂料 ……………………… 24—37
12.4 道桥防水材料 ………………… 24—37
13 嵌缝密封材料…………………… 24—38
13.1 一般规定 ……………………… 24—38
13.2 定型嵌缝密封材料 …………… 24—38
13.3 无定型嵌缝密封材料 ………… 24—38
14 胶粘剂 …………………………… 24—39
14.1 一般规定 ……………………… 24—39
14.2 结构用胶粘剂 ………………… 24—39
14.3 非结构用胶粘剂 ……………… 24—40
15 管网材料 ………………………… 24—41
15.1 一般规定 ……………………… 24—41
15.2 金属管材管件 ………………… 24—41
15.3 塑料管材管件 ………………… 24—41
15.4 复合管材 ……………………… 24—42
15.5 混凝土管 ……………………… 24—43
15.6 陶土管、瓷管 ………………… 24—44
15.7 检查井盖和雨水箅 …………… 24—44
15.8 阀门 …………………………… 24—44
16 电气材料 ………………………… 24—45
16.1 一般规定 ……………………… 24—45
16.2 电线电缆 ……………………… 24—45
16.3 通信电缆 ……………………… 24—46
16.4 通信光缆 ……………………… 24—48
16.5 电线槽 ………………………… 24—48
16.6 塑料绝缘电工套管 …………… 24—48
16.7 埋地式电缆导管 ……………… 24—49
16.8 低压熔断器 …………………… 24—49
16.9 低压断路器 …………………… 24—50
16.10 灯具…………………………… 24—50
16.11 开关、插头、插座…………… 24—51
17 保温吸声材料 …………………… 24—51
17.1 一般规定 ……………………… 24—51
17.2 无机颗粒材料 ………………… 24—52
17.3 发泡材料 ……………………… 24—52
17.4 纤维材料 ……………………… 24—53
17.5 涂料 …………………………… 24—53
17.6 复合板 ………………………… 24—54
18 道桥材料 ………………………… 24—54
18.1 一般规定 ……………………… 24—54
18.2 石料 …………………………… 24—55
18.3 粗集料 ………………………… 24—55
18.4 细集料 ………………………… 24—55
18.5 矿粉 …………………………… 24—56
18.6 沥青 …………………………… 24—56
18.7 沥青混合料 …………………… 24—57
18.8 无机结合料稳定材料 ………… 24—58
18.9 土工合成材料 ………………… 24—58
19 道桥构配件 ……………………… 24—59
19.1 一般规定 ……………………… 24—59
19.2 桥梁支座 ……………………… 24—59
19.3 桥梁伸缩装置 ………………… 24—59
20 防腐绝缘材料 …………………… 24—60
20.1 一般规定 ……………………… 24—60
20.2 石油沥青 ……………………… 24—60
20.3 环氧煤沥青 …………………… 24—60
20.4 煤焦油磁漆底漆 ……………… 24—61
20.5 煤焦油磁漆 …………………… 24—61
20.6 煤焦油磁漆和底漆组合 ……… 24—61
20.7 缠带及基毡 …………………… 24—61
20.8 聚乙烯防腐胶带 ……………… 24—61
20.9 聚乙烯防腐胶带底漆 ………… 24—61
20.10 聚乙烯热塑涂层底漆 ……… 24—62
20.11 聚乙烯 ……………………… 24—62
20.12 中碱玻璃布…………………… 24—62
20.13 聚乙烯工业薄膜 …………… 24—62
21 地基与基础工程………………… 24—62
21.1 一般规定 ……………………… 24—62
21.2 土工试验 ……………………… 24—62
21.3 地基 …………………………… 24—64
21.4 基础 …………………………… 24—64
21.5 支护结构 ……………………… 24—65
22 主体结构工程 …………………… 24—65
22.1 一般规定 ……………………… 24—65
22.2 混凝土结构 …………………… 24—65
22.3 砌体结构 ……………………… 24—66
22.4 钢结构 ………………………… 24—66
22.5 钢管混凝土结构 ……………… 24—67
22.6 木结构 ………………………… 24—67
22.7 膜结构 ………………………… 24—67

23　装饰装修工程 …………………… 24—67
23.1　一般规定 …………………… 24—67
23.2　抹灰 …………………… 24—67
23.3　门窗 …………………… 24—68
23.4　粘结与锚固 …………………… 24—68
24　防水工程 …………………… 24—68
24.1　一般规定 …………………… 24—68
24.2　地下防水工程 …………………… 24—68
24.3　屋面防水工程 …………………… 24—68
25　建筑给水、排水及采暖工程 ……… 24—69
25.1　一般规定 …………………… 24—69
25.2　建筑给水、排水工程 …………… 24—69
25.3　采暖供热系统 …………………… 24—69
26　通风与空调工程 …………………… 24—69
26.1　一般规定 …………………… 24—69
26.2　系统安装 …………………… 24—70
26.3　系统测定与调整 …………………… 24—70
27　建筑电气工程 …………………… 24—71
27.1　一般规定 …………………… 24—71
27.2　电气设备交接试验 …………… 24—71
27.3　照明系统 …………………… 24—71
27.4　建筑防雷 …………………… 24—71
27.5　建筑物等电位连接 …………… 24—71
28　智能建筑工程 …………………… 24—72
28.1　一般规定 …………………… 24—72
28.2　通信网络系统 …………………… 24—72
28.3　综合布线系统 …………………… 24—72
29　建筑节能工程 …………………… 24—73
29.1　一般规定 …………………… 24—73
29.2　墙体 …………………… 24—73
29.3　幕墙 …………………… 24—73
29.4　门窗 …………………… 24—73
29.5　屋面 …………………… 24—73
29.6　地面 …………………… 24—74
29.7　采暖 …………………… 24—74
29.8　通风与空调 …………………… 24—74
29.9　空调与采暖系统冷热源
及管网 …………………… 24—74
29.10　配电与照明 …………………… 24—74
29.11　监测与控制 …………………… 24—74
29.12　围护结构实体 …………………… 24—74
30　道路工程 …………………… 24—74
30.1　一般规定 …………………… 24—74
30.2　路基土石方工程 …………………… 24—75
30.3　道路排水设施 …………………… 24—75
30.4　挡土墙等防护工程 …………… 24—75
30.5　路面工程 …………………… 24—75
31　桥梁工程 …………………… 24—76
31.1　一般规定 …………………… 24—76
31.2　桥梁上部结构 …………………… 24—76
31.3　成桥 …………………… 24—76
32　隧道工程与城市地下工程 ……… 24—77
32.1　一般规定 …………………… 24—77
32.2　主体结构 …………………… 24—77
33　市政给水排水、热力与
燃气工程 …………………… 24—77
33.1　一般规定 …………………… 24—77
33.2　构筑物 …………………… 24—77
33.3　工程管网 …………………… 24—77
34　工程监测 …………………… 24—78
34.1　一般规定 …………………… 24—78
34.2　基坑及支护结构 …………………… 24—78
34.3　建（构）筑物 …………………… 24—79
34.4　道桥工程 …………………… 24—79
34.5　隧道及地下工程 …………………… 24—79
34.6　高支模 …………………… 24—79
35　施工机具 …………………… 24—79
35.1　一般规定 …………………… 24—79
35.2　金属脚手架扣件 …………………… 24—80
35.3　金属组合钢模板 …………………… 24—80
35.4　高处作业吊篮 …………………… 24—80
35.5　高空作业平台 …………………… 24—81
35.6　塔式起重机 …………………… 24—81
35.7　建筑卷扬机 …………………… 24—82
35.8　施工升降机 …………………… 24—82
35.9　物料提升机 …………………… 24—82
36　安全防护用品 …………………… 24—83
36.1　一般规定 …………………… 24—83
36.2　安全网 …………………… 24—83
36.3　安全帽及安全带 …………………… 24—83
37　热环境 …………………… 24—83
37.1　一般规定 …………………… 24—83
37.2　气象 …………………… 24—83
37.3　室内热环境 …………………… 24—84
37.4　材料热工性能 …………………… 24—84
37.5　构件热工性能 …………………… 24—84
38　光环境 …………………… 24—84
38.1　一般规定 …………………… 24—84
38.2　采光 …………………… 24—84
38.3　建筑照明 …………………… 24—85
38.4　材料光学性能 …………………… 24—85
38.5　外窗光学性能 …………………… 24—85
39　声环境 …………………… 24—85
39.1　一般规定 …………………… 24—85
39.2　声源 …………………… 24—85
39.3　室内音质 …………………… 24—86

39.4　噪声 ………………………………………… 24—86
39.5　振动 ………………………………………… 24—86
39.6　材料声学性能 ……………………………… 24—86
39.7　构件声学性能 ……………………………… 24—86
40　空气质量 …………………………………… 24—86
40.1　一般规定 …………………………………… 24—86
40.2　室内空气质量 ……………………………… 24—87
40.3　土壤放射性 ………………………………… 24—87
40.4　材料有害物质含量 ………………………… 24—87
本标准用词说明 ………………………………… 24—88
附：条文说明 …………………………………… 24—89

Contents

1 General Provisions .... 24—11
2 Basic Requirements .... 24—11
2.1 General Requirements .... 24—11
2.2 Test Domain .... 24—11
2.3 Test sort .... 24—11
2.4 Test Code .... 24—12
3 Concrete Structure Materials .... 24—12
3.1 General Requirements .... 24—12
3.2 Cement .... 24—13
3.3 Sand .... 24—13
3.4 Stone .... 24—14
3.5 Lightweight Aggregate .... 24—14
3.6 Concrete Water Consumption .... 24—15
3.7 Additives .... 24—15
3.8 Admixtures .... 24—16
3.9 Steel Bar .... 24—16
3.10 Steel Bar Joint .... 24—16
3.11 Mechanical Connection of Steel Bar .... 24—17
3.12 Ordinary Concrete .... 24—17
3.13 Lightweight Aggregate Concrete .... 24—17
3.14 Steel Fiber .... 24—18
3.15 Steel Wire and Strand .... 24—18
3.16 Anchorage, Crip and Coupler for Prestressing Tendons .... 24—18
3.17 Corrugated-pipe for Pre-stressed Concrete .... 24—19
3.18 Grouting Materials .... 24—19
3.19 Fiber for Concrete Structure Strengthening .... 24—19
3.20 Fiber Composites for Concrete Structure Strengthening .... 24—19
4 Masonry Structure Materials .... 24—19
4.1 General Requirements .... 24—19
4.2 Brick .... 24—19
4.3 Block .... 24—20
4.4 Board .... 24—20
5 Metal Structure Materials .... 24—21
5.1 General Requirements .... 24—21
5.2 Steel .... 24—21
5.3 Fastener .... 24—21
5.4 Bolted-ball .... 24—22
5.5 Welded-ball .... 24—22
5.6 Welding Materials .... 24—22
5.7 Welding Joints .... 24—22
6 Timber Structure Materials .... 24—22
6.1 General requirements .... 24—22
6.2 Log .... 24—23
6.3 Sawn Lumber .... 24—23
6.4 Glued Lumber .... 24—23
6.5 Connector Screw .... 24—24
7 Membrane Structure Materials .... 24—24
7.1 General Requirements .... 24—24
7.2 Membrane Materials .... 24—24
7.3 Cable Materials .... 24—25
7.4 Connector Screw .... 24—25
8 Component of Precast Concrete .... 24—25
8.1 General Requirements .... 24—25
8.2 Concrete Bulk .... 24—25
8.3 Precast Cncrete Floor .... 24—26
8.4 Precast Concrete Pile .... 24—26
8.5 Shield Segment .... 24—26
9 Mortar Materials .... 24—26
9.1 General Requirements .... 24—26
9.2 Lime .... 24—26
9.3 Gypsum .... 24—27
9.4 Additives of mortar .... 24—27
9.5 Ordinary Mortar .... 24—27
9.6 Special Mortar .... 24—28
10 Decorating and Refurbishing Materials .... 24—28
10.1 General Requirements .... 24—28
10.2 Building Coating .... 24—28
10.3 Ceramic Tile .... 24—29
10.4 Tile .... 24—30

10.5 Wallpaper ········· 24—30
10.6 Ordinary Decorative Plate ········· 24—30
10.7 Natural Decorative Stone ········· 24—31
10.8 Artificial Decorative Stone ········· 24—31
10.9 Bamboo and Wood Floor ········· 24—32
11 Door, Window and Curtain Wall ········· 24—32
11.1 General Requirements ········· 24—32
11.2 Building Glass ········· 24—33
11.3 Aluminum ········· 24—33
11.4 Door and Window ········· 24—34
11.5 Curtain Wall ········· 24—34
11.6 Seal Strip ········· 24—34
11.7 Window Lock ········· 24—35
11.8 Hinge ········· 24—35
11.9 Transmission Fitting Lock ········· 24—35
11.10 Slip Support ········· 24—35
11.11 Support ········· 24—35
11.12 Pulley ········· 24—36
11.13 Semi-circle Lock ········· 24—36
11.14 Displacement Restrictor ········· 24—36
11.15 Supporting Device of Curtain Wall ········· 24—36
12 Waterproofing Materials ········· 24—36
12.1 General Requirements ········· 24—36
12.2 Waterproof Rolls ········· 24—37
12.3 Waterproof Coating ········· 24—37
12.4 Waterproof Materials for Road and Bridge ········· 24—37
13 Joint Sealing Materials ········· 24—38
13.1 General Requirements ········· 24—38
13.2 Preformed Joint Sealing Materials ········· 24—38
13.3 Amorphous Joint Sealing Materials ········· 24—38
14 Adhesive ········· 24—39
14.1 General Requirements ········· 24—39
14.2 Structural Adhesive ········· 24—39
14.3 Decorating Adhesive ········· 24—40
15 Pipeline Materials ········· 24—41
15.1 General Requirements ········· 24—41
15.2 Metal Pipe and Pipe-fitting ········· 24—41
15.3 Plastic Pipe and Pipe-fitting ········· 24—41
15.4 Composite Pipe ········· 24—42
15.5 Concret Pipe ········· 24—43
15.6 Clay Tube ········· 24—44
15.7 Inspection Manhole Lid ········· 24—44
15.8 Valve ········· 24—44
16 Electrical Materials ········· 24—45
16.1 General Requirements ········· 24—45
16.2 Electric Wire and Cable ········· 24—45
16.3 Communication Cable ········· 24—46
16.4 Communication Fiber Optic Cable ········· 24—48
16.5 Wire Slots ········· 24—48
16.6 Plastic Electrical Installation Conduits ········· 24—48
16.7 Buried Pipes for Power Cable ········· 24—49
16.8 Low Voltage Fuse ········· 24—49
16.9 Low Voltage Circuit Breaker ········· 24—50
16.10 Luminaire ········· 24—50
16.11 Switches, plugs, socket-outlets ········· 24—51
17 Thermal Insulation and Acoustic Materials ········· 24—51
17.1 General Requirements ········· 24—51
17.2 Inorganic Granular Materials ········· 24—52
17.3 Organic Foam Materials ········· 24—52
17.4 Fiber Materials ········· 24—53
17.5 Coatings ········· 24—53
17.6 Composite Board ········· 24—54
18 Materials for Road and Bridge ········· 24—54
18.1 General Requirements ········· 24—54
18.2 Rock Fill ········· 24—55
18.3 Coarse Aggregate ········· 24—55
18.4 Fine Aggregate ········· 24—55
18.5 Mineral Filler ········· 24—56
18.6 Asphalt ········· 24—56
18.7 Asphalt Mixtures ········· 24—57
18.8 Stabilized Materials of Inorganic Binder ········· 24—58
18.9 Geosynthetics ········· 24—58
19 Component for Road and Bridge ········· 24—59
19.1 General Requirements ········· 24—59
19.2 Bridge Support ········· 24—59
19.3 Bridge Expansion and Contraction Installment ········· 24—59
20 Anti-corrosion Insulation Materials ········· 24—60
20.1 General Requirements ········· 24—60
20.2 Petroleum Asphalt ········· 24—60
20.3 Epoxy Coal Tar Asphalt ········· 24—60
20.4 Coal Tar Enamel Primer ········· 24—61
20.5 Coal Tar Enamel ········· 24—61

20.6 Compages of Coal Tar Enamel and Primer ······ 24—61
20.7 Enlace Belt and Fundus Felt ······ 24—61
20.8 Polyethylene Anti-corrosion Belt ······ 24—61
20.9 Polyethylene Anti-corrosion Belt Primer ······ 24—61
20.10 Polyethylene Thermoplastic Coating Primer ······ 24—62
20.11 Polyethylene ······ 24—62
20.12 Medium Alkali Glass Fabric ······ 24—62
20.13 Polyethylene Industrial Thin Film ······ 24—62
21 Subgrade and Foundation Engineering ······ 24—62
21.1 General Requirements ······ 24—62
21.2 Soil Test ······ 24—62
21.3 Subgrade ······ 24—64
21.4 Foundation ······ 24—64
21.5 Retaining Structure ······ 24—65
22 Structure Engineering ······ 24—65
22.1 General Requirements ······ 24—65
22.2 Concrete Structure ······ 24—65
22.3 Masonry Structure ······ 24—66
22.4 Steel Structure ······ 24—66
22.5 Steel Tube Concrete Structure ······ 24—67
22.6 Timber Structure ······ 24—67
22.7 Membrane Structure ······ 24—67
23 Decorating and Refurbishing Engineering ······ 24—67
23.1 General Requirements ······ 24—67
23.2 Plastering ······ 24—67
23.3 Windows and Doors ······ 24—68
23.4 Felting and Anchor ······ 24—68
24 Waterproof Engineering ······ 24—68
24.1 General Requirements ······ 24—68
24.2 Underground Waterproof ······ 24—68
24.3 Roofing Waterproof ······ 24—68
25 Water Supply, Drainage and Heating Engineering ······ 24—69
25.1 General Requirements ······ 24—69
25.2 Water Supply and Drainage of Building ······ 24—69
25.3 Heating Supply System ······ 24—69
26 Ventilation and Air-condition Engineering ······ 24—69
26.1 General Requirements ······ 24—69
26.2 System Installation ······ 24—70
26.3 Measurement and Adjustment of System Synthetic Effectiveness ······ 24—70
27 Building Electrical Engineering ······ 24—71
27.1 General Requirements ······ 24—71
27.2 Hand-over Test of Electrical Equipment ······ 24—71
27.3 Lighting System ······ 24—71
27.4 Protection of Structures Against Lightning ······ 24—71
27.5 Equipotential Arrangement on the Buildings ······ 24—71
28 Intelligent Building Engineering ······ 24—72
28.1 General Requirements ······ 24—72
28.2 Telecommunication Network System ······ 24—72
28.3 Genetic Cabling System ······ 24—72
29 Energy Efficient of Building Construction ······ 24—73
29.1 General Requirements ······ 24—73
29.2 Wall ······ 24—73
29.3 Panel wall ······ 24—73
29.4 Windows and Doors ······ 24—73
29.5 Roof ······ 24—73
29.6 Floor ······ 24—74
29.7 Heating ······ 24—74
29.8 Ventilation and Air-conditioning ······ 24—74
29.9 Cold and Heat Source and Pipe Network of Ventilation and Air-conditioning ······ 24—74
29.10 Electrical Distribution and Lighting ······ 24—74
29.11 Monitor and Control ······ 24—74
29.12 Building Enclosure Entity ······ 24—74
30 Road Engineering ······ 24—74
30.1 General Requirements ······ 24—74
30.2 Roadbed Earthwork Project ······ 24—75
30.3 Drainage Facilities in Road ······ 24—75
30.4 Protective Engineering as Retaining Wall ······ 24—75
30.5 Pavement Engineering ······ 24—75
31 Bridge Engineering ······ 24—76
31.1 General Requirements ······ 24—76
31.2 Bridge Upper Structure ······ 24—76

31.3 Cable-stayed Bridge ················ 24—76
32 Tunnel Engineering and Urban Underground ················ 24—77
32.1 General Requirements ················ 24—77
32.2 Main Structure ················ 24—77
33 Municipal Water Supply and Drainage, Thermodynamic and Gas Engineering ················ 24—77
33.1 General Requirements ················ 24—77
33.2 Building ················ 24—77
33.3 Engineering Network ················ 24—77
34 Engineering Monitoring ················ 24—78
34.1 General Requirements ················ 24—78
34.2 Foundation Pit and Underground Engineering ················ 24—78
34.3 Building/Structure ················ 24—79
34.4 Municipal Infrastructure ················ 24—79
34.5 Tunnel and Underground Engineering ················ 24—79
34.6 High-supported Formwork ················ 24—79
35 Construction Equipment ················ 24—79
35.1 General Requirements ················ 24—79
35.2 Metal Scaffold Connector ················ 24—80
35.3 Combined Steel Formwork ················ 24—80
35.4 Temporarily Installed Suspended Access Equipment ················ 24—80
35.5 Aerial Work Platform ················ 24—81
35.6 Tower Cranes ················ 24—81
35.7 Construction Winch ················ 24—82
35.8 Building Hoist ················ 24—82
35.9 Material Hoist ················ 24—82
36 Safety Facilities ················ 24—83
36.1 General Requirements ················ 24—83
36.2 Safety Nets ················ 24—83
36.3 Safety Helmet and Belt ················ 24—83
37 Thermal Environment ················ 24—83
37.1 General Requirements ················ 24—83
37.2 Meteorologic phenomena ················ 24—83
37.3 Indo Thermal Environment ················ 24—84
37.4 Thermal Performance of Materials ················ 24—84
37.5 Thermal Performance of Component ················ 24—84
38 Light Environment ················ 24—84
38.1 General Requirements ················ 24—84
38.2 Daylighting ················ 24—84
38.3 Lighting ················ 24—85
38.4 Architectural Lighting Performance of Materials ················ 24—85
38.5 Architectural Lighting Performance of Windows ················ 24—85
39 Acoustic Environment ················ 24—85
39.1 General Requirements ················ 24—85
39.2 Sound Source ················ 24—85
39.3 Indoors Acoustic ················ 24—86
39.4 Noise ················ 24—86
39.5 Vibration ················ 24—86
39.6 Acoustic Performance of Materials ················ 24—86
39.7 Acoustic Performance of Component ················ 24—86
40 Air Quality ················ 24—86
40.1 General Requirements ················ 24—86
40.2 Indoor Air Quality ················ 24—87
40.3 Soil Radon Consistence ················ 24—87
40.4 Harmful Substance Content of Building Material ················ 24—87
Explanation of Wording in This Standard ················ 24—88
Explanation of Provisions ················ 24—89

1 总　　则

1.0.1 为了统一房屋建筑和市政基础设施工程检测的分类方法，使检测的分类更加合理化、规范化，提高检测的质量与水平，使检测结果科学、合理、适用、可比，制定本标准。

1.0.2 本标准适用于房屋建筑和市政基础设施工程检测的分类。

1.0.3 本标准依据房屋建筑和市政基础设施工程在建设阶段及使用阶段的技术要求确定检测领域、类别、项目及参数。

1.0.4 本标准规定了房屋建筑和市政基础设施工程检测分类的基本技术要求。当本标准与国家法律、行政法规的规定相抵触时，应按国家法律、行政法规的规定执行。

1.0.5 房屋建筑和市政基础设施工程检测的分类除应符合本标准的规定外，尚应符合国家现行有关标准的规定。

2 基 本 规 定

2.1 一 般 规 定

2.1.1 本标准所指房屋建筑工程包括与房屋建筑物和附属构筑物设施相关的地基与基础、主体结构、建筑给水排水、采暖通风、建筑电气、智能建筑及装饰装修工程。

2.1.2 本标准所指市政基础设施工程包括城市道路、桥梁、供水、排水、污水处理、燃气、热力、垃圾处理、防洪等设施的土建和管道安装工程。

2.1.3 房屋建筑和市政基础设施工程检测应分为检测领域、类别、项目及参数4个层次。

2.1.4 在工程建设领域中涉及的建筑材料和原材料检测代码及参数，应选用国家现行有关标准确定的检测代码及参数。

2.1.5 名称不同而检测技术方法基本相同或相近的检测代码及参数，在参数表中可并列，未列出的相近参数也可采用本标准给出的检测代码。

2.1.6 同一检测代码及参数存在多种检测方法时，涉及不同检测能力的方法应在参数后括号内分别列出。

2.2 检 测 领 域

2.2.1 房屋建筑和市政基础设施工程的检测领域应符合表2.2.1的规定。

表2.2.1 房屋建筑和市政基础设施工程检测领域

序号	代码	领　域	Domain
1	Q	工程材料	Construction materials
2	P	工程实体	Construction entity
3	Z	工程环境	Construction environment

2.3 检 测 类 别

2.3.1 工程材料领域的检测应按使用功能进行分类。当一种材料有多种使用功能时，应划入在工程中的主要功能类别中。工程材料领域检测类别划分应符合表2.3.1的规定。

表2.3.1 工程材料领域检测类别

序号	代码	类　别	Sort
1	Q03	混凝土结构材料	Concrete structure materials
2	Q04	墙体材料	Masonry structure materials
3	Q05	金属结构材料	Metal structure materials
4	Q06	木结构材料	Timber structure materials
5	Q07	膜结构材料	Membrane structure materials
6	Q08	预制混凝土构配件	Component of precast concrete
7	Q09	砂浆材料	Mortar materials
8	Q10	装饰装修材料	Decorating and refurbishing materials
9	Q11	门窗幕墙	Door window and curtain wall
10	Q12	防水材料	Waterproof materials
11	Q13	嵌缝密封材料	Joint sealing materials
12	Q14	胶粘剂	Adhesive
13	Q15	管道材料及配件	Pipeline materials and pipe-fittings
14	Q16	电气材料	Electrical materials
15	Q17	保温吸声材料	Thermal insulation and acoustic materials
16	Q18	道桥材料	Materials for road and bridge
17	Q19	道桥构配件	Component for road and bridge
18	Q20	防腐绝缘材料	Anti-corrosion insulation materials

2.3.2 工程实体领域的检测应按照工程部位进行分类，并应包括工程监测、施工机具、安全防护用品等类别。工程实体领域检测类别划分应符合表 2.3.2 的规定。

表 2.3.2 工程实体领域检测类别

序号	代码	类　别	Sort
1	P21	地基与基础工程	Subgrade and foundation engineering
2	P22	主体结构工程	Structure engineering
3	P23	装饰装修工程	Decorating and refurbishing engineering
4	P24	防水工程	Waterproof engineering
5	P25	建筑给水、排水及采暖工程	Water supply，drainage and heating engineering
6	P26	通风与空调工程	Ventilation and air-conditioning engineering
7	P27	建筑电气工程	Building electrical engineering
8	P28	智能建筑工程	Intelligent building engineering
9	P29	建筑节能工程	Energy efficient of building construction
10	P30	道路工程	Road engineering
11	P31	桥梁工程	Bridge engineering
12	P32	隧道工程与城市地下工程	Tunnel engineering and urban underground engineering
13	P33	市政给水排水、热力与燃气工程	Municipal water supply and drainage，thermodynamic and gas engineering
14	P34	工程监测	Engineering monitoring
15	P35	施工机具	Construction equipment
16	P36	安全防护用品	Safety facilities

2.3.3 工程环境领域检测应按照环境特点进行分类。工程环境领域检测类别划分应符合表 2.3.3 的规定。

表 2.3.3 工程环境领域检测类别

序号	代码	类　别	Sort
1	Z37	热环境	Thermal environment
2	Z38	光环境	Light environment
3	Z39	声环境	Acoustic environment
4	Z40	空气质量	Air quality

2.4 检测代码

2.4.1 房屋建筑和市政基础设施工程检测代码的分级与排列应符合下列规定：

1 检测代码分为如下 4 级：

1）第 1 级 1 位，领域代码；

2）第 2 级 2 位，类别代码；

3）第 3 级 2 位，项目代码；

4）第 4 级 2 位，参数代码。

2 检测代码应按图 2.4.1 所示顺序排列。

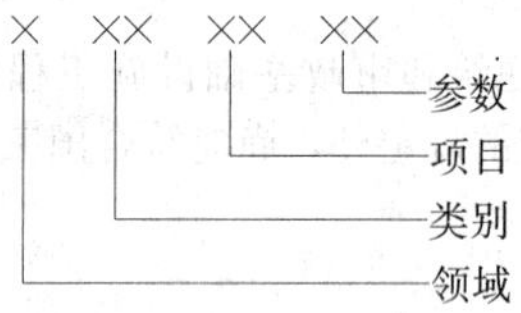

图 2.4.1 检测代码排列示意

2.4.2 本标准未列入的检测类别、检测项目、检测参数可用“补×”依次排列。

2.4.3 检测代码及项目的标准变更造成参数的名称变更时，检测代码不应改变。

3 混凝土结构材料

3.1 一般规定

3.1.1 混凝土结构材料的检测代码及项目应符合表 3.1.1 的规定。

表 3.1.1 混凝土结构材料检测代码及项目

序号	代码	项　目	Item
1	Q0302	水泥	Cement
2	Q0303	砂	Sand
3	Q0304	石	Stone
4	Q0305	轻骨料	Lightweight aggregate
5	Q0306	混凝土用水	Concrete water consumption
6	Q0307	外加剂	Additives
7	Q0308	掺合料	Admixtures
8	Q0309	钢筋	Steel bar
9	Q0310	钢筋焊接	Steel bar joint
10	Q0311	钢筋机械连接	Mechanical connection of steel bar

续表 3.1.1

序号	代码	项　　目	Item
11	Q0312	普通混凝土	Ordinary concrete
12	Q0313	轻骨料混凝土	Lightweight aggregate concrete
13	Q0314	钢纤维	Steel fiber
14	Q0315	钢绞线、钢丝	Steel wire and strand
15	Q0316	预应力筋用锚具、夹具和连接器	Anchorage，grip and coupler for prestressing tendons
16	Q0317	预应力混凝土用波纹管	Corrugated-pipe for prestressed concrete
17	Q0318	灌浆材料	Grouting materials
18	Q0319	混凝土结构加固用纤维	Fiber for concrete structure streng- thening
19	Q0320	混凝土结构加固用纤维复合材	Fiber composites for concrete structure strengthening

3.2　水　　泥

3.2.1　水泥的检测代码及参数应符合表 3.2.1 的规定。

表 3.2.1　水泥的检测代码及参数

序号	代码	参　　数	Parameter
1	Q030201	密度	Density
2	Q030202	细度	Fineness
3	Q030203	比表面积	Specific surface area
4	Q030204	水泥标准稠度用水量	Water requirement for normal consistency for cement paste
5	Q030205	凝结时间	Setting time
6	Q030206	安定性	Soundness
7	Q030207	胶砂强度（ISO 法、快速法）	Mortar strength（ISO method，rapid method）
8	Q030208	胶砂流动度	Mortar fluidity
9	Q030209	胶砂干缩	Drying shrinkage of mortar
10	Q030210	自应力	Self-stressing
11	Q030211	保水率	Water retentively
12	Q030212	不透水性	Water impermeability

续表 3.2.1

序号	代码	参　　数	Parameter
13	Q030213	白度	Whiteness
14	Q030214	色差	Color difference
15	Q030215	颜色耐久性	Color durability
16	Q030216	耐磨性	Abrasion resistance
17	Q030217	膨胀率	Percentage of expansion
18	Q030218	水化热	Heat of hydration
19	Q030219	烧失量	Loss on ignition
20	Q030220	不溶物	Insoluble residue
21	Q030221	二氧化硅	Silica
22	Q030222	三氧化二铁	Ferrictri oxide
23	Q030223	三氧化二铝	Alumina
24	Q030224	氧化钙	Calcium oxide
25	Q030225	氧化镁	Magnesium oxide
26	Q030226	硫酸盐和三氧化硫	Sulphate and sulfur trioxide
27	Q030227	二氧化钛	Titanium dioxide
28	Q030228	一氧化锰	Manganese oxide
29	Q030229	氧化钾和氧化钠	Potassium oxide and sodium oxide
30	Q030230	硫化物	Sulfide
31	Q030231	氟	Fluorine
32	Q030232	游离氧化钙	Free calcium oxide
33	Q030233	氯离子含量	Chloride ion content

3.3　砂

3.3.1　砂的检测代码及参数应符合表 3.3.1 的规定。

表 3.3.1　砂的检测代码及参数

序号	代码	参　　数	Parameter
1	Q030301	筛分析/颗粒级配	Sieve analysis/Particle size grading
2	Q030302	表观密度（标准法、简易法）	Apparent density（standard method，simple method）
3	Q030303	吸水率	Water absorption
4	Q030304	堆积密度	Stacking density
5	Q030305	紧密密度	Compact density
6	Q030306	含水率（标准法、快速法）	Water content（standard method，rapid method）

续表 3.3.1

序号	代码	参　　数	Parameter
7	Q030307	含泥量（标准法、虹吸管法）	Soil content (standard method, siphon method)
8	Q030308	泥块含量	Soil block content
9	Q030309	石粉含量	Stone powder content
10	Q030310	人工砂压碎指标	Crush index of artifioial sand
11	Q030311	有机物含量	Organism content
12	Q030312	云母含量	Mica content
13	Q030313	轻物质含量	Content of light substance
14	Q030314	坚固性	Soundness
15	Q030315	硫酸盐及硫化物含量	Sulphide and sulphate content
16	Q030316	氯离子含量	Chloride ion content
17	Q030317	海砂贝壳含量	Content of shell for sea sand
18	Q030318	碱活性（快速法、砂浆长度法）	Alkali-aggregate reaction (rapid method, mortar length method)

3.4 石

3.4.1 石的检测代码及参数应符合表 3.4.1 的规定。

表 3.4.1 石的检测代码及参数

序号	代码	参　　数	Parameter
1	Q030401	筛分析/颗粒级配	Sieve analysis/Particle size grading
2	Q030402	表观密度（标准法、简易法）	Apparent density (standard method, simple method)
3	Q030403	含水率	Water content
4	Q030404	吸水率	Water absorption
5	Q030405	堆积密度	Stacking density
6	Q030406	紧密密度	Compact density
7	Q030407	含泥量	Soil content
8	Q030408	泥块含量	Soil block content
9	Q030409	针片状颗粒的总含量	Content of spiculate and flaky grain
10	Q030410	有机物含量	Organism content
11	Q030411	坚固性	Soundness

续表 3.4.1

序号	代码	参　　数	Parameter
12	Q030412	岩石抗压强度	Compressive strength of rock
13	Q030413	压碎指标	Crushing index
14	Q030414	硫酸盐及硫化物含量	Sulphide and sulphate content
15	Q030415	碱活性（岩相法、快速法、砂浆长度法、岩石柱法）	Alkali-aggregate reaction (Lithofacies method, rapid method, mortar length method, rock column method)

3.5 轻 骨 料

3.5.1 轻骨料的检测代码及参数应符合表 3.5.1 的规定。

表 3.5.1 轻骨料的检测代码及参数

序号	代码	参　　数	Parameter
1	Q030501	筛分析/颗粒级配	Sieve analysis/Particle size grading
2	Q030502	堆积密度	Stacking density
3	Q030503	紧密堆积密度	Compact density
4	Q030504	表观密度	Apparent density
5	Q030505	吸水率	Water absorption
6	Q030506	软化系数	Soften coefficient
7	Q030507	粒型系数	Coefficient of grain shape
8	Q030508	含泥量及黏土块含量	Soil and soil block content
9	Q030509	匀质性指标	Homogeneity index
10	Q030510	煮沸质量损失	Boiling weight loss
11	Q030511	筒压强度	Cylinder compressive strength
12	Q030512	烧失量	Loss on ignition
13	Q030513	硫化物及硫酸盐含量	Sulphide and sulphate content
14	Q030514	有机物含量	Organism content
15	Q030515	有害物质含量	Harmful substance content

3.6 混凝土用水

3.6.1 混凝土用水的检测代码及参数应符合表3.6.1的规定。

表3.6.1 混凝土用水的检测代码及参数

序号	代码	参数	Parameter
1	Q030601	pH	pH
2	Q030602	不溶物	Insoluble matter
3	Q030603	可溶物	Soluble matter
4	Q030604	氯离子含量	Chloride ion content
5	Q030605	硫酸盐	Sulphate content
6	Q030606	碱含量	Alkali content

3.7 外加剂

3.7.1 外加剂的检测代码及参数应符合表3.7.1的规定。

表3.7.1 外加剂的检测代码及参数

序号	代码	参数	Parameter
1	Q030701	细度	Fineness
2	Q030702	密度	Density
3	Q030703	含固量	Solid content
4	Q030704	含水率	Water content
5	Q030705	水泥净浆流动度	Fluidity for cement paste
6	Q030706	pH	pH
7	Q030707	表面张力	Surface tension
8	Q030708	水泥砂浆工作性/砂浆减水率	Work-ability of cement mortar
9	Q030709	比表面积	Specific surface area
10	Q030710	减水率	Water reducing ratio
11	Q030711	坍落度增加值/坍落度保留值	Slump increase/Slump retaining value
12	Q030712	凝结时间/凝结时间差	Setting time/Setting time difference
13	Q030713	48h吸水量比	Water sorption ratio in 48h
14	Q030714	含气量	Air content

续表3.7.1

序号	代码	参数	Parameter
15	Q030715	常压泌水率比	Ratio of water-segregation rate at normal atmospheric pressure
16	Q030716	压力泌水率比	Ratio of water-segregation rate at a certain atmospheric pressure
17	Q030717	净浆安定性	Soundness of cement paste
18	Q030718	抗压强度/抗压强度比	Compressive strength/Compressive strength ratio
19	Q030719	抗折强度	Bending strength
20	Q030720	限制膨胀率	Percentage of restrained expansion
21	Q030721	收缩率比	Shrinkage ratio
22	Q030722	透水压力比	Leaking pressure ratio
23	Q030723	渗透高度比	Leaking height ratio
24	Q030724	需水量比	Water requirement ratio
25	Q030725	冻融强度损失率比	Ratio of compressive strength loss after freeze-thaw circle
26	Q030726	相对耐久性指标	Relative endurance index
27	Q030727	泡沫性能	Foam performance
28	Q030728	氯离子含量	Chloride ion content
29	Q030729	还原糖	Reducing sugar
30	Q030730	总碱量（Na_2O＋0.658K_2O）	Total alkali content (Na_2O+0.658K_2O)
31	Q030731	硫酸钠	Sodium sulphate
32	Q030732	钢筋锈蚀	Steel corrosion
33	Q030733	氧化镁	Magnesium oxide

续表 3.7.1

序号	代码	参　　数	Parameter
34	Q030734	三氧化硫	Sulfur trioxide
35	Q030735	烧失量	Loss on ignition
36	Q030736	硅灰中二氧化硅	Silica content in silicon fume
37	Q030737	吸铵值	Ammonium absorption value
38	Q030738	活性指数	Activity index

3.8 掺　合　料

3.8.1 掺合料的检测代码及参数应符合表 3.8.1 的规定。

表 3.8.1　掺合料的检测代码及参数

序号	代码	参　　数	Parameter
1	Q030801	细度	Fineness
2	Q030802	比表面积	Specific surface area
3	Q030803	松散密度	Loose density
4	Q030804	白度	Whiteness
5	Q030805	需水量	Water requirement
6	Q030806	含水量	Water content
7	Q030807	流动度比	Fluidity ratio
8	Q030808	抗压强度比	Compressive strength ratio
9	Q030809	安定性	Soundness
10	Q030810	均匀性	Uniformity
11	Q030811	活性指数	Activity index
12	Q030812	碱含量	Alkali content
13	Q030813	吸铵值	Ammonium absorption value
14	Q030814	105℃挥发物含量/含水量	Volatile substances content at 105℃/Water content
15	Q030815	质量系数	Quality coefficient
16	Q030816	二氧化钛	Titanium dioxide
17	Q030817	氧化亚锰	Manganese oxide
18	Q030818	氟化物	Fluoride content
19	Q030819	硫化物	Sulphide content
20	Q030820	硅灰石含量	Wollastonite content
21	Q030821	烧失量	Loss on ignition
22	Q030822	三氧化硫	Sulphur trioxide

续表 3.8.1

序号	代码	参　　数	Parameter
23	Q030823	二氧化硅	Silica
24	Q030824	游离氧化钙	Free calcium oxide
25	Q030825	氯离子含量	Chloride ion content

3.9 钢　　筋

3.9.1 钢筋的检测代码及参数应符合表 3.9.1 的规定。

表 3.9.1　钢筋的检测代码及参数

序号	代码	参　　数	Parameter
1	Q030901	尺寸	Dimension
2	Q030902	外观	Appearance er
3	Q030903	重量	Weight
4	Q030904	伸长率	Elongation
5	Q030905	屈服强度	Yield strength
6	Q030906	抗拉强度	Tensile strength
7	Q030907	断面收缩率	Percentage reduction of area
8	Q030908	冷弯	Cold bending
9	Q030909	反向弯曲	Back bend
10	Q030910	冲击	Impacting
11	Q030911	疲劳试验	Fatigue test
12	Q030912	应力松弛率	Stress relaxation
13	Q030913	碳	Carbon
14	Q030914	硅	Silicon
15	Q030915	锰	Manganese
16	Q030916	硫	Sulfur
17	Q030917	磷	Phosphorus
18	Q030918	铬	Chromium
19	Q030919	镍	Nickel
20	Q030920	铜	Copper
21	Q030921	氮	Nitrogen
22	Q030922	砷	Arsenic
23	Q030923	碳当量	Carbon equivalent
24	Q030924	晶粒度	Grain size

3.10 钢筋焊接

3.10.1 钢筋焊接的检测代码及参数应符合表

3.10.1 的规定。

表 3.10.1 钢筋焊接的检测代码及参数

序号	代码	参数	Parameter
1	Q031001	抗拉强度	Tensile strength
2	Q031002	剪切强度	Shear strength
3	Q031003	弯曲	Bending
4	Q031004	冲击	Impacting
5	Q031005	疲劳	Fatigue
6	Q031006	硬度	Hardness
7	Q031007	钢筋焊接网的抗剪力	Shear resistance of welded wire fabric
8	Q031008	应变时效敏感性	Strain ageing susceptibility

3.11 钢筋机械连接

3.11.1 钢筋机械连接的检测代码及参数应符合表 3.11.1 的规定。

表 3.11.1 钢筋机械连接的检测代码及参数

序号	代码	参数	Parameter
1	Q031101	外观	Appearance
2	Q031102	尺寸	Dimension
3	Q031103	抗拉强度	Tensile strength
4	Q031104	屈服强度	Yield strength
5	Q031105	单向拉伸	Unidirectional tension
6	Q031106	接头拧紧力矩	Twisting moment tight on coupling
7	Q031107	高应力反复抗压	Reverse compression in high stress
8	Q031108	大变形反复拉压	Repeated pressure and tension under large strain
9	Q031109	总伸长率	Total extension percentage
10	Q031110	非弹性变形	Inelastic deformation
11	Q031111	残余变形	Residual deformation

3.12 普通混凝土

3.12.1 普通混凝土的检测代码及参数应符合表 3.12.1 的规定。

表 3.12.1 普通混凝土的检测代码及参数

序号	代码	参数	Parameter
1	Q031201	坍落度与坍落扩展度	Slump and slump flow
2	Q031202	拌合物稠度	Consistence of concrete mixed
3	Q031203	拌合物凝结时间	Setting time of concrete mixed
4	Q031204	拌合物泌水	Bleeding of concrete mixed
5	Q031205	拌合物压力泌水	Stressing bleeding of concrete mixed
6	Q031206	拌合物表观密度	Apparent density of concrete mixed
7	Q031207	拌合物含气量	Air content of concrete mixed
8	Q031208	拌合物配合比分析	Mixture ratio analysis of concrete mixed
9	Q031209	抗压强度	Compressive strength
10	Q031210	抗拉强度	Tensile strength
11	Q031211	抗折强度	Bending strength
12	Q031212	抗渗性能	Permeability resistance
13	Q031213	收缩率	Shrinkage
14	Q031214	抗冻性能	Frost resistance
15	Q031215	耐磨性能	Abrasion resistance
16	Q031216	抗压疲劳强度	Compressive fatigue strength
17	Q031217	弯拉强度	Tensile strength in bending
18	Q031218	静力受压弹性模量	Modulus of elasticity in static compression
19	Q031219	动弹性模量	Modulus of elasticity in dynamic compression
20	Q031220	受压徐变	Creep of concrete
21	Q031221	碳化	Carbonation of concrete
22	Q031222	钢筋锈蚀	Steel corrosion
23	Q031223	氯离子含量	Chloride ion content

3.13 轻骨料混凝土

3.13.1 轻骨料混凝土的检测代码及参数除应包括本标准表 3.12.1 的内容外，其他检测代码及参数尚应符合表 3.13.1 的规定。

表 3.13.1 轻骨料混凝土的其他检测代码及参数

序号	代码	参数	Parameter
1	Q031301	干表观密度	Dry apparent density
2	Q031302	吸水率	Water absorption
3	Q031303	线膨胀系数	Linear expansion coefficient
4	Q031304	软化系数	Soften coefficient

3.14 钢纤维

3.14.1 钢纤维的检测代码及参数应符合表 3.14.1 的规定。

表 3.14.1 钢纤维的检测代码及参数

序号	代码	参数	Parameter
1	Q031401	尺寸	Dimension
2	Q031402	外观	Appearance
3	Q031403	抗拉强度	Tensile strength
4	Q031404	弯折性能	Bending property
5	Q031405	杂质	Impurity

3.15 钢绞线、钢丝

3.15.1 钢绞线、钢丝的检测代码及参数应符合表 3.15.1 的规定。

表 3.15.1 钢绞线、钢丝的检测代码及参数

序号	代码	参数	Parameter
1	Q031501	外观	Appearance
2	Q031502	尺寸	Dimension
3	Q031503	伸直性	Unbend properties
4	Q031504	质量	Mass
5	Q031505	屈服力	Yield force
6	Q031506	条件屈服荷载	Yield load in some condition
7	Q031507	规定非比例延伸力	Proof strength, non-proportional extension
8	Q031508	破断拉力	Breaking loading
9	Q031509	抗拉强度	Tensile strength
10	Q031510	最大力	Maximum force
11	Q031511	断后伸长率	Percentage elongation after fracture
12	Q031512	最大力总伸长率	Percentage total elongation at maximum force
13	Q031513	断裂收缩率	Percentage reduction of area

续表 3.15.1

序号	代码	参数	Parameter
14	Q031514	应力松弛性能	Stress relaxation properties
15	Q031515	弹性模量	Elastic modulus
16	Q031516	疲劳性能	Fatigue properties
17	Q031517	偏斜拉伸性能	Skew tension properties
18	Q031518	延性（反复弯曲、断面减缩）	Ductility (reverse bend, constriction)
19	Q031519	应力腐蚀	Stress corrosion
20	Q031520	弯曲试验	Bending test
21	Q031521	扭转试验	Twisting test
22	Q031522	镀层重量	Coating weight
23	Q031523	钢丝缠绕试验	Winding wire test
24	Q031524	镦头强度	Strength of upsetting end

3.16 预应力筋用锚具、夹具和连接器

3.16.1 预应力筋用锚具、夹具和连接器检测代码及参数应符合表 3.16.1 的规定。

表 3.16.1 预应力筋用锚具、夹具和连接器的检测代码及参数

序号	代码	参数	Parameter
1	Q031601	硬度	Hardness
2	Q031602	锚具效率系数	Activity factor of anchorage device
3	Q031603	夹具效率系数	Activity factor of jig
4	Q031604	总应变	Total strain
5	Q031605	相对位移	Relative displacement
6	Q031606	实测极限拉力	Measured limit rally
7	Q031607	疲劳荷载性能	Fatigue load property
8	Q031608	周期荷载性能	Periodic load property
9	Q031609	锚固的内缩量	Amount of anchoring shrinkage
10	Q031610	锚固摩阻损失	Friction loss of anchoring
11	Q031611	张拉锚固工艺性能	Processing properties of stretching anchor

3.17 预应力混凝土用波纹管

3.17.1 预应力混凝土用波纹管的检测代码及参数应符合表3.17.1的规定。

表3.17.1 预应力混凝土用波纹管的检测代码及参数

序号	代码	参数	Parameter
1	Q031701	尺寸	Dimension
2	Q031702	外观	Appearance
3	Q031703	集中荷载下径向刚度	Stiffness of neck direction on concentrated load
4	Q031704	均布荷载下径向刚度	Stiffness of neck direction on even load
5	Q031705	荷载作用后抗渗漏	Leaking resistance after loading
6	Q031706	抗弯曲渗漏	Bending leakage resistance
7	Q031707	环刚度	Ring stiffness
8	Q031708	局部横向荷载	Local lateral loading
9	Q031709	柔韧性	Flexible property
10	Q031710	耐冲击性	Impacting resistance

3.18 灌浆材料

3.18.1 水泥基灌浆材料的检测代码及参数应符合表3.18.1的规定。

表3.18.1 水泥基灌浆材料的检测代码及参数

序号	代码	参数	Parameter
1	Q031801	粒径	Grain size
2	Q031802	凝结时间	Setting time
3	Q031803	泌水率	Bleeding rate
4	Q031804	流动度	Fluidity
5	Q031805	抗压强度	Compressive strength
6	Q031806	竖向膨胀率	Vertical expansion ratio
7	Q031807	钢筋握裹强度	Wrapping strength of rod
8	Q031808	对钢筋锈蚀作用	Corrosion on steel

3.19 混凝土结构加固用纤维

3.19.1 混凝土结构加固用纤维的检测代码及参数应符合表3.19.1的规定。

表3.19.1 混凝土结构加固用纤维的检测代码及参数

序号	代码	参数	Parameter
1	Q031901	抗拉强度	Tensile strength
2	Q031902	弹性模量	Elastic modulus
3	Q031903	伸长率	Elongation percentage

3.20 混凝土结构加固用纤维复合材

3.20.1 混凝土结构加固用纤维复合材的检测代码及参数应符合表3.20.1的规定。

表3.20.1 混凝土结构加固用纤维复合材的检测代码及参数

序号	代码	参数	Parameter
1	Q032001	单位面积质量	Quality in unit area
2	Q032002	尺寸	Dimension
3	Q032003	纤维体积含量	Fiber volume content
4	Q032004	抗拉强度	Tensile strength
5	Q032005	弹性模量	Elastic modulus
6	Q032006	伸长率	Elongation percentage

4 墙体材料

4.1 一般规定

4.1.1 墙体材料检测代码及项目应符合表4.1.1的规定。

表4.1.1 墙体材料检测代码及项目

序号	代码	项目	Item
1	Q0402	砖	Brick
2	Q0403	砌块	Block
3	Q0404	墙板	Board

4.2 砖

4.2.1 砖的检测代码及参数应符合表4.2.1的规定。

表4.2.1 砖的检测代码及参数

序号	代码	参数	Parameter
1	Q040201	尺寸	Dimension
2	Q040202	外观	Appearance
3	Q040203	体积密度	Bulk density

续表 4.2.1

序号	代码	参　　数	Parameter
4	Q040204	吸水率	Water absorption
5	Q040205	饱和系数	Saturation coefficient
6	Q040206	含水率	Water content
7	Q040207	孔洞率	Core ratio
8	Q040208	孔洞结构	Core structure
9	Q040209	抗折强度	Bending strength
10	Q040210	抗压强度	Compressive strength
11	Q040211	石灰爆裂	Lime bloating
12	Q040212	泛霜	Efflorescence
13	Q040213	保水性	Water retentively
14	Q040214	透水系数	Coefficient of percolating water
15	Q040215	冻融/抗冻性	Freeze-thaw recycle/ Frost resistance
16	Q040216	干燥收缩	Dry shrinkage
17	Q040217	碳化	Carbonization
18	Q040218	耐磨	Wear ability
19	Q040219	软化系数	Soften coefficient
20	Q040220	抗风化性能	Antiweatherability

4.3 砌　　块

4.3.1 砌块的检测代码及参数应符合表 4.3.1 的规定。

表 4.3.1 砌块的检测代码及参数

序号	代码	参　　数	Parameter
1	Q040301	尺寸	Dimension
2	Q040302	外观	Appearance
3	Q040303	块体密度/干体积密度	Bulk density /Drying bulk density
4	Q040304	空心率	Void content
5	Q040305	含水率	Water content
6	Q040306	吸水率	Water absorption
7	Q040307	相对含水率	Relative water content
8	Q040308	抗压强度	Compressive strength
9	Q040309	抗折强度	Bending strength
10	Q040310	劈裂抗拉强度	Tensile strength
11	Q040311	轴心抗压强度	Axial compressive strength

续表 4.3.1

序号	代码	参　　数	Parameter
12	Q040312	静力受压弹性模量	Modulus of elasticity in static compression
13	Q040313	软化系数	Soften coefficient
14	Q040314	干燥收缩	Drying shrinkage
15	Q040315	碳化系数	Carbonation index
16	Q040316	抗冻性	Frost resistance
17	Q040317	抗渗性	Permeability resistance
18	Q040318	干湿循环	Drying-moisture cycle
19	Q040319	抗风化性能	Antiweatherability

4.4 墙　　板

4.4.1 墙板的检测代码及参数应符合表 4.4.1 的规定。

表 4.4.1 墙板的检测代码及参数

序号	代码	参　　数	Parameter
1	Q040401	尺寸	Dimension
2	Q040402	外观	Appearance
3	Q040403	面密度	Surface density
4	Q040404	含水率	Water content
5	Q040405	抗冲击	Impact resistance
6	Q040406	抗弯破坏荷载	Utmost load at bending
7	Q040407	抗压强度	Compressive strength
8	Q040408	吊挂力	Hanging force resistance
9	Q040409	粘结强度	Cohesive strength
10	Q040410	剥离性能	Peel properties
11	Q040411	干燥收缩值	Drying shrinkage value
12	Q040412	面板干缩率	Dry shrinkage ratio of slab
13	Q040413	抗折强度保留率（耐久性）	Retaining rate of bending strength (durability)
14	Q040414	浸水 24h 厚度膨胀	Thickness expansion in water for 24h
15	Q040415	抗冻性	Frost resistance
16	Q040416	自然含湿状态下抗折强度	Bending strength in nature moisture state
17	Q040417	浸水 24h 抗折强度	Bending strength in water for 24h

续表 4.4.1

序号	代码	参　数	Parameter
18	Q040418	垂直平面抗拉强度	Tensile strength in plumb plane
19	Q040419	抗折弹性模量	Elastic module in bending
20	Q040420	握螺钉力	Nail-holding power
21	Q040421	防火性能	Fireproofing performance

5　金属结构材料

5.1　一 般 规 定

5.1.1　金属结构材料检测代码及项目应符合表 5.1.1 的规定。

表 5.1.1　金属结构材料检测代码及项目

序号	代码	项　目	Item
1	Q0502	钢材	Steel
2	Q0503	紧固件	Fastener
3	Q0504	螺栓球	Bolted-ball
4	Q0505	焊接球	Welded-ball
5	Q0506	焊接材料	Welding Material
6	Q0507	焊接接头	Welding joints

5.2　钢　材

5.2.1　钢材的原材料检测代码及参数除应包括本标准表 3.9.1 的内容外，其他检测代码及参数尚应符合表 5.2.1 的规定。

表 5.2.1　钢材原材料的其他检测代码及参数

序号	代码	参　数	Parameter
1	Q050201	硬度(布氏、洛氏、维氏)	Hardness (Brinell, Rockwell, Vickers)
2	Q050202	冲击（U 型缺口、V 型缺口、常温、低温）	Impact (U notch, V notch, normal temperature, low temperature)
3	Q050203	低倍组织	Macroscopic structure
4	Q050204	内部缺陷	Inside imperfection
5	Q050205	晶粒度	Grain size

续表 5.2.1

序号	代码	参　数	Parameter
6	Q050206	显微组织	Microstructure
7	Q050207	抗压强度	Compressive strength
8	Q050208	抗剪强度	Shearing strength
9	Q050209	端面承压	End surface pressurization
10	Q050210	弹性模量	Elastic modulus
11	Q050211	剪变模量	Shear modulus
12	Q050212	线膨胀系数	Coefficient of linear expansion
13	Q050213	残余延伸强度	Extension of the residual strength
14	Q050214	非比例延伸强度	Non-ratio of the residual strength
15	Q050215	缺口偏斜拉伸	Tensile skewed gap
16	Q050216	扭转	Torsion
17	Q050217	反复弯曲	Repeatedly bending
18	Q050218	镍	Nickel
19	Q050219	铬	Chromium
20	Q050220	钼	Molybdenum
21	Q050221	钒	Vanadium
22	Q050222	钛	Titanium
23	Q050223	锆	Zirconium
24	Q050224	铝	Aluminum
25	Q050225	铜	Copper
26	Q050226	硼	Boron
27	Q050227	碳当量	Carbon equivalent
28	Q050228	裂纹敏感性指数	Crack sensitivity

5.3　紧　固　件

5.3.1　紧固件检测代码及参数应符合表 5.3.1 的规定。

表 5.3.1　紧固件检测代码及参数

序号	代码	参　数	Parameter
1	Q050301	尺寸	Dimension
2	Q050302	外观	Appearance
3	Q050303	拉力荷载	Pulling force load
4	Q050304	冲击吸收功	Impact

续表 5.3.1

序号	代码	参 数	Parameter
5	Q050305	硬度	Hardness
6	Q050306	脱碳层	Decarburized layer
7	Q050307	保证荷载	Proof load
8	Q050308	紧固轴力	Firm shaft strength
9	Q050309	扭矩系数	Twisting moment modulus
10	Q050310	抗滑移系数	Slip coefficient of faying surface

5.4 螺 栓 球

5.4.1 螺栓球检测代码及参数应符合表 5.4.1 的规定。

表 5.4.1 螺栓球检测代码及参数

序号	代码	参 数	Parameter
1	Q050401	尺寸	Dimension
2	Q050402	外观	Appearance
3	Q050403	抗拉强度	Tensile strength
4	Q050404	伸长率	Percentage elongation
5	Q050405	冲击	Impact
6	Q050406	硬度	Hardness
7	Q050407	拉力荷载	Pulling force load

5.5 焊 接 球

5.5.1 焊接球检测代码及参数应符合表 5.5.1 的规定。

表 5.5.1 焊接球检测代码及参数

序号	代码	参 数	Parameter
1	Q050501	尺寸	Dimension
2	Q050502	外观	Appearance
3	Q050503	抗拉强度	Tensile strength
4	Q050504	伸长率	Percentage elongation
5	Q050505	抗压承载力	Bearing capacity
6	Q050506	壁厚减薄量	Reduction in wall thickness
7	Q050507	拉力荷载	Pulling force load
8	Q050508	压力荷载	Pressure load

5.6 焊 接 材 料

5.6.1 焊接材料检测代码及参数除化学成分应符合本标准表 5.2.1 的规定外，其他检测代码及参数尚应符合表 5.6.1 的规定。

表 5.6.1 焊接材料的其他检测代码及参数

序号	代码	参 数	Parameter
1	Q050601	尺寸	Dimension
2	Q050602	外观	Appearance
3	Q050603	抗拉强度	Tensile strength
4	Q050604	熔敷金属拉伸	Deposited metal tension
5	Q050605	V 型缺口冲击	V notches impact

5.7 焊 接 接 头

5.7.1 焊接接头检测代码及参数除化学成分应符合本标准表 5.2.1 的规定外，其他检测代码及参数尚应符合表 5.7.1 的规定。

表 5.7.1 焊接接头的其他检测代码及参数

序号	代码	参 数	Parameter
1	Q050701	接头拉伸	Joint tensile
2	Q050702	接头弯曲	Joint bend
3	Q050703	V 型缺口冲击	V notches impact
4	Q050704	接头压扁	Joint squash
5	Q050705	硬度	Hardness
6	Q050706	焊缝外观质量	Appearance
7	Q050707	宏观金相	Macro metallographic

6 木结构材料

6.1 一 般 规 定

6.1.1 木结构材料检测代码及项目应符合表 6.1.1 的规定。

表 6.1.1 木结构材料检测代码及项目

序号	代码	项 目	Item
1	Q0602	原木	Log
2	Q0603	锯木	Sawn lumber
3	Q0604	胶合材	Glued lumber
4	Q0605	连接件	Connector screw

6.2 原　　木

6.2.1 原木的检测代码及参数应符合表6.2.1的规定。

表6.2.1　原木的检测代码及参数

序号	代码	参　　数	Parameter
1	Q060201	尺寸	Size
2	Q060202	缺陷	Defect
3	Q060203	材质评定	Log quality appraising
4	Q060204	材积	Volume

6.3 锯　　木

6.3.1 锯木（包括方木、板材及规格材）的检测代码及参数应符合表6.3.1的规定。

表6.3.1　锯木的检测代码及参数

序号	代码	参　　数	Parameter
1	Q060301	外观	Appearance
2	Q060302	尺寸	Dimension
3	Q060303	木材缺陷	Defect in timber
4	Q060304	含水率	Water content
5	Q060305	干缩性	Drying shrinkage
6	Q060306	密度	Density
7	Q060307	硬度	Hardness
8	Q060308	吸水性	Water absorption
9	Q060309	透水性	Water permeability of wood
10	Q060310	湿胀性	Swelling of wood
11	Q060311	抗劈力	Cleaving resistance
12	Q060312	握钉力	Nail-holding power
13	Q060313	抗弯强度	Bending strength
14	Q060314	抗弯弹性模量	Modulus of elasticity in bending
15	Q060315	冲击韧性	Impact toughness
16	Q060316	顺纹/横纹抗压强度	Compressive strength parallel/ perpendicular to grain
17	Q060317	顺纹/横纹抗拉强度	Tensile strength parallel/perpendicular to grain
18	Q060318	顺纹抗剪强度	Shearing strength parallel to grain

续表6.3.1

序号	代码	参　　数	Parameter
19	Q060319	横纹抗压弹性模量	Modulus of elasticity in compression perpendicular to grain
20	Q060320	pH	pH
21	Q060321	天然耐腐性	Natural decay resistance to corrosion
22	Q060322	天然耐久性	Natural durability
23	Q060323	耐火性能	Fire resistance

6.4 胶　合　材

6.4.1 胶合材的检测代码及参数应符合表6.4.1的规定。

表6.4.1　胶合材的检测代码及参数

序号	代码	参　　数	Parameter
1	Q060401	尺寸	Dimension
2	Q060402	密度	Density
3	Q060403	含水率	Water content
4	Q060404	极限体积膨胀率	Limitation volume expansion rate
5	Q060405	吸水厚度膨胀率	Expansion rate of water-absorption thickness
6	Q060406	24h吸水率	Water-absorption of 24h
7	Q060407	极限吸水率	Limitation water-absorption
8	Q060408	硬度	Hardness
9	Q060409	含砂量	Sand content
10	Q060410	表面吸收性能	Absorption property of surface
11	Q060411	内结合强度	Tensile strength perpendicular to the plane of the board
12	Q060412	静曲强度和弹性模量	Bending strength and elastic module
13	Q060413	握螺钉力	Nail-holding power
14	Q060414	表面结合强度	Surface bonding strength
15	Q060415	表面胶合强度	Surface adhesive strength
16	Q060416	胶合强度	Adhesive strength

续表 6.4.1

序号	代码	参　数	Parameter
17	Q060417	胶层剪切强度	Shear strength
18	Q060418	抗拉强度	Tensile strength
19	Q060419	浸渍剥离性能	Glue bond strength
20	Q060420	冲击韧性	Impact toughness
21	Q060421	低温冲击韧性	Impact toughness at low temperature
22	Q060422	耐高温性能	High temperature resistance
23	Q060423	表面耐水蒸气性能	Steam resistance of surface
24	Q060424	顺纹抗压强度	Compressive strength parallel to grain
25	Q060425	湿循环性	Wet cycling
26	Q060426	处理后静曲强度	Bending strength after treatment
27	Q060427	表面耐划痕性能	Anti-scratch of surface
28	Q060428	表面耐龟裂性能	Map-cracking resistance of surface
29	Q060429	表面耐冷热循环性能	Thermal-cold cycling resistance of surface
30	Q060430	色泽稳定性	Color stability
31	Q060431	尺寸稳定性	Dimension stability
32	Q060432	表面耐污染性	Anti-fouling of surface
33	Q060433	表面耐磨性	Abrasion resistance of surface
34	Q060434	表面耐香烟灼烧性能	Cigarette burning resistance of surface
35	Q060435	表面耐干热性	Dry heat resistance
36	Q060436	滞燃性能	Anti-burning property
37	Q060437	耐沸水性能	Boiling water resistance
38	Q060438	抗冲击性能	Impact property
39	Q060439	耐老化性能	Aging resistance
40	Q060440	室外型人造板加速老化性能	Accelerated aging performance of outdoor wood-based panels

续表 6.4.1

序号	代码	参　数	Parameter
41	Q060441	耐开裂性能	Cracking resistance
42	Q060442	后成型性能	After-molding performance
43	Q060443	防静电性能	Static electricity resistance

6.5 连 接 件

6.5.1 连接件的检测代码及参数应符合表 6.5.1 的规定。

表 6.5.1 连接件的检测代码及参数

序号	代码	参　数	Parameter
1	Q060501	外观	Appearance
2	Q060502	尺寸	Dimension
3	Q060503	重量	Weight
4	Q060504	抗拉强度	Tensile strength
5	Q060505	屈服强度	Yield strength
6	Q060506	伸长率	Elongation rate
7	Q060507	冷弯试验	Cold bending test
8	Q060508	冲击性能	Impact property
9	Q060509	最小拉力荷载	Minimum pulling force load
10	Q060510	最小破坏力矩	Minimum breaking torque
11	Q060511	螺母保证荷载	Proof load of nut

7 膜结构材料

7.1 一 般 规 定

7.1.1 膜结构材料检测代码及项目应符合表 7.1.1 的规定。

表 7.1.1 膜结构材料检测代码及项目

序号	代码	项　目	Item
1	Q0702	膜材	Membrane material
2	Q0703	索材	Cable material
3	Q0704	连接件	Connector screw

7.2 膜　　材

7.2.1 膜材的检测代码及参数应符合表 7.2.1 的规定。

表 7.2.1 膜材的检测代码及参数

序号	代码	参数	Parameter
1	Q070201	外观	Appearance
2	Q070202	厚度	Thickness
3	Q070203	面密度	Surface density
4	Q070204	抗拉强度	Tensile strength
5	Q070205	撕裂强度	Tear strength
6	Q070206	伸长率	Elongation rate
7	Q070207	涂层粘附强度	Adhesive strength of coating
8	Q070208	膜面连接强度	Connection strength on surface of membrane
9	Q070209	弹性模量及泊松比	Elastic module and Poisson's ratio
10	Q070210	剪切模量	Shear modulus
11	Q070211	耐徐变性能	Creep resistance property
12	Q070212	膜面水密性	Water tightness performance on surface of membrane
13	Q070213	膜面气密性	Air permeability performance on surface of membrane
14	Q070214	阻燃性能	Flame retardant property
15	Q070215	耐候性能	Weather resistance
16	Q070216	耐磨性能	Abrasion resistance

7.3 索 材

7.3.1 索材的检测代码及参数应符合表 7.3.1 的规定。

表 7.3.1 索材的检测代码及参数

序号	代码	参数	Parameter
1	Q070301	外观	Appearance
2	Q070302	尺寸	Dimension
3	Q070303	重量	Weight
4	Q070304	镀锌层重量	Zn-coat weight
5	Q070305	抗拉强度	Tensile strength
6	Q070306	屈服强度	Yield strength
7	Q070307	伸长率	Elongation rate
8	Q070308	松弛试验	Relaxation test
9	Q070309	反复弯折性能	Reverse bending property
10	Q070310	扭转次数	Twisting times

7.4 连 接 件

7.4.1 连接件的检测代码及参数应符合表 7.4.1 的规定。

表 7.4.1 连接件的检测代码及参数

序号	代码	参数	Parameter
1	Q070401	外观	Appearance
2	Q070402	尺寸	Dimension
3	Q070403	重量	Weight
4	Q070404	硬度	Hardness
5	Q070405	抗拉强度	Tensile strength
6	Q070406	伸长率	Elongation rate
7	Q070407	断面收缩率	Percentage reduction of area
8	Q070408	冲击性能	Impact property

8 预制混凝土构配件

8.1 一 般 规 定

8.1.1 预制混凝土构配件检测代码及项目应符合表 8.1.1 的规定。

表 8.1.1 预制混凝土构配件检测代码及项目

序号	代码	项目	Item
1	Q0802	混凝土块材	Concrete bulk
2	Q0803	预制混凝土梁板	Precast concrete floor
3	Q0804	预制混凝土桩	Precast concrete pile
4	Q0805	盾构管片	Shield segment

8.2 混凝土块材

8.2.1 混凝土块材检测代码及参数应符合表 8.2.1 的规定。

表 8.2.1 混凝土块材检测代码及参数

序号	代码	参数	Parameter
1	Q080201	外观	Appearance
2	Q080202	尺寸	Dimension
3	Q080203	抗折强度	Flexural strength of concrete block
4	Q080204	抗压强度	Compressive strength
5	Q080205	吸水率	Water absorption ratio

续表 8.2.1

序号	代码	参　　数	Parameter
6	Q080206	耐磨性	Abrasion resistance
7	Q080207	渗透性能	Penetrating capacity
8	Q080208	防滑性能	Anti-skid property
9	Q080209	抗冻及抗盐冻性	Anti-frozen and anti-salty frozen
10	Q080210	颜色耐久性	Color durability

8.3 预制混凝土梁板

8.3.1 预制混凝土梁板的检测代码及参数应符合表8.3.1的规定。

表 8.3.1 预制混凝土梁板的检测代码及参数

序号	代码	参　　数	Parameter
1	Q080301	外观	Appearance
2	Q080302	尺寸	Dimension
3	Q080303	混凝土强度	Concrete strength
4	Q080304	钢筋保护层厚度	The cover thickness on steel
5	Q080305	承载力试验	Loading test
6	Q080306	挠度	Bending deflection
7	Q080307	抗裂/裂缝宽度	Anti-cracking/Crack breadth
8	Q080308	抗折试验	Flexural strength test
9	Q080309	冻融试验	Freeze and thaw test
10	Q080310	预应力张拉应力	The pre-stressed tensile stress
11	Q080311	预应力孔道摩阻系数	Pre-stressed passage-way frictional coefficient

8.4 预制混凝土桩

8.4.1 预制混凝土桩的检测代码及参数应符合表8.4.1的规定。

表 8.4.1 预制混凝土桩的检测代码及参数

序号	代码	参　　数	Parameter
1	Q080401	外观	Appearance
2	Q080402	尺寸	Dimension
3	Q080403	混凝土抗压强度	Compressive strength of concrete
4	Q080404	抗弯性能	Bending property

8.5 盾构管片

8.5.1 盾构管片的检测代码及参数应符合表8.5.1的规定。

表 8.5.1 盾构管片的检测代码及参数

序号	代码	参　　数	Parameter
1	Q080401	外观	Appearance
2	Q080402	尺寸	Dimension
3	Q080403	混凝土抗压强度	Compressive strength of concrete
4	Q080404	抗渗性能	Permeability resistance
5	Q080405	抗弯性能	Bending property
6	Q080406	抗拔性能	Uplift property

9 砂浆材料

9.1 一般规定

9.1.1 砂浆材料检测代码及项目应符合表9.1.1的规定。

表 9.1.1 砂浆材料检测代码及项目

序号	代码	项　　目	Item
1	Q0902	石灰	Lime
2	Q0903	石膏	Gypsum
3	Q0904	砂浆外加剂	Additives of mortar
4	Q0905	普通砂浆	Ordinary mortar
5	Q0906	特种砂浆	Special mortar

9.2 石　　灰

9.2.1 石灰的检测代码及参数应符合表9.2.1的规定。

表 9.2.1 石灰的检测代码及参数

序号	代码	参　　数	Parameter
1	Q090201	细度	Fineness
2	Q090202	生石灰消化速度	Slaking rate of lime
3	Q090203	产浆量	Yield of lime
4	Q090204	未消化残渣含量	Unhydrated grain content
5	Q090205	体积安定性	Soundness
6	Q090206	游离水	Free water

续表 9.2.1

序号	代码	参数	Parameter
7	Q090207	石灰结合水	Hydration water of lime
8	Q090208	二氧化碳	Carbon dioxide
9	Q090209	酸不溶物	Acid insoluble substance
10	Q090210	烧失量	Loss on ignition
11	Q090211	二氧化硅	Silica
12	Q090212	三氧化二铁	Ferric trioxide
13	Q090213	三氧化二铝	Alumina
14	Q090214	氧化钙	Calcium oxide
15	Q090215	氧化镁	Magnesium oxide
16	Q090216	氧化钾和氧化钠	Potassium oxide and sodium oxide
17	Q090217	二氧化钛	Titanium dioxide
18	Q090218	五氧化二磷	Phosphoric anhydride
19	Q090219	游离二氧化硅	Free silica

9.3 石　膏

9.3.1 石膏的检测代码及参数应符合表 9.3.1 的规定。

表 9.3.1 石膏的检测代码及参数

序号	代码	参数	Parameter
1	Q090301	标准稠度用水量	Water requirement for normal consistency
2	Q090302	凝结时间	Setting time
3	Q090303	抗折强度	Bending strength
4	Q090304	抗压强度	Compressive strength
5	Q090305	硬度	Hardness
6	Q090306	结晶水含量	Content of crystallization water
7	Q090307	硫酸根含量	Content of SO_4^{2-}

9.4 砂浆外加剂

9.4.1 砂浆外加剂的检测代码及参数应符合表 9.4.1 的规定。

表 9.4.1 砂浆外加剂的检测代码及参数

序号	代码	参数	Parameter
1	Q090401	固体含量	Solid content
2	Q090402	含水量	Water content
3	Q090403	密度	Density
4	Q090404	细度	Fineness
5	Q090405	分层度	Delamination degree
6	Q090406	含气量	Air content
7	Q090407	凝结时间差	Setting time/Setting time difference
8	Q090408	总碱量	Total alkali content
9	Q090409	氯离子含量	Chloride ion content
10	Q090410	透水压力比	Leaking pressure ratio
11	Q090411	渗透高度比	Leaking height ratio
12	Q090412	48h 吸水量	Water sorption ratio in 48h
13	Q090413	泌水率比	Ratio of water-segregation rate
14	Q090414	净浆安定性	Soundness of cement paste
15	Q090415	抗压强度比	Compressive strength ratio
16	Q090416	抗冻性	Frost resistance
17	Q090417	砌体抗压强度比	Compressive strength ratio of brickwork
18	Q090418	砌体抗剪强度比	Shear strength ratio of brickwork
19	Q090419	28d 收缩率比	Shrinkage ratio of 28d

9.5 普 通 砂 浆

9.5.1 普通砂浆的检测代码及参数应符合表 9.5.1 的规定。

表 9.5.1 普通砂浆的检测代码及参数

序号	代码	参数	Parameter
1	Q090501	强度	Strength
2	Q090502	稠度	Consistency
3	Q090503	分层度	Delamination degree
4	Q090504	凝结时间	Setting time
5	Q090505	保水性	Water retention property
6	Q090506	14d 拉伸粘结强度	Tensile bond strength at 14d
7	Q090507	抗渗等级	Impermeability grade

9.6 特种砂浆

9.6.1 特种砂浆的检测代码及参数除应包括本标准表9.5.1的内容外，其他检测代码及参数尚应符合表9.6.1的规定。

表9.6.1 特种砂浆其他检测代码及参数

序号	代码	参数	Parameter
1	Q090601	流动度	Fluidity
2	Q090602	拉伸粘结强度	Tensile bond strength
3	Q090603	剪切粘结强度	Shear bond strength
4	Q090604	堆积密度	Packing density
5	Q090605	干密度	Dry density
6	Q090606	湿表观密度	Wet apparent density
7	Q090607	干表观密度	Dry apparent density
8	Q090608	含气量	Air content
9	Q090609	滑移	Sliding
10	Q090610	耐磨度比	Wear resistance ratio
11	Q090611	表面强度(压痕直径)	Surface strength (indentation diameter)
12	Q090612	颜色(与标准样比)	Colour (comparing to standard sample)
13	Q090613	耐碱性	Alkali resistance
14	Q090614	耐热性	Heat resistance
15	Q090615	抗冻性	Frost resistance
16	Q090616	28d收缩率	Shrinkage ratio at 28d
17	Q090617	耐磨性	Abrasion resistance
18	Q090618	抗冲击性	Impact resistance
19	Q090619	尺寸变化率	Dimensional change
20	Q090620	竖向膨胀率	Vertical expansion
21	Q090621	钢筋握裹强度(圆钢)	Bonding strength of steel
22	Q090622	高强聚合物砂浆抗折强度	Flexural strength of high strength polymer mortar
23	Q090623	软化系数	Soften coefficient
24	Q090624	难燃性	Nonflammable property

10 装饰装修材料

10.1 一般规定

10.1.1 装饰装修材料检测代码及项目应符合表10.1.1的规定。

表10.1.1 装饰装修材料检测代码及项目

序号	代码	项目	Item
1	Q1002	建筑涂料	Building coating
2	Q1003	陶瓷砖	Ceramic tile
3	Q1004	瓦	Tile
4	Q1005	壁纸(布)	Wallpaper
5	Q1006	普通装饰板材	Ordinary decorative plate
6	Q1007	天然饰面石材	Natural decorative stone
7	Q1008	人工装饰石材	Artificial decorative stone
8	Q1009	竹木地板	Bamboo and wood floor

10.1.2 装饰装修材料有害物质含量检测应符合本标准第40章的规定。

10.2 建筑涂料

10.2.1 建筑涂料的检测代码及参数应符合表10.2.1的规定。

表10.2.1 建筑涂料的检测代码及参数

序号	代码	参数	Parameter
1	Q100201	容器中状态	State in container
2	Q100202	涂膜外观	Paint film appearance
3	Q100203	干燥时间	Drying time
4	Q100204	施工性/刷涂性	Workability/Brushability
5	Q100205	固体含量/不挥发物含量	Solid content/Involatile content
6	Q100206	储存稳定性(常温、低温、高温)	Storage stability (normal temperature, low temperature, high temperature)
7	Q100207	附着力(划圈法、划格法)	Adhesion (roll method、square method)
8	Q100208	粘结强度(标准状态、浸水后、冻融循环后)	Cohesive strength (standard state, after soaking, after freezing and thawing)
9	Q100209	抗压强度	Compressive strength
10	Q100210	干密度	Dry density
11	Q100211	拉伸强度	Tensile strength
12	Q100212	断裂伸长率	Percentage elongation at fracture
13	Q100213	硬度(摆杆、铅笔)	Hardness (swing-rod、pencil)

续表 10.2.1

序号	代码	参　数	Parameter
14	Q100214	细度	Fineness
15	Q100215	透水性	Water permeability
16	Q100216	吸水量	Water absorption
17	Q100217	柔韧性	Flexibility
18	Q100218	黏度（旋转法、流出时间）	Viscosity (revolving、flowing time)
19	Q100219	固化速度	Curing rate
20	Q100220	遮盖力	Capacity of coverage for coating
21	Q100221	白度	Whiteness
22	Q100222	对比率	Contraction rate
23	Q100223	闪点	Flash point
24	Q100224	动态抗开裂性	Dynamic cracking resistance
25	Q100225	结皮性	Soil crust
26	Q100226	光泽	Glossiness
27	Q100227	重涂适应性	Recoating adaptability
28	Q100228	回黏性	Viscosity
29	Q100229	溶剂可溶物的硝基	Nitro of solvent soluble matter
30	Q100230	苯酐含量	Phthalic anhydride content
31	Q100231	防锈性	Rust prevention
32	Q100232	耐弯曲性	Bending resistance
33	Q100233	耐冲击性	Impact resistance
34	Q100234	耐干擦性	Dry-cleaning resistance
35	Q100235	耐水性	Water resistance
36	Q100236	耐碱性	Alkali resistance
37	Q100237	耐酸性	Acid resistance
38	Q100238	耐醇性	Alcohol resistance
39	Q100239	耐候性（暴晒）	Weather resistance (outdoor exposure)
40	Q100240	耐人工老化性	Artificial aging resistance
41	Q100241	耐曝热性	Resistance to heat and dry
42	Q100242	耐干热性	Dry heat resistance
43	Q100243	耐湿热性	Wet heat resistance

续表 10.2.1

序号	代码	参　数	Parameter
44	Q100244	耐热性	Heat resistance
45	Q100245	耐温变性/耐冻融循环性	Temperature change resistance /Freeze-thaw resistance
46	Q100246	耐盐雾性	Salt spray resistance
47	Q100247	耐盐水性	Salt water resistance
48	Q100248	耐磨性	Abrasion resistance
49	Q100249	耐洗刷性	Scrub resistance
50	Q100250	耐沾污性	Stain resistance
51	Q100251	耐溶剂油性	Solvent oil resistance
52	Q100252	耐挥发性溶剂	Volatile solvent resistance
53	Q100253	耐燃时间	Time of burning resistance
54	Q100254	火焰传播比值	Blaze spread ratio
55	Q100255	阻火性	Flame retardant property
56	Q100256	防火性能/耐火性能	Fireproofing/Fire resistance

10.3　陶　瓷　砖

10.3.1　陶瓷砖的检测代码及参数应符合表 10.3.1 的规定。

表 10.3.1　陶瓷砖的检测代码及参数

序号	代码	参　数	Parameter
1	Q100301	尺寸	Dimension
2	Q100302	外观	Appearance
3	Q100303	吸水率	Water absorption
4	Q100304	光泽度	Gloss index
5	Q100305	线性热膨胀系数	Linear thermal expansion
6	Q100306	湿膨胀	Moisture expansion
7	Q100307	小色差	Chromatic aberration
8	Q100308	摩擦系数	Friction coefficient
9	Q100309	显气孔率	Apparent porosity
10	Q100310	断裂模数和破坏强度	Rupture modulus and breaking strength
11	Q100311	抗冲击性	Shock resistance
12	Q100312	有釉砖耐磨性	Abrasive resistance of glazed brick

续表 10.3.1

序号	代码	参　数	Parameter
13	Q100313	无釉砖耐磨深度	Wear-resistant depth of unglazed brick
14	Q100314	抗热震性	Heat shock resistance
15	Q100315	抗釉裂性	Crazing resistance
16	Q100316	抗冻性	Frost resistance
17	Q100317	耐化学腐蚀性	Chemical corrosion resistance
18	Q100318	耐污染性	Stain resistance
19	Q100319	铅和镉溶出量	Lead and cadmium release

10.4 瓦

10.4.1 瓦的检测代码及参数应符合表 10.4.1 的规定。

表 10.4.1 瓦的检测代码及参数

序号	代码	参　数	Parameter
1	Q100401	尺寸	Dimension
2	Q100402	外观	Appearance
3	Q100403	含水率	Water content
4	Q100404	吸水率	Water absorption
5	Q100405	表观密度	Apparent density
6	Q100406	孔隙率	Porosity
7	Q100407	不透水性/抗渗性能	Water impermeability
8	Q100408	抗折/抗弯曲	Bending resistance
9	Q100409	抗冲击性	Impact resistance
10	Q100410	承载力	Load
11	Q100411	干缩率	Drying shrinkage ratio
12	Q100412	湿胀率	Moisture expansion ratio
13	Q100413	抗冻性	Frost resistance
14	Q100414	耐急冷急热	Thermal shock resistance

10.5 壁　纸

10.5.1 壁纸的检测代码及参数应符合表 10.5.1 的规定。

表 10.5.1 壁纸的检测代码及参数

序号	代码	参　数	Parameter
1	Q100501	尺寸	Dimension
2	Q100502	外观	Appearance
3	Q100503	质量	Mass
4	Q100504	纵、横向强度	Longitudinal and transverse strength
5	Q100505	粘贴牢度/粘接性/剥离强度	Cohesive fastness/Adhesiveness/Peel strength
6	Q100506	退色性/耐光色牢度/耐光等级	Colour fastness/Colour fastness to light/Grade of light resistance
7	Q100507	耐摩擦色牢度试验/耐摩擦色牢度/耐摩擦等级	Test for colour fastness to rubbing/Colour fastness to rubbing/Grade of rubbing resistance
8	Q100508	遮蔽性	Defilade quality
9	Q100509	湿润拉伸负荷	Wetness tensile charge
10	Q100510	胶粘剂可试性	Triable capability of bond
11	Q100511	可洗性/耐擦洗性	Washable/Scrub resistance

10.6 普通装饰板材

10.6.1 普通装饰板材的检测代码及参数应符合表 10.6.1 的规定。

表 10.6.1 普通装饰板材的检测代码及参数

序号	代码	参　数	Parameter
1	Q100601	尺寸	Dimension
2	Q100602	外观	Appearance quality
3	Q100603	涂层厚度	Thickness of coating
4	Q100604	面密度	Surface density
5	Q100605	铅笔硬度	lead pencil rigidity
6	Q100606	涂层柔韧性	Flexibility of coating
7	Q100607	粘结强度	Adhesive strength
8	Q100608	附着力	Adhesion
9	Q100609	弯曲强度/断裂荷载/抗折强度/抗弯承载力	Bending strength/Breaking load/Bending strength / Bending load

续表 10.6.1

序号	代码	参数	Parameter
10	Q100610	弯曲弹性模量	Elastic module in bending
11	Q100611	抗拉强度	Tensile strength
12	Q100612	光泽度偏差	Gloss deviation
13	Q100613	握螺钉力	Screw holding capability
14	Q100614	贯穿阻力	Transfixion resistance
15	Q100615	含水率	Water content
16	Q100616	不透水性	Water impermeability
17	Q100617	干缩率	Drying shrinkage ratio
18	Q100618	湿胀率	Wet expansion ratio
19	Q100619	受潮挠度	Moisture deflection
20	Q100620	表面吸水量	Surface water absorption
21	Q100621	护面纸与石膏芯的粘结	Adhesion between surface paper and gypsum core
22	Q100622	双面镀锌量	Zinc content on both side
23	Q100623	镀锌层厚度	Zn-coat thickness
24	Q100624	氯离子含量	Chloride ion content
25	Q100625	抗返卤性	Impermeabi Lity resistance
26	Q100626	抗冻性	Frost resistance
27	Q100627	褪色性	Depigment capability
28	Q100628	热翘曲量	Thermal warpage
29	Q100629	热膨胀系数	Coefficient of thermal expansion
30	Q100630	热变形温度	Thermal deformation temperature
31	Q100631	耐冲击性/抗冲击强度	Impact resistance
32	Q100632	耐磨耗性	Wear resistance
33	Q100633	耐沸水性	Boiling water resistance
34	Q100634	耐温差性	Thermal gradient resistance
35	Q100635	耐沾污性	Stain resistance
36	Q100636	耐洗刷性	Scrubbing resistance
37	Q100637	耐油性	Oil resistance
38	Q100638	耐溶剂性	Solvent resistance
39	Q100639	耐酸性	Acid resistance

续表 10.6.1

序号	代码	参数	Parameter
40	Q100640	耐碱性	Alkali resistance
41	Q100641	耐盐雾性	Salt spray resistance
42	Q100642	老化性能（人工气候、紫外线、热）	Ageing capability（Accelerated weathering ageing，ultraviolet-ray，heat）
43	Q100643	燃烧性能/耐火极限/遇火稳定性/最高使用温度/防火性能	Burning behaviour/Fire-resistant limit /Fire stability/Maximum service temperature/Fire safety

10.7 天然饰面石材

10.7.1 天然饰面石材的检测代码及参数应符合表10.7.1的规定。

表 10.7.1 天然饰面石材的检测代码及参数

序号	代码	参数	Parameter
1	Q100701	尺寸	Dimension
2	Q100702	外观	Appearance
3	Q100703	角度	Angle
4	Q100704	平面度	Flatness
5	Q100705	体积密度	Volume density
6	Q100706	吸水率	Water absorption
7	Q100707	压缩强度（干燥、水饱和、冻融循环）	Compressive strength (dry，wet and after freezing)
8	Q100708	弯曲强度（干燥、水饱和）	Flexural strength（dry，wet）
9	Q100709	肖氏硬度	Shore hardness
10	Q100710	真密度	True density
11	Q100711	真气孔率	True porosity
12	Q100712	耐磨性	Abrasion resistance
13	Q100713	抗冻性	Frost resistance
14	Q100714	镜面光泽度	Mirror luster
15	Q100715	耐酸性	Acid resistance

10.8 人工装饰石材

10.8.1 人工装饰石材的检测代码及参数应符合表10.8.1的规定。

表 10.8.1　人工装饰石材的检测代码及参数

序号	代码	参　数	Parameter
1	Q100801	尺寸	Dimension
2	Q100802	密度	Density
3	Q100803	吸水率	Water absorption
4	Q100804	弯曲强度	Bending strength
5	Q100805	抗压强度	Compressive strength
6	Q100806	表面光泽度	Surface glossiness
7	Q100807	表面巴氏硬度	Surface hardness
8	Q100808	线膨胀系数	Coefficient of linear expansion
9	Q100809	耐磨性	Abrasion resistance
10	Q100810	耐酸碱性	Acid and alkali resistance

10.9　竹木地板

10.9.1　竹木地板的检测代码及参数应符合表10.9.1的规定。

表 10.9.1　竹木地板的检测代码及参数

序号	代码	参　数	Parameter
1	Q100901	尺寸	Dimension
2	Q100902	加工精度	Machining precision
3	Q100903	外观	Presentation quality
4	Q100904	密度	Density
5	Q100905	含水率	Water content
6	Q100906	吸水厚度膨胀率	Thickness expansion rate after absorbing water
7	Q100907	静曲强度	Strength in static bending
8	Q100908	内结合强度	Internal bond strength
9	Q100909	表面胶合强度	Surface adhesive strength
10	Q100910	弹性模量	Elastic modulus
11	Q100911	尺寸稳定性	Stability of dimension
12	Q100912	浸渍剥离试验	Dipping and pelling test
13	Q100913	表面硬度	Surface hardness
14	Q100914	漆膜附着力	Adhesion of paint film
15	Q100915	漆膜的硬度	Hardness of paint film
16	Q100916	集中载荷	Concentrated load
17	Q100917	支撑承载能力	Supporting and bearing capacity

续表 10.9.1

序号	代码	参　数	Parameter
18	Q100918	表面抗冲击	Surface shock resistance
19	Q100919	表面耐磨	Surface abrasion resistance
20	Q100920	表面漆膜光泽度	Surface glossiness of paint film
21	Q100921	表面耐干热	Surface dry heat resistance
22	Q100922	表面耐冷热循环性能	Surface cold and heat circulate inheritance
23	Q100923	表面耐污染	Surface pollution tolerance
24	Q100924	表面耐水蒸气	Surface water vapor resistance
25	Q100925	表面耐龟裂	Surface crack resistance
26	Q100926	表面耐划痕	Surface scratch resistance
27	Q100927	表面耐香烟灼烧	Surface cigarette burning resistance
28	Q100928	防火性能	Fire resistance

11　门窗幕墙

11.1　一般规定

11.1.1　门窗幕墙检测代码及项目应符合表11.1.1的规定。

表 11.1.1　门窗幕墙检测代码及项目

序号	代码	项　目	Item
1	Q1102	建筑玻璃	Building glass
2	Q1103	铝型材	Aluminum
3	Q1104	门窗	Door and window
4	Q1105	幕墙	Curtain wall
5	Q1106	密封条	Seal strip
6	Q1107	执手	Window lock
7	Q1108	合页、铰链	Hinge
8	Q1109	传动锁闭器	Transmission fitting lock
9	Q1110	滑撑	Slip support
10	Q1111	撑挡	Support
11	Q1112	滑轮	Pulley

续表 11.1.1

序号	代码	项　　目	Item
12	Q1113	半圆锁	Semi-circle lock
13	Q1114	限位器	Displacement restrictor
14	Q1115	幕墙支承装置	Supporting device of curtain wall

11.2 建筑玻璃

11.2.1 建筑玻璃的热工性能检测代码及参数应符合本标准表 37.4.1 的规定，光学性能检测代码及参数应符合本标准表 38.4.1 的规定，其他检测代码及参数应符合表 11.2.1 的规定。

表 11.2.1 建筑玻璃的其他检测代码及参数

序号	代码	参　　数	Parameter
1	Q110201	尺寸	Dimension
2	Q110202	外观	Appearance
3	Q110203	平整度	Level
4	Q110204	弹性模量	Elastic modulus
5	Q110205	剪切模量	Shear modulus
6	Q110206	泊松比	Poisson's ratio
7	Q110207	平均线性热膨胀系数	Factor of average linear thermal expansion
8	Q110208	弯曲强度	Bending strength
9	Q110209	弯曲度	Circumflexion
10	Q110210	碎片状态	Fragment state
11	Q110211	表面应力	Surface stress
12	Q110212	落球冲击性能	Impact property
13	Q110213	散弹袋冲击性能	Shot bag impact properties
14	Q110214	抗风压性能	Wind load resistance
15	Q110215	耐寒性能	Cold resistance
16	Q110216	耐磨性	Abrasion resistance
17	Q110217	耐酸性	Acid resistance
18	Q110218	耐碱性	Alkali resistance
19	Q110219	耐温度变化性	Temperature's change resistance
20	Q110220	耐紫外线辐照性能	Ultraviolet irradiation-resistance
21	Q110221	耐热性能	Heat resistance
22	Q110222	气候循环耐久性能	Climate circulating durability

续表 11.2.1

序号	代码	参　　数	Parameter
23	Q110223	耐热冲击性能	Heat shock impact properties
24	Q110224	表面耐冷热循环性能	Surface cold and heat cycling durability
25	Q110225	耐湿性	Damp resistance
26	Q110226	耐燃烧性	Flaming resistance
27	Q110227	耐火性能	Time of flaming resistance

11.3 铝型材

11.3.1 铝型材的检测代码及参数应符合表 11.3.1 的规定。

表 11.3.1 铝型材的检测代码及参数

序号	代码	参　　数	Parameter
1	Q110301	尺寸	Dimension
2	Q110302	规定非比例伸长应力	Proof strength, non-proportional extension
3	Q110303	伸长率	Percentage extension
4	Q110304	抗拉强度	Tensile strength
5	Q110305	维氏硬度	Vickers hardness
6	Q110306	韦氏硬度	Webster hardness
7	Q110307	膜厚/涂层厚度	Coating thickness/Thickness of coating
8	Q110308	漆膜附着力/附着力	Adhesion of paint film/Adhesion
9	Q110309	氧化膜封孔质量	Quality of sealed anodic oxide coating
10	Q110310	抗弯曲性	Bending resistance
11	Q110311	纵向剪切试验	Shear test of lengthways
12	Q110312	横向拉伸试验	Tensile test of transverse
13	Q110313	颜色和色差	Colour and colour difference
14	Q110314	压痕硬度	Printing hardness
15	Q110315	抗扭试验	Twisting resistance test
16	Q110316	光泽	Glossiness
17	Q110317	应力开裂试验	Stress cracking test
18	Q110318	耐盐雾腐蚀性	Salt spray resistance

续表 11.3.1

序号	代码	参　数	Parameter
19	Q110319	耐湿热性	Resistance to heat and humidity
20	Q110320	耐冲击性	Impact resistance
21	Q110321	耐蚀性	Corrosion resistance
22	Q110322	水中浸泡试验、湿热试验	Marinate in water, wetness and heat test
23	Q110323	脆性试验	Brittleness test
24	Q110324	耐磨性	Abrasion resistance
25	Q110325	高温持久负荷试验	Permanence of high temperature charge test
26	Q110326	热循环试验	Thermal cycling test
27	Q110327	耐化学稳定性	Chemical resistance
28	Q110328	耐沸水性	Boiling water resistance

11.4 门　　窗

11.4.1 门窗热工性能检测代码及参数应符合本标准表 37.5.1 的规定，光学性能检测代码及参数应符合本标准表 38.5.1 的规定，声学性能检测代码及参数应符合本标准表 39.7.1 的规定，其他检测代码及参数应符合表 11.4.1 的规定。

表 11.4.1　门窗的其他检测代码及参数

序号	代码	参　数	Parameter
1	Q110401	尺寸	Dimension
2	Q110402	整体强度	Integral strength
3	Q110403	抗风压性能	Wind load resistance performance
4	Q110404	水密性能	Water tightness performance
5	Q110405	气密性能	Air permeability performance
6	Q110406	垂直荷载强度	Vertical load strength
7	Q110407	启闭力（开关力）	Opening and closing force
8	Q110408	悬端吊重	Suspension load
9	Q110409	翘曲	Warping
10	Q110410	角强度	Angle strength
11	Q110411	冲击（软物、硬物）	Impact (software, hardware)

续表 11.4.1

序号	代码	参　数	Parameter
12	Q110412	扭曲性能	Torsion performance
13	Q110413	对角线变形	Diagonal deformation
14	Q110414	耐候性	Weather resistance
15	Q110415	耐火性能	Fire performance

11.5 幕　　墙

11.5.1 幕墙热工性能检测代码及参数应符合本标准表 37.5.1 的规定，其他检测代码及参数应符合表 11.5.1 的规定。

表 11.5.1　幕墙的其他检测代码及参数

序号	代码	参　数	Parameter
1	Q110501	气密性能	Air permeability performance
2	Q110502	水密性能	Water tightness performance
3	Q110503	抗风压性能	Wind load resistance performance
4	Q110504	平面内变形性能	Deformation performance in plane of curtain wall
5	Q110505	热循环性能	Thermal cycling performance
6	Q110506	承载力性能（结构性能）	Load-carrying performance (structural performance)
7	Q110507	抗震性能	Earthquake resistant performance
8	Q110508	抗冲击性能	Impact property
9	Q110509	防爆炸冲击波性能	Explosion resistance performance
10	Q110510	防火性能	Fire prevention performance
11	Q110511	防雷性能	Lightning protection performance
12	Q110512	防电磁（红外、声波）干扰性能	Electromagnetic interference resistance performance (Infra-red, acoustic wave)

11.6 密　封　条

11.6.1 密封条的检测代码及参数应符合表 11.6.1 的规定。

表 11.6.1 密封条的检测代码及参数

序号	代码	参数	Parameter
1	Q110601	加热收缩率	Shrinkage after heat
2	Q110602	尺寸	Dimension
3	Q110603	邵尔 A 硬度	Shore A hardness
4	Q110604	100％定伸强度	Strength at 100％ maintained extension
5	Q110605	拉伸断裂强度	Tensile strength at break
6	Q110606	拉伸断裂伸长率	Tensile elongation at break
7	Q110607	热空气老化性能	Thermal ageing property
8	Q110608	压缩永久变形（压缩率为30％）	Compressions set（compression rate 30％）
9	Q110609	脆性温度	Brittleness temperature
10	Q110610	耐臭氧性	Ozone-resistance
11	Q110611	空气渗透性能	Air permeability performance
12	Q110612	机械性能	Mechanical property

11.7 执 手

11.7.1 执手的检测代码及参数应符合表 11.7.1 的规定。

表 11.7.1 执手的检测代码及参数

序号	代码	参数	Parameter
1	Q110701	耐蚀性	Corrosion resistance
2	Q110702	膜厚度	Coating thickness
3	Q110703	涂层附着力	Adhesion of coating
4	Q110704	配合功能	Assorted function
5	Q110705	转动力	Rotational strength
6	Q110706	拉力	Pulling force
7	Q110707	反复启闭	Repeated opening and closing

11.8 合页、铰链

11.8.1 合页、铰链的检测代码及参数应符合表 11.8.1 的规定。

表 11.8.1 合页、铰链的检测代码及参数

序号	代码	参数	Parameter
1	Q110801	耐蚀性	Corrosion resistance
2	Q110802	膜厚度	Coating thickness
3	Q110803	涂层附着力	Adhesion of coating
4	Q110804	径向间隙	Radial clearance
5	Q110805	铆钉扭矩	Pin torque
6	Q110806	角部合页调整范围	Adjusting scope of corner hinge
7	Q110807	承载级	Bear the weight of progression
8	Q110808	反复启闭	Repeated opening and closing

11.9 传动锁闭器

11.9.1 传动锁闭器的检测代码及参数应符合表 11.9.1 的规定。

表 11.9.1 传动锁闭器的检测代码及参数

序号	代码	参数	Parameter
1	Q110901	锁柱、锁块静拉力	Static tensile strength of lock rod
2	Q110902	偏心调整性能	Properties of eccentricity adjustment
3	Q110903	齿轮、齿条间隙量	Blank holder gap of gear-rack
4	Q110904	空载转动力矩	No-load moment of gyration
5	Q110905	牢固度	Fastness
6	Q110906	耐蚀性	Corrosion resistance
7	Q110907	反复启闭	Repeated opening and closing

11.10 滑 撑

11.10.1 滑撑的检测代码及参数应符合表 11.10.1 的规定。

表 11.10.1 滑撑的检测代码及参数

序号	代码	参数	Parameter
1	Q111001	启闭力	Opening and closing force
2	Q111002	悬端吊重	Suspension load
3	Q111003	反复启闭	Repeated opening and closing

11.11 撑 挡

11.11.1 撑挡的检测代码及参数应符合表 11.11.1

的规定。

表 11.11.1 撑挡的检测代码及参数

序号	代码	参　数	Parameter
1	Q111101	直线度	Linearity
2	Q111102	耐蚀性	Corrosion resistance
3	Q111103	锁紧力	Locking force
4	Q111104	摩擦力	Friction
5	Q111105	开启力	Opening force
6	Q111106	锁定式撑挡手柄开启力矩	Opening force moment of locking support's handle
7	Q111107	摩擦力差值	Friction difference
8	Q111108	抗拉性能	Tensile property
9	Q111109	抗弯性能	Flexural property
10	Q111110	反复启闭	Repeated opening and closing

11.12 滑　轮

11.12.1 滑轮的检测代码及参数应符合表 11.12.1 的规定。

表 11.12.1 滑轮的检测代码及参数

序号	代码	参　数	Parameter
1	Q111201	耐蚀性	Corrosion resistance
2	Q111202	最大承载能力	Maximum load-carrying capacity
3	Q111203	轮轴与轴承配合性能	Cooperation properties of wheel shaft and bearing
4	Q111204	轮体径向跳动量	Radial run-out of pulley
5	Q111205	轮体轴向窜动量	Axial movement of pulley
6	Q111206	轮轴与轮架配合性能	Complexation property of wheel axle and frame
7	Q111207	轮体表面压痕深度	Indentation depth of surface
8	Q111208	表面粗糙度	Surface roughness
9	Q111209	反复启闭	Repeated opening and closing

11.13 半　圆　锁

11.13.1 半圆锁的检测代码及参数应符合表 11.13.1 的规定。

表 11.13.1 半圆锁的检测代码及参数

序号	代码	参　数	Parameter
1	Q111301	转动力矩	Moment of gyration
2	Q111302	拉压性能	Extension and compression property
3	Q111303	耐蚀性	Corrosion resistance
4	Q111304	反复启闭	Repeated opening and closing

11.14 限　位　器

11.14.1 限位器的检测代码及参数应符合表 11.14.1 的规定。

表 11.14.1 限位器的检测代码及参数

序号	代码	参　数	Parameter
1	Q111401	开启限位器性能	Restricted opening device performance

11.15 幕墙支承装置

11.15.1 幕墙支承装置的检测代码及参数应符合表 11.15.1 的规定。

表 11.15.1 幕墙支承装置的检测代码及参数

序号	代码	参　数	Parameter
1	Q111501	连接件螺杆的径向承载力	Radial bearing capacity of connector screw
2	Q111502	连接件螺杆的轴向承载力	Axial bearing capacity of connector screw
3	Q111503	单爪的承载力	Bearing capacity of single claw
4	Q111504	吊夹承载力	Bearing capacity of clamp

12 防 水 材 料

12.1 一 般 规 定

12.1.1 防水材料检测代码及项目应符合表 12.1.1 的规定。

表 12.1.1 防水材料的检测代码及项目

序号	代码	项　目	Item
1	Q1202	防水卷材	Waterproof rolls
2	Q1203	防水涂料	Waterproof coating

续表 12.1.1

序号	代码	项目	Item
3	Q1204	道桥防水材料	Waterproof material for road and bridge

12.2 防水卷材

12.2.1 防水卷材的检测代码及参数应符合表12.2.1的规定。

表 12.2.1 防水卷材的检测代码及参数

序号	代码	参数	Parameter
1	Q120201	外观	Appearance
2	Q120202	尺寸	Dimension
3	Q120203	卷重	Weight of per roll
4	Q120204	可溶物含量	Soluble matter content
5	Q120205	不透水性	Water impermeability
6	Q120206	尺寸稳定性/热处理尺寸变化率	Dimensional stability / Change in dimensions on heating
7	Q120207	拉伸强度/拉力	Tensile strength
8	Q120208	延伸率/断裂伸长率	Elongation at break
9	Q120209	柔度/低温弯折性	Flexibility
10	Q120210	剪切性能	Shear property
11	Q120211	剥离性能	Peel property
12	Q120212	抗穿孔性	Anti-perforation property
13	Q120213	撕裂强度	Tear strength
14	Q120214	剪切状态下的粘合性	Adhesive property on shear force
15	Q120215	邵尔A硬度	Shore A hardness
16	Q120216	粘合性能	Adhesive property
17	Q120217	热老化处理	Heat ageing
18	Q120218	人工气候加速老化	Accelerated weathering ageing
19	Q120219	加热伸缩量	Flex after heating
20	Q120220	耐化学侵蚀	Chemical resistantance
21	Q120221	耐碱性	Alkali resistance
22	Q120222	臭氧老化	Ozone ageing
23	Q120223	耐热度/耐热性	Heat resistance
24	Q120224	水蒸气透湿率	Vapor penetration capacity

12.3 防水涂料

12.3.1 防水涂料的检测代码及参数应符合表12.3.1的规定。

表 12.3.1 防水涂料的检测代码及参数

序号	代码	参数	Parameter
1	Q120301	外观	Appearance
2	Q120302	干燥时间/表干时间/实干时间	Tack-free time
3	Q120303	固体含量	Solid content
4	Q120304	密度	Density
5	Q120305	适用时间	Application time
6	Q120306	拉伸强度	Tensile strength
7	Q120307	延伸性/断裂伸长率	Elongation at break
8	Q120308	撕裂强度	Tearing strength
9	Q120309	不透水性	Water impermeability
10	Q120310	柔度/低温弯折性	Flexibility
11	Q120311	潮湿基面粘结强度	Adhesion strength on wet surface
12	Q120312	粘结强度	Adhesion strength
13	Q120313	抗折强度	Bending strength
14	Q120314	抗渗性	Permeability resistance
15	Q120315	加热伸缩率	Flex after heating
16	Q120316	定伸时老化	Aging at stretching
17	Q120317	恢复率	Recovery
18	Q120318	抗冻性	Frost resistance
19	Q120319	耐热性	Heat resistance
20	Q120320	抗裂性	Cracking resistance
21	Q120321	人工气候加速老化（紫外线处理）	Accelerated weathering ageing (ultraviolet radiation treatment)
22	Q120322	热老化处理	Heat aging
23	Q120323	耐化学侵蚀（盐处理、酸处理、碱处理）	Chemical resistance (salt, acid, alkali)
24	Q120324	耐碱性	Alkali resistance
25	Q120325	臭氧老化	Ozone aging

12.4 道桥防水材料

12.4.1 道桥防水材料的检测代码及参数除应包括本

标准表 12.2.1、表 12.3.1 的内容外，其他检测代码及参数尚应符合表 12.4.1 的规定。

表 12.4.1 道桥防水材料的其他检测代码及参数

序号	代码	参 数	Parameter
1	Q120401	沥青涂盖层厚度	Thickness of pitchy
2	Q120402	干燥性	Drying property
3	Q120403	渗油性	Qil penetration
4	Q120404	50℃剪切强度	Shearing strength at 50℃
5	Q120405	50℃粘结强度	Bonding strength at 50℃
6	Q120406	热碾压后抗渗性	Permeability resistance after heat rolling
7	Q120407	接缝变形能力	Deformation capacity of joint
8	Q120408	抗硌破	Anti- pierce
9	Q120409	渗水系数	Permeability coefficient
10	Q120410	高温抗剪	High temperature shearing
11	Q120411	低温抗裂	Cracking resistance at low temperature
12	Q120412	低温延伸率	Elongation at low temperature
13	Q120413	涂料与水泥混凝土粘结强度	Sticking together strength of dope to cement concrete
14	Q120414	抗冻性	Frost resistance
15	Q120415	盐处理性能/耐盐水	Aridized capability / Brine resistance

13 嵌缝密封材料

13.1 一 般 规 定

13.1.1 嵌缝密封材料检测代码及项目应符合表 13.1.1 的规定。

表 13.1.1 嵌缝密封材料检测代码及项目

序号	代码	项 目	Item
1	Q1302	定型嵌缝密封材料	Preformed joint sealing material
2	Q1303	无定型嵌缝密封材料	Amorphous joint sealing material

13.2 定型嵌缝密封材料

13.2.1 定型嵌缝密封材料的检测代码及参数应符合表 13.2.1 的规定。

表 13.2.1 定型嵌缝密封材料的检测代码及参数

序号	代码	参 数	Parameter
1	Q130201	尺寸	Dimension
2	Q130202	外观	Appearance
3	Q130203	拉伸强度	Tensile strength
4	Q130204	断裂伸长率	Elongation at break
5	Q130205	压缩永久变形	Compression set
6	Q130206	压缩强度	Compression strength
7	Q130207	压缩力	Compression force
8	Q130208	拉伸-压缩循环性能	Extension-compression cycle
9	Q130209	水蒸气渗透率	Vapor permeability rate
10	Q130210	剥离粘结性	Peel properties
11	Q130211	恢复率	Elastic recovery
12	Q130212	硬度	Hardness
13	Q130213	体积收缩率	Volume shrinkage
14	Q130214	撕裂强度	Crack strength
15	Q130215	脆性温度	Brittleness temperature
16	Q130216	热老化	Thermal aging
17	Q130217	紫外线处理	Ultraviolet radiation treatment

13.3 无定型嵌缝密封材料

13.3.1 无定型嵌缝密封材料的检测代码及参数应符合表 13.3.1 的规定。

表 13.3.1 无定型嵌缝密封材料的检测代码及参数

序号	代码	参 数	Parameter
1	Q130301	外观	Appearance
2	Q130302	密度	Density
3	Q130303	挤出性	Extrudability
4	Q130304	适用期	Application life
5	Q130305	施工度	Workability consistency
6	Q130306	表干时间	Tack-free time
7	Q130307	挥发性	Volatility
8	Q130308	渗出性	Bleeding

续表 13.3.1

序号	代码	参　数	Parameter
9	Q130309	固体含量	Solid content
10	Q130310	渗出指数	Bleeding index
11	Q130311	低温储存稳定性	Storage stability at low temperature
12	Q130312	初期耐水性	Initial water-resistance
13	Q130313	下垂度	Slump
14	Q130314	低温柔性	Low-temperature flexibility
15	Q130315	储存期	Storage life
16	Q130316	使用寿命	Service life
17	Q130317	拉伸粘结性	Tensile properties
18	Q130318	拉伸强度	Tensile strength
19	Q130319	断裂伸长率	Elongation at break
20	Q130320	定伸粘结性	Tensile properties at maintained extension
21	Q130321	剥离粘结性	Peel properties
22	Q130322	恢复率	Elastic recovery
23	Q130323	拉伸-压缩循环性	Extension-compression cycle
24	Q130324	油灰附着力	Putty adhesion
25	Q130325	油灰结膜时间	Putty film-forming time
26	Q130326	油灰龟裂试验	Putty map cracking test
27	Q130327	油灰操作性	Putty finishability
28	Q130328	与混凝土粘结强度	Adhesion strength with concrete
29	Q130329	相容性	Compatibility
30	Q130330	耐候性	Weather resistance
31	Q130331	防霉性能	Mildew resistance
32	Q130332	热老化	Thermal aging
33	Q130333	紫外线处理	Ultraviolet radiation treatment
34	Q130334	污染性	Staining

14 胶 粘 剂

14.1 一 般 规 定

14.1.1 胶粘剂检测代码及项目应符合表 14.1.1 的规定。

表 14.1.1 胶粘剂检测代码及项目

序号	代码	项　目	Item
1	Q1402	结构用胶粘剂	Structural adhesive
2	Q1403	非结构用胶粘剂	Decorating adhesive

14.2 结构用胶粘剂

14.2.1 结构用胶粘剂的检测代码及参数应符合表 14.2.1 的规定。

表 14.2.1 结构用胶粘剂的检测代码及参数

序号	代码	参　数	Parameter
1	Q140201	外观	Appearance
2	Q140202	pH	pH
3	Q140203	黏度	Viscosity
4	Q140204	固体含量/不挥发物含量	Solid content
5	Q140205	储存稳定性	Stability for storage
6	Q140206	适用期	Pot life
7	Q140207	涂胶量	Spread
8	Q140208	密度	Density
9	Q140209	可操作时间	Working time
10	Q140210	晾置时间	Open assembly time
11	Q140211	凝胶时间	Gel time
12	Q140212	弹性模量（弯曲、拉伸）	Elastic module（in bending，tension）
13	Q140213	压缩强度	Compressive strength
14	Q140214	拉伸强度	Tensile strength
15	Q140215	抗剪强度	Shearing strength
16	Q140216	受拉极限变形	Ultimate deformation in tension
17	Q140217	正拉粘结强度	Adhesion strength under tensile stress
18	Q140218	拉伸剪切强度	Tensile shear strength
19	Q140219	层间剪切强度	Interlaminar shear strength
20	Q140220	弯曲强度	Bending strength
21	Q140221	拉剪强度	Tension-shearing strength
22	Q140222	压剪强度（标准条件、浸水、热处理、冻融循环）	Compression-shearing strength

续表 14.2.1

序号	代码	参　数	Parameter
23	Q140223	T剥离强度	T peel strength
24	Q140224	180°剥离强度	Peel strength at 180°
25	Q140225	剪切状态下的粘合性	Adhesion properties under shearing strength
26	Q140226	粘结强度	Cohesive strength
27	Q140227	滑移	Sliding
28	Q140228	伸长率	Percentage elongation
29	Q140229	触变指数	Thixotropic exponential
30	Q140230	不均匀扯离强度	Uneven tear strength
31	Q140231	冲击强度	Impact strength
32	Q140232	拉伸胶粘原始强度	Original strength of tensile adhesion
33	Q140233	拉伸胶粘强度（浸水后、热老化后）	Tensile adhesion strength (after soaking, heat aging)
34	Q140234	冻融循环后的拉伸胶粘强度	Tensile adhesion strength after freezing-thawing cycles
35	Q140235	压缩剪切胶粘原强度	Original strength in compression-shearing
36	Q140236	压缩剪切胶粘强度（浸水后、热老化后、高低温交变循环后）	Original strength in compression-shearing (after soaking, heat aging)
37	Q140237	剪切胶粘强度（浸水后、高温下）	Shearing adhesion strength (after soaking in water, under high temperature)
38	Q140238	透水性	Water permeability
39	Q140239	柔韧性（压折比、开裂应变）	Flexibility
40	Q140240	24h吸水量	Water absorption for 24h
41	Q140241	水蒸气透过湿流密度	Moisture density of water vapor penetration
42	Q140242	抗裂性	Breaking resistance
43	Q140243	对接接头拉伸强度	Butt joint tensile strength

续表 14.2.1

序号	代码	参　数	Parameter
44	Q140244	疲劳性能	Fatigue
45	Q140245	热变形温度	Thermal deformation temperature
46	Q140246	耐温性能	Thermal resistance
47	Q140247	冻融性能	Temperature variation properties
48	Q140248	耐老化性能	Resistance to deterioration on weathering
49	Q140249	耐久性	Durability
50	Q140250	防霉性	Scrub resistance

14.3　非结构用胶粘剂

14.3.1　非结构用胶粘剂的检测代码及参数应符合表14.3.1的规定。

表 14.3.1　非结构用胶粘剂的检测代码及参数

序号	代码	参　数	Parameter
1	Q140301	外观	Appearance
2	Q140302	pH	pH
3	Q140303	黏度	Viscosity
4	Q140304	固体含量/不挥发物含量	Solid content
5	Q140305	储存稳定性	Stability for storage
6	Q140306	适用期	Pot life
7	Q140307	涂胶量	Spread
8	Q140308	粘结强度	Cohesive strength
9	Q140309	密度	Density
10	Q140310	晾置时间	Open assembly time
11	Q140311	滑移	Sliding
12	Q140312	凝胶时间	Gel time
13	Q140313	防霉性	Scrub resistance
14	Q140314	拉伸强度	Tensile strength
15	Q140315	拉伸剪切强度	Lap-joint strength
16	Q140316	耐水性	Water resistance
17	Q140317	耐久性	Permanence resistance
18	Q140318	胶接强度	Bonding strength
19	Q140319	耐候性	Weather resistance
20	Q140320	水压爆破强度	Bursting strength
21	Q140321	胶膜特性	Membrane characteristic
22	Q140322	卫生指标	Sanitary performance

15 管网材料

15.1 一般规定

15.1.1 管网材料检测代码及项目应符合表15.1.1的规定。

表15.1.1 管网材料检测代码及项目

序号	代码	项 目	Item
1	Q1502	金属管材管件	Metal pipe and pipe-fitting
2	Q1503	塑料管材管件	Plastic pipe and pipe-fitting
3	Q1504	复合管材	Composite pipe
4	Q1505	混凝土管	Concrete pipe
5	Q1506	陶土管、瓷管	Clay tube
6	Q1507	检查井盖和雨水箅	Inspection manhole lid
7	Q1508	阀门	Valve

15.2 金属管材管件

15.2.1 金属管材管件化学性能除应包括本标准表3.9.1的内容外，其他检测代码及参数应符合表15.2.1的规定。

表15.2.1 金属管材管件的其他检测代码及参数

序号	代码	参 数	Parameter
1	Q150201	外观	Appearance
2	Q150202	尺寸	Dimension
3	Q150203	管件表面的防锈处理	Antirust treatment of fitting surface
4	Q150204	涂覆/热镀锌层	Coating/Hot-dip galvanizing
5	Q150205	管环抗弯强度	Flexural strength
6	Q150206	管材的扩口试验	Expanding test of pipe
7	Q150207	管材的压扁试验	Flattening test of pipe
8	Q150208	水压试验/工作压力/管材的液压试验/耐压试验/公称压力/过载压力	Hydraulic pressure test

续表15.2.1

序号	代码	参 数	Parameter
9	Q150209	气密性试验/密封性	Air tightness test
10	Q150210	爆破试验	Bursting test
11	Q150211	表面硬度	Surface hardness
12	Q150212	布氏硬度	Brinell hardness
13	Q150213	含氧量	Oxygen content
14	Q150214	弯曲性能	Bending property
15	Q150215	负压试验	Negative pressure test
16	Q150216	拉拔试验	Pull-out test
17	Q150217	抗拉强度	Tensile strength
18	Q150218	交变弯曲试验	Alternate bending test
19	Q150219	振动试验	Vibration test
20	Q150220	延伸率	Extending rate
21	Q150221	负压密封性和漏气速率检查	Examination of negative pressure sealing and air leakage rate
22	Q150222	挠性接头转角检查	Angular examination of flexible hinge
23	Q150223	挠性接头管端间隙检查	Pipe gap examination of flexible hinge
24	Q150224	橡胶密封圈的试验	Test of rubber sealing ring
25	Q150225	温度变化试验	Temperature change test
26	Q150226	涡流探伤	Eddy current detection
27	Q150227	卫生试验	Sanitation test

15.3 塑料管材管件

15.3.1 塑料管材管件的检测代码及参数应符合表15.3.1的规定。

表15.3.1 塑料管材管件的检测代码及参数

序号	代码	参 数	Parameter
1	Q150301	外观	Appearance
2	Q150302	尺寸	Dimension
3	Q150303	密度	Density
4	Q150304	维卡软化温度	Vicat softening temperature
5	Q150305	拉伸强度	Tensile strength
6	Q150306	涂层厚度	Coating thickness

续表 15.3.1

序号	代码	参　数	Parameter
7	Q150307	断裂伸长率	Elongation at break
8	Q150308	纵向回缩率/纵向尺寸收缩率	Longitudinal reversion
9	Q150309	环刚度/环柔度	Ring stiffness
10	Q1503010	静液压强度/耐液压性能/静液压试验/系统静液压试验/静内压强度/液压试验	Hydrostatic strength
11	Q150311	坠落试验	Falling test
12	Q150312	简支梁冲击试验	Simply-supported beam impact test
13	Q150313	冲击强度/落锤冲击试验	Blowing strength/Drop hammer blowing test
14	Q150314	循环压力冲击试验/水锤试验	Impact test under cyclical pressure/ Water hammer test
15	Q150315	扁平试验/压扁性能	Flattening test
16	Q150316	耐拉拔试验	Test of resistance to pull out
17	Q150317	耐弯曲试验	Test of resistance to bending
18	Q150318	冷弯曲率半径	Cold bending radius
19	Q150319	附着力试验	Adhesion test
20	Q150320	压缩复原	Compress reversion
21	Q150321	耐环境应力开裂	Resistance to cracking under environmental stress
22	Q150322	撕裂试验	Tear test
23	Q150323	鞍形旁通的冲击强度	Impacting strength of tapping bypass
24	Q150324	熔接强度	Fusion strength
25	Q150325	耐裂纹扩展	Resistance to crack growth
26	Q150326	耐慢速裂纹增长锥体试验	Cone test of resistance to slow crack growth
27	Q150327	蠕变比率	Creep ratio
28	Q150328	交联度	Degree of crosslinking
29	Q150329	不透光性	Opacity
30	Q150330	氯离子含量	Chloride ion content
31	Q150331	挥发分含量	Volatiles content
32	Q150332	水分含量	Water content
33	Q150333	炭黑含量	Carbon black content
34	Q150334	炭黑分散与颜料分散	Carbon black dispersion and pigment dispersion
35	Q150335	粗糙度	Roughness
36	Q150336	腐蚀度	Corrosion degree
37	Q150337	熔体质量流动速率	Melt mass-flow rate
38	Q150338	真空试验/真空性能	Vacuum test
39	Q150339	螺纹试验	Thread test
40	Q150340	耐气体组分	Resistance to gas composition
41	Q150341	二氯甲烷浸渍试验	Dichloromethane test
42	Q150342	氧化诱导时间	Oxidation induction time
43	Q150343	透氧率	Oxygen permeability
44	Q150344	丙酮浸泡	Acetone immersion
45	Q150345	针孔试验	Pin-hole test
46	Q150346	耐候性	Weather resistance
47	Q150347	热稳定性（常态、静液压状态下）	Thermal stability (under the condition of static water pressure)
48	Q150348	热循环试验	Thermal cycle test
49	Q150349	烘箱试验	Film oven test
50	Q150350	密封性能/系统通用性	Sealing performance/ System applicability
51	Q150351	耐弯曲密封性试验	Bend-resistant seal test
52	Q150352	卫生性能	Sanitary performance

15.4 复合管材

15.4.1 复合管材的检测代码及参数应符合表15.4.1的规定。

表 15.4.1 复合管材的检测代码及参数

序号	代码	参数	Parameter
1	Q150401	外观	Appearance
2	Q150402	尺寸	Dimension
3	Q150403	密度	Density
4	Q150404	拉伸强度/轴向拉伸强度	Tensile strength/Axial tensile strength
5	Q150405	断裂伸长率	Elongation at break
6	Q150406	延伸率	Extending ratio
7	Q150407	纵向尺寸收缩率/纵向回缩率	Longitudinal reversion
8	Q150408	管刚度/环刚度	Pipe stiffness/Ring stiffness
9	Q150409	管环径向拉伸力	Radial tension of pipe circle
10	Q150410	静液压试验	Hydrostatic pressure test
11	Q150411	爆破试验/爆破强度试验	Bursting test/Bursting strength test
12	Q150412	压扁试验/扁平试验	Flattening test
13	Q150413	弯曲模量	Modulus of bending
14	Q150414	挠曲度	Deflection degree
15	Q150415	管环最小平均剥离力	The minimum average peel force of pipe circle
16	Q150416	剥离试验/撕裂试验	Peel test/Tearing test
17	Q150417	T剥离强度	T peel strength
18	Q150418	慢速裂纹增长性能	Slow crack growth
19	Q150419	层间粘合强度	Bonding strength of inter layer
20	Q150420	耐应力开裂/耐环境应力开裂	Resistance to stress-cracking/Resistance to cracking under environmental stress
21	Q150421	平行板外载刚度	Parallel-plate load stiffness
22	Q150422	受压开裂稳定性	Cracking stability under condition of compression
23	Q150423	扩径试验	Expanding test
24	Q150424	水锤试验	Water hammer test

续表 15.4.1

序号	代码	参数	Parameter
25	Q150425	气密试验	Air tightness test
26	Q150426	通气试验	Ventilation test
27	Q150427	熔体质量流动速率	Melt flow rate
28	Q150428	树脂不可溶分含量	Insoluble matter content of resin
29	Q150429	热稳定性	Thermal stability
30	Q150430	热循环试验	Thermo-cycling test
31	Q150431	氧化诱导时间	Oxidation induction time
32	Q150432	交联度	Degree of crosslinking
33	Q150433	巴氏硬度	Barkhausen hardness
34	Q150434	脆化温度	Brittle temperature
35	Q150435	炭黑含量	Carbon black content
36	Q150436	熔融指数	Melting index
37	Q150437	真空减压试验	Vacuum decompression test
38	Q150438	挥发分含量	Volatiles content
39	Q150439	熔合线检验	Welded joint test
40	Q150440	熔体流动速率	Melt flow rate
41	Q150441	密封性能试验/系统适用性	Sealing performance test/System applicability
42	Q150442	耐化学性能	Chemical environmental resistance
43	Q150443	耐气体组分性能	Resistance to gas composition
44	Q150444	耐候性	Weather resistance
45	Q150445	耐腐蚀试验	Corrosion resistance
46	Q150446	卫生性能	Sanitary performance

15.5 混凝土管

15.5.1 混凝土管的检测代码及参数应符合表15.5.1的规定。

表 15.5.1 混凝土管的检测代码及参数

序号	代码	参数	Parameter
1	Q150501	外观	Appearance
2	Q150502	尺寸	Dimension

续表 15.5.1

序号	代码	参数	Parameter
3	Q150503	管体混凝土强度	Strength of concrete tube
4	Q150504	内水压力	Internal water pressure
5	Q150505	渗漏试验	Leakage test
6	Q150506	保护层厚度	Protection layer thickness
7	Q150507	外压试验	External pressure test

15.6 陶土管、瓷管

15.6.1 陶土管、瓷管的检测代码及参数应符合表15.6.1的规定。

表 15.6.1 陶土管、瓷管的检测代码及参数

序号	代码	参数	Parameter
1	Q150601	尺寸	Dimension
2	Q150602	抗外压强度	Outer compression strength resistance
3	Q150603	弯曲强度	Bending strength
4	Q150604	吸水率	Water absorption
5	Q150605	水压	Hydraulic pressure
6	Q150606	耐酸性	Acid resistance

15.7 检查井盖和雨水箅

15.7.1 检查井盖和雨水箅的检测代码及参数应符合表15.7.1的规定。

表 15.7.1 检查井盖和雨水箅检测代码及参数

序号	代码	参数	Parameter
1	Q150701	外观	Appearance
2	Q150702	尺寸	Dimension
3	Q150703	吸水率	Rate of water absorption
4	Q150704	抗压强度	Compressive strength
5	Q150705	抗折强度	Flexural strength
6	Q150706	抗冲击韧性	Impact resistance toughness
7	Q150707	弯曲强度	Bending strength
8	Q150708	冲击强度	Impact strength
9	Q150709	压缩强度	Compression strength
10	Q150710	拉伸强度	Tensile strength
11	Q150711	弹性模量	Elasticity module
12	Q150712	残余变形	Residual deformation
13	Q150713	双层井盖环链拉力强度	Tensile strength of loop chain
14	Q150714	耐酸性	Acid resistance
15	Q150715	耐碱性	Alkali resistance
16	Q150716	耐热性/热老化	Heat resistance/Thermal aging
17	Q150717	耐候性	Weather resistance
18	Q150718	抗疲劳性能	Fatigue resistance
19	Q150719	抗冻性能/抗冻融性	Frost resistance/Freeze-thaw resistance
20	Q150720	热老化抗折强度	Flexural strength after heat aging
21	Q150721	人工老化抗折强度	Flexural strength after artificial aging
22	Q150722	雨水箅泄水能力	Dispatch ability

15.8 阀　门

15.8.1 阀门的检测代码及参数应符合表15.8.1的规定。

表 15.8.1 阀门检测代码及参数

序号	代码	参数	Parameter
1	Q150801	外观	Appearance
2	Q150802	标志	Mark
3	Q150803	尺寸	Dimension
4	Q150804	泄漏率	Leakage
5	Q150805	排放压力	Emission pressure
6	Q150806	开启高度	Opening height
7	Q150807	背压力	Backpressure
8	Q150808	回座压力	Return pressure
9	Q150809	机械特性	Mechanical characteristics
10	Q150810	整定压力	Adjusting pressure deviation
11	Q150811	超过压力	Exceeding pressure
12	Q150812	启闭压	Startup and close compressive stress difference
13	Q150813	排量	Discharge
14	Q150814	壳体强度	Shell strength

续表 15.8.1

序号	代码	参　数	Parameter
15	Q150815	密封性能	Sealing property
16	Q150816	压力特性	Pressure characteristics deviation
17	Q150817	流量特性	Flow characteristics deviation
18	Q150818	最大流量	The maximum flow
19	Q150819	调压性能	Voltage-adjusting property
20	Q150820	最低工作压力	The minimum work pressure
21	Q150821	最高工作压力	The maximum work pressure
22	Q150822	排空气能力	Air discharge capacity
23	Q150823	排水温度	Water discharge temperature
24	Q150824	漏气量	Gas leakage
25	Q150825	热凝结水排量试验	Test of heat condensation exhausting
26	Q150826	上密封试验	Up-sealing test

16 电 气 材 料

16.1 一 般 规 定

16.1.1 电气材料检测代码及项目应符合表 16.1.1 的规定。

表 16.1.1 电气材料检测代码及项目

序号	代码	项　目	Item
1	Q1602	电线电缆	Electric wire and cable
2	Q1603	通信电缆	Communication cable
3	Q1604	通信光缆	Communication fiber optic cable
4	Q1605	电线槽	Wire slots
5	Q1606	塑料绝缘电工套管	Plastic electrical installation conduits
6	Q1607	埋地式电缆导管	Buried pipes for power cable
7	Q1608	低压熔断器	Low voltage fuse
8	Q1609	低压断路器	Low voltage circuit breaker
9	Q1610	灯具	Luminaries
10	Q1611	开关、插头、插座	Switches, plugs, socket-outlets

16.2 电 线 电 缆

16.2.1 电缆绝缘和护套材料非电性能检测代码及参数应符合表 16.2.1 的规定。

表 16.2.1 电缆绝缘和护套材料非电性能检测代码及参数

序号	代码	参　数	Parameter
1	Q160201	尺寸	Dimension
2	Q160202	标记	Mark
3	Q160203	密度	Density
4	Q160204	吸水量	Water absorption
5	Q160205	收缩率	Shrinkage ratio
6	Q160206	抗张强度	Tensile strength
7	Q160207	断裂伸长率	Percentage elongation at break
8	Q160208	低温弯曲性能	Flexural property at low temperature
9	Q160209	低温卷绕性能	Winding property at low temperature
10	Q160210	低温拉伸性能	Tensile property at low temperature
11	Q160211	低温冲击性能	Low-temperature impact properties
12	Q160212	耐臭氧性能	Ozone resistance
13	Q160213	热延伸率	Thermal elongation
14	Q160214	护套浸矿物油后抗张强度	Tensile strength of sheath disposed by mineral oil
15	Q160215	高温压力试验	Pressure test at high temperature
16	Q160216	抗开裂性能	Cracking resistance
17	Q160217	失重	Weight loss
18	Q160218	热稳定性	Thermal stability
19	Q160219	耐环境应力开裂	Resistance to environmental stress cracking
20	Q160220	抗氧化性能（空气热老化后的卷绕试验）	Oxidation resistance (wrapping test after thermal aging in air)
21	Q160221	熔体指数	Melt flow index
22	Q160222	聚乙烯中炭黑及矿物质填料含量	Carbon black and mineral filler content in PE
23	Q160223	热老化	Thermal aging

16.2.2 电线电缆电气性能检测代码及参数应符合表 16.2.2 的规定。

表 16.2.2 电线电缆电气性能检测代码及参数

序号	代码	参数	Parameter
24	Q160224	导体直流电阻	Measurement of DC resistance of conductors
25	Q160225	绝缘电阻	Determining insulation resistance
26	Q160226	耐交流电压	AC voltage resistance
27	Q160227	耐电痕	Tracking resistance
28	Q160228	体积电阻率	Volume resistively
29	Q160229	绝缘线芯工频火花试验	AC spark test of insulated cores
30	Q160230	挤出防蚀护套火花试验	Spark of extruded anti-corrosion protective sheaths
31	Q160231	介质损失角正切值	Measurement of dielectric dissipation factor
32	Q160232	局部放电量	Partial discharge
33	Q160233	表面电阻	Surface resistance

16.2.3 成品电缆物理机械性能检测代码及参数应符合表 16.2.3 的规定。

表 16.2.3 成品电缆物理机械性能检测代码及参数

序号	代码	参数	Parameter
34	Q160234	曲挠	Flexure test
35	Q160235	弯曲性能	Bending test
36	Q160236	荷重断芯试验	Breaking of wire core under weight
37	Q160237	绝缘线芯撕离试验	Tearing test of insulated conductors
38	Q160238	不延燃性能	No extension combustion
39	Q160239	外护层环烷酸铜含量	Copper naphthenate content of protective coverings
40	Q160240	外护层耐厌氧性细菌腐蚀	Test for anaerobe-corrosion of protective coverings
41	Q160241	盐浴槽试验	Saline bath test
42	Q160242	腐蚀扩展试验	Corrosion spread test
43	Q160243	挤出外套刮磨试验	Test for abrasion of extruded oversheaths
44	Q160244	抗撕性能	Tearing resistance
45	Q160245	氧化诱导期试验	Test for oxidative inductive time
46	Q160246	耐磨性能	Abrasion resistance
47	Q160247	耐热	Heat tolerance
48	Q160248	锡焊试验	Tin welding test

16.2.4 电线电缆燃烧检测代码及参数应符合表 16.2.4 的规定。

表 16.2.4 电线电缆燃烧检测代码及参数

序号	代码	参数	Parameter
49	Q160249	燃烧试验	Burning test
50	Q160250	耐火特性试验	Test on fire-resisting characteristics
51	Q160251	燃烧烟浓度测定	Measurement of smoke density

16.3 通 信 电 缆

16.3.1 通信电缆的物理性能检测代码及参数应符合表 16.3.1 的规定。

表 16.3.1 通信电缆的物理性能检测代码及参数

序号	代码	参数	Parameter
1	Q160301	外观	Appearance
2	Q160302	尺寸	Dimension
3	Q160303	标记	Mark
4	Q160304	护套密度	Density
5	Q160305	介质损伤因数	Dissipation Factor
6	Q160306	低温脆化温度	Brittle temperature at low temperature
7	Q160307	可剥离性	Strippability
8	Q160308	老化前断裂伸长率	Percentage elongation at fracture before thermal aging
9	Q160309	延伸性	Dilatability
10	Q160310	抗张强度	Tensile strength
11	Q160311	压扁试验	Flattening test
12	Q160312	冲击试验	Blowing test
13	Q160313	扭转试验	torsion testing
14	Q160314	反复弯曲	Reverse bend test
15	Q160315	绝缘收缩	Insulation shrinkage

续表 16.3.1

序号	代码	参　　数	Parameter
16	Q160316	低温卷绕试验	Winding test on low temperature
17	Q160317	冷弯曲	Cold bending
18	Q160318	热老化后的卷绕试验	Winding test after thermal aging
19	Q160319	热老化后的断裂伸长率	Percentage elongation at fracture after thermal aging
20	Q160320	热老化后的抗张强度	Tensile strength after thermal aging
21	Q160321	高温压力试验	Compression test on high temperature
22	Q160322	热冲击试验	Thermal shock test
23	Q160323	电缆火焰传播性能	Characteristics of flame-spreading
24	Q160324	收缩率	Shrinkage ratio
25	Q160325	含卤气体释放	Halogen gas release
26	Q160326	烟雾发生	Smoke generator
27	Q160327	绝缘的气密性	Air impermeability of insulation
28	Q160328	绝缘的完整性	Integrity of insulation
29	Q160329	绝缘收缩	Shrinkage of insulation
30	Q160330	氧化诱导期	Oxidation induction period
31	Q160331	耐环境应力开裂	Improvement of environmental stress cracking
32	Q160332	浸水稳定性	Water logged stabilization
33	Q160333	混炼稳定性	Mixing stabilization
34	Q160334	炭黑含量	Content of carbon black
35	Q160335	纵包复合屏蔽带的搭盖率	Overlay rate of shielded layer
36	Q160336	编织密度	Density of basketwork
37	Q160337	吸收系数	Absorb coefficient
38	Q160338	吊线的最小拉断力	The minimum snaping force of cable
39	Q160339	分离吊线所需的撕裂力	Tearing force needed for separate cable

续表 16.3.1

序号	代码	参　　数	Parameter
40	Q160340	纵包钢塑复合带的搭盖宽度	Width of steel/PE laminated tape
41	Q160341	附着力	Adhesion
42	Q160342	导体过热后绝缘收缩率	Insulation shrinkage after conductor overheat
43	Q160343	抗压缩性	Anti-compression
44	Q160344	抗磨性	Wear resistance
45	Q160345	耐燃烧性	Burning resistance
46	Q160346	抗腐蚀性	Corrosion protective properties
47	Q160347	渗水试验	Water permeability test
48	Q160348	滴流试验	Trickle test
49	Q160349	导体的混线和断线	Mixed and broken circuit of conductor
50	Q160350	熔体流动速率	Melt flow rate
51	Q160351	绝缘的冷弯曲	Cold bending of insulation
52	Q160352	密度	Density
53	Q160353	成束电缆延燃性能	Characteristic of flame spread

16.3.2 通信电缆的电气性能检测代码及参数应符合表 16.3.2 的规定。

表 16.3.2　通信电缆的电气性能检测代码及参数

序号	代码	参　　数	Parameter
54	Q160354	体积电阻率	Volume electric resistively
55	Q160355	特性阻抗	Property impedance
56	Q160356	介电强度	Dielectric strength
57	Q160357	相对介电常数	Dielectric constant
58	Q160358	绝缘电阻	Insulation resistance
59	Q160359	漏电流试验	Leakage current test
60	Q160360	导体直流电阻	DC resistance of conductor
61	Q160361	线对直流电阻不平衡	DC resistance unbalance between cable pairs
62	Q160362	工作电容	Mutual capacitance
63	Q160363	电容不平衡	Capacitance unbalance

续表 16.3.2

序号	代码	参　　数	Parameter
64	Q160364	转移阻抗	Surface transfer impedance
65	Q160365	群传播速度/传播时延	Propagation speed
66	Q160366	屏蔽衰减	Shield attenuation
67	Q160367	衰减	Attenuation
68	Q160368	衰减串扰比	Attenuation to near end crosstalk rate（ACR）
69	Q160369	综合衰减串扰比	Power sum attenuation to near end crosstalk rate（ACR）
70	Q160370	近端串音	Near-end crosstalk (NEXT) loss
71	Q160371	综合近端串音	Power sum near-end crosstalk（PSNEXT）loss
72	Q160372	等效远端串音	Equal level far-end crosstalk（ELFEXT）
73	Q160373	综合远端串音	Power sum equal level far-end crosstalk（PSELFEXT）
74	Q160374	延迟偏离	Delay deviation
75	Q160375	回波损耗	Return loss

16.4 通 信 光 缆

16.4.1 综合布线用室内光缆的检测代码及参数应符合表 16.4.1 的规定。

表 16.4.1 综合布线用室内光缆的检测代码及参数

序号	代码	参　　数	Parameter
1	Q160401	标记	Mark
2	Q160402	识别色谱	Chromatogram
3	Q160403	光纤涂覆层剥除力	Peeling force of coating film
4	Q160404	光纤强度筛选水平	Screening level of optical fibers strength
5	Q160405	光纤强度动态疲劳系数	Dynamic fatigue factor of optical fibers strength
6	Q160406	尺寸	Dimension
7	Q160407	衰减	Attenuation
8	Q160408	模式带宽	Model band width
9	Q160409	拉伸性能	Tensile property
10	Q160410	压扁性能	Flattening test
11	Q160411	允许弯曲半径	Allowed bending radius

续表 16.4.1

序号	代码	参　　数	Parameter
12	Q160412	衰减温度特性	Temperature property of attenuation
13	Q160413	阻燃性	Flame retardant
14	Q160414	不延燃性	No extension combustion
15	Q160415	发烟浓度	Smoke concentration
16	Q160416	腐蚀性	Corrosive action
17	Q160417	火花试验时塑料套的完整性	Integrity of plastic sheath in spark testing
18	Q160418	对地绝缘电阻	Insulation esistance
19	Q160419	耐电压强度	Dielectric strength
20	Q160420	渗水性	Permeability

16.5 电 线 槽

16.5.1 电线槽的检测代码及参数应符合表 16.5.1 的规定。

表 16.5.1 电线槽的检测代码及参数

序号	代码	参　　数	Parameter
1	Q160501	外观	Appearance
2	Q160502	尺寸	Dimension
3	Q160503	冲击性能	Impact property
4	Q160504	氧指数	Oxygen exponent
5	Q160505	耐电压	Voltage withstanding
6	Q160506	绝缘电阻	Insulation resistance
7	Q160507	耐热性能	Heat resistance
8	Q160508	负载变形性能	Load metamorphose characteristic
9	Q160509	外负载性能	External load characteristic
10	Q160510	水平燃烧性能	Horizontal burning characteristic
11	Q160511	垂直燃烧性能	Vertical burning characteristic
12	Q160512	烟密度等级	Smoke density rank

16.6 塑料绝缘电工套管

16.6.1 塑料绝缘电工套管的检测代码及参数应符合表 16.6.1 的规定。

表 16.6.1 塑料绝缘电工套管的检测代码及参数

序号	代码	参　　数	Parameter
1	Q160601	外观	Appearance
2	Q160602	尺寸	Dimension
3	Q160603	冲击性能	Impact property
4	Q160604	氧指数	Oxygen exponent
5	Q160605	耐电压	Voltage withstanding
6	Q160606	绝缘电阻	Insulation resistance
7	Q160607	耐热性能	Heat resistance
8	Q160608	抗压性能	Compression strength
9	Q160609	弯曲性能	Bending property
10	Q160610	弯扁性能	Flattening property
11	Q160611	跌落性能	Dropping property
12	Q160612	自熄时间	Self-quench time
13	Q160613	电气连续性试验	Electrical continuity test
14	Q160614	防护能力	Protection capacity
15	Q160615	直流电阻	DC resistance
16	Q160616	连续电阻	Continuous resistance

16.7 埋地式电缆导管

16.7.1 地下通信管道用塑料管的检测代码及参数应符合表 16.7.1 的规定。

表 16.7.1 地下通信管道用塑料管的检测代码及参数

序号	代码	参　　数	Parameter
1	Q160701	外观	Appearance
2	Q160702	尺寸	Dimension
3	Q160703	弯曲度	Curvature
4	Q160704	落锤冲击试验	Drop hammer blowing test
5	Q160705	环刚度	Ring stiffness
6	Q160706	扁平试验	Flattening test
7	Q160707	连接密封试验	Joint sealing test
8	Q160708	冷弯曲试验	Bending test after air-cooled
9	Q160709	拉伸屈服强度	Tensile strength
10	Q160710	断裂伸长率	Percentage elongation at fracture

续表 16.7.1

序号	代码	参　　数	Parameter
11	Q160711	纵向回缩率	Longitudinal reversion
12	Q160712	维卡软化温度	Vicat softening temperature
13	Q160713	耐外负荷性能	External load resistance
14	Q160714	静摩擦因数	Friction coefficient
15	Q160715	环片热压缩力	Heat compression of ring piece
16	Q160716	体积电阻率	Volume resistivity
17	Q160717	树脂不可熔分含量	Content of resin indissolution
18	Q160718	撞击性能	Impacting property
19	Q160719	弯曲负载热变形温度	Thermal deformation temperature after bending load
20	Q160720	浸水后弯曲强度保留率	Bending strength reservation after water soaking
21	Q160721	巴氏硬度	Barkhausen hardness
22	Q160722	氧指数	Oxygen index
23	Q160723	滑动摩擦系数	Sliding friction coefficient
24	Q160724	热阻系数	Heat-resistance coefficient

16.8 低压熔断器

16.8.1 低压熔断器的检测代码及参数应符合表 16.8.1 的规定。

表 16.8.1 低压熔断器的检测代码及参数

序号	代码	参　　数	Parameter
1	Q160801	绝缘电阻	Insulation resistance
2	Q160802	电气强度	Electric strength
3	Q160803	温升与耗散功率	Temperature uptrend and power dissipation
4	Q160804	动作验证	Operate test
5	Q160805	分断能力	Breaking capacity
6	Q160806	截断电流特性	Cut-off current characteristic
7	Q160807	过电流选择性和 I^2t 特性	Over-current discrimination and I^2t characteristic

续表 16.8.1

序号	代码	参数	Parameter
8	Q160808	外壳防护等级	Protective casing class
9	Q160809	耐热特性	Heat-proof characteristic
10	Q160810	触头不变坏	Contact invariability
11	Q160811	机械试验	Mechanical test

16.9 低压断路器

16.9.1 低压断路器的检测代码及参数应符合表16.9.1的规定。

表 16.9.1 低压断路器的检测代码及参数

序号	代码	参数	Parameter
1	Q160901	标志的耐久性	Durability of mark
2	Q160902	爬电距离和电气间隙	Creepage distance and clearance
3	Q160903	螺钉、载流部件和连接的可靠性	Reliability of screw, current carrier and connector
4	Q160904	连接外部导体的接线端子的可靠性	Reliability of connection terminal
5	Q160905	电击保护	Eletroshock protection
6	Q160906	介电强度	Dielectric strength
7	Q160907	绝缘电阻	Insulation resistance
8	Q160908	温升	Temperature rise
9	Q160909	剩余电流条件下的动作特性	Action character at surplus current
10	Q160910	时间-(过)电流特性	Time-current characteristic
11	Q160911	瞬时脱扣特性	Instantaneous tripping characteristic
12	Q160912	28d 试验	28d testing
13	Q160913	自由脱扣机构	Trip-free framework
14	Q160914	周围温度对脱扣特性的影响	The effect of temperature around on tripping characteristic
15	Q160915	机械和电气寿命	Mechanical and electrical lifetime

续表 16.9.1

序号	代码	参数	Parameter
16	Q160916	短路电流下的性能	Property under condition of short-circuit
17	Q160917	耐机械振动和撞击性能	Mechanical vibration and impact resistance
18	Q160918	耐热性	Heat resistance
19	Q160919	耐异常发热和耐燃性	Anomalistic heat-proof and bruning-proof characteristic
20	Q160920	防锈性能	Anti-rust property
21	Q160921	在额定电压极限下，操作试验装置	Operating test device at rated voltage limitation
22	Q160922	电源电压故障时，断路器的工作状况	Working status under condition of voltage fault
23	Q161223	在过电流时，不动作电流的极限值	Limitation of non-action current at over-current
24	Q160924	在浪涌电流作用下，防止误脱扣的性能	Property of enduring wrong release under condition of surge current
25	Q160925	绝缘耐冲击电压的性能	Voltage withstanding property of insulation
26	Q160926	接地故障电流含有直流分量时，断路器的工作状况	Working status of circuit when grounding fault current contain DC component
27	Q160927	可靠性	Reliability
28	Q160928	电子元件抗老化性能	Aging of electronic components
29	Q160929	电磁兼容试验	Electromagnetic compatibility test

16.10 灯　　具

16.10.1 灯具的检测代码及参数应符合表16.10.1的规定。

表 16.10.1 灯具的检测代码及参数

序号	代码	参数	Parameter
1	Q161001	标记	Mark
2	Q161002	结构	Structure
3	Q161003	外部接线和内部接线	External wiring and internal wiring

续表 16.10.1

序号	代码	参数	Parameter
4	Q161004	接地规定	Earth connection define
5	Q161005	防触电保护	Protection against electric shock
6	Q161006	防尘、防固体异物和防水	Dust-proof, solid foreign matter-proof and water-proof
7	Q161007	绝缘电阻	Insulation resistance
8	Q161008	电气强度	electric strength
9	Q161009	爬电距离和电气间隙	Creepage distance and clearance
10	Q161010	耐久性试验和热试验	Durability test and heat test
11	Q161011	耐热、耐火和耐电痕	Heat, fire resistance and tracking resistance
12	Q161012	螺纹接线端子	Thread terminal
13	Q161013	无螺纹接线端子和电气连接件	Screwless terminal and electric connection part
14	Q161014	插入损耗	Inversion loss
15	Q161015	骚扰电压	Disturbance voltage
16	Q161016	辐射电磁骚扰	Radiant electromagnetic disturbance
17	Q161017	谐波电流	Harmonic current

16.11 开关、插头、插座

16.11.1 开关、插头、插座的检测代码及参数应符合表 16.11.1 的规定。

表 16.11.1 开关、插头、插座的检测代码及参数

序号	代码	参数	Parameter
1	Q161101	标志	Mark
2	Q161102	尺寸	Dimension
3	Q161103	防触电保护	Protection against electric shock
4	Q161104	接地措施	Grounding Measurement
5	Q161105	端子	Connector
6	Q161106	固定式插座的结构	Structure of fixed socket
7	Q161107	插头和移动式插座的结构	Structure of moving socket and plug

续表 16.11.1

序号	代码	参数	Parameter
8	Q161108	耐老化、防有害进水和防潮	Aging resistance, prevention against water and moisture
9	Q161109	绝缘电阻	Insulation resistance
10	Q161110	电气强度	Electrie strength
11	Q161111	接地触头的工作	Working of grounding contact
12	Q161112	温升	Temperature rise
13	Q161113	分断容量	Breaking capacity
14	Q161114	正常操作	Operator naturally
15	Q161115	拔出插头所需的力	Mechanics of main plug
16	Q161116	软缆及其连接	Flexible cable and connection
17	Q161117	机械强度	Mechanical strength
18	Q161118	耐热	Heat tolerance
19	Q161119	螺钉、载流部件及其连接	Screw, current carrier and connector
20	Q161120	爬电距离和电气间隙	Creepage distance and clearance
21	Q161121	耐非正常热、耐燃和耐漏电起痕	Resistance to flame and surface tracking wheel
22	Q161122	防锈性能	Anti-rust property
23	Q161123	带绝缘套的插销的附加试验	Annexation test of plug with insulation layer
24	Q161124	开关机构	Mechanism of switch
25	Q161125	开关外壳提供的防护和防潮	Protecting and anti-wet of switch
26	Q161126	通断能力	Breaking capacity

17 保温吸声材料

17.1 一般规定

17.1.1 保温吸声材料检测代码及项目应符合表 17.1.1 的规定。

表 17.1.1 保温吸声材料检测代码及项目

序号	代码	项目	Item
1	Q1702	无机颗粒材料	Inorganic granular materials

续表 17.1.1

序号	代码	项　目	Item
2	Q1703	发泡材料	Organic foam materials
3	Q1704	纤维材料	Fiber Materials
4	Q1705	涂料	Coatings
5	Q1706	复合板	Composite board

17.1.2 保温吸声材料的热工性能参数检测应符合表 37.4.1 的规定。

17.1.3 保温吸声材料的声学性能参数检测应符合表 39.6.1 的规定。

17.2 无机颗粒材料

17.2.1 无机颗粒保温吸声材料的检测代码及参数应符合表 17.2.1 的规定。

表 17.2.1 无机颗粒保温吸声材料的检测代码及参数

序号	代码	参　数	Parameter
1	Q170201	外观	Appearance
2	Q170202	尺寸	Dimension
3	Q170203	密度	Density
4	Q170204	体积密度	Bulk density
5	Q170205	含水率/质量含水率	Water content
6	Q170206	吸水率	Water absorption
7	Q170207	吸湿率	Moisture absorption
8	Q170208	憎水率	Water repellent property
9	Q170209	抗压强度	Compressive strength
10	Q170210	抗折强度	Antiflex strength
11	Q170211	抗拉强度/高温后抗拉强度	Tensile strength/ Tensile strength after heating
12	Q170212	断裂载荷/纵向断裂载荷	Breaking load/ Longitudinal breaking load
13	Q170213	粘结强度	Adhesive strength
14	Q170214	氯离子含量	Chloride ion content
15	Q170215	燃烧性能	Combustion performance
16	Q170216	pH	pH
17	Q170217	产品正面色度	Front chrominance
18	Q170218	堆积密度	Packing density
19	Q170219	堆积密度均匀性	Uniformity of packing density

续表 17.2.1

序号	代码	参　数	Parameter
20	Q170220	粒径	Grain size
21	Q170221	颗粒级配	Grain composition
22	Q170222	筛余量	Screen residue
23	Q170223	表面吸水量	Surface soakage
24	Q170224	悬浮体性能	Suspension performance
25	Q170225	脱色力	Discolouring power
26	Q170226	活性度	Activity degree
27	Q170227	匀温灼热线收缩率	Shrinkage against uniform temperature
28	Q170228	最高使用温度	Maximum service temperature
29	Q170229	氟离子	Fluorinion
30	Q170230	硅酸根离子	Silicon acid ion
31	Q170231	钠离子	Sodium ion
32	Q170232	游离酸	Free acid

17.3 发 泡 材 料

17.3.1 发泡保温吸声材料的检测代码及参数应符合表 17.3.1 的规定。

表 17.3.1 发泡保温吸声材料的检测代码及参数

序号	代码	参　数	Parameter
1	Q170301	外观	Appearance
2	Q170302	尺寸	Dimension
3	Q170303	密度	Density
4	Q170304	体积密度	Bulk density
5	Q170305	含水率/质量含水率	Water content
6	Q170306	吸水率	Water absorption
7	Q170307	吸湿率	Moisture absorption
8	Q170308	憎水率	Water repellent property
9	Q170309	抗压强度	Compressive strength
10	Q170310	抗折强度	Antiflex strength
11	Q170311	抗拉强度/高温后抗拉强度	Tensile strength/ Tensile strength after heating
12	Q170312	断裂载荷/纵向断裂载荷	Breaking load/ Longitudinal breaking load
13	Q170313	粘结强度	Adhesive strength
14	Q170314	氯离子含量	Chloride ion content
15	Q170315	燃烧性能	Combustion performance
16	Q170316	pH	pH

续表 17.3.1

序号	代码	参　　数	Parameter
17	Q170317	表观密度	Apparent density
18	Q170318	尺寸稳定性	Dimensional stability
19	Q170319	熔结性	Sintering performance
20	Q170320	氧指数	Oxygen index
21	Q170321	透湿系数	Moisture permeability
22	Q170322	阻湿因子	Moisture resistance factor
23	Q170323	断裂伸长	Extension at break
24	Q170324	压缩永久变形/压缩回弹率	Permanent compressive deformation/Compression resilience ratio
25	Q170325	回弹性	Resilience
26	Q170326	撕裂强度	Tearing strength
27	Q170327	压缩性能	Compressive properties
28	Q170328	压陷性能	Impression property
29	Q170329	真空吸水率	Vacuum water absorption
30	Q170330	抗老化性	Aging resistance
31	Q170331	抗臭氧性	Ozone resistance
32	Q170332	低温耐久性	Endurance in low temperature

17.4 纤维材料

17.4.1 纤维保温吸声材料的检测代码及参数应符合表 17.4.1 的规定。

表 17.4.1 纤维保温吸声材料的检测代码及参数

序号	代码	参　　数	Parameter
1	Q170401	外观	Appearance
2	Q170402	尺寸	Dimension
3	Q170403	密度	Density
4	Q170404	体积密度	Bulk density
5	Q170405	含水率/质量含水率	Water content
6	Q170406	吸水率	Water absorption
7	Q170407	吸湿率	Moisture absorption
8	Q170408	憎水率	Water repellent property
9	Q170409	抗压强度	Compressive strength
10	Q170410	抗折强度	Antiflex strength
11	Q170411	抗拉强度/高温后抗拉强度	Tensile strength/ Tensile strength after heating

续表 17.4.1

序号	代码	参　　数	Parameter
12	Q170412	断裂载荷/纵向断裂载荷	Breaking load/ Longitudinal breaking load
13	Q170413	粘结强度	Adhesive strength
14	Q170414	氯离子含量	Chloride ion content
15	Q170415	燃烧性能	Combustion performance
16	Q170416	pH	pH
17	Q170417	渣球含量	Shot content
18	Q170418	粒度分布	Grain fineness distribution
19	Q170419	纤维强度	Fiber strength
20	Q170420	纤维平均直径	Average diameter of fiber
21	Q170421	管壳偏心度	Pipe section eccentricity
22	Q170422	加热线收缩/加热永久线变化	Temperature linear contraction/ Permanent linear change after heating
23	Q170423	热荷重收缩温度	Temperature for shrinkage under hot load
24	Q170424	外覆层透湿阻	Cladding moisture penetrating resistance
25	Q170425	二氧化硅	Silica
26	Q170426	三氧化铁	Ferric trioxide
27	Q170427	三氧化铝	Alumina
28	Q170428	二氧化锆	Zirconia
29	Q170429	浸出液离子含量	Ion content in lixivium
30	Q170430	有机物含量	Organic matter content
31	Q170431	硫酸盐	sulphate
32	Q170432	酸度系数	Coefficient of acidity
33	Q170433	缝毡缝合质量	Felt sewing quality
34	Q170434	包重	Package weight

17.5 涂　料

17.5.1 涂料保温吸声材料的检测代码及参数应符合表 17.5.1 的规定。

表 17.5.1 涂料保温吸声材料的检测代码及参数

序号	代码	参　　数	Parameter
1	Q170501	外观	Appearance
2	Q170502	尺寸	Dimension

续表 17.5.1

序号	代码	参　　数	Parameter
3	Q170503	密度	Density
4	Q170504	体积密度	Bulk density
5	Q170505	含水率/质量含水率	Water content
6	Q170506	吸水率	Water absorption
7	Q170507	吸湿率	Moisture absorption
8	Q170508	憎水率	Water repellent property
9	Q170509	抗压强度	Compressive strength
10	Q170510	抗折强度	Antiflex strength
11	Q170511	抗拉强度/高温后抗拉强度	Tensile strength/Tensile strength after heating
12	Q170512	断裂载荷/纵向断裂载荷	Breaking load/ Longitudinal breaking load
13	Q170513	粘结强度	Adhesive strength
14	Q170514	氯离子含量	Chloride ion content
15	Q170515	燃烧性能	Combustion performance
16	Q170516	pH	pH
17	Q170517	浆体密度	Slurry density
18	Q170518	干密度	Dry density
19	Q170519	体积收缩率	Volume shrinkage ratio
20	Q170520	放射性	Radioactivity

17.6 复　合　板

17.6.1 复合板保温吸声材料的检测代码及参数应符合表 17.6.1 的规定。

表 17.6.1 复合板保温吸声材料的检测代码及参数

序号	代码	参　　数	Parameter
1	Q170601	外观	Appearance
2	Q170602	尺寸	Dimension
3	Q170603	密度	Density
4	Q170604	体积密度	Bulk density
5	Q170605	含水率/质量含水率	Water content
6	Q170606	吸水率	Water absorption
7	Q170607	吸湿率	Moisture absorption
8	Q170608	憎水率	Water repellent property
9	Q170609	抗压强度	Compressive strength
10	Q170610	抗折强度	Antiflex strength

续表 17.6.1

序号	代码	参　　数	Parameter
11	Q170611	抗拉强度/高温后抗拉强度	Tensile strength/Tensile strength after heating
12	Q170612	断裂载荷/纵向断裂载荷	Breaking load/ Longitudinal breaking load
13	Q170613	粘结强度	Adhesive strength
14	Q170614	氯离子含量	Chloride ion content
15	Q170615	燃烧性能	Combustion performance
16	Q170616	pH	pH
17	Q170617	直角偏离度	Right angle deflection
18	Q170618	面密度	Planar density
19	Q170619	剥离性能	Peeling performance
20	Q170620	抗弯承载力	Bending resistance
21	Q170621	气干面密度	Air drying density
22	Q170622	面板干缩率	Panel shrinkage coefficient
23	Q170623	轴向载荷	Axial load
24	Q170624	横向载荷	Transverse load
25	Q170625	弯曲破坏载荷	Load of rupture in bending
26	Q170626	抗折载荷	Antiflex load
27	Q170627	抗冲击性能	Impact property
28	Q170628	抗冻性	Frost resistance
29	Q170629	耐火极限	Fire resistance limit
30	Q170630	受潮挠度	Wetted deflection

18 道 桥 材 料

18.1 一 般 规 定

18.1.1 道桥材料检测代码及项目应符合表 18.1.1 的规定。

表 18.1.1 道桥材料检测代码及项目

序号	代码	项　　目	Item
1	Q1802	石料	Rock fill
2	Q1803	粗集料	Coarse aggregate
3	Q1804	细集料	Fine aggregate
4	Q1805	矿粉	Mineral Filler
5	Q1806	沥青	Asphalt
6	Q1807	沥青混合料	Asphalt Mixtures
7	Q1808	无机结合料稳定材料	Stabilized materials of inorganic binder
8	Q1809	土工合成材料	Geosynthetics

18.2 石　　料

18.2.1 石料检测代码及参数应符合表 18.2.1 的规定。

表 18.2.1　石料检测代码及参数

序号	代码	参　　数	Parameter
1	Q180201	含水率	Water content
2	Q180202	密度	Density
3	Q180203	毛体积密度	Gross volume density
4	Q180204	孔隙率	Porosity ratio
5	Q180205	吸水率	Water absorption ratio
6	Q180206	饱水率	Water saturation ratio
7	Q180207	抗冻性	Frost resistance
8	Q180208	坚固性	Solidity
9	Q180209	抗压强度	Compressive strength
10	Q180210	抗剪强度	Shearing strength
11	Q180211	抗折强度	Bending strength
12	Q180212	磨耗	Wearing
13	Q180213	间接抗拉强度	Indirect tensile strength
14	Q180214	抗压静弹性模量	Compression steady elastic modulus
15	Q180215	点荷载	Spot loading
16	Q180216	耐污染	Pollution tolerance

18.3 粗　集　料

18.3.1 粗集料检测代码及参数应符合表 18.3.1 的规定。

表 18.3.1　粗集料检测代码及参数

序号	代码	参　　数	Parameter
1	Q180301	筛分	Screening
2	Q180302	密度及吸水率（网篮法、容量瓶法）	Density and water absorption ratio（net method，cubage bottle method）
3	Q180303	含水率	Water content
4	Q180304	吸水率	Water absorption ratio
5	Q180305	堆积密度及空隙率	The piled density and percentage of voids
6	Q180306	含泥量及泥块含量	Soil content and soil block content
7	Q180307	针片状颗粒含量（标准仪法、游标卡尺法）	Content of chipped grain（standard meter method，vernier caliper method）
8	Q180308	有机物含量	The organic content
9	Q180309	坚固性	Robustness
10	Q180310	压碎值	Compressed crush value
11	Q180311	磨耗（洛杉矶法、道瑞试验）	Wearing（Los Angeles method，Daldry test）
12	Q180312	软弱颗粒试验	Soft grain test
13	Q180313	磨光值	Polish value
14	Q180314	冲击值	Impact value
15	Q180315	碱活性（岩相法、砂浆长度法）	Alkali-aggregate reaction（lithofacies method，mortar length method）
16	Q180316	抑制集料碱活性效能试验	Restraining aggregate alkali activated effect test
17	Q180317	破碎砾石含量	Broken stone content
18	Q180318	集料碱值	Aggregate alkali value
19	Q180319	钢渣活性及膨胀性	Steel scoria activated and expansion properties

18.4 细　集　料

18.4.1 细集料检测代码及参数应符合表 18.4.1 的规定。

表 18.4.1　细集料检测代码及参数

序号	代码	参　　数	Parameter
1	Q180401	筛分	Screening
2	Q180402	表观密度	Apparent density
3	Q180403	密度及吸水率	Density and water absorption ratio
4	Q180404	堆积密度及紧装密度	The piled density and the tight attire density
5	Q180405	含水率	Water content
6	Q180406	含泥量	The content of soil
7	Q180407	砂当量	Granulated substance equivalent
8	Q180408	泥块含量	mud content
9	Q180409	有机质含量	Organic content
10	Q180410	云母含量	Mica content
11	Q180411	轻物质含量	Light material content

续表 18.4.1

序号	代码	参　数	Parameter
12	Q180412	膨胀率	Expansion
13	Q180413	坚固性	Ruggedness
14	Q180414	三氧化硫	Sulfur trioxide
15	Q180415	棱角性（间隙率法、流动时间法）	Angularity （ clearance rate method，flowing time method）
16	Q180416	亚甲蓝	Methylene blue
17	Q180417	压碎指标	Compressed crush index

18.5 矿　　粉

18.5.1 矿粉检测代码及参数应符合表 18.5.1 的规定。

表 18.5.1 矿粉检测代码及参数

序号	代码	参　数	Parameter
1	Q180501	筛分析	Sieve analyzing
2	Q180502	密度	Density
3	Q180503	亲水系数	Water affinity coefficient
4	Q180504	塑性指数	Plasticity index
5	Q180505	加热安定性	Stability against heating up

18.6 沥　　青

18.6.1 沥青检测代码及参数应符合表 18.6.1 的规定。

表 18.6.1 沥青检测代码及参数

序号	代码	参　数	Parameter
1	Q180601	沥青密度与相对密度	Asphalt density and relative density
2	Q180602	沥青针入度	Asphalt penetration
3	Q180603	沥青延度	Asphalt ductility
4	Q180604	沥青软化点	Asphalt soft point
5	Q180605	沥青溶解度	Asphalt solubility
6	Q180606	沥青蒸发损失	Asphalt evaporating loss
7	Q180607	沥青薄膜加热/旋转薄膜加热	Asphalt film heating/rotating film heating
8	Q180608	沥青闪点与燃点（克利夫兰开口杯法）	Flash point and burning point of asphalt （Cleveland's snap ring method）

续表 18.6.1

序号	代码	参　数	Parameter
9	Q180609	沥青含水量	Asphalt water content
10	Q180610	沥青脆点	Asphalt crisp point
11	Q180611	沥青灰分含量	Asphalt ash content
12	Q180612	沥青蜡含量	Asphalt sacrificial content
13	Q180613	沥青与粗集料的粘附性	Adhesive ability of asphalt and rough aggregate
14	Q180614	沥青化学组分	Asphalt chemical composition
15	Q180615	沥青黏度（毛细管法、真空减压毛细管法、道路沥青标准黏度计法、恩格拉黏度计法、赛波特重质油黏度计法、布氏旋转黏度计法）	Asphalt viscosity （capillary method，vacuum decompression capillary method，asphalt standard viscosity meter method，Engelhard viscosity meter method，Saybolt heavy oil viscosity meter method，Brielle rotating viscosity meter method）
16	Q180616	沥青黏韧性	Viscosity and toughness of asphalt
17	Q180617	沥青酸值	Asphalt acid value
18	Q180618	沥青浮标度	The asphalt floating the scale
19	Q180619	液体石油沥青蒸馏试验	Distillation test of liquid petroleum asphalt
20	Q180620	液体石油沥青闪点（泰格开口杯法）	Flash point of liquid petroleum asphalt
21	Q180621	煤沥青蒸馏试验	Distillation test of coal asphalt
22	Q180622	煤沥青焦油酸含量	Tar acid content of coal asphalt
23	Q180623	煤沥青酚含量	Hydroxybenzene content of coal asphalt
24	Q180624	煤沥青萘含量（色谱柱法、抽滤法）	Naphthalene content of coal asphalt （chromatographic column method，extract percolation method）
25	Q180625	煤沥青甲苯不溶物含量	Content of toluene nonsolute of coal asphalt

续表 18.6.1

序号	代码	参数	Parameter
26	Q180626	乳化沥青蒸发残留物含量	Content of remained substances after evaporation of emulsified bitumen
27	Q180627	乳化沥青筛上剩余量含量	Remained content on screen of emulsified bitumen
28	Q180628	乳化沥青微粒离子电荷	Ionic charge of emulsified bitumen mote
29	Q180629	乳化沥青与矿料黏附性	Adhesive ability of emulsified bitumen and mineral material
30	Q180630	乳化沥青储存稳定性	Storage stability of emulsified bitumen
31	Q180631	乳化沥青低温储存稳定性	Storage stability at low temperature of emulsified bitumen
32	Q180632	乳化沥青水泥拌和	Blend of emulsified bitumen and cement
33	Q180633	乳化沥青破乳速度	Emulsified bitumen breaking speed test
34	Q180634	乳化沥青与矿料的拌和	Blend of emulsified bitumen and mineral material
35	Q180635	沥青与石料的低温粘结性	Low temperature viscosity of asphalt and stone material
36	Q180636	聚合物改性沥青离析	Polymer modified asphalt segregation
37	Q180637	沥青弹性恢复	Asphalt elasticity restoration
38	Q180638	沥青抗剥落剂性能	Properties of asphalt peeling resistance additive
39	Q180639	改性沥青用合成橡胶乳液	Modified asphalt using composed rubber latex

18.7 沥青混合料

18.7.1 沥青混合料检测代码及参数应符合表18.7.1的规定。

表 18.7.1 沥青混合料检测代码及参数

序号	代码	参数	Parameter
1	Q180701	压实沥青混合料密度（表干法、水中重法、蜡封法、体积法）	Compaction bituminous mixture density (surface dry method, weight in water method, wax sealing method, cubage method)
2	Q180702	马歇尔稳定度	Marshall stability
3	Q180703	理论最大相对密度（真空法、溶剂法）	Theory most greatly relative density (vacuum method, solvent method)
4	Q180704	单轴压缩（圆柱体法、棱柱体法）	Single axle compression (cylinder method, prism method)
5	Q180705	弯曲	Bending
6	Q180706	劈裂	Cleavage
7	Q180707	饱水率	Water saturation ratio
8	Q180708	三轴压缩	Triple-shaft compression
9	Q180709	车辙	Rut
10	Q180710	线收缩系数	Linear shrinkage coefficient
11	Q180711	沥青含量（射线法、离心分离法、回流式抽提仪法、脂肪抽提器法）	Asphalt content (radiation method, centrifugal separating method, circumfluence extractor method, fat extractor method)
12	Q180712	矿料级配	Mineral materials grading
13	Q180713	从沥青混合料中回收沥青（阿布森法、旋转蒸发器法）	Distilling asphalt from asphalt mixture (Abson method, evaporator rotating method)
14	Q180714	弯曲蠕变	Bending creep
15	Q180715	冻融劈裂	Frost thawing cleavage
16	Q180716	渗水试验	Seep experiment
17	Q180717	表面构造深度	Superficial structure depth
18	Q180718	谢伦堡沥青析漏	Kallen Fort asphalt analysis of leakage
19	Q180719	肯塔堡飞散	Abrasion by use of Cantabria method
20	Q180720	加速老化	Accelerated aging
21	Q180721	乳化沥青稀浆封层混合料稠度	Consistency of sealing course of diluted emulsified bitumen mixture

续表 18.7.1

序号	代码	参　　数	Parameter
22	Q180722	乳化沥青稀浆封层混合料湿轮磨耗	Wheel moisture wear of sealing course of diluted emulsified bitumen mixture
23	Q180723	乳化沥青稀浆封层混合料初凝时间	Initial solidification time of sealing course of diluted emulsified bitumen mixture
24	Q180724	乳化沥青稀浆封层混合料固化时间	Solidifying period of sealing course of diluted emulsified bitumen mixture
25	Q180725	乳化沥青稀浆封层混合料碾压	Compaction of sealing course of diluted emulsified bitumen mixture

18.8 无机结合料稳定材料

18.8.1 除水泥、石灰外，其他无机结合料稳定材料的检测代码及参数应符合表 18.8.1 的规定。

表 18.8.1 无机结合料的检测代码及参数

序号	代码	参　　数	Parameter
1	Q180801	含水量	Water content
2	Q180802	最大干密度、最佳含水量	Max dry density and optimal water content
3	Q180803	无侧限抗压强度	Unconfined compressive strength
4	Q180804	间接抗拉强度	Indirect tensile strength
5	Q180805	室内抗压回弹模量	Indoor compression resilience modulus
6	Q180806	水泥或石灰稳定土中水泥或石灰剂量	The amount of cement or lime in stabilized soil

18.9 土工合成材料

18.9.1 土工合成材料检测代码及参数应符合表 18.9.1 的规定。

表 18.9.1 土工合成材料的检测代码及参数

序号	代码	参　　数	Parameter
1	Q180901	单位面积质量	Quality of unit area
2	Q180902	厚度（厚度试验仪法、无侧限抗压强度试验仪法）	Thickness (thickness detector method, free-from-lateral- restrain detector for compressive strength)
3	Q180903	土工格栅网孔尺寸	The net size of geotechnique grid
4	Q180904	土工网网孔尺寸	The size of geotechnical grid lattice
5	Q180905	格栅温度收缩	Grid shrinkage by temperature
6	Q180906	条带拉伸	Strip tensile
7	Q180907	握持拉伸	Holding tensile
8	Q180908	撕裂试验	Tearing test
9	Q180909	顶破强度（圆球顶破试验、CBR 顶破试验）	Jacking damage intensity (ball penetration test, CBR penetration test)
10	Q180910	刺破试验	Piercing test
11	Q180911	落锥穿透试验	Dropping awl penetration test
12	Q180912	直剪摩擦试验	Direct shearing friction test
13	Q180913	拉拔摩擦试验	Pulling friction test
14	Q180914	蠕变试验	Creeping test
15	Q180915	孔径试验（筛分法、显微镜测读法）	Hole diameter test (screen method, microscope observation method)
16	Q180916	垂直渗透系数	Vertical penetration coefficient
17	Q180917	水平渗透系数	Level penetration coefficient
18	Q180918	淤堵试验	Choking test
19	Q180919	拼接强度	Splicing intensity
20	Q180920	平面内水流量	Flowing quantity within plane
21	Q180921	湿筛孔径	Wet screen aperture
22	Q180922	摩擦系数	Friction coefficient
23	Q180923	抗紫外线性能	Anti- ultraviolet ray performance

续表 18.9.1

序号	代码	参　　数	Parameter
24	Q180924	抗酸碱性能	Anti-acid and anti-alkali performance
25	Q180925	抗氧化性能	Anti- oxidation capacity
26	Q180926	抗磨损性能	Anti- abrasion
27	Q180927	蠕变性能	Creeping properties
28	Q180928	外观	Appearance
29	Q180929	钠基颗粒状膨润土单位面积含量	Content of clay particle of bentonite of natrium per unit area
30	Q180930	抗拉强度	Tensile strength
31	Q180931	膨润土膨胀指数	Bentonite expansion index
32	Q180932	导水系数/渗透率	Transmissibility coefficient/Penetration rate
33	Q180933	穿刺强度	Pierce strength
34	Q180934	延伸率	Elongation
35	Q180935	抗静水压	Anti-hydrostatic pressure
36	Q180936	低温柔韧性	Flexibility
37	Q180937	剥离强度	Peel strength

19　道桥构配件

19.1　一般规定

19.1.1　道桥构配件检测代码及项目应符合表19.1.1的规定。

表 19.1.1　道桥构配件检测代码及项目

序号	代码	项　　目	Item
1	Q1902	桥梁支座	Bridge support
2	Q1903	桥梁伸缩装置	Bridge expansion and contraction installment

19.2　桥梁支座

19.2.1　桥梁支座检测代码及参数应符合表19.2.1的规定。

表 19.2.1　桥梁支座检测代码及参数

序号	代码	参　　数	Parameter
1	Q190201	外观	Appearance
2	Q190202	尺寸	Dimension
3	Q190203	内在质量	Inner quality
4	Q190204	抗压弹性模量	Modulus of elasticity in compression perpendicular
5	Q190205	抗剪弹性模量	Shear modulus
6	Q190206	极限抗压强度	Compressive ultimate strength
7	Q190207	抗剪粘结性能	Anti- shearing of bonding properties
8	Q190208	抗剪老化	Anti- cuts the aging
9	Q190209	摩擦系数	Friction coefficient
10	Q190210	转角试验	Corner experiment
11	Q190211	承载力（竖向、水平）	Bearing capacity (vertical, horizontal)
12	Q190212	摩阻系数	Frictional coefficient
13	Q190213	转动力矩	Torque
14	Q190214	中心受压条件下竖向压缩变形	Deformation of vertical compression under center compression
15	Q190215	荷载条件下盆环径向变形	Radial deformation of basin ring under loading
16	Q190216	支座相对滑动面摩擦系数	Friction coefficient of relative faces of bearing
17	Q190217	平面滑动摩擦系数	Plane skidding friction coefficient
18	Q190218	转动力矩和转动摩擦	Torque and rotation friction

19.3　桥梁伸缩装置

19.3.1　桥梁伸缩装置检测代码及参数应符合表19.3.1的规定。

表 19.3.1　桥梁伸缩装置检测代码及参数

序号	代码	参　　数	Parameter
1	Q190301	外观	Appearance
2	Q190302	内在质量（剖切检查）	Inner quality (dissection examination)
3	Q190303	拉伸、压缩时最大水平摩阻力	Maximum horizontal friction when stretch, compression
4	Q190304	拉伸、压缩时变位均匀性	Dislodges the uniformity when stretch, compression

续表 19.3.1

序号	代码	参　数	Parameter
5	Q190305	拉伸、压缩时最大竖向变形	Maximum vertical deviation or distortion when stretch，compression
6	Q190306	相对错位后拉伸、压缩试验	The stretch and compressive test after the relative dislocation
7	Q190307	最大荷载时中梁应力、横梁应力、应变、水平力	Mid beam stress and crossbeam stress、strain、level strength at the largest load
8	Q190308	防水性能	Waterproof performance
9	Q190309	拉伸装置水平摩阻力	Tensile facility horizontal friction
10	Q190310	拉伸装置变位均匀性	Tensile facility dislodges the uniformity
11	Q190311	拉伸装置竖向高度变形	Deformation of vertical height of tensile facility
12	Q190312	加载疲劳试验	Loading endurance test
13	Q190313	密封防水试验	Seal waterproofing experiment
14	Q190314	防砂石嵌入试验	The test of guarding against the sand and crushed stone to insert

20 防腐绝缘材料

20.1 一 般 规 定

20.1.1 防腐绝缘材料检测代码及项目应符合表20.1.1的规定。

表 20.1.1 防腐绝缘材料检测代码及项目

序号	代码	项　目	Item
1	Q2002	石油沥青	Petroleum asphalt
2	Q2003	环氧煤沥青	Epoxy coal tar asphalt
3	Q2004	煤焦油磁漆底漆	Coal tar enamel primer
4	Q2005	煤焦油磁漆	Coal tar enamel

续表 20.1.1

序号	代码	项　目	Item
5	Q2006	煤焦油磁漆和底漆组合	Compages of coal tar enamel and primer
6	Q2007	缠带及基毡	Enlace belt and fundus felt
7	Q2008	聚乙烯防腐胶带	Polyethylene anti-corrosion belt
8	Q2009	聚乙烯防腐胶带底漆	Polyethylene anti-corrosion belt primer
9	Q2010	聚乙烯热塑涂层底漆	Polyethylene thermoplastic coating primer
10	Q2011	聚乙烯	Polyethylene
11	Q2012	中碱玻璃布	Medium alkali glass fabric
12	Q2013	聚氯乙烯工业薄膜	Polyethylene industrial thin film

20.2 石 油 沥 青

20.2.1 石油沥青防腐绝缘材料检测代码及参数应符合表20.2.1的规定。

表 20.2.1 石油沥青防腐绝缘材料检测代码及参数

序号	代码	参　数	Parameter
1	Q200201	含水量	Water content
2	Q200202	黏度	Viscosity
3	Q200203	蒸馏体积	Distill volume
4	Q200204	蒸馏后残留物	Leftover after distill
5	Q200205	闪点	Flash point

20.3 环氧煤沥青

20.3.1 环氧煤沥青检测代码及参数应符合表20.3.1的规定。

表 20.3.1 环氧煤沥青检测代码及参数

序号	代码	参　数	Parameter
1	Q200301	厚度	Thickness
2	Q200302	尺寸	Dimension
3	Q200303	拉伸强度（纵向，横向）	Tensile strength（longitudinal，cross）
4	Q200304	断裂伸长率	Percentage elongation at fracture
5	Q200305	耐寒性	Cold resistance
6	Q200306	耐热性	Heat resistance

20.4 煤焦油磁漆底漆

20.4.1 煤焦油磁漆底漆检测代码及参数应符合表 20.4.1 的规定。

表 20.4.1 煤焦油磁漆底漆检测代码及参数

序号	代码	参数	Parameter
1	Q200401	流出时间	Outflow hour
2	Q200402	闪点	Flash point
3	Q200403	干燥时间-表干（25℃）	Drying hour- surface dry
4	Q200404	干燥时间-实干（25℃）	Drying hour-actual dry
5	Q200405	挥发物	Volatile substances
6	Q200406	干提取物灰分	Dry extract of ash

20.5 煤焦油磁漆

20.5.1 煤焦油磁漆检测代码及参数应符合表 20.5.1 的规定。

表 20.5.1 煤焦油磁漆检测代码及参数

序号	代码	参数	Parameter
1	Q200501	软化点	Intenerate point
2	Q200502	针入度	Penetration
3	Q200503	加热后软化点变化	Change of intenerate point at heating
4	Q200504	加热后针入度变化	Change of penetration at heating
5	Q200505	压痕	Indentation
6	Q200506	灰分（质量）	Ash (quality)
7	Q200507	吸水率	Water absorption ratio

20.6 煤焦油磁漆和底漆组合

20.6.1 煤焦油磁漆和底漆组合检测代码及参数应符合表 20.6.1 的规定。

表 20.6.1 煤焦油磁漆和底漆组合检测代码及参数

序号	代码	参数	Parameter
1	Q200601	流淌	Flow
2	Q200602	冷弯	Cold bending
3	Q200603	粘结相容性	Adhesion compatibility
4	Q200604	低温脆裂和剥离	Embrittlement and peel at low temperature

续表 20.6.1

序号	代码	参数	Parameter
5	Q200605	冲击最大剥离面积	Impact maximum peel area
6	Q200606	阴极剥离	Cathode peel

20.7 缠带及基毡

20.7.1 缠带及基毡检测代码及参数应符合表 20.7.1 的规定。

表 20.7.1 缠带及基毡检测代码及参数

序号	代码	参数	Parameter
1	Q200701	尺寸	Dimension
2	Q200702	单位面积质量	Weight per unit area
3	Q200703	拉伸强度（纵向、横向）	Tensile strength (longitudinal, cross)
4	Q200704	耐水性	Water resistance
5	Q200705	涂装温度下的稳定性	Stability under daub temperature
6	Q200706	柔韧性	Flexility

20.8 聚乙烯防腐胶带

20.8.1 聚乙烯防腐胶带检测代码及参数应符合表 20.8.1 的规定。

表 20.8.1 聚乙烯防腐胶带检测代码及参数

序号	代码	参数	Parameter
1	Q200801	尺寸	Dimension
2	Q200802	基膜拉伸强度	Tensile strength of film
3	Q200803	基膜断裂伸长率	Rupture elongation ratio of film
4	Q200804	剥离强度	Peel strength
5	Q200805	体积电阻率	Volume resistance ratio
6	Q200806	电器强度	Wiring intension
7	Q200807	耐热老化试验	Heat aging resistant experiment
8	Q200808	吸水率	Absorption of water
9	Q200809	水蒸气渗透率	Vapour infiltrate ratio

20.9 聚乙烯防腐胶带底漆

20.9.1 聚乙烯防腐胶带底漆检测代码及参数应符合

表 20.9.1 的规定。

表 20.9.1　聚乙烯防腐胶带底漆检测代码及参数

序号	代码	参　数	Parameter
1	Q200901	固体含量	Solid content
2	Q200902	表干时间	Tack-free time
3	Q200903	黏度	Viscosity

20.10　聚乙烯热塑涂层底漆

20.10.1　聚乙烯热塑涂层底漆检测代码及参数应符合表 20.10.1 的规定。

表 20.10.1　聚乙烯热塑涂层底漆检测代码及参数

序号	代码	参　数	Parameter
1	Q201001	软化点	Intenerate point
2	Q201002	加热损失	Heating loss
3	Q201003	热分解温度	Heat decompound temperature
4	Q201004	剪切强度	Shearing strength
5	Q201005	剥离强度	Peeling strength

20.11　聚　乙　烯

20.11.1　聚乙烯检测代码及参数应符合表 20.11.1 的规定。

表 20.11.1　聚乙烯检测代码及参数

序号	代码	参　数	Parameter
1	Q201101	密度	Density
2	Q201102	熔体指数	Melt index
3	Q201103	拉伸强度	Tensile strength
4	Q201104	断裂伸长率	Rupture elongation ratio
5	Q201105	维卡软化点	Vicat intenerate point
6	Q201106	脆化温度	Brittle temperature
7	Q201107	耐环境应力开裂时间	Cracking time resist environmental stress
8	Q201108	耐击穿电压	Resistance voltage
9	Q201109	体积电阻率	Volume resistance ratio

20.12　中碱玻璃布

20.12.1　中碱玻璃布检测代码及参数应符合表 20.12.1 的规定。

表 20.12.1　中碱玻璃布检测代码及参数

序号	代码	参　数	Parameter
1	Q201201	尺寸	Dimension
2	Q201202	密度	Density
3	Q201203	含碱量	Alkali content

20.13　聚乙烯工业薄膜

20.13.1　聚乙烯工业薄膜检测代码及参数应符合表 20.13.1 的规定。

表 20.13.1　聚乙烯工业薄膜检测代码及参数

序号	代码	参　数	Parameter
1	Q201301	尺寸	Dimension
2	Q201302	拉伸强度	Tensile strength
3	Q201303	断裂伸长率	Elongation percentage after fracture
4	Q201304	耐寒性	Cold resistant
5	Q201305	耐热性	Heat resistance

21　地基与基础工程

21.1　一　般　规　定

21.1.1　建筑与市政工程的地基与基础工程检测代码及项目应符合表 21.1.1 的规定。

表 21.1.1　地基与基础工程检测代码及项目

序号	代码	项　目	Item
1	P2102	土工试验	Soil test
2	P2103	地基	Subgrade
3	P2104	基础	Foundation
4	P2105	支护结构	Retaining structure

21.2　土　工　试　验

21.2.1　土工试验参数应符合表 21.2.1 的规定。

表 21.2.1　土工试验参数

序号	代码	参　数	Parameter
1	P210201	含水率（烘箱干燥法、酒精燃烧法、比重法、碳化钙气压法）	Water content (oven drying method, alcohol combustion method, specific gravity method, calcium carbide pneumatic sealing method)
2	P210202	密度（环刀法、蜡封法、灌水法、灌砂法、电动取土器法）	Density (core cutter method, sealing wax method, water replacement method, sand replacement method, dynamoelectric sampler method)
3	P210203	土粒比重（比重瓶法、浮称法、虹吸筒法）	Soil particle specific gravity (pycnometer method, hydrometer method, siphon method)

续表 21.2.1

序号	代码	参数	Parameter
4	P210204	颗粒分析（密度计法、移液管法、筛析法、比重计法）	Particle size analysis (density meter method, pipette method, sieving method, hydrometer method)
5	P210205	界限含水率（液限塑限联合测定法、碟式仪液限、滚搓法塑限、收缩皿法塑限）	Limit water content (liquid-plastic limit combined method, liquid limit test by disc apparatus, plastic limit test by rolling, shrinkage limit)
6	P210206	砂的相对密度	Relative density of sand
7	P210207	土最大干密度与最优含水率（击实试验）	The maximum dry density and optimum water content of soil (compaction test)
8	P210208	承载比	Bearing capacity ratio
9	P210209	回弹模量（杠杆压力仪法、强度仪法）	Rebound modulus (lever pressure apparatus method, strength apparatus method)
10	P210210	渗透系数	Coefficient of permeability
11	P210211	压缩系数和固结系数（固结试验）	Compression coefficient and consolidation coefficient (consolidation test)
12	P210212	湿陷系数和溶滤变形系数（湿陷试验）	Coefficient of collapsibility and deformation coefficient of lixiviation (collapsibility test)
13	P210213	抗剪强度（三轴压缩试验、直接剪切试验、大三轴剪切试验）	Shear strength (triaxial compression test, direct shear test, large triaxial shear test)
14	P210214	无侧限抗压强度	Unconfined compressive strength
15	P210215	膨胀率	Expansion rate
16	P210216	膨胀力	Expansion force
17	P210217	收缩系数	Shrinkage factor

续表 21.2.1

序号	代码	参数	Parameter
18	P210218	冻土密度（浮称法、联合测定法、环刀法、充砂法）	Frozen soil density (hydrometer method, combined testing method, core cutter method, sand-filled method)
19	P210219	冻结温度	Freezing temperature
20	P210220	未冻含水率	Unfrozen water content
21	P210221	冻土导热系数	Frozen soil thermal conductivity coefficient
22	P210222	冻胀量	Frost-heave capacity
23	P210223	冻土融化压缩系数	Frozen soil thaw compressibility
24	P210224	酸碱度	Acidity and alkalinity
25	P210225	易溶盐总量	Gross content of soluble salts
26	P210226	碳酸根和重碳酸根含量	Determination of carbonate and bicarbonate
27	P210227	氯根含量	Determination of chloride
28	P210228	硫酸根含量（EDTA 络合容量法，比浊法）	Determination of sulphate (EDTA complexometric volumetric method, turbidimetric method)
29	P210229	钙离子含量	Determination of calcium ion
30	P210230	镁离子含量	Determination of magnesium ion
31	P210231	钠离子含量	Determination of sodium ion
32	P210232	钾离子含量	Determination of potassium ion
33	P210233	中溶盐（石膏）含量	Medium soluble salts (gypsum)
34	P210234	难溶盐（碳酸钙）含量	Slightly soluble salts (carbonate)
35	P210235	有机质含量	Organic matter content
36	P210236	土的离心含水当量	Centrifugal equivalent water content
37	P210237	天然稠度	Natural consistency

续表 21.2.1

序号	代码	参　数	Parameter
38	P210238	毛细管水上升高度	Capillary rise
39	P210239	粗粒土和巨粒土最大干密度	Maximum dry density of coarse-grained soil and extra coarse-grained
40	P210240	烧失量	Loss on ignition
41	P210241	阳离子交换量（EDTA-氨盐快速法、草酸氨-氯化氨法）	Cation exchange capacity (CEC) (CEC by EDTA-ammonium quick method, CEC by ammonium oxalate and ammonium chloride)
42	P210242	硅含量	Determination of silicon
43	P210243	倍半氧化物总量	Gross content of R_2O_3

21.3 地　基

21.3.1 地基检测代码及参数应符合表 21.3.1 的规定。

表 21.3.1 地基检测代码及参数

序号	代码	参　数	Parameter
1	P210301	地基土承载力（标准贯入试验、轻型圆锥动力触探试验、重型圆锥动力触探试验、超重型圆锥动力触探试验、静力触探试验、平板荷载试验、旁压试验、十字板剪切试验）	Bearing capacity of foundation soil (standard penetration test, light dynamic penetration test, heavy dynamic penetration test, extra heavy dynamic penetration test, single cone penetration test, shallow plate loading test, pressuremeter test, vane shear test)
2	P210302	地基动力特性（强迫振动法、自由振动法、振动衰减测试、地脉动测试、单孔法波速测试、跨孔法波速测试、面波法波速测试、循环荷载板测试、振动三轴和共振柱测试）	Dynamic properties of subsoil (forced vibration method, free vibration method, vibration attenuation test, micro-tremor test, single hole wave velocity measurement, cross hole wave velocity measurement, surface wave velocity measurement, cyclic plate loading test, dynamic triaxial and resonant column test)

续表 21.3.1

序号	代码	参　数	Parameter
3	P210303	复合地基桩身完整性（动力触探、钻芯法、低应变法、高应变法）	Pile quality of composite subgrade (dynamic penetration test, core drilling method, low strain integrity testing, high strain dynamic testing)
4	P210304	复合地基单桩承载力（静载法、高应变法）	Composite subgrade bearing capacity of single pile (static loading test, high strain dynamic testing)
5	P210305	复合地基承载力	Bearing capacity of composite subgrade
6	P210306	岩基承载力	Bearing capacity of rock foundation

21.4 基　础

21.4.1 基础包括浅基础、桩基础。浅基础的基础持力层性质检测代码及参数应符合表 21.3.1 的规定。

21.4.2 桩基础检测代码及参数应符合表 21.4.2 的规定。

表 21.4.2 桩基础检测代码及参数

序号	代码	参　数	Parameter
1	P210401	单桩竖向抗压承载力（静载法、高应变法）	Vertical bearing capacity of single pile [static loading test, high strain integrity testing (CAPWAP method)]
2	P210402	单桩竖向抗拔承载力	Vertical uplift resistance of single pile
3	P210403	单桩水平承载力	Lateral resistance of single pile
4	P210404	桩身完整性（低应变法、声波透射法、钻芯法、高应变法）	Pile integrity (low strain integrity testing, Acoustic transmission method, core drilling method, high strain dynamic testing)
5	P210405	桩身混凝土强度（钻芯法）	Pile shaft concrete compressive strength (core drilling method)

续表 21.4.2

序号	代码	参　　数	Parameter
6	P210406	桩侧摩阻力（桩身内力法、基岩内桩侧摩阻力法）	Side friction resistance (pile internal force testing, side friction resistance testing in rock foundation)
7	P210407	桩端阻力	Pile tip resistance

21.5 支护结构

21.5.1 基坑支护结构中混凝土灌注桩、地下连续墙、水泥土桩的检测代码及参数应符合本标准表21.4.2的规定，其他类型支护结构的检测代码及参数应符合表21.5.1的规定。

表 21.5.1 基坑支护结构其他检测代码及参数

序号	代码	参　　数	Parameter
1	P210501	喷射混凝土厚度	Shotcrete thickness
2	P210502	喷射混凝土强度（回弹法、切割法、钻芯法）	Shotcrete strength (rebound method, cutting method, core drilling method)
3	P210503	土钉承载力	Bearing capacity of soil nailing
4	P210504	土层锚杆承载力	Bearing capacity of soil anchor
5	P210505	岩层锚杆承载力	Bearing capacity of rock anchor
6	P210506	预应力锚索承载力	Bearing capacity of prestrssed anchor

22 主体结构工程

22.1 一般规定

22.1.1 建筑与市政工程的主体结构工程检测代码及项目应符合表22.1.1的规定。

表 22.1.1 主体结构工程检测代码及项目

序号	代码	项　　目	Item
1	P2202	混凝土结构	Concrete structure
2	P2203	砌体结构	Masonry structure
3	P2204	钢结构	Steel structure
4	P2205	钢管混凝土结构	Steel tube concrete structure
5	P2206	木结构	Timber structure
6	P2207	膜结构	Membrane structure

22.1.2 构件的热工性能参数检测参数应符合表37.5.1的规定。

22.1.3 构件的声学性能参数检测参数应符合表39.7.1的规定。

22.2 混凝土结构

22.2.1 混凝土结构的检测代码及参数应符合表22.2.1的规定。

表 22.2.1 混凝土结构检测代码及参数

序号	代码	参　　数	Parameter
1	P220201	外观	Appearance
2	P220202	裂缝	Crack
3	P220203	缺陷（超声法、冲击反射法）	Internal defect (UT, impact method)
4	P220204	尺寸与偏差	Dimension and deviation
5	P220205	结构构件承载力	Load-carrying capacity
6	P220206	结构构件挠度	Deflection of structure member
7	P220207	结构构件倾斜	Inclination of structure member
8	P220208	损伤	Damage
9	P220209	动态特性（正波法、初速度法、随机激振法、人工爆破模拟地震法）	Dynamic characteristics (Harmonic wave method, initial velocity method, vibration mode, damping ratio)
10	P220210	混凝土强度（回弹法、超声回弹综合法、钻芯法、后装拔出法）	Concrete strength (rebound method, ultrasonic-rebound combined method, drilled core method, post-install pull-out method)
11	P220211	f-CaO 对混凝土质量影响	Effect of f-CaO on concrete quality
12	P220212	混凝土中氯离子含量	Chloride ion content in concrete
13	P220213	钢筋连接	Connections of steel bars

续表 22.2.1

序号	代码	参数	Parameter
14	P220214	钢筋配置	Location of reinforcement
15	P220215	保护层厚度	Thickness of concrete cover
16	P220216	钢筋锈蚀	Steel corrosion

22.3 砌体结构

22.3.1 砌体结构的检测代码及参数应符合表 22.3.1 的规定。

表 22.3.1 砌体结构检测代码及参数

序号	代码	参数	Parameter
1	P220301	外观	Appearance
2	P220302	裂缝	Crack
3	P220303	尺寸	Dimension
4	P220304	构件承载力	Load-carrying capacity
5	P220305	构件倾斜	Inclination of structure member
6	P220306	损伤	Damage
7	P220307	动态特性（正波法、初速度法、随机激振法、人工爆破模拟地震法）	Dynamic characteristics (Harmonic wave method, initial velocity method, vibration mode, damping ratio)
8	P220308	砌体抗压强度（轴压法、扁顶法）	Compressive strength of masonry (axial compression method, flat jack method)
9	P220309	砌体抗剪强度（双剪法、原位单剪法）	Shearing strength of masonry (double shear method, single shear method)
10	P220310	砌筑砂浆强度（推出法、筒压法、砂浆片剪法、点荷法）	Strength of masonry mortar (push out method, column method, mortar flake method, point load method)
11	P220311	砂浆强度的匀质性（回弹法、射钉法、贯入法）	Uniformity of mortar strength (rebound method, power actuated method, penetration method)

22.4 钢结构

22.4.1 钢结构的检测代码及参数应符合表 22.4.1 的规定。

表 22.4.1 钢结构检测代码及参数

序号	代码	参数	Parameter
1	P220401	外观	Appearance
2	P220402	裂缝	Crack
3	P220403	缺陷（超声法、冲击反射法）	Internal defect (UT, impact method)
4	P220404	尺寸与偏差	Dimension and deviation
5	P220405	构件承载力	Load-carrying capacity
6	P220406	构件挠度	Deflection of structure member
7	P220407	构件垂直度	Inclination of structure member
8	P220408	损伤	Damage
9	P220409	动态特性（正波法、初速度法、随机激振法、人工爆破模拟地震法）	Dynamic characteristics (Harmonic wave method, initial velocity method, vibration mode, damping ratio)
10	P220410	焊缝外观	Quality of welding connection appearance
11	P220411	焊缝内在质量(UT、MT、RT、PT)	Weld inner defect (Ultrasonic testing, magnetic particle testing, radiographic testing, penetration testing)
12	P220412	铆钉、铆孔尺寸	Size of rivet and rivet hole
13	P220413	构件尺寸与安装偏差	Dimension of member and deviation for installation
14	P220414	裂纹	Crack
15	P220415	锈蚀	Corrosion
16	P220416	局部变形	Partial distortion
17	P220417	终拧扭矩	Torque
18	P220418	涂装外观	Painting appearance
19	P220419	涂层厚度	Thickness of coating
20	P220420	涂层附着力	Adhesion of coating
21	P220421	涂层耐冲击力	Impact resistance

22.5 钢管混凝土结构

22.5.1 钢管混凝土结构的检测代码及参数应符合表22.5.1的规定。

表 22.5.1 钢管混凝土结构检测代码及参数

序号	代码	参 数	Parameter
1	P220501	钢管焊缝外观缺陷	Weld imperfection of steel pipe
2	P220502	钢管焊缝质量（UT）	Weld quality of steel pipe（UT）
3	P220503	焊接接头拉伸	Tensile of welding joints
4	P220504	焊接接头面弯	Face bending of welding joints
5	P220505	焊接接头背弯	Back bending of welding joints
6	P220506	混凝土强度	Concrete strength
7	P220507	混凝土缺陷	Concrete defect
8	P220508	构件尺寸与偏差	Dimension and deviation

22.6 木 结 构

22.6.1 木结构的检测代码及参数应符合表22.6.1的规定。

表 22.6.1 木结构检测代码及参数

序号	代码	参 数	Parameter
1	P220601	外观	Appearance
2	P220602	裂缝	Crack
3	P220603	缺陷（超声法、冲击反射法）	Defection （ultrasonic method，impact-echo method）
4	P220604	尺寸与偏差	Dimension and deviation
5	P220605	构件承载力	Load-carrying capacity
6	P220606	构件挠度	Deflection of structure member
7	P220607	构件倾斜	Inclination of structure member
8	P220608	损伤	Damage
9	P220609	动态特性（正波法、初速度法、随机激振法、人工爆破模拟地震法）	Dynamic characteristics（Harmonic wave method，initial velocity method，vibration mode，damping ratio）
10	P220610	连接形式	Connection

续表 22.6.1

序号	代码	参 数	Parameter
11	P220611	节点位移	Displacement of node
12	P220612	连接松弛变形	Deformation for bound relaxation
13	P220613	屋架支撑系统的稳定状态	Stable state of roof jacks
14	P220614	木楼面系统的振动	Vibration of timber floor
15	P220615	防护剂的透入度和保持量	Penetration and retention of protective agent

22.7 膜 结 构

22.7.1 膜结构除混凝土构件、钢构件的检测代码及参数应符合表22.2.1、表22.4.1的规定外，其他检测代码及参数应符合表22.7.1的规定。

表 22.7.1 膜结构其他检测代码及参数

序号	代码	参 数	Parameter
1	P220701	金属构件尺寸与偏差	Dimension and deviation
2	P220702	拼缝质量	Gap quality
3	P220703	膜面受力及偏差	Force on surface of membrane and displacement
4	P220704	膜材裂纹	Crack of film
5	P220705	涂层擦伤	Scratch of coating
6	P220706	支承体系预张力	Pre-tensioned bearing system

23 装饰装修工程

23.1 一 般 规 定

23.1.1 装饰装修工程检测代码及项目应符合表23.1.1的规定。

表 23.1.1 装饰装修工程检测代码及项目

序号	代码	项 目	Item
1	P2302	抹灰	Plastering
2	P2303	门窗	Windows and doors
3	P2304	粘接与锚固	Felting and anchor

23.2 抹 灰

23.2.1 抹灰工程检测代码及参数应符合表23.2.1

的规定。

表 23.2.1 抹灰工程检测代码及参数

序号	代码	参　数	Parameter
1	P230201	尺寸	Dimension
2	P230202	平整度	Surface evenness
3	P230203	空鼓（红外成像）	Hollowing Infrared imagery test
4	P230204	基层含水率	Water content of decoration
5	P230205	基层 pH	pH of decoration
6	P230206	粘结强度	Adhesive strength

23.3 门　窗

23.3.1 门窗现场检测代码及参数应符合表 23.3.1 的规定。

表 23.3.1 门窗现场检测代码及参数表

序号	代码	参　数	Parameter
1	P230301	尺寸	Dimension
2	P230302	平整度	Surface evenness
3	P230303	抗风压性能	Wind resistance performance
4	P230304	水密性能	Water tightness performance
5	P230305	气密性能	Air permeability performance

23.4 粘结与锚固

23.4.1 粘结与锚固现场检测代码及参数应符合表 23.4.1 的规定。

表 23.4.1 粘结与锚固现场检测代码及参数

序号	代码	参　数	Parameter
1	P230401	后锚固件抗拉强度	Tensile strength of post-installed fastenings
2	P230402	后锚固件拉剪强度	Tension-shear strength of post-installed fastenings
3	P230403	饰面砖粘结强度	Adhesive strength of tapestry brick

24 防 水 工 程

24.1 一 般 规 定

24.1.1 防水工程包括建筑与市政工程的地下防水和屋面防水工程，检测代码及项目应符合表 24.1.1 的规定。

表 24.1.1 防水工程检测代码及项目

序号	代码	项　目	Item
1	P2402	地下防水工程	Underground waterproof
2	P2403	屋面防水工程	Roofing waterproof

24.2 地下防水工程

24.2.1 地下防水工程检测代码及参数应符合表 24.2.1 的规定。

表 24.2.1 地下防水工程的检测代码及参数

序号	代码	参　数	Parameter
1	P240201	湿渍	Wet mark
2	P240202	渗水	Seep water
3	P240203	积水量	Catchment well seeper quantity
4	P240204	防水层厚度	Waterproof layer thickness
5	P240205	防水层搭接缝缺陷	Lap slot disfigurement in waterproof layer
6	P240206	金属板防水层焊缝缺陷	Welding line disfigurement of plate waterproof layer
7	P240207	注浆效果（钻孔取芯、压水或空气、渗透水量测）	Infuse serosity impact (drill to get core, press water or air, infiltrated water quantity measurement)

24.3 屋面防水工程

24.3.1 屋面防水工程检测代码及参数应符合表 24.3.1 的规定。

表 24.3.1 屋面防水工程的检测代码及参数

序号	代码	参　数	Parameter
1	P240301	防水层表面缺陷	Surface disfigurement waterproof layer
2	P240302	卷材搭接宽度	Lap width of sheets
3	P240303	找平层的排水坡度	Drain grade of leveling layer

续表 24.3.1

序号	代码	参　　数	Parameter
4	P240304	找平层表面平整度	Surface evenness of leveling layer
5	P240305	保温层的含水率	Water content of heat preservation layer
6	P240306	保温层厚度	Thickness of heat preservation
7	P240307	细石混凝土钢筋位置	Reinforcing steel bar position in little aggregate concrete

25　建筑给水、排水及采暖工程

25.1　一 般 规 定

25.1.1　建筑给水、排水及采暖安装工程检测代码及项目应符合表 25.1.1 的规定。

表 25.1.1　建筑给水、排水及采暖安装工程检测代码及项目

序号	代码	项　　目	Item
1	P2502	建筑给水、排水工程	Water supply and drainage of building
2	P2503	采暖供热系统	Heating supply system

25.1.2　建筑给水、排水及采暖安装工程的电气检测应符合本标准第 27 章的规定。

25.2　建筑给水、排水工程

25.2.1　建筑给水、排水工程检测代码及参数应符合表 25.2.1 的规定。

表 25.2.1　建筑给水、排水工程检测代码及参数

序号	代码	参　　数	Parameter
1	P250201	尺寸	Dimension
2	P250202	弯曲半径	Bending radius
3	P250203	水压试验	Hydraulic pressure test
4	P250204	管道坡度	Slope of pipeline
5	P250205	水泵/水泵轴承温升	Temperature rise of pump bearing
6	P250206	灌水试验	Irrigation test
7	P250207	通球试验	Pigging test

25.3　采暖供热系统

25.3.1　采暖供热系统检测代码及参数应符合表 25.3.1 的规定。

表 25.3.1　采暖供热系统检测代码及参数

序号	代码	参　　数	Parameter
1	P250301	尺寸	Dimension
2	P250302	管道坡度	Slope of pipeline
3	P250303	室外管网水力平衡度	Heat transfer efficiency of outdoor heating network
4	P250304	供热系统补水率	Rate supply water of providing heat system
5	P250305	室外管网输送效率	Heat transfer efficiency of outdoor heating network
6	P250306	采暖锅炉运行效率	Operating efficiency of fired boiler
7	P250307	水压试验	Hydraulic pressure test
8	P250308	风机轴承径向单振幅	Radial swing of draft fan bearing
9	P250309	风机轴承温度	Fan bearing temperature
10	P250310	炉墙砌筑砂浆含水率	Water content of aquiferous mortar
11	P250311	管道及设备保温层厚度及平整度	Thickness of insulating layer and level of heating pipe and equipment
12	P250312	室外管网热损失率	Heat loss rate of outdoor pipe network
13	P250313	耗电输热比	The ratio of consume the electricity to transmit heat

26　通风与空调工程

26.1　一 般 规 定

26.1.1　通风与空调工程检测代码及项目应符合表 26.1.1 的规定。

表 26.1.1　通风与空调工程检测代码及项目

序号	代码	项　　目	Item
1	P2602	系统安装	System installation
2	P2603	系统测定与调整	Measurement and adjustment of system synthetic effectiveness

26.1.2 通风与空调工程检测中电气检测应符合本标准第 27 章的规定。

26.2 系 统 安 装

26.2.1 系统安装检测代码及参数应符合表 26.2.1 的规定。

表 26.2.1 系统安装检测代码及参数

序号	代码	参 数	Parameter
1	P260201	尺寸	Dimension
2	P260202	管道强度	Pipeline strength
3	P260203	漏风量/漏风率	Air leakage
4	P260204	系统风量	System wind volume
5	P260205	系统风压	System air-pressure
6	P260206	制冷机组真空度/真空压力	Vacuum of assemble refrigerating machine
7	P260207	燃气系统管道压力试验	Compression rate of isolator
8	P260208	燃气系统管道无损检测	Lossless harm of gas system pipe
9	P260209	吸/排气压力	Suction and discharge pressure
10	P260210	制冷机组/管道/阀门气密性	Air-tightness of assemble refrigerating machine/pipeline/valve
11	P260211	系统水流量	System water flow
12	P260212	水泵泄漏量	Leakage of water pump
13	P260213	水压试验	Hydrostatic pressure test
14	P260214	排气温度	Discharge temperature
15	P260215	设备轴承外壳温度	Bearing temperature
16	P260216	制冷剂管道坡度	Slope deflection of refrigerant pipeline
17	P260217	洁净度	Cleaning degree
18	P260218	生物安全实验室围护结构严密性	Airtight of building envelope
19	P260219	油压	Oil pressure
20	P260220	高效空气过滤器检漏	HEPA scan leakage test
21	P260221	制冷机组充注制冷剂检漏	Refrigerant leakage of assemble refrigerating machine
22	P260222	高效空气过滤器垫料压缩率	Compression rate of HEPA

26.3 系统测定与调整

26.3.1 系统测定与调整检测代码及参数应符合表 26.3.1 的规定。

表 26.3.1 系统测定与调整检测代码及参数

序号	代码	参 数	Parameter
1	P260301	室内空气含尘浓度	Dust concentration
2	P260302	空气有害气体浓度	Harmful gas concentration
3	P260303	室内空气洁净度	Indoor air cleanliness
4	P260304	室内浮游菌和尘降菌	Airborne viable particles and colony forming unit
5	P260305	室内自净时间	Cleanliness recovery characteristic
6	P260306	区域内气流速度、气流组织	Velocity and air distribution at zone
7	P260307	空气温度场和湿度场	Indoor air temperature and humidity field
8	P260308	室内温度（或湿度）波动范围和区域温差	Indoor fluctuation of air temperature （humidity） and conditioned zone temperature difference
9	P260309	除尘器阻力和效率	Resistance and efficiency of dust collector
10	P260310	域间静压差	Static pressure difference between air conditioned zone
11	P260311	单向气流流线平行度	Parallelity of unidirectional flow line
12	P260312	单向流洁净室室内截面平均风速	Section average velocity in unidirectional flow clean room system
13	P260313	空气油烟、酸雾净化效率	Clean efficiency
14	P260314	吸气罩罩口气流特性	Airflow speciality of capturing hood
15	P260315	设备泄漏量	Leakage rate
16	P260316	表面导静电性能	Static electricity performance
17	P260317	设备冷量	Cooling capacity of equipment

续表 26.3.1

序号	代码	参　数	Parameter
18	P260318	设备热量	Quantity of heat of equipment
19	P260319	设备风量	Air rate of equipment
20	P260320	设备风压	Wind pressure of equipment
21	P260321	设备功率	Capacity of equipment
22	P260322	额定热回收效率	Heat recovery efficiency
23	P260323	单位风量耗功率	Air rate capacity per unit

27　建筑电气工程

27.1　一 般 规 定

27.1.1　建筑电气工程检测代码及项目应符合表27.1.1的规定。

表 27.1.1　建筑电气工程检测代码及项目

序号	代码	项　目	Item
1	P2702	电气设备交接试验	Hand-over test of electrical equipment
2	P2703	照明系统	Lighting system
3	P2704	建筑防雷	Protection of structures against lightning
4	P2705	建筑物等电位连接	Equipotential arrangement on the buildings

27.2　电气设备交接试验

27.2.1　电气设备交接试验检测代码及参数应符合表27.2.1的规定。

表 27.2.1　电气设备交接试验检测代码及参数

序号	代码	参　数	Parameter
1	P270201	电压	Voltage
2	P270202	直流耐压	DC voltage-resistant
3	P270203	交流耐压	AC voltage-resistant
4	P270204	工频放电电压	AC discharge voltage
5	P270205	直流参考电压	DC reference voltage
6	P270206	电缆线路的相位	Phase of cable
7	P270207	持续电流	Continuous current
8	P270208	泄漏电流	Leakage current
9	P270209	绝缘电阻	Insulation resistance
10	P270210	直流电阻	DC resistance
11	P270211	介质损耗角正切值 tgδ 及电容值	Dielectric dissipation factor tgδ and capacitance
12	P270212	耦合电容器的局部放电	Local discharge of coupling condenser
13	P270213	低压电器采用的脱扣器的整定	Trip setting of low-voltage equipment

27.3　照 明 系 统

27.3.1　照明系统的检测代码及参数应符合表27.3.1的规定。

表 27.3.1　照明系统检测代码及参数

序号	代码	参　数	Parameter
1	P270301	绝缘电阻	Insulationg resistance
2	P270302	空载自动投切试验	Automatic switch-over test

27.4　建 筑 防 雷

27.4.1　建筑防雷的检测代码及参数应符合表27.4.1的规定。

表 27.4.1　建筑防雷检测代码及参数

序号	代码	参　数	Parameter
1	P270401	规格	Specification
2	P270402	尺寸	Dimension
3	P270403	保护范围	Protective area
4	P270404	防腐	Anticorrosion
5	P270405	焊接质量	Welding quality
6	P270406	接地电阻值	Ground resistance

27.5　建筑物等电位连接

27.5.1　建筑物等电位连接检测代码及参数应符合表27.5.1的规定。

表 27.5.1　建筑物等电位连接检测代码及参数

序号	代码	参　数	Parameter
1	P270501	等电位接地端子板规格	Specification of terminal plate bounding ground terminal

续表 27.5.1

序号	代码	参数	Parameter
2	P270502	接地线规格	Specification of earth conductor
3	P270503	浪涌保护器（SPD）尺寸	Specification of SPD

28 智能建筑工程

28.1 一般规定

28.1.1 智能建筑工程检测代码及项目应符合表28.1.1的规定。

表 28.1.1 智能建筑工程检测代码及项目

序号	代码	项目	Item
1	P2802	通信网络系统	Telecommunication network cabling system
2	P2803	综合布线系统	Genetic cabling system

28.2 通信网络系统

28.2.1 通信网络系统的检测代码及参数应符合表28.2.1的规定。

表 28.2.1 通信网络系统检测代码及参数

序号	代码	参数	Parameter
1	P280201	直流电压	DC voltage
2	P280202	模拟呼叫接通率	Call completion ratio
3	P280203	线路衰减	Connection attenuation
4	P280204	缆线输出电平	Cable output voltage level
5	P280205	系统输出电平	System output voltage level
6	P280206	系统载噪比	System carrier-to-noise ratio
7	P280207	载波互调比	Carrier to inter-modulation ratio
8	P280208	交扰调制比	Cross modulation ratio
9	P280209	回波值	Echo value
10	P280210	色/亮度时延差	Chromaticity/brightness time delay

续表 28.2.1

序号	代码	参数	Parameter
11	P280211	载波交流声	Carrier hum
12	P280212	伴音和调频广播的声音	Audio and FM radio sound
13	P280213	输出信噪比	Output signal to noise ratio
14	P280214	声压级	Sound pressure level
15	P280215	频宽	Frequency bandwidth
16	P280216	不平衡度	Unbalance degree
17	P280217	阻抗匹配	Impedance matching
18	P280218	放声系统分布	Public address system distributing
19	P280219	数据采样速度	Critical data sampling rate
20	P280220	系统响应时间	System response time

28.3 综合布线系统

28.3.1 综合布线系统铜缆链路电气性能检测代码及参数应符合表28.3.1的规定。

表 28.3.1 综合布线系统铜缆链路电气性能检测代码及参数

序号	代码	参数	Parameter
1	P280301	连接图	Wire map
2	P280302	布线长度	Length
3	P280303	衰减	Attenuation
4	P280304	近端串音（两端）	Near end cross talk (NEXT)
5	P280305	回波损耗	Return loss
6	P280306	衰减对近端串扰比值	Attenuation to near end cross talk rate (ACR)
7	P280307	等效远端串扰	Equal level far end cross talk (ELFEXT)
8	P280308	综合功率近端串扰	Power sum near end cross talk (PSNEXT)
9	P280309	综合功率衰减对近端串扰比值	Power sum attenuation to near end cross talk rate (PSACR)
10	P280310	综合功率等效远端串扰	Power sum equal level far end cross talk (PS ELFEXT)
11	P280311	插入损耗	Insertion loss

续表 28.3.1

序号	代码	参　数	Parameter
12	P280312	屏蔽层导通	Shielded layer conduction
13	P280313	传输延时	Transfer delay
14	P280314	连通性检测	Connectivity test
15	P280315	链路长度	Reflection test on fiber link
16	P280316	电阻（接地、绝缘）	Ground wire and ground resistance

29　建筑节能工程

29.1　一般规定

29.1.1　建筑节能工程检测代码及项目应符合表 29.1.1 的规定。

表 29.1.1　建筑节能工程检测代码及项目

序号	代码	项　目	Item
1	P2902	墙体	Wall
2	P2903	幕墙	Panel wall
3	P2904	门窗	Windows and doors
4	P2905	屋面	Roof
5	P2906	地面	Floor
6	P2907	采暖	Heating
7	P2908	通风与空调	Ventilation and air-conditioning
8	P2909	空调与采暖系统冷热源及管网	Cold and heat source and pipe network of air-conditioning and heating system
9	P2910	配电与照明	Electrical distribution and lighting
10	P2911	监测与控制	Monitor and control
11	P2912	围护结构实体	Building enclosure entity

29.2　墙　体

29.2.1　墙体节能检测中，保温材料检测代码及参数应符合本标准第 17 章的规定，材料热工性能检测代码及参数应符合本标准表 37.4.1 的规定，构件热工性能检测代码及参数应符合表 37.5.1 的规定，其他检测代码及参数应符合表 29.2.1 的规定。

表 29.2.1　墙体节能其他检测代码及参数

序号	代码	参　数	Parameter
1	P290201	增强网焊点抗拉力	Welding spot tensile strength of reinforced mesh cloth
2	P290202	增强网抗腐蚀性能	Anti-corrosion of strengthen net
3	P290203	外保温耐候性	Weather resistance performance of heat insulation
4	P290204	保温板材与基层的粘结强度现场拉拔试验	Field pull-off test of bond strength between insulation plank and skin coat
5	P290205	后置锚固件锚固力现场拉拔试验	Field pull-off test of anchored force for the rear anchorage

29.3　幕　墙

29.3.1　幕墙节能检测中保温材料检测代码及参数应符合本标准第 17 章的规定，玻璃检测代码及参数应符合本标准第 37 章、第 38 章的规定，幕墙气密性能检测应符合本标准表 11.5.1 的规定。

29.4　门　窗

29.4.1　门窗检测中玻璃及外遮阳设施热工检测代码及参数应符合本标准第 37 章的规定，光学检测代码及参数应符合本标准第 38 章的规定，密封条性能检测代码及参数应符合表 11.6.1 的规定，门窗气密性能检测代码及参数应符合表 11.4.1 的规定，外遮阳设施其他检测代码及参数应符合表 29.4.1 的规定。

表 29.4.1　外遮阳设施其他检测代码及参数

序号	代码	参　数	Parameter
1	P290401	结构尺寸	Structure size
2	P290402	安装位置	Install position
3	P290403	安装角度	Install angle
4	P290404	转动或活动范围	Sphere of rotation or action

29.5　屋　面

29.5.1　屋面节能检测中保温材料检测代码及参数应符合本标准第 17 章的规定，热工性能检测代码及参数应符合本标准第 37 章的规定，玻璃热工与光学检测代码及参数应符合本标准第 37 章、第 38 章的规定，采光屋面的气密性检测代码及参数应符合表

11.4.1 的规定。

29.6 地 面

29.6.1 地面检测中保温材料检测代码及参数应符合本标准第 17 章的规定，热工性能检测代码及参数应符合本标准第 37 章的规定。

29.7 采 暖

29.7.1 采暖节能检测中保温材料检测代码及参数应符合本标准第 17 章的规定，散热器检测代码及参数应符合表 29.7.1 的规定。

表 29.7.1 散热器检测代码及参数

序号	代码	参 数	Parameter
1	P290701	散热器单位散热量	Heat dissipation amounts per unit of radiator
2	P290702	散热器金属热强度	Metal heat intensity of radiator

29.7.2 风机盘管检测代码及参数应符合表 29.7.2 的规定。

表 29.7.2 风机盘管检测代码及参数

序号	代码	参 数	Parameter
3	P290703	供冷量	Cooling capacity
4	P290704	供热量	Heating capacity
5	P290705	风量	Air volume
6	P290706	出口静压	Outlet air static pressure
7	P290707	噪声	Noise
8	P290708	功率	Power

29.8 通风与空调

29.8.1 通风与空调检测中保温材料检测代码及参数应符合本标准第 17 章的规定，热工性能检测代码及参数应符合本标准第 37 章的规定，系统检测代码及参数应符合本标准第 26 章的规定。

29.9 空调与采暖系统冷热源及管网

29.9.1 空调与采暖系统冷热源及管网检测中保温材料检测代码及参数应符合本标准第 17 章的规定，热环境及材料热工性能检测应符合本标准第 37 章的规定，采暖供热系统检测代码及参数应符合本标准第 25 章的规定。

29.10 配电与照明

29.10.1 配电与照明节能工程的检测代码及参数除应包括本标准第 16 章、第 27 章和第 38 章的内容外，其他检测代码及参数尚应符合表 29.10.1 的规定。

表 29.10.1 配电与照明节能工程的其他检测代码及参数

序号	代码	参 数	Parameter
1	P291001	灯具效率	Lamp efficiency
2	P291002	镇流器能效	Ballast efficiency
3	P291003	照明设备谐波含量	Illumination harmonic content
4	P291004	功率密度	Capacity density

29.11 监测与控制

29.11.1 监测与控制节能的检测代码及参数除应包括本标准第 28 章的内容外，其他检测代码及参数尚应符合表 29.11.1 的规定。

表 29.11.1 监测与控制节能的检测代码及参数

序号	代码	参 数	Parameter
1	P291101	采样速度	Sampling velocity
2	P291102	响应时间	Respond time

29.12 围护结构实体

29.12.1 围护结构节能实体现场检测代码及参数除应包括本标准表 37.5.1 的内容外，其他检测代码及参数应符合表 29.12.1 的规定。

表 29.12.1 围护结构节能实体现场其他检测代码及参数

序号	代码	参 数	Parameter
1	P291201	保温层构造（钻芯法）	Insulation drilled core method

30 道 路 工 程

30.1 一 般 规 定

30.1.1 道路工程检测代码及项目应符合表 30.1.1 的规定。

表 30.1.1 道路工程检测代码及项目

序号	代码	项 目	Item
1	P3002	路基土石方工程	Roadbed earthwork project
2	P3003	道路排水设施	Drainage facilities in road

续表 30.1.1

序号	代码	项　　目	Item
3	P3004	挡土墙等防护工程	Protective engineering as retaining wall
4	P3005	路面工程	Pavement engineering

30.1.2 道路工程检测中路基土、桩基应符合本标准第21章的规定。

30.2 路基土石方工程

30.2.1 路基土石方工程检测代码及参数应符合表30.2.1的规定。

表 30.2.1 路基土石方工程检测代码及参数

序号	代码	参　　数	Parameter
1	P300201	路基平整度（直尺法、平整度仪法）	Roughness of pavement (straightedge measurement, test using traffic loading accumulation gauge)
2	P300202	路基弯沉值（贝克曼梁法、自动弯沉仪法、落锤式弯沉仪法、激光弯沉仪法）	Bending gauge of roadbed (Beckman beam test, automatic bending gauge, dropping hammer bending gauge, laser bending gauge)
3	P300203	路基回弹模量（承载板法、贝克曼梁法、CBR 法）	Resilient modulus of road base (loading plank method, Beckman beam test, CBR method)

30.3 道路排水设施

30.3.1 道路排水设施（管线、涵洞）的检测代码及参数应符合表30.3.1的规定。

表 30.3.1 道路排水设施（管线、涵洞）的检测代码及参数

序号	代码	参　　数	Parameter
1	P300301	轴线及高程偏差	Axial line and elevation deviation
2	P300302	断面形状（尺量法、断面扫描仪法）	Form of section (ruler measurement, profile scanning method)
3	P300303	接口密闭性试验、满水或闭水试验（气压法、水压法）	Joint tightness test, full water and waterproof texts (air pressure methods, water pressure methods)

30.4 挡土墙等防护工程

30.4.1 挡土墙等防护工程检测代码及参数应符合表30.4.1的规定。

表 30.4.1 挡土墙等防护工程检测代码及参数

序号	代码	参　　数	Parameter
1	P300401	挡土墙与墙后土体空隙（雷达扫描探查）	Inspection of gap between retaining wall and back filling (radar scanning test)
2	P300402	锚杆抗拔力（拉拔仪法、应力测量法）	Anchor rod pulling test (pulling instrument, stress detecting method)
3	P300403	预应力锚索张力（锚下压力测量法、应力测量法）	Tension of prestress anchor cable (press of anchor detecting method, stress detecting method)

30.5 路面工程

30.5.1 路面工程的检测代码及参数应符合表30.5.1的规定。

表 30.5.1 路面工程的检测代码及参数

序号	代码	参　　数	Parameter
1	P300501	道路面层厚度（钻孔法、雷达扫描法）	Thickness of pavement (drilling method, radar scanning)
2	P300502	水泥混凝土路面弯拉强度（钻芯劈裂法）	Bending intensity of cement concrete pavement (coring tearing test)
3	P300503	路面平整度（平整度仪法、直尺法、车载颠簸累积仪法、激光路面平整度仪法）	Roughness of pavement (roughness teste, straightedge measurement test, using traffic loading accumulation gauge)
4	P300504	沥青路面压实度（钻芯法、核子密度法）	Asphalt pavement compactness (coring method, nuclear density method)
5	P300505	路面构造深度（手工铺砂法、电动铺砂仪法、激光构造深度仪法）	Depth of paving structure (manual sand paving, electrical gauge for sand paving, laser detector of structure depth)

续表 30.5.1

序号	代码	参　数	Parameter
6	P300506	路面弯沉值（贝克曼梁法、自动弯沉仪法、落锤式弯沉仪法、激光弯沉仪法）	Bending value（Beckman beam test, automatic bending gauge, dropping hammer bending detector, laser bending gauge）
7	P300507	路面抗滑性能（摆式仪法、横向摩擦系数法、摩擦系数测定车法）	Slip resistance of pavement（pendulum meter test, crosswise friction coefficient test, friction coefficient vehicle test）
8	P300508	路面渗水系数（渗水仪法）	Leakage ratio（leakage detector）

31　桥梁工程

31.1　一般规定

31.1.1　桥梁检测代码及项目应符合表 31.1.1 的规定。

表 31.1.1　桥梁检测代码及项目

序号	代码	项　目	Item
1	P3102	桥梁上部结构	Bridge upper structure
2	P3103	成桥	Cable-stayed bridge

31.1.2　桥梁下部包括桥墩、承台、桩基、支座等检测代码及参数应符合本标准第 21 章、第 22 章的规定。

31.2　桥梁上部结构

31.2.1　桥梁上部结构检测参数除应符合本标准第 22 章的规定外，其他检测代码及参数应符合表 31.2.1 的规定。

表 31.2.1　桥梁上部结构其他检测代码及参数

序号	代码	参　数	Parameter
1	P310201	梁体尺寸及安装位置（光学测量法、GPS法）	Dimension of steel beam and position installed（optical measurement, GPS system method）
2	P310202	防水层粘结强度/防水层剥离强度（拉拔仪法、剥离仪法）	Cohesive strength of waterproof coating/ Peeling strength of waterproof coating（pulling gauge method, test using peeler）
3	P310203	吊索、拉索索位及预应力索索位置偏差	Deviations of anchorages of hanging cable, drawing cable and prestressed cable
4	P310204	吊索、拉索张力（应力测量法、频率法）	Tension of hanging cable and drawing cable（stress detecting method, frequency method）
5	P310205	预应力索张力及孔道摩阻系数测试（锚下压力测试法、应力测量法）	Tension of pre-stressed cable and friction resistance coefficient of shielding duct（press of anchor detecting method, stress detecting method）
6	P310206	组合梁桥剪力钉焊接强度	Welding intensity of shearing rivet for composite beam bridge
7	P310207	扶手、栏杆水平抗推力	Horizontal thrust resistance of passenger railing

31.3　成　　桥

31.3.1　成桥的主体结构检测代码及参数除应符合本标准第 22 章的规定外，其他检测代码及参数应符合表 31.3.1 的规定。

表 31.3.1　成桥其他检测代码及参数

序号	代码	参　数	Parameter
1	P310301	桥梁坐标和几何线型（光学测量法、GPS法）	Coordinate and geometrical outline of bridge（optical measurement, GPS system test）
2	P310302	桥梁控制截面变形和应力测试（桥梁荷载试验）	Controlling the cross-section deformation and testing stress of bridge（bridge loading test）
3	P310303	桥梁自振频率、阻尼系数、振型、冲击系数测定（桥梁动力试验）	Self vibration, damping coefficient, vibration type and impact coefficient of bridge（bridge dynamic test）

32 隧道工程与城市地下工程

32.1 一 般 规 定

32.1.1 隧道工程与城市地下工程检测代码及项目应符合表 32.1.1 的规定。

表 32.1.1 隧道工程与城市地下工程检测代码及项目

序号	代码	项 目	Item
1	P3202	主体结构	Main structure

32.1.2 隧道工程与城市地下工程基础检测代码及参数应符合本标准第 21 章的规定。

32.2 主 体 结 构

32.2.1 隧道工程及地下工程主体结构检测代码及参数除应符合本标准第 22 章的规定外，其他检测代码及参数应符合表 32.2.1 的规定。

表 32.2.1 主体结构其他检测代码及参数

序号	代码	参 数	Parameter
1	P320201	轴线和几何形状（光学测量法、断面扫描仪法、GPS 法）	Axial line and geometrical outline of tunnel (optical measurement, profile scanning meter, GPS system test)
2	P320202	盾构法施工管片拼装误差	Assemblance error of pipe members construction using shieldmethod
3	P320203	衬砌厚度（光学测量法、雷达扫描法）	Masonry liner thickness (optical measurement, laser scanning test)
4	P320204	衬砌或管片背后注浆密实度	Compactness of mortar for masonry or pipe members back
5	P320205	相邻轨道交通运营线路轨距和轨道平面横、纵倾斜变化	Incline variation horizontally and vertically of tracks plane, space between adjacent tracks of transportation running lines
6	P320206	围护结构（护壁桩、地下连续墙、预应力锚索、锚杆）完好性检测	Quality test for protection structure (piles protecting wall, continuous wall, double-support prestressed anchor and anchorage rod)

33 市政给水排水、热力与燃气工程

33.1 一 般 规 定

33.1.1 市政给水排水、热力与燃气工程检测代码及项目应符合表 33.1.1 的规定。

表 33.1.1 市政给水排水、热力与燃气工程检测代码及项目

序号	代码	项 目	Item
1	P3302	构筑物	Building
2	P3303	工程管网	Engineering network

33.2 构 筑 物

33.2.1 构筑物工程的地基和基础应符合本标准第 21 章的规定，主体结构的检测代码及参数应符合本标准第 22 章的规定，其他检测代码及参数应符合表 33.2.1 的规定。

表 33.2.1 构筑物工程其他检测代码及参数

序号	代码	参 数	Parameter
1	P330201	固定钢支架水平推力	Horizontal thrust of fixed steel false-work
2	P330202	土壤腐蚀性评价（电阻率法、电位法、线性极化法）	Soil corrosiveness appraisal (resistance method, potentiometer method, linearity polarization method)

33.3 工 程 管 网

33.3.1 工程管网的地基和基础检测代码及参数应符合本标准第 21 章的规定，其他检测代码及参数应符合表 33.3.1 的规定。

表 33.3.1 工程管网其他检测代码及参数

序号	代码	参 数	Parameter
1	P330301	管道坐标和轴线偏差	Coordinate and axial deviation of pipeline
2	P330302	钢管焊缝几何偏差	Geometrical deviation of steel pipe welding seam
3	P330303	钢管表面保护涂层厚度	Thickness of anti-corrosion film coated on the surface of steel pipe
4	P330304	柔性管道施工变形（光学测量法、尺量法、变形检测仪法）	Deformation of flexible pipeline construction (optical measurement, ruler measurement, electromechanical test)

续表 33.3.1

序号	代码	参　数	Parameter
5	P330305	阀门、凝水器、波形补偿器强度和严密性	Valve, water condenser, strength and tightness of bellow expansion joint
6	P330306	防腐层完整性（直流密度法、交流法、保护电位法）	Quality test of anticorrosive course (direct current density test, alternating current density test, current potential protection test)
7	P330307	防腐层厚度（直接度量法、测厚仪法）	Thickness of anti-corrosion coating (direct measure method, thickness gauge)
8	P330308	防腐层粘结力	Intensity of anti corrosive coating
9	P330309	防腐层绝缘性	Insulation of anti corrosive coating
10	P330310	管道保护电位	Protective electric potential for pipeline
11	P330311	保护层粘结力	Viscosity of protection film
12	P330312	管壁厚度	Thickness of pipe wall
13	P330313	保温层厚度（直接度量法、测厚仪法）	Heat insulation thickness (direct measure method, thickness gauge)
14	P330314	管线强度试验	Intensity test for pipeline
15	P330315	管道严密性试验（压力试验）	Air-tight test for pipeline (pressure test)
16	P330316	管道吹扫	The pipeline blows and sweeps
17	P330317	排水管道闭水试验	Drainage pipeline tight test
18	P330018	给水管道水压试验	Water pressure test of supply pipeline
19	P330019	阴极保护系统检测	Negative pole protecting system test

34　工 程 监 测

34.1　一 般 规 定

34.1.1　建筑与市政工程监测代码及项目应符合表 34.1.1 的规定。

表 34.1.1　工程监测项目

序号	代码	项　目	Item
1	P3402	基坑及支护结构	Foundation pit and underground engineering
2	P3403	建（构）筑物	Building/Structure
3	P3404	道桥工程	Municipal infrastructure
4	P3405	隧道及地下工程	Tunnel and underground engineering
5	P3406	高支模	High-supported formwork

34.2　基坑及支护结构

34.2.1　基坑及支护结构监测代码及参数应符合表 34.2.1 的规定。

表 34.2.1　基坑及支护结构监测代码及参数

序号	代码	参　数	Parameter
1	P340201	支护结构位移	Supporting structure displacement
2	P340202	支撑轴力	Supporting axis force
3	P340203	支撑变形	Bracing system distortion
4	P340204	土钉变形	Soil nailing deformation
5	P340205	土层锚杆变形	Soil anchor deformation
6	P340206	岩层锚杆变形	Rock anchor deformation
7	P340207	预应力锚索变形	Prestrssed anchor deformation
8	P340208	立轴（柱）变形	Column deformation
9	P340209	桩墙内力	Pile wall internal force
10	P340210	土侧向变形	Sidewise deformation of soil
11	P340211	土压力	Earth pressure
12	P340212	基坑底隆起	Ground heave of the bottom
13	P340213	孔隙水压力	Pore water pressure
14	P340214	基坑渗漏水量	Groundwater leakage of foundation
15	P340215	地下水位	Groundwater level

34.3 建（构）筑物

34.3.1 建（构）筑物监测代码及参数应符合表 34.3.1 的规定。

表 34.3.1 建（构）筑物监测代码及参数

序号	代码	参　数	Parameter
1	P340301	沉降	Sedimentation
2	P340302	水平位移	Horizontal displacement
3	P340303	倾斜	Incline
4	P340304	裂缝	Crack
5	P340305	挠度	Deflection ratio

34.4 道桥工程

34.4.1 道桥工程监测代码及参数应符合表 34.4.1 的规定。

表 34.4.1 道桥工程监测代码及参数

序号	代码	参　数	Parameter
1	P340401	桥梁施工过程变形监测（光学测量法、传感器法、GPS 法、连通管或电水平尺法）	Monitoring of deformation during the construction of bridge (optical measurement, electromechanical test、GPS measurment, communicating pipe or leveling rod method)
2	P340402	桥梁施工过程内力监测	Monitoring of inner force during the construction of bridge
3	P340403	桥梁沉降观测	Observation of bridge settlement

34.5 隧道及地下工程

34.5.1 隧道及地下工程监测代码及参数应符合表 34.5.1 的规定。

表 34.5.1 隧道及地下工程监测代码及参数

序号	代码	参　数	Parameter
1	P340501	主体结构变形和内力观测	Observation of inner force and deviation of soil body
2	P340502	拱顶沉降	Arch top settlement
3	P340503	洞壁收敛	Tunnel wall convergence
4	P340504	衬砌或结构内力观测	Observation of inner force of masonry liner or structure

续表 34.5.1

序号	代码	参　数	Parameter
5	P340505	现况地面和地下构筑物内力	Inner force of existing ground and underground structures
6	P340506	篷盖、中桩或永久结构位移变形和内力观测	Observation of the inner force of overlay, king pile and permanent structure
7	P340507	地下工程周边环境和地下管线安全监测（光学测量法、应力测量法）	Inspection of surrounding environment and underground pipeline security (optical observation, stress detecting method)
8	P340508	现况地面和地下构筑物或重要地下管线变形	Deformation of existing ground, underground structures or important underground pipelines

34.6 高支模

34.6.1 高支模监测代码及参数应符合表 34.6.1 的规定。

表 34.6.1 高支模监测代码及参数

序号	代码	参　数	Parameter
1	P340601	基础沉降	Foundation sedimentation
2	P340602	支架沉降	Scaffolding sedimentation
3	P340603	支架位移	Scaffolding displacement

35 施工机具

35.1 一般规定

35.1.1 施工机具检测代码及项目应符合表 35.1.1 的规定。

表 35.1.1 施工机具检测代码及项目

序号	代码	项　目	Item
1	P3502	金属脚手架扣件	Metal scaffold connector
2	P3503	金属组合钢模板	Combined steel formwork
3	P3504	高处作业吊篮	Temporarily installed suspended access equipment

续表 35.1.1

序号	代码	项　目	Item
4	P3505	高空作业平台	Aerial work platform
5	P3506	塔式起重机	Tower cranes
6	P3507	建筑卷扬机	Construction winch
7	P3508	施工升降机	Building hoist
8	P3509	物料提升机	Material hoist

35.1.2 施工机具环境检测代码及参数应符合本标准第37章的规定。

35.2 金属脚手架扣件

35.2.1 金属脚手架扣件检测代码及参数应符合表35.2.1的规定。

表 35.2.1 金属脚手架扣件检测代码及参数

序号	代码	参　数	Parameter
1	P350201	尺寸	Dimension
2	P350202	形状	Shape
3	P350203	位置	Position
4	P350204	外观	Appearance
5	P350205	重量	Weight
6	P350206	安装偏差	Installation deviation
7	P350207	涂层质量	Coating quality
8	P350208	铆接质量	Binding rivet quality
9	P350209	螺栓、螺母、垫圈	Bolt, nut and washer
10	P350210	抗滑性能	Anti-sliding performance
11	P350211	抗破坏性	Anti-destroy property
12	P350212	扭转刚度	Torsion rigidity
13	P350213	抗拉性能	Tensile performance
14	P350214	抗压性能	Compression performance
15	P350215	铸造缺陷	Casting flaw
16	P350216	架体基础	Frame base
17	P350217	构造稳定	Construct stability
18	P350218	架体防护	Frame safeguard
19	P350219	防坠装置	Prevent falling equipment

35.3 金属组合钢模板

35.3.1 金属组合钢模板检测代码及参数应符合表35.3.1的规定。

表 35.3.1 金属组合钢模板检测代码及参数

序号	代码	参　数	Parameter
1	P350301	尺寸	Dimension
2	P350302	形状	Shape
3	P350303	位置	Position
4	P350304	外观	Appearance
5	P350305	重量	Weight
6	P350306	安装偏差	Installation deviation
7	P350307	焊缝质量	Weld quality
8	P350308	涂层质量	Coating quality
9	P350309	角膜偏差	Film deviation
10	P350310	刚度试验	Rigidity test
11	P350311	强度试验	Strength test

35.4 高处作业吊篮

35.4.1 高处作业吊篮检测代码及参数应符合表35.4.1的规定。

表 35.4.1 高处作业吊篮检测代码及参数

序号	代码	参　数	Parameter
1	P350401	尺寸	Dimension
2	P350402	形状	Shape
3	P350403	位置	Position
4	P350404	外观	Appearance
5	P350405	重量	Weight
6	P350406	安装偏差	Installation deviation
7	P350407	绝缘试验	Insulation test
8	P350408	安全锁锁绳速度试验	The locking rope speed test of safety lock
9	P350409	安全锁锁绳角度试验	The locking rope angle test of safety lock
10	P350410	安全锁静置滑移量	Long standing slide distance of safe lock
11	P350411	自由坠落锁绳距离试验	The locking rope distance test of free fall
12	P350412	空载运行试验	No-load operation test
13	P350413	额定运行试验	Rated-load operation test
14	P350414	超载运行试验	Over-load operation test
15	P350415	滑移距离	Slide distance
16	P350416	制动距离	Brake distance

续表 35.4.1

序号	代码	参数	Parameter
17	P350417	手动滑降速度试验	Manual falling speed test
18	P350418	悬吊平台强度和刚度试验	Strength and rigidity test for suspension platform
19	P350419	悬挂机构抗倾覆性及应力试验	Overturn performance and stress test of suspension mechanism
20	P350420	手动提升操作力测定	Manual hoist force test
21	P350421	电气控制系统检查	Electrical controlled system inspecting
22	P350422	可靠性试验	Reliability test

35.5 高空作业平台

35.5.1 高空作业平台检测代码及参数应符合表35.5.1的规定。

表 35.5.1 高空作业平台检测代码及参数

序号	代码	参数	Parameter
1	P350501	尺寸	Dimension
2	P350502	形状	Shape
3	P350503	位置	Position
4	P350504	外观	Appearance
5	P350505	重量	Weight
6	P350506	安装偏差	Installation deviation
7	P350507	排放	Expand measure
8	P350508	平台下沉量	Platform lowering
9	P350509	平台滑转角度	Rotate angle of platform
10	P350510	护栏承载力	Platform dimension and loading capability measure of fence
11	P350511	手操纵力及行程	Manual force and running distance test
12	P350512	偏摆量	Offset distance
13	P350513	空载试验	No-load test
14	P350514	额定载荷试验	Rated-load test
15	P350515	承载能力	Load bearing capability
16	P350516	液压系统试验	Hydraulic system test
17	P350517	安全保护装置	Safeguard equipment
18	P350518	稳定性试验	Stability test
19	P350519	可靠性试验	Reliability test
20	P350520	结构应力测量	Structure stress test
21	P350521	电气绝缘试验	Insulation test of electrical system
22	P350522	密封性能试验	Airproof performance test
23	P350523	调平机构试验	Leveling mechanism test
24	P350524	行走试验	Traveling test
25	P350525	结构安全系数	Structure safety factor
26	P350526	钢丝绳安全系数	Steel rope safety factor

35.6 塔式起重机

35.6.1 塔式起重机检测代码及参数应符合表35.6.1的规定。

表 35.6.1 塔式起重机检测代码及参数

序号	代码	参数	Parameter
1	P350601	尺寸	Dimension
2	P350602	形状	Shape
3	P350603	位置	Position
4	P350604	外观	Appearance
5	P350605	重量	Weight
6	P350606	安装偏差	Installation deviation
7	P350607	空载试验	No-load test
8	P350608	速度参数	Speed parameter
9	P350609	载荷试验	Load test
10	P350610	超载25%静载试验	25% over load static test
11	P350611	超载10%动载试验	10% over load dynamic test
12	P350612	连续作业试验	Sequence working test
13	P350613	安全装置检验	Safeguard equipment test
14	P350614	钢结构试验	Steel structure test
15	P350615	可靠性试验	Reliability test

35.7 建筑卷扬机

35.7.1 建筑卷扬机检测代码及参数应符合表35.7.1的规定。

表 35.7.1 建筑卷扬机检测代码及参数

序号	代码	参　数	Parameter
1	P350701	尺寸	Dimension
2	P350702	形状	Shape
3	P350703	位置	Position
4	P350704	外观	Appearance
5	P350705	重量	Weight
6	P350706	安装偏差	Installation deviation
7	P350707	空载试验	No-load test
8	P350708	速度参数	Speed parameter
9	P350709	载荷下滑量	Load downslide distance
10	P350710	降电压启动	Lower voltage start
11	P350711	静载试验	Static load test
12	P350712	动载试验	Dynamic load test
13	P350713	温升	Temperature rise
14	P350714	渗漏	Leakage state
15	P350715	自重系统	Self-weight system
16	P350716	电气绝缘	Insulation of electrical system
17	P350717	操纵力及行程	Manual force and running distance
18	P350718	制动轮、离合器径跳	Radial jump of brake wheel and clutch
19	P350719	制动器、离合器接合面状况	Interface state of brake and clutch
20	P350720	可靠性试验	Reliability test

35.8 施工升降机

35.8.1 施工升降机检测代码及参数应符合表35.8.1的规定。

表 35.8.1 施工升降机检测代码及参数

序号	代码	参　数	Parameter
1	P350801	尺寸	Dimension
2	P350802	形状	Shape
3	P350803	位置	Position
4	P350804	外观	Appearance
5	P350805	重量	Weight
6	P350806	安装偏差	Installation deviation
7	P350807	速度参数	Speed parameter
8	P350808	绝缘电阻	Insulation resistance
9	P350809	空载试验	No-load test
10	P350810	额载试验	Rated-load test
11	P350811	超载试验	Over-load test
12	P350812	安全装置	Safeguard device
13	P350813	电机功率	Power of electromotor
14	P350814	吊笼坠落试验	Suspension platform falling test
15	P350815	结构应力试验	Structure stress test
16	P350816	可靠性试验	Reliability test

35.9 物料提升机

35.9.1 物料提升机检测代码及参数应符合表35.9.1的规定。

表 35.9.1 物料提升机检测代码及参数

序号	代码	参　数	Parameter
1	P350901	尺寸	Dimension
2	P350902	形状	Shape
3	P350903	位置	Position
4	P350904	外观	Appearance
5	P350905	重量	Weight
6	P350906	安装偏差	Installation deviation
7	P350907	导靴及导轨的安装间隙	Install clearance between guide shoe and lead rail
8	P350908	空载、额载试验	No-load and rated-load test
9	P350909	125%额载试验	125% rated-load test
10	P350910	自动平层精度	Automatic landing precision
11	P350911	油池温升	Oil pool temperature rise
12	P350912	提升速度	Hoist velocity
13	P350913	安全装置	Safeguard equipment
14	P350914	电阻（绝缘、接地）	Insulation resistance
15	P350915	断绳保护装置	Rope-break safeguard

36 安全防护用品

36.1 一般规定

36.1.1 安全防护用品检测代码及项目应符合表36.1.1的规定。

表 36.1.1 安全防护用品检测代码及项目

序号	代码	项目	Item
1	P3602	安全网	Safety nets
2	P3603	安全帽及安全带	Safety helmet and belt

36.2 安全网

36.2.1 安全网检测代码及参数应符合表36.2.1的规定。

表 36.2.1 安全网检测代码及参数

序号	代码	参数	Parameter
1	P360201	规格	Specification
2	P360202	重量	Weight
3	P360203	耐冲击性	Impact property
4	P360204	耐贯穿性	Perforation property
5	P360205	阻燃性能	Flame-retardant property
6	P360206	冲击性能	Impact property
7	P360207	断裂强力、断裂伸长	Breaking stress and extension at break
8	P360208	接缝部位抗拉强力	Stretching resistance at unwelded joint
9	P360209	梯形法撕裂强力	Trapezoidal method tearing stress
10	P360210	开眼环扣强力	Strength of round button with hole
11	P360211	老化后断裂强力保留率	Breaking strength reserve rate after aging test

36.3 安全帽及安全带

36.3.1 安全帽及安全带检测代码及参数应符合表36.3.1的规定。

表 36.3.1 安全帽及安全带检测代码及参数

续表 36.3.1

序号	代码	参数	Parameter
1	P360301	冲击吸收性能	Impact absorbability
2	P360302	耐穿刺性能	Puncture property
3	P360303	电阻绝缘性能	Resistance insulation property
4	P360304	阻燃性能	Flame-retardant property
5	P360305	抗静电性能	Antistatic property
6	P360306	侧向刚性	Side direction rigidity
7	P360307	静载荷试验	Static load test
8	P360308	冲击试验	Impact test

37 热环境

37.1 一般规定

37.1.1 热环境检测代码及项目应符合表37.1.1的规定。

表 37.1.1 热环境检测代码及项目

序号	代码	项目	Item
1	Z3702	气象	Meteorologic phenomena
2	Z3703	室内热环境	Indoort hermal environment
3	Z3704	材料热工性能	Thermal performance of materials
4	Z3705	构件热工性能	Thermal performance of component

37.2 气象

37.2.1 气象检测代码及参数应符合表37.2.1的规定。

表 37.2.1 气象检测代码及参数

序号	代码	参数	Parameter
1	Z370201	风向	Wind direction
2	Z370202	风速	Wind speed
3	Z370203	空气温度	Air temperature outdoor
4	Z370204	黑球温度	Black globe temperature
5	Z370205	湿球温度	Wet globe temperature
6	Z370206	空气湿度	Humidity
7	Z370207	空气压力	Air pressure
8	Z370208	降水量	Amount of precipitation
9	Z370209	日照/日照时数	Incoming solar radiation/Sunshine hours

续表 37.2.1

序号	代码	参数	Parameter
10	Z370210	太阳总辐射照度	Solar radiation intensity
11	Z370211	太阳散射辐射照度	Solar dispersion radiation intensity

37.3 室内热环境

37.3.1 室内热环境检测代码及参数应符合表 37.3.1 的规定。

表 37.3.1 室内热环境检测代码及参数

序号	代码	参数	Parameter
1	Z370201	空气温度	Air temperature indoor
2	Z370202	辐射温度	Radiation temperature indoor
3	Z370203	风速	Wind speed
4	Z370204	空气湿度	Humidity
5	Z370205	热舒适指标 PMV-PPD	Hot comfortable guide line
6	Z370206	湿球黑球温度 WBGT	Wet bulb globe temperature
7	Z370207	标准有效温度 SET	Standard effective temperature

37.4 材料热工性能

37.4.1 材料的热工性能检测代码及参数应符合表 37.4.1 的规定。

表 37.4.1 材料热工性能检测代码及参数

序号	代码	参数	Parameter
1	Z370401	导热系数（防护热板法、热流计法、圆桶法）	Heat conductivity（heat-flow meter method，cylinder method）
2	Z370402	蒸汽渗透系数	Vapor permeability
3	Z370403	比热容	Specific heat
4	Z370404	密度	Density
5	Z370405	太阳辐射吸收系数	Absorb coefficient of solar radiation
6	Z370406	中空玻璃露点温度	Dew-point temperature of hollow glass
7	Z370407	半球辐射率	Hemispherical emissivity

37.5 构件热工性能

37.5.1 构件热工性能检测代码及参数应符合表 37.5.1 的规定。

表 37.5.1 建筑构件热工性能检测代码及参数

序号	代码	参数	Parameter
1	Z370501	墙体传热系数（防护热箱法、热流计法）	Heat transfer coefficient of wall（the method of protection hot-box，heat flow meter apparatus）
2	Z370502	门窗传热系数（标定热箱法）	Heat transfer coefficient of window（the method of calibration hot-box）
3	Z370503	屋面传热系数（热流计法）	Heat transfer coefficient of roof（heat flow meter apparatus）
4	Z370504	构件表面温度	Surface temperature of component
5	Z370505	热流密度	Heat density
6	Z370506	热桥部位表面温度	Surface temperature thermal bridge
7	Z370507	热工缺陷	Thermal irregularities
8	Z370508	隔热性能	Thermal insolation

38 光环境

38.1 一般规定

38.1.1 光环境检测代码及项目应符合表 38.1.1 的规定。

表 38.1.1 光环境检测代码及项目

序号	代码	项目	Item
1	Z3802	采光	Daylighting
2	Z3803	建筑照明	Lighting
3	Z3804	材料光学性能	Architectural lighting performance of materials
4	Z3805	外窗光学性能	Architectural lighting performance of windows

38.2 采光

38.2.1 采光检测代码及参数应符合表 38.2.1 的规定。

表 38.2.1 采光检测代码及参数

序号	代码	参　数	Parameter
1	Z380201	采光系数	Daylighting coefficient
2	Z380202	照度	Illumination
3	Z380203	亮度	Brightness
4	Z380204	反射系数	Reflectance coefficient
5	Z380205	采光均匀度	Uniformity of lighting

38.3 建筑照明

38.3.1 建筑照明检测代码及参数应符合表 38.3.1 的规定。

表 38.3.1 建筑照明检测代码及参数

序号	代码	参　数	Parameter
1	Z380301	照度	Illumination
2	Z380302	亮度	Brightness
3	Z380303	显色指数/光源显色性	Color rendering index/Colorimetric
4	Z380304	色温	Color temperature
5	Z380305	眩光	Glare
6	Z380306	建筑色彩	Classical architecture
7	Z380307	照明光源	Color of light sources
8	Z380308	光源颜色	Color rendering properties
9	Z380309	彩色建筑材料色度	Classical architecture

38.4 材料光学性能

38.4.1 材料光学性能检测代码及参数应符合表 38.4.1 的规定。

表 38.4.1 材料光学性能检测代码及参数

序号	代码	参　数	Parameter
1	Z380401	可见光透射比	Luminous transmittance of visible light
2	Z380402	可见光反射比	Luminous reflectance of visible light
3	Z380403	太阳光直接透射比	Solar direct transmittance
4	Z380404	太阳光直接反射比	Solar direct reflectance
5	Z380405	太阳光直接吸收比	Solar direct absorptance
6	Z380406	太阳能总透射比	Solar total transmittance

续表 38.4.1

序号	代码	参　数	Parameter
7	Z380407	遮蔽系数	Shade coefficient
8	Z380408	紫外线透射比	Ultraviolet-ray transmittance
9	Z380409	紫外线反射比	Ultraviolet-ray luminous reflectance
10	Z380410	光学变形	Optics deflection

38.5 外窗光学性能

38.5.1 外窗光学性能检测代码及参数应符合表 38.5.1 的规定。

表 38.5.1 外窗光学性能检测代码及参数

序号	代码	参　数	Parameter
1	Z380501	透光折减系数	Transmitting rebate factor

39 声 环 境

39.1 一 般 规 定

39.1.1 声环境检测代码及项目应符合表 39.1.1 的规定。

表 39.1.1 声环境检测代码及项目

序号	代码	项　目	Item
1	Z3902	声源	Sound source
2	Z3903	室内音质	Indoors acoustics
3	Z3904	噪声	Noise
4	Z3905	振动	Vibration
5	Z3906	材料声学性能	Acoustic performance of materials
6	Z3907	构件声学性能	Acoustic performance of component

39.2 声　源

39.2.1 声源检测代码及参数应符合表 39.2.1 的规定。

表 39.2.1 声源检测代码及参数

序号	代码	参　数	Parameter
1	Z390201	声功率	Sound power
2	Z390202	声强	Sound intensity

续表 39.2.1

序号	代码	参数	Parameter
3	Z390203	响度级	Sound level
4	Z390204	室内声能密度	Indoor sound energy density
5	Z390205	混响时间	Reverberation time
6	Z390206	室内声压级	Indoor sound press level
7	Z390207	共振频率	Sympathetic vibration frequency

39.3 室内音质

39.3.1 室内音质检测代码及参数应符合表 39.3.1 的规定。

表 39.3.1 室内音质检测代码及参数

序号	代码	参数	Parameter
1	Z390301	等效声级	Equivalent (continuous A-weighted) sound pressure level
2	Z390302	扩声特性	Acoustic amplifier character
3	Z390303	最高可用增益	Most useableness plus
4	Z390304	传输(幅度)频率特性	Transmission (scope) frequency character
5	Z390305	传输增益	Transmission plus
6	Z390306	最大声压级	Most sound press level
7	Z390307	声场均匀度	Uniformity of sound field
8	Z390308	背景噪声	Background yawp
9	Z390309	总噪声	Total yawp
10	Z390310	系统失真	System distortion
11	Z390311	反馈系数	Feedback coefficient
12	Z390312	音节清晰度	Syllable definition
13	Z390313	混响时间	Reverberation time

39.4 噪 声

39.4.1 噪声检测代码及参数应符合表 39.4.1 的规定。

表 39.4.1 噪声检测代码及参数

序号	代码	参数	Parameter
1	Z390401	噪声级(A声级)	Yawp level (A-weighted)

39.5 振 动

39.5.1 振动检测代码及参数应符合表 39.5.1 的规定。

表 39.5.1 振动检测代码及参数

序号	代码	参数	Parameter
1	Z390501	室内振动	Indoor vibration
2	Z390502	城市区域环境Z振级	Z vibrational level

39.6 材料声学性能

39.6.1 材料声学性能检测代码及参数应符合表 39.6.1 的规定。

表 39.6.1 材料声学性能检测代码及参数

序号	代码	参数	Parameter
1	Z390601	吸声系数(驻波法、混响室法)	Sound absorption coefficient (standing wave method, reverberation chamber method)
2	Z390602	降噪系数	Denoise coefficient

39.7 构件声学性能

39.7.1 构件声学性能检测代码及参数应符合表 39.7.1 的规定。

表 39.7.1 构件声学性能检测代码及参数

序号	代码	参数	Parameter
1	Z390701	墙体、门窗空气计权隔声量	Wall, window and door air average amount of sound insulation
2	Z390702	楼板空气计权隔声量	Building floor, air average amount of sound insulation
3	Z390703	楼板计权标准化撞击隔声指数	Standard sound insulation index of floor under impact loading

40 空 气 质 量

40.1 一 般 规 定

40.1.1 空气质量检测代码及项目应符合表 40.1.1 的规定。

表 40.1.1 空气质量检测代码及项目

序号	代码	项目	Item
1	Z4002	室内空气质量	Indoor air quality
2	Z4003	土壤放射性	Soil radon^{222}Rn
3	Z4004	材料有害物质含量	Harmful substance content of building material

40.2 室内空气质量

40.2.1 室内空气质量检测代码及参数应符合表40.2.1的规定。

表 40.2.1 室内空气质量检测代码及参数

序号	代码	参数	Parameter
1	Z400201	氡（空气中氡浓度闪烁瓶测量方法、径迹蚀刻法、双滤膜法、活性炭法）	Radon（Detect^{222}Rn with flicker bottle method, track etching method, double-filter method, active carbon method）
2	Z400202	甲醛（AHMT分光光度法、酚试剂分光光度法、气相色谱法、乙酰丙酮分光光度法）	Formaldehyde（AHMT spectrophotometric method, MBTH spectrophotometric method, gas chromatography, acetylacetone spectrophotometric method）
3	Z400203	氨 NH_3（靛酚蓝分光光度法、纳氏试剂分光光度法、离子选择电极法、次氯酸钠—水杨酸分光光度法）	Ammonia（Indophenol-blue spectrophotometric method, spectrophotometric method, ion selective electrode, NaOCl—$C_7H_6O_2$ spectrophotometry）
4	Z400204	苯	Benzene
5	Z400205	总挥发性有机化合物TVOC（气相色谱法）	Total volatile organic compound TVOC（gas chromatography）
6	Z400206	二氧化硫SO_2（甲醛溶液吸收-盐酸副玫瑰苯胺分光光度法）	Sulfur dioxide
7	Z400207	二氧化氮NO_2（改进的Saltzaman法）	Nitrogen dioxide（advanced Saltzaman）

续表 40.2.1

序号	代码	参数	Parameter
8	Z400208	一氧化碳CO（非分散红外法、不分光红外线气体分析法、气相色谱法、汞置换法）	Carbon oxide（non-dispersive infrared spectrometry, non-dispersive infrared gas analysis, gas chromatography, hydrargyrum replacement method）
9	Z400209	二氧化碳CO_2（不分光红外线气体分析法、气相色谱法、容量滴定法）	Carbon dioxide（non-dispersive in frared gas analysis gas chromatography, volumetric titrimetry）
10	Z400210	臭氧O_3（紫外光度法、靛蓝二磺酸钠分光光度法）	Ozone（ultraviolet photometric method, indigo disulphonate spectrophotometry）
11	Z400211	甲苯	Toluene
12	Z400212	二甲苯	Xylene
13	Z400213	苯并(α)芘	B(α)P
14	Z400214	可吸入颗粒物PM10（撞击式—称重法）	Inhalable particles 10μm or less, PM10（impacting method）
15	Z400215	菌落总数（撞击法）	Total count of bacterial colonies（impacting method）
16	Z400216	新风量（示踪气体法）	Air change flow（tracer air method）

40.3 土壤放射性

40.3.1 土壤放射性检测代码及参数应符合表40.3.1的规定。

表 40.3.1 土壤放射性检测代码及参数

序号	代码	参数	Parameter
1	Z400301	土壤氡浓度	Soil radon^{222}Rn
2	Z400302	土壤表面氡析出率	Soil radon potential

40.4 材料有害物质含量

40.4.1 材料有害物质含量检测代码及参数应符合表40.4.1的规定。

表 40.4.1 材料有害物质含量的检测代码及参数

序号	代码	参数	Parameter
1	Z400401	内照射指数	Internal exposure index

续表 40.4.1

序号	代码	参　　数	Parameter
2	Z400402	外照射指数	External exposure index
3	Z400403	氨	Ammonia
4	Z400404	总挥发性有机化合物	Total volatile organic compounds
5	Z400405	苯	Benzene
6	Z400406	甲苯和二甲苯总和	Total of toluene and xylene
7	Z400407	游离甲苯二异氰酸酯	TDI（tolylene diisocyanate）
8	Z400408	可溶性铅	Soluble lead
9	Z400409	可溶性镉	Soluble cadmium
10	Z400410	可溶性铬	Soluble chromium
11	Z400411	可溶性汞	Soluble mercury
12	Z400412	游离甲醛	Formaldehyde
13	Z400413	钡	Barium
14	Z400414	砷	Arsenic
15	Z400415	硒	Selenium
16	Z400416	锑	Stibium
17	Z400417	氯乙烯单体	Chloroethylene
18	Z400418	挥发物	Volatile substances
19	Z400419	苯乙烯	Styrene
20	Z400420	4-苯基环己烯	4-phenylcyclohexane
21	Z400421	丁基羟基甲苯	BHT-butylated hydroxytoluene
22	Z400422	2-乙基己醇	2-ethyl-1-hexanol

本标准用词说明

1　为便于在执行本标准条文时区别对待，对要求严格程度不同的用词说明如下：

1）表示很严格，非这样做不可的：
正面词采用“必须”，反面词采用“严禁”；

2）表示严格，在正常情况下均应这样做的：
正面词采用“应”，反面词采用“不应”或“不得”；

3）表示允许稍有选择，在条件许可时首先应这样做的：
正面词采用“宜”，反面词采用“不宜”；

4）表示有选择，在一定条件下可以这样做的，采用“可”。

2　条文中指明应按其他有关标准执行的写法为：“应符合……的规定”或“应按……执行”。

中华人民共和国行业标准

房屋建筑与市政基础设施工程检测分类标准

JGJ/T 181—2009

条 文 说 明

制 订 说 明

《房屋建筑与市政基础设施工程检测分类标准》JGJ/T181-2009，经住房和城乡建设部2009年11月24日以第445号公告批准、发布。

本标准制订过程中，编制组深入调研了房屋建筑与市政基础设施工程检测行业的检测特点，结合我国工程建设相关标准，参照了发达国家相关研究的成果。

为便于广大设计、施工、科研、学校等单位有关人员在使用本标准时能正确理解和执行条文规定，《房屋建筑与市政基础设施工程检测分类标准》编制组按章、节、条顺序编制了本标准的条文说明，对条文规定的目的、依据以及执行中需注意的有关事项进行了说明。但是，本条文说明不具备与标准正文同等的法律效力，仅供使用者作为理解和把握标准规定的参考。

目　次

1　总则…………………………………… 24—94
2　基本规定………………………………… 24—94
2.1　一般规定…………………………… 24—94
2.3　检测类别…………………………… 24—94
2.4　检测代码…………………………… 24—94
3　混凝土结构材料 ………………………… 24—94
3.1　一般规定…………………………… 24—94
3.2　水泥………………………………… 24—94
3.3　砂…………………………………… 24—95
3.4　石…………………………………… 24—95
3.5　轻骨料……………………………… 24—95
3.6　混凝土用水………………………… 24—95
3.7　外加剂……………………………… 24—95
3.8　掺合料……………………………… 24—95
3.9　钢筋………………………………… 24—95
3.10　钢筋焊接………………………… 24—96
3.11　钢筋机械连接 …………………… 24—96
3.12　普通混凝土 ……………………… 24—96
3.13　轻骨料混凝土 …………………… 24—96
3.14　钢纤维 …………………………… 24—96
3.15　钢绞线、钢丝 …………………… 24—96
3.16　预应力筋用锚具、夹具和连接器 ………………………… 24—96
3.17　预应力混凝土用波纹管 ………… 24—97
3.18　灌浆材料 ………………………… 24—97
3.19　混凝土结构加固用纤维 ………… 24—97
3.20　混凝土结构加固用纤维复合材 ………………………… 24—97
4　墙体材料………………………………… 24—97
4.1　一般规定…………………………… 24—97
4.2　砖…………………………………… 24—97
4.3　砌块………………………………… 24—97
4.4　墙板………………………………… 24—97
5　金属结构材料 ………………………… 24—97
5.1　一般规定…………………………… 24—97
5.2　钢材………………………………… 24—97
5.3　紧固件……………………………… 24—98
5.4　螺栓球……………………………… 24—98
5.5　焊接球……………………………… 24—98
5.6　焊接材料…………………………… 24—98
5.7　焊接接头…………………………… 24—98
6　木结构材料……………………………… 24—98
6.1　一般规定…………………………… 24—98
6.2　原木～6.5　连接件 ……………… 24—98
7　膜结构材料……………………………… 24—99
7.1　一般规定…………………………… 24—99
7.2　膜材～7.4　连接件 ……………… 24—99
8　预制混凝土构配件 …………………… 24—99
8.1　一般规定…………………………… 24—99
8.2　混凝土块材………………………… 24—99
8.3　预制混凝土梁板…………………… 24—99
8.4　预制混凝土桩……………………… 24—99
8.5　盾构管片…………………………… 24—99
9　砂浆材料………………………………… 24—99
9.1　一般规定…………………………… 24—99
9.2　石灰………………………………… 24—99
9.3　石膏……………………………… 24—100
9.4　砂浆外加剂……………………… 24—100
9.5　普通砂浆………………………… 24—100
9.6　特种砂浆………………………… 24—100
10　装饰装修材料 ……………………… 24—100
10.1　一般规定……………………… 24—100
10.2　建筑涂料……………………… 24—100
10.3　陶瓷砖………………………… 24—101
10.4　瓦……………………………… 24—101
10.5　壁纸…………………………… 24—101
10.6　普通装饰板材………………… 24—101
10.7　天然饰面石材………………… 24—102
10.8　人工装饰石材………………… 24—102
10.9　竹木地板……………………… 24—102
11　门窗幕墙…………………………… 24—102
11.1　一般规定……………………… 24—102
11.2　建筑玻璃……………………… 24—103
11.3　铝型材………………………… 24—103
11.4　门窗…………………………… 24—103
11.5　幕墙…………………………… 24—103
11.6　密封条………………………… 24—103
11.7　执手…………………………… 24—104

11.8 合页、铰链 …………………………… 24—104
11.9 传动锁闭器 …………………………… 24—104
11.10 滑撑 …………………………… 24—104
11.11 撑挡 …………………………… 24—104
11.12 滑轮 …………………………… 24—104
11.13 半圆锁 …………………………… 24—104
11.14 限位器 …………………………… 24—104
11.15 幕墙支承装置 …………………………… 24—104
12 防水材料 …………………………… 24—104
12.1 一般规定 …………………………… 24—104
12.2 防水卷材 …………………………… 24—104
12.3 防水涂料 …………………………… 24—105
12.4 道桥防水材料 …………………………… 24—105
13 嵌缝密封材料 …………………………… 24—105
13.1 一般规定 …………………………… 24—105
13.2 定型嵌缝密封材料 …………………………… 24—106
13.3 无定型嵌缝密封材料 …………………………… 24—106
14 胶粘剂 …………………………… 24—106
14.1 一般规定 …………………………… 24—106
14.2 结构用胶粘剂 …………………………… 24—106
14.3 非结构用胶粘剂 …………………………… 24—107
15 管网材料 …………………………… 24—107
15.2 金属管材管件 …………………………… 24—107
15.3 塑料管材管件 …………………………… 24—108
15.4 复合管材 …………………………… 24—109
15.5 混凝土管 …………………………… 24—110
15.6 陶土管、瓷管 …………………………… 24—110
15.7 检查井盖和雨水箅 …………………………… 24—110
15.8 阀门 …………………………… 24—110
16 电气材料 …………………………… 24—111
16.1 一般规定 …………………………… 24—111
16.2 电线电缆 …………………………… 24—111
16.3 通信电缆 …………………………… 24—113
16.4 通信光缆 …………………………… 24—113
16.5 电线槽 …………………………… 24—113
16.6 塑料绝缘电工套管 …………………………… 24—113
16.7 埋地式电缆导管 …………………………… 24—113
16.8 低压熔断器 …………………………… 24—114
16.9 低压断路器 …………………………… 24—114
16.10 灯具 …………………………… 24—114
16.11 开关、插头、插座 …………………………… 24—115
17 保温吸声材料 …………………………… 24—115
17.1 一般规定 …………………………… 24—115
17.2 无机颗粒材料 …………………………… 24—115
17.3 发泡材料 …………………………… 24—115
17.4 纤维材料 …………………………… 24—115
17.5 涂料 …………………………… 24—115
17.6 复合板 …………………………… 24—115
18 道桥材料 …………………………… 24—115
18.1 一般规定 …………………………… 24—115
18.2 石料 …………………………… 24—116
18.3 粗集料 …………………………… 24—116
18.4 细集料 …………………………… 24—116
18.5 矿粉 …………………………… 24—116
18.6 沥青 …………………………… 24—116
18.7 沥青混合料 …………………………… 24—116
18.8 无机结合料稳定材料 …………………………… 24—116
18.9 土工合成材料 …………………………… 24—116
19 道桥构配件 …………………………… 24—116
19.1 一般规定 …………………………… 24—116
19.2 桥梁支座 …………………………… 24—116
19.3 桥梁伸缩装置 …………………………… 24—117
20 防腐绝缘材料 …………………………… 24—117
20.1 一般规定～20.13 聚乙烯工业薄膜 …………………………… 24—117
21 地基与基础工程 …………………………… 24—117
21.1 一般规定 …………………………… 24—117
21.2 土工试验 …………………………… 24—117
21.3 地基 …………………………… 24—117
21.4 基础 …………………………… 24—117
21.5 支护结构 …………………………… 24—117
22 主体结构工程 …………………………… 24—117
22.1 一般规定 …………………………… 24—117
22.2 混凝土结构 …………………………… 24—117
22.3 砌体结构 …………………………… 24—118
22.4 钢结构 …………………………… 24—118
22.5 钢管混凝土结构 …………………………… 24—118
22.6 木结构 …………………………… 24—118
22.7 膜结构 …………………………… 24—118
23 装饰装修工程 …………………………… 24—118
23.1 一般规定 …………………………… 24—118
23.2 抹灰 …………………………… 24—119
23.3 门窗 …………………………… 24—119
23.4 粘结与锚固 …………………………… 24—119
24 防水工程 …………………………… 24—119
24.1 一般规定 …………………………… 24—119
24.2 地下防水工程 …………………………… 24—119
24.3 屋面防水工程 …………………………… 24—119
25 建筑给水、排水及采暖工程 …………………………… 24—119
25.1 一般规定 …………………………… 24—119
25.2 建筑给水、排水工程 …………………………… 24—119
25.3 采暖供热系数 …………………………… 24—119
26 通风与空调工程 …………………………… 24—119
26.1 一般规定 …………………………… 24—119
26.2 系统安装 …………………………… 24—119
26.3 系统测定与调整 …………………………… 24—120

27 建筑电气工程 …………………… 24—120
27.1 一般规定……………………… 24—120
27.2 电气设备交接试验～27.5 建筑物等电位连接……………………… 24—120
28 智能建筑工程 …………………… 24—120
28.1 一般规定……………………… 24—120
28.2 通信网络系统………………… 24—120
28.3 综合布线系统………………… 24—120
29 建筑节能工程 …………………… 24—120
29.1 一般规定……………………… 24—120
29.2 墙体…………………………… 24—120
29.7 采暖…………………………… 24—120
29.9 空调与采暖系统冷热源及管网……………………… 24—121
29.10 配电与照明 ……………… 24—121
29.11 监测与控制 ……………… 24—121
30 道路工程………………………… 24—121
30.1 一般规定……………………… 24—121
30.2 路基土石方工程……………… 24—121
30.3 道路排水设施………………… 24—121
30.4 挡土墙等防护工程…………… 24—121
30.5 路面工程……………………… 24—121
31 桥梁工程………………………… 24—121
31.1 一般规定……………………… 24—121
31.2 桥梁上部结构………………… 24—121
31.3 成桥…………………………… 24—121
32 隧道工程与城市地下工程 ……… 24—121
32.1 一般规定……………………… 24—121
32.2 主体结构……………………… 24—122
33 市政给水排水、热力与燃气工程…………………… 24—122
33.1 一般规定……………………… 24—122
33.2 构筑物………………………… 24—122
33.3 工程管网……………………… 24—122
34 工程监测………………………… 24—122
34.1 一般规定……………………… 24—122
34.2 基坑及支护结构……………… 24—122
34.3 建（构）筑物………………… 24—122
34.4 道桥工程……………………… 24—122
34.5 隧道及地下工程……………… 24—122
34.6 高支模………………………… 24—122
35 施工机具………………………… 24—123
35.1 一般规定……………………… 24—123
35.2 金属脚手架扣件……………… 24—123
35.3 金属组合钢模板……………… 24—123
35.4 高处作业吊篮………………… 24—123
35.5 高空作业平台………………… 24—123
35.6 塔式起重机…………………… 24—123
35.7 建筑卷扬机…………………… 24—123
35.8 施工升降机…………………… 24—123
35.9 物料提升机…………………… 24—123
36 安全防护用品 …………………… 24—123
36.1 一般规定……………………… 24—123
36.2 安全网………………………… 24—123
36.3 安全帽及安全带……………… 24—123
37 热环境…………………………… 24—124
37.1 一般规定……………………… 24—124
37.2 气象…………………………… 24—124
37.3 室内热环境…………………… 24—124
37.4 材料热工性能………………… 24—124
37.5 构件热工性能………………… 24—124
38 光环境…………………………… 24—124
38.1 一般规定……………………… 24—124
38.2 采光…………………………… 24—124
38.3 建筑照明……………………… 24—124
38.4 材料光学性能………………… 24—124
38.5 外窗光学性能………………… 24—124
39 声环境…………………………… 24—124
39.1 一般规定……………………… 24—124
39.2 声源…………………………… 24—124
39.3 室内音质……………………… 24—124
39.4 噪声…………………………… 24—125
39.5 振动…………………………… 24—125
39.6 材料声学性能………………… 24—125
39.7 构件声学性能………………… 24—125
40 空气质量………………………… 24—125
40.1 一般规定……………………… 24—125
40.2 室内空气质量………………… 24—125
40.3 土壤放射性…………………… 24—125
40.4 材料有害物质含量…………… 24—125

1 总 则

1.0.1 本标准为规范房屋建筑和市政基础设施工程的检测分类而制定，是建设行业检测的基础标准。

目前存在问题如下：

1 实验室花费很大精力进行检测项目申报，但往往逻辑性差，分类不科学，不合理；

2 实验室对检测项目申报方式的不同，不能反映和比较实验室的能力；

3 评审专家花费大量的精力去指导申报实验室正确填报检测代码及项目，但因理解不同造成的差异很大；

4 行业管理部门对检测分类的不统一，影响对行业的规范管理。

编制本标准的意义如下：

1 方便实验室检测代码及项目管理，是检测实验室的必备技术文件；

2 规范检测分类，便于实验室之间比较能力；

3 方便了实验室计量认证和认可以及资质认定的评审工作；

4 统一相关材料的不同试验方法。

本标准的特点如下：

1 涉及专业多，包括材料、地基、结构、环境等；

2 涉及数千参数和标准；

3 分类科学，逻辑性强，具有权威性；

4 检测分类有我国行业分块的特色，也未涵盖所有的建设领域。

1.0.2 本标准参照《建筑工程施工质量验收统一标准》GB 50300 等现行国家、行业标准，同时考虑目前行业内大部分检测实验室的业务范围。

2 基 本 规 定

2.1 一 般 规 定

2.1.1 本标准的检测领域划分根据《中国标准文献分类法》，将所有的国家标准、行业标准与检测领域、检测对象对应起来，检测机构及其客户可以很方便地查阅上述标准。

检测的分类有许多方法，以往习惯用产品进行分类，根据房屋建筑与市政基础设施工程的特点，本标准依据检测能力进行分类。

本标准所列检测并不代表房屋建筑与市政基础设施工程建设及使用阶段检测的应检或全部领域、类别、项目及参数，建设及使用阶段具体检测要求应参照相关材料产品标准及工程质量规范、规程。

2.1.4 工程实体领域检测中涉及的工程材料检测，其参数已列在工程材料领域检测相关章节，在工程实体领域中不再重复。

2.1.5 物理意义相近表述不同的参数，可采用本标准相近参数的代码。

2.1.6 对相同参数，如涉及检测能力不同或资质要求有差异的则要求分别列出（如桩基础荷载的高应变法和静载法），否则不必（如化学参数的有关方法）。

2.3 检 测 类 别

2.3.1 工程材料按其使用功能分入各类，当某一材料有多种功能时，将该材料归入主要功能所在的类别。本标准只列材料品种的检测代码及参数，不列具体产品的检测代码及参数。

在工程材料领域，以往习惯将水泥等称为产品，本标准将水泥定义为一类产品的总称，即项目。

2.3.2 工程实体领域的检测活动与材料检测不同，大都属于检查范围，所以本标准不列入工程实体领域以检查活动为主的项目。

建筑节能工程是新增加的单位工程分部工程，为强调和配合建筑节能工作，将其作为工程实体领域的一个检测类别。

工程监测、施工机具、安全防护用品本不属于工程实体领域，但目前工程质量检测大多涉及此类项目，且建设行业大多检测机构具有此类检测能力，为方便检测管理，本标准将工程监测、施工机具、安全防护用品列入工程实体领域的检测类别。

2.3.3 工程环境领域的热环境、光环境、声环境、室内空气质量具有明显的专业特殊要求，所以将材料热工性能、光学性能、声学性能、放射性污染等项目纳入环境检测领域，便于能力识别和管理。

2.4 检 测 代 码

2.4.1 检测代码及参数代码分 4 级，以 7 位字符表示。对检测代码的规定便于计算机管理系统对检测的管理。

代码示例：

P220201——表示工程实体领域，主体结构工程类别，混凝土结构工程项目，检测参数为外观。

3 混凝土结构材料

3.1 一 般 规 定

3.1.1 混凝土结构材料包括水泥等 19 个项目。

3.2 水 泥

3.2.1 水泥包括硅酸盐水泥、普通硅酸盐水泥、砌筑水泥、矿渣硅酸盐水泥、火山灰质硅酸盐水泥及粉煤灰硅酸盐水泥等，表 3.2.1 中检测代码及参数主要依据以下相关标准：

《通用硅酸盐水泥》GB 175

《抗硫酸盐硅酸盐水泥》GB 748

《砌筑水泥》GB/T 3183

《白色硅酸盐水泥》GB/T 2015

《道路硅酸盐水泥》GB 13693

《低热微膨胀水泥》GB 2938

《铝酸盐水泥》GB 201

《快凝快硬硅酸盐水泥》JC 134

《明矾石膨胀水泥》JC/T 311

《中热硅酸盐水泥、低热硅酸盐水泥、低热矿渣硅酸盐水泥》GB 200

《I型低碱度硫铝酸盐水泥》JC/T 737

《水泥密度测定方法》GB/T 208

《水泥细度检验方法 筛析法》GB/T 1345

《水泥比表面积测定方法　勃氏法》GB/T 8074

《水泥标准稠度用水量、凝结时间、安定性试验方法》GB/T 1346

《水泥压蒸安定性试验方法》GB/T 750

《水泥胶砂流动度测定方法》GB/T 2419

《水泥胶砂强度检验方法（ISO法）》GB/T 17671

《水泥胶砂干缩试验方法》JC/T 603

《水泥强度快速检验方法》JC/T 738

《自应力水泥物理检验方法》JC/T 453

《水泥水化热测定方法》GB/T 12959

《水泥胶砂耐磨性试验方法》JC/T 421

《水泥化学分析方法》GB/T 176

《水泥原料中氯的化学分析方法》JC/T 420

《水泥组分的定量测定》GB/T 12960

《明矾石膨胀水泥及化学分析方法》JC/T 312

《铝酸盐水泥化学分析方法》GB/T 205

《彩色建筑材料色度测量方法》GB/T 11942

《色漆和清漆　人工气候老化和人工辐射曝露滤过的氙弧辐射》GB/T 1865

3.3 砂

3.3.1 表3.3.1中检测代码及参数主要依据以下相关标准：

《建筑用砂》GB/T 14684

《普通混凝土用砂、石质量及检验方法标准》JGJ 52

3.4 石

3.4.1 表3.4.1中检测代码及参数主要依据以下相关标准：

《建筑用卵石、碎石》GB/T 14685

《普通混凝土用砂、石质量及检验方法标准》JGJ 52

3.5 轻骨料

3.5.1 轻骨料包括粉煤灰陶粒和陶砂、黏土陶粒和陶砂、页岩陶粒和陶砂、超轻陶粒和陶砂、自燃煤矸石、膨胀珍珠岩等，表3.5.1中检测代码及参数主要依据以下相关标准：

《轻集料及其试验方法　第1部分：轻集料》GB/T 17431.1

《膨胀珍珠岩》JC 209

《轻骨料混凝土技术规程》JGJ 51

《轻集料及其试验方法》GB17431.1～GB 17431.2

3.6 混凝土用水

3.6.1 混凝土用水包括混凝土拌合用水、养护用水等，表3.6.1中检测代码及参数依据以下相关标准：

《混凝土用水标准》JGJ 63

3.7 外加剂

3.7.1 外加剂包括混凝土减水剂、高强高性能混凝土用矿物外加剂、混凝土泵送剂、混凝土防水剂、混凝土防冻剂、混凝土膨胀剂、喷射混凝土用速凝剂等，表3.7.1中外加剂检测代码及参数主要依据以下相关标准：

《混凝土外加剂》GB 8076

《混凝土外加剂匀质性试验方法》GB/T 8077

《高强高性能混凝土用矿物外加剂》GB/T 18736

《混凝土泵送剂》JC 473

《砂浆、混凝土防水剂》JC 474

《混凝土防冻剂》JC 475

《混凝土膨胀剂》GB 23439

《喷射混凝土用速凝剂》JC 477

3.8 掺合料

3.8.1 掺合料包括粉煤灰、矿渣、硅灰、磨细矿粉等。表3.8.1中掺合料检测代码及参数主要依据以下相关标准：

《用于水泥和混凝土中的粉煤灰》GB/T 1596

《硅酸盐建筑制品用粉煤灰》JC/T 409

《混凝土和砂浆用天然沸石粉》JG/T 3048

《用于水泥和混凝土中的粒化高炉矿渣粉》GB/T 18046

《用于水泥中的粒化高炉矿渣》GB/T 203

《硅灰石》JC/T 535

《水泥化学分析方法》GB/T 176

3.9 钢筋

3.9.1 钢筋包括热轧带肋钢筋、预应力钢筋、冷轧带肋钢筋、冷轧扭钢筋、盘条等，表3.9.1中检测代码及参数依据以下相关标准：

《钢筋混凝土用钢　第1部分：热轧光圆钢筋》GB 1499.1

《钢筋混凝土用钢　第2部分：热轧带肋钢筋》GB 1499.2

《冷轧带肋钢筋》GB 13788

《冷轧扭钢筋》JG 190

《低碳钢热轧圆盘条》GB/T 701

《焊接用不锈钢盘条》GB/T 4241

《预应力混凝土用钢棒》GB/T 5223.3

《金属材料夏比摆锤冲击试验方法》GB/T 229

《金属材料　室温拉伸试验方法》GB/T 228

《金属材料　弯曲试验方法》GB/T 232

《钢筋混凝土用钢筋弯曲和反向弯曲试验方法》YB/T 5126

《金属材料　线材　反复弯曲试验方法》GB/T 238

《金属线材扭转试验方法》GB/T 239

《金属应力松弛试验方法》GB/T 10120

《金属材料　洛氏硬度试验　第1部分：试验方法（A、B、C、D、E、F、G、H、K、N、T标尺）》GB/T 230.1

《金属材料　布氏硬度试验　第1部分：试验方法》GB/T 231.1

《钢铁及合金　碳含量测定　管式炉内燃烧后气体容量法》GB/T 223.69

《钢铁　酸溶硅和全硅含量的测定　还原型硅钼酸盐分光光度法》GB/T 223.5

《钢铁及合金化学分析方法　高碘酸钠（钾）光度法测定锰量》GB/T 223.63

《钢铁及合金化学分析方法　管式炉内燃烧后碘酸钾滴定法测定硫含量》GB/T 223.68

《钢铁及合金　磷含量测定　铋磷钼蓝分光光度法和锑磷钼蓝分光光度法》GB/T 223.59

3.10　钢筋焊接

3.10.1　表3.10.1中钢筋焊接接头检测代码及参数依据以下标准：

《焊接接头拉伸试验方法》GB/T 2651

《焊缝及熔敷金属拉伸试验方法》GB/T 2652

《焊接接头弯曲试验方法》GB/T 2653

《焊接接头硬度试验方法》GB/T 2654

《焊接接头冲击试验方法》GB/T 2650

《钢筋混凝土用钢筋焊接网》GB/T 1499.3

《钢筋焊接接头试验方法标准》JGJ/T 27

3.11　钢筋机械连接

3.11.1　钢筋机械连接接头包括套筒挤压接头、锥螺纹接头、滚轧直螺纹接头、镦粗直螺纹接头等。表3.11.1中钢筋机械连接检测代码及参数依据以下标准：

《钢筋机械连接通用技术规程》JGJ 107

《带肋钢筋套筒挤压连接技术规程》JGJ 108

《钢筋锥螺纹接头技术规程》JGJ 109

《滚轧直螺纹钢筋连接接头》JG 163

《镦粗直螺纹钢筋接头》JG 171

3.12　普通混凝土

3.13　轻骨料混凝土

3.12、3.13　表3.12.1与表3.13.1中普通混凝土与轻集料混凝土检测代码及参数主要依据以下相关标准：

《普通混凝土拌合物性能试验方法标准》GB/T 50080

《普通混凝土力学性能试验方法标准》GB/T 50081

《早期推定混凝土强度试验方法标准》JGJ/T 15

《混凝土及其制品耐磨性试验方法（滚珠轴承法）》GB/T 16925

《普通混凝土长期性能和耐久性能试验方法标准》GB/T 50082

《预拌混凝土》GB/T 14902

《粉煤灰混凝土应用技术规范》GBJ 146

《轻骨料混凝土技术规程》JGJ 51

3.14　钢　纤　维

3.14.1　表3.14.1中钢纤维检测代码及参数主要依据以下相关标准：

《公路水泥混凝土纤维材料　钢纤维》JT/T 524

《混凝土用钢纤维》YB/T 151

3.15　钢绞线、钢丝

3.16　预应力筋用锚具、夹具和连接器

3.15、3.16　表3.15.1、表3.16.1中的检测代码及参数主要依据以下相关标准：

《预应力混凝土用钢丝》GB/T 5223

《预应力混凝土用钢绞线》GB/T 5224

《镀锌钢绞线》YB/T 5004

《金属材料　室温拉伸试验方法》GB/T 228

《金属应力松弛试验方法》GB/T 10120

《金属材料　线材　反复弯曲试验方法》GB/T 238

《金属线材扭转试验方法》GB/T 239

《金属材料　顶锻试验方法》YB/T 5293

《预应力筋用锚具、夹具和连接器》GB/T 14370

《预应力筋用锚具、夹具和连接器应用技术规程》JGJ 85

3.17 预应力混凝土用波纹管

3.17.1 预应力混凝土用波纹管分为金属螺旋管和塑料波纹管。表3.17.1中预应力混凝土波纹管的检测代码及参数主要依据以下相关标准：

《预应力混凝土桥梁用塑料波纹管》JT/T 529

《预应力混凝土用金属波纹管》JG 225

3.18 灌浆材料

3.18.1 表3.18.1水泥基灌浆材料的检测代码及参数主要依据以下相关标准：

《水泥基灌浆材料》JC/T 986

《混凝土裂缝用环氧树脂灌浆材料》JC/T 1041

《水泥基灌浆材料应用技术规范》GB/T 50448

3.19 混凝土结构加固用纤维

3.20 混凝土结构加固用纤维复合材

3.19、3.20 混凝土结构加固用纤维及纤维复合材的检测代码及参数主要依据以下相关标准：

《混凝土结构加固设计规范》GB 50367

《桥梁结构用碳纤维片材》JT/T 532

4 墙体材料

4.1 一般规定

4.1.1 墙体材料包括砖、砌块、墙板3个项目。

4.2 砖

4.2.1 砖包括烧结普通砖、烧结多孔砖、烧结空心砖和空心砌块、蒸压灰砂砖、蒸压灰砂空心砖等，表4.2.1中的检测代码及参数主要依据以下相关标准：

《烧结普通砖》GB 5101

《蒸压灰砂砖》GB 11945

《蒸压灰砂空心砖》JC/T 637

《混凝土多孔砖》JC 943

《烧结多孔砖》GB 13544

《烧结空心砖和空心砌块》GB 13545

《粉煤灰砖》JC 239

《砌墙砖试验方法》GB/T 2542

《混凝土实心砖》GB/T 21144

4.3 砌块

4.3.1 砌块包括混凝土小型空心砌块、蒸压加气混凝土砌块和轻骨料混凝土砌块。表4.3.1中的检测代码及参数主要依据以下相关标准：

《普通混凝土小型空心砌块》GB 8239

《混凝土小型空心砌块试验方法》GB/T 4111

《轻集料混凝土小型空心砌块》GB/T 15229

《蒸压加气混凝土砌块》GB/T 11968

《蒸压加气混凝土性能试验方法》GB/T 11969

4.4 墙板

4.4.1 墙板包括工业灰渣混凝土空心隔墙条板、玻璃纤维增强水泥（GRC）外墙内保温板、玻璃纤维增强水泥轻质多孔隔墙条板、石膏空心条板、水泥木屑板等，表4.4.1中墙板的检测代码及参数主要依据以下相关标准：

《金属面聚苯乙烯夹芯板》JC 689

《工业灰渣混凝土空心隔墙条板》JG 3063

《玻璃纤维增强水泥（GRC）外墙内保温板》JC/T 893

《玻璃纤维增强水泥轻质多孔隔墙条板》GB/T 19631

《建筑材料不燃性试验方法》GB/T 5464

《纤维水泥制品试验方法》GB/T 7019

5 金属结构材料

5.1 一般规定

5.1.1 金属结构材料包括钢材等6个项目。

5.2 钢材

5.2.1 表5.2.1中检测代码及参数依据以下标准：

《合金结构钢》GB/T 3077

《碳素结构钢》GB/T 700

《优质碳素结构钢》GB/T 699

《低合金高强度结构钢》GB/T 1591

《钢结构设计规范》GB 50017

《钢结构工程施工质量验收规范》GB 50205

《一般工程用铸造碳钢件》GB/T 11352

《耐候结构钢》GB/T 4171

《非调质机械结构钢》GB/T 15712

《金属材料 布氏硬度试验 第1部分：试验方法》GB/T 231.1

《金属材料 夏比摆锤冲击试验方法》GB/T 229

《钢的低倍组织及缺陷酸蚀检验法》GB 226

《结构钢低倍组织缺陷评级图》GB/T 1979

《钢的脱碳层深度测定法》GB/T 224

《金属平均晶粒度测定方法》GB/T 6394

《钢的显微组织评定法》GB/T 13299

《建筑用压型钢板》GB/T 12755

《彩色涂层钢板及钢带》GB/T 12754

《金属材料 线材 反复弯曲试验方法》GB/T 238

5.3 紧 固 件

5.3.1 钢结构紧固件主要包括钢结构用螺栓、螺母、垫圈、螺栓连接副等。表 5.3.1 中检测代码及参数依据以下标准：

《紧固件机械性能 螺栓、螺钉和螺柱》GB/T 3098.1

《钢结构用高强度大六角头螺栓、大六角螺母、垫圈技术条件》GB/T 1231

《钢结构用扭剪型高强度螺栓连接副》GB/T 3632

《金属材料 室温拉伸试验方法》GB/T 228

《金属材料 维氏硬度试验 第 1 部分：试验方法》GB/T 4340.1

《金属材料 布氏硬度试验 第 1 部分：试验方法》GB/T 231

《金属材料 洛氏硬度试验方法 第 1 部分：试验方法（A、B、C、D、E、F、G、H、K、N、T 标尺）》GB/T 230.1

《金属材料 夏比摆锤冲击试验方法》GB/T 229

《钢结构工程施工质量验收规范》GB 50205

《碳素结构钢》GB/T 700

《优质碳素结构钢》GB/T 699

《低合金高强度结构钢》GB/T 1591

《钢结构设计规范》GB 50017

《钢结构工程施工质量验收规范》GB 50205

《一般工程用铸造碳钢件》GB/T 11352

《耐候结构钢》GB/T 4171

5.4 螺 栓 球

5.4.1 表 5.4.1 中螺栓球节点检测代码及参数依据以下标准：

《钢网架螺栓球节点》JG 10

《钢结构工程施工质量验收规范》GB 50205

《低中压锅炉用无缝钢管》GB 3087

《低压流体输送用焊接钢管》GB/T 3091

《直缝电焊钢管》GB/T 13793

《矿山流体输送用电焊钢管》GB/T 14291

《网架结构设计与施工规程》JGJ 7

《钢网架检验及验收标准》JG 12

《黑色金属硬度及强度换算值》GB/T 1172

《钢网架螺栓球节点用高强度螺栓》GB/T 16939

5.5 焊 接 球

5.5.1 表 5.5.1 中焊接球节点检测代码及参数依据以下标准：

《钢网架焊接球节点》JG 11

《钢结构工程施工质量验收规范》GB 50205

《低中压锅炉用无缝钢管》GB 3087

《低压流体输送用焊接钢管》GB/T 3091

《直缝电焊钢管》GB/T 13793

《矿山流体输送用电焊钢管》GB/T 14291

《网架结构设计与施工规程》JGJ 7

《钢网架检验及验收标准》JG 12

5.6 焊 接 材 料

5.6.1 表 5.6.1 中焊接材料检测代码及参数依据以下标准：

《碳钢焊条》GB/T 5117

《低合金钢焊条》GB/T 5118

《不锈钢焊条》GB/T 983

《堆焊焊条》GB/T 984

《铝及铝合金焊条》GB/T 3669

《铜及铜合金焊条》GB/T 3670

《铸铁焊条及焊丝》GB/T 10044

《碳钢药芯焊丝》GB/T 10045

《铜及铜合金焊丝》GB/T 9460

《铝及铝合金焊丝》GB/T 10858

《低合金钢药芯焊丝》GB/T 17493

《气体保护电弧焊用碳钢、低合金钢焊丝》GB/T 8110

《埋弧焊用碳钢焊丝和焊剂》GB/T 5293

《埋弧焊用低合金钢焊丝和焊剂》GB/T 12470

《焊缝及熔敷金属拉伸试验方法》GB/T 2652

《焊接接头硬度试验方法》GB 2654

《焊接接头冲击试验方法》GB/T 2650

5.7 焊 接 接 头

5.7.1 表 5.7.1 中焊接接头检测代码及参数依据以下标准：

《建筑钢结构焊接技术规程》JGJ 81

《焊接接头拉伸试验方法》GB/T 2651

《焊缝及熔敷金属拉伸试验方法》GB/T 2652

《焊接接头硬度试验方法》GB/T 2654

《焊接接头冲击试验方法》GB/T 2650

《金属材料 夏比摆锤冲击试验方法》GB/T 229

《钢的低倍组织及缺陷酸蚀检验法》GB 226

《结构钢低倍组织缺陷评级图》GB/T 1979

6 木结构材料

6.1 一 般 规 定

6.1.1 木结构材料包括原木等 4 个项目。

6.2 原木～6.5 连接件

6.2.1～6.5.1 表 6.2.1、表 6.3.1、表 6.4.1、表 6.5.1 中检测代码及参数主要依据以下相关标准：

《木材物理力学试验方法总则》GB/T 1928

《木结构工程施工质量验收规范》GB 50206

《木材年轮宽度和晚材率测定方法》GB/T 1930

《木材含水率测定方法》GB/T 1931

《木材干缩性测定方法》GB/T 1932

《木材密度测定方法》GB/T 1933

《木材吸水性测定方法》GB/T 1934.1

《木材湿涨性测定方法》GB/T 1934.2

《木材顺纹抗压强度试验方法》GB/T 1935

《木材抗弯强度试验方法》GB/T 1936.1

《木材抗弯弹性模量测定方法》GB/T 1936.2

《木材顺纹抗剪强度试验方法》GB/T 1937

《木材顺纹抗拉强度试验方法》GB/T 1938

《木材横纹抗压试验方法》GB/T 1939

《木材冲击韧性试验方法》GB/T 1940

《木材硬度试验方法》GB/T 1941

《木材抗劈力试验方法》GB/T 1942

《木材横纹抗压弹性模量测定方法》GB/T 1943

《木材耐久性能　第1部分：天然耐腐性实验室试验方法》GB/T 13942.1

《木材耐久性能　第2部分：天然耐久性野外试验方法》GB/T 13942.2

《木材横纹抗拉强度试验方法》GB/T 14017

《木材握钉力试验方法》GB/T 14018

《木材 pH 值测定方法》GB/T 6043

《木材顺纹抗压弹性模量测定方法》GB/T 15777

《胶合板》GB/T 9846

7　膜结构材料

7.1　一 般 规 定

7.1.1　膜结构材料包括膜材、索材、连接件等项目。膜结构使用的金属连接件包括螺栓、夹板、夹具、索具和锚具等。

7.2　膜材～7.4　连接件

7.2.1～7.4.1　表 7.2.1、表 7.3.1、表 7.4.1 中检测代码及参数主要依据以下相关标准：

《膜结构技术规程》CECS 158

《增强材料　机织物试验方法　第5部分：玻璃纤维拉伸断裂强力和断裂伸长的测定》GB/T 7689.5

《800～2000 纳米光谱反射比副基准操作技术规范》JJF 1335

《建筑材料难燃性试验方法》GB/T 8625

《塑料实验室光源暴露试验方法　第2部分：氙弧灯》GB/T 16422.2

8　预制混凝土构配件

8.1　一 般 规 定

8.1.1　预制混凝土构配件包括混凝土块材等 4 个项目。

8.2　混凝土块材

8.2.1　混凝土块材包括混凝土路面砖、路缘石、防撞墩、隔离墩、挂板、地袱等。表 8.2.1 混凝土块材检测代码及参数依据以下相关标准：

《混凝土路面砖》JC/T 446

《混凝土路缘石》JC 899

《透水砖》JC/T 945

8.3　预制混凝土梁板

8.3.1　预制混凝土梁板主要包括：钢筋混凝土和预应力钢筋混凝土梁、板类构件，表 8.3.1 混凝土预制构配件的检测代码及参数依据以下相关标准：

《预应力混凝土空心板》GB/T 14040

8.4　预制混凝土桩

8.4.1　预应力和预制混凝土桩包括先张法预应力混凝土管桩和先张法预应力混凝土薄壁管桩、预制钢筋混凝土实心方桩、预制钢筋混凝土空心方桩等。表 8.4.1 中所列检测代码及参数主要依据以下标准：

《先张法预应力混凝土管桩》GB 13476

《先张法预应力混凝土薄壁管桩》JC 888

《预制钢筋混凝土方桩》JC 934

8.5　盾 构 管 片

8.5.1　盾构管片为地下工程盾构施工用预制混凝土构件，表 8.5.1 中所列检测代码及参数主要依据以下标准：

《混凝土结构工程施工质量验收规范》GB 50204

《地下铁道工程施工及验收规范》GB 50299

《盾构法隧道施工与验收规范》GB 50446

9　砂 浆 材 料

9.1　一 般 规 定

9.1.1　砂浆材料包括石灰、石膏、外加剂、普通砂浆、特种砂浆等项目。

9.2　石　灰

9.2.1　石灰包括石灰粉、生石灰、消石灰等，表 9.2.1 中检测代码及参数主要依据以下相关标准：

《建筑生石灰》JC/T 479

《建筑生石灰粉》JC/T 480

《建筑消石灰粉》JC/T 481

《建筑石灰试验方法　物理试验方法》JC/T 478.1

《建材用石灰石化学分析方法》GB/T 5762

9.3 石　　膏

9.3.1 表 9.3.1 中检测代码及参数主要依据以下相关标准：

《建筑石膏》GB/T 9776

《粉刷石膏》JC/T 517

《建筑石膏　结晶水含量的测定》GB/T 17669.2

《建筑石膏　净浆物理性能的测定》GB/T 17669.4

《建筑石膏　力学性能的测定》GB/T 17669.3

9.4 砂浆外加剂

9.4.1 表 9.4.1 中检测代码及参数主要依据以下相关标准：

《砌筑砂浆增塑剂》JG/T 164

《砂浆、混凝土防水剂》JC 474

9.5 普 通 砂 浆

9.5.1 普通砂浆包括砌筑砂浆、抹灰砂浆、地面砂浆、防水砂浆等。表 9.5.1 中检测代码及参数主要依据以下相关标准：

《建筑砂浆基本性能试验方法标准》JGJ/T 70

9.6 特 种 砂 浆

9.6.1 特种砂浆包括瓷砖粘结砂浆、耐磨地坪砂浆、界面处理砂浆、特种防水砂浆、自流平砂浆、灌浆砂浆、外保温粘结砂浆、外保温抹面砂浆、无机集料保温砂浆等。表 9.6.1 中检测代码及参数主要依据以下相关标准：

《预拌砂浆》JG/T 230

《水泥砂浆抗裂性能试验方法》JC/T 951

《钢丝网水泥用砂浆力学性能试验方法》GB/T 7897

《建筑保温砂浆》GB/T 20473

《陶瓷墙地砖胶粘剂》JC/T 547

《混凝土地面用水泥基耐磨材料》JC/T 906

《聚合物水泥防水砂浆》JC/T 984

《地面用水泥基自流平砂浆》JC/T 985

《无机防水堵漏材料》JC 900

《水泥基灌浆材料》JC/T 986

《陶瓷墙地砖填缝剂》JC/T 1004

《墙体保温用膨胀聚苯乙烯板胶粘剂》JC/T 992

《外墙外保温用膨胀聚苯乙烯板抹面胶浆》JC/T 993

《混凝土界面处理剂》JC/T 907

10 装饰装修材料

10.1 一 般 规 定

10.1.1 装饰装修材料包括建筑涂料、陶瓷砖等项目。

10.1.2 材料有害物质含量检测在能力方面与室内空气质量检测接近，列入第 40 章。

10.2 建 筑 涂 料

10.2.1 建筑涂料包括钢结构防火涂料、水溶性内墙涂料、合成树脂乳液砂壁状建筑涂料、外墙无机建筑涂料、建筑外墙用腻子、建筑室内用腻子、合成树脂乳液外墙涂料、合成树脂乳液内墙涂料、溶剂型外墙涂料、复层建筑涂料、水溶性内墙涂料等。表 10.2.1 中建筑涂料的检测代码及参数主要依据以下相关标准：

《色漆和清漆　用旋转黏度计测定黏度　第 1 部分：以高速剪切速率操作的锥板黏度计》GB/T 9751.1

《涂料贮存稳定性试验方法》GB/T 6753.3

《涂料细度测定法》GB/T 1724

《漆膜附着力测定方法》GB 1720

《涂料遮盖力测定法》GB/T 1726

《色漆和清漆　摆杆阻尼试验》GB/T 1730

《漆膜柔韧性测定法》GB/T 1731

《漆膜耐冲击测定法》GB/T 1732

《漆膜耐水性测定法》GB/T 1733

《色漆和清漆　耐磨性的测定　旋转橡胶砂轮法》GB/T 1768

《色漆和清漆　铅笔法测定漆膜硬度》GB/T 6739

《色漆和清漆　人工气候老化和人工辐射曝露　滤过的氙弧辐射》GB/T 1865

《色漆和清漆　漆膜的划格试验》GB/T 9286

《色漆、清漆和塑料　不挥发物含量的测定》GB/T 1725

《色漆和清漆　用流出杯测定流出时间》GB/T 6753.4

《建筑涂料　涂层耐碱性的测定》GB/T 9265

《建筑涂料　涂层耐洗刷性的测定》GB/T 9266

《建筑涂料涂层耐沾污性试验方法》GB/T 9780

《建筑涂料涂层耐冻融循环性测定法》JG/T 25

《建筑涂料涂层试板的制备》JG/T 23

《饰面型防火涂料》GB 12441

《色漆和清漆　不含金属颜料的色漆漆膜的 20°、60°和 85°镜面光泽的测定》GB/T 9754

《涂料印花色浆　色光、着色力及颗粒细度的测

定》GB/T 10664

《涂料产品包装通则》GB/T 13491

《机械工业产品用塑料、涂料、橡胶材料人工气候老化试验方法　荧光紫外灯》GB/T 14522

《危险货物涂料包装检验安全规范》GB 19457

《合成树脂乳液外墙涂料》GB/T 9755

《合成树脂乳液内墙涂料》GB/T 9756

《溶剂型外墙涂料》GB/T 9757

《复层建筑涂料》GB/T 9779

《钢结构防火涂料》GB 14907

《水溶性内墙涂料》JC/T 423

《合成树脂乳液砂壁状建筑涂料》JG/T 24

《外墙无机建筑涂料》JG/T 26

《建筑外墙用腻子》JG/T 157

《建筑室内用腻子》JG/T 3049

10.3 陶　瓷　砖

10.3.1 陶瓷砖是指由黏土和其他无机非金属原料，经成型、烧结等工艺生产的，用于装饰和保护建筑物墙面及地面的板状或块状陶瓷制品。陶瓷砖按成型方式不同，分为干压陶瓷砖、挤压陶瓷砖。根据吸水率高低将陶瓷砖分为5类：瓷质砖（$E \leqslant 0.5\%$）、炻瓷砖（$0.5\% < E \leqslant 3\%$）、细炻砖（$3\% < E \leqslant 6\%$）、炻质砖（$6\% < E \leqslant 10\%$）、陶质砖（$E > 10\%$）。陶瓷砖根据其表面施釉与否分为有釉砖和无釉砖。按用途分为外墙砖、内墙砖、地砖等。表10.3.1中陶瓷砖的检测代码及参数主要依据以下相关标准：

《陶瓷砖试验方法　第1部分：抽样和接收条件》GB/T 3810.1

《陶瓷砖试验方法　第2部分：尺寸和表面质量的检验》GB/T 3810.2

《陶瓷砖试验方法　第3部分：吸水率、显气孔率、表观相对密度和容重的测定》GB/T 3810.3

《陶瓷砖试验方法　第4部分：断裂模数和破坏强度的测定》GB/T 3810.4

《陶瓷砖试验方法　第5部分：用恢复系数确定砖的抗冲击性》GB/T 3810.5

《陶瓷砖试验方法　第6部分：无釉砖耐磨深度的测定》GB/T 3810.6

《陶瓷砖试验方法　第7部分：有釉砖表面耐磨性的测定》GB/T 3810.7

《陶瓷砖试验方法　第8部分：线性热膨胀的测定》GB/T 3810.8

《陶瓷砖试验方法　第9部分：抗热震性的测定》GB/T 3810.9

《陶瓷砖试验方法　第10部分：湿膨胀的测定》GB/T 3810.10

《陶瓷砖试验方法　第11部分：有釉砖抗釉裂性的测定》GB/T 3810.11

《陶瓷砖试验方法　第12部分：抗冻性的测定》GB/T 3810.12

《陶瓷砖试验方法　第13部分：耐化学腐蚀性的测定》GB/T 3810.13

《陶瓷砖试验方法　第14部分：耐污染性的测定》GB/T 3810.14

《陶瓷砖试验方法　第15部分：有釉砖铅和镉溶出量的测定》GB/T 3810.15

《陶瓷砖试验方法　第16部分：小色差的测定》GB/T 3810.16

《建筑饰面材料镜向光泽度测定方法》GB/T 13891

《陶瓷砖》GB/T 4100

10.4 瓦

10.4.1 瓦包括烧结瓦、玻璃纤维增强水泥波瓦与脊瓦、混凝土瓦、玻纤镁质胶凝材料波瓦及脊瓦、钢丝网石棉水泥小波瓦、石棉水泥波瓦及其脊瓦、彩喷片状模塑料（SMC）瓦等。表10.4.1主要依据以下相关标准：

《烧结瓦》GB/T 21149

《玻璃纤维增强水泥波瓦及其脊瓦》JC/T 567

《混凝土瓦》JC/T 746

《玻纤镁质胶凝材料波瓦及脊瓦》JC/T 747

《纤维水泥波瓦及其脊瓦》GB/T 9772

《钢丝网石棉水泥小波瓦》JC/T 851

《彩喷片状模塑料（SMC）瓦》JC/T 944

10.5 壁　纸

10.5.1 壁纸按所用材料的不同可分为纸质壁纸、软木壁纸、蛭石壁纸、植绒壁纸、塑料壁纸、自然纤维壁纸、金属壁纸、玻璃纤维装饰布、无纺墙布、纺绸墙布等。表10.5.1中的壁纸检测代码及参数主要依据以下相关标准：

《聚氯乙烯壁纸》QB/T 3805

10.6 普通装饰板材

10.6.1 普通装饰板材包括金属面聚苯乙烯夹芯板、金属面硬质聚氨酯夹芯板、金属面岩棉、矿渣棉夹芯板、镁铝曲面装饰板、铝塑复合板、水泥木屑板、石膏空心条板、石膏装饰吸声板、塑料装饰吊顶板、玻璃装饰吊顶板、珍珠岩吸声装饰板、矿棉吸声装饰板、玻璃棉装饰吊顶板、铝合金装饰吊顶板、钙塑天花板、聚苯乙烯泡沫塑料吸声板、纤维装饰板、轻质硅酸钙吊顶板、水泥平板及玻镁平板等。表10.6.1中普通装饰板材的检测代码及参数主要依据以下相关标准：

《水泥木屑板》JC/T 411

《石膏空心条板》JC/T 829

《金属面岩棉、矿渣棉夹芯板》JC/T 869

《金属面硬质聚氨酯夹芯板》JC/T 868

《金属面聚苯乙烯夹芯板》JC 689

《钢丝网架水泥聚苯乙烯夹芯板》JC 623

《建筑幕墙用铝塑复合板》GB/T 17748

《美铝曲面装饰板》JC/T 489

《纸面石膏板》GB/T 9775

《嵌装式装饰石膏板》JC/T 800

《装饰石膏板》JC/T 799

《吸声用穿孔石膏板》JC/T 803

《装饰纸面石膏板》JC/T 997

《石膏刨花板》LY/T 1598

《维纶纤维增强水泥平板》JC/T 671

《纤维水泥平板　第1部分：无石棉纤维水泥平板》JC/T 412.1

《纤维水泥平板　第2部分：温石棉纤维水泥平板》JC/T 412.2

《石膏空心条板》JC/T 829

《玻镁平板》JC 688

《纤维增强低碱度水泥建筑平板》JC/T 626

《建筑用轻钢龙骨》GB/T 11981

《玻璃纤维增强水泥轻质多孔隔墙条板》GB/T 19631

《纤维增强硅酸钙板　第1部分：无石棉硅酸钙板》JC/T 564.1

《纤维增强硅酸钙板　第2部分：温石棉硅酸钙板》JC/T 564.2

10.7　天然饰面石材

10.7.1　天然饰面石材包括干挂饰面石材、异型装饰石材、天然花岗石建筑板材、天然大理石建筑板材等。表10.7.1所列参数依据以下标准：

《天然饰面石材试验方法　第1部分：干燥、水饱和、冻融循环后压缩强度试验方法》GB/T 9966.1

《天然饰面石材试验方法　第2部分：干燥、水饱和弯曲强度试验方法》GB/T 9966.2

《天然饰面石材试验方法　第3部分：体积密度、真密度、真气孔率、吸水率试验方法》GB/T 9966.3

《天然饰面石材试验方法　第4部分：耐磨性试验方法》GB/T 9966.4

《天然饰面石材试验方法　第5部分：肖氏硬度试验方法》GB/T 9966.5

《天然饰面石材试验方法　第6部分：耐酸性试验方法》GB/T 9966.6

《天然饰面石材试验方法　第7部分：检测板材挂件组合单元挂装强度试验方法》GB/T 9966.7

《天然饰面石材试验方法　第8部分：用均匀静态压差检测石材挂装系统结构强度试验方法》GB/T 9966.8

《建筑饰面材料镜向光泽度测定方法》GB/T 13891

《干挂饰面石材及其金属挂件　第一部分：干挂饰面石材》JC 830.1

《干挂饰面石材及其金属挂件　第二部分：金属挂件》JC 830.2

《异型装饰石材　第2部分：花线》JC/T 847.2

《异型装饰石材　第3部分：实心柱体》JC/T 847.3

《天然花岗石建筑板材》GB/T 18601

《天然大理石建筑板材》GB/T 19766

10.8　人工装饰石材

10.8.1　人工装饰石材可分为水泥型人造石、聚酯型人造石、复合型人造石和烧结型人造石。表10.8.1中检测代码及其参数依据以下相关标准：

《出口人造石检验方法》SN/T 0308

10.9　竹木地板

10.9.1　竹木地板包括竹、木及其复合材料地板。竹木地板包括浸渍纸层压木质地板、浸渍胶模纸饰面人造板、实木复合地板、抗静电木质活动地板、体育馆用木质地板、浸渍纸层压木质地板、实木地板、竹地板等，表10.9.1中检测代码及参数依据以下相关标准：

《人造板及饰面人造板理化性能试验方法》GB/T 17657

《家具表面漆膜附着力交叉切割测定法》GB/T 4893.4

《色漆和清漆　漆膜的划格试验》GB/T 9286

《色漆和清漆　铅笔法测定漆膜硬度》GB/T 6739

《木材硬度试验方法》GB/T 1941

《实木地板　第1部分：技术要求》GB/T 15036.1

《实木地板　第2部分：检验方法》GB/T 15036.2

《浸渍纸层压木质地板》GB/T 18102

《体育馆用木质地板》GB/T 20239

《竹地板》GB/T 20240

《抗静电木质活动地板》LY/T 1330

《实木集成地板》LY/T 1614

《实木复合地板》GB/T 18103

11　门窗幕墙

11.1　一般规定

11.1.1　门窗幕墙包括门窗、建筑玻璃、铝型材等项目。

11.2 建筑玻璃

11.2.1 建筑玻璃包括浮法玻璃、普通平板玻璃、钢化玻璃、中空玻璃、贴膜玻璃、夹层玻璃、镀膜玻璃、着色玻璃等。玻璃的热工性能和光学性能因专业原因分到热环境和光环境检测类别中。表11.2.1中检测代码及参数主要依据以下相关标准：

《钠钙硅玻璃化学分析方法》GB/T 1347

《纤维玻璃化学分析方法》GB/T 1549

《石英玻璃化学成分分析方法》GB/T 3284

《石英玻璃热变色性试验方法》GB/T 4121

《透明石英玻璃气泡、气线检验方法》GB/T 5949

《玻璃耐沸腾混合碱水溶液 浸蚀性的试验方法和分级》GB/T 6580

《玻璃在98℃耐水性的颗粒试验方法和分级》GB/T 6582

《石英玻璃热稳定性检验方法》GB/T 10701

《玻璃密度测定 沉浮比较法》GB/T 14901

《玻璃耐沸腾盐酸浸蚀性的重量试验方法和分级》GB/T 15728

《玻璃 平均线热膨胀系数的测定》GB/T 16920

《玻璃 平均线性热膨胀系数试验方法》JC/T 679

《平板玻璃平整度试验方法》JC 292

《石英玻璃制品内应力检验方法》JC/T 655

《玻璃材料弯曲强度试验方法》JC/T 676

《建筑玻璃均布静载模拟风压试验方法》JC/T 677

《玻璃材料弹性模量、剪切模量和泊松比试验方法》JC/T 678

11.3 铝型材

11.3.1 铝型材包括基材、阳极氧化、着色型材、电泳涂漆型材、粉末喷涂型材、氟碳漆喷涂型材、隔热型材、铝及铝合金轧制板材。表11.3.1中检测代码及参数主要依据以下相关标准：

《铝合金建筑型材》GB 5237.1～5237.6

《金属材料 室温拉伸试验方法》GB/T 228

《铝合金韦氏硬度试验方法》YS/T 420

《金属维氏硬度试验》GB/T 4340.1～4340.4

《非磁性基体金属上非导电覆盖层 覆盖层厚度测量 涡流法》GB/T 4957

《色漆和清漆 漆膜的划格试验》GB/T 9286

《人造气氛腐蚀试验 盐雾试验》GB/T 10125

《色漆和清漆 不含金属颜料的色漆漆膜的20°、60°和85°镜面光泽的测定》GB/T 9754

《色漆和清漆 色漆的目视比色》GB/T 9761

《色漆和清漆 巴克霍尔兹压痕试验》GB/T 9275

《漆膜耐冲击性测定法》GB/T 1732

《色漆和清漆 弯曲试验（圆柱轴）》GB/T 6742

《漆膜耐湿热测定法》GB/T 1740

11.4 门 窗

11.4.1 门窗包括铝合金门窗、PVC塑料门窗、木窗、钢门窗等。表11.4.1门窗的检测代码及参数表主要依据以下相关标准：

《未增塑聚氯乙烯（PVC-U）塑料门窗力学性能及耐候性试验方法》GB/T 11793

《钢门窗》GB/T 20909

《建筑外门窗气密、水密、抗风压性能分级及其检测方法》GB/T 7106

《铝合金门窗》GB/T 8478

《建筑用窗承受机械力的检测方法》GB/T 9158

《建筑木门、木窗》JG/T 122

《钢天窗 上悬钢天窗》JG/T 3004.1

《推拉钢窗》JG/T 3014.1

《未增塑聚氯乙烯 （PVC-U）塑料窗》JG/T 140

《平开、推拉彩色涂层钢板门窗》JG/T 3041

《推拉不锈钢窗》JG/T 41

《塑料门窗工程技术规程》JGJ 103

11.5 幕 墙

11.5.1 幕墙包括玻璃幕墙、金属幕墙、石材幕墙等。表11.5.1幕墙的检测代码及参数主要依据以下相关标准：

《建筑幕墙工程技术规程》（玻璃幕墙分册）DGJ 08－56

《半钢化玻璃》GB/T 17841

《建筑装饰装修工程质量验收规范》GB 50210

《建筑幕墙气密、水密、抗风压性能检测方法》GB/T 15227

《玻璃幕墙光学性能》GB/T 18091

《建筑幕墙平面内变形性能检测方法》GB/T 18250

《建筑幕墙抗震性能振动台试验方法》GB/T 18575

《点支式玻璃幕墙支承装置》JG 138

《吊挂式玻璃幕墙支承装置》JG 139

《玻璃幕墙工程技术规范》JGJ 102

《金属与石材幕墙工程技术规范》JGJ 133

《玻璃幕墙工程质量检验标准》JGJ/T 139

《建筑幕墙》GB/T 21086

11.6 密 封 条

11.6.1 表11.6.1密封条的检测代码及参数主要依据以

下相关标准：

《塑料门窗用密封条》GB/T 12002

《建筑门窗密封毛条技术条件》JC/T 635

11.7 执 手

11.7.1 表11.7.1中执手的检测代码及参数主要依据以下相关标准：

《建筑门窗五金件 传动机构用执手》JG/T 124

《建筑门窗五金件 旋压执手》JG/T 213

《平开铝合金窗执手》QB/T 3886

《铝合金门窗拉手》QB/T 3889

11.8 合页、铰链

11.8.1 表11.8.1中合页、铰链的检测代码及参数主要依据以下相关标准：

《建筑门窗五金件 合页（铰链）》JG/T 125

《塑料门窗合页（铰链）》QB/T 1235

11.9 传动锁闭器

11.9.1 表11.9.1传动锁闭器的检测代码及参数主要依据以下相关标准：

《建筑门窗五金件 传动锁闭器》JG/T 126

11.10 滑 撑

11.10.1 表11.10.1中滑撑的检测代码及参数主要依据以下相关标准：

《建筑门窗五金件 滑撑》JG/T 127

《铝合金窗不锈钢滑撑》QB/T 3888

11.11 撑 挡

11.11.1 表11.11.1中撑挡的检测代码及参数主要依据以下相关标准：

《建筑门窗五金件 撑挡》JG/T 128

《铝合金窗撑挡》QB/T 3887

11.12 滑 轮

11.12.1 表11.12.1滑轮的检测代码及参数主要依据以下相关标准：

《建筑门窗五金件 滑轮》JG/T 129

《推拉铝合金门窗用滑轮》QB/T 3892

11.13 半 圆 锁

11.13.1 表11.13.1中半圆锁的检测代码及参数主要依据以下相关标准：

《建筑五金件 单点锁闭器》JG/T 130

11.14 限 位 器

11.14.1 表11.14.1中限位器的检测代码及参数主要依据以下相关标准：

《聚氯乙烯（PVC）门窗固定片》JG/T 132

《铝合金门插销》QB/T 3885

《铝合金窗锁》QB/T 3890

11.15 幕墙支承装置

11.15.1 幕墙支承装置包括点支式玻璃幕墙支承装置和吊挂式玻璃幕墙支承装置。表11.15.1中幕墙支承装置的检测代码及参数主要依据以下相关标准：

《点支式玻璃幕墙支承装置》JG 138

《吊挂式玻璃幕墙支承装置》JG 139

12 防 水 材 料

12.1 一 般 规 定

12.1.1 防水材料有防水卷材、防水涂料、道桥防水材料等项目。

12.2 防 水 卷 材

12.2.1 防水卷材包括高分子防水片材、聚合物改性沥青防水卷材、沥青防水卷材、聚氯乙烯防水卷材、弹性体改性沥青防水卷材、高分子防水材料、改性沥青聚乙烯胎防水卷材、自粘橡胶沥青防水卷材、塑性体改性沥青防水卷材、改性沥青聚乙烯胎防水卷材、沥青复合胎柔性防水卷材、自粘聚合物改性沥青聚酯胎防水卷材、氯化聚乙烯防水卷材、三元丁橡胶防水卷材、氯化聚乙烯-橡胶共混防水卷材等。表12.2.1中检测代码及参数主要依据以下相关标准：

《建筑防水卷材试验方法 第1部分：沥青和高分子防水卷材 抽样规则》GB/T 328.1

《建筑防水卷材试验方法 第2部分：沥青防水卷材 外观》GB/T 328.2

《建筑防水卷材试验方法 第3部分：高分子防水卷材 外观》GB/T 328.3

《建筑防水卷材试验方法 第4部分：沥青防水卷材 厚度、单位面积质量》GB/T 328.4

《建筑防水卷材试验方法 第5部分：高分子防水卷材 厚度、单位面积质量》GB/T 328.5

《建筑防水卷材试验方法 第6部分：沥青防水卷材 长度、宽度和平直度》GB/T 328.6

《建筑防水卷材试验方法 第7部分：高分子防水卷材 长度、宽度、平直度和平整度》GB/T 328.7

《建筑防水卷材试验方法 第8部分：沥青防水卷材 拉伸性能》GB/T 328.8

《建筑防水卷材试验方法 第9部分：高分子防水卷材 拉伸性能》GB/T 328.9

《建筑防水卷材试验方法 第10部分：沥青和高分子防水卷材 不透水性》GB/T 328.10

《建筑防水卷材试验方法　第 11 部分：沥青防水卷材　耐热性》GB/T 328.11

《建筑防水卷材试验方法　第 12 部分：沥青防水卷材　尺寸稳定性》GB/T 328.12

《建筑防水卷材试验方法　第 13 部分：高分子防水卷材　尺寸稳定性》GB/T 328.13

《建筑防水卷材试验方法　第 14 部分：沥青防水卷材　低温柔性》GB/T 328.14

《建筑防水卷材试验方法　第 15 部分：高分子防水卷材　低温弯折性》GB/T 328.15

《建筑防水卷材试验方法　第 16 部分：高分子防水卷材　耐化学液体（包括水）》GB/T 328.16

《建筑防水卷材试验方法　第 17 部分：沥青防水卷材　矿物料粘附性》GB/T 328.17

《建筑防水卷材试验方法　第 18 部分：沥青防水卷材　撕裂性能（钉杆法）》GB/T 328.18

《建筑防水卷材试验方法　第 19 部分：高分子防水卷材　撕裂性能》GB/T 328.19

《建筑防水卷材试验方法　第 20 部分：沥青防水卷材　接缝剥离性能》GB/T 328.20

《建筑防水卷材试验方法　第 21 部分：高分子防水卷材　接缝剥离性能》GB/T 328.21

《建筑防水卷材试验方法　第 22 部分：沥青防水卷材　接缝剪切性能》GB/T 328.22

《建筑防水卷材试验方法　第 23 部分：高分子防水卷材　接缝剪切性能》GB/T 328.23

《建筑防水卷材试验方法　第 24 部分：沥青和高分子防水卷材　抗冲击性能》GB/T 328.24

《建筑防水卷材试验方法　第 25 部分：沥青和高分子防水卷材　抗静态荷载》GB/T 328.25

《建筑防水卷材试验方法　第 26 部分：沥青防水卷材　可溶物含量（浸涂材料含量）》GB/T 328.26

《建筑防水卷材试验方法　第 27 部分：沥青和高分子防水卷材　吸水性》GB/T 328.27

《硫化橡胶或热塑性橡胶　拉伸应力应变性能的测定》GB/T 528

《硫化橡胶或热塑性橡胶　撕裂强度的测定（裤形、直角形和新月形试样）》GB/T 529

《硫化橡胶低温脆性的测定　单试样法》GB/T 1682

《硫化橡胶或热塑性橡胶与织物粘合强度的测定》GB/T 532

《硫化橡胶或热塑性橡胶　热空气加速老化和耐热试验》GB/T 3512

《硫化橡胶或热塑性橡胶　耐臭氧龟裂静态拉伸试验》GB/T 7762

《建筑防水材料老化试验方法》GB/T 18244

《改性沥青聚乙烯胎防水卷材》GB 18967

《弹性体改性沥青防水卷材》GB 18242

《自粘橡胶沥青防水卷材》JC 840

《塑性体改性沥青防水卷材》GB 18243

《防水沥青与防水卷材术语》GB/T 18378

《沥青复合胎柔性防水卷材》JC/T 690

《自粘聚合物改性沥青防水卷材》GB 23441

《高分子防水材料　第 1 部分：片材》GB 18173.1

《聚氯乙烯防水卷材》GB 12952

《氯化聚乙烯防水卷材》GB 12953

《三元丁橡胶防水卷材》JC/T 645

《氯化聚乙烯-橡胶共混防水卷材》JC/T 684

《高分子防水卷材胶粘剂》JC 863

12.3　防水涂料

12.3.1　防水涂料包括聚氨酯防水涂料、聚合物乳液建筑防水涂料、溶剂型橡胶沥青防水涂料、聚合物水泥防水涂料、聚氯乙烯弹性防水涂料、水性聚氯乙烯焦油防水涂料、水乳型沥青防水涂料、溶剂型橡胶沥青防水涂料等。表 12.3.1 所列参数依据以下标准：

《建筑防水涂料试验方法》GB/T 16777

《建筑防水材料老化试验方法》GB/T 18244

《聚氨酯防水涂料》GB/T 19250

《聚合物乳液建筑防水涂料》JC/T 864

《聚合物水泥防水涂料》GB/T 23445

《水乳型沥青防水涂料》JC/T 408

《溶剂型橡胶沥青防水涂料》JC/T 852

12.4　道桥防水材料

12.4.1　道桥防水材料包括道（路）桥用改性沥青防水卷材、塑性体（APP）沥青防水卷材、（水性沥青基）防水涂料等。表 12.4.1 中检测代码及参数主要依据以下标准：

《道桥用防水涂料》JC/T 975

《道桥用改性沥青防水卷材》JC/T 974

13　嵌缝密封材料

13.1　一般规定

13.1.1　嵌缝密封材料包括定型嵌缝密封材料（密封条和压条等）和非定型嵌缝密封材料（密封膏或嵌缝膏等）等。嵌缝密封材料品种有聚氨酯建筑密封胶、聚硫建筑密封膏、丙烯酸酯建筑密封膏、建筑用弹性密封剂、中空玻璃用弹性密封胶、硅酮建筑密封胶、建筑用硅酮结构密封胶、混凝土建筑接缝用密封胶、幕墙玻璃接缝用密封胶、石材用建筑密封胶、彩色涂层钢板用建筑密封胶、建筑用防霉密封胶、中空玻璃用弹性密封胶、中空玻璃用丁基热熔密封胶、丁基橡胶防水密封胶粘带、道桥接缝用密封胶等。

13.2 定型嵌缝密封材料

13.3 无定型嵌缝密封材料

13.2.1～13.3.1 表 13.2.1、表 13.3.1 中检测代码及参数主要依据以下标准：

《建筑密封材料试验方法 第 1 部分：试验基材的规定》GB/T 13477.1

《建筑密封材料试验方法 第 2 部分：密度的测定》GB/T 13477.2

《建筑密封材料试验方法 第 3 部分：使用标准器具测定密封材料挤出性的方法》GB/T 13477.3

《建筑密封材料试验方法 第 4 部分：原包装单组分密封材料挤出性的测定》GB/T 13477.4

《建筑密封材料试验方法 第 5 部分：表干时间的测定》GB/T 13477.5

《建筑密封材料试验方法 第 6 部分：流动性的测定》GB/T 13477.6

《建筑密封材料试验方法 第 7 部分：低温柔性的测定》GB/T 13477.7

《建筑密封材料试验方法 第 8 部分：拉伸粘结性的测定》GB/T 13477.8

《建筑密封材料试验方法 第 9 部分：浸水后拉伸粘结性的测定》GB/T 13477.9

《建筑密封材料试验方法 第 10 部分：定伸粘结性的测定》GB/T 13477.10

《建筑密封材料试验方法 第 11 部分：浸水后定伸粘结性的测定》GB/T 13477.11

《建筑密封材料试验方法 第 12 部分：同一温度下拉伸-压缩循环后粘结性的测定》GB/T 13477.12

《建筑密封材料试验方法 第 13 部分：冷拉-热压后粘结性的测定》GB/T 13477.13

《建筑密封材料试验方法 第 14 部分：浸水及拉伸-压缩循环后粘结性的测定》GB/T 13477.14

《建筑密封材料试验方法 第 15 部分：经过热、透过玻璃的人工光源和水曝露后粘结性的测定》GB/T 13477.15

《建筑密封材料试验方法 第 16 部分：压缩特性的测定》GB/T 13477.16

《建筑密封材料试验方法 第 17 部分：弹性恢复率的测定》GB/T 13477.17

《建筑密封材料试验方法 第 18 部分：剥离粘结性的测定》GB/T 13477.18

《建筑密封材料试验方法 第 19 部分：质量与体积变化的测定》GB/T 13477.19

《建筑密封材料试验方法 第 20 部分：污染性的测定》GB/T 13477.20

《聚氨酯建筑密封胶》JC/T 482

《聚硫建筑密封胶》JC/T 483

《丙烯酸酯建筑密封胶》JC/T 484

《建筑窗用弹性密封胶》JC/T 485

《中空玻璃用弹性密封胶》JC/T 486

《硅酮建筑密封胶》GB/T 14683

《建筑用硅酮结构密封胶》GB 16776

《混凝土建筑接缝用密封胶》JC/T 881

《幕墙玻璃接缝用密封胶》JC/T 882

《石材用建筑密封胶》JC/T 883

《彩色涂层钢板用建筑密封胶》JC/T 884

《建筑用防毒密封胶》JC/T 885

《中空玻璃用丁基热熔密封胶》JC/T 914

《丁基橡胶防水密封胶粘带》JC/T 942

《道桥接缝用密封胶》JC/T 976

《水泥混凝土路面嵌缝密封材料》JT/T 589

《高分子防水材料 第 2 部分：止水带》GB 18173.2

《高分子防水材料 第 3 部分：遇水膨胀橡胶》GB 18173.3

《膨润土橡胶遇水膨胀止水条》JG/T 141

14 胶 粘 剂

14.1 一 般 规 定

14.1.1 胶粘剂按产品类型划分，包括有水性胶粘剂和溶剂型胶粘剂；按用途划分胶粘剂包括陶瓷墙地砖胶粘剂、幕墙用胶粘剂、结构加固用胶粘剂、高分子防水卷材粘结剂、结构用粘结剂等。胶粘剂包括聚乙酸乙烯酯乳液木材胶粘剂、溶剂型硬聚氯乙烯塑料胶粘剂、HY－919 环氧型硬聚氯乙烯塑料管胶粘剂、水溶性聚乙烯醇缩甲醛胶粘剂、酮醛聚氨酯胶粘剂、陶瓷墙地砖胶粘剂、壁纸胶粘剂、天花板胶粘剂、半硬质聚氯乙烯块状塑料地板胶粘剂、木地板胶粘剂、干挂石材幕墙用环氧胶粘剂、陶瓷墙地砖胶粘剂、高分子防水卷材胶粘剂等。

14.2 结构用胶粘剂

14.2.1 结构用胶粘剂包括幕墙用胶粘剂及结构加固用胶粘剂等，表 14.2.1 中检测代码及参数主要依据以下标准：

《胶粘剂 180°剥离强度试验方法 挠性材料对刚性材料》GB/T 2790

《胶粘剂 T 剥离强度试验方法 挠性材料对挠性材料》GB/T 2791

《高强度胶粘剂剥离强度的测定 浮辊法》GB/T 7122

《胶粘剂对接接头拉伸强度的测定》GB/T 6329

《胶粘剂拉伸剪切强度测定（刚性材料对刚性材料）》GB/T 7124

《胶粘剂剪切冲击强度试验方法》GB/T 6328

《树脂浇铸体性能试验方法》GB/T 2567

《混凝土结构加固设计规范》GB 50367

《胶粘剂劈裂强度试验方法（金属对金属）》GB/T 7749

《胶粘剂拉伸剪切蠕变性能试验方法（金属对金属）》GB/T 7750

《液态胶粘剂密度的测定方法　重量杯法》GB/T 13354

《胶粘剂的pH值测定》GB/T 14518

《胶粘剂粘度的测定》GB/T 2794

《胶粘剂不挥发物含量的测定》GB/T 2793

《胶粘剂适用期和贮存期的测定》GB/T 7123.2

《胶粘剂适用期的测定》GB/T 7123.1

《无机胶粘剂套接扭转剪切强度试验方法》GB/T 14903

《热熔胶粘剂热稳定性测定》GB/T 16998

《建筑胶粘剂试验方法　第1部分：陶瓷砖胶粘剂试验方法》GB/T 12954.1

《生活饮用水输配水设备及防护材料的安全性评价标准》GB/T 17219

《流体输送用热塑性塑料管材耐内压试验方法》GB/T 6111

14.3　非结构用胶粘剂

14.3.1　非结构用胶粘剂包括陶瓷墙地砖胶粘剂、壁纸胶粘剂、天花板胶粘剂、半硬质聚氯乙烯块状塑料地板胶粘剂、木地板胶粘剂、干挂石材幕墙用环氧胶粘剂、陶瓷墙地砖胶粘剂、高分子防水卷材胶粘剂等。表14.3.1中检测代码及参数主要依据以下标准：

《膨胀聚苯板薄抹灰外墙外保温系统》JG 149

《胶粘剂不挥发物含量的测定方法》GB/T 2793

《胶粘剂粘度的测定》GB/T 2794

《胶粘剂对接接头拉伸强度的测定》GB/T 6329

《胶粘剂拉伸剪切强度的测定　（刚性材料对刚性材料）》GB/T 7124

《无机胶粘剂套接压缩剪切强度试验方法》GB/T 11177

《聚乙酸乙烯酯乳液木材胶粘剂》HG 2727

《建筑胶粘剂试验方法　第1部分：陶瓷砖胶粘剂试验方法》GB/T 12954.1

《胶粘剂耐化学试剂性能的测定方法　金属与金属》GB/T 13353

《液态胶粘剂密度的测定方法　重量杯法》GB/T 13354

《木材胶粘剂及其树脂检验方法》GB/T 14074

《胶粘剂的pH值测定》GB/T 14518

《木材工业胶粘剂用脲醛、酚醛、三聚氰胺甲醛树脂》GB/T 14732

《无机胶粘剂套接扭转剪切强度试验方法》GB/T 14903

《热熔胶粘剂软化点的测定　环球法》GB/T 15332

《胶粘剂分类》GB/T 13553

《热熔胶粘剂热稳定性测定》GB/T 16998

《胶粘剂术语》GB/T 2943

《胶粘剂产品包装、标志、运输和贮存的规定》HG/T 3075

《胶粘剂　主要破坏类型的表示法》GB/T 16997

《胶粘剂压缩剪切强度试验方法　木材与木材》GB/T 17517

《厌氧胶粘剂扭矩强度的测定（螺纹紧固件）》GB/T 18747.1

《厌氧胶粘剂剪切强度的测定（轴和套环试验法）》GB/T 18747.2

《胶粘剂适用期的测定》GB/T 7123.1

《胶粘剂适用期和贮存期的测定》GB/T 7123.2

《胶粘剂剪切冲击强度试验方法》GB/T 6328

《陶瓷墙地砖胶粘剂》JC/T 547

《壁纸胶粘剂》JC/T 548

《天花板胶粘剂》JC/T 549

《聚氯乙烯块状塑料地板胶粘剂》JC/T 550

《木地板胶粘剂》JC/T 636

《干挂石材幕墙用环氧胶粘剂》JC 887

《高分子防水卷材胶粘剂》JC 863

《胶粘剂的pH值测定》GB/T 14518

《树脂浇铸体性能试验方法》GB/T 2567

《硬聚氯乙烯（PVC-U）塑料管道系统用溶剂型胶粘剂》QB/T 2568

15　管 网 材 料

15.2　金属管材管件

15.2.1　金属管材管件包括铸铁管、连接件、法兰、铜管、铜管接头等。表15.2.1中检测代码及参数主要依据以下标准：

《金属材料　室温拉伸试验方法》GB/T 228

《金属管　液压试验方法》GB/T 241

《金属管　扩口试验方法》GB/T 242

《金属管　压扁试验方法》GB/T 246

《铜及铜合金加工材残余应力检验方法　氨薰试验法》GB/T 10567

《铜、镍及其合金管材和棒材断口检验法》YS/T 336

《电真空器件用无氧铜含氧量金相检验方法》YS/T 335

《铜及铜合金化学分析方法》GB/T 5121

《铜及铜合金拉制管》GB/T 1527

《铜及铜合金挤制管》YS/T 662

《铜管接头　第 1 部分：钎焊式管件》GB/T 11618.1

《铜管接头　第 2 部分：卡压式管件》GB/T 11618.2

《柔性机械接口灰口铸铁管》GB/T 6483

《柔性机械接口灰口铸铁管件》GB/T 6483

《梯唇型橡胶圈接口铸铁管件》YB/T 5226

《灰口铸铁管件》GB/T 3420

《连续铸铁管》GB/T 3422

《铸铁管法兰盖》GB/T 17241.2

《带颈螺纹铸铁管法兰》GB/T 17241.3

《带颈平焊和带颈承插焊铸铁管法兰》GB/T 17241.4

《管端翻边　带颈松套铸铁管法兰》GB/T 17241.5

《整体铸铁法兰》GB/T 17241.6

《铸铁管法兰　技术条件》GB/T 17241.7

《水及燃气管道用球墨铸铁管、管件和附件》GB/T 13295

《排水用柔性接口铸铁管、管件及附件》GB/T 12772

《可锻铸铁管路连接件》GB/T 3287

《喷灌用金属薄壁管及管件》JB/T 7870

《钢板制对焊管件》GB/T 13401

《锻制承插焊和螺纹管件》GB/T 14383

《可锻铸铁管路连接件》GB/T 3287

《钢制法兰管件》GB/T 17185

《钢制对焊无缝管件》GB/T 12459

《化工产品中水分含量的测定　卡尔·费休法(通用方法)》GB/T 6283

《不锈钢卡压式管件》GB/T 19228.1

《不锈钢卡压式管件连接用薄壁不锈钢管》GB/T 19228.2

《不锈钢卡压式管件用橡胶 O 型密封圈》GB/T 19228.3

《铜及铜合金无缝管材外形尺寸及允许偏差》GB/T 16866

《铝及铝合金管材压缩试验方法》GB/T 3251

《金属材料高温拉伸试验方法》GB/T 4338

《钛及钛合金管材超声波探伤方法》GB/T 12969.1

15.3　塑料管材管件

15.3.1　塑料管材管件包括聚氯乙烯、聚乙烯、聚丙烯、丙烯腈-丁二烯-苯乙烯（ABS）等塑料管材和管件。表 15.3.1 中检测代码及参数主要依据以下标准：

《建筑排水用硬聚氯乙烯（PVC-U）管材》GB/T 5836.1

《建筑排水用硬聚氯乙烯（PVC-U）管件》GB/T 5836.2

《给水用硬聚氯乙烯（PVC-U）管材》GB/T 10002.1

《给水用硬聚氯乙烯（PVC-U）管件》GB/T 10002.2

《无压埋地排污、排水用硬聚氯乙烯（PVC-U）管材》GB/T 20221

《低压输水灌溉用硬聚氯乙烯（PVC-U）管材》GB/T 13664

《排水用芯层发泡硬聚氯乙烯（PVC-U）管材》GB/T 16800

《埋地排水用硬聚氯乙烯（PVC-U）结构壁管道系统　第 1 部分：双壁波纹管材》GB/T 18477.1

《埋地排水用硬聚氯乙烯（PVC-U）结构壁管道系统　第 3 部分：双层轴向中空壁管材》GB/T 18477.3

《埋地用聚乙烯（PE）结构壁管道系统　第 1 部分：聚乙烯双壁波纹管材》GB/T 19472.1

《埋地用聚乙烯（PE）结构壁管道系统　第 2 部分：聚乙烯缠绕结构壁管材》GB/T 19472.2

《冷热水系统用热塑性塑料管材和管件》GB/T 18991

《冷热水用氯化聚氯乙烯（PVC-C）管道系统　第 1 部分：总则》GB/T 18993.1

《冷热水用氯化聚氯乙烯（PVC-C）管道系统　第 2 部分：管材》GB/T 18993.2

《冷热水用氯化聚氯乙烯（PVC-C）管道系统　第 3 部分：管件》GB/T 18993.3

《工业用氯化聚氯乙烯（PVC-C）管道系统　第 1 部分：总则》GB/T 18998.1

《工业用氯化聚氯乙烯（PVC-C）管道系统　第 2 部分：管材》GB/T 18998.2

《工业用氯化聚氯乙烯（PVC-C）管道系统　第 3 部分：管件》GB/T 18998.3

《冷热水用聚丙烯管道系统　第 1 部分：总则》GB/T 18742. 1

《冷热水用聚丙烯管道系统　第 2 部分：管材》GB/T 18742. 2

《冷热水用聚丙烯管道系统　第 3 部分：管件》GB/T 18742. 3

《聚乙烯压力管材与管件连接的耐拉拔试验》GB/T 15820

《水及燃气管道用球墨铸铁管、管件和附件》GB/T 13295

《丙烯腈-丁二烯-苯乙烯（ABS）压力管道系统　第1部分：管材》GB/T 20207.1

《丙烯腈-丁二烯-苯乙烯（ABS）压力管道系统

第2部分：管件》GB/T 20207.2

《灌溉用聚乙烯（PE）管材　由插入式管件引起环境应力开裂敏感性的试验方法和技术要求》GB/T 15819

《聚乙烯管材与管件热稳定性试验方法》GB/T 17391

《聚乙烯管材 耐慢速裂纹增长锥体试验方法》GB/T 19279

《燃气用埋地聚乙烯（PE）管道系统　第1部分：管材》GB 15558.1

《冷热水用聚丁烯（PB）管道系统　第1部分：总则》GB/T 19473.1

《冷热水用聚丁烯（PB）管道系统　第2部分：管材》GB/T 19473.2

《冷热水用聚丁烯（PB）管道系统　第3部分：管件》GB/T 19473.3

《燃气用埋地聚乙烯（PE）管道系统　第2部分：管件》GB 15558.2

《建筑排水用高密度聚乙烯（HDPE）管材及管件》CJ/T 250

《流体输送用热塑性塑料管材　公称外径和公称压力》GB/T 4217

《流体输送用热塑性塑料管材耐内压试验方法》GB/T 6111

《热塑性塑料管材纵向回缩率的测定》GB/T 6671

《热塑性塑料管材　环刚度的测定》GB/T 9647

《热塑性塑料管材通用壁厚表》GB/T 10798

《硬聚氯乙烯（PVC-U）管材　二氯甲烷浸渍试验方法》GB/T 13526

《热塑性塑料管材耐外冲击性能试验方法　时针旋转法》GB/T 14152

《流体输送用塑料管材液压瞬时爆破和耐压试验方法》GB/T 15560

《热塑性塑料管材　拉伸性能测定　第1部分：试验方法总则》GB/T 8804.1

《热塑性塑料管材　拉伸性能测定　第2部分：硬聚氯乙烯（PVC-U）、氯化聚氯乙烯（PVC-C）和高抗冲聚氯乙烯（PVC-HI）管材》GB/T 8804.2

《热塑性塑料管材　拉伸性能测定　第3部分：聚烯烃管材》GB/T 8804.3

《热塑性塑料管材、管件及阀门通用术语及其定义》GB/T 19278

《流体输送用热塑性塑料管材　耐快速裂纹扩展（RCP）的测定 小尺寸稳态试验（S4试验）》GB/T 19280

《塑料管道系统　硬聚氯乙烯（PVC-U）管材弹性密封圈式承口接头　偏角密封试验方法》GB/T 19471.1

《塑料管道系统　硬聚氯乙烯（PVC-U）管材弹性密封圈式承口接头　负压密封试验方法》GB/T 19471.2

《热塑性塑料管材蠕变比率的试验方法》GB/T 18042

《聚烯烃管材、管件和混配料中颜料或炭黑分散的测定方法》GB/T 18251

《塑料管道系统　用外推法确定热塑性塑料材料以管材形式的长期静液压强度》GB/T 18252

《交联聚乙烯（PE-X）管材与管件　交联度的试验方法》GB/T 18474

《热塑性塑料压力管材和管件用材料分级和命名　总体使用（设计）系数》GB/T 18475

《流体输送用聚烯烃管材　耐裂纹扩展的测定　切口管材裂纹慢速增长的试验方法（切口试验）》GB/T 18476

《流体输送用热塑性塑料管材　简支梁冲击试验方法》GB/T 18743

《技术制图　管路系统的图形符号　管件》GB/T 6567.3

《技术制图　管路系统的图形符号　管路、管件和阀门等图形符号的轴测图画法》GB/T 6567.5

《硬聚氯乙烯（PVC-U）管件坠落试验方法》GB/T 8801

《热塑性塑料管材、管件　维卡软化温度的测定》GB/T 8802

《注射成型硬质聚氯乙烯（PVC-U）、氯化聚氯乙烯（PVC-C）、丙烯腈-丁二烯-苯乙烯三元共聚物（ABS）和丙烯腈-苯乙烯-丙烯酸盐三元共聚物（ASA）管件热烘箱试验方法》GB/T 8803

《硬质塑料管材弯曲度测量方法》QB/T 2803

《塑料管道系统　塑料部件尺寸的测定》GB/T 8806

《离心浇铸玻璃纤维增强不饱和聚酯树脂夹砂管管件》JC/T 696

《塑料　聚乙烯环境应力开裂试验方法》GB/T 1842

《塑料管材和管件　聚乙烯（PE）鞍形旁通抗冲击试验方法》GB/T 19712

15.4 复合管材

15.4.1 复合管材包括铝塑复合管材和钢塑复合管材等，表15.4.1中检测代码及参数主要依据以下标准：

《塑料　非泡沫塑料密度的测定　第1部分：浸渍法、液体比重瓶法和滴定法》GB/T 1033.1

《生活饮用水输配水设备及防护材料的安全性评价标准》GB/T 17219

《铝及铝合金管材外形尺寸及允许偏差》GB/T 4436

《铝及铝合金冷拉薄壁管材涡流探伤方法》GB/T 5126

《无管芯重力热管铝管材》GB/T 9082.1

《聚乙烯管材和管件炭黑含量的测定（热失重法）》GB/T 13021

《结构用不锈钢复合管》GB/T 18704

《塑料管道系统　塑料部件尺寸的测定》GB/T 8806

《塑料试样状态调节和试验的标准环境》GB/T 2918

《交联聚乙烯（PE-X）管材与管件交联度的试验方法》GB/T 18474

《流体输送用塑料管材液压瞬时爆破和耐压试验方法》GB/T 15560

《铝塑复合压力管　第1部分：铝管搭接焊式铝塑管》GB/T 18997.1

《铝塑复合压力管　第2部分：铝管对接焊式铝塑管》GB/T 18997.2

《给水衬塑复合钢管》CJ/T 136

《内衬不锈钢复合钢管》CJ/T 192

《建筑排水用高密度聚乙烯（HDPE）管材及管件》CJ/T 250

《钢塑复合压力管用双热熔管件》CJ/T 237

15.5 混凝土管

15.5.1 表15.5.1中检测代码及参数主要依据以下标准：

《混凝土和钢筋混凝土排水管》GB/T 11836

15.6 陶土管、瓷管

15.6.1 表15.6.1中陶土管、瓷管的检测代码及参数主要依据以下标准：

《陶管尺寸及偏差测量方法》GB/T 2837

《陶管抗外压强度试验方法》GB/T 2832

《陶管弯曲强度试验方法》GB/T 2833

《陶管吸水率试验方法》GB/T 2834

《陶管水压试验方法》GB/T 2836

《陶管耐酸性能试验方法》GB/T 2835

15.7 检查井盖和雨水箅

15.7.1 检查井盖和雨水箅包括铸铁检查井盖（雨水箅）、钢纤维混凝土检查井盖（雨水箅）、检查井双层井盖、聚合物基复合材料检查井盖（雨水箅）、再生树脂复合材料检查井盖（雨水箅）、预制装配式钢筋混凝土检查井、排水专用混凝土模块等。表15.7.1中检测代码及参数主要依据以下标准：

《铸铁检查井盖》CJ/T 3012

《钢纤维混凝土检查井盖》JC 889

《再生树脂复合材料检查井盖》CJ/T 121

《聚合物基复合材料检查井盖》CJ/T 211

15.8 阀　　门

15.8.1 本标准指的阀门包括各种金属或塑料材料制成的安全阀、减压阀、闸阀、截止阀、止回阀、旋塞阀、球阀、蝶阀、隔膜阀、气瓶阀等。表15.8.1中检测代码及参数主要依据以下标准：

《金属阀门　结构长度》GB/T 12221

《多回转阀门驱动装置的连接》GB/T 12222

《部分回转阀门驱动装置的连接》GB/T 12223

《钢制阀门　一般要求》GB/T 12224

《通用阀门　法兰连接铁制闸阀》GB/T 12232

《通用阀门　铁制截止阀与升降式止回阀》GB/T 12233

《石油、天然气工业用螺柱连接阀盖的钢制闸阀》GB/T 12234

《石油、石化及相关工业用钢制截止阀和升降式止回阀》GB/T 12235

《石油、化工及相关工业用的钢制旋启式止回阀》GB/T 12236

《石油、石化及相关工业用的钢制球阀》GB/T 12237

《法兰和对夹连接弹性密封蝶阀》GB/T 12238

《工业阀门　金属隔膜阀》GB/T 12239

《铁制旋塞阀》GB/T 12240

《安全阀　一般要求》GB/T 12241

《弹簧直接载荷式安全阀》GB/T 12243

《减压阀　一般要求》GB/T 12244

《先导式减压阀》GB/T 12246

《通用阀门　铁制旋启式止回阀》GB/T 13932

《水利水电工程钢闸门制造、安装及验收规范》GB/T 14173

《铁制和铜制螺纹连接阀门》GB/T 8464

《管线用钢制平板闸阀》JB/T 5298

《液控止回蝶阀》JB/T 5299

《排污阀》JB/T 6900

《管线球阀 技术条件》GB/T 19672

《紧凑型钢制阀门》JB/T 7746

《针形截止阀》JB/T 7747

《金属密封蝶阀》JB/T 8527

《压力释放装置性能试验规范》GB/T 12242

《减压阀　性能试验方法》GB/T 12245

《蒸汽疏水阀　试验方法》GB/T 12251

《工业阀门　压力试验》GB/T 13927

《通用阀门　流量系数和流阻系数的试验方法》JB/T 5296

《阀门的检验与试验》JB/T 9092

16 电 气 材 料

16.1 一 般 规 定

16.1.1 电气材料主要包括电线电缆、通信光缆、线槽、各种电缆导管、断路器、灯具、开关、插头、插座等项目。

16.2 电 线 电 缆

16.2.1～16.2.4 电线电缆的检测代码及参数分为：电缆绝缘和护套材料非电性能、电线电缆电性能、成品电缆物理机械性能、电线电缆燃烧的参数。表16.2.1、表16.2.2、表16.2.3、表16.2.4中检测代码及参数主要依据以下标准：

《额定电压450/750V及以下聚氯乙烯绝缘电缆 第1部分：一般要求》GB/T 5023.1

《额定电压450/750V及以下聚氯乙烯绝缘电缆 第2部分：试验方法》GB/T 5023.2

《额定电压450/750V及以下聚氯乙烯绝缘电缆 第3部分：固定布线用无护套电缆》GB/T 5023.3

《额定电压450/750V及以下聚氯乙烯绝缘电缆 第4部分：固套电缆》GB/T 5023.4

《额定电压450/750V及以下聚氯乙烯绝缘电缆 第5部分：软电缆（软线）》GB/T 5023.5

《额定电压450/750V及以下聚氯乙烯绝缘电缆 第6部分：电梯电缆和挠性连接用电缆》GB/T 5023.6

《额定电压450/750V及以下聚氯乙烯绝缘电缆 第7部分：2芯或多芯屏蔽和非屏蔽软电缆》GB/T 5023.7

《额定电压450/750V及以下聚氯乙烯绝缘电缆电线和软线 第1部分：一般规定》JB 8734.1

《额定电压450/750V及以下聚氯乙烯绝缘电缆电线和软线 第2部分：固定布线用电缆电线》JB 8734.2

《额定电压450/750V及以下聚氯乙烯绝缘电缆电线和软线 第3部分：连接用软电线》JB 8734.3

《额定电压450/750V及以下聚氯乙烯绝缘电缆电线和软线 第4部分：安装用电线》JB 8734.4

《额定电压450/750V及以下聚氯乙烯绝缘电缆电线和软线 第5部分：屏蔽电线》JB 8734.5

《额定电压450/750V及以下橡皮绝缘电缆 第1部分：一般要求》GB/T 5013.1

《额定电压450/750V及以下橡皮绝缘电缆 第2部分：试验方法》GB/T 5013.2

《额定电压450/750V及以下橡皮绝缘电缆 第3部分：耐热硅橡胶绝缘电缆》GB/T 5013.3

《额定电压450/750V及以下橡皮绝缘电缆 第4部分：软线和软电缆》GB/T 5013.4

《额定电压450/750V及以下橡皮绝缘电缆 第5部分：电梯电缆》GB/T 5013.5

《额定电压450/750V及以下橡皮绝缘电缆 第7部分：耐热乙烯—乙酸乙烯酯橡皮绝缘电缆》GB/T 5013.7

《额定电压1kV（Um＝1.2kV）到35kV（Um＝40.5kV）挤包绝缘电力电缆及附件 第1部分：额定电压1kV（Um＝1.2kV）和3kV（Um＝3.6kV）电缆》GB/T 12706.1

《额定电压1kV（Um＝1.2kV）到35kV（Um＝40.5kV）挤包绝缘电力电缆及附件 第2部分：额定电压6kV（Um＝7.2kV）到30kV（Um＝36kV）电缆》GB/T 12706.2

《额定电压1kV（Um＝1.2kV）到35kV（Um＝40.5kV）挤包绝缘电力电缆及附件 第3部分：额定电压35kV（Um＝40.5kV）电缆》GB/T 12706.3

《额定电压1kV（Um＝1.2kV）到35kV（Um＝40.5kV）挤包绝缘电力电缆及附件 第4部分：额定电压6kV（Um＝7.2kV）到35kV（Um＝40.5kV）电力电缆附件试验要求》GB/T 12706.4

《阻燃和耐火电线电缆通则》GB/T 19666

《阻燃及耐火电缆：塑料绝缘阻燃及耐火电缆分级和要求 第1部分：阻燃电缆》GA 306.1

《阻燃及耐火电缆：塑料绝缘阻燃及耐火电缆分级和要求 第2部分：耐火电缆》GA 306.2

《电缆和光缆绝缘和护套材料通用试验方法 第11部分：通用试验方法 厚度和外形尺寸测量 机械性能试验》GB/T 2951.11

《电缆和光缆绝缘和护套材料通用试验方法 第12部分：通用试验方法 热老化试验方法》GB/T 2951.12

《电缆和光缆绝缘和护套材料通用试验方法 第13部分：通用试验方法 密度测定方法 吸水试验 收缩试验》GB/T 2951.13

《电缆和光缆绝缘和护套材料通用试验方法 第14部分：通用试验方法 低温试验》GB/T 2951.14

《电缆和光缆绝缘和护套材料通用试验方法 第21部分：弹性体混合料专用试验方法 耐臭氧试验 热延伸试验 浸矿物油试验》GB/T 2951.21

《电缆和光缆绝缘和护套材料通用试验方法 第31部分：聚氯乙烯混合料专用试验方法 高温压力试验 抗开裂试验》GB/T 2951.31

《电缆和光缆绝缘和护套材料通用试验方法 第32部分：聚氯乙烯混合料专用试验方法 失重试验 热稳定性试验》GB/T 2951.32

《电缆和光缆绝缘和护套材料通用试验方法 第41部分：聚乙烯和聚丙烯混合料专用试验方法 耐环境应力开裂试验 熔体指数测量方法 直接燃烧法

测量聚乙烯中炭黑和（或）矿物质填料含量　热重分析法（TGA）测量碳黑含量　显微镜法评估聚乙烯中碳黑分散度》GB/T 2951.41

《电缆和光缆绝缘和护套材料通用试验方法　第42部分：聚乙烯和聚丙烯混合料专用试验方法　高温处理后抗张强度和断裂伸长率试验　高温处理后卷绕试验　空气热老化后的卷绕试验　测定质量的增加　长期热稳定性试验　铜催化氧化降解试验方法》GB/T 2951.42

《电缆和光缆绝缘和护套材料通用试验方法　第51部分：填充膏专用试验方法　滴点　油分离　低温脆性　总酸值　腐蚀性23℃时的介电常数23℃和100℃时的直流电阻率》GB/T 2951.51

《电线电缆电性能试验方法　第1部分：总则》GB/T 3048.1

《电线电缆电性能试验方法　第2部分：金属材料电阻率试验》GB/T 3048.2

《电线电缆电性能试验方法　第3部分：半导电橡塑材料体积电阻率试验》GB/T 1048.3

《电线电缆电性能试验方法　第4部分：导体直流电阻试验》GB/T 3048.4

《电线电缆电性能试验方法　第5部分：绝缘电阻试验》GB/T 3048.5

《电线电缆电性能试验方法　第7部分：耐电痕试验》GB/T 3048.7

《电线电缆电性能试验方法　第8部分：交流电压试验》GB/T 3048.8

《电线电缆电性能试验方法　第9部分：绝缘线芯火花试验》GB/T 3048.9

《电线电缆电性能试验方法　第10部分：挤出护套火花试验》GB/T 3048.10

《电线电缆电性能试验方法　第11部分：介质损耗角正切试验》GB/T 3048.11

《电线电缆电性能试验方法　第12部分：局部放电试验》GB/T 3048.12

《电线电缆电性能试验方法　第13部分：冲击电压试验》GB/T 3048.13

《电线电缆电性能试验方法　第14部分：直流电压试验》GB/T 3048.14

《电线电缆电性能试验方法　第16部分：表面电阻试验》GB/T 3048.16

《电缆的导体》GB/T 3956

《电线电缆识别标志方法　第1部分：一般规定》GB/T 6995.1

《电线电缆识别标志方法　第2部分：标准颜色》GB/T 6995.2

《电线电缆识别标志方法　第3部分：电线电缆识别标志》GB/T 6995.3

《电线电缆识别标志方法　第4部分：电气装备电线电缆绝缘线芯识别标志》GB/T 6995.4

《电线电缆识别标志方法　第5部分：电力电缆绝缘线芯识别标志》GB/T 6995.5

《电缆和光缆在火焰条件下的燃烧试验　第11部分：单根绝缘电线电缆火焰垂直蔓延试验　试验装置》GB/T 18380.11

《电缆和光缆在火焰条件下的燃烧试验　第12部分：单根绝缘电线电缆火焰垂直蔓延试验　1kW预混合型火焰试验方法》GB/T 18380.12

《电缆和光缆在火焰条件下的燃烧试验　第13部分：单根绝缘电线电缆火焰垂直蔓延试验　测定燃烧的滴落（物）/微粒的试验方法》GB/T 18308.13

《电缆和光缆在火焰条件下的燃烧试验　第21部分：单根绝缘细电线电缆火焰垂直蔓延试验　试验装置》GB/T 18380.21

《电缆和光缆在火焰条件下的燃烧试验　第22部分：单根绝缘细电线电缆火焰垂直蔓延试验　扩散型火焰试验方法》GB/T 18380.22

《电缆和光缆在火焰条件下的燃烧试验　第31部分：垂直安装的成束电线电缆火焰垂直蔓延试验　试验装置》GB/T 18380.31

《电缆和光缆在火焰条件下的燃烧试验　第32部分：垂直安装的成束电线电缆火焰垂直蔓延试验　AF/R类》GB/T 18380.32

《电缆和光缆在火焰条件下的燃烧试验　第33部分：垂直安装的成束电线电缆火焰垂直蔓延试验　A类》GB/T 18380.33

《电缆和光缆在火焰条件下的燃烧试验　第34部分：垂直安装的成束电线电缆火焰垂直蔓延试验　B类》GB/T 18380.34

《电缆和光缆在火焰条件下的燃烧试验　第35部分：垂直安装的成束电线电缆火焰垂直蔓延试验　C类》GB/T 18380.35

《电缆和光缆在火焰条件下的燃烧试验　第36部分：垂直安装的成束电线电缆火焰垂直蔓延试验　D类》GB/T 18380.36

《在火焰条件下电缆或光缆的线路完整性试验　第11部分：试验装置　火焰温度不低于750℃的单独供火》GB/T 19216.11

《在火焰条件下电缆或光缆的线路完整性试验　第21部分：试验步骤和要求　额定电压0.6/1.0kV及以下电缆》GB/T19216.21

《电工电子产品着火危险试验　第1部分：着火试验术语》GB/T 5169.1

《电工电子产品着火危险试验　第5部分：试验火焰　针焰试验方法　装置、确认试验方法和导则》GB/T 5169.5

《电工电子产品着火危险试验　第10部分：灼热丝/热丝基本试验方法　灼热丝装置和通用试验方法》

GB/T 5169.10

《电工电子产品着火危险试验　第12部分：灼热丝/热丝基本试验方法　材料的灼热丝可燃性试验方法》GB/T 5169.12

《电工电子产品着火危险试验　第11部分：灼热丝/热丝基本试验方法　成品的灼热丝可燃性试验方法》GB/T 5169.11

16.3 通 信 电 缆

16.3.1、**16.3.2** 通信电缆的检测代码及参数分为物理性能和电气性能，表16.3.1、表16.3.2中检测代码及参数主要依据以下标准：

《数字通信用对绞或星绞多芯对称电缆　第1部分：总规范》GB/T 18015.1

《数字通信用对绞或星绞多芯对称电缆　第2部分：水平层布线电缆　分规范》GB/T 18015.2

《数字通信用对绞或星绞多芯对称电缆　第21部分：水平层布线电缆　空白详细规范》GB/T 18015.21

《数字通信用对绞或星绞多芯对称电缆　第3部分：工作区布线电缆　分规范》GB/T 18015.3

《数字通信用对绞或星绞多芯对称电缆　第31部分：工作区布线电缆　空白详细规范》GB/T 18015.31

《数字通信用对绞或星绞多芯对称电缆　第4部分：垂直布线电缆　分规范》GB/T 18015.4

《数字通信用对绞或星绞多芯对称电缆　第6部分：具有600MHz及以下传输特性的对绞或星绞对称电缆工作区布线》GB/T 18015.6

《数字通信用对绞或星绞多芯对称电缆　第41部分：垂直布线电缆　空白详细规范》GB/T 18015.41

《电话网用户铜芯室内线》YD/T 840

《接入网用同轴电缆　第1部分：同轴用户电缆一般要求》YD/T 897.1

《数字通信用对绞/星绞对称电缆　第1部分：总则》YD/T 838.1

《数字通信用实心聚烯烃绝缘水平对绞电缆》YD/T 1019

《大楼通信综合布线系统　第2部分：电缆、光缆技术要求》YD/T 926.2

《大楼通信综合布线系统　第3部分：连接硬件和接插软线技术要求》YD/T 926.3

16.4 通 信 光 缆

16.4.1 表16.4.1中检测代码及参数主要依据以下标准：

《大楼通信综合布线系统　第2部分：电缆、光缆技术要求》YD/T 926.2

《通信光缆系列　第3部分：综合布线用室内光缆》GB/T 13993.3

16.5 电 线 槽

16.5.1 表16.5.1中检测代码及参数主要依据以下标准：

《难燃绝缘聚氯乙烯电线槽及配件》QB/T1614

《塑料　用氧指数法测定燃烧行为　第1部分：导则》GB/T 2406.1

《塑料　用氧指数法测定燃烧行为　第2部分：室温试验》GB/T 2406.2

16.6 塑料绝缘电工套管

16.6.1 表16.6.1中检测代码及参数主要依据以下标准：

《电气安装用导管配件的技术要求　第1部分：通用要求》GB/T 16316

《电气安装用导管　特殊要求——刚性绝缘材料平导管》GB/T 14823.2

《建筑用绝缘电工套管及配件》JG 3050

《电气安装用阻燃PVC塑料平导管通用技术条件》GA 305

《塑料　用氧指数法测定燃烧行为　第1部分：导则》GB/T 2406.1

《塑料　用氧指数法测定燃烧行为　第2部分：室温试验》GB/T 2406.2

《电气安装用导管的技术要求通用要求》GB/T 1338.1

《电气安装用导管　特殊要求——金属导管》GB/T 14823.1

16.7 埋地式电缆导管

16.7.1 表16.7.1中检测代码及参数主要依据以下标准：

《地下通信管道用塑料管　第1部分：总则》YD/T 841.1

《地下通信管道用塑料管　第2部分：实壁管》YD/T 841.2

《地下通信管道用塑料管　第3部分：双壁波纹管》YD/T 841.3

《地下通信管道用塑料管　第5部分：梅花管》YD/T 841.5

《埋地式高压电力电缆用氯化聚氯乙烯（PVC-C）套管》QB/T 2479

《电力电缆用导管技术条件　第1部分：总则》DL/T 802.1

《电力电缆用导管技术条件　第2部分：玻璃纤维增强塑料电缆导管》DL/T 802.2

《电力电缆用导管技术条件　第3部分：氯化聚氯乙烯及硬聚氯乙烯塑料电缆导管》DL/T 802.3

《电力电缆用导管技术条件　第4部分：氯化聚氯乙烯及硬聚氯乙烯塑料双壁波纹电缆导管》DL/T 802.4

《电力电缆用导管技术条件　第5部分：纤维水泥电缆导管》DL/T 802.5

《电力电缆用导管技术条件　第6部分：承插式混凝土预制电缆导管》DL/T 802.6

《塑料试样状态调节和试验的标准环境》GB/T 2918

《塑料管道系统　塑料部件尺寸的测定》GB/T 8806

《硬质塑料管材弯曲度测定方法》QB/T 2803

《塑料　非泡沫塑料密度的测定　第1部分：浸渍法、液体比重瓶法和滴定法》GB/T 1033.1

《热塑性塑料管材、管件 维卡软化温度的测定》GB/T 8802

《塑料滑动摩擦磨损试验方法》GB 3960

《固体绝缘材料体积电阻率和表面电阻率试验方法》GB/T 1410

《热塑性塑料管材耐外冲击性能试验方法　时针旋转法》GB/T 14152

《热塑性塑料管材　环刚度的测定》GB/T 9647

《热塑性塑料管材　拉伸性能测定　第2部分：硬聚氯乙烯（PVC-U）、氯化聚氯乙烯（PVC-C）和高抗冲聚氯乙烯（PVC-HI）管材》GB/T 8804.2

《热塑性塑料管材纵向回缩率的测定》GB/T 6671

《纤维增强塑料拉伸性能试验方法》GB/T 1447

《纤维增强塑料弯曲性能试验方法》GB/T 1449

《纤维增强塑料树脂不可溶分含量试验方法》GB 2576

《纤维增强热固性塑料管平行板外载性能试验方法》GB/T 5352

《塑料　负荷变形温度的测定　第1部分：通用试验方法》GB/T 1634.1

《塑料　负荷变形温度的测定　第2部分：塑料、硬橡胶和长纤维增强复合材料》GB/T 1634.2

《玻璃纤维增强塑料老化性能试验方法》GB/T 2573

《纤维增强塑料巴氏（巴柯尔）硬度试验方法》GB/T 3854

《纤维增强塑料燃烧性能试验方法　氧指数法》GB/T 8924

《纤维增强塑料导热系数试验方法》GB/T 3139

16.8　低压熔断器

16.8.1　表16.8.1中的检测代码及参数主要依据如下相关标准：

《低压熔断器　第1部分：基本要求》GB/T 13539.1

16.9　低压断路器

16.9.1　表16.9.1中的检测代码及参数主要依据如下相关标准：

《低压开关设备和控制设备　第2部分：断路器》GB 14048.2

《低压开关设备和控制　第1部分：总则》GB/T 14048.1

《家用和类似用途的不带过电流保护的剩余电流动作断路器（RCCB）第1部分：一般规则》GB 16916.1

《电气附件　家用及类似场所用过电流保护断路器　第1部分：用于交流的断路器》GB 10963.1

《家用及类似场所用过电流保护断路器　第2部分：用于交流和直流的断路器》GB/T 10963.2

《家用和类似用途的带过电流保护的剩余电流动作断路器(RCBO)　第1部分：一般规则》GB 16917.1

16.10　灯　具

16.10.1　灯具指能透光、分配和改变光源光分布的器具，包括除光源外所有用于固定和保护光源所需的全部零、部件，以及与电源连接所必需的线路附件。表16.10.1的检测代码及参数主要依据如下相关标准：

《灯具　第1部分：一般要求与试验》GB 7000.1

《灯具　第2-22部分：特殊要求　应急照明灯具》GB 7000.2

《庭园用的可移式灯具安全要求》GB 7000.3

《灯具　第2-10部分：特殊要求　儿童用可移式灯具》GB 7000.4

《道路与街路照明灯具安全要求》GB 7000.5

《灯具　第2-6部分：特殊要求　带内装式钨丝灯变压器或转换器的灯具》GB 7000.6

《投光灯具安全要求》GB 7000.7

《灯具　第2-18部分：特殊要求　游泳池和类似场所用灯具》GB 7000.8

《灯具　第2-20部分：特殊要求　灯串》GB 7000.9

《灯具　第2-1部分：特殊要求　固定式通用灯具》GB 7000.10

《灯具　第2-4部分：特殊要求　可移式通用灯具》GB 7000.11

《灯具　第2-2部分：特殊要求　嵌入式灯具》GB 7000.12

《灯具　第2-8部分：特殊要求　手提灯》GB 7000.13

《灯具　第2-19部分：特殊要求　通风式灯具》GB 7000.14

《灯具 第2-17部分：特殊要求 舞台灯光、电视、电影及摄影场所（室内外）用灯具》GB 7000.15

《医院和康复大楼诊所用灯具安全要求》GB 7000.16

《电气照明和类似设备的无线电骚扰特性的限值和测量方法》GB 17743

《电磁兼容 限值 谐波电流发射限值（设备每相输入电流≤16A)》GB 17625.1

《消防应急灯具》GB 17945

《消防应急照明灯具通用技术条件》GA 54

《消防电子产品环境试验方法及严酷等级》GB 16838

16.11 开关、插头、插座

16.11.1 表16.11.1中开关、插头、插座的检测代码及参数主要依据如下相关标准：

《家用和类似用途插头插座 第一部分：通用要求》GB 2099.1

《家用和类似用途固定式电气装置的开关 第1部分：通用要求》GB 16915.1

17 保温吸声材料

17.1 一般规定

17.1.1 保温吸声材料包括无机颗粒材料、发泡材料、纤维材料、涂料、复合板等项目，保温吸声材料的热工性能、声学性能列入第37章、第39章。

17.2 无机颗粒材料

17.2.1 无机颗粒保温吸声材料包括膨胀珍珠岩、膨胀珍珠岩绝热制品、硅酸钙绝热制品、膨胀蛭石、膨胀蛭石制品、海泡石等。表17.2.1检测代码及参数主要依据如下相关标准：

《绝热材料及相关术语》GB/T 4132

《膨胀珍珠岩绝热制品》GB/T 10303

《硅酸钙绝热制品》GB/T 10699

《膨胀珍珠岩》JC 209

《膨胀蛭石》JC 441

《膨胀蛭石制品》JC 442

《海泡石》JC/T 574

17.3 发泡材料

17.3.1 有机泡沫保温吸声材料包括绝热用模塑聚苯乙烯泡沫塑料、绝热用挤塑聚苯乙烯泡沫塑料、软质聚氨酯泡沫塑料、柔性泡沫橡塑绝热制品、泡沫玻璃绝热制品、建筑物隔热用硬质聚氨酯泡沫塑料等。表17.3.1的检测代码及参数主要依据如下相关标准：

《绝热用模塑聚苯乙烯泡沫塑料》GB/T 10801.1

《绝热用挤塑聚苯乙烯泡沫塑料（XPS）》GB/T 10801.2

《通用软质聚醚型聚氨酯泡沫塑料》GB/T 10802

《柔性泡沫橡塑绝热制品》GB/T 17794

《泡沫玻璃绝热制品》JC/T 647

《建筑物隔热用硬质聚氨酯泡沫塑料》QB/T 3806

17.4 纤维材料

17.4.1 纤维保温吸声材料包括绝热用岩棉、矿渣棉、玻璃棉及其制品、绝热用玻璃棉及其制品、绝热用硅酸铝棉及其制品、建筑绝热用玻璃棉制品、吸声用玻璃棉制品、吸声板用粒状棉、矿物棉喷涂绝热层等。表17.4.1纤维类保温吸声材料的检测代码及参数主要依据如下相关标准：

《绝热用岩棉、矿渣棉及其制品》GB/T 11835

《绝热用玻璃棉及其制品》GB/T 13350

《绝热用硅酸铝棉及其制品》GB/T 16400

《建筑绝热用玻璃棉制品》GB/T 17795

《吸声用玻璃棉制品》JC/T 469

《吸声板用粒状棉》JC/T 903

《矿物面喷涂绝热层》JC/T 909

17.5 涂料

17.5.1 涂料保温吸声材料包括硅酸钙、硅藻土绝热制品等。表17.5.1涂料类保温吸声材料的检测代码及参数主要依据如下相关标准：

《硅酸盐复合绝热涂料》GB/T 17371

17.6 复合板

17.6.1 复合板类保温吸声材料包括钢丝网架水泥聚苯乙烯夹芯板、矿渣棉装饰吸声板、金属棉聚苯乙烯夹芯板、金属面硬质聚氨酯夹芯板、金属岩棉、矿渣棉夹芯板、玻璃纤维增强水泥（GRC）外墙内保温板、吸声用穿孔纤维水泥板等。表17.6.1的检测代码及参数主要依据如下相关标准：

《钢丝网架水泥聚苯乙烯夹芯板》JC 623

《金属面硬质聚氨酯夹芯板》JC/T 868

《金属面岩棉 矿渣棉夹芯板》JC/T 869

《玻璃纤维增强水泥（GRC）外墙内保温板》JC/T 893

《吸声用穿孔纤维水泥板》JC/T 566

18 道桥材料

18.1 一般规定

18.1.1 道桥材料包括石料、粗集料、细集料、矿粉、沥青等项目。

18.2 石　　料

18.2.1 表18.2.1道路用石料检测代码及参数主要依据以下相关标准：

《城市道路路基工程施工及验收规范》CJJ 44

《公路路基施工技术规范》JTG F10

《公路工程岩石试验规程》JTG E41

《公路路基路面现场测试规程》JTG E60

《公路工程质量检验评定标准第一册　土建工程》JTG F80/1

18.3 粗 集 料

18.3.1 表18.3.1粗集料检测代码及参数主要依据以下相关标准：

《城市道路路基工程施工及验收规范》CJJ 44

《公路路基施工技术规范》JTG F10

《公路工程集料试验规程》JTG E42

《公路路基路面现场测试规程》JTG E60

《公路工程质量检验评定标准第一册　土建工程》JTG F80/1

18.4 细 集 料

18.4.1 表18.4.1细集料性能检测代码及参数主要依据以下相关标准：

《城市道路路基工程施工及验收规范》CJJ 44

《公路路基施工技术规范》JTG F10

《公路工程集料试验规程》JTG E42

《公路路基路面现场测试规程》JTG E60

《公路工程质量检验评定标准第一册　土建工程》JTG F80/1

18.5 矿　　粉

18.5.1 表18.5.1矿粉性能检测代码及参数主要依据以下相关标准：

《城市道路路基工程施工及验收规范》CJJ 44

《公路路基施工技术规范》JTG F10

《公路工程集料试验规程》JTG E42

《公路路基路面现场测试规程》JTG E60

《公路工程质量检验评定标准第一册　土建工程》JTG F80/1

18.6 沥　　青

18.6.1 表18.6.1沥青材料性能检测代码及参数主要依据以下相关标准：

《公路工程沥青及沥青混合料试验规程》JTJ 052

《城市道路路基工程施工及验收规范》CJJ 44

《公路工程质量检验评定标准第一册　土建工程》JTG F80/1

18.7 沥青混合料

18.7.1 沥青混合料包括沥青稳定碎石混合料（密级配、半开级配、开级配沥青碎石混合料）、SMA（沥青玛蹄脂碎石）混合料、OGFC（开级配沥青磨耗层）混合料等。表18.7.1沥青混合料检测代码及参数主要依据以下相关标准：

《公路工程沥青及沥青混合料试验规程》JTJ 052

《城市道路路基工程施工及验收规范》CJJ 44

《公路工程质量检验评定标准第一册　土建工程》JTG F80/1

18.8 无机结合料稳定材料

18.8.1 无机结合料稳定材料包括水泥稳定土、石灰稳定土、水泥石灰综合稳定土、石灰粉煤灰稳定土、水泥粉煤灰稳定土和水泥石灰粉煤灰稳定土等。表18.8.1无机结合料稳定材料的检测代码及参数主要依据以下相关标准：

《粉煤灰石灰类道路基层施工及验收规程》CJJ 4

《钢渣石灰类道路基层施工及验收规范》CJJ 35

《城市道路路基工程施工及验收规范》CJJ 44

《公路路基施工技术规范》JTG F10

《公路工程无机结合料稳定材料试验规程》JTG E51

《公路路基路面现场测试规程》JTG E60

《公路工程质量检验评定标准第一册　土建工程》JTG F80/1

18.9 土工合成材料

18.9.1 土工合成材料包括土工织物、土工膜、土工复合材料和土工特种材料、膨润土防水毯等。表18.9.1土工合成材料检测代码及参数主要依据以下相关标准：

《土工合成材料测试规程》SL/T 235

《城市道路路基工程施工及验收规范》CJJ 44

《公路工程质量检验评定标准第一册　土建工程》JTG F80/1

19 道桥构配件

19.1 一 规 规 定

19.1.1 道桥构配件包括桥梁支座、桥梁伸缩装置等项目。

19.2 桥 梁 支 座

19.2.1 桥梁支座主要包括：桥梁板式橡胶支座、桥梁四氟板式橡胶支座、盆式支座、球型支座等。表19.2.1桥梁支座检测代码及参数依据以下相关标准：

《公路桥梁板式橡胶支座》JT/T 4

《公路桥梁盆式支座》JT/T 391

19.3 桥梁伸缩装置

19.3.1 桥梁伸缩装置主要包括：桥梁模数式伸缩装置、梳齿板式伸缩装置、橡胶式伸缩装置、异型板式伸缩装置、桥梁波形伸缩装置等。表19.3.1桥梁伸缩装置检测代码及参数依据以下相关标准：

《公路桥梁伸缩装置》JT/T 327

《公路桥梁波形伸缩装置》JT/T 502

20 防腐绝缘材料

20.1 一般规定～20.13 聚乙烯工业薄膜

20.1.1～20.13.1 表20.2.1～表20.13.1中的检测代码及参数主要依据以下相关标准：

《埋地钢质管道石油沥青防腐层技术标准》SY/T 0420

《埋地钢质管道环氧煤沥青防腐层技术标准》SY/T 0447

《埋地钢质管道煤焦油瓷漆外防腐层技术标准》SY/T 0379

《埋地钢质管道聚乙烯防腐层技术标准》SY/T 0413

《钢质管道聚乙烯胶粘带防腐层技术标准》SY/T 0414

《辐射交联聚乙烯热收缩带（套）》SY/T 4054

《钢质管道单层熔结环氧粉末外涂层技术规范》SY/T 0315

《钢结构、管道涂装技术规程》YB/T 9256

21 地基与基础工程

21.1 一般规定

21.1.1 地基与基础工程包括建筑与市政工程的土工试验、地基、基础、支护结构等项目。

21.2 土工试验

21.2.1 表21.2.1中土工试验的检测代码及参数依据下列相关标准：

《土工试验方法标准》GB/T 50123

《公路土工试验规程》JTG E40

21.3 地　　基

21.3.1 表21.3.1中地基检测代码及参数依据下列相关标准：

《岩土工程勘察规范》GB 50021

《地基动力特性测试规范》GB/T 50269

《建筑地基基础设计规范》GB 50007

《建筑地基处理技术规范》JGJ 79

《公路路基施工技术规范》JTG F10

21.4 基　　础

21.4.2 基础包括浅基础、桩基础。浅基础的基础持力层性质检测代码及参数参照地基项目，表21.4.2中桩基础检测代码及参数主要依据下列相关标准：

《建筑基桩检测技术规范》JGJ 106

《建筑地基基础设计规范》GB 50007

《建筑桩基技术规范》JGJ 94

21.5 支护结构

21.5.1 表21.5.1中基坑支护结构检测代码及参数主要依据下列相关标准：

《基坑土钉支护技术规程》CECS 96

《建筑基坑支护技术规程》JGJ 120

《建筑地基基础设计规范》GB 50007

《钻芯法检测混凝土强度技术规程》CECS 03

22 主体结构工程

22.1 一般规定

22.1.1 主体结构工程包括房屋及市政工程的混凝土结构、砌体结构、钢结构等项目。

22.2 混凝土结构

22.2.1 表22.2.1混凝土结构检测代码及参数主要依据以下相关标准：

《回弹法检测混凝土抗压强度技术规程》JGJ/T 23

《超声回弹综合法检测混凝土强度技术规程》CECS 02

《钻芯法检测混凝土强度技术规程》CECS 03

《后装拔出法检测混凝土强度技术规程》CECS 69

《混凝土结构工程施工质量验收规范》GB 50204

《超声法检测法检测混凝土缺陷技术规程》CECS 21

《建筑结构检测技术标准》GB/T 50344

《混凝土结构试验方法标准》GB 50152

《预应力混凝土用钢绞线》GB/T 5224

《预应力混凝土用钢丝》GB/T 5223

《预应力筋用锚具、夹具和连接器》GB/T 14370

《预应力筋用锚具、夹具和连接器应用技术规程》JGJ 85

《预应力混凝土用金属波纹管》JG 225

22.3 砌体结构

22.3.1 砌体结构包括砖砌体、砌块砌体和石砌体结构等。表22.3.1中砌体结构检测代码及参数主要依据以下相关标准：

《砌体工程施工质量验收规范》GB 50203

《砌体工程现场检测技术标准》GB/T 50315

《建筑结构检测技术标准》GB/T 50344

《建筑砂浆基本性能试验方法标准》JGJ/T 70

《贯入法检测砌筑砂浆抗压强度技术规程》JGJ/T 136

22.4 钢结构

22.4.1 表22.4.1中钢结构检测代码及参数主要依据以下相关标准：

《建筑钢结构焊接技术规程》JGJ 81

《钢焊缝手工超声波探伤方法和探伤结果分级》GB/T 11345

《压力设备无损检测》JB/T 4730.1～4370.6

《钢结构高强螺栓连接的设计、施工及验收规程》JGJ 82

《钢结构工程施工质量验收规范》GB 50205

《涂装前钢材表面锈蚀等级和除锈等级》GB/T 8923

《建筑结构检测技术标准》GB/T 50344

《网架结构工程质量检验评定标准》JGJ 78

《钢结构超声波探伤及质量分级法》JG/T 203

《铝合金建筑型材》GB/T 5237.1～5237.6

《钢焊缝手工超声波探伤方法和探伤结果分级》GB/T 11345

《锻钢件超声波探伤方法》JB/T 8467

《无损检测　焊缝磁粉检测》JB/T 6061

《钢结构超声波探伤及质量分级法》JG/T 203

《无损检测　磁粉检测　第1部分：总则》GB/T 15822.1

《复合钢板超声波检验方法》GB/T 7734

《无损检测　符号表示法》GB/T 14693

《钢结构用高强度大六角头螺栓、大六角螺母、垫圈技术条件》GB/T 1231

《建筑安装工程金属熔化焊焊缝射线照相检测标准》CECS 70

《无缝钢管超声波探伤检验方法》GB/T 5777

《无损检测　金属管道熔化焊环向对接接头射线照相检测方法》GB/T 12605

《铸钢件渗透检测》GB/T 9443

《铸钢件磁粉检测》GB/T 9444

《无损检测　接触式超声斜射检测方法》GB/T 11343

《无损检测　术语　超声检测》GB/T 12604.1

《无损检测　术语　射线照相检测》GB/T 12604.2

《无损检测　术语　渗透检测》GB/T 12604.3

《无损检测　术语　磁粉检测》GB/T 12604.5

《无损检测　人员资格鉴定与认证》GB/T 9445

22.5 钢管混凝土结构

22.5.1 表22.5.1中钢管混凝土结构检测代码及参数依据以下标准：

《建筑结构检测技术标准》GB/T 50344

《钢结构工程施工质量验收规范》GB 50205

《超声法检测混凝土缺陷技术规程》CECS 21

《钢管混凝土结构设计与施工规程》CECS 28

22.6 木结构

22.6.1 木结构包括原木结构、方木结构、胶合木结构和胶合板结构。表22.6.1中木结构的其他检测代码及参数主要依据以下相关标准：

《木材抗弯强度试验方法》GB/T 1936.1

《木材物理力学试验方法总则》GB/T 1928

《木材顺纹抗拉强度试验方法》GB/T 1938

《木材含水率测定方法》GB/T 1931

《木结构工程施工质量验收规范》GB 50206

《木结构试验方法标准》GB/T 50329

《建筑结构检测技术标准》GB/T 50344

22.7 膜结构

22.7.1 膜结构包括张拉膜结构、骨架式膜结构、索系膜结构和充气式膜结构。表22.7.1膜结构检测代码及参数主要依据以下相关标准：

《膜结构技术规程》CECS 158

《增强材料　机织物试验方法　第5部分：玻璃纤维拉伸断裂强力和断裂伸长的测定》GB/T 7689.5

《800～2000纳米光谱反射比副基准操作技术规范》JJF 1335

《建筑玻璃可见光透射比、太阳光直接透射比、太阳能总透比、紫外线透射比及有关窗玻璃参数的测定》GB/T 2680

《建筑材料难燃性试验方法》GB/T 8625

《塑料实验室光源暴露试验方法　第2部分：氙弧灯》GB/T 16422.2

23 装饰装修工程

23.1 一般规定

23.1.1 装饰装修工程检测包括抹灰工程、门窗工程、粘结与锚固等项目。

23.2 抹 灰

23.2.1 表 23.2.1 中装饰装修工程检测代码及参数主要依据以下标准：

《建筑装饰装修工程质量验收规范》GB 50210

《建筑涂饰工程施工及验收规程》JGJ/T 29

《民用建筑设计通则》GB 50352

《建筑地面工程施工质量验收规范》GB 50209

《木质地板铺装、验收和使用规范》GB/T 20238

《木地板铺设面层验收规范》WB/T 1016

《建筑内部装修设计防火规范》GB/T 50222

《金属与石材幕墙工程技术规范》JGJ 133

23.3 门 窗

23.3.1 表 23.3.1 门窗物理性能现场检测代码及参数主要依据以下标准：

《建筑外窗气密、水密、抗风压性能现场检测方法》JG/T 211

23.4 粘结与锚固

23.4.1 表 23.4.1 粘结与锚固检测代码及参数主要依据以下标准：

《外墙饰面砖工程施工及验收规程》JGJ 126

《建筑工程饰面砖粘结强度检验标准》JGJ 110

《混凝土结构后锚固技术规程》JGJ 145

24 防 水 工 程

24.1 一 般 规 定

24.1.1 防水工程包括建筑与市政工程的地下防水和屋面防水工程等项目。本章主要针对与防水性能有关的包括找平层、保温层、防水层等检测。

24.2 地下防水工程

24.2.1 表 24.2.1 地下防水工程检测代码及参数主要依据以下标准：

《增强氯化聚乙烯橡胶卷材防水工程技术规程》CECS 63

《地下工程防水技术规范》GB 50108

《地下防水工程质量验收规范》GB 50208

24.3 屋面防水工程

24.3.1 表 24.3.1 屋面防水工程检测代码及参数主要依据以下标准：

《柔毡屋面防水工程技术规程》CECS 29

《屋面工程技术规范》GB 50345

《屋面工程质量验收规范》GB 50207

25 建筑给水、排水及采暖工程

25.1 一 般 规 定

25.1.1、25.1.2 建筑给水、排水及采暖安装工程检测包括建筑给水、排水工程、采暖供热系统等项目。

25.2 建筑给水、排水工程

25.2.1 表 25.2.1 中给水、排水安装工程的检测代码及参数主要依据以下相关标准：

《建筑给水排水及采暖工程施工质量验收规范》GB 50242

《压缩机、风机、泵安装工程施工及验收规范》GB 50275

25.3 采暖供热系数

25.3.1 表 25.3.1 中采暖安装工程的检测代码及参数主要依据以下相关标准：

《建筑给水排水及采暖工程施工质量验收规范》GB 50242

《压缩机、风机、泵安装工程施工及验收规范》GB 50275

《地面辐射供暖技术规程》JGJ 142

26 通风与空调工程

26.1 一 般 规 定

26.1.1 通风与空调工程检测包括系统安装、系统测定与调整等项目。

26.2 系 统 安 装

26.2.1 系统安装包括风管、风管部件规格及材料，风管系统，通风与空调设备，空调制冷系统，空调水系统与设备。表 26.2.1 系统安装检测代码及参数主要依据以下标准：

《通风与空调工程施工质量验收规范》GB 50243

《医院洁净手术部建筑技术规范》GB 50333

《生物安全实验室建筑技术规范》GB 50346

《医院消毒卫生标准》GB 15982

《机械设备安装工程施工及验收通用规范》GB 50231

《制冷设备、空气分离设备安装工程施工及验收规范》GB 50274（涉及制冷设备的本体安装）

《锅炉安装工程施工及验收规范》GB 50273

《压缩机、风机、泵安装工程施工及验收规范》GB 50275

《声环境质量标准》GB 3096

《采暖通风与空气调节设备噪声声功率级的测定工程法》GB 9068

《工业锅炉水质》GB/T 1576

26.3 系统测定与调整

26.3.1 建筑系统综合效能测定与调整包括通风除尘系统、空调系统、恒温恒湿空调系统、净化空调系统的综合效能测定。表 26.3.1 通风除尘系统综合效能检测代码及参数主要依据以下标准：

《氨制冷系统安装工程施工及验收规范》SBJ 12

《机械设备安装工程施工及验收通用规范》GB 50231

《制冷设备、空气分离设备安装工程施工及验收规范》GB 50274（涉及制冷设备的本体安装）

《声环境质量标准》GB 3096

《采暖通风与空气调节设备噪声声功率级的测定工程法》GB 9068

27 建筑电气工程

27.1 一 般 规 定

27.1.1 建筑电气工程包括电气设备交接试验、照明系统、建筑防雷、建筑物等电位连接等项目。

27.2 电气设备交接试验～27.5 建筑物等电位连接

27.2.1～27.5.1 建筑防雷包括接闪器、引下线和接地装置。建筑物等电位连接包括等电位连接系统、共用接地系统、屏蔽系统、浪涌保护器等。表 27.2.1、表 27.3.1、表 27.4.1、表 27.5.1 中检测代码及参数主要依据以下相关标准：

《电气装置安装工程 电气设备交接试验标准》GB 50150

《建筑电气工程施工质量验收规范》GB 50303

《民用建筑电气设计规范》JGJ 16

《建筑物防雷设计规范》GB 50057（2000 年版）

《建筑物电子信息系统防雷技术规范》GB 50343

《建筑物电气装置 第 7 部分：特殊装置或场所的要求 第 706 节：狭窄的可导电场所》GB 16895.8

28 智能建筑工程

28.1 一 般 规 定

28.1.1 智能建筑工程包括通信网络系统、综合布线系统等项目。

28.2 通信网络系统

28.2.1 通信网络系统包括电话交换系统、会议电视系统、接入网设备、卫星数字电视及有线电视系统、公共广播与紧急广播系统。表 28.2.1 中所列参数主要依据以下相关标准：

《智能建筑工程质量验收规范》GB 50339

《智能建筑工程检测规程》CECS 182

《综合布线系统工程验收规范》GB 50312

《建筑电气工程施工质量验收规范》GB 50303

《电气装置安装工程 电气设备交接试验标准》GB 50150

《综合布线系统电气特性通用测试方法》YD/T 1013

28.3 综合布线系统

28.3.1 综合布线系统包括系统安装质量、系统性能、系统管理。

《综合布线系统工程验收规范》GB 50312

《大楼通信综合布线系统 第 1 部分：总规范》YD/T 926.1

29 建筑节能工程

29.1 一 般 规 定

29.1.1 建筑节能工程参照《建筑节能工程施工质量验收规范》GB 50411 分为墙体、幕墙、门窗、屋面、地面、采暖、通风与空调、通风与空调冷热源及管网、配电与照明、监测与控制、围护结构实体等项目。

29.2 墙 体

29.2.1 表 29.2.1 中墙体节能检测中材料检测代码及参数主要依据以下相关标准：

《建筑节能工程施工质量验收规范》GB 50411

《外墙外保温工程技术规程》JCJ 144

《墙体保温用膨胀聚苯乙烯板胶粘剂》JC/T 992

《外墙外保温用膨胀聚苯乙烯板抹面胶浆》JC/T 993

《胶粉聚苯颗粒外墙外保温系统》JG 158

《膨胀聚苯板薄抹灰外墙外保温系统》JG 149

《玻璃纤维网布耐碱性试验方法 氢氧化钠溶液浸泡法》GB/T 20102

《增强用玻璃纤维网布 第 2 部分：聚合物基外墙外保温用玻璃纤维网布》JC 561.2

《居住建筑节能检测标准》JGJ/T 132

29.7 采 暖

29.7.1 表 29.7.1 中采暖检测中保温材料检测代码及参数主要依据以下相关标准：

《采暖散热器散热量测定方法》GB/T 13754

《风机盘管机组》GB/T 19232

29.9 空调与采暖系统冷热源及管网

29.9.1 表 29.9.1 中空调与采暖系统冷热源及管网检测代码及参数主要依据以下相关标准：

《建筑节能工程施工质量验收规范》GB 50411

《通风与空调工程施工质量验收规范》GB 50243

《通风与空调系统性能检测规程》DG/TJ 08—19802

29.10 配电与照明

29.10.1 表 29.10.1 中配电与照明节能工程检测代码及参数主要依据以下相关标准：

《建筑节能工程施工质量验收规范》GB 50411

《建筑电气工程施工质量验收规范》GB 50303

29.11 监测与控制

29.11.1 表 29.11.1 中监测与控制的检测代码及参数主要依据以下相关标准：

《智能建筑工程质量验收规范》GB 50339

《智能建筑工程检测规程》CECS 182

30 道 路 工 程

30.1 一 般 规 定

30.1.1 道路工程包括路基土石方工程、道路排水设施、道路防护工程、路面工程等项目。

30.2 路基土石方工程

30.2.1 表 30.2.1 路基土石方工程检测代码及参数依据以下相关标准：

《粉煤灰石灰类道路基层施工及验收规程》CJJ 4

《钢渣石灰类道路基层施工及验收规范》CJJ 35

《城市道路路基工程施工及验收规范》CJJ 44

《公路路基施工技术规范》JTG F10

《公路工程岩石试验规程》JTG E41

《公路工程无机结合料稳定材料试验规程》JTG E51

《公路工程集料试验规程》JTG E42

《公路路基路面现场测试规程》JTG E60

《公路勘测规范》JTG C10

《公路工程质量检验评定标准 第一册 土建工程》JTG F80/1

30.3 道路排水设施

30.3.1 表 30.3.1 道路排水设施（管线、涵洞）的检测代码及参数依据以下相关标准：

《混凝土排水管道工程闭气检验标准》CECS 19

《给水排水管道工程施工及验收规范》GB 50268

30.4 挡土墙等防护工程

30.4.1 表 30.4.1 挡土墙等防护工程检测代码及参数依据以下相关标准：

《建筑变形测量规范》JGJ 8

《岩土锚杆（索）技术规程》CECS 22

30.5 路 面 工 程

30.5.1 表 30.5.1 路面工程的检测代码及参数依据以下相关标准：

《乳化沥青路面施工及验收规程》CJJ 42

《公路水泥混凝土路面施工技术规范》JTG F30

《公路路面基层施工技术规范》JTJ 034

《公路沥青路面施工技术规范》JTG F40

《公路路基路面现场测试规程》JTG E60

《公路工程质量检验评定标准 第一册 土建工程》JTG F80/1

31 桥 梁 工 程

31.1 一 般 规 定

31.1.1 桥梁检测包括上部结构和成桥等项目。

31.2 桥梁上部结构

31.2.1 表 31.2.1 中桥梁上部结构检测代码及参数依据以下相关标准：

《建筑变形测量规范》JGJ 8

《钢结构高强度螺栓连接的设计、施工及验收规程》JGJ 82

31.3 成 桥

31.3.1 表 31.3.1 中成桥检测代码及参数依据以下相关标准：

《建筑结构检测技术标准》GB/T 50344

《建筑变形测量规范》JGJ 8

《钢结构高强度螺栓连接的设计、施工及验收规程》JGJ 82

《城市人行天桥与人行地道技术规范》CJJ 69

《全球定位系统城市测量技术规程》CJJ 73

《公路桥涵施工技术规范》JTJ 041

32 隧道工程与城市地下工程

32.1 一 般 规 定

32.1.1 隧道工程与城市地下工程检测包括主体结构等项目。

32.2 主 体 结 构

32.2.1 表 32.2.1 主体结构工程检测代码及参数依据以下相关标准：

《地下铁道工程施工及验收规范》GB 50299

《建筑变形测量规范》JGJ 8

《全球定位系统城市测量技术规程》CJJ 73

《孔隙水压力测试规程》CECS 55

《砌体工程现场检测技术标准》GB/T 50315

《建筑结构检测技术标准》GB/T 50344

《锚杆喷射混凝土支护技术规范》GB 50086

《建筑基坑支护技术规程》JGJ 120

33 市政给水排水、热力与燃气工程

33.1 一 般 规 定

33.1.1 市政给水排水、热力与燃气工程包括构筑物、工程管网等项目。

33.2 构 筑 物

33.2.1 表 33.2.1 构筑物工程的检测代码及参数主要依据以下相关标准：

《给水排水构筑物工程施工及验收规范》GB 50141

《砌体工程现场检测技术标准》GB/T 50315

《混凝土排水管道工程闭气检验标准》CECS 19

《给水排水管道工程施工及验收规范》GB 50268

《排水管（渠）工程施工质量检验标准》DBJ 01-13

33.3 工 程 管 网

33.3.1 表 33.3.1 工程管网检测代码及参数主要依据以下相关标准：

《给水排水管道工程施工及验收规范》GB 50268

《建筑安装工程金属熔化焊焊缝射线照相检测标准》CECS 70

《城镇供热管网工程施工及验收规范》CJJ 28

《建筑变形测量规范》JGJ 8

《全球定位系统城市测量技术规程》CJJ 73

《工业金属管道工程施工及验收规范》GB 50235

《现场设备、工业管道焊接工程施工及验收规范》GB 50236

《城镇燃气埋地钢质管道腐蚀控制技术规程》CJJ 95

《聚乙烯燃气管道工程技术规程》CJJ 63

《汽车用燃气加气站技术规范》CJJ 84

《城镇直埋供热管道工程技术规程》CJJ/T 81

《城镇燃气输配工程施工及验收规范》CJJ 33

《城镇燃气埋地钢质管道腐蚀控制技术规程》CJJ 95

34 工 程 监 测

34.1 一 般 规 定

34.1.1 建筑与市政工程监测包括基坑及支护结构等项目。

34.2 基坑及支护结构

34.2.1 表 34.2.1 中基坑及支护结构监测参数主要依据以下相关标准：

《建筑地基基础设计规范》GB 50007

《建筑基坑支护技术规程》JGJ 120

《工程测量规范》GB 50026

《建筑变形测量规范》JGJ 8

《建筑基坑支护设计规程》JGJ 120

《建筑边坡工程技术规范》GB 50330

34.3 建（构）筑物

34.3.1 表 34.3.1 中建（构）筑物监测参数主要依据以下相关标准：

《建筑变形测量规范》JGJ 8

《工程测量规范》GB 50026

《建筑地基基础设计规范》GB 50007

34.4 道 桥 工 程

34.4.1 表 34.4.1 中道桥工程监测参数依据以下相关标准：

《工程测量规范》GB 50026

《地下轨道交通工程测量规范》GB 50308

《全球定位系统（GPS）测量规范》GB/T 18314

《城市测量规范》CJJ 8

《地铁设计规范》GB 50157

《城市桥梁工程施工与质量验收规范》CJJ 2

《公路钢筋混凝土及预应力混凝土桥涵设计规范》JTG D62

《公路桥涵设计通用规范》JTG D60

《城市人行天桥与人行地道技术规范》CJJ 69

《全球定位系统城市测量技术规程》CJJ 73

《城市桥梁养护技术规范》CJJ 99

《排水管道维护安全技术规程》CJJ 6

《城镇燃气设施运行、维护和抢修安全技术规程》CJJ 51

《建筑变形测量规范》JGJ 8

34.5 隧道及地下工程

34.6 高 支 模

34.5.1、**34.6.1** 表 34.5.1 与表 34.6.1 中监测参数

依据以下相关标准：
《建筑变形测量规范》JGJ 8
《工程测量规范》GB 50026

35 施工机具

35.1 一般规定

35.1.1 施工机具检测包括金属脚手架扣件等项目。

35.2 金属脚手架扣件

35.2.1 表35.2.1金属脚手架扣件检测代码及参数主要依据以下相关标准：
《钢管脚手架扣件》GB 15831
《碳素结构钢》GB/T 700
《普通螺纹基本尺寸》GB/T 196
《半圆头铆钉》GB/T 867
《平垫圈C级》GB/T 95
《可锻铸铁件》GB/T 9440
《一般工程用铸造碳钢件》GB/T 11352
《低压流体输送用焊接钢管》GB/T 3091

35.3 金属组合钢模板

35.3.1 表35.3.1金属组合钢模板检测代码及参数主要依据以下相关标准：
《组合钢模板技术规范》GB 50214
《组合钢模板质量检验评定标准》YB/T 9251

35.4 高处作业吊篮

35.4.1 表35.4.1中高处作业吊篮检测代码及参数主要依据以下相关标准：
《高处作业吊篮》GB 19155
《塔式起重机安全规程》GB 5144
《起重机械用钢丝绳检验和报废实用规范》GB/T 5972
《一般用途钢丝绳》GB/T 20118
《擦窗机》GB 19154

35.5 高空作业平台

35.5.1 表35.5.1高空作业平台检测代码及参数主要依据以下相关标准：
《高空作业机械安全规则》JG 5099
《臂架式高空作业平台》JG/T 5101
《剪叉式高空作业平台》JG/T 5100
《套筒油缸式高空作业平台》JG/T 5102
《桅柱式高空作业平台》JG/T 5103
《桁架式高空作业平台》JG/T 5104

35.6 塔式起重机

35.6.1 表35.6.1塔式起重机检测代码及参数主要依据以下相关标准：
《塔式起重机》GB/T 5031
《塔式起重机安全规程》GB 5144

35.7 建筑卷扬机

35.7.1 表35.7.1建筑卷扬机检测代码及参数主要依据以下相关标准：
《建筑卷扬机》GB/T 1955
《起重机械用钢丝绳检验和报废实用规范》GB 5972
《一般用途钢丝绳》GB/T 20118
《电气装置安装工程　电气设备交接试验标准》GB 50150

35.8 施工升降机

35.8.1 表35.8.1施工升降机检测代码及参数主要依据以下相关标准：
《施工升降机》GB/T 10054
《塔式起重机》GB/T 5031
《龙门架及井架物料提升机安全技术规范》JGJ 88

35.9 物料提升机

35.9.1 表35.9.1物料提升机检测代码及参数主要依据以下相关标准：
《起重机械用钢丝绳检验和报废实用规范》GB 5972
《龙门架及井架物料提升机安全技术规范》JGJ 88
《建筑施工安全检查标准》JGJ 59
《建筑施工高处作业安全技术规范》JGJ 80

36 安全防护用品

36.1 一般规定

36.1.1 安全防护用品检测包括安全网、安全帽及安全带等项目。

36.2 安全网

36.2.1 表36.2.1中安全网参数主要依据以下标准：
《安全网》GB 5725
《纺织品　燃烧性能试验　垂直法》GB/T 5455
《绳索　有关物理和机械性能的测定》GB/T 8834

36.3 安全帽及安全带

36.3.1 表36.3.1中安全帽及安全带检测代码及参数主要依据以下标准：

《安全帽》GB 2811

《安全帽测试方法》GB/T 2812

《安全带》GB 6095

《安全带测试方法》GB/T 6096

37 热环境

37.1 一般规定

37.1.1 热环境检测包括气象等项目。

37.2 气象

37.2.1 气象检测所依据标准规范如下：

《气象雷达参数测试方法》GB/T 12649

37.3 室内热环境

37.3.1 室内热环境检测所依据标准规范如下：

《热环境　根据 WBGT 指数（湿球黑球温度）对作业人员热负荷的评价》GB/T 17244

《中等热环境　PMV 和 PPD 指数的测定及热舒适条件件的规定》GB/T 18049

37.4 材料热工性能

37.4.1 材料的热工性能检测所依据的规范如下：

《绝热材料稳态热阻及有关特性的测定　防护热板法》GB/T 10294

《绝热材料稳态热阻及有关特性的测定　热流计法》GB/T 10295

《建筑材料水蒸气透过性能试验方法》GB/T 17146

《玻璃导热系数试验方法》JC/T 675

37.5 构件热工性能

37.5.1 围护结构热工性能现场检测依据的相关标准如下：

《居住建筑节能检测标准》JGJ/T 132

《绝热　稳态传热性质的测定　标定和防护热箱法》GB/T 13475

《建筑节能工程施工验收规范》GB 50411

《建筑工程施工质量验收统一标准》GB 50300

《民用建筑节能设计标准》JGJ 26

《公共建筑节能设计标准》GB 50189

38 光环境

38.1 一般规定

38.1.1 光环境检测包括采光、照明等项目。

38.2 采光

38.2.1 采光检测所依据的相关标准如下：

《采光测量方法》GB/T 5699

《公共场所采光系数测定方法》GB/T 18204.20

《公共场所照度测定方法》GB/T 18204.21

38.3 建筑照明

38.3.1 建筑照明检测所依据的相关标准如下：

《照明测量方法》GB/T 5700

《照明光源颜色的测量方法》GB/T 7922

《光源显色性评价方法》GB/T 5702

《彩色建筑材料色度测量方法》GB/T 11942

《室内影院和鉴定放映室的银幕亮度》GB/T 4645

38.4 材料光学性能

38.4.1 玻璃光学性能检测所依据的相关标准如下：

《建筑玻璃可见光透射比、太阳光直接透射比、太阳能总透射比、紫外线透射比及有关窗玻璃参数的测定》GB/T 2680

38.5 外窗光学性能

38.5.1 外窗光学性能检测所依据的相关标准如下：

《建筑外窗采光性能分级及检测方法》GB/T 11976

39 声环境

39.1 一般规定

39.1.1 声环境检测包括声源、室内音质、噪声、振动等项目。

39.2 声源

39.2.1 声源检测所依据的相关标准如下：

《建筑隔声评价标准》GB/T 50121

《声环境质量标准》GB 3096

《建筑施工场界噪声测量方法》GB 12524

《工业企业噪声测量规范》GBJ 122

《建筑机械与设备　噪声测量方法》JG/T 5079.2

《采暖通风与空气调节设备噪声声功率级的测定　工程法》GB/T 9068

39.3 室内音质

39.3.1 室内音质检测所依据的相关标准如下：

《厅堂扩声特性测量方法》GB/T 4959

《厅堂混响时间测量规范》GBJ 76

《体育馆声学设计及测量规程》JGJ/T 131

39.4 噪　　声

39.4.1 噪声检测所依据的相关标准如下：

《工业企业噪声测量规范》GBJ 122

《声环境质量标准》GB 3096

《建筑施工场界噪声测量方法》GB 12524

《建筑机械与设备　噪声测量方法》JG/T5079.2

《采暖通风与空气调节设备噪声声功率级的测定　工程法》GB/T 9068

39.5 振　　动

39.5.1 振动检测所依据的相关标准如下：

《驻波管法吸声系数与声阻抗率测量规范》GBJ 88

《体育馆声学设计及测量规程》JGJ/T 131

39.6 材料声学性能

39.6.1 材料声学性能检测所依据的规范如下：

《建筑吸声产品的吸声性能分级》GB/T 16731

《声学　阻抗管中吸声系数和声阻抗的测量　第1部分：驻波比法》GB/T 18696.1

《声学　阻抗管中吸声系数和声阻抗的测量　第2部分：传递函数法》GB/T 18696.2

《声学　隔声罩的隔声性能测定　第1部分：实验室条件下测量（标示用）》GB/T 18699.1

《声学　隔声罩的隔声性能测定　第2部分：现场测量（验收和验证用）》GB/T 18699.2

《声学　隔声间的隔声性能测定　实验室和现场测量》GB/T 19885

《建筑隔声评价标准》GB/T 50121

《建筑隔声测量规范》GBJ 75

39.7 构件声学性能

39.7.1 围护结构声学性能检测所依据的相关标准如下：

《声学　环境噪声的描述、测量与评价　第1部分：基本参量与评价方法》GB/T 3222.1

《绿色建筑评价标准》GB/T 50378

《建筑隔声测量规范》GBJ 75

《建筑门窗空气声隔声性能分级及检测方法》GB/T 8485

《声学　建筑和建筑构件隔声测量　第1部分：侧向传声受抑制的实验室测试设施要求》GB/T 19889.1

《声学　建筑和建筑构件隔声测量　第2部分：数据精密度的确定、验证和应用》GB/T 19889.2

《声学　建筑和建筑构件隔声测量　第3部分：建筑构件空气声隔声的实验室测量》GB/T 19889.3

《声学　建筑和建筑构件隔声测量　第4部分：房间之间空气声隔声的现场测量》GB/T 19889.4

《声学　建筑和建筑构件隔声测量　第6部分：楼板撞击声隔声的实验室测量》GB/T 19889.6

《声学　建筑和建筑构件隔声测量　第7部分：楼板撞击声隔声的现场测量》GB/T 19889.7

《采暖通风与空气调节术语标准》GB 50155

40 空 气 质 量

40.1 一 般 规 定

40.1.1 空气质量检测包括室内空气等项目。

40.2 室内空气质量

40.2.1 表40.2.1室内空气质量检测代码及参数主要依据以下标准：

《民用建筑工程室内环境污染控制规范》GB 50325

《环境地表γ辐射剂量率测定规范》GB/T 14583

《公共场所空气中甲醛测定方法》GB/T 18204.26

《居住区大气中苯、甲苯和二甲卫生检验标准方法　气相色谱法》GB/T 11737

《公共场所空气中氨测定方法》GB/T 18204.25

《混凝土外加剂中释放氨的限量》GB 18588

《空气质量　甲醛的测定　乙酰丙酮分光光度法》GB/T 15516

《空气质量　甲苯、二甲苯、苯乙烯的测定　气相色谱法》GB/T 14677

《工作场所空气有毒物质测定锰及其化合物》GBZ/T 160.13

《空气质量　氨的测定　离子选择电极法》GB/T 14669

《环境空气中氡的标准测量方法》GB/T 14582

《室内空气质量标准》GB/T 18883

40.3 土壤放射性

40.3.1 表40.3.1中土壤放射性检测代码及参数主要依据以下标准：

《民用建筑工程室内环境污染控制规范》GB 50325

40.4 材料有害物质含量

40.4.1 材料有害物质含量包括人造板及其制品中甲醛释放限量、溶剂型木器涂料中有害物质限量、内墙涂料中有害物质限量、胶粘剂中有害物质限量、木家具中有害物质限量、壁纸中有害物质限量、聚氯乙烯卷材地板中有害物质限量、地毯、地毯衬垫及地毯胶粘剂有害物质限量、混凝土外加剂释放氨的限量、色漆和清漆"可溶性"金属含量等，表 40.4.1 中检测代码及参数主要依据以下相关标准：

《室内装饰装修材料　人造板及其制品中甲醛释放限量》GB 18580

《室内装饰装修材料　溶剂型木器涂料中有害物质限量》GB 18581

《室内装饰装修材料　内墙涂料中有害物质限量》GB 18582

《室内装饰装修材料　胶粘剂中有害物质限量》GB 18583

《室内装饰装修材料　木家具中有害物质限量》GB 18584

《室内装饰装修材料　壁纸中有害物质限量》GB 18585

《室内装饰装修材料　聚氯乙烯卷材地板中有害物质限量》GB 18586

《室内装饰装修材料　地毯、地毯衬垫及地毯胶粘剂有害物质释放限量》GB 18587

《混凝土外加剂中释放氨的限量》GB 18588

《色漆和清漆用漆基　异氰酸酯树脂中二异氰酸酯单体的测定》GB/T 18446

《色漆和清漆　可溶性　金属含量的测定　第 1 部分：铅含量的测定　火焰原子吸收光谱法和双硫腙分光光度法》GB/T 9758.1

《色漆和清漆　可溶性　金属含量的测定　第 4 部分：镉含量的测定　火焰原子吸收光谱法和极谱法》GB/T 9758.4

《色漆和清漆　可溶性　金属含量的测定　第 6 部分：色漆的液体部分中铬总含量的测定　火焰原子吸收光谱法》GB/T 9758.6

《色漆和清漆　可溶性　金属含量的测定　第 7 部分：色漆和颜料部分和水可稀释漆的液体部分的汞含量的测定　无焰原子吸收光谱法》GB/T 9758.7

中华人民共和国行业标准

锚杆锚固质量无损检测技术规程

Technical specification for nondestructive testing of rock bolt system

JGJ/T 182—2009

批准部门：中华人民共和国住房和城乡建设部

施行日期：2 0 1 0 年 7 月 1 日

中华人民共和国住房和城乡建设部
公　　告

第431号

关于发布行业标准《锚杆锚固质量无损检测技术规程》的公告

现批准《锚杆锚固质量无损检测技术规程》为行业标准，编号为JGJ/T 182-2009，自2010年7月1日起实施。

本规程由我部标准定额研究所组织中国建筑工业出版社出版发行。

中华人民共和国住房和城乡建设部
2009年11月9日

前　　言

根据原建设部《关于印发〈2006年工程建设标准规范制订、修订计划（第一批）〉的通知》（建标[2006] 77号）的要求，本规程编制组经广泛调查研究，认真总结实践经验，参考有关国际标准和国外先进标准，并在广泛征求意见的基础上，制定本规程。

本规程的主要技术内容是：总则，术语和符号，基本规定，检测仪器设备，声波反射法，现场检测，质量评定等。

本规程由住房和城乡建设部负责管理，由长江大学负责具体技术内容的解释。执行过程中如有意见或建议，请寄送长江大学（地址：湖北荆州市南环路1号，邮政编码：434023）。

本规程主编单位：长江大学

本规程参编单位：中国水电顾问集团贵阳勘测设计研究院
黄河水利委员会基本建设工程质量检测中心
杭州华东工程检测技术有限公司
长江水利委员会长江科学院
中国水电顾问集团昆明勘测设计研究院
水利部长江勘测技术研究所
核工业工程勘察院
郑州大学水利与环境学院
郑州市建设检测行业协会
河南巩义市建设工程质量安全监督站
武汉中科智创岩土技术有限公司
东华理工大学勘察设计研究院
浙江象山至高检测中心
河南新乡高新建设工程质量检测有限公司
武汉长盛工程检测技术开发有限公司

本规程主要起草人：肖柏勋　王　波　冷元宝
黄世强　吴新霞　王国滢
何　剑　周均增　马新克
魏岩峻　曾宪强　王运生
张　杰　刘明贵　龚育龄
黄劲松　许　洁　朱海群
刘春生　卢志毅　吴和平
陈　磊　刘前程　高建华
钟宏伟　郭建伟　胡勇辉
常旭东　马　蓉　向能武
董　武　王　锐　朱文仲
徐亚平　尚雅琳

本规程主要审查人：肖龙鸽　柯玉军　常　伟
刘康和　王立川　王　亮
李志华　赵守阳　徐文胜
章　光　胡祥云

目　次

1　总则 …………………………………… 25—5
2　术语和符号 ……………………………… 25—5
2.1　术语 ……………………………………… 25—5
2.2　符号 ……………………………………… 25—5
3　基本规定 ………………………………… 25—5
3.1　一般规定 ………………………………… 25—5
3.2　检测数量 ………………………………… 25—6
3.3　检测结果 ………………………………… 25—6
4　检测仪器设备 …………………………… 25—6
4.1　一般规定 ………………………………… 25—6
4.2　采集仪器 ………………………………… 25—6
4.3　激发与接收设备 ………………………… 25—6
5　声波反射法 ……………………………… 25—7
5.1　适用范围 ………………………………… 25—7
5.2　检测条件 ………………………………… 25—7
5.3　测试参数设定 …………………………… 25—7
5.4　激振与接收 ……………………………… 25—7
5.5　检测记录 ………………………………… 25—7
5.6　检测数据分析与判定 …………………… 25—7
6　现场检测 ………………………………… 25—9
6.1　检测准备 ………………………………… 25—9
6.2　检测实施 ………………………………… 25—9
7　质量评定 ………………………………… 25—9
7.1　一般规定 ………………………………… 25—9
7.2　锚杆锚固质量评定标准 ………………… 25—9
附录A　锚杆模拟试验 ……………………… 25—9
附录B　单根锚杆检测结果表 ……………… 25—10
附录C　单元工程锚杆检测成果表 ………… 25—10
本规程用词说明 …………………………… 25—11
附：条文说明 ……………………………… 25—12

Contents

1 General Provisions ······ 25—5
2 Terms and Symbols ······ 25—5
2.1 Terms ······ 25—5
2.2 Symbols ······ 25—5
3 Basic Requirements ······ 25—5
3.1 General Requirements ······ 25—5
3.2 Number of Samples ······ 25—6
3.3 Results of the Test ······ 25—6
4 Instrumentation ······ 25—6
4.1 General Requirements ······ 25—6
4.2 Data Acquisition System ······ 25—6
4.3 Transmitter System and Receiver System ······ 25—6
5 Sonic Wave Reflection Method ······ 25—7
5.1 Range of Application ······ 25—7
5.2 Test Condition ······ 25—7
5.3 Test Parameter Setting ······ 25—7
5.4 Excitation and Receiving ······ 25—7
5.5 Recording ······ 25—7
5.6 Data Analysis ······ 25—7
6 Field Test ······ 25—9
6.1 Equipments ······ 25—9
6.2 Test Operation ······ 25—9
7 Quality Analysis ······ 25—9
7.1 General Requirements ······ 25—9
7.2 Evaluation Standard for Condition of Rock Bolt Systems ······ 25—9
Appendix A Model Test of Rock Bolt Testing ······ 25—9
Appendix B Tesing Results of a Single Rock Bolt ······ 25—10
Appendix C Tesing Results of Engeering Rock Bolts ······ 25—10
Explanation of Wording in This Specification ······ 25—11
Explanation of Provisions ······ 25—12

1 总 则

1.0.1 为了规范锚杆锚固质量无损检测的方法，做到技术先进、安全适用、经济合理、评价正确，制定本规程。

1.0.2 本规程适用于建筑工程全长粘结锚杆锚固质量的无损检测。

1.0.3 锚杆锚固质量无损检测方法应根据检测条件、适用范围、施工工艺等合理使用。

1.0.4 现场作业时，应遵守国家现行安全和劳动保护的有关规定。

1.0.5 本规程规定了全长粘结锚杆锚固质量无损检测的基本技术要求。当本规程与国家法律、行政法规的规定相抵触时，应按国家法律、行政法规的规定执行。

1.0.6 锚杆锚固质量无损检测除应符合本规程的规定外，尚应符合国家现行有关标准的规定。

2 术语和符号

2.1 术 语

2.1.1 全长粘结锚杆 full-length bonded rock bar

锚杆孔全长填充粘结材料的锚杆。

2.1.2 预应力锚杆 pre-stressed rock bar

施加了预应力的锚杆。

2.1.3 摩擦型锚杆 friction-type rock bar

靠锚杆体与孔壁之间的摩擦力起锚固作用的锚杆。

2.1.4 自钻式锚杆 self-drilling rock bolt

锚杆本身兼有造孔钻杆功能，将造孔、注浆和锚固结合为一体的锚杆，亦称自进式锚杆。

2.1.5 永久性锚杆 permanent rock bolt

与工程使用年限相符，在有效运行期内能够保持性能稳定和使用质量，或经检修可持续工作的锚杆。

2.1.6 临时锚杆 temporary rock bolt

短于工程使用年限，仅在工程施工期间或在特定阶段起作用的锚杆，在工程正常运行期间不考虑其作用。

2.1.7 锚杆杆体 rock bolt tendon

由筋材以及防腐保护体、支架等组成的整套锚杆组装杆件。

2.1.8 锚固段 fixed part of rock bolt

通过粘结材料或机械装置将杆体与周围介质锚固的部分。

2.1.9 自由段 free part of rock bolt

利用弹性伸长将拉力传递给锚固体，且运行期内能够适应设计范围内的拉力变化以及伸缩和弯曲变形的杆体部分。

2.1.10 锚杆无损检测 nondestructive testing of rock bolt system

对锚杆锚固质量的非破坏性检测。

2.1.11 声波反射法 soundwave reflection

采用激振声波信号，实测加速度或速度响应曲线，依据波动理论进行分析，评价锚杆锚固质量的无损检测方法。

2.1.12 锚固密实度 compactness of rock bolt

锚杆孔中填充粘结物的密实程度，一般用锚杆孔中有效锚固长度占设计长度的百分比来评价。

2.1.13 锚杆模拟试验 simulation test bolt

在实验室或现场，对检测可能遇到的各种类型的锚杆缺陷经行的模拟检测试验。

2.2 符 号

A——锚杆杆体截面面积；

C_b——锚杆一维纵向声波传播速度；

C_t——锚杆锚固后，杆体与粘结材料、周围介质组成的一维纵向声波传播速度；

C_m——同类锚杆的波速平均值；

D——锚固密实度；

E_0——锚杆入射波波动总能量；

E_r——锚杆反射波波动总能量；

f——声波频率；

Δf——杆底相邻谐振峰之间的频差；

Δf_x——缺陷相邻谐振峰之间的频差；

L——锚杆杆体长度；

L_0——锚杆杆体外露自由段长度；

L_r——锚杆杆体入岩长度；

L_x——锚固不密实段总长度；

L_m——锚固密实段长度；

T——声波信号周期；

t_0——首波到达时间；

t_x——缺陷反射波到达时间；

Δt_e——杆底反射波旅行时间；

Δt_f——缺陷反射波旅行时间；

x——锚杆外露端至缺陷界面的距离；

β——声波能量修正系数；

Φ——锚杆杆体直径；

η——声波能量反射系数。

3 基 本 规 定

3.1 一 般 规 定

3.1.1 锚杆锚固质量无损检测内容应包括锚杆杆体长度检测和锚固密实度检测。

3.1.2 锚杆锚固质量无损检测应委托有检测资质的

单位承担。检测机构应通过计量认证，并应具有相关资质。检测人员应经上岗培训合格，并应持证上岗。

3.1.3 锚杆锚固质量无损检测前宜按本规程附录A进行锚杆模拟试验。

3.1.4 锚杆锚固质量宜分项目或单元进行抽样检测。

3.1.5 锚杆锚固质量无损检测资料分析，宜对照所检测工程锚杆模拟试验成果或类似工程锚杆锚固质量无损检测资料进行。

3.1.6 锚杆锚固质量无损检测应按图3.1.6的流程进行。

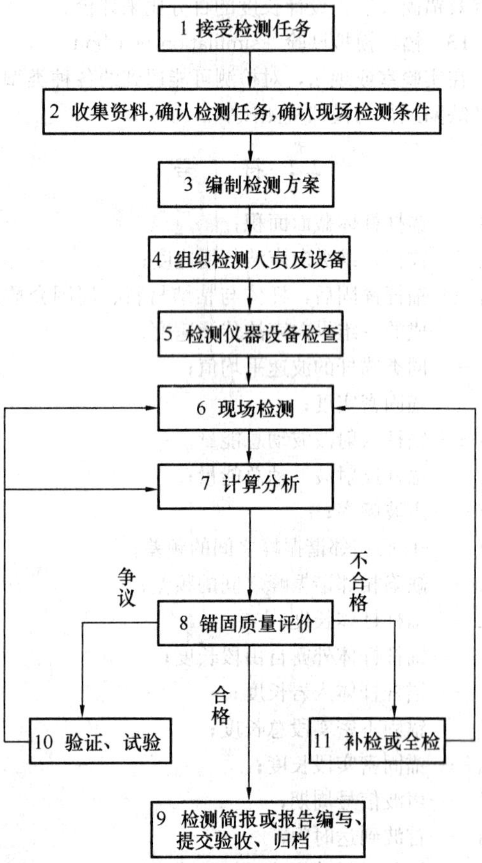

图3.1.6 锚杆锚固质量无损检测流程示意图

3.2 检 测 数 量

3.2.1 单项或单元工程的整体锚杆检测抽样率不应低于总锚杆数的10%，且每批不宜少于20根。重要部位或重要功能的锚杆宜全部检测。

3.2.2 当单项或单元工程抽检锚杆的不合格率大于10%时，应对未检测的锚杆进行加倍抽检。

3.3 检 测 结 果

3.3.1 锚杆检测结果应以简报、单项或单元工程检测报告的方式提交。

3.3.2 简报应包括锚杆布置图、检测结果表。

3.3.3 单项或单元工程检测报告宜在各期简报的基础上综合整理分析后编制。

3.3.4 检测报告宜包含下列主要内容：

1 工程项目及检测概况；

2 检测依据；

3 检测方法及仪器设备；

4 检测资料分析；

5 检测成果综述；

6 检测结论；

7 附图和附表。

4 检测仪器设备

4.1 一 般 规 定

4.1.1 检测设备应经有相应资质的检定机构检定或校准合格。

4.1.2 检测设备应每年检定或校准一次。

4.1.3 检测设备应配套齐全、功能完整，主要技术参数应符合本规程要求。

4.2 采 集 仪 器

4.2.1 检测仪器的采集器应具有现场显示、输入、保存实测波形信号、检测参数的功能，宜具有对现场检测信号进行分析处理、与计算机进行数据通信的功能，一屏应能显示不少于三条波形。

4.2.2 采集器模拟放大的频率带宽不宜窄于10Hz，应具有滤波频率可调功能，A/D不应低于16位，采样间隔应小于25 μs。

4.2.3 采集器宜采用轻便节能、手持式操作设计，应能与超磁致伸缩声波振源或其他瞬态冲击振源匹配工作。

4.2.4 检测资料的分析软件宜具有数字滤波、幅频谱分析、瞬时相位谱分析、能量计算等信号处理功能，以及锚杆杆长计算、缺陷位置计算和密实度分析功能，可将检测波形、计算参数、分析结果导入相应电子文档。

4.3 激发与接收设备

4.3.1 激振器激振频率范围应在10Hz～50kHz，宜使用超磁致伸缩声波振源。

4.3.2 接收传感器感应面直径应小于锚杆直径，可通过强力磁座或其他方式与杆头耦合。

4.3.3 接收传感器频率响应范围宜在10Hz～50kHz。当响应频率为160Hz时，加速度传感器的电荷灵敏度宜为10pc/(m·s^2)～20pc/(m·s^2)；当响应频率为50Hz时，加速度传感器的电压灵敏度宜为50mV/(cm·s)～300mV/(cm·s)。

4.3.4 接收传感器宜采用加速度型。

5 声波反射法

5.1 适用范围

5.1.1 声波反射法适用于检测全长粘结锚杆长度和锚固密实度。

5.1.2 声波反射法的有效检测锚杆长度范围宜通过现场试验确定。

5.2 检测条件

5.2.1 锚杆杆体声波的纵波速度宜大于围岩和粘结物的声波纵波速度。

5.2.2 锚杆杆体直径宜均匀。

5.2.3 锚杆外露端面应平整。

5.2.4 锚杆端头应外露，外露杆体应与内锚杆体呈直线，外露段不宜过长；当对外露段长度有特殊要求时，应进行相同类型的锚杆模拟试验。

5.2.5 采用多根杆体连接而成的锚杆，施工方应提供详细的锚杆连接资料。

5.3 测试参数设定

5.3.1 锚杆记录编号应与锚杆图纸编号一致。

5.3.2 时域信号记录长度、采样率应根据杆长、杆系波速及频域分辨率合理设置。

5.3.3 同一工程相同规格的锚杆，检测时宜设置相同的仪器参数。

5.3.4 锚杆杆体波速应通过与所检测工程锚杆同样材质、直径的自由杆测试取得，锚杆杆系波速应采用锚杆模拟试验结果或类似工程锚杆的波速值。

5.4 激振与接收

5.4.1 激振与接收宜使用端发端收或端发侧收方式。

5.4.2 接收传感器安装宜符合下列要求：

1 接收传感器应使用强磁或其他方式固定，传感器轴心与锚杆杆轴线应平行；

2 安装有托板的锚杆，接收传感器不应直接安装在托板上。

5.4.3 激振器激振宜符合下列要求：

1 应采用瞬态激振方式，激振器激振点与锚杆杆头应充分、紧密接触；应通过现场试验选择合适的激振方式和适度的冲击力；

2 激振器激振时应避免触及接收传感器；

3 实心锚杆的激振点宜选择在杆头靠近中心位置，保持激振器的轴线与锚杆杆轴线基本重合；

4 中空式锚杆的激振点宜紧贴在靠近接收传感器一侧的环状管壁上，保持激振器的轴线与杆轴线平行；

5 激振点不宜在托板上。

5.5 检测记录

5.5.1 单根锚杆记录应符合本规程附录 B、附录 C 的要求。

5.5.2 单根锚杆检测的有效波形记录不应少于 3 个，且一致性较好。

5.5.3 锚杆的检测记录、现场标识、图纸标识应一致。

5.6 检测数据分析与判定

5.6.1 锚杆杆体长度计算应符合下列规定：

1 锚杆杆底反射信号识别可采用时域反射波法、幅频域频差法等。

2 杆底反射波与杆端入射首波波峰间的时间差即为杆底反射时差，若有多次杆底反射信号，则应取各次时差的平均值。

3 时间域杆体长度应按下式计算：

$$L=\frac{1}{2}C_{\mathrm{m}}\times\Delta t_{\mathrm{e}} \qquad (5.6.1\text{-}1)$$

式中：L——杆体长度；

C_{m}——同类锚杆的波速平均值，若无锚杆模拟试验资料，应按下列原则取值：当锚固密实度小于 30%时，取杆体波速（C_{b}）平均值；当锚固密实度大于或等于 30%时，取杆系波速（C_{t}）平均值（m/s）；

Δt_{e}——时域杆底反射波旅行时间。

4 频率域杆体长度应按下式计算：

$$L=\frac{C_{\mathrm{m}}}{2\Delta f} \qquad (5.6.1\text{-}2)$$

式中：Δf——幅频曲线上杆底相邻谐振峰间的频差。

5.6.2 杆体波速和杆系波速平均值的确定应符合下列规定：

1 应以现场锚杆检测同样的方法，在自由状态下检测工程所用各种材质和规格的锚杆杆体波速值，杆体波速应按下列公式计算平均值：

$$C_{\mathrm{b}}=\frac{1}{n}\sum_{i=1}^{n}C_{\mathrm{b}i} \qquad (5.6.2\text{-}1)$$

$$C_{\mathrm{b}i}=\frac{2L}{\Delta t_{\mathrm{e}}} \qquad (5.6.2\text{-}2)$$

或

$$C_{\mathrm{b}i}=2L\cdot\Delta f \qquad (5.6.2\text{-}3)$$

式中：C_{b}——相同材质和规格的锚杆杆体波速平均值（m/s）；

$C_{\mathrm{b}i}$——相同材质和规格的第 i 根锚杆的杆体波速值(m/s)，且

$$|C_{\mathrm{b}i}-C_{\mathrm{b}}|/C_{\mathrm{b}}\leqslant 5\%;$$

L——杆体长度（m）；

Δt_{e}——杆底反射波旅行时间（s）；

Δf——幅频曲线上杆底相邻谐振峰间的频差（Hz）；

n——参加波速平均值计算的相同材质和规格的锚杆数量（$n\geqslant3$）。

2 宜在现场锚杆试验中选取不少于 5 根相同材质和规格的同类型锚杆的杆系波速值按式（5.6.2-4）计算平均值：

$$C_t = \frac{1}{n}\sum_{i=1}^{n} C_{ti} \qquad (5.6.2\text{-}4)$$

$$C_{ti} = \frac{2L}{\Delta t_e} \qquad (5.6.2\text{-}5)$$

或

$$C_{ti} = 2L \cdot \Delta f \qquad (5.6.2\text{-}6)$$

式中：C_t——杆系波速的平均值（m/s）；

C_{ti}——第 i 根试验杆的杆系波速值（m/s），且 $|C_{ti} - C_t|/C_t \leqslant 5\%$；

L——杆体长度（m）；

Δt_e——杆底反射波旅行时间（s）；

Δf——幅频曲线上杆底相邻谐振峰间的频差（Hz）；

n——参与波速平均值计算的试验锚杆的锚杆数量（$n \geqslant 5$）。

5.6.3 缺陷判断及缺陷位置计算应符合下列要求：

1 时间域缺陷反射波信号到达时间应小于杆底反射时间；若缺陷反射波信号的相位与杆端入射波信号反相，二次反射信号的相位与入射波信号同相，依次交替出现，则缺陷界面的波阻抗差值为正；若各次缺陷反射波信号均与杆端入射波同相，则缺陷界面的波阻抗差值为负。

2 频率域缺陷频差值应大于杆底频差值。

3 锚杆缺陷反射信号识别可采用时域反射波法、幅频域频差法等。

4 缺陷反射波信号与杆端入射首波信号的时间差即为缺陷反射时差，若同一缺陷有多次反射信号，则应取各次缺陷反射时差的平均值。

5 缺陷位置应按下列公式计算：

$$x = \frac{1}{2} \cdot \Delta t_x \cdot C_m \qquad (5.6.3\text{-}1)$$

或

$$x = \frac{1}{2} \cdot \frac{C_m}{\Delta f_x} \qquad (5.6.3\text{-}2)$$

式中：x——锚杆杆端至缺陷界面的距离（m）；

Δt_x——缺陷反射波旅行时间（s）；

Δf_x——频率曲线上缺陷相邻谐振峰间的频差（Hz）。

5.6.4 锚固密实度评判应符合下列规定：

1 锚固密实度宜根据表 5.6.4 进行综合评判。

表 5.6.4 锚固密实度评判标准

质量等级	波形特征	时域信号特征	幅频信号特征	密实度 D
A	波形规则，呈指数快速衰减，持续时间短	$2L/C_m$ 时刻前无缺陷反射波，杆底反射波信号微弱或没有	呈单峰形态，或可见微弱的杆底谐振峰，其相邻频差 $\Delta f \approx C_m/2L$	≥90%

续表 5.6.4

质量等级	波形特征	时域信号特征	幅频信号特征	密实度 D
B	波形较规则，呈较快速衰减，持续时间较短	$2L/C_m$ 时刻前有较弱的缺陷反射波，或可见较清晰的杆底反射波	呈单峰或不对称的双峰形态，或可见较弱的谐振峰，其相邻频差 $\Delta f \geqslant C_m/2L$	90%～80%
C	波形欠规则，呈逐步衰减或间歇衰减趋势形态，持续时间较长	$2L/C_m$ 时刻前可见明显的缺陷反射波或清晰的杆底反射波，但无杆底多次反射波	呈不对称多峰形态，可见谐振峰，其相邻频差 $\Delta f \geqslant C_m/2L$	80%～75%
D	波形不规则，呈慢速衰减或间歇增强后衰减形态，持续时间长	$2L/C_m$ 时刻前可见明显的缺陷反射波及多次反射波，或清晰的、多次杆底反射波信号	呈多峰形态，杆底谐振峰明显、连续，或相邻频差 $\Delta f > C_m/2L$	<75%

2 锚固密实度可根据下式按长度比例估算：

$$D = 100\% \times (L_r - L_x)/L_r \qquad (5.6.4\text{-}1)$$

式中：D——锚固密实度；

L_r——锚杆入岩深度；

L_x——锚固不密实段长度。

3 除孔口段末端部分外，锚固密实度可依据反射波能量法按下列公式估算：

$$D = (1 - \beta\eta) \times 100\% \qquad (5.6.4\text{-}2)$$

$$\eta = E_r/E_0 \qquad (5.6.4\text{-}3)$$

$$E_r = E_s - E_0 \qquad (5.6.4\text{-}4)$$

式中：D——锚固密实度；

η——锚杆杆系能量反射系数；

β——杆系能量修正系数，可通过锚杆模拟试验修正或根据同类锚杆经验取值，若无锚杆模拟试验数据或同类锚杆经验值，可取 $\beta = 1$；

E_0——锚杆入射波总能量，自入射波波动开始至入射波持续波动结束时间段内（t_0）的波动总能量；

E_s——锚杆波动总能量，自入射波波动开始至杆底反射波波动持续结束时刻（$2L/C_m + t_0$）的波动总能量；

E_r——（$2L/C_m + t_0$）时间段内反射波波动总能量。

4 应根据标准锚杆图谱进行评判。

5.6.5 镶接式锚杆杆体连接处的反射信号与杆身缺陷反射信号应通过施工记录区分。

5.6.6 当出现下列情况之一时，锚固质量判定宜结合其他检测方法进行：

1 实测信号复杂，波动衰减极其缓慢，无法对其进行准确分析与评价。

2 外露自由段过长、弯曲或杆体截面多变。

6 现场检测

6.1 检测准备

6.1.1 接受检测任务后，应收集下列资料：

1 工程项目用途、规模、结构、地质条件，项目锚杆的设计类别及功能、设计数量、设计长度范围等；

2 工程项目的锚杆设计布置图、施工工艺、施工记录、监理记录。

6.1.2 锚杆无损检测实施前，检测单位应编写锚杆无损检测方案。

6.1.3 检测前应对检测仪器设备进行检查调试。

6.1.4 现场检测期间，检测现场周边不得有机械振动、电焊作业等对检测数据有明显干扰的施工作业。

6.2 检测实施

6.2.1 单项或单元工程被检锚杆宜随机抽样，并应重点检测下列部位：

1 工程的重要部位；

2 局部地质条件较差部位；

3 锚杆施工较困难的部位；

4 施工质量有疑问的锚杆。

6.2.2 当出现下列情况时，宜采用其他方法进行验证：

1 实测信号复杂、波形不规则，无法对其进行锚固质量评价；

2 对无损检测结果有争议。

6.2.3 现场检测宜在锚固7d后进行。

6.2.4 现场检测应具备高处作业、照明、通风等条件及必要的安全防护措施。

6.2.5 检测前应清除外露端周边浮浆，分离待检锚杆外露端与喷护体的连接。

6.2.6 对被测锚杆的外露自由段长度和孔口段锚固情况应进行测量记录。

7 质量评定

7.1 一般规定

7.1.1 现场检测结束后应对每根被检测锚杆的锚固质量进行评定。

7.1.2 单根锚杆锚固质量评定应包括下列内容：

1 全长粘结锚杆杆体长度和锚固密实度；

2 自钻式锚杆杆体长度和锚固密实度；

3 端头锚固锚杆杆体长度和锚固段锚固密实度；

4 摩擦型锚杆杆体长度。

7.1.3 单项或单元工程应分别评定锚杆杆体长度和锚固密实度。

7.2 锚杆锚固质量评定标准

7.2.1 对于杆体长度不小于设计长度的95%、且不足长度不超过0.5m的锚杆，可评定锚杆长度合格。

7.2.2 锚杆锚固密实度应按本规程表5.6.4的规定进行评定，并应符合下列规定：

1 当锚杆空浆部位集中在底部或浅部时，应降低一个等级；

2 当锚固密实度达到C级以上，且符合工程设计要求时，应评定锚固密实度合格。

7.2.3 单根锚杆锚固质量无损检测分级评判应按表7.2.3进行。

表 7.2.3 单根锚杆锚固质量无损检测分级评价表

锚固质量等级	评价标准
Ⅰ	密实度为A级，且长度合格
Ⅱ	密实度为B级，且长度合格
Ⅲ	密实度为C级，且长度合格
Ⅳ	密实度为D级，或长度不合格

7.2.4 单元或单项工程锚杆锚固质量全部达到Ⅲ级及以上的应评定为合格，否则应评定为不合格。

附录A 锚杆模拟试验

A.1 一般规定

A.1.1 锚杆模拟试验适用于全长粘结型锚杆。

A.1.2 锚杆模拟试验宜由工程建设单位或其授权人组织进行。

A.1.3 锚杆模拟试验宜进行室内试验和现场试验。

A.1.4 锚杆模拟试验之前应编写试验方案，检测完成后应编写试验检测报告或验证总结报告。

A.1.5 现场锚杆模拟试验宜包括所要检测工程的全部锚杆类型和规格，同时应考虑有代表性的围岩地质条件。

A.1.6 锚杆模拟试验宜使用拟用于工程锚杆检测的同类型仪器设备。

A.2 标准锚杆设计、制作和检测

A.2.1 室内标准锚杆设计应符合下列规定：

1 模拟锚杆孔宜采用内径不大于90mm的PVC或PE管，其长度应比被模拟锚杆长度长1m以上。

2 锚杆宜采用所检测工程锚杆相同类型，其长度宜涵盖设计锚杆长度范围，锚杆外露段长度与工程锚杆设计相同，外露杆头应加工平整。

3　标准锚杆宜包含所检测工程锚杆的等级和主要缺陷类型。

4　胶粘材料宜与所检测工程锚杆相同，设计缺陷宜用橡胶管等模拟。

A.2.2　现场标准锚杆设计应符合下列规定：

1　试验场地宜选在与被检测工程锚杆围岩条件类同的围岩段，且不应影响主体工程施工和便于钻孔取芯施工。

2　锚杆孔宜采用与被检锚杆同样的方式造孔，孔径应与工程锚杆孔径相同。

3　锚杆宜采用与被检测工程锚杆相同的材质与类型，长度宜涵盖工程锚杆长度范围，外露段长度与工程锚杆设计长度相同，杆头应加工平整。

4　注浆材料宜选用与工程锚杆相同的注浆材料和配合比，注浆后自然养护。

A.2.3　室内标准锚杆制作应符合下列规定：

1　根据室内标准锚杆设计，将外径略小于 PVC 或 PE 管内径的泡沫塑料或内空软橡胶管套在设计不密实段的锚杆杆体上，两端用胶带密封防止浆液渗入。

2　模型制作用 PVC 或 PE 管应一端封堵，将锚杆杆体插入 PVC 或 PE 管中，然后注浆、封口，砂浆凝固前不得敲击、碰撞管体或拉拔锚杆，自然养护。

A.2.4　现场标准锚杆制作应符合下列规定：

1　根据现场标准锚杆设计，将外径略小于 PVC 或 PE 管内径的泡沫塑料或内空软橡胶管套在设计不密实段的锚杆杆体上，两端用胶带密封防止浆液渗入。

2　按现场标准锚杆设计图钻孔，按被检测工程锚杆相同的施工工序完成锚杆施工。砂浆凝固前不得敲击、碰撞或拉拔锚杆，自然养护。

A.2.5　标准锚杆检测应符合下列要求：

1　检测方法应采用声波反射法。

2　检测宜在 3d、7d、14d、28d 龄期时分别进行。

3　检测除应符合本规程第 6 章的规定外，宜改变激振方式、激振力、接收传感器类型和仪器参数等进行检测，并取得全部记录。

A.3　验证与复核

A.3.1　室内标准锚杆检测完成后应剖开 PVC 或 PE 管，测量、记录每根室内标准锚杆的长度及缺陷位置，计算其密实度，并与原设计参数进行比对。

A.3.2　现场标准锚杆检测完成后，若条件许可，宜采用钻孔取芯等有效手段进行复核。

A.4　试验资料整理

A.4.1　应整理分析每根标准锚杆的全部检测波形，选取与验证复核相符的记录，制作标准锚杆检测图谱。

A.4.2　应计算每根试验标准锚杆的杆体波速、杆系波速，并应计算杆体波速平均值和各种缺陷类型的杆系波速平均值，杆系能量修正系数。

A.4.3　应编写锚杆模拟试验报告。报告应明确试验仪器、仪器设置的最佳参数、检测精度、检测有效范围，并应提供杆体波速、杆系波速、杆系能量修正系数及标准锚杆检测图谱。

附录 B　单根锚杆检测结果表

工程名称：　　项目名称：　　锚杆编号：

检测单位：　　仪器型号：　　检测日期：

检测波形及解释示意图	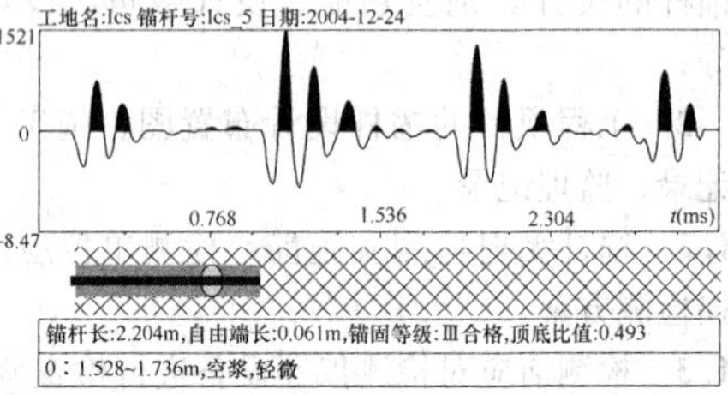						
设计参数	类型	Φ（mm）	L（m）	L_0（m）	L_r（m）	D（%）	其他
检测参数	类型	Φ（mm）	L（m）	L_0（m）	L_r（m）	D（%）	其他
检测结果							

检测：　　解释：　　校对：

附录 C　单元工程锚杆检测成果表

工程名称：　　项目名称：　　单元编号：

检测单位：　　仪器型号：　　检测日期：

序号	锚杆编号	设计参数		检测参数		分级	检测评价	备注
		L(m)	D(%)	L(m)	D(%)			

检测：　　校对：　　审核：

本规程用词说明

1 为便于在执行本规程条文时区别对待，对要求严格程度不同的用词，说明如下：

1）表示很严格，非这样做不可的：

正面词采用“必须”；反面词采用“严禁”；

2）表示严格，在正常情况均应这样做的：

正面词采用“应”；反面词采用“不应”或“不得”；

3）表示允许稍有选择，在条件许可时首先应这样做的：

正面词采用“宜”；反面词采用“不宜”；

4）表示有选择，在一定条件下可以这样做的，采用“可”。

2 条文中指明应按其他有关标准执行的写法为“应符合……的规定（或要求）”或“应按……执行”。

中华人民共和国行业标准

锚杆锚固质量无损检测技术规程

JGJ/T 182—2009

条 文 说 明

制 订 说 明

《锚杆锚固质量无损检测技术规程》JGJ/T 182-2009经住房和城乡建设部2009年11月9日以431号公告批准发布。

本规程制订过程中，编制组对国内建筑、水利水电、交通、矿山等行业锚杆锚固的应用情况进行了调查研究，总结了我国锚杆锚固质量无损检测的实践经验，开展了锚杆锚固质量无损检测室内模型试验和现场试验。

为便于广大设计、施工、科研、学校等单位有关人员在使用本标准时能正确理解和执行条文规定，《锚杆锚固质量无损检测技术规程》编制组按章、节、条顺序编制了本规程的条文说明，对条文规定的目的、依据以及执行中需注意的有关事项进行了说明。但是，本条文说明不具备与标准正文同等的法律效力，仅供使用者作为理解和把握标准规定的参考。

目　次

1　总则 ………………………………………… 25—15
2　术语和符号 ……………………………… 25—15
3　基本规定 ………………………………… 25—17
3.1　一般规定 ……………………………… 25—17
3.2　检测数量 ……………………………… 25—17
3.3　检测结果 ……………………………… 25—17
4　检测仪器设备 …………………………… 25—17
4.1　一般规定 ……………………………… 25—17
4.2　采集仪器 ……………………………… 25—18
4.3　激发与接收设备 ……………………… 25—18
5　声波反射法 ……………………………… 25—18
5.1　适用范围 ……………………………… 25—18
5.2　检测条件 ……………………………… 25—18
5.3　测试参数设定 ………………………… 25—18
5.4　激振与接收 …………………………… 25—18
5.5　检测记录 ……………………………… 25—18
5.6　检测数据分析与判定 ………………… 25—19
6　现场检测 ………………………………… 25—19
6.1　检测准备 ……………………………… 25—19
6.2　检测实施 ……………………………… 25—19
7　质量评定 ………………………………… 25—19
7.1　一般规定 ……………………………… 25—19
7.2　锚杆锚固质量评定标准 ……………… 25—19
附录A　锚杆模拟试验 ……………………… 25—20

1 总 则

1.0.1 传统的锚杆锚固质量主要通过设计、施工、试验和验收等过程进行控制，试验主要是进行材料试验、锚固力试验。近年来，随着锚杆工程数量的大量使用，一般的材料试验、锚固力试验还不能够很好地控制锚杆的锚固质量，尤其是决定锚杆锚固效果的锚杆杆体长度、锚固密实度两个主要参数。所以，一些大型工程（如水电工程、公路和铁路交通工程、矿山工程）逐渐采用声波反射无损检测技术对工程的锚杆长度和锚固密实度进行检测，以达到有效控制锚杆锚固质量的目的。

1.0.2 当前，水利水电行业在其工程物探规程中的相应章节制定了锚杆锚固质量无损检测技术要求，还有一些行业实际上已广泛采用声波反射法进行锚杆锚固质量检测，从当前调查资料来看，工程中的全长粘结型锚杆占了总锚杆数量的绝大部分，其他类型锚杆相对较少。本规程适用于全长粘结锚杆的锚固质量无损检测，其他类型锚杆的锚固质量无损检测可参照执行。

1.0.3 锚杆锚固质量与设计条件和施工因素等直接相关，从目前的客观实际来看，这些因素的作用和影响，直接决定了检测结果评判的是否可靠。因此，应根据检测目的、方法技术的适用范围和特点，考虑上述因素进行合理使用，以达到正确评价的目的。

1.0.4 作业过程中要以人为本，遵守国家现行的安全与劳动保护条例，做到安全生产。

1.0.6 锚杆检测中涉及的安全作业、特殊行业中对锚杆质量的特殊要求等，应符合国家及行业的强制性标准。

2 术语和符号

锚杆的分类和定义一直没有统一，各规程的命名也不统一，锚杆类型的划分有多种方式：有按应用对象划分的，如岩石锚杆、土层锚杆；有按是否预先施加应力划分的，如预应力锚杆、非预应力锚杆；有按锚固机理划分的，如粘结式锚杆、摩擦式锚杆、端头锚固式锚杆和混合式锚杆；有按锚杆杆体构造划分的，如胀壳式锚杆、水胀式锚杆、自钻式锚杆和缝管锚杆；有按锚固体传力方式划分的，如压力型锚杆、拉力型锚杆和剪力型锚杆；有按锚固体形态划分的，如端部扩大型锚杆、连续球型锚杆；有按锚固体材料划分的，如砂浆锚杆、树脂锚杆、水泥卷锚杆；有按作用时段和服务年限划分的，如永久锚杆、临时锚杆；有按布置划分的，如系统锚杆、随机锚杆等等。目前工程常用的锚杆总体上可按锚固范围分为集中（端头）锚固类锚杆和全长锚固类锚杆两大类别：锚固装置或杆体只有一部分和锚孔壁接触的锚杆，称为集中类锚杆；锚固装置或杆体全部和锚孔壁接触的锚杆，则称之为全长锚固类锚杆。也可按锚固方式分为机械锚固型和粘结锚固型两大类型：锚固装置或杆体直接和孔壁接触，以摩擦为主起锚固作用的锚杆，称之为机械型锚杆；杆体部分或全长利用胶结材料把杆体和锚固孔孔壁充填粘结，以粘结力为主起锚固作用的锚杆，称之为粘结型锚杆。

常见锚杆的结构如下列示意图所示：

1 全长粘结型锚杆结构如图1所示：

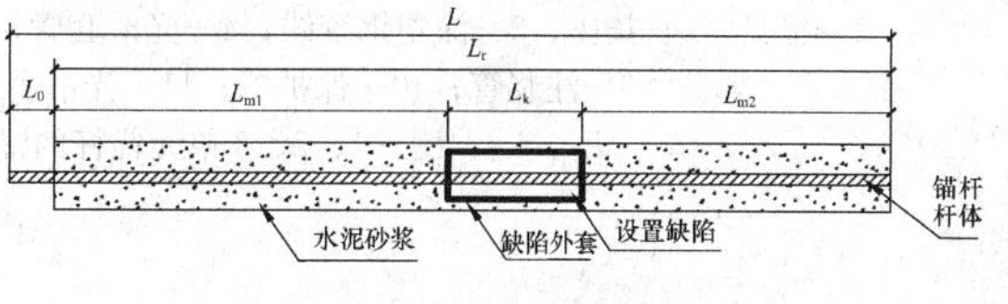

图1 全长粘结型锚杆结构示意图

2 永久性拉力型锚杆结构如图2所示：

3 永久性拉力分散型锚杆结构如图3所示：

4 永久性压力分散型锚杆结构如图4所示：

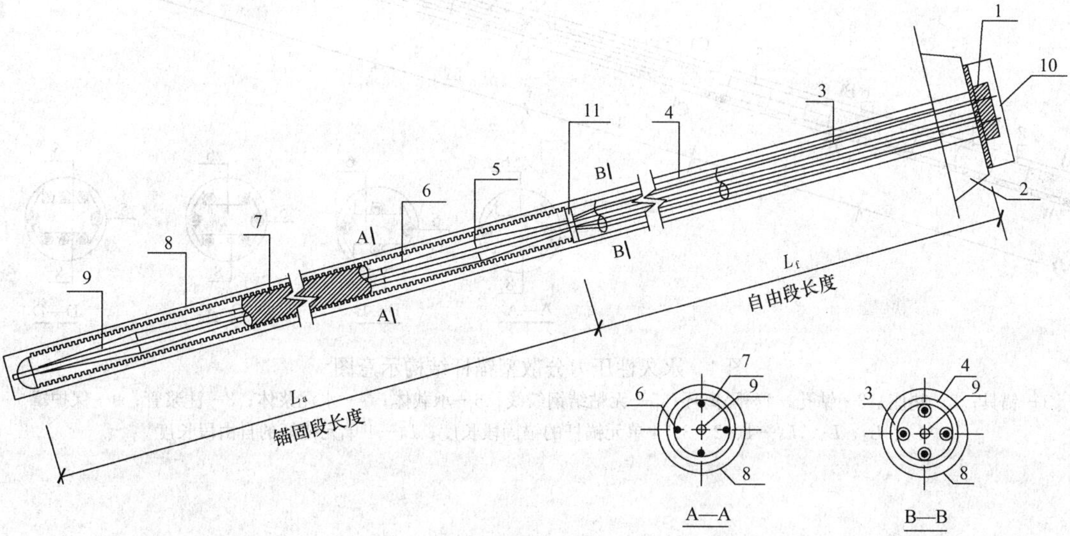

图2 永久性拉力型锚杆结构示意图（Ⅰ级防护）

1—锚具；2—垫座；3—涂塑钢绞线；4—光滑套管；5—隔离架；6—无包裹钢绞线；7—波形套管；8—钻孔；9—注浆管；10—保护罩；11—光滑套管与波形套管搭接处（长度不小于20cm）

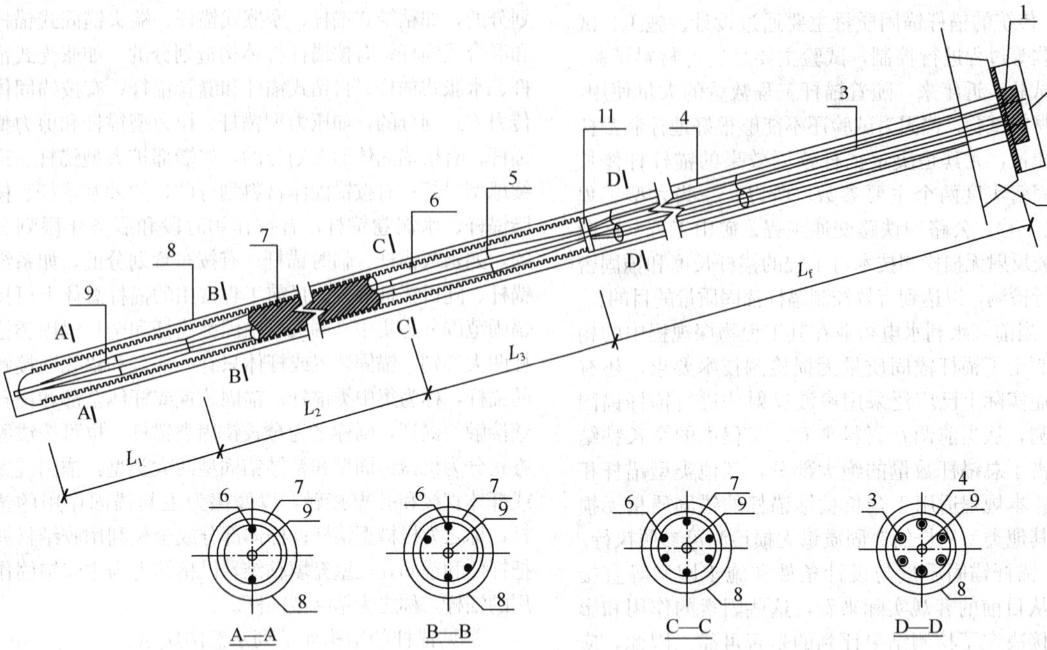

图 3　永久性拉力分散型锚杆结构示意图（Ⅰ级防护）

1—锚具；2—垫座；3—涂塑钢绞线；4—光滑套管；5—隔离架；6—无包裹钢绞线；7—波形套管；8—钻孔；9—注浆管；10—保护罩；11—光滑套管与波形套管搭接处（长度不小于 200mm）

L_1、L_2、L_3—1、2、3 单元锚杆的锚固段长度；L_f—3 单元锚杆的自由段长度

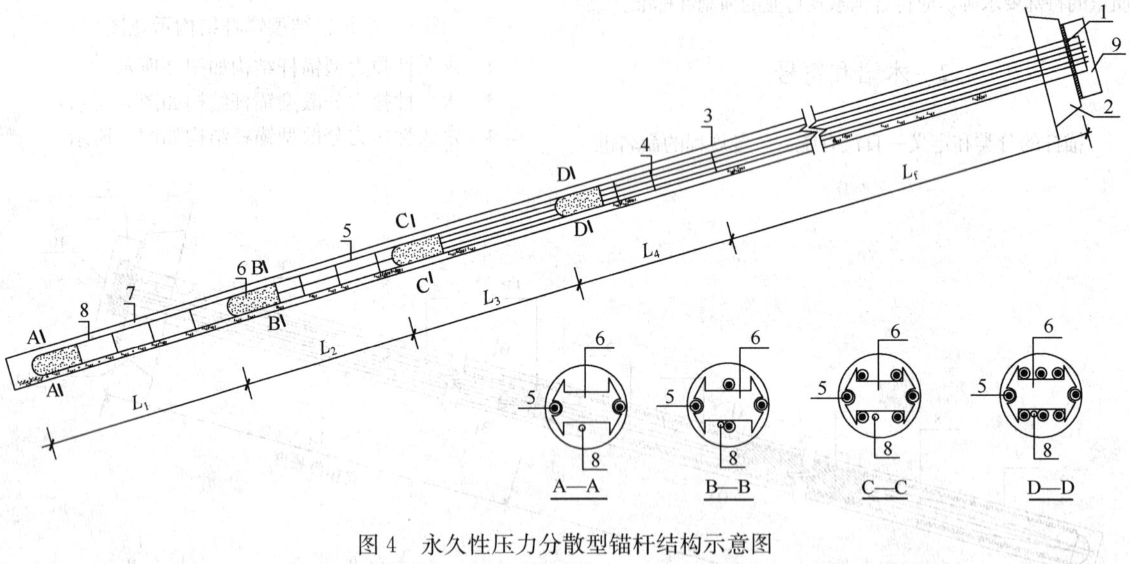

图 4　永久性压力分散型锚杆结构示意图

1—锚具；2—垫座；3—钻孔；4—隔离环；5—无粘结钢绞线；6—承载体；7—水泥浆体；8—注浆管；9—保护罩

L_1、L_2、L_3、L_4—1、2、3、4 单元锚杆的锚固段长度；L_f—4 单元锚杆的自由段长度

5 压力型预应力锚杆结构如图5所示：

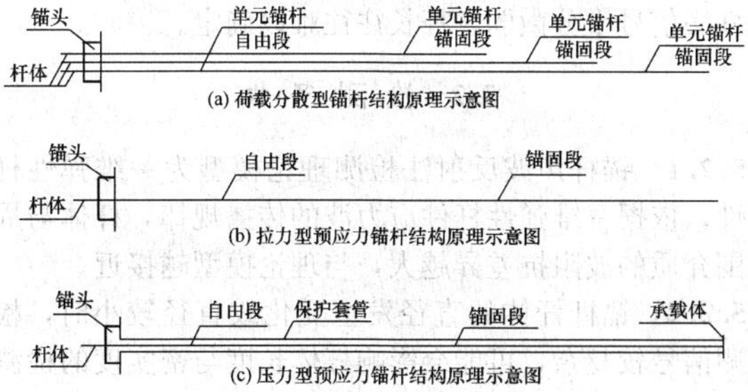

图5 压力型预应力锚杆结构原理示意图

6 水胀式锚杆结构如图6所示：

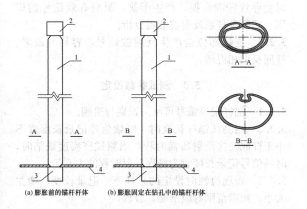

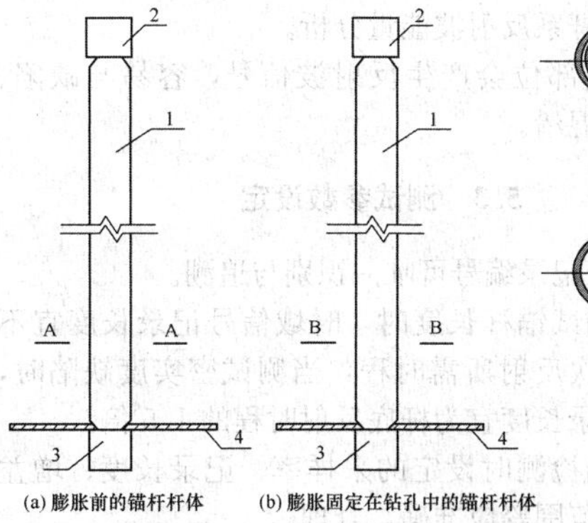

A—A
B—B
(a) 膨胀前的锚杆杆体
(b) 膨胀固定在钻孔中的锚杆杆体

图6 水胀式锚杆结构原理示意图

1—异型钢管杆体；2—钢管套；
3—带注水管钢管套；4—垫板

7 锚杆防护结构如图7所示：

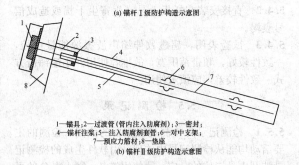

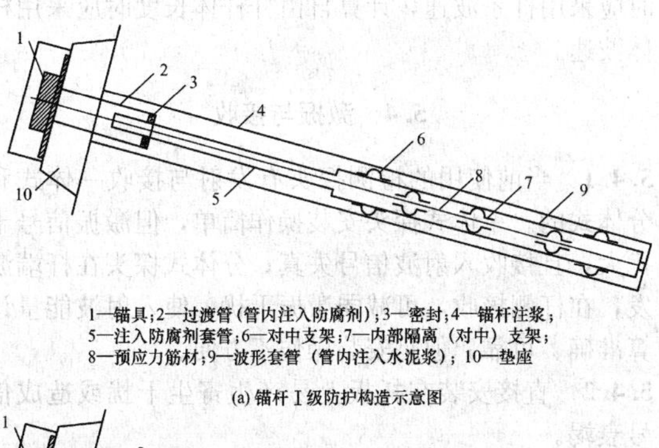

1—锚具；2—过渡管（管内注入防腐剂）；3—密封；4—锚杆注浆；
5—注入防腐剂套管；6—对中支架；7—内部隔离（对中）支架；
8—预应力筋材；9—波形套管（管内注入水泥浆）；10—垫座
(a) 锚杆Ⅰ级防护构造示意图
1—锚具；2—过渡管（管内注入防腐剂）；3—密封；
4—锚杆注浆；5—注入防腐剂套管；6—对中支架；
7—预应力筋材；8—垫座
(b) 锚杆Ⅱ级防护构造示意图

图7 锚杆防护构造示意图

3 基本规定

3.1 一般规定

3.1.1 全长粘结型锚杆检测的内容包括锚杆杆体长度、锚固密实度，摩擦型、膨胀型、管楔型等非粘结型锚杆可采用声波反射方法检测杆体长度。

3.1.2 我国当前工程建设项目主要由建设单位负责管理、设计单位负责设计、监理单位现场监理、施工单位施工的模式进行，为了保证检测数据的准确公证，试验和检测均应由有相应资质的单位进行。

3.1.3 试验锚杆对于检测人员来讲是“盲杆”，通过锚杆模拟试验获得不同缺陷锚杆的波形，同时对检测人员的检测水平和检测仪器的测试精度进行考核。

3.1.4 大型工程包含的项目较多，有些项目的施工周期较长，采用多个单元进行施工与验收，可按项目和单元检测，与施工、验收相对应。

3.1.5 对于大型工程一般进行了锚杆模拟试验，但不可能所有型号、所有地质条件下的均进行锚杆模拟试验，还应通过在检测过程中总结规律，逐步建立工程的锚杆检测图库。

3.1.6 本条所示框图针对单项或单元工程检测，不包括大型工程在检测机构引进、试验、机构建立的工作。

3.2 检测数量

3.2.1 重要部位如岩锚吊车梁、起重机锚固墩、地下厂房顶等。

3.3 检测结果

3.3.1 提交的检测报告应满足委托方的要求，检测方应将原始检测资料和检测报告存档。原始记录应包括电子文档和纸质文档。

3.3.3 有些零星或小工程不设检测机构，一次进场完成，检测时间短、检测数量少，常采取直接提交成果报告的方式。

3.3.4 工程项目及检测概况包括：项目简介、建设和施工单位、设计要求、施工工艺、检测目的、检测依据、检测数量、施工和检测日期、锚杆布置图。检测报告各单位的格式要求可能有所不同，但主要内容应涵盖本条规定。

4 检测仪器设备

4.1 一般规定

4.1.1 当前进行锚杆无损检测的仪器大多在基桩低应变检测仪器的基础上开发出来的，甚至直接使用测桩仪进行锚杆检测，但近年来已有一些厂商开发出了专门的锚杆检测仪，专业的锚杆检测仪其原理与桩基低应变仪有差异，但在传感器、激振、频率响应等方面充分考虑了锚杆的实际情况，所以，本规程规定使用经技术监督部门批准生产的专用锚杆无损检测仪。

4.1.3 成套的检测仪器是经过研制单位长期的实验室和现场试验得出的，并经相关技术部门、技术鉴定会认可的，将不同的检测仪器和备件（主要为传感器和振源）组成一个检测系统可能存在技术缺陷，不提倡检测机构自已进行采集器和备件的随意组合。

4.2 采集仪器

4.2.1 锚杆检测是现场检测，该条文的规定是保证检测人员在现场检测时能识别、判断信号的有效性，保持检测数据的质量，同时，也保证资料分析评判人员能完整地使用现场检测数据，从而保证了"现场检测—数据检查—成果分析"的连续性。

4.2.2 本规定充分考虑了锚杆的特殊性，低频可以使信号传得更远，高频分辨较小的杆系缺陷，一般的钢筋锚杆，激振频率和固有频率均较高（10Hz～100kHz），所以，应规定数据采集的采样率、A/D转换精度等参数。

4.2.3 为了检测各种类型的锚杆，配备各种振源是必须的。如短锚杆和长锚杆，硬质围岩和软质围岩等，所采用的检测振源及激振频率会有所区别。

4.3 激发与接收设备

4.3.3 每种采集仪器和接收传感器、激振设备都有一定的固有频率范围，这个固有频率范围应彼此包容，并包容锚杆的频率特性范围，传感器灵敏度为参考值，具体应根据采集的量程、检测锚杆的缺陷分辨率等情况确定。

4.3.4 声波接收传感器使用速度或加速度传感器，一般在研制生产时就给予确定，仪器说明书应说明其适用的条件。一般来说，加速度传感器一般采用压电式，体积小、灵敏度和分辨率较高；速度传感器一般采用机械式，体积大。由于锚杆直径小，激振频率高，故推荐使用加速度传感器。

5 声波反射法

5.1 适用范围

5.1.1 《锚杆喷射混凝土支护技术规范》GB 50086-2001中锚杆质量的检查包括：长度、间距、角度、方向、抗拔力以及注浆密实度等；《水电水利工程锚喷支护施工规范》DL/T 5181-2003对锚杆的质量检验主要包括：锚杆原材料质量控制检验、锚固砂浆抗压强度抽检、锚杆拉拔力检测、安装测力计、锚杆锚固密实度无损检测。

5.1.2 声波反射法检测锚杆杆体长度受锚杆锚固密实度、围岩特性等因素的影响。大量试验结果表明，锚杆锚固密实度越低，围岩波速越小，则锚杆杆体长度的检测效果越好；当锚杆锚固密实度较好时，锚杆杆底信号十分微弱，杆长往往难以确定。

5.2 检测条件

5.2.1 锚杆声波反射法检测理论模型为一维弹性杆件，依据一维弹性杆件应力波的传播规律，杆体与周围介质的波阻抗差异越大，与理论模型越接近。

5.2.2 锚杆杆体的直径发生变化或直径较小时，检测信号较复杂，可能会影响杆体长度与密实度的检测的准确性与可靠性。

5.2.3 便于激振器激振和接收传感器的安装，且保证激振信号和接收信号的质量。

5.2.4 外露段过长，当环境存在振动或激振力过大时会导致杆端自振，产生干扰，影响有效信号的识别、判断及杆系反射波能量分析。

5.2.5 连接部位会产生反射波信号，容易与缺陷、杆底反射相混淆。

5.3 测试参数设定

5.3.1 锚杆记录编号可唯一识别与追溯。

5.3.2 当测试锚杆长度时，时域信号记录长度宜不小于杆底三次反射所需时程，当测试密实度缺陷时，时域信号记录长度宜为杆底反射时程的1.5倍。

5.3.3 现场检测时设定的采样率、记录长度、增益大小、频带范围等应准确、合理。

5.3.4 试验表明，一维自由弹线性体的波速和有一定边界条件的一维弹线性体的波速存在一定的差异，即锚杆杆体的声波纵波速度与包裹一定厚度砂浆的锚杆杆系的声波纵波速度是不一样的。一般锚杆杆体的波速比杆系的波速高，计算砂浆包裹的锚杆杆体长度时应采用杆系波速，计算自由杆杆体长度时应采用杆体波速。

5.4 激振与接收

5.4.1 当前使用的检测探头有发射与接收一体式和分体式的。一体式探头安装操作简单，但激振信号干扰大，且接收入射波信号失真；分体式探头在杆端激发，在杆侧接收，可减弱激振干扰，使入射波能量计算准确、可靠，但是安装操作不方便。

5.4.2 直接安装在托板上易产生寄生干扰或造成信号衰竭。

5.4.3 试验表明，超磁致伸缩声波振源能量可控，一致性较好，频带范围宽，故推荐使用。小锤锤击方式一致性较差，应慎重使用。

5.5 检测记录

5.5.1 检测记录为检测过程重要的依据，检测的主要活动均能从检测记录中体现，由软件生成的检测记录涉及人员岗位的，应一律使用签名，网上办公的可使用电子签名。

5.5.2 重复性检验是科学试验最重要的手段，3次重复是一般试验的要求，3次重复操作至少有2次重复的结果基本一致，如3次重复操作结果不一致，则该记录不能被采用。

5.5.3 保证检测的成果资料与样品的对应性和可追溯性是检测工作的基本要求。

5.6 检测数据分析与判定

5.6.1

1 当杆底反射信号较清晰时，可直接采用时域反射波法和幅频域频差法识别；当杆底反射信号微弱难以辨认时，宜采用瞬时谱分析法、小波分析法和能流分析法等方法识别。

4 一般情况下，锚杆的波阻抗大于围岩的波阻抗，故杆底反射波与杆端入射首波同相位，其多次反射波也是同相位的。当锚杆注浆密实的情况下，杆底反射波信号往往十分微弱，或有缺陷反射波信号干扰杆底反射波信号时，致使在时域和幅频域均难以清晰地识别杆底反射波信号及频差，故应使用瞬时谱法、小波法、能流法等方法提高杆底反射波信号的识别能力。在不利的情况下，检测锚杆长度是比较困难。

5.6.2 试验表明，锚杆的杆体波速与杆系波速是不同的，一般杆体波速高于杆系波速，波速差异的因素与声波波长、锚杆直径、胶粘物厚度、胶粘物波速及声波尺度效应等有关，因此锚杆杆长计算时采用的波速平均值应考虑密实度的影响。由于杆系平均波速受多方面因素的影响，尚无法准确地确定与密实度的关系，但在实际检测工作中应考虑杆长检测精度与密实度有关。

5.6.3

2 当缺陷反射波信号较清晰时，可采用时域反射波法和幅频域频差法识别；当缺陷反射波信号难以辨认时，宜采用瞬时谱分析法、小波分析法和能流分析法等方法识别。

5 本条所指的缺陷是指锚杆锚固不密实段，缺陷判断及缺陷位置计算应综合分析缺陷反射波信号的相位特征、相对幅值大小及反射波旅行时间等因素。

5.6.4

3 试验表明，锚杆的锚固密实度与锚杆杆系的能量反射系数之间存在紧密的相关关系，通过锚杆模型试验修正杆系能量系数使得两者的关系更具相关性。

5.6.5 试验表明，镶接式锚杆在连接处可能会产生反射信号，在缺陷分析与波动能量计算时应予以考虑。

5.6.6 出现这种复杂的情况原因较多，如环境振动干扰、电磁干扰等，外露段较长一般出现在预应力锚杆中，如水电站地下厂房的岩锚梁、过河缆机平台的锚固墩、隧洞内加固至衬砌上的预应力锚杆等，外露长度达（0.5～4.0）m，甚至弯曲，或搭接，致使检测信号变得十分复杂。

6 现 场 检 测

6.1 检 测 准 备

6.1.1 按照国际、国内检验认证的一般规定，锚杆无损检测属于现场原位试验，应注重检测样品的描述及相关资料的收集与分析，这种收集对检测过程的追溯、对检测成果的正确判断都非常重要。

6.1.2 按照当前国内建设项目检测、试验的一般程序，检测或试验方应针对检测对象、检测人的情况，在检测前编制检测实施细则或方案，以便监理方或其他相关方监督、了解检测工作，一般独立的小项目不作此要求。

6.1.3 该条要求是特别针对现场检测，采用了野外测试相关行业的规定，一般要求形成检查记录，与原始记录一起管理。

6.1.4 现场振动、强电磁场等干扰会严重影响记录质量，应采取施工协调、轮休等措施予以规避。

6.2 检 测 实 施

6.2.3 锚杆锚固龄期太短，粘结材料强度低，与锚杆模拟试验类比性差，或难以检测锚固不密实缺陷。

6.2.4 为保证检测安全和检测原始数据质量而作的规定。

6.2.5 初衬支护使锚杆杆头遮掩，增加了检测难度。检测时必须找到锚杆且将杆头凿出。

6.2.6 掌握外露自由段长度和孔口段锚固情况有助于准确分析波形、判断缺陷性质及计算锚杆锚固密实度。

7 质 量 评 定

7.1 一 般 规 定

7.1.1 按照检验检测的一般规定，应先对独立样品进行检测评价，每根锚杆对应单个独立样品。

7.1.3 按照检验检测的原则，检测达到了群体数量时，应进行群体特性符合性评价，故对单元或单项工程应进行群体性锚杆的杆体长度、锚固密实度统计评价。

7.2 锚杆锚固质量评定标准

7.2.2 该条规定参考了国外及国内众多行业及国家标准的规定，同时也考虑到声波反射法检测的实际情况。

7.2.4 本规程规定的锚固质量无损检测分级评判标准参考了《锚杆喷射混凝土支护技术规范》GB 50086－2001、《水电水利工程锚喷支护施工规范》DL/T 5181－2003，也参考了一系列大型工程的技术规定，同时也考虑声波反射法检测技术的实际情况。

附录A 锚杆模拟试验

A.1 一 般 规 定

A.1.1 全长粘结型锚杆是当前工程中最常用的，其数量、比例均占绝大多数，该类型锚杆较适合声波反射法检测。

A.1.3 锚杆的室内试验是利用内径与锚杆孔径相同的PVC或PE管，模拟各类常规锚杆施工缺陷制作锚杆模型，进行锚杆无损检测试验，试验结束后将PVC或PE管剖开，与测试结果进行对比验证。现场锚杆的模拟试验是针对不同的围岩条件，模拟各类常规锚杆施工缺陷制作现场锚杆模型，在现场进行无损检测试验，以验证测试结果，分析不同围岩条件对检测波形及评判标准的影响。

A.1.4 锚杆模拟试验方案宜包含以下内容：工程概况、试验依据、检测设备和检测方法、试验内容、试验进度安排、试验锚杆设计与制作、预期检测成果。检测单位在检测完成后、开挖验证前均应编写提交检测报告，内容包含：试验概况、试验依据、检测设备和方法、试验内容、试验进度情况、试验检测成果、试验检测与开挖对比验证分析及杆系波速、杆系能量修正系数、锚杆模拟试验检测波形图库等。

A.1.5 岩土特性及锚杆的长短、直径大小对锚杆无损检测波形均有一定影响，因此，应选择不同规格的锚杆和围岩条件进行锚杆模拟试验。

A.1.6 检测规模较大时，宜在锚杆模拟试验时选择多种测试设备或测试方法对同一组模型锚杆进行重复测试，为选择准确性高的检测设备和方法提供依据。

A.2 锚杆模拟设计、制作和检测

A.2.1

3 每组试验锚杆可设计为完全锚固密实（密实度100%）、中部锚固不密实（密实度90%、75%、50%）、孔底锚固密实孔口段锚固不密实（密实度90%、75%、50%）、孔口锚固段密实孔底锚固不密实（密实度90%、75%、50%）等模型，每种长度规格宜设计1组试验锚杆。

4 锚杆模拟试验模型制作应符合锚杆施工相关规范。锚杆施工规范规定：注浆锚杆的钻孔孔径，若采用“先注浆后安装锚杆”的程序施工，钻头直径应大于锚杆直径15mm以上；若采用“先安装锚杆后注浆”的程序施工，钻头直径应大于锚杆直径25mm以上，并均应满足施工详图要求。锚杆安装可采用“先注浆后插杆”或“先插杆后注浆”的方法进行，但应根据锚杆的长度、方向及粘结材料性能进行综合选定，以确保锚固的密实度，保证锚杆工作的耐久性。水泥锚固剂张拉锚杆应采用“先注浆后插杆”的程序施工，注浆材料（速凝和缓凝水泥锚固剂）应一次性完成。锚杆的架设和居中措施应按施工图纸的要求进行。锚杆安装时，应结合锚杆应力计、测力计的安装同步进行，并采取措施进行保护。当锚杆孔渗水呈线流或遇软弱破碎带，应采用相应的处理措施。在粘结材料凝固前，不得敲击、碰撞和拉拔锚杆。

A.2.4

2 现场模拟锚杆制作应与被检测工程锚杆的施工参数及工艺相同。

A.2.5

2、3 采用不同龄期进行检测是为了解不同龄期检测结果的差异性并选择最佳检测龄期，使得检测结果相对准确与可靠；改变激振方式、激振力、接收传感器类型和仪器参数是为选择符合工程锚杆特点的检测参数。

A.3 验证与复核

A.3.2 标准锚杆试验主要用于考核检测单位的锚杆无损检测能力与水平，修正计算参数。

A.4 试验资料整理

A.4.1 锚杆模拟试验最主要作用是制作检测图谱，辅助评判锚杆锚固质量。

A.4.2 应计算每根试验标准锚杆的杆体波速、杆系波速，并计算杆体波速平均值、杆系波速平均值和杆系能量修正系数。

中华人民共和国行业标准

建筑门窗工程检测技术规程

Technical Specification for inspection of building doors and windows

JGJ/T 205—2010

批准部门：中华人民共和国住房和城乡建设部
施行日期：2 0 1 0 年 8 月 1 日

中华人民共和国住房和城乡建设部
公　　告

第524号

关于发布行业标准《建筑门窗工程检测技术规程》的公告

现批准《建筑门窗工程检测技术规程》为行业标准，编号为JGJ/T 205－2010，自2010年8月1日起实施。

本规程由我部标准定额研究所组织中国建筑工业出版社出版发行。

中华人民共和国住房和城乡建设部

2010年3月18日

前　　言

根据住房和城乡建设部《关于印发〈2008年工程建设城建、建工行业标准制订、修订计划（第一批）〉的通知》（建标［2008］102号）的要求，规程编制组经广泛调查研究，认真总结实践经验，参考有关国际标准和国外先进标准，并在广泛征求意见的基础上，制定了本规程。

本规程的主要技术内容是：1. 总则；2. 术语和符号；3. 基本规定；4. 门窗产品的进场检验；5. 门窗洞口施工质量检测；6. 门窗安装质量检测；7. 门窗工程性能现场检测；8. 既有建筑门窗检测。

本规程由住房和城乡建设部负责管理，由中国建筑科学研究院负责具体技术内容的解释。执行过程中如有意见或建议，请寄送中国建筑科学研究院（地址：北京市北三环东路30号，邮编：100013）。

本规程主编单位：中国建筑科学研究院
浙江省建工集团有限责任公司

本规程参编单位：浙江省建筑科学设计研究院
天津市建设工程质量监督管理总站
浙江建工检测科技有限公司
湖北省建筑科学研究设计院
浙江中南幕墙股份有限公司
浙江建工幕墙装饰有限公司
浙江展诚建设集团股份有限公司

本规程主要起草人员：邸小坛　吴　飞　翟传明　金　睿　熊　伟　雷立争　杨燕萍　樊　葳　余忠林　唐小虎　梁方岭　王坚飞　楼道安　陈洁如　周国平

本规程主要审查人员：赵宇宏　金伟良　赵　伟　王建民　朱　华　丁晓芬　杨　杨　张云龙　邱锡宏　林　安　李　萍　邱　涛

目 次

1 总则 …… 26—5
2 术语和符号 …… 26—5
2.1 术语 …… 26—5
2.2 符号 …… 26—5
3 基本规定 …… 26—5
3.1 检测分类 …… 26—5
3.2 检测方式与数量 …… 26—5
3.3 检测方法与检测仪器 …… 26—5
4 门窗产品的进场检验 …… 26—5
4.1 一般规定 …… 26—5
4.2 门窗及型材 …… 26—5
4.3 玻璃 …… 26—6
4.4 密封材料 …… 26—7
4.5 五金件及其他配件 …… 26—7
4.6 物理性能 …… 26—7
5 门窗洞口施工质量检测 …… 26—7
5.1 一般规定 …… 26—7
5.2 门窗洞口尺寸 …… 26—7
5.3 洞口外观与埋件 …… 26—8
6 门窗安装质量检测 …… 26—8
6.1 一般规定 …… 26—8
6.2 外观与尺寸 …… 26—8
6.3 连接固定 …… 26—8
6.4 排水、启闭与密封 …… 26—9
7 门窗工程性能现场检测 …… 26—9
7.1 一般规定 …… 26—9
7.2 外门窗气密性能、水密性能、抗风压性能检测 …… 26—9
7.3 门窗其他性能检测 …… 26—9
8 既有建筑门窗检测 …… 26—9
8.1 一般规定 …… 26—9
8.2 门窗的检查 …… 26—9
8.3 门窗的检测与分析 …… 26—10
8.4 门窗性能 …… 26—10
附录A 红外热像仪检测外门窗框与墙体间密封缺陷 …… 26—11
附录B 外门窗现场淋水检测 …… 26—11
附录C 门窗静载检测 …… 26—11
附录D 门窗现场撞击性能检测 …… 26—12
本规程用词说明 …… 26—12
引用标准名录 …… 26—13
附：条文说明 …… 26—14

Contents

1 General Provisions ······ 26—5
2 Terms and Symbols ······ 26—5
2.1 Terms ······ 26—5
2.2 Symbols ······ 26—5
3 Basic Requirement ······ 26—5
3.1 Inspection Classification ······ 26—5
3.2 Inspection Types and Quantity ······ 26—5
3.3 Inspection Method and Instrutment ······ 26—5
4 Approach Detections of Windows and Doors ······ 26—5
4.1 General Requirement ······ 26—5
4.2 Doors and Windows Profiles ······ 26—5
4.3 Glass ······ 26—6
4.4 Sealing Material ······ 26—7
4.5 Hardware and Other Accessories of Doors and Windows ······ 26—7
4.6 Physical Properties ······ 26—7
5 Construction Quality Inspections of the Entrance Windows and Doors ······ 26—7
5.1 General Requirement ······ 26—7
5.2 Entrance Dimensions ······ 26—7
5.3 Appearance and Embedded Parts ······ 26—8
6 Installation Quality Inspections of Windows and Doors ······ 26—8
6.1 General Requirement ······ 26—8
6.2 Appearance and Dimensions ······ 26—8
6.3 Connection Fastened ······ 26—8
6.4 Drainage, Open and Close, Sealing ······ 26—9
7 Performance Inspections of Windows and Doors at Field ······ 26—9
7.1 General Requirement ······ 26—9
7.2 Inspections of Air Permeability, Watertightness, Wind Load Resistance Performance for Building External WindOws and Doors ······ 26—9
7.3 Inspections of Other Properties for Windows and Doors ······ 26—9
8 Windows and Doors Inspection of Existent Construction ······ 26—9
8.1 General Requirement ······ 26—9
8.2 Examinations for Windows and Doors ······ 26—9
8.3 Detections and Analysis for Windows and Doors ······ 26—10
8.4 Window and Door's Properties ······ 26—10
Appendix A Defects Between Window and Door's External Frames and Walls can be Inspected by Infrared Thermal Imager ······ 26—11
Appendix B Drenching Inspections for External Windows and Doors at Field ······ 26—11
Appendix C Drenching Inspections for Windows and Doors at Field ······ 26—11
Appendix D Impact Performance Inspections for Windows and Doors at Field ······ 26—12
Explanation of Wording in This Specification ······ 26—12
List of uoted Standards ······ 26—13
Addition: Explanation of Provisions ······ 26—14

1 总 则

1.0.1 为使建筑门窗工程质量检测和既有建筑门窗性能检测做到技术先进、经济合理、确保质量，制定本规程。

1.0.2 本规程适用于新建、扩建和改建建筑门窗工程质量检测和既有建筑门窗性能检测，不适用于建筑门窗防火、防盗等特殊性能检测。

1.0.3 本规程规定了建筑门窗工程检测的基本技术要求。当本规程与国家法律、行政法规的规定相抵触时，应按国家法律、行政法规的规定执行。

1.0.4 建筑门窗工程的检测，除应符合本规程外，尚应符合国家现行有关标准的规定。

2 术语和符号

2.1 术 语

2.1.1 自检 self-checking

生产单位对产品、制品质量或施工单位对建筑门窗工程施工质量的检查和检验。

2.1.2 第三方检测 the third body inspection

与建设单位、施工单位和生产单位等均无隶属关系的有资质的机构实施的检测。

2.1.3 门窗产品 windows and doors products

具有门窗型号规定尺寸特征及其所需配件的制品。

2.1.4 静载检测 static load inspection

施加荷载确定外门窗安装牢固性或抗风压性能的检测。

2.1.5 合格性检验 qualification detection

由建设单位或其委托的监理单位组织相关设计、施工单位进行的，为建筑门窗工程验收实施的检验。

2.2 符 号

E——撞击能量（N·m）；

h——撞击体有效下落高度（m）；

m——撞击体质量（kg）。

3 基 本 规 定

3.1 检 测 分 类

3.1.1 建筑门窗工程质量检测应包括门窗产品、洞口工程、门窗安装工程和门窗工程性能等。

3.1.2 门窗产品的检验应包括自检和进场检验。

3.1.3 洞口工程质量、门窗安装质量和门窗工程性能现场检测应包括自检、合格性检验和第三方检测。

3.1.4 既有建筑门窗性能的检测宜采取第三方检测。

3.2 检测方式与数量

3.2.1 门窗产品、洞口工程、门窗安装工程的自检应采取全数检测的方式。

3.2.2 门窗产品的生产单位应向门窗产品的购置单位提供产品的生产许可证、合格证书和型式检验报告，并宜提供建筑门窗节能性能标识证书。

3.2.3 门窗产品的进场检验和洞口工程质量、门窗安装工程质量的合格性检验宜采取全数检验的方式，也可按现行国家标准《建筑装饰装修工程质量验收规范》GB 50210 规定采取计数抽样检验方式。

3.3 检测方法与检测仪器

3.3.1 外观检查可采取在良好的自然光或散射光照条件下，距被检对象表面约 600mm 处进行观察。

3.3.2 合格性检验中的见证取样检测，应按国家现行有关标准规定的方法进行。

3.3.3 门窗规格和尺寸等的检测应采用下列量测工具：

1 分度值为 1mm 的钢卷尺；

2 分度值为 0.5mm 的钢直尺；

3 分辨率为 0.02mm 的游标卡尺；

4 分辨率为 1μm 的膜厚检测仪；

5 分度值为 0.5mm 的塞尺；

6 分度值为 0.1mm 的读数显微镜。

4 门窗产品的进场检验

4.1 一 般 规 定

4.1.1 门窗产品的进场检验应由建设单位或其委托的监理单位组织门窗生产单位和门窗安装单位等实施。

4.1.2 门窗产品进场时，建设单位或其委托的监理单位应对门窗产品生产单位提供的产品合格证书、检验报告和型式检验报告等进行核查。对于提供建筑门窗节能性能标识证书的，应对其进行核查。

4.1.3 门窗产品的进场检验应包括门窗与型材、玻璃、密封材料、五金件及其他配件、门窗产品物理性能和有害物质含量等。

4.2 门窗及型材

4.2.1 门窗及型材的进场检验应包括外观检查、规格和尺寸检验等。

4.2.2 木门窗及型材的外观检查应包括下列内容：

1 表面完整性、洁净度、色泽一致性、刨痕、锤印状况等；

2 木材的品种、材质等级和框扇的线型。

4.2.3 金属门窗及型材的外观检查应包括下列内容：

1 表面洁净度、平整度、光滑度、色泽一致性、锈蚀状况等；

2 漆膜和保护层完整状况，大面划痕、碰伤状况；

3 品种和类型。

4.2.4 塑料门窗及型材的外观检查应包括下列内容：

1 表面洁净度、平整度、光滑状况；

2 大面划痕、碰伤状况；

3 品种和类型。

4.2.5 门窗规格和尺寸的检验内容和检验方法宜按表4.2.5的规定进行。

表4.2.5 门窗规格和尺寸的检验内容和检验方法

项次	检验内容	构件名称	检验方法
1	对角线长度差	框	在框的两个相对的内角处放置直径25mm圆棒，量测两个圆棒之间的距离，取两个相交对角线距离之差的绝对值作为对角线长度差
		扇	用钢卷尺量测门窗扇两个相对外角之间的长度，取两个相交对角线长度之差的绝对值作为对角线长度差
2	表面平整度	扇	用1m靠尺分别贴靠与门窗扇边平行的两个方向，用塞尺量测靠尺下的最大间隙，靠尺端部间隙最大时，取两端部间隙平均值作为该方向的间隙值。取两个方向的间隙值中的较大值作为表面平整度
3	高度	框	用钢卷尺量测距门窗框外角100mm处的两个横框外端面的距离，作为框的高度
		扇	用钢卷尺量测距门窗扇外角100mm处的上下外缘的距离，作为门窗扇的高度
4	宽度	框	用钢卷尺量测距门窗框外角100mm处的两个竖框外端面的距离，作为框的宽度
		扇	用钢卷尺量测距门窗扇外角100mm处的两个侧边外缘的距离，作为门窗扇的宽度
5	裁口、线条结合处高低差	框、扇	将规格150mm的钢直尺中部压在裁口、线条结合处，钢直尺一边紧贴表面，用塞尺量测距裁口、线条结合处10mm的另一边的缝隙，作为裁口、线条结合处高低差
6	型材的规格、壁厚	框、扇	从做完物理性能检验的门窗上截取型材，用游标卡尺量测型材的截面外形尺寸及厚度
7	塑料门窗内增强型钢的规格、壁厚	框、扇	用磁铁检查塑料门窗内增强型钢的位置，从做完物理性能的门窗上截取增强型钢，用游标卡尺量测增强型钢的截面的外形尺寸和壁厚
8	塑料门窗拼樘料内增强型钢的规格、壁厚	—	用游标卡尺检测塑料门窗拼樘料内增强型钢的外形尺寸和壁厚

续表4.2.5

项次	检验内容	构件名称	检验方法
9	铝合金窗表面处理膜厚	—	用膜厚检测仪量测铝合金窗表面处理膜厚

4.2.6 门窗的规格和尺寸的检测结果应符合设计和国家现行有关产品标准的规定。

4.2.7 隔热铝合金型材的抗剪强度和横向抗拉强度应采取见证取样检测，检测样品可在做完物理性能检验的门窗上截取，且检测应符合现行国家标准《铝合金建筑型材 第6部分：隔热型材》GB 5237.6的规定。

4.2.8 含人造木板的木门窗产品的甲醛释放量应采取见证取样检测，并应符合现行国家标准《室内装饰装修材料 木家具中有害物质限量》GB 18584相应的规定。

4.3 玻 璃

4.3.1 建筑门窗玻璃产品的进场检验应包括下列内容：

1 品种与类型；

2 基本尺寸；

3 外观质量和边缘处理情况；

4 钢化状况。

4.3.2 玻璃的品种与类型检验可按国家现行有关产品标准和设计的要求进行检查，也可进行见证取样检测。

4.3.3 玻璃的厚度可采用下列方法量测：

1 未安装的玻璃，可用游标卡尺量测玻璃每边中点的厚度，取平均值作为厚度的检验值。

2 已安装的门窗玻璃，可用分辨率为0.1mm的玻璃测厚仪在玻璃每边的中点附近进行测定，取平均值作为厚度的检验值。

3 中空玻璃安装或组装前，可用钢直尺或游标卡尺在玻璃的每边各取两点，测定玻璃及空气隔层的厚度和胶层厚度。

4.3.4 玻璃边长的检测应在玻璃安装或组装前进行，可用钢卷尺检测距玻璃角100mm处对边之间的距离。

4.3.5 玻璃外观质量应包括下列检查内容：

1 钢化玻璃应观察检查爆边、裂纹、缺角、划伤。划伤长度可用钢卷尺量测，划伤宽度可用读数显微镜量测。

2 镀膜玻璃应观察检查斑纹、针眼、斑点、划伤。针眼和斑点直径可用读数显微镜量测，针眼和斑点的位置可用钢卷尺量测，划伤长度可用钢卷尺量测，划伤宽度可用读数显微镜量测。

3 夹层玻璃应观察检查裂纹、爆边、脱胶和划伤、磨伤，胶合层应观察检查气泡或杂质。爆边长度或宽度可用游标卡尺量测，胶合层气泡或杂质长度可用游标卡尺量测，气泡或杂质的位置可用钢卷尺检测。

4 中空玻璃应观察检查胶粘剂飞溅、缺胶和内表面污迹。

4.3.6 玻璃钢化情况可用偏振片检验。

4.3.7 玻璃表面的应力可用表面应力检测仪检验，检验操作应符合现行行业标准《玻璃幕墙工程质量检验标准》JGJ/T 139 有关的规定。

4.3.8 玻璃边缘的处理情况可采用观察并手试的方法确定玻璃磨边、倒棱、倒角等处理状况。

4.4 密封材料

4.4.1 未使用的密封材料产品，应对照设计要求和检验报告检查其品种、规格，也可进行见证取样检测其性能指标。

4.4.2 已用于门窗产品的密封材料，应检查其品种、类型、外观、宽度和厚度等。密封胶应观察检查表面光滑、饱满、平整、密实、缝隙、裂缝状况等。

4.4.3 密封材料的宽度和厚度可采用游标卡尺量测。

4.4.4 密封胶与各种接触材料的相容性应进行见证取样检测。

4.5 五金件及其他配件

4.5.1 门窗五金件及其他配件的进场检验宜包括外观质量、规格尺寸、表面膜厚等。

4.5.2 门窗五金件及其他配件的外观质量应观察检查其表面洁净与完整性。

4.5.3 门窗五金件及其他配件的规格尺寸可用游标卡尺量测。

4.5.4 门窗五金件及其他配件表面膜厚可用膜厚检测仪量测。

4.6 物理性能

4.6.1 建筑门窗产品的物理性能应采取见证取样检测，应在经过进场检验的门窗产品中随机抽取至少一组检测样品。

4.6.2 建筑门窗产品的物理性能检验应包括气密性能、水密性能、抗风压性能、保温性能、采光性能、空气声隔声性能、可见光透射比、遮阳系数等。

4.6.3 建筑外门窗产品的气密性能、水密性能、抗风压性能的检验应符合现行国家标准《建筑外门窗气密、水密、抗风压性能分级及检测方法》GB/T 7106 的规定。

4.6.4 建筑外门窗产品的保温性能的检验应符合现行国家标准《建筑外门窗保温性能分级及检测方法》GB/T 8484 的规定。

4.6.5 建筑门窗产品的空气声隔声性能的检验应符合现行国家标准《建筑门窗空气声隔声性能分级及检测方法》GB/T 8485 的规定。

4.6.6 建筑外窗产品的采光性能检验应符合现行国家标准《建筑外窗采光性能分级及检测方法》GB/T 11976 的规定。

4.6.7 建筑外窗中空玻璃露点的检验应符合现行国家标准《中空玻璃》GB/T 11944 的规定。

4.6.8 外窗可见光透射比的检验应符合现行国家标准《建筑玻璃　可见光透射比、太阳光直接透射比、太阳能总透射比、紫外线透射比及有关窗玻璃参数的测定》GB/T 2680 的规定。

4.6.9 外窗遮阳系数的检验应按现行国家标准《建筑玻璃　可见光透射比、太阳光直接透射比、太阳能总透射比、紫外线透射比及有关窗玻璃参数的测定》GB/T 2680 的规定测定门窗单片玻璃太阳光光谱透射比、反射比等参数，并应按现行行业标准《建筑门窗玻璃幕墙热工计算规程》JGJ/T 151 的规定计算夏季标准条件下外窗遮阳系数。

5 门窗洞口施工质量检测

5.1 一般规定

5.1.1 门窗洞口施工质量的检测应包括门窗洞口尺寸、外观和埋件质量等。

5.1.2 门窗洞口的施工质量应由门窗洞口工程的施工单位进行全数自检。

5.1.3 门窗洞口施工质量的合格性检验，可由建设单位或其委托的监理单位组织门窗洞口施工单位和门窗安装单位实施。

5.2 门窗洞口尺寸

5.2.1 门窗洞口尺寸的检测应包括洞口的宽度、高度、对角线长度差和位置偏差等。门窗洞口的尺寸应符合现行国家标准《建筑门窗洞口尺寸系列》GB/T 5824 及设计的规定。

5.2.2 门窗洞口尺寸的检测方法应符合表 5.2.2 的规定。

表 5.2.2 门窗洞口尺寸的检测方法

项次	内容	检测方法
1	宽度	用钢卷尺量测距门窗洞口内角 100mm 处的装门窗位置的宽度
2	高度	用钢卷尺量测距门窗洞口内角 100mm 处的装门窗位置的高度
3	对角线长度差	在门窗洞口两对角装门窗位置放置直径 25mm 圆棒，量测两对角圆棒之间的长度，并取两对角线长度差值的绝对值
4	位置偏差	用钢卷尺量测门窗洞口 1/2 宽度处与上下门窗洞口垂直中线的距离；用钢卷尺量测门窗洞口 1/2 高度处与左右门窗洞口水平中线的距离

5.3 洞口外观与埋件

5.3.1 门窗洞口外观质量检查应观察其表面完整性、密实度、平整度等。

5.3.2 洞口埋件的检查应包括材质、数量、位置、尺寸及防腐处理状况等。

5.3.3 埋件的材质可通过观察或核查埋件材质检验报告进行检查，埋件数量可通过观察确定。

5.3.4 埋件的位置可用钢卷尺量测埋件中心至洞口1/2高度或1/2宽度处的距离。埋件的尺寸可用游标卡尺量测。

5.3.5 埋件的防腐处理状况可通过观察检查。

5.3.6 在组合窗洞口拼樘料的对应位置，应检查预埋件或预留孔洞与设计要求的一致性。

6 门窗安装质量检测

6.1 一 般 规 定

6.1.1 门窗安装质量检测应包括外观与尺寸、连接固定、排水构造、启闭、密封等。

6.1.2 门窗安装质量的验收检测可委托第三方检测机构进行。

6.2 外观与尺寸

6.2.1 门窗安装质量的外观检查应观察下列内容：

1 木门窗表面完整性、洁净度、色泽一致性、刨痕或锤印等；

2 木门窗的割角、拼缝严密平整状况，门窗框、扇裁口顺直状况，刨面平整状况，槽、孔边缘整齐、毛刺状况；

3 木门窗批水、盖口条、压缝条、密封条的安装顺直状况，与门窗结合严密状况；

4 金属门窗表面洁净性、平整度、光滑度、色泽一致性、锈蚀状况等；

5 金属门窗漆膜或保护层的完整性，大面划痕、碰伤状况等；

6 塑料门窗表面清洁度、平整度、光滑度等；

7 塑料门窗大面划痕、碰伤状况等；

8 门窗扇的密封条脱落状况，旋转窗间隙均匀状况。

6.2.2 门窗安装尺寸检测方法应按表6.2.2的规定进行。

表 6.2.2 门窗安装尺寸检测方法

续表 6.2.2

项次	内 容	检 测 方 法
1	门窗槽口宽度、高度	用钢卷尺量测距门窗槽口角100mm处的槽口宽度、高度
2	门窗槽口对角线长度差	在门窗槽口内角对角处放置直径25mm圆棒，量测两对角圆棒之间的长度，取两对对角线长度差值的绝对值
3	门窗框的正、侧面垂直度	用1m垂直检测尺量测门窗立框的正面、开口侧面垂直度
4	门窗横框的水平度	将1m的水平尺压在门窗横框上面或下面，用塞尺插入水平尺一端调水珠至中部，塞尺插入值即为门窗横框的水平度
5	门窗横框标高	用钢卷尺量测门窗横框与基准线之间的高度
6	门窗竖向偏离中心	用钢直尺量测门窗中心与中心基准线之间的距离
7	门窗扇对口缝	关闭门窗扇，用塞尺量测距门窗扇上、下边100mm处的对口缝间隙
8	门窗扇与上框间留缝	关闭门窗扇，用塞尺量测距门窗扇上角100mm处扇与上框之间的间隙
9	门窗扇与侧框间留缝	关闭门窗扇，用塞尺量测距门窗扇上、下边100mm处扇与侧框之间的间隙
10	门窗扇与下框间留缝	关闭门窗扇，用塞尺或钢直尺量测距门窗扇下角100mm处扇与下框之间的间隙
11	双层门窗内外框间距	打开门窗扇，用钢卷尺量测距双层门窗开口上、下边100mm处内外立框之间的距离
12	门窗扇与框搭接量	关闭门窗扇，用分辨率0.05mm的深度尺或钢直尺量测距门窗扇角100mm处门窗扇与框搭接量
13	推拉门窗扇与竖框平行度	开启门窗扇约20mm，用钢直尺量测距推拉门窗扇上、下边100mm处门窗扇与竖框之间的间隙，取两间隙之差的绝对值

6.3 连 接 固 定

6.3.1 门窗安装连接固定质量检验应包括门窗框和扇的牢固性，门窗批水、盖口条等与门窗结合的牢固性，门窗配件的牢固性和推拉门窗扇防脱落措施等。

6.3.2 门窗框、门窗扇安装牢固性的检验可采取观察与手工相结合的方法，并应符合下列规定：

1 当手扳门窗侧框中部不松动，反复扳不晃动时，可确定门窗框安装牢固。

2 应根据设计文件或国家现行有关产品标准，检查门窗洞口与门窗框之间连接件的规格、尺寸与数量，可用游标卡尺量测连接片的厚度和宽度，可用钢卷尺量测连接片间距。

3 应检查门窗扇与门窗框之间螺钉安装的数量与质量。

4 当手扳非推拉门窗开启扇不松动时，可确定门窗扇安装牢固；手扳推拉门窗扇不脱落时，可确定防脱落措施有效。

6.3.3 门窗批水、盖口条、压缝条、密封条牢固性可通过手扳端头检验。当手扳端头不松动时，可确定为牢固。

6.3.4 门窗配件安装牢固性可按下列步骤进行检验：

1 检查门窗配件与门窗连接的螺栓设置数量与质量；

2 当手扳门窗配件不松动时，可确定为安装牢固。

6.3.5 塑料门窗拼樘料与门窗洞口固定的牢固性可通过手扳门窗拼樘料中部检验，当手扳不松动时，可确定门窗拼樘料与门窗洞口固定牢固。

6.3.6 塑料门窗框与拼樘料连接牢固性可通过手推卡接中部并用钢卷尺量测固定螺钉间距检验，当手推不松动且固定螺钉间距不大于 600mm 时，可确定塑料门窗框与拼樘料固定牢固。

6.4 排水、启闭与密封

6.4.1 外门窗排水有效性可按下列步骤进行检验：

1 按设计要求核查外门窗下框排水孔的位置和数量；

2 在推拉外门窗下框内淋满水，在 1min 之内水能完全排出且不排向室内；

3 在窗外淋水，窗台不积水且水不排向室内。

6.4.2 门窗扇启闭灵活性可采取连续 5 次开启和关闭门窗扇的方法检验，并应观察检查门窗扇关闭严密程度、有无倒翘现象。

6.4.3 铝合金和塑料推拉门窗扇的开关力可采用管形测力计均匀拉门窗扇把手部位检测。

6.4.4 塑料平开门窗扇铰链的开关力可采用管形测力计拉门窗扇把手部位检测。

6.4.5 未隐蔽的门窗框与墙体间的缝隙可观察检查缝隙填嵌材料类型及饱满程度。已隐蔽的外门窗框与墙体间密封缺陷可按本规程附录 A 的规定采用红外热像仪进行检测，也可打开门窗框与墙体间的缝隙检查。

6.4.6 门窗框与墙体间缝隙的密封质量检查应观察表面光滑、顺直、裂纹状况。

6.4.7 门窗上的橡胶密封条或毛毡密封条应观察其完整性，连续 5 次开启和关闭门窗扇时是否脱槽。

7 门窗工程性能现场检测

7.1 一 般 规 定

7.1.1 门窗工程性能的现场检测宜包括外门窗气密性能、水密性能、抗风压性能和隔声性能。对于易受人体或物体碰撞的建筑门窗，宜进行撞击性能的检测。

7.1.2 门窗工程性能的现场检测工作宜由第三方检测机构承担。

7.1.3 除有特殊的检测要求外，门窗工程性能现场检测的样品应在安装质量检验合格的批次中随机抽取。

7.2 外门窗气密性能、水密性能、抗风压性能检测

7.2.1 采用静压箱检测外门窗气密性能、水密性能、抗风压性能时，应符合现行行业标准《建筑外窗气密、水密、抗风压性能现场检测方法》JG/T 211 的相关规定。

7.2.2 外门窗气密性能、水密性能、抗风压性能现场检测结果应以设计要求为基准，按现行国家标准《建筑外门窗气密、水密、抗风压性能分级及检测方法》GB/T 7106 的相应指标评定。

7.2.3 外门窗高度或宽度大于 1500mm 时，其水密性能宜用现场淋水的方法检测。外门窗水密性能现场淋水检测应符合本规程附录 B 的规定。

7.2.4 外门窗高度或宽度大于 1500mm 时，其抗风压性能宜用静载方法检测。外门窗抗风压性能的静载检测应符合本规程附录 C 的规定。

7.3 门窗其他性能检测

7.3.1 门窗现场撞击性能检测应符合本规程附录 D 的规定。

7.3.2 外窗空气隔声性能的检测应符合现行国家标准《声学 建筑和建筑构件隔声测量 第 5 部分：外墙构件和外墙空气声隔声的现场测量》GB/T 19889.5 的有关规定。

8 既有建筑门窗检测

8.1 一 般 规 定

8.1.1 既有建筑门窗的检测可分为门窗改造工程的检测和门窗修复与更换工程的检测。

8.1.2 既有建筑门窗改造工程应按新建门窗工程的规定进行门窗产品、门窗洞口、门窗安装质量和门窗性能检测。门窗改造工程可委托有资质的第三方检测机构进行合格性检测。

8.1.3 门窗修复与更换工程的检测可分为门窗检查、门窗检测与分析和门窗性能现场检测。

8.2 门窗的检查

8.2.1 门窗修复与更换工程宜采用全数检查的方式。

8.2.2 门窗检查应包括下列内容：

1 玻璃；

2 门窗框和门窗扇；

3 密封材料；

4 连接件与五金件；

5 排水构造与措施。

8.2.3 玻璃检查宜包括下列内容：

1 玻璃的爆边、裂纹、缺角、划伤、针眼、斑纹、斑点、脱胶、有胶合层气泡或杂质等；

2 玻璃的磨损、磨伤和表面污迹；

3 玻璃破损；

4 中空玻璃起雾、结露和霉变，夹层玻璃分层、脱胶等。

8.2.4 门窗框和门窗扇检查宜包括下列内容：

1 门窗表面的洁净度；

2 门窗表面的漆膜碰伤、划痕、锈迹、电化学腐蚀迹象等；

3 门窗的缺陷、损伤、锈蚀、电化学腐蚀、老化等状况，木门窗腐朽状况；

4 门窗框和开启扇的牢固性。牢固性可通过手扳进行检查，但出现晃动时，应进行连接件、埋件或窗扇尺寸及连接节点的检测与分析。

8.2.5 密封材料检查宜包括下列内容：

1 密封材料的脱落、缺失、损坏等状况；

2 密封材料的裂纹、弹性下降等老化情况。

8.2.6 连接件与五金件检查宜包括下列内容：

1 连接件与五金件的缺失、损坏状况；

2 连接件与五金件的牢固性；

3 连接件与五金件的有效性。

8.2.7 排水构造检查可包括下列内容：

1 检查推拉窗的排水孔及有效性；

2 检查窗台的排水情况；

3 检查窗台与窗框之间的缝隙。

8.3 门窗的检测与分析

8.3.1 门窗修复与更换工程可采用计数抽样与重点抽样相结合的方式进行检测与分析，检查中存在问题的门窗可作为重点抽样对象。

8.3.2 门窗检测宜包括下列内容：

1 门窗的基本尺寸与抗风能力；

2 门窗的连接牢固性；

3 门窗开启与锁闭有效性；

4 门窗的气密性、水密性；

5 玻璃安全性；

6 门窗采光性。

8.3.3 门窗的基本尺寸与抗风能力的检测与分析可按下列步骤进行：

1 按本规程表 4.2.5 中的规定检测门窗尺寸及主料截面尺寸；

2 用测厚仪检测门窗主料的壁厚；

3 确定主料的材料强度；

4 确定门窗承受的风荷载标准值；

5 计算在风荷载作用下门窗的位移与内力。

8.3.4 当计算分析符合下列条件时，可确定门窗具有足够的抗风能力：

1 金属门窗在设计风荷载作用下，最大应力不超过材料的弹性极限；

2 特定门窗抗风能力与作用效应之比大于 1.2；

3 有允许应力限制的门窗，作用效应产生的应力不大于允许应力。

8.3.5 对于不符合本规程第 8.3.4 条的门窗，可通过静载检测判定其抗风性能。

8.3.6 门窗的连接牢固性检测与分析可按下列步骤进行：

1 检查门窗扇与门窗框连接件的规格和数量；

2 检查连接件螺钉或螺栓的规格、缺失与紧固状态，必要时测定紧固力；

3 对连接件附近门窗框扇进行检查；

4 必要时检查埋件的设置及其质量，检查埋件与门窗框连接的质量。

8.3.7 当需要定量确定连接牢固性时，可采取静载检测方法确定。

8.3.8 门窗开启与锁闭有效性检测与分析可按下列步骤进行：

1 定量测定门窗开启锁闭力，并判别影响开启或锁闭力的原因；

2 检查滑撑的状况；

3 检查框扇变形状况；

4 检查结构构件的挤压状况；

5 检查锁闭器的状况；

6 检查密封胶条的状况。

8.3.9 外门窗框与墙体间密封缺陷可按本规程附录 A 的规定进行检测。

8.3.10 玻璃安全性的检测与分析可按下列步骤进行：

1 检测玻璃的应力状况；

2 检测玻璃的厚度；

3 按现行行业标准《建筑玻璃应用技术规程》JGJ 113 计算玻璃抗风荷载能力。

8.4 门 窗 性 能

8.4.1 既有建筑门窗修复与改造工程门窗的基本性能可分为外门窗的抗风压性能、水密性能、气密性能和门窗的隔声性能等。

8.4.2 外门窗抗风压性能的现场检测可按本规程附录 C 的规定采取静载检测，也可按现行行业标准《建筑外窗气密、水密、抗风压性能现场检测方法》JG/T 211 中的规定方法进行检测。

8.4.3 当静载满载检测法线变形不超过国家现行有关标准限定的变形且卸载后无残余变形时，可判定该门窗可以抵抗相应风压作用。

当静载满载缝隙有明显变化时，可在满载时施加淋水检测的方法，当淋水检测出现渗漏时，可确定该门窗需要进行处理。

8.4.4 外门窗水密性能可按本规程附录B的规定采取淋水的方法进行检测，也可按现行行业标准《建筑外窗气密、水密、抗风压性能现场检测方法》JG/T 211规定的方法进行检测。

8.4.5 外门窗水密性能淋水检测与抗风压静载检测宜同时进行；当不能同时进行时，宜使门窗开启扇与框具有静载满载时相应的缝隙。

8.4.6 检测时出现渗漏的门窗应采取措施处理。

8.4.7 外窗气密性能可按现行行业标准《建筑外窗气密、水密、抗风压性能现场检测方法》JG/T 211规定的方法进行检测。

8.4.8 门窗隔声性能可按现行国家标准《声学 建筑和建筑构件隔声测量 第5部分：外墙构件和外墙空气声隔声的现场测量》GB/T 19889.5规定的方法进行检测。

8.4.9 门窗抗撞击性能可按本规程附录D规定的方法进行检测。

附录A 红外热像仪检测外门窗框与墙体间密封缺陷

A.0.1 红外热像仪及其温度测量范围应符合现场检测要求。红外热像仪设计适用波长范围应为8.0μm～14.0μm，传感器温度分辨率（NETD）应小于0.08℃，温差检测不确定度应小于0.5℃，红外热像仪的像素不应少于76800点。

A.0.2 检测前及检测期间，环境条件应符合下列规定：

1 检测前至少24h内室外空气温度的逐时值与开始检测时的室外空气温度相比，其变化不应大于10℃。

2 检测前至少24h内和检测期间，建筑物外门窗内外平均空气温度差不宜小于10℃。

3 检测期间与开始检测时的空气温度相比，室外空气温度逐时值变化不应大于5℃，室内空气温度逐时值的变化不应大于2℃。

4 1h内室外风速变化不应大于2级。

5 检测开始前至少12h内受检的表面不应受到太阳直接照射，受检的内表面不应受到灯光的直接照射。

6 室外空气相对湿度不应大于75%，空气中粉尘含量不应异常。

A.0.3 检测前宜采用表面式温度计在受检表面上测出参照温度，并应调整红外热像仪的发射率，使红外热像仪的测定结果等于该参照温度。宜在与目标距离相等的不同方位扫描同一个部位。必要时，可采取遮挡措施或关闭室内辐射源，或在合适的时间段进行检测。

A.0.4 受检表面同一个部位的红外热像图，不应少于2张。当拍摄的红外热像图中，主体区域过小时，应至少单独拍摄1张主体部位红外热像图。应采用图示说明受检部位的红外热像图在建筑中的位置，并应附上可见光照片。红外热像图上应标明参照温度的位置，并应同时提供参照温度的数据。

A.0.5 红外热像图中的异常部位，宜通过将实测热像图与受检部分的预期温度分布进行比较确定。必要时，可打开门窗框与墙体间缝隙确定。

附录B 外门窗现场淋水检测

B.0.1 外门窗现场淋水检测装置应包括控制阀、压力表、增压泵、喷嘴和直径19mm水管等，且喷嘴喷出的水应能在被检门窗表面形成连续水幕。

B.0.2 现场淋水检测部位应包括窗扇与窗框之间的开启缝、窗框之间的拼接缝、拼樘框与门窗外框的拼接缝以及门窗与窗洞口的安装缝等可能出现渗漏的部位。

B.0.3 门窗现场淋水检测应按下列步骤和要求进行：

1 调节淋水水压。热带风暴和台风地区水压应为160kPa，非热带风暴和台风地区水压应为110kPa。

2 在门窗的室外侧选定检测部位，在距门窗表面0.5m～0.7m处，从下向上沿与门窗表面垂直的方向对准待测接缝进行喷水。喷淋时间应持续5min。

3 淋水的同时在窗室内侧观察有无渗漏水现象。当连续5min内未发现渗漏水时，可进入下一个待测部位。

4 依次对选定的部位进行喷淋。对有渗漏水出现的部位，应记录其位置。

附录C 门窗静载检测

C.0.1 门窗静载检测装置应包括支撑架、施加推力或施加拉力荷载装置、位移检测百分表等。

C.0.2 支撑架应牢固可靠，安装施加推力或施加拉力的支撑杆应有足够的刚度，受力变形不得影响检测结果。

C.0.3 门窗静载检测可采取施加推力或施加拉力的方式。

C.0.4 门窗静载检测可采取1/2高度单排加载、1/3高度双排加载或多排加载的方式；宽度大于高度的门窗可采取1/3宽度双行加载或多行加载的方式。可在加载位置和距加载门窗框端点10mm处安装位移检测百分表。

C.0.5 门窗静载检测应按下列步骤进行：

1 用分度值 1mm 的钢卷尺检测门窗外边框之间的宽度、高度和内框长度、位置，确定门窗加载的方式和位置；

2 安装门窗静载检测支撑架和加荷载装置；

3 荷载应分级施加，每级荷载施加的时间间隔可为 5min～10min，检测并记录每级荷载相应的位移，施加荷载的最大值不应小于该门窗承受风荷载设计值等效加载部位的力值；

4 在加载过程中出现超过允许挠度的位移时，可停止检测，卸除荷载；

5 达到预期荷载时，应保持 10min 以上再检测位移，然后卸除荷载；

6 卸荷 10min 后，应再次检测位移。

C.0.6 对静载检测结果的分析应符合下列规定：

1 当连接固定处出现沿加载方向的位移时，应判定连接固定存在质量问题；

2 应检测的门窗位移减去距加载门窗框端点 10mm 处位移作为门窗的静载变形，并可根据变形计算或换算成法线挠度；

3 当法线挠度大于允许挠度时，应判定门窗抗风压能力不符合要求；

4 当法线挠度小于允许挠度时，尚应对卸荷后的残余变形进行分析，当残余法线挠度大于 1mm 时，应判定门窗抗风压能力不符合要求。

附录 D 门窗现场撞击性能检测

D.0.1 门窗现场撞击性能检测装置应包括支撑架、悬挂钢丝、撞击体和释放装置（图 D.0.1）。

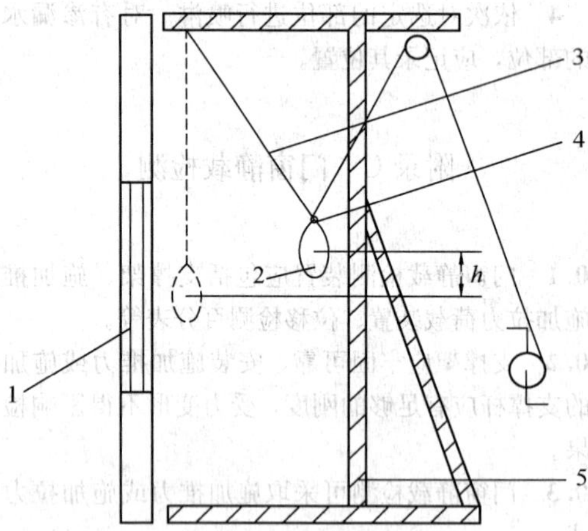

图 D.0.1 门窗现场撞击性能检测装置示意图

1—试件；2—撞击体；3—悬挂钢丝；4—释放装置；5—支撑架

D.0.2 支撑架应牢固、稳定，可在检测现场临时搭设。

D.0.3 撞击体质量应为（30±1）kg，应采用直径 350mm 的球状 皮袋内装干砂制成，且干砂应通过 2mm 筛孔筛选。悬挂的撞击体球状皮袋外缘距被检测门窗表面宜为 20mm。

D.0.4 悬挂撞击体的钢丝绳宜为直径 5mm 的钢丝绳。

D.0.5 释放装置应能准确定位撞击体的提升高度，并应能保证撞击体的中心线和悬挂钢丝中心线在同一条直线上。

D.0.6 门窗撞击性能检测前，门窗扇应处于关闭状态。

D.0.7 撞击有效下落高度应按下式计算：

$$h=\frac{E}{9.8\cdot m} \tag{D.0.7}$$

式中：h——撞击体有效下落高度（m）；

E——撞击能量，根据设计需要决定（N·m）；

m——撞击体质量（kg）。

D.0.8 撞击点宜选择门窗扇中梃的中点、中框的中点、拼樘框中点等部位，采用安全玻璃的门窗也可选择面板中心部位作为撞击点。

D.0.9 门窗撞击试验开始前，应在门窗撞击点的另一侧设置安全措施，防止窗扇或玻璃脱落伤人。

D.0.10 门窗撞击性能检测应按下列步骤进行：

1 提升撞击体中心至设定撞击高度并处于静止状态。

2 释放撞击体，撞击体下落撞击门窗撞击点一次。撞击后应防止撞击体回弹再次撞击。

3 试件撞击后应观察门窗变形、零部件脱落等状况。

D.0.11 门窗受撞击后不应有影响使用的永久变形和零部件脱落。

本规程用词说明

1 为便于在执行本规程条文时区别对待，对于要求严格程度不同的用词说明如下：

1）表示很严格，非这样做不可的：
正面词采用“必须”；反面词采用“严禁”。

2）表示严格，在正常情况下均应这样做的：
正面词采用“应”；反面词采用“不应”或“不得”。

3）表示允许稍有选择，在条件许可时首先应这样做的：
正面词采用“宜”；反面词采用“不宜”。

4）表示有选择，在一定条件下可以这样做的，采用“可”。

2 条文中指明应按其他有关标准执行的写法为：“应符合……的规定”或“应按……执行”。

引用标准名录

1 《建筑装饰装修工程质量验收规范》GB 50210

2 《建筑玻璃　可见光透射比、太阳光直接透射比、太阳能总透射比、紫外线透射比及有关窗玻璃参数的测定》GB/T 2680

3 《铝合金建筑型材　第6部分：隔热型材》GB 5237.6

4 《建筑门窗洞口尺寸系列》GB/T 5824

5 《建筑外门窗气密、水密、抗风压性能分级及检测方法》GB/T 7106

6 《建筑外门窗保温性能分级及检测方法》GB/T 8484

7 《建筑门窗空气声隔声性能分级及检测方法》GB/T 8485

8 《中空玻璃》GB/T 11944

9 《建筑外窗采光性能分级及检测方法》GB/T 11976

10 《室内装饰装修材料　木家具中有害物质限量》GB 18584

11 《声学　建筑和建筑构件隔声测量　第5部分：外墙构件和外墙空气声隔声的现场测量》GB/T 19889.5

12 《建筑玻璃应用技术规程》JGJ 113

13 《玻璃幕墙工程质量检验标准》JGJ/T 139

14 《建筑门窗玻璃幕墙热工计算规程》JGJ/T 151

15 《建筑外窗气密、水密、抗风压性能现场检测方法》JG/T 211

中华人民共和国行业标准

建筑门窗工程检测技术规程

JGJ/T 205—2010

条 文 说 明

制 订 说 明

《建筑门窗工程检测技术规程》JGJ/T 205－2010，经住房和城乡建设部 2010 年 3 月 18 日以第 524 号文公告批准发布。

本规程在制订过程中，编制组进行了调研、召开研讨会等大量调查研究，总结了我国建筑门窗工程设计、施工、检测的实践经验，同时参考了国外先进技术标准，通过试验，取得了大量重要技术参数。

为便于广大工程设计、施工、监理、检测、咨询、科研、教学、物业、能源审计及管理等单位有关人员和居住建筑业主在使用本规程时能正确理解和执行条文规定，《建筑门窗工程检测技术规程》编制组按章、节、条顺序编制了本规程的条文说明，对条文规定的目的、依据以及执行中需注意的有关事项进行了说明。但是本条文说明不具备与本规程同等的法律效力，仅供使用者作为理解和把握规程规定的参考。

目　次

1　总则 …………………………………………… 26—17
3　基本规定 ……………………………………… 26—17
3.1　检测分类 ……………………………………… 26—17
3.2　检测方式与数量 ……………………………… 26—17
3.3　检测方法与检测仪器 ………………………… 26—17
4　门窗产品的进场检验 ………………………… 26—17
4.2　门窗及型材 …………………………………… 26—17
4.3　玻璃 …………………………………………… 26—17
4.4　密封材料 ……………………………………… 26—17
4.6　物理性能 ……………………………………… 26—17
5　门窗洞口施工质量检测 ……………………… 26—18
5.1　一般规定 ……………………………………… 26—18
5.2　门窗洞口尺寸 ………………………………… 26—18
5.3　洞口外观与埋件 ……………………………… 26—18
6　门窗安装质量检测 …………………………… 26—18
6.1　一般规定 ……………………………………… 26—18
6.2　外观与尺寸 …………………………………… 26—18
6.3　连接固定 ……………………………………… 26—18
6.4　排水、启闭与密封 …………………………… 26—18
7　门窗工程性能现场检测 ……………………… 26—19
7.1　一般规定 ……………………………………… 26—19
7.2　外门窗气密性能、水密性能、抗风压性能检测 ……………………………… 26—19
7.3　门窗其他性能检测 …………………………… 26—19
8　既有建筑门窗检测 …………………………… 26—19
8.1　一般规定 ……………………………………… 26—19
8.2　门窗的检查 …………………………………… 26—19
8.4　门窗性能 ……………………………………… 26—19
附录A　红外热像仪检测外门窗框与墙体间密封缺陷 ……………………………… 26—19
附录B　外门窗现场淋水检测 ………………… 26—19
附录C　门窗静载检测 ………………………… 26—19
附录D　门窗现场撞击性能检测 ……………… 26—19

1 总　　则

1.0.1 由于现行国家标准《建筑装饰装修工程质量验收规范》GB 50210－2001 列出的门窗工程现场检验方法多为观察、尺量，没有明确观察的方法，没有明确尺量的位置和数量，导致实际检测工作中随意性很强，结果可比性差，严重影响了工程质量的监督检查和检测水平的提高，迫切需要制定细化检测方法的建筑门窗工程检测技术规程。

1.0.2 本条包含了新建、扩建、改建建筑门窗工程质量的检测和既有建筑的门窗常规性能的检测。建筑门窗防火、防盗等特殊性能的检测另有规定，故不包含在本规程中。

1.0.4 与建筑门窗工程质量检测有关的国家现行标准主要有：《建筑装饰装修工程质量验收规范》GB 50210－2001、《住宅装饰装修工程施工规范》GB 50327－2001、《塑料门窗工程技术规程》JGJ 103－2008、各种门窗产品标准、门窗性能检测标准、门窗配件标准等。

3 基 本 规 定

3.1 检 测 分 类

3.1.1 本条提出建筑工程中门窗工程的四个检测项目。

3.1.3 门窗工程性能的现场检测需要专用的仪器设备和检测技术，一般应委托第三方检测机构进行。

3.1.4 既有建筑门窗性能检测的全部检测项目可委托第三方检测机构实施，此时一般没有施工企业、门窗安装企业和监理单位等协助业主进行检验。

3.2 检测方式与数量

3.2.2 门窗的合格证是门窗产品生产单位自检结果的证明材料，建筑门窗产品进场前就要有合格证、型式检验报告。

3.2.3 现行国家标准《建筑装饰装修工程质量验收规范》GB 50210－2001 规定：木门窗、金属门窗、塑料门窗及门窗玻璃，每个检验批应至少抽查 5%，并不得少于 3 樘，不足 3 樘时应全数检查；高层建筑的外窗，每个检验批应至少抽查 10%，并不得少于 6 樘，不足 6 樘时应全数检查。特种门每个检验批应至少抽查 50%，并不得少于 10 樘，不足 10 樘时应全数检查。

3.3 检测方法与检测仪器

3.3.1 本条推荐外观检查在良好的自然光或散射光照条件下，距被检对象表面约 600mm 处观察检查，保证了外观检查方法的一致性。

3.3.3 本条将主要量测仪器要求统一提出，在具体检测的规定中不再重复分辨率或分度值等要求。

4 门窗产品的进场检验

4.2 门窗及型材

4.2.2～4.2.5 门窗指已经加工成型的除玻璃和配件以外的门窗框架、面板，门窗型材外观检查项目与现行国家标准《建筑装饰装修工程质量验收规范》GB 50210－2001 需要检验评价的项目相同。

4.2.6 门窗的规格、尺寸的检测结果与设计和相应产品标准的要求对比。

4.2.7 隔热铝合金型材是保温节能的重要材料，其抗剪强度和横向抗拉强度按已有的现行国家标准《铝合金建筑型材　第 6 部分：隔热型材》GB 5237.6－2004 规定的方法进行检测。

4.2.8 甲醛是世界卫生组织确定的致癌物，人造木板中有可能含有超标的甲醛，有必要对含人造木板的木门窗甲醛释放量进行检测，已有的现行国家标准《室内装饰装修材料　木家具中有害物质限量》GB 18584－2001 规定了甲醛释放量检测方法。

4.3 玻　　璃

4.3.5～4.3.7 玻璃外观检测项目和玻璃表面应力检测方法参考了已有的现行行业标准《玻璃幕墙工程质量检验标准》JGJ/T 139－2001 的相关规定。

4.4 密 封 材 料

4.4.1 未使用的密封材料产品包括密封包装的液体密封胶和没有装在门窗上的橡胶密封条、毛毡密封条等，这些未使用的产品状态和性能没有变化，可以按产品标准要求检查其品种、规格，也可进行见证取样检测其性能。

4.4.2 装在门窗产品上的橡胶密封条、毛毡密封条等已经变形，注在门窗产品上的密封胶已经变成弹性体，已无法再按原产品标准进行检测，故应检查其品种、类型、外观、宽度和厚度等项目。

4.6 物 理 性 能

4.6.1 建筑外门窗产品的物理性能包括气密性能、水密性能、抗风压性能、保温性能、采光性能、空气声隔声性能、遮阳性能等。过去建筑外门窗产品的物理性能复验样品大多不是从进入现场的门窗中取得，而由门窗生产单位送检，很容易出现复验样品与现场安装的门窗产品不一致、弄虚作假的情况，失去了复验把关的意义。将建筑外门窗产品的物理性能复验采取见证取样检测的方式，可以有效地保证建筑外门窗产品的物理性能复验样品与现场安装的门窗产品一致，保证门窗工程质量。

4.6.3 建筑外门窗产品的气密性能、水密性能、抗风压性能按已有的现行国家标准《建筑外门窗气密、水密、抗风压性能分级及检测方法》GB/T 7106－2008 在实验室进行检测。

4.6.4 建筑外门窗产品的保温性能按已有的现行国家标准《建筑外门窗保温性能分级及检测方法》GB/T 8484－2008 在实验室进行检测。

4.6.5 建筑门窗产品的空气声隔声性能按已有的现行国家标准《建筑门窗空气声隔声性能分级及检测方法》GB/T 8485－2008 在实验室进行检测。

4.6.6 建筑外窗产品的采光性能按已有的现行国家标准《建筑外窗采光性能分级及检测方法》GB/T 11976－2002 在实验室进行检测。

4.6.7 建筑外窗中空玻璃结露会严重影响正常使用，检测外窗中空玻璃露点很有必要，已有的现行国家标准《中空玻璃》GB/T 11944－2002 有中空玻璃露点检测方法。

4.6.8 外窗可见光透射比按已有的现行国家标准《建筑玻璃　可见光透射比、太阳光直接透射比、太阳能总透射比、紫外线透射比及有关窗玻璃参数的测定》GB/T 2680－94 的规定进行检测。

4.6.9 外窗遮阳效果关系到节能和正常使用，按已有的现行国家标准《建筑玻璃　可见光透射比、太阳光直接透射比、太阳能总透射比、紫外线透射比及有关窗玻璃参数的测定》GB/T 2680－94的规定检测门窗单片玻璃太阳光光谱透射比、反射比等参数后，按已有的现行行业标准《建筑门窗玻璃幕墙热工计算规程》JGJ/T 151－2008 的规定，在夏季标准计算条件下计算外窗遮阳系数。

5　门窗洞口施工质量检测

5.1　一般规定

5.1.2 施工单位对洞口进行全数自检可以及时修改存在的问题。

5.1.3 当门窗的安装单位为门窗洞口的施工单位时，合格验收检验可采取计数抽样检验；当门窗的安装单位不是洞口的施工单位时，宜采取全数检验的验收方式。

5.2　门窗洞口尺寸

5.2.2 过去洞口尺寸控制没有得到应有的重视，检测洞口尺寸的目的是按洞口尺寸确定门窗制作尺寸，直接影响门窗安装质量和保温节能效果，有必要严格控制门窗洞口尺寸允许偏差。目前门窗洞口尺寸允许偏差只有现行行业标准《塑料门窗工程技术规程》JGJ 103－2008中有位置允许偏差和宽度或高度允许偏差的明确规定，规定要求如下：

洞口位置偏差规定要求处于同一垂直位置的相邻洞口，中线左右位置相对偏差不应大于 10mm；全楼高度内，所有处于同一垂直线位置的各楼层洞口，左右位置相对偏差不应大于 15mm（全楼高度小于 30m）或 20mm（全楼高度大于或等于 30m）；处于同一水平位置的相邻洞口，中线上下位置相对偏差不应大于 10mm；全楼长度内，所有处于同一水平线位置的各单元洞口，上下位置相对偏差不应大于 15mm（全楼长度小于 30m）或 20mm（全楼长度大于或等于 30m）。

洞口宽度或高度尺寸的允许偏差规定要求见下表：

洞口类型＼洞口宽度或高度		＜2400mm	2400mm～4800mm	＞4800mm
不带附框洞口	未粉刷墙面	±10mm	±15mm	±20mm
	已粉刷墙面	±5mm	±10mm	±15mm
已安装附框的洞口		±5mm	±10mm	±15mm

5.3　洞口外观与埋件

5.3.1 门窗洞口表面完整、密实、平整是保证门窗尺寸和安装质量的关键。

6　门窗安装质量检测

6.1　一般规定

6.1.1 检测项目的划分参照已有的现行国家标准《建筑装饰装修工程质量验收规范》GB 50210－2001。

6.2　外观与尺寸

6.2.1 门窗安装质量的外观检查项目与现行国家标准《建筑装饰装修工程质量验收规范》GB 50210－2001 需要检验评价的项目相同。

6.2.2 门窗安装尺寸检测项目与现行国家标准《建筑装饰装修工程质量验收规范》GB 50210－2001 需要检验评价的项目相同。

6.3　连接固定

6.3.2 门窗侧框中部是形成松动的薄弱部位。

6.3.3 门窗批水、盖口条、压缝条、密封条端头是形成松动的薄弱部位。

6.4　排水、启闭与密封

6.4.5 门窗框与墙体间缝隙填嵌是否饱满关系到保温效果和缝隙表面密封开裂，门窗框与墙体间缝隙要采用闭孔弹性材料填嵌，寒冷和严寒地区木外门窗

（或门窗框）与墙体间的空隙要填充保温材料，采用红外热像仪可无损检测外门窗框与墙体间密封缺陷，有密封缺陷时可打开门窗框与墙体间缝隙检查确认。

7 门窗工程性能现场检测

7.1 一 般 规 定

7.1.1 过去只注重门窗本身性能实验室检测，将安装之后的门窗性能视同实验室的检测结果，实际上工程安装后的门窗性能却比实验室检测结果差很多。主要原因是在缺少对门窗安装后整体性能进行检测督促的条件下，生产单位送到实验室检测的门窗可能和实际进场安装的门窗不同；另外，门窗安装时对性能影响很大的门窗框与洞口之间的缝隙普遍填嵌不饱满的缺陷得不到应有的重视。因此，对建筑外门窗气密性能、水密性能、抗风压性能、隔声性能和撞击性能等进行现场检测是保证门窗工程质量的关键。

7.2 外门窗气密性能、水密性能、抗风压性能检测

7.2.1 采用静压箱检测外门窗气密性能、水密性能、抗风压性能的方法，在现行行业标准《建筑外窗气密、水密、抗风压性能现场检测方法》JG/T 211－2007已经有了规定。

7.2.2 本条提出对检测结果的评定原则。

7.2.3 外窗渗漏水严重影响使用，对大尺寸的组合窗以及非标准形状的外窗难以利用静压箱体进行水密性能现场检测，可采用现场淋水的方法检测外窗防渗漏水性能。

7.2.4 外门窗安装后受风荷载的作用是否安全是大家普遍关心的问题，大规格组合门窗（尤其是条形窗和隐框窗），由于规格尺寸过大或是洞口不是矩形，使得现场检测时难以用密封板材进行密封，难以利用静压箱体进行抗风压性能现场检测。门窗静载检测借鉴比较成熟的建筑结构静载检测技术和方法，不需要庞大的加风压装置，采用局部加荷载的简便检测装置，通过等效计算结果对门窗框特定位置分时逐级施加荷载，检测位移值，确定门窗抗风压性能，效果很好。

7.3 门窗其他性能检测

7.3.1 易受人体或物体碰撞部位的建筑门窗安全越来越引起大家的重视，现场撞击性能检测是模拟人和物体对门窗猛烈冲击后，门窗扇脱落和玻璃破碎情况，可以有效检测门窗抗撞击性能。

7.3.2 外窗空气隔声性能的检测在现行国家标准《声学　建筑和建筑构件隔声测量　第5部分：外墙构件和外墙空气声隔声的现场测量》GB/T 19889.5－2006中已经有了规定。

8 既有建筑门窗检测

8.1 一 般 规 定

8.1.1 改造工程为门窗全部更换，门窗修复与更换工程为部分门窗更换或配件更换。

8.1.2 新、旧门窗检测方法可能相同，但检测目的并不完全相同。

8.2 门窗的检查

8.2.1 采用全数检查的方式可以指导门窗修复与更换。

8.4 门 窗 性 能

8.4.1 既有建筑门窗存在密封胶开裂、密封条脱落、玻璃破裂等可维修的缺陷时，直接采用静压箱检测建筑外窗气密、水密、抗风压性能不能真实反映外窗本身真实性能，会将可修复的门窗误判为门窗必须更换。因此，需要先将既有建筑门窗可维修的缺陷正常维修后再采用静压箱进行性能检测。

附录A 红外热像仪检测外门窗框与墙体间密封缺陷

采用红外热像仪可无损检测外门窗框与墙体间密封缺陷，本附录在已有的外围护结构热工缺陷检测的基础上，结合外门窗工程的特点编制而成。

附录B 外门窗现场淋水检测

B.0.3 有时漏水并非一个部位，因此对所有接缝按顺序进行检测。检测顺序应依据从下向上的原则，可避免上部接缝检测的水从下部接缝渗入，干扰检测结果。

附录C 门窗静载检测

C.0.3 有开启扇的外窗可在开启扇边的中框上施加拉力静载检测，没有开启扇的外窗可在中框上施加推力静载检测。

附录D 门窗现场撞击性能检测

D.0.2 悬挂撞击体的支撑架应足够牢固，不得影响检测结果。

D.0.5 本条保证门窗受到撞击体撞击时，悬挂装置、释放装置等对门窗无其他力的影响。

D.0.8 门窗薄弱处为受冲击后容易损坏或变形最大的部位。一般选择门窗扇中梃的中点，中横、中竖框的中点，拼樘框中点，门窗面板中心等部位。

D.0.11 门窗受撞击后应能吸收撞击能量，保持原有性能或在撞击力消失后恢复正常使用功能，无影响使用的永久变形。撞击力不应导致门窗零部件脱落，门窗面板应达到各自产品标准规定的撞击性能。

中华人民共和国行业标准

后锚固法检测混凝土抗压强度技术规程

Technical specification for inspection of concrete compressive strength by post-installed adhesive anchorage method

JGJ/T 208—2010

批准部门：中华人民共和国住房和城乡建设部
施行日期：2 0 1 0 年 1 0 月 1 日

中华人民共和国住房和城乡建设部
公　　告

第550号

关于发布行业标准《后锚固法检测混凝土抗压强度技术规程》的公告

现批准《后锚固法检测混凝土抗压强度技术规程》为行业标准，编号为JGJ/T 208－2010，自2010年10月1日起实施。

本规程由我部标准定额研究所组织中国建筑工业出版社出版发行。

中华人民共和国住房和城乡建设部

2010年4月17日

前　　言

根据住房和城乡建设部《关于印发〈2009年工程建设标准规范制订、修订计划〉的通知》（建标［2009］88号）的要求，规程编制组经广泛调研、认真总结实践经验、参考有关国际标准和国内先进标准，并在广泛征求意见的基础上，制定本规程。

本规程的主要技术内容是：1　总则；2　术语和符号；3　基本规定；4　后锚固法试验装置；5　检测技术；6　混凝土强度推定等。

本规程由住房和城乡建设部负责管理，由山东省建筑科学研究院负责具体技术内容的解释。执行过程中，如有意见或建议，请寄送山东省建筑科学研究院（济南市无影山路29号，邮编：250031）。

本规程主编单位：山东省建筑科学研究院
江苏盐城二建集团有限公司

本规程参编单位：国家建筑工程质量监督检验中心
甘肃省建设投资（控股）集团总公司
福建省建筑科学研究院
甘肃省建筑科学研究院
江苏省建筑科学研究院有限公司
辽宁省建设科学研究院
青岛理工大学
济南市工程质量与安全生产监督站
山东华森混凝土有限公司
烟台市建设工程质量监督站
东营市建筑工程质量检测站
日照市建设工程质量监督站
山东省乐陵市回弹仪厂

本规程主要起草人员：崔士起　王金山　肖春虎　张仁瑜　冯力强　叶　健　顾瑞南　由世岐　晏大玮　许世培　陈　松　于长江　孟康荣　于素健　张　晓　孔旭文　马全安　张惠平　申永俊　刘　强　谢慧东　王明堂　范　涛　张敬朋　丁元余　赵　晶

本规程主要审查人员：高小旺　傅传国　李　杰　郝挺宇　文恒武　路彦兴　卢同和　焦安亮　张维汇　毕建新

目　次

1　总则 ………………………………………… 27—5
2　术语和符号 …………………………………… 27—5
2.1　术语 ………………………………………… 27—5
2.2　符号 ………………………………………… 27—5
3　基本规定 ……………………………………… 27—5
4　后锚固法试验装置……………………………… 27—5
4.1　技术要求 …………………………………… 27—5
4.2　拔出仪 ……………………………………… 27—6
4.3　钻孔机 ……………………………………… 27—6
4.4　锚固胶 ……………………………………… 27—6
4.5　定位圆盘 …………………………………… 27—6
5　检测技术 ……………………………………… 27—6
5.1　一般规定 …………………………………… 27—6
5.2　钻孔 ………………………………………… 27—7
5.3　清孔与锚固 ………………………………… 27—7
5.4　拔出试验 …………………………………… 27—7
6　混凝土强度推定………………………………… 27—7
6.1　测点混凝土强度换算值 …………………… 27—7
6.2　钻芯修正 …………………………………… 27—7
6.3　单个检测 …………………………………… 27—8
6.4　抽样检测 …………………………………… 27—8
附录 A　专用和地区测强曲线的制定
方法……………………………………………… 27—8
附录 B　测点混凝土强度换算表 ……… 27—9
本规程用词说明 ………………………………… 27—10
引用标准名录 …………………………………… 27—10
附：条文说明 …………………………………… 27—11

Contents

1 General Provisions …… 27—5
2 Terms and Symbols …… 27—5
2.1 Terms …… 27—5
2.2 Symbols …… 27—5
3 Basic Requirements …… 27—5
4 Device of Post-installed Adhesive Anchorage Method …… 27—5
4.1 Technical Requirements …… 27—5
4.2 Pullout Machine …… 27—6
4.3 Drilling Machine …… 27—6
4.4 Anchorage Adhesive …… 27—6
4.5 Positioning Plate …… 27—6
5 Testing Technology …… 27—6
5.1 General Requirements …… 27—6
5.2 Drilling Hole …… 27—7
5.3 Cleaning Hole and Anchorage …… 27—7
5.4 Pullout Test …… 27—7
6 Estimated Strength of Concrete …… 27—7
6.1 Conversion Strength of Test Point …… 27—7
6.2 Correction by Drilled Core …… 27—7
6.3 Single Member Test …… 27—8
6.4 Sampling Test …… 27—8
Appendix A Establishment of Local and Special Strength Conversion Curve …… 27—8
Appendix B Conversion Strength of Test Point …… 27—9
Explanation of Wording in This Specification …… 27—10
List of Quoted Standards …… 27—10
Addition: Explanation of Provisions …… 27—11

1 总 则

1.0.1 为规范后锚固法检测混凝土抗压强度（以下简称混凝土强度）技术，保证检测精度，制定本规程。

1.0.2 本规程适用于后锚固法检测普通混凝土强度。

1.0.3 后锚固法检测混凝土强度，除应符合本规程外，尚应符合国家现行有关标准的规定。

2 术语和符号

2.1 术 语

2.1.1 后锚固法 post-installed adhesive anchorage method

在已硬化混凝土中钻孔，并用高强胶粘剂植入锚固件，待胶粘剂固化后进行拔出试验，根据拔出力来推定混凝土强度的方法。

2.1.2 测点 test point

检测混凝土强度时，按本规程要求取得检测数据的检测点。

2.1.3 检测批 inspection lot

设计强度等级、原材料、配合比相同，生产工艺基本相同，养护条件基本一致且龄期相近，由一定数量构件构成的检测对象。

2.1.4 抽样检测 sampling inspection

从检测批中抽取样本，通过对样本的检测确定检测批混凝土强度的检测方法。

2.1.5 混凝土强度换算值 conversion value of concrete strength

通过测强曲线计算得到的现龄期混凝土强度值。相当于被检测混凝土在所处条件和龄期下，边长为150mm立方体试块的抗压强度值。

2.1.6 混凝土强度推定值 estimated value of concrete strength

相当于混凝土强度换算值总体分布中保证率不低于95%的强度值。

2.2 符 号

d_1——反力支撑圆环内径；

d_2——反力支撑圆环外径；

$f^{c}_{cor,i}$——第 i 个芯样试件混凝土强度换算值；

$f^{c}_{cor,m}$——芯样试件混凝土强度换算值的平均值；

$f^{c}_{cu,e}$——混凝土强度推定值；

$f^{c}_{cu,i}$——第 i 个测点混凝土强度换算值；

h_{ef}——锚固深度；

h_r——反力支撑圆环高度；

$m_{f^{c}_{cu}}$——测点混凝土强度换算值的平均值；

P_i——拔出力；

$s_{f^{c}_{cu}}$——测点混凝土强度换算值的标准差；

t——反力支撑圆环上壁厚度；

Δ_f——修正量。

3 基 本 规 定

3.0.1 对新建工程，在正常情况下混凝土强度的检验与评定应按现行国家标准《混凝土结构工程施工质量验收规范》GB 50204及《混凝土强度检验评定标准》GB/T 50107执行。当需要推定既有建筑的混凝土强度时，可按本规程进行检测，检测结果可作为评价混凝土强度的依据。

3.0.2 当混凝土表层与内部的质量有明显差异时，应将表层混凝土清除干净后方可进行检测。

3.0.3 检测前宜具备下列资料：

1 工程名称及建设单位、设计单位、施工单位和监理单位名称；

2 被检测构件名称、混凝土设计强度等级及施工图纸；

3 粗骨料品种、最大粒径；

4 混凝土浇筑和养护情况以及混凝土的龄期；

5 混凝土试块强度资料以及相关的施工技术资料；

6 检测原因。

3.0.4 采用后锚固法进行检测的人员均应通过专项培训并考核合格。

3.0.5 现场检测作业应遵守有关安全环保规定。

3.0.6 有条件的单位或地区可制定专用测强曲线或地区测强曲线，计算混凝土强度换算值时应依次优先选用专用测强曲线、地区测强曲线和本规程统一测强曲线。专用和地区测强曲线的制定方法应符合本规程附录A的规定。

4 后锚固法试验装置

4.1 技 术 要 求

4.1.1 后锚固法试验装置应由拔出仪、锚固件、钻孔机、定位圆盘及反力支承圆环等组成。

4.1.2 后锚固法试验装置应具有产品合格证，拔出仪应具有法定计量机构的校准合格证书。

4.1.3 后锚固法试验装置的反力支承圆环内径应为120mm，外径应为135mm，高度应为50mm，上壁厚应为15mm，允许误差均应为±0.1mm；锚固深度应为（30±0.5）mm，锚固件（图4.1.3）尺寸允许误差应为±0.1mm。反力支承圆环和锚固件应采用屈服强度不小于355MPa的金属材料制作。

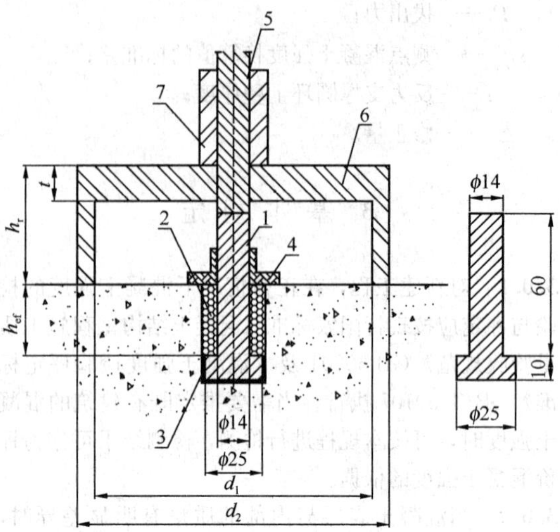

图 4.1.3 后锚固法试验装置示意图

1—锚固件；2—锚固胶；3—橡胶套；4—定位圆盘；5—拉杆；6—反力支承圆环；7—拔出仪

d_1—反力支承圆环内径；d_2—反力支承圆环外径；h_r—反力支承圆环高度；t—反力支承圆环上壁厚度；h_{ef}—锚固深度

4.2 拔 出 仪

4.2.1 拔出仪应由加荷装置和测力装置两部分组成。

4.2.2 拔出仪应具备以下技术性能：

1 工作最大拔出力应在额定拔出力的（20～80）%范围以内；

2 工作行程不应小于 6mm；

3 允许示值误差应为仪器额定拔出力的±2%；

4 测力装置应具有峰值保持功能。

4.2.3 当遇有下列情况之一时，拔出仪应送法定计量机构校准：

1 新拔出仪启用前；

2 经维修后；

3 出现异常时；

4 超过校准有效期限（有效期限为一年）；

5 遭受严重撞击或其他损害。

4.3 钻 孔 机

4.3.1 钻孔机可采用金刚石薄壁空心钻或冲击电锤。金刚石薄壁空心钻宜有水冷却装置。

4.3.2 钻孔机宜有控制垂直度及深度的装置。

4.4 锚 固 胶

4.4.1 锚固胶性能指标应符合表 4.4.1 的规定。

表 4.4.1 锚固胶性能

性能项目	性能要求	试验方法
抗拉强度（MPa）	≥40	
受拉弹性模量（MPa）	≥2500	GB/T 2567
伸长率（%）	≥1.5	GB/T 2567
抗压强度（MPa）	≥70	GB/T 2567
混合后初黏度（23℃时）（mPa·s）	≤1800	GB/T 22314
钢-钢拉伸剪切强度（MPa）	≥20	GB/T 2567

注：表中的性能指标均为平均值。

4.5 定 位 圆 盘

4.5.1 定位圆盘宜设有注胶孔、排气孔和持压漏斗。

4.5.2 定位圆盘（图 4.5.2）应能保证锚固件垂直于混凝土表面并可确定锚固深度。

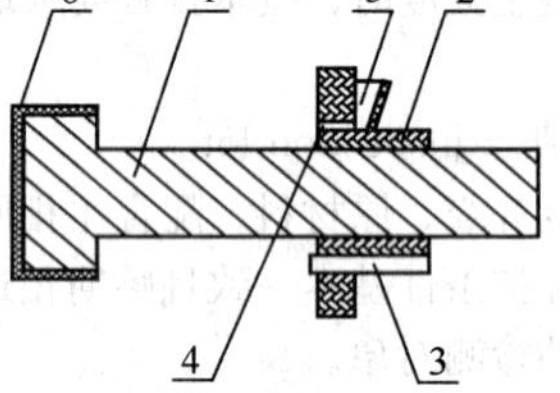

图 4.5.2 定位圆盘安装示意图

1—锚固件；2—定位圆盘；3—圆盘注胶孔；4—圆盘排气孔；5—持压漏斗；6—橡胶套

5 检 测 技 术

5.1 一 般 规 定

5.1.1 检测混凝土强度可采用以下两种方式：

1 单个检测：适用于单个构件的检测，其检测结果不得扩大到未检测的构件或范围；

2 抽样检测：同一检测批构件总数不应少于 9 个，否则，应按单个检测。

5.1.2 抽样检测时，应进行随机抽样，且抽测构件最小数量应符合表 5.1.2 的规定。

表 5.1.2 随机抽测构件最小数量

同一检测批构件总数	9～15	16～25	26～50	51～90	91～150
抽测构件最小数量	3	5	8	13	20

续表 5.1.2

同一检测批构件总数	151～280	281～500	501～1200	1201～3200	3201～10000
抽测构件最小数量	32	50	80	125	200

5.1.3 测点布置应符合下列规定：

1 每一构件应均匀布置3个测点，最大拔出力或最小拔出力与中间值之差大于中间值的15%时，应在最小拔出力测点附近再加测2个测点；

2 测点应优先布置在混凝土浇筑侧面，混凝土浇筑侧面无法布置测点时，可在混凝土浇筑顶面布置测点，布置测点前，应清除混凝土表层浮浆，如混凝土浇筑面不平整时，应将测点部位混凝土打磨平整；

3 相邻两测点的间距不应小于300mm，测点距构件边缘不应小于150mm；

4 测点应避开接缝、蜂窝、麻面部位，且后锚固法破坏体破坏面无外露钢筋。

5.1.4 测点应标有编号，必要时宜描绘测点布置的示意图。

5.2 钻　孔

5.2.1 在钻孔过程中，钻头应始终与混凝土表面保持垂直。

5.2.2 成孔尺寸应符合下列规定：

1 钻孔直径应为(27±1)mm；

2 钻孔深度应为(45±5)mm。

5.3 清孔与锚固

5.3.1 钻孔完毕后，应清除孔内粉尘。当采用金刚石薄壁空心钻钻孔时，应使孔壁清洁、干燥。

5.3.2 应将定位圆盘与锚固件连接后注射锚固胶。待锚固胶固化后，方可进行拔出试验。

5.4 拔出试验

5.4.1 拔出试验过程中，施加拔出力应连续、均匀，其速度应控制在(0.5～1.0)kN/s。

5.4.2 施加拔出力至拔出仪测力装置读数不再增加为止，记录极限拔出力，精确至0.1kN。

5.4.3 后锚固法试验时，应采取有效措施防止试验装置脱落。

5.4.4 当后锚固法试验出现下列异常情况之一时，应作详细记录，并将该值舍去，在其附近补测一个测点。

1 后锚固法破坏体呈非完整锥体破坏状态；

2 后锚固法破坏体的锥体破坏面上，有显著影响检测精度的缺陷或异物；

3 反力支承圆环外混凝土出现裂缝。

5.4.5 后锚固法检测后，应及时对检测造成的构件破损部位进行有效修补。

6 混凝土强度推定

6.1 测点混凝土强度换算值

6.1.1 当无专用测强曲线和地区测强曲线时，可采用本规程统一测强曲线式（6.1.1）或按本规程附录B计算混凝土强度换算值。

$$f^{c}_{cu,i}=2.1667P_i+1.8288 \tag{6.1.1}$$

式中：$f^{c}_{cu,i}$——混凝土强度换算值（MPa），精确至0.1MPa；

P_i——拔出力（kN），精确至0.1kN。

6.1.2 本规程统一测强曲线适用于符合下列条件的混凝土：

1 符合普通混凝土用材料且粗骨料为碎石，其最大粒径不大于40mm；

2 抗压强度范围为（10～80）MPa；

3 采用普通成型工艺；

4 自然养护14d或蒸气养护出池后经自然养护7d以上。

6.2 钻 芯 修 正

6.2.1 当采用钻芯法修正时，钻取芯样应符合下列规定：

1 符合同一检测批的被检测构件应采用同一修正量；

2 同一检测批，若采用直径100mm（高径比1∶1）混凝土芯样时，芯样试件的数量不应少于6个；若采用直径小于100mm（高径比1∶1）的混凝土芯样时，芯样试件的直径不应小于70mm，芯样试件的数量不应少于9个。

6.2.2 钻芯法修正应采用修正量法。修正后测点混凝土强度换算值应按下列公式计算：

$$f^{c}_{cu,i0}=f^{c}_{cu,i}+\Delta_f \tag{6.2.2-1}$$

$$\Delta_f=f^{c}_{cor,m}-f^{c}_{cu,mj} \tag{6.2.2-2}$$

$$f^{c}_{cor,m}=\frac{\sum_{i=1}^{n}f^{c}_{cor,i}}{n_1} \tag{6.2.2-3}$$

式中：$f^{c}_{cor,m}$——芯样试件混凝土强度换算值的平均值（MPa），精确至0.1MPa；

$f^{c}_{cor,i}$——第i个芯样试件混凝土强度换算值（MPa），精确至0.1MPa；

$f^{c}_{cu,mj}$——与钻芯部位相应的后锚固法测点混凝土强度换算值的平均值（MPa），精确至0.1MPa；

$f^{c}_{cu,i0}$——修正后测点混凝土强度换算值（MPa），精确至0.1MPa；

$f^{c}_{cu,i}$——修正前测点混凝土强度换算值

(MPa)，精确至 0.1MPa；

n_1——芯样数量；

Δ_f——修正量（MPa），精确至 0.1MPa。

6.2.3 钻芯后，应及时对钻芯造成的构件破损部位进行有效修补。

6.3 单个检测

6.3.1 单个构件的拔出力计算值确定应符合下列规定：

1 当构件 3 个拔出力中的最大和最小值与中间值之差均小于中间值的 15%时，应取最小值作为该构件拔出力计算值；

2 当按本规程第 5.1.3 条第 1 款加测时，加测的 2 个拔出力应和最小拔出力一起取平均值，再与前一次的拔出力中间值比较，取较小值作为该构件的拔出力计算值。

6.3.2 根据单个构件拔出力计算值，应按本规程 6.1.1 条计算其强度换算值，并应将此强度换算值作为单个构件混凝土强度推定值。

6.4 抽样检测

6.4.1 抽样检测时，应按本规程 6.1.1 条计算每个测点混凝土强度换算值。

6.4.2 检测批混凝土的强度平均值、标准差，应按下列公式计算：

$$m_{f^c_{cu}}=\frac{\sum_{i=1}^{n} f^c_{cu,i}}{n_2} \quad (6.4.2\text{-}1)$$

$$s_{f^c_{cu}}=\sqrt{\frac{\sum_{i=1}^{n}(f^c_{cu,i})^2-n_2\,(m_{f^c_{cu}})^2}{n_2-1}} \quad (6.4.2\text{-}2)$$

式中：$f^c_{cu,i}$——第 i 个测点混凝土强度换算值（MPa），精确至 0.1MPa；

$m_{f^c_{cu}}$——混凝土强度的平均值（MPa），精确至 0.1MPa；

n_2——检测批测点数之和；

$s_{f^c_{cu}}$——混凝土强度的标准差（MPa），精确至 0.01MPa。

6.4.3 抽样检测混凝土强度推定值应按下式计算：

$$f^c_{cu,e}=m_{f^c_{cu}}-1.645 s_{f^c_{cu}} \quad (6.4.3)$$

式中：$f^c_{cu,e}$——检测批混凝土强度推定值（MPa），精确至 0.1MPa。

6.4.4 由钻芯，修正方法确定检测批的混凝土强度推定值时，应采用修正后的样本算术平均值和标准差，并按本规程第 6.4.3 条规定的方法确定。

6.4.5 抽样检测时，检测批混凝土强度标准差限值应控制在表 6.4.5 的范围内，否则，应按本规程第 6.4.6 条的要求进行处理。

表 6.4.5 检测批混凝土强度标准差限值

强度平均值（MPa）	小于25时	不小于 25 且不大于 60 时	大于 60 且不大于 80 时
强度标准差最大限值（MPa）	4.5	5.5	6.5

6.4.6 当不能满足本规程第 6.4.5 条要求时，应在分析原因的基础上采取下列措施，并在检测报告中注明：

1 应分析施工条件及检测结果，重新划分检测批；

2 当采取上述措施仍不能满足要求或无条件采取上述措施时，宜按本规程第 6.3 节提供单个检测的结果。

附录 A 专用和地区测强曲线的制定方法

A.0.1 采用的后锚固法试验装置应符合本规程第 4 章的各项要求。

A.0.2 制定专用测强曲线的混凝土试块应采用与被检测混凝土相同的原材料和成型养护工艺制作；制定地区测强曲线的混凝土试块应采用本地区常用原材料和成型养护工艺制作。混凝土用水泥应符合现行国家标准《通用硅酸盐水泥》GB 175 的规定，混凝土用砂、石应符合现行行业标准《普通混凝土用砂、石质量及检验方法标准》JGJ 52 的规定，混凝土搅拌用水应符合现行行业标准《混凝土用水标准》JGJ 63 的规定。

A.0.3 试块的制作和养护应符合下列规定：

1 制定专用测强曲线时应根据使用要求按最佳配合比设计不少于 5 个强度等级，每一强度等级每一龄期应制作不少于 6 组后锚固法试件，每组应由 3 个 150mm 立方体试块和至少可布置 5 个测点的混凝土试件组成；

2 制定地区测强曲线时应按最佳配合比设计不少于 8 个强度等级，每一强度等级每一龄期每一有代表性区域应制作不少于 6 组后锚固法试件，每组应由 3 个 150mm 立方体试块和至少可布置 5 个测点的混凝土试件组成；

3 每组混凝土试件和相应的立方体试块应采用同批混凝土，同一龄期混凝土试件和立方体试块应在同一天内成型完毕；

4 在成型后的第二天，应将立方体试块移至与混凝土试件相同的条件下养护，立方体试块拆模日期应与混凝土试件的拆模日期相同。

A.0.4 拔出试验应按下列规定进行：

1 拔出试验测点宜布置在混凝土试件的浇筑侧面；

2 在每一混凝土试件上应进行 5 个拔出试验，

取平均值为该试件的拔出力计算值 P_m，精确至0.1kN；

3 同条件制作的3个150mm立方体试块，应按现行国家标准《普通混凝土力学性能试验方法标准》GB/T 50081进行立方体试块抗压强度试验，得到试块的立方体抗压强度值 f_{cu}，精确至0.1MPa。

A.0.5 专用和地区测强曲线的计算应符合下列规定：

1 专用和地区测强曲线的回归方程式，应按每一混凝土试件求得的拔出力和对应的立方体试块抗压强度值，采用最小二乘法原理计算。

2 回归方程式可采用下式计算：

$$f_{cu}^{c}=A+BP_m \tag{A.0.5-1}$$

式中：A、B——回归系数。

3 回归方程的平均相对误差 δ 及相对标准差 e_r，可按下列公式计算：

$$\delta=\pm\frac{1}{n}\sum_{i=1}^{n}\left|\frac{f_{cu,i}}{f_{cu,i}^{c}}-1\right|\times100\% \tag{A.0.5-2}$$

$$e_r=\sqrt{\frac{1}{n-1}\sum_{i=1}^{n}\left(\frac{f_{cu,i}}{f_{cu,i}^{c}}-1\right)^2}\times100\% \tag{A.0.5-3}$$

式中：e_r——回归方程式的强度相对标准差（%），精确至0.1%；

$f_{cu,i}$——由第 i 个试块抗压试验得出的混凝土强度值（MPa），精确至0.1MPa；

$f_{cu,i}^{c}$——对应于第 i 个试块按（A.0.5-1）计算的强度换算值（MPa），精确至0.1MPa；

n——制定回归方程式的数据数量；

δ——回归方程式的强度平均相对误差（%），精确至0.1%。

A.0.6 专用和地区测强曲线的强度误差应符合下列规定：

1 专用测强曲线：平均相对误差应为±10.0%，相对标准差不应大于12.0%；

2 地区测强曲线：平均相对误差应为±12.0%，相对标准差不应大于15.0%。

附录B 测点混凝土强度换算表

表B 测点混凝土强度换算表

拔出力(kN)	强度换算值(MPa)	拔出力(kN)	强度换算值(MPa)
3.8	10.1	4.4	11.4
4.0	10.5	4.6	11.8
4.2	10.9	4.8	12.2

续表B

拔出力(kN)	强度换算值(MPa)	拔出力(kN)	强度换算值(MPa)
5.0	12.7	12.4	28.7
5.2	13.1	12.6	29.1
5.4	13.5	12.8	29.6
5.6	14.0	13.0	30.0
5.8	14.4	13.2	30.4
6.0	14.8	13.4	30.9
6.2	15.3	13.6	31.3
6.4	15.7	13.8	31.7
6.6	16.1	14.0	32.2
6.8	16.6	14.2	32.6
7.0	17.0	14.4	33.0
7.2	17.4	14.6	33.5
7.4	17.9	14.8	33.9
7.6	18.3	15.0	34.3
7.8	18.7	15.2	34.8
8.0	19.2	15.4	35.2
8.2	19.6	15.6	35.6
8.4	20.0	15.8	36.1
8.6	20.5	16.0	36.5
8.8	20.9	16.2	36.9
9.0	21.3	16.4	37.4
9.2	21.8	16.6	37.8
9.4	22.2	16.8	38.2
9.6	22.6	17.0	38.7
9.8	23.1	17.2	39.1
10.0	23.5	17.4	39.5
10.2	23.9	17.6	40.0
10.4	24.4	17.8	40.4
10.6	24.8	18.0	40.8
10.8	25.2	18.2	41.3
11.0	25.7	18.4	41.7
11.2	26.1	18.6	42.1
11.4	26.5	18.8	42.6
11.6	27.0	19.0	43.0
11.8	27.4	19.2	43.4
12.0	27.8	19.4	43.9
12.2	28.3	19.6	44.3

续表 B

拔出力（kN）	强度换算值（MPa）	拔出力（kN）	强度换算值（MPa）
19.8	44.7	27.0	60.3
20.0	45.2	27.2	60.8
20.2	45.6	27.4	61.2
20.4	46.0	27.6	61.6
20.6	46.5	27.8	62.1
20.8	46.9	28.0	62.5
21.0	47.3	28.2	62.9
21.2	47.8	28.4	63.4
21.4	48.2	28.6	63.8
21.6	48.6	28.8	64.2
21.8	49.1	29.0	64.7
22.0	49.5	29.2	65.1
22.2	49.9	29.4	65.5
22.4	50.4	29.6	66.0
22.6	50.8	29.8	66.4
22.8	51.2	30.0	66.8
23.0	51.7	30.2	67.3
23.2	52.1	30.4	67.7
23.4	52.5	30.6	68.1
23.6	53.0	30.8	68.6
23.8	53.4	31.0	69.0
24.0	53.8	31.2	69.4
24.2	54.3	31.4	69.9
24.4	54.7	31.6	70.3
24.6	55.1	31.8	70.7
24.8	55.6	32.0	71.2
25.0	56.0	32.2	71.6
25.2	56.4	32.4	72.0
25.4	56.9	32.6	72.5
25.6	57.3	32.8	72.9
25.8	57.7	33.2	73.8
26.0	58.2	33.2	73.8
26.2	58.6	33.4	74.2
26.4	59.0	33.6	74.6
26.6	59.5	33.8	75.1
26.8	59.9	34.0	75.5

续表 B

拔出力（kN）	强度换算值（MPa）	拔出力（kN）	强度换算值（MPa）
34.2	75.9	35.4	78.5
34.4	76.4	35.6	79.0
34.6	76.8	35.8	79.4
34.8	77.2	36.0	79.8
35.0	77.7	36.2	80.3
35.2	78.1	—	—

本规程用词说明

1 为便于在执行本规程条文时区别对待，对要求严格程度不同的用词说明如下：

1）表示很严格，非这样做不可的：
正面词采用“必须”；反面词采用“严禁”；

2）表示严格，在正常情况下均应这样做的：
正面词采用“应”；反面词采用“不应”或“不得”；

3）表示允许稍有选择，在条件许可时首先应这样做的：
正面词采用“宜”；反面词采用“不宜”；

4）表示有选择，在一定条件下可以这样做的采用“可”。

2 条文中指明应按其他有关标准执行的写法为：“应符合……的规定”或“应按……执行”。

引用标准名录

1 《普通混凝土力学性能试验方法标准》GB/T 50081

2 《混凝土强度检验评定标准》GB/T 50107

3 《工业建筑可靠性鉴定标准》GB 50144

4 《混凝土结构工程施工质量验收规范》GB 50204

5 《建筑结构检测技术标准》GB/T 50344

6 《民用建筑可靠性鉴定标准》GB 50292

7 《通用硅酸盐水泥》GB 175

8 《树脂浇铸体拉伸性能试验方法》GB/T 2567

9 《塑料环氧树脂黏度测定方法》GB/T 22314

10 《普通混凝土用砂、石质量及检验方法标准》JGJ 52

11 《混凝土用水标准》JGJ 63

中华人民共和国行业标准

后锚固法检测混凝土抗压强度技术规程

JGJ/T 208—2010

条 文 说 明

制 订 说 明

《后锚固法检测混凝土抗压强度技术规程》JGJ/T 208-2010，经住房和城乡建设部2010年4月17日以第550号公告批准、发布。

本规程制订过程中，编制组进行了广泛的调查研究，总结了我国工程建设混凝土强度无损检测领域的实践经验，同时参考了国外先进技术法规、技术标准，通过试验取得了后锚固法试验装置的重要技术参数。

为便于广大检测、监督、施工、监理、科研等单位有关人员在使用本规程时能正确理解和执行条文规定，《后锚固法检测混凝土抗压强度技术规程》编制组按章、节、条顺序编制了本规程的条文说明，对条文规定的目的、依据以及执行中需注意的有关事项进行了说明。但是，本条文说明不具备与规程正文同等的法律效力，仅供使用者作为理解和把握标准规定的参考。

目　次

1　总则……………………………………… 27—14
3　基本规定………………………………… 27—14
4　后锚固法试验装置 …………………… 27—14
4.1　技术要求……………………………… 27—14
4.2　拔出仪………………………………… 27—14
4.3　钻孔机………………………………… 27—15
4.4　锚固胶………………………………… 27—15
4.5　定位圆盘……………………………… 27—15
5　检测技术 ……………………………… 27—15
5.1　一般规定……………………………… 27—15
5.2　钻孔…………………………………… 27—15
5.3　清孔与锚固…………………………… 27—15
5.4　拔出试验……………………………… 27—15
6　混凝土强度推定 ……………………… 27—15
6.1　测点混凝土强度换算值……………… 27—15
6.2　钻芯修正……………………………… 27—16
6.3　单个检测……………………………… 27—16
6.4　抽样检测……………………………… 27—16

1 总　　则

1.0.1 后锚固法作为一种新的微破损方法，具有检测精度高、对结构损伤小、操作简单便捷等优点，具有广阔的应用前景。规范使用后锚固法检测混凝土强度的方法，推广使用后锚固法检测混凝土强度技术，保证检测精度，提高我国建筑工程质量检测技术水平，是制定本规程的目的。

1.0.2 本条所指的普通混凝土是干密度为(2000～2800)kg/m^3的水泥混凝土。

3 基 本 规 定

3.0.1 本规程的混凝土检测方法适用于新建工程非正常验收的混凝土强度检测和既有建筑的混凝土强度检测。在正常情况下，混凝土强度的检验与评定应按国家现行标准《混凝土结构工程施工质量验收规范》GB 50204 及《混凝土强度检验评定标准》GB/T 50107 执行。但是，在下列情况时，可按本规程进行检测及推定混凝土强度，并作为评价混凝土质量的依据。

1　混凝土试块与结构的混凝土质量不一致或对试块检验结果有怀疑时；

2　供试验用的混凝土试块数量不足时；

3　待改建或扩建的旧结构物需要推定其混凝土强度时；

4　其他需要检测、推定混凝土强度的情况。

3.0.2 后锚固法检测混凝土强度技术是通过测定混凝土表层 30mm 范围内后锚固法破坏体的拔出力，根据拔出力推定构件的混凝土抗压强度，因此，采用后锚固法检测混凝土强度时，要求被检测混凝土表层与内部质量一致。当混凝土表层与内部质量有明显差异时，应根据情况采取适当措施后方可进行检测。例如，遭受冻害、化学腐蚀、火灾及高温等损伤属于表层范围内时，应将受损伤混凝土清除干净后进行检测。

3.0.3 现场工程检测之前，应进行必要的资料准备，尽可能的全面了解有关原始记录和资料，为正确选择检测方案和推定混凝强度打下基础。

3.0.6 我国地域辽阔，气候差别很大，混凝土材料种类繁多，施工和管理水平参差不齐。因此，有条件的单位或地区宜制定专用测强曲线或地区测强曲线。专用测强曲线精度优于地区测强曲线，地区测强曲线精度优于本规程统一测强曲线。为提高后锚固法检测混凝土抗压强度技术的检测精度，使用时应按上述顺序依次优先选用测强曲线。专用或地区测强曲线应通过地方建设行政主管部门组织的审查和批准后方可使用。

4 后锚固法试验装置

4.1 技 术 要 求

4.1.2 后锚固法试验装置的制造质量及拔出仪测力装置的计量精度直接关系到后锚固法检测混凝土强度的精度，因此规定了试验装置应具有产品合格证，拔出仪应具有法定计量机构的校准合格证书。

4.1.3 后锚固法检测混凝土强度试验过程中，其破坏体呈以下四种破坏形式（图 1）：

（a）锚固件拔断；

（b）混凝土完整锥体破坏。后锚固法破坏体表面直径等于反力环内径，破坏体高度等于锚固深度；

（c）锚固件拔脱破坏；

（d）混凝土锥体及胶体粘结联合破坏。后锚固法破坏体高度小于锚固深度。

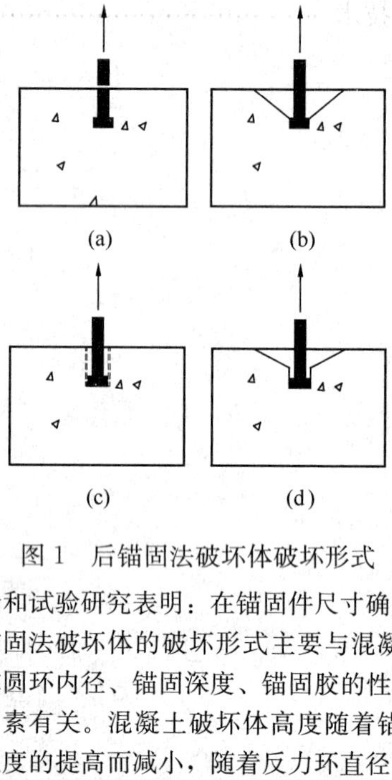

图 1　后锚固法破坏体破坏形式

理论和试验研究表明：在锚固件尺寸确定的情况下，后锚固法破坏体的破坏形式主要与混凝土强度、反力支撑圆环内径、锚固深度、锚固胶的性能、孔壁状况等因素有关。混凝土破坏体高度随着锚固深度、混凝土强度的提高而减小，随着反力环直径的减小而减小。本规程的基本原理是选择适当的试验装置和试验参数，使后锚固法破坏体呈混凝土完整锥体破坏状态。经过理论研究和试验分析，规程编制组确定了正文要求的试验装置和试验参数。

4.2 拔 出 仪

4.2.2 拔出仪的工作行程是根据在后锚固试验过程中，混凝土的挤压、压缩变形及开裂分离变形的总和确定的。

在试验过程中，为便于准确测读极限拔出力，拔出仪测力装置应具备峰值保持功能。

4.3 钻 孔 机

4.3.1、4.3.2 钻孔时，如操作不当，可能使成孔直径偏大或倾斜。为保证钻孔与混凝土表面垂直，并且钻孔一次到位，钻孔机宜具有能控制垂直度及深度的固定装置。

4.4 锚 固 胶

4.4.1 本条规定了锚固胶的性能指标。当锚固胶性能低于本规程的要求时，后锚固法破坏体可能出现锚固件拔脱破坏、混凝土锥体及胶体粘结破坏等异常情况，不能保证检测精度。当环境温度或其他因素导致拔出试验时锚固胶固化不充分、实际强度偏低等情况时，可采取电加热、红外线加热、延长固化时间等措施使其充分固化，以避免出现异常情况。

4.5 定 位 圆 盘

4.5.1、4.5.2 定位圆盘能够实现水平方向锚固孔中的锚固胶无漏填，同时保证锚固件垂直于混凝土试件表面。定位圆盘设有与圆盘排气孔连通的持压漏斗。定位圆盘粘结固定在混凝土表面后，自底部圆盘注胶孔注射锚固胶，注胶速度应均匀缓慢，使孔内空气能够从持压漏斗中排净，要求锚固胶在持压漏斗中的液面高度超过钻孔的孔壁最上边缘，以保证注胶饱满。

5 检 测 技 术

5.1 一 般 规 定

5.1.1 单个检测用于单个板、柱、梁、墙、基础等构件的混凝土强度检测，单个构件可按《工业建筑可靠性鉴定标准》GB 50144 或《民用建筑可靠性鉴定标准》GB 50292 划分。

某些大型结构如烟囱、水塔等构筑物可按施工顺序划分为若干个检测区域，每个检测区域作为一个独立构件，根据检测区域数量，可选择单个检测，也可选择抽样检测。

5.1.2 依据《计数抽样检验程序第 1 部分：按接收质量限（AQL）检索的逐批检验抽样计划》GB/T 2828.1-2003，规定抽样检测随机抽测构件最小数量，检测过程中，以构件总数作为检测批的容量，随机抽测构件最小数量应满足表 5.1.2 中的要求；也可在大型构件上布置若干个检测区域，以检测区域总数作为检测批的容量。

5.1.3 检测时应注意：

1 后锚固法试验对测点部位造成局部损伤，所以在单个构件上不宜布置较多的测点。按单个检测时，在一个构件上先布置 3 个测点，然后根据 3 个测点拔出力的离散程度决定是否增加测点，如离散较大，则加测 2 个测点。

2 编制组试验分析表明：混凝土浇筑底面的数据离散性较大，不应布置测点。侧面和顶面可布置测点，测强曲线是建立在混凝土试件浇筑侧面的基础上，因此规定优先检测混凝土浇筑侧面。检测面应平整，反力支承圆环面应与混凝土面完全接触。当检测面不平整时，反力支承边界约束条件不能保证。因此检测面应平整，如平整度较差时应进行磨平处理。

5.1.4 在构件上标记测点的目的是：便于观察和分析不同构件、不同部位混凝土质量状况；查找最小拔出力测点部位，以便在其附近增加测点；当试验出现异常时便于分析其原因。

5.2 钻 孔

5.2.1 钻孔垂直度偏差直接影响锚固件的安装质量。因此，在钻孔过程中，钻头应始终与混凝土表面保持垂直。

5.2.2 为锚固可靠及保证检测精度，本条规定了成孔尺寸要求。

5.3 清孔与锚固

5.3.1 孔壁残留的粉尘会降低胶粘剂与混凝土之间的粘结效果。为保证检测精度，应保证清孔的质量，避免出现异常破坏。

5.4 拔 出 试 验

5.4.1 施加拔出力的速度对后锚固法破坏体的拔出力有影响，如果速度快，将导致拔出力偏高；如果速度慢，将导致拔出力偏低。为避免这一影响，实际操作时施加拔出力的速度应与制定本规程测强曲线时施加拔出力的速度相一致。

5.4.5 后锚固法检测后，为保证结构的工作性能，对混凝土破损部位应及时进行有效修补。修补方法常采用比其实际强度高一个强度等级的微膨胀混凝土进行修补，修补前应清理干净并充分湿润，修补后应充分养护。亦可采用其他的有效方法进行修补。

6 混凝土强度推定

6.1 测点混凝土强度换算值

6.1.1 规程编制组在山东、江苏、甘肃、福建、辽宁等地区大量试验数据的基础上，经数据处理得出《后锚固法检测混凝土抗压强度技术规程》JGJ/T 208 统一测强曲线。

统一测强曲线：

$$f^{c}_{cu,i} = 2.1667P_i + 1.8288 \quad (6.1.1)$$

式中：$f^{c}_{cu,i}$——混凝土强度换算值（MPa），精确至 0.1MPa；

P_i ——拔出力（kN），精确至 0.1kN。

该回归方程的相关系数 $r=0.909$，平均相对误差 $\delta=10.84\%$，相对标准差 $e_r=13.21\%$。

计算混凝土强度的换算值时应依次优先选用专用测强曲线和地区测强曲线。若无上述曲线时，可采用本规程统一测强曲线。

6.1.2 本规程编制组进行了立方体抗压强度为(10～100）MPa 普通混凝土后锚固法试验研究，考虑到与其他规范的衔接，本规程将后锚固法检测普通混凝土强度技术的适用范围定为（10～80）MPa。

6.2 钻 芯 修 正

6.2.2 修正量的概念与国家标准《数据的统计处理和解释在成对观测值情形下两个均值的比较》GB/T 3361 的概念相符。修正量法只对间接方法测得的混凝土强度的平均值进行修正，不修正标准差。

$$f^{c}_{cu,i0}=f^{c}_{cu,i}+\Delta_f \quad (6.2.2\text{-}1)$$

$$m_{f^c_{cu,0}}=m_{f^c_{cu}}+\Delta_f \quad (6.2.2\text{-}2)$$

$$s_{f^c_{cu,0}}=\sqrt{\frac{\sum_{i=1}^{n}(f^{c}_{cu,i0}-m_{f^c_{cu,0}})^2}{n_1-1}} \quad (6.2.2\text{-}3)$$

将式（6.2.2-1）和式（6.2.2-2）代入式（6.2.2-3），得：

$$s_{f^c_{cu,0}}=s_{f^c_{cu}} \quad (6.2.2\text{-}4)$$

式中：$m_{f^c_{cu,0}}$ ——修正后强度平均值；

$s_{f^c_{cu,0}}$ ——修正后强度标准差。

6.2.3 构件钻芯后，为保证结构的工作性能，对混凝土破损部位应及时进行有效修补。修补方法常采用比其实际强度高一个强度等级的微膨胀混凝土进行修补，修补前应清理干净并充分湿润，修补后应充分养护。亦可采用其他的有效方法进行修补。

6.3 单 个 检 测

6.3.1 当单个构件 3 个拔出力中最大和最小拔出力与中间值之差均小于中间值的 15%时，说明构件混凝土强度的均匀性较好，且检测误差较小，不必加测。为提高保证率，将最小值作为该构件拔出力计算值。

当单个构件 3 个拔出力中最大或最小拔出力与中间值之差大于中间值的 15%时，说明混凝土强度均匀性较差或检测误差较大，为证实最小拔出力的真实性，消除试验误差，在最小拔出力测点附近加测 2 个测点，此时拔出力计算值的取值方法仍然是本着提高保证率的原则确定的。

6.4 抽 样 检 测

6.4.2 本条规定了检测批混凝土强度平均值和标准差的计算方法。

6.4.5 本条对抽样检测的标准差进行限制，当标准差过大时，说明这些测区不属于同一母体，不能按批进行检测。

6.4.6 本条对检测批混凝土强度标准差超出界限后可采取的相应措施作出规定。

中华人民共和国行业标准

地下工程渗漏治理技术规程

Technical specification for remedial waterproofing of the underground works

JGJ/T 212—2010

批准部门：中华人民共和国住房和城乡建设部
施行日期：2 0 1 1 年 1 月 1 日

中华人民共和国住房和城乡建设部
公　　告

第 728 号

关于发布行业标准《地下工程渗漏治理技术规程》的公告

现批准《地下工程渗漏治理技术规程》为行业标准，编号为 JGJ/T 212－2010，自 2011 年 1 月 1 日起实施。

本规程由我部标准定额研究所组织中国建筑工业出版社出版发行。

中华人民共和国住房和城乡建设部
2010 年 8 月 3 日

前　　言

根据住房和城乡建设部《关于印发〈2008 年工程建设标准规范制订修订计划（第一批）〉的通知》（建标[2008]102 号）的要求，规程编制组经广泛调查研究，参考有关国际标准和国外先进标准，并在广泛征求意见的基础上，制定了本规程。

本规程的主要技术内容是：1　总则；2　术语；3　基本规定；4　现浇混凝土结构渗漏治理；5　预制衬砌隧道渗漏治理；6　实心砌体结构渗漏治理；7　质量验收。

本规程由住房和城乡建设部负责管理，由中国建筑科学研究院负责具体技术内容的解释。执行过程中如有意见或建议，请寄送中国建筑科学研究院（地址：北京市北三环东路 30 号，邮编：100013）。

本规程主编单位：中国建筑科学研究院
浙江国泰建设集团有限公司

本规程参编单位：北京市建筑工程研究院
上海市隧道工程轨道交通设计研究院
上海地铁咨询监理科技有限公司
中国化学建筑材料公司苏州防水材料研究设计所
中国建筑学会防水技术专业委员会
杭州金汤建筑防水有限公司
中国建筑业协会建筑防水分会
中国水利水电科学研究院
苏州中材非金属矿工业设计研究院有限公司
中国工程建设标准化协会建筑防水专业委员会
中科院广州化灌工程有限公司
北京东方雨虹防水技术股份有限公司
上海市建筑科学研究院（集团）有限公司
河南建筑材料研究设计院有限责任公司
大连细扬防水工程集团有限公司
廊坊凯博建设机械科技有限公司
北京圣洁防水材料有限公司
北京立达欣科技发展有限公司

本规程主要起草人员：张　勇　洪昌华　张仁瑜
叶林标　陆　明　薛绍祖
杨　胜　曹征富　胡　骏
曲　慧　项桦太　邝健政
沈春林　高延继　吴　明
郑亚平　许　宁　蔡建中
陈宝贵　樊细杨　张声军
王明远　华姜旭　杜　昕
刘　靖

本规程主要审查人员：朱祖熹　吕联亚　李承刚
张玉玲　张文华　朱志远
干兆和　郭德友　洪晓苗
姜静波

目　次

1　总则 …………………………………… 28—6
2　术语 …………………………………… 28—6
3　基本规定 ……………………………… 28—6
3.1　现场调查 …………………………… 28—6
3.2　方案设计 …………………………… 28—6
3.3　材料 ………………………………… 28—7
3.4　施工 ………………………………… 28—7
4　现浇混凝土结构渗漏治理 …………… 28—8
4.1　一般规定 …………………………… 28—8
4.2　方案设计 …………………………… 28—8
4.3　施工………………………………… 28—12
5　预制衬砌隧道渗漏治理……………… 28—13
5.1　一般规定…………………………… 28—13
5.2　方案设计…………………………… 28—14
5.3　施工………………………………… 28—15
6　实心砌体结构渗漏治理……………… 28—16
6.1　一般规定…………………………… 28—16
6.2　方案设计…………………………… 28—16
6.3　施工………………………………… 28—16
7　质量验收……………………………… 28—17
7.1　一般规定…………………………… 28—17
7.2　质量验收…………………………… 28—17
附录A　安全及环境保护 ……………… 28—17
附录B　盾构法隧道渗漏调查 ………… 28—17
附录C　材料现场抽样复验项目 ……… 28—18
附录D　材料性能 ……………………… 28—19
本规程用词说明 ………………………… 28—22
引用标准名录 …………………………… 28—22
附：条文说明 …………………………… 28—24

Contents

1 General Provisions ······ 28—6
2 Terms ······ 28—6
3 Basic Reqiurements ······ 28—6
3.1 In-situ Investigation ······ 28—6
3.2 Design ······ 28—6
3.3 Materials ······ 28—7
3.4 Application ······ 28—7
4 Cast-in-situ Concrete Structure Remedial Waterproofing ······ 28—8
4.1 General Reqiurements ······ 28—8
4.2 Design ······ 28—8
4.3 Application ······ 28—12
5 Prefabricated Lining Tunnel Remedial Waterproofing ······ 28—13
5.1 General Reqiurements ······ 28—13
5.2 Design ······ 28—14
5.3 Application ······ 28—15
6 Masonry Structure Remedial Waterproofing ······ 28—16
6.1 General Reqiurements ······ 28—16
6.2 Design ······ 28—16
6.3 Application ······ 28—16
7 Quality Acceptance ······ 28—17
7.1 General Reqiurements ······ 28—17
7.2 Quality Acceptance ······ 28—17
Appendix A Safety & Environment Protection ······ 28—17
Appendix B In-situ Leakage Investigation Method for Shield Tunnel ······ 28—17
Appendix C Qualification Items for In-situ Materials Inspection ······ 28—18
Appendix D Materials Quality Required ······ 28—19
Explanation of Wording in This Specification ······ 28—22
List of Quoted Standards ······ 28—22
Addition: Explanation of Provisions ······ 28—24

1 总 则

1.0.1 为规范地下工程渗漏治理的现场调查、方案设计、施工和质量验收，保证工程质量，做到经济合理、安全适用，制定本规程。

1.0.2 本规程适用于地下工程渗漏的治理。

1.0.3 地下工程渗漏治理的设计和施工应遵循“以堵为主，堵排结合，因地制宜，多道设防，综合治理”的原则。

1.0.4 地下工程渗漏治理除应符合本规程外，尚应符合国家现行有关标准的规定。

2 术 语

2.0.1 渗漏 leakage

透过结构或防水层的水量大于该部位的蒸发量，并在背水面形成湿渍或渗流的一种现象。

2.0.2 渗漏治理 remedial waterproofing

通过修复或重建防(排)水功能，减轻或消除渗漏水不利影响的过程。

2.0.3 注浆止水 grouting method for leak-stoppage

在压力作用下注入灌浆材料，切断渗漏水流通道的方法。

2.0.4 钻孔注浆 drilling grouting

钻孔穿过基层渗漏部位，在压力作用下注入灌浆材料并切断渗漏水通道的方法。

2.0.5 压环式注浆嘴 mechanical packer with one-way valve

利用压缩橡胶套管(或橡胶塞)产生的胀力在注浆孔中固定自身，并具有防止浆液逆向回流功能的注浆嘴。

2.0.6 埋管(嘴)注浆 port-embedded grouting

使用速凝堵漏材料埋置的注浆管(嘴)，在压力作用下注入灌浆材料并切断渗漏水通道的方法。

2.0.7 贴嘴注浆 port-adhesive grouting

对准混凝土裂缝表面粘贴注浆嘴，在压力作用下注入浆液的方法。

2.0.8 浆液阻断点 grouts diffusion passage breakpoint

注浆作业时，预先设置在扩散通道上用于阻断浆液流动或改变浆液流向的装置。

2.0.9 内置式密封止水带 rubbery sealing strip mounted on the downstream face of expansion joint

安装在地下工程变形缝背水面，用于密封止水的塑料或橡胶止水带。

2.0.10 止水帷幕 water-stoppage curtain

利用注浆工艺在地层中形成的具有阻止或减小水流透过的连续固结体。

2.0.11 壁后注浆 back-filling grouting

向隧道衬砌与围岩之间或土体的空隙内注入灌浆材料，达到防止地层及衬砌形变、阻止渗漏等目的的施工过程。

3 基 本 规 定

3.1 现 场 调 查

3.1.1 渗漏治理前应进行现场调查。现场调查宜包括下列内容：

1 工程所在周围的环境；

2 渗漏水水源及变化规律；

3 渗漏水发生的部位、现状及影响范围；

4 结构稳定情况及损害程度；

5 使用条件、气候变化和自然灾害对工程的影响；

6 现场作业条件。

3.1.2 地下工程渗漏水的现场量测宜符合现行国家标准《地下防水工程质量验收规范》GB 50208 的规定。

3.1.3 渗漏治理前应收集工程的技术资料，并宜包括下列内容：

1 工程设计相关资料；

2 原防水设防构造使用的防水材料及其性能指标；

3 渗漏部位相关的施工组织设计或施工方案；

4 隐蔽工程验收记录及相关的验收资料；

5 历次渗漏水治理的技术资料。

3.1.4 渗漏治理前应结合现场调查结果和收集到的技术资料，从设计、材料、施工和使用等方面综合分析渗漏的原因，并应提出书面报告。

3.2 方 案 设 计

3.2.1 渗漏治理前应结合现场调查的书面报告进行治理方案设计。治理方案宜包括下列内容：

1 工程概况；

2 渗漏原因分析及治理措施；

3 所选材料及其技术指标；

4 排水系统。

3.2.2 有降水或排水条件的工程，治理前宜先采取降水或排水措施。

3.2.3 工程结构存在变形和未稳定的裂缝时，宜待变形和裂缝稳定后再进行治理。接缝渗漏的治理宜在开度较大时进行。

3.2.4 严禁采用有损结构安全的渗漏治理措施及材料。

3.2.5 当渗漏部位有结构安全隐患时，应按国家现行有关标准的规定进行结构修复后再进行渗漏治理。渗漏治理应在结构安全的前提下进行。

3.2.6 渗漏治理宜先止水或引水再采取其他治理

措施。

3.3 材　　料

3.3.1 渗漏治理所选用的材料应符合下列规定：

1 材料的施工应适应现场环境条件；

2 材料应与原防水材料相容，并应避免对环境造成污染；

3 材料应满足工程的特定使用功能要求。

3.3.2 灌浆材料的选择宜符合下列规定：

1 注浆止水时，宜根据渗漏量、可灌性及现场环境等条件选择聚氨酯、丙烯酸盐、水泥-水玻璃或水泥基灌浆材料，并宜通过现场配合比试验确定合适的浆液固化时间；

2 有结构补强需要的渗漏部位，宜选用环氧树脂、水泥基或油溶性聚氨酯等固结体强度高的灌浆材料；

3 聚氨酯灌浆材料在存放和配制过程中不得与水接触，包装开启后宜一次用完；

4 环氧树脂灌浆材料不宜在水流速度较大的条件下使用，且不宜用作注浆止水材料；

5 丙烯酸盐灌浆材料不得用于有补强要求的工程。

3.3.3 密封材料的使用应符合下列规定：

1 遇水膨胀止水条(胶)应在约束膨胀的条件下使用；

2 结构背水面宜使用高模量的合成高分子密封材料，施工前宜先涂布配套的基层处理剂，接缝底部应设置背衬材料。

3.3.4 刚性防水材料的使用应符合下列规定：

1 环氧树脂类防水涂料宜选用渗透型产品，用量不宜小于0.5kg/m²，涂刷次数不应小于2遍；

2 水泥渗透结晶型防水涂料的用量不应小于1.5kg/m²，且涂膜厚度不应小于1.0mm；

3 聚合物水泥防水砂浆层的厚度单层施工时宜为6mm～8mm，双层施工时宜为10mm～12mm；

4 新浇补偿收缩混凝土的抗渗等级及强度不应小于原有混凝土的设计要求。

3.3.5 聚合物水泥防水涂层的厚度不宜小于2.0mm，并应设置水泥砂浆保护层。

3.4 施　　工

3.4.1 渗漏治理施工前，施工方应根据渗漏治理方案设计编制施工方案，并应进行技术和安全交底。

3.4.2 渗漏治理所用材料应符合相关标准及设计要求，并应由相关各方协商决定是否进行现场抽样复验。渗漏治理不得使用不合格的材料。

3.4.3 渗漏治理应由具有防水工程施工资质的专业施工队伍施工，主要操作人员应持证上岗。

3.4.4 渗漏部位的基层处理应满足材料及施工工艺的要求。

3.4.5 渗漏治理施工应建立各道工序的自检、交接检和专职人员检查的制度。上道工序未经检验确认合格前，不得进行下道工序的施工。

3.4.6 施工过程中应随时检查治理效果，并应做好隐蔽工程验收记录。

3.4.7 当工程现场条件与设计方案有差异时，应暂停施工。当需要变更设计方案时，应做好工程洽商及记录。

3.4.8 对已完成渗漏治理的部位应采取保护措施。

3.4.9 施工时的气候及环境条件应符合材料施工工艺的要求。

3.4.10 注浆止水施工应符合下列规定：

1 注浆止水施工所配置的风、水、电应可靠，必要时可设置专用管路和线路；

2 从事注浆止水的施工人员应接受专业技术、安全、环境保护和应急救援等方面的培训；

3 单液注浆浆液的配制宜遵循“少量多次”和“控制浆温”的原则，双液注浆时浆液配比应准确；

4 基层温度不宜低于5℃，浆液温度不宜低于15℃；

5 注浆设备应在保证正常作业的前提下，采用较小的注浆孔孔径和小内径的注浆管路，且注浆泵宜靠近孔口(注浆嘴)，注浆管路长度宜短；

6 注浆止水施工可按清理渗漏部位、设置注浆嘴、清孔(缝)、封缝、配制浆液、注浆、封孔和基层清理的工序进行；

7 注浆止水施工安全及环境保护应符合本规程附录A的规定；

8 注浆过程中发生漏浆时，宜根据具体情况采用降低注浆压力、减小流量和调整配比等措施进行处理，必要时可停止注浆；

9 注浆宜连续进行，因故中断时应尽快恢复注浆。

3.4.11 钻孔注浆止水施工除应符合本规程第3.4.10条的规定外，尚应符合下列规定：

1 钻孔注浆前，应使用钢筋检测仪确定设计钻孔位置的钢筋分布情况；钻孔时，应避开钢筋；

2 注浆孔应采用适宜的钻机钻进，钻进全过程中应采取措施，确保钻孔按设计角度成孔，并宜采取高压空气吹孔，防止或减少粉末、碎屑堵塞裂缝；

3 封缝前应打磨及清理混凝土基层，并宜使用速凝型无机堵漏材料封缝；当采用聚氨酯灌浆材料注浆时，可不预先封缝；

4 宜采用压环式注浆嘴，并应根据基层强度、钻孔深度及孔径选择注浆嘴的长度和外径，注浆嘴应埋置牢固；

5 注浆过程中，当观察到浆液完全替代裂缝中的渗漏水并外溢时，可停止从该注浆嘴注浆；

6 注浆全部结束且灌浆材料固化后，应按工程要求处理注浆嘴、封孔，并清除外溢的灌浆材料。

3.4.12 速凝型无机防水堵漏材料的施工应符合下列规定：

1 应按产品说明书的要求严格控制加水量；

2 材料应随配随用，并宜按照“少量多次”的原则配料。

3.4.13 水泥基渗透结晶型防水涂料的施工应符合下列规定：

1 混凝土基层表面应干净并充分润湿，但不得有明水；光滑的混凝土表面应打毛处理；

2 应按产品说明书或设计规定的配合比严格控制用水量，配料时宜采用机械搅拌；

3 配制好的涂料从加水开始应在20min内用完。在施工过程中，应不断搅拌混合料；不得向配好的涂料中加水加料；

4 多遍涂刷时，应交替改变涂刷方向；

5 涂层终凝后应及时进行喷雾干湿交替养护，养护时间不得小于72h，不得采取浇水或蓄水养护。

3.4.14 渗透型环氧树脂防水涂料的施工应符合下列规定：

1 基层表面应干净、坚固、无明水；

2 大面积施工时应按本规程附录A的规定做好安全及环境保护；

3 施工环境温度不应低于5℃，并宜按“少量多次”及“控制温度”的原则进行配料；

4 涂刷时宜按照由高到低、由内向外的顺序进行施工；

5 涂刷第一遍的材料用量不宜小于总用量的1/2，对基层混凝土强度较低的部位，宜加大材料用量。两遍涂刷的时间间隔宜为0.5h～1h；

6 抹压砂浆等后续施工宜在涂料完全固化前进行。

3.4.15 聚合物水泥砂浆的施工应符合下列规定：

1 基层表面应坚实、清洁，并应充分湿润、无明水；

2 防水层应分层铺抹，铺抹时应压实、抹平，最后一层表面应提浆压光；

3 聚合物水泥防水砂浆拌和后应在规定时间内用完，施工中不得随意加水；

4 砂浆层未达到硬化状态时，不得浇水养护，硬化后应采用干湿交替的方法进行养护，养护温度不宜低于5℃，并应保持砂浆表面湿润，养护时间不应少于14d。潮湿环境中，可在自然条件下养护。

4 现浇混凝土结构渗漏治理

4.1 一 般 规 定

4.1.1 现浇混凝土结构地下工程渗漏的治理宜根据渗漏部位、渗漏现象选用表4.1.1中所列的技术措施。

表4.1.1 现浇混凝土结构地下工程渗漏治理的技术措施

技术措施		渗漏部位、渗漏现象：裂缝或施工缝	变形缝	大面积渗漏	孔洞	管道根部	材料
注浆止水	钻孔注浆	●	●	○	×	●	聚氨酯灌浆材料、丙烯酸盐灌浆材料、水泥-水玻璃灌浆材料、环氧树脂灌浆材料、水泥基灌浆材料等
	埋管(嘴)注浆	×	○	×	○	○	
	贴嘴注浆	○	×	×	×	×	
快速封堵		○	×	●	●	●	速凝型无机防水堵漏材料等
安装止水带		×	●	×	×	×	内置式密封止水带、内装可卸式橡胶止水带
嵌填密封		×	○	×	×	○	遇水膨胀止水条（胶）、合成高分子密封材料
设置刚性防水层		●	×	●	●	○	水泥基渗透结晶型防水涂料、缓凝型无机防水堵漏材料、环氧树脂类防水涂料、聚合物水泥防水砂浆
设置柔性防水层		×	×	×	×	○	Ⅱ型或Ⅲ型聚合物水泥防水涂料

注：●——宜选，○——可选，×——不宜选。

4.1.2 当裂缝或施工缝采取注浆止水时，灌浆材料除应符合注浆止水要求外，尚宜满足结构补强需要。变形缝内注浆止水材料应选用固结体适应形变能力强的灌浆材料。

4.1.3 当工程部位长期承受振动或周期性荷载、结构尚未稳定或形变较大时，应在止水后于变形缝背水面安装止水带。

4.1.4 地下工程渗漏治理宜采取强制通风措施，并应避免结露。

4.2 方 案 设 计

4.2.1 裂缝渗漏宜先止水，再在基层表面设置刚性防水层，并应符合下列规定：

1 水压或渗漏量大的裂缝宜采取钻孔注浆止水，

并应符合下列规定：

1）对无补强要求的裂缝，注浆孔宜交叉布置在裂缝两侧，钻孔应斜穿裂缝，垂直深度宜为混凝土结构厚度 h 的 1/3～1/2，钻孔与裂缝水平距离宜为 100mm～250mm，孔间距宜为 300mm～500mm，孔径不宜大于 20mm，斜孔倾角 θ 宜为 45°～60°。当需要预先封缝时，封缝的宽度宜为 50mm（图 4.2.1-1）；

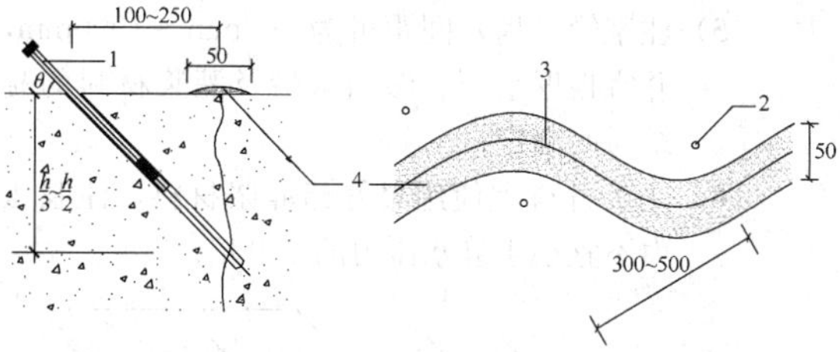

图 4.2.1-1 钻孔注浆布孔

1—注浆嘴；2—钻孔；3—裂缝；4—封缝材料

2）对有补强要求的裂缝，宜先钻斜孔并注入聚氨酯灌浆材料止水，钻孔垂直深度不宜小于结构厚度 h 的 1/3；再宜二次钻斜孔，注入可在潮湿环境下固化的环氧树脂灌浆材料或水泥基灌浆材料，钻孔垂直深度不宜小于结构厚度 h 的 1/2（图 4.2.1-2）；

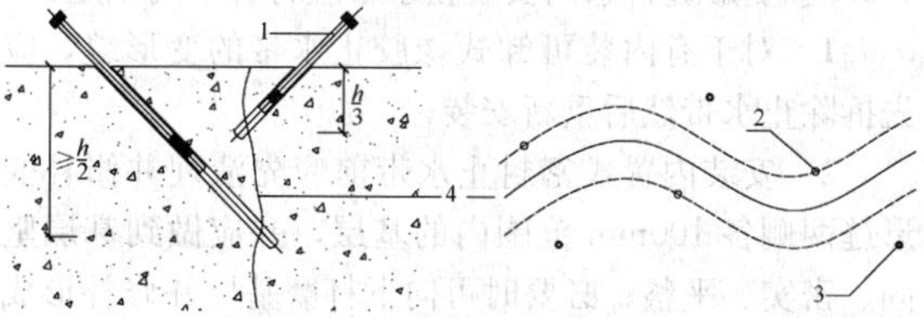

图 4.2.1-2 钻孔注浆止水及补强的布孔

1—注浆嘴；2—注浆止水钻孔；
3—注浆补强钻孔；4—裂缝

3）注浆嘴深入钻孔的深度不宜大于钻孔长度的 1/2；

4）对于厚度不足 200mm 的混凝土结构，宜垂直裂缝钻孔，钻孔深度宜为结构厚度 1/2；

2 对水压与渗漏量小的裂缝，可按本条第 1 款的规定注浆止水，也可用速凝型无机防水堵漏材料快速封堵止水。当采取快速封堵时，宜沿裂缝走向在基层表面切割出深度宜为 40mm～50mm、宽度宜为 40mm 的"U"形凹槽，然后在凹槽中嵌填速凝型无机防水堵漏材料止水，并宜预留深度不小于 20mm 的凹槽，再用含水泥基渗透结晶型防水材料的聚合物水泥防水砂浆找平（图 4.2.1-3）；

3 对于潮湿而无明水的裂缝，宜采用贴嘴注浆注入可在潮湿环境下固化的环氧树脂灌浆材料，并宜符合下列规定：

1）注浆嘴底座宜带有贯通的小孔；

2）注浆嘴宜布置在裂缝较宽的位置及其交叉部位，间距宜为 200mm～300mm，裂缝封闭宽度宜为 50mm（图 4.2.1-4）；

4 设置刚性防水层时，宜沿裂缝走向在两侧各 200mm 范围内的基层表面先涂布水泥基渗透结晶型防水涂料，再宜单层抹压聚合物水泥防水砂浆。对于裂缝分布较密的基层，宜大面积抹压聚合物水泥防水砂浆。

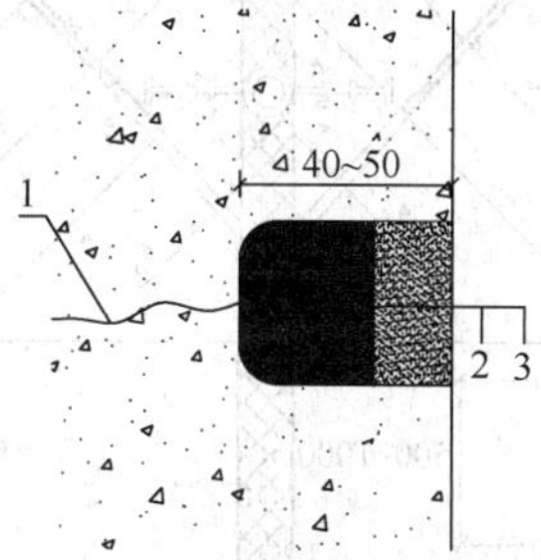

图 4.2.1-3 裂缝快速封堵止水

1—裂缝；2—速凝型无机防水堵漏材料；
3—聚合物水泥防水砂浆

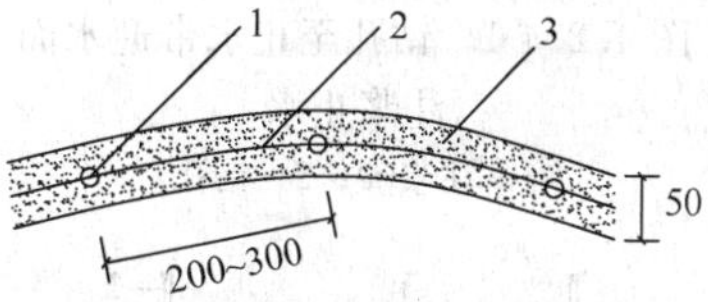

图 4.2.1-4 贴嘴注浆布孔

1—注浆嘴；2—裂缝；3—封缝材料

4.2.2 施工缝渗漏宜先止水，再设置刚性防水层，并宜符合下列规定：

1 预埋注浆系统完好的施工缝，宜先使用预埋注浆系统注入超细水泥或水溶性灌浆材料止水；

2 钻孔注浆止水或嵌填速凝型无机防水堵漏材料快速封堵止水措施宜符合本规程第 4.2.1 条的规定；

3 逆筑结构墙体施工缝的渗漏宜采取钻孔注浆止水并补强。注浆止水材料宜使用聚氨酯或水泥基灌浆材料，注浆孔的布置宜符合本规程第 4.2.1 条的规定。在倾斜的施工缝面上布孔时，宜垂直基层钻孔并穿过施工缝；

4 设置刚性防水层时，宜沿施工缝走向在两侧各 200mm 范围内的基层表面先涂布水泥基渗透结晶型防水涂料，再宜单层抹压聚合物水泥防水砂浆。

4.2.3 变形缝渗漏的治理宜先注浆止水，并宜安装止水带，必要时可设置排水装置。

4.2.4 变形缝渗漏的止水宜符合下列规定：

1 对于中埋式止水带宽度已知且渗漏量大的变形缝，宜采取钻斜孔穿过结构至止水带迎水面、并注入油溶性聚氨酯灌浆材料止水，钻孔间距宜为

500mm～1000mm（图 4.2.4-1）；对于查清漏水点位置的，注浆范围宜为漏水部位左右两侧各 2m，对于未查清漏水点位置的，宜沿整条变形缝注浆止水；

2 对于顶板上查明渗漏点且渗漏量较小的变形缝，可在漏点附近的变形缝两侧混凝土中垂直钻孔至中埋式橡胶钢边止水带翼部并注入聚氨酯灌浆材料止水，钻孔间距宜为 500mm（图 4.2.4-2）。

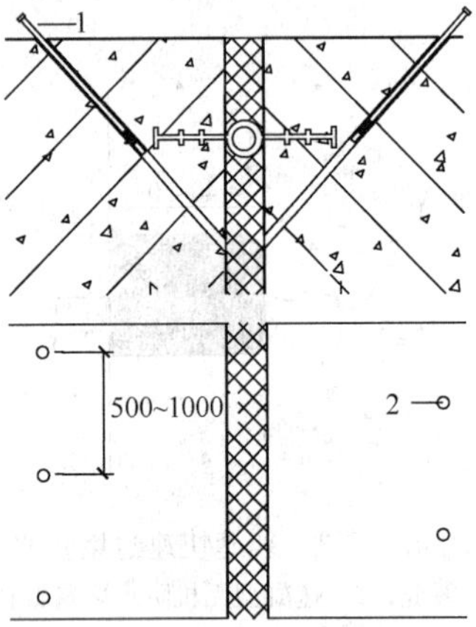

图 4.2.4-1 钻孔至止水带迎水面注浆止水

1—注浆嘴；2—钻孔

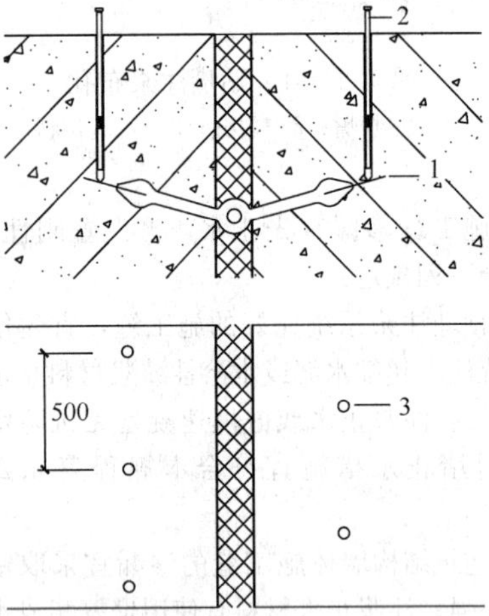

图 4.2.4-2 钻孔至止水带两翼钢边并注浆止水

1—中埋式橡胶钢边止水带；2—注浆嘴；3—注浆孔

3 因结构底板中埋式止水带局部损坏而发生渗漏的变形缝，可采用埋管（嘴）注浆止水，并宜符合下列规定：

1) 对于查清渗漏位置的变形缝，宜先在渗漏部位左右各不大于 3m 的变形缝中布置浆液阻断点；对于未查清渗漏位置的变形缝，浆液阻断点宜布置在底板与侧墙相交处的变形缝中；

2) 埋设管（嘴）前宜清理浆液阻断点之间变形缝内的填充物，形成深度不小于 50mm 的凹槽；

3) 注浆管（嘴）宜使用硬质金属或塑料管，并宜配置阀门；

4) 注浆管（嘴）宜位于变形缝中部并垂直于止水带中心孔，并宜采用速凝型无机防水堵漏材料埋设注浆管（嘴）并封闭凹槽（图 4.2.4-3）；

5) 注浆管（嘴）间距可为 500mm～1000mm，并宜根据水压、渗漏水量及灌浆材料的凝结时间确定；

6) 注浆材料宜使用聚氨酯灌浆材料，注浆压力不宜小于静水压力的 2.0 倍。

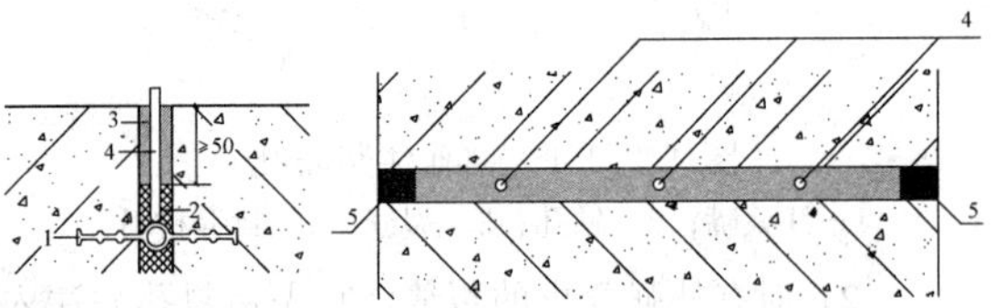

图 4.2.4-3 变形缝埋管（嘴）注浆止水

1—中埋式橡胶止水带；2—填缝材料；3—速凝型无机防水堵漏材料；4—注浆管（嘴）；5—浆液阻断点

4.2.5 变形缝背水面安装止水带应符合下列规定：

1 对于有内装可卸式橡胶止水带的变形缝，应先拆除止水带然后重新安装；

2 安装内置式密封止水带前应先清理并修补变形缝两侧各 100mm 范围内的基层，并应做到基层坚固、密实、平整；必要时可向下打磨基层并修补形成深度不大于 10mm 凹槽；

3 内置式密封止水带应采用热焊搭接，搭接长度不应小于 50mm，中部应形成 Ω 形，Ω 弧长宜为变形缝宽度的 1.2～1.5 倍；

4 当采用胶粘剂粘贴内置式密封止水带时，应先涂布底涂料，并宜在厂家规定的时间内用配套的胶粘剂粘贴止水带，止水带在变形缝两侧基层上的粘结宽度均不应小于 50mm(图 4.2.5-1)；

5 当采用螺栓固定内置式密封止水带时，宜先

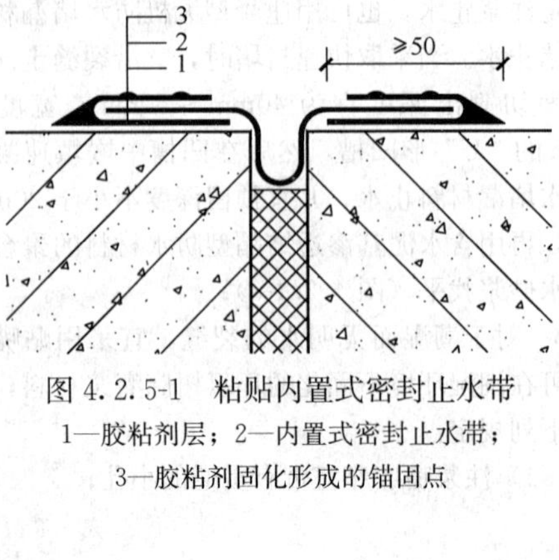

图 4.2.5-1 粘贴内置式密封止水带

1—胶粘剂层；2—内置式密封止水带；3—胶粘剂固化形成的锚固点

在变形缝两侧基层中埋设膨胀螺栓或用化学植筋方法设置螺栓，螺栓间距不宜大于300mm，转角附近

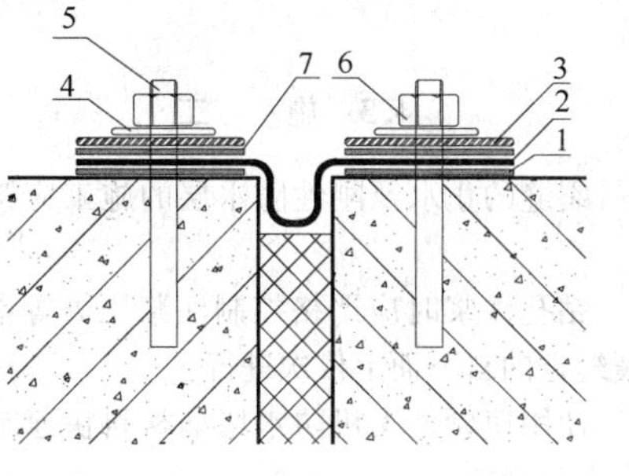

图 4.2.5-2　螺栓固定内置式密封止水带

1—丁基橡胶防水密封胶粘带；2—内置式密封止水带；3—金属压板；4—垫片；5—预埋螺栓；6—螺母；7—丁基橡胶防水密封胶粘带

的螺栓可适当加密，止水带在变形缝两侧基层上的粘结宽度各不应小于100mm。基层及金属压板间应采用2mm～3mm厚的丁基橡胶防水密封胶粘带压密封实，螺栓根部应做好密封处理（图4.2.5-2）；

6　当工程埋深较大且静水压力较高时，宜采用螺栓固定内置式密封止水带，并宜采用纤维内增强型密封止水带；在易遭受外力破坏的环境中使用，应采取可适应形变的止水带保护措施。

4.2.6　注浆止水后遗留的局部、微量渗漏水或受现场施工条件限制无法彻底止水的变形缝，可沿变形缝走向在结构顶部及两侧设置排水槽。排水槽宜为不锈钢或塑料材质，并宜与排水系统相连，排水应畅通，排水流量应大于最大渗漏量。

采用排水系统时，宜加强对渗漏水水质、渗漏量及结构安全的监测。

4.2.7　大面积渗漏且有明水时，宜先采取钻孔注浆或快速封堵止水，再在基层表面设置刚性防水层，并应符合下列规定：

1　当采取钻孔注浆止水时，应符合下列规定：

1）宜在基层表面均匀布孔，钻孔间距不宜大于500mm，钻孔深度不宜小于结构厚度的1/2，孔径不宜大于20mm，并宜采用聚氨酯或丙烯酸盐灌浆材料；

2）当工程周围土体疏松且地下水位较高时，可钻孔穿透结构至迎水面并注浆，钻孔间距及注浆压力宜根据浆液及周围土体的性质确定，注浆材料宜采用水泥基、水泥-水玻璃或丙烯酸盐等灌浆材料。注浆时应采取有效措施防止浆液对周围建筑物及设施造成破坏。

2　当采取快速封堵止水时，宜大面积均匀抹压速凝型无机防水堵漏材料，厚度不宜小于5mm。对于抹压速凝型无机防水堵漏材料后出现的渗漏点，宜在渗漏点处进行钻孔注浆止水。

3　设置刚性防水层时，宜先涂布水泥基渗透结晶型防水涂料或渗透型环氧树脂类防水涂料，再抹压聚合物水泥防水砂浆，必要时可在砂浆层中铺设耐碱纤维网格布。

4.2.8　大面积渗漏而无明水时，宜先多遍涂刷水泥基渗透结晶型防水涂料或渗透型环氧树脂类防水涂料，再抹压聚合物水泥防水砂浆。

4.2.9　孔洞的渗漏宜先采取注浆或快速封堵止水，再设置刚性防水层，并应符合下列规定：

1　当水压大或孔洞直径大于等于50mm时，宜采用埋管（嘴）注浆止水。注浆管（嘴）宜使用硬质金属管或塑料管，并宜配置阀门，管径应符合引水卸压及注浆设备的要求。注浆材料宜使用速凝型水泥-水玻璃灌浆材料或聚氨酯灌浆材料。注浆压力应根据灌浆材料及工艺进行选择。

2　当水压小或孔洞直径小于50mm时，可按本条第1款的规定采用埋管（嘴）注浆止水，也可采用快速封堵止水。当采用快速封堵止水时，宜先清除孔洞周围疏松的混凝土，并宜将孔洞周围剔凿成V形凹坑，凹坑最宽处的直径宜大于孔洞直径50mm以上，深度不宜小于40mm，再在凹坑中嵌填速凝型无机防水堵漏材料止水。

3　止水后宜在孔洞周围200mm范围内的基层表面涂布水泥基渗透结晶型防水涂料或渗透型环氧树脂类防水涂料，并宜抹压聚合物水泥防水砂浆。

4.2.10　凸出基层管道根部的渗漏宜先止水、再设置刚性防水层，必要时可设置柔性防水层，并应符合下列规定：

1　管道根部渗漏的止水应符合下列规定：

1）当渗漏量大时，宜采用钻孔注浆止水，钻孔宜斜穿基层并到达管道表面，钻孔与管道外侧最近直线距离不宜小于100mm，注浆嘴不应少于2个，并宜对称布置。也可采用埋管（嘴）注浆止水。埋设硬质金属或塑料注浆管（嘴）前，宜先在管道根部剔凿直径不小于50mm、深度不大于30mm的凹槽，用速凝型无机防水堵漏材料以与基层呈30°～60°的夹角埋设注浆管（嘴），并封闭管道与基层间的接缝。注浆压力不宜小于静水压力的2.0倍，并宜采用聚氨酯灌浆材料。

2）当渗漏量小时，可按本款第1项的规定采用注浆止水，也可采用快速封堵止水。当采用快速封堵止水时，宜先沿管道根部剔凿环行凹槽，凹槽的宽度不宜大于40mm、深度不宜大于50mm，再嵌填速凝型无机防水堵漏材料。嵌填速凝型无机防水堵漏材料止水后，预留凹槽的深度不宜小于10mm，并宜用聚合物水泥防水砂浆找平。

2　止水后，宜在管道周围200mm宽范围内的基层表面涂布水泥基渗透结晶型防水涂料。当管道热胀冷缩形变量较大时，宜在其四周涂布柔性防水涂料，涂层在管壁上的高度不宜小于100mm，收头部位宜用金属箍压紧，并宜设置水泥砂浆保护层。必要时，可在涂层中铺设纤维增强材料。

3　金属管道应采取除锈及防锈措施。

4.2.11　支模对拉螺栓渗漏的治理，应先剔凿螺栓根部的基层，形成深度不小于40mm的凹槽，再切割螺栓并嵌填速凝型无机防水堵漏材料止水，并用聚合物水泥防水砂浆找平。

4.2.12　地下连续墙幅间接缝渗漏的治理应符合下列规定：

1　当渗漏量小时，宜先沿接缝走向按本规程第4.2.1条的规定采用钻孔注浆或快速封堵止水，再在接缝部位两侧各500mm范围内的基层表面涂布水泥基渗透结晶型防水涂料，并宜用聚合物水泥防水砂浆找平或重新浇筑补偿收缩混凝土。接缝的止水宜符合下列规定：

1）当采用注浆止水时，宜钻孔穿过接缝并注入聚氨酯灌浆材料止水，注浆压力不宜小于静水压力的2.0倍；

2）当采用快速封堵止水时，宜沿接缝走向切割形成U形凹槽，凹槽的宽度不应小于100mm，深度不应小于50mm，嵌填速凝型无机防水堵漏材料止水后预留凹槽的深度不应小于20mm。

2　当渗漏水量大、水压高且可能发生涌水、涌砂、涌泥等险情或危及结构安全时，应先在基坑内侧渗漏部位回填土方或砂包，再在基坑接缝外侧用高压旋喷设备注入速凝型水泥-水玻璃灌浆材料形成止水帷幕，止水帷幕应深入结构底板2.0m以下。待漏水量减小后，再宜逐步挖除土方或移除砂包并按本条第1款的规定从内侧止水并设置刚性防水层。

3　设置止水帷幕时应采取措施防止对周围建筑物或构筑物造成破坏。

4.2.13　混凝土蜂窝、麻面的渗漏，宜先止水再设置刚性防水层，必要时宜重新浇筑补偿收缩混凝土修补，并应符合下列规定：

1　止水前应先凿除混凝土中的酥松及杂质，再根据渗漏现象分别按本规程第4.2.1条和第4.2.9条的规定采用钻孔注浆或嵌填速凝型无机防水堵漏材料止水；

2　止水后，应在渗漏部位及其周边200mm范围内涂布水泥基渗透结晶型防水涂料，并宜抹压聚合物水泥防水砂浆找平。

当渗漏部位混凝土质量差时，应在止水后先清理渗漏部位及其周边外延1.0m范围内的基层，露出坚实的混凝土，再涂布水泥基渗透结晶型防水涂料，并浇筑补偿收缩混凝土。当清理深度大于钢筋保护层厚度时，宜在新浇混凝土中设置直径不小于6mm的钢筋网片。

4.3　施　　工

4.3.1　裂缝的止水及刚性防水层的施工应符合下列规定：

1　钻孔注浆时应严格控制注浆压力等参数，并宜沿裂缝走向自下而上依次进行。

2　使用速凝型无机防水堵漏材料快速封堵止水应符合下列规定：

1）应在材料初凝前用力将拌合料紧压在待封堵区域直至材料完全硬化；

2）宜按照从上到下的顺序进行施工；

3）快速封堵止水时，宜沿凹槽走向分段嵌填速凝型无机防水堵漏材料止水并间隔留置引水孔，引水孔间距宜为500mm～1000mm，最后再用速凝型无机防水堵漏材料封闭引水孔。

3　潮湿而无明水裂缝的贴嘴注浆宜符合下列规定：

1）粘贴注浆嘴和封缝前，宜先将裂缝两侧待封闭区域内的基层打磨平整并清理干净，再宜用配套的材料粘贴注浆嘴并封缝；

2）粘贴注浆嘴时，宜先用定位针穿过注浆嘴、对准裂缝插入，将注浆嘴骑缝粘贴在基层表面，宜以拔出定位针时不粘附胶粘剂为合格。不合格时，应清理缝口，重新贴嘴，直至合格。粘贴注浆嘴后可不拔出定位针；

3）立面上应沿裂缝走向自下而上依次进行注浆。当观察到临近注浆嘴出浆时，可停止从该注浆嘴注浆，并从下一注浆嘴重新开始注浆；

4）注浆全部结束且孔内灌浆材料固化，并经检查无湿渍、无明水后，应按工程要求拆除注浆嘴、封孔、清理基层。

4　刚性防水层的施工应符合材料要求及本规程的规定。

4.3.2　施工缝渗漏的止水及刚性防水层的施工应符合下列规定：

1　利用预埋注浆系统注浆止水时，应符合下列规定：

1）宜采取较低的注浆压力从一端向另一端、由低到高进行注浆；

2）当浆液不再流入并且压力损失很小时，应维持该压力并保持2min以上，然后终止注浆；

3）需要重复注浆时，应在浆液固化前清洗注浆通道。

2 钻孔注浆止水、快速封堵止水及刚性防水层的施工应符合本规程 4.3.1 条的规定。

4.3.3 变形缝渗漏的注浆止水施工应符合下列规定：

1 钻孔注浆止水施工应符合本规程第 4.3.1 条的规定；

2 浆液阻断点应埋设牢固且能承受注浆压力而不破坏；

3 埋管（嘴）注浆止水施工应符合下列规定：

1）注浆管（嘴）应埋置牢固并应做好引水处理；

2）注浆过程中，当观察到临近注浆嘴出浆时，可停止注浆，并应封闭该注浆嘴，然后从下一注浆嘴开始注浆；

3）停止注浆且待浆液固化，并经检查无湿渍、无明水后，应按要求处理注浆嘴、封孔并清理基层。

4.3.4 变形缝背水面止水带的安装应符合下列规定：

1 止水带的安装应在无渗漏水的条件下进行；

2 与止水带接触的混凝土基层表面条件应符合设计及施工要求；

3 内装可卸式橡胶止水带的安装应符合现行国家标准《地下工程防水技术规范》GB 50108 的规定；

4 粘贴内置式密封止水带应符合下列规定：

1）转角处应使用专用修补材料做成圆角或钝角；

2）底涂料及专用胶粘剂应涂布均匀，用量应符合材料要求；

3）粘贴止水带时，宜使用压辊在止水带与混凝土基层搭接部位来回多遍辊压排气；

4）胶粘剂未完全固化前，止水带应避免受压或发生位移，并应采取保护措施。

5 采用螺栓固定内置式密封止水带应符合下列规定：

1）转角处应使用专用修补材料做成钝角，并宜配备专用的金属压板配件；

2）膨胀螺栓的长度和直径应符合设计要求，金属膨胀螺栓宜采取防锈处理工艺。安装时，应采取措施避免造成变形缝两侧基层的破坏。

6 进行止水带外设保护装置施工时应采取措施避免造成止水带破坏。

4.3.5 安装变形缝外置排水槽时，排水槽应固定牢固，排水坡度应符合设计要求，转角部位应使用专用的配件。

4.3.6 大面积渗漏治理施工应符合下列规定：

1 当向地下工程结构的迎水面注浆止水时，钻孔及注浆设备应符合设计要求；

2 当采取快速封堵止水时，应先清理基层，除去表面的酥松、起皮和杂质，然后分多遍抹压速凝型无机防水堵漏材料并形成连续的防水层；

3 涂刷水泥基渗透结晶型防水涂料或渗透型环氧树脂类防水涂料时，应按照从高处向低处、先细部后整体、先远处后近处的顺序进行施工；

4 刚性防水层的施工应符合材料要求及本规程的规定。

4.3.7 孔洞渗漏施工应符合下列规定：

1 埋管（嘴）注浆止水施工宜符合下列规定：

1）注浆管（嘴）应埋置牢固并做好引水泄压处理；

2）待浆液固化并经检查无明水后，应按设计要求处理注浆嘴、封孔并清理基层。

2 当采用快速封堵止水及设置刚性防水层时，其施工应符合本规程第 4.3.1 条的规定。

4.3.8 凸出基层管道根部渗漏治理施工应符合下列规定：

1 当采用钻斜孔注浆止水时，除宜符合本规程第 4.3.1 条的规定外，尚宜采取措施避免由于钻孔造成管道的破损，注浆时宜自下而上进行；

2 埋管（嘴）注浆止水的施工工艺应符合本规程第 4.3.7 条第 1 款的规定；

3 快速封堵止水应符合本规程第 4.3.1 条第 2 款的规定；

4 柔性防水涂料的施工应符合下列规定：

1）基层表面应无明水，阴角宜处理成圆弧形；

2）涂料宜分层刷涂，不得漏涂；

3）铺贴纤维增强材料时，纤维增强材料应铺设平整并充分浸透防水涂料。

4.3.9 地下连续墙幅间接缝渗漏治理的施工应符合下列规定：

1 注浆止水或快速封堵止水及刚性防水层的施工宜符合本规程第 4.3.1 条的规定；

2 浇筑补偿收缩混凝土前应先在混凝土基层表面涂布水泥基渗透结晶型防水涂料，补偿收缩混凝土的配制、浇筑及养护应符合现行国家标准《地下工程防水技术规范》GB 50108 的规定；

3 高压旋喷成型止水帷幕应由具有地基处理专业施工资质的队伍施工。

4.3.10 混凝土蜂窝、麻面渗漏治理的施工宜分别按照裂缝、孔洞或大面积渗漏等不同现象分别按本规程第 4.3.1 条、第 4.3.6 条及 4.3.8 条的规定进行施工。

5 预制衬砌隧道渗漏治理

5.1 一般规定

5.1.1 盾构法隧道渗漏的调查可按本规程附录 B 的

规定进行。

5.1.2 混凝土结构盾构法隧道的连接通道及内衬、沉管法隧道管段和顶管法隧道管节的渗漏宜根据现场情况，按本规程第4章的规定进行治理。

5.1.3 盾构法隧道接缝渗漏的治理宜根据渗漏部位选用表5.1.3所列的技术措施。

表5.1.3 盾构法隧道接缝渗漏治理的技术措施

技术措施	渗漏部位				材料
	管片环、纵接缝及螺孔	隧道进出洞口段	隧道与连接通道相交部位	道床以下管片接头	
注浆止水	●	●	●	●	聚氨酯灌浆材料、环氧树脂灌浆材料等
壁后注浆	○	○	○	●	超细水泥灌浆材料、水泥-水玻璃灌浆材料、聚氨酯灌浆材料、丙烯酸盐灌浆材料等
快速封堵	○	×	×	×	速凝型聚合物砂浆或速凝型无机防水堵漏材料
嵌填密封	○	○	○	×	聚硫密封胶、聚氨酯密封胶等合成高分子密封材料

注：●——宜选，○——可选，×——不宜选。

5.2 方案设计

5.2.1 管片环、纵缝渗漏的治理宜根据渗漏水状况及现场施工条件采取注浆止水或嵌填密封，必要时可进行壁后注浆，并应符合下列规定：

1 对于有渗漏明水的环、纵缝宜采取注浆止水。注浆止水前，宜先在渗漏部位周围无明水渗出的纵、环缝部位骑缝垂直钻孔至遇水膨胀止水条处或弹性密封垫处，并在孔内形成由聚氨酯灌浆材料或其他密封材料形成浆液阻断点。随后宜在浆液阻断点围成的区域内部，用速凝型聚合物砂浆等骑缝埋设注浆嘴并封堵接缝，并注入可在潮湿环境下固化、固结体有弹性的改性环氧树脂灌浆材料；注浆嘴间距不宜大于1000mm，注浆压力不宜大于0.6MPa，治理范围宜以渗漏接缝为中心，前后各1环。

2 对于有明水渗出但施工现场不具备预先设置浆液阻断点的接缝的渗漏，宜先用速凝型聚合物砂浆骑缝埋置注浆嘴，并宜封堵渗漏接缝两侧各3～5环内管片的环、纵缝。注浆嘴间距不宜小于1000mm，注浆材料宜采用可在潮湿环境下固化，固结体有一定弹性的环氧树脂灌浆材料，注浆压力不宜大于0.2MPa。

3 对于潮湿而无明水的接缝，宜采取嵌填密封处理，并应符合下列规定：

1）对于影响混凝土管片密封防水性能的边、角破损部位，宜先进行修补，修补材料的强度不应小于管片混凝土的强度；

2）拱顶及侧壁宜采取在嵌缝沟槽中依次涂刷基层处理剂、设置背衬材料、嵌填柔性密封材料的治理工艺（图5.2.2）；

3）背衬材料性能应符合密封材料固化要求，直径应大于嵌缝沟槽宽度20%～50%，且不应与密封材料相粘结；

4）轨道交通盾构法隧道拱顶环向嵌缝范围宜为隧道竖向轴线顶部两侧各22.5°，拱底嵌缝范围宜为隧道竖向轴线底部两侧各43°；变形缝处宜整环嵌缝。特殊功能的隧道可采取整环嵌缝或按设计要求进行；

5）嵌缝范围宜以渗漏接缝为中心，沿隧道推进方向前后各不宜小于2环。

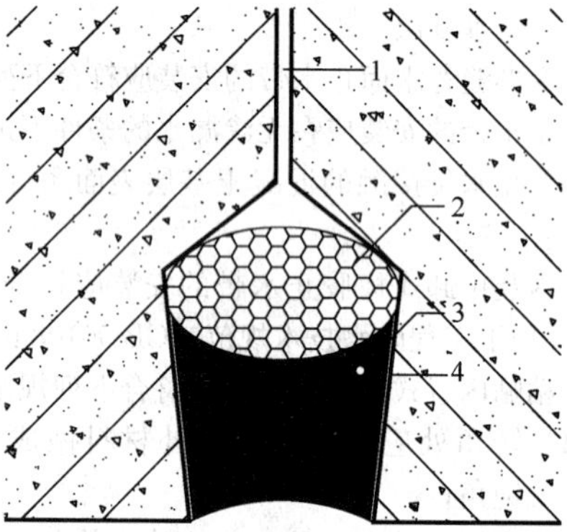

图5.2.2 拱顶管片环（纵）缝嵌缝

1—环（纵）缝；2—背衬材料；3—柔性密封材料；4—界面处理剂

4 当隧道下沉或偏移量超过设计允许值并发生渗漏时，宜以渗漏部位为中心在其前后各2环的范围内进行壁后注浆。壁后注浆完成后，若仍有渗漏可按本条第1款或第2款的规定在接缝间注浆止水，对潮湿而无明水的接缝宜按第3款的规定进行嵌填密封处理。壁后注浆宜符合下列规定：

1）注浆前应查明待注区域衬砌外回填的现状；

2）注浆时应按设计要求布孔，并宜优先使用管片的预留注浆孔进行壁后注浆。注浆孔应设置在邻接块和标准块上；隧道下沉量大时，尚应在底部拱底块上增设注浆孔；

3）应根据隧道外部土体的性质选择注浆材料，黏土地层宜采用水泥-水玻璃双液灌浆材料，砂性地层宜采用聚氨酯灌浆材料或丙烯酸盐灌浆材料；

4）宜根据浆液性质及回填现状选择合适的注浆压力及单孔注浆量；

5）注浆过程中，应采取措施实时监测隧道形变量。

5 速凝型聚合物砂浆宜具有一定的柔韧性、良好的潮湿基层粘结强度，各项性能应符合设计要求。

5.2.2 隧道进出洞口段渗漏的治理宜采取注浆止水及嵌填密封等技术措施，并宜符合下列规定：

1 隧道与端头井后浇混凝土环梁接缝的渗漏宜按本规程第4.2.2条的规定钻斜孔注入聚氨酯灌浆材料止水；

2 隧道进出洞口段25环内管片接缝渗漏的治理及壁后注浆宜符合本规程第5.2.1条的规定。

5.2.3 隧道与连接通道相交部位的渗漏宜根据渗漏部位采取注浆止水或嵌填密封等技术措施，必要时可进行壁后注浆，并宜符合下列规定：

1 接缝的渗漏宜按本规程第4.2.2条的规定钻斜孔注入聚氨酯灌浆材料止水；

2 连接通道两侧各5环范围内管片接缝渗漏的治理及壁后注浆宜符合本规程第5.2.1条的规定。

5.2.4 轨道交通盾构法隧道道床以下管片接头渗漏宜按本规程第5.2.1条的规定采取壁后注浆及注浆止水等技术措施进行治理，注浆范围宜为渗漏部位两侧各5环以内的隧道邻接块、标准块及拱底块。拱底块预留注浆孔已被覆盖的，应在道床两侧重新设置注浆孔再进行壁后注浆。

5.2.5 盾构法隧道管片螺孔渗漏的治理应符合下列规定：

1 未安装密封圈或密封圈已失效的螺孔，应重新安装或更换符合设计要求的螺孔密封圈，并应紧固螺栓。螺孔密封圈的性能应符合现行国家标准《地下工程防水技术规范》GB 50108的规定；

2 螺孔内渗水时，宜钻斜孔至螺孔注入聚氨酯灌浆材料止水，并宜按本条第1款的规定密封并紧固螺栓。

5.2.6 沉管法隧道管段的Ω形止水带边缘出现渗漏时，宜重新紧固止水带边缘的螺栓。

5.2.7 沉管法隧道管段的端钢壳与混凝土管段接缝渗漏的治理，宜按本规程第4.2.1条的规定沿接缝走向从混凝土中钻斜孔至端钢壳，并宜根据渗漏量大小选择注入聚氨酯灌浆材料或可在潮湿环境下固化的环氧树脂灌浆材料。

5.2.8 顶管法隧道管节接缝渗漏的治理，宜沿接缝走向按本规程第4.2.2条的规定，采用钻孔灌注聚氨酯灌浆材料或水泥基灌浆材料止水，并宜全断面嵌填高模量合成高分子密封材料。施工条件允许时，宜按本规程4.2.5条的规定安装内置式密封止水带。

5.3 施　工

5.3.1 管片环、纵接缝渗漏的注浆止水、嵌填密封及壁后注浆的施工应符合下列规定：

1 钻孔注浆止水的施工应符合下列规定：

1）钻孔注浆设置浆液阻断点时，应使用带定位装置的钻孔设备，钻孔直径宜小，并宜钻双孔注浆形成宽度不宜小于100mm的阻断点；

2）注浆嘴应垂直于接缝中心并埋设牢固，在用速凝型聚合物砂浆封闭接缝前，应清除接缝中已失效的嵌缝材料及杂物等；

3）注浆宜按照从拱底到拱顶、从渗漏水接缝向两侧的顺序进行，当观察到邻近注浆嘴出浆时，可终止从该注浆嘴注浆并封闭注浆嘴，并宜从下一注浆嘴开始注浆；

4）注浆结束后，应按要求拆除注浆嘴并封孔。

2 嵌填密封施工应符合下列规定：

1）嵌缝作业应在无明水条件下进行；

2）嵌缝作业前应清理待嵌缝沟槽，做到缝内两侧基层坚实、平整、干净，并应涂刷与密封材料相容的基层处理剂；

3）背衬材料应铺设到位，预留深度符合设计要求，不得有遗漏；

4）密封材料宜采用机械工具嵌填，并应做到连续、均匀、密实、饱满，与基层粘结牢固；

5）速凝型聚合物砂浆应按要求进行养护。

3 壁后注浆施工应符合下列规定：

1）注浆宜按确定孔位、通（开）孔、安装注浆嘴、配浆、注浆、拔管、封孔的顺序进行；

2）注浆嘴应配备防喷装置；

3）宜按照从上部邻接块向下部标准块的方向进行注浆；

4）注浆过程中应按设计要求控制注浆压力和单孔注浆量；

5）注浆结束后，应按设计要求做好注浆孔的封闭。

5.3.2 隧道进出洞口段、隧道与连接通道相交部位及轨道交通盾构法隧道道床以下管片接头渗漏治理的施工宜符合设计要求及本规程第5.3.1条的规定。

5.3.3 管片螺孔渗漏的嵌填密封及注浆止水施工应符合下列规定：

1 重新安装螺孔密封圈时，密封圈应定位准确，并应能够被正确挤入密封沟槽内；

2 从手孔钻孔至螺孔时，定位应准确，并应采用直径较小的钻杆成孔。

5.3.4 重新紧固沉管法隧道管段的Ω形止水带时应定位准确，并应按设计要求紧固螺栓、做好金属部件的防锈处理。

5.3.5 沉管法隧道管段的端钢壳与混凝土管段接缝渗漏的施工应符合本规程第4.3.1条的规定。

5.3.6 顶管法隧道管节接缝渗漏的注浆止水工艺应符合本规程第4.3.2条的规定。全断面嵌填高模量密封材料时，应先涂布基层处理剂，并设置背衬材料，然后嵌填密封材料。内置式密封止水带的安装应符合本规程第4.3.4条的规定。

6　实心砌体结构渗漏治理

6.1　一般规定

6.1.1　实心砌体结构地下工程渗漏治理宜根据渗漏部位、渗漏现象选用表6.1.1中所列的技术措施。

表6.1.1　实心砌体结构地下工程渗漏治理的技术措施

技术措施	渗漏部位、渗漏现象			材　料
	裂缝、砌块灰缝	大面积渗漏	管道根部	
注浆止水	○	×	●	丙烯酸盐灌浆材料、水泥基灌浆材料、聚氨酯灌浆材料、环氧树脂灌浆材料等
快速封堵	●	●	●	速凝型无机防水堵漏材料
设置刚性防水层	●	●	○	聚合物水泥防水砂浆、渗透型环氧树脂类防水涂料等
设置柔性防水层	×	×	○	Ⅱ型或Ⅲ型聚合物水泥防水涂料

注：●——宜选，○——可选，×——不宜选。

6.1.2　实心砌体结构地下工程渗漏治理后宜在背水面形成完整的防水层。

6.2　方案设计

6.2.1　裂缝或砌块灰缝的渗漏宜采取注浆止水或快速封堵、设置刚性防水层等治理措施，并宜符合下列规定：

1　当渗漏量大时，宜采取埋管（嘴）注浆止水，并宜符合下列规定：

1）注浆管（嘴）宜选用金属管或硬质塑料管，并宜配置阀门；

2）注浆管（嘴）宜沿裂缝或砌块灰缝走向布置，间距不宜小于500mm；埋设注浆管（嘴）前宜在选定位置开凿深度为30mm～40mm、宽度不大于30mm的“U”形凹槽，注浆嘴应垂直对准凹槽中心部位裂缝并用速凝型无机防水堵漏材料埋置牢固，注浆前阀门宜保持开启状态；

3）裂缝表面宜采用速凝型无机防水堵漏材料封闭，封缝的宽度不宜小于50mm；

4）宜选用丙烯酸盐、水溶性聚氨酯等黏度较小的灌浆材料，注浆压力不宜大于0.3MPa。

2　当渗漏量小时，可按本条第1款的规定注浆止水，也可采用快速封堵止水。当采取快速封堵时，宜沿裂缝或接缝走向切割出深度20mm～30mm、宽度不大于30mm的“U”形凹槽，然后分段在凹槽中埋设引水管并嵌填速凝型无机防水堵漏材料止水，最后封闭引水孔，并宜用聚合物水泥防水砂浆找平。

3　设置刚性防水层时，宜沿裂缝或接缝走向在两侧各200mm范围内的基层表面多遍涂布渗透型环氧树脂类防水涂料或抹压聚合物水泥防水砂浆。对于裂缝分布较密的基层，应大面积设置刚性防水层。

6.2.2　实心砌体结构地下工程墙体大面积渗漏的治理，宜先在有明水渗出的部位埋管引水卸压，再在砌体结构表面大面积抹压厚度不小于5mm的速凝型无机防水堵漏材料止水。经检查无渗漏后，宜涂刷渗透型环氧树脂类防水涂料或抹压聚合物水泥防水砂浆，最后再宜用速凝型无机防水堵漏材料封闭引水孔。当基层表面无渗漏明水时，宜直接大面积多遍涂刷渗透型环氧树脂类防水涂料，并宜单层抹压聚合物水泥防水砂浆。

6.2.3　砌体结构地下工程管道根部渗漏的治理宜先止水、再设置刚性防水层，必要时设置柔性防水层，并宜符合本规程第4.2.10条的规定。

6.2.4　当砌体结构地下工程发生因毛细作用导致的墙体返潮、析盐等病害时，宜在墙体下部用聚合物水泥防水砂浆设置防潮层，防潮层的厚度不宜小于10mm。

6.3　施　工

6.3.1　砌体结构裂缝或砌块接缝渗漏的止水及刚性防水层的设置应符合下列规定：

1　埋管（嘴）注浆止水除宜符合本规程第4.3.1条的规定外，尚应符合下列规定：

1）宜按照从下往上、由里向外的顺序进行注浆；

2）当观察到浆液从相邻注浆嘴中流出时，应停止从该注浆孔注浆并关闭阀门，并从相邻注浆嘴开始注浆；

3）注浆全部结束、待孔内灌浆材料固化，经检查无明水后，应按要求处理注浆嘴、封孔并清理基层。

2　使用速凝型无机防水堵漏材料快速封堵裂缝或砌体灰缝渗漏的施工宜符合本规程第4.3.1条的规定；

3　刚性防水层的施工应符合材料要求及本规程的规定。

6.3.2　实心砌体结构地下工程墙体大面积渗漏治理施工应符合下列规定：

1　在砌体结构表面抹压速凝型无机防水堵漏材料止水前，应清理基层，做到坚实、干净，再抹压速凝型无机防水堵漏材料止水；

2　渗透型环氧树脂类防水涂料及聚合物水泥防

水砂浆的施工应符合本规程第4.3.6条的规定。

6.3.3 管道根部渗漏治理的施工应符合本规程第4.3.8条的规定。

6.3.4 用聚合物水泥防水砂浆设置防潮层时，防潮层应抹压平整。

7 质量验收

7.1 一般规定

7.1.1 对于需要进场检验的材料，应按本规程附录C的规定进行现场抽样复验，材料的性能应符合本规程附录D的规定，并应提交检验合格报告。

7.1.2 隐蔽工程在隐蔽前应由施工方会同有关各方进行验收。

7.1.3 工程施工质量的验收，应在施工单位自行检查评定合格的基础上进行。

7.1.4 渗漏治理部位应全数检查。

7.1.5 工程质量验收应提供下列资料：

1 调查报告、设计方案、图纸会审记录、设计变更、洽商记录单；

2 施工方案及技术、安全交底；

3 材料的产品合格证、质量检验报告；

4 隐蔽工程验收记录；

5 工程检验批质量验收记录；

6 施工队伍的资质证书及主要操作人员的上岗证书；

7 事故处理、技术总结报告等其他必需提供的资料。

7.2 质量验收

主控项目

7.2.1 材料性能应符合设计要求。

检验方法：检查出厂合格证、质量检测报告等。进场抽检复验的材料还应提交进场抽样复检合格报告。

7.2.2 浆液配合比应符合设计要求。

检验方法：检查计量措施或试验报告及隐蔽工程验收记录。

7.2.3 注浆效果应符合设计要求。

检验方法：观察检查或采用钻孔取芯等方法检查。

7.2.4 止水带与紧固件压板以及止水带与基层之间应结合紧密。

检验方法：观察检查。

7.2.5 涂料的用量或防水层平均厚度应符合设计要求，最小厚度不得小于设计厚度的90%。

检验方法：检查隐蔽工程验收记录或用涂层测厚仪量测。

7.2.6 柔性涂膜防水层在管道根部等细部做法应符合设计要求。

检验方法：观察检查和检查隐蔽工程验收记录。

7.2.7 聚合物水泥砂浆防水层与基层及各层之间应粘结牢固，无脱层、空鼓和裂缝。

检验方法：观察和用小锤轻击检查。

7.2.8 渗漏治理效果应符合设计要求。

检验方法：观察检查。

7.2.9 治理部位不得有渗漏或积水现象，排水系统应畅通。

检验方法：观察检查。

一般项目

7.2.10 注浆孔的数量、钻孔间距、钻孔深度及角度应符合设计要求。

检验方法：检查隐蔽工程验收记录。

7.2.11 注浆过程的压力控制和进浆量应符合设计要求。

检验方法：检查施工记录及隐蔽工程验收记录。

7.2.12 涂料防水层应与基层粘结牢固，涂刷均匀，不得有皱折、鼓泡、气孔、露胎体和翘边等缺陷。

检验方法：观察检查。

7.2.13 水泥砂浆防水层的平均厚度应符合设计要求，最小厚度不得小于设计值的85%。

检验方法：观察和尺量检查。

7.2.14 盾构隧道衬砌的嵌缝材料表面应平滑，缝边应顺直，无凹凸不平现象。

检验方法：观察检查。

附录A 安全及环境保护

A.0.1 注浆施工时，操作人员应穿防护服，戴口罩、手套和防护眼镜。

A.0.2 挥发性材料应密封贮存，妥善保管和处理，不得随意倾倒。

A.0.3 使用易燃材料时，施工现场禁止出现明火。

A.0.4 施工现场应通风良好。

附录B 盾构法隧道渗漏调查

B.0.1 输水隧道在竣工时的检查重点应是漏入量，在运营时的检查重点应是漏失量。轨道交通隧道、水下道路隧道及重要的电缆隧道等的检查重点应是拱底位置的渗水和拱顶的滴漏。

B.0.2 渗漏水及损害程度资料的调查应包括下列内容：

1 设计资料；

2 施工记录；

3 维修资料；

4 隧道环境变化。

B.0.3 盾构法隧道渗漏水及损害的现场调查内容及方法宜符合表B.0.3的规定。

表B.0.3 盾构法隧道渗漏水及损害的现场调查内容及方法

序号		调查内容	调查方法
1	渗漏水现状	漏泥、钢筋锈蚀	目测及钢筋检测仪
		管片裂缝与破损的形式、尺寸、是否贯通，缝内有无异物，干湿状况	用刻度尺、放大镜等工具目测
		发生渗漏的接缝、裂缝、孔洞及蜂窝麻面的位置、尺寸、渗漏水量	用刻度尺、放大镜等工具目测并按现行国家标准《地下防水工程质量验收规范》GB 50208的规定量测渗漏水量
		水质	水质采样分析
2	沉降形变	隧道的沉降量、变形量壁后注浆回填状况	用水平仪、经纬仪检测沉降及位移； 用地震波仪、声波仪检测回填注浆状况
3	密封材料现状	材料的种类及老化状况	目测或现场取样分析
4	混凝土质量现状	混凝土病害状况	超声回弹检测混凝土强度； 采样检测混凝土中氯离子浓度及碳化深度

B.0.4 盾构法隧道内渗漏水及损害的状态和位置宜采用表B.0.4的图例在盾构法隧道管片渗漏水平面展开图上进行标识。

表B.0.4 盾构法隧道管片渗漏水平面展开图图例

渗漏形式		图例	渗漏形式		图例
接缝渗漏	渗水	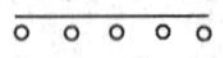	预留注浆孔渗漏	渗水	
	滴漏	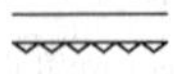		滴漏	
	线漏	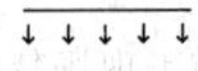		线漏	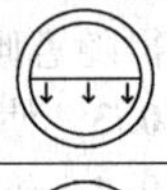
	漏泥	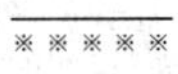	螺孔渗漏	渗水	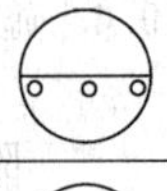
管片缺损及预埋件锈蚀	混凝土缺损			滴漏	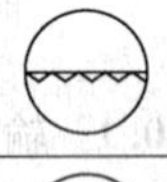
	预埋件锈蚀			线漏	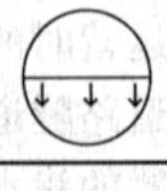

B.0.5 绘制盾构法隧道管片渗漏水平面展开图时，应将衬砌以5环～10环为一组逐环展开，再将不同位置、不同渗漏及损害的图例在图上标出。

附录C 材料现场抽样复验项目

C.0.1 材料现场抽样复验应符合表C.0.1的规定。

表C.0.1 材料现场抽样复验项目

序号	材料名称	现场抽样数量	外观质量检验	物理性能检验
1	聚氨酯灌浆材料	每2t为一批，不足2t按一批抽样	包装完好无损，且标明灌浆材料名称，生产日期、生产厂名，产品有效期	黏度，固体含量，凝胶时间，发泡倍率
2	环氧树脂灌浆材料	每2t为一批，不足2t按一批抽样	包装完好无损，且标明灌浆材料名称，生产日期、生产厂名，产品有效期	黏度，可操作时间，抗压强度
3	丙烯酸盐灌浆材料	每2t为一批，不足2t按一批抽样	包装完好无损，且标明灌浆材料名称，生产日期、生产厂名，产品有效期	密度，黏度，凝胶时间，固砂体抗压强度
4	水泥基灌浆材料	每5t为一批，不足5t按一批抽样	包装完好无损，且标明灌浆材料名称，生产日期、生产厂名，产品有效期	粒径，流动度，泌水率，抗压强度
5	合成高分子密封材料	每500支为一批，不足500支按一批抽样	均匀膏状，无结皮、凝胶或不易分散的固体团状	拉伸模量，拉伸粘结性，柔性
6	遇水膨胀止水条	每一批至少抽一次	色泽均匀，柔软有弹性，无明显凹陷	拉伸强度，断裂伸长率，体积膨胀倍率
7	遇水膨胀止水胶	每500支为一批，不足500支按一批抽样	包装完好无损，且标明材料名称，生产日期，生产厂家，产品有效期	表干时间、延伸率、抗拉强度、体积膨胀倍率
8	内装可卸式橡胶止水带	每一批至少抽一次	尺寸公差，开裂，缺胶，海绵状，中心孔偏心，气泡，杂质，明疤	拉伸强度，扯断伸长率，撕裂强度
9	内置式密封止水带及配套胶粘剂	每一批至少抽一次	止水带的尺寸公差，表面有无开裂；胶粘剂名称，生产日期，生产厂家，产品有效期，使用温度	拉伸强度，扯断伸长率，撕裂强度；可操作时间，粘结强度、剥离强度
10	改性渗透型环氧树脂类防水涂料	每1t为一批，不足1t按一批抽样	包装完好无损，且标明材料名称，生产日期，生产厂名，产品有效期	黏度，初凝时间，粘结强度，表面张力

续表 C.0.1

序号	材料名称	现场抽样数量	外观质量检验	物理性能检验
11	水泥基渗透结晶型防水涂料	每5t为一批，不足5t按一批抽样	包装完好无损，且标明材料名称，生产日期、生产厂名，产品有效期	凝结时间，抗折强度(28d)，潮湿基层粘结强度，抗渗压力(28d)
12	无机防水堵漏材料	缓凝型每10t为一批，不足10t按一批抽样 速凝型每5t为一批，不足5t按一批抽样	均匀、无杂质、无结块	缓凝型：抗折强度，粘结强度，抗渗性 速凝型：初凝时间，终凝时间，粘结强度，抗渗性
13	聚合物水泥防水砂浆	每20t为一批，不足20t按一批抽样	粉体型均匀，无结块；乳液型液料经搅拌后均匀无沉淀，粉料均匀，无结块	抗渗压力，粘结强度
14	聚合物水泥防水涂料	每10t为一批，不足10t按一批抽样	包装完好无损，且标明材料名称，生产日期、生产厂名，产品有效期；液料经搅拌后均匀无沉淀，粉料均匀，无结块	固体含量、拉伸强度，断裂延伸率，低温柔性，不透水性，粘结强度

附录D 材料性能

D.0.1 灌浆材料的物理性能应符合下列规定：

1 聚氨酯灌浆材料的物理性能应符合表D.0.1-1的规定，并应按现行行业标准《聚氨酯灌浆材料》JC/T 2041规定的方法进行检测。

表 D.0.1-1 聚氨酯灌浆材料的物理性能

序号	试验项目	性能	
		水溶性	油溶性
1	黏度(mPa·s)	≤1000	
2	不挥发物含量(%)	≥75	≥78
3	凝胶时间(s)	≤150	—
4	凝固时间(s)	—	≤800
5	包水性(10倍水，s)	≤200	—
6	发泡率(%)	≥350	≥1000
7	固结体抗压强度(MPa)	—	≥6.0

注：第7项仅在有加固要求时检测。

2 环氧树脂灌浆材料的物理性能应符合表D.0.1-2和表D.0.1-3的规定，并应按现行行业标准《混凝土裂缝用环氧树脂灌浆材料》JC/T 1041规定的方法进行检测。

表 D.0.1-2 环氧树脂灌浆材料的物理性能

序号	项目	性能	
		低黏度型	普通型
1	外观	A、B组分均匀，无分层	
2	初始黏度(mPa·s)	≤30	≤200
3	可操作时间(min)	>30	

表 D.0.1-3 环氧树脂灌浆材料固化物的物理性能

序号	项目		性能
1	抗压强度(MPa)		≥40
2	抗拉强度(MPa)		≥10
3	粘结强度(MPa)	干燥基层	≥3.0
		潮湿基层	≥2.0
4	抗渗压力(MPa)		≥1.0

3 丙烯酸盐灌浆材料的物理性能与试验方法应符合表D.0.1-4和表D.0.1-5的规定，并应按现行行业标准《丙烯酸盐灌浆材料》JC/T 2037规定的方法进行检测。

表 D.0.1-4 丙烯酸盐灌浆材料的物理性能

序号	项目	性能
1	外观	不含颗粒的均质液体
2	密度(g/cm^3)	1.1±0.1
3	黏度(mPa·s)	≤10
4	凝胶时间(min)	≤30
5	pH	≥7.0

表 D.0.1-5 丙烯酸盐灌浆材料固结体的物理性能

序号	项目	性能
1	渗透系数(cm/s)	$<10^{-6}$
2	挤出破坏比降	≥200
3	固砂体抗压强度(MPa)	≥0.2
4	遇水膨胀率(%)	≥30

4 水泥基灌浆材料的物理性能与试验方法应符合表D.0.1-6的规定。

表 D.0.1-6　水泥基灌浆材料的物理性能与试验方法

序号	项目		性能	试验方法
1	粒径(4.75mm方孔筛筛余,%)		≤2.0	现行行业标准《水泥基灌浆材料》JC/T 986
2	泌水率(%)		0	
3	流动度(mm)	初始流动度	≥290	
		30min流动度保留值	≥260	
4	抗压强度(MPa)	1d	≥20	
		3d	≥40	
		28d	≥60	
5	竖向膨胀率(%)	3h	0.1～3.5	
		24h与3h膨胀率之差	0.02～0.5	
6	对钢筋有无腐蚀作用		无	
7	比表面积(m^2/kg)	干磨法	≥600	现行国家标准《水泥比表面积测定方法》GB/T 8074
		湿磨法	≥800	

注：第7项仅适用于超细水泥灌浆材料。

5　水泥-水玻璃双液注浆材料应符合下列规定：

1）宜采用普通硅酸盐水泥配制浆液，普通硅酸盐水泥的性能应符合现行国家标准《通用硅酸盐水泥》GB 175的规定，水泥浆的水胶比（w/c）宜为0.6～1.0。

2）水玻璃性能应符合现行国家标准《工业硅酸钠》GB/T 4209的规定，模数宜为2.4～3.2，浓度不宜低于30°Be′。

3）拌合用水应符合国家现行行业标准《混凝土用水标准》JGJ 63的规定。

4）浆液的凝胶时间应事先通过试验确定，水泥浆与水玻璃溶液的体积比可在1∶0.1～1∶1之间。

D.0.2　密封材料的性能应符合下列规定：

1　建筑接缝用密封胶的物理性能应符合表D.0.2-1的规定，并应按现行行业标准《混凝土接缝用密封胶》JC/T 881规定的方法进行检测。

表 D.0.2-1　建筑接缝用密封胶物理性能

序号	项目			性能 25LM	性能 25HM	性能 20LM	性能 20HM
1	流动性	下垂度(N型)	垂直(mm)	≤3			
			水平(mm)	≤3			
		流平性(S型)		光滑平整			
2	挤出性(mL/min)			≥80			
3	弹性恢复率(%)			≥80		≥60	
4	拉伸模量(MPa)	23℃ −20℃		≤0.4和 ≤0.6	>0.4或 >0.6	≤0.4和 ≤0.6	>0.4或 >0.6
5	定伸粘结性			无破坏			
6	浸水后定伸粘结性			无破坏			
7	热压冷拉后粘结性			无破坏			
8	质量损失(%)			≤10			

注：N型——非下垂型；S型——自流平型。

2　遇水膨胀止水胶的物理性能与试验方法应符合表D.0.2-2的规定。

表 D.0.2-2　遇水膨胀止水胶的物理性能与试验方法

序号	项目		指标	试验方法
1	表干时间(h)		≤12	现行国家标准《建筑密封材料试验方法　第5部分　表干时间的测定》GB/T 13477.5
2	拉伸性能	拉伸强度(MPa)	≥0.5	现行国家标准《建筑防水涂料试验方法》GB/T 16777
		断裂伸长率(%)	≥400	
3	吸水体积膨胀倍率(%)		≥220	现行国家标准《高分子防水材料　第3部分　遇水膨胀橡胶》GB 18173.3
4	溶剂浸泡后体积膨胀倍率保持率(3d,%)	5% $Ca(OH)_2$	≥90	
		5% NaCl	≥90	

3　遇水膨胀橡胶止水条的物理性能应符合表D.0.2-3的规定，并应按现行国家标准《高分子防水材料　第3部分　遇水膨胀橡胶》GB 18173.3规定的方法进行检测。

表 D.0.2-3　遇水膨胀橡胶止水条的物理性能

序号	项目		性能 PZ-150	性能 PZ-250
1	硬度(邵尔A，度)		42±7	
2	拉伸强度(MPa)		≥3.5	
3	断裂伸长率(%)		≥450	
4	体积膨胀倍率(%)		≥150	≥250
5	反复浸水试验	拉伸强度(MPa)	≥3	
		扯断伸长率(%)	≥350	
		体积膨胀倍率(%)	≥150	≥250
6	低温弯折(−20℃，2h)		无裂纹	
7	防霉等级		达到或优于2级	

4　内装可卸式橡胶止水带的物理性能应符合表D.0.2-4的规定，并应按现行国家标准《高分子防水材料　第2部分　止水带》GB 18173.2的规定进行检测。

表 D.0.2-4 内装可卸式橡胶止水带的物理性能

序号	项目		性能
1	硬度(邵尔 A，度)		60±5
2	拉伸强度(MPa)		≥15
3	断裂伸长率(%)		≥380
4	压缩永久变形(%)	70℃，24h	≤35
		23℃，168h	≤20
5	撕裂强度(kN/m)		≥30
6	脆性温度(℃，无破坏)		≤−45
7	热空气老化(70℃，168h)	硬度变化(邵尔 A，度)	+8
		拉伸强度(MPa)	≥12
		断裂伸长率(%)	≥300

5 内置式密封止水带及配套胶粘剂的物理性能与试验方法应符合表 D.0.2-5 和表 D.0.2-6 的规定。

表 D.0.2-5 内置式密封止水带的物理性能与试验方法

序号	项目	性能	试验方法
1	厚度(mm)	≥1.2	现行国家标准《高分子防水材料 第 1 部分 高分子片材》GB 18173.1
2	抗拉强度(MPa)	≥10.0	
3	断裂伸长率(%)	≥200	
4	接缝剥离强度(N/mm)	≥4.0	
5	低温柔性(−25℃)	无裂纹	

表 D.0.2-6 配套胶粘剂的物理性能

序号	项目	性能	试验方法
1	可操作时间(h)	≥0.5	现行行业标准《混凝土裂缝用环氧树脂灌浆材料》JC/T 1041
2	抗压强度(MPa)	≥60	
3	与混凝土基层粘结强度(MPa)	≥2.5	现行国家标准《建筑防水涂料试验方法》GB/T 16777

6 丁基橡胶防水密封胶粘带的物理性能应符合表 D.0.2-7 的规定，并应按现行行业标准《丁基橡胶防水密封胶粘带》JC/T 942 的规定进行检测。

表 D.0.2-7 丁基橡胶防水密封胶粘带的物理性能

序号	项目			性能
1	持粘性(min)			≥20
2	耐热性(80℃，2h)			无流淌、龟裂、变形
3	低温柔性(−40℃)			无裂纹
4	*剪切状态下的粘合性(N/mm)		防水卷材	≥2
5	剥离强度(N/mm)		防水卷材	≥0.4
			水泥砂浆板	≥0.6
			彩钢板	
6	剥离强度保持率(%)	热处理(80℃，168h)	防水卷材	≥80
			水泥砂浆板	
			彩钢板	
		碱处理[饱和 $Ca(OH)_2$，168h]	防水卷材	≥80
			水泥砂浆板	
			彩钢板	
		浸水处理(168h)	防水卷材	≥80
			水泥砂浆板	
			彩钢板	

注：*仅双面胶粘带测试。

D.0.3 刚性防水材料应满足下列规定：

1 渗透型环氧树脂类防水涂料的物理性能与试验方法应符合表 D.0.3-1 的规定。

表 D.0.3-1 渗透型环氧树脂类防水涂料的物理性能与试验方法

序号	项目		性能	试验方法
1	黏度(mPa·s)		≤50	现行行业标准《混凝土裂缝用环氧树脂灌浆材料》JC/T 1041
2	初凝时间(h)		≥8	
3	终凝时间(h)		≤72	
4	固结体抗压强度(MPa)		≥50	
5	粘结强度(MPa)	干燥基层	≥3.0	
		潮湿基层	≥2.5	
6	表面张力(10^{-5}N/cm)		≤50	现行国家标准《表面活性剂 用拉起液膜法测定表面张力》GB/T 5549

2 水泥基渗透结晶型防水涂料的性能指标应符合表D.0.3-2的规定，并应按现行国家标准《水泥基渗透结晶型防水材料》GB 18445 的规定进行检测。

表 D.0.3-2 水泥基渗透结晶型防水涂料的物理性能

序号	项目		性能
1	凝结时间	初凝时间(min)	≥20
		终凝时间(h)	≤24
2	抗折强度(MPa)	7d	≥2.8
		28d	≥4.0
3	抗压强度(MPa)	7d	≥12
		28d	≥18
4	潮湿基层粘结强度(28d，MPa)		≥1.0

续表 D.0.3-2

序号	项目		性能
5	抗渗压力(MPa)	一次抗渗压力(28d)	≥1.0
		二次抗渗压力(56d)	≥0.8
6	冻融循环(50次)		无开裂、起皮、脱落

3 无机防水堵漏材料物理性能应符合表D.0.3-3的规定，并应按现行国家标准《无机防水堵漏材料》GB 23440的规定进行检测。

表 D.0.3-3 无机防水堵漏材料的物理性能

序号	项目		性能	
			缓凝型	速凝型
1	凝结时间(min)	初凝	≥10	≤5
		终凝	≤360	≤10
2	抗压强度(MPa)	1d	—	≥4.5
		3d	≥13	≥15
3	抗折强度(MPa)	1d	—	≥1.5
		3d	≥3	≥4
4	抗渗压力(7d，MPa)	涂层	≥0.5	—
		试块	≥1.5	
5	粘结强度(7d，MPa)		≥0.6	
6	冻融循环(50次)		无开裂、起皮、脱落	

4 聚合物水泥防水砂浆物理性能应符合表D.0.3-4的规定，并应按现行行业标准《聚合物水泥防水砂浆》JC/T 984规定的方法进行检测。

表 D.0.3-4 聚合物水泥防水砂浆的物理性能

序号	项目		性能	
			干粉类	乳液类
1	凝结时间	初凝(min)	≥45	
		终凝(h)	≤12	≤24
2	抗渗压力(MPa)	7d	≥1.0	
		28d	≥1.5	
3	抗压强度(28d，MPa)		≥24	
4	抗折强度(28d，MPa)		≥8.0	
5	粘结强度(MPa)	7d	≥1.0	
		28d	≥1.2	
6	冻融循环(次)		>50	
7	收缩率(28d,%)		≤0.15	
8	耐碱性(10%NaOH溶液浸泡14d)		无变化	
9	耐水性(%)		≥80	

注：耐水性指标是指砂浆浸水168h后材料的粘结强度及抗渗性的保持率。

D.0.4 聚合物水泥防水涂料的物理性能应符合表D.0.4的规定，并应按现行国家标准《聚合物水泥防水涂料》GB/T 23445的规定进行检测。

表 D.0.4 聚合物水泥防水涂料的物理性能

序号	项目		性能	
			Ⅱ型	Ⅲ型
1	固体含量(%)		≥70	
2	表干时间(h)		≤4	
3	实干时间(h)		≤12	
4	拉伸强度(MPa)	无处理(MPa)	≥1.8	
		加热处理后保持率(%)	80	
		碱处理后保持率(%)	80	
5	断裂伸长率	无处理(MPa)	≥80	≥30
		加热处理后保持率(%)	65	
		碱处理后保持率(%)	65	
6	不透水性(0.3MPa，0.5h)		不透水	
7	潮湿基层粘结强度(MPa)		≥1.0	
8	抗渗性(背水面，MPa)		≥0.6	

本规程用词说明

1 为便于在执行本规程条文时区别对待，对要求严格程度不同的用词说明下列：

1）表示很严格，非这样做不可的：
正面词采用"必须"，反面词采用"严禁"；

2）表示严格，在正常情况下均应这样做的：
正面词采用"应"，反面词采用"不应"或"不得"；

3）表示允许稍有选择，在条件许可时首先应这样做的：
正面词采用"宜"，反面词采用"不宜"；

4）表示有选择，在一定条件下可以这样做的，采用"可"。

2 条文中指明应按其他有关标准执行的写法为："应符合……的规定"或"应按……执行"。

引用标准名录

1 《地下工程防水技术规范》GB 50108
2 《地下防水工程质量验收规范》GB 50208
3 《混凝土用水标准》JGJ 63
4 《通用硅酸盐水泥》GB 175
5 《工业硅酸钠》GB/T 4209
6 《表面活性剂 用拉起液膜法测定表面张力》

GB/T 5549

7 《水泥比表面积测定方法》GB/T 8074

8 《建筑密封材料试验方法 第5部分 表干时间的测定》GB/T 13477.5

9 《建筑防水涂料试验方法》GB/T 16777

10 《高分子防水材料 第1部分 高分子片材》GB 18173.1

11 《高分子防水材料 第2部分 止水带》GB 18173.2

12 《高分子防水材料 第3部分 遇水膨胀橡胶》GB 18173.3

13 《水泥基渗透结晶型防水材料》GB 18445

14 《无机防水堵漏材料》GB 23440

15 《聚合物水泥防水涂料》GB/T 23445

16 《混凝土接缝用密封胶》JC/T 881

17 《丁基橡胶防水密封胶粘带》JC/T 942

18 《聚合物水泥防水砂浆》JC/T 984

19 《水泥基灌浆材料》JC/T 986

20 《混凝土裂缝用环氧树脂灌浆材料》JC/T 1041

21 《丙烯酸盐灌浆材料》JC/T 2037

22 《聚氨酯灌浆材料》JC/T 2041

中华人民共和国行业标准

地下工程渗漏治理技术规程

JGJ/T 212—2010

条 文 说 明

制 定 说 明

《地下工程渗漏治理技术规程》JGJ/T 212-2010，经住房和城乡建设部2010年8月3日以第728号公告批准发布。

本规程制订过程中，编制组调研了国内地下工程渗漏治理技术的现状，总结了我国地下工程渗漏治理的现场调查、方案设计、施工和质量验收等方面的实践经验，同时参考了国外先进技术法规、标准，制定了本规程。

为便于广大设计、施工、科研、学校等单位有关人员在使用规程时能正确理解和执行条文的规定，《地下工程渗漏治理技术规程》编制组按章、节、条顺序编写了规程的条文说明，对条文规定的目的、依据以及执行中需注意的有关事项进行了说明。但是，本条文说明不具备与标准正文同等的法律效力，仅供使用者作为理解和把握标准规定的参考。

目　次

1　总则 ………………………………………… 28—27
3　基本规定 ……………………………………… 28—27
3.1　现场调查 …………………………………… 28—27
3.2　方案设计 …………………………………… 28—27
3.3　材料 ………………………………………… 28—28
3.4　施工 ………………………………………… 28—28
4　现浇混凝土结构渗漏治理 …………………… 28—29
4.1　一般规定 …………………………………… 28—29
4.2　方案设计 …………………………………… 28—30
4.3　施工 ………………………………………… 28—31
5　预制衬砌隧道渗漏治理 ……………………… 28—32
5.1　一般规定 …………………………………… 28—32
5.2　方案设计 …………………………………… 28—32
5.3　施工 ………………………………………… 28—33
6　实心砌体结构渗漏治理 ……………………… 28—33
6.1　一般规定 …………………………………… 28—33
6.2　方案设计 …………………………………… 28—33
附录D　材料性能 ………………………………… 28—33

1 总 则

1.0.1 渗漏是地下工程的常见病害之一。造成渗漏的原因很多，有客观原因也有人为因素，两者往往互相牵连。综合起来分析，主要有设计不当（设防措施不当）、施工质量欠佳（特别是细部处理粗糙）、材料问题（如选材不当或使用不合格材料）和使用管理不当四个方面。

实践表明，渗漏治理是一项对从业人员技术水平、材料、施工工艺等方面要求均很高的工程，其实施难度往往超过新建工程。在长期的建筑工程渗漏治理实践中，工程技术人员总结出了灌（灌注化学灌浆材料）、嵌（嵌填刚性速凝材料）、抹（抹压防水砂浆）、涂（涂布防水涂料）等典型的施工工艺。为规范地下工程的渗漏治理，保证工程质量，在总结近年来国内相关工程经验的基础上，由来自国内建筑、交通、市政、水工等行业从事防水工程设计、施工及检测等的专家共同起草和制定了本规程。

1.0.2 以从背水面进行施工为主是地下工程渗漏治理的特点之一。为使本规程技术架构清晰、便于使用，编制组依照现行国家标准《地下工程防水技术规范》GB 50108 中对地下工程范围的界定，从发生渗漏的结构形式对地下工程重新进行了梳理和总结，并将其划分现浇混凝土结构、预制衬砌隧道和实心砌体结构三大类型，如表 1 所示。喷锚支护结构及有现浇混凝土内衬的隧道渗漏的治理可参照现浇混凝土结构进行。

1.0.3 渗漏发生的要素包括：水源、驱动力及渗漏通道，三者缺一不可。渗漏治理就是针对具体部位，运用合理可行的方式切断水源、消除渗漏驱动力或堵塞渗漏通道，其目的在于恢复或增强原防水构造的功能。

表 1 按结构形式划分地下工程

结构形式	地下工程类型
现浇混凝土结构	明挖法现浇混凝土结构
	逆筑结构
	矿山法隧道
	地下连续墙
预制衬砌隧道	盾构法隧道
	TBM 法隧道
	沉管法隧道
	顶管法隧道
实心砌体结构	砌体结构地下室

新建工程的防水重视“防、排、截、堵”等措施相结合，本规程中强调渗漏治理以堵为主，主要是考虑到一旦发生渗漏水，则必然会对建筑物或构筑物的使用功能造成负面的影响。将渗漏水拒于主体结构之外既符合防水工程的设计初衷，更是保证主体结构寿命的必要措施。应当指出，工程实际中仅通过“堵”往往不能彻底解决渗漏问题，在具备排水条件时，利用排水系统减少渗漏量也是一种有效的辅助手段。针对具体的渗漏问题，其治理工艺因时、因地变化而可能有所不同，故强调“因地制宜”。而“多道设防”是我国防水工程界长期实践经验的总结，是保证防水工程可靠性的必要措施。“综合治理”就是在渗漏治理过程中不仅仅满足达到治理部位不渗不漏，而是将工程看作一个整体，综合运用各种技术手段，达到渗漏治理的目的，避免陷入“年年修，年年漏”的恶性循环。本规程针对常见的渗漏问题给出了一些典型的治理措施，不可能面面俱到，使用本规程时可灵活掌握。

3 基 本 规 定

3.1 现 场 调 查

3.1.1 现场调查是充分掌握工程现场各种情况的必要步骤，对于具体问题提出合理可行的治理方案至关重要，同时也是日后做好施工准备的第一手资料。由于工程所处环境及条件等属性千差万别，具体某项工程的现场调查不一定包含条文规定的全部内容。

3.1.2 现行国家标准《地下防水工程质量验收规范》GB 50208 中对地下工程渗漏水的形式及量测方法作出了明确规定，对渗漏现场调查和确定治理方案有借鉴意义，可参照执行。

3.1.3 收集技术资料是分析渗漏原因、提出治理方案的前提条件之一。条文中提到的工程技术资料不一定每项工程都完全具备，但应尽量收集齐全。其中，工程设计相关资料主要包括设计说明、防水等级及设防措施、原排水系统的设计等。

3.1.4 现场调查报告主要内容为导致渗漏发生的可能原因，是后续设计及施工的基本依据。

3.2 方 案 设 计

3.2.2 渗漏水治理应重视降水和排水工作。降水或排水的目的是减小渗漏水的水压，为治理创造施工条件。同时，如在工程中采取排水治理措施，应防止排水可能造成的危害，如地基不均匀下沉等。

3.2.3 工程结构存在变形和未稳定的裂缝则渗漏治理后很容易复漏。接缝开度较大，则填充在其中的灌浆材料或密封材料的量较多，由于材料固化后体积往往会有一定的收缩，在正常使用条件下，如果开度减小，则其中的材料处于被挤压状态，能更好地实现密封止水的效果。应当指出，该条件不是渗漏治理的必备因素，工程中应结合现场条件综合考虑。

3.2.4 渗漏治理应以保证结构安全为前提，应避免使用可能破坏基础稳定、增加结构荷载、人为损害结构安全的工艺及材料。

3.2.6 先行止水或引水的目的是为后续综合治理创造施工条件，因为绝大多数防水材料在有明水存在时很难与基层有效结合。

3.3 材 料

3.3.1 材料是防水工程的基础。条文中对渗漏治理工程选材提出要求主要是由于：

1 现场环境温度、湿度及基层表面性质如强度、粗糙度、含水率等直接影响施工质量，而水、电、气及交通等条件也是影响设计选材的重要因素；

2 要求材料具有相容性是保证防水工程质量、提高耐久性的重要一环；如果相容性不好则可能出现起鼓、剥离等质量问题，设计过程中可采取必要的过渡措施以避免出现不利结果；

3 某些特殊的应用场合还要求材料具有耐腐蚀、耐热、能承受振动、耐磨等特殊要求，选材时应注意考虑这些要求。

3.3.2 现行国家标准《地下工程防水技术规范》GB 50108－2008 第7章对灌浆材料的性能提出了明确要求，本条则是在其基础上结合渗漏治理的工程实际需要，对灌浆材料作出了规定：

1 条文中列举的灌浆材料是近年来市场上最为常见的产品，其共同点就是能通过快速的化学反应发泡、凝胶或硬化，达到迅速切断渗漏水通道的目的；另外，还可根据现场需要进一步调节化学反应速率，此处特别强调了应通过现场试验来确定浆液固化时间；

3 聚氨酯灌浆材料遇水会反应并发泡，这是其主要的工作原理。如果在贮存过程中遇水接触，则会由于提前反应而丧失使用性能，剩余的物料最好充氮密封保存；

4 环氧树脂灌浆材料固化速率较慢，水流速度过大则容易被水带走，因此不能被用作注浆止水材料；

5 丙烯酸盐灌浆材料固结体凝胶的抗压强度较低，且会失水收缩，因此不能用做结构补强。

3.3.3 建筑密封材料通常分为制品型和腻子型。除了止水带（制品型）以外，其他与渗漏治理相关的产品要求规定如下：

1 遇水膨胀止水条（胶）膨胀后的体积应大于受限空间的体积，否则难以达到预期的止水效果；

2 在背水面使用高模量的密封材料主要是考虑到其更能适应在水压下形变的需要。背衬材料的作用主要有如下三点：其一、控制密封材料厚度；其二、避免出现三面粘结现象；其三、有助于形成预期密封截面形状（沙漏状）。为保证密封质量，应设置背衬材料。

3.3.4 本规程根据行业习惯分类方法将用到的一些高弹性模量、低延伸率的防水材料纳入刚性防水材料的范畴。

1 环氧树脂与混凝土、砂浆等基层具有良好的相容性，在建筑防护、防腐领域具有广泛的用途。渗透型环氧树脂防水涂料近年来在防水领域的应用日益广泛，其特点是黏度低、对混凝土基层具有很好的浸润作用并且可在潮湿环境下固化，并可赋予被涂刷基层更好的防渗、防腐性能。工程实践表明，对强度较高的基层其用量约为 0.5kg/m²，但如果基层的表面粗糙度较大或强度较低时，用量可能进一步增加，为保证这类防水涂料的使用效果，宜多遍涂刷；

2 对水泥基渗透结晶型防水涂料的用量和厚度进行双控是保证防水层质量的需要，这也与现行国家标准《地下工程防水技术规范》GB 50108 的规定一致；

4 在地下连续墙幅间接缝渗漏治理时，有时会用补偿收缩混凝土修补墙体。补偿收缩混凝土配制及施工可参照现行国家标准《地下工程防水技术规范》GB 50108－2008 第5.2节的规定。

3.3.5 聚合物水泥防水涂料满足在结构背水面施做有机防水涂料的有关规定（现行国家标准《地下工程防水技术规范》GB 50108－2008 第4.4节），为避免涂层在水压作用下起鼓，本条文规定在涂层表面再设置一层水泥砂浆保护层。

3.4 施 工

3.4.1 根据渗漏治理方案编制详尽的施工方案对确保工程质量至关重要；对主要操作人员进行技术交底，则是使之掌握施工关键步骤实现治理目的必备步骤。

3.4.2 本条文明确规定渗漏治理所使用的材料必须是符合国家现行相关标准规定的合格材料，并应满足设计要求。由于渗漏治理工程量大小差别很大，导致材料的用量差异也很大，做到每一种材料都按要求抽样复检在现实中有一定的操作困难，对工程量较小项目更是难以实施。基于此，规定由施工方、设计、业主及监理等有关各方共同协商决定是否对进场的材料进行现场抽检复验，这也是渗漏治理工程的一个特点。

3.4.3 由于渗漏多发生于细部构造等薄弱防水部位，治理施工必须做到认真、细致，因此对主要操作人员的技能和责任心提出了很高的要求，按照现行法规和标准的规定应由具有防水工程资质证书的专业施工队伍承担，主要操作人员应经过培训并考核合格、持证上岗。

3.4.4 由于渗漏水的长期作用，渗漏部位可能会滋生生物，结构层自身可能会出现腐蚀、酥松、剥落，结构层上部各构造层次亦可能被损坏，在治理前应彻底清除基层上的杂质和酥松，露出干净、新鲜的表面，为后续施工创造合适的条件。

3.4.5 施工过程中建立工序质量的自查、核查和交接检查制度，是实行施工质量过程控制的根本保证。因上道工序存在的问题未解决，而被下道工序所覆盖，会留下质量隐患。因此，必须加强按工序、层次进行检查验收，即在操作人员自检合格的基础上，进行工序间的交接检和专职质量人员的检查，检查结果应有完整的记录。经验收合格后，方可进行下一工序的施工，以达到消除质量隐患的目的。

3.4.6 渗漏治理的各道工序往往涉及很多隐蔽工程，如注浆止水、基层处理等，随时进行检查有利于及时发现质量问题并处理，同时做好隐蔽工程验收记录，以备后续质量验收及倒查。

3.4.7 在一些结构复杂或老旧工程的渗漏治理过程中，当施工现场条件如结构或渗漏水情况与设计方案差别较大时，如果仍按照原方案进行施工则无法保证工程质量。这种情况下，施工单位应向监理、业主、设计等有关各方报告现场具体情况，并会同各方重新根据实际情况修改或制定新的方案、采取相应的措施。

3.4.8 在防水层上开槽、打洞或重物冲击会破坏防水层的完整性，并使之丧失防水功能。如必须开槽、打洞、安装设备，则应在防水层施工前完成这些工作，并做好细部构造防水处理。

3.4.9 室外环境下，雨天、雪天时，基层的温度、湿度往往达不到材料的施工要求，而风速五级以上时容易造成材料的飞散并可能危及施工安全，因此均不宜在这些条件下施工。但随着材料技术的进步，一些材料可以在有水或低温条件下施工，当遇到这些情况时，可根据现场条件及工期要求决定是否进行施工，但施工环境条件必须符合材料施工工艺的要求。

3.4.10 所谓注浆是将配制好的浆液，经专用压送设备将其注入裂缝或地层中，在压力作用下对裂缝或地层进行充填、渗透、挤密或劈裂，通过浆液固化达到加固和防渗堵漏等目的的一种施工工艺。注浆止水是当前地下工程堵漏止水的主要工艺之一。本条在参照电力行业标准《水工建筑物化学灌浆施工规范》报批稿的基础上，结合地下工程实际提出，目的在于规范注浆止水的基本条件及工艺。

1 考虑到化学注浆是一项技术要求较高的工作，施工现场会遇到水、电、气源及压力设备，加之材料往往具有一定的毒性，容易造成人身伤害，因此有必要加强操作人员培训，并做好环境保护措施，故规定了本款及第2、7款；

2 由于浆液的适用期有限，为做到节约、高效，配制浆液时应遵循“少量多次”的原则。化学灌浆材料的固化通常属于放热反应，如果配制过程中散热不及时可能引起爆聚，损坏注浆设备，造成不可挽回的损失。在配制环氧树脂灌浆材料时尤其应当注意这一点；

4 基层温度过低则不利于浆液的扩散和固化，而浆液的温度太低则可灌性降低，难以达到预期目的；该数据是在综合国内外有关技术资料并结合工程实践的基础上提出的；

5 为了避免由于管路过长导致压降及减少浆液损耗。

3.4.13 当前，水泥基渗透结晶型防水涂料的应用已较为普及，但在其施工过程中也出现了基层不符合要求、不按规定进行养护等问题，在此一并进行了规定。

3.4.14 渗透型环氧树脂类防水涂料的施工对基层、环境温度及施工工艺等具有有别于其他防水涂料的特点，有必要作出明确的规定：

1 如前所述，这类涂料的特点是能渗透进入混凝土基层的细微孔洞、裂缝中，达到封闭裂缝或孔洞并阻止水分渗透，基层干净、坚固并避免出现明水是发挥其作用的前提；

2 这类涂料是从环氧树脂灌浆材料发展而来的，其配方中的固化剂、稀释剂等助剂通常有毒，大面积施工时应符合化学灌浆材料施工安全要求；

3 温度过低，则涂料黏度增加，可灌性降低；为防止爆聚，应注意控制浆液的温度；

5 多遍涂刷是保证浆液渗透进入基层的必要步骤，为避免由于间隔时间过长已涂刷的材料固化进而妨碍后续渗透，要求两边涂刷的时间间隔不宜太长；

6 在环氧树脂未完全固化前进行抹压砂浆的目的在于增加砂浆层与基层的粘结强度。

4 现浇混凝土结构渗漏治理

4.1 一 般 规 定

4.1.1 地下工程长期与水接触，水流很容易透过防水层薄弱环节如变形缝、施工缝等发生渗漏。为便于按照渗漏部位、现象选择合适的治理工艺和材料，在归纳总结现浇结构常见渗漏问题及其治理工艺的基础上设计了表4.1.1。

注浆工艺可分为钻孔注浆、埋管（嘴）注浆和贴嘴注浆三类，其中钻孔注浆是近年来在渗漏治理中应用非常广泛的一种注浆止水工艺，其优点是对结构破坏小并能使浆液注入结构内部、止水效果好；埋管注浆通常包括需要开槽，这不但会造成基层破坏且注浆压力偏低，在裂缝渗漏止水上已逐步为钻孔注浆取代，但在孔洞、底板变形缝渗漏的治理中仍有应用；

贴嘴注浆在建筑加固领域应用非常广泛，尚不能用于快速止水，但考虑到工程中有时也需要处理一些无明水的潮湿裂缝，故也将其列入可选择的工艺中。在所列的灌浆材料中，聚氨酯、丙烯酸盐、水泥-水玻璃及水泥基灌浆材料等可用于注浆止水。丙烯酰胺灌浆材料（即丙凝）由于单体具有致癌作用，国内外相关标准已将其列为禁止使用的灌浆材料，本规程中亦未列入。

快速封堵是指用速凝型无机防水堵漏材料封堵渗漏水的一种工艺，其优点是方便快捷，缺点是不能将水拒之于结构外部且材料耐久性还有待提高，因此常作为一种临时快速止水措施与其他工艺一起配合使用。

多年的实践经验证明，对于变形缝渗漏临时止水后，由于材料与基层的粘结强度不高加之结构位移，经常会出现复漏。在止水后的变形缝背水面安装止水带是解决这一问题的有效途径，并日益受到重视。

遇水膨胀止水条是地下工程变形缝渗漏治理常用的材料，只有确保其遇水膨胀是在受限空间（空间自由体积小于膨胀量）中方能有效。国内有文献曾报道用速凝型无机防水堵漏材料及防水砂浆将其封闭在变形缝中，以达到止水的目的。但这种做法本身有违变形缝的设计初衷，复漏的几率很大；加之止水条的搭接（遇水膨胀止水胶没有这个问题）也比较困难，因此不宜作为一种长效的变形缝渗漏治理措施。但对于那些结构规整、长期浸水且结构热胀冷缩及地基不均匀沉降很小的变形缝，仍有应用，故将其列为变形缝渗漏治理的可选措施。

刚性防水材料可分为涂料（包括缓凝型无机防水堵漏材料、水泥基渗透结晶型防水涂料及环氧树脂类防水涂料）和砂浆（聚合物水泥防水砂浆）两大类。涂料和砂浆这两类刚性防水材料往往需要复合使用形成一道完整的防水层。此外，补偿收缩混凝土可被看做结构材料，虽然会用到，但并未被列入可选材料中。

在结构背水面涂布有机防水涂料时要求涂料应具有较高的基层粘结强度且应设置刚性保护层，这是业界的共识，聚合物水泥防水涂料符合这一规定。在渗漏治理工程中，由于担心涂层抗水压力不足，容易在压力下出现鼓泡、剥落，本规程暂未将其列为大面积渗漏治理的可选措施。管道根部面积有限、且采用其他措施时过渡处理困难，涂布聚合物水泥防水涂料应该是一个合理的补充措施。

表 4.1.1 的设计初衷在于根据渗漏部位快速查找和匹配治理措施，并避免出现常见的错误，使用过程中应灵活掌握、搭配各种技术措施。

4.1.2 裂缝和施工缝发生渗漏说明存在贯穿结构的渗透通道，这对结构的荷载能力及耐久性都有负面影响。如前所述，钻孔注浆能将浆液注入结构内部，可达到止水及加固的双重目的，故选择灌浆材料时应重视其补强效果。

4.1.4 如果地下工程内外温差较大且空气湿度较大，则水蒸气很容易凝结在结构背水面形成水滴导致基层潮湿甚至霉变，这时就应采取强制通风等措施降低结构内部相对湿度防止结露。

4.2 方案设计

4.2.1 本条文规定了钻孔注浆的基本要求。

1 斜向钻孔有利于横穿裂缝，使浆液沿裂缝面流动并反应固化，快速切断渗漏通道。由于建筑工程混凝土地下结构的厚度相对比较薄，规定钻孔垂直深度超过混凝土结构厚度的 1/2，一方面是为了防止注浆压力对结构可能的破坏，另一方面确保将浆液注入结构中；

2 沿裂缝走向开槽并用速凝型无机防水堵漏材料直接封堵渗漏水是一项传统的堵漏工艺。近年来，随着水泥基渗透结晶型防水材料应用普及对这一方法也产生了深刻的影响。借鉴国外的先进做法，止水后在凹槽中嵌填、涂刷或抹压含水泥基渗透结晶型防水材料的腻子、涂料或砂浆。图 4.2.1-3 为其中典型做法，实际工程中还可有些变通；

3 推荐使用底部带贯通小孔的注浆嘴，主要是便于粘贴注浆嘴的胶液能透过小孔，固化后形成锚固点，增加注浆嘴与基层的粘结强度。另外，条件具备时还可使用具有防止浆液回流的止逆式注浆嘴。

4.2.2 施工缝渗漏的治理大部分与裂缝渗漏治理相似，但又有特殊情况：

1 预注浆系统是新修订国家标准《地下工程防水技术规范》GB 50108 中新增的内容，在此列出以保持一致；

3 逆筑结构有两条施工缝，其渗漏均可参照裂缝渗漏进行治理，但由于上部施工缝是一条斜缝，在钻孔时应注意要垂直基层钻进，这样才能使钻孔穿过施工缝。

4.2.3 地下工程渗漏往往发生在细部构造部位，其中尤以变形缝渗漏最为常见。造成变形缝渗漏的原因主要是止水带固定不牢导致浇筑混凝土时偏离设计位置、止水带两侧混凝土振捣不密实及止水带破损等。变形缝渗漏治理的难点在于止水并避免复漏，在背水面安装止水带是解决这一难题的有效途径，但对于不明原因或受现场施工条件限制而无法止水的变形缝，可通过设置排水装置的方法避免渗漏水对结构内部造成更大的不利影响。

4.2.4 变形缝的止水方式很多，但既符合设置变形缝初衷（即满足结构热胀冷缩、不均匀沉降）又有效止水的办法尚有限。本规程中给出的方法均基于注浆止水，不应使用直接嵌填速凝无机防水堵漏材料的止水方法。

1 钻孔至止水带迎水面注入聚氨酯等灌浆材料，可迅速置换出变形缝中水，这是一种十分有效的止水方法，但前提是止水带宽度已知且具有足够的施工空间。这种止水方法具有一定的普适性；

2 对于结构顶板上采用中埋式钢边橡胶止水带的变形缝，其渗漏点比较容易判断，渗漏原因通常是由于止水带与混凝土结合不紧密形成了渗漏通道，解决的办法是钻孔到止水带两翼的钢边并注入聚氨酯灌浆材料止水。如果只是微量的渗漏，也可直接注入可在潮湿环境下固化的环氧树脂灌浆材料；

3 对于结构底板变形缝渗漏也可采取埋管注浆工艺止水，与钻孔注浆工艺不同之处在于，由于是在止水带的背水面注浆，且注浆压力较低，很容易发生漏浆，因此需要预先设置浆液阻断点，将浆液限制在渗漏部位附近。实际工程中，浆液阻断点既可以是固化的浆液，也可能是一段木楔，所起的作用就是阻止浆液沿变形缝走向向外扩散。

4.2.5 可用于变形缝背水面的止水带可分为内装可卸式橡胶止水带及内置式密封止水带，后者按施工工艺又分为内贴式和螺栓固定密封止水带，三者的施工工艺各不相同。

2 内置式密封止水带只有与基层紧密相连才能起到阻水的作用，因此变形缝两侧的基层必须符合条文的规定。修补基层的缺陷时，大的裂缝或孔洞应采用灌缝胶、聚合物修补砂浆等专门的修补材料进行修补，细微的裂缝可在表面涂刷渗透型环氧树脂防水涂料并待其干燥后再行后续施工；

3 Ω形有利于适应接缝的位移形变；

4 内贴式密封止水带是在参考国内外变形缝密封防水系统的基础上提出的；

6 常见的保护措施主要有保护罩或一端固定、可平移的钢板等。

4.2.6 长期排水可能造成结构周边土体失稳，出现不均匀沉降并由此带来诸多安全风险，加强监测并及时处置是解决问题的有效方法。

4.2.7 大面积渗漏往往是由于混凝土施工质量较差，结构内部裂缝及孔洞发育所致。这种类型的渗漏可按有无明水分别采取不同的工艺进行治理。对于有明水的渗漏，既可以采用注浆止水，也可采用速凝材料快速封堵。

1 注浆止水又可分为钻孔向结构中注浆和穿过结构向周围土体中注浆两种方式，前者宜选用黏度较低、可灌性好的材料，后者在于通过在结构迎水面重建防水层发挥作用，可选用水泥基、水泥-水玻璃或丙烯酸盐灌浆材料；

2 抹压速凝型无机防水堵漏材料作为一种传统的治理方法，具有简便快捷的优点，缺点是渗漏水会一直存在于结构中，长期来看可能会加速钢筋锈蚀、加剧混凝土病害程度。本规程中将这两种治理工艺一并列出来，使用时应根据现场条件灵活运用；

3 止水后通过涂布水泥基渗透结晶型防水涂料或渗透型环氧树脂类防水涂料可以填充基层表面的细微孔洞，起到加强防水效果的目的。

4.2.8 大面积渗漏而无明水符合水泥基渗透结晶型防水涂料或渗透型环氧树脂类防水涂料对基层的要求，采用涂布这两种涂料可达到渗漏治理的目的。

4.2.12 浇筑混凝土形成地下连续墙往往需要带水作业，墙段结合处为最薄弱环节，较易出现渗漏水问题。导致接缝渗漏的主要原因包括：首先，在混凝土振捣时，槽壁塌落泥土被混凝土带到槽段结合处，使浇捣好的混凝土槽段中夹有较大泥块；其次，施工中对先浇墙段接触面洗刷不干净，使两墙段的接缝处夹有泥沙。针对渗漏量大小不等的对地下连续墙幅间接缝，可采取相应的渗漏治理措施。

1 对于渗漏量较小的接缝，可参照裂缝（施工缝）渗漏治理；

2 渗漏量较大且危及基坑或结构安全时，宜先在外侧采取帷幕注浆止水，再按第1款规定的方法进行治理。本款具有现场抢险的性质，注浆帷幕通常采用高压旋喷成型，是一项技术性很强的工作。为确保安全及施工质量，一般会交由具有专业技术资质的基础处理机构完成。

4.2.13 蜂窝、麻面的渗漏往往与这些部位的混凝土配比或施工不当有很大关系。治理前先剔除表面酥松、起壳的部分，针对暴露出来的裂缝或孔洞可参照之前条文中的规定，采用注浆止水或嵌填速凝型无机防水堵漏材料直接堵漏，不同的是，堵漏后应根据破坏程度采取抹压聚合物水泥防水砂浆或铺设细石混凝土等补强治理工艺。值得一提的是，在浇筑补偿收缩混凝土前，应在新旧混凝土界面涂布水泥基渗透结晶型防水涂料，目的是增加界面粘结强度。

4.3 施 工

4.3.1 裂缝渗漏治理施工中涉及的钻孔注浆、快速封堵等工艺要点具有一定的通用性，在一般规定中已有明确的规定，本条文给出了施工过程中应当注意的一些要点。

1 注浆压力是注浆工程质量的关键技术参数之一。注浆压力过小，则浆液不足以置换裂缝中的水流；压力过大，则浆液将沿压力下降最快的方向扩散，一些细小裂缝则很难有浆液进入，甚至可能人为造成基层损坏；因此，注浆的压力不是越高越好，而是应根据工程实际情况及浆液的可灌注性，选择合适的注浆压力；

3 贴嘴时将定位针穿过进浆管对准缝口插入的目的是使注浆嘴、进浆管骑缝，否则贴嘴容易贴偏，被胶粘材料堵死缝口，无法灌浆。为了利用定位针的导流作用，便于浆液的注入，有时也可不拔出定位针；

4 水泥基渗透结晶型防水涂料、渗透型环氧树脂类防水涂料及聚合物水泥防水砂浆等刚性防水层的施工要点已在本规程第3.4节作了规定。

5 预制衬砌隧道渗漏治理

5.1 一 般 规 定

5.1.1 引起隧道渗漏的原因较为复杂，主要有施工因素、结构因素、环境因素以及材料因素等，如运营中车辆运行引起的振动、土体后期固结导致隧道周围土层产生沉降等。由于隧道中接缝众多，设备、管线复杂，因此治理前应做好前期调查。附录B的内容参考了上海市地方标准《盾构法隧道防水技术规程》DBJ 08－50－96的相关内容。

5.1.2 预制衬砌隧道包括盾构法隧道、沉管法隧道及顶管法隧道。盾构法隧道的防水措施包括自防水混凝土管片、管片外防水涂层、弹性密封垫、螺孔防水等。其中，接缝防水是盾构法隧道防水的重点。沉管管段的接头防水是沉管法隧道防水的重点，一般采取接头部位置GINA型止水带与背水面安装Ω形橡胶止水带相结合的防水措施。管节接头防水是顶管法隧道防水的重点，本规程只涉及混凝土管节。

盾构法隧道连接通道及沉管管段和顶管管节自身渗漏的治理可按本规程第4章的相关规定按裂缝或面渗等形式进行治理。

5.1.3 盾构法隧道中管片接缝众多，是渗漏高发部位，也是渗漏治理的重点。汇总并归纳盾构法隧道典型渗漏部位的治理工艺及材料形成了表5.1.3。实际工程中，可按工程实际情况合理搭配灵活运用。

5.2 方 案 设 计

5.2.1 管片环、纵接缝发生渗漏的原因主要有：在盾构推进过程中管片受挤压、碰撞，使弹性密封垫或止水条偏位造成环缝处防水失效；相邻管片间连接姿态不好等原因造成纵缝处止水措施失效；止水条过早浸水预膨胀造成止水效果降低，拼装过程中挤压（破）止水条或止水条间夹杂异物；管片拼装质量差，螺栓未拧紧或接缝夹杂异物，接缝张开过大造成止水条压密不严；隧道推进时引起管片错位或相邻块连接不良，止水条密封效果降低等。

1 在背水面注浆止水时，为防止浆液沿管片接缝扩散，须事先在渗漏部位附近设置浆液阻断点。常用的方法是从背水面在环缝渗漏部位相邻的纵缝上，钻双孔至弹性密封垫或遇水膨胀止水条附近，注入密封材料或聚氨酯灌浆材料形成浆液阻断点，如图1所示。应当说明的是，这是较为理想的治理方法，其理论和实践还在不断发展及丰富过程中。当前实践也表明，如果管片间榫接，则往往很难用这种方法形成有效的浆液阻断点。

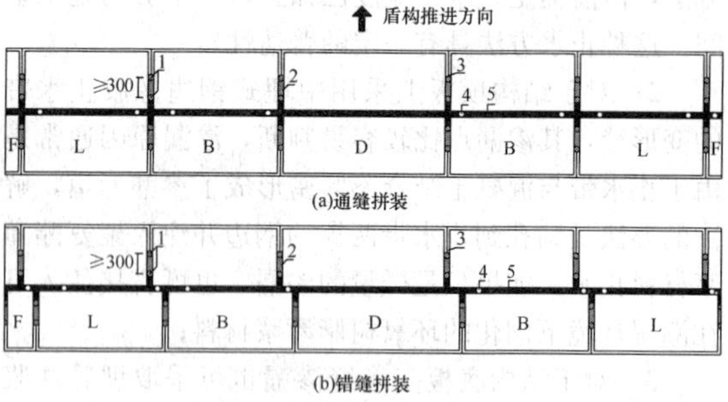

图1 纵缝设置浆液阻断点并环缝注浆止水布孔示意图

1—浆液阻断点注浆嘴；2—浆液阻断点；3—纵缝；4—注浆嘴；5—环缝嵌缝；D—拱底块；B—标准块；L—邻接块；F—封顶块

2 在新建尚未投入使用或设备管线较少的运营隧道，工作面较宽敞，可以按第1款的规定先设浆液阻断点再注浆止水。当隧道中设备管线较多时，往往不具备预设浆液阻断点的条件，此时就只能按第2款的规定进行渗漏治理。其基本原理是通过在背水面嵌缝（封堵）并埋嘴注浆，迫使渗漏水沿彼此连通的环、纵缝发散到更大的面积上，加大蒸发面积使蒸发量大于渗入量，达到减小或消除渗漏的目的。考虑到浆液固结体适应形变或荷载的要求（特别是用于轨道交通的盾构隧道），最好使用固结体有一定弹性的灌浆材料。

3 嵌缝的目的是将拱顶的少量渗漏水利用连通的环、纵缝引开，条文对其关键点进行了规定：

3）国外通常将背衬材料分为闭孔型、开孔型、双室型背衬棒及背衬隔离带四大类，根据密封材料固化机理不同，可选择相应结构的背衬材料。例如，单组分湿固化聚氨酯密封胶就宜使用开孔型或双室型背衬棒；

4）规定拱顶的嵌缝角度为是为了避免渗漏水滴落到轨道交通设施表面，进而引起金属件锈蚀或设备短路等安全事故。

4 壁后注浆又称为回填注浆，按施工顺序分为同步注浆、二次注浆（含渗漏治理时的壁后注浆），是盾构推进施工过程中必要的止水、护壁措施，然而在施工过程中往往会出现注浆不充分或漏注等现象。在盾构隧道渗漏综合治理中，对隧道管片壁外进行补充注浆是有效的迎水面渗漏治理的辅助措施。既能在隧道外部起到防水帷幕作用，同时又能起到加固土体作用以减少隧道由于土体后期因素产生沉降带来的后续再漏的几率。壁后注浆是隧道纠偏及治理盾构法隧道渗漏的有效途径。其技术难度较大、步骤较为复杂，宜慎用。

壁后注浆时，现场监测项目及控制值一般设定为：隧道结构纵向沉降与隆起不大于±5mm，隧道结构纵向水平位移不大于±5mm，隧道收敛值小于20mm；隧道纵向变形最小曲线半径不应小于15000m；轨向偏差和高低差最大尺度小于4mm/10m。具体可参见现行国家标准《盾构法隧道施工和质量验收规范》GB 50446。

5.2.2 造成隧道进出洞段连接处渗漏的原因主要有：盾构进出洞时，洞口外侧土体部分流失，破坏了加固体及原状土强度和结构；同步注浆和二次注浆不足或不密实；井接头及前一环与洞口地下连续墙及内衬呈刚性接触，其他管片与加固体及原状土呈柔性接触，导致该处管片不均匀沉降和渗漏水；洞口加固土体在强度发展过程中会与基坑围护结构之间产生间隙，在长期土体中的渗水将填充于加固土体与围护结构之间的间隙，并随着时间的推移，形成一定的水压；井接头顶部混凝土浇筑不密实；进洞环管片在脱离盾尾时，土体流失、坍方事故等发生会造成盾构姿态突变，造成管片密封局部损坏；出洞段由于施工单位的基准环（支撑环）强度或状态不好，造成出洞段盾构姿态不好等。条文中按环、纵缝及施工缝分别给出了治理工艺。

5.2.3 连接通道段渗漏产生原因主要有：连接通道所连接的盾构隧道为复杂应力部位，细微变形和沉降在所难免，例如连接通道施工过程中钻孔、冻胀、开挖、结构施工等使连接通道附近的管片产生不均匀沉降；冻土融化层注浆不及时、注浆量不足或加固强度不够，造成隧道后期沉降，不均匀沉降引起隧道管片的嵌合不密或结构破坏，进而引起渗水；连接通道通常处于区间隧道的最低处，且多为含饱和水的砂性土层，承压水的静水压较大；连接通道现浇混凝土不密实造成的渗漏水等。隧道管片与连接通道接缝可视为施工缝，宜采取钻斜孔注浆止水。

5.2.4 轨道交通道床以下与管片接头部位渗漏的原因主要是地层不稳定（流沙）、管片拼装质量不好、同步和二次注浆量不足导致隧道沉降；或由于后期道床施工、管线排放的措施不当，引起了管片的局部破坏。在进行壁后注浆时，按照邻接块、标准块和拱底块的顺序注浆的目的在于先注入的浆液固化后，能防止后续注入浆液向两侧上返，有利于加快施工速度，节省材料用量。

5.2.6 沉管法隧道管段接头的主要防水措施是安装GINA及Ω形止水带，通常不会出现渗漏，一旦发生渗漏所采取的措施是松动渗漏部位周边固定Ω形止水带的螺母，重新调整位置，再拧紧。

5.2.8 顶管法隧道管节接缝是容易发生渗漏的部位，渗漏治理的措施是从背水面注浆封堵，并可参照现浇混凝土结构变形缝渗漏的治理工艺进行综合治理。

5.3 施　工

5.3.1 本条文给出了管片环、纵缝接缝注浆止水的施工要点。

1 在钻孔注浆形成浆液阻断点的过程中，考虑到混凝土管片是精度要求很高的预制构件，采用带定位装置的钻机目的是达到精确控制钻孔深度，防止破坏弹性密封垫；选用直径小的钻杆，也是为了尽量减少钻孔过程对管片的破坏。

3 如果隧道衬砌与围岩之间回填不密实造成沉降、变形，发生渗漏的部位静水压力都较大，为避免壁后注浆过程中衬砌外部的水、泥、沙等在压力作用下突入隧道内部，需要在埋设注浆嘴时设置防喷装置。

6　实心砌体结构渗漏治理

6.1 一 般 规 定

6.1.1 砌体结构地下工程的特点是砌体的密实性较差、砌体接缝多、工程埋深浅、承受的地下水压力较小。一般来说，通过抹压（嵌填）速凝无机防水堵漏材料即可达到止水的目的，为保证工程质量，按照“多道设防”的要求，还应设置刚性防水层，管根及预埋件根部等接缝处宜进行嵌缝处理。

6.1.2 由于砌体结构地下工程固有的特点，很多场合下，这类地下工程在建造过程中并未设计防水层。如果不在渗漏治理后形成完整的防水层，则很有可能出现之前未出现渗漏的地方在渗漏治理后发生渗漏。为避免出现这种情况，宜在治理后在背水面形成完整的防水层。

6.2 方 案 设 计

6.2.1 本条文给出了实心砌体结构地下工程裂缝或砌块灰缝渗漏的治理工艺，对于其中的要点解释如下：

1 采用注浆止水时，考虑到砌体结构的细微孔洞、裂缝较多，密实性较差，故采用了对这类基材有良好浸润性和可灌性的灌浆材料；

3 如前所述，渗透型环氧树脂类防水涂料对基层有很好的亲和性，能填充基层表面的细微孔洞及裂缝，并增加砌块强度，因此推荐使用。

附录D　材 料 性 能

D.0.1 部分灌浆材料的技术指标来源如下：

4 超细水泥灌浆材料的比表面积参考了当前市场上此类材料技术指标；

5 水泥-水玻璃灌浆材料的技术指标参考了现行行业标准《建筑工程水泥-水玻璃双液注浆技术规程》JGJ/T 211－2010。

D.0.2 部分密封材料的技术指标来源如下：

3 内置式密封止水带及配套胶粘剂是在参考国内外相关产品的技术资料及工程实践提出的，止水带材质主要有聚氯乙烯（PVC）、氯磺化聚乙烯（Hypalon®）、热塑性聚烯烃防水卷材（TPO）及改性三元乙丙防水卷材（TPV）等，其特点是具有良好的力学性能且能热焊接搭接。

中华人民共和国行业标准

择压法检测砌筑砂浆抗压强度技术规程

Technical specification for compressive strength of masonry mortar bed testing by selective pressing method

JGJ/T 234—2011

批准部门：中华人民共和国住房和城乡建设部
施行日期：2 0 1 1 年 1 2 月 1 日

中华人民共和国住房和城乡建设部
公　　告

第 900 号

关于发布行业标准《择压法检测砌筑砂浆抗压强度技术规程》的公告

现批准《择压法检测砌筑砂浆抗压强度技术规程》为行业标准，编号为 JGJ/T 234－2011，自 2011 年 12 月 1 日起实施。

本规程由我部标准定额研究所组织中国建筑工业出版社出版发行。

中华人民共和国住房和城乡建设部

2011 年 1 月 28 日

前　　言

根据住房和城乡建设部《关于印发〈2009 年工程建设标准规范制订、修订计划〉的通知》（建标［2009］88 号）的要求，规程编制组经广泛调查研究，认真总结实践经验，参考有关国际和国内先进标准，并在广泛征求意见的基础上，制定了本规程。

本规程的主要技术内容是：1 总则；2 术语和符号；3 择压仪；4 抽样与检测；5 强度计算与推定；6 检测报告。

本规程由住房和城乡建设部负责管理，由江苏省金陵建工集团有限公司负责具体技术内容的解释。执行过程中如有意见和建议，请寄送江苏省金陵建工集团有限公司（地址：南京市建邺区楠溪江东街 68 号旭建大厦 2 层，邮政编码：210019）。

本规程主编单位：江苏省金陵建工集团有限公司
江苏南通三建集团有限公司

本规程参编单位：江苏省建筑科学研究院有限公司
江苏科永和工程建设质量检测鉴定中心有限公司
国家建筑工程质量监督检验中心
四川省建筑科学研究院
山东省建筑科学研究院
陕西省建筑科学研究院
重庆市建筑科学研究院
南京工程学院
江苏三泰建设工程有限公司
扬州开发区建设局
江苏双龙集团有限公司
扬州大学

本规程主要起草人员：顾瑞南　韩　放　钱艺柏　盛胜刚　邸小坛　侯汝欣　崔士起　文恒武　林文修　徐　骋　宗　兰　陈树芝　李文龙　杨苏杭　张　伟　韩文星　王　枫　李正美　曹光中　杜　勇　钱承刚　郑　林　王金山　潘振华　叶鸿林　朱春银　杨鼎宜

本规程主要审查人员：高小旺　王永维　张书禹　叶　健　晏大玮　方　平　曹双寅　李延和　张赤宇

目　次

1　总则 …………………………………… 29—5
2　术语和符号 ……………………………… 29—5
　2.1　术语 ……………………………………… 29—5
　2.2　符号 ……………………………………… 29—5
3　择压仪 …………………………………… 29—5
　3.1　技术要求 ………………………………… 29—5
　3.2　校准与保养 ……………………………… 29—5
4　抽样与检测 ……………………………… 29—6
　4.1　一般规定 ………………………………… 29—6
　4.2　抽样与试件制作 ………………………… 29—6
　4.3　检测 ……………………………………… 29—6
5　强度计算与推定 ………………………… 29—6
　5.1　强度计算 ………………………………… 29—6
　5.2　强度推定 ………………………………… 29—7
6　检测报告 ………………………………… 29—7
附录A　择压法检测砌筑砂浆抗压强度试验记录表 ……………………… 29—7
附录B　地区测强曲线和专用测强曲线的制定方法 ……………………… 29—8
附录C　择压法检测砌筑砂浆抗压强度报告 ……………………………… 29—8
本规程用词说明 …………………………… 29—8
引用标准名录 ……………………………… 29—9
附：条文说明 ……………………………… 29—10

Contents

1 General Provisions ······ 29—5

2 Terms and Symbols ······ 29—5

2.1 Terms ······ 29—5

2.2 Symbols ······ 29—5

3 Selective Pressing Instrument ······ 29—5

3.1 Technical Requirements ······ 29—5

3.2 Alignment and Maintenance ······ 29—5

4 Sampling and Testing ······ 29—6

4.1 General Requirements ······ 29—6

4.2 Sampling and Specimen Preperation ······ 29—6

4.3 Test ······ 29—6

5 Strength Calculation and Estimation ······ 29—6

5.1 Strength Calculation ······ 29—6

5.2 Strength Estimation ······ 29—7

6 Test Report ······ 29—7

Appendix A Record Table of Compressive Strength of Masonry Mortar Bed Testing by Selective Pressing Method ······ 29—7

Appendix B Method of Formulating Local and Special Testing Strengh Curve ······ 29—8

Appendix C Report on Compressive Strength of Masonry Mortar Bed Testing by Selective Pressing Method ······ 29—8

Explanation of Wording in This Specification ······ 29—8

List of Quoted Standards ······ 29—9

Addition: Explanation of Provisions ······ 29—10

1 总　　则

1.0.1 为规范择压法检测砌体结构砌筑砂浆抗压强度的技术方法，保证检测精度，制定本规程。

1.0.2 本规程适用于烧结普通砖、烧结多孔砖、烧结空心砖砌体结构中水泥砂浆、混合砂浆抗压强度的现场检测和推定。

1.0.3 从事择压法检测砌筑砂浆抗压强度的人员，应通过专门的技术培训。现场开展检测工作时，应遵守国家有关安全、劳动保护和环境保护的规定。

1.0.4 择压法检测砌筑砂浆抗压强度，除应符合本规程外，尚应符合国家现行有关标准的规定。

2 术语和符号

2.1 术　　语

2.1.1 择压法　selective pressing method

选择砌体结构中有代表性的水平灰缝，取出砂浆片试样制作成试件，使用择压仪对其进行抗压试验，测得择压荷载值继而推定砌筑砂浆抗压强度的检测方法。

2.1.2 择压荷载值　load value for selective pressing

择压法检测砌筑砂浆抗压强度过程中，当试件破坏时，择压仪显示的读数值。

2.1.3 择压强度　strength of selective pressing

试件厚度换算后，受压面上单位面积的择压荷载值。

2.1.4 砌筑砂浆抗压强度推定值　estimation value of compressive strength for masonry mortar bed

砌体结构水平灰缝内的砌筑砂浆（水泥砂浆或混合砂浆）抗压强度推定值，为检测龄期的砌筑砂浆抗压强度。

2.2 符　　号

A——试件受压面积，取 78.54mm²。

f_2——砌筑砂浆推定强度等级所对应的立方体试块抗压强度平均值。

$f_{2,i,j}$——i 测区第 j 个砂浆试件的择压强度。

$f_{2,i}$——i 测区砂浆试件择压强度平均值。

$f_{2,i,cu}$——i 测区砂浆抗压强度换算值。

$f_{2,m}$——同一检测单元或单片墙内各测区砌筑砂浆抗压强度平均值。

$f_{2,min}$——同一检测单元中，测区砌筑砂浆抗压强度的最小值。

$N_{i,j}$——i 测区第 j 个砂浆试件的择压荷载值。

s——同一检测单元的强度标准差。

δ——同一检测单元的强度变异系数。

$\xi_{i,j}$——i 测区第 j 个砂浆试件厚度换算系数。

3 择　压　仪

3.1 技术要求

3.1.1 择压仪应包括反力架、测力系统、圆平压头、对中自调平系统、数显测读系统、加载手柄和积灰盖等部分（图 3.1.1）。

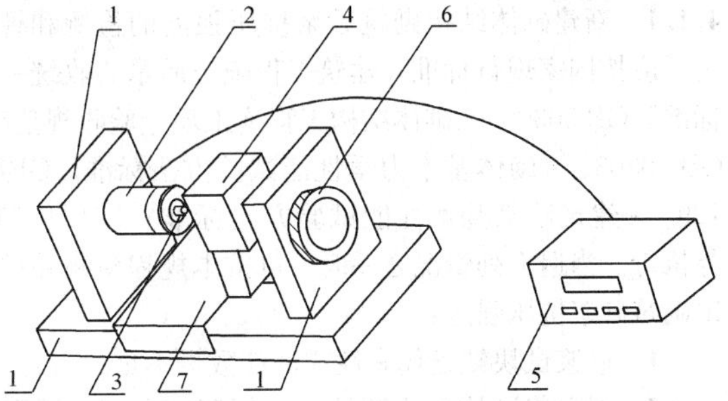

图 3.1.1　择压仪示意图

1—反力架；2—测力系统；3—圆平压头；4—对中自调平系统；5—数显测读系统；6—加载手柄；7—积灰盖

3.1.2 择压仪应具有产品出厂合格证，并应通过计量校准。

3.1.3 择压仪应满足下列技术要求：

1　整体结构应有足够强度和刚度；

2　择压仪用圆平压头的直径应为（10±0.05）mm，额定行程不应小于 18mm；

3　择压仪应设有对中自调平系统；

4　择压仪的极限压力应为 5000N；

5　数显测读系统示值的最小分度值不应大于 1N，且数显测读系统应具有峰值保持功能、断电保持功能和数据存储功能；

6　测力系统的力值误差不应大于 1N。

3.1.4 择压仪的使用环境温度宜为 5℃～35℃。数显测读系统应在室内自然环境下使用和放置，严禁与水接触。

3.2 校准与保养

3.2.1 择压仪的计量校准有效期应为 1 年，计量校准的结果应符合本规程第 3.1.3 条的规定。

3.2.2 当具有下列情况之一时，择压仪应进行校准：

1　新择压仪启用前；

2　超过校准有效期；

3　遭受严重撞击、跌落、振动等损伤；

4　维修后；

5　对检测结果有怀疑或争议时。

3.2.3 择压仪应定期保养，并应符合下列规定：

1　使用过程中，宜避免灰尘沾污仪器，若沾污灰尘应予清除；

2 机械转动摩擦部位应保持润滑；

3 使用后应清理干净；

4 不用时应予遮盖防护，并应使圆平压头处于不受荷载状态。

4 抽样与检测

4.1 一般规定

4.1.1 新建砌体结构砌筑砂浆抗压强度的检测和评定，应按国家现行标准《建筑工程施工质量验收统一标准》GB 50300、《砌体结构工程施工质量验收规范》GB 50203、《砌体基本力学性能试验方法标准》GBJ 129、《建筑砂浆基本性能试验方法标准》JGJ/T 70等执行。当遇下列情况之一时，可按本规程检测并推定砌筑砂浆抗压强度：

1 砂浆试块缺乏代表性或试件数量不足；

2 对砂浆试块的检测结果有怀疑或争议，需要确定砌筑砂浆抗压强度。

4.1.2 既有建筑的砌体结构进行下列鉴定时，可按本规程检测并推定砌筑砂浆抗压强度：

1 砌体结构安全鉴定；

2 砌体结构抗震鉴定；

3 砌体结构改变用途、改建、加层、扩建或大修前的专门鉴定。

4.2 抽样与试件制作

4.2.1 抽样方法应符合下列规定：

1 当检测对象为整栋建筑物或建筑物的一部分时，可将其划分为一个或若干个独立的检测单元。对连续墙体划分检测单元时，每片墙的高度不宜大于3.5m，水平长度不宜大于6.0m。

2 当一个检测单元内的墙体多于6片时，随机抽样的墙片数量不应少于6片；当一个检测单元内不多于6片时，每片墙均应检测。每片墙内至少应布置1个测区，当每片墙布置2个或2个以上测区时，宜沿墙高均匀分布。当检测单元仅为单片墙时，测区不应少于2个。

3 每个测区的面积宜为0.5m×0.5m。

4 应随机在每个测区的水平灰缝内取出6个面积不小于30mm×30mm、厚度为8mm～16mm的砂浆片试样，其中1个应为备份试样，其余5个应为试验试样。试样的两面应相对平行。取得的试样应使用同一容器收置并编号入册。

4.2.2 砂浆试样应在深入墙体表面20mm以内抽取，不应在独立砖柱或长度小于1m的墙体上抽取，也不应在承重梁正下方的墙体上抽取。

4.2.3 试件制作应符合下列规定：

1 制作的试件最小中心线性长度不应小于30mm；

2 试件受压面应平整和无缺陷，对于不平整的受压面，可用砂纸打磨；

3 试件表面的砂粒和浮尘应清除。

4.3 检 测

4.3.1 砂浆试样应在自然干燥的状态下进行检测；当砂浆试样处于潮湿状态时，应自然晾干或烘干。

4.3.2 砂浆试件的厚度应使用游标卡尺进行量测，测厚点应在择压作用面内，读数应精确至0.1mm，并应取3个不同部位厚度的平均值作为试件厚度。

4.3.3 在择压仪的两个圆平压头表面，应各贴一片厚度小于1mm、面积略大于圆平压头的薄橡胶垫。启动择压仪，应设置数显测读系统为峰值保持状态，并应确认计量单位为牛顿（N）。

4.3.4 砂浆试件应垂直对中放置在择压仪的两个压头之间，压头作用面边缘至砂浆试件边缘的距离不宜小于10mm。

4.3.5 对砂浆试件进行加荷试验时，加荷速率宜控制在每秒为预估破坏荷载的1/15～1/10，并应持续至试件破坏为止。择压荷载值应为砂浆试件破坏时择压仪数显测读系统显示的峰值，并应精确至1N。检测记录宜按本规程附录A的格式填写。

5 强度计算与推定

5.1 强 度 计 算

5.1.1 单个砂浆试件的择压强度应按下式计算：

$$f_{2,i,j} = \xi_{i,j} \cdot \frac{N_{i,j}}{A} \tag{5.1.1}$$

式中：$N_{i,j}$——第i测区第j个砂浆试件破坏时试件择压荷载值，精确至1N；

A——试件受压面积，取78.54mm^2；

$\xi_{i,j}$——第i测区第j个砂浆试件厚度换算系数，按表5.1.1取值；

$f_{2,i,j}$——第i测区第j个砂浆试件的择压强度，精确至0.1MPa。

表 5.1.1 砂浆试件厚度换算系数

试件厚度（mm）	8	9	10	11	12	13	14	15	16
厚度换算系数 $\xi_{i,j}$	1.25	1.11	1.00	0.91	0.83	0.77	0.71	0.67	0.62

注：表中未列出的值，可用内插法求得。

5.1.2 每个测区的择压强度平均值应按下式计算：

$$f_{2,i} = \frac{\sum_{j=1}^{5} f_{2,i,j}}{5} \tag{5.1.2}$$

式中：$f_{2,i}$——第i测区砂浆试件择压强度平均值，精确至0.1MPa。

5.1.3 每个测区的砂浆抗压强度换算值应通过测强曲线换算取得，并应优先采用专用测强曲线。当无专用测强曲线时，可采用地区测强曲线。当无地区测强曲线或专用测强曲线时，可按下列公式计算：

1 水泥砂浆，可按下式计算：

$$f_{2,i,\mathrm{cu}} = 0.635 f_{2,i}^{1.112} \quad (5.1.3\text{-}1)$$

2 混合砂浆，可按下式计算：

$$f_{2,i,\mathrm{cu}} = 0.511 f_{2,i}^{1.267} \quad (5.1.3\text{-}2)$$

式中：$f_{2,i,\mathrm{cu}}$——第 i 测区砂浆抗压强度换算值，精确至0.1MPa。

5.1.4 有条件的单位或地区，可制定专用测强曲线或地区测强曲线。专用测强曲线或地区测强曲线的制定应符合本规程附录B的规定。

5.2 强度推定

5.2.1 每一检测单元的砌筑砂浆抗压强度平均值、标准差和变异系数，应分别按下列公式计算：

$$f_{2,\mathrm{m}} = \frac{1}{n_2}\sum_{i=1}^{n_2} f_{2,i,\mathrm{cu}} \quad (5.2.1\text{-}1)$$

$$s = \sqrt{\frac{\sum_{i=1}^{n_2}(f_{2,\mathrm{m}} - f_{2,i,\mathrm{cu}})^2}{n_2 - 1}} \quad (5.2.1\text{-}2)$$

$$\delta = \frac{s}{f_{2,\mathrm{m}}} \quad (5.2.1\text{-}3)$$

式中：$f_{2,\mathrm{m}}$——同一检测单元内各测区砌筑砂浆抗压强度平均值（MPa）；

n_2——同一检测单元的测区数；

s——同一检测单元的强度标准差，精确至0.01MPa；

δ——同一检测单元的强度变异系数，精确至0.01。

5.2.2 每一检测单元的砌筑砂浆抗压强度，应按下列规定进行推定：

1 当墙片数大于或等于6片时，砌筑砂浆抗压强度推定值应符合下列公式的规定：

$$f_2 \leqslant f_{2,\mathrm{m}} \quad (5.2.2\text{-}1)$$

$$f_2 \leqslant \frac{4}{3} f_{2,\min} \quad (5.2.2\text{-}2)$$

2 当墙片数小于6片时，砌筑砂浆抗压强度推定值应符合下式的规定：

$$f_2 \leqslant f_{2,\min} \quad (5.2.2\text{-}3)$$

式中：f_2——砌筑砂浆抗压强度推定值（MPa），精确至0.1MPa；

$f_{2,\min}$——同一检测单元中，测区砌筑砂浆抗压强度的最小值（MPa）。

3 当检测结果的变异系数（δ）大于0.35时，应检查产生离散性的原因，且当离散性是因检测单元划分不当造成时，应重新划分检测单元进行检测，并可增加测区数进行补测，然后重新推定；当离散性是因其他原因造成时，可根据实际情况采取相应措施。

6 检测报告

6.0.1 检测报告应结论准确、用词规范、文字简练，并可按本规程附录C的格式填写。对于容易混淆的术语和概念，宜给出书面解释，也可附图说明。

6.0.2 检测报告应包括下列内容：

1 委托单位名称；

2 建筑工程概况，包括工程名称、结构类型、规模、施工日期、现状及结构平面图等；

3 施工单位名称；

4 检测原因；

5 检测项目、检测方法及依据的标准；

6 抽样方案及数量；

7 检测日期、报告完成日期；

8 检测数据和汇总结果、检测结论；

9 检测、审核和批准人员的签名。

附录A 择压法检测砌筑砂浆抗压强度试验记录表

表A 择压法检测砌筑砂浆抗压强度记录表

工程名称：______ 择压仪编号：______

施工单位：______ 择压仪检验证号：______

施工日期：______ 单元编号：______

委托单位：______ 砂浆类别：______

检测原因：______ 检测日期：______

测区	试件编号	厚度（mm）				厚度换算系数（内插法）	择压值（N）	试件择压强度（MPa）	测区择压强度（MPa）	抗压强度换算值（MPa）	备注
		1	2	3	均值						

检测：______ 记录：______

校对：______ 审核：______

第 页 共 页

附录 B 地区测强曲线和专用测强曲线的制定方法

B.0.1 制定地区测强曲线的试件（砂浆试块和试验用墙体）应与本地区常测结构或构件在原材料、砌筑工艺与养护方法等方面条件相同。制定专用测强曲线的试件应与拟检测结构或构件在原材料、砌筑工艺和养护方法等方面条件相同。采用的择压仪应符合本规程第 3 章的规定。

B.0.2 试件的制作和养护应符合下列规定：

1 制定地区测强曲线时，应按地区常用配合比设计 5 个砂浆强度等级，并按砖底模、钢底模分别为每一强度等级、每一龄期、每一有代表性的区域制作不少于 6 组砂浆试块，且每组均应为 3 个 70.7mm×70.7mm×70.7mm 的立方体试块。每一强度等级对应砌筑的试验墙片，规格不应小于 1.5m×1.5m，数量不应少于 2 片。

2 制定专用测强曲线时，应与拟检测砌体结构要求的相同材料和配合比选用 5 个砂浆强度等级。试件数量应与地区测强曲线的要求一致。

3 砂浆试块和墙体试件应同条件养护。

B.0.3 试验应符合下列规定：

1 同强度、同龄期的砂浆试块试验和择压法试验应同时进行；

2 砂浆试块的试验应按现行行业标准《建筑砂浆基本性能试验方法标准》JGJ/T 70 执行；

3 择压法试件应在相应试验墙体中分区域抽取，且有效试件数量不应少于 25 个，择压法试验应符合本规程第 4 章的规定。

B.0.4 地区测强曲线和专用测强曲线的计算均应符合下列规定：

1 地区测强曲线和专用测强曲线的回归方程式，应按每一砂浆试件求得的 $f_{2,i}$ 和 $f_{2,\mathrm{cu}}$ 数据，采用最小二乘法原理计算；

2 回归方程宜符合下式规定：

$$f_{2,\mathrm{cu}} = A f_{2,i}^{\mathrm{B}} \quad \text{(B.0.4-1)}$$

3 回归方程式的强度平均相对误差（δ）和强度相对标准差（e_{r}）应用下列公式计算：

$$\delta = \pm \frac{1}{n} \sum_{i=1}^{n} \left| \frac{f_{2,i}}{f_{2,\mathrm{cu}}} - 1 \right| \times 100 \quad \text{(B.0.4-2)}$$

$$e_{\mathrm{r}} = \sqrt{\frac{1}{n-1} \sum_{i=1}^{n} \left(\frac{f_{2,i}}{f_{2,\mathrm{cu}}} - 1 \right)^2} \times 100 \quad \text{(B.0.4-3)}$$

式中：δ——回归方程式的强度平均相对误差（%），精确至 0.1；

e_{r}——回归方程式的强度相对标准差（%），精确至 0.1；

$f_{2,i}$——i 测区砂浆试件抗压强度平均值（MPa），精确至 0.01MPa；

$f_{2,\mathrm{cu}}$——由同一试件的平均择压值 $f_{2,i}$ 按回归方程式算出的砂浆立方体抗压强度换算值（MPa），精确至 0.1MPa；

n——制定回归方程式的试件数。

B.0.5 地区测强曲线和专用测强曲线应符合下列规定：

1 对于地区测强曲线，平均相对误差不应大于 15.0%，相对标准差不应大于 20.0%；

2 对于专用测强曲线，平均相对误差不应大于 13.0%，相对标准差不应大于 18.0%。

B.0.6 当 δ 和 e_{r} 符合本规程第 B.0.5 条的规定后，应将测强曲线报请上级主管部门审批。

附录 C 择压法检测砌筑砂浆抗压强度报告

表 C 择压法检测砌筑砂浆抗压强度报告

编号（规考）第＿＿＿号　　第＿＿＿页共＿＿＿页

施工单位：＿＿＿＿　　委托单位：＿＿＿＿

工程名称：＿＿＿＿　　结构或构件名称：＿＿＿

施工日期：＿＿＿＿　　检测原因：＿＿＿＿

检测环境：＿＿＿＿　　检测依据：＿＿＿＿

择压仪厂：＿＿＿＿　　择压仪编号：＿＿＿＿

检测日期：＿＿＿＿　　择压仪检验证号：＿＿＿

检 测 结 果

构件		砌筑砂浆抗压强度换算值（MPa）			现龄期砌筑砂浆强度推定值（MPa）	备　注
名称	编号	平均值	标准差	最小值		

批准：＿＿＿＿　　审核：＿＿＿＿

主检：＿＿＿＿　　上岗证号：＿＿＿＿

主检：＿＿＿＿　　上岗证号：＿＿＿＿

出具报告日期：＿＿年＿＿月＿＿日　单位盖章：＿＿＿＿

本规程用词说明

1 为了便于在执行本规程条文时区别对待，对要求严格程度不同的用词说明如下：

1） 表示很严格，非这样做不可的：

正面词采用“必须”；反面词采用“严禁”。

2） 表示严格，在正常情况下均应这样做的：

正面词采用“应”；反面词采用“不应”或“不得”。

3）表示允许稍有选择，在条件许可时首先这样做的：

正面词采用“宜”；反面词采用“不宜”。

4）表示有选择，在一定条件下可以这样做的，采用“可”。

2 条文中指明应按其他有关标准执行的写法为：“应符合……的规定”或“应按……执行”。

引用标准名录

1 《砌体基本力学性能试验方法标准》GBJ 129

2 《砌体结构工程施工质量验收规范》GB 50203

3 《建筑工程施工质量验收统一标准》GB 50300

4 《建筑砂浆基本性能试验方法标准》JGJ/T 70

中华人民共和国行业标准

择压法检测砌筑砂浆抗压强度技术规程

JGJ/T 234—2011

条文说明

制 定 说 明

《择压法检测砌筑砂浆抗压强度技术规程》JGJ/T 234－2011，经住房和城乡建设部2011年1月28日以第900号公告批准、发布。

本规程制定过程中，编制组进行了全国范围内的相关工程情况和国内外科技查新等的调查研究，总结了我国近10年的砌体结构砌筑砂浆抗压强度检测鉴定的实践经验，同时参考了国外先进技术法规、技术标准，通过试验取得了择压法一些相关的重要技术参数。

为便于广大设计、施工、科研、学校等单位有关人员在使用本规程时能正确理解和执行条文规定，《择压法检测砌筑砂浆抗压强度技术规程》编制组按章、节、条顺序编制了本规程的条文说明，对条文规定的目的、依据以及执行中需注意的有关事项进行了说明。但是，本条文说明不具备与规程正文同等的法律效力，仅供使用者作为理解和把握规程的参考。

目　次

1　总则 ………………………………………… 29—13
3　择压仪 ……………………………………… 29—13
3.1　技术要求…………………………………… 29—13
3.2　校准与保养………………………………… 29—13
4　抽样与检测………………………………… 29—13
4.1　一般规定…………………………………… 29—13
4.2　抽样与试件制作…………………………… 29—13
4.3　检测………………………………………… 29—13
5　强度计算与推定 ………………………… 29—13
5.1　强度计算…………………………………… 29—13
5.2　强度推定…………………………………… 29—14
6　检测报告 ………………………………… 29—14

1 总　　则

1.0.1 建筑结构工程中，砌体结构面广量大，而砌体结构砌筑砂浆抗压强度是砌体结构质量和安全的重要性能指标之一，其现场检测评定的方法和技术有多种。择压法检测砌筑砂浆抗压强度方法和技术是由江苏省建筑科学研究院在1996～1998年负责完成的一项新的科研成果——“砌体结构砌筑砂浆抗压强度直接检测鉴定技术的研究”，并于1999～2001年完成了江苏省地方标准的编制任务。“择压法”——择为选择，压为局部直接抗压，即选择局部直接抗压的方法。现编制的《择压法检测砌筑砂浆抗压强度技术规程》，系实现对砌体结构水平灰缝中取出的砂浆片通过直径为10mm圆平压头进行实质近似于直径为10mm、高度为灰缝厚度的正圆柱体形砂浆进行局部直接抗压试验，测得其择压荷载值。由预先通过对比试验所建立的砂浆片试样抗压强度与同条件养护的砂浆试块立方体抗压强度的关系，推定砌体结构砌筑砂浆抗压强度。所测结果更直接、更准确、更合理、更科学。为此编制规程，以利推广应用。

1.0.2 本条规定了使用本规程检测及推定砌筑砂浆抗压强度的适用范围。

1.0.3 为了更好地推广择压法检测砌筑砂浆抗压强度技术，保证检测质量，要求使用本规程进行工程检测和结果分析的人员均应通过专门的技术培训。

3 择　压　仪

3.1 技 术 要 求

3.1.1～3.1.4 规定了择压仪的仪器构成、技术要求和使用环境。由于择压仪是计量仪器，因此要在择压仪的明显位置上标明名称、型号、制造厂商、生产编号及生产日期。

3.2 校准与保养

3.2.1、3.2.2 规定了择压仪需要校准的情况。

3.2.3 本条规定了择压仪常规的保养要求及方法。

4 抽样与检测

4.1 一 般 规 定

4.1.1、4.1.2 规定了择压法检测砌筑砂浆抗压强度实际工程应用范围。

4.2 抽样与试件制作

4.2.1 本条规定了择压法检测砌筑砂浆抗压强度的砂浆试件抽样方法。试件抽样遵守“随机”的原则，并宜由建设单位、监理单位、施工单位会同检测单位共同商定抽样的范围、数量和方法。对有争议的墙体或推定强度明显偏低的墙体，采取细分检测单元或增加单元测区数量等措施。

4.2.2 本条规定了试样抽取的位置，主要考虑：1）内外砂浆性状不一致；2）抽取试样时砌体结构自身的安全性。

4.2.3 本条规定了试件制作的相关规定，试件边缘不要求非常规则。从水平灰缝中取出的原状砂浆片称作试样，试样经选择加工处理后用于择压试验的砂浆片称为试件。

4.3 检　　测

4.3.3 在圆平压头表面各垫上一片薄橡胶垫，既可确保加载均匀，有缓冲作用，又避免圆平压头磨损。

4.3.5 圆平压头加荷速率大小对试件极限破坏荷载有影响，所以规定了加荷时的速率范围。

5 强度计算与推定

5.1 强 度 计 算

5.1.1 本条规定了单个砂浆试件的择压强度计算过程。由于现场检测条件的限制，砂浆试件有时不能符合10mm的厚度要求，故本条规定可按表5.1.1厚度换算系数进行换算。

5.1.3 本条规定了测区对应砂浆立方体试件的抗压强度换算值的计算方法，可用下列测强曲线计算：

1 统一测强曲线：由全国有代表性的材料、成型工艺所砌筑和成型的砌体和砂浆试件，通过试验所建立的测强曲线；

2 地区测强曲线：由该地区常用的材料、成型工艺所砌筑和成型的砌体和砂浆试件，通过试验所建立的测强曲线；

3 专用测量曲线：由与拟检测结构或构件采用相同的材料、成型、砌筑、养护工艺而制成的试件和墙体，通过试验所建立的测强曲线。

规程编制组在江苏、陕西、青海、黑龙江、山东、四川、广东、内蒙古、北京、上海等地区大量试验和验证数据的基础上，经数据处理得出《择压法检测砌筑砂浆抗压强度技术规程》统一测强曲线。

统一测强曲线：

水泥砂浆

$$f_{2,i,\mathrm{cu}} = 0.635 f_{2,i}^{1.112}$$

混合砂浆

$$f_{2,i,\mathrm{cu}} = 0.511 f_{2,i}^{1.267}$$

相关系数 $r=0.84$，平均相对误差 $\delta=17\%$，相对标准差 $e_{\mathrm{r}}=20\%$。

5.1.4 建立地区和专用测强曲线可以提高该地区的检测精度。地区和专用测强曲线须经地方建设行政主管部门组织的审查和批准，方能实施。各地可以根据专用测强曲线、地区测强曲线、统一测强曲线的次序选用。

5.2 强度推定

5.2.1 规定了判定每一检测单元择压法检测砌筑砂浆抗压强度检测结果的离散性计算方法。

5.2.2 本条规定了检测单元的砌筑砂浆的抗压强度推定方法和离散性较大时的处理办法。

6 检测报告

6.0.1 检测报告是工程测试的最后结果，是掌握和控制砌体结构中砌筑砂浆抗压强度的依据，为避免检测报告格式混乱，因此提出检测报告的具体内容要求。

中华人民共和国行业标准

混凝土结构耐久性修复与防护技术规程

Technical specification for rehabilitation and protection of concrete structures durability

JGJ/T 259—2012

批准部门：中华人民共和国住房和城乡建设部
施行日期：2 0 1 2 年 8 月 1 日

中华人民共和国住房和城乡建设部
公　　告

第1322号

关于发布行业标准《混凝土结构耐久性修复与防护技术规程》的公告

现批准《混凝土结构耐久性修复与防护技术规程》为行业标准，编号为JGJ/T 259－2012，自2012年8月1日起实施。

本规程由我部标准定额研究所组织中国建筑工业出版社出版发行。

中华人民共和国住房和城乡建设部
2012年3月1日

前　　言

根据原建设部《关于印发〈二〇〇一～二〇〇二年度工程建设城建、建工行业标准制订、修订计划〉的通知》（建标［2002］84号）的要求，编制组经广泛调查研究，认真总结实践经验，参考有关国际标准和国外先进标准，并在广泛征求意见的基础上，编制本规程。

本规程的主要内容是：1　总则，2　术语，3　基本规定，4　钢筋锈蚀修复，5　延缓碱骨料反应措施及其防护，6　冻融损伤修复，7　裂缝修补，8　混凝土表面修复与防护。

本规程由住房和城乡建设部负责管理，由中冶建筑研究总院有限公司负责具体技术内容的解释。执行过程中如有意见或建议，请寄送至中冶建筑研究总院有限公司《混凝土结构耐久性修复与防护技术规程》管理组（地址：北京市海淀区西土城路33号，邮编　100088）。

本规程主编单位：中冶建筑研究总院有限公司

本规程参编单位：国家工业建筑诊断与改造工程技术研究中心
上海房地产科学研究院
南京水利科学研究院
中国建筑材料科学研究总院
中国京冶工程技术有限公司
武汉理工大学
清华大学
北京交通大学
铁道部运输局
广东省建筑科学研究院
阿克苏诺贝尔特种化学（上海）有限公司
富斯乐有限公司
广州市胜特建筑科技开发有限公司

本规程主要起草人员：惠云玲　郝挺宇　郭小华　陈　洋　岳清瑞　洪定海　王　玲　陈友治　朋改非　林志伸　郭永重　邱元品　朱雅仙　常好诵　陈秋霞　陈夏新　陈琪星　覃维祖　陆瑞明　赵为民　常正非　张　量　吴如军　韩金田　范卫国　徐龙贵　周云龙

本规程主要审查人员：李国胜　赵铁军　王庆霖　巴恒静　张家启　包琦玮　牟宏远　何　真　谢永江　冷发光　李克非

目 次

1 总则 …… 30—5
2 术语 …… 30—5
3 基本规定 …… 30—5
4 钢筋锈蚀修复 …… 30—6
4.1 一般规定 …… 30—6
4.2 材料 …… 30—6
4.3 钢筋阻锈修复施工 …… 30—6
4.4 电化学保护施工 …… 30—7
4.5 检验与验收 …… 30—7
5 延缓碱骨料反应措施及其防护 …… 30—7
5.1 一般规定 …… 30—7
5.2 材料 …… 30—7
5.3 延缓碱骨料反应施工 …… 30—7
5.4 检验与验收 …… 30—7
6 冻融损伤修复 …… 30—8
6.1 一般规定 …… 30—8
6.2 材料 …… 30—8
6.3 冻融损伤修复施工 …… 30—8
6.4 检验与验收 …… 30—8
7 裂缝修补 …… 30—8
7.1 一般规定 …… 30—8
7.2 材料 …… 30—9
7.3 裂缝修补施工 …… 30—9
7.4 检验与验收 …… 30—9
8 混凝土表面修复与防护 …… 30—9
8.1 一般规定 …… 30—9
8.2 材料 …… 30—9
8.3 表面修复与防护施工 …… 30—10
8.4 检验与验收 …… 30—10
附录A 电化学保护 …… 30—10
A.1 材料 …… 30—10
A.2 电化学保护施工 …… 30—11
A.3 检验与验收 …… 30—11
本规程用词说明 …… 30—12
引用标准名录 …… 30—12
附：条文说明 …… 30—13

Contents

1 General Provisions ······ 30—5
2 Terms ······ 30—5
3 Basic Requirements ······ 30—5
4 Repair of Corrosion of Reinforcement ······ 30—6
4.1 General Requirements ······ 30—6
4.2 Materials ······ 30—6
4.3 Construction for Corrosion Inhibition ······ 30—6
4.4 Construction for Electrochemical Protection ······ 30—7
4.5 Inspection and Acceptance ······ 30—7
5 Delay of Alkali-aggregate Reaction Damage ······ 30—7
5.1 General Requirements ······ 30—7
5.2 Materials ······ 30—7
5.3 Construction ······ 30—7
5.4 Inspection and Acceptance ······ 30—7
6 Repair of Freeze-thaw Damage ······ 30—8
6.1 General Requirements ······ 30—8
6.2 Materials ······ 30—8
6.3 Construction ······ 30—8
6.4 Inspection and Acceptance ······ 30—8
7 Repairing Cracks ······ 30—8
7.1 General Requirements ······ 30—8
7.2 Materials ······ 30—9
7.3 Construction ······ 30—9
7.4 Inspection and Acceptance ······ 30—9
8 Repair and Protection of Concrete Surface ······ 30—9
8.1 General Requirements ······ 30—9
8.2 Materials ······ 30—9
8.3 Construction ······ 30—10
8.4 Inspection and Acceptance ······ 30—10
Appendix A Electrochemical Protection ······ 30—10
A.1 Materials ······ 30—10
A.2 Construction for Electrochemical Protection ······ 30—11
A.3 Inspection and Acceptance ······ 30—11
Explanation of Wording in This Specification ······ 30—12
List of Quoted Standards ······ 30—12
Addition: Explanation of Provisions ······ 30—13

1 总　　则

1.0.1 为使既有混凝土结构的耐久性修复与防护做到技术先进，经济合理，安全适用，确保质量，制定本规程。

1.0.2 本规程适用于既有混凝土结构耐久性修复与防护工程的设计、施工及验收。本规程不适用于轻骨料混凝土及特种混凝土结构。

1.0.3 混凝土结构耐久性修复与防护的设计、施工及验收，除应符合本规程的规定外，尚应符合国家现行有关标准的规定。

2 术　　语

2.0.1 耐久性修复　durability rehabilitation

采用技术手段，使耐久性损伤的结构或其构件恢复到修复设计要求的活动。

2.0.2 耐久性防护　durability protection

采用技术手段，维持混凝土结构耐久性达到期望水平的活动。

2.0.3 钢筋阻锈剂　corrosion inhibitor for steel bar

加入混凝土或砂浆中或涂刷在混凝土或砂浆表面，能够阻止或减缓钢筋腐蚀的化学物质。

2.0.4 混凝土防护面层　surface coating

涂抹或喷涂覆盖在混凝土表面并与之牢固粘结的防护层。

2.0.5 界面处理材料　interfacial bonding agent

用于混凝土修复区域界面处增强相互粘结力的材料。

2.0.6 电化学保护　electrochemical protection

对被保护钢筋施加一定的阴极电流，通过改变钢筋的电位或钢筋所处的腐蚀环境，使其不再腐蚀的保护方法。阴极保护、电化学脱盐和电化学再碱化统称为电化学保护。

2.0.7 阴极保护　cathodic protection

给钢筋持续施加一定密度的阴极电流，使钢筋不能进行释放电子的阳极反应（腐蚀）的技术措施。

2.0.8 电化学脱盐　electrochemical chloride extraction

给钢筋短期施加密度较大的阴极电流，使混凝土中带负电荷的氯离子在电场作用下迁移出混凝土保护层，同时也由于阴极反应适当提高钢筋周围的 pH 值，使钢筋再钝化的技术措施。

2.0.9 电化学再碱化　electrochemical realkalization

给钢筋短期施加密度较大的阴极电流，使钢筋周围已中性化（包括碳化）的混凝土 pH 值提高到 11 以上，使钢筋再钝化的技术措施。

3 基本规定

3.0.1 混凝土结构在下列情况下应进行耐久性修复与防护：

1　结构已出现较严重的耐久性损伤；

2　耐久性评定不满足要求的结构；

3　达到设计使用年限拟继续使用，经评估需要时。

3.0.2 混凝土结构在下列情况下宜进行耐久性修复与防护：

1　结构已经出现一定的耐久性损伤；

2　使用年限较长的结构或对结构耐久性要求较高的重要建（构）筑物；

3　结构进行维修改造、改建或用途及使用环境改变时。

3.0.3 混凝土结构耐久性修复与防护应根据损伤原因与程度、工作环境、结构的安全性和耐久性要求等因素，按下列基本工作程序进行：

1　耐久性调查、检测与评定；

2　修复与防护设计；

3　修复与防护施工；

4　检验与验收。

3.0.4 耐久性调查、检测与评定应按照下列规定进行：

1　混凝土结构耐久性状况调查及检测应包括结构及构件原有状况、现有状况和使用情况等。根据工程实际情况和要求调查和检测下列内容：

1）混凝土结构的使用环境、建筑物使用历史及维修改造情况；

2）设计资料调查，包括设计图纸、地质勘察报告、结构类型、工程结构用途、建筑物的相互关系；

3）施工情况调查，包括混凝土原材料、配合比、养护方式及钢筋有关试验记录；

4）混凝土外观状况调查与检测，包括混凝土外观损伤类型、位置、大小；混凝土裂缝情况及渗漏水情况；混凝土表面干湿状态、有无污垢；

5）混凝土质量调查与检测，包括混凝土强度、弹性模量、钢筋保护层厚度、吸水率、氯离子含量、碳化深度、钢筋锈蚀状况、碱骨料反应。

2　混凝土结构耐久性的评定应根据国家现行相关标准进行。结构环境作用等级的划分原则应符合现行国家标准《混凝土结构耐久性设计规范》GB/T 50476 的规定。

3.0.5 修复与防护设计应根据不同结构类型及其环境作用等级、耐久性损伤原因及类型、预期修复效果、目标使用年限等，制定相应的修复与防护设计方案，并应包括下列内容：

1　目的、范围；

2　设计依据；

3 修复与防护方案或图纸；

4 材料性能及要求；

5 施工工艺要求；

6 检验及验收要求。

3.0.6 修复与防护施工应制定严格的施工方案。修复施工宜按基层处理、界面处理、修复处理、表层处理四个工序进行。修复防护施工工艺及操作要求的制定应根据所选择材料的性能、施工条件及周围环境、修复防护方法进行。

3.0.7 检验与验收应符合下列规定：

1 质量检验宜包括材料检验和实体检验：

材料检验：材料应提供型式检验和出厂检验报告，关键材料应进行进场复验。

实体检验：对重要结构、重要部位、关键工序，可在施工现场进行实体检验。

2 工程验收应按现行国家标准《建筑工程施工质量验收统一标准》GB 50300 的规定执行，应按分部、分项工程验收及竣工验收两个阶段进行。

分部、分项工程验收：在隐蔽工程和检验批验收合格的基础上，应提交原材料的产品合格证与质量检验报告单（出厂检验报告及进场复检验报告等）、现场配制材料配合比报告、施工过程中重要工序的自检验和交接检记录、抽样检验报告、见证检测报告、隐蔽工程验收记录、分部工程观感验收记录、实体抽样检验验收记录等文件。

竣工验收：除应满足分部、分项工程验收的规定外，尚应提交竣工报告、施工组织设计或施工方案、竣工图、设计变更和施工洽商等文件。

3.0.8 混凝土结构耐久性调查检测与评定、修复与防护设计、施工应由具有相应工程经验的单位承担。

4 钢筋锈蚀修复

4.1 一般规定

4.1.1 修复前，结构的使用环境、钢筋锈蚀原因、范围及程度应根据调查、检测及评定结果确定。

4.1.2 根据调查与检测结果，修复设计方案宜按表4.1.2选用。

表 4.1.2 修复设计方案

序号	锈蚀原因	修复方案	
		一般锈蚀	严重锈蚀
1	中性化诱发	表面防护处理 钢筋阻锈处理	钢筋阻锈处理 电化学再碱化
2	掺入型氯化物诱发	钢筋阻锈处理 表面迁移阻锈处理	钢筋阻锈处理 电化学脱盐 阴极保护
3	渗入型氯化物诱发	表面防护处理 表面迁移阻锈处理 钢筋阻锈处理	钢筋阻锈处理 电化学脱盐 阴极保护

注：1 修复设计时，应根据结构实际情况选用表格中的一种方案或同时采用多种方案；

2 当环境作用等级为Ⅰ-B、Ⅰ-C时，应采取特殊的表面防护处理措施并具有较强的憎水能力；当环境作用等级为Ⅲ、Ⅳ时，应采取特殊的表面防护处理措施并具有较强的抗氯离子扩散能力。

4.1.3 钢筋锈蚀修复处理，应进行钢筋阻锈处理及混凝土表面处理。对严重盐污染大气环境下的重要结构，宜在钢筋开始腐蚀尚未引起混凝土顺筋胀裂的早期，采用阴极保护、电化学脱盐等技术进行修复防护处理。当采用电化学保护方法进行钢筋锈蚀修复时应经专门论证。

4.2 材料

4.2.1 钢筋阻锈处理材料可采用修补材料、掺入型钢筋阻锈剂、钢筋表面钝化剂和表面迁移型阻锈剂，并应符合下列规定：

1 在钢筋阻锈处理中应采用钢筋阻锈剂抑制混凝土中钢筋的电化学腐蚀；

2 修补材料宜掺入适量的掺入型阻锈剂，同时，不应影响修复材料的各项性能，其基本性能应符合现行行业标准《钢筋阻锈剂应用技术规程》JGJ/T 192 的规定；

3 钢筋表面钝化剂宜修复已锈蚀的钢筋混凝土结构，钢筋表面钝化剂应涂刷在钢筋表面并应与钢筋具有良好的粘结能力；

4 表面迁移型阻锈剂宜用于防护与修复工程，表面迁移型阻锈剂应涂刷在混凝土结构表面，并应渗透到钢筋周围。

4.2.2 电化学保护材料应符合本规程附录 A.1 的规定。

4.3 钢筋阻锈修复施工

4.3.1 混凝土表面迁移阻锈处理修复工艺应符合下列规定：

1 混凝土表面基层应清理干净，并应保持干燥；

2 在混凝土表面应喷涂表面迁移型阻锈剂；

3 表面防护处理应符合设计要求。

4.3.2 钢筋阻锈处理修复工艺除应按基层处理、界面处理、修复处理和表面防护处理进行外，尚应符合下列规定：

1 修复范围内已锈蚀的钢筋应完全暴露并进行

除锈处理；

2 在钢筋表面应均匀涂刷钢筋表面钝化剂；

3 在露出钢筋的断面周围应涂刷迁移型阻锈剂；

4 凿除部位应采用掺有阻锈剂的修补砂浆修复至原断面，当对承载能力有影响时，应对其进行加固处理；

5 构件保护层修复后，在表面宜涂刷迁移型阻锈剂。

4.4 电化学保护施工

4.4.1 电化学保护可采用阴极保护、电化学脱盐和电化学再碱化，并应符合下列规定：

1 阴极保护可用于普通混凝土结构中钢筋的保护；

2 电化学脱盐可用于盐污染环境中的混凝土结构；

3 电化学再碱化可用于混凝土中性化导致钢筋腐蚀的混凝土结构；

4 预应力混凝土结构不得进行电化学脱盐与再碱化处理；静电喷涂环氧涂层钢筋拼装的构件不得采用任何电化学保护；当预应力混凝土结构采用阴极保护时，应进行可行性论证。

4.4.2 当采用电化学保护时，应根据环境差异及所选用阳极类型，把所需保护的混凝土结构分为彼此独立的、区域面积为 $50m^2$～$100m^2$ 的保护区域。

4.4.3 电化学保护的可行性论证、设计、施工、检测、管理应由有工程经验的单位实施。

4.4.4 电化学保护施工应符合本规程附录 A.2 的规定。

4.5 检验与验收

4.5.1 掺入型阻锈剂、迁移型阻锈剂、修补材料等关键材料应进行进场复验，材料性能应符合现行行业标准《钢筋阻锈剂应用技术规程》JGJ/T 192、《混凝土结构修复用聚合物水泥砂浆》JG/T 336 等有关标准和设计的规定。

4.5.2 钢筋阻锈修复检验应符合下列规定：

1 修复完成后，应进行外观检查。表面应平整，修复材料与基层间粘结应牢靠，无裂缝、脱层、起鼓、脱落等现象，当对粘结强度有要求时，现场应进行拉拔试验确定粘结强度；

2 当对抗压强度与物理化学性能有要求时，可对修复材料留置试块检测其相应性能；

3 对修补质量有怀疑时，可采用钻芯取样、超声波或金属敲击法进行检验。

4.5.3 电化学保护检验与验收应符合本规程附录 A.3 的规定。

5 延缓碱骨料反应措施及其防护

5.1 一 般 规 定

5.1.1 应在对混凝土碱骨料反应检测分析的基础上确定工程结构的损伤程度，并应综合考虑工程重要性及修复费用，按下列规定确定修复方案：

1 对判断已发生碱骨料反应的结构，应在对未来活性和膨胀发展进行评估的基础上采取延缓碱骨料反应损伤的措施；

2 工程检测如果发现混凝土尚未发生碱骨料反应破坏，但存在发生碱骨料反应条件时，宜采取预防和防护措施；

3 当碱骨料反应破坏严重或者是对结构安全性有影响时，宜考虑更换或者拆除相应的构件或者结构。

5.1.2 延缓碱骨料反应可采用封堵裂缝、涂刷表面憎水防护材料等技术措施。

5.1.3 防护或延缓碱骨料反应措施实施后应进行定期的检查。

5.2 材 料

5.2.1 碱骨料反应损伤修补材料应与混凝土基体紧密结合，耐久性好，在修复后应防止外部环境中潮湿水分侵入混凝土。

5.2.2 裂缝处理可采用填充密封材料或灌浆。对于活动性裂缝，应采用极限变形较大的延性材料修补，灌浆材料应具有可灌性。

5.2.3 表面憎水防护材料应满足透气防水的要求，应保护混凝土结构免受周围环境的影响。

5.3 延缓碱骨料反应施工

5.3.1 对于存在发生碱骨料反应条件，尚未出现碱骨料反应破坏的混凝土结构，宜对结构混凝土表面进行防护处理，混凝土表面防护施工应按本规程第 8.3.2 条的规定进行。

5.3.2 对于已发生碱骨料反应，外观出现裂缝的混凝土结构，应按下列步骤进行施工：

1 基层处理：应清除裂缝表面松散物及混凝土表面反应物等物质，并应干燥表面；

2 裂缝封堵：应根据裂缝的宽度、深度、分布及特征，选择表面处理法、压力灌浆法、填充密封法进行裂缝封堵，裂缝封堵应按本规程第 7.3 节的规定进行；

3 涂刷表面防护材料：应根据选择的材料按本规程第 8.3.2 条的规定涂刷表面防护材料。

5.4 检验与验收

5.4.1 灌缝材料、表面防护材料等关键材料应进行进场复验，其性能应符合现行行业标准《混凝土裂缝修复灌浆树脂》JG/T 264 和《混凝土结构防护用渗透型涂料》JG/T 337 等相关标准和设计的规定。

5.4.2 延缓碱骨料反应施工后应进行定期检查，记录和测量裂缝的发展情况。

6 冻融损伤修复

6.1 一 般 规 定

6.1.1 应在对混凝土冻融损伤调查分析的基础上确定结构冻融损伤程度，并应综合考虑工程重要性，按下列规定确定修复方案：

1 已出现冻融损伤的结构，应按冻融损伤程度的不同分为下列两种类型进行修复：

1）结构混凝土表面未出现剥落，但出现开裂；

2）结构混凝土表面出现剥落或酥松。

2 当冻融破坏严重或对结构安全性有影响时，宜更换或拆除相应的构件或结构。

6.2 材 料

6.2.1 选择冻融损伤修复材料时，应综合考虑冻融损伤性质、影响因素、损伤区域大小、特征和剥落程度，修复材料可选用修补砂浆、灌浆材料和高性能混凝土及界面处理材料，并应符合下列规定：

1 当结构混凝土表面未出现剥落但出现开裂时，宜用灌浆材料和修补砂浆进行修复；

2 当结构混凝土表面出现了剥落或酥松时，宜采用高性能混凝土、修补砂浆、灌浆材料及界面处理材料进行修复。

6.2.2 修复材料除应符合现行国家有关标准规定外，尚应符合下列规定：

1 应选用强度等级不低于 42.5 的硅酸盐水泥或普通硅酸盐水泥；

2 应掺用引气剂，修复材料中含气量宜为 4%～6%；

3 修复材料的强度不应低于修复结构中原混凝土的设计强度；

4 修复材料的抗冻等级不应低于原混凝土抗冻等级。

6.3 冻融损伤修复施工

6.3.1 对结构混凝土表面未出现剥落但出现开裂的情况，宜先清除冻伤混凝土，再应按本规程第 7.3 节的规定注入灌浆材料，修补裂缝。然后应在原混凝土结构表面进行修补，宜用修补砂浆进行防护。

6.3.2 对结构混凝土表面出现剥落或酥松的情况，修复宜按基层处理、界面处理、修复处理和表面防护处理四步进行，除应满足本规程第 8.3.1 条外，尚应符合下列规定：

1 对基层处理，应剔除受损混凝土并露出基层未损伤混凝土；

2 对界面处理，当剥蚀深度小于 30mm 时，可采用涂刷界面处理材料进行处理；当剥蚀深度不小于 30mm 时，基层混凝土和修复材料之间除应涂刷界面处理材料外，尚宜采用锚筋增强其粘结能力；

3 对修复施工，当剥蚀深度小于 30mm 时，宜采用修补砂浆或灌浆材料进行修复；当剥蚀深度不小于 30mm 时，宜采用高性能混凝土或灌浆材料进行修复；

4 根据工程实际需要按本规程第 8.3.2 条的规定进行表面防护处理。

6.3.3 修复后，应进行保温、保湿养护，被修复部分不得遭受冻害。

6.4 检验与验收

6.4.1 修补砂浆、灌浆材料、高性能混凝土、界面处理材料、引气剂等关键材料应进行进场复验，其性能应符合国家现行标准《水泥基灌浆材料应用技术规范》GB/T 50448、《混凝土外加剂应用技术规范》GB 50119 以及《混凝土结构修复用聚合物水泥砂浆》JG/T 336、《混凝土界面处理剂》JC/T 907 的规定。

6.4.2 冻融损伤修复检验应符合下列规定：

1 当对混凝土中气泡间距有要求时，可从修复材料中取样，进行磨片加工，采用微观试验方法测定修复材料中的气泡间距系数，并应符合现行国家标准《混凝土结构耐久性设计规范》GB/T 50476 和设计的规定；

2 当对抗压强度、抗冻等级、抗渗等级有要求时，可对修复材料留置试块检测其抗压强度、抗冻等级、抗渗等级，有条件时，可检测其动弹性模量并计算抗冻耐久性指数，并应符合现行国家标准《混凝土结构耐久性设计规范》GB/T 50476 的规定。

7 裂 缝 修 补

7.1 一 般 规 定

7.1.1 裂缝修补前应对裂缝进行调查和检测，内容可包括裂缝宽度、裂缝深度、裂缝状态及特征、裂缝所处环境、裂缝是否稳定、裂缝是否渗水和裂缝产生的原因，并应根据调查和检测结果确定裂缝修补方法。修补方法可分为表面处理法、压力灌浆法、填充密封法。

7.1.2 由于钢筋锈蚀、碱骨料反应、冻融损伤引起的裂缝，其处理应分别按本规程第 4、5、6 章的规定进行修复。

7.2 材　料

7.2.1　混凝土结构裂缝修补材料可分为表面处理材料、压力灌浆材料、填充密封材料三大类。裂缝修补材料应能与混凝土基体紧密结合且耐久性好。

7.2.2　混凝土结构裂缝表面处理材料可采用环氧胶泥、成膜涂料、渗透性防水剂等材料，其使用应符合下列规定：

1　环氧胶泥宜用于稳定、干燥裂缝的表面封闭，裂缝封闭后应能抵抗灌浆的压力；

2　成膜涂料宜用于混凝土结构的大面积表面裂缝和微细活动裂缝的表面封闭；

3　渗透性防水剂遇水后能化合结晶为稳定的不透水结构，宜用于微细渗水裂缝迎水面的表面处理。

7.2.3　混凝土结构裂缝填充密封材料可采用环氧胶泥、聚合物水泥砂浆以及沥青油膏等材料。对于活动性裂缝，应采用柔性材料修补。

7.2.4　混凝土结构裂缝压力灌浆材料可采用环氧树脂、甲基丙烯酸树脂、聚氨酯类等材料。其性能应符合现行行业标准《混凝土裂缝修复灌浆树脂》JG/T 264的规定。有补强加固要求的浆液，固化后的抗压、抗拉强度应高于被修补的混凝土基材。

7.3　裂缝修补施工

7.3.1　表面处理法施工应符合下列规定：

1　应清除裂缝表面松散物；有油污处应用丙酮清洗；潮湿裂缝表面应清除积水；在进行下步工序前，裂缝表面应干燥。

2　所选择的材料应均匀涂抹在裂缝表面。

3　涂覆厚度及范围应符合设计及材料使用规定。

7.3.2　压力灌浆法施工应符合下列规定：

1　表面处理：裂缝灌浆前，应清除裂缝表面的灰尘、浮渣和松散混凝土，并应将裂缝两侧不小于50mm宽度清理干净，且应保持干燥。

2　设置灌浆嘴：灌注施工可采用专用的灌注器具进行，宜设置灌浆嘴。其灌注点间距宜为200mm～300mm或根据裂缝宽度和裂缝深度综合确定。对于大体积混凝土或大型结构上的深裂缝，可在裂缝位置钻孔；当裂缝形状或走向不规则时，宜加钻斜孔，增加灌浆通道。钻孔后，应将钻孔清理干净并保证灌浆通道畅通，钻孔灌浆的裂缝孔内宜用灌浆管，对灌注有困难的裂缝，可先在灌注点凿出“V”形槽，再设置灌浆嘴。

3　封闭裂缝：灌浆嘴设置后，宜用环氧胶泥封闭，形成一个密闭空腔。应预留浆液进出口。

4　密封检查：裂缝封闭后应进行压气试漏，检查密封效果。试漏应待封缝胶泥或砂浆达到一定强度后进行。试漏前应沿裂缝涂一层肥皂水，然后从灌浆嘴通入压缩空气，凡漏气处，均应予修补密封直至不漏为止。

5　灌浆：根据裂缝特点用灌浆泵或注胶瓶注浆。应检查灌浆机具运行情况，并应用压缩空气将裂缝吹干净，再用灌浆泵或针筒注胶瓶将浆液压入缝隙，宜从下向上逐渐灌注，并应注满。

6　修补后处理：等灌浆材料凝固后，方可将灌缝器具拆除，然后进行表面处理。

7.3.3　填充密封法施工应符合下列规定：

1　应沿裂缝将混凝土开凿成宽2cm～3cm、深2cm～3cm的“V”形槽；

2　应清除缝内松散物；

3　应用所选择的材料嵌填裂缝，直至与原结构表面持平。

7.3.4　裂缝修补处理后，可根据设计需要进行表面防护处理。

7.4　检验与验收

7.4.1　表面处理材料、填充密封材料和压力灌浆材料等关键材料应进行进场复验，其性能应满足现行国家行业标准《混凝土裂缝修复灌浆树脂》JG/T 264等相关标准和设计的要求。

7.4.2　裂缝修补检验应满足下列规定：

1　裂缝表面清理后封闭前应复验灌嘴，是否准确可靠；

2　裂缝灌浆后应检查灌浆是否密实，可钻芯取样检查灌缝效果。

8　混凝土表面修复与防护

8.1　一 般 规 定

8.1.1　混凝土表面修复前，应对缺陷和损伤情况进行调查，修复方案应根据缺陷和损伤的程度和原因制定。

8.1.2　混凝土表面防护应符合下列规定：

1　混凝土表面防护，应在完成结构缺陷与损伤的修复之后进行；

2　根据防护设计的不同要求，表面防护可采用憎水浸渍、防护涂层或表面覆盖等方法进行，并应满足渗透性、抗侵蚀性、钢筋防锈性、裂缝桥接能力及外观等性能要求。

8.2　材　　料

8.2.1　混凝土表面修复材料可采用界面处理材料和修补砂浆，修补砂浆的抗压强度、抗拉强度、抗折强度不应低于基材混凝土。

8.2.2　混凝土表面防护材料应根据实际工程需要选择，可采用无机材料、有机高分子材料以及复合材料，并应符合下列规定：

1 在环境介质侵蚀作用下，防护材料不得发生鼓胀、溶解、脆化和开裂现象；

2 防护材料应满足结构耐久性防护的要求，根据不同的环境条件和耐久性损伤类型宜分别具有抗碳化、抗渗透、抗氯离子和硫酸盐侵蚀、保护钢筋性能；

3 用于抗磨作用的防护面层，应在其使用寿命内不被磨损而脱离结构表面；

4 防护面层应与混凝土表面粘结牢固，在其使用寿命内，不应出现开裂、空鼓、剥落现象。

8.3 表面修复与防护施工

8.3.1 混凝土表面修复施工应符合下列规定：

1 混凝土结构表面修复的工序可分为基层处理、界面处理、修补砂浆施工和养护。

2 基层处理：对需要修复的区域应作出标记，然后宜沿修复区域的边缘切一条深度不小于10mm的切口。剔除表面区域内已经污染或损伤的混凝土，深度不应小于10mm；修复区边缘混凝土应进行凿毛处理，对混凝土和露出的钢筋表面应进行彻底清洁，对遭受化学腐蚀的部分，应采用高压水进行冲洗，并应彻底清除腐蚀物。

3 界面处理：修补砂浆施工前，应将裸露的钢筋固定好并进行阻锈处理，待其干燥后应采用清水对混凝土基面彻底润湿，然后喷涂或刷涂界面处理材料。

4 修补砂浆施工：根据构件的受力情况、施工部位及现场状况可采用涂抹、机械喷涂及支模浇筑方法进行施工。

5 养护：修补砂浆施工后，宜进行养护。

8.3.2 混凝土表面防护施工应符合下列规定：

1 表面防护前应进行去掉浮尘、油污或其他化学污染物的表面处理工作，对劣化的混凝土表层，宜先打磨清除，再用水清洗。对不宜用水清洗的表面，可用高压空气吹扫。

2 混凝土表面防护材料应按其配比要求进行配制或调制。

3 采用渗透型保护涂料对混凝土表面进行憎水浸渍时，宜采用喷涂或刷涂法施工，且施工时应保证混凝土表面及内部充分干燥。当采用其他有机材料时，底层宜干燥。

4 采用无机或复合材料进行混凝土表面防护时，宜抹涂施工，并应符合下列规定：

1）无机砂浆类材料面层施工时，应充分润湿混凝土基底部位，不得空鼓和脱落。

2）复合类材料面层施工时，应保证混凝土表面及内部充分干燥，不得起鼓和剥落。

3）当混凝土表面整体施工时，分隔缝应错缝设置。

4）当混凝土立面或顶面的防护面层厚度大于10mm时，宜分层施工。每层抹面厚度宜为5mm～10mm，应待前一层触干后，方可进行下一层施工。

5）施工完毕后，表面触干即应进行喷雾（水或养护剂）养护或覆盖塑料薄膜、麻袋。潮湿养护期间如遇寒潮或下雨，应加以覆盖，养护温度不应低于5℃。

5 当混凝土表面需多层防护时，应先等第一层防护材料施工完毕，检查合格后，方可进行第二层的防护材料施工。

8.4 检验与验收

8.4.1 表面修复材料和表面防护材料应进行进场复验，其性能应满足现行行业标准《混凝土结构修复用聚合物砂浆》JG/T 336、《混凝土界面处理剂》JC/T 907、《聚合物水泥防水砂浆》JC/T 984、《混凝土结构防护用成膜型涂料》JG/T 335等相关标准规定和设计的要求。

附录A 电化学保护

A.1 材　　料

A.1.1 电化学保护的材料和设备可采用阳极系统、电解质、检测和控制系统、电缆和直流电源等，并应符合下列规定：

1 阴极保护阳极系统应能在保护期间提供并均匀分布保护区域所需的保护电流。阳极材料的设计和选择，应满足保护系统的设计寿命要求和电流承载能力。

2 电化学脱盐和再碱化的阳极系统应由网状或条状阳极与浸没阳极的电解质溶液组成，电化学脱盐所用电解质宜采用$Ca(OH)_2$饱和溶液或自来水；电化学再碱化所用电解质宜采用0.5M～1M的Na_2CO_3水溶液等。

3 检测和控制系统的埋入式参比电极可选用Ag/AgCl/0.5mol/LKCl凝胶电极和Mn/MnO_2/0.5mol/L NaOH电极；便携式参比电极可选用Ag/AgCl/0.5mol/L KCl电极。参比电极的精度应达到±5 mV（20℃24h）。钢筋/混凝土电位的检测设备可采用精度不低于±1mV、输入阻抗不小于10MΩ的数字万用表，也可选用符合测量要求的其他数据记录仪。

4 电源电缆、阳极电缆、阴极电缆、参比电极电缆和钢筋/混凝土电位测量电缆应适合使用环境，并应满足长期使用的要求。电缆芯的最小截面尺寸可按通过125%设计电流时的电压降确定。

5 直流电源应满足长期不间断供电要求，应具有技术性能稳定、维护简单的特点和抗过载、防雷、抗干扰、防腐蚀、故障保护等功能。直流电源的输出电流和输出电压应根据使用条件、辅助阳极类型、保护单元所需电流和回路电阻计算确定。

A.1.2 阴极保护宜采用经证实有效的阳极系统，也可选用经室内以及现场试验应用与实践充分验证的新型阳极系统，并应符合下列规定：

1 外加电流阴极保护的阳极系统可在下列三种系统中选用：

1）可采用混凝土表面安装网状贵金属阳极与优质水泥砂浆或聚合物改性水泥砂浆覆盖层组成的阳极系统；

2）可采用条状贵金属主阳极与含碳黑填料的水性或溶剂性导电涂层次阳极组成的阳极系统；

3）可采用开槽埋设于构件中的贵金属棒状阳极与导电聚合物回填物组成的阳极系统。

2 牺牲阳极式阴极保护的阳极系统可在下列两种系统中选用：

1）可采用锌板与降低回路电阻的回填料组成的阳极系统；

2）可采用涂覆于混凝土表面的导电底涂料与锌喷涂层组成的阳极系统。

A.2 电化学保护施工

A.2.1 电化学保护工程施工可分为凿除和修补损伤区混凝土保护层、电连接保护单元内钢筋、安装监测与控制系统、安装阳极系统、制作和铺设电缆、安装直流电源等工序，并应符合下列规定：

1 实施电化学保护前，应先清除已胀裂、层裂的混凝土保护层和钢筋上的锈层，并应采用电导率和物理特性与原混凝土基层接近的水泥基材料修复凿除部位至原断面，对结构安全性有影响时应进行加固处理；

2 各保护区内钢筋之间以及钢筋与混凝土中其他金属件之间应成为电连接整体，阳极系统与阴极系统（钢筋）间不得存在短路现象；

3 电化学保护的监测与控制系统、阳极系统中各部件的规格、性能、安装位置等应符合设计要求。直流电源安装应按现行国家标准《电气装置安装工程 低压电器施工及验收规范》GB 50254的规定执行。各种电缆应有唯一性标识。

A.2.2 电化学保护技术的特征应符合表A.2.2的规定。

表A.2.2 电化学保护技术的特征

项 目	阴极保护	电化学脱盐	电化学再碱化
通电时间	在防腐蚀期间持续通电	约8周	100h～200h

续表A.2.2

项 目	阴极保护	电化学脱盐	电化学再碱化
电流密度（A/m^2）	0.001～0.05	1～2	1～2
通电电压（V）	＜15	5～50	5～50
电解液	—	$Ca(OH)_2$饱和溶液或自来水	0.5M～1M的Na_2CO_3水溶液
确认效果的方法	测定电位或电位衰减/发展值	测定混凝土的氯离子含量和钢筋电位	测定混凝土pH值和钢筋电位
确认效果的时间	在防腐蚀期间定期检测	通电结束后	通电结束后

A.2.3 电化学保护电流密度除应使保护效果达到本规程第A.3.5条的规定外，尚应控制在不降低阳极系统和混凝土质量的范围内。具体保护电流密度宜通过经验数据或进行现场试验确定，也可按照表A.2.2选取，不同条件混凝土结构阴极保护电流密度也可按表A.2.3选取。

表A.2.3 宜采用的阴极保护电流密度

钢筋周围的环境及钢筋的状况	保护电流密度（mA/m^2）（按保护钢筋面积计）
碱性、干燥、有氯盐，混凝土（优质）保护层厚，钢筋轻微锈蚀	3～7
潮湿、有氯盐、混凝土质量差，保护层薄或中等厚度	8～20
氯盐含量高、潮湿而且干湿交替、富氧，混凝土保护层薄，气候炎热，钢筋锈蚀严重	30～50

A.2.4 电化学保护系统调试应符合下列规定：

1 应以设计电流的10%～20%进行初始通电，测量直流电源的输出电压和输出电流以及钢筋/混凝土电位，所有部件的安装、连接应正确；

2 对外加电流阴极保护，试通电正常后，应逐步加大阴极保护电流，直至钢筋/混凝土的电位满足本规程第A.3.5条的规定；对电化学脱盐和电化学再碱化，试通电正常后，应逐步加大保护电流，直至设计值。

A.2.5 电化学脱盐和再碱化保护系统通电结束后，应及时拆除混凝土表面阳极系统及其配件，采用高压淡水清洗经处理的混凝土表面并应进行表面修复处理或表面防护处理。

A.3 检验与验收

A.3.1 电化学保护工程所用的设备、材料和仪器应经过实际应用或有关试验验证，并应有出厂合格证或质量检验报告。

A.3.2 电化学保护系统安装完毕后，应进行下列方面的检验：

1 逐一检查所用的阳极、电缆、参比电极、仪器设备规格、数量、安装位置是否符合设计要求；

2 检查保护系统所有部件安装是否牢固、是否有损坏，电缆和设备连接是否正确；

3 测量保护单元内钢筋的电连接性和钢筋网与阳极系统之间的电绝缘性，电缆的绝缘电阻和电连续性，检测埋设参比电极的初始数据；

4 测量保护区域内钢筋的自然电位和混凝土原始氯离子含量或 pH 值。

A.3.3 在通电实施过程中，应根据本规程第 A.2.2 条的方法定期确认保护效果，直至满足本规程第 A.3.5 条的规定。电化学脱盐和电化学再碱化的电解液还应定期检测、更换，并应保持一定的碱度。

A.3.4 在阴极保护持续运行期间，每年应定期对保护系统进行检查和维护，应定期检测和记录电源设备的输出电压、输出电流和钢筋保护电位。

A.3.5 电化学保护效果应符合下列规定：

1 阴极保护在整个保护寿命期间，各保护单元内钢筋/混凝土电位应符合下列规定之一：

1）去除 IR 降后的保护电位范围普通钢筋应为－720mV～－1100 mV（相对于 Ag/AgCl/0.5mol/LKCl 参比电极）；预应力钢筋应为－720mV～－900mV（相对于 Ag/AgCl/0.5mol/LKCl 参比电极）；

2）钢筋电位的极化衰减值或极化发展值不应少于 100mV。

2 电化学脱盐处理后，混凝土内氯离子含量应低于临界氯离子浓度。

3 电化学再碱化处理后，混凝土 pH 值应大于 11。

本规程用词说明

1 为便于在执行本规程条文时区别对待，对要求严格程度不同的用词说明如下：

1）表示很严格，非这样做不可的：
正面词采用“必须”，反面词采用“严禁”；

2）表示严格，在正常情况下均应这样做的：
正面词采用“应”，反面词采用“不应”或“不得”；

3）表示允许稍有选择，在条件许可时首先应这样做的：
正面词采用“宜”，反面词采用“不宜”；

4）表示有选择，在一定条件下可以这样做的，采用“可”。

2 条文中指明应按其他有关标准执行的写法为：“应符合……的规定”或“应按……执行”。

引用标准名录

1 《混凝土外加剂应用技术规范》GB 50119

2 《电气装置安装工程 低压电器施工及验收规范》GB 50254

3 《建筑工程施工质量验收统一标准》GB 50300

4 《水泥基灌浆材料应用技术规范》GB/T 50448

5 《混凝土结构耐久性设计规范》GB/T 50476

6 《钢筋阻锈剂应用技术规程》JGJ/T 192

7 《混凝土裂缝修复灌浆树脂》JG/T 264

8 《混凝土结构防护用成膜型涂料》JG/T 335

9 《混凝土结构修复用聚合物水泥砂浆》JG/T 336

10 《混凝土结构防护用渗透型涂料》JG/T 337

11 《混凝土界面处理剂》JC/T 907

12 《聚合物水泥防水砂浆》JC/T 984

中华人民共和国行业标准

混凝土结构耐久性修复与防护技术规程

JGJ/T 259—2012

条 文 说 明

制 订 说 明

《混凝土结构耐久性修复与防护技术规程》JGJ/T 259－2012，经住房和城乡建设部2012年3月1日以第1322号公告批准、发布。

本规程制订过程中，针对我国既有混凝土结构耐久性损伤及修复工程特点，编制组进行了大量的工程调查及试验研究，总结了我国混凝土结构耐久性修复与防护方面的实践经验。同时参考了欧洲、美国和日本现有修复方面先进的技术规范，结合国内实际，提出切实可行的做法。

为便于广大设计、施工、科研、学校等单位有关人员在使用本规程时能正确理解和执行条文规定，《混凝土结构耐久性修复与防护技术规程》编制组按章、节、条顺序编制了本规程的条文说明，对条文规定的目的、依据以及执行中需注意的有关事项进行了说明。但是，本条文说明不具备与规程正文同等的法律效力，仅供使用者作为理解和把握规程规定的参考。

目　次

1　总则 ………………………………………… 30—16
3　基本规定 ………………………………………… 30—16
4　钢筋锈蚀修复 ………………………………………… 30—17
4.1　一般规定 ………………………………………… 30—17
4.2　材料 ………………………………………… 30—18
4.3　钢筋阻锈修复施工 ………………………………………… 30—18
4.4　电化学保护施工 ………………………………………… 30—18
4.5　检验与验收 ………………………………………… 30—18
5　延缓碱骨料反应措施及其防护 ………………………………………… 30—18
5.1　一般规定 ………………………………………… 30—18
5.2　材料 ………………………………………… 30—19
5.4　检验与验收 ………………………………………… 30—19
6　冻融损伤修复 ………………………………………… 30—20
6.1　一般规定 ………………………………………… 30—20
6.2　材料 ………………………………………… 30—20
6.3　冻融损伤修复施工 ………………………………………… 30—20
6.4　检验与验收 ………………………………………… 30—20
7　裂缝修补 ………………………………………… 30—21
7.1　一般规定 ………………………………………… 30—21
7.2　材料 ………………………………………… 30—21
7.3　裂缝修补施工 ………………………………………… 30—21
7.4　检验与验收 ………………………………………… 30—21
8　混凝土表面修复与防护 ………………………………………… 30—21
8.1　一般规定 ………………………………………… 30—21
8.2　材料 ………………………………………… 30—22
8.3　表面修复与防护施工 ………………………………………… 30—22
附录A　电化学保护 ………………………………………… 30—22
A.1　材料 ………………………………………… 30—22
A.2　电化学保护施工 ………………………………………… 30—22
A.3　检验与验收 ………………………………………… 30—23

1 总　　则

1.0.1 国内外对混凝土结构耐久性的重视程度与日俱增。在我国，目前由于结构耐久性不足造成的结构寿命缩短甚至出现重大事故的实例很多。对混凝土结构及时、有效地进行修复与防护可显著改善其耐久性状况，大大延长结构服役寿命。以往混凝土结构的修复工作没有得到应有的重视，不少修复陷入修—坏—再修—再坏的怪圈，造成了资源的极大浪费，严重背离了我国可持续发展的基本战略。本规程的出发点在于规范混凝土结构耐久性的修复与防护，延长结构使用寿命。混凝土结构耐久性的修复、防护涉及因素复杂，有些相关机理目前还在深入研究之中，本规程的编制是基于现有的认识水平，为满足目前工程需要而首次编制的。

1.0.2、**1.0.3** 本规程的适用范围是既有混凝土结构耐久性的修复与防护，强调影响结构耐久性的因素，对由于耐久性引起的承载能力不足而需进行的加固问题，须按照有关加固规范与本规程的规定并行处理。

有关部门已制定的混凝土结构现场检测标准、混凝土结构耐久性评定标准中，对如何评估结构耐久性现状已有详细描述，这些工作构成了科学修复的基础。目前混凝土结构加固等相关规范中部分也涉及耐久性内容，本条主要强调应与上述内容相协调。

混凝土结构广泛用于各种自然及人工环境下，特殊地区、特殊环境下的混凝土结构耐久性修复与防护，除应符合本规程的相关规定外，尚应符合国家现行有关标准的规定，采取相应的防护措施。尤其对极端严重腐蚀环境下的结构耐久性，应与地方或行业中相关的防腐蚀技术规范等内容相符合。

3 基 本 规 定

3.0.1、**3.0.2** 我国没有建筑物定期检测评价法规，新加坡的建筑物管理法强制规定，居住建筑在建造后10年及以后每隔10年必须进行强制鉴定，公共、工业建筑则为建造后5年及以后每隔5年进行一次强制鉴定。日本通常要求建筑物服役20年后进行一次鉴定。英国等国家对于体育馆等人员密集的公共建筑作了强制定期鉴定规定。根据我国工程经验，良好使用环境下民用建筑无缺陷的室内构件一般可使用50年；而处于潮湿环境下的室内构件和室外构件往往使用20年～30年就需要维修；使用环境较恶劣的工业建筑使用25年～30年即需大修；处于严酷环境下的工程结构甚至不足10年即出现严重的耐久性损伤。因此在保证建筑物安全性的前提下，民用建筑使用30年～40年、工业建筑及露天结构使用20年左右宜进行耐久性评估与修复。大型桥梁、地铁、大型公共建筑等重要的基础设施以及处于严酷环境下的工程结构，则应根据具体情况进行耐久性评定修复与防护。耐久性不满足要求的结构主要是指不满足耐久性评定标准或耐久性设计规范要求以及其他存在耐久性问题的结构。本条提出了进行耐久性修复与防护的原则规定。

3.0.3 本条明确了进行混凝土结构耐久性修复与防护时应综合考虑的因素，并规定了进行耐久性修复与防护的基本工作程序，可根据工程的重要性、规模、复杂程度等特点制定详细的工作流程。应在耐久性调查、检测与评估的基础上进行耐久性修复与防护设计。耐久性修复前，应提供修复所需全部技术资料，特别应提供结构耐久性现状鉴定报告。

3.0.4 本条给出了建议的混凝土结构耐久性调查、检测内容，可根据工程的具体情况选择相应的调查和检测内容，条文未包括全部检测内容，如有时需检测混凝土表层渗透性、氯离子扩散系数、混凝土孔结构等，应根据工程实际情况确定混凝土结构耐久性调查、检测内容。

混凝土结构耐久性评定有关内容可参考国家现行标准《混凝土结构耐久性评定标准》CECS 220 执行。

3.0.5 混凝土结构耐久性修复与防护设计方案作为技术性文件，应包括工程概况、建造年代及条文规定的内容，但格式可以不统一。

3.0.6 鉴于修复与防护施工的复杂性和多样性，在施工前应根据实际工程特点制定严格的施工方案，以确保施工质量，一般修复施工宜按基层处理、界面处理、修复处理、表层处理四个工序进行，对于一些简单的修复施工也可按其中的部分工序进行，基层处理和界面处理是保证基层混凝土与修复材料间粘结效果的重要措施，表层处理可以减少环境对结构的作用，为延长结构的耐久性，应对表层处理效果定期检查，10年～15年宜检查一次。当表层处理质量不能满足要求时，应重新进行处理。

3.0.7 本条对混凝土结构耐久性修复与防护工程质量检验和工程验收作了一般性规定，各种不同损伤类型的修复还应符合相应各章的检验与验收的规定。

1 由于修复与防护工程的工程量一般比新建工程小，本条只要求对重要结构、重要部位和关键工序，可在施工现场进行实体检验，且本规程未对关键工序作强制性规定，应根据不同损伤类型、修复工艺、所处环境和下一目标使用年限确定关键工序，并在修复与防护设计方案中加以规定。

2 工程验收宜按分部、分项工程验收和竣工验收两个阶段进行，可将不同损伤类型（如钢筋锈蚀修复、延缓碱骨料反应措施及防护、冻融损伤修复、裂缝修补、混凝土表面修复与防护）的修复工程划分为一个分部工程，再按具体的修复工艺划分分项工程。

修复与防护完工后，外观检查是最基本的要求。修复材料与基层混凝土的粘结强度直接影响修复质量，为了确保修复质量，对修复面积较大、修复厚度较厚或特殊重要工程，可采用现场拉拔试验的方法确定其粘结强度。

当修复材料为现场配制时，其配合比及试验结果报告应在修复施工前提供，以确保修复材料的性能指标满足设计和施工要求。

3.0.8 与一般工程相比，混凝土结构耐久性调查、检测与评定、修复与防护设计、施工的专业性较强，应由具有相应工程经验的单位承担。

4 钢筋锈蚀修复

4.1 一 般 规 定

4.1.1 修复前，应进行调查与检测，查阅结构相关的原始设计、施工详图、施工说明、验收与竣工资料、材料试验报告、使用与维修记录等；应进行现场普查、详细检测及进行必要的室内试验；以鉴定结构现状，确定使用环境、钢筋锈蚀原因、范围及程度。

现场普查应记录暴露于不同自然环境、应力状态下的各区域不同构件、部位的损伤（包括表面缺陷、裂缝、锈斑、层裂、剥落、渗漏、变形等）状态和分布，并确定进一步进行详细检测的典型范围和要求。

现场详细检测应包括在典型检测范围内无损检测混凝土保护层厚度、混凝土电阻率、钢筋半电池电位图，检测氯离子含量或碳化深度的分布，据此判断钢筋腐蚀范围及程度。

4.1.2 本条给出了钢筋锈蚀修复方案选择宜根据调查与检测结果，考虑钢筋锈蚀程度、钢筋锈蚀原因和环境作用等级等综合确定。对处于Ⅰ-B、Ⅰ-C类潮湿环境中的钢筋锈蚀修复问题，应在修复完成后防止外界水分侵入构件内部导致钢筋继续锈蚀，故需在表面建立憎水防护层；对处于Ⅲ、Ⅳ类盐污染环境中的钢筋锈蚀修复问题，应在修复完成后防止外界氯离子再次侵入构件，故需在表面建立阻止氯离子进入的隔离层。环境作用等级的划分原则应符合现行国家标准《混凝土结构耐久性设计规范》GB/T 50476的规定。

钢筋锈蚀产生的原因分为混凝土中性化诱发、掺入型氯化物诱发、渗入型氯化物诱发三种。混凝土中性化诱发是指空气中的二氧化碳等气体气相扩散到混凝土的毛细孔中，与孔隙液中的氢氧化钙发生反应，从而使孔隙液的pH值降低，当中性化深度达到钢筋表面时，钢筋钝化膜遭受破坏，在具备一定水和氧的条件下，钢筋开始锈蚀；掺入型氯化物诱发是指由于新拌混凝土中掺入氯化物早强剂、防冻剂或采用海水、海砂等拌制混凝土，当钢筋周围的氯离子浓度达到临界浓度，钢筋钝化膜遭受破坏，并导致钢筋锈蚀；渗入型氯化物诱发是指周围环境中的氯离子通过混凝土孔隙到混凝土内部，当钢筋周围的氯离子浓度达到临界浓度，钢筋钝化膜遭受破坏，并导致钢筋锈蚀。

钢筋锈蚀程度分为一般锈蚀和严重锈蚀两种，锈蚀程度可通过检测钢筋混凝土构件的半电池电位进行判断。根据已有工程经验和研究成果，当半电池电位为−200mV～−350mV时，可认为钢筋一般锈蚀，当半电池电位小于−350mV时，可通过以下两方面进行判断，当符合其中一项时，即认为钢筋严重锈蚀：

1）构件表面外观状况：构件表面已开始出现较多的锈斑、局部流锈水、局部层裂（鼓起）和混凝土保护层出现0.3mm～3mm的顺筋锈胀裂缝和顺筋剥落等现象。

2）钢筋表面外观状况：钢筋出现锈皮或浅锈坑，钢筋截面开始减小。

当构件表面广泛出现锈斑、流锈水、层裂（鼓起），混凝土保护层广泛出现较宽的顺筋锈胀裂缝网或成片地剥落、露筋时，应检查钢筋锈蚀造成的截面损失率，若其截面损失超过5%，则需补筋加固。

钢筋锈蚀电位、构件和钢筋表面状况仅能判断钢筋目前的锈蚀状况，为了掌握钢筋锈蚀的发展趋势，还应通过钢筋腐蚀速率和混凝土电阻率综合判断。

4.1.3 过去传统的局部修补方法，难以全面彻底清除导致腐蚀破损的原因，也难以阻止腐蚀继续发展。以阻锈剂处理局部修补部位的钢筋和老混凝土界面处，该问题得到一定程度的改善。对于严重盐污染的重要结构，建议在钢筋开始锈蚀的初期，及时实施电化学保护，则具有显著的技术经济效果。

阴极保护是根据钢筋腐蚀只发生于释放自由电子的阳极区的电化学本质，对钢筋持续施加阴极电流，使其表面各处均不再发生释放电子的阳极反应。外加电流阴极保护，需持续施加并定期检测、监控保护电流，以保证保护范围内的具有电连续性的所有钢筋在剩余使用期间均可获得正常的保护。牺牲阳极阴极保护，无需直流电源和检测监控装置，无需对保护电流持续进行调控和维护管理，但因牺牲阳极所能提供的保护电流有限，故适用范围和年限有限。电化学脱盐（对于中性化混凝土为电化学再碱化）是在短期内以外加电源与临时设置于混凝土表面的阳极和电解质溶液，对被保护范围内所有具有电连续性的钢筋施加大的阴极电流，通过离子的电迁移及钢筋上的阴极反应，使盐污染（或中性化）的混凝土中氯离子浓度在短期内降低到低于钢筋腐蚀所需的临界浓度以下，同时提高了钢筋附近混凝土孔隙液的pH值，从而恢复并可在断电后长期保持钢筋的钝态，免除钢筋腐蚀。

对盐污染（或中性化）混凝土结构实施电化学保护的必要性，是因为传统的修补方式（完全清除钢筋锈蚀所引起的胀裂的混凝土保护层，清除露出钢筋上的锈皮，用优质砂浆或混凝土补平），即使修补质量好，也不能制止局部修补附近（外表尚完好但混凝土已被盐污染或中性化到钢筋）成为新的阳极而发生腐蚀，在这些表面追加抗盐污染或防中性化的涂层，已不能制止腐蚀发生。如将局部修补范围扩大到在剩余使用期内预期会发生腐蚀之处，必然会大大增加修补工程量和造价，以及结构停止运行的间接损失，甚至实际上往往是行不通的。电化学保护则可以经济可靠地制止腐蚀的发展，特别是在盐污染或中性化已广泛存在，但它们所引起的钢筋腐蚀破坏范围和程度尚局限于较小范围的严重锈蚀初期，若能及时实施电化学保护，其技术经济效果尤为突出。

鉴于电化学保护基本知识与技能尚未被广泛普及，而电化学保护技术含量高，其功效高低与其可行性论证、设计、施工、检测、管理是否合乎要求关系密切，因此，规定应经专门论证后再实施。

4.2 材　　料

4.2.1 修复材料掺入阻锈剂后，不仅应使其对混凝土拌合物的凝结时间、工作度、力学强度无不良影响，同时还应有良好的体积稳定性、较小的收缩性、良好的抗渗性、良好的抗裂性、材质的均匀性、良好的抗氯离子扩散性能等。掺入阻锈剂主要为了显著地提高钢筋表面钝化膜的稳定性，显著提高引起钢筋锈蚀的氯离子临界浓度或抗中性化的临界 pH 值。由于阻锈剂类型、品种、适用掺量和工艺目前尚难以明确规定，因此，本规程目前只提出基本要求和原则规定。

4.3 钢筋阻锈修复施工

4.3.1 本条对在混凝土保护层上表面迁移阻锈处理施工做了规定。目前国内对基层处理重视不够，只有确保基层处理质量，才能最大限度地发挥表面迁移阻锈处理的作用。

4.3.2 本条规定了钢筋阻锈处理修复时的工艺。修复前，应将修复范围内已锈蚀的钢筋完全暴露并进行除锈处理；钢筋除锈后，应采用钢筋表面钝化剂使已锈蚀的钢筋重新钝化；为了保护修复范围附近的钢筋免遭锈蚀，应在修复范围钢筋四周和修复后构件表面涂刷迁移型阻锈剂；为了使修复材料能更好地保护修复范围内的钢筋，修复用的混凝土或砂浆应含有掺入型阻锈剂。应结合工程实际情况，按本规程第 8.2.2 条选择表面防护材料，并按本规程第 8.3.2 条进行表面防护处理。

4.4 电化学保护施工

4.4.1 钢筋混凝土电化学保护是在混凝土表面、外部或内部，设置阳极，在阳极与埋设于混凝土中的钢材之间，通以直流电流，利用在钢材表面或混凝土内部发生的电化学反应，进行修复保护。本规程的电化学保护分为阴极保护技术、电化学脱盐技术、混凝土再碱化技术等几种，其中阴极保护又可分为外加电流阴极保护和牺牲阳极阴极保护。

近年电化学脱盐技术在我国海港码头上已得到大量推广应用，外加电流阴极保护也在跨海大桥等盐污染混凝土结构上开始应用，牺牲阳极的阴极保护在海港工程中也已示范性的试用成功。有必要也有可能制定相应规范，以保证和推动该项技术的应用。

以环氧涂层钢筋剪切、焊接加工成的钢筋网（笼）浇筑的钢筋混凝土构件，禁止采用任何电化学保护技术。因为在这种构件内，各根钢筋之间被环氧涂层（绝缘层）隔开，不具备电连续性，若实施电化学保护，则必然会引起严重的杂散电流腐蚀。

采用无金属护套的预应力高强钢丝预应力混凝土结构，如果采用外加电流密度较大的电化学脱盐或再碱化技术时，则由于很可能引起氢脆或应力腐蚀而导致预应力筋突然断裂破坏。因此这种预应力结构不允许采用电化学脱盐和电化学再碱化。

保护电流密度过大，会显著提高钢筋周围混凝土的碱度，促进碱活性骨料发生膨胀反应，故含有碱活性骨料的结构也应慎用电化学保护，必要时，可以在电解质或现浇的混凝土拌合物中掺适量锂化合物，以降低或消除碱活性骨料的膨胀反应。

4.4.2 一座结构各构件的湿度、氯盐污染程度、保护层厚度和几何尺寸等常有差异，因而造成钢筋自腐蚀电位和混凝土电阻存在较大的差异。为使电化学保护连续有效，应将钢筋周围环境存在显著差异的各个区域，分成彼此独立的单元，并与相应的阳极系统构成独立的电流回路。当结构中钢筋腐蚀程度存在显著差异时，也应划分成不同单元进行分别修复；当使用的阳极系统在某些区域得到的电流数量有限或所选用阳极类型的电阻受环境影响较大时，应增加分区数量。一般建议，分区单元面积为 $50m^2\sim100m^2$，但视结构形状与环境条件可适当变动。

4.4.3 鉴于电化学保护基本知识与技能尚未广泛普及，而电化学保护技术含量高，其功效高低取决于其可行性论证、设计、施工、检测、管理是否符合要求。因此，本规程规定钢筋混凝土结构的电化学保护的各阶段工作，应由具备相应工程经验的单位承担。

4.5 检验与验收

4.5.2 修复与防护完工后，外观检查是最基本的要求。修复材料与基层混凝土的粘结强度直接影响修复质量，为了确保修复质量，对修复面积较大、修复厚度较厚或特殊重要工程，可采用现场拉拔试验的方法确定其粘结强度。

对修复面积大、修复材料用量较大的结构，可参照现行有关规范要求预留试块，至少预留三组，现场实体检测可采用取芯、回弹及拉拔试验的方法确定。

5 延缓碱骨料反应措施及其防护

5.1 一 般 规 定

5.1.1 碱骨料反应（Alkali-Aggregate Reaction，简

称 AAR）指混凝土中的碱与骨料中的活性组分之间发生的破坏性膨胀反应，是影响混凝土长期耐久性和安全性的最主要因素之一。该反应不同于其他混凝土病害，其开裂破坏是整体性的，且目前尚无有效的修补方法，而其中的碱碳酸盐反应的预防尚无有效措施。在各种混凝土病害中，钢筋锈蚀、冻融破坏和碱骨料反应都会引起混凝土开裂而出现裂纹，从而相互促进、加速破坏，使耐久性迅速下降，最终导致混凝土破坏。

碱骨料反应包括三种类型：碱硅酸反应、碱硅酸盐反应（慢膨胀型碱硅酸反应）和碱碳酸盐反应。一般认为，碱硅酸盐反应本质上是一种慢膨胀型碱硅酸反应，所以，本规程按碱骨料反应包括碱硅酸反应和碱碳酸盐反应两类。

不论哪一种类型的碱骨料反应必须具备如下三个条件，才会对混凝土工程造成损坏：一是配制混凝土时由水泥、骨料（海砂）、外加剂和拌合水中带进混凝土中一定数量的碱，或者混凝土处于有碱渗入的环境中；二是有一定数量的碱活性骨料存在；三是潮湿环境，可以供应反应物吸水膨胀时所需的水分。只有具备这三个条件，才有可能发生碱骨料反应工程破坏。因此，对混凝土结构应先进行检测分析，若具备上述三个条件但尚未发生，需进行预防；若已发生，则需分析活性骨料含量、活性矿物成分、混凝土碱含量、水分供应情况等，最好结合实验室试验判断将来的膨胀潜力，进而采取相应的处理办法。

国内外的 AAR 研究工作一般都集中在诊断和防治上（如 AAR 的反应进程和破坏机理、混凝土中碱骨料反应环的测定方法、使用矿物掺合料预防 AAR 等），修补和维护工作是第二位的。在多数情况下，已经确诊是发生 AAR 的结构会被拆除或部分重建，如高速公路路面、混凝土轨枕等，因为已经不能服役或者很危险了。

5.1.2 在不拆除结构或更换构件时，延缓 AAR 的措施一般有裂缝封堵、止水两大类。因骨料、混凝土碱含量不能改变，只能采取断绝水分供应的方法抑制碱骨料反应。国外也有报道用锂盐溶液喷洒构件表面抑制碱骨料反应的修复方法，但长期效果如何尚未获得公认的结果，另外价格较高也是阻碍这种方法普及的另一因素。

5.1.3 以目前国内外的经验，必须长期监测针对碱骨料反应的修复效果，以及时发现是否有异常发生。如日本对发生碱骨料反应桥墩修复后，定期的检查、检测已持续了近 20 年。我国某铁路线上有 200 多孔制造于 20 世纪 80 年代初的预应力混凝土梁，在 1990 年前后经检测确认梁体开裂的原因是发生了碱骨料反应，经相关部门修补、评估后，认为还可服役，目前对整治的效果还在观察中。

5.2 材　　料

5.2.2 作为碱骨料反应最直接和可见的外部现象，裂缝会导致混凝土材料的渗透性增大，影响结构的整体性。修复工作中首先可能做的就是封堵裂缝。裂缝的注入和密封应该在对未来活性和膨胀仔细评估的基础上。用压缩空气清除干净裂缝及附近区域，注入密封剂来封堵宽的裂缝，有助于阻止外界侵蚀性介质的侵入，同时还能阻断凝胶流动和凝胶填充的通道。

本条强调采用极限变形较大的材料封堵裂缝，是因为碱骨料反应的裂缝不会在修补后马上停止发展，如果用较脆性的材料封堵，可能会引起新的开裂。例如某桥梁曾采用普通环氧树脂注入修补，但过一段时间后，所修补处附近出现了新的裂缝。

5.2.3 表面憎水防护材料是一种保护混凝土结构免受周围环境和正在进行的碱骨料反应的有效可靠的措施。如：使用柔性的聚合物水泥砂浆涂层（含有聚丙烯树脂、硅酸盐水泥和外加剂）、硅烷防护剂等。选择的表面憎水防护材料应该具备如下要求：

1 应该对常用的服役条件具有足够的抵抗力，如对紫外线、浪溅区和磨蚀环境（海工结构）、干湿和冷热循环等。如：大坝和水电站在发生 AAR 破坏的同时，还受到干湿和冻融循环的复合破坏，表面防护材料必须具有足够的保护能力；

2 减少 AAR 的表面防护材料应该与混凝土有很好的相容性，足够的粘结或者能够渗入不规则混凝土表面及潮湿的碱性基底（如使用硅烷时）；

3 应能使混凝土内部水分可以向外界散发，而外界液体水分无法进入混凝土内部。

在世界范围内，在使用此类涂层、密封剂、渗透剂、浸渍剂、隔膜时还不能总是令人满意。因为同类的涂层在性能和抵抗外部侵蚀的能力上差别很大，有的长期耐久性很差。硅烷防护剂已经被广泛使用，现有的数据显示在试验室条件下，烷基和烷氧基硅烷能够阻止水分和氯离子的侵入，但对孔径分布和混凝土碳化无明显的影响。现场数据表明，裂缝在 0.5mm～2.0mm 时，硅烷的渗透性很小，硅烷是拒水性的，但不是防水剂或孔隔断剂，多数情况下，其渗透和浸渍的深度不超过 1mm，这个有限的深度防止渗透的有效性会随着环境劣化很快衰退的。近年来研发的新型硅烷、硅氧烷材料，渗透深度有了较大提高，可用于修复碱骨料反应影响的混凝土结构。另外，一些高柔性的聚合物水泥砂浆涂层也已用于此类修复工程。

5.4 检验与验收

5.4.2 碱骨料反应是一个长期的过程，为了确定已经采取的延缓与防护措施是否有效，应进行定期检查。

6 冻融损伤修复

6.1 一 般 规 定

6.1.1 根据实际工程中和试验研究中常见的冻融损伤现象，冻融造成的混凝土材料损伤主要是引发混凝土开裂与裂缝扩展，裂缝扩展又引发表面剥落。因此，根据混凝土表面开裂和剥落情况可将混凝土冻融损伤分为两种类型进行修复。

当冻融破坏非常严重或对结构安全性要求特别高时，考虑到其修复难度大、修复费用高、维护成本大等因素，宜考虑更换或拆除某些破坏严重的构件或结构，以降低其全寿命周期成本，增加结构的安全性。

混凝土冻融损伤修复调查宜按表1进行。

表1 混凝土冻融损伤修复的调查内容

调查项目		具体内容	备 注
冻融损伤的部位特征	朝向		
	是否属水位变化区或易被水所饱和的部位		
气候特征	常年气温分布		
	最冷月平均气温		
	每年气温正负交替次数		
	冻融循环次数		
损伤区特征	损伤破坏形态		
	损伤区域大小		
	损伤深度		
	钢筋外露情况		
设计资料	设计依据的标准、规范		
	设计说明书		
	设计图		
	混凝土设计指标		
施工资料	原材料		
	配合比		
	浇筑与养护		
	试验数据		
	质量控制		
	环境条件		
	验收资料		
管理状况	冻融损伤发展过程		
	养护修理记录		
	是否有冲磨剥蚀、钢筋锈蚀、混凝土化学侵蚀等病害发生或多种病害同时发生		
对结构物的影响	安全性		
	耐久性		
	外观		
有条件时的混凝土检测	抗压强度		
	动弹性模量		
	抗冻等级		
	抗渗等级		
	微观结构		

6.2 材 料

6.2.1 根据冻融损伤性质、影响因素、损伤区域大小、特征和剥落程度等因素可选用修补砂浆、灌浆材料和高性能混凝土。并确定修复材料中外加剂的种类和含量。

6.2.2 选用强度等级不低于42.5的硅酸盐水泥或普通硅酸盐水泥，是因为这些水泥的凝结硬化速度快，避免混凝土或砂浆在较早龄期发生冻融损伤。

必须掺用引气剂，是因为引气剂可提高混凝土或砂浆的抗冻性。

6.3 冻融损伤修复施工

6.3.1、6.3.2 分别规定了结构混凝土表面出现剥落和未出现剥落时采取的修复施工方法，但无论对于哪种情况，在冻融损伤修复前均需要清除冻伤混凝土，否则难以达到修复效果。

对于处于严酷环境（如去冰盐环境）下的结构，当采用混凝土或灌浆材料修复时，可采用耐候性钢板作为模板在混凝土表面进行包覆处理。

6.3.3 施工时应进行保温、保湿养护，避免发生混凝土的冻害。因为即使采用了合理设计、配制并经快冻法抗冻性试验检验确认的修复材料，如果养护不当，仍有可能发生材料的早期冻伤，形成永久性缺陷，则该修复材料的抗冻性将有所降低，不能满足工程的要求。

6.4 检验与验收

6.4.2 在冻融损伤修复前，必要时，可从修复材料中取样，进行磨片加工，采用微观试验方法测定修复材料中的气泡间距系数，可按照现行国家标准《混凝土结构耐久性设计规范》GB/T 50476相关要求执行。修复材料的抗冻等级应不低于原混凝土抗冻等级，并应满足当地的气候条件及部位设计所需的抗冻等级。

在修复施工前，宜按照现行国家标准《普通混凝土长期性能和耐久性能试验方法标准》GB/T 50082中混凝土抗冻性试验快冻法，用修复材料制作抗冻试件，并进行混凝土拟修复施工期间所处环境条件下的保温、保湿养护，其目的是确保修复材料在实际施工条件下进行正常的凝结硬化，避免在较早龄期发生冻融损伤，修复材料到28d龄期时具备工程所要求的抗冻性。在28d龄期时，开始进行快冻法抗冻性试验，该抗冻性试验必须采用快冻法，不得以慢冻法代替。修复材料的抗冻等级应分别高于或等于原混凝土抗冻等级。

对修复材料用量较大的结构，可参照现行有关规范要求预留试块，至少预留三组，现场实体检测可采用取芯、回弹及拉拔试验的方法确定。

7 裂缝修补

7.1 一般规定

7.1.1 本条给出了裂缝调查的主要内容以及常用的裂缝修补方法。裂缝调查时应特别注意裂缝是否渗水和裂缝是否稳定，以便有针对性的采用堵漏和柔性材料修复。由温度应力产生的裂缝会随温度变化而活动，宜首先考虑降低结构的温度变化幅度，再行修复裂缝。当裂缝是由于结构变形而引起时，应查明结构变形原因，有针对性的采取限制变形的措施。根据已查明的裂缝性状及裂缝宽度，并考虑环境作用等级的影响，可按表2确定裂缝修补方法。

表2 混凝土结构不同裂缝的修补方法

环境作用等级	裂缝宽度(mm)	裂缝性状			
		活动裂缝	渗水裂缝	表面裂缝	稳定裂缝
Ⅰ-A	<0.3	表面处理法 压力灌浆法 填充密封法	表面处理法 压力灌浆法	表面处理法	表面处理法 压力灌浆法
Ⅰ-B、Ⅰ-C	<0.2				
Ⅰ-A	≥0.3	压力灌浆法 填充密封法	压力灌浆法 填充密封法	表面处理法 填充密封法	压力灌浆法 填充密封法
Ⅰ-B、Ⅰ-C	≥0.2				

对其他环境作用等级下的裂缝处理，除采用Ⅰ-B、Ⅰ-C下的裂缝修复方法外，还应采取特殊防护处理措施。

7.1.2 由于钢筋锈蚀、碱骨料反应和冻融等引起的损伤中经常出现裂缝，而且其机理比较复杂，因此对于此类裂缝的修补在满足本章的相关要求外，还应满足相应各章的特殊要求。

7.2 材料

7.2.1 本条给出了裂缝修补材料的分类及基本要求。裂缝修补的目的是恢复结构的整体性和耐久性，在修补后能防止外部环境中有害介质从裂缝处侵蚀混凝土，因此要求修补材料要能和混凝土有较好的粘结性能和较好的耐久性。大部分修补材料为高分子材料，紫外线照射、高低温交替及干湿交替等不利环境下耐久性较差，裂缝修补后应做表面防护处理。

7.2.2 本条给出了混凝土结构裂缝表面修补材料的主要种类和适用范围，使用时还应特别注意优先选用无毒无害的环保材料。渗透性防水剂一般不能用于活动裂缝的表面修补。

7.2.3 本条给出了混凝土结构裂缝填充密封材料的主要种类和适用范围。

7.2.4 本条给出了混凝土结构裂缝灌浆材料的主要种类。灌浆浆液的黏度应根据裂缝宽度调整，较细的裂缝应采用黏度较低的浆液灌注，浆液固化时间应适合灌注施工要求，浆液固化后应有一定的弹性。

7.3 裂缝修补施工

7.3.1 本条给出了裂缝表面处理的一般施工程序。裂缝表面处理时，沿裂缝两侧各20mm～30mm宽度清理干净，并保持干燥。潮湿渗水裂缝一般应灌注堵漏剂以保护构件内部钢筋，防止锈蚀。只有稳定较细的裂缝在迎水面处理时才能使用渗透结晶材料进行表面处理。

7.3.2 压力灌浆法是将裂缝表面封闭后，再压力灌注灌浆材料，恢复构件的整体性。施工时尚应注意裂缝表面宜用结构胶或环氧胶泥封闭，宽20mm～30mm，长度延伸出缝端50mm～100mm，确保封闭可靠。凿"V"形槽的裂缝应封闭到与原表面平。根据裂缝特点可选用灌浆泵或注胶瓶注浆。灌浆前试气工序很重要，试气压力一般可控制在0.3MPa～0.4MPa。化学浆液的灌浆压力宜为0.2MPa～0.3MPa，压力应逐渐升高，达到规定压力后，应保持压力稳定，以满足灌浆要求。灌浆停止的标志一般为吸浆率小于0.05L/min，在继续压注5min～10min后即可停止灌浆。

7.3.3 本条给出了填充密封法施工的一般要求。填充密封法一般是针对混凝土结构表面较大的裂缝。开凿"V"形槽时其深度一般不超过钢筋保护层厚度。应注意界面粘结处理，以防止原来一条裂缝经修补后粘结不好变成两条裂缝。

7.4 检验与验收

7.4.2 为检查裂缝的密封效果及贯通情况，可在裂缝封闭之后、灌浆之前用压缩空气试漏。为防止水进入裂缝后引起灌浆材料固化不良及与混凝土粘结性能下降，不应使用压力水试漏。压力水检查灌浆是否密实时，压力值应略小于灌浆压力，基本不吸水不渗漏可认定为合格。

采用钻芯取样方法也可以检查裂缝灌浆效果，但对原结构有一定的损伤，一般情况下不建议采用。

8 混凝土表面修复与防护

8.1 一般规定

8.1.1 混凝土表面修复包括表面损伤修复和表面缺陷修复。表面损伤是指混凝土在使用过程中由于环境作用造成的腐蚀、剥落、分层损伤；表面缺陷是指混凝土在施工过程中遗留的先天缺陷。

本章混凝土表面修复是对混凝土结构出现的表面缺陷和表面损伤进行的常规修复，由于外界化学侵蚀，如氯离子侵蚀、碳化、钢筋锈蚀、碱骨料反应、冻融循环引起的混凝土损伤修复，还应满足本规程其他章节规定的特殊要求。

混凝土表面修复前，应对混凝土表面缺陷和损伤情况进行调查，并根据缺陷和损伤的程度及原因制定修复方案，混凝土结构表面缺陷与损伤调查宜包括如下内容：

1 表面：干湿状态、有无污垢；

2 外观损伤：类型、范围、分布；

3 裂缝：位置、类型、宽度、深度、长度；

4 分层、疏松、起皮：区域、深度；

5 剥落和凸起：数量、大小、深度；

6 蜂窝、狗洞：位置、大小、数量；

7 锈斑或腐蚀侵蚀、磨损、撞损、白化；

8 外露钢筋；

9 翘曲和扭曲；

10 先前的局域修补或其他修补；

11 构件所处环境、服役环境中侵蚀性介质、混凝土中性化程度。

8.1.2 混凝土表面防护适用于新建工程和既有工程的耐久性维护。

对于特殊重要的新建工程、设计使用寿命较长的新建工程，在设计时规定需作表面防护的或在建成后发现无法达到设计使用寿命时，可采用混凝土表面防护，阻止或延缓混凝土碳化，抵抗混凝土遭受环境介质的侵蚀，保护钢筋免受或减缓锈蚀作用。

对于既有工程，在进行混凝土结构耐久性修复后，可根据需要进行混凝土表面防护，当混凝土表面尚未出现耐久性损伤时，为延缓混凝土结构劣化，增强混凝土对钢筋的保护作用，延长结构使用寿命，也可进行混凝土表面防护处理。

8.2 材　　料

8.2.1 混凝土结构表面修复的耐久性与修复材料同基础混凝土的相容性有关。该相容性可以划分为三个不同的类别：功能相容性、环境相容性、尺寸相容性。

功能相容性是指修复材料同基础混凝土之间物理性能的关系。修复材料的抗压、抗折、抗拉强度应不低于基础混凝土；修复材料与基础混凝土的粘结强度应足够大以保证破坏不发生在界面。

环境相容性是指修复材料抵抗环境侵蚀的能力，并应考虑到需要完全覆裹钢筋而不造成空洞。

尺寸相容性是指修复材料在使用期间保持体积稳定的能力。这要求修复材料具有低收缩以及与基础混凝土类似的热膨胀系数。

8.2.2 选择防护材料时，应根据防护对象、防护对象所处的条件、使用情况等，结合防护材料的物理力学性能和抗侵蚀能力等因素加以综合考虑。

8.3 表面修复与防护施工

8.3.1 界面处理材料受环境因素影响较大，在室外环境条件下，为保证混凝土表面修复时界面的稳定性，界面处理材料的选用应与环境条件相适应。

8.3.2 混凝土配合比不当、施工质量差造成混凝土表面有浮浆、密实性差或强度降低时，其表层容易剥落。在做防护面层前应予以清除。对于无机防护材料或无机有机复合防护材料，除洁净混凝土表面外，为了增加防护层与混凝土表面的粘结力，防止脱空，一般还应凿毛混凝土的表层。防护面层与混凝土表面的粘结效果取决于施工时混凝土表面的状况，如表面洁净情况、干燥情况、温度等，还与施工的方法与程序有关。

配制表面防护材料时，要保证充分拌合均匀，但不宜剧烈搅动。要按照防护材料的凝结时间要求使用完，如发现凝团、结块等现象不得使用。

若混凝土结构表面出现裂缝，应按照混凝土裂缝修补工艺先进行裂缝的处理。除此之外，质量低劣的混凝土或与土体接触部分的混凝土表面，应先进行防水处理。水从外表面向混凝土内部扩散和渗透，会降低防护层的防护效果和寿命。

混凝土表面防护层采用抹涂、喷涂或刷涂方法施工，要根据防护材料的特性和防护方案确定，并满足防护要求。

附录A　电化学保护

A.1 材　　料

A.1.1、A.1.2 给出了电化学保护中所涉及材料和设备的种类，以及选用原则和要求。

A.2 电化学保护施工

A.2.1 为了保证电化学保护技术能有效发挥作用，应在实施电化学保护之前对被保护的钢筋混凝土结构进行必要的检查和修整，保证钢筋与阳极系统之间既存在良好的离子通路，又不会造成短路。

如果被保护的钢筋混凝土存在因钢筋锈蚀胀裂、剥落或其他原因导致混凝土分层破损，均需凿除这些破损的混凝土保护层，清除钢筋上的锈层。然后对保护区域内混凝土上凿除部位或其他分层部位用水泥基修补材料修复至原断面，必要时应进行加固处理。

在保护范围内，所有需保护的钢筋均应具有良好的电连续性，否则没有电连接的钢筋会发生杂散电流腐蚀；阴极系统和阳极系统之间的短路会使阴极保护系统失效。所以，在实施电化学保护之前，应对钢筋的电连接性和阴极与阳极之间的短路现象进行必要的检测和评定。

A.2.2、A.2.3 为了决定初期保护电流密度，有必要通过阴极极化试验和现场试验决定。

采用电化学保护时，阳极电位正移量与电流成正比，与所用阳极材料的类别而有所不同。

采用外加电流阴极保护时，应确认在工作电流密度下阳极电位不超过析氯电位，以避免在长期的运行过程与阳极接触的混凝土被劣化；对于牺牲阳极方式的阴极保护，牺牲阳极输出电流是由混凝土电阻、钢筋和阳极之间的电位差以及牺牲阳极材料决定的，一般不易控制。在设计时，应设置必要的阳极面积，以获得所需的保护电流密度。

电化学脱盐（再碱化）的电流密度应在考虑阴极的钢筋面积、混凝土的密实性以及污染程度等各种条件后，取适当的值。为确保实施期间的安全性，必须选择对人体的安全电压值。另外，为了让氯离子的脱出或再碱化，大于 $0.5A/m^2$ 的电流密度是必要的。但是如果采用的电流密度过高，电化学脱盐（再碱化）处理会对混凝土产生严重的负面作用。因此，不能随便地增大电流密度。从实际情况来看，一般 $1A/m^2 \sim 2A/m^2$ 的电流密度是合适的。

A.3 检验与验收

A.3.5 电化学保护的准则引自美国腐蚀工程师学会（NACE）1990 制定的 RP0290－90《大气中钢筋混凝土结构外加电流阴极保护推荐性规程》、英国标准 BS7361 的第一部分（1991）、日本土木学会《电气化学防蚀工法设计施工指针（案）》（2001）、欧洲标准 EN 12696《混凝土中钢的阴极保护》（2000）和欧洲标准草案 prEN 14038－1《钢筋混凝土电化学再碱化与脱盐处理—第一部分：再碱化》。按此准则，混凝土中的钢筋是能得到充分保护的。

中华人民共和国行业标准

建筑物倾斜纠偏技术规程

Technical specification for incline-rectifying of buildings

JGJ 270—2012

批准部门：中华人民共和国住房和城乡建设部
施行日期：2 0 1 2 年 1 2 月 1 日

中华人民共和国住房和城乡建设部
公　　告

第1451号

住房城乡建设部关于发布行业标准《建筑物倾斜纠偏技术规程》的公告

现批准《建筑物倾斜纠偏技术规程》为行业标准，编号为JGJ 270－2012，自2012年12月1日起实施。其中，第3.0.7和第5.3.3条为强制性条文，必须严格执行。

本规范由我部标准定额研究所组织中国建筑工业出版社出版发行。

中华人民共和国住房和城乡建设部

2012年8月23日

前　　言

根据住房和城乡建设部《关于印发〈2008年工程建设标准规范制订、修订计划（第一批）〉的通知》（建标［2008］第102号）的要求，规程编制组经广泛调查研究，认真总结实践经验，参考有关国内标准和国际标准，并在广泛征求意见的基础上，编制本规程。

本规程的主要技术内容是：1. 总则；2. 术语和符号；3. 基本规定；4. 检测鉴定；5. 纠偏设计；6. 纠偏施工；7. 监测；8. 工程验收。

本规程中以黑体字标志的条文为强制性条文，必须严格执行。

本规程由住房和城乡建设部负责管理和对强制性条文的解释，由中国建筑第六工程局有限公司负责具体技术内容的解释。执行过程中如有意见或建议，请寄送中国建筑第六工程局有限公司（地址：天津市滨海新区塘沽杭州道72号，邮编：300451）。

本规程主编单位：中国建筑第六工程局有限公司
中国建筑第四工程局有限公司

本规程参编单位：山东建筑大学
广东省建筑科学研究院
天津大学
中国建筑股份有限公司
中国建筑西南勘察设计研究院有限公司
中铁西北科学研究院有限公司
天津中建建筑技术发展有限公司
北京交通大学
江苏东南特种技术工程有限公司
武汉大学设计研究总院
贵州中建建筑科研设计院有限公司
陕西省建筑科学研究院
哈尔滨工业大学
黑龙江省四维岩土工程有限公司

本规程主要起草人员：王存贵　虢明跃　唐业清
刘祖德　王　桢　王成华
王林枫　刘洪波　刘　波
李　林　李今保　李重文
肖绪文　何新东　余　流
杨建江　陆海英　张　鑫
张晶波　张云富　张新民
张立敏　徐学燕　康景文

本规程主要审查人员：周福霖　马克俭　王惠昌
叶观宝　郑　刚　穆保岗
吴永红　朱武卫　马荣全

目　次

1　总则 …………………………………………… 31—5
2　术语和符号 ………………………………… 31—5
2.1　术语 ……………………………………… 31—5
2.2　符号 ……………………………………… 31—5
3　基本规定 ……………………………………… 31—6
4　检测鉴定 ……………………………………… 31—6
4.1　一般规定 ………………………………… 31—6
4.2　检测 ……………………………………… 31—6
4.3　鉴定 ……………………………………… 31—7
5　纠偏设计 ……………………………………… 31—7
5.1　一般规定 ………………………………… 31—7
5.2　纠偏设计计算 …………………………… 31—7
5.3　迫降法设计 ……………………………… 31—8
5.4　抬升法设计 ……………………………… 31—10
5.5　综合法设计 ……………………………… 31—11
5.6　古建筑物纠偏设计 ……………………… 31—11
5.7　防复倾加固设计 ………………………… 31—12
6　纠偏施工 ……………………………………… 31—12
6.1　一般规定 ………………………………… 31—12
6.2　迫降法施工 ……………………………… 31—12
6.3　抬升法施工 ……………………………… 31—14
6.4　综合法施工 ……………………………… 31—14
6.5　古建筑物纠偏施工 ……………………… 31—14
6.6　防复倾加固施工 ………………………… 31—15
7　监测 …………………………………………… 31—15
7.1　一般规定 ………………………………… 31—15
7.2　沉降监测 ………………………………… 31—15
7.3　倾斜监测 ………………………………… 31—16
7.4　裂缝监测 ………………………………… 31—16
7.5　水平位移监测 …………………………… 31—16
8　工程验收 ……………………………………… 31—16
附录A　建筑物常用纠偏方法选择 ……………… 31—16
附录B　建筑物纠偏工程监测记录 ……………… 31—17
附录C　建筑物纠偏工程竣工验收记录 ………… 31—18
本规程用词说明 ………………………………… 31—18
引用标准名录 …………………………………… 31—18
附：条文说明 …………………………………… 31—19

Contents

1 General Provisions ························ 31—5
2 Terms and Symbols ························ 31—5
2.1 Terms ······································ 31—5
2.2 Symbols ···································· 31—5
3 Basic Requirements ························ 31—6
4 Inspection and Appraisal ·············· 31—6
4.1 General Requirements ···················· 31—6
4.2 Inspection ································· 31—6
4.3 Appraisal ·································· 31—7
5 Design for Incline-Rectifying of Buildings ··································· 31—7
5.1 General Requirements ···················· 31—7
5.2 Design and Calculation ················· 31—7
5.3 Design for Incline-Rectifying by Forced Falling Method ················· 31—8
5.4 Design for Incline-Rectifying by Uplifting Method ···················· 31—10
5.5 Design for Incline-Rectifying by Composite Methods ···················· 31—11
5.6 Design for Incline-Rectifying of Historic Buildings ······················· 31—11
5.7 Strengthening Design for Preventing Repeated Incline ······················· 31—12
6 Construction for Incline-Rectifying of Buildings ································ 31—12
6.1 General Requirements ················· 31—12
6.2 Construction for Incline-Rectifying by Forced Falling Method ················ 31—12
6.3 Construction for Incline-Rectifying by Uplifting Method ··················· 31—14
6.4 Construction for Incline-Rectifying by Composite Methods ················ 31—14
6.5 Construction for Incline-Rectifying of Historic Buildings ···················· 31—14
6.6 Strengthening Construction for Preventing Repeated Incline ··········· 31—15
7 Monitoring ································ 31—15
7.1 General Requirements ················ 31—15
7.2 Monitoring of Settlement Deformation ···························· 31—15
7.3 Monitoring of Inclination Deformation ···························· 31—16
7.4 Monitoring of Crack ···················· 31—16
7.5 Monitoring of Horizontal Displacement ··························· 31—16
8 Completion Acceptance ·············· 31—16
Appendix A Selection of General Incline-Rectifying Methods ····· 31—16
Appendix B Monitoring Records for Incline-Rectifying of Buildings ···················· 31—17
Appendix C Completion Acceptance Records for Construction of Incline-Rectifying of Buildings ···················· 31—18
Explanation of Wording in This Specification ······························· 31—18
List of Quoted Standards ················ 31—18
Addition: Explanation of Provisions ···································· 31—19

1 总　　则

1.0.1 为了在建筑物纠偏工程中贯彻执行国家的技术经济政策，做到安全可靠、技术先进、经济合理、确保质量，制定本规程。

1.0.2 本规程适用于建筑物（含构筑物）纠偏工程的检测鉴定、设计、施工、监测和验收。

1.0.3 建筑物纠偏工程应综合考虑工程地质与水文地质条件、基础和上部结构类型、使用状态、环境条件、气象条件等因素。

1.0.4 建筑物纠偏工程的检测鉴定、设计、施工、监测和验收除应符合本规程外，尚应符合国家现行有关标准的规定。

2 术语和符号

2.1 术　　语

2.1.1 纠偏工程　incline-rectifying engineering

采用有效技术措施对已倾斜的建筑物予以纠偏扶正，并达到规定标准的活动。

2.1.2 倾斜角　incline angle

建筑物倾斜后的结构竖直面与原设计的结构竖直面的夹角或基础变位后的底平面与原设计的基底水平面的夹角。

2.1.3 倾斜率　incline rate

倾斜角的正切值。

2.1.4 回倾速率　incline-reverting speed

建筑物纠偏时，顶部固定观测点回倾方向的每日水平变位值。

2.1.5 防复倾加固　strengthening preventing repeated incline

为防止建筑物纠偏后再次倾斜，对其地基、基础或结构进行相应的加固处理。

2.1.6 迫降法　forced falling incline-rectifying method

在倾斜建筑物沉降较小一侧，采取技术措施促使其沉降加大，达到纠偏目的的方法。

2.1.7 抬升法　uplifting incline-rectifying method

在倾斜建筑物沉降较大一侧，采取技术措施抬高基础或结构，达到纠偏目的的方法。

2.1.8 综合法　composite incline-rectifying method

对倾斜建筑物同时采用两种或两种以上方法纠偏，达到纠偏目的的方法。

2.1.9 信息化施工　information construction

通过分析纠偏施工监测数据，及时调整和完善纠偏设计与施工方案，保证施工有效和回倾可控、协调。

2.2 符　　号

2.2.1 几何参数

A——基础底面面积；

a——残余沉降差值；

b——基础底面宽度（最小边长），或纠偏方向建筑物宽度；

d——基础埋置深度；

e'——倾斜建筑物重心到基础形心的水平距离；

Δh_i——计算点抬升量；

H_g——自室外地坪算起的建筑物高度；

L——转动点（轴）至沉降最大点的水平距离；

l_i——转动点（轴）至计算抬升点的水平距离；

S_H——建筑物纠偏顶部水平变位设计控制值；

S_{Hl}——建筑物纠偏前顶部水平变位值；

S_V——建筑物纠偏设计迫降量或抬升量；

S'_V——建筑物纠偏前的沉降差值；

W——基础底面抵抗矩；

x_i、y_i——第 i 根桩至基础底面形心的 y、x 轴线的距离。

2.2.2 物理力学指标

F_k——相应于作用的标准组合时，上部结构传至基础顶面的竖向力值；

F_T——纠偏中的施工竖向荷载；

f_a——修正后的地基承载力特征值；

f_{ak}——地基承载力特征值；

G_k——基础自重和基础上的土重标准值；

M_h——相应于作用的标准组合时，水平荷载作用于基础底面的力矩值；

M_p——作用于倾斜建筑物基础底面的力矩值；

M_{xk}、M_{yk}——相应于作用的标准组合时，作用于倾斜建筑物基础底面形心的 x、y 轴的力矩值；

N_a——抬升点的抬升荷载值；

N_i——第 i 根桩所承受的拔力；

N_{max}——单根桩承受的最大拔力；

p_k——相应于作用的标准组合时，基础底面的平均压力值；

p_{kmax}——相应于作用的标准组合时，基础底面边缘的最大压力值；

p_{kmin}——相应于作用的标准组合时，基础底面边缘的最小压力值；

Q_k——建筑物需抬升的竖向荷载标准值；

R_t——单根桩抗拔承载力特征值；

γ——基础底面以下土的重度；

γ_m——基础底面以上土的加权平均重度。

2.2.3 其他参数

n——抬升点数量；

η_b、η_d——基础宽度和埋深的地基承载力修正系数。

3 基本规定

3.0.1 经过检测鉴定和论证，确认有继续使用或保护价值的倾斜建筑物，可进行纠偏处理。

3.0.2 纠偏指标应符合下列规定：

1 建筑物的纠偏设计和施工验收合格标准应符合表3.0.2的要求；

2 对纠偏合格标准有特殊要求的工程，尚应符合特殊要求。

表3.0.2 建筑物的纠偏设计和施工验收合格标准

建筑类型	建筑高度(m)	纠偏合格标准
建筑物	$H_g \leqslant 24$	$S_H \leqslant 0.004 H_g$
	$24 < H_g \leqslant 60$	$S_H \leqslant 0.003 H_g$
	$60 < H_g \leqslant 100$	$S_H \leqslant 0.0025 H_g$
	$100 < H_g \leqslant 150$	$S_H \leqslant 0.002 H_g$
构筑物	$H_g \leqslant 20$	$S_H \leqslant 0.008 H_g$
	$20 < H_g \leqslant 50$	$S_H \leqslant 0.005 H_g$
	$50 < H_g \leqslant 100$	$S_H \leqslant 0.004 H_g$
	$100 < H_g \leqslant 150$	$S_H \leqslant 0.003 H_g$

注：1 S_H为建筑物纠偏顶部水平变位设计控制值；

2 H_g为自室外地坪算起的建筑物高度。

3.0.3 纠偏工程应由具有相应资质的专业单位承担，技术方案应经专家论证。

3.0.4 建筑物纠偏前，应进行现场调查、收集相关资料；设计前应进行检测鉴定；施工前应具备纠偏设计、施工组织设计、监测及应急预案等技术文件。

3.0.5 纠偏工程应遵循安全、协调、平稳、可控、环保的原则。

3.0.6 纠偏设计应根据检测鉴定结果及纠偏方法，对上部结构、基础的强度和刚度进行验算；对不满足要求的结构构件，应在纠偏前进行加固补强。

3.0.7 纠偏施工应设置现场监测系统，实施信息化施工。

3.0.8 纠偏工程在纠偏施工过程中和竣工后应进行沉降和倾斜监测。

3.0.9 古建筑物纠偏不应破坏古建筑物原始风貌，复原应做到修旧如旧。

3.0.10 纠偏工程的设计与施工不应降低原结构的抗震性能和等级。

4 检测鉴定

4.1 一般规定

4.1.1 建筑物检测鉴定应包括收集相关资料、现场调查、制定检测鉴定方案、检测鉴定和提供检测鉴定报告等步骤。

4.1.2 检测鉴定方案应明确检测鉴定工作的目的、内容、方法和范围。

4.1.3 纠偏工程的检测鉴定成果应满足纠偏设计、施工和防复倾加固等相关工作需要。

4.2 检测

4.2.1 建筑物检测不应影响结构整体稳定性和安全性，不应加速建筑物的倾斜。

4.2.2 应对建筑物沉降、倾斜进行检测；可对建筑物地基和结构进行检测，检测内容根据需要按表4.2.2进行选择。

表4.2.2 建筑物检测内容

项目名称		检测内容
沉降和倾斜检测		各点沉降量、最大沉降量、沉降速率，倾斜值和倾斜率
地基和结构检测	地基	地基土的分层分类、含水量、密度、相对密度、液化、孔隙比、压缩性、可塑性、湿陷性、膨胀性、灵敏度和触变性、承载力特征值、地下水位、地基处理情况等
	基础	基础的类型、尺寸、材料强度、配筋情况及裂损情况等
	上部承重结构	结构类型、布置、传力方式、构件尺寸、材料强度、变形与位移、裂缝、配筋情况、钢材锈蚀、构造及连接等
	围护结构	裂缝、变形和位移、构造及连接等

4.2.3 沉降检测与倾斜检测应符合下列要求：

1 沉降观测点布置应符合现行行业标准《建筑变形测量规范》JGJ 8的有关规定；

2 倾斜观测点布置应能全面反映建筑物主体结构的倾斜特征，宜在建筑物角部、长边中部和倾斜量较大部位的顶部与底部布置；

3 建筑的整体倾斜检测结果应与基础差异沉降间接确定的倾斜检测结果进行对比。

4.2.4 地基检测应符合下列要求：

1 地基检测应采用触探测试查明地层的均匀性和对地层进行力学分层，在黏性土、粉土、砂土层内应采用静力触探，在碎石土层内采用圆锥动力触探；

2 应在分析触探资料的条件上，选择有代表性的孔位和层位取样进行物理力学试验、标准贯入试验、十字板剪切试验；

3 勘察孔距离基础边缘不宜大于0.5m，勘察孔的间距不宜大于8m。

4.2.5 结构检测应符合现行国家标准《建筑结构检

测技术标准》GB/T 50344 的有关规定。

4.3 鉴　　定

4.3.1　建筑物应根据倾斜值、沉降值和结构现状等检测结果，按国家现行标准《工业建筑可靠性鉴定标准》GB 50144、《民用建筑可靠性鉴定标准》GB 50292、《危险房屋鉴定标准》JGJ 125 进行鉴定。

4.3.2　既有结构承载力验算应符合下列规定：

1　计算模型应符合既有结构受力和构造的实际情况；

2　对正常设计和施工且结构性能完好的建筑物，结构或构件的材料强度可取原设计值，其他情况应按实际检测结果取值；

3　结构或构件的几何参数应采用实测值。

4.3.3　建筑物鉴定应按现行国家标准《建筑地基基础设计规范》GB 50007 验算地基承载力和变形性状。

4.3.4　鉴定报告应明确建筑物产生倾斜的原因。

5　纠　偏　设　计

5.1　一　般　规　定

5.1.1　纠偏工程设计前，应进行现场踏勘、了解建筑物使用情况、收集相关资料等前期准备工作，掌握下列相关资料和信息：

1　原设计和施工文件，原岩土工程勘察资料和补充勘察报告，气象资料，地震危险性评价资料；

2　检测鉴定报告；

3　使用及改扩建情况；

4　相邻建筑物的基础类型、结构形式、质量状况和周边地下设施的分布状况、周围环境资料；

5　与纠偏工程有关的技术标准。

5.1.2　纠偏工程设计应包括下列内容：

倾斜建筑物概况、检测与鉴定结论、工程地质与水文地质条件、倾斜原因分析、纠偏目标控制值、纠偏方案比选、纠偏设计、结构加固设计、防复倾加固设计、施工要求、监测点的布置及监测要求等。

5.1.3　纠偏设计应遵循下列原则：

1　防止结构破坏、过量附加沉降和整体失稳；

2　确定沉降量（抬升量）和回倾速率的预警值；

3　考虑纠偏施工对相邻建筑物、地下设施的影响；

4　根据监测数据，及时调整相关的设计参数。

5.1.4　纠偏设计应按倾斜原因分析、纠偏方案比选、纠偏方法选定、结构加固设计、纠偏施工图设计、纠偏方案动态优化等步骤进行。

5.1.5　建筑物纠偏通常采用迫降法、抬升法和综合法等，各种纠偏方法可按本规程附录 A 选用。

5.1.6　防复倾加固应综合考虑建筑物倾斜原因并结合所采用的纠偏方法进行设计。

5.2　纠偏设计计算

5.2.1　纠偏设计计算应包括下列内容：

1　确定纠偏设计迫降量或抬升量；

2　计算倾斜建筑物重心高度、基础底面形心位置和作用于基础底面的荷载值；

3　验算地基承载力及软弱下卧层承载力；

4　验算地基变形；

5　确定纠偏实施部位及相关参数；

6　进行防复倾加固设计计算。

5.2.2　建筑物纠偏需要调整的迫降量或抬升量和残余沉降差值（图 5.2.2），可按下列公式计算：

$$S_V = \frac{(S_{Hl} - S_H)b}{H_g} \qquad (5.2.2\text{-}1)$$

$$a = S'_V - S_V \qquad (5.2.2\text{-}2)$$

式中：S_V——建筑物纠偏设计迫降量或抬升量（mm）；

S'_V——建筑物纠偏前的沉降差值（mm）；

S_{Hl}——建筑物纠偏前顶部水平变位值（mm）；

S_H——建筑物纠偏顶部水平变位设计控制值（mm）；

b——纠偏方向建筑物宽度（mm）；

a——残余沉降差值（mm）；

H_g——自室外地坪算起的建筑物高度（mm）。

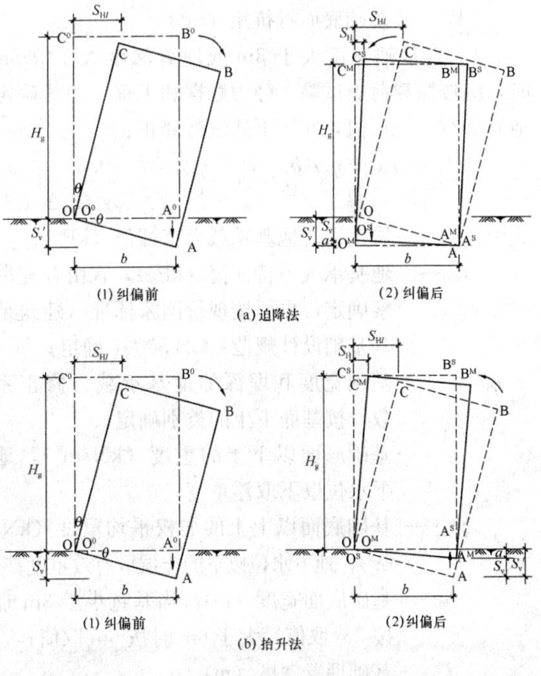

图 5.2.2　纠偏迫降或抬升计算示意

5.2.3　作用于基础底面的力矩值可按下式计算：

$$M_p = (F_k + G_k) \times e' + M_h \qquad (5.2.3)$$

式中：M_p——作用于倾斜建筑物基础底面的力矩值

(kN·m)；

F_k——相应于作用的标准组合时，上部结构传至基础顶面的竖向力值（kN）；

G_k——基础自重和基础上的土重标准值（kN）；

e'——倾斜建筑物基础合力作用点到基础形心的水平距离（m）；

M_h——相应于荷载效应标准组合时，水平荷载作用于基础底面的力矩值（kN·m）。

5.2.4 纠偏工程地基承载力验算应按下列公式计算：

1 基础在偏心荷载作用下，基底最小压力 $p_{kmin}>0$ 时，则基础底面压应力可按下列公式计算：

$$p_k=\frac{F_k+G_k+F_T}{A} \quad (5.2.4\text{-}1)$$

$$\left.\begin{matrix}p_{kmax}\\p_{kmin}\end{matrix}\right.=\frac{F_k+G_k+F_T}{A}\pm\frac{M_p}{W} \quad (5.2.4\text{-}2)$$

式中：p_k——相应于作用的标准组合时，基础底面的平均压力值（kPa）；

p_{kmax}——相应于作用的标准组合时，基础底面边缘的最大压力值（kPa）；

p_{kmin}——相应于作用的标准组合时，基础底面边缘的最小压力值（kPa）；

F_T——纠偏中的施工竖向荷载（kN）；

A——基础底面面积（m^2）；

W——基础底面抵抗矩（m^3）。

2 当基础宽度大于 3m 或埋置深度大于 0.5m 时，应按照载荷板试验、静力触探和工程经验等确定地基承载力特征值，并按下式进行修正：

$$f_a=f_{ak}+\eta_b\gamma(b-3)+\eta_d\gamma_m(d-0.5) \quad (5.2.4\text{-}3)$$

式中：f_a——修正后的地基承载力特征值（kPa）；

f_{ak}——地基承载力特征值（kPa），宜由补充勘察确定，也可按现行国家标准《建筑地基基础设计规范》GB 50007 确定；

η_b、η_d——基础宽度和埋深的地基承载力修正系数，按基底下土的类别确定；

γ——基础底面以下土的重度（kN/m^3），地下水位以下取浮重度；

γ_m——基础底面以上土的加权平均重度（kN/m^3），地下水位以下的土层取有效重度；

b——基础底面宽度（m），当基宽小于 3m 时按 3m 取值，大于 6m 时按 6m 取值；

d——基础埋置深度（m）。

3 基底压力应满足下列公式要求：

轴心受压情况：$p_k\leqslant f_a$ (5.2.4-4)

偏心受压情况：$p_{kmax}\leqslant 1.2f_a$ (5.2.4-5)

5.2.5 纠偏工程桩基承载力应按国家现行标准《建筑地基基础设计规范》GB 50007、《建筑桩基技术规范》JGJ 94、《既有建筑地基基础加固技术规范》JGJ 123 进行验算。

5.3 迫降法设计

5.3.1 迫降法主要包括掏土法、地基应力解除法、辐射井射水法、浸水法、降水法、堆载加压法、桩基卸载法等。

5.3.2 迫降法纠偏设计应符合下列规定：

1 应确定迫降顺序、位置和范围，确保建筑物整体回倾变位协调；

2 计算迫降后基础沉降量，确定预留沉降值；

3 根据建筑物的结构类型、建筑高度、整体刚度、工程地质条件和水文地质条件等确定回倾速率，顶部控制回倾速率宜在 5mm/d～20mm/d 范围内。

5.3.3 位于边坡地段建筑物的纠偏，不得采用浸水法和辐射井射水法。

5.3.4 距相邻建筑物或地下设施较近建筑物的纠偏，不应采取浸水法和降水法。

5.3.5 掏土法设计应符合下列规定：

1 掏土法适用于地基土为黏性土、粉土、素填土、淤泥质土和砂性土等的浅埋基础的建筑物的纠偏工程；

2 确定取土范围、孔槽位置、孔槽尺寸、取土量、取土顺序、批次、级次等设计参数及防止沉降突变的措施；

3 人工掏土法工作槽槽底标高应不超过基础底板下表面以下 0.8m；当沿基础边连续掏土时，基础下水平掏土槽的高度不大于 0.4m，水平掏土深度距建筑物外墙外侧不小于 0.4m；当沿基础边分条掏土时，分条掏土宽度不宜大于 0.6m，高度不宜大于 0.3m，掏土条净间距不宜小于 1.5m，掏土水平总深度不宜超过基础形心线；基础下水平掏土每次掘进深度不宜大于 0.3m；

4 钻孔掏土法的孔间距宜取 0.5m～1.0m，孔的直径宜取 0.1m～0.2m，每级钻孔深度宜为 0.5m～1.5m，孔深不宜超过基础形心线；当同一孔位布置多孔时，两孔之间夹角不应小于 15°；当分层布孔时，孔位应呈梅花状布置；

5 确定取土孔槽的回填材料及回填要求。

5.3.6 地基应力解除法设计应符合下列规定：

1 地基应力解除法适用于厚度较大软土地基上的浅基础建筑物的纠偏工程；

2 根据建筑物场地的工程地质条件、基础形式、附加应力分布范围、回倾量的要求以及施工机具等，确定钻孔的位置、直径、间距、深度等参数及成孔的顺序、批次，确定取土的顺序、批次、级次；

3 钻孔应设置护筒，护筒埋置深度应超过基底平面以下不小于 2.0m；

4 钻孔孔径宜为 0.3m～0.4m，钻孔净间距不宜小于 1.5m，钻孔距基础边缘不宜小于 0.4m，不宜大于 2.0m，成孔深度不宜小于基底以下 3.0m。

5.3.7 辐射井射水法设计应符合下列规定：

1 辐射井射水法适用于地基土为黏性土、淤泥质土、粉土、砂性土、填土等的建筑物的纠偏工程；

2 根据建筑物的整体刚度、基础类型、工程地质和水文地质、场地条件、回倾量的要求等因素确定射水井的位置、尺寸、间距、深度以及射水孔的位置、数量和射水方向等参数，并确定射水的顺序、批次、级次；

3 辐射井应设置在建筑物沉降较小一侧，井外壁距基础边缘不宜小于 0.5m；

4 辐射井应进行稳定验算，井的内径不宜小于 1.2m，混凝土井身的强度等级不应低于 C20，砖强度等级不应低于 MU10，水泥砂浆强度等级不应低于 M5；辐射井应封底，井底至射水孔的距离不宜小于 1.8m，井底至射水作业平台的距离不宜小于 0.5m；

5 射水孔直径宜为 63mm～110mm，射水管直径宜为 43mm～63mm，射水孔竖向位置布置，距基底不宜小于 0.5m；地基有换填层时，射水孔距换填层不宜小于 0.3m；

6 射水孔长度不宜超过基础形心线，最长不宜大于 20m，在平面上呈网格状交叉分布，网格面积不宜小于 $2m^2$；

7 射水压力宜为 0.5MPa～2MPa，流量宜为 30L/min～50L/min，并应根据现场试验性施工调整射水压力及流量。

5.3.8 浸水法设计应符合下列规定：

1 浸水法适用于地基土为含水量低于塑限含水量、湿陷系数 δ_s 大于 0.05 的湿陷性黄土或填土且基础整体刚度较好建筑物的纠偏工程；

2 浸水法应先进行现场注水试验，通过试验确定注水流量、流速、压力和湿陷性土层的渗透半径、渗水量等有关设计参数；注水试验孔距倾斜建筑物不宜小于 5m，试验孔底部应低于基础底面以下 0.5m；一栋建筑物的试验注水孔不宜少于 3 处；

3 根据试验确定的设计参数，计算沉降量与回倾速率，明确注水量、流速、压力和浸水深度，确定注水孔的位置、尺寸、间距、深度；

4 浸水湿陷量可根据土层厚度及土的湿陷性按下式计算：

$$S=\sum_{i=1}^{n}\beta\delta_{si}h_i \qquad (5.3.8)$$

式中：S——浸水湿陷量（mm）；

δ_{si}——第 i 层地基土的湿陷系数；

h_i——第 i 层受水浸湿的地基土的厚度（mm）；

β——基底地基土侧向挤出修正系数，对基底下 0m～5m 深度内取 1.5，对基底下 5m～10m 深度内取 1.0。

5 注水孔深度应达到湿陷性土层，并应低于基础底面以下 0.5m；当地基土中含有透水性较强的碎石类土层或砂性土层时，注水孔的水位应低于渗水碎石类土层或砂性土层底面标高；

6 预留停止注水后的滞后沉降量，对于中等湿陷性地基上的条形基础、筏板基础，滞后沉降量宜为纠偏沉降量的 1/10～1/12；

7 确定注水孔的回填材料及回填要求。

5.3.9 降水法设计应符合下列规定：

1 降水法适用于地下水位较高，可失水固结下沉的粉土、砂性土、黏性土等地基上的浅埋基础或摩擦桩基础且结构刚度较好的建筑物的纠偏工程；

2 应防止对相邻建筑物产生不利影响，当降水井深度范围内有承压水并可能引起相邻建筑物或地下设施沉降时，不得采用降水法；

3 应进行现场抽水试验，确定水力坡度线、水头降低值、抽水量和影响半径等；

4 确定抽水井和观察井的位置、数量和深度，明确抽水顺序、抽水深度；

5 降水后水力坡度线不宜超过基础形心线位置；

6 预留停止抽水后发生的滞后沉降量，滞后沉降量宜为纠偏沉降量的 1/10～1/12；

7 确定抽水井和观察井的回填材料及回填要求。

5.3.10 堆载加压法设计应符合下列规定：

1 堆载加压法适用于地基土为淤泥、淤泥质土、黏性土、湿陷性土和松散填土等建筑物的纠偏工程；

2 确定堆载加压的重量、范围、形状、级次及每级堆载的重量和卸载的时间、重量、级次等；

3 堆载加压宜按外高内低梯形状设计；堆载范围宜从基础外边线起，不宜超过基础形心线；

4 应验算承受堆载的结构构件的承载力和变形，当承载力和变形不能满足要求时，应对结构进行加固设计。

5.3.11 桩基卸载法设计应符合下列规定：

1 验算原桩基的单桩桩顶竖向力标准值和单桩竖向承载力特征值。

2 确定卸载部位、卸载方法和卸载桩数，并确定桩基卸载顺序、批次、级次。

3 应避免桩基失稳和防止建筑物突降。

4 桩顶卸载法适用于原建筑物采用灌注桩的纠偏工程；桩顶卸载法设计应符合下列规定：

1）应计算需要截断的承台下基桩数量和桩基顶部截断的长度，基桩顶部截断长度应大于纠偏设计迫降量；

2）应根据断桩顺序、批次，验算截断桩后的承台承载力，当不满足要求时，应进行加固；

3）采用托换体系截断承台下的桩基时，应对牛腿、千斤顶和拟截断部位以下的桩等形成的托换体系进行设计（图 5.3.11）；应验算托换结构体系的正截面受弯承载力、局部受压承载力和斜截面受剪承载力；千斤顶的选型应根据需支承点的竖向荷载值确定，千斤顶工作荷载取其额定工作荷载的 80%，再取安全系数 2.0；

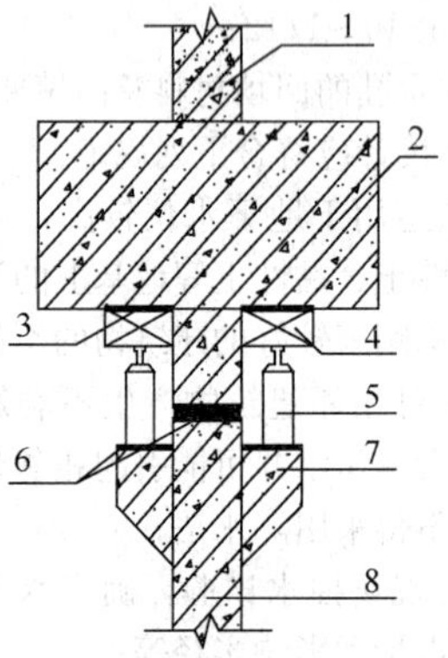

图 5.3.11　断桩托换体系示意

1—原柱；2—原承台；3—埋件；4—垫块；5—千斤顶；6—钢垫板；7—新加牛腿；8—原基桩

4）应进行截断桩的连接节点设计，填充材料宜采用微膨胀混凝土、无收缩灌浆料。

5　桩身卸载法适用于原建筑物采用摩擦桩或端承摩擦桩纠偏工程；桩身卸载法设计应符合下列规定：

1）确定需卸载每根桩的沉降量；

2）确定卸载桩周土的范围与深度；

3）可采用射水、取土、浸水等办法降低桩侧摩阻力；

4）桩身卸载后宜采用灌注水泥浆或水泥砂浆等回填方式填充桩侧土体，恢复桩身摩擦力。

5.4　抬升法设计

5.4.1　抬升法适用于重量相对较轻的建筑物纠偏工程。

5.4.2　抬升法可分为上部结构托梁抬升法、锚杆静压桩抬升法和坑式静压桩抬升法。

5.4.3　建筑物抬升法纠偏设计应符合下列规定：

1　原基础及其上部结构不满足抬升要求时，应先进行加固设计；

2　砖混结构建筑物抬升不宜超过 6 层，框架结构建筑物抬升不宜超过 8 层；

3　抬升托换结构体系的承载力、刚度应符合现行国家标准《混凝土结构设计规范》GB 50010、《钢结构设计规范》GB 50017 的规定，并应在平面内连续闭合；

4　应确定千斤顶的数量、位置和抬升荷载、抬升量等参数；

5　锚杆静压桩抬升法和坑式静压桩抬升法等带基础抬升后的间隙应采用水泥砂浆或微膨胀混凝土填充，水泥砂浆强度不应低于 M5，混凝土强度不应低于 C15。

5.4.4　抬升法设计计算应符合下列规定：

1　抬升力应根据纠偏建筑物上部荷载值确定。

2　抬升点应根据建筑物的结构形式、荷载分布以及千斤顶额定工作荷载确定，对于砌体结构抬升点间距不宜大于 2.0m，抬升点数量可按下式估算：

$$n \geqslant k\frac{Q_k}{N_a} \tag{5.4.4-1}$$

式中：n——抬升点数量（个）；

Q_k——建筑物需抬升的竖向荷载标准值（kN）；

N_a——抬升点的抬升荷载值（kN），取千斤顶额定工作荷载的 80%；

k——安全系数，取 2.0。

3　各点抬升量应按下式计算：

$$\Delta h_i = \frac{l_i}{L}S_V \tag{5.4.4-2}$$

式中：Δh_i——计算点抬升量（mm）；

l_i——转动点（轴）至计算抬升点的水平距离（m）；

L——转动点（轴）至沉降最大点的水平距离（m）；

S_V——建筑物纠偏设计抬升量（沉降最大点的抬升量）（mm）。

5.4.5　上部结构托梁抬升法设计应符合下列规定：

1　砌体结构托梁抬升应在砌体墙下设置托梁或在墙两侧设置夹墙梁形成墙梁体系［图 5.4.5（a）］；

2　砌体结构托梁可按倒置弹性地基墙梁进行设计，其计算跨度为相邻三个支承点的两边缘支点的距离；

3　砌体结构托梁和框架结构连系梁应在平面内连续闭合，并与原结构可靠连接；

4　框架结构托梁抬升应在框架结构首层柱设置托换结构体系［图 5.4.5（b）］；

5　框架结构的托换结构体系应验算正截面受弯承载力、局部受压承载力和斜截面受剪承载力；

6　应确定砌体开洞和抬升间隙的填充材料和要求；

7　结构截断处的恢复连接应满足承载力和稳定性要求。

5.4.6　锚杆静压桩抬升法设计应符合下列规定：

1　锚杆静压桩抬升法适用于粉土、粉砂、细砂、黏性土、填土等地基，采用钢筋混凝土基础且上部结构自重较轻的建筑物纠偏工程；

2　应对建筑物基础的强度和刚度进行验算，当不满足压桩和抬升要求时，应对基础进行加固补强；

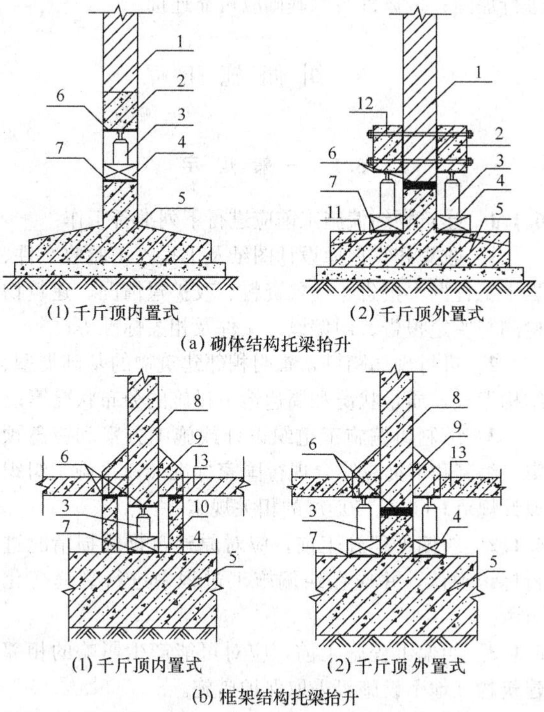

图 5.4.5　上部结构托梁抬升法示意

1—墙体；2—钢筋混凝土托梁；3—千斤顶；4—垫块；5—基础；6—钢垫板；7—钢埋件；8—框架柱；9—新加牛腿；10—支墩；11—基础新增加部分；12—对拉螺栓；13—钢筋混凝土连梁

3　应确定桩端持力层的位置，计算单桩竖向承载力和压桩力，最终压桩力取单桩竖向承载力特征值的 2.0 倍；

4　应确定桩节尺寸、桩身材料和强度、桩节构造和桩节间连接方式；

5　应设计锚杆直径和锚固长度、反力架和千斤顶等，锚杆锚固长度应为（10～12）倍锚杆直径，并不应小于 300mm；

6　应确定压桩孔位置和尺寸，压桩孔孔口每边应比桩截面边长大 50mm～100mm，桩顶嵌入建筑物基础承台内长度应不小于 50mm；

7　封桩应采取持荷封桩的方式，设计封装持荷转换装置，明确封桩要求，锚杆桩与基础钢筋应焊接或加钢板锚固连接，封桩混凝土应采用微膨胀混凝土，强度比原混凝土提高一个等级，且不应低于 C30。

5.4.7　坑式静压桩抬升法设计应符合下列规定：

1　坑式静压桩抬升法适用于黏性土、粉质黏土、湿陷性黄土和人工填土等地基，且地下水位较低，采用钢筋混凝土基础、上部结构自重较轻的建筑物纠偏工程；

2　应对建筑物基础的强度和刚度进行验算，当不满足压桩和抬升要求时，应对基础进行加固补强；

3　应确定桩端持力层的位置，计算单桩竖向承载力和压桩力，最终压桩力取单桩竖向承载力特征值的 2.0 倍；

4　应确定桩截面尺寸和桩长、桩节构造和桩节间连接方式、千斤顶规格型号；预制方桩边长不宜大于 200mm，混凝土强度等级不宜低于 C30；钢管桩直径不宜小于 159mm，壁厚不应小于 8mm；

5　桩位宜布置在纵横墙基础交接处、承重墙基础的中间、独立基础的中心或四角等部位，不宜布置在门窗洞口等薄弱部位；

6　根据桩的位置确定工作坑的平面尺寸、深度和坡度，明确开挖顺序并应计算工作坑边坡稳定；

7　千斤顶拆除应采取桩持荷的方式，设计持荷转换装置，明确荷载转换和千斤顶拆除要求；

8　确定基础抬升间隙的填充材料、工作坑的回填材料及回填要求。

5.5　综合法设计

5.5.1　综合法适用于建筑物体形较大、基础和工程地质条件较复杂或纠偏难度较大的纠偏工程。

5.5.2　综合法应根据建筑物倾斜状况、倾斜原因、结构类型、基础形式、工程地质和水文地质条件、纠偏方法特点及适用性等进行多种纠偏方法比选，选择一种最佳组合，并明确一种或两种主导方法。

5.5.3　选择综合法应考虑所采用的两种及两种以上纠偏方法在实施过程中的相互不利影响。

5.6　古建筑物纠偏设计

5.6.1　古建筑物纠偏设计应根据主要倾斜原因、倾斜及裂损状况、地质条件、环境条件等，综合选择纠偏加固方案，顶部控制回倾速率宜在 3mm/d～8mm/d 范围内。

5.6.2　古建筑物纠偏设计文件除应包括一般纠偏工程设计内容外，尚应包含文物保护、复旧工程等设计内容。

5.6.3　古建筑物纠偏增设或更换构件应具有可逆原性。

5.6.4　纠偏方法宜采用迫降法及综合法；当采用抬升法纠偏时，对基础应进行托换加固设计，对结构应进行临时加固设计。

5.6.5　非地基基础引起的古建筑物倾斜，纠偏设计应避免对原地基的扰动。

5.6.6　因地基基础引起的古建筑物倾斜，纠偏作业部位宜选择在地基、基础或结构下部便于隐蔽的部位；对有地宫的古塔，纠偏部位应选择在地宫下的地基中。

5.6.7　裂损的古建筑物或倾斜量大的古塔，宜先加固后纠偏。

5.6.8　木结构古建筑物，因局部构件腐朽产生的倾斜，腐朽构件更换与纠偏宜同时进行。

5.6.9 位于不稳定斜坡上的古建筑物纠偏，纠偏设计应考虑边坡病害治理和纠偏的相互影响。

5.6.10 位于风景名胜区或居民区的古建筑物，纠偏设计应考虑施工机械噪声、粉尘、施工污水等对文物及环境的影响。

5.6.11 位于地震区的古建筑物和高耸处的古塔纠偏，纠偏设计应考虑抗震、防雷击措施。

5.6.12 安全防护系统的设计必须有两种以上措施保护结构安全，并与应急预案相配套形成多重防护体系。

5.7 防复倾加固设计

5.7.1 防复倾加固主要包括地基加固法、基础加固法、基础托换法、结构调整法和组合加固法等。

5.7.2 建筑物防复倾加固设计应在分析倾斜原因的基础上，按建筑物地基基础设计等级和场地复杂程度、上部结构现状、纠偏目标值、纠偏方法、施工难易程度、技术经济分析等，确定最佳的设计方案。

5.7.3 防复倾加固设计应符合下列规定：

1 应根据工程地质与水文地质条件、上部结构刚度和基础形式，选择合理的抗复倾结构体系，抗复倾力矩与倾覆力矩的比值宜为 1.1～1.3；

2 基底合力的作用点宜与基础底面形心重合；

3 应验算地基基础的承载力与沉降变形，当不满足要求时，应对地基基础进行加固。

5.7.4 高层建筑物或高耸构筑物需设置抗拔桩时，应符合下列规定：

1 单根抗拔桩所承受的拔力应按下式验算：

$$N_i = \frac{F_k + G_k}{n} - \frac{M_{xk}.\,y_i}{\Sigma y_i^2} - \frac{M_{yk}.\,x_i}{\Sigma x_i^2} \tag{5.7.4-1}$$

式中：F_k ——相应于作用的标准组合时，上部结构传至基础顶面的竖向力值（kN）；

G_k ——基础自重和基础上的土重标准值（kN）；

M_{xk}、M_{yk} ——相应于荷载效应标准组合时，作用于倾斜建筑物基础底面形心的 x、y 轴的力矩值；

x_i、y_i ——第 i 根桩至基础底面形心的 y、x 轴线的距离；

N_i ——第 i 根桩所承受的拔力。

2 抗拔锚桩的布置和桩基抗拔承载力特征值应按现行行业标准《建筑桩基技术规范》JGJ 94 的相关规定确定，并应按下式验算：

$$N_{max} \leqslant kR_t \tag{5.7.4-2}$$

式中：N_{max} ——单根桩承受的最大拔力；

R_t ——单根桩抗拔承载力特征值；

k ——系数，对于荷载标准组合，$k = 1.1$；对于地震作用和荷载标准组合，$k = 1.3$。

3 当基础不满足抗拔桩抗拉要求时，应对基础进行加固；抗拔桩与原基础应可靠连接。

6 纠 偏 施 工

6.1 一 般 规 定

6.1.1 建筑物纠偏施工前应进行下列准备工作：

1 收集和掌握原设计图纸及工程竣工验收文件、岩土工程勘察报告、气象资料、改扩建情况、建筑物检测与鉴定报告、纠偏设计文件及相关标准等；

2 进行现场踏勘，查明相邻建筑物的基础类型、结构形式、质量状况和周边地下设施的分布状况等；

3 编制纠偏施工组织设计或施工方案和应急预案，编制和审批应符合现行国家标准《建筑施工组织设计规范》GB/T 50502 的相关规定。

6.1.2 纠偏工程施工前，应对原建筑物裂损情况进行标识确认，并应在纠偏施工过程中进行裂缝变化监测。

6.1.3 纠偏工程施工前，应对可能产生影响的相邻建筑物、地下设施等采取保护措施。

6.1.4 纠偏施工过程中，应分析比较建筑物的纠偏沉降量（抬升量）与回倾量的协调性。

6.1.5 纠偏施工过程中，应同步实施防止建筑物产生突沉的措施。

6.1.6 纠偏工程应实行信息化施工，根据监测数据、修改后的相关设计参数及要求，调整施工顺序和施工方法。

6.1.7 纠偏施工应根据设计的回倾速率设置预警值，达到预警值时，应立即停止施工，并采取控制措施。

6.1.8 建筑物纠偏达到设计要求后，应对工作槽、孔和施工破损面等进行回填、封堵和修复。

6.2 迫降法施工

6.2.1 迫降纠偏应在监测点布设完成并进行初次监测后，方可实施。

6.2.2 迫降法纠偏每批每级施工完成后应有一定时间间隔，时间间隔长短根据回倾速率确定；纠偏施工后期，应减缓回倾速率，控制回倾量。

6.2.3 掏土法纠偏施工应符合下列规定：

1 根据设计文件和施工操作要求，确定辅助工作槽的深度、宽度和坡度及槽边堆土的位置和高度；深度超过 3m 的工作槽应进行边坡稳定计算；槽底应设排水沟和集水井，槽边应设置截水沟；

2 掏土孔（槽）的位置、尺寸和角度应满足设计要求，并应进行编号；分条掏土槽位偏差不应大于 10cm，尺寸偏差不应大于 5cm；钻孔孔位偏差不应大于 5cm，角度偏差不应大于 3°；

3 应先从建筑物沉降量最小的区域开始掏土，隔孔（槽）、分批、分级有序进行，逐步过渡；

4 应测量每级掏土深度，人工掏土每级掏土深度偏差不应大于5cm，钻孔掏土每级掏土深度偏差不应大于10cm；

5 应计量当天每孔（槽）的掏土量，并根据掏土量和纠偏监测数据确定下一步的掏土位置、数量和深度。

6.2.4 地基应力解除法纠偏施工应符合下列规定：

1 施工设备宜采用功率较大的钻孔排泥设备；

2 钻孔的位置、深度和孔径应满足设计要求，钻孔孔位偏差不应大于10cm；

3 钻孔前应埋置护筒，避开地下管线、设施等，护筒高出地面应不小于20cm，并设置防护罩和防下沉措施；

4 钻孔应先从建筑物沉降量最小的区域开始，隔孔分批成孔，首次钻进深度不应超过护筒以下3m；

5 应确定每批取土排泥的孔位，每级取土排泥深度宜为0.3m～0.8m；

6 纠偏施工结束，应封孔后再拔出护筒。

6.2.5 辐射井法纠偏施工应符合下列规定：

1 辐射井井位、射水孔位置和射水孔角度应符合设计要求，辐射井井位偏差不应大于20cm，射水孔应进行编号，射水孔孔位偏差不应大于3cm，角度偏差不应大于3°；射水孔距射水平台不宜小于1.2m；

2 辐射井成井施工应采用支护措施；井口应高出地面不小于0.2m，并设置防护设施；

3 射水孔应设置保护套管，保护套管在基础下的长度不宜小于20cm；

4 射水顺序宜采用隔井射水、隔孔射水；

5 射水水压和流量应满足设计要求，可根据现场试验性施工调整射水压力和流量；

6 射水过程中射水管管嘴应伸到孔底；每级射水深度宜为0.5m～1.0m；

7 应计量排出的泥浆量，估算排土量，并确定下一批次的射水孔号和射水深度；

8 泥浆应集中收集，环保排放。

6.2.6 浸水法纠偏施工应符合下列规定：

1 注水孔位置和深度应符合设计要求，位置偏差不应大于20cm，深度偏差不应大于10cm，注水孔应进行编号；

2 注水孔底和注水管四周应设置保护碎石或粗砂，厚度不宜小于20cm；

3 注水量、流速、压力应符合设计要求，可根据现场施工监测结果调整注水量；

4 应确定各注水孔的注水顺序，注水应隔孔分级注水，每天注水量不应超过该孔注水总量的10%；

5 应避免外来水流入注水孔内。

6.2.7 降水法纠偏施工应符合下列规定：

1 降水井井位、深度应准确，井位偏差不宜大于20cm，并应对井进行编号；

2 打井施工应保证井壁稳定，泥浆应集中收集，环保排放；井口高出地面应不小于0.2m，并应设置防护设施；

3 抽水顺序应采用隔井抽水，降水水位应符合设计要求，根据现场监测结果进行调整；

4 水位观测应准确并做好记录，观测井内不得抽水。

6.2.8 堆载加压法施工应符合下列规定：

1 堆载材料选择应遵循就地取材的原则，选择重量较大、易于搬运码放的材料；

2 堆载前应按设计要求进行结构加固或增设临时支撑，加固材料强度达到设计要求后方可堆载；

3 堆载应分级进行，每级堆载应从建筑物沉降量最小的区域开始，堆载重量不应超过设计规定的重量，当回倾速率满足设计要求后方可进行下一级堆载；

4 卸载时间和卸载量应根据监测的回倾情况、沉降量和地基土回弹等因素确定。

6.2.9 桩基卸载法施工应符合下列规定：

1 桩顶卸载法施工应符合下列要求：

1）根据卸载部位和操作要求，设计工作坑的位置、尺寸和坡度；

2）应保证托换结构插筋与原结构连接牢固，避免破坏原桩内的钢筋；

3）在托换体系的材料强度达到设计要求并检查确认托换体系可靠连接后方可进行截桩；截桩时不应产生过大的振动或扰动，并保证截断面平整；

4）每批截桩应从建筑物沉降量最小的区域开始，每批截桩数严禁超过设计规定；

5）应在截断的桩头上加垫钢板；

6）桩顶卸载应分级进行，单级最大沉降量不应大于10mm，顶部控制回倾速率不应大于20mm/d，每级卸载后应间隔一定时间，当顶部回倾量与本级迫降量协调后方可进行下一级卸载；

7）连接节点的钢筋焊接质量应满足国家现行标准《混凝土结构工程施工质量验收规范》GB 50204、《钢筋焊接及验收规程》JGJ 18和《钢筋焊接接头试验方法标准》JGJ/T 27的规定；连接节点的空隙填充应密实。

2 桩身卸载法施工应符合下列要求：

1）桩周土卸载应两侧对称进行，保留一定范围桩周土；

2）射水初始阶段对部分桩周土射水，应采用较低的射水压力、较小的射水量和持续较短的射水时间；

3）桩身卸载纠偏应分级同步协调进行，每级纠偏时建筑物顶部控制回倾速率不应大于10mm/d，每级卸载后应有一定时间间隔；

4）根据上次纠偏监测数据确定后续的射水位置、范围、深度和时间；

5）纠偏结束后应及时恢复桩身摩擦力，材料回填密实。

6.3 抬升法施工

6.3.1 抬升纠偏前，应进行沉降观测，地基沉降稳定后方可实施纠偏；应复核每个抬升点的总抬升量和各级抬升量，并作出标记。

6.3.2 千斤顶额定工作荷载应根据设计确定，且使用前应进行标定。

6.3.3 托换结构体系应达到设计承载力要求且验收合格后方可进行抬升施工。

6.3.4 抬升过程中，各千斤顶每级的抬升量应严格控制。

6.3.5 抬升纠偏施工期间应避开恶劣天气和周围振动环境的影响。

6.3.6 上部结构托梁抬升法施工应符合下列规定：

1 托换结构内纵筋应采用机械连接或焊接，接头位置避开抬升点；

2 砌体结构托梁施工应分段进行，墙体开洞长度由计算确定；在混凝土强度达到设计强度的75％以后进行相邻段托梁施工；夹墙梁应连续施工，在混凝土强度达到设计强度的100％以后方可进行对拉螺栓安装；

3 框架结构断柱时相邻柱不应同时断开，必要时应采取临时加固措施；

4 对于千斤顶外置抬升，竖向荷载转换到千斤顶后方可进行竖向承重结构的截断施工；对于框架结构千斤顶内置抬升，竖向荷载转换到托换结构后方可进行竖向承重结构的截断施工；

5 应避免结构局部拆除或截断时对保留结构产生较大的扰动和损伤；

6 抬升监测点的布设每柱或每抬升处不应少于一点，并在结构截断前完成；截断施工时，应监测墙、柱的竖向变形和托换结构的异常变形；

7 正式抬升前必须进行一次试抬升；

8 抬升过程中钢垫板应做到随抬随垫，各层垫块位置应准确，相邻垫块应进行焊接；

9 抬升应分级进行，单级最大抬升量不应大于10mm，每级抬升后应有一定间隔时间，当顶部回倾量与本级抬升量协调后方可进行下一级抬升；

10 恢复结构连接完成并达到设计强度后方可拆除千斤顶；当框架结构采用千斤顶内置式抬升时，应先对支墩和新加牛腿可靠连接后再拆除千斤顶。

6.3.7 锚杆静压桩抬升法施工应符合下列规定：

1 反力架应与原结构可靠连接，锚杆应做抗拔力试验；

2 基础中压桩孔开孔宜采用振动较小的方法，并保证开孔位置、尺寸准确；

3 桩位平面偏差不应大于20mm，单节桩垂直度偏差不应大于1％；桩节与节之间应可靠连接；

4 处于边坡上的建筑物，应避免因压桩挤土效应引起建筑物产生水平位移；

5 压桩应分批进行，相邻桩不应同时施工；当桩压至设计持力层和设计压桩力并持荷不少于5min后方可停止压桩；

6 在抬升范围的各桩均达到控制压桩力且试抬升合格后方可进行抬升施工；

7 抬升应分级同步协调进行，单级最大抬升量不应大于10mm，每级抬升后应有一定间隔时间，当顶部回倾量与本级抬升量协调后方可进行下一级抬升；

8 抬升量的监测应每柱或每抬升处不少于一点；

9 基础与地基土的间隙应填充密实，强度应达到设计要求；

10 持荷封桩应采用荷载转换装置，荷载完全转换后方可拆除抬升装置；封桩混凝土达到设计强度后方可拆除转换装置；

11 锚杆静压桩施工除符合本规程的规定外，尚应按现行行业标准《既有建筑地基基础加固技术规范》JGJ 123执行。

6.3.8 坑式静压桩抬升法施工应符合下列规定：

1 工作坑应跳坑开挖，严禁超挖，开挖后应及时压桩支顶；

2 压桩桩位偏差不应大于20mm，各桩段间应焊接连接；

3 压桩施工应保证桩的垂直度，单节桩垂直度偏差不应大于1％；当桩压至设计持力层和设计压桩力并持荷不少于5min后方可停止压桩；

4 在抬升范围内的各桩均达到最终压桩力后进行一次试抬升，试抬升合格后方可进行抬升施工；

5 抬升应分级同步协调进行，单级最大抬升量不应大于10mm，每级抬升后应有一定间隔时间，当顶部回倾量与本级抬升量协调后方可进行下一级抬升；

6 撤除抬升千斤顶应控制基础下沉量和桩顶回弹，千斤顶承受的荷载通过转换装置完全转换后方可拆除千斤顶；

7 基础与地基之间的抬升缝隙应填充密实。

6.4 综合法施工

6.4.1 两种及两种以上纠偏方法组合纠偏施工应确定各种方法的施工顺序和实施时间。

6.4.2 迫降法与抬升法组合不宜同时施工，抬升法实施应在基础沉降稳定后进行。

6.5 古建筑物纠偏施工

6.5.1 纠偏施工前应先落实和完善文物保护措施；

应在文物专家的指导下，对文物、梁、柱及壁画等进行围挡、包裹、遮盖和妥善保护，并应设专人监护。

6.5.2 对需要临时拆除的结构构件，应先从多角度拍照、录像，拆除时应进行编号、登记、按顺序妥善保存。

6.5.3 纠偏施工前应对工人进行文物保护法制教育，施工中若新发现文物古迹，应立即上报文物主管部门，并应停止施工保护好施工现场。

6.5.4 纠偏施工前，应完成结构安全保护和施工安全防护，并保证安全防护系统可靠。

6.5.5 纠偏施工前，应对主要的施工工序、施工工艺和文物保护措施进行试验性实施演练。

6.5.6 当古建筑物倾斜与滑坡、崩塌等地质灾害有关时，应先实施灾害源的治理施工，后进行纠偏施工。

6.5.7 监测点的布置和拆除应减少对古建筑物的损伤，拆除后应按原样做好外观复原工作。

6.5.8 对有地宫的古塔实施纠偏时，应采取防止地下水或施工用水进入地宫的措施。

6.5.9 采用抬升法纠偏时，应先对基础进行加固托换，对结构进行临时加固；抬升前应进行试抬升。

6.5.10 纠偏施工应严格控制回倾速率，做到回倾缓慢、平稳、协调。

6.5.11 纠偏完成后修复防震、防雷系统，并应按原样做好外观复旧工作。

6.6 防复倾加固施工

6.6.1 当建筑物沉降未稳定时，对沉降较大一侧，应先进行防复倾加固施工；对沉降较小一侧，应在纠偏完成后进行防复倾加固施工。

6.6.2 防复倾加固施工应减小对建筑物不均匀沉降的不利影响，严格控制地基附加沉降。

6.6.3 当采用注浆法加固地基时，各种注浆参数应由试验确定，注浆施工应重点控制注浆压力和流量，宜按跳孔间隔、由疏到密，先外围后内部的方式进行。

6.6.4 当采用锚杆静压桩进行防复倾加固施工时，压入锚杆桩应隔桩施工，由疏到密进行；建筑物沉降大的一侧采用持荷封桩法，沉降小的一侧直接封桩。

6.6.5 对于饱和粉砂、粉土、淤泥土或地下水位较高的地基，防复倾加固成孔时不应采用产生较大振动的机械。

6.6.6 防复倾地基加固施工除符合本规程的规定外，尚应按现行行业标准《既有建筑地基基础加固技术规范》JGJ 123 执行。

7 监　　测

7.1 一 般 规 定

7.1.1 纠偏工程施工前，应制定现场监测方案并布设完成监测点。

7.1.2 纠偏工程应对建筑物的倾斜、沉降、裂缝进行监测；水平位移、主要受力构件的应力应变、地下水位、设施与管线变形、地面沉降和相邻建筑物的沉降等监测可选择进行。

7.1.3 沉降监测点、倾斜监测点、水平位移监测点布置应能全面反映建筑物及地基在纠偏过程中的变形特征，并应对监测点采取保护措施。

7.1.4 同一监测项目宜采用两种监测方法，对照检查监测数据；监测宜采用自动化监测技术。

7.1.5 纠偏工程监测频率和监测周期应符合下列规定：

1 施工过程中的监测应根据施工进度进行，施工前应确定监测初始值；

2 施工过程中每天监测不应少于两次，每级次纠偏施工监测不应少于一次；

3 当监测数据达到预警值或监测数据异常时，应立即报告；并应加大监测频率或采用自动化监测技术进行实时监测；

4 纠偏竣工后，建筑物沉降观测时间不应少于6个月，重要建筑、软弱地基上的建筑物观测时间不应少于1年；第一个月的监测频率，每10天不应少于一次；第二、三个月，每15天不应少于一次，以后每月不应少于一次。

7.1.6 监测应由专人负责，并固定仪器设备；监测仪器设备应能满足观测精度和量程的要求，且应检定合格。

7.1.7 每次监测工作结束后，应提供监测记录，监测记录应符合本规程附录B的规定；竣工后应提供施工期间的监测报告；监测结束后应提供最终监测报告。

7.1.8 纠偏监测除应符合本规程外，尚应符合国家现行标准《工程测量规范》GB 50026 和《建筑变形测量规范》JGJ 8 的有关规定。

7.2 沉 降 监 测

7.2.1 纠偏工程施工沉降监测应测定建筑物的沉降值，并计算沉降差、沉降速率、倾斜率、回倾速率。

7.2.2 纠偏沉降监测等级不应低于二级沉降观测。

7.2.3 沉降监测应设置高程基准点，基准点设置不应少于3个；基准点的布设应设置在建筑物和纠偏施工所产生的沉降影响范围以外、位置稳定、易于长期保存的地方，并应进行复测。

7.2.4 沉降监测点布设应能全面反映建筑物及地基变形特征，除满足现行行业标准《建筑变形测量规范》JGJ 8 的有关规定外，尚应沿外墙不大于3m间距布设。

7.2.5 沉降监测报告内容应包括基准点布置图、沉降监测点布置图、沉降监测成果表、沉降曲线图、沉降监测成果分析与评价。

7.3 倾 斜 监 测

7.3.1 建筑物的倾斜监测应测定建筑物顶部监测点相对于底部监测点或上部相对于下部监测点的水平变位值和倾斜方向，并计算建筑物的倾斜率。

7.3.2 倾斜监测方法应根据建筑物特点、倾斜情况和监测环境条件等选择确定。

7.3.3 倾斜监测点宜布置在建筑物的角点和倾斜量较大的部位，并应埋设明显的标志。

7.3.4 倾斜监测报告内容应包括倾斜监测点位布置图、倾斜监测成果表、主体倾斜曲线图，倾斜监测成果分析与评价。

7.4 裂 缝 监 测

7.4.1 裂缝监测内容包括裂缝位置、分布、走向、长度、宽度及变化情况。

7.4.2 裂缝监测应采用裂缝宽度对比卡、塞尺、裂纹观测仪等监测裂缝宽度，用钢尺度量裂缝长度，用贴石膏的方法监测裂缝的发展变化。

7.4.3 纠偏工程施工前，应对建筑物原有裂缝进行观测，统一编号并做好记录。

7.4.4 纠偏工程施工过程中，当监测发现原有裂缝发生变化或出现新裂缝时，应停止纠偏施工，分析裂缝产生的原因，评估对结构安全性的影响程度。

7.4.5 裂缝监测报告内容应包括裂缝位置分布图、裂缝观测成果表、裂缝变化曲线图。

7.5 水平位移监测

7.5.1 靠近边坡地段的倾斜建筑物，应对水平位移和场地滑坡进行监测。

7.5.2 水平位移观测点布置应选择在墙角、柱基及裂缝两边。

7.5.3 水平位移监测方法可选用视准线法、激光准直法、测边角法等方法。

7.5.4 纠偏工程施工过程中，当发现发生水平位移时，必须停止纠偏施工。

7.5.5 水平位移监测报告内容应包括水平位移观测点位布置图、水平位移观测成果表、建筑物水平位移曲线图。

8 工 程 验 收

8.0.1 建筑物的倾斜率达到纠偏设计要求后，方可进行工程竣工验收。

8.0.2 纠偏工程验收的程序和组织应符合现行国家标准《建筑工程施工质量验收统一标准》GB 50300的规定。

8.0.3 纠偏工程合格验收应符合下列规定：

1 纠偏工程的质量应验收合格；

2 质量控制资料应完整；

3 安全及功能检验和抽样检测结果应符合有关规定；

4 观感质量验收应符合要求。

8.0.4 纠偏工程验收应提交下列文件和记录：

1 检测鉴定报告；

2 补充勘察报告；

3 纠偏工程设计文件、图纸会审记录和设计变更文件、竣工图；

4 纠偏施工组织设计或施工方案；

5 竣工验收申请和竣工验收报告；

6 监测报告；

7 质量控制资料记录；

8 其他文件和记录。

8.0.5 建筑物纠偏工程竣工验收记录表应符合本规程附录C的规定。

附录A 建筑物常用纠偏方法选择

A.0.1 浅基础建筑物常用纠偏方法宜按表A.0.1选择。

表A.0.1 浅基础建筑物常用纠偏方法选择

纠偏方法	无筋扩展基础				扩展基础、柱下条形基础、筏形基础			
	黏性土粉土	砂土	淤泥	湿陷性土	黏性土粉土	砂土	淤泥	湿陷性土
掏土法	√	√	√	√	√	√	√	√
辐射井射水法	√	√	△	△	√	√	△	△
地基应力解除法	×	×	√	×	×	×	√	×
浸水法	×	×	×	√	×	×	×	√
降水法	△	√	△	×	△	√	△	×
堆载加压法	√	√	√	√	√	√	√	√
锚杆静压桩抬升法	△	△	×	△	√	√	△	√
坑式静压桩抬升法	△	×	×	△	√	×	×	√
上部结构托梁抬升法	√	√	√	√	√	√	√	√

注：表中符号√表示比较适合；△表示有可能采用；×表示不适于采用。

A.0.2 桩基础建筑物常用纠偏方法宜按表A.0.2选择。

表A.0.2 桩基础建筑物常用纠偏方法选择

纠偏方法	桩基础			
	黏性土、粉土	砂土	淤泥	湿陷性土
辐射井射水法	√	√	√	√
浸水法	×	×	×	√
降水法	△	√	△	×
堆载加压法	△	△	△	△
桩顶卸载法	√	√	√	√
桩身卸载法	√	√	√	√
上部结构托梁抬升法	√	√	√	√

注：表中符号√表示比较适合；△表示有可能采用；×表示不适于采用。

附录B　建筑物纠偏工程监测记录

B.0.1　建筑物纠偏工程沉降监测应按表B.0.1记录。

表B.0.1　建筑物纠偏工程沉降监测记录

第　页　共　页

工程名称：＿＿＿＿＿＿　建设单位：＿＿＿＿＿＿　施工单位：＿＿＿＿＿＿　测量单位：＿＿＿＿＿＿
结构形式：　　基础形式：　　建筑层数：　　仪器型号：　　起算点号：　　起算点高程：

测点编号	初次	第　次			第　次				第　次				第　次				第　次			
	年月日时	年 月 日 时			年 月 日 时				年 月 日 时				年 月 日 时				年 月 日 时			
	高程（m）	本次高程（m）	本次沉降量（mm）	沉降速率（mm/d）	本次高程（m）	本次沉降量（mm）	累计沉降量（mm）	沉降速率（mm/d）	本次高程（m）	本次沉降量（mm）	累计沉降量（mm）	沉降速率（mm/d）	本次高程（m）	本次沉降量（mm）	累计沉降量（mm）	沉降速率（mm/d）	本次高程（m）	本次沉降量（mm）	累计沉降量（mm）	沉降速率（mm/d）
监测间隔时间																				
监测人																				
记录人																				
备注	简要分析及判断性结论																			

B.0.2　建筑物纠偏工程倾斜监测应按表B.0.2记录。

表B.0.2　建筑物纠偏工程倾斜监测记录

第　页　共　页

工程名称：＿＿＿＿＿＿　建设单位：＿＿＿＿＿＿　施工单位：＿＿＿＿＿＿　测量单位：＿＿＿＿＿＿
结构形式：　　建筑层数：　　建筑高度：　　仪器型号：

测点编号	初　次		第　次				第　次				第　次				第　次			
	年 月 日 时		年 月 日 时				年 月 日 时				年 月 日 时				年 月 日 时			
	顶点倾斜值（mm）	倾斜率（‰）	顶点倾斜值（mm）	顶点回倾量（mm）	回倾速率（mm/d）	倾斜率（‰）	顶点倾斜值（mm）	顶点回倾量（mm）	回倾速率（mm/d）	倾斜率（‰）	顶点倾斜值（mm）	顶点回倾量（mm）	回倾速率（mm/d）	倾斜率（‰）	顶点倾斜值（mm）	顶点回倾量（mm）	回倾速率（mm/d）	倾斜率（‰）
平均值																		
监测间隔时间																		
监测人																		
记录人																		
备注	简要分析及判断性结论																	

附录C 建筑物纠偏工程竣工验收记录

C.0.1 建筑物纠偏工程竣工验收记录应按表C.0.1记录。

表C.0.1 建筑物纠偏工程竣工验收记录

工程名称		结构类型		层数/建筑面积	
施工单位		技术负责人		开工日期	
项目经理		项目技术负责人		竣工日期	
序号	项 目	验收记录		验收结论	
1	残留倾斜值				
2	安全和主要使用功能核查及抽查结果	共核查 项，符合要求 项，共抽查 项，符合要求 项			
3	工程资料核查	共 项，经审查符合要求 项，经核定符合规范要求 项			
4	观感质量验收	共抽查 项，符合要求 项，不符合要求 项			
5	综合验收结论				
参加验收单位	建设单位	监理单位	设计单位	施工单位	
	(公章) 单位(项目)负责人 年 月 日	(公章) 总监理工程师 年 月 日	(公章) 单位(项目)负责人 年 月 日	(公章) 单位(项目)负责人 年 月 日	

本规程用词说明

1 为便于在执行本规程条文时区别对待，对要求严格程度不同的用词说明如下：

1）表示很严格，非这样做不可的用词：
正面词采用"必须"，反面词采用"严禁"；

2）表示严格，在正常情况下均应这样做的用词：
正面词采用"应"，反面词采用"不应"或"不得"；

3）表示允许稍有选择，在条件许可时首先应这样做的用词：
正面词采用"宜"，反面词采用"不宜"；

4）表示有选择，在一定条件下可以这样做的，采用"可"。

2 条文中指明应按其他有关标准执行的写法为："应符合……的规定"或"应按……执行"。

引用标准名录

1 《建筑地基基础设计规范》GB 50007

2 《混凝土结构设计规范》GB 50010

3 《钢结构设计规范》GB 50017

4 《工程测量规范》GB 50026

5 《工业建筑可靠性鉴定标准》GB 50144

6 《混凝土结构工程施工质量验收规范》GB 50204

7 《民用建筑可靠性鉴定标准》GB 50292

8 《建筑工程施工质量验收统一标准》GB 50300

9 《建筑结构检测技术标准》GB/T 50344

10 《建筑施工组织设计规范》GB/T 50502

11 《建筑变形测量规范》JGJ 8

12 《钢筋焊接及验收规程》JGJ 18

13 《钢筋焊接接头试验方法标准》JGJ/T 27

14 《建筑桩基技术规范》JGJ 94

15 《既有建筑地基基础加固技术规范》JGJ 123

16 《危险房屋鉴定标准》JGJ 125

中华人民共和国行业标准

建筑物倾斜纠偏技术规程

JGJ 270—2012

条 文 说 明

制 订 说 明

《建筑物倾斜纠偏技术规程》JGJ 270 - 2012，经住房和城乡建设部 2012 年 8 月 23 日以第 1451 号公告批准、发布。

本规程制订过程中，编制组进行了大量的调查研究，总结了我国建筑物纠偏工程领域的实践经验，同时参考了国外先进技术标准，通过试验，取得了建筑物纠偏工程设计、施工、监测和验收的重要技术参数。

为便于广大设计、施工、科研、学校等单位的有关人员在使用本规程时能正确理解和执行条文规定，《建筑物倾斜纠偏技术规程》编制组按章、节、条顺序编制了本规程的条文说明，对条文规定的目的、依据以及执行中需注意的有关事项进行了说明，还着重对强制性条文的强制性理由作了解释。但是，本条文说明不具备与标准正文同等的法律效力，仅供使用者作为理解和把握标准规定的参考。

目　次

1　总则 ……………………………………… 31—22
3　基本规定 …………………………………… 31—22
4　检测鉴定 …………………………………… 31—22
4.1　一般规定 ………………………………… 31—22
4.2　检测 ……………………………………… 31—22
4.3　鉴定 ……………………………………… 31—23
5　纠偏设计 …………………………………… 31—23
5.1　一般规定 ………………………………… 31—23
5.2　纠偏设计计算 …………………………… 31—23
5.3　迫降法设计 ……………………………… 31—24
5.4　抬升法设计 ……………………………… 31—25
5.5　综合法设计 ……………………………… 31—25
5.6　古建筑物纠偏设计 ……………………… 31—25
5.7　防复倾加固设计 ………………………… 31—26
6　纠偏施工 …………………………………… 31—26
6.1　一般规定 ………………………………… 31—26
6.2　迫降法施工 ……………………………… 31—26
6.3　抬升法施工 ……………………………… 31—27
6.4　综合法施工 ……………………………… 31—28
6.5　古建筑物纠偏施工 ……………………… 31—28
6.6　防复倾加固施工 ………………………… 31—28
7　监测 ………………………………………… 31—28
7.1　一般规定 ………………………………… 31—28
7.2　沉降监测 ………………………………… 31—28
7.3　倾斜监测 ………………………………… 31—29
7.4　裂缝监测 ………………………………… 31—29
7.5　水平位移监测 …………………………… 31—29
8　工程验收 …………………………………… 31—29

监测，及时分析监测数据，调整设计与施工参数，做到信息化施工，以控制纠偏风险，保证纠偏效果。

3.0.9 古建筑物是国家乃至世界文化遗产的重要组成部分和展示载体，文物破坏了不能再生，因此，纠偏不应破坏古建筑物原始风貌；古建筑物纠偏复原应符合文物修缮保护相关规定，达到修旧如旧的要求。

1 总 则

1.0.1 本条阐述了编制此规程的目的。随着国家经济的发展，工程建设总量和规模越来越大，因勘察、设计、施工、使用不当或因改扩建荷载变化、受邻近新建工程和自然灾害影响等导致建筑物倾斜时有发生，纠偏相对于拆除后重建具有良好的经济性，符合节约型社会的要求；同时，纠偏工程的设计与施工具有特殊性，应规范建筑物纠偏行为，有效控制纠偏风险，做到安全可靠、技术先进、经济合理、确保质量。

1.0.2 本条规定了本规程的适用范围，适用于倾斜建筑物纠偏工程的检测鉴定、设计、施工、监测和验收全过程。

1.0.4 本条规定了建筑物纠偏工程除符合本规程外，还应遵循国家现行有关标准的规定。如《建筑结构荷载规范》GB 50009、《混凝土结构设计规范》GB 50010、《砌体结构设计规范》GB 50003、《建筑地基基础设计规范》GB 50007、《既有建筑地基基础加固技术规范》JGJ 123 和《建筑地基处理技术规范》JGJ 79 等。

3 基 本 规 定

3.0.1 建筑物发生倾斜后，通常由工程建设单位或相关管理单位（古建筑物或文物建筑）委托具有资质的单位进行检测鉴定，并组织有关专家，依据检测鉴定结论，对建筑物现状进行评估或论证，综合考虑纠偏的技术可行性和经济合理性等因素，确定是否需进行纠偏。

3.0.2 高耸构筑物基础面积小，重心高，倾斜后引起的附加弯矩大，为了减小附加应力对构筑物结构的不利影响，因此本规程规定的构筑物纠偏设计和施工验收标准相对较严。

3.0.3 纠偏工程技术难度高、风险大，技术方案应经过专家论证后执行，专家组成员应当由 5 名及以上符合相关专业要求的专家组成。

3.0.5 纠偏施工过程中保证结构安全至关重要，因此必须做到变形协调，避免结构产生过大附加应力；必须做到回倾和迫降（抬升）平稳可控，防止建筑物发生突沉突变，避免结构损伤、破坏，甚至倒塌。

纠偏建筑物多数处在城区或景区内，对环境保护要求高，因此应对涉及的泥浆排放、施工噪声、扬尘等污染环境的因素采取有效措施，加以控制，实现绿色施工。

3.0.7 由于纠偏工程复杂、涉及的因素多，施工过程中的效果与设计的预期难以一致，必须适时监测，及时分析监测数据，调整设计与施工参数，做到信息化施工，以控制纠偏风险，保证纠偏效果。

4 检 测 鉴 定

4.1 一 般 规 定

4.1.1、4.1.2 既有建筑物的检测鉴定是实施纠偏工程的依据。现场调查是检测鉴定工作的重要环节，大量检测鉴定工程实践表明，程序化地进行现场调查和收集相关资料工作，综合分析并统筹确定检测鉴定工作的范围、内容、方法和深度，可以最大限度地避免出现下列情况：需检测的重要指标遗漏、对某种指标的检测方法不当造成检测结果不可信、鉴定时未进行必要的结构分析或结构分析深度不够、检测鉴定工作的方向和结论出现严重偏差等情况。

4.1.3 本条规定了检测鉴定工作的深度。要求检测鉴定的结果，应能满足倾斜原因分析、纠偏设计与施工和防复倾加固等相关参数或数据要求。

4.2 检 测

4.2.2 地基和结构检测可选用下列方法：

1 基础检测可采取下列方法：

1）进行局部开挖，检查复核基础的类型、尺寸及埋置深度，检查基础开裂、腐蚀或损坏程度；

2）采用钢筋探测仪或剔凿保护层检测钢筋直径、数量、位置和锈蚀情况；

3）采用非破损法或钻孔取芯法测定基础材料的强度；

4）采用局部开挖检查复核桩型和桩径；采用可行方法确定桩身完整性和桩的承载力。

2 上部结构检测可采取下列方法：

1）采用量测法复核结构布置和构件截面尺寸或绘制结构现状图；

2）采用观察和测量仪器，检查主要结构构件的变形、腐蚀、施工缺陷等；采用裂缝观测仪和声波透射法，检测裂缝宽度和深度；

3）采用钢筋探测仪或剔凿保护层，检测钢筋直径、数量、位置、保护层厚度等；采用取样法、腐蚀测量仪法，检测钢筋材质和钢材腐蚀状况；采用酚酞溶液法测定混凝土的碳化深度；

4）采用钻芯法、回弹法、超声回弹综合法等测定混凝土的强度；采用贯入法、回弹法、实物取样法或其他方法检测砖、砂浆的强度；

5）采用现场取样法、超声波探伤法、超声波厚度检测仪法、X光探仪及其他可行方法检测钢结构的材质和焊缝。

4.3 鉴　　定

4.3.3 既有建筑经过多年使用后，其地基承载力会有所变化，一般情况可根据建筑物使用年限、岩土类别、基础底面实际压应力等，考虑地基承载力长期压密提高系数，验算地基承载力和变形特性。如进行地基现状勘察，应按现状勘察资料给出的参数，验算地基承载力和变形特性。

5　纠 偏 设 计

5.1　一 般 规 定

5.1.1 纠偏工程设计前，应收集、掌握大量的相关资料和信息，满足建筑物纠偏设计工作的要求。当原始设计、施工文件缺失时，应在检测与鉴定时补充有关内容；当原岩土工程勘察资料缺失时，应补充岩土勘察；现场踏勘是纠偏工程设计前的重要环节，大量纠偏工程实践表明，程序化地进行现场调查和收集相关资料和信息，结合建筑物的现状实况，综合分析并统筹确定纠偏设计方案至关重要。

5.1.3 纠偏设计应在充分分析计算的基础上，依据工程的具体特点和采取的纠偏方法，提出避免建筑物结构破坏和整体失稳的有针对性控制要点和切实可行的控制措施，为施工提供依据。

对于迫降法，纠偏设计应明确有效措施，控制沉降速率，避免因过大的附加沉降引起结构破坏和整体失稳；对于抬升法，应控制抬升速率和抬升同步性，避免因抬升速率过快、抬升不同步和抬升装置失稳导致结构构件破坏和结构整体失稳。

5.1.5 建筑物纠偏方法通常包括迫降法、抬升法和综合法等。本规程对成熟的、先进的、可靠的纠偏方法进行了规定，具体方法见本规程附录A。除了本规程附录A所列方法外，还有表1和表2所列方法可供选用。表中所列的纠偏方法，应在充分分析倾斜原因的基础上，结合建筑物的结构特点、工程地质、水文地质、周边环境等因素及当地纠偏实践经验合理选择；同时，纠偏工程的检测鉴定、设计、施工、监测及验收尚应符合本规程的有关规定，确保纠偏过程中的结构安全。

表1　浅基础建筑物纠偏方法选择参考

纠偏方法	无筋扩展基础				扩展基础、柱下条形基础、筏形基础			
	黏性土粉土	砂土	淤泥	湿陷性土	黏性土粉土	砂土	淤泥	湿陷性土
卸载反向加压法	√	√	√	√	√	√	√	√
增层加压法	√	√	√	√	√	√	√	√
振捣液化法	△	√	√	×	△	√	√	×
振捣密实法	×	√	×	×	×	√	×	×
振捣触变法	×	×	√	×	×	×	√	×
抬墙梁法	√	√	√	√	√	√	√	√
静力压桩法	√	√	√	√	√	√	√	√
锚杆静压桩法	√	√	△	√	√	√	△	√
地圈梁抬升法	√	√	√	√	√	√	√	√
注入膨胀剂抬升法	√	√	△	√	√	√	△	√
预留法	√	√	√	√	√	√	√	√
横向加载法	√	√	√	√	√	√	√	√

注：表中符号√表示比较适合；△表示有可能采用；×表示不适于采用。

表2　桩基础建筑物纠偏方法选择参考

纠 偏 方 法	桩　基　础			
	黏性土、粉土	砂土	淤泥	湿陷性土
卸载反向加压法	△	△	△	△
增层加压法	√	√	√	√
振捣法	×	√	√	×
承台卸载法	△	△	△	△
负摩擦力法	√	√	△	√

注：表中符号√表示比较适合；△表示有可能采用；×表示不适于采用。

5.1.6 防复倾加固设计应针对建筑物倾斜原因和采取的纠偏方法，考虑下列三个阶段的内容及要求：纠偏前，对于沉降未稳定的建筑物，在沉降较大一侧的限沉加固；纠偏过程中，防止建筑物发生沉降突变的加固；纠偏后，防止建筑物可能再次发生倾斜的加固。

5.2　纠偏设计计算

5.2.3 公式（5.2.3）计算作用于基础底面的力矩值时，荷载参数应取原设计值；当使用功能发生变化，导致使用荷载与原设计发生较大变化时，该部位按实际使用功能的荷载取值计算。

5.2.4 公式（5.2.4-2）适用于 $e' \leqslant b/6$ 时的情况；

当$e' > b/6$时，应按下式计算：

$$p_{kmax} = \frac{2(F_K + G_K + F_T)}{3la} \quad (1)$$

式中：l——垂直于力矩作用方向的基础底面边长；

a——合力作用点至基础底面最大压力边缘的距离。

验算纠偏前基础底面压应力和地基承载力时，纠偏中的施工竖向荷载F_T取值为零；纠偏施工过程增加荷载，验算在未扰动地基前的基础底面压应力和地基承载力时，应考虑纠偏中的增加施工竖向荷载F_T。

5.3 迫降法设计

5.3.2 迫降法纠偏时，控制回倾速率一般控制在5mm/d～20mm/d范围内，基础和结构刚度较大、结构整体性较好时，可取大值；回倾速率在纠偏开始与结束阶段宜取小值。

5.3.3 位于边坡地段的建筑物，采用浸水法和辐射井射水法纠偏，因水的浸泡，会导致地基承载力降低、抗滑力下降、有害变形加大，引起地基失稳，建筑物产生水平位移，发生结构破坏甚至倒塌。

5.3.4 距相邻建筑物或地下设施较近的纠偏工程，采用浸水法或降水法，可能会导致其产生较大的不均沉降，引起相邻建筑物或地下设施发生倾斜或破坏。此外，距被纠工程较近的天然气、煤气、暖气等允许沉降较小的主干管线，慎用浸水法或降水法。

5.3.5 地基土掏土面积可根据掏土后基底压力推算，掏土后基底压力应满足下式要求：

$$1.2f_a > p'_k > f_a \quad (2)$$

式中：f_a——修正后的地基承载力特征值（kPa）；

p'_k——掏土后基底压力（kPa）。

掏土孔水平深度应根据建筑物倾斜情况和基础形式进行确定，水平深度不宜超过基础型心线，以防止掏土过程中建筑物沉降较大一侧产生新的附加沉降。

5.3.6 地基应力解除法是在倾斜建筑物沉降小的一侧，利用机具在基础边缘外侧取土成孔，解除地基土侧向应力，使基底土体侧向挤出变形，达到纠偏目的。

地基应力解除法最早起源于我国沿海、沿江、滨湖软土地区，主要适用于建造在厚度较大的淤泥或软塑黏性土地基上建筑物的纠偏工程。

5.3.7 辐射井法是常用的一种迫降纠偏方法，是在倾斜建筑物沉降小的一侧设置辐射井，在面向建筑物一侧辐射井井壁上留若干个射水孔，由孔内向地基土中压力射水并把土带出孔外，使地基土部分液化或强度降低，加大持力层局部土体附加应力，促使基底土压缩变形，达到纠偏的目的。

辐射井一般设置在建筑物的外侧。对于基础很宽的筏形基础，箱形基础或外侧没有辐射井作业空间的，可以考虑设置在建筑物里面。

常用的射水管直径为43mm～63mm，射水孔不宜过大，防止流沙影响基础。

实践证明，合理的射水孔长度为8m～12m，当射水孔超过20m后，难以控制射水孔的方向和深度。在进行射水孔交叉射水时，其交叉面积不宜小于2m^2，否则射水孔塌孔较快，回倾速率过快，容易造成结构损伤和破坏。

射水井内径大小，要考虑射水作业人员的工作空间，合理的井径为1.5m～1.8m，井的直径小于1.2m时，作业困难。井底距射水作业平台要有0.5m的空间，便于水泵抽泥浆。

5.3.8 浸水法是根据土的湿陷特性，采用人工注水方式使地基产生沉降变形，从而达到纠偏目的。

浸水法的设计参数来自于现场试验，因此，现场试验尤为重要，试验参数要准确计量。

5.3.9 降水法是通过降低建筑物沉降较小一侧的地下水位，引起地基土孔隙水压力降低，使地基产生附加沉降，达到建筑物纠偏的目的。

根据建筑物的倾斜状况、工程地质和水文地质条件，降水法可选用轻型井点降水、大口井降水和沉井降水等方法。

纠偏时，应根据建筑物需要调整的迫降量来确定抽水量大小及水位下降深度，设置若干水位观测井，及时记录水力坡度线下降情况，与实测沉降值比较，以便调整水位。

建筑物附近存在补给水源或降雨丰富时，应采取必要措施，防止地表水、补给水渗入，影响降水效果。

为了防止邻近建筑物发生不均匀沉降，可在邻近建筑物附近设置水位观测井，必要时应设置地下隔水墙等。

5.3.10 堆载加压法是通过在倾斜建筑物沉降较小的一侧增加荷载对地基加压，形成一个与建筑物倾斜相反的力矩，加快该侧的沉降速率，从而达到纠偏的目的。

根据纠偏量的大小计算所需沉降量，结合地基土的性质，计算完成纠偏沉降量所需要施加的附加应力增量，确定应施加的堆载量，堆载重量可根据堆载后基底压力推算，基底压力应不大于1.2倍地基承载力特征值。

为了有效控制建筑物的回倾速率，防止突降引起结构损伤，荷载应分级施加。

堆载设计时应验算建筑物基础和堆载区域相关结构构件的承载力和刚度，当承载力和刚度不足时，进行加固后方可堆载。

采用加压法时，应根据地基土的性质和上部荷载重量，合理考虑卸载后地基反弹的影响。

5.3.11 桩基卸载法是通过消除或减少部分桩的承载力，使建筑物荷载重新分配到其他桩上，迫使桩基产生沉降，达到纠偏目的。

对于采用预制桩的建筑物，托换体系能够可靠传力后方可采用桩顶卸载法。

设计时应考虑工作坑开挖后，原桩摩擦力损失、承台下地基承载力损失及地下水位改变等因素对基础承载力的影响。

5.4 抬升法设计

5.4.1 由于抬升法一般采用千斤顶进行抬升，尽管从理论上来讲可以对任何建筑物进行抬升纠偏，但由于抬升的施工过程改变了原有建筑物某些构件的受力状态，因此基于安全经济合理的考虑，抬升法纠偏的建筑物上部荷载不宜过大。

5.4.2 抬升法纠偏时应结合地质条件、上部结构特点、基础形式以及环境条件等选择合适的抬升方法，选择采用上部结构托梁抬升法、锚杆静压桩抬升法和坑式静压桩抬升法。

5.4.3 对抬升点部位的结构构件，应进行抗压、抗弯及抗冲切强度的验算，不足时应进行补强加固。由于抬升纠偏过程中不可避免的产生一些次应力或改变某些结构构件的受力状态，超出了这些构件原设计中对于构件承载力或变形的要求，加固设计应根据抬升纠偏过程中的最不利状态进行。

抬升法纠偏难度较大，应控制纠偏建筑物的高度；当高度超过限制时，应增加必要的支撑增大结构的整体刚度，同时适当增加托换结构的安全储备，并增设防止建筑物结构整体失稳的保护措施。

抬升点宜选择在上部结构刚度较大位置，如框架柱位置、纵横墙交叉位置或构造柱位置等，同时在荷载分布较大的位置应多布置千斤顶。对于门窗洞口等受力薄弱部位，可采取增大该部位反力梁的刚度等措施。

5.4.4 抬升力根据上部结构荷载的标准组合确定，其中活荷载考虑纠偏过程中上部结构中实际的活荷载。对用托换梁进行抬升时的抬升力为托换梁以上的作用荷载与托换梁自重荷载之和。建筑物由于局部沉降发生的倾斜，或者沉降较小一侧不需抬升时，此时抬升力可以仅考虑局部荷载。

纠偏需要调整的最大抬升量应包括三个内容：建筑物不均匀沉降的调整值、使用功能需要的整体抬升值、地基剩余不均匀变形预估调整值，三者相加确定抬升量。

5.4.5 倒置弹性地基墙梁计算方法依据现行国家标准《砌体结构设计规范》GB 50003 中墙梁的计算方法，将托梁视作墙梁，托梁和上部砌体作为一个组合结构进行计算。

断柱前框架结构上部结构本身属于整体超静定结构，其柱脚为固端，而抬升时框架柱脚为自由端，因此，计算结果与原结构内力结果有一定的改变，为了消除内力改变对结构的影响，托换前增设连系梁相互拉接，可消除柱脚的变位问题。

托换结构体系应计算新加牛腿、托梁、连系梁、支墩、对拉螺栓、预埋钢垫板等构件。

5.4.6 锚杆静压桩抬升法是通过在基础上埋设锚杆固定压桩架，由建筑物的自重作为压桩反力，用千斤顶将桩段从基础中预留或开凿的压桩孔内逐段压入土中，逐根压入后一起抬升建筑物，再将桩与基础连结在一起，从而达到纠偏的目的。

当既有建筑基础的强度和刚度不满足压桩和抬升要求时，除了对基础进行加固补强方法外，也可采用新增钢筋混凝土构件作为压桩和抬升的反力承台。

桩位布置应靠近墙体或柱，对砖混结构桩位应在墙体两侧对称布设，并避开门窗洞口；对框架结构，应在柱的四周对称布设。桩数应由上部荷载及单桩竖向承载力计算确定。

5.4.7 坑式静压桩抬升法是在建筑物沉降大的部位基础下开挖工作坑，以建筑物自重为压载，用千斤顶将预制桩（混凝土桩或钢管桩）分节压入地基土中，再以静压桩为反力支点，通过多个千斤顶同时协调向上抬升建筑物从而达到纠偏的目的。

应明确开挖工作坑的顺序和要求，工作坑坑底距基础底面不宜小于 2.0m。

桩位不宜布置在门窗洞口等薄弱部位，当无法避开时，应对基础进行补强加固或用门窗洞口用原墙体相同材料填充密实。

基础抬升间隙的填充材料宜选用水泥砂浆或混凝土；工作坑可用 3∶7 灰土分层夯填密实，回填至静压桩顶面以下 200mm 处，其余空隙可用 C25 以上混凝土浇筑密实。

5.5 综合法设计

5.5.2、5.5.3 通过大量的纠偏实践验证，在对各纠偏方法进行组合使用时应注意以下几点：

1 在采用迫降法对沉降未稳定，且沉降量、沉降速率较大倾斜建筑物进行纠偏时，应先对建筑物沉降较大的一侧进行限沉，沉降较小一侧的限沉应结合纠偏和防复倾加固同时进行；

2 对于地基承载能力不足造成建筑物发生倾斜的情况，纠偏宜选用能同时提高地基承载能力的纠偏方法，还应考虑多种加固方法对基础的变形协调的影响。

5.6 古建筑物纠偏设计

5.6.1 古建筑物的倾斜原因，一般可归纳为以下几种类型：斜坡不稳定型、地基不均匀沉降型、基础不均匀压缩型、建筑物自身不均匀破坏型和组合型等。在这些原因之中，还应该深入分析导致倾斜的关键。如斜坡不稳定是由于滑坡还是侧向侵蚀造成应力松弛；地基不均匀沉降是岩性不同还是由于含水情况不同以及其他原因；建筑物自身不均匀破坏是差异风化造成或是其他外力作用的结果，如地震、水灾、风力、战争或人为破坏等。

由于古建筑年代久远，结构强度比原来减少较多，加之古建筑的重要性，因此应更加严格控制纠偏的回倾速率。

5.6.3 增设构件是为了保证纠偏施工过程中结构安全所增加的临时构件；对更换原有构件，应持慎重态度，能修补加固的，应设法最大限度地保留原件；必须更换的构件，应在隐蔽处注明更换的时间，更换换下的原物、原件不得擅自处理，应统一由文物主管部门处置。

5.6.4 古建筑物（包括古塔）属于国家宝贵文物，文物不能再生，纠偏必须做到万无一失。为了确保安全稳妥、可控、变位协调，纠偏方法宜采用迫降法及综合法。由于古建筑物年代久远，结构大多为砖、木、石、土等材料构成，砌体胶结强度低，整体性差，结构松散、裂损严重。为避免纠偏过程中倒塌，应先对结构进行加固补强，并采取临时加固措施，再实施纠偏。当采用抬升法纠偏时，应预先对基础进行托换加固，形成整体基础，抬升时直接对托换结构施力，避免对古建筑物造成损坏。

5.6.5 地基经过上部荷载长期作用，压缩变形已经完成，地基已稳定，而且倾斜是由于上部结构荷载偏心或局部构件破坏引起的古建筑物纠偏，设计应避免对原地基的扰动。

5.6.8 由于局部构件腐朽引起的木结构古建筑物倾斜，纠偏设计应分析设计更换构件合理尺寸，通过更换腐朽构件实现纠偏目标。

5.6.9 不稳定斜坡的常用加固措施有：抗滑桩、锚索抗滑桩、挡土墙、扶壁式挡墙、锚索地梁、锚索框架、疏排水设施等。

5.6.11 纠偏工程对古建筑物原来的防震、防雷系统有一定的影响，在纠偏设计中应考虑加强这方面的设防体系，不能因纠偏受到削弱。

5.6.12 因古建筑的特殊性，安全保护必须采用两种以上措施多重设防，如古塔纠偏可采用千斤顶防护、定位墩防护及缆拉防护等，一旦某种措施失效，还有其他措施能确保结构安全，做到有备无患。

5.7 防复倾加固设计

5.7.3 防复倾设计的基本原则是形成反向弯矩，使建筑物的合力矩 $\Sigma M = 0$，从根本上消除引起倾斜的力学原因。抗复倾力矩数值与倾覆力矩数值的比值取为 1.1～1.3，当安全等级高时取大值，反之取小值。

5.7.4 高层建筑和高耸构筑物由于重心高，水平荷载大，偏心距较大，因此防复倾设计时宜设置锚桩体系防止倾斜再次发生。鉴于被纠建筑物已发生过倾斜，再次发生倾斜的概率相对较大，故系数 k 取 1.1 或 1.3。

6 纠偏施工

6.1 一般规定

6.1.1 纠偏工程施工组织设计或施工方案，应根据纠偏设计文件对纠偏施工的特点、难点及纠偏施工风险进行分析，并制定有针对性的控制要点、结构安全防护措施和质量保证措施。

6.1.4 纠偏沉降量（抬升量）与回倾量的协调性对于纠偏工程非常重要，应根据现场实测数据及时验算，如果变形不协调，结构内将产生附加应力，可能导致结构损伤和破坏。

6.1.6 信息化施工是保证结构安全和纠偏效果的重要前提，应及时分析对比监测数据与设计参数的差异，当两者差异较大时，应修改设计参数和设计要求，并调整施工顺序和施工方法，否则有可能达不到纠偏效果，更可能因变形不协调或回倾速率过快，导致结构损伤甚至破坏。

6.1.7 回倾速率预警值一般取设计控制值的 60%～80%，当达到预警值时，应立即停止施工，分析监测数据、施工情况和回倾速率的发展趋势，确定是否采取控制措施，以防止回倾速率过大导致结构损伤或破坏。

6.2 迫降法施工

6.2.2 每级纠偏施工完成后，地基基础和上部结构应力重分布需要一定时间，间隔一段时间是为了避免建筑物发生沉降突变和结构破坏；施工后期减缓回倾速率控制回倾量是为了防止纠偏结束后继续发生过大的沉降，引起过倾。

6.2.3 掏土工作槽的位置、宽度和深度应根据建筑物的基础形式和埋深、地质情况、迫降量以及施工机具设备可操作性等进行确定。

采用钻孔掏土法钻孔深度达到设计深度后，未达到纠偏目标值，继续纠偏宜优先进行复钻。

6.2.4 当因地下管线、设施影响孔位偏差大于 20cm 时，应修改钻孔的位置、深度和孔径等设计参数。

首次钻进深度不宜过大，以防止因成孔引起建筑物突沉。

每批取土排泥的孔位和深度应根据上一级取土排泥量和监测数据分析确定。

6.2.5 由于地质条件复杂性，在正式射水施工前进行试验射水是必要的。要根据试验的射水孔深度、射水时间、压力、出土量等来验证设计参数。当参数调整好后再进行射水作业。

辐射井井位、射水孔孔位的定位十分重要，若偏差过大，射水不能达到指定部位，影响纠偏预期效果。当因障碍井位和孔位超过允许偏差时，应及时对井位和射水孔位置进行调整。

射水孔与基础底板之间设置保护管，防止土体塌方影响射水。射水的顺序应隔井隔孔进行，目的是控制建筑物沉降协调，控制回倾速率，并结合监测进行调整。每1至2轮射水后，测量取土量，并与估算取土量进行对比。每级射水深度宜为0.5m～1.0m，在软土地区每级射水深度宜取小值。

6.2.6 为了控制渗水范围，浸水法纠偏施工开始时，宜先少量注水，根据回倾速率逐步增大注水量。如实际纠偏效果与设计预期不一致，应及时通知设计者，对浸水法参数进行调整，施工中可通过增减个别注水孔水量来调节，使基础沉降协调。

注水孔底和注水管四周设置保护碎石或粗砂，目的是保护注水孔不被堵塞。

避免外来水流入注水孔内，对浸水法纠偏施工至关重要，可采用黏性土对孔周进行封堵，当遇下雨天时，应及时采用防雨布遮盖。

6.2.7 保证降水井成井、回填滤料和洗井的质量，是降水法纠偏成功的关键环节，应严格控制。

降水纠偏过程中，应及时根据降水井和观测井的监测数据对降水效果进行分析。

隔井抽水时，不抽水的井可以作为临时观察井。

6.2.8 堆载对结构安全影响较大，堆载施工前，应按照设计要求完成结构安全保护措施，并保证其使用安全；堆载施工中，必须严格控制每级的堆载重量和形状，防止因堆载过大建筑物产生沉降突变。

为了防止卸载过程中结构应力集中和可能的地基土回弹，卸载应分批分级进行，每级卸载后应有一定间隔时间。

堆载材料可选择袋装的砂、石、土，砖，混凝土砌块等。

6.2.9 截桩时不应产生过大的振动或扰动，主要是为了防止保留桩体局部开裂和保护托换体系安全；截断面平整有利于加垫的钢板均匀受力；断桩垫钢板是防止千斤顶失稳或出现故障时建筑物突沉的措施，故垫钢板要及时。

卸载过程中分级控制迫降量，以避免结构因应力集中而破坏。

施工初期采用较低的射水压力、较小的射水量和较短的射水时间，以防止建筑物因桩基失稳产生突沉。

6.3 抬升法施工

6.3.1 抬升法应在建筑物沉降稳定的前提下实施，当沉降速率较大时，应首先进行限沉。限沉不仅在沉降较大侧实施，必要时沉降较小侧也要限沉。

对每个抬升点的总抬升量和各级抬升量进行复核计算是抬升纠偏施工前应做的一项重要工作，既可对设计进行验证，又可避免因设计不慎导致的错误。

6.3.4 严格控制各千斤顶每级的抬升量，目的是使结构内力有相对充分时间重新分布调整，避免因应力突变导致结构构件损伤。

6.3.6 为使竖向荷载有效转换到千斤顶上，结构截断施工前应顶紧千斤顶。截断施工应采取静力拆除法，以避免截断施工对保留结构产生较大的扰动和损伤。

如果相邻柱同时断开，结构内力重新分布，易导致周边构件应力集中，引起结构构件损伤和破坏。采取临时加固措施是为了保证截断后结构的刚度和整体稳定性，避免结构失稳。

正式抬升前要进行一次试抬升，最大抬升量不宜超过5mm，全面检验各项准备工作是否完备和设备、托换体系、结构本身等是否安全可靠。

每级抬升后的时间间隔确定原则：建筑物顶部实测回倾量与计算的本级抬升顶部回倾量基本一致。

达到纠偏目标后，对砌体结构，应采用混凝土或灌浆料将空隙填实，连成整体，达到设计强度后方可拆除千斤顶。对框架结构，当采用千斤顶内置式抬升时，应使托换体系的支墩与新加牛腿可靠连接后再拆除千斤顶，然后进行结构柱连接施工；当采用千斤顶外置式抬升时，先恢复结构柱连接施工，达到设计强度后再拆除千斤顶。

6.3.7 反力装置应保持竖直，锚杆螺栓的螺帽应紧固，压桩过程中应随时拧紧松动的螺帽。

为了保证桩的垂直度，就位的桩节应保持竖直，使千斤顶、桩节及压桩孔轴线尽可能一致，压桩时应垫钢板或套上钢桩帽后再进行压桩；预制桩节可采用焊接或硫黄胶泥连接；

锚杆静压桩具有对土的挤密效应，一般情况下对地基是有利的，但对处于边坡上的建筑物，其挤土效应有时可能会造成建筑物的水平位移，应引起高度重视。

为了保证压桩力不大于承受的上部荷载，压桩应分批进行，相邻桩不应同时施工。

在抬升过程中，千斤顶同步协调很重要；如果不同步，一方面达不到纠偏效果，另一方面可能会因个别抬升点受力过大，造成抬升装置损坏和锚杆静压桩破坏。

基础与地基土的间隙填充应考虑注料孔布设，孔间距不宜大于2m。

荷载转换装置可采用型钢制作，安装应牢固可靠，保证荷载能够完全转换。

6.3.8 控制开挖工作坑的顺序和及时进行压桩施工并给基础适当的顶力，是为了避免工作坑施工期间因地基接触面积减少导致剩余地基产生过大的附加压应力，防止地基产生新的变形和上部结构产生局部损伤或破坏。

荷载转换装置可参考以下做法：抬升完毕后，将抬升主千斤顶两侧的转换千斤顶同步加压，主千斤顶压力表回零时撤出，再用直径不小于159mm钢管嵌入预制桩顶和基础底面之间，钢管两端应有端板，用钢楔楔紧，将桩顶与钢管下端板焊接牢固，拆除转换千斤顶。

6.4 综合法施工

6.4.1 综合法中各种纠偏方法的施工顺序和实施时间很重要，目的在于充分利用主导方法的优点，避免两种及两种以上方法纠偏在实施过程中的相互不利影响。

6.5 古建筑物纠偏施工

6.5.1 施工单位进场后，应在文物主管部门专家的指导下，先对文物进行保护：将小件文物及易损文物移位保护，对不便移动的文物用草袋、软木、竹夹板等进行防护，安排专人进行看护。

6.5.2 临时拆除结构构件前，除了拍照、录像外，必要时应测量构件尺寸、空间位置尺寸，绘制构件和连接节点图。

6.5.3 纠偏施工触及古建筑物地基和基础时，有时可能会有新的考古发现，如地宫、石牌、老建筑物基础等；若有新的考古发现，应及时上报文物主管部门，并停止施工保护好现场。

6.5.5 实施试验性演练，是为了检验施工方案所确定施工工序、施工工艺和文物保护措施是否正确可行，提前发现问题，让操作人员有一个熟悉的过程，掌握操作要点和方法，避免直接大面积施工对古建筑造成不可挽回的损失。

6.5.6 本条规定了古建筑物先防灾治灾，后纠偏加固的施工原则；对因滑坡、崩塌等地质灾害引起古建筑倾斜严重的情况，在治理地质灾害的同时还应采取措施对古建筑实施保护，控制倾斜的进一步发展。

6.5.8 古塔一般都有地宫，如水进入地宫，会浸泡地基降低承载力，造成附加沉降，甚至会危及上部结构安全；同时，会对地宫里的文物造成侵蚀和损坏。因此，采取有效措施防止地下水和施工用水进入地宫对古塔纠偏至关重要。

6.6 防复倾加固施工

6.6.3 注浆压力和流量是注浆施工中最重要的参数，施工应做好记录，以分析地层空隙、确定注浆的结束条件、预测注浆的效果。

6.6.4 持荷封桩是锚杆静压桩施工的关键工序之一。封桩时应在千斤顶不卸载条件下，采用型钢托换支架，将锚桩与基础底板连接牢固后，拆除反力架。在封装混凝土达到设计强度后，再拆除型钢托换支架。

7 监 测

7.1 一 般 规 定

7.1.1 监测方案是指导施工监测的重要技术文件。由于纠偏工程具有较大的风险性，在纠偏的全过程作好监测，以监测结果指导施工极其重要。监测方案主要内容包括监测目的、监测内容、监测点布置、测量仪器及方法、监测周期、监测项目报警值、监测结果处理要求和反馈制度等。

7.1.3 纠偏工程监测点布置不同于新建建筑物监测点的布置，应根据建筑物的倾斜状况、结构和基础特点、采用的纠偏方法等因素适当加密。

7.1.4 同一监测项目采用两种监测方法，不同监测方法能相互佐证，目的是保证监测数据的准确有效，不会因个别数据失效造成全部监测数据失效。

重大工程的纠偏监测宜采用自动化监测系统与技术，以实现对纠偏过程全天候、实时、自动监测。

7.1.5 纠偏结束后建筑物沉降观测时间不少于6个月，重要建筑物、软弱地基建筑物的沉降观测时间不少于1年。如果在此期间建筑物的沉降稳定，则再观测1次；如果建筑物的沉降速率仍然较大，则应适当延长观测时间。

7.1.7 每次监测数据的及时整理与分析对纠偏工程非常重要，因为监测成果不仅是对上一阶段纠偏效果的验证，更重要的是为调整设计参数及时提供依据，为后续施工提供支持。监测报告应包括沉降监测、倾斜监测、裂缝监测、水平位移监测等内容。

7.2 沉 降 监 测

7.2.2 变形测量精度级别的确定应结合建筑物地基变形允许值确定。根据现行行业标准《建筑变形测量规范》JGJ 8，对于沉降观测点测站高差中误差的测定，其沉降差、基础倾斜、局部倾斜等相对沉降的测定中误差，不应超过变形允许值的1/20；根据本规程确定的每天5mm～20mm的回倾速率，对常见的多层建筑纠偏，沉降观测点测站高差中误差一般在0.18mm～0.72mm之间，二级的沉降观测点测站高差中误差为±0.5mm，因此本规程纠偏沉降监测等级选择不低于二级。

7.2.3 纠偏工程的沉降监测高程系统通常采用独立系统，必要时采用国家高程系统或所在地方的高程系统。纠偏施工期间，高程基准点应至少复测一次；当沉降监测结果出现异常或当测区受到暴雨、振动等外界因素影响时，也需及时进行复测。

7.2.4 纠偏过程中建筑物基础变形协调、上部结构和基础之间变形协调至关重要，它关系到纠偏工程的成败。沉降监测点的加密布置是为了准确反映纠偏过程中建筑物的变形特征，指导和控制纠偏施工行为，以实现建筑物的协调变形。

7.2.5 沉降监测报告，应对建筑物沉降全过程的发展变化进行分析，对纠偏工程竣工后建筑物沉降和倾斜现状进行评价，并对其发展趋势进行评估。

7.3 倾斜监测

7.3.1 计算建筑物的倾斜率，上下测点的高度差应采用实测值。

7.3.2 建筑物倾斜监测，可选用投点法、测水平角法、前方交会法、激光铅直仪法、吊垂球法等监测方法。

7.4 裂缝监测

7.4.3 纠偏施工前，对建筑物裂缝进行观测是一项非常必要的工作，裂缝观测记录各方应签字。

7.5 水平位移监测

7.5.1 靠近边坡地段或滑坡地段倾斜建筑物的水平位移监测至关重要。如果建筑物纠偏过程中发生了水平位移，将会威胁到建筑物的结构安全和人民生命财产安全，因此必须及时进行水平位移监测，以便尽早发现问题，立即采取措施，控制变形发展，避免造成损失。

8 工程验收

8.0.1 当设计要求高于本规程第3.0.2条规定的纠偏合格标准时，纠偏施工应达到设计规定的标准后方可验收。

8.0.3 纠偏工程质量验收的主要内容包括倾斜率、新增部分和恢复部分的建筑、结构、管线等质量验收。

中华人民共和国行业标准

建筑结构体外预应力加固技术规程

Technical specification for strengthening building structures with external prestressing tendons

JGJ/T 279—2012

批准部门：中华人民共和国住房和城乡建设部
施行日期：2 0 1 2 年 5 月 1 日

中华人民共和国住房和城乡建设部
公　　告

第 1227 号

关于发布行业标准《建筑结构体外预应力加固技术规程》的公告

现批准《建筑结构体外预应力加固技术规程》为行业标准，编号为 JGJ/T 279－2012，自 2012 年 5 月 1 日起实施。

本规程由我部标准定额研究所组织中国建筑工业出版社出版发行。

中华人民共和国住房和城乡建设部

2011 年 12 月 26 日

前　　言

根据原建设部《关于印发〈二○○二～二○○三年度工程建设城建、建工行业标准制定、修订计划〉的通知》（建标［2003］104 号）的要求，规程编制组经广泛调查研究，认真总结工程实践经验；参考有关国际标准和国外先进标准，在广泛征求意见的基础上，编制本规程。

本规程的主要技术内容是：1. 总则；2. 术语和符号；3. 基本规定；4. 材料；5. 结构设计；6. 构造规定；7. 防护；8. 施工及验收。

本规程由住房和城乡建设部负责管理，由中国京冶工程技术有限公司负责具体技术内容的解释。执行过程中如有意见和建议，请寄送至中国京冶工程技术有限公司《建筑结构体外预应力加固技术规程》编制组（地址：北京市海淀区西土城路 33 号，邮编：100088）。

本规程主编单位：中国京冶工程技术有限公司
浙江舜杰建筑集团股份有限公司

本规程参编单位：同济大学
中国建筑科学研究院
中冶建筑研究总院有限公司
北京市建筑设计研究院
北京市建筑工程研究院有限责任公司
上海同吉建筑设计工程有限公司
南京工业大学

本规程主要起草人员：尚仁杰　吴转琴　陈坤校
熊学玉　李晨光　李东彬
束伟农　宫锡胜　顾　炜
李延和　仝为民　邵卫平

本规程主要审查人员：陶学康　霍文营　孟少平
郑文忠　李培彬　吴　徽
庄军生　张　瀑　朱尔玉
司毅民　朱　龙

目　次

1　总则 ………………………………… 32—5
2　术语和符号 …………………………… 32—5
2.1　术语 ………………………………… 32—5
2.2　符号 ………………………………… 32—5
3　基本规定 ……………………………… 32—6
3.1　一般规定 …………………………… 32—6
3.2　设计计算原则 ……………………… 32—6
4　材料 …………………………………… 32—6
4.1　混凝土 ……………………………… 32—6
4.2　预应力钢材 ………………………… 32—7
4.3　锚具 ………………………………… 32—7
4.4　转向块、锚固块及连接用材料 …… 32—7
4.5　防护材料 …………………………… 32—7
5　结构设计 ……………………………… 32—7
5.1　一般规定 …………………………… 32—7
5.2　承载能力极限状态计算 …………… 32—9
5.3　正常使用极限状态验算 …………… 32—11
5.4　转向块、锚固块设计 ……………… 32—13
6　构造规定 ……………………………… 32—13
6.1　预应力筋布置原则 ………………… 32—13
6.2　节点构造 …………………………… 32—13
7　防护 …………………………………… 32—13
7.1　防腐 ………………………………… 32—13
7.2　防火 ………………………………… 32—14
8　施工及验收 …………………………… 32—14
8.1　施工准备 …………………………… 32—14
8.2　预应力筋加工制作 ………………… 32—14
8.3　转向块、锚固块安装 ……………… 32—14
8.4　预应力筋安装 ……………………… 32—15
8.5　预应力张拉 ………………………… 32—15
8.6　工程验收 …………………………… 32—15
附录A　体外预应力筋数量估算 ………… 32—17
附录B　转向块、锚固块布置
　　　　及构造 ………………………… 32—17
本规程用词说明 ………………………… 32—20
引用标准名录 …………………………… 32—20
附：条文说明 …………………………… 32—21

Contents

1 General Provisions ······ 32—5
2 Terms and Symbols ······ 32—5
2.1 Terms ······ 32—5
2.2 Symbols ······ 32—5
3 Basic Requirements ······ 32—6
3.1 General Requirements ······ 32—6
3.2 Design and Analysis Principles ······ 32—6
4 Materials ······ 32—6
4.1 Concrete ······ 32—6
4.2 Prestressing Steel ······ 32—7
4.3 Anchorage ······ 32—7
4.4 Deviator, Anchorage Block and Connection Materials ······ 32—7
4.5 Corrosion Protective Material ······ 32—7
5 Structural Design ······ 32—7
5.1 General Requirements ······ 32—7
5.2 Ultimate Limit States ······ 32—9
5.3 Serviceability Limit States ······ 32—11
5.4 Design of Deviator and Anchorage Block ······ 32—13
6 Detailing Requirements ······ 32—13
6.1 Tendon Layout Principles ······ 32—13
6.2 Joint Detailing ······ 32—13
7 Protection ······ 32—13
7.1 Corrosion Protection ······ 32—13
7.2 Fire Resistance ······ 32—14
8 Construction and Acceptance ······ 32—14
8.1 Preparing ······ 32—14
8.2 Assemblage of Prestressing Tendon ······ 32—14
8.3 Installation of Deviator and Anchorage Block ······ 32—14
8.4 Placement of Prestressing Tendon ······ 32—15
8.5 Tensioning of Prestressing Tendon ······ 32—15
8.6 Acceptance ······ 32—15
Appendix A Estimate of External Prestressing Tendon ······ 32—17
Appendix B Layout and Detailing of Deviator and Anchorage Block ······ 32—17
Explanation of Wording in This Specification ······ 32—20
List of Quoted Standards ······ 32—20
Addition: Explanation of Provisions ······ 32—21

1 总 则

1.0.1 为使采用体外预应力加固法进行加固的混凝土建筑结构设计与施工做到安全适用、技术先进、经济合理、确保质量，制定本规程。

1.0.2 本规程适用于房屋建筑和一般构筑物的混凝土结构采用体外预应力加固法进行加固的设计、施工及验收。

1.0.3 混凝土结构加固前，应根据建筑物类别按现行国家标准《工业建筑可靠性鉴定标准》GB 50144和《民用建筑可靠性鉴定标准》GB 50292进行可靠性鉴定。当房屋建筑处于抗震设防区时，应按现行国家标准《建筑抗震鉴定标准》GB 50023进行抗震可靠性鉴定。

1.0.4 混凝土结构采用体外预应力进行加固的设计、施工及验收，除应符合本规程外，尚应符合国家现行有关标准的规定。

2 术语和符号

2.1 术 语

2.1.1 结构加固 strengthening of existing structures

对可靠性不足或使用过程中要求提高可靠度的承重结构、构件及其相关部分，采取增强、局部更换或调整其内力等措施，使其具有满足国家现行标准及使用要求的安全性、耐久性和适用性。

2.1.2 体外预应力加固法 structure member strengthened with external prestressing tendon

通过布置体外预应力束并施加预应力，使既有结构构件的受力得到调整、承载力得到提高、使用性能得到改善的一种主动加固方法。

2.1.3 体外预应力束 external prestressing tendon

布置在混凝土构件截面之外的后张预应力筋及外护套等。

2.1.4 转向块 deviator

改变体外预应力束方向的、与混凝土构件相连接的中间支承块。

2.1.5 锚固块 anchorage block

承受预应力锚具作用并将其传递给混凝土结构的附加锚固装置。

2.1.6 体外预应力二次效应 second-order effect of external prestressing

体外预应力筋与构件横向变形不一致而引起的附加预应力效应。

2.2 符 号

2.2.1 材料性能

E_c——混凝土弹性模量；

E_s——钢筋弹性模量；

f_c——混凝土轴心抗压强度设计值；

f_{tk}、f_t——混凝土轴心抗拉强度标准值、设计值；

f_{ptk}——预应力筋极限强度标准值；

f_{pyk}——预应力螺纹钢筋的屈服强度标准值；

f_y、f'_y——非预应力筋的抗拉、抗压强度设计值；

f_{yv}——受剪计算非预应力筋抗拉强度设计值；

f_{py}——预应力筋的抗拉强度设计值。

2.2.2 作用、作用效应

M——弯矩设计值；

M_1——主弯矩值，即由预加力对截面重心偏心引起的弯矩值；

M_2——由预加力在超静定结构中产生的次弯矩；

M_k、M_q——按荷载效应的标准组合、准永久组合计算的弯矩值；

M_{cr}——受弯构件的正截面开裂弯矩值；

N_2——由预加力在超静定结构中产生的次轴力；

N_{p0}——混凝土法向预应力等于零时预应力筋及非预应力筋的合力；

V——剪力设计值；

w_{max}——按荷载效应的标准组合并考虑长期作用影响计算的最大裂缝宽度；

σ_{pc}——扣除全部预应力损失后，由预应力在抗裂验算边缘产生的混凝土法向预压应力；

σ_{con}——预应力筋的张拉控制应力；

σ_{p0}——预应力筋合力点处混凝土法向应力等于零时的预应力筋应力；

σ_{pe}——预应力筋的有效预应力；

σ_{pu}——体外预应力筋的应力设计值；

σ_l——预应力筋在相应阶段的预应力损失值。

2.2.3 几何参数

A——构件截面面积；

A_0——构件换算截面面积；

A_p——构件受拉区体外预应力筋截面面积；

A_s——构件受拉区非预应力筋截面面积；

b——矩形截面宽度，T形、I形截面的腹板宽度；

B——受弯构件的截面刚度；

B_s——受弯构件的短期截面刚度；

h——截面高度；

h_p——预应力筋合力点至受压区边缘的距离；

h_s——非预应力筋合力点至受压区边缘的距离；

I——截面惯性矩；

I_0——换算截面惯性矩；

W——截面受拉边缘的弹性抵抗矩；

W_0——换算截面受拉边缘的弹性抵抗矩。

2.2.4 计算系数及其他

α_E——钢筋弹性模量与混凝土弹性模量的比值；

β_1——矩形应力图受压区高度与中和轴高度（中和轴到受压区边缘的距离）的比值；

γ——混凝土构件的截面抵抗矩塑性影响系数；

λ——计算截面的剪跨比；

κ——考虑孔道每米长度局部偏差的摩擦系数；

μ——摩擦系数；

ρ——纵向受力钢筋的配筋率；

θ——考虑荷载长期作用对挠度增大的影响系数；

ψ——裂缝间纵向受拉钢筋应变不均匀系数。

3 基本规定

3.1 一般规定

3.1.1 体外预应力加固法可用于下列情况的混凝土构件加固：

1 提高结构与构件的承载能力；

2 减小结构构件正常使用中的变形或裂缝宽度；

3 既有结构处于高应力、应变状态，且难以直接卸除其结构上的荷载；

4 抗震加固及其他特殊要求的加固。

3.1.2 既有结构的混凝土强度等级不宜低于C20。

3.1.3 既有混凝土结构需进行体外预应力加固时，应按鉴定结论和委托方提出的要求，由具有相应资质等级的设计单位进行加固设计。

3.1.4 加固后的混凝土结构安全等级应根据结构破坏后果的严重性、结构重要性、既有结构可靠性鉴定结果和加固设计使用年限，由委托方和设计单位按实际情况确定。结构加固设计使用年限应根据既有结构的使用年限、可靠性鉴定结果和使用要求确定。

3.1.5 混凝土结构的体外预应力加固设计应考虑施工工艺的可行性，合理选用预应力锚固体系，保证受力合理、施工方便。

3.1.6 对高温、高湿、低温、冻融、化学腐蚀、振动、温度应力、地基不均匀沉降等影响因素引起的既有结构损坏，应在加固设计文件中提出防治对策，并应按设计要求进行治理和加固。

3.1.7 对加固过程中可能出现倾斜、失稳、过大变形或坍塌的混凝土结构，应在加固设计文件中提出相应的施工安全和施工监测要求，施工单位应严格执行。

3.1.8 未经技术鉴定或设计许可，不得改变加固后结构的用途和使用环境。

3.2 设计计算原则

3.2.1 采用体外预应力加固混凝土结构时，应对结构的整体进行作用（荷载）效应分析，并应进行承载能力极限状态计算和正常使用极限状态验算。

3.2.2 加固设计中，应按下列规定进行承载能力极限状态和正常使用极限状态的设计及验算：

1 结构上的作用，应经调查或检测核实，并应根据现行国家标准《混凝土结构加固设计规范》GB 50367的规定确定其标准值或代表值。结构上的作用已在可靠性鉴定中确定时，宜在加固设计中引用。

2 既有结构的加固计算模型，应符合其实际受力和构造状况；作用效应组合和组合值系数及作用的分项系数，应按现行国家标准《建筑结构荷载规范》GB 50009确定。

3 结构的几何尺寸，对既有结构应采用实测值；对新增部分，可采用加固设计文件给出的名义值。

4 既有结构钢筋强度标准值和混凝土强度等级宜采用检测结果推定的标准值，当材料的性能符合原设计要求时，可采用原设计的标准值。

5 超静定结构应考虑体外预应力对相邻构件内力的影响以及预应力产生的次内力对结构内力的影响。

6 加固后构件刚度发生变化时，整体静力计算和抗震计算应考虑刚度变化对内力分配的影响。

3.2.3 既有结构为普通混凝土结构时，体外预应力束配筋截面积应符合下列规定：

1 混凝土板、简支梁、框架梁跨中：

$$A_p \leqslant 4\frac{f_y h_s}{\sigma_{pu} h_p} A_s \tag{3.2.3-1}$$

2 框架梁梁端：

一级抗震等级

$$A_p \leqslant 2\frac{f_y h_s}{\sigma_{pu} h_p} A_s \tag{3.2.3-2}$$

二、三级抗震等级

$$A_p \leqslant 3\frac{f_y h_s}{\sigma_{pu} h_p} A_s \tag{3.2.3-3}$$

式中：σ_{pu}——体外预应力筋的应力设计值（N/mm^2）；

f_y——非预应力筋的抗拉强度设计值（N/mm^2）；

h_s、h_p——非预应力筋合力点、预应力筋合力点至受压区边缘的距离（mm）；

A_s、A_p——构件受拉区非预应力筋截面面积、体外预应力筋截面面积（mm^2）。

3.2.4 既有结构为预应力混凝土结构时，应综合考虑加固前和加固后的预应力度，保证结构的延性要求。

4 材　　料

4.1 混凝土

4.1.1 体外预应力加固采用的混凝土强度不应低于C30。

4.2 预应力钢材

4.2.1 体外预应力束的选用应根据结构受力特点、环境条件和施工方法等确定，体外预应力束的预应力筋可采用预应力钢绞线、预应力螺纹钢筋，并宜采用涂层预应力筋或二次加工预应力筋。

4.2.2 预应力钢绞线和预应力螺纹钢筋的屈服强度标准值（f_{pyk}）、极限强度标准值（f_{ptk}）及抗拉强度设计值（f_{py}）应按表 4.2.2 采用。

表 4.2.2 预应力钢绞线和预应力螺纹钢筋的强度标准值及抗拉强度设计值（N/mm^2）

种类		符号	公称直径 d (mm)	屈服强度标准值 f_{pyk}	极限强度标准值 f_{ptk}	抗拉强度设计值 f_{py}
预应力螺纹钢筋	螺纹	ϕ^T	18、25、32、40、50	785	980	650
				930	1080	770
				1080	1230	900
钢绞线	1×3	ϕ^S	8.6、10.8、12.9	—	1570	1110
				—	1860	1320
				—	1960	1390
	1×7		9.5、12.7、15.2、17.8	—	1720	1220
				—	1860	1320
				—	1960	1390
			21.6		1860	1320

4.2.3 预应力筋弹性模量（E_p）应按表 4.2.3 采用，对于重要的工程，钢绞线可采用实测的弹性模量。

表 4.2.3 预应力筋弹性模量（$\times 10^5 N/mm^2$）

种类	E_p
预应力螺纹钢筋	2.00
钢绞线	1.95

4.2.4 涂层预应力筋可采用镀锌钢绞线和环氧涂层预应力钢绞线，当防腐材料为灌注水泥浆时，不应采用镀锌钢绞线。涂层预应力筋性能应符合下列规定：

1 镀锌钢绞线的规格和力学性能应符合国家现行标准《高强度低松弛预应力热镀锌钢绞线》YB/T 152 的规定；

2 环氧涂层预应力钢绞线的性能应符合国家现行标准《环氧涂层七丝预应力钢绞线》GB/T 21073 和《填充型环氧涂层钢绞线》JT/T 737 的规定。

4.2.5 二次加工钢绞线可采用无粘结预应力钢绞线，其规格和性能指标应符合现行行业标准《无粘结预应力钢绞线》JG 161 的规定。

4.3 锚具

4.3.1 体外预应力加固用锚具和连接器的性能应符合国家现行标准《预应力筋用锚具、夹具和连接器》GB/T 14370 和《预应力筋用锚具、夹具和连接器应用技术规程》JGJ 85 的规定，并宜选用结构紧凑、锚固回缩值小的锚具。

4.3.2 锚具应满足分级张拉、补张拉和放松拉力等张拉工艺的要求。

4.4 转向块、锚固块及连接用材料

4.4.1 转向块、锚固块的材料性能应符合现行国家标准《碳素结构钢》GB/T 700、《低合金高强度结构钢》GB/T 1591、《一般工程用铸造碳钢件》GB/T 11352 的有关规定。

4.4.2 转向块、锚固块与既有结构的连接用材料性能应符合现行行业标准《混凝土结构后锚固技术规程》JGJ 145 的规定。

4.5 防护材料

4.5.1 体外束的外套管可采用钢管或高密度聚乙烯（HDPE）管等。对不可更换的体外束，可在管内灌注水泥浆；对可更换的体外束，管内应灌注专用防腐油脂。

4.5.2 灌浆用水泥应采用普通硅酸盐水泥，并应符合现行国家标准《通用硅酸盐水泥》GB 175 的规定。

4.5.3 外加剂的技术性能及应用方法应符合现行国家标准《混凝土外加剂》GB 8076、《混凝土外加剂应用技术规范》GB 50119 等的规定。

4.5.4 水泥浆水胶比及其性能应符合现行国家标准《混凝土结构工程施工规范》GB 50666 的有关规定。

4.5.5 专用防腐油脂的技术性能应符合现行行业标准《无粘结预应力筋专用防腐润滑脂》JG 3007 的规定。

4.5.6 防火涂料的技术性能应符合现行国家标准《钢结构防火涂料》GB 14907 的规定。

5 结构设计

5.1 一般规定

5.1.1 体外预应力加固超静定混凝土结构，在进行承载力极限状态计算和正常使用极限状态验算时，应考虑预应力次弯矩、次剪力、次轴力的影响。对于承载力极限状态，当预应力作用效应对结构有利时，预应力作用分项系数应取 1.0，不利时应取 1.2；对正常使用极限状态，预应力作用分项系数应取 1.0。体外预应力配筋截面积可按本规程附录 A 的方法估算。

5.1.2 体外预应力加固超静定混凝土结构，计算截面的次弯矩（M_2）和次轴力（N_2）宜按下列公式计算：

$$M_2 = M_r - M_1 \quad (5.1.2\text{-}1)$$

$$N_2 = N_r - N_1 \quad (5.1.2\text{-}2)$$

$$M_1 = N_1 e_{p1} \quad (5.1.2\text{-}3)$$

式中：M_r、N_r——由预加力的等效荷载在结构构件截面上产生的综合弯矩值（N·mm）、综合轴力值（N）；

M_1——主弯矩值，即预加力对计算截面重心偏心引起的弯矩值（N·mm）；

N_1——主轴力值，即计算截面预加力在构件轴线上的分力（N），当预应力筋弯起角度很小时，可近似取$\sigma_{pe}A_p$；

e_{p1}——截面重心至预加力合力点距离（mm）。

次剪力宜根据构件各截面次弯矩的分布按结构力学方法计算。

5.1.3 体外预应力筋的预应力损失值可按表5.1.3的规定计算。

表5.1.3 体外预应力筋的预应力损失值（N/mm²）

引起损失的因素		符号	取　　值
张拉端锚具变形和预应力筋内缩		σ_{l1}	按本规程第5.1.4条的规定计算
预应力筋摩擦	与孔道壁之间的摩擦	σ_{l2}	按本规程第5.1.5条的规定计算
	在转向块处的摩擦		按本规程第5.1.5条的规定计算
	张拉端锚口摩擦		按实测值或厂家提供数据确定
预应力筋应力松弛		σ_{l4}	按本规程第5.1.6条的规定计算
混凝土收缩和徐变		σ_{l5}	按本规程第5.1.7条的规定计算

注：孔道指张拉前已固定的孔道。

5.1.4 直线预应力筋因张拉端锚具变形和预应力筋内缩引起的预应力损失值（σ_{l1}）可按下式计算：

$$\sigma_{l1} = \frac{a}{l}E_p \quad (5.1.4)$$

式中：a——张拉端锚具变形和预应力筋内缩值（mm），可按表5.1.4采用；

l——张拉端至锚固端之间的距离（mm）。

表5.1.4 张拉端锚具变形和预应力筋内缩值 *a*（mm）

锚具类别		a
支承式锚具	螺帽缝隙	1
	每块后加垫板的缝隙	1
夹片式锚具	有顶压时	5
	无顶压时	6～8

5.1.5 预应力筋摩擦引起的预应力损失值（σ_{l2}）可按下列规定计算：

1 预应力螺纹钢筋

$$\sigma_{l2} = 0 \quad (5.1.5\text{-}1)$$

2 预应力钢绞线

$$\sigma_{l2} = \sigma_{con}(1 - e^{-\kappa x - \mu\theta}) \quad (5.1.5\text{-}2)$$

式中：σ_{con}——体外预应力筋张拉控制应力（N/mm²），按本规程第8.5.2条取值；

x——张拉端至计算截面固定孔道长度累计值（m），当$x \leqslant 2$m时，可忽略；

θ——张拉端至计算截面预应力筋转角累计值（rad）；

κ——考虑孔道每米长度局部偏差的摩擦系数（1/m），可按表5.1.5采用；

μ——预应力筋与孔道壁之间的摩擦系数，可按表5.1.5采用。

表5.1.5 摩擦系数取值

孔道材料、成品束类型	κ	μ
钢管穿光面钢绞线	0.001	0.30
HDPE管穿光面钢绞线	0.002	0.13
无粘结预应力钢绞线	0.004	0.09

注：表中系数也可根据实测数据确定；当孔道采用不同材料时，应分别考虑，分段计算。

5.1.6 预应力筋应力松弛引起的预应力损失值（σ_{l4}）可按下列规定计算：

1 预应力螺纹钢筋

$$\sigma_{l4} = 0.03\sigma_{con} \quad (5.1.6\text{-}1)$$

2 预应力钢绞线

1） 当$\sigma_{con} \leqslant 0.5f_{ptk}$时，取$\sigma_{l4} = 0$；

2） 当$0.5f_{ptk} < \sigma_{con} \leqslant 0.7f_{ptk}$时：

$$\sigma_{l4} = 0.125\left(\frac{\sigma_{con}}{f_{ptk}} - 0.5\right)\sigma_{con} \quad (5.1.6\text{-}2)$$

5.1.7 混凝土收缩和徐变引起的预应力损失终极值（σ_{l5}）可按下列规定计算：

1 对一般建筑结构构件

$$\sigma_{l5} = \frac{55 + 300\dfrac{\sigma_{pc}}{f'_{cu}}}{1 + 15\rho} \quad (5.1.7\text{-}1)$$

$$\rho = (A_p + A_s)/A \quad (5.1.7\text{-}2)$$

式中：σ_{pc}——受拉区体外预应力筋合力点高度处的混凝土法向压应力（N/mm²），当预应力筋位于截面受拉边缘外时，可假设预应力筋合力点高度处有混凝土并按平截面假定计算；

f'_{cu}——施加预应力时既有结构混凝土立方体抗压强度（N/mm²）；

ρ——受拉区预应力筋和非预应力筋的配筋率。

计算受拉区体外预应力筋合力点高度处的混凝土法向压应力（σ_{pc}）时，预应力损失值应仅考虑混凝土预压前（第一批）的损失；σ_{pc}值不得大于$0.5f'_{cu}$；同一段体外预应力筋取其平均值计算。

2 当结构处于年平均相对湿度低于40%的环境下，σ_{l5}值应增加30%。

3 既有结构混凝土浇筑完成后时间超过5年时，σ_{l5}值可取0。

4 对重要的建筑结构构件，当需要考虑与时间相关的混凝土收缩、徐变及预应力筋应力松弛预应力损失值时，可按现行国家标准《混凝土结构设计规范》GB 50010进行计算。

5.1.8 体外预应力加固进行分批张拉时，应考虑后批张拉预应力筋所产生的混凝土弹性压缩对于先批预应力筋的影响，可将先批张拉的预应力筋张拉控制应力增加$\alpha_E\sigma_{pci}$。

注：σ_{pci}为后批张拉预应力筋在先批张拉预应力筋重心处所产生的混凝土法向压应力，同一体外段取其平均值计算，当预应力筋位于截面受拉边缘外时，可假设预应力筋高度处有混凝土并按平截面假定计算。

5.1.9 体外预应力筋的应力设计值（σ_{pu}）可按下式计算：

$$\sigma_{pu}=\sigma_{pe}+\Delta\sigma_p \qquad (5.1.9)$$

式中：σ_{pe}——有效预应力值（N/mm^2）；

$\Delta\sigma_p$——预应力增量，正截面受弯承载力计算时：对于简支受弯构件$\Delta\sigma_p$取为100N/mm²，连续、悬臂受弯构件$\Delta\sigma_p$取为50N/mm²；斜截面受剪承载力计算时：$\Delta\sigma_p$取为50N/mm²。

5.2 承载能力极限状态计算

5.2.1 矩形截面或翼缘位于受拉边的倒T形截面受弯构件（图5.2.1），其正截面受弯承载力应符合下列规定：

$$M\leqslant\sigma_{pu}A_p\left(h_p-\frac{x}{2}\right)+f_yA_s\left(h-a_s-\frac{x}{2}\right)+f'_yA'_s\left(\frac{x}{2}-a'_s\right) \qquad (5.2.1\text{-}1)$$

混凝土受压区高度应按下式确定：

$$\alpha_1f_cbx=f_yA_s-f'_yA'_s+\sigma_{pu}A_p \qquad (5.2.1\text{-}2)$$

混凝土受压区高度（x）尚应符合下列条件：

$$x\leqslant\xi_bh_0 \qquad (5.2.1\text{-}3)$$

$$x\geqslant2a'_s \qquad (5.2.1\text{-}4)$$

式中：M——弯矩设计值（N·mm）；

α_1——系数，当混凝土强度等级不超过C50时取为1.0，当混凝土强度等级为C80时取为0.94，其间按线性内插法确定；

A_s、A'_s——既有结构受拉区、受压区纵向非预应力筋的截面面积（mm^2）；

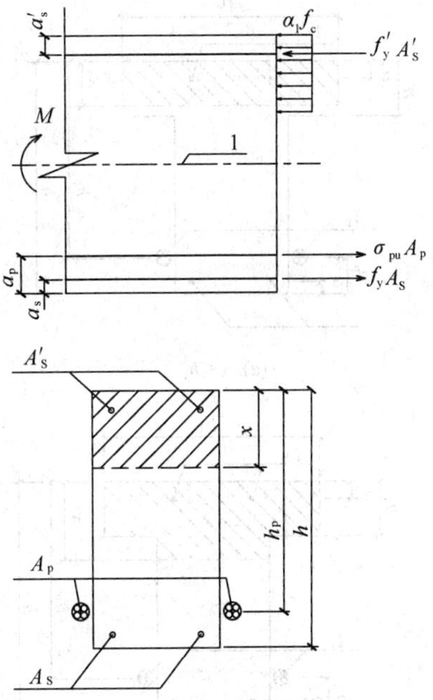

图5.2.1 矩形截面受弯构件正截面受弯承载力计算

1—截面重心轴

A_p——体外预应力筋的截面面积（mm^2）；

x——等效矩形应力图形的混凝土受压区高度（mm）；

σ_{pu}——体外预应力筋预应力设计值（N/mm^2），可按本规程第5.1.9条规定取值；

f_c——既有结构混凝土轴心抗压强度设计值（N/mm^2）；

f_y、f'_y——非预应力筋的抗拉、抗压强度设计值（N/mm^2）；

b——矩形截面的宽度或倒T形截面的腹板宽度（mm）；

a_s——受拉区纵向非预应力筋合力点至受拉边缘的距离（mm）；

a'_s——受压区纵向非预应力筋合力点至截面受压边缘的距离（mm）；

h_0——受拉区纵向非预应力筋和体外预应力筋合力点至受压边缘的距离（mm）；

ξ_b——相对界限受压区高度，可取0.4；

h_p——体外预应力筋合力点至截面受压区边缘的距离（mm）。

当跨中预应力筋转向块固定点之间的距离小于12倍梁高时，可忽略二次效应的影响；当跨中预应力筋转向块固定点之间的距离不小于12倍梁高时，可根据构件变形确定二次效应的影响。

5.2.2 翼缘位于受压区的T形（图5.2.2）、I形截面受弯构件，其正截面受弯承载力应符合下列规定：

1 当满足式（5.2.2-1）时，截面应按宽度为b'_f

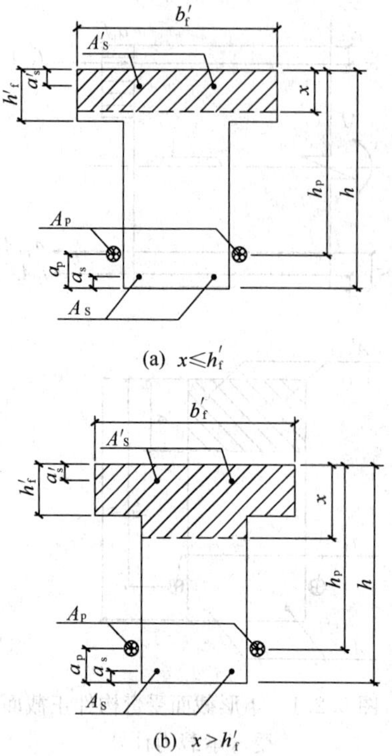

(a) $x \leqslant h_{\mathrm{f}}'$

(b) $x > h_{\mathrm{f}}'$

图 5.2.2 T形截面受弯构件受压区高度位置

的矩形截面按本规程第 5.2.1 条计算：

$$\alpha_1 f_{\mathrm{c}} b_{\mathrm{f}}' h'_{\mathrm{f}} \geqslant f_{\mathrm{y}} A_{\mathrm{s}} + \sigma_{\mathrm{pu}} A_{\mathrm{p}} - f_{\mathrm{y}}' A_{\mathrm{s}}' \tag{5.2.2-1}$$

2 当不满足公式（5.2.2-1）时，正截面受弯承载力应按下式确定：

$$M \leqslant \sigma_{\mathrm{pu}} A_{\mathrm{p}} \left(h_{\mathrm{p}} - \frac{x}{2}\right) + f_{\mathrm{y}} A_{\mathrm{s}} \left(h - a_{\mathrm{s}} - \frac{x}{2}\right) + f_{\mathrm{y}}' A_{\mathrm{s}}' \left(\frac{x}{2} - a_{\mathrm{s}}'\right) + \alpha_1 f_{\mathrm{c}} (b_{\mathrm{f}}' - b) h_{\mathrm{f}}' \left(\frac{x}{2} - \frac{h_{\mathrm{f}}'}{2}\right) \tag{5.2.2-2}$$

混凝土受压区高度（x）应按下式确定：

$$\alpha_1 f_{\mathrm{c}} [bx + (b_{\mathrm{f}}' - b) h_{\mathrm{f}}'] = f_{\mathrm{y}} A_{\mathrm{s}} + \sigma_{\mathrm{pu}} A_{\mathrm{p}} - f_{\mathrm{y}}' A_{\mathrm{s}}' \tag{5.2.2-3}$$

式中：b——T形、I形截面的腹板宽度（mm）；

h_{f}'——T形、I形截面受压区翼缘高度（mm）；

b_{f}'——T形、I形截面受压区的翼缘计算宽度（mm）。

计算T形、I形截面受弯构件时，混凝土受压区高度尚应符合本规程式（5.2.1-3）和式（5.2.1-4）的规定。

5.2.3 当混凝土受压区高度（x）大于$\xi_{\mathrm{b}} h_0$时，加固构件正截面承载力计算应按现行国家标准《混凝土结构设计规范》GB 50010 的规定，按小偏心受压构件计算。

5.2.4 体外预应力加固矩形、T形和I形截面的混凝土受弯构件，其受剪截面应符合下列规定：

1 当$h_{\mathrm{w}}/b \leqslant 4$时：

$$V \leqslant 0.25 \beta_{\mathrm{c}} f_{\mathrm{c}} b h_0 \tag{5.2.4-1}$$

2 当$h_{\mathrm{w}}/b \geqslant 6$时：

$$V \leqslant 0.20 \beta_{\mathrm{c}} f_{\mathrm{c}} b h_0 \tag{5.2.4-2}$$

3 当$4 < h_{\mathrm{w}}/b < 6$时，应按线性内插法确定。

式中：V——考虑预应力次剪力组合的构件斜截面最大剪力设计值（N）；

β_{c}——混凝土强度影响系数：当混凝土强度等级不超过 C50 时，取β_{c}等于 1.0；当混凝土强度等级为 C80 时，取β_{c}等于 0.8；其间按线性内插法确定；

b——矩形截面的宽度，T形截面或I形截面的腹板宽度(mm)；

h_0——原截面的有效高度(mm)；

h_{w}——截面的腹板高度（mm）：对矩形截面，取有效高度；对T形截面，取有效高度减去翼缘高度；对I形截面，取腹板净高。

5.2.5 当既有结构受剪截面不符合本规程第 5.2.4 的规定时，应先采取加大受剪截面、粘钢等加固方式加强截面，再进行体外预应力加固。

注：1 对T形或I形截面的简支受弯构件，当有实践经验时，本规程式（5.2.4-1）中的系数可改用 0.3；

2 对受拉边倾斜的构件，当有实践经验时，其受剪截面的控制条件可适当放宽。

5.2.6 在计算斜截面的受剪承载力时，其剪力设计值的计算截面应考虑体外预应力筋锚固处、转向块处、支座边缘处、受拉区弯起钢筋弯起点处、箍筋截面面积或间距改变处以及腹板宽度改变处的截面。对受拉边倾斜的受弯构件，尚应包括梁的高度开始变化处、集中荷载作用处和其他不利的截面。

5.2.7 体外预应力加固矩形、T形和I形截面的受弯构件，其斜截面的受剪承载力应按下列公式计算：

$$V = V_{\mathrm{cs}} + V_{\mathrm{p}} + 0.8 f_{\mathrm{yv}} A_{\mathrm{sb}} \sin \alpha_{\mathrm{s}} + 0.8 \sigma_{\mathrm{pu}} A_{\mathrm{pb}} \sin \alpha_{\mathrm{p}} \tag{5.2.7-1}$$

$$V_{\mathrm{cs}} = \alpha_{\mathrm{cv}} f_{\mathrm{t}} b h_0 + f_{\mathrm{yv}} \frac{A_{\mathrm{sv}}}{s} h_0 \tag{5.2.7-2}$$

$$V_{\mathrm{p}} = 0.05 (N_{\mathrm{p0}} + N_2) \tag{5.2.7-3}$$

式中：V——考虑次剪力组合的斜截面上最大剪力设计值（N）；

V_{cs}——构件斜截面上混凝土和箍筋的受剪承载力设计值（N）；

V_{p}——由预加力所提高的构件受剪承载力设计值（N）；

A_{sv}——配置在同一截面内箍筋各肢的全部截面面积（mm^2）：$A_{\mathrm{sv}} = nA_{\mathrm{sv1}}$，此处，$n$为在同一截面内箍筋的肢数，$A_{\mathrm{sv1}}$为单肢

箍筋的截面面积（mm²）；

s——沿构件长度方向的箍筋间距（mm）；

h_0——原截面的有效高度（mm）；

f_{yv}——受剪计算非预应力筋抗拉强度设计值（N/mm²）；

A_{sb}、A_{pb}——分别为同一平面内的弯起非预应力筋、弯起预应力筋的截面面积（mm²）；

α_s、α_p——分别为斜截面弯起非预应力筋、弯起预应力筋的切线与构件纵轴线的夹角；

α_{cv}——斜截面混凝土受剪承载力系数，对一般受弯构件取0.7；对集中荷载作用下（包括作用有多种荷载，其中集中荷载对支座截面或节点边缘所产生的剪力值占总剪力值的75%以上的情况）的独立梁，α_{cv}为$\frac{1.75}{\lambda+1}$，λ为计算截面的剪跨比，可取λ等于a/h_0，当$\lambda<1.5$时，取λ为1.5，当$\lambda>3$时，取λ为3，a为集中荷载作取点至支座或节点边缘的距离；

N_{p0}——计算截面上混凝土法向预应力等于零时的纵向预应力筋及非预应力筋合力(N)；当$N_{p0}+N_2>0.3f_cA_0$时，取$N_{p0}+N_2=0.3f_cA_0$，此处，A_0为构件的换算截面面积。

注：对合力N_{p0}引起的截面弯矩与外弯矩方向相同的情况，以及体外预应力加固连续梁和加固后允许出现裂缝的混凝土简支梁，均应取V_p为0。

5.3 正常使用极限状态验算

5.3.1 体外预应力加固结构构件的裂缝控制等级及最大裂缝宽度限值应根据使用环境类别和结构类别，按现行国家标准《混凝土结构设计规范》GB 50010的规定确定。

5.3.2 体外预应力加固已开裂的混凝土梁，裂缝完全闭合时所需的体外预加力（N_{clo}）可按下式计算：

$$N_{clo}=\frac{\sigma_{clo}+\frac{M_i}{W}}{\frac{e_{p0}}{W}+\frac{1}{A}} \tag{5.3.2}$$

式中：M_i——加固前构件所承受的荷载弯矩标准值（N·mm）；

e_{p0}——体外预应力筋合力中心相对截面形心的距离（mm）；

W——原截面受拉边缘的弹性抵抗矩，可取毛截面（mm³）；

A——原截面面积，可取毛截面（mm²）；

σ_{clo}——与构件加固前最大裂缝宽度相对应的混凝土名义压应力（N/mm²），可按表5.3.2采用。

表 5.3.2 混凝土名义压应力

加固前裂缝宽度（mm）	0.10	0.20	0.30
σ_{clo}（N/mm²）	0.50	0.75	1.25

注：中间值按线性插值确定。

5.3.3 体外预应力加固钢筋混凝土矩形、T形、I形截面的受弯构件，可按下列公式计算加固后的正截面开裂弯矩值（M_{cr}）：

1 加固前未开裂：

$$M_{cr}=(\sigma_{pc}+\gamma f_{tk})W \tag{5.3.3-1}$$

2 加固前已开裂：

$$M_{cr}=\sigma_{pc}W \tag{5.3.3-2}$$

式中：σ_{pc}——扣除全部预应力损失后，由预加力在抗裂验算边缘产生的混凝土法向预压应力（N/mm²）；

γ——加固混凝土构件截面抵抗矩塑性影响系数，应按现行国家标准《混凝土结构设计规范》GB 50010规定确定；

f_{tk}——混凝土抗拉强度标准值（N/mm²）。

当体外预应力受弯构件考虑次内力组合的外荷载弯矩大于开裂弯矩值（M_{cr}）时，裂缝宽度应按本规程第5.3.4条规定计算。

5.3.4 体外预应力加固矩形、T形、倒T形和I形截面的混凝土受弯构件中，按荷载效应的标准组合并考虑长期作用影响的最大裂缝宽度（mm）可按下列公式计算：

$$w_{max}=\alpha_{cr}\psi\frac{\sigma_{sk}}{E_s}\left(1.9c+0.08\frac{d_{eq}}{\rho_{te}}\right) \tag{5.3.4-1}$$

$$\psi=1.1-0.65\frac{f_{tk}}{\rho_{te}\sigma_{sk}} \tag{5.3.4-2}$$

$$d_{eq}=\frac{\sum n_i d_i^2}{\sum n_i \nu_i d_i} \tag{5.3.4-3}$$

$$\rho_{te}=\frac{A_s}{A_{te}} \tag{5.3.4-4}$$

式中：α_{cr}——构件受力特征系数，对预应力混凝土构件，取$\alpha_{cr}=1.5$；

ψ——裂缝间纵向受拉钢筋应变不均匀系数；当$\psi<0.2$时，取ψ为0.2；当$\psi>1$时，取ψ为1；对直接承受重复荷载的构件，取ψ为1；

σ_{sk}——按荷载效应的标准组合计算的构件纵向受拉钢筋的等效应力（N/mm²），按本规程第5.3.5条规定计算；

E_s——既有结构钢筋弹性模量（N/mm²）；

c——最外层纵向受拉钢筋外边缘至受拉区底边的距离（mm）；当$c<20$时，取c为20；当$c>65$时取c为65；

ρ_{te}——按有效受拉混凝土截面面积计算的纵向受拉非预应力筋配筋率，当$\rho_{te}<0.01$

时，取 ρ_{te} 为 0.01；

A_{te}——有效受拉混凝土截面面积（mm^2），对受弯、偏心受压和偏心受拉构件，取 A_{te} 为 $0.5bh+(b_f-b)h_f$，此处 b_f、h_f 为受拉翼缘的宽度、高度；

d_{eq}——受拉区纵向非预应力筋的等效直径（mm）；

d_i——受拉区第 i 种纵向非预应力筋的公称直径（mm）；

n_i——受拉区第 i 种纵向非预应力筋的根数；

ν_i——受拉区第 i 种纵向非预应力筋的相对粘结特性系数，按现行国家标准《混凝土结构设计规范》GB 50010 取值。

5.3.5 在荷载效应的标准组合下，考虑次内力影响的体外预应力加固混凝土构件受拉区纵向钢筋的等效应力可按下列公式计算：

$$\sigma_{sk}=\frac{M_k-N_{p0}(z-e_p)}{(0.30A_p+A_s)z} \quad (5.3.5\text{-}1)$$

$$z=\left[0.87-0.12(1-\gamma_f')\left(\frac{h_0}{e}\right)^2\right]h_0 \quad (5.3.5\text{-}2)$$

$$e=e_p+\frac{M_k}{N_{p0}} \quad (5.3.5\text{-}3)$$

$$\gamma_f'=\frac{(b_f'-b)h_f'}{bh_0} \quad (5.3.5\text{-}4)$$

$$e_p=y_{ps}-e_{p0} \quad (5.3.5\text{-}5)$$

式中：M_k——按荷载效应的标准组合计算的弯矩（N·mm），取计算区段内的最大弯矩值；

A_p——受拉区体外预应力筋截面面积（mm^2）；

z——受拉区纵向非预应力筋和预应力筋合力点至截面受压区合力点的距离（mm）；

h_0——受拉区纵向非预应力筋和预应力筋合力点至截面受压区边缘的距离（mm）；

e_p——混凝土法向预应力等于零时预加力 N_{p0} 的作用点至受拉区纵向预应力筋和非预应力筋合力点的距离（mm）；

y_{ps}——受拉区纵向预应力筋和非预应力筋合力点的偏心距（mm）；

e_{p0}——混凝土法向预应力等于零时预加力 N_{p0} 作用点的偏心距（mm）；

γ_f'——受压翼缘截面面积与腹板有效截面面积的比值；

b_f'、h_f'——受压翼缘的宽度、高度(mm)；在公式(5.3.5-4)中，当 $h_f'>0.2h_0$ 时，取 h_f' 为 $0.2h_0$。

5.3.6 矩形、T 形、倒 T 形和 I 形截面受弯构件考虑荷载长期作用影响的刚度（B），可按下式计算：

$$B=\frac{M_k}{M_q(\theta-1)+M_k}B_s \quad (5.3.6)$$

式中：M_q——按荷载效应的准永久组合计算的弯矩值（N·mm），取计算区段内的最大弯矩值；

B_s——荷载效应的标准组合作用下受弯构件的短期刚度（$N\cdot mm^2$），按本规程第 5.3.7 条计算；

θ——考虑荷载长期作用对挠度增大的影响系数，取 1.5。

5.3.7 在荷载效应的标准组合作用下，体外预应力加固混凝土受弯构件的短期刚度（B_s）可按下列公式计算：

1 要求不出现裂缝的构件以及加固后裂缝完全闭合未重新开裂构件：

$$B_s=0.85E_cI_0 \quad (5.3.7\text{-}1)$$

2 允许出现裂缝的构件以及加固后裂缝闭合又重新开裂构件：

$$B_s=\frac{0.85E_cI_0}{\kappa_{cr}+(1-\kappa_{cr})\omega} \quad (5.3.7\text{-}2)$$

$$\kappa_{cr}=\frac{M_{cr}}{M_k} \quad (5.3.7\text{-}3)$$

$$\omega=\left(1.0+\frac{0.21}{\alpha_E\rho}\right)(1+0.45\gamma_f)-0.7 \quad (5.3.7\text{-}4)$$

$$\gamma_f=\frac{(b_f-b)h_f}{bh_0} \quad (5.3.7\text{-}5)$$

式中：α_E——钢筋弹性模量与混凝土弹性模量的比值；

ρ——纵向受拉非预应力筋和预应力筋换算配筋率，取 $(A_s+0.30A_p)/bh_0$；

I_0——构件换算截面惯性矩（mm^4）；

M_{cr}——构件正截面开裂弯矩（N·mm），按本规程第 5.3.3 条确定；

γ_f——受拉翼缘截面面积与腹板有效截面面积的比值；

b_f、h_f——受拉翼缘的宽度、高度（mm）；

κ_{cr}——预应力加固混凝土受弯构件正截面的开裂弯矩 M_{cr} 与弯矩 M_k 的比值，当 $\kappa_{cr}>1.0$ 时，取 κ_{cr} 为 1.0。

注：对预压时预拉区出现裂缝的构件，B_s 应降低 10%。

5.3.8 体外预应力加固混凝土受弯构件在使用阶段的预应力反拱值，宜根据加固梁开裂截面完全闭合前、后的反向短期抗弯刚度分两阶段按结构力学方法计算，计算中预应力筋的应力应扣除全部预应力损失，反向短期刚度可按下列规定取值：

1 预加力（N_p）从 0 增加达到裂缝完全闭合预加力（N_{clo}）过程中，构件短期刚度可按下式分段取值计算：

$$B_s = \frac{N_{clo} - N_p}{N_{clo}} \cdot \frac{E_s A_s h_0^2}{1.15\psi + 0.2 + \frac{6\alpha_E \rho_s}{1 + 3.5\gamma_f'}} + \frac{N_p}{N_{clo}} \cdot 0.85 E_c I_0 \quad (5.3.8)$$

式中：ρ_s——纵向受拉非预应力筋换算配筋率，取 A_s/bh_0。

2 裂缝完全闭合后，短期刚度可按本规程式（5.3.7-1）计算。

考虑预压应力长期作用的影响，可将计算求得的预应力反拱值乘以增大系数 1.5。

5.3.9 对重要或特殊构件的长期反拱值，可根据专门的试验分析确定或采用合理的收缩、徐变计算方法经分析确定；对恒载较小的构件，应考虑反拱过大对使用的不利影响。

5.4 转向块、锚固块设计

5.4.1 体外预应力加固采用钢制转向块、锚固块时，除应按现行国家标准《钢结构设计规范》GB 50017 对转向块、锚固块进行承载能力极限状态计算和正常使用极限状态验算外，尚应对转向块、锚固块与原混凝土结构的连接进行承载力极限状态计算。

5.4.2 按承载能力极限状态设计钢制转向块、锚固块及连接件时，预应力等效荷载标准值应按预应力筋极限强度标准值计算得出。

5.4.3 按正常使用极限状态设计钢制转向块、锚固块及连接件时，预应力等效荷载标准值应按预应力筋最大张拉控制应力计算得出。

5.4.4 与转向块、锚固块连接处的既有结构混凝土应按现行国家标准《混凝土结构设计规范》GB 50010 进行受冲切承载力和局部受压承载力计算。在预应力张拉阶段局部受压承载力计算中，局部压力设计值应取 1.2 倍张拉控制力进行计算；在正常使用阶段验算中，局部压力设计值应取预应力筋极限强度标准值进行计算。

6 构造规定

6.1 预应力筋布置原则

6.1.1 体外预应力加固设计时，体外束可采用直线、双折线或多折线布置方式，且其布置应使结构对称受力，对矩形、T形或I字形截面梁，体外束宜布置在梁腹板的两侧。

6.1.2 体外束转向块和锚固块的设置宜根据体外束的设计线形确定，对多折线体外束，转向块宜布置在距梁端 1/4～1/3 跨度的范围内，当转向块间距大于 12 倍梁高时，可增设中间定位用转向块；对多跨连续梁、板，当采用多折线体外束时，可在中间支座或其他部位增设锚固块，当大于三跨时，宜采用分段锚固方法。

6.1.3 体外束的锚固块与转向块之间或两个转向块之间的自由段长度不宜大于 8m；超过 8m 时，宜设置固定节点或防振动装置。

6.1.4 体外束在每个转向块处的弯曲角不宜大于 15°，当弯曲角大于 15°时，应按现行国家标准《预应力混凝土用钢绞线》GB/T 5224－2003 确定其力学性能指标，或依据可靠的理论、试验数据对体外预应力筋的强度值进行折减。

6.1.5 体外束与转向块的接触长度应由弯曲角度和曲率半径计算确定。

6.2 节点构造

6.2.1 体外预应力束的锚固体系节点构造应符合下列规定：

1 对于有整体调束要求的钢绞线夹片锚固体系，可采用外螺母支撑承力方式调束；

2 对处于低应力状态下的体外束，锚具夹片应设防松装置；

3 对可更换的体外束，应采用体外束专用锚固体系，且应在锚具外预留钢绞线的张拉工作长度。

6.2.2 转向块宜布置于被加固梁的底部、顶部或次梁与被加固梁交接处，并宜符合本规程附录 B 的规定。当采用其他形式的转向块时，应按本规程 5.4 节的要求进行设计计算，除应满足钢绞线的转向要求外，尚应做到传力可靠、构造合理。

6.2.3 锚固块宜布置在被加固梁的端部，并宜符合本规程附录 B 的规定。当采用其他形式的锚固块时，应按本规程 5.4 节要求进行锚固块设计，除应满足预应力筋的锚固外，尚应做到传力可靠、构造合理。

7 防　护

7.1 防　腐

7.1.1 体外束张拉锚固后，应对锚具及外露预应力筋进行防腐处理。当处于腐蚀环境时，应设置全密封防护罩，对不要求更换的体外束，可在防护罩内灌注环氧砂浆或其他防腐蚀材料；对可更换的体外束，应保留满足张拉要求的预应力筋长度，并在防护罩内灌注专用防腐油脂或其他可清洗的防腐材料。

7.1.2 体外束的外套管应符合下列规定：

1 外套管应能抵抗运输、安装和使用过程中的各种作用力，不得损坏；

2 采用水泥基灌浆料时，套管应能承受 1.0N/mm² 的内压，孔道的内径宜比预应力束外径大 6mm～15mm，且孔道的截面积宜为穿入预应力筋截面积的 3 倍～4 倍；

3　采用防腐化合物填充管道时，除应满足温度和内压的要求外，管道和防腐化合物之间，不得因温度变化效应对钢绞线产生腐蚀作用；

4　镀锌钢管的壁厚不宜小于管径的1/40，且不应小于2mm；高密度聚乙烯管的壁厚宜为2mm～5mm，且应具有抗紫外线功能和耐老化性能，并应在有需要时能够更换；

5　普通钢套管应具有可靠的防腐蚀措施，在使用一定时期后应重新涂刷防腐蚀涂层。

7.1.3　体外束的防腐蚀材料应符合下列规定：

1　水泥基灌浆料、专用防腐油脂应能填满外套管和连续包裹预应力筋的全长，并不得产生气泡；

2　体外束采用工厂预制时，其防腐蚀材料在加工、运输、安装及张拉过程中，应具有稳定性、柔性，不应产生裂缝，并应在所要求的温度范围内不流淌；

3　防腐蚀材料的耐久性能应与体外束所属的环境类别和设计使用年限的要求相一致。

7.1.4　钢制转向块和钢制锚固块应采取防锈措施，并应按防腐蚀年限进行定期维护。钢材的防锈和防腐蚀采用的涂料、钢材表面的除锈等级以及防腐蚀对钢材的构造要求等，应满足现行国家标准《工业建筑防腐蚀设计规范》GB 50046和《涂装前钢材表面锈蚀等级和除锈等级》GB/T 8923的规定。在设计文件中应注明所要求的钢材除锈等级和所要用的涂料（或镀层）及涂（镀）层厚度。

7.2　防　火

7.2.1　体外预应力加固体系的耐火等级，应不低于既有结构构件的耐火等级。用于加固受弯构件的体外预应力体系耐火极限应按表7.2.1采用。

表7.2.1　体外预应力体系耐火极限（h）

耐火等级	单、多层建筑				高层建筑	
	一级	二级	三级	四级	一级	二级
耐火极限	2.00	1.50	1.00	0.50	2.00	1.50

7.2.2　体外预应力加固体系的防火保护材料及措施应符合下列规定：

1　在要求的耐火极限内，应有效保护体外预应力筋、转向块、锚固块及锚具等；

2　防火材料应易与体外预应力体系结合，并不应产生对体外预应力体系的有害影响；

3　当钢构件受火产生允许变形时，防火保护材料不应发生结构性破坏，应仍能保持原有的保护作用直至规定的耐火时间；

4　当防火措施达不到耐火极限要求时，体外预应力筋应按可更换设计，并应验算体外预应力筋失效后结构不会塌落；

5　防火保护材料不应对人体有毒害；

6　应选用施工方便、易于保障施工质量的防火措施。

7.2.3　当体外预应力体系采用防火涂料防火时，耐火极限大于1.5h的，应选用非膨胀型钢结构防火涂料；耐火极限不大于1.5h的，可选用膨胀型钢结构防火涂料。防火涂料保护层厚度应按国家现行有关标准确定。

8　施工及验收

8.1　施工准备

8.1.1　采用体外预应力加固混凝土结构时，应根据加固设计方案中预应力体系的不同确定预应力施工工艺。

8.1.2　体外预应力加固施工前，应由专业施工单位根据设计图纸与现场施工条件，编制体外预应力加固施工方案，施工方案应经加固设计单位确认后再实施。

8.1.3　体外预应力加固工程中穿孔孔道宜采用静态开孔机成型，开孔前应探测既有结构钢筋位置，钻孔时应避开构件中的钢筋，当无法避开时，应通知设计单位，采取相应措施。

8.2　预应力筋加工制作

8.2.1　预应力筋的下料长度应通过计算确定。计算时应综合考虑其孔道长度、锚具长度、千斤顶长度、张拉伸长值和混凝土压缩变形量以及根据不同张拉方法和锚固形式预留的张拉长度等因素。

8.2.2　预应力筋制作或组装时，宜采用砂轮锯或切断机切断，不得采用加热、焊接或电弧切割，且施工过程中应避免电火花和电流损伤预应力筋。

8.2.3　当钢绞线采用挤压锚具时，挤压前应在挤压模内腔或挤压套外表面涂润滑油，压力表读数应符合操作说明书的规定。

8.3　转向块、锚固块安装

8.3.1　转向块、锚固块安装固定时，束形控制点的设计曲线竖向位置偏差应符合表8.3.1的规定；转向块曲率半径和转向导管半径偏差均不应大于相应半径的±5%。

表8.3.1　束形控制点的设计曲线竖向位置允许偏差

截面高（厚）度（mm）	$h\leqslant300$	$300<h\leqslant1500$	$h>1500$
允许偏差（mm）	±5	±10	±15

8.3.2　转向块、锚固块与既有结构的连接可采用结构加固用A级胶粘剂、化学锚栓、膨胀螺栓等，施

工技术应符合现行行业标准《混凝土结构后锚固技术规程》JGJ 145 的规定。

8.4 预应力筋安装

8.4.1 体外预应力束在安装过程中应注意排序，无法进行整束穿筋的宜采用单根穿筋的方法。在张拉之前应对所有预应力筋进行预紧。在穿筋过程中应采取防护措施，不应拖曳体外束，不得造成对表面防护层的损害。

8.4.2 体外预应力束张拉前，应由定位支架或其他措施控制其位置。

8.5 预应力张拉

8.5.1 张拉设备的选用、标定和维护应符合下列规定：

1 张拉设备应满足体外预应力筋的张拉和锚具的锚固要求；

2 张拉设备及仪表，应定期维护和校验；

3 张拉设备应配套标定、配套使用；

4 张拉设备的标定期限不应超过半年，当在使用过程中张拉设备出现反常现象时或千斤顶检修后，应重新标定；

5 张拉所用压力表的精度不宜低于 1.6 级，标定千斤顶用的试验机或测力计的精度不应低于±1%；标定时千斤顶活塞的运行方向，应与实际张拉工作状态一致。

8.5.2 预应力筋的张拉控制应力（σ_{con}）应符合下列规定：

1 钢绞线

$$0.40 f_{ptk} \leqslant \sigma_{con} \leqslant 0.60 f_{ptk} \quad (8.5.2\text{-}1)$$

2 预应力螺纹钢筋

$$0.50 f_{pyk} \leqslant \sigma_{con} \leqslant 0.70 f_{pyk} \quad (8.5.2\text{-}2)$$

式中：f_{ptk}——钢绞线极限强度标准值（N/mm^2）；

f_{pyk}——预应力螺纹钢筋屈服强度标准值（N/mm^2）。

当要求部分抵消由于应力松弛、摩擦、预应力筋分批张拉等因素产生的预应力损失时，张拉控制应力可增加 $0.05 f_{ptk}$；当有可靠依据时，可提高张拉控制应力。

8.5.3 预应力筋张拉应在转向块、锚固块安装完成，且连接材料达到设计强度时进行。

8.5.4 预应力筋用应力控制法张拉时，应以伸长值进行校核。实际伸长值与计算伸长值之差应控制在±6%以内，否则应暂停张拉，待查明原因并采取措施予以调整后再继续张拉。

8.5.5 千斤顶张拉体外预应力筋的计算伸长值（Δl）可按下式计算：

$$\Delta l = \frac{F_{pm} l_p}{A_p E_p} \quad (8.5.5)$$

式中：F_{pm}——预应力筋平均张拉力（N），取张拉端拉力与计算截面扣除摩擦损失后的拉力平均值；

l_p——预应力筋的实际长度（mm）。

8.5.6 后张预应力筋的实际伸长值宜在初应力为张拉控制应力的 10%时开始量测，分级记录。实际伸长值（Δl_0）可按下式确定：

$$\Delta l_0 = \Delta l_1 + \Delta l_2 - \Delta l_3 \quad (8.5.6)$$

式中：Δl_1——从初应力至最大张拉力间的实测伸长值（mm）；

Δl_2——初应力以下的推算伸长值（mm），可根据张拉力与伸长值成正比关系确定；

Δl_3——张拉过程中构件变形引起的预应力筋缩短值（mm），对于变形较小的构件，可略去。

8.5.7 预应力筋张拉锚固后实际建立的预应力值与设计规定检验值的相对偏差不应超过±5%。

8.5.8 预应力筋的张拉顺序应符合下列规定：

1 当设计中无具体要求时，可根据结构受力特点、施工方便、操作安全等因素确定；

2 张拉宜对称进行，减小对既有结构的偏心，也可采用分级张拉；

3 当预应力筋采取逐根张拉或逐束张拉时，应保证各阶段不出现对结构不利的应力状态，同时宜考虑后批张拉的预应力筋产生的弹性压缩对先批张拉预应力筋的影响。

8.5.9 预应力张拉时，应根据设计要求采用一端张拉或两端张拉。当采用两端张拉时，宜两端同时张拉，也可一端先张拉，另一端补张拉。

8.5.10 对同一束预应力筋，宜采用相应吨位的千斤顶整束张拉。当整束张拉有困难时，也可采用单根张拉工艺，单根张拉时应考虑各根之间的相互影响。

8.5.11 张拉过程中应避免预应力筋断裂或滑脱。当有断裂时，应该进行更换；当有滑脱时，应对滑脱的预应力筋重新穿筋张拉。

8.5.12 预应力筋张拉时，应对张拉力、压力表读数、张拉伸长值、异常现象等作详细记录。

8.6 工 程 验 收

8.6.1 建筑结构体外预应力加固分项工程施工质量验收应符合现行国家标准《混凝土结构工程施工质量验收规范》GB 50204 的有关规定。

8.6.2 体外预应力加固分项工程可根据材料类别划分为预应力筋、锚具、孔道灌注材料、转向块、锚固块、防火材料等检验批。原材料的批量划分、质量标准和检验方法应符合国家现行有关产品标准。

8.6.3 体外预应力加固分项工程可根据施工工艺流程划分为预应力筋制作与安装、张拉、灌注、封锚及防火等检验批。

主 控 项 目

8.6.4 原材料进场的主控项目验收应符合下列规定：

1 预应力筋应按本规程第 4.2 节规定抽取试件做力学性能检验，其质量应符合国家现行有关标准的规定。预应力筋应每 60t 为一批，每批抽取一组试件，检查产品合格证、出厂检验报告和进场复验报告。

2 预应力筋用锚具应按设计要求采用，其性能应符合本规程第 4.3.1 条的规定。对用量较少的一般工程，当供货方提供有效的试验报告时，可不作静载锚固性能试验。

3 孔道灌浆用水泥的性能应符合本规程第 4.5.2条的规定，孔道灌浆用外加剂的性能应符合本规程第 4.5.3 条的规定，孔道灌注防腐油脂的性能应符合本规程第 4.5.5 条的规定，并应检查产品合格证、出厂检验报告和进场复验报告。对于用量较少的一般工程，当有可靠依据时，可不作材料性能的进场复验。

4 防火涂料的性能应符合本规程第 4.5.6 条的规定，并应检查产品合格证、出厂检验报告和进场复验报告。对于用量较少的一般工程，当有可靠依据时，可不作材料性能的进场复验。

8.6.5 预应力筋制作与安装的主控项目验收应符合下列规定：

1 体外预应力筋安装时，其品种、级别、规格、数量应符合设计要求；

2 施工过程中应避免电火花损伤预应力筋，受损伤的预应力筋应予以更换。

8.6.6 张拉的主控项目验收应符合下列规定：

1 体外预应力筋的张拉力、张拉顺序及张拉工艺应符合设计及施工方案的要求。

2 当采用应力控制方法张拉时，应校核预应力筋的伸长值，实际伸长值与设计计算理论伸长值的相对允许值偏差为±6%。

3 体外预应力筋张拉锚固后实际建立的预应力值与设计规定值的相对允许偏差不应超过±5%。抽查数量应为预应力筋总数的 3%，且不应少于 5 束。检查方法为见证张拉记录。

4 体外张拉过程中应避免预应力筋断裂或滑脱；当发生断裂或滑脱时，断裂或滑脱的数量不得超过同一截面预应力筋总根数的3%，且每束钢丝不得超过一根；对多跨双向连续板，其同一截面应按每跨计算。

8.6.7 孔道灌注、封锚及防火的主控项目验收应符合下列规定：

1 体外预应力筋张拉后应及时在外套管孔道内进行灌注水泥浆或专用防腐油脂，灌注应饱满、密实；

2 体外预应力筋的封锚保护应符合设计要求，防护罩应符合本规程第 7.1.1 条的规定；

3 防火涂料钢材基层应进行防锈处理，防火涂料的厚度应符合设计规定值，当设计没有明确规定时，应符合国家现行有关标准的规定。

一 般 项 目

8.6.8 原材料进场的一般项目验收应符合下列规定：

1 预应力筋使用前应进行全数外观检查，预应力筋展开后应平顺，不得弯折，表面不应有裂纹、小刺、机械损伤、氧化铁皮和油污等；二次加工钢绞线采用的无粘结预应力筋护套应光滑、无裂缝、无明显褶皱，无粘结预应力筋护套轻微破损者应外包防水塑料胶带修补，严重破损者不得使用。

2 预应力筋用锚具使用前应进行全数外观检查，其表面应无锈蚀、机械损伤和裂纹。

3 体外预应力束的外套管在使用前应进行全数外观检查，其内外表面应清洁、无锈蚀，不应有油污、孔洞。

4 体外预应力加固用转向块、锚固块及连接用钢材的性能应符合本规程第 4.4.1 条的规定。应检查钢材产品合格证、出厂检验报告和进场复验报告。

8.6.9 制作与安装的一般项目验收应符合下列规定：

1 预应力筋下料应采用砂轮锯或切割机切断，不得采用电弧切割；

2 对于可更换和多次张拉的锚具，预应力筋端部应预留再次张拉的长度，并应做好防护处理；

3 体外预应力束的转向块、锚固块的规格、数量、位置和形状应符合设计要求；

4 转向块、锚固块与既有结构的连接应牢固，预应力束张拉时不应出现位移和变形；

5 体外束的外套管应密封良好，接头应严密且不得漏浆或漏油脂；

6 体外预应力筋束形控制点的竖向位置偏差应符合本规程表 8.3.1 的规定。抽查数量应为预应力筋总数的 5%，且不应少于 5 束，每束不应少于 5 处，用钢尺检查，束形控制点的竖向位置偏差合格点率应达到 90%及以上，且不得有超过表中数值 1.5 倍的尺寸偏差。

8.6.10 对于张拉的一般项目验收，锚固阶段张拉端预应力筋的内缩值应符合设计要求，当设计无具体要求时，应符合本规程表 5.1.4 的规定。每工作班应抽查预应力筋总数的 3%，且不应少于 3 束，用钢尺检查。

8.6.11 体外预应力孔道灌注、封锚及防火的一般项目验收应符合下列规定：

1 体外预应力筋锚固后的外露部分宜采用机械方法切割，对不要求更换的体外束其外露长度不宜小于预应力筋直径的 1.5 倍，且不宜小于 30mm；对可更换的体外束，应预留再次张拉的长度。抽查数量应为预应力筋总数的 3%，且不应少于 5 束。检查方法为观察和钢尺检查。

2 灌浆用水泥浆的性能及水泥浆强度应符合本规程第 4.5.4 条的规定。检查水泥浆性能试验报告和水泥浆试件强度试验报告。

3 防火涂料涂刷不应有遗漏，涂层应闭合，无脱层、空鼓、粉化松散等外观缺陷。

8.6.12 体外预应力加固分项工程施工质量验收时，应提供下列文件和记录：

1 经审查批准的施工组织设计和施工技术方案；

2 设计变更文件；

3 预应力筋、锚具的出厂合格证和进场复验报告；

4 转向块、锚固块原材料的合格证和进场复验报告；

5 张拉设备配套标定报告；

6 体外束设计曲线坐标检查记录；

7 转向块、锚固块与混凝土结构的连接检查记录；

8 预应力筋张拉及灌浆记录；

9 外套管灌注及锚固端防护封闭记录、水泥浆试块强度报告；

10 体外预应力体系外露部分防火措施检查记录。

附录 A 体外预应力筋数量估算

A.0.1 体外预应力筋截面面积可按下式估算：

$$A_P = \frac{N_P}{\sigma_{pu}} \qquad (A.0.1)$$

式中：N_p——体外预应力筋的拉力设计值（N），按本附录第 A.0.2 条计算；

σ_{pu}——预应力筋应力设计值（N/mm²），按本规程第 5.1.9 条计算，预应力总损失可按 $0.2\sigma_{con}$ 估算。

A.0.2 矩形截面梁体外预应力筋拉力设计值（N_p）可根据矩形梁的截面宽度（b）、有效高度（H_{0p}）和承受弯矩设计值（ΔM），按下列公式计算（图 A.0.2）：

$$N_p = \alpha_1 f_c b x_p \qquad (A.0.2\text{-}1)$$

$$x_p = H_{0p}^2 - \sqrt{H_{0p}^2 - 2\Delta M/(\alpha_1 f_c b)} \qquad (A.0.2\text{-}2)$$

$$H_{0p} = h - x_0 - a_p \qquad (A.0.2\text{-}3)$$

$$\Delta M = \eta M - M_0 \qquad (A.0.2\text{-}4)$$

$$M_0 = f'_y A'_s (h - a'_s - a_s) + \alpha_1 f_c b x_0 (h - 0.5x_0 - a) \qquad (A.0.2\text{-}5)$$

$$x_0 = \frac{f_y A_s - f'_y A'_s}{\alpha_1 f_c b} \qquad (A.0.2\text{-}6)$$

式中：ΔM——考虑弯矩增大系数影响后梁的弯矩加固量(N·mm)；

M——加固梁弯矩设计值（N·mm)；

M_0——加固前既有结构受弯承载力（N·mm)；

η——设计弯矩增大系数，取 1.05；

x_0——加固前既有结构受压区高度（mm)；

b、h——截面宽度、高度（mm)；

a_p——体外预应力筋拉力至受拉区边缘的距离（mm)，边缘外取负数。

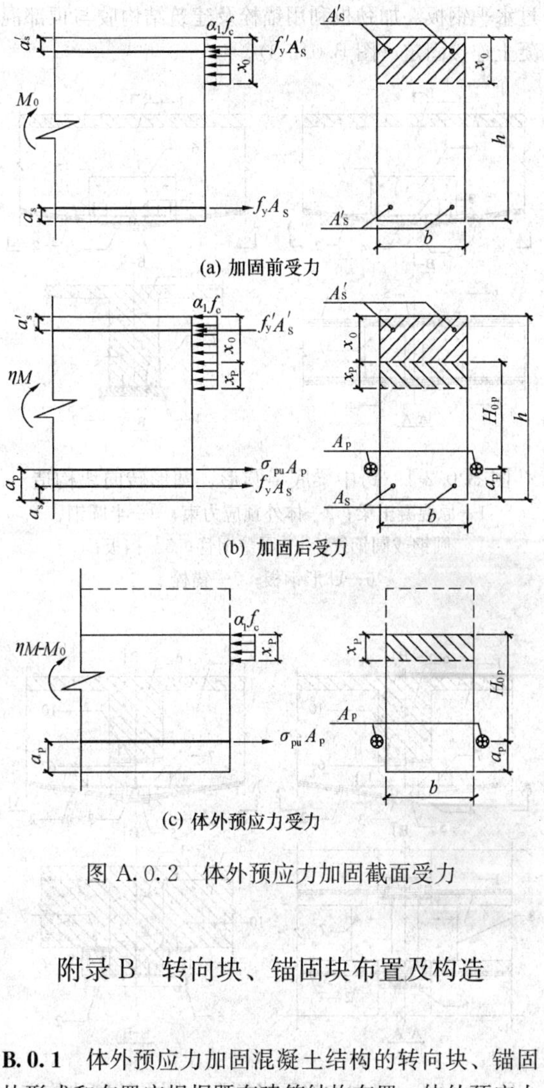

(a) 加固前受力

(b) 加固后受力

(c) 体外预应力受力

图 A.0.2 体外预应力加固截面受力

附录 B 转向块、锚固块布置及构造

B.0.1 体外预应力加固混凝土结构的转向块、锚固块形式和布置应根据既有建筑结构布置、体外预应力筋布置选用（图 B.0.1）。

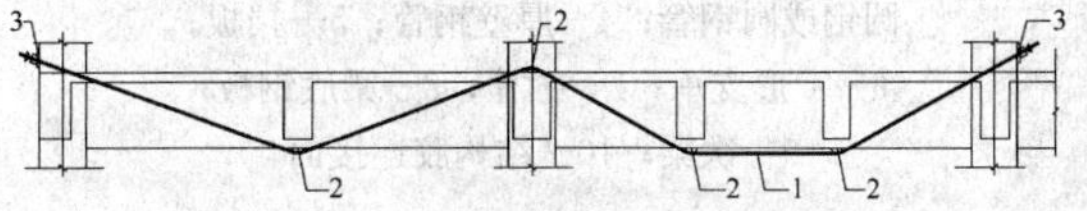

图 B.0.1 转向块、锚固块布置

1—体外预应力束；2—转向块；3—锚固块

B.0.2 当转向块转向采用半圆钢、圆钢或圆钢管时，预应力筋在转向块处宜采用厚壁钢套管，并宜通过挡板固定预应力束位置，转向块构造及与加固梁的连接可采用下列形式：

1 当转向块安装在加固梁底部时，可通过 U 形钢板利用锚栓及结构胶与加固梁底部和侧面连接固定（图 B.0.2-1）。

2 当转向块安装在加固梁跨中的次梁下时，可通过加固梁底部钢板、次梁底部 T 形支撑板利用锚栓和结构胶固定（图 B.0.2-2）。

3 当转向块安装在加固梁顶部支座处时，可通过水平钢板、加劲板利用锚栓及建筑结构胶与顶部混凝土连接固定（图 B.0.2-3）。

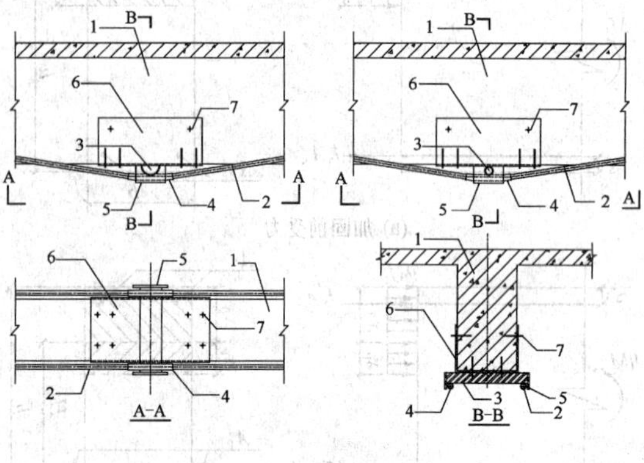

图 B.0.2-1 跨中梁底半圆形、圆形转向块构造

1—原混凝土梁；2—体外预应力束；3—半圆钢、圆钢或圆钢管；4—厚壁钢管；5—挡板；6—U 形钢板；7—锚栓

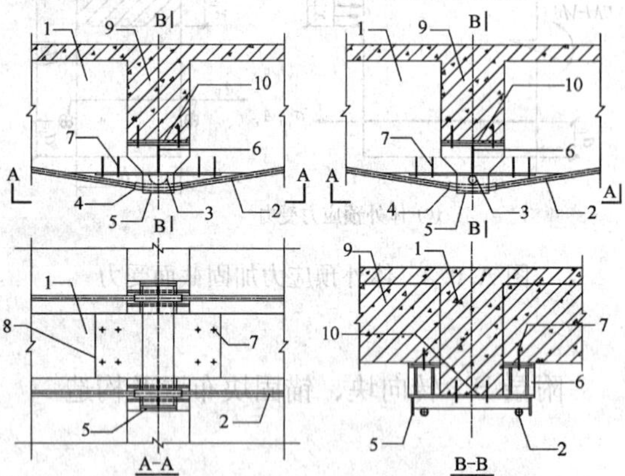

图 B.0.2-2 跨中次梁下半圆形、圆形转向块构造

1—原混凝土梁；2—体外预应力束；3—半圆钢、圆钢或圆钢管；4—厚壁钢管；5—挡板；6—T 形支承；7—锚栓；8—梁底钢板；9—次梁；10—结构胶连接面

B.0.3 当转向块为鞍形时，预应力束套管可在鞍形转向块上平顺通过，并宜通过挡板固定预应力束位置，转向块构造及与加固梁的连接可采用下列形式：

1 当转向块安装在加固梁底部时，可通过不同高度的横向加劲形成弧面鞍座，并通过水平钢板、加劲板利用锚栓及结构胶与加固梁底部、侧面或跨中次梁连接固定（图 B.0.3-1）。

2 当转向块安装在加固梁顶部时，可通过不同

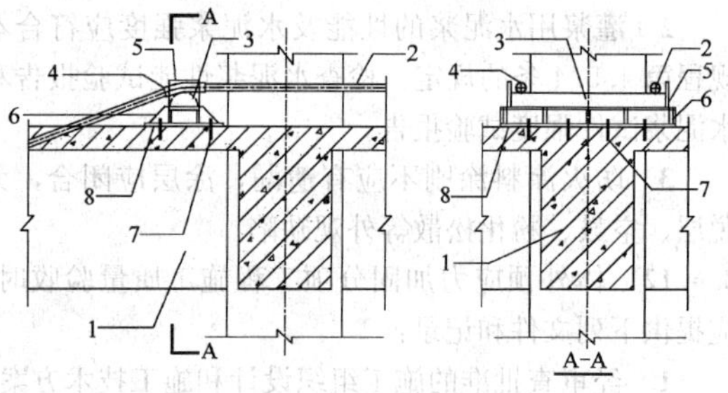

(a) 预应力束一侧水平、一侧倾斜

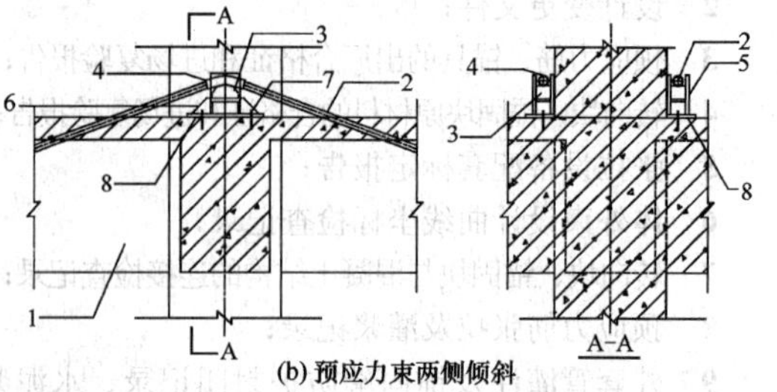

(b) 预应力束两侧倾斜

图 B.0.2-3 梁顶部半圆形、圆形转向块构造

1—原混凝土梁；2—体外预应力束；3—半圆钢、圆钢或圆钢管；4—厚壁钢管；5—挡板；6—钢支承；7—锚栓；8—结构胶连接面

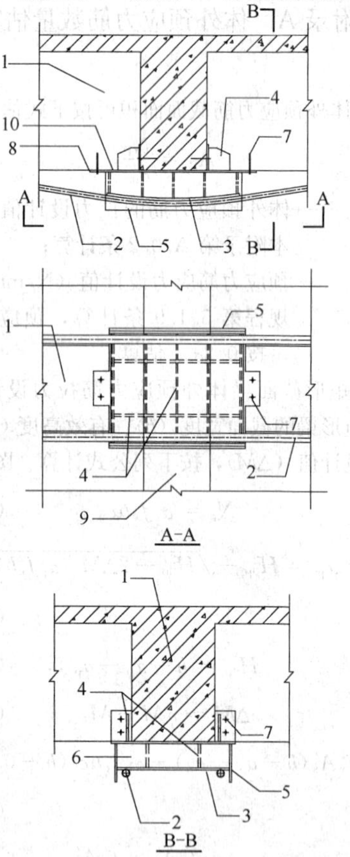

图 B.0.3-1 梁跨中鞍形转向块构造

1—原混凝土梁；2—体外预应力束；3—鞍形弧面；4—加劲板；5—挡板；6—鞍座；7—锚栓；8—梁底钢板；9—次梁；10—结构胶连接面

高度的横向加劲形成弧面鞍座，并通过水平钢板、加

劲板利用锚栓及结构胶与加固梁顶部连接固定（图 B.0.3-2）。

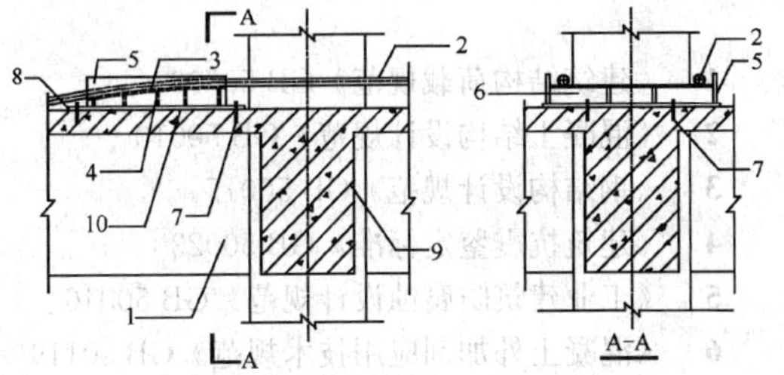

(a) 预应力束一侧倾斜、一侧水平

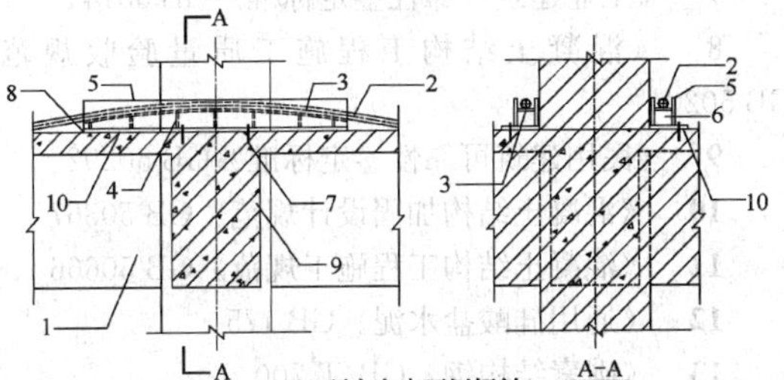

(b) 预应力束两侧倾斜

图 B.0.3-2　梁端部鞍形转向块构造

1—原混凝土梁；2—体外预应力束；3—鞍形弧面；4—加劲板；5—挡板；6—鞍座；7—锚栓；8—梁顶钢板；9—横向梁；10—结构胶连接面

B.0.4　当转向块采用钢管时，钢管厚度不宜小于5mm，钢管与加固梁的连接可采用下列形式：

1　当转向块安装在加固梁跨中两侧时，宜采用U形钢板利用锚栓和结构胶与加固梁连接固定，钢管与U形钢板的侧面焊接固定，并通过竖向加劲加强钢管与U形钢板的连接［图 B.0.4（a）］。

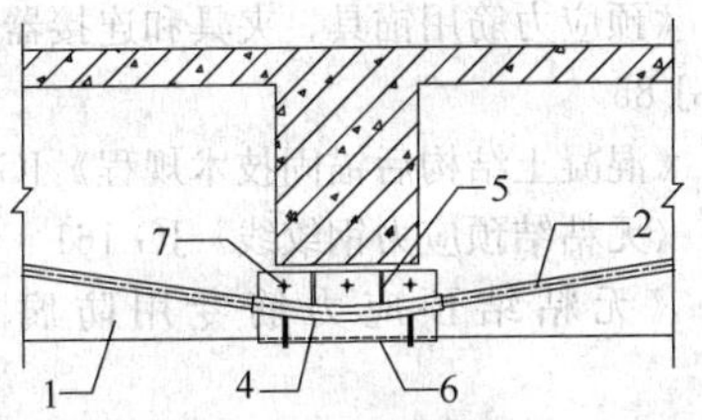

(a) 跨中转向块

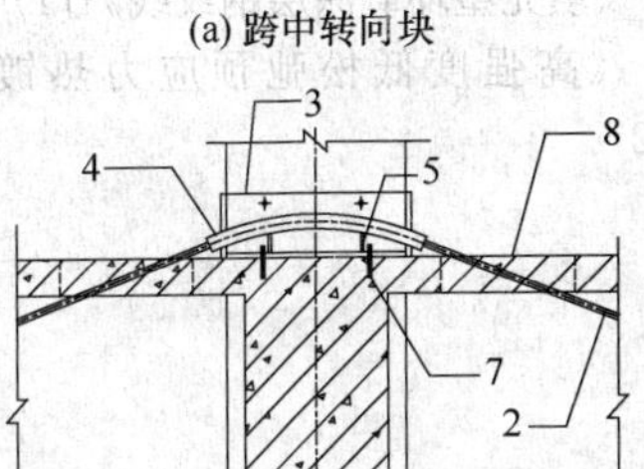

(b) 梁端转向块

图 B.0.4　钢管转向块构造

1—原混凝土梁；2—体外预应力束；3—钢板与柱子连接；4—厚壁钢管；5—加劲板；6—U形钢板；7—锚栓；8—楼板开洞

2　当转向块安装在加固梁顶柱子两侧时，宜采用钢板利用锚栓和结构胶与加固梁顶和柱子连接固定，钢管与柱子侧面钢板焊接固定，并通过竖向加劲加强钢管与竖向钢板的连接［图 B.0.4（b）］，预应力束穿过楼板时应在楼板开洞，张拉后封堵。

B.0.5　锚固块宜做成钢结构横梁形式布置在加固梁端部，并将预加力传递给加固混凝土结构，锚固块的布置可采用下列形式：

1　当加固梁为独立梁时，锚固块宜布置在加固梁端中性轴稍偏上的位置（图 B.0.5-1）；

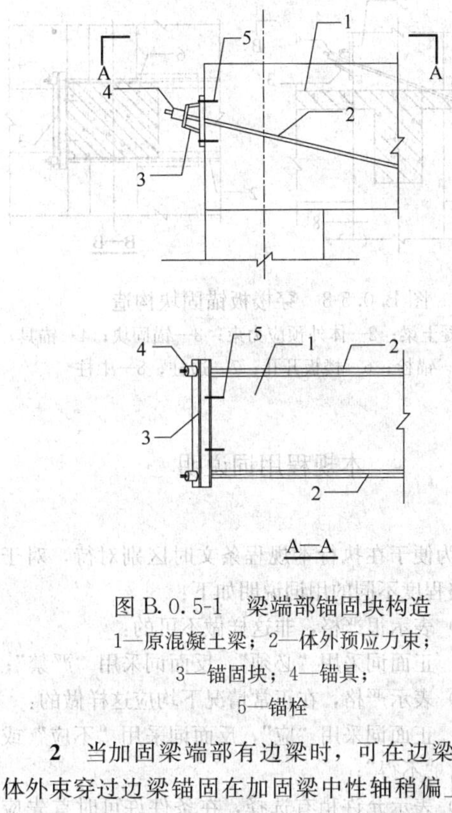

图 B.0.5-1　梁端部锚固块构造

1—原混凝土梁；2—体外预应力束；3—锚固块；4—锚具；5—锚栓

2　当加固梁端部有边梁时，可在边梁上钻孔，体外束穿过边梁锚固在加固梁中性轴稍偏上的位置（图 B.0.5-2）；

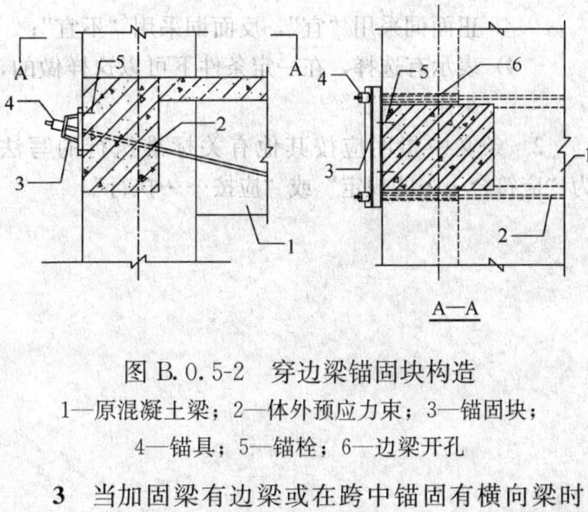

图 B.0.5-2　穿边梁锚固块构造

1—原混凝土梁；2—体外预应力束；3—锚固块；4—锚具；5—锚栓；6—边梁开孔

3　当加固梁有边梁或在跨中锚固有横向梁时，也可在楼板开孔，体外束穿过楼板锚固，锚固块通过钢板箍固定在上层柱底部（图 B.0.5-3），这种方式应注意预加力对柱底剪力的影响。

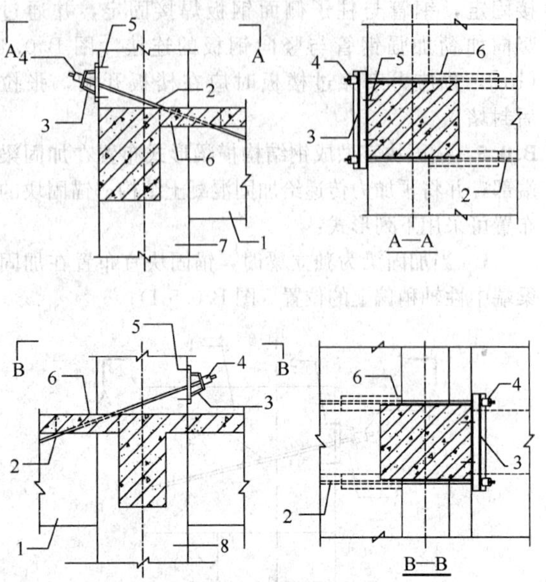

图 B.0.5-3　穿楼板锚固块构造

1—原混凝土梁；2—体外预应力束；3—锚固块；4—锚具；5—锚栓；6—楼板开孔；7—边柱；8—中柱

本规程用词说明

1　为便于在执行本规程条文时区别对待，对于要求严格程度不同的用词说明如下：

1） 表示很严格，非这样做不可的：
正面词采用“必须”，反面词采用“严禁”；

2） 表示严格，在正常情况下均应这样做的：
正面词采用“应”，反面词采用“不应”或“不得”；

3） 表示允许稍有选择，在条件许可时首先应这样做的：
正面词采用“宜”，反面词采用“不宜”；

4） 表示有选择，在一定条件下可以这样做的，采用“可”。

2　条文中指明应按其他有关标准执行的写法为“应符合……的规定”或“应按……执行”。

引用标准名录

1　《建筑结构荷载规范》GB 50009

2　《混凝土结构设计规范》GB 50010

3　《钢结构设计规范》GB 50017

4　《建筑抗震鉴定标准》GB 50023

5　《工业建筑防腐蚀设计规范》GB 50046

6　《混凝土外加剂应用技术规范》GB 50119

7　《工业建筑可靠性鉴定标准》GB 50144

8　《混凝土结构工程施工质量验收规范》GB 50204

9　《民用建筑可靠性鉴定标准》GB 50292

10　《混凝土结构加固设计规范》GB 50367

11　《混凝土结构工程施工规范》GB 50666

12　《通用硅酸盐水泥》GB 175

13　《碳素结构钢》GB/T 700

14　《低合金高强度结构钢》GB/T 1591

15　《预应力混凝土用钢绞线》GB/T 5224－2003

16　《混凝土外加剂》GB 8076

17　《涂装前钢材表面锈蚀等级和除锈等级》GB/T 8923

18　《一般工程用铸造碳钢件》GB/T 11352

19　《预应力筋用锚具、夹具和连接器》GB/T 14370

20　《钢结构防火涂料》GB 14907

21　《环氧涂层七丝预应力钢绞线》GB/T 21073

22　《预应力筋用锚具、夹具和连接器应用技术规程》JGJ 85

23　《混凝土结构后锚固技术规程》JGJ 145

24　《无粘结预应力钢绞线》JG 161

25　《无粘结预应力筋专用防腐润滑脂》JG 3007

26　《填充型环氧涂层钢绞线》JT/T 737

27　《高强度低松弛预应力热镀锌钢绞线》YB/T 152

中华人民共和国行业标准

建筑结构体外预应力加固技术规程

JGJ /T 279—2012

条 文 说 明

制 订 说 明

《建筑结构体外预应力加固技术规程》JGJ/T 279－2012，经住房和城乡建设部2011年12月26日以1227号公告批准、发布。

本规程编制过程中，编制组进行了广泛的调查研究，总结了建筑结构体外预应力加固技术的实践经验，同时参考了国外先进技术法规、技术标准，吸取了国内外最新研究成果。

为便于广大设计、施工、科研、学校等单位有关人员在使用本规程时能正确理解和执行条文规定，《建筑结构体外预应力加固技术规程》编制组按章、节、条顺序编制了本规程的条文说明，对条文规定的目的、依据以及执行中需注意的有关事项进行了说明。但是，本条文说明不具备与规程正文同等的法律效力，仅供使用者作为理解和把握规程规定的参考。

目　次

1　总则…………………………………… 32—24
2　术语和符号…………………………… 32—24
　2.1　术语………………………………… 32—24
　2.2　符号………………………………… 32—24
3　基本规定……………………………… 32—24
　3.1　一般规定…………………………… 32—24
　3.2　设计计算原则……………………… 32—25
4　材料…………………………………… 32—26
　4.1　混凝土……………………………… 32—26
　4.2　预应力钢材………………………… 32—26
　4.3　锚具………………………………… 32—26
　4.4　转向块、锚固块及连接用材料…… 32—26
　4.5　防护材料…………………………… 32—26
5　结构设计……………………………… 32—26
　5.1　一般规定…………………………… 32—26
　5.2　承载能力极限状态计算…………… 32—27
　5.3　正常使用极限状态验算…………… 32—27
　5.4　转向块、锚固块设计……………… 32—28
6　构造规定……………………………… 32—28
　6.1　预应力筋布置原则………………… 32—28
　6.2　节点构造…………………………… 32—28
7　防护…………………………………… 32—29
　7.1　防腐………………………………… 32—29
　7.2　防火………………………………… 32—29
8　施工及验收…………………………… 32—29
　8.1　施工准备…………………………… 32—29
　8.2　预应力筋加工制作………………… 32—29
　8.3　转向块、锚固块安装……………… 32—29
　8.4　预应力筋安装……………………… 32—29
　8.5　预应力张拉………………………… 32—29
　8.6　工程验收…………………………… 32—30
附录A　体外预应力筋数量估算……… 32—30
附录B　转向块、锚固块布置及
　　　　构造…………………………… 32—30

1 总　　则

1.0.1 体外预应力加固混凝土结构有别于其他加固方法，增大截面法、粘钢法、粘碳纤维等方法可以有效提高构件承载力，体外预应力加固混凝土结构除了提高承载力外，还可以有效提高截面抗裂性和通过等效荷载减小构件挠度，体外预应力是一种主动的加固方式。另外，体外预应力在耐久性方面也有其独特的优势：体外预应力筋设置在混凝土外，便于检测、重新张拉和更换，体外预应力筋的检测可以预防破坏事故的发生，体外预应力筋重新张拉及更换，可以保证预应力筋的应力水平及结构的可靠性，延长结构寿命。

体外预应力加固法是近年来快速发展和普遍采用的加固方法之一。由于体外预应力加固法采用专用设备，技术要求高和需要专业队伍施工，克服了其他方法"全民施工"带来的质量管理混乱的缺点，对确保加固工程质量有利。体外预应力加固法与其他加固法比较有如下优点：

1 加固与卸载合一，共同工作性能好。体外预应力加固结构在预应力加固的同时可以对既有结构进行卸载。加固完成后，既有结构与新加预应力筋共同承担荷载，属于一种主动加固法。

2 强度、刚度同时加固。体外预应力加固法在提高被加固构件承载力的同时，可使构件产生反拱变形和减小结构裂缝宽度。

3 适用于超筋截面构件的加固。体外预应力加固法是一种体外布索，可以通过抬高转向块高度加大预应力筋与既有结构受压边缘的距离，从而使构件不超筋。所以对超筋构件加固同样有效，这一点是前述的许多方法所不具备的。

4 对被加固构件的承载力提高幅度较大。试验研究表明，体外预应力加固法采用的高强度低松弛钢绞线，其数量可根据需要配置，可显著提高承载力。

5 体外预应力加固法适应性强。体外预应力加固法对单跨梁、连续梁、框架梁、井字梁、单双向板、偏心受压柱等均能起到加固作用；体外预应力加固法特别适用于低强度混凝土结构以及火灾、腐蚀、冻融等钢筋混凝土结构的加固。

体外预应力加固法已经广泛应用在建筑结构的混凝土梁、板加固中，并取得了良好的效果，体外预应力与体内预应力相比有两大不同：一是体外预应力二次效应，二是预应力二次加载的影响。但是，这些特点并没有在现行国家标准《混凝土结构设计规范》GB 50010中明确指出，本规程就是利用混凝土结构设计原理明确体外预应力加固混凝土结构的设计方法和施工验收方法。

1.0.2 体外预应力加固技术除了在工业与民用建筑中采用外，也广泛应用在铁路和公路桥梁的加固中，由于铁路和公路桥梁与建筑结构采用的设计方法不同，因此，本规程没有涉及铁路和公路桥梁的体外预应力加固。另外，有些钢结构也采用了体外预应力技术进行加固，但是体外预应力加固钢结构与张弦结构受力类似，因此，本规程主要适用于房屋和一般构筑物钢筋混凝土结构采用体外预应力技术进行加固的设计、施工及验收，适用范围与现行国家标准《混凝土结构设计规范》GB 50010 相一致。如果既有结构是预应力混凝土结构，也可进行体外预应力加固，设计方法可参考本规程进行，由于公式较为复杂，工程中应用也极少，因此，本规程没有给出。

1.0.3、1.0.4 这2条规定了本规程在使用中应与其他标准配套使用。要加固的工程大都使用了一段时间，不论是因为功能改变还是因为出现了承载力不足、裂缝过大或挠度过大等问题，都应该按照相应的国家现行标准进行鉴定，然后进行加固设计。

2 术语和符号

2.1 术　　语

2.1.1～2.1.6 本规程采用尽量少的新术语，凡是国家现行标准中已作规定的，尽量加以引用，不再作出新的规定。与体外预应力加固技术紧密相关的术语进行了强调，重新作了规定。术语的规定参考了国家现行标准和国外先进标准。

"体外预应力束"、"转向块"、"锚固块"和"体外预应力二次效应"是体外预应力技术特有的术语；"既有结构加固"、"体外预应力加固法"在现行国家标准《混凝土结构加固技术规范》GB 50367中有规定。

2.2 符　　号

本规程采用的符号及其含义尽可能与现行国家标准《混凝土结构设计规范》GB 50010、《混凝土结构加固设计规范》GB 50367一致，以便于在加固设计、计算中引用其相关公式。

3 基 本 规 定

3.1 一 般 规 定

3.1.1 本条规定了体外预应力加固适用的场合，主要是混凝土梁、板等受弯构件。虽然混凝土柱也可以用体外预应力加固，但是施加预应力后增大了混凝土柱的轴力，因此一般情况下不建议用预应力筋加固混凝土柱。有的文献用角钢加固柱子的四个角，并通过让角钢承受压力而减小混凝土柱压力，也就是角钢施加预压力对混凝土柱施加预拉力，这种情况不在本规程范围。体外预应力加固的目的一方面是为了满足承载力极限状态，另一方面是为了满足正常使用极限状态；还有一种特殊情况就是既有结构处于高应力、高应变状态，又难以卸除荷载进行其他方式加固，体外预应力加固可以不用卸载，这也是体外预应力加固技术与其他加固方法相比的一项优点。

3.1.2 新建预应力工程对混凝土材料抗压强度给出限值的主要原因是采用高强度混凝土可以充分发挥预应力筋的高强作用，做到两种材料的合理匹配，同时也解决后张法构件锚固区混凝土局部承压问题。体外预应力加固法的锚固区混凝土局部承压也是需重视的问题，应通过对锚固端的设计来解决，试验研究和大量的工程实践证明，通过合理设计锚固块来解决混凝土局部承压问题，体外预应力加固技术用于低强度混凝土结构加固是一个有效方法。

3.1.3 混凝土结构是否需要加固应经过可靠性鉴定确认，我国现行的国家标准《工业建筑可靠性鉴定标准》GB 50144 和《民用建筑可靠性鉴定标准》GB 50292 是我国工业建筑和民用建筑可靠性鉴定的依据，可以作为混凝土结构进行加固设计的基本依据。由于既有建筑结构的加固设计和施工远远复杂于新建建筑结构的设计和施工，因此，应由有相应资质等级的单位进行体外预应力加固设计。另外，超静定结构的加固设计，尤其是体外预应力加固会影响到相邻结构构件的内力，影响整体结构的内力；我国建筑结构的抗震设计标准也在不断提高，结构构件的加固往往与抗震加固结合进行，因此，加固影响到整体内力且与抗震加固相结合时，应按现行国家标准《建筑抗震鉴定标准》GB 50023 进行抗震能力鉴定。体外预应力加固可以改善抗裂性、减小挠度、提高承载力，但是预应力度过大会影响结构的抗震延性，因此，抗震加固时体外预应力加固可与加大截面法、粘钢、粘碳纤维等方法相结合进行。

当体外预应力加固设计与其他加固方法相结合进行时，加固设计的范围可以包括整幢建筑物或其中某独立区段，也可以是指定的结构或构件，但均应考虑该结构的整体性。

3.1.4 被加固的混凝土结构、构件，其加固前的服役时间各不相同，加固后的结构功能又有所改变，因此，不能用新建时的安全等级作为加固后的安全等级，应该根据业主对于加固后的目标适用期的要求，加固后结构使用用途和重要性，由委托方和设计方共同确定。

3.1.5 体外预应力加固混凝土结构施工中最重要的工序是预应力筋的张拉。张拉主要方式是通过千斤顶，因此设计的时候就要考虑到预应力筋的布置满足张拉端能够布置锚固块、布置千斤顶进行张拉，否则，即使设计满足了承载力和抗裂要求，施工也难以实现，成为不能够实施的设计方案。

对于超静定结构，预应力张拉会改变结构的内力，尤其是与加固构件相邻而未进行体外预应力加固的部分，加固部分的预应力张拉产生的变形会引起结构的次内力，因此，应该考虑次内力产生的不利影响。

3.1.6 对于由高温、高湿、低温、冻融、化学腐蚀、振动、温度应力、地基不均匀沉降等影响因素引起的既有结构损坏，在进行结构体外预应力加固时或加固前，应该提出有效的防治对策和措施，对高温、高湿、低温、冻融、化学腐蚀、振动、温度应力、地基不均匀沉降等产生的源头进行治理和消除，只有消除了根源才可以防止结构破损的进一步发展。通常情况下是先治理然后加固，治理后加固才可以保证加固后结构的安全性和正常使用。

3.1.7 加固施工不同于新建建筑结构，加固施工经常是局部采用支撑，利用了既有结构的稳定性体系，但是对于可能出现倾斜、失稳、变形过大或塌陷的混凝土结构，既有结构已经不能作为支撑的一部分，因此，应提出相应的施工安全措施要求和施工监测要求，防止施工中可能出现的倾斜、失稳、变形过大或塌陷。

3.1.8 混凝土结构体外预应力加固设计都是以委托方提供的结构用途、使用条件和使用环境为依据进行的，因此，加固后也应该按委托方委托设计的要求使用，如果改变了使用功能或使用环境，应该重新进行鉴定或经过设计的许可，否则可能产生难以预料的后果。

3.2 设计计算原则

3.2.1 本条是按现行国家标准《混凝土结构设计规范》GB 50010 作出规定的。

3.2.2 本条对混凝土结构体外预应力加固设计计算需要的数据如何得到给出了详细而明确的规定，同时明确了需要考虑次内力对相邻构件的影响及加固后可能引起的刚度变化对内力的影响。

3.2.3 本条给出了普通钢筋混凝土构件进行体外预应力加固时体外预应力最大配筋量与既有结构普通钢筋的比例，采用了现行国家标准《混凝土结构设计规范》GB 50010 的表达方式。体外预应力筋中间段与混凝土没有直接的连接，试验表明，为了改善构件在正常使用中的变形性能，体外预应力筋配筋不宜过多。在全部受拉钢筋中，有粘结的非预应力筋产生的拉力达到总拉力的 25%时，可有效改善无粘结预应力受弯构件的性能，如裂缝分布、间距和宽度以及变形能力，接近有粘结预应力梁的性能，本条考虑了这一影响，并考虑到体外预应力加固受弯构件与无粘结预应力混凝土构件相比，性能稍差，因此，控制比现行国家标准《混凝土结构设计规范》GB 50010 中无粘结预应力筋更严。

3.2.4 既有结构为预应力混凝土结构时，体外预应力加固用预应力配筋量确定应考虑既有结构体内预应力配筋，综合考虑总配筋，主要目的是为了控制结构的延性。

4 材 料

4.1 混 凝 土

4.1.1 《混凝土结构设计规范》GB 50010－2010 第4.1.2条规定预应力混凝土结构强度不宜低于C40，且不应低于C35。对于既有建筑混凝土结构的体外预应力加固，由于混凝土收缩、徐变大部分已经发生，收缩、徐变损失减小，且既有结构一般为普通混凝土结构，与预应力混凝土结构相比混凝土强度会稍偏低，所以将加固用的混凝土强度定为不应低于C30。

4.2 预应力钢材

4.2.1 体外预应力加固用预应力筋主要采用了国家标准《混凝土结构设计规范》GB 50010－2010 中规定的预应力筋。由于体外预应力束没有被混凝土包裹，因此在腐蚀环境中采用体外预应力加固时应采用涂层预应力筋。

4.2.2、4.2.3 预应力钢绞线和预应力螺纹钢筋的屈服强度标准值 f_{pyk}、抗拉强度标准值 f_{ptk}、强度设计值 f_{py} 及弹性模量均按国家标准《混凝土结构设计规范》GB 50010－2010 采用。

4.2.4 涂层预应力筋主要为了抵抗环境的腐蚀，这里选取了常用的几种涂层预应力筋：镀锌钢绞线、环氧涂层钢绞线，每种产品均有相应的产品标准。镀锌钢绞线会与水泥浆发生反应，因此，如果是外套管内灌注水泥浆，不能采用镀锌钢绞线。

4.2.5 二次加工预应力筋目前最常用的是无粘结预应力钢绞线，缓粘结预应力钢绞线是最近在预应力混凝土结构中采用的一种新的预应力产品，也可用在体外预应力加固中，可以参考相应的产品标准。

4.3 锚 具

4.3.1、4.3.2 体外预应力加固用锚具和连接器与一般预应力混凝土结构用锚具和连接器是相同的，锚具的类型主要是与预应力筋的类型相匹配，锚固效率系数等参数要求按现行国家标准《预应力筋用锚具、夹具和连接器》GB/T 14370 采用即可。由于一般预应力混凝土结构锚具在预应力筋张拉后进行混凝土封锚，封锚后不再打开，而体外预应力筋张拉后一般不用混凝土封锚，而是用封锚盖封闭，且存在将来进行张拉调节的可能，因此，锚具的封锚会不同，封锚既要防腐蚀性好，又要容易打开。夹片锚有可能在预应力筋应力过低时松开，因此，应该有防松措施。目前已经有专用于体外预应力筋的锚具，可以优先采用这样的锚具。

4.4 转向块、锚固块及连接用材料

4.4.1、4.4.2 转向块、锚固块大都采用钢材，连接采用后锚固方式，一方面减小体外预应力加固施工的湿作业，另一方面钢材强度高，后锚固施工方便，产品较多，因此，本条给出了钢材和连接材料需要满足的标准。

4.5 防 护 材 料

4.5.1 体外预应力筋没有埋在混凝土内，不能得到混凝土的保护，因此，体外预应力筋、转向块及锚固块的防护是非常重要的。

工业与民用建筑中，体外预应力筋一般采用钢套管进行保护，也有个别采用 HDPE 套管的，套管内都灌注水泥浆、防腐蚀油脂等进行防腐。

4.5.2、4.5.3 给出了灌注水泥浆用水泥和外加剂应符合的产品标准。

4.5.4 给出了外套管内灌注水泥浆的技术要求，现行国家标准《混凝土结构工程施工质量验收规范》GB 50204 和《混凝土结构工程施工规范》GB 50666 都给出了水泥浆的技术要求，稍有不同，本规程以现行国家标准《混凝土结构工程施工规范》GB 50666 为主。应注意灌注水泥浆后体外预应力筋将不可更换。

4.5.5 灌注的油脂应为体外预应力钢绞线所采用的专用油脂。

4.5.6 体外预应力束、转向块及锚固块都是钢材，钢材在高温下应力释放、强度降低，因此，防火是很重要的，应该根据现行国家标准《钢结构防火涂料》GB 14907 的规定进行防火处理。

5 结 构 设 计

5.1 一 般 规 定

5.1.1 根据现行国家标准《工程结构可靠性设计统一标准》GB 50153 和《混凝土结构设计规范》GB 50010 的有关规定，当进行预应力混凝土结构构件承载力极限状态及正常使用极限状态的荷载组合时，应计算预应力作用参与组合，对后张预应力混凝土超静定结构，预应力作用效应为综合内力 M_r、V_r 及 N_r，包括预应力产生的次弯矩、次剪力和次轴力。在承载力极限状态下，预应力分项系数应不利时取 1.2、有利时取 1.0，正常使用极限状态下，预应力分项系数通常取 1.0。

要计算次内力，首先要有预应力配筋，附录 A

给出了预应力配筋的估算方法，估算了预应力配筋，就可以进行次内力计算和后面的承载力极限状态计算及正常使用极限状态验算。

5.1.2 本条给出了次内力计算方法，设计中一定要注意次内力的符号和方向，正确确定次内力对结构有利还是对结构不利，尤其是次剪力，次剪力最好是通过次弯矩来计算，次弯矩的产生和次剪力是同时的，次弯矩的变化率就是次剪力，对于独立梁，一般情况下一跨内次剪力是一样的，次剪力对梁的两端产生的效果是正好相反的，对左端不利，对右端就有利，对左端有利，对右端就不利，因此，一定要注意方向。当计算次内力时，可略去 $\sigma_{l5}A_s$ 的影响，取 $N_p=\sigma_{pe}A_p$。

5.1.3 本条列出了体外预应力筋中的预应力损失项。预应力总损失值小于 $80N/mm^2$ 时，应按 $80N/mm^2$ 取。按照现行国家标准《混凝土结构设计规范》50010 增加了张拉端锚口摩擦损失。

5.1.4 给出了预应力筋由于锚具变形和预应力筋内缩引起的预应力损失值，预应力筋锚固时锚具回缩值按锚具类型分别为支承式和夹片式给出了数值。计算中应该注意锚具回缩影响的范围，如果锚具回缩产生的反向摩擦不能传递到下一段预应力筋，锚具回缩损失只影响第一段预应力筋。

5.1.5 由于体外预应力筋与构件接触长度非常小，因此，大部分情况下局部偏摆产生的摩擦损失不足1%，可以忽略，只考虑转角产生的摩擦损失。摩擦系数的取值参考了国家标准《混凝土结构设计规范》GB 50010－2010 的数值。

5.1.6 预应力筋的应力松弛引起的预应力损失值与初应力和极限强度有关。本规程公式是按国家标准《混凝土结构设计规范》GB 50010－2010 给出的。

5.1.7 混凝土收缩和徐变引起的预应力损失按国家标准《混凝土结构设计规范》GB 50010－2010 给出。对既有结构混凝土浇筑完成后的时间超过 5 年的，混凝土收缩、徐变已经基本完成，取 $\sigma_{l5}=0$。

5.1.8 先张拉的预应力筋由张拉后批体外预应力筋所引起的混凝土弹性压缩的预应力损失与体内预应力混凝土结构是一样的。

5.1.9 体外预应力筋的应力设计值与无粘结预应力筋的设计值确定方法基本相似，国内外都采用了有效预应力值再加预应力增量的计算方法，德国 DIN4227 规范无粘结预应力计算方法最为简单：单跨梁预应力增量取 $110N/mm^2$，悬臂梁预应力增量取 $50N/mm^2$，连续梁预应力增量取为零，我国现行行业标准《无粘结预应力混凝土结构技术规程》JGJ 92 中对体外预应力筋应力增量规定为 $100N/mm^2$，本条是参考国内外规范及工程经验作出规定的。

5.2 承载能力极限状态计算

5.2.1、5.2.2 给出了矩形、T 形和 I 形截面受弯承载力计算方法，公式按现行国家标准《混凝土结构设计规范》GB 50010 的有关规定列出，其弯矩设计值应考虑次内力组合。国内外研究成果表明，当转向块间距离小于 12 倍梁高时可以忽略二次效应的影响。为考虑二次效应的影响，国内也有一些试验和理论研究，但是，目前并没有大家公认的计算公式，《体外预应力筋极限应力和有效高度计算方法》（土木工程学报第 40 卷第 2 期）给出了一个在试验基础上总结的公式，当需要计算二次效应时可供参考。加固前构件在初始弯矩作用下，截面受拉边缘混凝土的初始应变在一般情况下数值较小，故所列公式中未计及该初始应变对承载力的影响。

体外预应力加固混凝土结构的相对界限受压区高度 ξ_b 不能简单按现行国家标准《混凝土结构设计规范》GB 50010 有关公式来确定。但是 GB 50010－2010 中第 10.1.14 条给出了无粘结预应力混凝土结构的综合配筋特性 ξ_p，ξ_p 与相对界限受压区高度含义基本相同，因此，可以按现行国家标准《混凝土结构设计规范》GB 50010 对无粘结预应力混凝土的限制，偏安全地取 0.4。当相对界限受压区高度超过 0.4 时，非预应力筋和预应力筋强度不能达到设计值，在第 5.2.3 条中规定了计算方法。

5.2.3 体外预应力加固设计中，正截面承载力尚可按偏心受压构件进行计算，并根据 ξ 不大于 ξ_b 或大于 ξ_b 分别按大偏心受压构件或小偏心受压构件计算。此外，也有按反向荷载平衡法进行正截面承载力计算的体外预应力加固实例。当 ξ 大于 ξ_b 时，技术措施还可以通过加大截面或采用其他方案。

5.2.4～5.2.7 按现行国家标准《混凝土结构设计规范》GB 50010 给出了体外预应力加固后斜截面承载力计算方法和公式，此时弯起体外预应力筋的应力设计值应按 $(\sigma_{pe}+50)$ N/mm^2 取值，h_0 是指原混凝土结构截面的有效高度。

5.3 正常使用极限状态验算

5.3.1 本条给出了体外预应力加固混凝土结构裂缝控制要求，由于体外预应力筋有专门的外护套保护并灌注防腐材料，故采用的裂缝控制与现行国家标准《混凝土结构设计规范》GB 50010 一致。

5.3.2 本条给出了已经开裂的混凝土受弯构件，裂缝完全闭合时需要施加的预应力值，该值也可以作为预应力配筋的预估值。该方法是根据《体外预应力加固配筋混凝土梁的变形控制》（工业建筑 2009 年第 12 卷第 12 期）的试验研究和理论分析成果得出的，预加力 N_{cl0} 应抵消 M_i 产生的拉应力并产生 σ_{cl0} 的压应力。

5.3.3 本条给出了体外预应力加固后构件开裂弯矩的计算方法。加固前已经开裂的构件，当截面压应力一旦达到 0，就开始重新开裂。

5.3.4、**5.3.5** 对体外预应力加固后的构件裂缝及其宽度计算公式，仍采用国家标准《混凝土结构设计规范》GB 50010－2010 中预应力混凝土受弯构件的计算方法。因为加固后的构件在重新加载开裂时，用现有的裂缝计算公式得出的裂缝宽度与试验裂缝基本相符，因此，本条采用了同样的计算公式。裂缝宽度计算对应的正常使用极限状态，变形相对较小，因此，可以不考虑二次效应的影响。

5.3.6 所给出的体外预应力加固受弯构件考虑荷载长期作用影响的刚度计算方法，与现行国家标准《混凝土结构设计规范》GB 50010－2010 中计算方法一致，要注意的是考虑荷载长期作用对挠度增大的影响系数，一般取 2.0，但是对于体外预应力加固混凝土结构有所不同，由于混凝土徐变影响已经减小，因此，折减取 1.5，第 5.3.8 条计算预应力反拱考虑长期作用的增大系数也取 1.5。

5.3.7 本条给出了未开裂构件或裂缝完全闭合后构件的刚度，以及加固后又重新开裂构件的刚度计算，注意在式（5.3.7-3）中开裂弯矩应根据是首次开裂还是闭合后重新开裂，按本规程第 5.3.3 条规定来选用不同的开裂弯矩。

5.3.8 本条给出了体外预应力在张拉过程中产生的反拱值计算方法，可以利用体外预应力产生的等效荷载进行计算。根据东南大学《体外预应力加固配筋混凝土梁的变形控制》（工业建筑 2009 年第 12 卷第 12 期）试验研究和理论分析，开裂后构件抗弯刚度明显低于未开裂构件，施加预应力将逐渐增大构件刚度，故将计算反拱的刚度分两个阶段计算，第一阶段是裂缝逐渐闭合的过程，刚度随预加力增加而增大，当预加力达到裂缝完全闭合的预加力 N_{clo} 时，刚度增大为 $0.85E_cI_0$；预加力为 0 时，构件反向刚度可近似按普通钢筋混凝土构件开裂刚度计算，即：

$$B_s=\frac{E_sA_sh_0^2}{1.15\psi+0.2+\dfrac{6\alpha_E\rho_s}{1+3.5\gamma_f'}} \tag{1}$$

中间按线性插值得到了本规程公式（5.3.8）。

5.4 转向块、锚固块设计

5.4.1 体外预应力加固用转向块、锚固块设计是体外预应力节点设计的关键，如果转向块、锚固块松动、移动或有大的变形，体外预应力筋内的应力会立刻降低，甚至会降为 0。因此，体外预应力转向块、锚固块的设计应安全可靠。采用钢结构做转向块时，转向块的设计应按现行国家标准《钢结构设计规范》GB 50017 进行承载力极限状态计算和正常使用极限状态验算。

5.4.2 在进行转向块、锚固块承载力设计时不能按有效预应力值，也不能按预应力筋抗拉强度设计值计算，而应该按预应力筋的极限强度标准值进行计算，达到转向块、锚固块节点强度与预应力筋强度等强。

5.4.3 按正常使用验算转向块和锚固块时，预应力筋拉力应按最大张拉控制应力来考虑。

5.4.4 本条为了确保既有结构混凝土受冲切承载力和局部受压承载力与预应力筋强度等强。

6 构 造 规 定

6.1 预应力筋布置原则

6.1.1 本条规定了体外预应力束的布置原则。

6.1.2 本条规定了体外预应力束转向块的布置原则。多折线体外预应力束转向块布置在距梁端 1/4～1/3 跨度的范围内，中间跨大概有 1/3 跨长两端有转向块，转向块的设置一方面减小二次效应，减小由于梁的变形引起的预应力效应的降低，二是为了提高预应力筋的应力增量，根据国内外试验和理论研究，当转向块之间距离小于 12 倍梁高或板厚时，可以忽略二次效应的影响。

6.1.3 体外束的锚固块与转向块之间或两个转向块之间的自由段长度不大于 8m，主要为了防止体外预应力束在扰动下产生与构件频率相近的振动，长期的共振会引起体外预应力束的疲劳损伤。

6.1.4 由于体外束通过转向块进行弯折转向，在体外索与转向块的接触区域内，摩擦和横向挤压力的作用和体外索弯折后产生的内应力将会造成体外预应力筋的强度降低。CEB—FIP 模式规范给出了相应的限制：预应力筋（体外索）弯折点的转角应小于 15°，曲率半径应满足一定的要求，当不满足以转角和曲率半径要求时要求通过试验确定预应力筋（体外索）的强度。

在实际工程中，除了桥梁结构和大跨度建筑结构外，上述弯折转角小于 15°和最小曲率半径的限值条件是很难满足的。因此针对量大、面广的民用建筑的加固工程应按照国家标准《预应力混凝土用钢绞线》GB/T 5224－2003 规定采用“偏斜拉伸试验”来测试预应力筋的极限强度值。

在量少、不便通过“偏斜拉伸试验”来测试预应力筋的强度值的情况下，国内研究工作表明，可按钢绞线强度标准值为 $0.8f_{ptk}$ 进行计算。

6.1.5 规定了体外束与转向块接触长度的确定方法。

6.2 节 点 构 造

6.2.1～6.2.3 体外预应力加固在全国已经完成了大量的工程实践，节点构造方式也多种多样，没有统一的方式，本节介绍了一些节点构造方式，并在附录 B 中给出了一些常见的节点构造供设计和施工参考。

7 防　　护

7.1 防　　腐

7.1.1 体外预应力筋拉力通过锚具将预应力传递给原混凝土结构，因此锚具是保证预应力的关键，本条给出了锚具的防护套节点做法。

7.1.2 本条给出了体外预应束保护套管的具体要求。参数按现行国家标准《混凝土结构工程施工规范》GB 50666 给出。

7.1.3 本条给出了体外预应力束防腐蚀材料应满足的技术要求。

7.1.4 钢制转向块和锚固块主要通过涂刷防锈漆来进行防锈，防锈漆的涂刷应按现行国家标准进行。防锈漆的使用都有一定的耐久性，一般大于 25 年就需要重新涂刷，因此，应根据防锈漆的厚度和使用年限进行检查和重新涂刷。

7.2 防　　火

7.2.1 体外预应力体系防火等级是按现行国家标准《建筑设计防火规范》GB 50016 和《高层民用建筑设计防火规范》GB 50045 的要求确定，防火涂料的性能、涂层厚度及质量要求可参考现行国家标准《钢结构防火涂料》GB 14907 和协会标准《钢结构防火涂料应用技术规程》CECS24 的规定。

7.2.2 本条给出了防火保护材料的选用及施工的具体要求。

7.2.3 本条给出了根据耐火极限选取膨胀型和非膨胀型防火涂料的原则。

除了刷防火涂料外，也可采用混凝土或水泥砂浆包裹，可先用钢丝网包裹，然后涂抹混凝土或水泥砂浆，涂抹厚度不应小于 30mm，该方法施工简单、方便，工程中应用也很广泛。

8　施工及验收

8.1　施 工 准 备

8.1.1～8.1.3 体外预应力加固施工比体内预应力施工技术要求更高，因此，必须由专业施工单位来完成，施工前必须编制详细的施工方案，同时，预应力施工也属于住房和城乡建设部发布的危险性较大的项目，必要时应该通过专家论证。施工方案必须满足设计的要求，因此，要求施工方案要经过设计单位认可才可以实施。

8.2　预应力筋加工制作

8.2.1～8.2.3 给出了预应力筋下料长度确定方法、下料方法及挤压锚挤压时注意事项。预应力筋要采用砂轮锯或切断机切断，加热、焊接或电弧切割都会让预应力筋达到高温，高温后预应力筋强度会明显降低，因此，应避免高温切断，施工过程中也应该避免电火花和电流损伤预应力筋，特别是转向块和锚固块都是钢材的，现场可能会用到电气焊，因此，这些钢配件应尽量在工厂加工好，现场直接安装，减少现场的电气焊操作，如果必须电气焊，应采取对预应力筋的临时防护措施。

8.3　转向块、锚固块安装

8.3.1 体外预应力转向块竖向误差直接影响体外预应力筋的有效高度，直接影响承载力大小、裂缝宽度计算和刚度计算，因此，必须严格控制转向块竖向安装误差。本条给出的数据保证预应力筋有效高度相差一般不超过 2%，以满足工程设计的要求，当既有结构梁高越大时，相对误差越小。

8.3.2 转向块与既有结构的连接处除了竖向压力外，还有预应力反向荷载产生的水平方向的分力，一般情况下钢材与混凝土表面的摩擦系数在 0.3，靠压力产生的摩擦力就可以抵抗水平分力产生的可能的滑动，当转向块处预应力筋转角很大时，水平分力也可能大于摩擦力而产生滑动，稍有滑动就会将预应力降低很多，因此，可采用结构加固用 A 级胶粘剂、化学锚栓、膨胀螺栓等保证转向块不滑动。

8.4　预应力筋安装

8.4.1、8.4.2 体外预应力束一般在原混凝土结构下安装，操作不方便，因此，应该提前注意排序，然后安装。安装好的部分要定位好，张拉之前对所有预应力束均进行预紧。对于涂层预应力筋或二次加工的预应力筋，应注意安装过程中保护外防护层。

8.5　预应力张拉

8.5.1 本条参照现行国家标准《混凝土结构工程施工质量验收规范》GB 50204 和《混凝土结构工程施工规范》GB 50666 有关条款制定。

8.5.2 体外预应力筋的张拉控制应力值要比体内布置的预应力筋张拉控制应力低些，参考行业标准《无粘结预应力混凝土结构技术规程》JGJ 92－2004，对于预应力钢绞线不宜超过 $0.6f_{ptk}$，且不应小于 $0.4f_{ptk}$；国家标准《混凝土结构设计规范》GB 50010－2010 对体内预应力筋：钢绞线不应超过 $0.75f_{ptk}$，预应力螺纹钢筋不应超过 $0.85f_{pyk}$，本条规定同时也参照了国外的标准。

8.5.4～8.5.12 按现行国家标准《混凝土结构工程施工质量验收规范》GB 50204 和《混凝土结构工程施工规范》GB 50666 的有关条款制定。

体外预应力张拉与体内预应力张拉相比，更应该重视对称张拉。体外预应力筋通过转向块和锚固块将预应力传递给原混凝土结构，不对称张拉会引起转向块和锚固块偏心受力，有可能引起偏转，因此，必须按对称性张拉，必要时必须分级张拉。

梁端张拉能保证体外预应力筋梁端拉力尽可能对称。另外，也要根据设计要求，如果设计按两端张拉计算的摩擦损失和有效预应力，并要求两端张拉的，施工时必须两端张拉。

建筑结构中一束体外预应力筋根数不是很多，张拉位置能整束张拉时应整束张拉，整束张拉会引起偏心，施工中应注意。为了减少偏心，可以整束分级张拉。

8.6 工程验收

8.6.1 本条给出了体外预应力工程施工质量验收的依据。

8.6.2 本条给出了体外预应力施工质量验收按材料类别划分的检验批。

8.6.3 本条给出了体外预应力施工质量验收按施工工艺划分的检验批。

8.6.4～8.6.7 给出了体外预应力施工的主控项目质量验收方法。

8.6.8～8.6.11 给出了体外预应力施工的一般项目质量验收方法。

附录A 体外预应力筋数量估算

体外预应力筋截面面积计算需要求解本规程第5.2节方程组，特别是当考虑二次效应影响时，计算更为复杂，本附录给出了一种初步设计估算预应力筋面积的方法。

通过既有结构构件力的平衡确定出既有结构混凝土截面受压区高度和承载力大小，再根据需要达到的承载力定义结构加固量 ΔM，梁截面去掉原来的非预应力筋和对应的受压区高度后得到预应力筋有效高度 H_{0P}，这样就把设计变成了设计截面宽度为 b、有效高度为 H_{0P} 的矩形梁（图A.0.2c），达到受弯承载力为 ΔM，只配预应力筋，也就是单筋矩形梁设计，得到了简单的计算公式。

对于T形截面梁，同样可以按原来截面大小和配筋得到截面受压区高度和承载力大小，原截面去掉原配筋对应的受压区高度后得到新的T形截面梁（受压区都在翼缘）或矩形截面梁（受压区进入腹板），然后按T形截面梁或矩形截面梁进行单筋设计就可以得到预应力配筋。本附录只给出了矩形截面梁估算方法，T形截面梁同样可以按上述方法计算。

附录B 转向块、锚固块布置及构造

本附录给出了常用体外预应力转向块和锚固块节点的构造形式简图，可供设计人员参考。工程中还有许多形式，可结合实际工程确定，目前尚无统一的、标准的方式，只要满足传力要求、施工方便即可。

中华人民共和国行业标准

高强混凝土强度检测技术规程

Technical specification for strength testing of high strength concrete

JGJ/T 294—2013

批准部门：中华人民共和国住房和城乡建设部
施行日期：2 0 1 3 年 1 2 月 1 日

中华人民共和国住房和城乡建设部
公　　告

第26号

住房城乡建设部关于发布行业标准《高强混凝土强度检测技术规程》的公告

现批准《高强混凝土强度检测技术规程》为行业标准，编号为JGJ/T 294－2013，自2013年12月1日起实施。

本规程由我部标准定额研究所组织中国建筑工业出版社出版发行。

中华人民共和国住房和城乡建设部

2013年5月9日

前　　言

根据原建设部《关于印发〈二〇〇二～二〇〇三年度工程建设城建、建工行业标准制订、修订计划〉的通知》（建标［2003］104号）的要求，规程编制组经广泛调查研究，认真总结实践经验，参考有关标准，并在广泛征求意见的基础上，制定本规程。

本规程主要技术内容是：1. 总则；2. 术语和符号；3. 检测仪器；4. 检测技术；5. 混凝土强度的推定；6. 检测报告。

本规程由住房和城乡建设部负责管理，由中国建筑科学研究院负责具体技术内容的解释。执行过程中如有意见和建议，请寄送中国建筑科学研究院（地址：北京市北三环东路30号，邮政编码：100013）。

本规程主编单位：中国建筑科学研究院

本规程参编单位：甘肃省建筑科学研究院
山西省建筑科学研究院
中山市建设工程质量检测中心
重庆市建筑科学研究院
贵州中建建筑科学研究院
河北省建筑科学研究院
深圳市建设工程质量检测中心
山东省建筑科学研究院
广西建筑科学研究设计院
沈阳市建设工程质量检测中心
陕西省建筑科学研究院

本规程参加单位：乐陵市回弹仪厂

本规程主要起草人员：张荣成　冯力强　邱　平　魏利国　朱艾路　林文修　张　晓　强万明　陈少波　崔士起　李杰成　陈伯田　王宇新　王先芬　颜丙山　黎　刚　谢小玲　边智慧　赵士永　郑　伟　陈灿华　赵　强　赵　波　王金山　孔旭文　王金环　蒋莉莉　肖　嫦　张翼鹏　贾玉新　晏大玮　孟康荣　文恒武　魏超琪

本规程主要审查人员：艾永祥　张元勃　李启棣　国天逵　胡耀林　路来军　周聚光　郝挺宇　王文明　黄政宇　王若冰　金　华

目 次

1 总则 ………………………………………… 33—5
2 术语和符号 …………………………………… 33—5
2.1 术语 ………………………………………… 33—5
2.2 符号 ………………………………………… 33—5
3 检测仪器 ……………………………………… 33—5
3.1 回弹仪 ……………………………………… 33—5
3.2 混凝土超声波检测仪器 ………………… 33—6
4 检测技术 ……………………………………… 33—6
4.1 一般规定 …………………………………… 33—6
4.2 回弹测试及回弹值计算 ………………… 33—7
4.3 超声测试及声速值计算 ………………… 33—7
5 混凝土强度的推定 ………………………… 33—7
6 检测报告 ……………………………………… 33—8
附录 A 采用标称动能 4.5J 回弹仪
推定混凝土强度 ……………………… 33—9
附录 B 采用标称动能 5.5J 回弹仪
推定混凝土强度 ……………………… 33—9
附录 C 建立专用或地区高强混凝土
测强曲线的技术要求 ……………… 33—9
附录 D 测强曲线的验证方法 ………… 33—10
附录 E 超声回弹综合法测区混凝土
强度换算表 …………………………… 33—11
附录 F 高强混凝土强度检测
报告 …………………………………… 33—31
本规程用词说明 ……………………………… 33—31
引用标准名录 ………………………………… 33—31
附：条文说明 ………………………………… 33—32

Contents

1 General Provisions ······ 33—5
2 Terms and Symbols ······ 33—5
2.1 Terms ······ 33—5
2.2 Symbols ······ 33—5
3 Test Instrument ······ 33—5
3.1 Rebound Hammer ······ 33—5
3.2 Ultrasonic Concrete Tester ······ 33—6
4 Testing Technology ······ 33—6
4.1 General Requirements ······ 33—6
4.2 Measurement and Calculation of Rebound Value ······ 33—7
4.3 Measurement and Calculation of Velocity of Ultrasonic Wave ······ 33—7
5 Estimation of Compressive Strength for Concrete ······ 33—7
6 Test Report ······ 33—8
Appendix A Estimate Compressive Strength for Concrete by Using Rebound Hammer of 4.5J Nominal Kinetic Energy ······ 33—9
Appendix B Estimate Compressive Strength for Concrete by Using Rebound Hammer of 5.5J Nominal Kinetic Energy ······ 33—9
Appendix C Technical Requirement for Create Special or Regional Curves of High Strength Concrete ······ 33—9
Appendix D Confirmation Method for Strength Curve of High Strength Concrete ······ 33—10
Appendix E Conversion Table of Compressive Strength of Concrete by Ultrasonic-rebound Combined Method for Testing Zone ······ 33—11
Appendix F Test Report of Compressive Strength for High Strength Concrete ······ 33—31
Explanation of Wording in This Specification ······ 33—31
List of Quoted Standards ······ 33—31
Addition: Explanation of Provisions ······ 33—32

1 总 则

1.0.1 为检测工程结构中的高强混凝土抗压强度，保证检测结果的可靠性，制定本规程。

1.0.2 本规程适用于工程结构中强度等级为C50～C100的混凝土抗压强度检测。本规程不适用于下列情况的混凝土抗压强度检测：

1 遭受严重冻伤、化学侵蚀、火灾而导致表里质量不一致的混凝土和表面不平整的混凝土；

2 潮湿的和特种工艺成型的混凝土；

3 厚度小于150mm的混凝土构件；

4 所处环境温度低于0℃或高于40℃的混凝土。

1.0.3 当对结构中的混凝土有强度检测要求时，可按本规程进行检测，其强度推定结果可作为混凝土结构处理的依据。

1.0.4 当具有钻芯试件或同条件的标准试件作校核时，可按本规程对900d以上龄期混凝土抗压强度进行检测和推定。

1.0.5 当采用回弹法检测高强混凝土强度时，可采用标称动能为4.5J或5.5J的回弹仪。采用标称动能为4.5J的回弹仪时，应按本规程附录A执行，采用标称动能为5.5J的回弹仪时，应按本规程附录B执行。

1.0.6 采用本规程的方法检测及推定混凝土强度时，除应符合本规程外，尚应符合国家现行有关标准的规定。

2 术语和符号

2.1 术 语

2.1.1 测区 testing zone

按检测方法要求布置的具有一个或若干个测点的区域。

2.1.2 测点 testing point

在测区内，取得检测数据的检测点。

2.1.3 测区混凝土抗压强度换算值 conversion value of concrete compressive strength of testing zone

根据测区混凝土中的声速代表值和回弹代表值，通过测强曲线换算所得的该测区现龄期混凝土的抗压强度值。

2.1.4 混凝土抗压强度推定值 estimation value of strength for concrete

测区混凝土抗压强度换算值总体分布中保证率不低于95%的结构或构件现龄期混凝土强度值。

2.1.5 超声回弹综合法 ultrasonic-rebound combined method

通过测定混凝土的超声波声速值和回弹值检测混凝土抗压强度的方法。

2.1.6 回弹法 rebound method

根据回弹值推定混凝土强度的方法。

2.1.7 超声波速度 velocity of ultrasonic wave

在混凝土中，超声脉冲波单位时间内的传播距离。

2.1.8 波幅 amplitude of wave

超声脉冲波通过混凝土被换能器接收后，由超声波检测仪显示的首波信号的幅度。

2.2 符 号

e_r——相对标准差；

$f^c_{cu,i}$——结构或构件第i个测区的混凝土抗压强度换算值；

$f_{cu,e}$——结构混凝土抗压强度推定值；

$f^c_{cu,min}$——结构或构件最小的测区混凝土抗压强度换算值；

$f_{cor,i}$——第i个混凝土芯样试件的抗压强度；

$f_{cu,i}$——第i个同条件混凝土标准试件的抗压强度；

$f^c_{cu,i0}$——第i个测区修正前的混凝土强度换算值；

$f^c_{cu,i1}$——第i个测区修正后的混凝土强度换算值；

l_i——第i个测点的超声测距；

$m_{f^c_{cu}}$——结构或构件测区混凝土抗压强度换算值的平均值；

n——测区数、测点数、立方体试件数、芯样试件数；

R_i——第i个测点的有效回弹值；

R——测区回弹代表值；

$s_{f^c_{cu}}$——结构或构件测区混凝土抗压强度换算值的标准差；

T_k——空气的摄氏温度；

t_i——第i个测点的声时读数；

t_0——声时初读数；

v——测区混凝土中声速代表值；

v_k——空气中声速计算值；

v^0——空气中声速实测值；

v_i——第i个测点的混凝土中声速值；

Δ_{tot}——测区混凝土强度修正量。

3 检测仪器

3.1 回 弹 仪

3.1.1 回弹仪应具有产品合格证和检定合格证。

3.1.2 回弹仪的弹击锤脱钩时，指针滑块示值刻线应对应于仪壳的上刻线处，且示值误差不应超过±0.4mm。

3.1.3 回弹仪率定应符合下列规定：

1 钢砧应稳固地平放在坚实的地坪上；

2 回弹仪应向下弹击；

3 弹击杆应旋转3次，每次应旋转90°，且每旋转1次弹击杆，应弹击3次；

4 应取连续3次稳定回弹值的平均值作为率定值。

3.1.4 当遇有下列情况之一时，回弹仪应送法定计量检定机构进行检定：

1 新回弹仪启用之前；

2 超过检定有效期；

3 更换零件和检修后；

4 尾盖螺钉松动或调整后；

5 遭受严重撞击或其他损害。

3.1.5 当遇有下列情况之一时，应在钢砧上进行率定，且率定值不合格时不得使用：

1 每个检测项目执行之前和之后；

2 测试过程中回弹值异常时。

3.1.6 回弹仪每次使用完毕后，应进行维护。

3.1.7 回弹仪有下列情况之一时，应将回弹仪拆开维护：

1 弹击超过2000次；

2 率定值不合格。

3.1.8 回弹仪拆开维护应按下列步骤进行：

1 将弹击锤脱钩，取出机芯；

2 擦拭中心导杆和弹击杆的端面、弹击锤的内孔和冲击面等；

3 组装仪器后做率定。

3.1.9 回弹仪拆开维护应符合下列规定：

1 经过清洗的零部件，除中心导杆需涂上微量的钟表油外，其他零部件均不得涂油；

2 应保持弹击拉簧前端钩入拉簧座的原孔位；

3 不得转动尾盖上已定位紧固的调零螺钉；

4 不得自制或更换零部件。

3.2 混凝土超声波检测仪器

3.2.1 混凝土超声波检测仪应具有产品合格证和校准证书。

3.2.2 混凝土超声波检测仪可采用模拟式和数字式。

3.2.3 超声波检测仪应符合现行行业标准《混凝土超声波检测仪》JG/T 5004的规定，且计量检定结果应在有效期内。

3.2.4 应符合下列规定：

1 应具有波形清晰、显示稳定的示波装置；

2 声时最小分度值应为0.1μs；

3 应具有最小分度值为1dB的信号幅度调整系统；

4 接收放大器频响范围应为10kHz～500kHz，总增益不应小于80dB，信噪比为3∶1时的接收灵敏度不应大于50μV；

5 超声波检测仪的电源电压偏差在额定电压的±10%的范围内时，应能正常工作；

6 连续正常工作时间不应少于4h。

3.2.5 模拟式超声波检测仪除应符合本规程第3.2.4条的规定外，尚应符合下列规定：

1 应具有手动游标和自动整形两种声时测读功能；

2 数字显示应稳定，声时调节应在20μs～30μs范围内，连续静置1h数字变化不应超过±0.2μs。

3.2.6 数字式超声波检测仪除应符合本规程第3.2.4条的规定外，尚应符合下列规定：

1 应具有采集、储存数字信号并进行数据处理的功能；

2 应具有手动游标测读和自动测读两种方式，当自动测读时，在同一测试条件下，在1h内每5min测读一次声时值的差异不应超过±0.2μs；

3 自动测读时，在显示器的接收波形上，应有光标指示声时的测读位置。

3.2.7 超声波检测仪器使用时的环境温度应为0℃～40℃。

3.2.8 换能器应符合下列规定：

1 换能器的工作频率应在50kHz～100kHz范围内；

2 换能器的实测主频与标称频率相差不应超过±10%。

3.2.9 超声波检测仪在工作前，应进行校准，并应符合下列规定：

1 应按下式计算空气中声速计算值（v_k）：

$$v_k = 331.4\sqrt{1+0.00367T_k} \qquad (3.2.9)$$

式中：v_k——温度为T_k时空气中的声速计算值（m/s）；

T_k——测试时空气的温度（℃）。

2 超声波检测仪的声时计量检验，应按"时-距"法测量空气中声速实测值（v^0），且v^0相对v_k误差不应超过±0.5%。

3 应根据测试需要配置合适的换能器和高频电缆线，并应测定声时初读数（t_0），检测过程中更换换能器或高频电缆线时，应重新测定t_0。

3.2.10 超声波检测仪应至少每年保养一次。

4 检测技术

4.1 一般规定

4.1.1 使用回弹仪、混凝土超声波检测仪进行工程检测的人员，应通过专业培训，并持证上岗。

4.1.2 检测前宜收集下列有关资料：

1 工程名称及建设、设计、施工、监理单位名称；

2　结构或构件的部位、名称及混凝土设计强度等级；

3　水泥品种、强度等级、砂石品种、粒径、外加剂品种、掺合料类别及等级、混凝土配合比等；

4　混凝土浇筑日期、施工工艺、养护情况及施工记录；

5　结构及现状；

6　检测原因。

4.1.3　当按批抽样检测时，同时符合下列条件的构件可作为同批构件：

1　混凝土设计强度等级、配合比和成型工艺相同；

2　混凝土原材料、养护条件及龄期基本相同；

3　构件种类相同；

4　在施工阶段所处状态相同。

4.1.4　对同批构件按批抽样检测时，构件应随机抽样，抽样数量不宜少于同批构件的30%，且不宜少于10件。当检验批中构件数量大于50时，构件抽样数量可按现行国家标准《建筑结构检测技术标准》GB/T 50344进行调整，但抽取的构件总数不宜少于10件，并应按现行国家标准《建筑结构检测技术标准》GB/T 50344进行检测批混凝土的强度推定。

4.1.5　测区布置应符合下列规定：

1　检测时应在构件上均匀布置测区，每个构件上的测区数不应少于10个；

2　对某一方向尺寸不大于4.5m且另一方向尺寸不大于0.3m的构件，其测区数量可减少，但不应少于5个。

4.1.6　构件的测区应符合下列规定：

1　测区应布置在构件混凝土浇筑方向的侧面，并宜布置在构件的两个对称的可测面上，当不能布置在对称的可测面上时，也可布置在同一可测面上；在构件的重要部位及薄弱部位应布置测区，并应避开预埋件；

2　相邻两测区的间距不宜大于2m；测区离构件边缘的距离不宜小于100mm；

3　测区尺寸宜为200mm×200mm；

4　测试面应清洁、平整、干燥，不应有接缝、饰面层、浮浆和油垢；表面不平处可用砂轮适度打磨，并擦净残留粉尘。

4.1.7　结构或构件上的测区应注明编号，并应在检测时记录测区位置和外观质量情况。

4.2　回弹测试及回弹值计算

4.2.1　在构件上回弹测试时，回弹仪的纵轴线应始终与混凝土成型侧面保持垂直，并应缓慢施压、准确读数、快速复位。

4.2.2　结构或构件上的每一测区应回弹16个测点，或在待测超声波测区的两个相对测试面各回弹8个测点，每一测点的回弹值应精确至1。

4.2.3　测点在测区范围内宜均匀分布，不得分布在气孔或外露石子上。同一测点应只弹击一次，相邻两测点的间距不宜小于30mm；测点距外露钢筋、铁件的距离不宜小于100mm。

4.2.4　计算测区回弹值时，在每一测区内的16个回弹值中，应先剔除3个最大值和3个最小值，然后将余下的10个回弹值按下式计算，其结果作为该测区回弹值的代表值：

$$R = \frac{1}{10}\sum_{i=1}^{10} R_i \tag{4.2.4}$$

式中：R——测区回弹代表值，精确至0.1；

R_i——第i个测点的有效回弹值。

4.3　超声测试及声速值计算

4.3.1　采用超声回弹综合法检测时，应在回弹测试完毕的测区内进行超声测试。每一测区应布置3个测点。超声测试宜优先采用对测，当被测构件不具备对测条件时，可采用角测和单面平测。

4.3.2　超声测试时，换能器辐射面应采用耦合剂使其与混凝土测试面良好耦合。

4.3.3　声时测量应精确至0.1μs，超声测距测量应精确至1mm，且测量误差应在超声测距的±1%之内。声速计算应精确至0.01km/s。

4.3.4　当在混凝土浇筑方向的两个侧面进行对测时，测区混凝土中声速代表值应为该测区中3个测点的平均声速值，并应按下式计算：

$$v = \frac{1}{3}\sum_{i=1}^{3} \frac{l_i}{t_i - t_0} \tag{4.3.4}$$

式中：v——测区混凝土中声速代表值（km/s）；

l_i——第i个测点的超声测距（mm）；

t_i——第i个测点的声时读数（μs）；

t_0——声时初读数（μs）。

5　混凝土强度的推定

5.0.1　本规程给出的强度换算公式适用于配制强度等级为C50～C100的混凝土，且混凝土应符合下列规定：

1　水泥应符合现行国家标准《通用硅酸盐水泥》GB 175的规定；

2　砂、石应符合现行行业标准《普通混凝土用砂、石质量及检验方法标准》JGJ 52的规定；

3　应自然养护；

4　龄期不宜超过900d。

5.0.2　结构或构件中第i个测区的混凝土抗压强度换算值应按本规程第3章的规定，计算出所用检测方法对应的测区测试参数代表值，并应优先采用专用测强曲线或地区测强曲线换算取得。专用测强曲线和地区测强曲线应按本规程附录C的规定制定。

5.0.3 当无专用测强曲线和地区测强曲线时，可按本规程附录D的规定，通过验证后，采用本规程第5.0.4条或第5.0.5条给出的全国高强混凝土测强曲线公式，计算结构或构件中第 i 个测区混凝土抗压强度换算值。

5.0.4 当采用回弹法检测时，结构或构件第 i 个测区混凝土强度换算值，可按本规程附录A或附录B查表得出。

5.0.5 当采用超声回弹综合法检测时，结构或构件第 i 个测区混凝土强度换算值，可按下式计算，也可按本规程附录E查表得出：

$$f_{cu,i}^{c}=0.117081v^{0.539038}\cdot R^{1.33947} \quad (5.0.5)$$

式中：$f_{cu,i}^{c}$ ——结构或构件第 i 个测区的混凝土抗压强度换算值（MPa）；

R——4.5J回弹仪测区回弹代表值，精确至0.1。

5.0.6 结构或构件的测区混凝土换算强度平均值可根据各测区的混凝土强度换算值计算。当测区数为10个及以上时，应计算强度标准差。平均值和标准差应按下列公式计算：

$$m_{f_{cu}^{c}}=\frac{1}{n}\sum_{i=1}^{n}f_{cu,i}^{c} \quad (5.0.6\text{-}1)$$

$$s_{f_{cu}^{c}}=\sqrt{\frac{\sum_{i=1}^{n}(f_{cu,i}^{c})^{2}-n(m_{f_{cu}^{c}})^{2}}{n-1}} \quad (5.0.6\text{-}2)$$

式中：$m_{f_{cu}^{c}}$ ——结构或构件测区混凝土抗压强度换算值的平均值（MPa），精确至0.1MPa；

$s_{f_{cu}^{c}}$——结构或构件测区混凝土抗压强度换算值的标准差（MPa），精确至0.01MPa；

n——测区数。对单个检测的构件，取一个构件的测区数；对批量检测的构件，取被抽检构件测区数之总和。

5.0.7 当检测条件与测强曲线的适用条件有较大差异或曲线没有经过验证时，应采用同条件标准试件或直接从结构构件测区内钻取混凝土芯样进行推定强度修正，且试件数量或混凝土芯样不应少于6个。计算时，测区混凝土强度修正量及测区混凝土强度换算值的修正应符合下列规定：

1 修正量应按下列公式计算：

$$\Delta_{tot}=\frac{1}{n}\sum_{i=1}^{n}f_{cor,i}-\frac{1}{n}\sum_{i=1}^{n}f_{cu,i}^{c} \quad (5.0.7\text{-}1)$$

$$\Delta_{tot}=\frac{1}{n}\sum_{i=1}^{n}f_{cu,i}-\frac{1}{n}\sum_{i=1}^{n}f_{cu,i}^{c} \quad (5.0.7\text{-}2)$$

式中：Δ_{tot} ——测区混凝土强度修正量（MPa），精确到0.1MPa；

$f_{cor,i}$——第 i 个混凝土芯样试件的抗压强度；

$f_{cu,i}$ ——第 i 个同条件混凝土标准试件的抗压强度；

$f_{cu,i}^{c}$ ——对应于第 i 个芯样部位或同条件混凝土标准试件的混凝土强度换算值；

n——混凝土芯样或标准试件数量。

2 测区混凝土强度换算值的修正应按下式计算：

$$f_{cu,i1}^{c}=f_{cu,i0}^{c}+\Delta_{tot} \quad (5.0.7\text{-}3)$$

式中：$f_{cu,i0}^{c}$ ——第 i 个测区修正前的混凝土强度换算值（MPa），精确到0.1MPa；

$f_{cu,i1}^{c}$ ——第 i 个测区修正后的混凝土强度换算值（MPa），精确到0.1MPa。

5.0.8 结构或构件的混凝土强度推定值（$f_{cu,e}$）应按下列公式确定：

1 当该结构或构件测区数少于10个时，应按下式计算：

$$f_{cu,e}=f_{cu,min}^{c} \quad (5.0.8\text{-}1)$$

式中：$f_{cu,min}^{c}$ ——结构或构件最小的测区混凝土抗压强度换算值（MPa），精确至0.1MPa。

2 当该结构或构件测区数不少于10个或按批量检测时，应按下式计算：

$$f_{cu,e}=m_{f_{cu}^{c}}-1.645s_{f_{cu}^{c}} \quad (5.0.8\text{-}2)$$

5.0.9 对按批量检测的结构或构件，当该批构件混凝土强度标准差出现下列情况之一时，该批构件应全部按单个构件检测：

1 该批构件的混凝土抗压强度换算值的平均值（$m_{f_{cu}^{c}}$）不大于50.0MPa，且标准差（$s_{f_{cu}^{c}}$）大于5.50MPa；

2 该批构件的混凝土抗压强度换算值的平均值（$m_{f_{cu}^{c}}$）大于50.0MPa，且标准差（$s_{f_{cu}^{c}}$）大于6.50MPa。

6 检测报告

6.0.1 检测报告应信息完整、齐全，并宜包括下列内容：

1 工程名称；

2 工程地址；

3 委托单位；

4 设计单位；

5 监理单位；

6 施工单位；

7 检测部位；

8 混凝土浇筑日期；

9 检测原因；

10 检测依据；

11 检测时间；

12 检测仪器；

13 检测结果；

14 报告批准人、审核人和主检人签字；

15 出具报告日期；

16 检测单位公章。

6.0.2 检测报告宜采用本规程附录 F 的格式，并可增加所检测构件平面分布图。

附录 A 采用标称动能 4.5J 回弹仪推定混凝土强度

A.0.1 标称动能为 4.5J 的回弹仪应符合下列规定：

1 水平弹击时，在弹击锤脱钩的瞬间，回弹仪的标称动能应为 4.5J；

2 在配套的洛氏硬度为 HRC60±2 钢砧上，回弹仪的率定值应为 88±2。

A.0.2 采用标称动能为 4.5J 回弹仪时，结构或构件的第 i 个测区混凝土强度换算值可按表 A.0.2 直接查得。

表 A.0.2 采用标称动能为 4.5J 回弹仪时测区混凝土强度换算值

R	$f^c_{cu,i}$	R	$f^c_{cu,i}$	R	$f^c_{cu,i}$	R	$f^c_{cu,i}$
28.0	—	42.0	37.6	56.0	58.9	70.0	83.4
29.0	20.6	43.0	39.0	57.0	60.6	71.0	85.2
30.0	21.8	44.0	40.5	58.0	62.2	72.0	87.1
31.0	23.0	45.0	41.9	59.0	63.9	73.0	89.0
32.0	24.3	46.0	43.4	60.0	65.6	74.0	90.9
33.0	25.5	47.0	44.9	61.0	67.3	75.0	92.9
34.0	26.8	48.0	46.4	62.0	69.0	76.0	94.8
35.0	28.1	49.0	47.9	63.0	70.8	77.0	96.8
36.0	29.4	50.0	49.4	64.0	72.5	78.0	98.7
37.0	30.7	51.0	51.0	65.0	74.3	79.0	100.7
38.0	32.1	52.0	52.5	66.0	76.1	80.0	102.7
39.0	33.4	53.0	54.1	67.0	77.9	81.0	104.8
40.0	34.8	54.0	55.7	68.0	79.7	82.0	106.8
41.0	36.2	55.0	57.3	69.0	81.5	83.0	108.8

注：1 表内未列数值可用内插法求得，精度至 0.1MPa；

2 表中 R 为测区回弹代表值，$f^c_{cu,i}$ 为测区混凝土强度换算值；

3 表中数值是根据曲线公式 $f^c_{cu,i}=-7.83+0.75R+0.0079R^2$ 计算得出。

附录 B 采用标称动能 5.5J 回弹仪推定混凝土强度

B.0.1 标称动能为 5.5J 的回弹仪应符合下列规定：

1 水平弹击时，在弹击锤脱钩的瞬间，回弹仪的标称动能应为 5.5J；

2 在配套的洛氏硬度为 HRC60±2 钢砧上，回弹仪的率定值应为 83±1。

B.0.2 采用标称动能为 5.5J 回弹仪时，结构或构件的第 i 个测区混凝土强度换算值可按表 B.0.2 直接查得。

表 B.0.2 采用标称动能为 5.5J 回弹仪时的测区混凝土强度换算值

R	$f^c_{cu,i}$	R	$f^c_{cu,i}$	R	$f^c_{cu,i}$	R	$f^c_{cu,i}$
35.6	60.2	39.6	66.1	43.6	72.0	47.6	77.9
35.8	60.5	39.8	66.4	43.8	72.3	47.8	78.2
36.0	60.8	40.0	66.7	44.0	72.6	48.0	78.5
36.2	61.1	40.2	67.0	44.2	72.9	48.2	78.8
36.4	61.4	40.4	67.3	44.4	73.2	48.4	79.1
36.6	61.7	40.6	67.6	44.6	73.5	48.6	79.3
36.8	62.0	40.8	67.9	44.8	73.8	48.8	79.6
37.0	62.3	41.0	68.2	45.0	74.1	49.0	79.9
37.2	62.6	41.2	68.5	45.2	74.4	—	—
37.4	62.9	41.4	68.8	45.4	74.7	—	—
37.6	63.2	41.6	69.1	45.6	75.0	—	—
37.8	63.5	41.8	69.4	45.8	75.3	—	—
38.0	63.8	42.0	69.7	46.0	75.6	—	—
38.2	64.1	42.2	70.0	46.2	75.9	—	—
38.4	64.4	42.4	70.3	46.4	76.1	—	—
38.6	64.7	42.6	70.6	46.6	76.4	—	—
38.8	64.9	42.8	70.9	46.8	76.7	—	—
39.0	65.2	43.0	71.2	47.0	77.0	—	—
39.2	65.5	43.2	71.5	47.2	77.3	—	—
39.4	65.8	43.4	71.8	47.4	77.6	—	—

注：1 表内未列数值可用内插法求得，精度至 0.1MPa；

2 表中 R 为测区回弹代表值，$f^c_{cu,i}$ 为测区混凝土强度换算值；

3 表中数值根据曲线公式 $f^c_{cu,i}=2.51246R^{0.889}$ 计算。

附录 C 建立专用或地区高强混凝土测强曲线的技术要求

C.0.1 混凝土应采用本地区常用水泥、粗骨料、细骨料，并应按常用配合比制作强度等级为 C50～C100、边长 150mm 的混凝土立方体标准试件。

C.0.2 试件应符合下列规定：

1 试模应符合现行行业标准《混凝土试模》JG

237 的规定；

2 每个强度等级的混凝土试件数宜为 39 块，并应采用同一盘混凝土均匀装模振捣成型；

3 试件拆模后应按“品”字形堆放在不受日晒雨淋处自然养护；

4 试件的测试龄期宜分为 7d、14d、28d、60d、90d、180d、365d 等；

5 对同一强度等级的混凝土，应在每个测试龄期测试 3 个试件。

C.0.3 试件的测试应按下列步骤进行：

1 试件编号：将被测试件四个浇筑侧面上的尘土、污物等擦拭干净，以同一强度等级混凝土的 3 个试件作为一组，依次编号；

2 选择测试面，标注测点：在试件测试面上标示超声测点，并取试块浇筑方向的侧面为测试面，在两个相对测试面上分别标出相对应的 3 个测点（图 C.0.3）；

3 测量试件的超声测距：采用钢卷尺或钢板尺，在两个超声测试面的两侧边缘处对应超声波测点高度逐点测量两测试面的垂直距离（l_1、l_2、l_3），取两边缘对应垂直距离的平均值作为测点的超声测距值；

4 测量试件的声时值：在试件两个测试面的对应测点位置涂抹耦合剂，将一对发射和接收换能器耦合在对应测点上，并始终保持两个换能器的轴线在同一直线上，逐点测读声时（t_1、t_2、t_3）；

5 计算声速值：分别计算 3 个测点的声速值（v_i），并取 3 个测点声速的平均值作为该试件的混凝土中声速代表值（v）；

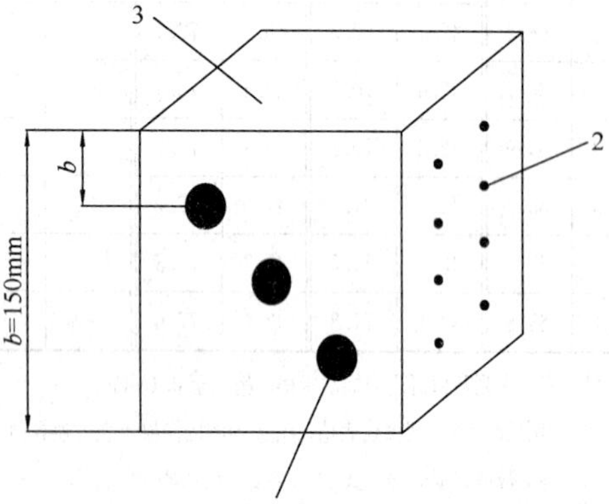

图 C.0.3 声时测量测点布置示意

1—超声测点；2—回弹测点；3—混凝土浇筑面

6 测量回弹值：先将试件超声测试面的耦合剂擦拭干净，再置于压力机上下承压板之间，使另外一对侧面朝向便于回弹测试的方向，然后加压至 60kN～100kN，并保持此压力；分别在试件两个相对侧面上按本规程第 4.2.2 条规定的水平测试方法各测 8 点回弹值，精确至 1；剔除 3 个最大值和 3 个最小值，取余下 10 个有效回弹值的平均值作为该试件的回弹代表值 R，计算精确至 0.1；

7 抗压强度试验：回弹值测试完毕后，卸荷将回弹测试面放置在压力机承压板正中，按现行国家标准《普通混凝土力学性能试验方法标准》GB/T 50081 的规定速度连续均匀加荷至破坏；计算抗压强度实测值 f_{cu}，精确至 0.1MPa。

C.0.4 测强曲线应按下列步骤进行计算：

1 数据整理：将各试件测试所得的声速值（v）、回弹值（R）和试件抗压强度实测值（f_{cu}）汇总；

2 回归分析：得出回弹法或超声回弹综合法测强曲线公式；

3 误差计算：测强曲线的相对标准差（e_r）应按下式计算：

$$e_r = \sqrt{\frac{\sum_{i=1}^{n}\left(\frac{f_{cu,i}^{c}}{f_{cu,i}} - 1\right)^2}{n}} \times 100\% \quad (C.0.4)$$

式中：e_r ——相对标准差；

$f_{cu,i}$ ——第 i 个立方体标准试件的抗压强度实测值（MPa）；

$f_{cu,i}^{c}$ ——第 i 个立方体标准试件按相应检测方法的测强曲线公式计算的抗压强度换算值（MPa）。

C.0.5 所建立的专用或地区测强曲线的抗压强度相对标准差（e_r）应符合下列规定：

1 超声回弹综合法专用测强曲线的相对标准差（e_r）不应大于 12%；

2 超声回弹综合法地区测强曲线的相对标准差（e_r）不应大于 14%；

3 回弹法专用测强曲线的相对标准差（e_r）不应大于 14%；

4 回弹法地区测强曲线的相对标准差（e_r）不应大于 17%。

C.0.6 建立专用或地区高强混凝土测强曲线时，可根据测强曲线公式给出测区混凝土抗压强度换算表。

C.0.7 测区混凝土抗压强度换算时，不得在建立测强曲线时的标准立方体试件强度范围之外使用。

附录 D 测强曲线的验证方法

D.0.1 在采用本规程测强曲线前，应进行验证。

D.0.2 回弹仪应符合本规程第 3.1 节的规定，超声波检测仪应符合本规程第 3.2 节的规定。

D.0.3 测强曲线可按下列步骤进行验证：

1 根据本地区具体情况，选用高强混凝土的原材料和配合比，制作强度等级 C50～C100，边长为 150mm 混凝土立方体标准试件各 5 组，每组 6 块，并自然养护；

2 按 7d、14d、28d、60d 和 90d，进行欲验证测

强曲线对应方法的测试和试件抗压试验；

3 根据每个试件测得的参数，计算出对应方法的换算强度；

4 根据实测试件抗压强度和换算强度，按下式计算相对标准差（e_r）：

$$e_r = \sqrt{\frac{\sum_{i=1}^{n}\left(\frac{f^c_{cu,i}}{f_{cu,i}}-1\right)^2}{n}} \times 100\% \quad (D.0.3)$$

式中：e_r ——相对标准差；

$f_{cu,i}$ ——第 i 个立方体标准试件的抗压强度实测值（MPa）；

$f^c_{cu,i}$ ——第 i 个立方体标准试件按相应的检测方法测强曲线公式计算的抗压强度换算值（MPa）。

5 当 e_r 小于等于 15%时，可使用本规程测强曲线；当 e_r 大于 15%，应采用钻取混凝土芯样或同条件标准试件对检测结果进行修正或另建立测强曲线；

6 测强曲线的验证也可采用高强混凝土结构同条件标准试件或采用钻取混凝土芯样的方法，按本条第 1～5 款的要求进行，试件数量不得少于 30 个。

附录 E 超声回弹综合法测区混凝土强度换算表

表 E 超声回弹综合法测区混凝土强度换算表

R \ f^c_{cu} \ v	3.18	3.20	3.22	3.24	3.26	3.28	3.30	3.32	3.34	3.36	3.38	3.40	3.42
28.0	—	—	—	—	—	—	—	—	—	—	—	—	—
29.0	—	—	20.0	20.1	20.1	20.2	20.3	20.3	20.4	20.5	20.5	20.6	20.7
30.0	20.8	20.9	20.9	21.0	21.1	21.2	21.2	21.3	21.4	21.4	21.5	21.6	21.6
31.0	21.7	21.8	21.9	22.0	22.0	22.1	22.2	22.2	22.3	22.4	22.5	22.5	22.6
32.0	22.7	22.8	22.8	22.9	23.0	23.1	23.1	23.2	23.3	23.4	23.4	23.5	23.6
33.0	23.6	23.7	23.8	23.9	24.0	24.0	24.1	24.2	24.3	24.3	24.4	24.5	24.6
34.0	24.6	24.7	24.8	24.8	24.9	25.0	25.1	25.2	25.3	25.3	25.4	25.5	25.6
35.0	25.6	25.7	25.7	25.8	25.9	26.0	26.1	26.2	26.3	26.3	26.4	26.5	26.6
36.0	26.6	26.6	26.7	26.8	26.9	27.0	27.1	27.2	27.3	27.4	27.4	27.5	27.6
37.0	27.5	27.6	27.7	27.8	27.9	28.0	28.1	28.2	28.3	28.4	28.5	28.6	28.6
38.0	28.5	28.6	28.7	28.8	28.9	29.0	29.1	29.2	29.3	29.4	29.5	29.6	29.7
39.0	29.6	29.7	29.8	29.9	30.0	30.1	30.1	30.2	30.3	30.4	30.5	30.6	30.7
40.0	30.6	30.7	30.8	30.9	31.0	31.1	31.2	31.3	31.4	31.5	31.6	31.7	31.8
41.0	31.6	31.7	31.8	31.9	32.0	32.1	32.2	32.3	32.4	32.6	32.7	32.8	32.9
42.0	32.6	32.7	32.9	33.0	33.1	33.2	33.3	33.4	33.5	33.6	33.7	33.8	33.9
43.0	33.7	33.8	33.9	34.0	34.1	34.2	34.4	34.5	34.6	34.7	34.8	34.9	35.0
44.0	34.7	34.8	35.0	35.1	35.2	35.3	35.4	35.5	35.7	35.8	35.9	36.0	36.1
45.0	35.8	35.9	36.0	36.2	36.3	36.4	36.5	36.6	36.8	36.9	37.0	37.1	37.2
46.0	36.9	37.0	37.1	37.2	37.4	37.5	37.6	37.7	37.8	38.0	38.1	38.2	38.3
47.0	37.9	38.1	38.2	38.3	38.4	38.6	38.7	38.8	39.0	39.1	39.2	39.3	39.5
48.0	39.0	39.2	39.3	39.4	39.5	39.7	39.8	39.9	40.1	40.2	40.3	40.5	40.6
49.0	40.1	40.2	40.4	40.5	40.7	40.8	40.9	41.1	41.2	41.3	41.5	41.6	41.7
50.0	41.2	41.3	41.5	41.6	41.8	41.9	42.0	42.2	42.3	42.5	42.6	42.7	42.9
51.0	42.3	42.5	42.6	42.7	42.9	43.0	43.2	43.3	43.5	43.6	43.7	43.9	44.0
52.0	43.4	43.6	43.7	43.9	44.0	44.2	44.3	44.4	44.6	44.7	44.9	45.0	45.2

续表 E

R \ v / f_{cu}^{c}	3.18	3.20	3.22	3.24	3.26	3.28	3.30	3.32	3.34	3.36	3.38	3.40	3.42
53.0	44.6	44.7	44.9	45.0	45.2	45.3	45.4	45.6	45.7	45.9	46.0	46.2	46.3
54.0	45.7	45.8	46.0	46.1	46.3	46.4	46.6	46.8	46.9	47.1	47.2	47.4	47.5
55.0	46.8	47.0	47.1	47.3	47.4	47.6	47.8	47.9	48.1	48.2	48.4	48.5	48.7
56.0	48.0	48.1	48.3	48.4	48.6	48.8	48.9	49.1	49.2	49.4	49.6	49.7	49.9
57.0	49.1	49.3	49.4	49.6	49.8	49.9	50.1	50.3	50.4	50.6	50.7	50.9	51.1
58.0	50.3	50.4	50.6	50.8	50.9	51.1	51.3	51.4	51.6	51.8	51.9	52.1	52.3
59.0	51.4	51.6	51.8	51.9	52.1	52.3	52.5	52.6	52.8	53.0	53.1	53.3	53.5
60.0	52.6	52.8	52.9	53.1	53.3	53.5	53.7	53.8	54.0	54.2	54.4	54.5	54.7
61.0	53.8	54.0	54.1	54.3	54.5	54.7	54.9	55.0	55.2	55.4	55.6	55.7	55.9
62.0	55.0	55.1	55.3	55.5	55.7	55.9	56.1	56.2	56.4	56.6	56.8	57.0	57.2
63.0	56.1	56.3	56.5	56.7	56.9	57.1	57.3	57.5	57.6	57.8	58.0	58.2	58.4
64.0	57.3	57.5	57.7	57.9	58.1	58.3	58.5	58.7	58.9	59.1	59.3	59.4	59.6
65.0	58.5	58.7	58.9	59.1	59.3	59.5	59.7	59.9	60.1	60.3	60.5	60.7	60.9
66.0	59.7	59.9	60.2	60.4	60.6	60.8	61.0	61.2	61.3	61.5	61.7	61.9	62.1
67.0	61.0	61.2	61.4	61.6	61.8	62.0	62.2	62.4	62.6	62.8	63.0	63.2	63.4
68.0	62.2	62.4	62.6	62.8	63.0	63.2	63.4	63.6	63.8	64.1	64.3	64.5	64.7
69.0	63.4	63.6	63.8	64.1	64.3	64.5	64.7	64.9	65.1	65.3	65.5	65.7	65.9
70.0	64.6	64.9	65.1	65.3	65.5	65.7	65.9	66.2	66.4	66.6	66.8	67.0	67.2
71.0	65.9	66.1	66.3	66.5	66.8	67.0	67.2	67.4	67.6	67.9	68.1	68.3	68.5
72.0	67.1	67.4	67.6	67.8	68.0	68.3	68.5	68.7	68.9	69.1	69.4	69.6	69.8
73.0	68.4	68.6	68.8	69.1	69.3	69.5	69.8	70.0	70.2	70.4	70.7	70.9	71.1
74.0	69.6	69.9	70.1	70.3	70.6	70.8	71.0	71.3	71.5	71.7	72.0	72.2	72.4
75.0	70.9	71.1	71.4	71.6	71.8	72.1	72.3	72.6	72.8	73.0	73.3	73.5	73.7
76.0	72.2	72.4	72.6	72.9	73.1	73.4	73.6	73.9	74.1	74.3	74.6	74.8	75.0
77.0	73.4	73.7	73.9	74.2	74.4	74.7	74.9	75.2	75.4	75.6	75.9	76.1	76.4
78.0	74.7	75.0	75.2	75.5	75.7	76.0	76.2	76.5	76.7	77.0	77.2	77.5	77.7
79.0	76.0	76.3	76.5	76.8	77.0	77.3	77.5	77.8	78.0	78.3	78.5	78.8	79.0
80.0	77.3	77.5	77.8	78.1	78.3	78.6	78.8	79.1	79.4	79.6	79.9	80.1	80.4
81.0	78.6	78.8	79.1	79.4	79.6	79.9	80.2	80.4	80.7	80.9	81.2	81.5	81.7
82.0	79.9	80.2	80.4	80.7	81.0	81.2	81.5	81.8	82.0	82.3	82.6	82.8	83.1
83.0	81.2	81.5	81.7	82.0	82.3	82.6	82.8	83.1	83.4	83.6	83.9	84.2	84.4
84.0	82.5	82.8	83.1	83.3	83.6	83.9	84.2	84.4	84.7	85.0	85.3	85.5	85.8
85.0	83.8	84.1	84.4	84.7	84.9	85.2	85.5	85.8	86.1	86.3	86.6	86.9	87.2
86.0	85.1	85.4	85.7	86.0	86.3	86.6	86.9	87.1	87.4	87.7	88.0	88.3	88.5
87.0	86.5	86.8	87.1	87.3	87.6	87.9	88.2	88.5	88.8	89.1	89.4	89.6	89.9
88.0	87.8	88.1	88.4	88.7	89.0	89.3	89.6	89.9	90.2	90.4	90.7	91.0	91.3
89.0	89.1	89.4	89.7	90.0	90.3	90.6	90.9	91.2	91.5	91.8	92.1	92.4	92.7
90.0	90.5	90.8	91.1	91.4	91.7	92.0	92.3	92.6	92.9	93.2	93.5	93.8	94.1

续表 E

R \ f_{cu}^{c} \ v	3.44	3.46	3.48	3.50	3.52	3.54	3.56	3.58	3.60	3.62	3.64	3.66	3.68
28.0	—	—	—	20.0	20.0	20.1	20.2	20.2	20.3	20.3	20.4	20.5	20.5
29.0	20.7	20.8	20.9	20.9	21.0	21.1	21.1	21.2	21.3	21.3	21.4	21.4	21.5
30.0	21.7	21.8	21.8	21.9	22.0	22.0	22.1	22.2	22.2	22.3	22.4	22.4	22.5
31.0	22.7	22.7	22.8	22.9	23.0	23.0	23.1	23.2	23.2	23.3	23.4	23.4	23.5
32.0	23.7	23.7	23.8	23.9	24.0	24.0	24.1	24.2	24.2	24.3	24.4	24.5	24.5
33.0	24.7	24.7	24.8	24.9	25.0	25.0	25.1	25.2	25.3	25.3	25.4	25.5	25.6
34.0	25.7	25.7	25.8	25.9	26.0	26.1	26.1	26.2	26.3	26.4	26.5	26.5	26.6
35.0	26.7	26.8	26.8	26.9	27.0	27.1	27.2	27.3	27.3	27.4	27.5	27.6	27.7
36.0	27.7	27.8	27.9	28.0	28.0	28.1	28.2	28.3	28.4	28.5	28.6	28.6	28.7
37.0	28.7	28.8	28.9	29.0	29.1	29.2	29.3	29.4	29.4	29.5	29.6	29.7	29.8
38.0	29.8	29.9	30.0	30.1	30.2	30.2	30.3	30.4	30.5	30.6	30.7	30.8	30.9
39.0	30.8	30.9	31.0	31.1	31.2	31.3	31.4	31.5	31.6	31.7	31.8	31.9	32.0
40.0	31.9	32.0	32.1	32.2	32.3	32.4	32.5	32.6	32.7	32.8	32.9	33.0	33.1
41.0	33.0	33.1	33.2	33.3	33.4	33.5	33.6	33.7	33.8	33.9	34.0	34.1	34.2
42.0	34.0	34.2	34.3	34.4	34.5	34.6	34.7	34.8	34.9	35.0	35.1	35.2	35.3
43.0	35.1	35.2	35.4	35.5	35.6	35.7	35.8	35.9	36.0	36.1	36.2	36.3	36.4
44.0	36.2	36.3	36.5	36.6	36.7	36.8	36.9	37.0	37.1	37.2	37.4	37.5	37.6
45.0	37.3	37.5	37.6	37.7	37.8	37.9	38.0	38.2	38.3	38.4	38.5	38.6	38.7
46.0	38.5	38.6	38.7	38.8	38.9	39.1	39.2	39.3	39.4	39.5	39.6	39.8	39.9
47.0	39.6	39.7	39.8	39.9	40.1	40.2	40.3	40.4	40.6	40.7	40.8	40.9	41.0
48.0	40.7	40.8	41.0	41.1	41.2	41.3	41.5	41.6	41.7	41.8	42.0	42.1	42.2
49.0	41.8	42.0	42.1	42.2	42.4	42.5	42.6	42.8	42.9	43.0	43.1	43.3	43.4
50.0	43.0	43.1	43.3	43.4	43.5	43.7	43.8	43.9	44.1	44.2	44.3	44.5	44.6
51.0	44.1	44.3	44.4	44.6	44.7	44.8	45.0	45.1	45.2	45.4	45.5	45.6	45.8
52.0	45.3	45.5	45.6	45.7	45.9	46.0	46.2	46.3	46.4	46.6	46.7	46.8	47.0
53.0	46.5	46.6	46.8	46.9	47.1	47.2	47.3	47.5	47.6	47.8	47.9	48.1	48.2
54.0	47.7	47.8	48.0	48.1	48.2	48.4	48.5	48.7	48.8	49.0	49.1	49.3	49.4
55.0	48.8	49.0	49.1	49.3	49.4	49.6	49.8	49.9	50.1	50.2	50.4	50.5	50.6
56.0	50.0	50.2	50.3	50.5	50.7	50.8	51.0	51.1	51.3	51.4	51.6	51.7	51.9
57.0	51.2	51.4	51.6	51.7	51.9	52.0	52.2	52.3	52.5	52.7	52.8	53.0	53.1
58.0	52.4	52.6	52.8	52.9	53.1	53.3	53.4	53.6	53.7	53.9	54.1	54.2	54.4
59.0	53.6	53.8	54.0	54.2	54.3	54.5	54.7	54.8	55.0	55.1	55.3	55.5	55.6

续表 E

R \ f_{cu}^{c} \ v	3.44	3.46	3.48	3.50	3.52	3.54	3.56	3.58	3.60	3.62	3.64	3.66	3.68
60.0	54.9	55.0	55.2	55.4	55.6	55.7	55.9	56.1	56.2	56.4	56.6	56.7	56.9
61.0	56.1	56.3	56.4	56.6	56.8	57.0	57.1	57.3	57.5	57.7	57.8	58.0	58.2
62.0	57.3	57.5	57.7	57.9	58.0	58.2	58.4	58.6	58.8	58.9	59.1	59.3	59.5
63.0	58.6	58.8	58.9	59.1	59.3	59.5	59.7	59.8	60.0	60.2	60.4	60.6	60.7
64.0	59.8	60.0	60.2	60.4	60.6	60.8	60.9	61.1	61.3	61.5	61.7	61.9	62.0
65.0	61.1	61.3	61.5	61.6	61.8	62.0	62.2	62.4	62.6	62.8	63.0	63.1	63.3
66.0	62.3	62.5	62.7	62.9	63.1	63.3	63.5	63.7	63.9	64.1	64.3	64.5	64.6
67.0	63.6	63.8	64.0	64.2	64.4	64.6	64.8	65.0	65.2	65.4	65.6	65.8	66.0
68.0	64.9	65.1	65.3	65.5	65.7	65.9	66.1	66.3	66.5	66.7	66.9	67.1	67.3
69.0	66.2	66.4	66.6	66.8	67.0	67.2	67.4	67.6	67.8	68.0	68.2	68.4	68.6
70.0	67.4	67.7	67.9	68.1	68.3	68.5	68.7	68.9	69.1	69.3	69.5	69.7	69.9
71.0	68.7	68.9	69.2	69.4	69.6	69.8	70.0	70.2	70.4	70.6	70.9	71.1	71.3
72.0	70.0	70.2	70.5	70.7	70.9	71.1	71.3	71.6	71.8	72.0	72.2	72.4	72.6
73.0	71.3	71.6	71.8	72.0	72.2	72.4	72.7	72.9	73.1	73.3	73.5	73.8	74.0
74.0	72.6	72.9	73.1	73.3	73.6	73.8	74.0	74.2	74.4	74.7	74.9	75.1	75.3
75.0	74.0	74.2	74.4	74.7	74.9	75.1	75.3	75.6	75.8	76.0	76.2	76.5	76.7
76.0	75.3	75.5	75.8	76.0	76.2	76.5	76.7	76.9	77.2	77.4	77.6	77.8	78.1
77.0	76.6	76.9	77.1	77.3	77.6	77.8	78.0	78.3	78.5	78.7	79.0	79.2	79.4
78.0	77.9	78.2	78.4	78.7	78.9	79.2	79.4	79.6	79.9	80.1	80.4	80.6	80.8
79.0	79.3	79.5	79.8	80.0	80.3	80.5	80.8	81.0	81.3	81.5	81.7	82.0	82.2
80.0	80.6	80.9	81.1	81.4	81.6	81.9	82.1	82.4	82.6	82.9	83.1	83.4	83.6
81.0	82.0	82.2	82.5	82.8	83.0	83.3	83.5	83.8	84.0	84.3	84.5	84.8	85.0
82.0	83.3	83.6	83.9	84.1	84.4	84.6	84.9	85.2	85.4	85.7	85.9	86.2	86.4
83.0	84.7	85.0	85.2	85.5	85.8	86.0	86.3	86.5	86.8	87.1	87.3	87.6	87.8
84.0	86.1	86.3	86.6	86.9	87.1	87.4	87.7	87.9	88.2	88.5	88.7	89.0	89.3
85.0	87.4	87.7	88.0	88.3	88.5	88.8	89.1	89.3	89.6	89.9	90.1	90.4	90.7
86.0	88.8	89.1	89.4	89.7	89.9	90.2	90.5	90.8	91.0	91.3	91.6	91.8	92.1
87.0	90.2	90.5	90.8	91.1	91.3	91.6	91.9	92.2	92.4	92.7	93.0	93.3	93.5
88.0	91.6	91.9	92.2	92.5	92.7	93.0	93.3	93.6	93.9	94.2	94.4	94.7	95.0
89.0	93.0	93.3	93.6	93.9	94.2	94.4	94.7	95.0	95.3	95.6	95.9	96.2	96.4
90.0	94.4	94.7	95.0	95.3	95.6	95.9	96.2	96.4	96.7	97.0	97.3	97.6	97.9

续表 E

R \ v / f_{cu}^{c}	3.70	3.72	3.74	3.76	3.78	3.80	3.82	3.84	3.86	3.88	3.90	3.92	3.94
28.0	20.6	20.6	20.7	20.8	20.8	20.9	20.9	21.0	21.1	21.1	21.2	21.2	21.3
29.0	21.6	21.6	21.7	21.8	21.8	21.9	21.9	22.0	22.1	22.1	22.2	22.3	22.3
30.0	22.6	22.6	22.7	22.8	22.8	22.9	23.0	23.0	23.1	23.2	23.2	23.3	23.4
31.0	23.6	23.7	23.7	23.8	23.9	23.9	24.0	24.1	24.1	24.2	24.3	24.3	24.4
32.0	24.6	24.7	24.8	24.8	24.9	25.0	25.0	25.1	25.2	25.2	25.3	25.4	25.5
33.0	25.6	25.7	25.8	25.9	25.9	26.0	26.1	26.2	26.2	26.3	26.4	26.5	26.5
34.0	26.7	26.8	26.8	26.9	27.0	27.1	27.2	27.2	27.3	27.4	27.5	27.5	27.6
35.0	27.7	27.8	27.9	28.0	28.1	28.1	28.2	28.3	28.4	28.5	28.5	28.6	28.7
36.0	28.8	28.9	29.0	29.1	29.1	29.2	29.3	29.4	29.5	29.6	29.6	29.7	29.8
37.0	29.9	30.0	30.1	30.1	30.2	30.3	30.4	30.5	30.6	30.7	30.7	30.8	30.9
38.0	31.0	31.1	31.2	31.2	31.3	31.4	31.5	31.6	31.7	31.8	31.9	32.0	32.0
39.0	32.1	32.2	32.3	32.3	32.4	32.5	32.6	32.7	32.8	32.9	33.0	33.1	33.2
40.0	33.2	33.3	33.4	33.5	33.6	33.7	33.7	33.8	33.9	34.0	34.1	34.2	34.3
41.0	34.3	34.4	34.5	34.6	34.7	34.8	34.9	35.0	35.1	35.2	35.3	35.4	35.5
42.0	35.4	35.5	35.6	35.7	35.8	35.9	36.0	36.1	36.2	36.3	36.4	36.5	36.6
43.0	36.5	36.6	36.8	36.9	37.0	37.1	37.2	37.3	37.4	37.5	37.6	37.7	37.8
44.0	37.7	37.8	37.9	38.0	38.1	38.2	38.3	38.4	38.6	38.7	38.8	38.9	39.0
45.0	38.8	38.9	39.1	39.2	39.3	39.4	39.5	39.6	39.7	39.8	40.0	40.1	40.2
46.0	40.0	40.1	40.2	40.3	40.5	40.6	40.7	40.8	40.9	41.0	41.1	41.3	41.4
47.0	41.2	41.3	41.4	41.5	41.6	41.8	41.9	42.0	42.1	42.2	42.3	42.5	42.6
48.0	42.3	42.5	42.6	42.7	42.8	43.0	43.1	43.2	43.3	43.4	43.6	43.7	43.8
49.0	43.5	43.6	43.8	43.9	44.0	44.2	44.3	44.4	44.5	44.7	44.8	44.9	45.0
50.0	44.7	44.8	45.0	45.1	45.2	45.4	45.5	45.6	45.7	45.9	46.0	46.1	46.3
51.0	45.9	46.0	46.2	46.3	46.4	46.6	46.7	46.8	47.0	47.1	47.2	47.4	47.5
52.0	47.1	47.3	47.4	47.5	47.7	47.8	47.9	48.1	48.2	48.3	48.5	48.6	48.7
53.0	48.3	48.5	48.6	48.8	48.9	49.0	49.2	49.3	49.5	49.6	49.7	49.9	50.0
54.0	49.6	49.7	49.9	50.0	50.1	50.3	50.4	50.6	50.7	50.8	51.0	51.1	51.3
55.0	50.8	50.9	51.1	51.2	51.4	51.5	51.7	51.8	52.0	52.1	52.3	52.4	52.5
56.0	52.0	52.2	52.3	52.5	52.6	52.8	52.9	53.1	53.2	53.4	53.5	53.7	53.8
57.0	53.3	53.4	53.6	53.7	53.9	54.1	54.2	54.4	54.5	54.7	54.8	55.0	55.1
58.0	54.5	54.7	54.9	55.0	55.2	55.3	55.5	55.6	55.8	56.0	56.1	56.3	56.4

续表 E

R \ v (f_{cu}^{c})	3.70	3.72	3.74	3.76	3.78	3.80	3.82	3.84	3.86	3.88	3.90	3.92	3.94
59.0	55.8	56.0	56.1	56.3	56.4	56.6	56.8	56.9	57.1	57.2	57.4	57.6	57.7
60.0	57.1	57.2	57.4	57.6	57.7	57.9	58.1	58.2	58.4	58.5	58.7	58.9	59.0
61.0	58.3	58.5	58.7	58.9	59.0	59.2	59.4	59.5	59.7	59.9	60.0	60.2	60.4
62.0	59.6	59.8	60.0	60.1	60.3	60.5	60.7	60.8	61.0	61.2	61.3	61.5	61.7
63.0	60.9	61.1	61.3	61.4	61.6	61.8	62.0	62.1	62.3	62.5	62.7	62.8	63.0
64.0	62.2	62.4	62.6	62.8	62.9	63.1	63.3	63.5	63.7	63.8	64.0	64.2	64.4
65.0	63.5	63.7	63.9	64.1	64.3	64.4	64.6	64.8	65.0	65.2	65.3	65.5	65.7
66.0	64.8	65.0	65.2	65.4	65.6	65.8	66.0	66.1	66.3	66.5	66.7	66.9	67.1
67.0	66.1	66.3	66.5	66.7	66.9	67.1	67.3	67.5	67.7	67.9	68.1	68.2	68.4
68.0	67.5	67.7	67.9	68.1	68.3	68.4	68.6	68.8	69.0	69.2	69.4	69.6	69.8
69.0	68.8	69.0	69.2	69.4	69.6	69.8	70.0	70.2	70.4	70.6	70.8	71.0	71.2
70.0	70.1	70.3	70.5	70.8	71.0	71.2	71.4	71.6	71.8	72.0	72.2	72.4	72.6
71.0	71.5	71.7	71.9	72.1	72.3	72.5	72.7	72.9	73.1	73.3	73.5	73.7	73.9
72.0	72.8	73.0	73.3	73.5	73.7	73.9	74.1	74.3	74.5	74.7	74.9	75.1	75.3
73.0	74.2	74.4	74.6	74.8	75.1	75.3	75.5	75.7	75.9	76.1	76.3	76.5	76.7
74.0	75.6	75.8	76.0	76.2	76.4	76.6	76.9	77.1	77.3	77.5	77.7	77.9	78.2
75.0	76.9	77.1	77.4	77.6	77.8	78.0	78.3	78.5	78.7	78.9	79.1	79.4	79.6
76.0	78.3	78.5	78.8	79.0	79.2	79.4	79.7	79.9	80.1	80.3	80.6	80.8	81.0
77.0	79.7	79.9	80.1	80.4	80.6	80.8	81.1	81.3	81.5	81.7	82.0	82.2	82.4
78.0	81.1	81.3	81.5	81.8	82.0	82.2	82.5	82.7	82.9	83.2	83.4	83.6	83.9
79.0	82.5	82.7	82.9	83.2	83.4	83.7	83.9	84.1	84.4	84.6	84.8	85.1	85.3
80.0	83.9	84.1	84.3	84.6	84.8	85.1	85.3	85.6	85.8	86.0	86.3	86.5	86.8
81.0	85.3	85.5	85.8	86.0	86.3	86.5	86.7	87.0	87.2	87.5	87.7	88.0	88.2
82.0	86.7	86.9	87.2	87.4	87.7	87.9	88.2	88.4	88.7	88.9	89.2	89.4	89.7
83.0	88.1	88.4	88.6	88.9	89.1	89.4	89.6	89.9	90.1	90.4	90.6	90.9	91.1
84.0	89.5	89.8	90.0	90.3	90.6	90.8	91.1	91.3	91.6	91.8	92.1	92.3	92.6
85.0	90.9	91.2	91.5	91.7	92.0	92.3	92.5	92.8	93.0	93.3	93.6	93.8	94.1
86.0	92.4	92.7	92.9	93.2	93.5	93.7	94.0	94.3	94.5	94.8	95.0	95.3	95.6
87.0	93.8	94.1	94.4	94.6	94.9	95.2	95.5	95.7	96.0	96.3	96.5	96.8	97.1
88.0	95.3	95.5	95.8	96.1	96.4	96.6	96.9	97.2	97.5	97.7	98.0	98.3	98.6
89.0	96.7	97.0	97.3	97.6	97.8	98.1	98.4	98.7	99.0	99.2	99.5	99.8	100.1
90.0	98.2	98.5	98.7	99.0	99.3	99.6	99.9	100.2	100.4	100.7	101.0	101.3	101.6

续表 E

R \ v \ f_{cu}^{c}	3.96	3.98	4.00	4.02	4.04	4.06	4.08	4.10	4.12	4.14	4.16	4.18	4.20
28.0	21.4	21.4	21.5	21.5	21.6	21.6	21.7	21.8	21.8	21.9	21.9	22.0	22.0
29.0	22.4	22.4	22.5	22.6	22.6	22.7	22.7	22.8	22.9	22.9	23.0	23.0	23.1
30.0	23.4	23.5	23.5	23.6	23.7	23.7	23.8	23.9	23.9	24.0	24.0	24.1	24.2
31.0	24.5	24.5	24.6	24.7	24.7	24.8	24.9	24.9	25.0	25.1	25.1	25.2	25.3
32.0	25.5	25.6	25.7	25.7	25.8	25.9	25.9	26.0	26.1	26.1	26.2	26.3	26.4
33.0	26.6	26.7	26.7	26.8	26.9	27.0	27.0	27.1	27.2	27.2	27.3	27.4	27.5
34.0	28.8	28.9	28.9	29.0	29.1	29.2	29.2	29.3	29.4	29.5	29.6	29.6	29.7
35.0	28.8	28.9	28.9	29.0	29.1	29.2	29.2	29.3	29.4	29.5	29.6	29.6	29.7
36.0	29.9	30.0	30.0	30.1	30.2	30.3	30.4	30.5	30.5	30.6	30.7	30.8	30.8
37.0	31.0	31.1	31.2	31.3	31.3	31.4	31.5	31.6	31.7	31.8	31.8	31.9	32.0
38.0	32.1	32.2	32.3	32.4	32.5	32.6	32.6	32.7	32.8	32.9	33.0	33.1	33.2
39.0	33.3	33.4	33.4	33.5	33.6	33.7	33.8	33.9	34.0	34.1	34.2	34.2	34.3
40.0	34.4	34.5	34.6	34.7	34.8	34.9	35.0	35.1	35.2	35.2	35.3	35.4	35.5
41.0	35.6	35.7	35.8	35.9	36.0	36.0	36.1	36.2	36.3	36.4	36.5	36.6	36.7
42.0	36.7	36.8	36.9	37.0	37.1	37.2	37.3	37.4	37.5	37.6	37.7	37.8	37.9
43.0	37.9	38.0	38.1	38.2	38.3	38.4	38.5	38.6	38.7	38.8	38.9	39.0	39.1
44.0	39.1	39.2	39.3	39.4	39.5	39.6	39.7	39.8	39.9	40.0	40.1	40.2	40.3
45.0	40.3	40.4	40.5	40.6	40.7	40.8	40.9	41.0	41.2	41.3	41.4	41.5	41.6
46.0	41.5	41.6	41.7	41.8	41.9	42.0	42.2	42.3	42.4	42.5	42.6	42.7	42.8
47.0	42.7	42.8	42.9	43.0	43.2	43.3	43.4	43.5	43.6	43.7	43.8	44.0	44.1
48.0	43.9	44.0	44.2	44.3	44.4	44.5	44.6	44.7	44.9	45.0	45.1	45.2	45.3
49.0	45.1	45.3	45.4	45.5	45.6	45.8	45.9	46.0	46.1	46.2	46.4	46.5	46.6
50.0	46.4	46.5	46.6	46.8	46.9	47.0	47.1	47.3	47.4	47.5	47.6	47.8	47.9
51.0	47.6	47.8	47.9	48.0	48.1	48.3	48.4	48.5	48.7	48.8	48.9	49.0	49.2
52.0	48.9	49.0	49.1	49.3	49.4	49.5	49.7	49.8	49.9	50.1	50.2	50.3	50.5
53.0	50.1	50.3	50.4	50.6	50.7	50.8	51.0	51.1	51.2	51.4	51.5	51.6	51.8
54.0	51.4	51.6	51.7	51.8	52.0	52.1	52.2	52.4	52.5	52.7	52.8	52.9	53.1
55.0	52.7	52.8	53.0	53.1	53.3	53.4	53.5	53.7	53.8	54.0	54.1	54.2	54.4
56.0	54.0	54.1	54.3	54.4	54.6	54.7	54.9	55.0	55.1	55.3	55.4	55.6	55.7
57.0	55.3	55.4	55.6	55.7	55.9	56.0	56.2	56.3	56.5	56.6	56.8	56.9	57.1
58.0	56.6	56.7	56.9	57.0	57.2	57.3	57.5	57.6	57.8	57.9	58.1	58.2	58.4

续表 E

R \ f^{c}_{cu} \ v	3.96	3.98	4.00	4.02	4.04	4.06	4.08	4.10	4.12	4.14	4.16	4.18	4.20
59.0	57.9	58.0	58.2	58.4	58.5	58.7	58.8	59.0	59.1	59.3	59.4	59.6	59.7
60.0	59.2	59.4	59.5	59.7	59.8	60.0	60.2	60.3	60.5	60.6	60.8	60.9	61.1
61.0	60.5	60.7	60.8	61.0	61.2	61.3	61.5	61.7	61.8	62.0	62.1	62.3	62.5
62.0	61.9	62.0	62.2	62.4	62.5	62.7	62.9	63.0	63.2	63.4	63.5	63.7	63.8
63.0	63.2	63.4	63.5	63.7	63.9	64.0	64.2	64.4	64.6	64.7	64.9	65.1	65.2
64.0	64.5	64.7	64.9	65.1	65.2	65.4	65.6	65.8	65.9	66.1	66.3	66.4	66.6
65.0	65.9	66.1	66.2	66.4	66.6	66.8	67.0	67.1	67.3	67.5	67.7	67.8	68.0
66.0	67.2	67.4	67.6	67.8	68.0	68.2	68.3	68.5	68.7	68.9	69.1	69.2	69.4
67.0	68.6	68.8	69.0	69.2	69.4	69.5	69.7	69.9	70.1	70.3	70.5	70.6	70.8
68.0	70.0	70.2	70.4	70.6	70.7	70.9	71.1	71.3	71.5	71.7	71.9	72.1	72.2
69.0	71.4	71.6	71.8	71.9	72.1	72.3	72.5	72.7	72.9	73.1	73.3	73.5	73.7
70.0	72.8	73.0	73.2	73.3	73.5	73.7	73.9	74.1	74.3	74.5	74.7	74.9	75.1
71.0	74.1	74.4	74.6	74.8	75.0	75.2	75.4	75.6	75.8	75.9	76.1	76.3	76.5
72.0	75.6	75.8	76.0	76.2	76.4	76.6	76.8	77.0	77.2	77.4	77.6	77.8	78.0
73.0	77.0	77.2	77.4	77.6	77.8	78.0	78.2	78.4	78.6	78.8	79.0	79.2	79.4
74.0	78.4	78.6	78.8	79.0	79.2	79.4	79.6	79.9	80.1	80.3	80.5	80.7	80.9
75.0	79.8	80.0	80.2	80.4	80.7	80.9	81.1	81.3	81.5	81.7	81.9	82.2	82.4
76.0	81.2	81.4	81.7	81.9	82.1	82.3	82.5	82.8	83.0	83.2	83.4	83.6	83.8
77.0	82.7	82.9	83.1	83.3	83.5	83.8	84.0	84.2	84.4	84.7	84.9	85.1	85.3
78.0	84.1	84.3	84.5	84.8	85.0	85.2	85.5	85.7	85.9	86.1	86.4	86.6	86.8
79.0	85.5	85.8	86.0	86.2	86.5	86.7	86.9	87.2	87.4	87.6	87.8	88.1	88.3
80.0	87.0	87.2	87.5	87.7	87.9	88.2	88.4	88.6	88.9	89.1	89.3	89.6	89.8
81.0	88.4	88.7	88.9	89.2	89.4	89.6	89.9	90.1	90.4	90.6	90.8	91.1	91.3
82.0	89.9	90.2	90.4	90.6	90.9	91.1	91.4	91.6	91.9	92.1	92.3	92.6	92.8
83.0	91.4	91.6	91.9	92.1	92.4	92.6	92.9	93.1	93.4	93.6	93.8	94.1	94.3
84.0	92.9	93.1	93.4	93.6	93.9	94.1	94.4	94.6	94.9	95.1	95.4	95.6	95.8
85.0	94.3	94.6	94.9	95.1	95.4	95.6	95.9	96.1	96.4	96.6	96.9	97.1	97.4
86.0	95.8	96.1	96.3	96.6	96.9	97.1	97.4	97.6	97.9	98.2	98.4	98.7	98.9
87.0	97.3	97.6	97.8	98.1	98.4	98.6	98.9	99.2	99.4	99.7	99.9	100.2	100.5
88.0	98.8	99.1	99.4	99.6	99.9	100.2	100.4	100.7	101.0	101.2	101.5	101.7	102.0
89.0	100.3	100.6	100.9	101.1	101.4	101.7	102.0	102.2	102.5	102.8	103.0	103.3	103.6
90.0	101.8	102.1	102.4	102.7	102.9	103.2	103.5	103.8	104.0	104.3	104.6	104.8	105.1

续表 E

R \ f_{cu}^{c} \ v	4.22	4.24	4.26	4.28	4.30	4.32	4.34	4.36	4.38	4.40	4.42	4.44	4.46
28.0	22.1	22.2	22.2	22.3	22.3	22.4	22.4	22.5	22.5	22.6	22.7	22.7	22.8
29.0	23.2	23.2	23.3	23.3	23.4	23.5	23.5	23.6	23.6	23.7	23.7	23.8	23.9
30.0	24.2	24.3	24.4	24.4	24.5	24.5	24.6	24.7	24.7	24.8	24.8	24.9	25.0
31.0	25.3	25.4	25.4	25.5	25.6	25.6	25.7	25.8	25.8	25.9	26.0	26.0	26.1
32.0	26.4	26.5	26.6	26.6	26.7	26.8	26.8	26.9	27.0	27.0	27.1	27.2	27.2
33.0	27.5	27.6	27.7	27.7	27.8	27.9	27.9	28.0	28.1	28.2	28.2	28.3	28.4
34.0	29.8	29.9	29.9	30.0	30.1	30.2	30.2	30.3	30.4	30.5	30.5	30.6	30.7
35.0	29.8	29.9	29.9	30.0	30.1	30.2	30.2	30.3	30.4	30.5	30.5	30.6	30.7
36.0	30.9	31.0	31.1	31.2	31.2	31.3	31.4	31.5	31.6	31.6	31.7	31.8	31.9
37.0	32.1	32.2	32.2	32.3	32.4	32.5	32.6	32.7	32.7	32.8	32.9	33.0	33.1
38.0	33.2	33.3	33.4	33.5	33.6	33.7	33.8	33.8	33.9	34.0	34.1	34.2	34.3
39.0	34.4	34.5	34.6	34.7	34.8	34.9	34.9	35.0	35.1	35.2	35.3	35.4	35.5
40.0	35.6	35.7	35.8	35.9	36.0	36.1	36.2	36.2	36.3	36.4	36.5	36.6	36.7
41.0	36.8	36.9	37.0	37.1	37.2	37.3	37.4	37.5	37.6	37.6	37.7	37.8	37.9
42.0	38.0	38.1	38.2	38.3	38.4	38.5	38.6	38.7	38.8	38.9	39.0	39.1	39.2
43.0	39.2	39.3	39.4	39.5	39.6	39.7	39.8	39.9	40.0	40.1	40.2	40.3	40.4
44.0	40.5	40.6	40.7	40.8	40.9	41.0	41.1	41.2	41.3	41.4	41.5	41.6	41.7
45.0	41.7	41.8	41.9	42.0	42.1	42.2	42.3	42.4	42.5	42.6	42.7	42.8	42.9
46.0	42.9	43.0	43.2	43.3	43.4	43.5	43.6	43.7	43.8	43.9	44.0	44.1	44.2
47.0	44.2	44.3	44.4	44.5	44.6	44.7	44.9	45.0	45.1	45.2	45.3	45.4	45.5
48.0	45.4	45.6	45.7	45.8	45.9	46.0	46.1	46.3	46.4	46.5	46.6	46.7	46.8
49.0	46.7	46.8	47.0	47.1	47.2	47.3	47.4	47.5	47.7	47.8	47.9	48.0	48.1
50.0	48.0	48.1	48.2	48.4	48.5	48.6	48.7	48.9	49.0	49.1	49.2	49.3	49.5
51.0	49.3	49.4	49.5	49.7	49.8	49.9	50.0	50.2	50.3	50.4	50.5	50.7	50.8
52.0	50.6	50.7	50.8	51.0	51.1	51.2	51.4	51.5	51.6	51.7	51.9	52.0	52.1
53.0	51.9	52.0	52.2	52.3	52.4	52.6	52.7	52.8	52.9	53.1	53.2	53.3	53.5
54.0	53.2	53.3	53.5	53.6	53.7	53.9	54.0	54.1	54.3	54.4	54.6	54.7	54.8
55.0	54.5	54.7	54.8	54.9	55.1	55.2	55.4	55.5	55.6	55.8	55.9	56.0	56.2
56.0	55.9	56.0	56.1	56.3	56.4	56.6	56.7	56.8	57.0	57.1	57.3	57.4	57.5
57.0	57.2	57.3	57.5	57.6	57.8	57.9	58.1	58.2	58.4	58.5	58.6	58.8	58.9
58.0	58.5	58.7	58.8	59.0	59.1	59.3	59.4	59.6	59.7	59.9	60.0	60.2	60.3

续表 E

R \ f^{c}_{cu} \ v	4.22	4.24	4.26	4.28	4.30	4.32	4.34	4.36	4.38	4.40	4.42	4.44	4.46
59.0	59.9	60.1	60.2	60.4	60.5	60.7	60.8	61.0	61.1	61.3	61.4	61.6	61.7
60.0	61.3	61.4	61.6	61.7	61.9	62.0	62.2	62.3	62.5	62.7	62.8	63.0	63.1
61.0	62.6	62.8	62.9	63.1	63.3	63.4	63.6	63.7	63.9	64.1	64.2	64.4	64.5
62.0	64.0	64.2	64.3	64.5	64.7	64.8	65.0	65.1	65.3	65.5	65.6	65.8	65.9
63.0	65.4	65.6	65.7	65.9	66.1	66.2	66.4	66.6	66.7	66.9	67.0	67.2	67.4
64.0	66.8	67.0	67.1	67.3	67.5	67.6	67.8	68.0	68.1	68.3	68.5	68.6	68.8
65.0	68.2	68.4	68.5	68.7	68.9	69.1	69.2	69.4	69.6	69.7	69.9	70.1	70.2
66.0	69.6	69.8	69.9	70.1	70.3	70.5	70.7	70.8	71.0	71.2	71.4	71.5	71.7
67.0	71.0	71.2	71.4	71.5	71.7	71.9	72.1	72.3	72.4	72.6	72.8	73.0	73.2
68.0	72.4	72.6	72.8	73.0	73.2	73.3	73.5	73.7	73.9	74.1	74.3	74.4	74.6
69.0	73.9	74.0	74.2	74.4	74.6	74.8	75.0	75.2	75.4	75.5	75.7	75.9	76.1
70.0	75.3	75.5	75.7	75.9	76.1	76.2	76.4	76.6	76.8	77.0	77.2	77.4	77.6
71.0	76.7	76.9	77.1	77.3	77.5	77.7	77.9	78.1	78.3	78.5	78.7	78.9	79.1
72.0	78.2	78.4	78.6	78.8	79.0	79.2	79.4	79.6	79.8	80.0	80.2	80.4	80.6
73.0	79.6	79.8	80.0	80.2	80.5	80.7	80.9	81.1	81.3	81.5	81.7	81.9	82.1
74.0	81.1	81.3	81.5	81.7	81.9	82.1	82.3	82.5	82.7	83.0	83.2	83.4	83.6
75.0	82.6	82.8	83.0	83.2	83.4	83.6	83.8	84.0	84.2	84.5	84.7	84.9	85.1
76.0	84.1	84.3	84.5	84.7	84.9	85.1	85.3	85.5	85.8	86.0	86.2	86.4	86.6
77.0	85.5	85.8	86.0	86.2	86.4	86.6	86.8	87.1	87.3	87.5	87.7	87.9	88.1
78.0	87.0	87.2	87.5	87.7	87.9	88.1	88.3	88.6	88.8	89.0	89.2	89.4	89.7
79.0	88.5	88.7	89.0	89.2	89.4	89.6	89.9	90.1	90.3	90.5	90.8	91.0	91.2
80.0	90.0	90.3	90.5	90.7	90.9	91.2	91.4	91.6	91.8	92.1	92.3	92.5	92.7
81.0	91.5	91.8	92.0	92.2	92.5	92.7	92.9	93.2	93.4	93.6	93.8	94.1	94.3
82.0	93.0	93.3	93.5	93.8	94.0	94.2	94.5	94.7	94.9	95.2	95.4	95.6	95.9
83.0	94.6	94.8	95.0	95.3	95.5	95.8	96.0	96.2	96.5	96.7	97.0	97.2	97.4
84.0	96.1	96.3	96.6	96.8	97.1	97.3	97.6	97.8	98.0	98.3	98.5	98.8	99.0
85.0	97.6	97.9	98.1	98.4	98.6	98.9	99.1	99.4	99.6	99.9	100.1	100.3	100.6
86.0	99.2	99.4	99.7	99.9	100.2	100.4	100.7	100.9	101.2	101.4	101.7	101.9	102.2
87.0	100.7	101.0	101.2	101.5	101.7	102.0	102.2	102.5	102.8	103.0	103.3	103.5	103.8
88.0	102.3	102.5	102.8	103.0	103.3	103.6	103.8	104.1	104.3	104.6	104.9	105.1	105.4
89.0	103.8	104.1	104.4	104.6	104.9	105.1	105.4	105.7	105.9	106.2	106.4	106.7	107.0
90.0	105.4	105.7	105.9	106.2	106.5	106.7	107.0	107.3	107.5	107.8	108.1	108.3	108.6

续表 E

R \ v \ f^{c}_{cu}	4.48	4.50	4.52	4.54	4.56	4.58	4.60	4.62	4.64	4.66	4.68	4.70	4.72
28.0	22.8	22.9	22.9	23.0	23.0	23.1	23.1	23.2	23.3	23.3	23.4	23.4	23.5
29.0	23.9	24.0	24.0	24.1	24.1	24.2	24.3	24.3	24.4	24.4	24.5	24.5	24.6
30.0	25.0	25.1	25.1	25.2	25.3	25.3	25.4	25.4	25.5	25.6	25.6	25.7	25.7
31.0	26.1	26.2	26.3	26.3	26.4	26.5	26.5	26.6	26.6	26.7	26.8	26.8	26.9
32.0	27.3	27.3	27.4	27.5	27.5	27.6	27.7	27.7	27.8	27.9	27.9	28.0	28.1
33.0	28.4	28.5	28.6	28.6	28.7	28.8	28.8	28.9	29.0	29.0	29.1	29.2	29.2
34.0	30.8	30.8	30.9	31.0	31.1	31.1	31.2	31.3	31.3	31.4	31.5	31.6	31.6
35.0	30.8	30.8	30.9	31.0	31.1	31.1	31.2	31.3	31.3	31.4	31.5	31.6	31.6
36.0	31.9	32.0	32.1	32.2	32.2	32.3	32.4	32.5	32.6	32.6	32.7	32.8	32.9
37.0	33.1	33.2	33.3	33.4	33.5	33.5	33.6	33.7	33.8	33.8	33.9	34.0	34.1
38.0	34.3	34.4	34.5	34.6	34.7	34.7	34.8	34.9	35.0	35.1	35.2	35.2	35.3
39.0	35.6	35.6	35.7	35.8	35.9	36.0	36.1	36.1	36.2	36.3	36.4	36.5	36.6
40.0	36.8	36.9	37.0	37.0	37.1	37.2	37.3	37.4	37.5	37.6	37.7	37.7	37.8
41.0	38.0	38.1	38.2	38.3	38.4	38.5	38.6	38.6	38.7	38.8	38.9	39.0	39.1
42.0	39.3	39.4	39.4	39.5	39.6	39.7	39.8	39.9	40.0	40.1	40.2	40.3	40.4
43.0	40.5	40.6	40.7	40.8	40.9	41.0	41.1	41.2	41.3	41.4	41.5	41.6	41.7
44.0	41.8	41.9	42.0	42.1	42.2	42.3	42.4	42.5	42.6	42.7	42.8	42.9	43.0
45.0	43.1	43.2	43.3	43.4	43.5	43.6	43.7	43.8	43.9	44.0	44.1	44.2	44.3
46.0	44.3	44.4	44.6	44.7	44.8	44.9	45.0	45.1	45.2	45.3	45.4	45.5	45.6
47.0	45.6	45.7	45.9	46.0	46.1	46.2	46.3	46.4	46.5	46.6	46.7	46.8	46.9
48.0	46.9	47.0	47.2	47.3	47.4	47.5	47.6	47.7	47.8	47.9	48.1	48.2	48.3
49.0	48.2	48.4	48.5	48.6	48.7	48.8	48.9	49.1	49.2	49.3	49.4	49.5	49.6
50.0	49.6	49.7	49.8	49.9	50.0	50.2	50.3	50.4	50.5	50.6	50.8	50.9	51.0
51.0	50.9	51.0	51.1	51.3	51.4	51.5	51.6	51.8	51.9	52.0	52.1	52.2	52.4
52.0	52.2	52.4	52.5	52.6	52.7	52.9	53.0	53.1	53.2	53.4	53.5	53.6	53.7
53.0	53.6	53.7	53.8	54.0	54.1	54.2	54.4	54.5	54.6	54.7	54.9	55.0	55.1
54.0	54.9	55.1	55.2	55.3	55.5	55.6	55.7	55.9	56.0	56.1	56.3	56.4	56.5
55.0	56.3	56.4	56.6	56.7	56.9	57.0	57.1	57.3	57.4	57.5	57.7	57.8	57.9
56.0	57.7	57.8	58.0	58.1	58.2	58.4	58.5	58.7	58.8	58.9	59.1	59.2	59.3
57.0	59.1	59.2	59.4	59.5	59.6	59.8	59.9	60.1	60.2	60.3	60.5	60.6	60.8
58.0	60.5	60.6	60.8	60.9	61.0	61.2	61.3	61.5	61.6	61.8	61.9	62.0	62.2

续表 E

v / f_{cu}^{c} / R	4.48	4.50	4.52	4.54	4.56	4.58	4.60	4.62	4.64	4.66	4.68	4.70	4.72
59.0	61.9	62.0	62.2	62.3	62.5	62.6	62.7	62.9	63.0	63.2	63.3	63.5	63.6
60.0	63.3	63.4	63.6	63.7	63.9	64.0	64.2	64.3	64.5	64.6	64.8	64.9	65.1
61.0	64.7	64.8	65.0	65.1	65.3	65.5	65.6	65.8	65.9	66.1	66.2	66.4	66.5
62.0	66.1	66.3	66.4	66.6	66.7	66.9	67.1	67.2	67.4	67.5	67.7	67.8	68.0
63.0	67.5	67.7	67.9	68.0	68.2	68.3	68.5	68.7	68.8	69.0	69.1	69.3	69.5
64.0	69.0	69.1	69.3	69.5	69.6	69.8	70.0	70.1	70.3	70.5	70.6	70.8	70.9
65.0	70.4	70.6	70.8	70.9	71.1	71.3	71.4	71.6	71.8	71.9	72.1	72.3	72.4
66.0	71.9	72.0	72.2	72.4	72.6	72.7	72.9	73.1	73.2	73.4	73.6	73.8	73.9
67.0	73.3	73.5	73.7	73.9	74.0	74.2	74.4	74.6	74.7	74.9	75.1	75.3	75.4
68.0	74.8	75.0	75.2	75.3	75.5	75.7	75.9	76.1	76.2	76.4	76.6	76.8	76.9
69.0	76.3	76.5	76.6	76.8	77.0	77.2	77.4	77.6	77.7	77.9	78.1	78.3	78.5
70.0	77.8	77.9	78.1	78.3	78.5	78.7	78.9	79.1	79.2	79.4	79.6	79.8	80.0
71.0	79.2	79.4	79.6	79.8	80.0	80.2	80.4	80.6	80.8	80.9	81.1	81.3	81.5
72.0	80.7	80.9	81.1	81.3	81.5	81.7	81.9	82.1	82.3	82.5	82.7	82.9	83.0
73.0	82.3	82.4	82.6	82.8	83.0	83.2	83.4	83.6	83.8	84.0	84.2	84.4	84.6
74.0	83.8	84.0	84.2	84.4	84.6	84.8	85.0	85.2	85.4	85.6	85.8	86.0	86.2
75.0	85.3	85.5	85.7	85.9	86.1	86.3	86.5	86.7	86.9	87.1	87.3	87.5	87.7
76.0	86.8	87.0	87.2	87.4	87.6	87.8	88.0	88.3	88.5	88.7	88.9	89.1	89.3
77.0	88.3	88.5	88.8	89.0	89.2	89.4	89.6	89.8	90.0	90.2	90.4	90.6	90.9
78.0	89.9	90.1	90.3	90.5	90.7	90.9	91.2	91.4	91.6	91.8	92.0	92.2	92.4
79.0	91.4	91.6	91.9	92.1	92.3	92.5	92.7	92.9	93.2	93.4	93.6	93.8	94.0
80.0	93.0	93.2	93.4	93.6	93.9	94.1	94.3	94.5	94.7	95.0	95.2	95.4	95.6
81.0	94.5	94.8	95.0	95.2	95.4	95.7	95.9	96.1	96.3	96.6	96.8	97.0	97.2
82.0	96.1	96.3	96.6	96.8	97.0	97.2	97.5	97.7	97.9	98.2	98.4	98.6	98.8
83.0	97.7	97.9	98.1	98.4	98.6	98.8	99.1	99.3	99.5	99.8	100.0	100.2	100.5
84.0	99.2	99.5	99.7	100.0	100.2	100.4	100.7	100.9	101.1	101.4	101.6	101.8	102.1
85.0	100.8	101.1	101.3	101.6	101.8	102.0	102.3	102.5	102.8	103.0	103.2	103.5	103.7
86.0	102.4	102.7	102.9	103.2	103.4	103.6	103.9	104.1	104.4	104.6	104.9	105.1	105.3
87.0	104.0	104.3	104.5	104.8	105.0	105.3	105.5	105.8	106.0	106.2	106.5	106.7	107.0
88.0	105.6	105.9	106.1	106.4	106.6	106.9	107.1	107.4	107.6	107.9	108.1	108.4	108.6
89.0	107.2	107.5	107.7	108.0	108.3	108.5	108.8	109.0	109.3	109.5	109.8	110.0	—
90.0	108.8	109.1	109.4	109.6	109.9	—	—	—	—	—	—	—	—

续表 E

R \ v / f_{cu}^{c}	4.74	4.76	4.78	4.80	4.82	4.84	4.86	4.88	4.90	4.92	4.94	4.96	4.98
28.0	23.5	23.6	23.6	23.7	23.7	23.8	23.8	23.9	23.9	24.0	24.1	24.1	24.2
29.0	24.7	24.7	24.8	24.8	24.9	24.9	25.0	25.0	25.1	25.2	25.2	25.3	25.3
30.0	25.8	25.9	25.9	26.0	26.0	26.1	26.1	26.2	26.3	26.3	26.4	26.4	26.5
31.0	27.0	27.0	27.1	27.1	27.2	27.3	27.3	27.4	27.4	27.5	27.6	27.6	27.7
32.0	28.1	28.2	28.3	28.3	28.4	28.4	28.5	28.6	28.6	28.7	28.8	28.8	28.9
33.0	29.3	29.4	29.4	29.5	29.6	29.6	29.7	29.8	29.8	29.9	30.0	30.0	30.1
34.0	31.7	31.8	31.9	31.9	32.0	32.1	32.1	32.2	32.3	32.4	32.4	32.5	32.6
35.0	31.7	31.8	31.9	31.9	32.0	32.1	32.1	32.2	32.3	32.4	32.4	32.5	32.6
36.0	32.9	33.0	33.1	33.2	33.2	33.3	33.4	33.4	33.5	33.6	33.7	33.7	33.8
37.0	34.2	34.2	34.3	34.4	34.5	34.5	34.6	34.7	34.8	34.8	34.9	35.0	35.1
38.0	35.4	35.5	35.6	35.6	35.7	35.8	35.9	36.0	36.0	36.1	36.2	36.3	36.4
39.0	36.6	36.7	36.8	36.9	37.0	37.1	37.1	37.2	37.3	37.4	37.5	37.6	37.6
40.0	37.9	38.0	38.1	38.2	38.3	38.3	38.4	38.5	38.6	38.7	38.8	38.9	38.9
41.0	39.2	39.3	39.4	39.5	39.5	39.6	39.7	39.8	39.9	40.0	40.1	40.2	40.2
42.0	40.5	40.6	40.7	40.7	40.8	40.9	41.0	41.1	41.2	41.3	41.4	41.5	41.6
43.0	41.8	41.9	42.0	42.0	42.1	42.2	42.3	42.4	42.5	42.6	42.7	42.8	42.9
44.0	43.1	43.2	43.3	43.4	43.5	43.6	43.7	43.7	43.8	43.9	44.0	44.1	44.2
45.0	44.4	44.5	44.6	44.7	44.8	44.9	45.0	45.1	45.2	45.3	45.4	45.5	45.6
46.0	45.7	45.8	45.9	46.0	46.1	46.2	46.3	46.4	46.5	46.6	46.7	46.8	46.9
47.0	47.0	47.1	47.3	47.4	47.5	47.6	47.7	47.8	47.9	48.0	48.1	48.2	48.3
48.0	48.4	48.5	48.6	48.7	48.8	48.9	49.0	49.2	49.3	49.4	49.5	49.6	49.7
49.0	49.7	49.9	50.0	50.1	50.2	50.3	50.4	50.5	50.6	50.7	50.9	51.0	51.1
50.0	51.1	51.2	51.3	51.4	51.6	51.7	51.8	51.9	52.0	52.1	52.3	52.4	52.5
51.0	52.5	52.6	52.7	52.8	52.9	53.1	53.2	53.3	53.4	53.5	53.7	53.8	53.9
52.0	53.9	54.0	54.1	54.2	54.3	54.5	54.6	54.7	54.8	54.9	55.1	55.2	55.3
53.0	55.2	55.4	55.5	55.6	55.7	55.9	56.0	56.1	56.2	56.4	56.5	56.6	56.7
54.0	56.6	56.8	56.9	57.0	57.2	57.3	57.4	57.5	57.7	57.8	57.9	58.0	58.2
55.0	58.1	58.2	58.3	58.4	58.6	58.7	58.8	59.0	59.1	59.2	59.4	59.5	59.6
56.0	59.5	59.6	59.7	59.9	60.0	60.1	60.3	60.4	60.5	60.7	60.8	60.9	61.1
57.0	60.9	61.0	61.2	61.3	61.4	61.6	61.7	61.9	62.0	62.1	62.3	62.4	62.5
58.0	62.3	62.5	62.6	62.8	62.9	63.0	63.2	63.3	63.5	63.6	63.7	63.9	64.0

续表 E

R \ f_{cu}^{c} \ v	4.74	4.76	4.78	4.80	4.82	4.84	4.86	4.88	4.90	4.92	4.94	4.96	4.98
59.0	63.8	63.9	64.1	64.2	64.3	64.5	64.6	64.8	64.9	65.1	65.2	65.3	65.5
60.0	65.2	65.4	65.5	65.7	65.8	66.0	66.1	66.3	66.4	66.5	66.7	66.8	67.0
61.0	66.7	66.8	67.0	67.1	67.3	67.4	67.6	67.7	67.9	68.0	68.2	68.3	68.5
62.0	68.1	68.3	68.5	68.6	68.8	68.9	69.1	69.2	69.4	69.5	69.7	69.8	70.0
63.0	69.6	69.8	69.9	70.1	70.3	70.4	70.6	70.7	70.9	71.0	71.2	71.3	71.5
64.0	71.1	71.3	71.4	71.6	71.7	71.9	72.1	72.2	72.4	72.5	72.7	72.9	73.0
65.0	72.6	72.8	72.9	73.1	73.3	73.4	73.6	73.7	73.9	74.1	74.2	74.4	74.6
66.0	74.1	74.3	74.4	74.6	74.8	74.9	75.1	75.3	75.4	75.6	75.8	75.9	76.1
67.0	75.6	75.8	75.9	76.1	76.3	76.5	76.6	76.8	77.0	77.1	77.3	77.5	77.6
68.0	77.1	77.3	77.5	77.6	77.8	78.0	78.2	78.3	78.5	78.7	78.8	79.0	79.2
69.0	78.6	78.8	79.0	79.2	79.3	79.5	79.7	79.9	80.1	80.2	80.4	80.6	80.8
70.0	80.2	80.3	80.5	80.7	80.9	81.1	81.2	81.4	81.6	81.8	82.0	82.1	82.3
71.0	81.7	81.9	82.1	82.3	82.4	82.6	82.8	83.0	83.2	83.4	83.5	83.7	83.9
72.0	83.2	83.4	83.6	83.8	84.0	84.2	84.4	84.6	84.7	84.9	85.1	85.3	85.5
73.0	84.8	85.0	85.2	85.4	85.6	85.7	85.9	86.1	86.3	86.5	86.7	86.9	87.1
74.0	86.3	86.5	86.7	86.9	87.1	87.3	87.5	87.7	87.9	88.1	88.3	88.5	88.7
75.0	87.9	88.1	88.3	88.5	88.7	88.9	89.1	89.3	89.5	89.7	89.9	90.1	90.3
76.0	89.5	89.7	89.9	90.1	90.3	90.5	90.7	90.9	91.1	91.3	91.5	91.7	91.9
77.0	91.1	91.3	91.5	91.7	91.9	92.1	92.3	92.5	92.7	92.9	93.1	93.3	93.5
78.0	92.6	92.9	93.1	93.3	93.5	93.7	93.9	94.1	94.3	94.5	94.7	94.9	95.1
79.0	94.2	94.5	94.7	94.9	95.1	95.3	95.5	95.7	95.9	96.2	96.4	96.6	96.8
80.0	95.8	96.1	96.3	96.5	96.7	96.9	97.1	97.4	97.6	97.8	98.0	98.2	98.4
81.0	97.4	97.7	97.9	98.1	98.3	98.6	98.8	99.0	99.2	99.4	99.6	99.9	100.1
82.0	99.1	99.3	99.5	99.7	100.0	100.2	100.4	100.6	100.8	101.1	101.3	101.5	101.7
83.0	100.7	100.9	101.1	101.4	101.6	101.8	102.0	102.3	102.5	102.7	102.9	103.2	103.4
84.0	102.3	102.5	102.8	103.0	103.2	103.5	103.7	103.9	104.2	104.4	104.6	104.8	105.1
85.0	103.9	104.2	104.4	104.6	104.9	105.1	105.3	105.6	105.8	106.0	106.3	106.5	106.7
86.0	105.6	105.8	106.1	106.3	106.5	106.8	107.0	107.2	107.5	107.7	108.0	108.2	108.4
87.0	107.2	107.5	107.7	108.0	108.2	108.4	108.7	108.9	109.2	109.4	109.6	—	—
88.0	108.9	109.1	109.4	109.6	109.9	—	—	—	—	—	—	—	—

续表 E

R \ f^{c}_{cu} \ v	5.00	5.02	5.04	5.06	5.08	5.10	5.12	5.14	5.16	5.18	5.20	5.22	5.24
28.0	24.2	24.3	24.3	24.4	24.4	24.5	24.5	24.6	24.6	24.7	24.7	24.8	24.8
29.0	25.4	25.4	25.5	25.5	25.6	25.6	25.7	25.8	25.8	25.9	25.9	26.0	26.0
30.0	26.6	26.6	26.7	26.7	26.8	26.8	26.9	27.0	27.0	27.1	27.1	27.2	27.2
31.0	27.7	27.8	27.9	27.9	28.0	28.0	28.1	28.2	28.2	28.3	28.3	28.4	28.5
32.0	28.9	29.0	29.1	29.1	29.2	29.3	29.3	29.4	29.4	29.5	29.6	29.6	29.7
33.0	30.2	30.2	30.3	30.4	30.4	30.5	30.6	30.6	30.7	30.7	30.8	30.9	30.9
34.0	32.6	32.7	32.8	32.8	32.9	33.0	33.1	33.1	33.2	33.3	33.3	33.4	33.5
35.0	32.6	32.7	32.8	32.8	32.9	33.0	33.1	33.1	33.2	33.3	33.3	33.4	33.5
36.0	33.9	34.0	34.0	34.1	34.2	34.3	34.3	34.4	34.5	34.5	34.6	34.7	34.8
37.0	35.2	35.2	35.3	35.4	35.5	35.5	35.6	35.7	35.8	35.8	35.9	36.0	36.1
38.0	36.4	36.5	36.6	36.7	36.7	36.8	36.9	37.0	37.1	37.1	37.2	37.3	37.4
39.0	37.7	37.8	37.9	38.0	38.0	38.1	38.2	38.3	38.4	38.4	38.5	38.6	38.7
40.0	39.0	39.1	39.2	39.3	39.4	39.4	39.5	39.6	39.7	39.8	39.9	39.9	40.0
41.0	40.3	40.4	40.5	40.6	40.7	40.8	40.8	40.9	41.0	41.1	41.2	41.3	41.4
42.0	41.7	41.7	41.8	41.9	42.0	42.1	42.2	42.3	42.4	42.5	42.5	42.6	42.7
43.0	43.0	43.1	43.2	43.3	43.4	43.4	43.5	43.6	43.7	43.8	43.9	44.0	44.1
44.0	44.3	44.4	44.5	44.6	44.7	44.8	44.9	45.0	45.1	45.2	45.3	45.4	45.5
45.0	45.7	45.8	45.9	46.0	46.1	46.2	46.3	46.4	46.5	46.6	46.7	46.8	46.8
46.0	47.0	47.1	47.2	47.3	47.4	47.5	47.6	47.7	47.8	47.9	48.0	48.1	48.2
47.0	48.4	48.5	48.6	48.7	48.8	48.9	49.0	49.1	49.2	49.3	49.4	49.6	49.7
48.0	49.8	49.9	50.0	50.1	50.2	50.3	50.4	50.5	50.7	50.8	50.9	51.0	51.1
49.0	51.2	51.3	51.4	51.5	51.6	51.7	51.9	52.0	52.1	52.2	52.3	52.4	52.5
50.0	52.6	52.7	52.8	52.9	53.0	53.2	53.3	53.4	53.5	53.6	53.7	53.8	53.9
51.0	54.0	54.1	54.2	54.4	54.5	54.6	54.7	54.8	54.9	55.0	55.2	55.3	55.4
52.0	55.4	55.5	55.7	55.8	55.9	56.0	56.1	56.3	56.4	56.5	56.6	56.7	56.8
53.0	56.9	57.0	57.1	57.2	57.3	57.5	57.6	57.7	57.8	58.0	58.1	58.2	58.3
54.0	58.3	58.4	58.5	58.7	58.8	58.9	59.0	59.2	59.3	59.4	59.5	59.7	59.8
55.0	59.7	59.9	60.0	60.1	60.3	60.4	60.5	60.6	60.8	60.9	61.0	61.2	61.3
56.0	61.2	61.3	61.5	61.6	61.7	61.9	62.0	62.1	62.3	62.4	62.5	62.6	62.8
57.0	62.7	62.8	62.9	63.1	63.2	63.3	63.5	63.6	63.7	63.9	64.0	64.1	64.3

续表 E

R \ v f^{c}_{cu}	5.00	5.02	5.04	5.06	5.08	5.10	5.12	5.14	5.16	5.18	5.20	5.22	5.24
58.0	64.1	64.3	64.4	64.6	64.7	64.8	65.0	65.1	65.2	65.4	65.5	65.7	65.8
59.0	65.6	65.8	65.9	66.1	66.2	66.3	66.5	66.6	66.8	66.9	67.0	67.2	67.3
60.0	67.1	67.3	67.4	67.6	67.7	67.8	68.0	68.1	68.3	68.4	68.6	68.7	68.8
61.0	68.6	68.8	68.9	69.1	69.2	69.4	69.5	69.7	69.8	69.9	70.1	70.2	70.4
62.0	70.1	70.3	70.4	70.6	70.7	70.9	71.0	71.2	71.3	71.5	71.6	71.8	71.9
63.0	71.7	71.8	72.0	72.1	72.3	72.4	72.6	72.7	72.9	73.0	73.2	73.3	73.5
64.0	73.2	73.3	73.5	73.7	73.8	74.0	74.1	74.3	74.4	74.6	74.7	74.9	75.1
65.0	74.7	74.9	75.0	75.2	75.4	75.5	75.7	75.8	76.0	76.2	76.3	76.5	76.6
66.0	76.3	76.4	76.6	76.7	76.9	77.1	77.2	77.4	77.6	77.7	77.9	78.0	78.2
67.0	77.8	78.0	78.1	78.3	78.5	78.6	78.8	79.0	79.1	79.3	79.5	79.6	79.8
68.0	79.4	79.5	79.7	79.9	80.0	80.2	80.4	80.6	80.7	80.9	81.1	81.2	81.4
69.0	80.9	81.1	81.3	81.5	81.6	81.8	82.0	82.1	82.3	82.5	82.7	82.8	83.0
70.0	82.5	82.7	82.9	83.0	83.2	83.4	83.6	83.7	83.9	84.1	84.3	84.4	84.6
71.0	84.1	84.3	84.4	84.6	84.8	85.0	85.2	85.3	85.5	85.7	85.9	86.1	86.2
72.0	85.7	85.9	86.0	86.2	86.4	86.6	86.8	87.0	87.1	87.3	87.5	87.7	87.9
73.0	87.3	87.5	87.6	87.8	88.0	88.2	88.4	88.6	88.8	88.9	89.1	89.3	89.5
74.0	88.9	89.1	89.3	89.4	89.6	89.8	90.0	90.2	90.4	90.6	90.8	91.0	91.1
75.0	90.5	90.7	90.9	91.1	91.3	91.5	91.6	91.8	92.0	92.2	92.4	92.6	92.8
76.0	92.1	92.3	92.5	92.7	92.9	93.1	93.3	93.5	93.7	93.9	94.1	94.3	94.5
77.0	93.7	93.9	94.1	94.3	94.5	94.7	94.9	95.1	95.3	95.5	95.7	95.9	96.1
78.0	95.4	95.6	95.8	96.0	96.2	96.4	96.6	96.8	97.0	97.2	97.4	97.6	97.8
79.0	97.0	97.2	97.4	97.6	97.8	98.0	98.2	98.4	98.7	98.9	99.1	99.3	99.5
80.0	98.6	98.9	99.1	99.3	99.5	99.7	99.9	100.1	100.3	100.5	100.7	101.0	101.2
81.0	100.3	100.5	100.7	100.9	101.2	101.4	101.6	101.8	102.0	102.2	102.4	102.6	102.9
82.0	102.0	102.2	102.4	102.6	102.8	103.0	103.3	103.5	103.7	103.9	104.1	104.3	104.6
83.0	103.6	103.8	104.1	104.3	104.5	104.7	105.0	105.2	105.4	105.6	105.8	106.1	106.3
84.0	105.3	105.5	105.7	106.0	106.2	106.4	106.6	106.9	107.1	107.3	107.5	107.8	108.0
85.0	107.0	107.2	107.4	107.7	107.9	108.1	108.4	108.6	108.8	109.0	109.3	109.5	109.7
86.0	108.7	108.9	109.1	109.4	109.6	—	—	—	—	—	—	—	—

续表 E

v / R / f_{cu}^{c}	5.26	5.28	5.30	5.32	5.34	5.36	5.38	5.40	5.42	5.44	5.46	5.48	5.50
28.0	24.9	24.9	25.0	25.0	25.1	25.1	25.2	25.2	25.3	25.3	25.4	25.4	25.5
29.0	26.1	26.1	26.2	26.2	26.3	26.3	26.4	26.4	26.5	26.6	26.6	26.7	26.7
30.0	27.3	27.3	27.4	27.5	27.5	27.6	27.6	27.7	27.7	27.8	27.8	27.9	28.0
31.0	28.5	28.6	28.6	28.7	28.7	28.8	28.9	28.9	29.0	29.0	29.1	29.1	29.2
32.0	29.7	29.8	29.9	29.9	30.0	30.1	30.1	30.2	30.2	30.3	30.4	30.4	30.5
33.0	31.0	31.1	31.1	31.2	31.3	31.3	31.4	31.4	31.5	31.6	31.6	31.7	31.8
34.0	33.5	33.6	33.7	33.7	33.8	33.9	33.9	34.0	34.1	34.2	34.2	34.3	34.4
35.0	33.5	33.6	33.7	33.7	33.8	33.9	33.9	34.0	34.1	34.2	34.2	34.3	34.4
36.0	34.8	34.9	35.0	35.0	35.1	35.2	35.3	35.3	35.4	35.5	35.5	35.6	35.7
37.0	36.1	36.2	36.3	36.3	36.4	36.5	36.6	36.6	36.7	36.8	36.9	36.9	37.0
38.0	37.4	37.5	37.6	37.7	37.7	37.8	37.9	38.0	38.0	38.1	38.2	38.3	38.4
39.0	38.8	38.8	38.9	39.0	39.1	39.2	39.2	39.3	39.4	39.5	39.6	39.6	39.7
40.0	40.1	40.2	40.3	40.3	40.4	40.5	40.6	40.7	40.8	40.8	40.9	41.0	41.1
41.0	41.4	41.5	41.6	41.7	41.8	41.9	42.0	42.0	42.1	42.2	42.3	42.4	42.5
42.0	42.8	42.9	43.0	43.1	43.2	43.2	43.3	43.4	43.5	43.6	43.7	43.8	43.8
43.0	44.2	44.3	44.4	44.4	44.5	44.6	44.7	44.8	44.9	45.0	45.1	45.2	45.2
44.0	45.6	45.6	45.7	45.8	45.9	46.0	46.1	46.2	46.3	46.4	46.5	46.6	46.7
45.0	46.9	47.0	47.1	47.2	47.3	47.4	47.5	47.6	47.7	47.8	47.9	48.0	48.1
46.0	48.3	48.4	48.5	48.6	48.7	48.8	48.9	49.0	49.1	49.2	49.3	49.4	49.5
47.0	49.8	49.9	50.0	50.1	50.2	50.3	50.4	50.5	50.6	50.7	50.8	50.9	51.0
48.0	51.2	51.3	51.4	51.5	51.6	51.7	51.8	51.9	52.0	52.1	52.2	52.3	52.4
49.0	52.6	52.7	52.8	52.9	53.0	53.1	53.3	53.4	53.5	53.6	53.7	53.8	53.9
50.0	54.1	54.2	54.3	54.4	54.5	54.6	54.7	54.8	54.9	55.0	55.1	55.3	55.4
51.0	55.5	55.6	55.7	55.8	56.0	56.1	56.2	56.3	56.4	56.5	56.6	56.7	56.9
52.0	57.0	57.1	57.2	57.3	57.4	57.5	57.7	57.8	57.9	58.0	58.1	58.2	58.4
53.0	58.4	58.6	58.7	58.8	58.9	59.0	59.1	59.3	59.4	59.5	59.6	59.7	59.9
54.0	59.9	60.0	60.2	60.3	60.4	60.5	60.6	60.8	60.9	61.0	61.1	61.3	61.4
55.0	61.4	61.5	61.7	61.8	61.9	62.0	62.2	62.3	62.4	62.5	62.7	62.8	62.9
56.0	62.9	63.0	63.2	63.3	63.4	63.5	63.7	63.8	63.9	64.1	64.2	64.3	64.4
57.0	64.4	64.5	64.7	64.8	64.9	65.1	65.2	65.3	65.5	65.6	65.7	65.8	66.0

续表 E

R \ v f_{cu}^{c}	5.26	5.28	5.30	5.32	5.34	5.36	5.38	5.40	5.42	5.44	5.46	5.48	5.50
58.0	65.9	66.1	66.2	66.3	66.5	66.6	66.7	66.9	67.0	67.1	67.3	67.4	67.5
59.0	67.5	67.6	67.7	67.9	68.0	68.1	68.3	68.4	68.5	68.7	68.8	69.0	69.1
60.0	69.0	69.1	69.3	69.4	69.5	69.7	69.8	70.0	70.1	70.2	70.4	70.5	70.7
61.0	70.5	70.7	70.8	71.0	71.1	71.2	71.4	71.5	71.7	71.8	72.0	72.1	72.2
62.0	72.1	72.2	72.4	72.5	72.7	72.8	73.0	73.1	73.3	73.4	73.5	73.7	73.8
63.0	73.6	73.8	73.9	74.1	74.2	74.4	74.5	74.7	74.8	75.0	75.1	75.3	75.4
64.0	75.2	75.4	75.5	75.7	75.8	76.0	76.1	76.3	76.4	76.6	76.7	76.9	77.0
65.0	76.8	76.9	77.1	77.3	77.4	77.6	77.7	77.9	78.0	78.2	78.3	78.5	78.7
66.0	78.4	78.5	78.7	78.8	79.0	79.2	79.3	79.5	79.6	79.8	80.0	80.1	80.3
67.0	80.0	80.1	80.3	80.5	80.6	80.8	80.9	81.1	81.3	81.4	81.6	81.7	81.9
68.0	81.6	81.7	81.9	82.1	82.2	82.4	82.6	82.7	82.9	83.1	83.2	83.4	83.5
69.0	83.2	83.3	83.5	83.7	83.8	84.0	84.2	84.4	84.5	84.7	84.9	85.0	85.2
70.0	84.8	85.0	85.1	85.3	85.5	85.7	85.8	86.0	86.2	86.3	86.5	86.7	86.9
71.0	86.4	86.6	86.8	86.9	87.1	87.3	87.5	87.6	87.8	88.0	88.2	88.3	88.5
72.0	88.0	88.2	88.4	88.6	88.8	88.9	89.1	89.3	89.5	89.7	89.8	90.0	90.2
73.0	89.7	89.9	90.1	90.2	90.4	90.6	90.8	91.0	91.1	91.3	91.5	91.7	91.9
74.0	91.3	91.5	91.7	91.9	92.1	92.3	92.4	92.6	92.8	93.0	93.2	93.4	93.6
75.0	93.0	93.2	93.4	93.6	93.7	93.9	94.1	94.3	94.5	94.7	94.9	95.1	95.2
76.0	94.6	94.8	95.0	95.2	95.4	95.6	95.8	96.0	96.2	96.4	96.6	96.8	97.0
77.0	96.3	96.5	96.7	96.9	97.1	97.3	97.5	97.7	97.9	98.1	98.3	98.5	98.7
78.0	98.0	98.2	98.4	98.6	98.8	99.0	99.2	99.4	99.6	99.8	100.0	100.2	100.4
79.0	99.7	99.9	100.1	100.3	100.5	100.7	100.9	101.1	101.3	101.5	101.7	101.9	102.1
80.0	101.4	101.6	101.8	102.0	102.2	102.4	102.6	102.8	103.0	103.2	103.4	103.6	103.8
81.0	103.1	103.3	103.5	103.7	103.9	104.1	104.3	104.5	104.8	105.0	105.2	105.4	105.6
82.0	104.8	105.0	105.2	105.4	105.6	105.8	106.1	106.3	106.5	106.7	106.9	107.1	107.3
83.0	106.5	106.7	106.9	107.1	107.4	107.6	107.8	108.0	108.2	108.4	108.7	108.9	109.1
84.0	108.2	108.4	108.7	108.9	109.1	109.3	109.5	109.8	—	—	—	—	—
85.0	109.9	—	—	—	—	—	—	—	—	—	—	—	—

续表 E

R \ f_{cu}^{c} \ v	5.52	5.54	5.56	5.58	5.60	5.62	5.64	5.66	5.68	5.70	5.72	5.74	5.76
28.0	25.5	25.6	25.6	25.7	25.7	25.8	25.8	25.9	25.9	26.0	26.0	26.1	26.1
29.0	26.8	26.8	26.9	26.9	27.0	27.0	27.1	27.1	27.2	27.2	27.3	27.3	27.4
30.0	28.0	28.1	28.1	28.2	28.2	28.3	28.3	28.4	28.4	28.5	28.5	28.6	28.7
31.0	29.3	29.3	29.4	29.4	29.5	29.5	29.6	29.7	29.7	29.8	29.8	29.9	29.9
32.0	30.5	30.6	30.7	30.7	30.8	30.8	30.9	30.9	31.0	31.1	31.1	31.2	31.2
33.0	31.8	31.9	31.9	32.0	32.1	32.1	32.2	32.2	32.3	32.4	32.4	32.5	32.6
34.0	34.4	34.5	34.6	34.6	34.7	34.8	34.8	34.9	35.0	35.0	35.1	35.2	35.2
35.0	34.4	34.5	34.6	34.6	34.7	34.8	34.8	34.9	35.0	35.0	35.1	35.2	35.2
36.0	35.7	35.8	35.9	36.0	36.0	36.1	36.2	36.2	36.3	36.4	36.4	36.5	36.6
37.0	37.1	37.2	37.2	37.3	37.4	37.4	37.5	37.6	37.7	37.7	37.8	37.9	37.9
38.0	38.4	38.5	38.6	38.7	38.7	38.8	38.9	38.9	39.0	39.1	39.2	39.2	39.3
39.0	39.8	39.9	39.9	40.0	40.1	40.2	40.2	40.3	40.4	40.5	40.6	40.6	40.7
40.0	41.2	41.2	41.3	41.4	41.5	41.6	41.6	41.7	41.8	41.9	42.0	42.0	42.1
41.0	42.5	42.6	42.7	42.8	42.9	43.0	43.0	43.1	43.2	43.3	43.4	43.4	43.5
42.0	43.9	44.0	44.1	44.2	44.3	44.4	44.4	44.5	44.6	44.7	44.8	44.9	45.0
43.0	45.3	45.4	45.5	45.6	45.7	45.8	45.9	46.0	46.0	46.1	46.2	46.3	46.4
44.0	46.8	46.8	46.9	47.0	47.1	47.2	47.3	47.4	47.5	47.6	47.7	47.7	47.8
45.0	48.2	48.3	48.4	48.5	48.6	48.6	48.7	48.8	48.9	49.0	49.1	49.2	49.3
46.0	49.6	49.7	49.8	49.9	50.0	50.1	50.2	50.3	50.4	50.5	50.6	50.7	50.8
47.0	51.1	51.2	51.3	51.4	51.5	51.6	51.7	51.8	51.9	52.0	52.1	52.2	52.3
48.0	52.5	52.6	52.7	52.8	52.9	53.0	53.1	53.2	53.3	53.4	53.5	53.6	53.7
49.0	54.0	54.1	54.2	54.3	54.4	54.5	54.6	54.7	54.8	54.9	55.0	55.1	55.2
50.0	55.5	55.6	55.7	55.8	55.9	56.0	56.1	56.2	56.3	56.4	56.6	56.7	56.8
51.0	57.0	57.1	57.2	57.3	57.4	57.5	57.6	57.7	57.8	58.0	58.1	58.2	58.3
52.0	58.5	58.6	58.7	58.8	58.9	59.0	59.1	59.3	59.4	59.5	59.6	59.7	59.8
53.0	60.0	60.1	60.2	60.3	60.4	60.6	60.7	60.8	60.9	61.0	61.1	61.3	61.4
54.0	61.5	61.6	61.7	61.9	62.0	62.1	62.2	62.3	62.4	62.6	62.7	62.8	62.9
55.0	63.0	63.1	63.3	63.4	63.5	63.6	63.8	63.9	64.0	64.1	64.2	64.4	64.5
56.0	64.6	64.7	64.8	64.9	65.1	65.2	65.3	65.4	65.6	65.7	65.8	65.9	66.1

续表 E

R \ v f^c_{cu}	5.52	5.54	5.56	5.58	5.60	5.62	5.64	5.66	5.68	5.70	5.72	5.74	5.76
57.0	66.1	66.2	66.4	66.5	66.6	66.7	66.9	67.0	67.1	67.3	67.4	67.5	67.6
58.0	67.7	67.8	67.9	68.1	68.2	68.3	68.5	68.6	68.7	68.8	69.0	69.1	69.2
59.0	69.2	69.4	69.5	69.6	69.8	69.9	70.0	70.2	70.3	70.4	70.6	70.7	70.8
60.0	70.8	70.9	71.1	71.2	71.4	71.5	71.6	71.8	71.9	72.0	72.2	72.3	72.4
61.0	72.4	72.5	72.7	72.8	72.9	73.1	73.2	73.4	73.5	73.6	73.8	73.9	74.1
62.0	74.0	74.1	74.3	74.4	74.6	74.7	74.8	75.0	75.1	75.3	75.4	75.6	75.7
63.0	75.6	75.7	75.9	76.0	76.2	76.3	76.5	76.6	76.8	76.9	77.0	77.2	77.3
64.0	77.2	77.3	77.5	77.6	77.8	77.9	78.1	78.2	78.4	78.5	78.7	78.8	79.0
65.0	78.8	79.0	79.1	79.3	79.4	79.6	79.7	79.9	80.0	80.2	80.3	80.5	80.6
66.0	80.4	80.6	80.7	80.9	81.1	81.2	81.4	81.5	81.7	81.8	82.0	82.1	82.3
67.0	82.1	82.2	82.4	82.5	82.7	82.9	83.0	83.2	83.3	83.5	83.7	83.8	84.0
68.0	83.7	83.9	84.0	84.2	84.4	84.5	84.7	84.8	85.0	85.2	85.3	85.5	85.7
69.0	85.4	85.5	85.7	85.9	86.0	86.2	86.4	86.5	86.7	86.9	87.0	87.2	87.3
70.0	87.0	87.2	87.4	87.5	87.7	87.9	88.0	88.2	88.4	88.5	88.7	88.9	89.0
71.0	88.7	88.9	89.0	89.2	89.4	89.6	89.7	89.9	90.1	90.2	90.4	90.6	90.7
72.0	90.4	90.5	90.7	90.9	91.1	91.2	91.4	91.6	91.8	91.9	92.1	92.3	92.5
73.0	92.0	92.2	92.4	92.6	92.8	92.9	93.1	93.3	93.5	93.7	93.8	94.0	94.2
74.0	93.7	93.9	94.1	94.3	94.5	94.6	94.8	95.0	95.2	95.4	95.6	95.7	95.9
75.0	95.4	95.6	95.8	96.0	96.2	96.4	96.5	96.7	96.9	97.1	97.3	97.5	97.7
76.0	97.1	97.3	97.5	97.7	97.9	98.1	98.3	98.5	98.7	98.8	99.0	99.2	99.4
77.0	98.9	99.0	99.2	99.4	99.6	99.8	100.0	100.2	100.4	100.6	100.8	101.0	101.2
78.0	100.6	100.8	101.0	101.2	101.4	101.6	101.8	101.9	102.1	102.3	102.5	102.7	102.9
79.0	102.3	102.5	102.7	102.9	103.1	103.3	103.5	103.7	103.9	104.1	104.3	104.5	104.7
80.0	104.0	104.2	104.4	104.7	104.9	105.1	105.3	105.5	105.7	105.9	106.1	106.3	106.5
81.0	105.8	106.0	106.2	106.4	106.6	106.8	107.0	107.2	107.4	107.6	107.8	108.0	108.2
82.0	107.5	107.7	108.0	108.2	108.4	108.6	108.8	109.0	109.2	109.4	109.6	109.8	—
83.0	109.3	109.5	109.7	109.9	—	—	—	—	—	—	—	—	—

注：1　表内未列数值可用内插法求得，精度至 0.1MPa；

2　表中 v 为测区声速代表值，R 为 4.5J 回弹仪测区回弹代表值，f_{cu}^c 为测区混凝土强度换算值。

附录F 高强混凝土强度检测报告

检测单位名称：

报告编号：　　　　　　　　　　　共　页　第　页

工程名称				
工程地址				
委托单位				
设计单位				
监理单位				
施工单位				
混凝土浇筑日期				
检测原因			检测日期	
检测依据			检测仪器	
混凝土强度检测结果				
构件名称、轴线编号	混凝土强度换算值（MPa）			构件混凝土强度推定值（MPa）
	平均值	标准差	最小值	
强度修正量 Δ_{tot}				
强度批推定值（MPa） $n=$	$m_{f_{cu}^{c}}=$　　MPa	$s_{f_{cu}^{c}}=$　　MPa		$f_{cu,e}=$　　MPa
测强曲线	规程，地区，专用	备注		

批准：　　　　审核：　　　　主检：　　　　年　月　日

单位公章

本规程用词说明

1 为便于在执行本规程条文时区别对待，对要求严格程度不同的用词说明如下：

1）表示很严格，非这样做不可的用词：
正面词采用“必须”，反面词采用“严禁”；

2）表示严格，在正常情况下均应这样做的用词：
正面词采用“应”；反面词采用“不应”或“不得”；

3）表示允许稍有选择，在条件许可时首先应这样做的用词：
正面词采用“宜”；反面词采用“不宜”；

4）表示有选择，在一定条件下可以这样做的用词，采用“可”。

2 条文中指明应按其他有关标准执行的写法为：“应符合……的规定”或“应按……执行”。

引用标准名录

1 《普通混凝土力学性能试验方法标准》GB/T 50081

2 《建筑结构检测技术标准》GB/T 50344

3 《通用硅酸盐水泥》GB 175

4 《普通混凝土用砂、石质量及检验方法标准》JGJ 52

5 《混凝土试模》JG 237

6 《混凝土超声波检测仪》JG/T 5004

中华人民共和国行业标准

高强混凝土强度检测技术规程

JGJ/T 294—2013

条 文 说 明

制 订 说 明

《高强混凝土强度检测技术规程》JGJ/T 294-2013，经住房和城乡建设部2013年5月9日以第26号文公告批准、发布。

本规程编制过程中，编制组开展了大量的实验研究和工程质量检测，取得了高强混凝土强度检测的重要技术参数。

为便于广大工程设计、施工、科研、学校等单位有关人员在使用本规程时能正确理解和执行条文规定，《高强混凝土强度检测技术规程》编制组按章、节、条顺序编制了本规程的条文说明。对条文规定的目的、依据以及执行中需要注意的有关事项进行了说明。但是，本条文说明不具备与规程正文同等的法律效力，仅供使用者作为理解和把握规程规定的参考。

目　次

1　总则 ………………………………………… 33—35
3　检测仪器 …………………………………… 33—35
3.1　回弹仪 …………………………………… 33—35
4　检测技术 …………………………………… 33—35
4.1　一般规定 ………………………………… 33—35
4.2　回弹测试及回弹值计算 ………………… 33—35
4.3　超声测试及声速值计算 ………………… 33—35
5　混凝土强度的推定 ………………………… 33—36
6　检测报告 …………………………………… 33—36

1 总 则

1.0.1 为C50及以上强度等级的混凝土抗压强度检测，制定本规程。

1.0.2 本规程所述的混凝土材料是符合现行国家有关标准的、由一般机械搅拌或泵送的配制强度等级为C50～C100的混凝土。在检测仪器技术性能允许的前提下，可适当放宽对仪器工作环境温度的限制。

1.0.3 在正常情况下，应当按现行国家标准《混凝土结构工程施工质量规范》GB 50204及《混凝土强度检验评定标准》GB/T 50107验收评定混凝土强度，不允许用本规程取代国家标准对制作混凝土标准试件的要求。但是，由于管理不善、施工质量不良，试件与结构中混凝土质量不一致或对混凝土标准试件检验结果有怀疑时，可以按本规程进行检测，推定混凝土强度，并作为处理混凝土质量问题的主要依据。

1.0.4 本规程测强曲线为900d的期龄。如果检测900d以上期龄混凝土强度，需钻取混凝土芯样（或同条件标准试件）对测强曲线进行修正。

3 检测仪器

3.1 回 弹 仪

3.1.1 回弹仪属于量具，在使用之前，应当由法定计量检定机构进行检定，使检测精度得到保证。

3.1.2 确认回弹仪标称动能的具体检查方法。满足该条款要求后方可投入使用。检查方法是：先将回弹仪刻度尺从仪壳上拆下，露出指针滑块。然后将弹击杆压缩至外露长度约1/3时，用手将指针滑块拨至刻度尺率定值对应的仪壳刻线以上的高度，继续施压至弹击锤脱钩，按住按钮，观察指针滑块示值刻线停留位置。此时的停留位置应与仪壳上的上刻线对齐。否则需调整尾盖上的螺栓。率定时应采用与回弹仪配套的质量为20.0kg的钢砧。

3.1.3 回弹仪每次使用前，通常都要进行率定。本条给出具体率定方法和率定值计算方法。

3.1.4、3.1.5 对回弹仪检定和率定的条件划分。回弹仪的检定和率定，直接关系到检测精度。

3.1.6～3.1.9 由于回弹仪的使用环境中，粉尘含量较高，加之仪器内各相互移动的部件间有相对磨损。因此，必须经常地做好维护和保养工作。保养工作结束后，将回弹仪外壳和弹击杆擦拭干净，使弹击杆处于外伸状态并装入仪器盒内，水平置于干燥阴凉处。需要注意的是，维护保养的人员必须是对回弹仪工作原理很熟悉的，或经过相应技术培训的技术人员。

4 检 测 技 术

4.1 一 般 规 定

4.1.2 本条中的第1～6款资料系对结构或构件检测混凝土强度所需要的资料。

4.1.3 当按批抽样检测时，四个条件同时相同，方可视为同批构件。

4.1.4 为按批检测时，对构件数量的要求。

4.1.5 对测区布置的规定和要求。其中第2款的规定，对某一方向尺寸不大于4.5m且另一方向尺寸不大于0.3m的同批构件按批抽样检测时，最少测区数量可以为5个。

4.1.6、4.1.7 对在构件上布置测区的规定和要求。为了解构件强度变化情况，应当将测区编号记录下来，以供强度分析计算使用。

4.2 回弹测试及回弹值计算

4.2.1 考虑到高强混凝土多用于竖向承载的构件，所以绝大多数检测面为混凝土浇筑侧面，本规程的测强曲线就是在混凝土成型侧面建立的。因此，测区换算强度按混凝土浇筑侧面对应的测强曲线计算。测试时回弹仪的轴线方向应与结构或构件的测试面相垂直。

4.2.2、4.2.3 规定测区测点数量和测点位置。

4.3 超声测试及声速值计算

4.3.1 3个超声测点应布置在回弹测试的同一测区内。由于测强曲线建立时采用了超声对测方法，所以，实际工程检测时应优先采用对测的方法。当被测构件不具备对测条件时（如地下室外墙面），可采用角测或平测法。平测时两个换能器的连线应与附近钢筋的轴线保持40°～50°夹角，以避免钢筋的影响。大量实践证明，平测时测距宜采用350mm～450mm，以便使接收信号首波清晰易辨认。角测和平测的具体测试方法可参照现行标准《超声回弹综合法检测混凝土强度技术规程》CECS 02：2005。

4.3.2 使用耦合剂是为了保证换能器辐射面与混凝土测试面达到完全面接触，排除其间的空气和杂物。同时，每一测点均应使耦合层达到最薄，以保持耦合状态一致，这样才能保证声时测量条件的一致性。

4.3.3 本条对声时读数和测距量测的精度提出了严格要求。因为声速值准确与否，完全取决于声时和测距量测是否准确可靠。

4.3.4 规定了测区混凝土中声速代表值的计算方法。测区混凝土中声速代表值是取超声测距除以测区内3个测点混凝土中声时平均值。当超声测点在浇筑方向的侧面对测时，声速不做修正。如果超声测试采用了角测或平测，应考虑参照现行标准《超声回弹综合法检测混凝土强度技术规程》CECS 02：2005 的有关规定，事先找到声速的修正系数对声速进行修正。

声时初读数 t_0 是声时测试值中的仪器及发、收换能器系统的声延时，是每次现场测试开始前都应确认的声参数。

5 混凝土强度的推定

5.0.1 具体说明了本规程给出的全国高强混凝土测强曲线公式适用范围。由于高强混凝土在施工过程中，早期强度的增长情况备受关注。因此，建立测强曲线公式时，采用了最短龄期为 1d 的试验数据。测强曲线公式在短龄期的适用，有利于采用本规程为控制短龄期高强混凝土质量提供技术依据。该条所提及的高强混凝土所用水、外加剂和掺合料等尚应符合国家有关标准要求。

5.0.2 实践证明专用测强曲线精度高于地区测强曲线，而地区测强曲线精度高于全国测强曲线。所以本条鼓励优先采用专用测强曲线或地区测强曲线。

5.0.3 如果检测部门未建立专用或地区测强曲线，可使用本规程给出的全国测强曲线。为了掌握全国测强曲线在本地区的检测精度情况，应对其进行验证。

5.0.5 对全国 11 个省、直辖市提供的 4000 余组数据回归分析后得到如表 1 所示的测强曲线公式。

表 1 测强曲线公式和统计分析指标

检测方法	测强曲线公式	相关系数 r	相对标准差 e_r	平均相对误差 δ	试件龄期（d）	试件强度范围（MPa）
超声回弹综合法	$f^c_{cu,i}=0.117081v^{0.539038}\cdot R^{1.33947}$	0.90	16.1%	±12.9%	1～900	7.4～113.8

考虑到高强混凝土质量控制时，需要掌握高强混凝土在强度增长过程的强度变化情况，公式的强度应用范围定为 20.0MPa～110.0MPa。建立表 1 中所示的测强曲线公式时，所用仪器为混凝土超声波检测仪和标称动能为 4.5J 回弹仪。

5.0.6 结构或构件混凝土强度的平均值和标准差是用各测区的混凝土强度换算值计算得出的。当按批推定混凝土强度时，如果测区混凝土强度标准差超过本规程第 5.0.9 条规定，说明该批构件的混凝土制作条件不尽相同，混凝土强度质量均匀性差，不能按批推定混凝土强度。

5.0.7 当现场检测条件与测强曲线的适用条件有较大差异时，应采用同条件立方体标准试件或在测区钻取的混凝土芯样试件进行修正。为了与《建筑结构检测技术标准》GB/T 50344－2004 所规定的修正量法相协调，本规程采用了修正量法。按式（5.0.7-1）或式（5.0.7-2）计算修正量。这里需要注意的是，1 个混凝土芯样钻取位置只能制作 1 个芯样试件进行抗压试验。混凝土芯样直径宜为 100mm，高径比为 1。此外，规程中所说的混凝土芯样抗压强度试验，仅是参照现行标准《钻芯法检测混凝土强度技术规程》CECS 03 的规定进行。

5.0.8 按本规程推定的混凝土抗压强度，不能等同于施工现场取样成型并标准养护 28d 所得的标准试件抗压强度。因此，在正常情况下混凝土强度的验收与评定，应按现行国家标准执行。

当构件测区数少于 10 个时，应按式（5.0.8-1）计算推定抗压强度。当构件测区数不少于 10 个或按批推定构件混凝土抗压强度时，应按式（5.0.8-2）计算推定抗压强度。注意批推定构件混凝土抗压强度时的强度平均值和标准差，应采用该检验批中所有抽检构件的测区强度来计算。

当结构或构件的测区抗压强度换算值中出现小于 20.0MPa 的值时，该构件混凝土抗压强度推定值 $f_{cu,e}$ 应取小于 20MPa。若测区换算值小于 20.0MPa 或大于 110.0MPa，因超出了本规程强度换算方法的规定适用范围，故该测区的混凝土抗压强度应表述为“<20.0MPa”，或“>110.0MPa”。若构件测区中有小于 20.0MPa 的测区，因不能计算构件混凝土的强度标准差，则该构件混凝土的推定强度应表述为“<20.0MPa”；若构件测区中有大于 110.0MPa 的测区，也不能计算构件混凝土的强度标准差，此时，构件混凝土抗压强度的推定值取该构件各测区中最小的测区混凝土抗压强度换算值。

5.0.9 对按批量检测的构件，如该批构件的混凝土质量不均匀，测区混凝土强度标准差大于规定的范围，则该批构件应全部按单个构件进行强度推定。

考虑到实际工程中可能会出现结构或构件混凝土未达到设计强度等级的情况，$m_{f^c_{cu}}\leqslant$50MPa 的情形是存在的。本条中混凝土抗压强度平均值 $m_{f^c_{cu}}\leqslant$50MPa 和 $m_{f^c_{cu}}>$50MPa 时，对标准差 $s_{f^c_{cu}}$ 的限值，沿用了《超声回弹综合法检测混凝土强度技术规程》CECS 02：2005 中的规定。

6 检 测 报 告

要求检测报告的信息尽量齐全。对于较复杂的工程，还需要在检测报告中反映工程概况、所检测构件种类及分布等信息。对于检测结果，可以与设计强度等级对应的强度相对比，给出是否满足设计要求的结论。

中华人民共和国行业标准

建筑工程施工过程结构分析与监测技术规范

Technical code for construction process analyzing and monitoring of building engineering

JGJ/T 302—2013

批准部门：中华人民共和国住房和城乡建设部

施行日期：2 0 1 4 年 1 月 1 日

中华人民共和国住房和城乡建设部
公　　告

第63号

住房城乡建设部关于发布行业标准《建筑工程施工过程结构分析与监测技术规范》的公告

现批准《建筑工程施工过程结构分析与监测技术规范》为行业标准，编号为JGJ/T 302－2013，自2014年1月1日起实施。

本规范由我部标准定额研究所组织中国建筑工业出版社出版发行。

中华人民共和国住房和城乡建设部

2013年6月24日

前　　言

根据住房和城乡建设部《关于印发〈2009年工程建设标准规范制订、修订计划（第一批）〉的通知》（建标［2009］88号）的要求，规范编制组经广泛调查研究，认真总结实践经验，参考有关国际标准和国外先进标准，并在广泛征求意见的基础上，编制本规范。

本规范的主要技术内容是：1总则；2术语和符号；3基本规定；4施工过程结构分析；5变形监测；6应力监测；7温度和风荷载监测；8成果整理。

本规范由住房和城乡建设部负责管理，由中国建筑股份有限公司负责具体技术内容的解释。执行过程中如有意见或建议，请寄送中国建筑股份有限公司（地址：北京市三里河路15号中建大厦；邮政编码：100037）。

本规范主编单位：中国建筑股份有限公司
中建八局第一建设有限公司

本规范参编单位：中国建筑科学研究院
华东建筑设计研究院有限公司
中建一局集团建设发展有限公司
中国新兴保信建设总公司
中建华海测绘科技有限公司
中建钢构有限公司
清华大学
武汉大学
北京银泰建预应力工程有限公司
北京拉特激光精密仪器有限公司

本规范主要起草人员：毛志兵　彭明祥　刘军进　王　建　张胜良　秦家顺　林　冰　郭际明　刘　创　赵　静　潘宠平　陈振明　戴立先　刘小刚　吴延宏　周予启　戴连双　许曙东　刘洪云　徐代胜　刘　杨

本规范主要审查人员：许溶烈　赵基达　洪立波　过静君　张其林　冯　跃　胡玉银　范　重　朱忠义　陈跃熙

目　次

1　总则 …… 34—5
2　术语和符号 …… 34—5
2.1　术语 …… 34—5
2.2　符号 …… 34—5
3　基本规定 …… 34—5
3.1　一般规定 …… 34—5
3.2　变形监测精度要求 …… 34—6
3.3　监测仪器管理 …… 34—7
4　施工过程结构分析 …… 34—7
4.1　一般规定 …… 34—7
4.2　分析内容和方法 …… 34—7
4.3　荷载与作用 …… 34—7
4.4　计算模型及参数 …… 34—7
4.5　分析结果及评价 …… 34—8
5　变形监测 …… 34—8
5.1　一般规定 …… 34—8
5.2　观测仪器 …… 34—8
5.3　监测控制网 …… 34—9
5.4　水平变形监测 …… 34—10
5.5　垂直变形监测 …… 34—10
5.6　监测周期 …… 34—11
5.7　数据处理及分析 …… 34—11
6　应力监测 …… 34—11
6.1　一般规定 …… 34—11
6.2　监测仪器及方法 …… 34—11
6.3　监测点布设与安装 …… 34—12
6.4　量测及记录 …… 34—12
6.5　应力监测结果及分析 …… 34—12
7　温度和风荷载监测 …… 34—12
7.1　温度监测 …… 34—12
7.2　风荷载监测 …… 34—13
8　成果整理 …… 34—13
附录A　建筑物垂直位移记录表 …… 34—13
附录B　建筑物水平位移记录表 …… 34—14
附录C　应力应变传感器安装记录表 …… 34—14
附录D　应力应变观测记录表 …… 34—15
附录E　环境条件记录表 …… 34—15
本规范用词说明 …… 34—16
引用标准名录 …… 34—16
附：条文说明 …… 34—17

Contents

1 General Provisions ······ 34—5
2 Terms and Symbols ······ 34—5
2.1 Terms ······ 34—5
2.2 Symbols ······ 34—5
3 Basic Requirements ······ 34—5
3.1 General Requirements ······ 34—5
3.2 Precision Requirements of Deformation Monitoring ······ 34—6
3.3 Management of Monitoring Instrument ······ 34—7
4 Structure Analysis in Construction Process ······ 34—7
4.1 General Requirements ······ 34—7
4.2 Analysis Content and Method ······ 34—7
4.3 Load and Action ······ 34—7
4.4 Analysis Model and Parameters ······ 34—7
4.5 Analyzing Results and Evaluation ······ 34—8
5 Deformation Monitoring ······ 34—8
5.1 General Requirements ······ 34—8
5.2 Observation Instrument ······ 34—8
5.3 Monitoring and Controlling Grid ······ 34—9
5.4 Monitoring of Horizontal Deformation ······ 34—10
5.5 Monitoring of Vertical Deformation ······ 34—10
5.6 Time Interval of Monitoring ······ 34—11
5.7 Data Processing and Analysis ······ 34—11
6 Stress Monitoring ······ 34—11
6.1 General Requirements ······ 34—11
6.2 Monitoring Instrument and Monitoring ······ 34—11
6.3 Layout and Installation of Monitoring Point ······ 34—12
6.4 Measurement and Recording ······ 34—12
6.5 Results and Analysis of Stress Monitoring ······ 34—12
7 Temperature and Wind Monitoring ······ 34—12
7.1 Temperature Monitoring ······ 34—12
7.2 Wind Monitoring ······ 34—13
8 Results Processing ······ 34—13
Appendix A Vertical Displacement Recording Table of Building ······ 34—13
Appendix B Horizontal Displacement Recording Table of Building ······ 34—14
Appendix C Installation Recording Table of Strain Sensor ······ 34—14
Appendix D Recording Table of Stress and Strain ······ 34—15
Appendix E Recording Table of Environmental Conditions ······ 34—15
Explanation of Wording in This Code ······ 34—16
List of Quoted Standards ······ 34—16
Addition: Explanation of Provisions ······ 34—17

1 总 则

1.0.1 为在建筑工程施工过程结构分析与监测中做到安全适用、确保质量、技术先进、经济合理，制定本规范。

1.0.2 本规范适用于建筑工程施工过程结构分析与监测。

1.0.3 建筑工程施工过程结构分析与监测除应符合本规范外，尚应符合国家现行有关标准的规定。

2 术语和符号

2.1 术 语

2.1.1 施工过程 construction process

为完成建筑工程建造而进行的施工活动。

2.1.2 施工过程结构分析 structure analysis in construction process

对工程结构从开始施工直至竣工这一时间段内的全过程或局部过程所进行的结构分析和计算工作。

2.1.3 设计目标位形 design objective shape

在设定荷载状态下，设计期望的建成结构的实际位形。

2.1.4 预变形技术 pre-deformation technique

为使建造成型的结构实现设计目标位形所采取的结构分析技术、构件加工尺寸预调以及现场安装定位预调等施工技术。

2.1.5 施工过程监测 monitoring in construction process

为掌握施工期间建筑结构受力及位形状态、保证结构安全而开展的监测活动。

2.1.6 监测技术 monitoring technique

针对变形、应力、环境影响等内容开展的各种人工或自动化测量技术。

2.1.7 变形监测 deformation monitoring

为获得关注的结构、构件或节点的变形位移而开展的测量工作。

2.1.8 应力监测 stress monitoring

为获得关注的结构、构件或节点的应力或应变而开展的测量工作。

2.1.9 监测点 monitoring point

直接或间接设置在被监测对象上能反映其某种变化的观测点。

2.1.10 监测频次 monitoring frequency

单位时间内的监测次数。

2.1.11 限值 limited value

施工过程中，对结构安全性和使用性相关指标设定的不应超出的界限值。

2.1.12 预警值 alarming value

依据规范规定、设计要求、工程经验或施工过程结构分析结果等，针对变形与应力监测项，设定的应引起相关单位以预警关注的参照值。

2.1.13 柔性结构 flexible structure

组成部件的弯曲刚度影响很小、主要以轴向刚度或者薄膜刚度形成的强几何非线性结构体系，如索膜结构、索网结构等。轴向力对组成部件横向变形的影响大于5%的结构体系，可看作强几何非线性结构体系。

2.1.14 刚性结构 rigid structure

组成部件的轴向刚度或者薄膜刚度影响很小、主要以弯曲刚度形成的弱几何非线性结构体系。轴向力对组成部件横向变形的影响小于5%的结构体系，可看作弱几何非线性结构体系。

2.1.15 监测周期 time interval of monitoring

前后两次监测的时间间隔。

2.2 符 号

D——两点间的距离；

m_d——测距中误差；

m_β——测角中误差；

m_Δ——水准测量每千米往返测高差中数的中误差；

m_Z——一测回垂准测量标准偏差。

3 基 本 规 定

3.1 一 般 规 定

3.1.1 下列建筑工程应进行施工过程结构分析：

1 建筑高度不小于250m的高层建筑；

2 跨度不小于60m的柔性大跨结构或跨度不小于120m的刚性大跨结构；

3 带有不小于18m悬挑楼盖或50m悬挑屋盖结构的工程；

4 设计文件有要求的工程。

3.1.2 下列建筑工程应进行施工过程结构监测：

1 建筑高度不小于300m的高层建筑；

2 跨度不小于60m的柔性大跨结构或跨度不小于120m的刚性大跨结构；

3 带有不小于25m悬挑楼盖或50m悬挑屋盖结构的工程；

4 设计文件有要求的工程。

3.1.3 施工过程结构监测工作应按表3.1.3的监测内容，根据结构受力特点确定监测项目。

3.1.4 施工过程中宜对下列构件或节点进行选择性监测：

1 应力变化显著或应力水平高的构件；

2 结构重要性突出的构件或节点；

3 变形显著的构件或节点；

4 施工过程中需准确了解或严格控制结构内力或位形的构件或节点；

5 设计文件要求的构件和节点。

3.1.5 施工过程结构分析和施工监测应编制专项方案，并报相关单位审批。

表 3.1.3 施工过程结构监测内容

	变形监测			应力监测	环境监测	
	基础沉降	结构竖向变形	结构平面变形		温度	风
高层建筑	★	▲	▲	★	★	▲
刚性大跨结构	▲	★	○	★	★	○
柔性大跨结构	▲	★	▲	★	★	○
长悬臂结构	▲	★	○	★	★	○
高空连体或大跨转换结构	○	★	▲	★	★	○

注：★应监测项；▲宜监测项；○可监测项。

3.1.6 监测作业人员应经过专业技术培训，行业规定的特殊工种必须持证上岗。

3.1.7 监测设备与仪器应通过计量标定，采集及传输设备性能应满足工程监测需要。

3.1.8 监测设备作业环境宜满足下列要求：

1 作业时监测电子设备、导线电缆等宜远离大功率无线电发射源、高压输电线和微波无线电信号传输通道；

2 采用卫星定位系统测量时，视场内障碍物高度角不宜超过 15°；

3 监测接收设备宜远离强烈反射信号的大面积水域、大型建筑、金属网以及热源等。

3.1.9 监测时应考虑现场安装条件和施工交叉作业影响，并应对监测设备、仪器和监测点采取可靠的保护措施。

3.1.10 施工过程结构分析与监测工作的程序，可按以下工作程序流程实施（图 3.1.10）。

3.1.11 建设单位负责施工过程结构分析与监测的管理工作，并组织勘察、设计、施工、监测、监理等单位具体实施。

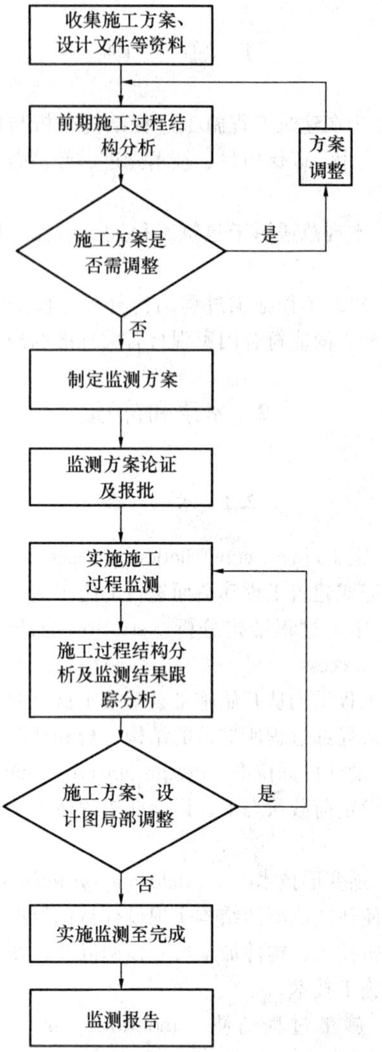

图 3.1.10 工作程序流程图

3.2 变形监测精度要求

3.2.1 建筑工程变形监测测量精度应根据地质条件、建筑规模、建筑高度、结构类型、结构跨度、结构复杂程度和设计要求等因素确定。

3.2.2 建筑工程变形监测不应低于现行行业标准《建筑变形测量规范》JGJ 8 中二级变形测量等级对应的精度要求。高层建筑和大跨结构的变形观测精度宜按表 3.2.2 确定。

表 3.2.2 变形观测精度要求

监测项目		大跨结构	高层建筑		
			$H\leqslant 100m$	$100m<H<250m$	$H\geqslant 250m$
水平位移观测点坐标中误差		±1.0mm	±1.5mm	插值处理	±3.0mm
竖向观测中误差	建筑物主体承重构件竖向变形监测	±1.0mm	±1.0mm	插值处理	±2.0mm

续表 3.2.2

监测项目		大跨结构	高层建筑		
			$H\leqslant100$m	$100\text{m}<H<250\text{m}$	$H\geqslant250$m
竖向观测中误差	水平构件竖向相对挠度中误差	±1.0mm	±0.5mm		
	地基沉降观测中误差	±0.3mm（首层）、±0.5mm（地下室底板）	±0.3mm（首层）、±0.5mm（地下室底板）		

注：1 H为建筑物的结构高度；

2 观测点中误差，指观测点相对测站点（如工作基点）的中误差。

3.3 监测仪器管理

3.3.1 监测仪器应按国家有关规定定期检定，计量合格后方可使用。

3.3.2 监测仪器使用前应进行检验校准，使用的仪器应满足测量精度和量程需求。

3.3.3 作业期间，使用监测仪器应严格遵守技术规定和操作要求。

3.3.4 监测仪器应经常保养。

4 施工过程结构分析

4.1 一般规定

4.1.1 施工过程结构分析应建立合理的分析模型，反映施工过程中结构状态、刚度变化过程，施加与施工状况相一致的荷载与作用，得出结构内力和变形。

4.1.2 施工过程结构分析应依据设计文件、施工方案或现场施工记录。现场施工记录宜包括：

1 施工期间各层的施工进度与各主要结构构件的安装过程记录；

2 施工机械、施工设备或临时堆载等分布及变化；

3 施工过程中模板和支撑的重量、支承方式、安装和拆除时机；

4 构件连接方式的变化记录；

5 建筑物所处环境的相关记录；

6 混凝土同条件养护试件的强度试验记录；

7 室内装修与围护结构施工、设备安装记录；

8 其他施工过程结构分析需要的相关记录。

4.1.3 建筑工程进行施工过程监测时，宜同步进行施工过程结构分析。施工过程结构分析中应计入对监测结果有影响的主要荷载作用及因素。施工过程分析结果宜与监测结果对比分析，当发现结构分析模型不合理时，应修正分析模型，并重新计算。

4.1.4 施工过程分析结果与设计分析结果有较大差异时，应查明原因，确定处理方案。尚应和设计单位沟通，共同商定解决方法。

4.2 分析内容和方法

4.2.1 应根据工程实际情况从下列项中选择合适的分析工况：

1 施工全过程结构分析；

2 部分施工过程结构分析；

3 部分施工过程局部结构分析；

4 施工临时加强措施结构分析。

4.2.2 施工过程结构分析宜采用有限元数值模拟分析方法进行，按工程精度需要，合理计入结构构件的安装和刚度生成、支撑的设置和拆除等对结构刚度变化影响的因素；尚应考虑几何非线性的影响。

4.3 荷载与作用

4.3.1 施工过程结构分析应考虑永久荷载和可变荷载，可根据工程实际需要计入温度作用、地基沉降、风荷载作用。

4.3.2 永久荷载和可变荷载包括结构自重、附加恒载（地面铺装荷载、固定的设备荷载）、幕墙荷载、施工活荷载（模板及支撑、施工机械）等。除结构自重外，上述荷载应根据现场实际情况，并结合施工进度具体确定。当无准确数据时，施工人员、模板及支撑以及临时少量堆载引起的楼面施工活荷载可按表 4.3.2 执行。

表 4.3.2 工作面上施工活荷载标准值

序号	工作状态描述	均布荷载（kN/m^2）
1	少量人工，手动工具，零星建筑堆材，无脚手架	0.5～0.6
2	少量人工，手动操作的小型设备，为进行轻型结构施工用的脚手架	1.0～1.2
3	人员较集中，有中型设备，为进行中型结构施工用的脚手架	2.2～2.5
4	人员很集中，有较大型设备，为进行较重型结构施工用的脚手架	3.5～4.0

4.3.3 当结构内力和变形受环境温度影响较大时，宜计入结构均匀温度变化作用的影响；特殊需要时，还宜计入日照引起的结构不均匀温度作用。

4.3.4 施工过程结构安全性受风荷载影响较明显时，宜计入风荷载的影响。确定风荷载时，宜考虑建筑物主体实际建造进度、外围护结构安装进度等因素。

4.4 计算模型及参数

4.4.1 结构分析模型和基本假定应与结构施工状况相符合。

4.4.2 分析模型施工阶段划分段数应结合工程设计文件、分析精度需要、分析效率、施工方案综合确定。

4.4.3 分析时各阶段的结构自重、面层等恒载与施工堆载、设备等施工活荷载宜根据实际情况分别考虑施加，荷载细分程度应满足分析精度。

4.4.4 材料性能设计指标应按设计文件及国家现行有关标准的规定采用。

4.4.5 施工过程分析时，框架-剪力墙或剪力墙结构中的连梁刚度不宜折减；现浇钢筋混凝土框架梁的梁端负弯矩调幅系数宜取1.0。

4.4.6 混凝土结构宜考虑混凝土实测强度与设计要求偏差的影响。

4.4.7 对于超高层混凝土建筑结构宜考虑混凝土收缩与徐变的影响。

4.5 分析结果及评价

4.5.1 施工阶段应对结构和构件进行承载力验算和变形验算。承载力验算宜采用荷载效应的基本组合；变形验算应采用荷载效应的标准组合。

4.5.2 对施工过程结构分析得出的计算结果，应进行分析判断，确认其合理有效后，方可用于评判施工方案的合理性和安全性，并作为现场监测结果的对比依据。

4.5.3 施工过程结构分析发现构件承载力不足或变形过大时，应调整施工方案或经设计单位同意后对构件作加强处理。

4.5.4 当施工过程模拟分析得到的结构位形和设计目标位形差异较大时，建设单位、设计单位、施工单位宜共同商讨解决方案。确定方案采用预变形技术分析时，应采用荷载效应的标准组合。

4.5.5 施工过程结构分析结果与监测结果对比时，宜采用荷载标准组合的效应值，当温度影响较为显著时，应计入温度作用的影响。

4.5.6 可根据施工过程结构分析结果对初定监测方案的合理性进行验证和判断，有误差可对监测内容、监测构件、监测点位作适当调整。

4.5.7 对需进行监测的构件或节点，应提供与监测周期、监测内容相一致的计算分析结果，并宜提出相应的限值要求和不同重要程度的预警值。

4.5.8 以下情况发生时宜进行预警：

1 变形、应力监测值接近规范限值或设计要求时；

2 当监测结果超过施工过程分析结果40%以上时；

3 当施工期间结构可能出现较大的荷载或作用时。

4.5.9 预警值可依据设计要求、施工过程结构分析结果由各方协商确定或按下列规定执行：

1 应力预警值按构件承载能力设定时，可设三级，分别取构件承载力设计值对应监测值的50%、70%、90%；

2 变形预警值按设计要求或规范限值要求设定时，可设三级，分别取规定限值的50%、70%、90%；

3 预警值按施工过程结构分析结果设定时，可取理论分析结果的130%。

5 变形监测

5.1 一般规定

5.1.1 变形监测分为水平位移监测、垂直位移监测、角位移监测。

5.1.2 监测工作开始前，监测单位应进行资料收集、现场踏勘调研，并根据设计要求和环境条件选埋监测点、建立变形监测网。

5.1.3 变形监测网的组成与要求应符合下列规定：

1 基准点，应埋设在变形区以外，点位应稳定、安全、可靠。

2 工作基点，应选在相对稳定且方便使用的位置，每期变形观测时均应将其与基准点进行联测。

3 变形监测点，应布设在能反映监测体变形特征的部位。点位布局合理、观测方便，标志设置牢固、易于保存。

5.1.4 基准点的标石、标志埋设后，应达到稳定后方可开始观测，并定期复测。复测周期应视基准点所在位置稳定情况确定，前期应1～2个月复测一次，稳定后3～6个月复测一次。

5.1.5 变形监测基准应与施工坐标和高程系统一致，宜可与国家或地方坐标和高程系统联测。

5.1.6 首次观测不应少于两次独立观测，并满足现行国家标准《工程测量规范》GB 50026限差的要求后，取平均值作为初始值。

5.1.7 监测频次的确定应以系统反映监测对象的主要变化过程为原则，宜根据变形速率、变形特征、监测精度、工程地质条件等因素综合确定。

5.1.8 处理观测数据，定期向委托方等单位提交监测报告。当变形出现异常情况时，应立即通知相关单位采取措施。

5.1.9 高层建筑地上结构的层间压缩变形观测宜采用精密几何水准测量方法，由每次测量的高程差得到压缩变形值。

5.2 观测仪器

5.2.1 采用卫星定位技术时，接收机的选用应符合表5.2.1规定：

表 5.2.1 卫星定位系统接收机型号分类

仪器等级	Ⅰ	Ⅱ
接收机类型	双频	单频、双频
标称精度	$m_d \leqslant (3+D\times10^{-6})$	$m_d \leqslant (5+D\times10^{-6})$

注：m_d——基线长度中误差（mm）；

D——基线长度（km）。

5.2.2 采用全站仪时，仪器选用应符合表 5.2.2 规定：

表 5.2.2 全站仪型号分类

仪器等级	Ⅰ	Ⅱ
标称测角精度	$m_\beta \leqslant 0.5$	$0.5 < m_\beta \leqslant 1.0$
标称测距精度	$m_d \leqslant (1+D\times10^{-6})$	$m_d \leqslant (2+2D\times10^{-6})$

注：m_β——测角中误差（″）；

D——测距边长（km）；

m_d——测距中误差（mm）。

5.2.3 采用水准仪观测时，仪器选用应符合表 5.2.3 规定：

表 5.2.3 水准仪型号分类

仪器等级	Ⅰ	Ⅱ
标称精度	$m_\Delta \leqslant 0.45$	$m_\Delta \leqslant 1.0$

注：m_Δ——每公里往返测高差中数的中误差（mm）。

5.2.4 采用静力水准仪时，仪器选用应符合表 5.2.4 规定：

表 5.2.4 静力水准仪标准型号分类

仪器等级	Ⅰ	Ⅱ
仪器类型	封闭式	封闭式
读数方式	接触式	接触式
两次观测高差较差（mm）	±0.1	±0.3
环线或附合路线闭合差（mm）	$\pm0.1\sqrt{n}$	$\pm0.3\sqrt{n}$

注：n——高差个数。

5.2.5 采用垂准仪时，仪器选用应符合表 5.2.5 规定：

表 5.2.5 垂准仪型号分类

仪器等级	Ⅰ	Ⅱ
标称精度	$m_Z \leqslant 1/200000$	$m_Z \leqslant 1/100000$
读数接收指示器（mm）	0.01	0.1

注：m_Z——一测回垂准测量标准偏差。

5.3 监测控制网

5.3.1 监测控制网包括水平位移监测控制网和垂直位移监测控制网。

5.3.2 水平位移控制网可采用卫星定位测量、边角测量、导线测量，采用基准线控制测量应设立检验校核点。

5.3.3 水平位移基准点应采用带有强制归心装置的观测墩，建造应稳固，便于观测；照准标志应有明显的几何中心。

5.3.4 水平位移监测基准网的主要技术要求，应符合表 5.3.4-1 和表 5.3.4-2 规定：

表 5.3.4-1 边角网、导线网观测的技术要求

等级	相邻基准点的相对点位中误差（mm）	测角中误差（″）	测距中误差（mm）	水平角观测测回数	
				Ⅰ	Ⅱ
一级	1.0	0.7	0.5	6	9
二级	3.0	1.4	1.0	4	6

表 5.3.4-2 卫星定位测量基准网观测的技术要求

等级	相邻基准点的相对点位中误差（mm）	卫星截止高度角（°）	有效观测卫星数	观测时间长度（min）	采样间隔（s）
一级	1.0	≥15	≥6	≥720	15
二级	3.0	≥15	≥5	≥360	15

5.3.5 垂直位移监测控制网应采用几何水准测量方法建立。

5.3.6 垂直位移监测基准点应埋设在变形区外原状土层、裸露的基岩或稳固的既有建（构）筑物上。

5.3.7 垂直位移监测基准网的技术要求应符合表 5.3.7 规定：

表 5.3.7 垂直位移监测基准网的主要技术要求

等级	相邻基准点高差中误差（mm）	每站高差中误差（mm）	附合或环线闭合差（mm）	往返较差、检测已测高差较差（mm）
一级	±0.3	±0.1	$0.2\sqrt{n}$	$0.3\sqrt{n}$
二级	±0.5	±0.3	$0.6\sqrt{n}$	$0.8\sqrt{n}$

注：n——测站数。

5.3.8 工作基点测量应符合下列规定：

1 需进行建筑物内部变形监测的项目，应设置内部工作基点，每期变形观测时均应与基准点进行联测，点位精度应符合监测基准网要求；

2 平面坐标工作基点的竖向投测，应结合工程特点、投测高度等因素综合考虑；

3 采用垂准仪竖向投测平面工作基点应符合表 5.3.8 规定：投测高度应控制在 100m 之内，超过 100m 时，应增设接力基点层；

表 5.3.8 垂准仪竖向投测技术要求

等级	测回数	
	Ⅰ级垂准仪	Ⅱ级垂准仪
一级	2	—
二级	1	2

4 高程工作基点传递采用几何水准联系测量方法进行。

5.4 水平变形监测

5.4.1 水平变形监测仪器可选用经纬仪、全站仪、卫星定位接收机等设备。

5.4.2 水平变形监测包括建筑结构平面位置变化，结构在施工过程中的相对、绝对和扭转的位移量。

5.4.3 监测点位布设位置应符合下列规定：

1 设计文件要求的监测点；

2 施工过程中结构安全性突出的特征构件；

3 变形较显著的关键点、建筑物承重墙、柱等；

4 建筑物不同结构分界处的两侧。

5.4.4 监测点照准觇标宜采用反射棱镜、反射片等观测标志。

5.4.5 测定监测点任意方向的水平位移可采用交会法、极坐标法、激光雷达扫描等。当测定监测点在特定方向位移时，可使用基准线法。

5.4.6 水平角测量应符合下列规定：

1 水平角测量应在目标成像清晰稳定的有利观测时间进行；

2 水平角观测宜采用方向观测法；技术要求应符合表5.4.6的规定；

表 5.4.6 方向观测法的技术要求

仪器类型	两次重读差（mm）	半测回归零差（mm）	一测回2C较差（mm）	同一方向各测回较差（mm）
Ⅰ	1	6	9	6
Ⅱ	3	8	13	9

3 观测过程中仪器气泡中心位置偏离装置中心不应超过一格。

5.4.7 距离测量应符合下列规定：

1 光电测距仪测量时，应采用测回法，测回间应重新照准目标。技术要求应符合表5.4.7的规定。

表 5.4.7 光电测距观测技术要求

仪器等级	一测回读数较差（mm）	单程测回较差（mm）	往返或不同时段较差
Ⅰ	3	5	2（$a+bD$）
Ⅱ	6	10	

注：a——固定误差（mm）；b——比例误差（10^{-6}）；D——距离（km）。

2 采用铟瓦尺测量时，应进行高差、尺长、温度改正。

5.4.8 测距边的水平距离计算应符合下列规定：

1 应根据仪器检测结果进行加、乘常数的改正；

2 应进行气象改正；

3 两点间的高差值，宜采用水准测量结果；

4 用测定两点间的高差计算测距边的水平距离应按式（5.4.8）计算：

$$D=\sqrt{s^2-h^2} \tag{5.4.8}$$

式中：D——测距边两端点仪器与棱镜平均高程面的水平距离（m）；

s——经气象、加、乘常数等改正后的斜距；

h——测距仪与反光镜的高差。

5.5 垂直变形监测

5.5.1 垂直位移监测宜采用几何水准测量法和静力水准测量法。

5.5.2 垂直位移监测点的布设应尽量和水平位移点位一致，并宜符合下列规定：

1 筏形基础、箱形基础底板或其他基础角部及中部位置；

2 建筑物角部、沿承重外墙10m～20m或间隔2～3个柱距；

3 沉降缝、后浇带交接处两侧；

4 电梯井和核心筒的转角处；

5 大跨结构的支座、跨中，跨间监测点间距不宜大于30m，且不少于5个点；

6 长悬臂结构的支座及悬挑端点，监测点间距不宜大于10m。

5.5.3 垂直位移监测点设置应符合下列规定：

1 监测标志应稳固、测量方便、易于保护；

2 墙柱上的监测标志宜距结构板面300mm；

3 监测标志裸露部位应采用耐氧化材料。

5.5.4 几何水准观测应符合下列规定：

1 仪器安置应避免有空压机、起重机、搅拌机等重型设备振动影响；

2 每次观测应记录观测时间段、天气状况、荷载累加、施工进度等；

3 应固定观测线路、观测方法、仪器设备、人员，并采用相同数据处理程序；

4 每测段往测和返测的测站数应为偶数；

5 由往测转向返测时，两标尺应互换位置，并应重新架设仪器。

5.5.5 静力水准观测应符合下列规定：

1 观测标志的埋设应根据具体使用静力水准仪的型号、样式及现场情况确定；

2 连通管任何一段的高度均应低于蓄液罐底部，但不宜低于200mm；

3 观测前，应对观测起始零点差进行检验；

4 观测读数应在液体完全呈静态下进行。

5.5.6 技术要求应符合下列规定：

1 几何水准垂直位移监测技术要求应符合表5.5.6-1规定：

表 5.5.6-1 几何水准垂直位移监测技术要求

等级	观测高程中误差（mm）	相邻监测点的高差中误差（mm）	每站高差中误差（mm）	附合或环线闭合差（mm）	检测已测高差较差（mm）
一级	0.3	$0.1\sqrt{n}$	0.1	$0.2\sqrt{n}$	$0.3\sqrt{n}$
二级	0.5	$0.3\sqrt{n}$	0.3	$0.6\sqrt{n}$	$0.8\sqrt{n}$

注：n——测站数。

2 几何水准观测技术要求应符合表 5.5.6-2 规定：

表 5.5.6-2 水准观测的技术要求

等级	水准尺	视线长度（m）	前后视距差（m）	前后视距累积差（m）	视线距地面最低高度（m）	同一测站观测两次高差较差（mm）
一级	铟瓦条码尺	3～15	0.3	1.0	0.8	0.2
二级	铟瓦条码尺	3～30	0.5	1.5	0.6	0.4

3 静力水准观测技术要求应符合表 5.5.6-3 的规定：

表 5.5.6-3 静力水准观测的主要技术要求

等级	仪器类型	读数方式	两次观测高差较差（mm）	环线及符合路线闭合差（mm）
一级	封闭式	接触式	0.15	$0.15\sqrt{n}$
二级	封闭式	接触式	0.30	$0.30\sqrt{n}$

注：n——高差个数。

5.6 监测周期

5.6.1 水平变形监测与垂直位移监测周期宜一致，监测工作宜从基础施工开始。

5.6.2 高层建筑地下结构施工阶段，楼层每增加一层观测一次；地上结构施工期间，楼层每增加 3～6 层观测一次；监测时间间隔不宜超过 1 个月。

5.6.3 大跨结构监测周期宜按结构类型、施工方案和设计文件要求确定。

5.6.4 当遇施工过程停工，在重新开工时应加测一次。

5.6.5 监测过程中，遇监测数据达到预警值、发生变形异常、极端天气状况、周围环境较大变化等情况，应增加监测次数。

5.7 数据处理及分析

5.7.1 每次观测结束后，应进行数据平差计算处理，并对主要平差结果进行统计分析，宜采用数据库方式进行结果存储。

5.7.2 变形监测的各项原始记录应齐全，包括粗差剔除的数据。

5.7.3 监测数据的分析可采用图表分析、统计分析、对比分析和建模分析等方法。

5.7.4 当变形监测值达到本规范第 4.5.8 所规定的预警值或出现影响结构安全的异常情况时，应向委托方及相关单位通报。

6 应力监测

6.1 一般规定

6.1.1 应力监测应根据工程结构特点，结合监测部位、监测对象、监测精度、环境条件、监测频次等因素，选用合适的监测方法。

6.1.2 构件截面处的应力可通过应力应变计直接测量，也可通过测量力、位移、自振频率或磁通量等参量后换算。

6.1.3 应力监测点应合理布设，宜与变形监测点统筹布置。

6.1.4 妥善保护监测仪器和设备，做好巡查工作，发现损坏应维修或更换。

6.1.5 当通过测量应变值推定监测点应力值时，宜对监测对象材料的弹性模量进行测量。

6.2 监测仪器及方法

6.2.1 应力监测内容和传感器类型选用宜符合表 6.2.1 的规定，采集设备应与其相匹配。

表 6.2.1 应力监测传感器选用及精度要求

监测对象	测量内容	监测仪器类型	精度指标
钢、混凝土、钢筋	应变	电阻应变计、光纤光栅应变计、振弦式应变计等	0.2%F.S，且 4$\mu\varepsilon$
预应力筋或索	索力	穿心式压力传感器、油压表、拾振器、磁通量传感器、弓式测力仪等	1.0%F.S

注：F.S 为测量设备或元件的满量程。

6.2.2 在温度变化较大的环境中进行应力监测时，应优先选用具有温度补偿措施或温度敏感性低的应变计，或采取有效措施消除温差引起的应变影响。

6.2.3 采用光纤光栅传感器监测时，应考虑应变和温度的相互影响。光纤布设应避免过度弯折，光器件的连接应保持光接头的清洁。

6.2.4 采用油压表测力时，其精度不应低于 0.4 级，且与千斤顶配套使用。当达到张拉最大值时，油压表的读数宜为量程的25%～75%。

6.2.5 采用振动频率法测量索力时，两端铰接的细长索索力可按下式计算：

$$T=\frac{4\times m\times L^2\times f_n^2}{n^2} \quad (6.2.5)$$

式中：T——索力（N）；

m——拉索单位长度质量（kg/m）；

L——拉索长度（m）；

f_n——横向振动第 n 阶频率（Hz）；

n——索横向振动振型阶数。

6.2.6 拾振器的频率响应范围下限应低于测试索段最低主要频率分量的1/10，上限应大于最高有用频率分量值；动态信号采集仪器的动态范围应大于130dB。

6.2.7 磁通量传感器应与索体一起标定后使用，不同索体材料、不同索截面尺寸应分别进行标定。

6.2.8 直径不大于36mm索体索力可采用弓式测力仪测量，其索力可按下式计算：

$$T=P\times l/(4\delta) \quad (6.2.8)$$

式中：T——索力（N）；

P——弓式测力仪测量时施加的横向推力（kN）；

l——测力计支承长度（mm）；

δ——索横向相对变形量（mm）。

6.2.9 测量索力时，压力传感器、磁通量传感器仪器应和索配套标定后使用。

6.3 监测点布设与安装

6.3.1 传感器和监测设备安装前，应编制安装方案。内容宜包括埋设时间节点、埋设方法、电缆连接和走向、保护要求、仪器检验、测读方法等。

6.3.2 构件上监测点布设传感器的数量和方向应符合下列规定：

1 对受弯构件应在弯矩最大的截面上沿截面高度布置测点，每个截面不应少于2个；当需要量测沿截面高度的应变分布规律时，布置测点数不应少于5个；对于双向受弯构件，在构件截面边缘布置的测点不应少于4个；

2 对轴心受力构件，应在构件量测截面两侧或四周沿轴线方向相对布置测点，每个截面不应少于2个；

3 对受扭构件，宜在构件量测截面的两长边方向的侧面对应部位上布置与扭转轴线成45°方向的测点；

4 对复杂受力构件，可通过布设应变片量测各应变计的应变值解算出监测截面的主应力大小和方向。

6.3.3 传感器的安装应符合下列规定：

1 传感器应与构件可靠连接；

2 应变计安装位置各方向偏离监测截面位置不应大于30mm；应变计安装角度偏差不应大于2°；

3 锚索计的安装应确保其与索体呈同心状态；

4 磁通量传感器穿过索体安装完成后，应与索体可靠连接，防止在吊装或施工过程中滑动移位；

5 振动频率法测量索力的加速度传感器布设位置距支座距离不应小于0.17倍索长。

6.3.4 传感器、仪器、导线和电缆宜采用适当的方式进行保护，发现问题应处理。

6.3.5 监测仪器安装完成后，应记录测点实际位置，绘制测点布置图。

6.4 量测及记录

6.4.1 应力监测应按照本规范第6.4.2条规定的频次进行，量测宜在环境温度和结构本体温度变化相对缓和的时段内进行，同时记录结构施工进度、荷载状况、环境条件等。

6.4.2 应力监测频次，应符合下列规定：

1 结构施工期间每个月至少监测1次；

2 高层建筑每施工完成3～6层楼面应监测1次；

3 结构施工过程中重要的阶段性节点应进行监测；

4 结构上的荷载发生明显变化或进行特殊工序施工时，应增加监测次数。

6.4.3 传感器安装完成前后应记录读数，并以安装完成后的稳定读数作为初始值。

6.4.4 自动采集监测系统应定期检查和保养，保证系统正常工作。

6.4.5 监测数据出现异常，应分析原因，并进行复测。

6.4.6 当应力监测值达到本规范第4.5.8条预警值或出现影响结构安全的异常情况时，应向委托方及相关单位通报。

6.5 应力监测结果及分析

6.5.1 监测数据处理应修正系统误差，剔除粗差。

6.5.2 根据监测结果计算相邻测次间的应力增量和累积值，形成图表。

6.5.3 根据实际的施工进度或结构荷载变化情况，将应力监测结果与施工过程结构分析结果对比分析，评价结构或构件的工作状态，提交分析报告。

7 温度和风荷载监测

7.1 温 度 监 测

7.1.1 温度监测应包括环境温度和结构温度监测。

7.1.2 温度监测可采用水银温度计、接触式温度传感器、热敏电阻温度传感器或红外线测温仪进行，测量精度不应低于0.5℃。

7.1.3 环境温度监测宜将温度传感器置于离地1.5m高、空气流通的百叶箱内进行监测。

7.1.4 监测结构温度的传感器可布设于构件内部或表面。当日照引起的结构温差较大时，宜在结构迎光面和背光面分别设置传感器。

7.1.5 当需要监测日温度的变化规律时，宜采用自动监测系统进行连续监测；采用人工读数时，监测频次不宜少于每小时1次。

7.1.6 温度监测报告宜包括日平均温度、日最高气温和日最低气温等信息；对结构温度分布监测时，应包括监测点的温度，绘制温度分布图等。

7.2 风荷载监测

7.2.1 风荷载监测内容宜包括风速、风向、结构表面风压监测。

7.2.2 风速测量精度不宜小于0.5m/s，表面风压测量精度不宜低于10Pa。

7.2.3 施工过程中结构风荷载监测宜将风速仪安装在结构顶面的专设支架上，当需要监测风压在结构表面的分布时，在结构表面上设风压盒进行监测。

7.2.4 风荷载监测宜采用自动采集系统进行连续监测。

7.2.5 风荷载监测报告宜包括脉动风速、平均风速、风向和风压等数据，绘制风压分布图。

8 成果整理

8.0.1 各项监测资料、计算资料和技术结果应真实、完整，条理清晰，结论明确。

8.0.2 施工过程结构分析，应在结构施工前提交技术报告，当施工期间需进行跟踪分析时应按分析次数提交跟踪分析报告。分析报告应包括下列内容：

1 项目概况；

2 主要施工方法及施工阶段划分；

3 分析模型及分析方法；

4 施工过程结构的验算结果；

5 分析及评价；

6 附图附表。

8.0.3 施工监测过程中，每期监测工作完成后应提交阶段性工作报告，工作报告应包括下列内容：

1 本期结构施工状态及监测实施内容；

2 与前一次观测间的变化量；

3 本期和前期观测的累计结果；

4 本期观测后的累计量与施工过程分期的对比结果；

5 相应的说明及分析、建议等。

8.0.4 当监测工作全部完成后，应提交监测技术报告，技术报告应包括下列内容：

1 施工监测技术要求；

2 施工方案及进度说明；

3 监测实施情况及作业中的异常现象；

4 监测结果表；

5 施工过程、时间、监测量相关曲线图；

6 其他影响因素的相关曲线图；

7 监测结论和评价；

8 附图、附表等相关附件。

8.0.5 当建筑施工过程结构分析及监测工作完成后，应提交综合结果报告，综合结果报告应包括下列内容：

1 施工过程监测技术方案；

2 施工过程结构分析报告及跟踪分析报告；

3 施工过程监测各阶段报告及监测技术报告；

4 施工过程结构分析与监测对比分析报告；

5 项目实施结果评价报告。

8.0.6 需要提交的分析资料、监测资料、计算资料和技术结果应进行归档。

附录A 建筑物垂直位移记录表

表A 建筑物垂直位移记录表

建筑物垂直位移记录表				编号		
工程名称				测量仪器		
荷载累加情况描述				环境条件		
上期观测时间				本期观测时间		
点号	初始值（m）	上期观测值（m）	本期观测值（m）	本期变形值（mm）	累计变形值（mm）	备注
记录人（签字）				审核人（签字）		

附录B　建筑物水平位移记录表

表B　建筑物水平位移记录表

建筑物水平位移记录表				编　号		
工程名称				测量仪器		
荷载累加情况描述				环境条件		
上期观测时间				本期观测时间		
点号	初始值（m）	上期观测值（m）	本期观测值（m）	本期变形值（mm）	累计变形值（mm）	备注
记录人（签字）				审核人（签字）		

附录C　应力应变传感器安装记录表

表C　应力应变传感器安装记录表

应力应变传感器安装记录表			编 号		
工程名称			环境温度		
结构部位			安装日期		
测点编号	传感器编号	传感器类型	安装前读数	安装完成时读数	备注
安装图示及现场条件：					
记录人（签字）			测试人（签字）		

附录D 应力应变观测记录表

表D 应力应变观测记录表

应力应变观测记录表				编号						
工程名称				环境温度						
结构部位				安装日期						
测点编号	传感器编号	传感器类型	弹性模量/标定值	初读数	前次读数	本次读数	本次增量	累计增量	应力/内力	备注
现场条件说明：										
记录人（签字）				测试人（签字）						

附录E 环境条件记录表

表E 环境条件记录表

环境条件记录表				编号			
工程名称				记录内容		□温度 □风	
测试位置				测试仪器			
日期	时间	测点编号	测试仪器	温度	风速	风向	备注
记录人（签字）				测试人（签字）			

本规范用词说明

1 为便于在执行本规范条文时区别对待，对要求严格程度不同的用词说明如下：

1）表示很严格，非这样做不可的用词：

正面词采用“必须”，反面词采用“严禁”；

2）表示严格，在正常情况下均应这样做的用词；

正面词采用“应”，反面词采用“不应”或“不得”；

3）表示允许稍有选择，在条件许可时首先应这样做的用词：

正面词采用“宜”，反面词采用“不宜”；

4）表示有选择，在一定条件下可以这样做的，采用“可”。

2 条文中指明应按其他有关标准执行的写法为“应按……执行”或“应符合……规定”。

引用标准名录

1 《工程测量规范》GB 50026

2 《建筑变形测量规范》JGJ 8

中华人民共和国行业标准

建筑工程施工过程结构分析与监测技术规范

JGJ/T 302—2013

条 文 说 明

制 订 说 明

《建筑工程施工过程结构分析与监测技术规范》JGJ/T 302－2013经过住房和城乡建设部2013年6月24日以第63号公告批准、发布。

本规范制订过程中，编制组总结了近年来国内重大工程项目施工过程结构分析和监测技术的实践经验和科技成果，对施工过程结构分析和监测技术作出了规定，明确了施工过程结果分析内容和方法、变形监测点的布置和变形监测周期的管理要求。

为了便于广大建设、监理、施工、科研、学校等单位有关技术人员在使用本规程时能够正确理解和执行条文规定，《建筑工程施工过程结构分析与监测技术规范》编制组按章、节、条顺序编制了本规程的条文说明，对条文规定的目的、依据和执行中需要注意的有关事项进行了说明。但是，本条文说明不具备与标准正文同等的法律效力，仅供使用者作为理解和把握标准规定参考。

目 次

3 基本规定 …………………………………… 34—20
3.1 一般规定 …………………………………… 34—20
3.2 变形监测精度要求 ………………………… 34—22
4 施工过程结构分析 ………………………… 34—23
4.1 一般规定 …………………………………… 34—23
4.2 分析内容和方法 …………………………… 34—23
4.3 荷载与作用 ………………………………… 34—24
4.4 计算模型及参数 …………………………… 34—24
4.5 分析结果及评价 …………………………… 34—25
5 变形监测 …………………………………… 34—26
5.1 一般规定 …………………………………… 34—26
5.2 观测仪器 …………………………………… 34—26
5.3 监测控制网 ………………………………… 34—26
5.4 水平变形监测 ……………………………… 34—26
5.5 垂直变形监测 ……………………………… 34—26
5.7 数据处理及分析 …………………………… 34—27
6 应力监测 …………………………………… 34—27
6.1 一般规定 …………………………………… 34—27
6.2 监测仪器及方法 …………………………… 34—27
6.3 监测点布设与安装 ………………………… 34—27
6.4 量测及记录 ………………………………… 34—27
7 温度和风荷载监测 ………………………… 34—27
7.1 温度监测 …………………………………… 34—27
7.2 风荷载监测 ………………………………… 34—28
8 成果整理 …………………………………… 34—28

3 基本规定

3.1 一般规定

3.1.1 建筑物采用非常规施工方法或存在结构转换、大悬挑、有连体结构、斜柱等复杂结构部位，或同材料主承重构件（尤其是钢筋混凝土构件）轴向平均应力水平存在较大差异时，本条规定的限值宜适当减小。

1 针对建筑高度不小于250m高层建筑提出应进行施工过程模拟分析的几点考虑方面如下：

1）现行行业标准《高层建筑混凝土结构技术规程》JGJ 3－2010第5.1.9条规定“复杂高层建筑及房屋高度大于150m的其他高层建筑结构，应考虑施工过程的影响”。进行施工过程模拟分析的技术要求比考虑施工过程影响的技术要求要高，因此进行施工过程模拟分析的结构高度限值应比150m高度值要大。

2）施工过程模拟分析方法较为复杂、计算工作量及分析难度大，对软件以及技术人员的要求较高。国内新建的250m以上的高层建筑的所占比例相对较小，涉及面限定在较小范围内时，可操作性更强些。

3）国内目前设计现状是，常规高层建筑高度小于200m时，通常不进行施工过程结构分析；当高度超过250m时，则有较多的建筑物进行施工过程结构分析。超过250m或接近250m进行了较精细施工过程结构分析的部分高层建筑工程案例有：①75层337m高的天津津塔，结构较为规则，采用‘框架＋钢板剪力墙’系统；②290m高香港长江中心，采用了钢筋混凝土筒体结构和钢管混凝土柱与钢梁组成外框结构的混合结构体系；③330m高北京国贸三期，外圈型钢混凝土框架筒体与内部的型钢混凝土核心筒组成筒中筒结构；④246m高卡塔尔多哈办公楼，采用偏置在平面北侧的钢筋混凝土和外部混凝土交叉网格筒支承。

鉴于以上几点，为尽可能与国内设计人员习惯做法基本保持一致，提高重大工程施工过程的结构安全性和建筑外形的合理控制，在涉及面相对较小的前提下，规程本条提出了对超过250m的超高层建筑要求进行施工过程结构分析的要求。

2 关于大跨或悬挑结构的限值规定是基于以下考虑：

1）施工过程对大跨结构最终受力状态的影响，与多种因素有关，仅依靠跨度进行讨论是不全面的，为此对刚性大跨结构和柔性大跨结构进行了区分处理。

2）条文中的“刚性大跨结构”是指网格结构、实腹梁（含拱）、桁架等结构形式。由于这类结构形式的刚度较大，跨度较小时非线性效应不明显，根据既有工程经验，规定当跨度大于120m时应进行施工过程结构分析。

3）条文中的“柔性大跨结构”是指索网结构（平面索网、曲面索网）、索膜结构、部分刚度较小的张拉索杆结构等结构形式。这类结构形式不但刚度相对较小，而且其刚度与预应力水平、预应力建立过程、结构拓扑等因素有着密切关系，所以施工过程对结构的受力状态有较大影响。根据既有工程经验，规定当柔性结构跨度大于60m时应进行施工过程结构分析。

4）悬挑结构的结构冗余度较低，安全性问题较为突出，最低要求限值应相对较低。本条中的悬挑楼盖结构不仅包含楼面悬挑梁，也包括结构高度跨越数个楼层的悬挑桁架。

3 设计文件有要求的工程，宜由设计人员根据建筑物以下所列两方面复杂性的程度来确定是否需进行施工过程模拟分析：

1）建筑造型和功能引起的结构复杂性。结构复杂性包括多方面，如建筑造型复杂（如建筑外形扭转、建筑物整体向外倾斜等）、特殊施工方法（如构件延迟安装、大悬挑结构采用逐步悬臂外延施工、高空连桥整体提升等）、特殊结构体系（如悬挂结构等）、结构受力复杂（含托换多层剪力墙或柱的大跨转换结构）。由于具体指标无法精确确定，由设计人员自行确定，并提出要求。

2）施工过程中结构受力和变形的复杂性。主要体现在：①施工过程中结构受力状态与一次整体结构成型加载分析结果存在较大差异；②施工过程中结构位形与设计目标位形或一次整体结构成型加载分析结果存在较大差异。

因结构造型或受力、变形复杂，高度小于250m进行施工过程结构分析的高层建筑案例有：①234m高的CCTV新台址主楼，具有高位连体、超大悬挑、结构双向倾斜等复杂结构特征；②148m高陕西法门寺合十舍利塔，双手合十造型，型钢混凝土结构，先向外倾斜角度54°、再向内收54°。

3.1.2 高层建筑施工过程监测工作是确保高层建筑施工安全和质量的重要工作内容，监测的各项观测数据资料为高层施工结构分析的正确性及指导施工提供数据保障。但由于施工监测存在经济代价大、工作量大、周期长、现场操作难度大等不利情况，因此，要求监测项目的高度或跨度限值不宜小于要求施工过程结构分析的高度或跨度限值。本条第4款中设计文件有要求的工程可按本规程第3.1.1条条文说明相关解释来理解。

3.1.3 具备不同结构受力特点的结构应采用不同的监测项，本表确定原则主要基于以下几点考虑：

1 对大跨结构或大跨转换结构、长悬臂结构、高空连体，竖向变形值是施工期间结构安全性控制的一个非常重要的指标，提出了应进行监测的技术要求。

2 对于长悬臂结构，高空连体、大跨转换结构施工期间安全性关注的重点为局部结构体，重点关注其相对支承部位的相对竖向变形即可，因此对基础沉降的监测要求可适当放松。高空连体采用隔震支座或滑动支座时，高空连体通常与主体结构之间存在相对变形，此时，宜对连体与主体结构之间的平面相对变形进行监测。

3 应力监测是直观了解构件受力状态的最佳手段，是实现施工期间结构安全性的一个最重要的方法，因此，对所有要进行施工期间安全性控制的结构均提出应进行应力监测的技术要求。需注意的是，对于混凝土结构，混凝土收缩和徐变对应力监测结果有较为显著的影响，因此，应力监测时，宜制作无约束的混凝土试块，安装同型号的应力传感器，准确记录从混凝土初凝开始的应变全过程发展曲线，为后期数据分析处理，以及监测与施工过程结构分析结果对比提供基础数据。

4 环境的变化，尤其是温度作用对超高、超大跨度结构的影响非常显著，环境温度值的测量可以为后期数据分析处理，以及监测与施工过程结构分析结果对比提供基础数据。风荷载具有瞬时性，而在施工期间，结构通常为弹性体，风荷载的影响较小，可相对放松其监测要求；对于超高层建筑，为了解风荷载沿高度方向的分布，进而进一步提高我们高层建筑风荷载取值的准确合理性，提出了高层建筑宜进行风荷载监测的技术要求，以更好的积累基础数据。

大跨结构、转换结构、长悬臂结构、高空连体结构在竖向变形或结构平面变形监测时，应包括其下部支承点的变形监测项目。

3.1.4 经和设计单位、建设单位协商后，应对施工过程中结构安全性突出的重要构件和节点进行监测，内容包括应力、变形、沉降、振动、加速度等。

3.1.7 监测仪器、采集及传输设备宜实用、经济；鼓励选用先进可靠、高精度的监测设备。采集频次较密、同步性要求较高的监测项目宜选用自动采集系统。

3.1.11 结构施工过程分析与监测工作是一项涉及设计、施工、监测与监理等单位的多方协同工作，基于设计文件的合理性、施工过程分析的准确性、监测数据的真实性、监理过程的严肃性、对异常情况处理的有效性，只有建设单位才能组织各相关单位协同工作，并对项目建设全过程负责，所以，结构施工过程分析与监测应由建设单位负责，并组织各相关单位具体实施，做到责任明确，过程可控，结果可靠。实施过程中各方应明确职责、密切配合，确保施工过程分析合理准确、监测数据真实可靠、施工过程安全可控、符合设计文件规定。

1 建设单位职责

1）委托专业单位进行结构施工过程分析与监测工作；

2）向专业单位提供设计文件、施工方案等技术资料；

3）组织相关单位审核结构施工过程分析结果、监测方案和监测报告；

4）组织各相关单位对监测报告的异常状况进行处理。

2 施工过程结构分析单位职责

1）根据设计文件、施工方案等技术资料，进行施工过程结构分析；

2）根据计算结果提交分析报告，对结构在施工过程中的安全性进行评价，并提出进行结构施工监测应关注的结构部位和相应的监测预警值。

3 勘察和设计单位职责

1）根据设计计算结果，在设计文件中明确需要监测的结构部位和相应技术要求，并提出监测预警值；

2）参与施工过程结构分析工作，对施工过程结构分析结果报告和监测方案进行审核；

3）根据施工过程分析结果与监测数据，核查施工图纸，修改图纸错误；

4）对监测反馈的报警数据进行核对或确认，提出处理建议。

4 施工单位职责

1）编制施工组织设计及结构施工方案，明确不同施工阶段工况及施工荷载；

2）根据结构施工过程分析结果，对施工方案进行优化或调整；

3）当监测发现的结构异常确认后，采取有效、可靠的措施进行处置。

5 专业监测单位职责

1）根据设计文件要求和施工过程结构分析结果制定监测方案；

2）根据审核通过的监测方案实施施工过程监测工作，按期提交监测结果和报告；

3）对监测发现的结构反应异常情况，通报相关单位，并提交相关数据为异常情况处理提供依据。

6 监理单位职责

1）审核监测人员资质，对重要环节进行旁站监理；

2）监督、检查监测实施方案的执行情况，定期审核监测报告；

3）监督、检查施工单位包含加固措施的施工技术方案的落实情况，及时进行核对、签认。

3.2 变形监测精度要求

3.2.2 正文表 3.2.2 中精度要求确定时，基于如下考虑：

1 竖向位移监测时主要包括三大类情况：①常规的地基沉降测量；②建筑物竖向承重构件的压缩变形引起的竖向变形；③建筑物内部的水平构件在重力荷载作用下的竖向变形。这三种情况引起竖向变形发生的原因是完全不同的，量级上面也存在差别，因此，建议在确定竖向位移观测点坐标中误差时分别提出要求。

2 竖向位移监测 1——地基沉降观测点坐标中误差的确定方法

现行行业标准《建筑变形测量规范》JGJ 8－2007 第 3.0.6 条有如下规定："沉降量、平均沉降量等绝对沉降的测定中误差，对于特高精度要求的工程可按地基条件，结合经验具体分析确定；对于其他精度要求的工程，可按低、中、高压缩性地基土或微风化、中风化、强风化地基岩石的类别及建筑对沉降的敏感程度的大小分别选±0.5mm、±1.0mm、±2.5mm"。本规范要求进行施工监测的项目，通常规模较大，因此，确定基础底板沉降观测点坐标中误差时按±0.5mm 确定；当观测点埋设在首层时，由于减少了竖向传递过程，因此中误差要求提高至±0.30mm。

3 竖向位移监测 2——水平构件竖向相对挠度中误差的确定方法

现行行业标准《建筑变形测量规范》JGJ 8－2007 第 3.0.7 条有如下规定："高层建筑层间相对位移、竖直构件的挠度、垂直偏差等结构段变形的测定中误差，不应超过其变形允许值分量的 1/6。对于科研及特殊目的的变形量测定中误差，可根据需要将上述各项中误差乘以 1/5～1/2 系数后采用"。可按表 1 执行。

实际工程施工阶段，水平构件的竖向变形实际发生值通常会比设计允许最大变形值要小，主要有几方面因素：①施工阶段的主要重量为结构自重，楼面附加恒荷载（如装修荷载、建筑面层等）、活荷载可能还没施加；②对于混凝土水平构件而言，当测量堆载或卸载作用下的变形时，混凝土徐变引起的变形值增加效应会很小。估算施工期间结构自重荷载为正常使用时荷载标准值的 1/2～1/3，可按表 1 执行。

表 1 变形监测偏差取值

	设计要求的挠跨比要求	施工期间荷载值	测量误差控制在施工期间变形允许的比例	进一步提高精度要求系数
常规取值	1/250～1/400	1/2～1/3	≤1/6	1/5～1/2
计算观测中误差的取用值	1/400	1/3	1/6	1/5

水平构件竖向变形监测中误差取值 $=L/(400\times3\times6\times5)=L/36000$（$L$ 为结构跨度）

对于跨度 60m 结构，竖向变形监测中误差计算值要求＝60000/36000＝1.667mm；

对于跨度 30m 结构，竖向变形监测中误差计算值要求＝30000/36000＝0.83mm。

考虑到水平构件竖向相对变形测量与地基沉降测量接近，因此，对于跨度 30m 结构中误差要求可参考首层地面地基沉降测中误差值，即 0.5mm。对于 60m 跨度结构，可以按跨度等比例放松，即放大至 1mm；60m 以上跨度不再进一步放松。该限制应该是测量可以达到的，同样也能满足计算所需精度要求。

4 竖向位移监测 3——高层建筑物主体承重构件竖向压缩变形监测

竖向压缩变形监测的中误差值确定与建筑物在施工期间的累计竖向压缩变形值密切相关。可按表 2 执行。

$$\Delta=\frac{PH}{EA}=\frac{\sigma H}{E}=\frac{nf_cH}{E} \tag{1}$$

式中：Δ——指高度为 H，平均轴压力 P 作用下的构件的压缩变形值；

E——竖向构件的弹性模量；

A——构件的截面面积；

n——轴压比（对混凝土材料而言）；

f_c——混凝土材料的设计强度；

$$\frac{\Delta}{H}=\frac{nf_c}{E} \tag{2}$$

$$\frac{\Delta}{H}=\frac{nf_c}{E}=\frac{0.5\times19.1}{3.25\times10^4}=\frac{1}{3403}$$

则高层建筑竖向压缩变形测量的中误差估算值＝$\frac{1}{3403}\times\frac{1}{3}\times\frac{1}{6}\times\frac{1}{3}=\frac{1}{183762}$

对于 250m 高的高层建筑，则估算中误差值＝250000/183762＝1.36mm。考虑到实际测量技术因素、测试结果有效性等因素，规程中将高度超过

250m的竖向变形观测点坐标中误差定为±2.0mm。对于100m高度以下的高层建筑，因为高程向上传递的次数会减少，所以中误差限值应加严。大跨建筑物的高度通常更低，压缩变形值更小，中误差限值需进一步加严。

表2 竖向压缩变形监测误差取值

	设计要求的轴压比 n	混凝土设计强度 f_c（C30～C80）取常见C40左右	施工期间荷载标准值与设计值比值	测量误差控制在施工期间变形允许的比例	进一步提高精度要求系数
常规取值	0.7～0.95（混凝土柱）0.5～0.6（剪力墙）	14.3～35.9	1/2～1/3		1/5～1/2
计算观测中误差的取用值	0.5	按C40平均考虑19.1	1/3	1/6	1/3

5 水平位移监测1——高层建筑水平位移监测中误差的确定方法

对于250m以上高层建筑，施工期间引起结构水平位移的主要为风荷载。表3粗略估算出的水平位移监测点坐标中误差。

表3 水平位移监测点坐标误差取值

	风荷载下的层间位移角设计限值	顶点位移/总高得到的总位移角要比最大层间位移角小	施工期间时间较短，实际可遇最大风荷载值要小	施工期间幕墙未安装，透风导致风荷载降低	精度要求
分析取用值（仅估算用）	1/500	2/3	1/8		1/6×1/3

水平位移监测点坐标中误差$=h/500\times2/3\times1/8\times1/6\times1/3=1/108000$

250m高度位置处，水平位移监测点坐标中误差估算值=250000/108000=2.31mm。考虑到实际测量技术因素、测试结果有效性等因素，规程中将高度超过250m的水平位移观测点坐标中误差定为±3.0mm。

规程正文表3.2.2中规定的观测精度中水平位移精度对于大跨结构相当于《建筑变形测量规范》JGJ 8的一级，对于高层相当于二级；沉降观测中地下室精度相当于现行行业标准《建筑变形测量规范》JGJ 8的二级，首层略高但达不到一级。因此，提出了“建筑工程变形监测不应低于现行行业标准《建筑变形测量规范》JGJ 8中二级变形测量等级对应的精度要求”。

地基沉降观测中的首层通常指±0.000标高附近的结构楼板。

4 施工过程结构分析

4.1 一般规定

4.1.2 从实际可行性角度出发，构件安装记录不要求针对每一单独杆件进行，而是将同一时间段内的一组构件甚至若干楼层的安装情况进行记录；时间段长度的选取以满足施工过程结构分析精度需要为宜。构件安装记录中宜包括构件延迟安装、后浇带连接、构件铰接和刚接之间的转换时机等特殊做法。

4.1.3 现场监测结果受到的影响因素较多，其中有多项因素存在一定的不确定性，如施工过程中的活荷载、地基沉降情况、结构上因日照产生的不均匀温度作用、传感器的漂移、混凝土的收缩徐变特性等。因此，当监测结果与施工过程模拟计算结果之间存在不一致，应进行分析，查明原因。

4.1.4 国内目前设计习惯做法是：计算模型结构一次整体成型后，再施加竖向、水平荷载进行分析。对于复杂建筑物（超高层建筑、带转换层结构、非满堂支撑缓慢均匀整体卸载施工的大跨结构等），该种简化分析方法与考虑施工过程进行的结构分析结果可能出现较大差异。当出现差异时，可尝试下列解决途径：

1）施工单位尝试调整施工方案，研究是否可能通过改进施工方案减小该种差异性；

2）如仅是施工期间，结构或构件安全性不足，结构整体成型受力状态无明显变化，则可研究采用临时补强加固，完成后再拆除的方案；

3）既定条件下，施工方案较为合理时，应进一步和设计单位沟通，将施工过程结构分析结果作为初始受力状态，与后续荷载作用组合后进行结构设计，宜进行补强处理。

4.2 分析内容和方法

4.2.1 将施工过程结构分析按关注对象的区域大小、涉及的施工过程长短进行了细分。实际操作时，应根据实际工程结构关注部位及涉及的施工过程时间区段合理确定分析内容。有些情况下，仅需对整体结构中的某一部分进行施工过程结构分析即可满足工程需要，此种情况下，要求进行施工全过程主体全结构分析就会带来不必要的工作量。比如，某较规则结构中仅局部设有大跨转换桁架，为了解转换桁架在施工过程中的内力变化情况，可建立转换桁架相关楼层及其上下方若干楼层的子结构计算模型。

施工临时加强措施的分析，包括大型塔吊设备及对塔楼结构的影响分析、施工临时胎架及对结构的影响分析等。目前工程中较多使用的超高层建筑附着塔吊，其重量和塔吊工作时产生的水平力需要通过塔楼外框或核心筒向下传递。大型施工胎架有些情况下支撑在主体结构（例如地下室顶板或基础底板）上，有些情况下需要与主体结构拉结。上述情况下都会对主体结构产生影响，通过结构分析验证施工中主体结构、临时措施结构及相关结构构件的安全性或采取临时加固措施。

4.2.2 施工过程中结构刚度随着构件的安装和刚度生成不断变化，如混凝土构件的浇筑和强度生成、索和预应力筋的张拉、后浇带封闭、构件铰接转刚接、延迟构件后安装。支撑的设置和拆除对构件的内力分布也会产生影响，支承的设置和拆除有时可以通过构件自重施加时机的不同进行模拟；支撑设置或拆除对整体结构受力状态和变形有较大影响时，尚应在计算模型中建模反映。柔性索结构分析，宜考虑几何非线性，从而准确反映索体刚度。

4.3 荷载与作用

4.3.2 室内装修荷载主要指：找平层、建筑面层、粉刷层、轻质隔墙等；工作面上施工活荷载标准值参考 ASCE 37-02，可按表 4 执行。

表 4 施工活荷载参考值

类别		均布荷载参考值 psf（kN/m^2）
微量负载	稀少的人；手动工具；少量建筑材料	20（0.96）
轻度负载	稀少的人；手动操作的设备；轻型结构施工中的脚手架	25（1.2）
中等负载	人员集中；中型结构施工中的脚手架	50（2.4）
重度负载	需电动设备放置的材料；重型结构施工中的脚手架	75（3.59）

注：表中荷载不包括恒荷载、施工恒荷载、固定材料负载。

4.3.3 结构均匀温度变化可以根据关注的时间段以及可获得的温度数据的情况，按日平均气温或月平均气温进行取值。在围护结构没有封闭情况下，对于钢结构应考虑极端气温，对于混凝土可考虑日平均气温，限于多方面原因，以往通常的分析中不考虑不均匀温度作用的影响，主要基于以下原因：

1 日照不均匀温升的数据难以准确获得；

2 日照不均匀温升时刻处于变化过程中，因此，某一个固定的安装时间段内，没有一个固定对应的日照不均匀温度场；

3 现有的分析手段也受到一定的限制。因此，对绝大多数结构在规程中均不提出计入不均匀温升影响的要求。

对于超高层类的建筑，其施工周期通常较长，不同施工时间段安装构件的季节温度（可取该时间段内的日平均气温）均不相同，该温度对建筑物的变形产生显著影响，从提高计算结果精度并兼顾可行性角度出发，提出了宜计入结构均匀升温或降温作用影响的要求。

4.3.4 作用在施工过程中结构上的风荷载应考虑幕墙尚未安装，透风面积与建成后建筑不同，因此，风荷载体型系数宜作调整；施工过程中结构刚度不断变化，风载下结构的振动特性也是变化的，风振系数或阵风系数也需根据施工进度作必要调整。

4.4 计算模型及参数

4.4.1 计算分析时宜计入地基沉降等边界变形的影响。有条件时，宜将施工过程关注结构体与其支承结构或基础建立统一计算模型，进行整体施工过程结构分析。

4.4.2 施工过程结构分析时，高层建筑沿高度方向分段数一般不宜小于 8 段，每段层数不宜超过 4～6 层。当精度分析要求高或需要进行施工预变形分析时，分段数宜适当增加。高层建筑采取核心筒超前施工，外围框架延后施工时，施工阶段划分应能在计算模型中真实反映。

4.4.3 实际结构特别是钢-混凝土混合结构施工过程中，混凝土楼板浇筑往往会滞后主体结构施工一段时间，此外，面层、吊顶、幕墙等附加恒载往往滞后更多。上述荷载的施加顺序应已满足分析精度为宜。

4.4.5 施工过程中，剪力墙中连梁通常都处于弹性工作状态，这与地震作用下，连梁可能受损或破坏有明显不同，所以在施工过程结构分析时，连梁刚度不进行折减。施工过程中，楼面上作用的荷载通常比结构设计时采用的荷载要小，因此，施工过程中框架梁梁端负弯矩要小于正常设计值。因此，施工过程中框架梁的梁端负弯矩调幅程度应小于正常设计时的梁端负弯矩调整幅度。《高层建筑混凝土结构技术规程》JGJ 3 中规定现浇框架梁梁端负弯矩调幅系数宜取 0.8～0.9，因此，施工过程结构分析时框架梁梁端负弯矩调幅系数宜取 1.0。

4.4.6 实际工程施工中，混凝土强度通常会比设计要求的强度要高，为提高施工过程结构分析结果的准确度，当条件许可时，宜采用实际混凝土设计强度值对应的混凝土弹性模量作为输入参数。

4.4.7 混凝土收缩或混凝土徐变特性对结构位形产生影响包括多种原因：

1 混凝土的收缩和徐变的发展过程目前国内外尚无十分精确的计算公式。

2 发展过程是与众多因素相关的非线性曲线。

3 现有的分析手段尚不充分，因此，准确的、定量分析的难度很大，无法要求每一实际工程施工过程结构分析时计入其影响。

4 混凝土收缩和徐变可能对结构安全性产生不利影响或对结构位形产生设计或建设单位不可接受的偏差时，本规范建议采用简化方法评估其影响。

5 简化方法举例：

1）选取单榀模型进行混凝土收缩和徐变的影响分析，得出规律后，推算到整体结构中去；

2）假定混凝土强度为 0 或为设计强度的 25%、50%、75%、100%等多种不同情况，分别进行验算；

3）将混凝土收缩换算为当量的降温荷载进行考虑。

4.5 分析结果及评价

4.5.1 承载力验算除包括一般的构件承载力验算外，还包括必要的结构整体稳定、抗倾覆、抗滑移验算等；变形验算包括结构整体变形验算（例如超高层结构在水平荷载或作用下的最大层间位移角、大跨结构的挠度等）和局部构件的挠度验算等。

本条在现行国家标准《建筑结构荷载规范》GB 50009 相关规定的基础上作了调整，调整主要体现在两方面：

1 与整个建筑的服役期相比，施工过程期间相对较短，且使用人群数量相对较少，偶然荷载出现的概率更低，因此在承载力验算时未提及偶然荷载作用，变形验算时也未提及频遇组合及准永久组合。

2 在一些特殊情况下，施工期间局部荷载可能会很大，但其变异系数可能较小，且在短时间内会被移除，对该类荷载的分项系数值可允许适当放松。规定中采用了宜按荷载效应的基本组合进行荷载组合的要求。

4.5.3 施工过程结构分析得到的构件内力仅为初始部分，因此，初始构件内力满足极限承载力要求，并不能表明该构件就是安全的。施工过程结构分析的结构内力的限值通常是由主体结构设计人员掌握的。鉴于施工过程结构分析的操作单位与设计单位常常不是同一主体，因此，要求将施工过程考虑是否出现较大构件内力差异的情况反馈给主体结构设计人员。

4.5.4 当施工过程结构分析后得到的结构位形和设计目标位形差异较大，提出构件加工预调值和结构施工安装预调值供实际施工时采用。由于施工过程预变形技术难度大，需消耗一定的时间和费用，且需要施工单位和设计单位的配合以及监理单位的现场检查，方能顺利实施。因此，本条规定，确有必要，且需相关各方同意后，方可实施施工过程预变形技术。

1 设计目标位形

结构位形与荷载状态是相对应的，因此，确定施工模拟的目标位形时也需指定一个荷载状态。具体确定时，可和主体结构设计人员沟通后确定，通常设计要求的目标位形为结构施工图中所表述的形态，该位形对应的荷载状态可取（结构自重＋附加恒载作用）或（结构自重＋附加恒载作用＋0.5 活载）。

2 施工安装预调值

在每个施工步的构件吊装或混凝土模板安装过程中，实际安装点位与设计目标位形之间的差值称为施工安装预调值。

3 加工预调值

主要针对钢结构构件而言。为避免考虑施工安装预调值后，钢构件与下部已安装结构之间出现超出常规焊缝高度的缝隙，或钢构件长度偏大无法安装到位的情况，需对钢构件的长度做必要的调整，该调整值定义为加工预调值。对于混凝土结构，由于混凝土构件的长度仅受支模情况控制，因此，可不考虑构件加工预调值。

4.5.5 施工过程监测时，地震作用通常不会发生、而风荷载则是瞬时作用，因此，为保证可比性，与施工监测结果做对比用途的施工过程结构分析中采用荷载标准组合的效益值即可，不宜计入风荷载和地震作用影响。

4.5.7 预警值的设定因工程实际情况而异，一般应由原设计人员会同相关各方根据工程结构特点及施工模拟分析结果确定。监测人员应将监测结果通报设计及相关各方，如监测结果与分析结果较为接近，一般无需预警；如监测结果应力或变形较分析结果放大很多，应分析处理，具体超出多少因工程而异，本处规定超过 50%为一般规定，供工程实际参考。此外，当变形或应力值较大时，例如达到限制的 50%、70%时，可作为预警值提醒相关各方。

4.5.8 以下几种情况宜考虑预警：

1 变形、应力监测值接近规范限值或设计要求时；

2 当监测结果明显大于（一般超过 40%）施工过程分析结果时；

3 当施工期间结构可能出现较大的荷载或作用（例如台风、强震、极端气温变化等）时。

为实际操作方便，本文给出了设计无明确规定时预警值确定方法。第 1 款应力预警值取构件达到承载力设计值对应的监测值的一定比例，是在构件应力较大时提出预警，以免构件超过设计承载力。第 2 款变形预警值取构件达到规定限值（一般为规范限值）一定比例，是在构件变形较大时提出预警，以免构件在施工过程中出现过大变形。第3款主要针对构件应力或变形较小，但与分析结果差异较大的情况，可取差别超过40%作为预警值以引起相关人员注意。

4.5.9 结构分析为监测方案提供理论依据，并且根据分析结果初步确定预警值形成预警方案。预警值的设定因工程实际情况而异，一般应由原设计人员会同相关各方根据工程结构特点及施工模拟分析结果确定。监测人员应将监测结果通报设计及相关各方，如监测结果与分析结果较为接近，一般无需预警；如监测结果应力或变形较分析结果放大很多（本文规定当设计无明确要求时，可考虑取达到分析结果的130%作为预警值），应分析处理。

5 变 形 监 测

5.1 一 般 规 定

5.1.1 垂直位移监测主要分为沉降观测和压缩变形观测。沉降主要是指建筑物整体垂直位移的变化，压缩变形主要是指结构节、多节间的相对位移变化。

5.1.2 踏勘调研和资料收集是监测工作的先决条件。监测之前，监测方须与设计、施工、业主、施工过程分析单位、监理单位进行充分的沟通，了解监测目的和意图。监测技术方案应对监测目的、监测内容、监测点布设、观测方法等方面做出细致的规定。

5.1.3 基准点、工作基点是变形监测的基础设施，要确保点位稳定、可靠，同时应构成便于检校的几何图形。变形监测点标志应埋设牢固并便于识别，对易遭破坏部位的监测点应加保护装置。

5.1.4 基准点的稳定是一个相对概念，受环境、时间等因素影响。变化速率控制在一定的范围内，以对变形监测不造成影响为原则，即可以认为基准点稳定。

5.1.5 变形监测基准应保证监测和施工的统一性。

5.1.7 在变形监测过程中，监测体的变形量、变形速率等发生显著变化时，应调整监测频次。

5.1.9 高层建筑受自重及其他荷载影响，受压变形明显，宜根据建筑物高度，分成若干监测段进行监测。

5.2 观 测 仪 器

5.2.1 卫星定位系统以其高精度、全天候、高效率、多功能、易操作特点，广泛应用于建筑施工监测领域。

5.2.2 全站仪的制造技术、标称精度都在逐步提高，在监测过程中，为了满足监测精度的要求，宜使用测角中误差不大于1″、测距中误差不大于（$2+2D\times10^{-6}$）mm的高精度全站仪。

5.2.3 国家划分水准仪等级是按仪器所能达到的每公里往返测高差中数的中误差指标确定。

鼓励采用高精度电子水准仪，电子水准仪进行自动读数和记录，可减弱读数误差，读数客观，并能提高工作效率。

5.2.4 静力水准仪是利用连通管测定两点间高差的仪器，在进行连续不间断监测时具有相对优越性。为满足高精度监测的技术要求，表5.2.4对静力水准仪的型号及技术要求做了相应规定。

5.2.5 垂准仪主要用于平面坐标工作基点的竖向传递。表5.2.5对所投入的垂准仪的标称精度做了规定。

5.3 监测控制网

5.3.2 水平位移监测控制网一般为一次布设的独立网，导线网、边角网是常用的监测基准网的布网形式。卫星定位技术在变形监测基准网中，发挥的作用越来越重要，基准线是最简单的监测基准网，但须在基准线两端设立校核点。

5.3.3 由于水平监测基准网的观测精度和点位的稳定性要求较高，观测墩一般采用强制归心装置。照准标志应具有图像反差大、图案对称、相位差小。以确保本身不变形的特点。

5.3.8 工作基点测量应符合下列规定：

4 高程工作基点传递采用几何水准联系测量方法进行。设置在±0.000以下楼层的工作基点的高程传递，按照精密几何水准测量的方法进行。设置在±0.000以上较高楼层的工作基点的高程传递，采用精密光学水准仪配合铟钢尺按联系测量的方法进行。

5.4 水平变形监测

5.4.4 使用基准线法测定位移时，应在基准线两端向外的延长线上，埋设两个基准点，并设两个以上检核点，并根据基准点或检核点对基准线端点进行改正。

5.4.6 测距前应预先将仪器、气压表、温度计打开，使其与外界条件相适应，经过一段时间再观测。

5.5 垂直变形监测

5.5.1 当采用静力水准测量方法时，联系测量应采用几何水准测量方法进行高程传递。

5.5.2 变形监测点，应设立在能反映监测体变形特征的位置或监测断面上。监测断面一般分为：关键断面、重要断面和一般断面。上述位置的设置基本符合变形监测点的要求。

5.5.3 为保证监测的连续性，监测标志应考虑装修阶段因地面或墙柱装饰面施工而破坏或掩盖观测点。建筑物沉降观测点位标志埋设在地下结构时，埋设时应考虑地下室积水、空气湿度大、光线暗、尺长限制等因素。

5.7 数据处理及分析

5.7.1 采用专业软件进行数据平差计算处理，变形监测专业软件一般分为观测记录软件、平差计算软件和分析软件三个层次。

1 观测记录软件是在外业测量时使用的记录软件，包括全站仪、数字水准仪内嵌程序记录软件和外接电子手簿方式记录软件；

2 平差处理软件应采用严密平差模型，具有观测数据粗差探测、基准点稳定性分析、多余观测分量计算、基于稳定点组的拟稳平差和多个已知点的约束平差等功能；

3 分析软件根据平差结果进行综合分析，计算相邻两期各坐标分量变形量和累计变形量，绘制荷载、时间、位移量相关曲线图。

5.7.3 进行数据分析的目的是充分利用监测数据，正确有效的指导设计和施工。

6 应 力 监 测

6.1 一 般 规 定

6.1.3 结构变形反映的结构在空间位形上的总体变化，而应力是监测截面上的局部受力反映，二者可以相互补充和验证。

6.1.5 材料弹性模量可通过轴向拉伸试验时的应力增量除以应变增量确定。

6.2 监测仪器及方法

6.2.2 直接测量是指直接将敏感元件安装于构件表面或内部，形成协同变形的整合，敏感元件测出的应变为构件测点处的应变；间接测量指构件在受力过程中出现明显扭转或防护要求不能在表面直接安装敏感元件，而采用测量间接量值来计算构件受力的测量方法。

6.2.6 固定在检测钢索上的伺服式加速度计可采集出索的振动信号，经过快速傅立叶变换（FFT）可准确得到钢索的一阶或多阶横向自振频率 f_n。在脉动或简单扰动情况下，以检测一阶或二阶模态为主。索体前二阶横向振动模态示意如图1所示。

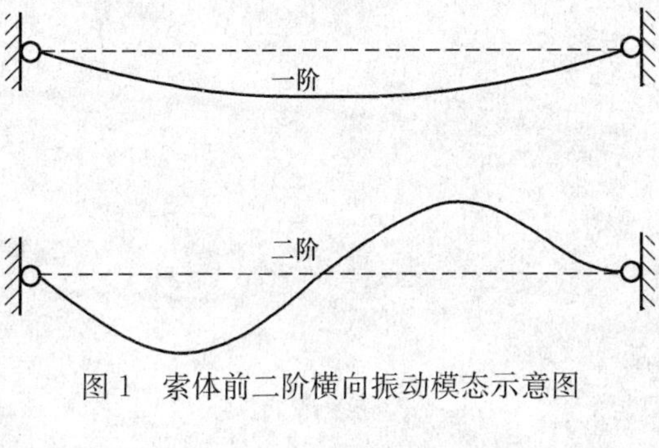

图1 索体前二阶横向振动模态示意图

6.2.8 磁通量法的测量索力的原理是利用导磁率与应力之间的线性关系，通过测量缠绕在索体上的线圈组成电磁感应系统的磁通量变化确定索力。

6.2.9 采用弓式测力仪测量工作原理如图2。

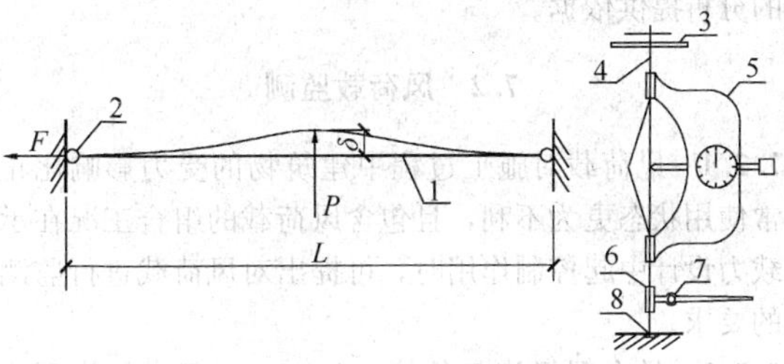

图2 三点弯曲法测量索力工作原理图

1—拉索；2—支座；3—悬空杆；4—拉索；5—索内力测定仪；6—调节机构；7—扭力扳手；8—支座

6.3 监测点布设与安装

6.3.1 应力监测测点的布置应具有代表性，使监测成果反映结构应力分布及最大应力的大小和方向，以便和计算结果及模型试验成果进行对比以及与其他监测资料综合分析。监测方案的制定应结合现场结构施工方案、工作条件等综合考虑。为获得构件的总应力，传感器在安装时宜在构件无应力状态下进行，尤其对于钢结构工程，焊接和螺栓连接时，在构件内已经产生安装应力，若构件安装完成后再安装传感器，则只能获得此安装态后监测构件的应力增量。

6.4 量测及记录

6.4.1 施工过程结构上监测的应力结果与结构完成的安装进度有关，并受结构上的施工荷载分布、设施设备及环境条件的影响，比较一致的监测条件易于比较在不同施工阶段下应力的变化情况，为将来施工过程实测结果与施工过程模拟分析结果之间进行比较分析提供依据。对于升温或降温等强烈变化过程，可以在一段时间内进行中多次监测，以获得特定过程下的应力变化情况。

6.4.2 阶段性节点包括关键楼层或结构部位的施工、结构后浇带封闭、结构封顶完成等。采用整体吊装、滑移就位、临时支撑、张拉成形、预加应力、合龙拼装等工艺施工时，结构施工安装期间相关联的结构构件内力会发生较大变化，进行监测时应予以关注。

7 温度和风荷载监测

7.1 温 度 监 测

7.1.4 为反映结构上平均气温，环境温度监测点可设在结构内部距楼面高1.5m的代表性空间内。对于大部分结构，仅需监测无日照下的结构体温度，而对受不均匀日照温度影响较大的重点关注构件，可提出对其不均匀温度场进行监测的要求。对于部分受不均匀温度场影响程度较大的特殊构件，则要求测量其不均匀温度的分布，从而为该构件受不均匀温度作用下的分析提供依据。

7.2 风荷载监测

7.2.1 风荷载对施工过程中建筑物的受力影响比正常使用状态更为不利，且包含风荷载的组合工况在承载力设计中起控制作用时，可提出对风荷载进行监测的要求。

7.2.3 结合现场施工条件，在施工过程中结构顶为施工面，不易安装监测桅杆时，可将风速仪安装于高于结构顶面的施工塔吊顶部。进行最高点的风速和风向测量，并通过风压高度变化系数公式、估算的风荷载体型系数确定出作用在建筑物表面的风荷载值。对其他风荷载敏感的建筑，或高层建筑有验证要求时，可监测建筑物表面的风压分布情况。记录的环境风速情况，主要用来与建筑物顶部风速比较，从而了解风力沿高度的变化情况。

8 成果整理

8.0.3 监测结果主要包括各阶段的结果汇总；监测期间的各测点应力变化曲线；监测结果与模拟分析对比曲线；预测方法及其效果评估；对监测期间的异常情况的处理记录及结果等。

8.0.4 监测结论与评价主要是对变形和应力监测结果进行总结，评价结构施工期间的工作状态，对监测信息反馈效果进行总结，提出开展同类工作有益的建议等。

8.0.5 施工过程结构分析与监测对比分析报告，目的了解结构分析理论值与实际值之间误差，以指导施工，确保安全。

中华人民共和国行业标准

建筑工程裂缝防治技术规程

Technical specification for prevention and treatment of crack on building engineering

JGJ/T 317—2014

批准部门：中华人民共和国住房和城乡建设部
施行日期：2 0 1 4 年 1 0 月 1 日

中华人民共和国住房和城乡建设部
公　　告

第 329 号

住房城乡建设部关于发布行业标准《建筑工程裂缝防治技术规程》的公告

现批准《建筑工程裂缝防治技术规程》为行业标准，编号为 JGJ/T 317－2014，自 2014 年 10 月 1 日起实施。

本规程由我部标准定额研究所组织中国建筑工业出版社出版发行。

中华人民共和国住房和城乡建设部

2014 年 2 月 28 日

前　　言

根据原建设部《关于印发〈2006 年工程建设标准规范制订、修订计划〉的通知》（建标【2006】77 号）的要求，规程编制组经广泛调查研究，认真总结实践经验，参考有关国际标准和国外先进标准，并在广泛征求意见的基础上，编制本规程。

本规程主要技术内容是：1 总则；2 术语和符号；3 基本规定；4 地基变形裂缝控制；5 混凝土结构裂缝控制；6 砌体结构裂缝控制；7 轻质隔墙裂缝控制；8 外墙外保温工程裂缝控制；9 装修工程裂缝控制；10 裂缝的判断与处理。

本规程由住房和城乡建设部负责管理，由中国建筑科学研究院负责具体技术内容的解释。执行过程中如有意见或建议，请寄送中国建筑科学研究院（地址：北京市北三环东路 30 号，邮政编码：100013）。

本规程主编单位：中国建筑科学研究院
中铁建设集团有限公司

本规程参编单位：中国建筑东北设计研究院
北京城建集团有限责任公司
天津市建筑科学研究院有限公司
甘肃土木工程科学研究院
同济大学
江苏省建筑科学研究院
清华大学
北京市高强混凝土有限责任公司
哈尔滨工业大学

本规程主要起草人员：邸小坛　贾　洪　马　骥
马晓儒　冯金秋　关淑君
刘加平　刘　刚　何星华
李德荣　李彦昌　陈新杰
张大煦　张晋勋　张淑莉
郑秀娟　赵彦兵　徐有邻
徐　彦　高连玉　顾祥林
阎培渝　滕晓敏

本规程主要审查人员：钱稼茹　周炳章　白生翔
金　睿　汪道金　张振栓
高小旺　高永强　唐岱新
魏立国　蔡永太　滕延京

目　次

1　总则 …… 35—6
2　术语和符号 …… 35—6
2.1　术语 …… 35—6
2.2　符号 …… 35—6
3　基本规定 …… 35—6
3.1　一般规定 …… 35—6
3.2　设计 …… 35—6
3.3　材料与制品 …… 35—7
3.4　施工 …… 35—7
3.5　竣工后的措施 …… 35—7
4　地基变形裂缝控制 …… 35—7
4.1　一般规定 …… 35—7
4.2　勘察与气象资料 …… 35—7
4.3　地基变形控制 …… 35—7
4.4　建筑与结构措施 …… 35—7
4.5　施工 …… 35—7
5　混凝土结构裂缝控制 …… 35—8
5.1　一般规定 …… 35—8
5.2　设计 …… 35—8
5.3　混凝土材料 …… 35—9
5.4　施工 …… 35—9
6　砌体结构裂缝控制 …… 35—9
6.1　一般规定 …… 35—9
6.2　材料 …… 35—9
6.3　设计 …… 35—10
6.4　施工 …… 35—11
7　轻质隔墙裂缝控制 …… 35—12
7.1　一般规定 …… 35—12
7.2　轻质条板隔墙 …… 35—12
7.3　骨架覆面板隔墙 …… 35—13
8　外墙外保温工程裂缝控制 …… 35—13
9　装修工程裂缝控制 …… 35—14
9.1　一般规定 …… 35—14
9.2　材料 …… 35—14
9.3　墙面装修工程 …… 35—14
9.4　室内地面装修工程 …… 35—15
9.5　吊顶装修工程 …… 35—15
10　裂缝的判断与处理 …… 35—16
10.1　一般规定 …… 35—16
10.2　装修裂缝的判断与处理 …… 35—16
10.3　外墙外保温裂缝的判断与处理 …… 35—16
10.4　轻质隔墙裂缝的判断与处理 …… 35—17
10.5　砌体结构裂缝的判断与处理 …… 35—17
10.6　混凝土结构裂缝的判断与处理 …… 35—17
10.7　地基变形裂缝的判断与处理 …… 35—18
附录A　混凝土热物理性能测试与估算 …… 35—18
附录B　混凝土收缩特性的测试与估算 …… 35—19
附录C　混凝土徐变的测试与估算 …… 35—19
附录D　胶凝材料及外加剂相容性试验 …… 35—19
附录E　混凝土抗裂性能的平板试验 …… 35—20
附录F　砌筑墙体抗裂构造措施 …… 35—21
附录G　抹灰砂浆抗裂性能圆环试验 …… 35—21
附录H　混凝土裂缝处理方法 …… 35—22
本规程用词说明 …… 35—22
引用标准名录 …… 35—22
附：条文说明 …… 35—23

Contents

1 General Provisions .... 35—6
2 Terms and Symbols .... 35—6
2.1 Terms .... 35—6
2.2 Symbols .... 35—6
3 Basic Requirements .... 35—6
3.1 General Requirements .... 35—6
3.2 Design .... 35—6
3.3 Materials and Products .... 35—7
3.4 Construction .... 35—7
3.5 Measures after Completed Construction .... 35—7
4 Deformation Cracks Control of Foundation .... 35—7
4.1 General Requirements .... 35—7
4.2 Survey and Meteorological Data .... 35—7
4.3 Ground Deformation Control .... 35—7
4.4 Building and Structural Measures .... 35—7
4.5 Construction .... 35—7
5 Concrete Structural Cracks Control .... 35—8
5.1 General Requirements .... 35—8
5.2 Design .... 35—8
5.3 Concrete Materials .... 35—9
5.4 Construction .... 35—9
6 Cracks Control on Masonry Structures .... 35—9
6.1 General Requirements .... 35—9
6.2 Materials .... 35—9
6.3 Design .... 35—10
6.4 Construction Measures .... 35—11
7 Cracks Control on Light Partitions .... 35—12
7.1 General Requirements .... 35—12
7.2 Light Broad Partitions .... 35—12
7.3 Light Partitions Form Steel Skeletons and Sheets .... 35—13
8 Cracks Control of External Thermal Insulation on Walls .... 35—13
9 Cracks Control on Building Decoration Engineering .... 35—14
9.1 General Requirements .... 35—14
9.2 Materials .... 35—14
9.3 Wall Decoration Engineering .... 35—14
9.4 Ground Decoration Engineering .... 35—15
9.5 Ceiling Decoration Engineering .... 35—15
10 Diagnosis and Treatments of Cracks .... 35—16
10.1 General Requirements .... 35—16
10.2 Diagnosis and Treatments of Decoration Problems .... 35—16
10.3 Diagnosis and Treatments of External Thermal Insulation on Walls .... 35—16
10.4 Diagnosis and Treatments of Light Partition's Cracks .... 35—17
10.5 Diagnosis and Treatments of Masonry Structure's Cracks .... 35—17
10.6 Diagnosis and Treatments of Concrete Structure's Cracks .... 35—17
10.7 Diagnosis and Treatments of Deformation in Foundation .... 35—18
Appendix A Concrete Thermophysical Test and Estimation ... 35—18
Appendix B Concrete Shrinkage Test and Estimation .... 35—19
Appendix C Concrete Creep Test and Estimation .... 35—19
Appendix D Compatibility Test of Cementing Materials and Additives .... 35—19
Appendix E Plate Test for Concrete Crack Resistance Performance .... 35—20
Appendix F Measures for Crack Resistance of Masonry Walls .... 35—21
Appendix G Ring Test for Crack

Resistance of Plastering Mortar ······ 35—21
Appendix H Treatments for Concrete Cracks ······ 35—22
Explanation of Wording in This Specification ······ 35—22
List of Quoted Standards ······ 35—22
Addition: Explanation of Provisions ······ 35—23

1 总 则

1.0.1 为加强对建筑工程裂缝的控制，保证房屋建筑的安全性、适用性和耐久性，制定本规程。

1.0.2 本规程适用于建筑工程裂缝的预防和裂缝的治理。本规程不适用于偶然作用引起裂缝的防治。

1.0.3 建筑工程裂缝的防治，除应符合本规程外，尚应符合国家现行有关标准的规定。

2 术语和符号

2.1 术 语

2.1.1 裂缝 cracks

建筑构配件或构配件之间产生可见窄长间隙的缺陷。

2.1.2 受力裂缝 loaded crack

作用在建筑上的力或荷载在构件中产生内力或应力引起的裂缝，也可称为“荷载裂缝”或“直接裂缝”。

2.1.3 变形裂缝 deformation crack

由于温度变化、体积胀缩、不均匀沉降等间接作用导致构件中产生强迫位移或约束变形而引起的裂缝，也可称“非受力裂缝”或“间接裂缝”。

2.1.4 结构缝 structural joint

为减小不利因素的影响，主动设置缝隙用以将建筑结构分割为若干独立单元的间隔。包括伸缩缝、沉降缝、体型缝和抗震缝等。

2.1.5 裂缝控制 crack control

通过设计、材料使用、施工、维护、管理等措施，防止建筑工程中产生裂缝或将裂缝控制在一定限度内的技术活动。

2.1.6 裂缝处理 crack treatment

对建筑中已产生的裂缝采取遮掩、修补、封闭、加固等措施，以消除其不利影响的技术活动。

2.1.7 不均匀沉降 non-uniform settlement

基础底面各点下沉量不相等的沉降，或相邻基础的沉降差。

2.1.8 体积稳定性 volume stability

材料或制品的体积变化情况。

2.1.9 空鼓 hollowing

面层与基层或基层与结构层结合面出现的分离或局部鼓起的缺陷。

2.1.10 表面裂缝 surface crack

装修面层的裂缝。

2.2 符 号

2.2.1 作用效应、变形及承载力

R_d——构件承载力的设计值；

S_d——荷载作用效应的设计值；

σ_0——在 t_0 时刻施加的应力。

2.2.2 材料性能

c——比热；

$E_{c,28}$——龄期为 28d 时混凝土的弹性模量；

$f_{cu,28}$——龄期为 28d 时混凝土立方体抗压强度；

$f_{k,e}$——实测材料强度特征值的推定值；

Q——水化热；

α_c——线膨胀系数；

β——混凝土的表面放热系数；

$\varphi_{(t)}$——徐变系数；

λ——导热系数；

ρ——密度。

2.2.3 计算参数

$\beta_{(fcu)}$——混凝土强度影响系数。

γ_m——材料强度的分项系数；

γ_{Rd}——构件抗力模型不确定性分项系数。

3 基 本 规 定

3.1 一 般 规 定

3.1.1 建筑工程裂缝的控制应采取预防为主的原则。

3.1.2 建筑工程裂缝的预防措施，应根据建筑的特点确定并实施。

3.1.3 建筑工程裂缝的治理，应先判明开裂原因，对造成影响开裂的因素进行处置后，再进行裂缝处理。

3.2 设 计

3.2.1 设计应结合建筑工程的特点采取下列预防措施：

1 降低荷载作用和间接作用；

2 释放作用效应；

3 提出建筑材料和构配件的体积稳定性和变形能力的要求；

4 提高建筑构配件及其连接或材料抗裂性能。

3.2.2 结构设计除应按国家现行标准关于结构正常使用极限状态的设计规定执行外，尚应对特定情况和特殊因素影响下地基和结构的变形实施控制。

3.2.3 在没有采取有效措施时，不宜增大国家现行结构设计标准限定的伸缩缝设置的间距。当建筑情况复杂时，应根据体型特征、地基情况、建造过程的先后次序等设置结构缝，并宜做到一缝多用。

3.2.4 在选用新材料或制品时，应根据工程应用情况，其对环境的适应情况、体积稳定性和抗变形能力等进行确认。

3.3 材料与制品

3.3.1 建筑材料或制品除应符合国家相关产品标准的合格要求外，尚应满足建筑设计或施工企业提出的体积稳定性和抗裂性能的要求。

3.3.2 进场材料应有性能检测报告、产品合格证书及绿色环保检测报告。

3.3.3 建筑材料及制品的使用应符合有关施工工艺的要求，并应正确堆放、运输和保护。

3.4 施 工

3.4.1 施工应按设计要求和国家现行标准的规定进行。对裂缝问题应采取预防措施。

3.4.2 建筑工程的施工应有施工工期和施工工序安排。

3.4.3 验收前，对建筑施工时出现的裂缝应进行有效的处理。

3.5 竣工后的措施

3.5.1 建筑工程竣工后，应清除建筑周边的堆积物。

3.5.2 对大跨度的屋面工程，应采取下列防裂或损伤的措施：

1 降雪后，应及时清除屋面的积冰或积雪；

2 对带女儿墙的屋面，在雨季到来前，应疏通屋面的排水口。

3.5.3 严寒和寒冷地区的冬季，宜向已竣工的工程供暖，对于地面采暖的房屋，应采取下列预防楼板或墙体出现裂缝的措施：

1 启用地热采暖系统时，应缓慢升温；

2 关闭地热采暖系统时，应缓慢降温。

4 地基变形裂缝控制

4.1 一 般 规 定

4.1.1 建筑设计应在分析和利用建筑场地岩土工程勘察资料的基础上，综合采取建筑措施、结构措施和地基处理措施，控制地基不均匀变形。

4.1.2 建筑施工应根据工程建设的周边环境、工程地质条件及季节因素，进行施工组织设计和工期安排，制定冬雨期施工措施等。

4.2 勘察与气象资料

4.2.1 地基变形计算时应对下列条件进行认定：

1 场地成因及地基土应力历史；

2 岩土层及其均匀性；

3 土的压缩性指标的应力条件与建筑物地基土实际受力条件；

4 经验性变形计算参数与地区经验的符合性。

4.2.2 建筑物的基础及管线的埋置深度宜大于该地区的场地冻结深度，并应采用基侧填砂、斜面基础、基础保温等防冻害措施；室外散水下的土层应进行防冻胀处理。

4.3 地基变形控制

4.3.1 地基变形计算值应小于现行国家标准《建筑地基基础设计规范》GB 50007 的允许值。

4.3.2 地基处理应在了解当地经验与施工条件的基础上，根据地基土质特性以及上部结构对地基变形的适应能力，选择基础形式和地基处理方法，减少地基变形和不均匀变形。

4.3.3 复杂条件下的建筑物抗浮设计，应进行专项论证确定抗浮设防水位。

4.3.4 在同一结构单元内宜采用相同的地基处理方法，并可采取下列减少地基不均匀变形的措施：

1 设置地下室或半地下室；

2 按沉降控制的要求调整基础底面积或基桩的位置、数量、桩径和桩长等。

4.4 建筑与结构措施

4.4.1 砌体结构建筑宜采用下列结构措施：

1 三层和三层以上的房屋，结构单元的长高比 L/H 宜小于或等于 2.5；

2 当结构单元的长高比为 $2.5<L/H\leqslant 3.0$ 时，纵墙宜连续贯通，并应控制其内横墙间距；

3 在±0.000m 标高处，应在纵横向内外墙处设置贯通的钢筋混凝土地圈梁；

4 应采用整体性好的基础形式。

4.4.2 当结构单元之间存在沉降差时，沉降量较大的结构单元各结构层的标高，宜根据预估沉降量予以提高。

4.4.3 建筑物与管沟之间，应留有净空。当建筑物有管道穿过时，应预留孔洞，或采用柔性的管道接头。

4.5 施 工

4.5.1 建筑物施工期间应进行沉降观测。观测结果异常时应分析原因并采取处理措施。

4.5.2 地基基础施工应采取下列防止地基土扰动的措施：

1 基槽开挖时，可在基底保留 200mm 厚度的原土，待基础施工开始时，采用人工清除；

2 雨期施工时，应防止雨水浸泡扰动地基土；

3 冬期施工时，应采取基底的防冻措施；回填土方时不应将冻土、冻块填入基底；

4 当地基土已被扰动时，应将扰动土挖除，换填后再压实。

4.5.3 当建筑物基础埋置深度有差异时，埋置较深的部分应先施工；建筑物高度较大的部分应先施工。

4.5.4 对于荷载存在差异的结构单元，宜设置施工后浇带。

4.5.5 地基基础施工期间，应采取防止基坑灌水以及地下水位突然升高造成基础底板上浮产生裂缝的措施。

4.5.6 深基坑毗邻既有建筑物时，应对既有建筑物进行全面鉴定，并应采取支护措施，确保毗邻建筑物及地下设施不受到损伤。

5 混凝土结构裂缝控制

5.1 一 般 规 定

5.1.1 混凝土结构的设计，除应符合本规程第3.2.1条的规定外，尚应执行现行国家标准《混凝土结构设计规范》GB 50010等关于裂缝控制的规定，并在构件容易开裂的部位采取相应的构造措施预防裂缝的产生。

5.1.2 结构混凝土的配制应符合国家现行有关标准的规定，并应保证其体积稳定性。

5.1.3 混凝土结构施工时应符合下列规定：

1 混凝土的浇筑、振捣、压面、养护和拆模应符合现行国家标准《混凝土结构工程施工规范》GB 50666的规定；

2 对容易出现裂缝的结构或构件宜采取避免开裂的措施。

5.2 设 计

Ⅰ 控制间接作用效应的措施

5.2.1 对体量大或外形和刚度变化的混凝土结构，宜设置伸缩缝或设置适量的后浇带。

5.2.2 对表面尺寸大的墙体、楼板等面状混凝土结构构件，可设置引导开裂的控制缝（图5.2.2）。控制缝应设置在不影响观感、不易渗漏或后续施工能掩盖的部位。

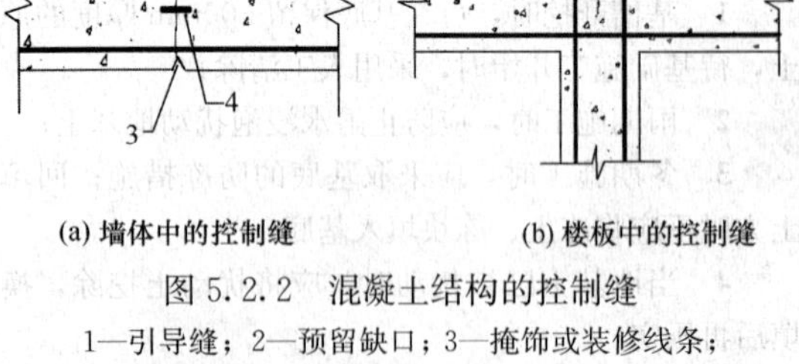

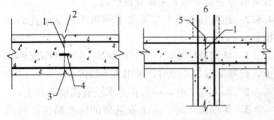

(a) 墙体中的控制缝　　(b) 楼板中的控制缝

图5.2.2 混凝土结构的控制缝

1—引导缝；2—预留缺口；3—掩饰或装修线条；4—预埋止水带；5—预留缺口或插片；6—后浇墙体

5.2.3 对大跨度的屋盖结构和刚度较大的室外构件，宜设置允许位移的支座。

Ⅱ 防裂构造措施

5.2.4 在混凝土结构下列受到约束的部位，应配置构造钢筋或采取相应的防裂构造措施：

1 按简支构件设计，但嵌固在砌体墙内的现浇板、预制板或梁的端部；

2 按铰接端设计而实际为约束连接的混凝土墙或柱的端部；

3 按铰接梁设计但实际与墙或柱浇筑成一体的梁端及墙、柱连接部位；

4 预制构件的拼接部位；

5 预制板的板侧拼缝；

6 混凝土结构与其他类型构件的连接部位；

7 按受压设计，而实际可能承受拉力的构件；

8 大跨度构件的支撑部位；

9 大跨度楼板的角部区域；

10 结构单元楼板的角部区域。

5.2.5 在混凝土结构下列形状、刚度突变的部位，宜配置防止应力集中裂缝的构造钢筋或采用圆角、折角等防裂构造措施：

1 构件的凹角部位；

2 结构中部有局部凹进的部位；

3 楼板、墙体厚度变化的部位；

4 门、窗、设备、管道、施工洞口的角部；

5 结构体量、外形、质量、刚度突变的部位。

5.2.6 在混凝土构件容易引起收缩变形积累的下列部位，宜增加抵抗收缩变形的构造配筋或钢筋网片：

1 现浇混凝土板面的板芯部位；

2 板边、板角部位；

3 墙面水平部位；

4 梁类构件侧面；

5 混凝土保护层中。

Ⅲ 间接作用的控制措施

5.2.7 大体积混凝土或表面积较大的混凝土构件，宜选用强度较低的混凝土。当采用高强混凝土时，宜延长其达到规定强度的龄期。

5.2.8 对容易开裂的混凝土结构构件，应采取下列控制间接作用的防护措施：

1 混凝土结构的屋面应设置保温层和隔热层；

2 直接暴露在室外空气中的阳台、雨罩、檐口板、女儿墙等构件或配件应减小伸缩缝间距；应设置保温层；易受阳光曝晒的部位应做成浅色；

3 对采用地板采暖的楼盖，采暖设施与楼板之间宜设置隔热层。

5.2.9 对于裂缝控制有特殊要求的混凝土结构，可通过分析估算间接作用的效应，确定结构混凝土的裂缝控制性能。分析估算所需的混凝土热物理性能参数可按本规程附录A的规定取值；混凝土收缩的规律可按本规程附录B的规定确定；混凝土徐变的规律可按本规程附录C的规定确定。

5.3 混凝土材料

5.3.1 混凝土的生产方应根据设计和施工方对混凝土性能提出的要求和原材料性能实际检验结果，按现行行业标准《普通混凝土配合比设计规程》JGJ 55的规定进行混凝土配合比设计。对有较高抗裂要求的混凝土，可使粗骨料的紧密堆积密度达到最大进行混凝土配合比抗裂优化设计。

5.3.2 混凝土所用原材料的质量和性能指标应按有关标准进行检验。胶凝材料和外加剂等相容性试验可按本规程附录D进行。

5.3.3 进行施工混凝土试配时，宜进行下列同条件养护试验：

1 混凝土立方体抗压强度；

2 混凝土收缩量和收缩速率；

3 混凝土抗裂性能；

4 混凝土微膨胀性能。

5.3.4 对板类构件的混凝土宜按本规程附录E进行混凝土抗裂性能试验。

5.3.5 对大体积混凝土应采取下列控制水化热的措施：

1 宜采用低热水泥；

2 可按设计允许的延迟龄期要求使用粉煤灰和缓凝剂，调节胶凝材料水化速度；

3 在混凝土拌合物的运输与浇筑过程中，应进行温度控制。

5.4 施 工

5.4.1 混凝土结构工程的施工，应针对板类构件的混凝土和大体积混凝土采取专门的预防裂缝的措施。

5.4.2 后浇带的设置应符合下列规定：

1 后浇带的间距不宜大于30m，后浇带宽度不宜小于800mm；

2 后浇带宜在混凝土干缩速率明显下降后浇筑；混凝土的干缩速率可通过现场同条件养护试件测定。

5.4.3 后浇带的浇筑应符合下列规定：

1 浇筑前应清除后浇带两侧松散的混凝土；

2 当后浇带的主筋切断时，可采用搭接或机械连接形式连接；

3 后浇带混凝土强度等级宜较其两侧构件提高一个等级；

4 当采用补偿收缩或微膨胀混凝土时，应对其补偿收缩或微膨胀的性能进行检验；

5 后浇带施工后，保湿养护不宜少于14d。

5.4.4 对于板类构件，除采取规定的养护措施外，应采取下列附加处理措施：

1 在混凝土初凝前，应采用平板振动器进行二次振捣；

2 终凝前应对混凝土表面进行抹压；

3 掺加粉煤灰、缓凝剂的混凝土应增加养护时间。

5.4.5 大体积混凝土工程宜采用分片浇筑、分层或分段浇筑的施工措施，其施工宜符合下列规定：

1 分片、分层或分段浇筑的最小块材尺寸及时间间隔，宜以混凝土内外温差不大于25℃、表面与大气温差不大于20℃为控制目标；

2 当通过分片、分层或分段界面处的钢筋较少时，应增设通过界面表层的连接钢筋，连接钢筋的间距不宜大于150mm，钢筋深入界面内的长度和外露长度宜大于150mm；

3 对有防水要求的构件应在连接处放置止水带；

4 跳仓法施工或分段浇筑的构件，宜经7d以上养护后，再将各段连成整体，其跳仓接缝应按施工缝要求处理。

5.4.6 大体积混凝土浇筑后，宜进行内外温差和环境温度的监测。早期养护不宜用冷水直接冲淋混凝土表面；当环境温度较低时，宜采取防止混凝土表面温度快速降低的技术措施。

5.4.7 大体积混凝土的表面裂缝控制，宜按本规程第5.4.5条第1、2款的规定执行。

6 砌体结构裂缝控制

6.1 一 般 规 定

6.1.1 砌体结构应按承重墙体和非承重墙体分别采取裂缝控制。

6.1.2 砌体结构的设计与施工应采取措施，预防太阳辐射热、环境温度、局部作用、材料体积稳定性和地基不均匀沉降等因素造成的裂缝。

6.2 材 料

6.2.1 砌体结构块材的物理力学性能，应符合现行国家标准《墙体材料应用统一技术规范》GB 50574的规定。

6.2.2 砌体结构不应采用免蒸压硅酸盐砖或砌块。

6.2.3 砌体结构块材的最低强度等级应符合现行国家标准《砌体结构设计规范》GB 50003的规定，自承重墙块材的最小强度等级应符合表6.2.3的规定。

表 6.2.3 自承重墙块材的最小强度等级

块材类型	最小强度等级	备　注
轻集料混凝土空心砌块	MU3.5	MU3.5 的轻集料混凝土空心砌块，粗骨料应为烧结陶粒，砌块密度等级为 700kg/m³～800kg/m³
蒸压加气混凝土砌块	A2.5	外墙不低于 A3.5
烧结空心砖和空心砌块、石膏砌块	MU3.5	外墙及潮湿环境的内墙，强度等级不应低于 MU5.0

注：防潮层以下宜采用实心砖或预先将孔灌实的多孔砖。

6.2.4 承重墙块材应符合下列规定：

1 多孔砖宜为半盲孔，孔洞率不应大于 35%，中肋及边肋厚度不宜小于 18mm；

2 多孔砖孔的长度与宽度之比不应大于 2，孔的圆角半径不应小于 20mm；砌块肋的最小厚度不应小于 25mm，壁的最小厚度不应小于 30mm；

3 块材的折压比不应小于表 6.2.4 的最小限值要求：

表 6.2.4 块材的折压比最小限值

块材种类	块材高度（mm）	块材强度等级				
		MU30	MU25	MU20	MU15	MU10
		折压比限值				
蒸压实心砖	53	0.16	0.18	0.20	0.25	0.30
多孔砖	90	0.21	0.23	0.24	0.27	0.32

注：1 折压比为块体材料抗折强度与其抗压强度等级之比；
2 蒸压实心砖包括蒸压灰砂砖和蒸压粉煤灰砖；
3 多孔砖包括烧结多孔砖和混凝土多孔砖。

6.2.5 蒸压加气混凝土砌块不得有未切割面，切割面不得残留切割渣屑，其劈压比不应小于表 6.2.5 规定的劈压比最小限值。

表 6.2.5 蒸压加气混凝土劈压比最小限值

强度等级	A3.5	A5.0	A7.5
劈压比	0.16	0.12	0.10

注：劈压比为蒸压加气混凝土试件劈拉强度与其抗压强度等级之比。

6.2.6 块材的物理性能应符合下列规定：

1 干燥收缩率和吸水率应符合国家现行有关材料标准的规定；

2 碳化系数不应小于 0.85；

3 软化系数不应小于 0.85；

4 非烧结块材材料的抗冻性能应符合表 6.2.6 的规定。

表 6.2.6 非烧结块材材料的抗冻性能

使用条件	抗冻等级	质量损失（%）	强度损失（%）
非采暖地区	F25	≤5	≤25
寒冷地区	F35		
严寒地区	F50		

注：非采暖地区指最冷月平均气温高于－5℃的地区；寒冷地区和严寒地区的划分应按现行国家标准《民用建筑热工设计规范》GB 50176 的规定执行。

6.2.7 非烧结块材不得用于长期受 200℃以上或急热急冷的建筑部位和有酸性介质的建筑部位。

6.2.8 砌筑砂浆应符合下列规定：

1 砌筑砂浆的制备及质量应符合国家现行相关标准的规定；

2 墙体砌筑砂浆强度等级不应低于 M5；

3 ±0.000 以下及潮湿环境砌体的砂浆应为水泥砂浆或特种砂浆，其强度等级不应低于 M10；

4 蒸压灰砂砖、蒸压粉煤灰砖、混凝土空心砌块、轻集料混凝土空心砌块墙体宜采用粘结性好的专用砂浆；

5 夹心复合墙的外叶墙砌筑砂浆强度等级不应低于 M5；

6 砂浆的引气量应小于 20%。

6.2.9 当采用掺有微沫剂的砌筑砂浆时，应具有长期可靠性能检验报告。

6.2.10 灌孔混凝土的强度等级不应小于块材混凝土的强度等级，用于无筋砌块砌体时，其坍落度不宜小于 180mm；用于配筋砌块砌体时，其坍落度不宜小于 250mm，并应具有良好的粘结性。有抗冻性要求的墙体，灌孔混凝土的抗冻等级不应低于块材的抗冻等级。

6.2.11 其他材料应符合下列规定：

1 墙面抹灰砂浆宜为防裂砂浆，强度等级不应低于 M5，弹性模量应与墙体块材相近；

2 嵌缝腻子、硅酮密封及防水材料应有耐候性指标要求；

3 用于墙体增强的玻璃纤维网格布应具有耐碱性能；

4 尼龙胀钉应符合锚固强度及耐久性指标要求，不得应用再生材料制品。

6.3 设　　计

6.3.1 砌体结构外墙的现浇圈梁和构造柱等混凝土构件不应外露，当其外侧没有砌体覆盖时，应设置保温层或隔热层。外露的屋面挑檐、梁板式外廊和女儿墙压顶等现浇混凝土构件应设置分隔缝，分隔缝的间距宜为 12m～20m。

6.3.2 混凝土屋面的保温层和隔热层，应能有效消除太阳辐射热对屋面构件体积膨胀的影响。

6.3.3 屋面的构造设计应采取下列措施：

1 混凝土屋面板上应设置隔汽层；

2 当采用预制混凝土屋面板时，应在板缝处粘贴玻璃纤维加强带；

3 在屋面上宜设置能排除保温层内水分的排汽孔。

6.3.4 屋面的设计应采取下列防裂措施：

1 屋面保温层或屋面刚性面层及砂浆找平层等应进行分格，分格的间距不宜大于 6m；

2 屋面保温层或屋面刚性面层及砂浆找平层等与女儿墙、突出屋顶的水箱间和楼梯间等墙体之间应设置分隔缝；

3 分格和分隔缝的宽度宜为25mm～30mm，并应填塞弹性防水嵌缝膏料；

4 屋面保温层应延长至挑檐板的尽端。

6.3.5 顶层墙体的结构设计应采取下列措施：

1 顶层墙体砌筑砂浆应提高一个强度等级；

2 沿顶层内外纵横墙宜设置拉通的现浇混凝土圈梁；

3 顶层山墙和端部两开间范围的内外纵横墙交接处宜设置抗裂构造柱；温差较大的地区，顶层端部两开间的外墙门窗洞口两侧应设置抗裂构造柱；

4 顶层山墙和端部两开间范围内的内外墙体宜按本规程附录F的规定设计成水平配筋墙体；

5 顶层墙体门窗洞口宜按本规程附录F的规定设计成抗裂洞口。

6.3.6 女儿墙应设置与钢筋混凝土压顶相连的构造柱或芯柱，构造柱的间距不宜大于4m，现浇钢筋混凝土压顶分格缝内应嵌填耐久性好的柔性防水材料。当采用外墙外保温时，保温层应延伸至女儿墙。

6.3.7 在窗台下安放散热器的窗肚墙处，宜在砌体水平灰缝中每隔500mm设置直径4mm焊接钢筋网片或2根直径6mm拉结钢筋。非外保温墙体，尚应在窗肚墙与散热器间隙部位放置挤塑聚苯铝箔复合或岩棉铝箔复合的保温辐射板等。

6.3.8 楼面或屋面梁放置在承重墙体上时应采取下列构造措施：

1 对跨度大于4.8m的梁，应在梁下设置梁垫，且梁垫应与圈梁浇成整体；

2 对厚度不大于240mm的墙，当梁的跨度大于6m时，应增设壁柱；

3 对跨度不大于4.8m的梁，应放置在混凝土圈梁上；

4 对跨度大于4.8m的梁，应远离门窗洞口，当距门窗洞口的距离不足1.5m时，应在其下的墙体中设置钢筋混凝土柱，门窗洞口宜为抗裂洞口；

5 当跨度小于4.8m的梁与门窗洞口的距离小于600mm时，门窗洞口应为抗裂洞口。

6.3.9 当非烧结砖（块）墙长度大于5m时，宜在墙体半高处设置2道～3道焊接钢筋网片或3根直径6mm的通长水平钢筋。

6.3.10 填充墙和隔墙宜放置在楼面梁或基础之上，并应与周边构件可靠连接。

6.3.11 无地下室时，首层内墙门窗洞口宜为抗裂洞口，外墙窗洞口应符合下列规定：

1 受碰撞部位应有防冲击措施；

2 对普通砖砌体结构房屋，底层窗台下墙体2道～3道灰缝内应设置钢筋网片或3根直径6mm的钢筋，并应伸入两边窗间墙内不小于600mm；

3 承重墙底层外墙窗台板下应通长设置水平钢筋或钢筋混凝土现浇带；

4 当采用预制窗台板时，块材高度大于53mm的墙体，预制窗台板不得嵌入墙内。

6.3.12 在湿陷性黄土地区的单层工业厂房，当承重构件为钢筋混凝土柱，围护结构为砖或砌块时，不应采用两种不同类型的基础。

6.4 施 工

6.4.1 砌体结构的施工方应根据设计施工图纸、现场自然条件和墙体材料特点，编制墙体防裂施工技术方案及相应的工法。施工方案应重点解决基础不均匀沉降、局部应力集中等问题。

6.4.2 块材应符合下列规定：

1 块材在储藏、运输及施工过程中，不应遭水浸冻；

2 混凝土空心砌块、轻集料混凝土空心砌块，砌筑时产品龄期不应小于28d；蒸压加气混凝土砌块、蒸压粉煤灰砖、蒸压灰砂砖等砌筑时，自出釜之日起的龄期不应小于28d；

3 对体积稳定性存在疑问的块材，应实测其体积变化的情况。

6.4.3 砌块砌筑前应按设计及施工要求进行试排块，排块应符合下列规定：

1 窗洞口的下边角处不得有竖向灰缝；

2 承重单排孔混凝土空心砌块的块型应满足其砌筑时上下皮砌块的孔与孔相对；

3 自承重空心砌块宜采用半盲孔块型，并应将半盲孔面作为铺浆面。

6.4.4 砂浆的使用应符合下列规定：

1 各种砂浆应通过试配确定配合比；当组成材料有变更时，其配合比应重新确定；

2 冬期施工所用的原材料，含冻结块时，应融化后使用；

3 砂浆中掺有外加剂时，其外加剂及掺量应符合相关标准的规定；

4 砂浆中掺用的粉煤灰等级及其掺量应符合现行行业标准《粉煤灰在混凝土和砂浆中应用技术规程》JGJ 28的规定；

5 预拌专用砂浆应按相应产品说明书的要求搅拌。

6.4.5 砌块砌体结构不宜设置脚手眼，其他砌体结构不应在下列部位设置脚手眼：

1 过梁上与过梁成60°的三角形范围及过梁净跨1/2的高度范围内；

2 宽度小于1m的窗间墙；

3 砖砌体门窗洞口两侧200mm和转角处450mm范围内；

4 梁或梁垫下及其左右 500mm 范围内；

5 其他不允许设置脚手眼的部位。

6.4.6 砌体结构的施工应符合下列规定：

1 砌体每日砌筑高度不应超过一步脚手架的高度，且不应超过 1.5m；

2 相邻工作段的砌筑高差不得超过一层楼的高度，也不应大于 4m；

3 砌体临时间断处的高差，不得超过一步脚手架的高度；

4 构造柱或芯柱之间的墙体，当墙长小于 1.2m，墙高大于 3m 时，在未浇混凝土之前，宜进行临时支撑；

5 楼面和屋面堆载不得超过楼、屋面的荷载标准值；施工层进料口楼板下，应采取临时加撑措施。

6.4.7 砌体结构的施工操作应符合下列规定：

1 各类块材砌筑前应按相应标准的规定清理块材表面的油污、残留渣屑及预湿水处理；非烧结块材砌筑时不宜浇水，当天气特别燥热时可少量喷水；

2 不同品种材料及不同强度等级的块材不得混砌；

3 用于固定门、窗的块材不得现场凿砍制取，应采用预先加工成孔的块材；墙体孔洞不得用异物填塞；

4 砌体结构的转角处和交接处应同时砌筑，内外墙不应分砌施工；

5 蒸压加气混凝土砌块、蒸压粉煤灰砖、灰砂砖，当采用普通砂浆砌筑时，应随砌随勾缝，灰缝宜内凹 2mm～3mm；

6 应按所用块材及砂浆的性能要求对砌筑面采取相应的养护措施。

6.4.8 砌体结构的施工应采取下列减小基础不均匀沉降及其影响的措施：

1 砌体结构的基础砌筑后，宜双侧回填；单侧回填土应在砌体达到侧向承载力后进行；

2 应根据地基变形监测情况调整施工进度；

3 对首层较长的墙体，可在基础不均匀沉降影响明显的区域留斜槎，待结构封顶后补砌。

6.4.9 砌体结构的施工在特定部位的处理应符合下列规定：

1 对不能同时砌筑但又需留置临时断面处，应砌成斜槎，斜槎水平投影长度不应小于高度的 2/3；

2 除转角处外，施工中不能留斜槎时，可留直槎，但直槎应砌成凸槎，并应加设拉结钢筋；抗震设防地区砌筑工程不得留直槎；

3 砌体施工临时间断处补砌时，应将接槎处表面清理干净、浇水湿润，并应填实砂浆，灰缝应平直；

4 填充墙封顶的块材应在墙体砌筑完成 15d 后斜砌；

5 当填充墙砌至接近梁、板底时，应留不大于 30mm 的空隙，墙体应卡入设在梁、板底的卡口铁件内，待填充墙砌筑完并至少间隔 7d 后，对混凝土砌块和加气混凝土砌块应间隔 14d，再采用弹性材料嵌塞；

6 内墙施工洞口顶部应设置混凝土过梁，侧边应砌成凸槎并留有拉结钢筋；施工洞孔口应尽快封堵，在进行墙面抹灰前应对过梁下存在的空隙进行检查，填实后用钢丝网水泥砂浆抹灰等防裂措施。

6.4.10 混凝土空心砌块墙体芯柱施工应采用专用振捣机具，施工缝宜留在块材的半高处，施工缝的界面应在继续施工前进行清洁处理。

6.4.11 减小太阳辐射热影响的屋面保温和防水工程的施工应采取下列施工措施：

1 屋面隔汽层应在混凝土构件干燥后施工；

2 屋面保温层的施工，不应影响保温材料的性能，不应增大保温层的含水率；

3 应待保温层和找平层干燥后施工防水层。

6.4.12 屋面保温层和防水层施工时的环境条件应满足国家现行有关标准的规定。

7 轻质隔墙裂缝控制

7.1 一 般 规 定

7.1.1 轻质隔墙宜按轻质条板隔墙和骨架覆面板隔墙分别采取裂缝控制措施。

7.1.2 轻质隔墙施工时，应对到场材料进行保护，并应对施工质量进行控制。

7.1.3 轻质隔墙施工完成后，应采取避免损伤、受潮和沾污等保护措施。

7.2 轻质条板隔墙

Ⅰ 设 计 措 施

7.2.1 轻质条板应符合国家现行标准《墙体材料应用统一技术规范》GB 50574 和《建筑隔墙用轻质条板》JG/T 169 的规定。

7.2.2 轻质条板的选取应符合下列规定：

1 不应选择氯氧镁制品条板或非蒸压的泡沫混凝土条板；

2 石膏条板不宜用于湿度较大的房间；

3 单层条板隔墙高度不超过 3m 时，宜采用整板。

7.2.3 轻质条板隔墙应安装在楼面梁上。

7.2.4 轻质条板隔墙的设计应执行现行行业标准《建筑轻质条板隔墙技术规程》JGJ/T 157 的规定，轻质条板隔墙与上部主体结构之间宜采用下列柔性连接措施：

1 在两块条板顶端拼缝处宜设置 U 形或 L 形钢

板卡与主体结构连接；

2 条板与结构之间宜留有不小于20mm的缝隙，缝隙宜采用柔性砂浆填实；

3 连接件应采取防腐措施。

7.2.5 当轻质条板墙体的安装长度超过6m时，应设置立柱或采取其他加强措施。

7.2.6 轻质条板隔墙的接缝处宜粘贴100mm宽玻璃纤维布条；在阴阳转角及与结构接缝处，尚应粘贴第二道正交的玻璃纤维布，玻璃纤维布的宽度宜为200mm。

Ⅱ 施工措施

7.2.7 施工现场轻质条板的堆放应符合下列规定：

1 条板应侧立放置在平坦、坚实且干燥的地方，条板下应架空；

2 条板堆放高度不应超过2层；

3 雨天应采取防雨措施。

7.2.8 轻质条板隔墙的施工安装应符合下列规定：

1 板材安装部位的顶板、墙、柱面及地面应清理干净，粘结部位的光滑表面应打毛处理；

2 板材开槽切割应采用云石机，板材的打孔应采用电钻；安装时，不应直接剔凿、敲击；

3 板与板之间的缝隙应满铺粘结砂浆，拼接时应采取将砂浆挤出的方式，挤出砂浆后的缝隙不宜大于5mm，挤出的砂浆应及时清理；

4 玻璃纤维网格布的纬向应垂直于板与板、板与主体结构的接缝方向；

5 对厚度不大于90mm的隔墙板，不宜横向开槽埋管；当在墙板内竖向开槽走线时，线管直径不宜超过25mm；

6 顶板板缝柔性砂浆的封堵宜在楼面恒载基本完成后进行。

7.3 骨架覆面板隔墙

Ⅰ 材料及堆放要求

7.3.1 骨架覆面板隔墙材料应符合下列规定：

1 龙骨材料应有足够的刚度和强度，龙骨的布置应满足整体墙体刚度的需要；龙骨表面应平整、棱角挺直；

2 骨架覆面板隔墙面板应与隔墙龙骨匹配，所选面板的强度、厚度应满足隔墙的整体刚度和质量要求；面板的表面平整度应小于1.0mm。

7.3.2 骨架覆面板隔墙面板的场内运输应符合下列规定：

1 宜采用平板手推车；板材装车时应将两块正面朝内，成对码垛；

2 立放侧运，板间不应混有杂物；

3 卸装时应防止碰撞；

4 雨天运输时，应采取防止面板受潮变形的覆盖措施。

7.3.3 骨架覆面板隔墙面板的堆放应符合下列规定：

1 露天堆放时，应搭设面板堆放平台，并应采用苫布遮盖等防潮防雨措施；

2 室内堆放时，面板下应架空；

3 面板堆放高度不应大于1m；堆垛间空隙不应小于300mm。

7.3.4 龙骨应堆放在干燥、无腐蚀性危害的室内。

Ⅱ 设计措施

7.3.5 骨架覆面板隔墙应采用配套的龙骨、面板、配件及面板固定方法。

7.3.6 特殊情况下的设计应符合下列规定：

1 隔墙的高度应与龙骨骨架的整体刚度相适应，当隔墙高度增加时，龙骨应加密；

2 在门窗洞口、设备洞口和其他预留洞口处，应布置加强龙骨，并应与原龙骨牢固连接；

3 当在隔墙上悬挂、安装固定设施时，应对龙骨进行补强处理。

Ⅲ 施工措施

7.3.7 骨架覆面板隔墙的施工应合理安排工序，控制施工流程；面板铺装前应安装各种预埋管线。

7.3.8 面板的排板应符合下列规定：

1 面板的接缝应设置在龙骨上；

2 墙两侧的面板接缝的位置应错开；

3 采用双层面板时，内外两层面板的接缝应错开；

4 门窗洞口的面板宜为刀把形的整板。

7.3.9 面板的安装施工应符合下列规定：

1 面板应在无应力状态下安装，不应强压就位；

2 隔墙与顶板交接处，面板应与竖向龙骨连接，不应与横向龙骨连接；隔墙与墙、柱交接处，面板应与临墙的第2根龙骨连接，不应连接在第1根龙骨上；

3 面板与墙、柱、顶板间应留不大于3mm的缝隙，与地面间应留10mm～15mm的缝隙；固定面板前应沿缝隙涂抹嵌缝膏；

4 固定面板时，应从面板的中部开始，向长边及短边推进；

5 板缝粘结部位的胶泥应饱满，粘结牢固。

7.3.10 当隔墙长度超过12m时，应设置由双龙骨构成的控制缝。

8 外墙外保温工程裂缝控制

8.0.1 外墙外保温工程应选用满足国家现行有关标准要求且经过认证的外墙外保温系统，其组成材料应成套供应。

8.0.2 外墙外保温用材料除应符合国家现行相关标准外，尚应符合下列规定：

1 板块状保温材料应有足够的陈化时间；

2 非金属连接件不应采用再生材料制品；

3 墙体所采用的饰面涂料应具有防水透气性。

8.0.3 外墙外保温系统的抹灰砂浆可按本规程附录G的方法进行抗裂性试验。

8.0.4 保温工程施工前，应对墙体存在的裂缝进行处理。

8.0.5 外保温系统应包覆门窗洞口及墙、阳台、挑沿等突出部位。

8.0.6 外墙外保温应在结构缝处、预制墙板相接处、外墙材料改变部位、外墙可能产生较大位移的部位设置变形缝，并应对变形缝进行防水处理。

8.0.7 外墙外保温系统施工期间及完工后24h内，基层及环境空气温度不应低于5℃；夏季应避免阳光暴晒；5级以上大风天气和雨天不应施工。

8.0.8 胶粉聚苯颗粒外墙外保温系统应设置分格缝，并应对分格缝处采取防渗漏措施。

8.0.9 保温板外墙外保温系统的施工应符合下列规定：

1 对现浇混凝土外墙表面光滑处及残留的隔离剂应进行处理；

2 墙面不平整处，宜采用保温砂浆修补、找平；

3 墙角处保温板应交错互锁；

4 门窗洞口四角处保温板不得拼接，保温板接缝距角部的距离不宜小于200mm；

5 装饰缝、保温板拼缝、门窗四角和阴阳角等应设置局部加强网；

6 保温板安装后应及时抹面。

8.0.10 外墙外保温系统薄抹面层的抗裂砂浆厚度宜为3mm～6mm，抹灰面层中应满铺耐碱玻璃纤维网格布，玻璃纤维网格布应横向铺设并全部压入抗裂砂浆中。

9 装修工程裂缝控制

9.1 一 般 规 定

9.1.1 装修工程应使用体积稳定性好、适应性好和接缝处理配套的材料。

9.1.2 装修工程应采取设置伸缝、缩缝、分格缝等引导措施，局部加强措施和缝隙处理措施等避免出现表面裂缝。

9.1.3 装修工程应在各种隐蔽管线和埋件安装完毕后，按施工工序要求的间隔时间施工。

9.2 材 料

9.2.1 装修工程所用水泥进场后，应对其安定性、凝结时间等指标进行复验。

9.2.2 装修工程所用石灰膏不应含有未熟化颗粒和杂质；常温下石灰膏的熟化时间不应小于15d，也不应大于30d。

9.2.3 装修工程底层粉刷石膏的抗折强度和抗压强度不应小于面层粉刷石膏的强度。

9.2.4 装修工程的砂浆宜采用中砂配制，砂的含泥量不应大于3%，且不得含有泥块、草根、树叶等杂质。

9.2.5 装修工程的细石混凝土、水磨石、水泥钢屑、防油渗和不发火地面面层，其粗骨料的最大粒径不应大于面层厚度的2/3，细骨料应采用含泥量不大于3%的粗砂或中粗砂。

9.2.6 装修工程的饰面砖、饰面板和大理石及花岗岩板材等装饰面材在运输及储存时应采取避免损伤的措施；在使用前，应对其表面裂缝等缺陷进行检查，并对其体积稳定性、吸水率和强度指标进行检验。

9.3 墙面装修工程

9.3.1 墙面装饰工程启动时，承重墙体的搁置时间不宜少于45d，内隔墙和框架填充墙的搁置时间不宜少于30d；墙面装饰工程施工前，应对墙体存在的裂缝和缺陷进行处理。

9.3.2 墙面装饰工程抹灰砂浆应符合下列规定：

1 抹灰砂浆的线膨胀系数和弹性模量宜与墙体材料一致；

2 内墙抹灰砂浆宜采用混合砂浆或纤维砂浆；

3 底层抹灰砂浆强度不应小于面层抹灰砂浆的强度。

9.3.3 墙面装饰工程抹灰砂浆的抗裂性可按本规程附录G的方法进行评估。

9.3.4 墙面抹灰层的设计应采取下列抗裂措施：

1 当墙面抹灰厚度为25mm～35mm时，应采取金属网分层进行加强处理；

2 墙体管线槽处及施工洞口接茬处应采用金属网或玻璃纤维网格布进行加强处理；

3 墙面基层不同材料相交部位的抹灰层应采用金属网或玻璃纤维网格布进行加强，加强网应超过相交部位不少于100mm；

4 墙面内安装各种箱柜，其背面露明部分应加钉钢丝网；钢丝网与界面处墙面的搭接宽度应大于100mm。

9.3.5 墙面抹灰层的施工应符合下列规定：

1 墙面表面杂物和尘土应清除，抹灰前应湿润；混凝土和加气混凝土基层应凿毛或甩毛；

2 底层粉刷石膏应分层刮压，每层厚度应为5mm～7mm；面层粉刷石膏的厚度应为1mm～2mm，压光应在终凝前完成；

3 砂浆抹灰层应按三遍抹至设计厚度；

4 外墙面抹灰宜加适量聚丙烯短纤维，并应根据建筑物立面形式按下列规定适当留置分格缝：

1）水平分格缝宜设在门窗洞口处；

2）垂直分格缝宜设在门窗洞口中部；

3）山墙水平和垂直分格缝间距不宜大于2m；

4）女儿墙的分格缝间距不宜大于1.5m；

5 抹灰完成后应喷水或涂刷防裂剂进行养护，养护不应少于7d；

6 预拌砂浆或干粉砂浆的抹灰应按砂浆说明书及国家现行相关标准执行。

9.3.6 墙面涂层和裱糊的施工应符合下列规定：

1 在涂饰前应在混凝土或砂浆基层上涂刷抗碱封闭底漆；

2 涂刷基层为木材时应除净松脂，并应采用封闭底漆封底；

3 墙面湿度较大的部位应采用具有耐水性能的腻子；

4 墙面面层涂料应具有较好的柔性；上下层涂料的收缩性、坚硬性、膨胀性应一致。

9.3.7 墙面饰面块材的空鼓和开裂可采取下列措施预防：

1 墙面找平材料的抗拉强度不应小于饰面砖与找平层的粘结强度；

2 墙面饰面砖在粘贴前应放入净水中浸泡2h以上，取出晾干表面水分后方可使用，粘贴时基层的含水率宜控制为15%～25%；

3 外墙饰面砖粘贴留缝宽度不应小于5mm；饰面板粘贴留缝宽度不应小于8mm，玻璃制品粘贴留缝宽度不应小于10mm；

4 饰面板安装时在墙面顶部和底部应留出10mm～20mm的缝隙；

5 在防水层上粘贴墙面饰面砖时，粘结材料与防水材料性能应相容；

6 墙面采用强度较低或较薄石材时，应采取背面粘贴玻璃纤维网格布的补强措施。

9.4 室内地面装修工程

9.4.1 地面装修工程应在变形稳定的土层或满足刚度要求的楼面结构上施工。

9.4.2 回填土应夯实，且应使地面沉降与管沟沉降相一致。

9.4.3 室内无楼板地面的垫层应符合下列规定：

1 当采用混凝土垫层时，宜在垫层下铺设砂、炉渣、碎石、矿渣或灰土等材料；

2 垫层的厚度应符合现行国家标准《建筑地面设计规范》GB 50037的相关规定；

3 当地面变形较大时或有管沟通过时，应采用钢筋混凝土垫层，垫层混凝土强度等级不宜低于C15，钢筋的配置量不宜低于最小配筋量。

9.4.4 散水混凝土垫层的分格缝间距不宜大于6m，转角部位应设置45°斜缝，垫层与外墙之间应设置分隔缝，缝宽宜为20mm～30mm，缝内应填沥青类材料。

9.4.5 楼面装修地面的垫层应设置横向缩缝和纵向缩缝，缝的设置应符合现行国家标准《建筑地面工程施工质量验收规范》GB 50209的规定。

9.4.6 建筑地面装修的面层应在垫层变形稳定后施工，垫层上宜设置找平层。

9.4.7 建筑装修整体地面的设缝应符合下列规定：

1 细石混凝土、水磨石、水泥砂浆、聚合物砂浆等面层的分格缝，应与垫层的缩缝对齐；在主梁两侧和柱四周的地面宜分别增设分格缝；

2 设有隔离层的面层分格缝，可不与垫层的缩缝对齐。

9.4.8 建筑装修板块面层的施工应符合下列规定：

1 室内地面瓷砖宜采用干铺法施工；

2 地砖间留缝宜为1mm～3mm，与墙柱间留缝宜为3mm～5mm；

3 大理石、花岗石块材间留缝宜为1mm～2mm，与墙柱间留缝宜为8mm～12mm；面层宜每隔8m～10m设置伸缩缝，留缝宜为10mm～20mm；

4 预制板块之间留缝宜为3mm，与墙柱间留缝宜为8mm～12mm。

9.4.9 地面的变形缝设置应与结构缝位置一致，且应贯通地面的各个构造层。

9.5 吊顶装修工程

9.5.1 吊顶材料的选择应符合屋面或楼面刚度的要求。

9.5.2 吊顶龙骨的设计应符合下列规定：

1 不上人的吊顶，当吊杆长度小于1.5m时，吊杆直径不宜小于6mm；当吊杆长度大于1.5m时，吊杆直径不应小于8mm，并应设置反向支撑；

2 上人的吊顶，当吊杆长度小于1.5m时，吊杆直径不应小于8mm；当吊杆长度大于1.5m时，吊杆直径不应小于10mm，并应设置反向支撑；

3 对跨度大于15m的吊顶，应在主龙骨上每隔15m加一道大龙骨，并应垂直于主龙骨且与主龙骨连接牢固。

9.5.3 吊顶龙骨的施工应符合下列规定：

1 主龙骨应按短向宽度的1/200～1/300起拱；

2 当吊杆与设备相遇时，应调整或增设吊杆；

3 吊顶的次龙骨应紧贴主龙骨安装，间距宜为300mm～600mm；横撑龙骨应采用连接件将其两端连接在通长龙骨上，明龙骨系列的横撑龙骨搭接处的间隙不得大于1mm；龙骨之间的连接件应错位安装。

9.5.4 吊顶装修工程饰面板的安装可采取下列控制裂缝的措施：

1 饰面板安装应由吊顶的中部开始；

2 饰面板与龙骨嵌装时，应防止互相挤压；

3 饰面板与墙、柱边的留缝宜为10mm～20mm。

9.5.5 吊顶装修板的风口、灯具口等处应在安装后开孔；宜开为圆孔，开方形或矩形孔时应避开主次龙骨位置；洞口大于300mm时，洞四周应附加龙骨加固。

10 裂缝的判断与处理

10.1 一般规定

10.1.1 判定建筑开裂的原因可采取由表及里、由装修到结构的判断方式。

10.1.2 当装修面层出现裂缝、空鼓或损伤时，可按下列方式进行判断：

1 应检查支承装修面层的找平层、垫层、保温层等的开裂、缺陷、空鼓、松动、受潮、受冻等异常情况；

2 当找平层、垫层、保温层等无异常情况时，应从装修面层本身查找开裂、空鼓等的原因并确定处理措施。

10.1.3 当找平层、垫层或保温层等存在开裂、空鼓、脱落等问题时，可按下列方式进行判断：

1 应检查主体结构、围护结构或土层等的开裂、缺陷或明显变形等异常情况；

2 当主体结构、围护结构或土层等无异常情况时，应从找平层、垫层或保温层本身查找开裂、空鼓等的原因并确定处理措施。

10.1.4 结构存在裂缝时可按下列规则进行判定：

1 对存在受力裂缝的结构应进行承载能力和正常使用极限状态计算分析；并应根据分析情况采取相应的处理措施；

2 对变形裂缝，可根据裂缝的形态、位置和出现的时间等因素分析裂缝的原因和发展情况，并应采取相应的治理措施和裂缝处理措施。

10.2 装修裂缝的判断与处理

10.2.1 当墙面、地面或吊顶面板等装修面层开裂时，可采取局部或全部更换的处理措施。

Ⅰ 墙面装修

10.2.2 墙面抹灰层局部起翘、空鼓和开裂可按下列步骤进行处理：

1 将起翘、空鼓和开裂部位每边加宽50mm部位划出范围，用切割锯按线切割；

2 将切割范围内的面层或基层全部剔除；

3 用提高一个强度等级且加膨胀剂的同品种砂浆抹压密实，并及时进行养护。

10.2.3 墙面涂层的表面裂缝可按下列步骤处理：

1 铲掉开裂部位的表层；

2 用砂纸将涂层的基层打磨平整；

3 用界面剂粘绸布一道，重刮腻子；

4 重刷涂料。

10.2.4 结构出现不同墙体材料的相交部位的界面裂缝可按本规程第9.3.4条的规定处理。

Ⅱ 地面装修

10.2.5 地面装修的空鼓，应将空鼓部位加宽50mm范围处用切割锯切割，将该范围的面层和基层空鼓全部剔凿后，宜采用提高一级强度等级材料进行浇筑、抹压密实处理。

10.2.6 建筑地面装修的表面裂缝可采取水泥基胶浆进行面层修补补强。

10.2.7 对于基层或结构裂缝，可采用灌压环氧浆液的处理措施，环氧浆液配比应经过验证，并应按下列步骤进行：

1 对原有裂缝采用环氧胶泥封缝，并留出灌浆孔和出浆孔；

2 将配制好的环氧浆液放入注胶罐中，注胶时压力宜为0.2MPa～0.3MPa；

3 浆液刚从出浆孔流出时，不应马上停止注胶，应维持压力5min～10min。

Ⅲ 吊顶面板

10.2.8 吊顶面板开裂时，可从下列方面进行判断：

1 受潮或受冻；

2 未设置伸缩缝；

3 受外力作用；

4 应力集中。

10.2.9 建筑吊顶装修裂缝的处理应符合下列规定：

1 建筑吊顶装修的界面缝和控制缝，应按设计要求采用留明缝或采用掩饰裂缝措施；

2 建筑吊顶装修伸缩缝的处理应符合下列规定：

1）应将裂缝全部刮开，可用嵌缝腻子将刮开处分三次刮平；

2）粘贴玻璃纤维网格布，每边搭接长度不应小于100mm；

3 建筑吊顶装修的表面裂缝，应采取用砂纸将已出现裂纹的部位打磨平整后粘贴绸布的处理方法；

4 吊顶面板挠度过大开裂时，可采取加固结构后重新吊顶的措施。

10.3 外墙外保温裂缝的判断与处理

10.3.1 保温层出现问题时，可按下列方法进行判断：

1 保温层出现裂缝时，应核查围护结构的变形、开裂情况；

2 保温层受潮时，应核查防水和隔汽层的情况。

10.3.2 当围护结构对保温层裂缝无影响时，应对保温层进行局部修复。

10.3.3 当保温层受潮时，应待基层干燥后重新铺设保温层。

10.4 轻质隔墙裂缝的判断与处理

10.4.1 当轻质条板隔墙出现裂缝时，可从下列方面进行判断：

1 条板上端与结构层的间隙情况；

2 条板的受潮及变形情况；

3 条板接缝处的处理情况；

4 条板墙的局部受力情况。

10.4.2 对于开裂受损或出现变形的条板宜采取更换的处理措施，在更换时应根据造成问题的根源采取相应的防裂措施。

10.4.3 当骨架覆面板隔墙的面板出现侧弯和开裂时，应核查骨架的侧弯情况。当骨架存在相似的侧弯时，应采取措施解决骨架的侧弯问题。

10.4.4 覆面板出现裂缝时，可从下列方面进行判断：

1 门窗洞口、电盒等预留洞应力集中情况；

2 墙板上悬挂重物；

3 墙板局部受外力冲击；

4 覆面板变形情况。

10.4.5 覆面板出现裂缝时，可采取局部修复或更换的处理措施。

10.5 砌体结构裂缝的判断与处理

10.5.1 砌体结构开裂原因可根据受力裂缝、变形裂缝等的形态和出现的部位判断，也可采取有针对性的判定方法。

10.5.2 砌体结构的受力裂缝可根据下列特征进行判断：

1 重力荷载造成的裂缝多呈竖向；

2 剪切作用造成的裂缝主要为斜向裂缝；

3 弯曲受拉裂缝多数沿砌体灰缝水平向发展；

4 直拉裂缝多沿着与拉力垂直灰缝开展；

5 局部承压荷载裂缝多出现在混凝土大梁或木梁下部的墙体。

10.5.3 受力裂缝的发展情况可按下列方法判断：

1 砌体结构承受的最不利荷载作用效应设计值 S_d 应按现行国家标准《建筑结构荷载规范》GB 50009 的规定确定；

2 砌体结构承载力的设计值 R_d 应按现行国家标准《砌体结构设计规范》GB 50003 等的规定，依据现场检测数据计算；

3 应依据 R_d 与 S_d 的比值，判定荷载裂缝的发展情况。

10.5.4 对于砌体结构承载力的设计值 R_d 大于或等于结构承受的最不利荷载作用效应设计值 S_d 的构件，可对受力裂缝采取封闭的处理措施。

10.5.5 太阳辐射热裂缝可按下列特征进行判断：

1 顶层裂缝严重；

2 结构单元两端裂缝严重；

3 在墙上斜向发展。

10.5.6 太阳辐射热裂缝的处理应符合下列规定：

1 对屋盖的保温隔热系统进行改造，应使屋面膨胀产生的变形得到控制；

2 对于裂缝处理可采用缝内灌水泥浆或环氧胶浆的处理方法，也可采取水泥砂浆铺贴钢丝网的表面补强处理方法。

10.5.7 地基不均匀变形造成的裂缝，可按本规程第10.7节的规定判定开裂原因并采取治理和裂缝处理措施。

10.6 混凝土结构裂缝的判断与处理

10.6.1 对混凝土结构裂缝的判断应在本节所列各种因素的基础上进行，并采取措施进行处理。

10.6.2 因胶凝材料安定性引发的膨胀性裂缝，可按下列规定判断与处理：

1 当有剩余胶凝材料时，应对其进行安定性的试验或检验；

2 当没有剩余胶凝材料时，可按现行国家标准《建筑结构检测技术标准》GB/T 50344 的有关规定判断其继续发展的可能性；

3 对于大面积出现严重裂缝的构件，可采取重新浇筑混凝土或外包混凝土加固等处理措施；

4 对于裂缝较少且没有明显发展的构件，可按本规程附录H规定的方法进行裂缝处理，也可采取局部剔凿修补的处理措施。

10.6.3 施工期间，在梁、板类构件钢筋保护层上的顺筋裂缝，及墙、柱类构件箍筋外侧的水平裂缝，可采取封闭处理措施。

10.6.4 高温、干燥条件下，浇筑的混凝土终凝后出现的龟裂，应对裂缝进行灌缝或表面封闭的处理。

10.6.5 对混凝土固化过程中因水化热造成的表面与内部的温差裂缝，应待其稳定后向裂缝内灌注胶粘剂封闭。当构件有防水要求时，应检查灌胶后的渗漏情况，或在构件表面增设弹性防水涂层。

10.6.6 混凝土硬化后，在表面积较大构件、形状突变部位、高度较大梁的腹部、门窗洞口角部、长度较大构件的中部和浇筑混凝土的施工缝等处出现的干缩裂缝，应在其稳定后采取封闭处理措施。

10.6.7 混凝土结构中由于钢筋锈蚀引起的裂缝，可根据下列特征进行判断：

1 裂缝顺钢筋的方向发展并有黄褐色锈渍；

2 对锈蚀钢筋边的混凝土取样，进行氯离子含量测定。

10.6.8 对混凝土结构中由于钢筋锈蚀引起的裂缝，在构件承载力尚符合设计要求的条件下，应按下列方法进行处理：

1 采取遏制钢筋锈蚀继续发展的措施；

2 对于发展缓慢的钢筋锈蚀裂缝，应采取封闭裂缝的处理措施或将开裂处混凝土剔除，用高强度等级的砂浆或聚合物砂浆进行修补。

10.6.9 对有热源影响的混凝土构件上的温差裂缝，应在对造成温度变化的原因采取治理措施后，对构件温差裂缝进行处理。

10.6.10 对碱骨料反应引起的裂缝，可根据下列特征进行判断：

1 骨料出现反应开裂；

2 混凝土碱含量超过现行国家标准《混凝土结构耐久性设计规范》GB/T 50476 的限值；

3 混凝土中骨料具有碱活性。

10.6.11 碱骨料裂缝应按下列方法进行处理：

1 干燥常温环境下，对较轻的裂缝进行灌缝处理；对较重的裂缝进行裂缝封闭后，对构件采取约束加固的处理措施；

2 潮湿高温环境下，可在封闭裂缝、约束加固后，增设表面防水处理和隔热处理措施；

3 对不易采取上述处理措施的构件，可采取更换构件的措施。

10.6.12 对冬季寒冷或严寒地区的室外混凝土构件的冻胀裂缝，可在消除造成冻胀裂缝的因素后，进行构件加固或补强措施。

10.6.13 对使用阶段出现的混凝土构件受力裂缝，应根据裂缝形态作出判断并进行构件承载能力及正常使用极限状态的验算。当不满足设计要求时，应采取加固处理措施。

10.7 地基变形裂缝的判断与处理

10.7.1 地基不均匀变形裂缝的判断应包括裂缝产生原因、造成地基不均匀变形的原因和发展情况等。

10.7.2 地基不均匀变形造成裂缝的判定可采取下列两种方式：

1 根据裂缝位置、形态与走向等查找不均匀变形发生的部位和范围；

2 将地基不均匀变形的部位、范围等参数与裂缝的位置与走向等进行核对。

10.7.3 造成地基不均匀变形的原因可从下列方面判断：

1 浅埋基础地基遭受冻胀作用；

2 管线断裂或其他原因造成地基含水率的变化或局部沉陷；

3 地下水位突然升高或毗邻工程施工降水；

4 建筑周边堆放重物；

5 同样地基的基础压力差异过大；

6 同一结构单元内地基压缩性能差异过大；

7 相邻基础压力相互影响；

8 管沟与墙体之间未留出间隙；

9 地基局部存在未经处理的软弱层；

10 毗邻建筑基坑开挖的影响；

11 特殊土地基处理情况，包括湿陷性黄土地基、膨胀土地基等。

10.7.4 当影响地基不均匀变形的部位和客观原因确定后，应作出地基不均匀变形发展情况的判断并采取有针对性的治理措施。

10.7.5 当地基不均匀变形趋于稳定或经过有效治理后，方可对裂缝进行处理。

附录A 混凝土热物理性能测试与估算

A.0.1 混凝土的线膨胀系数 α_c 可按现行行业标准《水工混凝土试验规程》DL/T 5150 中规定的方法测定，也可按现行国家标准《混凝土结构设计规范》GB 50010 的规定取值；当骨料为确定的单一品种时，可取表 A.0.1 所列数值。

表 A.0.1 混凝土线膨胀系数 α_c

序号	不同骨料种类混凝土	线膨胀系数（1/℃）
1	石英岩混凝土	1.1×10^{-5}
2	砂岩混凝土	1.0×10^{-5}
3	花岗岩混凝土	0.9×10^{-5}
4	玄武岩混凝土	0.8×10^{-5}
5	石灰岩混凝土	0.7×10^{-5}

A.0.2 混凝土的导热系数 λ 可按现行行业标准《泡沫混凝土》JG/T 266 中规定的方法进行测定。当缺少相关数据时，可取 5.44kJ/(m·h·℃)～10.6kJ/(m·h·℃)之间的数值。

A.0.3 混凝土的比热 c 可按现行行业标准《轻骨料混凝土技术规程》JGJ 51 中规定的方法测定。当缺少相关数据时，可取 0.92kJ/（kg·℃）～0.96 kJ/(kg·℃）之间的数值。

A.0.4 水泥的水化热可按现行国家标准《水泥水化热测定方法》GB/T 12959 的规定进行测定。当缺少相关数据时，可按下式进行估算：

$$Q_t = Q_0\left[1 - \exp\left(-mt^n\right)\right] \quad \text{(A.0.4)}$$

式中：Q_t——龄期 t 时的累积水化热（kJ/kg）；

Q_0——最终水化热（kJ/kg），可按表 A.0.4 取值；

t——龄期（d）；

m、n——常数，可按表 A.0.4 取值。

表 A.0.4 水泥水化热的参数

水泥品种	Q_0	m	n
普通硅酸盐水泥 42.5 级	340	0.69	0.56
普通硅酸盐水泥 32.5 级	340	0.36	0.74
中热硅酸盐水泥 42.5 级	280	0.79	0.70
低热矿渣硅酸盐水泥 32.5 级	280	0.29	0.76

A.0.5 混凝土的水化热可根据水泥的水化热以及混凝土配合比进行估算，当缺少有关数据时，42.5 级普通硅酸盐水泥配制的普通碎石混凝土，可按下式估算混凝土的总水化热：

$$Q_c = 2920\ f_{cu,28} + 452 \quad (A.0.5)$$

式中：Q_c——混凝土的总水化热（kJ/m^3）；

$f_{cu,28}$——龄期为 28d 时的混凝土立方体抗压强度（MPa）。

A.0.6 当缺少有关数据时，在无保温的情况下，混凝土的表面放热系数 β 可按表 A.0.6-1 所列数值确定；当混凝土表面设有保温层时，等效放热系数可按式（A.0.6）计算。

$$\beta_{eq} = \frac{1}{\sum \frac{h_i}{\lambda_i} + \frac{1}{\beta}} \quad (A.0.6)$$

式中：h_i——第 i 层保温材料的厚度（m）；

β——最外层保温材料与空气接触的放热系数，可按表 A.0.6-1 确定；

λ_i——第 i 层保温材料的导热系数，可按表 A.0.6-2 确定。

表 A.0.6-1 混凝土表面放热系数 β

序号	环境情况	放热系数 kJ/（m·h·℃）
1	散至空气（风速 2m/s～5m/s）	50～90
2	散至空气（风速 0～2m/s）	25～50
3	散至流水	∞

表 A.0.6-2 保温材料的 λ_i 值

材料	木板	木屑	草席	石棉毡	油毛毡、麻屑	泡沫塑料
λ_i kJ/（m·h·℃）	0.84	0.63	0.50	0.42	0.17	0.13

A.0.7 当缺少有关数据时，混凝土在龄期 t 时的绝热温升 T_t 可按式（A.0.7）估算。

$$T_t = \frac{Q_t W(1 - 0.75p)}{cp} \quad (A.0.7)$$

式中：W——混凝土胶凝材料用量（kg/m^3）；

p——粉煤灰掺量的百分数（%）；

c——混凝土的比热［kJ/（kg·℃）］；

Q_t——t 时刻的累积水化热（kJ）。

附录 B 混凝土收缩特性的测试与估算

B.0.1 混凝土在标准及同条件养护下的收缩性能可按现行国家标准《普通混凝土长期性能和耐久性能试验方法标准》GB/T 50082 的规定进行测试。

B.0.2 当缺少相关数据时，可按下式估算龄期小于 120d 普通混凝土的干燥收缩量：

$$\varepsilon_{sh}(f_{cu,28}, t) = (3 \times f_{cu,28} + 138)\frac{t^2}{t^2 - 19t + 433} \quad (B.0.2)$$

式中：$\varepsilon_{sh}(f_{cu,28}, t)$——普通混凝土在 120d 之内任意时间的收缩值（$\times 10^{-6}$）；

$f_{cu,28}$——龄期为 28d 时混凝土立方体抗压强度（MPa）；

t——混凝土的龄期（d）。

附录 C 混凝土徐变的测试与估算

C.0.1 混凝土的受压徐变可按现行国家标准《普通混凝土长期性能和耐久性能试验方法标准》GB/T 50082 的规定进行测试。

C.0.2 当缺少相关数据时，混凝土结构设计在估算预应力损失和混凝土热膨胀作用效应时，混凝土受压徐变量可按下列公式估算：

$$\varepsilon_{cr}(t) = \frac{\sigma_0}{E_{c,28}}\varphi(t) \quad (C.0.2\text{-}1)$$

$$\varphi(t) = \frac{\beta(f_{cu}) \cdot 2.5 \cdot t^{0.6}}{12 + t^{0.6}} \quad (C.0.2\text{-}2)$$

式中：t——从 t_0 时刻开始的加载时间（d）；

σ_0——在 t_0 时刻施加的拉应力（MPa）；

$E_{c,28}$——龄期为 28d 的混凝土弹性模量（MPa）；

$\varphi(t)$——徐变系数；

f_{cu}——C20～C50 的混凝土强度等级；

$\beta(f_{cu})$——混凝土强度影响系数，$\beta(f_{cu}) = \left(\frac{130 - f_{cu}}{100}\right)^2$。

C.0.3 当结构设计采用本附录第 C.0.2 条进行混凝土抗裂性能分析时，拉应力 σ_0 的取值不宜大于 0.4 倍的混凝土抗拉强度。

附录 D 胶凝材料及外加剂相容性试验

D.0.1 本方法适用于混凝土中胶凝材料及其与外加剂的相容性试验，主要包括胶凝材料与外加剂之间的凝结的适应性以及胶凝材料与外加剂的圆环开裂适应性。

D.0.2 圆环开裂试模应符合下列规定：

1 试模由芯模、侧模和底座构成；

2 芯模应为钢制，顶面设凹槽；

3 侧模可为有机玻璃或钢制，安装后高度与芯模高度相同；

4 底座可为有机玻璃或钢制，尺寸与芯模和侧模匹配；

5 由试模成型试件外径应为140mm±1mm，内径应为90mm±1mm，高度应为25mm±1mm。

D.0.3 相容性试验应具备下列仪器设备：

1 符合现行行业标准《水泥净浆搅拌机》JC/T 729的水泥净浆搅拌机；

2 符合现行国家标准《水泥标准稠度用水量、凝结时间、安定性检验方法》GB/T 1346的标准维卡仪；

3 符合现行行业标准《行星式水泥胶砂搅拌机》JC/T 681的水泥胶砂搅拌机；

4 符合现行国家标准《水泥胶砂流动度测定方法》GB/T 2419要求的水泥胶砂流动度测定仪；

5 称量1000g，分度不大于1g的天平以及称量4000g，分度不大于1g的天平；

6 分度值为0.01mm的应变仪或读数显微镜。

D.0.4 应按现行国家标准《水泥标准稠度用水量、凝结时间、安定性检验方法》GB/T 1346的有关要求测试水泥及水泥加入外加剂后在标准稠度情况下的凝结时间，判断水泥及加入外加剂后凝结时间有无异常。

D.0.5 胶凝材料及外加剂的圆环开裂性试验可在相同环境条件、相同测试方法下进行。标准条件下的试验可按以下步骤规定进行：

1 试模成型时，环境应保持在温度（20±2）℃、相对湿度大于50%的条件下；

2 称取1500g水泥，达到标准稠度下的用水量；当使用外加剂时，用水量亦为标准稠度下的用水量；将有关物料放入水泥胶砂搅拌机中进行搅拌；

3 将搅拌好的料浆分两层放入抗裂试模中，并用刮刀不断插捣，插捣过程中不应带入空气，并使料浆略高于抗裂试模边缘；

4 将抗裂试模放置在跳桌上跳30次，跳动期间试模不得脱离跳桌；

5 用刮刀将料浆刮至与抗裂试模平齐；

6 将成型好的抗裂试模立即放入温度为（20±2）℃、湿度大于90%的环境中养护24h后脱模；

7 脱模后的抗裂试件立即放入温度为（20±2）℃、相对湿度60±5%的环境中，用应变仪或放大镜观察和记录试件环立面第一条裂缝出现的时间，并计算试件从脱模后放入此环境时到裂缝产生的间隔时间，此时间间隔即为开裂时间；

8 以三个试件测值的算术平均值作为开裂时间的最终结果；三个测值中的最大值或最小值中有一个与中间值的差值超过中间值的20%时，应把最大及最小值一并舍除，取中间值作为最终结果；当两个测值与中间值的差均超过中间值的20%时，则该组试件的试验结果无效。

D.0.6 可按相同条件下开裂时间的长短，判断材料之间适应性。

附录E 混凝土抗裂性能的平板试验

E.0.1 混凝土抗裂性能平板试验用试模应符合下列规定：

1 试模应由底板、模框和钢筋框架构成；

2 底板及模框可由木材或钢材制成；

3 模框的内框尺寸宜为600mm×900mm×50mm或600mm×900mm×63mm；

4 模框的高度应由骨料最大粒径确定，当骨料最大粒径不超过25mm时，宜使用50mm高的模框；当骨料最大粒径不超过31.5mm时，宜使用63mm高的模框；

5 模板底部应衬有塑料薄膜，以减小底模对试件收缩变形的影响；

6 模板四周、底部应保持平整状态，无翘曲、无凹凸现象；

7 模板内应放置直径10mm光圆钢筋的框架，框架的外围尺寸：570mm×870mm，框架四角应分别焊接四个竖向钢筋端头，钢筋端头的高度宜为10mm。

E.0.2 混凝土抗裂性能平板检验应具备下列仪器设备：

1 混凝土搅拌机和振捣器；

2 两个1000W碘钨灯；

3 量程5000mm，分度值1mm的钢卷尺；

4 分度值为0.01mm应变仪或读数显微镜；

5 风速为5m/s～7m/s的风扇；

6 棉线数米。

E.0.3 混凝土抗裂性能平板检验的试件成型宜按下列步骤进行：

1 将模框置于底板上，铺设塑料薄膜，将限制钢筋框放在塑料薄膜上；

2 按确定的配合比拌制受检混凝土拌合物；

3 将混凝土拌合物均匀地浇筑在模框内，用平板振动器将其振捣密实并抹平试件表面。

E.0.4 混凝土抗裂性能检验应在混凝土成型后开始，并应符合下列规定：

1 温度应不低于25℃；

2 在试件上方0.8m应用两个1000 W碘钨灯给试件表面加热；

3 风扇应以5m/s～7m/s的风速经过受检混凝土表面。

E.0.5 风扇、碘钨灯应连续开启24h～48h，并应定时观察记录试件裂缝的条数、部位以及每条裂缝的长度与宽度。

1 裂缝宽度宜用读数显微镜测量，精确至0.01mm，记录裂缝的最大宽度；

2 用棉线沿着裂缝走向取得相应的长度，以钢卷尺测量其长度，精确至1mm。

E.0.6 检验数据的整理应符合下列规定：

1 试件的裂缝平均面积 a 宜按下式确定：

$$a=\frac{1}{N}\sum_{i}^{N}W_i\times L_i \quad (E.0.6\text{-}1)$$

2 试件单位面积裂缝的数量 b 宜按下式确定：

$$b=\frac{N}{A} \quad (E.0.6\text{-}2)$$

3 试件裂缝面积比 c 宜按下式确定：

$$c=a\times b \quad (E.0.6\text{-}3)$$

式中：N——裂缝总条数；

W_i——第 i 条裂缝的最大宽度（mm）；

L_i——第 i 条裂缝的长度（mm）；

A——底板面积。

E.0.7 混凝土抗裂性能评价可按下列条件划分：

1 平均开裂面积 a 小于 $10mm^2$；

2 单位面积裂缝数量 b 小于10根/m^2；

3 裂缝面积比 c 小于 $100mm^2/m^2$。

E.0.8 按评价条件可将混凝土抗裂性能分成下列五个等级：

1 Ⅰ级，试件无裂缝或仅有细微裂纹；

2 Ⅱ级，试件满足所有评价条件；

3 Ⅲ级，试件满足评价条件中的两个；

4 Ⅳ级，试件满足评价条件中的一个；

5 Ⅴ级，试件不满足所有评价条件。

E.0.9 对于处于Ⅳ级和Ⅴ级的混凝土，可评价其抗裂性较差。

附录F 砌筑墙体抗裂构造措施

F.0.1 水平钢筋墙体应符合下列规定：

1 墙体的砌筑砂浆强度等级不应低于M5；

2 墙体灰缝中应设置通长的水平钢筋，当墙体两端有构造柱时，水平钢筋应伸入构造柱；

3 水平钢筋沿墙体高度的间距不应大于500mm；

4 当墙体的厚度小于或等于240mm时，每层钢筋的数量不应少于2根，当墙体厚度大于240mm时，每层钢筋的数量不应少于3根；

5 钢筋的直径应为6mm。

F.0.2 抗裂门窗洞口应符合下列规定：

1 在过梁上墙体2道～3道灰缝内应设置钢筋网片或3根直径6mm的钢筋，钢筋网片或钢筋伸入窗洞口两端墙内的长度不应小于600mm；

2 在窗台下2道～3道灰缝内应设置钢筋网片或直径6mm的钢筋；

3 顶层窗台下应设置与块材高度相匹配的钢筋混凝土现浇带，现浇带伸入窗洞口两端墙内的长度不应小于600mm；

4 温差较大的地区的混水墙，除应采取上述措施外，尚应在门窗洞口上部设置45°斜向钢筋网片或2根直径6mm钢筋，并用U形筋将斜筋固定在墙体上，再做内外抹灰。

附录G 抹灰砂浆抗裂性能圆环试验

G.0.1 抹灰砂浆抗裂性能圆环试验用试模应符合下列规定：

1 圆环抗裂试模可由底座、侧模和芯模构成；

2 芯模应为钢制，顶面可设凹槽；

3 侧模可为有机玻璃或钢制，安装后高度应与芯模高度相同；

4 底座宜为钢制；

5 试模制成试件外径宜为200mm±1mm；内径宜为150mm±1mm；高宜为25mm±1mm。

G.0.2 抹灰砂浆抗裂性能的圆环试验宜配有下列仪器设备：

1 符合现行行业标准《建筑砂浆基本性能试验方法标准》JGJ/T 70的砂浆搅拌机；

2 分度值为0.01mm的读数显微镜。

G.0.3 抹灰砂浆抗裂性能圆环试验试件的成型应符合下列规定：

1 砂浆拌合物可按现行行业标准《建筑砂浆基本性能试验方法标准》JGJ/T 70的规定或工程实际情况进行拌制；

2 拌合物的拌制数量应能成型3个试件；

3 将拌合好的砂浆放入试模中，并应按与抹灰砂浆相似的方法使其密实，并将砂浆表面抹平；

4 当采用与抹灰基层相近的材料做底模时，底模的含水情况应与基层实际情况相近；

5 成型的抗裂试模应放入温度为（20±2）℃、相对湿度大于95%或与施工现场同条件的环境中，养护24h后脱模；

6 脱模后的抗裂试件应立即放入温度为（30±2）℃、相对湿度50±5%或与施工现场同条件的环境中进行检验。

G.0.4 抹灰层砂浆抗裂性能可按下列步骤进行试验：

1 用读数显微镜观察试件环立面上裂缝产生情况；

2 用读数显微镜观察时，应按固定时间间隔进行观察；

3 记录裂缝产生的部位、长度与宽度以及第一条裂缝产生的时间；

4 观察应持续7d。

附录H 混凝土裂缝处理方法

H.0.1 混凝土裂缝可采用凿槽嵌补、扒钉控制裂缝、压力灌浆、抽吸灌浆和浸渍修补等措施治理。

H.0.2 凿槽嵌补可消除混凝土表面的裂缝，其修补操作可按下列步骤实施：

1 在开裂混凝土的表面上沿裂缝剔凿凹槽，凹槽可为V形、梯形或U形，凹槽的宽度和深度宜为40mm～60mm；

2 清洗并晾干凹槽；

3 用环氧树脂、环氧胶泥、聚氯乙烯胶泥或沥青膏等嵌填修补材料将凹槽嵌缝并填平；

4 在嵌缝材料上涂刷水泥净浆或其他涂料；

5 当构件有防水要求时，在水泥干燥后增设防水油膏面层。

H.0.3 扒钉控制裂缝的方法可有效限制裂缝宽度的增长，裂缝治理可按下列步骤实施：

1 沿裂缝按需要的间距和跨度钻孔；

2 孔内填塞胶结材料，并跨缝钉入扒钉用胶结材料固定；

3 当需要凿槽嵌补时，可按本附录第H.0.2条的步骤执行。

H.0.4 压力灌浆裂缝治理方法可按下列步骤操作：

1 清理裂缝表面，用胶结材料封闭裂缝并预留灌浆孔和溢浆口；

2 粘结固定灌浆嘴，并连接压浆泵；

3 按需要配制水泥浆、环氧树脂、甲基丙烯酸酯、聚合物水泥等灌浆材料；

4 按需要的压力进行压力灌浆；

5 当浆液由溢浆口流出可停止压力灌浆；

6 清除溢流浆液，拔除灌浆嘴清理构件表面。

H.0.5 抽吸灌浆裂缝治理方法可按下列步骤操作：

1 清理裂缝表面，用胶结材料封闭裂缝并预留吸浆口；

2 配制水泥浆、环氧树脂、甲基丙烯酸酯、聚合物水泥等灌缝材料；

3 粘结固定抽吸管并压紧弹簧造成负压，将涂布在裂缝表面的浆液吸入裂缝内；

4 拔除抽吸管，清理构件表面。

H.0.6 对于龟裂的混凝土宜采用浸渍混凝土裂缝治理方法，可按下列步骤操作：

1 在需要处理的混凝土区域内钻孔；

2 粘结固定压浆嘴，并连接压浆泵；

3 配制环氧树脂、甲基丙烯酸酯、聚合物水泥等浸渍浆料；

4 按需要的压力向钻孔内注入浸渍浆料；

5 当浸渍浆料从构件表面溢出可停止注浆；

6 清除溢流浆液，拔除压浆嘴，清理构件表面。

本规程用词说明

1 为便于在执行本规程条文时区别对待，对要求严格程度不同的用词说明如下：

1）表示很严格，非这样做不可的：
正面词采用“必须”，反面词采用“严禁”；

2）表示严格，在正常情况下均应这样做的：
正面词采用“应”，反面词采用“不应”或“不得”；

3）表示允许稍有选择，在条件允许时首先这样做的：
正面词采用“宜”，反面词采用“不宜”；

4）表示有选择，在一定条件下可以这样做的，采用“可”。

2 条文中指明应按其他有关标准执行的写法为：“应符合……的规定”或“应按……执行”。

引用标准名录

1 《砌体结构设计规范》GB 50003
2 《建筑地基基础设计规范》GB 50007
3 《建筑结构荷载规范》GB 50009
4 《混凝土结构设计规范》GB 50010
5 《建筑地面设计规范》GB 50037
6 《普通混凝土长期性能和耐久性能试验方法标准》GB/T 50082
7 《民用建筑热工设计规范》GB 50176
8 《建筑地面工程施工质量验收规范》GB 50209
9 《建筑结构检测技术标准》GB/T 50344
10 《混凝土结构耐久性设计规范》GB/T 50476
11 《墙体材料应用统一技术规范》GB 50574
12 《混凝土结构工程施工规范》GB 50666
13 《水泥标准稠度用水量、凝结时间、安定性检验方法》GB/T 1346
14 《水泥胶砂流动度测定方法》GB/T 2419
15 《水泥水化热测定方法》GB/T 12959
16 《粉煤灰在混凝土和砂浆中应用技术规程》JGJ 28
17 《轻骨料混凝土技术规程》JGJ 51
18 《普通混凝土配合比设计规程》JGJ 55
19 《建筑砂浆基本性能试验方法标准》JGJ/T 70
20 《建筑轻质条板隔墙技术规程》JGJ/T 157
21 《建筑隔墙用轻质条板》JG/T 169；
22 《泡沫混凝土》JG/T 266
23 《水工混凝土试验规程》DL/T 5150
24 《行星式水泥胶砂搅拌机》JC/T 681
25 《水泥净浆搅拌机》JC/T 729

中华人民共和国行业标准

建筑工程裂缝防治技术规程

JGJ/T 317—2014

条 文 说 明

制 订 说 明

《建筑工程裂缝防治技术规程》JGJ/T 317－2014经住房和城乡建设部2014年2月28日以第329号公告批准、发布。

本规程编制过程中，编制组进行了广泛的调查研究，总结了我国工程建设裂缝防治技术的实践经验，同时参考了国外先进技术法规、技术标准，通过试验取得了裂缝防治重要技术参数。

为便于广大设计、施工、科研、学校等单位有关人员在使用本规程时能正确理解和执行条文规定，《建筑工程裂缝防治技术规程》编制组按章、节、条顺序编制了本规程的条文说明，对条文规定的目的、依据以及执行中需注意的有关事项进行了说明。但是，本条文说明不具备与规程正文同等的法律效力，仅供使用者作为理解和把握规程规定的参考。

目　次

1　总则 …… 35—26
2　术语和符号 …… 35—26
2.1　术语 …… 35—26
3　基本规定 …… 35—26
3.1　一般规定 …… 35—26
3.2　设计 …… 35—26
3.3　材料与制品 …… 35—26
3.4　施工 …… 35—26
3.5　竣工后的措施 …… 35—27
4　地基变形裂缝控制 …… 35—27
4.1　一般规定 …… 35—27
4.2　勘察与气象资料 …… 35—27
4.3　地基变形控制 …… 35—27
4.5　施工 …… 35—28
5　混凝土结构裂缝控制 …… 35—28
5.1　一般规定 …… 35—28
5.2　设计 …… 35—28
5.3　混凝土材料 …… 35—29
5.4　施工 …… 35—29
6　砌体结构裂缝控制 …… 35—30
6.1　一般规定 …… 35—30
6.2　材料 …… 35—30
6.3　设计 …… 35—30
6.4　施工 …… 35—31
7　轻质隔墙裂缝控制 …… 35—31
7.1　一般规定 …… 35—31
7.2　轻质条板隔墙 …… 35—31
7.3　骨架覆面板隔墙 …… 35—31
8　外墙外保温工程裂缝控制 …… 35—32
9　装修工程裂缝控制 …… 35—32
9.1　一般规定 …… 35—32
9.2　材料 …… 35—32
9.3　墙面装修工程 …… 35—32
9.4　室内地面装修工程 …… 35—32
9.5　吊顶装修工程 …… 35—32
10　裂缝的判断与处理 …… 35—33
10.1　一般规定 …… 35—33
10.2　装修裂缝的判断与处理 …… 35—33
10.4　轻质隔墙裂缝的判断与处理 …… 35—33
10.5　砌体结构裂缝的判断与处理 …… 35—33
10.6　混凝土结构裂缝的判断与处理 …… 35—33
10.7　地基变形裂缝的判断与处理 …… 35—34
附录A　混凝土热物理性能测试与估算 …… 35—34
附录B　混凝土收缩特性的测试与估算 …… 35—34
附录C　混凝土徐变的测试与估算 …… 35—34

1 总　　则

1.0.1 本条提出编制本规程的目的。通常，建筑物的裂缝对结构的适用性或建筑物的使用功能有影响。但是对裂缝不予以控制任其发展，也会影响建筑的使用安全和耐久性能。对建筑工程的裂缝进行控制，有助于提高房屋建筑的设计水平和建筑工程的施工质量。

1.0.2 本规程提出控制建筑工程裂缝的措施，是对正常情况下的建筑工程裂缝预防措施。预防建筑工程的裂缝要靠优化设计、控制材料质量、加强施工措施等实现。建筑的裂缝可能出现在施工阶段，也可能出现在交付使用之后。有时使用方对建筑的开裂也负有责任。使用方正确的使用、定期的检查与维护也是避免出现裂缝的有效措施。发现裂缝及时治理则是避免问题恶化的有效措施。

火灾、爆炸、撞击和罕遇地震等偶然作用，必然造成建筑物出现不同程度的裂缝、损伤甚至坍塌。本规程提出的技术措施不能预防上述作用造成的裂缝。

2 术语和符号

2.1 术　　语

2.1.2 《工程结构可靠性设计统一标准》GB 50153－2008 将建筑上的作用分为直接作用和间接作用。受力裂缝是指由直接作用造成的裂缝，可称为“受力裂缝”、“荷载裂缝”或“直接裂缝”。

2.1.3 由《工程结构可靠性设计统一标准》GB 50153－2008 标准中所指的间接作用所引起的裂缝，是由于季节温差、太阳辐射、混凝土水化热、混凝土体积收缩、基础不均匀沉降等非荷载作用产生的强迫位移或约束变形而引起的裂缝，故也可称为“非受力裂缝”或“间接裂缝”。

3 基本规定

3.1 一般规定

3.1.1 建筑裂缝的控制包括预防与治理两个方面的措施。在这两方面的措施中应以预防措施为主。

3.1.2 建筑工程裂缝的预防与建筑设计、材料与制品的质量和恰当的施工措施等相关，有效的措施要通过相关各方相互支持与协调实现。目前关于裂缝预防的新技术较多，所有新技术，包括本技术规程提出的预防裂缝的措施，都应该经过有关各方的判别后实施。

3.1.3 出现裂缝不加分析，贸然采取处理措施，处理效果一般不好。

3.2 设　　计

3.2.1 预防建筑裂缝的设计措施包括“降”、“放”、“限”和“抗”等方面的技术措施。所谓“降”是减小直接作用和间接作用的措施，如增加保温隔热层减小环境温度作用效应的措施和避免屋面积水、积雪等降低荷载作用措施。所谓“放”是使直接作用或间接作用效应得到释放的措施，如设置伸缩缝、放置滑动支撑等措施。材料和构配件的体积稳定性涉及建筑结构、围护结构、保温层和装修等的裂缝问题，设计应对材料体积稳定性采取限制措施。所谓“抗”则是提高材料或构配件抗裂能力的措施。

3.2.2 设计资料不全，是设计考虑问题不周的重要原因。特定情况或特定因素影响下地基或结构的变形会比常规设计计算值明显增大。地基的变形会造成结构或围护结构的开裂。有时结构的变形虽然不会造成结构构件的开裂，但会造成非结构构件和装修等的开裂或损伤。本条提出要对特定情况下地基或结构的变形实施控制措施，也就是所谓“控”的措施。

3.2.3 伸缩缝的间距是综合考虑太阳辐射热、温度变化和结构材料线膨胀系数确定的。伸缩缝不仅起到保证结构构件不出现裂缝的作用，还要保证装修和围护结构不出现损伤。当微膨胀混凝土、抵抗收缩混凝土和预应力混凝土技术等不能改变构件材料热胀冷缩的基本性能时，一般不要突破现行结构设计规范的限制，加大伸缩缝的间距。建筑体型复杂时，即使按现行规范设置伸缩缝，也不能保证在使用过程中不出现开裂，应适当减小伸缩缝的间距或考虑综合因素设置结构缝。

3.2.4 建筑工程中许多裂缝是由于对新材料等的性能了解不够所致。

3.3 材料与制品

3.3.1 使用合格的产品是最基本的要求。除了基本要求外，设计与施工方提出的特殊要求也应得到满足。

3.4 施　　工

3.4.1 按照设计要求和国家标准的规定进行工程施工质量的控制是对施工企业的基本要求。本条所称的国家标准主要为施工规范和施工质量验收规范。当施工企业遇到难于控制的裂缝问题时，要与建设单位、监理单位和设计单位等洽商恰当的预防裂缝的措施。如使用强度等级过高的混凝土，没有降低水化热或减少收缩量的有效措施；缺乏新型材料与制品的体积稳定性或抗裂性资料或数据等。

3.4.2 合理的施工工期和工序，有利于保障施工质量和对完工的分部或分项工程实施保护，避免出现裂缝。

3.4.3 由于《混凝土结构设计规范》GB 50010有限制构件裂缝宽度的规定，许多技术人员认为建筑工程出现裂缝是规范允许的。实际上，除了混凝土结构之外，其他规范都不允许建筑在使用阶段出现裂缝。《混凝土结构设计规范》GB 50010也只是允许特定构件在使用阶段出现裂缝，也并未允许这类裂缝在工程的施工阶段出现。工程施工阶段常见的裂缝也不是该规范允许出现的裂缝。因此，在施工阶段出现的各类裂缝都应该采取有效措施予以治理。

3.5 竣工后的措施

3.5.1 本条规定适用于建筑工程竣工后，也适用于建筑长期使用的管理。在建筑周边堆积重物会造成诸多问题。

3.5.2 屋面积雪和积水不仅可以使建筑出现开裂，严重者可出现破坏或坍塌的现象。本条规定不仅适用于刚刚竣工的建筑工程，也适用于房屋建筑使用阶段的管理。

3.5.3 不向已竣工工程供暖，会造成设备、设施的损坏和建筑的开裂。地面采暖是我国近年推广的节能采暖方式，但骤然改变温度容易引起温差裂缝，升温和降温均应采取缓慢调节的措施。这一措施也适用于房屋建筑的使用期。

4 地基变形裂缝控制

4.1 一般规定

4.1.1 地基变形特征可分为沉降量、沉降差、倾斜和局部倾斜。不同结构形式、不同压缩性土的变形特征控制指标不同。由于沉降差、倾斜（局部倾斜）导致的地基不均匀变形可造成基础、首层及地下结构、围护结构、给水排水设施等出现裂缝，其预防措施主要靠设计和施工共同努力完成。

设计单位应在充分获得工程地质、水文地质条件、地基土冻胀、融陷等资料的基础上，根据建筑物的用途、地下结构、设施的特点以及作用在地基上的荷载等，进行地基变形验算，结合类似工程经验，通过采取建筑、结构控制措施和地基处理等方法，减少地基不均匀变形的影响，达到技术可行、经济合理的目的。

4.1.2 建筑物的施工应具备完备的地质勘察资料和周边建（构）筑物、地下管线、设施的结构形式、基础形式、地基处理方法与既有地下支护形式等，评估周边建（构）筑物对地下水控制、地基不均匀变形的承受能力，分析场地岩土的工程特性，充分考虑作业现场影响地基变形的各种边载条件及相邻场地施工作业的相互影响，制定专项技术方案，按照先深后浅、先高后低的施工顺序安排施工进度，同时应考虑季节因素。

4.2 勘察与气象资料

4.2.1 地基变形的准确计算应当从如下方面正确分析、理解与使用工程勘察报告的相关资料，必要时可补充勘察：

1 分析场地成因与地基应力历史，把握地基土的固结状态、沉积类型，当建筑物基础埋置较深时，应考虑地基土的回弹变形及回弹再压缩变形；

2 地基受力范围土性的差异变化对不均匀变形的影响至关重要，应考虑土层的空间分布是否均匀、局部软弱层验算等。对于岩石地基，尚应考虑其完整性、坚硬程度的差异、基岩岩面的起伏及岩溶土洞的存在与否等；

3 变形计算时压缩性指标的选用及相关室内试验应考虑地基土在不同施工阶段的实际受力状态的变化；

4 由于砂性土钻探取样的困难，难以通过试验得到其压缩性指标，沉降计算需充分重视地区实测资料积累和经验公式总结。

4.2.2 冻胀、冻融会造成基础变形，首层地坪出现裂缝或沉陷，埋地管线的冻裂也会影响房屋建筑的地基和基础，故要求基础及管线的埋置深度应满足一定的要求。场地冻结深度见《建筑地基基础设计规范》GB 50007的相关规定。基侧填砂、斜面基础等措施可有效防止切向冻胀力，其机理与特点详见《建筑地基基础设计规范》GB 50007的相关条文说明。

4.3 地基变形控制

4.3.1 地基变形允许值是地基设计计算中的一个关键问题，是在大量建筑物长期沉降观测资料积累的基础上，加以整理分析、统计得到的。

4.3.2 大量工程实践证明，选择合理的地基处理方案可以有效减少地基的不均匀变形。地基处理方案选择时，应进行实地调查研究，了解当地地基处理经验、施工水平、施工条件及环境状况等因素，详细收集岩土工程勘察资料与结构设计资料，综合分析结构类型、基础特点，经技术经济比较，选择加强上部结构与处理地基相结合的地基处理方案，按照承载力和变形双控确定设计参数。应注重方案实施前的现场试验和施工结束后的工程质量检验工作。采用地基处理的建筑物，在施工及使用期间应进行沉降观测。

4.3.3 随着地下空间的开发利用，建筑物地下室或地下构筑物的抗浮稳定性问题日益突出，由于整体或局部抗浮稳定性不满足要求，均会导致基础底板开裂、渗漏甚至上浮及地下结构梁、柱开裂等。抗浮验算的相关规定见《建筑地基基础设计规范》GB 50007。预测建筑物使用期间水位的可能变化和最高水位比较困难，故抗浮设防水位难以确定，需专门研究。

4.3.4 设置地下室，可加大基础埋深，同时减少附加应力，可提高地基的稳定性，是减少地基变形的有效办法。地基基础设计等级为甲级的建筑物桩基，体型复杂、荷载不均匀或桩端以下存在软弱土层的设计等级为乙级的建筑物桩基、摩擦型桩基、以控制沉降为目的的桩基，均应进行沉降验算。桩基础与底板设计时，应结合地区经验考虑上部结构、基础与地基刚度的共同作用，在有效控制地基变形的同时降低工程造价。同一建筑物或同一结构单元宜采用相同的地基处理方法控制不均匀沉降。

4.5 施 工

4.5.1 本条强调沉降观测的重要性与沉降观测的时效性。对于地基基础设计等级为甲级的建筑物，采用地基处理或软弱地基上的建筑物，受邻近深基坑开挖影响或受场地地下水等环境因素变化影响的建筑物，在施工期间，由于勘察、设计、施工的原因或周边环境变化导致地基产生的不均匀变形，会造成建筑物在施工阶段出现不均匀沉降，应当及时发现，及时分析，找到原因并采取合理的处理方案，避免更大的经济损失。沉降观测应符合《建筑变形测量规范》JGJ 8 的有关规定。

4.5.4 目前所建主、裙楼群体建筑，多采用同一不断开基础底板，主、裙楼间荷载差异悬殊，易产生沉降差。应在主、裙楼交界的适当位置设置混凝土临时断开的后施工带，待主、裙楼结构封顶，地基沉降基本稳定时，再将后浇带封闭。减少地基的不均匀变形和结构附加内力，防止裂缝发生。

4.5.5 抗浮稳定验算同样适用于地基基础及结构施工期间。由于未采取有效抗浮措施，施工期间结构荷载未完全施加而提前停止基坑降水，或者由于暴雨等原因导致未及时封闭的基坑灌水，都可能造成基础上浮或结构开裂。

4.5.6 有效措施一般包括基坑支护和地下水控制等。基坑开挖前，应全面收集既有建筑物及地下设施、地下管线等的结构设计、施工资料，获取基础形式、埋深、荷载大小及地基处理（如有）的竣工资料，并对既有建筑物的现状进行开挖前的沉降、位移监测及结构、地坪或维护结构的裂缝监测。在此基础上结合相关岩土工程勘察资料，制定详细、周密的基坑支护方案与地下水控制方案，重点控制基坑位移或地下水变化对周边建筑物的影响。加强实施时的沉降、位移监测，制定基坑支护专项监测方案，采取信息化施工，随时根据监测结果调整、指导施工，确保毗邻建筑物及地下设施不受到损伤。

5 混凝土结构裂缝控制

5.1 一 般 规 定

5.1.1 《混凝土结构设计规范》GB 50010 已详细规定了在荷载作用下受力裂缝的计算方法，对于控制间接裂缝也有原则性的规定。本规程列举了应考虑的控制裂缝的原则并将其具体化，还补充了若干针对特殊情况的专门规定。

5.1.2 从建筑材料的角度，应全面保证混凝土的质量。除混凝土强度和拌合物的和易性应满足振捣密实的需要外，还特别强调必须保证混凝土的体积稳定性，以控制凝固过程中的水化热和收缩。

5.1.3 混凝土的施工质量对控制裂缝有重大影响，《混凝土结构工程施工规范》GB 50666 及《混凝土结构工程施工质量验收规范》GB 50204 已有详细的规定，此处本规程不再重复这些规定。本规程仅强调特定情况的防裂措施和对可见裂缝进行处理。

5.2 设 计

Ⅰ 控制间接作用效应的措施

5.2.1 混凝土结构的变形裂缝往往是由于体积收缩、温度变化、强迫位移等非荷载间接作用的积累，或形状、刚度突变引起的应力集中所造成的。而设置各种形式的结构缝对结构体系加以分割，则是消除间接裂缝的有效手段。对不便设置结构缝的部位应设置足够的后浇带，尽量减少施工阶段不利因素的影响。

5.2.2 混凝土结构的裂缝难以完全避免，与其不规则地任意开裂，不如主动引导裂缝在确定位置出现并加以控制。控制缝也称“引导缝”，是结构缝的一种，特点是利用混凝土的收缩自行形成。控制缝处纵向受力钢筋应贯通，因此并不影响构件的承载能力。同时在控制缝处预先采取措施（如预埋止水带等）消除开裂后可能造成的不利影响。

5.2.3 大跨度的屋盖结构和刚度较大的室外构件，在太阳辐射或冬季寒冷温度变化很大的情况下，发生较大的水平位移就可能引起间接裂缝。设置橡胶支座或可伸缩变形的支承方式，就可以有效地消除这类不利影响。

Ⅱ 防裂构造措施

5.2.4 在混凝土结构设计中由于计算简图简化的需要，某些构件或部位按计算模型所得的荷载效应与实际的承载受力状态存在着一定的差异。这种非设计工况引起的应力，容易导致混凝土开裂。控制这类裂缝的方法是配置适量的构造钢筋。

5.2.5 本条是为防止在结构体量、外形、质量、刚度突变部位出现的应力集中裂缝。第1款指的是屋盖折梁底部、楼梯板底转折部位等。第2款指的是结构的蜂腰、瓶颈部位。第3款为变厚度墙、板区域。这些部位很容易出现应力集中引起的局部裂缝，一般采取构造配筋或改变形状（圆角、折角）的防裂措施。

5.2.6 混凝土收缩是造成构件开裂的主要原因之一。容易开裂的构件主要为：素混凝土板面、板的四角、高度较大梁的侧面以及厚保护层的构件表面。这些部位可以用构造配筋控制收缩裂缝。长度较大的板类、墙类构件也容易开裂，施加预应力也是有效的防裂措施。

Ⅲ 间接作用的控制措施

5.2.7 强度等级高的混凝土水化热和收缩量都相对较大，体积稳定性差。

5.2.8 本条是对使用期混凝土结构提出控制温差作用的要求。温度升高的体积膨胀或温度下降的体积收缩，会使受到约束的混凝土构件产生裂缝。太阳辐射热和季节温差是造成顶层、山墙和阳台、女儿墙等暴露构件开裂的主要原因。同样，地板采暖也是造成某些建筑楼板开裂的原因。

5.2.9 有特殊要求的混凝土结构可以采用定量计算的方法解决裂缝问题。定量计算不能照搬已有的模式，而必须对特定的结构具体分析，建立模型，确定参数才能进行有效地计算。本规程提供了可供参考的设计参数。实际计算时还应通过具体分析，作出适当的调整。

5.3 混凝土材料

5.3.1 本条要求按设计规定的混凝土强度、抗渗等级和抗冻等级等，施工要求的和易性、收缩速率和检验得到的原材料实际性能指标，进行配合比设计。建筑的设计有时会提出对混凝土配合比的额外要求，这种要求应考虑原材料的性能指标对混凝土性能的影响。粗骨料的堆积密度 ρ_c 可按《普通混凝土用砂、石质量及检验方法标准》JGJ 52规定的方法测定。

5.3.2 混凝土原材料质量和性能是决定混凝土性能的重要因素。混凝土生产单位不对混凝土原材料进行检验，是造成混凝土工程施工质量和裂缝问题的主要原因之一。本条提出质量检验为通常的合格性检验，有关标准已作出具体规定，应遵照执行。目前混凝土掺合料或外加剂的品种繁多，这些材料与水泥之间的相互作用规律不宜凭经验判定。在进行试配前，宜对这些材料之间是否匹配进行试验。此外，同样是合格的原材料，有些与原材料性能相关的指标超过合格指标过多，也可能对配置混凝土的性能造成不利影响。

5.3.3 标准养护试件所反映的混凝土基本性能，尤其是与龄期相关的时随性能，与结构混凝土有较大的差异；混凝土的时随性能与养护方法有密切的关系。标准养护条件下混凝土的收缩量与现场养护条件下的收缩量，有明显的差别。标准养护条件下的抗裂试件基本上不会开裂，而现场养护条件下的情况却大不相同。这些都是容易引起争议的问题，因此最好采用与施工现场施工养护条件接近的同条件养护试件，才能比较接近实际情况。有些微膨胀外加剂要浸没在水中养护才能使混凝土产生微膨胀效果。而施工现场一般并不具备水中养护的条件，即使浸水养护，由于构件尺寸比试件尺寸大，比表面积的差异使水中养护构件的效果也会比试件差。因此，试验试件的养护条件必须起到真实模拟的效果。

5.3.4 长期以来，混凝土的力学性能受到普遍的关注；近年来混凝土耐久性能也受到重视；但混凝土的体积稳定性问题并未引起足够的重视。近年来随着混凝土施工工艺的改革和水泥细度的改变，其早期收缩增大，这些都是造成混凝土结构出现裂缝的重要原因。混凝土的力学性能、收缩性能、耐久性能对控制受力裂缝、收缩裂缝和耐久性裂缝有重要意义。本条提出了混凝土塑性开裂性能的试验方法。

5.3.5 对混凝土的水化热释放和体积稳定性进行控制，是避免大体积构件混凝土出现裂缝的有效措施。本条提出了对原材料品种、控制混凝土入模温度、调节水化速度等防裂措施。应该指出，高强混凝土一般水泥含量多，水化发热量大，早期收缩加大，这些都不利于混凝土抗裂。当混凝土掺入粉煤灰或缓凝剂之后，水泥的水化速度受到抑制，水化热释放延缓，对防裂有利，但混凝土强度增长的速度减缓。因此可以根据施工的进度，在保障安全的前提下，适当延长混凝土强度达到规定值的强度试验龄期。例如高层混凝土结构底层的柱和墙，大体积的基础底板等，真正需要结构承载，混凝土达到设计要求的强度，一般要在1年～2年之后。适当延缓其强度增长的速度有利于结构的抗裂，而且不会影响结构的安全。

5.4 施　工

5.4.1 本规程并不是一本专门介绍混凝土施工技术的规程，只是对造成裂缝的特殊情况提出建议，板类构件的混凝土和大体积混凝土容易出现裂缝问题。本规程仅针对这两类问题提出预防性的施工措施。造成板类构件的混凝土开裂的原因主要为混凝土的收缩。造成大体积混凝土开裂的主要原因是水化热问题。

5.4.2 本规程附录B和附录C提供的混凝土收缩规律和徐变规律可作为上述计算的依据之一，但是任何关于混凝土收缩速率的模型都会存在不确定性因素，相对准确的数值要靠现场同条件养护的试件确定。

5.4.3 对于补偿收缩或微膨胀混凝土相应的性能可通过同条件养护试块测定。

5.4.4 只有楼板可以采取初凝前二次振捣的处理措施，墙体等无法采取这种处理措施。二次振捣可以减小水化收缩的不利影响，消除表面水化收缩和沉陷裂缝。表面抹压可阻断混凝土表层的毛细孔，减少混凝土表层水分蒸发的速度。掺加粉煤灰或使用缓凝剂的混凝土的养护时间应当适当延长。

5.4.5 跳仓施工和分层施工主要针对厚度较大基础和板类构件，分层施工和分段施工主要针对厚度较大的墙类构件。内外温差不小于25℃，适用于厚度两个表面都可以散热的构件，如混凝土墙体或楼板；不小于20℃的情况，适用于基础底板，紧靠土层施工的墙体，分层施工的上层混凝土等。通过计算得到的内外温差会有一定的差异，准确的温差情况要通过现场监测得到。根据现场监测的温度情况，调整养护方式或分层或分块施工措施。厚度较大构件的钢筋配置量一般较小，后浇混凝土界面容易出现裂缝，建议在界面表层增设一些短钢筋，避免界面出现开裂现象。

5.4.6 大体积混凝土浇筑后、早期养护用冷水直接冲淋混凝土表面以及当环境温度较低时浇筑混凝土都会产生表层混凝土温度梯度过大，引发表层开裂。表层开裂后，裂缝会向内部发展。

6 砌体结构裂缝控制

6.1 一般规定

6.1.2 本条提出砌体结构设计与施工应当注意的问题，其中太阳辐射热和环境温度是典型的间接作用，局部作用裂缝属于荷载裂缝，材料体积稳定性和地基不均匀沉降等会造成变形裂缝。

6.2 材料

6.2.1 砌筑块材强度是决定砌体强度的重要因素，砌筑块材的抗折强度或劈裂强度对于砌体抗裂起着关键的作用。砌筑块材的体积稳定性也对砌筑墙体的开裂有明显的影响。

6.2.2 免蒸压硅酸盐砖等的耐久性较差，墙体开裂较多。

6.2.3 轻集料砌块在建筑中应用，应采用以强度等级和密度等级双控的原则，避免只顾块体强度而忽视其耐久性，调查发现当前许多企业，以生产陶粒砌块为名，代之以大量的炉渣等工业废弃物，严重降低了块材质量，为墙体开裂埋下隐患。实践表明，自承重墙块体用全陶粒保温砌块强度等级不小于MU3.5、密度等级不大于800级的条件实施双控，以保证砌块的耐久性能。这既符合目前企业的实际生产能力，也可满足工程需要。

6.2.4 实践表明，蒸压实心砖等硅酸盐墙材制品的原材料配比直接影响着砖的脆性，砖越脆墙体开裂越早。研究表明，制品中不同的粉煤灰掺量，其抗折强度相差甚多，即脆性特征相差较大，因此规定合理的折压比将有利于提高砖的品质，改善砖的脆性，也提高墙体的受力性能。同样含孔洞块材的砌体试验也表明：仅用含孔洞块材的抗压强度作为衡量其强度指标是不全面的，因为该指标并没有反映孔型、孔的布置对砌体受力性能、墙体承载力的影响，提出此要求还可规范设备制造企业在加工块材模具、块材生产企业设计孔型方面更加满足工程应用要求。

6.2.5 为使蒸压加气混凝土砌块生产时容易脱模，须将模具内侧涂刷隔离剂。带有隔离剂的砌块表面不易与砂浆粘结，因此必须对沾有模具油的砌块面进行切除。本条同时提出蒸压加气混凝土砌块劈压比限值要求。据悉，日本等国蒸压加气混凝土的劈压比指标为1/5，我国目前的块材大多为1/8～1/10，本规程出于应用的需要，以1/7为目标。因此企业应将提高制品的劈裂强度作为产品质量的攻关目标，将单纯用制品的抗压强度指标衡量其质量优劣改成用抗压强度和劈压比两项指标来判断。而要达到理想的劈压比指标，就一定要有原材料的选择、材料的配比、养护工艺等各环节的技术保障。

6.2.6 材料抗冻性指标的高低，不仅能评价材料在寒冷及严寒地区的应用效果，还可表征材料的最终水化生成物的反应水平及其内在质量的优劣。工程实践表明：生产过程中的水化反应不彻底，将导致块体材料的抗冻性能降低，这将成为墙体开裂的重要原因之一，甚至直接威胁建筑的安全，此类工程事故已为数不少。为了强化非烧结块材的抗冻性能要求，以适应我国寒冷及严寒地区的工程应用，本条文根据所在地区及应用部位的不同，规定不同抗冻性能要求。

6.2.8 本条对砌筑砂浆提出一般性要求，湖南大学、上海建筑科学研究院、沈阳建筑大学等单位的研究成果表明：砂浆中超量掺加引气剂将直接影响砌体的强度及耐久性。

6.2.9 一些微沫剂对砌筑砂浆长期性能影响极大，没有经过长期可靠性能检验的微沫剂不应用于砌筑砂浆。

6.2.10 鉴于灌孔混凝土在空心砌块砌体（或配筋砌块砌体）中所起的重要作用，特对其强度等级、坍落度、抗冻等级等提出具体要求。

6.2.11 由于玻璃纤维网格布用于呈碱性的砂浆层中，所以其耐碱性能是玻璃纤维网格布受力性能、防止墙体开裂的基本保证。工程调查发现，一些廉价尼龙胀钉等锚固件生产时添加了大量再生原料，由于再生材料制品性能差、易老化，难以满足墙体耐久性指标要求。

6.3 设计

6.3.1 本条提出减小温度作用和作用效应的措施。外墙的圈梁等不能设置分隔缝，因此应放置在墙体之内，当不能放置在墙体之内时，表面要增设保温层，这种措施属于预防温度变形过大的措施。屋面挑檐、梁板式外廊和女儿墙压顶一般不加保温层或隔热层，但可以设置分隔缝，这类措施属于减小温度作用效应的预防开裂的措施。

6.3.2 太阳辐射热使屋面混凝土构件产生体积膨胀，致使顶层墙体开裂是前一阶段常见的问题。屋面的保温层及隔热层，不仅要满足建筑节能的要求，还要保证屋面混凝土构件受太阳辐射热影响的热膨胀不致造成顶层砌筑墙体开裂。太阳辐射热的作用效应可以通过计算分析确定。各地都有不出现顶层墙体太阳辐射热温度裂缝的工程实例。一般情况下，不需要进行专门的计算。因此，本条未提出具体的计算方法，仅提出相应的要求。对于可能出现太阳辐射热温度裂缝的情况，可采取减小结构缝间距，设置屋面隔热层，增加屋面保温层厚度等设计措施。

6.3.3 使用阶段，保温层含水率增大会使保温隔热能力大幅度下降。屋面板上设置隔汽层，可大幅度减少顶层房间生活或生产过程中的水分进入保温层。预制混凝土屋面板的板缝采取加强措施，可以防止隔汽层被拉裂而丧失应有的功能。屋面上设置排汽孔，可以降低保温层的含水量。

6.3.4 屋面保温层或屋面刚性面层等的太阳辐射热体积膨胀，也会造成女儿墙等出现裂缝。设置分格缝的目的是减小体积膨胀的累积效应，设置分隔缝的目的是延缓膨胀直接作用在女儿墙等墙体上。

6.3.5 本条是对于易于遭受太阳辐射热影响的顶层墙体的构造措施。

6.3.8 本条提出预防局部承压裂缝的技术措施。梁的支承处及附近洞口易出现这类裂缝。

6.3.11 工程调查发现，当墙体采用块高大于53mm的多孔砖、小砌块、加气混凝土砌块等块体时，若使预制窗台板嵌入墙内，则需对墙体中块材进行现场加工，即对该部位墙体进行凿、砍，安装窗台板后再用其他材料填堵，这必然会影响窗下角墙体的质量，建议采用不嵌入墙内（不伤及墙身）的预制卡口式窗台板。

6.3.12 如柱采用独立基础，墙基采用条形基础，两种基础的沉降量不易协调。

6.4 施　工

6.4.2 本条提出保障砌筑块材体积稳定的施工措施。其中非蒸压及非烧结块材（如混凝土空心砌块、混凝土多孔砖等）经过28d存放可极大减少块材的干缩变形，根据武汉理工大学等单位的研究，蒸压砖（蒸压粉煤灰砖、蒸压灰砂砖）出釜存放14d（二周）后，其失水收缩基本稳定，故提出此条要求。

6.4.3 本条提出排块时应注意的问题，其中墙体的洞口下边角处有砌筑竖缝时，墙体很容易在该处沿竖缝开裂，将平台孔作为铺浆面有利于铺浆饱满。

6.4.7 本条第2款提出避免由于不同种材料性能差异而出现墙体裂缝的基本要求。本条第5款提出灰缝宜内凹2mm～3mm将有利于抹灰砂浆与墙面的粘结。对含孔砖（块）墙体由于壁厚较薄，灰缝不宜内凹。

6.4.9 本条第5款提出的要求是为了减少结构构件（梁、板等）弯曲变形对填充墙的附加荷载作用。

6.4.12 避免在这些时期施工可以减少温差和降低温度应力。

7　轻质隔墙裂缝控制

7.1 一般规定

7.1.2 施工中材料的人为损伤、大气温度和湿度的变化、施工质量控制不严格是造成轻质隔墙裂缝的主要原因。

7.1.3 合理的保护措施可减少裂缝的产生。

7.2 轻质条板隔墙

Ⅰ 设计措施

7.2.2 本条第1款提出的原因是氯氧镁制品板材和非蒸压的泡沫混凝土板吸水性强，吸水后会产生变形。

7.2.3 地面或墙面梁变形过大时，会造成板条拼接缝或板条的开裂。

7.2.4 避免上部构件受荷变形后使隔墙受压的技术措施。

7.2.5 长度较大隔墙抗裂性相对较差，应增加相应的抗裂措施。

Ⅱ 施工措施

7.2.7 本条提出了现场堆放防止条板受潮、变形、损坏的措施。

7.2.8 本条提出了施工中防止裂缝的一些具体技术措施。

7.3 骨架覆面板隔墙

Ⅰ 材料及堆放要求

7.3.1 骨架覆面板隔墙的抗裂除了对龙骨和面板本身的强度和刚度有要求外，要考虑整个隔墙体系中不同材料的变形等性能是否匹配。

7.3.2 本条提出了材料现场运输过程中的防裂措施。

7.3.3 本条提出了防止地面潮湿、雨淋等造成覆面板变形、开裂的措施。

Ⅱ 设计措施

7.3.6 第1款提出龙骨间距与龙骨高度、面板强度三者紧密相关，设计人员在确定相关数据时应有科学依据，龙骨骨架的整体刚度与龙骨的规格和间距密切相关。

Ⅲ 施 工 措 施

7.3.7 本条提出了各专业作业应密切配合，避免出现隔墙安装完成后裁切隔墙面板龙骨，造成墙体开裂。

7.3.8 本条第4款提出了避免门窗角部角面板在接缝处出现开裂的措施。

7.3.9 本条款提出了防止裂缝的具体施工措施。

8 外墙外保温工程裂缝控制

8.0.2 本条第1款提出板块状保温材料未经足够时间的陈化，施工质量不易保证。如聚苯板应经自然条件陈化42d或60℃蒸汽中陈化5d。陈化条件与时间应由材料生产者提供。

8.0.4 裂缝不予治理将影响保温工程的质量和耐久性能。

8.0.6 在结构本身设有变形缝及基层易开裂的部位，保温层容易产生开裂，特别是胶粉聚苯颗粒等整体喷涂类保温系统，在这些部位更易开裂。

8.0.7 防止因冻融、干缩、温度变化引起的裂缝。

8.0.8 设置分格缝是聚苯颗粒砂浆保温系统保温层抗裂的重要措施。

8.0.9 本条提出了外墙外保温施工的防裂措施。

8.0.10 本条是防止抹灰层裂缝的施工措施。

9 装修工程裂缝控制

9.1 一 般 规 定

9.1.1 从合格的材料与制品中选用环境适用性好、体积稳定性好的产品，有利于预防裂缝。

9.1.2 装饰工程界面的控制缝，室内可采用透明胶或密封胶、装饰条处理；室外可采用耐候胶处理或沥青砂防水处理；伸缝和缩缝按设计要求进行处理。

9.1.3 装修工程在管线等安装完毕后施工，可避免装修工程受到损伤。

9.2 材 料

9.2.1 对于水泥来说，安定性和凝结时间等是涉及装修质量最重要的性能，在使用之前应进行复验。

9.2.3 用于基底找平的底层粉刷石膏含有集料，强度较高，易于与基层和面层结合牢固，避免出现表面裂缝。

9.2.4 使用细砂的抹灰砂浆收缩量比较大，容易出现裂缝。

9.2.5 对粗骨料最大粒径的限制有利于施工操作，有利于质量控制。面层中使用粗砂或中粗砂有利于面层的体积稳定性，有利于防止裂缝出现。

9.2.6 本条规定适用于墙面、地面及吊顶装饰工程的块材、板材等装饰面板。这些材料在加工、运输和堆放过程中易造成损坏和暗伤，施工中用皮锤锤击或安装受力时易出现裂缝。

9.3 墙面装修工程

9.3.1 本条提出墙体的搁置要求是为了保证墙体变形稳定。温度和湿度的改变，墙体裂缝的宽度也会随之变动，会将墙面装饰层带裂。

9.3.2 本条提出防止抹灰砂浆开裂的措施以及抹灰砂浆与结构层、基层或面层牢固结合的措施。

9.3.4 本条提出了防止抹灰面层开裂的措施。

9.3.5 本条提出墙面抹灰防止开裂的构造层要求和防止开裂的施工措施。

9.3.6 面层材料硬度过高于抗裂不利，其性能要求可防止基层湿度的渗透造成面层材料开裂。

9.4 室内地面装修工程

9.4.1 地面装修裂缝的控制可分成结构层、基层、垫层和面层四个层次。支承地面的土层和楼面结构构件为本规程所称的结构层。结构层存在较大的变形会造成装饰面层起翘、空鼓和裂缝。

9.4.2 本条提出造成地面装修面层出现裂缝的两个主要因素。

9.4.4 在室外，材料受环境温度影响较大，设置分格缝等是一种引导措施。

9.4.7 本条提出防止出现控制裂缝采取的引导措施。

9.4.8 本条提出防止出现控制缝、伸缩缝采取的引导措施和掩蔽措施。

9.5 吊顶装修工程

9.5.1 虽然吊顶装修工程的裂缝主要是指吊顶装修的面层，但是造成吊顶装修面层开裂的原因却可以分成结构构件、龙骨和吊顶面层等三个层次的问题。

现代装修造型越来越复杂，功能要求越来越高；各种功能配套设备、装修荷载不可避免全部作用在结构上。当楼面和屋面结构构件中刚度不足，挠度过大时，可造成吊顶装修面层的开裂。因此，结构构件除应满足承载力的要求外，还要有相应的刚度。

9.5.2 本条对吊顶龙骨提出相应的要求。第1款和第2款是对龙骨吊杆提出的要求，吊杆不仅要满足承载力的要求，设置反向支撑是防止负风压循环振动造成吊顶开裂现象的措施。第3款是对龙骨刚度提出的要求。

9.5.3 本条提出吊顶的一般要求，满足以上条件是保证吊顶不开裂的前提条件。

9.5.5 本条提出防止吊顶由于开洞出现裂缝的设计措施和施工措施，以上洞口包括检查口。

10 裂缝的判断与处理

10.1 一 般 规 定

10.1.1 裂缝等可从表面看到，必然要采取由表及里的分析判定方式。对于未装修的结构工程，可直接判定结构裂缝的原因。有些建筑裂缝的成因明确，如地震造成的裂缝和碰撞造成的裂缝等，对于这些裂缝无需判定开裂原因。

10.1.2 装修面层出现裂缝、空鼓和脱落等现象可能与支承面层的基层等存在问题相关。当基层没有问题，装修面层开裂等原因明确时，可直接确定处理措施。

10.1.3 找平层等存在开裂等问题可能与结构存在相应的问题相关，例如结构构件变形过大，会使装修面层和找平层出现开裂或脱落等问题。当找平层等开裂，空鼓等原因明确时，可以直接确定处理措施。

10.2 装修裂缝的判断与处理

10.2.1 本条提出的面层包括地面、墙面和吊顶装修的面层。对出现开裂的面层予以更换是常规的处理方法，有时会采用全面更换的处理措施。更换的处理方法也适用于基层、垫层等问题的处理。

10.2.2 本条提出了墙面抹灰面层局部修补的处理方法。

10.2.7 环氧浆液可采用环氧树脂∶固化剂 651∶稀释剂为100∶40∶20 的比例进行配制。

10.2.8 本条提出吊顶装修面板开裂原因判定准则。龙骨变形与位移、结构构件变形过大造成面板开裂属于原因明确问题，不在本条规定之内。

10.4 轻质隔墙裂缝的判断与处理

10.4.2 所谓防裂措施，包括条板上端与结构层的间隙不足时，消除局部应力的措施等。

10.4.3 造成骨架侧弯的原因较多。无论是何种原因都要先解决骨架的侧弯问题，然后再解决面板的侧弯和裂缝问题。

10.5 砌体结构裂缝的判断与处理

10.5.1 裂缝原因的判断可根据裂缝的形态和出现部位作出，采取这种判断方法时需要判定人具有相应的经验。裂缝原因的判定也可以采取分析的方法，包括计算分析、试验分析和测试分析等。采用分析的方法时需要具有相应的仪器设备和分析手段。

10.5.2 本条仅提供部分受力裂缝的典型特征。

10.5.4 《砌体结构设计规范》GB 50003 不允许砌体存在裂缝，也没有裂缝宽度的计算方法。$R_d \geqslant S_d$ 表明：即使砌体存在的受力裂缝属于砌体适用性问题，可以采用封闭处理的措施。

本条中的 R_d 相当于构件承载力的设计值，S_d 相当于结构设计的作用效应设计值。

10.5.5 所谓裂缝发展严重是指裂缝数量多，裂缝宽度较大。窗间墙的水平裂缝有时类似弯曲受拉裂缝。本节所称太阳辐射热裂缝是指出现在砌体上的裂缝。

10.6 混凝土结构裂缝的判断与处理

10.6.1 混凝土的开裂可能会是多种原因共同作用的结果。本规程不可能将全部组合情况列出，仅分别列出单一因素的影响及其判断。对于实际工程应进行综合分析和处理。

10.6.2 一般认为，胶凝材料的游离氧化物会造成混凝土的裂缝，可以通过对胶凝材料安定性的试验判断裂缝原因。《建筑结构检测技术标准》GB/T 50344 提供的试件蒸煮方法，可以在特定情况下适用于判断硬化混凝土中胶凝材料安定性发展的情况。

10.6.3 有些资料将出现在混凝土浇筑早期的沉陷裂缝称为塑性裂缝，出现这种裂缝的部位往往粗骨料较少，甚至没有粗骨料。这种裂缝的深度一般不会超过钢筋的保护层且不会影响构件受力，可以采取灌缝或表面封闭处理的措施。

10.6.4 水化收缩是混凝土表层龟裂的主要的因素，加之环境温度过高、空气干燥等现象使混凝土表面严重失水。这种裂缝一般深度不大，可采取措施加强养护，避免其进一步发展，并进行灌缝或表面封闭的处理。

10.6.7 钢筋锈蚀产生的膨胀可使混凝土产生顺着钢筋发展的裂缝。钢筋锈蚀往往与混凝土原材料中的氯化物有关。当钢筋在较短的时间内产生锈蚀裂缝时，应测定混凝土中的氯离子含量，准确判定钢筋锈蚀和混凝土开裂的原因。

10.6.10 碱骨料反应可发生在混凝土温度较高且含水量较大的施工阶段和水环境的使用阶段。温度高和含水量大是碱骨料反应的条件，碱含量超标且骨料具有碱活性是发生碱骨料反应的必要条件。发生碱骨料反应并不一定会对耐久性或构件的承载力造成影响，也不一定会出现表面龟裂。

10.6.11 判定碱骨料反应裂缝发展的速度，可按有关规范规定的方法执行。施工阶段发生的碱骨料反应，当缺乏高温和高湿的充分条件时，在房屋建筑的使用阶段反应可基本停止。暴露在室外的构件，遇雨受潮且太阳辐射使其有较高的温度，碱骨料反应发展速度相对较快。室外蓄水构筑物也具有同样的环境条件。应根据不同的环境条件，采取针对性的措施解决。

10.6.13 本规程主要解决间接作用下的非受力裂缝

问题。荷载作用下的受力裂缝，由于所受的内力不同而呈现各种形态，对结构安全和使用功能的影响也不同。主要由《混凝土结构设计规范》GB 50010 和《混凝土结构试验方法标准》GB/T 50152 解决，由于内容过于庞杂，不再赘述。应该说明的是出现受力裂缝的构件，其承载力不一定不符合规范的要求。有些受力裂缝是因为拆模过早或施工超载，也有些受力裂缝是由于使用时偶然的非设计承载受力形态，只要这种非设计工况的偶然受力形态不再重现，并且承载力的设计复核验算没有问题，一般不存在安全问题，进行裂缝的封闭处理之后，就可以继续使用了。但是对于未能通过验算的情况，还是应该进行加固处理，以策安全。

10.7 地基变形裂缝的判断与处理

10.7.1 对于产生的裂缝应首先判断是否由于地基不均匀变形造成的，并对地基不均匀变形的发展情况进行分析。

10.7.2 本条中两种方法都是常用的方法，其重点是：地基不均匀变形情况与裂缝情况吻合时，可判定地基不均匀变形是造成建筑开裂的主要原因。

10.7.3 本条仅列出造成地基不均匀变形的常见客观原因。

10.7.4 地基不均匀变形问题的治理可按有关规范的规定执行。

10.7.5 地基不均匀变形问题得到治理后，再对裂缝进行处理。

附录A 混凝土热物理性能测试与估算

A.0.2 《混凝土结构设计规范》GB 50010 提供的数值为λ=10.6kJ/(m·h·℃)。由于不同品种混凝土的导热系数存在差异，本规程提供了导热系数的范围。

A.0.3 《混凝土结构设计规范》GB 50010 提供的数值为c=0.96kJ/(kg·℃)。由于不同品种的混凝土的比热存在差异，因此本规程提供了比热的范围。

A.0.5 本条提出可供设计人员使用的估计混凝土总水化热的方法。

附录B 混凝土收缩特性的测试与估算

B.0.1 《普通混凝土长期性能和耐久性能试验方法标准》GB/T 50082 给出了混凝土在标准养护条件下收缩规律的测试方法。由于工程实际与标准养护条件存在差异，对同条件养护的试件进行收缩性能的测试或许更有意义。

B.0.2 结构设计时，设计人员只能了解混凝土强度参数。需要用强度参数表示模式估计混凝土的收缩规律。在公式中的$f_{cu,28}$是 28d 龄期混凝土立方体抗压强度，$f_{cu,28}$与强度等级对应数值不同。当将混凝土强度等级对应的数值带入式（B.0.2）时，计算得到的数据可能会小于实际的干缩值。

附录C 混凝土徐变的测试与估算

C.0.2 本条提供了可供设计人员使用的混凝土受压徐变的计算模型。结构设计人员在计算预应力损失时需要考虑混凝土受压徐变的影响，在计算屋面热膨胀作用效应和混凝土水化热作用效应时也要考虑受压徐变的影响。本条中$E_{c,28}$为混凝土 28d 龄期的弹性模量。$E_{c,28}$与$f_{cu,28}$之间的换算关系可按《混凝土结构设计规范》GB 50010 提供的公式确定。

C.0.3 混凝土抗裂分析需要考虑混凝土抗拉徐变规律。但目前关于混凝土抗拉徐变的数据极少。一般认为当拉应力不太大时，混凝土抗拉徐变与抗压徐变遵从同样的线性关系。当应力过大时，混凝土徐变呈非线性；当应力为拉应力时，混凝土可能出现微裂缝。因此在计算混凝土的受拉徐变时，混凝土的拉应力不宜大于 0.4 倍的混凝土抗拉强度。

中华人民共和国行业标准

混凝土中氯离子含量检测技术规程

Technical specification for test of chloride ion content in concrete

JGJ/T 322—2013

批准部门：中华人民共和国住房和城乡建设部

施行日期：2 0 1 4 年 6 月 1 日

中华人民共和国住房和城乡建设部
公　　告

第 229 号

住房城乡建设部关于发布行业标准《混凝土中氯离子含量检测技术规程》的公告

现批准《混凝土中氯离子含量检测技术规程》为行业标准，编号为 JGJ/T 322－2013，自 2014 年 6 月 1 日起实施。

本规程由我部标准定额研究所组织中国建筑工业出版社出版发行。

中华人民共和国住房和城乡建设部

2013 年 12 月 3 日

前　言

根据住房和城乡建设部《关于印发〈2012 年工程建设标准规范制订、修订计划〉的通知》（建标［2012］5 号）的要求，编制组经广泛调查研究，认真总结实践经验，参考有关国际标准和国外先进标准，并在广泛征求意见的基础上，编制本规程。

本规程的主要技术内容是：1 总则；2 术语和符号；3 基本规定；4 混凝土拌合物中氯离子含量检测；5 硬化混凝土中氯离子含量检测；6 既有结构或构件混凝土中氯离子含量检测。

本规程由住房和城乡建设部负责管理，中国建筑科学研究院负责具体技术内容的解释。执行过程中如有意见或建议，请寄送至中国建筑科学研究院（地址：北京市北三环东路 30 号；邮政编码：100013）。

本规程主编单位：中国建筑科学研究院
江西昌南建设集团有限公司

本规程参编单位：江苏博特新材料有限公司
舟山市博远科技开发有限公司
广东省建筑科学研究院
河北建设集团有限公司混凝土分公司
新疆西部建设股份有限公司
浙江恒力建设有限公司
贵州中建建筑科研设计院有限公司
丰润建筑安装股份有限公司
上海中技桩业股份有限公司
上海市建筑科学研究院（集团）有限公司
北京市建设工程质量第三检测所有限责任公司
宁波市建工检测有限公司
广东瑞安科技实业有限公司
浙江求是工程检测有限公司
北京中关村开发建设股份有限公司
浙江盛业建设有限公司
哈尔滨佳连混凝土技术开发有限公司
宁波三江检测有限公司
深圳市罗湖区建设工程质量检测中心

本规程主要起草人员：冷发光　丁　威　王　晶
周永祥　何春凯　诸华丰
王元光　刘建忠　魏立学
吴志旗　董志坚　何更新
钟安鑫　户均永　聂顺金
马永胜　张　墙　姜钦德
於林锋　王军民　毛朝晖
仲以林　范晓冬　袁勇军

韦庆东　王永海　张洪基
裴晓文　蒋屹军　王　伟
本规程主要审查人员：阎培渝　石云兴　郝挺宇

张显来　陈爱芝　王　军
李昕成　蓝九元　崔金华
桂苗苗　周岳年　刘数华

目　次

1　总则 …………………………………………… 36—6
2　术语和符号 …………………………………… 36—6
2.1　术语 ……………………………………… 36—6
2.2　符号 ……………………………………… 36—6
3　基本规定 ……………………………………… 36—6
4　混凝土拌合物中氯离子含量检测…… 36—6
4.1　一般规定 ………………………………… 36—6
4.2　取样 ……………………………………… 36—6
4.3　检测方法与结果评定 …………………… 36—7
5　硬化混凝土中氯离子含量检测 ……… 36—7
5.1　一般规定 ………………………………… 36—7
5.2　试件的制作和养护 ……………………… 36—7
5.3　取样 ……………………………………… 36—7
5.4　检测方法与结果评定 …………………… 36—7
6　既有结构或构件混凝土中氯离子含量检测 ……………………………… 36—7
6.1　一般规定 ………………………………… 36—7
6.2　取样 ……………………………………… 36—7
6.3　检测方法与结果评定 …………………… 36—8
附录A　混凝土拌合物中水溶性氯离子含量快速测试方法 ……… 36—8
附录B　混凝土拌合物中水溶性氯离子含量测试方法 ……………… 36—9
附录C　硬化混凝土中水溶性氯离子含量测试方法…………………… 36—10
附录D　硬化混凝土中酸溶性氯离子含量测试方法…………………… 36—10
本规程用词说明 ……………………………… 36—12
引用标准名录 ………………………………… 36—12
附：条文说明 ………………………………… 36—13

Contents

1 General Provisions ······ 36—6
2 Terms and Symbols ······ 36—6
2.1 Terms ······ 36—6
2.2 Symbols ······ 36—6
3 Basic Requirements ······ 36—6
4 Test of Chloride Ion Content in Fresh Concrete ······ 36—6
4.1 General Requirements ······ 36—6
4.2 Sampling ······ 36—6
4.3 Test Method and Test Result Assessment ······ 36—7
5 Test of Chloride Ion Content in Hardened Concrete ······ 36—7
5.1 General Requirements ······ 36—7
5.2 Preparation and Curing of Specimen ······ 36—7
5.3 Sampling ······ 36—7
5.4 Test Method and Test Result Assessment ······ 36—7
6 Test of Chloride Ion Content in Concrete Exisiting Sturcture or Concrete Component ······ 36—7
6.1 General Requirements ······ 36—7
6.2 Sampling ······ 36—7
6.3 Test Method and Test Result Assessment ······ 36—8
Appendix A Quick Test Method for the Water-soluble Chloride Ion Content in Fresh Concrete ······ 36—8
Appendix B Test Method for the Water-soluble Chloride Ion Content in Fresh Concrete ······ 36—9
Appendix C Test Method for the Water-soluble Chloride Ion Content in Hardened Concrete ······ 36—10
Appendix D Test Method for the Acid-soluble Chloride Ion Content in Hardened Concrete ······ 36—10
Explanation of Wording in This Specification ······ 36—12
List of Quoted Standards ······ 36—12
Addition: Explanation of Provisions ······ 36—13

1 总　　则

1.0.1 为保证混凝土工程的耐久性，规范混凝土中氯离子含量的检测，制定本规程。

1.0.2 本规程适用于混凝土拌合物、硬化混凝土中氯离子含量的检测。

1.0.3 混凝土中氯离子含量的检测除应符合本规程外，尚应符合国家现行有关标准的规定。

2 术语和符号

2.1 术　语

2.1.1 水溶性氯离子　water-soluble chloride ion

混凝土中可溶于水的氯离子。

2.1.2 酸溶性氯离子　acid-soluble chloride ion

混凝土中用规定浓度的酸溶液溶出的氯离子。

2.2 符　　号

C_{AgNO_3}——硝酸银标准溶液的浓度；

C_{NaCl}——氯化钠标准溶液的浓度；

C_{Cl^-}——混凝土滤液试样的水溶性氯离子浓度；

G——砂浆样品质量；

m_{Cl^-}——每立方米混凝土拌合物中水溶性氯离子质量；

m_B——混凝土配合比中每立方米混凝土的胶凝材料用量；

m_S——混凝土配合比中每立方米混凝土的砂用量；

m_W——混凝土配合比中每立方米混凝土的用水量；

m_C——混凝土配合比中每立方米混凝土的水泥用量；

$W_{Cl^-}^{W}$——硬化混凝土中水溶性氯离子占砂浆试样质量的百分比；

$W_{Cl^-}^{A}$——硬化混凝土中酸溶性氯离子占砂浆试样质量的百分比；

$W_{Cl^-}^{C}$——硬化混凝土中水溶性氯离子含量占水泥质量的百分比；

$W_{Cl^-}^{B}$——硬化混凝土中酸溶性氯离子含量占胶凝材料质量的百分比；

w_{Cl^-}——混凝土拌合物中水溶性氯离子含量占水泥质量的百分比。

3 基 本 规 定

3.0.1 预拌混凝土应对其拌合物进行氯离子含量检测。

3.0.2 硬化混凝土可采用混凝土标准养护试件或结构混凝土同条件养护试件进行氯离子含量检测，也可钻取混凝土芯样进行氯离子含量检测。存在争议时，应以结构实体钻取混凝土芯样的氯离子含量的检测结果为准。

3.0.3 受检方应提供实际采用的混凝土配合比。

3.0.4 在氯离子含量检测和评定时，不得采用将混凝土中各原材料的氯离子含量求和的方法进行替代。

4 混凝土拌合物中氯离子含量检测

4.1 一 般 规 定

4.1.1 混凝土施工过程中，应进行混凝土拌合物中水溶性氯离子含量检测。

4.1.2 同一工程、同一配合比的混凝土拌合物中水溶性氯离子含量的检测不应少于1次；当混凝土原材料发生变化时，应重新对混凝土拌合物中水溶性氯离子含量进行检测。

4.2 取　　样

4.2.1 拌合物应随机从同一搅拌车中取样，但不宜在首车混凝土中取样。从搅拌车中取样时应使混凝土充分搅拌均匀，并在卸料量约为1/4～3/4之间取样。取样应自加水搅拌2h内完成。

4.2.2 取样方法应符合现行国家标准《普通混凝土拌合物性能试验方法标准》GB/T 50080的有关规定。

4.2.3 取样数量应至少为检测试验实际用量的2倍，且不应少于3L。

4.2.4 雨天取样应有防雨措施。

4.2.5 取样时应进行编号、记录下列内容并写入检测报告：

1 取样时间、取样地点和取样人；

2 混凝土的加水搅拌时间；

3 采用海砂的情况；

4 混凝土标记；

5 混凝土配合比；

6 环境温度、混凝土温度，现场取样时的天气状况。

4.2.6 检测应采用筛孔公称直径为5.00mm的筛子对混凝土拌合物进行筛分，获得不少于1000g的砂浆，称取500g砂浆试样两份，并向每份砂浆试样加入500g蒸馏水，充分摇匀后获得两份悬浊液密封备用。

4.2.7 滤液的获取应自混凝土加水搅拌3h内完成，并应按本规程附录A.0.5条的规定分取不少于100mL的滤液密封以备仲裁，用于仲裁的滤液保存时间应为一周。

4.2.8 检测结果应在试验后及时告知受检方。

4.3 检测方法与结果评定

4.3.1 混凝土拌合物中水溶性氯离子含量可采用本规程附录A或附录B的方法进行检测，也可采用精度更高的测试方法进行检测；当作为验收依据或存在争议时，应采用本规程附录B的方法进行检测。

4.3.2 当采用本规程附录A的方法检测混凝土拌合物中水溶性氯离子含量时，每个混凝土试样检测前均应重新标定电位-氯离子浓度关系曲线。

4.3.3 混凝土拌合物中水溶性氯离子含量，可表示为水泥质量的百分比，也可表示为单方混凝土中水溶性氯离子的质量。

4.3.4 混凝土拌合物中水溶性氯离子含量应符合国家现行标准《混凝土质量控制标准》GB 50164、《预拌混凝土》GB/T 14902和《海砂混凝土应用技术规范》JGJ 206的有关规定。

5 硬化混凝土中氯离子含量检测

5.1 一 般 规 定

5.1.1 当检测硬化混凝土中氯离子含量时，可采用标准养护试件、同条件养护试件；存在争议时，应采用标准养护试件。

5.1.2 当检测硬化混凝土中氯离子含量时，标准养护试件测试龄期宜为28d，同条件养护试件的等效养护龄期宜为600℃·d。

5.2 试件的制作和养护

5.2.1 用于检测氯离子含量的硬化混凝土试件的制作应符合现行国家标准《普通混凝土力学性能试验方法标准》GB/T 50081的有关规定；也可采用抗压强度测试后的混凝土试件进行检测。

5.2.2 用于检测氯离子含量的硬化混凝土试件应以3个为一组。

5.2.3 试件养护过程中，不应接触外界氯离子源。

5.2.4 试件制作时应进行编号、记录下列内容并写入检测报告：

1 试件制作时间、制作人；
2 养护条件；
3 采用海砂的情况；
4 混凝土标记；
5 混凝土配合比；
6 试件对应的工程及其结构部位。

5.3 取 样

5.3.1 检测硬化混凝土中氯离子含量时，应从同一组混凝土试件中取样。

5.3.2 应从每个试件内部各取不少于200g、等质量的混凝土试样，去除混凝土试样中的石子后，应将3个试样的砂浆砸碎后混合均匀，并应研磨至全部通过筛孔公称直径为0.16mm的筛；研磨后的砂浆粉末应置于105℃±5℃烘箱中烘2h，取出后应放入干燥器冷却至室温备用。

5.4 检测方法与结果评定

5.4.1 硬化混凝土中水溶性氯离子含量应按本规程附录C的方法进行检测。

5.4.2 硬化混凝土中酸溶性氯离子含量应按本规程附录D的方法进行检测。

5.4.3 硬化混凝土中水溶性氯离子含量应符合现行国家标准《混凝土质量控制标准》GB 50164的有关规定。硬化混凝土中酸溶性氯离子含量应符合现行国家标准《混凝土结构设计规范》GB 50010的有关规定。存在争议时，应以酸溶性氯离子含量作为最终结果进行评定。

6 既有结构或构件混凝土中氯离子含量检测

6.1 一 般 规 定

6.1.1 在对既有结构或构件混凝土进行氯离子含量检测时，当缺少同条件养护混凝土试件时，可从既有结构或构件钻取混凝土芯样检测混凝土中氯离子含量。

6.1.2 氯离子含量检测宜选择结构部位中具有代表性的位置，并可利用测试抗压强度后的破损芯样制作试样。

6.2 取 样

6.2.1 钻取混凝土芯样检测氯离子含量时，相同混凝土配合比的芯样应为一组，每组芯样的取样数量不应少于3个；当结构部位已经出现钢筋锈蚀、顺筋裂缝等明显劣化现象时，每组芯样的取样数量应增加一倍，同一结构部位的芯样应为同一组。

6.2.2 氯离子含量检测的取样深度不应小于钢筋保护层厚度。

6.2.3 取得的样品应密封保存和运输，不得被其他物质污染。

6.2.4 取样时应进行编号、记录下列内容并写入检测报告：

1 取样时间、取样地点和取样人；
2 工程名称、结构部位和混凝土标记；
3 采用海砂的情况；
4 取样方案简图和样品数量；
5 混凝土配合比。

6.2.5 既有结构或构件混凝土中氯离子含量的检测应从同一组混凝土芯样中取样。应从每个芯样内部各取不少于 200g、等质量的混凝土试样，去除混凝土试样中的石子后，应将 3 个试样的砂浆砸碎后混合均匀，并应研磨至全部通过筛孔公称直径为 0.16mm 的筛；研磨后的砂浆粉末应置于 105℃±5℃烘箱中烘 2h，取出后应放入干燥器冷却至室温备用。

6.3 检测方法与结果评定

6.3.1 既有结构或构件混凝土中水溶性氯离子含量应按本规程附录 C 的方法进行检测。

6.3.2 既有结构或构件混凝土中酸溶性氯离子含量应按本规程附录 D 的方法进行检测。

6.3.3 既有结构或构件混凝土中水溶性氯离子含量应符合现行国家标准《混凝土质量控制标准》GB 50164 的有关规定。既有结构或构件混凝土中酸溶性氯离子含量应符合现行国家标准《混凝土结构设计规范》GB 50010 的有关规定。存在争议时，应以酸溶性氯离子含量作为最终结果进行评定。

附录 A 混凝土拌合物中水溶性氯离子含量快速测试方法

A.0.1 本方法适用于现场或试验室的混凝土拌合物中水溶性氯离子含量的快速测定。

A.0.2 试验用仪器设备应符合下列规定：

1 氯离子选择电极：测量范围宜为 5×10^{-5} mol/L～1×10^{-2} mol/L；响应时间不得大于 2min；温度宜为 5℃～45℃；

2 参比电极：应为双盐桥饱和甘汞电极；

3 电位测量仪器：分辨值应为 1mV 的酸度计、恒电位仪、伏特计或电位差计，输入阻抗不得小于 7MΩ；

4 系统测试的最大允许误差应为±10%。

A.0.3 试验用试剂应符合下列规定：

1 活化液：应使用浓度为 0.001mol/L 的 NaCl 溶液；

2 标准液：应使用浓度分别为 5.5×10^{-4} mol/L 和 5.5×10^{-3} mol/L 的 NaCl 标准溶液。

A.0.4 试验前应按下列步骤建立电位-氯离子浓度关系曲线：

1 氯离子选择电极应放入活化液中活化 2h；

2 应将氯离子选择电极和参比电极插入温度为 20℃±2℃、浓度为 5.5×10^{-4} mol/L 的 NaCl 标准液中，经 2min 后，应采用电位测量仪测得两电极之间的电位值（图 A.0.4）；然后应按相同操作步骤测得温度为 20℃±2℃、浓度为 5.5×10^{-3} mol/L 的 NaCl 标准液的电位值。应将分别测得的两种浓度 NaCl 标准液的电位值标在 E-lg$C$ 坐标上，其连线即为电位-氯离子浓度关系曲线；

3 在测试每个 NaCl 标准液电位值前，均应采用蒸馏水对氯离子选择电极和参比电极进行充分清洗，并用滤纸擦干；

4 当标准液温度超出 20℃±2℃时，应对电位-氯离子浓度关系曲线进行温度校正。

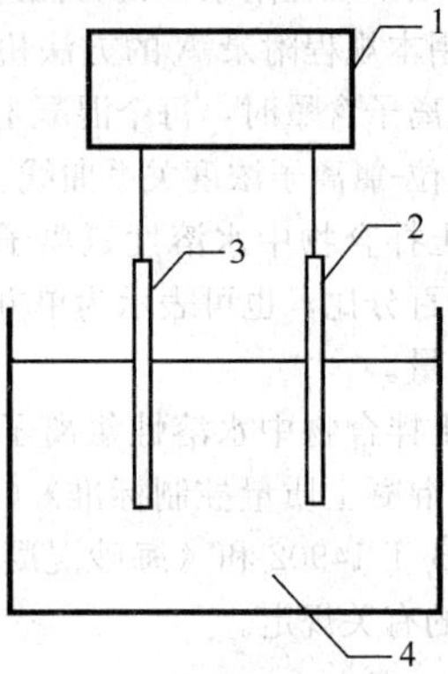

图 A.0.4 电位值测量示意图
1—电位测量仪；2—氯离子选择电极；
3—参比电极；4—标准液或滤液

A.0.5 试验应按下列步骤进行：

1 试验前应先将氯离子选择电极浸入活化液中活化 1h；

2 应将按本规程 4.2.6 条的规定获得的两份悬浊液分别摇匀后，以快速定量滤纸过滤，获取两份滤液，每份滤液均不少于 100mL；

3 应分别测量两份滤液的电位值：将氯离子选择电极和参比电极插入滤液中，经 2min 后测定滤液的电位值；测量每份滤液前应采用蒸馏水对氯离子选择电极和参比电极进行充分清洗，并用滤纸擦干；应分别测量两份滤液的温度，并对建立的电位-氯离子浓度关系曲线进行温度校正；

4 应根据测定的电位值，分别从 E-lg$C$ 关系曲线上推算两份滤液的氯离子浓度，并应将两份滤液的氯离子浓度的平均值作为滤液的氯离子浓度的测定结果。

A.0.6 每立方米混凝土拌合物中水溶性氯离子的质量应按下式计算：

$$m_{Cl^-} = C_{Cl^-} \times 0.03545 \times (m_B + m_S + 2m_W) \tag{A.0.6}$$

式中：m_{Cl^-}——每立方米混凝土拌合物中水溶性氯离子质量（kg），精确至 0.01kg；

C_{Cl^-}——滤液的氯离子浓度（mol/L）；

m_B——混凝土配合比中每立方米混凝土的胶凝材料用量（kg）；

m_S——混凝土配合比中每立方米混凝土的砂用量（kg）；

m_W——混凝土配合比中每立方米混凝土的用

水量（kg）。

A.0.7 混凝土拌合物中水溶性氯离子含量占水泥质量的百分比应按下式计算：

$$w_{Cl^-} = \frac{m_{Cl^-}}{m_C} \times 100 \quad (A.0.7)$$

式中：w_{Cl^-}——混凝土拌合物中水溶性氯离子占水泥质量的百分比（%），精确至0.001%；

m_C——混凝土配合比中每立方米混凝土的水泥用量（kg）。

附录B 混凝土拌合物中水溶性氯离子含量测试方法

B.0.1 试验用仪器设备应符合下列规定：

1 天平：配备天平两台，其中一台称量宜为2000g、感量应为0.01g；另一台称量宜为200g、感量应为0.0001g；

2 滴定管：宜为50mL棕色滴定管；

3 容量瓶：100mL、1000mL容量瓶应各一个；

4 试验筛：筛孔公称直径为5.00mm金属方孔筛，应符合现行国家标准《试验筛 金属丝编织网、穿孔板和电成型薄板 筛孔的基本尺寸》GB/T 6005的有关规定；

5 移液管：应为20mL移液管；

6 三角烧瓶：应为250mL三角烧瓶；

7 烧杯：应为250mL烧杯；

8 带石棉网的试验电炉、快速定量滤纸、量筒、表面皿等。

B.0.2 试验用试剂应符合下列内容：

1 分析纯-硝酸；

2 乙醇：体积分数为95%的乙醇；

3 化学纯-硝酸银；

4 化学纯-铬酸钾；

5 酚酞；

6 分析纯-氯化钠。

B.0.3 铬酸钾指示剂溶液的配制步骤应为：称取5.00g化学纯铬酸钾溶于少量蒸馏水中，加入硝酸银溶液直至出现红色沉淀，静置12h，过滤并移入100mL容量瓶中，稀释至刻度。

B.0.4 物质的量浓度为0.0141 mol/L的硝酸银标准溶液的配制步骤应为：称取2.40g化学纯硝酸银，精确至0.01g，用蒸馏水溶解后移入1000mL容量瓶中，稀释至刻度，混合均匀后，储存于棕色玻璃瓶中。

B.0.5 物质的量浓度为0.0141 mol/L的氯化钠标准溶液的配制步骤应为：称取在550℃±50℃灼烧至恒重的分析纯氯化钠0.8240g，精确至0.0001g，用蒸馏水溶解后移入1000mL容量瓶中，并稀释至刻度。

B.0.6 酚酞指示剂的配制步骤应为：称取0.50g酚酞，溶于50mL乙醇，再加入50mL蒸馏水。

B.0.7 硝酸溶液的配制步骤应为：量取63mL分析纯硝酸缓慢加入约800mL蒸馏水中，移入1000mL容量瓶中，稀释至刻度。

B.0.8 试验应按下列步骤进行：

1 应将按本规程4.2.6条的规定获得的两份悬浊液分别摇匀后，分别移取不少于100mL的悬浊液于烧杯中，盖好表面皿后放到带石棉网的试验电炉或其他加热装置上沸煮5min，停止加热，静置冷却至室温，以快速定量滤纸过滤，获取滤液；

2 应分别移取两份滤液各20mL（V_1），置于两个三角烧瓶中，各加两滴酚酞指示剂，再用硝酸溶液中和至刚好无色；

3 滴定前应分别向两份滤液中各加入10滴铬酸钾指示剂，然后用硝酸银标准溶液滴至略带桃红色的黄色不消失，终点的颜色判定必须保持一致。应分别记录两份滤液各自消耗的硝酸银标准溶液体积V_{21}和V_{22}，取两者的平均值V_2作为测定结果。

B.0.9 硝酸银标准溶液浓度的标定步骤应为：用移液管移取氯化钠标准溶液20mL（V_3）于三角瓶中，加入10滴铬酸钾指示剂，立即用硝酸银标准溶液滴至略带桃红色的黄色不消失，记录所消耗的硝酸银体积（V_4）。硝酸银标准溶液的浓度应按下式计算：

$$C_{AgNO_3} = C_{NaCl} \times \frac{V_3}{V_4} \quad (B.0.9)$$

式中：C_{AgNO_3}——硝酸银标准溶液的浓度（mol/L），精确至0.0001mol/L；

C_{NaCl}——氯化钠标准溶液的浓度（mol/L）；

V_3——氯化钠标准溶液的用量（mL）；

V_4——硝酸银标准溶液的用量（mL）。

B.0.10 每立方米混凝土拌合物中水溶性氯离子的质量应按下式计算：

$$m_{Cl^-} = \frac{C_{AgNO_3} \times V_2 \times 0.03545}{V_1} \times (m_B + m_S + 2m_W) \quad (B.0.10)$$

式中：m_{Cl^-}——每立方米混凝土拌合物中水溶性氯离子质量（kg），精确至0.01kg；

V_2——硝酸银标准溶液的用量的平均值（mL）；

V_1——滴定时量取的滤液量（mL）；

m_B——混凝土配合比中每立方米混凝土的胶凝材料用量（kg）；

m_S——混凝土配合比中每立方米混凝土的砂用量（kg）；

m_W——混凝土配合比中每立方米混凝土的用水量（kg）。

B.0.11 混凝土拌合物中水溶性氯离子含量占水泥质量的百分比应按本规程附录A.0.7计算。

附录C 硬化混凝土中水溶性氯离子含量测试方法

C.0.1 试验用仪器设备应符合下列规定：

1 天平：配备天平两台，其中一台称量宜为2000g、感量应为0.01g；另一台称量宜为200g、感量应为0.0001g；

2 滴定管：应为50mL棕色滴定管；

3 容量瓶：100mL、1000mL容量瓶应各一个；

4 移液管：应为20mL移液管；

5 三角烧瓶：应为250mL三角烧瓶；

6 带石棉网的试验电炉、快速定量滤纸、量筒、小锤等。

C.0.2 试验用试剂应符合下列内容：

1 分析纯-硝酸；

2 乙醇：体积分数为95%的乙醇；

3 化学纯-硝酸银；

4 化学纯-铬酸钾；

5 酚酞；

6 分析纯-氯化钠。

C.0.3 铬酸钾指示剂溶液的配制步骤应为：称取5.00g化学纯铬酸钾溶于少量蒸馏水中，加入硝酸银溶液直至出现红色沉淀，静置12h，过滤并移入100mL容量瓶中，稀释至刻度。

C.0.4 物质的量浓度为0.0141mol/L的硝酸银标准溶液的配制步骤应为：称取2.40g化学纯硝酸银，精确至0.01g，用蒸馏水溶解后移入1000mL容量瓶中，稀释至刻度，混合均匀后，储存于棕色玻璃瓶中。

C.0.5 物质的量浓度为0.0141 mol/L的氯化钠标准溶液的配制步骤应为：称取在550℃±50℃灼烧至恒重的分析纯氯化钠0.8240g，精确至0.0001g，用蒸馏水溶解后移入1000mL容量瓶中，并稀释至刻度。

C.0.6 酚酞指示剂的配制步骤应为：先称取0.50g酚酞，溶于50mL乙醇，再加入50mL蒸馏水。

C.0.7 硝酸溶液的配制步骤应为：量取63mL分析纯硝酸缓慢加入约800mL蒸馏水中，移入1000mL容量瓶中，稀释至刻度。

C.0.8 试验应按下列步骤进行：

1 应称取20.00g磨细的砂浆粉末，精确至0.01g，置于三角烧瓶中，并加入100mL（V_1）蒸馏水，摇匀后，盖好表面皿后放到带石棉网的试验电炉或其他加热装置上沸煮5min，停止加热，盖好瓶塞，静置24h后，以快速定量滤纸过滤，获取滤液；

2 应分别移取两份滤液20mL（V_2），置于两个三角烧瓶中，各加两滴酚酞指示剂，再用硝酸溶液中和至刚好无色；

3 滴定前应分别向两份滤液中加入10滴铬酸钾指示剂，然后用硝酸银标准溶液滴至略带桃红色的黄色不消失，终点的颜色判定必须保持一致。应分别记录各自消耗的硝酸银标准溶液体积V_{31}和V_{32}，取两者的平均值V_3作为测定结果。

C.0.9 硝酸银标准溶液浓度的标定应按本规程附录B.0.9条的规定进行。

C.0.10 硬化混凝土中水溶性氯离子含量应按下式计算：

$$W_{Cl^-}^{W}=\frac{C_{AgNO_3}\times V_3\times 0.03545}{G\times\dfrac{V_2}{V_1}}\times 100 \tag{C.0.10}$$

式中：$W_{Cl^-}^{W}$——硬化混凝土中水溶性氯离子占砂浆质量的百分比（%），精确至0.001%；

C_{AgNO_3}——硝酸银标准溶液的浓度（mol/L）；

V_3——滴定时硝酸银标准溶液的用量（mL）；

G——砂浆样品质量（g）；

V_1——浸样品的蒸馏水用量（mL）；

V_2——每次滴定时提取的滤液量（mL）。

C.0.11 在已知混凝土配合比时，硬化混凝土中水溶性氯离子含量占水泥质量的百分比应按下式计算：

$$W_{Cl^-}^{C}=\frac{W_{Cl^-}^{W}\times(m_B+m_S+m_W)}{m_C}\times 100 \tag{C.0.11}$$

式中：$W_{Cl^-}^{C}$——硬化混凝土中水溶性氯离子占水泥质量的百分比（%），精确至0.001%；

m_B——混凝土配合比中每立方米混凝土的胶凝材料用量（kg）；

m_S——混凝土配合比中每立方米混凝土的砂用量（kg）；

m_W——混凝土配合比中每立方米混凝土的用水量（kg）；

m_C——混凝土配合比中每立方米混凝土的水泥用量（kg）。

附录D 硬化混凝土中酸溶性氯离子含量测试方法

D.0.1 试验用仪器设备应符合下列规定：

1 天平：配备天平两台，其中一台称量宜为2000g、感量应为0.01g；另一台称量宜为200g、感量应为0.0001g；

2 滴定管：应为50mL棕色滴定管；

3 容量瓶：应为1000mL容量瓶；

4 移液管：应为20mL移液管；

5 三角烧瓶：应为250mL三角烧瓶；

6 烧杯：应为300mL烧杯；

7　电位测量仪器：应使用分辨率为1mV的酸度计或分辨率为1mV的电位计；

8　指示电极：可为216型银电极或氯离子选择电极；

9　参比电极：应为双盐桥饱和甘汞电极；

10　可调式微量移液器、电磁搅拌器、快速定量滤纸、小锤等。

D.0.2　试验用试剂应符合下列内容：

1　硝酸溶液：分析纯硝酸与蒸馏水按体积比为1∶7配制；

2　化学纯-硝酸银；

3　淀粉溶液：浓度为10g/L的淀粉溶液；

4　分析纯-氯化钠。

D.0.3　物质的量浓度为0.01mol/L的硝酸银标准溶液的配制步骤应为：称取1.70g化学纯硝酸银，精确至0.01g，用蒸馏水溶解后移入1000mL容量瓶中，稀释至刻度，混合均匀后，储存于棕色玻璃瓶中。

D.0.4　物质的量浓度为0.01mol/L的氯化钠标准溶液的配制步骤应为：称取在550℃±50℃灼烧至恒重的分析纯氯化钠0.5844g，精确至0.0001g，用蒸馏水溶解后移入1000mL容量瓶中，并稀释至刻度。

D.0.5　硝酸银标准溶液的浓度应按下列步骤进行标定：

1　应移取20mL的氯化钠标准溶液于烧杯中，加蒸馏水稀释至100mL，再加淀粉溶液20mL，在电磁搅拌下，应用硝酸银标准溶液以电位滴定法测定终点，用二次微商法计算出硝酸银溶液消耗的体积V_{01}；

2　等当量点的判定应按二次微商法计算；

3　应移取蒸馏水20mL于烧杯中，按同样方法进行空白试验，空白试验的滴定应使用可调式微量移液器，计算空白试验硝酸银标准溶液的用量V_{02}，所用硝酸银标准溶液体积V_0应按下式计算：

$$V_0 = V_{01} - V_{02} \qquad (D.0.5\text{-}1)$$

式中：V_0——20mL氯化钠标准溶液消耗的硝酸银标准溶液体积（mL）；

V_{01}——达到等当量点时所消耗硝酸银标准溶液的体积（mL）；

V_{02}——空白试验达到等当量点所消耗硝酸银标准溶液的体积（mL）。

4　硝酸银标准溶液的浓度C_{AgNO_3}应按下式计算：

$$C_{AgNO_3} = \frac{C_{NaCl} \times V}{V_0} \qquad (D.0.5\text{-}2)$$

式中：C_{AgNO_3}——硝酸银标准溶液的浓度（mol/L）；

C_{NaCl}——氯化钠标准溶液的浓度（mol/L）；

V——氯化钠标准溶液的体积（mL）。

D.0.6　试验应按下列步骤进行：

1　应称取20.00g（G）磨细的砂浆粉末，精确至0.01g，置于250mL的三角烧瓶中，并加入100mL（V_1）硝酸溶液，盖上瓶塞，剧烈振摇1min～2min，浸泡24h后，以快速定量滤纸过滤，获取滤液；期间应摇动三角烧瓶；

2　应移取滤液20mL（V_2）于300mL烧杯中，加100mL蒸馏水，再加入20mL淀粉溶液，烧杯内放入电磁搅拌器；

3　将烧杯放在电磁搅拌器上后，应开动搅拌器并插入指示电极及参比电极，两电极应与电位测量仪器连接，用硝酸银标准溶液缓慢滴定，同时应记录电势和对应的滴定管读数；

4　由于接近等当量点时，电势增加很快，此时应缓慢滴加硝酸银溶液，每次定量加入0.1mL，当电势发生突变时，表示等当量点已过，此时应继续滴入硝酸银溶液，直至电势趋向变化平缓；用二次微商法计算出达到等当量点时硝酸银溶液消耗的体积V_{11}；

5　同条件下，空白试验的步骤应为：在干净的烧杯中加入100mL蒸馏水和20mL硝酸溶液，再加入20mL淀粉溶液，在电磁搅拌下，应使用微量移液器缓慢滴加硝酸银溶液，同时记录电势和对应的硝酸银溶液的用量，应按二次微商法计算出达到等当量点时硝酸银标准溶液消耗的体积V_{12}。

D.0.7　硬化混凝土中酸溶性氯离子含量应按下式计算：

$$W_{Cl^-}^{A} = \frac{C_{AgNO_3} \times (V_{11} - V_{12}) \times 0.03545}{G \times \frac{V_2}{V_1}} \times 100 \qquad (D.0.7)$$

式中：$W_{Cl^-}^{A}$——硬化混凝土中酸溶性氯离子占砂浆质量的百分比（%），精确至0.001%；

V_{11}——20mL滤液达到等当量点所消耗硝酸银标准溶液的体积（mL）；

V_{12}——空白试验达到等当量点所消耗硝酸银标准溶液的体积（mL）；

G——砂浆样品质量（g）；

V_1——浸样品的硝酸溶液用量（mL）；

V_2——电位滴定时提取的滤液量（mL）。

D.0.8　在已知混凝土配合比时，硬化混凝土中酸溶性氯离子含量占胶凝材料质量的百分比应按下式计算：

$$W_{Cl^-}^{B} = \frac{W_{Cl^-}^{A} \times (m_B + m_S + m_W)}{m_B} \times 100 \qquad (D.0.8)$$

式中：$W_{Cl^-}^{B}$——硬化混凝土中酸溶性氯离子占胶凝材料质量的百分比（%），精确至0.001%；

m_B——混凝土配合比中每立方米混凝土的胶凝材料用量（kg）；

m_S——混凝土配合比中每立方米混凝土的砂用量（kg）；

m_W——混凝土配合比中每立方米混凝土的用水量（kg）。

本规程用词说明

1 为便于在执行本规程条文时区别对待，对要求严格程度不同的用词说明如下：

1）表示很严格，非这样做不可的：
正面词采用“必须”，反面词采用“严禁”；

2）表示严格，在正常情况下均应这样做的：
正面词采用“应”，反面词采用“不应”或“不得”；

3）表示允许稍有选择，在条件许可时，首先应这样做的：
正面词采用“宜”，反面词采用“不宜”；

4）表示有选择，在一定条件下可以这样做的，采用“可”。

2 条文中指明应按其他有关标准执行的写法为：“应符合……的规定”或“应按……执行”。

引用标准名录

1 《混凝土结构设计规范》GB 50010

2 《普通混凝土拌合物性能试验方法标准》GB/T 50080

3 《普通混凝土力学性能试验方法标准》GB/T 50081

4 《混凝土质量控制标准》GB 50164

5 《试验筛　金属丝编织网、穿孔板和电成型薄板　筛孔的基本尺寸》GB/T 6005

6 《预拌混凝土》GB/T 14902

7 《海砂混凝土应用技术规范》JGJ 206

中华人民共和国行业标准

混凝土中氯离子含量检测技术规程

JGJ/T 322—2013

条 文 说 明

制 订 说 明

《混凝土中氯离子含量检测技术规程》JGJ/T 322-2013，经住房和城乡建设部2013年12月3日以第229号公告批准、发布。

本规程编制过程中，编制组进行了广泛而深入的调查研究，总结了我国目前工程建设中混凝土氯离子含量检测技术的实践经验，同时参考了国外先进技术法规、技术标准，通过试验取得了混凝土氯离子检测的重要技术参数。

为便于广大设计、施工、科研、学校等单位有关人员在使用本规程时能正确理解和执行条文规定，《混凝土中氯离子含量检测技术规程》编制组按章、节、条顺序编制了本规程的条文说明，对条文规定的目的、依据以及执行中需注意的有关事项进行了说明。但是，本条文说明不具备与规程正文同等的法律效力，仅供使用者作为理解和把握规程规定的参考。

目　次

1　总则 …………………………………… 36—16
2　术语和符号…………………………… 36—16
2.1　术语………………………………… 36—16
2.2　符号………………………………… 36—16
3　基本规定 ……………………………… 36—16
4　混凝土拌合物中氯离子含量检测 … 36—16
4.1　一般规定…………………………… 36—16
4.2　取样………………………………… 36—16
4.3　检测方法与结果评定……………… 36—17
5　硬化混凝土中氯离子含量检测 …… 36—17
5.1　一般规定…………………………… 36—17
5.2　试件的制作和养护………………… 36—17
5.3　取样………………………………… 36—18
5.4　检测方法与结果评定……………… 36—18
6　既有结构或构件混凝土中氯离子含量检测 ………………………………… 36—18
6.1　一般规定…………………………… 36—18
6.2　取样………………………………… 36—18
6.3　检测方法与结果评定……………… 36—18
附录A　混凝土拌合物中水溶性氯离子含量快速测试方法……… 36—19
附录B　混凝土拌合物中水溶性氯离子含量测试方法 ………… 36—19
附录C　硬化混凝土中水溶性氯离子含量测试方法 ………… 36—20
附录D　硬化混凝土中酸溶性氯离子含量测试方法…………………… 36—21

1 总 则

1.0.1 混凝土主要由水泥、矿物掺合料、骨料、水和外加剂等原材料组成，混凝土拌制过程中引入的氯离子和在服役过程中受到氯离子的侵蚀，均会使混凝土含有氯离子，当混凝土中氯离子含量，尤其是水溶性氯离子超过一定浓度时就会引起钢筋的锈蚀，直接危害混凝土结构的耐久性和安全性。本规程以确保混凝土的工程质量为目的，主要根据我国现有的标准规范、科研成果和实践经验，并参考国外先进标准制定而成。本规程规定的试验方法适用于普通混凝土，对于聚合物混凝土、纤维混凝土等特种混凝土来说，具备条件时可参照本规程规定的方法执行。

1.0.2 本规程的适用范围包括混凝土拌合物，以及硬化混凝土试件和既有结构或构件混凝土。

1.0.3 对于混凝土中氯离子含量检测的有关技术内容，本规程规定的以本规程为准，未作规定的应按其他标准执行。

2 术语和符号

2.1 术 语

2.1.1 一般来讲，混凝土中的氯离子可以分为两大类：混凝土中的氯离子，其中一类氯离子在混凝土孔隙溶液中仍保持游离状态，称为自由氯离子，可溶于水；另一类氯离子是结合氯离子。这里水溶性氯离子指混凝土中可用水溶出的氯离子。

2.1.2 混凝土中氯离子包括自由氯离子和结合氯离子，其中结合氯离子又包括与水化产物反应以化学结合方式固化的氯离子和被水泥带正电的水化物所吸附的氯离子。氯离子的这些状态也是可以相互转化的，如以化学结合方式固化的氯离子只有在强碱性环境下才能生成和保持稳定，而当混凝土的碱度降低时，以化学结合方式固化的氯离子转化为游离形式存在的自由氯离子，参与对钢筋的锈蚀反应。因此，酸溶性氯离子含量有时也称为氯离子总含量，包括水溶性氯离子和以物理化学吸附、化学结合等方式存在的固化氯离子。

2.2 符 号

为了避免与密度单位“kg/m³”相混淆，m_B、m_S、m_W 和 m_C 所代表混凝土配合比中每立方米混凝土原材料的用量单位采用“kg”，而且采用单位“kg”在相应的计算公式中的意义也更加明确。由于计算公式中 m_{Cl^-} 与 m_B、m_S、m_W 和 m_C 单位量纲一致，因此每立方米混凝土拌合物中水溶性氯离子质量 m_{Cl^-} 的单位也为“kg”。

3 基 本 规 定

3.0.1 本条规定了预拌混凝土的检测对象，应对混凝土拌合物进行氯离子含量检测。

3.0.2 本条规定了硬化混凝土的检测对象，可对混凝土标准养护试件、结构混凝土同条件养护试件和钻取芯样进行氯离子含量检测。由于结构实体的芯样最能够反映混凝土结构的真实情况，因此规定在存在争议时，以结构实体钻取芯样的氯离子含量作为最终检测结果进行评定。

3.0.3 本条规定了受检方需要提供实际采用的混凝土配合比，用于检测混凝土中氯离子含量的结果计算与评定。

3.0.4 混凝土中各原材料中氯离子含量的检测方法与本规程规定的测试方法存在一定差异，测试结果存在一定出入，故规定在执行本规程进行氯离子含量检测和评定时，不得采用将混凝土中各原材料氯离子含量相加求和的方法进行替代。

4 混凝土拌合物中氯离子含量检测

4.1 一 般 规 定

4.1.1 由于混凝土中的水溶性氯离子含量的高低会直接影响钢筋混凝土结构的耐久性，造成严重的工程质量问题甚至酿成事故。因此，在配合比设计阶段和生产施工过程中检测混凝土拌合物的水溶性氯离子含量是非常必要的。本条中规定了配合比设计阶段和施工过程中对混凝土拌合物中水溶性氯离子含量由第三方检测机构进行检测。

4.1.2 对同一工程、同一配合比的混凝土，至少检测1次混凝土拌合物中水溶性氯离子含量的规定有利于质量控制，确保所用混凝土的安全性。当原材料发生变化时，应重新对混凝土拌合物中水溶性氯离子含量进行检测。对于海砂混凝土来说，当海砂砂源批次改变时，也应重新检测新拌海砂混凝土中水溶性氯离子含量。

4.2 取 样

4.2.1 对混凝土中氯离子含量进行检测评定时，保证混凝土取样的随机性，是使所取试样具有代表性的重要条件。现场混凝土的拌制和浇筑是以一盘或一车混凝土为基本单位，一盘指搅拌混凝土的搅拌机一次搅拌的混凝土，因此也可以盘为基本单位进行取样。只有在同一盘或同一车混凝土拌合物中取样，才能代表该基本单位的混凝土，但不宜在首车或首盘混凝土中取样。另外规定了取样前使混凝土充分搅拌均匀，并在卸料量约为1/4～3/4之间取样，也是为了保证所取试样能够代表该车或该盘混凝土，使所取试样更具代表性。同时考虑到混凝土拌合物经运输到达施工现场，混凝土的质量还可能发生变化，因此宜在施工现场取样。当运送时间超过 2h 时，混凝土拌合物性能与刚出机混凝土差异较大，而且此时取样试验的可操作性变差，因此宜在搅拌机出口取样。并且还规定了完成混凝土拌合物取样的时限，加水搅拌后 2h 以内砂浆未完全硬化，在等质量蒸馏水中能够分散均匀。

4.2.2 按现行国家标准《普通混凝土拌合物性能试验方法标准》GB/T 50080 的规定取样也是保证所取试样具有代表性和试验的可操作性。

4.2.3 本条规定了最小取样量：应至少为试验实际用量的 2 倍，且不少于 3L，以免影响取样的代表性和试验的可操作性。

4.2.4 本条规定了雨天取样应有防雨措施，避免外界雨水影响样品的代表性和客观性。

4.2.5 本条规定了取样记录内容的有关要求。其中取样时间应注明混凝土的加水搅拌时间；取样还应包含是否采用海砂和混凝土配合比等信息，以及环境温度及混凝土样品温度应记录取样时的天气状况。

4.2.6 取样后，应立即用筛孔公称直径为 5.00mm 的筛子进行筛分，否则时间越长筛分离的难度越大。本规程附录 A 和附录 B 的试验方法规定的砂浆试样均为 2 份，每份 500g，向砂浆试样中加入 500g 蒸馏水。因此本条规定从筛出的砂浆中称取 2 份、每份 500g 的砂浆试样，加入 500g 蒸馏水摇匀后密封，能够防止污染和水分挥发。同时盛放样品的容器应为玻璃容器或对溶液氯离子浓度无影响的塑料密封容器，避免污染滤液试样。

4.2.7 规定了完成滤液获取的时限。自加水搅拌 3h 内完成能够避免试验时差对氯离子溶出结果的影响，减小试验结果的波动并且规定按照本规程附录 A.0.5 的规定要求提取足量滤液密封保存，用于仲裁的滤液保存时间应为一周。

4.2.8 混凝土拌合物中氯离子含量的检测结果直接影响着施工进度和混凝土质量控制，因此检测结果应在试验后及时告知受检方。

4.3 检测方法与结果评定

4.3.1 本条规定了混凝土拌合物中水溶性氯离子含量测试方法及其应用范围：混凝土拌合物中水溶性氯离子含量可采用本规程附录 A 或者附录 B 的方法进行检测，也可采用离子色谱法等精度更高的测试方法进行检测；附录 A 的测试方法主要作为筛查和质检的检测方法；当作为验收依据或存在争议时，按照本规程附录 B 的规定检测混凝土拌合物中水溶性氯离子含量。

4.3.2 为了提高检测的精度和稳定性，本条规定采用本规程附录 A 的方法检测混凝土拌合物中水溶性氯离子含量时，每测一个试样前均应重新标定电位-氯离子浓度关系曲线。

4.3.3 本条规定了试验结果的表示方式。通过对国外标准的调研，美国混凝土学会（ACI）分别在 ACI 201.2R《耐久混凝土指南》、ACI 222R《混凝土中金属防锈保护》与 ACI 318M《美国混凝土结构设计规范》中作出相关规定，均以氯离子占水泥质量的百分比作为限制指标进行了规定；而日本的标准规定了单方混凝土中氯离子质量的限定值。在混凝土配合比已知的条件下，两者是可以相互换算的。我国现行国家标准《混凝土质量控制标准》GB 50164 和《预拌混凝土》GB/T 14902 中均以混凝土拌合物中水溶性氯离子含量占水泥的质量分数作为限制指标进行了规定，考虑到换算的简便性和与我国相关标准的协调性，规定混凝土拌合物的水溶性氯离子含量可表示为占水泥质量的百分比，也可以表示为单方混凝土所含的水溶性氯离子质量。

4.3.4 混凝土拌合物水溶性氯离子含量应符合国家现行标准《混凝土质量控制标准》GB 50164、《预拌混凝土》GB/T 14902 和《海砂混凝土应用技术规范》JGJ 206 的有关规定。

5 硬化混凝土中氯离子含量检测

5.1 一般规定

5.1.1 本条对硬化混凝土氯离子含量检测试件的要求进行了规定。当检测硬化混凝土中氯离子含量时，可采用标准养护试件、同条件养护试件。存在争议时应采用标准养护试件。

5.1.2 本条规定了硬化混凝土氯离子含量检测时试件龄期的要求。标准养护试件龄期宜为 28d，同条件养护试件的等效养护龄期宜为 600℃·d。

5.2 试件的制作和养护

5.2.1 本条规定了硬化混凝土氯离子含量检测试件的制作要求。硬化混凝土中氯离子含量的检测试件应符合现行国家标准《普通混凝土力学性能试验方法标准》GB/T 50081 中有关抗压强度试件制作的规定；当检测氯离子含量的试件要求与测试强度的试件一致时，也可采用抗压强度测试后的混凝土试件。

5.2.2 本条规定了每组试件的数量要求。3 个试件为一组。

5.2.3 本条规定了试件的养护要求。养护过程中应避免外界的氯离子污染试件，保证试验的客观准确。

5.2.4 本条规定了试件制作时需要记录并写入检测报告的信息。对于制作的混凝土试件应进行编号，记录试件制作时间、制作人、养护条件、是否采用海砂和试件对应的工程及其结构部位等信息。

5.3 取　　样

5.3.1、5.3.2 这两条规定了硬化混凝土氯离子含量的取样方法。从一组（3个）硬化混凝土试件内部分别取样200g，去除石子，这里的石子指公称粒径大于5.00mm的岩石颗粒及其破碎部分；去除石子后将剩余砂浆混合，研磨全部通过筛孔公称直径为0.16mm的筛，105℃±5℃烘箱中烘2h后应放入干燥器冷却至室温备用。之所以采用筛孔公称直径为0.16mm的筛，是因为编制组对于同一硬化混凝土试样，进行分别通过筛孔公称直径分别为0.63mm、0.315mm、0.16mm和0.08mm筛的砂浆粉末的水溶性氯离子含量的对比试验，检测结果表明通过筛孔公称直径0.16mm筛的砂浆粉末的水溶性氯离子含量最高（图1），试验结果最安全。而且与日本JIS A1154规定加工成0.15mm以下的粉末要求基本相当，考虑到试验的可操作性和测试结果的安全性，以及与我国相关标准的协调性，故规定采用筛孔公称直径为0.16mm的筛。

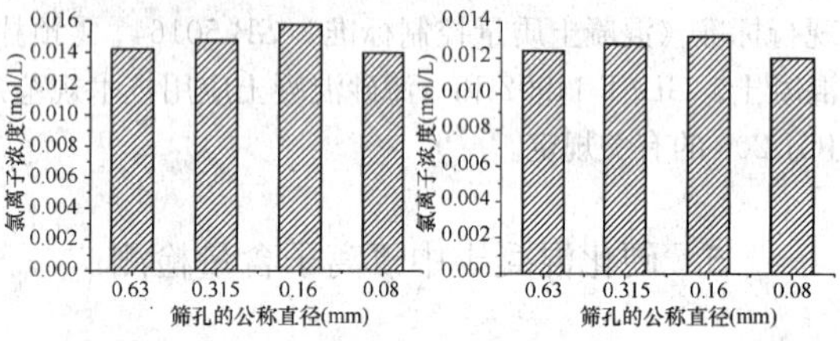

图1　两组混凝土经过不同公称直径筛孔的砂浆粉磨水溶性氯离子含量检测结果

5.4 检测方法与结果评定

5.4.1、5.4.2 这两条规定了硬化混凝土中氯离子含量的检测方法。硬化混凝土中水溶性氯离子含量应按照本规程附录C的方法进行检测，硬化混凝土中酸溶性氯离子含量应按照本规程附录D的方法进行检测。

5.4.3 本条对硬化混凝土中氯离子含量要求进行了规定：硬化混凝土中水溶性氯离子含量应符合现行国家标准《混凝土质量控制标准》GB 50164的规定。硬化混凝土中酸溶性氯离子含量应符合现行国家标准《混凝土结构设计规范》GB 50010的规定。与硬化混凝土中水溶性氯离子含量相比，《混凝土结构设计规范》GB 50010中对酸溶性氯离子含量的限值规定更加严格，偏于安全。因此，当存在争议时，应以酸溶性氯离子含量为准进行评定。

6 既有结构或构件混凝土中氯离子含量检测

6.1 一般规定

6.1.1 从既有结构或构件混凝土钻取芯样容易对结构或构件造成损伤，应尽量避免从既有结构或构件中钻取芯样来检测混凝土的氯离子含量，因此，有同条件混凝土试件时，检测同条件混凝土试件氯离子含量。但是，当缺少同条件混凝土试件或已有资料无法确认既有结构或构件混凝土中氯离子含量时，可从既有结构或构件钻取芯样检测混凝土中氯离子含量。

6.1.2 既有结构或构件混凝土取样应具有代表性，既有结构或构件混凝土的氯离子含量检测的试样可利用测试抗压强度后的破损芯样，可在降低对结构或构件的损伤的同时，减少了工作量，提高了可操作性。

6.2 取　　样

6.2.1 本条规定了既有结构或构件混凝土取样要求。对相同配合比的混凝土进行取样，所取混凝土芯样为一组，每组的混凝土芯样数量不应少于3个；如该结构部位已经出现钢筋锈蚀、顺筋裂缝等明显劣化现象时，取样数量应增加一倍，同一结构部位所取的芯样归为一组。

6.2.2、6.2.3 这两条规定了钻取芯样的要求。深度应不小于钢筋保护层厚度；在保存和运输过程中进行密封，使其他物质不会污染待检试样，保证试验的客观准确。

6.2.4 本条规定了对既有结构或构件混凝土中氯离子含量进行检测时，需要记录并写入检测报告的取样信息。包括：取样时间、取样地点和取样人、工程名称、结构部位和混凝土标记、是否采用海沙和混凝土配合比等信息。

6.2.5 本条规定了对既有结构或构件混凝土中氯离子含量检测时的制样方法；石子是指公称粒径大于5.00mm的岩石颗粒及其破碎部分。

6.3 检测方法与结果评定

6.3.1、6.3.2 这两条规定了既有结构或构件混凝土中氯离子含量的检测方法。既有结构或构件混凝土中水溶性氯离子含量应按照本规程附录C的方法进行检测，既有结构或构件混凝土中酸溶性氯离子含量应按照本规程附录D的方法进行检测。

6.3.3 本条对既有结构或构件混凝土中氯离子含量要求进行了规定。结构或构件混凝土中水溶性氯离子含量应符合现行国家标准《混凝土质量控制标准》GB 50164的有关规定。结构或构件混凝土中酸溶性氯离子含量应符合现行国家标准《混凝土结构设计规范》GB 50010的有关规定。与硬化混凝土中氯离子含量的规定相同，《混凝土结构设计规范》GB 50010中对酸溶性氯离子含量的限值规定更加严格，偏于安全。因此，当存在争议时，应以酸溶性氯离子含量为准进行评定。

附录A 混凝土拌合物中水溶性氯离子含量快速测试方法

本测试方法源于《水运工程混凝土试验规程》JTJ 270－1998中的“海砂、混凝土拌合物中氯离子含量的快速测定”，原理不变，操作变动有以下几点：

1 增加了对测试系统误差的规定：系统测试的最大允许误差为±10%。原标准发布实施已有15年之久，在此期间测试技术和仪器设备的精度不断得到提升，根据对目前测试设备和相关氯离子含量快速测定仪主流产品的调研，测试的最大允许误差可以满足±10%的要求。

2 原测试方法将电极直接插入混凝土拌合物砂浆试样中进行测试，在工程实践中，操作方面的异议很多。本测试方法改变为采用砂浆与蒸馏水质量比1∶1混合后的滤液进行测试。原因如下：1）氯离子选择电极和参比电极（的敏感膜）与溶液接触的良好程度直接关系到测量精度，而砂浆由于其非液态特性，有碍于氯离子在其中的自由扩散，使得电极敏感膜表面的氯离子溶度因扩散受限而小于实际值，直接插入砂浆中测量将难以保证其良好接触；2）砂浆中存在大量杂质颗粒，有损氯离子选择电极和参比电极的敏感膜（敏感膜的厚度非常薄），将严重损害电极的使用寿命；3）以滤液作为测试对象能较好地避免以上两个问题，而且测试状态与“电位-氯离子浓度”曲线标定的状态一致；4）验证试验证明可操作性提高，测试误差减小。

3 原标准中只对砂浆试样进行一次测试，作为试验结果进行计算，本规程分别测量两份砂浆样品的氯离子含量，以计算平均值作为检测结果，能够降低主观因素和系统测试造成的误差，保证试验结果的科学性和客观性。

A.0.3 试验所用的浓度分别为5.5×10^{-4}mol/L和5.5×10^{-3}mol/L的NaCl标准溶液参照《化学试剂标准滴定溶液的制备》GB/T 601中氯化钠标准滴定溶液的相关规定配制。

A.0.6 本条规定了每立方米混凝土拌合物中水溶性氯离子质量的计算方法。由于砂浆为混凝土拌合物在加水搅拌初期取样，设水溶性氯离子分散于砂浆中，试验砂浆质量为500.0g，水溶性氯离子占砂浆质量分数为x，则可根据测试数据建立下列公式：

$$\frac{\dfrac{500x}{35.45}}{\dfrac{500+500\times\dfrac{m_W}{m_B+m_S+m_W}}{\rho}}=C_{Cl^-} \tag{1}$$

式（1）中分子$\frac{500x}{35.45}$为砂浆中水溶性氯离子的摩尔数；分母$\frac{500+500\times\frac{m_W}{m_B+m_S+m_W}}{\rho}$为滤液的体积，其中$\rho$为滤液的密度，滤液密度$\rho$近似取1000g/L。

因此，式（1）推导可得：

$$x=C_{Cl^-}\times0.03545\times\frac{m_B+m_S+2m_W}{m_B+m_S+m_W} \tag{2}$$

换算为每立方米混凝土拌合物中水溶性氯离子质量只需进行下列计算：

$$m_{Cl^-}=x\times(m_B+m_S+m_W) \tag{3}$$

将式（2）代入式（3）中，即可得到本规程附录式（A.0.6），单位为kg。

A.0.7 本条规定了混凝土拌合物中水溶性氯离子含量占水泥质量的百分比的计算方法。每立方米混凝土拌合物中水溶性氯离子含量与每立方米混凝土拌合物的水泥用量的比值，为混凝土拌合物中水溶性氯离子含量占水泥质量的百分比，即本规程附录式（A.0.7）。

附录B 混凝土拌合物中水溶性氯离子含量测试方法

本测试方法源于我国台湾标准《混凝土拌合物中水溶性氯离子含量试验方法》CNS 13465 A3343中的“以硝酸银滴定法分析氯离子含量”方法，原理不变，操作变动有以下几点：

1 将原标准中试样滤液的取样方式由抽气过滤或离心分离的方式调整为加蒸馏水后、沸煮、再过滤。变动的主要理由是：对于强度等级C40以下的混凝土来说，通过抽气过滤或离心分离的方式能够获得足量的滤液，但对较高强度的混凝土或水胶比较小的普通强度的混凝土来说，通过抽气过滤或离心分离的方式获得的滤液量非常有限，在试验操作过程中由于滤液挥发或人为因素引入的误差对最终试验结果影响较大，而且可操作性较差。本规程规定加入等质量水获取滤液的方法，误差小，测试结果比较准确。

2 原标准对滤液未进行进一步的处理，本规程参照ASTM C1218增加了沸煮、过滤的处理。经过沸煮5min能够有效促进水溶性氯离子的溶出，沸煮处理后的滤液试样比只经过振摇后的略高（图2），所得测试结果偏于安全。

3 省去了添加除干扰离子的特殊试剂。变动的主要理由是：本规程针对的是混凝土拌合物水溶性氯离子含量的测定，测定时采用了蒸馏水制备滤液，因此干扰离子含量非常低，故省去了添加除干扰离子的化学试剂，验证试验结果表明，是否添加除干扰离子化学试剂对试验结果没有影响。

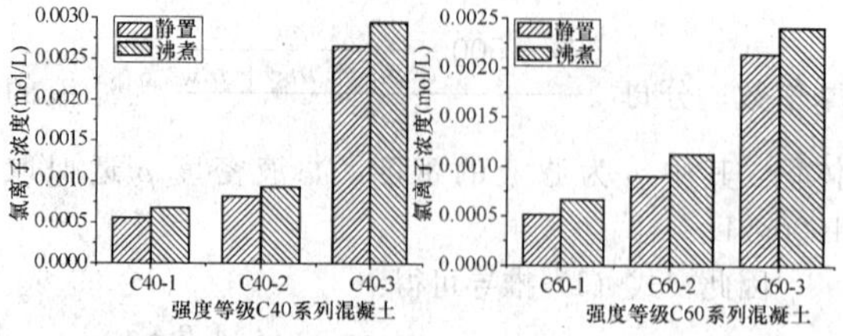

图 2　不同氯离子含量的 C40 和 C60 系列混凝土的氯离子含量试验结果

B.0.8　根据莫尔法试验原理，以 K_2CrO_4 作指示剂，用 $AgNO_3$ 标准溶液滴定 Cl^- 时，由于 AgCl 的溶解度比 Ag_2CrO_4 小，溶液中先出现 AgCl 白色沉淀，当 AgCl 定量沉淀完全后，稍过量的 Ag^+ 与 K_2CrO_4 生成砖红色的 Ag_2CrO_4 沉淀，从而指示终点的到达。滴定试验必须在中性或在弱碱性溶液中进行，适宜 pH 值范围为 6.5～10.5，必要时可用稀硝酸、氢氧化钠溶液和酚酞指示剂，调整滤液 pH 值至 7～10。

B.0.10　本条规定了每立方米混凝土拌合物中水溶性氯离子质量的计算方法。由于砂浆为混凝土拌合物的加水搅拌初期取样，设水溶性氯离子分布于砂浆中，试验砂浆质量为 500.0g，水溶性氯离子占砂浆质量分数为 x，则可根据测试数据建立下列公式：

$$\frac{\dfrac{500x}{35.45}}{\dfrac{500+500\times\dfrac{m_W}{m_B+m_S+m_W}}{\rho}}=\frac{C_{AgNO_3}\times V_2}{V_1} \tag{4}$$

式（4）中 ρ 近似取 1000g/L，推导可得：

$$x=\frac{C_{AgNO_3}\times V_2\times 0.03545}{V_1}\times\frac{m_B+m_S+2m_W}{m_B+m_S+m_W} \tag{5}$$

换算为每立方米混凝土拌合物中水溶性氯离子质量只需进行下列计算：

$$m_{Cl^-}=x\times(m_B+m_S+m_W) \tag{6}$$

将式（5）代入式（6）中，即可得到本规程附录式（B.0.10），单位为 kg。

附录 C　硬化混凝土中水溶性氯离子含量测试方法

本测试方法源于《水运工程混凝土试验规程》JTJ 270－1998 中的“混凝土中砂浆的水溶性氯离子含量测定”，同时借鉴了我国台湾标准《混凝土拌合物中水溶性氯离子含量试验方法》CNS 13465 A3343 中的“以硝酸银滴定法分析氯离子含量”方法中的相关规定，JTJ 270－1998 和 CNS 13465 A3343 的原理一致。主要变动为：

1　将原标准中滴定所配制的硝酸银浓度、标定的氯化钠浓度 0.02mol/L，均参照 CNS 13465 A3343 调整为 0.0141mol/L。调整的理由是：通常硬化混凝土中水溶性氯离子含量较低，低浓度的硝酸银溶液具有很好的灵敏性，在滴定过程中可操作性更强，不容易过量，而且每消耗 1mL 该浓度的硝酸银，表明待测溶液中含有 0.500mg 氯离子，折算更加直接。

2　将原标准中调 pH 值的硫酸调整为硝酸。调整的理由是：硫酸容易引入硫离子和亚硫酸根离子，对滴定来说引入了干扰离子，而硝酸则不会引入干扰离子，对滴定试验没有影响。

3　在原标准静置 24h 的基础上增加了沸煮 5min 的处理。沸煮 5min，停止加热，静置 24h 后，以快速定量滤纸过滤，是考虑与 ASTM C1218 的试样处理方法协调性规定的，试验结果也表明，进行沸煮 5min 后，静置 24h 的水溶性氯离子含量也比先沸煮再静置 24h 略高，说明沸煮有利于硬化混凝土中水溶性氯离子的溶出，所测结果偏于安全。

4　将原标准中判定溶液滴定终点的砖红色改为略带桃红色的黄色。根据试验经验可知，当溶液滴定至显砖红色时硝酸银溶液已过量，计算结果超过真实值较大，而以略带桃红色的黄色不消失作为滴定终点的判定颜色则与真实值较为接近，误差较小。编制组按照两种不同的终点颜色进行了精确配制的已知浓度的氯化钠标准溶液的验证试验，试验结果如图 3 所示。根据图 3 的验证试验结果可知，与真实浓度相比，两种判定颜色所得结果均表现为正偏差，选定带桃红色的黄色的作为滴定终点更接近真实值，能够更准确反映混凝土中真实的氯离子含量。

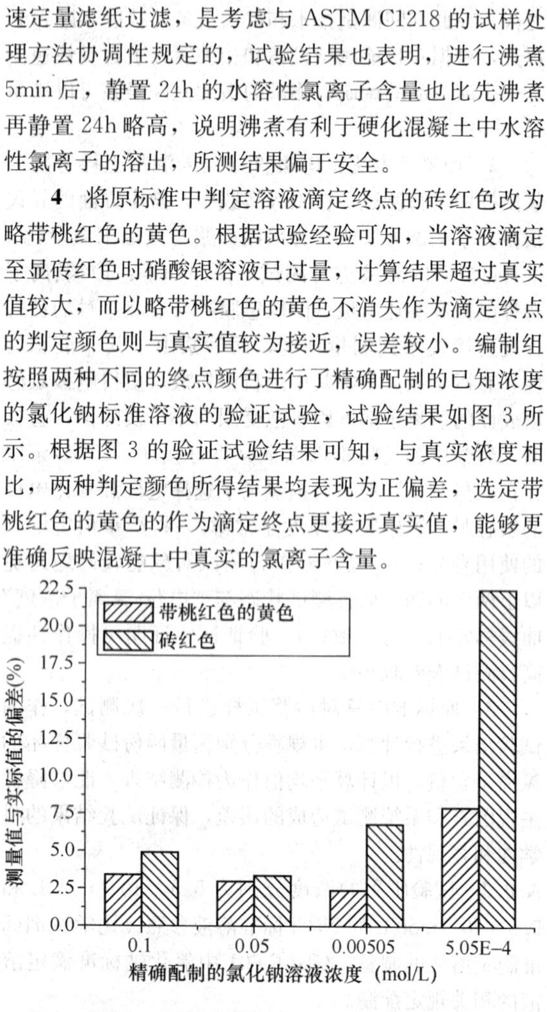

图 3　精确配制不同浓度氯化钠溶液的试验结果

C.0.11　本条规定了硬化混凝土中水溶性氯离子占水泥质量的百分比的计算方法。在已知混凝土配合比时，每立方米混凝土中的砂浆质量近似为 $(m_B+m_S+m_W)$，因此，每立方米混凝土中水溶性氯离子质量可按下式计算：

$$m_{Cl^-}=W_{Cl^-}^{W}\times(m_B+m_S+m_W) \tag{7}$$

计算硬化混凝土中水溶性氯离子含量占水泥质量的百分比，只需将式（7）代入下式：

$$W_{Cl^-}^{C}=\frac{m_{Cl^-}}{m_C}\times 100 \tag{8}$$

即可得本规程附录式（C.0.11）。

附录D　硬化混凝土中酸溶性氯离子含量测试方法

本测试方法源于《建筑结构检测技术标准》GB/T 50344－2004中的“附录B 混凝土中氯离子含量测定”方法。主要变动为：

1　浸泡试样的溶液由水改为硝酸溶液（1＋7）。改动理由是：原标准是对混凝土中氯离子含量测定，根据其使用水浸泡判断，应为混凝土中水溶性氯离子含量的测定，并不包含混凝土酸溶性氯离子含量，本试验的目的是检测硬化混凝土中氯离子的总含量，因此需要在硝酸溶液中浸泡一定时间后，待混凝土中的自由氯离子和物理吸附和化学结合氯离子溶出后进行检测，才能够反映硬化混凝土氯离子总含量的真实值，故本方法将浸泡液调整为硝酸溶液（1＋7），与ASTM C1152中砂浆试样浸泡液的实际浓度一致。

2　取消了滴定前向待测液加入硝酸（1＋1）的步骤。变动原因是：原标准电位滴定时，待检液50mL为蒸馏水浸泡砂浆粉末的滤液，呈碱性，故在滴定前用硝酸（1＋1）调为酸性，由于本测试方法采用100ml硝酸溶液（1＋7）浸泡20g砂浆粉磨，量取20mL硝酸溶液（1＋7）加入100mL蒸馏水后也为酸性，从试验原理上来说不会影响试验结果。

3　将原标准中试验用216型银电极调整为“216型银电极或氯离子选择电极”。调整的理由是：银电极和氯离子选择电极均能够反映氯离子和银离子浓度的变化，而且编制组进行了平行对比试验，试验结果如图4所示。图4的结果表明，氯离子选择电极所测试结果的精度与银电极的基本相当。

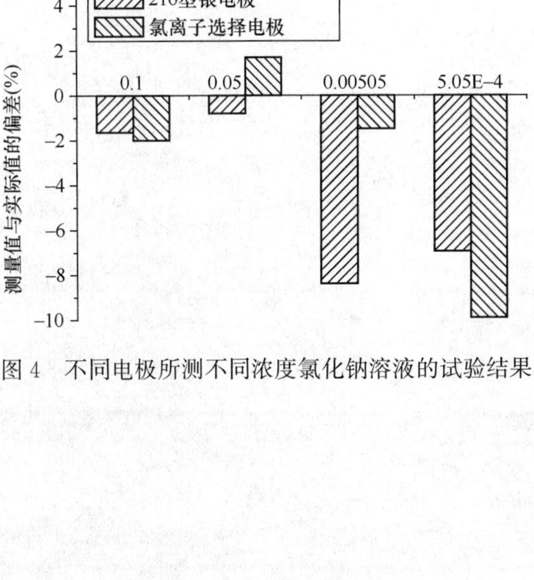

图4　不同电极所测不同浓度氯化钠溶液的试验结果

4　将50mL滤液作为待测液调整为20mL滤液＋100mL蒸馏水作为待测液。改动的理由是：原标准中待测液较少，在100mL烧杯中试验，由于烧杯口径太小，插入电极后，不便于滴定操作，在较大容量的烧杯中试验，液面太低，转子容易碰到电极，原试验方法可操作性较差。通过按照比例放大待测液进行试验，能够在300mL的烧杯中进行试验，避免了以上问题，可操作性强。

D.0.5　电位滴定试验应按照下列试验原理进行：用电位滴定法，以216型银电极或氯离子选择电极作为指示电极，其电势分别随Ag^+或Cl^-浓度而变化，以甘汞电极为参比电极，用电位计或酸度计测定两电极在溶液中组成原电池的电势，银离子与氯离子反应生成溶解度很小的氯化银白色沉淀。在等当量点前滴入硝酸银生成氯化银沉淀，两电极间电势变化缓慢，达到等当量点时氯离子全部生成氯化银沉淀，这时滴入少量硝酸银即引起电势急剧变化，可指示出滴定终点。等当量点的判定应按二次微商法计算：即绘制电压-消耗硝酸银溶液体积曲线，通过电压对体积二次导数变成零的办法来求出等当量点。假如在临近等当量点时，每次加入的硝酸银溶液是相等的，此函数（$\Delta^2 E/\Delta V^2$）将在正负两个符号发生变化的体积之间的某一点变成零，通过电压对消耗硝酸银溶液体积二次导数变为零的点即为等当量点，对应这一点消耗的硝酸银体积即为等当量点，可用内插法计算求得；结合该曲线函数的一次导数在等当量点达到极值的规律，也可用于等当量点的判定。

D.0.8　本条规定了硬化混凝土中酸溶性氯离子含量占胶凝材料质量百分比的计算方法。在已知混凝土配合比时，每立方米混凝土中的砂浆质量近似为（$m_B+m_S+m_W$），因此，可得到本规程附录式（D.0.8）计算每立方米混凝土中酸溶性氯离子含量占胶凝材料质量的百分比。

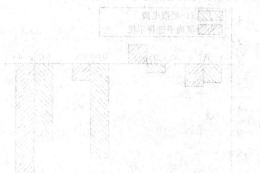

中华人民共和国行业标准

钢绞线网片聚合物砂浆加固技术规程

Technical specification for strengthening of building structures with steel stranded wire mesh and polymer mortar

JGJ 337—2015

批准部门：中华人民共和国住房和城乡建设部

施行日期：2 0 1 6 年 5 月 1 日

中华人民共和国住房和城乡建设部
公　　告

第903号

住房城乡建设部关于发布行业标准《钢绞线网片聚合物砂浆加固技术规程》的公告

现批准《钢绞线网片聚合物砂浆加固技术规程》为行业标准，编号为JGJ 337－2015，自2016年5月1日起实施。其中，第5.1.5、5.2.8条为强制性条文，必须严格执行。

本规程由我部标准定额研究所组织中国建筑工业出版社出版发行。

中华人民共和国住房和城乡建设部

2015年8月28日

前　　言

根据住房和城乡建设部《关于印发〈2011年工程建设标准规范制订、修订计划〉的通知》（建标［2011］17号）的要求，规程编制组经广泛调查研究，认真总结工程实践经验，参考有关国家标准和国外先进标准，并在广泛征求意见的基础上，编制本规程。

本规程的主要技术内容是：总则、术语和符号、材料、设计、施工、质量验收。

本规程中以黑体字标志的条文为强制性条文，必须严格执行。

本规程由住房和城乡建设部负责管理和对强制性条文的解释，由中国建筑科学研究院负责具体技术内容的解释。执行过程中如有意见或建议，请寄送中国建筑科学研究院（地址：北京市北三环东路30号，邮编：100013）。

本规程主编单位：中国建筑科学研究院
　　中达建设集团股份有限公司

本规程参编单位：南京工业大学
　　华侨大学
　　浙江天元建设（集团）股份有限公司
　　北京荣大兴业建筑材料有限公司
　　厦门市建设工程施工图审查所
　　南京新筑加固工程有限公司
　　四川宇太加固工程技术有限公司

本规程主要起草人员：姚秋来　李福清　王忠海
　　郭子雄　刘伟庆　张立峰
　　史志远　王曙光　黄群贤
　　阮爱兵　齐春明　李振宁
　　李绍祥　李　军　栾文彬
　　张世明　王克军　盛健健

本规程主要审查人员：娄　宇　潘延平　程绍革
　　朱兆晴　周之峰　彭伙水
　　刘兴旺　杨海平　张小冬

目　次

1　总则 ………………………………………… 37—5
2　术语和符号 ……………………………… 37—5
2.1　术语 ………………………………………… 37—5
2.2　符号 ………………………………………… 37—5
3　材料 ………………………………………… 37—5
3.1　一般规定 …………………………………… 37—5
3.2　钢绞线网片 ………………………………… 37—5
3.3　聚合物砂浆 ………………………………… 37—6
3.4　界面剂 ……………………………………… 37—6
4　设计 ………………………………………… 37—6
4.1　一般规定 …………………………………… 37—6
4.2　混凝土构件正截面受弯加固计算 ……… 37—7
4.3　混凝土构件斜截面受剪加固计算 ……… 37—8
4.4　混凝土正截面受压构件加固计算 ……… 37—9
4.5　砖砌体抗震加固计算…………………… 37—10
4.6　构造要求 ………………………………… 37—10
5　施工 ……………………………………… 37—11
5.1　一般规定………………………………… 37—11
5.2　施工准备………………………………… 37—12
5.3　基层处理与要求………………………… 37—12
5.4　钢绞线网片施工………………………… 37—12
5.5　界面剂施工……………………………… 37—13
5.6　聚合物砂浆施工………………………… 37—13
5.7　施工保障措施…………………………… 37—14
6　质量验收………………………………… 37—14
6.1　一般规定………………………………… 37—14
6.2　钢绞线网片分项工程…………………… 37—15
6.3　聚合物砂浆分项工程…………………… 37—15
附录A　钢绞线计算用截面面积及参考重量 ……………………………… 37—16
附录B　质量验收记录…………………… 37—16
本规程用词说明…………………………… 37—19
引用标准名录 ……………………………… 37—19
附：条文说明 ……………………………… 37—20

Contents

1 General Provisions ······ 37—5
2 Terms and Symbols ······ 37—5
2.1 Terms ······ 37—5
2.2 Symbols ······ 37—5
3 Materials ······ 37—5
3.1 General Requirements ······ 37—5
3.2 Steel Stranded Wire Mesh ······ 37—5
3.3 Polymer Mortar ······ 37—6
3.4 Interface Treating Agent ······ 37—6
4 Design ······ 37—6
4.1 General Requirements ······ 37—6
4.2 Calculation of Flexural Strengthening for Concrete Members ······ 37—7
4.3 Calculation of Shear Strengthening for Concrete Members ······ 37—8
4.4 Calculation of Strengthening for Compression Concrete Members ······ 37—9
4.5 Calculation of Seismic Strengthening for Brick Masonry ······ 37—10
4.6 Detailing Requirements ······ 37—10
5 Construction ······ 37—11
5.1 General Requirements ······ 37—11
5.2 Preparations for Construction ······ 37—12
5.3 Surface Treatment and Requirements ······ 37—12
5.4 Construction for Steel Stranded Wire Mesh ······ 37—12
5.5 Construction for Interface Treating Agent ······ 37—13
5.6 Construction for Polymer Mortar ··· 37—13
5.7 Construction Measures ······ 37—14
6 Quality Acceptance ······ 37—14
6.1 General Requirements ······ 37—14
6.2 Subdivisional Work of Steel Stranded Wire Mesh ······ 37—15
6.3 Subdivisional Work of Polymer Mortar ······ 37—15
Appendix A Section Areas for Strengthening Calculations and Reference Weight of Steel Stranded Wire ······ 37—16
Appendix B Record Tables of Quality Acceptance ······ 37—16
Explanation of Wording in This Specification ······ 37—19
List of Quoted Standards ······ 37—19
Addition: Explanation of Provisions ··· 37—20

1 总 则

1.0.1 为使钢绞线网片聚合物砂浆加固做到技术可靠、安全适用、经济合理、确保质量，制定本规程。

1.0.2 本规程适用于采用钢绞线网片聚合物砂浆加固混凝土结构和砌体结构的设计、施工及验收。

1.0.3 采用钢绞线网片聚合物砂浆加固混凝土结构和砌体结构之前，应按现行国家有关标准对结构进行检测鉴定或评估。

1.0.4 采用钢绞线网片聚合物砂浆加固混凝土结构和砌体结构的设计、施工及验收，除应符合本规程外，尚应符合现行国家有关标准的规定。

2 术语和符号

2.1 术 语

2.1.1 钢绞线网片聚合物砂浆加固 steel stranded wire mesh and polymer mortar for strengthening structural member

将钢绞线网片张拉固定在原构件的表面，通过加固专用聚合物砂浆喷抹，使钢绞线网片和聚合物砂浆复合加固层与原构件充分粘合，形成具有一定加固层厚度的整体性复合截面，以提高构件承载力和延性的加固方法。

2.1.2 钢绞线 steel stranded wire

由若干根光圆钢丝绞捻并经消除内应力后而成的盘卷状钢丝束。

2.1.3 结构加固钢绞线网片 steel stranded wire mesh for strengthening structure

采用钢绞线和钢制卡扣，在工厂使用机械制作的用以结构加固的网状片材。

2.1.4 结构加固专用聚合物砂浆 polymer mortar for strengthening structure

结构加固中按一定比例掺有改性环氧乳液或丙烯酸酯乳液的高强度水泥砂浆。

2.1.5 结构加固专用界面剂 interface treating agent for strengthening structure

结构加固中用以改善基层表面粘结性能的高性能聚合物浆料。

2.2 符 号

2.2.1 作用和作用效应

f_l ——横向钢绞线对混凝土的侧向约束应力；

f'_l ——横向钢绞线对混凝土的有效侧向约束应力；

M ——加固后正截面受弯承载力设计值；

M_i ——加固前受弯构件计算截面上实际承担的初始弯矩；

N ——加固后轴向承载力设计值；

V ——加固后受剪承载力设计值；

V_{b0} ——加固前梁的受剪承载力设计值；

V_{bw} ——加固后梁受剪承载力设计值的提高值；

V_{w0} ——加固前砖墙的受剪承载力设计值；

σ_{rw} ——钢绞线的拉应力；

ε_{rw} ——钢绞线的拉应变；

ε_i ——考虑二次受力影响时，加固前构件在初始弯矩作用下，截面受拉边缘混凝土的初始应变。

2.2.2 材料性能

E_{rw} ——钢绞线的弹性模量；

f_m ——聚合物砂浆的抗压强度设计值；

f_{tk} ——钢绞线的抗拉强度标准值；

f_{rw} ——钢绞线的抗拉强度设计值；

ε_{rwu} ——钢绞线的极限拉应变。

2.2.3 几何参数

A_{rw} ——受拉面上钢绞线的截面面积；

s_{rw} ——受剪加固时钢绞线的间距。

2.2.4 计算系数及其他

α_c ——约束混凝土轴压强度提高系数；

α_m ——柱轴心受压加固时考虑二次受力效应的承载力降低系数；

η_0 ——砖墙加固基准增强系数；

η_c ——偏压柱加固时钢绞线的强度利用系数；

η_w ——加固后砖墙受剪承载力提高系数；

ψ_{rw} ——受弯加固时钢绞线的强度利用系数；

ψ_{vb} ——抗剪强度折减系数；

$\xi_{b,rw}$ ——混凝土结构构件加固后的相对界限受压区高度。

3 材 料

3.1 一 般 规 定

3.1.1 采用钢绞线网片聚合物砂浆进行结构加固时，应使用钢绞线网片、专用聚合物砂浆及界面剂。

3.1.2 加固用材料应具有产品合格证和出厂检验报告，涉及结构安全、使用功能的材料尚应进行现场见证取样复验。

3.2 钢绞线网片

3.2.1 钢绞线的各项性能指标应符合现行国家标准《混凝土结构加固设计规范》GB 50367 的规定。

3.2.2 钢绞线网片应无锈蚀、无破损、无死折、无散束，卡扣无开口、脱落，主筋和横向筋间距均匀，表面不得涂有油脂、油漆等污物。网片主筋规格和间距应满足设计要求。

3.2.3 钢绞线的主要设计指标应符合下列规定：

1　钢绞线应采用6×7+IWS金属股芯的不锈钢钢绞线或热镀锌钢绞线，单根钢绞线的公称直径应为2.5mm～4.5mm，钢绞线计算用截面面积及参考重量应按本规程附录A采用。

2　钢绞线的抗拉强度标准值 f_{tk} 应按其极限抗拉强度确定，并应具有不小于95%保证率以及不低于90%的置信度；钢绞线的极限拉应变 ε_{rwu} 应取其抗拉强度标准值 f_{tk} 除以弹性模量 E_{rw}。

3　钢绞线的基本力学性能指标应符合表3.2.3的规定。

表3.2.3　钢绞线的基本力学性能指标（N/mm^2）

型号	公称直径(mm)	抗拉强度标准值 f_{tk}	抗拉强度设计值 f_{rw}	弹性模量 E_{rw}
6×7+IWS热镀锌钢绞线	2.5～3.6	1650	1050	1.30×10^5
	4.5	1560	1000	
6×7+IWS不锈钢钢绞线	3.0～3.2	1800	1100	1.05×10^5
	4.0～4.5	1700	1050	

3.3　聚合物砂浆

3.3.1　聚合物砂浆的各项性能指标应符合现行国家标准《混凝土结构加固设计规范》GB 50367的规定。

3.3.2　聚合物砂浆尚应符合下列规定：

1　初凝时间不应小于45min。

2　终凝时间不应大于12h。

3.3.3　配制聚合物砂浆用的聚合物乳液，其挥发性有机化合物和游离甲醛含量应符合表3.3.3的规定。

表3.3.3　挥发性有机化合物和游离甲醛限值

测定项目	限值
挥发性有机化合物（VOC）（g / L）	≤350
游离甲醛（g / kg）	≤1.0

3.3.4　聚合物砂浆乳液应在有效使用期内使用，不得受冻，应无分层离析、无杂质及结絮现象。

3.3.5　配制聚合物砂浆的粉料应在有效使用期内使用，不得受潮、结块。

3.3.6　聚合物砂浆可采用现行国家标准《混凝土结构加固设计规范》GB 50367规定的Ⅰ级或Ⅱ级砂浆，其抗压强度设计值和正拉粘结强度应符合表3.3.6的规定。

表3.3.6　聚合物砂浆的抗压强度设计值和正拉粘结强度（N/mm^2）

砂浆等级	抗压强度设计值 f_m	正拉粘结强度
Ⅰ级	26.3	≥2.5，且为混凝土内聚破坏
Ⅱ级	21.5	

3.4　界面剂

3.4.1　界面剂的各项性能指标应符合现行国家标准《混凝土结构加固设计规范》GB 50367的规定。

3.4.2　界面剂宜采用改性环氧类，其挥发性有机化合物和游离甲醛含量应符合本规程表3.3.3的规定。

3.4.3　界面剂乳液应在有效使用期内使用，不得受冻，应无分层离析、无杂质及结絮现象。

3.4.4　配制界面剂的粉料应在有效使用期内使用，不得受潮、结块。

4　设　　计

4.1　一般规定

4.1.1　采用钢绞线网片聚合物砂浆进行结构加固时，应使钢绞线承受拉力，并能与结构构件变形协调。

4.1.2　钢绞线网片聚合物砂浆可用于下列结构构件的加固：

1　钢筋混凝土梁的受弯和受剪加固。

2　钢筋混凝土楼板的受弯加固。

3　钢筋混凝土柱的受压加固。

4　砖砌体墙的抗震加固。

5　当有可靠依据时，也可用于其他形式和其他受力状况的混凝土结构构件的加固。

4.1.3　采用钢绞线网片聚合物砂浆加固混凝土结构时，应按现行国家标准《工程结构可靠性设计统一标准》GB 50153及《建筑结构可靠度设计统一标准》GB 50068采用以概率理论为基础的极限状态设计法进行承载能力极限状态计算，并应符合下列规定：

1　原结构构件的受力钢筋和混凝土材料宜根据检测得到的实际强度，按现行国家标准《混凝土结构设计规范》GB 50010确定其相应的材料强度设计指标。

2　钢绞线应根据构件达到极限状态时的应变，按线弹性应力应变关系确定其相应的应力。

4.1.4　采用钢绞线网片聚合物砂浆对结构或构件进行加固设计时，应计算加固后对结构中其他构件受力产生的影响。

4.1.5　采用钢绞线网片聚合物砂浆进行结构加固时，宜卸除作用在结构上的活荷载，并应考虑二次受力的影响。

4.1.6　钢筋混凝土构件加固时，被加固构件的实际混凝土强度等级不应低于C15。

4.1.7　砖砌体墙加固时，原墙体砌块的实际强度等级不宜低于MU7.5，砂浆强度等级不宜高于M5。

4.1.8　钢绞线网片聚合物砂浆加固钢筋混凝土构件的设计，应符合下列规定：

1　钢绞线网片可采用单层或双层，钢绞线网片应采用专用金属胀栓固定在构件上；金属胀栓间距宜为400mm，交错布置。

2　当设置单层钢绞线网片时，聚合物砂浆面层的厚度不宜小于25mm；当设置双层钢绞线网片时，聚合物砂浆厚度不宜小于40mm，钢绞线保护层厚度不应小于15mm。

3 钢绞线网片加固底层柱时，钢绞线网片应伸至柱基础顶部。

4 结构构件处于现行国家标准《混凝土结构设计规范》GB 50010中划分的一类环境类别中，可采用热镀锌钢绞线网片加固，处于其他环境类别中宜采用不锈钢钢绞线网片加固。

4.1.9 钢绞线网片聚合物砂浆加固砖砌体墙的设计，应符合下列规定：

1 钢绞线网片可单面或双面设置，钢绞线网应采用专用金属胀栓固定在砖块体上，其间距宜为600mm，并呈梅花状布置。

2 当设置单层钢绞线网片时，聚合物砂浆面层的厚度不宜小于25mm；当设置双层钢绞线网片时，聚合物砂浆的厚度不宜小于40mm，钢绞线保护层厚度不应小于15mm。

3 钢绞线网片四周应与楼板、梁、柱或墙体可靠连接，遇阴角处可采用附加钢筋网面层连接；在底层可不延伸至基础，外墙在室外地面下宜加厚，且应伸入地面下500mm。

4 砖砌体墙处于现行国家标准《砌体结构设计规范》GB 50003中划分的1类环境类别中，可采用热镀锌钢绞线网片加固，处于其他环境类别中宜采用不锈钢钢绞线网片加固。

4.1.10 对钢筋混凝土结构加固时，聚合物砂浆应符合下列规定：

1 板的加固应符合下列规定：

1）当原构件混凝土强度等级为C30～C50时，应采用Ⅰ级聚合物砂浆；

2）当原构件混凝土强度等级为C25及其以下时，可采用Ⅰ级或Ⅱ级聚合物砂浆。

2 梁和柱的加固，应采用Ⅰ级聚合物砂浆。

4.1.11 对砖砌体墙进行抗震加固时，可采用Ⅱ级聚合物砂浆。

4.1.12 混凝土结构构件加固后的相对界限受压区高度 $\xi_{b,rw}$ 应按下式计算：

$$\xi_{b,rw} = \beta_1 / \left(1 + 1.5\frac{f_y}{E_s \varepsilon_{cu}}\right) \tag{4.1.12}$$

式中：β_1——系数，按现行国家标准《混凝土结构设计规范》GB 50010的规定计算；

f_y——钢筋的抗拉强度设计值（N/mm^2）；

E_s——钢筋的弹性模量（N/mm^2）；

ε_{cu}——混凝土极限压应变，取 $\varepsilon_{cu}=0.0033$。

4.1.13 考虑地震作用效应组合的结构构件，应将其截面承载力除以承载力抗震调整系数 γ_{RE}，γ_{RE} 应按现行行业标准《建筑抗震加固技术规程》JGJ 116的规定取值。

4.2 混凝土构件正截面受弯加固计算

4.2.1 采用钢绞线网片聚合物砂浆对钢筋混凝土梁、板进行受弯加固时的承载力计算，除应符合现行国家标准《混凝土结构设计规范》GB 50010对受弯构件正截面承载力计算的基本假定外，尚应符合下列规定：

1 构件达到受弯承载能力极限状态时，钢绞线的拉应变 ε_{rw} 应按截面应变保持平面的假定确定，但不应超过钢绞线的极限拉应变 ε_{rwu}。

2 当考虑二次受力影响时，应按截面应变保持平面的假定计算加固前受拉区边缘混凝土的初始应变 ε_i。

3 钢绞线的拉应力 σ_{rw} 可近似按下式确定：

$$\sigma_{rw} = E_{rw} \cdot \varepsilon_{rw} \tag{4.2.1}$$

式中：E_{rw}——钢绞线的弹性模量（N/mm^2）；

ε_{rw}——钢绞线的拉应变。

4 在达到受弯承载力极限状态前，聚合物砂浆与混凝土之间不应发生粘结剥离破坏。

4.2.2 在矩形截面受弯加固时，其正截面受弯承载力应按下列公式计算（图4.2.2）：

$$M \leqslant \alpha_1 f_c bx\left(h+\delta-\frac{x}{2}\right)+f'_y A'_s(h-a'_s+\delta) - f_y A_s(h-h_0+\delta) \tag{4.2.2-1}$$

$$\alpha_1 f_c bx + f'_y A' = f_y A_s + \psi_{rw} f_{rw} A_{rw} \tag{4.2.2-2}$$

$$\psi_{rw} = \frac{0.8\varepsilon_{cu}(h+\delta)/x - \varepsilon_{cu} - \varepsilon_i}{f_{rw}/E_{rw}} \tag{4.2.2-3}$$

$$2a'_s \leqslant x \leqslant \xi_{b,rw} h_0 \tag{4.2.2-4}$$

式中：M——构件加固后的正截面受弯承载力设计值（N·mm）；

A_s、A'_s——受拉区、受压区纵向普通钢筋的截面面积（mm^2）；

A_{rw}——受拉区钢绞线的截面面积（mm^2）；

f_y、f'_y——钢筋的抗拉、抗压强度设计值（N/mm^2）；

f_c——混凝土轴心抗压强度设计值（N/mm^2）；

f_{rw}——钢绞线的抗拉强度设计值（N/mm^2）；

E_{rw}——钢绞线的弹性模量（N/mm^2）；

x——等效矩形应力图形的混凝土受压区高度（mm）；

α_1——系数，按现行国家标准《混凝土结构设计规范》GB 50010确定；

ε_{cu}——混凝土极限压应变，取 $\varepsilon_{cu}=0.0033$；

ε_i——初始弯矩 M_i 小于未加固截面受弯承载力的20%时，可忽略二次受力的影响；当考虑二次受力影响时，加固前构件在初始弯矩作用下，截面受拉边缘混凝土的初始应变，按本规程第 4.2.4 条计算；当不考虑二次受力时，ε_i 取为 0；

ψ_{rw}——受弯加固时钢绞线的强度利用系数；当按公式（4.2.2-3）计算的值大于 1.0 时，取为 1.0；

b、h——加固前矩形截面的宽度、高度（mm）；

h_0——加固前的截面有效高度（mm）；

a'_s——受压区纵向普通钢筋合力点至截面受压区边缘的距离（mm）；

δ——钢绞线合力点至截面受拉区边缘的距离（mm）。

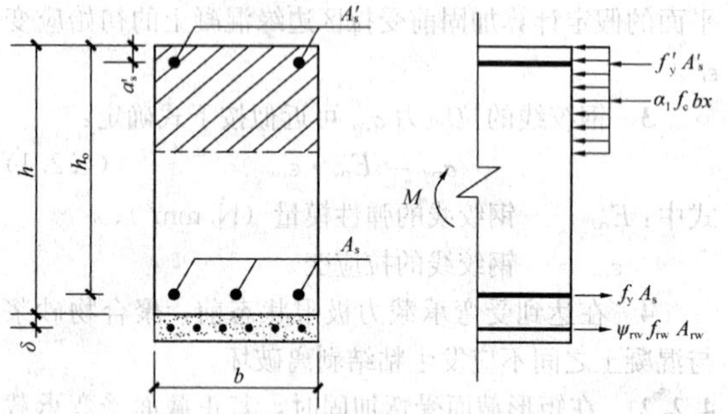

图 4.2.2 受弯构件正截面承载力计算

4.2.3 对翼缘位于受压区的 T 形截面受弯构件，当在其受拉面采用钢绞线网片聚合物砂浆进行受弯加固时，应按本规程第 4.2.2 条的原则和现行国家标准《混凝土结构设计规范》GB 50010 中 T 形截面构件受弯承载力的计算方法计算和验算。

4.2.4 考虑二次受力影响时，加固前在初始弯矩作用下，截面受拉边缘混凝土的初始应变应按下列公式计算：

$$\varepsilon_i = \frac{h}{h_0}(\varepsilon_{ci} + \varepsilon_{si}) - \varepsilon_{ci} \qquad (4.2.4\text{-}1)$$

$$\varepsilon_{ci} = \frac{M_i}{\zeta E_c b h_0^2} \qquad (4.2.4\text{-}2)$$

$$\varepsilon_{si} = \frac{\psi}{\eta} \cdot \frac{M_i}{E_s A_s h_0} \qquad (4.2.4\text{-}3)$$

$$\zeta = \frac{(1 + 3.5\gamma'_f)\alpha_E \rho}{0.2(1 + 3.5\gamma'_f) + 6\alpha_E \rho} \qquad (4.2.4\text{-}4)$$

$$\psi = 1.1 - 0.65\frac{f_{tk}}{\sigma_{si}\rho_{te}} \qquad (4.2.4\text{-}5)$$

$$\sigma_{si} = \frac{M_i}{A_s \eta h_0} \qquad (4.2.4\text{-}6)$$

$$\rho = A_s / b h_0 \qquad (4.2.4\text{-}7)$$

$$A_{te} = 0.5bh + (b_f - b)h_f \qquad (4.2.4\text{-}8)$$

$$\gamma'_f = \frac{(b'_f - b)h'_f}{b h_0} \qquad (4.2.4\text{-}9)$$

式中：M_i——加固前受弯构件计算截面上实际承担的初始弯矩（N·mm）；

ε_{ci}——加固前初始弯矩 M_i 作用下受压边缘的压应变；

ε_{si}、σ_{si}——加固前初始弯矩 M_i 作用下受拉钢筋的拉应变、拉应力（N/mm²）；

ζ——受压边缘混凝土压应变综合系数；

ψ——受拉钢筋拉应变不均匀系数；

η——内力臂系数，取 0.87；

E_c、E_s——混凝土、钢筋的弹性模量（N/mm²）；

α_E——钢筋弹性模量与混凝土弹性模量的比值；

ρ——受拉钢筋配筋率；

f_{tk}——混凝土抗拉强度标准值（N/mm²）；

ρ_{te}——按有效受拉混凝土截面面积计算的纵向受拉钢筋配筋率 A_s/A_{te}；

A_{te}——有效受拉混凝土截面面积（mm²）；

b_f、h_f——受拉翼缘的宽度、高度（mm）；

γ'_f——受压翼缘截面面积与腹板有效截面面积的比值；

b'_f、h'_f——受压翼缘的宽度、高度（mm）。

4.2.5 过火梁的受弯加固设计可按本规程第 4.2.2～4.2.4 条的规定计算。计算过火梁受弯承载力时，需根据检测报告考虑高温后混凝土强度和弹性模量的降低，截面取有效计算截面。

4.2.6 计算正截面受弯承载力时，尚应符合下列规定：

1 加固后正截面受弯承载力的提高幅度不宜超过 40%。

2 应验算构件的斜截面受剪承载力，构件受剪破坏不应先于受弯破坏。

4.2.7 当梁底全部加固仍不满足要求时，可将钢绞线网片配置于梁侧面的受拉区进行受弯加固，配置区域宜在距受拉区边缘 1/4 梁高范围内。在进行正截面受弯承载力计算时，应将本规程公式（4.2.2-1）～（4.2.2-4）中加固前矩形截面的高度改用钢绞线网片截面面积形心至梁受压区边缘的距离代替，且宜将侧面钢绞线网片的截面面积乘以折减系数 ψ_{rw}，ψ_{rw} 按本规程公式（4.2.7）计算。

$$\psi_{rw} = 1 - 0.5h_{cw}/h \qquad (4.2.7)$$

式中：h_{cw}——侧面钢绞线网片的高度（mm）。

4.3 混凝土构件斜截面受剪加固计算

4.3.1 采用钢绞线网片聚合物砂浆进行钢筋混凝土梁受剪加固时的承载力计算，应符合现行国家标准《混凝土结构设计规范》GB 50010 对受剪构件斜截面承载力计算的基本假定。

4.3.2 构件的受剪截面尺寸应符合现行国家标准《混凝土结构设计规范》GB 50010 的规定。

4.3.3 采用钢绞线网片聚合物砂浆对钢筋混凝土梁进行受剪加固时，其斜截面承载力应按下列公式计算：

$$V \leqslant V_{b0} + V_{bw} \qquad (4.3.3\text{-}1)$$

$$V_{bw}=\psi_{vb}f_{rwv}\frac{h_{rw}}{s_{rw}}A_{rwv} \quad (4.3.3\text{-}2)$$

式中：V——加固后梁的斜截面受剪设计值（N）；

V_{b0}——加固前梁的斜截面受剪承载力设计值（N），按现行国家标准《混凝土结构设计规范》GB 50010的规定进行计算；

V_{bw}——加固后梁的斜截面受剪承载力设计值的提高值（N）；

ψ_{vb}——抗剪强度折减系数，按表4.3.3的规定采用；

f_{rwv}——受剪加固时钢绞线的抗拉强度设计值（N/mm^2），按本规程第3.2.3规定的强度设计值乘以调整系数0.50确定；当为框架梁或悬挑构件时，调整系数取为0.25；

A_{rwv}——配置在同一截面处构成环形箍或U形箍的钢绞线网片的全部截面面积（mm^2）；

h_{rw}——梁侧面配置的钢绞线箍筋的竖向高度（mm），对于环形箍h_{rw}取为h；

s_{rw}——钢绞线的间距（mm）。

表4.3.3 抗剪强度折减系数ψ_{vb}

钢绞线箍筋构造		环形箍	U形箍
受力条件	均布荷载或剪跨比$\lambda\geqslant3$	1.00	0.85
	$\lambda\leqslant1.5$	0.65	0.55

注：当λ为中间值时，按线性内插法确定ψ_{vb}值。

4.4 混凝土正截面受压构件加固计算

4.4.1 采用钢绞线网片聚合物砂浆对钢筋混凝土柱进行加固时的承载力计算，除应符合现行国家标准《混凝土结构设计规范》GB 50010对受压构件正截面承载力计算的基本假定外，尚应符合下列规定：

1 截面应变应保持平面。

2 不应考虑混凝土的抗拉强度。

3 不应考虑聚合物砂浆的抗拉强度，应考虑聚合物砂浆的抗压强度。

4 不应考虑纵向钢绞线的抗压强度，应考虑纵向钢绞线的抗拉强度。

5 混凝土受压的应力与应变关系应按现行国家标准《混凝土结构设计规范》GB 50010的规定取用。

6 约束混凝土的抗压强度宜按下列公式计算：

$$f_{cc}=\alpha_c f_c \quad (4.4.1\text{-}1)$$

$$\alpha_c=1.25\left(1.8\sqrt{1+7.94\frac{f_l'}{f_c}}-1.6\frac{f_l'}{f_c}-1\right) \quad (4.4.1\text{-}2)$$

$$f_l'=k_c f_l \quad (4.4.1\text{-}3)$$

$$k_c=\frac{A_e}{bh} \quad (4.4.1\text{-}4)$$

$$f_l=\min(f_{lx},f_{ly}) \quad (4.4.1\text{-}5)$$

$$f_{lx}=\frac{A_{rwx}}{sh}\varepsilon_{rw}E_{rw} \quad (4.4.1\text{-}6)$$

$$f_{ly}=\frac{A_{rwy}}{sb}\varepsilon_{rw}E_{rw} \quad (4.4.1\text{-}7)$$

$$A_e=\left(bh-\frac{b^2+h^2}{3}\right)\left(1-\frac{s}{2b}\right)\left(1-\frac{s}{2h}\right) \quad (4.4.1\text{-}8)$$

式中：α_c——混凝土强度增强系数，当大于1.3时，取1.3；

f_{cc}——约束混凝土抗压强度（N/mm^2）；

f_l——横向钢绞线对混凝土的侧向约束应力（N）；

f_l'——横向钢绞线对混凝土的有效侧向约束应力（N）；

k_c——系数；

A_{rwx}、A_{rwy}——钢绞线的截面面积（mm^2）；

ε_{rw}——钢绞线在柱破坏时的应变；

E_{rw}——钢绞线的弹性模量（N/mm^2）；

A_e——相邻两根钢绞线之间的有效约束面积（mm^2）；

s——单根横向钢绞线之间的间距（mm）。

4.4.2 纵向钢筋、钢绞线应力应按下列规定计算：

1 纵向钢筋应力宜按下式计算：

$$\sigma_{si}=E_s\varepsilon_{cu}\left(\frac{\beta_1 h_{0i}}{x}-1\right) \quad (4.4.2\text{-}1)$$

2 纵向受拉区钢绞线应力宜按下式计算：

$$\sigma_{rw}=E_{rw}\varepsilon_{cu}\left(\frac{\beta_1 h}{x}-1\right) \quad (4.4.2\text{-}2)$$

式中：σ_{si}——第i层纵向钢筋的应力（N/mm^2）；

h_{0i}——第i层纵向钢筋截面重心至截面受压边缘的距离（mm）；

σ_{rw}——受拉区钢绞线A_{rw}的应力值（N/mm^2）；

x——截面受压区计算高度（mm）；

h——混凝土柱截面高度（mm）。

4.4.3 采用钢绞线网片加固钢筋混凝土轴心受压构件时，其正截面受压承载力应按下式计算：

$$N\leqslant0.9\varphi(\alpha_c f_c A_c+f_y'A_s'+\alpha_m f_m A_m) \quad (4.4.3)$$

式中：N——轴向力设计值（N）；

φ——构件稳定系数，按现行国家标准《混凝土结构设计规范》GB 50010确定；

f_y'——钢筋抗压强度设计值（N/mm^2）；

f_m——聚合物砂浆的抗压强度设计值（N/mm^2）；

A_c——原有混凝土柱截面面积（mm^2）；

A_s'——原有混凝土柱钢筋截面面积（mm^2）；

A_m——新加聚合物砂浆层的截面面积（mm^2）；

α_m——考虑二次受力效应的承载力降低系数，取0.7。

4.4.4 采用钢绞线网片加固矩形钢筋混凝土偏心受

压构件时，其正截面受压承载力应按下列公式计算（图 4.4.4）：

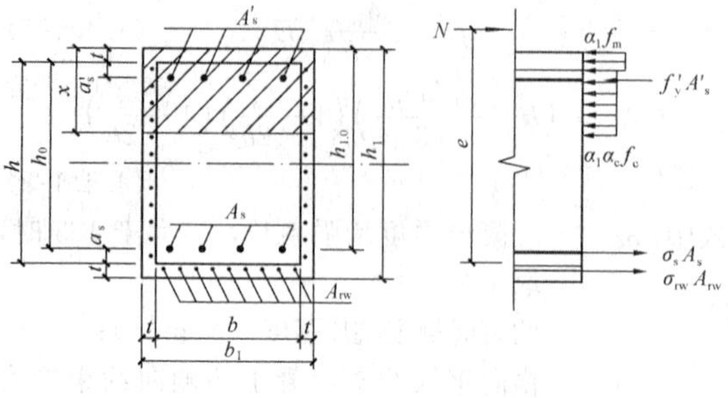

图 4.4.4 偏心受压计算图形

$$N \leqslant \alpha_1 f_m b_1 x + \alpha_1(\alpha_c f_c - f_m)b(x-t) + f'_y A'_s - \sigma_s A_s - \eta_s \eta_c \sigma_{rw} A_{rw} \quad (4.4.4\text{-}1)$$

$$Ne \leqslant \alpha_1 f_m b_1 x\left(h_{1,0} - \frac{1}{2}x\right) + \alpha_1(\alpha_c f_c - f_m)b(x-t)\left(h_0 - \frac{1}{2}x\right) + f'_y A'_s(h_0 - a'_s) + \eta_s \eta_c \sigma_{rw} A_{rw} a_s \quad (4.4.4\text{-}2)$$

$$e = e_i + \frac{h}{2} - a \quad (4.4.4\text{-}3)$$

$$e_i = e_0 + e_a \quad (4.4.4\text{-}4)$$

$$h_{1,0} = h_0 + t \quad (4.4.4\text{-}5)$$

式中：e——轴向力作用点至受拉钢筋 A_s 合力作用点之间的距离（mm）；

t——加固层厚度（mm）；

η_s——偏压柱加固时柱侧面钢绞线的利用系数，当柱侧面布置与受拉面同等规格钢绞线网片时，取 1.1；否则取 1.0；

η_c——偏压柱加固时钢绞线的强度利用系数，大偏压柱加固计算时，按表 4.4.4 的规定取值；小偏压柱加固计算时取 1.0；

e_i——初始偏心距（mm）；

e_0——轴向压力对截面重心的偏心距（mm），按现行国家标准《混凝土结构设计规范》GB 50010 确定；

e_a——附加偏心距（mm），按现行国家标准《混凝土结构设计规范》GB 50010 确定。

按本条规定进行正截面受压承载力计算时，尚应符合下列规定：

1 当 ξ 不大于 $\xi_{b,rw}$ 时为大偏心受压构件，应取 σ_s 为 f_y，σ_{rw} 为 f_{rw}，此处，ξ 为相对受压区高度，取为 $x/h_{1,0}$。

2 当 ξ 大于 $\xi_{b,rw}$ 时为小偏心受压构件，σ_s、σ_{rw} 按本规程第 4.4.2 条的规定进行计算。

表 4.4.4 偏压柱加固时钢绞线的强度利用系数 η_c

$e_i/h_{1,0}$	≤0.50	0.50～0.60	≥0.60
η_c	0.35	0.45	0.55

4.5 砖砌体抗震加固计算

4.5.1 对砖砌体墙进行抗震加固时，其抗震受剪承载力应按下列公式计算：

$$V \leqslant \eta_w V_{w0} \quad (4.5.1\text{-}1)$$

$$\eta_w = \frac{240}{t_{w0}}\left[\eta_0 + 0.075\left(\frac{t_{w0}}{240} - 1\right)/f_{vE}\right] \quad (4.5.1\text{-}2)$$

式中：V——加固后砖墙的抗震受剪承载力设计值（N）；

η_w——加固后砖墙抗震受剪承载力提高系数；

V_{w0}——加固前砖墙的抗震受剪承载力设计值（N）；

t_{w0}——原墙体厚度（mm）；

f_{vE}——原墙体的抗震受剪强度设计值（N/mm²）；

η_0——面层加固基准增强系数，黏土实心砖墙按表 4.5.1 的规定采用。

表 4.5.1 面层加固的基准增强系数 η_0

面层厚度(mm)	钢绞线网片		单面加固				双面加固			
	直径(mm)	间距(mm)	原墙体砂浆强度等级							
			M0.4	M1.0	M2.5	M5.0	M0.4	M1.0	M2.5	M5.0
25	3.05	80	2.42	1.92	1.65	1.48	3.10	2.17	1.89	1.65
	3.05	120	2.25	1.69	1.51	1.35	2.90	1.95	1.72	1.52

4.5.2 面层加固后墙体刚度的基准提高系数 η_k 应按表 4.5.2 的规定采用。

表 4.5.2 面层加固后墙体刚度的基准提高系数 η_k

面层厚度(mm)	单面加固				双面加固			
	原墙体砂浆强度等级							
	M0.4	M1.0	M2.5	M5.0	M0.4	M1.0	M2.5	M5.0
25	1.55	1.21	1.15	1.10	3.14	2.23	1.88	1.45

4.6 构 造 要 求

4.6.1 当钢绞线网片绕过加固构件转角处时，转角处构件外表面宜倒角处理（图 4.6.1）。圆角处理时半径不应小于 10mm，折角处理时直角边长不应小于 15mm。

4.6.2 钢绞线网片端部与加固构件之间锚固宜错开布置，不得集中损伤原结构构件。

4.6.3 钢绞线网片端部锚板的厚度应由计算确定，并不应小于 8mm。

4.6.4 采用钢绞线网片对钢筋混凝土梁、板进行受弯加固时，应符合下列规定：

1 对梁、板构件进行正截面受弯加固时，钢绞

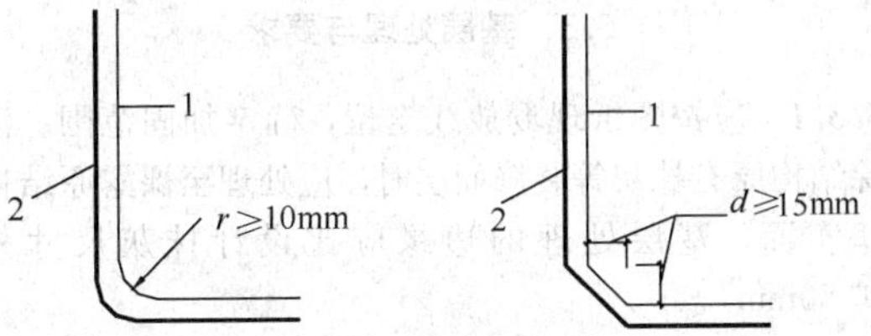

(a) 圆角　　(b) 折角

图 4.6.1　构件转角构造示意

1—构件外表面；2—钢绞线网片

线网片宜延伸至支座边缘；钢绞线网片端部与加固构件应有可靠连接。

2　对梁、板负弯矩区进行受弯加固时，钢绞线网片的截断位置距支座边缘的延伸长度应根据负弯矩分布确定，且对板不小于 1/4 跨度，对梁不小于 1/3 跨度，截断位置钢绞线与加固构件需有可靠连接。

3　当采用钢绞线网片对框架梁负弯矩区进行受弯加固时，应采取可靠锚固措施与支座连接。当钢绞线网片需绕过柱时，宜在梁侧 4 倍受压翼缘高度的范围内布置，当有可靠依据和经验时，此限制可适当放宽。

4　在集中荷载作用点两侧宜设置构造的钢绞线网片 U 形箍。

4.6.5　采用钢绞线网片对钢筋混凝土梁进行受剪加固时，应符合下列规定：

1　钢绞线网片的受力方向应与构件轴向垂直。

2　当板底与梁底距离小于 0.5 倍梁高与 100mm 之和时，钢绞线网片抗剪箍应采用环形箍配置方式（图 4.6.5a），钢绞线需穿过楼板；当板底与梁底距离大于 0.5 倍梁高与 100mm 之和时，钢绞线网片抗剪箍宜采用 U 形箍配置方式（图 4.6.5b）。

3　采用 U 形箍配置方式时，钢绞线端部与拉杆连接并固定在角钢锚板；角钢锚板应与加固梁可靠连接，其翼缘距离板底不宜大于 100mm。

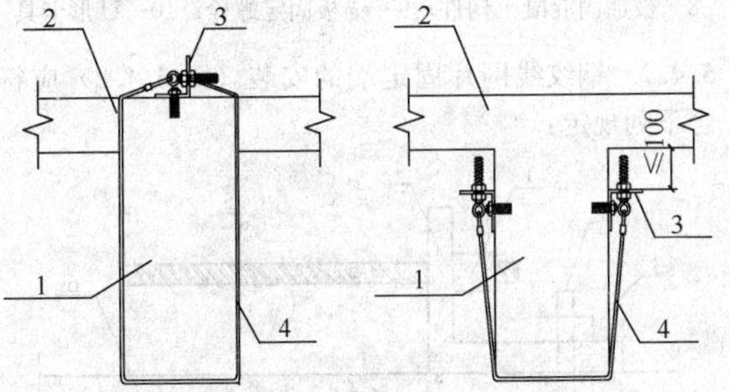

(a) 环形箍　　(b) U 形箍

图 4.6.5　抗剪箍示意

1—被加固梁；2—楼板；3—角钢锚板；4—钢绞线

4.6.6　采用钢绞线网片对钢筋混凝土柱进行加固时，应符合下列规定：

1　环向钢绞线网片在箍筋加密区宜连续满布（图 4.6.6a）。

2　环向钢绞线应封闭，相邻网片应在不同柱面锚固（图 4.6.6b）。

3　纵向钢绞线网片在柱端应可靠锚固。

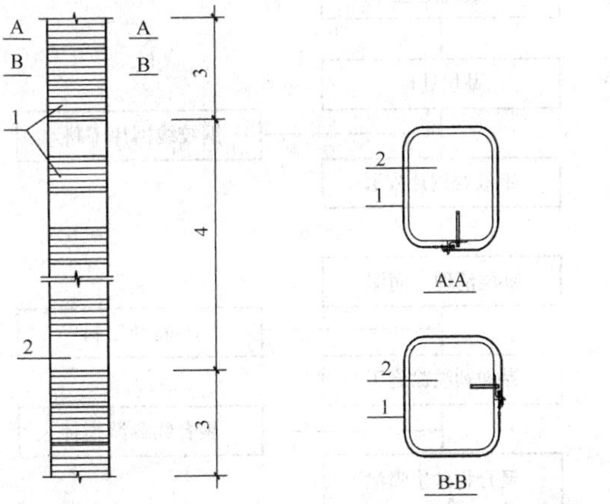

(a) 环向钢绞线网片沿柱高布置形式　(b) 相邻钢绞线网片在不同柱面锚固

图 4.6.6　环向钢绞线网片加固柱的构造示意

1—环向钢绞线网片；2—被加固柱；3—箍筋加密区（环向钢绞线网满布）；4—非箍筋加密区（环向钢绞线网间隔布置）

4.6.7　砖砌体墙加固时，钢绞线网片除在端部锚固外，尚应在阴角转角处采用附加角钢锚固措施（图 4.6.7）。

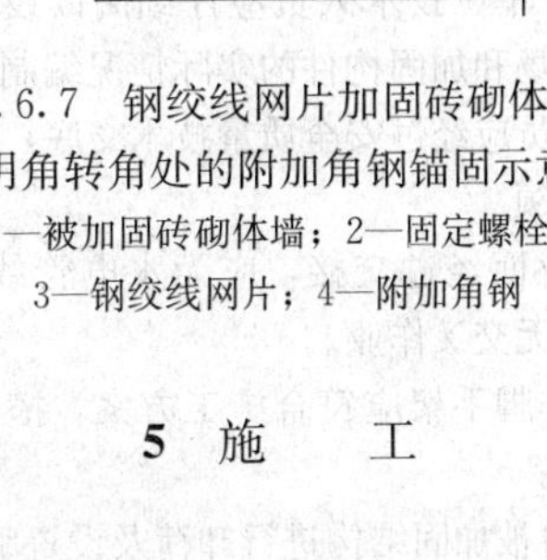

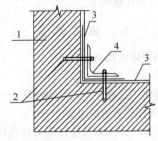

图 4.6.7　钢绞线网片加固砖砌体墙时阴角转角处的附加角钢锚固示意

1—被加固砖砌体墙；2—固定螺栓；3—钢绞线网片；4—附加角钢

5　施　工

5.1　一般规定

5.1.1　钢绞线网片聚合物砂浆加固结构的材料检验、安装施工和工程质量验收应进行全过程的控制。

5.1.2　钢绞线网片聚合物砂浆加固施工前，应检查和修补结构原有裂缝、爆皮等缺陷，修补方法应由设计单位确定。

5.1.3 钢绞线网片聚合物砂浆加固施工应配合其他专业的预留预埋工作，不得破坏原有预埋管线。

5.1.4 钢绞线网片聚合物砂浆加固施工工艺应符合下列流程（图5.1.4）。

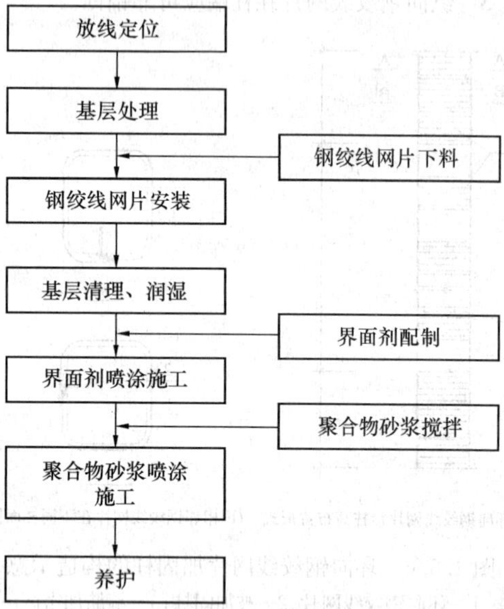

图5.1.4 钢绞线网片聚合物砂浆加固施工工艺流程

5.1.5 采用钢绞线网片聚合物砂浆加固混凝土结构和砌体结构时，应对结构构件加固区采取标识措施，未经技术鉴定或设计许可，严禁任何人在加固定成后对加固区进行破坏性施工。

5.2 施工准备

5.2.1 加固使用机具应满足施工需要，且性能应稳定可靠。

5.2.2 加固施工过程中应做好安全防护工作，作业人员应正确使用安全防护用品。

5.2.3 施工单位技术人员应仔细阅读设计文件，并根据施工现场和加固构件的实际情况编制专项施工方案。施工人员应经过安全质量技术交底，并应经培训掌握操作要领。

5.2.4 作业面经过交接，应无水电管线等障碍物，垂直面上应无交叉作业。

5.2.5 操作脚手架应符合施工方案，搭设完成后应经验收合格。

5.2.6 应对被加固结构进行卸荷及设置临时支撑。

5.2.7 应在施工现场加固构件旁采用相同材料和施工工艺制作施工样板。

5.2.8 钢绞线网片聚合物砂浆加固的现场施工样板应进行实体见证检验，且其检验结果应满足下列条件之一：

1 正拉粘结强度不小于2.5N/mm²。

2 样板破坏形式为基材内聚破坏。

5.3 基层处理与要求

5.3.1 应按图纸现场放线定位，确定加固范围。清除结构原有抹灰等装修面层时，应处理至裸露原结构坚实面，基层处理的边缘应比设计抹灰尺寸外扩50mm。

5.3.2 对原混凝土结构待加固面应进行凿毛处理，并应清理表面、喷水湿润，保持面层潮湿但无明水状态。水质应达到砂浆的用水要求。

5.3.3 对松散、剥落等缺陷较大的部位剔除后应按本规程第5.5节要求涂刷界面剂，后用聚合物砂浆进行修补，表面刮毛，经修补后的基面应适时进行喷水养护，养护时间不得少于24h。

5.3.4 对裸露、锈蚀的钢筋应进行除锈处理。

5.4 钢绞线网片施工

5.4.1 钢绞线网片应按设计文件的说明和加固的具体部位尺寸进行下料（图5.4.1）。下料尺寸应考虑钢绞线张拉时的施工余量和端头错开锚固的构造要求。钢绞线裁剪时不得使断口处钢丝散开。

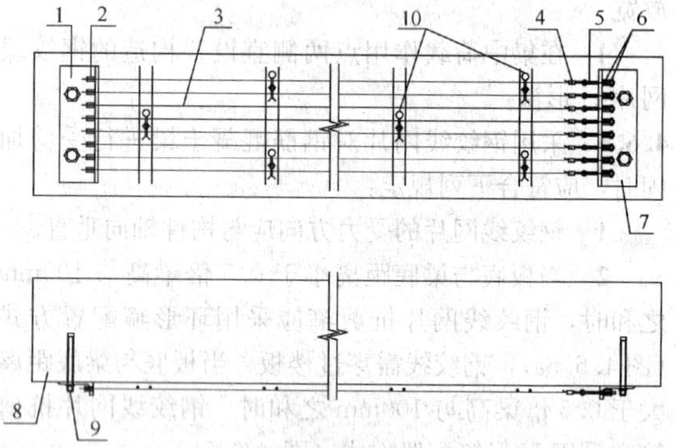

图5.4.1 钢绞线网片安装示意

1—固定端锚板；2—钢绞线专用金属固定接头；3—钢绞线网片；4—金属压环；5—专用拉杆；6—拉杆螺母；7—张拉端锚板；8—被加固混凝土构件；9—锚板固定螺栓；10—U形卡具

5.4.2 钢绞线网片固定端的安装（图5.4.2）应符合下列规定：

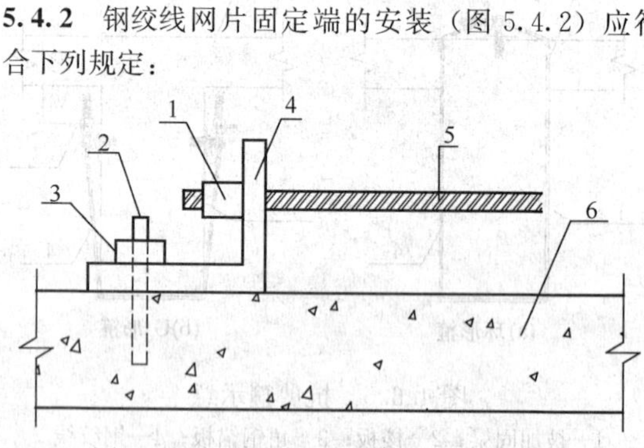

图5.4.2 安装钢绞线网片固定端示意

1—专用金属固定接头；2—固定螺栓；3—螺母；4—锚板；5—钢绞线；6—被加固构件

1　将钢绞线网片中平行于主受力方向的钢绞线一端的端头穿过锚板通孔，套上专用金属固定接头，用专用机具压制形成固定端头。

2　确认钢绞线网片布置的纵横方向及正反面，平行于主受力方向的钢绞线在加固面外侧，垂直于主受力方向钢绞线在加固面内侧；将安装好固定端钢绞线网片的锚板固定于加固面的一端，并应采用专用金属胀栓将钢绞线网片固定于加固构件上。

5.4.3　安装钢绞线网片张拉端（图 5.4.3）应符合下列规定：

1　在钢绞线网片中平行于主受力方向的钢绞线应用金属压环穿成环状，用专用机具压制，保证夹裹力一致，安装牢固。

2　钢绞线端部从金属压环包裹处外露长度宜为 50mm。

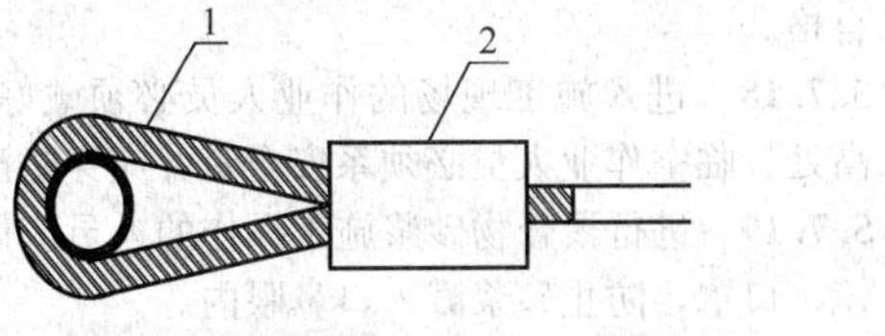

图 5.4.3　钢绞线网片端部金属压环安装示意

1—钢绞线；2—金属压环

5.4.4　钢绞线网片的张拉、固定应符合下列规定：

1　应对钢绞线网片使用张力器或其他张拉措施进行张拉。

2　张拉力应以钢绞线绷紧并满足设计要求为准，张拉到位后应对张拉端进行固定。

3　应使钢绞线承受拉力，并应与结构构件变形协调，共同受力。

5.4.5　钢绞线网片调整定位应符合下列规定：

1　调整安装过程中扯动钢绞线网连接点时，应保持钢绞线网片间距均匀，纵横向钢绞线垂直。

2　在钢绞线网片的纵横交叉空格处钻孔后，应用专用 U 形卡具固定网片；固定 U 形卡具间距应按设计文件要求确定，交错布置（图 5.4.5）。

3　钢绞线网片需要搭接时，沿主筋方向的搭接长度应满足设计要求，设计未注明时，其搭接长度不应小于 600mm，且不应位于受力最大位置。

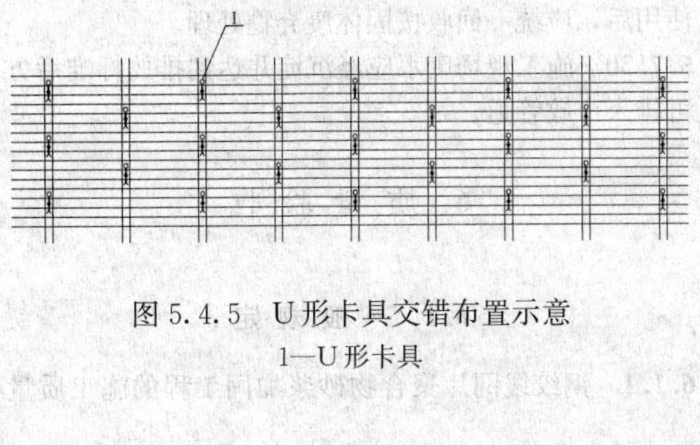

图 5.4.5　U 形卡具交错布置示意

1—U 形卡具

5.5　界面剂施工

5.5.1　喷涂界面剂前，应用高压气泵将构件加固面上因作业带来的浮尘、浮渣等清理干净；并应提前 6h 对被加固构件表面进行喷水养护，保持湿润且无明水。

5.5.2　界面剂配制应采用液状产品，并应按产品使用说明将界面剂乳液与粉料按规定配比在搅拌桶中配制，用电动搅拌器搅拌均匀。

5.5.3　基层养护完成后即可涂刷或喷涂界面剂。界面剂施工应按聚合物砂浆抹灰施工段进行，界面剂应随用随搅拌，喷涂应分布均匀。

5.6　聚合物砂浆施工

5.6.1　聚合物砂浆施工宜采用机械喷涂抹灰，也可采用人工抹灰。

5.6.2　聚合物砂浆配制应符合下列规定：

1　应按产品说明要求配比进行砂浆的配制。

2　宜采用砂浆搅拌机进行搅拌，搅拌约 3min～5min 至均匀；机械喷涂抹灰使用的砂浆搅拌机宜选用强制式砂浆搅拌机；当采用人工抹灰工艺时，一次搅拌的聚合物砂浆不宜过多，应根据施工进度进行制备，以免制备的砂浆存放时间过长；砂浆存放时间不得超过 30min。

5.6.3　采用机械喷涂抹灰应符合下列规定：

1　喷涂设备的选择应根据施工要求确定，其产品质量应符合现行行业标准《机械喷涂抹灰施工规程》JGJ /T 105 的规定。喷涂设备构成的系统应具备砂浆过滤、砂浆输送、空气压缩等功能，并应配备吸浆料斗、管道组件和喷枪。空气压缩机的额定排气压力不宜小于 0.7MPa，其排量不宜小于 300L/min。

2　喷涂顺序和路线宜先远后近、先上后下、先里后外。喷枪移动轨迹应规则有序，不宜交叉重叠，并应稳定保持喷枪与作业面间的距离和夹角。

3　应在界面剂凝固前喷涂第一层聚合物砂浆；并应将砂浆均匀喷涂在被加固表面及钢绞线网片之间。喷涂厚度应基本覆盖网片，并完成一次喷涂。第一层喷涂表面应拉毛。

4　后续聚合物砂浆的喷涂应在前次聚合物砂浆初凝后进行。后续喷涂分层厚度控制在 10mm～15mm，喷涂要求均匀密实，应使前后喷涂层结合紧密。尚未达到设计厚度时，在后续喷涂前应将上一层砂浆表面拉毛；已达到设计厚度时，表面抹平、压实、压光。

5　喷涂过程中应加强对成品的保护，对各部位喷溅粘附的砂浆应及时清除干净。

5.6.4　人工抹灰应符合下列规定：

1　应在界面剂凝固前抹第一层聚合物砂浆。第一层聚合物砂浆施工时应使用铁抹子压实，使聚合物砂浆透过钢绞线网片与被加固构件基层结合紧密。第一遍抹灰厚度不宜超过 15mm，且宜覆盖钢绞线网片。第一层抹灰表面应拉毛。

2 后续抹灰应在前次抹灰初凝后进行。后续抹灰的分层厚度应控制为 10mm～15mm。抹灰要求挤压密实，使前后抹灰层结合紧密。尚未抹至设计厚度时，在后续抹灰前应将上一层抹灰表面拉毛；已抹至设计厚度时，表面抹平、压实、压光。

5.6.5 采用钢绞线网片单向双层加固构件时，应于安装第一层网片后进行界面剂和抹灰施工，直至将钢绞线网片基本覆盖；待砂浆终凝后安装第二层钢绞线网片，尚应涂刷界面剂再进行后续抹灰施工。

5.6.6 聚合物砂浆抹灰范围应比设计抹灰范围外扩不小于 20mm。

5.6.7 常温下，聚合物砂浆施工完毕 6h 内，应采取可靠保湿养护措施，养护时间不宜少于 7d，并应满足产品使用说明规定的时间。

5.7 施工保障措施

Ⅰ 成品保护要求

5.7.1 基层处理后应予以保护，避免基层的二次污染。

5.7.2 聚合物砂浆抹灰时应注意对已经安装好的钢绞线网片加强保护，不得使其变形、移位、脱落。

5.7.3 加固施工时不得破坏其他结构构件。

5.7.4 严禁在加固施工部位集中堆放超出设计施工荷载限值的材料。

5.7.5 加固完成的构件在养护期内不得有外力扰动，并应尽快施工保护面层。

5.7.6 未经技术鉴定或设计许可，不得对加固部位再次进行开洞施工。

Ⅱ 季节性施工

5.7.7 雨期施工时室外和露天构件聚合物砂浆抹灰应采取防雨措施。

5.7.8 冬期施工时聚合物砂浆施工的环境、基层、材料温度不应低于 5℃，现场应设置有效的测温设施，随时进行测温。温度低于要求时应采取增温保温措施。

5.7.9 大风天气时不应进行聚合物砂浆抹灰施工，对已经施工好的构件应加强养护。

5.7.10 高温天气时室外和露天构件不宜进行聚合物砂浆抹灰施工，必须施工时应采取有效措施，防止日光直接暴晒。

Ⅲ 施工质量保证措施

5.7.11 材料进场应经检验合格，其合格证和相关的检测报告等资料齐全有效，经相关方审查认可后方能使用。

5.7.12 界面剂和聚合物砂浆配制时各组分重量应采用经标定的量器称量，指派专人操作，严禁随意拌制。

5.7.13 同一构件加固时，聚合物砂浆抹灰应连续作业，不得有施工缝。

5.7.14 聚合物砂浆抹灰完成后，应按预定的养护计划指派专人进行保湿养护，做好养护记录。

5.7.15 应根据施工内容和现场实际情况编制施工应急预案。

Ⅳ 施工安全与环境保护

5.7.16 加固施工安全措施应符合现行行业标准《建筑施工安全检查标准》JGJ 59 的相关规定。

5.7.17 施工用各种支架搭设及脚手板满铺措施应符合现行行业标准《建筑施工扣件式钢管脚手架安全技术规范》JGJ 130 的相关规定，使用前应检查验收合格。

5.7.18 进入施工现场的作业人员必须戴好安全帽，高处、临空作业人员必须系安全带并应穿防滑鞋。

5.7.19 进行聚合物砂浆施工操作的人员应佩戴护目镜、口罩，防止砂浆溅入口鼻眼内。

5.7.20 在光线不足的施工现场，应保障足够照明。在潮湿环境作业应使用 36V 低压移动照明设备。

5.7.21 采用垂直运输设备上料时，严禁超载，运料小车的车把严禁伸出笼外，小车应有刹车装置并应刹牢，各楼层防护门应随时关闭。

5.7.22 清理施工垃圾时，不得从高处往下抛掷垃圾。

5.7.23 施工现场的楼梯口、电梯井口、作业临边等应做好围挡封闭并设置警示标识。

5.7.24 钢绞线为导电材料，施工时应采取可靠防护措施。

5.7.25 材料的运输和储存应符合产品说明和环保规定。

5.7.26 应严格控制施工噪声，白天施工噪声不得大于 70dB，晚上不得大于 55dB。

5.7.27 砂浆搅拌机应封闭，砂浆粉料投料时应避免扬尘。

5.7.28 需要基层打磨的构件，在打磨时应对基层面进行浇水湿润，减少扬尘。

5.7.29 盛装聚合物砂浆粉料的袋子和盛装乳液的桶使用后，应统一回收按固体废弃物处理。

5.7.30 施工现场废水应经沉淀并达到排放标准后方可排入市政管道。

6 质量验收

6.1 一般规定

6.1.1 钢绞线网片聚合物砂浆加固工程的施工质量

验收应符合现行国家标准《建筑工程施工质量验收统一标准》GB 50300 和《建筑结构加固工程施工质量验收规范》GB 50550 的要求。

6.1.2 检验批的划分应符合下列规定：

1 加固板和墙时：相同材料、工艺和施工条件的钢绞线网片、聚合物砂浆每 300m^2 划分为一个检验批，不足 300m^2 的也应划分为一个检验批。

2 加固梁和柱时：相同材料、工艺和施工条件的钢绞线网片、聚合物砂浆每 10 个独立构件为一个检验批，不足 10 个独立构件的也应划分为一个检验批。

3 检查数量：每个检验批应至少抽查 10%，并不应少于 3 个独立加固构件，不足 3 个独立构件时应全数检查。

6.1.3 应对下列部位进行隐蔽工程验收：

1 基层处理、基层清理和养护情况。

2 钢绞线网片的规格、型号以及布置方式。

3 钢绞线网片的安装、固定、搭接。

4 加固构件上的预留、预埋构件的规格、数量、位置。

5 界面剂的基层处理和喷涂质量。

6.1.4 检验批质量应符合下列规定：

1 主控项目的质量经抽样检验合格。

2 一般项目的质量经抽样检验合格；当采用计数检验时，除有专门要求外，一般项目的合格点率应达到 90%及以上，且不得有严重缺陷。

3 应具有完整的施工操作依据和质量验收记录。

4 对验收合格的检验批，宜作出合格标志。

6.1.5 检验批、分项工程、子分部工程的质量验收可按本规程附录 B 记录。

6.1.6 钢绞线网片聚合物砂浆加固工程按子分部工程进行施工质量验收，并应提供下列竣工验收文件和记录：

1 设计文件及设计变更文件。

2 钢绞线产品合格证、出厂检测报告和进场复验报告。

3 施工记录。

4 隐蔽工程验收记录。

5 聚合物砂浆粉料和乳液出厂合格证、产品说明书、出厂检测报告，聚合物砂浆试件的性能试验报告。

6 检验批质量评定记录。

7 分项工程验收记录。

8 工程重大质量问题的处理方案和验收记录。

9 其他必要的文件和记录。

6.2 钢绞线网片分项工程

Ⅰ 主控项目

6.2.1 钢绞线的规格、型号、种类必须满足设计要求，其硫、磷含量及镀锌重量和质量应符合现行国家标准《混凝土结构加固设计规范》GB 50367 的规定。钢绞线网片进场时必须从网片中抽取钢绞线试件对其抗拉强度标准值进行见证复验，其指标应符合现行国家标准《混凝土结构加固设计规范》GB 50367 的规定。

检测数量：按进场的批次及现行国家标准《建筑结构加固工程施工质量验收规范》GB 50550 和本规程规定确定。

检验方法：检查材料的产品合格证，出厂检测报告和进场复验报告。

6.2.2 钢绞线网片的安装方向和部位正确、固定牢固、表面平整、顺直。

检查数量：全数检查。

检验方法：观察和用手拉拽不变形脱落。

Ⅱ 一般项目

6.2.3 钢绞线应无破损、无散束，卡扣无开口、脱落，主筋和横向筋间距均匀，表面不得涂有油脂、油漆等污物，网片主筋与主筋的间距满足设计要求。

检查数量：进场时和使用前全数检查。

检验方法：检查材料质量验收记录、观察。

6.2.4 钢绞线网片尺寸应与加固构件尺寸相符合，钢绞线端部固定应牢固。

检查数量：使用前全数检查。

检验方法：观察和采用人工拉拔。

6.2.5 钢绞线网片安装位置偏差应采用钢尺检查，其允许偏差应满足表 6.2.5 的要求。

表 6.2.5 钢绞线网片安装位置的允许偏差

项 目	允许偏差（mm）
固定栓钉间距	±5
钢绞线网片受力线间距	±5
钢绞线网片搭接尺寸	−5，10
预埋和预留构件中心位置	5

注：检查预埋预留构件中心位置时，应沿纵横两个方向量测，并取其中的较大值。

6.3 聚合物砂浆分项工程

Ⅰ 主控项目

6.3.1 聚合物砂浆的粉料和乳液进场时应对其品种、级别、包装进行检查。在结构加固工程中不得使用主要成分及添加剂成分不明的聚合物砂浆；聚合物乳液应在有效使用期内。

检查数量：全数检查。

检测方法：观察和检查产品说明书。

6.3.2 聚合物砂浆的粉料和乳液的种类、环保性能、耐火性能等必须满足设计和相关规定。

检测数量：按进场的批次及现行国家标准《建筑结构加固工程施工质量验收规范》GB 50550 和本规程规定确定。

检验方法：检查产品合格证、出厂检测报告。

6.3.3 聚合物砂浆进场后应从现场材料中取样制作试块并对强度等级和正拉粘结强度进行见证复验，其指标应符合现行国家标准《混凝土结构加固设计规范》GB 50367 的规定。

检测数量：按进场的批次及现行国家标准《建筑结构加固工程施工质量验收规范》GB 50550 规定确定。

检验方法：检查进场复验报告。

6.3.4 聚合物砂浆的拌制配比必须与产品说明相符合。

检查数量：每工作班检查一次。

检查方法：检查施工记录和计量器具。

6.3.5 加固构件基层处理范围应符合本规程第5.3.1条的规定，基层上的尘土、污垢、油渍应清理干净，并喷水湿润养护。

检查数量：全数检查。

检验方法：现场检查；检查施工记录和隐蔽验收记录。

6.3.6 界面剂涂刷施工应符合本规程第5.5.1～5.5.3条的规定。

检查数量：全数检查。

检验方法：现场检查；检查施工记录。

6.3.7 聚合物砂浆抹灰应分层进行，严格控制每层抹灰厚度，砂浆总厚度符合设计要求。

检查数量：按检验批检查。

检验方法：现场检查；检查施工记录。

6.3.8 聚合物砂浆抹灰层与基层之间、各聚合物砂浆层之间必须粘结牢固，聚合物砂浆层应无脱层、空鼓，面层应无爆灰和裂缝。

检查数量：全数检查。

检验方法：观察，用小锤轻击检查；检查施工记录。

6.3.9 现场施工样板聚合物砂浆面层与基材的正拉粘结强度实体检测，应符合本规程第5.2.8条的规定。

检查数量：不少于1组，每组3个检验点。

检验方法：现行国家标准《建筑结构加固工程施工质量验收规范》GB 50550。

Ⅱ 一般项目

6.3.10 配制聚合物砂浆和界面剂的乳液和粉料的质量应符合本规程第3.3.4、3.3.5、3.4.3、3.4.4条的规定。

检查数量：全数检查。

检查方法：检查材料质量验收记录。

6.3.11 聚合物砂浆和界面剂配制时必须搅拌均匀，不得出现结块现象。

检查数量：全数检查。

检查方法：现场观察。

6.3.12 聚合物砂浆抹灰完成后应进行保湿养护。

检查数量：全数检查。

检验方法：检查养护记录。

6.3.13 聚合物砂浆施工的允许偏差和检验方法应满足表6.3.13的要求。

表6.3.13 聚合物施工的允许偏差和检验方法

项　目	允许偏差 (mm)	检验方法
聚合物砂浆厚度	−2	厚度标记（俗称塌饼），完成后监理检验
砂浆面层立面垂直度	4	2m垂直检测尺检查
砂浆面层表面平整度	4	靠尺和塞尺检查
阴阳角方正	4	直角尺量

附录A 钢绞线计算用截面面积及参考重量

表A 钢绞线计算用截面面积及参考重量

钢绞线种类	钢绞线公称直径 (mm)	计算用单根钢绞线截面面积 (mm^2)	参考重量 (kg/100m)
热镀锌钢绞线 6×7+IWS	2.5	3.02	3.00
	3.05	4.45	4.40
	3.6	6.16	6.20
	4.5	9.62	9.60
不锈钢钢绞线 6×7+IWS	3.0	3.94	3.70
	3.2	4.71	4.20
	4.0	7.45	6.50
	4.5	9.62	8.30

附录B 质量验收记录

B.0.1 质量验收可分别按表B.0.1-1和表B.0.1-2记录。

表 B.0.1-1　钢绞线网片检验批质量验收记录

单位（子单位）工程名称					
分部（子分部）工程名称			验收部位		
施工单位			项目经理		
分包单位			分包项目经理		
施工执行标准名称及编号					
施工质量验收规定				施工单位检查评定记录	监理（建设）单位验收记录
主控项目	1	材料品种和性能	第 6.2.1 条		
主控项目	2	钢绞线网片的安装和固定	第 6.2.2 条		
一般项目	3	钢绞线网片的外观质量	第 6.2.3 条		
一般项目	4	钢绞线网片尺寸、钢绞线端部固定	第 6.2.4 条		
一般项目	5 允许偏差	固定栓钉间距	±5mm		
一般项目	5 允许偏差	钢绞线受力线间距	±5mm		
一般项目	5 允许偏差	钢绞线网片搭接尺寸	+10mm −5mm		
一般项目	5 允许偏差	预埋和预留构件中心位置	5 mm		
施工单位检查评定结果	专业工长（施工员）		施工班组长		
施工单位检查评定结果	项目专业质量检查员：			日期：	
监理（建设单位）验收结论	专业监理工程师： （建设单位项目专业技术负责人）			日期：	

表 B.0.1-2　聚合物砂浆检验批质量验收记录

单位（子单位）工程名称					
分部（子分部）工程名称					
施工单位			项目经理		
分包单位			分包项目经理		
施工执行标准名称及编号					
施工质量验收规定				施工单位检查评定记录	监理（建设）单位验收记录
主控项目	1	材料品种和性能	第 6.3.1、6.3.2 条		
主控项目	2	聚合物砂浆试块检验	第 6.3.3 条		
主控项目	3	聚合物砂浆的配合比	第 6.3.4 条		
主控项目	4	基层处理	和 6.3.5 条		
主控项目	5	界面剂涂刷施工	第 6.3.6 条		
主控项目	6	抹聚合物砂浆的分层厚度	第 6.3.7 条		
主控项目	7	聚合物砂浆的粘结质量	第 6.3.8 条		
主控项目	8	现场施工样板正拉粘结强度实体检测	第 6.3.9 条		
一般项目	9	聚合物砂浆和界面剂原材料性状	第 6.3.10 条		
一般项目	10	聚合物砂浆和界面剂的配制质量	第 6.3.11 条		
一般项目	11	聚合物砂浆养护	第 6.3.12 条		
一般项目	12 允许偏差	聚合物砂浆总厚度	−2mm		
一般项目	12 允许偏差	聚合物砂浆面层立面垂直度	4mm		
一般项目	12 允许偏差	聚合物砂浆面层表面平整度	4mm		
一般项目	12 允许偏差	阴阳角方正	4mm		
施工单位检查评定结果	专业工长（施工员）		施工班组长		
施工单位检查评定结果	项目专业质量检查员：			日期：	
监理（建设单位）验收结论	专业监理工程师： （建设单位项目专业技术负责人）			日期：	

B.0.2 分项工程质量验收可按表B.0.2记录。

表B.0.2 分项工程质量验收记录

<table>
<tr><td>工程名称</td><td></td><td>结构类型</td><td></td><td>检验批数</td><td></td></tr>
<tr><td>施工单位</td><td></td><td>项目经理</td><td></td><td>项目技术负责人</td><td></td></tr>
<tr><td>分包单位</td><td></td><td>分包单位负责人</td><td></td><td>分包项目经理</td><td></td></tr>
<tr><td>序号</td><td>检验批部位、区段</td><td colspan="2">施工单位检查评定结果</td><td colspan="2">监理（建设）单位验收结论</td></tr>
<tr><td>1</td><td></td><td colspan="2"></td><td colspan="2"></td></tr>
<tr><td>2</td><td></td><td colspan="2"></td><td colspan="2"></td></tr>
<tr><td>3</td><td></td><td colspan="2"></td><td colspan="2"></td></tr>
<tr><td>4</td><td></td><td colspan="2"></td><td colspan="2"></td></tr>
<tr><td>5</td><td></td><td colspan="2"></td><td colspan="2"></td></tr>
<tr><td>6</td><td></td><td colspan="2"></td><td colspan="2"></td></tr>
<tr><td>7</td><td></td><td colspan="2"></td><td colspan="2"></td></tr>
<tr><td>8</td><td></td><td colspan="2"></td><td colspan="2"></td></tr>
<tr><td>9</td><td></td><td colspan="2"></td><td colspan="2"></td></tr>
<tr><td>10</td><td></td><td colspan="2"></td><td colspan="2"></td></tr>
<tr><td>检查结论</td><td colspan="2">项目专业技术负责人：
年 月 日</td><td>验收结论</td><td colspan="2">监理工程师：
（建设单位项目专业技术负责人）
年 月 日</td></tr>
</table>

B.0.3 子分部工程质量验收可按表B.0.3记录。

表B.0.3 子分部工程质量验收记录

<table>
<tr><td>工程名称</td><td></td><td>结构类型</td><td></td><td>层数</td><td></td></tr>
<tr><td>施工单位</td><td></td><td>技术部门负责人</td><td></td><td>质量部门负责人</td><td></td></tr>
<tr><td>分包单位</td><td></td><td>分包单位负责人</td><td></td><td>分包技术负责人</td><td></td></tr>
<tr><td>序号</td><td>分项工程名称</td><td>检验批数</td><td>施工单位检查评定</td><td colspan="2">验收意见</td></tr>
<tr><td>1</td><td>钢绞线网片分项工程</td><td></td><td></td><td colspan="2" rowspan="4"></td></tr>
<tr><td>2</td><td>聚合物砂浆分项工程</td><td></td><td></td></tr>
<tr><td>3</td><td></td><td></td><td></td></tr>
<tr><td>4</td><td></td><td></td><td></td></tr>
<tr><td colspan="2">质量控制资料</td><td></td><td></td><td colspan="2"></td></tr>
<tr><td colspan="2">观感质量验收</td><td></td><td></td><td colspan="2"></td></tr>
<tr><td rowspan="4">验收单位</td><td>分包单位</td><td colspan="4">项目经理： 年 月 日</td></tr>
<tr><td>施工单位</td><td colspan="4">项目经理： 年 月 日</td></tr>
<tr><td>设计单位</td><td colspan="4">项目负责人： 年 月 日</td></tr>
<tr><td>监理（建设）单位</td><td colspan="4">总监理工程师：
（建设单位项目专业负责人）： 年 月 日</td></tr>
</table>

本规程用词说明

1 为便于在执行本规程条文时区别对待，对要求严格程度不同的用词说明如下：

1） 表示很严格，非这样做不可的：
正面词采用“必须”，反面词采用“严禁”。

2） 表示严格，在正常情况下均应这样做的：
正面词采用“应”，反面词采用“不应”或“不得”。

3） 表示允许稍有选择，在条件许可时首先应这样做的：
正面词采用“宜”，反面词采用“不宜”。

4） 表示有选择，在一定条件下可以这样做的，采用“可”。

2 条文中指明应按其他有关标准执行的写法为“应符合……的规定”或“应按……执行”。

引用标准名录

1 《砌体结构设计规范》GB 50003
2 《混凝土结构设计规范》GB 50010
3 《建筑结构可靠度设计统一标准》GB 50068
4 《工程结构可靠性设计统一标准》GB 50153
5 《建筑工程施工质量验收统一标准》GB 50300
6 《混凝土结构加固设计规范》GB 50367
7 《建筑结构加固工程施工质量验收规范》GB 50550
8 《建筑施工安全检查标准》JGJ 59
9 《机械喷涂抹灰施工规程》JGJ/T 105
10 《建筑抗震加固技术规程》JGJ 116
11 《建筑施工扣件式钢管脚手架安全技术规范》JGJ 130

中华人民共和国行业标准

钢绞线网片聚合物砂浆加固技术规程

JGJ 337—2015

条 文 说 明

制 订 说 明

《钢绞线网片聚合物砂浆加固技术规程》JGJ 337-2015，经住房和城乡建设部2015年8月28日以第903号公告批准、发布。

本规程编制过程中，编制组进行了广泛深入的调查研究，总结了我国工程建设加固改造领域中应用钢绞线网片聚合物砂浆加固技术的实践经验，同时参考了国外先进技术标准，通过试验，取得了钢绞线网片聚合物砂浆加固技术的主要技术参数。

为便于广大设计、施工、科研、学校等单位有关人员在使用本规程时能正确理解和执行条文规定，《钢绞线网片聚合物砂浆加固技术规程》编制组按章、节、条顺序编制了本规程的条文说明，对条文规定的目的、依据以及执行中需注意的有关事项进行了说明，还着重对强制性条文的强制性理由做了解释。但是，本条文说明不具备与规程正文同等的法律效力，仅供使用者作为理解和把握规程规定的参考。

目　次

1　总则……………………………………………… 37—23
2　术语和符号……………………………………… 37—23
2.1　术语…………………………………………… 37—23
3　材料……………………………………………… 37—23
3.1　一般规定……………………………………… 37—23
3.2　钢绞线网片…………………………………… 37—23
3.3　聚合物砂浆…………………………………… 37—23
3.4　界面剂………………………………………… 37—23
4　设计……………………………………………… 37—23
4.1　一般规定……………………………………… 37—23
4.2　混凝土构件正截面受弯加固计算…… 37—24
4.3　混凝土构件斜截面受剪加固计算…… 37—25
4.4　混凝土正截面受压构件加固计算…… 37—25
4.5　砖砌体抗震加固计算……………………… 37—25
4.6　构造要求……………………………………… 37—25
5　施工……………………………………………… 37—26
5.1　一般规定……………………………………… 37—26
5.2　施工准备……………………………………… 37—26
5.3　基层处理与要求……………………………… 37—26
5.4　钢绞线网片施工……………………………… 37—26
5.6　聚合物砂浆施工……………………………… 37—26
5.7　施工保障措施………………………………… 37—27
6　质量验收………………………………………… 37—27
6.2　钢绞线网片分项工程……………………… 37—27
6.3　聚合物砂浆分项工程……………………… 37—27

1 总 则

1.0.1 本条指出制定本规程的目的和要求。

钢绞线网片聚合物砂浆加固技术是一项新型的结构加固技术。目前国内对该结构加固技术的理论和试验研究成果已比较多，设计与施工水平正逐步提高，加固修复工程量也迅速增加。制定本规程，是为了在确保钢绞线网片聚合物砂浆加固工程质量的前提下，大力发展该项新技术，获得更好的经济效益和社会效益，并使该新技术在结构加固领域中的应用规范化。

1.0.2 本规程适用的范围是钢绞线网片聚合物砂浆加固修复房屋和一般构筑物的设计、施工和验收。混凝土结构和砌体结构因设计失误、施工错误、材料质量不符合要求、结构荷载的增加、使用功能的改变和因遭受火灾、水灾、风灾及地震等灾害使结构和构件遭到损坏，均可采用钢绞线网片聚合物砂浆加固修复新技术来进行加固处理。对于铁路工程、公路工程、港口工程和水利水电工程的结构用钢绞线网片聚合物砂浆进行加固也是可行的，可以结合结构具体情况参照本规程的规定执行。

1.0.3 钢绞线网片聚合物砂浆加固修复混凝土结构和砌体结构前，先进行结构检测和安全性及抗震鉴定或评估。通过检测鉴定评定结构及其构件的可靠度，为钢绞线网片聚合物砂浆加固修复混凝土结构和砌体结构结构设计和施工提供基本依据。

1.0.4 本规程仅对钢绞线网片聚合物砂浆加固技术的重点问题和特殊要求作出了具体规定，对未给出具体规定而涉及其他设计规范的应用时，尚需符合相应规范的要求，材料性能等尚需符合国家有关标准的要求。

2 术语和符号

2.1 术 语

2.1.4 目前市场上聚合物砂浆种类较多，结构加固用聚合物砂浆与其他聚合物砂浆相比，具有较高的锚固钢绞线和与混凝土、砌块等结构粘结的能力。

3 材 料

3.1 一 般 规 定

3.1.2 本条为加固用材料的一般要求，加固材料各自产品的性能符合本规程的规定才能作为混凝土结构和砌体结构加固用材料。使用不符合本规程规定的产品进行结构加固会导致加固失效甚至造成严重事故。本条中的使用功能主要指正常使用环境下的环保要求。

3.2 钢绞线网片

3.2.1 钢绞线的各项技术性能指标按照现行国家标准《混凝土结构加固设计规范》GB 50367 中的有关规定执行。

钢绞线抗拉强度标准值的确定方法要得到严格的执行。生产厂家提供的此项性能指标经进场见证抽样检验合格后，其产品方可在工程中使用。

3.2.2 钢绞线网片主筋是指网片中的受力钢绞线。编织钢绞线网片的卡扣要采用金属材料。

3.2.3 对钢绞线抗拉强度标准值的规定，本规程给出了一个置信度。置信度也称可靠度或置信水平，在抽样对总体参数作出估计时，由于样本的随机性，其结论总是不确定的。因此，采用一种概率的陈述方法，即估计值与总体参数在一定允许的误差范围以内，其相应的概率有多大，这个相应的概率称作置信度。

3.3 聚合物砂浆

3.3.1 聚合物砂浆的各项技术性能指标按照现行国家标准《混凝土结构加固设计规范》GB 50367，参考现行国家标准《工程结构加固材料安全性鉴定技术规范》GB 50728 的有关规定执行。

3.3.3 强调了聚合物砂浆的环保要求。

3.4 界 面 剂

3.4.1 界面剂的各项技术性能指标及检验方法按照现行国家标准《混凝土结构加固设计规范》GB 50367，参考现行国家标准《工程结构加固材料安全性鉴定技术规范》GB 50728 和《建筑结构加固工程施工质量验收规范》GB 50550 的有关规定执行。

3.4.2 本条强调了界面剂的环保要求。

4 设 计

4.1 一 般 规 定

4.1.1 由于钢绞线网片聚合物砂浆加固修复技术为一项新型结构加固技术，具有不同于其他加固方法的特殊性，需要由对钢绞线网片、聚合物砂浆性质及加固设计有经验的专业人员进行设计。钢绞线网片不能设计为承受压力，钢绞线网片应采用聚合物砂浆及端部锚固配置于构件表面，在构件受力过程中应与构件保持变形协调。还需采取措施保证聚合物砂浆与构件表面不发生因粘贴面过早剥离和端部锚固失效而导致加固效果显著降低。本规程的设计计算方法均基于这一前提建立。

4.1.2 到目前为止的试验研究中，该加固技术在混凝土结构受弯构件的受弯加固、受剪加固和大小偏心柱加固、砖墙砌体的抗震加固中研究最多，相应计算理论也较为成熟，故本规程列出这几种加固方法的有关设计计算方法和构造规定。

4.1.3 本规程以房屋建筑和一般构筑物的钢筋混凝土和砖墙砌体的加固为主，主要按现行国家标准《建筑结构可靠度设计统一标准》GB 50068 以概率理论为基础的极限状态设计法确定有关加固计算方法，使其与结构设计规范协调。但考虑到现有建筑物的特性，要求以现场检测确定的材料实际强度和有关参数进行验算。同时，在计算中还需考虑二次受力问题。

试验研究表明，钢绞线网片聚合物砂浆加固的混凝土结构构件有多种破坏形态，除了与普通混凝土构件相同的以外，还有一些特殊的破坏形态，如聚合物砂浆与构件表面界面发生剥离或端部锚固失效等。采用这种加固方法，构件达到承载能力极限状态时，钢绞线的极限抗拉强度往往不能得到完全发挥，此时以达到破坏极限状态时其所达到的应变值来确定其贡献。即使对在构件破坏时钢绞线可达到其极限抗拉强度的情况，也要选择小于其极限拉应变的允许拉应变作为设计极限状态的标准，以保证有足够的可靠度。

4.1.4 一般情况下，对结构（构件）的加固是局部的。加固后结构体系可能有所改变，因此加固设计中应进行验算，保证不发生脆性的破坏。例如，在受弯加固后避免剪切破坏先于受弯破坏发生等。

4.1.5 研究证明，当加固前构件计算所受的初始弯矩小于其受弯承载力的 20%时，初始弯矩的作用不大，即可以忽略二次受力的影响。

4.1.6 在实际工程中，某些结构的混凝土强度可能低于现行国家规范的最低强度级，如果结构混凝土强度过低，则与钢绞线网片聚合物砂加固层的粘结强度较低，易产生脆性显著的界面剥离破坏，钢绞线也不能充分发挥作用，因此本条以现行国家标准《混凝土结构设计规范》GB 50010 对混凝土强度和耐久性的要求为依据，规定了被加固结构混凝土强度的最低等级。

4.1.7 试验结果表明，当被加固砖墙砌体的砂浆等级高于 M5 时，加固效果并不明显。

4.1.8、4.1.9 规定了聚合物砂浆面层的最小厚度，满足钢绞线最小保护层厚度的要求，保证钢绞线的耐久性，避免其锈蚀后加固失效。

为保证加固面层与原结构可靠粘贴，规定了胀栓的锚固间距。

对墙体的加固可根据综合抗震能力指数进行控制，只在加固层进行，不需自上而下延伸至基础。但在底层的外墙，为提高耐久性，面层在室外地面以下考虑加厚并向下延伸 500mm。

4.1.12 编制组的大量试验结果表明，钢绞线网片聚合物砂浆加固后的钢筋混凝土构件纵向受拉钢筋屈服后进入平台段，其应变继续增加但应力不再增加，而钢绞线仍处于弹性阶段，应变和应力均继续增加，且在极限破坏状态时，构件截面应变仍然保持平面。根据试验数据统计分析，在加固构件破坏时，可考虑钢筋应变比弹性屈服点应变增加 25%，相应的钢绞线应变 ε_{rw1} 可按平截面假定由钢筋应变计算确定。

在界限破坏时，混凝土边缘达到极限压应变 ε_u 的同时钢绞线应变达到 ε_{rw1}。参考现行国家标准《混凝土结构设计规范》GB 50010的计算原则，加固后相对界限受压区高度 $\xi_{b,rw}$ 由下式确定：

$$\xi_{b,rw}=\frac{\beta_1}{1+\frac{\varepsilon_{rw1}}{\varepsilon_u}} \tag{1}$$

为了方便工程设计应用，对不同截面尺寸的混凝土构件进行计算分析统计，在界限破坏时，取 $\varepsilon_{rw1}=1.5\varepsilon_y$，即 $\varepsilon_{rw1}=1.5f_y/E_s$。

4.2 混凝土构件正截面受弯加固计算

4.2.1 根据规范组验证性试验及国内其他试验研究表明，在受弯构件的受拉面设置钢绞线网片聚合物砂浆进行受弯加固时，截面应变分布仍可采用平截面假定。钢绞线从开始承受荷载至拉断，可近似表现为线弹性。

4.2.2 本规范的受弯构件正截面计算公式与以前发布的国内外标准相比大致接近，考虑到目前受弯加固的施工方法中，钢绞线与构件受拉区边缘存在一定距离，对受弯承载力有一定影响，因此在公式中给予考虑。

本规程公式（4.2.2-1）是截面上的力矩平衡公式，对力矩中心取在钢绞线合力点；本规程公式（4.2.2-2）是截面上的轴向力平衡公式；本规程公式（4.2.2-3）是根据应变平截面假定并考虑到钢绞线实际拉应变可能达不到设计值而引入的强度发挥系数；本规程公式（4.2.2-4）是公式（4.2.2-1）～（4.2.2-3）的适用条件，$x\leqslant\xi_{b,rw}h_0$ 是为了控制“最大加固量”，防止出现“超筋”而采取的保证安全的措施，需在加固设计中得到执行。

4.2.4 根据钢筋混凝土受弯构件在正常使用阶段受压区边缘混凝土和受拉钢筋的应变计算公式，按平截面假定可确定加固前在初始弯矩作用下的混凝土拉应变 ε_i。

根据计算分析和试验结果，当初始弯矩 M_i 小于未加固截面受弯承载力的 20%时，二次受力对受弯极限承载力的影响很小，可以不考虑。

4.2.5 过火梁加固前须进行检测，钢筋力学性能无明显变化且混凝土烧伤深度未达到核心区的梁可按本条规定进行受弯加固设计。有效计算截面一般是指去除混凝土保护层后的截面。

4.2.6 加固后受弯承载力的提高幅度不宜超过 40%，其目的是为了控制加固后构件的裂缝宽度和变形。考虑到受弯加固可能引起构件受力状态改变从而引发破坏形态转化所导致的安全问题，故本条作出了进行受弯加固设计时尚需验算构件的受剪承载力的规定。

4.2.7 受弯加固时钢绞线应优先配置在梁底部，当梁底部全部加固不满足要求时，方可考虑梁侧面距离受拉区边缘 1/4 梁高范围内配置的钢绞线网片。

4.3 混凝土构件斜截面受剪加固计算

4.3.1、4.3.2 钢绞线网片聚合物砂浆的受剪承载力是根据加固后构件达到最大受剪承载力时钢绞线的应变发挥程度确定的。本规程公式（4.3.3）是根据编制组验证性试验并结合国内其他试验研究成果分析给出的。

4.4 混凝土正截面受压构件加固计算

4.4.1 本条对正截面受压承载力计算方法做了基本假定：

（1）平截面假定

对于钢筋混凝土构件（梁、柱等），国内外大量试验和本规程试验已经表明，钢筋和混凝土的应变沿截面高度呈线性变化。而且，试验也证明，钢筋混凝土柱采用钢绞线加固后，砂浆、混凝土、钢绞线和钢筋在一定标距范围内的平均应变也基本上呈线性变化。

（2）混凝土的应力-应变曲线

采用现行国家标准《混凝土结构设计规范》GB 50010 建议的曲线形式。

（3）约束混凝土的应力-应变曲线

Mander 根据 William 的多轴破坏面理论提出了圆形箍筋和方形箍筋约束混凝土的强度计算方法，见本规程公式（4.4.1-1）～（4.4.1-8）。该表达式是目前应用最广泛的约束混凝土极限抗压强度表达式之一，它考虑了有效约束混凝土面积的相对大小、体积配箍率、箍筋间距及箍筋屈服强度对约束混凝土力学性能的影响。确定 f_{cc} 的方法需要根据混凝土多轴应力下的强度理论去计算。混凝土强度越低，钢绞线直径越大且应力发挥程度越高，混凝土的强度增强系数越大，钢绞线对混凝土的约束能力就越强。实际中，如果要钢绞线的应力发挥程度高，就需要混凝土在横向产生较大的膨胀变形，显然这种情况在受荷偏心较小时容易出现。这就是说如果柱在轴压或小偏心受压时，横向钢绞线更容易发挥它的约束作用，在大偏心时该作用有所减弱。

4.4.2 在承载力计算中，可采用合适的压应力图形，只要在承载力计算上能与可靠的试验结果符合。本规程中采用了等效矩形压应力图形，此时，矩形应力图的应力取 f_c 乘以系数 α_1，矩形应力图的高度可取等于按平截面假定所确定的中和轴高度 x_n 乘以系数 β_1。

4.4.4 由于考虑到实际工程中存在着荷载作用位置的不确定性、混凝土质量的不均匀性以及施工的偏差等因素，而这些因素均有可能产生附加偏心距，因此，我国《混凝土结构设计规范》GB 50010 参考国外规范的经验，规定了附加偏心距 e_a 的取值要求。e_a 值按此公式计算：$e_a = e_i - e_o$。此规定同样适用于本规程。

偏心受压构件的正截面承载力计算时，应计入轴向压力在偏心方向存在的附加偏心距 e_a，其值应取 20mm 和偏心方向截面最大尺寸的 1/30 两者中的较大值。

偏压柱加固时的钢绞线强度利用系数反映的是加固柱在大偏心受压情况下受以下两种因素的共同影响：一是加固层与原柱截面共同工作作用；二是钢绞线强度的发挥。考虑到砂浆层与混凝土之间以及砂浆层之间的粘结，使砂浆的实际抗压强度受到影响。

在实际工程中，对于某些受拉钢筋配筋率较小的柱，在承受较大的弯矩的情况下，如果荷载突然增加，有可能出现受压砂浆或混凝土被压坏之前，钢绞线达到其抗压强度，即钢绞线被拉断。一般情况下，聚合砂浆的抗压强度大于混凝土的抗压强度，考虑到界限破坏情况，应有：

$$f_y A_s + f_{rw} A_{rw} \geqslant f_m b_1 \xi_{b,rw} h_{1,0} \tag{2}$$

所以，钢绞线的最小加配置应按下式计算：

$$\rho_s f_y + \rho_{rw} f_{rw} \geqslant f_m \xi_{b,rw} \tag{3}$$

上式中：

$$\rho_s = \frac{A_s}{b_1 h_{1,0}}, \rho_{rw} = \frac{A_{rw}}{b_1 h_{1,0}} \tag{4}$$

同时，考虑到我国《混凝土结构设计规范》GB 50010 关于柱中配筋单侧钢筋配筋率不应低于 0.2% 的规定，钢绞线最小配置量还需满足下式的要求：

$$\rho_s + \rho_{rw} \frac{f_{rw}}{f_y} \geqslant 0.2\% \tag{5}$$

4.5 砖砌体抗震加固计算

4.5.1 钢绞线网片聚合物砂浆加固墙体的受剪承载力计算公式，为根据试验结果得出的经验公式，从已有的试验数据来看，用于设计是偏于安全的，计算方法简单，物理意义明确。本规程表 4.5.1 为根据试验结果归纳统计得出的数据。

在加固方式相同的情况下，原墙体的砌筑砂浆强度越低，加固效果越明显。

4.5.2 本规程表 4.5.2 为根据试验结果归纳统计得出。

4.6 构 造 要 求

4.6.1 钢绞线弯折时会导致应力集中使钢绞线局部受损，影响强度发挥。根据试验研究结果，当转角处的曲率半径不小于 10mm，或倒角距离不小于 15mm 时，可缓解应力集中，使钢绞线抗拉强度不受显著影响。

4.6.4 在对负弯矩区进行加固时，由于靠近梁肋处设置的钢绞线网片可以较充分地发挥作用，而远离梁肋的钢绞线网片作用较小，故限制了钢绞线网片的设置范围。

5 施 工

5.1 一 般 规 定

5.1.1 应加强材料检验、安装施工和工程质量验收等环节的质量控制，防止因管理不到位而影响钢绞线网片聚合物砂浆加固效果。

5.1.5 本条为强制性条文。钢绞线网片中钢绞线的间距较小，施工时为了消除应力滞后现象，使加固层与被加固构件良好共同工作，钢绞线经过张拉具有一定初始应力。如在加固后对加固区域进行开孔等破坏性作业，会切断部分或全部钢绞线，引起加固构件应力突变，严重降低加固效果，甚至造成加固失效的后果，危及结构安全，因此特作如此规定。

5.2 施 工 准 备

5.2.1 常用的加固施工机具有砂浆搅拌机、砂浆喷涂设备、吹风机、冲击钻、角磨机、空气压缩机、网片张拉机具、钢丝剪、浆料喷枪和毛刷、抹子、高压水枪等，首先要确保机具能够满足施工的需要，同时要求其性能可靠，保障正常施工。

5.2.2 安全防护用品如绝缘手套、绝缘鞋、口罩、护目镜、手套等需要施工作业人员正确使用。

5.2.3 施工单位要认真熟悉图纸，参加相关单位组织的设计交底，并结合施工情况提出合理建议。加固专项施工方案很重要，在正式施工前，需针对该加固技术的特点和施工条件，认真做好专项施工方案的编制，并向有关人员进行安全质量技术交底。

5.2.7 由于目前市场上聚合物砂浆种类较多，其相关要求不统一，因此为考察材料质量以及操作人员技术水平需在现场采用拟投入施工的材料和工艺进行样板施工。

5.2.8 本条为强制性条文。聚合物砂浆的正拉粘结强度是体现加固层与被加固构件界面粘结能力的重要指标，特别是现场测定的指标，与试验室测定有一些区别，真实反映了被加固构件和聚合物砂浆之间的粘结能力，直接影响到加固计算中的平截面假定，采用了该项指标不合格的材料会从根本上造成加固失效，危及结构安全，因此聚合物砂浆的现场正拉粘结强度见证检验必须在班前于现场施工样板上进行。其试验方法参照现行国家标准《建筑结构加固工程施工质量验收规范》GB 50550 中粘结材料粘合加固材与基材的正拉粘结强度现场测定方法。这里的基材是指被聚合物砂浆粘结的混凝土或砖墙原构件，内聚破坏即混凝土或砖墙内部（本体）发生破坏。

5.3 基层处理与要求

5.3.1 对加固构件进行放线定位，确定加固范围，一方面为保证加固构件和部位的正确性，另一方面有利于钢绞线网片的下料。为保证基层处理质量，基层处理的边缘比设计加固尺寸外扩 50mm，该要求针对有外扩条件的加固部位。

5.3.2、5.3.3 对原结构待加固面进行凿毛处理，并清洗表面加以湿润，保持面层潮湿但无明水状态，以减少聚合物砂浆在固化时的水分流失，有利于聚合物砂浆的充分固化，使之达到设计强度。水质应达到砂浆的用水要求。对基层面进行修补使用的聚合物砂浆应与加固用聚合物砂浆为同种产品。

5.4 钢绞线网片施工

5.4.1 钢绞线专用金属固定接头可采用铝合金压制接头，其标准遵照现行国家标准《钢丝绳铝合金压制接头》GB/T 6946。

5.4.4 钢绞线绷紧是针对钢绞线网片中的受力钢绞线而言，指钢绞线张拉后保持直线，在人工侧向施力后不能产生不可恢复的变形，此要求主要是为了保障加固层与被加固构件良好的共同工作，尽量消除钢绞线的应力滞后，充分发挥钢绞线较高的抗拉强度。当加固设计单位对张拉应力有明确要求时，施工单位须在施工过程中采取有效控制措施，使张拉效果满足设计要求。

5.6 聚合物砂浆施工

5.6.1 聚合物砂浆施工采用机械喷涂抹灰时，要遵守现行行业标准《机械喷涂抹灰施工规程》JGJ/T 105 的规定。

5.6.3、5.6.4 聚合物砂浆采用喷涂抹灰时，如果使用的机械抹灰设备匹配不当，会导致施工受到影响，本条根据机械喷涂抹灰工艺流程提出了设备功能要求。同时，也对空气压缩机的额定气压和气量提出了最低限值，因为额定气压和气量过小时，无法喷射砂浆。

喷涂顺序和路线的确定影响整个喷涂过程。若其选择合理，不仅操作便利，而且可减少管道的拖移工作量，减少对已完工程的损伤或污染。

抹灰层厚度超过 10mm 时应分层进行喷涂，第二层喷涂在上一层聚合物砂浆凝结后进行。

第一层抹灰表面拉毛，是为下层抹灰做好准备。

5.6.6 在有条件的加固部位，如梁受剪加固区域、钢绞线网片呈条带状布置的楼板或墙体加固区域，聚合物砂浆抹灰范围比设计抹灰范围适当外扩。

5.6.7 由于聚合物砂浆加固面层较薄，且聚合物砂浆中含水量较小，故为防止砂浆的干裂空鼓，对施工完成的聚合物砂浆加固面层进行保湿养护。聚合物砂浆施工和养护的适宜温度区间应根据材料厂家的产品使用说明确定。

5.7 施工保障措施

5.7.8 冬期采用机械喷涂时，砂浆搅拌时间应比常温条件延长1min以上，其出机温度不应低于10℃，砂浆搅拌与泵送应同步进行。

5.7.10 高温天气是指气象部门发布高温警告信号，预报日最高气温达到35℃以上的天气。

6 质量验收

6.2 钢绞线网片分项工程

6.2.1 钢绞线网片原材料进场检验，其取样单位及数量应按照经相关单位审核批准的试验方案进行取样检测。

6.2.2 同时对构件的受弯和受剪进行加固时，钢绞线网片一般应先安装受弯网片，后安装受剪网片。钢绞线网片在安装时其分布钢绞线应在加固面内侧。

6.3 聚合物砂浆分项工程

6.3.3 聚合物砂浆试块检验可按照现行国家标准《混凝土结构加固设计规范》GB 50367和《建筑结构加固工程施工质量验收规范》GB 50550的规定进行。

中华人民共和国行业标准

建筑地基检测技术规范

Technical code for testing of building foundation soils

JGJ 340—2015

批准部门：中华人民共和国住房和城乡建设部

施行日期：2 0 1 5 年 1 2 月 1 日

中华人民共和国住房和城乡建设部
公 告

第786号

住房城乡建设部关于发布行业标准《建筑地基检测技术规范》的公告

现批准《建筑地基检测技术规范》为行业标准，编号为JGJ 340－2015，自2015年12月1日起实施。其中，第5.1.5条为强制性条文，必须严格执行。

本规范由我部标准定额研究所组织中国建筑工业出版社出版发行。

中华人民共和国住房和城乡建设部

2015年3月30日

前 言

根据住房和城乡建设部《〈关于印发2010年工程建设标准规范制订、修订计划〉的通知》（建标［2010］43号）的要求，规范编制组经过广泛调查研究，认真总结实践经验，参考有关国际标准和国外先进标准，并在广泛征求意见的基础上，编制本规范。

本规范的主要技术内容是：1 总则；2 术语和符号；3 基本规定；4 土（岩）地基载荷试验；5 复合地基载荷试验；6 竖向增强体载荷试验；7 标准贯入试验；8 圆锥动力触探试验；9 静力触探试验；10 十字板剪切试验；11 水泥土钻芯法试验；12 低应变法试验；13 扁铲侧胀试验；14 多道瞬态面波试验。

本规范中以黑体字标志的条文为强制性条文，必须严格执行。

本规范由住房和城乡建设部负责管理和对强制性条文的解释，由福建省建筑科学研究院负责具体技术内容的解释。执行过程中如有意见或建议，请寄送福建省建筑科学研究院（地址：福建省福州市杨桥中路162号，邮编：350025）。

本规范主编单位：福建省建筑科学研究院
福州建工（集团）总公司

本规范参编单位：福建省建筑工程质量检测中心有限公司
建研地基基础工程有限责任公司
广东省建筑科学研究院
建设综合勘察研究设计院有限公司
机械工业勘察设计研究院
上海岩土工程勘察设计研究院有限公司
同济大学
深圳冶建院建筑技术有限公司
中国科学院武汉岩土力学研究所
现代建筑设计集团上海申元岩土工程有限公司
深圳市勘察研究院有限公司
福建省永固基强夯工程有限公司

本规范主要起草人员：侯伟生 施 峰 许国平 高文生 刘越生 徐天平 刘艳玲 李耀刚 张继文 陈 晖 叶为民 杨志银 汪 稔 水伟厚 梁 曦 严 涛 刘小敏 简浩洋 陈利洲 曾 文

本规范主要审查人员：龚晓南 滕延京 顾宝和 张 雁 张永钧 王卫东 戴一鸣 刘国楠 康景文 朱武卫

目　次

1　总则 ………………………………… 38—6
2　术语和符号 ……………………………… 38—6
2.1　术语 ……………………………… 38—6
2.2　符号 ……………………………… 38—6
3　基本规定 ……………………………… 38—7
3.1　一般规定 …………………………… 38—7
3.2　检测方法 …………………………… 38—7
3.3　检测报告 …………………………… 38—8
4　土（岩）地基载荷试验 ……………… 38—8
4.1　一般规定 …………………………… 38—8
4.2　仪器设备及其安装 ………………… 38—8
4.3　现场检测 …………………………… 38—9
4.4　检测数据分析与判定………………… 38—10
5　复合地基载荷试验 ………………… 38—11
5.1　一般规定……………………………… 38—11
5.2　仪器设备及其安装………………… 38—11
5.3　现场检测……………………………… 38—12
5.4　检测数据分析与判定……………… 38—12
6　竖向增强体载荷试验 ……………… 38—12
6.1　一般规定……………………………… 38—12
6.2　仪器设备及其安装………………… 38—13
6.3　现场检测……………………………… 38—13
6.4　检测数据分析与判定……………… 38—13
7　标准贯入试验 ……………………… 38—14
7.1　一般规定……………………………… 38—14
7.2　仪器设备……………………………… 38—14
7.3　现场检测……………………………… 38—14
7.4　检测数据分析与判定……………… 38—15
8　圆锥动力触探试验 ………………… 38—16
8.1　一般规定……………………………… 38—16
8.2　仪器设备……………………………… 38—16
8.3　现场检测……………………………… 38—16
8.4　检测数据分析与判定……………… 38—17
9　静力触探试验 ……………………… 38—18
9.1　一般规定……………………………… 38—18
9.2　仪器设备……………………………… 38—18
9.3　现场检测……………………………… 38—19
9.4　检测数据分析与判定……………… 38—19
10　十字板剪切试验………………………… 38—20
10.1　一般规定 ………………………… 38—20
10.2　仪器设备 ………………………… 38—20
10.3　现场检测 ………………………… 38—20
10.4　检测数据分析与判定 …………… 38—21
11　水泥土钻芯法试验 ………………… 38—22
11.1　一般规定 ………………………… 38—22
11.2　仪器设备 ………………………… 38—22
11.3　现场检测 ………………………… 38—22
11.4　芯样试件抗压强度 ……………… 38—22
11.5　检测数据分析与判定 …………… 38—23
12　低应变法试验 ……………………… 38—23
12.1　一般规定 ………………………… 38—23
12.2　仪器设备 ………………………… 38—23
12.3　现场检测 ………………………… 38—23
12.4　检测数据分析与判定 …………… 38—24
13　扁铲侧胀试验 ……………………… 38—25
13.1　一般规定 ………………………… 38—25
13.2　仪器设备 ………………………… 38—26
13.3　现场检测 ………………………… 38—26
13.4　检测数据分析与判定 …………… 38—26
14　多道瞬态面波试验 ………………… 38—27
14.1　一般规定 ………………………… 38—27
14.2　仪器设备 ………………………… 38—27
14.3　现场检测 ………………………… 38—27
14.4　检测数据分析与判定 …………… 38—27
附录A　原始记录图表格式 …………… 38—28
附录B　地基土试验数据统计计算方法 ……………………………… 38—33
附录C　圆锥动力触探锤击数修正……… 38—33
附录D　静力触探头率定 ……………… 38—34
本规范用词说明 ………………………… 38—35
引用标准名录 …………………………… 38—35
附：条文说明 …………………………… 38—36

Contents

1 General Provisions .... 38—6
2 Terms and Symbols .... 38—6
2.1 Terms .... 38—6
2.2 Symbols .... 38—6
3 Basic Requirements .... 38—7
3.1 General Requirements .... 38—7
3.2 Test Methods .... 38—7
3.3 Test Report .... 38—8
4 Loading Test for Foundation Soils (Rock) .... 38—8
4.1 General Requirements .... 38—8
4.2 Equipments and Installation .... 38—8
4.3 Field Test .... 38—9
4.4 Test Data Interpretation .... 38—10
5 Loading Test for Composite Foundation .... 38—11
5.1 General Requirements .... 38—11
5.2 Equipments and Installation .... 38—11
5.3 Field Test .... 38—12
5.4 Test Data Interpretation .... 38—12
6 Loading Test for Vertical Reinforcement .... 38—12
6.1 General Requirements .... 38—12
6.2 Equipments and Installation .... 38—13
6.3 Field Test .... 38—13
6.4 Test Data Interpretation .... 38—13
7 Standard Penetration Test .... 38—14
7.1 General Requirements .... 38—14
7.2 Equipments .... 38—14
7.3 Field Test .... 38—14
7.4 Test Data Interpretation .... 38—15
8 Dynamic Penetration Test .... 38—16
8.1 General Requirements .... 38—16
8.2 Equipments .... 38—16
8.3 Field Test .... 38—16
8.4 Test Data Interpretation .... 38—17
9 Cone Penetration Test .... 38—18
9.1 General Requirements .... 38—18
9.2 Equipments .... 38—18
9.3 Field Test .... 38—19
9.4 Test Data Interpretation .... 38—19
10 Vane Shear Test .... 38—20
10.1 General Requirements .... 38—20
10.2 Equipments .... 38—20
10.3 Field Test .... 38—20
10.4 Test Data Interpretation .... 38—21
11 Core Drilling Method for Cement-soil Piles .... 38—22
11.1 General Requirements .... 38—22
11.2 Equipments .... 38—22
11.3 Field Test .... 38—22
11.4 Compressive Strength Testing of Core Specimen .... 38—22
11.5 Test Data Interpretation .... 38—23
12 Low Strain Integrity Test .... 38—23
12.1 General Requirements .... 38—23
12.2 Equipments .... 38—23
12.3 Field Test .... 38—23
12.4 Test Data Interpretation .... 38—24
13 Dilatometer Test .... 38—25
13.1 General Requirements .... 38—25
13.2 Equipments .... 38—26
13.3 Field Test .... 38—26
13.4 Test Data Interpretation .... 38—26
14 Multi-channel Transient Surface Wave Exploration Test .... 38—27
14.1 General Requirements .... 38—27
14.2 Equipments .... 38—27
14.3 Field Test .... 38—27
14.4 Test Data Interpretation .... 38—27
Appendix A Figure and Table Format of Records .... 38—28
Appendix B Statistical Calculating Method of Data Obtained from Foundation Soils Experiments .... 38—33
Appendix C Modification Coefficient of

Cone Penetrating Number ······················ 38—33
Appendix D Calibration Coefficient of Static Penetration Test ························ 38—34
Explanation of Wording in This Code ·· 38—35
List of Quoted Standards ················· 38—35
Addition: Explanation of Provisions ························ 38—36

1 总 则

1.0.1 为了在建筑地基检测中贯彻执行国家的技术经济政策，做到安全适用、技术先进、确保质量、保护环境，制定本规范。

1.0.2 本规范适用于建筑地基性状及施工质量的检测和评价。

1.0.3 建筑地基检测方法的选择应根据各种检测方法的特点和适用范围，考虑地质条件及施工质量可靠性、使用要求等因素因地制宜、综合确定。

1.0.4 建筑地基检测除应符合本规范外，尚应符合国家现行有关标准的规定。

2 术语和符号

2.1 术 语

2.1.1 人工地基 artificial ground

为提高地基承载力，改善其变形性质或渗透性质，经人工处理后的地基。

2.1.2 地基检测 foundation soil test

在现场采用一定的技术方法，对建筑地基性状、设计参数、地基处理的效果进行的试验、测试、检验，以评价地基性状的活动。

2.1.3 平板载荷试验 plate load test

在现场模拟建筑物基础工作条件的原位测试。可在试坑、深井或隧洞内进行，通过一定尺寸的承压板，对岩土体施加垂直荷载，观测岩土体在各级荷载下的下沉量，以研究岩土体在荷载作用下的变形特征，确定岩土体的承载力、变形模量等工程特性。

2.1.4 单桩复合地基载荷试验 loading test on single column composite foundation

对单个竖向增强体与地基土组成的复合地基进行的平板载荷试验。

2.1.5 多桩复合地基载荷试验 loading test on multi-column composite foundation

对两个或两个以上竖向增强体与地基土组成的复合地基进行的平板载荷试验。

2.1.6 竖向增强体载荷试验 loading test on vertical reinforcement

在竖向增强体顶端逐级施加竖向荷载，测定增强体沉降随荷载和时间的变化，据此检测竖向增强体承载力。

2.1.7 标准贯入试验 standard penetration test (SPT)

质量为63.5kg的穿心锤，以76cm的落距自由下落，将标准规格的贯入器自钻孔孔底预打15cm，测记再打入30cm的锤击数的原位试验方法。

2.1.8 圆锥动力触探试验 dynamic penetration test (DPT)

用一定质量的击锤，以一定的自由落距将一定规格的圆锥探头打入土中，根据打入土中一定深度所需的锤击数，判定土的性质的原位试验方法。

2.1.9 静力触探试验 cone penetration test (CPT)

以静压力将一定规格的锥形探头压入土层，根据其所受抗阻力大小评价土层力学性质，并间接估计土层各深度处的承载力、变形模量和进行土层划分的原位试验方法。

2.1.10 十字板剪切试验 vane shear test

将十字形翼板插入软土按一定速率旋转，测出土破坏时的抵抗扭矩，求软土抗剪强度的原位试验方法。

2.1.11 扁铲侧胀试验 dilatometer test

将扁铲形探头贯入土中，用气压使扁铲侧面的圆形钢膜向孔壁扩张，根据压力与变形关系，测定土的模量及其他有关工程特性指标的原位试验方法。

2.1.12 多道瞬态面波试验 multi-channel transient surface wave exploration test

采用多个通道的仪器，同时记录震源锤击地面形成的完整面波（特指瑞利波）记录，利用瑞利波在层状介质中的几何频散特性，通过反演分析频散曲线获取地基瑞利波速度来评价地基的波速、密实性、连续性等的原位试验方法。

2.2 符 号

2.2.1 作用与作用效应

F——锤击力；

P——芯样抗压试验测得的破坏荷载；

Q——施加于单桩和地基的竖向压力荷载；

s——沉降量；

V——质点振动速度；

γ_0——结构重要性系数。

2.2.2 抗力和材料性能

c——桩身一维纵向应力波传播速度（简称桩身波速）；

c_u——地基土的不排水抗剪强度；

E——桩身材料弹性模量；

E_0——地基变形模量；

E_s——地基压缩模量；

f_{ak}——地基承载力特征值；

f_{cu}——混凝土芯样试件抗压强度；

f_s——双桥探头的侧壁摩阻力；

f_{spk}——复合地基承载力特征值；

N——标准贯入试验实测锤击数；

N'——标准贯入试验修正锤击数；

N_k——标准贯入试验锤击数标准值；

N'_k——标准贯入试验修正锤击数标准值；

N_{10}——轻型圆锥动力触探锤击数；
$N_{63.5}$——重型圆锥动力触探修正锤击数；
N_{120}——超重型圆锥动力触探修正锤击数；
p_s——单桥探头的比贯入阻力；
q_c——双桥探头的锥尖阻力；
Z——桩身截面力学阻抗；
φ——内摩擦角；
v——桩身混凝土声速；
μ——土的泊松比；
ρ——桩身材料质量密度；
γ_R——抗力分项系数。

2.2.3 几何参数

A——桩身截面面积；
b——承压板直径或边宽；
D——桩身直径（外径），芯样试件的平均直径；
L——测点下桩长；
x——传感器安装点至桩身缺陷的距离。

2.2.4 计算系数

α——摩阻比；
δ——原位试验数据的变异系数；
η——温漂系数。

2.2.5 岩土侧胀试验参数

E_D——侧胀模量；
I_D——侧胀土性指数；
K_D——侧胀水平应力指数；
U_D——侧胀孔压指数。

2.2.6 其他

c_m——桩身波速的平均值；
f——频率；
Δf——幅频曲线上桩底相邻谐振峰间的频差；
$\Delta f'$——幅频曲线上缺陷相邻谐振峰间的频差；
s_x——标准差；
T——首波周期；
Δt——触探过程中气温与地温引起触探头的最大温差；
ΔT——速度波第一峰与桩底反射波峰间的时间差；
ΔT_x——速度波第一峰与缺陷反射波峰间的时间差。

3 基本规定

3.1 一般规定

3.1.1 建筑地基检测应包括施工前为设计提供依据的试验检测、施工过程的质量检验以及施工后为验收提供依据的工程检测。需要验证承载力及变形参数的地基应按设计要求或采用载荷试验进行检测。

3.1.2 人工地基应进行施工验收检测。

3.1.3 检测前应进行现场调查。现场调查应根据检测目的和具体要求对岩土工程情况和现场环境条件进行收集和分析。

3.1.4 检测单位应根据现场调查结果，编制检测方案。检测方案应包含下列内容：

1 工程概况；
2 检测内容及其依据的标准；
3 检测数量，抽样方案；
4 所需的仪器设备和人员及试验时间计划；
5 试验点开挖、加固、处理；
6 场地平整，道路修筑，供水供电需求；
7 安全措施等要求。

3.1.5 检测试验点的数量应满足设计要求并符合下列规定：

1 工程验收检验的抽检数量应按单位工程计算；

2 单位工程采用不同地基基础类型或不同地基处理方法时，应分别确定检测方法和抽检数量。

3.1.6 检测用计量器具必须在计量检定或校准周期的有效期内。仪器设备性能应符合相应检测方法的技术要求。仪器设备使用时应按校准结果设置相关参数。检测前应对仪器设备检查调试，检测过程中应加强仪器设备检查，按要求在检测前和检测过程中对仪器进行率定。

3.1.7 当现场操作环境不符合仪器设备使用要求时，应采取保证仪器设备正常工作条件的措施。

3.1.8 检测机构应具备计量认证，检测人员应经培训方可上岗。

3.2 检测方法

3.2.1 建筑地基检测应根据检测对象情况，选择深浅结合、点面结合、载荷试验和其他原位测试相结合的多种试验方法综合检测。

3.2.2 人工地基承载力检测应符合下列规定：

1 换填、预压、压实、挤密、强夯、注浆等方法处理后的地基应进行土（岩）地基载荷试验；

2 水泥土搅拌桩、砂石桩、旋喷桩、夯实水泥土桩、水泥粉煤灰碎石桩、混凝土桩、树根桩、灰土桩、柱锤冲扩桩等方法处理后的地基应进行复合地基载荷试验；

3 水泥土搅拌桩、旋喷桩、夯实水泥土桩、水泥粉煤灰碎石桩、混凝土桩、树根桩等有粘结强度的增强体应进行竖向增强体载荷试验；

4 强夯置换墩地基，应根据不同的加固情况，选择单墩竖向增强体载荷试验或单墩复合地基载荷试验。

3.2.3 天然地基岩土性状、地基处理均匀性及增强体施工质量检测，可根据各种检测方法的特点和适用范围，考虑地质条件及施工质量可靠性、使用要求等因素，应选择标准贯入试验、静力触探试验、圆锥动力触探试验、十字板剪切试验、扁铲侧胀试验、多道瞬态面波试验等一种或多种的方法进行检测，检测结果结合静载荷试验成果进行评价。

3.2.4 采用标准贯入试验、静力触探试验、圆锥动力触探试验、十字板剪切试验、扁铲侧胀试验、多道瞬态面波试验方法判定地基承载力和变形参数时，应结合地区经验以及单位工程载荷试验比对结果进行。

3.2.5 水泥土搅拌桩、旋喷桩、夯实水泥土桩的桩长、桩身强度和均匀性，判定或鉴别桩底持力层岩土性状检测，可选择水泥土钻芯法。有粘结强度、截面规则的水泥粉煤灰碎石桩、混凝土桩等桩身强度为8MPa以上的竖向增强体的完整性检测可选择低应变法试验。

3.2.6 换填地基的施工质量检验必须分层进行，预压、夯实地基可采用室内土工试验进行检测，检测方法应符合现行国家标准《土工试验方法标准》GB/T 50123的规定。

3.2.7 人工地基检测应在竖向增强体满足龄期要求及地基施工后周围土体达到休止稳定后进行，并应符合下列规定：

1 稳定时间对黏性土地基不宜少于28d，对粉土地基不宜少于14d，其他地基不应少于7d；

2 有粘结强度增强体的复合地基承载力检测宜在施工结束28d后进行；

3 当设计对龄期有明确要求时，应满足设计要求。

3.2.8 验收检验时地基测试点位置的确定，应符合下列规定：

1 同地基基础类型随机均匀分布；

2 局部岩土条件复杂可能影响施工质量的部位；

3 施工出现异常情况或对质量有异议的部位；

4 设计认为重要的部位；

5 当采取两种或两种以上检测方法时，应根据前一种方法的检测结果确定后一种方法的抽检位置。

3.3 检测报告

3.3.1 检测报告应用词规范、结论明确。

3.3.2 检测报告应包括下列内容：

1 检测报告编号，委托单位，工程名称、地点，建设、勘察、设计、监理和施工单位，地基及基础类型，设计要求，检测目的，检测依据，检测数量，检测日期；

2 主要岩土层结构及其物理力学指标资料；

3 检测点的编号、位置和相关施工记录；

4 检测点的标高、场地标高、地基设计标高；

5 检测方法，检测仪器设备，检测过程叙述；

6 检测数据，实测与计算分析曲线、表格和汇总结果；

7 与检测内容相应的检测结论；

8 相关图件或试验报告。

4 土（岩）地基载荷试验

4.1 一般规定

4.1.1 土（岩）地基载荷试验适用于检测天然土质地基、岩石地基及采用换填、预压、压实、挤密、强夯、注浆处理后的人工地基的承压板下应力影响范围内的承载力和变形参数。

4.1.2 土（岩）地基载荷试验分为浅层平板载荷试验、深层平板载荷试验和岩基载荷试验。浅层平板载荷试验适用于确定浅层地基土、破碎、极破碎岩石地基的承载力和变形参数；深层平板载荷试验适用于确定深层地基土和大直径桩的桩端土的承载力和变形参数，深层平板载荷试验的试验深度不应小于5m；岩基载荷试验适用于确定完整、较完整、较破碎岩石地基的承载力和变形参数。

4.1.3 工程验收检测的平板载荷试验最大加载量不应小于设计承载力特征值的2倍，岩石地基载荷试验最大加载量不应小于设计承载力特征值的3倍；为设计提供依据的载荷试验应加载至极限状态。

4.1.4 土（岩）地基载荷试验的检测数量应符合下列规定：

1 单位工程检测数量为每500m^{2}不应少于1点，且总点数不应少于3点；

2 复杂场地或重要建筑地基应增加检测数量。

4.1.5 地基土载荷试验的加载方式应采用慢速维持荷载法。

4.2 仪器设备及其安装

4.2.1 土（岩）地基载荷试验的承压板可采用圆形、正方形钢板或钢筋混凝土板。浅层平板载荷试验承压板面积不应小于0.25m^2，换填垫层和压实地基承压板面积不应小于1.0m^2，强夯地基承压板面积不应小于2.0m^2。深层平板载荷试验的承压板直径不应小于0.8m。岩基载荷试验的承压板直径不应小于0.3m。

4.2.2 承压板应有足够强度和刚度。在拟试压表面和承压板之间应用粗砂或中砂层找平，其厚度不应超过20mm。

4.2.3 载荷试验的试坑标高应与地基设计标高一致。当设计有要求时，承压板应设置于设计要求的受检土层上。

4.2.4 试验前应采取措施，保持试坑或试井底岩土的原状结构和天然湿度不变。当试验标高低于地下水位时，应将地下水位降至试验标高以下，再安装试验设备，待水位恢复后方可进行试验。

4.2.5 试验加载宜采用油压千斤顶，且千斤顶的合力中心、承压板中心应在同一铅垂线上。当采用两台或两台以上千斤顶加载时应并联同步工作，且千斤顶型号、规格应相同。

4.2.6 加载反力宜选择压重平台反力装置。压重平台反力装置应符合下列规定：

1 加载反力装置能提供的反力不得小于最大加载量的1.2倍；

2 应对加载反力装置的主要受力构件进行强度和变形验算；

3 压重应在试验前一次加足，并应均匀稳固地放置于平台上；

4 压重平台支墩施加于地基的压应力不宜大于地基承载力特征值的1.5倍。

4.2.7 荷重测量可采用放置在千斤顶上的荷重传感器直接测定；或采用并联于千斤顶油路的压力表或压力传感器测定油压，并应根据千斤顶率定曲线换算荷载。

4.2.8 沉降测量宜采用位移传感器或大量程百分表。位移传感器或大量程百分表安装应符合下列规定：

1 承压板面积大于$0.5m^2$时，应在其两个方向对称安置4个位移测量仪表，承压板面积小于等于$0.5m^2$时，可对称安置2个位移测量仪表；

2 位移测量仪表应安装在承压板上，各位移测量点距承压板边缘的距离应一致，宜为25mm～50mm；对于方形板，位移测量点应位于承压板每边中点；

3 应牢固设置基准桩，基准桩和基准梁应具有一定的刚度，基准梁的一端应固定在基准桩上，另一端应简支于基准桩上；

4 固定和支撑位移测量仪表的夹具及基准梁应避免太阳照射、振动及其他外界因素的影响。

4.2.9 试验仪器设备性能指标应符合下列规定：

1 压力传感器的测量误差不应大于1%，压力表精度应优于或等于0.4级；

2 试验用千斤顶、油泵、油管在最大试验荷载时的压力不应超过规定工作压力的80%；

3 荷重传感器、千斤顶、压力表或压力传感器的量程不应大于最大加载量的3.0倍，且不应小于最大加载量的1.2倍；

4 位移测量仪表的测量误差不应大于0.1%FS，分辨力应优于或等于0.01mm。

4.2.10 浅层平板载荷试验的试坑宽度或直径不应小于承压板边宽或直径的3倍。深层平板载荷试验的试井直径宜等于承压板直径，当试井直径需要大于承压板直径时，紧靠承压板周围土的高度不应小于承压板直径。

4.2.11 当加载反力装置为压重平台反力装置时，承压板、压重平台支墩和基准桩之间的净距应符合表4.2.11规定。

表4.2.11 承压板、压重平台支墩和基准桩之间的净距

承压板与基准桩	承压板与压重平台支墩	基准桩与压重平台支墩
>b且>2.0m	>b且>B且>2.0m	>1.5B且>2.0m

注：b为承压板边宽或直径（m），B为支墩宽度（m）。

4.2.12 对大型平板载荷试验，当基准梁长度不小于12m，但其基准桩与承压板、压重平台支墩的距离仍不能满足本规范表4.2.11的规定时，应对基准桩变形进行监测。监测基准桩的变形测量仪表的分辨力宜达到0.1mm。

4.2.13 深层平板载荷试验应采用合适的传力柱和位移传递装置，并应符合下列规定：

1 传力柱应有足够的刚度，传力柱宜高出地面50cm；传力柱宜与承压板连接成为整体，传力柱的顶部可采用钢筋等斜拉杆固定；

2 位移传递装置宜采用钢管或塑料管做位移测量杆，位移测量杆的底端应与承压板固定连接，位移测量杆宜每间隔一定距离与传力柱滑动相连，位移测量杆的顶部宜高出孔口地面20cm。

4.2.14 孔底岩基载荷试验采用孔壁基岩提供反力进行试验时，孔壁基岩提供的反力应大于最大试验荷载的1.5倍。

4.3 现场检测

4.3.1 正式试验前宜进行预压。预压荷载宜为最大加载量的5%，预压时间宜为5min。预压后卸载至零，测读位移测量仪表的初始读数并应重新调整零位。

4.3.2 试验加卸载分级及施加方式应符合下列规定：

1 地基土平板载荷试验的分级荷载宜为最大试验荷载的1/8～1/12，岩基载荷试验的分级荷载宜为最大试验荷载的1/15；

2 加载应分级进行，采用逐级等量加载，第一级荷载可取分级荷载的2倍；

3 卸载应分级进行，每级卸载量为分级荷载的2倍，逐级等量卸载；当加载等级为奇数级时，第一级卸载量宜取分级荷载的3倍；

4 加、卸载时应使荷载传递均匀、连续、无冲击，每级荷载在维持过程中的变化幅度不得超过分级荷载的±10%。

4.3.3 地基土平板载荷试验的慢速维持荷载法的试验步骤应符合下列规定：

1 每级荷载施加后应按第10min、20min、30min、45min、60min测读承压板的沉降量，以后应每隔半小时测读一次；

2 承压板沉降相对稳定标准：在连续两小时内，每小时的沉降量应小于0.1mm；

3 当承压板沉降速率达到相对稳定标准时，应再施加下一级荷载；

4 卸载时，每级荷载维持 1h，应按第 10min、30min、60min 测读承压板沉降量；卸载至零后，应测读承压板残余沉降量，维持时间为 3h，测读时间应为第 10min、30min、60min、120min、180min。

4.3.4 岩基载荷试验的试验步骤应符合下列规定：

1 每级加荷后立即测读承压板的沉降量，以后每隔 10min 应测读一次；

2 承压板沉降相对稳定标准：每 0.5h 内的沉降量不应超过 0.03mm，并应在四次读数中连续出现两次；

3 当承压板沉降速率达到相对稳定标准时，应再施加下一级荷载；

4 每级卸载后，应隔 10min 测读一次，测读三次后可卸下一级荷载。全部卸载后，当测读 0.5h 回弹量小于 0.01mm 时，即认为稳定，终止试验。

4.3.5 当出现下列情况之一时，可终止加载：

1 当浅层载荷试验承压板周边的土出现明显侧向挤出，周边土体出现明显隆起；岩基载荷试验的荷载无法保持稳定且逐渐下降；

2 本级荷载的沉降量大于前级荷载沉降量的 5 倍，荷载与沉降曲线出现明显陡降；

3 在某一级荷载下，24h 内沉降速率不能达到相对稳定标准；

4 浅层平板载荷试验的累计沉降量已大于等于承压板边宽或直径的 6% 或累计沉降量大于等于 150mm；深层平板载荷试验的累计沉降量与承压板径之比大于等于 0.04；

5 加载至要求的最大试验荷载且承压板沉降达到相对稳定标准。

4.4 检测数据分析与判定

4.4.1 土（岩）地基承载力确定时，应绘制压力-沉降（p-s）、沉降-时间对数（s-lg$t$）曲线，可绘制其他辅助分析曲线。

4.4.2 土（岩）地基极限荷载可按下列方法确定：

1 出现本规范第 4.3.5 条第 1、2、3 款情况时，取前一级荷载值；

2 出现本规范第 4.3.5 条第 5 款情况时，取最大试验荷载。

4.4.3 单个试验点的土（岩）地基承载力特征值确定应符合下列规定：

1 当 p-s 曲线上有比例界限时，应取该比例界限所对应的荷载值；

2 地基土平板载荷试验，当极限荷载小于对应比例界限荷载值的 2 倍时，应取极限荷载值的一半；岩基载荷试验，当极限荷载小于对应比例界限荷载值的 3 倍时，应取极限荷载值的 1/3；

3 当满足本规范第 4.3.5 条第 5 款情况，且 p-s 曲线上无法确定比例界限，承载力又未达到极限时，地基土平板载荷试验应取最大试验荷载的一半所对应的荷载值，岩基载荷试验应取最大试验荷载的 1/3 所对应的荷载值；

4 当按相对变形值确定天然地基及人工地基承载力特征值时，可按表 4.4.3 规定的地基变形取值确定，且所取的承载力特征值不应大于最大试验荷载的一半。当地基土性质不确定时，对应变形值宜取 0.010b；对有经验的地区，可按当地经验确定对应变形值。

表 4.4.3 按相对变形值确定天然地基及人工地基承载力特征值

地基类型	地基土性质	特征值对应的变形值 s_0
天然地基	高压缩性土	0.015b
	中压缩性土	0.012b
	低压缩性土和砂性土	0.010b
人工地基	中、低压缩性土	0.010b

注：s_0 为与承载力特征值对应的承压板的沉降量；b 为承压板的边宽或直径，当 b 大于 2m 时，按 2m 计算。

4.4.4 单位工程的土（岩）地基承载力特征值确定应符合下列规定：

1 同一土层参加统计的试验点不应少于 3 点，当其极差不超过平均值的 30% 时，取其平均值作为该土层的地基承载力特征值 f_{ak}；

2 当极差超过平均值的 30% 时，应分析原因，结合工程实际判别，可增加试验点数量。

4.4.5 土（岩）载荷试验应给出每个试验点的承载力检测值和单位工程的地基承载力特征值，并应评价单位工程地基承载力特征值是否满足设计要求。

4.4.6 浅层平板载荷试验确定地基变形模量，可按下式计算：

$$E_0 = I_0(1-\mu^2)\frac{pb}{s} \tag{4.4.6}$$

式中：E_0——变形模量（MPa）；

I_0——刚性承压板的形状系数，圆形承压板取 0.785，方形承压板取 0.886，矩形承压板当长宽比 $l/b=1.2$ 时，取 0.809，当 $l/b=2.0$ 时，取 0.626，其余可计算求得，但 l/b 不宜大于 2；

μ——土的泊松比，应根据试验确定；当有工程经验时，碎石土可取 0.27，砂土可取 0.30，粉土可取 0.35，粉质黏土可取 0.38，黏土可取 0.42；

b——承压板直径或边长（m）；

p——p-s 曲线线性段的压力值（kPa）；

s——与 p 对应的沉降量（mm）。

4.4.7 深层平板载荷试验确定地基变形模量，可按下式计算：

$$E_0 = \omega \frac{pd}{s} \qquad (4.4.7)$$

式中：ω——与试验深度和土类有关的系数，按本规范第4.4.8条确定；

d——承压板直径（m）；

p——p-s曲线线性段的压力值（kPa）；

s——与p对应的沉降量（mm）。

4.4.8 与试验深度和土类有关的系数ω可按下列规定确定：

1 深层平板载荷试验确定地基变形模量的系数ω可根据泊松比试验结果，按下列公式计算：

$$\omega = I_0 I_1 I_2 (1-\mu^2) \qquad (4.4.8\text{-}1)$$

$$I_1 = 0.5 + 0.23\frac{d}{z} \qquad (4.4.8\text{-}2)$$

$$I_2 = 1 + 2\mu^2 + 2\mu^4 \qquad (4.4.8\text{-}3)$$

式中：I_1——刚性承压板的深度系数；

I_2——刚性承压板的与土的泊松比有关的系数；

z——试验深度（m）。

2 深层平板载荷试验确定地基变形模量的系数ω可按表4.4.8选用。

表 4.4.8 深层平板载荷试验确定地基变形模量的系数 ω

土类 / d/z	碎石土	砂土	粉土	粉质黏土	黏土
0.30	0.477	0.489	0.491	0.515	0.524
0.25	0.469	0.480	0.482	0.506	0.514
0.20	0.460	0.471	0.474	0.497	0.505
0.15	0.444	0.454	0.457	0.479	0.487
0.10	0.435	0.446	0.448	0.470	0.478
0.05	0.427	0.437	0.439	0.461	0.468
0.01	0.418	0.429	0.431	0.452	0.459

4.4.9 检测报告除应符合本规范第3.3.2条规定外，尚应包括下列内容：

1 承压板形状及尺寸、试验点的平面位置图、剖面图及标高；

2 荷载分级及加载方式；

3 本规范第4.4.1条要求绘制的曲线及对应的数据表；

4 承载力特征值判定依据；

5 每个试验点的承载力检测值；

6 单位工程的承载力特征值。

5 复合地基载荷试验

5.1 一般规定

5.1.1 复合地基载荷试验适用于水泥土搅拌桩、砂石桩、旋喷桩、夯实水泥土桩、水泥粉煤灰碎石桩、混凝土桩、树根桩、灰土桩、柱锤冲扩桩及强夯置换墩等竖向增强体和周边地基土组成的复合地基的单桩复合地基和多桩复合地基载荷试验，用于测定承压板下应力影响范围内的复合地基的承载力特征值。当存在多层软弱地基时，应考虑到载荷板应力影响范围，选择大承压板多桩复合地基试验并结合其他检测方法进行。

5.1.2 复合地基载荷试验承压板底面标高应与设计要求标高相一致。

5.1.3 工程验收检测载荷试验最大加载量不应小于设计承载力特征值的2倍，为设计提供依据的载荷试验应加载至复合地基达到本规范第5.4.2条规定的破坏状态。

5.1.4 复合地基载荷试验的检测数量应符合下列规定：

1 单位工程检测数量不应少于总桩数的0.5%，且不应少于3点；

2 单位工程复合地基载荷试验可根据所采用的处理方法及地基土层情况，选择多桩复合地基载荷试验或单桩复合地基载荷试验。

5.1.5 复合地基载荷试验的加载方式应采用慢速维持荷载法。

5.2 仪器设备及其安装

5.2.1 单桩复合地基载荷试验的承压板可用圆形或方形，面积为一根桩承担的处理面积；多桩复合地基载荷试验的承压板可用方形或矩形，其尺寸按实际桩数所承担的处理面积确定，宜采用预制或现场制作并应具有足够刚度。试验时承压板中心应与增强体的中心（或形心）保持一致，并应与荷载作用点相重合。

5.2.2 试验加载设备、试验仪器设备性能指标、加载方式、加载反力装置、荷载测量、沉降测量应符合本规范第4.2.5条～第4.2.9条的规定。

5.2.3 承压板底面下宜铺设100mm～150mm厚度的粗砂或中砂垫层，承压板尺寸大时取大值。

5.2.4 试验标高处的试坑宽度和长度不应小于承压板尺寸的3倍。基准梁及加荷平台支点宜设在试坑以外，且与承压板边的净距不应小于2m。

5.2.5 承压板、压重平台支墩边和基准桩之间的中心距离应符合本规范表4.2.11规定。

5.2.6 试验前应采取措施，保持试坑或试井底岩土的原状结构和天然湿度不变。当试验标高低于地下水位时，应将地下水位降至试验标高以下，再安装试验设备，待水位恢复后方可进行试验。

5.3 现场检测

5.3.1 正式试验前宜进行预压，预压荷载宜为最大试验荷载的5%，预压时间为5min。预压后卸载至零，测读位移测量仪表的初始读数并应重新调整零位。

5.3.2 试验加卸载分级及施加方式应符合下列规定：

1 加载应分级进行，采用逐级等量加载；分级荷载宜为最大加载量或预估极限承载力的1/8～1/12，其中第一级可取分级荷载的2倍；

2 卸载应分级进行，每级卸载量应为分级荷载的2倍，逐级等量卸载；

3 加、卸载时应使荷载传递均匀、连续、无冲击，每级荷载在维持过程中的变化幅度不得超过分级荷载的±10%。

5.3.3 复合地基载荷试验的慢速维持荷载法的试验步骤应符合下列规定：

1 每加一级荷载前后均应各测读承压板沉降量一次，以后每30min测读一次；

2 承压板沉降相对稳定标准：1h内承压板沉降量不应超过0.1mm；

3 当承压板沉降速率达到相对稳定标准时，应再施加下一级荷载；

4 卸载时，每级荷载维持1h，应按第30min、60min测读承压板沉降量；卸载至零后，应测读承压板残余沉降量，维持时间为3h，测读时间应为第30min、60min、180min。

5.3.4 当出现下列情况之一时，可终止加载：

1 沉降急剧增大，土被挤出或承压板周围出现明显的隆起；

2 承压板的累计沉降量已大于其边长（直径）的6%或大于等于150mm；

3 加载至要求的最大试验荷载，且承压板沉降速率达到相对稳定标准。

5.4 检测数据分析与判定

5.4.1 复合地基承载力确定时，应绘制压力-沉降（p-s）、沉降-时间对数（s-lg$t$）曲线，也可绘制其他辅助分析曲线。

5.4.2 当出现本规范第5.3.4条第1、2款情况之一时，可视为复合地基出现破坏状态，其对应的前一级荷载应定为极限荷载。

5.4.3 复合地基承载力特征值确定应符合下列规定：

1 当压力-沉降（p-s）曲线上极限荷载能确定，且其值大于等于对应比例界限的2倍时，可取比例界限；当其值小于对应比例界限的2倍时，可取极限荷载的一半；

2 当p-s曲线为平缓的光滑曲线时，可按表5.4.3对应的相对变形值确定，且所取的承载力特征值不应大于最大试验荷载的一半。有经验的地区，可按当地经验确定相对变形值，但原地基土为高压缩性土层时相对变形值的最大值不应大于0.015。对变形控制严格的工程可按设计要求的沉降允许值作为相对变形值。

表5.4.3 按相对变形值确定复合地基承载力特征值

地基类型	应力主要影响范围地基土性质	承载力特征值对应的变形值s_0
沉管挤密砂石桩、振冲挤密碎石桩、柱锤冲扩桩、强夯置换墩	以黏性土、粉土、砂土为主的地基	$0.010b$
灰土挤密桩	以黏性土、粉土、砂土为主的地基	$0.008b$
水泥粉煤灰碎石桩、混凝土桩、夯实水泥土桩、树根桩	以黏性土、粉土为主的地基	$0.010b$
	以卵石、圆砾、密实粗中砂为主的地基	$0.008b$
水泥搅拌桩、旋喷桩	以淤泥和淤泥质土为主的地基	$0.008b$～$0.010b$
	以黏性土、粉土为主的地基	$0.006b$～$0.008b$

注：s_0为与承载力特征值对应的承压板的沉降量；b为承压板的边宽或直径，当b大于2m时，按2m计算。

5.4.4 单位工程的复合地基承载力特征值确定时，试验点的数量不应少于3点，当其极差不超过平均值的30%时，可取其平均值为复合地基承载力特征值。

5.4.5 复合地基载荷试验应给出每个试验点的承载力检测值和单位工程的地基承载力特征值，并应评价复合地基承载力特征值是否满足设计要求。

5.4.6 检测报告除应符合本规范第3.3.2条规定外，尚应包括下列内容：

1 承压板形状及尺寸；

2 荷载分级方式；

3 本规范第5.4.1条要求绘制的曲线及对应的数据表；

4 承载力特征值判定依据；

5 每个试验点的承载力检测值；

6 单位工程的承载力特征值。

6 竖向增强体载荷试验

6.1 一 般 规 定

6.1.1 竖向增强体载荷试验适用于确定水泥土搅拌桩、旋喷桩、夯实水泥土桩、水泥粉煤灰碎石桩、混凝土桩、树根桩、强夯置换墩等复合地基竖向增强体的竖向承载力。

6.1.2 工程验收检测载荷试验最大加载量不应小

于设计承载力特征值的2倍；为设计提供依据的载荷试验应加载至极限状态。

6.1.3 竖向增强体载荷试验的单位工程检测数量不应少于总桩数的0.5%，且不得少于3根。

6.1.4 竖向增强体载荷试验的加载方式应采用慢速维持荷载法。

6.2 仪器设备及其安装

6.2.1 试验加载宜采用油压千斤顶，加载方式应符合本规范第4.2.5条规定。

6.2.2 加载反力装置应符合本规范第4.2.6条规定。

6.2.3 荷载测量可用放置在千斤顶上的荷重传感器直接测定；或采用并联于千斤顶油路的压力表或压力传感器测定油压，并应根据千斤顶率定曲线换算荷载。

6.2.4 沉降测量宜采用位移传感器或大量程百分表，沉降测定平面宜在桩顶标高位置，测点应牢固地固定于桩身上。

6.2.5 试验仪器设备性能指标应符合本规范第4.2.9条规定。

6.2.6 试验增强体、压重平台支墩边和基准桩之间的中心距离应符合表6.2.6的规定。

表6.2.6 增强体、压重平台支墩边和基准桩之间的中心距离

增强体中心与压重平台支墩边	增强体中心与基准桩中心	基准桩中心与压重平台支墩边
≥4D且>2.0m	≥3D且>2.0m	≥4D且>2.0m

注：1 D为增强体直径（m）；

2 对于强夯置换墩或大型荷载板，可采用逐级加载试验，不用反力装置，具体试验方法参考结构楼面荷载试验。

6.3 现场检测

6.3.1 试验前应对增强体的桩头进行处理。水泥粉煤灰碎石桩、混凝土桩等强度较高的桩宜在桩顶设置带水平钢筋网片的混凝土桩帽或采用钢护筒桩帽，加固桩头前应凿成平面，混凝土宜提高强度等级和采用早强剂。桩帽高度不宜小于一倍桩的直径，桩帽下桩顶标高及地基土标高应与设计标高一致。

6.3.2 试验加卸载方式应符合下列规定：

1 加载应分级进行，采用逐级等量加载；分级荷载宜为最大加载量或预估极限承载力的1/10，其中第一级可取分级荷载的2倍；

2 卸载应分级进行，每级卸载量取加载时分级荷载的2倍，逐级等量卸载；

3 加、卸载时应使荷载传递均匀、连续、无冲击，每级荷载在维持过程中的变化幅度不得超过分级荷载的±10%。

6.3.3 竖向增强体载荷试验的慢速维持荷载法的试验步骤应符合下列规定：

1 每级荷载施加后应按第5min、15min、30min、45min、60min测读桩顶的沉降量，以后应每隔半小时测读一次；

2 桩顶沉降相对稳定标准：每1h内桩顶沉降量不超过0.1mm，并应连续出现两次，从分级荷载施加后的第30min开始，按1.5h连续三次每30min的沉降观测值计算；

3 当桩顶沉降速率达到相对稳定标准时，应再施加下一级荷载；

4 卸载时，每级荷载维持1h，应按第15min、30min、60min测读桩顶沉降量；卸载至零后，应测读桩顶残余沉降量，维持时间为3h，测读时间应为第15min、30min、60min、120min、180min。

6.3.4 符合下列条件之一时，可终止加载：

1 当荷载-沉降（Q-s）曲线上有可判定极限承载力的陡降段，且桩顶总沉降量超过40mm～50mm；水泥土桩、竖向增强体的桩径大于等于800mm取高值，混凝土桩、竖向增强体的桩径小于800mm取低值；

2 某级荷载作用下，桩顶沉降量大于前一级荷载作用下沉降量的2倍，且经24h沉降尚未稳定；

3 增强体破坏，顶部变形急剧增大；

4 Q-s曲线呈缓变型时，桩顶总沉降量大于70mm～90mm；当桩长超过25m，可加载至桩顶总沉降量超过90mm；

5 加载至要求的最大试验荷载，且承压板沉降速率达到相对稳定标准。

6.4 检测数据分析与判定

6.4.1 竖向增强体承载力确定时，应绘制荷载-沉降（Q-s）、沉降-时间对数（s-lg$t$）曲线，也可绘制其他辅助分析曲线。

6.4.2 竖向增强体极限承载力应按下列方法确定：

1 Q-s曲线陡降段明显时，取相应于陡降段起点的荷载值；

2 当出现本规范第6.3.4条第2款的情况时，取前一级荷载值；

3 Q-s曲线呈缓变型时，水泥土桩、桩径大于等于800mm时取桩顶总沉降量s为40mm～50mm所对应的荷载值；混凝土桩、桩径小于800mm时取桩顶总沉降量s等于40mm所对应的荷载值；

4 当判定竖向增强体的承载力未达到极限时，取最大试验荷载值；

5 按本条1～4款标准判断有困难时，可结合其他辅助分析方法综合判定。

6.4.3 竖向增强体承载力特征值应按极限承载力的一半取值。

6.4.4 单位工程的增强体承载力特征值确定时，试验点的数量不应少于 3 点，当满足其极差不超过平均值的 30%时，对非条形及非独立基础可取其平均值为竖向极限承载力。

6.4.5 竖向增强体载荷试验应给出每个试验增强体的承载力检测值和单位工程的增强体承载力特征值，并应评价竖向增强体承载力特征值是否满足设计要求。

6.4.6 检测报告除应符合本规范第 3.3.2 条规定外，尚应包括下列内容：

1 加卸载方法，荷载分级；

2 本规范第 6.4.1 条要求绘制的曲线及对应的数据表，土层剖面图；

3 承载力特征值判定依据；

4 每个试验增强体的承载力检测值；

5 单位工程的承载力特征值。

7 标准贯入试验

7.1 一 般 规 定

7.1.1 标准贯入试验适用于判定砂土、粉土、黏性土天然地基及其采用换填垫层、压实、挤密、夯实、注浆加固等处理后的地基承载力、变形参数，评价加固效果以及砂土液化判别。也可用于砂桩和初凝状态的水泥搅拌桩、旋喷桩、灰土桩、夯实水泥桩等竖向增强体的施工质量评价。

7.1.2 采用标准贯入试验对处理地基土质量进行验收检测时，单位工程检测数量不应少于 10 点，当面积超过 3000m^2 应每 500m^2 增加 1 点。检测同一土层的试验有效数据不应少于 6 个。

7.2 仪 器 设 备

7.2.1 标准贯入试验设备规格应符合表 7.2.1 的规定。

表 7.2.1 标准贯入试验设备规格

落锤		锤的质量（kg）	63.5
		落距（cm）	76
贯入器	对开管	长度（mm）	＞500
		外径（mm）	51
		内径（mm）	35
	管靴	长度（mm）	50～76
		刃口角度（°）	18～20
		刃口单刃厚度（mm）	1.6
钻杆		直径（mm）	42
		相对弯曲	＜1/1000

注：穿心锤导向杆应平直，保持润滑，相对弯曲＜1/1000。

7.2.2 标准贯入试验所用穿心锤质量、导向杆和钻杆相对弯曲度应定期标定，使用前应对管靴刃口的完好性、钻杆相对弯曲度、穿心锤导向杆相对弯曲度及表面的润滑程度等进行检查，确保设备与机具完好。

7.3 现 场 检 测

7.3.1 标准贯入试验应在平整的场地上进行，试验点平面布设应符合下列规定：

1 测试点应根据工程地质分区或加固处理分区均匀布置，并应具有代表性；

2 复合地基桩间土测试点应布置在桩间等边三角形或正方形的中心；复合地基竖向增强体上可布设检测点；有检测加固土体的强度变化等特殊要求时，可布置在离桩边不同距离处；

3 评价地基处理效果和消除液化的处理效果时，处理前、后的测试点布置应考虑位置的一致性。

7.3.2 标准贯入试验的检测深度除应满足设计要求外，尚应符合下列规定：

1 天然地基的检测深度应达到主要受力层深度以下；

2 人工地基的检测深度应达到加固深度以下 0.5m；

3 复合地基桩间土及增强体检测深度应超过竖向增强体底部 0.5m；

4 用于评价液化处理效果时，检测深度应符合现行国家标准《建筑抗震设计规范》GB 50011 的规定。

7.3.3 标准贯入试验孔宜采用回转钻进，在泥浆护壁不能保持孔壁稳定时，宜下套管护壁，试验深度须在套管底端 75cm 以下。

7.3.4 试验孔钻至进行试验的土层标高以上 15cm 处，应清除孔底残土后换用标准贯入器，并应量得深度尺寸再进行试验。

7.3.5 试验应采用自动脱钩的自由落锤法进行锤击，并应采取减小导向杆与锤间的摩阻力、避免锤击时的偏心和侧向晃动以及保持贯入器、探杆、导向杆连接后的垂直度等措施。

7.3.6 标准贯入试验应符合下列规定：

1 贯入器垂直打入试验土层中 15cm 应不计击数；

2 继续贯入，应记录每贯入 10cm 的锤击数，累计 30cm 的锤击数即为标准贯入击数；

3 锤击速率应小于 30 击/min；

4 当锤击数已达 50 击，而贯入深度未达到 30cm 时，宜终止试验，记录 50 击的实际贯入深度，应按下式换算成相当于贯入 30cm 的标准贯入试验实测锤击数：

$$N = 30 \times \frac{50}{\Delta S} \tag{7.3.6}$$

式中：N——标准贯入击数；

ΔS——50击时的贯入度（cm）。

5 贯入器拔出后，应对贯入器中的土样进行鉴别、描述、记录；需测定黏粒含量时留取土样进行试验分析。

7.3.7 标准贯入试验点竖向间距应视工程特点、地层情况、加固目的确定，宜为1.0m。

7.3.8 同一检测孔的标准贯入试验点间距宜相等。

7.3.9 标准贯入试验数据可按本规范附录A的格式进行记录。

7.4 检测数据分析与判定

7.4.1 天然地基的标准贯入试验成果应绘制标有工程地质柱状图的单孔标准贯入击数与深度关系曲线图。

7.4.2 人工地基的标准贯入试验结果应提供每个检测孔的标准贯入试验实测锤击数和修正锤击数。

7.4.3 标准贯入试验锤击数值可用于分析岩土性状，判定地基承载力，判别砂土和粉土的液化，评价成桩的可能性、桩身质量等。N值的修正应根据建立的统计关系确定。

7.4.4 当作杆长修正时，锤击数可按下式进行钻杆长度修正：

$$N' = \alpha N \tag{7.4.4}$$

式中：N'——标准贯入试验修正锤击数；

N——标准贯入试验实测锤击数；

α——触探杆长度修正系数，可按表7.4.4确定。

表7.4.4 标准贯入试验触探杆长度修正系数

触探杆长度(m)	≤3	6	9	12	15	18	21	25	30
α	1.00	0.92	0.86	0.81	0.77	0.73	0.70	0.68	0.65

7.4.5 各分层土的标准贯入锤击数代表值应取每个检测孔不同深度的标准贯入试验锤击数的平均值。同一土层参加统计的试验点不应少于3点，当其极差不超过平均值的30%时，应取其平均值作为代表值；当极差超过平均值的30%时，应分析原因，结合工程实际判别，可增加试验点数量。

7.4.6 单位工程同一土层统计标准贯入锤击数标准值与修正后锤击数标准值时，可按本规范附录B的计算方法确定。

7.4.7 砂土、粉土、黏性土等岩土性状可根据标准贯入试验实测锤击数平均值或标准值和修正后锤击数标准值按下列规定进行评价：

1 砂土的密实度可按表7.4.7-1分为松散、稍密、中密、密实；

表7.4.7-1 砂土的密实度分类

$\overline{N}$（实测平均值）	密实度
$\overline{N}\leqslant 10$	松散
$10<\overline{N}\leqslant 15$	稍密
$15<\overline{N}\leqslant 30$	中密
$\overline{N}>30$	密实

2 粉土的密实度可按表7.4.7-2分为松散、稍密、中密、密实；

表7.4.7-2 粉土的密实度分类

孔隙比e	N_k（实测标准值）	密实度
—	$N_k\leqslant 5$	松散
$e>0.9$	$5<N_k\leqslant 10$	稍密
$0.75\leqslant e\leqslant 0.9$	$10<N_k\leqslant 15$	中密
$e<0.75$	$N_k>15$	密实

3 黏性土的状态可按表7.4.7-3分为软塑、软可塑、硬可塑、硬塑、坚硬。

表7.4.7-3 黏性土的状态分类

I_L	N'_k（修正后标准值）	状态
$0.75<I_L\leqslant 1$	$2<N'_k\leqslant 4$	软塑
$0.5<I_L\leqslant 0.75$	$4<N'_k\leqslant 8$	软可塑
$0.25<I_L\leqslant 0.5$	$8<N'_k\leqslant 14$	硬可塑
$0<I_L\leqslant 0.25$	$14<N'_k\leqslant 25$	硬塑
$I_L\leqslant 0$	$N_k'>25$	坚硬

7.4.8 初步判定地基土承载力特征值时，可按表7.4.8-1～表7.4.8-3进行估算。

表7.4.8-1 砂土承载力特征值f_{ak}（kPa）

N'	10	20	30	50
中砂、粗砂	180	250	340	500
粉砂、细砂	140	180	250	340

表7.4.8-2 粉土承载力特征值f_{ak}（kPa）

N'	3	4	5	6	7	8	9	10	11	12	13	14	15
f_{ak}	105	125	145	165	185	205	225	245	265	285	305	325	345

表7.4.8-3 黏性土承载力特征值f_{ak}（kPa）

N'	3	5	7	9	11	13	15	17	19	21
f_{ak}	90	110	150	180	220	260	310	360	410	450

7.4.9 采用标准贯入试验成果判定地基土承载力和变形模量或压缩模量时，应与地基处理设计时依据的地基承载力和变形参数的确定方法一致。

7.4.10 地基处理效果可依据比对试验结果、地区经验和检测孔的标准贯入试验锤击数、同一土层的标准贯入试验锤击数标准值、变异系数等对下列地基作出相应的评价：

1 非碎石土换填垫层（粉质黏土、灰土、粉煤灰和砂垫层）的施工质量（密实度、均匀性）；

2 压实、挤密地基、强夯地基、注浆地基等的均匀性；有条件时，可结合处理前的相关数据评价地基处理有效深度；

3 消除液化的地基处理效果，应按设计要求或现行国家标准《建筑抗震设计规范》GB 50011 规定进行评价。

7.4.11 标准贯入试验应给出每个试验孔（点）的检测结果和单位工程的主要土层的评价结果。

7.4.12 检测报告除应符合本规范第 3.3.2 条规定外，尚应包括下列内容：

1 标准贯入锤击数及土层划分与深度关系曲线；

2 每个检测孔同一土层的标准贯入锤击数平均值；

3 同一土层标准贯入锤击数标准值；

4 岩土性状分析或地基处理效果评价；

5 复合地基竖向增强体施工质量或桩间土处理效果评价；

6 对地基（土）检测时，可根据地区经验或现场比对试验结果提供土层的变形参数和强度指标建议值。

8 圆锥动力触探试验

8.1 一般规定

8.1.1 圆锥动力触探试验应根据地质条件，按下列原则合理选择试验类型：

1 轻型动力触探试验适用于评价黏性土、粉土、粉砂、细砂地基及其人工地基的地基土性状、地基处理效果和判定地基承载力；

2 重型动力触探试验适用于评价黏性土、粉土、砂土、中密以下的碎石土及其人工地基以及极软岩的地基土性状、地基处理效果和判定地基承载力；也可用于检验砂石桩和初凝状态的水泥搅拌桩、旋喷桩、灰土桩、夯实水泥土桩、注浆加固地基的成桩质量、处理效果以及评价强夯置换效果及置换墩着底情况；

3 超重型动力触探试验适用于评价密实碎石土、极软岩和软岩等地基土性状和判定地基承载力，也可用于评价强夯置换效果及置换墩着底情况。

8.1.2 采用圆锥动力触探试验对处理地基土质量进行验收检测时，单位工程检测数量不应少于 10 点，当面积超过 3000m² 应每 500m² 增加 1 点。检测同一土层的试验有效数据不应少于 6 个。

8.2 仪器设备

8.2.1 圆锥动力触探试验的设备规格应符合表 8.2.1 的规定。

表 8.2.1 圆锥动力触探试验设备规格

类型		轻型	重型	超重型
落锤	锤的质量（kg）	10	63.5	120
	落距（cm）	50	76	100
探头	直径（mm）	40	74	74
	锥角（°）	60	60	60
探杆直径（mm）		25	42、50	50～60

8.2.2 重型及超重型圆锥动力触探的落锤应采用自动脱钩装置。

8.2.3 触探杆应顺直，每节触探杆相对弯曲宜小于 0.5%，丝扣完好无裂纹。当探头直径磨损大于 2mm 或锥尖高度磨损大于 5mm 时应及时更换探头。

8.3 现场检测

8.3.1 经人工处理的地基，应根据处理土的类型和增强体桩体材料情况合理选择圆锥动力触探试验类型，其试验方法、要求按天然地基试验方法和要求执行。

8.3.2 圆锥动力触探试验应在平整的场地上进行，试验点平面布设应符合下列规定：

1 测试点应根据工程地质分区或加固处理分区均匀布置，并应具有代表性；

2 复合地基的增强体施工质量检测，测试点应布置在增强体的桩体中心附近；桩间土的处理效果检测，测试点的位置应在增强体间等边三角形或正方形的中心；

3 评价强夯置换墩着底情况时，测试点位置可选择在置换墩中心；

4 评价地基处理效果时，处理前、后的测试点的布置应考虑前后的一致性。

8.3.3 圆锥动力触探测试深度除应满足设计要求外，尚应符合下列规定：

1 天然地基检测深度应达到主要受力层深度以下；

2 人工地基检测深度应达到加固深度以下 0.5m；

3 复合地基增强体及桩间土的检测深度应超过

竖向增强体底部 0.5m。

8.3.4 圆锥动力触探试验应符合下列规定：

1 圆锥动力触探试验应采用自由落锤；

2 地面上触探杆高度不宜超过 1.5m，并应防止锤击偏心、探杆倾斜和侧向晃动；

3 锤击贯入应连续进行，保持探杆垂直度，锤击速率宜为（15～30）击/min；

4 每贯入 1m，宜将探杆转动一圈半；当贯入深度超过 10m，每贯入 20cm 宜转动探杆一次；

5 应及时记录试验段深度和锤击数。轻型动力触探应记录每贯入 30cm 的锤击数，重型或超重型动力触探应记录每贯入 10cm 的锤击数；

6 对轻型动力触探，当贯入 30cm 锤击数大于 100 击或贯入 15cm 锤击数超过 50 击时，可停止试验；

7 对重型动力触探，当连续 3 次锤击数大于 50 击时，可停止试验或改用钻探、超重型动力触探；当遇有硬夹层时，宜穿过硬夹层后继续试验。

8.3.5 圆锥动力触探试验数据可按本规范附录 A 的格式进行记录。

8.4 检测数据分析与判定

8.4.1 重型及超重型动力触探锤击数应按本规范附录C的规定进行修正。

8.4.2 单孔连续圆锥动力触探试验应绘制锤击数与贯入深度关系曲线。

8.4.3 计算单孔分层贯入指标平均值时，应剔除临界深度以内的数值以及超前和滞后影响范围内的异常值。

8.4.4 应根据各孔分层的贯入指标平均值，用厚度加权平均法计算场地分层贯入指标平均值和变异系数。

8.4.5 应根据不同深度的动力触探锤击数，采用平均值法计算每个检测孔的各土层的动力触探锤击数平均值（代表值）。

8.4.6 统计同一土层动力触探锤击数平均值时，应根据动力触探锤击数沿深度的分布趋势结合岩土工程勘探资料进行土层划分。

8.4.7 地基土的岩土性状、地基处理的施工效果可根据单位工程各检测孔的圆锥动力触探锤击数、同一土层的圆锥动力触探锤击数统计值、变异系数进行评价。地基处理的施工效果尚宜根据处理前后的检测结果进行对比评价。

8.4.8 当采用圆锥动力触探试验锤击数评价复合地基竖向增强体的施工质量时，宜仅对单个增强体的试验结果进行统计和评价。

8.4.9 初步判定地基土承载力特征值时，可根据平均击数 N_{10} 或修正后的平均击数 $N_{63.5}$ 按表 8.4.9-1、表 8.4.9-2 进行估算。

表 8.4.9-1 轻型动力触探试验推定地基承载力特征值 f_{ak}（kPa）

N_{10}（击数）	5	10	15	20	25	30	35	40	45	50
一般黏性土地基	50	70	90	115	135	160	180	200	220	240
黏性素填土地基	60	80	95	110	120	130	140	150	160	170
粉土、粉细砂土地基	55	70	80	90	100	110	125	140	150	160

表 8.4.9-2 重型动力触探试验推定地基承载力特征值 f_{ak}（kPa）

$N_{63.5}$（击数）	2	3	4	5	6	7	8	9	10	11	12	13	14	15	16
一般黏性土	120	150	180	210	240	265	290	320	350	375	400	425	450	475	500
中砂、粗砂土	80	120	160	200	240	280	320	360	400	440	480	520	560	600	640
粉砂、细砂土	—	75	100	125	150	175	200	225	250	—	—	—	—	—	—

8.4.10 评价砂土密实度、碎石土（桩）的密实度时，可用修正后击数按表 8.4.10-1～表 8.4.10-4 进行。

表 8.4.10-1 砂土密实度按 $N_{63.5}$ 分类

$N_{63.5}$	$N_{63.5}\leqslant4$	$4<N_{63.5}\leqslant6$	$6<N_{63.5}\leqslant9$	$N_{63.5}>9$
密实度	松散	稍密	中密	密实

表 8.4.10-2 碎石土密实度按 $N_{63.5}$ 分类

$N_{63.5}$	密实度	$N_{63.5}$	密实度
$N_{63.5}\leqslant5$	松散	$10<N_{63.5}\leqslant20$	中密
$5<N_{63.5}\leqslant10$	稍密	$N_{63.5}>20$	密实

注：本表适用于平均粒径小于或等于 50mm，且最大粒径小于 100mm 的碎石土。对于平均粒径大于 50mm，或最大粒径大于 100mm 的碎石土，可用超重型动力触探。

表 8.4.10-3 碎石桩密实度按 $N_{63.5}$ 分类

$N_{63.5}$	$N_{63.5}<4$	$4\leqslant N_{63.5}\leqslant5$	$5<N_{63.5}\leqslant7$	$N_{63.5}>7$
密实度	松散	稍密	中密	密实

表 8.4.10-4 碎石土密实度按 N_{120} 分类

N_{120}	密实度	N_{120}	密实度
$N_{120}\leqslant3$	松散	$11<N_{120}\leqslant14$	密实
$3<N_{120}\leqslant6$	稍密	$N_{120}>14$	很密
$6<N_{120}\leqslant11$	中密	—	—

8.4.11 对冲、洪积卵石土和圆砾土地基，当贯入深度小于 12m 时，判定地基的变形模量应结合载荷试验比对试验结果和地区经验进行。初步评价时，可根据平均击数按表 8.4.11 进行。

表 8.4.11 卵石土、圆砾土变形模量 E_0 值（MPa）

$\overline{N}_{63.5}$（修正锤击数平均值）	3	4	5	6	8	10	12	14	16
E_0	9.9	11.8	13.7	16.2	21.3	26.4	31.4	35.2	39.0
$\overline{N}_{63.5}$（修正锤击数平均值）	18	20	22	24	26	28	30	35	40
E_0	42.8	46.6	50.4	53.6	56.1	58.0	59.9	62.4	64.3

8.4.12 对换填地基、预压处理地基、强夯处理地基、不加料振冲加密处理地基的承载力特征值和处理效果做初步评价时，可按本规范第 8.4.9 条和第 8.4.10 条进行。

8.4.13 圆锥动力触探试验应给出每个试验孔（点）的检测结果和单位工程的主要土层的评价结果。

8.4.14 检测报告除应符合本规范第 3.3.2 条规定外，尚应包括下列内容：

1 圆锥动力触探锤击数与贯入深度关系曲线图（表）；

2 同一土层的圆锥动力触探击数统计值；

3 提供下列试验要求的试验结果：

1） 评价地基土的密实程度和均匀性；

2） 评价复合地基竖向增强体的施工质量；

3） 结合比对试验结果和地区经验确定的地基土承载力特征值和变形模量建议值。

9 静力触探试验

9.1 一 般 规 定

9.1.1 静力触探试验适用于判定软土、一般黏性土、粉土和砂土的天然地基及采用换填垫层、预压、压实、挤密、夯实处理的人工地基的地基承载力、变形参数和评价地基处理效果。

9.1.2 对处理地基土质量进行验收检测时，单位工程检测数量不应少于 10 点，检测同一土层的试验有效数据不应少于 6 个。

9.2 仪 器 设 备

9.2.1 静力触探可根据工程需要采用单桥探头、双桥探头，单桥可测定比贯入阻力，双桥可测定锥尖阻力和侧壁摩阻力。

9.2.2 单桥触探头和双桥触探头的规格应符合表 9.2.2 的规定，且触探头的外形尺寸和结构应符合下列规定：

1 锥头与摩擦筒应同心；

2 双桥探头锥头等直径部分的高度，不应超过 3mm，摩擦筒与锥头的间距不应大于 10mm。

表 9.2.2 单桥和双桥静力触探头规格

锥底截面积（cm^2）	锥底直径（mm）	锥角（°）	单桥触探头	双桥触探头	
			有效侧壁长度（mm）	摩擦筒表面积（cm^2）	摩擦筒长度（mm）
10	35.7	60	57	150	133.7
				200	178.4
15	43.7	60	70	300	218.5

9.2.3 静力触探的贯入设备、探头、记录仪和传送电缆应作为整个测试系统按要求进行定期检定、校准或率定。

9.2.4 触探主机应符合下列规定：

1 应能匀速贯入，贯入速率为（20±5）mm/s，当使用孔压探头触探时，宜有保证贯入速率 20mm/s 的控制装置；

2 贯入和起拔时，施力作用线应垂直机座基准面，垂直度应小于 30′；

3 额定起拔力应大于额定贯入力的 120%。

9.2.5 记录仪应符合下列规定：

1 仪器显示的有效最小分度值不应大于 0.05%FS；

2 仪器按要求预热后，时漂应小于 0.1%FS/h，温漂应小于 0.01%FS/℃；

3 工作环境温度应为－10℃～45℃；

4 记录仪和电缆用于多功能探头触探时，应保证各传输信号互不干扰。

9.2.6 探头的技术性能应符合下列规定：

1 在额定荷载下，检测总误差不应大于 3%FS，其中线性误差、重复性误差、滞后误差、归零误差均应小于 1%FS；

2 传感器出厂时的对地绝缘电阻不应小于 500MΩ；在 300kPa 水压下恒压 2h 后，绝缘电阻应大于 300MΩ；

3 探头在工作状态下，各部传感器的互扰值应小于本身额定测值的 0.3%；

4 探头应能在－10℃～45℃的环境温度中正常工作，由于温度漂移而产生的量程误差，可按下式计算，不应超过满量程的±1%：

$$\frac{\Delta V}{V} = \Delta t \cdot \eta \tag{9.2.6}$$

式中：ΔV——温度变化所引起的误差（mV）；

V——全量程的输出电压（mV）；

Δt——触探过程中气温与地温引起触探头的最大温差（℃）；

η——温漂系数，一般采用 0.0005/℃。

9.2.7 各种探头，自锥底起算，在 1m 长度范围内，与之连接的杆件直径不得大于探头直径；减摩阻器应在此范围以外（上）的位置加设。

9.2.8 探头储存应配备防潮、防震的专用探头箱（盒），并应存放于干燥、阴凉的处所。

9.3 现场检测

9.3.1 静力触探测试应在平整的场地上进行，测试点应根据工程地质分区或加固处理分区均匀布置，并应具有代表性；当评价地基处理效果时，处理前、后的测试点应考虑前后的一致性。

9.3.2 静力触探测试深度除应满足设计要求外，尚应按下列规定执行：

1 天然地基检测深度应达到主要受力层深度以下；

2 人工地基检测深度应达到加固深度以下 0.5m；

3 复合地基的桩间土检测深度应超过竖向增强体底部 0.5m。

9.3.3 静力触探设备的安装应平稳、牢固，并应根据检测深度和表面土层的性质，选择合适的反力装置。

9.3.4 静力触探头应根据土层性质和预估贯入阻力进行选择，并应满足精度要求。试验前，静力触探头应连同记录仪、电缆在室内进行率定；测试时间超过3个月时，每3个月应对静力触探头率定一次；当现场测试发现异常情况时，应重新率定。率定方法应符合本规范附录D的规定。

9.3.5 静力触探试验现场操作应符合下列规定：

1 贯入前，应对触探头进行试压，确保顶柱、锥头、摩擦筒能正常工作；

2 装卸触探头时，不应转动触探头；

3 先将触探头贯入土中 0.5m～1.0m，然后提升 5cm～10cm，待记录仪无明显零位漂移时，记录初始读数或调整零位，方能开始正式贯入；

4 触探的贯入速率应控制为（1.2±0.3）m/min，在同一检测孔的试验过程中宜保持匀速贯入；

5 深度记录的误差不应超过触探深度的±1%；

6 当贯入深度超过 30m，或穿过厚层软土后再贯入硬土层时，应采取防止孔斜措施，或配置测斜探头，量测触探孔的偏斜角，校正土层界线的深度。

9.3.6 静力触探试验记录应符合下列规定：

1 贯入过程中，在深度 10m 以内可每隔 2m～3m 提升探头一次，测读零漂值，调整零位；以后每隔 10m 测读一次；终止试验时，必须测读和记录零漂值；

2 测读和记录贯入阻力的测点间距宜为 0.1m～0.2m，同一检测孔的测点间距应保持不变；

3 应及时核对记录深度与实际孔深的偏差；当有明显偏差时，应立即查明原因，采取纠正措施；

4 应及时准确记录贯入过程中发生的各种异常或影响正常贯入的情况。

9.3.7 当出现下列情况之一时，应终止试验：

1 达到试验要求的贯入深度；

2 试验记录显示异常；

3 反力装置失效；

4 触探杆的倾斜度超过 10°。

9.3.8 采用人工记录时，试验数据可按本规范附录A的格式进行记录。

9.4 检测数据分析与判定

9.4.1 出现下列情况时，应对试验数据进行处理：

1 出现零位漂移超过满量程的±1%且小于±3%时，可按线性内插法校正；

2 记录曲线上出现脱节现象时，应将停机前记录与重新开机后贯入 10cm 深度的记录连成圆滑的曲线；

3 记录深度与实际深度的误差超过±1%时，可在出现误差的深度范围内，等距离调整。

9.4.2 单桥探头的比贯入阻力，双桥探头的锥尖阻力、侧壁摩阻力及摩阻比，应分别按下列公式计算：

$$p_s = K_p \cdot (\varepsilon_p - \varepsilon_0) \tag{9.4.2-1}$$

$$q_c = K_q \cdot (\varepsilon_q - \varepsilon_0) \tag{9.4.2-2}$$

$$f_s = K_f \cdot (\varepsilon_f - \varepsilon_0) \tag{9.4.2-3}$$

$$\alpha = f_s / q_c \times 100\% \tag{9.4.2-4}$$

式中：p_s——单桥探头的比贯入阻力（kPa）；

q_c——双桥探头的锥尖阻力（kPa）；

f_s——双桥探头的侧壁摩阻力（kPa）；

α——摩阻比（%）；

K_p——单桥探头率定系数（kPa/$\mu\varepsilon$）；

K_q——双桥探头的锥尖阻力率定系数（kPa/$\mu\varepsilon$）；

K_f——双桥探头的侧壁摩阻力率定系数（kPa/$\mu\varepsilon$）；

ε_p——单桥探头的比贯入阻力应变量（$\mu\varepsilon$）；

ε_q——双桥探头的锥尖阻力应变量（$\mu\varepsilon$）；

ε_f——双桥探头的侧壁摩阻力应变量（$\mu\varepsilon$）；

ε_0——触探头的初始读数或零读数应变量（$\mu\varepsilon$）。

9.4.3 对于每个检测孔，采用单桥探头应整理并绘制比贯入阻力与深度的关系曲线，采用双桥探头应整理并绘制锥尖阻力、侧壁摩阻力、摩阻比与深度的关系曲线。

9.4.4 对于土层力学分层，当采用单桥探头测试时，应根据比贯入阻力与深度的关系曲线进行；当采用双桥探头测试时，应以锥尖阻力与深度的关系曲线为主，结合侧壁摩阻力和摩阻比与深度的关系曲线进行。划分土层力学分层界线时，应考虑贯入阻力曲线中的超前和滞后现象，宜以超前和滞后的中点作为分界点。

9.4.5 土层划分应根据土层力学分层和地质分层综

合确定，并应分层计算每个检测孔的比贯入阻力或锥尖阻力平均值，计算时应剔除临界深度以内的数值和超前、滞后影响范围内的异常值。

9.4.6 单位工程同一土层的比贯入阻力或锥尖阻力标准值，应根据各检测孔的平均值按本规范附录B计算确定。

9.4.7 初步判定地基土承载力特征值和压缩模量时，可根据比贯入阻力或锥尖阻力标准值按表9.4.7估算。

表9.4.7 地基土承载力特征值 f_{ak} 和压缩模量 $E_{s0.1\text{-}0.2}$ 与比贯入阻力标准值的关系

f_{ak}（kPa）	$E_{s0.1\text{-}0.2}$（MPa）	p_s适用范围（MPa）	适用土类
$f_{ak}=80p_s+20$	$E_{s0.1\text{-}0.2}=2.5\ln(p_s)+4$	0.4～5.0	黏性土
$f_{ak}=47p_s+40$	$E_{s0.1\text{-}0.2}=2.44\ln(p_s)+4$	1.0～16.0	粉土
$f_{ak}=40p_s+70$	$E_{s0.1\text{-}0.2}=3.6\ln(p_s)+3$	3.0～30.0	砂土

注：当采用 q_c 值时，取 $p_s=1.1q_c$。

9.4.8 静力触探试验应给出每个试验孔（点）的检测结果和单位工程的主要土层的评价结果。

9.4.9 检测报告除应符合本规范第3.3.2条规定外，尚应包括下列内容：

1 锥尖阻力、侧壁摩阻力、摩阻比随深度的变化曲线，或比贯入阻力随深度的变化曲线；

2 每个检测孔的比贯入阻力或锥尖阻力平均值；

3 同一土层的比贯入阻力或锥尖阻力标准值；

4 结合比对试验结果和地区经验的地基土承载力和变形模量值；

5 对检验地基处理加固效果的工程，应提供处理前后的锥尖阻力、侧壁摩阻力或比贯入阻力的对比曲线。

10 十字板剪切试验

10.1 一般规定

10.1.1 十字板剪切试验适用于饱和软黏性土天然地基及其人工地基的不排水抗剪强度和灵敏度试验。

10.1.2 对处理地基土质量进行验收检测时，单位工程检测数量不应少于10点，检测同一土层的试验有效数据不应少于6个。

10.2 仪器设备

10.2.1 十字板剪切试验可分为机械式和电测式，主要设备由十字板头、记录仪、探杆与贯入设备等组成。

10.2.2 十字板剪切仪的设备参数及性能指标应符合表10.2.2-1～表10.2.2-4的规定。

表10.2.2-1 十字板头主要技术参数

板宽 B（mm）	板高 H（mm）	板厚（mm）	刃角（°）	轴杆直径（mm）	面积比（%）
50	100	2	60	13	14
75	150	3	60	16	13

表10.2.2-2 扭力测量设备主要技术指标

扭矩测量范围（N·m）	扭矩角测量范围（°）	扭转速率（°/min）
0～80	0～360	6～12

表10.2.2-3 电测式十字板剪切仪的扭力传感器性能指标

检测总误差	传感器出厂时的对地绝缘电阻	现场试验传感器对地绝缘电阻	传感器护套外径
不应大于3%FS（其中非线性误差、重复性误差、滞后误差、归零误差均应小于1%FS）	不应小于500MΩ（在300kPa水压下恒压1h后，绝缘电阻应大于300MΩ）	≥200MΩ	不宜大于20mm

表10.2.2-4 电测式十字板记录仪性能指标

时漂	温漂	有效最小分度值
应小于0.1%FS/h	应小于0.01%FS/℃	应小于0.06%FS

10.2.3 加载设备可利用地锚反力系统、静力触探加载系统或其他加压系统。

10.2.4 十字板头、记录仪、探杆、电缆等应作为整个测试系统按要求进行定期检定、校准或率定。

10.2.5 现场量测仪器应与探头率定时使用的量测仪器相同；信号传输线应采用屏蔽电缆。

10.3 现场检测

10.3.1 场地和仪器设备安装应符合下列规定：

1 检测孔位应避开地下电缆、管线及其他地下设施；

2 检测孔位场地应平整；

3 试验过程中，机座应始终处于水平状态；地表水体下的十字板剪切试验，应采取必要措施，保证试验孔和探杆的垂直度。

10.3.2 机械式十字板剪切试验操作应符合下列规定：

1 十字板头与钻杆应逐节连接并拧紧；

2 十字板插入至试验深度后，应静止2min～3min，方可开始试验；

3 扭转剪切速率宜采用（6～12）°/min，并应在2min内测得峰值强度；测得峰值或稳定值后，继续测读1min，以便确认峰值或稳定值；

4 需要测定重塑土抗剪强度时，应在峰值强度或稳定值测试完毕后，按顺时针方向连续转动6圈，再按第3款测定重塑土的不排水抗剪强度。

10.3.3 电测式十字板剪切仪试验操作应符合下列规定：

1 十字板探头压入前，宜将探头电缆一次性穿入需用的全部探杆；

2 现场贯入前，应连接量测仪器并对探头进行试力，确保探头能正常工作；

3 将十字板头直接缓慢贯入至预定试验深度处，使用旋转装置卡盘卡住探杆；应静止3min～5min后，测读初始读数或调整零位，开始正式试验；

4 以(6～12)°/min的转速施加扭力，每1°～2°测读数据一次。当峰值或稳定值出现后，再继续测读1min，所得峰值或稳定值即为试验土层剪切破坏时的读数 P_f。

10.3.4 十字板插入钻孔底部深度应大于3倍～5倍孔径；对非均质或夹薄层粉细砂的软黏性土层，宜结合静力触探试验结果，选择软黏土进行试验。

10.3.5 十字板剪切试验深度宜按工程要求确定。试验深度对原状土地基应达到应力主要影响深度，对处理土地基应达到地基处理深度；试验点竖向间距可根据地层均匀情况确定。

10.3.6 测定场地土的灵敏度时，宜根据土层情况和工程需要选择有代表性的孔、段进行。

10.3.7 十字板剪切试验应记录下列信息：

1 十字板探头的编号、十字板常数、率定系数；

2 初始读数、扭矩的峰值或稳定值；

3 及时记录贯入过程中发生的各种异常或影响正常贯入的情况。

10.3.8 当出现下列情况之一时，可终止试验：

1 达到检测要求的测试深度；

2 十字板头的阻力达到额定荷载值；

3 电信号陡变或消失；

4 探杆倾斜度超过2%。

10.4 检测数据分析与判定

10.4.1 出现下列情况时，宜对试验数据进行处理：

1 出现零位漂移超过满量程的±1%时，可按线性内插法校正；

2 记录深度与实际深度的误差超过±1%时，可在出现误差的深度范围内等距离调整。

10.4.2 机械式十字板剪切仪的十字板常数可按下式计算确定：

$$K_c = \frac{2R}{\pi D^2\left(\frac{D}{3}+H\right)} \qquad (10.4.2)$$

式中：K_c——机械式十字板剪切仪的十字板常数($1/m^2$)；

R——施力转盘半径(m)；

D——十字板头直径(m)；

H——十字板板高(m)。

10.4.3 地基土不排水抗剪强度可按下列公式计算确定：

$$c_u = 1000K_c(P_f - P_0) \qquad (10.4.3\text{-}1)$$

或

$$c_u = K(\varepsilon - \varepsilon_0) \qquad (10.4.3\text{-}2)$$

或

$$c_u = 10K_c\eta R_y \qquad (10.4.3\text{-}3)$$

式中：c_u——地基土不排水抗剪强度(kPa)，精确到0.1kPa；

P_f——剪损土体的总作用力(N)；

P_0——轴杆与土体间的摩擦力和仪器机械阻力(N)；

K——电测式十字板剪切仪的探头率定系数(kPa/$\mu\varepsilon$)；

ε——剪损土体的总作用力对应的应变测试仪读数($\mu\varepsilon$)；

ε_0——初始读数($\mu\varepsilon$)；

K_c——十字板常数；当板头尺寸为50mm×100mm时，取$0.00218cm^{-3}$；当板头尺寸为75mm×150mm时，取$0.00065cm^{-3}$；

R_y——原状土剪切破坏时的读数(mV)；

η——传感器率定系数(N·cm/mV)。

10.4.4 地基土重塑土强度可按下列公式计算：

$$c'_u = 1000K_c(P'_f - P'_0) \qquad (10.4.4\text{-}1)$$

或

$$c'_u = K(\varepsilon' - \varepsilon'_0) \qquad (10.4.4\text{-}2)$$

或

$$c'_u = 10K_c\eta R'_y \qquad (10.4.4\text{-}3)$$

式中：c'_u——地基土重塑土强度(kPa)，精确到0.1kPa；

P'_f——剪损重塑土体的总作用力(N)；

ε'——剪损重塑土对应的最大应变值；

P'_0、ε'_0——重塑土强度测试前的初始读数；

R'_y——重塑土剪切破坏时的读数(mV)。

10.4.5 土的灵敏度可按下式计算：

$$S_t = c_u/c'_u \qquad (10.4.5)$$

式中：S_t——土的灵敏度。

10.4.6 对于每个检测孔，应计算不同测试深度的地基土的不排水剪切强度、重塑土强度和灵敏度，并绘制地基土的不排水抗剪强度、重塑土强度和灵敏度与深度的关系图表。需要时可绘制不同测试深度的抗剪强度与扭转角度的关系图表。

10.4.7 每个检测孔的不排水抗剪强度、重塑土强度和灵敏度的代表值应取根据不同深度的十字板剪切试验结果的平均值。参加统计的试验点不应少于3点，当其极差不超过平均值的30%时，取其平均值作为代表值；当极差超过平均值的30%时，应分析原因，结合工程实际判别，可增加试验点数量。

10.4.8 软土地基的固结情况及加固效果可根据地基土的不排水抗剪强度、灵敏度及其变化进行评价。

10.4.9 初步判定地基土承载力特征值时，可按下式进行估算：

$$f_{ak} = 2c_u + \gamma h \quad (10.4.9)$$

式中：f_{ak}——地基承载力特征值（kPa）；

γ——土的天然重度（kN/m^3）；

h——基础埋置深度（m），当 $h>3.0m$ 时，宜根据经验进行折减。

10.4.10 十字板剪切试验应给出每个试验孔（点）主要土层的检测和评价结果。

10.4.11 检测报告除应符合本规范第3.3.2条规定外，尚应包括下列内容：

1 每个检测孔的地基土的不排水抗剪强度、重塑土强度和灵敏度与深度的关系曲线（图表），需要时绘制抗剪强度与扭转角度的关系曲线；

2 根据土层条件和地区经验，对实测的十字板不排水抗剪强度进行修正；

3 同一土层的不排水抗剪强度、重塑土强度和灵敏度的标准值；

4 结合比对试验结果和地区经验所确定的地基承载力、估算土的液性指数、判定软黏性土的固结历史、检验地基加固改良的效果。

11 水泥土钻芯法试验

11.1 一 般 规 定

11.1.1 水泥土钻芯法适用于检测水泥土桩的桩长、桩身强度和均匀性，判定或鉴别桩底持力层岩土性状。

11.1.2 水泥土钻芯法试验数量单位工程不应少于0.5%，且不应少于3根。当桩长大于等于10m时，桩身强度抗压芯样试件按每孔不少于9个截取，桩体三等分段各取3个；当桩长小于10m时，桩身强度抗压芯样试件按每孔不少于6个截取，桩体二等分段各取3个。

11.1.3 水泥土桩取芯时龄期应满足设计的要求。

11.2 仪 器 设 备

11.2.1 钻取芯样宜采用液压操纵的高速工程地质钻机，并配备相应的水泵、孔口管、扩孔器、卡簧、扶正稳定器及可捞取松软渣样的钻具。宜采用双管单动或更有利于提高芯样采取率的钻具。钻杆应顺直，钻杆直径宜为50mm。

11.2.2 钻取芯样钻机应根据桩身设计强度选用合适的薄壁合金钢钻头或金刚石钻头，钻头外径不宜小于91mm。

11.2.3 锯切芯样试件用的锯切机应具有冷却系统和夹紧牢固的装置；芯样试件端面的补平器和磨平机应满足芯样制作的要求。

11.3 现 场 检 测

11.3.1 钻机设备安装应稳固、底座水平。钻机立轴中心、天轮中心（天车前沿切点）与孔口中心必须在同一铅垂线上。应确保钻机在钻芯过程中不发生倾斜、移位，钻芯孔垂直度偏差小于0.5%。

11.3.2 每根受检桩可钻1孔，当桩直径或长轴大于1.2m时，宜增加钻孔数量。开孔位置宜在桩中心附近处，宜采用较小的钻头压力。钻孔取芯的取芯率不宜低于85%。对桩底持力层的钻孔深度应满足设计要求，且不小于2倍桩身直径。

11.3.3 当桩顶面与钻机底座的高差较大时，应安装孔口管，孔口管应垂直且牢固。

11.3.4 钻进过程中，钻孔内循环水流应根据钻芯情况及时调整。钻进速度宜为50mm/min～100mm/min，并应根据回水含砂量及颜色调整钻进速度。

11.3.5 提钻卸取芯样时，应采用拧卸钻头和扩孔器方式取芯，严禁敲打卸芯。

11.3.6 每回次进尺宜控制在1.5m以内；钻至桩底时，可采用适宜的方法对桩底持力层岩土性状进行鉴别。

11.3.7 芯样从取样器中推出时应平稳，严禁试样受拉、受弯。芯样在运送和保存过程中应避免压、震、晒、冻，并防止试样失水或吸水。

11.3.8 钻取的芯样应由上而下按回次顺序放进芯样箱中，芯样牌上应清晰标明回次数、深度。

11.3.9 及时记录钻进及异常情况，并对芯样质量进行初步描述。应对芯样和标有工程名称、桩号、芯样试件采取位置、桩长、孔深、检测单位名称的标示牌的全貌进行拍照。

11.3.10 钻芯孔应从孔底往上用水泥浆回灌封孔。

11.4 芯样试件抗压强度

11.4.1 试验抗压试件直径不宜小于70mm，试件的高径比宜为1∶1；抗压芯样应进行密封，避免晾晒。

11.4.2 芯样试件的加工和测量可按现行行业标准《建筑基桩检测技术规范》JGJ 106的有关规定执行。芯样试件制作完毕可立即进行抗压强度试验。

11.4.3 试验机宜采用高精度小型压力机，试验机额定最大压力不宜大于预估压力的5倍。

11.4.4 芯样试件抗压强度应按下式计算确定：

$$f_{cu} = \frac{4P}{\pi d^2} \quad (11.4.4)$$

式中：f_{cu}——芯样试件抗压强度（MPa），精确至0.01MPa；

P——芯样试件抗压试验测得的破坏荷载（N）；

d——芯样试件的平均直径（mm）。

11.5 检测数据分析与判定

11.5.1 桩身芯样试件抗压强度代表值应按一组三块试件强度值的平均值确定。水泥土芯样试件抗压强度代表值应取各段水泥土芯样试件抗压强度代表值中的最小值。

11.5.2 桩身强度应按单位工程检验批进行评价。对单位工程同一条件下的受检桩，应取桩身芯样试件抗压强度代表值进行统计，并按下列公式分别计算平均强度、标准差和变异系数，并应按本规范附录B规定计算桩身强度标准值。

$$\bar{q}_{uf}=\frac{\sum_{i=1}^{n}q_{ufi}}{n} \tag{11.5.2-1}$$

$$\sigma_{uf}=\sqrt{\frac{1}{n-1}\sum_{i=1}^{n}(\bar{q}_{uf}-q_{ufi})^2} \tag{11.5.2-2}$$

$$\delta_{uf}=\frac{\sigma_{uf}}{\bar{q}_{uf}}\times100\% \tag{11.5.2-3}$$

式中：q_{ufi}——单桩的芯样试件抗压强度代表值（kPa）；

$\bar{q}_{uf}$——检验批水泥土桩的芯样试件抗压强度平均值（kPa）；

σ_{uf}——桩身抗压强度代表值的标准差（kPa）；

δ_{uf}——桩身抗压强度代表值的变异系数；

n——受检桩数。

11.5.3 桩底持力层性状应根据芯样特征、动力触探或标准贯入试验结果等综合判定。

11.5.4 桩身均匀性宜按单桩并根据现场水泥土芯样特征等进行综合评价。桩身均匀性评价标准应按表11.5.4规定执行。

表11.5.4 桩身均匀性评价标准

桩身均匀性描述	芯样特征
均匀性良好	芯样连续、完整，坚硬，搅拌均匀，呈柱状
均匀性一般	芯样基本完整，坚硬，搅拌基本均匀，呈柱状，部分呈块状
均匀性差	芯样胶结一般，呈柱状、块状，局部松散，搅拌不均匀

11.5.5 桩身质量评价应按检验批进行。受检桩桩身强度应按检验批进行评价，桩身强度标准值应满足设计要求。受检桩的桩身均匀性和桩底持力层岩土性状按单桩进行评价，应满足设计的要求。

11.5.6 钻芯孔偏出桩外时，应仅对钻取芯样部分进行评价。

11.5.7 检测报告除应符合本规范第3.3.2条规定外，尚应包括下列内容：

1 钻芯设备及芯样试件的加工试验情况；

2 水泥土桩施工日期，取芯日期，抗压试验日期，芯样所在桩身位置及取样率，芯样彩色照片，异常情况说明；

3 检测桩数、芯样进尺、持力层进尺、总进尺、芯样尺寸，芯样试件组数；

4 地质剖面柱状图和不同标高桩身芯样抗压强度试验结果、重度、水泥用量等；

5 受检桩桩身强度、桩身均匀性和桩底持力层岩土性状评价。

12 低应变法试验

12.1 一般规定

12.1.1 低应变法适用于检测有粘结强度、规则截面的桩身强度大于8MPa竖向增强体的完整性，判定缺陷的程度及位置。

12.1.2 低应变法试验单位工程检测数量不应少于总桩数的10%，且不得少于10根。

12.1.3 低应变法的有效检测长度、截面尺寸范围应通过现场试验确定。

12.1.4 低应变法检测开始时间应在受检竖向增强体强度达到要求后进行。

12.2 仪器设备

12.2.1 低应变法检测仪器的主要技术性能指标应符合现行行业标准《基桩动测仪》JG/T 3055的有关规定，且应具有信号采集、滤波、放大、显示、储存和处理分析功能。

12.2.2 低应变法激振设备宜根据增强体的类型、长度及检测目的，选择不同大小、长度、质量的力锤、力棒和不同材质的锤头，以获得所需的激振频带和冲击能量。瞬态激振设备应包括能激发宽脉冲和窄脉冲的力锤和锤垫；力锤可装有力传感器。

12.3 现场检测

12.3.1 受检竖向增强体顶部处理的材质、强度、截面尺寸应与增强体主体基本等同；当增强体的侧面与基础的混凝土垫层浇筑成一体时，应断开连接并确保垫层不影响检测结果的情况下方可进行检测。

12.3.2 测试参数设定应符合下列规定：

1 增益应结合激振方式通过现场对比试验确定；

2 时域信号分析的时间段长度应在$2L/c$时刻后延续不少于5ms；频域信号分析的频率范围上限不应

小于 2000Hz；

3 设定长度应为竖向增强体顶部测点至增强体底的施工长度；

4 竖向增强体波速可根据当地同类型增强体的测试值初步设定；

5 采样时间间隔或采样频率应根据增强体长度、波速和频率分辨率合理选择；

6 传感器的灵敏度系数应按计量检定结果设定。

12.3.3 测量传感器安装和激振操作应符合下列规定：

1 传感器安装应与增强体顶面垂直；用耦合剂粘结时，应有足够的粘结强度；

2 锤击点在增强体顶部中心，传感器安装点与增强体中心的距离宜为增强体半径的 2/3 并不应小于 10cm；

3 锤击方向应沿增强体轴线方向；

4 瞬态激振应根据增强体长度、强度、缺陷所在位置的深浅，选择合适重量、材质的激振设备，宜用宽脉冲获取增强体的底部或深部缺陷反射信号，宜用窄脉冲获取增强体的上部缺陷反射信号。

12.3.4 信号采集和筛选应符合下列规定：

1 应根据竖向增强体直径大小，在其表面均匀布置 2 个～3 个检测点；每个检测点记录的有效信号数不宜少于 3 个；

2 检测时应随时检查采集信号的质量，确保实测信号能反映增强体完整性特征；

3 信号不应失真和产生零漂，信号幅值不应超过测量系统的量程；

4 对于同一根检测增强体，不同检测点及多次实测时域信号一致性较差，应分析原因，增加检测点数量。

12.4 检测数据分析与判定

12.4.1 竖向增强体波速平均值的确定应符合下列规定：

1 当竖向增强体长度已知、底部反射信号明确时（图 12.4.1-1、图 12.4.1-2），应在地质条件、设计类型、施工工艺相同的竖向增强体中，选取不少于 5 根完整性为Ⅰ类的竖向增强体按式（12.4.1-2）或按式（12.4.1-3）计算波速值，按式（12.4.1-1）计算其平均值：

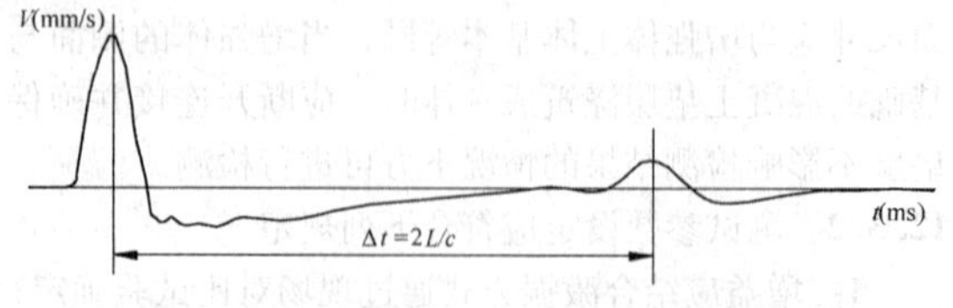

图 12.4.1-1 完整的增强体典型时域信号特征

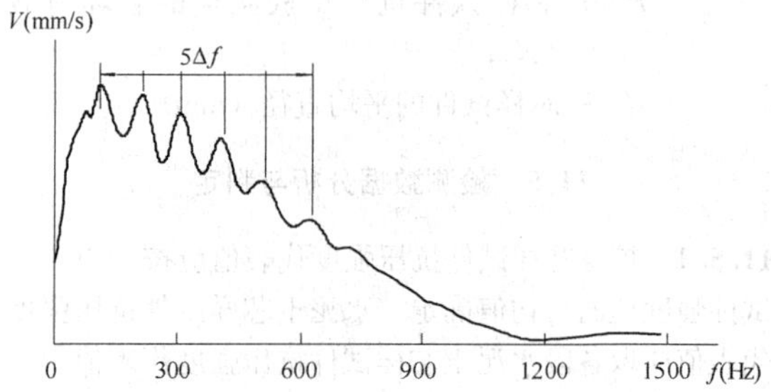

图 12.4.1-2 完整的增强体典型幅频信号特征

$$c_m = \frac{1}{n}\sum_{i=1}^{n} c_i \quad (12.4.1\text{-}1)$$

时域 $$c_i = \frac{2000L}{\Delta t} \quad (12.4.1\text{-}2)$$

频域 $$c_i = 2L \cdot \Delta f \quad (12.4.1\text{-}3)$$

式中：c_m——竖向增强体波速的平均值（m/s）；

c_i——第 i 根受检竖向增强体的波速值（m/s），且 $|c_i - c_m|/c_m \leqslant 10\%$；

L——测点下增强体长度（m）；

Δt——速度波第一峰与竖向增强体底部反射波峰间的时间差（ms）；

Δf——幅频曲线上竖向增强体底部相邻谐振峰间的频差（Hz）；

n——参加波速平均值计算的竖向增强体数量（$n \geqslant 5$）。

2 当无法按 1 款确定时，波速平均值可根据当地相同施工工艺的竖向增强体的其他工程的实测值，结合胶结材料、骨料品种和强度综合确定。

12.4.2 竖向增强体缺陷位置应按式（12.4.2-1）或式（12.4.2-2）计算确定：

时域 $$x = \frac{1}{2000} \cdot \Delta t_x \cdot c \quad (12.4.2\text{-}1)$$

频域 $$x = \frac{1}{2} \cdot \frac{c}{\Delta f'} \quad (12.4.2\text{-}2)$$

式中：x——竖向增强体缺陷至传感器安装点的距离（m）；

Δt_x——速度波第一峰与缺陷反射波峰间的时间差（ms）（图 12.4.2-1）；

c——受检竖向增强体的波速（m/s），无法确定时用 c_m 值替代；

$\Delta f'$——幅频信号曲线上缺陷相邻谐振峰间的频差（Hz）（图 12.4.2-2）。

12.4.3 信号处理应符合下列规定：

1 采用加速度传感器时，可选择不小于 2000Hz 的低通滤波对积分后的速度信号进行处理；采用速度传感器时，可选择不小于 1000Hz 的低通滤波对速度信号进行处理；

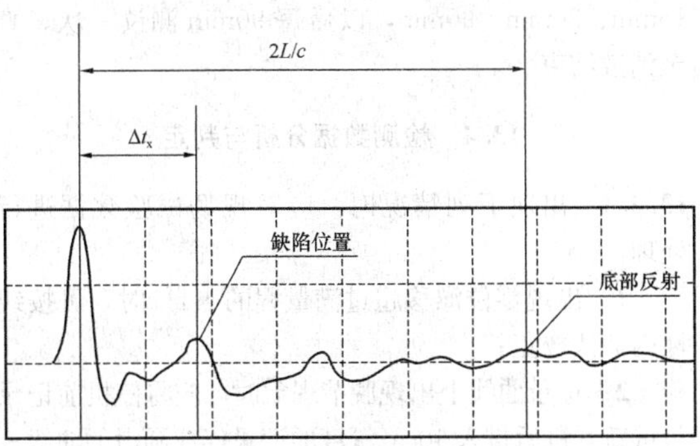

图 12.4.2-1　缺陷位置时域计算示意图

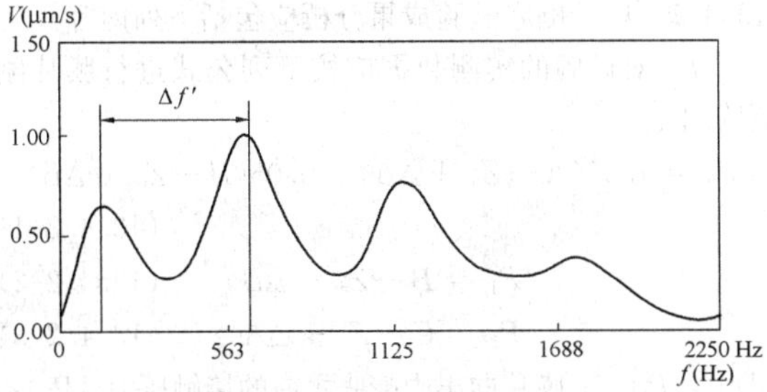

图 12.4.2-2　缺陷位置频域计算示意图

2　当竖向增强体底部反射信号或深部缺陷反射信号较弱时，可采用指数放大，被放大的信号幅值不应大于入射波幅值的一半，进行指数放大后的波形尾部应基本回零；指数放大的范围宜大于 $2L/c$ 的 2/3，指数放大倍数宜小于 20；

3　可使用旋转处理功能，使测试波形尾部基本位于零线附近。

12.4.4　竖向增强体完整性分类应符合表 12.4.4 的规定。

表 12.4.4　竖向增强体完整性分类表

增强体完整性类别	分类原则
Ⅰ类	增强体结构完整
Ⅱ类	增强体结构存在轻微缺陷
Ⅲ类	增强体结构存在明显缺陷
Ⅳ类	增强体结构存在严重缺陷

12.4.5　竖向增强体完整性类别应结合缺陷出现的深度、测试信号衰减特性以及设计竖向增强体类型、施工工艺、地质条件、施工情况，按本规范表 12.4.4 的分类和表 12.4.5 所列实测时域或幅频信号特征进行综合分析判定。

12.4.6　低应变法应给出每根受检竖向增强体的完整性情况评价。

表 12.4.5　竖向增强体完整性判定信号特征

<table>
<tr><th>类别</th><th>时域信号特征</th><th>幅频信号特征</th></tr>
<tr><td>Ⅰ</td><td>除冲击入射波和增强体底部反射波外，在 $2L/c$ 时刻前，基本无同相反射波发生；允许存在承载力有利的反相反射（扩径）；
增强体底部阻抗与持力层阻抗有差异时，应有底部反射信号</td><td>增强体底部谐振峰排列基本等间距，其相邻频差 $\Delta f \approx c/(2L)$</td></tr>
<tr><td>Ⅱ</td><td>$2L/c$ 时刻前出现轻微缺陷反射波；
增强体底部阻抗与持力层阻抗有差异时，应有底部反射信号</td><td>增强体底部谐振峰排列基本等间距，其相邻频差 $\Delta f \approx c/(2L)$，轻微缺陷产生的谐振峰之间的频差（$\Delta f'$）与增强体底部谐振峰之间的频差（Δf）满足 $\Delta f' > \Delta f$</td></tr>
<tr><td>Ⅲ</td><td colspan="2">有明显同相反射波，其他特征介于Ⅱ类和Ⅳ类之间</td></tr>
<tr><td>Ⅳ</td><td>$2L/c$ 时刻前出现严重同相反射波或周期性反射波，无底部反射波；
或因增强体浅部严重缺陷使波形呈现低频大振幅衰减振动，无底部反射波</td><td>缺陷谐振峰排列基本等间距，相邻频差 $\Delta f' > c/(2L)$，无增强体底部谐振峰；
或因增强体浅部严重缺陷只出现单一谐振峰，无增强体底部谐振峰</td></tr>
</table>

注：对同一场地、地质条件相近、施工工艺相同的增强体，因底部阻抗与持力层阻抗相匹配导致实测信号无底部反射信号时，可按本场地同条件下有底部反射波的其他实测信号判定增强体完整性类别。

12.4.7　出现下列情况之一，竖向增强体完整性宜结合其他检测方法进行判定：

1　实测信号复杂，无规律，无法对其进行准确评价；

2　增强体截面渐变或多变，且变化幅度较大。

12.4.8　低应变法检测报告应给出增强体完整性检测的实测信号曲线。

12.4.9　检测报告除应符合本规范第 3.3.2 条规定外，尚应包括下列内容：

1　增强体波速取值；

2　增强体完整性描述、缺陷的位置及增强体完整性类别；

3　时域信号时段所对应的增强体长度标尺、指数或线性放大的范围及倍数；或幅频信号曲线分析的频率范围、增强体底部或增强体缺陷对应的相邻谐振峰间的频差。

13　扁铲侧胀试验

13.1　一 般 规 定

13.1.1　扁铲侧胀试验适用于判定黏性土、粉土和松散～中密的砂土、预压地基和注浆加固地基的承载力和变形参数，评价液化特性和地基加固前后效果对比。在密实的砂土、杂填土和含砾土层中不宜采用。

13.1.2 对处理地基土质量进行验收检测时，单位工程检测数量不应少于10点，检测同一土层的试验有效数据不应少于6个。

13.1.3 采用扁铲侧胀试验判定地基承载力和变形参数，应结合单位工程载荷试验比对结果进行。

13.2 仪器设备

13.2.1 扁铲侧胀试验设备应包括扁铲测头、测控箱、率定附件、气-电管路、压力源和贯入设备。应按要求定期检定、校准或率定。

13.2.2 扁铲测头外形尺寸和结构应符合下列规定：

1 长应为230mm～240mm、宽应为94mm～96mm、厚应为14mm～16mm；

2 探头前缘刃角应为12°～16°；

3 探头侧面钢膜片的直径应为60mm，厚宜为0.2mm。

13.2.3 测控箱与1m长的气-电管路、气压计、校正器等率定附件组成率定装置。气-电管路的直径不宜超过12mm。压力源可采用干燥的空气或氮气。贯入设备可采用静力触探机具或液压钻机。

13.3 现场检测

13.3.1 试验前准备工作应符合下列规定：

1 应先将气-电管路贯穿在静力触探探杆中，或直接用胶带绑在钻杆上；

2 气-电管路贯穿探杆后，一端应与扁铲测头连接；

3 应检查测控箱、压力源设备完好连接，并将气-电管路另一端与测控箱的测头插座连接；

4 应将地线接到测控箱的地线插座上，另一端连接于探杆或压机的机座。

13.3.2 扁铲侧胀试验应符合下列规定：

1 每孔试验前后均应进行探头率定，以试验前后的平均值为修正值；

2 探头率定时膜片的合格标准，率定时膨胀至0.05mm的气压实测值5kPa～25kPa，率定时膨胀至1.10mm的气压实测值10kPa～110kPa；

3 应以静力匀速将探头贯入土中，贯入速率宜为2cm/s；试验点间距宜取20cm～50cm；用于判断液化时，试验间距不应大于20cm；

4 探头达到预定深度后，应匀速加压和减压测定膜片膨胀至0.05mm、1.10mm和回到0.05mm的压力A、B、C值；砂土宜为30s～60s、黏性土宜为2min～3min完成；A与B之和必须大于ΔA与ΔB之和。

13.3.3 进行扁铲侧胀消散试验时，应在测试的深度进行。测读时间间距可取1min、2min、4min、8min、15min、30min、90min，以后每90min测读一次，直至消散结束。

13.4 检测数据分析与判定

13.4.1 出现下列情况时，应对现场试验数据进行处理：

1 出现零位漂移超过满量程的±1%时，可按线性内插法校正；

2 记录曲线上出现脱节现象时，应将停机前记录与重新开机后贯入10cm深度的记录连成圆滑的曲线；

3 记录深度与实际深度的误差超过±1%时，可在出现误差的深度范围内等距离调整。

13.4.2 扁铲侧胀试验成果分析应包括下列内容：

1 对试验的实测数据应按下列公式进行膜片刚度修正：

$$P_0 = 1.05(A - Z_m + \Delta A) - 0.05(B - Z_m - \Delta B) \tag{13.4.2-1}$$

$$P_1 = B - Z_m - \Delta B \tag{13.4.2-2}$$

$$P_2 = C - Z_m + \Delta A \tag{13.4.2-3}$$

式中：P_0——膜片向土中膨胀之前的接触压力(kPa)；

P_1——膜片膨胀至1.10mm时的压力(kPa)；

P_2——膜片回到0.05mm时的终止压力(kPa)；

Z_m——调零前的压力表初读数(kPa)。

2 应根据P_0、P_1和P_2计算下列指标：

$$E_D = 34.7(P_1 - P_0) \tag{13.4.2-4}$$

$$K_D = (P_0 - u_0)/\sigma_{v0} \tag{13.4.2-5}$$

$$I_D = (P_1 - P_0)/(P_0 - u_0) \tag{13.4.2-6}$$

$$U_D = (P_2 - u_0)/(P_0 - u_0) \tag{13.4.2-7}$$

式中：E_D——侧胀模量（kPa）；

K_D——侧胀水平应力指数；

I_D——侧胀土性指数；

U_D——侧胀孔压指数；

u_0——试验深度处的静水压力（kPa）；

σ_{v0}——试验深度处土的有效上覆压力（kPa）。

3 绘制E_D、K_D、I_D、U_D与深度的关系曲线。

13.4.3 天然地基和人工地基的地基承载力及进行液化判别可根据扁铲侧胀的试验指标和载荷试验的对比试验或地区经验进行判定。

13.4.4 扁铲侧胀试验应给出每个试验孔（点）主要土层的检测和评价结果。

13.4.5 检测报告除应符合本规范第3.3.2条规定外，尚应包括下列内容：

1 扁铲侧胀试验E_D、K_D、I_D、U_D与深度及土层分类与深度关系曲线；

2 每个检测孔的扁铲模量、水平应力指数代表值；

3 同一土层或同一深度范围的扁铲模量、水平应力指数标准值；

4 岩土性状分析或地基处理效果评价。

14 多道瞬态面波试验

14.1 一 般 规 定

14.1.1 多道瞬态面波试验适用于天然地基及换填、预压、压实、夯实、挤密、注浆等方法处理的人工地基的波速测试。通过测试获得地基的瑞利波速度和反演剪切波速，评价地基均匀性，判定砂土地基液化，提供动弹性模量等动力参数。

14.1.2 多道瞬态面波试验宜与钻探、动力触探等测试方法密切配合，正确使用。

14.1.3 采用多道瞬态面波试验判定地基承载力和变形参数时，应结合单位工程地质资料和载荷试验比对结果进行。

14.1.4 当采用多种方法进行场地综合判断时，宜先进行瑞利波试验，再根据其试验结果有针对性地布置载荷试验、动力触探等测点进行点测。

14.1.5 现场测试前应制定满足测试目的和精度要求的采集方案，以及拟采用的采集参数、激振方式、测点和测线布置图及数据处理方法等。测试应避开各种干扰震源，先进行场地及其邻近的干扰震源调查。

14.2 仪 器 设 备

14.2.1 多道瞬态面波试验主要仪器设备应包括振源、检波器、放大器与记录系统、处理软件等。

14.2.2 振源可采用 18 磅大锤、重 60kg～120kg 和落距 1.8m 的砂袋或落重等激振方式，并应保证面波测试所需的频率及激振能量。

14.2.3 检波器及安装应符合下列规定：

1 应采用垂直方向的速度型检波器；

2 检波器的固有频率应满足采集最大面波周期（相应于测试深度）的需要，宜采用频率不大于 4.0Hz 的低频检波器；

3 同一排列检波器之间的固有频率差应小于 0.1Hz，灵敏度和阻尼系数差别不应大于 10%；

4 检波器按竖直方向安插，应与地面接触紧密。

14.2.4 放大器与记录系统应符合下列规定：

1 仪器放大器的通道数不应少于 12 通道；采用的通道数应满足不同面波模态采集的要求；

2 带通 0.4Hz～4000Hz；示值（或幅值）误差不大于±5%；通道一致性误差不大于所用采样时间间隔的一半；

3 仪器采样时间间隔应满足不同面波周期的时间分辨率，保证在最小周期内采样（4～8）点；仪器采样时间长度应满足在距震源最远通道采集完面波最大周期的需要；

4 仪器动态范围不应低于 120dB，模数转换（A/D）的位数不宜小于 16 位。

14.2.5 采集与记录系统处理软件应具备下列功能：

1 具有采集、存储数字信号和对数字信号处理的智能化功能；

2 采集参数的检查与改正、采集文件的组合拼接、成批显示及记录中分辨坏道和处理等功能；

3 识别和剔除干扰波功能；

4 对波速处理成图的文件格式和成图功能，并应为通用计算机平台所调用的功能；

5 分频滤波和检查各分频率有效波的发育及信噪比的功能；

6 分辨识别及利用基态面波成分的功能，反演地层剪切波速和层厚的功能。

14.3 现 场 检 测

14.3.1 有效检测深度不超过 20m 时宜采用大锤激振，不超过 30m 时宜采用砂袋和落重激振。

14.3.2 现场检测时，仪器主机设备等应有防风沙、防雨雪、防晒和防摔等保护措施。

14.3.3 多道瞬态面波测试记录通道应为 12 道或 24 道，道间距宜为 1.0m～3.0m，偏移距根据现场试验确定；宜在排列延长线方向，距排列首端或末端检波器 1.0m～5.0m 处激发，具体参数由现场试验确定。

14.3.4 多通道记录系统测试前应进行频响与幅度的一致性检查，在测试需要的频率范围内各通道应符合一致性要求。

14.3.5 在地表介质松软或风力较大条件下时，检波器应挖坑埋置；在地表有植被或潮湿条件时，应防止漏电。检波器周围的杂草等易引起检波器微动之物应清除；检波器排列布置应符合下列规定：

1 应采用线性等道间距排列方式，震源应在检波器排列以外延长线上激发；

2 道间距应小于最小测试深度所需波长的 1/2；

3 检波器排列长度应大于预期面波最大波长的一半，且大于最大检测深度；

4 偏移距的大小，应根据任务要求通过现场试验确定。

14.3.6 对大面积地基处理采用普测时，测点间距可按半排列或全排列长度确定，一般为 12m～24m。

14.3.7 波速测试点的位置、数量、测试深度等应根据地基处理方法和设计要求确定。遇地层情况变化时，应及时调整观测参数。重要异常或发现畸变曲线时应重复观测。

14.4 检测数据分析与判定

14.4.1 面波数据资料预处理时，应检查现场采集参数的输入正确性和采集记录的质量。采用具有提取频散曲线功能的软件，获取测试点的面波频散曲线。

14.4.2 频散曲线的分层，应根据曲线的曲率和频散点的疏密变化综合分析；分层完成后，可反演计算剪切波层速度和层厚。

14.4.3 根据实测瑞利波波速和动泊松比，可按下列公式计算剪切波波速：

$$V_s = V_R/\eta_s \quad (14.4.3\text{-}1)$$

$$\eta_s = (0.87 - 1.12\mu_d)/(1+\mu_d) \quad (14.4.3\text{-}2)$$

式中：V_s——剪切波速度（m/s）；

V_R——面波速度（m/s）；

η_s——与泊松比有关的系数；

μ_d——动泊松比。

14.4.4 对于大面积普测场地，对剪切波速可以等厚度计算等效剪切波速，并应绘制剪切波速等值图，分层等效剪切波速可按下列公式计算：

$$V_{se} = d_0/t \quad (14.4.4\text{-}1)$$

$$t = \sum_{i=1}^{n}(d_i/V_{si}) \quad (14.4.4\text{-}2)$$

式中：V_{se}——土层等效剪切波速（m/s）；

d_0——计算深度（m），一般取 2m～4m；

t——剪切波在计算深度范围内的传播时间（s）；

d_i——计算深度范围内第 i 层土的厚度（m）；

V_{si}——计算深度范围内第 i 层土剪切波速(m/s)；

n——计算深度范围内土层的分层数。

14.4.5 对地基处理效果检验时，应进行处理前后对比测试，并保持前后测点测线一致。可不换算成剪切波速，按处理前后的瑞利波速度进行对比评价和分析。

14.4.6 当测试点密度较大时，可绘制不同深度的波速等值线，用于定性判断场地不同深度处地基处理前后的均匀性。在波速较低处布置动力触探、静载试验等其他测点。根据各种方法的测试结果对处理效果进行综合判断。

14.4.7 瑞利波波速与承载力特征值和变形模量的对应关系应通过现场试验比对和地区经验积累确定；初步判定碎石土地基承载力特征值和变形模量，可按表 14.4.7 估算。

表 14.4.7 瑞利波波速与碎石土地基承载力特征值和变形模量的对应关系

V_R（m/s）	100	150	200	250	300
f_{ak}（kPa）	110	150	200	240	280
E_0（MPa）	5	10	20	30	45

注：表中数据可内插求得。

14.4.8 多道瞬态面波试验应给出每个试验孔（点）的检测结果和单位工程的主要土层的评价结果。

14.4.9 检测报告除应符合本规范第 3.3.2 条规定外，尚应包括下列内容：

1 检测点平面布置图，仪器设备一致性检查的原始资料，干扰波实测记录；

2 绘制各测点的频散曲线，计算对应土层的瑞利波相速度，根据换算的深度绘制波速-深度曲线或地基处理前后对比关系曲线；有地质钻探资料时，应绘制波速分层与工程地质柱状对比图；

3 根据瑞利波相速度和剪切波速对应关系绘制剪切波速和深度关系曲线或地基处理前后对比关系曲线，面波测试成果图表等；

4 结合钻探、静载试验、动力触探和标贯等其他原位测试结果，分析岩土层的相关参数，判定有效加固深度，综合作出评价。

附录 A 原始记录图表格式

A.0.1 标准贯入试验记录表应符合表 A.0.1 的规定。

A.0.1 标准贯入试验记录表

合同编号＿＿＿＿＿＿ 第＿＿页 共＿＿页

工程名称＿＿＿＿＿＿ 地基类型＿＿＿＿＿＿

钻孔编号＿＿＿＿＿＿ 钻孔标高＿＿＿＿＿＿

试验日期＿＿＿＿＿＿ 地下水位＿＿＿＿＿＿

仪器设备编号＿＿＿＿＿＿ 标定时间＿＿＿＿＿＿

序号	试验深度（m）	贯入度 Δ（cm）			对应于 Δ_i 的击数 N_i			实测击数 N	修正击数 N'	探杆长度（m）	土层定名及描述	备注
		Δ_1	Δ_2	Δ_3	N_1	N_2	N_3	（击/30cm）				
1												
2												
3												
4												
5												
6												
7												
8												

项目负责： 校对： 检测：

A.0.2 动力触探试验记录表应符合表 A.0.2 的规定。

A.0.2 动力触探记录表

合同编号________ 第____页 共____页

工程名称________ 地基类型________

钻孔编号________ 钻孔标高________

试验日期________ 地下水位________

仪器设备编号________ 标定时间________

探杆总长（m）	试验深度（m）	贯入度（cm）	锤击数 n（击）	$N_{10}=n\times30/\Delta s$（击/10cm）	土层定名及描述	备注

探杆总长（m）	试验深度（m）	贯入度（cm）	锤击数 n（击）	$N'_{63.5}=n\times10/\Delta s$（击/10cm）	修正后击数 $N_{63.5}=\alpha\cdot N'_{63.5}$（击/10cm）	土层定名及描述	备注

探杆总长（m）	试验深度（m）	贯入度（cm）	锤击数 n（击）	$N'_{120}=n\times10/\Delta s$（击/10cm）	修正后击数 $N_{120}=\alpha\cdot N'_{120}$（击/10cm）	土层定名及描述	备注

项目负责： 校对： 检测：

A.0.3 静力触探试验记录表及成果图应符合表 A.0.3-1～表 A.0.3-4 的规定。

表 A.0.3-1 探头标定记录表

探头号	标定内容	工作面积 A（cm²）	电缆规格	电缆长（m）	应变计灵敏度数	仪器号	仪器型号	率定系数	桥压（V）	仪表示值	标定系数 ξ	质量评定

N	各级荷载 P_i（kN）	仪表读数 加荷				仪表读数 卸荷				读数平均 加荷 x_i^+	读数平均 卸荷 x_i^-	读数平均 加卸荷 $\bar{x}_i$	运算 $(\bar{x}_i)^2$	运算 $\bar{x}_iP_i$	最佳值 x_i	偏差值 重复性 Δx_i^+	偏差值 重复性 Δx_i^-	偏差值 非线性 $\lvert x_i^\pm-\bar{x}_i\rvert$	偏差值 滞后 $\lvert x_i^+-x_i^-\rvert$
0																			
1																			
2																			
3																			
4																			
5																			
6																			
7																			
8																			
9																			
10																			

$\xi=\Sigma(\bar{x}_iP_i)/A\Sigma(\bar{x}_i)^2=$	$s=\sqrt{\dfrac{1}{n-1}\Sigma(x_{\max}^\pm-x_i^-)^2}$	Σ
$\delta_\tau=(\Delta x_i^\pm)_{\max}/FS=$		
$\delta_1=\lvert x_i^\pm-x_i^-\rvert_{\max}/FS=$	起始感量 $Y_0=\xi\Delta x$	评定意见： 其他说明：
$\delta_s=\lvert x_i^+-x_i^-\rvert_{\max}/FS=$		
$\delta_0=\lvert x_0\rvert/FS=$		

率定： 计算： 复核者： 率定日期：

表 A.0.3-2 静力触探记录表

合同编号________　　　　　　　　　　　　　　　　第____页 共____页

工程名称________　　　　　　　　　　　　　　　　地基类型________

钻孔编号________　　　　　　　　　　　　　　　　钻孔标高________

试验日期________　　　　　　　　　　　　　　　　地下水位________

仪器类型及编号________　　　　　　　　　　　　　率定系数________

探头类型及编号________　　　　　　　　　　　　　标定时间________

深度（m）	读数	校正后读数	阻力（kPa）	初读数及备注	深度（m）	读数	校正后读数	阻力（kPa）	初读数及备注

项目负责：　　　　　　　　校对：　　　　　　　　　　　　　　　　检测：

表 A.0.3-3 单桥静力触探测试成果图

编号________　　　　　　　　　　　　　　　　　　编制________

位置________　　　　　　　　　　　　　　　　　　复核________

高程________　　　　　　　　　　　　　　　　　　日期________

层序	层底深度 d（m）	层面高程（m）	土名	$\frac{p_s}{E_0}$（MPa）	$\frac{\sigma_0}{c_u}$（kPa）	备注

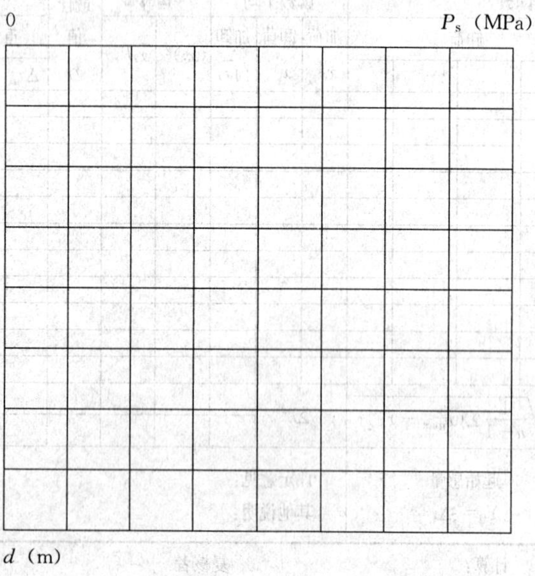

表 A.0.3-4　双桥静力触探测试成果图

编号________　　　　编制________

位置________　　　　复核________

高程________　　　　日期________

层序	层底深度 d（m）	层面高程（m）	土名	端阻 q_c（kPa）	侧阻 f_s（kPa）	摩阻比 R_f	总锥尖阻力 q_T（MPa）	备注

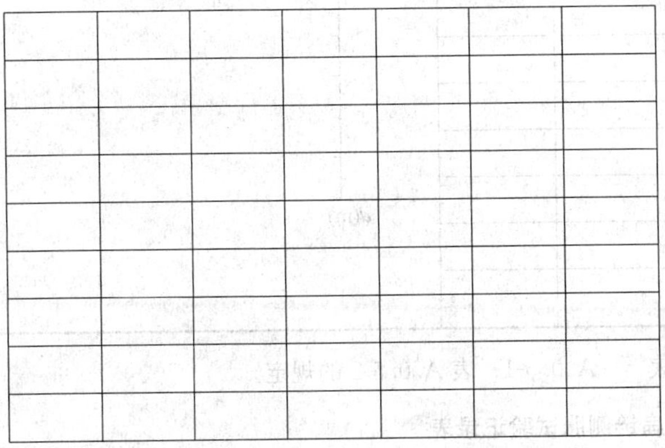

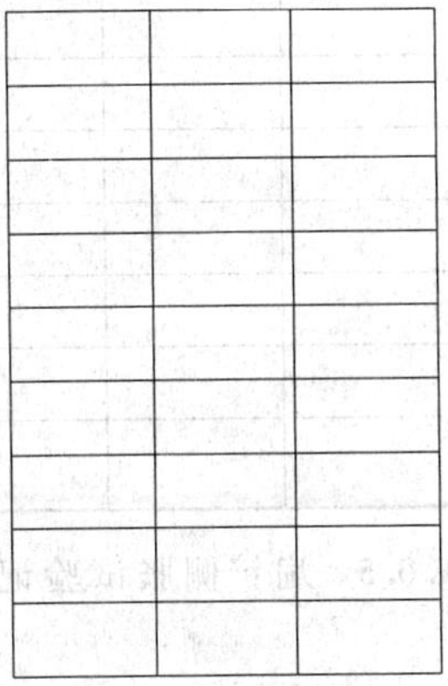

A.0.4　十字板剪切试验记录表及成果图应符合表 A.0.4-1、表 A.0.4-2 的规定。

表 A.0.4-1　十字板剪切试验记录表

工程名称		仪器型号		原状土强度 s_u	（kPa）
试验地点		传感器(钢环)号		重塑土强度 s'_u	（kPa）
试验深度(d)	（m）	率定系数 ξ		灵敏度 $s_t=s_u/s'_u$	
孔口高程	（m）	板头规格、类型	$H/D=$　，$D=$　（mm）	残余强度 s_{vt}	（kPa）
试验日期		地下水位	（m）	土名、状态	

原状土剪切										重塑土剪切					
序数 j	转角修正量 $\Delta\theta$	修正后转角 θ	仪表读数 ε	修正后读数 (ε)	剪应力 τ（kPa）	序数 j	仪表读数 ε	修正后读数 (ε)	剪应力 τ（kPa）	序数 j	转角修正量 $\Delta\theta$	修正后转角 θ	仪表读数 ε'	修正后读数 (ε')	剪应力 τ（kPa）

仪表初读数		$\varepsilon_0=$　；$\varepsilon'_0=$	算式	剪应力 $\tau_j=K\xi(\varepsilon_j-\varepsilon_0)=$ $\tau'_j=K\xi(\varepsilon'_j-\varepsilon'_0)=$ 强度 $s_u=(\tau_j)_{max}=$　$s'_u=(\tau'_j)_{max}=$　$s_{ur}=(\tau_j)_{min}=$ 转角修正量 $\Delta\theta_j=\dfrac{7.2\times10^{-5}l(M_1)j}{\pi^2(d_1^4-d_2^4)}$；修正后转角 $\theta_j=j^\circ-\Delta\theta_j$
读数计量单位				
轴杆摩擦读数	原状	$\varepsilon_0=$		
	重塑			

项目负责：　　　　　　校对：　　　　　　试验：

表 A. 0. 4-2　十字板剪切试验成果图

编　　号＿＿＿＿＿＿＿＿　　制图＿＿＿＿＿＿＿＿

位　　置＿＿＿＿＿＿＿＿　　校核＿＿＿＿＿＿＿＿

孔口高程＿＿＿＿＿＿＿＿　　日期＿＿＿＿＿＿＿＿

试验点号 i	土名	深度 d (m)	高程 (m)	十字板强度		灵敏度 s_t	板头尺寸：高 $H=$　(mm)；宽 $D=$　(mm) 板头常数：$K=$ 率定系数：$\xi=$ 地下水位：
				原状土 C_u(kPa)	重塑土 C'_u(kPa)		

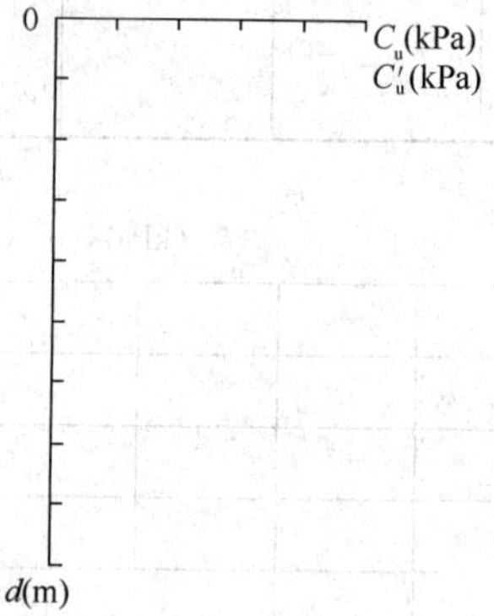

A. 0. 5　扁铲侧胀试验记录表及成果图应符合表 A. 0. 5-1、表 A. 0. 5-2 的规定。

表 A. 0. 5-1　扁铲侧胀试验记录表

工程名称＿＿＿＿＿＿＿＿　　试验者＿＿＿＿＿＿＿＿

测点编号＿＿＿＿＿＿＿＿　　记录者＿＿＿＿＿＿＿＿

测点标高＿＿＿＿＿＿＿＿　　测头号＿＿＿＿＿＿＿＿

压入方式＿＿＿＿＿＿＿＿　　试验日期＿＿＿＿＿＿＿＿

试验深度 (m)	测试压力(bar)		
	A	B	C
备注	$\Delta A=$　　$\Delta B=$　　$Z_m=$		

项目负责：　　　　校对：　　　　检测：

表 A.0.5-2　扁铲侧胀试验成果图

<table>
<tr><td>孔深</td><td colspan="3">标高</td><td>水位埋深</td><td colspan="3">测头号</td><td colspan="2">率定值 Z_a</td><td colspan="2">率定值 Z_b</td><td colspan="2">零读数 Z_m</td><td colspan="2">试验日期</td></tr>
<tr><td>土层编号</td><td>土层名称</td><td>层底深度（m）</td><td>层底标高（m）</td><td>厚度（m）</td><td>初始压力 P_0（kPa）</td><td>膨胀压力（kPa）</td><td>ΔP（kPa）</td><td>土类指数 I_D</td><td>孔压指数 U_D</td><td>侧胀模量 E_D（MPa）</td><td>水平应力指数 K_D</td><td>深度（m）</td><td>P_0、P_1、$\Delta P \sim H$ 曲线</td><td>I_D、$U_D \sim H$ 曲线</td><td>E_D、$K_D \sim H$ 曲线</td></tr>
<tr><td></td><td></td><td></td><td></td><td></td><td></td><td></td><td></td><td></td><td></td><td></td><td></td><td></td><td rowspan="8"></td><td rowspan="8"></td><td rowspan="8"></td></tr>
<tr><td></td><td></td><td></td><td></td><td></td><td></td><td></td><td></td><td></td><td></td><td></td><td></td><td></td></tr>
<tr><td></td><td></td><td></td><td></td><td></td><td></td><td></td><td></td><td></td><td></td><td></td><td></td><td></td></tr>
<tr><td></td><td></td><td></td><td></td><td></td><td></td><td></td><td></td><td></td><td></td><td></td><td></td><td></td></tr>
<tr><td></td><td></td><td></td><td></td><td></td><td></td><td></td><td></td><td></td><td></td><td></td><td></td><td></td></tr>
<tr><td></td><td></td><td></td><td></td><td></td><td></td><td></td><td></td><td></td><td></td><td></td><td></td><td></td></tr>
<tr><td></td><td></td><td></td><td></td><td></td><td></td><td></td><td></td><td></td><td></td><td></td><td></td><td></td></tr>
<tr><td></td><td></td><td></td><td></td><td></td><td></td><td></td><td></td><td></td><td></td><td></td><td></td><td></td></tr>
</table>

附录 B　地基土试验数据统计计算方法

B.0.1　本附录方法适用于天然土地基和处理后地基的标准贯入、动力触探、静力触探等原位试验数据的标准值计算。

B.0.2　标准贯入、动力触探、静力触探等原位试验数据的标准值，应根据各检测点的试验结果，按单位工程进行统计计算。当试验结果需要进行深度修正时，应先进行深度修正。

B.0.3　原位试验数据的平均值、标准差和变异系数应按下列公式计算：

$$\phi_m = \frac{\sum_{i=1}^{n}\phi_i}{n} \tag{B.0.3-1}$$

$$\sigma_f = \sqrt{\frac{1}{n-1}\left[\sum_{i=1}^{n}\phi_i^2 - \frac{(\sum_{i=1}^{n}\phi_i)^2}{n}\right]} \tag{B.0.3-2}$$

$$\delta = \frac{\sigma_f}{\phi_m} \tag{B.0.3-3}$$

式中：ϕ_i——原位试验数据的试验值或试验修正值；当同一检测孔的同一分类土层中有多个检测点时，取其平均值；当难以按深度划分土层时，可根据原位试验结果沿深度的分布趋势自上而下划分（3～5）个深度范围进行统计；

ϕ_m——原位试验数据的平均值；

σ_f——原位试验数据的标准差；

δ——原位试验数据的变异系数；

n——参与统计的个数。

B.0.4　单位工程同一土层或同一深度范围的原位试验数据的标准值应按下列方法确定：

$$\phi_k = \gamma_s \phi_m \tag{B.0.4-1}$$

$$\gamma_s = 1 - \left\{\frac{1.704}{\sqrt{n}} + \frac{4.678}{n^2}\right\}\delta \tag{B.0.4-2}$$

式中：ϕ_k——原位试验数据的标准值；

γ_s——统计修正系数。

附录 C　圆锥动力触探锤击数修正

C.0.1　当采用重型圆锥动力触探推定地基土承载力或评价地基土密实度时，锤击数应按下式修正：

$$N_{63.5} = \alpha_1 N'_{63.5} \tag{C.0.1}$$

式中：$N_{63.5}$——经修正后的重型圆锥动力触探锤击数；

$N'_{63.5}$——实测重型圆锥动力触探锤击数；

α_1——修正系数，按表 C.0.1 取值。

表 C.0.1 重型触探试验的杆长修正系数 α_1

α_1 \ $N'_{63.5}$ / 杆长(m)	5	10	15	20	25	30	35	40	≥50
≤2	1.00	1.00	1.00	1.00	1.00	1.00	1.00	1.00	1.00
4	0.96	0.95	0.93	0.92	0.90	0.89	0.87	0.86	0.84
6	0.93	0.90	0.88	0.85	0.83	0.81	0.79	0.78	0.75
8	0.90	0.86	0.83	0.80	0.77	0.75	0.73	0.71	0.67
10	0.88	0.83	0.79	0.75	0.72	0.69	0.67	0.64	0.61
12	0.85	0.79	0.75	0.70	0.67	0.64	0.61	0.59	0.55
14	0.82	0.76	0.71	0.66	0.62	0.58	0.56	0.53	0.50
16	0.79	0.73	0.67	0.62	0.57	0.54	0.51	0.48	0.45
18	0.77	0.70	0.63	0.57	0.53	0.49	0.46	0.43	0.40
20	0.75	0.67	0.59	0.53	0.48	0.44	0.41	0.39	0.36

C.0.2 当采用超重型圆锥动力触探评价碎石土(桩)密实度时，锤击数应按下式修正：

$$N_{120} = \alpha_2 N'_{120} \tag{C.0.2}$$

式中：N_{120}——经修正后的超重型圆锥动力触探锤击数；

N'_{120}——实测超重型圆锥动力触探锤击数；

α_2——修正系数，按表 C.0.2 取值。

表 C.0.2 超重型触探试验的杆长修正系数 α_2

α_2 \ N'_{120} / 杆长(m)	1	3	5	7	9	10	15	20	25	30	35	40
1	1.00	1.00	1.00	1.00	1.00	1.00	1.00	1.00	1.00	1.00	1.00	1.00
2	0.96	0.92	0.91	0.90	0.90	0.90	0.90	0.89	0.89	0.88	0.88	0.88
3	0.94	0.88	0.86	0.85	0.84	0.84	0.84	0.83	0.82	0.82	0.81	0.81
5	0.92	0.82	0.79	0.78	0.77	0.76	0.76	0.75	0.74	0.73	0.72	0.72
7	0.90	0.78	0.75	0.74	0.73	0.71	0.71	0.70	0.68	0.68	0.67	0.66
9	0.88	0.75	0.72	0.70	0.69	0.67	0.67	0.66	0.64	0.63	0.62	0.62
11	0.87	0.73	0.69	0.67	0.66	0.64	0.64	0.62	0.61	0.60	0.59	0.58
13	0.86	0.71	0.67	0.65	0.64	0.61	0.61	0.60	0.58	0.57	0.56	0.55
15	0.86	0.69	0.65	0.63	0.62	0.59	0.59	0.58	0.56	0.55	0.54	0.53
17	0.85	0.68	0.63	0.61	0.60	0.57	0.57	0.56	0.54	0.53	0.52	0.50
19	0.84	0.66	0.62	0.60	0.58	0.56	0.56	0.54	0.52	0.51	0.50	0.48

附录 D 静力触探头率定

D.0.1 探头率定可在特制的率定装置上进行，探头率(标)定设备应符合下列规定：

1 探头率定用的测力(压)计或力传感器，其公称量程不宜大于探头额定荷载的两倍，精度不应低于Ⅲ级；

2 探头率定达满量程时，率定架各部杆件应稳定；

3 率定装置对力的传递误差应小于 0.5%。

D.0.2 率定前的准备工作应符合下列规定：

1 连接触探头和记录仪并统调平衡，当确认正常后，方可正式进行率定工作；

2 当采用电阻应变仪时，应将仪器的灵敏系数调至与触探头中传感器所贴的电阻应变片的灵敏系数相同；

3 触探头应垂直稳固旋转在率定架上，率定架的压力作用线应与被率定的探头同轴，并应不使电缆线受压；

4 对于新的触探头应反复预压到额定载荷，反复次数宜为 3 次～5 次，以减少传感元件由于加工引起的残余应力。

D.0.3 触探头的率定可分为固定桥压法和固定系数法两种，其率定方法和资料整理应符合下列规定：

1 当采用固定桥压法时，可按下列要求执行：

1) 选定量测仪器的供桥电压，电阻应变仪的桥压应是固定的；

2) 逐级加荷，一般每级为最大贯入力的 1/10；

3) 每级加荷均应标明输出电压值或测记相应的应变量；

4) 每次率定，加卸荷不得少于 3 遍，同时对顶柱式传感器还应转动顶柱至不同角度，观察载荷作用下读数的变化，其测定误差应小于 1%FS；

5) 计算每一级荷载下输出电压(或应变量)的平均值，绘制以荷载为纵坐标，输出电压值(或变量值)为横坐标的率定曲线，其线性误差应符合本规范第 9.2.6 条的规定；

6) 按式(D.0.3-1)计算触探头的率定系数：

$$K = \frac{P}{A\varepsilon} \text{或} K = \frac{P}{AU_p} \tag{D.0.3-1}$$

式中：K——触探头的率定系数(MPa/$\mu\varepsilon$ 或 MPa/mV)；

P——率定时所加的总压力(N)；

A——触探头截面积或摩擦筒面积(mm^2)；

ε——P 所对应的应变量($\mu\varepsilon$)；

U_p——P 所对应的输出电压(mV)。

2 当采用固定系数法时，可按下列要求执行：

1) 指定一个标定系数 K，当输出电压每 mV 或画线长每 cm 表示贯入阻力 1MPa、2MPa、4MPa，按式(D.0.3-2)计算出输出电压为满量程时，所需加的总荷载：

$$P = KAl \quad (D.0.3\text{-}2)$$

式中：P——总荷载（N）；

A——探头截面积或摩擦筒面积（mm^2）；

l——满量程的输出电压值（mV）或记录纸带的宽度（cm）。

2）输入一个假设的供桥电压 U，并施加荷载为 $P/2$，记录笔指针未达满量程的一半处，则调整供桥电压，使其指针指于满量程的一半处。然后卸荷，指针应回到零位。如不归零则调指针归零。如此反复加卸荷，使记录笔指针从零位往返至满量程的一半处。

3）在调整后的供桥电压下，按 $P/10$ 逐级加荷至满量程，分级卸荷使记录笔返回零点。

4）按上述步骤，其测试误差应符合本规范第 9.2.6 条的规定，调整后的供桥电压即为率定的供桥电压值。

本规范用词说明

1 为便于在执行本规范条文时区别对待，对要求严格程度不同的用词说明如下：

1）表示很严格，非这样做不可的：

正面词采用“必须”，反面词采用“严禁”；

2）表示严格，在正常情况下均应这样做的：

正面词采用“应”，反面词采用“不应”或“不得”；

3）表示允许稍有选择，在条件许可时首先应这样做的：

正面词采用“宜”，反面词采用“不宜”；

4）表示有选择，在一定条件下可以这样做的，采用“可”。

2 条文中指明应按其他有关标准执行的写法为“应符合……的规定”或“应按……执行”。

引用标准名录

1 《建筑抗震设计规范》GB 50011

2 《土工试验方法标准》GB/T 50123

3 《建筑地基处理技术规范》JGJ 79

4 《建筑基桩检测技术规范》JGJ 106

5 《基桩动测仪》JG/T 3055

中华人民共和国行业标准

建筑地基检测技术规范

JGJ 340—2015

条 文 说 明

制 订 说 明

《建筑地基检测技术规范》JGJ 340－2015，经住房和城乡建设部 2015 年 3 月 30 日以第 786 公告批准、发布。

本规范编制过程中，编制组对我国地基检测现状进行了广泛的调查研究，总结了我国地基检测的实践经验，同时参考了国外的先进检测技术、方法标准，通过调研、征求意见，对规范内容进行反复讨论、分析、论证，开展专题研究和工程实例验证等工作，为本次规范编制提供了依据。

为便于广大工程检测、设计、施工、监理、科研、学校等单位有关人员在使用本规范时能正确理解和执行条文规定，《建筑地基检测技术规范》编制组按章、节、条顺序编制了本规范的条文说明。对条文规定的目的、依据以及执行中需注意的有关事项进行了说明，还着重对强制性条文的强制性理由做了解释。但是，本条文说明不具备与规范正文同等的法律效力，仅供使用者作为理解和把握规范规定的参考。

目　次

1　总则 ………………………………………… 38—39
2　术语和符号 ………………………………… 38—39
2.1　术语 ………………………………………… 38—39
3　基本规定 …………………………………… 38—39
3.1　一般规定 ………………………………… 38—39
3.2　检测方法 ………………………………… 38—40
4　土（岩）地基载荷试验 …………………… 38—41
4.1　一般规定 ………………………………… 38—41
4.2　仪器设备及其安装 ……………………… 38—42
4.3　现场检测 ………………………………… 38—44
4.4　检测数据分析与判定 …………………… 38—44
5　复合地基载荷试验 ………………………… 38—45
5.1　一般规定 ………………………………… 38—45
5.2　仪器设备及其安装 ……………………… 38—45
5.3　现场检测 ………………………………… 38—46
5.4　检测数据分析与判定 …………………… 38—46
6　竖向增强体载荷试验 ……………………… 38—46
6.1　一般规定 ………………………………… 38—46
6.2　仪器设备及其安装 ……………………… 38—46
6.3　现场检测 ………………………………… 38—47
6.4　检测数据分析与判定 …………………… 38—47
7　标准贯入试验 ……………………………… 38—47
7.1　一般规定 ………………………………… 38—47
7.2　仪器设备 ………………………………… 38—47
7.3　现场检测 ………………………………… 38—48
7.4　检测数据分析与判定 …………………… 38—48
8　圆锥动力触探试验 ………………………… 38—50
8.1　一般规定 ………………………………… 38—50
8.2　仪器设备 ………………………………… 38—50
8.3　现场检测 ………………………………… 38—50
8.4　检测数据分析与判定 …………………… 38—50
9　静力触探试验 ……………………………… 38—52
9.1　一般规定 ………………………………… 38—52
9.2　仪器设备 ………………………………… 38—52
9.3　现场检测 ………………………………… 38—52
9.4　检测数据分析与判定 …………………… 38—53
10　十字板剪切试验 …………………………… 38—54
10.1　一般规定 ………………………………… 38—54
10.2　仪器设备 ………………………………… 38—54
10.3　现场检测 ………………………………… 38—55
10.4　检测数据分析与判定 …………………… 38—55
11　水泥土钻芯法试验 ………………………… 38—55
11.1　一般规定 ………………………………… 38—55
11.2　仪器设备 ………………………………… 38—56
11.3　现场检测 ………………………………… 38—56
11.4　芯样试件抗压强度 ……………………… 38—56
11.5　检测数据分析与判定 …………………… 38—56
12　低应变法试验 ……………………………… 38—56
12.1　一般规定 ………………………………… 38—56
12.2　仪器设备 ………………………………… 38—57
12.3　现场检测 ………………………………… 38—58
12.4　检测数据分析与判定 …………………… 38—59
13　扁铲侧胀试验 ……………………………… 38—60
13.1　一般规定 ………………………………… 38—60
13.2　仪器设备 ………………………………… 38—60
13.3　现场检测 ………………………………… 38—61
13.4　检测数据分析与判定 …………………… 38—61
14　多道瞬态面波试验 ………………………… 38—65
14.1　一般规定 ………………………………… 38—65
14.2　仪器设备 ………………………………… 38—66
14.3　现场检测 ………………………………… 38—66
14.4　检测数据分析与判定 …………………… 38—66

1 总 则

1.0.1 建筑地基工程是建筑工程的重要组成部分，地基工程质量直接关系到整个建（构）筑物的结构安全和人民生命财产安全。大量事实表明，建筑工程质量问题和重大质量事故较多与地基工程质量有关，如何保证地基工程施工质量，一直倍受建设、勘察、设计、施工、监理各方以及建设行政主管部门的关注。由于我国地缘辽阔，地质条件复杂，基础形式多样，施工及管理水平参差不齐，且地基工程具有高度的隐蔽性，从而使得地基工程的施工比上部建筑结构更为复杂，更容易存在质量隐患。因此，地基检测工作是整个地基工程中不可缺少的重要环节，只有提高地基检测工作的质量和检测结果评价的可靠性，才能真正做到确保地基工程质量与安全。本规范对建筑地基检测方法、检测数量和检测评价作了统一规定，目的是提高建筑地基检测水平，保证工程质量。

1.0.2 建筑地基包含天然地基和人工地基。天然地基可分为天然土质地基和天然岩石地基。人工地基包含采用换填垫层、预压、压实、夯实、注浆加固等方法处理后的地基及复合地基等。复合地基包括采用振冲挤密碎石桩、沉管挤密砂石桩、水泥土搅拌桩、旋喷桩、灰土挤密桩、土挤密桩、夯实水泥土桩、水泥粉煤灰碎石桩、柱锤冲扩桩、微型桩、多桩型等方法处理后的地基。本规范适用于天然地基的承载力特征值试验、变形参数（变形模量和压缩模量）等指标的测定，并对岩土性状进行分析评价；适用于人工地基的承载力特征值试验、变形参数（变形模量和压缩模量）指标测定、地基施工质量和复合地基增强体桩身质量的评价。本规范未包含特殊土地基的内容。

1.0.3 地基工程质量与地质条件、设计要求、施工因素密切相关，目前各种检测方法在可靠性或经济性方面存在不同程度的局限性，多种方法配合时又具有一定的灵活性，而且由于上部结构的不同和地质条件的差异，不同地区的情况也有差别，对地基的设计要求不尽相同。因此，应根据检测目的、检测方法的适用范围和特点，结合场地条件，考虑上述各种因素合理选择检测方法，实现各种方法合理搭配、优势互补，使各种检测方法尽量能互为补充或验证，在达到安全适用的同时，又要体现经济合理。

2 术语和符号

2.1 术 语

2.1.3～2.1.6 根据地基的分类，把地基载荷试验分成三大类。在本规范中，将地基土平板载荷试验和岩基载荷试验合并成为土（岩）地基载荷试验，适用于天然土（岩）地基和采用换填垫层、预压、压实、夯实、注浆加固等方法处理后的人工地基的承载力试验；单桩及多桩复合地基载荷试验适用于采用振冲挤密碎石桩、沉管挤密砂石桩、水泥土搅拌桩、旋喷桩、灰土挤密桩、土挤密桩、夯实水泥土桩、水泥粉煤灰碎石桩、柱锤冲扩桩、微型桩、多桩型等方法处理后的复合地基的承载力试验；竖向增强体载荷试验适用于复合地基中有粘结强度的竖向增强体的承载力试验，竖向增强体习惯上也称为桩，此处的竖向增强体载荷试验相当于现行有关规范中的复合地基的单桩载荷试验。

2.1.7～2.1.11 相应的术语在《建筑地基基础术语标准》GB/T 50941—2014 也做了解释。

3 基 本 规 定

3.1 一 般 规 定

3.1.1 建筑地基工程一般按勘察、设计、施工、验收四个阶段进行，地基试验和检测工作多数情况下分别放在设计和验收两阶段，即施工前和施工后。但对工程量较大、施工周期较长的大型地基工程，验收检测应尽早在施工过程中穿插进行，而且这种做法应大力提倡。强调施工过程中的检测，以便加强施工过程的质量控制，做到信息化施工，及时发现并解决问题，做到防患于未然，提高效益。必须指出：本规范所规定的验收检测仅仅是地基分部工程验收资料的一部分，除应按本规范进行验收检测外，还应该进行其他有关项目的检测和检查；依据本规范所完成的检测结果不能代替其他应进行的试验项目。为设计提供依据的检测属于基本试验，应在设计前进行。天然地基的承载力和变形参数，当设计有要求需要在施工后进行验证时，也需要进行检测，一般选择载荷试验进行检测。建筑地基检测方法有土（岩）地基载荷试验、复合地基载荷试验、竖向增强体载荷试验、标准贯入试验、圆锥动力触探试验、静力触探试验、十字板剪切试验、水泥土钻芯法试验、低应变法试验、扁铲侧胀试验、多道瞬态面波试验等。本规范的各种检测方法均有其适用范围和局限性，在选择检测方法时不仅应考虑其适用范围，而且还应考虑其实际实施的可能性，必要时应根据现场试验结果判断所选择的检测方法是否满足检测目的，当不满足时，应重新选择检测方法。例如：动力触探试验，应根据检测对象合理选择轻型、重型或超重型；可能难以对靠近边轴线的复合地基增强体进行载荷试验；当受检桩长径比很大、无法钻至桩底时，钻芯法只能评价已钻取部分的桩身质量；桩身强度过低（小于 8MPa），低应变法无法准确判定桩身完整性。

建筑地基检测工作，应按图 1 程序进行。

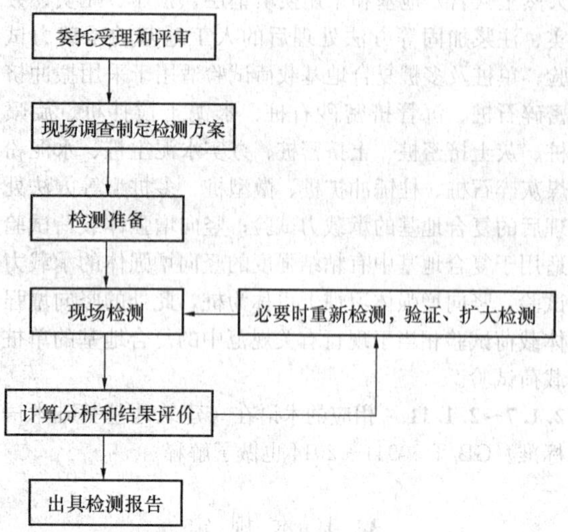

图1　检测工作程序框图

图1是检测机构应遵循的检测工作基本程序。实际执行检测程序中，由于不可预知的原因，如委托要求的变化、现场调查情况与委托方介绍的不符，实施时发现原确定的检测方法难以满足检测目的的要求，或在现场检测尚未全部完成就已发现质量问题而需要进一步排查，都可能使原检测方案中的检测数量、受检桩桩位、检测方法发生变化。

3.1.2　建筑地基分部工程抽样验收检测是《建筑工程施工质量验收统一标准》GB 50300－2013以强制性条文的形式规定的。建筑地基应进行地基强度和承载力检验是现行《建筑地基基础工程施工质量验收规范》GB 50202和《建筑地基处理技术规范》JGJ 79以强制性条文的形式规定的，并且也是GB 50202质量验收中的主控项目。

3.1.3　根据本规范第1.0.3条的原则及地基检测工作的特殊性，本条对调查阶段工作提出了具体要求。为了正确地对地基工程质量进行检测和评价，提高地基工程检测工作的质量，做到有的放矢，应尽可能详细地了解和搜集有关的技术资料。另外，有时委托方的介绍和提出的要求是笼统的、非技术性的，也需要通过调查来进一步明确检测的具体要求和现场实施的可行性。

3.1.4　本条提出的检测方案内容为一般情况下包含的内容，制定检测方案要考虑的因素较多，一是要考虑检测对象特殊性，如1m的压板尺寸与3m的压板尺寸，对场地条件和试验设备的要求是不一样的或对检测方法的选择有影响。二是要考虑受检工程所在地区的试验设备能力。三是要考虑场地局限性。同时还应考虑检测过程中可能出现的争议，因此，检测方案可能需要与委托方或设计方共同协商制定，尤其是应确定受检桩桩位、检测点的代表性，有时候委托单位要求检测单位对有疑问的检测对象（如下暴雨时施工的桩、局部暗沟区域的地基处理效果）进行检测，掌握其质量状况。这类检测对象属于特别的检测对象，不具备正常抽样的样品代表性的特性。

3.1.5　根据《建筑工程施工质量验收统一标准》GB 50300－2013规定，具有独立使用功能的单位工程是建筑工程施工质量竣工验收的基础，因此，一般情况下，检测数量应按单位工程进行计算确定。施工过程的质量检验应根据该工程的施工组织设计的要求进行。设计单位根据上部结构和岩土工程勘察资料，可能在同一单位工程中同时采用天然地基和人工处理地基、天然地基和复合地基等不同地基类型，或采用不同的地基处理方法，对于这种情况，应将不同设计参数或不同施工方法的检测对象划为不同的检验批，按检验批抽取一定数量的样本进行检测。

3.1.6　检测所用计量器具必须送至法定计量检定单位进行定期检定，且使用时必须在计量检定的有效期之内，这是我国《计量法》的要求，以保证检测数据的可靠性和可追溯性。虽然计量器具在有效计量检定周期之内，但由于检测工作的环境较差，使用期间仍可能由于使用不当或环境恶劣等造成计量器具的受损或计量参数发生变化。因此，检测前还应加强对计量器具、配套设备的检查或模拟测试，有条件时可建立校准装置进行自校，发现问题后应重新检定。

3.1.7　操作环境要求应与测量仪器设备对环境温湿度、电压波动、电磁干扰、振动冲击等现场环境条件的要求相一致，例如使用交流电的仪器设备应注意接地问题。

3.2　检测方法

3.2.1　为了保证建筑物的安全，地基应同时满足两个基本要求：第一，为了保证在正常使用期间，建筑物不会发生开裂、滑动和塌陷等有害的现象，地基承载力应满足上部结构荷载的要求，地基必须稳定，保证地基不发生整体强度破坏。第二，地基的变形（沉降及不均匀沉降）不得超过建筑物的允许变形值，保证不会因地基产生过大的变形而影响建筑物的安全与正常使用。当天然土（岩）层不能满足上部结构承载力、沉降变形及稳定性要求时，可采用人工方法进行地基处理。地基处理的目的就是利用换填、夯实、挤密、排水、胶结、加筋和热学等方法对地基进行加固，用以改善地基土的工程特性：（1）提高地基土的抗剪强度；（2）降低地基土的压缩性；（3）改善地基土的透水特性；（4）改善地基土的动力特性。地基质量验收抽样检测应针对不同的地基处理目的，结合设计要求、工程重要性、地质情况和施工方法采取合理、有效的检测手段。宜根据各种检测方法的特点和适用范围，选择多种方法综合检测，并采用先简后繁、先粗后细、先面后点的检测原则，确保对地基的检测合理、全面、有效。在本规范中，标准贯入试验、动力触探试验、静力触探试验、十字板剪切试验、水泥土钻芯法试验、低应变法试验、扁铲侧胀试验、多道瞬态面波试验等原位测试方法算是普查手段，载荷试验可归为繁而细的方法。检测方法的适用性可按表1进行选择。

表1 建筑地基检测方法适用范围

地基类型＼检测方法		土（岩）地基载荷试验	复合地基载荷试验	竖向增强体载荷试验	标准贯入试验	圆锥动力触探试验	静力触探试验	十字板剪切试验	水泥土钻芯法试验	低应变法试验	扁铲侧胀试验	多道瞬态面波试验
天然土地基		○	×	×	○	○	○	△	×	×	○	○
天然岩石地基		○	×	×	×	×	×	×	○	×	×	△
换填垫层		○	×	×	○	○	△	×	×	×	△	○
预压地基		○	×	×	△	△	○	○	×	×	○	△
压实地基		○	×	×	○	○	○	×	×	×	×	○
夯实地基		○	△	△	○	○	○	×	×	×	×	○
挤密地基		○	×	×	△	○	○	×	×	×	△	△
复合地基	砂石桩	×	○	×	△	○	×	×	×	×	×	×
	水泥搅拌桩	×	○	○	△	△	×	×	○	×	×	×
	旋喷桩	×	○	○	△	△	×	×	○	×	×	×
	灰土桩	×	○	○	△	○	×	×	△	×	×	×
	夯实水泥土桩	×	○	○	△	△	×	×	○	×	×	×
	水泥粉煤灰碎石桩	×	○	○	×	×	×	×	○	○	×	×
	柱锤冲扩桩	×	○	○	×	×	×	×	×	×	×	△
	多桩型	×	○	○	×	×	×	×	△	○	×	×
	注浆加固地基	○	△	×	△	△	△	△	△	×	×	△
	微型桩	×	○	○	×	×	×	×	×	△	×	×

注：表中符号○表示比较适用，△表示基本适用，×表示不适用。

3.2.2 本规范规定了三种载荷试验，并按地基的详细分类对地基载荷试验的适用范围进行规定。对于强夯置换墩，应根据《建筑地基处理技术规范》JGJ 79－2012的第6.3.5条第11款的规定：软黏性土中强夯置换地基承载力特征值应通过现场单墩静载荷试验确定；对饱和粉土地基，当处理后能形成2.0m以上厚度的硬层时，其承载力可通过现场单墩复合地基静载荷试验确定。

3.2.3、3.2.5 天然地基和人工地基除应进行地基承载力检验，还应采用其他原位测试试验检验其岩土性状、地基处理质量和效果、增强体桩身质量等。地基检测宜先采用原位测试试验进行普查，有针对性地进行载荷试验，然后与载荷试验结果进行对比。

3.2.4 当采用其他原位测试方法评价地基承载力和变形参数时，应结合载荷试验比对结果和地区经验进行评价，本规范各章节中提供的承载力表格仅供初步评价时进行估算。规定在同一工程内或相近工程进行比对试验，取得本地区相近条件的对比验证资料。载荷试验的承压板尺寸要考虑应力主要影响范围能覆盖主要加固处理土层厚度。

3.2.6 垫层的施工质量检验必须分层进行，应在每层的压实系数符合设计要求后铺填上层土。这是《建筑地基处理技术规范》JGJ 79－2012以强制性条文明确规定的，因此，本规范也要求换填地基必须分层进行压实系数检测，压实系数的具体试验方法参照现行国家标准《土工试验方法标准》GB/T 50123的有关规定。在夯压密实填土过程中，取样检验分层土的厚度视施工机械而定，一般情况下宜按20cm～50cm分层进行检验。采用环刀法取样时，取样点应位于每层2/3的深度处。检验砂垫层使用的环刀容积不应小于200cm^3，以减少其偶然误差。

3.2.7 在地基质量验收检测时，考虑间歇时间是因为地基土的密实、土的触变效应、孔隙水压力的消散、水泥或化学浆液的固结等均需有一个期限，施工结束后立即进行验收检测难以反映地基处理的实际效果。间歇时间应根据岩土工程勘察资料、地基处理方法，结合设计要求综合确定。当无工程实践经验时，可参照此条规定执行。

3.2.8 由于检测成本和周期问题，很难做到对地基基础工程全部进行检测。施工后验收检测的最终目的是查明隐患、确保安全。检测抽样的样本要有代表性、随机均匀分布，为了在有限的检测数量中更充分地暴露地基基础存在的质量问题，首先，应选择设计人员认为比较重要的部位；第二，应充分考虑局部岩土特性复杂可能影响施工质量或结构安全，如局部存在破碎带、软弱夹层，或者淤泥层比较厚，与正常地质条件相比，施工质量更难控制；第三，应根据监理记录和施工记录选择施工出现异常情况、可能有质量隐患的部位；第四，一般来说，应采用两种或两种以上的方法对地基基础施工质量进行检测，并应遵循先普查、后详检的原则，因此，应根据前一种方法的检测结果确定后一种方法的检测位置，这样做符合本规范第1.0.3条合理搭配、优势互补、相互验证的原则。

4 土（岩）地基载荷试验

4.1 一般规定

4.1.1 土（岩）地基载荷试验是一种在现场模拟地基基础工作条件的原位试验方法，在拟检测的（土）岩地基上置放一定尺寸的刚性承压板，对承压板逐级加荷，测定承压板的沉降（由于承压板为刚性，因此，承压板的沉降等于拟检测地基的沉降）随荷载的变化，以确定土（岩）地基承载力和变形参数。本规范的土（岩）地基载荷试验适用于天然土地基、天然岩石地基及没有竖向增强体的人工处理地基包括换填地基、预压地基、压实地基、挤密地基、强夯地基、注浆地基等。

承压板下应力主要影响范围：对于天然土地基及采用换填、预压、压实、挤密、强夯、注浆等方法处理后的人工地基，根据美国材料试验协会标准（ASTM）D1194 的说明，承压板下应力主要影响范围指大约 2.0 倍承压板直径（或边宽）的深度范围。《建筑地基基础设计规范》GB 50007－2011 地基变形计算深度取值略小于 2.5 倍的基础宽度，并指出地基主要受力层系指条形基础底面下深度为 3 倍基础底面宽度，独立基础下为 1.5 倍基础底面宽度，且厚度均不小于 5m 的范围。工程地质手册认为承压板下应力主要影响范围为 1.5 倍～2.0 倍承压板直径（或边宽）的深度范围。对均质地基而言，《铁路工程地质原位测试规程》TB 10018－2003 规定平板载荷试验的作用深度和影响半径约为 $2b$ 和 $1.5b$。因此，可以认为承压板下应力主要影响范围为 2.0 倍～2.5 倍承压板直径（或边宽）以内的深度范围。本章的变形参数主要是指地基的变形模量，未涉及地基基床系数。应力主要影响范围的地基土应该为均质地基，而不能是分层地基。

4.1.2 本规范将载荷试验分为三章，即土（岩）地基载荷试验，复合地基载荷试验和竖向增强体载荷试验，本规范第 3.2.2 条对它们各自的适用范围进行了规定。土（岩）地基载荷试验分为浅层平板载荷试验、深层平板载荷试验和岩基载荷试验，未包含螺旋板载荷试验。浅层平板载荷试验和深层平板载荷试验又统称为地基土平板载荷试验或平板载荷试验。

深层平板载荷试验与浅层平板载荷试验的区别在于荷载是作用于半无限体的表面还是作用于半无限体的内部，浅层平板载荷试验的荷载作用于半无限体的表面，深层平板载荷试验的荷载作用于半无限体的内部。本规范规定深层平板载荷试验的试验深度不应小于 5m，也有资料规定深层平板载荷试验的试验深度不应小于 3m。深层平板载荷试验的深度过浅，则不符合变形模量计算假定荷载作用于半无限体内部的条件。

例如：如果基坑设计深度为 15m，开挖完成后进行载荷试验，试坑宽度符合浅层载荷试验条件，则属于浅层平板载荷试验；如果载荷试验深度为 5.5m，试井直径与承压板直径相同，则属于深层平板载荷试验；如果载荷试验深度为 4.5m，试井直径与承压板直径相同，既不符合浅层平板载荷试验的条件也不符合深层平板载荷试验的条件，则既不属于浅层平板载荷试验也不属于深层平板载荷试验。

对于完整、较完整、较破碎的岩石地基应选择岩基载荷试验，对于破碎、极破碎的岩石地基以及土类地基应选择浅层平板载荷试验或深层平板载荷试验。

4.1.3 根据《建筑地基基础设计规范》GB 50007－2011 规定，要求最大加载量不应小于设计要求的地基承载力特征值的 2.0 倍、岩基承载力特征值的 3 倍。如果最大加载量取为设计要求的地基承载力特征值的 2.0 倍、岩基承载力特征值的 3 倍，当其中一个试验点的承载力特征值偏小，按照本规范第 4.4.4 条和第 4.4.5 条的规定，则单位工程的地基承载力特征值不满足设计要求。为了避免这种情况，本规范规定最大加载量不小于设计要求的地基承载力特征值的 2.0 倍、岩基承载力特征值的 3 倍。在设计阶段，为设计提供依据的载荷试验应加载至极限状态，从而获得完整的 p-s 曲线，以便确定承载力特征值。

4.1.4 土（岩）地基载荷试验能准确提供土（岩）地基的承载力及变形参数。对于天然地基，检测数量应按照地基基础占地面积来计算；对于采用土（岩）地基载荷试验确定承载力的人工地基，检测数量应按照地基处理面积来计算，而不应按照地基基础占地面积来计算，一般来说，单位工程的地基处理面积不小于建（构）筑物的占地面积。对于建筑物以外区域检测密度可适当减少。

4.1.5 对于地基土载荷试验的加载方式，加荷方法为我国惯用的维持荷载法。根据各级荷载维持时间长短及各级荷载作用下地基沉降的相对稳定标准，分为慢速维持荷载法及快速维持荷载法。为了与《建筑地基基础设计规范》GB 50007－2011 和《建筑基桩检测技术规范》JGJ 106－2014 的规定取得一致，本规范规定应采用慢速维持荷载法。

4.2 仪器设备及其安装

4.2.1 浅层平板载荷试验的承压板尺寸大小与需要评价的处理土层的深度有关，深度越深、承压板尺寸则越大，根据本规范第 4.1.1 条条文说明，承压板下应力主要影响范围为 2.0 倍～2.5 倍承压板直径（或边宽），承压板直径或边宽宜为拟评价处理土层的深度的 1/2 或 2/5。

本规范规定当采用其他原位测试方法评价地基承载力和变形参数时，应结合载荷试验比对结果和地区经验进行评价。载荷试验的承压板尺寸要考虑其应力主要影响范围能覆盖主要加固处理土层厚度。

对于人工地基的载荷试验，由于试验的压板面积有限，考虑到大面积荷载的长期作用结果与小面积短时荷载作用的试验结果有一定的差异，故需要对载荷板尺寸有限制。

强夯处理和预压处理的有效深度为 7m～10m 时，应考虑压板的尺寸效应，根据处理深度的大小，采用较大的承压板，目前 3m 尺寸的承压板应用得不少，最大承压板尺寸超过了 5m。《建筑地基处理技术规范》JGJ 79－2012 规定对于强夯地基不应小于 $2.0m^2$，故作此规定。

关于深层平板载荷试验的尺寸确定，《岩土工程勘察规范》GB 50021－2001（2009 年版）规定深层平板载荷试验的试井截面应为圆形，承压板直径宜取0.8m～1.2m，《建筑地基基础设计规范》GB 50007－2011规定承压板直径采用0.8m。因此本规范规定深层平板载荷试验承压板直径不应小于0.8m。

对于较破碎岩石，岩基载荷试验采用0.3m直径承压板，可能影响试验结果的准确性，因此，本规范规定岩基载荷试验的直径不应小于0.3m。

土（岩）地基载荷试验承压板形状宜采用圆形板和正方形板，不应采用矩形板。

4.2.2 承压板应有足够刚度，保证加载过程不出现翘曲变形，是为确保地基尽可能产生均匀沉降，以模拟地基在刚性基础作用下的实际受力变形状况。承压板底面下铺砂，主要是找平作用，找平砂层应尽可能薄。

4.2.3 当设计有要求时，承压板应设置于设计要求的受检土层，是本规范的新要求。在实际工程中，由于承压板尺寸大小的限制，难以准确评价深部土层（该部分土层仍然是设计需要验算的主要受力土层之一）的承载能力性状，在这种情况下，有必要将承压板设置在一定深度的受检土层上进行试验，获得更完整的试验资料，对地基承载能力进行评价。

4.2.4 借鉴美国材料试验协会标准（ASTM）D1194或广东省地方标准《建筑地基基础检测规范》DBJ 15－60－2008的规定，为了防止试验过程中场地地基土含水量的变化或地基土的扰动，影响试验效果，要求保持试坑或试井底岩土的原状结构和天然湿度。必要时，应在承压板周边2m范围内覆盖防水布。传统的平板载荷试验适用于地下水位以上的土，对于地下水位以下的土，安装试验设备时可采取降水措施，但试验时应保证试土维持原来的饱和状态，这时试验在浸水或局部浸水状态下进行。

4.2.5 当采用两台及两台以上千斤顶加载时，为防止偏心受荷，要求千斤顶活塞直径应一样且应并联同步工作；在设备安装时，千斤顶的合力中心、承压板中心、反力装置重心、拟试验区域的中心应在同一铅垂线上。

4.2.6 加载反力装置应优先选用压重平台反力装置。与桩的静载试验相比，平板载荷试验的试验荷载要小得多，因此，要求压重在试验前一次加足。但对于单墩复合地基载荷试验等，当承压板面积非常大，不配置（难以配置满足规范要求的）反力支墩时，可参考结构载荷试验，一边堆载，一边试验。

4.2.7 用荷重传感器（直接方式）和油压表（间接方式）两种荷载测量方式的区别在于：前者采用荷重传感器测力，千斤顶仅作为加载设备使用而不是作为测量仪器使用，不需考虑千斤顶活塞摩擦对出力的影响；后者采用并联于千斤顶油路的压力表测量力时，应根据千斤顶的校准结果换算力。同型号千斤顶在保养正常状态下，相同油压时的出力相对误差约为1%～2%，非正常时可高达5%。采用传感器测量荷重或油压，容易实现加卸荷与稳压自动化控制，且测量精度较高。采用压力表测定油压时，为保证测量精度，其精度等级应优于或等于0.4级，不得使用1.5级压力表控制加载。

4.2.8 承压板沉降测量仪表可采用位移传感器或百分表等测试仪表，其性能应满足本规范第4.2.9条的规定。美国材料试验协会标准（ASTM）D1195和D1196中采用的位移测量仪表测点均距承压板边缘的距离为25.4mm。为了统一位移测试仪表的安装位置，本规范规定位移测试仪表应安装在承压板上，安装点应在承压板边中而不应安装在角上且各位移测试仪表在承压板上的安装点距承压板边缘的距离宜为25mm～50mm。对于直径为0.8m的深层平板载荷试验，可对称安置2个位移测量仪表。

4.2.9 为保证液压系统的安全，在最大试验荷载时，要求试验用千斤顶、油泵、油管的压力不应超过规定工作压力的80%。压力表的最佳使用范围为压力表量程的1/4～2/3，因此，应根据最大试验荷载合理选择量程适当的压力表。调查表明，部分检测机构由于千斤顶或其他仪器设备所限，存在“大秤称轻物”的现象，本规范规定荷重传感器、千斤顶、压力表或压力传感器的量程不应大于最大加载量的3.0倍，且不应小于最大加载量的1.2倍。

对于机械式大量程（50mm）百分表，《大量程百分表检定规程》JJG 379规定1级标准为：全程示值误差和回程误差分别不超过40μm和8μm，相当于满量程（注：FS：full scale，满量程或全量程）测量误差不大于0.1%。

4.2.10 试验试坑宽度或直径不应小于承压板宽度或直径的3倍参考了《建筑地基处理技术规范》JGJ 79－2012的相关规定。对于深层平板载荷试验，试井截面应为圆形，紧靠承压板周围土层高度不应小于承压板直径，以尽量保持半无限体内部的受力状态，避免试验时土的挤出。

4.2.11 承压板、压重平台支墩和基准桩之间的距离综合考虑了广东省建筑科学研究院等单位研究成果和《建筑地基基础设计规范》GB 50007－2011、《建筑地基处理技术规范》JGJ 79－2012、“Standard test method for bearing capacity of soil for static load and spread footings” ASTM D1194的有关规定。

广东省建筑科学研究院等单位的研究成果表明：支墩底面地基荷载小于其地基土极限承载力时，支墩周围地表地基土变形量：距离支墩边大于1B且大于2m处地基变形在2mm以内，距离支墩边大于1.5B且大于3m处地基变形在1mm以内，距离支墩边大于2B且大于4m处地基变形量在0.5mm左右。当支墩底面地基荷载大于地基土极限承载力时，支墩周围地表地基土变形量较大，且可能为沉降也可能为隆起。

1 基准桩与压重平台支墩、承压板之间距离的确定。JGJ 79－2012附录A规定基准点应设在试坑外（试坑宽度不小于承压板尺寸的3倍），也就是要求承压板与基准桩之间的净距大于1倍承压板尺寸。ASTM D1194规定：基准点离承压板（受荷面积）中心的距离为2.4m。如果要求基准点选取在地表地基土变形小于1mm的范围内，则基准桩与压重平台支墩、承压板之间的净距一般应大于1.5B且大于3m。从广东省工程实践来看，边宽大于3m的大面积承压板越来越多，综合考虑工程精度要求和实际检测设备情况，将基准桩与压重平台支墩之间的净距离调整为大于1.5B且大于2m，将基准桩与承压板之间的净距离调整为大于b且大于2m。

2 承压板与压重平台支墩之间距离的确定。GB 50007－2011附录C和JGJ 79－2012附录A只规定试坑宽度不小于承压板尺寸的3倍，如果支墩设在试坑外，也就是要求承压板与支墩之间的净距大于1倍承压板尺寸。ASTM D1194规定：承压板与压重平台支墩的净距离为2.4m。按支墩地基附加应力控制，承压板与压重平台支墩的净距离可取为0.5B；按支墩地基变形控制，承压板与压重平台支墩的净距离宜取为1B且大于2.0m；综合以上因素，并结合实际检测情况，将承压板与压重平台支墩之间的净距离规定为＞b且＞B且＞2.0m。

4.2.12 大型平板载荷试验基准梁的安装存在以下问题：型钢一般长12m，超过12m的基准梁需要组装或拼装，现场组装较困难且现场组装的基准梁稳定性较差；一般平板车的运输长度为12m，超过12m的基准梁运输较困难。因此，本规范认为12m长的基准梁即使不满足表4.2.11的规定也可以使用，但在这种情况下应对基准桩位移进行监测。

当需要对基准桩位移进行监测时，《建筑基桩检测技术规范》JGJ 106－2014指出：简易的办法是在远离支墩处用水准仪或张紧的钢丝观测基准桩的竖向位移。与对受检桩的沉降观测要求相比，本规范对基准桩位移的监测要求也降低了，但要求位移测量仪表的分辨力宜达到0.1mm。

4.2.13 传力装置应采用有足够刚度的传力柱组成，并将传力柱与承压板连接成整体，传力柱的顶部可采用钢筋等斜拉杆固定定位，从而确保安全。

位移传递装置宜采用钢管或塑料管做位移测量杆，位移测量杆的底端应与承压板固定连接，每间隔一定距离位移测量杆应与传力柱滑动相连，以保证位移测量的准确性。

4.2.14 当桩底岩基载荷试验采用传力装置进行测试时，其传力装置和位移传递装置的做法同本规范第4.2.13条。桩底岩基载荷试验当采用桩孔基岩提供反力时，鉴于实际情况的复杂性，应确保作业安全，并尽可能减少试验条件对基准桩变形的影响。

4.3 现场检测

4.3.1 在所有试验设备安装完毕之后，应进行一次系统检查。其方法是施加一较小的荷载进行预压，其目的是消除整个量测系统由于安装等人为因素造成的间隙而引起的非真实沉降；排除千斤顶和管路中之空气；检查管路接头、阀门等是否漏油等。如一切正常，卸载至零，待位移测试仪表显示的读数稳定后，并记录位移测试仪表初始读数，即可开始进行正式加载。

4.3.2 《建筑地基基础设计规范》GB 50007－2011规定岩基荷载试验的分级荷载为预估设计荷载的1/10，并规定将极限荷载除以3的安全系数，所得值与对应于比例界限的荷载相比较，取小值为岩石地基承载力特征值。因此，本规范规定岩基载荷试验的荷载分级宜为15级。

4.3.3 慢速维持荷载法的测读数据时间、沉降相对稳定标准与《建筑地基基础设计规范》GB 50007－2011的附录C、D的规定一致。

4.3.4 《建筑地基基础设计规范》GB 50007－2011和《岩土工程勘察规范》GB 50021－2001（2009年版）规定岩基载荷试验的沉降稳定标准为连续三次读数之差均不大于0.01mm，鉴于0.01mm是百分表的读数精度，在现场试验时难以操作，本规范将岩基载荷试验的沉降稳定标准修改为：30min读数之差小于0.03mm，并在四次读数中连续出现两次，卸载半小时一级，以有利于现场操作。

4.3.5 试验终止条件的制定参考了《岩土工程勘察规范》GB 50021－2001（2009年版）、《建筑地基基础设计规范》GB 50007－2011和《建筑地基处理技术规范》JGJ 79－2012、《建筑地基基础检测规范》DBJ 15－60－2008的规定。发生明显侧向挤出隆起或裂缝，表明受荷地层发生整体剪切破坏，这属于强度破坏极限状态；等速沉降或加速沉降，表明承压板下产生塑性破坏或刺入破坏，这是变形破坏极限状态；过大的沉降（浅层平板载荷试验承压板直径的0.06倍、深层平板载荷试验承压板直径的0.04倍），属于超过限制变形的正常使用极限状态。当承压板尺寸过大时，增加沉降量明显不易操作且已无太多意义，因此设定沉降量上限为150mm。

在确定终止试验标准时，对岩基而言，常表现为承压板上的测表不停地变化，这种变化有增加的趋势，荷载加不上去或加上去后很快降下来。

4.4 检测数据分析与判定

4.4.1 同一单位工程的试验曲线的沉降坐标宜按相同比例绘制压力-沉降（p-s）、沉降-时间对数（s-lg$t$）曲线，加载量的坐标应为压力，也可在同一图上同时标明荷载量和压力值。

4.4.2 地基的极限承载力，是指滑动边界范围内的全部土体都处于塑性破坏状态，地基丧失稳定时的极限承载力。典型的p-s曲线上可以分成三个阶段：即压密变形阶段、局部剪损阶段和整体剪切破坏阶段。

三个阶段之间存在两个界限荷载，前一个称比例界限(临塑荷载)，后一个称极限荷载。比例界限标志着地基土从压密阶段进入局部剪损阶段，当试验荷载小于比例界限时，地基变形主要处于弹性状态，当试验荷载大于比例界限时，地基中弹性区和塑性区并存。极限荷载标志着地基土从局部剪损破坏阶段进入整体破坏阶段。按本条第2款取值，是偏于安全的取值。

4.4.3 关于表4.4.3中取值的说明如下：根据《建筑地基基础设计规范》GB 50007-2011关于按相对变形确定地基特征值的规定，取 s/b 或 $s/d=0.01\sim0.015$ 所对应的荷载为深层平板载荷试验与浅层平板载荷试验的地基承载力特征值，本规范的取值参照《铁路工程地质原位测试规程》TB 10018-2003表3.4.2中的规定，但对压板尺寸作限定，与广东省标准《建筑地基基础检测规范》DBJ 15-60-2008表8.4.3的规定一致。

4.4.4 当极差超过平均值的30%时，如果分析能够明确试验结果异常的试验点不具有代表性，可将异常试验值剔除后，再进行统计计算确定单位工程承载力特征值。

4.4.5 载荷试验不仅要求给出每点的承载力特征值，而且要求给出单位工程的承载力特征值是否满足设计要求的结论。对工业与民用建筑（包括构筑物）来说，单位工程的载荷试验结果的离散性要比单桩承载力的离散性小，因此，有必要根据载荷试验结果给出单位工程的承载力特征值。还需说明两点：① 承载力检测因时间短暂，其结果仅代表试桩那一时刻的承载力，更不能包含日后自然或人为因素（如桩周土湿陷、膨胀、冻胀、融沉、侧移，基础上浮、地面超载等）对承载力的影响。② 承载力评价可能出现矛盾的情况，即承载力不满足设计要求而满足有关规范要求。因为规范一般给出满足安全储备和正常使用功能的最低要求，而设计时常在此基础上留有一定余量。考虑到责权划分，可以作为问题或建议提出，但仍需设计方复核和有关各责任主体方确认。

4.4.6 建筑地基基础施工质量验收一般对变形模量并无要求，考虑到设计的需要，本规范对浅层平板载荷试验确定变形模量进行了规定，计算方法主要参考了《岩土工程勘察规范》GB 50021-2001（2009年版）和广东省地方标准《建筑地基基础检测规范》DBJ 15-60-2008。本规范进一步规定应优先根据试验确定土的泊松比 μ，当无试验数据时，方可参考经验取值。

4.4.7 深层平板载荷试验确定变形模量的计算公式参照了《岩土工程勘察规范》GB 50021-2001（2009年版）的规定，深层平板载荷试验荷载作用在半无限体内部，式（4.4.7）是在Mindlin解的基础上推算出来的，适用于地基内部垂直均布荷载作用下变形模量的计算。

4.4.8 ω 是与试验深度和土类有关的系数。当土的泊松比 μ 根据试验确定时，可按式（4.4.8）计算，该公式来源于岳建勇和高大钊的推导（《工程勘察》2002年1期）；当土的泊松比按本规范第4.4.6条的经验取值时，即碎石的泊松比取0.27，砂土取0.30，粉土取0.35，粉质黏土取0.38，黏土取0.42，则可制成本规范表4.4.8。

5 复合地基载荷试验

5.1 一般规定

5.1.1 复合地基与其他地基的区别在于部分土体被增强或被置换形成增强体，由增强体和周围地基土共同承担荷载，本条给出适用于复合地基载荷试验检测的各种地基处理方法。

5.1.2 载荷试验的目的是确定承载力及变形参数，以便为设计提供依据或检验地基是否满足设计要求。载荷试验的应力主要影响范围是 $2.0b\sim2.5b$（b 为承压板边长），为检测主要处理土层的增强效果，承压板的尺寸与设置标高应考虑到主要处理土层，或设置在主要处理土层顶面，或承台板的尺寸能满足检验主要处理土层影响深度的要求。

5.1.4 本条明确规定复合地基应进行载荷试验。载荷试验的形式可根据实际情况和设计要求采取下面三种形式之一：第一，单桩（墩）复合地基载荷试验；第二，多桩复合地基载荷试验；第三，部分试验点为单桩复合地基载荷试验，另一部分试验点为多桩复合地基载荷试验。选择多桩复合地基平板载荷试验时，应考虑试验设备和试验场地的可行性。无论选择哪种形式的载荷试验，总的试验点数量（而不是受检桩数量）应符合要求。

5.1.5 本条为强制性条文。慢速维持荷载法是我国公认且已沿用几十年的标准试验方法，是行业或地方标准的关于复合地基设计参数规定值获取的最直接方法，是复合地基承载力验收检测方法的可靠参照标准。

5.2 仪器设备及其安装

5.2.1 本规范将承压板应为有足够刚度板作为单独一条提出，原因如下：

1 如承压板刚度不够，当荷载加大时，承压板本身的变形影响到沉降量的测读；

2 为了检测主要处理土层，当该土层不在基础底面而需采用多桩复合地基载荷试验而加大承压板尺寸以加大压力影响深度时，刚度不足引起承载板本身变形问题更为明显。

5.2.3 影响复合地基载荷试验的主要因素有承压板尺寸和褥垫层厚度，褥垫层厚度主要调节桩土荷载分担比例，褥垫层厚度过小桩对基础产生明显的应力集中，桩间土承载能力不能充分发挥，主要荷载由桩承担失去了复合地基的作用；厚度过大当承压板较小时影响主要加固区的检测效果，造成检测数据失真。如采用设计的垫层厚度进行试验，试验承压板的宽度对独立基础和条形基础应采用基础设计的宽度，对大型基础试验有困难时应考虑承压板尺寸和垫层厚度对试验结果的影响。

5.2.6 本条特别强调场地地基土含水量的变化或地基土的扰动对试验的影响。复合地基在开挖至基底标高时进行荷载试验，当基底土保护不当、或因晾晒时间过长、或因现场基坑降水导致试验土含水量变化形成硬层时，试验数据失真。

5.3 现场检测

5.3.1 加载前预压在以往静载检测的相关规定中没有提及，检测单位对预压的做法也不规范，个别地方标准定义了预压力取值的范围，但依据不足。在静载荷试验中预压是为了检测加压系统的工作状态，因此建议取最大加荷的5%。如果按10%预压相当于一级的加压量，所得的 p-s 曲线需要修正。

5.3.3 慢速维持荷载法的测读数据时间、沉降相对稳定标准与《建筑地基处理技术规范》JGJ 79－2012的附录B的规定一致。

5.3.4 本条第2款为了检验主要处理土层的情况，加大承压板尺寸进行多桩复合地基试验，只规定沉降量大于承压板宽度或直径6%，明显不易操作且已无太多意义，因此设定沉降量上限为150mm。

5.4 检测数据分析与判定

5.4.3 地基基础设计规范规定的地基设计原则，各类建筑物地基计算均应满足承载力计算要求，设计为甲、乙级的建筑物均应按地基变形设计，控制地基变形成为地基设计的主要原则。表5.4.3规定的承载力特征值对应的相对变形要严于天然地基。对于水泥搅拌桩和旋喷桩，按主要加固土层性质提出的取值范围，高压缩性土取高值。

5.4.4 当极差超过平均值的30%时，如果分析明确试验结果异常的试验点不具有代表性，可将异常试验值剔除后，进行统计计算确定单位工程承载力特征值。

6 竖向增强体载荷试验

6.1 一般规定

6.1.1 水泥土搅拌桩、旋喷桩、灰土挤密桩、夯实水泥土桩、水泥粉煤灰碎石桩、树根桩、混凝土桩等复合地基按《建筑地基处理技术规范》JGJ 79－2012的规定，除了需进行复合地基载荷试验，还需对有粘结强度的增强体进行竖向抗压静载试验。本规范主要是针对这条规定，对有粘结强度的增强体的竖向抗压静载试验进行了技术规定。

6.1.2 在对工程桩抽样验收检测时，规定了加载量不应小于单桩承载力特征值的2.0倍，以保证足够的安全储备。实际检测中，有时出现这样的情况：3根工程桩静载试验，分十级加载，其中一根桩第十级破坏，另两根桩满足设计要求。按本规范第6.4.4条规定，单位工程的单桩竖向抗压承载力特征值不满足设计要求。此时若有一根好桩的最大加载量取为单桩承载力特征值的2.2倍，且试验证实竖向抗压承载力不低于单桩承载力特征值的2.2倍，则单位工程的单桩竖向抗压承载力特征值满足设计要求。显然，若检测的3根桩有代表性，就可避免不必要的工程处理。本条明确规定为设计提供依据的静载试验应加载至破坏，即试验应进行到能判定单桩极限承载力为止。对于以桩身强度控制承载力的端承型桩，当设计另有规定时，应从其规定。

6.1.3 考虑到复合地基大面积荷载的长期作用结果与小面积短时荷载作用的试验结果有一定的差异，而且竖向增强体是主要施工对象，因此，需要再对竖向增强体的承载力和桩身质量进行检测。而且，《建筑地基处理技术规范》JGJ 79－2012作为强制性条文规定，对有粘结强度的复合地基增强体尚应进行单桩静载荷试验和桩身完整性检验。

6.1.4 竖向抗压静载试验是公认的检测增强体竖向抗压承载力最直观、最可靠的传统方法。本规范主要是针对我国建筑工程中惯用的维持荷载法进行了技术规定。根据增强体的使用环境、荷载条件及大量工程检测实践，在国内其他行业或国外，尚有循环荷载、等变形速率及终级荷载长时间维持等方法。

6.2 仪器设备及其安装

6.2.1 为防止加载偏心，千斤顶的合力中心应与反力装置的重心、桩轴线重合，并保证合力方向垂直。

6.2.3 用荷重传感器（直接方式）和油压表（间接方式）两种荷载测量方式的区别在于：前者采用荷重传感器测力，不需考虑千斤顶活塞摩擦对出力的影响；后者需通过率定换算千斤顶出力。同型号千斤顶在保养正常状态下，相同油压时的出力相对误差约为1%～2%，非正常时可高达5%。采用传感器测量荷重或油压，容易实现加卸荷与稳压自动化控制，且测量精度较高。采用压力表测定油压时，为保证测量精度，其精度等级应优于或等于0.4级，不得使用1.5级压力表作加载控制。

6.2.4 对于机械式大量程（50mm）百分表，《大量程百分表检定规程》JJG 379规定的1级标准为：全程示值误差和回程误差分别不超过40μm和8μm，相当于满量程测量误差不大于0.1%。沉降测定平面应在千斤顶底座承压板以下的桩顶标高位置，不得在承压板上或千斤顶上设置沉降观测点，避免因承压板变形导致沉降观测数据失实。

6.2.6 在加卸载过程中，荷载将通过锚桩（地锚）、压重平台支墩传至试桩、基准桩周围地基土并使之变形，随着试桩、基准桩和锚桩（或压重平台支墩）三者间相互距离缩小，土体变形对试桩产生的附加应力和使基准桩产生变位的影响加剧。

1985年，国际土力学与基础工程协会（ISSMFE）根据世界各国对有关静载试验的规定，提出了静载试验的建议方法并指出：试桩中心到锚桩（或压重平台支墩边）和到基准桩各自间的距离应分别"不小于2.5m或3D"，这和我国现行规范规定的"大于等于4D且不小于2.0m"相比更容易满足（小直径桩按3D控制，大直径桩按2.5m控制）。高重建筑物下的大直径桩试验荷载大、桩间净距小（规定最小中心距为3D），往往受设备能力制约，采用锚桩法检测时，三者间的距离有时很难满足"不小于4D"的要求，加长基准梁又难避免产生显著的气候环境影响。考虑到现场验收试验中的困难，且加载过程中，锚桩上拔对基准桩、试桩的影响小于压重平台对它们的影响，故本规范中对部分间距的规定放宽为"不小于3D"。

6.3 现场检测

6.3.1 本条主要是考虑在实际工程检测中，因桩头质量问题或局部承压应力集中而导致桩头爆裂、试验失败的情况时有发生，为此建议在试验前对桩头进行加固处理。当桩身荷载水平较低时，允许采用水泥砂浆将桩顶抹平的简单桩头处理方法。

6.3.2 本条是按我国的传统做法，对维持荷载法进行原则性的规定。

6.3.3 慢速维持荷载法的测读数据时间、沉降相对稳定标准与现行行业标准《建筑基桩检测技术规范》JGJ 106的规定一致。慢速维持荷载法是我国公认，且已沿用多年的标准试验方法，也是桩基工程竖向抗压承载力验收检测方法的唯一比较标准。慢速维持荷载法每级荷载持载时间最少为2h。对绝大多数增强体而言，为保证复合地基桩土共同作用，控制绝对沉降是第一位重要的，这是地基基础按变形控制设计的基本原则。

6.3.4 当桩身存在水平整合型缝隙、桩端有沉渣或吊脚时，在较低竖向荷载时常出现本级荷载沉降超过上一级荷载对应沉降5倍的陡降，当缝隙闭合或桩端与硬持力层接触后，随着持载时间或荷载增加，变形梯度逐渐变缓；当桩身强度不足桩被压断时，也会出现陡降，但与前相反，随着沉降增加，荷载不能维持甚至大幅降低。所以，出现陡降后不宜立即卸荷，而应使桩下沉量超过40mm～50mm，以大致判断造成陡降的原因。由于考虑到不同复合地基的增强体的桩径、强度和荷载传递性状的差异，给出了一个总沉降量的区间值，按规定进行取值。

长（超长）增强体的Q-s曲线一般呈缓变型，在桩顶沉降达到40mm时，桩端阻力一般不能发挥。由于长细比大、桩身较柔，弹性压缩量大，桩顶沉降较大时，桩端位移还很小。因此，放宽桩顶总沉降量控制标准是合理的。

6.4 检测数据分析与判定

6.4.1 除Q-s曲线、s-lg$t$曲线外，还有s-lg$Q$曲线。同一工程的一批试验曲线应按相同的沉降纵坐标比例绘制，满刻度沉降值不宜小于40mm，这样可使结果直观、便于比较。

6.4.2 由于有粘结强度的增强体的直径一般较小，桩身强度较低，桩身弹性压缩变形量会较大，因此取s＝40mm～50mm对应的荷载为极限承载力，较传统的中、小直径桩的沉降标准有一定的放松。主要考虑到不同复合地基的增强体的桩径、强度和荷载传递性状的差异，给出了一个总沉降量的区间值，按规定进行取值。对于s＝40mm～50mm的范围取值，一般桩身强度高且桩长较短时，或桩截面较小，取低值；桩身强度低且桩长较长时，或桩截面较大，取高值。

应该注意，世界各国按桩顶总沉降确定极限承载力的规定差别较大，这和各国安全系数的取值大小、特别是上部结构对地基沉降的要求有关。因此当按本规范建议的按桩顶沉降量确定极限承载力时，尚应考虑上部结构对地基沉降的具体要求。

6.4.3 《建筑地基基础设计规范》GB 50007－2011规定的竖向抗压承载力特征值是按竖向抗压极限承载力统计值除以安全系数2得到的，综合反映了桩侧、桩端极限阻力控制承载力特征值的低限要求。

7 标准贯入试验

7.1 一般规定

7.1.1 标准贯入试验适用于评价砂土、粉土、黏性土的天然地基或人工地基，对残积土的评价在个别省份有一定资料积累。

7.1.2 天然地基和人工地基除应进行地基载荷试验外，还应进行其他原位试验。检测数量参考《建筑地基基础工程施工质量验收规范》GB 50202－2002第4.1.5条的规定，并进行细化。

7.2 仪器设备

7.2.1 标准贯入试验设备规格主要参考《岩土工程勘察规范》GB 50021－2001（2009年版）确定。《岩土工程勘察规范》GB 50021－2001（2009年版）规定标准贯入试验钻杆直径采用42mm，贯入器管靴的刃口单刃厚度修改为1.6mm。

7.2.2 本条明确规定试验仪器的穿心锤质量、导向杆和钻杆相对弯曲度应定期标定；并规定其他需要定期检查的部分。

7.3 现 场 检 测

7.3.1、7.3.2 本条对试验测试点的平面布置和测试深度的详细规定，主要是配合《建筑地基处理技术规范》JGJ 79－2012 关于原位测试手段在地基处理检测中的一些规定，在该基础上进行细化。

7.3.8 在检测天然土地基、人工地基，评价复合地基增强体的施工质量时，要求每个检测孔的标准贯入试验次数不应少于 3 次，间距不大于 1.0m，否则数据太少，难以作出准确评价。

7.4 检测数据分析与判定

7.4.3 标准贯入试验锤击数的修正和使用应根据建立统计关系时的具体情况确定，强调尊重地区经验和土层的区域性。

7.4.7 确定砂土密实度，工程勘察、地基基础设计规范均采用未经修正的数值，为实测平均值，因此表 7.4.7-1 采用实测平均值，与现行规范保持一致。

在目前规范中，粉土的密实度和孔隙比存在对应关系，孔隙比、标准贯入试验实测锤击数和密实度三者之间缺乏相应关系；黏性土的状态与液性指数存在相应关系，状态、标准贯入试验修正后锤击数和液性指数三者之间缺乏相应关系。因此，在本规范的编制过程中，需要建立前述各个指标之间的相应关系以更好的指导实际工程。

为统计分析全国情况，对全国华东、华北、东北、中南、西北、西南各区 28 家勘察设计院发出征求意见函，就我们根据部分地区经验拟定的初步意见值征询意见，提供的初步征询意见值见表 2、表 3。

表 2 粉土孔隙比、标准贯入试验实测锤击数和密实度相关关系表

e	初步意见 N_k（实测值）	密实度
—	$N_k \leqslant 5$	松散
$e > 0.9$	$5 < N_k \leqslant 10$	稍密
$0.75 \leqslant e \leqslant 0.9$	$10 < N_k \leqslant 15$	中密
$e < 0.75$	$N_k > 15$	密实

表 3 黏性土状态、标准贯入试验修正后锤击数和液性指数相关关系表

I_L	初步意见 N_k（修正值）	状态
$I_L > 1$	$N_k \leqslant 2$	流塑
$0.75 < I_L \leqslant 1$	$2 < N_k \leqslant 4$	软塑
$0.5 < I_L \leqslant 0.75$	$4 < N_k \leqslant 8$	软可塑
$0.25 < I_L \leqslant 0.5$	$8 < N_k \leqslant 18$	硬可塑
$0 < I_L \leqslant 0.25$	$18 < N_k \leqslant 35$	硬塑
$I_L \leqslant 0$	$N_k > 35$	坚硬

收集整理各单位返回的意见，具有代表性的地区统计经验值见表 4～表 7。

表 4 粉土孔隙比、标准贯入试验实测锤击数和密实度相关关系表

序号	e	深圳市勘察测绘院	安徽建设工程勘察院	内蒙古建筑勘察设计研究院勘测有限责任公司	中勘冶金勘察设计研究院	福建省建筑设计研究院	密实度
1	—	—	$N_k \leqslant 6$	$N_k \leqslant 5$	$N_k \leqslant 5$	$N_k \leqslant 4$	松散
2	e>0.9	$1 < N_k \leqslant 4$	$6 < N_k \leqslant 13$	$5 < N_k \leqslant 10$	$5 < N_k \leqslant 9$	$4 < N_k \leqslant 12$	稍密
3	$0.75 \leqslant e \leqslant 0.9$	$4 < N_k \leqslant 7$	$13 < N_k \leqslant 25$	$10 < N_k \leqslant 15$	$9 < N_k \leqslant 14$	$12 < N_k \leqslant 18$	中密
4	$e < 0.75$	$7 < N_k \leqslant 15$	$N_k > 25$	$N_k > 15$	$N_k > 14$	$N_k > 18$	密实

表 5 粉土孔隙比、标准贯入试验实测锤击数和密实度相关关系表

序号	e	中国建筑东北设计研究院有限公司	浙江大学建筑设计研究院岩土工程分院	北京航天勘察设计研究院	建设综合勘察研究设计院	密实度
1	—	—	$N_k \leqslant 7$	$N_k \leqslant 5$	$N_k \leqslant 5$	松散
2	$e > 0.9$	—	$7 < N_k \leqslant 13$	$5 < N_k \leqslant 10$	$5 < N_k \leqslant 10$	稍密
3	$0.75 \leqslant e \leqslant 0.9$	$12 < N_k \leqslant 18$	$13 < N_k \leqslant 25$	$10 < N_k \leqslant 15$	$10 < N_k \leqslant 12$	中密
4	$e < 0.75$	$N_k > 18$	$N_k > 25$	$N_k > 15$	$N_k > 12$	密实

表 6 黏性土状态、标准贯入试验修正后锤击数和液性指数相关关系表

I_L	安徽建设工程勘察院	深圳市勘察测绘院	内蒙古建筑勘察设计研究院勘测有限公司	中勘冶金勘察设计研究院	福建省建筑设计研究院	状态
$I_L > 1$	$N_k \leqslant 3$	$N_k \leqslant 1.5$	$N_k \leqslant 2$	$N_k \leqslant 2$	$N_k \leqslant 2$	流塑
$0.75 < I_L \leqslant 1$	$3 < N_k \leqslant 5$	$1.5 < N_k \leqslant 4$	$2 < N_k \leqslant 4$	$2 < N_k \leqslant 4$	$2 < N_k \leqslant 5$	软塑
$0.5 < I_L \leqslant 0.75$	$5 < N_k \leqslant 7$	$4 < N_k \leqslant 6$	$4 < N_k \leqslant 8$	$4 < N_k \leqslant 7$	$5 < N_k \leqslant 11$	软可塑
$0.25 < I_L \leqslant 0.5$	$7 < N_k \leqslant 12$	$6 < N_k \leqslant 15$	$8 < N_k \leqslant 15$	$7 < N_k \leqslant 16$	$11 < N_k \leqslant 22$	硬可塑
$0 < I_L \leqslant 0.25$	$12 < N_k \leqslant 20$	$15 < N_k \leqslant 25$	$15 < N_k \leqslant 35$	$16 < N_k \leqslant 30$	$22 < N_k \leqslant 33$	硬塑
$I_L \leqslant 0$	$N_k > 20$	$25 < N_k \leqslant 35$	$N_k > 35$	$N_k > 30$	$N_k > 33$	坚硬

表 7　黏性土状态、标准贯入试验修正后锤击数和液性指数相关关系表

I_L	中国建筑东北设计研究院有限公司	浙江大学建筑设计研究院岩土工程分院	北京航天勘察设计研究院	建设综合勘察研究设计院	中建西南勘察设计研究院	状态
$I_L>1$	$N_k\leqslant 3$	$N_k\leqslant 1.5$	$N_k\leqslant 2$	$N_k\leqslant 2$	$N_k\leqslant 2$	流塑
$0.75<I_L\leqslant 1$	$3<N_k\leqslant 5$	$1.5<N_k\leqslant 4$	$2<N_k\leqslant 4$	$2<N_k\leqslant 4$	$2<N_k\leqslant 4$	软塑
$0.5<I_L\leqslant 0.75$	$5<N_k\leqslant 7$	$4<N_k\leqslant 6$	$4<N_k\leqslant 8$	$4<N_k\leqslant 9$	$4<N_k\leqslant 8$	软可塑
$0.25<I_L\leqslant 0.5$	$7<N_k\leqslant 12$	$6<N_k\leqslant 15$	$8<N_k\leqslant 15$	$9<N_k\leqslant 13$	$8<N_k\leqslant 15$	硬可塑
$0<I_L\leqslant 0.25$	$12<N_k\leqslant 20$	$15<N_k\leqslant 25$	$15<N_k\leqslant 35$	$13<N_k\leqslant 25$	$15<N_k\leqslant 25$	硬塑
$I_L\leqslant 0$	$N_k>20$	$25<N_k\leqslant 35$	$N_k>35$	$N_k>25$	$N_k>25$	坚硬

对以上数据分析应用如下：

（1）由表 4 可知，第一行标贯值均值为 5，可以作为松散与稍密粉土的临界值；第二行均值为 10.8，标准值为 9.24，因此选 10 作为稍密与中密粉土的临界值；第三行均值为 14.8，所以选择 15 作为中密与密实粉土的临界值。综上，确定结果见表 8。

表 8　粉土孔隙比、标准贯入试验实测锤击数和密实度相关关系表

e	统计结果 N_k（实测值）	密实度
—	$N_k\leqslant 5$	松散
$e>0.9$	$5<N_k\leqslant 10$	稍密
$0.75\leqslant e\leqslant 0.9$	$10<N_k\leqslant 15$	中密
$e<0.75$	$N_k>15$	密实

（2）由表 6 和表 7 可知，流塑与软塑黏性土标贯值临界值取 2；但因标准贯入试验一般不适用于软塑与流塑软土，建议用标贯进行软土判别时要慎重；软塑与软可塑的临界值均值为 4.33，标准值为 3.91，因此可取为 4；软可塑与硬可塑的临界值均值为 8.33，标准值为 7.09，因此可取为 8；硬可塑与硬塑的临界值均值为 14.2，均值为 12.64，考虑到以 300kPa 的承载力为限，由规范公式 $10.5+(N-3)\times 2=30$ 计算出 $N=13$，因此取为 14；硬塑与坚硬的临界值均值为 28.6，标准值为 22.8，考虑到全国规范中标贯击数为 23 时地基承载力已经达到 680kPa，足以达到坚硬状态了，因此取值为 25。综上，确定结果见表 9。

表 9　黏性土状态、标准贯入试验修正后锤击数和液性指数相关关系表

I_L	统计结果 N_k（修正值）	状态
$I_L>1$	$N_k\leqslant 2$	流塑
$0.75<I_L\leqslant 1$	$2<N_k\leqslant 4$	软塑
$0.5<I_L\leqslant 0.75$	$4<N_k\leqslant 8$	软可塑
$0.25<I_L\leqslant 0.5$	$8<N_k\leqslant 14$	硬可塑
$0<I_L\leqslant 0.25$	$14<N_k\leqslant 25$	硬塑
$I_L\leqslant 0$	$N_k>25$	坚硬

本次意见征询表发放的单位见表 10。

表 10　意见征询表发放的单位名称

序号	地区	省份	单位名称
1	华北	北京	北京航天勘察设计研究院
2		北京	北京市勘察设计研究院有限公司
3		北京	军队工程勘察协会
4		北京	中兵勘察设计研究院
5		北京	中航勘察设计研究院
6		河北	河北建设勘察研究院有限公司
7		河北	中勘冶金勘察设计研究院有限责任公司
8		天津	天津市勘察院
9		山西	山西省勘察设计研究院
10		内蒙古	内蒙古建筑勘察设计研究院勘测有限责任公司
11	东北	辽宁	中国建筑东北设计研究院有限公司
12	华东	上海	上海岩土工程勘察设计研究院有限公司
13		浙江	浙江大学建筑设计研究院岩土工程分院
14		浙江	杭州市勘测设计研究院
15		安徽	安徽省建设工程勘察设计院
16		福建	福建省建筑设计研究院
17		山东	山东正元建设工程有限责任公司
18	中南	河南	河南工程水文地质勘察院有限公司
19		湖北	中南勘察设计院
20		深圳	深圳市勘察测绘院有限公司
21		广西	广西电力工业勘察设计研究院
22	西南	四川	中国建筑西南勘察设计研究院有限公司
23		云南	中国有色金属工业昆明勘察设计研究院
24		贵州	贵州省建筑工程勘察院
25	西北	陕西	机械工业勘察设计研究院
26		陕西	西北综合勘察设计研究院
27		陕西	中国有色金属工业西安勘察设计研究院
28		新疆	新疆建筑设计研究院

7.4.8　标准贯入试验结果用于评价地基承载力时，一定要结合当地载荷试验结果和地区经验。特别是进行地基检测时，采用标准贯入试验判断地基土承载力应和地基处理设计时依据的地区承载力确定方法一致。

应用标准贯入试验评价和确定地基承载力是一个相当复杂的问题，涉及的不确定因素很多，比如沉积年代、沉积环境、成因类型、土中有机质含量、地下水位升降等等。另外，各地方规范关于锤击数 N 值是否修正、如何修正不同，标准值的计算方法不同，不一定存在可比性。制作一个全国性表，难度很大。

通过对国标《建筑地基基础设计规范》GBJ 7-89（已废止）及部分地方标准《河北建筑地基承载力技术规程》DB13（J）/T 48-2005、《北京地区建筑地基基础勘察设计规范》DB 11-501-2009、《南京地区建筑地基基础设计规范》DB 32/112-95、湖北《建筑地基基础技术规范》DB 42/242-2003等的对比研究，可以看出，河北规范考虑了地质分区，北京规范考虑了新近沉积土。关于锤击数修正，北京规范采用的是有效覆盖压力修正法，与其他规范采用杆长修正法不同；即使是杆长修正，各地规范的最大修正长度也不尽相同，福建、河北和南京规范均达到75m。

综上所述，本条要求应优先采用地方规范，当无地方规范也无地方经验时，在能满足本条限制条件下可使用本规范所列承载力表。

应用承载力表还应注意几个问题：

（1）各地对地基承载力采用标准值还是特征值并不一致，而标准值和特征值概念是存在差异的；

（2）个别地区经验积累的标贯值和承载力对应表主要是针对原状土的，对经过加固的土层结构性有很大改变的情况下并不适用；

（3）作为地基处理效果判定时，只能根据地基处理设计时依据的地区承载力确定方法确定加固后的承载力，不能依据大范围统计确定的承载力表格确定承载力，以避免产生检测结果分歧。

7.4.11 单位工程主要土层的原位试验数据应按本规范附录B的规定进行统计计算，给出评价结果。

8 圆锥动力触探试验

8.1 一般规定

8.1.1 圆锥动力触探试验（DPT）是用标准质量的重锤，以一定高度的自由落距，将标准规格的圆锥形探头贯入土中，根据打入土中一定距离所需的锤击数，判定土的力学特性，具有勘探和测试双重功能。

本规范列入了三种圆锥动力触探（轻型、重型和超重型）。轻型动力触探的优点是轻便，对于施工验槽、填土勘察、查明局部软弱土层、洞穴等分布，均有实用价值。重型动力触探应用广泛，其规格标准与国际通用标准一致。超重型动力触探的能量指数（落锤能量与探头截面积之比）与国外的并不一致，但相近，适用于碎石土和软岩。圆锥动力触探试验设备轻巧，测试速度快、费用较低，可作为地基检测的普查手段。

8.2 仪器设备

8.2.1～8.2.3 圆锥动力触探试验设备规格主要参考现行国家标准《岩土工程勘察规范》GB 50021确定，并规定重型及超重型圆锥动力触探的落锤应采用自动脱钩装置。触探杆顺直与否直接影响试验结果，本规范对每节触探杆相对弯曲度作了宜小于0.5%的规定。圆锥动力触探探杆、锥头的磨损度直接影响试验的准确性，本条对探杆、锥头的容许磨损度作出规定，方便现场检查判断。

8.3 现场检测

8.3.1 对于人工地基，由于处理土的类型或增强体的桩体材料可能各不相同，应根据其材料情况，选择适合的圆锥动力触探试验类型。

8.3.2 本条规定了进行圆锥动力触探试验的试验位置，测试点布置应考虑地质分区或加固处理分区的不同，且应有代表性。评价复合地基增强体施工质量时，应布置在增强体中心位置，评价桩间土的处理效果时，应布置在桩间处理单元的中心位置。评价地基处理效果时，处理前、后测试点应尽可能布置在同一位置附近，才具有较强的可比性。

8.3.3 本条规定了进行动力触探的测试深度，以便较为全面地评价地基的工程特性。对天然地基测试应达到主要受力层深度以下，可结合勘察资料确定试验深度。对人工地基测试应达到加固深度及其主要影响深度以下，复合地基应不小于竖向增强体底部深度。

8.3.4 本条规定进行圆锥动力触探试验时的技术要求：

1 锤击能量是最重要的因素。规定落锤方式采用控制落距的自动落锤，使锤击能量比较恒定。

2 注意保持杆件垂直，锤击时防止偏心及探杆晃动。贯入过程应不间断地连续击入，在黏性土中击入的间歇会使侧摩阻力增大。锤击速度也影响试验成果，一般采用每分钟15击～30击；在砂土、碎石土中，锤击速度影响不大，可取高值。

3 触探杆与土间的侧摩阻力是另一重要因素。试验中可采取下列措施减少侧摩阻力的影响：

（1）探杆直径应小于探头直径，在砂土中探头直径与探杆直径比应大于1.3；

（2）贯入时旋转探杆，以减少侧摩阻力；

（3）探头的侧摩阻力与土类、土性、杆的外形、刚度、垂直度、触探深度等均有关，很难用一固定的修正系数处理，应采取切合实际的措施，减少侧摩阻力，对贯入深度加以限制。

4 由于地基土往往存在硬夹层，不同规格的触探设备其穿透能力不同，为避免强行穿越硬夹层时损坏设备，对轻型动力触探和重型动力触探分别给出可终止试验的条件。当全面评价人工地基的施工质量，当处理范围内有硬夹层时，宜穿过硬夹层后继续试验。

8.4 检测数据分析与判定

8.4.2～8.4.4 对圆锥动力触探试验成果分析与判定

做如下说明：

1 圆锥动力触探试验主要取得的贯入指标，是触探头在地基土中贯入一定深度的锤击数（N_{10}、$N_{63.5}$、N_{120}）或地基土的动贯入阻力以及对应的深度范围。动贯入阻力可采用荷兰的动力公式：

$$q_d = \frac{M}{M+m} \cdot \frac{M \cdot g \cdot H}{A \cdot e} \quad (1)$$

式中：q_d——动贯入阻力（MPa）；

M——落锤质量（kg）；

m——圆锥探头及杆件系统（包括打头、导向杆等）的质量（kg）；

H——落距（m）；

A——圆锥探头截面积（cm^2）；

e——贯入度，等于 D/N，D 为规定贯入深度，N 为规定贯入深度的击数；

g——重力加速度，其值为 $9.81m/s^2$。

上式建立在古典的牛顿非弹性碰撞理论（不考虑弹性变形量的损耗）。故限用于：

（1）贯入土中深度小于 12m，贯入度 2mm～50mm；

（2）$m/M<2$。如果实际情况与上述适用条件出入大，用上述计算应慎重。

有的单位已经研制电测动贯入阻力的动力触探仪，这是值得研究的方向。

本规范推荐的分析方法是对触探头在地基土中贯入一定深度的锤击数（N_{10}、$N_{63.5}$、N_{120}）及其对应的深度进行分析判定，这种方法在国内已有成熟的经验。

2 根据触探击数、曲线形态，结合钻探资料可进行力学分层，分层时注意超前滞后现象，不同土层的超前滞后量是不同的。

上为硬土层下为软土层，超前约为 0.5m～0.7m，滞后约为 0.2m；上为软土层下为硬土层，超前约为 0.1m～0.2m，滞后约为 0.3m～0.5m。

在整理触探资料时，应剔除异常值，在计算土层的触探指标平均值时，超前滞后范围内的值不反映真实土性；临界深度以内的锤击数偏小，不反映真实土性；故不应参加统计。动力触探本来是连续贯入的，但也有配合钻探，间断贯入的做法，间断贯入时临界深度以内的锤击数同样不反映真实土性，不应参加统计。

3 整理多孔触探资料时，应结合钻探资料进行分析，对均匀土层，可用厚度加权平均法统计场地分层平均触探击数值。

8.4.5～8.4.7 动力触探指标可用于推定土的状态、地基承载力、评价地基土均匀性等，本条规定通过对各检测孔和同一土层的触探锤击数进行统计分析，得出其平均值（代表值）和变异系数等指标推定土的状态及地基承载力。进行分层统计时，应根据动探曲线沿深度变化趋势结合勘探资料进行。用于评价地基处理效果时，宜取得处理前、后的动力触探指标进行对比评价。

8.4.8 复合地基竖向增强体的施工工艺和采用材料的种类较多，只有相同的施工工艺并采用相同材料的增强体才有可比性，本条规定只对单个增强体进行评价。

8.4.9 用 N_{10} 评价地基承载力特征值的表分别分析、参考了《铁路工程地质原位测试规程》TB 10018—2003、广东、北京、西安、浙江的资料。

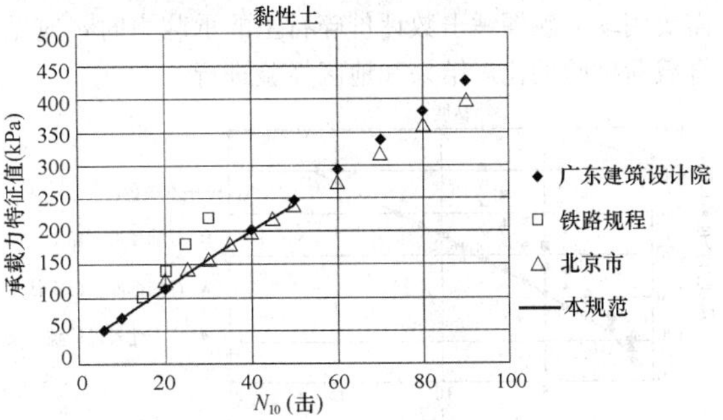

图 2 黏性土承载力特征值与 N_{10} 关系

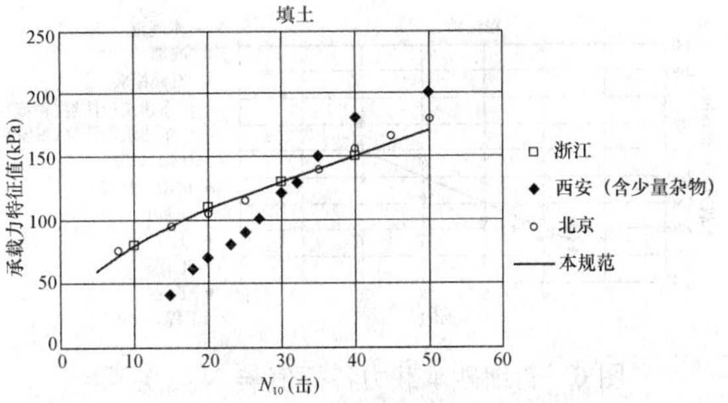

图 3 填土承载力特征值与 N_{10} 关系

本规范所列 N_{10} 评价素填土的承载力，该素填土的成分是黏性土，西安经验所对应的填土含有少量杂物，在击数对应的承载力相对较低，故表 8.4.9 参考了北京、浙江的资料。

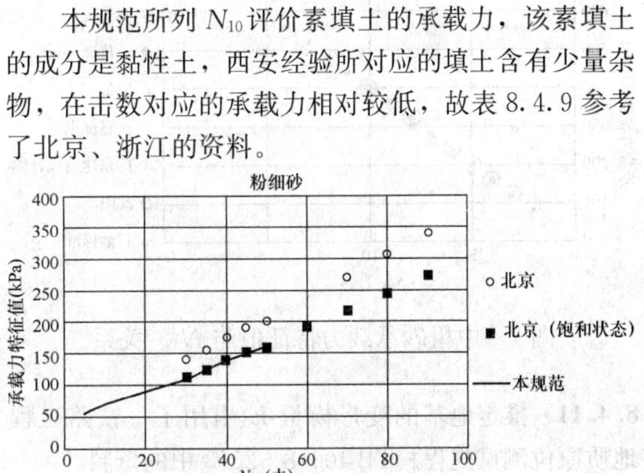

图 4 粉细砂承载力特征值与 N_{10} 关系

粉细砂土的承载力与其饱和程度关系明显，表中数值参照了北京资料中饱和状态下的资料。

用重型动力触探试验 $N_{63.5}$ 评价地基承载力特征

值分别参考了原一机部勘测公司西南大队、广东、成都、沈阳、铁路标准、石油标准等资料和部分工程实测验证资料，适当做了外延和内插。

8.4.10 砂土、碎石桩的密实度评价标准参考了《工程地质手册》、广东省、辽宁省等资料。为方便检测人员使用，本条引用了《岩土工程勘察规范》GB 50021－2001（2009 年版）用 $N_{63.5}$、N_{120} 击数评价碎石土密实度的表格。考虑到碎石土的粒径大小、颗粒组成、母岩成分、填充物等对动力触探锤击数和地基承载力影响较大，各地所测数据离散性也很大，故当需要用动力触探锤击数评价碎石土的承载力时，应结合载荷试验的比对结果和地区经验进行。

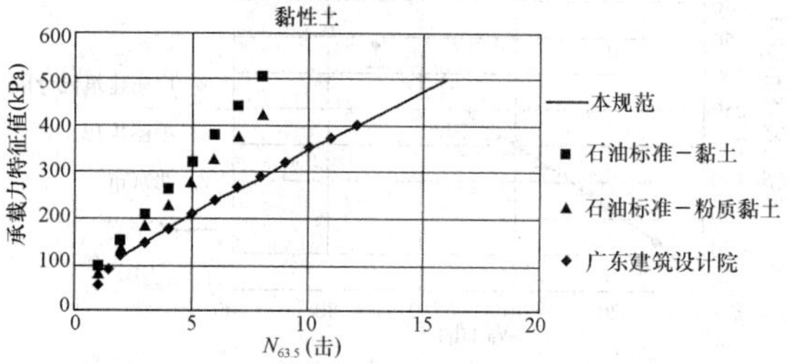

图 5　黏性土承载力特征值与 $N_{63.5}$ 关系

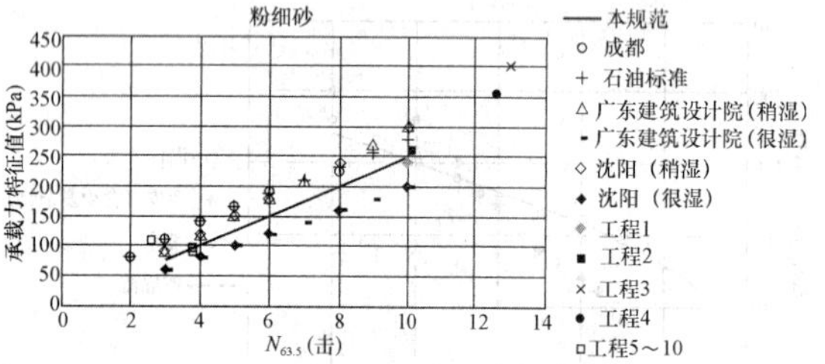

图 6　粉细砂承载力特征值与 $N_{63.5}$ 关系

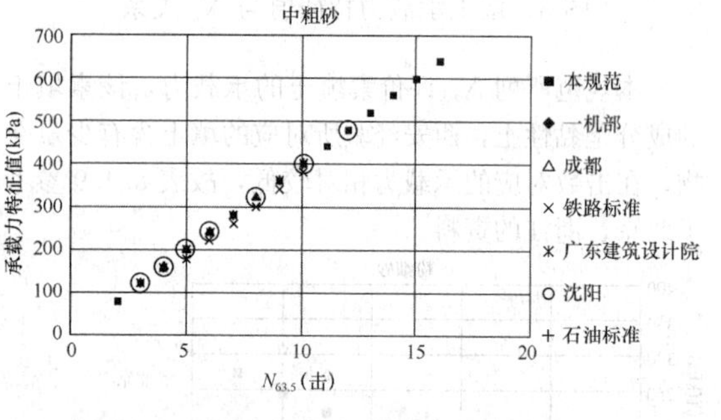

图 7　中粗砂承载力特征值与 $N_{63.5}$ 关系

8.4.11 推定地基的变形模量 E_0 引用了《铁路工程地质原位测试规程》TB 10018－2003 中的资料。

9　静力触探试验

9.1　一般规定

9.1.1 静力触探试验（CPT）为采用静力方式均匀地将标准规格的探头压入土中，通过量测探头贯入阻力以测定土的力学特性的原位测试方法。一般在黏性土、粉土和砂土及相应的处理土地基中较为适用，对于含少量碎石土层，其适用性应根据碎石含量、粒径级配等条件而定。静力触探试验能较为直观地评价土的均匀性和地基处理效果，结合载荷试验成果或地区工程实践经验，能推定土的承载力及变形参数。

9.2　仪器设备

9.2.1 单桥、双桥探头是国内常用的静力触探探头。国际上不少国家已较广泛采用多功能探头，国内也有勘察单位在工程中成功使用多功能探头。国内部分院校引进的现代多功能 CPTU 系统，配备有四功能 5t、10t、20t 数字式探头，具有常规 CPT、孔压、地震波和电阻率功能模块。数字式探头内传感器后配有电子放大调节元件，清除测试时电缆阻力的影响。另配有温度读数仪，用来校准微波稳定状态下的温度变化，保证测试精度。

9.2.2 国内目前探头锥底截面积有 $10cm^2$、$15cm^2$ 和 $20cm^2$。国际标准探头为锥角 60°，锥底截面积为 $10cm^2$，此种规格在国内也较为常用。对于可能有较大的贯入阻力时，可选择锥底面积较大的探头。

9.2.3 静力触探的贯入设备和记录仪作为设备应定期校准，校准的方式可以采用自校、外校，或自校加外校相结合的方式进行。

9.2.4 本条是对触探主机的技术要求，能匀速贯入，且标准速度为 1.2m/min，允许变化范围为 ±0.3m/min。

9.2.5 国内目前常用的记录仪主要有四种：（1）电阻应变仪；（2）自动记录绘图仪；（3）数字式测力仪；（4）数据采集仪（静探微机）。

9.2.6 探头在额定荷载下，室内检测总误差不应大于 3%FS，其中非线性误差、重复性误差、滞后误差、归零误差均应小于 1%FS，要求野外现场的归零误差不应超过 3%FS。

9.2.7 为了不影响测试数据和减少探杆与孔壁的摩阻力，探杆的直径应小于探头直径。如安装减摩阻器，安装位置应在影响范围之外。

9.2.8 国内探头一般采用电阻应变式传感器，应避免受潮和振动。

9.3　现场检测

9.3.1 本条是规定测试点的平面布设，应具有代表性和针对性。对于评价地基处理效果的，前、后测试点应考虑一致性。

9.3.2 本条是规定静力触探测试深度，除设计特殊要求外，一般应达到主要受力层或地基加固深度以下。对于复合地基桩间土测试，其深度应达到竖向增强体深度以下。

9.3.3 本条规定了静力触探设备安装应注意的问题，如注意施工安全，防止损坏地下管线等。因地制宜选择反力装置，有地锚法、堆载法和利用混凝土地坪反拉法等。

9.3.4 本条规定试验前，探头应连同记录仪、电缆线作为一个系统进行率定。率定有效期为3个月，超过3个月需要再次率定。当现场测试发现异常时，应重新率定，检验探头有效性。

9.3.5 本条规定静力触探试验现场操作的一些准测，如消除温漂，规定贯入标准速度。为防止孔斜的措施有：下护管或配置测斜探头。

9.3.6 在试验贯入过程中由于温度和传感器受力影响，探头应按一定间隔及时调零，保证测试数据的准确。

9.3.7 当探杆的倾斜角超过了10°时，测试深度和数据将会失真，应当终止试验。

9.4 检测数据分析与判定

9.4.7 为了统计静力触探试验成果和地基承载力、变形参数的关系，编制组收集了全国各地的一些工程资料，进行分析和统计，得出了以下经验公式。

1 收集资料情况

本次静力触探成果经验关系统计共收集23项工程，其中上海12项、江苏5项、陕西3项、辽宁1项、山西1项、浙江1项，详见表11。

表11 收集资料一览表

序号	工程名称	工程地点
1	上海中心大厦工程勘察、地灾评估	上海
2	上海市陆家嘴金融贸易区X2地块	上海
3	无锡红豆国际广场	江苏无锡
4	上海富士康大厦	上海
5	卢湾区马当路388号地块（卢43街坊项目）	上海
6	耀皮玻璃有限公司浮法玻璃搬迁项目	江苏常熟
7	虹桥综合交通枢纽地铁西站	上海
8	西部商业开发与西公交中心	上海
9	上海北外滩白玉兰广场	上海
10	无锡国棉1A、1B地块	江苏无锡
11	无锡国棉2号地块	江苏无锡
12	上海市静安区大中里综合发展项目	上海
13	太原湖滨广场综合项目	山西太原
14	上海市普陀区真如副中心A3、A5地块（一期）发展项目	上海
15	静安区60号街坊地下空间建设项目	上海
16	上海市长宁区临空13-1、13-2地块	上海
17	九龙仓苏州超高层项目	江苏苏州
18	轨道交通10号线海伦路站地块综合开发项目	上海
19	杭州市地铁4号线一期工程	浙江杭州
20	沈阳东北电子商城	辽宁沈阳
21	西安市城市快速轨道交通一号线一期工程	陕西西安
22	西安市城市快速轨道交通二号线一期工程	陕西西安
23	西安市城市快速轨道交通三号线一期工程	陕西西安

2 地基承载力和压缩模量的确定

确定地基承载力和土体变形模量最直接方法是载荷板试验，但由于载荷板试验一般在表层土进行，无法在深层土体实施，所以本次统计选用旁压试验成果来确定地基土承载力和压缩模量，确定原则如下：

地基土承载力特征值取值：$f_{ak}=0.9(p_y-p_0)$，p_y为旁压试验临塑压力，p_0为旁压试验原位侧向压力。

压缩模量$E_{s0.1-0.2}$按土工试验结果取值。

3 统计结果（图8～图13）

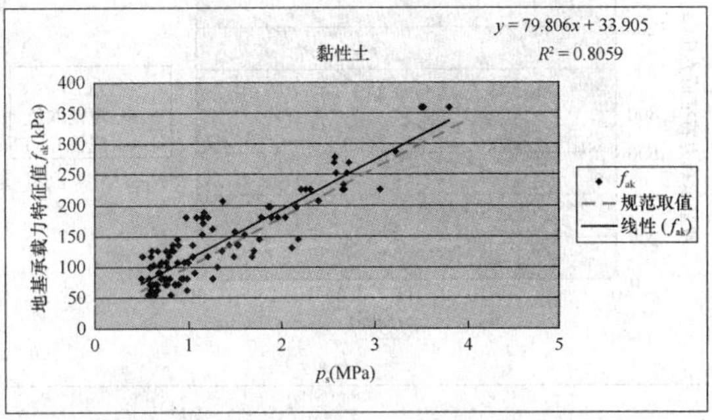

图8 黏性土地基承载力特征值与p_s关系

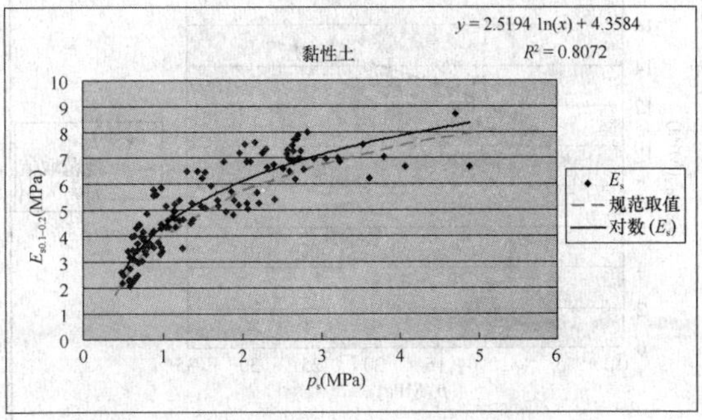

图9 黏性土$E_{s0.1-0.2}$与p_s关系

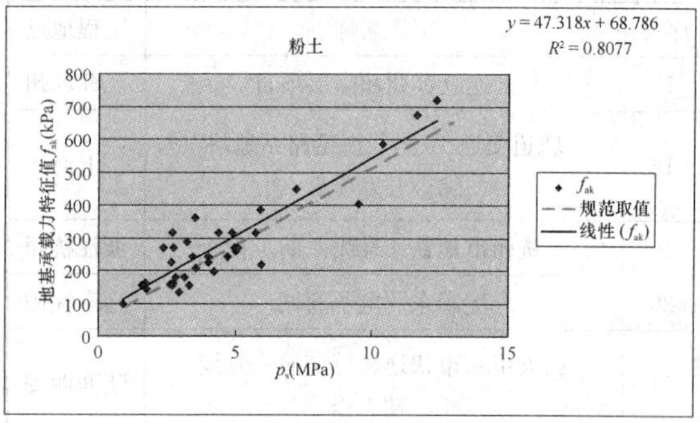

图 10　粉土地基承载力特征值与 p_s 关系

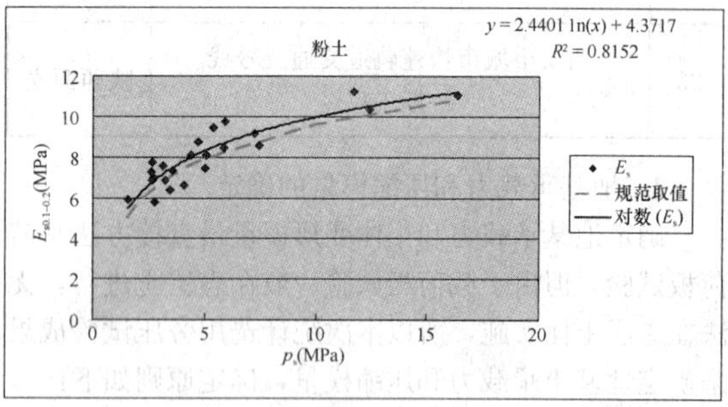

图 11　粉土 $E_{s0.1-0.2}$ 与 p_s 关系

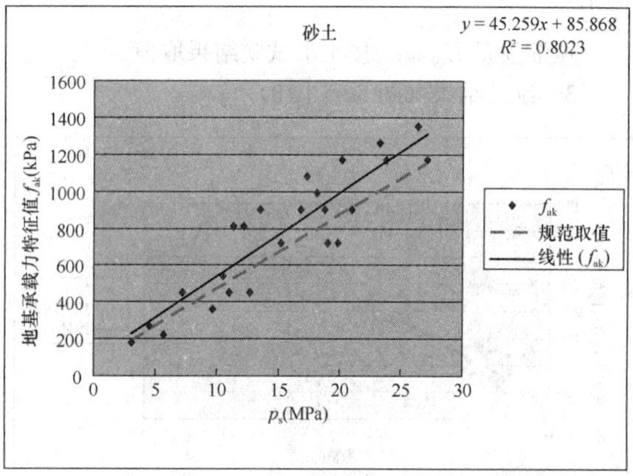

图 12　砂土地基承载力特征值与 p_s 关系

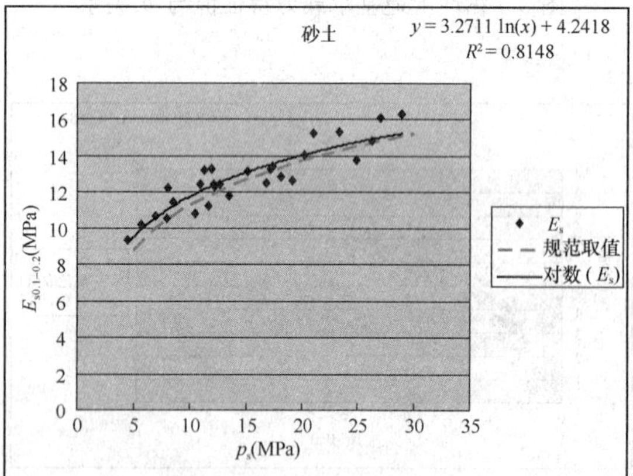

图 13　砂土 $E_{s0.1-0.2}$ 与 p_s 关系

（1）黏性土，规范取值：$f_{ak}=80p_s+20$，$E_{s0.1-0.2}=2.5\ln(p_s)+4$

（2）粉土，规范取值：$f_{ak}=47p_s+40$，$E_{s0.1-0.2}=2.44\ln(p_s)+4$

（3）砂土，规范取值：$f_{ak}=40p_s+70$，$E_{s0.1-0.2}=3.6\ln(p_s)+3$

本次归纳统计的经验公式应进一步通过载荷板对比试验，在工程中验证，积累资料，不断完善。

10　十字板剪切试验

10.1　一般规定

10.1.1　《岩土工程勘察规范》GB 50021－2001（2009年版）指出，十字板剪切试验可用于测定饱和软黏性土（$\varphi \approx 0$）的不排水抗剪强度和灵敏度；试验成果可按地区经验，确定地基承载力，判定软黏性土的固结历史。

十字板剪切试验的适用范围，大部分国家规定限于饱和软黏性土，软黏性土是指天然孔隙比大于或等于1.0，且天然含水量大于液限的细粒土。

作为建筑地基检测方法，十字板剪切试验适用于检测饱和软黏性土天然地基及其预压处理地基的不排水抗剪强度和灵敏度，可推定原状土与处理土地基的地基承载力，检验原状土地基质量和桩间土加固效果。

10.2　仪器设备

10.2.1　机械式十字板剪切仪的特点是施加的力偶对转杆不产生额外的推力。它利用蜗轮蜗杆扭转插入土层中的十字板头，借助开口钢环测定土层的抵抗扭力，从而得到土的抗剪强度。

电测十字板剪切仪是相对较新的一种设备。与机械式的主要区别在于测力装置不用钢环，而是在十字板头上端连接一个贴有电阻应变片的扭力传感器装置（主要由高强度弹簧钢的变形柱和成正交贴在其上的电阻片等组成）。通过电缆线将传感器信号传至地面的电阻应变仪或数字测力仪，然后换算十字板剪切的扭力大小。它可以不用事前钻孔，且传感器只反映十字板头处受力情况，故可消除轴杆与土之间，传力机械等的阻力以及坍孔使土层扰动的影响。如果设备有足够的压入力和旋扭力，则可自上而下连续进行试验。

10.2.2　十字板头形状国外有矩形、菱形、半圆形等，但国内均采用矩形，故本规范只列矩形。当需要测定不排水抗剪强度的各向异性变化时，可以考虑采用不同菱角的菱形板头，也可以采用不同径高比板头进行分析。矩形十字板头的宽高比1∶2为通用标准。十字板头面积比，直接影响插入板头时对土的挤压扰动，一般要求面积比小于15%；当十字板头直径为50mm和75mm，翼板厚度分别为2mm和3mm时，相应的面积比为13%～14%。

扭力测量设备需满足对测量量程的要求和对使用环境适应性的要求，才可能确保检测工作正常进行。

传感器和记录仪如达到条文规定的技术要求，则由零漂造成的试验误差（归零误差）被控制在1%FS以内。零漂可分为时漂和温漂两种：在恒温和零输入状态下，在规定的时段内，仪表对传感器零输出值的变化不小，谓之时漂；在零输入状态下，传感器零输出值随温度变化而改变，称为温漂。

传感器检测总误差若在3%以内，则整个测试误差（包括仪器的检测误差、十字板头尺寸误差等在内）被控制在8%以内。

传感器的绝缘程度随静置时间延长而降低，对传感器出厂时的绝缘电阻要求既是合理的，也是可行的。武汉冶金勘察研究院就传感器（探头）绝缘电阻对测试误差的影响进行过分析与试验，结论认为探头应变量测试误差在绝缘电阻为1MΩ级时可远小于1%。铁四院在南方若干工点中，也发现同一探头在5MΩ和大于200MΩ时，其测试值的重现性很好；但当探头绝缘电阻降至5MΩ以下时，由于气候潮湿和野外环境恶劣，也许在一夜之间便降为零。为此，本规程将传感器绝缘电阻的使用下限定为200MΩ，可保证外业工作不受这方面因素影响。

10.2.5 专用的试验记录仪是指与设备主机配套生产制作的专用试验记录仪。试验的信号传输线采用屏蔽电缆可防止或减小杂散信号干扰，保证测试结果准确。

10.3 现场检测

10.3.1 安装平稳才能保证钻杆入土的垂直度以及形成与理论假定一致的剪切圆柱体。

10.3.5 同一检测孔的试验点的深度间距规定宜为1.5m～2.0m，当需要获得多个检测点的数据而土层厚度不够时，深度间距可放宽至0.8m；当土层随深度的变化复杂时，可根据工程实际需要，选择有代表性的位置布置试验点，不一定均匀间隔布置试验点，遇到变层，要增加检测点。

10.4 检测数据分析与判定

10.4.3、10.4.4 十字板不排水抗剪强度计算的假定为：当十字板在土中扭转时，土柱周围的剪力是均匀的，土柱体上、下两端也是均匀的。

10.4.5 根据原状土与重塑土不排水抗剪强度的比值可计算灵敏度，可评价软黏土的触变性。

10.4.6、10.4.7 实践证明，正常固结的饱和软黏性土的不排水抗剪强度是随深度增加的；室内抗剪强度的试验成果，由于取样扰动等因素，往往不能很好地反映这一变化规律；利用十字板剪切试验，可以较好地反映土的不排水抗剪强度随深度的变化。

绘制抗剪强度与扭转角的关系曲线，可了解土体受剪时的剪切破坏过程，确定软土的不排水抗剪强度峰值、残余值及不排水剪切模量。目前十字板头扭转角的测定还存在困难，有待研究。

10.4.8 根据c_u-h曲线，判定软土的固结历史：若c_u-h曲线大致呈一通过地面原点的直线，可判定为正常固结土；若c_u-h直线不通过原点，而与纵坐标的向上延长轴线相交，则可判定为超固结土。

10.4.9 利用十字板剪切试验成果计算出来的地基土承载力特征值，在没有载荷试验作对比的情况下，不宜作为工程设计和验收的最终依据。十字板剪力试验结果宜结合平板载荷试验结果对地基土承载力特征值作出评价。当单独采用十字板剪切试验统计结果评价地基时，初步设计时可根据不排水抗剪强度标准值，根据规范提供的经验公式推定地基土承载力特征值。

地基承载力与原状土不排水抗剪强度c_u之间有着良好的线性关系，国内一些勘察设计单位根据几十年大量工程实践经验、现场试验对地基承载力与原状土不排水抗剪强度c_u之间的关系进行统计、分析得到一些经验公式。本规范的公式（10.4.9）系根据中国建筑科学研究院及华东电力设计院提供的经验公式，经真空预压处理的吹填土地基、堆载预压联合排水加固的软土地基、经换填处理的软弱地基及滨海相沉积的软黏土地基均可采用上述公式计算地基承载力。本条规定对经验公式中的埋置深度进行了取值限制，建议当$h>3.0$m时应进行适当折减。

11 水泥土钻芯法试验

11.1 一般规定

11.1.1 钻芯法检测是地基基础工程检测的一个基本方法，比较直观，可靠性强，在灌注桩检测中起到了巨大的作用。由于水泥土桩强度低，均匀性相对较差，其强度评定和完整性评价偏差有时较大，因此钻芯法可作为水泥土桩的辅助检测手段，当桩身强度和均匀性较差时，应采用平板载荷试验确定复合地基的承载力。

钻芯法适用于检测水泥土搅拌桩、高压旋喷桩、夯实水泥土桩等各种水泥土桩的桩长、桩身水泥土强度和桩身均匀性，还可判定和鉴别桩底持力层岩土性状。CFG桩、微型桩长径比大，钻芯时易偏出，检测实操难度较大，不推荐使用钻芯法检测，当有可靠措施能取到桩全长芯样时，也可作为其辅助检测方法。

11.1.2 以概率论为基础、用可靠性指标度量可靠度是比较科学的评价方法，即在钻芯法受检桩的芯样中截取一批芯样试件进行抗压强度试验，采用统计的方法判断桩身强度是否满足设计要求。为了取得较多的统计样本，准确评价单位工程同一条件下受检桩的桩身强度标准值，要求受检桩每根桩按上、中、下截取3组9个芯样试件。

11.1.3 水泥土桩的强度按7d、28d、90d龄期均有不同，因此应按设计要求的龄期进行抗压强度试验，以检验水泥土桩的强度是否达到该龄期的强度要求。

11.2 仪器设备

11.2.1～11.2.3 钻取芯样设备一般使用灌注桩取芯设备即可，水泥土桩强度一般较低，使用薄壁合金钻头即可，设备动力要求也可以低一些，但芯样的截取、加工、制作应更加细心。

11.3 现场检测

11.3.1 钻芯设备应精心安装、认真检查。钻进过程中应经常对钻机立轴进行校正，及时纠正立轴偏差，确保钻芯过程不发生倾斜、移位。设备安装后，应进行试运转，在确认正常后方能开钻。

当出现钻芯孔与桩体偏离时，应立即停机记录，分析原因。当有争议时，可进行钻孔测斜，以判断是受检桩倾斜超过规范要求还是钻芯孔倾斜超过规定要求。

11.3.2 当钻芯孔为一个时，规定宜在距桩中心100mm～150mm处开孔，是为了在桩身质量有疑问时，方便第二个孔的位置布置。为准确确定桩的中心点，桩头宜开挖裸露；来不及开挖或不便开挖的桩，应由全站仪测出桩位中心。鉴别桩底持力层岩土性状时，应按设计要求钻进持力层一定的深度，无设计要求时，钻进深度应大于2倍桩身直径。

11.3.6 钻至桩底时，为检测桩底虚土厚度，应采用减压、慢速钻进，若遇钻具突降，应即停钻，及时测量机上余尺，准确记录孔深及有关情况。

对桩底持力层，可采用动力触探、标准贯入试验等方法鉴别。试验宜在距桩底50cm内进行。

11.3.8 芯样取出后，应由上而下按回次顺序放进芯样箱中，芯样侧面上应清晰标明回次数深度。及时记录孔号、回次数、起至深度、芯样质量的初步描述及钻进异常情况。

11.3.9 对桩身水泥土芯样的描述包括水泥土钻进深度，芯样连续性、完整性、胶结情况、水泥土芯样是否为柱状、芯样破碎的情况，以及取样编号和取样位置。

对持力层的描述包括持力层钻进深度，岩土名称、芯样颜色、结构构造，或动力触探、标准贯入试验位置和结果。分层岩层应分别描述。

应先拍彩色照片，后截取芯样试件。取样完毕剩余的芯样宜移交委托单位妥善保存。

11.4 芯样试件抗压强度

11.4.2 本条规定芯样试件加工完毕后，即可进行抗压强度试验，一方面考虑到钻芯过程中诸因素影响均使芯样试件强度降低，另一方面是出于方便考虑。

11.4.4 水泥土芯样试件的强度值计算方法参照混凝土芯样试件的强度值计算方法。

11.5 检测数据分析与判定

11.5.2 由于地基处理增强体设计和施工的特殊性，评价单根受检桩的桩身强度是否满足设计要求并不合理，以概率论为基础、用可靠性指标度量可靠度评价整个工程的桩身强度是比较科学合理的评价方法。单位工程同一条件下每个检验批应按照附录B地基土数据统计计算方法计算桩身抗压强度标准值。

11.5.3 桩底持力层岩土性状的描述、判定应有工程地质专业人员参与，并应符合现行国家标准《岩土工程勘察规范》GB 50021的有关规定。

11.5.4、11.5.5 由于水泥土桩通常为大面积复合地基工程，桩数较多，其中的一根或几根桩并不起到决定作用，而是作为一个整体发挥作用，因此水泥土桩的桩身质量评价应按检验批进行。

除桩身均匀性和桩身抗压强度标准值外，当设计有要求时，应判断桩底持力层岩土性状是否满足或达到设计要求。

此外，由于水泥土桩强度低，均匀性相对较差，其强度评定和均匀性评价偏差有时较大，因此钻芯法仅作为水泥土桩的辅助检测手段，当桩身强度和均匀性较差时，应采用载荷试验确定复合地基的承载力。

12 低应变法试验

12.1 一般规定

12.1.1 目前工程中常用的竖向增强体有碎石桩、砂桩、水泥土桩、石灰桩、灰土桩、CFG桩等。根据竖向增强体的性质，桩体复合地基又可分为三类：散体材料桩复合地基、一定粘结强度材料桩复合地基和高粘结强度材料桩复合地基。其中，散体材料桩复合地基的增强体材料是颗粒之间无粘结的散体材料，如碎石、砂等，散体材料桩只有依靠周围土体的围箍作用才能形成桩体，桩体材料本身单独不能形成桩体。其他可称为粘结材料桩，视粘结强度的不同又可分为一般粘结强度桩和高粘结强度桩（也有人称为半刚性桩和刚性桩）。为保证桩土共同作用，常常在桩顶设置一定厚度的褥垫层。一般粘结强度桩复合地基如水泥土桩复合地基、灰土桩复合地基等，其桩体刚度较小。高粘结强度材料桩复合地基的桩体通常以水泥为主要胶结材料，有时以混凝土或由混凝土与其他掺和料构成，桩身强度较高，刚度很大。

这几种类型中，散体材料增强体明显不符合低应变反射法的检测理论模型，因此不属于本规范的检测范围。而经大量试验证明：类似水泥土搅拌法形成的一般粘结强度的竖向增强体，因其掺入水泥量、均匀性变化较大，强度较低，采用低应变法往往难以达到满意的效果，故一般只作为一种试验方法提供工程参考。本规范的检测适用范围主要是高粘结强度增强体，规定增强体强度为 8MPa 以上，当增强体强度达到 15MPa 以上时，可参照现行行业标准《建筑基桩检测技术规范》JGJ 106 进行检测。

低应变法有许多种，目前国内外普遍采用瞬态冲击方式，通过实测桩顶加速度或速度响应时域曲线，用一维波动理论分析来判定基桩的桩身完整性，这种方法称为反射波法（或瞬态时域分析法）。据住房城乡建设部所发工程桩动测单位资质证书的数量统计，绝大多数的单位采用上述方法，所用动测仪器一般都具有傅立叶变换功能，可通过速度幅频曲线辅助分析判定桩身完整性，即所谓瞬态频域分析法；也有些动测仪器还具备实测锤击力并对其进行傅立叶变换的功能，进而得到导纳曲线，这称之为瞬态机械阻抗法。当然，采用稳态激振方式直接测得导纳曲线，则称之为稳态机械阻抗法。无论瞬态激振的时域分析还是瞬态或稳态激振的频域分析，只是习惯上从波动理论或振动理论两个不同角度去分析，数学上忽略截断和泄漏误差时，时域信号和频域信号可通过傅立叶变换建立对应关系。所以，当桩的边界和初始条件相同时，时域和频域分析结果应殊途同归。综上所述，考虑到目前国内外使用方法的普遍程度和可操作性，本规范将上述方法合并编写并统称为低应变（动测）法。

一维线弹性杆件模型是低应变法的理论基础。因此受检增强体的长径比、瞬态激励脉冲有效高频分量的波长与增强体的横向尺寸之比均宜大于 5，设计增强体截面宜基本规则。另外，一维理论要求应力波在杆中传播时平截面假设成立，所以，对异形的竖向增强体，本方法不适用。

本方法对增强体缺陷程度只作定性判定，尽管利用实测曲线拟合法分析能给出定量的结果，但由于增强体的尺寸效应、测试系统的幅频相频响应、高频波的弥散、滤波等造成的实测波形畸变，以及增强体侧土阻尼、土阻力和增强体阻尼的耦合影响，曲线拟合法还不能达到精确定量的程度。

12.1.3 由于受增强体周土约束、激振能量、竖向增强体材料阻尼和截面阻抗变化等因素的影响，应力波从增强体顶传至底再从底反射回顶的传播为一能量和幅值逐渐衰减过程。若竖向增强体过长（或长径比较大）或竖向增强体截面阻抗多变或变幅较大，往往应力波尚未反射回竖向增强体顶甚至尚未传到竖向增强体底，其能量已完全衰减或提前反射，致使仪器测不到竖向增强体底反射信号，而无法评定竖向增强体的完整性。在我国，若排除其他条件差异而只考虑各地区地质条件差异时，竖向增强体的有效检测长度主要受竖向增强体和土刚度比大小的制约，故本条未规定有效检测长度的控制范围。具体工程的有效检测长度，应通过现场试验，依据能否识别竖向增强体底反射信号，确定该方法是否适用。

截面尺寸主要是因为上述的长径比影响及尺寸效应问题，应当有所限制，但各地、各种规范的规定不同，一般地，按直径小于 2.0m 为宜，具体情况应根据数据的可识别情况通过现场试验确定。

12.2 仪器设备

12.2.1 检测仪器设备除了要考虑其动态性能满足测试要求，分析软件满足对实测信号的再处理功能外，还要综合考虑测试系统的可靠性、可维修性、安全性等。竖向增强体在某种意义上也可以称为“低强度桩”，对仪器设备的要求与基桩检测的要求接近，因此，有关内容可按现行行业标准《基桩动测仪》JG/T 3055。信号分析处理软件应具有光滑滤波、旋转、叠加平均和指数放大等功能。检测报告所附波形曲线必须有横、纵坐标刻度值，方便其他技术人员同波形进行分析和对检测结果的准确性进行评估，可确保可溯源性。

低应变动力检测采用的测量响应传感器主要是压电式加速度传感器（国内多数厂家生产的仪器尚能兼容磁电式速度传感器测试），根据其结构特点和动态性能，当压电式传感器的可用上限频率在其安装谐振频率的 1/5 以下时，可保证较高的冲击测量精度，且在此范围内，相位误差几乎可以忽略。所以应尽量选用自振频率较高的加速度传感器。

对于增强体顶瞬态响应测量，习惯上是将加速度计的实测信号积分成速度曲线，并据此进行判读。实践表明：除采用小锤硬碰硬敲击外，速度信号中的有效高频成分一般在 2000Hz 以内。但这并不等于说，加速度计的频响线性段达到 2000Hz 就足够了。这是因为，加速度原始信号比积分后的速度波形中要包含更多和更尖的毛刺，高频尖峰毛刺的宽窄和多寡决定了它们在频谱上占据的频带宽窄和能量大小。事实上，对加速度信号的积分相当于低通滤波，这种滤波作用对尖峰毛刺特别明显。当加速度计的频响线性段较窄时，就会造成信号失真。所以，在±10%幅频误差内，加速度计幅频线性段的高限不宜小于 5000Hz，同时也应避免在增强体顶敲击处表面凹凸不平时用硬质材料锤（或不加锤垫）直接敲击。

高阻尼磁电式速度传感器固有频率接近 20Hz 时，幅频线性范围（误差±10%时）约在 20Hz～1000Hz 内，若要拓宽使用频带，理论上可通过提高阻尼比来实现，但从传感器的结构设计、制作以及可用性来看又难于做到。因此，若要提高高频测量上限，必须提高固有频率，势必造成低频段幅频特性恶化，反之亦然。同时，速度传感器在接近固有频率时使用，还存在因相位越迁引起的相频非线性问题。此外由于速度传感器的体积和质量均较大，其安装谐振频率受安装条件影响很大，安装不良时会大幅下降并产生自身振荡，虽然可通过低通滤波将自振信号滤除，但在安装谐振频率附近的有用信息也将随之滤除。综上所述，高频窄脉冲冲击响应测量不宜使用速度传感器。

12.2.2 瞬态激振操作应通过现场试验选择不同材质的锤头或锤垫，以获得低频宽脉冲或高频窄脉冲。除大直径增强体外，冲击脉冲中的有效高频分量可选择不超过 2000Hz（钟形力脉冲宽度为 1ms，对应的高频截止分量约为 2000Hz）。目前激振设备普遍使用的是力锤、力棒，其锤头或锤垫多选用工程塑料、高强尼龙、铝、铜、铁、橡皮垫等材料，锤的质量为几百克至几十千克不等。

12.3 现场检测

12.3.1 增强体头部条件和处理好坏直接影响测试信号的质量。因此，要求受检增强体头部的材质、强度、截面尺寸应与增强体整体基本等同。这就要求在检测前对松散、破损部分进行处理，使得增强体顶部表面平整干净且无积水。因为增强体的强度一般低于混凝土桩，所以桩头处理时强度与下部基本一致即可，不可要求过高，如果按混凝土桩的标准过高要求，容易将符合要求的增强体处理掉。

当增强体与垫层相连时，相当于增强体头部处存在很大的截面阻抗变化，对测试信号会产生影响。因此，测试应该安排在垫层施工前，若垫层已经施工，检测时增强体头部应与混凝土承台断开；当增强体头部的侧面与垫层相连时，应断开才能进行试验。

12.3.2 从时域波形中找到增强体底面反射位置，仅仅是确定了增强体底反射的时间，根据 $\Delta t=2L/c$，只有已知增强体长 L 才能计算波速 c，或已知波速 c 计算增强体长 L。因此，增强体长参数应以实际记录的施工增强体长为依据，按测点至增强体底的距离设定。测试前增强体波速可根据本地区同类型增强体的测试值初步设定，实际分析过程中应按由增强体长计算的波速重新设定或按 12.4.1 条确定的波速平均值 c_m 设定。

对于时域信号，采样频率越高，则采集的数字信号越接近模拟信号，越有利于缺陷位置的准确判断。一般应在保证测得完整信号（时段 $2L/c+5$ms，1024 个采样点）的前提下，选用较高的采样频率或较小的采样时间间隔。但是，若要兼顾频域分辨率，则应按采样定理适当降低采样频率或增加采样点数。

12.3.3 本条是为保证获得高质量响应信号而提出的措施：

1 传感器应安装在增强体顶面，传感器安装点及其附近不得有缺损或裂缝。传感器可用黄油、橡皮泥、石膏等材料作为耦合剂与增强体顶面粘结，或采取冲击钻打眼安装方式，不得采用手扶方式。安装完毕后的传感器必须与增强体顶面保持垂直，且紧贴增强体顶表面，在信号采集过程中不得产生滑移或松动。传感器用耦合剂粘结时，粘结层应尽可能薄，但应具有足够的粘结强度；必要时可采用冲击钻打孔安装方式，传感器底安装面应与增强体顶面紧密接触。

2 相对增强体顶横截面尺寸而言，激振点处为集中力作用，在增强体顶部位可能出现与增强体的横向振型相对应的高频干扰。当锤击脉冲变窄或增强体径增加时，这种由三维尺寸效应引起的干扰加剧。传感器安装点与激振点距离和位置不同，所受干扰的程度各异。初步研究表明：实心增强体安装点在距增强体中心约 2/3R（R 为半径）时，所受干扰相对较小，另应注意加大安装与激振两点距离或平面夹角将增大锤击点与安装点响应信号时间差，造成波速或缺陷定位误差。传感器安装点、锤击点布置见图 14。竖向增强体的直径往往较小，如果传感器和激振点距离只有相对量的要求，而没有绝对量的要求，部分小直径的竖向增强体可能会导致传感器和激振点间距过小，因此，另外规定的二者的距离不小于 10cm。

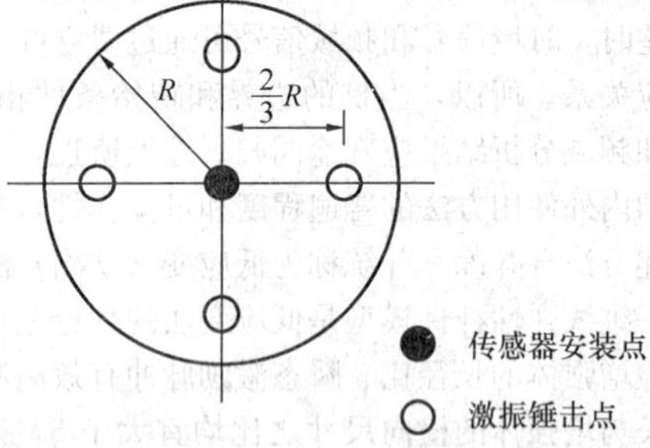

图 14　传感器安装点、锤击点布置示意图

3 瞬态激振通过改变锤的重量及锤头材料，可改变冲击入射波的脉冲宽度及频率成分。锤头质量较大或刚度较小时，冲击入射波脉冲较宽，低频成分为主；当冲击力大小相同时，其能量较大，应力波衰减较慢，适合于获得长度较长的增强体信号或下部缺陷的识别。锤头较轻或刚度较大时，冲击入射波脉冲较窄，含高频成分较多；冲击力大小相同时，虽其能量较小并加剧大直径增强体的尺寸效应影响，但较适宜于增强体浅部缺陷的识别及定位。

12.3.4 本条是对信号采集和筛选而提出的措施：

1 增强体直径增大时，增强体截面各部位的运动不均匀性也会增加，增强体浅部的阻抗变化往往表现出明显的方向性，故应增加检测点数量，使检测结果能全面反映增强体结构完整性情况。一般情况下，增强体的直径较小，布置（2～3）个测试点，已经能较好反映桩身完整性的信息，当然，这（2～3）个测点是指能够测到有效的、一致性较好的测点，如果不能，需要增加测点并分析原因。每个检测点有效信号数不宜少于3个，通过叠加平均提高信噪比。

2 应合理选择测试系统量程范围，特别是传感器的量程范围，避免信号波峰削波。

12.4 检测数据分析与判定

12.4.1 为分析不同时段或频段信号所反映的增强体阻抗信息、核验增强体底信号并确定增强体缺陷位置，需要确定增强体波速及其平均值 c_m。波速除与增强体强度有关外，还与骨料品种、粒径级配、密度、水灰比、施工工艺等因素有关。波速与增强体强度整体趋势上呈正相关关系，即强度高波速高，但二者并不是一一对应关系。在影响波速的诸多因素中，强度对波速的影响并非首位。因此，不能依据波速去评定增强体强度等级，反之亦然。对工程地质条件相近、施工工艺相同、同一单位施工的增强体，确定增强体纵波波速平均值，是信号分析的基础。《建筑基桩检测技术规范》JGJ 106 规定 $|c_i - c_m|/c_m \leqslant 5\%$ 是针对混凝土刚性桩而言的，考虑到竖向增强体波速低（即基数小），差异大，因此，本规范取 $|c_i - c_m|/c_m \leqslant 10\%$。

12.4.2 本方法确定增强体缺陷的位置是有误差的，原因是：缺陷位置处 Δt_x 和 $\Delta f'$ 存在读数误差；采样点数不变时，提高采样频率降低了频域分辨率；波速确定的方式及用抽样所得平均值 c_m 替代某具体增强体段波速带来的误差。其中，波速带来的缺陷位置误差 $\Delta x = x \cdot \Delta c/c$（$\Delta c/c$ 为波速相对误差）影响最大，如波速相对误差为5%，缺陷位置为10m时，则误差有0.5m；缺陷位置为20m时，则误差有1.0m。波速在强度低时变化的幅度更大，用桩基中5%的偏差太严格，考虑到复合地基增强体对长度的要求不如桩基严格，这方面适度放宽一些是比较妥当的。

对瞬态激振还存在另一种误差，即锤击后应力波主要以纵波形式直接沿增强体向下传播，同时在增强体顶又主要以表面波和剪切波的形式沿径向传播。因锤击点与传感器安装点有一定的距离，接收点测到的入射峰总比锤击点处滞后，考虑到表面波或剪切波的传播速度比纵波低得多，特别对大直径增强体，这种从锤击点起由近及远的时间线性滞后将明显增加。而波从缺陷或增强体底以一维平面应力波反射回增强体顶时，引起的增强体顶面径向各点的质点运动却在同一时刻都是相同的，即不存在由近及远的时间滞后问题。所以严格地讲，按入射峰-增强体底反射峰确定的波速将比实际的高，若按“正确”的增强体波速确定缺陷位置将比实际的浅，若能测到 $4L/c$ 的二次增强体底反射，则由 $2L/c$ 至 $4L/c$ 时段确定的波速是正确的。

12.4.3 当检测信号中存在少量高频噪声时，可采用低通滤波方式对测试信号进行处理，以降低测试噪声对测试效果的影响程度，但低通滤波频率应限定在一定范围，否则会使信号失真。若信号存在较多的高频噪声时，应当在检测时通过增强体顶部处理、改变锤头材料或对锤垫厚度进行调整以降低高频噪声，而不能期待事后进行数字滤波。指数放大是提高增强体中下部和底部信号识别能力的有效手段，指数放大倍数宜为（2～20）倍，能识别底部反射信号为宜，过大的放大倍数会使干扰信号一同放大，也可能会使测试波形尾部明显不归零，影响完整性的分析判断。

12.4.4、12.4.5 这两条规定是对检测数据进行分析判别的依据，表12.4.5列出了根据实测时域或幅频信号特征所划分的增强体完整性类别。

1 完整增强体分析判定，从时域信号或频域曲线特征表现的信息判定相对来说较简单直观，而分析缺陷增强体信号则复杂些，有的信号的确是因施工质量缺陷产生的，但也有是设计构造或施工工艺本身局限导致的，例如：增强体的逐渐扩径再缩回原增强体直径的变截面，地层硬夹层影响等。因此，在分析测试信号时，应仔细分清哪些是缺陷波或缺陷谐振峰，哪些是因增强体构造、增强体施工工艺、土层影响造成的类似缺陷信号特征。另外，根据测试信号幅值大小判定缺陷程度，除受缺陷程度影响外，还受增强体周围土阻尼大小及缺陷所处的深度位置影响。相同程度的缺陷因增强体周围土性质不同或缺陷埋深不同，在测试信号中其幅值大小各异。因此，如何正确判定缺陷程度，特别是缺陷十分明显时，如何区分是Ⅲ类增强体还是Ⅳ类增强体，应仔细对照增强体类型、地质条件、施工情况结合当地经验综合分析判断。

2 增强体缺陷的程度及位置，除直接从时域信号或幅频曲线上判定外，还可借助其他计算方式及相关测试量作为辅助的分析手段：

例如：时域信号曲线拟合法：将增强体划分为若干单元，以实测或模拟的力信号作为已知条件，设定并调整增强体阻抗及土参数，通过一维波动方程数值计算，计算出速度时域波形并与实测的波形进行反复比较，直到两者吻合程度达到满意为止，从而得出增强体阻抗的变化位置及变化量大小。该计算方法类似于高应变的曲线拟合法。

3 表12.4.5信号特征中，有关测不到增强体底部信号这种情况是受多种因素和条件影响，例如：

——软土地区较长的增强体，长径比很大；

——增强体阻抗与持力层阻抗匹配良好；

——增强体截面阻抗显著突变或沿增强体渐变。

此时的增强体完整性判定，只能结合经验、参照本场地和本地区的同类型增强体综合分析或采用其他方法进一步检测。

4 对设计条件有利的扩径增强体，不应判定为缺陷增强体，故仍划分为Ⅰ类。

12.4.8、12.4.9 这两条规定是对低应变法报告的更具体的要求，其中特别要求了要给出实测信号曲线，不能只给个判断的结论，或过度人为处理的曲线。这是因为检测人员水平高低不同，测试过程和测量系统各环节容易出现异常，人为信号处理影响信号真实性，从而影响结论判断的正确性，只有根据原始信号曲线才能鉴别。

13 扁铲侧胀试验

13.1 一 般 规 定

13.1.1 扁铲侧胀试验（DMT），也有译为扁板侧胀试验，是20世纪70年代意大利 Silvano Marchetti 教授创立。扁铲侧胀试验是将带有膜片的扁铲压入土中预定深度，充气使膜片向孔壁土中侧向扩张，根据压力与变形关系，测定土的模量及其他有关指标。因能比较准确地反映小应变的应力-应变关系，测试的重复性较好，引入我国后，受到岩土工程界的重视，进行了比较深入的试验研究和工程应用，已列入中华人民共和国国家标准《岩土工程勘察规范》GB 50021-2001（2009年版）和中华人民共和国行业标准《铁路工程地质原位测试规程》TB 10018-2003，美国 ASTM 和欧洲 EUROCODE 亦已列入。经征求意见，决定列入本规范。

扁铲侧胀试验最适宜在软弱、松散土中进行，随着土的坚硬程度或密实程度的增加，适宜性渐差。当采用加强型薄膜片时，也可应用于密实的砂土，参见表12。

表 12 扁铲侧胀试验在不同土类中的适用程度

土的性状 / 土类	$q_c<1.5$MPa，$N<5$		$q_c=7.5$MPa，$N=25$		$q_c=15$MPa，$N=40$	
	未压实填土	自然状态	轻压实填土	自然状态	紧密压实填土	自然状态
黏土	A	A	B	B	B	B
粉土	B	B	B	B	C	C
砂土	A	A	B	B	C	C
砾石	C	C	G	G	G	G
卵石	G	G	G	G	G	G
风化岩石	G	C	G	G	G	G
带状黏土	A	B	B	B	C	C
黄土	A	B	B	B	—	—
泥炭	A	B	B	B	—	—
沉泥、尾矿砂	A	—	B	—	—	—

注：适用性分级：A最适用；B适用；C有时适用；G不适用。

在有使用经验的地区，使用DMT可划分土层并定名，确定静止侧压力系数、超固结比、不排水抗剪强度、变形参数、侧向地基基床系数乃至判定地基液化可能性等。

13.1.3 当采用扁铲侧胀试验评价地基承载力和变形参数时，应结合载荷试验比对结果和地区经验进行评价。规定在同一工程内或相近工程进行比对试验，取得本地区相近条件的对比验证资料。载荷试验的承压板尺寸要考虑应力主要影响范围能覆盖主要加固处理土层厚度。

13.2 仪 器 设 备

13.2.2 设备标准化是扁铲侧胀试验的基础。为使本规程向国际现有标准靠拢，达到保证试验成果质量和资料通用的目的，本条文对扁铲测头的技术性能作了强调。

13.2.3 控制装置主要为测控箱，主要作用是控制试验的压力和指示膜片三个特定位置时的压力，并传送膜片到达特定位移量时的信号。

蜂鸣器和检流计应在扁铲测头膜片膨胀量小于0.05mm或大于等于1.10mm时接通，在膜片膨胀量大于等于0.05mm与小于1.10mm时断开。

膜片膨胀的三个特殊位置的状态见表13。

表 13 扁铲侧胀试验膜片膨胀的三个特殊位置及对应状态

位置编号	膨胀量	状态	蜂鸣器和检流计
1	小于0.05mm	压偏	接通
2	大于等于0.05mm 且小于1.10mm	膨胀	断开
3	大于等于1.10mm	完全膨胀	接通

一只充气15MPa的10L气瓶，在中密度土和25m长管路的试验，一般可进行1000个测点试验。耗气量随土质密度和管路的增加（长）而增大。

贯入设备是将扁铲测头送入预定试验土层的机具。一般土层中利用静力触探机具代替；在硬塑黏性土或较密实砂层中，利用标准贯入试验机具替代；对于坚硬黏土还可采用液压钻机。

应优先选用静力触探设备，扁铲测头的贯入速率与静力触探探头贯入速率一致，即每分钟20cm左右，贯入探杆与测头通过变径接头连接。

扁铲测头可用以下方式压入土中：

（1）主机为静力触探机具压入，可采用国内目前各种液压双缸静力触探机和CLD-3型手摇静探机（ϕ28mm以上探杆，接头内径大于或等于12mm，气电管路可贯穿）；

（2）主机为液压钻机压入，若试验在钻孔中，从钻孔底部开始，气电管路可不用贯穿于钻杆中而直接在板头以上的钻杆任何部位的侧面引出；

(3) 标准贯入设备锤击击入；

(4) 水下试验可用装有设备的驳船以电缆测井法压入或打入。

锤击法会影响试验精度，静力触探设备以手摇静探机压入较理想，应优先选用。

13.3 现场检测

13.3.1 扁铲侧胀试验操作属多岗位联合作业性质，其成果质量与现场操作者的技术素质和工作质量有关，有必要对操作人员进行职业培训。

13.3.2 扁铲侧胀试验具体操作过程如下：

1) 关闭排气阀，缓慢打开微调阀，在蜂鸣器停止响声瞬间记录气压值，即 A 读数；

2) 继续缓慢加压，直至蜂鸣器鸣响时，记录气压值，即 B 读数；

3) 立即打开排气阀，并关闭微调阀以防止膜片过度膨胀导致损坏；

4) 将探头贯入至下一测点，在贯入过程中排气阀始终打开，重复下一次试验。

若在试验中需要获取 C 读数，应在步骤 3) 中打开微排阀而非打开排气阀，使其缓慢降压直至蜂鸣器停后再次鸣响（膜片离基座为 0.05mm）时，记录 C 读数。

在大气压力下，膜片自然地提起高于它的支座，在 A 位置（膨胀 0.05mm）与 B 位置（膨胀 1.10mm）之间，控制装置的蜂鸣器是关着的。气压必须克服膜片刚度，并使它在空气中移动，使膜片从自然位置移至 A 位置时为 ΔA，移至 B 位置时为 ΔB。它们是不可忽略的。标定程序包括 ΔA 和 ΔB 的气压值，便于修正 A、B、C 的读数。

新膜片的标定值通常在许用范围值之外，而且，在试验或标定中，未实践的新膜片标定值总不稳定。解决的办法即为老化处理过程。重复对膜片加压和减压，增大 ΔA，减少 ΔB，直到它们达许用范围。

取出侧胀板头后，要用直角尺和直尺检查其弯曲度和平面度。直角尺靠在板头上接头两侧，量测两板面到直角尺距离，差值应小于 4mm，否则应予校直。用 150mm 直尺沿板头轴向置于板面凹处，倘用 0.5mm 塞规插不进，其弯曲程度可以接受，若能插进，则需校正（可用液压机或杠杆方法校直）。

试验完毕后应对气电管路作下列检查：

(1) 检查管路两端接头的导通性、绝缘性是否良好；

(2) 将管路一端密封放入水中，另一端接入 4MPa 气压，检查管路有无泄漏；

(3) 检查管路有无阻塞；将一根长管路一端接入测控箱上，另一端空着，加压 4MPa，压力表指针不应超过 800kPa，超过此值，视阻塞程度加以修改；

(4) 检查管路是否夹扁或破裂。

13.4 检测数据分析与判定

13.4.2 扁铲侧胀试验中测得的 A 压力是作用在膜片内部使膜片中心向周围土体水平推进 0.05mm 时所需的气压，为获得膜片在向土中膨胀之前作用在膜片上的接触力 P_0（无膨胀时），需要修正 A 压力以考虑膜片刚度、0.05mm 膨胀本身和排气后压力表零度偏差的影响。Marchetti 和 Crapps（1981 年）假设土-膜界面上的压力与膜片位移间的关系成线性，如式（13.4.2-1）。同样，试验中测得的 B 压力是作用在膜片内侧使膜片中心向周围土体推进 1.10mm 时所需要的气压，考虑到膜片刚度和排气后压力表零度偏差。故膜片膨胀 1.10mm 时的膨胀压力 P_1 可根据式（13.4.2-2）得到。根据正常的压力膨胀程序获得常规的 A 和 B 压力，还可读取 C 压力以获得在控制排气时膜片回到 0.05mm 膨胀时膜片的压力，该压力读数 C 由式（13.4.2-3）修正为 P_2。

扁铲侧胀试验时膜片向外扩张可视为在半无限弹性介质中对圆形面积施加均布荷载 ΔP，设弹性介质的弹性模量为 E、泊松比为 μ、膜片中心的外移量为 s，则有

$$s=\frac{4R\cdot\Delta P}{\pi}\cdot\frac{(1-\mu^2)}{E} \quad (2)$$

式中 R 为膜片的半径，即 30mm，当试验中外移量 s 为 1.10mm 时，且令 $E_D=E/(1-\mu^2)$，则

$$E_D=34.7\Delta P \quad (3)$$

式中 $\Delta P=P_1-P_0$，因而侧胀仪模量 $E_D=34.7(P_1-P_0)$。

扁铲侧胀试验各曲线随深度变化反映了土层的若干性质，成为定性、定量评估这些性质的重要依据，与静力触探曲线相比较可得如下特征：

(1) 试验曲线连续，具有类似静力触探曲线直观反映土性变化的特点；

(2) 黏性土的 I_D 值一般较小，U_D 值一般较大；

(3) 砂性土的 I_D 值一般较大，U_D 值非常低，接近 0；

(4) 在均质土中贯入，P_0、P_1、P_2、ΔP、E_D 均随深度线性递增，I_D、U_D 保持稳定，K_D 则呈递减趋势；

(5) K_D 曲线很大程度上反映地区土层的应力历史，超固结土 K_D 较大；

(6) 在非均质土中贯入，各曲线起伏变化较大，遇砂性土变化加剧。

水平应力指数 K_D 为 1.5～4.0 的一般饱和黏性土，静止土压力系数 K_0 可按下式计算：

$$K_0=0.30K_D^{0.54} \quad (4)$$

在连云港、宁波、无锡、昆山、武昌地区，对一般饱和黏性土（含软黏土）共开展了 52 组扁铲和

DMT 对比试验，得到静止侧压力系数与 K_D 关系如下：

$$K_0=0.34K_D^{0.54} \tag{5}$$

膨胀压力 $\Delta P\leqslant$100kPa 的饱和黏性土，不排水杨氏模量 E_u 可按下式计算：

$$E_u=3.5E_D \tag{6}$$

在昆山、无锡、武昌三地进行了钻孔取样做三轴不排水压缩试验与 DMT、CPT 进行对比，在 39 组 E_u 与 E_D 数据中有 32 组 $\Delta P\leqslant$100kPa 的饱和黏性土，其关系为 $E_u=2.92E_D$。

饱和黏性土、饱和砂土及粉土地基的基准水平基床系数 K_{h1}（kN/m³）可按下式计算：

$$K_{h1}=0.2K_h \tag{7}$$

$$K_h=1817(1-A)(P_1-P_0) \tag{8}$$

式中：K_h——侧胀仪抗力系数；

A——孔隙压力系数，无室内试验数据时，可按表 14 取值；

1817——量纲为 m^{-1} 的系数。

表 14　饱和土的 A 值

土类	砂类土	粉土	粉质黏土		黏土	
			OCR=1	1<OCR≤4	OCR=1	1<OCR≤4
A	0	0.10~0.20	0.15~0.25	0~0.15	0.25~0.5	0~0.25

若假定土体在小应变条件下为弹性体且侧胀仪膜片对土体的膨胀压力可视为平面应力（单向压缩），则用 DMT 测定地基水平基床系数是可行的。

下面给出上海、深圳各土层扁铲测试结果及分析取值方法，见表 15、表 16。

表 15　上海市各土层扁铲侧胀试验结果统计

土层编号	土层名称	汇总							
		土类指数 I_D		水平应力指数 K_D		扁铲模量 E_D（MPa）		孔压指数 U_D	
		平均值 最大值 最小值	子样数 均方差 变异系数	平均值 最大值 最小值	子样数 均方差 变异系数	平均值 最大值 最小值	子样数 均方差 变异系数	平均值 最大值 最小值	子样数 均方差 变异系数
②$_0$	粉质黏土（江滩土）	0.52	29	3.52	29	3.05	29	−0.28	1
		2.00	0.47	5.41	0.85	10.31	2.65		
		0.24	0.91	2.23	0.25	1.17	0.89		
②$_1$	粉质黏土			5.88	1	2.48	1		
③$_上$	淤泥质粉质黏土	0.25	19	5.70	14	1.62	17		
		1.66	0.36	6.62	3.84	11.15	2.61		
		0.03	1.50	3.95	0.70	0.18	1.66		
③夹	黏质粉土	0.57	32	4.40	24	4.31	28	0.19	1
		2.57	0.60	6.30	2.71	11.91	3.86		
		0.11	1.07	2.59	0.63	0.73	0.91		
③$_下$	淤泥质粉质黏土	0.20	23	3.77	20	1.59	23	−0.05	4
		0.27	0.02	4.23	1.50	2.40	0.19	0.06	
		0.17	0.12	3.38	0.41	1.46	0.12	−0.17	
④	淤泥质黏土	0.21	178	2.89	170	2.19	180	0.10	37
		0.80	0.08	3.74	0.92	5.61	0.82	0.43	0.12
		0.12	0.38	1.78	0.32	1.13	0.37	−0.21	1.33
⑤$_1$	粉质黏土	0.25	115	2.64	115	3.69	115	0.17	23
		2.00	0.17	3.07	0.25	20.59	1.71	0.30	0.08
		0.13	0.69	1.65	0.09	1.75	0.47	−0.01	0.52

续表 15

土层编号	土层名称	汇总							
		土类指数 I_D		水平应力指数 K_D		扁铲模量 E_D（MPa）		孔压指数 U_D	
		平均值 最大值 最小值	子样数 均方差 变异系数	平均值 最大值 最小值	子样数 均方差 变异系数	平均值 最大值 最小值	子样数 均方差 变异系数	平均值 最大值 最小值	子样数 均方差 变异系数
⑥	粉质黏土	0.49	97	3.26	97	11.62	97	0.16	18
		0.68	0.07	4.11	0.33	17.74	2.16	0.29	0.06
		0.24	0.15	2.74	0.10	5.28	0.19	0.06	0.39
⑦$_1$	砂质黏土	0.85	3	3.37	3	21.96	3		
		1.34		3.95		29.40			
		0.30		2.61		8.67			

表 16　深圳市各土层扁铲侧胀试验结果统计

地层年代	成因及名称	指标名称 / 统计项目	初始应力 P_0（kPa）	膨胀压力 P_1（kPa）	ΔP（kPa）	扁胀模量 E_D（MPa）	水平压力指数 K_D	材料指数 I_D	静止侧压力系数 K_0
Q^{ml}	人工填土	统计件数	26	26	26	26	26	26	26
		最小值	98.85	177.00	16.80	0.58	1.43	0.11	0.41
		最大值	626.03	1528.50	1120.88	38.89	9.07	5.89	0.74
		平均值	232.02	516.46	284.44	9.87	3.34	1.27	0.56
		标准差	120.71	396.82	315.47	10.95	1.80	1.35	0.09
		变异系数	0.52	0.77	1.11	1.11	0.54	1.06	0.17
Q^{al+pl}	淤泥质黏土	统计件数	8	8	7	7	8	7	8
		最小值	150.00	171.00	12.60	0.44	2.99	0.07	0.52
		最大值	391.93	730.00	489.30	16.98	6.00	2.23	0.80
		平均值	255.40	362.50	128.52	4.46	3.93	0.52	0.65
		标准差	67.39	164.49	120.78	4.19	0.93	0.50	0.08
		变异系数	0.26	0.45	0.94	0.94	11.05	50.33	39.29
	中粗砂（混淤泥）	统计件数	7	7	6	6	7	6	7
		最小值	59.00	206.00	4.20	0.15	0.79	0.02	0.30
		最大值	217.45	263.00	186.90	6.49	2.92	3.00	0.61
		平均值	203.26	231.40	35.18	1.22	2.54	0.21	0.56
		标准差	14.39	20.80	31.01	1.08	0.20	0.19	0.02
		变异系数	0.07	0.09	0.88	0.88	0.08	0.94	0.04

续表 16

地层年代	成因及名称	指标名称 / 统计项目	初始应力 P_0（kPa）	膨胀压力 P_1（kPa）	ΔP（kPa）	扁胀模量 E_D（MPa）	水平压力指数 K_D	材料指数 I_D	静止侧压力系数 K_0
Q^{al+pl}	黏土①	统计件数	27	27	27	27	27	27	27
		最小值	175.08	317.00	84.53	2.93	1.54	0.36	0.43
		最大值	757.88	2245.00	1565.03	54.31	9.44	4.20	0.72
		平均值	407.82	1055.94	648.12	22.49	3.66	1.65	0.58
		标准差	146.02	546.31	438.67	15.22	1.57	0.96	0.08
		变异系数	0.36	0.52	0.68	0.68	0.43	0.58	0.14
	砂砾①	统计件数	27	27	27	27	27	27	27
		最小值	175.08	317.00	84.53	2.93	1.54	0.36	0.43
		最大值	757.88	2245.00	1565.03	54.31	9.44	4.20	0.72
		平均值	407.82	1055.94	648.12	22.49	3.66	1.65	0.58
		标准差	146.02	546.31	438.67	15.22	1.57	0.96	0.08
		变异系数	0.36	0.52	0.68	0.68	0.43	0.58	0.14
	黏土②	统计件数	6	6	6	6	6	6	6
		最小值	66.28	302.00	235.73	8.18	0.68	1.89	0.28
		最大值	580.73	1605.00	1163.93	40.39	7.11	7.23	0.87
		平均值	407.13	1412.50	1005.38	34.89	5.20	3.43	0.62
		标准差	139.55	124.96	110.73	3.84	1.77	2.20	0.15
		变异系数	0.34	0.09	0.11	0.11	0.34	0.64	0.23
	砂砾②	统计件数	34	34	34	34	34	34	34
		最小值	110.95	238.00	127.05	4.41	0.46	1.04	0.22
		最大值	1024.25	2228.00	2086.35	72.40	8.13	46.73	0.98
		平均值	415.61	1498.03	1082.42	37.56	3.69	3.88	0.56
		标准差	201.69	629.10	507.40	17.61	1.78	3.58	0.13
		变异系数	0.49	0.42	0.47	0.47	0.48	0.92	0.24
Q^{dl}	含砾黏土	统计件数	12	12	12	12	12	12	12
		最小值	39.13	278.00	238.88	8.29	1.09	0.94	0.36
		最大值	798.88	1956.50	1157.63	40.17	11.22	6.11	0.58
		平均值	472.72	1226.20	753.48	26.15	7.25	2.02	0.54
		标准差	206.14	480.39	280.73	9.74	2.78	1.37	0.06
		变异系数	0.44	0.39	0.37	0.37	0.38	0.68	0.12

续表 16

地层年代	成因及名称	指标名称 / 统计项目	初始应力 P_0（kPa）	膨胀压力 P_1（kPa）	ΔP（kPa）	扁胀模量 E_D（MPa）	水平压力指数 K_D	材料指数 I_D	静止侧压力系数 K_0
Q^{el}	砾质黏土	统计件数	272	272	272	272	272	272	272
		最小值	54.75	60.00	5.25	0.18	0.14	0.19	0.12
		最大值	1213.03	2848.00	2049.60	72.12	10.57	7.28	0.72
		平均值	544.61	1257.35	712.74	24.73	4.18	1.54	0.56
		标准差	191.91	428.78	293.22	10.17	1.72	0.88	0.10
		变异系数	0.35	0.34	0.41	0.41	0.41	0.57	0.19

13.4.3 根据《工程地质手册》地基土承载力计算强度：

$$f_0 = n(P_1 - P_0) \tag{9}$$

式中：f_0——地基承载力计算强度；

n——经验修正系数，黏土取 1.14（相对变形约 0.02），粉质黏土取 0.86（相对变形约 0.015）。

根据《建筑地基基础设计规范》GBJ 7－89（已废止）的附录五土（岩）的承载力标准值的规定，即可求取地基土承载力特征值 f_{ak}。

上式中（$P_1 - P_0$）为同一土层样本测试结果按平均值统计。

13.4.5 扁铲侧胀试验成果的应用经验目前尚不丰富。根据铁道部第四勘察设计院和上海岩土工程勘察设计研究院有限公司的研究成果，利用侧胀土性指数 I_D划分土类、黏性土的状态，利用侧胀模量计算饱和黏性土的水平不排水弹性模量，利用侧胀水平应力指数 K_D确定土的静止测压力系数等，均有良好效果，并列入铁道部《铁路工程地质原位测试规程》TB 10018－2003。上海、天津以及国际上都有一些研究成果和工程经验，由于扁铲侧胀试验在我国开展较晚，故应用时必须结合当地经验，并与其他试验方法配合，相互印证。

采用平均值法计算每个检测孔的扁铲模量、水平应力指数代表值。

利用《岩土工程勘察规范》GB 50021－2001（2009 年版）第 14.2 条岩土参数的分析和选定中的规定，来计算同一土层或同一深度范围的扁铲模量、水平应力指数标准值。

14 多道瞬态面波试验

14.1 一 般 规 定

14.1.1 目前波速测试方法很多，包括单孔法、跨孔法和面波法，而面波法还有瞬态面波和稳态面波之分。基于目前在测试中，多道瞬态面波法测试方法简便，在地基处理检测中得到推广应用，本次仅将多道瞬态面波编入规范。单孔法和跨孔法已经很成熟，但测试成本较高，适于进行深度较大波速测试，主要应用于勘察场地分类中；而稳态面波虽技术成熟，但由于设备较重成本较高，不利于推广使用，目前工程中应用较少。多道瞬态面波法对地基进行大面积普查，既能降低成本、扩大检测面，又能提高检测速度和精度，在检测地基均匀性方面有独到优势。目前均匀性还停留在宏观定性判断，还不能进行定量判定。

14.1.2 多道瞬态面波法是一种物探手段，用于宏观定性判别岩土体的密实情况和均匀性。若使其波速测试结果和工程地质参数相对应，应结合该场地的地质资料和其他原位测试结果比较后综合判定。

14.1.3 当采用多道瞬态面波试验评价地基承载力和变形参数时，应结合载荷试验比对结果和地区经验进行评价，本章节中提供的承载力表格仅供初步评价时进行估算。应结合单位工程地质资料，在同一工程内或相近工程进行比对试验，取得本地区相近条件的对比验证资料。载荷试验的承压板尺寸要考虑应力主要影响范围能覆盖主要加固处理土层厚度。在没有经验公式可供参考，也没有可对比静载试验的地区或场地，应结合单位工程地质资料，采用普测方法，将获得的波速绘制成等值线，从波速等值线可以定性判断场地地基的加固效果和深度，初步确定整个场地的相对“软”和“硬”区域及程度，从而达到定性地评价地基均匀性的目的。然后在相对较“软”的地方重点布置其他原位测试手段，这样可以避免测点布置的盲目性。

14.1.4 从检测次序角度来讲，宜先采用面测方法，如多道瞬态面波法，后采用点测方法，如动探，静载试验等。地基加固前后的检测是目前研究的一个热点问题，常用的检测方法是在地表做平板载荷试验来确定地基的承载力，用钻探、标贯或动力触探试验来确定其深层的加固程度和加固深度。特别是常规检测方法难以判定的碎石土地基检测方法，各种方法均有其优缺点和适用性，静载试验和动探方法在抽查数量较少时易漏掉薄弱部位，抽查数量较大时费时费钱，特别是针对大厚度开山碎石回填地基，多道瞬态面波法有其突出的优点。近年国内外围海造田和开山造陆工程的大量开展形成的大粒径回填地基，更凸显了多道瞬态面波法效率高、速度快、精度高等优点。

14.1.5 若检测现场附近有夯机、桩机或重型卡车等大型机械的振动，甚至风速过大，都会影响到测试数据的准确性。测试应避开这些震源，或选择在早晨工地开工前或晚上工地下工后进行检测。对测试到的频散曲线要在现场有个初步判断。若数据较差应重新测试直至取得合理数据。

14.2 仪器设备

14.2.1 本条是对目前地基检测中多道瞬态面波勘察方法所需仪器设备性能的基本条件。对波速差别大的地层，或具有低速夹层，宜采用更多的通道，以保证空间分辨率。

多道瞬态面波勘察仪器的主要技术参数如下：

通道数：24 道（12、24 道或更多通道）；

采样时间间隔：一般为 10、25、50、100、250、500、1000、2000、4000、8000（μs）；

采样点数：一般分 512、1024、2048、4096、8192 点等；

模数转换：≥16 位；

动态范围：≥120dB；

模拟滤波：具备全通、低通、高通功能；

频带宽度：0.5Hz～4000Hz。

14.2.2 在锤击、落重、炸药三种震源中，锤击激发的地震波频率最高，采用大锤人工敲击地面，可获得深度 20m 以内的面波频散信息；落重激发面波频率次之，采用标贯锤或其他重物，吊高一至数米，自由落下，激发出较低频率面波和得到较深处（一般不超过 30m）的频散信息；炸药震源频率最低，用它可得到更深处（一般不超过 50m）的频散信息。

14.2.3 本条是对检波器的基本要求。检波器是面波测试的重要组成部分，它的频响特性、灵敏度、相位的一致性以及与地面（或被测介质表面）的耦合程度，都直接影响面波记录的质量。

14.2.5 本条主要对面波测试接收和处理软件进行规定，目前常用的面波测试软件基本都有剔除坏道或插值的功能，自动提取频散曲线和自动或手动剪切波速分层反演功能等。

14.3 现场检测

14.3.2、14.3.5 由于面波测试受到振动干扰影响较大，根据以往经验，现场应通过测试前试验确定测试相关参数，或尽量避开干扰波影响；在测试过程中对周围环境和天气情况也要加强注意，大风或周围环境介质干扰也会对测试产生影响，必要时应采取一定措施。

面波测试之前应明确测试目的和环境，根据测试目的和环境不同，调整测试参数。对于进行地层分层测试，需要有现场对比钻孔资料；如仅仅对地基加固效果进行评价时，应在同一点进行地基加固前后的对比；如需要通过反演剪切波速换算地基承载力和模量时，应有其他如静载试验或动力触探等原位测试资料可参照，数量应满足回归计算的需要。

14.3.3 测试记录通道 12 道和 24 道为常用通道数量，从精度上来看，地基检测常用道间距一般不超过 2m，激发距离应满足采集需要，为同一采集方法，这里作了基本规定。

14.3.6 对大面积地基处理采用普测时，测点间距应根据精度要求来确定。

14.4 检测数据分析与判定

14.4.1 面波数据资料预处理时，应检查现场采集参数的输入正确性和采集记录的质量。若质量不合格应再次采集。采用具有提取频散曲线的功能的软件，获取测试点的面波频散曲线。

14.4.2 频散曲线的分层，应根据曲线的曲率和频散点的疏密变化综合分析；分层完成后，反演计算剪切波层速度和层厚。

14.4.3、14.4.4 对需要计算动参数的场地，可以直接使用面波测试结果进行换算。必要时可用 V_s 计算地基的动弹性模量、动剪切模量和动泊松比。地基的弹性模量、动剪切模量和泊松比应按下列公式计算：

$$G_d = (\rho/g) \cdot V_s^2 \tag{10}$$

$$E_d = 2(1+\mu_d) \cdot (\rho/g) \cdot V_s^2 \tag{11}$$

$$\mu_d = \frac{(V_P/V_s)^2 - 2}{2[(V_P/V_s)^2 - 1]} \tag{12}$$

式中：G_d——动剪切模量（kPa）；

E_d——动弹性模量（kPa）；

μ_d——动泊松比；

ρ——重力密度（kN/m^3）；

g——重力加速度（m/s^2）。

14.4.6 在大面积普测中，可以通过计算分层等效剪切波速，绘制分层等效剪切波速等值线图，通过等值线图直观展示波速高低，对整个场地的波速均匀性进行判定；如场地有剪切波速-承载力或模量回归关系，同样可以通过计算绘制承载力或模量的等值线图，方便设计根据场地情况进行设计。对于单一面波测试报告，可以结合相关规范评价场地的均匀性；如需要对场地承载力和模量进行评价，应结合本场地的其他原位测试结果进行判定。地基加固后波速超过加固前波速的深度可判为按照本方法判定的地基处理有效加固深度。

14.4.7 波速与变形模量、波速与承载力之间存在一定关系，但各个场地之间的差异较大。鉴于目前碎石土收集的资料较全面（25 项工程 200 项静载与波速的对比资料，见图 15、图 16），为保证规范的严肃性和安全度，先提出碎石土波速与变形模量、波速与承载力之间的关系，其他土类的关系在相关资料补充全面后再提出。

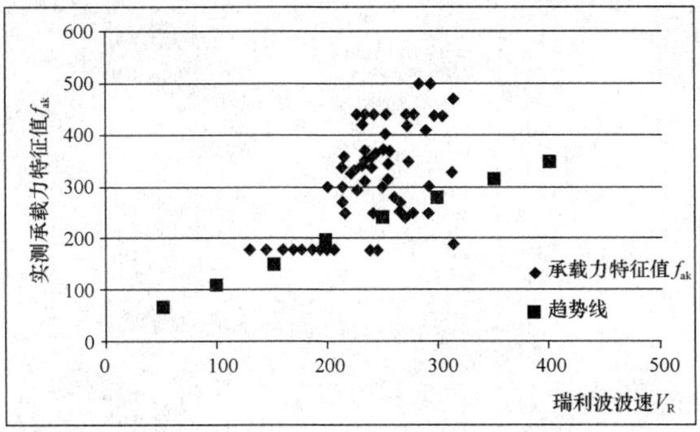

图 15 实测承载力特征值 f_{ak} 与瑞利波波速 V_R 关系图

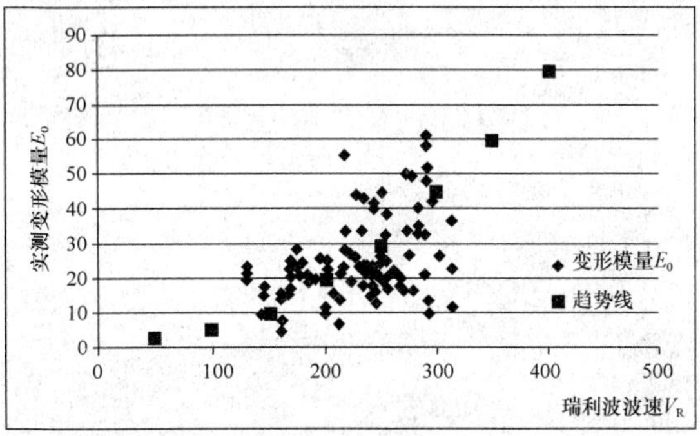

图 16 实测变形模量 E_0 与瑞利波波速 V_R 关系图

14.4.8 多道瞬态面波测试应强调结合地质条件和其他原位测试结果综合判断。

中华人民共和国行业标准

农村住房危险性鉴定标准

Standard for fatalness evaluation
of rural area building

JGJ/T 363—2014

批准部门：中华人民共和国住房和城乡建设部
施行日期：2 0 1 5 年 8 月 1 日

中华人民共和国住房和城乡建设部
公　　告

第 678 号

住房城乡建设部关于发布行业标准《农村住房危险性鉴定标准》的公告

现批准《农村住房危险性鉴定标准》为行业标准，编号为 JGJ/T 363－2014，自 2015 年 8 月 1 日起实施。

本标准由我部标准定额研究所组织中国建筑工业出版社出版发行。

中华人民共和国住房和城乡建设部

2014 年 12 月 17 日

前　　言

根据住房和城乡建设部《关于印发〈2009 年工程建设标准规范制订、修订计划〉的通知》（建标［2009］88 号文）的要求，标准编制组经广泛调查研究，认真总结实践经验，参考有关国际标准和国外先进标准，并在广泛征求意见的基础上，编制本标准。

本标准的主要技术内容是：1. 总则；2. 术语和符号；3. 基本规定；4. 定性鉴定；5. 定量鉴定。

本标准由住房和城乡建设部负责管理，由同济大学负责具体技术内容的解释。执行过程中如有意见或建议，请寄送至同济大学《农村住房危险性鉴定标准》编制组（地址：上海市四平路 1239 号，邮编：200092）。

本标准主编单位：同济大学
上海建工一建集团有限公司

本标准参编单位：同济大学建筑设计研究院（集团）有限公司
武汉大学
华侨大学
中国建筑设计研究院
昆明理工大学
湖南大学
四川省土木学会
兰州理工大学
长安大学
安徽建筑工业学院
山东建筑大学
上海大学
陕西省建筑科学研究院
重庆市建筑科学研究院
山西省建筑科学研究院
上海同吉建筑设计工程有限公司
济南大学
上海天华建筑设计有限公司
福建省建筑科学研究院
西藏自治区住房和城乡建设厅
山西省建筑科学研究院
合肥工业大学建筑设计研究院

本标准主要起草人员：熊学玉　朱毅敏　郑毅敏
侯建国　郭子雄　张可文
潘　文　陈大川　鲁兆红
朱彦鹏　王　步　王毅红
张建荣　孙　强　赵考重
李春祥　关贤军　李伟兴
何金胜　林文修　赵　强
顾　炜　汪继恕　高　峰
陈　颖　石振明　郝立东
王宇新　何仕英　黄玉林

本标准主要审查人员：高承勇　葛学礼　雷丽英
段绪胜　李晓目　王闰平
胡兴福　陈　洋　邱锡宏
李瑞礼　张　民

目　次

1　总则 ………………………………………… 39—5
2　术语和符号 ………………………………… 39—5
2.1　术语 ………………………………………… 39—5
2.2　符号 ………………………………………… 39—5
3　基本规定 …………………………………… 39—6
3.1　等级划分 ………………………………… 39—6
3.2　评定原则与方法 ………………………… 39—6
3.3　鉴定程序 ………………………………… 39—6
4　定性鉴定 …………………………………… 39—7
4.1　一般规定 ………………………………… 39—7
4.2　住房危险性评定 ………………………… 39—7
5　定量鉴定 …………………………………… 39—7
5.1　一般规定 ………………………………… 39—7
5.2　地基基础危险性鉴定 …………………… 39—8
5.3　砌体结构构件危险性鉴定 ……………… 39—8
5.4　木结构构件危险性鉴定 ………………… 39—8
5.5　石结构构件危险性鉴定 ………………… 39—9
5.6　生土结构构件危险性鉴定 ……………… 39—9
5.7　混凝土结构构件危险性鉴定 …………… 39—9
5.8　钢结构构件危险性鉴定………………… 39—10
5.9　定量综合评定方法……………………… 39—10
附录A　农村住房危险性定性鉴定报告用表 ……………………………… 39—11
附录B　农村住房危险性定量鉴定报告用表 ……………………………… 39—12
本标准用词说明 ……………………………… 39—26
附：条文说明 ………………………………… 39—27

Contents

1 General Provisions ························ 39—5
2 Terms and Symbols ························ 39—5
2.1 Terms ·· 39—5
2.2 Symbols ······································ 39—5
3 Basic Requirements ························ 39—6
3.1 Grade Division ······························ 39—6
3.2 Assessment Principles and Methods ······························ 39—6
3.3 Appraisal Procedure ······················ 39—6
4 Qualitative Appraisal ······················ 39—7
4.1 General Requirements ······················ 39—7
4.2 Fatalness Appraisal ························ 39—7
5 QuantitativeAppraisal ······················ 39—7
5.1 General Requirements ······················ 39—7
5.2 Fatalness Appraisal for Foundation ··· 39—8
5.3 Fatalness Appraisal for the Component of Masonry structure ······················ 39—8
5.4 Fatalness Appraisal for the Component of Timber Structure ······················ 39—8
5.5 Fatalness Appraisal for the Component of Stone Structure ······················ 39—9
5.6 Fatalness Appraisal for the Component of Raw-soil Structure ······················ 39—9
5.7 Fatalness Appraisal for the Component of Concrete Structure ······················ 39—9
5.8 Fatalness Appraisal for the Component of Steel Structure ······················ 39—10
5.9 Comprehensive Evaluation method for Quantitative Appraisal ······················ 39—10
Appendix A Security Qualitative Appraisal Report Table for Rural Housing ······················ 39—11
Appendix B Security Quantitative Appraisal Report Table for Rural Housing ········· 39—12
Explanation of Wording in this Standard ······································ 39—26
Addition: Explanation of Provisions ······ 39—27

1 总 则

1.0.1 为规范农村自建住房的危险程度鉴定，及时治理危险住房，保证既有农村住房的安全使用，制定本标准。

1.0.2 本标准适用于农村地区自建的既有一层和二层住房结构的危险性鉴定。本标准不适用处于高温、高湿、强震、腐蚀等特殊环境的农村住房的鉴定以及构筑物的鉴定。

1.0.3 农村住房危险性鉴定，除应符合本标准外，尚应符合国家现行有关标准的规定。

2 术语和符号

2.1 术 语

2.1.1 危险性住房 fatalness housing

结构已严重损坏，或地基不稳定，承重构件已属危险构件，随时可能丧失稳定和承载能力的住房，简称危房。

2.1.2 构件 member

结构在物理上可以区分出的部件。基本鉴定单位。它可以是单件、组合件或一个片段。

2.1.3 相关构件 interrelated member

与被鉴定构件相连接或以被鉴定构件为承托的构件。

2.1.4 砌体结构 masonry structure

由块体和砂浆砌筑而成的墙、柱作为建筑物主要受力构件的结构，是砖砌体、砌块砌体和石砌体结构的统称。

2.1.5 木结构 timber structure

由木材为主制作的结构。

2.1.6 石结构 stone structure

由石材为主制作的结构。

2.1.7 生土结构 raw soil structure

由生土墙、土坯墙或夯土墙作为建筑物主要受理构件的结构。

2.1.8 混凝土结构 concrete structure

以混凝土为主制成的结构，包括素混凝土结构，钢筋混凝土结构和预应力混凝土结构等。

2.1.9 危险构件 dangerous member

自身已经损伤、出现裂缝或变形，不能满足住房安全使用要求的结构构件。

2.1.10 危险点 dangerous point

单个承重构件或围护构件所处的危险状态的特征表现。

2.1.11 适修性 repair ability

处于危险状态或出现险情的住房所具有的，可以采用结构加固、改造等修复措施而使其处于安全状态的所应具备的技术可行性与经济合理性的总称。

2.2 符 号

h——计算高度；

l_0——计算跨度；

n——构件数；

n_{dc}——危险柱数；

n_{dw}——危险墙段数；

n_{dmb}——危险主梁数；

n_{dsb}——危险次梁数；

n_{ds}——危险板数；

n_c——柱数；

n_{mb}——主梁数；

n_{sb}——次梁数；

n_w——墙段数；

n_s——板数；

n_d——危险构件数；

n_{rt}——屋架榀数；

n_{drt}——危险屋架构件榀数；

p——危险构件（危险点）百分数；

p_{dfm}——地基基础中危险构件（危险点）百分数；

p_{sdm}——承重结构中危险构件（危险点）百分数；

p_{esdm}——围护结构中危险构件（危险点）百分数；

μ——隶属度；

μ_A——危险性鉴定等级为A级的住房的隶属度；

μ_B——危险性鉴定等级为B级的住房的隶属度；

μ_C——危险性鉴定等级为C级的住房的隶属度；

μ_D——危险性鉴定等级为D级的住房的隶属度；

μ_a——危险性鉴定等级为a级住房组成部分的隶属度；

μ_b——危险性鉴定等级为b级住房组成部分的隶属度；

μ_c——危险性鉴定等级为c级住房组成部分的隶属度；

μ_d——危险性鉴定等级为d级住房组成部分的隶属度；

μ_{af}——地基基础危险性鉴定等级为a级隶属度；

μ_{bf}——地基基础危险性鉴定等级为b级隶属度；

μ_{cf}——地基基础危险性鉴定等级为c级隶属度；

μ_{df}——地基基础危险性鉴定等级为d级隶属度；

μ_{as}——上部承重结构危险性鉴定等级为a级的隶属度；

μ_{bs}——上部承重结构危险性鉴定等级为b级的隶属度；

μ_{cs}——上部承重结构危险性鉴定等级为c级的隶属度；

μ_{ds}——上部承重结构危险性鉴定等级为d级的隶属度；

μ_{aes}——围护结构危险性鉴定等级为 a 级的隶属度；

μ_{bes}——围护结构危险性鉴定等级为 b 级的隶属度；

μ_{ces}——围护结构危险性鉴定等级为 c 级的隶属度；

μ_{des}——围护结构危险性鉴定等级为 d 级的隶属度；

γ_0——结构构件重要性系数；

ρ——斜率。

3 基本规定

3.1 等级划分

3.1.1 对农村住房进行危险性鉴定时，可将其划分为地基基础、上部承重结构两个组成部分进行鉴定。

3.1.2 对农村住房构件的危险性进行鉴定时，可将其划分为有危险点的危险构件（T_d）和无危险点的非危险构件（F_d）。

3.1.3 农村住房地基基础和上部承重结构组成部分的危险性等级应根据其存在的危险点和危险程度进行划分，并应符合表 3.1.3 的规定。

表 3.1.3 农村住房组成部分的危险性等级

等级	危险点和危险程度
A 级	无危险点
B 级	有危险点
C 级	局部危险
D 级	整体危险

3.1.4 农村住房的危险性等级，应根据其存在的危险点和危险程度进行划分，并应符合表 3.1.4 的规定。

表 3.1.4 农村住房的危险性等级

等级	危险点和危险程度
A 级	结构能满足安全使用要求，未发现危险点，住房结构安全
B 级	结构基本满足安全使用要求，个别非承重结构构件处于危险状态，但不影响主体结构安全
C 级	部分承重结构不能满足安全使用要求，局部出现险情，构成局部危房
D 级	承重结构已不能满足安全使用要求，住房整体出现险情，构成整幢危房

3.2 评定原则与方法

3.2.1 农村住房的危险性鉴定结果应以住房的地基基础和结构构件的危险程度鉴定结果为基础，并结合历史、环境影响以及发展趋势，根据下列因素进行全面分析，综合判断：

1 各构件的破损程度；

2 危险构件在整幢住房结构中的重要性；

3 危险构件在整幢住房结构中所占数量和比例；

4 危险构件的适修性。

3.2.2 在地基基础或结构构件危险性判定时，应根据其危险性的相关性与否，按下列情况处理：

1 当构件危险性对结构系统影响相对独立时，独立判断构件的危险程度；

2 当构件危险性相关时，应联系结构系统的危险性判定其危险程度。

3.2.3 场地危险性鉴定应按住房所处场地范围进行评定。

3.2.4 住房危险性鉴定应先对住房所在场地进行鉴定，当住房所在场地鉴定为非危险场地时，再根据住房损害情况进行综合评定。

3.2.5 住房危险性鉴定时，应优先采用定性鉴定；对定性鉴定结果等级为 C、D 的住房，存在争议时应采用定量鉴定进行复核。

3.2.6 住房危险性鉴定宜通过量测结构或结构构件的位移、变形、裂缝等参数，在综合分析的基础上进行评估。

3.3 鉴定程序

3.3.1 住房危险性鉴定应按下列程序进行（图 3.3.1）。

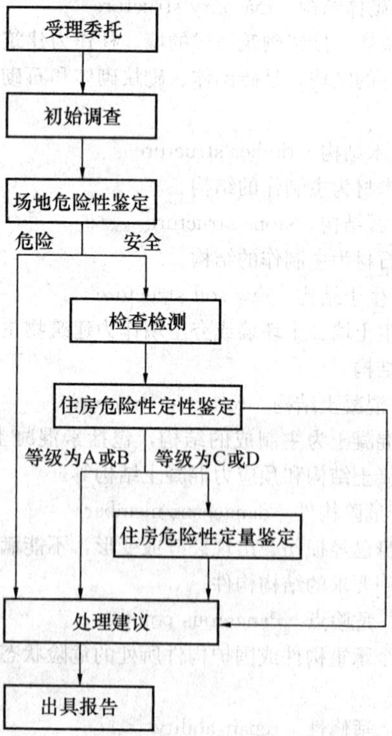

图 3.3.1 住房危险性鉴定程序

1 受理委托：根据委托人要求，确定住房危险性鉴定内容和范围；

2 初始调查：收集调查和分析住房原始资料，并进行现场查勘；

3 场地危险性鉴定：收集调查和分析住房所处场地地质情况，进行危险性鉴定；

4 检查检测：对住房现状进行现场检查，并应根据需要采用相应的仪器进行量测和结构验算；

5 鉴定评级：对调查、查勘、检测、验算的数据资料进行全面分析，综合评定，根据定性鉴定结果，确定其危险等级，如对结果有异议，可采用定量鉴定校核；

6 处理建议：对被鉴定的住房，提出处理建议；

7 出具报告：报告式样应符合本标准附录A和附录B的规定。

4 定性鉴定

4.1 一般规定

4.1.1 当对农村住房的危险性进行定性鉴定时，检查工作宜按先整体后局部的顺序进行。

4.1.2 农村住房的整体检查宜包括下列内容：

1 住房的结构类型、结构平面布置及其高度、宽度和层数；

2 住房的倾斜、变形情况；

3 地基基础的变形情况；

4 住房外观损坏情况；

5 住房附属物的设置情况及其损坏现状；

6 住房局部坍塌情况及其相邻部分已外露的结构、构件损坏情况。

4.1.3 农村住房的局部检查宜包括下列内容：

1 承重墙、柱、梁、楼板、屋盖及其连接构造；

2 非承重墙和容易倒塌的附属构件，且检查时应区分抹灰层等装饰层的损坏与结构的损坏。

4.2 住房危险性评定

4.2.1 满足下列条件的农村住房，其危险性可定性鉴定为A级：

1 地基基础：地基基础保持稳定，无明显不均匀沉降；

2 墙体：承重墙体完好，无明显受力裂缝和变形；墙体转角处和纵、横墙交接处无松动、脱闪现象；

3 梁、柱：梁、柱完好，无明显受力裂缝和变形，梁、柱节点无破损，无裂缝；

4 楼、屋盖：楼、屋盖板无明显受力裂缝和变形，板与梁搭接处无松动和裂缝；

5 次要构件：非承重墙体、出屋面楼梯间墙体完好或有轻微裂缝。

4.2.2 满足下列条件的农村住房，其危险性可定性鉴定为B级：

1 地基基础：地基基础保持稳定，无明显不均匀沉降；

2 墙体：承重墙体基本完好，无明显受力裂缝和变形；墙体转角处和纵、横墙交接处无松动、脱闪现象；

3 梁、柱：梁、柱有轻微裂缝；梁、柱节点无破损、无裂缝；

4 楼、屋盖：楼、屋盖有轻微裂缝，但无明显变形；板与墙、梁搭接处有松动和轻微裂缝；屋架无倾斜，屋架与柱连接处无明显位移；

5 次要构件：非承重墙体、出屋面楼梯间墙体等有轻微裂缝；抹灰层等饰面层可有裂缝或局部散落；个别构件处于危险状态。

4.2.3 满足下列条件的农村住房，其危险性可定性鉴定为C级：

1 地基基础：地基保持稳定，基础出现少量损坏，有较明显的不均匀沉降；

2 墙体：承重的墙体多数裂缝，部分承重墙体明显位移和歪闪；

3 梁、柱：梁、柱出现裂缝，但未完全丧失承载能力；个别梁柱节点破损和开裂明显；

4 楼、屋盖：楼、屋盖有明显开裂；楼、屋盖板与墙、梁搭接处有松动和明显裂缝，个别屋面板塌落；

5 次要构件：非承重墙体普遍明显裂缝；部分山墙转角处和纵、横墙交接处有明显松动、脱闪现象。

4.2.4 满足下列条件的农村住房，其危险性可定性鉴定为D级：

1 地基基础：地基基本失去稳定，基础出现局部或整体坍塌；

2 墙体：承重墙有明显歪闪、局部酥碎或倒塌；墙角处和纵、横墙交接处普遍松动和开裂；

3 梁、柱：梁、柱节点损坏严重；梁、柱普遍开裂；梁、柱有明显变形和位移；部分柱基座滑移严重，有歪闪和局部倒塌；

4 楼、屋盖：楼、屋盖板普遍开裂，且部分严重开裂；楼、屋盖板与墙、梁搭接处有松动和严重裂缝，部分屋面板塌落；屋架歪闪，部分屋盖塌落；

5 次要构件：非承重墙、女儿墙局部倒塌或严重开裂。

5 定量鉴定

5.1 一般规定

5.1.1 农村住房危险性的定量鉴定应采用综合评定

的方法，并应按下列三个层次进行：

1 第一层次为构件危险性鉴定；

2 第二层次为住房组成部分危险性鉴定；

3 第三层次为住房危险性鉴定。

5.1.2 农村住房结构构件的危险性鉴定应包括构造与连接、裂缝和变形等。

5.1.3 单个构件的划分应符合下列规定：

1 基础应按下列情况划分：

1）对独立柱基，应以一根柱的单个基础为一构件；

2）对条形基础，应以一个自然间一轴线长度为一构件；

2 对墙体，应以一个计算高度、一个自然间的一片为一构件；

3 对柱，应以一个计算高度、一根为一构件；

4 对梁、檩条、搁栅等，应以一个跨度、一根为一构件；

5 对板，应以一个自然间面积为一构件；预制板以一块为一构件；

6 对屋架、桁架等，应以一榀为一构件。

5.1.4 对农村住房组成部分危险性定量鉴定时，应根据各住房组成部分，按层确定构件的总量及其危险构件的数量。

5.2 地基基础危险性鉴定

5.2.1 地基基础的危险性鉴定应包括地基和基础两部分。

5.2.2 当对地基基础的危险性进行定量鉴定时，应检查基础与承重构件连接处的斜向阶梯形裂缝、水平裂缝、竖向裂缝状况，住房的倾斜位移状况，地基稳定状况，湿陷性黄土、膨胀土等特殊土质变形和开裂等状况。

5.2.3 当地基出现下列现象之一时，应评定为危险点：

1 地基产生过大不均匀沉降，使上部墙体产生裂缝宽度大于10mm，且住房倾斜率大于1%；

2 地基不稳定产生滑移，水平位移量大于10mm，并对上部结构有显著影响；

3 地基沉降速度连续2个月大于4mm/月，且短期内无收敛趋势。

5.2.4 当基础出现下列现象之一时，应评定为危险点：

1 基础破坏，导致结构明显倾斜、位移、裂缝、扭曲等；

2 基础已产生贯通裂缝且最大裂缝宽度大于10mm，上部墙体多处出现裂缝且最大裂缝宽度达10mm以上；

3 基础已有滑动，水平位移速度连续2个月大于2mm/月，并在短期内无终止趋向。

5.3 砌体结构构件危险性鉴定

5.3.1 当对砌体结构构件的危险性进行定量鉴定时，应检查砌体的构造连接部位、纵横墙交接处的斜向或竖向裂缝状况、砌体承重墙体的变形和裂缝状况以及拱脚的裂缝和位移状况，并应量测其裂缝宽度、长度、深度、走向、数量及其分布，观测其发展趋势。

5.3.2 当砌体结构构件出现下列现象之一时，应评定为危险点：

1 受压墙沿竖向产生缝宽大于2mm、缝长超过层高1/2的裂缝，或产生缝长超过层高1/3的多条竖向裂缝，受压柱产生宽度大于2mm的竖向裂缝；

2 承重墙、柱表面风化、剥落，砂浆粉化，有效截面削弱达1/4以上；

3 支承梁或屋架端部的墙体或柱截面因局部受压产生多条竖向裂缝，或最大裂缝宽度已超过1mm；

4 墙、柱因偏心受压产生水平裂缝，最大裂缝宽度大于0.5mm；

5 墙、柱产生倾斜，其倾斜率大于0.7%，或相邻承重墙体连接处断裂成通缝，且裂缝宽度达2mm以上时；

6 墙、柱出现挠曲鼓闪，且在挠曲部位出现水平或交叉裂缝；

7 砖过梁中部产生的竖向裂缝宽度达2mm以上，或端部产生斜裂缝，最大裂缝宽度达1mm以上且缝长裂到窗间墙的2/3部位，或支承过梁的墙体产生水平裂缝，或产生明显的弯曲、下沉变形；

8 砖筒拱、扁壳、波形筒拱、拱顶沿母线通裂或沿母线裂缝宽度大于2mm或缝长超过总长1/2，或拱曲面明显变形，或拱脚明显位移，或拱体拉杆锈蚀严重，且拉杆体系失效。

5.4 木结构构件危险性鉴定

5.4.1 当对木结构构件的危险性进行定量鉴定时，应检查腐朽、虫蛀、木材缺陷、构造缺陷、结构构件变形、失稳状况，木屋架端节点受剪面裂缝状况，屋架出平面变形及屋盖支撑系统稳定状况。

5.4.2 当木结构构件出现下列现象之一时，应评定为危险点：

1 连接构造有严重缺陷，已导致节点松动、变形、滑移、沿剪切面开裂、剪坏和铁件严重锈蚀、松动致使连接失效等损坏；

2 主梁产生大于$l_0/120$的挠度，或受拉区伴有较严重的材质缺陷；

3 屋架产生大于$l_0/120$的挠度，且顶部或端部节点产生腐朽或劈裂，或出平面倾斜量超过屋架高度的$h/120$；

4 木柱侧弯变形，其矢高大于$h/150$，或柱顶劈裂，柱身断裂；柱脚腐朽，其腐朽面积大于原截面面积 1/5 以上；

5 受拉、受弯、偏心受压和轴心受压构件，其斜纹理或斜裂缝的斜率分别大于 7%、10%、15% 和 20%；

6 存在任何心腐缺陷的木质构件；

7 在柱的同一高度处纵横向同时开槽，且在柱的同一截面开槽面积超过总截面面积的 1/2。

5.5 石结构构件危险性鉴定

5.5.1 当对石结构构件的危险性进行定量鉴定时，应检查石砌墙、柱、梁、板的构造连接部位，纵横墙交接处的斜向或竖向裂缝状况，石砌体承重墙体的变形和裂缝状况以及拱脚的裂缝和位移状况，并应量测其裂缝宽度、长度、深度、走向、数量及其分布，观测其发展趋势。

5.5.2 当石结构构件出现下列现象之一时，应评定为危险点：

1 承重墙或门（窗）间墙出现阶梯形斜向裂缝，且最大裂缝宽度大于 10mm；

2 承重墙整体沿水平灰缝滑移大于 10mm；

3 承重墙、柱产生倾斜，其倾斜率大于 1/200；

4 纵横墙连接处竖向裂缝的最大裂缝宽度大于 10mm；

5 梁端在柱顶搭接处出现错位，错位长度大于柱沿梁支撑方向上的截面高度 h（当柱为圆柱时，h 为柱截面的直径）的 1/25；

6 料石楼板或梁与承重墙体错位长度大于原搭接长度的 1/25；

7 石楼板净跨超过 3.5m，或悬挑超过 0.5m；

8 石柱、石梁或石楼板出现断裂；

9 支撑梁或屋架端部的承重墙体个别石块断裂或垫块压碎；

10 墙柱因偏心受压产生水平裂缝，缝宽大于 0.5mm；墙体竖向通缝长度超过 1m；

11 墙、柱刚度不足，出现挠曲鼓闪，且在挠曲部位出现水平或交叉裂缝；

12 石砌墙高厚比：单层大于 18，两层大于 15，且墙体自由长度大于 6m；

13 石柱高宽比大于 15；

14 墙体的偏心距达墙厚的 1/6；

15 受压墙、柱表面风化、剥落，砂浆粉化，有效截面削弱达 1/5 以上；

16 其他显著影响结构整体性的裂缝、变形、错位等情况；

17 墙体因缺少拉结石而出现局部坍塌。

5.6 生土结构构件危险性鉴定

5.6.1 当对生土结构构件的危险性进行定量鉴定时，应检查连接部位、纵横墙交接处的斜向或竖向裂缝状况，生土承重墙体变形和裂缝状况，并应量测其裂缝宽度、长度、深度、走向、数量及其分布，观测其发展趋势。

5.6.2 当生土结构构件出现下列现象之一时，应评定为危险点：

1 受压墙沿受力方向产生缝宽大于 20mm、缝长超过层高 1/2 的竖向裂缝，或产生缝长超过层高 1/3 的多条竖向裂缝；

2 长期受自然环境风化侵蚀与屋面漏雨受潮及干燥的反复作用，受压墙表面风化、剥落，泥浆粉化，有效截面面积削弱达 1/4 以上；

3 支承梁或屋架端部的墙体因局部受压产生多条竖向裂缝，或最大裂缝宽度已超过 10mm；

4 墙因偏心受压产生水平裂缝，缝宽大于 1mm；

5 墙产生倾斜，其倾斜率大于 0.5%，或相邻墙体连接处断裂成通缝；

6 墙出现挠曲鼓闪。

5.7 混凝土结构构件危险性鉴定

5.7.1 当对混凝土结构构件的危险性进行定量鉴定时，应检查柱、梁、板及屋架的受力裂缝和锈胀裂缝状况，柱的根部和顶部的水平裂缝，屋架倾斜以及支撑系统稳定等。

5.7.2 当混凝土构件出现下列现象之一时，应评定为危险点：

1 梁、板产生超过 $l_0/150$ 的挠度，且受拉区最大裂缝宽度大于 1mm；

2 简支梁、连续梁跨中部位受拉区产生竖向裂缝，其一侧向上延伸达梁高的 2/3 以上，且缝宽大于 0.5mm，或在支座附近出现剪切斜裂缝，缝宽大于 0.4mm；

3 梁、板受力主筋处产生横向裂缝和斜裂缝，缝宽大于 1mm，板产生宽度大于 0.4mm 的受拉裂缝；

4 梁、板因主筋锈蚀，纵向锈胀裂缝宽度大于 1mm，或构件混凝土严重缺损，或混凝土保护层严重脱落、露筋，钢筋锈蚀后有效截面小于 4/5；

5 受压柱产生竖向裂缝，保护层剥落，主筋外露锈蚀；或一侧产生水平裂缝，缝宽大于 1mm，另一侧混凝土被压碎，主筋外露锈蚀；

6 柱、墙产生倾斜、位移，其倾斜率超过 1%，或侧向位移量大于 $h/500$；

7 柱、墙混凝土酥裂、起鼓，其破坏面大于全截面的 1/3，且主筋外露，锈蚀严重；

8 屋架产生大于 $l_0/200$ 的挠度，且下弦产生横断裂缝，缝宽大于 1mm；

9 屋架支撑系统失效导致倾斜，其倾斜量大于屋架高度的 2%；

10 端节点连接松动，且伴有明显的变形裂缝。

5.8 钢结构构件危险性鉴定

5.8.1 当对钢结构构件的危险性进行定量鉴定时，应检查各连接节点的焊缝、螺栓、铆钉、钢柱与梁的连接形式、支撑杆件、柱脚与基础连接损坏情况，钢屋架杆件弯曲、截面扭曲、节点板弯折状况和钢屋架挠度、侧向倾斜等偏差状况。

5.8.2 当钢结构构件出现下列现象之一时，应评定为危险点：

1 构件或连接件有裂缝，焊接、栓接或铆接处有拉开、变形、滑移、松动、剪坏等严重损坏；

2 受拉构件因锈蚀，截面减少大于原截面的10%；

3 梁、板等构件挠度大于 $l_0/250$，或大于45mm；

4 实腹梁侧弯矢高大于 $l_0/600$，且有发展迹象；

5 钢柱顶位移大于40mm；或平面内柱顶位移大于 $h/150$，平面外柱顶位移大于 $h/500$；

6 屋架产生大于 $l_0/250$ 或大于40mm的挠度；屋架支撑系统松动失稳，导致屋架倾斜，倾斜量超过 $h/150$。

5.9 定量综合评定方法

5.9.1 地基基础危险构件的百分数应按下式计算：

$$p_{fdm}=n_d/n\times100\% \quad (5.9.1)$$

式中：p_{fdm}——地基基础危险构件的（危险点）百分数；

n_d——危险构件数；

n——构件数。

5.9.2 上部承重结构危险构件的百分数应按下式计算：

$$p_{sdm}=\frac{2.4n_{dc}+2.4n_{dw}+1.9(n_{dmb}+n_{drt})+1.4n_{dsb}+n_{ds}}{2.4n_c+2.4n_w+1.9(n_{mb}+n_{rt})+1.4n_{sb}+n_s}\times100\% \quad (5.9.2)$$

式中：p_{sdm}——承重结构中危险构件（危险点）百分数；

n_{dc}——危险柱数；

n_{dw}——危险墙段数；

n_{dmb}——危险主梁数；

n_{drt}——危险屋架构件榀数；

n_{dsb}——危险次梁数；

n_{ds}——危险板数；

n_c——柱数；

n_w——墙段数；

n_{mb}——主梁数；

n_{rt}——屋架榀数；

n_{sb}——次梁数；

n_s——板数。

5.9.3 围护结构危险构件的百分数应按下式计算：

$$p_{esdm}=n_d/n\times100\% \quad (5.9.3)$$

式中：p_{esdm}——围护结构中危险构件（危险点）百分数；

n_d——危险构件数；

n——构件数。

5.9.4 住房组成部分危险性a级的隶属函数应按下式计算：

$$\mu_a=\begin{cases}1(p=0\%)\\0(p\neq0\%)\end{cases} \quad (5.9.4)$$

式中：μ_a——住房组成部分危险性a级的隶属度；

p——危险构件（危险点）百分数，包括 p_{fdm}、p_{sdm}、p_{esdm}。

5.9.5 住房组成部分危险性b级的隶属函数应按下式计算：

$$\mu_b=\begin{cases}1 & (0\%<p\leqslant5\%)\\(30\%-p)/25\% & (5\%<p<30\%)\\0 & (p\geqslant30\%)\end{cases} \quad (5.9.5)$$

式中：μ_b——住房组成部分危险性b级的隶属度；

p——危险构件（危险点）百分数。

5.9.6 住房组成部分危险性c级的隶属函数应按下式计算：

$$\mu_c=\begin{cases}0 & (p\leqslant5\%)\\(p-5\%)/25\% & (5\%<p<30\%)\\(100\%-p)/70\% & (30\%\leqslant p\leqslant100\%)\end{cases} \quad (5.9.6)$$

式中：μ_c——住房组成部分危险性c级的隶属度；

p——危险构件（危险点）百分数。

5.9.7 住房组成部分危险性d级的隶属函数应按下式计算：

$$\mu_d=\begin{cases}0 & (p\leqslant30\%)\\(p-30\%)/70\% & (30\%<p<100\%)\\1 & (p=100\%)\end{cases} \quad (5.9.7)$$

式中：μ_d——住房组成部分危险性d级的隶属度；

p——危险构件（危险点）百分数。

5.9.8 住房危险性A级的隶属函数应按下式计算：

$$\mu_A=\max[\min(0.3,\mu_{af}),\min(0.6,\mu_{as}),\min(0.1,\mu_{aes})] \quad (5.9.8)$$

式中：μ_A——住房危险性A级的隶属度；

μ_{af}——地基基础危险性a级隶属度；

μ_{as}——上部承重结构危险性a级的隶属度；

μ_{aes}——围护结构危险性a级的隶属度。

5.9.9 住房危险性B级的隶属函数应按下式计算：

$$\mu_B=\max[\min(0.3,\mu_{bf}),\min(0.6,\mu_{bs}),\min(0.1,\mu_{bes})] \quad (5.9.9)$$

式中：μ_B——住房危险性B级的隶属度；

μ_{bf}——地基基础危险性 b 级隶属度；

μ_{bs}——上部承重结构危险性 b 级的隶属度；

μ_{bes}——围护结构危险性 b 级的隶属度。

5.9.10 住房危险性 C 级的隶属函数应按下式计算：

$$\mu_C = \max[\min(0.3, \mu_{cf}), \min(0.6, \mu_{cs}), \min(0.1, \mu_{ces})] \quad (5.9.10)$$

式中：μ_C——住房危险性 C 级的隶属度；

μ_{cf}——地基基础危险性 c 级隶属度；

μ_{cs}——上部承重结构危险性 c 级的隶属度；

μ_{ces}——围护结构危险性 c 级的隶属度。

5.9.11 住房危险性 D 级的隶属函数应按下式计算：

$$\mu_D = \max[\min(0.3, \mu_{df}), \min(0.6, \mu_{ds}), \min(0.1, \mu_{des})] \quad (5.9.11)$$

式中：μ_D——住房危险性 D 级的隶属度；

μ_{df}——地基基础危险性 d 级隶属度；

μ_{ds}——上部承重结构危险性 d 级的隶属度；

μ_{des}——围护结构危险性 d 级的隶属度。

5.9.12 住房的危险性等级应根据隶属度的大小，按下列情况判断：

1 $\mu_{df} \geqslant 0.75$，应为 D 级（整幢危房）；

2 $\mu_{ds} \geqslant 0.75$，应为 D 级（整幢危房）；

3 $\max(\mu_A, \mu_B, \mu_C, \mu_D) = \mu_A$，综合判断结果应为 A 级(非危房)；

4 $\max(\mu_A, \mu_B, \mu_C, \mu_D) = \mu_B$，综合判断结果应为 B 级(危险点房)；

5 $\max(\mu_A, \mu_B, \mu_C, \mu_D) = \mu_C$，综合判断结果应为 C 级(局部危房)；

6 $\max(\mu_A, \mu_B, \mu_C, \mu_D) = \mu_D$，综合判断结果应为 D 级(整幢危房)。

附录 A 农村住房危险性定性鉴定报告用表

表 A 农村住房危险性定性鉴定报告

鉴定机构：______________　　　　鉴定编号：____

1. 基本资料			
户主姓名		建成时间	
住房地址			
联系人		电　话	
用途	住宅　　其他（　　　　）		
规模	总长____m，总宽____m，总高____m，共____层		
结构形式	混凝土结构　砌体结构　木结构　石结构 生土结构　其他（　　　　）		
依据标准			
2. 结构组成部分检查结果			
1 （　　） 2 （　　） 3 （　　） 4 （　　） 5 （　　）			
3. 住房综合评定			
评定等级	A　B　C　D		
评价 与建议			

审核：　　　　鉴定人员：　　　　鉴定时间：

附录B　农村住房危险性定量鉴定报告用表

B.0.1　砌体结构—木屋架住房危险性鉴定报告应按表B.0.1执行。

表B.0.1　砌体结构—木屋架住房危险性鉴定报告

鉴定机构：____________　　　　　　　　　鉴定编号：________

<table>
<tr><td>户主姓名</td><td></td><td>住房地址</td><td></td><td>联系人</td><td></td><td>电话</td><td></td><td>建造时间</td><td></td></tr>
<tr><td>用途</td><td colspan="2">住宅（　）其他（　　　　）</td><td>规模</td><td colspan="4">总长____m，总宽____m，总高____m，共____层</td><td>结构形式</td><td>砌体结构</td></tr>
<tr><td colspan="10">住房组成构件危险点判定</td></tr>
<tr><td>构件名称</td><td colspan="5">构件判定方法</td><td>构件总数</td><td>危险构件数</td><td colspan="2">构件百分数</td></tr>
<tr><td>地基</td><td colspan="5">1　地基不均匀沉降，使上部墙体产生裂缝宽度大于10mm，且住房局部倾斜率大于1%；
2　地基不稳定产生滑移，水平位移量大于10mm，并对上部结构有显著影响；
3　地基沉降速度连续2个月大于4mm/月，并且短期内无收敛趋势。</td><td>$n=$</td><td>$n_d=$</td><td colspan="2" rowspan="2">地基基础危险构件百分数

$P_{fdm}=n_d/n\times100\%$
$=$</td></tr>
<tr><td>基础</td><td colspan="5">1　基础腐蚀、酥碎、折断，导致结构明显倾斜、位移、裂缝、扭曲等；
2　基础已产生通裂裂缝大于10mm，上部墙体多处出现裂缝且最大裂缝宽度达10mm以上；
3　基础已有滑动，水平位移速度连续2个月大于2mm/月，并在短期内无终止趋向。</td><td>$n=$</td><td>$n_d=$</td></tr>
<tr><td>砌体墙</td><td colspan="5">1　承重墙沿受力方向产生缝宽大于2mm、缝长超过层高1/2的竖向裂缝，或产生缝长超过层高1/3的多条竖向裂缝；
2　受压墙表面风化、剥落，砂浆粉化，有效截面削弱达1/4以上；
3　支承梁或屋架端部的墙体截面因局部受压产生多条竖向裂缝，或裂缝宽度已超过1mm；
4　墙、柱因偏心受压产生水平裂缝，缝宽大于0.5mm；
5　墙、柱产生倾斜，倾斜率大于0.7%，或相邻墙体连接处断裂成通缝；
6　墙出现挠曲鼓闪，且在挠曲部位出现水平或交叉裂缝；
7　砖过梁中部产生的竖向裂缝宽度达2mm以上，或端部产生斜裂缝，最大裂缝宽度达1mm以上且缝长裂到窗间墙的2/3部位，或支承过梁的墙体产生水平裂缝，或产生明显的弯曲、下沉变形。</td><td>$n_w=$</td><td>$n_{dw}=$</td><td colspan="2" rowspan="2">承重结构危险构件百分数

$P_{sdm}=(2.4n_{dc}+2.4n_{dw}+1.9n_{drt})/(2.4n_c+2.4n_w+1.9n_{rt})\times100\%$
$=$</td></tr>
<tr><td>木屋架</td><td colspan="5">1　连接方式不当，构造有严重缺陷，已导致节点松动、变形、滑移、沿剪切面开裂、剪坏和铁件严重锈蚀、松动致使连接失效等损坏；
2　主梁产生大于$l_0/120$的挠度，或受拉区伴有较严重的材质缺陷；
3　屋架产生大于$l_0/120$的挠度，且顶部或端部节点产生腐朽或劈裂，或出平面倾斜量超过屋架高度的$h/120$；
4　受拉、受弯、偏心受压和轴心受压构件，其斜纹理或斜裂缝的斜率分别大于7%、10%、15%和20%；
5　存在任何心腐缺陷的木质构件。</td><td>$n_{rt}=$</td><td>$n_{drt}=$</td></tr>
</table>

续表 B.0.1

构件名称	构件判定方法	构件总数	危险构件数	构件百分数
住房组成部分评定				

住房组成部分隶属函数		住房组成部分等级	地基基础	上部结构	围护结构
	$\mu_a=\begin{cases}1 & (p=0\%)\\0 & (p\neq0\%)\end{cases}$	a	$\mu_{af}=$	$\mu_{as}=$	$\mu_{aes}=$
	$\mu_b=\begin{cases}1 & (0\%<p\leqslant5\%)\\(30\%-p)/25\% & (5\%<p<30\%)\\0 & (p\geqslant30\%)\end{cases}$	b	$\mu_{bf}=$	$\mu_{bs}=$	$\mu_{bes}=$
	$\mu_c=\begin{cases}0 & (p\leqslant5\%)\\(p-5\%)/25\% & (5\%<p<30\%)\\(100\%-p)/70\% & (30\%\leqslant p\leqslant100\%)\end{cases}$	c	$\mu_{cf}=$	$\mu_{cs}=$	$\mu_{ces}=$
	$\mu_d=\begin{cases}0 & (p\leqslant30\%)\\(p-30\%)/70\% & (30\%<p<100\%)\\1 & (p=100\%)\end{cases}$	d	$\mu_{df}=$	$\mu_{ds}=$	$\mu_{des}=$

住房综合评定			
住房隶属函数	A	$\mu_A=\max[\min(0.3,\mu_{af}),\min(0.6,\mu_{as}),\min(0.1,\mu_{aes})]=$	评定等级为：A（　　）
	B	$\mu_B=\max[\min(0.3,\mu_{bf}),\min(0.6,\mu_{bs}),\min(0.1,\mu_{bes})]=$	B（　　）
	C	$\mu_C=\max[\min(0.3,\mu_{cf}),\min(0.6,\mu_{cs}),\min(0.1,\mu_{ces})]=$	C（　　）
	D	$\mu_D=\max[\min(0.3,\mu_{df}),\min(0.6,\mu_{ds}),\min(0.1,\mu_{des})]=$	D（　　）

评定方法

1 $\mu_{df}\geqslant0.75$，为D级（整幢危房）。

2 $\mu_{ds}\geqslant0.75$，为D级（整幢危房）。

3 $\max(\mu_A,\mu_B,\mu_C,\mu_D)=\mu_A$，综合判断结果为A级（非危房）。

4 $\max(\mu_A,\mu_B,\mu_C,\mu_D)=\mu_B$，综合判断结果为B级（危险点房）。

5 $\max(\mu_A,\mu_B,\mu_C,\mu_D)=\mu_C$，综合判断结果为C级（局部危房）。

6 $\max(\mu_A,\mu_B,\mu_C,\mu_D)=\mu_D$，综合判断结果为D级（整幢危房）。

审核：　　　　　　　　鉴定人员：　　　　　　　　鉴定时间：

B.0.2 木结构住房危险性鉴定报告应按表 B.0.2 执行。

表 B.0.2 木结构住房危险性鉴定报告

鉴定机构：____________　　　　鉴定编号：__________

户主姓名		住房地址		联系人		电话		建造时间	
用途	住宅（ ）其他（　　　）	规模	总长___m，总宽___m，总高___m，共___层					结构形式	木结构

住房组成构件危险点判定				
构件名称	构件判定方法	构件总数	危险构件数	构件百分数
地基	1 地基不均匀沉降，使上部墙体产生裂缝宽度大于 10mm，且住房局部倾斜率大于 1%； 2 地基不稳定产生滑移，水平位移量大于 10mm，并对上部结构有显著影响； 3 地基沉降速度连续 2 个月大于 4mm/月，并且短期内无收敛趋势。	$n=$	$n_d=$	地基基础危险构件百分数 $P_{fdm}=n_d/n\times100\%=$
基础	1 基础腐蚀、酥碎、折断，导致结构明显倾斜、位移、裂缝、扭曲等； 2 基础已产生通裂裂缝大于 10mm，上部墙体多处出现裂缝且最大裂缝宽度达 10mm 以上； 3 基础已有滑动，水平位移速度连续 2 个月大于 2mm/月，并在短期内无终止趋向。	$n=$	$n_d=$	

续表 B.0.2

<table>
<tr><th>构件名称</th><th>构件判定方法</th><th>构件总数</th><th>危险构件数</th><th>构件百分数</th></tr>
<tr><td>木柱</td><td>1 连接方式有严重缺陷，已导致节点松动、变形、滑移、沿剪切面开裂、剪坏和铁件严重锈蚀、松动致使连接失效等损坏；
2 木柱侧弯变形，其矢高大于 $h/150$，或柱顶劈裂，柱身断裂。柱脚腐朽，其腐朽面积大于原截面面积 1/5 以上；
3 受拉、受弯、偏心受压和轴心受压构件，其斜纹理或斜裂缝的斜率分别大于 7%、10%、15%和 20%；
4 存在任何心腐缺陷的木质构件；
5 在柱的同一高度处纵横向同时开槽，且在柱的同一截面开槽面积超过总截面面积的 1/2。</td><td>n_c=</td><td>n_{dc}=</td><td rowspan="2">承重结构危险构件百分数
$P_{sdm}=(2.4n_{dc}+2.4n_{dw}+1.9n_{drt})/(2.4n_c+2.4n_w+1.9n_{rt})\times 100\%$
=</td></tr>
<tr><td>木屋架</td><td>1 连接方式有严重缺陷，已导致节点松动、变形、滑移、沿剪切面开裂、剪坏和铁件严重锈蚀、松动致使连接失效等损坏；
2 主梁产生大于 $l_0/120$ 的挠度，或受拉区伴有较严重的材质缺陷；
3 屋架产生大于 $l_0/120$ 的挠度，且顶部或端部节点产生腐朽或劈裂，或出平面倾斜量超过屋架高度的 $h/120$；
4 受拉、受弯、偏心受压和轴心受压构件，其斜纹理或斜裂缝的斜率分别大于 7%、10%、15%和 20%；
5 存在任何心腐缺陷的木质构件。</td><td>n_{rt}=</td><td>n_{drt}=</td></tr>
<tr><td>生土墙</td><td>1 长期受自然环境风化侵蚀与屋面漏雨受潮又干燥的反复作用，受压墙表面风化、剥落，泥浆粉化，有效截面面积削弱达 1/4 以上；
2 墙产生倾斜，其倾斜率大于 0.5%，或相邻墙体连接处断裂成通缝；
3 墙出现挠曲鼓闪。</td><td>n_w=</td><td>n_{dw}=</td><td>围护结构危险构件百分数
$P_{esdm}=n_{dw}/n_w\times 100\%$
=</td></tr>
<tr><td colspan="5">住房组成部分评定</td></tr>
<tr><td rowspan="5">住房组成部分隶属函数</td><td rowspan="5">$\mu_a=\begin{cases}1 & (p=0\%)\\0 & (p\neq 0\%)\end{cases}$
$\mu_b=\begin{cases}1 & (0\%<p\leqslant 5\%)\\(30\%-p)/25\% & (5\%<p<30\%)\\0 & (p\geqslant 30\%)\end{cases}$
$\mu_c=\begin{cases}0 & (p\leqslant 5\%)\\(p-5\%)/25\% & (5\%<p<30\%)\\(100\%-p)/70\% & (30\%\leqslant p\leqslant 100\%)\end{cases}$
$\mu_d=\begin{cases}0 & (p\leqslant 30\%)\\(p-30\%)/70\% & (30\%<p<100\%)\\1 & (p=100\%)\end{cases}$</td><td>住房组成部分等级</td><td>地基基础</td><td>上部结构 / 围护结构</td></tr>
<tr><td>a</td><td>μ_{af}=</td><td>μ_{as}=　μ_{aes}=</td></tr>
<tr><td>b</td><td>μ_{bf}=</td><td>μ_{bs}=　μ_{bes}=</td></tr>
<tr><td>c</td><td>μ_{cf}=</td><td>μ_{cs}=　μ_{ces}=</td></tr>
<tr><td>d</td><td>μ_{df}=</td><td>μ_{ds}=　μ_{des}=</td></tr>
</table>

住房综合评定

<table>
<tr><td rowspan="4">住房隶属函数</td><td>A</td><td>$\mu_A=\max[\min(0.3,\mu_{af}),\min(0.6,\mu_{as}),\min(0.1,\mu_{aes})]=$</td><td rowspan="4">评定等级为：A（　）
B（　）
C（　）
D（　）</td></tr>
<tr><td>B</td><td>$\mu_B=\max[\min(0.3,\mu_{bf}),\min(0.6,\mu_{bs}),\min(0.1,\mu_{bes})]=$</td></tr>
<tr><td>C</td><td>$\mu_C=\max[\min(0.3,\mu_{cf}),\min(0.6,\mu_{cs}),\min(0.1,\mu_{ces})]=$</td></tr>
<tr><td>D</td><td>$\mu_D=\max[\min(0.3,\mu_{df}),\min(0.6,\mu_{ds}),\min(0.1,\mu_{des})]=$</td></tr>
</table>

评定方法

1 $\mu_{df}\geqslant 0.75$，为 D 级（整幢危房）。
2 $\mu_{ds}\geqslant 0.75$，为 D 级（整幢危房）。
3 $\max(\mu_A,\mu_B,\mu_C,\mu_D)=\mu_A$，综合判断结果为 A 级（非危房）。
4 $\max(\mu_A,\mu_B,\mu_C,\mu_D)=\mu_B$，综合判断结果为 B 级（危险点房）。
5 $\max(\mu_A,\mu_B,\mu_C,\mu_D)=\mu_C$，综合判断结果为 C 级（局部危房）。
6 $\max(\mu_A,\mu_B,\mu_C,\mu_D)=\mu_D$，综合判断结果为 D 级（整幢危房）。

审核：　　　　　　鉴定人员：　　　　　　鉴定时间：

B.0.3 石结构—木屋架住房危险性鉴定报告应按表 B.0.3 执行。

表 B.0.3 石结构—木屋架住房危险性鉴定

鉴定机构：____________ 鉴定编号：________

<table>
<tr><td>户主姓名</td><td></td><td>住房地址</td><td></td><td>联系人</td><td></td><td>电话</td><td></td><td>建造时间</td><td></td></tr>
<tr><td>用途</td><td colspan="2">住宅（ ）其他（ ）</td><td>规模</td><td colspan="4">总长___m，总宽___m，总高___m，共___层</td><td>结构形式</td><td>石结构</td></tr>
</table>

<table>
<tr><td colspan="5">住房组成构件危险点判定</td></tr>
<tr><td>构件名称</td><td>构件判定方法</td><td>构件总数</td><td>危险构件数</td><td>构件百分数</td></tr>
<tr><td>地基</td><td>1 地基不均匀沉降，使上部墙体产生裂缝宽度大于 10mm，且住房局部倾斜率大于 1%；
2 地基不稳定产生滑移，水平位移量大于 10mm，并对上部结构有显著影响；
3 地基沉降速度连续 2 个月大于 4mm/月，并且短期内无终止趋向。</td><td>n=</td><td>n_d=</td><td rowspan="2">地基基础危险构件百分数

$P_{fdm}=n_d/n\times100\%$
=</td></tr>
<tr><td>基础</td><td>1 基础腐蚀、酥碎、折断，导致结构明显倾斜、位移、裂缝、扭曲等；
2 基础已产生通裂裂缝大于 10mm，上部墙体多处出现裂缝且最大裂缝宽度达 10mm 以上；
3 基础已有滑动，水平位移速度连续 2 个月大于 2mm/月，并在短期内无收敛趋势。</td><td>n=</td><td>n_d=</td></tr>
<tr><td>石结构墙</td><td>1 承重墙或门窗间墙出现阶梯形斜向裂缝，且最大裂缝宽度大于 10mm；
2 承重墙整体沿某水平灰缝滑移大于 10mm；
3 承重墙、柱产生倾斜，其倾斜率大于 1/200；
4 纵横墙连接处竖向裂缝最大宽度大于 10mm；
5 料石楼板或梁与承重墙体错位后，错位长度大于原搭接长度的 1/25；
6 支撑梁或屋架端部的承重墙体个别石块断裂或垫块压碎；
7 墙因偏心受压产生水平裂缝，缝宽大于 0.5mm；墙体竖向通缝长度超过 1000mm；
8 墙刚度不足，出现挠曲鼓闪，且在挠曲部位出现水平或交叉裂缝；
9 石砌墙高厚比：单层大于 18，二层大于 15，且墙体自由长度大于 6m；
10 墙体的偏心距达墙厚的 1/6；
11 受压墙表面风化、剥落，砂浆粉化，有效截面削弱达 1/5 以上；
12 其他显著影响结构整体性的裂缝、变形、错位等情况；
13 墙体因缺少拉结石而出现局部坍塌。</td><td>n_w=</td><td>n_{dw}=</td><td rowspan="2">承重结构危险构件百分数

$P_{sdm}=(2.4n_{dc}+2.4n_{dw}+1.9n_{drt})/(2.4n_c+2.4n_w+1.9n_{rt})\times100\%$
=</td></tr>
<tr><td>木屋架</td><td>1 连接方式不当，构造有严重缺陷，已导致节点松动、变形、滑移、沿剪切面开裂、剪坏和铁件严重锈蚀、松动致使连接失效等损坏；
2 主梁产生大于 $l_0/120$ 的挠度，或受拉区伴有较严重的材质缺陷；</td><td>n_{rt}=</td><td>n_{drt}=</td></tr>
</table>

续表 B.0.3

构件名称	构件判定方法	构件总数	危险构件数	构件百分数
木屋架	3 屋架产生大于 $l_0/120$ 的挠度，且顶部或端部节点产生腐朽或劈裂，或出平面倾斜量超过屋架高度的 $h/120$； 4 受拉、受弯、偏心受压和轴心受压构件，其斜纹理或斜裂缝的斜率分别大于 7%、10%、15%和 20%； 5 存在任何心腐缺陷的木质构件。	$n_{rt}=$	$n_{drt}=$	

住房组成部分评定

住房组成部分隶属函数

$$\mu_a=\begin{cases}1 & (p=0\%)\\ 0 & (p\neq 0\%)\end{cases}$$

$$\mu_b=\begin{cases}1 & (0\%<p\leqslant 5\%)\\ (30\%-p)/25\% & (5\%<p<30\%)\\ 0 & (p\geqslant 30\%)\end{cases}$$

$$\mu_c=\begin{cases}0 & (p\leqslant 5\%)\\ (p-5\%)/25\% & (5\%<p<30\%)\\ (100\%-p)/70\% & (30\%\leqslant p\leqslant 100\%)\end{cases}$$

$$\mu_d=\begin{cases}0 & (p\leqslant 30\%)\\ (p-30\%)/70\% & (30\%<p<100\%)\\ 1 & (p=100\%)\end{cases}$$

住房组成部分等级	地基基础	上部结构	围护结构
a	$\mu_{af}=$	$\mu_{as}=$	$\mu_{aes}=$
b	$\mu_{bf}=$	$\mu_{bs}=$	$\mu_{bes}=$
c	$\mu_{cf}=$	$\mu_{cs}=$	$\mu_{ces}=$
d	$\mu_{df}=$	$\mu_{ds}=$	$\mu_{des}=$

住房综合评定

住房隶属函数			
	A	$\mu_A=\max[\min(0.3,\mu_{af}),\min(0.6,\mu_{as}),\min(0.1,\mu_{aes})]=$	评定等级为：A（ ） B（ ） C（ ） D（ ）
	B	$\mu_B=\max[\min(0.3,\mu_{bf}),\min(0.6,\mu_{bs}),\min(0.1,\mu_{bes})]=$	
	C	$\mu_C=\max[\min(0.3,\mu_{cf}),\min(0.6,\mu_{cs}),\min(0.1,\mu_{ces})]=$	
	D	$\mu_D=\max[\min(0.3,\mu_{df}),\min(0.6,\mu_{ds}),\min(0.1,\mu_{des})]=$	

评　定　方　法

1 $\mu_{df}\geqslant 0.75$，为 D 级（整幢危房）。

2 $\mu_{ds}\geqslant 0.75$，为 D 级（整幢危房）。

3 $\max(\mu_A,\mu_B,\mu_C,\mu_D)=\mu_A$，综合判断结果为 A 级（非危房）。

4 $\max(\mu_A,\mu_B,\mu_C,\mu_D)=\mu_B$，综合判断结果为 B 级（危险点房）。

5 $\max(\mu_A,\mu_B,\mu_C,\mu_D)=\mu_C$，综合判断结果为 C 级（局部危房）。

6 $\max(\mu_A,\mu_B,\mu_C,\mu_D)=\mu_D$，综合判断结果为 D 级（整幢危房）。

审核：　　　　　　　　鉴定人员：　　　　　　　　鉴定时间：

B.0.4 生土结构—木屋架住房危险性鉴定报告应按表 B.0.4 执行。

表 B.0.4 生土结构—木屋架住房危险性鉴定报告

鉴定机构：____________　　　　　　　　鉴定编号：________

<table>
<tr><td>户主姓名</td><td></td><td>住房地址</td><td></td><td>联系人</td><td></td><td>电话</td><td></td><td>建造时间</td><td></td></tr>
<tr><td>用途</td><td colspan="2">住宅（ ）其他（ ）</td><td>规模</td><td colspan="4">总长____m，总宽____m，总高____m，共____层</td><td>结构形式</td><td>生土结构</td></tr>
<tr><td colspan="10">住房组成构件危险点判定</td></tr>
</table>

<table>
<tr><td>构件名称</td><td>构件判定方法</td><td>构件总数</td><td>危险构件数</td><td>构件百分数</td></tr>
<tr><td>地基</td><td>1 地基不均匀沉降，使上部墙体产生裂缝宽度大于 10mm，且住房局部倾斜率大于 1%；
2 地基不稳定产生滑移，水平位移量大于 10mm，并对上部结构有显著影响；
3 地基沉降速度连续 2 个月大于 4mm/月，并且短期内无收敛趋势。</td><td>$n=$</td><td>$n_d=$</td><td rowspan="2">地基基础危险构件百分数

$P_{fdm}=n_d/n\times100\%$
$=$</td></tr>
<tr><td>基础</td><td>1 基础腐蚀、酥碎、折断，导致结构明显倾斜、位移、裂缝、扭曲等；
2 基础已产生通裂裂缝大于 10mm，上部墙体多处出现裂缝且最大裂缝宽度达 10mm 以上；
3 基础已有滑动，水平位移速度连续 2 个月大于 2mm/月，并在短期内无终止趋向。</td><td></td><td></td></tr>
<tr><td>生土墙</td><td>1 受压墙沿受力方向产生缝宽大于 20mm、缝长超过层高 1/2 的竖向裂缝，或产生缝长超过层高 1/3 的多条竖向裂缝；
2 长期受自然环境风化侵蚀与屋面漏雨受潮又干燥的反复作用，受压墙表面风化、剥落，泥浆粉化，有效截面面积削弱达 1/4 以上；
3 支承梁或屋架端部的墙体或柱截面因局部受压产生多条竖向裂缝，或裂缝宽度已超过 10mm；
4 墙因偏心受压产生水平裂缝，缝宽大于 1mm；
5 墙产生倾斜，其倾斜率大于 0.5%，或相邻墙体连接处断裂成通缝；
6 墙出现挠曲鼓闪；
7 生土住房开间均应设横墙，采用土搁梁结构，同一住房不得采用不同材料的承重墙体。</td><td>$n_w=$</td><td>$n_{dw}=$</td><td rowspan="2">承重结构危险构件百分数

$P_{sdm}=(2.4n_{dc}+2.4n_{dw}+1.9n_{drt})/(2.4n_c+2.4n_w+1.9n_{rt})\times100\%$
$=$</td></tr>
<tr><td>木屋架</td><td>1 连接方式不当，构造有严重缺陷，已导致节点松动、变形、滑移、沿剪切面开裂、剪坏和铁件严重锈蚀、松动致使连接失效等损坏；
2 主梁产生大于 $l_0/120$ 的挠度，或受拉区伴有较严重的材质缺陷；
3 屋架产生大于 $l_0/120$ 的挠度，且顶部或端部节点产生腐朽或劈裂，或出平面倾斜量超过屋架高度的 $h/120$；</td><td>$n_{rt}=$</td><td>$n_{drt}=$</td></tr>
</table>

续表 B.0.4

构件名称	构件判定方法	构件总数	危险构件数	构件百分数
木屋架	4 受拉、受弯、偏心受压和轴心受压构件，其斜纹理或斜裂缝的斜率分别大于7%、10%、15%和20%； 5 存在任何心腐缺陷的木质构件。	$n_{rt}=$	$n_{drt}=$	

住房组成部分评定

		住房组成部分等级	地基基础	上部结构	围护结构
住房组成部分隶属函数	$\mu_a=\begin{cases}1 & (p=0\%)\\0 & (p\neq 0\%)\end{cases}$ $\mu_b=\begin{cases}1 & (0\%<p\leqslant 5\%)\\(30\%-p)/25\% & (5\%<p<30\%)\\0 & (p\geqslant 30\%)\end{cases}$ $\mu_c=\begin{cases}0 & (p\leqslant 5\%)\\(p-5\%)/25\% & (5\%<p<30\%)\\(100\%-p)/70\% & (30\%\leqslant p\leqslant 100\%)\end{cases}$ $\mu_d=\begin{cases}0 & (p\leqslant 30\%)\\(p-30\%)/70\% & (30\%<p<100\%)\\1 & (p=100\%)\end{cases}$	a	$\mu_{af}=$	$\mu_{as}=$	$\mu_{aes}=$
		b	$\mu_{bf}=$	$\mu_{bs}=$	$\mu_{bes}=$
		c	$\mu_{cf}=$	$\mu_{cs}=$	$\mu_{ces}=$
		d	$\mu_{df}=$	$\mu_{ds}=$	$\mu_{des}=$

住房综合评定

住房隶属函数	A	$\mu_A=\max[\min(0.3,\mu_{af}),\min(0.6,\mu_{as}),\min(0.1,\mu_{aes})]=$	评定等级为：A（ ） B（ ） C（ ） D（ ）
	B	$\mu_B=\max[\min(0.3,\mu_{bf}),\min(0.6,\mu_{bs}),\min(0.1,\mu_{bes})]=$	
	C	$\mu_C=\max[\min(0.3,\mu_{cf}),\min(0.6,\mu_{cs}),\min(0.1,\mu_{ces})]=$	
	D	$\mu_D=\max[\min(0.3,\mu_{df}),\min(0.6,\mu_{ds}),\min(0.1,\mu_{des})]=$	

评 定 方 法

1 $\mu_{df}\geqslant 0.75$，为D级（整幢危房）。

2 $\mu_{ds}\geqslant 0.75$，为D级（整幢危房）。

3 $\max(\mu_A,\mu_B,\mu_C,\mu_D)=\mu_A$，综合判断结果为A级（非危房）。

4 $\max(\mu_A,\mu_B,\mu_C,\mu_D)=\mu_B$，综合判断结果为B级（危险点房）。

5 $\max(\mu_A,\mu_B,\mu_C,\mu_D)=\mu_C$，综合判断结果为C级（局部危房）。

6 $\max(\mu_A,\mu_B,\mu_C,\mu_D)=\mu_D$，综合判断结果为D级（整幢危房）。

审核： 鉴定人员： 鉴定时间：

B.0.5 砌体结构—混凝土板住房危险性鉴定报告应按表B.0.5执行。

表B.0.5 砌体结构—混凝土板住房危险性鉴定报告

鉴定机构：________________　　　　　　　　　　鉴定编号：__________

<table>
<tr><td>户主姓名</td><td></td><td>住房地址</td><td></td><td>联系人</td><td></td><td>电话</td><td></td><td>建造时间</td><td></td></tr>
<tr><td>用途</td><td colspan="2">住宅（ ）其他（ ）</td><td>规模</td><td colspan="4">总长___m，总宽___m，总高___m，共___层</td><td>结构形式</td><td>砌体结构</td></tr>
<tr><td colspan="10">住房组成构件危险点判定</td></tr>
<tr><td>构件名称</td><td colspan="5">构件判定方法</td><td>构件总数</td><td>危险构件数</td><td colspan="2">构件百分数</td></tr>
<tr><td>地基</td><td colspan="5">1 地基不均匀沉降，使上部墙体产生裂缝宽度大于10mm，且住房局部倾斜率大于1%；
2 地基不稳定产生滑移，水平位移量大于10mm，并对上部结构有显著影响；
3 地基沉降速度连续2个月大于4mm/月，并且短期内无收敛趋势。</td><td>n=</td><td>n_d=</td><td colspan="2" rowspan="2">地基基础危险构件百分数

$P_{fdm}=n_d/n\times100\%$
=</td></tr>
<tr><td>基础</td><td colspan="5">1 基础腐蚀、酥碎、折断，导致结构明显倾斜、位移、裂缝、扭曲等；
2 基础已产生通裂裂缝大于10mm，上部墙体多处出现裂缝且最大裂缝宽度达10mm以上；
3 基础已有滑动，水平位移速度连续2个月大于2mm/月，并在短期内无终止趋向。</td><td>n=</td><td>n_d=</td></tr>
<tr><td>砌体墙</td><td colspan="5">1 受压墙沿受力方向产生缝宽大于2mm、缝长超过层高1/2的竖向裂缝，或产生缝长超过层高1/3的多条竖向裂缝；
2 受压墙表面风化、剥落，砂浆粉化，有效截面削弱达1/4以上；
3 支承梁或屋架端部的墙体截面因局部受压产生多条竖向裂缝，或裂缝宽度已超过1mm；
4 墙因偏心受压产生水平裂缝，缝宽大于0.5mm；
5 墙产生倾斜，倾斜率大于0.7%，或相邻墙体连接处断裂成通缝；
6 墙刚度不足，出现挠曲鼓闪，且在挠曲部位出现水平或交叉裂缝；
7 砖过梁中部产生的竖向裂缝宽度达2mm以上，或端部产生斜裂缝，最大裂缝宽度达1mm以上且缝长裂到窗间墙的2/3部位，或支承过梁的墙体产生水平裂缝，或产生明显的弯曲、下沉变形。</td><td>n_w=</td><td>n_{dw}=</td><td colspan="2" rowspan="2">承重结构危险构件百分数

$P_{sdm}=(2.4n_{dc}+2.4n_{dw}+n_{ds})/(2.4n_c+2.4n_w+n_s)\times100\%$
=</td></tr>
<tr><td>混凝土板</td><td colspan="5">1 板产生超过$l_0/150$的挠度，且受拉区的裂缝宽度大于1mm；
2 板受力主筋处产生横向水平裂缝和斜裂缝，缝宽大于1mm，板产生宽度大于0.4mm的受拉裂缝；
3 板因主筋锈蚀，产生沿主筋方向的裂缝，缝宽大于1mm，或构件混凝土严重缺损，或混凝土保护层严重脱落、露筋，钢筋锈蚀后有效截面小于4/5。</td><td>n_s=</td><td>n_{ds}=</td></tr>
</table>

续表 B.0.5

构件名称	构件判定方法	构件总数	危险构件数	构件百分数
住房组成部分评定				

住房组成部分隶属函数		住房组成部分等级	地基基础	上部结构	围护结构
	$\mu_a=\begin{cases}1 & (p=0\%)\\0 & (p\neq0\%)\end{cases}$ $\mu_b=\begin{cases}1 & (0\%<p\leqslant5\%)\\(30\%-p)/25\% & (5\%<p<30\%)\\0 & (p\geqslant30\%)\end{cases}$ $\mu_c=\begin{cases}0 & (p\leqslant5\%)\\(p-5\%)/25\% & (5\%<p<30\%)\\(100\%-p)/70\% & (30\%\leqslant p\leqslant100\%)\end{cases}$ $\mu_d=\begin{cases}0 & (p\leqslant30\%)\\(p-30\%)/70\% & (30\%<p<100\%)\\1 & (p=100\%)\end{cases}$	a	$\mu_{af}=$	$\mu_{as}=$	$\mu_{aes}=$
		b	$\mu_{bf}=$	$\mu_{bs}=$	$\mu_{bes}=$
		c	$\mu_{cf}=$	$\mu_{cs}=$	$\mu_{ces}=$
		d	$\mu_{df}=$	$\mu_{ds}=$	$\mu_{des}=$

住房综合评定			
住房隶属函数	A	$\mu_A=\max[\min(0.3,\mu_{af}),\min(0.6,\mu_{as}),\min(0.1,\mu_{aes})]=$	评定等级为：A（ ） B（ ） C（ ） D（ ）
	B	$\mu_B=\max[\min(0.3,\mu_{bf}),\min(0.6,\mu_{bs}),\min(0.1,\mu_{bes})]=$	
	C	$\mu_C=\max[\min(0.3,\mu_{cf}),\min(0.6,\mu_{cs}),\min(0.1,\mu_{ces})]=$	
	D	$\mu_D=\max[\min(0.3,\mu_{df}),\min(0.6,\mu_{ds}),\min(0.1,\mu_{des})]=$	
评 定 方 法			
1 $\mu_{df}\geqslant0.75$，为D级（整幢危房）。 2 $\mu_{ds}\geqslant0.75$，为D级（整幢危房）。 3 $\max(\mu_A,\mu_B,\mu_C,\mu_D)=\mu_A$，综合判断结果为A级（非危房）。 4 $\max(\mu_A,\mu_B,\mu_C,\mu_D)=\mu_B$，综合判断结果为B级（危险点房）。 5 $\max(\mu_A,\mu_B,\mu_C,\mu_D)=\mu_C$，综合判断结果为C级（局部危房）。 6 $\max(\mu_A,\mu_B,\mu_C,\mu_D)=\mu_D$，综合判断结果为D级（整幢危房）。			

审核： 鉴定人员： 鉴定时间：

B.0.6 石结构—混凝土板住房危险性鉴定报告应按表 B.0.6 执行。

表 B.0.6 石结构—混凝土板住房危险性鉴定报告

鉴定机构：________________ 鉴定编号：________________

户主姓名		住房地址		联系人		电话		建造时间	
用途	住宅（ ）其他（ ）	规模	总长____m，总宽____m，总高____m，共____层					结构形式	石结构

住房组成构件危险点判定				
构件名称	构件判定方法	构件总数	危险构件数	构件百分数
地基	1 地基不均匀沉降，使上部墙体产生裂缝宽度大于10mm，且住房局部倾斜率大于1%； 2 地基不稳定产生滑移，水平位移量大于10mm，并对上部结构有显著影响； 3 地基沉降速度连续2个月大于4mm/月，并且短期内无收敛趋势。	$n=$	$n_d=$	地基基础危险构件百分数 $P_{fdm}=n_d/n\times100\%=$
基础	1 基础腐蚀、酥碎、折断，导致结构明显倾斜、位移、裂缝、扭曲等； 2 基础已产生通裂裂缝大于10mm，上部墙体多处出现裂缝且最大裂缝宽度达10mm以上； 3 基础已有滑动，水平位移速度连续2个月大于2mm/月，并在短期内无终止趋向。	$n=$	$n_d=$	

续表 B.0.6

构件名称	构件判定方法	构件总数	危险构件数	构件百分数
石结构墙	1　承重墙或门窗间墙出现阶梯形斜向裂缝，且最大裂缝宽度大于10mm； 2　承重墙整体沿某水平灰缝滑移大于10mm； 3　承重墙、柱产生倾斜，其倾斜率大于1/200； 4　纵横墙连接处竖向裂缝最大宽度大于10mm； 5　料石楼板或梁与承重墙体错位后，错位长度大于原搭接长度的1/25； 6　支撑梁或屋架端部的承重墙体个别石块断裂或垫块压碎； 7　墙因偏心受压产生水平裂缝，缝宽大于0.5mm；墙体竖向通缝长度超过1000mm； 8　墙刚度不足，出现挠曲鼓闪，且在挠曲部位出现水平或交叉裂缝； 9　石砌墙高厚比：单层大于18，二层大于15，且墙体自由长度大于6m； 10　墙体的偏心距达墙厚的1/6； 11　受压墙表面风化、剥落，砂浆粉化，有效截面削弱达1/5以上； 12　其他显著影响结构整体性的裂缝、变形、错位等情况； 13　墙体因缺少拉结石而出现局部坍塌。	$n_w=$	$n_{dw}=$	承重结构危险构件百分数 $P_{sdm}=(2.4n_{dc}+2.4n_{dw}+n_{ds})/(2.4n_c+2.4n_w+n_s)\times 100\%=$
混凝土板	1　板产生超过 $l_0/150$ 的挠度，且受拉区的裂缝宽度大于1mm； 2　板受力主筋处产生横向水平裂缝和斜裂缝，缝宽大于1mm，板产生宽度大于0.4mm的受拉裂缝；	$n_s=$	$n_{ds}=$	
混凝土板	3　板因主筋锈蚀，产生沿主筋方向的裂缝，缝宽大于1mm，或构件混凝土严重缺损，或混凝土保护层严重脱落、露筋，钢筋锈蚀后有效截面小于4/5。	$n_s=$	$n_{ds}=$	

住房组成部分评定

住房组成部分隶属函数		住房组成部分等级	地基基础	上部结构	围护结构
住房组成部分隶属函数	$\mu_a=\begin{cases}1 & (p=0\%)\\0 & (p\neq 0\%)\end{cases}$	a	$\mu_{af}=$	$\mu_{as}=$	$\mu_{aes}=$
	$\mu_b=\begin{cases}1 & (0\%<p\leqslant 5\%)\\(30\%-p)/25\% & (5\%<p<30\%)\\0 & (p\geqslant 30\%)\end{cases}$	b	$\mu_{bf}=$	$\mu_{bs}=$	$\mu_{bes}=$
	$\mu_c=\begin{cases}0 & (p\leqslant 5\%)\\(p-5\%)/25\% & (5\%<p<30\%)\\(100\%-p)/70\% & (30\%\leqslant p\leqslant 100\%)\end{cases}$	c	$\mu_{cf}=$	$\mu_{cs}=$	$\mu_{ces}=$
	$\mu_d=\begin{cases}0 & (p\leqslant 30\%)\\(p-30\%)/70\% & (30\%<p<100\%)\\1 & (p=100\%)\end{cases}$	d	$\mu_{df}=$	$\mu_{ds}=$	$\mu_{des}=$

续表 B.0.6

<table>
<tr><td>构件名称</td><td colspan="2">构件判定方法</td><td>构件总数</td><td>危险构件数</td><td>构件百分数</td></tr>
<tr><td colspan="6">住房综合评定</td></tr>
<tr><td rowspan="4">住房隶属函数</td><td>A</td><td>$\mu_A = \max[\min(0.3, \mu_{af}), \min(0.6, \mu_{as}), \min(0.1, \mu_{aes})] =$</td><td colspan="3" rowspan="4">评定等级为：A（　）
B（　）
C（　）
D（　）</td></tr>
<tr><td>B</td><td>$\mu_B = \max[\min(0.3, \mu_{bf}), \min(0.6, \mu_{bs}), \min(0.1, \mu_{bes})] =$</td></tr>
<tr><td>C</td><td>$\mu_C = \max[\min(0.3, \mu_{cf}), \min(0.6, \mu_{cs}), \min(0.1, \mu_{ces})] =$</td></tr>
<tr><td>D</td><td>$\mu_D = \max[\min(0.3, \mu_{df}), \min(0.6, \mu_{ds}), \min(0.1, \mu_{des})] =$</td></tr>
<tr><td colspan="6">评　定　方　法</td></tr>
<tr><td colspan="6">1　$\mu_{df} \geqslant 0.75$，为D级（整幢危房）。
2　$\mu_{ds} \geqslant 0.75$，为D级（整幢危房）。
3　$\max(\mu_A, \mu_B, \mu_C, \mu_D) = \mu_A$，综合判断结果为A级（非危房）。
4　$\max(\mu_A, \mu_B, \mu_C, \mu_D) = \mu_B$，综合判断结果为B级（危险点房）。
5　$\max(\mu_A, \mu_B, \mu_C, \mu_D) = \mu_C$，综合判断结果为C级（局部危房）。
6　$\max(\mu_A, \mu_B, \mu_C, \mu_D) = \mu_D$，综合判断结果为D级（整幢危房）。</td></tr>
</table>

审核：　　　　　　　　鉴定人员：　　　　　　　　鉴定时间：

B.0.7　砌体结构—钢屋架住房危险性鉴定报告应按表 B.0.7 执行。

表 B.0.7　砌体结构—钢屋架住房危险性鉴定报告

鉴定机构：____________　　　　　　　　鉴定编号：________

<table>
<tr><td>户主姓名</td><td></td><td>住房地址</td><td colspan="2"></td><td>联系人</td><td></td><td>电话</td><td></td><td>建造时间</td><td></td></tr>
<tr><td>用途</td><td colspan="2">住宅（ ）其他（　　　）</td><td>规模</td><td colspan="5">总长____m，总宽____m，总高____m，共____层</td><td>结构形式</td><td>砌体结构</td></tr>
<tr><td colspan="11">住房组成构件危险点判定</td></tr>
<tr><td>构件名称</td><td colspan="6">构件判定方法</td><td>构件总数</td><td>危险构件数</td><td colspan="2">构件百分数</td></tr>
<tr><td>地基</td><td colspan="6">1　地基不均匀沉降，使上部墙体产生裂缝宽度大于10mm，且住房局部倾斜率大于1%；
2　地基不稳定产生滑移，水平位移量大于10mm，并对上部结构有显著影响；
3　地基沉降速度连续2个月大于4mm/月，并且短期内无终止趋向。</td><td>$n=$</td><td>$n_d=$</td><td colspan="2" rowspan="2">地基基础危险构件百分数

$P_{fdm} = n_d/n \times 100\% =$</td></tr>
<tr><td>基础</td><td colspan="6">1　基础腐蚀、酥碎、折断，导致结构明显倾斜、位移、裂缝、扭曲等；
2　基础已产生通裂裂缝大于10mm，上部墙体多处出现裂缝且最大裂缝宽度达10mm以上；
3　基础已有滑动，水平位移速度连续2个月大于2mm/月，并在短期内无终止趋向。</td><td>$n=$</td><td>$n_d=$</td></tr>
</table>

续表 B.0.7

构件名称	构件判定方法	构件总数	危险构件数	构件百分数
砌体墙	1 受压墙沿受力方向产生缝宽大于 2mm、缝长超过层高 1/2 的竖向裂缝，或产生缝长超过层高 1/3 的多条竖向裂缝； 2 受压墙表面风化、剥落，砂浆粉化，有效截面削弱达 1/4 以上； 3 支承梁或屋架端部的墙体截面因局部受压产生多条竖向裂缝，或裂缝宽度已超过 1mm； 4 墙因偏心受压产生水平裂缝，缝宽大于 0.5mm； 5 墙产生倾斜，倾斜率大于 0.7%，或相邻墙体连接处断裂成通缝； 6 墙刚度不足，出现挠曲鼓闪，且在挠曲部位出现水平或交叉裂缝； 7 砖过梁中部产生的竖向裂缝宽度达 2mm 以上，或端部产生斜裂缝，最大裂缝宽度达 1mm 以上且缝长裂到窗间墙的 2/3 部位，或支承过梁的墙体产生水平裂缝，或产生明显的弯曲、下沉变形。	$n_w=$	$n_{dw}=$	承重结构危险构件百分数 $(2.4n_{dc}+2.4n_{dw}+1.9n_{drt})/(2.4n_c+2.4n_w+1.9n_{rt})\times100\%$ $=$
钢屋架	1 构件或连接件有裂缝或锐角切口；焊缝、螺栓或铆接有拉开、变形、滑移、松动、剪坏等严重损坏； 2 连接方式不当，构造有严重缺陷； 3 受拉构件因锈蚀，截面减少大于原截面的 10%； 4 梁、板等构件挠度大于 $l_0/250$，或大于 45mm； 5 实腹梁侧弯矢高大于 $l_0/600$，且有发展迹象； 6 屋架产生大于 $l_0/250$ 或大于 40mm 的挠度；屋架支撑系统松动失稳，导致屋架倾斜，倾斜量超过 $h/150$。	$n_{rt}=$	$n_{drt}=$	

住房组成部分评定

住房组成部分隶属函数

$$\mu_a=\begin{cases}1 & (p=0\%)\\0 & (p\neq0\%)\end{cases}$$

$$\mu_b=\begin{cases}1 & (0\%<p\leqslant5\%)\\(30\%-p)/25\% & (5\%<p<30\%)\\0 & (p\geqslant30\%)\end{cases}$$

$$\mu_c=\begin{cases}0 & (p\leqslant5\%)\\(p-5\%)/25\% & (5\%<p<30\%)\\(100\%-p)/70\% & (30\%\leqslant p\leqslant100\%)\end{cases}$$

$$\mu_d=\begin{cases}0 & (p\leqslant30\%)\\(p-30\%)/70\% & (30\%<p<100\%)\\1 & (p=100\%)\end{cases}$$

住房组成部分等级	地基基础	上部结构	围护结构
a	$\mu_{af}=$	$\mu_{as}=$	$\mu_{aes}=$
b	$\mu_{bf}=$	$\mu_{bs}=$	$\mu_{bes}=$
c	$\mu_{cf}=$	$\mu_{cs}=$	$\mu_{ces}=$
d	$\mu_{df}=$	$\mu_{ds}=$	$\mu_{des}=$

住房综合评定

住房隶属函数			评定等级为：
	A	$\mu_A=\max[\min(0.3,\mu_{af}),\min(0.6,\mu_{as}),\min(0.1,\mu_{aes})]=$	A（ ）
	B	$\mu_B=\max[\min(0.3,\mu_{bf}),\min(0.6,\mu_{bs}),\min(0.1,\mu_{bes})]=$	B（ ）
	C	$\mu_C=\max[\min(0.3,\mu_{cf}),\min(0.6,\mu_{cs}),\min(0.1,\mu_{ces})]=$	C（ ）
	D	$\mu_D=\max[\min(0.3,\mu_{df}),\min(0.6,\mu_{ds}),\min(0.1,\mu_{des})]=$	D（ ）

评 定 方 法

1 $\mu_{df}\geqslant0.75$，为 D 级（整幢危房）。
2 $\mu_{ds}\geqslant0.75$，为 D 级（整幢危房）。
3 $\max(\mu_A,\mu_B,\mu_C,\mu_D)=\mu_A$，综合判断结果为 A 级（非危房）。
4 $\max(\mu_A,\mu_B,\mu_C,\mu_D)=\mu_B$，综合判断结果为 B 级（危险点房）。
5 $\max(\mu_A,\mu_B,\mu_C,\mu_D)=\mu_C$，综合判断结果为 C 级（局部危房）。
6 $\max(\mu_A,\mu_B,\mu_C,\mu_D)=\mu_D$，综合判断结果为 D 级（整幢危房）。

审核：　　　　　　鉴定人员：　　　　　　鉴定时间：

B.0.8 石结构—石楼盖住房危险性鉴定报告应按表 B.0.8 执行。

表 B.0.8 石结构—石楼盖住房危险性鉴定报告

鉴定机构：____________　　　　　　　　鉴定编号：____________

<table>
<tr><td>户主姓名</td><td></td><td>住房地址</td><td></td><td>联系人</td><td></td><td>电话</td><td></td><td>建造时间</td><td></td></tr>
<tr><td>用途</td><td colspan="2">住宅（ ）其他（ ）</td><td>规模</td><td colspan="4">总长___m，总宽___m，总高___m，共___层</td><td>结构形式</td><td>石结构</td></tr>
<tr><td colspan="10">住房组成构件危险点判定</td></tr>
<tr><td>构件名称</td><td colspan="5">构件判定方法</td><td>构件总数</td><td>危险构件数</td><td colspan="2">构件百分数</td></tr>
<tr><td>地基</td><td colspan="5">1 地基不均匀沉降，使上部墙体产生裂缝宽度大于 10mm，且住房局部倾斜率大于 1%；
2 地基不稳定产生滑移，水平位移量大于 10mm，并对上部结构有显著影响；
3 地基沉降速度连续 2 个月大于 4mm/月，并且短期内无终止趋向。</td><td>$n=$</td><td>$n_d=$</td><td colspan="2" rowspan="2">地基基础危险构件百分数
$P_{fdm}=n_d/n\times100\%$
=</td></tr>
<tr><td>基础</td><td colspan="5">1 基础腐蚀、酥碎、折断，导致结构明显倾斜、位移、裂缝、扭曲等；
2 基础已产生通裂裂缝大于 10mm，上部墙体多处出现裂缝且最大裂缝宽度达 10mm 以上；
3 基础已有滑动，水平位移速度连续 2 个月大于 2mm/月，并在短期内无终止趋向。</td><td>$n=$</td><td>$n_d=$</td></tr>
<tr><td>石结构墙</td><td colspan="5">1 承重墙或门窗间墙出现阶梯形斜向裂缝，且最大裂缝宽度大于 10mm；
2 承重墙整体沿某水平灰缝滑移大于 10mm；
3 承重墙、柱产生倾斜，其倾斜率大于 1/200；
4 纵横墙连接处竖向裂缝最大宽度大于 10mm；
5 料石楼板或梁与承重墙体错位后，错位长度大于原搭接长度的 1/25；
6 支撑梁或屋架端部的承重墙体个别石块断裂或垫块压碎；
7 墙因偏心受压产生水平裂缝，缝宽大于 0.5mm；墙体竖向通缝长度超过 1000mm；
8 墙刚度不足，出现挠曲鼓闪，且在挠曲部位出现水平或交叉裂缝；
9 石砌墙高厚比：单层大于 18，二层大于 15，且墙体自由长度大于 6m。墙体的偏心距达墙厚的 1/6；
10 受压墙表面风化、剥落，砂浆粉化，有效截面削弱达 1/5 以上；
11 其他显著影响结构整体性的裂缝、变形、错位等情况；
12 墙体因缺少拉结石而出现局部坍塌。</td><td>$n_w=$</td><td>$n_{dw}=$</td><td colspan="2" rowspan="2">承重结构危险构件百分数
$P_{sdm}=(2.4n_{dc}+2.4n_{dw}+n_{ds})/(2.4n_c+2.4n_w+n_s)\times100\%$
=</td></tr>
<tr><td>石楼盖</td><td colspan="5">1 石楼板净跨超过 4m 或悬挑石梁；
2 石梁或石楼板出现断裂；</td><td>$n_s=$</td><td>$n_{ds}=$</td></tr>
</table>

续表 B.0.8

构件名称	构件判定方法	构件总数	危险构件数	构件百分数
石楼盖	3 梁端在柱顶搭接处出现错位，错位长度大于柱沿梁支撑方向上的截面高度 h（当柱为圆柱时，h 为柱截面的直径）的 1/25； 4 料石楼板或梁与承重墙体错位后，错位长度大于原搭接长度的 1/25。	$n_s=$	$n_{ds}=$	

住房组成部分评定

住房组成部分隶属函数

$$\mu_a=\begin{cases}1 & (p=0\%)\\ 0 & (p\neq 0\%)\end{cases}$$

$$\mu_b=\begin{cases}1 & (0\%<p\leqslant 5\%)\\ (30\%-p)/25\% & (5\%<p<30\%)\\ 0 & (p\geqslant 30\%)\end{cases}$$

$$\mu_c=\begin{cases}0 & (p\leqslant 5\%)\\ (p-5\%)/25\% & (5\%<p<30\%)\\ (100\%-p)/70\% & (30\%\leqslant p\leqslant 100\%)\end{cases}$$

$$\mu_d=\begin{cases}0 & (p\leqslant 30\%)\\ (p-30\%)/70\% & (30\%<p<100\%)\\ 1 & (p=100\%)\end{cases}$$

住房组成部分等级	地基基础	上部结构	围护结构
a	$\mu_{af}=$	$\mu_{as}=$	$\mu_{aes}=$
b	$\mu_{bf}=$	$\mu_{bs}=$	$\mu_{bes}=$
c	$\mu_{cf}=$	$\mu_{cs}=$	$\mu_{ces}=$
d	$\mu_{df}=$	$\mu_{ds}=$	$\mu_{des}=$

住房综合评定

住房隶属函数			
住房隶属函数	A	$\mu_A=\max[\min(0.3, \mu_{af}), \min(0.6, \mu_{as}), \min(0.1, \mu_{aes})]=$	评定等级为：A（ ） B（ ） C（ ） D（ ）
	B	$\mu_B=\max[\min(0.3, \mu_{bf}), \min(0.6, \mu_{bs}), \min(0.1, \mu_{bes})]=$	
	C	$\mu_C=\max[\min(0.3, \mu_{cf}), \min(0.6, \mu_{cs}), \min(0.1, \mu_{ces})]=$	
	D	$\mu_D=\max[\min(0.3, \mu_{df}), \min(0.6, \mu_{ds}), \min(0.1, \mu_{des})]=$	

评 定 方 法

1 $\mu_{df}\geqslant 0.75$，为 D 级（整幢危房）。

2 $\mu_{ds}\geqslant 0.75$，为 D 级（整幢危房）。

3 $\max(\mu_A, \mu_B, \mu_C, \mu_D)=\mu_A$，综合判断结果为 A 级（非危房）。

4 $\max(\mu_A, \mu_B, \mu_C, \mu_D)=\mu_B$，综合判断结果为 B 级（危险点房）。

5 $\max(\mu_A, \mu_B, \mu_C, \mu_D)=\mu_C$，综合判断结果为 C 级（局部危房）。

6 $\max(\mu_A, \mu_B, \mu_C, \mu_D)=\mu_D$，综合判断结果为 D 级（整幢危房）。

审核：　　　　　　　鉴定人员：　　　　　　　鉴定时间：

本标准用词说明

1 为了便于在执行本标准条文时区别对待，对于要求严格程度不同的用词说明如下：

1）表示很严格，非这样做不可的：

正面词采用“必须”；反面词采用“严禁”；

2）表示严格，在正常情况下均应这样做的：

正面词采用“应”；反面词采用“不应”或“不得”；

3）表示允许稍有选择，在条件许可时首先应这样做的：

正面词采用“宜”；反面词采用“不宜”；

4）表示有选择，在一定条件下可以这样做的，采用“可”。

2 条文中指明应按其他有关标准执行的写法为“应符合……的规定”或“应按……执行”。

中华人民共和国行业标准

农村住房危险性鉴定标准

JGJ/T 363—2014

条 文 说 明

制　订　说　明

《农村住房危险性鉴定标准》JGJ/T 363－2014，经住房和城乡建设部2014年12月17日以第678号公告批准、发布。

本标准制订过程中，编制组对山东、安徽、湖南、贵州等省农村危险住房进行了调查研究，总结了我国工程建设房屋鉴定与检测的实践经验，同时参考了国外先进技术法规、技术标准，通过试验取得了农村住房危险性鉴定的重要技术参数。

为便于广大设计、施工、科研、学校等单位有关人员在使用本标准时能正确理解和执行条文规定，《农村住房危险性鉴定标准》编制组按章、节、条顺序编制了本标准的条文说明，对条文规定的目的、依据以及执行中需注意的有关事项进行了说明。但是，本条文说明不具备与标准正文同等的法律效力，仅供使用者作为理解和把握标准规定的参考。

目　次

1　总则 ………………………………………… 39—30
3　基本规定 ……………………………………… 39—30
3.1　等级划分 …………………………………… 39—30
3.2　评定原则与方法 …………………………… 39—30
4　定性鉴定 ……………………………………… 39—30
4.1　一般规定 …………………………………… 39—30
4.2　住房危险性评定 …………………………… 39—30
5　定量鉴定 ……………………………………… 39—31
5.1　一般规定 …………………………………… 39—31
5.4　木结构构件危险性鉴定 …………………… 39—31
5.7　混凝土结构构件危险性鉴定 ……………… 39—31
5.8　钢结构构件危险性鉴定 …………………… 39—31

1 总 则

1.0.1 本标准中农村住房系指农村与乡镇中层数为二层及以下的农村自建的正在居住房屋。相对于城市建筑，我国农村住房具有单体规模矮小、造价低廉、安全度水平偏低等特点。由于农村住房存在主体结构材料强度低（如土木、砖木、石木结构）、结构整体性差、房屋各构件之间连接薄弱等问题，多数房屋都在不同程度上存在安全隐患。

1.0.2 本标准所称的住房是指固定在土地上，有屋面和围护结构，可供人们直接地在其内部进行生产、工作、生活、学习、储藏或其他活动的建筑物，其面积一般以平方米计算。本标准鉴定的对象不包括以下方面：

1 不包括构筑物在内，如道路、桥梁、隧道、码头等，甚至排除与房屋极其近似或密切相关的构筑物，如宝塔、亭台、烟囱、碉堡、基穴、假山等；

2 凡在建工程，由于它处于形成阶段，不属于已完成的住房，因此被排除在外；

3 由于高温、高湿、强震、腐蚀等特殊环境对住房安全性能影响较大，对这类住房不在本标准鉴定范围之内；

4 本标准不包括各种自然灾害如地震、风暴等对住房可能造成的危害的预测。

3 基 本 规 定

3.1 等 级 划 分

3.1.4 本条是对农村住房危险性进行鉴定时，其危险等级的划分。

1 A级的宏观表征为：地基基础保持稳定；承重构件完好；结构构造及连接保持完好；结构未发生倾斜和超过规定的变形。

2 B级的宏观表征为：地基基础保持稳定；个别承重构件出现轻微裂缝，个别部位的结构构造及连接可能受到轻度损伤，尚不影响结构共同工作和构件受力；个别非承重构件可能有明显损坏，结构未发生影响使用安全的倾斜或变形；附属构、配件或其固定连接件可能有不同程度损坏，经一般修理后可继续使用。

3 C级的宏观表征为：地基基础尚保持稳定；多数承重构件或抗侧向作用构件出现裂缝，部分存在明显裂缝；不少部位构造的连接受到损伤，部分非承重构件严重破坏；经鉴定加固后可继续使用。

4 D级的宏观表征为：地基基础出现损害；多数承重构件严重破坏，结构构造及连接受到严重损坏；结构整体牢固性受到威胁，局部结构濒临坍塌。

3.2 评定原则与方法

3.2.1～3.2.4 住房危险性鉴定时，先对房屋所在场地进行鉴定，当房屋所在场地鉴定为非危险场地时，再采用定性鉴定或定量鉴定的方法对房屋的危险性进行鉴定。

房屋危险性定性鉴定采取综合评定方法，本标准规定了综合评定应遵循的基本原则，危险房屋评定按三个层次进行，使评定更加科学、合理和便于操作、满足实际工作需要。最大限度发挥专业技术人员的丰富实践经验和综合分析能力。

参照针对汶川地震制定的《地震灾后建筑鉴定与加固技术指南》，本标准定性鉴定划分为四个等级，以弥补有些村镇房屋无法定量鉴定的缺陷。

3.2.5 由于农村房屋类型较多，为了实现房屋类型的基本覆盖，并考虑到农村的技术水平及可操作性等因素，本标准推荐采用以定性鉴定为主、定量鉴定为辅的鉴定方法。对于常见结构类型房屋，一般情况下可直接采用定性鉴定结果，必要时才采用定量鉴定方法进行再判。

3.2.6 由于对房屋承载力计算、房屋传力体系的调查、房屋荷载调查、结构验算的成本太高，农村专业技术力量和技术装备有限，且绝大多数房屋都没有经过设计，难以有效实施。所以规范条文对承载力验算未作要求，而通过房屋结构的表象评估来实现对承载力的判断，以提高本标准在农村地区的可操作性。

4 定 性 鉴 定

4.1 一 般 规 定

4.1.1、4.1.2

1 定性鉴定应以房屋结构体系中每一独立部分为对象进行；

2 定性鉴定应以目测建筑损坏情况和经验判断为主，必要时，应查阅尚存的建筑档案或辅以仪器检测。定性鉴定应采用统一编制的检查检测记录表格。

4.2 住房危险性评定

4.2.1～4.2.3 对各类结构的检查要点如下：

构件的受力裂缝就是受到外力或者内应力作用造成了肉眼可见的开裂。

对砖混房屋的检查，应着重检查承重墙、楼、屋盖及墙体交接处的连接构造，并检查非承重墙和容易倒塌的附属构件。检查时，应着重区分：抹灰层等装饰层的损坏与结构的损坏，自承重构件的损坏与非承重构件的损坏，以及沿灰缝发展的裂缝与沿块材断裂、贯通的裂缝等。

对钢筋混凝土房屋的检查，应着重检查柱、梁和楼板以及围护墙。检查时，应着重区分抹灰层、饰面砖等装饰层的损坏与结构损坏；主要承重构件及抗侧向作用构件的损坏与非承重构件及非抗侧向作用构件的损坏；一般裂缝与剪切裂缝，有剥落、压碎前兆的裂缝，粘结滑移的裂缝及搭接区的劈裂裂缝等。

对传统结构房屋的检查，应着重检查木柱、砖、石柱、砖、石过梁、承重砖、石墙和木屋盖，以及其相互间锚固、拉结情况，并检查非承重墙和附属构件。

4.2.4 有如下情况出现，导致房屋整体出现险情时，应判定为关键承重构件严重损坏：

1 砌体结构承重墙、柱已经产生明显倾斜；

2 木结构主梁或屋架产生严重挠曲，构件有严重的腐朽、虫蛀等缺陷，承重柱侧弯变形严重，或柱顶劈裂，柱身断裂；

3 石结构承重墙、柱产生明显倾斜，或石柱、石梁出现断裂；

4 生土结构承重墙产生明显倾斜；

5 混凝土结构主要承重柱产生明显倾斜，构件混凝土严重缺损，或屋架支撑系统失效导致较大的倾斜；

6 钢结构屋架产生严重挠曲，屋架支撑系统失效，导致屋架倾斜严重，或梁、柱等位移或变形较大；

7 结构节点松动失效，砌体结构和生土结构局部承压破坏。

5 定 量 鉴 定

5.1 一 般 规 定

5.1.3 条文中的“自然间”是指按结构计算单元的划分确定，具体地讲是指房屋结构平面中，承重墙或梁围成的闭合体。

5.1.4 多层房屋的危险性综合评定应以层为单位进行。取层中较高的危险性等级为整幢房屋危险性等级。

5.4 木结构构件危险性鉴定

5.4.2 这些条款具体规定了木结构的危险限值。

斜率 ρ 值和材质心腐缺陷，是参照现行国家标准《古建筑木结构维护与加固技术规范》GB 50165确定。

5.7 混凝土结构构件危险性鉴定

5.7.2 这些条款具体规定了混凝土结构构件的危险限值。

本标准规定了柱墙侧向变形值 $h/250$ 或 30mm 内容，并规定墙柱倾斜率 1%和位移量为 $h/500$。

跨度大于 6m 的屋架和跨度大于下列数值的梁，应在支承处砌体上设置混凝土或钢筋混凝土垫块；当墙中设有圈梁时，垫块与圈梁宜浇成整体。

（1）对砖砌体为 4.8m；

（2）对砌块和料石砌体为 4.2m；

（3）对毛石砌体为 3.9m。

5.8 钢结构构件危险性鉴定

5.8.1 本条规定钢结构构件应进行的必要检验工作。

5.8.2 这些条款具体规定了钢结构构件的危险限值，梁、板等变形位移值 $l_0/250$、侧弯矢高 $l_0/600$，平面外倾斜值 $h/500$，以上限值参照了现行国家标准《工业建筑可靠性鉴定标准》GB 50144。

中华人民共和国行业标准

钻芯法检测砌体抗剪强度及砌筑砂浆强度技术规程

Technical specification for testing shear strength of masonry and strength of mortar with drilled core

JGJ/T 368—2015

批准部门：中华人民共和国住房和城乡建设部
施行日期：2 0 1 6 年 5 月 1 日

中华人民共和国住房和城乡建设部
公　　告

第 905 号

住房城乡建设部关于发布行业标准《钻芯法检测砌体抗剪强度及砌筑砂浆强度技术规程》的公告

现批准《钻芯法检测砌体抗剪强度及砌筑砂浆强度技术规程》为行业标准，编号为 JGJ/T 368－2015，自 2016 年 5 月 1 日起实施。

本规程由我部标准定额研究所组织中国建筑工业出版社出版发行。

中华人民共和国住房和城乡建设部

2015 年 8 月 28 日

前　　言

根据住房和城乡建设部《关于印发〈2013 年工程建设标准规范制订修订计划〉的通知》（建标［2013］6 号）的要求，规程编制组经广泛调查研究，认真总结实践经验，参考有关国际标准和国外先进标准，并在广泛征求意见的基础上，编制本规程。

本规程的主要技术内容是：1　总则；2　术语和符号；3　检测设备；4　检测技术；5　测强曲线；6　强度推定。

本规程由住房和城乡建设部负责管理，由山东省建筑科学研究院负责具体技术内容的解释。执行过程中如有意见或建议，请寄送山东省建筑科学研究院（地址：山东省济南市天桥区无影山路 29 号，邮编：250031）

本规程主编单位：山东省建筑科学研究院
江西建工第二建筑有限责任公司

本规程参编单位：山东省建设工程质量监督总站
四川省建筑科学研究院
河南省建筑科学研究院有限公司
国家建筑工程质量监督检验中心
宁夏建筑科学研究院有限公司
山东起凤建工股份有限公司
河北省建筑科学研究院
德州市建设工程质量检测站
吉林省建筑科学研究设计院
江西省建筑科学研究院
山东华森混凝土有限公司
青岛海大建设工程检测鉴定中心
安丘市建筑工程质量监督站
滨州市工程建设质量监督站
江苏省建筑科学研究院有限公司
淄博市建筑工程质量安全监督站
齐河县建筑工程质量监督站
山东三箭建设工程管理有限公司
青岛建国工程检测有限公司
山东同圆设计集团有限公司

本规程主要起草人员：崔士起　王守宪　成　勃
孔旭文　王金玉　王志龙
吴　体　刘付林　韩继云
王福华　张会亭　田绪峰

梁玉国　苏振林　柴子栋
陈保平　孙长吉　周向民
谢慧东　张茂辉　李永胜
王　新　李建业　杨丽君
顾瑞南　肖承波　祁　冰
王　昭　孙洪明　宋　超
王　晓　冯　剑　朱立东
魏传钰　王　文　常新伟
赵　壮　徐承强　陈　翔
张建立　刘立渠　张　伟
赵晓亮

本规程主要审查人员：高小旺　孙永民　李　杰
杨勇新　赵考重　康会亭
焦安亮　鲁爱民　侯和涛
晏大玮　费毕刚

目　次

1　总则 …………………………………… 40—6
2　术语和符号 ……………………………… 40—6
2.1　术语 ………………………………… 40—6
2.2　符号 ………………………………… 40—6
3　检测设备 ………………………………… 40—6
3.1　钻芯设备 …………………………… 40—6
3.2　抗剪强度检测设备 ………………… 40—6
4　检测技术 ………………………………… 40—7
4.1　一般规定 …………………………… 40—7
4.2　测点 ………………………………… 40—7
4.3　芯样钻取 …………………………… 40—7
4.4　芯样抗剪试验 ……………………… 40—8
5　测强曲线 ………………………………… 40—8
5.1　一般规定 …………………………… 40—8
5.2　统一测强曲线 ……………………… 40—8
6　强度推定 ………………………………… 40—9
附录A　专用或地区测强曲线的制定方法 ………………………………… 40—10
附录B　异常数据判断和处理 ………… 40—10
本规程用词说明 ………………………… 40—11
引用标准名录 …………………………… 40—12
附：条文说明 …………………………… 40—13

Contents

1 General Provisions ························ 40—6
2 Terms and Symbols ························ 40—6
2.1 Terms ·· 40—6
2.2 Symbols ···································· 40—6
3 Test Equipments ························ 40—6
3.1 Drilling Machine ························ 40—6
3.2 Shear Test Device ······················ 40—6
4 Test Techniques ·························· 40—7
4.1 General Requirements ··················· 40—7
4.2 Test Point ································ 40—7
4.3 Core Drilling ····························· 40—7
4.4 Shear Test of Drilled Cores ·········· 40—8
5 Test Strength Curve ···················· 40—8
5.1 General Requirements ··················· 40—8
5.2 National Test Strength Curve ········ 40—8
6 Strength Estimating ···················· 40—9
Appendix A Method of Formulating Testing Strength Curve for Different Regionals and Project Types ······ 40—10
Appendix B Judgement and Treatment of Abnormal Data ········· 40—10
Explanation of Wording in This Specification ························ 40—11
List of Quoted Standards ················ 40—12
Addition: Explanation of Provisions ······ 40—13

1 总　　则

1.0.1 为规范使用钻芯法检测砌体抗剪强度及砌筑砂浆抗压强度，确保检测精度，制定本规程。

1.0.2 本规程适用于砌体工程结构中砌体抗剪强度和砌筑砂浆抗压强度的检测。

1.0.3 采用钻芯法检测砌体抗剪强度和砌筑砂浆抗压强度，除应符合本规程外，尚应符合国家现行有关标准的规定。

2 术语和符号

2.1 术　　语

2.1.1 钻芯法　drilled core method

从砌体中钻取芯样并经加工处理后，沿芯样通缝截面进行抗剪强度试验，用以推定砌体抗剪强度和砌筑砂浆抗压强度的方法。

2.1.2 检测批　inspection lot

材料品种、强度等级和配合比相同，施工工艺、养护条件基本一致且龄期相近，总量不大于 $250m^3$ 的砌体构成的检测对象。

2.1.3 单个构件　individual member

同楼层同自然间同轴线且面积不大于 $25m^2$ 的墙体。

2.1.4 测点　test point

按检测方法要求，在构件上布置的一个或若干个检测点。

2.1.5 块体 masonry unit

由烧结或非烧结生产工艺制成的实心或多孔直角六面体块材。

2.1.6 砌体抗剪强度换算值　conversion shear strength of masonry

由砌体芯样抗剪强度通过测强曲线计算得到的砌体抗剪强度值，相当于被测构件测试部位在所处条件及龄期下，标准双剪试件沿通缝截面抗剪强度值。

2.1.7 砌筑砂浆抗压强度换算值　conversion compressive strength of mortar

由砌体芯样抗剪强度通过测强曲线计算得到的砌筑砂浆抗压强度值，相当于被测构件测试部位在所处条件及龄期下，采用同类块体为砂浆试块底模的、边长为 70.7mm 立方体砂浆试块的抗压强度值。

2.1.8 强度推定值　estimated strength

对各测点强度换算值按本规程的规则计算后，得出的单个构件或检测批的具有一定保证率的砌体抗剪强度值及砌筑砂浆抗压强度值。

2.2 符　　号

2.2.1 材料性能

$f_{cu,e}$——砌筑砂浆抗压强度推定值；

$f_{cu,i}$——第 i 个测点砌筑砂浆抗压强度换算值；

$f_{cu,min}$——测点砌筑砂浆抗压强度换算值的最小值；

f_i——检测批第 i 个测点的砌体抗剪强度换算值 $f_{cu,i}$ 或砌筑砂浆抗压强度换算值 $f_{v,i}$；

$f_{v,e}$——检测批砌体抗剪强度推定值，相当于同龄期同条件养护砌体抗剪强度标准值；

$f_{v,i}$——第 i 个测点砌体抗剪强度换算值；

$f_{v,min}$——砌体抗剪强度值的最小值；

m_f——检测批强度换算值的平均值；

$N_{v,i}$——第 i 个测点芯样试件的抗剪破坏荷载值；

s_f——检测批强度换算值的标准差；

$\tau_{v,i}$——第 i 个测点砌体芯样沿通缝截面破坏时的剪切强度。

2.2.2 几何参数

A_i——第 i 个测点芯样试件首先发生剪切破坏的受剪灰缝的实测面积。

2.2.3 计算系数

G_n、G'_n——格拉布斯检验统计量；

$G_{0.975}(n)$、$G_{0.995}(n)$——格拉布斯检验临界值；

δ——检测批强度换算值的变异系数；

δ_r——回归方程式的强度平均相对误差（%）。

3 检 测 设 备

3.1 钻 芯 设 备

3.1.1 钻芯机应便于固定并配有水冷却系统，其功率、转速等性能应保证芯样顺利取出，满足检测要求。

3.1.2 钻取芯样时宜采用人造金刚石薄壁钻头。钻头胎体不得有裂缝、缺边、少角、倾斜及喇叭口变形。钻头与钻机转轴的同轴度偏差不应大于 0.3mm，钻头的径向跳动不应大于 1.5mm。

3.2 抗剪强度检测设备

3.2.1 砌体芯样抗剪强度检测设备应由加荷装置、测力系统、反力支撑装置组成。检测时测力系统应在检定或校准有效期内，并处于正常状态。

3.2.2 测力系统技术性能应符合下列规定：

1　试件破坏荷载应大于测力系统全量程的 20% 且应小于测力系统全量程的 80%；

2　测量示值相对误差不应大于±1%；

3　工作行程不应小于 10mm；

4　测力系统示值的最小分度值不应大于 0.1kN，并应具有峰值记录功能。

3.2.3　当出现下列情况之一时，测力系统应进行检定或校准。

1　新仪器使用前；

2　达到检定或校准规定的有效期限；

3　测力系统出现示值不稳等异常时；

4　仪器经大修后；

5　遭受严重撞击或其他损害。

4　检测技术

4.1　一般规定

4.1.1　现场检测前宜收集下列资料：

1　工程名称及建设单位、设计单位、施工单位和监理单位名称；

2　检测范围和部位，以及块体、砂浆的种类和强度等级；

3　原材料试验报告、砂浆配合比；

4　设计文件和施工资料；

5　检测原因；

6　工程修建时间。

4.1.2　砌体结构抗剪强度和砌筑砂浆抗压强度检测方式可分为单个构件检测和批量检测，其适用范围应符合下列规定：

1　单个构件检测仅限于对被测构件的检测；

2　批量检测适用于对同一检测批的检测；

3　大型结构构件可根据施工顺序、位置等划分为若干个检测区域，根据检测区域数量及检测需要，选择检测方式。

4.1.3　批量检测时，应进行随机抽样，且抽测构件数量不应少于 6 个；当一个检测批所包含的构件不足 6 个时，应按单个构件进行检测。

4.2　测　点

4.2.1　测点布置应符合下列规定：

1　测点应布置在墙肢长度不小于 1.5m 的构件上；

2　同一构件同一水平面内测点不宜多于 2 个；

3　测点与砌体尽端、门窗洞口或后砌洞口的距离不应小于 200mm，并应避开现浇混凝土构件、预埋件、拉结筋等；

4　单个构件检测时，测点数不应少于 3 个；

5　批量检测时，宜根据被测构件的面积及砌筑砂浆质量状况分散布置，每个构件可取 1～3 个测点，测点总数不应少于 15 个；

4.2.2　测点位置选定后，应清除砌体相应位置的饰面层，且不应损伤砌体。

4.3　芯样钻取

4.3.1　钻芯机就位并安放平稳后，应将钻芯机固定，并使钻头垂直墙面。

4.3.2　钻取芯样时进钻速度宜为 20mm/min～50mm/min，钻芯过程应连续平稳，并应避免损伤芯样。

4.3.3　钻取的芯样应包括三层块体和两条水平灰缝，其中外层块体形状尺寸宜对称。当块体的外形尺寸为 240mm×115mm×53mm 时，芯样直径应为 150mm（图 4.3.3-1）；当块体的外形尺寸为 240mm×115mm×90mm 时，芯样直径应为 190mm（图 4.3.3-2）。

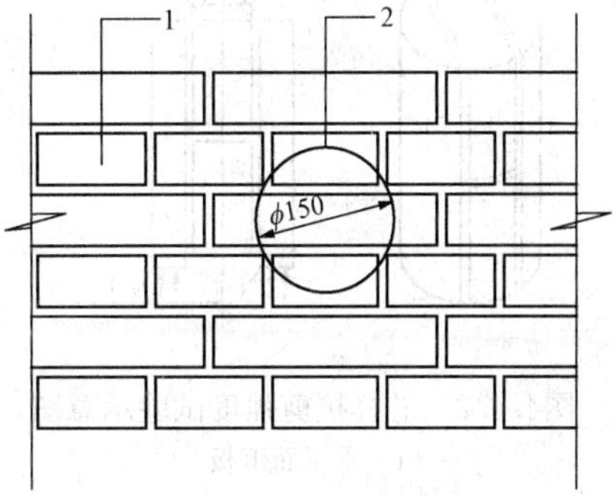

图 4.3.3-1　块体高度为 53mm 的砌体芯样位置图示
1—块体；2—钻取芯样位置

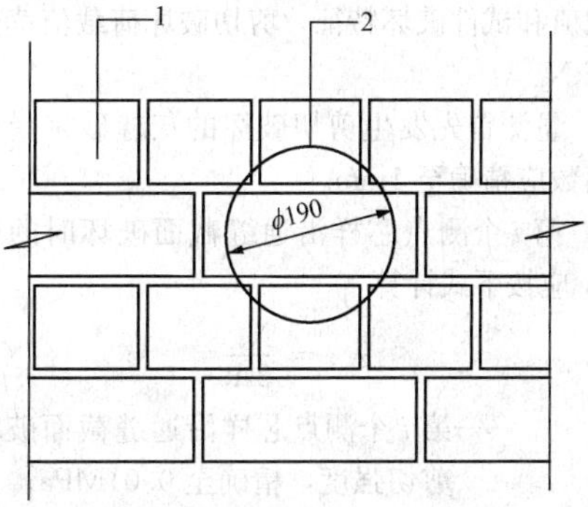

图 4.3.3-2　块体高度为 90mm 的砌体芯样位置图示
1—块体；2—钻取芯样位置

4.3.4　芯样应及时标记，并应采取衬垫泡沫塑料等保护措施。当芯样不能满足要求时，应在原构件上重新钻取。

4.3.5　钻芯后留下的孔洞应及时进行修补，并应满足原有墙体承载能力、使用功能和节能要求。

4.3.6　用于抗剪试验的芯样应符合下列规定：

1　芯样端部承压面每 100mm 长度范围内的平整度偏差不应大于 1mm；

2　端部承压面与受剪面灰缝垂直度偏差不应大

于1.5°；

3 砌体水平灰缝在芯样两端面上长度值的极差不应超过其平均值的10%；

4 多孔砖砌体芯样圆弧面的孔洞应填补密实，且不应影响灰缝受剪面。

4.4 芯样抗剪试验

4.4.1 进行抗剪试验的芯样应处于自然干燥状态。

4.4.2 芯样抗剪试验应按下列步骤和要求进行：

1 对芯样端部承压面进行找平处理，使承压面垂直于受剪面灰缝，试件的中心线与反力支撑轴线重合。

2 将砌体抗剪试件立放在反力支撑装置承压板之间（图4.4.2），在承压面处垫钢板，钢板不得影响灰缝受剪。

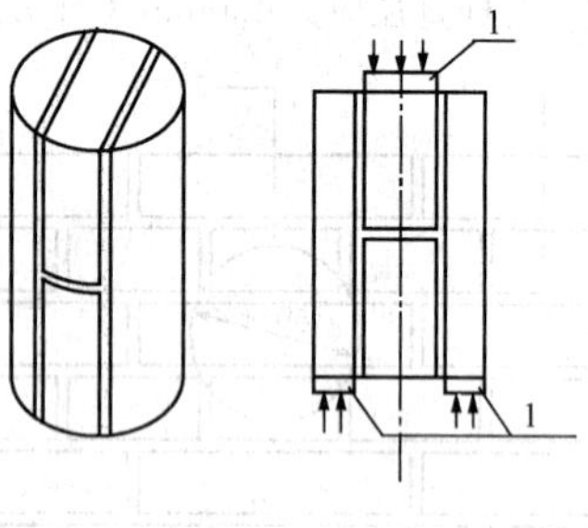

图4.4.2 芯样抗剪强度试验示意图

1—承压面钢板

3 抗剪试验应采用匀速连续加荷方法，并应避免冲击，加荷速度宜控制为0.2kN/s～0.5kN/s。当芯样的一个受剪面首先发生剪切破坏时，记录剪切破坏荷载值和试件破坏特征，剪切破坏荷载值读数精确至0.1kN。

4 量测首先发生剪切破坏的灰缝砂浆受剪面尺寸，读数应精确至1mm。

4.4.3 第 i 个测点芯样沿通缝截面破坏时的剪切强度 $\tau_{v,i}$，应按下式计算：

$$\tau_{v,i} = \frac{N_{v,i}}{2A_i} \quad (4.4.3)$$

式中 $\tau_{v,i}$——第 i 个测点芯样沿通缝截面破坏时的剪切强度，精确至0.01MPa；

$N_{v,i}$——第 i 个测点芯样的剪切破坏荷载值，精确至0.1kN；

A_i——第 i 个测点芯样首先发生剪切破坏的受剪灰缝的面积，精确至 $1mm^2$。

4.4.4 当块体首先发生破坏时，该试件的检测值应作废，并应在记录中注明。

5 测强曲线

5.1 一般规定

5.1.1 计算砌体抗剪强度换算值及砌筑砂浆抗压强度换算值时，宜依次选用专用测强曲线、地区测强曲线和统一测强曲线。专用或地区测强曲线的制定应符合本规程附录A的规定。

5.1.2 采用统一测强曲线的砌体应符合下列规定：

1 采用普通砌筑砂浆用材料、拌合用水，以中砂为细集料。

2 砌体厚度为240mm，块体为烧结普通砖、烧结多孔砖、混凝土实心砖、混凝土多孔砖和蒸压粉煤灰砖，其外形尺寸应为240mm×115mm×53mm或240mm×115mm×90mm。当块体为蒸压粉煤灰砖时，仅可推定砌体抗剪强度，不得推定砌筑砂浆抗压强度值。

3 采用普通施工工艺，龄期不少于28d。

4 砌体抗剪强度为0.08MPa～0.80MPa，砌筑砂浆抗压强度为1.0MPa～10.0MPa。

5 用于检测砌筑砂浆抗压强度时，其破坏状态应为砂浆层本体破坏。

5.1.3 当砌体存在下列情况之一时，应制定专用测强曲线：

1 砌体厚度或块体种类不符合本规程第5.1.2条第2款的规定；

2 采用粗砂或细砂配制；

3 掺有微沫剂、引气剂；

4 采用特种砌筑工艺制作；

5 长期处于高温、潮湿环境或浸水状态。

5.2 统一测强曲线

5.2.1 砌体抗剪强度换算值应根据块体类型分别按下列公式计算：

1 烧结普通砖砌体

$$f_{v,i} = 0.693\tau_{v,i}^{0.770} \quad (5.2.1\text{-}1)$$

2 烧结多孔砖砌体

$$f_{v,i} = 0.662\tau_{v,i}^{0.956} \quad (5.2.1\text{-}2)$$

3 混凝土实心砖砌体

$$f_{v,i} = 0.784\tau_{v,i}^{1.116} \quad (5.2.1\text{-}3)$$

4 混凝土多孔砖砌体

$$f_{v,i} = 0.691\tau_{v,i}^{0.705} \quad (5.2.1\text{-}4)$$

5 蒸压粉煤灰砖砌体

$$f_{v,i} = 0.575\tau_{v,i}^{0.792} \quad (5.2.1\text{-}5)$$

式中：$f_{v,i}$——第 i 个测点砌体抗剪强度换算值，精确至0.01MPa；

$\tau_{v,i}$——第 i 个测点芯样沿通缝截面破坏时的剪切强度，精确至0.01MPa。

5.2.2 砌筑砂浆抗压强度换算值应根据块体类型分别按下列公式计算：

1 烧结普通砖砌体

$$f_{cu,i}=14.73\tau_{v,i}^{0.88} \quad (5.2.2\text{-}1)$$

2 烧结多孔砖砌体

$$f_{cu,i}=16.60\tau_{v,i}^{1.19} \quad (5.2.2\text{-}2)$$

3 混凝土实心砖砌体

$$f_{cu,i}=16.46\tau_{v,i}^{1.35} \quad (5.2.2\text{-}3)$$

4 混凝土多孔砖砌体

$$f_{cu,i}=22.47\tau_{v,i}^{1.23} \quad (5.2.2\text{-}4)$$

式中：$f_{cu,i}$——第 i 个测点砌筑砂浆抗压强度换算值，精确至0.1MPa；

$\tau_{v,i}$——第 i 个测点芯样沿通缝截面破坏时的剪切强度，精确至0.01MPa。

6 强 度 推 定

6.0.1 检测批的强度平均值、标准差和变异系数应分别按下列公式计算：

$$m_f=\frac{\sum_{i=1}^{n}f_i}{n} \quad (6.0.1\text{-}1)$$

$$s_f=\sqrt{\frac{\sum_{i=1}^{n}(m_f-f_i)^2}{n-1}} \quad (6.0.1\text{-}2)$$

$$\delta=\frac{s_f}{m_f} \quad (6.0.1\text{-}3)$$

式中：f_i——检测批第 i 个测点的强度换算值，包括砌体抗剪强度换算值和砌筑砂浆抗压强度换算值（MPa）；

m_f——检测批强度换算值的平均值（MPa），精确到0.01MPa；

n——检测批测点数总数；

s_f——检测批强度换算值的标准差（MPa），精确到0.01MPa；

δ——检测批强度换算值的变异系数，精确到0.01。

6.0.2 检测批各测点的强度换算值宜按本规程附录B规定的方法进行异常数据判断和处理。

6.0.3 当检测批砌体抗剪强度的变异系数大于0.25或砌筑砂浆抗压强度的变异系数大于0.35时，宜检查检测结果离散性较大的原因，并应按下列规定进行处理：

1 应增加测点数进行补测；

2 应重新划分检测批后再进行数据处理。

6.0.4 砌体抗剪强度推定值 $f_{v,e}$ 的计算应符合下列规定：

1 当按单个构件检测时，应按下式计算：

$$f_{v,e}=f_{v,min} \quad (6.0.4\text{-}1)$$

2 当按批量检测时，应按下式计算：

$$f_{v,e}=m_{f_v}-ks_{f_v} \quad (6.0.4\text{-}2)$$

式中：m_{f_v}——检测批砌体抗剪强度换算值的平均值（MPa）；

s_{f_v}——检测批砌体抗剪强度换算值的标准差（MPa）；

k——计算系数，与确定强度标准值所取的概率分布下分位数 α、置信水平 C 有关，当 α 取0.05、C 取0.60时，可按表6.0.4取值。

表 6.0.4 计算系数

n	15	18	20	25	30	35	40	45	≥50
k	1.790	1.773	1.764	1.748	1.736	1.728	1.721	1.716	1.712

注：表中未列数据，可按内插法取值。

6.0.5 对在建或新建砌体工程，当需推定砌筑砂浆抗压强度值时，应按下列公式计算：

1 当按单个构件检测时，应按下式计算：

$$f_{cu,e}=f_{cu,min} \quad (6.0.5\text{-}1)$$

式中：$f_{cu,e}$——砌筑砂浆抗压强度推定值；

$f_{cu,min}$——砌筑砂浆抗压强度换算值的最小值。

2 当按批量检测时，应取下列公式中的较小值：

$$f_{cu,e}=0.91m_{f_{cu}} \quad (6.0.5\text{-}2)$$

$$f_{cu,e}=1.18f_{cu,min} \quad (6.0.5\text{-}3)$$

式中：$m_{f_{cu}}$——检测批砌筑砂浆抗压强度平均值。

6.0.6 对既有砌体工程，当需推定砌筑砂浆抗压强度值时，应符合下列要求：

1 当按国家标准《砌体结构工程施工质量验收规范》GB 50203－2002及之前实施的砌体工程施工质量验收规范的有关规定修建时，应按下列公式计算：

1）当按单个构件检测时，应按下式计算：

$$f_{cu,e}=f_{cu,min} \quad (6.0.6\text{-}1)$$

式中：$f_{cu,min}$——砌筑砂浆抗压强度换算值的最小值。

2）当按批量检测时，应取下列公式中的较小值：

$$f_{cu,e}=m_{f_{cu}} \quad (6.0.6\text{-}2)$$

$$f_{cu,e}=1.33f_{cu,min} \quad (6.0.6\text{-}3)$$

式中：$m_{f_{cu}}$——检测批砌筑砂浆抗压强度平均值。

2 当按国家标准《砌体工程施工质量验收规范》GB 50203－2011的有关规定修建时，应按本规程第6.0.5条的规定推定砌筑砂浆抗压强度值。

6.0.7 当砌体抗剪强度检测结果小于0.08MPa或大于0.80MPa时，可仅给出检测值范围 $f_{v,e}$ 小于0.08MPa或 $f_{v,e}$ 大于0.80MPa。

6.0.8 当砌筑砂浆抗压强度检测结果小于1.0MPa或大于10.0MPa时，可仅给出检测值范围 $f_{cu,e}$ 小于1.0MPa或 $f_{cu,e}$ 大于10.0MPa。

附录A　专用或地区测强曲线的制定方法

A.0.1　制定专用或地区测强曲线的砌体、标准抗剪强度试件及砌筑砂浆试块应与检测砌体在原材料的品种和规格、施工工艺及养护方法等条件相同。

A.0.2　原材料准备应符合下列规定：

1　水泥应符合现行国家标准《通用硅酸盐水泥》GB 175 的规定；

2　砂、掺合料、拌制用水、外加剂等材料应符合现行行业标准《砌筑砂浆配合比设计规程》JGJ/T 98 的规定；

3　块体材料及砌筑砂浆种类应按专用或地区测强曲线的需要确定。

A.0.3　砌体、抗剪强度试件及试块的制作和养护应符合下列规定：

1　对于每一块体材料、每一类型的砌筑砂浆的强度等级不应少于 6 个；

2　按现行国家标准《砌体结构工程施工质量验收规范》GB 50203 中施工质量控制等级为 B 级的要求砌筑砌体，每一强度等级每类砌体的面积不少于 $3m^2$；

3　按现行国家标准《砌体基本力学性能试验方法标准》GB/T 50129 的规定砌筑标准抗剪强度试件，每一强度等级每类砌体试件不少于 3 组，每组不少于 6 个；

4　按现行行业标准《建筑砂浆基本性能试验方法标准》JGJ/T 70 的规定制作立方体砂浆试块，每一强度等级每类砌体试块不少于 6 组；

5　砌体、抗剪强度试件及砌筑砂浆试块应在相同的条件下养护，同材料同强度等级砌体、试件和试块应在同一天内制作完毕；

6　检测龄期应包括 28d、90d、180d。

A.0.4　在规定龄期，检测项目应包括下列内容，其检测方法应符合国家现行标准《砌墙砖试验方法》GB/T 2542、《砌体基本力学性能试验方法标准》GB/T 50129、《建筑砂浆基本性能试验方法标准》JGJ/T 70 等的规定：

1　块体材料强度；

2　砌体钻芯抗剪强度；

3　标准砌体抗剪强度；

4　砌筑砂浆试块立方体抗压强度。

A.0.5　专用或地区测强曲线的计算应符合下列规定：

1　专用或地区测强曲线的回归方程式，可采用最小二乘法原理进行计算；

2　回归方程的平均相对误差 δ_r 及相对标准误差 e_r，可按下列公式计算：

$$\delta_r = \pm \frac{1}{n}\sum_{i=1}^{n}\left|\frac{f_i}{\bar{f}_i}-1\right| \times 100\% \quad (A.0.5\text{-}1)$$

$$e_r = \sqrt{\frac{1}{n-1}\sum_{i=1}^{n}\left(\frac{f_i}{\bar{f}_i}-1\right)^2} \times 100\% \quad (A.0.5\text{-}2)$$

式中：δ_r——回归方程式的强度平均相对误差，精确至 0.1%；

e_r——回归方程式的强度相对标准差，精确至 0.1%；

f_i——第 i 组试件的砌体芯样按回归方程计算的强度换算值，其中，砌体抗剪强度值精确至 0.01MPa，砌筑砂浆试块立方体抗压强度值精确至 0.1MPa；

$\bar{f}_i$——对应于第 i 组试件的标准砌体抗剪强度平均值或砌筑砂浆试块立方体抗压强度平均值，其中，砌体抗剪强度值精确至 0.01MPa，砌筑砂浆试块立方体抗压强度值精确至 0.1MPa；

n——制定回归方程式的数据组数。

A.0.6　专用或地区测强曲线的误差应符合下列规定：

1　平均相对误差 δ_r 不应大于 18.0%；

2　相对标准差 e_r 不应大于 20.0%。

附录B　异常数据判断和处理

B.0.1　检测批的异常数据应按下列步骤进行判断：

1　将测点强度换算值按从小到大顺序排列为 $f_{cu,1}$、$f_{cu,2}$、……、$f_{cu,n}$；

2　格拉布斯统计量 G_n、G'_n 应按下列公式进行计算：

$$G_n = (f_{cu,n} - m_f)/s_f \quad (B.0.1\text{-}1)$$

$$G'_n = (m_f - f_{cu,1})/s_f \quad (B.0.1\text{-}2)$$

式中：m_f——检测批砌筑砂浆抗剪强度或抗压强度换算值的平均值；

$f_{cu,n}$——检测批砌筑砂浆抗剪强度或抗压强度换算值的最大值；

$f_{cu,1}$——检测批砌筑砂浆抗剪强度或抗压强度换算值的最小值；

s_f——检测批砌筑砂浆抗剪强度或抗压强度换算值的标准差。

3　检出水平 α 宜取 0.05，按表 B.0.1 查取 $G_{0.975}(n)$。当 $G_n = G'_n$ 时，应重新考虑限定检出离群值的个数；当 G_n 大于 G'_n 且 G_n 大于 $G_{0.975}(n)$ 时，可判断 $f_{cu,n}$ 为离群值；当 G'_n 大于 G_n 且 G'_n 大于

$G_{0.975}(n)$时，可判定 $f_{cu,1}$ 为离群值，否则可判为未发现离群值。

4 剔除水平 α 宜取 0.01，按表 B.0.1 查取 $G_{0.995}(n)$。当 G_n 大于 G'_n 且 G_n 大于 $G_{0.995}(n)$ 时，可判断 $f_{cu,n}$ 为统计离群值，否则可判断为未发现统计离群值，$f_{cu,n}$ 为高端歧离值；当 G'_n 大于 G_n 且 G'_n 大于 $G_{0.995}(n)$ 时，可判定 $f_{cu,1}$ 为统计离群值，否则可判断为未发现统计离群值，$f_{cu,1}$ 为低端歧离值。

表 B.0.1　格拉布斯检验法的临界值表

测点数量 n	$G_{0.975}(n)$	$G_{0.995}(n)$	测点数量 n	$G_{0.975}(n)$	$G_{0.995}(n)$
15	2.549	2.806	44	3.075	3.425
16	2.585	2.852	45	3.085	3.435
17	2.620	2.894	46	3.094	3.445
18	2.651	2.932	47	3.103	3.455
19	2.681	2.968	48	3.111	3.464
20	2.709	3.001	49	3.120	3.474
21	2.733	3.031	50	3.128	3.483
22	2.758	3.060	51	3.136	3.491
23	2.781	3.087	52	3.143	3.500
24	2.802	3.112	53	3.151	3.507
25	2.822	3.135	54	3.158	3.516
26	2.841	3.157	55	3.166	3.524
27	2.859	3.178	56	3.172	3.531
28	2.876	3.199	57	3.180	3.539
29	2.893	3.218	58	3.186	3.546
30	2.908	3.236	59	3.193	3.553
31	2.924	3.253	60	3.199	3.560
32	2.938	3.270	61	3.205	3.566
33	2.952	3.286	62	3.212	3.573
34	2.965	3.301	63	3.218	3.579
35	2.979	3.316	64	3.224	3.586
36	2.991	3.330	65	3.230	3.592
37	3.003	3.343	66	3.235	3.598
38	3.014	3.356	67	3.241	3.605
39	3.025	3.369	68	3.246	3.610
40	3.036	3.381	69	3.252	3.617
41	3.046	3.393	70	3.257	3.622
42	3.057	3.404	71	3.262	3.627
43	3.067	3.415	72	3.267	3.633

续表 B.0.1

测点数量 n	$G_{0.975}(n)$	$G_{0.995}(n)$	测点数量 n	$G_{0.975}(n)$	$G_{0.995}(n)$
73	3.272	3.638	87	3.335	3.704
74	3.278	3.643	88	3.339	3.708
75	3.282	3.648	89	3.343	3.712
76	3.287	3.654	90	3.347	3.716
77	3.291	3.658	91	3.350	3.720
78	3.297	3.663	92	3.355	3.725
79	3.301	3.669	93	3.358	3.728
80	3.305	3.673	94	3.362	3.732
81	3.309	3.677	95	3.365	3.736
82	3.315	3.682	96	3.369	3.739
83	3.319	3.687	97	3.372	3.744
84	3.323	3.691	98	3.377	3.747
85	3.327	3.695	99	3.380	3.750
86	3.331	3.699	100	3.383	3.754

注：当测点数量大于 100 时，可按测点数量为 100 取值。

B.0.2 异常数据的处理应符合下列规定：

1 对于统计离群值和高端歧离值，宜从样本中剔除；对于低端歧离值，当有充分理由时，可从样本中剔除；当无法说明异常原因时，可在低端歧离值邻近位置重新取样复测，根据复测结果判断是否剔除；剔除的数据应留有原始记录、剔除的理由和必要的说明。

2 保留异常数据，增加样本数补充检测，然后进行数据判断和强度推定。

3 保留异常数据，重新划分检测批，然后进行数据判断和强度推定。

B.0.3 剔除异常数据后，应按本规程第 6.0.1 条的规定对余下的数据重新计算强度换算值的平均值、标准差和变异系数，然后继续按照本规程第 B.0.1 条的规定进行检验。直到不能检出统计离群值时，方可进行强度推定。

B.0.4 检出的统计离群值总数不宜超过最初样本量的 5%，否则应按本规程第 6.0.3 条的规定进行处理。

本规程用词说明

1 为便于在执行本规程条文时区别对待，对要求严格程度不同的用词说明如下：

1） 表示很严格，非这样做不可的：
正面词采用"必须"，反面词采用"严禁"；

2） 表示严格，在正常情况下均应这样做的：
正面词采用"应"，反面词采用"不应"或

"不得"；

3）表示允许稍有选择，在条件许可时首先这样做的：

正面词采用"宜"，反面词采用"不宜"；

4）表示有选择，在一定条件下可以这样做的，采用"可"。

2 条文中指明应按其他有关标准执行的写法为"应符合……的规定"或"应按……执行"。

引用标准名录

1 《砌体基本力学性能试验方法标准》GB/T 50129

2 《砌体结构工程施工质量验收规范》GB 50203

3 《通用硅酸盐水泥》GB 175

4 《砌墙砖试验方法》GB/T 2542

5 《建筑砂浆基本性能试验方法标准》JGJ/T 70

6 《砌筑砂浆配合比设计规程》JGJ/T 98

中华人民共和国行业标准

钻芯法检测砌体抗剪强度及砌筑砂浆强度技术规程

JGJ/T 368—2015

条 文 说 明

制　订　说　明

《钻芯法检测砌体抗剪强度及砌筑砂浆强度技术规程》JGJ/T 368－2015，经住房和城乡建设部2015年8月28日以第905号公告批准、发布。

本规程编制过程中，编制组进行了广泛深入的调查研究，总结了我国目前各科研及检测等单位在采用钻芯法检测砌体抗剪强度及砌筑砂浆强度技术的实践经验，同时参考了有关国际标准和国外先进标准，开展了多项专题研究，并以多种方式广泛征求了有关单位和专家的意见，对主要问题进行了反复讨论、协调和修改。

为便于广大设计、施工、科研、学校等单位有关人员在使用本规程时能正确理解和执行条文规定，《钻芯法检测砌体抗剪强度及砌筑砂浆强度技术规程》编制组按章、节、条顺序编制了本规程的条文说明，对条文规定的目的、依据以及执行中需注意的有关事项进行了说明。但是，本条文说明不具备与规程正文同等的法律效力，仅供使用者作为理解和把握规程规定的参考。

目　　次

1　总则 …………………………………… 40—16
3　检测设备 ……………………………… 40—16
3.1　钻芯设备 ……………………………… 40—16
3.2　抗剪强度检测设备 …………………… 40—16
4　检测技术 ……………………………… 40—16
4.1　一般规定 ……………………………… 40—16
4.2　测点 …………………………………… 40—16
4.3　芯样钻取 ……………………………… 40—16
4.4　芯样抗剪试验 ………………………… 40—16
5　测强曲线 ……………………………… 40—17
5.1　一般规定 ……………………………… 40—17
5.2　统一测强曲线 ………………………… 40—17
6　强度推定 ……………………………… 40—17

1 总　　则

1.0.1 砌体结构造价低，施工工艺简单，具有良好的保温、隔热、隔声性能，在建筑结构体系中占有重要地位。汶川大地震震害分析显示：砖混结构的墙体多表现在剪切型破坏、弯剪倾覆破坏和弯曲型破坏。砌体沿通缝截面抗剪强度是影响结构抗震承载力的一个关键因素，砌体结构抗剪性能检测具有重要意义。

本规程中的砌筑砂浆强度或砌筑砂浆抗压强度，专指砌筑砂浆立方体抗压强度。

1.0.2 在正常情况下，砌体抗剪强度及砌筑砂浆抗压强度的验收与评定应按现行国家标准《砌体基本力学性能试验方法标准》GB/T 50129、《砌体结构工程施工质量验收规范》GB 50203、《建筑工程施工质量验收统一标准》GB 50300 等的要求，制作标准抗剪试件和边长为 70.7mm 的标准立方体试块，按要求养护 28d 后，分别测试试件抗剪强度和试块抗压强度，以评定砌筑砂浆抗压强度。

当对新建工程砌体抗剪试件或预留砂浆试块强度产生怀疑时，或既有工程检测鉴定时，可采用本规程推定砌体抗剪强度及砌筑砂浆抗压强度。

1.0.3 此条保证本标准与其他标准协调统一，对其他相关标准中已有的规定不再重复。

3 检 测 设 备

3.1 钻 芯 设 备

3.1.1 钻机振动较大或不够稳固时，取出的芯样表面粗糙不平，对检测精度影响较大。钻芯机功率过小时，钻芯时间较长，易出现卡钻、芯样折断、芯样侧面波状起伏不平等情况。

3.1.2 钻头胎体有缺陷或同轴度、径向跳动等过大，会影响钻芯质量，从而对检测结果造成影响。

3.2 抗剪强度检测设备

3.2.3 测力系统是用来测读砌体芯样破坏时最大抗剪力的，为保证量值的准确，需进行检定或校准。

4 检 测 技 术

4.1 一 般 规 定

4.1.1 现场检测之前，宜进行必要的资料准备，尽可能的全面了解有关原始记录和资料，为正确选择检测方案、准确推定砂浆强度打下基础。

工程修建时间与按批量检测时确定强度推定值的方法有关。

4.1.2 检测目的和范围不同，检测方式也不同：有时只需要对砌体结构中某一墙体的砌筑砂浆进行检测，或委托方只要求检测某一特定部位墙体的砌筑砂浆，此时可进行单个构件检测；有时检测是为了确定某一楼层或某一检验批砌体的砌筑砂浆抗压强度，或建筑物鉴定需要全面了解砌体结构质量情况，此时可进行批量检测；对于大型结构构件，如烟囱等，可根据检测区域数量及检测需要选择检测方式。

4.1.3 规定按批抽样检测随机抽样原则和抽测构件最小数量，抽检构件数量与现行国家标准《砌体工程现场检测技术标准》GB/T 50315 一致。

4.2 测　　点

4.2.1 本检测方法对砌体有一定的损伤，测点不应布置在墙肢长度过小的构件上，以保证结构安全。

砌体砌筑时，同一水平面砂浆一般为同一时间铺砌，测点布置应考虑不同时间砌筑的情况，避免位于墙体同一水平面。

测点分散布置，不仅包括测点在各构件上分散布置，还包括在同一构件的竖向与横向上分散布置。

4.2.2 砌体表面的饰面层影响测点芯样定位和抗剪试验，故作此要求。

4.3 芯 样 钻 取

4.3.1 砌体本身整体性较差，如果钻芯机固定不牢，出现偏心、震动等，会损伤芯样，造成芯样不满足试验要求。

4.3.3 钻芯法检测砌体抗剪强度是从砌体中取出芯样，参照现行国家标准《砌体基本力学性能试验方法标准》GB/T 50129 中标准砌体抗剪试件三层砖两条水平灰缝的结构构造进行抗剪强度试验，芯样的外层砌块形状应对称，以达到预期试验效果。

4.3.4 芯样取出后要避免在运输和储存中损坏。

4.3.6 芯样应满足本条规定，以便在试验过程中受力均匀，减小检测数据离散性。多孔砖砌体芯样两侧只有半个砖的厚度且含孔洞，在进行抗剪试验时，可能首先出现块体局部受压破坏的情况，故应将多孔砖两侧的孔洞填补密实。填补时尚应采取措施将填补材料与砌筑砂浆隔离，避免填补材料影响灰缝受剪面。

4.4 芯样抗剪试验

4.4.1 一般情况下，芯样加工后在自然干燥状态下放置三天左右时间可以满足抗剪试验要求。

4.4.2、4.4.3 芯样发生剪切破坏前，两个受剪灰缝各承担一半荷载，当一侧灰缝抗剪承载力达到极限后，芯样灰缝出现相对位移，芯样试件破坏，应记录此时的破坏荷载值和试件破坏特征。

4.4.4 当块体首先发生破坏时，检测结果不能反映砌体的抗剪强度。

5 测强曲线

5.1 一般规定

5.1.1 规程编制组选择有代表性的地区进行了试验研究，汇总了山东、江西、宁夏、河南、河北、四川、吉林、江苏等地的试验数据，确定了本规程统一测强曲线。专用或地区测强曲线是针对某类施工技术条件或某一地区建立，所用原材料、施工方法、养护条件一致性更好，针对性更强，宜优先使用。

5.1.2 本条对采用统一测强曲线的砌体进行了规定。

1 试验表明，拌制砂浆用砂的细度对测强有一定影响，本规程测强曲线是按中砂确定的。

2 砌体芯样抗剪强度试验方法与《砌体基本力学性能试验方法标准》GB/T 50129 中砌体沿通缝截面抗剪强度试验方法一致，但因尺寸效应等因素影响，砌体芯样抗剪强度与砌体沿通缝截面抗剪强度有较大差异，需要通过大量试验，建立砌体芯样抗剪强度与标准砌体抗剪强度及砌筑砂浆立方体抗压强度的对应关系。试验表明，块体材料不同，试验结果将有较大差异，为提高检测精度，本规程按块体分类进行试验数据分析。

规程编制组对块体进行了调研，选择在工程结构中应用较广、技术成熟的块体材料进行试验研究。数据对比表明，烧结煤矸石砖、烧结黄河淤泥砖、烧结页岩砖等试验数据一致性较好，可以归类为烧结普通砖；烧结煤矸石多孔砖、烧结黄河淤泥多孔砖、烧结页岩多孔砖试验数据接近，可以归类为烧结多孔砖。当块体为蒸压粉煤灰砖时，抗剪试验破坏面大多发生在块体与砂浆的界面，砂浆层本体基本未发生破坏，故仅可推定该类砌体的抗剪强度，不能由此推定砌筑砂浆抗压强度值。

砌体工程中常用承重砌体厚度为 240mm、370mm 等。对比试验表明，370mm 厚砌体试验数据离散性较大，砌体厚度对钻芯法检测砌体抗剪强度的影响不可忽视，本规程制定测强曲线时，砌体厚度为 240mm。

3 普通施工工艺一般指人工或机械搅拌（含预拌砂浆）并由人工砌筑成型。

4 现行国家标准《砌体结构设计规范》GB 50003 中砂浆强度等级高于 M10 时，沿砌体通缝截面的抗剪强度设计值按砂浆强度等级为 M10 取值，为与此标准协调，规定本规程砌筑砂浆抗压强度范围。

5 本方法用于检测砌筑砂浆抗压强度时，若破坏时砂浆层本体未发生破坏，只是砂浆层与块体的结合面粘结破坏，此时不能用于推定砌筑砂浆抗压强度值，可选择回弹法、筒压法等其他砂浆强度检测方法。

5.1.3 本条对需要制定专用测强曲线的砌体进行了规定。

1 砌体厚度或块体材料对检测结果影响较大，当这些条件与制定统一测强曲线时的条件不一致时，应制定专用或地区测强曲线。

2 建立统一测强曲线时采用的是中砂配制的砌筑砂浆，采用粗砂或细砂配制砌筑砂浆时的研究数据较少，且与统一测强曲线有一定的差异，应制定专用测强曲线方可采用。

3 砌筑砂浆中掺入微沫剂或引气剂后，砂浆性能、强度、表面状态将发生很大变化。

4 特种砌筑工艺指采用现场配料人工搅拌、机械搅拌、预拌砂浆现场搅拌以外的施工工艺。

5 本规程建立统一测强曲线时以自然干燥状态的砌体为试验对象，长期处于高温、潮湿或浸水环境的砌体，其物理性能与自然干燥状态的砌体会有较大差异。

5.2 统一测强曲线

5.2.1 规程编制组选择在工程结构中应用较广、技术成熟的砌块材料进行了试验研究，针对采用不同块体材料的砌体芯样抗剪强度与标准砌体抗剪强度建立一一对应关系，确定了测强曲线。

5.2.2 规程编制组针对采用不同块体材料的砌体芯样抗剪强度与砌筑砂浆立方体抗压强度建立一一对应关系，确定了测强曲线适用范围。当块体采用蒸压粉煤灰砖时，破坏状态大多为砂浆与块体粘结破坏，难以建立其抗压强度的测强曲线，故未将其列入。

6 强度推定

6.0.1 计算强度平均值、标准差和变异系数，可综合反映检测批砌体抗剪强度值及砌筑砂浆抗压强度值的分布情况。

6.0.2 实际工程检测过程中可能出现异常数据，宜对检测批数据进行判断和处理。

待检工程砌体抗剪强度值及砌筑砂浆抗压强度值的总体标准差是未知的，异常值检验宜采用格拉布斯检验法或狄克逊检验法，本规程附录 B 采用了格拉布斯检验法。检测批的异常数据的判断和处理按现行国家标准《数据的统计处理和解释　正态样本离群值的判断和处理》GB/T 4883 中双侧情形检验的规定执行。

6.0.3 当检测结果的变异系数较大时，可能有某些未知因素的影响，应根据实际情况选择相应的处理方式。

6.0.4 本条规定了砌体抗剪强度推定值的公式。本标准计算公式、术语和符号等与现行国家标准《砌体工程现场检测技术标准》GB 50315 保持一致，计算系数取值来源于现行国家标准《正态分布完全样本可靠度置信下限》GB/T 4885，但个别术语和符号略有差别。

6.0.5、6.0.6 国家标准《砌体结构工程施工质量验收规范》GB 50203－2011 的实施日期为 2012 年 5 月 1 日。GB 50203－2011 与 GB 50203－2002 及之前版本在评定砂浆试块强度时有较大的不同：2011 版本要求试块强度平均值大于或等于设计强度等级值的 1.1 倍；最小一组平均值大于或等于设计强度等级值的 85％。2002 及之前版本的要求分别是 1.0 倍和 75％。针对此种情况，国家标准《砌体工程现场检测技术标准》GB/T 50315－2011 第 15.0.4 条和第 15.0.5 条分别规定了在建或新建工程按照 GB 50203－2011 的原则取值，按 GB 50203－2002 及之前实施的验收则按原标准取值。

本规程对不同时期修建的砌体工程采用了不同的砌筑砂浆抗压强度推定方法，与该工程修建时实施的国家标准《砌体结构工程施工质量验收规范》GB 50203 保持一致，也与国家标准《砌体工程现场检测技术标准》GB/T 50315－2011 的推定原则保持一致。

6.0.7、6.0.8 检测结果超出测强曲线的适用范围将难以保证其精度，故不宜给出其具体检测值，可仅给出其取值范围。

中华人民共和国行业标准

非烧结砖砌体现场检测技术规程

Technical specification for in-site testing of non fired block masonry

JGJ/T 371—2016

批准部门：中华人民共和国住房和城乡建设部
施行日期：２ ０ １ ６ 年 ８ 月 １ 日

中华人民共和国住房和城乡建设部
公　　告

第1050号

住房城乡建设部关于发布行业标准《非烧结砖砌体现场检测技术规程》的公告

现批准《非烧结砖砌体现场检测技术规程》为行业标准，编号为JGJ/T 371－2016，自2016年8月1日起实施。

本规程由我部标准定额研究所组织中国建筑工业出版社出版发行。

中华人民共和国住房和城乡建设部

2016年2月22日

前　　言

根据住房和城乡建设部《关于印发〈2012年工程建设标准规范制订、修订计划〉的通知》（建标[2012]5号）的要求，规程编制组经广泛调查研究，认真总结实践经验，参考有关国际和国外先进标准，并在广泛征求意见的基础上，编制了本规程。

本规程主要技术内容是：总则、术语和符号、基本规定、非烧结砖砌体强度检测方法、砌筑砂浆强度检测方法、砌筑块材强度检测方法、强度推定。

本规程由住房和城乡建设部负责管理，由四川省建筑科学研究院负责具体技术内容的解释。在执行过程中如有意见和建议，请寄送四川省建筑科学研究院（成都市一环路北三段55号；邮编：610081）。

本规程主编单位：四川省建筑科学研究院
成都市第六建筑工程公司

本规程参编单位：湖南大学
西安建筑科技大学
长沙理工大学
重庆市建筑科学研究院
江苏省建筑科学研究院有限公司
辽宁省建设科学研究院
河南省建筑科学研究院有限公司
成都市建工科学研究设计院
陕西省建筑科学研究院
山东省建筑科学研究院
山西四建集团有限公司
南充市建设工程质量检测中心
四川省建筑工程质量检测中心
江苏建研建设工程质量安全鉴定有限公司

本规程主要起草人员：吴　体　黄　良　肖承波
施楚贤　王庆霖　王永维
侯汝欣　梁建国　陈大川
林文修　由世岐　周国民
顾瑞南　崔士起　黎　明
雷　波　张　涛　张　静
霍小妹　张家国　凌程建
甘立刚　李　峰　唐　理
徐宏峰　董振平　孔旭文
王耀南　刘哲锋　何放龙

本规程主要审查人员：张仁瑜　张昌叙　高小旺
章一萍　程才渊　罗苓隆
高连玉　强万明　刘立新
向　学　张　扬

目　次

1　总则 …………………………………… 41—6
2　术语和符号 ……………………………… 41—6
　2.1　术语 ……………………………… 41—6
　2.2　符号 ……………………………… 41—6
3　基本规定 ……………………………… 41—7
　3.1　适用条件 …………………………… 41—7
　3.2　检测程序及工作内容 ……………… 41—7
　3.3　检测单元、测区和测点 …………… 41—7
　3.4　检测方法分类及其选用原则 ……… 41—8
4　非烧结砖砌体强度检测方法 ……… 41—10
　4.1　原位轴压法 ……………………… 41—10
　4.2　切制抗压试件法 ………………… 41—10
　4.3　原位双剪法 ……………………… 41—11
5　砌筑砂浆强度检测方法 …………… 41—12
　5.1　筒压法 …………………………… 41—12
　5.2　推出法 …………………………… 41—12
　5.3　砂浆回弹法 ……………………… 41—14
　5.4　点荷法 …………………………… 41—15
　5.5　砂浆片局压法 …………………… 41—15
6　砌筑块材强度检测方法 …………… 41—16
　6.1　原位取样法 ……………………… 41—16
　6.2　普通小砌块回弹法 ……………… 41—16
7　强度推定 …………………………… 41—17
附录A　原位轴压法检测砌体抗压强度记录表 …………………… 41—19
附录B　切制抗压试件法检测砌体抗压强度记录表 ……………… 41—20
附录C　原位双剪法检测砌体抗剪强度记录表 …………………… 41—21
附录D　筒压法检测砌筑砂浆强度记录表 ………………………… 41—22
附录E　推出法检测砌筑砂浆强度记录表 ………………………… 41—23
附录F　回弹法检测砌筑砂浆强度记录表 ………………………… 41—24
附录G　点荷法检测砌筑砂浆强度记录表 ………………………… 41—25
附录H　砂浆片局压法检测砌筑砂浆强度记录表 ………………… 41—26
附录J　回弹法检测普通小砌块强度记录表 ……………………… 41—27
本规程用词说明 ……………………… 41—28
引用标准名录 ………………………… 41—28
附：条文说明 ………………………… 41—29

Contents

1 General Provisions .... 41—6
2 Terms and Symbols .... 41—6
2.1 Terms .... 41—6
2.2 Symbols .... 41—6
3 Basic Requirements .... 41—7
3.1 Scope of Application .... 41—7
3.2 Test Procedures and Work Contents .... 41—7
3.3 Test Unit, Test Zone and Test Point .... 41—7
3.4 Classification and Selection Principle of Test Method .... 41—8
4 Test Method for the Strength Testing of Non Fired Block Masonry .... 41—10
4.1 The Method of Axial Compression in Situ .... 41—10
4.2 The Method of Testing on Specimens Cut from Wall .... 41—10
4.3 The Method of Shear along Two Horizontal Mortar Joint in Situ .... 41—11
5 Test Method for the Compressive Strength of Masonry Mortar .... 41—12
5.1 The Method of Compression in Cylinder .... 41—12
5.2 The Method of Push Out .... 41—12
5.3 The Method of Mortar Rebound .... 41—14
5.4 The Method of Point Load .... 41—15
5.5 The Method of Local Compression on Mortar Flake .... 41—15
6 Test Method for the Compressive Strength of Masonry Units .... 41—16
6.1 The Method of Sampling Inspection .... 41—16
6.2 The Method of Concrete Small Hollow Block Rebound .... 41—16
7 Determination of Strength .... 41—17
Appendix A The Record Table for the Compression Strength of Masonry with the Method of Axial Compression In Situ .... 41—19
Appendix B The Record Table for the Compression Strength of Masonry with the Method of Testing on Specimens Cut from Wall .... 41—20
Appendix C The Record Table for the Shear Strength of Masonry with the Method of Shear along Two Horizontal Mortar Joint in Situ .... 41—21
Appendix D The Record Table for the Compressive Strength of Masonry Mortar with the Method of Compression in Cylinder .... 41—22
Appendix E The Record Table for the Compressive Strength of Masonry Mortar with the Method of Push Out .... 41—23
Appendix F The Record Table for the Compressive Strength of Masonry Mortar with the Method of Mortar Rebound .... 41—24
Appendix G The Record Table for the Compressive Strength of Masonry Mortar with the Method of Point Load .... 41—25
Appendix H The Record Table for the Compressive Strength

of Masonry Mortar with the Method of Local Compression on Mortar Flake ······ 41—26
Appendix J The Record Table for the Compressive Strength of Masonry Block with the Method of Concrete Small Hollow Block Rebound ······ 41—27
Explanation of Wording in This Specification ······ 41—28
List of Quoted Standards ······ 41—28
Addition: Explanation of Provisions ······ 41—29

1 总 则

1.0.1 为在非烧结砖砌体现场检测中，贯彻执行国家技术政策，做到技术先进、数据准确、安全可靠，制定本规程。

1.0.2 本规程适用于非烧结砖砌体中砌体抗压强度、砌体抗剪强度、砌筑砂浆强度和砌筑块材强度的现场检测及强度推定。本规程中砌筑砂浆及块材的各种检测方法，均不适用于遭受高温、长期浸水、火灾、侵蚀环境等条件下的强度检测。

1.0.3 非烧结砖砌体的现场检测及强度推定，除应符合本规程外，尚应符合国家现行有关标准的规定。

2 术语和符号

2.1 术 语

2.1.1 非烧结砖砌体 non fried block masonry

采用混凝土普通砖、混凝土多孔砖、普通混凝土小型空心砌块（简称普通小砌块）、蒸压灰砂砖、蒸压粉煤灰普通砖、蒸压粉煤灰多孔砖砌筑的砌体。

2.1.2 检测单元 test unit

每一楼层且总量不大于 250m^3 的材料品种和设计强度等级均相同的砌体。

2.1.3 测区 test zone

在一个检测单元内，随机布置的一个或若干个检测区域。

2.1.4 测点 test point

在一个测区内，按检测方法的要求，随机布置的一个或若干个检测点。

2.1.5 测位 test position

回弹法检测和数据分析的基本单位，相当于其他检测方法的测点。

2.1.6 原位轴压法 the method of axial compression in situ

采用原位压力机在墙体上进行抗压测试，检测砌体抗压强度的方法。

2.1.7 扁式液压顶法 the method of flat jack in situ

采用扁式液压千斤顶在墙体上进行抗压测试，检测砌体的受压应力、弹性模量和抗压强度的方法，简称扁顶法。

2.1.8 切制抗压试件法 the method of test on specimen cut from wall

从墙体上切割、取出外形几何尺寸为标准抗压砌体试件，运至试验室进行抗压强度测试的方法。

2.1.9 原位双剪法 the method of shear along two horizontal mortar joint in situ

采用原位剪切仪在墙体上对单块或双块顺砖进行双面抗剪测试，检测砌体抗剪强度的方法，包括原位单砖双剪法和原位双砖双剪法。

2.1.10 推出法 the method of push out

采用推出仪或拉拔仪从墙体上水平推出单块丁砖，测得水平推力及推出砖下的砂浆饱满度，以此推定砌筑砂浆抗压强度的方法。

2.1.11 筒压法 the method of compression in cylinder

将取样砂浆破碎、烘干并筛分成符合一定级配要求的颗粒，装入承压筒并施加筒压荷载，检测其破损程度（筒压比），据此推定砌筑砂浆抗压强度的方法。

2.1.12 砂浆回弹法 the method of mortar rebound

采用砂浆回弹仪检测墙体、柱中砂浆表面的硬度，根据回弹值推定其强度的方法。

2.1.13 点荷法 the method of point load

在砂浆片的大面上施加点荷载，推定砌筑砂浆抗压强度的方法。

2.1.14 砂浆片局压法 the method of local compression on mortar flake

采用局压仪对砂浆片试件进行局部抗压测试，根据局部抗压荷载值推定砌筑砂浆抗压强度的方法。

2.1.15 普通小砌块回弹法 the method of concrete small hollow block rebound

采用回弹仪检测普通小砌块表面的硬度，根据回弹值推定其抗压强度的方法。

2.1.16 槽间砌体 masonry between two channels

采用原位轴压法在砖墙上检测砌体抗压强度时，开凿的两个水平槽之间的砌体。

2.1.17 筒压比 cylindrical compressive ratio

采用筒压法检测砂浆强度时，砂浆试样经筒压测试并筛分后，留在孔径 5mm 筛以上的累计筛余量与该试样总量的比值。

2.2 符 号

2.2.1 几何参数

A——构件或试件的截面面积；

r——点荷法的作用半径；

t——试件厚度；

m_{r1}——对应孔径 10mm 或边长 9.5mm 筛的分计筛余量；

m_{r2}——对应孔径 5mm 或边长 4.75mm 筛的分计筛余量；

m_{r3}——筛底剩余量。

2.2.2 作用、效应与抗力、计算指标

f——砌体抗压强度值；

f_m——砌体抗压强度平均值；

f_v——砌体抗剪强度值；

f_{vm}——砌体抗剪强度平均值；

f_1——块材的抗压强度值；

f_2——砌筑砂浆抗压强度值；

f'_2——砌筑砂浆抗压强度推定值；

f_u——槽间砌体抗压强度值；

N——实测破坏荷载值；

σ_0——测点上部墙体的平均压应力。

2.2.3 系数

ξ_1——原位轴压法测定砌体抗压强度的换算系数；

ξ_2——推出法的砖品种修正系数；

ξ_3——推出法的砂浆饱满度修正系数；

ξ_4——点荷法的荷载作用半径修正系数；

ξ_5——点荷法的试件厚度修正系数；

ξ_6——砂浆片局压法试件厚度修正系数。

2.2.4 其他

B——水平灰缝的砂浆饱满度；

n_1——同一测区的测点（测位）数；

n_2——同一检测单元的测区数；

R——块材或砂浆的回弹值；

η——筒压法中的筒压比。

3 基本规定

3.1 适用条件

3.1.1 对新建非烧结砖砌体，检验和评定砌筑砂浆或砖、砖砌体的强度，应按现行国家标准《砌体结构设计规范》GB 50003、《砌体结构工程施工质量验收规范》GB 50203、《建筑工程施工质量验收统一标准》GB 50300、《砌体基本力学性能试验方法标准》GB/T 50129等的有关规定执行；当遇到下列情况之一时，应按本规程检测和推定砌筑砂浆强度、块材强度或砌体的抗压、抗剪强度：

1 砂浆试块缺乏代表性或数量不足；

2 对混凝土普通砖、混凝土多孔砖、普通小砌块、蒸压灰砂砖、蒸压粉煤灰普通砖、蒸压粉煤灰多孔砖的强度等级或砂浆试块的检验结果有怀疑或争议，需要确定实际的块材强度等级、砂浆强度等级、砌体抗压或抗剪强度；

3 发生工程事故或对施工质量有怀疑和争议，需要进一步分析非烧结块材、砂浆和砌体的强度。

3.1.2 对既有非烧结砖砌体建（构）筑物，在进行下列鉴定时，应检测和推定砂浆强度、块材强度或砌体的抗压、抗剪强度：

1 安全鉴定；

2 抗震鉴定；

3 大修前的可靠性鉴定；

4 房屋改变用途、改建、加层或扩建前的鉴定；

5 火灾或其他偶然作用引起灾后损伤鉴定。

3.2 检测程序及工作内容

3.2.1 非烧结砖砌体工程的现场检测工作应按下列步骤进行：

1 接受委托；

2 现场调查；

3 确定检测目的、内容和范围；

4 制定检测方案，确定检测方法；

5 确认仪器、设备状况；

6 现场检测或取样检测；

7 计算、分析、推定；

8 当数据不足或异常时，补充检测；

9 出具检测报告。

3.2.2 调查阶段工作应符合下列规定：

1 应收集被检测工程的设计文件、施工验收资料、块材与砂浆的品种及强度等级等有关的原材料测试资料；

2 应现场调查工程的结构形式、环境条件、砌体质量及其存在问题，对既有砌体建（构）筑物，尚应调查使用期间的变更情况；对存在问题的原因及其危害程度宜进行初步分析；

3 应明确检测原因、检测目的和委托方的具体要求；

4 应调查工程建设时间以及以往的检测情况。

3.2.3 应根据调查结果和检测目的、内容和范围制定检测方案，确定检测方法。检测方案宜征求委托方意见。

3.2.4 检测前，应查看并详细记录构件或试件的外观质量。

3.2.5 计算、分析和强度推定过程中，出现异常情况应查找原因；出现检测数据不足时，应及时进行补充测试。

3.2.6 现场检测结束时，应及时修补因检测造成的砌体局部损伤部位。修补后的砌体，应满足原构件承载能力和正常使用的要求。

3.2.7 现场检测工作的检测人员应经技术培训合格后，方可从事检测工作。

3.2.8 现场检测工作，应采取确保人身安全和防止仪器损坏的安全措施，并应采取避免或减小污染环境的措施。

3.2.9 现场检测和抽样检测的环境温度和试件、试样温度均应高于0℃。

3.3 检测单元、测区和测点

3.3.1 检测对象为整栋建筑物或建筑物的一部分时，应按变形缝将其划分为一个或若干个可独立分析的结构单元，每一结构单元应划分为若干个检测单元。

3.3.2 每一检测单元内，不宜少于6个测区，应将单片墙体或单根柱作为一个测区。当一个检测单元不足6个构件时，应将每个构件作为一个测区。采用原位轴压法、扁顶法、切制抗压试件法检测，当选择6个测区确有困难时，可选取不少于3个测区测试，但宜结合其他非破损检测方法综合进行强度推定。

3.3.3 每一测区应在有代表性的部位布置若干测点或测位。各种检测方法的测点数或测位数，应符合下列规定：

1 原位轴压法、扁顶法、切制抗压试件法、筒压法，测点数不应少于1个；

2 原位双剪法、推出法，测点数不应少于3个；

3 点荷法、砂浆片局压法，测点数不应少于5个；

4 砂浆回弹法、普通小砌块回弹法的测位数不应少于5个。

3.3.4 委托方仅要求对建筑物的部分或个别部位检测时，可按工程实际情况确定测区数，每一测区的测点数或测位数应符合本规程第3.3.3条的规定，检测结果宜只给出各测区的强度值。

3.4 检测方法分类及其选用原则

3.4.1 非烧结砖砌体工程的现场检测方法，按对结构的损伤程度可分为下列两类：

1 非破损检测方法：在检测过程中，对结构的受力性能没有影响；

2 局部破损检测方法：在检测过程中，对结构的受力性能有局部的、暂时的影响，但可修复。

3.4.2 非烧结砖砌体工程的现场检测方法，按测试内容可分为下列几类：

1 砌体抗压强度检测方法：原位轴压法、扁顶法、切制抗压试件法；

2 砌体抗剪强度检测方法：原位双剪法；

3 砌筑砂浆强度检测方法：推出法、筒压法、砂浆回弹法、点荷法、砂浆片局压法；

4 砌筑块材抗压强度检测方法：原位取样法、普通小砌块回弹法。

3.4.3 现场检测方法可根据检测目的、设备及环境条件按表3.4.3选择。

表3.4.3 非烧结砖砌体工程现场检测方法

序号	检测方法	特 点	用 途	限制条件
1	原位轴压法	1. 属原位检测，直接在墙体上测试，检测结果综合反映了材料质量和施工质量； 2. 直观性、可比性较强； 3. 设备较重； 4. 检测部位有较大局部破损	1. 检测非烧结普通砖和非烧结多孔砖砌体的抗压强度； 2. 火灾、环境侵蚀后的砌体剩余抗压强度	1. 槽间砌体每侧的墙体宽度不应小于1.5m；测点宜选在墙体长度方向的中部； 2. 限用于240mm厚砖墙
2	扁顶法	1. 属原位检测，直接在墙体上测试，检测结果综合反映了材料质量和施工质量； 2. 直观性、可比性较强； 3. 扁顶重复使用率较低； 4. 砌体强度较高或轴向变形较大时，难以测出抗压强度； 5. 设备轻； 6. 检测部位有较大局部破损	1. 检测非烧结普通砖砌体和非烧结多孔砖砌体的抗压强度； 2. 检测古建筑和重要建筑的受压工作应力； 3. 检测砌体弹性模量； 4. 火灾、环境侵蚀后的砌体剩余抗压强度	1. 槽间砌体每侧的墙体宽度不应小于1.5m；测点宜选在墙体长度方向的中部； 2. 不适用于测试墙体破坏荷载大于400kN的墙体
3	切制抗压试件法	1. 属取样检测，检测结果综合反映了材料质量和施工质量； 2. 试件尺寸与标准抗压试件相同；直观性、可比性较强； 3. 设备较重，现场取样时有水污染； 4. 墙体有较大局部破损；需切割、搬运试件； 5. 检测结果不需换算	1. 检测非烧结普通砖和非烧结多孔砖砌体的抗压强度； 2. 火灾、环境侵蚀后的砌体剩余抗压强度	取样部位每侧的墙体宽度不应小于1.5m，且应为墙体长度方向的中部或受力较小处

续表 3.4.3

序号	检测方法	特 点	用 途	限制条件
4	原位双剪法	1. 属原位检测，直接在墙体上测试，检测结果综合反映了材料质量和施工质量； 2. 直观性较强； 3. 设备较轻便； 4. 检测部位局部破损	检测非烧结普通砖和非烧结多孔砖砌体的抗剪强度	—
5	推出法	1. 属原位检测，直接在墙体上测试，检测结果综合反映了材料质量和施工质量； 2. 设备较轻便； 3. 检测部位局部破损	检测 240mm 厚混凝土普通砖、混凝土多孔砖、蒸压灰砂砖和蒸压粉煤灰普通砖砌体中的砌筑砂浆强度	当水平灰缝的砂浆饱满度低于65%时，不宜选用
6	筒压法	1. 属取样检测； 2. 仅需一般混凝土试验室的常用设备； 3. 取样部位局部损伤； 4. 样本量较大	检测混凝土普通砖、混凝土多孔砖、普通小砌块、蒸压粉煤灰普通砖、蒸压粉煤灰多孔砖、蒸压灰砂砖砌体中的砂浆强度	适用的砂浆类型及强度见本规程第 5.1.3 条
7	砂浆回弹法	1. 属原位无损检测； 2. 回弹仪有定型产品，性能较稳定，操作简便； 3. 检测部位的装修面层仅局部损伤	1. 检测混凝土普通砖、混凝土多孔砖、蒸压粉煤灰普通砖砌体中的砂浆强度； 2. 主要用于砂浆强度均质性检查	1. 不适用于砂浆强度小于 2MPa 的墙体； 2. 水平灰缝表面粗糙且难以磨平时，不得采用； 3. 应避开墙体预埋钢筋的灰缝位置
8	点荷法	1. 属取样检测； 2. 测试工作较简便； 3. 取样部位局部损伤	检测混凝土普通砖、混凝土多孔砖砌体中水泥砂浆强度和蒸压粉煤灰普通砖砌体中的水泥石灰混合砂浆强度	不适用于砂浆强度小于 2MPa 的墙体
9	砂浆片局压法	1. 属取样检测； 2. 局压仪有定型产品，性能较稳定，操作简便； 3. 取样部位局部损伤	检测混凝土普通砖和混凝土多孔砖砌体中的水泥砂浆强度	水泥砂浆强度为 1MPa～15MPa
10	普通小砌块回弹法	1. 属原位无损检测，测区选择不受限制； 2. 宜采用示值系统为指针直读式和数显式的混凝土回弹仪； 3. 检测部位的装修面层仅局部损伤	检测普通小砌块墙体中的小砌块强度	普通小砌块强度为 4MPa～15MPa

3.4.4 选用检测方法和在墙体上选定测点或测位时尚应符合下列规定：

1 测点或测位不应位于门窗洞口处；

2 测点或测位不应位于补砌的临时施工洞口附近；

3 应力集中部位的墙体以及墙梁的墙体计算高度范围内，不应选用原位轴压法、切制抗压试件法、原位双剪法、筒压法；

4 长度小于3.6m的承重墙，不应选用原位轴压法、扁顶法、切制抗压试件法；

5 独立砖柱或普通小砌块柱、长度小于1m的墙段上不应选用有局部破损的检测方法；

6 对墙体有明显质量缺陷的部位，宜布置测点或测位，单独推定该部位的强度指标。

3.4.5 现场检测或取样检测时，砌筑砂浆的龄期不应低于28d。

3.4.6 检测砌筑砂浆强度时，取样砂浆试件或原位检测的水平灰缝应处于自然干燥状态。

3.4.7 采用扁顶法检测非烧结砖砌体受压弹性模量、抗压强度或墙体的受压工作应力，应按现行国家标准《砌体工程现场检测技术标准》GB/T 50315的有关规定执行；当加设反力平衡架检测砌体抗压强度时，应按本规程第4.1.8条规定，将槽间砌体抗压强度换算为标准砌体的抗压强度。

3.4.8 有条件的地区和部门，可制定适宜于当地使用的本规程第3.4.3条所列检测方法的专用测强曲线或地区测强曲线。在测强曲线选用时，应依次选用专用测强曲线、地区测强曲线和本规程统一测强曲线。其检测单元、测区的划分应符合本规程第3.3节的规定，强度推定应符合本规程第7章的规定。

4 非烧结砖砌体强度检测方法

4.1 原位轴压法

Ⅰ 一般规定

4.1.1 原位轴压法可用于推定240mm厚非烧结普通砖和非烧结多孔砖砌体的抗压强度。

4.1.2 在检测单元内应随机布置测点，布点除应符合本规程第3.4.4条的规定外，尚应符合下列规定：

1 测试部位宜选在墙体中部距楼、地面1.0m高度处；槽间砌体每侧的墙体宽度不应小于1.5m；

2 同一墙体上，测点不宜多于1个，且宜选在沿墙体长度的中间部位；多于1个时，其水平净距不得小于2.0m；

3 被检测的承重墙体宜仅承受均布荷载。

4.1.3 原位轴压法检测设备的技术指标应符合现行国家标准《砌体工程现场检测技术标准》GB/T 50315的规定。

4.1.4 原位轴压法的检测步骤应按现行国家标准《砌体工程现场检测技术标准》GB/T 50315的规定执行。

4.1.5 原位轴压法的检测记录宜按本规程附录A的格式填写。

Ⅱ 数据分析

4.1.6 原位轴压法检测非烧结砖砌体抗压强度时，槽间砌体的破坏荷载值计算，应根据槽间砌体破坏时的油压表读数，减去油压表的初始读数，按原位压力机的校验结果确定。

4.1.7 槽间砌体的抗压强度应按下式计算：

$$f_{uij}=\frac{N_{uij}}{A_{ij}} \tag{4.1.7}$$

式中：f_{uij}——第i个测区第j个测点槽间砌体抗压强度（MPa）；

N_{uij}——第i个测区第j个测点槽间砌体受压破坏荷载值（N）；

A_{ij}——第i个测区第j个测点槽间砌体受压面积（mm^2）。

4.1.8 槽间砌体抗压强度换算为标准砌体的抗压强度应按下列公式计算：

$$f_{ij}=\frac{f_{uij}}{\xi_{1ij}} \tag{4.1.8-1}$$

普通砖砌体：

$$\xi_{1ij}=1.36+0.54\sigma_{0ij} \tag{4.1.8-2}$$

多孔砖砌体：

$$\xi_{1ij}=1.29+0.55\sigma_{0ij} \tag{4.1.8-3}$$

式中：f_{ij}——第i个测区第j个测点的标准砌体抗压强度换算值（MPa）；

ξ_{1ij}——原位轴压法的无量纲的强度换算系数；

σ_{0ij}——该测点上部墙体压应力（MPa），其值按墙体实际所承受的荷载标准值计算。

4.1.9 测区的砌体抗压强度平均值应按下式计算：

$$f_{mi}=\frac{1}{n_1}\sum_{j=1}^{n_1}f_{ij} \tag{4.1.9}$$

式中：f_{mi}——第i个测区的砌体抗压强度平均值（MPa）；

n_1——第i个测区的测点数。

4.2 切制抗压试件法

Ⅰ 一般规定

4.2.1 切制抗压试件法可用于推定非烧结普通砖砌体和非烧结多孔砖砌体的抗压强度。

4.2.2 采用切制抗压试件法检测时，应使用电动切割机，在砖墙上切割两条竖缝，竖缝间距可取1.5倍或2倍砖长，应人工取出与标准砌体抗压试件尺寸相同的试件，并运至试验室，砌体抗压测试应按现行国家标准《砌体基本力学性能试验方法标准》GB/T 50129的有关规定执行。

4.2.3 在砖墙上选择切制试件的部位，应符合下列规定：

1 取样部位宜选在墙体中部距楼、地面1.0m高度处，被取样墙体长度不应小于3.6m；

2 同一墙体上，测点不宜多于1个，且宜选在沿墙体长度的中间部位；

3 被检测的承重墙体宜仅承受均布荷载。

4.2.4 墙体的砌筑质量差或砌筑砂浆强度等级不高于M2.5时，不宜选用切制抗压试件法。

4.2.5 切制抗压试件法检测设备的技术指标应符合现行国家标准《砌体工程现场检测技术标准》GB/T 50315的规定。

4.2.6 切制抗压试件法的检测步骤应按现行国家标准《砌体工程现场检测技术标准》GB/T 50315的规定执行。

4.2.7 切制抗压试件法的检测记录宜按本规程附录B的格式填写。

Ⅱ 数据分析

4.2.8 单个切制试件的抗压强度应按下式计算：

$$f_{ij}=\frac{N_{ij}}{A_{ij}} \tag{4.2.8}$$

式中：f_{ij}——第i个测区第j个切制试件的砌体抗压强度（MPa）；

N_{ij}——第i个测区第j个切制试件的砌体受压破坏荷载值（N）；

A_{ij}——第i个测区第j个切制试件的砌体受压面积（mm^2）。

4.2.9 测区的砌体抗压强度平均值，应按下式计算：

$$f_{mi}=\frac{1}{n_1}\sum_{j=1}^{n_1}f_{ij} \tag{4.2.9}$$

式中：f_{mi}——第i个测区的砌体抗压强度平均值（MPa）；

n_1——第i个测区的测点数。

4.3 原位双剪法

Ⅰ 一般规定

4.3.1 原位单砖双剪法可用于推定各类墙厚的非烧结普通砖和非烧结多孔砖砌体的抗剪强度，原位双砖双剪法仅可用于推定240mm墙厚的非烧结普通砖和非烧结多孔砖砌体的抗剪强度。检测时，应将原位剪切仪的主机安放在墙体的槽孔内，并应以一块或两块并列完整的顺砖及其上下两条水平灰缝作为一个测点（图4.3.1）。

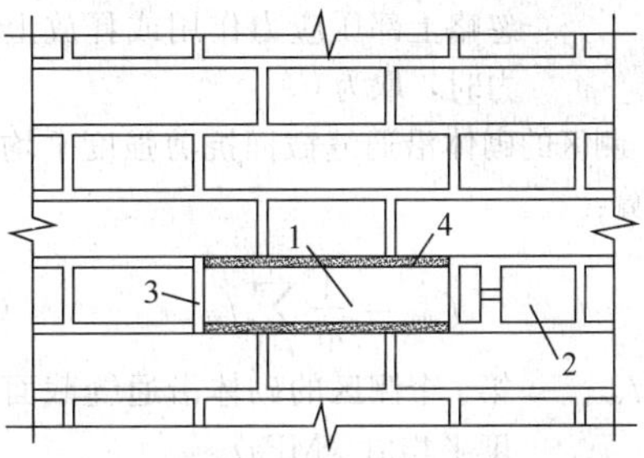

图4.3.1 原位双剪法检测示意

1—剪切试件；2—剪切仪主机；3—掏空的竖缝；4—受剪灰缝

4.3.2 原位双剪法宜优先选用释放或可忽略受剪面上部压应力σ_0作用的测试方案；当上部压应力σ_0较大且能准确计算时，也可选用在上部压应力σ_0作用下的试验方案。

4.3.3 测区内的测点选择应符合下列规定：

1 每个测区随机布置的n_1个测点，采用原位单砖双剪法时，在墙体两面的数量宜接近或相等；

2 试件两个受剪面的水平灰缝厚度应为8mm～12mm；

3 下列部位不应布设测点：门、窗洞口侧边120mm范围内；后补的施工洞口和经修补的砌体；独立砖柱；

4 同一墙体的各测点之间，水平方向净距不应小于1.5m，垂直方向净距不应小于0.5m，且不应在同一水平位置或竖向位置。

4.3.4 原位双剪法检测设备的技术指标应符合现行国家标准《砌体工程现场检测技术标准》GB/T 50315的规定。

4.3.5 原位双剪法的检测步骤应按现行国家标准《砌体工程现场检测技术标准》GB/T 50315的规定执行。

4.3.6 原位双剪法的检测记录宜按本规程附录C的格式填写。

Ⅱ 数据分析

4.3.7 非烧结砖砌体单砖双剪法和双砖双剪法试件沿通缝截面的抗剪强度，应按下列公式计算：

1 非烧结普通砖砌体的通缝抗剪强度：

$$f_{vij}=\frac{0.32N_{vij}}{A_{vij}}-0.7\sigma_{0ij} \tag{4.3.7-1}$$

2 非烧结多孔砖砌体的通缝抗剪强度：

$$f_{vij}=\frac{0.29N_{vij}}{A_{vij}}-0.7\sigma_{0ij} \tag{4.3.7-2}$$

式中：f_{vij}——第i个测区第j个测点的砌体沿通缝截面抗剪强度（MPa）；

N_{vij}——第i个测区第j个测点的抗剪破坏荷载（N）；

A_{vij}——第i个测区第j个测点单条灰缝受剪截面的毛面积（mm^2）；

σ_{0ij}——该测点上部墙体的压应力（MPa），当忽略上部压应力作用或释放上部压应力时，取为0。

4.3.8 测区的砌体沿通缝截面抗剪强度平均值应按下式计算：

$$f_{vmi}=\frac{1}{n_1}\sum_{j=1}^{n_1}f_{vij} \tag{4.3.8}$$

式中：f_{vmi}——第 i 个测区的砌体沿通缝截面抗剪强度平均值（MPa）。

5 砌筑砂浆强度检测方法

5.1 筒 压 法

Ⅰ 一 般 规 定

5.1.1 筒压法可用于推定混凝土普通砖、混凝土多孔砖、普通小砌块、蒸压粉煤灰普通砖、蒸压粉煤灰多孔砖、蒸压灰砂砖砌体中的砌筑砂浆的抗压强度。

5.1.2 检测工作应按下列步骤进行：

1 从砌体水平灰缝中抽样取出砂浆试样，在试验室内进行筒压荷载测试；

2 测试筒压比，然后换算为砂浆抗压强度。

5.1.3 筒压法所测试的砂浆种类及其强度范围，应符合表5.1.3的规定。

表5.1.3 砂浆种类及强度范围

砂浆种类	砌体块材种类	砂浆强度检测适用范围（MPa）
水泥砂浆	混凝土普通砖、混凝土多孔砖	2.0～15.0
	普通小砌块	2.0～10.0
	蒸压粉煤灰普通砖、蒸压粉煤灰多孔砖	5.0～15.0
水泥石灰混合砂浆	蒸压粉煤灰普通砖、蒸压灰砂砖	2.0～10.0
特细砂水泥砂浆	混凝土普通砖	2.0～15.0

5.1.4 筒压法检测设备的技术指标应符合现行国家标准《砌体工程现场检测技术标准》GB/T 50315的规定。

5.1.5 筒压法的检测步骤应按现行国家标准《砌体工程现场检测技术标准》GB/T 50315的规定执行。

5.1.6 筒压法的检测记录宜按本规程附录D的格式填写。

Ⅱ 数 据 分 析

5.1.7 筒压法检测砂浆强度时，标准试样的筒压比应按下式计算：

$$\eta_{ij}=\frac{m_{r1}+m_{r2}}{m_{r1}+m_{r2}+m_{r3}} \tag{5.1.7}$$

式中：η_{ij}——第 i 个测区中第 j 个试样的筒压比，以小数计，精确至0.01；

m_{r1}——孔径10mm或边长9.5mm筛的分计筛余量（g）；

m_{r2}——孔径5mm或边长4.75mm筛的分计筛余量（g）；

m_{r3}——筛底剩余量（g）。

5.1.8 测区的砂浆筒压比应按下式计算：

$$\eta_i=\frac{1}{3}(\eta_{i1}+\eta_{i2}+\eta_{i3}) \tag{5.1.8}$$

式中：η_i——第 i 个测区的砂浆筒压比平均值，以小数计，精确至0.01；

η_{i1}、η_{i2}、η_{i3}——分别为第 i 个测区三个标准砂浆试样的筒压比。

5.1.9 按砌体材料分类，测区的水泥砂浆强度平均值应按下列公式计算：

混凝土普通砖和混凝土多孔砖：

$$f_{2i}=22.15(\eta_i)^{1.22}+0.94 \tag{5.1.9-1}$$

普通小砌块：

$$f_{2i}=18.96\eta_i+1.57 \tag{5.1.9-2}$$

蒸压粉煤灰普通砖和蒸压粉煤灰多孔砖：

$$f_{2i}=68.80(\eta_i)^{2.92} \tag{5.1.9-3}$$

式中：f_{2i}——第 i 个测区的砂浆强度平均值（MPa）。

5.1.10 混凝土普通砖砌体中，测区的特细砂水泥砂浆强度平均值应按下式计算：

$$f_{2i}=1.01-5.74\eta_i+24.77\eta_i^2 \tag{5.1.10}$$

5.1.11 蒸压粉煤灰普通砖、蒸压灰砂砖砌体中，测区的水泥石灰混合砂浆强度平均值应按下式计算：

$$f_{2i}=36.39(\eta_i)^{2.42} \tag{5.1.11}$$

5.2 推 出 法

Ⅰ 一 般 规 定

5.2.1 推出法可采用推出仪（图5.2.1-1）或拉拔仪

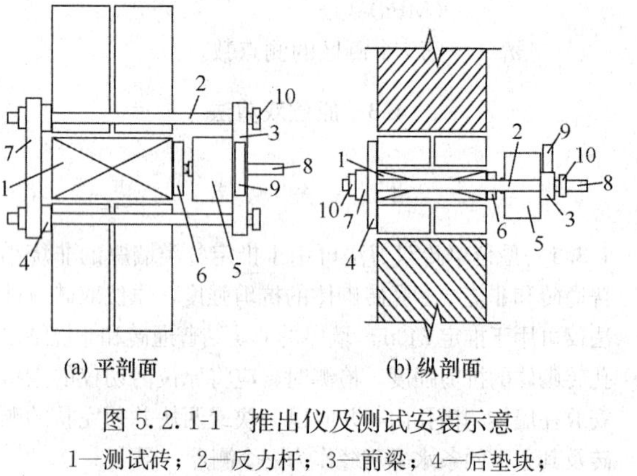

(a) 平剖面　　(b) 纵剖面

图5.2.1-1 推出仪及测试安装示意

1—测试砖；2—反力杆；3—前梁；4—后垫块；5—传感器；6—垫片；7—后梁；8—加荷螺杆；9—力值显示仪；10—调平螺丝

（图 5.2.1-2）对砌筑砂浆强度进行检测，设备应由反力架、传感器和带有峰值保持功能的力值显示仪等组成。推出法可用于推定 240mm 厚混凝土普通砖、混凝土多孔砖、蒸压灰砂砖和蒸压粉煤灰普通砖砌体中的砌筑砂浆强度，所测砂浆的强度宜为 1MPa～15MPa，且块材强度不宜低于 MU10。

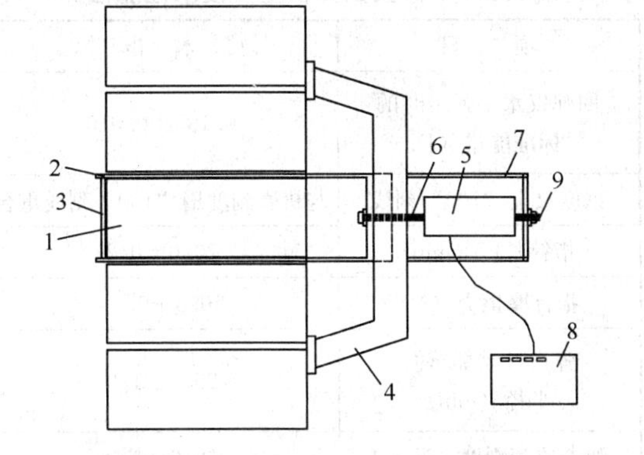

图 5.2.1-2　拉拔仪测试安装平面示意

1—被拉丁砖；2—拉板；3—拉板架；4—反力支承架；5—传感器；6—拉杆；7—支架板；8—峰值测定仪；9—加荷螺杆

5.2.2　选择测点应符合下列规定：

1　测点宜均匀布置在墙上，并应避开施工中的预留洞口；

2　被测试丁砖的承压面可采用砂轮磨平，并应清理干净；

3　被测试丁砖下的水平灰缝厚度应为 8mm～12mm；

4　测试前，被测试丁砖应编号，并应详细记录墙体的外观情况。

Ⅱ　测试设备的技术指标

5.2.3　推出仪的主要技术指标应符合表 5.2.3 的规定。

表 5.2.3　推出仪的主要技术指标

项　目	指　标	项　目	指　标
额定推力（kN）	30	额定行程（mm）	80
相对测量范围（%）	20～80	示值相对误差（%）	±3

5.2.4　拉拔仪的主要技术指标应符合表 5.2.4 的规定。

表 5.2.4　拉拔仪的主要技术指标

项　目	指　标	项　目	指　标
额定拉力（kN）	30	额定行程（mm）	40
相对测量范围（%）	20～80	示值相对误差（%）	±2

5.2.5　力值显示仪器或仪表应符合下列规定：

1　最小分辨值应为 0.05kN，力值范围应为 0kN～30kN；

2　应具有测力峰值保持功能；

3　仪器读数显示稳定，在 4h 内的读数漂移不得大于 0.05kN。

Ⅲ　测试步骤

5.2.6　测试前，应钻取安装孔、清除测试丁砖上部的水平灰缝及两侧的竖向灰缝，可按下列步骤进行：

1　使用冲击钻在被测试丁砖两侧的砖块上（图 5.2.6）打出直径约 20mm 的孔洞，孔洞中心距 190mm～230mm；

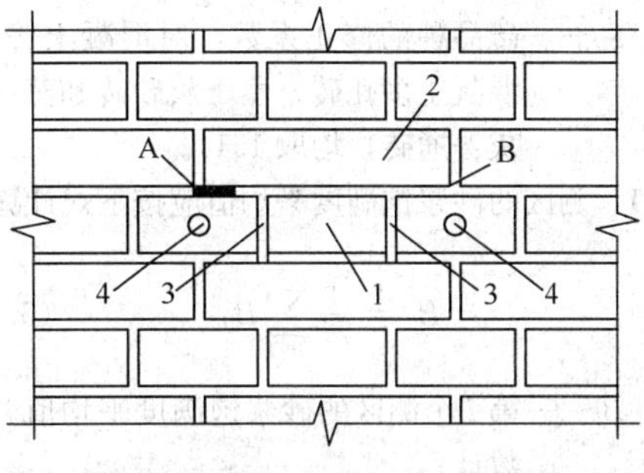

图 5.2.6　试件加工步骤示意

1—被测试丁砖；2—被取出的两块顺砖；3—掏空的竖缝；4—直径约 20mm 的孔洞

2　使用冲击钻在 A 点打出约 40mm 的孔洞，并应沿墙厚打穿；

3　用锯条自 A 至 B 点锯开灰缝；

4　取出丁砖上部的两块顺砖；

5　用锯条锯切被测试丁砖两侧的竖向灰缝，直至下皮砖顶面；

6　开洞及清缝时，不得扰动被测试丁砖。

5.2.7　采用推出仪现场检测砌筑砂浆强度时，应符合下列规定：

1　安装推出仪（图 5.2.1-1），测量前梁两端与墙面距离，误差不得大于 3mm；

2　传感器的作用点，在水平方向应位于被推丁砖中间；铅垂方向距被推丁砖下表面的距离：对普通砖应为 15mm，对多孔砖应为 40mm；

3　旋转加荷螺杆对试件施加荷载，加荷速度宜控制为 5kN/min。当被推丁砖和砌体之间发生相对位移时，应认定试件达到破坏状态，并记录推出力 N_{ij}。检测记录宜按本规程附录 E 的格式填写。

5.2.8　采用拉拔仪现场检测砌筑砂浆强度时，除应符合本规程第 5.2.7 条规定外，尚应符合下列规定：

1　安装拉拔仪（本规程图 5.2.1-2）反力支架和夹具，应固定牢靠，传感器的压头与被拔砖端面的中心应重合并相接触；

2　旋转加荷螺杆，应缓慢均匀加荷，当砖被拔出时，应观察峰值显示的读数，并应记录拔出的最大力值 N_{ij}。检测记录宜按本规程附录E的格式填写。

5.2.9 荷载施加完成后，应测试被测丁砖的砂浆饱满度 B_{ij}。

Ⅳ 数据分析

5.2.10 单个测区的力值平均值应按下式计算：

$$N_i = \xi_{2i} \frac{1}{n_1} \sum_{j=1}^{n_1} N_{ij} \tag{5.2.10}$$

式中：N_i——第 i 个测区的力值平均值（kN），精确至0.01kN；

N_{ij}——第 i 个测区第 j 块测试砖的力值峰值（kN）；

ξ_{2i}——砖品种的修正系数，对混凝土普通砖、混凝土多孔砖、蒸压灰砂砖和蒸压粉煤灰普通砖，均取1.14。

5.2.11 测区的砂浆饱满度平均值应按下式计算：

$$B_i = \frac{1}{n_1} \sum_{j=1}^{n_1} B_{ij} \tag{5.2.11}$$

式中：B_i——第 i 个测区的砂浆饱满度平均值，以小数计；

B_{ij}——第 i 个测区第 j 块测试砖下的砂浆饱满度实测值，以小数计。

5.2.12 测区的砂浆强度平均值应按下列公式计算：

$$f_{2i} = 0.30\left(\frac{N_i}{\xi_{3i}}\right)^{1.19} \tag{5.2.12-1}$$

$$\xi_{3i} = 0.45B_i^2 + 0.90B_i \tag{5.2.12-2}$$

式中：f_{2i}——第 i 个测区的砂浆强度平均值（MPa）；

ξ_{3i}——砂浆饱满度修正系数，以小数计。

5.2.13 当测区的砂浆饱满度平均值小于0.65时，不宜采用推出法推定砂浆强度。

5.3 砂浆回弹法

Ⅰ 一般规定

5.3.1 砂浆回弹法可用于推定混凝土普通砖、混凝土多孔砖和蒸压粉煤灰普通砖砌体中砌筑砂浆的强度。

5.3.2 检测混凝土普通砖、混凝土多孔砖、蒸压粉煤灰普通砖砌体中砌筑砂浆的强度时，应采用砂浆回弹仪测试砂浆表面硬度，以回弹值换算为砂浆强度。

5.3.3 水平灰缝的内部砂浆与其表面砂浆质量相差较大时，不应采用砂浆回弹法。

5.3.4 测位宜选在承重墙的可测面水平灰缝中，并应避开门窗洞口及预埋件等附近的墙体。墙面上每个测位的面积宜大于0.3m²。

5.3.5 墙体水平灰缝缺损或表面粗糙且无法磨平时，不得采用砂浆回弹法检测砂浆强度。水平灰缝厚度不应小于10mm。

Ⅱ 测试设备的技术指标

5.3.6 砂浆回弹仪的主要技术性能指标应符合表5.3.6的规定，其示值系统宜为指针直读式。

表5.3.6 砂浆回弹仪主要技术性能指标

项目	技术指标
回弹仪水平弹击时的标准能量（J）	0.196±0.010
刻度尺上“100”刻线	与机壳刻度槽“100”刻线重合
指针长度（mm）	20.0±0.2
指针摩擦力（N）	0.5±0.1
弹击杆端部球面半径（mm）	25.0±1.0
弹击拉簧刚度（N/m）	69.0±4.0
弹击拉簧工作长度（mm）	61.5±0.3
弹击锤冲击长度（mm）	75.0±0.3
弹击锤起跳位置	在刻度尺“0”处
在洛氏硬度为HRC60±2的钢砧上，回弹仪的率定值	74±2
示值一致性	指针滑块刻线对应的标尺数值与数字式回弹仪的显示值之差不大于1，且两者在钢砧率定值均满足要求

5.3.7 回弹仪应具有产品合格证，并应进行校准和保养。

5.3.8 回弹仪使用时的环境温度宜为0℃～40℃；在工程检测前后，均应在钢砧上率定测试。

Ⅲ 测试步骤

5.3.9 检测前测位处的处理应符合下列规定：

1 粉刷层、勾缝砂浆、污物等应清除干净；

2 弹击点处的砂浆表面，应仔细打磨平整，并应除去浮灰；

3 磨掉表面砂浆的深度应为5mm～10mm，且不应小于5mm。

5.3.10 每个测位内应均匀布置12个弹击点。选定弹击点应避开砖的边缘、灰缝中的气孔或松动的砂浆。相邻两弹击点的间距不应小于20mm。

5.3.11 在每个弹击点上，应使用回弹仪连续弹击3次，第1、2次不应读数，第3次弹击后，使回弹仪继续顶住砂浆检测面，进行读数并记录回弹值；条件不利于读数时，可按下锁定按钮，锁住机芯，将回弹仪移至他处读数。回弹值读数应估读至1。测试过程中，回弹仪应始终处于水平状态，其轴线应垂直于砂浆表面，且不得移位。检测记录宜按本规程附录F的格式填写。

Ⅳ 数据分析

5.3.12 从每个测位的12个回弹值中，应分别剔除最大值、最小值，将余下的10个回弹值计算算术平均值，应以R表示，并应精确至0.1。

5.3.13 第i个测区第j个测位的砂浆强度换算值，应根据该测位的平均回弹值按下列公式计算：

混凝土普通砖、混凝土多孔砖：

$$f_{2ij}=0.69R-3.43 \tag{5.3.13-1}$$

蒸压粉煤灰普通砖：

$$f_{2ij}=6.09\times10^{-3}R^{2.22} \tag{5.3.13-2}$$

式中：f_{2ij}——第i个测区第j个测位的砂浆强度值（MPa）；

R——第i个测区第j个测位的平均回弹值。

5.3.14 测区的砂浆抗压强度平均值应按下式计算：

$$f_{2i}=\frac{1}{n_1}\sum_{j=1}^{n_1}f_{2ij} \tag{5.3.14}$$

式中：n_1——第i个测区的测位数。

5.4 点荷法

Ⅰ 一般规定

5.4.1 点荷法可用于推定混凝土普通砖、混凝土多孔砖水泥砂浆砌体和蒸压粉煤灰普通砖水泥石灰混合砂浆砌体中的砌筑砂浆抗压强度。

5.4.2 检测时，应从砖墙中抽取砂浆片试样，并应采用试验机或专用仪器测试点荷载值，然后换算为砂浆抗压强度。

5.4.3 每个测点处宜取出两个砂浆大片，一片用于检测，一片备用；砂浆大片应从墙体表面20mm以里的水平灰缝内抽取。

5.4.4 用于点荷法试验的砂浆片应符合下列规定：

1 砂浆片最小中心线长度不应小于30mm；

2 砂浆片受压面应无缺陷；

3 砂浆片宜在自然干燥的状态下进行检测。

5.4.5 点荷法测试设备的技术指标应符合现行国家标准《砌体工程现场检测技术标准》GB/T 50315的规定。

5.4.6 点荷法的测试步骤应按现行国家标准《砌体工程现场检测技术标准》GB/T 50315的规定执行。

5.4.7 点荷法的检测记录宜按本规程附录G的格式填写。

Ⅱ 数据分析

5.4.8 点荷法检测非烧结砖砌体砂浆抗压强度时，砂浆试件的抗压强度换算值应按下列公式计算：

蒸压粉煤灰普通砖砌体水泥石灰混合砂浆：

$$f_{2ij}=29.36(\xi_{4ij}\xi_{5ij}N_{ij}-0.06)^{0.88} \tag{5.4.8-1}$$

混凝土普通砖和混凝土多孔砖砌体水泥砂浆：

$$f_{2ij}=32.22(\xi_{4ij}\xi_{5ij}N_{ij}-0.023)^{0.67} \tag{5.4.8-2}$$

$$\xi_{4ij}=\frac{1}{0.05r_{ij}+1} \tag{5.4.8-3}$$

$$\xi_{5ij}=\frac{1}{0.03t_{ij}(0.10t_{ij}+1)+0.40} \tag{5.4.8-4}$$

式中：N_{ij}——第i测区第j个试件的点荷载值（kN）；

ξ_{4ij}——第i测区第j个试件的荷载作用半径修正系数；

ξ_{5ij}——第i测区第j个试件的试件厚度修正系数；

r_{ij}——第i测区第j个试件的荷载作用半径（mm）；

t_{ij}——第i测区第j个试件的试件厚度（mm）。

5.4.9 测区的砂浆抗压强度平均值应按本规程式（5.3.14）计算。

5.5 砂浆片局压法

Ⅰ 一般规定

5.5.1 砂浆片局压法可用于推定混凝土普通砖、混凝土多孔砖砌体中的水泥砂浆抗压强度。检测时，应从砖墙中抽样取出砂浆片试样，采用局压仪测试其局压值，然后换算为砂浆抗压强度。

5.5.2 从每个测区的水平灰缝内应抽样取出6个试样，其中1个为备份试样，其余5个为测试试样。

5.5.3 砂浆试件应在距墙体表面20mm以里的水平灰缝内抽样取出。

5.5.4 砂浆试件宜在自然干燥状态下进行检测。

Ⅱ 测试设备的技术指标

5.5.5 局压仪（图5.5.5）应包括反力架、测力系统、圆平压头、对中自调平系统、数显测读系统、加载手柄和积灰盖等部分。

5.5.6 局压仪应符合下列规定：

1 整体结构应有足够强度和刚度；

2 圆平压头的直径应为（10±0.05）mm，额定行程不应小于18mm；

3 局压仪应设有对中自调平系统；

4 局压仪的极限压力不应大于5000N；

5 数显测读系统示值的最小分度值应为1N，且

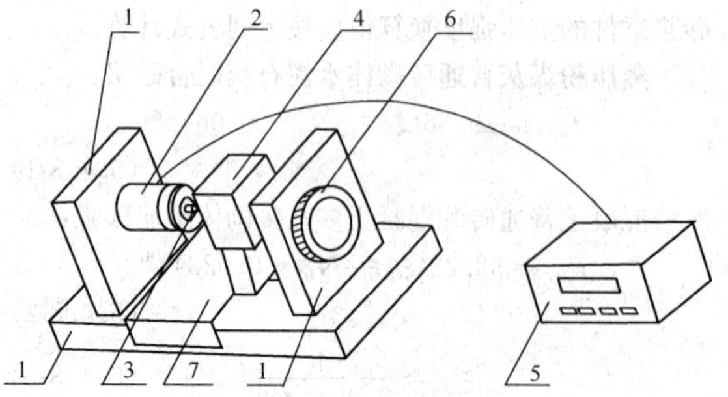

图 5.5.5　局压仪示意

1—反力架；2—测力系统；3—圆平压头；
4—对中自调平系统；5—数显测读系统；
6—加载手柄；7—积灰盖

数显测读系统应具有峰值保持功能、断电保持功能和数据储存功能。

5.5.7　测试设备的使用环境温度宜为 5℃～35℃。数显测读系统应在室内自然干燥环境下使用和放置。

Ⅲ　测 试 步 骤

5.5.8　制作砂浆片试件应符合下列规定：

1　试件最小中心线长度不应小于 30mm；

2　试件受压面应平整和无缺陷，对于不平整的受压面，可用砂纸打磨；

3　应清除试件表面的砂粒和浮尘。

5.5.9　宜使用游标卡尺量测试件厚度，测厚点应在局压作用面内，读数应精确至 0.1mm，并应取 3 个不同部位厚度的平均值作为试件厚度。

5.5.10　在局压仪的两个圆平压头表面，应各贴一片面积略大于圆平压头的薄橡胶垫，橡胶垫的厚度宜为 1.0mm。启动局压仪，应设置数显测读系统为峰值保持状态，并应确认计量单位为牛顿（N）。

5.5.11　试件应垂直对中放置在局压仪的两个压头之间，压头作用面边缘至试件边缘的距离不应小于 10mm。

5.5.12　对砂浆试件进行加荷测试时，加荷速度宜控制在每秒为预估破坏荷载的 1/10～1/15，直至试件破坏。记录局压仪数显测读系统显示的峰值，并应精确至 1N。检测记录宜按本规程附录 H 的格式填写。

Ⅳ　数 据 分 析

5.5.13　单个砂浆片试件的局压强度应按下式计算：

$$f'_{2ij} = \xi_{6ij}\,\frac{N_{ij}}{A} \tag{5.5.13}$$

式中：f'_{2ij} ——第 i 个测区第 j 个砂浆试件的局压强度，精确至 0.1MPa；

ξ_{6ij} ——第 i 个测区第 j 个砂浆试件厚度修正系数，按表 5.5.13 取值；

N_{ij} ——第 i 个测区第 j 个砂浆试件破坏时的局压荷载值，精确至 1N；

A ——砂浆试件受压面积，取 78.54mm²。

表 5.5.13　砂浆试件厚度修正系数 ξ_{6ij}

试件厚度（mm）	8	9	10	11	12	13	14	15	16
厚度修正系数 ξ_{6ij}	1.25	1.11	1.00	0.91	0.83	0.77	0.71	0.67	0.62

注：表中未列出的值，可用内插法求得。

5.5.14　测区的局压强度平均值应按下式计算：

$$f'_{2i} = \frac{1}{5}\sum_{i=1}^{5} f_{2ij} \tag{5.5.14}$$

式中：f'_{2i} ——第 i 个测区试件局压强度平均值，精确至 0.1MPa。

5.5.15　对于混凝土普通砖、混凝土多孔砖砌体，测区的水泥砂浆抗压强度换算值应按下式计算：

$$f_{2i} = 3.93\,(f'_{2i} - 2.14)^{0.47} \tag{5.5.15}$$

式中：f_{2i} ——第 i 个测区砂浆抗压强度换算值，精确至 0.1MPa。

6　砌筑块材强度检测方法

6.1　原位取样法

6.1.1　原位取样法可用于各类非烧结砌体块材的强度检测。

6.1.2　各类非烧结砖或普通小砌块的取样检测，每一检测单元的砌体不应少于一组；该组块材应从不少于 3 片墙体中取出。每个块材均不应有缺棱掉角、裂缝等缺陷。

6.1.3　非烧结砖或普通小砌块的抽样数量、抗压强度试验和强度等级评定，应按现行国家标准《砌墙砖试验方法》GB/T 2542、《混凝土砌块和砖试验方法》GB/T 4111 等标准执行。

6.2　普通小砌块回弹法

Ⅰ　一 般 规 定

6.2.1　本方法可用于推定普通小砌块砌体中主规格单排孔砌块的抗压强度。

6.2.2　每个测区应随机选择 5 个测位，测位宜选择在承重墙的可测面上，在每个测位中随机选择 1 块条面向外的砌块供回弹测试。测试的砌块与墙体边缘的距离宜大于 400mm。

Ⅱ　测试设备的技术指标

6.2.3　普通小砌块回弹法的测试设备，宜采用示值系统为指针直读式或数显式的混凝土回弹仪。

6.2.4 混凝土回弹仪除应符合现行国家标准《回弹仪》GB/T 9138 的规定外，尚应符合下列规定：

1 水平弹击时，在弹击锤脱钩瞬间，回弹仪的标称能量应为 2.207J；

2 在弹击锤与弹击杆碰撞的瞬间，弹击拉簧应处于自由状态，且弹击锤起跳点应位于指针指示刻度尺上的“0”处；

3 在洛氏硬度 HRC 为 60±2 的钢砧上，回弹仪的率定值应为 80±2；

4 数字式回弹仪应带有指针直读示值系统；数字显示的回弹仪与指针直读示值相差不应超过 1。

6.2.5 混凝土回弹仪的检定和保养，应按现行行业标准《回弹仪检定规程》JJG 817 执行。

6.2.6 混凝土回弹仪在工程检测前后，均应在钢砧上率定测试。

Ⅲ 测 试 步 骤

6.2.7 被检测普通小砌块的外观质量应符合现行国家标准《普通混凝土小型砌块》GB/T 8239 的规定。小砌块的待测面应干燥、清洁、平整，没有裂纹；不应有饰面层、粉刷层；可用砂轮清除表面的杂物，并应磨平，同时应用毛刷刷去粉尘。

6.2.8 在被测小砌块的条面上均匀布置 16 个弹击点。选定弹击点时应避开小砌块表面的缺陷。相邻两弹击点的间距不应小于 20mm，弹击点离小砌块边缘亦不应小于 20mm，每一弹击点只应弹击一次，回弹值读数应估读至 1。测试时，回弹仪应处于水平状态，其轴线应垂直于小砌块的条面。检测记录宜按本规程附录 J 的格式填写。

Ⅳ 数 据 分 析

6.2.9 单个小砌块的回弹值，应为该块体 16 个回弹值中剔除 3 个最大值和 3 个最小值后的平均值。

6.2.10 第 i 测区第 j 个测位的抗压强度换算值应按下式计算：

$$f_{1ij}=5\times10^{-3}R^{2.1}-0.9 \tag{6.2.10}$$

式中：f_{1ij}——第 i 测区第 j 个测位的抗压强度换算值（MPa）；

R——第 i 测区第 j 个测位的平均回弹值。

6.2.11 每一测区的小砌块抗压强度平均值应按下式计算：

$$f_{1i}=\frac{1}{5}\sum_{j=1}^{5}f_{1ij} \tag{6.2.11}$$

式中：f_{1i}——同一测区的小砌块抗压强度平均值（MPa）。

6.2.12 每一检测单元的小砌块抗压强度平均值应按下式计算：

$$f_{1m}=\frac{1}{n_2}\sum_{n_2=1}^{n_2}f_{1i} \tag{6.2.12}$$

式中：f_{1m}——同一检测单元的小砌块抗压强度平均值（MPa）。

6.2.13 本规程所给出的全国统一测强曲线，可用于强度为 4.0MPa～15.0MPa 的普通小砌块的检测。当超出本规程全国统一测强曲线的测强范围时，应进行验证后使用，或制定专用测强曲线。

7 强 度 推 定

7.0.1 检测数据中的歧离值和统计离群值，应按现行国家标准《数据的统计处理和解释　正态样本离群值的判断和处理》GB/T 4883 中格拉布斯检验法或狄克逊检验法检出和剔除。检出水平 α 应取 0.05，剔除水平 α 应取 0.01。不得随意舍去歧离值，从技术或物理上找到产生离群原因时，应予剔除；否则，不应剔除。

7.0.2 本规程的各种检测方法，应给出每个测点或测位的检测强度值 f_{ij}，以及每一测区的强度平均值 f_i，并以测区强度平均值 f_i 作为代表值。

7.0.3 每一检测单元的强度平均值、标准差和变异系数应分别按下列公式计算：

$$\bar{x}=\frac{1}{n_2}\sum_{i=1}^{n_2}f_i \tag{7.0.3-1}$$

$$s=\sqrt{\frac{1}{n_2-1}\sum_{i=1}^{n_2}(\bar{x}-f_i)^2} \tag{7.0.3-2}$$

$$\delta=\frac{s}{\bar{x}} \tag{7.0.3-3}$$

式中：$\bar{x}$——同一检测单元的强度平均值（MPa）；当检测砂浆抗压强度时，$\bar{x}$ 即为 $f_{2,m}$；当检测普通小砌块抗压强度时，$\bar{x}$ 即为 $f_{1,m}$；当检测砌体抗压强度时，$\bar{x}$ 即为 f_m；当检测砌体抗剪强度时，$\bar{x}$ 即为 $f_{v,m}$；

n_2——同一检测单元的测区数；

f_i——测区的强度代表值（MPa）；当检测砂浆抗压强度时，f_i 即为 f_{2i}；当检测普通小砌块抗压强度时，f_i 即为 f_{1i}；当检测砌体抗压强度时，f_i 即为 f_{mi}；当检测砌体抗剪强度时，f_i 即为 f_{vi}；

s——同一检测单元，按 n_2 个测区计算的强度标准差（MPa）；

δ——同一检测单元的强度变异系数。

7.0.4 对在建或新建砌体工程，推定砌筑砂浆抗压强度值时，可按下列公式计算：

1 当测区数 n_2 不小于 6 时，应取下列两式中的较小值：

$$f'_2 = 0.91 f_{2,m} \quad (7.0.4\text{-}1)$$

$$f'_2 = 1.18 f_{2,min} \quad (7.0.4\text{-}2)$$

式中：f'_2——砌筑砂浆抗压强度推定值（MPa）；

$f_{2,m}$——同一检测单元，砌筑现象抗压强度平均值（MPa）；

$f_{2,min}$——同一检测单元，测区砂浆抗压强度的最小值（MPa）。

2 当测区数 n_2 小于 6 时，可按下式计算：

$$f'_2 = f_{2,min} \quad (7.0.4\text{-}3)$$

7.0.5 对既有砌体工程，推定砌筑砂浆抗压强度值时，应符合下列规定：

1 按国家标准《砌体工程施工质量验收规范》GB 50203－2002 及之前实施的砌体工程施工质量验收规范修建的工程，应按下列公式计算：

1）当测区数 n_2 不小于 6 时，应取下列公式中的较小值：

$$f'_2 = f_{2,m} \quad (7.0.5\text{-}1)$$

$$f'_2 = 1.33 f_{2,min} \quad (7.0.5\text{-}2)$$

2）当测区数 n_2 小于 6 时，可按下式计算：

$$f'_2 = f_{2,min} \quad (7.0.5\text{-}3)$$

2 按《砌体结构工程施工质量验收规范》GB 50203－2011 修建的工程，可按本规程第 7.0.4 条的规定推定砌筑砂浆强度值。

7.0.6 当砌筑砂浆强度检测结果小于 2.0MPa 或大于 15MPa 时，不宜给出具体检测值，仅给出检测值范围 f'_2 小于 2.0MPa 或 f'_2 大于 15MPa。

7.0.7 砌筑砂浆强度的推定值，相当于被测墙体所用块材做底模的同龄期、同条件养护的砂浆试块强度。

7.0.8 单个检测单元内，按测区统计的砂浆强度变异系数大于 0.3 时，砌体施工质量控制等级应评为 C 级。

7.0.9 应分别按下列规定推定每一检测单元的砌体抗压强度标准值或砌体沿通缝截面的抗剪强度标准值：

1 当测区数 n_2 不小于 6 时，可按下列公式推定：

$$f_k = f_m - k \cdot s \quad (7.0.9\text{-}1)$$

$$f_{v,k} = f_{v,m} - k \cdot s \quad (7.0.9\text{-}2)$$

式中：f_k——砌体抗压强度标准值（MPa）；

f_m——同一检测单元的砌体抗压强度平均值（MPa）；

$f_{v,k}$——砌体抗剪强度标准值（MPa）；

$f_{v,m}$——同一检测单元的砌体沿通缝截面的抗剪强度平均值（MPa）；

k——与 α、C、n_2 有关的强度标准值计算系数，应按表 7.0.9 取值；

α——确定强度标准值所取的概率分布下分位数，取 α 为 0.05；

C——置信水平，取 C 为 0.60。

表 7.0.9 计算系数 k

n_2	6	7	8	9	10	12	15	18
k	1.947	1.908	1.880	1.858	1.841	1.816	1.790	1.773
n_2	20	25	30	35	40	45	50	—
k	1.764	1.748	1.736	1.728	1.721	1.716	1.712	—

2 当测区数 n_2 小于 6 时，可按下列公式推定：

$$f_k = f_{mi,min} \quad (7.0.9\text{-}3)$$

$$f_{v,k} = f_{vi,min} \quad (7.0.9\text{-}4)$$

式中：$f_{mi,min}$——同一检测单元中，测区砌体抗压强度的最小值（MPa）；

$f_{vi,min}$——同一检测单元中，测区砌体抗剪强度的最小值（MPa）。

3 每一检测单元的砌体抗压强度或抗剪强度，当检测结果的变异系数 δ 分别大于 0.2 或 0.25 时，不宜直接按式（7.0.9-1）或式（7.0.9-2）计算。此时应检查检测结果离散性较大的原因，查明系混入不同母体所致时，宜分别进行统计，并应分别按式（7.0.9-1）～式（7.0.9-4）确定强度标准值。确系变异系数过大时，则应按测区数小于 6 时的式（7.0.9-3）和式（7.0.9-4）确定强度标准值。

7.0.10 既有砌体工程采用回弹法检测普通小砌块强度，应以检测单元统计的抗压强度平均值 f_{1m}，以测区统计的抗压强度最小值 $f_{1i,min}$ 推定每一检测单元的普通小砌块抗压强度等级，并应符合表 7.0.10 的规定。

表 7.0.10 普通小砌块抗压强度等级的推定

推定等级	平均值 f_{1m} 大于等于（MPa）	最小值 $f_{1i,min}$ 大于等于（MPa）
MU15	15.0	12.0
MU10	10.0	8.0
MU7.5	7.5	6.0
MU5	5.0	4.0
MU3.5	3.5	2.8

注：1 当推定强度等级大于 MU15 时，仅给出推定强度等级“大于等于 MU15”；

2 回弹法检测普通小砌块的强度等级相当于被测墙体所用普通小砌块同龄期的强度等级。

7.0.11 各种检测强度的最终计算或推定结果，砌体的抗压强度和抗剪强度均应精确至 0.01MPa，砌筑砂浆强度应精确至 0.1MPa。

附录A 原位轴压法检测砌体抗压强度记录表

工程名称：________________　　仪器编号：________________

施工单位：________________　　施工日期：________________

委托单位：________________　　依据标准：________________

检测日期：________________　　测试环境：________________

委托编号：________________　　记录编号：________________

块材类型及设计强度：__________　　砂浆类型及设计强度：__________

测区位置	预估破坏荷载（kN）	试加荷载（kN）	分级加载（kN）										开裂荷载（kN）	极限荷载（kN）
检测情况记录	（应记录槽间砌体受压面积、油压表读数、槽间砌体初裂裂缝与裂缝开展情况、极限荷载裂缝情况、试验过程中的异常情况等）													

检测：　　　　记录：　　　　校核：

第　页　共　页

附录B　切制抗压试件法检测砌体抗压强度记录表

工程名称：__________________　　仪器编号：__________________

施工单位：__________________　　施工日期：__________________

委托单位：__________________　　依据标准：__________________

取样日期：__________________　　测试环境：__________________

委托编号：__________________　　记录编号：__________________

块材类型及设计强度：__________　　砂浆类型及设计强度：__________

检测日期：______________

测区位置	预估破坏荷载（kN）	试加荷载（kN）	分级加载（kN）										开裂荷载（kN）	极限荷载（kN）
检测情况记录	（应记录切制试件的截面尺寸、外观情况、裂缝开展情况、极限荷载裂缝情况、试验过程中的异常情况等）													

检测：　　　　　　　　　　记录：　　　　　　　　　　校核：

第　页　共　页

附录C 原位双剪法检测砌体抗剪强度记录表

工程名称：________________ 仪器编号：________________

施工单位：________________ 施工日期：________________

委托单位：________________ 依据标准：________________

检测日期：________________ 测试环境：________________

委托编号：________________ 记录编号：________________

块材类型及设计强度：________ 砂浆类型及设计强度：________

测区位置	测点编号	测点灰缝受剪截面面积（mm^2）或截面尺寸（mm）	测点抗剪破坏荷载值（N）	备注
	1			
	2			
	3			
	1			
	2			
	3			
	1			
	2			
	3			
	1			
	2			
	3			
	1			
	2			
	3			
	1			
	2			
	3			

检测： 记录： 校核：

第 页 共 页

附录D 筒压法检测砌筑砂浆强度记录表

工程名称：＿＿＿＿＿＿＿＿＿　　仪器编号：＿＿＿＿＿＿＿＿＿
施工单位：＿＿＿＿＿＿＿＿＿　　施工日期：＿＿＿＿＿＿＿＿＿
委托单位：＿＿＿＿＿＿＿＿＿　　依据标准：＿＿＿＿＿＿＿＿＿
取样日期：＿＿＿＿＿＿＿＿＿　　测试环境：＿＿＿＿＿＿＿＿＿
委托编号：＿＿＿＿＿＿＿＿＿　　记录编号：＿＿＿＿＿＿＿＿＿
块材类型及设计强度：＿＿＿＿＿　　砂浆类型及设计强度：＿＿＿＿＿
检测日期：＿＿＿＿＿＿＿＿＿

测区位置	编号	筛分前试样总重（g）	孔径10mm边长9.5mm筛的分计筛余量 m_{r1}（g）	孔径5mm或边长4.75mm筛的分计筛余量 m_{r2}（g）	底盘剩余量 m_{r3}（g）	标准试样砂浆筒压比	测区砂浆筒压比	筛分后试样总重（g）
	1							
	2							
	3							
	1							
	2							
	3							
	1							
	2							
	3							
	1							
	2							
	3							
	1							
	2							
	3							
	1							
	2							
	3							
	1							
	2							
	3							
	1							
	2							
	3							

检测：　　　　记录：　　　　校核：

第　页　共　页

附录E 推出法检测砌筑砂浆强度记录表

工程名称：________________　　仪器类型及编号：________________

施工单位：________________　　施工日期：________________

委托单位：________________　　依据标准：________________

检测日期：________________　　测试环境：________________

委托编号：________________　　记录编号：________________

块材类型及设计强度：__________　　砂浆类型及设计强度：__________

测区位置	测点编号	推出力（N）		砂浆饱满度		测区砂浆强度平均值（MPa）
		测点值	平均值	测点值	平均值	
	1					
	2					
	3					
	1					
	2					
	3					
	1					
	2					
	3					
	1					
	2					
	3					
	1					
	2					
	3					
	1					
	2					
	3					
	1					
	2					
	3					
备注						

检测：　　　　　　　　　　记录：　　　　　　　　　　校核：

第　页　共　页

附录F　回弹法检测砌筑砂浆强度记录表

工程名称：＿＿＿＿＿＿＿＿＿＿＿＿　仪器编号：＿＿＿＿＿＿＿＿＿＿＿＿

施工单位：＿＿＿＿＿＿＿＿＿＿＿＿　施工日期：＿＿＿＿＿＿＿＿＿＿＿＿

委托单位：＿＿＿＿＿＿＿＿＿＿＿＿　依据标准：＿＿＿＿＿＿＿＿＿＿＿＿

检测日期：＿＿＿＿＿＿＿＿＿＿＿＿　测试环境：＿＿＿＿＿＿＿＿＿＿＿＿

委托编号：＿＿＿＿＿＿＿＿＿＿＿＿　记录编号：＿＿＿＿＿＿＿＿＿＿＿＿

块材类型及设计强度：＿＿＿＿＿＿　砂浆类型及设计强度：＿＿＿＿＿＿

测区位置	序号	测位回弹值												测位强度换算值（MPa）	测区砂浆强度平均值（MPa）
		1	2	3	4	5	6	7	8	9	10	11	12		
	1														
	2														
	3														
	4														
	5														
	1														
	2														
	3														
	4														
	5														
	1														
	2														
	3														
	4														
	5														
	1														
	2														
	3														
	4														
	5														
	1														
	2														
	3														
	4														
	5														

检测：　　　　　　　　记录：　　　　　　　　校核：

第　页　共　页

附录G 点荷法检测砌筑砂浆强度记录表

工程名称：________ 仪器编号：________

施工单位：________ 施工日期：________

委托单位：________ 依据标准：________

取样日期：________ 测试环境：________

委托编号：________ 记录编号：________

块材类型及设计强度：________ 砂浆类型及设计强度：________

检测日期：________

测区位置	试件编号	试件厚度 t_{ij}（mm）	荷载作用半径 r_{ij}（mm）	荷载作用半径修正系数 ξ_{4ij}	试件厚度修正系数 ξ_{5ij}	点荷荷载值 N_{ij}（kN）	砂浆试件的抗压强度换算值 f_{2ij}（MPa）	测区砂浆强度平均值 f_{2i}（MPa）
	1							
	2							
	3							
	4							
	5							
	1							
	2							
	3							
	4							
	5							
	1							
	2							
	3							
	4							
	5							
	1							
	2							
	3							
	4							
	5							
	1							
	2							
	3							
	4							
	5							

检测： 记录： 校核：

第 页 共 页

附录 H　砂浆片局压法检测砌筑砂浆强度记录表

工程名称：______________　　仪器编号：______________

施工单位：______________　　施工日期：______________

委托单位：______________　　依据标准：______________

取样日期：______________　　测试环境：______________

委托编号：______________　　记录编号：______________

块材类型及设计强度：__________　　砂浆类型及设计强度：__________

检测日期：______________

测区位置	试件编号	厚度（mm）				厚度换算系数（内插法）	局压值（N）	试件局压强度（MPa）	测区局压强度（MPa）	抗压强度换算值（MPa）	备注
		1	2	3	均值						
	1										
	2										
	3										
	4										
	5										
	1										
	2										
	3										
	4										
	5										
	1										
	2										
	3										
	4										
	5										
	1										
	2										
	3										
	4										
	5										
	1										
	2										
	3										
	4										
	5										

检测：　　　　　　　　记录：　　　　　　　　校核：

第　页　共　页

附录J　回弹法检测普通小砌块强度记录表

工程名称：＿＿＿＿＿＿＿＿＿＿　仪器编号：＿＿＿＿＿＿＿＿＿＿

施工单位：＿＿＿＿＿＿＿＿＿＿　施工日期：＿＿＿＿＿＿＿＿＿＿

委托单位：＿＿＿＿＿＿＿＿＿＿　依据标准：＿＿＿＿＿＿＿＿＿＿

检测日期：＿＿＿＿＿＿＿＿＿＿　测试环境：＿＿＿＿＿＿＿＿＿＿

委托编号：＿＿＿＿＿＿＿＿＿＿　记录编号：＿＿＿＿＿＿＿＿＿＿

块材类型及设计强度：＿＿＿＿＿＿　砂浆类型及设计强度：＿＿＿＿＿＿

检测日期：＿＿＿＿＿＿＿＿＿＿　测试方向：＿＿＿＿＿＿＿＿＿＿

测区位置	序号	测位回弹值																测位强度换算值（MPa）	测区抗压强度平均值（MPa）
		1	2	3	4	5	6	7	8	9	10	11	12	13	14	15	16		
	1																		
	2																		
	3																		
	4																		
	5																		
	1																		
	2																		
	3																		
	4																		
	5																		
	1																		
	2																		
	3																		
	4																		
	5																		
	1																		
	2																		
	3																		
	4																		
	5																		
	1																		
	2																		
	3																		
	4																		
	5																		

检测：　　　　　　　　记录：　　　　　　　　校核：

第　页　共　页

本规程用词说明

1 为了便于在执行本规程条文时区别对待，对要求严格程度不同的用词说明如下：

1）表示很严格，非这样做不可的用词：
正面词采用“必须”；反面词采用“严禁”。

2）表示严格，在正常情况下均应这样做的用词：
正面词采用“应”；反面词采用“不应”或“不得”。

3）表示允许稍有选择，在条件许可时首先这样做的用词：
正面词采用“宜”；反面词采用“不宜”。

4）表示有选择，在一定条件下可以这样做的，采用“可”。

2 条文中指明应按其他有关标准执行的写法为：“应符合……的规定”或“应按……执行”。

引用标准名录

1 《砌体结构设计规范》GB 50003

2 《砌体基本力学性能试验方法标准》GB/T 50129

3 《砌体工程施工质量验收规范》GB 50203－2002

4 《砌体结构工程施工质量验收规范》GB 50203－2011

5 《建筑工程施工质量验收统一标准》GB 50300

6 《砌体工程现场检测技术标准》GB/T 50315

7 《砌墙砖试验方法》GB/T 2542

8 《混凝土砌块和砖试验方法》GB/T 4111

9 《数据的统计处理和解释　正态样本离群值的判断和处理》GB/T 4883

10 《普通混凝土小型砌块》GB/T 8239

11 《回弹仪》GB/T 9138

12 《回弹仪检定规程》JJG 817

中华人民共和国行业标准

非烧结砖砌体现场检测技术规程

JGJ/T 371—2016

条 文 说 明

制 订 说 明

《非烧结砖砌体现场检测技术规程》JGJ/T 371 - 2016，经住房和城乡建设部 2016 年 2 月 22 日以第 1050 号公告批准、发布。

本规程在编制过程中，编制组进行了深入广泛的调查研究，总结了我国非烧结砖砌体现场检测技术领域在研究、施工、检测等方面工作的实践经验，同时参考了有关国际和国内先进标准，采纳了非烧结砖砌体工程现场检测技术的最新成果，开展了非烧结砖砌体工程现场检测方法的专题试验研究，取得了用于非烧结砖砌体的不同检测方法的技术参数。

为便于广大设计、施工、科研、检测、学校等单位有关人员在使用本规程时正确理解和执行条文规定，《非烧结砖砌体现场检测技术规程》编制组按章、节、条顺序编制了本规程的条文说明，对条文规定的目的、依据以及执行中需注意的有关事项进行了说明。但是，本条文说明不具备与规程正文同等的法律效力，仅供使用者作为理解和把握规程规定的参考。

目　次

1　总则 …………………………………… 41—32
3　基本规定 …………………………………… 41—32
3.1　适用条件 …………………………………… 41—32
3.2　检测程序及工作内容 …………………………… 41—32
3.3　检测单元、测区和测点 ………………………… 41—32
3.4　检测方法分类及其选用原则 …………………… 41—33
4　非烧结砖砌体强度检测方法 ………………… 41—33
4.1　原位轴压法 …………………………………… 41—33
4.2　切制抗压试件法 ……………………………… 41—34
4.3　原位双剪法 …………………………………… 41—35
5　砌筑砂浆强度检测方法 …………………… 41—35
5.1　筒压法 …………………………………… 41—35
5.2　推出法 …………………………………… 41—36
5.3　砂浆回弹法 …………………………………… 41—36
5.4　点荷法 …………………………………… 41—37
5.5　砂浆片局压法 ………………………………… 41—37
6　砌筑块材强度检测方法 …………………… 41—38
6.1　原位取样法 …………………………………… 41—38
6.2　普通小砌块回弹法 …………………………… 41—38
7　强度推定 …………………………………… 41—39

1 总　　则

1.0.1 国家标准《砌体工程现场检测技术标准》GB/T 50315－2000 于 2000 年发布实施，并于 2011 年完成修订工作，但《砌体工程现场检测技术标准》GB/T 50315－2011 主要是对于烧结类块材的砌体工程提供相应的现场检测方法。近几年来，国内的高校、科研和检测等单位在《砌体工程现场检测技术标准》GB/T 50315－2011 所列检测方法的基础上，开展了大量的总结分析和试验研究，筛选出了一些可用于非烧结砖砌体工程的现场检测方法。本规程就是在总结这些研究成果的基础上，通过大量的验证试验编制而成，从而为非烧结砖砌体工程的现场检测提供技术依据。

1.0.2 对于烧结普通砖和烧结多孔砖砌体工程的现场检测，《砌体工程现场检测技术标准》GB/T 50315－2011 已经给出了一系列的检测方法，本规程所列方法主要针对混凝土普通砖、混凝土多孔砖、普通小砌块、蒸压灰砂砖、蒸压粉煤灰砖等非烧结砖砌体工程的现场检测，检测的参数包括砌体抗压强度、砌体抗剪强度、砌筑砂浆强度和块材强度等。

3 基 本 规 定

3.1 适 用 条 件

3.1.1 本条特别强调对非烧结砖砌体新建工程、改建和扩建工程中的新建部分，不能采用本规程替代现行国家标准《砌体结构设计规范》GB 50003、《砌体结构工程施工质量验收规范》GB 50203、《建筑工程施工质量验收统一标准》GB 50300、《砌体基本力学性能试验方法标准》GB/T 50129 等的规定。

仅是在出现本条所述情况时，方可用本规程所列方法进行现场检测，综合考虑砂浆、块材和砌筑质量对砌体各项强度的影响，作为工程是否通过验收还是应作处理的依据。

3.1.2 本条对既有的非烧结砖砌体建（构）筑物需要进行现场检测的情况作出了规定。

3.2 检测程序及工作内容

3.2.1 本条给出一般检测步骤（图 1），当有特殊需要时，亦可按鉴定需要进行检测。有些方法的复合使用，本规程未作详细规定（如有的先用一种非破损方法大面积普查，根据普查结果再用其他方法在重点部位和发现问题处重点检测），由检测人员综合各方法特点调整检测程序。

3.2.2 调查阶段是重要的阶段，应尽可能详细了解和搜集有关资料，不少情况下，委托方提不出足够的

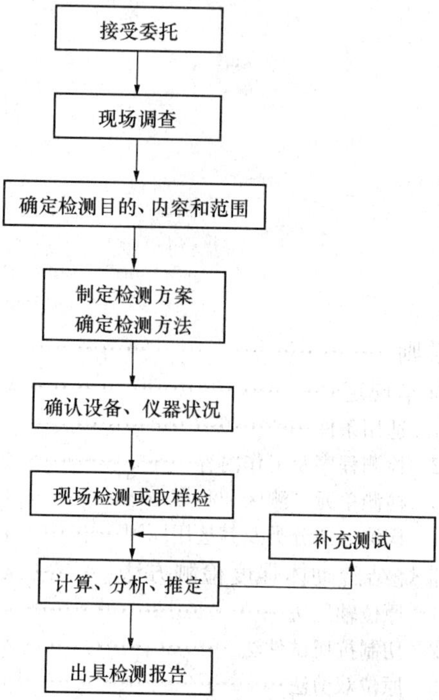

图 1　现场检测步骤示意

原始资料，还需要检测人员到现场收集；对重要的检测，可先行初检，根据初检结果进行分析，进一步收集资料。

关于砌筑质量，因为砌体工程系众多工人手工操作，即使同一个工程也可能存在较大差异；材料质量如块材、砌筑砂浆强度，也往往存在较大差异。在编制检测方案和确定测区、测点时，均应考虑这些重要因素。

3.2.3 对于同一个检测参数，本规程提供了可能不止一种检测方法，由于砌体工程本身具有离散性大的特点，为减少争议，应在检测工作开始前，根据委托要求、检测目的、检测内容和范围等制定检测方案（包括抽样方案、部位等），确定检测方法。

3.2.7 在现行国家标准《房屋建筑和市政基础设施工程质量检测技术管理规范》GB 50618 中，对检测机构的检测人员的配备和检测人员本身都提出了明确的要求。本条依据该规范对检测人员的相关要求，规定了检测人员应经技术培训合格才能从事检测工作。本条是保证检测操作质量的重要措施。

3.2.9 规定环境温度和试件（试样）温度均应高于 0℃，是避免试件（试样）中的水分结冰，引起检测结果失真。

3.3 检测单元、测区和测点

3.3.1 明确提出了检测单元的概念及确定方法，检测单元是根据下列几项因素规定的：（1）检测是为鉴定采集基础数据，对建筑物鉴定时，首先应根据被鉴定建筑物的结构特点和承重体系的种类，将该建筑物

划分为一个或若干个可以独立进行分析（鉴定）的结构单元，故检测时应根据鉴定要求，将建筑物划分成若干个可以独立进行分析的结构单元；（2）在每一个结构单元，采用对新施工建筑同样的规定，将同一材料品种、同一等级 $250m^3$ 砌体作为一个母体，进行测区和测点的布置，将此母体作为“检测单元”；故一个结构单元可以划分为一个或数个检测单元；（3）当仅仅对单个构件（墙片、柱）或不超过 $250m^3$ 的同一材料、同一等级的砌体进行检测时，亦将此作为一个检测单元。

3.3.2、3.3.3 测区和测点的数量，主要依据砌体工程质量的检测需要，检测成本（工作量），与现有检验与验收标准的衔接，各检测方法以及科研工作基础，运用数理统计理论，作出的统一规定。被测工程情况复杂时，宜增加测区数。

砌体工程的施工质量差异往往较大，块材、砂浆的离散性也较大，布置测点时应考虑这些因素。测点布置应能使测试结果全面、合理反映检测单元的施工质量或其受力性能。

3.3.4 总结近年来检测工作实践经验，有时委托方仅要求检测建筑物的某一部分或个别部位时，可根据具体情况减少测区数。但为了便于统计分析，准确反映工程质量状况，在条件允许情况下，建议不宜少于3个测区。

3.4 检测方法分类及其选用原则

3.4.1 现场检测一般都是在建筑物建设过程中或建成之后，根据本规程第3.1.1、3.1.2条所述原因进行检测，大量的检测是在建筑物使用过程中的检测，砌体均进入了工作状态。一个好的现场检测方法是既能取得所需的信息，又在检测过程中和检测后对砌体既有性能不造成负面影响。但这两者有一定矛盾，有时一些局部破损方法能提供更多更准确的信息，提高检测精度。鉴于砌体结构的特点，一般情况下局部的破损易于修复，修复后对砌体的既有性能无影响或影响甚微。故本规程除纳入非破损检测方法外，还纳入了局部破损检测法，供使用者根据构件允许的破损程度进行选择。

3.4.2 砌体工程的现场检测，主要是根据不同的检测目的获得砌体抗压强度、砌体抗剪强度、砌筑砂浆强度、砌筑块材强度，本规程分别推荐了几种方法。对同一目的，本规程推荐了多种检测方法，这里存在一个选择的问题。首先，这些方法均通过标准编制组的统一考核评估，误差均在可接受的范围，方法之间的误差亦在可接受范围。方法的选择除充分考虑各种方法的特点、用途和限制条件外，使用者应优先选择本地区常用方法，尤其是本地区检测人员熟悉的方法。因为方法之间的误差与检测人员对其熟悉掌握的程度密切相关。同时，本规程为推荐性行业标准，方法的选择宜与委托方共同确定，并在合同中加以确认，以避免不同检测方法由于诸多影响因素造成结果差异可能引起的争议。

3.4.3 本规程的检测方法均进行过专门的研究，研究成果通过鉴定并取得试用经验，有的还制定了地方标准。在本规程编制过程中，编制组讨论了各种方法的特点，适用范围和应用的局限性，并汇总于表3.4.3中。

3.4.4 第1、2款主要是考虑检测部位应有代表性。第3款是从检测工作对原结构安全性影响的角度考虑，这些部位承受的荷载较大，测试时产生的墙体局部损伤对其正常受力不利，另外这些墙体的应力分布也比较复杂，不易准确计算测点上的正应力，本款是对使用局部破损方法时的一个限制；这些部位的墙体最好用非破损方法检测，或宏观检查和经验判断基础上，在相邻部位具体检测，综合推定其强度。第4款主要是考虑原位轴压法、扁顶法和切制抗压试件法试件两侧墙体宽度不应小于1.5m，测点宽度为0.24m或0.37m，综合考虑后要求墙体的宽度不应小于3.6m。此外，承重墙的局部破损对其承载力的影响大于自承重墙体，故特别强调的是对承重墙体的限制条件，对自承重墙体的长度限制则未予明确，检测人员可根据墙体在砌体结构中的重要性，适当予以放宽。独立砖柱或小砌块柱截面尺寸较小，故限制局部破损方法在这类构件的现场检测工作中使用。

3.4.5、3.4.6 对砌筑砂浆强度的检测，提出龄期和干燥状态两项限制条件。

3.4.7 扁顶法的适用范围在现行国家标准《砌体工程现场检测技术标准》GB/T 50315中已经明确，适用于普通砖砌体或多孔砖砌体，包括了非烧结砖砌体。为利于推广该方法，将该方法纳入本规程。

4 非烧结砖砌体强度检测方法

4.1 原位轴压法

Ⅰ 一般规定

4.1.1 原位轴压法是在扁顶法基础上提出的，并开展了相应的试验研究。该方法具有设备使用时间长、变形适应能力强、操作简便的优点。对砂浆强度低、砌体压缩变形很大或砌体强度较高的墙体均可应用。其缺点是原位压力机较笨重，搬运比较费力。国家标准《砌体工程现场检测技术标准》GB/T 50315编制组经两次验证性考核，将原位轴压法纳入标准，用于普通砖砌体抗压强度的现场检测。

原位轴压法与测试砖及砂浆的强度间接推算砌体抗压强度相比，更为直观和可靠。测试结果除能反映砖和砂浆的强度外，还反映了砌筑质量对砌体抗压强度的影响，一些工程事故分析和科研单位进行的砌体抗压强度试验研究表明，砌体的原材料强度指标相同，由于砌筑质量不同，砌体抗压强度可相差一倍以上，因而这是原位轴压法的优点，缺点是会造成墙体的较大局部破损。

国家标准《砌体工程现场检测技术标准》GB/T 50315－2011扩大了原位轴压法的应用范围，规定亦可应用于多孔砖砌体的抗压强度测试。

本规程为非烧结砖砌体现场检测标准，编制组经过非烧结砖砌体验证性试验、烧结砖砌体与非烧结砖砌体对比分析，给出了非烧结砌体的原位轴压抗压强度检测方法。

4.1.2 本条是在试验和使用经验的基础上，为满足测试数据可靠、操作简便、保证房屋安全等要求所作的补充规定。

测试部位要求宜离楼、地面1m高度，是考虑压力机和手动泵之间的连接高压油管一般长约2m，这样在试验过程中，手动泵、油压表放在楼、地面上即可。同时此高度对人工搬运、安装压力机也较为省力。

两侧约束墙体的宽度不小于1.5m；同一墙体上多于一个测点时，水平净距不小于2.0m，这两项规定都是为了保证槽间砌体两侧有足够的约束墙体，防止因约束不足出现的约束墙体剪切破坏，从而准确地测定砌体抗压强度。在横墙上试验时，一般使两侧约束墙肢宽度相近，测点取在横墙中间。

Ⅱ 数据分析

4.1.6～4.1.9 槽间砌体抗压强度值，是在有侧向约束条件下测得的，其强度值高于现行国家标准《砌体基本力学性能试验方法标准》GB/T 50129规定的在无侧向约束条件下测得的标准试件的抗压强度。为了便于与现行国家标准《砌体结构设计规范》GB 50003对比和使用，应将槽间砌体抗压强度换算为相应标准试件的抗压强度。即将槽间砌体抗压强度除以强度换算系数ξ_{1ij}，该系数是通过墙体中槽间砌体抗压强度和同条件下标准试件抗压强度对比试验并辅以有限元模拟结果确定的。

有限元分析和试验均表明，槽间砌体两侧的约束墙肢宽度和约束墙肢上的压应力σ_{0ij}是影响槽间砌体强度的主要因素，当约束墙肢宽度达到1.0m以上时，即可提供足够的约束而可不考虑约束墙肢宽度的影响，因此本规程第4.1.2条规定，测点两侧均应有1.5m宽的墙体。在确定强度换算系数ξ_{1ij}时可仅考虑σ_{0ij}影响，σ_{0ij}越大，槽间砌体强度越高，ξ_{1ij}也越大。

验证试验及有限元非线性分析结果表明，不同砖种类、不同砌体强度、不同变形参数（弹性模量、泊松比）砌体的强度换算系数并无明显差异，因此原位轴压法无需区分非烧结砖砌体或烧结砖砌体。试验数据及有限元分析还表明，多孔砖砌体由于多孔砖高度较大，竖向灰缝难于填实，槽间砌体通过剪应力向两侧墙肢应力扩散以及两侧墙肢提供的约束均较弱，因而多孔砖砌体的强度换算系数总体上略小于普通砖砌体，宜分别依据试验结果建立强度换算系数公式，以考虑两者因块材高度不同所引起的受力差异，不再采用国家标准《砌体工程现场检测技术标准》GB/T 50315－2011给出的用于普通砖砌体与多孔砖砌体的统一的强度换算系数公式。

本规程编制组共完成普通砖砌体原位轴压试验37组（每组3个对比试验，其中包括两组灰砂砖砌体），标准试件砌体抗压强度1.88MPa～10.36MPa，σ_0为0～1.13MPa。经统计得到强度换算系数回归方程为：

$$\xi = 1.36 + 0.54\sigma_0 \tag{1}$$

公式（1）为原国家标准《砌体工程现场检测技术标准》GB/T 50315－2000所采用，亦为本规程对普通砖砌体采用的公式。

编制组进行的73个多孔砖砌体对比试验，标准试件砌体抗压强度(2.0～5.26)MPa；σ_0为(0～0.69)MPa，回归方程为：

$$\xi = 1.29 + 0.55\sigma_0 \tag{2}$$

公式（2）与国家标准《砌体工程现场检测技术标准》GB 50315－2011中公式进行对比，在常用段内，误差为2%左右。

试验表明，当σ_{0ij}/f_m大于0.4时（f_m为砌体抗压强度），ξ_{1ij}将不再随σ_{0ij}线性增长；考虑到在实际工程中，σ_{0ij}一般均在$0.4f_m$以下，故采用了运算简便的线性表达式。

关于σ_{0ij}的计算，对测点上部的恒荷载按标准值计算，即不乘以恒载分项系数；对测点上部的活荷载，应进行实地调查，按调查结果进行计算，不应取工程设计时所用的活荷载值，也不应乘以活荷载分项系数。

4.2 切制抗压试件法

Ⅰ 一般规定

4.2.1、4.2.2 本方法属取样测试非烧结砖砌体抗压强度的方法。以往一些科研或检测单位采用人工打凿制取试件的方法，进行过该项测试工作，本规程吸取了这些单位取样试验的经验，研制了金刚砂轮切割机，使用该机器从砖墙上锯切抗压试件，切制的几何尺寸较为规整，切割过程中试件受到的扰动相对较小，优于人工打凿制取的试件。近年来，对非烧结砖砌体进行了切制抗压试件、人工砌筑标准砌体抗压试件的对比试验，试验表明，切制抗压试件法同样适用于检测非烧结砖砌体抗压强度。

4.2.3 对在砖墙上选取试件部位提出限制条件。从砖墙上切割、取出砌体抗压试件，会对墙体正常受力性能产生一定的不利影响，因此对取样部位必须予以限制。

4.2.4 针对被测工程的具体情况，对本方法的适用性提出限制条件。砌筑砂浆强度较低或施工质量较差如墙面不平整、灰缝不平直、灰缝厚度不均匀的工程，均不宜采用本方法。切割墙体过程中，难以避免的振动可能会对低强度砂浆的砌体试件产生不利影响；搬运过程中，亦可能扰动试件；冷却用水对取样现场可能形成临时污染。选用本方法须综合考虑以上因素和采取可靠的防范措施。

4.2.5 切制试件时，一方面要尽量减小对试件和原墙体的扰动和影响，另一方面切制的试件尺寸要满足要求，同时要便于操作，结合研制的电动切割机及其使用情况，在现行国家标准《砌体工程现场检测技术标准》GB/T 50315 中提出了切割机的技术指标和原则要求。

Ⅱ 数 据 分 析

4.2.8、4.2.9 对比试验结果表明，从砖墙上切制出的抗压试件，其抗压强度低于人工砌筑的标准砌体抗压试件，但与现行国家标准《砌体结构设计规范》GB 50003 砌体抗压强度平均值比较接近。因此，从偏于安全方面考虑，对试验结果不乘以大于 1.0 的修正系数，直接采用切制抗压试件的试验结果。

4.3 原位双剪法

Ⅰ 一 般 规 定

4.3.1 原位单砖双剪法和原位双砖双剪法均是砌体抗剪强度检测方法，在烧结普通砖砌体和多孔砖砌体抗剪强度的检测中已得到广泛应用。验证试验表明，该方法也可用于非烧结普通砖砌体和多孔砖砌体抗剪强度的检测。

4.3.2 应用原位双剪法时，如条件允许，宜优先采用释放上部压应力 σ_0 的试验方案，该试验方案可避免由于 σ_0 引起的附加误差，但对砌体损伤稍大。当采用有上部压应力 σ_0 作用下的试验方案时，可按理论计算 σ_0 值。

4.3.3 墙体的正、反手砌筑面，施工质量多有差异，故规定对于原位单砖双剪法正反手砌筑面的测点数量宜相近或相等。

为保证墙体能够提供足够的反力和约束，对在洞口附近布设测点做了限制。为确保结构安全，严禁在独立砖柱和窗间墙上设置测点。后补的施工洞口和经修补的砌体无代表性，故规定不应在其上设置测点。

Ⅱ 数 据 分 析

4.3.7、4.3.8 按照原位单砖双剪法的试验模式，当进行试验的砌体厚度大于砖宽时，参加工作的剪切面除试件的上、下水平灰缝外，尚有沿墙体厚度方向相邻竖向灰缝作为第三个剪切面参加工作；在不释放试件上部垂直压应力时，上部垂直压应力对测试结果的影响；原位单砖双剪法试件尺寸为现行国家标准《砌体基本力学性能试验方法标准》GB/T 50129 试件的 1/3，因此其结果含有尺寸效应的影响，且其受力模式与标准试件也有所不同。因此，试验研究工作确定了它们各自的修正系数。根据相关研究成果，普通砖砌体的单砖双剪法抗剪强度推定公式为：$f_{vij}=\frac{0.32N_{vij}}{A_{vij}}-0.7\sigma_{0ij}$；多孔砖砌体的单砖双剪法抗剪强度推定公式为：$f_{vij}=\frac{0.313N_{vij}}{A_{vij}}-0.7\sigma_{0ij}$，考虑多孔砖砌体孔洞的销键作用及其脆性破坏的特性，经最后综合分析，确定非烧结普通砖砌体均按本规程式（4.3.7-1）计算，多孔砖砌体均按本规程式（4.3.7-2）计算。

根据相关的试验研究成果，确定了双砖双剪法的推定公式：$f_{vij}=\frac{0.33N_{vij}}{A_{vij}}-0.7\sigma_{0ij}$。

与单砖双剪法比较，两种方法的推定结果误差约 3%；根据相关研究成果，试件侧向竖缝的影响在 5%之内，该误差在砌体抗剪强度的离散范围之内。为简化计算，最后综合分析，确定双砖双剪法的普通砖和多孔砖砌体也统一为按本规程式（4.3.7-1）和式（4.3.7-2）计算。

5 砌筑砂浆强度检测方法

5.1 筒 压 法

Ⅰ 一 般 规 定

5.1.1 编制组对筒压法在混凝土普通砖、普通小砌块等六种非烧结块材砌体中的砌筑砂浆检测的应用进行了试验研究。通过数据分析以及筒压比与砂浆强度回归分析，得出不同砌筑材料采用筒压法检测砌筑砂浆强度的计算公式。为此将筒压法在非烧结砖的适用范围确定为：混凝土普通砖、混凝土多孔砖、普通小砌块、蒸压粉煤灰普通砖、蒸压粉煤灰多孔砖和蒸压灰砂砖。

5.1.2 本条规定了筒压法检测砂浆强度的基本工作程序。

5.1.3 本条明确规定了筒压法的适用范围，应用本方法时，使用范围不得外延。当超出此范围时，因没有进行相关研究试验，测试误差可能产生偏离。

Ⅱ 数 据 分 析

5.1.7、5.1.8 筒压比以 5mm 筛的累计筛余比值表示，可较为准确地反映砂浆颗粒的破损程度，据此推定砂浆强度。破损程度大，砂浆强度低；破损程度小，砂浆强度高。

5.1.9 本条所列式（5.1.9-1）、式（5.1.9-2）、式（5.1.9-3）三个公式，是根据试验结果确定的，相关系数均在0.85以上。

5.1.10 本条所列公式系依据相关试验研究，归纳分析得出的，相关系数为0.93。

5.1.11 本条所列公式系依据相关试验研究，归纳分析得出的，相关系数为0.94。

5.2 推出法

Ⅰ 一般规定

5.2.1 在现行国家标准《砌体工程现场检测技术标准》GB/T 50315中，采用了推出法，本规程编写过程中，增加了拉拔法，两种方法从原理上来讲是一致的，即通过砌体单砖抗剪强度反推砂浆强度，本规程统一称为推出法。在此基础上，针对混凝土普通砖、混凝土多孔砖、蒸压灰砂砖和蒸压粉煤灰普通砖砌体进行试验研究，建立了相应的测强曲线，对其他砖尚需通过试验验证。本条规定砂浆测强范围为1.0MPa～15MPa，超过此范围时，绝对误差较大。

5.2.2 在建立测强曲线时，灰缝厚度按现行国家标准《砌体结构工程施工质量验收规范》GB 50203的规定，控制在8mm～12mm之间进行对比试验，超出此范围厚度未进行详细研究。因此本条规定，现场测试时，所选测试砖下的灰缝厚度应在8mm～12mm之间。

Ⅱ 测试设备的技术指标

5.2.3、5.2.4 砂浆强度等级在15MPa以下时，最大推出（或拉拔）力值一般均小于30kN，测试设备研制时，按极限力值为35kN进行设计；为安全起见，规定加荷螺杆施加的额定力值为30kN。

测试被测丁砖时，位移是很小的，规定加荷螺杆行程不小于80mm和40mm，主要是考虑测试时，现场安装方便。

5.2.5 仪器的峰值保持功能，可使抗剪破坏时的最大力值保持下来，从而提高测试精度，减少人为读数误差。

仪器性能稳定性是准确测量数据的基础，一般要求能连续工作4h以上。校验力值测定仪峰值时，在4h内读数漂移小于0.05kN，即可认为仪器的稳定性能良好。

Ⅲ 测试步骤

5.2.6 推出法推定砌筑砂浆抗压强度是一种在墙上直接测试的原位检测技术，本条对加力测试前的准备工作步骤作了较详细而明确的规定。

5.2.7 传感器作用点的位置直接影响被推出砖下灰缝的受力状况，本方法在试验研究时，均是使传感器的作用点水平方向位于被推出砖中间，铅垂方向位于被推出砖下表面之上15mm处进行推出试验，故在现场测试时应与此要求保持一致，横梁两端和墙之间的距离可通过挂钩上的调整螺栓进行调整。

试验表明，加荷速度过快会使试验数据偏高，因此规定加荷速度控制在5kN/min左右，以提高测试数据的准确性。

5.2.9 在建立推出法测强曲线时，将砂浆饱满度均值作为一个重要参数进行了试验研究，本条规定加荷结束后，应测试砂浆饱满度。砂浆饱满度的测试方法及所用的工具，在现行国家标准《砌体结构工程施工质量验收规范》GB 50203中有明确规定。

Ⅳ 数据分析

5.2.10～5.2.12 在建立推出法测强曲线时，是以测区的力值均值N_i及砂浆饱满度均值B_i进行统计分析的，这两条的规定主要是为了和建立曲线时的试验协调一致。

本规程编制组分别对蒸压粉煤灰砖、混凝土砖进行了验证试验，按照现行国家标准《砌体工程现场检测技术标准》GB/T 50315的“f_2-N”曲线砖品种修正系数取1.14，其测试精度满足要求，故采用了现行国家标准《砌体工程现场检测技术标准》GB/T 50315的推定公式。

采用拉拔仪，对检测蒸压粉煤灰砖砌体的砂浆强度进行验证性试验，根据91组有效数据进行误差分析，其平均相对误差为19.6%，相对标准差为23.9%。

有些非烧结砖表面很光滑，因而与砂浆的粘结力较差。当采用推出法现场检测砂浆强度时，破坏面发生在砖与砂浆的接触面上，即使砂浆强度较高，但检测值可能较低，导致推定的砂浆强度低。当检测人员宏观检查发现存在这种情况时，宜采用取样检测方法（如筒压法、点荷法等）予以校正。

5.3 砂浆回弹法

Ⅰ 一般规定

5.3.1 砂浆回弹法原用于烧结砖墙体砌筑砂浆强度无损检测方法，编制组经试验研究，将该方法推广至混凝土普通砖、混凝土多孔砖和蒸压粉煤灰普通砖砌体中砌筑砂浆的强度检测。

5.3.2 通过对相关试验和数据分析结果表明，碳化深度对砌筑砂浆硬度的影响不明显。故不再考虑碳化深度的影响。

5.3.4 测位是回弹测强中的最小测量单位，相当于其他检测方法中的测点，类似于现行行业标准《回弹法检测混凝土抗压强度技术规程》JGJ/T 23 的测区。墙面上的灰缝，由于灰缝较薄或不够饱满等原因，不适宜于布置弹击点，因此一个测位的墙面面积宜大于 $0.3m^2$。

Ⅱ　测试设备的技术指标

5.3.6　混凝土制品类块材及蒸压粉煤灰普通砖砌体结构的砂浆回弹法所用回弹仪与烧结砖砂浆回弹法所用回弹仪一致。

5.3.7　相关科研院与有关建筑仪器生产厂合作，研制出适宜于砂浆测强用的专用回弹仪，其结构合理，性能稳定可靠，符合现行国家标准《回弹仪》GB/T 9138 的规定。

回弹仪的技术性能是否稳定可靠，是影响砂浆回弹测强准确性的关键因素之一，因此，回弹仪必须符合产品质量要求，并获得专业质检机构检验合格后方可使用，使用过程中，应定期检验、维修与保养。

Ⅲ　测 试 步 骤

5.3.9　砌体灰缝被测处平整与否，对回弹值有较大的影响，故要求用扁砂轮或其他工具进行仔细打磨至平整。此外，墙体表面的砂浆往往失水较快，强度低，磨掉表面 5mm～10mm 后，能够检测出接近墙体核心区的砂浆强度。

5.3.10　经对比试验，每个测位分别使用回弹仪弹击 10 点、12 点、16 点，回弹均值的波动性小，变异系数均小于 0.15。为便于计算和排除测试中视觉、听觉等人为误差，经异常数据分析后，决定每一测位弹击 12 点，计算时采用稳健统计，去掉一个最大值、一个最小值，以 10 个弹击点的算术平均值作为该测位的有效回弹测试值。

5.3.11　在常用砂浆的强度范围内，每个弹击点的回弹值随着连续弹击次数的增加而逐步提高，经第三次弹击后，其提高幅度趋于稳定。如果仅弹击一次，读数不稳，且对低强砂浆，回弹仪往往不起跳；弹击 3 次与 5 次相比，回弹值约低 5%。由此选定：每个弹击点连续弹击 3 次，仅读记第 3 次的回弹值。测强回归公式亦按此确定。

正常地操作回弹仪，可获得准确而稳定的回弹值，故要求操作回弹仪时，使之始终处于水平状态，其轴线垂直于砂浆表面，且不得移位。

Ⅳ　数 据 分 析

5.3.12～5.3.14　砂浆和混凝土具有很大的区别，如：混凝土的组成材料中有粗骨料，单方水泥用量大且经振捣后密实度进一步增加，而砂浆则与此有所区别。土木工程中，碳化的本质是材料中的氧化钙和氢氧化钙与空气接触，吸收空气中的水分和二氧化碳后，变成硬度更高的碳酸钙。因为碳酸钙硬度更高，故它能够影响回弹值的大小。混凝土因为密实且强度高、水泥用量大，其表面因碳化而硬度增大，导致回弹值增大；相对而言，砂浆的水泥用量少，强度低，质地较为疏松，因而碳化不会明显提高其表面硬度。所以，表面碳化不会明显提高砂浆的回弹值。因此本次强度计算时，不再将碳化深度作为一个变量考虑。

5.4　点 荷 法

Ⅰ　一 般 规 定

5.4.1　点荷法属取样测试方法，经编制组对混凝土普通砖、混凝土多孔砖和蒸压粉煤灰砖砌体中的砌筑砂浆强度进行系统研究，并确定了相应的测强曲线。

对于其他块材砌体中的砂浆强度，本方法未进行专门试验，所以对非烧结砖材中，仅限于推定混凝土普通砖、混凝土多孔砖和蒸压粉煤灰砖砌体中的砌筑砂浆强度。

5.4.4　用于点荷法试验的砂浆片应无局部缺失、孔洞、疏松、凹槽、裂缝等缺陷。

Ⅱ　数 据 分 析

5.4.8　经对混凝土普通砖、混凝土多孔砖和蒸压粉煤灰砖砌体进行系统的试验研究，制定了相应块材砌体的砂浆强度公式。

5.5　砂浆片局压法

Ⅰ　一 般 规 定

5.5.1　砂浆片局压法属于从砌体灰缝中取出砂浆片试样选择局部抗压试验的方法，具体详见现行行业标准《择压法检测砌筑砂浆抗压强度技术规程》JGJ/T 234，本规程中定名为“局压法”。

5.5.3　本条规定了试验抽取的位置，主要考虑内外砂浆性状不一致。

Ⅱ　测试设备的技术指标

5.5.5、5.5.6　局压仪为专用仪器，这里介绍了仪器的构造情况和具体技术要求。

Ⅲ　测 试 步 骤

5.5.8～5.5.12　具体规定了局压法的“试件制作、测厚、抗压试验和读数”等具体试验步骤。

在局压仪圆平压头表面各垫上一片橡胶垫，既可以保证加荷均匀，起缓冲作用，又避免圆平压头磨损，可用自行车内胎皮剪成。

试件的加荷速度对其受压破坏荷载值有一定影响，规定适宜的加荷速度，主要目的是避免试件承受冲击荷载。

Ⅳ 数据分析

5.5.13～5.5.15 规定了局压法的数据分析计算方法。

通过试验分析，试件厚度与破坏荷载值基本呈线性相关关系，即试件越厚，荷载值越大，据此给出表5.5.13的试件厚度换算系数。

对混凝土普通砖砌体和混凝土多孔砖砌体中的水泥砂浆试件进行了试验，根据试验结果进行回归分析，给出回归公式，其相关系数达到0.85以上，试验值与回归公式的相关性较好。

6 砌筑块材强度检测方法

6.1 原位取样法

6.1.1 原位取样法系按要求从砌体中抽取外观完好的块材，送至试验室按《混凝土普通砖和装饰砖》NY/T 671、《承重混凝土多孔砖》GB 25779、《蒸压灰砂砖》GB 11945、《蒸压粉煤灰砖》JC/T 239、《普通混凝土小型砌块》GB/T 8239、《砌墙砖试验方法》GB/T 2542、《混凝土砌块和砖试验方法》GB/T 4111等现行标准，对块材强度进行试验的方法。因此，各类非烧结砖砌体块材均适用。

6.1.2 从墙体中凿取完整块材，进行强度检测，属于块材的取样检测方法。一栋房屋或一个结构单元可能划分成数个检测单元，每一检测单元抽取块材组数不应少于1组，其抽检组数多于现行国家标准《砌体结构工程施工质量验收规范》GB 50203的规定，为真实、全面地反映一栋工程或一个结构单元的块材质量，适当增加抽样组数是必要的。

6.2 普通小砌块回弹法

Ⅰ 一般规定

6.2.1 本规程编制组对回弹法检测砌体中普通小砌块的抗压强度进行了较系统的研究，回弹法具有非破损性、检测面广和测试简便迅速的优点，在实际工程的检测中应用较广。

目前，普通小砌块的应用日趋广泛，但对砌体中普通小砌块的回弹法没有相应的检测标准。因此，有必要在全国范围内对普通小砌块的回弹法作出有关规定。根据长沙、南京、成都、南充等地的试验研究，进行数理统计和回归分析，建立了砌体中普通小砌块的一般回弹测强曲线，适用于空心率约为47%的主规格砌块。并经本规程编制组统一组织的验证性考核试验，证明统一回弹测强曲线具有较好的检测精度，成为纳入该新标准的方法。

6.2.2 现行国家标准《普通混凝土小型砌块》GB/T 8239规定进行小砌块的强度试验时，试样的最小数量为5块小砌块，由5块小砌块的抗压强度平均值和单块砌块最小抗压强度值来评定其抗压强度等级。参照此规定，并考虑到本方法为非破损检测方法的特点，每一检测单元布置不少于6个测区，每一测区应布置5个测位，每个测位选择1块小砌块供回弹测试。

Ⅱ 测试设备的技术指标

6.2.3 根据小砌块试验墙片上的对比试验，采用砖回弹仪和混凝土回弹仪对60个小砌块的带肋与不带肋位置进行回弹测试。得到如下结论：回弹同一小砌块不同位置时，对混凝土回弹仪，回弹数值大小基本无影响；对砖型回弹仪，带肋位置的回弹值较不带肋位置要大。为减少回弹过程中回弹位置不好把握而对回弹数值造成的影响，采用混凝土回弹仪对小砌块进行回弹测试。且指针直读式混凝土回弹仪性能稳定，示值准确，应用方便、可靠。

6.2.4 回弹仪的技术性能是影响回弹法测试精度的重要因素。符合本条规定的回弹仪，可消除或减小因仪器因素导致的误差，提高检测精度。

6.2.5、6.2.6 回弹仪在使用过程中，因检修、零件松动、拉簧疲劳、遭受撞击等都可能改变其标准状态，因而应按本条要求由专业检定单位对仪器进行检定。

Ⅲ 测试步骤

6.2.7 被检测小砌块的外观质量应满足现行标准《普通混凝土小型砌块》GB/T 8239的相关要求。对受潮或被雨淋湿后的砌块进行回弹，回弹值会降低，因此被检测小砌块表面应为自然干燥状态。被检测小砌块平整、清洁与否，对回弹值亦有较大的影响，故要求用砂轮将被检测小砌块表面打磨至平整，并用毛刷刷去粉尘。

6.2.8 为保证操作规范，避免检测过程中的异常误差，规定检测时回弹仪应处于水平状态，其轴线应垂直于小砌块的条面。

Ⅳ 数据分析

6.2.9 依据现行行业标准《回弹法检测混凝土抗压强度技术规程》JGJ/T 23的规定，每个砌块在测面上均匀布置16个弹击点，剔除3个最大值和3个最小值取其平均值。

6.2.10 本规程编制组制作了施加一定竖向压力的普通小砌块砌体和小砌块抗压强度试件，对这些试件中的普通小砌块进行回弹测试，然后进行小砌块的抗压强度试验，得到91组实测回弹值-抗压强度数据。在南充市的小砌块试验墙片上选取10个普通小砌块进行回弹测试，并委托质监站进行块体抗压强度试验。

将101组数据分别以回弹值相近（回弹值极差不大于0.5）的为一组，得到33组普通小砌块试件回弹平均值与抗压强度平均值。按最小二乘法进行回归分析，建立了适用于普通小砌块的回弹测强公式：

$$f_{1ij}=5\times10^{-3}R^{2.1}-0.9 \tag{3}$$

其相关系数为0.91，与本规程编制组统一组织的验证性考核试验结果相比较，其相对误差平均值为11.5%。

7 强度推定

7.0.1 异常值的检出和剔除，宜以测区为单位，对其中的n_1个测点的检测值进行统计分析。一般情况下，n_1值较小，也可以检测单元为单位，以单元的所有测点为对象，合并进行统计分析。

当检出歧离值后（特别是对砌体抗压或抗剪强度进行分析时），需首先检查产生歧离值的技术上的或物理上的原因，如砌体所用材料和施工质量可能与其他测点的墙片不同，检测人员读数和记录是否有错等。当这些物理因素一一排除后，方可进行是否剔除的计算，即判断是否为统计离群值。

对于一项具体工程，其某项强度值的总体标准差是未知的，格拉布斯检验法和狄克逊检验法适用于这种情况；这两种检验法也是土木工程技术人员常用的方法。所以，本规程决定采用这两种方法。

7.0.2、7.0.3 各种方法每个测点的检验强度值，是根据检测结果按相应公式计算后得出的。其中，推出法、筒压法直接给出测区的检测强度值。

7.0.4、7.0.5 为了与《砌体结构工程施工质量验收规范》GB 50203－2011保持协调，本规程对按照不同时期施工验收规范施工的砌体工程，采用不同的砂浆强度推定方法。其中的式（7.0.4-1）、式（7.0.4-2）和式（7.0.5-1）、式（7.0.5-2），分别与《砌体结构工程施工质量验收规范》GB 50203－2011和原《砌体工程施工质量验收规范》GB 50203－2002一致。当测区数少于6个时，本规程从严控制，规定以测区的最小检测值作为砂浆强度推定值，即式（7.0.4-3）、式（7.0.5-3）。

7.0.8 根据《砌体结构工程施工质量验收规范》GB 50203－2011第3.0.15条及其条文说明的规定，当砌筑砂浆强度的变异系数大于0.3时，工程的施工质量控制等级不满足B级要求，应降为C级。又根据现行国家标准《砌体结构设计规范》GB 50003规定，砌体强度标准值f_k与砌体强度设计值f的关系为：

$$f=\frac{f_k}{\gamma_a} \tag{4}$$

式中：γ_a——材料性能分项系数。

γ_a与施工质量控制等级是相对应的，A级的γ_a为1.5，B级的γ_a为1.6，C级的γ_a为1.8。该规范第3章给出的砌体强度设计值，明确指出是施工质量控制等级为B级的指标；如果工程质量降为C级，这些指标应乘以0.89的系数。

本规程仅对砂浆强度检测结果的变异性作出评价，至于工程质量鉴定及结构验算时如何运用，则超出本规程的范畴，建议根据被鉴定工程的具体情况，依据现行国家标准《砌体结构工程施工质量验收规范》GB 50203、《砌体结构设计规范》GB 50003的规定认真处置。

7.0.9 本条提出了根据砌体抗压强度或抗剪强度的检测平均值分别计算强度标准值的4个公式。它们不同于现行国家标准《砌体结构设计规范》GB 50003确定标准值的方法。砌体结构设计规范是依据全国范围内众多试验资料确定标准值；本规程的检测对象是具体的单项工程，两者是有区别的。本规程采用了现行国家标准《民用建筑可靠性鉴定标准》GB 50292确定强度标准值的方法，即式（7.0.9-1）～式（7.0.9-4）。

7.0.10 试验结果表明，当检测结果大于15MPa时，回弹值与f_1的相关性较差，因而不宜给出具体值，只给出“大于等于MU15”。参考现行国家标准《普通混凝土小型砌块》GB/T 8239推定普通小砌块强度等级的方法，确定表7.0.10。本条明确回弹法检测普通小砌块的强度等级为检测时的现龄期强度等级。

中华人民共和国行业标准

建筑外墙外保温系统修缮标准

Standard for building external thermal insulation system repair

JGJ 376—2015

批准部门：中华人民共和国住房和城乡建设部

施行日期：2 0 1 6 年 5 月 1 日

中华人民共和国住房和城乡建设部
公　　告

第985号

住房城乡建设部关于发布行业标准《建筑外墙外保温系统修缮标准》的公告

现批准《建筑外墙外保温系统修缮标准》为行业标准，编号为JGJ 376－2015，自2016年5月1日起实施。其中，第7.1.2、7.1.5、7.1.6条为强制性条文，必须严格执行。

本标准由我部标准定额研究所组织中国建筑工业出版社出版发行。

中华人民共和国住房和城乡建设部

2015年11月30日

前　　言

根据住房和城乡建设部《关于印发〈2012年工程建设标准规范制订、修订计划〉的通知》（建标[2012]5号）的要求，标准编制组经广泛调查研究，认真总结实践经验，参考有关国际标准和国外先进标准，并在广泛征求意见的基础上，编制了本标准。

本标准的主要技术内容是：1. 总则；2. 术语；3. 基本规定；4. 评估；5. 材料与系统要求；6. 设计；7. 施工；8. 验收。

本标准中以黑体字标志的条文为强制性条文，必须严格执行。

本标准由住房和城乡建设部负责管理，由上海市房地产科学研究院负责具体技术内容的解释。执行过程中如有意见或建议，请寄送上海市房地产科学研究院（地址：上海市复兴西路193号；邮政编码：200031）。

本标准主编单位：上海市房地产科学研究院
　　　　　　　　青岛海川建设集团有限公司

本标准参编单位：上海宇培特种建材有限公司
　　　　　　　　成都齐能保温材料工程有限公司
　　　　　　　　住房和城乡建设部科技发展促进中心
　　　　　　　　上海房屋工程建设技术发展有限公司
　　　　　　　　上海恒年环保新材料有限公司
　　　　　　　　上海德方环保科技有限公司
　　　　　　　　上海丰慧节能环保科技股份有限公司
　　　　　　　　科顺防水科技股份有限公司

本标准主要起草人员：张　冰　李尊强　赵为民　王金强　古小英　马小翠　王建国　郝　斌　张　蕊　杨　霞　俞泓霞　李瑞礼　宋　杰　陈达希　毕立新　仇建军　黄　维　杨　靖　张　超　张吉鑫　马娇丽　寸金峰　程　杰　毛俊华　王兆辉　翁　隽　贾铭琳　陈伟忠

本标准主要审查人员：王培铭　郭道盛　潘延平　张德明　冼明斌　王君若　高延继　宋文军　李建中

目　次

1　总则 …………………………………………… 42—5
2　术语 …………………………………………… 42—5
3　基本规定 ……………………………………… 42—5
4　评估 …………………………………………… 42—5
4.1　一般规定 …………………………………… 42—5
4.2　初步调查 …………………………………… 42—5
4.3　现场检查与现场检测 ……………………… 42—6
4.4　现场检查与现场检测结果评估 …………… 42—6
5　材料与系统要求 ……………………………… 42—6
5.1　一般规定 …………………………………… 42—6
5.2　材料及系统性能 …………………………… 42—6
6　设计 …………………………………………… 42—8
6.1　一般规定 …………………………………… 42—8
6.2　局部修缮 …………………………………… 42—8
6.3　单元墙体修缮 ……………………………… 42—8
7　施工 …………………………………………… 42—8
7.1　一般规定 …………………………………… 42—8
7.2　局部修缮 …………………………………… 42—9
7.3　单元墙体修缮 ……………………………… 42—10
8　验收 …………………………………………… 42—10
本标准用词说明 ………………………………… 42—10
引用标准名录 …………………………………… 42—10
附：条文说明 …………………………………… 42—11

Contents

1 General Provisions ········· 42—5
2 Terms ········· 42—5
3 Basic Requirements ········· 42—5
4 Assessment ········· 42—5
4.1 General Requirements ········· 42—5
4.2 Preliminary Investigation ········· 42—5
4.3 On-site Inspection and Testing ········· 42—6
4.4 On-site Inspection and Testing Results Assessment ········· 42—6
5 Materials and System Requirements ········· 42—6
5.1 General Requirements ········· 42—6
5.2 Requirements for Materials and System ········· 42—6
6 Design ········· 42—8
6.1 General Requirements ········· 42—8
6.2 Partial Repair ········· 42—8
6.3 Cell Wall Repair ········· 42—8
7 Construction ········· 42—8
7.1 General Requirements ········· 42—8
7.2 Partial Repair ········· 42—9
7.3 Cell Wall Repair ········· 42—10
8 Acceptance ········· 42—10
Explanation of Wording in This Standard ········· 42—10
List of Quoted Standards ········· 42—10
Addition: Explanation of Provisions ········· 42—11

1 总 则

1.0.1 为规范外墙外保温系统的修缮，有效治理外墙外保温系统质量缺陷和损伤，提高外墙外保温系统的安全性和热工性能，制定本标准。

1.0.2 本标准适用于建筑外墙采用涂料、面砖等饰面材料，保温板材类、保温砂浆类和现场喷涂类的外墙外保温系统的修缮工程。

1.0.3 建筑外墙外保温系统的修缮工程除应符合本标准外，尚应符合国家现行有关标准的规定。

2 术 语

2.0.1 外墙外保温系统修缮 external thermal insulation system repair

为治理外墙外保温系统的质量缺陷和损伤，提高外墙外保温系统安全性和热工性能，对外墙外保温系统进行检查、评估和修复的活动。

2.0.2 单元墙体 cell wall

未被装饰线条、变形缝等分割的连续外保温墙体。

2.0.3 局部修缮 partial repair

对单元墙体局部区域的外保温系统进行检查、评估和修复的活动。

2.0.4 单元墙体修缮 cell wall repair

依据外保温系统检查、评估结果，将单元墙体的外保温系统全部清除，并重新铺设外保温系统的活动。

2.0.5 空鼓面积比 empty drum area ratio

单一朝向立面的外墙外保温系统空鼓总面积与该朝向外墙建筑立面净面积的比值。

3 基本规定

3.0.1 建筑外墙外保温系统应进行周期性的检查，检查周期根据外墙外保温系统的已使用年限可按表3.0.1确定。

表 3.0.1 外墙外保温系统检查周期

已使用年限 A（年）	检测周期
$A \leqslant 9$	3年
$9 < A < 15$	2年
$A \geqslant 15$	1年

3.0.2 建筑外墙外保温系统修复应安全可靠、节能环保、经济合理、美观适用。

3.0.3 建筑外墙外保温系统修缮应符合下列规定：

1 外墙外保温系统修复前应进行评估；

2 当修复面积合计达到 $50m^2$ 及以上时，应制定修复设计方案；当修复面积合计为 $50m^2$ 以下时，应在评估报告中明确修复技术要点；

3 应制定修复施工方案，明确修复施工要点；

4 应对外墙外保温系统修复工程进行验收。

3.0.4 建筑外墙外保温系统修复前，应对外墙外保温系统进行评估，确定外墙外保温系统缺陷部位、缺陷类型和缺陷程度，并应进行原因分析，提出修复建议，出具评估报告。

3.0.5 建筑外墙外保温系统修缮可根据外保温系统的缺陷类型、缺陷程度和缺陷成因等，选择进行局部修缮或单元墙体修缮。

3.0.6 建筑外墙外保温系统修缮所用材料性能应符合国家现行有关标准的规定。严禁使用国家已明令禁止使用或淘汰的材料。

4 评 估

4.1 一般规定

4.1.1 外墙外保温系统的评估宜按下列步骤进行：

1 对项目建设基本情况、外墙外保温系统缺陷情况等进行初步调查；

2 对外墙外保温系统进行现场检查与现场检测；

3 对现场检查和现场检测结果进行评估，并编制评估报告。

4.1.2 外墙外保温系统的现场检查与现场检测宜按国家现行相关标准的规定执行。

4.2 初步调查

4.2.1 初步调查应进行资料收集和现场查勘。

4.2.2 资料收集宜包括下列主要内容：

1 项目概况，包括规模、建筑结构形式、外墙外保温构造等；

2 建筑原设计文件，包括设计变更通知；

3 节能设计文件和节能审查备案登记表；

4 外墙外保温系统及其组成材料的性能检测报告，节能隐蔽工程记录及施工方案、施工时间、施工期间环境条件、施工记录、施工质量验收报告等施工技术资料；

5 材料的生产厂家或供应商信息、施工单位信息；

6 建筑外墙外保温系统修缮记录。

4.2.3 现场查勘宜包括下列主要内容：

1 建筑外墙外保温系统开裂、空鼓、脱落、渗水等情况；

2 建筑物方位、朝向、日照、周边环境遮挡或反射等情况。

4.3 现场检查与现场检测

4.3.1 现场检查与现场检测前应制定技术方案，技术方案宜包括下列主要内容：

1 项目概况；

2 现场检查与现场检测的内容、依据；

3 现场检查与现场检测的方法、设备；

4 现场检测期限。

4.3.2 外墙外保温系统的现场检查应符合下列规定：

1 外墙外保温系统的现场检查应包括系统构造检查和系统损坏情况检查；

2 外墙外保温系统构造检查时，宜对外保温系统进行取样并分析；

3 外墙外保温系统损坏情况检查时，应记录缺陷部位、缺陷类型、缺陷面积和程度。

4.3.3 外墙外保温系统的现场检测应符合下列规定：

1 外墙外保温系统的现场检测应包括系统热工缺陷检测和系统粘结性能检测；

2 外墙外保温系统热工缺陷检测时，应采用红外热像法全数检测，并宜采用敲击法复核缺陷部位；

3 外墙外保温系统粘结性能检测时，应检测外保温系统的拉伸粘结强度，记录检测结果及破坏状态；

4 外墙外保温系统拉伸粘结强度检测时，对于每幢单体建筑中的不同缺陷类型部位和未损坏部位，抽查数量均不应少于3处。

4.4 现场检查与现场检测结果评估

4.4.1 当采用红外热像法检测外墙外保温系统的热工缺陷时，检测结果的评估可按现行行业标准《居住建筑节能检测标准》JGJ/T 132执行，并宜经敲击法复核后，在图像上标记热工缺陷位置。

4.4.2 对外墙外保温系统粘结性能的检测结果评估可按现行行业标准《建筑工程饰面砖粘结强度检验标准》JGJ 110执行，且检测报告中应注明抽样部位、检测结果和破坏状态。

4.4.3 外墙外保温系统评估报告应根据初步调查、现场检查与现场检测的结果进行编制，并应包括下列主要内容：

1 委托单位和评估时间；

2 评估目的、范围、主要内容、依据；

3 外墙外保温系统的设计、施工、使用等基本情况；

4 现场检查与现场检测的主要部位、过程、方法、数据资料、分析评价等；

5 外保温系统的缺陷类型、缺陷面积及程度；

6 评估结论和处理意见。

4.4.4 外墙外保温系统的评估结论应明确外墙外保温系统的修缮范围，并应符合下列规定：

1 当保温砂浆类外墙外保温系统的空鼓面积比不大于15%或保温板材类、现场喷涂类外墙外保温系统的粘结强度不低于原设计值70%时，宜进行局部修缮；

2 当保温砂浆类外墙外保温系统的空鼓面积比大于15%或保温板材类、现场喷涂类外墙外保温系统的粘结强度低于原设计值70%，或出现明显的空鼓、脱落情况时应进行单元墙体修缮。

4.4.5 计算空鼓面积比时，应统计单个朝向立面的外墙外保温系统空鼓部分面积和该朝向外墙建筑立面净面积，并应按下式进行计算：

$$\varepsilon_e = \frac{A_e}{A} \times 100\% \tag{4.4.5}$$

式中：ε_e——空鼓面积比（%），精确至1%；

A_e——被测墙体外保温系统空鼓总面积（m^2），精确至0.1m^2；

A——被测墙体净面积（m^2），精确至0.1m^2。

5 材料与系统要求

5.1 一般规定

5.1.1 建筑外墙外保温系统修缮宜采用与原系统同类的材料。

5.1.2 单元墙体外墙外保温系统修缮宜采用防火性能B_1级及以上的保温材料。

5.1.3 建筑外墙外保温系统修缮所采用的界面砂浆、抗裂砂浆、保温砂浆、粘结砂浆、勾缝砂浆等，宜在工厂配制成干混砂浆。

5.1.4 修缮建筑外墙外保温系统的涂料饰面层宜采用防水、防裂性能优良的涂料。

5.1.5 修缮材料进入施工现场时，应具有出厂合格证、说明书及型式检验报告，且外观和包装应完整、无破损。

5.2 材料及系统性能

5.2.1 修缮材料的性能应符合国家现行有关标准的规定。

5.2.2 修缮用界面砂浆的性能应符合表5.2.2的规定。

表5.2.2 界面砂浆的性能

项目		性能指标	试验方法
拉伸粘结强度（MPa）	标准状态	≥0.5	《混凝土界面处理剂》JC/T 907
	浸水处理	≥0.3	

5.2.3 修缮用界面处理剂的性能应符合表5.2.3的规定。

表5.2.3 界面处理剂的性能

项目			性能指标		试验方法
			Ⅰ型	Ⅱ型	
剪切粘结强度（MPa）	7d		≥1.0	≥0.7	《混凝土界面处理剂》JC/T 907
	14d		≥1.5	≥1.0	
拉伸粘结强度（MPa）	未处理	7d	≥0.4	≥0.3	
		14d	≥0.6	≥0.5	
	浸水处理		≥0.5	≥0.3	
	热处理				
	冻融循环处理				
	碱处理				

5.2.4 耐碱涂覆中碱玻璃纤维网格布的性能应符合表5.2.4的规定。

表5.2.4 耐碱涂覆中碱玻璃纤维网格布的性能

项目	性能指标	试验方法
单位面积质量（g/m^2）	≥130	《膨胀聚苯板薄抹灰外墙外保温系统》JG 149
耐碱断裂强力（经向、纬向）（N/50mm）	≥750	
耐碱断裂强力保留率（经向、纬向）（%）	≥50	
断裂伸长率（经向、纬向）（%）	≤5.0	

5.2.5 热镀锌电焊网的性能应符合表5.2.5的规定。

表5.2.5 热镀锌电焊网的性能

项目	性能指标	试验方法
丝径（mm）	0.90±0.04	《镀锌电焊网》QB/T 3897
网孔大小（mm）	12.7×12.7	
焊点抗拉力（N）	>65	
镀锌层质量（g/m^2）	≥122	

5.2.6 修缮用锚栓的性能应符合表5.2.6的规定，并应符合下列规定：

1 塑料膨胀件和塑料膨胀套管应采用原生的聚酰胺、聚乙烯或聚丙烯制造，不应使用再生材料；

2 钢制膨胀件和钢制膨胀套管应采用不锈钢或经过表面防腐处理的碳钢制造；当采用电镀锌处理时，应符合现行国家标准《紧固件 电镀层》GB/T 5267.1的规定；

3 锚栓的有效锚固深度不应小于25mm，圆盘锚栓的圆盘公称直径不应小于60mm，膨胀套管的公称直径不应小于8mm。

表5.2.6 锚栓的性能

项目	性能指标	试验方法
单个锚栓抗拉承载力标准值（kN）	≥0.6（普通混凝土基墙）	《外墙保温用锚栓》JG/T 366
	≥0.5（实心砌体基墙）	
	≥0.4（多孔砖砌体基墙）	
	≥0.3（空心砌块或蒸压加气混凝土基墙）	
单个锚栓圆盘强度标准值（kN）	≥0.5	

5.2.7 修缮涂料饰面用的柔性防水腻子的性能应符合现行行业标准《建筑外墙用腻子》JG/T 157的规定。

5.2.8 修缮用面砖粘结砂浆的性能应符合表5.2.8的规定。

表5.2.8 面砖粘结砂浆的性能

项目		性能指标	试验方法
拉伸粘结强度（MPa）	标准状态	≥0.5	《陶瓷墙地砖胶粘剂》JC/T 547
	浸水处理		
	热老化处理		
	冻融循环处理（25次）		
	晾置20min后		
横向变形（mm）		≥1.5	

5.2.9 修缮用勾缝料的性能应符合表5.2.9的规定。

表5.2.9 勾缝料的性能

项目		性能指标	试验方法
收缩值（mm/m）		≤3.0	《陶瓷墙地砖填缝剂》JC/T 1004
抗折强度（MPa）	标准状态	≥2.5	
	冻融循环处理（25次）	≥2.5	
横向变形（mm）		≥1.5	

5.2.10 修缮后外墙外保温系统的粘结性能应符合表5.2.10的规定。

表5.2.10 主要外墙外保温系统修缮后的粘结性能

修缮部位采用的外保温系统	系统拉伸粘结强度	饰面砖粘结强度（面砖饰面）
膨胀聚苯板薄抹灰外墙外保温系统	≥0.1MPa，且破坏应位于保温层内	≥0.4MPa
胶粉聚苯颗粒外墙外保温系统		
硬泡聚氨酯外墙外保温系统		
无机保温砂浆外墙外保温系统		
泡沫混凝土外墙外保温系统		
泡沫玻璃外墙外保温系统		

续表 5.2.10

修缮部位采用的外保温系统	系统拉伸粘结强度	饰面砖粘结强度（面砖饰面）
酚醛保温板外墙外保温系统	≥0.08MPa，且破坏应位于保温层内	≥0.4MPa
挤塑聚苯板薄抹灰外墙外保温系统	≥0.15MPa，且破坏应位于保温层内	
岩棉板外墙外保温系统	≥0.01MPa，且破坏应位于保温层内	—

6 设 计

6.1 一 般 规 定

6.1.1 当外墙外保温系统修复部位为勒脚、门窗洞口、凸窗、变形缝、挑檐、女儿墙时，应进行节点设计。

6.1.2 对需清理至基层墙体的外墙外保温系统修复，基层清理后应进行界面处理，再进行后续施工。

6.1.3 外墙外保温系统的修复部位宜采用与原外保温系统相同的构造形式，新旧材料之间应合理结合，且修复部位饰面层颜色、纹理宜与未修复部位一致。

6.1.4 当外墙外保温系统全部铲除并重新铺设时，外墙传热系数应符合国家现行相关标准的要求。

6.2 局 部 修 缮

6.2.1 外墙外保温系统的局部修复方案应根据饰面类型和缺陷情况等确定。

6.2.2 当外墙外保温系统的涂料饰面层出现对外墙装饰效果影响较大的裂缝时，应根据裂缝成因，确定修复方法，并应符合下列规定：

1 对饰面层的龟裂缝，应采用柔性防水腻子进行修复；

2 对因保温板收缩变形引起的裂缝，宜采用发泡聚氨酯进行修复；

3 对因保温层开裂引起的裂缝，宜沿裂缝开V形槽后，采用柔性防水腻子进行修复。

6.2.3 当外墙外保温系统的饰面层与保温层之间出现空鼓时，应根据饰面类型，确定修复方法，并应符合下列规定：

1 对涂料饰面层与保温层之间的空鼓，应清理至保温层，进行界面处理后按原样修复；

2 对面砖饰面层与保温层之间的空鼓，应将面砖饰面层铲除后，按原样将饰面砖补镶牢固、平整，并应进行勾缝且擦洗干净。

6.2.4 当外墙外保温系统的保温层与基层墙体之间出现空鼓时，应先铲除空鼓部位的保温层，基层清理后应先进行界面处理，再按原样修复。

6.2.5 当砂浆类外保温系统保温层出现松动、剥落时，应先铲除松动部位的保温层，基层清理后应先涂刷界面砂浆，再按原样修复。

6.2.6 当外墙外保温系统渗水时，应先确定渗水区域，再进行扩展，并将扩展后的区域清除至基层，在渗水部位干燥后，对基层进行清理和界面处理，并重新增设外保温系统各构造层。

6.2.7 局部修复部位的保温层厚度应与原保温层厚度一致。

6.3 单元墙体修缮

6.3.1 对外墙外保温系统进行单元墙体修缮时，基层墙面应符合下列规定：

1 应无风化、松动、开裂、脱落等现象；

2 应无积灰、泥土、油污、霉斑等附着物；

3 应无结构性和非结构性裂缝。

6.3.2 对外墙外保温系统进行单元墙体修缮时，修复墙面与相邻墙面的交界处应采用网格布搭接，并提出细部要求。

6.3.3 对外墙外保温系统进行单元墙体修缮时，当采用涂料饰面且修复部位高度大于60m，或采用面砖饰面且修复部位高度大于24m时，应采用锚栓加固，且每平方米墙面的锚栓数量不应少于4个。

6.3.4 当采用锚栓加固时，锚栓在墙面上应布置为梅花状。

7 施 工

7.1 一 般 规 定

7.1.1 外墙外保温系统修复前，应根据评估报告及修复设计方案，制定修复施工方案，应包括下列主要内容：

1 项目概况；

2 编制依据；

3 施工前准备；

4 施工工艺及技术措施；

5 质量、安全保证措施；

6 应急预案；

7 施工进度计划。

7.1.2 外墙外保温系统修复应制定施工防火专项方案。

7.1.3 外墙外保温系统修复期间及完工后24h内，

施工环境温度应为 5℃～35℃；夏季应避免阳光暴晒；在 5 级及以上大风天气和雨雪天不得施工。

7.1.4 外墙外保温系统修复不应对既有保温系统造成附加损害，并应采取防污保护措施。

7.1.5 外墙外保温系统修复前，应对修复区域内的外墙悬挂物进行安全检查，当悬挂物强度不足或与墙体连接不牢固时，应采取加固措施或拆除、更换。

7.1.6 外墙外保温系统修复的施工安全应符合下列规定：

1 施工期间，应采取安全防护措施和编制应急预案；

2 施工现场作业区和危险区，应设置安全警示标志；

3 当修复外立面紧邻人行道或车行道时，应在该道路上方搭建安全天棚，并应设置警示和引导标志；

4 当实施拆除作业或建材、设备、工具的传运和堆放作业时，不得高空抛掷和重摔重放，并应采取防止剔凿物及粉尘散落的措施；

5 吊篮应经检测合格后方可使用；

6 脚手架的搭设和连接应牢固，且安全检验应合格。

7.1.7 外墙外保温系统修复的施工管理应符合现行行业标准《建筑施工安全检查标准》JGJ 59 的相关规定，并应符合下列规定：

1 应设置专区堆放材料，且对易产生扬尘的堆放材料应采取覆盖措施；

2 应使用低噪声、低振动、低能耗的机具；

3 应建立文明施工制度，及时分拣、回收废弃物并清运现场垃圾。

7.2 局部修缮

7.2.1 外墙外保温系统涂料饰面层缺陷修复应符合下列规定：

1 当饰面层出现龟裂缝时，应在裂缝区域批嵌柔性防水腻子，并重新涂刷涂料；

2 当饰面层出现空鼓、剥落时，应将空鼓、剥落区域饰面层铲除后，批嵌柔性防水腻子，并重新涂刷涂料。

7.2.2 涂料饰面外墙外保温系统保温层裂缝宜采用下列两种修复方法：

1 当保温板拼接处产生裂缝时，宜先填入发泡聚氨酯，再填入适量密封膏，并重新涂刷涂料（图 7.2.2）；

2 当保温层产生裂缝时，宜先沿裂缝开 V 形槽，将槽内浮物清理干净，再批嵌柔性防水腻子，并重新涂刷涂料；对深度大于 15mm 的裂缝，应分（2～3）次批嵌柔性防水腻子。

7.2.3 涂料饰面外墙外保温系统空鼓修复应符合下列规定：

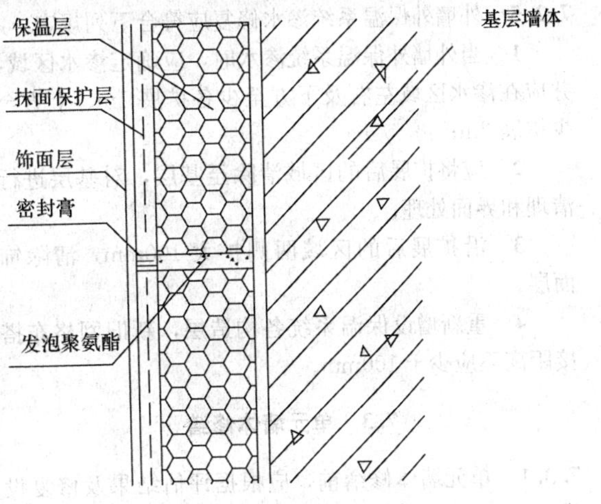

图 7.2.2 保温板拼接处裂缝修复方法

1 饰面层与保温层之间的空鼓的修复应符合下列规定：

1）应沿空鼓区扩大 100mm 范围内，清除涂料饰面层；

2）空鼓部位应清除至保温层，对保温层进行清理和界面处理，重新增设防护层、饰面层；

3）新旧网格布搭接距离不应少于 100mm。

2 保温层与基层之间、保温层内部的空鼓的修复应符合下列规定：

1）应沿空鼓区扩大 100mm 范围内，清除涂料饰面层；

2）空鼓部位应清除至基层，对基层进行清理和界面处理，重新增设保温系统各构造层；

3）新旧网格布搭接距离不应少于 100mm。

7.2.4 面砖饰面外墙外保温系统空鼓修复应符合下列规定：

1 饰面层与保温层之间的空鼓的修复应符合下列规定：

1）应沿空鼓区扩大 100mm 范围内，清除外墙面砖；

2）对粘贴表面应进行处理，并应符合施工要求；

3）粘贴面砖，并用柔性嵌缝材料勾缝。

2 保温层与基层之间、保温层内部的空鼓的修复应符合下列规定：

1）应沿空鼓区扩大 100mm 范围内，清除外墙面砖；

2）空鼓部位应清除至基层，对基层进行清理和界面处理，重新增设保温系统各构造层；

3）新旧热镀锌电焊网搭接距离不应少于 40mm，新旧网格布搭接距离不应少于 100mm。

7.2.5 外墙外保温系统渗水修复应符合下列规定：

1 当外墙外保温系统渗水时，应确定渗水区域，并应在渗水区域左右及下方至少各扩展1m、上方至少扩展2m；

2 应将扩展后的区域清除至基层，对基层进行清理和界面处理；

3 沿扩展后的区域两侧扩大100mm，清除饰面层；

4 重新增设保温系统各构造层，新旧网格布搭接距离不应少于100mm。

7.3 单元墙体修缮

7.3.1 单元墙体修缮前，应根据评估结果及修复设计方案，确定单元墙体修复部位。

7.3.2 当对原外保温系统清除时，不应破坏基层墙体及单元墙体周边外保温系统。

7.3.3 当基层墙面不符合本标准第6.3.1条的要求时，应采用下列处理措施对基层墙面进行处理：

1 对渗漏部位应采取防水措施，并应对墙体表面风化严重的区域进行修复；

2 应对墙体表面积灰、泥土、油污、霉斑等污染物进行清理；

3 墙面缺损、孔洞、非结构性裂缝应填补密实，结构性裂缝应采取加固措施。

7.3.4 基层墙面清理后，应先进行界面处理，再重新铺设外保温系统各构造层，并应符合国家现行标准的规定。

7.3.5 修复墙面与相邻墙面网格布之间应搭接或包转，搭接长度不应小于200mm。

8 验 收

8.0.1 当修复面积合计达到1000m²及以上时，修缮材料应进行现场抽样复验，主要修缮材料复验项目应符合表8.0.1的规定，抽样数量应符合现行国家标准《建筑节能工程施工质量验收规范》GB 50411的规定。

表8.0.1 主要修缮材料复验项目

材 料	复 验 项 目
膨胀聚苯板、挤塑聚苯板、岩棉板	导热系数，尺寸稳定性
泡沫玻璃板	导热系数，抗压强度，抗折强度
泡沫混凝土板	导热系数，抗压强度
酚醛保温板、硬泡聚氨酯板	导热系数，压缩强度，尺寸稳定性
水泥基无机保温砂浆	导热系数，抗压强度

续表8.0.1

材 料	复 验 项 目
胶粉聚苯颗粒保温浆料	导热系数，抗压强度，抗拉强度
现场喷涂聚氨酯硬泡体	导热系数，压缩强度
耐碱玻璃纤维网布	耐碱断裂强力，断裂伸长率
锚栓	单个锚栓抗拉承载力标准值，单个锚栓圆盘强度标准值
柔性防水腻子	容器中状态，施工性，干燥时间，打磨性
界面砂浆、面砖粘结砂浆	标准状态和浸水处理拉伸粘结强度
面砖勾缝料	标准状态和冻融循环处理抗折强度

8.0.2 单元墙体修缮工程完工后，应进行现场检测，并应符合下列规定：

1 当对整个立面墙体修复时，应进行红外热工缺陷检测；

2 当修复面积合计达到1000m²及以上时，应进行外保温系统粘结性能检测，且检测数量不应小于3处。

8.0.3 修缮工程施工质量验收应符合下列规定：

1 修缮材料出厂质量证明文件、现场抽样复验报告等资料应齐全，材料性能应符合要求；

2 修复部位不应有裂缝、空鼓、渗水等明显异常情况，饰面层宜与未修复部位饰面层无明显色差；

3 当修复部位为整个立面墙体时，修复部位外墙外保温系统不应存在热工缺陷。

8.0.4 修缮工程施工质量验收时，应检查下列资料，且验收资料应存档：

1 评估报告；

2 设计方案、施工方案、施工记录等资料；

3 材料出厂证明、合格证、现场抽样复验报告、现场检测报告；

4 工程技术及安全交底资料；

5 交工验收时的验收证明资料等。

本标准用词说明

1 为便于执行本标准条文时区别对待，对于要求严格程度不同的用词说明如下：

1）表示很严格，非这样做不可的：

正面词采用“必须”，反面词采用“严禁”；

2）表示严格，在正常情况下均应这样做的：

正面词采用“应”，反面词采用“不应”或“不得”；

3）表示允许稍有选择，在条件许可时首先应这样做的：

正面词采用“宜”，反面词采用“不宜”；

4）表示有选择，在一定条件下可以这样做的，采用“可”。

2 条文中指明应按其他有关标准执行的写法为：“应符合……的规定”或“应按……执行”。

引用标准名录

1 《建筑节能工程施工质量验收规范》GB 50411

2 《紧固件　电镀层》GB/T 5267.1

3 《建筑施工安全检查标准》JGJ 59

4 《建筑工程饰面砖粘结强度检验标准》JGJ 110

5 《居住建筑节能检测标准》JGJ/T 132

6 《膨胀聚苯板薄抹灰外墙外保温系统》JG 149

7 《建筑外墙用腻子》JG/T 157

8 《外墙保温用锚栓》JG/T 366

9 《陶瓷墙地砖胶粘剂》JC/T 547

10 《混凝土界面处理剂》JC/T 907

11 《陶瓷墙地砖填缝剂》JC/T 1004

12 《镀锌电焊网》QB/T 3897

中华人民共和国行业标准

建筑外墙外保温系统修缮标准

JGJ 376—2015

条 文 说 明

制 订 说 明

《建筑外墙外保温系统修缮标准》JGJ 376－2015，经住房和城乡建设部2015年11月30日以第985号公告批准、发布。

本标准编制过程中，编制组进行了系统广泛的调查研究，总结了我国外墙外保温系统修缮工程中的实践经验，同时参考了国外先进技术法规、技术标准。

为了便于广大设计、施工、科研、学校等单位有关人员在使用本标准时能正确理解和执行条文规定，《建筑外墙外保温系统修缮标准》编制组按章、节、条顺序编制了本标准的条文说明，对条文规定的目的、依据以及执行中需注意的有关事项进行了说明，还着重对强制性条文的强制性理由作了解释。但是，本条文说明不具备与标准正文同等的法律效力，仅供使用者作为理解和把握标准规定的参考。

目　次

1　总则 …………………………………… 42—15
2　术语 …………………………………… 42—15
3　基本规定 ……………………………… 42—15
4　评估 …………………………………… 42—15
4.1　一般规定 …………………………… 42—15
4.2　初步调查 …………………………… 42—15
4.3　现场检查与现场检测 ……………… 42—16
4.4　现场检查与现场检测结果评估 …… 42—16
5　材料与系统要求 ……………………… 42—16
5.1　一般规定 …………………………… 42—16
5.2　材料及系统性能 …………………… 42—16
6　设计 …………………………………… 42—18
6.1　一般规定 …………………………… 42—18
6.2　局部修缮 …………………………… 42—18
6.3　单元墙体修缮 ……………………… 42—18
7　施工 …………………………………… 42—18
7.1　一般规定 …………………………… 42—18
7.2　局部修缮 …………………………… 42—19
7.3　单元墙体修缮 ……………………… 42—19
8　验收 …………………………………… 42—19

1 总 则

1.0.1 我国既有建筑外墙外保温系统数量庞大。然而，由于材料、设计和施工等因素，一些建筑外墙外保温系统存在空鼓、开裂、渗水和脱落等质量缺陷和损伤。外墙外保温的质量问题不但会影响建筑美观，还会造成饰面层渗水，对居民日常生活产生影响，同时外墙局部区域形成“热桥”，导致保温效果下降，饰面层空鼓、脱落等问题甚至会成为居民的安全隐患，对公共安全造成影响。因此，本标准的制定是为了规范建筑外墙外保温系统的检查、评估和修复行为，为今后既有建筑外墙外保温系统的修缮提供技术支撑。

1.0.2 本条根据目前我国常用的建筑外墙外保温系统形式规定了本标准的适用范围。此外，由于外墙外保温系统饰面材料不同，修缮工艺也有所区别。根据饰面材料的划分，本标准适用饰面材料为涂料、面砖等外墙外保温系统的修缮。

1.0.3 本标准对建筑外墙外保温系统的检查、评估和修复作出了规定，但各类建筑外墙外保温系统均有相应的标准规范。因此，建筑外墙外保温系统修缮除符合本标准的规定外，尚应符合国家现行有关标准的规定。

2 术 语

2.0.1 本标准的主要目的是为了规范建筑外墙外保温系统的修缮工程，治理建筑外墙外保温系统质量缺陷和损伤，提高系统的安全性和热工性能。术语“外墙外保温系统修缮”中的“修缮”包括检查、评估、修复等活动。

2.0.3、2.0.4 建筑外墙外保温系统的缺陷类型、缺陷部位、缺陷成因各不相同，不同缺陷对保温系统的危害性也有所不同，但对于既有外墙外保温系统，一旦产生了缺陷，无论其大小，都需及时采取措施进行修补、修复，否则，轻则影响保温系统的外观质量，重则影响系统的寿命、安全性。

当建筑外墙外保温系统局部区域产生缺陷，且根据评估结果，保温系统其他区域不存在质量隐患时，只需要进行缺陷部位的修复；当建筑的某个单元或某几个单元墙体普遍存在缺陷或质量隐患时，需要将整个单元墙体外墙外保温系统全部铲除，并重新铺设外墙外保温系统，需要强调的是，单元墙体修缮的对象并非为整栋建筑，而是单元墙体。

2.0.5 单个朝向外墙建筑立面净面积指的是除去该朝向立面上门窗面积的外墙建筑立面面积，门窗面积按洞口面积计。当同一朝向外墙建筑立面具有不同外保温系统材料时，应分别计算具有同一种材料的外墙区域空鼓面积比。

3 基本规定

3.0.3 本条明确了建筑外墙外保温系统修缮的一般规定，应根据评估结果确定修复要求，当修复面积合计达到 $50m^2$ 及以上时，应制定修复设计方案，而当修复面积合计为 $50m^2$ 以下时，应在评估报告中明确修复技术要点。

3.0.4 建筑外墙外保温系统的缺陷类型多样，引起缺陷的原因也不尽相同，只有找准原因，才能对症下药。因此，在建筑外墙外保温系统修复前，需先进行评估，通过初步调查，以及红外热像法、敲击法、系统拉伸粘结强度等现场检测，评估外墙外保温系统的缺陷部位、缺陷类型、缺陷程度以及成因等，并根据评估结果，制定具有针对性的修复设计方案。

3.0.5 本标准中局部修缮与单元墙体修缮的界定是基于修复面积而言的。在实际修缮工程中，采用局部修缮或单元墙体修缮，需根据外保温系统的评估结果综合判定。需要注意的是，当外墙外保温系统局部产生缺陷时，并不一定仅对缺陷部位进行局部修缮，还需要根据工程的实际情况对具体的缺陷类型、缺陷程度、缺陷原因等进行深入分析，若发现该外墙保温系统的缺陷分布较广，且大多缺陷已渗透、蔓延至保温层或保温材料层与基层之间，局部修缮无法彻底解决外墙保温系统的问题，此时建议将保温层全部铲除，采用单元墙体修缮。

4 评 估

4.1 一般规定

4.1.2 现场检查与现场检测方法宜按现行国家标准中的相关规定执行，当国家标准中无相关规定时，可以选择地方标准推荐的相关试验方法。其中，外墙外保温系统构造检查宜按现行国家标准《建筑节能工程施工质量验收规范》GB 50411 中的相关规定执行，外墙外保温系统热工缺陷检测宜按现行行业标准《居住建筑节能检测标准》JGJ/T 132 中的相关规定执行。

4.2 初步调查

4.2.1～4.2.3 本条规定了初步调查阶段应收集的资料和查勘的内容，收集的资料主要包括项目原有的相关记录和文件。外墙外保温系统检测前的资料收集和现场查勘工作很重要，了解检测对象状况和收集有关资料不仅有利于制定检测方案，而且有助于确定检测内容的重点。当缺乏有关资料时，应向相关人员及单位进行调查。

4.3 现场检查与现场检测

4.3.1 本条规定了现场检查与现场检测技术方案的内容。

4.3.2、4.3.3 规定了现场检查和现场检测的内容及数量。

1 外墙外保温系统构造检查着重对外墙外保温系统的构造和保温材料的类型进行检查；

2 外墙外保温系统损坏情况检查时，应采用文字、图纸、照片等方法着重对外墙外保温系统的缺陷类型、缺陷面积和程度、缺陷部位进行记录；

3 外墙外保温系统热工缺陷检测着重判断缺陷部位，为明确后续修补范围提供技术依据；

4 外墙外保温系统粘结性能检测着重判断饰面层与保温材料层之间以及保温材料层与基层墙体之间的破坏状态。

4.4 现场检查与现场检测结果评估

4.4.1～4.4.3 现场检查与现场检测的目的，是利用现场检查与现场检测的结果评估外墙外保温系统缺陷产生的原因、缺陷面积及程度等，确定对外墙外保温系统进行局部修缮还是单元墙体修缮，为后续制定合理有效的修复方案提供依据。最终的评估报告内容应完整，包括外墙外保温系统的基本情况、现场检查与现场检测的结果、缺陷类型分析、修复处理意见等。

4.4.4 建筑外墙外保温系统的常见缺陷类型包括裂缝、空鼓、渗水。裂缝缺陷主要包括表面性裂缝、保温板拼缝处产生裂缝、保温层产生裂缝、基层结构引起裂缝等；空鼓根据其部位主要包括抹面层与饰面砖或涂料腻子层间空鼓、保温层与抹面层间空鼓、保温层本身强度不够引起空鼓、基层与保温层间空鼓等；渗水常见的包括阳台窗与墙交叉处渗水、门窗口部位渗水、女儿墙部位渗水、分隔缝部位渗水、铁爬梯和水落管等建筑构件根部渗水、墙面裂缝部位渗水等。

根据外墙外保温系统缺陷类型、缺陷面积和程度等，可采用局部修缮或单元墙体修缮方法。外墙外保温系统缺陷之间会相互影响，例如：保温层开裂，雨水沿裂缝进入保温系统后，也会导致空鼓、渗水等缺陷。结合对实际工程项目的调研情况，本标准规定，当保温砂浆类外墙外保温系统空鼓面积比大于15%或保温板材类、现场喷涂类外墙外保温系统粘结强度低于原设计值70%，或出现明显的空鼓、脱落情况时，考虑到保温系统的安全性，采用单元墙体修缮。评估结论应明确对外墙外保温系统局部修缮或单元墙体修缮。

4.4.5 计算空鼓面积大小时，先确定拍摄对象与实际对象的比例尺，每幅图片至少取3个参照对象的尺寸与实际对象的尺寸进行比较，计算比例尺，并取平均值，然后计算红外热像图上空鼓部位的面积，最后根据比例尺确定实际空鼓部位面积。

5 材料与系统要求

5.1 一般规定

5.1.1 为了实现修缮后外墙外保温系统整体的协调性，推荐在修缮过程中优先选择与原保温系统同类的材料，例如砂浆类外墙外保温系统修缮时宜采用砂浆类保温材料。

5.1.2 根据国家有关规定，新建、扩建、改建建设工程使用外保温材料一律不得使用易燃材料，严格限制使用可燃材料。为消除建筑外墙外保温系统修缮工程中的火灾隐患，确保人民生命财产安全，本标准规定单元墙体外墙外保温系统修缮宜采用B_1级及以上的保温材料。

5.1.3 同现场搅拌砂浆相比，使用工厂配制的干混砂浆不仅可节省材料，减少施工现场噪声和粉尘污染，而且干混砂浆的性能也比现场搅拌砂浆稳定，更有利于保证保温工程质量。

作为预拌砂浆的一种，干混砂浆在建筑外墙外保温系统修缮工程中的使用也是贯彻国家六部委文件关于禁止现场搅拌砂浆，推广预拌砂浆的精神。

5.2 材料及系统性能

5.2.1 外墙外保温系统修缮材料包括外墙保温材料及其配套材料等。保温系统配套材料有胶粘剂、抗裂砂浆、抹面胶浆等，不同保温系统对于配套材料的性能指标要求也各不相同，相关指标应符合国家、行业外墙保温相关标准、规范的要求。

外墙保温材料种类繁多，各地对同种保温材料的性能要求也略有不同，各地外墙外保温系统修缮时所选用保温材料的性能指标应符合国家、行业相关标准、规范的要求。通过对不同地区、不同类型外墙保温材料的性能进行调研，综合分析得出常用保温材料的最低性能指标如表1～表10所示。

表1 膨胀聚苯板主要性能指标

项 目	性能指标
导热系数[W/(m·K)]	≤0.041
表观密度(kg/m^3)	18~22
垂直于板面方向的抗拉强度(MPa)	≥0.1
尺寸稳定性(%)	≤0.3
燃烧性能级别	不低于B_1

表 2　挤塑聚苯板主要性能指标

项　　目	性能指标
导热系数[W/(m·K)]	≤0.032
表观密度(kg/m³)	22～35
垂直于板面方向的抗拉强度(MPa)	≥0.2
尺寸稳定性(%)	≤1.2
燃烧性能级别	不低于 B_1

表 3　岩棉板主要性能指标

项　　目	性能指标
导热系数[W/(m·K)]	≤0.04
密度(kg/m³)	≥140
垂直于表面的抗拉强度(MPa)	≥0.01
尺寸稳定性(%)	≤1.0
质量吸湿率(%)	≤1.0
燃烧性能级别	不低于 A

表 4　泡沫玻璃板主要性能指标

项　　目	性能指标
导热系数[W/(m·K)]	≤0.062
体积密度(kg/m³)	≤160
抗压强度(MPa)	≥0.40
抗折强度(MPa)	≥0.40
体积吸水率(%)	≤0.5
燃烧性能级别	不低于 A

表 5　泡沫混凝土板主要性能指标

项　　目	性能指标
导热系数[W/(m·K)]	≤0.06
干密度(kg/m³)	131～230
抗压强度(MPa)	≥0.4
抗拉强度(MPa)	≥0.1
吸水率(%)	≤10
燃烧性能级别	不低于 A

表 6　酚醛保温板主要性能指标

项　　目	性能指标
导热系数[W/(m·K)]	≤0.032
表观密度(kg/m³)	≥45
垂直于表面的抗拉强度(MPa)	≥0.08
压缩强度(MPa)	≥0.12
吸水率(%)	≤6.5
透湿系数[ng/(Pa·m·s)]	2～8
尺寸稳定性(70℃，48h)(%)	≤1.0
弯曲断裂力(N)	≥20
燃烧性能级别	不低于 B_1

表 7　硬泡聚氨酯板主要性能指标

项　　目	性能指标
导热系数[W/(m·K)]	≤0.024
密度(kg/m³)	≥35
垂直于板面方向的抗拉强度(MPa)	≥0.1
压缩强度(形变 10%)(MPa)	≥0.15
吸水率(%)	≤3
尺寸稳定性(%)	≤1.0
燃烧性能级别	不低于 B_1

表 8　喷涂硬泡聚氨酯主要性能指标

项　　目	性能指标
导热系数[W/(m·K)]	≤0.024
密度(kg/m³)	≥35
拉伸粘结强度(与水泥砂浆，常温)(MPa)	≥0.1
压缩强度(形变 10%)(MPa)	≥0.15
吸水率(%)	≤3
尺寸稳定性(70℃，48h)(%)	≤1.5
氧指数(%)	≥26

表 9　水泥基无机保温砂浆主要性能指标

项　　目	性能指标
导热系数[W/(m·K)]	≤0.07
干密度(kg/m³)	≤350
拉伸粘结强度(MPa)	≥0.1
抗压强度(MPa)	≥0.5
线形收缩率(%)	≤0.25
燃烧性能级别	不低于 A

表 10　胶粉聚苯颗粒保温浆料主要性能指标

项　　目	性能指标
导热系数[W/(m·K)]	≤0.06
干表观密度(kg/m^3)	180～250
抗压强度(MPa)	≥0.2
抗拉强度(MPa)	≥0.1
线形收缩率(%)	≤0.3
燃烧性能级别	不低于 B_1

5.2.2、5.2.3　界面砂浆和界面处理剂均为增强界面粘结性能的材料，其中界面砂浆一般涂刷在保温砂浆类外墙外保温系统的基层墙体上，而界面处理剂一般涂刷在保温板材类外墙外保温系统的保温板上。

5.2.6　锚栓关系到系统的安全性，尤其是面砖饰面外保温系统，因此本标准对锚栓的材质提出要求。

5.2.10　本条对修缮后主要外墙外保温系统的粘结性能提出要求。系统拉伸粘结强度的指标主要参照现行行业标准《膨胀聚苯板薄抹灰外墙外保温系统》JG 149、《胶粉聚苯颗粒外墙外保温系统材料》JG/T 158、《无机轻集料砂浆保温系统技术规程》JGJ 253 等各类外保温系统的标准要求制定。

6　设　　计

6.1　一 般 规 定

6.1.1　节点部位外墙外保温系统的修复十分重要，如果技术方案不合理，在温差应力的作用下，该部位与主体部位交接处易产生裂缝、渗水等缺陷。因此，在编制施工方案时，若涉及这些部位的修复，应进行节点设计，如有必要，可配节点详图加以明确，如图 1 和图 2 所示。

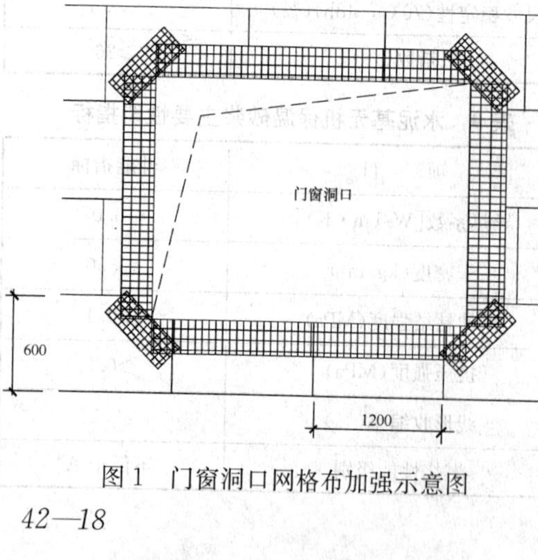

图 1　门窗洞口网格布加强示意图

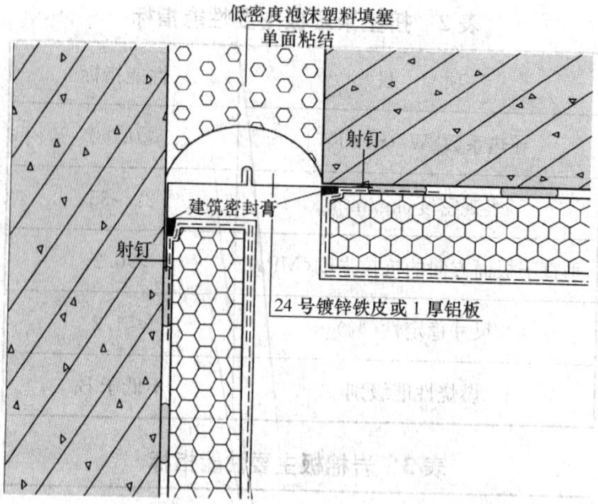

图 2　沉降缝做法示意图

6.2　局 部 修 缮

6.2.2　外墙外保温系统中，裂缝的形式多种多样。在修复前，要认真检查裂缝产生的部位，鉴别裂缝的性质及种类，分析产生的原因，然后根据裂缝的具体形式采取相适应的修复措施。本标准中对基层结构引起的延伸至表面的裂缝不做规定。

6.2.3、6.2.4　外墙外保温系统的空鼓根据其空鼓部位主要可分为饰面层与保温层间空鼓、保温层本身强度不够引起空鼓、基层与保温层间空鼓等形式。修复前应根据评估结果确定空鼓位置、空鼓形式、空鼓成因，采取不同的修复方法。

6.2.6　外墙外保温系统渗水一般由裂缝引起。渗水缺陷修复的关键在于找出渗水点及渗水原因，由于渗入的水分在外保温系统中会扩散，因而修复时要对渗水点进行一定范围的扩展。对于渗漏部位，需在外墙外侧加强防水处理。

6.2.7　考虑到外保温系统的节能性以及修复部位与未修复部位的协调性，本条规定局部修复部位的保温层厚度应与原保温层厚度一致。

6.3　单元墙体修缮

6.3.1　为增加保温层与基层墙体的粘结力，单元墙体修缮时，基层墙面的性能应满足本条要求。

6.3.3　为了加强外墙外保温系统单元墙体修缮后的粘结强度，修复部位应采用锚栓进行锚固。本条中修复部位的高度是指修复部位上部边界的高度。

7　施　　工

7.1　一 般 规 定

7.1.1　修复施工方案中施工前准备应包括施工机具、施工材料等；施工工艺及技术措施应包括基层处理、施工工艺流程和相应的技术措施等；质量保证措施应包括环境温度和养护条件要求等。

7.1.2 本条为强制性条文。施工防火关系到整个建筑外墙外保温系统修缮工程的安全，是施工过程中最重要的内容。制定施工防火专项方案，建立施工防火管理制度，明确现场施工防火要求，是确保外墙外保温系统修复工作顺利进行的前提条件。

7.1.3 在高湿度和低温天气下，防护层和保温浆料干燥过程可能需要几天的时间。新抹涂层表面看似硬化和干燥，但往往仍需要采取保护措施使其充分养护，特别是在冻结温度、雨、雪或其他不利气候条件很有可能出现的情况下。

在温度为5℃以下时，可能由于减缓或停止丙烯酸聚合物成膜而妨碍涂层的适当养护。由寒冷气候造成的伤害短期内往往不易被发现，但是长久以后就会出现涂层开裂、破碎或分离。

像过分寒冷一样，突然降温可影响涂层的养护，其影响很快就会表现出来。突然降雨可将未经养护的新抹涂料直接从墙上冲掉。在情况允许时，可采取遮阳、防雨和防风措施。例如搭帐篷和用防雨帆布遮盖。为保持适当的养护温度，可能需要采取辅助采暖措施。

7.1.5 本条为强制性条文。基于安全方面的考虑，外墙外保温系统修复施工前，应对修复区域内空调机架、晾衣架、雨篷等外墙悬挂物进行安全质量检查。根据检查结果，当悬挂物强度不足或与墙体连接不牢固时，应采取加固措施或拆除、更换，以消除安全隐患。

7.1.6 本条为强制性条文。建筑外墙外保温系统的修复，除了防火安全外，现场的施工作业方式不当、修复用的吊篮或脚手架不合格等都有可能对施工人员和居民造成伤害，本条对于确保施工安全，具有极为重要的意义。

考虑到居民或行人安全，建筑外墙外保温系统修复实施拆除作业或建材、设备、工具的传运和堆放作业时，应使用机械吊运或人工传运方式，严禁高空抛掷和重摔重放。此外，实施拆除作业时，容易产生剔凿物及粉尘，为安全起见，应采取必要的防护措施。

建筑外墙外保温系统局部修缮时，大多采用吊篮对缺陷部位进行修复。当修复面积较大，对整片墙或整个建筑外墙外保温系统进行单元墙体修缮时，有可能会采用脚手架进行施工。因此，吊篮和脚手架应经安全检验合格后，方可使用。

7.2 局部修缮

7.2.2 当涂料饰面外墙外保温系统保温层产生裂缝，且对外墙装饰效果影响较大时，可根据保温材料的类型，选择相应的修复方法：

1 膨胀聚苯板、挤塑聚苯板、岩棉板等保温板拼接处产生裂缝时，需用发泡聚氨酯补缝，再填入适量密封膏；

2 无机保温砂浆、泡沫混凝土、现场喷涂聚氨酯硬泡体等保温层出现裂缝时，需沿裂缝开V形槽，再批嵌柔性防水腻子，并重新涂刷涂料。

7.2.3 涂料饰面外墙外保温系统，根据空鼓发生的部位，分为饰面层和保温层之间空鼓，保温层和基层之间空鼓、保温层内部空鼓。不同部位空鼓的修复应符合下列规定：

1 饰面层与保温层之间发生空鼓，空鼓部位清除至保温层，并对保温层进行清理和界面处理；

2 保温层与基层之间、保温层内部发生空鼓，空鼓部位清除至基层，并对基层进行清理和界面处理。

为防止新旧保温层交接处出现裂缝，有必要进行网格布搭接，在实际施工过程中，可通过护面层搭接实现。

7.2.4 面砖饰面外墙外保温系统出现空鼓时，其修复方法与涂料饰面外墙外保温系统空鼓修复类似。

7.2.5 与裂缝和空鼓不同，建筑外墙外保温系统渗水部位较难发现，因此，本标准规定渗水修复方法为，沿渗水点向四周扩展一定面积，然后参考空鼓修复方法进行。本条的规定值为最小扩展范围，若扩展时发现渗水面积较大，应在此基础上增大扩展范围。

为了排除渗水隐患，一定要对渗水部位的保温材料进行更换，从而确保建筑外墙保温效果。

7.3 单元墙体修缮

7.3.1、7.3.2 建筑外墙外保温系统单元墙体修缮时，首先要确定修复部位，再将修复部位的原有外保温系统全部清除。

7.3.3～7.3.5 建筑外墙外保温系统单元墙体修缮与新建建筑外墙外保温系统最大的区别在于基层处理以及相邻墙面网格布的搭接，其余可参考新建建筑外墙外保温系统的相关标准施工。

8 验 收

8.0.1、8.0.2 为了控制外墙外保温系统修缮工程的质量，明确了修缮工程中应进行的材料检验和现场检测的内容。当修复面积合计达到1000m^{2}及以上时，需要进行修缮材料现场抽样复验，当修复面积合计为1000m^{2}以下时，只需检查修缮材料出厂质量证明文件；对于单元墙体修缮工程，除了对修缮材料复验或检查外，还需根据修复情况进行红外热工缺陷检测或系统粘结性能检测。

8.0.3、8.0.4 规定了外墙外保温系统修缮工程的施工质量验收内容和验收资料。单元墙体修缮后系统的粘结性能应满足评估或修复设计要求。